工程建设标准年册（2011）

（上）

住房和城乡建设部标准定额研究所　编

中国建筑工业出版社
中国计划出版社

图书在版编目（CIP）数据

工程建设标准年册（2011）/住房和城乡建设部标准定额研究所编．—北京：中国建筑工业出版社，2012.12
ISBN 978-7-112-14776-2

Ⅰ.①工… Ⅱ.①住… Ⅲ.①建筑工程-标准-汇编-中国-2011 Ⅳ.①TU-65

中国版本图书馆CIP数据核字（2012）第243254号

责任编辑：丁洪良
责任校对：肖 剑 关 健

工程建设标准年册（2011）
住房和城乡建设部标准定额研究所 编
*
中国建筑工业出版社
中 国 计 划 出 版 社 出版（北京西郊百万庄）
各地新华书店、建筑书店经销
北京红光制版公司制版
北京圣夫亚美印刷有限公司印刷
*
开本：787×1092毫米 1/16 印张：450½ 插页：3 字数：15952千字
2013年7月第一版 2013年7月第一次印刷
定价：**1350.00**元（上、中、下共3册）
ISBN 978-7-112-14776-2
（22833）

前　言

建设工程，百年大计。认真贯彻执行工程建设标准，对保证建设工程质量和安全，推动技术进步，规范建设市场，加快建设速度，节约与合理利用资源，保障人民生命财产安全，改善与提高人民群众生活和工作环境质量，全面发挥投资效益，促进我国经济建设事业健康发展，具有十分重要的作用。当前，全国上下对认真贯彻执行标准已形成共识，企业执行标准的自觉性进一步增强，极大地推动了工程建设标准化工作的开展。

为了全面地配合工程建设标准的贯彻实施，适应各种不同用户的需要，更好地为大家服务，我们将2011年全年住房和城乡建设部批准发布并出版发行的工程建设国家标准118项，行业标准70项，共计188项，汇编成年册出版。

近年来，工程建设标准通过清理整顿、加快制修订速度等，使每年的有效标准发生很大变化，为使大家全面掌握标准的最新情况，我们将截止到2012年6月的工程建设国家标准和住房和城乡建设部行业标准最新目录一并出版，以便广大用户查阅。同时大家在使用中有何建议与意见，请与住房和城乡建设部标准定额研究所联系。

联系电话：(010) 58934084

住房和城乡建设部标准定额研究所

2012年7月

目　录

一、工程建设国家标准

上

1. 砌体结构设计规范 GB 50003—2011 …… 1—1—1
2. 建筑地基基础设计规范 GB 50007—2011 …… 1—2—1
3. 室外排水设计规范 GB 50014—2006（2011 年版） …… 1—3—1
4. 小型火力发电厂设计规范 GB 50049—2011 …… 1—4—1
5. 低压配电设计规范 GB 50054—2011 …… 1—5—1
6. 通用用电设备配电设计规范 GB 50055—2011 …… 1—6—1
7. 35kV～110kV 变电站设计规范 GB 50059—2011 …… 1—7—1
8. 交流电气装置的接地设计规范 GB/T 50065—2011 …… 1—8—1
9. 住宅设计规范 GB 50096—2011 …… 1—9—1
10. 中小学校设计规范 GB 50099—2011 …… 1—10—1
11. 砌体基本力学性能试验方法标准 GB/T 50129—2011 …… 1—11—1
12. 电镀废水治理设计规范 GB 50136—2011 …… 1—12—1
13. 城市用地分类与规划建设用地标准 GB 50137—2011 …… 1—13—1
14. 混凝土质量控制标准 GB 50164—2011 …… 1—14—1
15. 工业金属管道工程施工质量验收规范 GB 50184—2011 …… 1—15—1
16. 民用闭路监视电视系统工程技术规范 GB 50198—2011 …… 1—16—1
17. 砌体结构工程施工质量验收规范 GB 50203—2011 …… 1—17—1
18. 地下防水工程质量验收规范 GB 50208—2011 …… 1—18—1
19. 铁路旅客车站建筑设计规范 GB 50226—2007（2011 年版） …… 1—19—1
20. 工程测量基本术语标准 GB/T 50228—2011 …… 1—20—1
21. 现场设备、工业管道焊接工程施工规范 GB 50236—2011 …… 1—21—1
22. 砌体工程现场检测技术标准 GB/T 50315—2011 …… 1—22—1
23. 粮食钢板筒仓设计规范 GB 50322—2011 …… 1—23—1
24. 生物安全实验室建筑技术规范 GB 50346—2011 …… 1—24—1

25. 电力系统继电保护及自动化设备柜（屏）工程技术规范
GB/T 50479—2011 …………………………………………………… 1—25—1
26. 房屋建筑和市政基础设施工程质量检测技术管理规范
GB 50618—2011 …………………………………………………… 1—26—1
27. 无障碍设施施工验收及维护规范 GB 50642—2011 ……………… 1—27—1
28. 油气管道工程建设项目设计文件编制标准
GB/T 50644—2011 …………………………………………………… 1—28—1
29. 石油化工绝热工程施工质量验收规范 GB 50645—2011 ………… 1—29—1
30. 特种气体系统工程技术规范 GB 50646—2011 …………………… 1—30—1
31. 城市道路交叉口规划规范 GB 50647—2011 ……………………… 1—31—1
32. 化学工业循环冷却水系统设计规范 GB 50648—2011 …………… 1—32—1
33. 水利水电工程节能设计规范 GB/T 50649—2011 ………………… 1—33—1
34. 石油化工装置防雷设计规范 GB 50650—2011 …………………… 1—34—1
35. 煤炭工业矿区总体规划文件编制标准 GB/T 50651—2011 …… 1—35—1
36. 城市轨道交通地下工程建设风险管理规范 GB 50652—2011 …… 1—36—1
37. 有色金属矿山井巷工程施工规范 GB 50653—2011 ……………… 1—37—1
38. 有色金属工业安装工程质量验收统一标准 GB 50654—2011 …… 1—38—1
39. 化工厂蒸汽系统设计规范 GB/T 50655—2011 …………………… 1—39—1
40. 施工企业安全生产管理规范 GB 50656—2011 …………………… 1—40—1
41. 煤炭露天采矿制图标准 GB/T 50657—2011 ……………………… 1—41—1
42. 煤炭工业矿区机电设备修理厂工程建设项目设计文件编制
标准 GB/T 50658—2011 …………………………………………… 1—42—1
43. 煤炭工业矿区水煤浆工程建设项目设计文件编制标准
GB/T 50659—2011 …………………………………………………… 1—43—1
44. 大中型火力发电厂设计规范 GB 50660—2011 …………………… 1—44—1
45. 钢结构焊接规范 GB 50661—2011 ………………………………… 1—45—1
46. 水工建筑物抗冰冻设计规范 GB/T 50662—2011 ………………… 1—46—1
47. 核电厂工程水文技术规范 GB/T 50663—2011 …………………… 1—47—1
48. 棉纺织设备工程安装与质量验收规范 GB/T 50664—2011 …… 1—48—1
49. 1000kV 架空输电线路设计规范 GB 50665—2011 ……………… 1—49—1
50. 混凝土结构工程施工规范 GB 50666—2011 ……………………… 1—50—1

51. 印染设备工程安装与质量验收规范 GB 50667—2011 ……………… 1—51—1
52. 节能建筑评价标准 GB/T 50668—2011 ……………………………… 1—52—1
53. 钢筋混凝土筒仓施工与质量验收规范 GB 50669—2011 …………… 1—53—1

中

54. 机械设备安装工程术语标准 GB/T 50670—2011 ………………… 1—54—1
55. 飞机喷漆机库设计规范 GB 50671—2011 ………………………… 1—55—1
56. 钢铁企业综合污水处理厂工艺设计规范 GB 50672—2011 ……… 1—56—1
57. 有色金属冶炼厂电力设计规范 GB 50673—2011 ………………… 1—57—1
58. 纺织工程制图标准 GB/T 50675—2011 …………………………… 1—58—1
59. 铀燃料元件厂混凝土结构厂房可靠性鉴定技术规范
GB/T 50676—2011 ……………………………………………………… 1—59—1
60. 空分制氧设备安装工程施工与质量验收规范
GB 50677—2011 ………………………………………………………… 1—60—1
61. 废弃电器电子产品处理工程设计规范 GB 50678—2011 ………… 1—61—1
62. 炼铁机械设备安装规范 GB 50679—2011 ………………………… 1—62—1
63. 机械工业厂房建筑设计规范 GB 50681—2011 …………………… 1—63—1
64. 预制组合立管技术规范 GB 50682—2011 ………………………… 1—64—1
65. 现场设备、工业管道焊接工程施工质量验收规范
GB 50683—2011 ………………………………………………………… 1—65—1
66. 化学工业污水处理与回用设计规范 GB 50684—2011 …………… 1—66—1
67. 电子工业纯水系统设计规范 GB 50685—2011 …………………… 1—67—1
68. 传染病医院建筑施工及验收规范 GB 50686—2011 ……………… 1—68—1
69. 食品工业洁净用房建筑技术规范 GB 50687—2011 ……………… 1—69—1
70. 城市道路交通设施设计规范 GB 50688—2011 …………………… 1—70—1
71. 通信局（站）防雷与接地工程设计规范 GB 50689—2011 ……… 1—71—1
72. 石油化工非金属管道工程施工质量验收规范
GB 50690—2011 ………………………………………………………… 1—72—1
73. 油气田地面工程建设项目设计文件编制标准
GB/T 50691—2011 ……………………………………………………… 1—73—1
74. 天然气处理厂工程建设项目设计文件编制标准

GB/T 50692—2011 …………………………………………………… 1—74—1
75. 坡屋面工程技术规范 GB 50693—2011 …………………………… 1—75—1
76. 酒厂设计防火规范 GB 50694—2011 ……………………………… 1—76—1
77. 涤纶、锦纶、丙纶设备工程安装与质量验收规范
GB 50695—2011 ……………………………………………………… 1—77—1
78. 钢铁企业冶金设备基础设计规范 GB 50696—2011 ……………… 1—78—1
79. 1000kV 变电站设计规范 GB 50697—2011 ……………………… 1—79—1
80. 埋地钢质管道交流干扰防护技术标准 GB/T 50698—2011 …… 1—80—1
81. 液压振动台基础技术规范 GB 50699—2011 ……………………… 1—81—1
82. 小型水电站技术改造规范 GB/T 50700—2011 ………………… 1—82—1
83. 烧结砖瓦工厂设计规范 GB 50701—2011 ………………………… 1—83—1
84. 砌体结构加固设计规范 GB 50702—2011 ………………………… 1—84—1
85. 电力系统安全自动装置设计规范 GB/T 50703—2011 ………… 1—85—1
86. 硅太阳能电池工厂设计规范 GB 50704—2011 …………………… 1—86—1
87. 水利水电工程劳动安全与工业卫生设计规范
GB 50706—2011 ……………………………………………………… 1—87—1
88. 河道整治设计规范 GB 50707—2011 ……………………………… 1—88—1
89. 钢铁企业管道支架设计规范 GB 50709—2011 …………………… 1—89—1
90. 电子工程节能设计规范 GB 50710—2011 ………………………… 1—90—1
91. 冶炼烟气制酸设备安装工程施工规范 GB 50711—2011 ………… 1—91—1
92. 冶炼烟气制酸设备安装工程质量验收规范 GB 50712—2011 …… 1—92—1
93. 板带精整工艺设计规范 GB 50713—2011 ………………………… 1—93—1
94. 钢管涂层车间工艺设计规范 GB 50714—2011 …………………… 1—94—1
95. 地铁工程施工安全评价标准 GB 50715—2011 …………………… 1—95—1
96. 重有色金属冶炼设备安装工程施工规范 GB/T 50716—2011 …… 1—96—1
97. 重有色金属冶炼设备安装工程质量验收规范
GB 50717—2011 ……………………………………………………… 1—97—1
98. 建材工厂工程建设项目设计文件编制标准
GB/T 50718—2011 …………………………………………………… 1—98—1
99. 电磁屏蔽室工程技术规范 GB/T 50719—2011 ………………… 1—99—1
100. 建设工程施工现场消防安全技术规范 GB 50720—2011 ……… 1—100—1

101. 钢铁企业给水排水设计规范 GB 50721—2011 …… 1—101—1
102. 城市轨道交通建设项目管理规范 GB 50722—2011 …… 1—102—1
103. 烧结机械设备安装规范 GB 50723—2011 …… 1—103—1
104. 大宗气体纯化及输送系统工程技术规范 GB 50724—2011 …… 1—104—1
105. 液晶显示器件生产设备安装工程施工及验收规范 GB 50725—2011 …… 1—105—1
106. 工业设备及管道防腐蚀工程施工规范 GB 50726—2011 …… 1—106—1
107. 工业设备及管道防腐蚀工程施工质量验收规范 GB 50727—2011 …… 1—107—1
108. 工程结构加固材料安全性鉴定技术规范 GB 50728—2011 …… 1—108—1
109. 冶金机械液压．润滑和气动设备工程施工规范 GB 50730—2011 …… 1—109—1
110. 建材工程术语标准 GB/T 50731—2011 …… 1—110—1
111. 城市轨道交通综合监控系统工程施工与质量验收规范 GB/T 50732—2011 …… 1—111—1
112. 预防混凝土碱骨料反应技术规范 GB/T 50733—2011 …… 1—112—1
113. 铁合金工艺及设备设计规范 GB 50735—2011 …… 1—113—1
114. 石油储备库设计规范 GB 50737—2011 …… 1—114—1
115. 通风与空调工程施工规范 GB 50738—2011 …… 1—115—1
116. 复合土钉墙基坑支护技术规范 GB 50739—2011 …… 1—116—1
117. 轧机机械设备安装规范 GB/T 50744—2011 …… 1—117—1
118. 选煤工艺制图标准 GB/T 50748—2011 …… 1—118—1

下

二、住房和城乡建设部行业标准

1. 高层建筑筏形与箱形基础技术规范 JGJ 6—2011 …… 2—1—1
2. 混凝土泵送施工技术规程 JGJ/T 10—2011 …… 2—2—1
3. 混凝土小型空心砌块建筑技术规程 JGJ/T 14—2011 …… 2—3—1
4. 回弹法检测混凝土抗压强度技术规程 JGJ/T 23—2011 …… 2—4—1
5. 房屋渗漏修缮技术规程 JGJ/T 53—2011 …… 2—5—1

6. 普通混凝土配合比设计规程 JGJ 55—2011 ………………………… 2—6—1
7. 建筑施工安全检查标准 JGJ 59—2011 ………………………………… 2—7—1
8. 钢结构高强度螺栓连接技术规程 JGJ 82—2011 …………………… 2—8—1
9. 软土地区岩土工程勘察规程 JGJ 83—2011 ………………………… 2—9—1
10. 冷轧带肋钢筋混凝土结构技术规程 JGJ 95—2011 ………………… 2—10—1
11. 钢框胶合板模板技术规程 JGJ 96—2011 …………………………… 2—11—1
12. 工程抗震术语标准 JGJ/T 97—2011 ………………………………… 2—12—1
13. 建筑工程冬期施工规程 JGJ/T 104—2011 ………………………… 2—13—1
14. 机械喷涂抹灰施工规程 JGJ/T 105—2011 ………………………… 2—14—1
15. 冻土地区建筑地基基础设计规范 JGJ 118—2011 ………………… 2—15—1
16. 建筑施工扣件式钢管脚手架安全技术规范 JGJ 130—2011 ……… 2—16—1
17. 建筑工程可持续性评价标准 JGJ/T 222—2011 …………………… 2—17—1
18. 低张拉控制应力拉索技术规程 JGJ/T 226—2011 ………………… 2—18—1
19. 低层冷弯薄壁型钢房屋建筑技术规程 JGJ 227—2011 …………… 2—19—1
20. 矿物绝缘电缆敷设技术规程 JGJ 232—2011 ……………………… 2—20—1
21. 水泥土配合比设计规程 JGJ/T 233—2011 ………………………… 2—21—1
22. 择压法检测砌筑砂浆抗压强度技术规程 JGJ/T 234—2011 ……… 2—22—1
23. 建筑外墙防水工程技术规程 JGJ/T 235—2011 …………………… 2—23—1
24. 建筑产品信息系统基础数据规范 JGJ/T 236—2011 ……………… 2—24—1
25. 建筑遮阳工程技术规范 JGJ 237—2011 …………………………… 2—25—1
26. 混凝土基层喷浆处理技术规程 JGJ/T 238—2011 ………………… 2—26—1
27. 建（构）筑物移位工程技术规程 JGJ/T 239—2011 ……………… 2—27—1
28. 再生骨料应用技术规程 JGJ/T 240—2011 ………………………… 2—28—1
29. 人工砂混凝土应用技术规程 JGJ/T 241—2011 …………………… 2—29—1
30. 住宅建筑电气设计规范 JGJ 242—2011 …………………………… 2—30—1
31. 交通建筑电气设计规范 JGJ 243—2011 …………………………… 2—31—1
32. 房屋建筑室内装饰装修制图标准 JGJ/T 244—2011 ……………… 2—32—1
33. 房屋白蚁预防技术规程 JGJ/T 245—2011 ………………………… 2—33—1
34. 冰雪景观建筑技术规程 JGJ 247—2011 …………………………… 2—34—1
35. 拱形钢结构技术规程 JGJ/T 249—2011 …………………………… 2—35—1
36. 建筑与市政工程施工现场专业人员职业标准

JGJ/T 250—2011 …………………………………………………… 2—36—1
37. 建筑钢结构防腐蚀技术规程 JGJ/T 251—2011 ………………… 2—37—1
38. 房地产市场基础信息数据标准 JGJ/T 252—2011 ………………… 2—38—1
39. 无机轻集料砂浆保温系统技术规程 JGJ 253—2011 ……………… 2—39—1
40. 建筑施工竹脚手架安全技术规范 JGJ 254—2011 ………………… 2—40—1
41. 钢筋锚固板应用技术规程 JGJ 256—2011 ……………………… 2—41—1
42. 预制带肋底板混凝土叠合楼板技术规程 JGJ/T 258—2011 …… 2—42—1
43. 采暖通风与空气调节工程检测技术规程 JGJ/T 260—2011 …… 2—43—1
44. 外墙内保温工程技术规程 JGJ/T 261—2011 ………………………… 2—44—1
45. 市政架桥机安全使用技术规程 JGJ 266—2011 …………………… 2—45—1
46. 城市测量规范 CJJ/T 8—2011 ……………………………………… 2—46—1
47. 城市桥梁设计规范 CJJ 11—2011 …………………………………… 2—47—1
48. 城市道路公共交通站、场、厂工程设计规范
CJJ/T 15—2011 …………………………………………………… 2—48—1
49. 含藻水给水处理设计规范 CJJ 32—2011 ……………………… 2—49—1
50. 高浊度水给水设计规范 CJJ 40—2011 ………………………… 2—50—1
51. 供热术语标准 CJJ/T 55—2011 …………………………………… 2—51—1
52. 城镇污水处理厂运行、维护及安全技术规程 CJJ 60—2011 …… 2—52—1
53. 路面稀浆罩面技术规程 CJJ/T 66—2011 ……………………… 2—53—1
54. 机动车清洗站技术规范 CJJ/T 71—2011 ……………………… 2—54—1
55. 生活垃圾卫生填埋场运行维护技术规程 CJJ 93—2011 ……… 2—55—1
56. 城镇燃气报警控制系统技术规程 CJJ/T 146—2011 ………… 2—56—1
57. 建筑给水金属管道工程技术规程 CJJ/T 154—2011 ………… 2—57—1
58. 建筑给水复合管道工程技术规程 CJJ/T 155—2011 ………… 2—58—1
59. 城建档案业务管理规范 CJJ/T 158—2011 ……………………… 2—59—1
60. 城镇供水管网漏水探测技术规程 CJJ 159—2011 ……………… 2—60—1
61. 公共浴场给水排水工程技术规程 CJJ 160—2011 ……………… 2—61—1
62. 污水处理卵形消化池工程技术规程 CJJ 161—2011 …………… 2—62—1
63. 城市轨道交通自动售检票系统检测技术规程
CJJ/T 162—2011 …………………………………………………… 2—63—1
64. 村庄污水处理设施技术规程 CJJ/T 163—2011 ………………… 2—64—1

65. 盾构隧道管片质量检测技术标准 CJJ/T 164—2011 …………… 2—65—1
66. 建筑排水复合管道工程技术规程 CJJ/T 165—2011 …………… 2—66—1
67. 城市桥梁抗震设计规范 CJJ 166—2011 …………………………… 2—67—1
68. 镇（乡）村绿地分类标准 CJJ/T 168—2011 ……………………… 2—68—1
69. 地铁与轻轨系统运营管理规范 CJJ/T 170—2011 ………………… 2—69—1
70. 生活垃圾堆肥厂评价标准 CJJ/T 172—2011 ……………………… 2—70—1

三、附录 工程建设国家标准与住房和城乡建设部行业标准目录

1. 工程建设国家标准目录 ………………………………………………… 3—1—1
2. 住房和城乡建设部行业标准目录 ……………………………………… 3—2—1

一、工程建设国家标准

2011

中华人民共和国国家标准

砌体结构设计规范

Code for design of masonry structures

GB 50003—2011

主编部门：中华人民共和国住房和城乡建设部
批准部门：中华人民共和国住房和城乡建设部
施行日期：2 0 1 2 年 8 月 1 日

中华人民共和国住房和城乡建设部
公　　告

第 1094 号

关于发布国家标准《砌体结构设计规范》的公告

现批准《砌体结构设计规范》为国家标准，编号为GB 50003－2011，自 2012 年 8 月 1 日起实施。其中，第 3.2.1、3.2.2、3.2.3、6.2.1、6.2.2、6.4.2、7.1.2、7.1.3、7.3.2（1、2）、9.4.8、10.1.2、10.1.5、10.1.6 条（款）为强制性条文，必须严格执行。原《砌体结构设计规范》GB 50003－2001 同时废止。

本规范由我部标准定额研究所组织中国建筑工业出版社出版发行。

中华人民共和国住房和城乡建设部

2011 年 7 月 26 日

前　　言

本规范是根据原建设部《关于印发〈2007 年工程建设标准规范制订、修订计划（第一批）〉的通知》（建标［2007］125 号）的要求，由中国建筑东北设计研究院有限公司会同有关单位在《砌体结构设计规范》GB 50003－2001 的基础上进行修订而成的。

修订过程中，编制组按“增补、简化、完善”的原则，在考虑了我国的经济条件和砌体结构发展现状，总结了近年来砌体结构应用的新经验，调查了我国汶川、玉树地震中砌体结构的震害，进行了必要的试验研究及在借鉴砌体结构领域科研的成熟成果基础上，增补了在节能减排、墙材革新的环境下涌现出来部分新型砌体材料的条款，完善了有关砌体结构耐久性、构造要求、配筋砌块砌体构件及砌体结构构件抗震设计等有关内容，同时还对砌体强度的调整系数等进行了必要的简化。

修订内容在全国范围内广泛征求了有关设计、科研、教学、施工、企业及相关管理部门的意见和建议，经多次反复讨论、修改、充实，最后经审查定稿。

本规范共分 10 章和 4 个附录，主要技术内容包括：总则，术语和符号，材料，基本设计规定，无筋砌体构件，构造要求，圈梁、过梁、墙梁及挑梁，配筋砖砌体构件，配筋砌块砌体构件，砌体结构构件抗震设计等。

本规范主要修订内容是：增加了适应节能减排、墙材革新要求、成熟可行的新型砌体材料，并提出相应的设计方法；根据试验研究，修订了部分砌体强度的取值方法，对砌体强度调整系数进行了简化；增加了提高砌体耐久性的有关规定；完善了砌体结构的构造要求；针对新型砌体材料墙体存在的裂缝问题，增补了防止或减轻因材料变形而引起墙体开裂的措施；完善和补充了夹心墙设计的构造要求；补充了砌体组合墙平面外偏心受压计算方法；扩大了配筋砌块砌体结构的应用范围，增加了框支配筋砌块剪力墙房屋的设计规定；根据地震震害，结合砌体结构特点，完善了砌体结构的抗震设计方法，补充了框架填充墙的抗震设计方法。

本规范中以黑体字标志的条文是强制性条文，必须严格执行。

本规范由住房和城乡建设部负责管理和对强制性条文的解释，中国建筑东北设计研究院有限公司负责具体技术内容的解释。在执行过程中，请各单位结合工程实践，认真总结经验，并将意见和建议寄交中国建筑东北设计研究院有限公司《砌体结构设计规范》管理组（地址：沈阳市和平区光荣街 65 号，邮编：110003，Email：gaoly@masonry.cn），以便今后修订时参考。

本规范主编单位、参编单位、参加单位、主要起草人及主要审查人：

主 编 单 位：中国建筑东北设计研究院有限公司

参 编 单 位：中国机械工业集团公司

湖南大学

长沙理工大学

浙江大学

哈尔滨工业大学
西安建筑科技大学
重庆市建筑科学研究院
同济大学
北京市建筑设计研究院
重庆大学
云南省建筑技术发展中心
广州市民用建筑科研设计院
沈阳建筑大学
郑州大学
陕西省建筑科学研究院
中国地震局工程力学研究所
南京工业大学
四川省建筑科学研究院

参加单位：贵州开磷磷业有限责任公司

主要起草人：高连玉 徐 建 苑振芳 施楚贤 梁建国 严家熺 唐岱新 林文修 梁兴文 龚绍熙 周炳章 吴明舜 金伟良 刘 斌 薛慧立 程才渊 李 翔 骆万康 杨伟军 胡秋谷 王凤来 何建罡 张兴富 赵成文 黄 靓 王庆霖 刘立新 谢丽丽 刘 明 肖小松 秦士洪 雷 波 姜 凯 余祖国 熊立红 侯汝欣 岳增国 郭樟根

主要审查人：周福霖 孙伟民 马建勋 王存贵 由世岐 陈正祥 张友亮 张京街 顾祥林

目 次

1 总则 …………………………………… 1—1—7
2 术语和符号 …………………………… 1—1—7
2.1 术语 ………………………………… 1—1—7
2.2 符号 ………………………………… 1—1—8
3 材料 …………………………………… 1—1—10
3.1 材料强度等级………………………… 1—1—10
3.2 砌体的计算指标……………………… 1—1—10
4 基本设计规定 ………………………… 1—1—13
4.1 设计原则……………………………… 1—1—13
4.2 房屋的静力计算规定………………… 1—1—14
4.3 耐久性规定…………………………… 1—1—15
5 无筋砌体构件 ………………………… 1—1—16
5.1 受压构件……………………………… 1—1—16
5.2 局部受压……………………………… 1—1—17
5.3 轴心受拉构件………………………… 1—1—19
5.4 受弯构件……………………………… 1—1—19
5.5 受剪构件……………………………… 1—1—19
6 构造要求……………………………… 1—1—19
6.1 墙、柱的高厚比验算………………… 1—1—19
6.2 一般构造要求………………………… 1—1—20
6.3 框架填充墙…………………………… 1—1—21
6.4 夹心墙………………………………… 1—1—22
6.5 防止或减轻墙体开裂的主要措施…………………………………… 1—1—22
7 圈梁、过梁、墙梁及挑梁………… 1—1—23
7.1 圈梁…………………………………… 1—1—23
7.2 过梁…………………………………… 1—1—24
7.3 墙梁…………………………………… 1—1—24
7.4 挑梁…………………………………… 1—1—27
8 配筋砖砌体构件 ……………………… 1—1—28
8.1 网状配筋砖砌体构件………………… 1—1—28
8.2 组合砖砌体构件……………………… 1—1—28
9 配筋砌块砌体构件 …………………… 1—1—31
9.1 一般规定……………………………… 1—1—31
9.2 正截面受压承载力计算……………… 1—1—31
9.3 斜截面受剪承载力计算……………… 1—1—32
9.4 配筋砌块砌体剪力墙构造规定…… 1—1—33
10 砌体结构构件抗震设计 …………… 1—1—35
10.1 一般规定 ………………………… 1—1—35
10.2 砖砌体构件 ……………………… 1—1—38
10.3 混凝土砌块砌体构件 …………… 1—1—40
10.4 底部框架-抗震墙砌体房屋抗震构件 ……………………………… 1—1—41
10.5 配筋砌块砌体抗震墙 …………… 1—1—43
附录A 石材的规格尺寸及其强度等级的确定方法 ……………………… 1—1—45
附录B 各类砌体强度平均值的计算公式和强度标准值 ……… 1—1—45
附录C 刚弹性方案房屋的静力计算方法 ……………………………… 1—1—47
附录D 影响系数 φ 和 φ_n …………… 1—1—47
本规范用词说明 ……………………… 1—1—49
引用标准名录 ………………………… 1—1—50
附：条文说明 ………………………… 1—1—51

Contents

1 General Provisions ······ 1—1—7
2 Terms and Symbols ······ 1—1—7
2.1 Terms ······ 1—1—7
2.2 Symbols ······ 1—1—8
3 Materials ······ 1—1—10
3.1 Strength Class of Materials ······ 1—1—10
3.2 Calculation Data of Masonry ······ 1—1—10
4 Basic Rules on Design ······ 1—1—13
4.1 Principles of Design ······ 1—1—13
4.2 Stipulations for Static Calculation of Buildings ······ 1—1—14
4.3 Rules on Durability ······ 1—1—15
5 Unreinforced Masonry Members ······ 1—1—16
5.1 Compression Members ······ 1—1—16
5.2 Local Compression ······ 1—1—17
5.3 Members Subjected to Axial Tensile Load ······ 1—1—19
5.4 Members Subjected to Bending ······ 1—1—19
5.5 Members Subjected to Shear ······ 1—1—19
6 Detailing Requirements ······ 1—1—19
6.1 Verification for Slenderness Ratio of Wall and Column ······ 1—1—19
6.2 General Detailing Requirements ······ 1—1—20
6.3 Frame Filled Wall ······ 1—1—21
6.4 Cavity Wall Filled With Insulation ······ 1—1—22
6.5 Main Measures to Prevent Walls from Cracking ······ 1—1—22
7 Ring Beams、Lintels、Wall Beams and Cantilever Beams ······ 1—1—23
7.1 Ring Beams ······ 1—1—23
7.2 Lintels ······ 1—1—24
7.3 Wall Beams ······ 1—1—24
7.4 Cantilever Beams ······ 1—1—27
8 Reinforced Brick Masonry Members ······ 1—1—28
8.1 Mesh-reinforced Brick Masonry Members ······ 1—1—28
8.2 Composite Brick Masonry Members ······ 1—1—28
9 Reinforced Concrete Masonry Members ······ 1—1—31
9.1 General Requirements ······ 1—1—31
9.2 Calculation of Reinforced Masonry Members Subjected to Axial Compression ······ 1—1—31
9.3 Calculation of Reinforced Masonry Members Subjected to Shear ······ 1—1—32
9.4 Detail Stipulations of Reinforced Concrete Masonry Shear Walls ······ 1—1—33
10 Earthquake Resistance Design for Masonry Structure Members ······ 1—1—35
10.1 General Requirements ······ 1—1—35
10.2 Brick Masonry Members ······ 1—1—38
10.3 Concrete Masonry Members ······ 1—1—40
10.4 Earthquake Resistant Elements of Masonry Buildings with Bottom Frames ······ 1—1—41
10.5 Earthquake Resistant Wall of Reinforced Concrete Masonry ······ 1—1—43
Appendix A Specification and Dimension of Stone Materials and the Method for Defining the Strength Grades of Stone Materials ······ 1—1—45
Appendix B Calculating Formulas for Strength Mean Values of Various Kinds of Masonry and Their Characteristic Strength Values ······ 1—1—45
Appendix C Statical Calculation of "Semi-rigid"

Buildings ·················· 1—1—47
Appendix D Influence Coefficients φ and φ_n ·················· 1—1—47
Explanation of Wording in This Code ·················· 1—1—49
List of Quoted Standards ·················· 1—1—50
Addition: Explanation of Provisions ·················· 1—1—51

1 总　　则

1.0.1 为了贯彻执行国家的技术经济政策，坚持墙材革新、因地制宜、就地取材，合理选用结构方案和砌体材料，做到技术先进、安全适用、经济合理、确保质量，制定本规范。

1.0.2 本规范适用于建筑工程的下列砌体结构设计，特殊条件下或有特殊要求的应按专门规定进行设计：

1 砖砌体：包括烧结普通砖、烧结多孔砖、蒸压灰砂普通砖、蒸压粉煤灰普通砖、混凝土普通砖、混凝土多孔砖的无筋和配筋砌体；

2 砌块砌体：包括混凝土砌块、轻集料混凝土砌块的无筋和配筋砌体；

3 石砌体：包括各种料石和毛石的砌体。

1.0.3 本规范根据现行国家标准《建筑结构可靠度设计统一标准》GB 50068 规定的原则制订。设计术语和符号按照现行国家标准《建筑结构设计术语和符号标准》GB/T 50083 的规定采用。

1.0.4 按本规范设计时，荷载应按现行国家标准《建筑结构荷载规范》GB 50009 的规定执行；墙体材料的选择与应用应按现行国家标准《墙体材料应用统一技术规范》GB 50574 的规定执行；混凝土材料的选择应符合现行国家标准《混凝土结构设计规范》GB 50010 的要求；施工质量控制应符合现行国家标准《砌体结构工程施工质量验收规范》GB 50203、《混凝土结构工程施工质量验收规范》GB 50204 的要求；结构抗震设计应符合现行国家标准《建筑抗震设计规范》GB 50011 的有关规定。

1.0.5 砌体结构设计除应符合本规范规定外，尚应符合国家现行有关标准的规定。

2 术语和符号

2.1 术　　语

2.1.1 砌体结构　masonry structure

由块体和砂浆砌筑而成的墙、柱作为建筑物主要受力构件的结构。是砖砌体、砌块砌体和石砌体结构的统称。

2.1.2 配筋砌体结构　reinforced masonry structure

由配置钢筋的砌体作为建筑物主要受力构件的结构。是网状配筋砌体柱、水平配筋砌体墙、砖砌体和钢筋混凝土面层或钢筋砂浆面层组合砌体柱（墙）、砖砌体和钢筋混凝土构造柱组合墙和配筋砌块砌体剪力墙结构的统称。

2.1.3 配筋砌块砌体剪力墙结构　reinforced concrete masonry shear wall structure

由承受竖向和水平作用的配筋砌块砌体剪力墙和混凝土楼、屋盖所组成的房屋建筑结构。

2.1.4 烧结普通砖　fired common brick

由煤矸石、页岩、粉煤灰或黏土为主要原料，经过焙烧而成的实心砖。分烧结煤矸石砖、烧结页岩砖、烧结粉煤灰砖、烧结黏土砖等。

2.1.5 烧结多孔砖　fired perforated brick

以煤矸石、页岩、粉煤灰或黏土为主要原料，经焙烧而成、孔洞率不大于35%，孔的尺寸小而数量多，主要用于承重部位的砖。

2.1.6 蒸压灰砂普通砖　autoclaved sand-lime brick

以石灰等钙质材料和砂等硅质材料为主要原料，经坯料制备、压制排气成型、高压蒸汽养护而成的实心砖。

2.1.7 蒸压粉煤灰普通砖　autoclaved flyash-lime brick

以石灰、消石灰（如电石渣）或水泥等钙质材料与粉煤灰等硅质材料及集料（砂等）为主要原料，掺加适量石膏，经坯料制备、压制排气成型、高压蒸汽养护而成的实心砖。

2.1.8 混凝土小型空心砌块　concrete small hollow block

由普通混凝土或轻集料混凝土制成，主规格尺寸为390mm×190mm×190mm、空心率为25%～50%的空心砌块。简称混凝土砌块或砌块。

2.1.9 混凝土砖　concrete brick

以水泥为胶结材料，以砂、石等为主要集料，加水搅拌、成型、养护制成的一种多孔的混凝土半盲孔砖或实心砖。多孔砖的主规格尺寸为240mm×115mm×90mm、240mm×190mm×90mm、190mm×190mm×90mm等；实心砖的主规格尺寸为240mm×115mm×53mm、240mm×115mm×90mm等。

2.1.10 混凝土砌块（砖）专用砌筑砂浆　mortar for concrete small hollow block

由水泥、砂、水以及根据需要掺入的掺和料和外加剂等组分，按一定比例，采用机械拌和制成，专门用于砌筑混凝土砌块的砌筑砂浆。简称砌块专用砂浆。

2.1.11 混凝土砌块灌孔混凝土　grout for concrete small hollow block

由水泥、集料、水以及根据需要掺入的掺和料和外加剂等组分，按一定比例，采用机械搅拌后，用于浇注混凝土砌块砌体芯柱或其他需要填实部位孔洞的混凝土。简称砌块灌孔混凝土。

2.1.12 蒸压灰砂普通砖、蒸压粉煤灰普通砖专用砌筑砂浆　mortar for autoclaved silicate brick

由水泥、砂、水以及根据需要掺入的掺和料和外加剂等组分，按一定比例，采用机械拌和制成，专门用于砌筑蒸压灰砂砖或蒸压粉煤灰砖砌体，且砌体抗剪强度应不低于烧结普通砖砌体的取值的砂浆。

2.1.13 带壁柱墙 pilastered wall

沿墙长度方向隔一定距离将墙体局部加厚，形成的带垛墙体。

2.1.14 混凝土构造柱 structural concrete column

在砌体房屋墙体的规定部位，按构造配筋，并按先砌墙后浇灌混凝土柱的施工顺序制成的混凝土柱。通常称为混凝土构造柱，简称构造柱。

2.1.15 圈梁 ring beam

在房屋的檐口、窗顶、楼层、吊车梁顶或基础顶面标高处，沿砌体墙水平方向设置封闭状的按构造配筋的混凝土梁式构件。

2.1.16 墙梁 wall beam

由钢筋混凝土托梁和梁上计算高度范围内的砌体墙组成的组合构件。包括简支墙梁、连续墙梁和框支墙梁。

2.1.17 挑梁 cantilever beam

嵌固在砌体中的悬挑式钢筋混凝土梁。一般指房屋中的阳台挑梁、雨篷挑梁或外廊挑梁。

2.1.18 设计使用年限 design working life

设计规定的时期。在此期间结构或结构构件只需进行正常的维护便可按其预定的目的使用，而不需进行大修加固。

2.1.19 房屋静力计算方案 static analysis scheme of building

根据房屋的空间工作性能确定的结构静力计算简图。房屋的静力计算方案包括刚性方案、刚弹性方案和弹性方案。

2.1.20 刚性方案 rigid analysis scheme

按楼盖、屋盖作为水平不动铰支座对墙、柱进行静力计算的方案。

2.1.21 刚弹性方案 rigid-elastic analysis scheme

按楼盖、屋盖与墙、柱为铰接，考虑空间工作的排架或框架对墙、柱进行静力计算的方案。

2.1.22 弹性方案 elastic analysis scheme

按楼盖、屋盖与墙、柱为铰接，不考虑空间工作的平面排架或框架对墙、柱进行静力计算的方案。

2.1.23 上柔下刚多层房屋 upper flexible and lower rigid complex multistorey building

在结构计算中，顶层不符合刚性方案要求，而下面各层符合刚性方案要求的多层房屋。

2.1.24 屋盖、楼盖类别 types of roof or floor structure

根据屋盖、楼盖的结构构造及其相应的刚度对屋盖、楼盖的分类。根据常用结构，可把屋盖、楼盖划分为三类，而认为每一类屋盖和楼盖中的水平刚度大致相同。

2.1.25 砌体墙、柱高厚比 ratio of height to sectional thickness of wall or column

砌体墙、柱的计算高度与规定厚度的比值。规定厚度对墙取墙厚，对柱取对应的边长，对带壁柱墙取截面的折算厚度。

2.1.26 梁端有效支承长度 effective support length of beam end

梁端在砌体或刚性垫块界面上压应力沿梁跨方向的分布长度。

2.1.27 计算倾覆点 calculating overturning point

验算挑梁抗倾覆时，根据规定所取的转动中心。

2.1.28 伸缩缝 expansion and contraction joint

将建筑物分割成两个或若干个独立单元，彼此能自由伸缩的竖向缝。通常有双墙伸缩缝、双柱伸缩缝等。

2.1.29 控制缝 control joint

将墙体分割成若干个独立墙肢的缝，允许墙肢在其平面内自由变形，并对外力有足够的抵抗能力。

2.1.30 施工质量控制等级 category of construction quality control

根据施工现场的质保体系、砂浆和混凝土的强度、砌筑工人技术等级综合水平划分的砌体施工质量控制级别。

2.1.31 约束砌体构件 confined masonry member

通过在无筋砌体墙片的两侧、上下分别设置钢筋混凝土构造柱、圈梁形成的约束作用提高无筋砌体墙片延性和抗力的砌体构件。

2.1.32 框架填充墙 infilled wall in concrete frame structure 在框架结构中砌筑的墙体。

2.1.33 夹心墙 cavity wall with insulation

墙体中预留的连续空腔内填充保温或隔热材料，并在墙的内叶和外叶之间用防锈的金属拉结件连接形成的墙体。

2.1.34 可调节拉结件 adjustable tie

预埋在夹心墙内、外叶墙的灰缝内，利用可调节特性，消除内外叶墙因竖向变形不一致而产生的不利影响的拉结件。

2.2 符 号

2.2.1 材料性能

MU——块体的强度等级；

M——普通砂浆的强度等级；

Mb——混凝土块体（砖）专用砌筑砂浆的强度等级；

Ms——蒸压灰砂普通砖、蒸压粉煤灰普通砖专用砌筑砂浆的强度等级；

C——混凝土的强度等级；

Cb——混凝土砌块灌孔混凝土的强度等级；

f_1——块体的抗压强度等级值或平均值；

f_2——砂浆的抗压强度平均值；

f、f_k——砌体的抗压强度设计值、标准值；

f_g——单排孔且对穿孔的混凝土砌块灌孔砌体

抗压强度设计值（简称灌孔砌体抗压强度设计值）；

f_{vg}——单排孔且对穿孔的混凝土砌块灌孔砌体抗剪强度设计值（简称灌孔砌体抗剪强度设计值）；

f_t、$f_{t,k}$——砌体的轴心抗拉强度设计值、标准值；

f_{tm}、$f_{tm,k}$——砌体的弯曲抗拉强度设计值、标准值；

f_v、$f_{v,k}$——砌体的抗剪强度设计值、标准值；

f_{VE}——砌体沿阶梯形截面破坏的抗震抗剪强度设计值；

f_n——网状配筋砖砌体的抗压强度设计值；

f_y、f'_y——钢筋的抗拉、抗压强度设计值；

f_c——混凝土的轴心抗压强度设计值；

E——砌体的弹性模量；

E_c——混凝土的弹性模量；

G——砌体的剪变模量。

2.2.2 作用和作用效应

N——轴向力设计值；

N_l——局部受压面积上的轴向力设计值、梁端支承压力；

N_0——上部轴向力设计值；

N_t——轴心拉力设计值；

M——弯矩设计值；

M_r——挑梁的抗倾覆力矩设计值；

M_{ov}——挑梁的倾覆力矩设计值；

V——剪力设计值；

F_1——托梁顶面上的集中荷载设计值；

Q_1——托梁顶面上的均布荷载设计值；

Q_2——墙梁顶面上的均布荷载设计值；

σ_0——水平截面平均压应力。

2.2.3 几何参数

A——截面面积；

A_b——垫块面积；

A_c——混凝土构造柱的截面面积；

A_l——局部受压面积；

A_n——墙体净截面面积；

A_0——影响局部抗压强度的计算面积；

A_s、A'_s——受拉、受压钢筋的截面面积；

a——边长、梁端实际支承长度距离；

a_i——洞口边至墙梁最近支座中心的距离；

a_0——梁端有效支承长度；

a_s、a'_s——纵向受拉、受压钢筋重心至截面近边的距离；

b——截面宽度、边长；

b_c——混凝土构造柱沿墙长方向的宽度；

b_f——带壁柱墙的计算截面翼缘宽度、翼墙计算宽度；

b'_f——T形、倒L形截面受压区的翼缘计算宽度；

b_s——在相邻横墙、窗间墙之间或壁柱间的距离范围内的门窗洞口宽度；

c、d——距离；

e——轴向力的偏心距；

H——墙体高度、构件高度；

H_i——层高；

H_0——构件的计算高度、墙梁跨中截面的计算高度；

h——墙厚、矩形截面较小边长、矩形截面的轴向力偏心方向的边长、截面高度；

h_b——托梁高度；

h_0——截面有效高度、垫梁折算高度；

h_T——T形截面的折算厚度；

h_w——墙体高度、墙梁墙体计算截面高度；

l——构造柱的间距；

l_0——梁的计算跨度；

l_n——梁的净跨度；

I——截面惯性矩；

i——截面的回转半径；

s——间距、截面面积矩；

x_0——计算倾覆点到墙外边缘的距离；

u_{max}——最大水平位移；

W——截面抵抗矩；

y——截面重心到轴向力所在偏心方向截面边缘的距离；

z——内力臂。

2.2.4 计算系数

α——砌块砌体中灌孔混凝土面积和砌体毛面积的比值、修正系数、系数；

α_M——考虑墙梁组合作用的托梁弯矩系数；

β——构件的高厚比；

$[\beta]$——墙、柱的允许高厚比；

β_V——考虑墙梁组合作用的托梁剪力系数；

γ——砌体局部抗压强度提高系数、系数；

γ_a——调整系数；

γ_f——结构构件材料性能分项系数；

γ_0——结构重要性系数；

γ_G——永久荷载分项系数；

γ_{RE}——承载力抗震调整系数；

δ——混凝土砌块的孔洞率、系数；

ζ——托梁支座上部砌体局压系数；

ζ_c——芯柱参与工作系数；

ζ_s——钢筋参与工作系数；

η_i——房屋空间性能影响系数；

η_c——墙体约束修正系数；

η_N——考虑墙梁组合作用的托梁跨中轴力系数；

λ——计算截面的剪跨比；

μ——修正系数、剪压复合受力影响系数；

μ_1——自承重墙允许高厚比的修正系数；

μ_2——有门窗洞口墙允许高厚比的修正系数；

μ_c——设构造柱墙体允许高厚比提高系数；

ξ——截面受压区相对高度、系数；

ξ_b——受压区相对高度的界限值；

ξ_1——翼墙或构造柱对墙梁墙体受剪承载力影响系数；

ξ_2——洞口对墙梁墙体受剪承载力影响系数；

ρ——混凝土砌块砌体的灌孔率、配筋率；

ρ_s——按层间墙体竖向截面计算的水平钢筋面积率；

φ——承载力的影响系数、系数；

φ_n——网状配筋砖砌体构件的承载力的影响系数；

φ_0——轴心受压构件的稳定系数；

φ_{com}——组合砖砌体构件的稳定系数；

ψ——折减系数；

ψ_M——洞口对托梁弯矩的影响系数。

3 材　料

3.1 材料强度等级

3.1.1 承重结构的块体的强度等级，应按下列规定采用：

1 烧结普通砖、烧结多孔砖的强度等级：MU30、MU25、MU20、MU15和MU10；

2 蒸压灰砂普通砖、蒸压粉煤灰普通砖的强度等级：MU25、MU20和MU15；

3 混凝土普通砖、混凝土多孔砖的强度等级：MU30、MU25、MU20和MU15；

4 混凝土砌块、轻集料混凝土砌块的强度等级：MU20、MU15、MU10、MU7.5和MU5；

5 石材的强度等级：MU100、MU80、MU60、MU50、MU40、MU30和MU20。

注：1 用于承重的双排孔或多排孔轻集料混凝土砌块砌体的孔洞率不应大于35%；

2 对用于承重的多孔砖及蒸压硅酸盐砖的折压比限值和用于承重的非烧结材料多孔砖的孔洞率、壁及肋尺寸限值及碳化、软化性能要求应符合现行国家标准《墙体材料应用统一技术规范》GB 50574的有关规定；

3 石材的规格、尺寸及其强度等级可按本规范附录A的方法确定。

3.1.2 自承重墙的空心砖、轻集料混凝土砌块的强度等级，应按下列规定采用：

1 空心砖的强度等级：MU10、MU7.5、MU5和MU3.5；

2 轻集料混凝土砌块的强度等级：MU10、MU7.5、MU5和MU3.5。

3.1.3 砂浆的强度等级应按下列规定采用：

1 烧结普通砖、烧结多孔砖、蒸压灰砂普通砖和蒸压粉煤灰普通砖砌体采用的普通砂浆强度等级：M15、M10、M7.5、M5和M2.5；蒸压灰砂普通砖和蒸压粉煤灰普通砖砌体采用的专用砌筑砂浆强度等级：Ms15、Ms10、Ms7.5、Ms5.0；

2 混凝土普通砖、混凝土多孔砖、单排孔混凝土砌块和煤矸石混凝土砌块砌体采用的砂浆强度等级：Mb20、Mb15、Mb10、Mb7.5和Mb5；

3 双排孔或多排孔轻集料混凝土砌块砌体采用的砂浆强度等级：Mb10、Mb7.5和Mb5；

4 毛料石、毛石砌体采用的砂浆强度等级：M7.5、M5和M2.5。

注：确定砂浆强度等级时应采用同类块体为砂浆强度试块底模。

3.2 砌体的计算指标

3.2.1 龄期为28d的以毛截面计算的砌体抗压强度设计值，当施工质量控制等级为B级时，应根据块体和砂浆的强度等级分别按下列规定采用：

1 烧结普通砖、烧结多孔砖砌体的抗压强度设计值，应按表3.2.1-1采用。

表3.2.1-1 烧结普通砖和烧结多孔砖砌体的抗压强度设计值（MPa）

砖强度等级	砂浆强度等级					砂浆强度
	M15	M10	M7.5	M5	M2.5	0
MU30	3.94	3.27	2.93	2.59	2.26	1.15
MU25	3.60	2.98	2.68	2.37	2.06	1.05
MU20	3.22	2.67	2.39	2.12	1.84	0.94
MU15	2.79	2.31	2.07	1.83	1.60	0.82
MU10	—	1.89	1.69	1.50	1.30	0.67

注：当烧结多孔砖的孔洞率大于30%时，表中数值应乘以0.9。

2 混凝土普通砖和混凝土多孔砖砌体的抗压强度设计值，应按表3.2.1-2采用。

表3.2.1-2 混凝土普通砖和混凝土多孔砖砌体的抗压强度设计值（MPa）

砖强度等级	砂浆强度等级					砂浆强度
	Mb20	Mb15	Mb10	Mb7.5	Mb5	0
MU30	4.61	3.94	3.27	2.93	2.59	1.15
MU25	4.21	3.60	2.98	2.68	2.37	1.05
MU20	3.77	3.22	2.67	2.39	2.12	0.94
MU15	—	2.79	2.31	2.07	1.83	0.82

3 蒸压灰砂普通砖和蒸压粉煤灰普通砖砌体的抗压强度设计值，应按表 3.2.1-3 采用。

表 3.2.1-3 蒸压灰砂普通砖和蒸压粉煤灰普通砖砌体的抗压强度设计值（MPa）

砖强度等级	砂浆强度等级				砂浆强度
	M15	M10	M7.5	M5	0
MU25	3.60	2.98	2.68	2.37	1.05
MU20	3.22	2.67	2.39	2.12	0.94
MU15	2.79	2.31	2.07	1.83	0.82

注：当采用专用砂浆砌筑时，其抗压强度设计值按表中数值采用。

4 单排孔混凝土砌块和轻集料混凝土砌块对孔砌筑砌体的抗压强度设计值，应按表 3.2.1-4 采用。

表 3.2.1-4 单排孔混凝土砌块和轻集料混凝土砌块对孔砌筑砌体的抗压强度设计值（MPa）

砌块强度等级	砂浆强度等级					砂浆强度
	Mb20	Mb15	Mb10	Mb7.5	Mb5	0
MU20	6.30	5.68	4.95	4.44	3.94	2.33
MU15	—	4.61	4.02	3.61	3.20	1.89
MU10	—	—	2.79	2.50	2.22	1.31
MU7.5	—	—	—	1.93	1.71	1.01
MU5	—	—	—	—	1.19	0.70

注：1 对独立柱或厚度为双排组砌的砌块砌体，应按表中数值乘以 0.7；

2 对 T 形截面墙体、柱，应按表中数值乘以 0.85。

5 单排孔混凝土砌块对孔砌筑时，灌孔砌体的抗压强度设计值 f_g，应按下列方法确定：

1）混凝土砌块砌体的灌孔混凝土强度等级不应低于 Cb20，且不应低于 1.5 倍的块体强度等级。灌孔混凝土强度指标取同强度等级的混凝土强度指标。

2）灌孔混凝土砌块砌体的抗压强度设计值 f_g，应按下列公式计算：

$$f_g = f + 0.6\alpha f_c \quad (3.2.1\text{-}1)$$

$$\alpha = \delta\rho \quad (3.2.1\text{-}2)$$

式中：f_g——灌孔混凝土砌块砌体的抗压强度设计值，该值不应大于未灌孔砌体抗压强度设计值的 2 倍；

f——未灌孔混凝土砌块砌体的抗压强度设计值，应按表 3.2.1-4 采用；

f_c——灌孔混凝土的轴心抗压强度设计值；

α——混凝土砌块砌体中灌孔混凝土面积与砌体毛面积的比值；

δ——混凝土砌块的孔洞率；

ρ——混凝土砌块砌体的灌孔率，系截面灌孔混凝土面积与截面孔洞面积的比值，灌孔率应根据受力或施工条件确定，且不应小于 33%。

6 双排孔或多排孔轻集料混凝土砌块砌体的抗压强度设计值，应按表 3.2.1-5 采用。

表 3.2.1-5 双排孔或多排孔轻集料混凝土砌块砌体的抗压强度设计值（MPa）

砌块强度等级	砂浆强度等级			砂浆强度
	Mb10	Mb7.5	Mb5	0
MU10	3.08	2.76	2.45	1.44
MU7.5	—	2.13	1.88	1.12
MU5	—	—	1.31	0.78
MU3.5	—	—	0.95	0.56

注：1 表中的砌块为火山渣、浮石和陶粒轻集料混凝土砌块；

2 对厚度方向为双排组砌的轻集料混凝土砌块砌体的抗压强度设计值，应按表中数值乘以 0.8。

7 块体高度为 180mm～350mm 的毛料石砌体的抗压强度设计值，应按表 3.2.1-6 采用。

表 3.2.1-6 毛料石砌体的抗压强度设计值（MPa）

毛料石强度等级	砂浆强度等级			砂浆强度
	M7.5	M5	M2.5	0
MU100	5.42	4.80	4.18	2.13
MU80	4.85	4.29	3.73	1.91
MU60	4.20	3.71	3.23	1.65
MU50	3.83	3.39	2.95	1.51
MU40	3.43	3.04	2.64	1.35
MU30	2.97	2.63	2.29	1.17
MU20	2.42	2.15	1.87	0.95

注：对细料石砌体、粗料石砌体和干砌勾缝石砌体，表中数值应分别乘以调整系数 1.4、1.2 和 0.8。

8 毛石砌体的抗压强度设计值，应按表 3.2.1-7 采用。

表 3.2.1-7 毛石砌体的抗压强度设计值（MPa）

毛石强度等级	砂浆强度等级			砂浆强度
	M7.5	M5	M2.5	0
MU100	1.27	1.12	0.98	0.34
MU80	1.13	1.00	0.87	0.30
MU60	0.98	0.87	0.76	0.26
MU50	0.90	0.80	0.69	0.23
MU40	0.80	0.71	0.62	0.21
MU30	0.69	0.61	0.53	0.18
MU20	0.56	0.51	0.44	0.15

3.2.2 龄期为28d的以毛截面计算的各类砌体的轴心抗拉强度设计值、弯曲抗拉强度设计值和抗剪强度设计值，应符合下列规定：

1 当施工质量控制等级为B级时，强度设计值应按表3.2.2采用：

表3.2.2 沿砌体灰缝截面破坏时砌体的轴心抗拉强度设计值、弯曲抗拉强度设计值和抗剪强度设计值（MPa）

强度类别	破坏特征及砌体种类		砂浆强度等级 ≥M10	M7.5	M5	M2.5
轴心抗拉	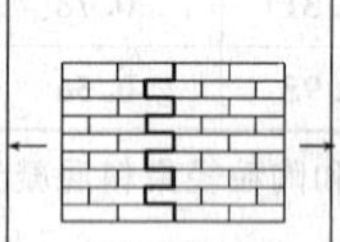 沿齿缝	烧结普通砖、烧结多孔砖	0.19	0.16	0.13	0.09
		混凝土普通砖、混凝土多孔砖	0.19	0.16	0.13	—
		蒸压灰砂普通砖、蒸压粉煤灰普通砖	0.12	0.10	0.08	—
		混凝土和轻集料混凝土砌块	0.09	0.08	0.07	—
		毛石	—	0.07	0.06	0.04
弯曲抗拉	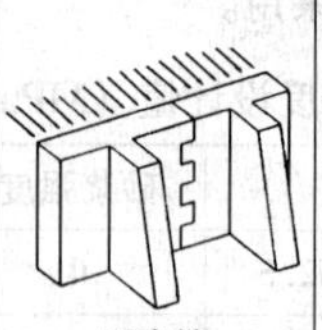 沿齿缝	烧结普通砖、烧结多孔砖	0.33	0.29	0.23	0.17
		混凝土普通砖、混凝土多孔砖	0.33	0.29	0.23	—
		蒸压灰砂普通砖、蒸压粉煤灰普通砖	0.24	0.20	0.16	—
		混凝土和轻集料混凝土砌块	0.11	0.09	0.08	—
		毛石	—	0.11	0.09	0.07
	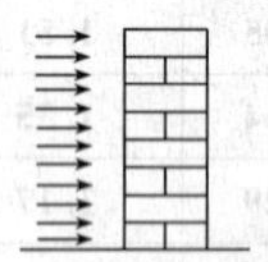 沿通缝	烧结普通砖、烧结多孔砖	0.17	0.14	0.11	0.08
		混凝土普通砖、混凝土多孔砖	0.17	0.14	0.11	—
		蒸压灰砂普通砖、蒸压粉煤灰普通砖	0.12	0.10	0.08	—
		混凝土和轻集料混凝土砌块	0.08	0.06	0.05	—
抗剪	烧结普通砖、烧结多孔砖		0.17	0.14	0.11	0.08
	混凝土普通砖、混凝土多孔砖		0.17	0.14	0.11	—
	蒸压灰砂普通砖、蒸压粉煤灰普通砖		0.12	0.10	0.08	—
	混凝土和轻集料混凝土砌块		0.09	0.08	0.06	—
	毛石		—	0.19	0.16	0.11

注：1 对于用形状规则的块体砌筑的砌体，当搭接长度与块体高度的比值小于1时，其轴心抗拉强度设计值 f_t 和弯曲抗拉强度设计值 f_{tm} 应按表中数值乘以搭接长度与块体高度比值后采用；

2 表中数值是依据普通砂浆砌筑的砌体确定，采用经研究性试验且通过技术鉴定的专用砂浆砌筑的蒸压灰砂普通砖、蒸压粉煤灰普通砖砌体，其抗剪强度设计值按相应普通砂浆强度等级砌筑的烧结普通砖砌体采用；

3 对混凝土普通砖、混凝土多孔砖、混凝土和轻集料混凝土砌块砌体，表中的砂浆强度等级分别为：≥Mb10、Mb7.5及Mb5。

2 单排孔混凝土砌块对孔砌筑时，灌孔砌体的抗剪强度设计值 f_{vg}，应按下式计算：

$$f_{vg}=0.2f_g^{0.55} \quad (3.2.2)$$

式中：f_g——灌孔砌体的抗压强度设计值（MPa）。

3.2.3 下列情况的各类砌体，其砌体强度设计值应乘以调整系数 γ_a：

1 对无筋砌体构件，其截面面积小于 $0.3m^2$ 时，γ_a 为其截面面积加0.7；对配筋砌体构件，当其中砌体截面面积小于 $0.2m^2$ 时，γ_a 为其截面面积加0.8；构件截面面积以"m^2"计；

2 当砌体用强度等级小于M5.0的水泥砂浆砌筑时，对第3.2.1条各表中的数值，γ_a 为0.9；对第3.2.2条表3.2.2中数值，γ_a 为0.8；

3 当验算施工中房屋的构件时，γ_a 为1.1。

3.2.4 施工阶段砂浆尚未硬化的新砌砌体的强度和稳定性，可按砂浆强度为零进行验算。对于冬期施工采用掺盐砂浆法施工的砌体，砂浆强度等级按常温施工的强度等级提高一级时，砌体强度和稳定性可不验算。配筋砌体不得用掺盐砂浆施工。

3.2.5 砌体的弹性模量、线膨胀系数和收缩系数、摩擦系数分别按下列规定采用。砌体的剪变模量按砌体弹性模量的0.4倍采用。烧结普通砖砌体的泊松比可取0.15。

1 砌体的弹性模量，按表3.2.5-1采用：

表3.2.5-1 砌体的弹性模量（MPa）

砌体种类	砂浆强度等级 ≥M10	M7.5	M5	M2.5
烧结普通砖、烧结多孔砖砌体	1600*f*	1600*f*	1600*f*	1390*f*
混凝土普通砖、混凝土多孔砖砌体	1600*f*	1600*f*	1600*f*	—
蒸压灰砂普通砖、蒸压粉煤灰普通砖砌体	1060*f*	1060*f*	1060*f*	—
非灌孔混凝土砌块砌体	1700*f*	1600*f*	1500*f*	—
粗料石、毛料石、毛石砌体	—	5650	4000	2250
细料石砌体	—	17000	12000	6750

注：1 轻集料混凝土砌块砌体的弹性模量，可按表中混凝土砌块砌体的弹性模量采用；

2 表中砌体抗压强度设计值不按3.2.3条进行调整；

3 表中砂浆为普通砂浆，采用专用砂浆砌筑的砌体的弹性模量也按此表取值；

4 对混凝土普通砖、混凝土多孔砖、混凝土和轻集料混凝土砌块砌体，表中的砂浆强度等级分别为：≥Mb10、Mb7.5及Mb5；

5 对蒸压灰砂普通砖和蒸压粉煤灰普通砖砌体，当采用专用砂浆砌筑时，其强度设计值按表中数值采用。

2 单排孔且对孔砌筑的混凝土砌块灌孔砌体的弹性模量，应按下列公式计算：

$$E=2000f_g \quad (3.2.5)$$

式中：f_g——灌孔砌体的抗压强度设计值。

3 砌体的线膨胀系数和收缩率，可按表3.2.5-2采用。

表3.2.5-2 砌体的线膨胀系数和收缩率

砌体类别	线膨胀系数（10^{-6}/℃）	收缩率（mm/m）
烧结普通砖、烧结多孔砖砌体	5	−0.1
蒸压灰砂普通砖、蒸压粉煤灰普通砖砌体	8	−0.2
混凝土普通砖、混凝土多孔砖、混凝土砌块砌体	10	−0.2
轻集料混凝土砌块砌体	10	−0.3
料石和毛石砌体	8	—

注：表中的收缩率系由达到收缩允许标准的块体砌筑28d的砌体收缩系数。当地方有可靠的砌体收缩试验数据时，亦可采用当地的试验数据。

4 砌体的摩擦系数，可按表3.2.5-3采用。

表3.2.5-3 砌体的摩擦系数

材料类别	摩擦面情况	
	干 燥	潮 湿
砌体沿砌体或混凝土滑动	0.70	0.60
砌体沿木材滑动	0.60	0.50
砌体沿钢滑动	0.45	0.35
砌体沿砂或卵石滑动	0.60	0.50
砌体沿粉土滑动	0.55	0.40
砌体沿黏性土滑动	0.50	0.30

4 基本设计规定

4.1 设 计 原 则

4.1.1 本规范采用以概率理论为基础的极限状态设计方法，以可靠指标度量结构构件的可靠度，采用分项系数的设计表达式进行计算。

4.1.2 砌体结构应按承载能力极限状态设计，并满足正常使用极限状态的要求。

4.1.3 砌体结构和结构构件在设计使用年限内及正常维护条件下，必须保持满足使用要求，而不需大修或加固。设计使用年限可按现行国家标准《建筑结构可靠度设计统一标准》GB 50068的有关规定确定。

4.1.4 根据建筑结构破坏可能产生的后果（危及人的生命、造成经济损失、产生社会影响等）的严重性，建筑结构应按表4.1.4划分为三个安全等级，设计时应根据具体情况适当选用。

表4.1.4 建筑结构的安全等级

安全等级	破坏后果	建筑物类型
一级	很严重	重要的房屋
二级	严重	一般的房屋
三级	不严重	次要的房屋

注：1 对于特殊的建筑物，其安全等级可根据具体情况另行确定；

2 对抗震设防区的砌体结构设计，应按现行国家标准《建筑抗震设防分类标准》GB 50223根据建筑物重要性区分建筑物类别。

4.1.5 砌体结构按承载能力极限状态设计时，应按下列公式中最不利组合进行计算：

$$\gamma_0\left(1.2S_{Gk}+1.4\gamma_L S_{Q1k}+\gamma_L\sum_{i=2}^{n}\gamma_{Qi}\psi_{ci}S_{Qik}\right)\leqslant R(f,a_k\cdots) \quad (4.1.5\text{-}1)$$

$$\gamma_0\left(1.35S_{Gk}+1.4\gamma_L\sum_{i=1}^{n}\psi_{ci}S_{Qik}\right)\leqslant R(f,a_k\cdots) \quad (4.1.5\text{-}2)$$

式中：γ_0——结构重要性系数。对安全等级为一级或设计使用年限为50a以上的结构构件，不应小于1.1；对安全等级为二级或设计使用年限为50a的结构构件，不应小于1.0；对安全等级为三级或设计使用年限为1a～5a的结构构件，不应小于0.9；

γ_L——结构构件的抗力模型不定性系数。对静力设计，考虑结构设计使用年限的荷载调整系数，设计使用年限为50a，取1.0；设计使用年限为100a，取1.1；

S_{Gk}——永久荷载标准值的效应；

S_{Q1k}——在基本组合中起控制作用的一个可变荷载标准值的效应；

S_{Qik}——第i个可变荷载标准值的效应；

$R(\cdot)$——结构构件的抗力函数；

γ_{Qi}——第i个可变荷载的分项系数；

ψ_{ci}——第i个可变荷载的组合值系数。一般情况下应取0.7；对书库、档案库、储藏室或通风机房、电梯机房应取0.9；

f——砌体的强度设计值，$f=f_k/\gamma_f$；

f_k——砌体的强度标准值，$f_k=f_m-1.645\sigma_f$；

γ_f——砌体结构的材料性能分项系数，一般情况下，宜按施工质量控制等级为B级考虑，取$\gamma_f=1.6$；当为C级时，取$\gamma_f=1.8$；当为A级时，取$\gamma_f=1.5$；

f_m——砌体的强度平均值，可按本规范附录B的方法确定；

σ_f——砌体强度的标准差；

a_k——几何参数标准值。

注：1　当工业建筑楼面活荷载标准值大于 $4kN/m^2$ 时，式中系数 1.4 应为 1.3；

2　施工质量控制等级划分要求，应符合现行国家标准《砌体结构工程施工质量验收规范》GB 50203 的有关规定。

4.1.6　当砌体结构作为一个刚体，需验算整体稳定性时，应按下列公式中最不利组合进行验算：

$$\gamma_0\left(1.2S_{G2k}+1.4\gamma_L S_{Q1k}+\gamma_L\sum_{i=2}^{n}S_{Qik}\right)\leqslant 0.8S_{G1k} \quad (4.1.6\text{-}1)$$

$$\gamma_0\left(1.35S_{G2k}+1.4\gamma_L\sum_{i=1}^{n}\psi_{ci}S_{Qik}\right)\leqslant 0.8S_{G1k} \quad (4.1.6\text{-}2)$$

式中：S_{G1k}——起有利作用的永久荷载标准值的效应；

S_{G2k}——起不利作用的永久荷载标准值的效应。

4.1.7　设计应明确建筑结构的用途，在设计使用年限内未经技术鉴定或设计许可，不得改变结构用途、构件布置和使用环境。

4.2　房屋的静力计算规定

4.2.1　房屋的静力计算，根据房屋的空间工作性能分为刚性方案、刚弹性方案和弹性方案。设计时，可按表 4.2.1 确定静力计算方案。

表 4.2.1　房屋的静力计算方案

屋盖或楼盖类别		刚性方案	刚弹性方案	弹性方案
1	整体式、装配整体和装配式无檩体系钢筋混凝土屋盖或钢筋混凝土楼盖	$s<32$	$32\leqslant s\leqslant 72$	$s>72$
2	装配式有檩体系钢筋混凝土屋盖、轻钢屋盖和有密铺望板的木屋盖或木楼盖	$s<20$	$20\leqslant s\leqslant 48$	$s>48$
3	瓦材屋面的木屋盖和轻钢屋盖	$s<16$	$16\leqslant s\leqslant 36$	$s>36$

注：1　表中 s 为房屋横墙间距，其长度单位为“m”；

2　当屋盖、楼盖类别不同或横墙间距不同时，可按本规范第 4.2.7 条的规定确定房屋的静力计算方案；

3　对无山墙或伸缩缝处无横墙的房屋，应按弹性方案考虑。

4.2.2　刚性和刚弹性方案房屋的横墙，应符合下列规定：

1　横墙中开有洞口时，洞口的水平截面面积不应超过横墙截面面积的 50%；

2　横墙的厚度不宜小于 180mm；

3　单层房屋的横墙长度不宜小于其高度，多层房屋的横墙长度不宜小于 $H/2$（H 为横墙总高度）。

注：1　当横墙不能同时符合上述要求时，应对横墙的刚度进行验算。如其最大水平位移值 $u_{max}\leqslant\frac{H}{4000}$ 时，仍可视作刚性或刚弹性方案房屋的横墙；

2　凡符合注 1 刚度要求的一段横墙或其他结构构件（如框架等），也可视作刚性或刚弹性方案房屋的横墙。

4.2.3　弹性方案房屋的静力计算，可按屋架或大梁与墙（柱）为铰接的、不考虑空间工作的平面排架或框架计算。

4.2.4　刚弹性方案房屋的静力计算，可按屋架、大梁与墙（柱）铰接并考虑空间工作的平面排架或框架计算。房屋各层的空间性能影响系数，可按表 4.2.4 采用，其计算方法应按本规范附录 C 的规定采用。

表 4.2.4　房屋各层的空间性能影响系数 η_i

屋盖或楼盖类别	横墙间距 s（m）														
	16	20	24	28	32	36	40	44	48	52	56	60	64	68	72
1	—	—	—	—	0.33	0.39	0.45	0.50	0.55	0.60	0.64	0.68	0.71	0.74	0.77
2	—	0.35	0.45	0.54	0.61	0.68	0.73	0.78	0.82	—	—	—	—	—	—
3	0.37	0.49	0.60	0.68	0.75	0.81	—	—	—	—	—	—	—	—	—

注：i 取 $1\sim n$，n 为房屋的层数。

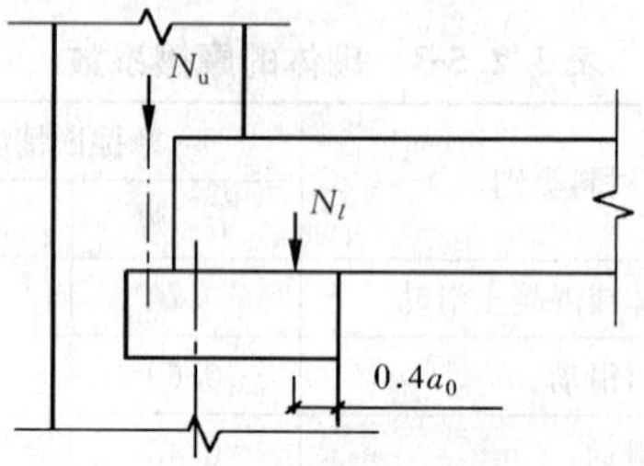

图 4.2.5　梁端支承压力位置

注：当板支撑于墙上时，板端支承压力 N_l 到墙内边的距离可取板的实际支承长度 a 的 0.4 倍。

4.2.5　刚性方案房屋的静力计算，应按下列规定进行：

1　单层房屋：在荷载作用下，墙、柱可视为上端不动铰支承于屋盖，下端嵌固于基础的竖向构件；

2　多层房屋：在竖向荷载作用下，墙、柱在每层高度范围内，可近似地视作两端铰支的竖向构件；在水平荷载作用下，墙、柱可视作竖向连续梁；

3　对本层的竖向荷载，应考虑对墙、柱的实际偏心影响，梁端支承压力 N_l 到墙内边的距离，应取梁端有效支承长度 a_0 的 0.4 倍（图 4.2.5）。由上面楼层传来的荷载 N_u，可视作作用于上一楼层的墙、柱的截面重心处；

4　对于梁跨度大于 9m 的墙承重的多层房屋，按上述方法计算时，应考虑梁端约束弯矩的影响。可按梁两端固结计算梁端弯矩，再将其乘以修正系数 γ 后，按墙体线性刚度分到上层墙底部和下层墙顶部，

修正系数 γ 可按下式计算：

$$\gamma = 0.2\sqrt{\frac{a}{h}} \qquad (4.2.5)$$

式中：a——梁端实际支承长度；

h——支承墙体的墙厚，当上下墙厚不同时取下部墙厚，当有壁柱时取 h_T。

4.2.6 刚性方案多层房屋的外墙，计算风荷载时应符合下列要求：

1 风荷载引起的弯矩，可按下式计算：

$$M = \frac{wH_i^2}{12} \qquad (4.2.6)$$

式中：w——沿楼层高均布风荷载设计值（kN/m）；

H_i——层高（m）。

2 当外墙符合下列要求时，静力计算可不考虑风荷载的影响：

1) 洞口水平截面面积不超过全截面面积的 2/3；

2) 层高和总高不超过表 4.2.6 的规定；

3) 屋面自重不小于 $0.8kN/m^2$。

表 4.2.6 外墙不考虑风荷载影响时的最大高度

基本风压值（kN/m^2）	层高（m）	总高（m）
0.4	4.0	28
0.5	4.0	24
0.6	4.0	18
0.7	3.5	18

注：对于多层混凝土砌块房屋，当外墙厚度不小于 190mm、层高不大于 2.8m、总高不大于 19.6m、基本风压不大于 $0.7kN/m^2$ 时，可不考虑风荷载的影响。

4.2.7 计算上柔下刚多层房屋时，顶层可按单层房屋计算，其空间性能影响系数可根据屋盖类别按本规范表 4.2.4 采用。

4.2.8 带壁柱墙的计算截面翼缘宽度 b_f，可按下列规定采用：

1 多层房屋，当有门窗洞口时，可取窗间墙宽度；当无门窗洞口时，每侧翼墙宽度可取壁柱高度（层高）的 1/3，但不应大于相邻壁柱间的距离；

2 单层房屋，可取壁柱宽加 2/3 墙高，但不应大于窗间墙宽度和相邻壁柱间的距离；

3 计算带壁柱墙的条形基础时，可取相邻壁柱间的距离。

4.2.9 当转角墙段角部受竖向集中荷载时，计算截面的长度可从角点算起，每侧宜取层高的 1/3。当上述墙体范围内有门窗洞口时，则计算截面取至洞边，但不宜大于层高的 1/3。当上层的竖向集中荷载传至本层时，可按均布荷载计算，此时转角墙段可按角形截面偏心受压构件进行承载力验算。

4.3 耐久性规定

4.3.1 砌体结构的耐久性应根据表 4.3.1 的环境类别和设计使用年限进行设计。

表 4.3.1 砌体结构的环境类别

环境类别	条 件
1	正常居住及办公建筑的内部干燥环境
2	潮湿的室内或室外环境，包括与无侵蚀性土和水接触的环境
3	严寒和使用化冰盐的潮湿环境（室内或室外）
4	与海水直接接触的环境，或处于滨海地区的盐饱和的气体环境
5	有化学侵蚀的气体、液体或固态形式的环境，包括有侵蚀性土壤的环境

4.3.2 当设计使用年限为 50a 时，砌体中钢筋的耐久性选择应符合表 4.3.2 的规定。

表 4.3.2 砌体中钢筋耐久性选择

环境类别	钢筋种类和最低保护要求	
	位于砂浆中的钢筋	位于灌孔混凝土中的钢筋
1	普通钢筋	普通钢筋
2	重镀锌或有等效保护的钢筋	当采用混凝土灌孔时，可为普通钢筋；当采用砂浆灌孔时应为重镀锌或有等效保护的钢筋
3	不锈钢或有等效保护的钢筋	重镀锌或有等效保护的钢筋
4和5	不锈钢或等效保护的钢筋	不锈钢或等效保护的钢筋

注：1 对夹心墙的外叶墙，应采用重镀锌或有等效保护的钢筋；

2 表中的钢筋即为国家现行标准《混凝土结构设计规范》GB 50010 和《冷轧带肋钢筋混凝土结构技术规程》JGJ 95 等标准规定的普通钢筋或非预应力钢筋。

4.3.3 设计使用年限为 50a 时，砌体中钢筋的保护层厚度，应符合下列规定：

1 配筋砌体中钢筋的最小混凝土保护层应符合表 4.3.3 的规定；

2 灰缝中钢筋外露砂浆保护层的厚度不应小于15mm；

3 所有钢筋端部均应有与对应钢筋的环境类别条件相同的保护层厚度；

4 对填实的夹心墙或特别的墙体构造，钢筋的最小保护层厚度，应符合下列规定：

1）用于环境类别1时，应取20mm厚砂浆或灌孔混凝土与钢筋直径较大者；

2）用于环境类别2时，应取20mm厚灌孔混凝土与钢筋直径较大者；

3）采用重镀锌钢筋时，应取20mm厚砂浆或灌孔混凝土与钢筋直径较大者；

4）采用不锈钢筋时，应取钢筋的直径。

表 4.3.3 钢筋的最小保护层厚度

环境类别	混凝土强度等级			
	C20	C25	C30	C35
	最低水泥含量（kg/m³）			
	260	280	300	320
1	20	20	20	20
2	—	25	25	25
3	—	40	40	30
4	—	—	40	40
5	—	—	—	40

注：1 材料中最大氯离子含量和最大碱含量应符合现行国家标准《混凝土结构设计规范》GB 50010的规定；

2 当采用防渗砌体块体和防渗砂浆时，可以考虑部分砌体（含抹灰层）的厚度作为保护层，但对环境类别1、2、3，其混凝土保护层的厚度相应不应小于10mm、15mm和20mm；

3 钢筋砂浆面层的组合砌体构件的钢筋保护层厚度宜比表4.3.3规定的混凝土保护层厚度数值增加5mm～10mm；

4 对安全等级为一级或设计使用年限为50a以上的砌体结构，钢筋保护层的厚度应至少增加10mm。

4.3.4 设计使用年限为50a时，夹心墙的钢筋连接件或钢筋网片、连接钢板、锚固螺栓或钢筋，应采用重镀锌或等效的防护涂层，镀锌层的厚度不应小于290g/m²；当采用环氧涂层时，灰缝钢筋涂层厚度不应小于290μm，其余部件涂层厚度不应小于450μm。

4.3.5 设计使用年限为50a时，砌体材料的耐久性应符合下列规定：

1 地面以下或防潮层以下的砌体、潮湿房间的墙或环境类别2的砌体，所用材料的最低强度等级应符合表4.3.5的规定：

表 4.3.5 地面以下或防潮层以下的砌体、潮湿房间的墙所用材料的最低强度等级

潮湿程度	烧结普通砖	混凝土普通砖、蒸压普通砖	混凝土砌块	石材	水泥砂浆
稍潮湿的	MU15	MU20	MU7.5	MU30	M5
很潮湿的	MU20	MU20	MU10	MU30	M7.5
含水饱和的	MU20	MU25	MU15	MU40	M10

注：1 在冻胀地区，地面以下或防潮层以下的砌体，不宜采用多孔砖，如采用时，其孔洞应用不低于M10的水泥砂浆预先灌实。当采用混凝土空心砌块时，其孔洞应采用强度等级不低于Cb20的混凝土预先灌实；

2 对安全等级为一级或设计使用年限大于50a的房屋，表中材料强度等级应至少提高一级。

2 处于环境类别3～5等有侵蚀性介质的砌体材料应符合下列规定：

1）不应采用蒸压灰砂普通砖、蒸压粉煤灰普通砖；

2）应采用实心砖，砖的强度等级不应低于MU20，水泥砂浆的强度等级不应低于M10；

3）混凝土砌块的强度等级不应低于MU15，灌孔混凝土的强度等级不应低于Cb30，砂浆的强度等级不应低于Mb10；

4）应根据环境条件对砌体材料的抗冻指标、耐酸、碱性能提出要求，或符合有关规范的规定。

5 无筋砌体构件

5.1 受压构件

5.1.1 受压构件的承载力，应符合下式的要求：

$$N \leqslant \varphi f A \quad (5.1.1)$$

式中：N——轴向力设计值；

φ——高厚比β和轴向力的偏心距e对受压构件承载力的影响系数；

f——砌体的抗压强度设计值；

A——截面面积。

注：1 对矩形截面构件，当轴向力偏心方向的截面边长大于另一方向的边长时，除按偏心受压计算外，还应对较小边长方向，按轴心受压进行验算；

2 受压构件承载力的影响系数φ，可按本规范附录D的规定采用；

3 对带壁柱墙，当考虑翼缘宽度时，可按本规范第4.2.8条采用。

5.1.2 确定影响系数φ时，构件高厚比β应按下列公式计算：

对矩形截面 $$\beta = \gamma_\beta \frac{H_0}{h} \quad (5.1.2\text{-}1)$$

对T形截面　　$\beta=\gamma_\beta \frac{H_0}{h_T}$　　(5.1.2-2)

式中：γ_β——不同材料砌体构件的高厚比修正系数，按表5.1.2采用；

H_0——受压构件的计算高度，按本规范表5.1.3确定；

h——矩形截面轴向力偏心方向的边长，当轴心受压时为截面较小边长；

h_T——T形截面的折算厚度，可近似按3.5i计算，i为截面回转半径。

表5.1.2　高厚比修正系数 γ_β

砌体材料类别	γ_β
烧结普通砖、烧结多孔砖	1.0
混凝土普通砖、混凝土多孔砖、混凝土及轻集料混凝土砌块	1.1
蒸压灰砂普通砖、蒸压粉煤灰普通砖、细料石	1.2
粗料石、毛石	1.5

注：对灌孔混凝土砌块砌体，γ_β 取1.0。

5.1.3　受压构件的计算高度 H_0，应根据房屋类别和构件支承条件等按表5.1.3采用。表中的构件高度 H，应按下列规定采用：

1　在房屋底层，为楼板顶面到构件下端支点的距离。下端支点的位置，可取在基础顶面。当埋置较深且有刚性地坪时，可取室外地面下500mm处；

2　在房屋其他层，为楼板或其他水平支点间的距离；

3　对于无壁柱的山墙，可取层高加山墙尖高度的1/2；对于带壁柱的山墙可取壁柱处的山墙高度。

表5.1.3　受压构件的计算高度 H_0

房屋类别			柱		带壁柱墙或周边拉接的墙		
			排架方向	垂直排架方向	$s>2H$	$2H\geqslant s>H$	$s\leqslant H$
有吊车的单层房屋	变截面柱上段	弹性方案	$2.5H_u$	$1.25H_u$	$2.5H_u$		
		刚性、刚弹性方案	$2.0H_u$	$1.25H_u$	$2.0H_u$		
	变截面柱下段		$1.0H_l$	$0.8H_l$	$1.0H_l$		
无吊车的单层和多层房屋	单跨	弹性方案	$1.5H$	$1.0H$	$1.5H$		
		刚弹性方案	$1.2H$	$1.0H$	$1.2H$		
	多跨	弹性方案	$1.25H$	$1.0H$	$1.25H$		
		刚弹性方案	$1.10H$	$1.0H$	$1.1H$		
	刚性方案		$1.0H$	$1.0H$	$1.0H$	$0.4s+0.2H$	$0.6s$

注：1　表中 H_u 为变截面柱的上段高度；H_l 为变截面柱的下段高度；

2　对于上端为自由端的构件，$H_0=2H$；

3　独立砖柱，当无柱间支撑时，柱在垂直排架方向的 H_0 应按表中数值乘以1.25后采用；

4　s 为房屋横墙间距；

5　自承重墙的计算高度应根据周边支承或拉结条件确定。

5.1.4　对有吊车的房屋，当荷载组合不考虑吊车作用时，变截面柱上段的计算高度可按本规范表5.1.3规定采用；变截面柱下段的计算高度，可按下列规定采用：

1　当 $H_u/H\leqslant 1/3$ 时，取无吊车房屋的 H_0；

2　当 $1/3<H_u/H<1/2$ 时，取无吊车房屋的 H_0 乘以修正系数，修正系数 μ 可按下式计算：

$$\mu = 1.3 - 0.3 I_u/I_l \tag{5.1.4}$$

式中：I_u——变截面柱上段的惯性矩；

I_l——变截面柱下段的惯性矩。

3　当 $H_u/H\geqslant 1/2$ 时，取无吊车房屋的 H_0。但在确定 β 值时，应采用上柱截面。

注：本条规定也适用于无吊车房屋的变截面柱。

5.1.5　按内力设计值计算的轴向力的偏心距 e 不应超过0.6y。y 为截面重心到轴向力所在偏心方向截面边缘的距离。

5.2　局部受压

5.2.1　砌体截面中受局部均匀压力时的承载力，应满足下式的要求：

$$N_l \leqslant \gamma f A_l \tag{5.2.1}$$

式中：N_l——局部受压面积上的轴向力设计值；

γ——砌体局部抗压强度提高系数；

f——砌体的抗压强度设计值，局部受压面积小于0.3m²，可不考虑强度调整系数 γ_a 的影响；

A_l——局部受压面积。

5.2.2　砌体局部抗压强度提高系数 γ，应符合下列规定：

1　γ 可按下式计算：

$$\gamma = 1 + 0.35\sqrt{\frac{A_0}{A_l} - 1} \tag{5.2.2}$$

式中：A_0——影响砌体局部抗压强度的计算面积。

2　计算所得 γ 值，尚应符合下列规定：

1）在图5.2.2（a）的情况下，$\gamma\leqslant 2.5$；

2）在图5.2.2（b）的情况下，$\gamma\leqslant 2.0$；

3）在图5.2.2（c）的情况下，$\gamma\leqslant 1.5$；

4）在图5.2.2（d）的情况下，$\gamma\leqslant 1.25$；

5）按本规范第6.2.13条的要求灌孔的混凝土砌块砌体，在1）、2）款的情况下，尚应符合 $\gamma\leqslant 1.5$。未灌孔混凝土砌块砌体，$\gamma=1.0$；

6）对多孔砖砌体孔洞难以灌实时，应按 $\gamma=1.0$ 取用；当设置混凝土垫块时，按垫块下的砌体局部受压计算。

5.2.3　影响砌体局部抗压强度的计算面积，可按下列规定采用：

1　在图5.2.2（a）的情况下，$A_0=(a+c+h)h$；

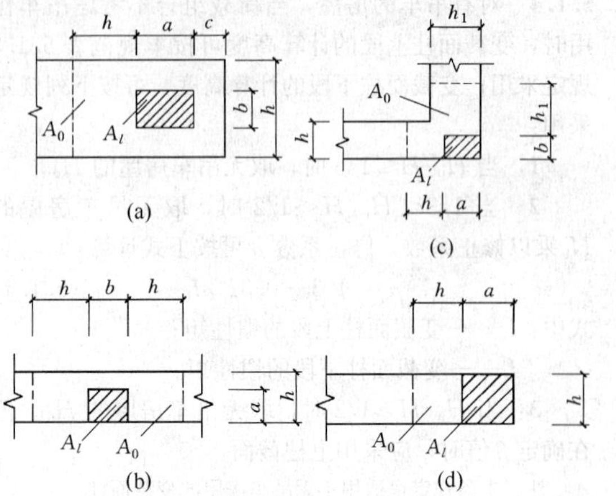

图 5.2.2 影响局部抗压强度的面积 A_0

2 在图 5.2.2（b）的情况下，$A_0=(b+2h)h$；

3 在图 5.2.2（c）的情况下，

$A_0=(a+h)h+(b+h_1-h)h_1$；

4 在图 5.2.2（d）的情况下，$A_0=(a+h)h$；

式中：a、b——矩形局部受压面积 A_l 的边长；

h、h_1——墙厚或柱的较小边长，墙厚；

c——矩形局部受压面积的外边缘至构件边缘的较小距离，当大于 h 时，应取为 h。

5.2.4 梁端支承处砌体的局部受压承载力，应按下列公式计算：

$$\psi N_0+N_l\leqslant\eta\gamma fA_l \qquad (5.2.4\text{-}1)$$

$$\psi=1.5-0.5\frac{A_0}{A_l} \qquad (5.2.4\text{-}2)$$

$$N_0=\sigma_0A_l \qquad (5.2.4\text{-}3)$$

$$A_l=a_0b \qquad (5.2.4\text{-}4)$$

$$a_0=10\sqrt{\frac{h_c}{f}} \qquad (5.2.4\text{-}5)$$

式中：ψ——上部荷载的折减系数，当 A_0/A_l 大于或等于 3 时，应取 ψ 等于 0；

N_0——局部受压面积内上部轴向力设计值（N）；

N_l——梁端支承压力设计值（N）；

σ_0——上部平均压应力设计值（N/mm^2）；

η——梁端底面压应力图形的完整系数，应取 0.7，对于过梁和墙梁应取 1.0；

a_0——梁端有效支承长度（mm）；当 a_0 大于 a 时，应取 a_0 等于 a，a 为梁端实际支承长度（mm）；

b——梁的截面宽度（mm）；

h_c——梁的截面高度（mm）；

f——砌体的抗压强度设计值（MPa）。

5.2.5 在梁端设有刚性垫块时的砌体局部受压，应符合下列规定：

1 刚性垫块下的砌体局部受压承载力，应按下列公式计算：

$$N_0+N_l\leqslant\varphi\gamma_1fA_b \qquad (5.2.5\text{-}1)$$

$$N_0=\sigma_0A_b \qquad (5.2.5\text{-}2)$$

$$A_b=a_bb_b \qquad (5.2.5\text{-}3)$$

式中：N_0——垫块面积 A_b 内上部轴向力设计值（N）；

φ——垫块上 N_0 与 N_l 合力的影响系数，应取 β 小于或等于 3，按第 5.1.1 条规定取值；

γ_1——垫块外砌体面积的有利影响系数，γ_1 应为 0.8γ，但不小于 1.0。γ 为砌体局部抗压强度提高系数，按公式（5.2.2）以 A_b 代替 A_l 计算得出；

A_b——垫块面积（mm^2）；

a_b——垫块伸入墙内的长度（mm）；

b_b——垫块的宽度（mm）。

2 刚性垫块的构造，应符合下列规定：

1) 刚性垫块的高度不应小于 180mm，自梁边算起的垫块挑出长度不应大于垫块高度 t_b；

2) 在带壁柱墙的壁柱内设刚性垫块时（图 5.2.5），其计算面积应取壁柱范围内的面积，而不应计算翼缘部分，同时壁柱上垫块伸入翼墙内的长度不应小于 120mm；

3) 当现浇垫块与梁端整体浇筑时，垫块可在梁高范围内设置。

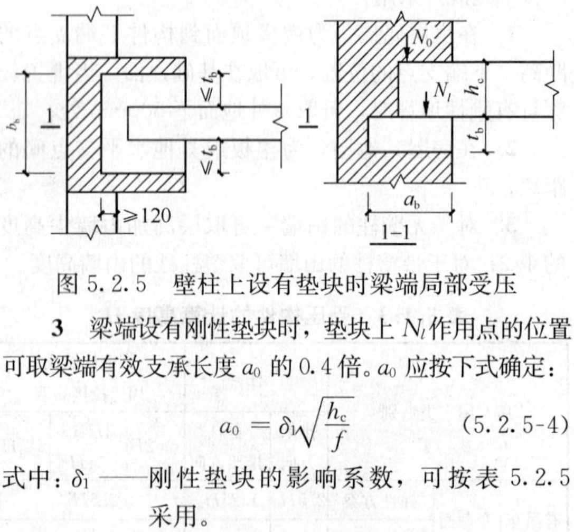

图 5.2.5 壁柱上设有垫块时梁端局部受压

3 梁端设有刚性垫块时，垫块上 N_l 作用点的位置可取梁端有效支承长度 a_0 的 0.4 倍。a_0 应按下式确定：

$$a_0=\delta_1\sqrt{\frac{h_c}{f}} \qquad (5.2.5\text{-}4)$$

式中：δ_1——刚性垫块的影响系数，可按表 5.2.5 采用。

表 5.2.5 系数 δ_1 值表

σ_0/f	0	0.2	0.4	0.6	0.8
δ_1	5.4	5.7	6.0	6.9	7.8

注：表中其间的数值可采用插入法求得。

5.2.6 梁下设有长度大于 πh_0 的垫梁时，垫梁上梁端有效支承长度 a_0 可按公式（5.2.5-4）计算。垫梁下的砌体局部受压承载力，应按下列公式计算：

$$N_0+N_l\leqslant2.4\delta_2fb_bh_0 \qquad (5.2.6\text{-}1)$$

$$N_0=\pi b_bh_0\sigma_0/2 \qquad (5.2.6\text{-}2)$$

$$h_0=2\sqrt[3]{\frac{E_cI_c}{Eh}} \qquad (5.2.6\text{-}3)$$

式中：N_0——垫梁上部轴向力设计值（N）；

b_b——垫梁在墙厚方向的宽度（mm）；

δ_2——垫梁底面压应力分布系数，当荷载沿墙厚方向均匀分布时可取 1.0，不均匀分布时可取 0.8；

h_0——垫梁折算高度（mm）；

E_c、I_c——分别为垫梁的混凝土弹性模量和截面惯性矩；

E——砌体的弹性模量；

h——墙厚（mm）。

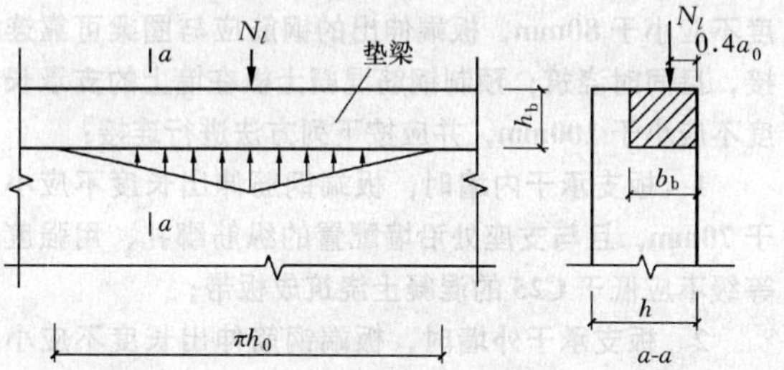

图 5.2.6 垫梁局部受压

5.3 轴心受拉构件

5.3.1 轴心受拉构件的承载力，应满足下式的要求：

$$N_t \leqslant f_t A \quad (5.3.1)$$

式中：N_t——轴心拉力设计值；

f_t——砌体的轴心抗拉强度设计值，应按表 3.2.2 采用。

5.4 受弯构件

5.4.1 受弯构件的承载力，应满足下式的要求：

$$M \leqslant f_{tm} W \quad (5.4.1)$$

式中：M——弯矩设计值；

f_{tm}——砌体弯曲抗拉强度设计值，应按表 3.2.2 采用；

W——截面抵抗矩。

5.4.2 受弯构件的受剪承载力，应按下列公式计算：

$$V \leqslant f_v bz \quad (5.4.2\text{-}1)$$

$$z = I/S \quad (5.4.2\text{-}2)$$

式中：V——剪力设计值；

f_v——砌体的抗剪强度设计值，应按表 3.2.2 采用；

b——截面宽度；

z——内力臂，当截面为矩形时取 z 等于 $2h/3$（h 为截面高度）；

I——截面惯性矩；

S——截面面积矩。

5.5 受剪构件

5.5.1 沿通缝或沿阶梯形截面破坏时受剪构件的承载力，应按下列公式计算：

$$V \leqslant (f_v + \alpha\mu\sigma_0)A \quad (5.5.1\text{-}1)$$

当 $\gamma_G = 1.2$ 时，$\mu = 0.26 - 0.082\dfrac{\sigma_0}{f}$ (5.5.1-2)

当 $\gamma_G = 1.35$ 时，$\mu = 0.23 - 0.065\dfrac{\sigma_0}{f}$ (5.5.1-3)

式中：V——剪力设计值；

A——水平截面面积；

f_v——砌体抗剪强度设计值，对灌孔的混凝土砌块砌体取 f_{vg}；

α——修正系数；当 $\gamma_G = 1.2$ 时，砖（含多孔砖）砌体取 0.60，混凝土砌块砌体取 0.64；当 $\gamma_G = 1.35$ 时，砖（含多孔砖）砌体取 0.64，混凝土砌块砌体取 0.66；

μ——剪压复合受力影响系数；

f——砌体的抗压强度设计值；

σ_0——永久荷载设计值产生的水平截面平均压应力，其值不应大于 $0.8f$。

6 构造要求

6.1 墙、柱的高厚比验算

6.1.1 墙、柱的高厚比应按下式验算：

$$\beta = \frac{H_0}{h} \leqslant \mu_1\mu_2[\beta] \quad (6.1.1)$$

式中：H_0——墙、柱的计算高度；

h——墙厚或矩形柱与 H_0 相对应的边长；

μ_1——自承重墙允许高厚比的修正系数；

μ_2——有门窗洞口墙允许高厚比的修正系数；

$[\beta]$——墙、柱的允许高厚比，应按表 6.1.1 采用。

注：1 墙、柱的计算高度应按本规范第 5.1.3 条采用；

2 当与墙连接的相邻两墙间的距离 $s \leqslant \mu_1\mu_2[\beta]h$ 时，墙的高度可不受本条限制；

3 变截面柱的高厚比可按上、下截面分别验算，其计算高度可按第 5.1.4 条的规定采用。验算上柱的高厚比时，墙、柱的允许高厚比可按表 6.1.1 的数值乘以 1.3 后采用。

表 6.1.1 墙、柱的允许高厚比 [β] 值

砌体类型	砂浆强度等级	墙	柱
无筋砌体	M2.5	22	15
	M5.0 或 Mb5.0、Ms5.0	24	16
	≥M7.5 或 Mb7.5、Ms7.5	26	17
配筋砌块砌体	—	30	21

注：1 毛石墙、柱的允许高厚比应按表中数值降低 20%；

2 带有混凝土或砂浆面层的组合砖砌体构件的允许高厚比，可按表中数值提高 20%，但不得大于 28；

3 验算施工阶段砂浆尚未硬化的新砌砌体构件高厚比时，允许高厚比对墙取 14，对柱取 11。

6.1.2 带壁柱墙和带构造柱墙的高厚比验算，应按下列规定进行：

1 按公式（6.1.1）验算带壁柱墙的高厚比，此时公式中 h 应改用带壁柱墙截面的折算厚度 h_T，在确定截面回转半径时，墙截面的翼缘宽度，可按本规范第4.2.8条的规定采用；当确定带壁柱墙的计算高度 H_0 时，s 应取与之相交相邻墙之间的距离。

2 当构造柱截面宽度不小于墙厚时，可按公式（6.1.1）验算带构造柱墙的高厚比，此时公式中 h 取墙厚；当确定带构造柱墙的计算高度 H_0 时，s 应取相邻横墙间的距离；墙的允许高厚比 $[\beta]$ 可乘以修正系数 μ_c，μ_c 可按下式计算：

$$\mu_c = 1 + \gamma \frac{b_c}{l} \tag{6.1.2}$$

式中：γ——系数。对细料石砌体，$\gamma=0$；对混凝土砌块、混凝土多孔砖、粗料石、毛料石及毛石砌体，$\gamma=1.0$；其他砌体，$\gamma=1.5$；

b_c——构造柱沿墙长方向的宽度；

l——构造柱的间距。

当 $b_c/l > 0.25$ 时取 $b_c/l = 0.25$，当 $b_c/l < 0.05$ 时取 $b_c/l = 0$。

注：考虑构造柱有利作用的高厚比验算不适用于施工阶段。

3 按公式（6.1.1）验算壁柱间墙或构造柱间墙的高厚比时，s 应取相邻壁柱间或相邻构造柱间的距离。设有钢筋混凝土圈梁的带壁柱墙或带构造柱墙，当 $b/s \geqslant 1/30$ 时，圈梁可视作壁柱间墙或构造柱间墙的不动铰支点（b 为圈梁宽度）。当不满足上述条件且不允许增加圈梁宽度时，可按墙体平面外等刚度原则增加圈梁高度，此时，圈梁仍可视为壁柱间墙或构造柱间墙的不动铰支点。

6.1.3 厚度不大于240mm的自承重墙，允许高厚比修正系数 μ_1，应按下列规定采用：

1 墙厚为240mm时，μ_1 取1.2；墙厚为90mm时，μ_1 取1.5；当墙厚小于240mm且大于90mm时，μ_1 按插入法取值。

2 上端为自由端墙的允许高厚比，除按上述规定提高外，尚可提高30%。

3 对厚度小于90mm的墙，当双面采用不低于M10的水泥砂浆抹面，包括抹面层的墙厚不小于90mm时，可按墙厚等于90mm验算高厚比。

6.1.4 对有门窗洞口的墙，允许高厚比修正系数，应符合下列要求：

1 允许高厚比修正系数，应按下式计算：

$$\mu_2 = 1 - 0.4 \frac{b_s}{s} \tag{6.1.4}$$

式中：b_s——在宽度 s 范围内的门窗洞口总宽度；

s——相邻横墙或壁柱之间的距离。

2 当按公式（6.1.4）计算的 μ_2 的值小于0.7时，μ_2 取0.7；当洞口高度等于或小于墙高的1/5时，μ_2 取1.0。

3 当洞口高度大于或等于墙高的4/5时，可按独立墙段验算高厚比。

6.2 一般构造要求

6.2.1 预制钢筋混凝土板在混凝土圈梁上的支承长度不应小于80mm，板端伸出的钢筋应与圈梁可靠连接，且同时浇筑；预制钢筋混凝土板在墙上的支承长度不应小于100mm，并应按下列方法进行连接：

1 板支承于内墙时，板端钢筋伸出长度不应小于70mm，且与支座处沿墙配置的纵筋绑扎，用强度等级不应低于C25的混凝土浇筑成板带；

2 板支承于外墙时，板端钢筋伸出长度不应小于100mm，且与支座处沿墙配置的纵筋绑扎，并用强度等级不应低于C25的混凝土浇筑成板带；

3 预制钢筋混凝土板与现浇板对接时，预制板端钢筋应伸入现浇板中进行连接后，再浇筑现浇板。

6.2.2 墙体转角处和纵横墙交接处应沿竖向每隔400mm～500mm设拉结钢筋，其数量为每120mm墙厚不少于1根直径6mm的钢筋；或采用焊接钢筋网片，埋入长度从墙的转角或交接处算起，对实心砖墙每边不小于500mm，对多孔砖墙和砌块墙不小于700mm。

6.2.3 填充墙、隔墙应分别采取措施与周边主体结构构件可靠连接，连接构造和嵌缝材料应能满足传力、变形、耐久和防护要求。

6.2.4 在砌体中留槽洞及埋设管道时，应遵守下列规定：

1 不应在截面长边小于500mm的承重墙体、独立柱内埋设管线；

2 不宜在墙体中穿行暗线或预留、开凿沟槽，当无法避免时应采取必要的措施或按削弱后的截面验算墙体的承载力。

注：对受力较小或未灌孔的砌块砌体，允许在墙体的竖向孔洞中设置管线。

6.2.5 承重的独立砖柱截面尺寸不应小于240mm×370mm。毛石墙的厚度不宜小于350mm，毛料石柱较小边长不宜小于400mm。

注：当有振动荷载时，墙、柱不宜采用毛石砌体。

6.2.6 支承在墙、柱上的吊车梁、屋架及跨度大于或等于下列数值的预制梁的端部，应采用锚固件与墙、柱上的垫块锚固：

1 对砖砌体为9m；

2 对砌块和料石砌体为7.2m。

6.2.7 跨度大于6m的屋架和跨度大于下列数值的梁，应在支承处砌体上设置混凝土或钢筋混凝土垫块；当墙中设有圈梁时，垫块与圈梁宜浇成整体。

1 对砖砌体为 4.8m；

2 对砌块和料石砌体为 4.2m；

3 对毛石砌体为 3.9m。

6.2.8 当梁跨度大于或等于下列数值时，其支承处宜加设壁柱，或采取其他加强措施：

1 对 240mm 厚的砖墙为 6m；对 180 mm 厚的砖墙为 4.8m；

2 对砌块、料石墙为 4.8m。

6.2.9 山墙处的壁柱或构造柱宜砌至山墙顶部，且屋面构件应与山墙可靠拉结。

6.2.10 砌块砌体应分皮错缝搭砌，上下皮搭砌长度不应小于 90mm。当搭砌长度不满足上述要求时，应在水平灰缝内设置不小于 2 根直径不小于 4mm 的焊接钢筋网片（横向钢筋的间距不应大于 200mm，网片每端应伸出该垂直缝不小于 300mm）。

6.2.11 砌块墙与后砌隔墙交接处，应沿墙高每 400mm 在水平灰缝内设置不少于 2 根直径不小于 4mm、横筋间距不应大于 200mm 的焊接钢筋网片（图 6.2.11）。

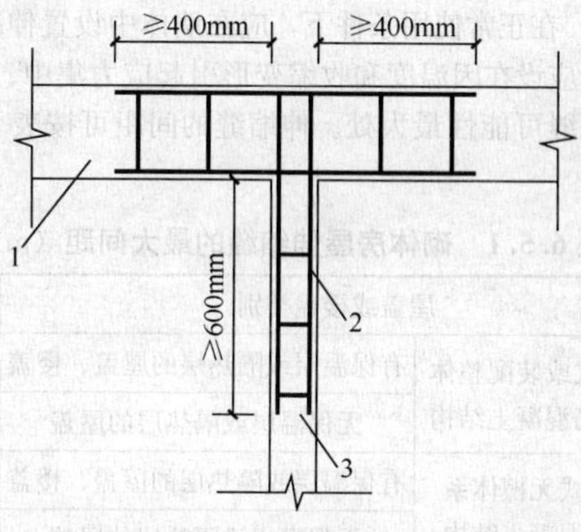

图 6.2.11 砌块墙与后砌隔墙交接处钢筋网片

1—砌块墙；2—焊接钢筋网片；3—后砌隔墙

6.2.12 混凝土砌块房屋，宜将纵横墙交接处，距墙中心线每边不小于 300mm 范围内的孔洞，采用不低于 Cb20 混凝土沿全墙高灌实。

6.2.13 混凝土砌块墙体的下列部位，如未设圈梁或混凝土垫块，应采用不低于 Cb20 混凝土将孔洞灌实：

1 搁栅、檩条和钢筋混凝土楼板的支承面下，高度不应小于 200mm 的砌体；

2 屋架、梁等构件的支承面下，长度不应小于 600mm，高度不应小于 600mm 的砌体；

3 挑梁支承面下，距墙中心线每边不应小于 300mm，高度不应小于 600mm 的砌体。

6.3 框架填充墙

6.3.1 框架填充墙墙体除应满足稳定要求外，尚应考虑水平风荷载及地震作用的影响。地震作用可按现行国家标准《建筑抗震设计规范》GB 50011 中非结构构件的规定计算。

6.3.2 在正常使用和正常维护条件下，填充墙的使用年限宜与主体结构相同，结构的安全等级可按二级考虑。

6.3.3 填充墙的构造设计，应符合下列规定：

1 填充墙宜选用轻质块体材料，其强度等级应符合本规范第 3.1.2 条的规定；

2 填充墙砌筑砂浆的强度等级不宜低于 M5（Mb5、Ms5）；

3 填充墙墙体墙厚不应小于 90mm；

4 用于填充墙的夹心复合砌块，其两肢块体之间应有拉结。

6.3.4 填充墙与框架的连接，可根据设计要求采用脱开或不脱开方法。有抗震设防要求时宜采用填充墙与框架脱开的方法。

1 当填充墙与框架采用脱开的方法时，宜符合下列规定：

1）填充墙两端与框架柱，填充墙顶面与框架梁之间留出不小于 20mm 的间隙；

2）填充墙端部应设置构造柱，柱间距宜不大于 20 倍墙厚且不大于 4000mm，柱宽度不小于 100mm。柱竖向钢筋不宜小于 $\phi10$，箍筋宜为 $\phi^{R}5$，竖向间距不宜大于 400mm。竖向钢筋与框架梁或其挑出部分的预埋件或预留钢筋连接，绑扎接头时不小于 $30d$，焊接时（单面焊）不小于 $10d$（d 为钢筋直径）。柱顶与框架梁（板）应预留不小于 15mm 的缝隙，用硅酮胶或其他弹性密封材料封缝。当填充墙有宽度大于 2100mm 的洞口时，洞口两侧应加设宽度不小于 50mm 的单筋混凝土柱；

3）填充墙两端宜卡入设在梁、板底及柱侧的卡口铁件内，墙侧卡口板的竖向间距不宜大于 500mm，墙顶卡口板的水平间距不宜大于 1500mm；

4）墙体高度超过 4m 时宜在墙高中部设置与柱连通的水平系梁。水平系梁的截面高度不小于 60mm。填充墙高不宜大于 6m；

5）填充墙与框架柱、梁的缝隙可采用聚苯乙烯泡沫塑料板条或聚氨酯发泡材料充填，并用硅酮胶或其他弹性密封材料封缝；

6）所有连接用钢筋、金属配件、铁件、预埋件等均应作防腐防锈处理，并应符合本规范第 4.3 节的规定。嵌缝材料应能满足变形和防护要求。

2 当填充墙与框架采用不脱开的方法时，宜符合下列规定：

1）沿柱高每隔 500mm 配置 2 根直径 6mm 的

拉结钢筋（墙厚大于240mm时配置3根直径6mm），钢筋伸入填充墙长度不宜小于700mm，且拉结钢筋应错开截断，相距不宜小于200mm。填充墙墙顶应与框架梁紧密结合。顶面与上部结构接触处宜用一皮砖或配砖斜砌楔紧；

2）当填充墙有洞口时，宜在窗洞口的上端或下端、门洞口的上端设置钢筋混凝土带，钢筋混凝土带应与过梁的混凝土同时浇筑，其过梁的断面及配筋由设计确定。钢筋混凝土带的混凝土强度等级不小于C20。当有洞口的填充墙尽端至门窗洞口边距离小于240mm时，宜采用钢筋混凝土门窗框；

3）填充墙长度超过5m或墙长大于2倍层高时，墙顶与梁宜有拉接措施，墙体中部应加设构造柱；墙高度超过4m时宜在墙高中部设置与柱连接的水平系梁，墙高超过6m时，宜沿墙高每2m设置与柱连接的水平系梁，梁的截面高度不小于60mm。

6.4 夹心墙

6.4.1 夹心墙的夹层厚度，不宜大于120mm。

6.4.2 外叶墙的砖及混凝土砌块的强度等级，不应低于MU10。

6.4.3 夹心墙的有效面积，应取承重或主叶墙的面积。高厚比验算时，夹心墙的有效厚度，按下式计算：

$$h_l = \sqrt{h_1^2 + h_2^2} \quad (6.4.3)$$

式中：h_l——夹心复合墙的有效厚度；

h_1、h_2——分别为内、外叶墙的厚度。

6.4.4 夹心墙外叶墙的最大横向支承间距，宜按下列规定采用：设防烈度为6度时不宜大于9m，7度时不宜大于6m，8、9度时不宜大于3m。

6.4.5 夹心墙的内、外叶墙，应由拉结件可靠拉结，拉结件宜符合下列规定：

1 当采用环形拉结件时，钢筋直径不应小于4mm，当为Z形拉结件时，钢筋直径不应小于6mm；拉结件应沿竖向梅花形布置，拉结件的水平和竖向最大间距分别不宜大于800mm和600mm；对有振动或有抗震设防要求时，其水平和竖向最大间距分别不宜大于800mm和400mm；

2 当采用可调拉结件时，钢筋直径不应小于4mm，拉结件的水平和竖向最大间距均不宜大于400mm。叶墙间灰缝的高差不大于3mm，可调拉结件中孔眼和扣钉间的公差不大于1.5mm；

3 当采用钢筋网片作拉结件时，网片横向钢筋的直径不应小于4mm；其间距不应大于400mm；网片的竖向间距不宜大于600mm；对有振动或有抗震设防要求时，不宜大于400mm；

4 拉结件在叶墙上的搁置长度，不应小于叶墙厚度的2/3，并不应小于60mm；

5 门窗洞口周边300mm范围内应附加间距不大于600mm的拉结件。

6.4.6 夹心墙拉结件或网片的选择与设置，应符合下列规定：

1 夹心墙宜用不锈钢拉结件。拉结件用钢筋制作或采用钢筋网片时，应先进行防腐处理，并应符合本规范4.3的有关规定；

2 非抗震设防地区的多层房屋，或风荷载较小地区的高层的夹芯墙可采用环形或Z形拉结件；风荷载较大地区的高层建筑房屋宜采用焊接钢筋网片；

3 抗震设防地区的砌体房屋（含高层建筑房屋）夹心墙应采用焊接钢筋网作为拉结件。焊接网应沿夹心墙连续通长设置，外叶墙至少有一根纵向钢筋。钢筋网片可计入内叶墙的配筋率，其搭接与锚固长度应符合有关规范的规定；

4 可调节拉结件宜用于多层房屋的夹心墙，其竖向和水平间距均不应大于400mm。

6.5 防止或减轻墙体开裂的主要措施

6.5.1 在正常使用条件下，应在墙体中设置伸缩缝。伸缩缝应设在因温度和收缩变形引起应力集中、砌体产生裂缝可能性最大处。伸缩缝的间距可按表6.5.1采用。

表6.5.1 砌体房屋伸缩缝的最大间距（m）

屋盖或楼盖类别		间距
整体式或装配整体式钢筋混凝土结构	有保温层或隔热层的屋盖、楼盖	50
	无保温层或隔热层的屋盖	40
装配式无檩体系钢筋混凝土结构	有保温层或隔热层的屋盖、楼盖	60
	无保温层或隔热层的屋盖	50
装配式有檩体系钢筋混凝土结构	有保温层或隔热层的屋盖	75
	无保温层或隔热层的屋盖	60
瓦材屋盖、木屋盖或楼盖、轻钢屋盖		100

注：1 对烧结普通砖、烧结多孔砖、配筋砌块砌体房屋，取表中数值；对石砌体、蒸压灰砂普通砖、蒸压粉煤灰普通砖、混凝土砌块、混凝土普通砖和混凝土多孔砖房屋，取表中数值乘以0.8的系数，当墙体有可靠外保温措施时，其间距可取表中数值；

2 在钢筋混凝土屋面上挂瓦的屋盖应按钢筋混凝土屋盖采用；

3 层高大于5m的烧结普通砖、烧结多孔砖、配筋砌块砌体结构单层房屋，其伸缩缝间距可按表中数值乘以1.3；

4 温差较大且变化频繁地区和严寒地区不采暖的房屋及构筑物墙体的伸缩缝的最大间距，应按表中数值予以适当减小；

5 墙体的伸缩缝应与结构的其他变形缝相重合，缝宽度应满足各种变形缝的变形要求；在进行立面处理时，必须保证缝隙的变形作用。

6.5.2 房屋顶层墙体，宜根据情况采取下列措施：

1 屋面应设置保温、隔热层；

2 屋面保温（隔热）层或屋面刚性面层及砂浆找平层应设置分隔缝，分隔缝间距不宜大于 6m，其缝宽不小于 30mm，并与女儿墙隔开；

3 采用装配式有檩体系钢筋混凝土屋盖和瓦材屋盖；

4 顶层屋面板下设置现浇钢筋混凝土圈梁，并沿内外墙拉通，房屋两端圈梁下的墙体内宜设置水平钢筋；

5 顶层墙体有门窗等洞口时，在过梁上的水平灰缝内设置 2～3 道焊接钢筋网片或 2 根直径 6mm 钢筋，焊接钢筋网片或钢筋应伸入洞口两端墙内不小于 600mm；

6 顶层及女儿墙砂浆强度等级不低于 M7.5（Mb7.5、Ms7.5）；

7 女儿墙应设置构造柱，构造柱间距不宜大于 4m，构造柱应伸至女儿墙顶并与现浇钢筋混凝土压顶整浇在一起；

8 对顶层墙体施加竖向预应力。

6.5.3 房屋底层墙体，宜根据情况采取下列措施：

1 增大基础圈梁的刚度；

2 在底层的窗台下墙体灰缝内设置 3 道焊接钢筋网片或 2 根直径 6mm 钢筋，并应伸入两边窗间墙内不小于 600mm。

6.5.4 在每层门、窗过梁上方的水平灰缝内及窗台下第一和第二道水平灰缝内，宜设置焊接钢筋网片或 2 根直径 6mm 钢筋，焊接钢筋网片或钢筋应伸入两边窗间墙内不小于 600mm。当墙长大于 5m 时，宜在每层墙高度中部设置 2～3 道焊接钢筋网片或 3 根直径 6mm 的通长水平钢筋，竖向间距为 500mm。

6.5.5 房屋两端和底层第一、第二开间门窗洞处，可采取下列措施：

1 在门窗洞口两边墙体的水平灰缝中，设置长度不小于 900mm、竖向间距为 400mm 的 2 根直径 4mm 的焊接钢筋网片。

2 在顶层和底层设置通长钢筋混凝土窗台梁，窗台梁高宜为块材高度的模数，梁内纵筋不少于 4 根，直径不小于 10mm，箍筋直径不小于 6mm，间距不大于 200mm，混凝土强度等级不低于 C20。

3 在混凝土砌块房屋门窗洞口两侧不少于一个孔洞中设置直径不小于 12mm 的竖向钢筋，竖向钢筋应在楼层圈梁或基础内锚固，孔洞用不低于 Cb20 混凝土灌实。

6.5.6 填充墙砌体与梁、柱或混凝土墙体结合的界面处（包括内、外墙），宜在粉刷前设置钢丝网片，网片宽度可取 400mm，并沿界面缝两侧各延伸 200mm，或采取其他有效的防裂、盖缝措施。

6.5.7 当房屋刚度较大时，可在窗台下或窗台角处墙体内、在墙体高度或厚度突然变化处设置竖向控制缝。竖向控制缝宽度不宜小于 25mm，缝内填以压缩性能好的填充材料，且外部用密封材料密封，并采用不吸水的、闭孔发泡聚乙烯实心圆棒（背衬）作为密封膏的隔离物（图 6.5.7）。

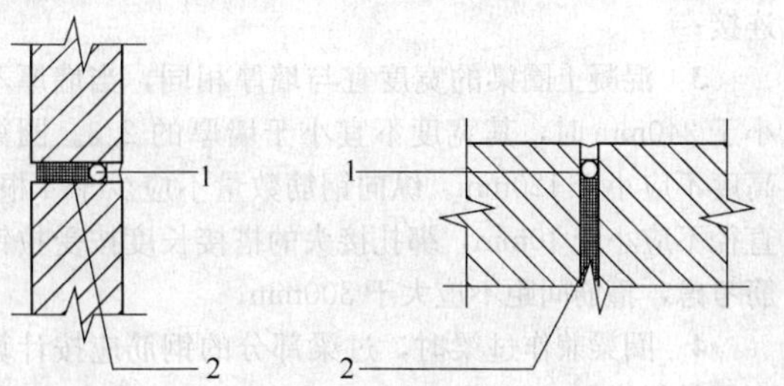

图 6.5.7 控制缝构造

1—不吸水的、闭孔发泡聚乙烯实心圆棒；

2—柔软、可压缩的填充物

6.5.8 夹心复合墙的外叶墙宜在建筑墙体适当部位设置控制缝，其间距宜为 6m～8m。

7 圈梁、过梁、墙梁及挑梁

7.1 圈 梁

7.1.1 对于有地基不均匀沉降或较大振动荷载的房屋，可按本节规定在砌体墙中设置现浇混凝土圈梁。

7.1.2 厂房、仓库、食堂等空旷单层房屋应按下列规定设置圈梁：

1 砖砌体结构房屋，檐口标高为 5m～8m 时，应在檐口标高处设置圈梁一道；檐口标高大于 8m 时，应增加设置数量；

2 砌块及料石砌体结构房屋，檐口标高为 4m～5m 时，应在檐口标高处设置圈梁一道；檐口标高大于 5m 时，应增加设置数量；

3 对有吊车或较大振动设备的单层工业房屋，当未采取有效的隔振措施时，除在檐口或窗顶标高处设置现浇混凝土圈梁外，尚应增加设置数量。

7.1.3 住宅、办公楼等多层砌体结构民用房屋，且层数为 3 层～4 层时，应在底层和檐口标高处各设置一道圈梁。当层数超过 4 层时，除应在底层和檐口标高处各设置一道圈梁外，至少应在所有纵、横墙上隔层设置。多层砌体工业房屋，应每层设置现浇混凝土圈梁。设置墙梁的多层砌体结构房屋，应在托梁、墙梁顶面和檐口标高处设置现浇钢筋混凝土圈梁。

7.1.4 建筑在软弱地基或不均匀地基上的砌体结构房屋，除按本节规定设置圈梁外，尚应符合现行国家标准《建筑地基基础设计规范》GB 50007 的有关规定。

7.1.5 圈梁应符合下列构造要求：

1 圈梁宜连续地设在同一水平面上，并形成封闭状；当圈梁被门窗洞口截断时，应在洞口上部增设相同截面的附加圈梁。附加圈梁与圈梁的搭接长度不应小于其中到中垂直间距的2倍，且不得小于1m；

2 纵、横墙交接处的圈梁应可靠连接。刚弹性和弹性方案房屋，圈梁应与屋架、大梁等构件可靠连接；

3 混凝土圈梁的宽度宜与墙厚相同，当墙厚不小于240mm时，其宽度不宜小于墙厚的2/3。圈梁高度不应小于120mm。纵向钢筋数量不应少于4根，直径不应小于10mm，绑扎接头的搭接长度按受拉钢筋考虑，箍筋间距不应大于300mm；

4 圈梁兼作过梁时，过梁部分的钢筋应按计算面积另行增配。

7.1.6 采用现浇混凝土楼（屋）盖的多层砌体结构房屋，当层数超过5层时，除应在檐口标高处设置一道圈梁外，可隔层设置圈梁，并应与楼（屋）面板一起现浇。未设置圈梁的楼面板嵌入墙内的长度不应小于120mm，并沿墙长配置不少于2根直径为10mm的纵向钢筋。

7.2 过 梁

7.2.1 对有较大振动荷载或可能产生不均匀沉降的房屋，应采用混凝土过梁。当过梁的跨度不大于1.5m时，可采用钢筋砖过梁；不大于1.2m时，可采用砖砌平拱过梁。

7.2.2 过梁的荷载，应按下列规定采用：

1 对砖和砌块砌体，当梁、板下的墙体高度 h_w 小于过梁的净跨 l_n 时，过梁应计入梁、板传来的荷载，否则可不考虑梁、板荷载；

2 对砖砌体，当过梁上的墙体高度 h_w 小于 $l_n/3$ 时，墙体荷载应按墙体的均布自重采用，否则应按高度为 $l_n/3$ 墙体的均布自重来采用；

3 对砌块砌体，当过梁上的墙体高度 h_w 小于 $l_n/2$ 时，墙体荷载应按墙体的均布自重采用，否则应按高度为 $l_n/2$ 墙体的均布自重采用。

7.2.3 过梁的计算，宜符合下列规定：

1 砖砌平拱受弯和受剪承载力，可按5.4.1条和5.4.2条计算；

2 钢筋砖过梁的受弯承载力可按式（7.2.3）计算，受剪承载力，可按本规范第5.4.2条计算；

$$M \leqslant 0.85 h_0 f_y A_s \quad (7.2.3)$$

式中：M——按简支梁计算的跨中弯矩设计值；

h_0——过梁截面的有效高度，$h_0 = h - a_s$；

a_s——受拉钢筋重心至截面下边缘的距离；

h——过梁的截面计算高度，取过梁底面以上的墙体高度，但不大于 $l_n/3$；当考虑梁、板传来的荷载时，则按梁、板下的高度采用；

f_y——钢筋的抗拉强度设计值；

A_s——受拉钢筋的截面面积。

3 混凝土过梁的承载力，应按混凝土受弯构件计算。验算过梁下砌体局部受压承载力时，可不考虑上层荷载的影响；梁端底面压应力图形完整系数可取1.0，梁端有效支承长度可取实际支承长度，但不应大于墙厚。

7.2.4 砖砌过梁的构造，应符合下列规定：

1 砖砌过梁截面计算高度内的砂浆不宜低于M5（Mb5、Ms5）；

2 砖砌平拱用竖砖砌筑部分的高度不应小于240mm；

3 钢筋砖过梁底面砂浆层处的钢筋，其直径不应小于5mm，间距不宜大于120mm，钢筋伸入支座砌体内的长度不宜小于240mm，砂浆层的厚度不宜小于30mm。

7.3 墙 梁

7.3.1 承重与自承重简支墙梁、连续墙梁和框支墙梁的设计，应符合本节规定。

7.3.2 采用烧结普通砖砌体、混凝土普通砖砌体、混凝土多孔砖砌体和混凝土砌块砌体的墙梁设计应符合下列规定：

1 墙梁设计应符合表7.3.2的规定：

表 7.3.2 墙梁的一般规定

墙梁类别	墙体总高度(m)	跨度(m)	墙体高跨比 h_w/l_{0i}	托梁高跨比 h_b/l_{0i}	洞宽比 b_h/l_{0i}	洞高 h_h
承重墙梁	≤18	≤9	≥0.4	≥1/10	≤0.3	≤$5h_w/6$ 且 h_w-h_h≥0.4m
自承重墙梁	≤18	≤12	≥1/3	≥1/15	≤0.8	—

注：墙体总高度指托梁顶面到檐口的高度，带阁楼的坡屋面应算到山尖墙1/2高度处。

2 墙梁计算高度范围内每跨允许设置一个洞口，洞口高度，对窗洞取洞顶至托梁顶面距离。对自承重墙梁，洞口至边支座中心的距离不应小于 $0.1l_{0i}$，门窗洞上口至墙顶的距离不应小于0.5m。

3 洞口边缘至支座中心的距离，距边支座不应小于墙梁计算跨度的0.15倍，距中支座不应小于墙梁计算跨度的0.07倍。托梁支座处上部墙体设置混凝土构造柱、且构造柱边缘至洞口边缘的距离不小于240mm时，洞口边至支座中心距离的限值可不受本规定限制。

4 托梁高跨比，对无洞口墙梁不宜大于1/7，对靠近支座有洞口的墙梁不宜大于1/6。配筋砌块砌体墙梁的托梁高跨比可适当放宽，但不宜小于1/14；当墙梁结构中的墙体均为配筋砌块砌体时，墙体总高度可不受本规定限制。

7.3.3 墙梁的计算简图，应按图7.3.3采用。各计算参数应符合下列规定：

1 墙梁计算跨度，对简支墙梁和连续墙梁取净跨的1.1倍或支座中心线距离的较小值；框支墙梁支座中心线距离，取框架柱轴线间的距离；

2 墙体计算高度，取托梁顶面上一层墙体（包括顶梁）高度，当 h_w 大于 l_0 时，取 h_w 等于 l_0（对连续墙梁和多跨框支墙梁，l_0 取各跨的平均值）；

3 墙梁跨中截面计算高度，取 $H_0 = h_w + 0.5h_b$；

4 翼墙计算宽度，取窗间墙宽度或横墙间距的2/3，且每边不大于3.5倍的墙体厚度和墙梁计算跨度的1/6；

5 框架柱计算高度，取 $H_c = H_{cn} + 0.5h_b$；H_{cn} 为框架柱的净高，取基础顶面至托梁底面的距离。

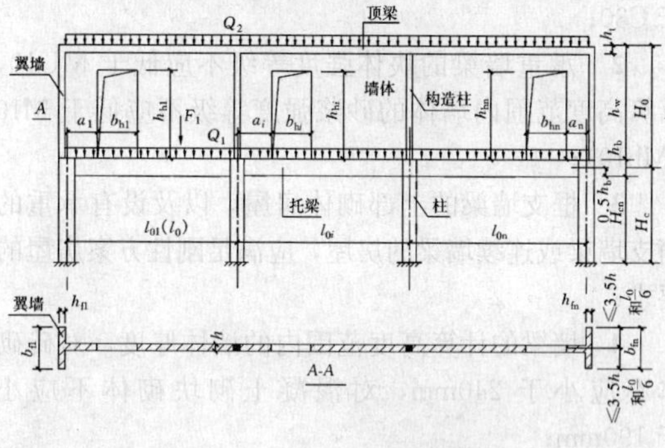

图7.3.3 墙梁计算简图

$l_0(l_{0i})$—墙梁计算跨度；h_w—墙体计算高度；h—墙体厚度；H_0—墙梁跨中截面计算高度；b_{fl}—翼墙计算宽度；H_c—框架柱计算高度；b_{hi}—洞口宽度；h_{hi}—洞口高度；a_i—洞口边缘至支座中心的距离；Q_1、F_1—承重墙梁的托梁顶面的荷载设计值；Q_2—承重墙梁的墙梁顶面的荷载设计值

7.3.4 墙梁的计算荷载，应按下列规定采用：

1 使用阶段墙梁上的荷载，应按下列规定采用：

1）承重墙梁的托梁顶面的荷载设计值，取托梁自重及本层楼盖的恒荷载和活荷载；

2）承重墙梁的墙梁顶面的荷载设计值，取托梁以上各层墙体自重，以及墙梁顶面以上各层楼（屋）盖的恒荷载和活荷载；集中荷载可沿作用的跨度近似化为均布荷载；

3）自承重墙梁的墙梁顶面的荷载设计值，取托梁自重及托梁以上墙体自重。

2 施工阶段托梁上的荷载，应按下列规定采用：

1）托梁自重及本层楼盖的恒荷载；

2）本层楼盖的施工荷载；

3）墙体自重，可取高度为 $l_{0\max}/3$ 的墙体自重，开洞时尚应按洞顶以下实际分布的墙体自重复核；$l_{0\max}$ 为各计算跨度的最大值。

7.3.5 墙梁应分别进行托梁使用阶段正截面承载力和斜截面受剪承载力计算、墙体受剪承载力和托梁支座上部砌体局部受压承载力计算，以及施工阶段托梁承载力验算。自承重墙梁可不验算墙体受剪承载力和砌体局部受压承载力。

7.3.6 墙梁的托梁正截面承载力，应按下列规定计算：

1 托梁跨中截面应按混凝土偏心受拉构件计算，第 i 跨跨中最大弯矩设计值 M_{bi} 及轴心拉力设计值 N_{bti} 可按下列公式计算：

$$M_{bi} = M_{1i} + \alpha_M M_{2i} \quad (7.3.6\text{-}1)$$

$$N_{bti} = \eta_N \frac{M_{2i}}{H_0} \quad (7.3.6\text{-}2)$$

1）当为简支墙梁时：

$$\alpha_M = \psi_M \left(1.7\frac{h_b}{l_0} - 0.03\right) \quad (7.3.6\text{-}3)$$

$$\psi_M = 4.5 - 10\frac{a}{l_0} \quad (7.3.6\text{-}4)$$

$$\eta_N = 0.44 + 2.1\frac{h_w}{l_0} \quad (7.3.6\text{-}5)$$

2）当为连续墙梁和框支墙梁时：

$$\alpha_M = \psi_M \left(2.7\frac{h_b}{l_{0i}} - 0.08\right) \quad (7.3.6\text{-}6)$$

$$\psi_M = 3.8 - 8.0\frac{a_i}{l_{0i}} \quad (7.3.6\text{-}7)$$

$$\eta_N = 0.8 + 2.6\frac{h_w}{l_{0i}} \quad (7.3.6\text{-}8)$$

式中：M_{1i}——荷载设计值 Q_1、F_1 作用下的简支梁跨中弯矩或按连续梁、框架分析的托梁第 i 跨跨中最大弯矩；

M_{2i}——荷载设计值 Q_2 作用下的简支梁跨中弯矩或按连续梁、框架分析的托梁第 i 跨跨中最大弯矩；

α_M——考虑墙梁组合作用的托梁跨中截面弯矩系数，可按公式（7.3.6-3）或（7.3.6-6）计算，但对自承重简支墙梁应乘以折减系数0.8；当公式（7.3.6-3）中的 $h_b/l_0 > 1/6$ 时，取 $h_b/l_0 = 1/6$；当公式（7.3.6-3）中的 $h_b/l_{0i} > 1/7$ 时，取 $h_b/l_{0i} = 1/7$；当 $\alpha_M > 1.0$ 时，取 $\alpha_M = 1.0$；

η_N——考虑墙梁组合作用的托梁跨中截面轴力系数，可按公式（7.3.6-5）或（7.3.6-8）计算，但对自承重简支墙梁应乘以折减系数0.8；当 $h_w/l_{0i} > 1$ 时，取 $h_w/l_{0i} = 1$；

ψ_M——洞口对托梁跨中截面弯矩的影响系数，对无洞口墙梁取1.0，对有洞口墙梁可按公式（7.3.6-4）或（7.3.6-7）计算；

a_i——洞口边缘至墙梁最近支座中心的距离，

当 $a_i > 0.35l_{0i}$ 时，取 $a_i = 0.35l_{0i}$。

2 托梁支座截面应按混凝土受弯构件计算，第 j 支座的弯矩设计值 M_{bj} 可按下列公式计算：

$$M_{bj} = M_{1j} + \alpha_M M_{2j} \quad (7.3.6\text{-}9)$$

$$\alpha_M = 0.75 - \frac{a_i}{l_{0i}} \quad (7.3.6\text{-}10)$$

式中：M_{1j} ——荷载设计值 Q_1、F_1 作用下按连续梁或框架分析的托梁第 j 支座截面的弯矩设计值；

M_{2j} ——荷载设计值 Q_2 作用下按连续梁或框架分析的托梁第 j 支座截面的弯矩设计值；

α_M ——考虑墙梁组合作用的托梁支座截面弯矩系数，无洞口墙梁取 0.4，有洞口墙梁可按公式（7.3.6-10）计算。

7.3.7 对多跨框支墙梁的框支边柱，当柱的轴向压力增大对承载力不利时，在墙梁荷载设计值 Q_2 作用下的轴向压力值应乘以修正系数 1.2。

7.3.8 墙梁的托梁斜截面受剪承载力应按混凝土受弯构件计算，第 j 支座边缘截面的剪力设计值 V_{bj} 可按下式计算：

$$V_{bj} = V_{1j} + \beta_v V_{2j} \quad (7.3.8)$$

式中：V_{1j} ——荷载设计值 Q_1、F_1 作用下按简支梁、连续梁或框架分析的托梁第 j 支座边缘截面剪力设计值；

V_{2j} ——荷载设计值 Q_2 作用下按简支梁、连续梁或框架分析的托梁第 j 支座边缘截面剪力设计值；

β_v ——考虑墙梁组合作用的托梁剪力系数，无洞口墙梁边支座截面取 0.6，中间支座截面取 0.7；有洞口墙梁边支座截面取 0.7，中间支座截面取 0.8；对自承重墙梁，无洞口时取 0.45，有洞口时取 0.5。

7.3.9 墙梁的墙体受剪承载力，应按公式（7.3.9）验算，当墙梁支座处墙体中设置上、下贯通的落地混凝土构造柱，且其截面不小于 240mm×240mm 时，可不验算墙梁的墙体受剪承载力。

$$V_2 \leqslant \xi_1 \xi_2 \left(0.2 + \frac{h_b}{l_{0i}} + \frac{h_t}{l_{0i}}\right) f h h_w \quad (7.3.9)$$

式中：V_2 ——在荷载设计值 Q_2 作用下墙梁支座边缘截面剪力的最大值；

ξ_1 ——翼墙影响系数，对单层墙梁取 1.0，对多层墙梁，当 $b_f/h = 3$ 时取 1.3，当 $b_f/h = 7$ 时取 1.5，当 $3 < b_f/h < 7$ 时，按线性插入取值；

ξ_2 ——洞口影响系数，无洞口墙梁取 1.0，多层有洞口墙梁取 0.9，单层有洞口墙梁取 0.6；

h_t ——墙梁顶面圈梁截面高度。

7.3.10 托梁支座上部砌体局部受压承载力，应按公式（7.3.10-1）验算，当墙梁的墙体中设置上、下贯通的落地混凝土构造柱，且其截面不小于 240mm×240mm 时，或当 b_f/h 大于等于 5 时，可不验算托梁支座上部砌体局部受压承载力。

$$Q_2 \leqslant \zeta f h \quad (7.3.10\text{-}1)$$

$$\zeta = 0.25 + 0.08 \frac{b_f}{h} \quad (7.3.10\text{-}2)$$

式中：ζ ——局压系数。

7.3.11 托梁应按混凝土受弯构件进行施工阶段的受弯、受剪承载力验算，作用在托梁上的荷载可按本规范第 7.3.4 条的规定采用。

7.3.12 墙梁的构造应符合下列规定：

1 托梁和框支柱的混凝土强度等级不应低于 C30；

2 承重墙梁的块体强度等级不应低于 MU10，计算高度范围内墙体的砂浆强度等级不应低于 M10（Mb10）；

3 框支墙梁的上部砌体房屋，以及设有承重的简支墙梁或连续墙梁的房屋，应满足刚性方案房屋的要求；

4 墙梁的计算高度范围内的墙体厚度，对砖砌体不应小于 240mm，对混凝土砌块砌体不应小于 190mm；

5 墙梁洞口上方应设置混凝土过梁，其支承长度不应小于 240mm；洞口范围内不应施加集中荷载；

6 承重墙梁的支座处应设置落地翼墙，翼墙厚度，对砖砌体不应小于 240mm，对混凝土砌块砌体不应小于 190mm，翼墙宽度不应小于墙梁墙体厚度的 3 倍，并与墙梁墙体同时砌筑。当不能设置翼墙时，应设置落地且上、下贯通的混凝土构造柱；

7 当墙梁墙体在靠近支座 1/3 跨度范围内开洞时，支座处应设置落地且上、下贯通的混凝土构造柱，并应与每层圈梁连接；

8 墙梁计算高度范围内的墙体，每天可砌筑高度不应超过 1.5m，否则，应加设临时支撑；

9 托梁两侧各两个开间的楼盖应采用现浇混凝土楼盖，楼板厚度不应小于 120mm，当楼板厚度大于 150mm 时，应采用双层双向钢筋网，楼板上应少开洞，洞口尺寸大于 800mm 时应设洞口边梁；

10 托梁每跨底部的纵向受力钢筋应通长设置，不应在跨中弯起或截断；钢筋连接应采用机械连接或焊接；

11 托梁跨中截面的纵向受力钢筋总配筋率不应小于 0.6%；

12 托梁上部通长布置的纵向钢筋面积与跨中下部纵向钢筋面积之比值不应小于 0.4；连续墙梁或多跨框支墙梁的托梁支座上部附加纵向钢筋从支座边缘

算起每边延伸长度不应小于 $l_0/4$；

13 承重墙梁的托梁在砌体墙、柱上的支承长度不应小于 350mm；纵向受力钢筋伸入支座的长度应符合受拉钢筋的锚固要求；

14 当托梁截面高度 h_b 大于等于 450mm 时，应沿梁截面高度设置通长水平腰筋，其直径不应小于 12mm，间距不应大于 200mm；

15 对于洞口偏置的墙梁，其托梁的箍筋加密区范围应延到洞口外，距洞边的距离大于等于托梁截面高度 h_b（图 7.3.12），箍筋直径不应小于 8mm，间距不应大于 100mm。

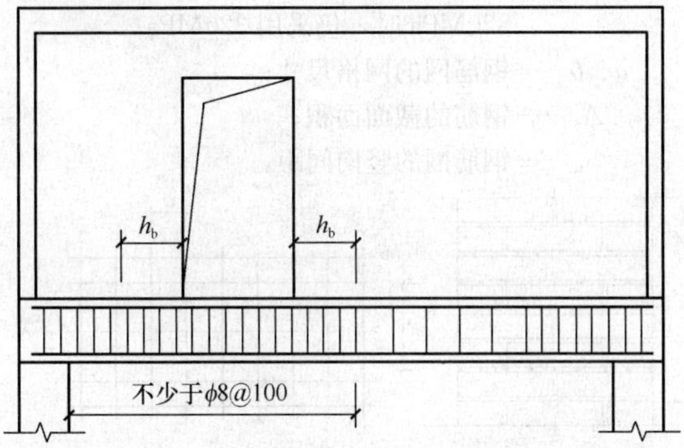

图 7.3.12 偏开洞时托梁箍筋加密区

7.4 挑 梁

7.4.1 砌体墙中混凝土挑梁的抗倾覆，应按下列公式进行验算：

$$M_{ov} \leqslant M_r \tag{7.4.1}$$

式中：M_{ov}——挑梁的荷载设计值对计算倾覆点产生的倾覆力矩；

M_r——挑梁的抗倾覆力矩设计值。

7.4.2 挑梁计算倾覆点至墙外边缘的距离可按下列规定采用：

1 当 l_1 不小于 $2.2h_b$ 时（l_1 为挑梁埋入砌体墙中的长度，h_b 为挑梁的截面高度），梁计算倾覆点到墙外边缘的距离可按式（7.4.2-1）计算，且其结果不应大于 $0.13l_1$。

$$x_0 = 0.3h_b \tag{7.4.2-1}$$

式中：x_0——计算倾覆点至墙外边缘的距离（mm）；

2 当 l_1 小于 $2.2h_b$ 时，梁计算倾覆点到墙外边缘的距离可按下式计算：

$$x_0 = 0.13l_1 \tag{7.4.2-2}$$

3 当挑梁下有混凝土构造柱或垫梁时，计算倾覆点到墙外边缘的距离可取 $0.5x_0$。

7.4.3 挑梁的抗倾覆力矩设计值，可按下式计算：

$$M_r = 0.8G_r(l_2 - x_0) \tag{7.4.3}$$

式中：G_r——挑梁的抗倾覆荷载，为挑梁尾端上部 45°扩展角的阴影范围（其水平长度为 l_3）内本层的砌体与楼面恒荷载标准值之和（图 7.4.3）；当上部楼层无挑梁时，抗倾覆荷载中可计及上部楼层的楼面永久荷载；

l_2——G_r 作用点至墙外边缘的距离。

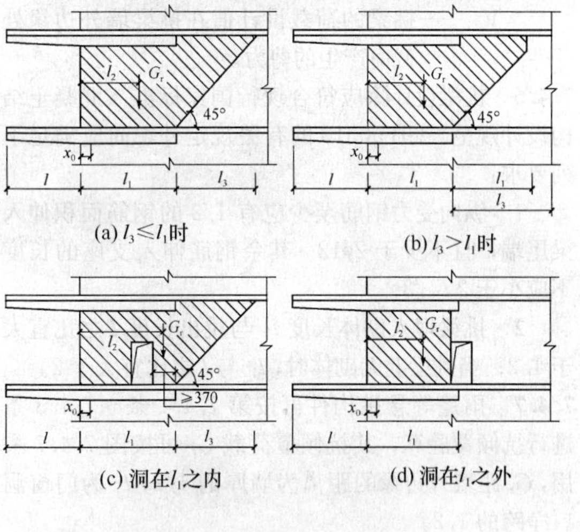

图 7.4.3 挑梁的抗倾覆荷载

7.4.4 挑梁下砌体的局部受压承载力，可按下式验算（图 7.4.4）：

$$N_l \leqslant \eta\gamma f A_l \tag{7.4.4}$$

式中：N_l——挑梁下的支承压力，可取 $N_l = 2R$，R 为挑梁的倾覆荷载设计值；

η——梁端底面压应力图形的完整系数，可取 0.7；

γ——砌体局部抗压强度提高系数，对图 7.4.4a 可取 1.25；对图 7.4.4b 可取 1.5；

A_l——挑梁下砌体局部受压面积，可取 $A_l = 1.2bh_b$，b 为挑梁的截面宽度，h_b 为挑梁的截面高度。

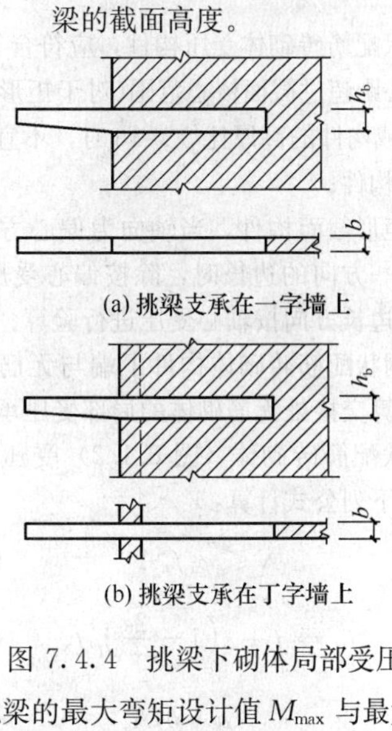

图 7.4.4 挑梁下砌体局部受压

7.4.5 挑梁的最大弯矩设计值 M_{max} 与最大剪力设计值 V_{max}，可按下列公式计算：

$$M_{\max} = M_0 \quad (7.4.5\text{-}1)$$

$$V_{\max} = V_0 \quad (7.4.5\text{-}2)$$

式中：M_0 ——挑梁的荷载设计值对计算倾覆点截面产生的弯矩；

V_0 ——挑梁的荷载设计值在挑梁墙外边缘处截面产生的剪力。

7.4.6 挑梁设计除应符合现行国家标准《混凝土结构设计规范》GB 50010 的有关规定外，尚应满足下列要求：

1 纵向受力钢筋至少应有 1/2 的钢筋面积伸入梁尾端，且不少于 2ϕ12。其余钢筋伸入支座的长度不应小于 2 l_1 /3；

2 挑梁埋入砌体长度 l_1 与挑出长度 l 之比宜大于 1.2；当挑梁上无砌体时，l_1 与 l 之比宜大于 2。

7.4.7 雨篷等悬挑构件可按第 7.4.1 条～7.4.3 条进行抗倾覆验算，其抗倾覆荷载 G_r 可按图 7.4.7 采用，G_r 距墙外边缘的距离为墙厚的 1/2，l_3 为门窗洞口净跨的 1/2。

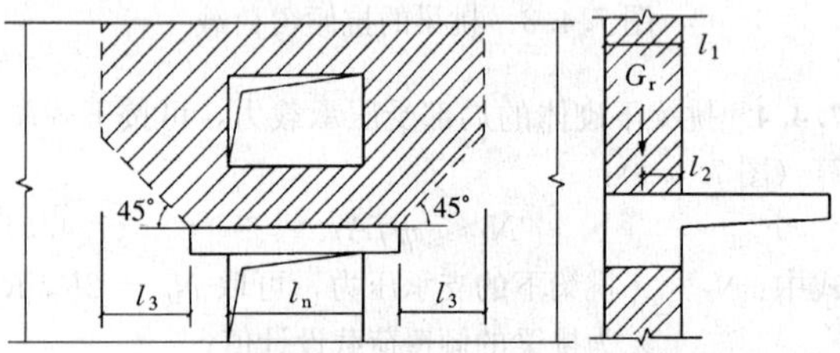

图 7.4.7 雨篷的抗倾覆荷载

G_r —抗倾覆荷载；l_1 —墙厚；l_2 — G_r 距墙外边缘的距离

8 配筋砖砌体构件

8.1 网状配筋砖砌体构件

8.1.1 网状配筋砖砌体受压构件，应符合下列规定：

1 偏心距超过截面核心范围(对于矩形截面即 $e/h>0.17$)，或构件的高厚比 $\beta>16$ 时，不宜采用网状配筋砖砌体构件；

2 对矩形截面构件，当轴向力偏心方向的截面边长大于另一方向的边长时，除按偏心受压计算外，还应对较小边长方向按轴心受压进行验算；

3 当网状配筋砖砌体构件下端与无筋砌体交接时，尚应验算交接处无筋砌体的局部受压承载力。

8.1.2 网状配筋砖砌体（图 8.1.2）受压构件的承载力，应按下列公式计算：

$$N \leqslant \varphi_n f_n A \quad (8.1.2\text{-}1)$$

$$f_n = f + 2\left(1 - \frac{2e}{y}\right)\rho f_y \quad (8.1.2\text{-}2)$$

$$\rho = \frac{(a+b)A_s}{abs_n} \quad (8.1.2\text{-}3)$$

式中：N ——轴向力设计值；

φ_n ——高厚比和配筋率以及轴向力的偏心距对网状配筋砖砌体受压构件承载力的影响系数，可按附录 D.0.2 的规定采用；

f_n ——网状配筋砖砌体的抗压强度设计值；

A——截面面积；

e——轴向力的偏心距；

y——自截面重心至轴向力所在偏心方向截面边缘的距离；

ρ——体积配筋率；

f_y ——钢筋的抗拉强度设计值，当 f_y 大于 320MPa 时，仍采用 320MPa；

a、b——钢筋网的网格尺寸；

A_s——钢筋的截面面积；

s_n——钢筋网的竖向间距。

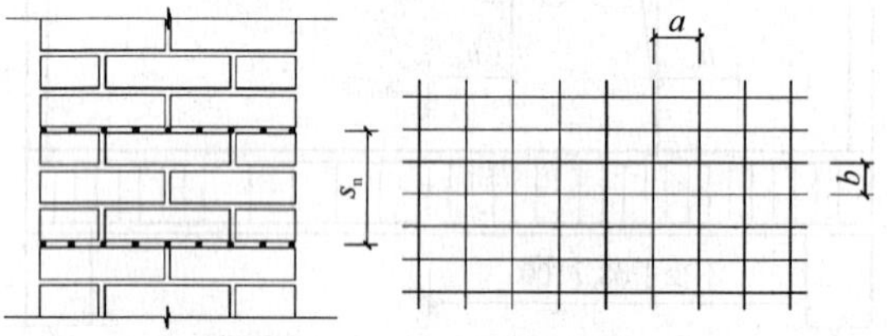

图 8.1.2 网状配筋砖砌体

8.1.3 网状配筋砖砌体构件的构造应符合下列规定：

1 网状配筋砖砌体中的体积配筋率，不应小于 0.1%，并不应大于 1%；

2 采用钢筋网时，钢筋的直径宜采用 3mm～4mm；

3 钢筋网中钢筋的间距，不应大于 120mm，并不应小于 30mm；

4 钢筋网的间距，不应大于五皮砖，并不应大于 400mm；

5 网状配筋砖砌体所用的砂浆强度等级不应低于 M7.5；钢筋网应设置在砌体的水平灰缝中，灰缝厚度应保证钢筋上下至少各有 2mm 厚的砂浆层。

8.2 组合砖砌体构件

Ⅰ 砖砌体和钢筋混凝土面层或钢筋砂浆面层的组合砌体构件

8.2.1 当轴向力的偏心距超过本规范第 5.1.5 条规定的限值时，宜采用砖砌体和钢筋混凝土面层或钢筋砂浆面层组成的组合砖砌体构件（图 8.2.1）。

8.2.2 对于砖墙与组合砌体一同砌筑的 T 形截面构件（图 8.2.1b），其承载力和高厚比可按矩形截面组合砌体构件计算（图 8.2.1c）。

8.2.3 组合砖砌体轴心受压构件的承载力，应按下式计算：

$$N \leqslant \varphi_{com}(fA + f_c A_c + \eta_s f'_y A'_s) \quad (8.2.3)$$

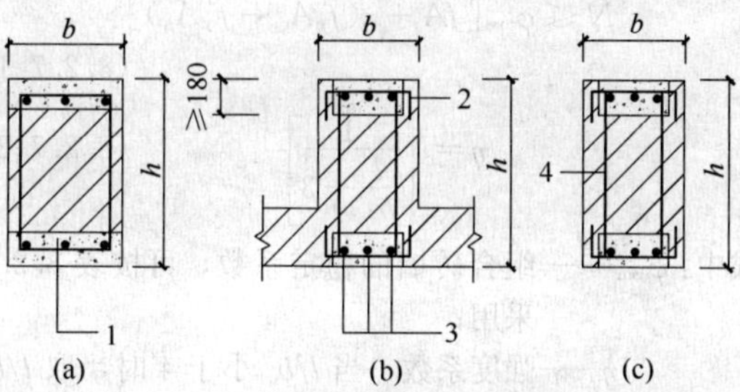

图 8.2.1 组合砖砌体构件截面

1—混凝土或砂浆；2—拉结钢筋；3—纵向钢筋；4—箍筋

式中：φ_{com}——组合砖砌体构件的稳定系数，可按表 8.2.3 采用；

A——砖砌体的截面面积；

f_c——混凝土或面层水泥砂浆的轴心抗压强度设计值，砂浆的轴心抗压强度设计值可取为同强度等级混凝土的轴心抗压强度设计值的 70%，当砂浆为 M15 时，取 5.0MPa；当砂浆为 M10 时，取 3.4MPa；当砂浆强度为 M7.5 时，取 2.5MPa；

A_c——混凝土或砂浆面层的截面面积；

η_s——受压钢筋的强度系数，当为混凝土面层时，可取 1.0；当为砂浆面层时可取 0.9；

f'_y——钢筋的抗压强度设计值；

A'_s——受压钢筋的截面面积。

表 8.2.3 组合砖砌体构件的稳定系数 φ_{com}

高厚比 β	配筋率 ρ (%)					
	0	0.2	0.4	0.6	0.8	≥1.0
8	0.91	0.93	0.95	0.97	0.99	1.00
10	0.87	0.90	0.92	0.94	0.96	0.98
12	0.82	0.85	0.88	0.91	0.93	0.95
14	0.77	0.80	0.83	0.86	0.89	0.92
16	0.72	0.75	0.78	0.81	0.84	0.87
18	0.67	0.70	0.73	0.76	0.79	0.81
20	0.62	0.65	0.68	0.71	0.73	0.75
22	0.58	0.61	0.64	0.66	0.68	0.70
24	0.54	0.57	0.59	0.61	0.63	0.65
26	0.50	0.52	0.54	0.56	0.58	0.60
28	0.46	0.48	0.50	0.52	0.54	0.56

注：组合砖砌体构件截面的配筋率 $\rho=A'_s/bh$。

8.2.4 组合砖砌体偏心受压构件的承载力，应按下列公式计算：

$$N \leqslant fA' + f_c A'_c + \eta_s f'_y A'_s - \sigma_s A_s \quad (8.2.4\text{-}1)$$

或

$$Ne_N \leqslant fS_s + f_c S_{c,s} + \eta_s f'_y A'_s (h_0 - a'_s) \quad (8.2.4\text{-}2)$$

此时受压区的高度 x 可按下列公式确定：

$$fS_N + f_c S_{c,N} + \eta_s f'_y A'_s e'_N - \sigma_s A_s e_N = 0 \quad (8.2.4\text{-}3)$$

$$e_N = e + e_a + (h/2 - a_s) \quad (8.2.4\text{-}4)$$

$$e'_N = e + e_a - (h/2 - a'_s) \quad (8.2.4\text{-}5)$$

$$e_a = \frac{\beta^2 h}{2200}(1 - 0.022\beta) \quad (8.2.4\text{-}6)$$

式中：A'——砖砌体受压部分的面积；

A'_c——混凝土或砂浆面层受压部分的面积；

σ_s——钢筋 A_s 的应力；

A_s——距轴向力 N 较远侧钢筋的截面面积；

S_s——砖砌体受压部分的面积对钢筋 A_s 重心的面积矩；

$S_{c,s}$——混凝土或砂浆面层受压部分的面积对钢筋 A_s 重心的面积矩；

S_N——砖砌体受压部分的面积对轴向力 N 作用点的面积矩；

$S_{c,N}$——混凝土或砂浆面层受压部分的面积对轴向力 N 作用点的面积矩；

e_N、e'_N——分别为钢筋 A_s 和 A'_s 重心至轴向力 N 作用点的距离（图 8.2.4）；

e——轴向力的初始偏心距，按荷载设计值计算，当 e 小于 $0.05h$ 时，应取 e 等于 $0.05h$；

e_a——组合砖砌体构件在轴向力作用下的附加偏心距；

h_0——组合砖砌体构件截面的有效高度，取 $h_0=h-a_s$；

a_s、a'_s——分别为钢筋 A_s 和 A'_s 重心至截面较近边的距离。

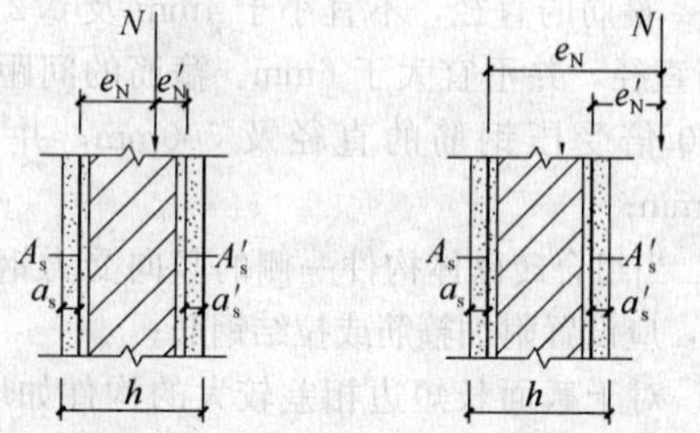

图 8.2.4 组合砖砌体偏心受压构件

8.2.5 组合砖砌体钢筋 A_s 的应力 σ_s（单位为 MPa，正值为拉应力，负值为压应力）应按下列规定计算：

1 当为小偏心受压，即 $\xi > \xi_b$ 时，

$$\sigma_s = 650 - 800\xi \quad (8.2.5\text{-}1)$$

2 当为大偏心受压，即 $\xi \leqslant \xi_b$ 时，

$$\sigma_s = f_y \quad (8.2.5\text{-}2)$$

$$\xi = x/h_0 \quad (8.2.5\text{-}3)$$

式中：σ_s ——钢筋的应力，当 $\sigma_s > f_y$ 时，取 $\sigma_s = f_y$；当 $\sigma_s < f'_y$ 时，取 $\sigma_s = f'_y$；

ξ ——组合砖砌体构件截面的相对受压区高度；

f_y ——钢筋的抗拉强度设计值。

3 组合砖砌体构件受压区相对高度的界限值 ξ_b，对于 HRB400 级钢筋，应取 0.36；对于 HRB335 级钢筋，应取 0.44；对于 HPB300 级钢筋，应取 0.47。

8.2.6 组合砖砌体构件的构造应符合下列规定：

1 面层混凝土强度等级宜采用 C20。面层水泥砂浆强度等级不宜低于 M10。砌筑砂浆的强度等级不宜低于 M7.5；

2 砂浆面层的厚度，可采用 30mm～45mm。当面层厚度大于 45mm 时，其面层宜采用混凝土；

3 竖向受力钢筋宜采用 HPB300 级钢筋，对于混凝土面层，亦可采用 HRB335 级钢筋。受压钢筋一侧的配筋率，对砂浆面层，不宜小于 0.1%，对混凝土面层，不宜小于 0.2%。受拉钢筋的配筋率，不应小于 0.1%。竖向受力钢筋的直径，不应小于 8mm，钢筋的净间距，不应小于 30mm；

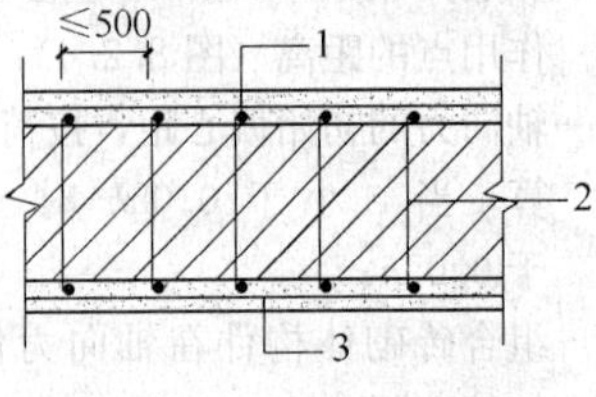

图 8.2.6 混凝土或砂浆面层组合墙

1—竖向受力钢筋；2—拉结钢筋；3—水平分布钢筋

4 箍筋的直径，不宜小于 4mm 及 0.2 倍的受压钢筋直径，并不宜大于 6mm。箍筋的间距，不应大于 20 倍受压钢筋的直径及 500mm，并不应小于 120mm；

5 当组合砖砌体构件一侧的竖向受力钢筋多于 4 根时，应设置附加箍筋或拉结钢筋；

6 对于截面长短边相差较大的构件如墙体等，应采用穿通墙体的拉结钢筋作为箍筋，同时设置水平分布钢筋。水平分布钢筋的竖向间距及拉结钢筋的水平间距，均不应大于 500mm（图 8.2.6）；

7 组合砖砌体构件的顶部和底部，以及牛腿部位，必须设置钢筋混凝土垫块。竖向受力钢筋伸入垫块的长度，必须满足锚固要求。

Ⅱ 砖砌体和钢筋混凝土构造柱组合墙

8.2.7 砖砌体和钢筋混凝土构造柱组合墙（图 8.2.7）的轴心受压承载力，应按下列公式计算：

$$N \leqslant \varphi_{com}[fA + \eta(f_c A_c + f'_y A'_s)] \quad (8.2.7\text{-}1)$$

$$\eta = \left[\frac{1}{\frac{l}{b_c} - 3}\right]^{\frac{1}{4}} \quad (8.2.7\text{-}2)$$

式中：φ_{com} ——组合砖墙的稳定系数，可按表 8.2.3 采用；

η ——强度系数，当 l/b_c 小于 4 时，取 l/b_c 等于 4；

l ——沿墙长方向构造柱的间距；

b_c ——沿墙长方向构造柱的宽度；

A ——扣除孔洞和构造柱的砖砌体截面面积；

A_c ——构造柱的截面面积。

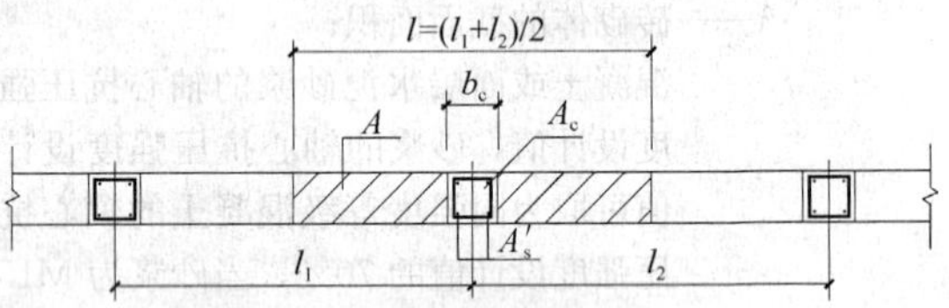

图 8.2.7 砖砌体和构造柱组合墙截面

8.2.8 砖砌体和钢筋混凝土构造柱组合墙，平面外的偏心受压承载力，可按下列规定计算：

1 构件的弯矩或偏心距可按本规范第 4.2.5 条规定的方法确定；

2 可按本规范第 8.2.4 条和 8.2.5 条的规定确定构造柱纵向钢筋，但截面宽度应改为构造柱间距 l；大偏心受压时，可不计受压区构造柱混凝土和钢筋的作用，构造柱的计算配筋不应小于第 8.2.9 条规定的要求。

8.2.9 组合砖墙的材料和构造应符合下列规定：

1 砂浆的强度等级不应低于 M5，构造柱的混凝土强度等级不宜低于 C20；

2 构造柱的截面尺寸不宜小于 240mm × 240mm，其厚度不应小于墙厚，边柱、角柱的截面宽度宜适当加大。柱内竖向受力钢筋，对于中柱，钢筋数量不宜少于 4 根、直径不宜小于 12mm；对于边柱、角柱，钢筋数量不宜少于 4 根、直径不宜小于 14mm。构造柱的竖向受力钢筋的直径也不宜大于 16mm。其箍筋，一般部位宜采用直径 6mm、间距 200mm，楼层上下 500mm 范围内宜采用直径 6mm、间距 100mm。构造柱的竖向受力钢筋应在基础梁和楼层圈梁中锚固，并应符合受拉钢筋的锚固要求；

3 组合砖墙砌体结构房屋，应在纵横墙交接处、墙端部和较大洞口的洞边设置构造柱，其间距不宜大于 4m。各层洞口宜设置在相应位置，并宜上下对齐；

4 组合砖墙砌体结构房屋应在基础顶面、有组合墙的楼层处设置现浇钢筋混凝土圈梁。圈梁的截面高度不宜小于 240mm；纵向钢筋数量不宜少于 4 根、直径不宜小于12mm，纵向钢筋应伸入构造柱内，并应符合受拉钢筋的锚固要求；圈梁的箍筋直径宜采用6mm、间距200mm；

5 砖砌体与构造柱的连接处应砌成马牙槎，并应沿墙高每隔500mm设2根直径6mm的拉结钢筋，且每边伸入墙内不宜小于600mm；

6 构造柱可不单独设置基础，但应伸入室外地坪下500mm，或与埋深小于500mm的基础梁相连；

7 组合砖墙的施工顺序应为先砌墙后浇混凝土构造柱。

9 配筋砌块砌体构件

9.1 一般规定

9.1.1 配筋砌块砌体结构的内力与位移，可按弹性方法计算。各构件应根据结构分析所得的内力，分别按轴心受压、偏心受压或偏心受拉构件进行正截面承载力和斜截面承载力计算，并应根据结构分析所得的位移进行变形验算。

9.1.2 配筋砌块砌体剪力墙，宜采用全部灌芯砌体。

9.2 正截面受压承载力计算

9.2.1 配筋砌块砌体构件正截面承载力，应按下列基本假定进行计算：

1 截面应变分布保持平面；

2 竖向钢筋与其毗邻的砌体、灌孔混凝土的应变相同；

3 不考虑砌体、灌孔混凝土的抗拉强度；

4 根据材料选择砌体、灌孔混凝土的极限压应变：当轴心受压时不应大于0.002；偏心受压时的极限压应变不应大于0.003；

5 根据材料选择钢筋的极限拉应变，且不应大于0.01；

6 纵向受拉钢筋屈服与受压区砌体破坏同时发生时的相对界限受压区的高度，应按下式计算：

$$\xi_b = \frac{0.8}{1+\dfrac{f_y}{0.003E_s}} \qquad (9.2.1)$$

式中：ξ_b——相对界限受压区高度 ξ_b 为界限受压区高度与截面有效高度的比值；

f_y——钢筋的抗拉强度设计值；

E_s——钢筋的弹性模量。

7 大偏心受压时受拉钢筋考虑在 $h_0-1.5x$ 范围内屈服并参与工作。

9.2.2 轴心受压配筋砌块砌体构件，当配有箍筋或水平分布钢筋时，其正截面受压承载力应按下列公式计算：

$$N \leqslant \varphi_{0g}(f_gA+0.8f'_yA'_s) \qquad (9.2.2\text{-}1)$$

$$\varphi_{0g} = \frac{1}{1+0.001\beta^2} \qquad (9.2.2\text{-}2)$$

式中：N——轴向力设计值；

f_g——灌孔砌体的抗压强度设计值，应按第3.2.1条采用；

f'_y——钢筋的抗压强度设计值；

A——构件的截面面积；

A'_s——全部竖向钢筋的截面面积；

φ_{0g}——轴心受压构件的稳定系数；

β——构件的高厚比。

注：1 无箍筋或水平分布钢筋时，仍应按式（9.2.2）计算，但应取 $f'_yA'_s=0$；

2 配筋砌块砌体构件的计算高度 H_0 可取层高。

9.2.3 配筋砌块砌体构件，当竖向钢筋仅配在中间时，其平面外偏心受压承载力可按本规范式（5.1.1）进行计算，但应采用灌孔砌体的抗压强度设计值。

9.2.4 矩形截面偏心受压配筋砌块砌体构件正截面承载力计算，应符合下列规定：

1 相对界限受压区高度的取值，对HPB300级钢筋取 ξ_b 等于0.57，对HRB335级钢筋取 ξ_b 等于0.55，对HRB400级钢筋取 ξ_b 等于0.52；当截面受压区高度 x 小于等于 ξ_bh_0 时，按大偏心受压计算；当 x 大于 ξ_bh_0 时，按为小偏心受压计算。

2 大偏心受压时应按下列公式计算（图9.2.4）：

$$N \leqslant f_gbx + f'_yA'_s - f_yA_s - \sum f_{si}A_{si} \qquad (9.2.4\text{-}1)$$

$$Ne_N \leqslant f_gbx(h_0-x/2) + f'_yA'_s(h_0-a'_s) - \sum f_{si}S_{si} \qquad (9.2.4\text{-}2)$$

式中：N——轴向力设计值；

f_g——灌孔砌体的抗压强度设计值；

f_y、f'_y——竖向受拉、压主筋的强度设计值；

b——截面宽度；

f_{si}——竖向分布钢筋的抗拉强度设计值；

A_s、A'_s——竖向受拉、压主筋的截面面积；

A_{si}——单根竖向分布钢筋的截面面积；

S_{si}——第 i 根竖向分布钢筋对竖向受拉主筋的面积矩；

e_N——轴向力作用点到竖向受拉主筋合力点之间的距离，可按第8.2.4条的规定计算；

a'_s——受压区纵向钢筋合力点至截面受压区边缘的距离，对T形、L形、工形截面，当翼缘受压时取100mm，其他情况取300mm；

a_s——受拉区纵向钢筋合力点至截面受拉区边缘的距离，对T形、L形、工形截面，当翼缘受压时取300mm，其他情况取100mm。

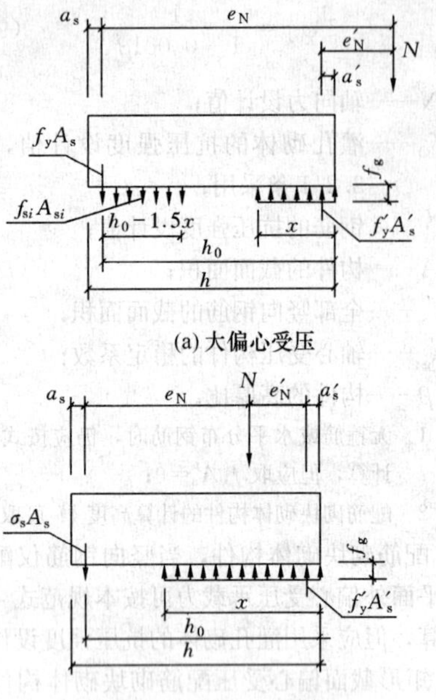

(a) 大偏心受压

(b) 小偏心受压

图 9.2.4　矩形截面偏心受压正截面承载力计算简图

3　当大偏心受压计算的受压区高度 x 小于 $2a'_s$ 时，其正截面承载力可按下式进行计算：

$$Ne'_N \leqslant f_yA_s(h_0-a'_s) \quad (9.2.4\text{-}3)$$

式中：e'_N——轴向力作用点至竖向受压主筋合力点之间的距离，可按本规范第 8.2.4 条的规定计算。

4　小偏心受压时，应按下列公式计算（图 9.2.4）：

$$N \leqslant f_gbx+f'_yA'_s-\sigma_sA_s \quad (9.2.4\text{-}4)$$

$$Ne_N \leqslant f_gbx(h_0-x/2)+f'_yA'_s(h_0-a'_s) \quad (9.2.4\text{-}5)$$

$$\sigma_s=\frac{f_y}{\xi_b-0.8}\left(\frac{x}{h_0}-0.8\right) \quad (9.2.4\text{-}6)$$

注：当受压区竖向受压主筋无箍筋或无水平钢筋约束时，可不考虑竖向受压主筋的作用，即取 $f'_yA'_s=0$。

5　矩形截面对称配筋砌块砌体小偏心受压时，也可近似按下列公式计算钢筋截面面积：

$$A_s=A'_s=\frac{Ne_N-\xi(1-0.5\xi)f_gbh_0^2}{f'_y(h_0-a'_s)} \quad (9.2.4\text{-}7)$$

$$\xi=\frac{x}{h_0}=\frac{N-\xi_bf_gbh_0}{\dfrac{Ne_N-0.43f_gbh_0^2}{(0.8-\xi_b)(h_0-a'_s)}+f_gbh_0}+\xi_b \quad (9.2.4\text{-}8)$$

注：小偏心受压计算中未考虑竖向分布钢筋的作用。

9.2.5　T形、L形、工形截面偏心受压构件，当翼缘和腹板的相交处采用错缝搭接砌筑和同时设置中距不大于 1.2m 的水平配筋带（截面高度大于等于 60mm，钢筋不少于 2φ12）时，可考虑翼缘的共同工作，翼缘的计算宽度应按表 9.2.5 中的最小值采用，其正截面受压承载力应按下列规定计算：

1　当受压区高度 x 小于等于 h'_f 时，应按宽度为 b'_f 的矩形截面计算；

2　当受压区高度 x 大于 h'_f 时，则应考虑腹板的受压作用，应按下列公式计算：

1）当为大偏心受压时，

$$N \leqslant f_g[bx+(b'_f-b)h'_f]+f'_yA'_s-f_yA_s-\sum f_{si}A_{si} \quad (9.2.5\text{-}1)$$

$$Ne_N \leqslant f_g[bx(h_0-x/2)+(b'_f-b)h'_f(h_0-h'_f/2)]+f'_yA'_s(h_0-a'_s)-\sum f_{si}S_{si} \quad (9.2.5\text{-}2)$$

2）当为小偏心受压时，

$$N \leqslant f_g[bx+(b'_f-b)h'_f]+f'_yA'_s-\sigma_sA_s \quad (9.2.5\text{-}3)$$

$$Ne_N \leqslant f_g[bx(h_0-x/2)+(b'_f-b)h'_f(h_0-h'_f/2)]+f'_yA'_s(h_0-a'_s) \quad (9.2.5\text{-}4)$$

式中：b'_f——T形、L形、工形截面受压区的翼缘计算宽度；

h'_f——T形、L形、工形截面受压区的翼缘厚度。

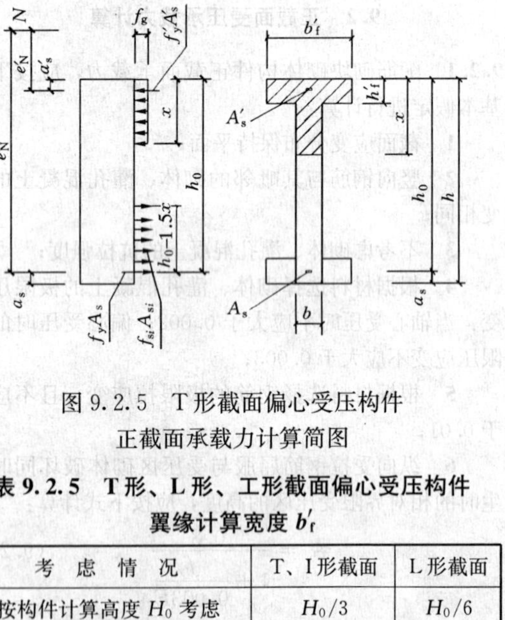

图 9.2.5　T形截面偏心受压构件正截面承载力计算简图

表 9.2.5　T形、L形、工形截面偏心受压构件翼缘计算宽度 b'_f

考 虑 情 况	T、I形截面	L形截面
按构件计算高度 H_0 考虑	$H_0/3$	$H_0/6$
按腹板间距 L 考虑	L	$L/2$
按翼缘厚度 h'_f 考虑	$b+12h'_f$	$b+6h'_f$
按翼缘的实际宽度 b'_f 考虑	b'_f	b'_f

9.3　斜截面受剪承载力计算

9.3.1　偏心受压和偏心受拉配筋砌块砌体剪力墙，其斜截面受剪承载力应根据下列情况进行计算：

1　剪力墙的截面，应满足下式要求：

$$V \leqslant 0.25f_gbh_0 \quad (9.3.1\text{-}1)$$

式中：V——剪力墙的剪力设计值；

b——剪力墙截面宽度或T形、倒L形截面腹板宽度；

h_0——剪力墙截面的有效高度。

2 剪力墙在偏心受压时的斜截面受剪承载力，应按下列公式计算：

$$V \leqslant \frac{1}{\lambda - 0.5}\left(0.6 f_{vg} b h_0 + 0.12 N \frac{A_w}{A}\right) + 0.9 f_{yh} \frac{A_{sh}}{s} h_0 \tag{9.3.1-2}$$

$$\lambda = M / V h_0 \tag{9.3.1-3}$$

式中：f_{vg}——灌孔砌体的抗剪强度设计值，应按第3.2.2条的规定采用；

M、N、V——计算截面的弯矩、轴向力和剪力设计值，当N大于$0.25 f_g bh$时取$N = 0.25 f_g bh$；

A——剪力墙的截面面积，其中翼缘的有效面积，可按表9.2.5的规定确定；

A_w——T形或倒L形截面腹板的截面面积，对矩形截面取A_w等于A；

λ——计算截面的剪跨比，当λ小于1.5时取1.5，当λ大于或等于2.2时取2.2；

h_0——剪力墙截面的有效高度；

A_{sh}——配置在同一截面内的水平分布钢筋或网片的全部截面面积；

s——水平分布钢筋的竖向间距；

f_{yh}——水平钢筋的抗拉强度设计值。

3 剪力墙在偏心受拉时的斜截面受剪承载力应按下列公式计算：

$$V \leqslant \frac{1}{\lambda - 0.5}\left(0.6 f_{vg} b h_0 - 0.22 N \frac{A_w}{A}\right) + 0.9 f_{yh} \frac{A_{sh}}{s} h_0 \tag{9.3.1-4}$$

9.3.2 配筋砌块砌体剪力墙连梁的斜截面受剪承载力，应符合下列规定：

1 当连梁采用钢筋混凝土时，连梁的承载力应按现行国家标准《混凝土结构设计规范》GB 50010的有关规定进行计算；

2 当连梁采用配筋砌块砌体时，应符合下列规定：

1）连梁的截面，应符合下列规定：

$$V_b \leqslant 0.25 f_g b h_0 \tag{9.3.2-1}$$

2）连梁的斜截面受剪承载力应按下列公式计算：

$$V_b \leqslant 0.8 f_{vg} b h_0 + f_{yv} \frac{A_{sv}}{s} h_0 \tag{9.3.2-2}$$

式中：V_b——连梁的剪力设计值；

b——连梁的截面宽度；

h_0——连梁的截面有效高度；

A_{sv}——配置在同一截面内箍筋各肢的全部截面面积；

f_{yv}——箍筋的抗拉强度设计值；

s——沿构件长度方向箍筋的间距。

注：连梁的正截面受弯承载力应按现行国家标准《混凝土结构设计规范》GB 50010受弯构件的有关规定进行计算，当采用配筋砌块砌体时，应采用其相应的计算参数和指标。

9.4 配筋砌块砌体剪力墙构造规定

Ⅰ 钢 筋

9.4.1 钢筋的选择应符合下列规定：

1 钢筋的直径不宜大于25mm，当设置在灰缝中时不应小于4mm，在其他部位不应小于10mm；

2 配置在孔洞或空腔中的钢筋面积不应大于孔洞或空腔面积的6%。

9.4.2 钢筋的设置，应符合下列规定：

1 设置在灰缝中钢筋的直径不宜大于灰缝厚度的1/2；

2 两平行的水平钢筋间的净距不应小于50mm；

3 柱和壁柱中的竖向钢筋的净距不宜小于40mm（包括接头处钢筋间的净距）。

9.4.3 钢筋在灌孔混凝土中的锚固，应符合下列规定：

1 当计算中充分利用竖向受拉钢筋强度时，其锚固长度l_a，对HRB335级钢筋不应小于$30d$；对HRB400和RRB400级钢筋不应小于$35d$；在任何情况下钢筋（包括钢筋网片）锚固长度不应小于300mm；

2 竖向受拉钢筋不应在受拉区截断。如必须截断时，应延伸至按正截面受弯承载力计算不需要该钢筋的截面以外，延伸的长度不应小于$20d$；

3 竖向受压钢筋在跨中截断时，必须伸至按计算不需要该钢筋的截面以外，延伸的长度不应小于$20d$；对绑扎骨架中末端无弯钩的钢筋，不应小于$25d$；

4 钢筋骨架中的受力光圆钢筋，应在钢筋末端作弯钩，在焊接骨架、焊接网以及轴心受压构件中，不作弯钩；绑扎骨架中的受力带肋钢筋，在钢筋的末端不做弯钩。

9.4.4 钢筋的直径大于22mm时宜采用机械连接接头，接头的质量应符合国家现行有关标准的规定；其他直径的钢筋可采用搭接接头，并应符合下列规定：

1 钢筋的接头位置宜设置在受力较小处；

2 受拉钢筋的搭接接头长度不应小于$1.1l_a$，受压钢筋的搭接接头长度不应小于$0.7l_a$，且不应小于300mm；

3 当相邻接头钢筋的间距不大于75mm时，其搭接长度应为$1.2l_a$。当钢筋间的接头错开$20d$时，搭接长度可不增加。

9.4.5 水平受力钢筋（网片）的锚固和搭接长度应

符合下列规定：

1 在凹槽砌块混凝土带中钢筋的锚固长度不宜小于30d，且其水平或垂直弯折段的长度不宜小于15d和200mm；钢筋的搭接长度不宜小于35d；

2 在砌体水平灰缝中，钢筋的锚固长度不宜小于50d，且其水平或垂直弯折段的长度不宜小于20d和250mm；钢筋的搭接长度不宜小于55d；

3 在隔皮或错缝搭接的灰缝中为55d+2h，d为灰缝受力钢筋的直径，h为水平灰缝的间距。

Ⅱ 配筋砌块砌体剪力墙、连梁

9.4.6 配筋砌块砌体剪力墙、连梁的砌体材料强度等级应符合下列规定：

1 砌块不应低于MU10；

2 砌筑砂浆不应低于Mb7.5；

3 灌孔混凝土不应低于Cb20。

注：对安全等级为一级或设计使用年限大于50a的配筋砌块砌体房屋，所用材料的最低强度等级应至少提高一级。

9.4.7 配筋砌块砌体剪力墙厚度、连梁截面宽度不应小于190mm。

9.4.8 配筋砌块砌体剪力墙的构造配筋应符合下列规定：

1 应在墙的转角、端部和孔洞的两侧配置竖向连续的钢筋，钢筋直径不应小于12mm；

2 应在洞口的底部和顶部设置不小于2ϕ10的水平钢筋，其伸入墙内的长度不应小于40d和600mm；

3 应在楼（屋）盖的所有纵横墙处设置现浇钢筋混凝土圈梁，圈梁的宽度和高度应等于墙厚和块高，圈梁主筋不应少于4ϕ10，圈梁的混凝土强度等级不应低于同层混凝土块体强度等级的2倍，或该层灌孔混凝土的强度等级，也不应低于C20；

4 剪力墙其他部位的竖向和水平钢筋的间距不应大于墙长、墙高的1/3，也不应大于900mm；

5 剪力墙沿竖向和水平方向的构造钢筋配筋率均不应小于0.07%。

9.4.9 按壁式框架设计的配筋砌块砌体窗间墙除应符合本规范第9.4.6条～9.4.8条规定外，尚应符合下列规定：

1 窗间墙的截面应符合下列要求规定：

1）墙宽不应小于800mm；

2）墙净高与墙宽之比不宜大于5。

2 窗间墙中的竖向钢筋应符合下列规定：

1）每片窗间墙中沿全高不应少于4根钢筋；

2）沿墙的全截面应配置足够的抗弯钢筋；

3）窗间墙的竖向钢筋的配筋率不宜小于0.2%，也不宜大于0.8%。

3 窗间墙中的水平分布钢筋应符合下列规定：

1）水平分布钢筋应在墙端部纵筋处向下弯折射90°，弯折段长度不小于15d和150mm；

2）水平分布钢筋的间距：在距梁边1倍墙宽范围内不应大于1/4墙宽，其余部位不应大于1/2墙宽；

3）水平分布钢筋的配筋率不宜小于0.15%。

9.4.10 配筋砌块砌体剪力墙，应按下列情况设置边缘构件：

1 当利用剪力墙端部的砌体受力时，应符合下列规定：

1）应在一字墙的端部至少3倍墙厚范围内的孔中设置不小于ϕ12通长竖向钢筋；

2）应在L、T或十字形墙交接处3或4个孔中设置不小于ϕ12通长竖向钢筋；

3）当剪力墙的轴压比大于0.6f_g时，除按上述规定设置竖向钢筋外，尚应设置间距不大于200mm、直径不小于6mm的钢箍。

2 当在剪力墙墙端设置混凝土柱作为边缘构件时，应符合下列规定：

1）柱的截面宽度宜不小于墙厚，柱的截面高度宜为1～2倍的墙厚，并不应小于200mm；

2）柱的混凝土强度等级不宜低于该墙体块体强度等级的2倍，或不低于该墙体灌孔混凝土的强度等级，也不应低于Cb20；

3）柱的竖向钢筋不宜小于4ϕ12，箍筋不宜小于ϕ6、间距不宜大于200mm；

4）墙体中的水平钢筋应在柱中锚固，并应满足钢筋的锚固要求；

5）柱的施工顺序宜为先砌砌块墙体，后浇捣混凝土。

9.4.11 配筋砌块砌体剪力墙中当连梁采用钢筋混凝土时，连梁混凝土的强度等级不宜低于同层墙体块体强度等级的2倍，或同层墙体灌孔混凝土的强度等级，也不应低于C20；其他构造尚应符合现行国家标准《混凝土结构设计规范》GB 50010的有关规定。

9.4.12 配筋砌块砌体剪力墙中当连梁采用配筋砌块砌体时，连梁应符合下列规定：

1 连梁的截面应符合下列规定：

1）连梁的高度不应小于两皮砌块的高度和400mm；

2）连梁应采用H型砌块或凹槽砌块组砌，孔洞应全部浇灌混凝土。

2 连梁的水平钢筋宜符合下列规定：

1）连梁上、下水平受力钢筋宜对称、通长设置，在灌孔砌体内的锚固长度不宜小于40d和600mm；

2）连梁水平受力钢筋的含钢率不宜小于0.2%，也不宜大于0.8%。

3 连梁的箍筋应符合下列规定：

1）箍筋的直径不应小于 6mm；

2）箍筋的间距不宜大于 1/2 梁高和 600mm；

3）在距支座等于梁高范围内的箍筋间距不应大于 1/4 梁高，距支座表面第一根箍筋的间距不应大于 100mm；

4）箍筋的面积配筋率不宜小于 0.15%；

5）箍筋宜为封闭式，双肢箍末端弯钩为 135°；单肢箍末端的弯钩为 180°，或弯 90°加 12 倍箍筋直径的延长段。

Ⅲ 配筋砌块砌体柱

9.4.13 配筋砌块砌体柱（图 9.4.13）除应符合本规范第 9.4.6 条的要求外，尚应符合下列规定：

1 柱截面边长不宜小于 400mm，柱高度与截面短边之比不宜大于 30；

2 柱的竖向受力钢筋的直径不宜小于 12mm，数量不应少于 4 根，全部竖向受力钢筋的配筋率不宜小于 0.2%；

3 柱中箍筋的设置应根据下列情况确定：

1）当纵向钢筋的配筋率大于 0.25%，且柱承受的轴向力大于受压承载力设计值的 25% 时，柱应设箍筋；当配筋率小于等于 0.25%时，或柱承受的轴向力小于受压承载力设计值的 25%时，柱中可不设置箍筋；

2）箍筋直径不宜小于 6mm；

3）箍筋的间距不应大于 16 倍的纵向钢筋直径、48 倍箍筋直径及柱截面短边尺寸中较小者；

4）箍筋应封闭，端部应弯钩或绕纵筋水平弯折 90°，弯折段长度不小于 $10d$；

5）箍筋应设置在灰缝或灌孔混凝土中。

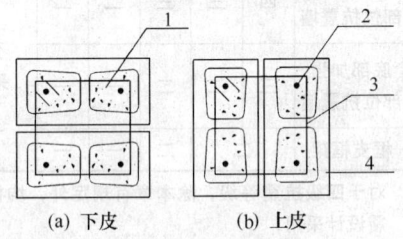

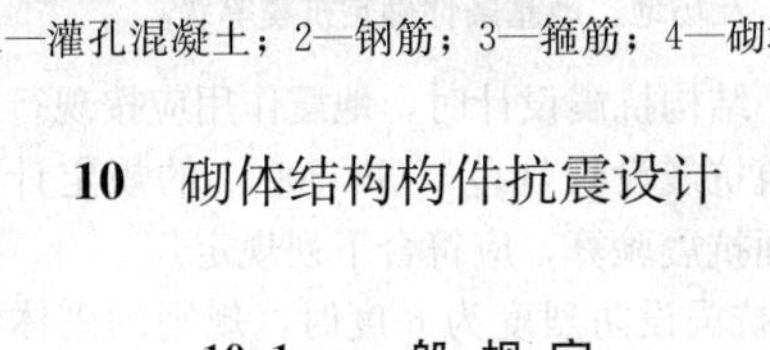

(a) 下皮　　(b) 上皮

图 9.4.13 配筋砌块砌体柱截面示意

1—灌孔混凝土；2—钢筋；3—箍筋；4—砌块

10 砌体结构构件抗震设计

10.1 一般规定

10.1.1 抗震设防地区的普通砖（包括烧结普通砖、蒸压灰砂普通砖、蒸压粉煤灰普通砖、混凝土普通砖）、多孔砖（包括烧结多孔砖、混凝土多孔砖）和混凝土砌块等砌体承重的多层房屋，底层或底部两层框架-抗震墙砌体房屋，配筋砌块砌体抗震墙房屋，除应符合本规范第 1 章至第 9 章的要求外，尚应按本章规定进行抗震设计，同时尚应符合现行国家标准《建筑抗震设计规范》GB 50011、《墙体材料应用统一技术规范》GB 50574 的有关规定。甲类设防建筑不宜采用砌体结构，当需采用时，应进行专门研究并采取高于本章规定的抗震措施。

注：本章中"配筋砌块砌体抗震墙"指全部灌芯配筋砌块砌体。

10.1.2 本章适用的多层砌体结构房屋的总层数和总高度，应符合下列规定：

1 房屋的层数和总高度不应超过表 10.1.2 的规定；

表 10.1.2 多层砌体房屋的层数和总高度限值（m）

房屋类别		最小墙厚度（mm）	设防烈度和设计基本地震加速度											
			6		7				8				9	
			0.05g		0.10g		0.15g		0.20g		0.30g		0.40g	
			高度	层数	高度	层数	高度	层数	高度	层数	高度	层数	高度	层数
多层砌体房屋	普通砖	240	21	7	21	7	21	7	18	6	15	5	12	4
	多孔砖	240	21	7	21	7	18	6	18	6	15	5	9	3
	多孔砖	190	21	7	18	6	15	5	15	5	12	4	—	—
	混凝土砌块	190	21	7	21	7	18	6	18	6	15	5	9	3
底部框架-抗震墙砌体房屋	普通砖 多孔砖	240	22	7	22	7	19	6	16	5	—	—	—	—
	多孔砖	190	22	7	19	6	16	5	13	4	—	—	—	—
	混凝土砌块	190	22	7	22	7	19	6	16	5	—	—	—	—

注：1 房屋的总高度指室外地面到主要屋面板板顶或檐口的高度，半地下室从地下室室内地面算起，全地下室和嵌固条件好的半地下室应允许从室外地面算起；对带阁楼的坡屋面应算到山尖墙的 1/2 高度处；

2 室内外高差大于 0.6m 时，房屋总高度应允许比表中的数据适当增加，但增加量应少于 1.0m；

3 乙类的多层砌体房屋仍按本地区设防烈度查表，其层数应减少一层且总高度应降低 3m；不应采用底部框架-抗震墙砌体房屋。

2 各层横墙较少的多层砌体房屋，总高度应比表 10.1.2 中的规定降低 3m，层数相应减少一层；各层横墙很少的多层砌体房屋，还应再减少一层；

注：横墙较少是指同一楼层内开间大于 4.2m 的房间占该层总面积的 40%以上；其中，开间不大于 4.2m 的房间占

该层总面积不到20%且开间大于4.8m的房间占该层总面积的50%以上为横墙很少。

3 抗震设防烈度为6、7度时，横墙较少的丙类多层砌体房屋，当按现行国家标准《建筑抗震设计规范》GB 50011规定采取加强措施并满足抗震承载力要求时，其高度和层数应允许仍按表10.1.2中的规定采用；

4 采用蒸压灰砂普通砖和蒸压粉煤灰普通砖的砌体房屋，当砌体的抗剪强度仅达到普通黏土砖砌体的70%时，房屋的层数应比普通砖房屋减少一层，总高度应减少3m；当砌体的抗剪强度达到普通黏土砖砌体的取值时，房屋层数和总高度的要求同普通砖房屋。

10.1.3 本章适用的配筋砌块砌体抗震墙结构和部分框支抗震墙结构房屋最大高度应符合表10.1.3的规定。

表10.1.3 配筋砌块砌体抗震墙房屋适用的最大高度（m）

结构类型	最小墙厚（mm）	设防烈度和设计基本地震加速度					
		6度	7度		8度		9度
		0.05g	0.10g	0.15g	0.20g	0.30g	0.40g
配筋砌块砌体抗震墙	190mm	60	55	45	40	30	24
部分框支抗震墙	190mm	55	49	40	31	24	—

注：1 房屋高度指室外地面到主要屋面板板顶的高度（不包括局部突出屋顶部分）；
2 某层或几层开间大于6.0m以上的房间建筑面积占相应层建筑面积40%以上时，表中数据相应减少6m；
3 部分框支抗震墙结构指首层或底部两层为框支层的结构，不包括仅个别框支墙的情况；
4 房屋的高度超过表内高度时，应根据专门研究，采取有效的加强措施。

10.1.4 砌体结构房屋的层高，应符合下列规定：

1 多层砌体结构房屋的层高，应符合下列规定：

1）多层砌体结构房屋的层高，不应超过3.6m；

注：当使用功能确有需要时，采用约束砌体等加强措施的普通砖房屋，层高不应超过3.9m。

2）底部框架-抗震墙砌体房屋的底部，层高不应超过4.5m；当底层采用约束砌体抗震墙时，底层的层高不应超过4.2m。

2 配筋混凝土空心砌块抗震墙房屋的层高，应符合下列规定：

1）底部加强部位（不小于房屋高度的1/6且不小于底部二层的高度范围）的层高（房屋总高度小于21m时取一层），一、二级不宜大于3.2m，三、四级不应大于3.9m；

2）其他部位的层高，一、二级不应大于3.9m，三、四级不应大于4.8m。

10.1.5 考虑地震作用组合的砌体结构构件，其截面承载力应除以承载力抗震调整系数γ_{RE}，承载力抗震调整系数应按表10.1.5采用。当仅计算竖向地震作用时，各类结构构件承载力抗震调整系数均应采用1.0。

表10.1.5 承载力抗震调整系数

结构构件类别	受力状态	γ_{RE}
两端均设有构造柱、芯柱的砌体抗震墙	受剪	0.9
组合砖墙	偏压、大偏拉和受剪	0.9
配筋砌块砌体抗震墙	偏压、大偏拉和受剪	0.85
自承重墙	受剪	1.0
其他砌体	受剪和受压	1.0

10.1.6 配筋砌块砌体抗震墙结构房屋抗震设计时，结构抗震等级应根据设防烈度和房屋高度按表10.1.6采用。

表10.1.6 配筋砌块砌体抗震墙结构房屋的抗震等级

结构类型		设防烈度						
		6		7		8		9
配筋砌块砌体抗震墙	高度（m）	≤24	>24	≤24	>24	≤24	>24	≤24
	抗震墙	四	三	三	二	二	一	一
部分框支抗震墙	非底部加强部位抗震墙	四	三	三	二	二	不应采用	
	底部加强部位抗震墙	三	二	二	一	一		
	框支框架	二		二	一	一		

注：1 对于四级抗震等级，除本章有规定外，均按非抗震设计采用；
2 接近或等于高度分界时，可结合房屋不规则程度及场地、地基条件确定抗震等级。

10.1.7 结构抗震设计时，地震作用应按现行国家标准《建筑抗震设计规范》GB 50011的规定计算。结构的截面抗震验算，应符合下列规定：

1 抗震设防烈度为6度时，规则的砌体结构房屋构件，应允许不进行抗震验算，但应有符合现行国家标准《建筑抗震设计规范》GB 50011和本章规定的抗震措施；

2 抗震设防烈度为7度和7度以上的建筑结构，

应进行多遇地震作用下的截面抗震验算。6度时，下列多层砌体结构房屋的构件，应进行多遇地震作用下的截面抗震验算。

1） 平面不规则的建筑；

2） 总层数超过三层的底部框架-抗震墙砌体房屋；

3） 外廊式和单面走廊式底部框架-抗震墙砌体房屋；

4） 托梁等转换构件。

10.1.8 配筋砌块砌体抗震墙结构应进行多遇地震作用下的抗震变形验算，其楼层内最大的层间弹性位移角不宜超过1/1000。

10.1.9 底部框架-抗震墙砌体房屋的钢筋混凝土结构部分，除应符合本章规定外，尚应符合现行国家标准《建筑抗震设计规范》GB 50011—2010第6章的有关要求；此时，底部钢筋混凝土框架的抗震等级，6、7、8度时应分别按三、二、一级采用；底部钢筋混凝土抗震墙和配筋砌块砌体抗震墙的抗震等级，6、7、8度时应分别按三、三、二级采用。多层砌体房屋局部有上部砌体墙不能连续贯通落地时，托梁、柱的抗震等级，6、7、8度时应分别按三、三、二级采用。

10.1.10 配筋砌块砌体短肢抗震墙及一般抗震墙设置，应符合下列规定：

1 抗震墙宜沿主轴方向双向布置，各向结构刚度、承载力宜均匀分布。高层建筑不宜采用全部为短肢墙的配筋砌块砌体抗震墙结构，应形成短肢抗震墙与一般抗震墙共同抵抗水平地震作用的抗震墙结构。9度时不宜采用短肢墙；

2 纵横方向的抗震墙宜拉通对齐；较长的抗震墙可采用楼板或弱连梁分为若干个独立的墙段，每个独立墙段的总高度与长度之比不宜小于2，墙肢的截面高度也不宜大于8m；

3 抗震墙的门窗洞口宜上下对齐，成列布置；

4 一般抗震墙承受的第一振型底部地震倾覆力矩不应小于结构总倾覆力矩的50%，且两个主轴方向，短肢抗震墙截面面积与同一层所有抗震墙截面面积比例不宜大于20%；

5 短肢抗震墙宜设翼缘。一字形短肢墙平面外不宜布置与之单侧相交的楼面梁；

6 短肢墙的抗震等级应比表10.1.6的规定提高一级采用；已为一级时，配筋应按9度的要求提高；

7 配筋砌块砌体抗震墙的墙肢截面高度不宜小于墙肢截面宽度的5倍。

注：短肢抗震墙是指墙肢截面高度与宽度之比为5～8的抗震墙，一般抗震墙是指墙肢截面高度与宽度之比大于8的抗震墙。L形，T形，十形等多肢墙截面的长短肢性质应由较长一肢确定。

10.1.11 部分框支配筋砌块砌体抗震墙房屋的结构布置，应符合下列规定：

1 上部的配筋砌块砌体抗震墙与框支层落地抗震墙或框架应对齐或基本对齐；

2 框支层应沿纵横两方向设置一定数量的抗震墙，并均匀布置或基本均匀布置。框支层抗震墙可采用配筋砌块砌体抗震墙或钢筋混凝土抗震墙，但在同一层内不应混用；

3 矩形平面的部分框支配筋砌块砌体抗震墙房屋结构的楼层侧向刚度比和底层框架部分承担的地震倾覆力矩，应符合现行国家标准《建筑抗震设计规范》GB 50011—2010第6.1.9条的有关要求。

10.1.12 结构材料性能指标，应符合下列规定：

1 砌体材料应符合下列规定：

1） 普通砖和多孔砖的强度等级不应低于MU10，其砌筑砂浆强度等级不应低于M5；蒸压灰砂普通砖、蒸压粉煤灰普通砖及混凝土砖的强度等级不应低于MU15，其砌筑砂浆强度等级不应低于Ms5（Mb5）；

2） 混凝土砌块的强度等级不应低于MU7.5，其砌筑砂浆强度等级不应低于Mb7.5；

3） 约束砖砌体墙，其砌筑砂浆强度等级不应低于M10或Mb10；

4） 配筋砌块砌体抗震墙，其混凝土空心砌块的强度等级不应低于MU10，其砌筑砂浆强度等级不应低于Mb10。

2 混凝土材料，应符合下列规定：

1） 托梁，底部框架-抗震墙砌体房屋中的框架梁、框架柱、节点核芯区、混凝土墙和过渡层底板，部分框支配筋砌块砌体抗震墙结构中的框支梁和框支柱等转换构件、节点核芯区、落地混凝土墙和转换层楼板，其混凝土的强度等级不应低于C30；

2） 构造柱、圈梁、水平现浇钢筋混凝土带及其他各类构件不应低于C20，砌块砌体芯柱和配筋砌块砌体抗震墙的灌孔混凝土强度等级不应低于Cb20。

3 钢筋材料应符合下列规定：

1） 钢筋宜选用HRB400级钢筋和HRB335级钢筋，也可采用HPB300级钢筋；

2） 托梁、框架梁、框架柱等混凝土构件和落地混凝土墙，其普通受力钢筋宜优先选用HRB400钢筋。

10.1.13 考虑地震作用组合的配筋砌体结构构件，其配置的受力钢筋的锚固和接头，除应符合本规范第9章的要求外，尚应符合下列规定：

1 纵向受拉钢筋的最小锚固长度l_{ae}，抗震等级为一、二级时，l_{ae}取$1.15l_a$，抗震等级为三级时，l_{ae}取$1.05l_a$，抗震等级为四级时，l_{ae}取$1.0l_a$，l_a为受拉钢筋的锚固长度，按第 9.4.3 条的规定确定。

2 钢筋搭接接头，对一、二级抗震等级不小于 $1.2l_a+5d$；对三、四级不小于 $1.2l_a$。

3 配筋砌块砌体剪力墙的水平分布钢筋沿墙长应连续设置，两端的锚固应符合下列规定：

1） 一、二级抗震等级剪力墙，水平分布钢筋可绕主筋弯 180°弯钩，弯钩端部直段长度不宜小于 $12d$；水平分布钢筋亦可弯入端部灌孔混凝土中，锚固长度不应小于 $30d$，且不应小于 250mm；

2） 三、四级剪力墙，水平分布钢筋可弯入端部灌孔混凝土中，锚固长度不应小于 $20d$，且不应小于 200mm；

3） 当采用焊接网片作为剪力墙水平钢筋时，应在钢筋网片的弯折端部加焊两根直径与抗剪钢筋相同的横向钢筋，弯入灌孔混凝土的长度不应小于 150mm。

10.1.14 砌体结构构件进行抗震设计时，房屋的结构体系、高宽比、抗震横墙的间距、局部尺寸的限值、防震缝的设置及结构构造措施等，除满足本章规定外，尚应符合现行国家标准《建筑抗震设计规范》GB 50011 的有关规定。

10.2 砖砌体构件

Ⅰ 承载力计算

10.2.1 普通砖、多孔砖砌体沿阶梯形截面破坏的抗震抗剪强度设计值，应按下式确定：

$$f_{vE}=\zeta_N f_v \tag{10.2.1}$$

式中：f_{vE}——砌体沿阶梯形截面破坏的抗震抗剪强度设计值；

f_v——非抗震设计的砌体抗剪强度设计值；

ζ_N——砖砌体抗震抗剪强度的正应力影响系数，应按表 10.2.1 采用。

表 10.2.1 砖砌体强度的正应力影响系数

砌体类别	σ_0/f_v						
	0.0	1.0	3.0	5.0	7.0	10.0	12.0
普通砖、多孔砖	0.80	0.99	1.25	1.47	1.65	1.90	2.05

注：σ_0 为对应于重力荷载代表值的砌体截面平均压应力。

10.2.2 普通砖、多孔砖墙体的截面抗震受剪承载力，应按下列公式验算：

1 一般情况下，应按下式验算：

$$V\leqslant f_{vE}A/\gamma_{RE} \tag{10.2.2-1}$$

式中：V——考虑地震作用组合的墙体剪力设计值；

f_{vE}——砖砌体沿阶梯形截面破坏的抗震抗剪强度设计值；

A——墙体横截面面积；

γ_{RE}——承载力抗震调整系数，应按表 10.1.5 采用。

2 采用水平配筋的墙体，应按下式验算：

$$V\leqslant\frac{1}{\gamma_{RE}}(f_{vE}A+\zeta_s f_{yh}A_{sh}) \tag{10.2.2-2}$$

式中：ζ_s——钢筋参与工作系数，可按表 10.2.2 采用；

f_{yh}——墙体水平纵向钢筋的抗拉强度设计值；

A_{sh}——层间墙体竖向截面的总水平纵向钢筋面积，其配筋率不应小于 0.07%且不大于 0.17%。

表 10.2.2 钢筋参与工作系数（ζ_s）

墙体高宽比	0.4	0.6	0.8	1.0	1.2
ζ_s	0.10	0.12	0.14	0.15	0.12

3 墙段中部基本均匀的设置构造柱，且构造柱的截面不小于 240mm×240mm（当墙厚 190mm 时，亦可采用 240mm×190mm），构造柱间距不大于 4m 时，可计入墙段中部构造柱对墙体受剪承载力的提高作用，并按下式进行验算：

$$V\leqslant\frac{1}{\gamma_{RE}}[\eta_c f_{vE}(A-A_c)+\zeta_c f_t A_c+0.08f_{yc}A_{sc}+\zeta_s f_{yh}A_{sh}] \tag{10.2.2-3}$$

式中：A_c——中部构造柱的横截面面积（对横墙和内纵墙，$A_c>0.15A$ 时，取 $0.15A$；对外纵墙，$A_c>0.25A$ 时，取 $0.25A$）；

f_t——中部构造柱的混凝土轴心抗拉强度设计值；

A_{sc}——中部构造柱的纵向钢筋截面总面积，配筋率不应小于 0.6%，大于 1.4%时取 1.4%；

f_{yh}、f_{yc}——分别为墙体水平钢筋、构造柱纵向钢筋的抗拉强度设计值；

ζ_c——中部构造柱参与工作系数，居中设一根时取 0.5，多于一根时取 0.4；

η_c——墙体约束修正系数，一般情况取 1.0，构造柱间距不大于 3.0m 时取 1.1；

A_{sh}——层间墙体竖向截面的总水平纵向钢筋面积，其配筋率不应小于 0.07%且不大于 0.17%，水平纵向钢筋配筋率小于 0.07%时取 0。

10.2.3 无筋砖砌体墙的截面抗震受压承载力，按第 5 章计算的截面非抗震受压承载力除以承载力抗震调整系数进行计算；网状配筋砖墙、组合砖墙的截面抗震受压承载力，按第 8 章计算的截面非抗震受压承载力除以承载力抗震调整系数进行计算。

Ⅱ 构造措施

10.2.4 各类砖砌体房屋的现浇钢筋混凝土构造柱

（以下简称构造柱），其设置应符合现行国家标准《建筑抗震设计规范》GB 50011的有关规定，并应符合下列规定：

1 构造柱设置部位应符合表10.2.4的规定；

2 外廊式和单面走廊式的房屋，应根据房屋增加一层的层数，按表10.2.4的要求设置构造柱，且单面走廊两侧的纵墙均应按外墙处理；

3 横墙较少的房屋，应根据房屋增加一层的层数，按表10.2.4的要求设置构造柱。当横墙较少的房屋为外廊式或单面走廊式时，应按本条2款要求设置构造柱；但6度不超过四层、7度不超过三层和8度不超过二层时应按增加二层的层数对待；

4 各层横墙很少的房屋，应按增加二层的层数设置构造柱；

5 采用蒸压灰砂普通砖和蒸压粉煤灰普通砖的砌体房屋，当砌体的抗剪强度仅达到普通黏土砖砌体的70%时（普通砂浆砌筑），应根据增加一层的层数按本条1～4款要求设置构造柱；但6度不超过四层、7度不超过三层和8度不超过二层时应按增加二层的层数对待；

6 有错层的多层房屋，在错层部位应设置墙，其与其他墙交接处应设置构造柱；在错层部位的错层楼板位置应设置现浇钢筋混凝土圈梁；当房屋层数不低于四层时，底部1/4楼层处错层部位墙中部的构造柱间距不宜大于2m。

表10.2.4 砖砌体房屋构造柱设置要求

<table>
<tr><th colspan="4">房屋层数</th><th colspan="2" rowspan="2">设置部位</th></tr>
<tr><th>6度</th><th>7度</th><th>8度</th><th>9度</th></tr>
<tr><td>≤五</td><td>≤四</td><td>≤三</td><td></td><td rowspan="3">楼、电梯间四角，楼梯斜梯段上下端对应的墙体处；
外墙四角和对应转角；
错层部位横墙与外纵墙交接处；
大房间内外墙交接处；
较大洞口两侧</td><td>隔12m或单元横墙与外纵墙交接处；
楼梯间对应的另一侧内横墙与外纵墙交接处</td></tr>
<tr><td>六</td><td>五</td><td>四</td><td>二</td><td>隔开间横墙（轴线）与外墙交接处；
山墙与内纵墙交接处</td></tr>
<tr><td>七</td><td>六、七</td><td>五、六</td><td>三、四</td><td>内墙（轴线）与外墙交接处；
内墙的局部较小墙垛处；
内纵墙与横墙（轴线）交接处</td></tr>
</table>

注：1 较大洞口，内墙指不小于2.1m的洞口；外墙在内外墙交接处已设置构造柱时允许适当放宽，但洞侧墙体应加强；

2 当按本条第2～5款规定确定的层数超出表10.2.4范围，构造柱设置要求不应低于表中相应烈度的最高要求且宜适当提高。

10.2.5 多层砖砌体房屋的构造柱应符合下列构造规定：

1 构造柱的最小截面可为180mm×240mm（墙厚190mm时为180mm×190mm）；构造柱纵向钢筋宜采用4ϕ12，箍筋直径可采用6mm，间距不宜大于250mm，且在柱上、下端适当加密；当6、7度超过六层、8度超过五层和9度时，构造柱纵向钢筋宜采用4ϕ14，箍筋间距不应大于200mm；房屋四角的构造柱应适当加大截面及配筋；

2 构造柱与墙连接处应砌成马牙槎，沿墙高每隔500mm设2ϕ6水平钢筋和ϕ4分布短筋平面内点焊组成的拉结网片或ϕ4点焊钢筋网片，每边伸入墙内不宜小于1m。6、7度时，底部1/3楼层，8度时底部1/2楼层，9度时全部楼层，上述拉结钢筋网片应沿墙体水平通长设置；

3 构造柱与圈梁连接处，构造柱的纵筋应在圈梁纵筋内侧穿过，保证构造柱纵筋上下贯通；

4 构造柱可不单独设置基础，但应伸入室外地面下500mm，或与埋深小于500mm的基础圈梁相连；

5 房屋高度和层数接近本规范表10.1.2的限值时，纵、横墙内构造柱间距尚应符合下列规定：

1）横墙内的构造柱间距不宜大于层高的二倍；下部1/3楼层的构造柱间距适当减小；

2）当外纵墙开间大于3.9m时，应另设加强措施。内纵墙的构造柱间距不宜大于4.2m。

10.2.6 约束普通砖墙的构造，应符合下列规定：

1 墙段两端设有符合现行国家标准《建筑抗震设计规范》GB 50011要求的构造柱，且墙肢两端及中部构造柱的间距不大于层高或3.0m，较大洞口两侧应设置构造柱；构造柱最小截面尺寸不宜小于240mm×240mm（墙厚190mm时为240mm×190mm），边柱和角柱的截面宜适当加大；构造柱的纵筋和箍筋设置宜符合表10.2.6的要求。

2 墙体在楼、屋盖标高处均设置满足现行国家标准《建筑抗震设计规范》GB 50011要求的圈梁，上部各楼层处圈梁截面高度不宜小于150mm；圈梁纵向钢筋应采用强度等级不低于HRB335的钢筋，6、7度时不小于4ϕ10；8度时不小于4ϕ12；9度时不小于4ϕ14；箍筋不小于ϕ6。

表10.2.6 构造柱的纵筋和箍筋设置要求

<table>
<tr><th rowspan="2">位置</th><th colspan="3">纵向钢筋</th><th colspan="3">箍筋</th></tr>
<tr><th>最大配筋率（%）</th><th>最小配筋率（%）</th><th>最小直径（mm）</th><th>加密区范围（mm）</th><th>加密区间距（mm）</th><th>最小直径（mm）</th></tr>
<tr><td>角柱</td><td rowspan="2">1.8</td><td rowspan="2">0.8</td><td>14</td><td>全高</td><td rowspan="3">100</td><td rowspan="3">6</td></tr>
<tr><td>边柱</td><td>14</td><td>上端700</td></tr>
<tr><td>中柱</td><td>1.4</td><td>0.6</td><td>12</td><td>下端500</td></tr>
</table>

10.2.7 房屋的楼、屋盖与承重墙构件的连接，应符合下列规定：

1 钢筋混凝土预制楼板在梁、承重墙上必须具有足够的搁置长度。当圈梁未设在板的同一标高时，板端的搁置长度，在外墙上不应小于120mm，在内墙上，不应小于100mm，在梁上不应小于80mm，当采用硬架支模连接时，搁置长度允许不满足上述要求；

2 当圈梁设在板的同一标高时，钢筋混凝土预制楼板端头应伸出钢筋，与墙体的圈梁相连接。当圈梁设在板底时，房屋端部大房间的楼盖，6度时房屋的屋盖和7～9度时房屋的楼、屋盖，钢筋混凝土预制板应相互拉结，并应与梁、墙或圈梁拉结；

3 当板的跨度大于4.8m并与外墙平行时，靠外墙的预制板侧边应与墙或圈梁拉结；

4 钢筋混凝土预制楼板侧边之间应留有不小于20mm的空隙，相邻跨预制楼板板缝宜贯通，当板缝宽度不小于50mm时应配置板缝钢筋；

5 装配整体式钢筋混凝土楼、屋盖，应在预制板叠合层上双向配置通长的水平钢筋，预制板应与后浇的叠合层有可靠的连接。现浇板和现浇叠合层应跨越承重内墙或梁，伸入外墙内长度应不小于120mm和1/2墙厚；

6 现浇或装配整体式钢筋混凝土楼、屋盖与墙体有可靠连接的房屋，应允许不另设圈梁，但楼板沿抗震墙体周边均应加强配筋并应与相应的构造柱钢筋可靠连接。

10.3 混凝土砌块砌体构件

Ⅰ 承载力计算

10.3.1 混凝土砌块砌体沿阶梯形截面破坏的抗震抗剪强度设计值，应按下式计算：

$$f_{vE}=\zeta_N f_v \quad (10.3.1)$$

式中：f_{vE}——砌体沿阶梯形截面破坏的抗震抗剪强度设计值；

f_v——非抗震设计的砌体抗剪强度设计值；

ζ_N——砌块砌体抗震抗剪强度的正应力影响系数，应按表10.3.1采用。

表10.3.1 砌块砌体抗震抗剪强度的正应力影响系数

砌体类别	σ_0/f_v						
	1.0	3.0	5.0	7.0	10.0	12.0	≥16.0
混凝土砌块	1.23	1.69	2.15	2.57	3.02	3.32	3.92

注：σ_0为对应于重力荷载代表值的砌体截面平均压应力。

10.3.2 设置构造柱和芯柱的混凝土砌块墙体的截面抗震受剪承载力，可按下式验算：

$$V\leqslant\frac{1}{\gamma_{RE}}[f_{vE}A+(0.3f_{t1}A_{c1}+0.3f_{t2}A_{c2}+0.05f_{y1}A_{s1}+0.05f_{y2}A_{s2})\zeta_c] \quad (10.3.2)$$

式中：f_{t1}——芯柱混凝土轴心抗拉强度设计值；

f_{t2}——构造柱混凝土轴心抗拉强度设计值；

A_{c1}——墙中部芯柱截面总面积；

A_{c2}——墙中部构造柱截面总面积，$A_{c2}=bh$；

A_{s1}——芯柱钢筋截面总面积；

A_{s2}——构造柱钢筋截面总面积；

f_{y1}——芯柱钢筋抗拉强度设计值；

f_{y2}——构造柱钢筋抗拉强度设计值；

ζ_c——芯柱和构造柱参与工作系数，可按表10.3.2采用。

表10.3.2 芯柱和构造柱参与工作系数

灌孔率ρ	$\rho<0.15$	$0.15\leqslant\rho<0.25$	$0.25\leqslant\rho<0.5$	$\rho\geqslant0.5$
ζ_c	0	1.0	1.10	1.15

注：灌孔率指芯柱根数（含构造柱和填实孔洞数量）与孔洞总数之比。

10.3.3 无筋混凝土砌块砌体抗震墙的截面抗震受压承载力，应按本规范第5章计算的截面非抗震受压承载力除以承载力抗震调整系数进行计算。

Ⅱ 构造措施

10.3.4 混凝土砌块房屋应按表10.3.4的要求设置钢筋混凝土芯柱。对外廊式和单面走廊式的房屋、横墙较少的房屋、各层横墙很少的房屋，尚应分别按本规范第10.2.4条第2、3、4款关于增加层数的对应要求，按表10.3.4的要求设置芯柱。

表10.3.4 混凝土砌块房屋芯柱设置要求

<table>
<tr><th colspan="4">房屋层数</th><th rowspan="2">设置部位</th><th rowspan="2">设置数量</th></tr>
<tr><th>6度</th><th>7度</th><th>8度</th><th>9度</th></tr>
<tr><td>≤五</td><td>≤四</td><td>≤三</td><td></td><td>外墙四角和对应转角；
楼、电梯间四角；楼梯斜梯段上下端对应的墙体处；
大房间内外墙交接处；
错层部位横墙与外纵墙交接处；
隔12m或单元横墙与外纵墙交接处</td><td rowspan="2">外墙转角，灌实3个孔；
内外墙交接处，灌实4个孔；
楼梯斜段上下端对应的墙体处，灌实2个孔</td></tr>
<tr><td>六</td><td>五</td><td>四</td><td>一</td><td>同上；
隔开间横墙（轴线）与外纵墙交接处</td></tr>
<tr><td>七</td><td>六</td><td>五</td><td>二</td><td>同上；
各内墙（轴线）与外纵墙交接处；
内纵墙与横墙（轴线）交接处和洞口两侧</td><td>外墙转角，灌实5个孔；
内外墙交接处，灌实4个孔；
内墙交接处，灌实4～5个孔；
洞口两侧各灌实1个孔</td></tr>
</table>

续表 10.3.4

房屋层数				设 置 部 位	设置数量
6度	7度	8度	9度		
七	六	三		同上； 横墙内芯柱间距不宜大于2m	外墙转角，灌实7个孔； 内外墙交接处，灌实5个孔； 内墙交接处，灌实4～5个孔； 洞口两侧各灌实1个孔

注：1 外墙转角、内外墙交接处、楼电梯间四角等部位，应允许采用钢筋混凝土构造柱替代部分芯柱。

2 当按10.2.4条第2～4款规定确定的层数超出表10.3.4范围，芯柱设置要求不应低于表中相应烈度的最高要求且宜适当提高。

10.3.5 混凝土砌块房屋混凝土芯柱，尚应满足下列要求：

1 混凝土砌块砌体墙纵横墙交接处、墙段两端和较大洞口两侧宜设置不少于单孔的芯柱；

2 有错层的多层房屋，错层部位应设置墙，墙中部的钢筋混凝土芯柱间距宜适当加密，在错层部位纵横墙交接处宜设置不少于4孔的芯柱；在错层部位的错层楼板位置尚应设置现浇钢筋混凝土圈梁；

3 为提高墙体抗震受剪承载力而设置的芯柱，宜在墙体内均匀布置，最大间距不宜大于2.0m。当房屋层数或高度等于或接近表10.1.2中限值时，纵、横墙内芯柱间距尚应符合下列要求：

1）底部1/3楼层横墙中部的芯柱间距，7、8度时不宜大于1.5m；9度时不宜大于1.0m；

2）当外纵墙开间大于3.9m时，应另设加强措施。

10.3.6 梁支座处墙内宜设置芯柱，芯柱灌实孔数不少于3个。当8、9度房屋采用大跨梁或井字梁时，宜在梁支座处墙内设置构造柱；并应考虑梁端弯矩对墙体和构造柱的影响。

10.3.7 混凝土砌块砌体房屋的圈梁，除应符合现行国家标准《建筑抗震设计规范》GB 50011要求外，尚应符合下述构造要求：

圈梁的截面宽度宜取墙宽且不应小于190mm，配筋宜符合表10.3.7的要求，箍筋直径不小于$\phi 6$；基础圈梁的截面宽度宜取墙宽，截面高度不应小于200mm，纵筋不应少于$4\phi 14$。

表10.3.7 混凝土砌块砌体房屋圈梁配筋要求

配 筋	烈 度		
	6、7	8	9
最小纵筋	$4\phi 10$	$4\phi 12$	$4\phi 14$
箍筋最大间距（mm）	250	200	150

10.3.8 楼梯间墙体构件除按规定设置构造柱或芯柱外，尚应通过墙体配筋增强其抗震能力，墙体应沿墙高每隔400mm水平通长设置$\phi 4$点焊拉结钢筋网片；楼梯间墙体中部的芯柱间距，6度时不宜大于2m；7、8度时不宜大于1.5m；9度时不宜大于1.0m；房屋层数或高度等于或接近表10.1.2中限值时，底部1/3楼层芯柱间距适当减小。

10.3.9 混凝土砌块房屋的其他抗震构造措施，尚应符合本规范第10.2节和现行国家标准《建筑抗震设计规范》GB 50011有关要求。

10.4 底部框架-抗震墙砌体房屋抗震构件

Ⅰ 承载力计算

10.4.1 底部框架-抗震墙砌体房屋中的钢筋混凝土抗震构件的截面抗震承载力应按国家现行标准《混凝土结构设计规范》GB 50010和《建筑抗震设计规范》GB 50011的规定计算。配筋砌块砌体抗震墙的截面抗震承载力应按本规范第10.5节的规定计算。

10.4.2 底部框架-抗震墙砌体房屋中，计算由地震剪力引起的柱端弯矩时，底层柱的反弯点高度比可取0.55。

10.4.3 底部框架-抗震墙砌体房屋中，底部框架、托梁和抗震墙组合的内力设计值尚应按下列要求进行调整：

1 柱的最上端和最下端组合的弯矩设计值应乘以增大系数，一、二、三级的增大系数应分别按1.5、1.25和1.15采用。

2 底部框架梁或托梁尚应按现行国家标准《建筑抗震设计规范》GB 50011—2010第6章的相关规定进行内力调整。

3 抗震墙墙肢不应出现小偏心受拉。

10.4.4 底层框架-抗震墙砌体房屋中嵌砌于框架之间的砌体抗震墙，应符合本规范第10.4.8条的构造要求，其抗震验算应符合下列规定：

1 底部框架柱的轴向力和剪力，应计入砌体墙引起的附加轴向力和附加剪力，其值可按下列公式确定：

$$N_{\mathrm{f}} = V_{\mathrm{w}} H_{\mathrm{f}} / l \qquad (10.4.4\text{-}1)$$

$$V_{\mathrm{f}} = V_{\mathrm{w}} \qquad (10.4.4\text{-}2)$$

式中：N_{f}——框架柱的附加轴压力设计值；

V_{w}——墙体承担的剪力设计值，柱两侧有墙时可取二者的较大值；

H_{f}、l——分别为框架的层高和跨度；

V_{f}——框架柱的附加剪力设计值。

2 嵌砌于框架之间的砌体抗震墙及两端框架柱，其抗震受剪承载力应按下式验算：

$$V \leqslant \frac{1}{\gamma_{\mathrm{REc}}} \sum (M_{\mathrm{yc}}^{\mathrm{u}} + M_{\mathrm{yc}}^{l}) / H_0 + \frac{1}{\gamma_{\mathrm{REw}}} \sum f_{\mathrm{vE}} A_{\mathrm{w0}} \qquad (10.4.4\text{-}3)$$

式中：V——嵌砌砌体墙及两端框架柱剪力设计值；

γ_{REc}——底层框架柱承载力抗震调整系数，可采用0.8；

M_{yc}^{u}、M_{yc}^{l}——分别为底层框架柱上下端的正截面受弯承载力设计值，可按现行国家标准《混凝土结构设计规范》GB 50010非抗震设计的有关公式取等号计算；

H_0——底层框架柱的计算高度，两侧均有砌体墙时取柱净高的2/3，其余情况取柱净高；

γ_{REw}——嵌砌砌体抗震墙承载力抗震调整系数，可采用0.9；

A_{w0}——砌体墙水平截面的计算面积，无洞口时取实际截面的1.25倍，有洞口时取截面净面积，但不计入宽度小于洞口高度1/4的墙肢截面面积。

10.4.5 由重力荷载代表值产生的框支墙梁托梁内力应按本规范第7.3节的有关规定计算。重力荷载代表值应按现行国家标准《建筑抗震设计规范》GB 50011的有关规定计算。但托梁弯矩系数α_M、剪力系数β_V应予增大；当抗震等级为一级时，增大系数取为1.15；当为二级时，取为1.10；当为三级时，取为1.05；当为四级时，取为1.0。

Ⅱ 构造措施

10.4.6 底部框架-抗震墙砌体房屋中底部抗震墙的厚度和数量，应由房屋的竖向刚度分布来确定。当采用约束普通砖墙时其厚度不得小于240mm；配筋砌块砌体抗震墙厚度，不应小于190mm；钢筋混凝土抗震墙厚度，不宜小于160mm；且均不宜小于层高或无支长度的1/20。

10.4.7 底部框架-抗震墙砌体房屋的底部采用钢筋混凝土抗震墙或配筋砌块砌体抗震墙时，其截面和构造应符合现行国家标准《建筑抗震设计规范》GB 50011的有关规定。配筋砌块砌体抗震墙尚应符合下列规定：

1 墙体的水平分布钢筋应采用双排布置；

2 墙体的分布钢筋和边缘构件，除应满足承载力要求外，可根据墙体抗震等级，按10.5节关于底部加强部位配筋砌块砌体抗震墙的分布钢筋和边缘构件的规定设置。

10.4.8 6度设防的底层框架-抗震墙房屋的底层采用约束普通砖墙时，其构造除应同时满足10.2.6要求外，尚应符合下列规定：

1 墙长大于4m时和洞口两侧，应在墙内增设钢筋混凝土构造柱。构造柱的纵向钢筋不宜少于4ϕ14；

2 沿墙高每隔300mm设置2ϕ8水平钢筋与ϕ4分布短筋平面内点焊组成的通长拉结网片，并锚入框架柱内；

3 在墙体半高附近尚应设置与框架柱相连的钢筋混凝土水平系梁，系梁截面宽度不应小于墙厚，截面高度不应小于120mm，纵筋不应小于4ϕ12，箍筋直径不应小于ϕ6，箍筋间距不应大于200mm。

10.4.9 底部框架-抗震墙砌体房屋的框架柱和钢筋混凝土托梁，其截面和构造除应符合现行国家标准《建筑抗震设计规范》GB 50011的有关要求外，尚应符合下列规定：

1 托梁的截面宽度不应小于300mm，截面高度不应小于跨度的1/10，当墙体在梁端附近有洞口时，梁截面高度不宜小于跨度的1/8；

2 托梁上、下部纵向贯通钢筋最小配筋率，一级时不应小于0.4%，二、三级时分别不应小于0.3%；当托墙梁受力状态为偏心受拉时，支座上部纵向钢筋至少应有50%沿梁全长贯通，下部纵向钢筋应全部直通到柱内；

3 托梁箍筋的直径不应小于10mm，间距不应大于200mm；梁端在1.5倍梁高且不小于1/5净跨范围内，以及上部墙体的洞口处和洞口两侧各500mm且不小于梁高的范围内，箍筋间距不应大于100mm；

4 托梁沿梁高每侧应设置不小于1ϕ14的通长腰筋，间距不应大于200mm。

10.4.10 底部框架-抗震墙砌体房屋的上部墙体，对构造柱或芯柱的设置及其构造应符合多层砌体房屋的要求，同时应符合下列规定：

1 构造柱截面不宜小于240mm×240mm（墙厚190mm时为240mm×190mm），纵向钢筋不宜少于4ϕ14，箍筋间距不宜大于200mm；

2 芯柱每孔插筋不应小于1ϕ14；芯柱间应沿墙高设置间距不大于400mm的ϕ4焊接水平钢筋网片；

3 顶层的窗台标高处，宜沿纵横墙通长设置的水平现浇钢筋混凝土带；其截面高度不小于60mm，宽度不小于墙厚，纵向钢筋不少于2ϕ10，横向分布筋的直径不小于6mm且其间距不大于200mm。

10.4.11 过渡层墙体的材料强度等级和构造要求，应符合下列规定：

1 过渡层砌体块材的强度等级不应低于MU10，砖砌体砌筑砂浆强度的等级不应低于M10，砌块砌体砌筑砂浆强度的等级不应低于Mb10；

2 上部砌体墙的中心线宜同底部的托梁、抗震墙的中心线相重合。当过渡层砌体墙与底部框架梁、抗震墙不对齐时，应另设置托墙转换梁，并且应对底层和过渡层相关结构构件另外采取加强措施；

3 托梁上过渡层砌体墙的洞口不宜设置在框架柱或抗震墙边框柱的正上方；

4 过渡层应在底部框架柱、抗震墙边框柱、砌体抗震墙的构造柱或芯柱所对应处设置构造柱或芯柱，并宜上下贯通。过渡层墙体内的构造柱间距不宜大于层高；芯柱除按本规范第10.3.4条和10.3.5条规定外，砌块砌体墙体中部的芯柱宜均匀布置，最大间距不宜大于1m；

构造柱截面不宜小于240mm×240mm（墙厚190mm时为240mm×190mm），其纵向钢筋，6、7度时不宜少于4ϕ16，8度时不宜少于4ϕ18。芯柱的纵向钢筋，6、7度时不宜少于每孔1ϕ16，8度时不宜少于每孔1ϕ18。一般情况下，纵向钢筋应锚入下部的框架柱或混凝土墙内；当纵向钢筋锚固在托墙梁内时，托墙梁的相应位置应加强；

5 过渡层的砌体墙，凡宽度不小于1.2m的门洞和2.1m的窗洞，洞口两侧宜增设截面不小于120mm×240mm（墙厚190mm时为120mm×190mm）的构造柱或单孔芯柱；

6 过渡层砖砌体墙，在相邻构造柱间应沿墙高每隔360mm设置2ϕ6通长水平钢筋与ϕ4分布短筋平面内点焊组成的拉结网片或ϕ4点焊钢筋网片；过渡层砌块砌体墙，在芯柱之间沿墙高应每隔400mm设置ϕ4通长水平点焊钢筋网片；

7 过渡层的砌体墙在窗台标高处，应设置沿纵横墙通长的水平现浇钢筋混凝土带。

10.4.12 底部框架-抗震墙砌体房屋的楼盖应符合下列规定：

1 过渡层的底板应采用现浇钢筋混凝土楼板，且板厚不应小于120mm，并应采用双排双向配筋，配筋率分别不应小于0.25%；应少开洞、开小洞，当洞口尺寸大于800mm时，洞口周边应设置边梁；

2 其他楼层，采用装配式钢筋混凝土楼板时均应设现浇圈梁，采用现浇钢筋混凝土楼板时应允许不另设圈梁，但楼板沿抗震墙体周边均应加强配筋并应与相应的构造柱、芯柱可靠连接。

10.4.13 底部框架-抗震墙砌体房屋的其他抗震构造措施，应符合本章其他各节和现行国家标准《建筑抗震设计规范》GB 50011的有关要求。

10.5 配筋砌块砌体抗震墙

Ⅰ 承载力计算

10.5.1 考虑地震作用组合的配筋砌块砌体抗震墙的正截面承载力应按本规范第9章的规定计算，但其抗力应除以承载力抗震调整系数。

10.5.2 配筋砌块砌体抗震墙承载力计算时，底部加强部位的截面组合剪力设计值V_w，应按下列规定调整：

1 当抗震等级为一级时，

$$V_w = 1.6V \tag{10.5.2-1}$$

2 当抗震等级为二级时，

$$V_w = 1.4V \tag{10.5.2-2}$$

3 当抗震等级为三级时，

$$V_w = 1.2V \tag{10.5.2-3}$$

4 当抗震等级为四级时，

$$V_w = 1.0V \tag{10.5.2-4}$$

式中：V——考虑地震作用组合的抗震墙计算截面的剪力设计值。

10.5.3 配筋砌块砌体抗震墙的截面，应符合下列规定：

1 当剪跨比大于2时：

$$V_w \leqslant \frac{1}{\gamma_{RE}} 0.2 f_g b h_0 \tag{10.5.3-1}$$

2 当剪跨比小于或等于2时：

$$V_w \leqslant \frac{1}{\gamma_{RE}} 0.15 f_g b h_0 \tag{10.5.3-2}$$

10.5.4 偏心受压配筋砌块砌体抗震墙的斜截面受剪承载力，应按下列公式计算：

$$V_w \leqslant \frac{1}{\gamma_{RE}} \left[\frac{1}{\lambda - 0.5} \left(0.48 f_{vg} b h_0 + 0.10 N \frac{A_w}{A} \right) + 0.72 f_{yh} \frac{A_{sh}}{s} h_0 \right] \tag{10.5.4-1}$$

$$\lambda = \frac{M}{V h_0} \tag{10.5.4-2}$$

式中：f_{vg}——灌孔砌块砌体的抗剪强度设计值，按本规范第3.2.2条的规定采用；

M——考虑地震作用组合的抗震墙计算截面的弯矩设计值；

N——考虑地震作用组合的抗震墙计算截面的轴向力设计值，当时$N > 0.2 f_g bh$，取$N = 0.2 f_g bh$；

A——抗震墙的截面面积，其中翼缘的有效面积，可按第9.2.5条的规定计算；

A_w——T形或Ⅰ字形截面抗震墙腹板的截面面积，对于矩形截面取$A_w = A$；

λ——计算截面的剪跨比，当$\lambda \leqslant 1.5$时，取$\lambda = 1.5$；当$\lambda \geqslant 2.2$时，取$\lambda = 2.2$；

A_{sh}——配置在同一截面内的水平分布钢筋的全部截面面积；

f_{yh}——水平钢筋的抗拉强度设计值；

f_g——灌孔砌体的抗压强度设计值；

s——水平分布钢筋的竖向间距；

γ_{RE}——承载力抗震调整系数。

10.5.5 偏心受拉配筋砌块砌体抗震墙，其斜截面受剪承载力，应按下列公式计算：

$$V_w \leqslant \frac{1}{\gamma_{RE}} \left[\frac{1}{\lambda - 0.5} \left(0.48 f_{vg} b h_0 - 0.17 N \frac{A_w}{A} \right) + 0.72 f_{yh} \frac{A_{sh}}{s} h_0 \right] \tag{10.5.5}$$

注：当$0.48 f_{vg} b h_0 - 0.17 N \frac{A_w}{A} < 0$时，取$0.48 f_{vg} b h_0 - 0.17 N \frac{A_w}{A} = 0$。

10.5.6 配筋砌块砌体抗震墙跨高比大于2.5的连梁应采用钢筋混凝土连梁，其截面组合的剪力设计值和斜截面承载力，应符合现行国家标准《混凝土结构设计规范》GB 50010对连梁的有关规定；跨高比小于或等于2.5的连梁可采用配筋砌块砌体连梁，采用配筋砌块砌体连梁时，应采用相应的计算参数和指标；连梁的正截面承载力应除以相应的承载力抗震调整系数。

10.5.7 配筋砌块砌体抗震墙连梁的剪力设计值，抗震等级一、二、三级时应按下式调整，四级时可不调整：

$$V_b = \eta_v \frac{M_b^l + M_b^r}{l_n} + V_{Gb} \qquad (10.5.7)$$

式中：V_b——连梁的剪力设计值；

η_v——剪力增大系数，一级时取1.3；二级时取1.2；三级时取1.1；

M_b^l、M_b^r——分别为梁左、右端考虑地震作用组合的弯矩设计值；

V_{Gb}——在重力荷载代表值作用下，按简支梁计算的截面剪力设计值；

l_n——连梁净跨。

10.5.8 抗震墙采用配筋混凝土砌块砌体连梁时，应符合下列规定：

1 连梁的截面应满足下式的要求：

$$V_b \leqslant \frac{1}{\gamma_{RE}}(0.15 f_g b h_0) \qquad (10.5.8\text{-}1)$$

2 连梁的斜截面受剪承载力应按下式计算：

$$V_b = \frac{1}{\gamma_{RE}}\left(0.56 f_{vg} b h_0 + 0.7 f_{yv} \frac{A_{sv}}{s} h_0\right) \qquad (10.5.8\text{-}2)$$

式中：A_{sv}——配置在同一截面内的箍筋各肢的全部截面面积；

f_{yv}——箍筋的抗拉强度设计值。

Ⅱ 构造措施

10.5.9 配筋砌块砌体抗震墙的水平和竖向分布钢筋应符合下列规定，抗震墙底部加强区的高度不小于房屋高度的1/6，且不小于房屋底部两层的高度。

1 抗震墙水平分布钢筋的配筋构造应符合表10.5.9-1的规定：

表10.5.9-1 抗震墙水平分布钢筋的配筋构造

抗震等级	最小配筋率（%）		最大间距（mm）	最小直径（mm）
	一般部位	加强部位		
一级	0.13	0.15	400	ϕ8
二级	0.13	0.13	600	ϕ8
三级	0.11	0.13	600	ϕ8
四级	0.10	0.10	600	ϕ6

注：1 水平分布钢筋宜双排布置，在顶层和底部加强部位，最大间距不应大于400mm；

2 双排水平分布钢筋应设不小于ϕ6拉结筋，水平间距不应大于400mm。

2 抗震墙竖向分布钢筋的配筋构造应符合表10.5.9-2的规定：

表10.5.9-2 抗震墙竖向分布钢筋的配筋构造

抗震等级	最小配筋率（%）		最大间距（mm）	最小直径（mm）
	一般部位	加强部位		
一级	0.15	0.15	400	ϕ12
二级	0.13	0.13	600	ϕ12
三级	0.11	0.13	600	ϕ12
四级	0.10	0.10	600	ϕ12

注：竖向分布钢筋宜采用单排布置，直径不应大于25mm，9度时配筋率不应小于0.2%。在顶层和底部加强部位，最大间距应适当减小。

10.5.10 配筋砌块砌体抗震墙除应符合本规范第9.4.11的规定外，应在底部加强部位和轴压比大于0.4的其他部位的墙肢设置边缘构件。边缘构件的配筋范围：无翼墙端部为3孔配筋；“L”形转角节点为3孔配筋；“T”形转角节点为4孔配筋；边缘构件范围内应设置水平箍筋；配筋砌块砌体抗震墙边缘构件的配筋应符合表10.5.10的要求。

表10.5.10 配筋砌块砌体抗震墙边缘构件的配筋要求

抗震等级	每孔竖向钢筋最小量		水平箍筋最小直径	水平箍筋最大间距（mm）
	底部加强部位	一般部位		
一级	1ϕ20（4ϕ16）	1ϕ18（4ϕ16）	ϕ8	200
二级	1ϕ18（4ϕ16）	1ϕ16（4ϕ14）	ϕ6	200
三级	1ϕ16（4ϕ12）	1ϕ14（4ϕ12）	ϕ6	200
四级	1ϕ14（4ϕ12）	1ϕ12（4ϕ12）	ϕ6	200

注：1 边缘构件水平箍筋宜采用横筋为双筋的搭接点焊网片形式；

2 当抗震等级为二、三级时，边缘构件箍筋应采用HRB400级或RRB400级钢筋；

3 表中括号中数字为边缘构件采用混凝土边框柱时的配筋。

10.5.11 宜避免设置转角窗，否则，转角窗开间相关墙体尽端边缘构件最小纵筋直径应比表10.5.10的规定值提高一级，且转角窗开间的楼、屋面应采用现浇钢筋混凝土楼、屋面板。

10.5.12 配筋砌块砌体抗震墙在重力荷载代表值作用下的轴压比，应符合下列规定：

1 一般墙体的底部加强部位，一级（9度）不宜大于0.4，一级（8度）不宜大于0.5，二、三级不宜大于0.6，一般部位，均不宜大于0.6；

2 短肢墙体全高范围，一级不宜大于0.50，二、三级不宜大于0.60；对于无翼缘的一字形短肢墙，其轴压比限值应相应降低0.1；

3 各向墙肢截面均为3～5倍墙厚的独立小墙肢，一级不宜大于0.4，二、三级不宜大于0.5；对于无翼缘的一字形独立小墙肢，其轴压比限值应相应降低0.1。

10.5.13 配筋砌块砌体圈梁构造，应符合下列规定：

1 各楼层标高处，每道配筋砌块砌体抗震墙均应设置现浇钢筋混凝土圈梁，圈梁的宽度应为墙厚，其截面高度不宜小于200mm；

2 圈梁混凝土抗压强度不应小于相应灌孔砌块砌体的强度，且不应小于C20；

3 圈梁纵向钢筋直径不应小于墙中水平分布钢筋的直径，且不应小于4ϕ12；基础圈梁纵筋不应小于4ϕ12；圈梁及基础圈梁箍筋直径不应小于ϕ8，间距不应大于200mm；当圈梁高度大于300mm时，应沿梁截面高度方向设置腰筋，其间距不应大于200mm，直径不应小于ϕ10；

4 圈梁底部嵌入墙顶砌块孔洞内，深度不宜小于30mm；圈梁顶部应是毛面。

10.5.14 配筋砌块砌体抗震墙连梁的构造，当采用混凝土连梁时，应符合本规范第9.4.12条的规定和现行国家标准《混凝土结构设计规范》GB 50010中有关地震区连梁的构造要求；当采用配筋砌块砌体连梁时，除应符合本规范第9.4.13条的规定以外，尚应符合下列规定：

1 连梁上下水平钢筋锚入墙体内的长度，一、二级抗震等级不应小于1.1l_a，三、四级抗震等级不应小于l_a，且不应小于600mm；

2 连梁的箍筋应沿梁长布置，并应符合表10.5.14的规定：

表10.5.14 连梁箍筋的构造要求

抗震等级	箍筋加密区			箍筋非加密区	
	长度	箍筋最大间距	直径	间距(mm)	直径
一级	$2h$	100mm，$6d$，$1/4h$中的小值	ϕ10	200	ϕ10
二级	$1.5h$	100mm，$8d$，$1/4h$中的小值	ϕ8	200	ϕ8
三级	$1.5h$	150mm，$8d$，$1/4h$中的小值	ϕ8	200	ϕ8
四级	$1.5h$	150mm，$8d$，$1/4h$中的小值	ϕ8	200	ϕ8

注：h为连梁截面高度；加密区长度不小于600mm。

3 在顶层连梁伸入墙体的钢筋长度范围内，应设置间距不大于200mm的构造箍筋，箍筋直径应与连梁的箍筋直径相同；

4 连梁不宜开洞。当需要开洞时，应在跨中梁高1/3处预埋外径不大于200mm的钢套管，洞口上下的有效高度不应小于1/3梁高，且不应小于200mm，洞口处应配补强钢筋并在洞周边浇筑灌孔混凝土，被洞口削弱的截面应进行受剪承载力验算。

10.5.15 配筋砌块砌体抗震墙房屋的基础与抗震墙结合处的受力钢筋，当房屋高度超过50m或一级抗震等级时宜采用机械连接或焊接。

附录A 石材的规格尺寸及其强度等级的确定方法

A.0.1 石材按其加工后的外形规则程度，可分为料石和毛石，并应符合下列规定：

1 料石：

1）细料石：通过细加工，外表规则，叠砌面凹入深度不应大于10mm，截面的宽度、高度不宜小于200mm，且不宜小于长度的1/4。

2）粗料石：规格尺寸同上，但叠砌面凹入深度不应大于20mm。

3）毛料石：外形大致方正，一般不加工或仅稍加修整，高度不应小于200mm，叠砌面凹入深度不应大于25mm。

2 毛石：形状不规则，中部厚度不应小于200mm。

A.0.2 石材的强度等级，可用边长为70mm的立方体试块的抗压强度表示。抗压强度取三个试件破坏强度的平均值。试件也可采用表A.0.2所列边长尺寸的立方体，但应对其试验结果乘以相应的换算系数后方可作为石材的强度等级。

表A.0.2 石材强度等级的换算系数

立方体边长(mm)	200	150	100	70	50
换算系数	1.43	1.28	1.14	1	0.86

A.0.3 石砌体中的石材应选用无明显风化的天然石材。

附录B 各类砌体强度平均值的计算公式和强度标准值

B.0.1 各类砌体的强度平均值应符合下列规定：

1 各类砌体的轴心抗压强度平均值应按表B.0.1-1中计算公式确定：

表B.0.1-1 轴心抗压强度平均值 f_m（MPa）

砌体种类	$f_m=k_1 f_1^{\alpha}(1+0.07f_2)k_2$		
	k_1	α	k_2
烧结普通砖、烧结多孔砖、蒸压灰砂普通砖、蒸压粉煤灰普通砖、混凝土普通砖、混凝土多孔砖	0.78	0.5	当$f_2<1$时，$k_2=0.6+0.4f_2$

续表 B.0.1-1

砌体种类	$f_m=k_1f_1^{\alpha}(1+0.07f_2)k_2$		
	k_1	α	k_2
混凝土砌块、轻集料混凝土砌块	0.46	0.9	当 $f_2=0$ 时，$k_2=0.8$
毛料石	0.79	0.5	当 $f_2<1$ 时，$k_2=0.6+0.4f_2$
毛　石	0.22	0.5	当 $f_2<2.5$ 时，$k_2=0.4+0.24f_2$

注：1　k_2 在表列条件以外时均等于1；

2　式中 f_1 为块体（砖、石、砌块）的强度等级值；f_2 为砂浆抗压强度平均值。单位均以MPa计；

3　混凝土砌块砌体的轴心抗压强度平均值，当 $f_2>10$MPa时，应乘系数 $1.1-0.01f_2$，MU20的砌体应乘系数0.95，且满足 $f_1\geqslant f_2$，$f_1\leqslant 20$MPa。

2　各类砌体的轴心抗拉强度平均值、弯曲抗拉强度平均值和抗剪强度平均值应按表B.0.1-2中计算公式确定：

表 B.0.1-2　轴心抗拉强度平均值 $f_{t,m}$、弯曲抗拉强度平均值 $f_{tm,m}$ 和抗剪强度平均值 $f_{v,m}$（MPa）

砌　体　种　类	$f_{t,m}=k_3\sqrt{f_2}$	$f_{tm,m}=k_4\sqrt{f_2}$		$f_{v,m}=k_5\sqrt{f_2}$
	k_3	k_4		k_5
		沿齿缝	沿通缝	
烧结普通砖、烧结多孔砖、混凝土普通砖、混凝土多孔砖	0.141	0.250	0.125	0.125
蒸压灰砂普通砖、蒸压粉煤灰普通砖	0.09	0.18	0.09	0.09
混凝土砌块	0.069	0.081	0.056	0.069
毛　料　石	0.075	0.113	—	0.188

B.0.2　各类砌体的强度标准值按表B.0.2-1～表B.0.2-5采用：

表 B.0.2-1　烧结普通砖和烧结多孔砖砌体的抗压强度标准值 f_k（MPa）

砖强度等级	砂浆强度等级					砂浆强度
	M15	M10	M7.5	M5	M2.5	0
MU30	6.30	5.23	4.69	4.15	3.61	1.84
MU25	5.75	4.77	4.28	3.79	3.30	1.68
MU20	5.15	4.27	3.83	3.39	2.95	1.50
MU15	4.46	3.70	3.32	2.94	2.56	1.30
MU10	—	3.02	2.71	2.40	2.09	1.07

表 B.0.2-2　混凝土砌块砌体的抗压强度标准值 f_k（MPa）

砌块强度等级	砂浆强度等级					砂浆强度
	Mb20	Mb15	Mb10	Mb7.5	Mb5	0
MU20	10.08	9.08	7.93	7.11	6.30	3.73
MU15	—	7.38	6.44	5.78	5.12	3.03
MU10	—	—	4.47	4.01	3.55	2.10
MU7.5	—	—	—	3.10	2.74	1.62
MU5	—	—	—	—	1.90	1.13

表 B.0.2-3　毛料石砌体的抗压强度标准值 f_k（MPa）

料石强度等级	砂浆强度等级			砂浆强度
	M7.5	M5	M2.5	0
MU100	8.67	7.68	6.68	3.41
MU80	7.76	6.87	5.98	3.05
MU60	6.72	5.95	5.18	2.64
MU50	6.13	5.43	4.72	2.41
MU40	5.49	4.86	4.23	2.16
MU30	4.75	4.20	3.66	1.87
MU20	3.88	3.43	2.99	1.53

表 B.0.2-4　毛石砌体的抗压强度标准值 f_k（MPa）

毛石强度等级	砂浆强度等级			砂浆强度
	M7.5	M5	M2.5	0
MU100	2.03	1.80	1.56	0.53
MU80	1.82	1.61	1.40	0.48
MU60	1.57	1.39	1.21	0.41
MU50	1.44	1.27	1.11	0.38
MU40	1.28	1.14	0.99	0.34
MU30	1.11	0.98	0.86	0.29
MU20	0.91	0.80	0.70	0.24

表 B.0.2-5　沿砌体灰缝截面破坏时的轴心抗拉强度标准值 $f_{t,k}$、弯曲抗拉强度标准值 $f_{tm,k}$ 和抗剪强度标准值 $f_{v,k}$（MPa）

强度类别	破坏特征	砌体种类	砂浆强度等级			
			≥M10	M7.5	M5	M2.5
轴心抗拉	沿齿缝	烧结普通砖、烧结多孔砖、混凝土普通砖、混凝土多孔砖	0.30	0.26	0.21	0.15
		蒸压灰砂普通砖、蒸压粉煤灰普通砖	0.19	0.16	0.13	—
		混凝土砌块	0.15	0.13	0.10	—
		毛石	—	0.12	0.10	0.07

续表 B.0.2-5

强度类别	破坏特征	砌体种类	砂浆强度等级			
			≥M10	M7.5	M5	M2.5
弯曲抗拉	沿齿缝	烧结普通砖、烧结多孔砖、混凝土普通砖、混凝土多孔砖	0.53	0.46	0.38	0.27
		蒸压灰砂普通砖、蒸压粉煤灰普通砖	0.38	0.32	0.26	—
		混凝土砌块	0.17	0.15	0.12	—
		毛石	—	0.18	0.14	0.10
	沿通缝	烧结普通砖、烧结多孔砖、混凝土普通砖、混凝土多孔砖	0.27	0.23	0.19	0.13
		蒸压灰砂普通砖、蒸压粉煤灰普通砖	0.19	0.16	0.13	—
		混凝土砌块	—	0.10	0.08	—
抗剪		烧结普通砖、烧结多孔砖、混凝土普通砖、混凝土多孔砖	0.27	0.23	0.19	0.13
		蒸压灰砂普通砖、蒸压粉煤灰普通砖	0.19	0.16	0.13	—
		混凝土砌块	0.15	0.13	0.10	—
		毛石	—	0.29	0.24	0.17

附录C 刚弹性方案房屋的静力计算方法

C.0.1 水平荷载（风荷载）作用下，刚弹性方案房屋墙、柱内力分析可按以下方法计算，并将两步结果叠加，得出最后内力：

1 在平面计算简图中，各层横梁与柱连接处加水平铰支杆，计算其在水平荷载（风荷载）作用下无侧移时的内力与各支杆反力 R_i（图 C.0.1a）。

2 考虑房屋的空间作用，将各支杆反力 R_i 乘以由表 4.2.4 查得的相应空间性能影响系数 η_i，并反向施加于节点上，计算其内力（图 C.0.1b）。

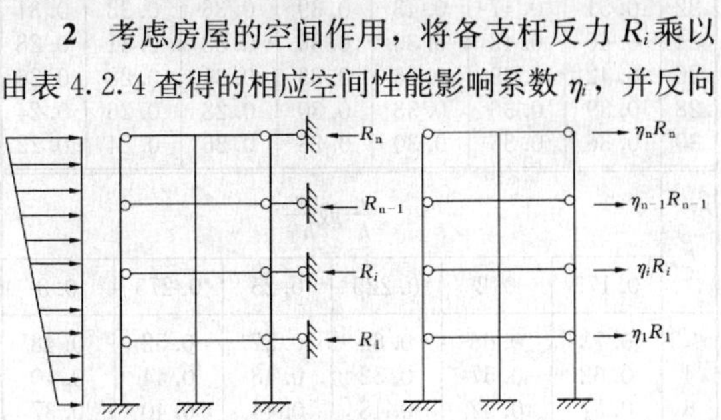

图 C.0.1 刚弹性方案房屋的静力计算简图

附录D 影响系数 φ 和 φ_n

D.0.1 无筋砌体矩形截面单向偏心受压构件（图 D.0.1）承载力的影响系数 φ，可按表 D.0.1-1～表 D.0.1-3 采用或按下列公式计算，计算 T 形截面受压构件的 φ 时，应以折算厚度 h_T 代替公式（D.0.1-2）中的 h。$h_T=3.5i$，i 为 T 形截面的回转半径。

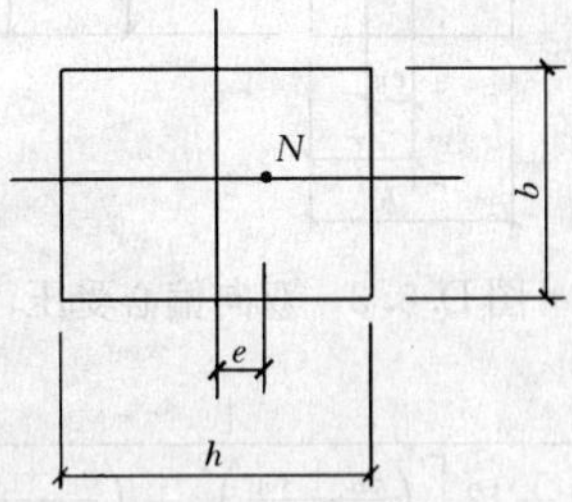

图 D.0.1 单向偏心受压

当 $\beta \leqslant 3$ 时：

$$\varphi=\frac{1}{1+12\left(\frac{e}{h}\right)^2} \qquad (D.0.1\text{-}1)$$

当 $\beta > 3$ 时：

$$\varphi=\frac{1}{1+12\left[\frac{e}{h}+\sqrt{\frac{1}{12}\left(\frac{1}{\varphi_0}-1\right)}\right]^2} \qquad (D.0.1\text{-}2)$$

$$\varphi_0=\frac{1}{1+\alpha\beta^2} \qquad (D.0.1\text{-}3)$$

式中：e——轴向力的偏心距；

h——矩形截面的轴向力偏心方向的边长；

φ_0——轴心受压构件的稳定系数；

α——与砂浆强度等级有关的系数，当砂浆强度等级大于或等于 M5 时，α 等于 0.0015；当砂浆强度等级等于 M2.5 时，α 等于 0.002；当砂浆强度等级 f_2 等于 0 时，α 等于 0.009；

β——构件的高厚比。

D.0.2 网状配筋砖砌体矩形截面单向偏心受压构件承载力的影响系数 φ_n，可按表 D.0.2 采用或按下列公式计算：

$$\varphi_n=\frac{1}{1+12\left[\frac{e}{h}+\sqrt{\frac{1}{12}\left(\frac{1}{\varphi_{0n}}-1\right)}\right]^2} \qquad (D.0.2\text{-}1)$$

$$\varphi_{0n}=\frac{1}{1+(0.0015+0.45\rho)\beta^2} \qquad (D.0.2\text{-}2)$$

式中：φ_{0n}——网状配筋砖砌体受压构件的稳定系数；

ρ——配筋率（体积比）。

D.0.3 无筋砌体矩形截面双向偏心受压构件（图 D.0.3）承载力的影响系数，可按下列公式计算，当一个方向的偏心率（e_b/b 或 e_h/h）不大于另一个方向的偏心率的5%时，可简化按另一个方向的单向偏心受压，按本规范第 D.0.1 条的规定确定承载力的影响系数。

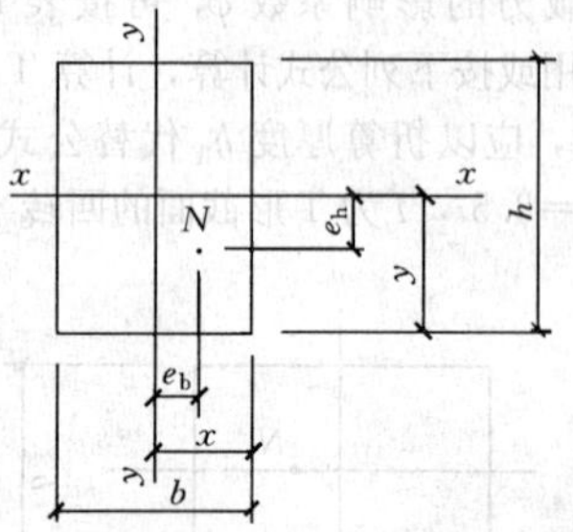

图 D.0.3 双向偏心受压

$$\varphi=\frac{1}{1+12\left[\left(\frac{e_b+e_{ib}}{b}\right)^2+\left(\frac{e_h+e_{ih}}{h}\right)^2\right]} \quad (D.0.3\text{-}1)$$

$$e_{ib}=\frac{b}{\sqrt{12}}\sqrt{\frac{1}{\varphi_0}-1}\left(\frac{\frac{e_b}{b}}{\frac{e_b}{b}+\frac{e_h}{h}}\right) \quad (D.0.3\text{-}2)$$

$$e_{ih}=\frac{h}{\sqrt{12}}\sqrt{\frac{1}{\varphi_0}-1}\left(\frac{\frac{e_h}{h}}{\frac{e_b}{b}+\frac{e_h}{h}}\right) \quad (D.0.3\text{-}3)$$

式中：e_b、e_h——轴向力在截面重心 x 轴、y 轴方向的偏心距，e_b、e_h 宜分别不大于 $0.5x$ 和 $0.5y$；

x、y——自截面重心沿 x 轴、y 轴至轴向力所在偏心方向截面边缘的距离；

e_{ib}、e_{ih}——轴向力在截面重心 x 轴、y 轴方向的附加偏心距。

表 D.0.1-1 影响系数 φ（砂浆强度等级≥M5）

β	$\frac{e}{h}$或$\frac{e}{h_T}$						
	0	0.025	0.05	0.075	0.1	0.125	0.15
≤3	1	0.99	0.97	0.94	0.89	0.84	0.79
4	0.98	0.95	0.90	0.85	0.80	0.74	0.69
6	0.95	0.91	0.86	0.81	0.75	0.69	0.64
8	0.91	0.86	0.81	0.76	0.70	0.64	0.59
10	0.87	0.82	0.76	0.71	0.65	0.60	0.55
12	0.82	0.77	0.71	0.66	0.60	0.55	0.51
14	0.77	0.72	0.66	0.61	0.56	0.51	0.47
16	0.72	0.67	0.61	0.56	0.52	0.47	0.44
18	0.67	0.62	0.57	0.52	0.48	0.44	0.40
20	0.62	0.57	0.53	0.48	0.44	0.40	0.37

续表 D.0.1-1

β	$\frac{e}{h}$或$\frac{e}{h_T}$						
	0	0.025	0.05	0.075	0.1	0.125	0.15
22	0.58	0.53	0.49	0.45	0.41	0.38	0.35
24	0.54	0.49	0.45	0.41	0.38	0.35	0.32
26	0.50	0.46	0.42	0.38	0.35	0.33	0.30
28	0.46	0.42	0.39	0.36	0.33	0.30	0.28
30	0.42	0.39	0.36	0.33	0.31	0.28	0.26

β	$\frac{e}{h}$或$\frac{e}{h_T}$					
	0.175	0.2	0.225	0.25	0.275	0.3
≤3	0.73	0.68	0.62	0.57	0.52	0.48
4	0.64	0.58	0.53	0.49	0.45	0.41
6	0.59	0.54	0.49	0.45	0.42	0.38
8	0.54	0.50	0.46	0.42	0.39	0.36
10	0.50	0.46	0.42	0.39	0.36	0.33
12	0.47	0.43	0.39	0.36	0.33	0.31
14	0.43	0.40	0.36	0.34	0.31	0.29
16	0.40	0.37	0.34	0.31	0.29	0.27
18	0.37	0.34	0.31	0.29	0.27	0.25
20	0.34	0.32	0.29	0.27	0.25	0.23
22	0.32	0.30	0.27	0.25	0.24	0.22
24	0.30	0.28	0.26	0.24	0.22	0.21
26	0.28	0.26	0.24	0.22	0.21	0.19
28	0.26	0.24	0.22	0.21	0.19	0.18
30	0.24	0.22	0.21	0.20	0.18	0.17

表 D.0.1-2 影响系数 φ（砂浆强度等级 M2.5）

β	$\frac{e}{h}$或$\frac{e}{h_T}$						
	0	0.025	0.05	0.075	0.1	0.125	0.15
≤3	1	0.99	0.97	0.94	0.89	0.84	0.79
4	0.97	0.94	0.89	0.84	0.78	0.73	0.67
6	0.93	0.89	0.84	0.78	0.73	0.67	0.62
8	0.89	0.84	0.78	0.72	0.67	0.62	0.57
10	0.83	0.78	0.72	0.67	0.61	0.56	0.52
12	0.78	0.72	0.67	0.61	0.56	0.52	0.47
14	0.72	0.66	0.61	0.56	0.51	0.47	0.43
16	0.66	0.61	0.56	0.51	0.47	0.43	0.40
18	0.61	0.56	0.51	0.47	0.43	0.40	0.36
20	0.56	0.51	0.47	0.43	0.39	0.36	0.33
22	0.51	0.47	0.43	0.39	0.36	0.33	0.31
24	0.46	0.43	0.39	0.36	0.33	0.31	0.28
26	0.42	0.39	0.36	0.33	0.31	0.28	0.26
28	0.39	0.36	0.33	0.30	0.28	0.26	0.24
30	0.36	0.33	0.30	0.28	0.26	0.24	0.22

β	$\frac{e}{h}$或$\frac{e}{h_T}$					
	0.175	0.2	0.225	0.25	0.275	0.3
≤3	0.73	0.68	0.62	0.57	0.52	0.48
4	0.62	0.57	0.52	0.48	0.44	0.40
6	0.57	0.52	0.48	0.44	0.40	0.37
8	0.52	0.48	0.44	0.40	0.37	0.34
10	0.47	0.43	0.40	0.37	0.34	0.31

续表 D.0.1-2

β	$\frac{e}{h}$或$\frac{e}{h_T}$					
	0.175	0.2	0.225	0.25	0.275	0.3
12	0.43	0.40	0.37	0.34	0.31	0.29
14	0.40	0.36	0.34	0.31	0.29	0.27
16	0.36	0.34	0.31	0.29	0.26	0.25
18	0.33	0.31	0.29	0.26	0.24	0.23
20	0.31	0.28	0.26	0.24	0.23	0.21
22	0.28	0.26	0.24	0.23	0.21	0.20
24	0.26	0.24	0.23	0.21	0.20	0.18
26	0.24	0.22	0.21	0.20	0.18	0.17
28	0.22	0.21	0.20	0.18	0.17	0.16
30	0.21	0.20	0.18	0.17	0.16	0.15

表 D.0.1-3　影响系数 φ（砂浆强度 0）

β	$\frac{e}{h}$或$\frac{e}{h_T}$						
	0	0.025	0.05	0.075	0.1	0.125	0.15
≤3	1	0.99	0.97	0.94	0.89	0.84	0.79
4	0.87	0.82	0.77	0.71	0.66	0.60	0.55
6	0.76	0.70	0.65	0.59	0.54	0.50	0.46
8	0.63	0.58	0.54	0.49	0.45	0.41	0.38
10	0.53	0.48	0.44	0.41	0.37	0.34	0.32
12	0.44	0.40	0.37	0.34	0.31	0.29	0.27
14	0.36	0.33	0.31	0.28	0.26	0.24	0.23
16	0.30	0.28	0.26	0.24	0.22	0.21	0.19
18	0.26	0.24	0.22	0.21	0.19	0.18	0.17
20	0.22	0.20	0.19	0.18	0.17	0.16	0.15
22	0.19	0.18	0.16	0.15	0.14	0.14	0.13
24	0.16	0.15	0.14	0.13	0.13	0.12	0.11
26	0.14	0.13	0.13	0.12	0.11	0.11	0.10
28	0.12	0.12	0.11	0.11	0.10	0.10	0.09
30	0.11	0.10	0.10	0.09	0.09	0.09	0.08

β	$\frac{e}{h}$或$\frac{e}{h_T}$					
	0.175	0.2	0.225	0.25	0.275	0.3
≤3	0.73	0.68	0.62	0.57	0.52	0.48
4	0.51	0.46	0.43	0.39	0.36	0.33
6	0.42	0.39	0.36	0.33	0.30	0.28
8	0.35	0.32	0.30	0.28	0.25	0.24
10	0.29	0.27	0.25	0.23	0.22	0.20
12	0.25	0.23	0.21	0.20	0.19	0.17
14	0.21	0.20	0.18	0.17	0.16	0.15
16	0.18	0.17	0.16	0.15	0.14	0.13
18	0.16	0.15	0.14	0.13	0.12	0.12
20	0.14	0.13	0.12	0.12	0.11	0.10
22	0.12	0.12	0.11	0.10	0.10	0.09
24	0.11	0.10	0.10	0.09	0.09	0.08
26	0.10	0.09	0.09	0.08	0.08	0.07
28	0.09	0.08	0.08	0.08	0.07	0.07
30	0.08	0.07	0.07	0.07	0.07	0.06

表 D.0.2　影响系数 φ_n

ρ（%）	β \ e/h	0	0.05	0.10	0.15	0.17
0.1	4	0.97	0.89	0.78	0.67	0.63
	6	0.93	0.84	0.73	0.62	0.58
	8	0.89	0.78	0.67	0.57	0.53
	10	0.84	0.72	0.62	0.52	0.48
	12	0.78	0.67	0.56	0.48	0.44
	14	0.72	0.61	0.52	0.44	0.41
	16	0.67	0.56	0.47	0.40	0.37
0.3	4	0.96	0.87	0.76	0.65	0.61
	6	0.91	0.80	0.69	0.59	0.55
	8	0.84	0.74	0.62	0.53	0.49
	10	0.78	0.67	0.56	0.47	0.44
	12	0.71	0.60	0.51	0.43	0.40
	14	0.64	0.54	0.46	0.38	0.36
	16	0.58	0.49	0.41	0.35	0.32
0.5	4	0.94	0.85	0.74	0.63	0.59
	6	0.88	0.77	0.66	0.56	0.52
	8	0.81	0.69	0.59	0.50	0.46
	10	0.73	0.62	0.52	0.44	0.41
	12	0.65	0.55	0.46	0.39	0.36
	14	0.58	0.49	0.41	0.35	0.32
	16	0.51	0.43	0.36	0.31	0.29
0.7	4	0.93	0.83	0.72	0.61	0.57
	6	0.86	0.75	0.63	0.53	0.50
	8	0.77	0.66	0.56	0.47	0.43
	10	0.68	0.58	0.49	0.41	0.38
	12	0.60	0.50	0.42	0.36	0.33
	14	0.52	0.44	0.37	0.31	0.30
	16	0.46	0.38	0.33	0.28	0.26
0.9	4	0.92	0.82	0.71	0.60	0.56
	6	0.83	0.72	0.61	0.52	0.48
	8	0.73	0.63	0.53	0.45	0.42
	10	0.64	0.54	0.46	0.38	0.36
	12	0.55	0.47	0.39	0.33	0.31
	14	0.48	0.40	0.34	0.29	0.27
	16	0.41	0.35	0.30	0.25	0.24
1.0	4	0.91	0.81	0.70	0.59	0.55
	6	0.82	0.71	0.60	0.51	0.47
	8	0.72	0.61	0.52	0.43	0.41
	10	0.62	0.53	0.44	0.37	0.35
	12	0.54	0.45	0.38	0.32	0.30
	14	0.46	0.39	0.33	0.28	0.26
	16	0.39	0.34	0.28	0.24	0.23

本规范用词说明

1　为便于在执行本规范条文时区别对待，对要求严格程度不同的用词说明如下：

1） 表示很严格，非这样做不可的：
正面词采用“必须”，反面词采用“严禁”；

2） 表示严格，在正常情况下均应这样做的：
正面词采用“应”，反面词采用“不应”或“不得”；

3）表示允许稍有选择，在条件许可时首先应这样做的：

正面词采用“宜”，反面词采用“不宜”；

4）表示有选择，在一定条件下可以这样做的，采用“可”。

2 本规范中指明应按其他有关标准执行的写法为“应符合……的规定”或“应按……执行”。

引用标准名录

1《建筑地基基础设计规范》GB 50007

2《建筑结构荷载规范》GB 50009

3《混凝土结构设计规范》GB 50010

4《建筑抗震设计规范》GB 50011

5《建筑结构可靠度设计统一标准》GB 50068

6《建筑结构设计术语和符号标准》GB/T 50083

7《砌体结构工程施工质量验收规范》GB 50203

8《混凝土结构工程施工质量验收规范》GB 50204

9《建筑抗震设防分类标准》GB 50223

10《墙体材料应用统一技术规范》GB 50574

11《冷轧带肋钢筋混凝土结构技术规程》JGJ 95

中华人民共和国国家标准

砌体结构设计规范

GB 50003—2011

条 文 说 明

修 订 说 明

本修订是根据原建设部《关于印发〈2007年工程建设标准规范制定、修订计划（第一批）〉的通知》（建标［2007］125号）的要求，由中国建筑东北设计研究院有限公司会同有关设计、研究、施工、研究、教学和相关企业等单位，于2007年9月开始对《砌体结构设计规范》GB 50003－2001（以下简称2001规范）进行全面修订。

为了做好对2001规范的修订工作，更好的保证规范修订的先进性，与时俱进地将砌体结构领域的创新成果、成熟材料与技术充分体现的标准当中，砌体结构设计规范国家标准管理组在向原建设部提出修订申请的同时，还向2001规范参编单位及参编人征集了修订意见和建议，如2007年1月23日在南京召开了有2001规范修订主要参编人参加的修订方案及内容研讨会；2007年10月25日在江苏宿迁召开了有2001规范各章节主要编制人参加的规范修订预备会议。两次会议结合2001规范使用过程中存在的问题、近年来我国砌体结构的相关研究成果及国外研究动态，认真讨论了该规范的修订内容，确定了本次规范的修订原则为“增补、简化、完善”。这些准备工作为修订工作的正式启动奠定了基础。

2007年12月7日《砌体结构设计规范》GB 50003－2001编制组成立暨第一次修订工作会议在湖南长沙召开。修订组负责人对修订组人员的构成、前期准备工作、修订大纲草案、人员分组情况进行了详细报告。与会代表经过认真讨论，拟定了《砌体结构设计规范》修订大纲，并确定本次修订的重点是：

1）在本规范执行过程中，有关部门和技术人员反映的问题较多、较突出且急需修改的内容；

2）增补近年来砌体结构领域成熟的新材料、新成果、新技术；

3）简化砌体结构设计计算方法；

4）补充砌体结构的裂缝控制措施和耐久性要求。

修订期间，各章、节负责人进行了大量、系统的调研、试验、研究工作。在认真总结了2001规范在应用过程中的经验的同时，针对近十年来我国的经济建设高速发展而带来建筑结构体系的新变化；针对我国科学发展、节能减排、墙材革新、低碳绿色等基本战略的推进而涌现出来的砌体结构基本理论及工程应用领域的累累硕果及应用经验进行了必要的修订。修订期间我国经受了汶川、玉树大地震，编制组成员第一时间奔赴震区进行了砌体结构震害调查，在此基础上进行了多次专门针对砌体结构抗震设计部分修订的研讨会。如2008年10月8日～9日在上海同济大学召开了砌体结构构件抗震设计（第10章）修订研讨会；2009年8月1日～2日在北京召开修订阶段工作通报会，重点研究了砌体结构构件抗震设计的修订内容。2009年9月还在重庆召开了构造部分（第6章）修订初稿研讨会。

《砌体结构设计规范》（修订）征求意见稿自2010年4月20日在国家工程建设标准化信息网上公示后，编制组将征集到的意见和建议进行了汇总和梳理，于2010年7月23日在哈尔滨又召开专门会议进行研究。会后编制组将征求意见稿又进行了必要的修改与完善。

2010年12月4日～5日，由住房和城乡建设部标准定额司主持，召开了《砌体结构设计规范》修订送审稿审查会。会议认为，修订送审稿继续保持2001版规范的基本规定是合适的，所增加、完善的新内容反映了我国砌体结构领域研究的创新成果和工程应用的实践经验，比2001版规范更加全面、更加细致、更加科学。新版规范的颁布与实施将使我给砌体结构设计提高到新的水平。

2001规范的主编单位：中国建筑东北设计研究院

2001规范的参编单位：湖南大学、哈尔滨建筑大学、浙江大学、同济大学、机械工业部设计研究院、西安建筑科技大学、重庆建筑科学研究院、郑州工业大学、重庆建筑大学、北京市建筑设计研究院、四川省建筑科学研究院、云南省建筑技术发展中心、长沙交通学院、广州市民用建筑科研设计院、沈阳建筑工程学院、中国建筑西南设计研究院、陕西省建筑科学研究院、合肥工业大学、深圳艺蓁工程设计有限公司、长沙中盛建筑勘察设计有限公司等

2001规范主要起草人：苑振芳 施楚贤 唐岱新 严家熺 龚绍熙 徐 建 胡秋谷 王庆霖 周炳章 林文修 刘立新 骆万康 梁兴文 侯汝欣 刘 斌 何建罡 吴明舜 张 英 谢丽丽 梁建国 金伟良 杨伟军 李 翔 王凤来

刘　明　姜洪斌　何振文
雷　波　吴存修　肖亚明
张宝印　李　岗　李建辉

为便于广大设计、施工、科研、学校等单位有关人员在使用本规范时能正确理解和执行条文规定，《砌体结构设计规范》编制组按章、节、条顺序编制了本规范的条文说明，对条文规定的目的、依据以及执行中需注意的有关事项进行了说明。但是，本条文说明不具备与规范正文同等的法律效力，仅供使用者作为理解和把握规范规定的参考。

目　次

1　总则 ………………………………… 1—1—55
2　术语和符号…………………………… 1—1—55
2.1　术语…………………………………… 1—1—55
3　材料 ………………………………… 1—1—55
3.1　材料强度等级…………………………… 1—1—55
3.2　砌体的计算指标………………………… 1—1—56
4　基本设计规定 ………………………… 1—1—59
4.1　设计原则………………………………… 1—1—59
4.2　房屋的静力计算规定…………………… 1—1—59
4.3　耐久性规定……………………………… 1—1—60
5　无筋砌体构件 ………………………… 1—1—60
5.1　受压构件………………………………… 1—1—60
5.2　局部受压………………………………… 1—1—61
5.5　受剪构件………………………………… 1—1—61
6　构造要求……………………………… 1—1—61
6.1　墙、柱的高厚比验算…………………… 1—1—61
6.2　一般构造要求…………………………… 1—1—62
6.3　框架填充墙……………………………… 1—1—62
6.4　夹心墙…………………………………… 1—1—63
6.5　防止或减轻墙体开裂的主要措施…………………………………… 1—1—63
7　圈梁、过梁、墙梁及挑梁……………… 1—1—64
7.1　圈梁…………………………………… 1—1—64
7.2　过梁…………………………………… 1—1—64
7.3　墙梁…………………………………… 1—1—64
7.4　挑梁…………………………………… 1—1—66
8　配筋砖砌体构件 ……………………… 1—1—66
8.1　网状配筋砖砌体构件…………………… 1—1—66
8.2　组合砖砌体构件………………………… 1—1—67
9　配筋砌块砌体构件 …………………… 1—1—67
9.1　一般规定………………………………… 1—1—67
9.2　正截面受压承载力计算………………… 1—1—67
9.3　斜截面受剪承载力计算………………… 1—1—67
9.4　配筋砌块砌体剪力墙构造规定…… 1—1—69
10　砌体结构构件抗震设计 …………… 1—1—70
10.1　一般规定 …………………………… 1—1—70
10.2　砖砌体构件 ………………………… 1—1—72
10.3　混凝土砌块砌体构件 ……………… 1—1—72
10.4　底部框架-抗震墙砌体房屋抗震构件 …………………………………… 1—1—73
10.5　配筋砌块砌体抗震墙 ……………… 1—1—73

1 总 则

1.0.1、1.0.2 本规范的修订是依据国家有关政策，特别是近年来墙材革新、节能减排产业政策的落实及低碳、绿色建筑的发展，将近年来砌体结构领域的创新成果及成熟经验纳入本规范。砌体结构类别和应用范围也较2001规范有所扩大，增加的主要内容有：

1 混凝土普通砖、混凝土多孔砖等新型材料砌体；

2 组合砖墙，配筋砌块砌体剪力墙结构；

3 抗震设防区的无筋和配筋砌体结构构件设计。

为了使新增加的内容做到技术先进、性能可靠、适用可行，以中国建筑东北设计研究有限公司为主编单位的编制组近年来进行了大量的调查及试验研究，针对我国实施墙材革新、建筑节能，发展循环经济、低碳绿色建材的特点及21世纪涌现出来的新技术、新装备进行了实践与创新。如对利用新工艺、新设备生产的蒸压粉煤灰砖（蒸压灰砂砖）等硅酸盐砖、混凝土砖等非烧结块材砌体进行了全面、系统的试验与研究，编制出中国工程建设协会标准《蒸压粉煤灰砖建筑技术规程》CECS256和《混凝土砖建筑技术规程》CECS257，也为一些省、市编制了相应的地方标准，使得高品质墙材产品与建筑应用得到有效整合。

近年来，组合砖墙、配筋砌块砌体剪力墙结构及抗震设防区的无筋和配筋砌体结构构件设计研究取得了一定进展，湖南大学、哈尔滨工业大学、同济大学、北京市建筑设计研究院、中国建筑东北设计研究院有限公司等单位的研究取得了不菲的成绩，此次修订，充分引用了这些成果。

应当指出，为确保砌块结构、混凝土砖结构、蒸压粉煤灰（灰砂）砖砌体结构，特别是配筋砌块砌体剪力墙结构的工程质量及整体受力性能，应采用工作性能好、粘结强度较高的专用砌筑砂浆及高流态、低收缩、高强度的专用灌孔混凝土。即随着新型砌体材料的涌现，必须有与其相配套的专用材料。随着我国预拌砂浆的行业的兴起及各类专用砂浆的推广，各类砌体结构性能明显得到改善和提高。近年来，与新型墙材砌体相配套的专用砂浆标准相继问世，如《混凝土小型空心砌块砌筑砂浆》JC860、《混凝土小型空心砌块灌孔混凝土》JC861和《砌体结构专用砂浆应用技术规程》CECS等。

1.0.3～1.0.5 由于本规范较大地扩充了砌体材料类别和其相应的结构体系，因而列出了尚需同时参照执行的有关标准规范，包括施工及验收规范。

2 术语和符号

2.1 术 语

2.1.5 研究表明，孔洞率大于35%的多孔砖，其折压比较低，且砌体开裂提前呈脆性破坏，故应对空洞率加以限制。

2.1.6、2.1.7 根据近年来蒸压灰砂普通砖、蒸压粉煤灰普通砖制砖工艺及设备的发展现状和建筑应用需求，蒸压砖定义中增加了压制排气成型、高压蒸汽养护的内容，以区分新旧制砖工艺，推广、采用新工艺、新设备，体现了标准的先进性。

2.1.12 蒸压灰砂普通砖、蒸压粉煤灰普通砖等蒸压硅酸盐砖是半干压法生产的，制砖钢模十分光亮，在高压成型时会使砖质地密实、表面光滑，吸水率也较小，这种光滑的表面影响了砖与砖的砌筑与粘结，使墙体的抗剪强度较烧结普通砖低1/3，从而影响了这类砖的推广和应用。故采用工作性好、粘结力高、耐候性强且方便施工的专用砌筑砂浆（强度等级宜为Ms15、Ms10、Ms7.5、Ms5四种，s为英文单词蒸汽压力Steam pressure及硅酸盐Silicate的第一个字母）已成为推广、应用蒸压硅酸盐砖的关键。

根据现行国家标准《建筑抗震设计规范》GB 50011-2010第10.1.24条："采用蒸压灰砂普通砖和蒸压粉煤灰普通砖的砌体房屋，当砌体的抗剪强度仅达到普通黏土砖砌体的70%时，房屋的层数应比普通砖房屋减少一层，总高度应减少3m；当砌体的抗剪强度达到普通黏土砖砌体的取值时，房屋层数和总高度的要求同普通砖房屋。"本规范规定：该类砌体的专用砌筑砂浆必须保证其砌体抗剪强度不低于烧结普通砖砌体的取值。

需指出，以提高砌体抗剪强度为主要目标的专用砌筑砂浆的性能指标，应按现行国家标准《墙体材料应用统一技术规范》GB 50574规定，经研究性试验确定。当经研究性试验结果的砌体抗剪强度高于普通砂浆砌筑的烧结普通砖砌体的取值时，仍按烧结普通砖砌体的取值。

3 材 料

3.1 材料强度等级

3.1.1 材料强度等级的合理限定，关系到砌体结构房屋安全、耐久，一些建筑由于采用了规范禁用的劣质墙材，使墙体出现的裂缝、变形，甚至出现了楼歪歪、楼垮垮案例，对此必须严加限制。鉴于一些地区近年来推广、应用混凝土普通砖及混凝土多孔砖，为确保结构安全，在大量试验研究的基础上，增补了混凝土普通砖及混凝土多孔砖的强度等级要求。

砌块包括普通混凝土砌块和轻集料混凝土砌块。轻集料混凝土砌块包括煤矸石混凝土砌块和孔洞率不大于35%的火山渣、浮石和陶粒混凝土砌块。

非烧结砖的原材料及其配比、生产工艺及多孔砖的孔型、肋及壁的尺寸等因素都会影响砖的品质，进而会影响到砌体质量，调查发现不同地区或不同企业的非烧结砖的上述因素不尽一致，块型及肋、壁尺寸大相径庭，考虑到砌体耐久性要求，删除了强度等级为MU10的非烧结砖作为承重结构的块体。

对蒸压灰砂砖和蒸压粉煤灰砖等蒸压硅酸盐砖列出了强度等级。根据建材标准指标，蒸压灰砂砖、蒸压粉煤灰砖等蒸压硅酸盐砖不得用于长期受热200℃以上、受急冷急热和有酸性介质侵蚀的建筑部位。

对于蒸压粉煤灰砖和掺有粉煤灰15%以上的混凝土砌块，我国标准《砌墙砖试验方法》GB/T 2542和《混凝土小型空心砌块试验方法》GB/T 4111确定碳化系数均采用人工碳化系数的试验方法。现行国家标准《墙体材料应用统一技术规范》GB 50574规定的碳化系数不应小于0.85，按原规范块体强度应乘系数1.15×0.85＝0.98，接近1.0，故取消了该系数。

为了保证承重类多孔砖（砌块）的结构性能，其孔洞率及肋、壁的尺寸也必须符合《墙体材料应用统一技术规范》GB 50574的规定。

鉴于蒸压多孔灰砂砖及蒸压粉煤灰多孔砖的脆性大、墙体延性也相应较差以及缺少系统的试验数据。故本规范仅对蒸压普通硅酸盐砖砌体作出规定。

实践表明，蒸压灰砂砖和蒸压粉煤灰砖等硅酸盐墙材制品的原材料配比及生产工艺状况（如掺灰量的不同、养护制度的差异等）将直接影响着砖的脆性（折压比），砖越脆墙体开裂越早。根据中国建筑东北设计研究院有限公司及沈阳建筑大学试验结果，制品中不同的粉煤灰掺量，其抗折强度相差甚多，即脆性特征相差较大，因此规定合理的折压比将有利于提高砖的品质，改善砖的脆性，也提高墙体的受力性能。

同样，含孔洞块材的砌体试验也表明：仅用含孔洞块材的抗压强度作为衡量其强度指标是不全面的，多孔砖或空心砖（砌块）孔型、孔的布置不合理将导致块体的抗折强度降低很大，降低了墙体的延性，墙体容易开裂。当前，制砖企业或模具制造企业随意确定砖型、孔型及砖的细部尺寸现象较为普遍，已发生影响墙体质量的案例，对此必须引起重视。国家标准《墙体材料应用统一技术规范》GB 50574，明确规定需控制用于承重的蒸压硅酸盐砖和承重多孔砖的折压比。

3.1.2 原规范未对用于自承重墙的空心砖、轻质块体强度等级进行规定，由于这类砌体用于填充墙的范围越来越广，一些强度低、性能差的低劣块材被用于工程，出现了墙体开裂及地震时填充墙脆性垮塌严重的现象。为确保自承重墙体的安全，本次修订，按国家标准《墙体材料应用统一技术规范》GB 50574，增补了该条。

3.1.3 采用混凝土砖（砌块）砌体以及蒸压硅酸盐砖砌体时，应采用与块体材料相适应且能提高砌筑工作性能的专用砌筑砂浆；尤其对于块体高度较高的普通混凝土砖空心砌块，普通砂浆很难保证竖向灰缝的砌筑质量。调查发现，一些砌块建筑墙体的灰缝不饱满，有的出现了"瞎缝"，影响了墙体的整体性。本条文规定采用混凝土砖（砌块）砌体时，应采用强度等级不小于Mb5.0的专用砌筑砂浆（b为英文单词"砌块"或"砖"brick的第一个字母）。蒸压硅酸盐砖则由于其表面光滑，与砂浆粘结力较差，砌体沿灰缝抗剪强度较低，影响了蒸压硅酸盐砖在地震设防区的推广与应用。因此，为了保证砂浆砌筑时的工作性能和砌体抗剪强度不低于用普通砂浆砌筑的烧结普通砖砌体，应采用粘结性强度高、工作性能好的专用砂浆砌筑。

强度等级M2.5的普通砂浆，可用于砌体检测与鉴定。

3.2 砌体的计算指标

3.2.1 砌体的计算指标是结构设计的重要依据，通过大量、系统的试验研究，本条作为强制性条文，给出了科学、安全的砌体计算指标。与3.1.1相对应，本条文增加了混凝土多孔砖、蒸压灰砂砖、蒸压粉煤灰砖和轻骨料混凝土砌块砌体的抗压强度指标，并对单排孔且孔对孔砌筑的混凝土砌块砌体灌孔后的强度作了修订。根据长沙理工大学等单位的大量试验研究结果，混凝土多孔砖砌体的抗压强度试验值与按烧结黏土砖砌体计算公式的计算值比值平均为1.127，偏安全地取烧结黏土砖的抗压强度值。

根据目前应用情况，表3.2.1-4增补砂浆强度等级Mb20，其砌体取值采用原规范公式外推得到。因水泥煤渣混凝土砌块问题多，属淘汰品，取消了水泥煤渣混凝土砌块。

1 本条文说明可参照2001规范的条文说明。

2 近年来混凝土普通砖及混凝土多孔砖在各地大量涌现，尤其在浙江、上海、湖南、辽宁、河南、江苏、湖北、福建、安徽、广西、河北、内蒙古、陕西等省市区得到迅速发展，一些地区颁布了当地的地方标准。为了统一设计技术，保障结构质量与安全，中国建筑东北设计研究院有限公司会同长沙理工大学、沈阳建筑大学、同济大学等单位进行了大量、系统的试验和研究，如：混凝土砖砌体基本力学性能试验研究；借助试验及有限元方法分析了肋厚对砌体性能的影响研究和砖的抗折性能；混凝土多孔砖砌体受压承载力试验；混凝土多孔砖墙低周反复荷载的拟静力试验；混凝土多孔砖砌体结构模型房屋的子结构拟动力和拟静力试验；混凝土多孔砖砌体底框房屋模型房屋拟静力试验；混凝土多孔砖砌体结构模型房屋振动台试验等。并编制了《混凝土多孔砖建筑技术规范》CECS257，其中主要成果为本次修订的依据。

3 蒸压灰砂砖砌体强度指标系根据湖南大学、重庆市建筑科学研究院和长沙市城建科研所的蒸压灰砂砖砌体抗压强度试验资料，以及《蒸压灰砂砖砌体结构设计与施工规程》CECS 20：90 的抗压强度指标确定的。根据试验统计，蒸压灰砂砖砌体抗压强度试验值 f''和烧结普通砖砌体强度平均值公式 f_m 的比值（f''/f_m）为 0.99，变异系数为 0.205。将蒸压灰砂砖砌体的抗压强度指标取用烧结普通砖砌体的抗压强度指标。

蒸压粉煤灰砖砌体强度指标依据四川省建筑科学研究院、长沙理工大学、沈阳建筑大学和中国建筑东北设计研究院有限公司的蒸压粉煤灰砖砌体抗压强度试验资料，并参考其他有关单位的试验资料，粉煤灰砖砌体的抗压强度相当或略高于烧结普通砖砌体的抗压强度。本次修订将蒸压粉煤灰砖的抗压强度指标取用烧结普通砖砌体的抗压强度指标。遵照国家标准《墙体材料应用统一技术规范》GB 50574“墙体不应采用非蒸压硅酸盐砖”的规定，本次修订仍未列入蒸养粉煤灰砖砌体。

应该指出，蒸压灰砂砖砌体和蒸压粉煤灰砖砌体的抗压强度指标系采用同类砖为砂浆强度试块底模时的抗压强度指标。当采用黏土砖底模时砂浆强度会提高，相应的砌体强度达不到规范要求的强度指标，砌体抗压强度降低 10%左右。

4 随着砌块建筑的发展，补充收集了近年来混凝土砌块砌体抗压强度试验数据，比 2001 规范有较大的增加，共 116 组 818 个试件，遍及四川、贵州、广西、广东、河南、安徽、浙江、福建八省。本次修订，按以上试验数据采用原规范强度平均值公式拟合，当材料强度 $f_1 \geqslant 20$MPa、$f_2 > 15$MPa 时，以及当砂浆强度高于砌块强度时，88 规范强度平均值公式的计算值偏高，应用 88 规范强度平均值公式在该范围不安全，表明在该范围的强度平均值公式不能应用。当删除了这些试验数据后按 94 组统计，抗压强度试验值 f'和抗压强度平均值公式的计算值 f_m 的比值为 1.121，变异系数为 0.225。

为适应砌块建筑的发展，本次修订增加了 MU20 强度等级。根据现有高强砌块砌体的试验资料，在该范围其砌体抗压强度试验值仍较强度平均值公式的计算值偏低。本次修订采用降低砂浆强度对 2001 规范抗压强度平均值公式进行修正，修正后的砌体抗压强度平均值公式为：

$$f_m = 0.46 f_1^{0.9}(1+0.07f_2)(1.1-0.01f_2)$$

$$(f_2 > 10\text{MPa})$$

对 MU20 的砌体适当降低了强度值。

5 对单排孔且对孔砌筑的混凝土砌块灌孔砌体，建立了较为合理的抗压强度计算方法。GBJ 3－88 灌孔砌体抗压强度提高系数 φ_1 按下式计算：

$$\varphi_1 = \frac{0.8}{1-\delta} \leqslant 1.5 \tag{1}$$

该式规定了最低灌孔混凝土强度等级为 C15，且计算方便。收集了广西、贵州、河南、四川、广东共 20 组 82 个试件的试验数据和近期湖南大学 4 组 18 个试件以及哈尔滨建筑大学 4 组 24 个试件的试验数据，试验数据反映 GBJ 3－88 的 φ_1 值偏低，且未考虑不同灌孔混凝土强度对 φ_1 的影响，根据湖南大学等单位的研究成果，经研究采用下式计算：

$$f_{gm} = f_m + 0.63\alpha f_{cu,m} \quad (\rho \geqslant 33\%) \tag{2}$$

$$f_g = f + 0.6\alpha f_c \tag{3}$$

同时为了保证灌孔混凝土在砌块孔洞内的密实，灌孔混凝土应采用高流动性、高粘结性、低收缩性的细石混凝土。由于试验采用的块体强度、灌孔混凝土强度，一般在 MU10～MU20、C10～C30 范围，同时少量试验表明高强度灌孔混凝土砌体达不到公式（2）的 f_{gm}，经对试验数据综合分析，本次修订对灌实砌体强度提高系数作了限制 $f_g/f \leqslant 2$。同时根据试验试件的灌孔率（ρ）均大于 33%，因此对公式灌孔率适用范围作了规定。灌孔混凝土强度等级规定不应低于 Cb20。灌孔混凝土性能应符合《混凝土小型空心砌块灌孔混凝土》JC 861 的规定。

6 多排孔轻集料混凝土砌块在我国寒冷地区应用较多，特别是我国吉林和黑龙江地区已开始推广应用，这类砌块材料目前有火山渣混凝土、浮石混凝土和陶粒混凝土，多排孔砌块主要考虑节能要求，排数有二排、三排和四排，孔洞率较小，砌块规格各地不一致，块体强度等级较低，一般不超过 MU10，为了多排孔轻集料混凝土砌块建筑的推广应用，《混凝土砌块建筑技术规程》JGJ/T 145 列入了轻集料混凝土砌块建筑的设计和施工规定。规范应用了 JGJ/T 14 收集的砌体强度试验数据。

规范应用的试验资料为吉林、黑龙江两省火山渣、浮石、陶粒混凝土砌块砌体强度试验数据 48 组 243 个试件，其中多排孔单砌砌体试件共 17 组 109 个试件，多排孔组砌砌体 21 组 70 个试件，单排孔砌体 10 组 64 个试件。多排孔单砌砌体强度试验值 f'和公式平均值 f_m 比值为 1.615，变异系数为 0.104。多排孔组砌砌体强度试验值 f'和公式平均值 f_m 比值为 1.003，变异系数为 0.202。从统计参数分析，多排孔单砌强度较高，组砌后明显降低，考虑多排孔砌块砌体强度和单排孔砌块砌体强度有差别，同时偏于安全考虑，本次修订对孔洞率不大于 35%的双排孔或多排孔轻骨料混凝土砌块砌体的抗压强度设计值，按单排孔混凝土砌块砌体强度设计值乘以 1.1 采用。对组砌的砌体的抗压强度设计值乘以0.8采用。

值得指出的是，轻集料砌块的建筑应用，应采用以强度等级和密度等级双控的原则，避免只重视块体强度而忽视其耐久性。调查发现，当前许多企业，以生产陶粒砌块为名，代之以大量的炉渣等工业废弃物，严重降低了块材质量，为建筑工程质量埋下隐患。应遵照国家标准《墙体材料应用统一技术规范》GB 50574，对轻集料砌块强度等级和密度等级双控的原则进行质量控制。

7、8 除毛料石砌体和毛石砌体的抗压强度设计值作了适当降低外，条文未作修改。

本条中砌筑砂浆等级为0的砌体强度，为供施工验算时采用。

3.2.2 沿砌体灰缝截面破坏时砌体的轴心抗拉强度设计值、弯曲抗拉强度设计值和抗剪强度设计值是涉及砌体结构设计安全的重要指标。本条文也增加了混凝土砖、混凝土多孔砖沿砌体灰缝截面破坏时砌体的轴心抗拉强度设计值、弯曲抗拉强度设计值和抗剪强度设计值。

近年来长沙理工大学、沈阳建筑大学、中国建筑东北设计研究院有限公司等单位对混凝土砖、混凝土多孔砖沿砌体灰缝截面破坏时砌体的轴心抗拉强度、弯曲抗拉强度和抗剪强度进行了系统的试验研究，研究成果表明，混凝土砖、混凝土多孔砖的上述强度均高于烧结普通砖砌体，为可靠，本次修订不作提高。

蒸压灰砂砖砌体抗剪强度系根据湖南大学、重庆市建筑科学研究院和长沙市城建科研所的通缝抗剪强度试验资料，以及《蒸压灰砂砖砌体结构设计与施工规程》CECS 20：90的抗剪强度指标确定的。灰砂砖砌体的抗剪强度各地区的试验数据有差异，主要原因是各地区生产的灰砂砖所用砂的细度和生产工艺（半干压法压制成型）不同，以及采用的试验方法和砂浆试块采用的底模砖不同引起。本次修订以双剪试验方法和以灰砂砖作砂浆试块底模的试验数据为依据，并考虑了灰砂砖砌体通缝抗剪强度的变异。根据试验资料，蒸压灰砂砖砌体的抗剪强度设计值较烧结普通砖砌体的抗剪强度有较大的降低。用普通砂浆砌筑的蒸压灰砂砖砌体的抗剪强度取砖砌体抗剪强度的0.70倍。

蒸压粉煤灰砖砌体抗剪强度取值依据四川省建筑科学研究院、沈阳建筑大学和长沙理工大学的研究报告，其抗剪强度较烧结普通砖砌体的抗剪强度有较大降低，用普通砂浆砌筑的蒸压粉煤灰砖砌体抗剪强度设计值取烧结普通砖砌体抗剪强度的0.70倍。

为有效提高蒸压硅酸盐砖砌体的抗剪强度，确保结构的工程质量，应积极推广、应用专用砌筑砂浆。表中的砌筑砂浆为普通砂浆，当该类砖采用专用砂浆砌筑时，其砌体沿砌体灰缝截面破坏时砌体的轴心抗拉强度设计值、弯曲抗拉强度设计值和抗剪强度设计值按普通烧结砖砌体的采用。当专用砂浆的砌体抗剪强度高于烧结普通砖砌体时，其砌体抗剪强度仍取烧结普通砖砌体的强度设计值。

轻集料混凝土砌块砌体的抗剪强度指标系根据黑龙江、吉林等地区抗剪强度试验资料。共收集16组89个试验数据，试验值f'和混凝土砌块抗剪强度平均值$f_{v,m}$的比值为1.41。对于孔洞率小于或等于35%的双排孔或多排孔砌块砌体的抗剪强度按混凝土砌块砌体抗剪强度乘以1.1采用。

单排孔且孔对孔砌筑混凝土砌块灌孔砌体的通缝抗剪强度是本次修订中增加的内容，主要依据湖南大学36个试件和辽宁建筑科学研究院66个试件的试验资料，试件采用了不同的灌孔率。砂浆强度和砌块强度，通过分析灌孔后通缝抗剪强度和灌孔率。灌孔砌体的抗压强度有关，回归分析的抗剪强度平均值公式为：

$$f_{vg,m}=0.32f_{g,m}^{0.55}$$

试验值$f'_{v,m}$和公式值$f_{vg,m}$的比值为1.061，变异系数为0.235。

灌孔后的抗剪强度设计值公式为：$f_{vg}=0.208f_g^{0.55}$，取$f_{vg}=0.20f_g^{0.55}$。

需指出，承重单排孔混凝土空心砌块砌体对穿孔（上下皮砌块孔与孔相对）是保证混凝土砌块与砌筑砂浆有效粘结、成型混凝土芯柱所必需的条件。目前我国多数企业生产的砌块对此均欠考虑，生产的块材往往不能满足砌筑时的孔对孔，其砌体通缝抗剪能力必然比按规范计算结构有所降低。工程实践表明，由于非对穿孔墙体砂浆的有效粘结面少、墙体的整体性差，已成为空心砌块建筑墙体渗、漏、裂的主要原因，也成为震害严重的原因之一（玉树震害调查表明，用非对穿孔空心砌块砌墙及专用砂浆的缺失，成为当地空心砌块建筑毁坏的原因之一）。故必须对此予以强调，要求设备制作企业在空心砌块模具的加工时，就应对块材的应用情况有所了解。

3.2.3 因砌体强度设计值调整系数关系到结构的安全，故将本条定为强制性条文。水泥砂浆调整系数在73及88规范中基本参照苏联规范，由专家讨论确定的调整系数。四川省建筑科学研究院对大孔洞率条型孔多孔砖砌体力学性能试验表明，中、高强度水泥砂浆对砌体抗压强度和砌体抗剪强度无不利影响。试验表明，当$f_2\geqslant 5$MPa时，可不调整。本规范仍保持2001规范的取值，偏于安全。

3.2.5 全国65组281个灌孔混凝土砌块砌体试件试验结果分析表明，2001规范中单排孔对孔砌筑的灌孔混凝土砌块砌体弹性模量取值偏低，低估了灌孔混凝土砌块砌体墙的水平刚度，对框支灌孔混凝土砌块砌体剪力墙和灌孔混凝土砌块砌体房屋的抗震设计偏于不安全。由理论和试验结果分析、统计，并参照国外有关标准的取值，取$E=2000f_g$。

因为弹性模量是材料的基本力学性能，与构件尺寸等无关，而强度调整系数主要是针对构件强度与材料强度的差别进行的调整，故弹性模量中的砌体抗压强度值不需用3.2.3条进行调整。

本条增加了砌体的收缩率，因国内砌体收缩试验数据少。本次修订主要参考了块体的收缩、长沙理工大学的试验数据，并参考了ISO/TC 179/SCI的规定，经分析确定的。砌体的收缩和块体的上墙含水率、砌体的施工方法等有密切关系。如当地有可靠的砌体收缩率的试验数据，亦可采用当地试验数据。

长沙理工大学、郑州大学等单位的试验结果表明，混凝土多孔砖的力学指标抗压强度和弹性模量与烧结砖相同，混凝土多孔砖的其他物理指标与混凝土砌块相同，如摩擦系数和线膨胀系数是参考本规范中混凝土小砌块砌体取值的。

4 基本设计规定

4.1 设计原则

4.1.1～4.1.5 根据《建筑结构可靠度设计统一标准》GB 50068，结构设计仍采用概率极限状态设计原则和分项系数表达的计算方法。本次修订，根据我国国情适当提高了建筑结构的可靠度水准；明确了结构和结构构件的设计使用年限的含意、确定和选择；并根据建设部关于适当提高结构安全度的指示，在第4.1.5条作了几个重要改变：

1 针对以自重为主的结构构件，永久荷载的分项系数增加了1.35的组合，以改进自重为主构件可靠度偏低的情况；

2 引入了《施工质量控制等级》的概念。

长期以来，我国设计规范的安全度未和施工技术、施工管理水平等挂钩，而实际上它们对结构的安全度影响很大。因此为保证规范规定的安全度，有必要考虑这种影响。发达国家在设计规范中明确地提出了这方面的规定，如欧共体规范、国际标准。我国在学习国外先进管理经验的基础上，并结合我国的实际情况，首先在《砌体工程施工及验收规范》GB 50203-98中规定了砌体施工质量控制等级。它根据施工现场的质保体系、砂浆和混凝土的强度、砌筑工人技术等级方面的综合水平划为A、B、C三个等级。但因当时砌体规范尚未修订，它无从与现行规范相对应，故其规定的A、B、C三个等级，只能与建筑物的重要性程度相对应。这容易引起误解。而实际的内涵是在不同的施工控制水平下，砌体结构的安全度不应该降低，它反映了施工技术、管理水平和材料消耗水平的关系。因此本规范引入了施工质量控制等级的概念，考虑到一些具体情况，砌体规范只规定了B级和C级施工质量控制等级。当采用C级时，砌体强度设计值应乘第3.2.3条的γ_a，$\gamma_a=0.89$；当采用A级施工质量控制等级时，可将表中砌体强度设计值提高5%。施工质量控制等级的选择主要根据设计和建设单位商定，并在工程设计图中明确设计采用的施工质量控制等级。

因此本规范中的A、B、C三个施工质量控制等级应按《砌体结构工程施工质量验收规范》GB 50203中对应的等级要求进行施工质量控制。

但是考虑到我国目前的施工质量水平，对一般多层房屋宜按B级控制。对配筋砌体剪力墙高层建筑，设计时宜选用B级的砌体强度指标，而在施工时宜采用A级的施工质量控制等级。这样做是有意提高这种结构体系的安全储备。

4.1.6 在验算整体稳定性时，永久荷载效应与可变荷载效应符号相反，而前者对结构起有利作用。因此，若永久荷载分项系数仍取同号效应时相同的值，则将影响构件的可靠度。为了保证砌体结构和结构构件具有必要的可靠度，故当永久荷载对整体稳定有利时，取$\gamma_G=0.8$。本次修订增加了永久荷载控制的组合项。

4.2 房屋的静力计算规定

取消上刚下柔多层房屋的静力计算方案及原附录的计算方法。这是考虑到这种结构存在着显著的刚度突变，在构造处理不当或偶发事件中存在着整体失效的可能性。况且通过适当的结构布置，如增加横墙，可成为符合刚性方案的结构，既经济又安全的砌体结构静力方案。

4.2.5 第3款，计算表明，因屋盖梁下砌体承受的荷载一般较楼盖梁小，承载力裕度较大，当采用楼盖梁的支承长度后，对其承载力影响很小。这样做以简化设计计算。板下砌体的受压和梁下砌体受压是不同的。板下是大面积接触，且板的刚度要比梁的小得多，而所受荷载也要小得多，故板下砌体应力分布要平缓得多。根据《国际标准》ISO 9652-1规定：楼面活荷载不大于$5kN/m^2$时，偏心距$e=0.05(l_1-l_2)\leqslant h/3$。式中$l_1$、$l_2$分别为墙两侧板的跨度，$h$墙厚。当墙厚小于200mm时，该偏心距应乘以折减系数$h/200$；当双向板跨比达到1∶2时，板的跨度可取短边长的2/3。考虑到我国砌体房屋多年的工程经验和梁传荷载下支承压力方法的一致性原则，则取$0.4a$是安全的也是对规范的补充。

第4款，即对于梁跨度大于9m的墙承重的多层房屋，应考虑梁端约束弯矩影响的计算。

试验表明上部荷载对梁端的约束随局压应力的增大呈下降趋势，在砌体局压临破坏时约束基本消失。但在使用阶段对于跨度比较大的梁，其约束弯矩对墙体受力影响应予考虑。根据三维有限元分析，$a/h=0.75$，$l=5.4m$，上部荷载$\sigma_0/f_m=0.1$、0.2、0.3、

0.4时，梁端约束弯矩与按框架分析的梁端弯矩的比值分别为0.28、0.377、0.449、0.511。为了设计方便，将其替换为梁端约束弯矩与梁固端弯矩的比值K，分别为8.3%、12.2%、16.6%、21.4%。为此拟合成公式4.2.5予以反映。

本方法也适用于上下墙厚不同的情况。

4.2.6 根据表4.2.6所列条件（墙厚240mm）验算表明，由风荷载引起的应力仅占竖向荷载的5%以下，可不考虑风荷载影响。

4.3 耐久性规定

砌体结构的耐久性包括两个方面，一是对配筋砌体结构构件的钢筋的保护，二是对砌体材料保护。原规范中虽均有反映，但比较分散，而且对砌体耐久性的要求或保护措施相对比较薄弱一些。因此随着人们对工程结构耐久性要求的关注，有必要对砌体结构的耐久性进行增补和完善并单独作为一节。砌体结构的耐久性与钢筋混凝土结构既有相同处但又有一些优势。相同处是指砌体结构中的钢筋保护增加了砌体部分，而比混凝土结构的耐久性好，无筋砌体尤其是烧结类砖砌体的耐久性更好。本节耐久性规定主要根据工程经验并参照国内外有关规范增补的：

1 关于环境类别

环境类别主要根据国际标准《配筋砌体结构设计规范》ISO 9652-3和英国标准BS5628。其分类方法和我国《混凝土结构设计规范》GB 50010很接近。

2 配筋砌体中钢筋的保护层厚度要求，英国规范比美国规范更严，而国际标准有一定灵活性表现在：

1）英国规范认为砖砌体或其他材料具有吸水性，内部允许存在渗流，因此就钢筋的防腐要求而论，砌体保护层几乎起不到防腐作用，可忽略不计。另外砂浆的防腐性能通常较相同厚度的密实混凝土防腐性能差，因此在相同暴露情况下，要求的保护层厚度通常比混凝土截面保护层大。

2）国际标准与英国标准要求相同，但在砌体块体和砂浆满足抗渗性能要求条件下钢筋的保护层可考虑部分砌体厚度。

3）据UBC砌体规范2002版本，其对环境仅有室内正常环境和室外或暴露于地基土中两类，而后者的钢筋保护层，当钢筋直径大于No.5（$\phi=16$）不小于2英寸（50.8mm），当不大于No.5时不小于1.5英寸（38.1mm）。在条文解释中，传统的钢筋是不镀锌的，砌体保护层可以延缓钢筋的锈蚀速度，保护层厚度是指从砌体外表面到钢筋最外层的距离。如果横向钢筋围着主筋，则应从箍筋的最外边缘测量。砌体保护层包括砌块、抹灰层、面层的厚度。在水平灰缝中，钢筋保护层厚度是指从钢筋的最外缘到抹灰层外表面的砂浆和面层总厚度。

4）本条的5类环境类别对应情况下钢筋混凝土保护层厚度采用了国际标准的规定，并在环境类别1～3时给出了采用防渗块材和砂浆时混凝土保护的低限值，并参照国外规范规定了某些钢筋的防腐镀（涂）层的厚度或等效的保护。随着新防腐材料或技术的发展也可采用性价比更好、更节能环保的钢筋防护材料。

5）砌体中钢筋的混凝土保护层厚度要求基本上同混凝土规范，但适用的环境条件也根据砌体结构复合保护层的特点有所扩大。

3 无筋砌体

无筋高强度等级砖石结构经历数百年和上千年考验其耐久性是不容置疑的。对非烧结块材、多孔块材的砌体处于冻胀或某些侵蚀环境条件下其耐久性易于受损，故提高其砌体材料的强度等级是最有效和普遍采用的方法。

地面以下或防潮层以下的砌体采用多孔砖或混凝土空心砌块时，应将其孔洞预先用不低于M10的水泥砂浆或不低于Cb20的混凝土灌实，不应随砌随灌，以保证灌孔混凝土的密实度及质量。

鉴于全国范围内的蒸压灰砂砖、蒸压粉煤灰砖等蒸压硅酸盐砖的制砖工艺、制造设备等有着较大的差异，砖的品质不尽一致；又根据国家现行的材料标准，本次修订规定，环境类别为3～5等有侵蚀性介质的情况下，不应采用蒸压灰砂砖和蒸压粉煤灰砖。

5 无筋砌体构件

5.1 受压构件

5.1.1、5.1.5 无筋砌体受压构件承载力的计算，具有概念清楚、方便技术的特点，即：

1 轴向力的偏心距按荷载设计值计算。在常遇荷载情况下，直接采用其设计值代替标准值计算偏心距，由此引起承载力的降低不超过6%。

2 承载力影响系数φ的公式，不仅符合试验结果，且计算简化。

综合上述1和2的影响，新规范受压构件承载力与原规范的承载力基本接近，略有下调。

3 计算公式按附加偏心距分析方法建立，与单向偏心受压构件承载力的计算公式相衔接，并与试验结果吻合较好。湖南大学48根短柱和30根长柱的双向偏心受压试验表明，试验值与本方法计算值的平均比值，对于短柱为1.236，长柱为1.329，其变异系数分别为 0.103 和 0.163。而试验值与苏联规范计算值的平均比值，对于短柱为 1.439，对于长柱为 1.478，其变异系数分别为 0.163 和 0.225。此外，试验表明，当 $e_b > 0.3b$ 和 $e_h > 0.3h$ 时，随着荷载的增加，砌体内水平裂缝和竖向裂缝几乎同时产生，甚至水平裂缝较竖向裂缝出现早，因而设计双向偏心受压构件时，对偏心距的限值较单向偏心受压时偏心距的限值规定得小些是必要的。分析还表明，当一个方向的偏心率（如 e_b/b）不大于另一个方向的偏心率（如 e_h/h）的 5%时，可简化按另一方向的单向偏心受压（如 e_h/h）计算，其承载力的误差小于 5%。

5.2 局部受压

5.2.4 关于梁端有效支承长度 a_0 的计算公式，规范提供了 $a_0 = 38\sqrt{\frac{N_l}{bf\tan\theta}}$，和简化公式 $a_0 = 10\sqrt{\frac{h_c}{f}}$，如果前式中 $\tan\theta$ 取1/78,则也成了近似公式，而且 $\tan\theta$ 取为定值后反而与试验结果有较大误差。考虑到两个公式计算结果不一样，容易在工程应用上引起争端，为此规范明确只列后一个公式。这在常用跨度梁情况下和精确公式误差约为 15%，不致影响局部受压安全度。

5.2.5 试验和有限元分析表明，垫块上表面 a_0 较小，这对于垫块下局压承载力计算影响不是很大（有垫块时局压应力大为减小），但可能对其下的墙体受力不利，增大了荷载偏心距，因此有必要给出垫块上表面梁端有效支承长度 a_0 计算方法。根据试验结果，考虑与现浇垫块局部承载力相协调，并经分析简化也采用公式（5.2.4-5）的形式，只是系数另外作了具体规定。

对于采用与梁端现浇成整体的刚性垫块与预制刚性垫块下局压有些区别，但为简化计算，也可按后者计算。

5.2.6 梁搁置在圈梁上则存在出平面不均匀的局部受压情况，而且这是大多数的受力状态。经过计算分析考虑了柔性垫梁不均匀局压情况，给出 $\delta_2 = 0.8$ 的修正系数。

此时 a_0 可近似按刚性垫块情况计算。

5.5 受剪构件

5.5.1 根据试验和分析，砌体沿通缝受剪构件承载力可采用复合受力影响系数的剪摩理论公式进行计算。

1 公式（5.5.1-1）～公式（5.5.1-3）适用于烧结的普通砖、多孔砖、蒸压的灰砂砖和粉煤灰砖以及混凝土砌块等多种砌体构件水平抗剪计算。该式系由重庆建筑大学在试验研究基础上对包括各类砌体的国内 19 项试验数据进行统计分析的结果。此外，因砌体竖缝抗剪强度很低，可将阶梯形截面近似按其水平投影的水平截面来计算。

2 公式（5.5.1）的模式系基于剪压复合受力相关性的两次静力试验，包括 M2.5、M5.0、M7.5 和 M10 等四种砂浆与 MU10 页岩砖共 231 个数据统计回归而得。此相关性亦为动力试验所证实。研究结果表明：砌体抗剪强度并非如摩尔和库仑两种理论随 σ_0/f_m 的增大而持续增大，而是在 $\sigma_0/f_m = 0 \sim 0.6$ 区间增长逐步减慢；而当 $\sigma_0/f_m > 0.6$ 后，抗剪强度迅速下降，以致 $\sigma_0/f_m = 1.0$ 时为零。整个过程包括了剪摩、剪压和斜压等三个破坏阶段与破坏形态。当按剪摩公式形式表达时，其剪压复合受力影响系数 μ 非定值而为斜直线方程，并适用于 $\sigma_0/f_m = 0 \sim 0.8$ 的近似范围。

3 根据国内 19 份不同试验共 120 个数据的统计分析，实测抗剪承载力与按有关公式计算值之比值的平均值为 0.960，标准差为 0.220，具有 95%保证率的统计值为 0.598（≈0.6）。又取 $\gamma_f = 1.6$ 而得出（5.5.1）公式系列。

4 式中修正系数 α 系通过对常用的砖砌体和混凝土空心砌块砌体，当用于四种不同开间及楼（屋）盖结构方案时可能导致的最不利承重墙，采用（5.5.1）公式与抗震设计规范公式抗剪强度之比较分析而得出的，并根据 $\gamma_G = 1.2$ 和 1.35 两种荷载组合以及不同砌体类别而取用不同的 α 值。引入 α 系数意在考虑试验与工程实验的差异，统计数据有限以及与现行两本规范衔接过渡，从而保持大致相当的可靠度水准。

5 简化公式中 σ_0 定义为永久荷载设计值引起的水平截面压应力。根据不同的荷载组合而有与 $\gamma_G =$ 1.2 和 1.35 相应的（5.5.1-2）及（5.5.1-3）等不同 μ 值计算公式。

6 构造要求

6.1 墙、柱的高厚比验算

6.1.1 由于配筋砌体的使用越来越普遍，本次修订增加了配筋砌体的内容，因此本节也相应增加了配筋砌体高厚比的限值。由于配筋砌体的整体性比无筋砌体好，刚度较无筋砌体大，因此在无筋砌体高厚比最高限值为 28 的基础上作了提高，配筋砌体高厚比最高限值为 30。

6.1.2 墙中设混凝土构造柱时可提高墙体使用阶段的稳定性和刚度，设混凝土构造柱墙在使用阶段的允许高厚比提高系数 μ_c，是在对设混凝土构造柱的各种砖墙、砌块墙和石砌墙的整体稳定性和刚度进行分析后提出的偏下限公式。为与组合砖墙承载力计算相协调，规定 $b_c/l > 0.25$（即 $l/b_c < 4$ 时取 $l/b_c = 4$）；当 $b_c/l < 0.05$（即 $l/b_c > 20$）时，表明构造柱间距过大，对提高墙体稳定性和刚度作用已很小。

由于在施工过程中大多是先砌筑墙体后浇筑构造柱，应注意采取措施保证设构造柱墙在施工阶段的稳定性。

对壁柱间墙或带构造柱墙的高厚比验算，是为了保证壁柱间墙和带构造柱墙的局部稳定。如高厚比验算不能满足公式（6.1.1）要求时，可在墙中设置钢筋混凝土圈梁。当圈梁宽度 b 与相邻壁柱间或相邻构造柱间的距离 s 的比值 $b/s \geqslant 1/30$ 时，圈梁可视作不动铰支点。当相邻壁柱间的距离 s 较大，为满足上述要求，圈梁宽度 $b < s/30$ 时，可按等刚度原则增加圈梁高度。

6.1.3 用厚度小于 90mm 的砖或块材砌筑的隔墙，当双面用较高强度等级的砂浆抹灰时，经部分地区工程实践证明，其稳定性满足使用要求。本次修订时增加了对于厚度小于 90mm 的墙，当抹灰层砂浆强度等级等于或大于 M5 时，包括抹灰层的墙厚达到或超过 90mm 时，可按 $h=90$mm 验算高厚比的规定。

6.1.4 对有门窗洞口的墙［β］的修正系数 μ_2，系根据弹性稳定理论并参照实践经验拟定的。根据推导，μ_2 尚与门窗高度有关，按公式（6.1.4）算得的 μ_2，约相当于门窗洞高为墙高 2/3 时的数值。当洞口高度等于或小于墙高 1/5 时，可近似采用 μ_2 等于 1.0。当洞口高度大于或等于墙高的 4/5 时，门窗洞口墙的作用已较小。因此，在本次修编中，对当洞口高度大于或等于墙高的 4/5 时，作了较严格的要求，按独立墙段验算高厚比。这在某些仓库建筑中会遇到这种情况。

6.2 一般构造要求

6.2.1 本条是强制性条文，汶川地震灾害的经验表明，预制钢筋混凝土板之间有可靠连接，才能保证楼面板的整体作用，增加墙体约束，减小墙体竖向变形，避免楼板在较大位移时坍塌。

该条是保整结构安全与房屋整体性的主要措施之一，应严格执行。

6.2.2 工程实践表明，墙体转角处和纵横墙交接处设拉结钢筋是提高墙体稳定性和房屋整体性的重要措施之一。该项措施对防止墙体温度或干缩变形引起的开裂也有一定作用。调查发现，一些开有大（多）孔洞的块材墙体，其设于墙体灰缝内的拉结钢筋大多放到了孔洞处，严重影响了钢筋的拉结。研究表明，由于多孔砖孔洞的存在，钢筋在多孔砖砌体灰缝内的锚固承载力小于同等条件下在实心砖砌体灰缝内的锚固承载力。根据试验数据和可靠性分析，对于孔洞率不大于 30%的多孔砖，墙体水平灰缝拉结筋的锚固长度应为实心砖墙体的 1.4 倍。为保障墙体的整体性能与安全，特制定此条文，并将其定为强制性条文。

6.2.4 在砌体中留槽及埋设管道对砌体的承载力影响较大，故本条规定了有关要求。

6.2.6 同 2001 规范相应条文关于梁下不同材料支承墙体时的规定。

6.2.8 对厚度小于或等于 240mm 的墙，当梁跨度大于或等于本条规定时，其支承处宜加设壁柱。如设壁柱后影响房间的使用功能。也可采用配筋砌体或在墙中设钢筋混凝土柱等措施对墙体予以加强。

6.2.11 本条根据工程实践将砌块墙与后砌隔墙交接处的拉结钢筋网片的构造具体化，并加密了该网片沿墙高设置的间距（400mm）。

6.2.12 为增强混凝土砌块房屋的整体性和抗裂能力和工程实践经验提出了本规定。为保证灌实质量，要求其坍落度为 160mm～200mm 的专用灌孔混凝土(Cb)。

6.2.13 混凝土小型砌块房屋在顶层和底层门窗洞口两边易出现裂缝，规定在顶层和底层门窗洞口两边 200mm 范围内的孔洞用混凝土灌实，为保证灌实质量，要求混凝土坍落度为160mm～200mm。

6.3 框架填充墙

6.3.1 本条系新增加内容。主要基于以往历次大地震，尤其是汶川地震的震害情况表明，框架（含框剪）结构填充墙等非结构构件均遭到不同程度破坏，有的损害甚至超出了主体结构，导致不必要的经济损失，尤其高级装饰条件下的高层建筑的损失更为严重。同样也曾发生过受较大水平风荷载作用而导则墙体毁坏并殃及地面建筑、行人的案例。这种现象应引起人们的广泛关注，防止或减轻该类墙体震害及强风作用的有效设计方法和构造措施已成为工程界的急需和共识。

现行国家标准《建筑抗震设计规范》GB 50011 已对属非结构构件的框架填充墙的地震作用的计算有详细规定，本规范不再列出。

6.3.3

1 填充墙选用轻质砌体材料可减轻结构重量、降低造价、有利于结构抗震；

2 填充墙体材料强度等级不应过低，否则，当框架稍有变形时，填充墙体就可能开裂，在意外荷载或烈度不高的地震作用时，容易遭到损坏，甚至造成人员伤亡和财产损失；

4 目前有些企业自行研制、开发了夹心复合砌块，即两叶薄型混凝土砌块中间夹有保温层（如 EPS、XPS 等），并将其用于框架结构的填充墙。虽然墙的整体宽度一般均大于 90mm，但每片混凝土薄块仅为 30mm～40mm。由于保温夹层较软，不能对混凝土块构成有效的侧限，因此当混凝土梁（板）变形并压紧墙时，单叶墙会因高厚比过大而出现失稳崩坏，故内外叶间必须有可靠的拉结。

6.3.4 震害经验表明：嵌砌在框架和梁中间的填充

墙砌体，当强度和刚度较大，在地震发生时，产生的水平地震作用力，将会顶推框架梁柱，易造成柱节点处的破坏，所以强度过高的填充墙并不完全有利于框架结构的抗震。本条规定填充墙与框架柱、梁连接处构造，可根据设计要求采用脱开或不脱开的方法。

1 填充墙与框架柱、梁脱开是为了减小地震时填充墙对框架梁、柱的顶推作用，避免混凝土框架的损坏。本条除规定了填充墙与框架柱、梁脱开间隙的构造要求，同时为保证填充墙平面外的稳定性，规定了在填充墙两端的梁、板底及柱（墙）侧增设卡口铁件的要求。

需指出的是，设于填充墙内的构造柱施工时，不需预留马牙槎。柱顶预留的不小于15mm的缝隙，则为了防止楼板（梁）受弯变形后对柱的挤压。

2 本款为填充墙与框架采用不脱开的方法时的相应的作法。

调查表明，由于混凝土柱（墙）深入填充墙的拉结钢筋断于同一截面位置，当墙体发生竖向变形时，该部位常常产生裂缝。故本次修订规定埋入填充墙内的拉结筋应错开截断。

6.4 夹 心 墙

为适应我国建筑节能要求，作为高效节能墙体的多叶墙，即夹心墙的设计，在这次修编中，根据我国的试验并参照国外规范的有关规定新增加的一节。2001规范将“夹心墙”定名为“夹芯墙”，为了与国家标准《墙体材料应用统一技术规范》GB 50574及相关标准相一致，本次修订改为夹心墙。

6.4.1 通过必要的验证性试验，本次修订将2001规范规定的夹心墙的夹层厚度不宜大于100mm改为120mm，扩大了适用范围，也为夹心墙内设置空气间层提供了方便。

6.4.2 夹心墙的外叶墙处于环境恶劣的室外，当采用低强度的外叶墙时，易因劣化、脱落而毁物伤人。故对其块体材料的强度提出了较高的要求。本条为强制性条文，应严格执行。

6.4.5 我国的一些科研单位，如中国建筑科学研究院、哈尔滨建筑大学、湖南大学、南京工业大学等先后作了一定数量的夹心墙的静、动力试验（包括钢筋拉结和丁砖拉结等构造方案），并提出了相应的构造措施和计算方法。试验表明，在竖向荷载作用下，拉结件能协调内、外叶墙的变形，夹心墙通过拉结件为内叶墙提供了一定的支持作用，提高了内叶墙的承载力和增加了叶墙的稳定性，在往复荷载作用下，钢筋拉结件能在大变形情况下防止外叶墙失稳破坏，内外叶墙变形协调，共同工作。因此钢筋拉结件对防止已开裂墙体在地震作用下不致脱落、倒塌有重要作用。另外不同拉接方案对比试验表明，采用钢筋拉结件的夹心墙片，不仅破坏较轻，并且其变形能力和承载能力的发挥也较好。本次修订引入了国外应用较为普遍的可调拉结件，这种拉结件预埋在夹心墙内、外叶墙的灰缝内，利用可调节特性，消除内外叶墙因竖向变形不一致而产生的不利影响，宜采用。

6.4.6 叶墙的拉结件或钢筋网片采用热镀锌进行防腐处理时，其镀层厚度不应小于290g/m²。采用其他材料涂层应具有等效防腐性能。

6.5 防止或减轻墙体开裂的主要措施

6.5.1 为防止墙体房屋因长度过大由于温差和砌体干缩引起墙体产生竖向整体裂缝，规定了伸缩缝的最大间距。考虑到石砌体、灰砂砖和混凝土砌块与砌体材料性能的差异，根据国内外有关资料和工程实践经验对上述砌体伸缩缝的最大间距予以折减。

按表6.5.1设置的墙体伸缩缝，一般不能同时防止由于钢筋混凝土屋盖的温度变形和砌体干缩变形引起的墙体局部裂缝。

6.5.2

1 屋面设置保温、隔热层的规定不仅适用与设计，也适用于施工阶段，调查发现，一些砌体结构工程的混凝土屋面由于未对板材采取应有的防晒（冻）措施，混凝土构件在裸露环境下所产生的温度应力将顶层墙体拉裂现象，故也应对施工期的混凝土屋盖应采取临时的保温、隔热措施。

2～8 为了防止和减轻由于钢筋混凝土屋盖的温度变化和砌体干缩变形以及其他原因引起的墙体裂缝，本次修编将国内外比较成熟的一些措施列出，使用者可根据自己的具体情况选用。

对顶层墙体施加预应力的具体方法和构造措施如下：

①在顶层端开间纵墙墙体布置后张无粘结预应力钢筋，预应力钢筋可采用热轧HRB400钢筋，间距宜为400mm～600mm，直径宜为16mm～18mm，预应力钢筋的张拉控制应力宜为0.50～0.65f_{yk}，在墙体内产生0.35MPa～0.55MPa的有效压应力，预应力总损失可取25%；

②采用后张法施加预应力，预应力钢筋可采用扭矩扳手或液压千斤顶张拉，扭矩扳手使用前需进行标定，施加预应力时，砌体抗压强度及混凝土立方体抗压强度不宜低于设计值的80%；

③预应力钢筋下端（固定端）可以锚固于下层楼面圈梁内，锚固长度不宜小于30d，预应力钢筋上端（张拉端）可采用螺丝端杆锚具锚固于屋面圈梁上，屋面圈梁应进行局部承压验算；

④预应力钢筋应采取可靠的防锈措施，可直接在钢筋表面涂刷防腐涂料、包缠防腐材料等措施。

防止墙体裂缝的措施尚在不断总结和深化，故不限于所列方法。当有实践经验时，也可采用其他措施。

6.5.4 本条原是考虑到蒸压灰砂砖、混凝土砌块和其他非烧结砖砌体的干缩变形较大，当实体墙长超过5m时，往往在墙体中部出现两端小、中间大的竖向收缩裂缝，为防止或减轻这类裂缝的出现，而提出的一条措施。该项措施也适合于其他墙体材料设计时参考使用，因此此次修编，去掉了墙体材料的限制。

6.5.5 本条原是根据混凝土砌块房屋在这些部位易出现裂缝，并参照一些工程设计经验和标通图，提出的有关措施。该项措施也可供其他墙体材料设计时参考使用，因此此次修编，去掉了混凝土砌块房屋的限制。

6.5.6 由于填充墙与框架柱、梁的缝隙采用了聚苯乙烯泡沫塑料板条或聚氨酯发泡材料充填，且用硅酮胶或其他弹性密封材料封缝，为防止该部位裂缝的显现，亦采用耐久、耐看的缝隙装饰条进行建筑构造处理。

6.5.7 关于控制缝的概念主要引自欧、美规范和工程实践。它主要针对高收缩率砌体材料，如非烧结砖和混凝土砌块，其干缩率为0.2mm/m～0.4mm/m，是烧结砖的2～3倍。因此按对待烧结砖砌体结构的温度区段和抗裂措施是远远不够的。在本规范6.2节的不少条的措施是针对这个问题的，亦显然是不完备的。按照欧美规范，如英国规范规定，对黏土砖砌体的控制间距为10m～15m，对混凝土砌块和硅酸盐砖（本规范指的是蒸压灰砂砖、粉煤灰砖等）砌体一般不应大于6m；美国混凝土协会（ACI）规定，无筋砌体的最大控制缝间距为12m～18m，配筋砌体的控制缝不超过30m。这远远超过我国砌体规范温度区段的间距。这也是按本规范的温度区段和有关抗裂构造措施不能消除在砌体房屋中裂缝的一个重要原因。控制缝是根据砌体材料的干缩特性，把较长的砌体房屋的墙体划分成若干个较小的区段，使砌体因温度、干缩变形引起的应力或裂缝很小，而达到可以控制的地步，故称控制缝（control joint）。控制缝为单墙设缝，不同我国普遍采用的双墙温度缝。该缝沿墙长方向能自己伸缩，而在墙体出平面则能承受一定的水平力。因此该缝材料还对防水密封有一定要求。关于在房屋纵墙上，按本条规定设缝的理论分析是这样的：房屋墙体刚度变化、高度变化均会引起变形突变，正是裂缝的多发处，而在这些位置设置控制缝就解决了这个问题，但随之提出的问题是，留控制缝后对砌体房屋的整体刚度有何影响，特别是对房屋的抗震影响如何，是个值得关注的问题。哈尔滨工业大学对一般七层砌体住宅，在顶层按10m左右在纵墙的门或窗洞部位设置控制缝进行了抗震分析，其结论是：控制缝引起的墙体刚度降低很小，至少在低烈度区，如不大于7度情况下，是安全可靠的。控制缝在我国因系新作法，在实施上需结合工程情况设置控制缝和适合的嵌缝材料。这方面的材料可参见《现代砌体结构—全国砌体结构学术会议论文集》（中国建筑工业出版社2000）。本条控制缝宽度取值是参照美国规范ACI 530.1-05/ASCE 6-05/TMS 602-05的规定。

6.5.8 根据夹心墙热效应及叶墙间的变形性差异（内叶墙受到外叶墙保护、内、外叶墙间变形不同）使外叶墙更易产生裂缝的特点，规定了这种墙体设置控制缝的间距。

7 圈梁、过梁、墙梁及挑梁

7.1 圈 梁

7.1.2、7.1.3 该两条所表述的圈梁设置涉及砌体结构的安全，故将其定为强制性条文。根据近年来工程反馈信息和住房商品化对房屋质量要求的不断提高，加强了多层砌体房屋圈梁的设置和构造。这有助于提高砌体房屋的整体性、抗震和抗倒塌能力。

7.1.6 由于预制混凝土楼、屋盖普遍存在裂缝，许多地区采用了现浇混凝土楼板，为此提出了本条的规定。

7.2 过 梁

7.2.1 本条强调过梁宜采用钢筋混凝土过梁。

7.2.3 砌有一定高度墙体的钢筋混凝土过梁按受弯构件计算严格说是不合理的。试验表明过梁也是偏拉构件。过梁与墙梁并无明确分界定义，主要差别在于过梁支承于平行的墙体上，且支承长度较长；一般跨度较小，承受的梁板荷载较小。当过梁跨度较大或承受较大梁板荷载时，应按墙梁设计。

7.3 墙 梁

7.3.1 本条较原规范的规定更为明确。

7.3.2 墙梁构造限值尺寸，是墙梁构件结构安全的重要保证，本条规定墙梁设计应满足的条件。关于墙体总高度、墙梁跨度的规定，主要根据工程经验。$\frac{h_w}{l_{0i}} \geqslant 0.4\left(\frac{1}{3}\right)$的规定是为了避免墙体发生斜拉破坏。托梁是墙梁的关键构件，限制$\frac{h_b}{l_{0i}}$不致过小不仅从承载力方面考虑，而且较大的托梁刚度对改善墙体抗剪性能和托梁支座上部砌体局部受压性能也是有利的，对承重墙梁改为$\frac{h_b}{l_{0i}} \geqslant \frac{1}{10}$。但随着$\frac{h_b}{l_{0i}}$的增大，竖向荷载向跨中分布，而不是向支座集聚，不利于组合作用充分发挥，因此，不应采用过大的$\frac{h_b}{l_{0i}}$。洞宽和洞高限制是为了保证墙体整体性并根据试验情况作出的。偏开洞口对墙梁组合作用发挥是极不利的，洞口外墙肢过小，极易剪坏或被推出破坏，限制洞距a_i

及采取相应构造措施非常重要。对边支座为 $a_i \geqslant 0.15l_{0i}$；增加中支座 $a_i \geqslant 0.07l_{0i}$ 的规定。此外，国内、外均进行过混凝土砌块砌体和轻质混凝土砌块砌体墙梁试验，表明其受力性能与砖砌体墙梁相似。故采用混凝土砌块砌体墙梁可参照使用。而大开间墙梁模型拟动力试验和深梁试验表明，对称开两个洞的墙梁和偏开一个洞的墙梁受力性能类似。对多层房屋的纵向连续墙梁每跨对称开两个窗洞时也可参照使用。

本次修订主要作了以下修改：

1） 近几年来，混凝土普通砖砌体、混凝土多孔砖砌体和混凝土砌块砌体在工程中有较多应用，故增加了由这三种砌体组成的墙梁。

2） 对于多层房屋的墙梁，要求洞口设置在相同位置并上、下对齐，工程中很难做到，故取消了此规定。

7.3.3 本条给出与第 7.3.1 条相应的计算简图。计算跨度取值系根据墙梁为组合深梁，其支座应力分布比较均匀而确定的。墙体计算高度仅取一层层高是偏于安全的，分析表明，当 $h_w > l_0$ 时，主要是 $h_w = l_0$ 范围内的墙体参与组合作用。H_0 取值基于轴拉力作用于托梁中心，h_f 限值系根据试验和弹性分析并偏于安全确定的。

7.3.4 本条分别给出使用阶段和施工阶段的计算荷载取值。承重墙梁在托梁顶面荷载作用下不考虑组合作用，仅在墙梁顶面荷载作用下考虑组合作用。有限元分析及 2 个两层带翼墙的墙梁试验表明，当 $\frac{b_f}{l_0} = 0.13 \sim 0.3$ 时，在墙梁顶面已有 30%～50%上部楼面荷载传至翼墙。墙梁支座处的落地混凝土构造柱同样可以分担 35%～65%的楼面荷载。但本条不再考虑上部楼面荷载的折减，仅在墙体受剪和局压计算中考虑翼墙的有利作用，以提高墙梁的可靠度，并简化计算。1～3 跨 7 层框支墙梁的有限元分析表明，墙梁顶面以上各层集中力可按作用的跨度近似化为均布荷载（一般不超过该层该跨荷载的 30%），再按本节方法计算墙梁承载力是安全可靠的。

7.3.5 试验表明，墙梁在顶面荷载作用下主要发生三种破坏形态，即：由于跨中或洞口边缘处纵向钢筋屈服，以及由于支座上部纵向钢筋屈服而产生的正截面破坏；墙体或托梁斜截面剪切破坏以及托梁支座上部砌体局部受压破坏。为保证墙梁安全可靠地工作，必须进行本条规定的各项承载力计算。计算分析表明，自承重墙梁可满足墙体受剪承载力和砌体局部受压承载力的要求，无需验算。

7.3.6 试验和有限元分析表明，在墙梁顶面荷载作用下，无洞口简支墙梁正截面破坏发生在跨中截面，托梁处于小偏心受拉状态；有洞口简支墙梁正截面破坏发生在洞口内边缘截面，托梁处于大偏心受拉状态。原规范基于试验结果给出考虑墙梁组合作用，托梁按混凝土偏心受拉构件计算的设计方法及相应公式。其中，内力臂系数 γ 基于 56 个无洞口墙梁试验，采用与混凝土深梁类似的形式，$\gamma = 0.1(4.5 + l_0/H_0)$，计算值与试验值比值的平均值 $\mu = 0.885$，变异系数 $\delta = 0.176$，具有一定的安全储备，但方法过于繁琐。本规范在无洞口和有洞口简支墙梁有限元分析的基础上，直接给出托梁弯矩和轴力计算公式。既保持考虑墙梁组合作用，托梁按混凝土偏心受拉构件设计的合理模式，又简化了计算，并提高了可靠度。托梁弯矩系数 α_M 计算值与有限元值之比；对无洞口墙梁 $\mu = 1.644$，$\delta = 0.101$；对有洞口墙梁 $\mu = 2.705$，$\delta = 0.381$ 托梁轴力系数 η_N 计算值与有限元值之比，$\mu = 1.146$，$\delta = 0.023$；对有洞口墙梁，$\mu = 1.153$，$\delta = 0.262$。对于直接作用在托梁顶面的荷载 Q_1、F_1 将由托梁单独承受而不考虑墙梁组合作用，这是偏于安全的。

连续墙梁是在 21 个连续墙梁试验基础上，根据 2 跨、3 跨、4 跨和 5 跨等跨无洞口和有洞口连续墙梁有限元分析提出的。对于跨中截面，直接给出托梁弯矩和轴拉力计算公式，按混凝土偏心受拉构件设计，与简支墙梁托梁的计算模式一致。对于支座截面，有限元分析表明其为大偏心受压构件，忽略轴压力按受弯构件计算是偏于安全的。弯矩系数 α_M 是考虑各种因素在通常工程应用的范围变化并取最大值，其安全储备是较大的。在托梁顶面荷载 Q_1、F_1 作用下，以及在墙梁顶面荷载 Q_2 作用下均采用一般结构力学方法分析连续托梁内力，计算较简便。

单跨框支墙梁是在 9 个单跨框支墙梁试验基础上，根据单跨无洞口和有洞口框支墙梁有限元分析，对托梁跨中截面直接给出弯矩和轴拉力公式，并按混凝土偏心受拉构件计算，也与简支墙梁托梁计算模式一致。框支墙梁在托梁顶面荷载 q_1，F_1 和墙梁顶面荷载 q_2 作用下分别采用一般结构力学方法分析框架内力，计算较简便。本规范在 19 个双跨框支墙梁试验基础上，根据 2 跨、3 跨和 4 跨无洞口和有洞口框支墙梁有限元分析，对托梁跨中截面也直接给出弯矩和轴拉力按混凝土偏心受拉构件计算，与单跨框支墙梁协调一致。托梁支座截面也按受弯构件计算。

为简化计算，连续墙梁和框支墙梁采用统一的 α_M 和 η_N 表达式。边跨跨中 α_M 计算值与有限元值之比，对连续墙梁，无洞口时，$\mu = 1.251$，$\delta = 0.095$，有洞口时，$\mu = 1.302$，$\delta = 0.198$；对框支墙梁，无洞口时，$\mu = 2.1$，$\delta = 0.182$，有洞口时，$\mu = 1.615$，$\delta = 0.252$。η_N 计算值与有限元值之比，对连续墙梁，无洞口时，$\mu = 1.129$，$\delta = 0.039$，有洞口时，$\mu = 1.269$，$\delta = 0.181$；对框支墙梁，无洞口时，$\mu = 1.047$，$\delta = 0.181$，有洞口时，$\mu = 0.997$，$\delta = 0.135$。中支座 α_M 计算值与有限元值之比，对连续墙梁，无

洞口时，$\mu=1.715$，$\delta=0.245$，有洞口时，$\mu=1.826$，$\delta=0.332$；对框支墙梁，无洞口时，$\mu=2.017$，$\delta=0.251$，有洞口时，$\mu=1.844$，$\delta=0.295$。

7.3.7 有限元分析表明，多跨框支墙梁存在边柱之间的大拱效应，使边柱轴压力增大，中柱轴压力减少，故在墙梁顶面荷载 Q_2 作用下当边柱轴压力增大不利时应乘以1.2的修正系数。框架柱的弯矩计算不考虑墙梁组合作用。

7.3.8 试验表明，墙梁发生剪切破坏时，一般情况下墙体先于托梁进入极限状态而剪坏。当托梁混凝土强度较低，箍筋较少时，或墙体采用构造框架约束砌体的情况下托梁可能稍后剪坏。故托梁与墙体应分别计算受剪承载力。本规范规定托梁受剪承载力统一按受弯构件计算。剪力系数 β_V 按不同情况取值且有较大提高。因而提高了可靠度，且简化了计算。简支墙梁 β_V 计算值与有限元值之比，对无洞口墙梁 $\mu=1.102$，$\delta=0.078$；对有洞口墙梁 $\mu=1.397$，$\delta=0.123$。β_V 计算值与有限元值之比，对连续墙梁边支座，无洞口时 $\mu=1.254$、$\delta=0.135$，有洞口时 $\mu=1.404$、$\delta=0.159$；中支座，无洞口时 $\mu=1.094$、$\delta=0.062$，有洞口时 $\mu=1.098$、$\delta=0.162$。对框支墙梁边支座，无洞口时 $\mu=1.693$，$\delta=0.131$，有洞口时 $\mu=2.011$，$\delta=0.31$；中支座，无洞口时 $\mu=1.588$、$\delta=0.093$，有洞口时 $\mu=1.659$、$\delta=0.187$。

7.3.9 试验表明：墙梁的墙体剪切破坏发生于 $h_w/l_0<0.75\sim0.80$，托梁较强，砌体相对较弱的情况下。当 $h_w/l_0<0.35\sim0.40$ 时发生承载力较低的斜拉破坏，否则，将发生斜压破坏。原规范根据砌体在复合应力状态下的剪切强度，经理论分析得出墙体受剪承载力公式并进行试验验证。并按正交设计方法找出影响显著的因素 h_b/l_0 和 a/l_0；根据试验资料回归分析，给出 $V_2\leqslant\xi_2(0.2+h_b/l_0)hh_wf$。计算值与47个简支无洞口墙梁试验结果比较，$\mu=1.062$，$\delta=0.141$；与33个简支有洞口墙梁试验结果比较，$\mu=0.966$，$\delta=0.155$。工程实践表明，由于此式给出的承载力较低，往往成为墙梁设计中的控制指标。试验表明，墙梁顶面圈梁（称为顶梁）如同放在砌体上的弹性地基梁，能将楼层荷载部分传至支座，并和托梁一起约束墙体横向变形，延缓和阻滞斜裂缝开展，提高墙体受剪承载力。本规范根据7个设置顶梁的连续墙梁剪切破坏试验结果，给出考虑顶梁作用的墙体受剪承载力公式（7.3.9），计算值与试验值之比，$\mu=0.844$，$\delta=0.084$。工程实践表明，墙梁顶面以上集中荷载占各层荷载比值不大，且经各层传递至墙梁顶面已趋均匀，故将墙梁顶面以上各层集中荷载均除以跨度近似化为均布荷载计算。由于翼墙或构造柱的存在，使多层墙梁楼盖荷载向翼墙或构造柱卸荷而减少墙体剪力，改善墙体受剪性能，故采用翼墙影响系数 ξ_1。为了简化计算，单层墙梁洞口影响系数 ξ_2 不再采用公式表达，与多层墙梁一样给出定值。

7.3.10 试验表明，当 $h_w/l_0>0.75\sim0.80$，且无翼墙，砌体强度较低时，易发生托梁支座上方因竖向正应力集中而引起的砌体局部受压破坏。为保证砌体局部受压承载力，应满足 $\sigma_{ymax}h\leqslant\gamma fh$（$\sigma_{ymax}$ 为最大竖向压应力，γ 为局压强度提高系数）。令 $C=\sigma_{ymax}h/Q_2$ 称为应力集中系数，则上式变为 $Q_2\leqslant\gamma fh/C$。令 $\zeta=\gamma/C$，称为局压系数，即得到（7.3.10-1）式。根据16个发生局压破坏的无翼墙墙梁试验结果，$\zeta=0.31\sim0.414$；若取 $\gamma=1.5$，C=4，则 $\zeta=0.37$。翼墙的存在，使应力集中减少，局部受压有较大改善；当 $b_f/h=2\sim5$ 时，$C=1.33\sim2.38$，$\zeta=0.475\sim0.747$。则根据试验结果确定（7.3.10-2）式。近年来采用构造框架约束砌体的墙梁试验和有限元分析表明，构造柱对减少应力集中，改善局部受压的作用更明显，应力集中系数可降至1.6左右。计算分析表明，当 $b_f/h\geqslant5$ 或设构造柱时，可不验算砌体局部受压承载力。

7.3.11 墙梁是在托梁上砌筑砌体墙形成的。除应限制计算高度范围内墙体每天的可砌高度，严格进行施工质量控制外；尚应进行托梁在施工荷载作用下的承载力验算，以确保施工安全。

7.3.12 为保证托梁与上部墙体共同工作，保证墙梁组合作用的正常发挥，本条对墙梁基本构造要求作了相应的规定。

本次修订，增加了托梁上部通长布置的纵向钢筋面积与跨中下部纵向钢筋面积之比值不应小于0.4的规定。

7.4 挑 梁

7.4.2 对88规范中规定的计算倾覆点，针对 $l_1\geqslant2.2h_b$ 时的两个公式，经分析采用近似公式（$x_0=0.3h_b$），和弹性地基梁公式（$x_0=0.25\sqrt[4]{h_b^3}$）相比，当 $h_b=250\text{mm}\sim500\text{mm}$ 时，$\mu=1.051$，$\delta=0.064$；并对挑梁下设有构造柱时的计算倾覆点位置作了规定（取 $0.5x_0$）。

8 配筋砖砌体构件

本章规定了二类配筋砌体构件的设计方法。第一类为网状配筋砖砌体构件。第二类为组合砖砌体构件，又分为砖砌体和钢筋混凝土面层或钢筋砂浆面层组成的组合砖砌体构件；砖砌体和钢筋混凝土构造柱组成的组合砖墙。

8.1 网状配筋砖砌体构件

8.1.2 原规范中网状配筋砖砌体构件的体积配筋率 ρ 有配筋百分率 $\left(\rho=\frac{V_s}{V}100\right)$ 和配筋率 $\left(\rho=\frac{V_s}{V}\right)$ 两

种表述，为避免混淆，方便使用，现统一采用后者，即体积配筋率 $\rho=\frac{V_s}{V}$。由此，网状配筋砖砌体矩形截面单向偏心受压构件承载力的影响系数，改按下式计算：

$$\varphi_{on}=\frac{1}{1+(0.0015+0.45\rho)\beta^2}$$

此外，工程上很少采用连弯钢筋网，因而删去了对连弯钢筋网的规定。

8.2 组合砖砌体构件

Ⅰ 砖砌体和钢筋混凝土面层或钢筋砂浆面层的组合砌体构件

8.2.2 对于砖墙与组合砌体一同砌筑的T形截面构件，通过分析和比较表明，高厚比验算和截面受压承载力均按矩形截面组合砌体构件进行计算是偏于安全的，亦避免了原规范在这两项计算上的不一致。

8.2.3～8.2.5 砖砌体和钢筋混凝土面层或钢筋砂浆面层组合的砌体构件，其受压承载力计算公式的建立，详见88规范的条文说明。本次修订依据《混凝土结构设计规范》GB 50010中混凝土轴心受压强度设计值，对面层水泥砂浆的轴心抗压强度设计值作了调整；按钢筋强度的取值，对受压区相对高度的界限值，作了相应的补充和调整。

Ⅱ 砖砌体和钢筋混凝土构造柱组合墙

8.2.7 在荷载作用下，由于构造柱和砖墙的刚度不同，以及内力重分布的结果，构造柱分担墙体上的荷载。此外，构造柱与圈梁形成“弱框架”，砌体受到约束，也提高了墙体的承载力。设置构造柱砖墙与组合砖砌体构件有类似之处，湖南大学的试验研究表明，可采用组合砖砌体轴心受压构件承载力的计算公式，但引入强度系数以反映前者与后者的差别。

8.2.8 对于砖砌体和钢筋混凝土构造柱组合墙平面外的偏心受压承载力，本条的规定是一种简化、近似的计算方法且偏于安全。

8.2.9 有限元分析和试验结果表明，设有构造柱的砖墙中，边柱处于偏心受压状态，设计时宜适当增大边柱截面及增大配筋。如可采用240mm×370mm，配4ϕ14钢筋。

在影响设置构造柱砖墙承载力的诸多因素中，柱间距的影响最为显著。理论分析和试验结果表明，对于中间柱，它对柱每侧砌体的影响长度约为1.2m；对于边柱，其影响长度约为1m。构造柱间距为2m左右时，柱的作用得到充分发挥。构造柱间距大于4m时，它对墙体受压承载力的影响很小。

为了保证构造柱与圈梁形成一种“弱框架”，对砖墙产生较大的约束，因而本条对钢筋混凝土圈梁的设置作了较为严格的规定。

9 配筋砌块砌体构件

9.1 一 般 规 定

9.1.1 本条规定了配筋砌块剪力墙结构内力及位移分析的基本原则。

9.2 正截面受压承载力计算

9.2.1、9.2.4 国外的研究和工程实践表明，配筋砌块砌体的力学性能与钢筋混凝土的性能非常相近，特别在正截面承载力的设计中，配筋砌体采用了与钢筋混凝土完全相同的基本假定和计算模式。如国际标准《配筋砌体设计规范》，《欧共体配筋砌体结构统一规则》EC6和美国建筑统一法规（UBC）——《砌体规范》均对此作了明确的规定。我国哈尔滨工业大学、湖南大学、同济大学等的试验结果也验证了这种理论的适用性。但是在确定灌孔砌体的极限压应变时，采用了我国自己的试验数据。

9.2.2 由于配筋灌孔砌体的稳定性不同于一般砌体的稳定性，根据欧拉公式和灌心砌体受压应力-应变关系，考虑简化并与一般砌体的稳定系数相一致，给出公式（9.2.2-2）的。该公式也与试验结果拟合较好。

9.2.3 按我国目前混凝土砌块标准，砌块的厚度为190mm，标准块最大孔洞率为46%，孔洞尺寸120mm×120mm的情况下，孔洞中只能设置一根钢筋。因此配筋砌块砌体墙在平面外的受压承载力，按无筋砌体构件受压承载力的计算模式是一种简化处理。

9.2.5 表9.2.5中翼缘计算宽度取值引自国际标准《配筋砌体设计规范》，它和钢筋混凝土T形及倒L形受弯构件位于受压区的翼缘计算宽度的规定和钢筋混凝土剪力墙有效翼缘宽度的规定非常接近。但保证翼缘和腹板共同工作的构造是不同的。对钢筋混凝土结构，翼墙和腹板是由整浇的钢筋混凝土进行连接的；对配筋砌块砌体，翼墙和腹板是通过在交接处块体的相互咬砌、连接钢筋（或连接铁件），或配筋带进行连接的，通过这些连接构造，以保证承受腹板和翼墙共同工作时产生的剪力。

9.3 斜截面受剪承载力计算

9.3.1 试验表明，配筋灌孔砌块砌体剪力墙的抗剪受力性能，与非灌实砌块砌体墙有较大的区别：由于灌孔混凝土的强度较高，砂浆的强度对墙体抗剪承载力的影响较少，这种墙体的抗剪性能更接近于钢筋混凝土剪力墙。

配筋砌块砌体剪力墙的抗剪承载力除材料强度

外，主要与垂直正应力、墙体的高宽比或剪跨比，水平和垂直配筋率等因素有关：

1 正应力 σ_0，也即轴压比对抗剪承载力的影响，在轴压比不大的情况下，墙体的抗剪能力、变形能力随 σ_0 的增加而增加。湖南大学的试验表明，当 σ_0 从 1.1MPa 提高到 3.95MPa 时，极限抗剪承载力提高了 65%，但当 $\sigma_0 > 0.75 f_m$ 时，墙体的破坏形态转为斜压破坏，σ_0 的增加反而使墙体的承载力有所降低。因此应对墙体的轴压比加以限制。国际标准《配筋砌体设计规范》，规定 $\sigma_0 = N/bh_0 \leqslant 0.4f$，或 $N \leqslant 0.4bhf$。本条根据我国试验，控制正应力对抗剪承载力的贡献不大于 0.12N，这是偏于安全的，而美国规范为 0.25N。

2 剪力墙的高宽比或剪跨比（λ）对其抗剪承载力有很大的影响。这种影响主要反映在不同的应力状态和破坏形态，小剪跨比试件，如 $\lambda \leqslant 1$，则趋于剪切破坏，而 $\lambda > 1$，则趋于弯曲破坏，剪切破坏的墙体的抗侧承载力远大于弯曲破坏墙体的抗侧承载力。

关于两种破坏形式的界限剪跨比（λ），尚与正应力 σ_0 有关。目前收集到的国内外试验资料中，大剪跨比试验数据较少。根据哈尔滨建筑大学所作的 7 个墙片数据认为 $\lambda = 1.6$ 可作为两种破坏形式的界限值。根据我国沈阳建工学院、湖南大学、哈尔滨建筑大学、同济大学等试验数据，统计分析提出的反映剪跨比影响的关系式，其中的砌体抗剪强度，是在综合考虑混凝土砌块、砂浆和混凝土注芯率基础上，用砌体的抗压强度的函数（$\sqrt{f_g}$）表征的。这和无筋砌体的抗剪模式相似。国际标准和美国规范也均采用这种模式。

3 配筋砌块砌体剪力墙中的钢筋提高了墙体的变形能力和抗剪能力。其中水平钢筋（网）在通过斜截面上直接受拉抗剪，但它在墙体开裂前几乎不受力，墙体开裂直至达到极限荷载时所有水平钢筋均参与受力并达到屈服。而竖向钢筋主要通过销栓作用抗剪，极限荷载时该钢筋达不到屈服，墙体破坏时部分竖向钢筋可屈服。据试验和国外有关文献，竖向钢筋的抗剪贡献为 $0.24 f_{yv} A_{sv}$，本公式未直接反映竖向钢筋的贡献，而是通过综合考虑正应力的影响，以无筋砌体部分承载力的调整给出的。根据 41 片墙体的试验结果：

$$V_{g,m} = \frac{1.5}{\lambda + 0.5}(0.143\sqrt{f_{g,m}} + 0.246N_k) + f_{yh,m}\frac{A_{sh}}{s}h_0 \qquad (4)$$

$$V_g = \frac{1.5}{\lambda + 0.5}\left(0.13\sqrt{f_g}bh_0 + 0.12N\frac{A_w}{A}\right) + 0.9f_{yh}\frac{A_{sh}}{s}h_0 \qquad (5)$$

试验值与按上式计算值的平均比值为 1.188，其变异系数为 0.220。现取偏下限值，即将上式乘 0.9，并根据设定的配筋砌体剪力墙的可靠度要求，得到上列的计算公式。

上列公式较好地反映了配筋砌块砌体剪力墙抗剪承载力主要因素。从砌体规范本身来讲是较理想的系统表达式。但考虑到我国规范体系的理论模式的一致性要求，经与《混凝土结构设计规范》GB 50010 和《建筑抗震设计规范》GB 50011 协调，最终将上列公式改写成具有钢筋混凝土剪力墙的模式，但又反映砌体特点的计算表达式。这些特点包括：

①砌块灌孔砌体只能采用抗剪强度 f_{vg}，而不能像混凝土那样采用抗拉强度 f_t。

②试验表明水平钢筋的贡献是有限的，特别是在较大剪跨比的情况下更是如此。因此根据试验并参照国际标准，对该项的承载力进行了降低。

③轴向力或正应力对抗剪承载力的影响项，砌体规范根据试验和计算分析，对偏压和偏拉采用了不同的系数：偏压为 +0.12，偏拉为 −0.22。我们认为钢筋混凝土规范对两者不加区别是欠妥的。

现将上式中由抗压强度模式表达的方式改为抗剪强度模式的转换过程进行说明，以帮助了解该公式的形成过程：

①由 $f_{vg} = 0.208 f_g^{0.55}$ 则有 $f_g^{0.55} = \frac{1}{0.208} f_{vg}$；

②根据公式模式的一致性要求及公式中砌体项采用 $\sqrt{f_g}$ 时，对高强砌体材料偏低的情况，也将 $\sqrt{f_g}$ 调为 $f_g^{0.55}$；

③将 $f_g^{0.55} = \frac{1}{0.208} f_{vg}$ 代入公式（2）中，则得到砌体项的数值 $\frac{0.13}{0.208} f_{vg} = 0.625 f_{vg}$，取 $0.6 f_{vg}$；

④根据计算，将式（2）中的剪跨比影响系数，由 $\frac{1.5}{\lambda + 0.5}$ 改为 $\frac{1}{\lambda - 0.5}$，则完成了如公式（9.3.1-2）的全部转换。

9.3.2 本条主要参照国际标准《配筋砌体设计规范》、《钢筋混凝土高层建筑结构设计与施工规程》和配筋混凝土砌块砌体剪力墙的试验数据制定的。

配筋砌块砌体连梁，当跨高比较小时，如小于 2.5，即所谓“深梁”的范围，而此时的受力更像小剪跨比的剪力墙，只不过 σ_0 的影响很小；当跨高比大于 2.5 时，即所谓的“浅梁”范围，而此时受力则更像大剪跨比的剪力墙。因此剪力墙的连梁除满足正截面承载力要求外，还必须满足受剪承载力要求，以避免连梁产生受剪破坏后导致剪力墙的延性降低。

对连梁截面的控制要求，是基于这种构件的受剪承载力应该具有一个上限值，根据我国的试验，并参照混凝土结构的设计原则，取为 $0.25 f_g bh_0$。在这种情况下能保证连梁的承载能力发挥和变形处在可控的工作状态之内。

另外，考虑到连梁受力较大、配筋较多时，配筋砌块砌体连梁的布筋和施工要求较高，此时只要按材料的等强原则，也可将连梁部分设计成混凝土的，国内的一些试点工程也是这样做的，虽然在施工程序上增加一定的模板工作量，但工程质量是可保证的。故本条增加了这种选择。

9.4 配筋砌块砌体剪力墙构造规定

Ⅰ 钢 筋

9.4.1～9.4.5 从配筋砌块砌体对钢筋的要求看，和钢筋混凝土结构对钢筋的要求有很多相同之处，但又有其特点，如钢筋的规格要受到孔洞和灰缝的限制；钢筋的接头宜采用搭接或非接触搭接接头，以便于先砌墙后插筋、就位绑扎和浇灌混凝土的施工工艺。

对于钢筋在砌体灌孔混凝土中锚固的可靠性，人们比较关注，为此我国沈阳建筑大学和北京建筑工程学院作了专门锚固试验，表明，位于灌孔混凝土中的钢筋，不论位置是否对中，均能在远小于规定的锚固长度内达到屈服。这是因为灌孔混凝土中的钢筋处在周边有砌块壁形成约束条件下的混凝土所至，这比钢筋在一般混凝土中的锚固条件要好。国际标准《配筋砌体设计规范》ISO9652 中有砌块约束的混凝土内的钢筋锚固粘结强度比无砌块约束（不在块体孔内）的数值（混凝土强度等级为 C10～C25 情况下），对光圆钢筋高出 85%～20%；对带肋钢筋高出 140%～64%。

试验发现对于配置在水平灰缝中的受力钢筋，其握裹条件较灌孔混凝土中的钢筋要差一些，因此在保证足够的砂浆保护层的条件下，其搭接长度较其他条件下要长。

Ⅱ 配筋砌块砌体剪力墙、连梁

9.4.6 根据配筋砌块剪力墙用于中高层结构需要较多层更高的材料等级作的规定。

9.4.7 这是根据承重混凝土砌块的最小厚度规格尺寸和承重墙支承长度确定的。最通常采用的配筋砌块砌体墙的厚度为 190mm。

9.4.8 这是确保配筋砌块砌体剪力墙结构安全的最低构造钢筋要求。它加强了孔洞的削弱部位和墙体的周边，规定了水平及竖向钢筋的间距和构造配筋率。

剪力墙的配筋比较均匀，其隐函的构造含钢率约为0.05%～0.06%。据国外规范的背景材料，该构造配筋率有两个作用：一是限制砌体干缩裂缝，二是能保证剪力墙具有一定的延性，一般在非地震设防地区的剪力墙结构应满足这种要求。对局部灌孔砌体，为保证水平配筋带（国外叫系梁）混凝土的浇筑密实，提出竖筋间距不大于 600mm，这是来自我国的工程实践。

9.4.9 本条参照美国建筑统一法规——《砌体规范》的内容。和钢筋混凝土剪力墙一样，配筋砌块砌体剪力墙随着墙中洞口的增大，变成一种由抗侧力构件（柱）与水平构件（梁）组成的体系。随窗间墙与连接构件的变化，该体系近似于壁式框架结构体系。试验证明，砌体壁式框架是抵抗剪力与弯矩的理想结构。如比例合适、构造合理，此种结构具有良好的延性。这种体系必须按强柱弱梁的概念进行设计。

对于按壁式框架设计和构造，混凝土砌块剪力墙（肢），必须采用 H 型或凹槽砌块组砌，孔洞全部灌注混凝土，施工时需进行严格的监理。

9.4.10 配筋砌块砌体剪力墙的边缘构件，即剪力墙的暗柱，要求在该区设置一定数量的竖向构造钢筋和横向箍筋或等效的约束件，以提高剪力墙的整体抗弯能力和延性。美国规范规定，只有在墙端的应力大于 $0.4f'_m$，同时其破坏模式为弯曲形的条件下才应设置。该规范未给出弯曲破坏的标准。但规定了一个“塑性铰区”，即从剪力墙底部到等于墙长的高度范围，即我国混凝土剪力墙结构底部加强区的范围。

根据我国哈尔滨建筑大学、湖南大学作的剪跨比大于 1 的试验表明：当 $\lambda=2.67$ 时呈现明显的弯曲破坏特征；$\lambda=2.18$ 时，其破坏形态有一定程度的剪切破坏成分；$\lambda=1.6$ 时，出现明显的 X 形裂缝，仍为压区破坏，剪切破坏成分呈现得十分明显，属弯剪型破坏。可将 $\lambda=1.6$ 作为弯剪破坏的界限剪跨比。据此本条将 $\lambda=2$ 作为弯曲破坏对应的剪跨比。其中的 $0.4f'_{g.m}$，换算为我国的设计值约为 $0.8f_g$。

关于边缘构件构造配筋，美国规范未规定具体数字，但其条文说明借用混凝土剪力墙边缘构件的概念，只是对边缘构件的设置原则仍有不同观点。本条是根据工程实践和参照我国有关规范的有关要求，及砌块剪力墙的特点给出的。

另外，在保证等强设计的原则，并在砌块砌筑、混凝土浇筑质量保证的情况下，给出了砌块砌体剪力墙端采用混凝土柱为边缘构件的方案。这种方案虽然在施工程序上增加模板工序，但能集中设置竖向钢筋，水平钢筋的锚固也易解决。

9.4.11 本条和第 9.3.2 条相对应，规定了当采用混凝土连梁时的有关技术要求。

9.4.12 本条是参照美国规范和混凝土砌块的特点以及我国的工程实践制定的。

混凝土砌块砌体剪力墙连梁由 H 型砌块或凹槽砌块组砌，并应全部浇注混凝土，是确保其整体性和受力性能的关键。

Ⅲ 配筋砌块砌体柱

9.4.13 本条主要根据国际标准《配筋砌体设计规范》制定的。

采用配筋混凝土砌块砌体柱或壁柱，当轴向荷载较小时，可仅在孔洞配置竖向钢筋，而不需配置箍筋，具有施工方便、节省模板，在国外应用很普遍；而当荷载较大时，则按照钢筋混凝土柱类似的方式设置构造箍筋。从其构造规定看，这种柱是预制装配整体式钢筋混凝土柱，适用于荷载不太大砌块墙（柱）的建筑，尤其是清水墙砌块建筑。

10 砌体结构构件抗震设计

10.1 一 般 规 定

10.1.1 鉴于对于常规的砖、砌块砌体，抗震设计时本章规定不能满足甲类设防建筑的特殊要求，因此明确说明甲类设防建筑不宜采用砌体结构，如需采用，应采用质量很好的砖砌体，并应进行专门研究和采取高于本章规定的抗震措施。

10.1.2 多层砌体结构房屋的总层数和总高度的限定，是此类房屋抗震设计的重要依据，故将此条定为强制性条文。

坡屋面阁楼层一般仍需计入房屋总高度和层数；坡屋面下的阁楼层，当其实际有效使用面积或重力荷载代表值小于顶层 30%时，可不计入房屋总高度和层数，但按局部突出计算地震作用效应。对不带阁楼的坡屋面，当坡屋面坡度大于 45°时，房屋总高度宜算到山尖墙的 1/2 高度处。

嵌固条件好的半地下室应同时满足下列条件，此时房屋的总高度应允许从室外地面算起，其顶板可视为上部多层砌体结构的嵌固端：

1） 半地下室顶板和外挡土墙采用现浇钢筋混凝土；

2） 当半地下室开有窗洞处并设置窗井，内横墙延伸至窗井外挡土墙并与其相交；

3） 上部外墙均与半地下室墙体对齐，与上部墙体不对齐的半地下室内纵、横墙总量分别不大于 30%；

4） 半地下室室内地面至室外地面的高度应大于地下室净高的二分之一，地下室周边回填土压实系数不小于 0.93。

采用蒸压灰砂普通砖和蒸压粉煤灰普通砖砌体的房屋，当砌体的抗剪强度达到普通黏土砖砌体的取值时，按普通砖砌体房屋的规定确定层数和总高度限值；当砌体的抗剪强度介于普通黏土砖砌体抗剪强度的 70%～100%之间时，房屋的层数和总高度限值宜比普通砖砌体房屋酌情适当减少。

10.1.3 国内外有关试验研究结果表明，配筋砌块砌体抗震墙结构的承载能力明显高于普通砌体，其竖向和水平灰缝使其具有较大的耗能能力，受力性能和计算方法都与钢筋混凝土抗震墙结构相似。在上海、哈尔滨、大庆等地都成功建造过 18 层的配筋砌块砌体抗震墙住宅房屋。通过这些试点工程的试验研究和计算分析，表明配筋砌块砌体抗震墙结构在 8 层～18 层范围时具有很强的竞争力，相对现浇钢筋混凝土抗震墙结构房屋，土建造价要低 5%～7%。本次规范修订从安全、经济诸方面综合考虑，并对近年来的试验研究和工程实践经验的分析、总结，将适用高度在原规范基础上适当增加，同时补充了 7 度（0.15g）、8 度（0.30g）和 9 度的有关规定。当横墙较少时，类似多层砌体房屋，也要求其适用高度有所降低。当经过专门研究，有可靠试验依据，采取必要的加强措施，房屋高度可以适当增加。

根据试验研究和理论分析结果，在满足一定设计要求并采取适当抗震构造措施后，底部为部分框支抗震墙的配筋混凝土砌块抗震墙房屋仍具有较好的抗震性能，能够满足 6 度～8 度抗震设防的要求，但考虑到此类结构形式的抗震性能相对不利，因此在最大适用高度限制上给予了较为严格的规定。

10.1.4 已有的试验研究表明，抗震墙的高度对抗震墙出平面偏心受压强度和变形有直接关系，因此本条规定配筋砌块砌体抗震墙房屋的层高主要是为了保证抗震墙出平面的承载力、刚度和稳定性。由于砌块的厚度一般为 190mm，因此当房屋的层高为 3.2m～4.8m 时，与普通钢筋混凝土抗震墙的要求基本相当。

10.1.5 承载力抗震调整系数是结构抗震的重要依据，故将此条定为强制性条文。2001 规范 10.2.4 条中提到普通砖、多孔砖墙体的截面抗震受压承载力计算方法，其承载力抗震调整系数详本表，但原来本表并没有给出，此次修订补充了各种构件受压状态时的承载力抗震调整系数。砌体受压状态时承载力抗震调整系数宜取 1.0。

表中配筋砌块砌体抗震墙的偏压、大偏拉和受剪承载力抗震调整系数与抗震规范中钢筋混凝土墙相同，为 0.85。对于灌孔率达不到 100%的配筋砌块砌体，如果承载力抗震调整系数采用 0.85，抗力偏大，因此建议取 1.0。对两端均设有构造柱、芯柱的砌块砌体抗震墙，受剪承载力抗震调整系数取 0.9。

2001 规范中，砖砌体和钢筋混凝土面层或钢筋砂浆面层的组合砖墙、砖砌体和钢筋混凝土构造柱的组合墙，偏压、大偏拉和受剪状态时承载力抗震调整系数如按抗震规范中钢筋混凝土墙取为 0.85，数值偏小，故此次修订时将两种组合砖墙在偏压、大偏拉和受剪状态下承载力抗震调整系数调整为 0.9。

10.1.6 配筋砌块砌体结构的抗震等级是考虑了结构构件的受力性能和变形性能，同时参照了钢筋混凝土房屋的抗震设计要求而确定的，主要是根据抗震设防分类、烈度和房屋高度等因素划分配筋砌块砌体结构的不同抗震等级。考虑到底部为部分框支抗震墙的配筋混凝土砌块抗震墙房屋的抗震性能相对不利并影响安全，规定对于 8 度时房屋总高度大于 24m 及 9 度时不应采用此类结构形式。

10.1.7 根据现行《建筑抗震设计规范》GB 50011，补充了结构的构件截面抗震验算的相关规定，进一步明确6度时对规则建筑局部托墙梁及支承其的柱子等重要构件尚应进行截面抗震验算。

多层砌体房屋不符合下列要求之一时可视为平面不规则，6度时仍要求进行多遇地震作用下的构件截面抗震验算。

1）平面轮廓凹凸尺寸，不超过典型尺寸的50%；

2）纵横向砌体抗震墙的布置均匀对称，沿平面内基本对齐；且同一轴线上的门、窗间墙宽度比较均匀；墙面洞口的面积，6、7度时不宜大于墙面总面积的55%，8、9度时不宜大于50%；

3）房屋纵横向抗震墙体的数量相差不大；横墙的间距和内纵墙累计长度满足现行《建筑抗震设计规范》GB 50011的要求；

4）有效楼板宽度不小于该层楼板典型宽度的50%，或开洞面积不大于该层楼面面积的30%；

5）房屋错层的楼板高差不超过500mm。

6度且总层数不超过三层的底层框架-抗震墙砌体房屋，由于地震作用小，根据以往设计经验，底层的抗震验算均满足要求，因此可以不进行包括底层在内的截面抗震验算。如果外廊式和单面走廊式的多层房屋采用底层框架-抗震墙，其高宽比较大且进深大多为一跨，单跨底层框架-抗震墙的安全冗余度小于多跨，此时应对其进行抗震验算。

10.1.8 作为中高层、高层配筋砌块砌体抗震墙结构应和钢筋混凝土抗震墙结构一样需对地震作用下的变形进行验算，参照钢筋混凝土抗震墙结构和配筋砌体材料结构的特点，规定了层间弹性位移角的限值。

配筋砌块砌体抗震墙存在水平灰缝和垂直灰缝，在地震作用下具有较好的耗能能力，而且灌孔砌体的强度和弹性模量也要低于相对应的混凝土，其变形比普通钢筋混凝土抗震墙大。根据同济大学、哈尔滨工业大学、湖南大学等有关单位的试验研究结果，综合参考了钢筋混凝土抗震墙弹性层间位移角限值，规定了配筋砌块砌体抗震墙结构在多遇地震作用下的弹性层间位移角限值为1/1000。

10.1.9 补充了多层砌体房屋局部有上部砌体墙不能连续贯通落地时，托墙梁、柱的抗震等级，考虑其对整体建筑抗震性能的影响相对小，因此比底部框架-抗震墙砌体房屋中托墙梁、柱的抗震等级适当降低。

10.1.10 根据房屋抗震设计的规则性要求，提出配筋混凝土砌块房屋平面和竖向布置简单、规则、抗震墙拉通对直的要求，从结构体型的设计上保证房屋具有较好的抗震性能。对墙肢长度的要求，是考虑到抗震墙结构应具有延性，高宽比大于2的延性抗震墙，可避免脆性的剪切破坏，要求墙段的长度（即墙段截面高度）不宜大于8m。当墙很长时，可通过开设洞口将长墙分成长度较小、较均匀的超静定次数较高的联肢墙，洞口连梁宜采用约束弯矩较小的弱连梁（其跨高比宜大于6）。

由于配筋砌块砌体抗震墙的竖向钢筋设置在砌块孔洞内（距墙端约100mm），墙肢长度很短时很难充分发挥作用，尽管短肢抗震墙结构有利于建筑布置，能扩大使用空间，减轻结构自重，但是其抗震性能较差，因此一般抗震墙不能过少、墙肢不宜过短，不应设计多数为短肢抗震墙的建筑，而要求设置足够数量的一般抗震墙，形成以一般抗震墙为主、短肢抗震墙与一般抗震墙相结合的共同抵抗水平力的结构，保证房屋的抗震能力。本条文参照有关规定，对短肢抗震墙截面面积与同一层内所有抗震墙截面面积比例作了规定。

一字形短肢抗震墙延性及平面外稳定均十分不利，因此规定不宜布置单侧楼面梁与之平面外垂直或斜交，同时要求短肢抗震墙应尽可能设置翼缘，保证短肢抗震墙具有适当的抗震能力。

10.1.11 对于部分框支配筋砌块砌体抗震墙房屋，保持纵向受力构件的连续性是防止结构纵向刚度突变而产生薄弱层的主要措施，对结构抗震有利。在结构平面布置时，由于配筋砌块砌体抗震墙和钢筋混凝土抗震墙在承载力、刚度和变形能力方面都有一定差异，因此应避免在同一层面上混合使用。与框支层相邻的上部楼层担负结构转换，在地震时容易遭受破坏，因此除在计算时应满足有关规定之外，在构造上也应予以加强。框支层抗震墙往往要承受较大的弯矩、轴力和剪力，应选用整体性能好的基础，否则抗震墙不能充分发挥作用。

10.1.12 此次修订将本规范抗震设计所用的各种结构材料的性能指标最低要求进行了汇总和补充。

由于本次修订规范普遍对砌体材料的强度等级作了上调，以利砌体建筑向轻质高强发展。砌体结构构件抗震设计对材料的最低强度等级要求，也应随之提高。

配筋砌块砌体抗震墙的灌孔混凝土强度与混凝土砌块块材的强度应该匹配，才能充分发挥灌孔砌体的结构性能，因此砌块的强度和灌孔混凝土的强度不应过低，而且低强度的灌孔混凝土其和易性也较差，施工质量无法保证。试验结果表明，砂浆强度对配筋砌块砌体抗震墙的承载能力影响不大，但考虑到浇灌混凝土时砌块砌体应具有一定的强度，因此砌筑砂浆的强度等级宜适当高一些。

10.1.13 参照钢筋混凝土结构并结合配筋砌体的特点，提出的受力钢筋的锚固和接头要求。

根据我国的试验研究，在配筋砌体灌孔混凝土中的钢筋锚固和搭接，远远小于本条规定的长度就能达到屈服或流限，不比在混凝土中锚固差，一种解释是位于砌块灌孔混凝土中的钢筋的锚固受到的周围材料的约束更大些。

配筋砌块砌体抗震墙水平钢筋端头锚固的要求是根据国内外试验研究成果和经验提出的。配筋砌块砌体抗震墙的水平钢筋，当采用围绕墙端竖向钢筋180°加12d延长段锚固时，对施工造成较大的难度，而一般作法是将该水平钢筋在末端弯钩锚于灌孔混凝土中，弯入长度为200mm，在试验中发现这样的弯折锚固长度已能保证该水平钢筋能达到屈服。因此，考虑不同的抗震等级和施工因素，给出该锚固长度规定。对焊接网片，一般钢筋直径较细均在ϕ5以下，加上较密的横向钢筋锚固较好，未端弯折并锚入混凝土的做法更增加网片的锚固作用。

底部框架-抗震墙砌体房屋中，底部配筋砌体墙边框梁、柱混凝土强度不低于C30，因此建议抗震墙中水平或竖向钢筋在边框梁、柱中的锚固长度，按现行国家标准《混凝土结构设计规范》GB 50010的规定确定。

10.2 砖砌体构件

Ⅰ 承载力计算

10.2.1 本次修订，对表内数据作了调整，使f_{vE}与σ的函数关系基本不变。

10.2.2 砌体结构体系按照构件配筋率大小分为无筋砌体结构体系和配筋砌体结构体系。无筋砌体结构体系中，因为构造原因，有的墙片四周设置了钢筋混凝土约束构件。对于普通砖、多孔砖砌体构件，当构造柱间距大于3.0m时，只考虑周边约束构件对无筋墙体的变形性能提高作用，不考虑其对强度的提高。

当在墙段中部基本均匀设置截面不小于240mm×240mm（墙厚190mm时为240mm×190mm）且间距不大于4m的构造柱时，可考虑构造柱对墙体受剪承载力的提高作用。墙段中部均匀设置构造柱时本条所采用的公式，考虑了砌体受混凝土柱的约束、作用于墙体上的垂直压应力、构造柱混凝土和纵向钢筋参与受力等影响因素，较为全面，公式形式合理，概念清楚。

10.2.3 作用于墙顶的轴向集中压力，其影响范围在下部墙体逐渐向两边扩散，考虑影响范围内构造柱的作用，进行砖砌体和钢筋混凝土构造柱的组合墙的截面抗震受压承载力验算时，可计入墙顶轴向集中压力影响范围内构造柱的提高作用。

Ⅱ 构造措施

10.2.4 对于抗震规范没有涵盖的层数较少的部分房屋，建议在外墙四角等关键部位适当设置构造柱。对6度时三层及以下房屋，建议楼梯间墙体也应设置构造柱以加强其抗倒塌能力。

当砌体房屋有错层部位时，宜对错层部位墙体采取增加构造柱等加强措施。本条适用于错层部位所在平面位置可能在地震作用下对错层部位及其附近结构构件产生较大不利影响，甚至影响结构整体抗震性能的砌体房屋，必要时尚应对结构其他相关部位采取有效措施进行加强。对于局部楼板板块略降标高处，不必按本条采取加强措施。错层部位两侧楼板板顶高差大于1/4层高时，应按规定设置防震缝。

10.2.6 根据抗震规范相关规定，提出约束普通砖墙构造要求。

10.2.7 当采用硬架支模连接时，预制楼板的搁置长度可以小于条文中的规定。硬架支模的施工方法是，先架设梁或圈梁的模板，再将预制楼板支承在具有一定刚度的硬支架上，然后浇筑梁或圈梁、现浇叠合层等的混凝土。

采用预制楼板时，预制板端支座位置的圈梁顶应尽可能设在板顶的同一标高或采用L形圈梁，便于预制楼板端头钢筋伸入圈梁内。

当板的跨度大于4.8m并与外墙平行时，靠外墙的预制板侧边应与墙或圈梁拉结，可在预制板顶面上放置间距不少于300mm，直径不少于6mm的短钢筋，短钢筋一端钩在靠外墙预制板的内侧纵向板间缝隙内，另一端锚固在墙或圈梁内。

10.3 混凝土砌块砌体构件

Ⅰ 承载力计算

10.3.1 本次修订，对表内数据作了调整，但f_{vE}与σ_0的函数关系基本不变。根据有关试验资料，当$\sigma_0/f_v \geqslant 16$时，砌块砌体的正应力影响系数如仍按剪摩公式线性增加，则其值偏高，偏于不安全。因此当σ_0/f_v大于16时，砌块砌体的正应力影响系数都按$\sigma_0/f_v=16$时取3.92。

10.3.2 对无筋砌块砌体房屋中的砌体构件，灌芯对砌体抗剪强度提高幅度很大，当灌芯率$\rho \geqslant 0.15$时，适当考虑灌芯和插筋对抗剪承载力的提高作用。

Ⅱ 构造措施

10.3.4、10.3.5 为加强砌块砌体抗震性能，应按《建筑抗震设计规范》GB 50011-2010第7.4.1条及其他条文和本规范其他条文要求的部位设置芯柱。除此之外，对其他部位砌块砌体墙，考虑芯柱间距过大时芯柱对砌块砌体墙抗震性能的提高作用很小，因此明确提出其他部位砌块砌体墙的最低芯柱密度设置要求。

当房屋层数或高度等于或接近表10.1.2中限值时，对底部芯柱密度需要适当加大的楼层范围，按6、7度和8、9度不同烈度分别加以规定。

10.3.7 由于各层砌块砌体均配置水平拉结筋，因此对圈梁高度和纵筋适当比砖砌体房屋作了调整。对圈梁的纵筋根据不同烈度进行了进一步规定。

10.3.8 楼梯间为逃生时重要通道，但该处又是结构薄弱部位，因此其抗倒塌能力应特别注意加强。本次修订通过设置楼梯间周围墙体的配筋，增强其抗震能力。

10.4 底部框架-抗震墙砌体房屋抗震构件

Ⅰ 承载力计算

10.4.2 汶川地震震害调查中发现，底部框架-抗震墙砌体房屋底层柱是在柱顶和柱底同时发生破坏，进一步验证了底层柱反弯点在层高一半附近，底层柱的反弯点高度比取 0.55 还是合理的。

10.4.3 参照抗震规范关于钢筋混凝土部分框支抗震墙结构的规定，应对底部框架柱上下端的弯矩设计值进行适当放大，避免地震作用下底部框架柱上下端很快形成塑性铰造成倒塌。

考虑底部抗震墙已承担全部地震剪力，不必再按抗震规范对底部加强部位抗震墙的组合弯矩计算值进行放大，因此只建议按一般部位抗震墙进行强剪弱弯的调整。

Ⅱ 构造措施

10.4.8 补充了墙体半高附近尚应设置与框架柱相连的钢筋混凝土水平系梁的最小截面尺寸和最小配筋量限值。

底层墙体构造柱的纵向钢筋直径不宜小于过渡层的构造柱，因此补充规定底层墙体构造柱的纵向钢筋不应少于4ϕ14。

当底层层高较高时，门窗等大洞口顶距地高度不超过层高的 1/2.5 时，可将钢筋混凝土水平系梁设置在洞顶标高，洞口顶处可与洞口过梁合并。

10.4.9 考虑托墙梁在上部墙体未破坏前可能受拉，适当加大了梁上、下部纵向贯通钢筋最小配筋率。

10.4.11 过渡层即与底部框架-抗震墙相邻的上一砌体楼层。本次修订，加强了过渡层砌体墙的相关要求。过渡层构造柱纵向钢筋配置的最小要求，增加了 6 度时的加强要求。

上部墙体与底部框架梁、抗震墙不对齐时，需设置支承在框架梁或抗震墙上的托墙转换次梁，其对底部框架梁或抗震墙以及过渡层相关墙体都会产生影响，应予以考虑。

对于上部墙体为砌块砌体墙时，对应下部钢筋混凝土框架柱或抗震墙边框柱及构造柱的位置，过渡层砌块墙体宜设置构造柱。当底部采用配筋砌块砌体抗震墙时，过渡层砌块墙体中部的芯柱宜与底部墙体芯柱对齐，上下贯通。

10.4.12 为加强过渡层底板抗剪能力，参考抗震规范关于转换层楼板的要求，补充了该楼板配筋要求。

10.5 配筋砌块砌体抗震墙

Ⅰ 承载力计算

10.5.2 在配筋砌块砌体抗震墙房屋抗震设计计算中，抗震墙底部的荷载作用效应最大，因此应根据计算分析结果，对底部截面的组合剪力设计值采用按不同抗震等级确定剪力放大系数的形式进行调整，以使房屋的最不利截面得到加强。

10.5.3～10.5.5 规定配筋砌块砌体抗震墙的截面抗剪能力限制条件，是为了规定抗震墙截面尺寸的最小值，或者说是限制了抗震墙截面的最大名义剪应力值。试验研究结果表明，抗震墙的名义剪应力过高，灌孔砌体会在早期出现斜裂缝，水平抗剪钢筋不能充分发挥作用，即使配置很多水平抗剪钢筋，也不能有效地提高抗震墙的抗剪能力。

配筋砌块砌体抗震墙截面应力控制值，类似于混凝土抗压强度设计值，采用“灌孔砌块砌体”的抗压强度，它不同于砌体抗压强度，也不同于混凝土抗压强度。配筋砌块砌体抗震墙反复加载的受剪承载力比单调加载有所降低，其降低幅度和钢筋混凝土抗震墙很接近。因此，将静力承载力乘以降低系数 0.8，作为抗震设计中偏心受压时抗震墙的斜截面受剪承载力计算公式。根据湖南大学等单位不同轴压比（或不同的正应力）的墙片试验表明，限制正应力对砌体的抗侧能力的贡献在适当的范围是合适的。如国际标准《配筋砌体设计规范》，限制 $N\leqslant 0.4fbh$，美国规范为 $0.25N$，我国混凝土规范为 $0.2f_cbh$。本规范从偏于安全亦取 $0.2f_gbh$。

钢筋混凝土抗震墙在偏心受压和偏心受拉时斜截面承载力计算公式中 N 项取用了相同系数，我们认为欠妥。此时 N 虽为作用效应，但属抗力项，当 N 为拉力时应偏于安全取小。根据可靠度要求，配筋砌块抗震墙偏心受拉时斜截面受剪承载力取用了与偏心受压不同的形式。

10.5.6 配筋砌块砌体由于受其块型、砌筑方法和配筋方式的影响，不适宜做跨高比较大的梁构件。而在配筋砌块砌体抗震墙结构中，连梁是保证房屋整体性的重要构件，为了保证连梁与抗震墙节点处在弯曲屈服前不会出现剪切破坏和具有适当的刚度和承载能力，对于跨高比大于 2.5 的连梁宜采用受力性能更好的钢筋混凝土连梁，以确保连梁构件的“强剪弱弯”。对于跨高比小于 2.5 的连梁（主要指窗下墙部分），则还是允许采用配筋砌块砌体连梁。

配筋砌体抗震墙的连梁的设计原则是作为抗震墙结构的第一道防线，即连梁破坏应先于抗震墙，而对连梁本身则要求其斜截面的抗剪能力高于正截面的抗弯能力，以体现“强剪弱弯”的要求。对配筋砌块连梁，试算和试设计表明，对高烈度区和对较高的抗震等级（一、二级）情况下，连梁超筋的情况比较多，而对砌块连梁在孔中配置钢筋的数量又受到限制。在这种情况下，一是减小连梁的截面高度（应在满足弹塑性变形要求的情况下），二是连梁设计成混凝土的。本条是参照建筑抗震设计规范和砌块抗震墙房屋的特点规定的剪力调整幅度。

10.5.7 抗震墙的连梁的受力状况，类似于两端固定但同时存在支座有竖向和水平位移的梁的受力，也类似层间抗震墙的受力，其截面控制条件类同抗震墙。

10.5.8 多肢配筋砌块砌体抗震墙的承载力和延性与连梁的承载力和延性有很大关系。为了避免连梁产生受剪破坏后导致抗震墙延性降低，本条规定跨高比大于2.5的连梁，必须满足受剪承载力要求。对跨高比小于2.5的连梁，已属混凝土深梁。在较高烈度和一级抗震等级出现超筋的情况下，宜采取措施，使连梁的截面高度减小，来满足连梁的破坏先于与其连接的抗震墙，否则应对其承载力进行折减。考虑到当连梁跨高比大于2.5时，相对截面高度较小，局部采用混凝土连梁对砌块建筑的施工工作量增加不多，只要按等强设计原则，其受力仍能得到保证，也易于设计人员的接受。此次修订将原规范10.4.8、10.4.9合并，并取跨高比≤2.5之表达式。

Ⅱ 构造措施

10.5.9 本条是在参照国内外配筋砌块砌体抗震墙试验研究和经验的基础上规定的。美国UBC砌体部分和美国抗震规范规定，对不同的地震设防烈度，有不同的最小含钢率要求。如在7度以内，要求在墙的端部、顶部和底部，以及洞口的四周配置竖向和水平构造钢筋，钢筋的间距不应大于3m。该构造钢筋的面积为130mm^2，约一根ϕ12～ϕ14钢筋，经折算其隐含的构造含钢率约为0.06%；而对≥8度时，抗震墙应在竖向和水平方向均匀设置钢筋，每个方向钢筋的间距不应大于该方向长度的1/3和1.20m，最小钢筋面积不应小于0.07%，两个方向最小含钢率之和也不应小于0.2%。根据美国规范条文解释，这种最小含钢率是抗震墙最小的延性和抗裂要求。

抗震设计时，为保证出现塑性铰后抗震墙具有足够的延性，该范围内应当加强构造措施，提高其抗剪力破坏的能力。由于抗震墙底部塑性铰出现都有一定范围，因此对其作了规定。一般情况下单个塑性铰发展高度为墙底截面以上墙肢截面高度h_w的范围。

为什么配筋混凝土砌块砌体抗震墙的最小构造含钢率比混凝土抗震墙的小呢，根据背景解释：钢筋混凝土要求相当大的最小含钢率，因为它在塑性状态浇筑，在水化过程中产生显著的收缩。而在砌体施工时，作为主要部分的块体，尺寸稳定，仅在砌体中加入了塑性的砂浆和灌孔混凝土。因此在砌体墙中可收缩的材料要比混凝土中少得多。这个最小含钢率要求，已被规定为混凝土的一半。但在美国加利福尼亚建筑师办公室要求则高于这个数字，它规定，总的最小含钢率不小于0.3%，任一方向不小于0.1%（加利福尼亚是美国高烈度区和地震活跃区）。根据我国进行的较大数量的不同含钢率（竖向和水平）的伪静力墙片试验表明，配筋能明显提高墙体在水平反复荷载作用下的变形能力。也就是说在本条规定的这种最小含钢率情况下，墙体具有一定的延性，裂缝出现后不会立即发生剪坏倒塌。本规范仅在抗震等级为四级时将μ_{min}定为0.07%，其余均≥0.1%，比美国规范要高一些，也约为我国混凝土规范最小含钢率的一半以上。由于配筋砌块砌体建筑的总高度在本规程已有限制，所以其最小构造配筋率比现浇混凝土抗震墙有一定程度的减小。此次修订对最小配筋率作了适当微调。

10.5.10 在配筋砌块砌体抗震墙结构中，边缘构件无论是在提高墙体强度和变形能力方面的作用都非常明显，因此参照混凝土抗震墙结构边缘构件设置的要求，结合配筋砌块砌体抗震墙的特点，规定了边缘构件的配筋要求。

在配筋砌块砌体抗震墙端部设置水平箍筋是为了提高对砌体的约束作用及墙端部混凝土的极限压应变，提高墙体的延性。根据工程经验，水平箍筋放置于砌体灰缝中，受灰缝高度限制（一般灰缝高度为10mm），水平箍筋直径不小于6mm，且不应大于8mm比较合适；当箍筋直径较大时，将难以保证砌体结构灰缝的砌筑质量，会影响配筋砌块砌体强度；灰缝过厚则会给现场施工和施工验收带来困难，也会影响砌体的强度。抗震等级为一级水平箍筋最小直径为ϕ8，二～四级为ϕ6，为了适当弥补钢筋直径减小造成的损失，本条文注明抗震等级为一、二、三级时，应采用HRB335或RRB335级钢筋。亦可采用其他等效的约束件如等截面面积，厚度不大于5mm的一次冲压钢圈，对边缘构件，将具有更强约束作用。

通过试点工程，这种约束区的最小配筋率有相当的覆盖面。这种含钢率也考虑能在约120mm×120mm孔洞中放得下：对含钢率为0.4%、0.6%、0.8%，相应的钢筋直径为3ϕ14、3ϕ18、3ϕ20，而约束箍筋的间距只能在砌块灰缝或带凹槽的系梁块中设置，其间距只能最小为200mm。对更大的钢筋直径并考虑到钢筋在孔洞中的接头和墙体中水平钢筋，很容易造成浇灌混凝土的困难。当采用290mm厚的混凝土空心砌块时，这个问题就可解决了，但这种砌块的重量过大，施工砌筑有一定难度，故我国目前的砌块系列也在190mm范围以内。另外，考虑到更大的适应性，增加了混凝土柱作边缘构件的方案。

10.5.11 转角窗的设置将削弱结构的抗扭能力，配筋砌块砌体抗震墙较难采取措施（如：墙加厚，梁加高），故建议避免转角窗的设置。但配筋砌块砌体抗震墙结构受力特性类似于钢筋混凝土抗震墙结构，若需设置转角窗，则应适当增加边缘构件配筋，并且将楼、屋面板做成现浇板以增强整体性。

10.5.12 配筋砌块砌体抗震墙在重力荷载代表值作用下的轴压比控制是为了保证配筋砌块砌体在水平荷载作用下的延性和强度的发挥，同时也是为了防止墙片截面过小、配筋率过高，保证抗震墙结构延性。本条文对一般墙、短肢墙、一字形短肢墙的轴压比限值作了区别对待，由于短肢墙和无翼缘的一字形短肢墙的抗震性能较差，因此对其轴压比限值应该作更为严格的规定。

10.5.13 在配筋砌块砌体抗震墙和楼盖的结合处设置钢筋混凝土圈梁，可进一步增加结构的整体性，同时该圈梁也可作为建筑竖向尺寸调整的手段。钢筋混凝土圈梁作为配筋砌块砌体抗震墙的一部分，其强度应和灌孔砌块砌体强度基本一致，相互匹配，其纵筋配筋量不应小于配筋砌块砌体抗震墙水平筋数量，其间距不应大于配筋砌块砌体抗震墙水平筋间距，并宜适当加密。

10.5.14 本条是根据国内外试验研究成果和经验，并参照钢筋混凝土抗震墙连梁的构造要求和砌块的特点给出的。配筋混凝土砌块砌体抗震墙的连梁，从施工程序考虑，一般采用凹槽或 H 型砌块砌筑，砌筑时按要求设置水平构造钢筋，而横向钢筋或箍筋则需砌到楼层高度和达到一定强度后方能在孔中设置。这是和钢筋混凝土抗震墙连梁不同之点。

中华人民共和国国家标准

建筑地基基础设计规范

Code for design of building foundation

GB 50007—2011

主编部门：中华人民共和国住房和城乡建设部
批准部门：中华人民共和国住房和城乡建设部
施行日期：2 0 1 2 年 8 月 1 日

中华人民共和国住房和城乡建设部
公　　告

第1096号

关于发布国家标准《建筑地基基础设计规范》的公告

现批准《建筑地基基础设计规范》为国家标准，编号为GB 50007－2011，自2012年8月1日起实施。其中，第3.0.2、3.0.5、5.1.3、5.3.1、5.3.4、6.1.1、6.3.1、6.4.1、7.2.7、7.2.8、8.2.7、8.4.6、8.4.9、8.4.11、8.4.18、8.5.10、8.5.13、8.5.20、8.5.22、9.1.3、9.1.9、9.5.3、10.2.1、10.2.10、10.2.13、10.2.14、10.3.2、10.3.8条为强制性条文，必须严格执行。原《建筑地基基础设计规范》GB 50007－2002同时废止。

本规范由我部标准定额研究所组织中国建筑工业出版社出版发行。

中华人民共和国住房和城乡建设部

2011年7月26日

前　　言

本规范是根据住房和城乡建设部《关于印发〈2008年工程建设标准规范制订、修订计划（第一批）〉的通知》（建标［2008］102号）的要求，由中国建筑科学研究院会同有关单位在原《建筑地基基础设计规范》GB 50007－2002的基础上修订完成的。

本规范在编制过程中，编制组经广泛调查研究，认真总结实践经验，参考国外先进标准，与国内相关标准协调，并在广泛征求意见的基础上，最后经审查定稿。

本规范共分10章和22个附录，主要技术内容包括：总则、术语和符号、基本规定、地基岩土的分类及工程特性指标、地基计算、山区地基、软弱地基、基础、基坑工程、检验与监测。

本规范修订的主要技术内容是：

1. 增加地基基础设计等级中基坑工程的相关内容；

2. 地基基础设计使用年限不应小于建筑结构的设计使用年限；

3. 增加泥炭、泥炭质土的工程定义；

4. 增加回弹再压缩变形计算方法；

5. 增加建筑物抗浮稳定计算方法；

6. 增加当地基中下卧岩面为单向倾斜，岩面坡度大于10%，基底下的土层厚度大于1.5m的土岩组合地基设计原则；

7. 增加岩石地基设计内容；

8. 增加岩溶地区场地根据岩溶发育程度进行地基基础设计的原则；

9. 增加复合地基变形计算方法；

10. 增加扩展基础最小配筋率不应小于0.15%的设计要求；

11. 增加当扩展基础底面短边尺寸小于或等于柱宽加2倍基础有效高度的斜截面受剪承载力计算要求；

12. 对桩基沉降计算方法，经统计分析，调整了沉降经验系数；

13. 增加对高地下水位地区，当场地水文地质条件复杂，基坑周边环境保护要求高，设计等级为甲级的基坑工程，应进行地下水控制专项设计的要求；

14. 增加对地基处理工程的工程检验要求；

15. 增加单桩水平载荷试验要点，单桩竖向抗拔载荷试验要点。

本规范中以黑体字标志的条文为强制性条文，必须严格执行。

本规范由住房和城乡建设部负责管理和对强制性条文的解释，由中国建筑科学研究院负责具体技术内容的解释。本规范在执行过程中如有意见或建议，请寄送中国建筑科学研究院国家标准《建筑地基基础设计规范》管理组（地址：北京市北三环东路30号，邮编：100013，Email：tyjcabr@sina.com.cn）。

本规范主编单位：中国建筑科学研究院

本规范参编单位：建设综合勘察设计研究院
北京市勘察设计研究院

中国建筑西南勘察设计研究院
贵阳建筑勘察设计有限公司
北京市建筑设计研究院
中国建筑设计研究院
上海现代设计集团有限公司
中国建筑东北设计研究院
辽宁省建筑设计研究院
云南怡成建筑设计公司
中南建筑设计院
湖北省建筑科学研究院
广州市建筑科学研究院
黑龙江省寒地建筑科学研究院
黑龙江省建筑工程质量监督总站
中冶北方工程技术有限公司
中国建筑工程总公司
天津大学
同济大学
太原理工大学
广州大学
郑州大学
东南大学
重庆大学

本规范主要起草人员：滕延京　黄熙龄　王曙光　宫剑飞　王卫东　王小南　王公山　白晓红　任庆英　刘松玉　朱　磊　沈小克　张丙吉　张成金　张季超　陈祥福　杨　敏　林立岩　郑　刚　周同和　武　威　郝江南　侯光瑜　胡岱文　袁内镇　顾宝和　唐孟雄　顾晓鲁　梁志荣　康景文　裴　捷　潘凯云　薛慧立

本规范主要审查人员：徐正忠　黄绍铭　吴学敏　顾国荣　化建新　王常青　肖自强　宋昭煌　徐天平　徐张建　梅全亭　黄质宏　窦南华

目　次

1　总则 ………………………………………… 1—2—8
2　术语和符号 ………………………………… 1—2—8
2.1　术语 ………………………………………… 1—2—8
2.2　符号 ………………………………………… 1—2—8
3　基本规定 ………………………………… 1—2—9
4　地基岩土的分类及工程特性指标 ……………………………………… 1—2—11
4.1　岩土的分类………………………………… 1—2—11
4.2　工程特性指标……………………………… 1—2—12
5　地基计算………………………………… 1—2—13
5.1　基础埋置深度……………………………… 1—2—13
5.2　承载力计算………………………………… 1—2—14
5.3　变形计算…………………………………… 1—2—16
5.4　稳定性计算………………………………… 1—2—18
6　山区地基………………………………… 1—2—18
6.1　一般规定…………………………………… 1—2—18
6.2　土岩组合地基……………………………… 1—2—19
6.3　填土地基…………………………………… 1—2—19
6.4　滑坡防治…………………………………… 1—2—20
6.5　岩石地基…………………………………… 1—2—21
6.6　岩溶与土洞………………………………… 1—2—21
6.7　土质边坡与重力式挡墙…………………… 1—2—22
6.8　岩石边坡与岩石锚杆挡墙………………… 1—2—24
7　软弱地基………………………………… 1—2—25
7.1　一般规定…………………………………… 1—2—25
7.2　利用与处理………………………………… 1—2—26
7.3　建筑措施…………………………………… 1—2—26
7.4　结构措施…………………………………… 1—2—27
7.5　大面积地面荷载…………………………… 1—2—27
8　基础 ……………………………………… 1—2—28
8.1　无筋扩展基础……………………………… 1—2—28
8.2　扩展基础…………………………………… 1—2—28
8.3　柱下条形基础……………………………… 1—2—33
8.4　高层建筑筏形基础………………………… 1—2—33
8.5　桩基础……………………………………… 1—2—37
8.6　岩石锚杆基础……………………………… 1—2—42
9　基坑工程………………………………… 1—2—43
9.1　一般规定…………………………………… 1—2—43
9.2　基坑工程勘察与环境调查………………… 1—2—44
9.3　土压力与水压力…………………………… 1—2—44
9.4　设计计算…………………………………… 1—2—44
9.5　支护结构内支撑…………………………… 1—2—45
9.6　土层锚杆…………………………………… 1—2—45
9.7　基坑工程逆作法…………………………… 1—2—46
9.8　岩体基坑工程……………………………… 1—2—46
9.9　地下水控制………………………………… 1—2—47
10　检验与监测 ……………………………… 1—2—47
10.1　一般规定………………………………… 1—2—47
10.2　检验 ……………………………………… 1—2—47
10.3　监测 ……………………………………… 1—2—48
附录A　岩石坚硬程度及岩体完整程度的划分…………………… 1—2—49
附录B　碎石土野外鉴别 ………………… 1—2—49
附录C　浅层平板载荷试验要点 …… 1—2—50
附录D　深层平板载荷试验要点 …… 1—2—50
附录E　抗剪强度指标 c、φ 标准值 ……………………………… 1—2—51
附录F　中国季节性冻土标准冻深线图 ………………………………… 插页
附录G　地基土的冻胀性分类及建筑基础底面下允许冻土层最大厚度 ……………… 1—2—51
附录H　岩石地基载荷试验要点…… 1—2—52
附录J　岩石饱和单轴抗压强度试验要点 …………………………… 1—2—53
附录K　附加应力系数 α、平均附加应力系数 $\bar{\alpha}$ …………………… 1—2—53
附录L　挡土墙主动土压力系数 k_a ……………………………… 1—2—59
附录M　岩石锚杆抗拔试验要点…… 1—2—60
附录N　大面积地面荷载作用下地基附加沉降量计算 …… 1—2—61
附录P　冲切临界截面周长及极惯性矩计算公式…………………… 1—2—61
附录Q　单桩竖向静载荷试验要点 ……………………………… 1—2—62

附录R　桩基础最终沉降量计算 …… 1—2—63
附录S　单桩水平载荷试验要点 …… 1—2—65
附录T　单桩竖向抗拔载荷试验要点 …………………………… 1—2—66
附录U　阶梯形承台及锥形承台斜截面受剪的截面宽度 ……………… 1—2—67
附录V　支护结构稳定性验算 ……… 1—2—68
附录W　基坑抗渗流稳定性计算…… 1—2—69
附录Y　土层锚杆试验要点 ………… 1—2—70
本规范用词说明 …………………………… 1—2—70
引用标准名录 ……………………………… 1—2—71
附：条文说明 ……………………………… 1—2—72

Contents

1 General Provisions ········· 1—2—8
2 Terms and Symbols ········· 1—2—8
2.1 Terms ········· 1—2—8
2.2 Symbols ········· 1—2—8
3 Basic Requirements ········· 1—2—9
4 Geotechnical Classification and Index Properties ········· 1—2—11
4.1 Geotechnical Classification ········· 1—2—11
4.2 Engineering Index Properties ········· 1—2—12
5 Foundation Design Calculation ········· 1—2—13
5.1 Embedded Depth of Foundation ········· 1—2—13
5.2 Bearing Capacity Calculation ········· 1—2—14
5.3 Deformation Calculation ········· 1—2—16
5.4 Stability Calculation ········· 1—2—18
6 Foundation in Mountain Area ········· 1—2—18
6.1 General Requirements ········· 1—2—18
6.2 Foundation on Rock and Soil ········· 1—2—19
6.3 Foundation on Compacted Fill ········· 1—2—19
6.4 Landslide Prevention ········· 1—2—20
6.5 Foundation on Rock ········· 1—2—21
6.6 Karst and Sinkhole ········· 1—2—21
6.7 Earth Slope and Gravity Retaining Wall ········· 1—2—22
6.8 Rock Slope and Anchor Wall ········· 1—2—24
7 Soft Ground ········· 1—2—25
7.1 General Requirements ········· 1—2—25
7.2 Usage and Treatment ········· 1—2—26
7.3 Architectural Measurement ········· 1—2—26
7.4 Structural Measurement ········· 1—2—27
7.5 Massive Ground Surcharge ········· 1—2—27
8 Foundation Type ········· 1—2—28
8.1 Unreinforced Spread Footing ········· 1—2—28
8.2 Spread Footing ········· 1—2—28
8.3 Strip Footing under Column ········· 1—2—33
8.4 Raft Foundation for High Rise Building ········· 1—2—33
8.5 Pile Foundation ········· 1—2—37
8.6 Foundation on Rock-Anchor System ········· 1—2—42
9 Excavation engineering ········· 1—2—43
9.1 General Requirements ········· 1—2—43
9.2 Engineering Investigation and Environmental Survey ········· 1—2—44
9.3 Earth Pressure and Water Pressure ········· 1—2—44
9.4 Design Calculation ········· 1—2—44
9.5 Internally Braced Excavation ········· 1—2—45
9.6 Earth Anchors ········· 1—2—45
9.7 Reversed Construction Method in Excavation Engineering ········· 1—2—46
9.8 Excavation Engineering in Rock ········· 1—2—46
9.9 Groundwater Control ········· 1—2—47
10 Inspection and Monitoring ········· 1—2—47
10.1 General Requirements ········· 1—2—47
10.2 Inspection ········· 1—2—47
10.3 Monitoring ········· 1—2—48
Appendix A Rock Hardness and Soundness Classification ········· 1—2—49
Appendix B Field Characterization of Gravelly Soil ········· 1—2—49
Appendix C Key Points for Shallow Plate Load Testing ········· 1—2—50
Appendix D Key Points for Deep Plate Load Testing ········· 1—2—50
Appendix E Standardized Value for Shear Strength Parameters c and φ ········· 1—2—51
Appendix F Contour of Seasonal Standardized Frost Depth in China ········· foldout
Appendix G Classification of Soil Expansion upon Freezing and Maximum Allowable

Thickness of Frozen Earth above Building Foundation ········ 1—2—51
Appendix H Key Points for Loading Test on Rock ········ 1—2—52
Appendix J Requirements for Uniaxial Compressive Strength Testing on Rock ········ 1—2—53
Appendix K Stress Influence Coefficient α and Average Stress Influence Coefficient $\bar{\alpha}$ ········ 1—2—53
Appendix L Active Earth Pressure Coefficient k_a for Retaining Wall ········ 1—2—59
Appendix M Key Points for Pullout Resistance Testing on Rock Anchors ········ 1—2—60
Appendix N Calculation of Subsequent Foundation Settlement under Massive Ground Surcharge ········ 1—2—61
Appendix P Perimeter of Critical Section for Shearing and Polar Moment of Inertia Calculation ········ 1—2—61
Appendix Q Key Points for Vertical Static Load Test on Single Pile ········ 1—2—62
Appendix R Final Settlement Calculation for Pile Foundation ········ 1—2—63
Appendix S Key Points for Lateral Load Test on Single Pile ········ 1—2—65
Appendix T Key Points for Uplift Capacity Test on Single Pile ········ 1—2—66
Appendix U Anti-shearing Sectional Width of Step and Cone-shape Pile Cap ········ 1—2—67
Appendix V Stability Evaluation for Excavation Supporting Structures ········ 1—2—68
Appendix W Anti-seepage Stability Evaluation for Foundation Pit ········ 1—2—69
Appendix Y Key Points for Pre-stressed Earth Anchor Testing ········ 1—2—70
Explanation of Wording in This Code ········ 1—2—70
List of Quoted Standards ········ 1—2—71
Addition: Explanation of Provisions ········ 1—2—72

1 总 则

1.0.1 为了在地基基础设计中贯彻执行国家的技术经济政策，做到安全适用、技术先进、经济合理、确保质量、保护环境，制定本规范。

1.0.2 本规范适用于工业与民用建筑（包括构筑物）的地基基础设计。对于湿陷性黄土、多年冻土、膨胀土以及在地震和机械振动荷载作用下的地基基础设计，尚应符合国家现行相应专业标准的规定。

1.0.3 地基基础设计，应坚持因地制宜、就地取材、保护环境和节约资源的原则；根据岩土工程勘察资料，综合考虑结构类型、材料情况与施工条件等因素，精心设计。

1.0.4 建筑地基基础的设计除应符合本规范的规定外，尚应符合国家现行有关标准的规定。

2 术语和符号

2.1 术 语

2.1.1 地基 ground, foundation soils

支承基础的土体或岩体。

2.1.2 基础 foundation

将结构所承受的各种作用传递到地基上的结构组成部分。

2.1.3 地基承载力特征值 characteristic value of subsoil bearing capacity

由载荷试验测定的地基土压力变形曲线线性变形段内规定的变形所对应的压力值，其最大值为比例界限值。

2.1.4 重力密度（重度） gravity density, unit weight

单位体积岩土体所承受的重力，为岩土体的密度与重力加速度的乘积。

2.1.5 岩体结构面 rock discontinuity structural plane

岩体内开裂的和易开裂的面，如层面、节理、断层、片理等，又称不连续构造面。

2.1.6 标准冻结深度 standard frost penetration

在地面平坦、裸露、城市之外的空旷场地中不少于10年的实测最大冻结深度的平均值。

2.1.7 地基变形允许值 allowable subsoil deformation

为保证建筑物正常使用而确定的变形控制值。

2.1.8 土岩组合地基 soil-rock composite ground

在建筑地基的主要受力层范围内，有下卧基岩表面坡度较大的地基；或石芽密布并有出露的地基；或大块孤石或个别石芽出露的地基。

2.1.9 地基处理 ground treatment, ground improvement

为提高地基承载力，或改善其变形性质或渗透性质而采取的工程措施。

2.1.10 复合地基 composite ground, composite foundation

部分土体被增强或被置换，而形成的由地基土和增强体共同承担荷载的人工地基。

2.1.11 扩展基础 spread foundation

为扩散上部结构传来的荷载，使作用在基底的压应力满足地基承载力的设计要求，且基础内部的应力满足材料强度的设计要求，通过向侧边扩展一定底面积的基础。

2.1.12 无筋扩展基础 non-reinforced spread foundation

由砖、毛石、混凝土或毛石混凝土、灰土和三合土等材料组成的，且不需配置钢筋的墙下条形基础或柱下独立基础。

2.1.13 桩基础 pile foundation

由设置于岩土中的桩和连接于桩顶端的承台组成的基础。

2.1.14 支挡结构 retaining structure

使岩土边坡保持稳定、控制位移、主要承受侧向荷载而建造的结构物。

2.1.15 基坑工程 excavation engineering

为保证地面向下开挖形成的地下空间在地下结构施工期间的安全稳定所需的挡土结构及地下水控制、环境保护等措施的总称。

2.2 符 号

2.2.1 作用和作用效应

E_a——主动土压力；

F_k——相应于作用的标准组合时，上部结构传至基础顶面的竖向力值；

G_k——基础自重和基础上的土重；

M_k——相应于作用的标准组合时，作用于基础底面的力矩值；

p_k——相应于作用的标准组合时，基础底面处的平均压力值；

p_0——基础底面处平均附加压力；

Q_k——相应于作用的标准组合时，轴心竖向力作用下桩基中单桩所受竖向力。

2.2.2 抗力和材料性能

a——压缩系数；

c——黏聚力；

E_s——土的压缩模量；

e——孔隙比；

f_a——修正后的地基承载力特征值；

f_{ak}——地基承载力特征值；

f_{rk}——岩石饱和单轴抗压强度标准值；

q_{pa}——桩端土的承载力特征值；

q_{sa}——桩周土的摩擦力特征值；

R_a——单桩竖向承载力特征值；

w——土的含水量；

w_L——液限；

w_p——塑限；

γ——土的重力密度，简称土的重度；

δ——填土与挡土墙墙背的摩擦角；

δ_r——填土与稳定岩石坡面间的摩擦角；

θ——地基的压力扩散角；

μ——土与挡土墙基底间的摩擦系数；

ν——泊松比；

φ——内摩擦角。

2.2.3 几何参数

A——基础底面面积；

b——基础底面宽度（最小边长）；或力矩作用方向的基础底面边长；

d——基础埋置深度，桩身直径；

h_0——基础高度；

H_f——自基础底面算起的建筑物高度；

H_g——自室外地面算起的建筑物高度；

L——房屋长度或沉降缝分隔的单元长度；

l——基础底面长度；

s——沉降量；

u——周边长度；

z_0——标准冻结深度；

z_n——地基沉降计算深度；

β——边坡对水平面的坡角。

2.2.4 计算系数

$\bar{\alpha}$——平均附加应力系数；

η_b——基础宽度的承载力修正系数；

η_d——基础埋深的承载力修正系数；

ψ_s——沉降计算经验系数。

3 基 本 规 定

3.0.1 地基基础设计应根据地基复杂程度、建筑物规模和功能特征以及由于地基问题可能造成建筑物破坏或影响正常使用的程度分为三个设计等级，设计时应根据具体情况，按表 3.0.1 选用。

表 3.0.1 地基基础设计等级

设计等级	建筑和地基类型
甲级	重要的工业与民用建筑物 30层以上的高层建筑 体型复杂，层数相差超过 10 层的高低层连成一体建筑物 大面积的多层地下建筑物（如地下车库、商场、运动场等） 对地基变形有特殊要求的建筑物 复杂地质条件下的坡上建筑物（包括高边坡） 对原有工程影响较大的新建建筑物 场地和地基条件复杂的一般建筑物 位于复杂地质条件及软土地区的二层及二层以上地下室的基坑工程 开挖深度大于 15m 的基坑工程 周边环境条件复杂、环境保护要求高的基坑工程
乙级	除甲级、丙级以外的工业与民用建筑物 除甲级、丙级以外的基坑工程
丙级	场地和地基条件简单、荷载分布均匀的七层及七层以下民用建筑及一般工业建筑；次要的轻型建筑物 非软土地区且场地地质条件简单、基坑周边环境条件简单、环境保护要求不高且开挖深度小于 5.0m 的基坑工程

3.0.2 根据建筑物地基基础设计等级及长期荷载作用下地基变形对上部结构的影响程度，地基基础设计应符合下列规定：

1 所有建筑物的地基计算均应满足承载力计算的有关规定；

2 设计等级为甲级、乙级的建筑物，均应按地基变形设计；

3 设计等级为丙级的建筑物有下列情况之一时应作变形验算：

1）地基承载力特征值小于 130kPa，且体型复杂的建筑；

2）在基础上及其附近有地面堆载或相邻基础荷载差异较大，可能引起地基产生过大的不均匀沉降时；

3）软弱地基上的建筑物存在偏心荷载时；

4）相邻建筑距离近，可能发生倾斜时；

5）地基内有厚度较大或厚薄不均的填土，其自重固结未完成时。

4 对经常受水平荷载作用的高层建筑、高耸结构和挡土墙等，以及建造在斜坡上或边坡附近的建筑物和构筑物，尚应验算其稳定性；

5 基坑工程应进行稳定性验算；

6 建筑地下室或地下构筑物存在上浮问题时，尚应进行抗浮验算。

3.0.3 表 3.0.3 所列范围内设计等级为丙级的建筑物可不作变形验算。

表 3.0.3 可不作地基变形验算的设计等级为丙级的建筑物范围

<table>
<tr><td rowspan="2">地基主要受力层情况</td><td colspan="3">地基承载力特征值 f_{ak}(kPa)</td><td>$80 \leqslant f_{ak} < 100$</td><td>$100 \leqslant f_{ak} < 130$</td><td>$130 \leqslant f_{ak} < 160$</td><td>$160 \leqslant f_{ak} < 200$</td><td>$200 \leqslant f_{ak} < 300$</td></tr>
<tr><td colspan="3">各土层坡度(%)</td><td>≤5</td><td>≤10</td><td>≤10</td><td>≤10</td><td>≤10</td></tr>
<tr><td rowspan="8">建筑类型</td><td colspan="3">砌体承重结构、框架结构(层数)</td><td>≤5</td><td>≤5</td><td>≤6</td><td>≤6</td><td>≤7</td></tr>
<tr><td rowspan="4">单层排架结构(6m柱距)</td><td rowspan="2">单跨</td><td>吊车额定起重量(t)</td><td>10~15</td><td>15~20</td><td>20~30</td><td>30~50</td><td>50~100</td></tr>
<tr><td>厂房跨度(m)</td><td>≤18</td><td>≤24</td><td>≤30</td><td>≤30</td><td>≤30</td></tr>
<tr><td rowspan="2">多跨</td><td>吊车额定起重量(t)</td><td>5~10</td><td>10~15</td><td>15~20</td><td>20~30</td><td>30~75</td></tr>
<tr><td>厂房跨度(m)</td><td>≤18</td><td>≤24</td><td>≤30</td><td>≤30</td><td>≤30</td></tr>
<tr><td colspan="2">烟囱</td><td>高度(m)</td><td>≤40</td><td>≤50</td><td colspan="2">≤75</td><td>≤100</td></tr>
<tr><td colspan="2" rowspan="2">水塔</td><td>高度(m)</td><td>≤20</td><td>≤30</td><td colspan="2">≤30</td><td>≤30</td></tr>
<tr><td>容积(m^3)</td><td>50~100</td><td>100~200</td><td>200~300</td><td>300~500</td><td>500~1000</td></tr>
</table>

注：1 地基主要受力层系指条形基础底面下深度为 $3b$（b 为基础底面宽度），独立基础下为 $1.5b$，且厚度均不小于 5m 的范围（二层以下一般的民用建筑除外）；

2 地基主要受力层中如有承载力特征值小于 130kPa 的土层，表中砌体承重结构的设计，应符合本规范第 7 章的有关要求；

3 表中砌体承重结构和框架结构均指民用建筑，对于工业建筑可按厂房高度、荷载情况折合成与其相当的民用建筑层数；

4 表中吊车额定起重量、烟囱高度和水塔容积的数值系指最大值。

3.0.4 地基基础设计前应进行岩土工程勘察，并应符合下列规定：

1 岩土工程勘察报告应提供下列资料：

1）有无影响建筑场地稳定性的不良地质作用，评价其危害程度；

2）建筑物范围内的地层结构及其均匀性，各岩土层的物理力学性质指标，以及对建筑材料的腐蚀性；

3）地下水埋藏情况、类型和水位变化幅度及规律，以及对建筑材料的腐蚀性；

4）在抗震设防区应划分场地类别，并对饱和砂土及粉土进行液化判别；

5）对可供采用的地基基础设计方案进行论证分析，提出经济合理、技术先进的设计方案建议；提供与设计要求相对应的地基承载力及变形计算参数，并对设计与施工应注意的问题提出建议；

6）当工程需要时，尚应提供：深基坑开挖的边坡稳定计算和支护设计所需的岩土技术参数，论证其对周边环境的影响；基坑施工降水的有关技术参数及地下水控制方法的建议；用于计算地下水浮力的设防水位。

2 地基评价宜采用钻探取样、室内土工试验、触探，并结合其他原位测试方法进行。设计等级为甲级的建筑物应提供载荷试验指标、抗剪强度指标、变形参数指标和触探资料；设计等级为乙级的建筑物应提供抗剪强度指标、变形参数指标和触探资料；设计等级为丙级的建筑物应提供触探及必要的钻探和土工试验资料。

3 建筑物地基均应进行施工验槽。当地基条件与原勘察报告不符时，应进行施工勘察。

3.0.5 地基基础设计时，所采用的作用效应与相应的抗力限值应符合下列规定：

1 按地基承载力确定基础底面积及埋深或按单桩承载力确定桩数时，传至基础或承台底面上的作用效应应按正常使用极限状态下作用的标准组合；相应的抗力应采用地基承载力特征值或单桩承载力特征值；

2 计算地基变形时，传至基础底面上的作用效应应按正常使用极限状态下作用的准永久组合，不应计入风荷载和地震作用；相应的限值应为地基变形允许值；

3 计算挡土墙、地基或滑坡稳定以及基础抗浮稳定时，作用效应应按承载能力极限状态下作用的基本组合，但其分项系数均为 1.0；

4 在确定基础或桩基承台高度、支挡结构截面、计算基础或支挡结构内力、确定配筋和验算材料强度时，上部结构传来的作用效应和相应的基底反力、挡土墙土压力以及滑坡推力，应按承载能力极限状态下作用的基本组合，采用相应的分项系数；当需要验算基础裂缝宽度时，应按正常使用极限状态下作用的标准组合；

5 基础设计安全等级、结构设计使用年限、结构重要性系数应按有关规范的规定采用，但结构重要性系数 γ_0 不应小于 1.0。

3.0.6 地基基础设计时，作用组合的效应设计值应符合下列规定：

1 正常使用极限状态下，标准组合的效应设计值 S_k 应按下式确定：

$$S_k = S_{Gk} + S_{Q1k} + \psi_{c2} S_{Q2k} + \cdots\cdots + \psi_{cn} S_{Qnk} \tag{3.0.6-1}$$

式中：S_{Gk}——永久作用标准值 G_k 的效应；

S_{Qik}——第 i 个可变作用标准值 Q_{ik} 的效应；

ψ_{ci}——第 i 个可变作用 Q_i 的组合值系数，按现行国家标准《建筑结构荷载规范》GB 50009 的规定取值。

2 准永久组合的效应设计值 S_k 应按下式确定：

$$S_k = S_{Gk} + \psi_{q1} S_{Q1k} + \psi_{q2} S_{Q2k} + \cdots\cdots + \psi_{qn} S_{Qnk} \quad (3.0.6\text{-}2)$$

式中：ψ_{qi}——第 i 个可变作用的准永久值系数，按现行国家标准《建筑结构荷载规范》GB 50009 的规定取值。

3 承载能力极限状态下，由可变作用控制的基本组合的效应设计值 S_d，应按下式确定：

$$S_d = \gamma_G S_{Gk} + \gamma_{Q1} S_{Q1k} + \gamma_{Q2} \psi_{c2} S_{Q2k} + \cdots\cdots + \gamma_{Qn} \psi_{cn} S_{Qnk} \quad (3.0.6\text{-}3)$$

式中：γ_G——永久作用的分项系数，按现行国家标准《建筑结构荷载规范》GB 50009 的规定取值；

γ_{Qi}——第 i 个可变作用的分项系数，按现行国家标准《建筑结构荷载规范》GB 50009 的规定取值。

4 对由永久作用控制的基本组合，也可采用简化规则，基本组合的效应设计值 S_d 可按下式确定：

$$S_d = 1.35 S_k \quad (3.0.6\text{-}4)$$

式中：S_k——标准组合的作用效应设计值。

3.0.7 地基基础的设计使用年限不应小于建筑结构的设计使用年限。

4 地基岩土的分类及工程特性指标

4.1 岩土的分类

4.1.1 作为建筑地基的岩土，可分为岩石、碎石土、砂土、粉土、黏性土和人工填土。

4.1.2 作为建筑地基的岩石，除应确定岩石的地质名称外，尚应按本规范第 4.1.3 条划分岩石的坚硬程度，按本规范第 4.1.4 条划分岩体的完整程度。岩石的风化程度可分为未风化、微风化、中等风化、强风化和全风化。

4.1.3 岩石的坚硬程度应根据岩块的饱和单轴抗压强度 f_{rk} 按表 4.1.3 分为坚硬岩、较硬岩、较软岩、软岩和极软岩。当缺乏饱和单轴抗压强度资料或不能进行该项试验时，可在现场通过观察定性划分，划分标准可按本规范附录 A.0.1 条执行。

表 4.1.3 岩石坚硬程度的划分

坚硬程度类别	坚硬岩	较硬岩	较软岩	软岩	极软岩
饱和单轴抗压强度标准值 f_{rk}(MPa)	$f_{rk}>60$	$60\geqslant f_{rk}>30$	$30\geqslant f_{rk}>15$	$15\geqslant f_{rk}>5$	$f_{rk}\leqslant 5$

4.1.4 岩体完整程度应按表 4.1.4 划分为完整、较完整、较破碎、破碎和极破碎。当缺乏试验数据时可按本规范附录 A.0.2 条确定。

表 4.1.4 岩体完整程度划分

完整程度等级	完整	较完整	较破碎	破碎	极破碎
完整性指数	>0.75	0.75～0.55	0.55～0.35	0.35～0.15	<0.15

注：完整性指数为岩体纵波波速与岩块纵波波速之比的平方。选定岩体、岩块测定波速时应有代表性。

4.1.5 碎石土为粒径大于 2mm 的颗粒含量超过全重 50%的土。碎石土可按表 4.1.5 分为漂石、块石、卵石、碎石、圆砾和角砾。

表 4.1.5 碎石土的分类

土的名称	颗粒形状	粒组含量
漂石 块石	圆形及亚圆形为主 棱角形为主	粒径大于 200mm 的颗粒含量超过全重 50%
卵石 碎石	圆形及亚圆形为主 棱角形为主	粒径大于 20mm 的颗粒含量超过全重 50%
圆砾 角砾	圆形及亚圆形为主 棱角形为主	粒径大于 2mm 的颗粒含量超过全重 50%

注：分类时应根据粒组含量栏从上到下以最先符合者确定。

4.1.6 碎石土的密实度，可按表 4.1.6 分为松散、稍密、中密、密实。

表 4.1.6 碎石土的密实度

重型圆锥动力触探锤击数 $N_{63.5}$	密实度
$N_{63.5}\leqslant 5$	松散
$5<N_{63.5}\leqslant 10$	稍密
$10<N_{63.5}\leqslant 20$	中密
$N_{63.5}>20$	密实

注：1 本表适用于平均粒径小于或等于 50mm 且最大粒径不超过 100mm 的卵石、碎石、圆砾、角砾；对于平均粒径大于 50mm 或最大粒径大于 100mm 的碎石土，可按本规范附录 B 鉴别其密实度；

2 表内 $N_{63.5}$ 为经综合修正后的平均值。

4.1.7 砂土为粒径大于 2mm 的颗粒含量不超过全重 50%、粒径大于 0.075mm 的颗粒超过全重 50%的土。砂土可按表 4.1.7 分为砾砂、粗砂、中砂、细砂和粉砂。

表 4.1.7 砂土的分类

土的名称	粒组含量
砾砂	粒径大于 2mm 的颗粒含量占全重 25%～50%

续表 4.1.7

土的名称	粒组含量
粗砂	粒径大于 0.5mm 的颗粒含量超过全重 50%
中砂	粒径大于 0.25mm 的颗粒含量超过全重 50%
细砂	粒径大于 0.075mm 的颗粒含量超过全重 85%
粉砂	粒径大于 0.075mm 的颗粒含量超过全重 50%

注：分类时应根据粒组含量栏从上到下以最先符合者确定。

4.1.8 砂土的密实度，可按表 4.1.8 分为松散、稍密、中密、密实。

表 4.1.8 砂土的密实度

标准贯入试验锤击数 N	密实度
$N \leqslant 10$	松散
$10 < N \leqslant 15$	稍密
$15 < N \leqslant 30$	中密
$N > 30$	密实

注：当用静力触探探头阻力判定砂土的密实度时，可根据当地经验确定。

4.1.9 黏性土为塑性指数 I_p 大于 10 的土，可按表 4.1.9 分为黏土、粉质黏土。

表 4.1.9 黏性土的分类

塑性指数 I_p	土的名称
$I_p > 17$	黏土
$10 < I_p \leqslant 17$	粉质黏土

注：塑性指数由相应于 76g 圆锥体沉入土样中深度为 10mm 时测定的液限计算而得。

4.1.10 黏性土的状态，可按表 4.1.10 分为坚硬、硬塑、可塑、软塑、流塑。

表 4.1.10 黏性土的状态

液性指数 I_L	状态
$I_L \leqslant 0$	坚硬
$0 < I_L \leqslant 0.25$	硬塑
$0.25 < I_L \leqslant 0.75$	可塑
$0.75 < I_L \leqslant 1$	软塑
$I_L > 1$	流塑

注：当用静力触探探头阻力判定黏性土的状态时，可根据当地经验确定。

4.1.11 粉土为介于砂土与黏性土之间，塑性指数 I_p 小于或等于 10 且粒径大于 0.075mm 的颗粒含量不超过全重 50% 的土。

4.1.12 淤泥为在静水或缓慢的流水环境中沉积，并经生物化学作用形成，其天然含水量大于液限、天然孔隙比大于或等于 1.5 的黏性土。当天然含水量大于液限而天然孔隙比小于 1.5 但大于或等于 1.0 的黏性土或粉土为淤泥质土。含有大量未分解的腐殖质，有机质含量大于 60% 的土为泥炭，有机质含量大于或等于 10% 且小于或等于 60% 的土为泥炭质土。

4.1.13 红黏土为碳酸盐岩系的岩石经红土化作用形成的高塑性黏土。其液限一般大于 50%。红黏土经再搬运后仍保留其基本特征，其液限大于 45% 的土为次生红黏土。

4.1.14 人工填土根据其组成和成因，可分为素填土、压实填土、杂填土、冲填土。素填土为由碎石土、砂土、粉土、黏性土等组成的填土。经过压实或夯实的素填土为压实填土。杂填土为含有建筑垃圾、工业废料、生活垃圾等杂物的填土。冲填土为由水力冲填泥砂形成的填土。

4.1.15 膨胀土为土中黏粒成分主要由亲水性矿物组成，同时具有显著的吸水膨胀和失水收缩特性，其自由膨胀率大于或等于 40% 的黏性土。

4.1.16 湿陷性土为在一定压力下浸水后产生附加沉降，其湿陷系数大于或等于 0.015 的土。

4.2 工程特性指标

4.2.1 土的工程特性指标可采用强度指标、压缩性指标以及静力触探探头阻力、动力触探锤击数、标准贯入试验锤击数、载荷试验承载力等特性指标表示。

4.2.2 地基土工程特性指标的代表值应分别为标准值、平均值及特征值。抗剪强度指标应取标准值，压缩性指标应取平均值，载荷试验承载力应取特征值。

4.2.3 载荷试验应采用浅层平板载荷试验或深层平板载荷试验。浅层平板载荷试验适用于浅层地基，深层平板载荷试验适用于深层地基。两种载荷试验的试验要求应分别符合本规范附录 C、D 的规定。

4.2.4 土的抗剪强度指标，可采用原状土室内剪切试验、无侧限抗压强度试验、现场剪切试验、十字板剪切试验等方法测定。当采用室内剪切试验确定时，宜选择三轴压缩试验的自重压力下预固结的不固结不排水试验。经过预压固结的地基可采用固结不排水试验。每层土的试验数量不得少于六组。室内试验抗剪强度指标 c_k、φ_k，可按本规范附录 E 确定。在验算坡体的稳定性时，对于已有剪切破裂面或其他软弱结构面的抗剪强度，应进行野外大型剪切试验。

4.2.5 土的压缩性指标可采用原状土室内压缩试验、原位浅层或深层平板载荷试验、旁压试验确定，并应符合下列规定：

1 当采用室内压缩试验确定压缩模量时，试验所施加的最大压力应超过土自重压力与预计的附加压力之和，试验成果用 e-p 曲线表示；

2 当考虑土的应力历史进行沉降计算时，应进行高压固结试验，确定先期固结压力、压缩指数，试验成果用 e-lg$p$ 曲线表示；为确定回弹指数，应在估计的先期固结压力之后进行一次卸荷，再继续加荷至预定的最后一级压力；

3 当考虑深基坑开挖卸荷和再加荷时，应进行回弹再压缩试验，其压力的施加应与实际的加卸荷状况一致。

4.2.6 地基土的压缩性可按 p_1 为 100kPa，p_2 为 200kPa 时相对应的压缩系数值 a_{1-2} 划分为低、中、高压缩性，并符合以下规定：

1 当 $a_{1-2}<0.1\text{MPa}^{-1}$ 时，为低压缩性土；

2 当 $0.1\text{MPa}^{-1}\leqslant a_{1-2}<0.5\text{MPa}^{-1}$ 时，为中压缩性土；

3 当 $a_{1-2}\geqslant 0.5\text{MPa}^{-1}$ 时，为高压缩性土。

5 地基计算

5.1 基础埋置深度

5.1.1 基础的埋置深度，应按下列条件确定：

1 建筑物的用途，有无地下室、设备基础和地下设施，基础的形式和构造；

2 作用在地基上的荷载大小和性质；

3 工程地质和水文地质条件；

4 相邻建筑物的基础埋深；

5 地基土冻胀和融陷的影响。

5.1.2 在满足地基稳定和变形要求的前提下，当上层地基的承载力大于下层土时，宜利用上层土作持力层。除岩石地基外，基础埋深不宜小于 0.5m。

5.1.3 高层建筑基础的埋置深度应满足地基承载力、变形和稳定性要求。位于岩石地基上的高层建筑，其基础埋深应满足抗滑稳定性要求。

5.1.4 在抗震设防区，除岩石地基外，天然地基上的箱形和筏形基础其埋置深度不宜小于建筑物高度的 1/15；桩箱或桩筏基础的埋置深度（不计桩长）不宜小于建筑物高度的 1/18。

5.1.5 基础宜埋置在地下水位以上，当必须埋在地下水位以下时，应采取地基土在施工时不受扰动的措施。当基础埋置在易风化的岩层上，施工时应在基坑开挖后立即铺筑垫层。

5.1.6 当存在相邻建筑物时，新建建筑物的基础埋深不宜大于原有建筑基础。当埋深大于原有建筑基础时，两基础间应保持一定净距，其数值应根据建筑荷载大小、基础形式和土质情况确定。

5.1.7 季节性冻土地基的场地冻结深度应按下式进行计算：

$$z_d = z_0 \cdot \psi_{zs} \cdot \psi_{zw} \cdot \psi_{ze} \qquad (5.1.7)$$

式中：z_d——场地冻结深度（m），当有实测资料时按 $z_d=h'-\Delta z$ 计算；

h'——最大冻深出现时场地最大冻土层厚度（m）；

Δz——最大冻深出现时场地地表冻胀量（m）；

z_0——标准冻结深度（m）；当无实测资料时，按本规范附录 F 采用；

ψ_{zs}——土的类别对冻结深度的影响系数，按表 5.1.7-1 采用；

ψ_{zw}——土的冻胀性对冻结深度的影响系数，按表 5.1.7-2 采用；

ψ_{ze}——环境对冻结深度的影响系数，按表 5.1.7-3 采用。

表 5.1.7-1 土的类别对冻结深度的影响系数

土的类别	影响系数 ψ_{zs}
黏性土	1.00
细砂、粉砂、粉土	1.20
中、粗、砾砂	1.30
大块碎石土	1.40

表 5.1.7-2 土的冻胀性对冻结深度的影响系数

冻 胀 性	影响系数 ψ_{zw}
不冻胀	1.00
弱冻胀	0.95
冻胀	0.90
强冻胀	0.85
特强冻胀	0.80

表 5.1.7-3 环境对冻结深度的影响系数

周围环境	影响系数 ψ_{ze}
村、镇、旷野	1.00
城市近郊	0.95
城市市区	0.90

注：环境影响系数一项，当城市市区人口为 20 万～50 万时，按城市近郊取值；当城市市区人口大于 50 万小于或等于 100 万时，只计入市区影响；当城市市区人口超过 100 万时，除计入市区影响外，尚应考虑 5km 以内的郊区近郊影响系数。

5.1.8 季节性冻土地区基础埋置深度宜大于场地冻结深度。对于深厚季节冻土地区，当建筑基础底面土层为不冻胀、弱冻胀、冻胀土时，基础埋置深度可以小于场地冻结深度，基础底面下允许冻土层最大厚度应根据当地经验确定。没有地区经验时可按本规范附录 G 查取。此时，基础最小埋置深度 d_{min} 可按下式计算：

$$d_{min} = z_d - h_{max} \qquad (5.1.8)$$

式中：h_{max}——基础底面下允许冻土层最大厚度

(m)。

5.1.9 地基土的冻胀类别分为不冻胀、弱冻胀、冻胀、强冻胀和特强冻胀，可按本规范附录G查取。在冻胀、强冻胀和特强冻胀地基上采用防冻害措施时应符合下列规定：

1 对在地下水位以上的基础，基础侧表面应回填不冻胀的中、粗砂，其厚度不应小于200mm；对在地下水位以下的基础，可采用桩基础、保温性基础、自锚式基础（冻土层下有扩大板或扩底短桩），也可将独立基础或条形基础做成正梯形的斜面基础。

2 宜选择地势高、地下水位低、地表排水条件好的建筑场地。对低洼场地，建筑物的室外地坪标高应至少高出自然地面300mm～500mm，其范围不宜小于建筑四周向外各一倍冻结深度距离的范围。

3 应做好排水设施，施工和使用期间防止水浸入建筑地基。在山区应设截水沟或在建筑物下设置暗沟，以排走地表水和潜水。

4 在强冻胀性和特强冻胀性地基上，其基础结构应设置钢筋混凝土圈梁和基础梁，并控制建筑的长高比。

5 当独立基础连系梁下或桩基础承台下有冻土时，应在梁或承台下留有相当于该土层冻胀量的空隙。

6 外门斗、室外台阶和散水坡等部位宜与主体结构断开，散水坡分段不宜超过1.5m，坡度不宜小于3%，其下宜填入非冻胀性材料。

7 对跨年度施工的建筑，入冬前应对地基采取相应的防护措施；按采暖设计的建筑物，当冬季不能正常采暖时，也应对地基采取保温措施。

5.2 承载力计算

5.2.1 基础底面的压力，应符合下列规定：

1 当轴心荷载作用时

$$p_k \leqslant f_a \tag{5.2.1-1}$$

式中：p_k——相应于作用的标准组合时，基础底面处的平均压力值（kPa）；

f_a——修正后的地基承载力特征值（kPa）。

2 当偏心荷载作用时，除符合式（5.2.1-1）要求外，尚应符合下式规定：

$$p_{kmax} \leqslant 1.2 f_a \tag{5.2.1-2}$$

式中：p_{kmax}——相应于作用的标准组合时，基础底面边缘的最大压力值（kPa）。

5.2.2 基础底面的压力，可按下列公式确定：

1 当轴心荷载作用时

$$p_k = \frac{F_k + G_k}{A} \tag{5.2.2-1}$$

式中：F_k——相应于作用的标准组合时，上部结构传至基础顶面的竖向力值（kN）；

G_k——基础自重和基础上的土重（kN）；

A——基础底面面积（m^2）。

2 当偏心荷载作用时

$$p_{kmax} = \frac{F_k + G_k}{A} + \frac{M_k}{W} \tag{5.2.2-2}$$

$$p_{kmin} = \frac{F_k + G_k}{A} - \frac{M_k}{W} \tag{5.2.2-3}$$

式中：M_k——相应于作用的标准组合时，作用于基础底面的力矩值（kN·m）；

W——基础底面的抵抗矩（m^3）；

p_{kmin}——相应于作用的标准组合时，基础底面边缘的最小压力值（kPa）。

3 当基础底面形状为矩形且偏心距 $e > b/6$ 时（图5.2.2），p_{kmax}应按下式计算：

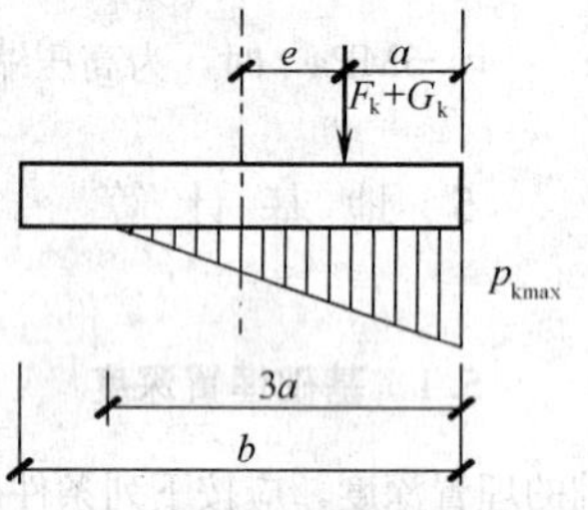

图5.2.2 偏心荷载（$e > b/6$）下基底压力计算示意

b—力矩作用方向基础底面边长

$$p_{kmax} = \frac{2(F_k + G_k)}{3la} \tag{5.2.2-4}$$

式中：l——垂直于力矩作用方向的基础底面边长（m）；

a——合力作用点至基础底面最大压力边缘的距离（m）。

5.2.3 地基承载力特征值可由载荷试验或其他原位测试、公式计算，并结合工程实践经验等方法综合确定。

5.2.4 当基础宽度大于3m或埋置深度大于0.5m时，从载荷试验或其他原位测试、经验值等方法确定的地基承载力特征值，尚应按下式修正：

$$f_a = f_{ak} + \eta_b \gamma (b-3) + \eta_d \gamma_m (d-0.5) \tag{5.2.4}$$

式中：f_a——修正后的地基承载力特征值（kPa）；

f_{ak}——地基承载力特征值（kPa），按本规范第5.2.3条的原则确定；

η_b、η_d——基础宽度和埋置深度的地基承载力修正系数，按基底下土的类别查表5.2.4取值；

γ——基础底面以下土的重度（kN/m^3），地下水位以下取浮重度；

b——基础底面宽度（m），当基础底面宽度小于3m时按3m取值，大于6m时按6m取值；

γ_m——基础底面以上土的加权平均重度（kN/m³），位于地下水位以下的土层取有效重度；

d——基础埋置深度（m），宜自室外地面标高算起。在填方整平地区，可自填土地面标高算起，但填土在上部结构施工后完成时，应从天然地面标高算起。对于地下室，当采用箱形基础或筏基时，基础埋置深度自室外地面标高算起；当采用独立基础或条形基础时，应从室内地面标高算起。

表 5.2.4　承载力修正系数

土的类别		η_b	η_d
淤泥和淤泥质土		0	1.0
人工填土 e 或 I_L 大于等于 0.85 的黏性土		0	1.0
红黏土	含水比 $\alpha_w > 0.8$ 含水比 $\alpha_w \leqslant 0.8$	0 0.15	1.2 1.4
大面积压实填土	压实系数大于 0.95、黏粒含量 $\rho_c \geqslant 10\%$ 的粉土 最大干密度大于 2100kg/m³ 的级配砂石	0 0	1.5 2.0
粉　土	黏粒含量 $\rho_c \geqslant 10\%$ 的粉土 黏粒含量 $\rho_c < 10\%$ 的粉土	0.3 0.5	1.5 2.0
e 及 I_L 均小于 0.85 的黏性土 粉砂、细砂（不包括很湿与饱和时的稍密状态） 中砂、粗砂、砾砂和碎石土		0.3 2.0 3.0	1.6 3.0 4.4

注：1　强风化和全风化的岩石，可参照所风化成的相应土类取值，其他状态下的岩石不修正；
2　地基承载力特征值按本规范附录 D 深层平板载荷试验确定时 η_d 取 0；
3　含水比是指土的天然含水量与液限的比值；
4　大面积压实填土是指填土范围大于两倍基础宽度的填土。

5.2.5　当偏心距 e 小于或等于 0.033 倍基础底面宽度时，根据土的抗剪强度指标确定地基承载力特征值可按下式计算，并应满足变形要求：

$$f_a = M_b \gamma b + M_d \gamma_m d + M_c c_k \quad (5.2.5)$$

式中：f_a——由土的抗剪强度指标确定的地基承载力特征值（kPa）；

M_b、M_d、M_c——承载力系数，按表 5.2.5 确定；

b——基础底面宽度（m），大于 6m 时按 6m 取值，对于砂土小于 3m 时按 3m 取值；

c_k——基底下一倍短边宽度的深度范围内土的黏聚力标准值（kPa）。

表 5.2.5　承载力系数 M_b、M_d、M_c

土的内摩擦角标准值 φ_k（°）	M_b	M_d	M_c
0	0	1.00	3.14
2	0.03	1.12	3.32
4	0.06	1.25	3.51
6	0.10	1.39	3.71
8	0.14	1.55	3.93
10	0.18	1.73	4.17
12	0.23	1.94	4.42
14	0.29	2.17	4.69
16	0.36	2.43	5.00
18	0.43	2.72	5.31
20	0.51	3.06	5.66
22	0.61	3.44	6.04
24	0.80	3.87	6.45
26	1.10	4.37	6.90
28	1.40	4.93	7.40
30	1.90	5.59	7.95
32	2.60	6.35	8.55
34	3.40	7.21	9.22
36	4.20	8.25	9.97
38	5.00	9.44	10.80
40	5.80	10.84	11.73

注：φ_k—基底下一倍短边宽度的深度范围内土的内摩擦角标准值（°）。

5.2.6　对于完整、较完整、较破碎的岩石地基承载力特征值可按本规范附录 H 岩石地基载荷试验方法确定；对破碎、极破碎的岩石地基承载力特征值，可根据平板载荷试验确定。对完整、较完整和较破碎的岩石地基承载力特征值，也可根据室内饱和单轴抗压强度按下式进行计算：

$$f_a = \psi_r \cdot f_{rk} \quad (5.2.6)$$

式中：f_a——岩石地基承载力特征值（kPa）；

f_{rk}——岩石饱和单轴抗压强度标准值（kPa），可按本规范附录 J 确定；

ψ_r——折减系数。根据岩体完整程度以及结构面的间距、宽度、产状和组合，由地方经验确定。无经验时，对完整岩体可取 0.5；对较完整岩体可取 0.2～0.5；对较破碎岩体可取 0.1～0.2。

注：1　上述折减系数值未考虑施工因素及建筑物使用后风化作用的继续；
2　对于黏土质岩，在确保施工期及使用期不致遭水浸泡时，也可采用天然湿度的试样，不进行饱和处理。

5.2.7　当地基受力层范围内有软弱下卧层时，应符合下列规定：

1　应按下式验算软弱下卧层的地基承载力：

$$p_z + p_{cz} \leqslant f_{az} \quad (5.2.7\text{-}1)$$

式中：p_z——相应于作用的标准组合时，软弱下卧层顶面处的附加压力值（kPa）；

p_{cz}——软弱下卧层顶面处土的自重压力值（kPa）；

f_{az}——软弱下卧层顶面处经深度修正后的地基承载力特征值（kPa）。

2　对条形基础和矩形基础，式（5.2.7-1）中的 p_z 值可按下列公式简化计算：

条形基础

$$p_z = \frac{b(p_k - p_c)}{b + 2z\tan\theta} \qquad (5.2.7\text{-}2)$$

矩形基础

$$p_z = \frac{lb(p_k - p_c)}{(b + 2z\tan\theta)(l + 2z\tan\theta)} \qquad (5.2.7\text{-}3)$$

式中：b——矩形基础或条形基础底边的宽度（m）；

l——矩形基础底边的长度（m）；

p_c——基础底面处土的自重压力值（kPa）；

z——基础底面至软弱下卧层顶面的距离（m）；

θ——地基压力扩散线与垂直线的夹角（°），可按表5.2.7采用。

表 5.2.7　地基压力扩散角 θ

E_{s1}/E_{s2}	z/b	
	0.25	0.50
3	6°	23°
5	10°	25°
10	20°	30°

注：1　E_{s1} 为上层土压缩模量；E_{s2} 为下层土压缩模量；

2　$z/b<0.25$ 时取 $\theta=0°$，必要时，宜由试验确定；$z/b>0.50$ 时 θ 值不变；

3　z/b 在 0.25 与 0.50 之间可插值使用。

5.2.8　对于沉降已经稳定的建筑或经过预压的地基，可适当提高地基承载力。

5.3　变形计算

5.3.1　建筑物的地基变形计算值，不应大于地基变形允许值。

5.3.2　地基变形特征可分为沉降量、沉降差、倾斜、局部倾斜。

5.3.3　在计算地基变形时，应符合下列规定：

1　由于建筑地基不均匀、荷载差异很大、体型复杂等因素引起的地基变形，对于砌体承重结构应由局部倾斜值控制；对于框架结构和单层排架结构应由相邻柱基的沉降差控制；对于多层或高层建筑和高耸结构应由倾斜值控制；必要时尚应控制平均沉降量。

2　在必要情况下，需要分别预估建筑物在施工期间和使用期间的地基变形值，以便预留建筑物有关部分之间的净空，选择连接方法和施工顺序。

5.3.4　建筑物的地基变形允许值应按表 5.3.4 规定采用。对表中未包括的建筑物，其地基变形允许值应根据上部结构对地基变形的适应能力和使用上的要求确定。

表 5.3.4　建筑物的地基变形允许值

变形特征		地基土类别	
		中、低压缩性土	高压缩性土
砌体承重结构基础的局部倾斜		0.002	0.003
工业与民用建筑相邻柱基的沉降差	框架结构	0.002l	0.003l
	砌体墙填充的边排柱	0.0007l	0.001l
	当基础不均匀沉降时不产生附加应力的结构	0.005l	0.005l
单层排架结构（柱距为 6m）柱基的沉降量（mm）		(120)	200
桥式吊车轨面的倾斜（按不调整轨道考虑）	纵　向	0.004	
	横　向	0.003	
多层和高层建筑的整体倾斜	$H_g \leqslant 24$	0.004	
	$24 < H_g \leqslant 60$	0.003	
	$60 < H_g \leqslant 100$	0.0025	
	$H_g > 100$	0.002	
体型简单的高层建筑基础的平均沉降量（mm）		200	
高耸结构基础的倾斜	$H_g \leqslant 20$	0.008	
	$20 < H_g \leqslant 50$	0.006	
	$50 < H_g \leqslant 100$	0.005	
	$100 < H_g \leqslant 150$	0.004	
	$150 < H_g \leqslant 200$	0.003	
	$200 < H_g \leqslant 250$	0.002	
高耸结构基础的沉降量（mm）	$H_g \leqslant 100$	400	
	$100 < H_g \leqslant 200$	300	
	$200 < H_g \leqslant 250$	200	

注：1　本表数值为建筑物地基实际最终变形允许值；

2　有括号者仅适用于中压缩性土；

3　l 为相邻柱基的中心距离（mm）；H_g 为自室外地面起算的建筑物高度（m）；

4　倾斜指基础倾斜方向两端点的沉降差与其距离的比值；

5　局部倾斜指砌体承重结构沿纵向 6m～10m 内基础两点的沉降差与其距离的比值。

5.3.5　计算地基变形时，地基内的应力分布，可采用各向同性均质线性变形体理论。其最终变形量可按下式进行计算：

$$s = \psi_s s' = \psi_s \sum_{i=1}^{n} \frac{p_0}{E_{si}}(z_i\bar{\alpha}_i - z_{i-1}\bar{\alpha}_{i-1}) \qquad (5.3.5)$$

式中：s——地基最终变形量（mm）；

s'——按分层总和法计算出的地基变形量（mm）；

ψ_s——沉降计算经验系数，根据地区沉降观测资料及经验确定，无地区经验时可根据变形计算深度范围内压缩模量的当量值（$\overline{E}_s$）、基底附加压力按表 5.3.5 取值；

n——地基变形计算深度范围内所划分的土层数（图 5.3.5）；

p_0——相应于作用的准永久组合时基础底面处的附加压力（kPa）；

E_{si}——基础底面下第 i 层土的压缩模量（MPa），应取土的自重压力至土的自重压力与附加压力之和的压力段计算；

z_i、z_{i-1}——基础底面至第 i 层土、第 $i-1$ 层土底面的距离（m）；

$\overline{\alpha}_i$、$\overline{\alpha}_{i-1}$——基础底面计算点至第 i 层土、第 $i-1$ 层土底面范围内平均附加应力系数，可按本规范附录 K 采用。

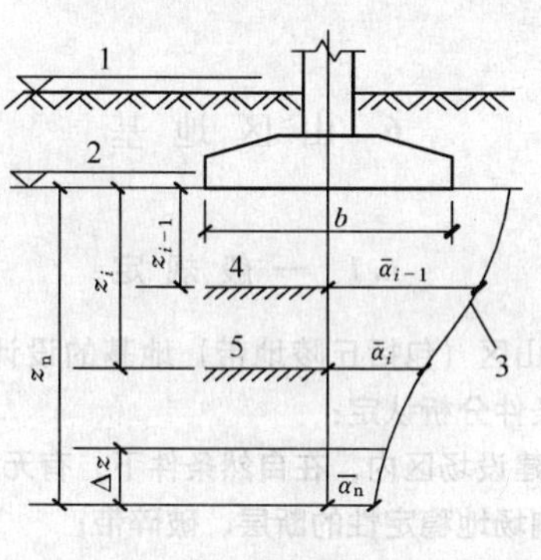

图 5.3.5　基础沉降计算的分层示意

1—天然地面标高；2—基底标高；3—平均附加应力系数 $\overline{\alpha}$ 曲线；4—$i-1$ 层；5—i 层

表 5.3.5　沉降计算经验系数 ψ_s

$\overline{E}_s$（MPa）/ 基底附加压力	2.5	4.0	7.0	15.0	20.0
$p_0 \geqslant f_{ak}$	1.4	1.3	1.0	0.4	0.2
$p_0 \leqslant 0.75 f_{ak}$	1.1	1.0	0.7	0.4	0.2

5.3.6　变形计算深度范围内压缩模量的当量值（$\overline{E}_s$），应按下式计算：

$$\overline{E}_s = \frac{\Sigma A_i}{\Sigma \frac{A_i}{E_{si}}} \tag{5.3.6}$$

式中：A_i——第 i 层土附加应力系数沿土层厚度的积分值。

5.3.7　地基变形计算深度 z_n（图 5.3.5），应符合式（5.3.7）的规定。当计算深度下部仍有较软土层时，应继续计算。

$$\Delta s'_n \leqslant 0.025 \sum_{i=1}^{n} \Delta s'_i \tag{5.3.7}$$

式中：$\Delta s'_i$——在计算深度范围内，第 i 层土的计算变形值（mm）；

$\Delta s'_n$——在由计算深度向上取厚度为 Δz 的土层计算变形值（mm），Δz 见图 5.3.5 并按表 5.3.7 确定。

表 5.3.7　Δz

b（m）	≤2	2<b≤4	4<b≤8	b>8
Δz（m）	0.3	0.6	0.8	1.0

5.3.8　当无相邻荷载影响，基础宽度在 1m～30m 范围内时，基础中点的地基变形计算深度也可按简化公式（5.3.8）进行计算。在计算深度范围内存在基岩时，z_n 可取至基岩表面；当存在较厚的坚硬黏性土层，其孔隙比小于 0.5、压缩模量大于 50MPa，或存在较厚的密实砂卵石层，其压缩模量大于 80MPa 时，z_n 可取至该层土表面。此时，地基土附加压力分布应考虑相对硬层存在的影响，按本规范公式（6.2.2）计算地基最终变形量。

$$z_n = b(2.5 - 0.4\ln b) \tag{5.3.8}$$

式中：b——基础宽度（m）。

5.3.9　当存在相邻荷载时，应计算相邻荷载引起的地基变形，其值可按应力叠加原理，采用角点法计算。

5.3.10　当建筑物地下室基础埋置较深时，地基土的回弹变形量可按下式进行计算：

$$s_c = \psi_c \sum_{i=1}^{n} \frac{p_c}{E_{ci}} (z_i \overline{\alpha}_i - z_{i-1} \overline{\alpha}_{i-1}) \tag{5.3.10}$$

式中：s_c——地基的回弹变形量（mm）；

ψ_c——回弹量计算的经验系数，无地区经验时可取 1.0；

p_c——基坑底面以上土的自重压力（kPa），地下水位以下应扣除浮力；

E_{ci}——土的回弹模量（kPa），按现行国家标准《土工试验方法标准》GB/T 50123 中土的固结试验回弹曲线的不同应力段计算。

5.3.11　回弹再压缩变形量计算可采用再加荷的压力小于卸荷土的自重压力段内再压缩变形线性分布的假定按下式进行计算：

$$s'_c = \begin{cases} r'_0 s_c \dfrac{p}{p_c R'_0} & p < R'_0 p_c \\ s_c \left[r'_0 + \dfrac{r'_{R'=1.0} - r'_0}{1 - R'_0} \left(\dfrac{p}{p_c} - R'_0 \right) \right] & R'_0 p_c \leqslant p \leqslant p_c \end{cases} \tag{5.3.11}$$

式中：s'_c——地基土回弹再压缩变形量（mm）；

s_c——地基的回弹变形量（mm）；

r'_0——临界再压缩比率，相应于再压缩比率与再加荷比关系曲线上两段线性交点对应的再压缩比率，由土的固结回弹再压缩试验确定；

R'_0——临界再加荷比，相应在再压缩比率与再加荷比关系曲线上两段线性交点对应的再加荷比，由土的固结回弹再压缩试验确定；

$r'_{R'=1.0}$——对应于再加荷比 $R'=1.0$ 时的再压缩比率，由土的固结回弹再压缩试验确定，其值等于回弹再压缩变形增大系数；

p——再加荷的基底压力（kPa）。

5.3.12 在同一整体大面积基础上建有多栋高层和低层建筑，宜考虑上部结构、基础与地基的共同作用进行变形计算。

5.4 稳定性计算

5.4.1 地基稳定性可采用圆弧滑动面法进行验算。最危险的滑动面上诸力对滑动中心所产生的抗滑力矩与滑动力矩应符合下式要求：

$$M_R/M_S \geqslant 1.2 \quad (5.4.1)$$

式中：M_S——滑动力矩（kN·m）；

M_R——抗滑力矩（kN·m）。

5.4.2 位于稳定土坡坡顶上的建筑，应符合下列规定：

1 对于条形基础或矩形基础，当垂直于坡顶边缘线的基础底面边长小于或等于3m时，其基础底面外边缘线至坡顶的水平距离（图5.4.2）应符合下式要求，且不得小于2.5m：

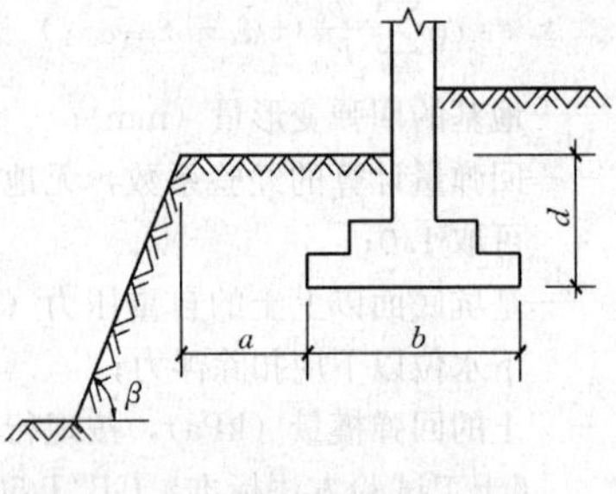

图5.4.2 基础底面外边缘线至坡顶的水平距离示意

条形基础

$$a \geqslant 3.5b - \frac{d}{\tan\beta} \quad (5.4.2\text{-}1)$$

矩形基础

$$a \geqslant 2.5b - \frac{d}{\tan\beta} \quad (5.4.2\text{-}2)$$

式中：a——基础底面外边缘线至坡顶的水平距离（m）；

b——垂直于坡顶边缘线的基础底面边长（m）；

d——基础埋置深度（m）；

β——边坡坡角（°）。

2 当基础底面外边缘线至坡顶的水平距离不满足式（5.4.2-1）、式（5.4.2-2）的要求时，可根据基底平均压力按式（5.4.1）确定基础距坡顶边缘的距离和基础埋深。

3 当边坡坡角大于45°、坡高大于8m时，尚应按式（5.4.1）验算坡体稳定性。

5.4.3 建筑物基础存在浮力作用时应进行抗浮稳定性验算，并应符合下列规定：

1 对于简单的浮力作用情况，基础抗浮稳定性应符合下式要求：

$$\frac{G_k}{N_{w,k}} \geqslant K_w \quad (5.4.3)$$

式中：G_k——建筑物自重及压重之和（kN）；

$N_{w,k}$——浮力作用值（kN）；

K_w——抗浮稳定安全系数，一般情况下可取1.05。

2 抗浮稳定性不满足设计要求时，可采用增加压重或设置抗浮构件等措施。在整体满足抗浮稳定性要求而局部不满足时，也可采用增加结构刚度的措施。

6 山区地基

6.1 一般规定

6.1.1 山区（包括丘陵地带）地基的设计，应对下列设计条件分析认定：

1 建设场区内，在自然条件下，有无滑坡现象，有无影响场地稳定性的断层、破碎带；

2 在建设场地周围，有无不稳定的边坡；

3 施工过程中，因挖方、填方、堆载和卸载等对山坡稳定性的影响；

4 地基内岩石厚度及空间分布情况、基岩面的起伏情况、有无影响地基稳定性的临空面；

5 建筑地基的不均匀性；

6 岩溶、土洞的发育程度，有无采空区；

7 出现危岩崩塌、泥石流等不良地质现象的可能性；

8 地面水、地下水对建筑地基和建设场区的影响。

6.1.2 在山区建设时应对场区作出必要的工程地质和水文地质评价。对建筑物有潜在威胁或直接危害的滑坡、泥石流、崩塌以及岩溶、土洞强烈发育地段，不应选作建设场地。

6.1.3 山区建设工程的总体规划，应根据使用要求、地形地质条件合理布置。主体建筑宜设置在较好的地基上，使地基条件与上部结构的要求相适应。

6.1.4 山区建设中，应充分利用和保护天然排水系统和山地植被。当必须改变排水系统时，应在易于导流或拦截的部位将水引出场外。在受山洪影响的地段，应采取相应的排洪措施。

6.2 土岩组合地基

6.2.1 建筑地基（或被沉降缝分隔区段的建筑地基）的主要受力层范围内，如遇下列情况之一者，属于土岩组合地基：

1 下卧基岩表面坡度较大的地基；

2 石芽密布并有出露的地基；

3 大块孤石或个别石芽出露的地基。

6.2.2 当地基中下卧基岩面为单向倾斜、岩面坡度大于10%、基底下的土层厚度大于1.5m时，应按下列规定进行设计：

1 当结构类型和地质条件符合表6.2.2-1的要求时，可不作地基变形验算。

表6.2.2-1 下卧基岩表面允许坡度值

地基土承载力特征值 f_{ak}(kPa)	四层及四层以下的砌体承重结构，三层及三层以下的框架结构	具有150kN和150kN以下吊车 的一般单层排架结构	
		带墙的边柱和山墙	无墙的中柱
≥150	≤15%	≤15%	≤30%
≥200	≤25%	≤30%	≤50%
≥300	≤40%	≤50%	≤70%

2 不满足上述条件时，应考虑刚性下卧层的影响，按下式计算地基的变形：

$$s_{gz} = \beta_{gz} s_z \qquad (6.2.2)$$

式中：s_{gz}——具刚性下卧层时，地基土的变形计算值（mm）；

β_{gz}——刚性下卧层对上覆土层的变形增大系数，按表6.2.2-2采用；

s_z——变形计算深度相当于实际土层厚度按本规范第5.3.5条计算确定的地基最终变形计算值（mm）。

表6.2.2-2 具有刚性下卧层时地基变形增大系数 β_{gz}

h/b	0.5	1.0	1.5	2.0	2.5
β_{gz}	1.26	1.17	1.12	1.09	1.00

注：h—基底下的土层厚度；b—基础底面宽度。

3 在岩土界面上存在软弱层（如泥化带）时，应验算地基的整体稳定性。

4 当土岩组合地基位于山间坡地、山麓洼地或冲沟地带，存在局部软弱土层时，应验算软弱下卧层的强度及不均匀变形。

6.2.3 对于石芽密布并有出露的地基，当石芽间距小于2m，其间为硬塑或坚硬状态的红黏土时，对于房屋为六层和六层以下的砌体承重结构、三层和三层以下的框架结构或具有150kN和150kN以下吊车的单层排架结构，其基底压力小于200kPa，可不作地基处理。如不能满足上述要求时，可利用经检验稳定性可靠的石芽作支墩式基础，也可在石芽出露部位作褥垫。当石芽间有较厚的软弱土层时，可用碎石、土夹石等进行置换。

6.2.4 对于大块孤石或个别石芽出露的地基，当土层的承载力特征值大于150kPa、房屋为单层排架结构或一、二层砌体承重结构时，宜在基础与岩石接触的部位采用褥垫进行处理。对于多层砌体承重结构，应根据土质情况，结合本规范第6.2.6条、第6.2.7条的规定综合处理。

6.2.5 褥垫可采用炉渣、中砂、粗砂、土夹石等材料，其厚度宜取300mm～500mm，夯填度应根据试验确定。当无资料时，夯填度可按下列数值进行设计：

中砂、粗砂　　0.87±0.05；

土夹石（其中碎石含量为20%～30%）　　0.70±0.05。

注：夯填度为褥垫夯实后的厚度与虚铺厚度的比值。

6.2.6 当建筑物对地基变形要求较高或地质条件比较复杂不宜按本规范第6.2.3条、第6.2.4条有关规定进行地基处理时，可调整建筑平面位置，或采用桩基或梁、拱跨越等处理措施。

6.2.7 在地基压缩性相差较大的部位，宜结合建筑平面形状、荷载条件设置沉降缝。沉降缝宽度宜取30mm～50mm，在特殊情况下可适当加宽。

6.3 填土地基

6.3.1 当利用压实填土作为建筑工程的地基持力层时，在平整场地前，应根据结构类型、填料性能和现场条件等，对拟压实的填土提出质量要求。未经检验查明以及不符合质量要求的压实填土，均不得作为建筑工程的地基持力层。

6.3.2 当利用未经填方设计处理形成的填土作为建筑物地基时，应查明填料成分与来源，填土的分布、厚度、均匀性、密实度与压缩性以及填土的堆积年限等情况，根据建筑物的重要性、上部结构类型、荷载性质与大小、现场条件等因素，选择合适的地基处理方法，并提出填土地基处理的质量要求与检验方法。

6.3.3 拟压实的填土地基应根据建筑物对地基的具体要求，进行填方设计。填方设计的内容包括填料的性质、压实机械的选择、密实度要求、质量监督和检验方法等。对重大的填方工程，必须在填方设计前选择典型的场区进行现场试验，取得填方设计参数后，才能进行填方工程的设计与施工。

6.3.4 填方工程设计前应具备详细的场地地形、地貌及工程地质勘察资料。位于塘、沟、积水洼地等地区的填土地基，应查明地下水的补给与排泄条件、底层软弱土体的清除情况、自重固结程度等。

6.3.5 对含有生活垃圾或有机质废料的填土，未经处理不宜作为建筑物地基使用。

6.3.6 压实填土的填料，应符合下列规定：

1 级配良好的砂土或碎石土；以卵石、砾石、块石或岩石碎屑作填料时，分层压实时其最大粒径不宜大于200mm，分层夯实时其最大粒径不宜大于400mm；

2 性能稳定的矿渣、煤渣等工业废料；

3 以粉质黏土、粉土作填料时，其含水量宜为最优含水量，可采用击实试验确定；

4 挖高填低或开山填沟的土石料，应符合设计要求；

5 不得使用淤泥、耕土、冻土、膨胀性土以及有机质含量大于5%的土。

6.3.7 压实填土的质量以压实系数 λ_c 控制，并应根据结构类型、压实填土所在部位按表6.3.7确定。

表6.3.7 压实填土地基压实系数控制值

结构类型	填土部位	压实系数(λ_c)	控制含水量(%)
砌体承重及框架结构	在地基主要受力层范围内	≥0.97	$w_{op}\pm2$
	在地基主要受力层范围以下	≥0.95	
排架结构	在地基主要受力层范围内	≥0.96	
	在地基主要受力层范围以下	≥0.94	

注：1 压实系数(λ_c)为填土的实际干密度(ρ_d)与最大干密度(ρ_{dmax})之比；w_{op}为最优含水量；

2 地坪垫层以下及基础底面标高以上的压实填土，压实系数不应小于0.94。

6.3.8 压实填土的最大干密度和最优含水量，应采用击实试验确定，击实试验的操作应符合现行国家标准《土工试验方法标准》GB/T 50123的有关规定。对于碎石、卵石，或岩石碎屑等填料，其最大干密度可取2100kg/m³～2200kg/m³。对于黏性土或粉土填料，当无试验资料时，可按下式计算最大干密度：

$$\rho_{dmax}=\eta\frac{\rho_w d_s}{1+0.01w_{op}d_s} \quad (6.3.8)$$

式中：ρ_{dmax}——压实填土的最大干密度（kg/m³）；

η——经验系数，粉质黏土取0.96，粉土取0.97；

ρ_w——水的密度（kg/m³）；

d_s——土粒相对密度（比重）；

w_{op}——最优含水量（%）。

6.3.9 压实填土地基承载力特征值，应根据现场原位测试（静载荷试验、动力触探、静力触探等）结果确定。其下卧层顶面的承载力特征值应满足本规范第5.2.7条的要求。

6.3.10 填土地基在进行压实施工时，应注意采取地面排水措施，当其阻碍原地表水畅通排泄时，应根据地形修建截水沟，或设置其他排水设施。设置在填土区的上、下水管道，应采取防渗、防漏措施，避免因漏水使填土颗粒流失，必要时应在填土土坡的坡脚处设置反滤层。

6.3.11 位于斜坡上的填土，应验算其稳定性。对由填土而产生的新边坡，当填土边坡坡度符合表6.3.11的要求时，可不设置支挡结构。当天然地面坡度大于20%时，应采取防止填土可能沿坡面滑动的措施，并应避免雨水沿斜坡排泄。

表6.3.11 压实填土的边坡坡度允许值

填土类型	边坡坡度允许值(高宽比) 坡高在8m以内	坡高为8m～15m	压实系数(λ_c)
碎石、卵石	1∶1.50～1∶1.25	1∶1.75～1∶1.50	0.94～0.97
砂夹石(碎石、卵石占全重30%～50%)	1∶1.50～1∶1.25	1∶1.75～1∶1.50	
土夹石(碎石、卵石占全重30%～50%)	1∶1.50～1∶1.25	1∶2.00～1∶1.50	
粉质黏土，黏粒含量ρ_c≥10%的粉土	1∶1.75～1∶1.50	1∶2.25～1∶1.75	

6.4 滑 坡 防 治

6.4.1 在建设场区内，由于施工或其他因素的影响有可能形成滑坡的地段，必须采取可靠的预防措施。对具有发展趋势并威胁建筑物安全使用的滑坡，应及早采取综合整治措施，防止滑坡继续发展。

6.4.2 应根据工程地质、水文地质条件以及施工影响等因素，分析滑坡可能发生或发展的主要原因，采取下列防治滑坡的处理措施：

1 排水：应设置排水沟以防止地面水浸入滑坡地段，必要时尚应采取防渗措施。在地下水影响较大的情况下，应根据地质条件，设置地下排水系统。

2 支挡：根据滑坡推力的大小、方向及作用点，可选用重力式抗滑挡墙、阻滑桩及其他抗滑结构。抗滑挡墙的基底及阻滑桩的桩端应埋置于滑动面以下的稳定土（岩）层中。必要时，应验算墙顶以上的土（岩）体从墙顶滑出的可能性。

3 卸载：在保证卸载区上方及两侧岩土稳定的情况下，可在滑体主动区卸载，但不得在滑体被动区卸载。

4 反压：在滑体的阻滑区段增加竖向荷载以提高滑体的阻滑安全系数。

6.4.3 滑坡推力可按下列规定进行计算：

1 当滑体有多层滑动面（带）时，可取推力最大的滑动面（带）确定滑坡推力。

2 选择平行于滑动方向的几个具有代表性的断面进行计算。计算断面一般不得少于2个，其中应有一个是滑动主轴断面。根据不同断面的推力设计相应的抗滑结构。

3 当滑动面为折线形时，滑坡推力可按下列公式进行计算（图6.4.3）。

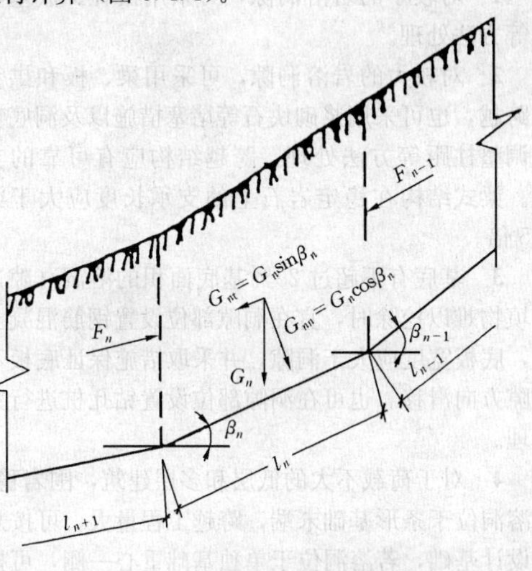

图6.4.3 滑坡推力计算示意

$$F_n = F_{n-1}\psi + \gamma_t G_{nt} - G_{nn}\tan\varphi_n - c_n l_n \quad (6.4.3\text{-}1)$$

$$\psi = \cos(\beta_{n-1}-\beta_n) - \sin(\beta_{n-1}-\beta_n)\tan\varphi_n \quad (6.4.3\text{-}2)$$

式中：F_n、F_{n-1}——第n块、第$n-1$块滑体的剩余下滑力（kN）；

ψ——传递系数；

γ_t——滑坡推力安全系数；

G_{nt}、G_{nn}——第n块滑体自重沿滑动面、垂直滑动面的分力（kN）；

φ_n——第n块滑体沿滑动面土的内摩擦角标准值（°）；

c_n——第n块滑体沿滑动面土的黏聚力标准值（kPa）；

l_n——第n块滑体沿滑动面的长度（m）；

4 滑坡推力作用点，可取在滑体厚度的1/2处。

5 滑坡推力安全系数，应根据滑坡现状及其对工程的影响等因素确定，对地基基础设计等级为甲级的建筑物宜取1.30，设计等级为乙级的建筑物宜取1.20，设计等级为丙级的建筑物宜取1.10。

6 根据土（岩）的性质和当地经验，可采用试验和滑坡反算相结合的方法，合理地确定滑动面上的抗剪强度。

6.5 岩 石 地 基

6.5.1 岩石地基基础设计应符合下列规定：

1 置于完整、较完整、较破碎岩体上的建筑物可仅进行地基承载力计算。

2 地基基础设计等级为甲、乙级的建筑物，同一建筑物的地基存在坚硬程度不同，两种或多种岩体变形模量差异达2倍及2倍以上，应进行地基变形验算。

3 地基主要受力层深度内存在软弱下卧岩层时，应考虑软弱下卧岩层的影响进行地基稳定性验算。

4 桩孔、基底和基坑边坡开挖应采用控制爆破，到达持力层后，对软岩、极软岩表面应及时封闭保护。

5 当基岩面起伏较大，且都使用岩石地基时，同一建筑物可以使用多种基础形式。

6 当基础附近有临空面时，应验算向临空面倾覆和滑移稳定性。存在不稳定的临空面时，应将基础埋深加大至下伏稳定基岩；亦可在基础底部设置锚杆，锚杆应进入下伏稳定岩体，并满足抗倾覆和抗滑移要求。同一基础的地基可以放阶处理，但应满足抗倾覆和抗滑移要求。

7 对于节理、裂隙发育及破碎程度较高的不稳定岩体，可采用注浆加固和清爆填塞等措施。

6.5.2 对遇水易软化和膨胀、易崩解的岩石，应采取保护措施减少其对岩体承载力的影响。

6.6 岩溶与土洞

6.6.1 在碳酸盐岩为主的可溶性岩石地区，当存在岩溶（溶洞、溶蚀裂隙等）、土洞等现象时，应考虑其对地基稳定的影响。

6.6.2 岩溶场地可根据岩溶发育程度划分为三个等级，设计时应根据具体情况，按表6.6.2选用。

表6.6.2 岩溶发育程度

等 级	岩溶场地条件
岩溶强发育	地表有较多岩溶塌陷、漏斗、洼地、泉眼 溶沟、溶槽、石芽密布，相邻钻孔间存在临空面且基岩面高差大于5m 地下有暗河、伏流 钻孔见洞隙率大于30%或线岩溶率大于20% 溶槽或串珠状竖向溶洞发育深度达20m以上
岩溶中等发育	介于强发育和微发育之间
岩溶微发育	地表无岩溶塌陷、漏斗 溶沟、溶槽较发育 相邻钻孔间存在临空面且基岩面相对高差小于2m 钻孔见洞隙率小于10%或线岩溶率小于5%

6.6.3 地基基础设计等级为甲级、乙级的建筑物主体宜避开岩溶强发育地段。

6.6.4 存在下列情况之一且未经处理的场地，不应作为建筑物地基：

1 浅层溶洞成群分布，洞径大，且不稳定的地段；

2 漏斗、溶槽等埋藏浅，其中充填物为软弱土体；

3 土洞或塌陷等岩溶强发育的地段；

4 岩溶水排泄不畅，有可能造成场地暂时淹没的地段。

6.6.5 对于完整、较完整的坚硬岩、较硬岩地基，当符合下列条件之一时，可不考虑岩溶对地基稳定性的影响：

1 洞体较小，基础底面尺寸大于洞的平面尺寸，并有足够的支承长度；

2 顶板岩石厚度大于或等于洞的跨度。

6.6.6 地基基础设计等级为丙级且荷载较小的建筑物，当符合下列条件之一时，可不考虑岩溶对地基稳定性的影响。

1 基础底面以下的土层厚度大于独立基础宽度的3倍或条形基础宽度的6倍，且不具备形成土洞的条件时；

2 基础底面与洞体顶板间土层厚度小于独立基础宽度的3倍或条形基础宽度的6倍，洞隙或岩溶漏斗被沉积物填满，其承载力特征值超过150kPa，且无被水冲蚀的可能性时；

3 基础底面存在面积小于基础底面积25%的垂直洞隙，但基底岩石面积满足上部荷载要求时。

6.6.7 不符合本规范第6.6.5条、第6.6.6条的条件时，应进行洞体稳定性分析；基础附近有临空面时，应验算向临空面倾覆和沿岩体结构面滑移稳定性。

6.6.8 土洞对地基的影响，应按下列规定综合分析与处理：

1 在地下水强烈活动于岩土交界面的地区，应考虑由地下水作用所形成的土洞对地基的影响，预测地下水位在建筑物使用期间的变化趋势。总图布置前，应获得场地土洞发育程度分区资料。施工时，除已查明的土洞外，尚应沿基槽进一步查明土洞的特征和分布情况。

2 在地下水位高于基岩表面的岩溶地区，应注意人工降水引起土洞进一步发育或地表塌陷的可能性。塌陷区的范围及方向可根据水文地质条件和抽水试验的观测结果综合分析确定。在塌陷范围内不应采用天然地基。并应注意降水对周围环境和建（构）筑物的影响。

3 由地表水形成的土洞或塌陷，应采取地表截流、防渗或堵塞等措施进行处理。应根据土洞埋深，分别选用挖填、灌砂等方法进行处理。由地下水形成的塌陷及浅埋土洞，应清除软土，抛填块石作反滤层，面层用黏土夯填；深埋土洞宜用砂、砾石或细石混凝土灌填。在上述处理的同时，尚应采用梁、板或拱跨越。对重要的建筑物，可采用桩基处理。

6.6.9 对地基稳定性有影响的岩溶洞隙，应根据其位置、大小、埋深、围岩稳定性和水文地质条件综合分析，因地制宜采取下列处理措施：

1 对较小的岩溶洞隙，可采用镶补、嵌塞与跨越等方法处理。

2 对较大的岩溶洞隙，可采用梁、板和拱等结构跨越，也可采用浆砌块石等堵塞措施以及洞底支撑或调整柱距等方法处理。跨越结构应有可靠的支承面。梁式结构在稳定岩石上的支承长度应大于梁高1.5倍。

3 基底有不超过25%基底面积的溶洞（隙）且充填物难以挖除时，宜在洞隙部位设置钢筋混凝土底板，底板宽度应大于洞隙，并采取措施保证底板不向洞隙方向滑移。也可在洞隙部位设置钻孔桩进行穿越处理。

4 对于荷载不大的低层和多层建筑，围岩稳定，如溶洞位于条形基础末端，跨越工程量大，可按悬臂梁设计基础，若溶洞位于单独基础重心一侧，可按偏心荷载设计基础。

6.7 土质边坡与重力式挡墙

6.7.1 边坡设计应符合下列规定：

1 边坡设计应保护和整治边坡环境，边坡水系应因势利导，设置地表排水系统，边坡工程应设内部排水系统。对于稳定的边坡，应采取保护及营造植被的防护措施。

2 建筑物的布局应依山就势，防止大挖大填。对于平整场地而出现的新边坡，应及时进行支挡或构造防护。

3 应根据边坡类型、边坡环境、边坡高度及可能的破坏模式，选择适当的边坡稳定计算方法和支挡结构形式。

4 支挡结构设计应进行整体稳定性验算、局部稳定性验算、地基承载力计算、抗倾覆稳定性验算、抗滑移稳定性验算及结构强度计算。

5 边坡工程设计前，应进行详细的工程地质勘察，并应对边坡的稳定性作出准确的评价；对周围环境的危害性作出预测；对岩石边坡的结构面调查清楚，指出主要结构面的所在位置；提供边坡设计所需要的各项参数。

6 边坡的支挡结构应进行排水设计。对于可以向坡外排水的支挡结构，应在支挡结构上设置排水孔。排水孔应沿着横竖两个方向设置，其间距宜取2m～3m，排水孔外斜坡度宜为5%，孔眼尺寸不宜小于100mm。支挡结构后面应做好滤水层，必要时应做排水暗沟。支挡结构后面有山坡时，应在坡脚处设置截水沟。对于不能向坡外排水的边坡，应在支挡结构后面设置排水暗沟。

7 支挡结构后面的填土，应选择透水性强的填料。当采用黏性土作填料时，宜掺入适量的碎石。在季节性冻土地区，应选择不冻胀的炉渣、碎石、粗砂等填料。

6.7.2 在坡体整体稳定的条件下，土质边坡的开挖应符合下列规定：

1 边坡的坡度允许值，应根据当地经验，参照同类土层的稳定坡度确定。当土质良好且均匀、无不良地质现象、地下水不丰富时，可按表6.7.2确定。

表 6.7.2 土质边坡坡度允许值

土的类别	密实度或状态	坡度允许值(高宽比)	
		坡高在5m以内	坡高为5m～10m
碎石土	密实	1∶0.35～1∶0.50	1∶0.50～1∶0.75
	中密	1∶0.50～1∶0.75	1∶0.75～1∶1.00
	稍密	1∶0.75～1∶1.00	1∶1.00～1∶1.25
黏性土	坚硬	1∶0.75～1∶1.00	1∶1.00～1∶1.25
	硬塑	1∶1.00～1∶1.25	1∶1.25～1∶1.50

注：1 表中碎石土的充填物为坚硬或硬塑状态的黏性土；

2 对于砂土或充填物为砂土的碎石土，其边坡坡度允许值均按自然休止角确定。

2 土质边坡开挖时，应采取排水措施，边坡的顶部应设置截水沟。在任何情况下不应在坡脚及坡面上积水。

3 边坡开挖时，应由上往下开挖，依次进行。弃土应分散处理，不得将弃土堆置在坡顶及坡面上。当必须在坡顶或坡面上设置弃土转运站时，应进行坡体稳定性验算，严格控制堆栈的土方量。

4 边坡开挖后，应立即对边坡进行防护处理。

6.7.3 重力式挡土墙土压力计算应符合下列规定：

1 对土质边坡，边坡主动土压力应按式(6.7.3-1)进行计算。当填土为无黏性土时，主动土压力系数可按库伦土压力理论确定。当支挡结构满足朗肯条件时，主动土压力系数可按朗肯土压力理论确定。黏性土或粉土的主动土压力也可采用楔体试算法图解求得。

$$E_a = \frac{1}{2}\psi_a \gamma h^2 k_a \qquad (6.7.3\text{-}1)$$

式中：E_a——主动土压力（kN）；

ψ_a——主动土压力增大系数，挡土墙高度小于5m时宜取1.0，高度5m～8m时宜取1.1，高度大于8m时宜取1.2；

γ——填土的重度（kN/m^3）；

h——挡土结构的高度（m）；

k_a——主动土压力系数，按本规范附录L确定。

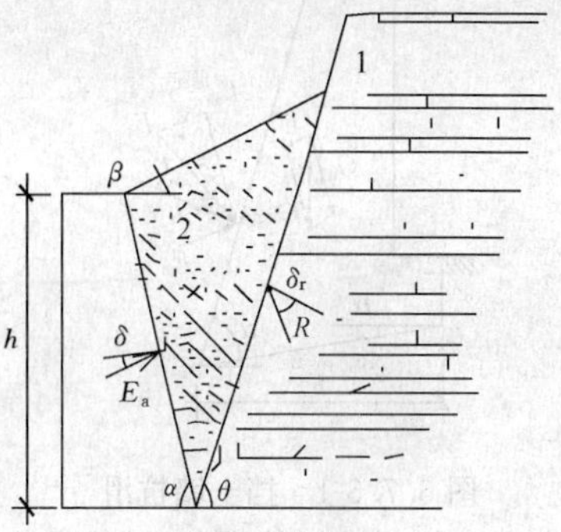

图 6.7.3 有限填土挡土墙土压力计算示意

1—岩石边坡；2—填土

2 当支挡结构后缘有较陡峻的稳定岩石坡面，岩坡的坡角$\theta>(45°+\varphi/2)$时，应按有限范围填土计算土压力，取岩石坡面为破裂面。根据稳定岩石坡面与填土间的摩擦角按下式计算主动土压力系数：

$$k_a = \frac{\sin(\alpha+\theta)\sin(\alpha+\beta)\sin(\theta-\delta_r)}{\sin^2\alpha\sin(\theta-\beta)\sin(\alpha-\delta+\theta-\delta_r)} \qquad (6.7.3\text{-}2)$$

式中：θ——稳定岩石坡面倾角（°）；

δ_r——稳定岩石坡面与填土间的摩擦角（°），根据试验确定。当无试验资料时，可取$\delta_r=0.33\varphi_k$，φ_k为填土的内摩擦角标准值（°）。

6.7.4 重力式挡土墙的构造应符合下列规定：

1 重力式挡土墙适用于高度小于8m、地层稳定、开挖土石方时不会危及相邻建筑物的地段。

2 重力式挡土墙可在基底设置逆坡。对于土质地基，基底逆坡坡度不宜大于1∶10；对于岩石地基，基底逆坡坡度不宜大于1∶5。

3 毛石挡土墙的墙顶宽度不宜小于400mm；混凝土挡土墙的墙顶宽度不宜小于200mm。

4 重力式挡墙的基础埋置深度，应根据地基承载力、水流冲刷、岩石裂隙发育及风化程度等因素进行确定。在特强冻涨、强冻涨地区应考虑冻涨的影响。在土质地基中，基础埋置深度不宜小于0.5m；在软质岩地基中，基础埋置深度不宜小于0.3m。

5 重力式挡土墙应每间隔10m～20m设置一道伸缩缝。当地基有变化时宜加设沉降缝。在挡土结构的拐角处，应采取加强的构造措施。

6.7.5 挡土墙的稳定性验算应符合下列规定：

1 抗滑移稳定性应按下列公式进行验算（图6.7.5-1）：

$$\frac{(G_n+E_{an})\mu}{E_{at}-G_t} \geqslant 1.3 \qquad (6.7.5\text{-}1)$$

$$G_n = G\cos\alpha_0 \qquad (6.7.5\text{-}2)$$

$$G_t = G\sin\alpha_0 \qquad (6.7.5\text{-}3)$$

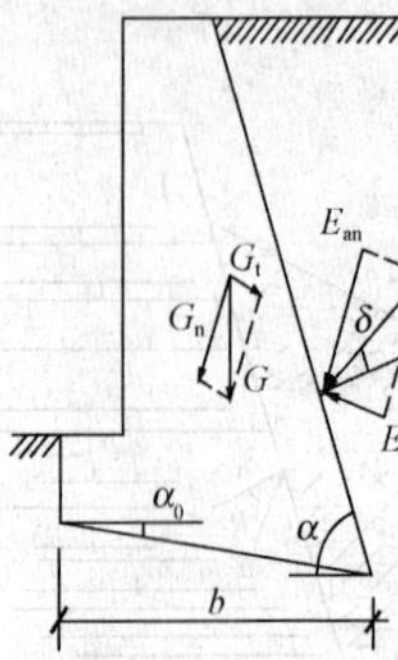

图 6.7.5-1　挡土墙抗滑稳定验算示意

$$E_{at}=E_a\sin(\alpha-\alpha_0-\delta) \quad (6.7.5\text{-}4)$$

$$E_{an}=E_a\cos(\alpha-\alpha_0-\delta) \quad (6.7.5\text{-}5)$$

式中：G——挡土墙每延米自重（kN）；

α_0——挡土墙基底的倾角（°）；

α——挡土墙墙背的倾角（°）；

δ——土对挡土墙墙背的摩擦角（°），可按表 6.7.5-1 选用；

μ——土对挡土墙基底的摩擦系数，由试验确定，也可按表 6.7.5-2 选用。

表 6.7.5-1　土对挡土墙墙背的摩擦角 δ

挡土墙情况	摩擦角 δ
墙背平滑、排水不良	$(0\sim0.33)\varphi_k$
墙背粗糙、排水良好	$(0.33\sim0.50)\varphi_k$
墙背很粗糙、排水良好	$(0.50\sim0.67)\varphi_k$
墙背与填土间不可能滑动	$(0.67\sim1.00)\varphi_k$

注：φ_k为墙背填土的内摩擦角。

表 6.7.5-2　土对挡土墙基底的摩擦系数 μ

土的类别		摩擦系数 μ
黏性土	可塑	0.25～0.30
	硬塑	0.30～0.35
	坚硬	0.35～0.45
粉土		0.30～0.40
中砂、粗砂、砾砂		0.40～0.50
碎石土		0.40～0.60
软质岩		0.40～0.60
表面粗糙的硬质岩		0.65～0.75

注：1　对易风化的软质岩和塑性指数 I_P 大于 22 的黏性土，基底摩擦系数应通过试验确定；

2　对碎石土，可根据其密实程度、填充物状况、风化程度等确定。

2　抗倾覆稳定性应按下列公式进行验算（图 6.7.5-2）：

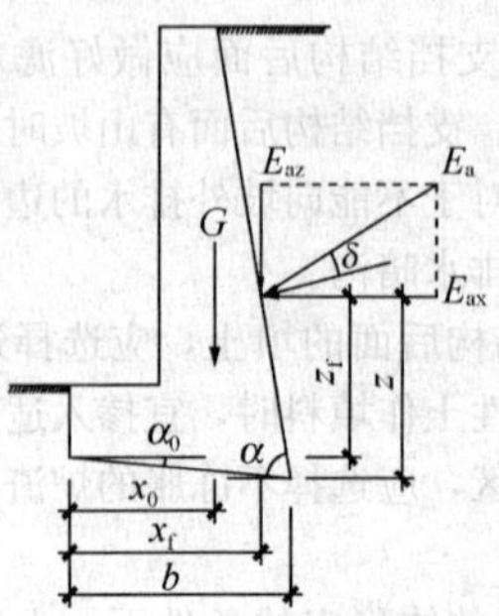

图 6.7.5-2　挡土墙抗倾覆稳定验算示意

$$\frac{Gx_0+E_{az}x_f}{E_{ax}z_f}\geqslant1.6 \quad (6.7.5\text{-}6)$$

$$E_{ax}=E_a\sin(\alpha-\delta) \quad (6.7.5\text{-}7)$$

$$E_{az}=E_a\cos(\alpha-\delta) \quad (6.7.5\text{-}8)$$

$$x_f=b-z\cot\alpha \quad (6.7.5\text{-}9)$$

$$z_f=z-b\tan\alpha_0 \quad (6.7.5\text{-}10)$$

式中：z——土压力作用点至墙踵的高度（m）；

x_0——挡土墙重心至墙趾的水平距离（m）；

b——基底的水平投影宽度（m）。

3　整体滑动稳定性可采用圆弧滑动面法进行验算。

4　地基承载力计算，除应符合本规范第 5.2 节的规定外，基底合力的偏心距不应大于 0.25 倍基础的宽度。当基底下有软弱下卧层时，尚应进行软弱下卧层的承载力验算。

6.8　岩石边坡与岩石锚杆挡墙

6.8.1　在岩石边坡整体稳定的条件下，岩石边坡的开挖坡度允许值，应根据当地经验按工程类比的原则，参照本地区已有稳定边坡的坡度值加以确定。

6.8.2　当整体稳定的软质岩边坡高度小于 12m，硬质岩边坡高度小于 15m 时，边坡开挖时可进行构造处理（图 6.8.2-1、图 6.8.2-2）。

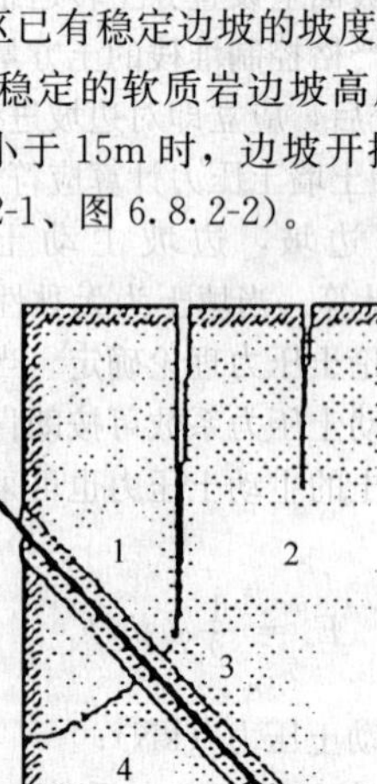

图 6.8.2-1　边坡顶部支护

1—崩塌体；2—岩石边坡顶部裂隙；3—锚杆；4—破裂面

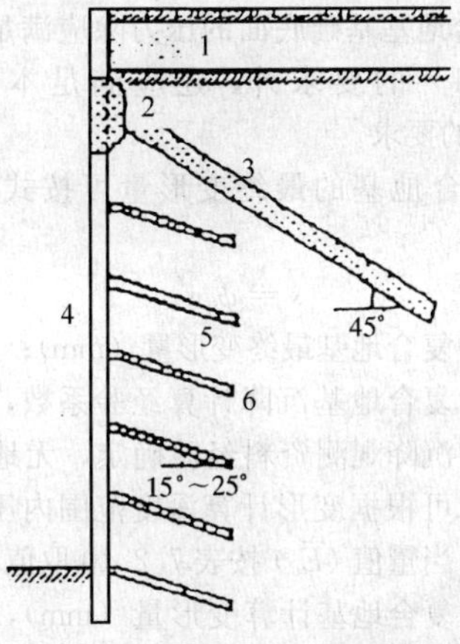

图 6.8.2-2　整体稳定边坡支护

1—土层；2—横向连系梁；3—支护锚杆；4—面板；5—防护锚杆；6—岩石

6.8.3　对单结构面外倾边坡作用在支挡结构上的推力，可根据楔体平衡法进行计算，并应考虑结构面填充物的性质及其浸水后的变化。具有两组或多组结构面的交线倾向于临空面的边坡，可采用棱形体分割法计算棱体的下滑力。

6.8.4　岩石锚杆挡土结构设计，应符合下列规定（图 6.8.4）：

1　岩石锚杆挡土结构的荷载，宜采用主动土压力乘以 1.1～1.2 的增大系数；

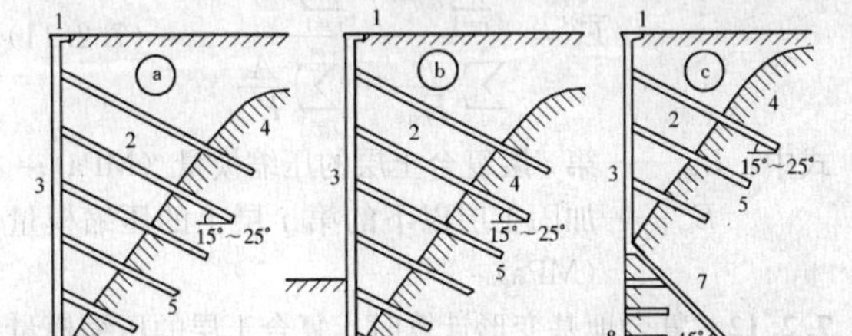

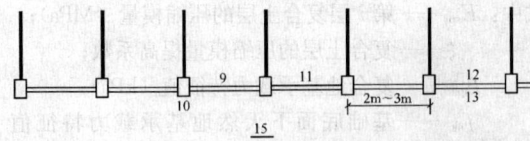

图 6.8.4　锚杆体系支挡结构

1—压顶梁；2—土层；3—立柱及面板；4—岩石；5—岩石锚杆；6—立柱嵌入岩体；7—顶撑锚杆；8—护面；9—面板；10—立柱（竖柱）；11—土体；12—土坡顶部；13—土坡坡脚；14—剖面图；15—平面图

2　挡板计算时，其荷载的取值可考虑支承挡板的两立柱间土体的卸荷拱作用；

3　立柱端部应嵌入稳定岩层内，并应根据端部的实际情况假定为固定支承或铰支承，当立柱插入岩层中的深度大于 3 倍立柱长边时，可按固定支承计算；

4　岩石锚杆应与立柱牢固连接，并应验算连接处立柱的抗剪切强度。

6.8.5　岩石锚杆的构造应符合下列规定：

1　岩石锚杆由锚固段和非锚固段组成。锚固段应嵌入稳定的基岩中，嵌入基岩深度应大于 40 倍锚杆筋体直径，且不得小于 3 倍锚杆的孔径。非锚固段的主筋必须进行防护处理。

2　作支护用的岩石锚杆，锚杆孔径不宜小于 100mm；作防护用的锚杆，其孔径可小于 100mm，但不应小于 60mm。

3　岩石锚杆的间距，不应小于锚杆孔径的 6 倍。

4　岩石锚杆与水平面的夹角宜为 15°～25°。

5　锚杆筋体宜采用热轧带肋钢筋，水泥砂浆强度不宜低于 25MPa，细石混凝土强度不宜低于 C25。

6.8.6　岩石锚杆锚固段的抗拔承载力，应按照本规范附录 M 的试验方法经现场原位试验确定。对于永久性锚杆的初步设计或对于临时性锚杆的施工阶段设计，可按下式计算：

$$R_t = \xi f u_r h_r \quad (6.8.6)$$

式中：R_t——锚杆抗拔承载力特征值（kN）；

ξ——经验系数，对于永久性锚杆取 0.8，对于临时性锚杆取 1.0；

f——砂浆与岩石间的粘结强度特征值（kPa），由试验确定，当缺乏试验资料时，可按表 6.8.6 取用；

u_r——锚杆的周长（m）；

h_r——锚杆锚固段嵌入岩层中的长度（m），当长度超过 13 倍锚杆直径时，按 13 倍直径计算。

表 6.8.6　砂浆与岩石间的粘结强度特征值（MPa）

岩石坚硬程度	软岩	较软岩	硬质岩
粘结强度	<0.2	0.2～0.4	0.4～0.6

注：水泥砂浆强度为 30MPa 或细石混凝土强度等级为 C30。

7　软弱地基

7.1　一般规定

7.1.1　当地基压缩层主要由淤泥、淤泥质土、冲填土、杂填土或其他高压缩性土层构成时应按软弱地基进行设计。在建筑地基的局部范围内有高压缩性土层时，应按局部软弱土层处理。

7.1.2　勘察时，应查明软弱土层的均匀性、组成、分布范围和土质情况；冲填土尚应查明排水固结条件；杂填土应查明堆积历史，确定自重压力下的稳定性、湿陷性等。

7.1.3 设计时，应考虑上部结构和地基的共同作用。对建筑体型、荷载情况、结构类型和地质条件进行综合分析，确定合理的建筑措施、结构措施和地基处理方法。

7.1.4 施工时，应注意对淤泥和淤泥质土基槽底面的保护，减少扰动。荷载差异较大的建筑物，宜先建重、高部分，后建轻、低部分。

7.1.5 活荷载较大的构筑物或构筑物群（如料仓、油罐等），使用初期应根据沉降情况控制加载速率，掌握加载间隔时间，或调整活荷载分布，避免过大倾斜。

7.2 利用与处理

7.2.1 利用软弱土层作为持力层时，应符合下列规定：

1 淤泥和淤泥质土，宜利用其上覆较好土层作为持力层，当上覆土层较薄，应采取避免施工时对淤泥和淤泥质土扰动的措施；

2 冲填土、建筑垃圾和性能稳定的工业废料，当均匀性和密实度较好时，可利用作为轻型建筑物地基的持力层。

7.2.2 局部软弱土层以及暗塘、暗沟等，可采用基础梁、换土、桩基或其他方法处理。

7.2.3 当地基承载力或变形不能满足设计要求时，地基处理可选用机械压实、堆载预压、真空预压、换填垫层或复合地基等方法。处理后的地基承载力应通过试验确定。

7.2.4 机械压实包括重锤夯实、强夯、振动压实等方法，可用于处理由建筑垃圾或工业废料组成的杂填土地基，处理有效深度应通过试验确定。

7.2.5 堆载预压可用于处理较厚淤泥和淤泥质土地基。预压荷载宜大于设计荷载，预压时间应根据建筑物的要求以及地基固结情况决定，并应考虑堆载大小和速率对堆载效果和周围建筑物的影响。采用塑料排水带或砂井进行堆载预压和真空预压时，应在塑料排水带或砂井顶部做排水砂垫层。

7.2.6 换填垫层（包括加筋垫层）可用于软弱地基的浅层处理。垫层材料可采用中砂、粗砂、砾砂、角（圆）砾、碎（卵）石、矿渣、灰土、黏性土以及其他性能稳定、无腐蚀性的材料。加筋材料可采用高强度、低徐变、耐久性好的土工合成材料。

7.2.7 复合地基设计应满足建筑物承载力和变形要求。当地基土为欠固结土、膨胀土、湿陷性黄土、可液化土等特殊性土时，设计采用的增强体和施工工艺应满足处理后地基土和增强体共同承担荷载的技术要求。

7.2.8 复合地基承载力特征值应通过现场复合地基载荷试验确定，或采用增强体载荷试验结果和其周边土的承载力特征值结合经验确定。

7.2.9 复合地基基础底面的压力除应满足本规范公式（5.2.1-1）的要求外，还应满足本规范公式（5.2.1-2）的要求。

7.2.10 复合地基的最终变形量可按式（7.2.10）计算：

$$s = \psi_{sp} s' \tag{7.2.10}$$

式中：s——复合地基最终变形量（mm）；

ψ_{sp}——复合地基沉降计算经验系数，根据地区沉降观测资料经验确定，无地区经验时可根据变形计算深度范围内压缩模量的当量值（$\overline{E}_s$）按表7.2.10取值；

s'——复合地基计算变形量（mm），可按本规范公式（5.3.5）计算；加固土层的压缩模量可取复合土层的压缩模量，按本规范第7.2.12条确定；地基变形计算深度应大于加固土层的厚度，并应符合本规范第5.3.7条的规定。

表7.2.10 复合地基沉降计算经验系数 ψ_{sp}

$\overline{E}_s$（MPa）	4.0	7.0	15.0	20.0	35.0
ψ_{sp}	1.0	0.7	0.4	0.25	0.2

7.2.11 变形计算深度范围内压缩模量的当量值（$\overline{E}_s$），应按下式计算：

$$\overline{E}_s = \frac{\sum_{i=1}^{n} A_i + \sum_{j=1}^{m} A_j}{\sum_{i=1}^{n} \frac{A_i}{E_{spi}} + \sum_{j=1}^{m} \frac{A_j}{E_{sj}}} \tag{7.2.11}$$

式中：E_{spi}——第 i 层复合土层的压缩模量（MPa）；

E_{sj}——加固土层以下的第 j 层土的压缩模量（MPa）。

7.2.12 复合地基变形计算时，复合土层的压缩模量可按下列公式计算：

$$E_{spi} = \xi \cdot E_{si} \tag{7.2.12-1}$$

$$\xi = f_{spk} / f_{ak} \tag{7.2.12-2}$$

式中：E_{spi}——第 i 层复合土层的压缩模量（MPa）；

ξ——复合土层的压缩模量提高系数；

f_{spk}——复合地基承载力特征值（kPa）；

f_{ak}——基础底面下天然地基承载力特征值（kPa）。

7.2.13 增强体顶部应设褥垫层。褥垫层可采用中砂、粗砂、砾砂、碎石、卵石等散体材料。碎石、卵石宜掺入20%～30%的砂。

7.3 建筑措施

7.3.1 在满足使用和其他要求的前提下，建筑体型应力求简单。当建筑体型比较复杂时，宜根据其平面形状和高度差异情况，在适当部位用沉降缝将其划分成若干个刚度较好的单元；当高度差异或荷载差异较大时，可将两者隔开一定距离，当拉开距离后的两单元必须连接时，应采用能自由沉降的连接构造。

7.3.2 当建筑物设置沉降缝时，应符合下列规定：

1 建筑物的下列部位，宜设置沉降缝：

1） 建筑平面的转折部位；

2） 高度差异或荷载差异处；

3） 长高比过大的砌体承重结构或钢筋混凝土框架结构的适当部位；

4） 地基土的压缩性有显著差异处；

5） 建筑结构或基础类型不同处；

6） 分期建造房屋的交界处。

2 沉降缝应有足够的宽度，沉降缝宽度可按表7.3.2选用。

表 7.3.2 房屋沉降缝的宽度

房屋层数	沉降缝宽度（mm）
二～三	50～80
四～五	80～120
五层以上	不小于 120

7.3.3 相邻建筑物基础间的净距，可按表 7.3.3 选用。

表 7.3.3 相邻建筑物基础间的净距（m）

被影响建筑的长高比 / 影响建筑的预估平均沉降量 s（mm）	$2.0 \leqslant \frac{L}{H_f} < 3.0$	$3.0 \leqslant \frac{L}{H_f} < 5.0$
70～150	2～3	3～6
160～250	3～6	6～9
260～400	6～9	9～12
＞400	9～12	不小于 12

注：1 表中 L 为建筑物长度或沉降缝分隔的单元长度（m）；H_f 为自基础底面标高算起的建筑物高度（m）；

2 当被影响建筑的长高比为 $1.5 < L/H_f < 2.0$ 时，其间净距可适当缩小。

7.3.4 相邻高耸结构或对倾斜要求严格的构筑物的外墙间隔距离，应根据倾斜允许值计算确定。

7.3.5 建筑物各组成部分的标高，应根据可能产生的不均匀沉降采取下列相应措施：

1 室内地坪和地下设施的标高，应根据预估沉降量予以提高。建筑物各部分（或设备之间）有联系时，可将沉降较大者标高提高。

2 建筑物与设备之间，应留有净空。当建筑物有管道穿过时，应预留孔洞，或采用柔性的管道接头等。

7.4 结构措施

7.4.1 为减少建筑物沉降和不均匀沉降，可采用下列措施：

1 选用轻型结构，减轻墙体自重，采用架空地板代替室内填土；

2 设置地下室或半地下室，采用覆土少、自重轻的基础形式；

3 调整各部分的荷载分布、基础宽度或埋置深度；

4 对不均匀沉降要求严格的建筑物，可选用较小的基底压力。

7.4.2 对于建筑体型复杂、荷载差异较大的框架结构，可采用箱基、桩基、筏基等加强基础整体刚度，减少不均匀沉降。

7.4.3 对于砌体承重结构的房屋，宜采用下列措施增强整体刚度和承载力：

1 对于三层和三层以上的房屋，其长高比 L/H_f 宜小于或等于 2.5；当房屋的长高比为 $2.5 < L/H_f \leqslant 3.0$ 时，宜做到纵墙不转折或少转折，并应控制其内横墙间距或增强基础刚度和承载力。当房屋的预估最大沉降量小于或等于 120mm 时，其长高比可不受限制。

2 墙体内宜设置钢筋混凝土圈梁或钢筋砖圈梁。

3 在墙体上开洞时，宜在开洞部位配筋或采用构造柱及圈梁加强。

7.4.4 圈梁应按下列要求设置：

1 在多层房屋的基础和顶层处应各设置一道，其他各层可隔层设置，必要时也可逐层设置。单层工业厂房、仓库，可结合基础梁、连系梁、过梁等酌情设置。

2 圈梁应设置在外墙、内纵墙和主要内横墙上，并宜在平面内连成封闭系统。

7.5 大面积地面荷载

7.5.1 在建筑范围内有地面荷载的单层工业厂房、露天车间和单层仓库的设计，应考虑由于地面荷载所产生的地基不均匀变形及其对上部结构的不利影响。当有条件时，宜利用堆载预压过的建筑场地。

注：地面荷载系指生产堆料、工业设备等地面堆载和天然地面上的大面积填土。

7.5.2 地面堆载应均衡，并应根据使用要求、堆载特点、结构类型和地质条件确定允许堆载量和范围。

堆载不宜压在基础上。大面积的填土，宜在基础施工前三个月完成。

7.5.3 地面堆载荷载应满足地基承载力、变形、稳定性要求，并应考虑对周边环境的影响。当堆载量超过地基承载力特征值时应进行专项设计。

7.5.4 厂房和仓库的结构设计，可适当提高柱、墙的抗弯能力，增强房屋的刚度。对于中、小型仓库，宜采用静定结构。

7.5.5 对于在使用过程中允许调整吊车轨道的单层钢筋混凝土工业厂房和露天车间的天然地基设计，除应遵守本规范第 5 章的有关规定外，尚应符合下式要求：

$$s'_g \leqslant [s'_g] \quad (7.5.5)$$

式中：s'_g——由地面荷载引起柱基内侧边缘中点的地基附加沉降量计算值，可按本规范附录N计算；

$[s'_g]$——由地面荷载引起柱基内侧边缘中点的地基附加沉降量允许值，可按表7.5.5采用。

表7.5.5 地基附加沉降量允许值 $[s'_g]$（mm）

b \ a	6	10	20	30	40	50	60	70
1	40	45	50	55	55			
2	45	50	55	60	60			
3	50	55	60	65	70	75		
4	55	60	65	70	75	80	85	90
5	65	70	75	80	85	90	95	100

注：表中 a 为地面荷载的纵向长度（m）；b 为车间跨度方向基础底面边长（m）。

7.5.6 按本规范第7.5.5条设计时，应考虑在使用过程中垫高或移动吊车轨道和吊车梁的可能性。应增大吊车顶面与屋架下弦间的净空和吊车边缘与上柱边缘间的净距，当地基土平均压缩模量 E_s 为3MPa左右，地面平均荷载大于25kPa时，净空宜大于300mm，净距宜大于200mm。并应按吊车轨道可能移动的幅度，加宽钢筋混凝土吊车梁腹部及配置抗扭钢筋。

7.5.7 具有地面荷载的建筑地基遇到下列情况之一时，宜采用桩基：

1 不符合本规范第7.5.5条要求；

2 车间内设有起重量300kN以上、工作级别大于A5的吊车；

3 基底下软土层较薄，采用桩基经济者。

8 基 础

8.1 无筋扩展基础

8.1.1 无筋扩展基础（图8.1.1）高度应满足下式的要求：

$$H_0 \geqslant \frac{b-b_0}{2\tan\alpha} \quad (8.1.1)$$

式中：b——基础底面宽度（m）；

b_0——基础顶面的墙体宽度或柱脚宽度（m）；

H_0——基础高度（m）；

$\tan\alpha$——基础台阶宽高比 b_2 : H_0，其允许值可按表8.1.1选用；

b_2——基础台阶宽度（m）。

表8.1.1 无筋扩展基础台阶宽高比的允许值

基础材料	质量要求	台阶宽高比的允许值		
		$p_k \leqslant 100$	$100 < p_k \leqslant 200$	$200 < p_k \leqslant 300$
混凝土基础	C15混凝土	1 : 1.00	1 : 1.00	1 : 1.25
毛石混凝土基础	C15混凝土	1 : 1.00	1 : 1.25	1 : 1.50
砖基础	砖不低于MU10、砂浆不低于M5	1 : 1.50	1 : 1.50	1 : 1.50
毛石基础	砂浆不低于M5	1 : 1.25	1 : 1.50	—
灰土基础	体积比为3 : 7或2 : 8的灰土，其最小干密度：粉土1550kg/m³ 粉质黏土1500kg/m³ 黏土1450kg/m³	1 : 1.25	1 : 1.50	—
三合土基础	体积比1 : 2 : 4～1 : 3 : 6（石灰 : 砂 : 骨料），每层约虚铺220mm，夯至150mm	1 : 1.50	1 : 2.00	—

注：1 p_k 为作用的标准组合时基础底面处的平均压力值（kPa）；

2 阶梯形毛石基础的每阶伸出宽度，不宜大于200mm；

3 当基础由不同材料叠合组成时，应对接触部分作抗压验算；

4 混凝土基础单侧扩展范围内基础底面处的平均压力值超过300kPa时，尚应进行抗剪验算；对基底反力集中于立柱附近的岩石地基，应进行局部受压承载力验算。

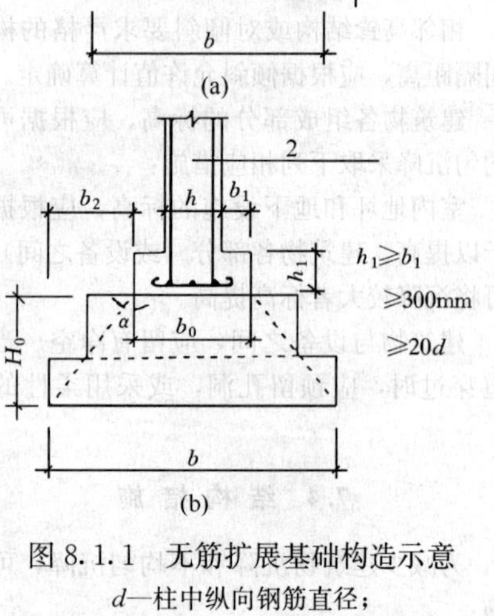

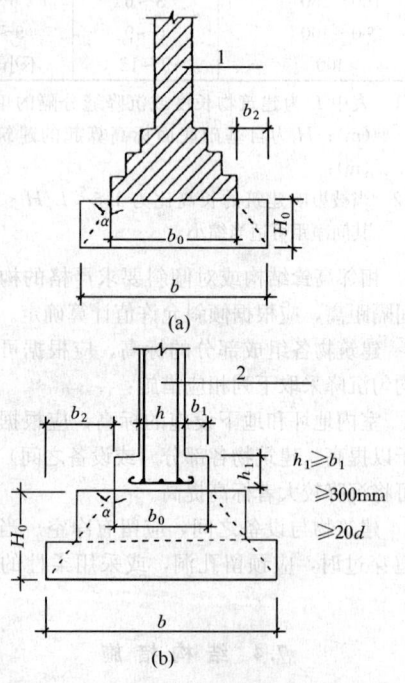

图8.1.1 无筋扩展基础构造示意

d—柱中纵向钢筋直径；

1—承重墙；2—钢筋混凝土柱

8.1.2 采用无筋扩展基础的钢筋混凝土柱，其柱脚高度 h_1 不得小于 b_1（图 8.1.1），并不应小于 300mm 且不小于 $20d$。当柱纵向钢筋在柱脚内的竖向锚固长度不满足锚固要求时，可沿水平方向弯折，弯折后的水平锚固长度不应小于 $10d$ 也不应大于 $20d$。

注：d 为柱中的纵向受力钢筋的最大直径。

8.2 扩 展 基 础

8.2.1 扩展基础的构造，应符合下列规定：

1 锥形基础的边缘高度不宜小于 200mm，且两个方向的坡度不宜大于 1∶3；阶梯形基础的每阶高度，宜为 300mm～500mm。

2 垫层的厚度不宜小于 70mm，垫层混凝土强度等级不宜低于 C10。

3 扩展基础受力钢筋最小配筋率不应小于 0.15%，底板受力钢筋的最小直径不应小于 10mm，间距不应大于 200mm，也不应小于 100mm。墙下钢筋混凝土条形基础纵向分布钢筋的直径不应小于 8mm；间距不应大于 300mm；每延米分布钢筋的面积不应小于受力钢筋面积的 15%。当有垫层时钢筋保护层的厚度不应小于 40mm；无垫层时不应小于 70mm。

4 混凝土强度等级不应低于 C20。

5 当柱下钢筋混凝土独立基础的边长和墙下钢筋混凝土条形基础的宽度大于或等于 2.5m 时，底板受力钢筋的长度可取边长或宽度的 0.9 倍，并宜交错布置（图 8.2.1-1）。

6 钢筋混凝土条形基础底板在 T 形及十字形交接处，底板横向受力钢筋仅沿一个主要受力方向通长布置，另一方向的横向受力钢筋可布置到主要受力方向底板宽度 1/4 处（图 8.2.1-2）。在拐角处底板横向受力钢筋应沿两个方向布置（图 8.2.1-2）。

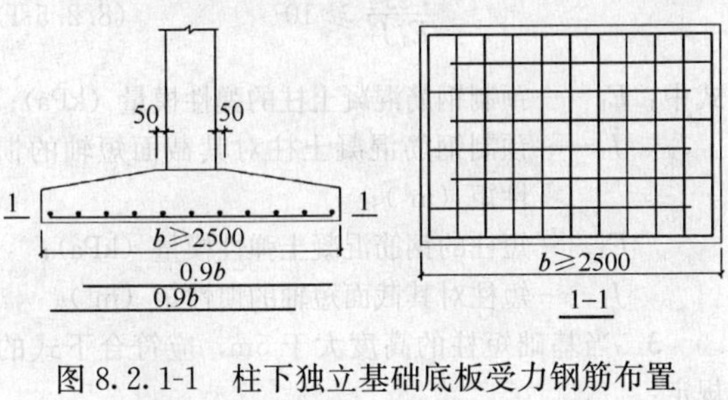

图 8.2.1-1 柱下独立基础底板受力钢筋布置

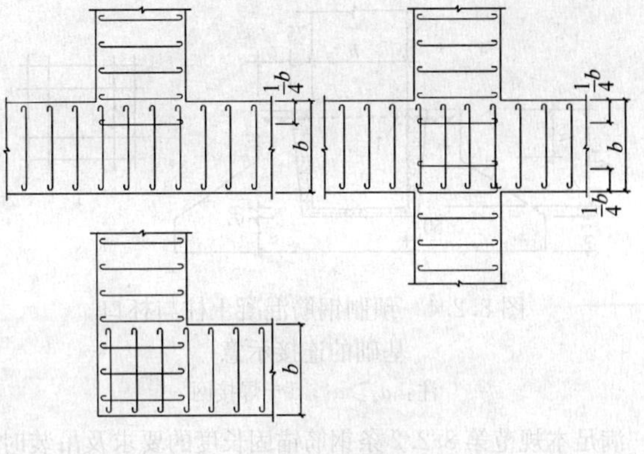

图 8.2.1-2 墙下条形基础纵横交叉处底板受力钢筋布置

8.2.2 钢筋混凝土柱和剪力墙纵向受力钢筋在基础内的锚固长度应符合下列规定：

1 钢筋混凝土柱和剪力墙纵向受力钢筋在基础内的锚固长度（l_a）应根据现行国家标准《混凝土结构设计规范》GB 50010 有关规定确定；

2 抗震设防烈度为 6 度、7 度、8 度和 9 度地区的建筑工程，纵向受力钢筋的抗震锚固长度（l_{aE}）应按下式计算：

1） 一、二级抗震等级纵向受力钢筋的抗震锚固长度（l_{aE}）应按下式计算：

$$l_{aE}=1.15l_a \tag{8.2.2-1}$$

2） 三级抗震等级纵向受力钢筋的抗震锚固长度（l_{aE}）应按下式计算：

$$l_{aE}=1.05l_a \tag{8.2.2-2}$$

3） 四级抗震等级纵向受力钢筋的抗震锚固长度（l_{aE}）应按下式计算：

$$l_{aE}=l_a \tag{8.2.2-3}$$

式中：l_a——纵向受拉钢筋的锚固长度（m）。

3 当基础高度小于 l_a（l_{aE}）时，纵向受力钢筋的锚固总长度除符合上述要求外，其最小直锚段的长度不应小于 $20d$，弯折段的长度不应小于 150mm。

8.2.3 现浇柱的基础，其插筋的数量、直径以及钢筋种类应与柱内纵向受力钢筋相同。插筋的锚固长度应满足本规范第 8.2.2 条的规定，插筋与柱的纵向受力钢筋的连接方法，应符合现行国家标准《混凝土结构设计规范》GB 50010 的有关规定。插筋的下端宜做成直钩放在基础底板钢筋网上。当符合下列条件之一时，可仅将四角的插筋伸至底板钢筋网上，其余插筋锚固在基础顶面下 l_a 或 l_{aE} 处（图 8.2.3）。

1 柱为轴心受压或小偏心受压，基础高度大于或等于 1200mm；

2 柱为大偏心受压，基础高度大于或等于 1400mm。

8.2.4 预制钢筋混凝土柱与杯口基础的连接（图 8.2.4），应符合下列规定：

1 柱的插入深度，可按表 8.2.4-1 选用，并应

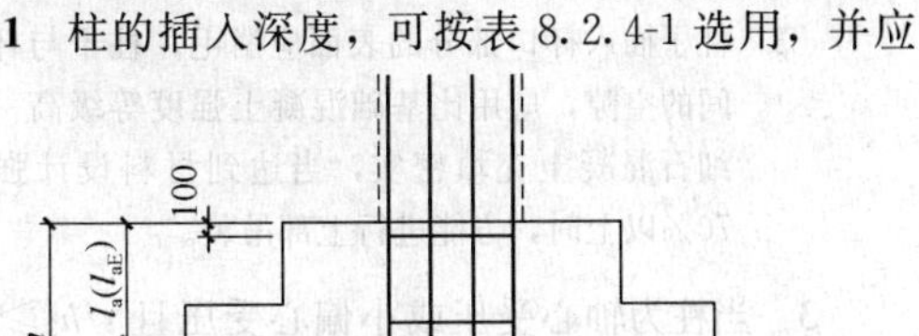

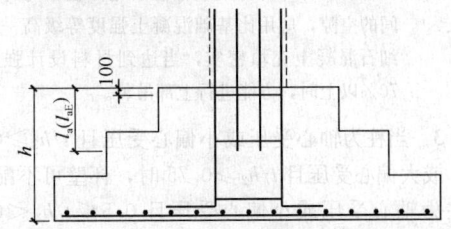

图 8.2.3 现浇柱的基础中插筋构造示意

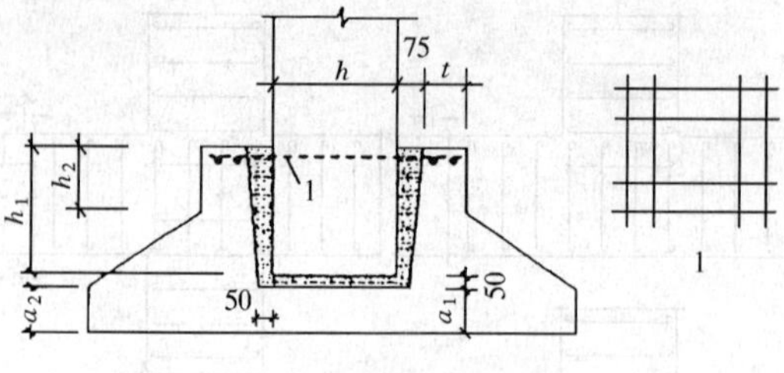

图 8.2.4 预制钢筋混凝土柱与杯口基础的连接示意

注：$a_2 \geqslant a_1$；1—焊接网

满足本规范第 8.2.2 条钢筋锚固长度的要求及吊装时柱的稳定性。

表 8.2.4-1 柱的插入深度 h_1（mm）

矩形或工字形柱				双肢柱
$h<500$	$500\leqslant h<800$	$800\leqslant h\leqslant 1000$	$h>1000$	
h～$1.2h$	h	$0.9h$ 且$\geqslant 800$	$0.8h$ $\geqslant 1000$	（1/3～2/3）h_a （1.5～1.8）h_b

注：1 h 为柱截面长边尺寸；h_a为双肢柱全截面长边尺寸；h_b为双肢柱全截面短边尺寸；

2 柱轴心受压或小偏心受压时，h_1可适当减小，偏心距大于 $2h$ 时，h_1应适当加大。

2 基础的杯底厚度和杯壁厚度，可按表 8.2.4-2 选用。

表 8.2.4-2 基础的杯底厚度和杯壁厚度

柱截面长边尺寸 h（mm）	杯底厚度 a_1（mm）	杯壁厚度 t（mm）
$h<500$	$\geqslant 150$	150～200
$500\leqslant h<800$	$\geqslant 200$	$\geqslant 200$
$800\leqslant h<1000$	$\geqslant 200$	$\geqslant 300$
$1000\leqslant h<1500$	$\geqslant 250$	$\geqslant 350$
$1500\leqslant h<2000$	$\geqslant 300$	$\geqslant 400$

注：1 双肢柱的杯底厚度值，可适当加大；

2 当有基础梁时，基础梁下的杯壁厚度，应满足其支承宽度的要求；

3 柱子插入杯口部分的表面应凿毛，柱子与杯口之间的空隙，应用比基础混凝土强度等级高一级的细石混凝土充填密实，当达到材料设计强度的70%以上时，方能进行上部吊装。

3 当柱为轴心受压或小偏心受压且 $t/h_2\geqslant 0.65$ 时，或大偏心受压且 $t/h_2\geqslant 0.75$ 时，杯壁可不配筋；当柱为轴心受压或小偏心受压且 $0.5\leqslant t/h_2<0.65$ 时，杯壁可按表 8.2.4-3 构造配筋；其他情况下，应按计算配筋。

表 8.2.4-3 杯壁构造配筋

柱截面长边尺寸（mm）	$h<1000$	$1000\leqslant h<1500$	$1500\leqslant h\leqslant 2000$
钢筋直径（mm）	8～10	10～12	12～16

注：表中钢筋置于杯口顶部，每边两根（图 8.2.4）。

8.2.5 预制钢筋混凝土柱（包括双肢柱）与高杯口基础的连接（图 8.2.5-1），除应符合本规范第 8.2.4 条插入深度的规定外，尚应符合下列规定：

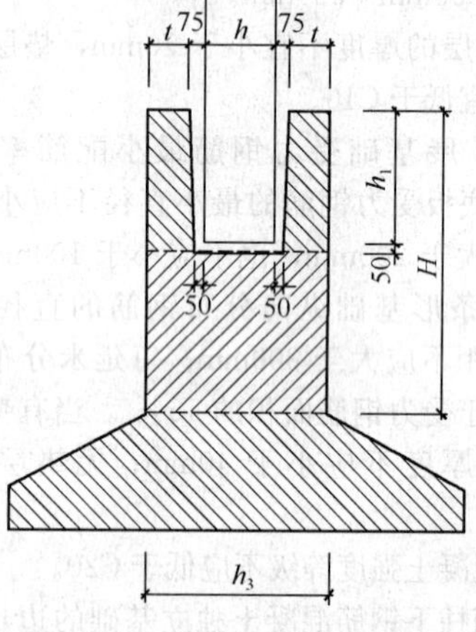

图 8.2.5-1 高杯口基础

H—短柱高度

1 起重机起重量小于或等于 750kN，轨顶标高小于或等于 14m，基本风压小于 0.5kPa 的工业厂房，且基础短柱的高度不大于 5m。

2 起重机起重量大于 750kN，基本风压大于 0.5kPa，应符合下式的规定：

$$\frac{E_2 J_2}{E_1 J_1}\geqslant 10 \qquad (8.2.5\text{-}1)$$

式中：E_1——预制钢筋混凝土柱的弹性模量（kPa）；

J_1——预制钢筋混凝土柱对其截面短轴的惯性矩（m^4）；

E_2——短柱的钢筋混凝土弹性模量（kPa）；

J_2——短柱对其截面短轴的惯性矩（m^4）。

3 当基础短柱的高度大于 5m，应符合下式的规定：

$$\Delta_2/\Delta_1\leqslant 1.1 \qquad (8.2.5\text{-}2)$$

式中：Δ_1——单位水平力作用在以高杯口基础顶面为固定端的柱顶时，柱顶的水平位移（m）；

Δ_2——单位水平力作用在以短柱底面为固定端的柱顶时，柱顶的水平位移（m）。

4 杯壁厚度应符合表 8.2.5 的规定。高杯口基础短柱的纵向钢筋，除满足计算要求外，在非地震区及抗震设防烈度低于9度地区，且满足本条第1、2、3款的要求时，短柱四角纵向钢筋的直径不宜小于20mm，并延伸至基础底板的钢筋网上；短柱长边的纵向钢筋，当长边尺寸小于或等于1000mm时，其钢筋直径不应小于12mm，间距不应大于300mm；当长边尺寸大于1000mm时，其钢筋直径不应小于16mm，间距不应大于300mm，且每隔一米左右伸下一根并作150mm的直钩支承在基础底部的钢筋网上，其余钢筋锚固至基础底板顶面下 l_a 处（图8.2.5-2）。短柱短边每隔300mm应配置直径不小于12mm的纵向钢筋且每边的配筋率不少于0.05%短柱的截面面积。短柱中杯口壁内横向箍筋不应小于 ϕ8@150；短柱中其他部位的箍筋直径不应小于8mm，间距不应大于300mm；当抗震设防烈度为8度和9度时，箍筋直径不应小于8mm，间距不应大于150mm。

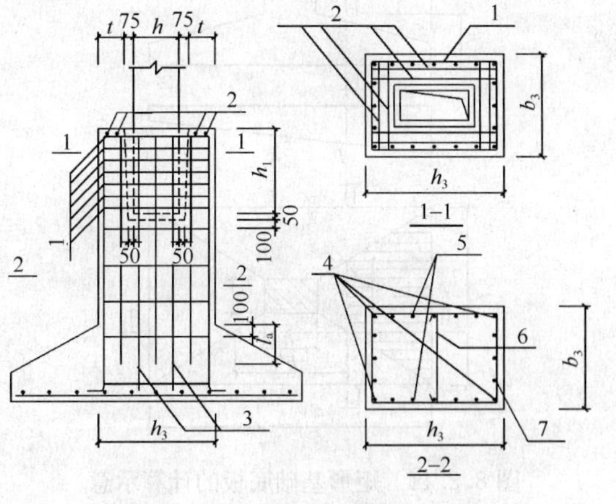

图8.2.5-2　高杯口基础构造配筋

1—杯口壁内横向箍筋 ϕ8@150；2—顶层焊接钢筋网；3—插入基础底部的纵向钢筋不应少于每米1根；4—短柱四角钢筋一般不小于Φ20；5—短柱长边纵向钢筋当 h_3≤1000用 ϕ12@300，当 h_3>1000用Φ16@300；6—按构造要求；7—短柱短边纵向钢筋每边不小于0.05% b_3h_3（不小于 ϕ12@300）

表8.2.5　高杯口基础的杯壁厚度 t

h（mm）	t（mm）
600<h≤800	≥250
800<h≤1000	≥300
1000<h≤1400	≥350
1400<h≤1600	≥400

8.2.6　扩展基础的基础底面积，应按本规范第5章有关规定确定。在条形基础相交处，不应重复计入基础面积。

8.2.7　扩展基础的计算应符合下列规定：

1　对柱下独立基础，当冲切破坏锥体落在基础底面以内时，应验算柱与基础交接处以及基础变阶处的受冲切承载力；

2　对基础底面短边尺寸小于或等于柱宽加两倍基础有效高度的柱下独立基础，以及墙下条形基础，应验算柱（墙）与基础交接处的基础受剪切承载力；

3　基础底板的配筋，应按抗弯计算确定；

4　当基础的混凝土强度等级小于柱的混凝土强度等级时，尚应验算柱下基础顶面的局部受压承载力。

8.2.8　柱下独立基础的受冲切承载力应按下列公式验算：

$$F_l \leqslant 0.7\beta_{hp} f_t a_m h_0 \tag{8.2.8-1}$$

$$a_m = (a_t + a_b)/2 \tag{8.2.8-2}$$

$$F_l = p_j A_l \tag{8.2.8-3}$$

式中：β_{hp}——受冲切承载力截面高度影响系数，当 h 不大于800mm时，β_{hp} 取1.0；当 h 大于或等于2000mm时，β_{hp} 取0.9，其间按线性内插法取用；

f_t——混凝土轴心抗拉强度设计值（kPa）；

h_0——基础冲切破坏锥体的有效高度（m）；

a_m——冲切破坏锥体最不利一侧计算长度（m）；

a_t——冲切破坏锥体最不利一侧斜截面的上边长（m），当计算柱与基础交接处的受冲切承载力时，取柱宽；当计算基础变阶处的受冲切承载力时，取上阶宽；

a_b——冲切破坏锥体最不利一侧斜截面在基础底面积范围内的下边长（m），当冲切破坏锥体的底面落在基础底面以内（图8.2.8a、b），计算柱与基础交接处的受冲切承载力时，取柱宽加两倍基础有效高度；当计算基础变阶处的受冲切承载力时，取上阶宽加两倍该处的基础有效高度；

p_j——扣除基础自重及其上土重后相应于作用的基本组合时的地基土单位面积净反力（kPa），对偏心受压基础可取基础边缘处最大地基土单位面积净反力；

A_l——冲切验算时取用的部分基底面积（m^2）（图8.2.8a、b中的阴影面积 $ABCDEF$）；

F_l——相应于作用的基本组合时作用在 A_l 上的地基土净反力设计值（kPa）。

8.2.9　当基础底面短边尺寸小于或等于柱宽加两倍基础有效高度时，应按下列公式验算柱与基础交接处截面受剪承载力：

$$V_s \leqslant 0.7\beta_{hs} f_t A_0 \tag{8.2.9-1}$$

$$\beta_{hs} = (800/h_0)^{1/4} \tag{8.2.9-2}$$

式中：V_s——相应于作用的基本组合时，柱与基础交接处的剪力设计值（kN），图8.2.9中

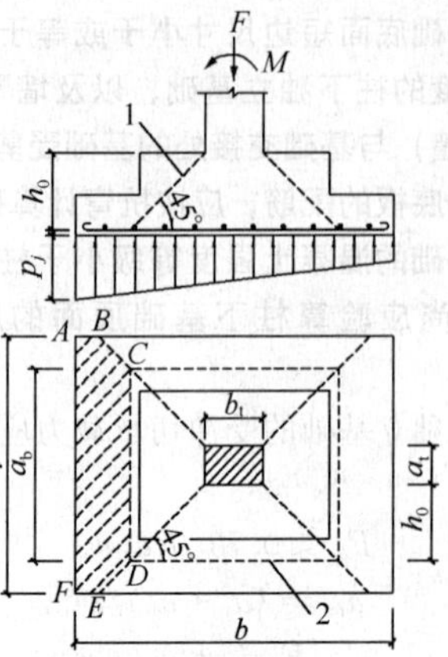

(a) 柱与基础交接处

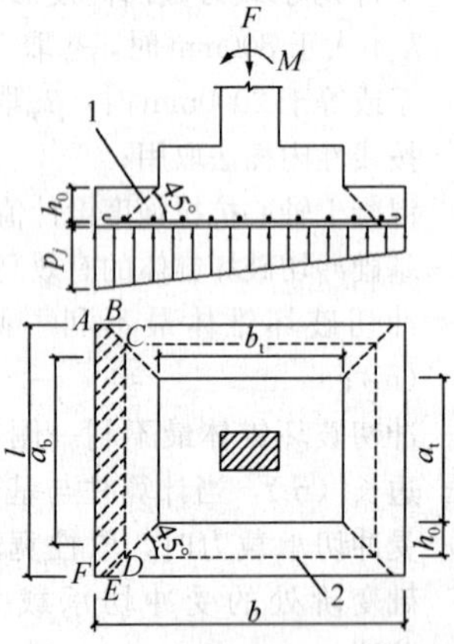

(b) 基础变阶处

图 8.2.8　计算阶形基础的受冲切承载力截面位置

1—冲切破坏锥体最不利一侧的斜截面；

2—冲切破坏锥体的底面线

的阴影面积乘以基底平均净反力；

β_{hs}——受剪切承载力截面高度影响系数，当 $h_0<800$mm 时，取 $h_0=800$mm；当 $h_0>2000$mm 时，取 $h_0=2000$mm；

A_0——验算截面处基础的有效截面面积（m²）。当验算截面为阶形或锥形时，可将其截面折算成矩形截面，截面的折算宽度和截面的有效高度按本规范附录 U 计算。

8.2.10　墙下条形基础底板应按本规范公式（8.2.9-1）验算墙与基础底板交接处截面受剪承载力，其中 A_0 为验算截面处基础底板的单位长度垂直截面有效面积，V_s 为墙与基础交接处由基底平均净反力产生的单位长度剪力设计值。

8.2.11　在轴心荷载或单向偏心荷载作用下，当台阶的宽高比小于或等于 2.5 且偏心距小于或等于 1/6 基础宽度时，柱下矩形独立基础任意截面的底板弯矩可按下列简化方法进行计算（图 8.2.11）：

$$M_{\mathrm{I}}=\frac{1}{12}a_1^2\left[(2l+a')\left(p_{max}+p-\frac{2G}{A}\right)+(p_{max}-p)l\right] \quad (8.2.11\text{-}1)$$

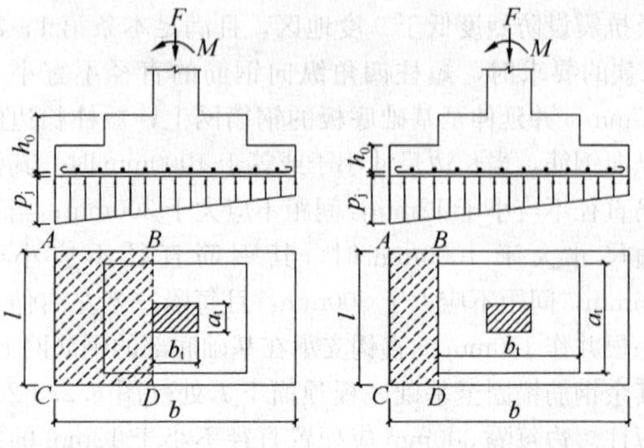

(a) 柱与基础交接处　　(b) 基础变阶处

图 8.2.9　验算阶形基础受剪切承载力示意

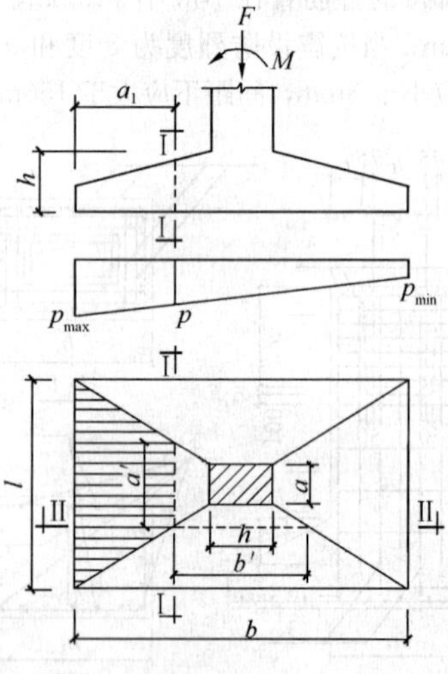

图 8.2.11　矩形基础底板的计算示意

$$M_{\mathrm{II}}=\frac{1}{48}(l-a')^2(2b+b')\left(p_{max}+p_{min}-\frac{2G}{A}\right) \quad (8.2.11\text{-}2)$$

式中：M_{I}、M_{II}——相应于作用的基本组合时，任意截面Ⅰ-Ⅰ、Ⅱ-Ⅱ处的弯矩设计值（kN·m）；

a_1——任意截面Ⅰ-Ⅰ至基底边缘最大反力处的距离（m）；

l、b——基础底面的边长（m）；

p_{max}、p_{min}——相应于作用的基本组合时的基础底面边缘最大和最小地基反力设计值（kPa）；

p——相应于作用的基本组合时在任意截面Ⅰ-Ⅰ处基础底面地基反力设计值（kPa）；

G——考虑作用分项系数的基础自重及其上的土自重（kN）；当组合值由永久作用控制时，作用分项系数可取 1.35。

8.2.12　基础底板配筋除满足计算和最小配筋率要求外，尚应符合本规范第 8.2.1 条第 3 款的构造要求。

计算最小配筋率时，对阶形或锥形基础截面，可将其截面折算成矩形截面，截面的折算宽度和截面的有效高度，按附录U计算。基础底板钢筋可按式（8.2.12）计算。

$$A_s = \frac{M}{0.9 f_y h_0} \quad (8.2.12)$$

8.2.13 当柱下独立柱基底面长短边之比 ω 在大于或等于2、小于或等于3的范围时，基础底板短向钢筋应按下述方法布置：将短向全部钢筋面积乘以 λ 后求得的钢筋，均匀分布在与柱中心线重合的宽度等于基础短边的中间带宽范围内（图8.2.13），其余的短向钢筋则均匀分布在中间带宽的两侧。长向配筋应均匀分布在基础全宽范围内。λ 按下式计算：

$$\lambda = 1 - \frac{\omega}{6} \quad (8.2.13)$$

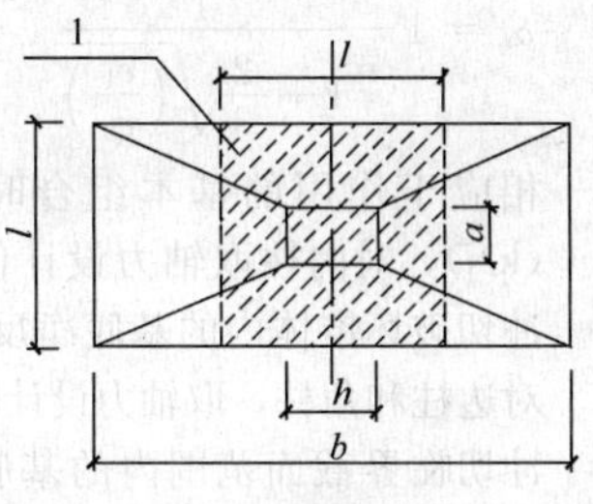

图8.2.13 基础底板短向钢筋布置示意

1—λ 倍短向全部钢筋面积均匀配置在阴影范围内

8.2.14 墙下条形基础（图8.2.14）的受弯计算和配筋应符合下列规定：

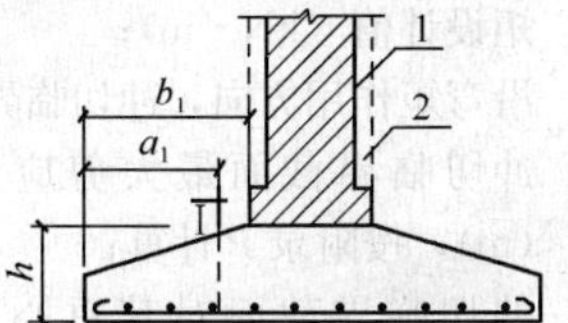

图8.2.14 墙下条形基础的计算示意

1—砖墙；2—混凝土墙

1 任意截面每延米宽度的弯矩，可按下式进行计算。

$$M_1 = \frac{1}{6} a_1^2 \left(2p_{\max} + p - \frac{3G}{A} \right) \quad (8.2.14)$$

2 其最大弯矩截面的位置，应符合下列规定：

1）当墙体材料为混凝土时，取 $a_1 = b_1$；

2）如为砖墙且放脚不大于1/4砖长时，取 $a_1 = b_1 + 1/4$ 砖长。

3 墙下条形基础底板每延米宽度的配筋除满足计算和最小配筋率要求外，尚应符合本规范第8.2.1条第3款的构造要求。

8.3 柱下条形基础

8.3.1 柱下条形基础的构造，除应符合本规范第8.2.1条的要求外，尚应符合下列规定：

1 柱下条形基础梁的高度宜为柱距的1/4～1/8。翼板厚度不应小于200mm。当翼板厚度大于250mm时，宜采用变厚度翼板，其顶面坡度宜小于或等于1：3。

2 条形基础的端部宜向外伸出，其长度宜为第一跨距的0.25倍。

3 现浇柱与条形基础梁的交接处，基础梁的平面尺寸应大于柱的平面尺寸，且柱的边缘至基础梁边缘的距离不得小于50mm（图8.3.1）。

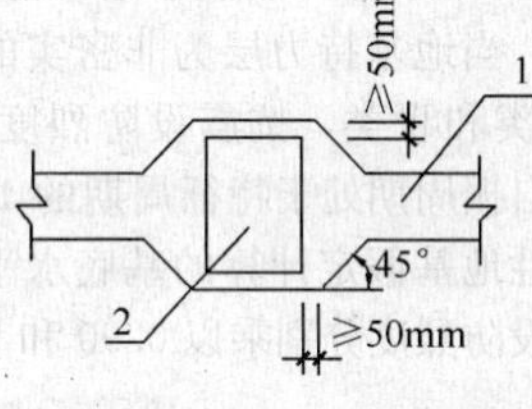

图8.3.1 现浇柱与条形基础梁交接处平面尺寸

1—基础梁；2—柱

4 条形基础梁顶部和底部的纵向受力钢筋除应满足计算要求外，顶部钢筋应按计算配筋全部贯通，底部通长钢筋不应少于底部受力钢筋截面总面积的1/3。

5 柱下条形基础的混凝土强度等级，不应低于C20。

8.3.2 柱下条形基础的计算，除应符合本规范第8.2.6条的要求外，尚应符合下列规定：

1 在比较均匀的地基上，上部结构刚度较好，荷载分布较均匀，且条形基础梁的高度不小于1/6柱距时，地基反力可按直线分布，条形基础梁的内力可按连续梁计算，此时边跨跨中弯矩及第一内支座的弯矩值宜乘以1.2的系数。

2 当不满足本条第1款的要求时，宜按弹性地基梁计算。

3 对交叉条形基础，交点上的柱荷载，可按静力平衡条件及变形协调条件，进行分配。其内力可按本条上述规定，分别进行计算。

4 应验算柱边缘处基础梁的受剪承载力。

5 当存在扭矩时，尚应作抗扭计算。

6 当条形基础的混凝土强度等级小于柱的混凝土强度等级时，应验算柱下条形基础梁顶面的局部受压承载力。

8.4 高层建筑筏形基础

8.4.1 筏形基础分为梁板式和平板式两种类型，其选型应根据地基土质、上部结构体系、柱距、荷载大小、使用要求以及施工条件等因素确定。框架-核心筒结构和筒中筒结构宜采用平板式筏形基础。

8.4.2 筏形基础的平面尺寸，应根据工程地质条件、上部结构的布置、地下结构底层平面以及荷载分布等因素按本规范第5章有关规定确定。对单幢建筑物，在地基土比较均匀的条件下，基底平面形心宜与结构竖向永久荷载重心重合。当不能重合时，在作用的准永久组合下，偏心距 e 宜符合下式规定：

$$e \leqslant 0.1W/A \tag{8.4.2}$$

式中：W——与偏心距方向一致的基础底面边缘抵抗矩（m^3）；

A——基础底面积（m^2）。

8.4.3 对四周与土层紧密接触带地下室外墙的整体式筏基和箱基，当地基持力层为非密实的土和岩石，场地类别为Ⅲ类和Ⅳ类，抗震设防烈度为8度和9度，结构基本自振周期处于特征周期的1.2倍～5倍范围时，按刚性地基假定计算的基底水平地震剪力、倾覆力矩可按设防烈度分别乘以0.90和0.85的折减系数。

8.4.4 筏形基础的混凝土强度等级不应低于C30，当有地下室时应采用防水混凝土。防水混凝土的抗渗等级应按表8.4.4选用。对重要建筑，宜采用自防水并设置架空排水层。

表 8.4.4 防水混凝土抗渗等级

埋置深度 d（m）	设计抗渗等级	埋置深度 d（m）	设计抗渗等级
$d<10$	P6	$20\leqslant d<30$	P10
$10\leqslant d<20$	P8	$30\leqslant d$	P12

8.4.5 采用筏形基础的地下室，钢筋混凝土外墙厚度不应小于250mm，内墙厚度不宜小于200mm。墙的截面设计除满足承载力要求外，尚应考虑变形、抗裂及外墙防渗等要求。墙体内应设置双面钢筋，钢筋不宜采用光面圆钢筋，水平钢筋的直径不应小于12mm，竖向钢筋的直径不应小于10mm，间距不应大于200mm。

8.4.6 平板式筏基的板厚应满足受冲切承载力的要求。

8.4.7 平板式筏基柱下冲切验算应符合下列规定：

1 平板式筏基柱下冲切验算时应考虑作用在冲切临界截面重心上的不平衡弯矩产生的附加剪力。对基础边柱和角柱冲切验算时，其冲切力应分别乘以1.1和1.2的增大系数。距柱边 $h_0/2$ 处冲切临界截面的最大剪应力 τ_{max} 应按式（8.4.7-1）、式（8.4.7-2）进行计算（图8.4.7）。板的最小厚度不应小于500mm。

$$\tau_{max} = \frac{F_l}{u_m h_0} + \alpha_s \frac{M_{unb} c_{AB}}{I_s} \tag{8.4.7-1}$$

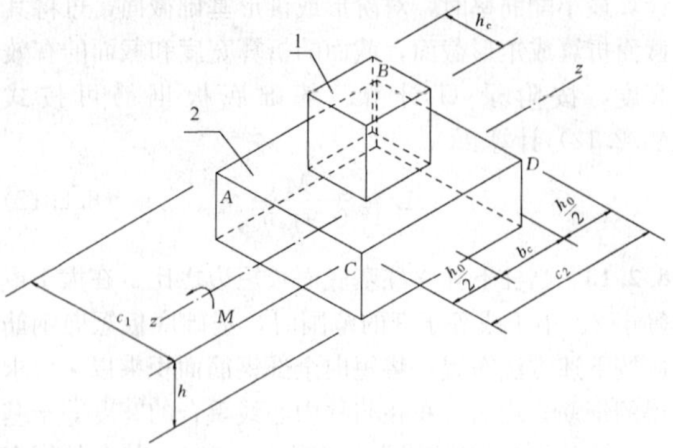

图 8.4.7 内柱冲切临界截面示意

1—筏板；2—柱

$$\tau_{max} \leqslant 0.7(0.4 + 1.2/\beta_s)\beta_{hp} f_t \tag{8.4.7-2}$$

$$\alpha_s = 1 - \frac{1}{1 + \frac{2}{3}\sqrt{\left(\frac{c_1}{c_2}\right)}} \tag{8.4.7-3}$$

式中：F_l——相应于作用的基本组合时的冲切力（kN），对内柱取轴力设计值减去筏板冲切破坏锥体内的基底净反力设计值；对边柱和角柱，取轴力设计值减去筏板冲切临界截面范围内的基底净反力设计值；

u_m——距柱边缘不小于 $h_0/2$ 处冲切临界截面的最小周长（m），按本规范附录P计算；

h_0——筏板的有效高度（m）；

M_{unb}——作用在冲切临界截面重心上的不平衡弯矩设计值（kN·m）；

c_{AB}——沿弯矩作用方向，冲切临界截面重心至冲切临界截面最大剪应力点的距离（m），按附录P计算；

I_s——冲切临界截面对其重心的极惯性矩（m^4），按本规范附录P计算；

β_s——柱截面长边与短边的比值，当 $\beta_s<2$ 时，β_s 取2，当 $\beta_s>4$ 时，β_s 取4；

β_{hp}——受冲切承载力截面高度影响系数，当 $h\leqslant 800$mm 时，取 $\beta_{hp}=1.0$；当 $h\geqslant 2000$mm 时，取 $\beta_{hp}=0.9$，其间按线性内插法取值；

f_t——混凝土轴心抗拉强度设计值（kPa）；

c_1——与弯矩作用方向一致的冲切临界截面的边长（m），按本规范附录P计算；

c_2——垂直于 c_1 的冲切临界截面的边长（m），按本规范附录P计算；

α_s——不平衡弯矩通过冲切临界截面上的偏心剪力来传递的分配系数。

2 当柱荷载较大，等厚度筏板的受冲切承载力不能满足要求时，可在筏板上面增设柱墩或在筏板下局部增加板厚或采用抗冲切钢筋等措施满足受冲切承载能力要求。

8.4.8 平板式筏基内筒下的板厚应满足受冲切承载力的要求，并应符合下列规定：

1 受冲切承载力应按下式进行计算：

$$F_l/u_m h_0 \leqslant 0.7\beta_{hp} f_t/\eta \qquad (8.4.8)$$

式中：F_l——相应于作用的基本组合时，内筒所承受的轴力设计值减去内筒下筏板冲切破坏锥体内的基底净反力设计值（kN）；

u_m——距内筒外表面 $h_0/2$ 处冲切临界截面的周长（m）（图 8.4.8）；

h_0——距内筒外表面 $h_0/2$ 处筏板的截面有效高度（m）；

η——内筒冲切临界截面周长影响系数，取 1.25。

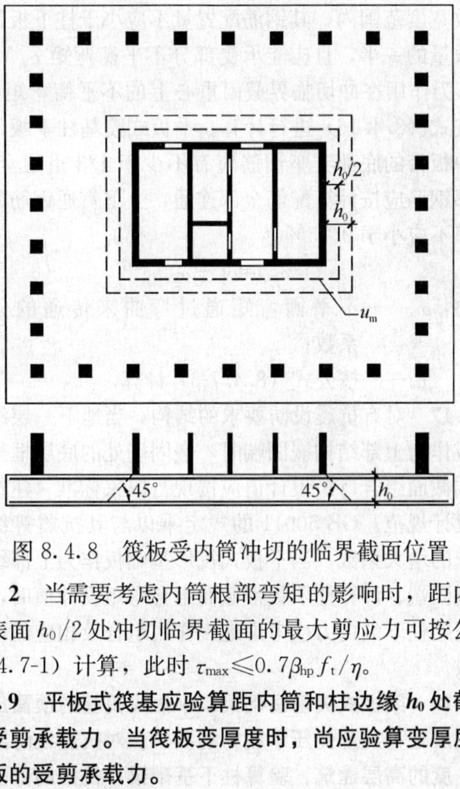

图 8.4.8 筏板受内筒冲切的临界截面位置

2 当需要考虑内筒根部弯矩的影响时，距内筒外表面 $h_0/2$ 处冲切临界截面的最大剪应力可按公式（8.4.7-1）计算，此时 $\tau_{max} \leqslant 0.7\beta_{hp} f_t/\eta$。

8.4.9 平板式筏基应验算距内筒和柱边缘 h_0 处截面的受剪承载力。当筏板变厚度时，尚应验算变厚度处筏板的受剪承载力。

8.4.10 平板式筏基受剪承载力应按式（8.4.10）验算，当筏板的厚度大于 2000mm 时，宜在板厚中间部位设置直径不小于 12mm、间距不大于 300mm 的双向钢筋网。

$$V_s \leqslant 0.7\beta_{hs} f_t b_w h_0 \qquad (8.4.10)$$

式中：V_s——相应于作用的基本组合时，基底净反力平均值产生的距内筒或柱边缘 h_0 处筏板单位宽度的剪力设计值（kN）；

b_w——筏板计算截面单位宽度（m）；

h_0——距内筒或柱边缘 h_0 处筏板的截面有效高度（m）。

8.4.11 梁板式筏基底板应计算正截面受弯承载力，其厚度尚应满足受冲切承载力、受剪切承载力的要求。

8.4.12 梁板式筏基底板受冲切、受剪切承载力计算应符合下列规定：

1 梁板式筏基底板受冲切承载力应按下式进行计算：

$$F_l \leqslant 0.7\beta_{hp} f_t u_m h_0 \qquad (8.4.12\text{-}1)$$

式中：F_l——作用的基本组合时，图 8.4.12-1 中阴影部分面积上的基底平均净反力设计值（kN）；

u_m——距基础梁边 $h_0/2$ 处冲切临界截面的周长（m）（图 8.4.12-1）。

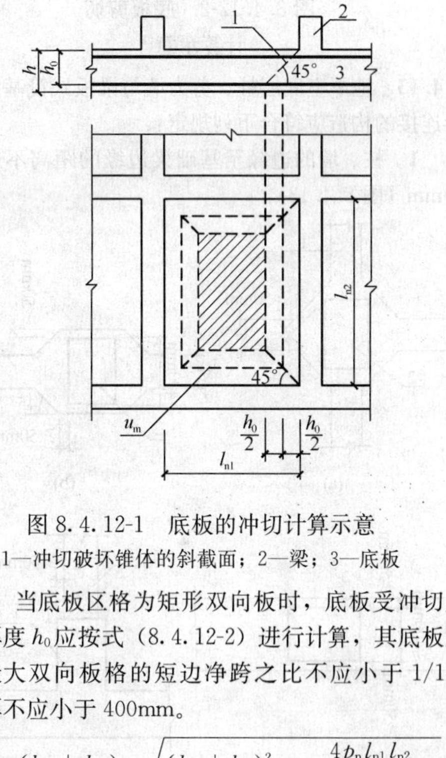

图 8.4.12-1 底板的冲切计算示意

1—冲切破坏锥体的斜截面；2—梁；3—底板

2 当底板区格为矩形双向板时，底板受冲切所需的厚度 h_0 应按式（8.4.12-2）进行计算，其底板厚度与最大双向板格的短边净跨之比不应小于 1/14，且板厚不应小于 400mm。

$$h_0 = \frac{(l_{n1}+l_{n2}) - \sqrt{(l_{n1}+l_{n2})^2 - \dfrac{4p_n l_{n1} l_{n2}}{p_n + 0.7\beta_{hp} f_t}}}{4} \qquad (8.4.12\text{-}2)$$

式中：l_{n1}、l_{n2}——计算板格的短边和长边的净长度（m）；

p_n——扣除底板及其上填土自重后，相应于作用的基本组合时的基底平均净反力设计值（kPa）。

3 梁板式筏基双向底板斜截面受剪承载力应按下式进行计算：

$$V_s \leqslant 0.7\beta_{hs} f_t (l_{n2} - 2h_0) h_0 \qquad (8.4.12\text{-}3)$$

式中：V_s——距梁边缘 h_0 处，作用在图 8.4.12-2 中阴影部分面积上的基底平均净反力产生的剪力设计值（kN）。

4 当底板板格为单向板时，其斜截面受剪承载力应按本规范第 8.2.10 条验算，其底板厚度不应小于 400mm。

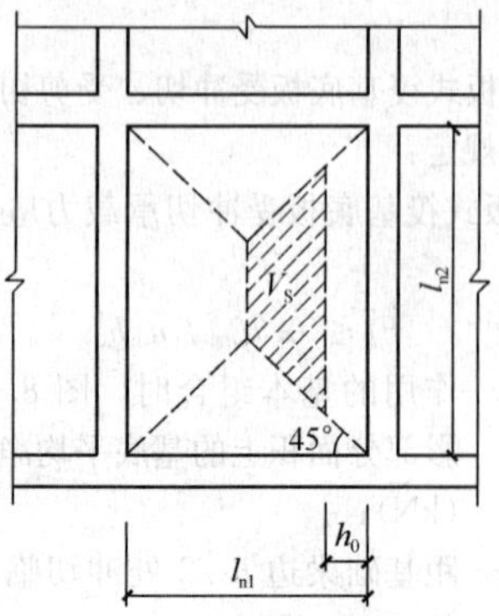

图 8.4.12-2　底板剪切计算示意

8.4.13　地下室底层柱、剪力墙与梁板式筏基的基础梁连接的构造应符合下列规定：

1　柱、墙的边缘至基础梁边缘的距离不应小于 50mm（图 8.4.13）；

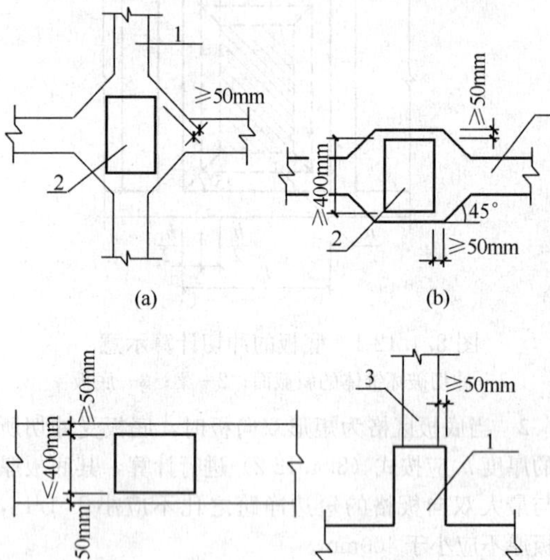

图 8.4.13　地下室底层柱或剪力墙与梁板式筏基的基础梁连接的构造要求

1—基础梁；2—柱；3—墙

2　当交叉基础梁的宽度小于柱截面的边长时，交叉基础梁连接处应设置八字角，柱角与八字角之间的净距不宜小于 50mm（图 8.4.13a）；

3　单向基础梁与柱的连接，可按图 8.4.13b、c 采用；

4　基础梁与剪力墙的连接，可按图 8.4.13d 采用。

8.4.14　当地基土比较均匀、地基压缩层范围内无软弱土层或可液化土层、上部结构刚度较好，柱网和荷载较均匀、相邻柱荷载及柱间距的变化不超过 20%，且梁板式筏基梁的高跨比或平板式筏基板的厚跨比不小于 1/6 时，筏形基础可仅考虑局部弯曲作用。筏形基础的内力，可按基底反力直线分布进行计算，计算时基底反力应扣除底板自重及其上填土的自重。当不满足上述要求时，筏基内力可按弹性地基梁板方法进行分析计算。

8.4.15　按基底反力直线分布计算的梁板式筏基，其基础梁的内力可按连续梁分析，边跨跨中弯矩以及第一内支座的弯矩值宜乘以 1.2 的系数。梁板式筏基的底板和基础梁的配筋除满足计算要求外，纵横方向的底部钢筋尚应有不少于 1/3 贯通全跨，顶部钢筋按计算配筋全部连通，底板上下贯通钢筋的配筋率不应小于 0.15%。

8.4.16　按基底反力直线分布计算的平板式筏基，可按柱下板带和跨中板带分别进行内力分析。柱下板带中，柱宽及其两侧各 0.5 倍板厚且不大于 1/4 板跨的有效宽度范围内，其钢筋配置量不应小于柱下板带钢筋数量的一半，且应能承受部分不平衡弯矩 $\alpha_m M_{unb}$。M_{unb} 为作用在冲切临界截面重心上的不平衡弯矩，α_m 应按式（8.4.16）进行计算。平板式筏基柱下板带和跨中板带的底部支座钢筋应有不少于 1/3 贯通全跨，顶部钢筋应按计算配筋全部连通，上下贯通钢筋的配筋率不应小于 0.15%。

$$\alpha_m = 1 - \alpha_s \tag{8.4.16}$$

式中：α_m——不平衡弯矩通过弯曲来传递的分配系数；

α_s——按公式（8.4.7-3）计算。

8.4.17　对有抗震设防要求的结构，当地下一层结构顶板作为上部结构嵌固端时，嵌固端处的底层框架柱下端截面组合弯矩设计值应按现行国家标准《建筑抗震设计规范》GB 50011 的规定乘以与其抗震等级相对应的增大系数。当平板式筏形基础板作为上部结构的嵌固端、计算柱下板带截面组合弯矩设计值时，底层框架柱下端内力应考虑地震作用组合及相应的增大系数。

8.4.18　梁板式筏基基础梁和平板式筏基的顶面应满足底层柱下局部受压承载力的要求。对抗震设防烈度为 9 度的高层建筑，验算柱下基础梁、筏板局部受压承载力时，应计入竖向地震作用对柱轴力的影响。

8.4.19　筏板与地下室外墙的接缝、地下室外墙沿高度处的水平接缝应严格按施工缝要求施工，必要时可设通长止水带。

8.4.20　带裙房的高层建筑筏形基础应符合下列规定：

1　当高层建筑与相连的裙房之间设置沉降缝时，高层建筑的基础埋深应大于裙房基础的埋深至少 2m。地面以下沉降缝的缝隙应用粗砂填实（图 8.4.20a）。

2　当高层建筑与相连的裙房之间不设置沉降缝时，宜在裙房一侧设置用于控制沉降差的后浇带，当沉降实测值和计算确定的后期沉降差满足设计要求

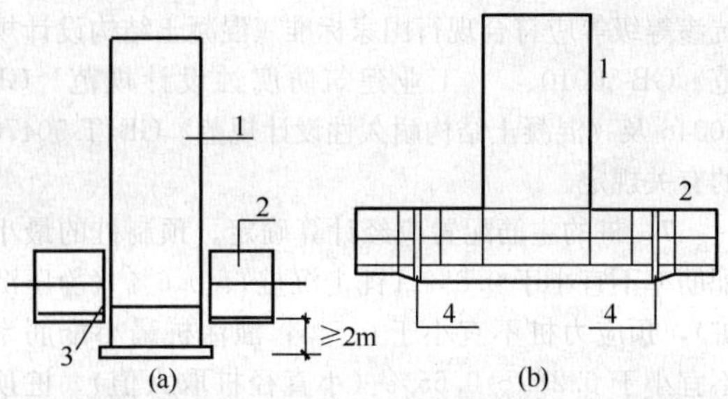

图 8.4.20　高层建筑与裙房间的沉降缝、后浇带处理示意

1—高层建筑；2—裙房及地下室；3—室外地坪以下用粗砂填实；4—后浇带

后，方可进行后浇带混凝土浇筑。当高层建筑基础面积满足地基承载力和变形要求时，后浇带宜设在与高层建筑相邻裙房的第一跨内。当需要满足高层建筑地基承载力、降低高层建筑沉降量、减小高层建筑与裙房间的沉降差而增大高层建筑基础面积时，后浇带可设在距主楼边柱的第二跨内，此时应满足以下条件：

1）地基土质较均匀；

2）裙房结构刚度较好且基础以上的地下室和裙房结构层数不少于两层；

3）后浇带一侧与主楼连接的裙房基础底板厚度与高层建筑的基础底板厚度相同（图 8.4.20b）。

3　当高层建筑与相连的裙房之间不设沉降缝和后浇带时，高层建筑及与其紧邻一跨裙房的筏板应采用相同厚度，裙房筏板的厚度宜从第二跨裙房开始逐渐变化，应同时满足主、裙楼基础整体性和基础板的变形要求；应进行地基变形和基础内力的验算，验算时应分析地基与结构间变形的相互影响，并采取有效措施防止产生有不利影响的差异沉降。

8.4.21　在同一大面积整体筏形基础上建有多幢高层和低层建筑时，筏板厚度和配筋宜按上部结构、基础与地基土共同作用的基础变形和基底反力计算确定。

8.4.22　带裙房的高层建筑下的整体筏形基础，其主楼下筏板的整体挠度值不宜大于 0.05%，主楼与相邻的裙房柱的差异沉降不应大于其跨度的 0.1%。

8.4.23　采用大面积整体筏形基础时，与主楼连接的外扩地下室其角隅处的楼板板角，除配置两个垂直方向的上部钢筋外，尚应布置斜向上部构造钢筋，钢筋直径不应小于 10mm、间距不应大于 200mm，该钢筋伸入板内的长度不宜小于 1/4 的短边跨度；与基础整体弯曲方向一致的垂直于外墙的楼板上部钢筋以及主裙楼交界处的楼板上部钢筋，钢筋直径不应小于 10mm、间距不应大于 200mm，且钢筋的面积不应小于现行国家标准《混凝土结构设计规范》GB 50010 中受弯构件的最小配筋率，钢筋的锚固长度不应小于 30*d*。

8.4.24　筏形基础地下室施工完毕后，应及时进行基坑回填工作。填土应按设计要求选料，回填时应先清除基坑中的杂物，在相对的两侧或四周同时回填并分层夯实，回填土的压实系数不应小于 0.94。

8.4.25　采用筏形基础带地下室的高层和低层建筑、地下室四周外墙与土层紧密接触且土层为非松散填土、松散粉细砂土、软塑流塑黏性土，上部结构为框架、框剪或框架－核心筒结构，当地下一层结构顶板作为上部结构嵌固部位时，应符合下列规定：

1　地下一层的结构侧向刚度大于或等于与其相连的上部结构底层楼层侧向刚度的 1.5 倍。

2　地下一层结构顶板应采用梁板式楼盖，板厚不应小于 180mm，其混凝土强度等级不宜小于 C30；楼面应采用双层双向配筋，且每层每个方向的配筋率不宜小于 0.25%。

3　地下室外墙和内墙边缘的板面不应有大洞口，以保证将上部结构的地震作用或水平力传递到地下室抗侧力构件中。

4　当地下室内、外墙与主体结构墙体之间的距离符合表 8.4.25 的要求时，该范围内的地下室内、外墙可计入地下一层的结构侧向刚度，但此范围内的侧向刚度不能重叠使用于相邻建筑。当不符合上述要求时，建筑物的嵌固部位可设在筏形基础的顶面，此时宜考虑基侧土和基底土对地下室的抗力。

表 8.4.25　地下室墙与主体结构墙之间的最大间距 *d*

抗震设防烈度 7 度、8 度	抗震设防烈度 9 度
$d \leqslant 30$m	$d \leqslant 20$m

8.4.26　地下室的抗震等级、构件的截面设计以及抗震构造措施应符合现行国家标准《建筑抗震设计规范》GB 50011 的有关规定。剪力墙底部加强部位的高度应从地下室顶板算起；当结构嵌固在基础顶面时，剪力墙底部加强部位的范围尚应延伸至基础顶面。

8.5　桩　基　础

8.5.1　本节包括混凝土预制桩和混凝土灌注桩低桩承台基础。竖向受压桩按桩身竖向受力情况可分为摩擦型桩和端承型桩。摩擦型桩的桩顶竖向荷载主要由桩侧阻力承受；端承型桩的桩顶竖向荷载主要由桩端阻力承受。

8.5.2　桩基设计应符合下列规定：

1　所有桩基均应进行承载力和桩身强度计算。对预制桩，尚应进行运输、吊装和锤击等过程中的强度和抗裂验算。

2　桩基础沉降验算应符合本规范第 8.5.15 条的规定。

3　桩基础的抗震承载力验算应符合现行国家标准《建筑抗震设计规范》GB 50011 的有关规定。

4 桩基宜选用中、低压缩性土层作桩端持力层。

5 同一结构单元内的桩基，不宜选用压缩性差异较大的土层作桩端持力层，不宜采用部分摩擦桩和部分端承桩。

6 由于欠固结软土、湿陷性土和场地填土的固结，场地大面积堆载、降低地下水位等原因，引起桩周土的沉降大于桩的沉降时，应考虑桩侧负摩擦力对桩基承载力和沉降的影响。

7 对位于坡地、岸边的桩基，应进行桩基的整体稳定验算。桩基应与边坡工程统一规划，同步设计。

8 岩溶地区的桩基，当岩溶上覆土层的稳定性有保证，且桩端持力层承载力及厚度满足要求，可利用上覆土层作为桩端持力层。当必须采用嵌岩桩时，应对岩溶进行施工勘察。

9 应考虑桩基施工中挤土效应对桩基及周边环境的影响；在深厚饱和软土中不宜采用大片密集有挤土效应的桩基。

10 应考虑深基坑开挖中，坑底土回弹隆起对桩身受力及桩承载力的影响。

11 桩基设计时，应结合地区经验考虑桩、土、承台的共同工作。

12 在承台及地下室周围的回填中，应满足填土密实度要求。

8.5.3 桩和桩基的构造，应符合下列规定：

1 摩擦型桩的中心距不宜小于桩身直径的3倍；扩底灌注桩的中心距不宜小于扩底直径的1.5倍，当扩底直径大于2m时，桩端净距不宜小于1m。在确定桩距时尚应考虑施工工艺中挤土等效应对邻近桩的影响。

2 扩底灌注桩的扩底直径，不应大于桩身直径的3倍。

3 桩底进入持力层的深度，宜为桩身直径的1倍～3倍。在确定桩底进入持力层深度时，尚应考虑特殊土、岩溶以及震陷液化等影响。嵌岩灌注桩周边嵌入完整和较完整的未风化、微风化、中风化硬质岩体的最小深度，不宜小于0.5m。

4 布置桩位时宜使桩基承载力合力点与竖向永久荷载合力作用点重合。

5 设计使用年限不少于50年时，非腐蚀环境中预制桩的混凝土强度等级不应低于C30，预应力桩不应低于C40，灌注桩的混凝土强度等级不应低于C25；二b类环境及三类及四类、五类微腐蚀环境中不应低于C30；在腐蚀环境中的桩，桩身混凝土的强度等级应符合现行国家标准《混凝土结构设计规范》GB 50010的有关规定。设计使用年限不少于100年的桩，桩身混凝土的强度等级宜适当提高。水下灌注混凝土的桩身混凝土强度等级不宜高于C40。

6 桩身混凝土的材料、最小水泥用量、水灰比、抗渗等级等应符合现行国家标准《混凝土结构设计规范》GB 50010、《工业建筑防腐蚀设计规范》GB 50046及《混凝土结构耐久性设计规范》GB/T 50476的有关规定。

7 桩的主筋配置应经计算确定。预制桩的最小配筋率不宜小于0.8%（锤击沉桩）、0.6%（静压沉桩），预应力桩不宜小于0.5%；灌注桩最小配筋率不宜小于0.2%～0.65%（小直径桩取大值）。桩顶以下3倍～5倍桩身直径范围内，箍筋宜适当加强加密。

8 桩身纵向钢筋配筋长度应符合下列规定：

1）受水平荷载和弯矩较大的桩，配筋长度应通过计算确定；

2）桩基承台下存在淤泥、淤泥质土或液化土层时，配筋长度应穿过淤泥、淤泥质土层或液化土层；

3）坡地岸边的桩、8度及8度以上地震区的桩、抗拔桩、嵌岩端承桩应通长配筋；

4）钻孔灌注桩构造钢筋的长度不宜小于桩长的2/3；桩施工在基坑开挖前完成时，其钢筋长度不宜小于基坑深度的1.5倍。

9 桩身配筋可根据计算结果及施工工艺要求，可沿桩身纵向不均匀配筋。腐蚀环境中的灌注桩主筋直径不宜小于16mm，非腐蚀性环境中灌注桩主筋直径不应小于12mm。

10 桩顶嵌入承台内的长度不应小于50mm。主筋伸入承台内的锚固长度不应小于钢筋直径（HPB235）的30倍和钢筋直径（HRB335和HRB400）的35倍。对于大直径灌注桩，当采用一柱一桩时，可设置承台或将桩和柱直接连接。桩和柱的连接可按本规范第8.2.5条高杯口基础的要求选择截面尺寸和配筋，柱纵筋插入桩身的长度应满足锚固长度的要求。

11 灌注桩主筋混凝土保护层厚度不应小于50mm；预制桩不应小于45mm，预应力管桩不应小于35mm；腐蚀环境中的灌注桩不应小于55mm。

8.5.4 群桩中单桩桩顶竖向力应按下列公式进行计算：

1 轴心竖向力作用下：

$$Q_k = \frac{F_k + G_k}{n} \tag{8.5.4-1}$$

式中：F_k——相应于作用的标准组合时，作用于桩基承台顶面的竖向力（kN）；

G_k——桩基承台自重及承台上土自重标准值（kN）；

Q_k——相应于作用的标准组合时，轴心竖向力作用下任一单桩的竖向力（kN）；

n——桩基中的桩数。

2 偏心竖向力作用下：

$$Q_{ik} = \frac{F_k + G_k}{n} \pm \frac{M_{xk} y_i}{\sum y_i^2} \pm \frac{M_{yk} x_i}{\sum x_i^2} \quad (8.5.4\text{-}2)$$

式中：Q_{ik} ——相应于作用的标准组合时，偏心竖向力作用下第 i 根桩的竖向力（kN）；

M_{xk}、M_{yk} ——相应于作用的标准组合时，作用于承台底面通过桩群形心的 x、y 轴的力矩（kN·m）；

x_i、y_i ——第 i 根桩至桩群形心的 y、x 轴线的距离（m）。

3 水平力作用下：

$$H_{ik} = \frac{H_k}{n} \quad (8.5.4\text{-}3)$$

式中：H_k ——相应于作用的标准组合时，作用于承台底面的水平力（kN）；

H_{ik} ——相应于作用的标准组合时，作用于任一单桩的水平力（kN）。

8.5.5 单桩承载力计算应符合下列规定：

1 轴心竖向力作用下：

$$Q_k \leqslant R_a \quad (8.5.5\text{-}1)$$

式中：R_a ——单桩竖向承载力特征值（kN）。

2 偏心竖向力作用下，除满足公式（8.5.5-1）外，尚应满足下列要求：

$$Q_{ikmax} \leqslant 1.2 R_a \quad (8.5.5\text{-}2)$$

3 水平荷载作用下：

$$H_{ik} \leqslant R_{Ha} \quad (8.5.5\text{-}3)$$

式中：R_{Ha} ——单桩水平承载力特征值（kN）。

8.5.6 单桩竖向承载力特征值的确定应符合下列规定：

1 单桩竖向承载力特征值应通过单桩竖向静载荷试验确定。在同一条件下的试桩数量，不宜少于总桩数的1％且不应少于3根。单桩的静载荷试验，应按本规范附录Q进行。

2 当桩端持力层为密实砂卵石或其他承载力类似的土层时，对单桩竖向承载力很高的大直径端承型桩，可采用深层平板载荷试验确定桩端土的承载力特征值，试验方法应符合本规范附录D的规定。

3 地基基础设计等级为丙级的建筑物，可采用静力触探及标贯试验参数结合工程经验确定单桩竖向承载力特征值。

4 初步设计时单桩竖向承载力特征值可按下式进行估算：

$$R_a = q_{pa} A_p + u_p \sum q_{sia} l_i \quad (8.5.6\text{-}1)$$

式中：A_p ——桩底端横截面面积（m^2）；

q_{pa}，q_{sia} ——桩端阻力特征值、桩侧阻力特征值（kPa），由当地静载荷试验结果统计分析算得；

u_p ——桩身周边长度（m）；

l_i ——第 i 层岩土的厚度（m）。

5 桩端嵌入完整及较完整的硬质岩中，当桩长较短且入岩较浅时，可按下式估算单桩竖向承载力特征值：

$$R_a = q_{pa} A_p \quad (8.5.6\text{-}2)$$

式中：q_{pa} ——桩端岩石承载力特征值（kN）。

6 嵌岩灌注桩桩端以下3倍桩径且不小于5m范围内应无软弱夹层、断裂破碎带和洞穴分布，且在桩底应力扩散范围内应无岩体临空面。当桩端无沉渣时，桩端岩石承载力特征值应根据岩石饱和单轴抗压强度标准值按本规范第5.2.6条确定，或按本规范附录H用岩石地基载荷试验确定。

8.5.7 当作用于桩基上的外力主要为水平力或高层建筑承台下为软弱土层、液化土层时，应根据使用要求对桩顶变位的限制，对桩基的水平承载力进行验算。当外力作用面的桩距较大时，桩基的水平承载力可视为各单桩的水平承载力的总和。当承台侧面的土未经扰动或回填密实时，可计算土抗力的作用。当水平推力较大时，宜设置斜桩。

8.5.8 单桩水平承载力特征值应通过现场水平载荷试验确定。必要时可进行带承台桩的载荷试验。单桩水平载荷试验，应按本规范附录S进行。

8.5.9 当桩基承受拔力时，应对桩基进行抗拔验算。单桩抗拔承载力特征值应通过单桩竖向抗拔载荷试验确定，并应加载至破坏。单桩竖向抗拔载荷试验，应按本规范附录T进行。

8.5.10 桩身混凝土强度应满足桩的承载力设计要求。

8.5.11 按桩身混凝土强度计算桩的承载力时，应按桩的类型和成桩工艺的不同将混凝土的轴心抗压强度设计值乘以工作条件系数 φ_c，桩轴心受压时桩身强度应符合式（8.5.11）的规定。当桩顶以下5倍桩身直径范围内螺旋式箍筋间距不大于100mm且钢筋耐久性得到保证的灌注桩，可适当计入桩身纵向钢筋的抗压作用。

$$Q \leqslant A_p f_c \varphi_c \quad (8.5.11)$$

式中：f_c ——混凝土轴心抗压强度设计值（kPa），按现行国家标准《混凝土结构设计规范》GB 50010取值；

Q ——相应于作用的基本组合时的单桩竖向力设计值（kN）；

A_p ——桩身横截面积（m^2）；

φ_c ——工作条件系数，非预应力预制桩取0.75，预应力桩取0.55～0.65，灌注桩取0.6～0.8（水下灌注桩、长桩或混凝土强度等级高于C35时用低值）。

8.5.12 非腐蚀环境中的抗拔桩应根据环境类别控制裂缝宽度满足设计要求，预应力混凝土管桩应按桩身裂缝控制等级为二级的要求进行桩身混凝土抗裂验算。腐蚀环境中的抗拔桩和受水平力或弯矩较大的桩应进行桩身混凝土抗裂验算，裂缝控制等级应为二级；预应力混凝土管桩裂缝控制等级应为一级。

8.5.13　桩基沉降计算应符合下列规定：

1　对以下建筑物的桩基应进行沉降验算；

1）地基基础设计等级为甲级的建筑物桩基；

2）体形复杂、荷载不均匀或桩端以下存在软弱土层的设计等级为乙级的建筑物桩基；

3）摩擦型桩基。

2　桩基沉降不得超过建筑物的沉降允许值，并应符合本规范表 5.3.4 的规定。

8.5.14　嵌岩桩、设计等级为丙级的建筑物桩基、对沉降无特殊要求的条形基础下不超过两排桩的桩基、吊车工作级别 A5 及 A5 以下的单层工业厂房且桩端下为密实土层的桩基，可不进行沉降验算。当有可靠地区经验时，对地质条件不复杂、荷载均匀、对沉降无特殊要求的端承型桩基也可不进行沉降验算。

8.5.15　计算桩基沉降时，最终沉降量宜按单向压缩分层总和法计算。地基内的应力分布宜采用各向同性均质线性变形体理论，按实体深基础方法或明德林应力公式方法进行计算，计算按本规范附录 R 进行。

8.5.16　以控制沉降为目的设置桩基时，应结合地区经验，并满足下列要求：

1　桩身强度应按桩顶荷载设计值验算；

2　桩、土荷载分配应按上部结构与地基共同作用分析确定；

3　桩端进入较好的土层，桩端平面处土层应满足下卧层承载力设计要求；

4　桩距可采用 4 倍～6 倍桩身直径。

8.5.17　桩基承台的构造，除满足受冲切、受剪切、受弯承载力和上部结构的要求外，尚应符合下列要求：

1　承台的宽度不应小于 500mm。边桩中心至承台边缘的距离不宜小于桩的直径或边长，且桩的外边缘至承台边缘的距离不小于 150mm。对于条形承台梁，桩的外边缘至承台梁边缘的距离不小于 75mm。

2　承台的最小厚度不应小于 300mm。

3　承台的配筋，对于矩形承台，其钢筋应按双向均匀通长布置（图 8.5.17a），钢筋直径不宜小于 10mm，间距不宜大于 200mm；对于三桩承台，钢筋应按三向板带均匀布置，且最里面的三根钢筋围成的三角形应在柱截面范围内（图 8.5.17b）。承台梁的主筋除满足计算要求外，尚应符合现行国家标准《混凝土结构设计规范》GB 50010 关于最小配筋率的规定，主筋直径不宜小于 12mm，架立筋不宜小于 10mm，箍筋直径不宜小于 6mm（图 8.5.17c）；柱下独立桩基承台的最小配筋率不应小于 0.15%。钢筋锚固长度自边桩内侧（当为圆桩时，应将其直径乘以 0.886 等效为方桩）算起，锚固长度不应小于 35 倍钢筋直径，当不满足时应将钢筋向上弯折，此时钢筋水平段的长度不应小于 25 倍钢筋直径，弯折段的长度不应小于 10 倍钢筋直径。

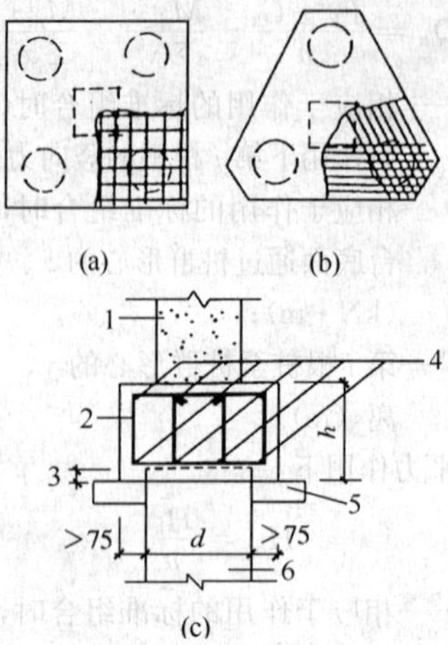

图 8.5.17　承台配筋

1—墙；2—箍筋直径≥6mm；3—桩顶入承台≥50mm；4—承台梁内主筋除须按计算配筋外尚应满足最小配筋率；5—垫层 100mm 厚 C10 混凝土

4　承台混凝土强度等级不应低于 C20；纵向钢筋的混凝土保护层厚度不应小于 70mm，当有混凝土垫层时，不应小于 50mm；且不应小于桩头嵌入承台内的长度。

8.5.18　柱下桩基承台的弯矩可按以下简化计算方法确定：

1　多桩矩形承台计算截面取在柱边和承台高度变化处（杯口外侧或台阶边缘，图 8.5.18a）：

$$M_x = \sum N_i y_i \qquad (8.5.18\text{-}1)$$

$$M_y = \sum N_i x_i \qquad (8.5.18\text{-}2)$$

式中：M_x、M_y——分别为垂直 y 轴和 x 轴方向计算截面处的弯矩设计值（kN·m）；

x_i、y_i——垂直 y 轴和 x 轴方向自桩轴线到相应计算截面的距离（m）；

N_i——扣除承台和其上填土自重后相应于作用的基本组合时的第 i 桩竖向力设计值（kN）。

2　三桩承台

1）等边三桩承台（图 8.5.18b）。

$$M = \frac{N_{max}}{3}\left(s - \frac{\sqrt{3}}{4}c\right) \qquad (8.5.18\text{-}3)$$

式中：M——由承台形心至承台边缘距离范围内板带的弯矩设计值（kN·m）；

N_{max}——扣除承台和其上填土自重后的三桩中相应于作用的基本组合时的最大单桩竖向力设计值（kN）；

s——桩距（m）；

c——方柱边长（m），圆柱时 $c = 0.886d$（d 为圆柱直径）。

2）等腰三桩承台（图 8.5.18c）。

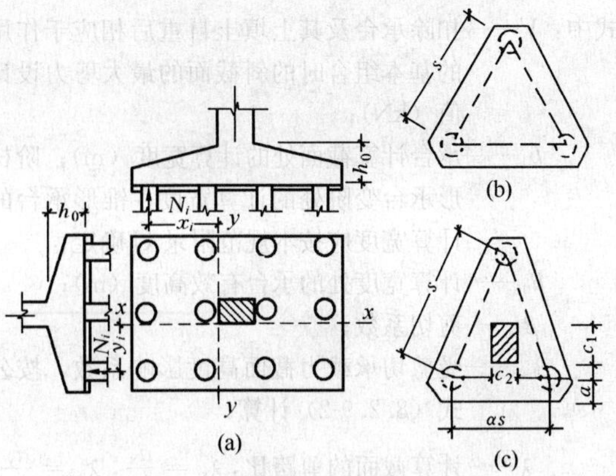

图 8.5.18　承台弯矩计算

$$M_1=\frac{N_{\max}}{3}\left(s-\frac{0.75}{\sqrt{4-\alpha^2}}c_1\right)\quad(8.5.18\text{-}4)$$

$$M_2=\frac{N_{\max}}{3}\left(\alpha s-\frac{0.75}{\sqrt{4-\alpha^2}}c_2\right)\quad(8.5.18\text{-}5)$$

式中：M_1、M_2——分别为由承台形心到承台两腰和底边的距离范围内板带的弯矩设计值（kN·m）；

s——长向桩距（m）；

α——短向桩距与长向桩距之比，当 α 小于 0.5 时，应按变截面的二桩承台设计；

c_1、c_2——分别为垂直于、平行于承台底边的柱截面边长（m）。

8.5.19　柱下桩基础独立承台受冲切承载力的计算，应符合下列规定：

1　柱对承台的冲切，可按下列公式计算（图 8.5.19-1）：

$$F_l\leqslant 2[\alpha_{ox}(b_c+a_{oy})+\alpha_{oy}(h_c+a_{ox})]\beta_{hp}f_th_0\quad(8.5.19\text{-}1)$$

$$F_l=F-\Sigma N_i\quad(8.5.19\text{-}2)$$

$$\alpha_{ox}=0.84/(\lambda_{ox}+0.2)\quad(8.5.19\text{-}3)$$

$$\alpha_{oy}=0.84/(\lambda_{oy}+0.2)\quad(8.5.19\text{-}4)$$

式中：F_l——扣除承台及其上填土自重，作用在冲切破坏锥体上相应于作用的基本组合时的冲切力设计值（kN），冲切破坏锥体应采用自柱边或承台变阶处至相应桩顶边缘连线构成的锥体，锥体与承台底面的夹角不小于 45°（图 8.5.19-1）；

h_0——冲切破坏锥体的有效高度（m）；

β_{hp}——受冲切承载力截面高度影响系数，其值按本规范第 8.2.8 条的规定取用；

α_{ox}、α_{oy}——冲切系数；

λ_{ox}、λ_{oy}——冲跨比，$\lambda_{ox}=a_{ox}/h_0$、$\lambda_{oy}=a_{oy}/h_0$，a_{ox}、a_{oy} 为柱边或变阶处至桩边的水平距离；当 $a_{ox}(a_{oy})<0.25h_0$ 时，$a_{ox}(a_{oy})=0.25h_0$；当 $a_{ox}(a_{oy})>h_0$ 时，$a_{ox}(a_{oy})=h_0$；

F——柱根部轴力设计值（kN）；

ΣN_i——冲切破坏锥体范围内各桩的净反力设计值之和（kN）。

对中低压缩性土上的承台，当承台与地基土之间没有脱空现象时，可根据地区经验适当减小柱下桩基础独立承台受冲切计算的承台厚度。

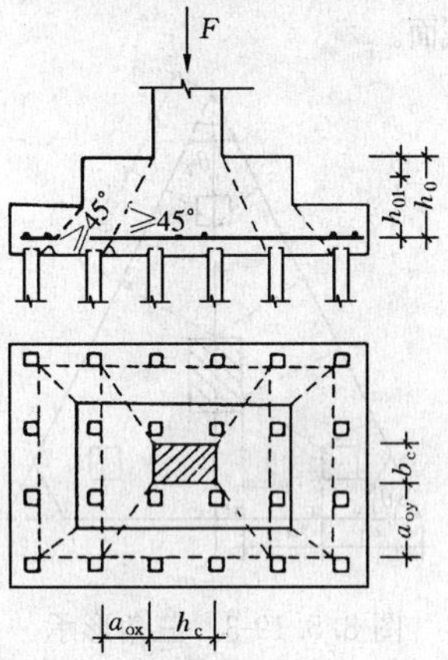

图 8.5.19-1　柱对承台冲切

2　角桩对承台的冲切，可按下列公式计算：

1） 多桩矩形承台受角桩冲切的承载力应按下列公式计算（图 8.5.19-2）：

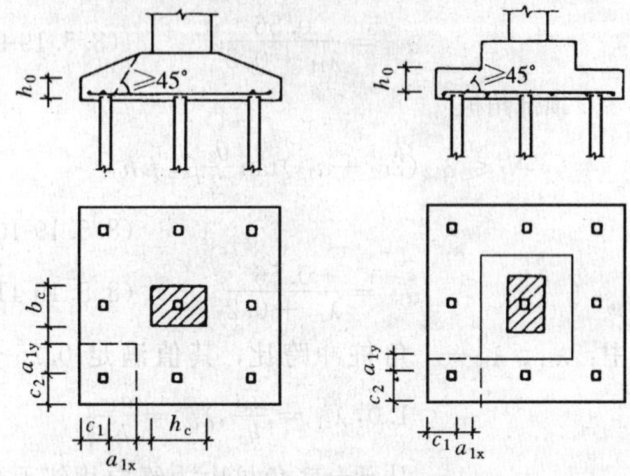

图 8.5.19-2　矩形承台角桩冲切验算

$$N_l\leqslant\left[\alpha_{1x}\left(c_2+\frac{a_{1y}}{2}\right)+\alpha_{1y}\left(c_1+\frac{a_{1x}}{2}\right)\right]\beta_{hp}f_th_0\quad(8.5.19\text{-}5)$$

$$\alpha_{1x}=\frac{0.56}{\lambda_{1x}+0.2}\quad(8.5.19\text{-}6)$$

$$\alpha_{1y}=\frac{0.56}{\lambda_{1y}+0.2}\quad(8.5.19\text{-}7)$$

式中：N_l——扣除承台和其上填土自重后的角桩桩顶相应于作用的基本组合时的竖向力设计值（kN）；

α_{1x}、α_{1y}——角桩冲切系数；

λ_{1x}、λ_{1y}——角桩冲跨比，其值满足 0.25～1.0，$\lambda_{1x}=a_{1x}/h_0$，$\lambda_{1y}=a_{1y}/h_0$；

c_1、c_2——从角桩内边缘至承台外边缘的距离(m)；

a_{1x}、a_{1y}——从承台底角桩内边缘引45°冲切线与承台顶面或承台变阶处相交点至角桩内边缘的水平距离（m）；

h_0——承台外边缘的有效高度（m）。

2）三桩三角形承台受角桩冲切的承载力可按下列公式计算（图8.5.19-3）。对圆柱及圆桩，计算时可将圆形截面换算成正方形截面。

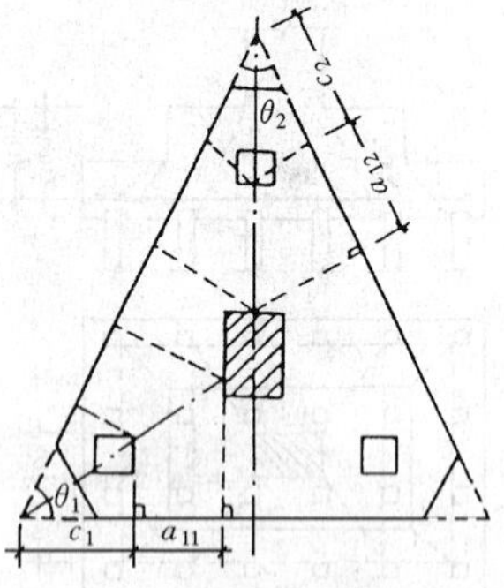

图8.5.19-3　三角形承台角桩冲切验算

底部角桩

$$N_l \leqslant \alpha_{11}(2c_1 + a_{11})\tan\frac{\theta_1}{2}\beta_{hp} f_t h_0 \tag{8.5.19-8}$$

$$\alpha_{11} = \frac{0.56}{\lambda_{11} + 0.2} \tag{8.5.19-9}$$

顶部角桩

$$N_l \leqslant \alpha_{12}(2c_2 + a_{12})\tan\frac{\theta_2}{2}\beta_{hp} f_t h_0 \tag{8.5.19-10}$$

$$\alpha_{12} = \frac{0.56}{\lambda_{12} + 0.2} \tag{8.5.19-11}$$

式中：λ_{11}、λ_{12}——角桩冲跨比，其值满足0.25～1.0，$\lambda_{11} = \frac{a_{11}}{h_0}$，$\lambda_{12} = \frac{a_{12}}{h_0}$；

a_{11}、a_{12}——从承台底角桩内边缘向相邻承台边引45°冲切线与承台顶面相交点至角桩内边缘的水平距离（m）；当柱位于该45°线以内时则取柱边与桩内边缘连线为冲切锥体的锥线。

8.5.20　柱下桩基础独立承台应分别对柱边和桩边、变阶处和桩边连线形成的斜截面进行受剪计算。当柱边外有多排桩形成多个剪切斜截面时，尚应对每个斜截面进行验算。

8.5.21　柱下桩基独立承台斜截面受剪承载力可按下列公式进行计算（图8.5.21）：

$$V \leqslant \beta_{hs}\beta f_t b_0 h_0 \tag{8.5.21-1}$$

$$\beta = \frac{1.75}{\lambda + 1.0} \tag{8.5.21-2}$$

式中：V——扣除承台及其上填土自重后相应于作用的基本组合时的斜截面的最大剪力设计值（kN）；

b_0——承台计算截面处的计算宽度（m）；阶梯形承台变阶处的计算宽度、锥形承台的计算宽度应按本规范附录U确定；

h_0——计算宽度处的承台有效高度（m）；

β——剪切系数；

β_{hs}——受剪切承载力截面高度影响系数，按公式（8.2.9-2）计算；

λ——计算截面的剪跨比，$\lambda_x = \frac{a_x}{h_0}$，$\lambda_y = \frac{a_y}{h_0}$；$a_x$、$a_y$为柱边或承台变阶处至$x$、$y$方向计算一排桩的桩边的水平距离，当$\lambda <$ 0.25时，取$\lambda = 0.25$；当$\lambda > 3$时，取$\lambda = 3$。

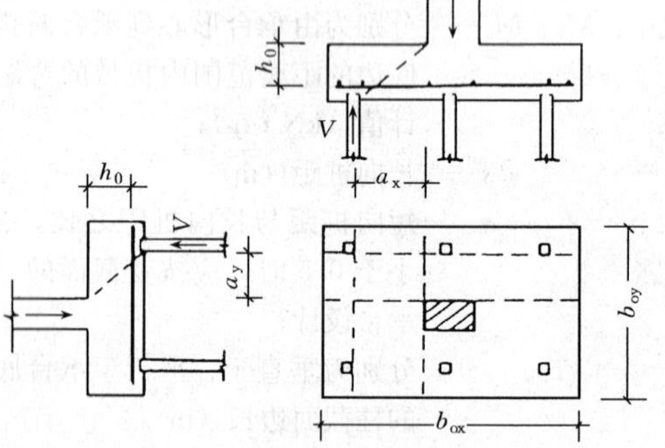

图8.5.21　承台斜截面受剪计算

8.5.22　当承台的混凝土强度等级低于柱或桩的混凝土强度等级时，尚应验算柱下或桩上承台的局部受压承载力。

8.5.23　承台之间的连接应符合下列要求：

1　单桩承台，应在两个互相垂直的方向上设置连系梁。

2　两桩承台，应在其短向设置连系梁。

3　有抗震要求的柱下独立承台，宜在两个主轴方向设置连系梁。

4　连系梁顶面宜与承台位于同一标高。连系梁的宽度不应小于250mm，梁的高度可取承台中心距的1/10～1/15，且不小于400mm。

5　连系梁的主筋应按计算要求确定。连系梁内上下纵向钢筋直径不应小于12mm且不应少于2根，并应按受拉要求锚入承台。

8.6　岩石锚杆基础

8.6.1　岩石锚杆基础适用于直接建在基岩上的柱基，以及承受拉力或水平力较大的建筑物基础。锚杆基础应与基岩连成整体，并应符合下列要求：

1　锚杆孔直径，宜取锚杆筋体直径的3倍，但不应小于一倍锚杆筋体直径加 50mm。锚杆基础的构造要求，可按图 8.6.1 采用。

2 锚杆筋体插入上部结构的长度，应符合钢筋的锚固长度要求。

3 锚杆筋体宜采用热轧带肋钢筋，水泥砂浆强度不宜低于 30MPa，细石混凝土强度不宜低于 C30。灌浆前，应将锚杆孔清理干净。

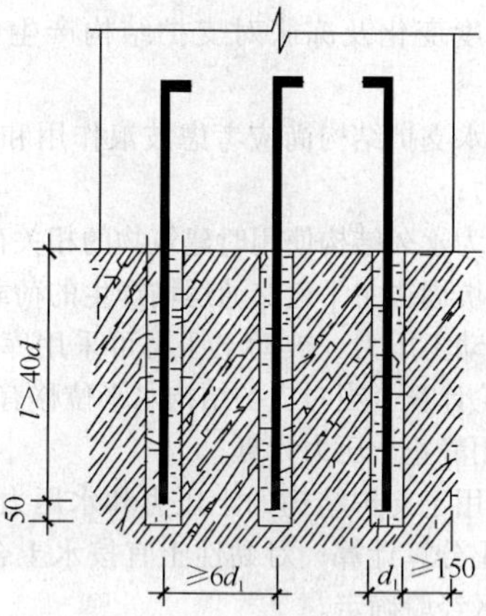

图 8.6.1 锚杆基础

d_1—锚杆直径；l—锚杆的有效锚固长度；d—锚杆筋体直径

8.6.2 锚杆基础中单根锚杆所承受的拔力，应按下列公式验算：

$$N_{ti}=\frac{F_k+G_k}{n}-\frac{M_{xk}y_i}{\Sigma y_i^2}-\frac{M_{yk}x_i}{\Sigma x_i^2} \quad (8.6.2\text{-}1)$$

$$N_{tmax}\leqslant R_t \quad (8.6.2\text{-}2)$$

式中：F_k——相应于作用的标准组合时，作用在基础顶面上的竖向力（kN）；

G_k——基础自重及其上的土自重（kN）；

M_{xk}、M_{yk}——按作用的标准组合计算作用在基础底面形心的力矩值（kN·m）；

x_i、y_i——第 i 根锚杆至基础底面形心的 y、x 轴线的距离（m）；

N_{ti}——相应于作用的标准组合时，第 i 根锚杆所承受的拔力值（kN）；

R_t——单根锚杆抗拔承载力特征值（kN）。

8.6.3 对设计等级为甲级的建筑物，单根锚杆抗拔承载力特征值 R_t 应通过现场试验确定；对于其他建筑物应符合下式规定：

$$R_t\leqslant 0.8\pi d_1 lf \quad (8.6.3)$$

式中：f——砂浆与岩石间的粘结强度特征值（kPa），可按本规范表 6.8.6 选用。

9 基坑工程

9.1 一般规定

9.1.1 岩、土质场地建（构）筑物的基坑开挖与支护，包括桩式和墙式支护、岩层或土层锚杆以及采用逆作法施工的基坑工程应符合本章的规定。

9.1.2 基坑支护设计应确保岩土开挖、地下结构施工的安全，并应确保周围环境不受损害。

9.1.3 基坑工程设计应包括下列内容：

1 支护结构体系的方案和技术经济比较；

2 基坑支护体系的稳定性验算；

3 支护结构的承载力、稳定和变形计算；

4 地下水控制设计；

5 对周边环境影响的控制设计；

6 基坑土方开挖方案；

7 基坑工程的监测要求。

9.1.4 基坑工程设计安全等级、结构设计使用年限、结构重要性系数，应根据基坑工程的设计、施工及使用条件按有关规范的规定采用。

9.1.5 基坑支护结构设计应符合下列规定：

1 所有支护结构设计均应满足强度和变形计算以及土体稳定性验算的要求；

2 设计等级为甲级、乙级的基坑工程，应进行因土方开挖、降水引起的基坑内外土体的变形计算；

3 高地下水位地区设计等级为甲级的基坑工程，应按本规范第 9.9 节的规定进行地下水控制的专项设计。

9.1.6 基坑工程设计采用的土的强度指标，应符合下列规定：

1 对淤泥及淤泥质土，应采用三轴不固结不排水抗剪强度指标；

2 对正常固结的饱和黏性土应采用在土的有效自重应力下预固结的三轴不固结不排水抗剪强度指标；当施工挖土速度较慢，排水条件好，土体有条件固结时，可采用三轴固结不排水抗剪强度指标；

3 对砂类土，采用有效应力强度指标；

4 验算软黏土隆起稳定性时，可采用十字板剪切强度或三轴不固结不排水抗剪强度指标；

5 灵敏度较高的土，基坑邻近有交通频繁的主干道或其他对土的扰动源时，计算采用土的强度指标宜适当进行折减；

6 应考虑打桩、地基处理的挤土效应等施工扰动原因造成对土强度指标降低的不利影响。

9.1.7 因支护结构变形、岩土开挖及地下水条件变化引起的基坑内外土体变形应符合下列规定：

1 不得影响地下结构尺寸、形状和正常施工；

2 不得影响既有桩基的正常使用；

3 对周围已有建、构筑物引起的地基变形不得超过地基变形允许值；

4 不得影响周边地下建（构）筑物、地下轨道交通设施及管线的正常使用。

9.1.8 基坑工程设计应具备以下资料：

1　岩土工程勘察报告；

2　建筑物总平面图、用地红线图；

3　建筑物地下结构设计资料，以及桩基础或地基处理设计资料；

4　基坑环境调查报告，包括基坑周边建（构）筑物、地下管线、地下设施及地下交通工程等的相关资料。

9.1.9　基坑土方开挖应严格按设计要求进行，不得超挖。基坑周边堆载不得超过设计规定。土方开挖完成后应立即施工垫层，对基坑进行封闭，防止水浸和暴露，并应及时进行地下结构施工。

9.2　基坑工程勘察与环境调查

9.2.1　基坑工程勘察宜在开挖边界外开挖深度的1倍～2倍范围内布置勘探点。勘察深度应满足基坑支护稳定性验算、降水或止水帷幕设计的要求。当基坑开挖边界外无法布置勘察点时，应通过调查取得相关资料。

9.2.2　应查明场区水文地质资料及与降水有关的参数，并应包括下列内容：

1　地下水的类型、地下水位高程及变化幅度；

2　各含水层的水力联系、补给、径流条件及土层的渗透系数；

3　分析流砂、管涌产生的可能性；

4　提出施工降水或隔水措施以及评估地下水位变化对场区环境造成的影响。

9.2.3　当场地水文地质条件复杂，应进行现场抽水试验，并进行水文地质勘察。

9.2.4　严寒地区的大型越冬基坑应评价各土层的冻胀性，并应对特殊土受开挖、振动影响以及失水、浸水影响引起的土的特性参数变化进行评估。

9.2.5　岩体基坑工程勘察除查明基坑周围的岩层分布、风化程度、岩石破碎情况和各岩层物理力学性质外，还应查明岩体主要结构面的类型、产状、延展情况、闭合程度、填充情况、力学性质等，特别是外倾结构面的抗剪强度以及地下水情况，并评估岩体滑动、岩块崩塌的可能性。

9.2.6　需对基坑工程周边进行环境调查时，调查的范围和内容应符合下列规定：

1　应调查基坑周边2倍开挖深度范围内建（构）筑物及设施的状况，当附近有轨道交通设施、隧道、防汛墙等重要建（构）筑物及设施时，或降水深度较大时应扩大调查范围。

2　环境调查应包括下列内容：

1）建（构）筑物的结构形式、材料强度、基础形式与埋深、沉降与倾斜及保护要求等；

2）地下交通工程、管线设施等的平面位置、埋深、结构形式、材料强度、断面尺寸、运营情况及保护要求等。

9.3　土压力与水压力

9.3.1　支护结构的作用效应包括下列各项：

1　土压力；

2　静水压力、渗流压力；

3　基坑开挖影响范围以内的建（构）筑物荷载、地面超载、施工荷载及邻近场地施工的影响；

4　温度变化及冻胀对支护结构产生的内力和变形；

5　临水支护结构尚应考虑波浪作用和水流退落时的渗流力；

6　作为永久结构使用时建筑物的相关荷载作用；

7　基坑周边主干道交通运输产生的荷载作用。

9.3.2　主动土压力、被动土压力可采用库仑或朗肯土压力理论计算。当对支护结构水平位移有严格限制时，应采用静止土压力计算。

9.3.3　作用于支护结构的土压力和水压力，对砂性土宜按水土分算计算；对黏性土宜按水土合算计算；也可按地区经验确定。

9.3.4　基坑工程采用止水帷幕并插入坑底下部相对不透水层时，基坑内外的水压力，可按静水压力计算。

9.3.5　当按变形控制原则设计支护结构时，作用在支护结构的计算土压力可按支护结构与土体的相互作用原理确定，也可按地区经验确定。

9.4　设计计算

9.4.1　基坑支护结构设计时，作用的效应设计值应符合下列规定：

1　基本组合的效应设计值可采用简化规则，应按下式进行计算：

$$S_d = 1.25S_k \quad (9.4.1\text{-}1)$$

式中：S_d——基本组合的效应设计值；

S_k——标准组合的效应设计值。

2　对于轴向受力为主的构件，S_d简化计算可按下式进行：

$$S_d = 1.35S_k \quad (9.4.1\text{-}2)$$

9.4.2　支护结构的入土深度应满足基坑支护结构稳定性及变形验算的要求，并结合地区工程经验综合确定。有地下水渗流作用时，应满足抗渗流稳定的验算，并宜插入坑底下部不透水层一定深度。

9.4.3　桩、墙式支护结构设计计算应符合下列规定：

1　桩、墙式支护可为柱列式排桩、板桩、地下连续墙、型钢水泥土墙等独立支护或与内支撑、锚杆组合形成的支护体系，适用于施工场地狭窄、地质条件差、基坑较深或需要严格控制支护结构或基坑周边环境地基变形时的基坑工程。

2　桩、墙式支护结构的设计应包括下列内容：

1）确定桩、墙的入土深度；

2）支护结构的内力和变形计算；

3）支护结构的构件和节点设计；

4）基坑变形计算，必要时提出对环境保护的工程技术措施；

5）支护桩、墙作为主体结构一部分时，尚应计算在建筑物荷载作用下的内力及变形；

6）基坑工程的监测要求。

9.4.4 根据基坑周边环境的复杂程度及环境保护要求，可按下列规定进行变形控制设计，并采取相应的保护措施：

1 根据基坑周边的环境保护要求，提出基坑的各项变形设计控制指标；

2 预估基坑开挖对周边环境的附加变形值，其总变形值应小于其允许变形值；

3 应从支护结构施工、地下水控制及开挖三个方面分别采取相关措施保护周围环境。

9.4.5 支护结构的内力和变形分析，宜采用侧向弹性地基反力法计算。土的侧向地基反力系数可通过单桩水平载荷试验确定。

9.4.6 支护结构应进行稳定验算。稳定验算应符合本规范附录V的规定。当有可靠工程经验时，稳定安全系数可按地区经验确定。

9.4.7 地下水渗流稳定性验算，应符合下列规定：

1 当坑内外存在水头差时，粉土和砂土应按本规范附录W进行抗渗流稳定性验算；

2 当基坑底上部土体为不透水层，下部具有承压水头时，坑内土体应按本规范附录W进行抗突涌稳定性验算。

9.5 支护结构内支撑

9.5.1 支护结构的内支撑必须采用稳定的结构体系和连接构造，优先采用超静定内支撑结构体系，其刚度应满足变形计算要求。

9.5.2 支撑结构计算分析应符合下列原则：

1 内支撑结构应按与支护桩、墙节点处变形协调的原则进行内力与变形分析；

2 在竖向荷载及水平荷载作用下支撑结构的承载力和位移计算应符合国家现行结构设计规范的有关规定，支撑体系可根据不同条件按平面框架、连续梁或简支梁分析；

3 当基坑内坑底标高差异大，或因基坑周边土层分布不均匀，土性指标差异大，导致作用在内支撑周边侧向土压力值变化较大时，应按桩、墙与内支撑系统节点的位移协调原则进行计算；

4 有可靠经验时，可采用空间结构分析方法，对支撑、围檩（压顶梁）和支护结构进行整体计算；

5 内支撑系统的各水平及竖向受力构件，应按结构构件的受力条件及施工中可能出现的不利影响因素，设置必要的连接构件，保证结构构件在平面内及平面外的稳定性。

9.5.3 支撑结构的施工与拆除顺序，应与支护结构的设计工况相一致，必须遵循先撑后挖的原则。

9.6 土层锚杆

9.6.1 土层锚杆锚固段不应设置在未经处理的软弱土层、不稳定土层和不良地质地段及钻孔注浆引发较大土体沉降的土层。

9.6.2 锚杆杆体材料宜选用钢绞线、螺纹钢筋，当锚杆极限承载力小于400kN时，可采用HRB 335钢筋。

9.6.3 锚杆布置与锚固体强度应满足下列要求：

1 锚杆锚固体上下排间距不宜小于2.5m，水平方向间距不宜小于1.5m；锚杆锚固体上覆土层厚度不宜小于4.0m。锚杆的倾角宜为15°～35°。

2 锚杆定位支架沿锚杆轴线方向宜每隔1.0m～2.0m设置一个，锚杆杆体的保护层不得少于20mm。

3 锚固体宜采用水泥砂浆或纯水泥浆，浆体设计强度不宜低于20.0MPa。

4 土层锚杆钻孔直径不宜小于120mm。

9.6.4 锚杆设计应包括下列内容：

1 确定锚杆类型、间距、排距和安设角度、断面形状及施工工艺；

2 确定锚杆自由段、锚固段长度、锚固体直径、锚杆抗拔承载力特征值；

3 锚杆筋体材料设计；

4 锚具、承压板、台座及腰梁设计；

5 预应力锚杆张拉荷载值、锁定荷载值；

6 锚杆试验和监测要求；

7 对支护结构变形控制需要进行的锚杆补张拉设计。

9.6.5 锚杆预应力筋的截面面积应按下式确定：

$$A \geqslant 1.35\frac{N_t}{\gamma_P f_{Pt}} \tag{9.6.5}$$

式中：N_t——相应于作用的标准组合时，锚杆所承受的拉力值（kN）；

γ_P——锚杆张拉施工工艺控制系数，当预应力筋为单束时可取1.0，当预应力筋为多束时可取0.9；

f_{Pt}——钢筋、钢绞线强度设计值（kPa）。

9.6.6 土层锚杆锚固段长度（L_a）应按基本试验确定，初步设计时也可按下式估算：

$$L_a \geqslant \frac{K \cdot N_t}{\pi \cdot D \cdot q_s} \tag{9.6.6}$$

式中：D——锚固体直径（m）；

K——安全系数，可取1.6；

q_s——土体与锚固体间粘结强度特征值（kPa），由当地锚杆抗拔试验结果统计分析算得。

9.6.7 锚杆应在锚固体和外锚头强度达到设计强度的80%以上后逐根进行张拉锁定，张拉荷载宜为锚杆所受拉力值的1.05倍～1.1倍，并在稳定5min～10min后退至锁定荷载锁定。锁定荷载宜取锚杆设计承载力的0.7倍～0.85倍。

9.6.8 锚杆自由段超过潜在的破裂面不应小于1m，自由段长度不宜小于5m，锚固段在最危险滑动面以外的有效长度应满足稳定性计算要求。

9.6.9 对设计等级为甲级的基坑工程，锚杆轴向拉力特征值应按本规范附录Y土层锚杆试验确定。对设计等级为乙级、丙级的基坑工程可按物理参数或经验数据设计，现场试验验证。

9.7 基坑工程逆作法

9.7.1 逆作法适用于支护结构水平位移有严格限制的基坑工程。根据工程具体情况，可采用全逆作法、半逆作法、部分逆作法。

9.7.2 逆作法的设计应包含下列内容：

1 基坑支护的地下连续墙或排桩与地下结构侧墙、内支撑、地下结构楼盖体系一体的结构分析计算；

2 土方开挖及外运；

3 临时立柱做法；

4 侧墙与支护结构的连接；

5 立柱与底板和楼盖的连接；

6 坑底土卸载和回弹引起的相邻立柱之间，立柱与侧墙之间的差异沉降对已施工结构受力的影响分析计算；

7 施工作业程序、混凝土浇筑及施工缝处理；

8 结构节点构造措施。

9.7.3 基坑工程逆作法设计应保证地下结构的侧墙、楼板、底板、柱满足基坑开挖时作为基坑支护结构及作为地下室永久结构工况时的设计要求。

9.7.4 当采用逆作法施工时，可采用支护结构体系与地下结构结合的设计方案：

1 地下结构墙体作为基坑支护结构；

2 地下结构水平构件（梁、板体系）作为基坑支护的内支撑；

3 地下结构竖向构件作为支护结构支承柱。

9.7.5 当地下连续墙同时作为地下室永久结构使用时，地下连续墙的设计计算尚应符合下列规定：

1 地下连续墙应分别按照承载能力极限状态和正常使用极限状态进行承载力、变形计算和裂缝验算。

2 地下连续墙墙身的防水等级应满足永久结构使用防水设计要求。地下连续墙与主体结构连接的接缝位置（如地下结构顶板、底板位置）根据地下结构的防水等级要求，可设置刚性止水片、遇水膨胀橡胶止水条以及预埋注浆管等构造措施。

3 地下连续墙与主体结构的连接应根据其受力特性和连接刚度进行设计计算。

4 墙顶承受竖向偏心荷载时，应按偏心受压构件计算正截面受压承载力。墙顶圈梁与墙体及上部结构的连接处应验算截面抗剪承载力。

9.7.6 主体地下结构的水平构件用作支撑时，其设计应符合下列规定：

1 用作支撑的地下结构水平构件宜采用梁板结构体系进行分析计算；

2 宜考虑由立柱桩差异变形及立柱桩与围护墙之间差异变形引起的地下结构水平构件的结构次应力，并采取必要措施防止有害裂缝的产生；

3 对地下结构的同层楼板面存在高差的部位，应验算该部位构件的抗弯、抗剪、抗扭承载能力，必要时应设置可靠的水平转换结构或临时支撑等措施；

4 对结构楼板的洞口及车道开口部位，当洞口两侧的梁板不能满足支撑的水平传力要求时，应在缺少结构楼板处设置临时支撑等措施；

5 在各层结构留设结构分缝或基坑施工期间不能封闭的后浇带位置，应通过计算设置水平传力构件。

9.7.7 竖向支承结构的设计应符合下列规定：

1 竖向支承结构宜采用一根结构柱对应布置一根临时立柱和立柱桩的形式（一柱一桩）。

2 立柱应按偏心受压构件进行承载力计算和稳定性验算，立柱桩应进行单桩竖向承载力与沉降计算。

3 在主体结构底板施工之前，相邻立柱桩间以及立柱桩与邻近基坑围护墙之间的差异沉降不宜大于1/400柱距，且不宜大于20mm。作为立柱桩的灌注桩宜采用桩端后注浆措施。

9.8 岩体基坑工程

9.8.1 岩体基坑包括岩石基坑和土岩组合基坑。基坑工程实施前应对基坑工程有潜在威胁或直接危害的滑坡、泥石流、崩塌以及岩溶、土洞强烈发育地段，采取可靠的整治措施。

9.8.2 岩体基坑工程设计时应分析岩体结构、软弱结构面对边坡稳定的影响。

9.8.3 在岩石边坡整体稳定的条件下，可采用放坡开挖方案。岩石边坡的开挖坡度允许值，应根据当地经验按工程类比的原则，可按本地区已有稳定边坡的坡度值确定。

9.8.4 对整体稳定的软质岩边坡，开挖时应按本规范第6.8.2条的规定对边坡进行构造处理。

9.8.5 对单结构面外倾边坡作用在支挡结构上的横推力，可根据楔形平衡法进行计算，并应考虑结构面填充物的性质及其浸水后的变化。具有两组或多组结构面的交线倾向于临空面的边坡，可采用棱形体分割法计算棱体的下滑力。

9.8.6 对土岩组合基坑，当采用岩石锚杆挡土结构进行支护时，应符合本规范第6.8.2条、第6.8.3条的规定。岩石锚杆的构造要求及设计计算应符合本规范第6.8.4条、第6.8.5条的规定。

9.9 地下水控制

9.9.1 基坑工程地下水控制应防止基坑开挖过程及使用期间的管涌、流砂、坑底突涌及与地下水有关的坑外地层过度沉降。

9.9.2 地下水控制设计应满足下列要求：

1 地下工程施工期间，地下水位控制在基坑面以下0.5m～1.5m；

2 满足坑底突涌验算要求；

3 满足坑底和侧壁抗渗流稳定的要求；

4 控制坑外地面沉降量及沉降差，保证邻近建（构）筑物及地下管线的正常使用。

9.9.3 基坑降水设计应包括下列内容：

1 基坑降水系统设计应包括下列内容：

1）确定降水井的布置、井数、井深、井距、井径、单井出水量；

2）疏干井和减压井过滤管的构造设计；

3）人工滤层的设置要求；

4）排水管路系统。

2 验算坑底土层的渗流稳定性及抗承压水突涌的稳定性。

3 计算基坑降水域内各典型部位的最终稳定水位及水位降深随时间的变化。

4 计算降水引起的对邻近建（构）筑物及地下设施产生的沉降。

5 回灌井的设置及回灌系统设计。

6 渗流作用对支护结构内力及变形的影响。

7 降水施工、运营、基坑安全监测要求，除对周边环境的监测外，还应包括对水位和水中微细颗粒含量的监测要求。

9.9.4 隔水帷幕设计应符合下列规定：

1 采用地下连续墙或隔水帷幕隔离地下水，隔离帷幕渗透系数宜小于1.0×10^{-4} m/d，竖向截水帷幕深度应插入下卧不透水层，其插入深度应满足抗渗流稳定的要求。

2 对封闭式隔水帷幕，在基坑开挖前应进行坑内抽水试验，并通过坑内外的观测井观察水位变化、抽水量变化等确认帷幕的止水效果和质量。

3 当隔水帷幕不能有效切断基坑深部承压含水层时，可在承压含水层中设置减压井，通过设计计算，控制承压含水层的减压水头，按需减压，确保坑底土不发生突涌。对承压水进行减压控制时，因降水减压引起的坑外地面沉降不得超过环境控制要求的地面变形允许值。

9.9.5 基坑地下水控制设计应与支护结构的设计统一考虑，由降水、排水和支护结构水平位移引起的地层变形和地表沉陷不应大于变形允许值。

9.9.6 高地下水位地区，当水文地质条件复杂，基坑周边环境保护要求高，设计等级为甲级的基坑工程，应进行地下水控制专项设计，并应包括下列内容：

1 应具备专门的水文地质勘察资料、基坑周边环境调查报告及现场抽水试验资料；

2 基坑降水风险分析及降水设计；

3 降水引起的地面沉降计算及环境保护措施；

4 基坑渗漏的风险预测及抢险措施；

5 降水运营、监测与管理措施。

10 检验与监测

10.1 一般规定

10.1.1 为设计提供依据的试验应在设计前进行，平板载荷试验、基桩静载试验、基桩抗拔试验及锚杆的抗拔试验等应加载到极限或破坏，必要时，应对基底反力、桩身内力和桩端阻力等进行测试。

10.1.2 验收检验静载荷试验最大加载量不应小于承载力特征值的2倍。

10.1.3 抗拔桩的验收检验应采取工程桩裂缝宽度控制的措施。

10.2 检验

10.2.1 基槽（坑）开挖到底后，应进行基槽（坑）检验。当发现地质条件与勘察报告和设计文件不一致、或遇到异常情况时，应结合地质条件提出处理意见。

10.2.2 地基处理的效果检验应符合下列规定：

1 地基处理后载荷试验的数量，应根据场地复杂程度和建筑物重要性确定。对于简单场地上的一般建筑物，每个单体工程载荷试验点数不宜少于3处；对复杂场地或重要建筑物应增加试验点数。

2 处理地基的均匀性检验深度不应小于设计处理深度。

3 对回填风化岩、山坯土、建筑垃圾等特殊土，应采用波速、超重型动力触探、深层载荷试验等多种方法综合评价。

4 对遇水软化、崩解的风化岩、膨胀性土等特殊土层，除根据试验数据评价承载力外，尚应评价由于试验条件与实际条件的差异对检测结果的影响。

5 复合地基除应进行静载荷试验外，尚应进行竖向增强体及周边土的质量检验。

6 条形基础和独立基础复合地基载荷试验的压板宽度宜按基础宽度确定。

10.2.3 在压实填土的施工过程中，应分层取样检验土的干密度和含水量。检验点数量，对大基坑每$50m^2$～$100m^2$面积内不应少于一个检验点；对基槽每10m～20m不应少于一个检验点；每个独立柱基不应少于一个检验点。采用贯入仪或动力触探检验垫层的施工质量时，分层检验点的间距应小于4m。根据检验结果求得的压实系数，不得低于本规范表6.3.7的规定。

10.2.4 压实系数可采用环刀法、灌砂法、灌水法或其他方法检验。

10.2.5 预压处理的软弱地基，在预压前后应分别进行原位十字板剪切试验和室内土工试验。预压处理的地基承载力应进行现场载荷试验。

10.2.6 强夯地基的处理效果应采用载荷试验结合其他原位测试方法检验。强夯置换的地基承载力检验除应采用单墩载荷试验检验外，尚应采用动力触探等方法查明施工后土层密度随深度的变化。强夯地基或强夯置换地基载荷试验的压板面积应按处理深度确定。

10.2.7 砂石桩、振冲碎石桩的处理效果应采用复合地基载荷试验方法检验。大型工程及重要建筑应采用多桩复合地基载荷试验方法检验；桩间土应在处理后采用动力触探、标准贯入、静力触探等原位测试方法检验。砂石桩、振冲碎石桩的桩体密实度可采用动力触探方法检验。

10.2.8 水泥搅拌桩成桩后可进行轻便触探和标准贯入试验结合钻取芯样、分段取芯样作抗压强度试验评价桩身质量。

10.2.9 水泥土搅拌桩复合地基承载力检验应进行单桩载荷试验和复合地基载荷试验。

10.2.10 复合地基应进行桩身完整性和单桩竖向承载力检验以及单桩或多桩复合地基载荷试验，施工工艺对桩间土承载力有影响时还应进行桩间土承载力检验。

10.2.11 对打入式桩、静力压桩，应提供经确认的施工过程有关参数。施工完成后尚应进行桩顶标高、桩位偏差等检验。

10.2.12 对混凝土灌注桩，应提供施工过程有关参数，包括原材料的力学性能检验报告，试件留置数量及制作养护方法、混凝土抗压强度试验报告、钢筋笼制作质量检查报告。施工完成后尚应进行桩顶标高、桩位偏差等检验。

10.2.13 人工挖孔桩终孔时，应进行桩端持力层检验。单柱单桩的大直径嵌岩桩，应视岩性检验孔底下3倍桩身直径或5m深度范围内有无土洞、溶洞、破碎带或软弱夹层等不良地质条件。

10.2.14 施工完成后的工程桩应进行桩身完整性检验和竖向承载力检验。承受水平力较大的桩应进行水平承载力检验，抗拔桩应进行抗拔承载力检验。

10.2.15 桩身完整性检验宜采用两种或多种合适的检验方法进行。直径大于800mm的混凝土嵌岩桩应采用钻孔抽芯法或声波透射法检测，检测桩数不得少于总桩数的10%，且不得少于10根，且每根柱下承台的抽检桩数不应少于1根。直径不大于800mm的桩以及直径大于800mm的非嵌岩桩，可根据桩径和桩长的大小，结合桩的类型和当地经验采用钻孔抽芯法、声波透射法或动测法进行检测。检测的桩数不应少于总桩数的10%，且不得少于10根。

10.2.16 竖向承载力检验的方法和数量可根据地基基础设计等级和现场条件，结合当地可靠的经验和技术确定。复杂地质条件下的工程桩竖向承载力的检验应采用静载荷试验，检验桩数不得少于同条件下总桩数的1%，且不得少于3根。大直径嵌岩桩的承载力可根据终孔时桩端持力层岩性报告结合桩身质量检验报告核验。

10.2.17 水平受荷桩和抗拔桩承载力的检验可分别按本规范附录S单桩水平载荷试验和附录T单桩竖向抗拔静载试验的规定进行，检验桩数不得少于同条件下总桩数的1%，且不得少于3根。

10.2.18 地下连续墙应提交经确认的有关成墙记录和施工报告。地下连续墙完成后应进行墙体质量检验。检验方法可采用钻孔抽芯或声波透射法，非承重地下连续墙检验槽段数不得少于同条件下总槽段数的10%；对承重地下连续墙检验槽段数不得少于同条件下总槽段数的20%。

10.2.19 岩石锚杆完成后应按本规范附录M进行抗拔承载力检验，检验数量不得少于锚杆总数的5%，且不得少于6根。

10.2.20 当检验发现地基处理的效果、桩身或地下连续墙质量、桩或岩石锚杆承载力不满足设计要求时，应结合工程场地地质和施工情况综合分析，必要时应扩大检验数量，提出处理意见。

10.3 监 测

10.3.1 大面积填方、填海等地基处理工程，应对地面沉降进行长期监测，直到沉降达到稳定标准；施工过程中还应对土体位移、孔隙水压力等进行监测。

10.3.2 基坑开挖应根据设计要求进行监测，实施动态设计和信息化施工。

10.3.3 施工过程中降低地下水对周边环境影响较大时，应对地下水位变化、周边建筑物的沉降和位移、土体变形、地下管线变形等进行监测。

10.3.4 预应力锚杆施工完成后应对锁定的预应力进行监测，监测锚杆数量不得少于锚杆总数的5%，且不得少于6根。

10.3.5 基坑开挖监测包括支护结构的内力和变形，地下水位变化及周边建（构）筑物、地下管线等市政设施的沉降和位移等监测内容可按表10.3.5选择。

表 10.3.5 基坑监测项目选择表

地基基础设计等级	支护结构水平位移	邻近建（构）筑物沉降与地下管线变形	地下水位	锚杆拉力	支撑轴力或变形	立柱变形	桩墙内力	地面沉降	基坑底隆起	土侧向变形	孔隙水压力	土压力
甲级	√	√	√	√	√	√	√	√	√	√	△	△
乙级	√	√	√	√	△	△	△	△	△	△	△	△
丙级	√	√	○	○	○	○	○	○	○	○	○	○

注：1 √为应测项目，△为宜测项目，○为可不测项目；

2 对深度超过15m的基坑宜设坑底土回弹监测点；

3 基坑周边环境进行保护要求严格时，地下水位监测应包括对基坑内、外地下水位进行监测。

10.3.6 边坡工程施工过程中，应严格记录气象条件、挖方、填方、堆载等情况。尚应对边坡的水平位移和竖向位移进行监测，直到变形稳定为止，且不得少于二年。爆破施工时，应监控爆破对周边环境的影响。

10.3.7 对挤土桩布桩较密或周边环境保护要求严格时，应对打桩过程中造成的土体隆起和位移、邻桩桩顶标高及桩位、孔隙水压力等进行监测。

10.3.8 下列建筑物应在施工期间及使用期间进行沉降变形观测：

1 地基基础设计等级为甲级建筑物；

2 软弱地基上的地基基础设计等级为乙级建筑物；

3 处理地基上的建筑物；

4 加层、扩建建筑物；

5 受邻近深基坑开挖施工影响或受场地地下水等环境因素变化影响的建筑物；

6 采用新型基础或新型结构的建筑物。

10.3.9 需要积累建筑物沉降经验或进行设计反分析的工程，应进行建筑物沉降观测和基础反力监测。沉降观测宜同时设分层沉降监测点。

附录A 岩石坚硬程度及岩体完整程度的划分

A.0.1 岩石坚硬程度根据现场观察进行定性划分应符合表A.0.1的规定。

表 A.0.1 岩石坚硬程度的定性划分

名称		定性鉴定	代表性岩石
硬质岩	坚硬岩	锤击声清脆，有回弹，振手，难击碎，基本无吸水反应	未风化—微风化的花岗岩、闪长岩、辉绿岩、玄武岩、安山岩、片麻岩、石英岩、硅质砾岩、石英砂岩、硅质石灰岩等
硬质岩	较硬岩	锤击声较清脆，有轻微回弹，稍振手，较难击碎，有轻微吸水反应	1. 微风化的坚硬岩； 2. 未风化—微风化的大理岩、板岩、石灰岩、白云岩、钙质砂岩等
软质岩	较软岩	锤击声不清脆，无回弹，较易击碎，浸水后指甲可刻出印痕	1. 中等风化—强风化的坚硬岩或较硬岩； 2. 未风化—微风化的凝灰岩、千枚岩、砂质泥岩、泥灰岩等
软质岩	软岩	锤击声哑，无回弹，有凹痕，易击碎，浸水后手可掰开	1. 强风化的坚硬岩和较硬岩； 2. 中等风化—强风化的较软岩； 3. 未风化—微风化的页岩、泥质砂岩、泥岩等
极软岩		锤击声哑，无回弹，有较深凹痕，手可捏碎，浸水后可捏成团	1. 全风化的各种岩石； 2. 各种半成岩

A.0.2 岩体完整程度的划分宜按表A.0.2的规定。

表 A.0.2 岩体完整程度的划分

名 称	结构面组数	控制性结构面平均间距（m）	代表性结构类型
完整	1～2	＞1.0	整状结构
较完整	2～3	0.4～1.0	块状结构
较破碎	＞3	0.2～0.4	镶嵌状结构
破碎	＞3	＜0.2	碎裂状结构
极破碎	无序	—	散体状结构

附录B 碎石土野外鉴别

表 B.0.1 碎石土密实度野外鉴别方法

密实度	骨架颗粒含量和排列	可挖性	可钻性
密实	骨架颗粒含量大于总重的70%，呈交错排列，连续接触	锹镐挖掘困难，用撬棍方能松动，井壁一般较稳定	钻进极困难，冲击钻探时，钻杆、吊锤跳动剧烈，孔壁较稳定

续表 B.0.1

密实度	骨架颗粒含量和排列	可挖性	可钻性
中密	骨架颗粒含量等于总重的60%～70%，呈交错排列，大部分接触	锹镐可挖掘，井壁有掉块现象，从井壁取出大颗粒处，能保持颗粒凹面形状	钻进较困难，冲击钻探时，钻杆、吊锤跳动不剧烈，孔壁有坍塌现象
稍密	骨架颗粒含量等于总重的55%～60%，排列混乱，大部分不接触	锹可以挖掘，井壁易坍塌，从井壁取出大颗粒后，砂土立即坍落	钻进较容易，冲击钻探时，钻杆稍有跳动，孔壁易坍塌
松散	骨架颗粒含量小于总重的55%，排列十分混乱，绝大部分不接触	锹易挖掘，井壁极易坍塌	钻进很容易，冲击钻探时，钻杆无跳动，孔壁极易坍塌

注：1 骨架颗粒系指与本规范表 4.1.5 相对应粒径的颗粒；
2 碎石土的密实度应按表列各项要求综合确定。

附录C 浅层平板载荷试验要点

C.0.1 地基土浅层平板载荷试验适用于确定浅部地基土层的承压板下应力主要影响范围内的承载力和变形参数，承压板面积不应小于 $0.25m^2$，对于软土不应小于 $0.5m^2$。

C.0.2 试验基坑宽度不应小于承压板宽度或直径的三倍。应保持试验土层的原状结构和天然湿度。宜在拟试压表面用粗砂或中砂层找平，其厚度不应超过 20mm。

C.0.3 加荷分级不应少于 8 级。最大加载量不应小于设计要求的两倍。

C.0.4 每级加载后，按间隔 10min、10min、10min、15min、15min，以后为每隔半小时测读一次沉降量，当在连续两小时内，每小时的沉降量小于 0.1mm 时，则认为已趋稳定，可加下一级荷载。

C.0.5 当出现下列情况之一时，即可终止加载：

1 承压板周围的土明显地侧向挤出；

2 沉降 s 急骤增大，荷载-沉降（p-s）曲线出现陡降段；

3 在某一级荷载下，24h 内沉降速率不能达到稳定标准；

4 沉降量与承压板宽度或直径之比大于或等于 0.06。

C.0.6 当满足第 C.0.5 条前三款的情况之一时，其对应的前一级荷载为极限荷载。

C.0.7 承载力特征值的确定应符合下列规定：

1 当 p-s 曲线上有比例界限时，取该比例界限所对应的荷载值；

2 当极限荷载小于对应比例界限的荷载值的 2 倍时，取极限荷载值的一半；

3 当不能按上述二款要求确定时，当压板面积为 $0.25m^2$～$0.50m^2$，可取 s/b=0.01～0.015 所对应的荷载，但其值不应大于最大加载量的一半。

C.0.8 同一土层参加统计的试验点不应少于三点，各试验实测值的极差不得超过其平均值的 30%，取此平均值作为该土层的地基承载力特征值（f_{ak}）。

附录D 深层平板载荷试验要点

D.0.1 深层平板载荷试验适用于确定深部地基土层及大直径桩桩端土层在承压板下应力主要影响范围内的承载力和变形参数。

D.0.2 深层平板载荷试验的承压板采用直径为 0.8m 的刚性板，紧靠承压板周围外侧的土层高度应不少于 80cm。

D.0.3 加荷等级可按预估极限承载力的 1/10～1/15 分级施加。

D.0.4 每级加荷后，第一个小时内按间隔 10min、10min、10min、15min、15min，以后为每隔半小时测读一次沉降。当在连续两小时内，每小时的沉降量小于 0.1mm 时，则认为已趋稳定，可加下一级荷载。

D.0.5 当出现下列情况之一时，可终止加载：

1 沉降 s 急剧增大，荷载-沉降（p-s）曲线上有可判定极限承载力的陡降段，且沉降量超过 $0.04d$（d 为承压板直径）；

2 在某级荷载下，24h 内沉降速率不能达到稳定；

3 本级沉降量大于前一级沉降量的 5 倍；

4 当持力层土层坚硬，沉降量很小时，最大加载量不小于设计要求的 2 倍。

D.0.6 承载力特征值的确定应符合下列规定：

1 当 p-s 曲线上有比例界限时，取该比例界限所对应的荷载值；

2 满足终止加载条件前三款的条件之一时，其对应的前一级荷载定为极限荷载，当该值小于对应比例界限的荷载值的 2 倍时，取极限荷载值的一半；

3 不能按上述二款要求确定时，可取 s/d=0.01～0.015 所对应的荷载值，但其值不应大于最大加载量的一半。

D.0.7 同一土层参加统计的试验点不应少于三点，当试验实测值的极差不超过平均值的 30%时，取此平均值作为该土层的地基承载力特征值（f_{ak}）。

附录 E　抗剪强度指标 c、φ 标准值

E.0.1　内摩擦角标准值 φ_k，黏聚力标准值 c_k，可按下列规定计算：

1　根据室内 n 组三轴压缩试验的结果，按下列公式计算变异系数、某一土性指标的试验平均值和标准差：

$$\delta=\sigma/\mu \quad \text{(E.0.1-1)}$$

$$\mu=\frac{\sum_{i=1}^{n}\mu_i}{n} \quad \text{(E.0.1-2)}$$

$$\sigma=\sqrt{\frac{\sum_{i=1}^{n}\mu_i^2-n\mu^2}{n-1}} \quad \text{(E.0.1-3)}$$

式中　δ——变异系数；

μ——某一土性指标的试验平均值；

σ——标准差。

2　按下列公式计算内摩擦角和黏聚力的统计修正系数 ψ_φ、ψ_c：

$$\psi_\varphi=1-\left(\frac{1.704}{\sqrt{n}}+\frac{4.678}{n^2}\right)\delta_\varphi \quad \text{(E.0.1-4)}$$

$$\psi_c=1-\left(\frac{1.704}{\sqrt{n}}+\frac{4.678}{n^2}\right)\delta_c \quad \text{(E.0.1-5)}$$

式中　ψ_φ——内摩擦角的统计修正系数；

ψ_c——黏聚力的统计修正系数；

δ_φ——内摩擦角的变异系数；

δ_c——黏聚力的变异系数。

3

$$\varphi_k=\psi_\varphi\varphi_m \quad \text{(E.0.1-6)}$$

$$c_k=\psi_c c_m \quad \text{(E.0.1-7)}$$

式中　φ_m——内摩擦角的试验平均值；

c_m——黏聚力的试验平均值。

附录 G　地基土的冻胀性分类及建筑基础底面下允许冻土层最大厚度

G.0.1　地基土的冻胀性分类，可按表 G.0.1 分为不冻胀、弱冻胀、冻胀、强冻胀和特强冻胀。

G.0.2　建筑基础底面下允许冻土层最大厚度 h_{max}（m），可按表 G.0.2 查取。

表 G.0.1　地基土的冻胀性分类

<table>
<tr><th>土的名称</th><th>冻前天然含水量
w（%）</th><th>冻结期间地下水位
距冻结面的最小距离
h_w（m）</th><th>平均冻胀率
η（%）</th><th>冻胀
等级</th><th>冻胀类别</th></tr>
<tr><td rowspan="6">碎（卵）石，砾、粗、中砂（粒径小于0.075mm 颗粒含量大于 15%），细砂（粒径小于 0.075mm 颗粒含量大于 10%）</td><td rowspan="2">w≤12</td><td>>1.0</td><td>η≤1</td><td>Ⅰ</td><td>不冻胀</td></tr>
<tr><td>≤1.0</td><td rowspan="2">1<η≤3.5</td><td rowspan="2">Ⅱ</td><td rowspan="2">弱胀冻</td></tr>
<tr><td rowspan="2">12<w≤18</td><td>>1.0</td></tr>
<tr><td>≤1.0</td><td rowspan="2">3.5<η≤6</td><td rowspan="2">Ⅲ</td><td rowspan="2">胀　冻</td></tr>
<tr><td rowspan="2">w>18</td><td>>0.5</td></tr>
<tr><td>≤0.5</td><td>6<η≤12</td><td>Ⅳ</td><td>强胀冻</td></tr>
<tr><td rowspan="7">粉　砂</td><td rowspan="2">w≤14</td><td>>1.0</td><td>η≤1</td><td>Ⅰ</td><td>不冻胀</td></tr>
<tr><td>≤1.0</td><td rowspan="2">1<η≤3.5</td><td rowspan="2">Ⅱ</td><td rowspan="2">弱胀冻</td></tr>
<tr><td rowspan="2">14<w≤19</td><td>>1.0</td></tr>
<tr><td>≤1.0</td><td rowspan="2">3.5<η≤6</td><td rowspan="2">Ⅲ</td><td rowspan="2">胀　冻</td></tr>
<tr><td rowspan="2">19<w≤23</td><td>>1.0</td></tr>
<tr><td>≤1.0</td><td>6<η≤12</td><td>Ⅳ</td><td>强胀冻</td></tr>
<tr><td>w>23</td><td>不考虑</td><td>η>12</td><td>Ⅴ</td><td>特强胀冻</td></tr>
<tr><td rowspan="2">粉　土</td><td rowspan="2">w≤19</td><td>>1.5</td><td>η≤1</td><td>Ⅰ</td><td>不冻胀</td></tr>
<tr><td>≤1.5</td><td>1<η≤3.5</td><td>Ⅱ</td><td>弱胀冻</td></tr>
<tr><td rowspan="7">粉　土</td><td rowspan="2">19<w≤22</td><td>>1.5</td><td>1<η≤3.5</td><td>Ⅱ</td><td>弱胀冻</td></tr>
<tr><td>≤1.5</td><td rowspan="2">3.5<η≤6</td><td rowspan="2">Ⅲ</td><td rowspan="2">胀　冻</td></tr>
<tr><td rowspan="2">22<w≤26</td><td>>1.5</td></tr>
<tr><td>≤1.5</td><td rowspan="2">6<η≤12</td><td rowspan="2">Ⅳ</td><td rowspan="2">强胀冻</td></tr>
<tr><td rowspan="2">26<w≤30</td><td>>1.5</td></tr>
<tr><td>≤1.5</td><td rowspan="2">η>12</td><td rowspan="2">Ⅴ</td><td rowspan="2">特强胀冻</td></tr>
<tr><td>w>30</td><td>不考虑</td></tr>
</table>

续表 G.0.1

土的名称	冻前天然含水量 w（%）	冻结期间地下水位距冻结面的最小距离 h_w（m）	平均冻胀率 η（%）	冻胀等级	冻胀类别
黏性土	$w \leqslant w_p+2$	>2.0	$\eta \leqslant 1$	Ⅰ	不冻胀
		≤2.0	$1<\eta \leqslant 3.5$	Ⅱ	弱胀冻
	$w_p+2<w \leqslant w_p+5$	>2.0			
		≤2.0	$3.5<\eta \leqslant 6$	Ⅲ	胀冻
	$w_p+5<w \leqslant w_p+9$	>2.0			
		≤2.0	$6<\eta \leqslant 12$	Ⅳ	强胀冻
	$w_p+9<w \leqslant w_p+15$	>2.0			
		≤2.0	$\eta>12$	Ⅴ	特强胀冻
	$w>w_p+15$	不考虑			

注：1 w_p——塑限含水量（%）；
w——在冻土层内冻前天然含水量的平均值（%）；
2 盐渍化冻土不在表列；
3 塑性指数大于22时，冻胀性降低一级；
4 粒径小于0.005mm的颗粒含量大于60%时，为不冻胀土；
5 碎石类土当充填物大于全部质量的40%时，其冻胀性按充填物土的类别判断；
6 碎石土、砾砂、粗砂、中砂（粒径小于0.075mm颗粒含量不大于15%）、细砂（粒径小于0.075mm颗粒含量不大于10%）均按不冻胀考虑。

表 G.0.2 建筑基础底面下允许冻土层最大厚度 h_{max}（m）

冻胀性	基础形式	采暖情况 \ 基底平均压力（kPa） 110	130	150	170	190	210
弱冻胀土	方形基础	采暖	0.90	0.95	1.00	1.10	1.15	1.20
		不采暖	0.70	0.80	0.95	1.00	1.05	1.10
	条形基础	采暖	>2.50	>2.50	>2.50	>2.50	>2.50	>2.50
		不采暖	2.20	2.50	>2.50	>2.50	>2.50	>2.50
冻胀土	方形基础	采暖	0.65	0.70	0.75	0.80	0.85	—
		不采暖	0.55	0.60	0.65	0.70	0.75	—
	条形基础	采暖	1.55	1.80	2.00	2.20	2.50	—
		不采暖	1.15	1.35	1.55	1.75	1.95	—

注：1 本表只计算法向冻胀力，如果基侧存在切向冻胀力，应采取防切向力措施；
2 基础宽度小于0.6m时不适用，矩形基础取短边尺寸按方形基础计算；
3 表中数据不适用于淤泥、淤泥质土和欠固结土；
4 计算基底平均压力时取永久作用的标准组合值乘以0.9，可以内插。

附录H 岩石地基载荷试验要点

H.0.1 本附录适用于确定完整、较完整、较破碎岩石地基作为天然地基或桩基础持力层时的承载力。

H.0.2 采用圆形刚性承压板，直径为300mm。当岩石埋藏深度较大时，可采用钢筋混凝土桩，但桩周需采取措施以消除桩身与土之间的摩擦力。

H.0.3 测量系统的初始稳定读数观测应在加压前，每隔10min读数一次，连续三次读数不变可开始试验。

H.0.4 加载应采用单循环加载，荷载逐级递增直到破坏，然后分级卸载。

H.0.5 加载时，第一级加载值应为预估设计荷载的1/5，以后每级应为预估设计荷载的1/10。

H.0.6 沉降量测读应在加载后立即进行，以后每10min读数一次。

H.0.7 连续三次读数之差均不大于0.01mm，可视为达到稳定标准，可施加下一级荷载。

H.0.8 加载过程中出现下述现象之一时，即可终止加载：

1 沉降量读数不断变化，在24h内，沉降速率有增大的趋势；

2 压力加不上或勉强加上而不能保持稳定。

注：若限于加载能力，荷载也应增加到不少于设计要求的两倍。

H.0.9 卸载及卸载观测应符合下列规定：

1 每级卸载为加载时的两倍，如为奇数，第一级可为3倍；

2 每级卸载后，隔10min测读一次，测读三次后可卸下一级荷载；

3 全部卸载后，当测读到半小时回弹量小于0.01mm时，即认为达到稳定。

H.0.10 岩石地基承载力的确定应符合下列规定：

1 对应于 p-s 曲线上起始直线段的终点为比例界限。符合终止加载条件的前一级荷载为极限荷载。将极限荷载除以3的安全系数，所得值与对应于比例界限的荷载相比较，取小值。

2 每个场地载荷试验的数量不应少于3个，取最小值作为岩石地基承载力特征值。

3 岩石地基承载力不进行深宽修正。

附录J 岩石饱和单轴抗压强度试验要点

J.0.1 试料可用钻孔的岩芯或坑、槽探中采取的岩块。

J.0.2 岩样尺寸一般为 ϕ50mm×100mm，数量不应少于6个，进行饱和处理。

J.0.3 在压力机上以每秒500kPa～800kPa的加载速度加荷，直到试样破坏为止，记下最大加载，做好试验前后的试样描述。

J.0.4 根据参加统计的一组试样的试验值计算其平均值、标准差、变异系数，取岩石饱和单轴抗压强度的标准值为：

$$f_{rk} = \psi \cdot f_{rm} \quad (J.0.4\text{-}1)$$

$$\psi = 1 - \left(\frac{1.704}{\sqrt{n}} + \frac{4.678}{n^2} \right) \delta \quad (J.0.4\text{-}2)$$

式中：f_{rm}——岩石饱和单轴抗压强度平均值（kPa）；

f_{rk}——岩石饱和单轴抗压强度标准值（kPa）；

ψ——统计修正系数；

n——试样个数；

δ——变异系数。

附录K 附加应力系数 α、平均附加应力系数 $\bar{\alpha}$

K.0.1 矩形面积上均布荷载作用下角点的附加应力系数 α（表K.0.1-1）、平均附加应力系数 $\bar{\alpha}$（表K.0.1-2）。

表 K.0.1-1 矩形面积上均布荷载作用下角点附加应力系数 α

z/b	l/b											
	1.0	1.2	1.4	1.6	1.8	2.0	3.0	4.0	5.0	6.0	10.0	条形
0.0	0.250	0.250	0.250	0.250	0.250	0.250	0.250	0.250	0.250	0.250	0.250	0.250
0.2	0.249	0.249	0.249	0.249	0.249	0.249	0.249	0.249	0.249	0.249	0.249	0.249
0.4	0.240	0.242	0.243	0.243	0.244	0.244	0.244	0.244	0.244	0.244	0.244	0.244
0.6	0.223	0.228	0.230	0.232	0.232	0.233	0.234	0.234	0.234	0.234	0.234	0.234
0.8	0.200	0.207	0.212	0.215	0.216	0.218	0.220	0.220	0.220	0.220	0.220	0.220
1.0	0.175	0.185	0.191	0.195	0.198	0.200	0.203	0.204	0.204	0.204	0.205	0.205
1.2	0.152	0.163	0.171	0.176	0.179	0.182	0.187	0.188	0.189	0.189	0.189	0.189
1.4	0.131	0.142	0.151	0.157	0.161	0.164	0.171	0.173	0.174	0.174	0.174	0.174
1.6	0.112	0.124	0.133	0.140	0.145	0.148	0.157	0.159	0.160	0.160	0.160	0.160
1.8	0.097	0.108	0.117	0.124	0.129	0.133	0.143	0.146	0.147	0.148	0.148	0.148
2.0	0.084	0.095	0.103	0.110	0.116	0.120	0.131	0.135	0.136	0.137	0.137	0.137
2.2	0.073	0.083	0.092	0.098	0.104	0.108	0.121	0.125	0.126	0.127	0.128	0.128
2.4	0.064	0.073	0.081	0.088	0.093	0.098	0.111	0.116	0.118	0.118	0.119	0.119
2.6	0.057	0.065	0.072	0.079	0.084	0.089	0.102	0.107	0.110	0.111	0.112	0.112
2.8	0.050	0.058	0.065	0.071	0.076	0.080	0.094	0.100	0.102	0.104	0.105	0.105
3.0	0.045	0.052	0.058	0.064	0.069	0.073	0.087	0.093	0.096	0.097	0.099	0.099
3.2	0.040	0.047	0.053	0.058	0.063	0.067	0.081	0.087	0.090	0.092	0.093	0.094
3.4	0.036	0.042	0.048	0.053	0.057	0.061	0.075	0.081	0.085	0.086	0.088	0.089
3.6	0.033	0.038	0.043	0.048	0.052	0.056	0.069	0.076	0.080	0.082	0.084	0.084
3.8	0.030	0.035	0.040	0.044	0.048	0.052	0.065	0.072	0.075	0.077	0.080	0.080

续表 K.0.1-1

z/b	l/b											
	1.0	1.2	1.4	1.6	1.8	2.0	3.0	4.0	5.0	6.0	10.0	条形
4.0	0.027	0.032	0.036	0.040	0.044	0.048	0.060	0.067	0.071	0.073	0.076	0.076
4.2	0.025	0.029	0.033	0.037	0.041	0.044	0.056	0.063	0.067	0.070	0.072	0.073
4.4	0.023	0.027	0.031	0.034	0.038	0.041	0.053	0.060	0.064	0.066	0.069	0.070
4.6	0.021	0.025	0.028	0.032	0.035	0.038	0.049	0.056	0.061	0.063	0.066	0.067
4.8	0.019	0.023	0.026	0.029	0.032	0.035	0.046	0.053	0.058	0.060	0.064	0.064
5.0	0.018	0.021	0.024	0.027	0.030	0.033	0.043	0.050	0.055	0.057	0.061	0.062
6.0	0.013	0.015	0.017	0.020	0.022	0.024	0.033	0.039	0.043	0.046	0.051	0.052
7.0	0.009	0.011	0.013	0.015	0.016	0.018	0.025	0.031	0.035	0.038	0.043	0.045
8.0	0.007	0.009	0.010	0.011	0.013	0.014	0.020	0.025	0.028	0.031	0.037	0.039
9.0	0.006	0.007	0.008	0.009	0.010	0.011	0.016	0.020	0.024	0.026	0.032	0.035
10.0	0.005	0.006	0.007	0.007	0.008	0.009	0.013	0.017	0.020	0.022	0.028	0.032
12.0	0.003	0.004	0.005	0.005	0.006	0.006	0.009	0.012	0.014	0.017	0.022	0.026
14.0	0.002	0.003	0.003	0.004	0.004	0.005	0.007	0.009	0.011	0.013	0.018	0.023
16.0	0.002	0.002	0.003	0.003	0.003	0.004	0.005	0.007	0.009	0.010	0.014	0.020
18.0	0.001	0.002	0.002	0.002	0.003	0.003	0.004	0.006	0.007	0.008	0.012	0.018
20.0	0.001	0.001	0.002	0.002	0.002	0.002	0.004	0.005	0.006	0.007	0.010	0.016
25.0	0.001	0.001	0.001	0.001	0.001	0.002	0.002	0.003	0.004	0.004	0.007	0.013
30.0	0.001	0.001	0.001	0.001	0.001	0.001	0.002	0.002	0.003	0.002	0.005	0.011
35.0	0.000	0.000	0.001	0.001	0.001	0.001	0.001	0.002	0.002	0.002	0.004	0.009
40.0	0.000	0.000	0.000	0.000	0.001	0.001	0.001	0.001	0.001	0.002	0.003	0.008

注：l—基础长度（m）；b—基础宽度（m）；z—计算点离基础底面垂直距离（m）。

K.0.2 矩形面积上三角形分布荷载作用下的附加应力系数 α、平均附加应力系数 $\bar{\alpha}$（表 K.0.2）。

K.0.3 圆形面积上均布荷载作用下中点的附加应力系数 α、平均附加应力系数 $\bar{\alpha}$（表 K.0.3）。

K.0.4 圆形面积上三角形分布荷载作用下边点的附加应力系数 α、平均附加应力系数 $\bar{\alpha}$（表 K.0.4）。

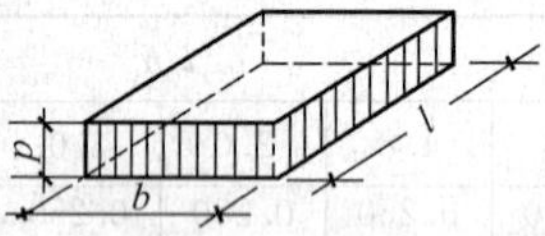

表 K.0.1-2 矩形面积上均布荷载作用下角点的平均附加应力系数 $\bar{\alpha}$

z/b \ l/b	1.0	1.2	1.4	1.6	1.8	2.0	2.4	2.8	3.2	3.6	4.0	5.0	10.0
0.0	0.2500	0.2500	0.2500	0.2500	0.2500	0.2500	0.2500	0.2500	0.2500	0.2500	0.2500	0.2500	0.2500
0.2	0.2496	0.2497	0.2497	0.2498	0.2498	0.2498	0.2498	0.2498	0.2498	0.2498	0.2498	0.2498	0.2498
0.4	0.2474	0.2479	0.2481	0.2483	0.2483	0.2484	0.2485	0.2485	0.2485	0.2485	0.2485	0.2485	0.2485
0.6	0.2423	0.2437	0.2444	0.2448	0.2451	0.2452	0.2454	0.2455	0.2455	0.2455	0.2455	0.2455	0.2456
0.8	0.2346	0.2372	0.2387	0.2395	0.2400	0.2403	0.2407	0.2408	0.2409	0.2409	0.2410	0.2410	0.2410
1.0	0.2252	0.2291	0.2313	0.2326	0.2335	0.2340	0.2346	0.2349	0.2351	0.2352	0.2352	0.2353	0.2353
1.2	0.2149	0.2199	0.2229	0.2248	0.2260	0.2268	0.2278	0.2282	0.2285	0.2286	0.2287	0.2288	0.2289
1.4	0.2043	0.2102	0.2140	0.2164	0.2180	0.2191	0.2204	0.2211	0.2215	0.2217	0.2218	0.2220	0.2221
1.6	0.1939	0.2006	0.2049	0.2079	0.2099	0.2113	0.2130	0.2138	0.2143	0.2146	0.2148	0.2150	0.2152
1.8	0.1840	0.1912	0.1960	0.1994	0.2018	0.2034	0.2055	0.2066	0.2073	0.2077	0.2079	0.2082	0.2084

续表 K.0.1-2

z/b \ l/b	1.0	1.2	1.4	1.6	1.8	2.0	2.4	2.8	3.2	3.6	4.0	5.0	10.0
2.0	0.1746	0.1822	0.1875	0.1912	0.1938	0.1958	0.1982	0.1996	0.2004	0.2009	0.2012	0.2015	0.2018
2.2	0.1659	0.1737	0.1793	0.1833	0.1862	0.1883	0.1911	0.1927	0.1937	0.1943	0.1947	0.1952	0.1955
2.4	0.1578	0.1657	0.1715	0.1757	0.1789	0.1812	0.1843	0.1862	0.1873	0.1880	0.1885	0.1890	0.1895
2.6	0.1503	0.1583	0.1642	0.1686	0.1719	0.1745	0.1779	0.1799	0.1812	0.1820	0.1825	0.1832	0.1838
2.8	0.1433	0.1514	0.1574	0.1619	0.1654	0.1680	0.1717	0.1739	0.1753	0.1763	0.1769	0.1777	0.1784
3.0	0.1369	0.1449	0.1510	0.1556	0.1592	0.1619	0.1658	0.1682	0.1698	0.1708	0.1715	0.1725	0.1733
3.2	0.1310	0.1390	0.1450	0.1497	0.1533	0.1562	0.1602	0.1628	0.1645	0.1657	0.1664	0.1675	0.1685
3.4	0.1256	0.1334	0.1394	0.1441	0.1478	0.1508	0.1550	0.1577	0.1595	0.1607	0.1616	0.1628	0.1639
3.6	0.1205	0.1282	0.1342	0.1389	0.1427	0.1456	0.1500	0.1528	0.1548	0.1561	0.1570	0.1583	0.1595
3.8	0.1158	0.1234	0.1293	0.1340	0.1378	0.1408	0.1452	0.1482	0.1502	0.1516	0.1526	0.1541	0.1554
4.0	0.1114	0.1189	0.1248	0.1294	0.1332	0.1362	0.1408	0.1438	0.1459	0.1474	0.1485	0.1500	0.1516
4.2	0.1073	0.1147	0.1205	0.1251	0.1289	0.1319	0.1365	0.1396	0.1418	0.1434	0.1445	0.1462	0.1479
4.4	0.1035	0.1107	0.1164	0.1210	0.1248	0.1279	0.1325	0.1357	0.1379	0.1396	0.1407	0.1425	0.1444
4.6	0.1000	0.1070	0.1127	0.1172	0.1209	0.1240	0.1287	0.1319	0.1342	0.1359	0.1371	0.1390	0.1410
4.8	0.0967	0.1036	0.1091	0.1136	0.1173	0.1204	0.1250	0.1283	0.1307	0.1324	0.1337	0.1357	0.1379
5.0	0.0935	0.1003	0.1057	0.1102	0.1139	0.1169	0.1216	0.1249	0.1273	0.1291	0.1304	0.1325	0.1348
5.2	0.0906	0.0972	0.1026	0.1070	0.1106	0.1136	0.1183	0.1217	0.1241	0.1259	0.1273	0.1295	0.1320
5.4	0.0878	0.0943	0.0996	0.1039	0.1075	0.1105	0.1152	0.1186	0.1211	0.1229	0.1243	0.1265	0.1292
5.6	0.0852	0.0916	0.0968	0.1010	0.1046	0.1076	0.1122	0.1156	0.1181	0.1200	0.1215	0.1238	0.1266
5.8	0.0828	0.0890	0.0941	0.0983	0.1018	0.1047	0.1094	0.1128	0.1153	0.1172	0.1187	0.1211	0.1240
6.0	0.0805	0.0866	0.0916	0.0957	0.0991	0.1021	0.1067	0.1101	0.1126	0.1146	0.1161	0.1185	0.1216
6.2	0.0783	0.0842	0.0891	0.0932	0.0966	0.0995	0.1041	0.1075	0.1101	0.1120	0.1136	0.1161	0.1193
6.4	0.0762	0.0820	0.0869	0.0909	0.0942	0.0971	0.1016	0.1050	0.1076	0.1096	0.1111	0.1137	0.1171
6.6	0.0742	0.0799	0.0847	0.0886	0.0919	0.0948	0.0993	0.1027	0.1053	0.1073	0.1088	0.1114	0.1149
6.8	0.0723	0.0779	0.0826	0.0865	0.0898	0.0926	0.0970	0.1004	0.1030	0.1050	0.1066	0.1092	0.1129
7.0	0.0705	0.0761	0.0806	0.0844	0.0877	0.0904	0.0949	0.0982	0.1008	0.1028	0.1044	0.1071	0.1109
7.2	0.0688	0.0742	0.0787	0.0825	0.0857	0.0884	0.0928	0.0962	0.0987	0.1008	0.1023	0.1051	0.1090
7.4	0.0672	0.0725	0.0769	0.0806	0.0838	0.0865	0.0908	0.0942	0.0967	0.0988	0.1004	0.1031	0.1071
7.6	0.0656	0.0709	0.0752	0.0789	0.0820	0.0846	0.0889	0.0922	0.0948	0.0968	0.0984	0.1012	0.1054
7.8	0.0642	0.0693	0.0736	0.0771	0.0802	0.0828	0.0871	0.0904	0.0929	0.0950	0.0966	0.0994	0.1036
8.0	0.0627	0.0678	0.0720	0.0755	0.0785	0.0811	0.0853	0.0886	0.0912	0.0932	0.0948	0.0976	0.1020
8.2	0.0614	0.0663	0.0705	0.0739	0.0769	0.0795	0.0837	0.0869	0.0894	0.0914	0.0931	0.0959	0.1004
8.4	0.0601	0.0649	0.0690	0.0724	0.0754	0.0779	0.0820	0.0852	0.0878	0.0893	0.0914	0.0943	0.0938
8.6	0.0588	0.0636	0.0676	0.0710	0.0739	0.0764	0.0805	0.0836	0.0862	0.0882	0.0898	0.0927	0.0973
8.8	0.0576	0.0623	0.0663	0.0696	0.0724	0.0749	0.0790	0.0821	0.0846	0.0866	0.0882	0.0912	0.0959
9.2	0.0554	0.0599	0.0637	0.0670	0.0697	0.0721	0.0761	0.0792	0.0817	0.0837	0.0853	0.0882	0.0931
9.6	0.0533	0.0577	0.0614	0.0645	0.0672	0.0696	0.0734	0.0765	0.0789	0.0809	0.0825	0.0855	0.0905
10.0	0.0514	0.0556	0.0592	0.0622	0.0649	0.0672	0.0710	0.0739	0.0763	0.0783	0.0799	0.0829	0.0880
10.4	0.0496	0.0537	0.0572	0.0601	0.0627	0.0649	0.0686	0.0716	0.0739	0.0759	0.0775	0.0804	0.0857
10.8	0.0479	0.0519	0.0553	0.0581	0.0606	0.0628	0.0664	0.0693	0.0717	0.0736	0.0751	0.0781	0.0834
11.2	0.0463	0.0502	0.0535	0.0563	0.0587	0.0609	0.0644	0.0672	0.0695	0.0714	0.0730	0.0759	0.0813
11.6	0.0448	0.0486	0.0518	0.0545	0.0569	0.0590	0.0625	0.0652	0.0675	0.0694	0.0709	0.0738	0.0793
12.0	0.0435	0.0471	0.0502	0.0529	0.0552	0.0573	0.0606	0.0634	0.0656	0.0674	0.0690	0.0719	0.0774
12.8	0.0409	0.0444	0.0474	0.0499	0.0521	0.0541	0.0573	0.0599	0.0621	0.0639	0.0654	0.0682	0.0739
13.6	0.0387	0.0420	0.0448	0.0472	0.0493	0.0512	0.0543	0.0568	0.0589	0.0607	0.0621	0.0649	0.0707
14.4	0.0367	0.0398	0.0425	0.0448	0.0468	0.0486	0.0516	0.0540	0.0561	0.0577	0.0592	0.0619	0.0677
15.2	0.0349	0.0379	0.0404	0.0426	0.0446	0.0463	0.0492	0.0515	0.0535	0.0551	0.0565	0.0592	0.0650
16.0	0.0332	0.0361	0.0385	0.0407	0.0425	0.0442	0.0469	0.0492	0.0511	0.0527	0.0540	0.0567	0.0625
18.0	0.0297	0.0323	0.0345	0.0364	0.0381	0.0396	0.0422	0.0442	0.0460	0.0475	0.0487	0.0512	0.0570
20.0	0.0269	0.0292	0.0312	0.0330	0.0345	0.0359	0.0383	0.0402	0.0418	0.0432	0.0444	0.0468	0.0524

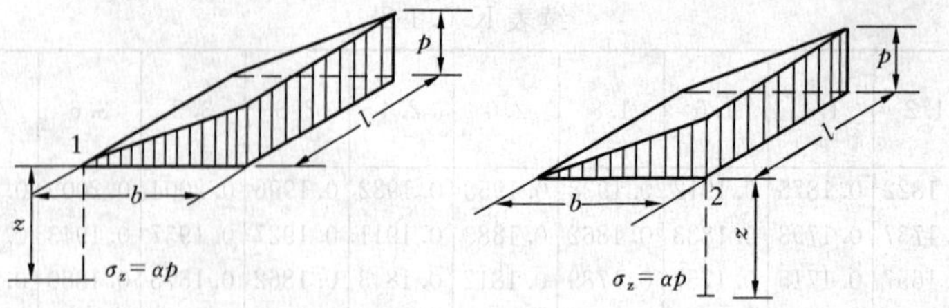

表 K.0.2 矩形面积上三角形分布荷载作用下的附加应力系数 α 与平均附加应力系数 $\bar{\alpha}$

l/b	0.2				0.4				0.6				l/b
点	1		2		1		2		1		2		点
系数 z/b	α	$\bar{\alpha}$	α	$\bar{\alpha}$	α	$\bar{\alpha}$	α	$\bar{\alpha}$	α	$\bar{\alpha}$	α	$\bar{\alpha}$	系数 z/b
0.0	0.0000	0.0000	0.2500	0.2500	0.0000	0.0000	0.2500	0.2500	0.0000	0.0000	0.2500	0.2500	0.0
0.2	0.0223	0.0112	0.1821	0.2161	0.0280	0.0140	0.2115	0.2308	0.0296	0.0148	0.2165	0.2333	0.2
0.4	0.0269	0.0179	0.1094	0.1810	0.0420	0.0245	0.1604	0.2084	0.0487	0.0270	0.1781	0.2153	0.4
0.6	0.0259	0.0207	0.0700	0.1505	0.0448	0.0308	0.1165	0.1851	0.0560	0.0355	0.1405	0.1966	0.6
0.8	0.0232	0.0217	0.0480	0.1277	0.0421	0.0340	0.0853	0.1640	0.0553	0.0405	0.1093	0.1787	0.8
1.0	0.0201	0.0217	0.0346	0.1104	0.0375	0.0351	0.0638	0.1461	0.0508	0.0430	0.0852	0.1624	1.0
1.2	0.0171	0.0212	0.0260	0.0970	0.0324	0.0351	0.0491	0.1312	0.0450	0.0439	0.0673	0.1480	1.2
1.4	0.0145	0.0204	0.0202	0.0865	0.0278	0.0344	0.0386	0.1187	0.0392	0.0436	0.0540	0.1356	1.4
1.6	0.0123	0.0195	0.0160	0.0779	0.0238	0.0333	0.0310	0.1082	0.0339	0.0427	0.0440	0.1247	1.6
1.8	0.0105	0.0186	0.0130	0.0709	0.0204	0.0321	0.0254	0.0993	0.0294	0.0415	0.0363	0.1153	1.8
2.0	0.0090	0.0178	0.0108	0.0650	0.0176	0.0308	0.0211	0.0917	0.0255	0.0401	0.0304	0.1071	2.0
2.5	0.0063	0.0157	0.0072	0.0538	0.0125	0.0276	0.0140	0.0769	0.0183	0.0365	0.0205	0.0908	2.5
3.0	0.0046	0.0140	0.0051	0.0458	0.0092	0.0248	0.0100	0.0661	0.0135	0.0330	0.0148	0.0786	3.0
5.0	0.0018	0.0097	0.0019	0.0289	0.0036	0.0175	0.0038	0.0424	0.0054	0.0236	0.0056	0.0476	5.0
7.0	0.0009	0.0073	0.0010	0.0211	0.0019	0.0133	0.0019	0.0311	0.0028	0.0180	0.0029	0.0352	7.0
10.0	0.0005	0.0053	0.0004	0.0150	0.0009	0.0097	0.0010	0.0222	0.0014	0.0133	0.0014	0.0253	10.0
l/b	0.8				1.0				1.2				l/b
点	1		2		1		2		1		2		点
系数 z/b	α	$\bar{\alpha}$	α	$\bar{\alpha}$	α	$\bar{\alpha}$	α	$\bar{\alpha}$	α	$\bar{\alpha}$	α	$\bar{\alpha}$	系数 z/b
0.0	0.0000	0.0000	0.2500	0.2500	0.0000	0.0000	0.2500	0.2500	0.0000	0.0000	0.2500	0.2500	0.0
0.2	0.0301	0.0151	0.2178	0.2339	0.0304	0.0152	0.2182	0.2341	0.0305	0.0153	0.2184	0.2342	0.2
0.4	0.0517	0.0280	0.1844	0.2175	0.0531	0.0285	0.1870	0.2184	0.0539	0.0288	0.1881	0.2187	0.4
0.6	0.0621	0.0376	0.1520	0.2011	0.0654	0.0388	0.1575	0.2030	0.0673	0.0394	0.1602	0.2039	0.6
0.8	0.0637	0.0440	0.1232	0.1852	0.0688	0.0459	0.1311	0.1883	0.0720	0.0470	0.1355	0.1899	0.8
1.0	0.0602	0.0476	0.0996	0.1704	0.0666	0.0502	0.1086	0.1746	0.0708	0.0518	0.1143	0.1769	1.0
1.2	0.0546	0.0492	0.0807	0.1571	0.0615	0.0525	0.0901	0.1621	0.0664	0.0546	0.0962	0.1649	1.2
1.4	0.0483	0.0495	0.0661	0.1451	0.0554	0.0534	0.0751	0.1507	0.0606	0.0559	0.0817	0.1541	1.4
1.6	0.0424	0.0490	0.0547	0.1345	0.0492	0.0533	0.0628	0.1405	0.0545	0.0561	0.0696	0.1443	1.6
1.8	0.0371	0.0480	0.0457	0.1252	0.0435	0.0525	0.0534	0.1313	0.0487	0.0556	0.0596	0.1354	1.8
2.0	0.0324	0.0467	0.0387	0.1169	0.0384	0.0513	0.0456	0.1232	0.0434	0.0547	0.0513	0.1274	2.0
2.5	0.0236	0.0429	0.0265	0.1000	0.0284	0.0478	0.0318	0.1063	0.0326	0.0513	0.0365	0.1107	2.5
3.0	0.0176	0.0392	0.0192	0.0871	0.0214	0.0439	0.0233	0.0931	0.0249	0.0476	0.0270	0.0976	3.0
5.0	0.0071	0.0285	0.0074	0.0576	0.0088	0.0324	0.0091	0.0624	0.0104	0.0356	0.0108	0.0661	5.0
7.0	0.0038	0.0219	0.0038	0.0427	0.0047	0.0251	0.0047	0.0465	0.0056	0.0277	0.0056	0.0496	7.0
10.0	0.0019	0.0162	0.0019	0.0308	0.0023	0.0186	0.0024	0.0336	0.0028	0.0207	0.0028	0.0359	10.0

续表 K.0.2

l/b	1.4				1.6				1.8				l/b
点	1		2		1		2		1		2		点
z/b　系数	α	$\bar{\alpha}$	α	$\bar{\alpha}$	α	$\bar{\alpha}$	α	$\bar{\alpha}$	α	$\bar{\alpha}$	α	$\bar{\alpha}$	系数　z/b
0.0	0.0000	0.0000	0.2500	0.2500	0.0000	0.0000	0.2500	0.2500	0.0000	0.0000	0.2500	0.2500	0.0
0.2	0.0305	0.0153	0.2185	0.2343	0.0306	0.0153	0.2185	0.2343	0.0306	0.0153	0.2185	0.2343	0.2
0.4	0.0543	0.0289	0.1886	0.2189	0.0545	0.0290	0.1889	0.2190	0.0546	0.0290	0.1891	0.2190	0.4
0.6	0.0684	0.0397	0.1616	0.2043	0.0690	0.0399	0.1625	0.2046	0.0694	0.0400	0.1630	0.2047	0.6
0.8	0.0739	0.0476	0.1381	0.1907	0.0751	0.0480	0.1396	0.1912	0.0759	0.0482	0.1405	0.1915	0.8
1.0	0.0735	0.0528	0.1176	0.1781	0.0753	0.0534	0.1202	0.1789	0.0766	0.0538	0.1215	0.1794	1.0
1.2	0.0698	0.0560	0.1007	0.1666	0.0721	0.0568	0.1037	0.1678	0.0738	0.0574	0.1055	0.1684	1.2
1.4	0.0644	0.0575	0.0864	0.1562	0.0672	0.0586	0.0897	0.1576	0.0692	0.0594	0.0921	0.1585	1.4
1.6	0.0586	0.0580	0.0743	0.1467	0.0616	0.0594	0.0780	0.1484	0.0639	0.0603	0.0806	0.1494	1.6
1.8	0.0528	0.0578	0.0644	0.1381	0.0560	0.0593	0.0681	0.1400	0.0585	0.0604	0.0709	0.1413	1.8
2.0	0.0474	0.0570	0.0560	0.1303	0.0507	0.0587	0.0596	0.1324	0.0533	0.0599	0.0625	0.1338	2.0
2.5	0.0362	0.0540	0.0405	0.1139	0.0393	0.0560	0.0440	0.1163	0.0419	0.0575	0.0469	0.1180	2.5
3.0	0.0280	0.0503	0.0303	0.1008	0.0307	0.0525	0.0333	0.1033	0.0331	0.0541	0.0359	0.1052	3.0
5.0	0.0120	0.0382	0.0123	0.0690	0.0135	0.0403	0.0139	0.0714	0.0148	0.0421	0.0154	0.0734	5.0
7.0	0.0064	0.0299	0.0066	0.0520	0.0073	0.0318	0.0074	0.0541	0.0081	0.0333	0.0083	0.0558	7.0
10.0	0.0033	0.0224	0.0032	0.0379	0.0037	0.0239	0.0037	0.0395	0.0041	0.0252	0.0042	0.0409	10.0

l/b	2.0				3.0				4.0				l/b
点	1		2		1		2		1		2		点
z/b　系数	α	$\bar{\alpha}$	α	$\bar{\alpha}$	α	$\bar{\alpha}$	α	$\bar{\alpha}$	α	$\bar{\alpha}$	α	$\bar{\alpha}$	系数　z/b
0.0	0.0000	0.0000	0.2500	0.2500	0.0000	0.0000	0.2500	0.2500	0.0000	0.0000	0.2500	0.2500	0.0
0.2	0.0306	0.0153	0.2185	0.2343	0.0306	0.0153	0.2186	0.2343	0.0306	0.0153	0.2186	0.2343	0.2
0.4	0.0547	0.0290	0.1892	0.2191	0.0548	0.0290	0.1894	0.2192	0.0549	0.0291	0.1894	0.2192	0.4
0.6	0.0696	0.0401	0.1633	0.2048	0.0701	0.0402	0.1638	0.2050	0.0702	0.0402	0.1639	0.2050	0.6
0.8	0.0764	0.0483	0.1412	0.1917	0.0773	0.0486	0.1423	0.1920	0.0776	0.0487	0.1424	0.1920	0.8
1.0	0.0774	0.0540	0.1225	0.1797	0.0790	0.0545	0.1244	0.1803	0.0794	0.0546	0.1248	0.1803	1.0
1.2	0.0749	0.0577	0.1069	0.1689	0.0774	0.0584	0.1096	0.1697	0.0779	0.0586	0.1103	0.1699	1.2
1.4	0.0707	0.0599	0.0937	0.1591	0.0739	0.0609	0.0973	0.1603	0.0748	0.0612	0.0982	0.1605	1.4
1.6	0.0656	0.0609	0.0826	0.1502	0.0697	0.0623	0.0870	0.1517	0.0708	0.0626	0.0882	0.1521	1.6
1.8	0.0604	0.0611	0.0730	0.1422	0.0652	0.0628	0.0782	0.1441	0.0666	0.0633	0.0797	0.1445	1.8
2.0	0.0553	0.0608	0.0649	0.1348	0.0607	0.0629	0.0707	0.1371	0.0624	0.0634	0.0726	0.1377	2.0
2.5	0.0440	0.0586	0.0491	0.1193	0.0504	0.0614	0.0559	0.1223	0.0529	0.0623	0.0585	0.1233	2.5
3.0	0.0352	0.0554	0.0380	0.1067	0.0419	0.0589	0.0451	0.1104	0.0449	0.0600	0.0482	0.1116	3.0
5.0	0.0161	0.0435	0.0167	0.0749	0.0214	0.0480	0.0221	0.0797	0.0248	0.0500	0.0256	0.0817	5.0
7.0	0.0089	0.0347	0.0091	0.0572	0.0124	0.0391	0.0126	0.0619	0.0152	0.0414	0.0154	0.0642	7.0
10.0	0.0046	0.0263	0.0046	0.0403	0.0066	0.0302	0.0066	0.0462	0.0084	0.0325	0.0083	0.0485	10.0

续表 K.0.2

z/b \ 系数 \ 点 \ l/b	6.0				8.0				10.0				l/b 点 系数 z/b
	1		2		1		2		1		2		
	α	$\bar{\alpha}$	α	$\bar{\alpha}$	α	$\bar{\alpha}$	α	$\bar{\alpha}$	α	$\bar{\alpha}$	α	$\bar{\alpha}$	
0.0	0.0000	0.0000	0.2500	0.2500	0.0000	0.0000	0.2500	0.2500	0.0000	0.0000	0.2500	0.2500	0.0
0.2	0.0306	0.0153	0.2186	0.2343	0.0306	0.0153	0.2186	0.2343	0.0306	0.0153	0.2186	0.2343	0.2
0.4	0.0549	0.0291	0.1894	0.2192	0.0549	0.0291	0.1894	0.2192	0.0549	0.0291	0.1894	0.2192	0.4
0.6	0.0702	0.0402	0.1640	0.2050	0.0702	0.0402	0.1640	0.2050	0.0702	0.0402	0.1640	0.2050	0.6
0.8	0.0776	0.0487	0.1426	0.1921	0.0776	0.0487	0.1426	0.1921	0.0776	0.0487	0.1426	0.1921	0.8
1.0	0.0795	0.0546	0.1250	0.1804	0.0796	0.0546	0.1250	0.1804	0.0796	0.0546	0.1250	0.1804	1.0
1.2	0.0782	0.0587	0.1105	0.1700	0.0783	0.0587	0.1105	0.1700	0.0783	0.0587	0.1105	0.1700	1.2
1.4	0.0752	0.0613	0.0986	0.1606	0.0752	0.0613	0.0987	0.1606	0.0753	0.0613	0.0987	0.1606	1.4
1.6	0.0714	0.0628	0.0887	0.1523	0.0715	0.0628	0.0888	0.1523	0.0715	0.0628	0.0889	0.1523	1.6
1.8	0.0673	0.0635	0.0805	0.1447	0.0675	0.0635	0.0806	0.1448	0.0675	0.0635	0.0808	0.1448	1.8
2.0	0.0634	0.0637	0.0734	0.1380	0.0636	0.0638	0.0736	0.1380	0.0636	0.0638	0.0738	0.1380	2.0
2.5	0.0543	0.0627	0.0601	0.1237	0.0547	0.0628	0.0604	0.1238	0.0548	0.0628	0.0605	0.1239	2.5
3.0	0.0469	0.0607	0.0504	0.1123	0.0474	0.0609	0.0509	0.1124	0.0476	0.0609	0.0511	0.1125	3.0
5.0	0.0283	0.0515	0.0290	0.0833	0.0296	0.0519	0.0303	0.0837	0.0301	0.0521	0.0309	0.0839	5.0
7.0	0.0186	0.0435	0.0190	0.0663	0.0204	0.0442	0.0207	0.0671	0.0212	0.0445	0.0216	0.0674	7.0
10.0	0.0111	0.0349	0.0111	0.0509	0.0128	0.0359	0.0130	0.0520	0.0139	0.0364	0.0141	0.0526	10.0

表 K.0.3 圆形面积上均布荷载作用下中点的附加应力系数 α 与平均附加应力系数 $\bar{\alpha}$

z/r	圆形 α	圆形 $\bar{\alpha}$	z/r	圆形 α	圆形 $\bar{\alpha}$
0.0	1.000	1.000	2.6	0.187	0.560
0.1	0.999	1.000	2.7	0.175	0.546
0.2	0.992	0.998	2.8	0.165	0.532
0.3	0.976	0.993	2.9	0.155	0.519
0.4	0.949	0.986	3.0	0.146	0.507
0.5	0.911	0.974	3.1	0.138	0.495
0.6	0.864	0.960	3.2	0.130	0.484
0.7	0.811	0.942	3.3	0.124	0.473
0.8	0.756	0.923	3.4	0.117	0.463
0.9	0.701	0.901	3.5	0.111	0.453
1.0	0.647	0.878	3.6	0.106	0.443
1.1	0.595	0.855	3.7	0.101	0.434
1.2	0.547	0.831	3.8	0.096	0.425
1.3	0.502	0.808	3.9	0.091	0.417
1.4	0.461	0.784	4.0	0.087	0.409
1.5	0.424	0.762	4.1	0.083	0.401
1.6	0.390	0.739	4.2	0.079	0.393
1.7	0.360	0.718	4.3	0.076	0.386
1.8	0.332	0.697	4.4	0.073	0.379
1.9	0.307	0.677	4.5	0.070	0.372
2.0	0.285	0.658	4.6	0.067	0.365
2.1	0.264	0.640	4.7	0.064	0.359
2.2	0.245	0.623	4.8	0.062	0.353
2.3	0.229	0.606	4.9	0.059	0.347
2.4	0.210	0.590	5.0	0.057	0.341
2.5	0.200	0.574			

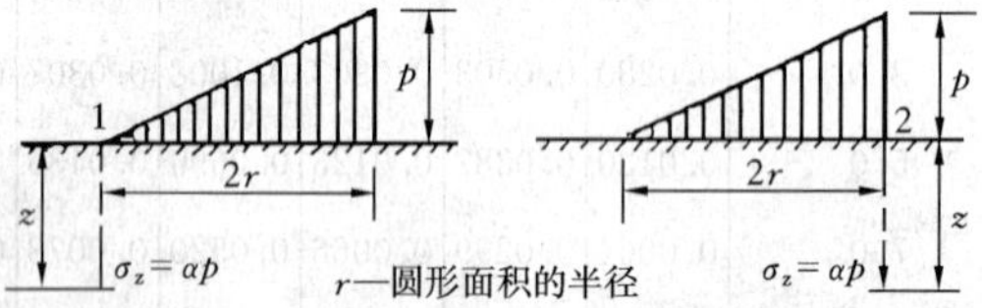

表 K.0.4 圆形面积上三角形分布荷载作用下边点的附加应力系数 α 与平均附加应力系数 $\bar{\alpha}$

z/r \ 系数 \ 点	1		2	
	α	$\bar{\alpha}$	α	$\bar{\alpha}$
0.0	0.000	0.000	0.500	0.500
0.1	0.016	0.008	0.465	0.483
0.2	0.031	0.016	0.433	0.466
0.3	0.044	0.023	0.403	0.450
0.4	0.054	0.030	0.376	0.435
0.5	0.063	0.035	0.349	0.420
0.6	0.071	0.041	0.324	0.406
0.7	0.078	0.045	0.300	0.393
0.8	0.083	0.050	0.279	0.380
0.9	0.088	0.054	0.258	0.368
1.0	0.091	0.057	0.238	0.356
1.1	0.092	0.061	0.221	0.344
1.2	0.093	0.063	0.205	0.333
1.3	0.092	0.065	0.190	0.323
1.4	0.091	0.067	0.177	0.313
1.5	0.089	0.069	0.165	0.303
1.6	0.087	0.070	0.154	0.294
1.7	0.085	0.071	0.144	0.286
1.8	0.083	0.072	0.134	0.278
1.9	0.080	0.072	0.126	0.270
2.0	0.078	0.073	0.117	0.263

续表 K.0.4

z/r \ 系数 \ 点	1		2	
	α	$\bar{\alpha}$	α	$\bar{\alpha}$
2.1	0.075	0.073	0.110	0.255
2.2	0.072	0.073	0.104	0.249
2.3	0.070	0.073	0.097	0.242
2.4	0.067	0.073	0.091	0.236
2.5	0.064	0.072	0.086	0.230
2.6	0.062	0.072	0.081	0.225
2.7	0.059	0.071	0.078	0.219
2.8	0.057	0.071	0.074	0.214
2.9	0.055	0.070	0.070	0.209
3.0	0.052	0.070	0.067	0.204
3.1	0.050	0.069	0.064	0.200
3.2	0.048	0.069	0.061	0.196
3.3	0.046	0.068	0.059	0.192
3.4	0.045	0.067	0.055	0.188
3.5	0.043	0.067	0.053	0.184
3.6	0.041	0.066	0.051	0.180
3.7	0.040	0.065	0.048	0.177
3.8	0.038	0.065	0.046	0.173
3.9	0.037	0.064	0.043	0.170
4.0	0.036	0.063	0.041	0.167
4.2	0.033	0.062	0.038	0.161
4.4	0.031	0.061	0.034	0.155
4.6	0.029	0.059	0.031	0.150
4.8	0.027	0.058	0.029	0.145
5.0	0.025	0.057	0.027	0.140

附录 L 挡土墙主动土压力系数 k_a

L.0.1 挡土墙在土压力作用下，其主动压力系数应按下列公式计算：

$$k_a = \frac{\sin(\alpha+\beta)}{\sin^2\alpha\sin^2(\alpha+\beta-\varphi-\delta)}\{k_q[\sin(\alpha+\beta)\sin(\alpha-\delta) + \sin(\varphi+\delta)\sin(\varphi-\beta)] + 2\eta\sin\alpha\cos\varphi\cos(\alpha+\beta-\varphi-\delta) - 2[(k_q\sin(\alpha+\beta)\sin(\varphi-\beta)+\eta\sin\alpha\cos\varphi)(k_q\sin(\alpha-\delta)\sin(\varphi+\delta)+\eta\sin\alpha\cos\varphi)]^{1/2}\} \quad \text{(L.0.1-1)}$$

$$k_q = 1+\frac{2q}{\gamma h}\frac{\sin\alpha\cos\beta}{\sin(\alpha+\beta)} \quad \text{(L.0.1-2)}$$

$$\eta = \frac{2c}{\gamma h} \quad \text{(L.0.1-3)}$$

式中：q——地表均布荷载（kPa），以单位水平投影面上的荷载强度计算。

L.0.2 对于高度小于或等于 5m 的挡土墙，当填土质量满足设计要求且排水条件符合本规范第 6.7.1 条的要求时，其主动土压力系数可按图 L.0.2 查得，当地下水丰富时，应考虑水压力的作用。

L.0.3 按图 L.0.2 查主动土压力系数时，图中土类

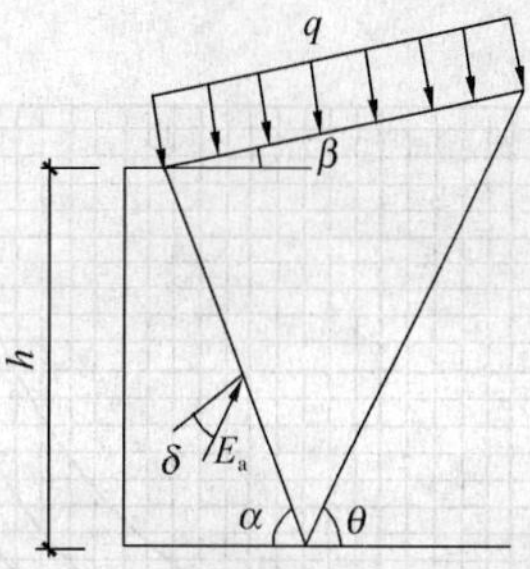

图 L.0.1 计算简图

的填土质量应满足下列规定：

1 Ⅰ类 碎石土，密实度应为中密及以上，干密度应大于或等于 2000kg/m³；

2 Ⅱ类 砂土，包括砾砂、粗砂、中砂，其密实度应为中密及以上，干密度应大于或等于 1650kg/m³；

3 Ⅲ类 黏土夹块石，干密度应大于或等于 1900kg/m³；

4 Ⅳ类 粉质黏土，干密度应大于或等于 1650kg/m³。

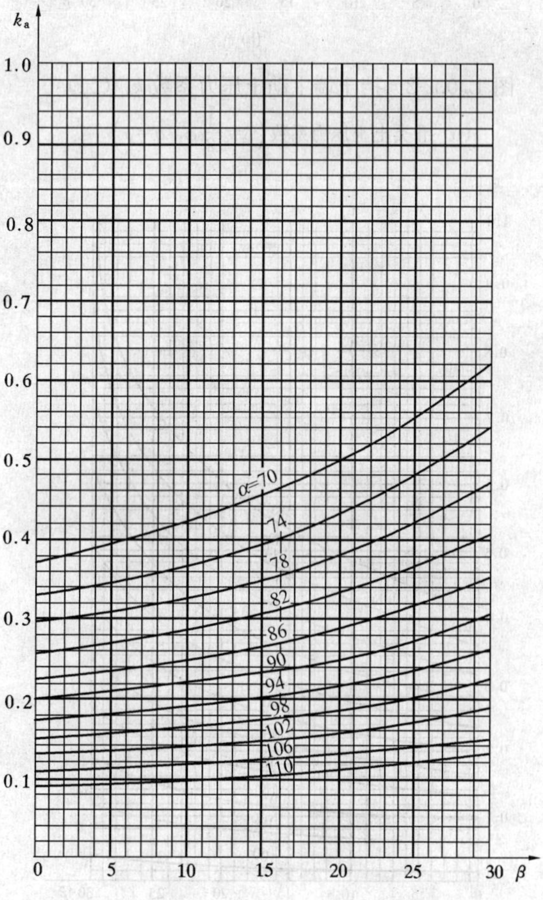

(a)

图 L.0.2-1 挡土墙主动土压力系数 k_a（一）

(a) Ⅰ类土土压力系数 $\left(\delta=\frac{1}{2}\varphi,\ q=0\right)$

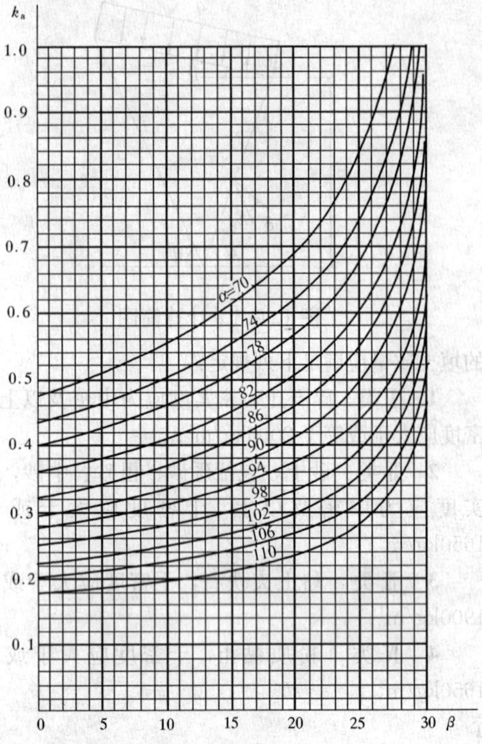

(b)

图 L.0.2-2　挡土墙主动土压力系数 k_a（二）

（b）Ⅱ类土土压力系数 $\left(\delta=\frac{1}{2}\varphi,\ q=0\right)$

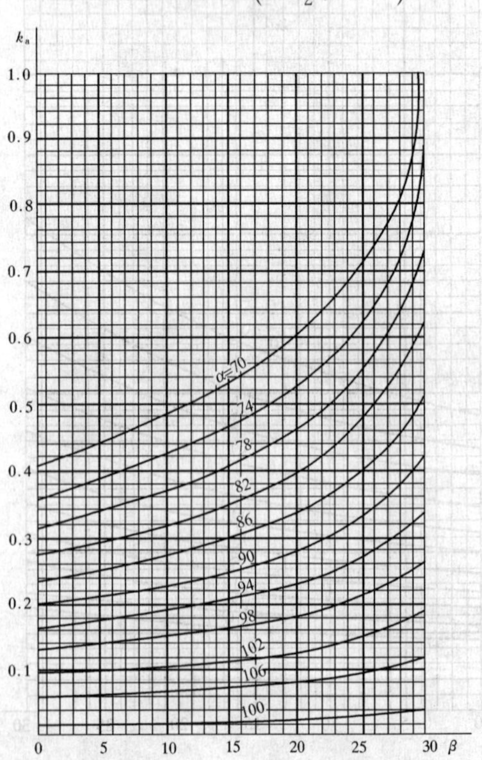

(c)

图 L.0.2-3　挡土墙主动土压力系数 k_a（三）

（c）Ⅲ类土土压力系数 $\left(\delta=\frac{1}{2}\varphi,\ q=0,\ H=5\text{m}\right)$

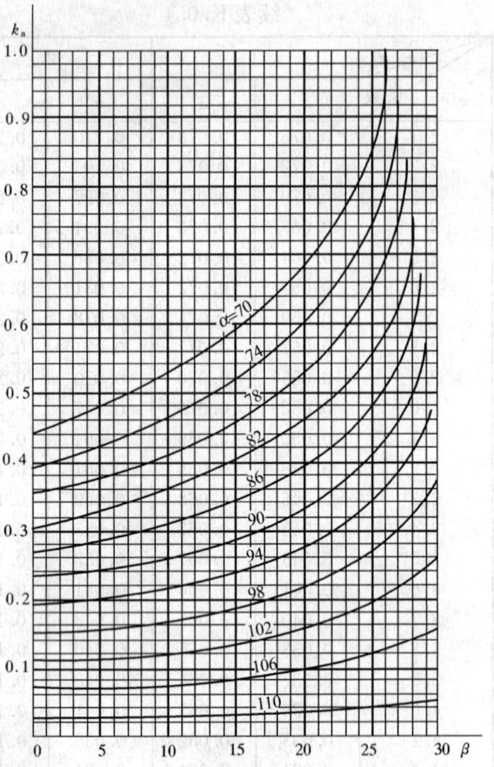

(d)

图 L.0.2-4　挡土墙主动土压力系数 k_a（四）

（d）Ⅳ类土土压力系数 $\left(\delta=\frac{1}{2}\varphi,\ q=0,\ H=5\text{m}\right)$

附录 M　岩石锚杆抗拔试验要点

M.0.1　在同一场地同一岩层中的锚杆，试验数不得少于总锚杆的5%，且不应少于6根。

M.0.2　试验采用分级加载，荷载分级不得少于8级。试验的最大加载量不应少于锚杆设计荷载的2倍。

M.0.3　每级荷载施加完毕后，应立即测读位移量。以后每间隔5min测读一次。连续4次测读出的锚杆拔升值均小于0.01mm时，认为在该级荷载下的位移已达到稳定状态，可继续施加下一级上拔荷载。

M.0.4　当出现下列情况之一时，即可终止锚杆的上拔试验：

1　锚杆拔升值持续增长，且在1h内未出现稳定的迹象；

2　新增加的上拔力无法施加，或者施加后无法使上拔力保持稳定；

3　锚杆的钢筋已被拔断，或者锚杆锚筋被拔出。

M.0.5　符合上述终止条件的前一级上拔荷载，即为该锚杆的极限抗拔力。

M.0.6　参加统计的试验锚杆，当满足其极差不超过平均值的30%时，可取其平均值为锚杆极限承载力。极差超过平均值的30%时，宜增加试验量并分析极差过大的原因，结合工程情况确定极限承载力。

M.0.7 将锚杆极限承载力除以安全系数2为锚杆抗拔承载力特征值（R_t）。

M.0.8 锚杆钻孔时，应利用钻孔取出的岩芯加工成标准试件，在天然湿度条件下进行岩石单轴抗压试验，每根试验锚杆的试样数不得少于3个。

M.0.9 试验结束后，必须对锚杆试验现场的破坏情况进行详尽的描述和拍摄照片。

附录N 大面积地面荷载作用下地基附加沉降量计算

N.0.1 由地面荷载引起柱基内侧边缘中点的地基附加沉降计算值可按分层总和法计算，其计算深度按本规范公式（5.3.7）确定。

N.0.2 参与计算的地面荷载包括地面堆载和基础完工后的新填土，地面荷载应按均布荷载考虑，其计算范围：横向取5倍基础宽度，纵向为实际堆载长度。其作用面在基底平面处。

N.0.3 当荷载范围横向宽度超过5倍基础宽度时，按5倍基础宽度计算。小于5倍基础宽度或荷载不均匀时，应换算成宽度为5倍基础宽度的等效均布地面荷载计算。

N.0.4 换算时，将柱基两侧地面荷载按每段为0.5倍基础宽度分成10个区段（图N.0.4），然后按式（N.0.4）计算等效均布地面荷载。当等效均布地面荷载为正值时，说明柱基将发生内倾；为负值时，将发生外倾。

$$q_{eq}=0.8\left[\sum_{i=0}^{10}\beta_i q_i-\sum_{i=0}^{10}\beta_i p_i\right] \quad \text{(N.0.4)}$$

式中：q_{eq}——等效均布地面荷载（kPa）；

β_i——第i区段的地面荷载换算系数，按表N.0.4查取；

q_i——柱内侧第i区段内的平均地面荷载（kPa）；

p_i——柱外侧第i区段内的平均地面荷载（kPa）。

表N.0.4 地面荷载换算系数 β_i

区段	0	1	2	3	4	5	6	7	8	9	10
$\frac{a}{5b}\geqslant 1$	0.30	0.29	0.22	0.15	0.10	0.08	0.06	0.04	0.03	0.02	0.01
$\frac{a}{5b}<1$	0.52	0.40	0.30	0.13	0.08	0.05	0.02	0.01	0.01	—	—

注：a、b见本规范表7.5.5。

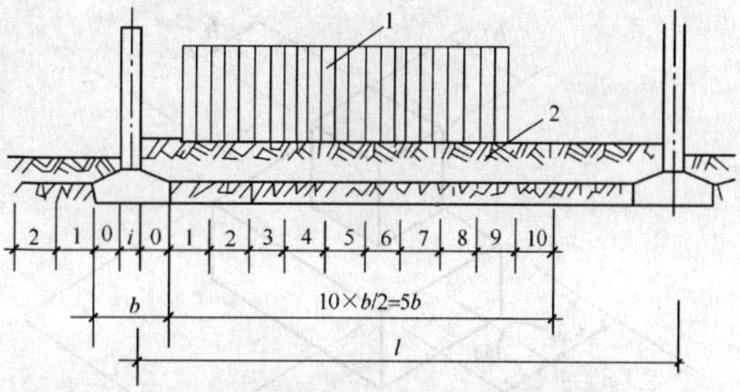

图N.0.4 地面荷载区段划分

1—地面堆载；2—大面积填土

附录P 冲切临界截面周长及极惯性矩计算公式

P.0.1 冲切临界截面的周长u_m以及冲切临界截面对其重心的极惯性矩I_s，应根据柱所处的部位分别按下列公式进行计算：

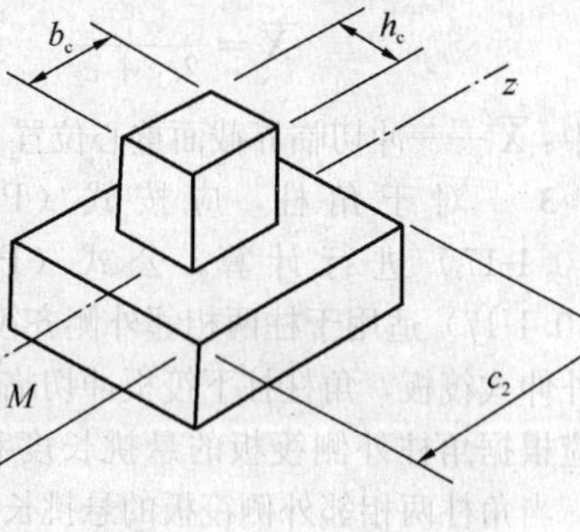

图P.0.1-1

1 对于内柱，应按下列公式进行计算：

$$u_m=2c_1+2c_2 \quad \text{(P.0.1-1)}$$

$$I_s=\frac{c_1h_0^3}{6}+\frac{c_1^3h_0}{6}+\frac{c_2h_0c_1^2}{2} \quad \text{(P.0.1-2)}$$

$$c_1=h_c+h_0 \quad \text{(P.0.1-3)}$$

$$c_2=b_c+h_0 \quad \text{(P.0.1-4)}$$

$$c_{AB}=\frac{c_1}{2} \quad \text{(P.0.1-5)}$$

式中：h_c——与弯矩作用方向一致的柱截面的边长（m）；

b_c——垂直于h_c的柱截面边长（m）。

2 对于边柱，应按式（P.0.1-6）～式（P.0.1-11）进行计算。公式（P.0.1-6）～式（P.0.1-11）适用于柱外侧齐筏板边缘的边柱。对外伸式筏板，边柱柱下筏板冲切临界截面的计算模式应根据边柱外侧筏板的悬挑长度和柱子的边长确定。当边柱外侧的悬挑长度小于或等于（$h_0+0.5b_c$）时，冲切临界截面可计算至垂直于自由边的板端，计算c_1及I_s值时应计及边柱外侧的悬挑长度；当边柱外侧筏板的悬挑长度大于（$h_0+0.5b_c$）时，边柱柱下筏板冲切临界截面的计算模式同内柱。

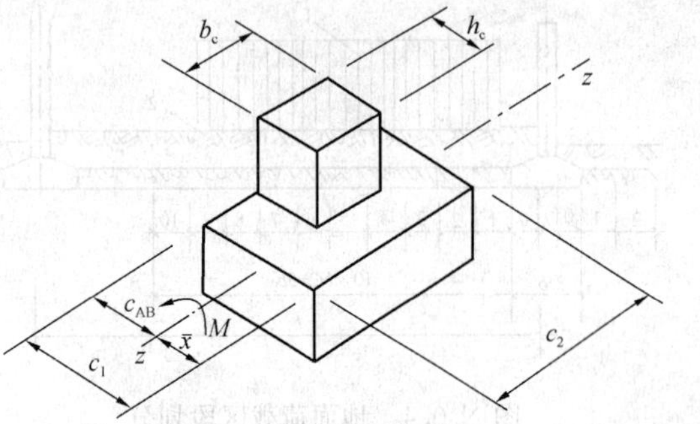

图 P.0.1-2

$$u_m = 2c_1 + c_2 \quad (P.0.1\text{-}6)$$

$$I_s = \frac{c_1 h_0^3}{6} + \frac{c_1^3 h_0}{6} + 2h_0 c_1 \left(\frac{c_1}{2} - \overline{X}\right)^2 + c_2 h_0 \overline{X}^2 \quad (P.0.1\text{-}7)$$

$$c_1 = h_c + \frac{h_0}{2} \quad (P.0.1\text{-}8)$$

$$c_2 = b_c + h_0 \quad (P.0.1\text{-}9)$$

$$c_{AB} = c_1 - \overline{X} \quad (P.0.1\text{-}10)$$

$$\overline{X} = \frac{c_1^2}{2c_1 + c_2} \quad (P.0.1\text{-}11)$$

式中：$\overline{X}$——冲切临界截面重心位置（m）。

3 对于角柱，应按式（P.0.1-12）～式（P.0.1-17）进行计算。公式（P.0.1-12）～式（P.0.1-17）适用于柱两相邻外侧齐筏板边缘的角柱。对外伸式筏板，角柱柱下筏板冲切临界截面的计算模式应根据角柱外侧筏板的悬挑长度和柱子的边长确定。当角柱两相邻外侧筏板的悬挑长度分别小于或等于（$h_0+0.5b_c$）和（$h_0+0.5h_c$）时，冲切临界截面可计算至垂直于自由边的板端，计算 c_1、c_2 及 I_s 值应计及角柱外侧筏板的悬挑长度；当角柱两相邻外侧筏板的悬挑长度大于（$h_0+0.5b_c$）和（$h_0+0.5h_c$）时，角柱柱下筏板冲切临界截面的计算模式同内柱。

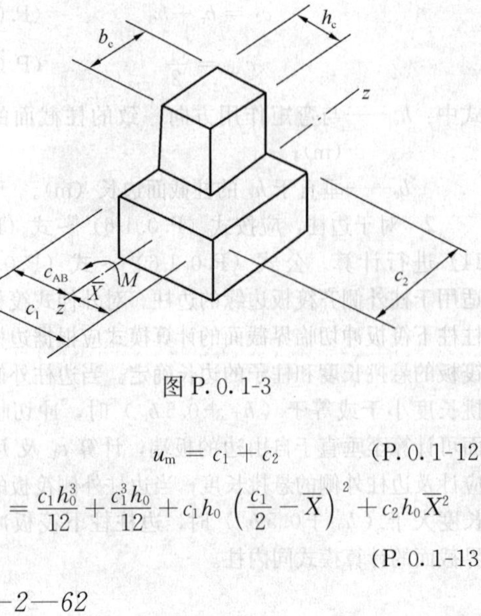

图 P.0.1-3

$$u_m = c_1 + c_2 \quad (P.0.1\text{-}12)$$

$$I_s = \frac{c_1 h_0^3}{12} + \frac{c_1^3 h_0}{12} + c_1 h_0 \left(\frac{c_1}{2} - \overline{X}\right)^2 + c_2 h_0 \overline{X}^2 \quad (P.0.1\text{-}13)$$

$$c_1 = h_c + \frac{h_0}{2} \quad (P.0.1\text{-}14)$$

$$c_2 = b_c + \frac{h_0}{2} \quad (P.0.1\text{-}15)$$

$$c_{AB} = c_1 - \overline{X} \quad (P.0.1\text{-}16)$$

$$\overline{X} = \frac{c_1^2}{2c_1 + 2c_2} \quad (P.0.1\text{-}17)$$

附录 Q 单桩竖向静载荷试验要点

Q.0.1 单桩竖向静载荷试验的加载方式，应按慢速维持荷载法。

Q.0.2 加载反力装置宜采用锚桩，当采用堆载时应符合下列规定：

1 堆载加于地基的压应力不宜超过地基承载力特征值。

2 堆载的限值可根据其对试桩和对基准桩的影响确定。

3 堆载量大时，宜利用桩（可利用工程桩）作为堆载的支点。

4 试验反力装置的最大抗拔或承重能力应满足试验加荷的要求。

Q.0.3 试桩、锚桩（压重平台支座）和基准桩之间的中心距离应符合表 Q.0.3 的规定。

表 Q.0.3 试桩、锚桩和基准桩之间的中心距离

反力系统	试桩与锚桩（或压重平台支座墩边）	试桩与基准桩	基准桩与锚桩（或压重平台支座墩边）
锚桩横梁反力装置 压重平台反力装置	≥4d 且 >2.0m	≥4d 且 >2.0m	≥4d 且 >2.0m

注：d—试桩或锚桩的设计直径，取其较大者（如试桩或锚桩为扩底桩时，试桩与锚桩的中心距尚不应小于 2 倍扩大端直径）。

Q.0.4 开始试验的时间：预制桩在砂土中入土 7d 后。黏性土不得少于 15d。对于饱和软黏土不得少于 25d。灌注桩应在桩身混凝土达到设计强度后，才能进行。

Q.0.5 加荷分级不应小于 8 级，每级加载量宜为预估极限荷载的 1/8～1/10。

Q.0.6 测读桩沉降量的间隔时间：每级加载后，每第 5min、10min、15min 时各测读一次，以后每隔 15min 读一次，累计 1h 后每隔半小时读一次。

Q.0.7 在每级荷载作用下，桩的沉降量连续两次在每小时内小于 0.1mm 时可视为稳定。

Q.0.8 符合下列条件之一时可终止加载：

1 当荷载-沉降（Q-s）曲线上有可判定极限承

载力的陡降段，且桩顶总沉降量超过 40mm；

2 $\frac{\Delta s_{n+1}}{\Delta s_n} \geqslant 2$，且经 24h 尚未达到稳定；

3 25m 以上的非嵌岩桩，Q-s 曲线呈缓变型时，桩顶总沉降量大于 60mm～80mm；

4 在特殊条件下，可根据具体要求加载至桩顶总沉降量大于 100mm。

注：1 Δs_n——第 n 级荷载的沉降量；

Δs_{n+1}——第 $n+1$ 级荷载的沉降量；

2 桩底支承在坚硬岩（土）层上，桩的沉降量很小时，最大加载量不应小于设计荷载的两倍。

Q.0.9 卸载及卸载观测应符合下列规定：

1 每级卸载值为加载值的两倍；

2 卸载后隔 15min 测读一次，读两次后，隔半小时再读一次，即可卸下一级荷载；

3 全部卸载后，隔 3h 再测读一次。

Q.0.10 单桩竖向极限承载力应按下列方法确定：

1 作荷载-沉降（Q-s）曲线和其他辅助分析所需的曲线。

2 当陡降段明显时，取相应于陡降段起点的荷载值。

3 当出现本附录 Q.0.8 第 2 款的情况时，取前一级荷载值。

4 Q-s 曲线呈缓变型时，取桩顶总沉降量 s＝40mm 所对应的荷载值，当桩长大于 40m 时，宜考虑桩身的弹性压缩。

5 按上述方法判断有困难时，可结合其他辅助分析方法综合判定。对桩基沉降有特殊要求者，应根据具体情况选取。

6 参加统计的试桩，当满足其极差不超过平均值的 30％时，可取其平均值为单桩竖向极限承载力；极差超过平均值的 30％时，宜增加试桩数量并分析极差过大的原因，结合工程具体情况确定极限承载力。对桩数为 3 根及 3 根以下的柱下桩台，取最小值。

Q.0.11 将单桩竖向极限承载力除以安全系数 2，为单桩竖向承载力特征值（R_a）。

附录 R　桩基础最终沉降量计算

R.0.1 桩基础最终沉降量的计算采用单向压缩分层总和法：

$$s = \psi_p \sum_{j=1}^{m} \sum_{i=1}^{n_j} \frac{\sigma_{j,i} \Delta h_{j,i}}{E_{sj,i}} \qquad (R.0.1)$$

式中：s——桩基最终计算沉降量（mm）；

m——桩端平面以下压缩层范围内土层总数；

$E_{sj,i}$——桩端平面下第 j 层土第 i 个分层在自重应力至自重应力加附加应力作用段的压缩模量（MPa）；

n_j——桩端平面下第 j 层土的计算分层数；

$\Delta h_{j,i}$——桩端平面下第 j 层土的第 i 个分层厚度，（m）；

$\sigma_{j,i}$——桩端平面下第 j 层土第 i 个分层的竖向附加应力（kPa），可分别按本附录第 R.0.2 条或第 R.0.4 条的规定计算；

ψ_p——桩基沉降计算经验系数，各地区应根据当地的工程实测资料统计对比确定。

R.0.2 采用实体深基础计算桩基础最终沉降量时，采用单向压缩分层总和法按本规范第 5.3.5 条～第 5.3.8 条的有关公式计算。

R.0.3 本规范公式（5.3.5）中附加压力计算，应为桩底平面处的附加压力。实体基础的支承面积可按图 R.0.3 采用。实体深基础桩基沉降计算经验系数 ψ_{ps} 应根据地区桩基础沉降观测资料及经验统计确定。在不具备条件时，ψ_{ps} 值可按表 R.0.3 选用。

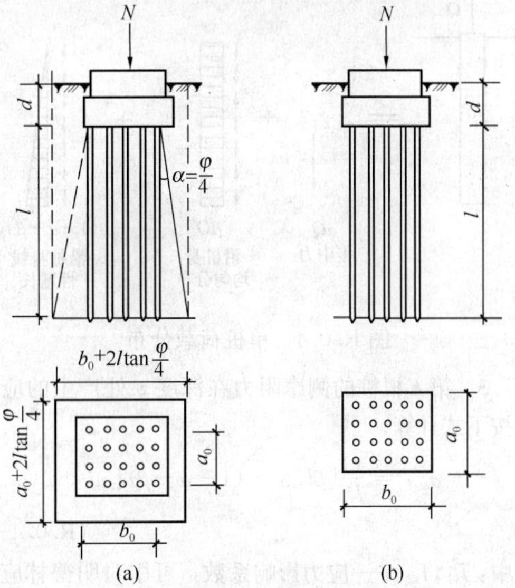

图 R.0.3　实体深基础的底面积

表 R.0.3　实体深基础计算桩基沉降经验系数 ψ_{ps}

$\overline{E}_s$（MPa）	≤15	25	35	≥45
ψ_{ps}	0.5	0.4	0.35	0.25

注：表内数值可以内插。

R.0.4 采用明德林应力公式方法进行桩基础沉降计算时，应符合下列规定：

1 采用明德林应力公式计算地基中的某点的竖向附加应力值时，可将各根桩在该点所产生的附加应力，逐根叠加按下式计算：

$$\sigma_{j,i} = \sum_{k=1}^{n} (\sigma_{zp,k} + \sigma_{zs,k}) \qquad (R.0.4\text{-}1)$$

式中：$\sigma_{zp,k}$——第 k 根桩的端阻力在深度 z 处产生的应力（kPa）；

$\sigma_{zs,k}$ ——第 k 根桩的侧摩阻力在深度 z 处产生的应力（kPa）。

2 第 k 根桩的端阻力在深度 z 处产生的应力可按下式计算：

$$\sigma_{zp,k}=\frac{\alpha Q}{l^2}I_{p,k} \qquad (R.0.4\text{-}2)$$

式中：Q——相应于作用的准永久组合时，轴心竖向力作用下单桩的附加荷载（kN）；由桩端阻力 Q_p 和桩侧摩阻力 Q_s 共同承担，且 $Q_p=\alpha Q$，α 是桩端阻力比；桩的端阻力假定为集中力，桩侧摩阻力可假定为沿桩身均匀分布和沿桩身线性增长分布两种形式组成，其值分别为 βQ 和 $(1-\alpha-\beta)Q$，如图 R.0.4 所示；

l——桩长（m）；

$I_{p,k}$ ——应力影响系数，可用对明德林应力公式进行积分的方式推导得出。

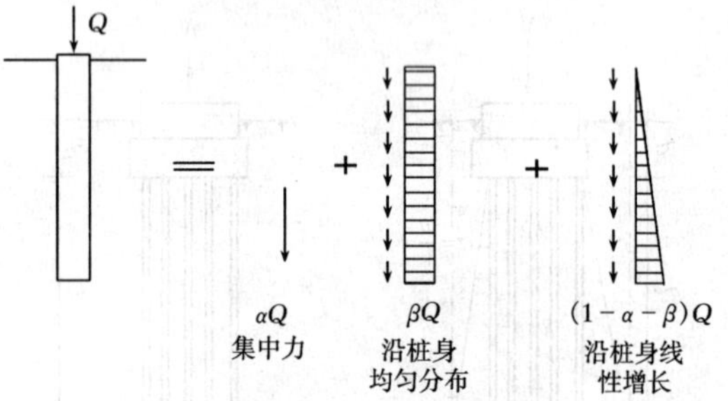

图 R.0.4 单桩荷载分布

3 第 k 根桩的侧摩阻力在深度 z 处产生的应力可按下式计算：

$$\sigma_{zs,k}=\frac{Q}{l^2}[\beta I_{s1,k}+(1-\alpha-\beta)I_{s2,k}] \qquad (R.0.4\text{-}3)$$

式中：I_{s1}，I_{s2} ——应力影响系数，可用对明德林应力公式进行积分的方式推导得出。

4 对于一般摩擦型桩可假定桩侧摩阻力全部是沿桩身线性增长的（即 $\beta=0$），则（R.0.4-3）式可简化为：

$$\sigma_{zs,k}=\frac{Q}{l^2}(1-\alpha)I_{s2,k} \qquad (R.0.4\text{-}4)$$

5 对于桩顶的集中力：

$$I_p=\frac{1}{8\pi(1-\nu)}\Big\{\frac{(1-2\nu)(m-1)}{A^3}-\frac{(1-2\nu)(m-1)}{B^3}+\frac{3(m-1)^3}{A^5}+\frac{3(3-4\nu)m(m+1)^2-3(m+1)(5m-1)}{B^5}+\frac{30m(m+1)^3}{B^7}\Big\} \qquad (R.0.4\text{-}5)$$

6 对于桩侧摩阻力沿桩身均匀分布的情况：

$$I_{s1}=\frac{1}{8\pi(1-\nu)}\Big\{\frac{2(2-\nu)}{A}-\frac{2(2-\nu)+2(1-2\nu)(m^2/n^2+m/n^2)}{B}+\frac{(1-2\nu)2(m/n)^2}{F}-\frac{n^2}{A^3}-\frac{4m^2-4(1+\nu)(m/n)^2m^2}{F^3}-\frac{4m(1+\nu)(m+1)(m/n+1/n)^2-(4m^2+n^2)}{B^3}+\frac{6m^2(m^4-n^4)/n^2}{F^5}-\frac{6m[mn^2-(m+1)^5/n^2]}{B^5}\Big\} \qquad (R.0.4\text{-}6)$$

7 对于桩侧摩阻力沿桩身线性增长的情况：

$$I_{s2}=\frac{1}{4\pi(1-\nu)}\Big\{\frac{2(2-\nu)}{A}-\frac{2(2-\nu)(4m+1)-2(1-2\nu)(1+m)m^2/n^2}{B}-\frac{2(1-2\nu)m^3/n^2-8(2-\nu)m}{F}-\frac{mn^2+(m-1)^3}{A^3}-\frac{4\nu n^2m+4m^3-15n^2m-2(5+2\nu)(m/n)^2(m+1)^3+(m+1)^3}{B^3}-\frac{2(7-2\nu)mn^2-6m^3+2(5+2\nu)(m/n)^2m^3}{F^3}-\frac{6mn^2(n^2-m^2)+12(m/n)^2(m+1)^5}{B^5}+\frac{12(m/n)^2m^5+6mn^2(n^2-m^2)}{F^5}+2(2-\nu)\ln\Big(\frac{A+m-1}{F+m}\times\frac{B+m+1}{F+m}\Big)\Big\} \qquad (R.0.4\text{-}7)$$

式中：$A=[n^2+(m-1)^2]^{\frac{1}{2}}$、$B=[n^2+(m+1)^2]^{\frac{1}{2}}$、$F=\sqrt{n^2+m^2}$、$n=r/l$、$m=z/l$；

ν——地基土的泊松比；

r——计算点离桩身轴线的水平距离（m）；

z——计算应力点离承台底面的竖向距离（m）。

8 将公式（R.0.4-1）～公式（R.0.4-4）代入公式（R.0.1），得到单向压缩分层总和法沉降计算公式：

$$s=\psi_{pm}\frac{Q}{l^2}\sum_{j=1}^{m}\sum_{i=1}^{n_j}\frac{\Delta h_{j,i}}{E_{sj,i}}\sum_{k=1}^{K}[\alpha I_{p,k}+(1-\alpha)I_{s2,k}] \qquad (R.0.4\text{-}8)$$

R.0.5 采用明德林应力公式计算桩基础最终沉降量时，相应于作用的准永久组合时，轴心竖向力作用下单桩附加荷载的桩端阻力比 α 和桩基沉降计算经验系数 ψ_{pm} 应根据当地工程的实测资料统计确定。无地区经验时，ψ_{pm} 值可按表 R.0.5 选用。

表 R.0.5 明德林应力公式方法计算桩基沉降经验系数ψ_{pm}

$\overline{E}_s$ (MPa)	≤15	25	35	≥40
ψ_{pm}	1.00	0.8	0.6	0.3

注：表内数值可以内插。

附录 S 单桩水平载荷试验要点

S.0.1 单桩水平静载荷试验宜采用多循环加卸载试验法，当需要测量桩身应力或应变时宜采用慢速维持荷载法。

S.0.2 施加水平作用力的作用点宜与实际工程承台底面标高一致。试桩的竖向垂直度偏差不宜大于1%。

S.0.3 采用千斤顶顶推或采用牵引法施加水平力。力作用点与试桩接触处宜安设球形铰，并保证水平作用力与试桩轴线位于同一平面。

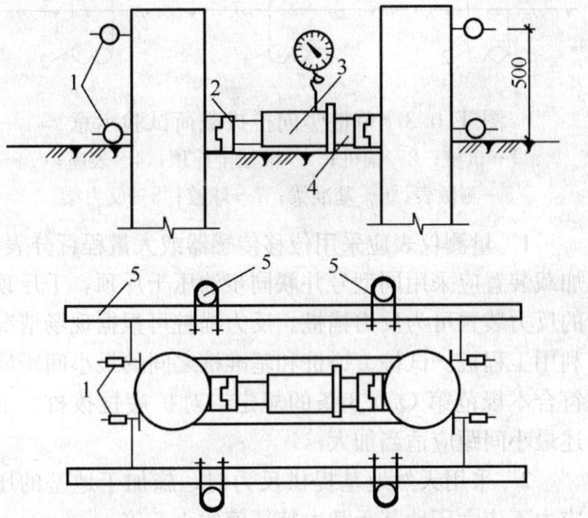

图 S.0.3 单桩水平静载荷试验示意

1—百分表；2—球铰；3—千斤顶；4—垫块；5—基准梁

S.0.4 桩的水平位移宜采用位移传感器或大量程百分表测量，在力作用水平面试桩两侧应对称安装两个百分表或位移传感器。

S.0.5 固定百分表的基准桩应设置在试桩及反力结构影响范围以外。当基准桩设置在与加荷轴线垂直方向上或试桩位移相反方向上，净距可适当减小，但不宜小于 2m。

S.0.6 采用顶推法时，反力结构与试桩之间净距不宜小于 3 倍试桩直径，采用牵引法时不宜小于 10 倍试桩直径。

S.0.7 多循环加载时，荷载分级宜取设计或预估极限水平承载力的 1/10～1/15。每级荷载施加后，维持恒载 4min 测读水平位移，然后卸载至零，停 2min 测读水平残余位移，至此完成一个加卸载循环，如此循环 5 次即完成一级荷载的试验观测。试验不得中途停歇。

S.0.8 慢速维持荷载法的加卸载分级、试验方法及稳定标准应符合本规范第 Q.0.5 条、第 Q.0.6 条、第 Q.0.7 条的规定。

S.0.9 当出现下列情况之一时，可终止加载：

1 在恒定荷载作用下，水平位移急剧增加；

2 水平位移超过 30mm～40mm（软土或大直径桩时取高值）；

3 桩身折断。

S.0.10 单桩水平极限荷载 H_u 可按下列方法综合确定：

1 取水平力-时间-位移（H_0-t-X_0）曲线明显陡变的前一级荷载为极限荷载（图 S.0.10-1）；慢速维持荷载法取 H_0-X_0 曲线产生明显陡变的起始点对应的荷载为极限荷载；

2 取水平力-位移梯度（$H_0-\Delta X_0/\Delta H_0$）曲线第二直线段终点对应的荷载为极限荷载(图 S.0.10-2)；

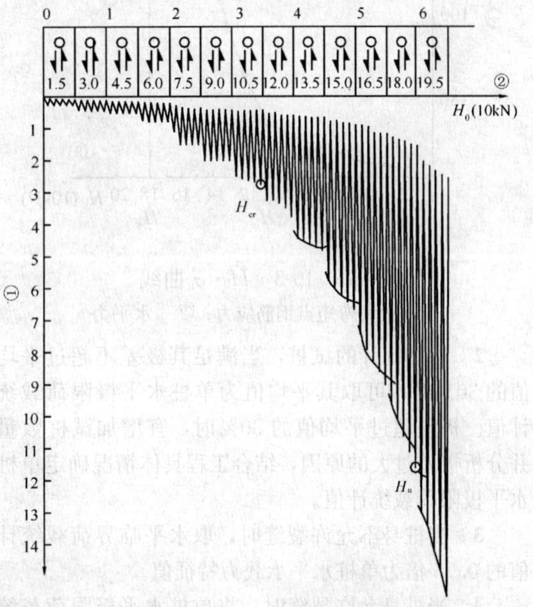

图 S.0.10-1 H_0-t-X_0曲线

①—水平位移 X_0（mm）；②—水平力；③—时间 t（h）

3 取桩身折断的前一级荷载为极限荷载（图 S.0.10-3）；

4 按上述方法判断有困难时，可结合其他辅助分析方法综合判定；

5 极限承载力统计取值方法应符合本规范第 Q.0.10 条的有关规定。

S.0.11 单桩水平承载力特征值应按以下方法综合确定：

1 单桩水平临界荷载（H_{cr}）可取 $H_0-\Delta X_0/\Delta H_0$曲线第一直线段终点或 $H_0-\sigma_g$曲线第一拐点所对应的荷载（图 S.0.10-2、图 S.0.10-3）。

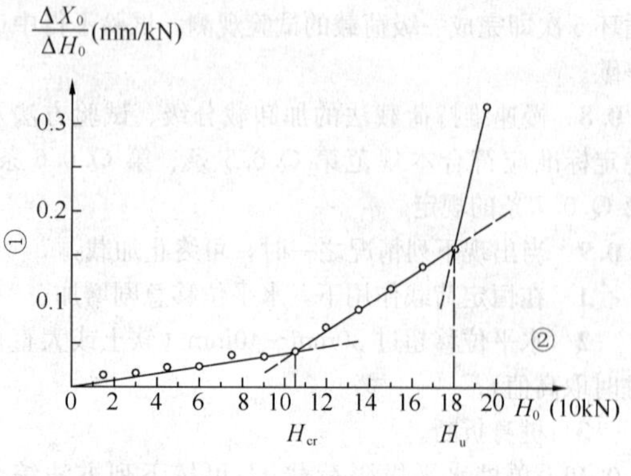

图 S.0.10-2　H_0-$\Delta X_0/\Delta H_0$曲线

①—位移梯度；②—水平力

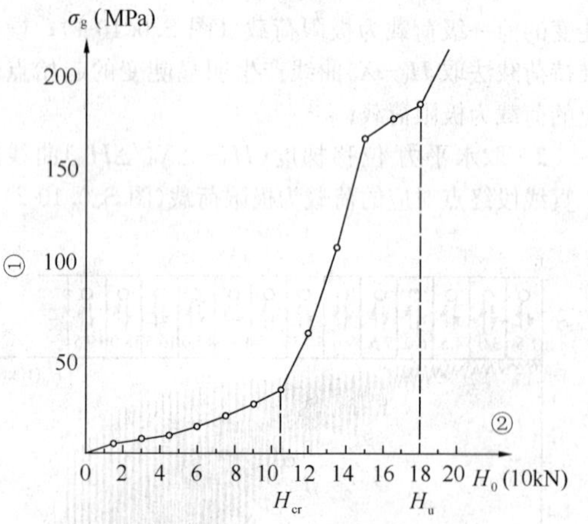

图 S.0.10-3　H_0-σ_g曲线

①—最大弯矩点钢筋应力；②—水平力

2　参加统计的试桩，当满足其极差不超过平均值的30%时，可取其平均值为单桩水平极限荷载统计值。极差超过平均值的30%时，宜增加试桩数量并分析极差过大的原因，结合工程具体情况确定单桩水平极限荷载统计值。

3　当桩身不允许裂缝时，取水平临界荷载统计值的0.75倍为单桩水平承载力特征值。

4　当桩身允许裂缝时，将单桩水平极限荷载统计值的除以安全系数2为单桩水平承载力特征值，且桩身裂缝宽度应满足相关规范要求。

S.0.12　从成桩到开始试验的间隔时间应符合本规范第Q.0.4条的规定。

附录T　单桩竖向抗拔载荷试验要点

T.0.1　单桩竖向抗拔载荷试验应采用慢速维持荷载法进行。

T.0.2　试桩应符合实际工作条件并满足下列规定：

1　试桩桩身钢筋伸出桩顶长度不宜少于40d+500mm（d为钢筋直径）。为设计提供依据的试验，试桩钢筋按钢筋强度标准值计算的拉力应大于预估极限承载力的1.25倍。

2　试桩顶部露出地面高度不宜小于300mm。

3　试桩的成桩工艺和质量控制应严格遵守有关规定。试验前应对试验桩进行低应变检测，有明显扩径的桩不应作为抗拔试验桩。

4　试桩的位移量测仪表的架设位置与桩顶的距离不应小于1倍桩径，当桩径大于800mm时，试桩的位移量测仪表的架设位置与桩顶的距离可适当减少，但不得少于0.5倍桩径。

5　当采用工程桩作试桩时，桩的配筋应满足在最大试验荷载作用下桩的裂缝宽度控制条件，可采用分段配筋。

T.0.3　试验设备装置主要由加载装置与量测装置组成，如图T.0.3所示。

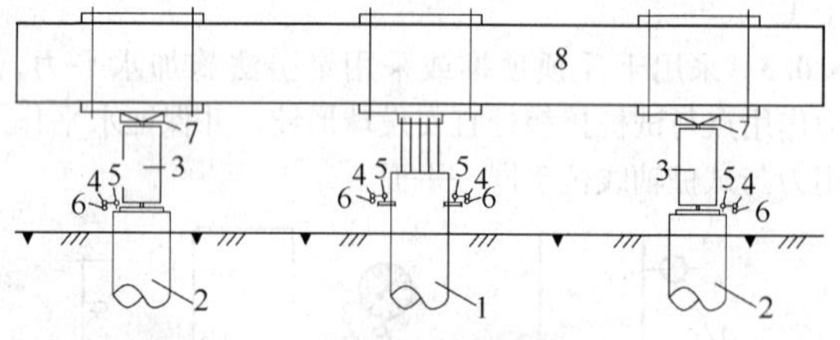

图T.0.3　单桩竖向抗拔载荷试验示意

1—试桩；2—锚桩；3—液压千斤顶；4—表座；5—测微表；6—基准梁；7—球铰；8—反力梁

1　量测仪表应采用位移传感器或大量程百分表。加载装置应采用同型号并联同步油压千斤顶，千斤顶的反力装置可为反力锚桩。反力锚桩可根据现场情况利用工程桩。试桩、锚桩和基准桩之间的最小间距应符合本规范第Q.0.3条的规定，对扩底抗拔桩，上述最小间距应适当加大。

2　采用天然地基提供反力时，施加于地基的压应力不应大于地基承载力特征值的1.5倍。

T.0.4　加载量不宜少于预估的或设计要求的单桩抗拔极限承载力。每级加载为设计或预估单桩极限抗拔承载力的1/8～1/10，每级荷载达到稳定标准后加下一级荷载，直到满足加载终止条件，然后分级卸载到零。

T.0.5　抗拔静载试验除对试桩的上拔变形量进行观测外，还应对锚桩的变形量、桩周地面土的变形情况及桩身外露部分裂缝开展情况进行观测记录。

T.0.6　每级加载后，在第5min、10min、15min各测读一次上拔变形量，以后每隔15min测读一次，累计1h以后每隔30min测读一次。

T.0.7　在每级荷载作用下，桩的上拔变形量连续两次在每小时内小于0.1mm时可视为稳定。

T.0.8　每级卸载值为加载值的两倍。卸载后间隔15min测读一次，读两次后，隔30min再读一次，即可卸下一级荷载。全部卸载后，隔3h再测读一次。

T.0.9 在试验过程中，当出现下列情况之一时，可终止加载：

1 桩顶荷载达到桩受拉钢筋强度标准值的 0.9 倍，或某根钢筋拉断；

2 某级荷载作用下，上拔变形量陡增且总上拔变形量已超过 80mm；

3 累计上拔变形量超过 100mm；

4 工程桩验收检测时，施加的上拔力应达到设计要求，当桩有抗裂要求时，不应超过桩身抗裂要求所对应的荷载。

T.0.10 单桩竖向抗拔极限承载力的确定应符合下列规定：

1 对于陡变形曲线（图 T.0.10-1），取相应于陡升段起点的荷载值。

2 对于缓变形 U-Δ 曲线，可根据 Δ-lg$t$ 曲线，取尾部显著弯曲的前一级荷载值（图 T.0.10-2）。

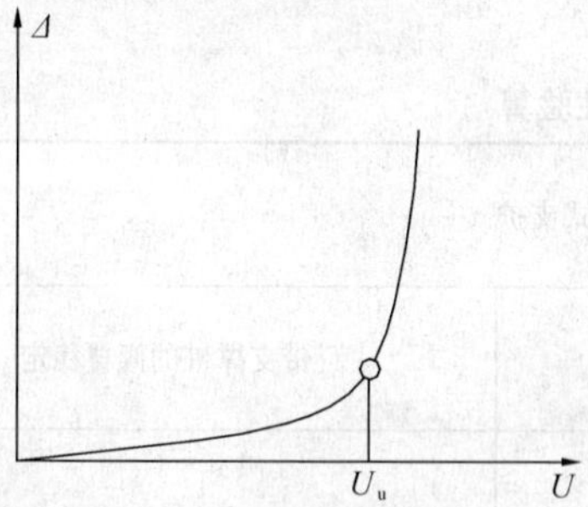

图 T.0.10-1 陡变形 U-Δ 曲线

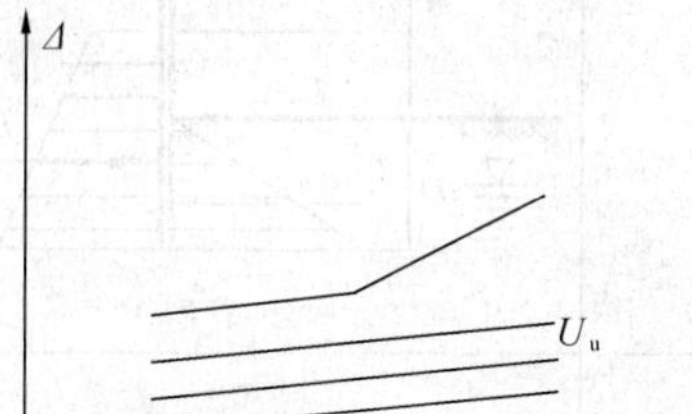

图 T.0.10-2 Δ-lg$t$ 曲线

3 当出现第 T.0.9 条第 1 款情况时，取其前一级荷载。

4 参加统计的试桩，当满足其极差不超过平均值的 30%时，可取其平均值为单桩竖向抗拔极限承载力；极差超过平均值的 30%时，宜增加试桩数量并分析极差过大的原因，结合工程具体情况确定极限承载力。对桩数为 3 根及 3 根以下的柱下桩台，取最小值。

T.0.11 单桩竖向抗拔承载力特征值应按以下方法确定：

1 将单桩竖向抗拔极限承载力除以 2，此时桩身配筋应满足裂缝宽度设计要求；

2 当桩身不允许开裂时，应取桩身开裂的前一级荷载；

3 按设计允许的上拔变形量所对应的荷载取值。

T.0.12 从成桩到开始试验的时间间隔，应符合本规范第 Q.0.4 条的要求。

附录 U 阶梯形承台及锥形承台斜截面受剪的截面宽度

U.0.1 对于阶梯形承台应分别在变阶处（A_1-A_1，B_1-B_1）及柱边处（A_2-A_2，B_2-B_2）进行斜截面受剪计算（图 U.0.1），并应符合下列规定：

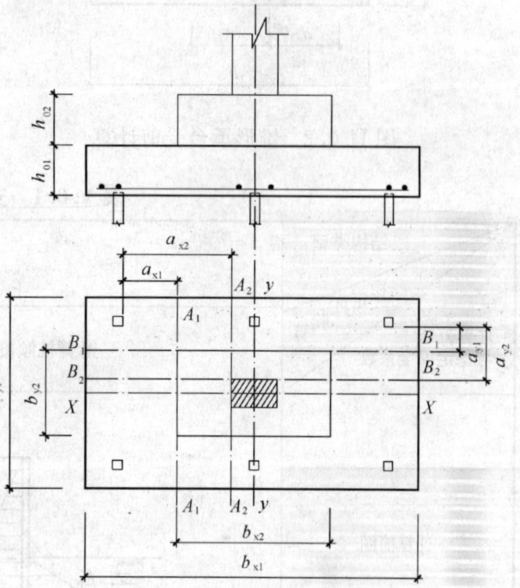

图 U.0.1 阶梯形承台斜截面受剪计算

1 计算变阶处截面 A_1-A_1、B_1-B_1 的斜截面受剪承载力时，其截面有效高度均为 h_{01}，截面计算宽度分别为 b_{y1} 和 b_{x1}。

2 计算柱边截面 A_2-A_2 和 B_2-B_2 处的斜截面受剪承载力时，其截面有效高度均为 $h_{01}+h_{02}$，截面计算宽度按下式进行计算：

对 A_2-A_2
$$b_{y0}=\frac{b_{y1}\cdot h_{01}+b_{y2}\cdot h_{02}}{h_{01}+h_{02}} \quad (U.0.1\text{-}1)$$

对 B_2-B_2
$$b_{x0}=\frac{b_{x1}\cdot h_{01}+b_{x2}\cdot h_{02}}{h_{01}+h_{02}} \quad (U.0.1\text{-}2)$$

U.0.2 对于锥形承台应对 A-A 及 B-B 两个截面进行受剪承载力计算（图 U.0.2），截面有效高度均为 h_0，截面的计算宽度按下式计算：

对 A-A
$$b_{y0}=\left[1-0.5\frac{h_1}{h_0}\left(1-\frac{b_{y2}}{b_{y1}}\right)\right]b_{y1} \quad (U.0.2\text{-}1)$$

对 B-B
$$b_{x0}=\left[1-0.5\frac{h_1}{h_0}\left(1-\frac{b_{x2}}{b_{x1}}\right)\right]b_{x1} \quad (U.0.2\text{-}2)$$

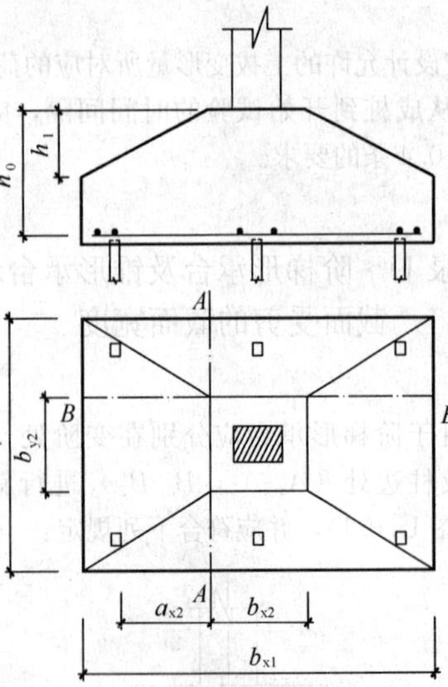

图 U.0.2　锥形承台受剪计算

附录 V　支护结构稳定性验算

V.0.1　桩、墙式支护结构应按表 V.0.1 的规定进行抗倾覆稳定、隆起稳定和整体稳定验算。土的抗剪强度指标的选用应符合本规范第 9.1.6 条的规定。

V.0.2　当坡体内有地下水渗流作用时，稳定分析时应进行坡体内的水力坡降与渗流压力计算，也可采用替代重度法作简化分析。

表 V.0.1　支护结构的稳定性验算

结构类型 / 稳定性验算 / 计算方法与稳定安全系数	桩、墙式支护	
	悬臂桩倾覆稳定	带支撑桩的倾覆稳定
计算简图	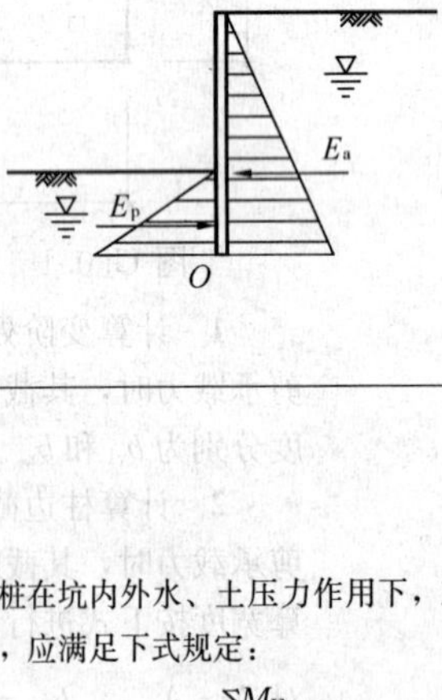	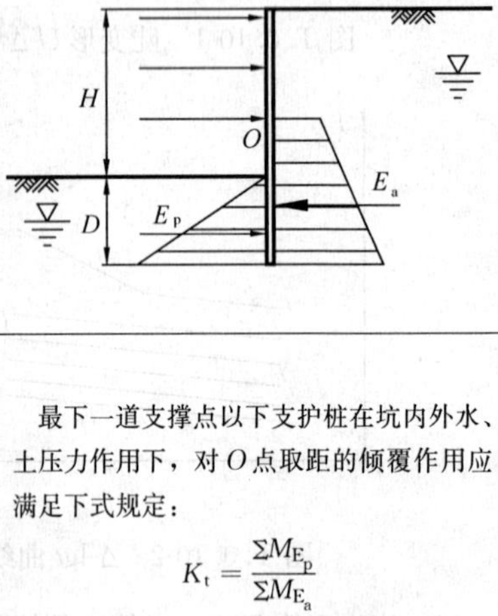
计算方法与稳定安全系数	悬臂支护桩在坑内外水、土压力作用下，对 O 点取距的倾覆作用，应满足下式规定： $$K_t=\frac{\Sigma M_{E_p}}{\Sigma M_{E_a}}$$ 式中：ΣM_{E_p}——主动区倾覆作用力矩总和（kN·m）； ΣM_{E_a}——被动区抗倾覆作用力矩总和（kN·m）； K_t——桩、墙式悬臂支护抗倾覆稳定安全系数，取 $K_t \geqslant 1.30$	最下一道支撑点以下支护桩在坑内外水、土压力作用下，对 O 点取距的倾覆作用应满足下式规定： $$K_t=\frac{\Sigma M_{E_p}}{\Sigma M_{E_a}}$$ 式中：ΣM_{E_p}——主动区倾覆作用力矩总和（kN·m）； ΣM_{E_a}——被动区抗倾覆作用力矩总和（kN·m）； K_t——带支撑桩、墙式支护抗倾覆稳定安全系数，取 $K_t \geqslant 1.30$
备注		

续表 V.0.1

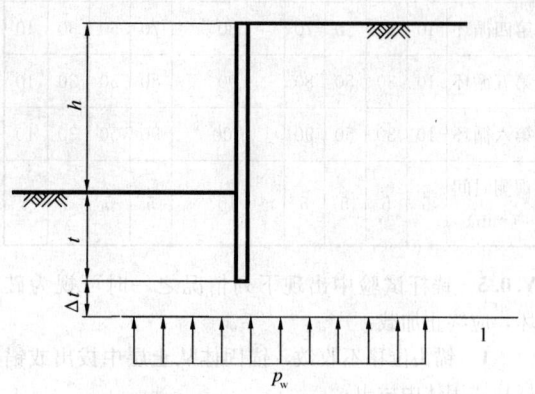

结构类型 稳定性验算 计算方法与稳定安全系数	桩、墙式支护		
	隆起稳定		整体稳定
计算简图	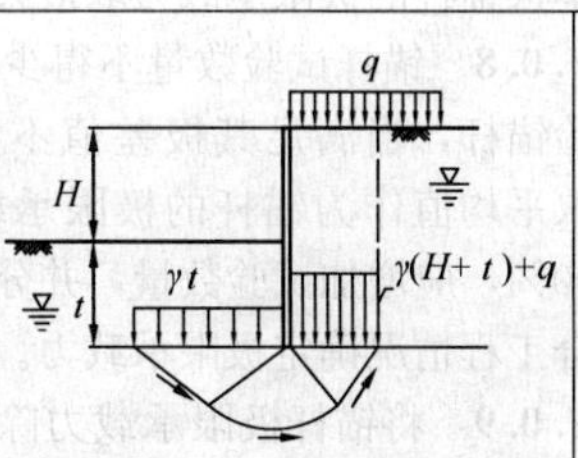	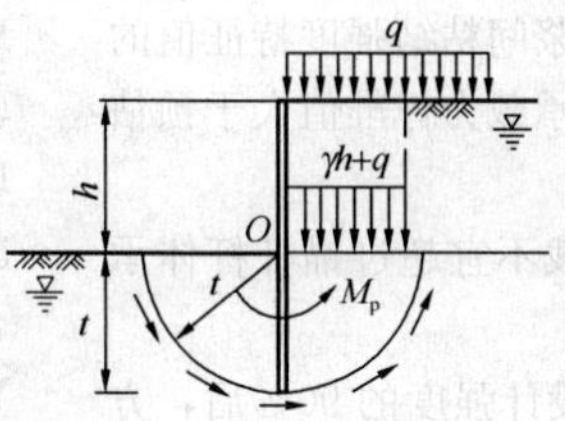	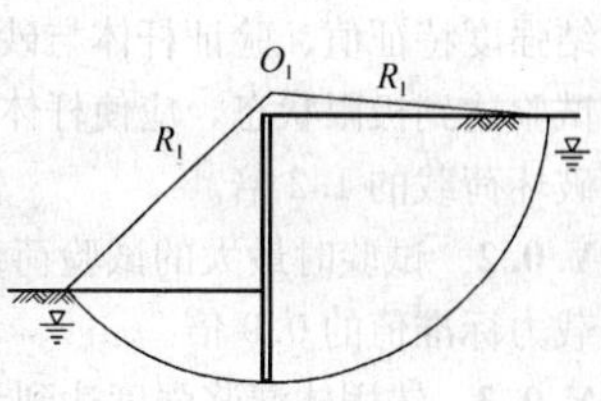
计算方法与稳定安全系数	基坑底下部土体的强度稳定性应满足下式规定： $K_D=\frac{N_c\tau_0+\gamma t}{\gamma(h+t)+q}$ 式中：N_c——承载力系数，$N_c=5.14$； τ_0——由十字板试验确定的总强度（kPa）； γ——土的重度（kN/m^3）； K_D——入土深度底部土抗隆起稳定安全系数，取$K_D\geqslant1.60$； t——支护结构入土深度（m）； h——基坑开挖深度（m）； q——地面荷载（kPa）	基坑底下部土体的强度稳定性应满足下式规定： $K_D=\frac{M_p+\int_0^{\pi}\tau_0 t d\theta}{(q+\gamma h)t^2/2}$ 式中：M_P——支护桩、墙横截面抗弯强度标准值（kN·m）； K_D——基坑底部处土抗隆起稳定安全系数，取$K_D\geqslant1.40$	按圆弧滑动面法，验算基坑整体稳定性，应满足下式规定： $K_R=\frac{M_R}{M_S}$ 式中：M_S、M_R——分别为对于危险滑弧面上滑动力矩和抗滑力矩（kN·m）； K_R——整体稳定安全系数，取$K_R\geqslant1.30$
备注	适用于支护桩底为软土（$\varphi=0$）的基坑		

附录 W　基坑抗渗流稳定性计算

W.0.1 当上部为不透水层，坑底下某深度处有承压水层时，基坑底抗渗流稳定性可按下式验算（图 W.0.1）：

$$\frac{\gamma_m(t+\Delta t)}{p_w}\geqslant1.1 \quad (W.0.1)$$

式中：γ_m——透水层以上土的饱和重度（kN/m^3）；

$t+\Delta t$——透水层顶面距基坑底面的深度（m）；

p_w——含水层水压力（kPa）。

W.0.2 当基坑内外存在水头差时，粉土和砂土应进行抗渗流稳定性验算，渗流的水力梯度不应超过临界水力梯度。

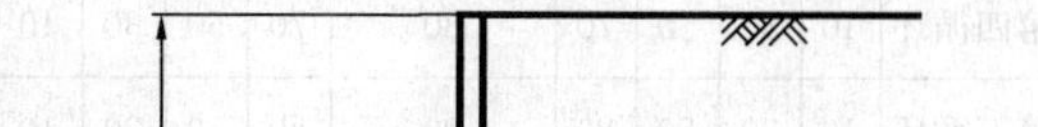

图 W.0.1　基坑底抗渗流稳定验算示意

1—透水层

附录Y　土层锚杆试验要点

Y.0.1　土层锚杆试验的地质条件、锚杆材料和施工工艺等应与工程锚杆一致。为使确定锚固体与土层粘结强度特征值、验证杆体与砂浆间粘结强度特征值的试验达到极限状态，应使杆体承载力标准值大于预估破坏荷载的1.2倍。

Y.0.2　试验时最大的试验荷载不宜超过锚杆杆体承载力标准值的0.9倍。

Y.0.3　锚固体灌浆强度达到设计强度的90%后，方可进行锚杆试验。

Y.0.4　试验应采用循环加、卸载法，并应符合下列规定：

1　每级加荷观测时间内，测读锚头位移不应小于3次；

2　每级加荷观测时间内，当锚头位移增量不大于0.1mm时，可施加下一级荷载；不满足时应在锚头位移增量2h内小于2mm时再施加下一级荷载；

3　加、卸载等级、测读间隔时间宜按表Y.0.4确定；

4　如果第六次循环加荷观测时间内，锚头位移增量不大于0.1mm时，可视试验装置情况，按每级增加预估破坏荷载的10%进行1次或2次循环。

表Y.0.4　锚杆基本试验循环加、卸载等级与位移观测间隔时间

加荷标准循环数	预估破坏荷载的百分数（%）								
	每级加载量				累计加载量	每级卸载量			
第一循环	10				30				10
第二循环	10	30			50			30	10
第三循环	10	30	50		70		50	30	10
第四循环	10	30	50	70	80	70	50	30	10
第五循环	10	30	50	80	90	80	50	30	10
第六循环	10	30	50	90	100	90	50	30	10
观测时间（min）	5	5	5	5	10	5	5	5	5

Y.0.5　锚杆试验中出现下列情况之一时可视为破坏，应终止加载：

1　锚头位移不收敛，锚固体从土层中拔出或锚杆从锚固体中拔出；

2　锚头总位移量超过设计允许值；

3　土层锚杆试验中后一级荷载产生的锚头位移增量，超过上一级荷载位移增量的2倍。

Y.0.6　试验完成后，应根据试验数据绘制荷载-位移（Q-s）曲线、荷载-弹性位移（Q-s_e）曲线和荷载-塑性位移（Q-s_e）曲线。

Y.0.7　单根锚杆的极限承载力取破坏荷载前一级的荷载量；在最大试验荷载作用下未达到破坏标准时，单根锚杆的极限承载力取最大荷载值。

Y.0.8　锚杆试验数量不得少于3根。参与统计的试验锚杆，当满足其极差值不大于平均值的30%时，取平均值作为锚杆的极限承载力；若最大极差超过30%，应增加试验数量，并分析极差过大的原因，结合工程情况确定极限承载力。

Y.0.9　将锚杆极限承载力除以安全系数2，即为锚杆抗拔承载力特征值。

Y.0.10　锚杆验收试验应符合下列规定：

1　试验最大荷载值按$0.85A_s f_y$确定；

2　试验采用单循环法，按试验最大荷载值的10%、30%、50%、70%、80%、90%、100%施加；

3　每级试验荷载达到后，观测10min，测计锚头位移；

4　达到试验最大荷载值，测计锚头位移后卸荷到试验最大荷载值的10%观测10min并测计锚头位移；

5　锚杆试验完成后，绘制锚杆荷载-位移曲线（Q-s）曲线图；

6　符合下列条件时，试验的锚杆为合格：

1）加载到设计荷载后变形稳定；

2）锚杆弹性变形不小于自由段长度变形计算值的80%，且不大于自由段长度与1/2锚固段长度之和的弹性变形计算值；

7　验收试验的锚杆数量取锚杆总数的5%，且不应少于5根。

本规范用词说明

1　为便于在执行本规范条文时区别对待，对要求严格程度不同的用词说明如下：

1）表示很严格，非这样做不可的用词：
正面词采用“必须”；反面词采用“严禁”。

2）表示严格，在正常情况下均应这样做的用词：
正面词采用“应”；反面词采用“不应”或“不得”。

3）表示允许稍有选择，在条件许可时首先应这样做的用词：
正面词采用“宜”；反面词采用“不宜”。

4）表示有选择，在一定条件下可以这样做的，采用“可”。

2　规范中指明应按其他有关标准执行时的写法为“应符合……的规定”或“应按……执行”。

引用标准名录

1 《建筑结构荷载规范》GB 50009
2 《混凝土结构设计规范》GB 50010
3 《建筑抗震设计规范》GB 50011
4 《工业建筑防腐蚀设计规范》GB 50046
5 《土工试验方法标准》GB/T 50123
6 《混凝土结构耐久性设计规范》GB/T 50476

中华人民共和国国家标准

建筑地基基础设计规范

GB 50007—2011

条 文 说 明

修 订 说 明

《建筑地基基础设计规范》GB 50007－2011，经住房和城乡建设部2011年7月26日以第1096号公告批准、发布。

本规范是在《建筑地基基础设计规范》GB 50007－2002的基础上修订而成的，上一版的主编单位是中国建筑科学研究院，参编单位是北京市勘察设计研究院、建设部综合勘察设计研究院、北京市建筑设计研究院、建设部建筑设计院、上海建筑设计研究院、广西建筑综合设计研究院、云南省设计院、辽宁省建筑设计研究院、中南建筑设计院、湖北省建筑科学研究院、福建省建筑科学研究院、陕西省建筑科学研究院、甘肃省建筑科学研究院、广州市建筑科学研究院、四川省建筑科学研究院、黑龙江省寒地建筑科学研究院、天津大学、同济大学、浙江大学、重庆建筑大学、太原理工大学、广东省基础工程公司，主要起草人员是黄熙龄、滕延京、王铁宏、王公山、王惠昌、白晓红、汪国烈、吴学敏、杨敏、周光孔、周经文、林立岩、罗宇生、陈如桂、钟亮、顾晓鲁、顾宝和、侯光瑜、袁炳麟、袁内镇、唐杰康、黄求顺、龚一鸣、裴捷、潘凯云、潘秋元。本次修订的主要技术内容是：

1　增加地基基础设计等级中基坑工程的相关内容；

2　地基基础设计使用年限不应小于建筑结构的设计使用年限；

3　增加泥炭、泥炭质土的工程定义；

4　增加回弹再压缩变形计算方法；

5　增加建筑物抗浮稳定计算方法；

6　增加当地基中下卧岩面为单向倾斜，岩面坡度大于10％，基底下的土层厚度大于1.5m的土岩组合地基设计原则；

7　增加岩石地基设计内容；

8　增加岩溶地区场地根据岩溶发育程度进行地基基础设计的原则；

9　增加复合地基变形计算方法；

10　增加扩展基础最小配筋率不应小于0.15％的设计要求；

11　增加当扩展基础底面短边尺寸小于或等于柱宽加2倍基础有效高度的斜截面受剪承载力计算要求；

12　对桩基沉降计算方法，经统计分析，调整了沉降经验系数；

13　增加对高地下水位地区，当场地水文地质条件复杂，基坑周边环境保护要求高，设计等级为甲级的基坑工程，应进行地下水控制专项设计的要求；

14　增加对地基处理工程的工程检验要求；

15　增加单桩水平载荷试验要点，单桩竖向抗拔载荷试验要点。

本规范修订过程中，编制组共召开全体会议4次，专题研讨会14次，总结了我国建筑地基基础领域的实践经验，同时参考了国外先进技术法规、技术标准，通过调研、征求意见及工程试算，对增加和修订内容的反复讨论、分析、论证，取得了重要技术参数。

为便于广大设计、施工、科研、学校等单位有关人员在使用本规范时能正确理解和执行条文规定，《建筑地基基础设计规范》修订组按章、节、条顺序编制了本规范的条文说明，对条文规定的目的、依据以及执行中需注意的有关事项进行了说明，还着重对强制性条文的强制性理由作了解释。但是，本条文说明不具备与规范正文同等的法律效力，仅供使用者作为理解和把握规范规定的参考。

目 次

1 总则 …………………………………… 1—2—75
2 术语和符号…………………………… 1—2—75
2.1 术语………………………………… 1—2—75
3 基本规定 ……………………………… 1—2—75
4 地基岩土的分类及工程特性指标 ………………………………… 1—2—77
4.1 岩土的分类………………………… 1—2—77
4.2 工程特性指标……………………… 1—2—78
5 地基计算……………………………… 1—2—79
5.1 基础埋置深度……………………… 1—2—79
5.2 承载力计算………………………… 1—2—82
5.3 变形计算…………………………… 1—2—84
5.4 稳定性计算………………………… 1—2—92
6 山区地基……………………………… 1—2—92
6.1 一般规定…………………………… 1—2—92
6.2 土岩组合地基……………………… 1—2—92
6.3 填土地基…………………………… 1—2—92
6.4 滑坡防治…………………………… 1—2—93
6.5 岩石地基…………………………… 1—2—93
6.6 岩溶与土洞………………………… 1—2—93
6.7 土质边坡与重力式挡墙…………… 1—2—94
6.8 岩石边坡与岩石锚杆挡墙………… 1—2—94
7 软弱地基……………………………… 1—2—96
7.2 利用与处理………………………… 1—2—96
7.5 大面积地面荷载…………………… 1—2—96
8 基础 …………………………………… 1—2—98
8.1 无筋扩展基础……………………… 1—2—98
8.2 扩展基础…………………………… 1—2—99
8.3 柱下条形基础……………………… 1—2—101
8.4 高层建筑筏形基础 ……………… 1—2—101
8.5 桩基础……………………………… 1—2—109
9 基坑工程 ……………………………… 1—2—114
9.1 一般规定 ………………………… 1—2—114
9.2 基坑工程勘察与环境调查 ……… 1—2—115
9.3 土压力与水压力 ………………… 1—2—116
9.4 设计计算…………………………… 1—2—116
9.5 支护结构内支撑 ………………… 1—2—120
9.6 土层锚杆…………………………… 1—2—120
9.7 基坑工程逆作法 ………………… 1—2—121
9.8 岩体基坑工程 …………………… 1—2—122
9.9 地下水控制………………………… 1—2—122
10 检验与监测 ………………………… 1—2—123
10.1 一般规定………………………… 1—2—123
10.2 检验……………………………… 1—2—123
10.3 监测……………………………… 1—2—125

1 总　　则

1.0.1 现行国家标准《工程结构可靠性设计统一标准》GB 50153 对结构设计应满足的功能要求作了如下规定：一、能承受在正常施工和正常使用时可能出现的各种作用；二、保持良好的使用性能；三、具有足够的耐久性能；四、当发生火灾时，在规定的时间内可保持足够的承载力；五、当发生爆炸、撞击、人为错误等偶然事件时，结构能保持必需的整体稳固性，不出现与起因不相称的破坏后果，防止出现结构的连续倒塌。按此规定根据地基工作状态，地基设计时应当考虑：

1 在长期荷载作用下，地基变形不致造成承重结构的损坏；

2 在最不利荷载作用下，地基不出现失稳现象；

3 具有足够的耐久性能。

因此，地基基础设计应注意区分上述三种功能要求。在满足第一功能要求时，地基承载力的选取以不使地基中出现长期塑性变形为原则，同时还要考虑在此条件下各类建筑可能出现的变形特征及变形量。由于地基土的变形具有长期的时间效应，与钢、混凝土、砖石等材料相比，它属于大变形材料。从已有的大量地基事故分析，绝大多数事故皆由地基变形过大或不均匀造成。故在规范中明确规定了按变形设计的原则、方法；对于一部分地基基础设计等级为丙级的建筑物，当按地基承载力设计基础面积及埋深后，其变形亦同时满足要求时可不进行变形计算。

地基基础的设计使用年限应满足上部结构的设计使用年限要求。大量工程实践证明，地基在长期荷载作用下承载力有所提高，基础材料应根据其工作环境满足耐久性设计要求。

1.0.2 本规范主要针对工业与民用建筑（包括构筑物）的地基基础设计提出设计原则和计算方法。

对于湿陷性黄土地基、膨胀土地基、多年冻土地基等，由于这些土类的物理力学性质比较特殊，选用土的承载力、基础埋深、地基处理等应按国家现行标准《湿陷性黄土地区建筑规范》GB 50025、《膨胀土地区建筑技术规范》GBJ 112、《冻土地区建筑地基基础设计规范》JGJ 118 的规定进行设计。对于振动荷载作用下的地基设计，由于土的动力性能与静力性能差异较大，应按现行国家标准《动力机器基础设计规范》GB 50040 的规定进行设计。但基础设计，仍然可以采用本规范的规定进行设计。

1.0.3 由于地基土的性质复杂。在同一地基内土的力学指标离散性一般较大，加上暗塘、古河道、山前洪积、熔岩等许多不良地质条件，必须强调因地制宜原则。本规范对总的设计原则、计算均作出了通用规定，也给出了许多参数。各地区可根据土的特性、地质情况作具体补充。此外，设计人员必须根据具体工程的地质条件、结构类型以及地基在长期荷载作用下的工作形状，采用优化设计方法，以提高设计质量。

1.0.4 地基基础设计中，作用在基础上的各类荷载及其组合方法按现行国家标准《建筑结构荷载规范》GB 50009 执行。在地下水位以下时应扣去水的浮力。否则，将使计算结果偏差很大而造成重大失误。在计算土压力、滑坡推力、稳定性时尤应注意。

本规范只给出各类基础基底反力、力矩、挡墙所受的土压力等。至于基础断面大小及配筋量尚应满足抗弯、抗冲切、抗剪切、抗压等要求，设计时应根据所选基础材料按照有关规范规定执行。

2 术语和符号

2.1 术　　语

2.1.3 由于土为大变形材料，当荷载增加时，随着地基变形的相应增长，地基承载力也在逐渐加大，很难界定出一个真正的“极限值”；另一方面，建筑物的使用有一个功能要求，常常是地基承载力还有潜力可挖，而变形已达到或超过按正常使用的限值。因此，地基设计是采用正常使用极限状态这一原则，所选定的地基承载力是在地基土的压力变形曲线线性变形段内相应于不超过比例界限点的地基压力值，即允许承载力。

根据国外有关文献，相应于我国规范中“标准值”的含义可以有特征值、公称值、名义值、标定值四种，在国际标准《结构可靠性总原则》ISO 2394 中相应的术语直译为“特征值”（Characteristic Value），该值的确定可以是统计得出，也可以是传统经验值或某一物理量限定的值。

本次修订采用“特征值”一词，用以表示正常使用极限状态计算时采用的地基承载力和单桩承载力的设计使用值，其涵义即为在发挥正常使用功能时所允许采用的抗力设计值，以避免过去一律提“标准值”时所带来的混淆。

3 基本规定

3.0.1 建筑地基基础设计等级是按照地基基础设计的复杂性和技术难度确定的，划分时考虑了建筑物的性质、规模、高度和体型；对地基变形的要求；场地和地基条件的复杂程度；以及由于地基问题对建筑物的安全和正常使用可能造成影响的严重程度等因素。

地基基础设计等级采用三级划分，见表 3.0.1。现对该表作如下重点说明：

在地基基础设计等级为甲级的建筑物中，30 层以上的高层建筑，不论其体型复杂与否均列入甲级，这是考虑到其高度和重量对地基承载力和变形均有较高要求，采用天然地基往往不能满足设计需要，而须考虑桩基或进行地基处理；体型复杂、层数相差超过10层的高低层连成一体的建筑物是指在平面上和立面上高度变化较大、体型变化复杂，且建于同一整体基础上的高层宾馆、办公楼、商业建筑等建筑物。由于上部荷载大小相差悬殊、结构刚度和构造变化复杂，很易出现地基不均匀变形，为使地基变形不超过建筑物的允许值，地基基础设计的复杂程度和技术难度均较大，有时需要采用多种地基和基础类型或考虑采用地基与基础和上部结构共同作用的变形分析计算来解决不均匀沉降对基础和上部结构的影响问题；大面积的多层地下建筑物存在深基坑开挖的降水、支护和对邻近建筑物可能造成严重不良影响等问题，增加了地基基础设计的复杂性，有些地面以上没有荷载或荷载很小的大面积多层地下建筑物，如地下停车场、商场、运动场等还存在抗地下水浮力的设计问题；复杂地质条件下的坡上建筑物是指坡体岩土的种类、性质、产状和地下水条件变化复杂等对坡体稳定性不利的情况，此时应作坡体稳定性分析，必要时应采取整治措施；对原有工程有较大影响的新建建筑物是指在原有建筑物旁和在地铁、地下隧道、重要地下管道上或旁边新建的建筑物，当新建建筑物对原有工程影响较大时，为保证原有工程的安全和正常使用，增加了地基基础设计的复杂性和难度；场地和地基条件复杂的建筑物是指不良地质现象强烈发育的场地，如泥石流、崩塌、滑坡、岩溶土洞塌陷等，或地质环境恶劣的场地，如地下采空区、地面沉降区、地裂缝地区等，复杂地基是指地基岩土种类和性质变化很大、有古河道或暗浜分布、地基为特殊性岩土，如膨胀土、湿陷性土等，以及地下水对工程影响很大需特殊处理等情况，上述情况均增加了地基基础设计的复杂程度和技术难度。对在复杂地质条件和软土地区开挖较深的基坑工程，由于基坑支护、开挖和地下水控制等技术复杂、难度较大；挖深大于15m的基坑以及基坑周边环境条件复杂、环境保护要求高时对基坑支挡结构的位移控制严格，也列入甲级。

表3.0.1所列的设计等级为丙级的建筑物是指建筑场地稳定，地基岩土均匀良好、荷载分布均匀的七层及七层以下的民用建筑和一般工业建筑物以及次要的轻型建筑物。

由于情况复杂，设计时应根据建筑物和地基的具体情况参照上述说明确定地基基础的设计等级。

3.0.2 本条为强制性条文。本条规定了地基设计的基本原则，为确保地基设计的安全，在进行地基设计时必须严格执行。地基设计的原则如下：

1 各类建筑物的地基计算均应满足承载力计算的要求。

2 设计等级为甲级、乙级的建筑物均应按地基变形设计，这是由于因地基变形造成上部结构的破坏和裂缝的事例很多，因此控制地基变形成为地基基础设计的主要原则，在满足承载力计算的前提下，应按控制地基变形的正常使用极限状态设计。

3 对经常受水平荷载作用、建造在边坡附近的建筑物和构筑物以及基坑工程应进行稳定性验算。本规范2002版增加了对地下水埋藏较浅，而地下室或地下建筑存在上浮问题时，应进行抗浮验算的规定。

3.0.4 本条规定了对地基勘察的要求：

1 在地基基础设计前必须进行岩土工程勘察。

2 对岩土工程勘察报告的内容作出规定。

3 对不同地基基础设计等级建筑物的地基勘察方法，测试内容提出了不同要求。

4 强调应进行施工验槽，如发现问题应进行补充勘察，以保证工程质量。

抗浮设防水位是很重要的设计参数，影响因素众多，不仅与气候、水文地质等自然因素有关，有时还涉及地下水开采、上下游水量调配、跨流域调水和大量地下工程建设等复杂因素。对情况复杂的重要工程，要在勘察期间预测建筑物使用期间水位可能发生的变化和最高水位有时相当困难。故现行国家标准《岩土工程勘察规范》GB 50021规定，对情况复杂的重要工程，需论证使用期间水位变化，提出抗浮设防水位时，应进行专门研究。

3.0.5 本条为强制性条文。地基基础设计时，所采用的作用的最不利组合和相应的抗力限值应符合下列规定：

当按地基承载力计算和地基变形计算以确定基础底面积和埋深时应采用正常使用极限状态，相应的作用效应为标准组合和准永久组合的效应设计值。

在计算挡土墙、地基、斜坡的稳定和基础抗浮稳定时，采用承载能力极限状态作用的基本组合，但规定结构重要性系数 γ_0 不应小于1.0，基本组合的效应设计值 S 中作用的分项系数均为1.0。

在根据材料性质确定基础或桩台的高度、支挡结构截面，计算基础或支挡结构内力、确定配筋和验算材料强度时，应按承载能力极限状态采用作用的基本组合。此时，S 中包含相应作用的分项系数。

3.0.6 作用组合的效应设计值应按现行国家标准《建筑结构荷载规范》GB 50009的规定执行。规范编制组对基础构件设计的分项系数进行了大量试算工作，对高层建筑筏板基础5人次8项工程、高耸构筑物1人次2项工程、烟囱2人次8项工程、支挡结构5人次20项工程的试算结果统计，对由永久作用控制的基本组合采用简化算法确定设计值时，作用的综合分项系数可取1.35。

3.0.7 现行国家标准《工程结构可靠性设计统一标准》GB 50153规定，工程设计时应规定结构的设计使用年限，地基基础设计必须满足上部结构设计使用年限的要求。

4 地基岩土的分类及工程特性指标

4.1 岩土的分类

4.1.2～4.1.4 岩石的工程性质极为多样，差别很大，进行工程分类十分必要。

岩石的分类可以分为地质分类和工程分类。地质分类主要根据其地质成因、矿物成分、结构构造和风化程度，可以用地质名称加风化程度表达，如强风化花岗岩、微风化砂岩等。这对于工程的勘察设计确是十分必要的。工程分类主要根据岩体的工程性状，使工程师建立起明确的工程特性概念。地质分类是一种基本分类，工程分类应在地质分类的基础上进行，目的是为了较好地概括其工程性质，便于进行工程评价。

本规范 2002 版除了规定应确定地质名称和风化程度外，增加了“岩石的坚硬程度”和“岩体的完整程度”的划分，并分别提出了定性和定量的划分标准和方法，对于可以取样试验的岩石，应尽量采用定量的方法，对于难以取样的破碎和极破碎岩石，可用附录 A 的定性方法，可操作性较强。岩石的坚硬程度直接和地基的强度和变形性质有关，其重要性是无疑的。岩体的完整程度反映了它的裂隙性，而裂隙性是岩体十分重要的特性，破碎岩石的强度和稳定性较完整岩石大大削弱，尤其对边坡和基坑工程更为突出。将岩石的坚硬程度和岩体的完整程度各分五级。划分出极软岩十分重要，因为这类岩石常有特殊的工程性质，例如某些泥岩具有很高的膨胀性；泥质砂岩、全风化花岗岩等有很强的软化性（饱和单轴抗压强度可等于零）；有的第三纪砂岩遇水崩解，有流砂性质。划分出极破碎岩体也很重要，有时开挖时很硬，暴露后逐渐崩解。片岩各向异性特别显著，作为边坡极易失稳。

破碎岩石测岩块的纵波波速有时会有困难，不易准确测定，此时，岩块的纵波波速可用现场测定岩性相同但岩体完整的纵波波速代替。

这些内容本次修订保留原规范内容。

4.1.6 碎石土难以取样试验，规范采用以重型动力触探锤击数 $N_{63.5}$ 为主划分其密实度，同时可采用野外鉴别法，列入附录 B。

重型圆锥动力触探在我国已有近 50 年的应用经验，各地积累了大量资料。铁道部第二设计院通过筛选，采用了 59 组对比数据，包括卵石、碎石、圆砾、角砾，分布在四川、广西、辽宁、甘肃等地，数据经修正（表 1），统计分析了 $N_{63.5}$ 与地基承载力关系（表 2）。

表 1 修正系数

L (m) \ $N_{63.5}$	5	10	15	20	25	30	35	40	≥50
≤2	1.0	1.0	1.0	1.0	1.0	1.0	1.0	1.0	
4	0.96	0.95	0.93	0.92	0.90	0.89	0.87	0.86	0.84
6	0.93	0.90	0.88	0.85	0.83	0.81	0.79	0.78	0.75
8	0.90	0.86	0.83	0.80	0.77	0.75	0.73	0.71	0.67
10	0.88	0.83	0.79	0.75	0.72	0.69	0.67	0.64	0.61
12	0.85	0.79	0.75	0.70	0.67	0.64	0.61	0.59	0.55
14	0.82	0.76	0.71	0.66	0.62	0.58	0.56	0.53	0.50
16	0.79	0.73	0.67	0.62	0.57	0.54	0.51	0.48	0.45
18	0.77	0.70	0.63	0.57	0.53	0.49	0.46	0.43	0.40
20	0.75	0.67	0.59	0.53	0.48	0.44	0.41	0.39	0.36

注：L 为杆长。

表 2 $N_{63.5}$ 与承载力的关系

$N_{63.5}$	3	4	5	6	8	10	12	14	16
σ_0 (kPa)	140	170	200	240	320	400	480	540	600
$N_{63.5}$	18	20	22	24	26	28	30	35	40
σ_0 (kPa)	660	720	780	830	870	900	930	970	1000

注：1 适用的深度范围为 1m～20m；

2 表内的 $N_{63.5}$ 为经修正后的平均击数。

表 1 的修正，实际上是对杆长、上覆土自重压力、侧摩阻力的综合修正。

过去积累的资料基本上是 $N_{63.5}$ 与地基承载力的关系，极少与密实度有关系。考虑到碎石土的承载力主要与密实度有关，故本次修订利用了表 2 的数据，参考其他资料，制定了本条按 $N_{63.5}$ 划分碎石土密实度的标准。

4.1.8 关于标准贯入试验锤击数 N 值的修正问题，虽然国内外已有不少研究成果，但意见很不一致。在我国，一直用经过修正后的 N 值确定地基承载力，用不修正的 N 值判别液化。国外和我国某些地方规范，则采用有效上覆自重压力修正。因此，勘察报告首先提供未经修正的实测值，这是基本数据。然后，在应用时根据当地积累资料统计分析时的具体情况，确定是否修正和如何修正。用 N 值确定砂土密实度，确定这个标准时并未经过修正，故表 4.1.8 中的 N 值为未经过修正的数值。

4.1.11 粉土的性质介于砂土和黏性土之间。砂粒含量较多的粉土，地震时可能产生液化，类似于砂土的性质。黏粒含量较多（>10%）的粉土不会液化，性质近似于黏性土。而西北一带的黄土，颗粒成分以粉粒为主，砂粒和黏粒含量都很低。因此，将粉土细分为亚类，是符合工程需要的。但目前，由于经验积累的不同和认识上的差别，尚难确定一个能被普遍接受的划分亚类标准，故本条未作划分亚类的明确规定。

4.1.12 淤泥和淤泥质土有机质含量为 5%～10%时的工程性质变化较大，应予以重视。

随着城市建设的需要，有些工程遇到泥炭或泥炭质土。泥炭或泥炭质土是在湖相和沼泽静水、缓慢的流水环境中沉积，经生物化学作用形成，含有大量的有机质，具有含水量高、压缩性高、孔隙比高和天然密度低、抗剪强度低、承载力低的工程特性。泥炭、泥炭质土不应直接作为建筑物的天然地基持力层，工程中遇到时应根据地区经验处理。

4.1.13 红黏土是红土的一个亚类。红土化作用是在炎热湿润气候条件下的一种特定的化学风化成土作用。它较为确切地反映了红黏土形成的历程与环境背景。

区域地质资料表明：碳酸盐类岩石与非碳酸盐类岩石常呈互层产出，即使在碳酸盐类岩石成片分布的地区，也常见非碳酸盐类岩石夹杂其中。故将成土母岩扩大到“碳酸盐岩系出露区的岩石”。

在岩溶洼地、谷地、准平原及丘陵斜坡地带，当受片状及间歇性水流冲蚀，红黏土的土粒被带到低洼处堆积成新的土层，其颜色较未搬运者为浅，常含粗颗粒，但总体上仍保持红黏土的基本特征，而明显有别于一般的黏性土。这类土在鄂西、湘西、广西、粤北等山地丘陵区分布，还远较红黏土广泛。为了利于对这类土的认识和研究，将它划定为次生红黏土。

4.2 工程特性指标

4.2.1 静力触探、动力触探、标准贯入试验等原位测试，用于确定地基承载力，在我国已有丰富经验，可以应用，故列入本条，并强调了必须有地区经验，即当地的对比资料。同时还应注意，当地基基础设计等级为甲级和乙级时，应结合室内试验成果综合分析，不宜单独应用。

本规范1974版建立了土的物理力学性指标与地基承载力关系，本规范1989版仍保留了地基承载力表，列入附录，并在使用上加以适当限制。承载力表使用方便是其主要优点，但也存在一些问题。承载力表是用大量的试验数据，通过统计分析得到的。我国各地土质条件各异，用几张表格很难概括全国的规律。用查表法确定承载力，在大多数地区可能基本适合或偏保守，但也不排除个别地区可能不安全。此外，随着设计水平的提高和对工程质量要求的趋于严格，变形控制已是地基设计的重要原则，本规范作为国标，如仍沿用承载力表，显然已不适应当前的要求，本规范2002版已决定取消有关承载力表的条文和附录，勘察单位应根据试验和地区经验确定地基承载力等设计参数。

4.2.2 工程特性指标的代表值，对于地基计算至关重要。本条明确规定了代表值的选取原则。标准值取其概率分布的0.05分位数；地基承载力特征值是指由载荷试验地基土压力变形曲线线性变形段内规定的变形对应的压力值，实际即为地基承载力的允许值。

4.2.3 载荷试验是确定岩土承载力和变形参数的主要方法，本规范1989版列入了浅层平板载荷试验。考虑到浅层平板载荷试验不能解决深层土的问题，本规范2002版修订增加了深层载荷试验的规定。这种方法已积累了一定经验，为了统一操作，将其试验要点列入了本规范的附录D。

4.2.4 采用三轴剪切试验测定土的抗剪强度，是国际上常规的方法。优点是受力条件明确，可以控制排水条件，既可用于总应力法，也可用于有效应力法；缺点是对取样和试验操作要求较高，土质不均时试验成果不理想。相比之下，直剪试验虽然简便，但受力条件复杂，无法控制排水，故本规范2002版修订推荐三轴试验。鉴于多数工程施工速度快，较接近于不固结不排水试验条件，故本规范推荐*UU*试验。而且，用*UU*试验成果计算，一般比较安全。但预压固结的地基，应采用固结不排水剪。进行*UU*试验时，宜在土的有效自重压力下预固结，更符合实际。

鉴于现行国家标准《土工试验方法标准》GB/T 50123中未提出土的有效自重压力下预固结*UU*试验操作方法，本规范对其试验要点说明如下：

1 试验方法适用于细粒土和粒径小于20mm的粗粒土。

2 试验必须制备3个以上性质相同的试样，在不同的周围压力下进行试验，周围压力宜根据工程实际荷重确定。对于填土，最大一级周围压力应与最大的实际荷重大致相等。

注：试验宜在恒温条件下进行。

3 试样的制备应满足相关规范的要求。对于非饱和土，试样应保持土的原始状态；对于饱和土，试样应预先进行饱和。

4 试样的安装、自重压力固结，应按下列步骤进行：

1）在压力室的底座上，依次放上不透水板、试样及不透水试样帽，将橡皮膜用承膜筒套在试样外，并用橡皮圈将橡皮膜两端与底座及试样帽分别扎紧。

2）将压力室罩顶部活塞提高，放下压力室罩，将活塞对准试样中心，并均匀地拧紧底座连接螺母。向压力室内注满纯水，待压力室顶部排气孔有水溢出时，拧紧排气孔，并将活塞对准测力计和试样顶部。

3）将离合器调至粗位，转动粗调手轮，当试样帽与活塞及测力计接近时，将离合器调至细位，改用细调手轮，使试样帽与活塞及测力计接触，装上变形指示计，将测力计和变形指示计调至零位。

4）开周围压力阀，施加相当于自重压力的周围压力。

5）施加周围压力1h后关排水阀。

6）施加试验需要的周围压力。

5 剪切试样应按下列步骤进行：

1）剪切应变速率宜为每分钟应变 0.5%～1.0%。

2）启动电动机，合上离合器，开始剪切。试样每产生 0.3%～0.4% 的轴向应变（或 0.2mm 变形值），测记一次测力计读数和轴向变形值。当轴向应变大于 3% 时，试样每产生 0.7%～0.8% 的轴向应变（或 0.5mm 变形值），测记一次。

3）当测力计读数出现峰值时，剪切应继续进行到轴向应变为 15%～20%。

4）试验结束，关电动机，关周围压力阀，脱开离合器，将离合器调至粗位，转动粗调手轮，将压力室降下，打开排气孔，排除压力室内的水，拆卸压力室罩，拆除试样，描述试样破坏形状，称试样质量，并测定含水率。

6 试验数据的计算和整理应满足相关规范要求。

室内试验确定土的抗剪强度指标影响因素很多，包括土的分层合理性、土样均匀性、操作水平等，某些情况下使试验结果的变异系数较大，这时应分析原因，增加试验组数，合理取值。

4.2.5 土的压缩性指标是建筑物沉降计算的依据。为了与沉降计算的受力条件一致，强调施加的最大压力应超过土的有效自重压力与预计的附加压力之和，并取与实际工程相同的压力段计算变形参数。

考虑土的应力历史进行沉降计算的方法，注意了欠压密土在土的自重压力下的继续压密和超压密土的卸荷再压缩，比较符合实际情况，是国际上常用的方法，应通过高压固结试验测定有关参数。

5 地 基 计 算

5.1 基础埋置深度

5.1.3 本条为强制性条文。除岩石地基外，位于天然土质地基上的高层建筑筏形或箱形基础应有适当的埋置深度，以保证筏形和箱形基础的抗倾覆和抗滑移稳定性，否则可能导致严重后果，必须严格执行。

随着我国城镇化进程，建设土地紧张，高层建筑设地下室，不仅满足埋置深度要求，还增加使用功能，对软土地基还能提高建筑物的整体稳定性，所以一般情况下高层建筑宜设地下室。

5.1.4 本条给出的抗震设防区内的高层建筑筏形和箱形基础埋深不宜小于建筑物高度的 1/15，是基于工程实践和科研成果。北京市勘察设计研究院张在明等在分析北京八度抗震设防区内高层建筑地基整体稳定性与基础埋深的关系时，以二幢分别为 15 层和 25 层的建筑，考虑了地震作用和地基的种种不利因素，用圆弧滑动面法进行分析，其结论是：从地基稳定的角度考虑，当 25 层建筑物的基础埋深为 1.8m 时，其稳定安全系数为 1.44，如埋深为 3.8m（1/17.8）时，则安全系数达到 1.64。对位于岩石地基上的高层建筑筏形和箱形基础，其埋置深度应根据抗滑移的要求来确定。

5.1.6 在城市居住密集的地方往往新旧建筑物距离较近，当新建建筑物与原有建筑物距离较近，尤其是新建建筑物基础埋深大于原有建筑物时，新建建筑物会对原有建筑物产生影响，甚至会危及原有建筑物的安全或正常使用。为了避免新建建筑物对原有建筑物的影响，设计时应考虑与原有建筑物保持一定的安全距离，该安全距离应通过分析新旧建筑物的地基承载力、地基变形和地基稳定性来确定。通常决定建筑物相邻影响距离大小的因素，主要有新建建筑物的沉降量和原有建筑物的刚度等。新建建筑物的沉降量与地基土的压缩性、建筑物的荷载大小有关，而原有建筑物的刚度则与其结构形式、长高比以及地基土的性质有关。本规范第 7.3.3 条为相邻建筑物基础间净距的相关规定，这是根据国内 55 个工程实例的调查和分析得到的，满足该条规定的净距要求一般可不考虑对相邻建筑的影响。

当相邻建筑物较近时，应采取措施减小相互影响：1 尽量减小新建建筑物的沉降量；2 新建建筑物的基础埋深不宜大于原有建筑基础；3 选择对地基变形不敏感的结构形式；4 采取有效的施工措施，如分段施工、采取有效的支护措施以及对原有建筑物地基进行加固等措施。

5.1.7 "场地冻结深度"在本规范 2002 版中称为"设计冻深"，其值是根据当地标准冻深，考虑建设场地所处地基条件和环境条件，经修正后采取的更接近实际的冻深值。本次修订将"设计冻深"改为"场地冻结深度"，以使概念更加清晰准确。

附录 F《中国季节性冻土标准冻深线图》是在标准条件下取得的，该标准条件即为标准冻结深度的定义：地下水位与冻结锋面之间的距离大于 2m，不冻胀黏性土，地表平坦、裸露，城市之外的空旷场地中，多年实测（不少于十年）最大冻深的平均值。由于建设场地通常不具备上述标准条件，所以标准冻结深度一般不直接用于设计中，而是要考虑场地实际条件将标准冻结深度乘以冻深影响系数，使得到的场地冻深更接近实际情况。公式 5.1.7 中主要考虑了土质系数、湿度系数、环境系数。

土质对冻深的影响是众所周知的，因岩性不同其热物理参数也不同，粗颗粒土的导热系数比细颗粒土的大。因此，当其他条件一致时，粗颗粒土比细颗粒土的冻深大，砂类土的冻深比黏性土的大。我国对这方面问题的实测数据不多，不系统，前苏联 1974 年和 1983 年《房屋及建筑物地基》设计规范中有明确规定，本规范采纳了他们的数据。

土的含水量和地下水位对冻深也有明显的影响，因土中水在相变时要放出大量的潜热，所以含水量越多，地下水位越高（冻结时向上迁移水量越多），参与相变的水量就越多，放出的潜热也就越多，由于冻胀土冻结的过程也是放热的过程，放热在某种程度上减缓了冻深的发展速度，因此冻深相对变浅。

城市的气温高于郊外，这种现象在气象学中称为城市的“热岛效应”。城市里的辐射受热状况发生改变（深色的沥青屋顶及路面吸收大量阳光），高耸的建筑物吸收更多的阳光，各种建筑材料的热容量和传热量大于松土。据计算，城市接受的太阳辐射量比郊外高出10%～30%，城市建筑物和路面传送热量的速度比郊外湿润的砂质土壤快3倍，工业排放、交通车辆排放尾气，人为活动等都放出很多热量，加之建筑群集中，风小对流差等，使周围气温升高。这些都导致了市区冻结深度小于标准冻深，为使设计时采用的冻深数据更接近实际，原规范根据国家气象局气象科学研究院气候所、中国科学院、北京地理研究所气候室提供的数据，给出了环境对冻深的影响系数，经多年使用没有问题，因此本次修订对此不作修改，但使用时应注意，此处所说的城市（市区）是指城市集中区，不包括郊区和市属县、镇。

冻结深度与冻土层厚度两个概念容易混淆，对不冻胀土二者相同，但对冻胀性土，尤其强冻胀以上的土，二者相差颇大。对于冻胀性土，冬季自然地面是随冻胀量的加大而逐渐上抬的，此时钻探（挖探）量测的冻土层厚度包含了冻胀量，设计基础埋深时所需的冻深值是自冻前自然地面算起的，它等于实测冻土层厚度减去冻胀量，为避免混淆，在公式5.1.7中予以明确。

关于冻深的取值，尽量应用当地的实测资料，要注意个别年份挖探一个、两个数据不能算实测数据，多年实测资料（不少于十年）的平均值才为实测数据。

5.1.8 季节冻土地区基础合理浅埋在保证建筑安全方面是可以实现的，为此冻土学界从20世纪70年代开始做了大量的研究实践工作，取得了一定的成效，并将浅埋方法编入规范中。本次规范修订保留了原规范基础浅埋方法，但缩小了应用范围，将基底允许出现冻土层应用范围控制在深厚季节冻土地区的不冻胀、弱冻胀和冻胀土场地，修订主要依据如下：

1 原规范基础浅埋方法目前实际设计中使用不普遍。从本规范1974版、1989版到2002版，根据当时国情和低层建筑较多的情况，为降低基础工程费用，规范都给出了基础浅埋方法，但目前在实际应用中实施基础浅埋的工程比例不大。经调查了解，我国浅季节冻土地区（冻深小于1m）除农村低层建筑外基本没有实施基础浅埋。中厚季节冻土地区（冻深在1m～2m之间）多层建筑和冻胀性较强的地基也很少有浅埋基础，基础埋深多数控制在场地冻深以下。在深厚季节性冻土地区（冻深大于2m）冻胀性不强的地基上浅埋基础较多。浅埋基础应用不多的原因一是设计者对基础浅埋不放心；二是多数勘察资料对冻深范围内的土层不给地基基础设计参数；三是多数情况冻胀性土层不是适宜的持力层。

2 随着国家经济的发展，人们对基础浅埋带来的经济效益与房屋建筑的安全性、耐久性之间，更加重视房屋建筑的安全性、耐久性。

3 基础浅埋后如果使用过程中地基浸水，会造成地基土冻胀性的增强，导致房屋出现冻胀破坏。此现象在采用了浅埋基础的三层以下建筑时有发生。

4 冻胀性强的土融化时的冻融软化现象使基础出现短时的沉陷，多年累积可导致部分浅埋基础房屋使用20年～30年后室内地面低于室外地面，甚至出现进屋下台阶现象。

5 目前西欧、北美、日本和俄罗斯规范规定基础埋深均不小于冻深。

鉴于上述情况，本次规范修订提出在浅季节冻土地区、中厚季节冻土地区和深厚季节冻土地区中冻胀性较强的地基不宜实施基础浅埋，在深厚季节冻土地区的不冻胀、弱冻胀、冻胀土地基可以实施基础浅埋，并给出了基底最大允许冻土层厚度表。该表是原规范表保留了弱冻胀、冻胀土数据基础上进行了取整修改。

5.1.9 防切向冻胀力的措施如下：

切向冻胀力是指地基土冻结膨胀时产生的其作用方向平行基础侧面的冻胀力。基础防切向冻胀力方法很多，采用时应根据工程特点、地方材料和经验确定。以下介绍3种可靠的方法。

（一）基侧填砂

用基侧填砂来减小或消除切向冻胀力，是简单易行的方法。地基土在冻结膨胀时所产生的冻胀力通过土与基础牢固冻结在一起的剪切面传递，砂类土的持水能力很小，当砂土处在地下水位之上时，不但为非饱和土而且含水量很小，其力学性能接近松散冻土，所以砂土与基础侧表面冻结在一起的冻结强度很小，可传递的切向冻胀力亦很小。在基础施工完成后回填基坑时在基侧外表（采暖建筑）或四周（非采暖建筑）填入厚度不小于100mm的中、粗砂，可以起到良好的防切向冻胀力破坏的效果。本次修订将换填厚度由原来的100mm改为200mm，原因是100mm施工困难，且容易造成换填层不连续。

（二）斜面基础

截面为上小下大的斜面基础就是将独立基础或条形基础的台阶或放大脚做成连续的斜面，其防切向冻胀力作用明显，但它容易被理解为是用下部基础断面中的扩大部分来阻止切向冻胀力将基础抬起，这种理解是错误的。现对其原理分析如下：

在冬初当第一层土冻结时，土产生冻胀，并同时出现两个方向膨胀：沿水平方向膨胀基础受一水平作用力 H_1；垂直方向上膨胀基础受一作用力 V_1。V_1 可分解成两个分力，即沿基础斜边的 τ_{12} 和沿基础斜边法线方向的 N_{12}，τ_{12} 即是由于土有向上膨胀趋势对基础施加的切向冻胀力，N_{12} 是由于土有向上膨胀的趋势对基础斜边法线方向作用的拉应力。水平冻胀力 H_1 也可分解成两个分力，其一是 τ_{11}，其二是 N_{11}，τ_{11} 是由于水平冻胀力的作用施加在基础斜边上的切向冻胀力，N_{11} 则是由于水平冻胀力作用施加在基础斜边上的正压力（见图 1 受力分布图）。此时，第一层土作用于基侧的切向冻胀力为 $\tau_1=\tau_{11}+\tau_{12}$，正压力 $N_1=N_{11}-N_{12}$。由于 N_{12} 为正拉力，它的存在将降低基侧受到的正压力数值。当冻结界面发展到第二层土时，除第一层的原受力不变之外又叠加了第二层土冻胀时对第一层的作用，由于第二层土冻胀时受到第一层的约束，使第一层土对基侧的切向冻胀力增加至 $\tau_1=\tau_{11}+\tau_{12}+\tau_{22}$，而且当冻结第二层土时第一层土所处位置的土温又有所降低，土在产生水平冻胀后出现冷缩，令冻土层的冷缩拉力为 N_C，此时正压力为 $N_1=N_{11}-N_{12}-N_C$。当冻层发展到第三层土时，第一、二层重又出现一次上述现象。

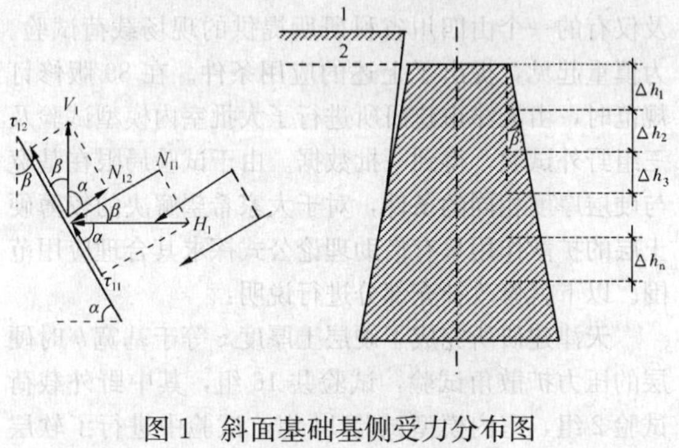

图 1　斜面基础基侧受力分布图

1—冻后地面；2—冻前地面

由以上分析可以看出，某层的切向冻胀力随冻深的发展而逐步增加，而该层位置基础斜面上受到的冻胀压应力随冻深的发展数值逐渐变小，当冻深发展到第 n 层，第一层的切向冻胀力超过基侧与土的冻结强度时，基础便与冻土产生相对位移，切向冻胀力不再增加而下滑，出现卸荷现象。N_1 由一开始冻结产生较大的压应力，随着冻深向下发展、土温的降低、下层土的冻胀等作用，拉应力分量在不断地增长，当达到一定程度，N_1 由压力变成拉力，所以当达到抗拉强度极限时，基侧与土将开裂，由于冻土的受拉呈脆性破坏，一旦开裂很快沿基侧向下延伸扩展，这一开裂，使基础与基侧土之间产生空隙，切向冻胀力也就不复存在了。

应该说明的是，在冻胀土层范围之内的基础扩大部分根本起不到锚固作用，因在上层冻胀时基础下部所出现的锚固力，等冻深发展到该层时，随着该层的冻胀而消失了，只有处在下部未冻土中基础的扩大部分才起锚固作用，但我们所说的浅埋基础根本不存在这一伸入未冻土层中的部分。

在闫家岗冻土站不同冻胀性土的场地上进行了多组方锥形（截头锥）桩基础的多年观测，观测结果表明，当 β 角大于等于 9°时，基础即是稳定的，见图 2。基础稳定的原因不是由于切向冻胀力被下部扩大部分给锚住，而是由于在倾斜表面上出现拉力分量与冷缩分量叠加之后的开裂，切向冻胀力退出工作所造成的，见图 3 的试验结果。

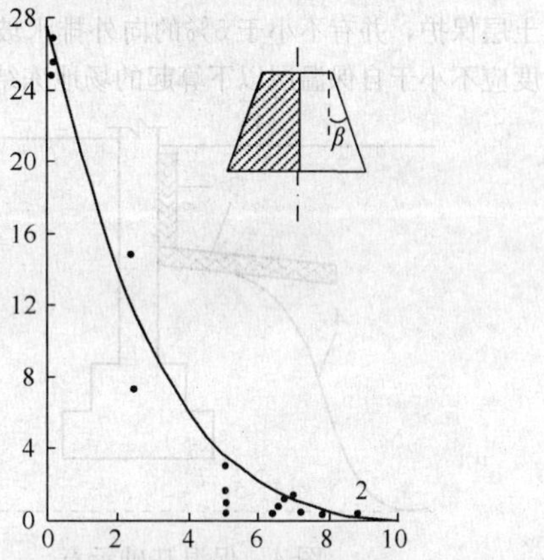

图 2　斜面基础的抗冻拔试验

1—基础冻拔量（cm）；2—β（°）

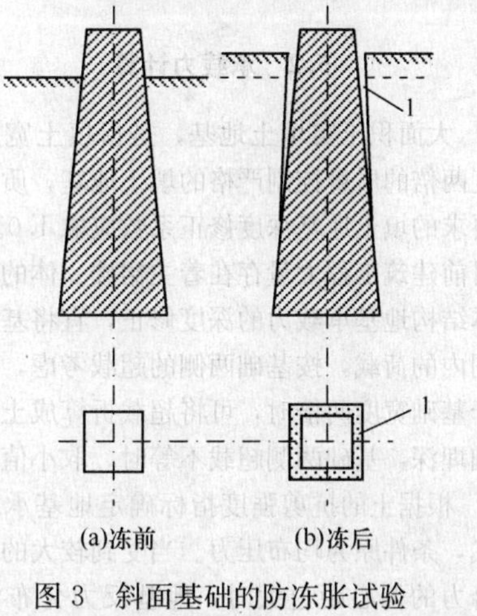

图 3　斜面基础的防冻胀试验

1—空隙

用斜面基础防切向冻胀力具有如下特点：

1　在冻胀作用下基础受力明确，技术可靠。当其倾斜角 β 大于等于 9°时，将不会出现因切向冻胀力作用而导致的冻害事故发生。

2　不但可以在地下水位之上，也可在地下水位之下应用。

3　耐久性好，在反复冻融作用下防冻胀效果不变。

4　不用任何防冻胀材料就可解决切向冻胀问题。

该种基础施工时比常规基础复杂，当基础侧面较粗糙时，可用水泥砂浆将基础侧面抹平。

（三）保温基础

在基础外侧采取保温措施是消除切向冻胀力的有效方法。日本称其为“裙式保温法”，20世纪90年代开始在北海道进行研究和实践，取得了良好的效果。该方法可在冻胀性较强、地下水位较高的地基中使用，不但可以消除切向冻胀力，还可以减少地面热损耗，同时实现基础浅埋。

基础保温方法见图4。保温层厚度应根据地区气候条件确定，水平保温板上面应有不小于300mm厚土层保护，并有不小于5%的向外排水坡度，保温宽度应不小于自保温层以下算起的场地冻结深度。

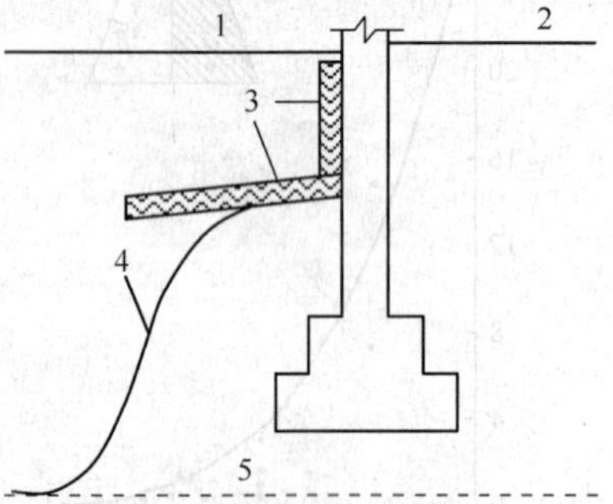

图4 保温基础示意

1—室外地面；2—采暖室内地面；3—苯板保温层；4—实际冻深线；5—原场地冻深线

5.2 承载力计算

5.2.4 大面积压实填土地基，是指填土宽度大于基础宽度两倍的质量控制严格的填土地基，质量控制不满足要求的填土地基深度修正系数应取1.0。

目前建筑工程大量存在着主裙楼一体的结构，对于主体结构地基承载力的深度修正，宜将基础底面以上范围内的荷载，按基础两侧的超载考虑，当超载宽度大于基础宽度两倍时，可将超载折算成土层厚度作为基础埋深，基础两侧超载不等时，取小值。

5.2.5 根据土的抗剪强度指标确定地基承载力的计算公式，条件原为均布压力。当受到较大的水平荷载而使合力的偏心距过大时，地基反力分布将很不均匀，根据规范要求 $p_{kmax} \leqslant 1.2f_a$ 的条件，将计算公式增加一个限制条件为：当偏心距 $e \leqslant 0.033b$ 时，可用该式计算。相应式中的抗剪强度指标 c、φ，要求采用附录E求出的标准值。

5.2.6 岩石地基的承载力一般较土高得多。本条规定：“用岩石地基载荷试验确定”。但对完整、较完整和较破碎的岩体可以取样试验时，可以根据饱和单轴抗压强度标准值，乘以折减系数确定地基承载力特征值。

关键问题是如何确定折减系数。岩石饱和单轴抗压强度与地基承载力之间的不同在于：第一，抗压强度试验时，岩石试件处于无侧限的单轴受力状态；而地基承载力则处于有围压的三轴应力状态。如果地基是完整的，则后者远远高于前者。第二，岩块强度与岩体强度是不同的，原因在于岩体中存在或多或少、或宽或窄、或显或隐的裂隙，这些裂隙不同程度地降低了地基的承载力。显然，越完整、折减越少；越破碎，折减越多。由于情况复杂，折减系数的取值原则上由地方经验确定，无经验时，按岩体的完整程度，给出了一个范围值。经试算和与已有的经验对比，条文给出的折减系数是安全的。

至于“破碎”和“极破碎”的岩石地基，因无法取样试验，故不能用该法确定地基承载力特征值。

岩样试验中，尺寸效应是一个不可忽视的因素。本规范规定试件尺寸为 ϕ50mm×100mm。

5.2.7 本规范1974版中规定了矩形基础和条形基础下的地基压力扩散角（压力扩散线与垂直线的夹角），一般取22°，当土层为密实的碎石土，密实的砾砂、粗砂、中砂以及坚硬和硬塑状态的黏土时，取30°。当基础底面至软弱下卧层顶面以上的土层厚度小于或等于1/4基础宽度时，可按0°计算。

双层土的压力扩散作用有理论解，但缺乏试验证明，在1972年开始编制地基规范时主要根据理论解及仅有的一个由四川省科研所提供的现场载荷试验。为慎重起见，提出了上述的应用条件。在89版修订规范时，由天津市建研所进行了大批室内模型试验及三组野外试验，得到一批数据。由于试验局限在基宽与硬层厚度相同的条件，对于大家希望解决的较薄硬土层的扩散作用只有借助理论公式探求其合理应用范围。以下就修改补充部分进行说明：

天津建研所完成了硬层土厚度 z 等于基宽 b 时硬层的压力扩散角试验，试验共16组，其中野外载荷试验2组，室内模型试验14组，试验中进行了软层顶面处的压力测量。

试验所选用的材料，室内为粉质黏土、淤泥质黏土，用人工制备。野外用煤球灰及石屑。双层土的刚度指标用 $\alpha = E_{s1}/E_{s2}$ 控制，分别取 α＝2、4、5、6等。模型基宽为360mm及200mm两种，现场压板宽度为1410mm。

现场试验下卧层为煤球灰，变形模量为2.2MPa，极限荷载60kPa，按 $s=0.015b \approx 21.1$mm时所对应的压力仅仅为40kPa。（图5，曲线1）。上层硬土为振密煤球灰及振密石屑，其变形模量为10.4MPa及12.7MPa，这两组试验 α＝5、6，从图5曲线中可明显看到：当 $z=b$ 时，α＝5、6的硬层有明显的压力扩散作用，曲线2所反映的承载力为曲线1的3.5倍，曲线3所反映的承载力为曲线1的4.25倍。

室内模型试验：硬层为标准砂，$e=0.66$，E_s＝11.6MPa～14.8MPa；下卧软层分别选用流塑状粉质黏土，变形模量在 4MPa 左右；淤泥质土变形模量为 2.5MPa 左右。从载荷试验曲线上很难找到这两类土的比例界线值，见图 6，曲线 1 流塑状粉质黏土 s=50mm 时的强度仅 20kPa。作为双层地基，当 $\alpha=2$，s=50mm 时的强度为 56kPa（曲线 2），$\alpha=4$ 时为 70kPa（曲线 3），$\alpha=6$ 时为 96kPa（曲线 4）。虽然按同一下沉量来确定强度是欠妥的，但可反映垫层的扩散作用，说明 θ 值愈大，压力扩散的效果愈显著。

关于硬层压力扩散角的确定一般有两种方法，一种是取承载力比值倒算 θ 角，另一种是采用实测压力比值，天津建研所采用后一种方法，取软层顶三个压力实测平均值作为扩散到软层上的压力值，然后按扩散角公式求 θ 值。

从图 6 中可以看出：p-θ 曲线上按实测压力求出的 θ 角随荷载增加迅速降低，到硬土层出现开裂后降到最低值。

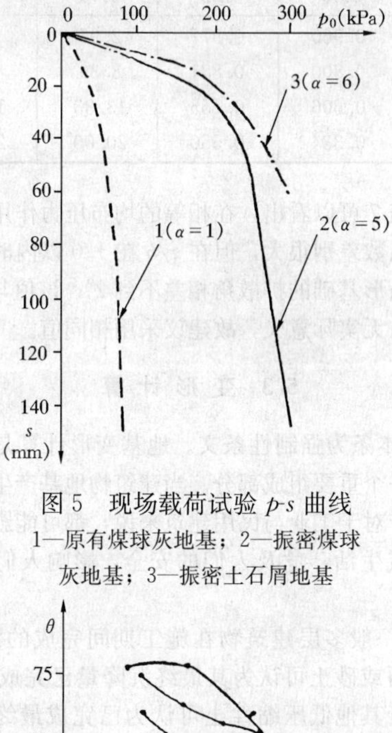

图 5　现场载荷试验 p-s 曲线

1—原有煤球灰地基；2—振密煤球灰地基；3—振密土石屑地基

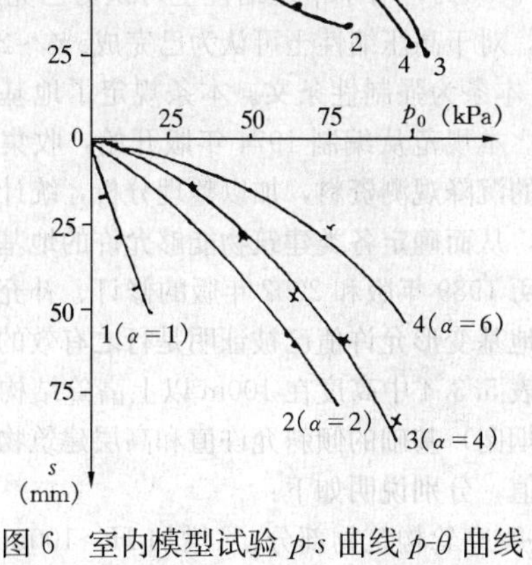

图 6　室内模型试验 p-s 曲线 p-θ 曲线

注：α=2、4 时，下层土模量为 4.0MPa；α=6 时，下层土模量为 2.9MPa。

根据平面模型实测压力计算的 θ 值分别为：$\alpha=4$ 时，$\theta=24.67°$；$\alpha=5$ 时，$\theta=26.98°$；$\alpha=6$ 时，$\theta=27.31°$；均小于 30°，而直观的破裂角却为 30°（图 7）。

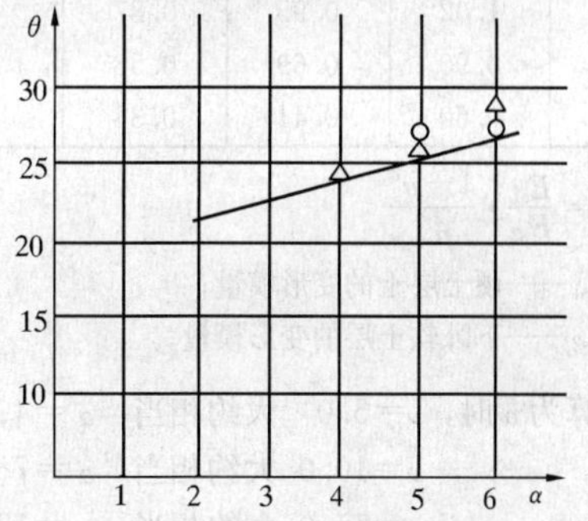

图 7　双层地基试验 α-θ 曲线

△—室内试验；○—现场试验

现场载荷试验实测压力值见表 3。

表 3　现场实测压力

载荷板下压力 p_0（kPa）		60	80	100	140	160	180	220	240	260	300
软弱下卧层面上平均压力 p_z (kPa)	2 (α=5)	27.3		31.2			33.2	50.5		87.9	130.3
	3 (α=6)		24			26.7			33.5		704

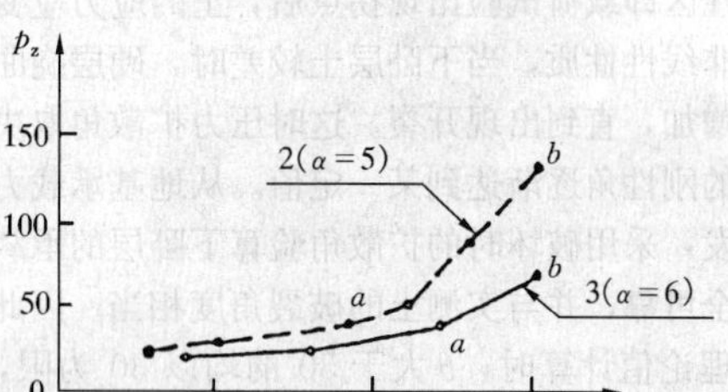

图 8　载荷板压力 p_0 与界面压力 p_z 关系

按表 3 实测压力作图 8，可以看出，当荷载增加到 a 点后，传到软土顶界面上的压力急骤增加，即压力扩散角迅速降低，到 b 点时，$\alpha=5$ 时为 28.6°，$\alpha=6$ 时为 28°，如果按 a 点所对应的压力分别为 180kPa、240kPa，其对应的扩散角为 30.34°及 36.85°，换言之，在 p-s 曲线中比例界限范围内的 θ 角比破坏时略高。

为讨论这个问题，在缺乏试验论证的条件下，只能借助已有理论解进行分析。

根据叶戈罗夫的平面问题解答，条形均布荷载下双层地基中点应力 p_z 的应力系数 k_z 见表 4。

表 4　条形基础中点地基应力系数

z/b	$\nu=1.0$	$\nu=5.0$	$\nu=10.0$	$\nu=15.0$
0.0	1.00	1.00	1.00	1.00
0.25	1.02	0.95	0.87	0.82
0.50	0.90	0.69	0.58	0.52
1.00	0.60	0.41	0.33	0.29

注：$\nu=\dfrac{E_{s1}}{E_{s2}}\cdot\dfrac{1-\mu_2^2}{\mu_1^2}$

E_{s1}——硬土层土的变形模量；

E_{s2}——下卧软土层的变形模量。

换算为 α 时，$\nu=5.0$　大约相当　$\alpha=4$；

$\nu=10.0$　大约相当　$\alpha=7\sim8$；

$\nu=15.0$　大约相当　$\alpha=12$。

将应力系数换算为压力扩散角可见表如下：

表 5　压力扩散角 θ

z/b	$\nu=1.0$，$\alpha=1$	$\nu=5.0$，$\alpha\approx4$	$\nu=10.0$，$\alpha\approx7\sim8$	$\nu=15.0$，$\alpha\approx12$
0.00	—	—	—	—
0.25	0	5.94°	16.63°	23.7°
0.50	3.18°	24.0°	35.0°	42.0°
1.00	18.43°	35.73°	45.43°	50.75°

从计算结果分析，该值与图 6 所示试验值不同，当压力小时，试验值大于理论值，随着压力增加，试验值逐渐减小。到接近破坏时，试验值趋近于 25°，比理论值小 50%左右，出现上述现象的原因可能是理论值只考虑土直线变形段的应力扩散，当压板下出现塑性区即载荷试验出现拐点后，土的应力应变关系已呈非线性性质，当下卧层土较差时，硬层挠曲变形不断增加，直到出现开裂。这时压力扩散角取决于上层土的刚性角逐渐达到某一定值。从地基承载力的角度出发，采用破坏时的扩散角验算下卧层的承载力比较安全可靠，并与实测土的破裂角度相当。因此，在采用理论值计算时，θ 大于 30°的均以 30°为限，θ 小于 30°的则以理论计算值为基础；求出 $z=0.25b$ 时的扩散角，见图 9。

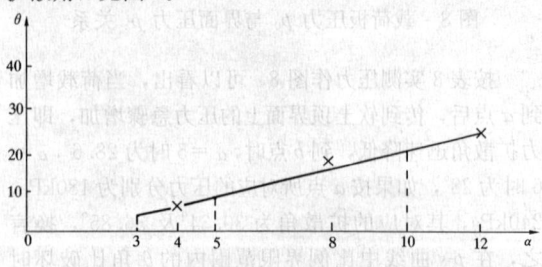

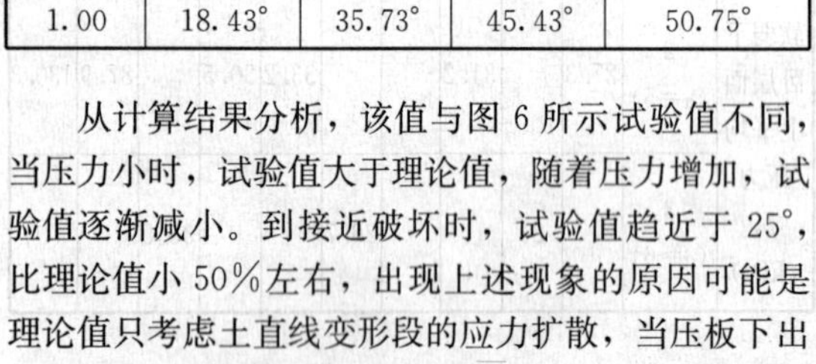

图 9　$z=0.25b$ 时 α-θ 曲线（计算值）

从表 5 可以看到 $z=0.5b$ 时，扩散角计算值均大于 $z=6$ 时图 7 所给出的试验值。同时，$z=0.5b$ 时的扩散角不宜大于 $z=b$ 时所得试验值。故 $z=0.5b$ 时的扩散角仍按 $z=b$ 时考虑，而大于 $0.5b$ 时扩散角亦不再增加。从试验所示的破裂面的出现以及任一材料都有一个强度限值考虑，将扩散角限制在一定范围内还是合理的。综上所述，建议条形基础下硬土层地基的扩散角如表 6 所示。

表 6　条形基础压力扩散角

E_{s1}/E_{s2}	$z=0.25b$	$z=0.5b$
3	6°	23°
5	10°	25°
10	20°	30°

关于方形基础的扩散角与条形基础扩散角，可按均质土中的压力扩散系数换算，见表 7。

表 7　扩散角对照

z/b	压力扩散系数		压力扩散角	
	方形	条形	方形	条形
0.2	0.960	0.977	2.95°	3.36°
0.4	0.800	0.881	8.39°	9.58°
0.6	0.606	0.755	13.33°	15.13°
1.0	0.334	0.550	20.00°	22.24°

从表 7 可以看出，在相等的均布压力作用下，压力扩散系数差别很大，但在 z/b 在 1.0 以内时，方形基础与条形基础的扩散角相差不到 2°，该值与表 5 误差相比已无实际意义，故建议采用相同值。

5.3　变 形 计 算

5.3.1　本条为强制性条文。地基变形计算是地基设计中的一个重要组成部分。当建筑物地基产生过大的变形时，对于工业与民用建筑来说，都可能影响正常的生产或生活，危及人们的安全，影响人们的心理状态。

5.3.3　一般多层建筑物在施工期间完成的沉降量，对于碎石或砂土可认为其最终沉降量已完成 80%以上，对于其他低压缩性土可认为已完成最终沉降量的 50%～80%，对于中压缩性土可认为已完成 20%～50%，对于高压缩性土可认为已完成5%～20%。

5.3.4　本条为强制性条文。本条规定了地基变形的允许值。本规范从编制 1974 年版开始，收集了大量建筑物的沉降观测资料，加以整理分析，统计其变形特征值，从而确定各类建筑物能够允许的地基变形限制。经历 1989 年版和 2002 年版的修订、补充，本条规定的地基变形允许值已被证明是行之有效的。

对表 5.3.4 中高度在 100m 以上高耸结构物（主要为高烟囱）基础的倾斜允许值和高层建筑物基础倾斜允许值，分别说明如下：

（一）高耸构筑物部分：（增加 $H>100$m 时的允许变形值）

1　国内外规范、文献中烟囱高度 $H>100$m 时的允许变形值的有关规定：

1）我国《烟囱设计规范》GBJ 51—83（表 8）

表 8　基础允许倾斜值

烟囱高度 H（m）	基础允许倾斜值	烟囱高度 H（m）	基础允许倾斜值
$100<H\leqslant150$ $150<H\leqslant200$	$\leqslant0.004$ $\leqslant0.003$	$200<H$	$\leqslant0.002$

上述规定的基础允许倾斜值，主要根据烟囱筒身的附加弯矩不致过大。

2）前苏联地基规范 СНИП 2.02.01—83（1985 年）（表 9）

表 9　地基允许倾斜值和沉降值

烟囱高度 H（m）	地基允许倾斜值	地基平均沉降量（mm）
$100<H<200$	$1/(2H)$	300
$200<H<300$	$1/(2H)$	200
$300<H$	$1/(2H)$	100

3）基础分析与设计（美）J. E. BOWLES（1977 年）烟囱、水塔的圆环基础的允许倾斜值为 0.004。

4）结构的允许沉降（美）M. I. ESRIG（1973 年）高大的刚性建筑物明显可见的倾斜为 0.004。

2　确定高烟囱基础允许倾斜值的依据：

1）影响高烟囱基础倾斜的因素

①风力；

②日照；

③地基土不均匀及相邻建筑物的影响；

④由施工误差造成的烟囱筒身基础的偏心。

上述诸因素中风、日照的最大值仅为短时间作用，而地基不均匀与施工误差的偏心则为长期作用，相对的讲后者更为重要。根据 1977 年电力系统高烟囱设计问题讨论会议纪要，从已建成的高烟囱看，烟囱筒身中心垂直偏差，当采用激光对中找直后，顶端施工偏差值均小于 $H/1000$，说明施工偏差是很小的。因此，地基土不均匀及相邻建筑物的影响是高烟囱基础产生不均匀沉降（即倾斜）的重要因素。

确定高烟囱基础的允许倾斜值，必须考虑基础倾斜对烟囱筒身强度和地基土附加压力的影响。

2）基础倾斜产生的筒身二阶弯矩在烟囱筒身总附加弯矩中的比率

我国烟囱设计规范中的烟囱筒身由风荷载、基础倾斜和日照所产生的自重附加弯矩公式为：

$$M_{\mathrm{f}}=\frac{Gh}{2}\left[\left(H-\frac{2}{3}h\right)\left(\frac{1}{\rho_{\mathrm{w}}}+\frac{\alpha_{\mathrm{hz}}\Delta_{\mathrm{t}}}{2\gamma_0}\right)+m_\theta\right]$$

式中：G——由筒身顶部算起 $h/3$ 处的烟囱每米高的折算自重（kN）；

h——计算截面至筒顶高度（m）；

H——筒身总高度（m）；

$\frac{1}{\rho_{\mathrm{w}}}$——筒身代表截面处由风荷载及附加弯矩产生的曲率；

α_{hz}——混凝土总变形系数；

Δ_{t}——筒身日照温差，可按 20℃采用；

m_θ——基础倾斜值；

γ_0——由筒身顶部算起 $0.6H$ 处的筒壁平均半径（m）。

从上式可看出，当筒身曲率 $\frac{1}{\rho_{\mathrm{w}}}$ 较小时附加弯矩中基础倾斜部分才起较大作用，为了研究基础倾斜在筒身附加弯矩中的比率，有必要分析风、日照、地基倾斜对上式的影响。在 m_θ 为定值时，由基础倾斜引起的附加弯矩与总附加弯矩的比值为：

$$m_\theta\Big/\left[\left(H-\frac{2}{3}h\right)\left(\frac{1}{\rho_{\mathrm{w}}}+\frac{\alpha_{\mathrm{hz}}\Delta_{\mathrm{t}}}{2\gamma_0}\right)+m_\theta\right]$$

显然，基倾附加弯矩所占比率在强度阶段与使用阶段是不同的，后者较前者大些。

现以高度为 180m、顶部内径为 6m、风荷载为 $50\mathrm{kgf/m^2}$ 的烟囱为例：

在标高 25m 处求得的各项弯矩值为

总风弯矩　　　　$M_{\mathrm{w}}=13908.5\mathrm{t}-m$

总附加弯矩　　　$M_{\mathrm{f}}=4394.3\mathrm{t}-m$

其中：风荷附加　$M_{\mathrm{fw}}=3180.4$

　　　日照附加　$M_{\mathrm{r}}=395.5$

　　　地倾附加　$M_{\mathrm{fj}}=818.4$（$m_\theta=0.003$）

可见当基础倾斜 0.003 时，由基础倾斜引起的附加弯矩仅占总弯矩（$M_{\mathrm{w}}+M_{\mathrm{f}}$）值的 4.6%，同样当基础倾斜 0.006 时，为 10%。综上所述，可以认为在一般情况下，筒身达到明显可见的倾斜（0.004）时，地基倾斜在高烟囱附加弯矩计算中是次要的。

但高烟囱在风、地震、温度、烟气侵蚀等诸多因素作用下工作，筒身又为环形薄壁截面，有关刚度、应力计算的因素复杂，并考虑到对邻接部分免受损害，参考了国内外规范、文献后认为，随着烟囱高度的增加，适当地递减烟囱基础允许倾斜值是合适的，因此，在修订 TJ 7-74 地基基础设计规范表 21 时，对高度 $h>100$m 高耸构筑物基础的允许倾斜值可采用我国烟囱设计规范的有关数据。

（二）高层建筑部分

这部分主要参考《高层建筑箱形与筏形基础技术规范》JGJ 6 有关规定及编制说明中有关资料定出允许变形值。

1　我国箱基规定横向整体倾斜的计算值 α，在非地震区宜符合 $\alpha\leqslant\frac{b}{100H}$，式中，$b$ 为箱形基础宽度；

H 为建筑物高度。在箱基编制说明中提到在地震区 α 值宜用 $\frac{b}{150H} \sim \frac{b}{200H}$。

2 对刚性的高层房屋的允许倾斜值主要取决于人类感觉的敏感程度，倾斜值达到明显可见的程度大致为 1/250，结构损坏则大致在倾斜值达到 1/150 时开始。

5.3.5 该条指出：

1 压缩模量的取值，考虑到地基变形的非线性性质，一律采用固定压力段下的 E_s 值必然会引起沉降计算的误差，因此采用实际压力下的 E_s 值，即

$$E_s = \frac{1+e_0}{\alpha}$$

式中：e_0——土自重压力下的孔隙比；

α——从土自重压力至土的自重压力与附加压力之和压力段的压缩系数。

2 地基压缩层范围内压缩模量 E_s 的加权平均值提出按分层变形进行 E_s 的加权平均方法

$$设：\frac{\sum A_i}{\overline{E}_s} = \frac{A_1}{E_{s1}} + \frac{A_2}{E_{s2}} + \frac{A_3}{E_{s3}} + \cdots\cdots = \frac{\sum A_i}{E_{si}}$$

$$则：\quad \overline{E}_s = \frac{\sum A_i}{\sum \frac{A_i}{E_{si}}}$$

式中：$\overline{E}_s$——压缩层内加权平均的 E_s 值（MPa）；

E_{si}——压缩层内第 i 层土的 E_s 值（MPa）；

A_i——压缩层内第 i 层土的附加应力面积（m^2）。

显然，应用上式进行计算能够充分体现各分层土的 E_s 值在整个沉降计算中的作用，使在沉降计算中 $\overline{E}_s$ 完全等效于分层的 E_s。

3 根据对 132 栋建筑物的资料进行沉降计算并与资料值进行对比得出沉降计算经验系教 ψ_s 与平均 $\overline{E}_s$ 之间的关系，在编制规范表 5.3.5 时，考虑了在实际工作中有时设计压力小于地基承载力的情况，将基底压力小于 $0.75 f_{ak}$ 时另列一栏，在表 5.3.5 的数值方面采用了一个平均压缩模量值可对应给出一个 ψ_s 值，并允许采用内插方法，避免了采用压缩模量区间取一个 ψ_s 值，在区间分界处因 ψ_s 取值不同而引起的误差。

5.3.7 对于存在相邻影响情况下的地基变形计算深度，这次修订时仍以相对变形作为控制标准（以下简称为变形比法）。

在 TJ 7-74 规范之前，我国一直沿用前苏联 НИТУ127-55 规范，以地基附加应力对自重应力之比为 0.2 或 0.1 作为控制计算深度的标准（以下简称应力比法），该法沿用成习，并有相当经验。但它没有考虑到土层的构造与性质，过于强调荷载对压缩层深度的影响而对基础大小这一更为重要的因素重视不足。自 TJ 7-74 规范试行以来，采用变形比法的规定，纠正了上述的毛病，取得了不少经验，但也存在一些问题。有的文献指出，变形比法规定向上取计算层厚为 1m 的计算变形值，对于不同的基础宽度，其计算精度不等。从与实测资料的对比分析中可以看出，用变形比法计算独立基础、条形基础时，其值偏大。但对于 b=10m～50m 的大基础，其值却与实测值相近。为使变形比法在计算小基础时，其计算 z_n 值也不至过于偏大，经过多次统计，反复试算，提出采用 0.3（1+ln$b$）m 代替向上取计算层厚为 1m 的规定，取得较为满意的结果（以下简称为修正变形比法）。第 5.3.7 条中的表 5.3.7 就是根据 0.3（1+ln$b$）m 的关系，以更粗的分格给出的向上计算层厚 Δz 值。

5.3.8 本条列入了当无相邻荷载影响时确定基础中点的变形计算深度简化公式（5.3.8），该公式系根据具有分层深标的 19 个载荷试验（面积 0.5m^2～13.5m^2）和 31 个工程实测资料统计分析而得。分析结果表明。对于一定的基础宽度，地基压缩层的深度不一定随着荷载（p）的增加而增加。对于基础形状（如矩形基础、圆形基础）与地基土类别（如软土、非软土）对压缩层深度的影响亦无显著的规律，而基础大小和压缩层深度之间却有明显的有规律性的关系。

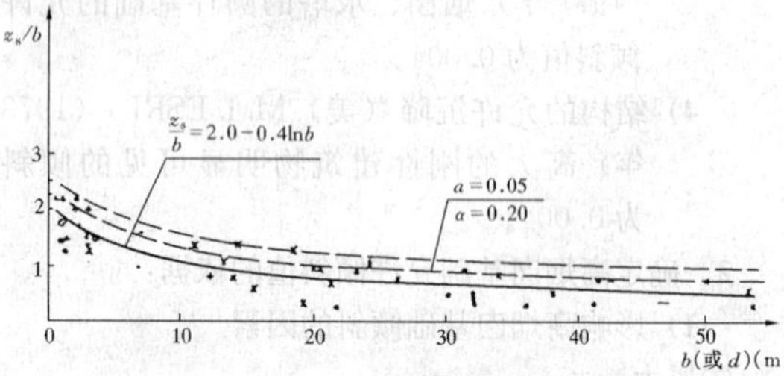

图 10 z_s/b-b 实测点和回归线

·—图形基础；+—方形基础；×—矩形基础

图 10 为以实测压缩层深度 z_s 与基础宽度 b 之比为纵坐标，而以 b 为横坐标的实测点和回归线图。实线方程 $z_s/b=2.0-0.41\ln b$ 为根据实测点求得的结果。为使曲线具有更高的保证率，方程式右边引入随机项 $t_a\varphi_0 S$，取置信度 1－α=95%时，该随机项偏于安全地取 0.5，故公式变为：

$$z_s = b\ (2.5-0.41\ln b)$$

图 10 的实线之上有两条虚线。上层虚线为 α = 0.05，具有置信度为 95%的方程，即式（5.3.8）。下层虚线为 α=0.2，具有置信度为 80%的方程。为安全起见只推荐前者。

此外，从图 10 中可以看到绝大多数实测点分布在 $z_s/b=2$ 的线以下。即使最高的个别点，也只位于 $z_s/b=2.2$ 之处。国内外一些资料亦认为压缩层深度以取 $2b$ 或稍高一点为宜。

在计算深度范围内存在基岩或存在相对硬层时，

按第5.3.5条的原则计算地基变形时，由于下卧硬层存在，地基应力分布明显不同于Boussinesq应力分布。为了减少计算工作量，此次条文修订增加对于计算深度范围内存在基岩和相对硬层时的简化计算原则。

在计算深度范围内存在基岩或存在相对硬层时，地基土层中最大压应力的分布可采用K.E.叶戈罗夫带式基础下的结果（表10）。对于矩形基础，长短边边长之比大于或等于2时，可参考该结果。

表10　带式基础下非压缩性地基上面土层中的最大压应力系数

z/h	非压缩性土层的埋深		
	$h=b$	$h=2b$	$h=5b$
1.0	1.000	1.00	1.00
0.8	1.009	0.99	0.82
0.6	1.020	0.92	0.57
0.4	1.024	0.84	0.44
0.2	1.023	0.78	0.37
0	1.022	0.76	0.36

注：表中h为非压缩性地基上面土层的厚度，b为带式荷载的半宽，z为纵坐标。

5.3.10　应该指出高层建筑由于基础埋置较深，地基回弹再压缩变形往往在总沉降中占重要地位，甚至某些高层建筑设置3层～4层（甚至更多层）地下室时，总荷载有可能等于或小于该深度土的自重压力，这时高层建筑地基沉降变形将由地基回弹变形决定。公式（5.3.10）中，E_{ci}应按现行国家标准《土工试验方法标准》GB/T 50123进行试验确定，计算时应按回弹曲线上相应的压力段计算。沉降计算经验系数ψ_c应按地区经验采用。

地基回弹变形计算算例：

某工程采用箱形基础，基础平面尺寸64.8m×12.8m，基础埋深5.7m，基础底面以下各土层分别在自重压力下做回弹试验，测得回弹模量见表11。

表11　土的回弹模量

土层	层厚（m）	回弹模量（MPa）			
		$E_{0-0.025}$	$E_{0.025-0.05}$	$E_{0.05-0.1}$	$E_{0.1-0.2}$
③粉土	1.8	28.7	30.2	49.1	570
④粉质黏土	5.1	12.8	14.1	22.3	280
⑤卵石	6.7	100（无试验资料，估算值）			

基底附加应力108kN/m²，计算基础中点最大回弹量。回弹计算结果见表12。

表12　回弹量计算表

z_i	$\bar{a}_i$	$z_i\bar{a}_i-z_{i-1}\bar{a}_{i-1}$	p_z+p_{cz}（kPa）	E_{ci}（MPa）	$p_c(z_i\bar{a}_i-z_{i-1}\bar{a}_{i-1})/E_{ci}$
0	1.000	0	0	—	—
1.8	0.996	1.7928	41	28.7	6.75mm
4.9	0.964	2.9308	115	22.3	14.17mm
5.9	0.950	0.8814	139	280	0.34mm
6.9	0.925	0.7775	161	280	0.3mm
合计					21.56mm

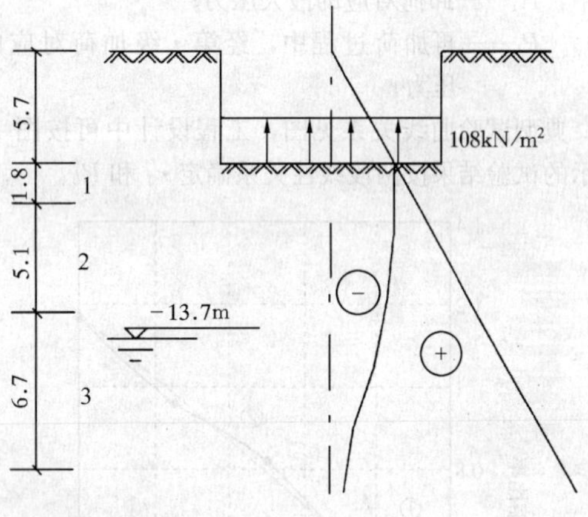

图11　回弹计算示意

1—③粉土；2—④粉质黏土；3—⑤卵石

从计算过程及土的回弹试验曲线特征可知，地基土回弹的初期，回弹模量很大，回弹量较小，所以地基土的回弹变形土层计算深度是有限的。

5.3.11　根据土的固结回弹再压缩试验或平板载荷试验卸荷再加荷试验结果，地基土回弹再压缩曲线在再压缩比率与再加荷比关系中可用两段线性关系模拟。这里再压缩比率定义为：

1） 土的固结回弹再压缩试验

$$r'=\frac{e_{max}-e_i'}{e_{max}-e_{min}}$$

式中：e_i'——再加荷过程中P_i级荷载施加后再压缩变形稳定时的土样孔隙比；

e_{min}——回弹变形试验中最大预压荷载或初始上覆荷载下的孔隙比；

e_{max}——回弹变形试验中土样上覆荷载全部卸载后土样回弹稳定时的孔隙比。

2） 平板载荷试验卸荷再加荷试验

$$r'=\frac{\Delta s_{rci}}{s_c}$$

式中：Δs_{rci}——载荷试验中再加荷过程中，经第i级加荷，土体再压缩变形稳定后产生的再压缩变形量；

s_c——载荷试验中卸荷阶段产生的回弹变

形量。

再加荷比定义为：

1）土的固结回弹再压缩试验

$$R' = \frac{P_i}{P_{\max}}$$

式中：$P_{\max}$——最大预压荷载，或初始上覆荷载；

P_i——卸荷回弹完成后，再加荷过程中经过第 i 级加荷后作用于土样上的竖向上覆荷载。

2）平板载荷试验卸荷再加荷试验

$$R' = \frac{P_i}{P_0}$$

式中：P_0——卸荷对应的最大压力；

P_i——再加荷过程中，经第 i 级加荷对应的压力。

典型试验曲线关系见图，工程设计中可按图 12 所示的试验结果按两段线性关系确定 r_0' 和 R_0'。

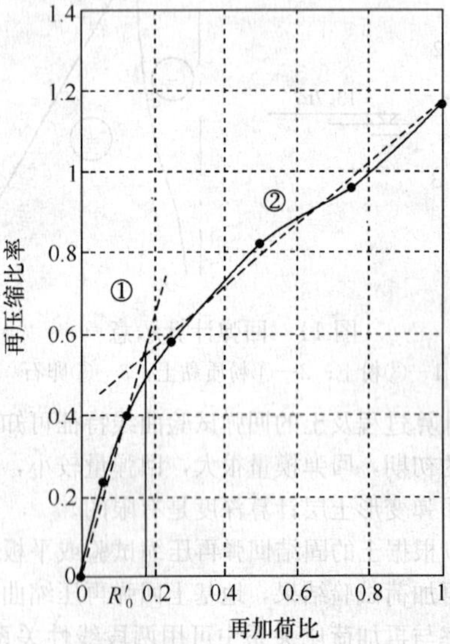

图 12　再压缩比率与再加荷比关系

中国建筑科学研究院滕延京、李建民等在室内压缩回弹试验、原位载荷试验、大比尺模型试验基础上，对回弹变形随卸荷发展规律以及再压缩变形随加荷发展规律进行了较为深入的研究。

图 13、图 14 的试验结果表明，土样卸荷回弹过程中，当卸荷比 $R<0.4$ 时，已完成的回弹变形不到总回弹变形量的 10%；当卸荷比增大至 0.8 时，已完成的回弹变形仅约占总回弹变形量的 40%；而当卸荷比为 0.8～1.0 时，发生的回弹量约占总回弹变形量的 60%。

图 13、图 15 的试验结果表明，土样再压缩过程中，当再加荷量为卸荷量的 20%时，土样再压缩变形量已接近回弹变形量的 40%～60%；当再加荷量为卸荷量 40%时，土样再压缩变形量为回弹变形量的 70%左右；当再加荷量为卸荷量的 60%时，土样产生的再压缩变形量接近回弹变形量的 90%。

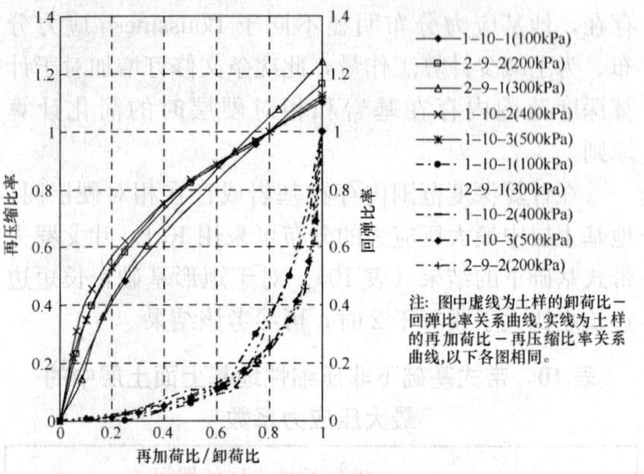

图 13　土样卸荷比－回弹比率、再加荷比－再压缩比率关系曲线（粉质黏土）

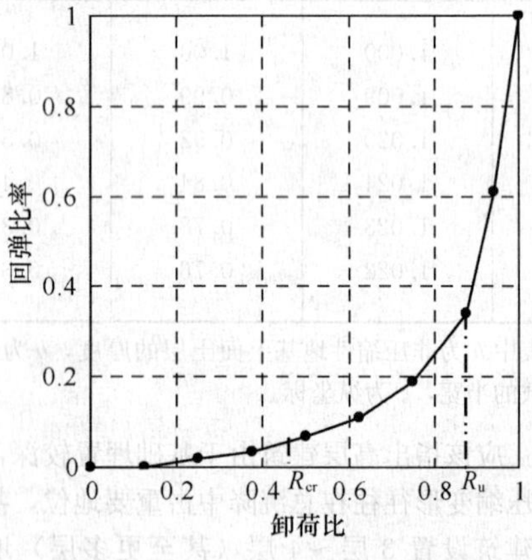

图 14　土样回弹变形发展规律曲线

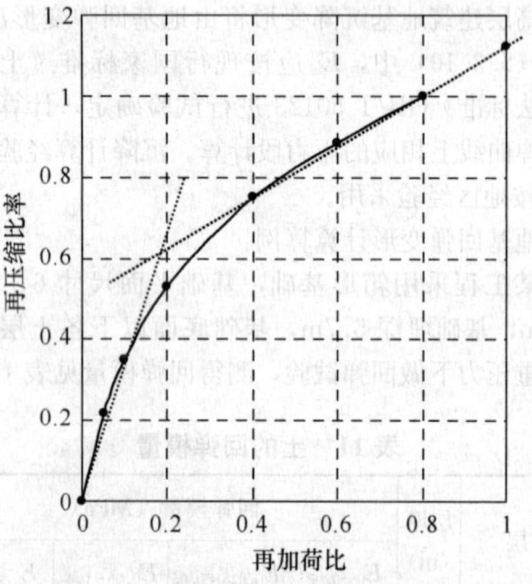

图 15　载荷试验再压缩曲线规律

回弹变形计算可按回弹变形的三个阶段分别计算：小于临界卸荷比时，其变形很小，可按线性模量关系计算；临界卸荷比至极限卸荷比段，可按 log 曲线分布的模量计算。

工程应用时，回弹变形计算的深度可取至土层的临界卸荷比深度；再压缩变形计算时初始荷载产生的变形不会产生结构内力，应在总压缩量中扣除。

工程计算的步骤和方法如下：

1 进行地基土的固结回弹再压缩试验，得到需要进行回弹再压缩计算土层的计算参数。每层土试验土样的数量不得少于6个，按《岩土工程勘察规范》GB 50021的要求统计分析确定计算参数。

2 按本规范第5.3.10条的规定进行地基土回弹变形量计算。

3 绘制再压缩比率与再加荷比关系曲线，确定 r'_0 和 R'_0。

4 按本条计算方法计算回弹再压缩变形量。

5 如果工程在需计算回弹再压缩变形量的土层进行过平板载荷试验，并有卸荷再加荷试验数据，同样可按上述方法计算回弹再压缩变形量。

6 进行回弹再压缩变形量计算，地基内的应力分布，可采用各向同性均质线性变形体理论计算。若再压缩变形计算的最终压力小于卸载压力，$r'_{R'=1.0}$ 可取 $r'_{R'=a}$，a 为工程再压缩变形计算的最大压力对应的再加荷比，$a \leqslant 1.0$。

工程算例：

1 模型试验

模型试验在中国建筑科学研究院地基基础研究所试验室内进行，采用刚性变形深标对基坑开挖过程中基底及以下不同深度处土体回弹变形进行观测，最终取得良好结果。

变形深标点布置图16，其中A轴上5个深标点所测深度为基底处，其余各点所测为基底下不同深度处土体回弹变形。

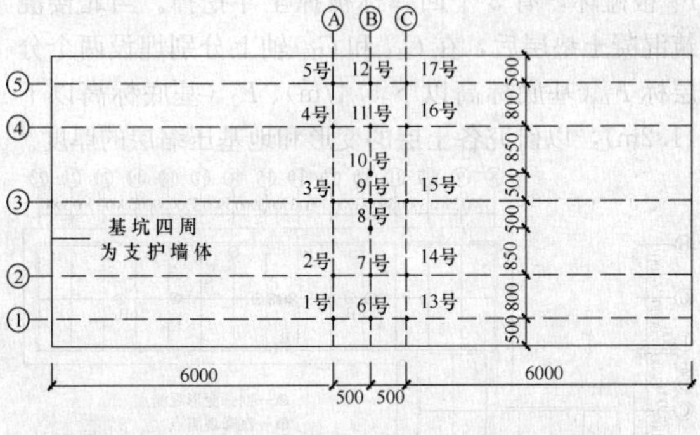

图16 模型试验刚性变形深标点平面布置图

由图17可知3号深标点最终测得回弹变形量为4.54mm，以3号深标点为例，对基地处土体再压缩变形量进行计算：

1） 确定计算参数

根据土工试验，由再加荷比、再压缩比率进行分析，得到模型试验中基底处土体再压缩变形规律见图18。

2） 计算所得该深标点处回弹变形最终量为5.14mm。

3） 确定 r'_0 和 R'_0。

模型试验中，基底处最终卸荷压力为72.45kPa，

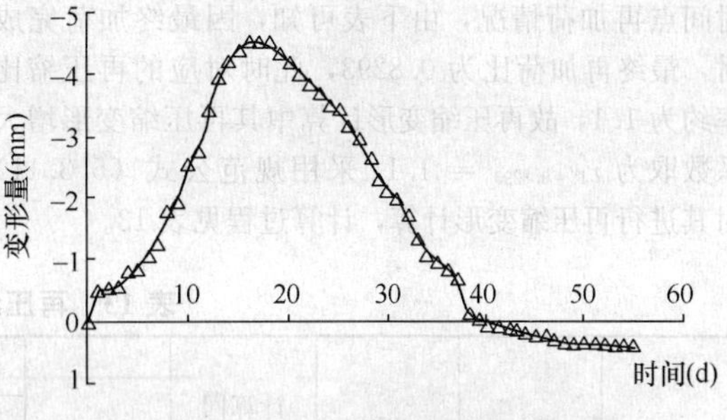

图17 3号刚性变形深标点变形时程曲线

土工试验结果得到再加荷比-再压缩比率关系曲线，根据土体再压缩变形两阶段线性关系，切线①与切线②的交点即为两者关系曲线的转折点，得到 $r'_0 = 0.42$，$R'_0 = 0.25$，见图19。

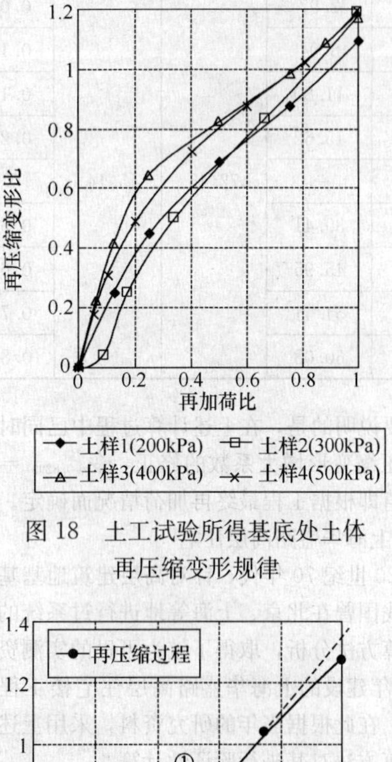

图18 土工试验所得基底处土体再压缩变形规律

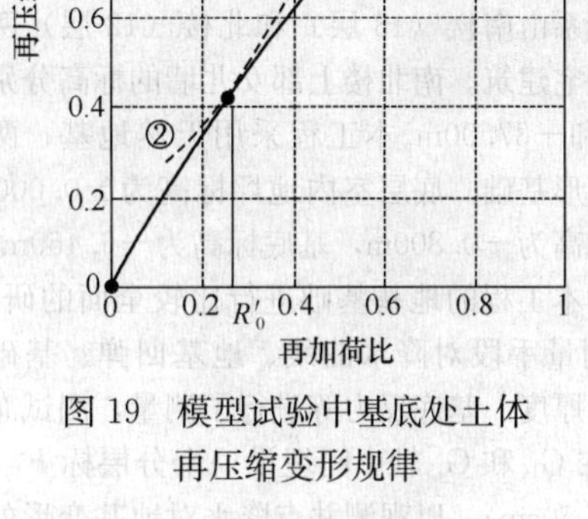

图19 模型试验中基底处土体再压缩变形规律

4） 再压缩变形量计算

根据模型试验过程，基坑开挖完成后，3号深标点处最终卸荷量为72.45kPa，根据其回填过程中各

时间点再加荷情况，由下表可知，因最终加荷完成时，最终再加荷比为 0.8293，此时对应的再压缩比率约为 1.1，故再压缩变形计算中其再压缩变形增大系数取为 $r'_{R'=0.8293}=1.1$，采用规范公式（5.3.11）对其进行再压缩变形计算，计算过程见表 13。

表 13 再压缩变形沉降计算表

工况序号	再加荷量 p (kPa)	总卸荷量 p_c (kPa)	计算回弹变形量 s_c (mm)	再加荷比 R'	$p<R'_0\cdot p_c$: $\frac{p}{p_c\cdot R'_0}=\frac{p}{72.45\times0.25}$	$p<R'_0\cdot p_c$: 再压缩变形量 (mm)	$R'_0\cdot p_c\leqslant p\leqslant p_c$: $r'_0+\frac{r'_{R'=0.8293}-r'_0}{1-R'_0}\left(\frac{p}{p_c}-R'_0\right)=0.42+0.9067\left(\frac{p}{p_c}-0.25\right)$	$R'_0\cdot p_c\leqslant p\leqslant p_c$: 再压缩变形量 (mm)
1	2.97			0.0410	0.1640	0.354	—	—
2	8.94			0.1234	0.4936	1.066	—	—
3	11.80			0.1628	0.6515	1.406	—	—
4	15.62			0.2156	0.8624	1.862	—	—
5	—	72.45	5.14	0.25	—	—	0.42	2.16
6	39.41			0.5440	—	—	0.6866	3.53
7	45.95			0.6342	—	—	0.7684	3.95
8	54.41			0.7510	—	—	0.8743	4.49
9	60.08			0.8293	—	—	0.9453	4.86

回填完成时基底处土体最终再压缩变形为 4.86mm。

根据模型实测结果，试验结束后又经过一个月变形测试，得到 3 号刚性变形深标点最终再压缩变形量为 4.98mm。

需要说明的是，在上述计算过程中已同时进行了土体再压缩变形增大系数的修正，$r'_{R'=0.8293}=1.1$ 系数的取值即根据工程最终再加荷情况而确定。

2 上海华盛路高层住宅

在 20 世纪 70 年代，针对高层建筑地基基础回弹问题，我国曾在北京、上海等地进行过系统的实测研究及计算方法分析，取得了较为可贵的实测资料。其中 1976 年建设的上海华盛路高层住宅楼工程就是其中之一，在此根据当年的研究资料，采用上述再压缩变形计算方法对其进行验证性计算。

根据《上海华盛路高层住宅箱形基础测试研究报告》，该工程概况与实测情况如下：

本工程系由南楼（13 层）和北楼（12 层）两单元组成的住宅建筑。南北楼上部女儿墙的标高分别为 +39.80m 和 +37.00m。本工程采用天然地基，两层地下室，箱形基础。底层室内地坪标高为 ±0.000m，室外地面标高为 −0.800m，基底标高为 −6.450m。

为了对本工程的地基基础进行比较全面的研究，采用一些测量手段对降水曲线、地基回弹、基础沉降、压缩层厚度、基底反力等进行了测量，测试布置见图 20。在 G_{14} 和 G_{15} 轴中间埋设一个分层标 F_2（基底标高以下 50cm），以观测井点降水对地基变形的影响和基坑开挖引起的地基回弹；在邻近建筑物埋设沉降标，以研究井点降水和南北楼对邻近建筑物的影响。基坑开挖前，在北楼埋设 6 个回弹标，以研究基坑开挖引起的地基回弹。基坑开挖过程中，分层标 F_2 被碰坏，有 3 个回弹标被抓土斗挖掉。当北楼浇筑混凝土垫层后，在 G_{14} 和 G_{15} 轴上分别埋设两个分层标 F_1（基底标高以下 5.47m）、F_3（基底标高以下 11.2m），以研究各土层的变形和地基压缩层的厚度。

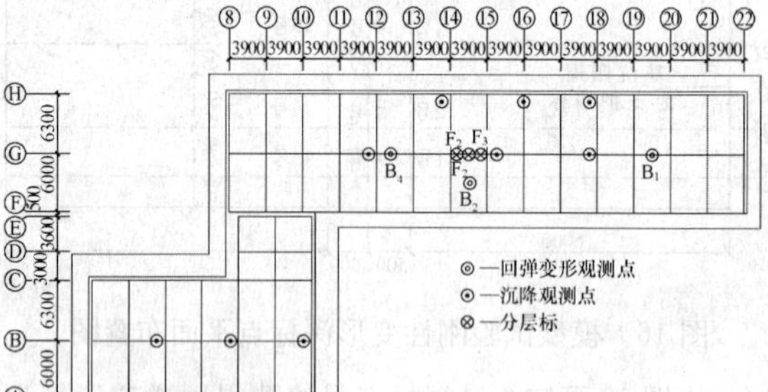

图 20 上海华盛路高层住宅工程基坑回弹点平面位置与测点成果图

1976 年 5 月 8 日南北楼开始井点降水，5 月 19 日根据埋在北楼基底标高以下 50cm 的分层标 F_2，测得由于降水引起的地基下沉 1.2cm，翌日北楼进行挖土，分层标被抓土斗碰坏。5 月 27 日当挖土到基底时，根据埋在北楼基底标高下约 30cm 的回弹标 H_2 和 H_4 的实测结果，并考虑降水预压下沉的影响，基坑中部的地基回弹为 4.5cm。

1）确定计算参数

根据工程勘察报告，土样 9953 为基底处土体取样，固结回弹试验中其所受固结压力为 110kPa，接近基底处土体自重应力，试验成果见图 21。

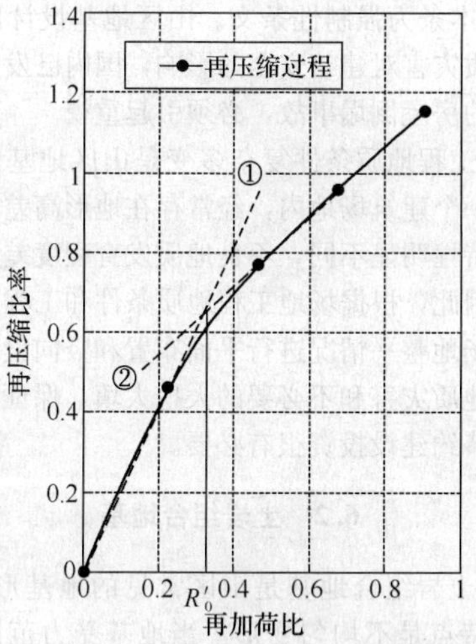

图 21　土样 9953 固结回弹试验成果再压缩变形分析

在土样 9953 固结回弹再压缩试验所得再加荷比-再压缩比率、卸荷比-回弹比率关系曲线上，采用相同方法得到再加荷比-在压缩比率关系曲线上的切线①与切线②。

2）计算所得该深标点处回弹变形最终量为 49.76mm。

3）确定确定 r'_0 和 R'_0

根据图 22 土样 9953 再压缩变形分析曲线，切线①与切线②的交点即为再压缩变形过程中两阶段线性阶段的转折点，则由上图取 $r'_0=0.64$，$R'_0=0.32$，$r'_{R'=1.0}=1.2$。

4）再压缩变形量计算

根据研究资料，结合施工进度，预估再加荷过程中几个工况条件下建筑物沉降量，见表 14。如表中 1976 年 10 月 13 日时，当前工况下基底所受压力为 113kPa，本工程中基坑开挖在基底处卸荷量为 106kPa，则可认为至此时为止对基底下土体来说是其再压缩变形过程。因沉降观测是从基础底板完成后开始的，故此表格中的实测沉降量偏小。

根据上述资料，计算各工况下基底处土体再压缩变形量见表 15。

由工程资料可知至工程实测结束时实际工程再加荷量为 113kPa，而由于基坑开挖基底处土体卸荷量为 106kPa，但鉴于土工试验数据原因，再加荷比取 1.0 进行计算。

则由上述建筑物沉降表，至 1976 年 10 月 13 日，观测到的建筑物累计沉降量为 54.9mm。

同样，根据本节所定义载荷试验再加荷比、再压缩比率概念，可依据载荷试验数据按上述步骤进行再压缩变形计算。

表 14　各施工进度下建筑物沉降表

序号	监测时间	当前工况下基底处所受压力（kPa）	实测累计沉降量（mm）
1	1976 年 6 月 14 日	12	0
2	1976 年 7 月 7 日	32	7.2
3	1976 年 7 月 21 日	59	18.9
4	1976 年 7 月 28 日	60	18.9
5	1976 年 8 月 2 日	61	22.3
6	1976 年 9 月 13 日	78	40.7
7	1976 年 10 月 13 日	113	54.9

表 15　再压缩变形沉降计算表

工况序号	再加荷量 p（kPa）	总卸荷量 p_c（kPa）	计算回弹变形量 s_c（mm）	再加荷比 R'	$p<R'_0\cdot p_c$		$R'_0\cdot p_c\leqslant p\leqslant p_c$	
					$\frac{p}{p_c\cdot R'_0}=\frac{p}{106\times 0.32}$	再压缩变形量（mm）	$r'_0+\frac{r'_{R'=1.0}-r'_0}{1-R'_0}\left(\frac{p}{p_c}-R'_0\right)=0.64+0.8235\left(\frac{p}{p_c}-0.32\right)$	再压缩变形量（mm）
1	12	106	49.76	0.1132	0.3538	11.27	—	—
2	32			0.3018	0.9434	30.10	—	—
3	—			0.32	—	—	0.64	31.85
4	59			0.5566	—	—	0.8348	41.54
5	60			0.5660	—	—	0.8426	41.93
6	61			0.5754	—	—	0.8503	42.31
7	78			0.7358	—	—	0.9824	48.88
8	113			1.0	—	—	1.1999	59.71

5.3.12　中国建筑科学研究院通过十余组大比尺模型试验和三十余项工程测试，得到大底盘高层建筑地基反力、地基变形的规律，提出该类建筑地基基础设计方法。

大底盘高层建筑由于外挑裙楼和地下结构的存在，使高层建筑地基基础变形由刚性、半刚性向柔性转化，基础挠曲度增加（见图 22），设计时应加以控制。

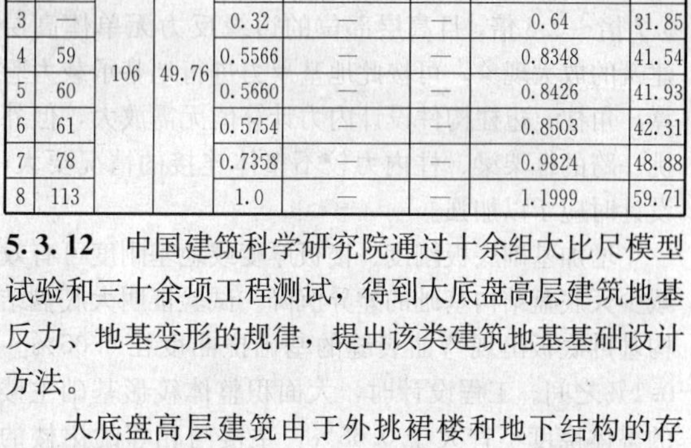

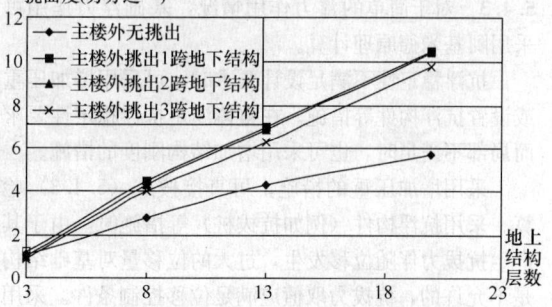

图 22　大底盘高层建筑与单体高层建筑的整体挠曲（框架结构，2 层地下结构）

主楼外挑出的地下结构可以分担主楼的荷载，降低了整个基础范围内的平均基底压力，使主楼外有挑出时的平均沉降量减小。

裙房扩散主楼荷载的能力是有限的，主楼荷载的有效传递范围是主楼外1跨～2跨。超过3跨，主楼荷载将不能通过裙房有效扩散（见图23）。

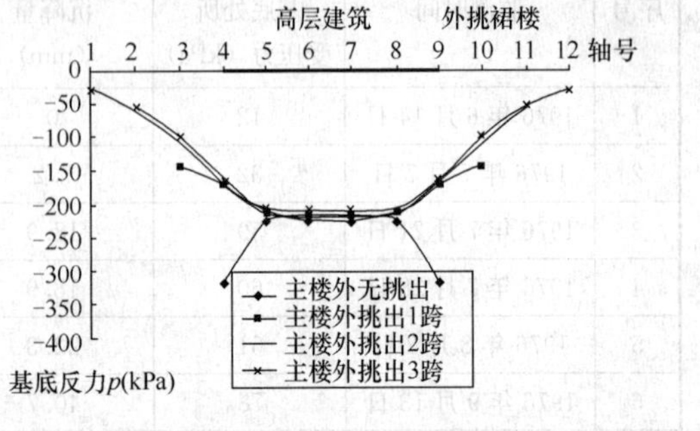

图23 大底盘高层建筑与单体高层建筑的基底反力（内筒外框结构20层，2层地下结构）

大底盘结构基底中点反力与单体高层建筑基底中点反力大小接近，刚度较大的内筒使该部分基础沉降、反力趋于均匀分布。

单体高层建筑的地基承载力在基础刚度满足规范条件时可按平均基底压力验算，角柱、边柱构件设计可按内力计算值放大1.2或1.1倍设计；大底盘地下结构的地基反力在高层内筒部位与单体高层建筑内筒部位地基反力接近，是平均基底压力的0.7倍～0.8倍，且高层部位的边缘反力无单体高层建筑的放大现象，可按此地基反力进行地基承载力验算；角柱、边柱构件设计内力计算值无需放大，但外挑一跨的框架梁、柱内力较不整体连接的情况要大，设计时应予以加强。

增加基础底板刚度、楼板厚度或地基刚度可有效减少大底盘结构基础的差异沉降。试验证明大底盘结构基础底板出现弯曲裂缝的基础挠曲度在0.05%～0.1%之间。工程设计时，大面积整体筏形基础主楼的整体挠度不宜大于0.05%，主楼与相邻的裙楼的差异沉降不大于其跨度0.1%可保证基础结构安全。

5.4 稳定性计算

5.4.3 对于简单的浮力作用情况，基础浮力作用可采用阿基米德原理计算。

抗浮稳定性不满足设计要求时，可采用增加压重或设置抗浮构件等措施。在整体满足抗浮稳定性要求而局部不满足时，也可采用增加结构刚度的措施。

采用增加压重的措施，可直接按式（5.4.3）验算。采用抗浮构件（例如抗拔桩）等措施时，由于其产生抗拔力伴随位移发生，过大的位移量对基础结构是不允许的，抗拔力取值应满足位移控制条件。采用本规范附录T的方法确定的抗拔桩抗拔承载力特征值进行设计对大部分工程可满足要求，对变形要求严格的工程还应进行变形计算。

6 山区地基

6.1 一般规定

6.1.1 本条为强制性条文。山区地基设计应重视潜在的地质灾害对建筑安全的影响，国内已发生几起滑坡引起的房屋倒塌事故，必须引起重视。

6.1.2 工程地质条件复杂多变是山区地基的显著特征。在一个建筑场地内，经常存在地形高差较大，岩土工程特性明显不同，不良地质发育程度差异较大等情况。因此，根据场地工程地质条件和工程地质分区并结合场地整平情况进行平面布置和竖向设计，对避免诱发地质灾害和不必要的大挖大填，保证建筑物的安全和节约建设投资很有必要。

6.2 土岩组合地基

6.2.2 土岩组合地基是山区常见的地基形式之一，其主要特点是不均匀变形。当地基受力范围内存在刚性下卧层时，会使上覆土体中出现应力集中现象，从而引起土层变形增大。本次修订增加了考虑刚性下卧层计算地基变形的一种简便方法，即先按一般土质地基计算变形，然后按本条所列的变形增大系数进行修正。

6.3 填土地基

6.3.1 本条为强制性条文。近几年城市建设高速发展，在新城区的建设过程中，形成了大量的填土场地，但多数情况是未经填方设计，直接将开山的岩屑倾倒填筑到沟谷地带的填土。当利用其作为建筑物地基时，应进行详细的工程地质勘察工作，按照设计的具体要求，选择合适的地基方法进行处理。不允许将未经检验查明的以及不符合要求的填土作为建筑工程的地基持力层。

6.3.2 为节约用地，少占或不占良田，在平原、山区和丘陵地带的建设中，已广泛利用填土作为建筑或其他工程的地基持力层。填土工程设计是一项很重要的工作，只有在精心设计、精心施工的条件下，才能获得高质量的填土地基。

6.3.5 有机质的成分很不稳定且不易压实，其土料中含量大于5%时不能作为填土的填料。

6.3.6 利用当地的土、石或性能稳定的工业废料作为压实填土的填料，既经济，又省工、省时，符合因地制宜、就地取材和多快好省的建设原则。

利用碎石、块石及爆破开采的岩石碎屑作填料时，为保证夯压密实，应限制其最大粒径，当采用强夯方法进行处理时，其最大粒径可根据夯实能量和当地经验适当加大。

采用黏性土和黏粒含量≥10%的粉土作填料时，

填料的含水量至关重要。在一定的压实功下，填料在最优含水量时，干密度可达最大值，压实效果最好。填料的含水量太大时，应将其适当晾干处理，含水量过小时，则应将其适当增湿。压实填土施工前，应在现场选取有代表性的填料进行击实试验，测定其最优含水量，用以指导施工。

6.3.7、6.3.8 填土地基的压实系数，是填土地基的重要指标，应按建筑物的结构类型、填土部位及对变形的要求确定。压实填土的最大干密度的测定，对于以岩石碎屑为主的粗粒土填料目前存在一些不足，实验室击实试验值偏低而现场小坑灌砂法所得值偏高，导致压实系数偏高较多，应根据地区经验或现场试验确定。

6.3.9 填土地基的承载力，应根据现场静载荷试验确定。考虑到填土的不均匀性，试验数据量应较自然地层多，才能比较准确地反映出地基的性质，可配合采用其他原位测试法进行确定。

6.3.10 在填土施工过程中，应切实做好地面排水工作。对设置在填土场地的上、下水管道，为防止因管道渗漏影响邻近建筑或其他工程，应采取必要的防渗漏措施。

6.3.11 位于斜坡上的填土，其稳定性验算应包含两方面的内容：一是填土在自重及建筑物荷载作用下，沿天然坡面滑动；二是由于填土出现新边坡的稳定问题。填土新边坡的稳定性较差，应注意防护。

6.4 滑坡防治

6.4.1 本条为强制性条文。滑坡是山区建设中常见的不良地质现象，有的滑坡是在自然条件下产生的，有的是在工程活动影响下产生的。滑坡对工程建设危害极大，山区建设对滑坡问题必须重视。

6.5 岩石地基

6.5.1 在岩石地基，特别是在层状岩石中，平面和垂向持力层范围内软岩、硬岩相间出现很常见。在平面上软硬岩石相间分布或在垂向上硬岩有一定厚度、软岩有一定埋深的情况下，为安全合理地使用地基，就有必要通过验算地基的承载力和变形来确定如何对地基进行使用。岩石一般可视为不可压缩地基，上部荷载通过基础传递到岩石地基上时，基底应力以直接传递为主，应力呈柱形分布，当荷载不断增加使岩石裂缝被压密产生微弱沉降而卸荷时，部分荷载将转移到冲切锥范围以外扩散，基底压力呈钟形分布。验算岩石下卧层强度时，其基底压力扩散角可按30°～40°考虑。

由于岩石地基刚度大，在岩性均匀的情况下可不考虑不均匀沉降的影响，故同一建筑物中允许使用多种基础形式，如桩基与独立基础并用，条形基础、独立基础与桩基础并用等。

基岩面起伏剧烈，高差较大并形成临空面是岩石地基的常见情况，为确保建筑物的安全，应重视临空面对地基稳定性的影响。

6.6 岩溶与土洞

6.6.2 由于岩溶发育具有严重的不均匀性，为区别对待不同岩溶发育程度场地上的地基基础设计，将岩溶场地划分为岩溶强发育、中等发育和微发育三个等级，用以指导勘察、设计、施工。

基岩面相对高差以相邻钻孔的高差确定。

钻孔见洞隙率＝（见洞隙钻孔数量/钻孔总数）×100％。线岩溶率＝（见洞隙的钻探进尺之和/钻探总进尺）×100％。

6.6.4～6.6.9 大量的工程实践证明，岩溶地基经过恰当的处理后，可以作建筑地基。现在建筑用地日趋紧张，在岩溶发育地区要避开岩溶强发育场地非常困难。采取合理可靠的措施对岩溶地基进行处理并加以利用，更加切合当前建筑地基基础设计的实际情况。

土洞的顶板强度低，稳定性差，且土洞的发育速度一般都很快，因此其对地基稳定性的危害大。故在岩溶发育地区的地基基础设计应对土洞给予高度重视。

由于影响岩溶稳定性的因素很多，现行勘探手段一般难以查明岩溶特征，目前对岩溶稳定性的评价，仍然是以定性和经验为主。

对岩溶顶板稳定性的定量评价，仍处于探索阶段。某些技术文献中曾介绍采用结构力学中的梁、板、拱理论评价，但由于计算边界条件不易明确，计算结果难免具有不确定性。

岩溶地基的地基与基础方案的选择应针对具体条件区别对待。大多数岩溶场地的岩溶都需要加以适当处理方能进行地基基础设计。而地基基础方案经济合理与否，除考虑地基自然状况外，还应考虑地基处理方案的选择。

一般情况下，岩溶洞隙侧壁由于受溶蚀风化的影响，此部分岩体强度和完整程度较内部围岩要低，为保证建筑物的安全，要求跨越岩溶洞隙的梁式结构在稳定岩石上的支承长度应大于梁高1.5倍。

当采用洞底支撑（穿越）方法处理时，桩的设计应考虑下列因素，并根据不同条件选择：

1 桩底以下3倍～5倍桩径或不小于5m深度范围内无影响地基稳定性的洞隙存在，岩体稳定性良好，桩端嵌入中等风化～微风化岩体不宜小于0.5m，并低于应力扩散范围内的不稳定洞隙底板，或经验算桩端埋置深度已可保证桩不向临空面滑移。

2 基坑涌水易于抽排、成孔条件良好，宜设计人工挖孔桩。

3 基坑涌水量较大，抽排将对环境及相邻建筑物产生不良影响，或成孔条件不好，宜设计钻孔桩。

4 当采用小直径桩时，应设置承台。对地基基础设计等级为甲级、乙级的建筑物，桩的承载力特征值应由静载试验确定，对地基基础设计等级为丙级的建筑物，可借鉴类似工程确定。

当按悬臂梁设计基础时，应对悬臂梁不同受力工况进行验算。

桩身穿越溶洞顶板的岩体，由于岩溶发育的复杂性和不均匀性，顶板情况一般难以查明，通常情况下不计算顶板岩体的侧阻力。

6.7 土质边坡与重力式挡墙

6.7.1 边坡设计的一般原则：

1 边坡工程与环境之间有着密切的关系，边坡处理不当，将破坏环境，毁坏生态平衡，治理边坡必须强调环境保护。

2 在山区进行建设，切忌大挖大填，某些建设项目，不顾环境因素，大搞人造平原，最后出现大规模滑坡，大量投资毁于一旦，还酿成生态环境的破坏。应提倡依山就势。

3 工程地质勘察工作，是不可缺少的基本建设程序。边坡工程的影响面较广，处理不当就可酿成地质灾害，工程地质勘察尤为重要。勘察工作不能局限于红线范围，必须扩大勘察面，一般在坡顶的勘察范围，应达到坡高的1倍～2倍，才能获取较完整的地质资料。对于高大边坡，应进行专题研究，提出可行性方案经论证后方可实施。

4 边坡支挡结构的排水设计，是支挡结构设计很重要的一环，许多支挡结构的失效，都与排水不善有关。根据重庆市的统计，倒塌的支挡结构，由于排水不善造成的事故占80%以上。

6.7.3 重力式挡土墙上的土压力计算应注意的问题：

1 土压力的计算，目前国际上仍采用楔体试算法。根据大量的试算与实际观测结果的对比，对于高大挡土结构来说，采用古典土压力理论计算的结果偏小，土压力的分布也有较大的偏差。对于高大挡土墙，通常也不允许出现达到极限状态时的位移值，因此在土压力计算式中计入增大系数。

2 土压力计算公式是在土体达到极限平衡状态的条件下推导出来的，当边坡支挡结构不能达到极限状态时，土压力设计值应取主动土压力与静止土压力的某一中间值。

3 在山区建设中，经常遇到60°～80°陡峻的岩石自然边坡，其倾角远大于库仑破坏面的倾角，这时如果仍然采用古典土压力理论计算土压力，将会出现较大的偏差。当岩石自然边坡的倾角大于$45°+\varphi/2$时，应按楔体试算法计算土压力值。

6.7.4、6.7.5 重力式挡土结构，是过去用得较多的一种挡土结构形式。在山区地盘比较狭窄，重力式挡土结构的基础宽度较大，影响土地的开发利用，对于

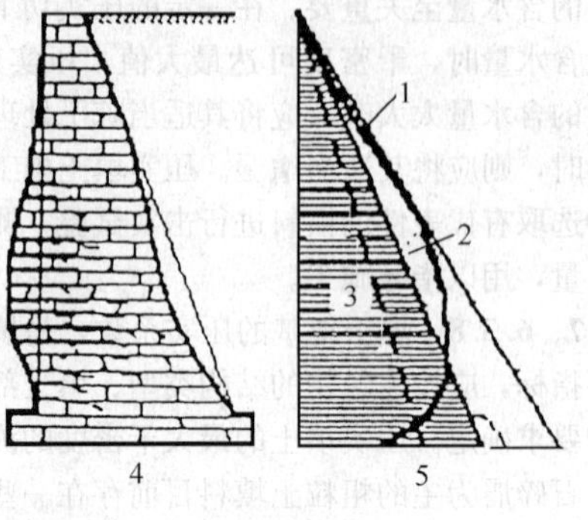

图24 墙体变形与土压力

1—测试曲线；2—静止土压力；3—主动土压力；4—墙体变形；5—计算曲线

高大挡土墙，往往也是不经济的。石料是主要的地方材料，经多个工程测算，对于高度8m以上的挡土墙，采用桩锚体系挡土结构，其造价、稳定性、安全性、土地利用率等方面，都较重力式挡土结构为好。所以规范规定“重力式挡土墙宜用于高度小于8m、地层稳定、开挖土石方时不会危及相邻建筑物安全的地段”。

对于重力式挡土墙的稳定性验算，主要由抗滑稳定性控制，而现实工程中倾覆稳定破坏的可能性又大于滑动破坏。说明过去抗倾覆稳定性安全系数偏低，这次稍有调整，由原来的1.5调整成1.6。

6.8 岩石边坡与岩石锚杆挡墙

6.8.2 整体稳定边坡，原始地应力释放后回弹较快，在现场很难测量到横向推力。但在高切削的岩石边坡上，很容易发现边坡顶部的拉伸裂隙，其深度约为边坡高度的0.2倍～0.3倍，离开边坡顶部边缘一定距离后便很快消失，说明边坡顶部确实有拉应力存在。这一点从二维光弹试验中也得到了证明。从光弹试验中也证明了边坡的坡脚，存在着压应力与剪切应力，对岩石边坡来说，岩石本身具有较高的抗压与抗剪切强度，所以岩石边坡的破坏，都是从顶部垮塌开始的。因此对于整体结构边坡的支护，应注意加强顶部的支护结构。

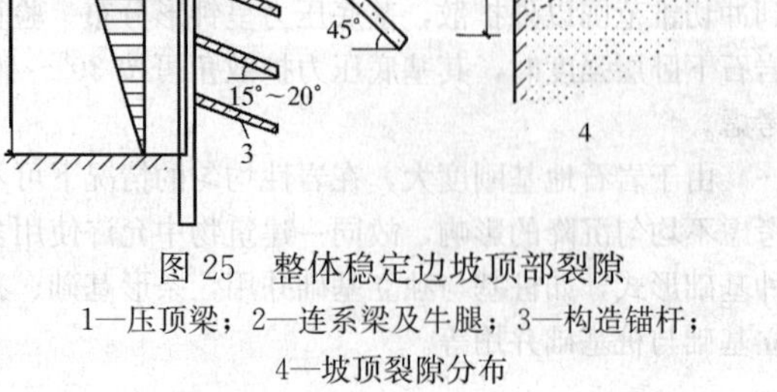

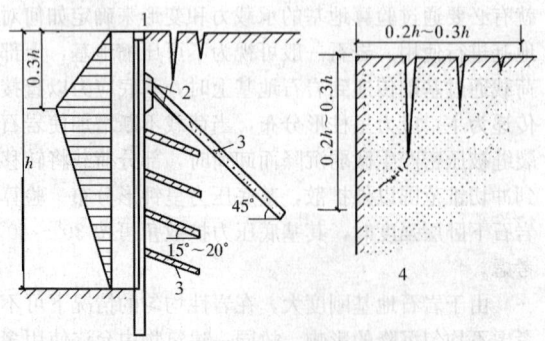

图25 整体稳定边坡顶部裂隙

1—压顶梁；2—连系梁及牛腿；3—构造锚杆；4—坡顶裂隙分布

边坡的顶部裂隙比较发育，必须采用强有力的锚杆进行支护，在顶部 $0.2h \sim 0.3h$ 高度处，至少布置一排结构锚杆，锚杆的横向间距不应大于 3m，长度不应小于 6m。结构锚杆直径不宜小于 130mm，钢筋不宜小于 3Φ22。其余部分为防止风化剥落，可采用锚杆进行构造防护。防护锚杆的孔径宜采用 50mm～100mm，锚杆长度宜采用 2m～4m，锚杆的间距宜采用 1.5m～2.0m。

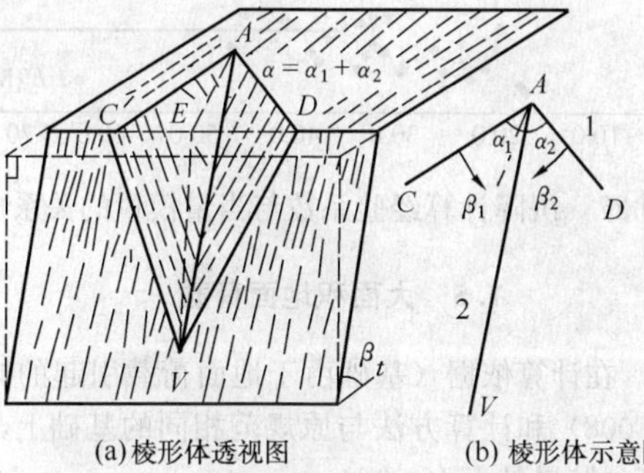

图 26　具有两组结构面的下滑棱柱体示意

1—裂隙走向；2—棱线

6.8.3　单结构面外倾边坡的横推力较大，主要原因是结构面的抗剪强度一般较低。在工程实践中，单结构面外倾边坡的横推力，通常采用楔形体平面课题进行计算。

对于具有两组或多组结构面形成的下滑棱柱体，其下滑力通常采用棱形体分割法进行计算。现举例如下：

1　已知：新开挖的岩石边坡的坡角为 80°。边坡上存在着两组结构面（如图 26 所示）：结构面 1 走向 AC，与边坡顶部边缘线 CD 的夹角为 75°，其倾角 $\beta_1=70°$；其结构面 2 走向 AD，与边坡顶部边缘线 DC 的夹角为 40°，其倾角 $\beta_2=43°$。即两结构面走向线的夹角 α 为 65°。AE 点的距离为 3m。经试验两个结构面上的内摩擦角均为 $\varphi=15.6°$，其黏聚力近于 0。岩石的重度为 24kN/m^3。

2　棱线 AV 与两结构面走向线间的平面夹角 α_1 及 α_2。可采用下列计算式进行计算：

$$\cot\alpha_1=\frac{\tan\beta_1}{\sin\alpha\tan\beta_2}+\cot\alpha$$

$$\cot\alpha_2=\frac{\tan\beta_2}{\sin\alpha\tan\beta_1}+\cot\alpha$$

从而通过计算得出 $\alpha_1=15°$，$\alpha_2=50°$。

3　进而计算出棱线 AV 的倾角，即沿着棱线方向上结构面的视倾角 β'。

$$\tan\beta'=\tan\beta_1\sin\alpha_1$$

计算得：$\beta'=35.5°$

4　用 AVE 平面将下滑棱柱体分割成两个块体。计算获得两个滑块的重力为：$w_1=31\text{kN}$，$w_2=139\text{kN}$；

棱柱体总重为 $w=w_1+w_2=170\text{kN}$。

5　对两个块体的重力分解成垂直与平行于结构面的分力：

$$N_1=w_1\cos\beta_1=10.6\text{kN}$$

$$T_1=w_1\sin\beta_1=29.1\text{kN}$$

$$N_2=w_2\cos\beta_2=101.7\text{kN}$$

$$T_2=w_2\sin\beta_2=94.8\text{kN}$$

6　再将平行于结构面的下滑力分解成垂直与平行于棱线的分力：

$$\tan\theta_1=\tan(90°-\alpha_1)\cos\beta_1=1.28\quad\theta_1=52°$$

$$\tan\theta_2=\tan(90-\alpha_2)\cos\beta_2=0.61\quad\theta_2=32°$$

$$T_{s1}=T_1\cos\theta_1=18\text{kN}$$

$$T_{s2}=T_2\cos\theta_2=80\text{kN}$$

7　棱柱体总的下滑力：$T_s=T_{s1}+T_{s2}=98\text{kN}$

两结构面上的摩阻力：

$$F_t=(N_1+N_2)\tan\varphi=(10.6+101.7)\tan15.6°=31\text{kN}$$

作用在支挡结构上推力：$T=T_s-F_t=67\text{kN}$。

6.8.4　岩石锚杆挡土结构，是一种新型挡土结构体系，对支挡高大土质边坡很有成效。岩石锚杆挡土结构的位移很小，支挡的土体不可能达到极限状态，当按主动土压力理论计算土压力时，必须乘以一个增大系数。

岩石锚杆挡土结构是通过立柱或竖桩将土压力传递给锚杆，再由锚杆将土压力传递给稳定的岩体，达到支挡的目的。立柱间的挡板是一种维护结构，其作用是挡住两立柱间的土体，使其不掉下来。因存在着卸荷拱作用，两立柱间的土体作用在挡土板的土压力是不大的，有些支挡结构没有设置挡板也能安全支挡边坡。

岩石锚杆挡土结构的立柱必须嵌入稳定的岩体中，一般的嵌入深度为立柱断面尺寸的 3 倍。当所支挡的主体位于高度较大的陡崖边坡的顶部时，可有两种处理办法：

1　将立柱延伸到坡脚，为了增强立柱的稳定性，可在陡崖的适当部位增设一定数量的锚杆。

2　将立柱在具有一定承载能力的陡崖顶部截断，在立柱底部增设锚杆，以承受立柱底部的横推力及部分竖向力。

6.8.5　本条为锚杆的构造要求，现说明如下：

1　锚杆宜优先采用热轧带肋的钢筋作主筋，是因为在建筑工程中所用的锚杆大多不使用机械锚头，在很多情况下主筋也不允许设置弯钩，为增加主筋与混凝土的握裹力作出的规定。

2　大量的试验研究表明，岩石锚杆在 15 倍～20 倍锚杆直径以深的部位已没有锚固力分布，只有锚杆顶部周围的岩体出现破坏后，锚固力才会向深部延伸。当岩石锚杆的嵌岩深度小于 3 倍锚杆的孔径时，其抗拔力较低，不能采用本规范式（6.8.6）进行抗拔承载力计算。

3 锚杆的施工质量对锚杆抗拔力的影响很大，在施工中必须将钻孔清洗干净，孔壁不允许有泥膜存在。锚杆的施工还应满足有关施工验收规范的规定。

7 软弱地基

7.2 利用与处理

7.2.7 本条为强制性条文。规定了复合地基设计的基本原则，为确保地基设计的安全，在进行地基设计时必须严格执行。

复合地基是指由地基土和竖向增强体（桩）组成、共同承担荷载的人工地基。复合地基按增强体材料可分为刚性桩复合地基、粘结材料桩复合地基和无粘结材料桩复合地基。

当地基土为欠固结土、膨胀土、湿陷性黄土、可液化土等特殊土时，设计时应综合考虑土体的特殊性质，选用适当的增强体和施工工艺，以保证处理后的地基土和增强体共同承担荷载。

7.2.8 本条为强制性条文。强调复合地基的承载力特征值应通过载荷试验确定。可直接通过复合地基载荷试验确定，或通过增强体载荷试验结合土的承载力特征值和地区经验确定。

桩体强度较高的增强体，可以将荷载传递到桩端土层。当桩长较长时，由于单桩复合地基载荷试验的荷载板宽度较小，不能全面反映复合地基的承载特性。因此单纯采用单桩复合地基载荷试验的结果确定复合地基承载力特征值，可能由于试验的载荷板面积或由于褥垫层厚度对复合地基载荷试验结果产生影响。因此对复合地基承载力特征值的试验方法，当采用设计褥垫厚度进行试验时，对于独立基础或条形基础宜采用与基础宽度相等的载荷板进行试验，当基础宽度较大、试验有困难而采用较小宽度载荷板进行试验时，应考虑褥垫层厚度对试验结果的影响。必要时应通过多桩复合地基载荷试验确定。有地区经验时也可采用单桩载荷试验结果和其周边土承载力特征值结合经验确定。

7.2.9 复合地基的承载力计算应同时满足轴心荷载和偏心荷载作用的要求。

7.2.10 复合地基的地基计算变形量可采用单向压缩分层总和法按本规范第5.3.5条～第5.3.8条有关的公式计算，加固区土层的模量取桩土复合模量。

由于采用复合地基的建筑物沉降观测资料较少，一直沿用天然地基的沉降计算经验系数。各地使用对复合土层模量较低时符合性较好，对于承载力提高幅度较大的刚性桩复合地基出现计算值小于实测值的现象。本次修订通过对收集到的全国31个CFG桩复合地基工程沉降观测资料分析，得出地基的沉降计算经验系数与沉降计算深度范围内压缩模量当量值的关系，如图27所示，本次修订对于当量模量大于15MPa的沉降计算经验系数进行了调整。

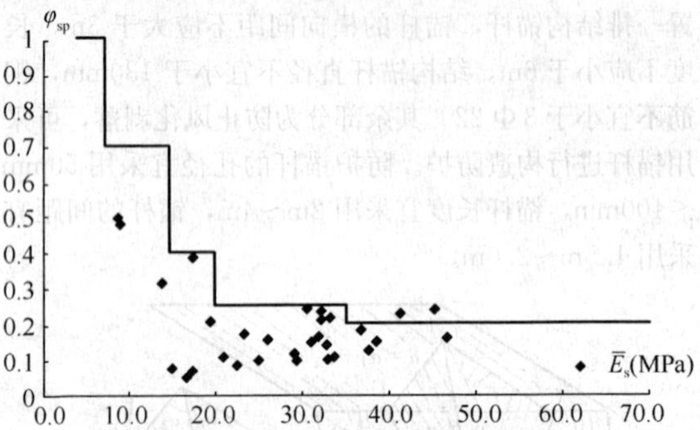

图27 沉降计算经验系数与当量模量的关系

7.5 大面积地面荷载

7.5.5 在计算依据（基础由于地面荷载引起的倾斜值≤0.008）和计算方法与原规范相同的基础上，作了复算，结果见表16。

表16中：$[q_{eq}]$——地面的均布荷载允许值（kPa）；

$[s'_g]$——中间柱基内侧边缘中点的地基附加沉降允许值（mm）；

β_0——压在基础上的地面堆载（不考虑基础外的地面堆载影响）对基础内倾值的影响系数；

β'_0——和压在基础上的地面堆载纵向方向一致的压在地基上的地面堆载对基础内倾值的影响系数；

l——车间跨度（m）；

b——车间跨度方向基础底面边长（m）；

d——基础埋深（m）；

a——地面堆载的纵向长度（m）；

z_n——从室内地坪面起算的地基变形计算深度（m）；

$\overline{E}_s$——地基变形计算深度内按应力面积法求得土的平均压缩模量（MPa）；

$\overline{\alpha}_{Az}$、$\overline{\alpha}_{Bz}$——柱基内、外侧边缘中点自室内地坪面起算至 z_n 处的平均附加应力系数；

$\overline{\alpha}_{Ad}$、$\overline{\alpha}_{Bd}$——柱基内、外侧边缘中点自室内地坪面起算至基底处的平均附加应力系数；

$\tan\theta'$——纵向方向和压在基础上的地面堆载一致的压在地基上的地面堆载引起基础的内倾值；

$\tan\theta$——地面堆载范围与基础内侧边缘线重合时，均布地面堆载引起的基础内倾值；

$\beta_1 \cdots\cdots \beta_{10}$——分别表示地面堆载离柱基内侧边缘的不同位置和堆载的纵向长度对基础内倾值的影响系数。

表 16 中：

$$[q_{eq}]=\frac{0.008b\overline{E}_s}{z_n(\overline{\alpha}_{Az}-\overline{\alpha}_{Bz})-d(\overline{\alpha}_{Ad}-\overline{\alpha}_{Bd})}$$

$$[s'_g]=\frac{0.008bz_n\overline{\alpha}_{Az}}{z_n(\overline{\alpha}_{Az}-\overline{\alpha}_{Bz})-d(\overline{\alpha}_{Ad}-\overline{\alpha}_{Bd})}$$

$$\beta_0=\frac{0.033b}{z_n(\overline{\alpha}_{Az}-\overline{\alpha}_{Bz})-d(\overline{\alpha}_{Ad}-\overline{\alpha}_{Bd})}$$

$$\beta'_0=\frac{\tan\theta'}{\tan\theta}$$

大面积地面荷载作用下地基附加沉降的计算举例：

单层工业厂房，跨度 l=24m，柱基底面边长 b=3.5m，基础埋深 1.7m，地基土的压缩模量 E_s=4MPa，堆载纵向长度 a=60m，厂房填土在基础完工后填筑，地面荷载大小和范围如图 28 所示，求由于地面荷载作用下柱基内侧边缘中点(A) 的地基附加沉降值，并验算是否满足天然地基设计要求。

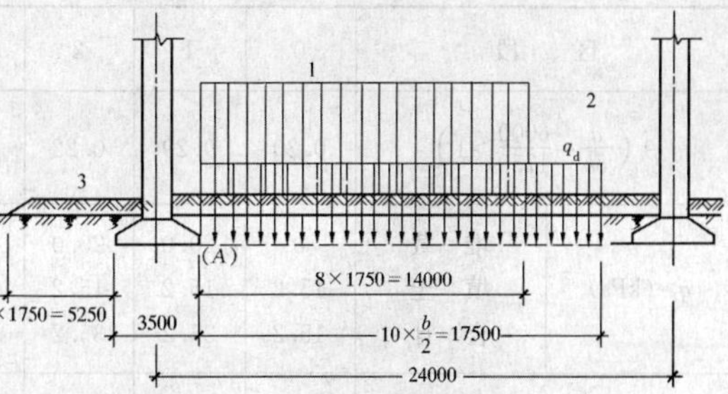

图 28　地面荷载计算示意

1—地面堆载 q_1=20kPa；2—填土 q_2=15.2kPa；3—填土 p_i=9.5kPa

一、等效均布地面荷载 q_{eq}

计算步骤如表 17 所示。

二、柱基内侧边缘中点（A）的地基附加沉降值 s'_g

计算时取 a'=30m，b'=17.5m。计算步骤如表 18 所示。

表 16　均布荷载允许值［q_{eq}］地基沉降允许值［s'_g］和系数 β 的计算总表

l (m)	d (m)	b (m)	a (m)	z_n	$\overline{\alpha}_{Az}$	$\overline{\alpha}_{Bz}$	$\overline{\alpha}_{Ad}$	$\overline{\alpha}_{Bd}$	[q_{eq}] (kPa)	[s'_g] (m)	β_0	β_0 1	2	3	4	5	6	7	8	9	10	β'_0
12	2	1	6	13.0	0.282	0.163	0.488	0.088	0.0107 $\overline{E}_s$	0.0393	0.44											
			11	16.5	0.324	0.216	0.485	0.082	0.0082 $\overline{E}_s$	0.0438	0.34											
			22	21.0	0.358	0.264	0.498	0.095	0.0068 $\overline{E}_s$	0.0513	0.28											
			33	23.0	0.366	0.276	0.499	0.096	0.0063 $\overline{E}_s$	0.0528	0.26											
			44	24.0	0.378	0.284	0.499	0.096	0.0055 $\overline{E}_s$	0.0476	0.23											
12	2	2	6	13.0	0.279	0.108	0.488	0.024	0.0123 $\overline{E}_s$	0.0448	0.51	0.27	0.24	0.17	0.10	0.08	0.05	0.03	0.03	0.030	0.01	
			10	15.0	0.324	0.150	0.499	0.031	0.0096 $\overline{E}_s$	0.0446	0.39											
			20	20.0	0.349	0.198	0.499	0.029	0.0077 $\overline{E}_s$	0.0540	0.32	0.21	0.20	0.15	0.12	0.09	0.07	0.06	0.04	0.03	0.03	
			30	22.0	0.363	0.222	0.49	0.029	0.0074 $\overline{E}_s$	0.0590	0.31			0.31	0.31		0.18	0.11	0.09			
			40	22.5	0.373	0.231	0.499	0.029	0.0071 $\overline{E}_s$	0.0596	0.29											
18	2	3	6	13.5	0.282	0.082	0.488	0.010	0.0138 $\overline{E}_s$	0.0526	0.57			0.64	0.24		0.08	0.04	—			
			12	18.0	0.333	0.134	0.498	0.010	0.0092 $\overline{E}_s$	0.0551	0.38	0.38	0.23	0.15	0.10	0.06	0.05	0.03	0.02	0.02	0.01	
			15	19.5	0.349	0.153	0.498	0.011	0.0084 $\overline{E}_s$	0.0574	0.35	0.31	0.22	0.15	0.10	0.08	0.05	0.03	0.03	0.02	0.01	0.06
			30	24.0	0.388	0.205	0.499	0.012	0.0071 $\overline{E}_s$	0.0659	0.29	0.27	0.21	0.14	0.11	0.08	0.06	0.05	0.03	0.03	0.02	
			45	27.0	0.396	0.228	0.499	0.011	0.0067 $\overline{E}_s$	0.0723	0.28			0.42	0.28		0.15	0.08	0.07			
			60	28.5	0.399	0.237	0.499	0.012	0.0066 $\overline{E}_s$	0.0737	0.27											
24	2	4	6	14.0	0.277	0.059	0.488	0.002	0.0154 $\overline{E}_s$	0.0596	0.63	0.40	0.34	0.12	0.06	0.04	0.02	0.01	0.01	—		
			12	19.0	0.332	0.110	0.497	0.005	0.0099 $\overline{E}_s$	0.0625	0.41	0.40	0.25	0.13	0.08	0.06	0.03	0.02	0.01	0.01	0.01	
			20	23.0	0.370	0.154	0.499	0.006	0.0080 $\overline{E}_s$	0.0683	0.33	0.35	0.23	0.14	0.09	0.07	0.04	0.03	0.02	0.02	0.01	
			40	28.0	0.408	0.206	0.499	0.006	0.0068 $\overline{E}_s$	0.0780	0.28											
			60	32.0	0.413	0.229	0.499	0.006	0.0066 $\overline{E}_s$	0.0866	0.27	0.27	0.21	0.15	0.10	0.08	0.06	0.03	0.50	0.08	0.02	
			80	34.0	0.415	0.236	0.499	0.006	0.0063 $\overline{E}_s$	0.0884	0.26											
30	2	5	6	14.0	0.279	0.046	0.488	0.002	0.0175 $\overline{E}_s$	0.0681	0.72	0.57	0.24	0.10	0.05	0.03	0.01	—	—	—	—	
			12	20.0	0.327	0.091	0.498	0.001	0.0107 $\overline{E}_s$	0.0702	0.44	0.47	0.24	0.12	0.07	0.04	0.02	0.02	0.02	0.01	—	0.10
			25	26.0	0.384	0.151	0.499	0.003	0.0079 $\overline{E}_s$	0.0785	0.32				0.61	0.23	0.29	0.05	0.01			
			50	32.5	0.419	0.204	0.499	0.003	0.0067 $\overline{E}_s$	0.0910	0.28											
			75	35.0	0.430	0.226	0.499	0.003	0.0065 $\overline{E}_s$	0.0978	0.27	0.60	0.21	0.15	0.09	0.08	0.05	0.04	0.03	0.03	0.02	
			100	37.5	0.430	0.234	0.499	0.003	0.0063 $\overline{E}_s$	0.1012	0.26	0.31	0.21	0.13	0.10	0.07	0.06	0.04	0.03	0.02	0.03	

表 17

区　段		0	1	2	3	4	5	6	7	8	9	10
$\beta_i\left(\frac{a}{5b}=\frac{6000}{1750}>1\right)$		0.30	0.29	0.22	0.15	0.10	0.08	0.06	0.04	0.03	0.02	0.01
q_i（kPa）	堆　载	0	20.0	20.0	20.0	20.0	20.0	20.0	20.0	20.0	0	0
	填　土	15.2	15.2	15.2	15.2	15.2	15.2	15.2	15.2	15.2	15.2	15.2
	合　计	15.2	35.2	35.2	35.2	35.2	35.2	35.2	35.2	35.2	15.2	15.2
p_i（kPa）填土		9.5	9.5	9.5	4.8							
$\beta_i q_i-\beta_i p_i$（kPa）		1.7	7.5	5.7	4.6	3.5	2.8	2.1	1.4	1.1	0.3	0.2
$q_{eq}=0.8\sum_{i=0}^{10}(\beta_i q_i-\beta_i p_i)=0.8\times30.9=24.7\text{kPa}$												

表 18

z_i（m）	$\frac{a'}{b'}$	$\frac{z_i}{b'}$	$\bar{\alpha}_i$	$z_i\bar{\alpha}_i$（m）	$z_i\bar{\alpha}_i-z_{i-1}\bar{\alpha}_{i-1}$	E_{si}（MPa）	$\Delta s'_{gi}=\frac{q_{lg}}{E_{si}}\times(z_i\bar{\alpha}_i-z_{i-1}\bar{\alpha}_{i-1})$（mm）	$s'_g=\sum_{i=1}^{n}\Delta s'_{gi}$（mm）	$\frac{\Delta s'_{gi}}{\sum_{i=1}^{n}\Delta s'_{gi}}$
0	$\frac{30.00}{17.50}=1.71$	0							
28.80		$\frac{28.80}{17.50}=1.65$	2×0.2069=0.4138	11.92		4.0	73.6	73.6	
30.00		$\frac{30.00}{17.50}=1.71$	2×0.2044=0.4088	12.26	0.34	4.0	2.1	75.7	0.028>0.025
29.80		$\frac{29.80}{17.50}=1.70$	2×0.2049=0.4098	12.21		4.0	75.4		
31.00		$\frac{31.00}{17.50}=1.77$	2×0.2020=0.4040	12.52	0.34	4.0	1.9	77.3	0.0246<0.025

注：地面荷载宽度 $b'=17.5$m，由地基变形计算深度 z 处向上取计算层厚度为 1.2m。从上表中得知地基变形计算深度 z_n 为 31m，所以由地面荷载引起柱基内侧边缘中点（A）的地基附加沉降值 $s'_g=77.3$mm。按 $a=60$m，$b=3.5$m。查表 16 得地基附加沉降允许值 $[s'_g]=80$mm，故满足天然地基设计的要求。

8 基　础

8.1 无筋扩展基础

8.1.1 本规范提供的各种无筋扩展基础台阶宽高比的允许值沿用了本规范 1974 版规定的允许值，这些规定都是经过长期的工程实践检验，是行之有效的。在本规范 2002 版编制时，根据现行国家标准《混凝土结构设计规范》GB 50010 以及《砌体结构设计规范》GB 50003 对混凝土和砌体结构的材料强度等级要求作了调整。计算结果表明，当基础单侧扩展范围内基础底面处的平均压力值超过 300kPa 时，应按下式验算墙（柱）边缘或变阶处的受剪承载力：

$$V_s\leqslant0.366f_tA$$

式中：V_s——相应于作用的基本组合时的地基土平均净反力产生的沿墙（柱）边缘或变阶处的剪力设计值（kN）；

A——沿墙（柱）边缘或变阶处基础的垂直截面面积（m^2）。当验算截面为阶形时其截面折算宽度按附录 U 计算。

上式是根据材料力学、素混凝土抗拉强度设计值以及基底反力为直线分布的条件下确定的，适用于除岩石以外的地基。

对基底反力集中于立柱附近的岩石地基，基础的抗剪验算条件应根据各地区具体情况确定。重庆大学曾对置于泥岩、泥质砂岩和砂岩等变形模量较大的岩石地基上的无筋扩展基础进行了试验，试验研究结果表明，岩石地基上无筋扩展基础的基底反力曲线是一倒置的马鞍形，呈现出中间大，两边小，到了边缘又略为增大的分布形式，反力的分布曲线主要与岩体的变形模量和基础的弹性模量比值、基础的高宽比有关。由于试验数据少，且因我国岩石类别较多，目前尚不能提供有关此类基础的受剪承载力验算公式，因此有关岩石地基上无筋扩展基础的台阶宽高比应结合各地区经验确定。根据已掌握的岩石地基上的无筋扩展基础试验中出现沿柱周边直剪和劈裂破坏现象，提出设计时应对柱下混凝土基础进行局部受压承载力验算，避免柱下素混凝土基础可能因横向拉应力达到混凝土的抗拉强度后引起基础周边混凝土发生竖向劈裂破坏和压陷。

8.2 扩展基础

8.2.1 扩展基础是指柱下钢筋混凝土独立基础和墙下钢筋混凝土条形基础。由于基础底板中垂直于受力钢筋的另一个方向的配筋具有分散部分荷载的作用，有利于底板内力重分布，因此各国规范中基础板的最小配筋率都小于梁的最小配筋率。美国 ACI318 规范中基础板的最小配筋率是按温度和混凝土收缩的要求规定为 0.2%（$f_{yk}=275\text{MPa}\sim345\text{MPa}$）和 0.18%（$f_{yk}=415\text{MPa}$）；英国标准 BS8110 规定板的两个方向的最小配筋率：低碳钢为 0.24%，合金钢为 0.13%；英国规范 CP110 规定板的受力钢筋和次要钢筋的最小配筋率：低碳钢为 0.25% 和 0.15%，合金钢为 0.15% 和 0.12%；我国《混凝土结构设计规范》GB 50010 规定对卧置于地基上的混凝土板受拉钢筋的最小配筋率不应小于 0.15%。本规范此次修订，明确了柱下独立基础的受力钢筋最小配筋率为 0.15%，此要求低于美国规范，与我国《混凝土结构设计规范》GB 50010 对卧置于地基上的混凝土板受拉钢筋的最小配筋率以及英国规范对合金钢的最小配筋率要求相一致。

为减小混凝土收缩产生的裂缝，提高条形基础对不均匀地基土适应能力，本次修订适当加大了分布钢筋的配筋量。

8.2.5 自本规范 GBJ 7－89 版颁布后，国内高杯口基础杯壁厚度以及杯壁和短柱部分的配筋要求基本上照此执行，情况良好。本次修订，保留了本规范 2002 版增加的抗震设防烈度为 8 度和 9 度时，短柱部分的横向箍筋的配置量不宜小于 $\phi8@150$ 的要求。

制定高杯口基础的构造依据是：

1 杯壁厚度 t

多数设计在计算有短柱基础的厂房排架时，一般都不考虑短柱的影响，将排架柱视作固定在基础杯口顶面的二阶柱（图 29b）。这种简化计算所得的弯矩 m 较考虑有短柱存在按三阶柱（图 29c）计算所得的弯矩小。

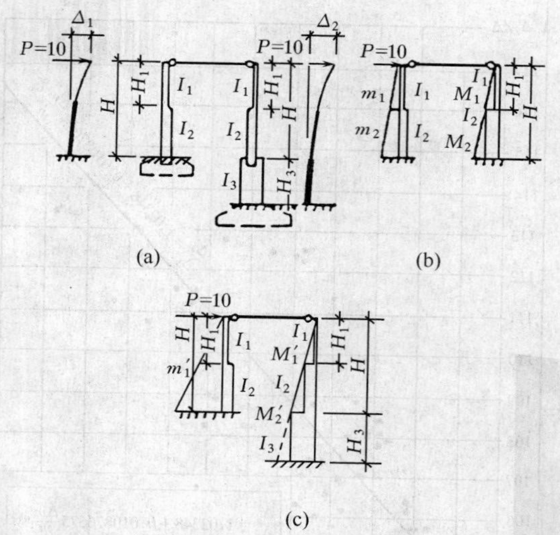

图 29　带短柱基础厂房的计算示意

（a）厂房图形；（b）简化计算；（c）精确计算

原机械工业部设计院对起重机起重量小于或等于 750kN、轨顶标高在 14m 以下的一般工业厂房做了大量分析工作，分析结果表明：短柱刚度愈小即 $\frac{\Delta_2}{\Delta_1}$ 的比值愈大（图 29a），则弯矩误差 $\frac{\Delta m}{m}\%$，即 $\frac{m'-m}{m}\%$ 愈大。图 30 为二阶柱和三阶柱的弯矩误差关系，从图中可以看到，当 $\frac{\Delta_2}{\Delta_1}=1.11$ 时，$\frac{\Delta m}{m}=8\%$，构件尚属安全使用范围之内。在相同的短柱高度和相同的柱截面条件下，短柱的刚度与杯壁的厚度 t 有关，GBJ 7－89 规范就是据此规定杯壁的厚度。通过十多年实践，按构造配筋的限制条件可适当放宽，本规范 2002 版参照《机械工厂结构设计规范》GBJ 8－97 增加了第 8.2.5 条中第 2、3 款的限制条件。

对符合本规范条文要求，且满足表 8.2.5 杯壁厚度最小要求的设计可不考虑高杯口基础短柱部分对排架的影响，否则应按三阶柱进行分析。

2 杯壁配筋

杯壁配筋的构造要求是基于横向（顶层钢筋网和横向箍筋）和纵向钢筋共同工作的计算方法，并通过试验验证。大量试算工作表明，除较小柱截面的杯口外，均能保证必需的安全度。顶层钢筋网由于抗弯力臂大，设计时应充分利用其抗弯承载力以减少杯壁其他的钢筋用量。横向箍筋 $\phi8@150$ 的抗弯承载力随柱的插入杯口深度 h_1 而异，但当柱截面高度 h 大于 1000mm，$h_1=0.8h$ 时，抗弯能力有限，因此设计时横向箍筋不宜大于 $\phi8@150$。纵向钢筋直径可为 12mm～16mm，且其设置量又与 h 成正比，h 愈大则其抗弯承载力愈大，当 $h \geqslant 1000$mm 时，其抗弯承载力已达到甚至超过顶层钢筋网的抗弯承载力。

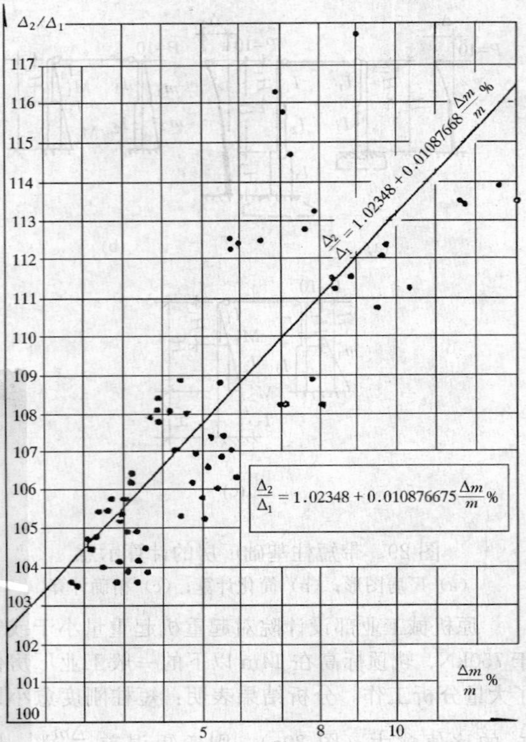

图 30　一般工业厂房 $\frac{\Delta_2}{\Delta_1}$ 与 $\frac{\Delta m}{m}\%$（上柱）关系

注：Δ_1 和 Δ_2 的相关系数 $\gamma = 0.817824352$

8.2.7　本条为强制性条文。规定了扩展基础的设计内容：受冲切承载力计算、受剪切承载力计算、抗弯计算、受压承载力计算。为确保扩展基础设计的安全，在进行扩展基础设计时必须严格执行。

8.2.8、8.2.9　为保证柱下独立基础双向受力状态，基础底面两个方向的边长一般都保持在相同或相近的范围内，试验结果和大量工程实践表明，当冲切破坏锥体落在基础底面以内时，此类基础的截面高度由受冲切承载力控制。本规范编制时所作的计算分析和比较也表明，符合本规范要求的双向受力独立基础，其剪切所需的截面有效面积一般都能满足要求，无需进行受剪承载力验算。考虑到实际工作中柱下独立基础底面两个方向的边长比值有可能大于 2，此时基础的受力状态接近于单向受力，柱与基础交接处不存在受冲切的问题，仅需对基础进行斜截面受剪承载力验算。因此，本次规范修订时，补充了基础底面短边尺寸小于柱宽加两倍基础有效高度时，验算柱与基础交接处基础受剪承载力的条款。验算截面取柱边缘，当受剪验算截面为阶梯形及锥形时，可将其截面折算成矩形，折算截面的宽度及截面有效高度，可按照本规范附录 U 确定。需要说明的是：计算斜截面受剪承载力时，验算截面的位置，各国规范的规定不尽相同。对于非预应力构件，美国规范 ACI318，根据构件端部斜截面脱离体的受力条件规定了：当满足（1）支座反力（沿剪力作用方向）在构件端部产生压力时；（2）距支座边缘 h_0 范围内无集中荷载时；取距支座边缘 h_0 处作为验算受剪承载力的截面，并取距支座边缘 h_0 处的剪力作为验算的剪力设计值。当不符合上述条件时，取支座边缘处作为验算受剪承载力的截面，剪力设计值取支座边缘处的剪力。我国混凝土结构设计规范对均布荷载作用下的板类受弯构件，其斜截面受剪承载力的验算位置一律取支座边缘处，剪力设计值一律取支座边缘处的剪力。在验算单向受剪承载力时，ACI-318 规范的混凝土抗剪强度取 $\phi\sqrt{f_c'}/6$，抗剪强度为冲切承载力（双向受剪）时混凝土抗剪强度 $\phi\sqrt{f_c'}/3$ 的一半，而我国的混凝土单向受剪强度与双向受剪强度相同，设计时只是在截面高度影响系数中略有差别。对于单向受力的基础底板，按照我国混凝土设计规范的受剪承载力公式验算，计算截面从板边退出 h_0 算得的板厚小于美国 ACI318 规范，而验算断面取梁边或墙边时算得的板厚则大于美国 ACI318 规范。

本条文中所说的"短边尺寸"是指垂直于力矩作用方向的基础底边尺寸。

8.2.10　墙下条形基础底板为单向受力，应验算墙与基础交接处单位长度的基础受剪切承载力。

8.2.11　本条中的公式（8.2.11-1）和式（8.2.11-2）是以基础台阶宽高比小于或等于 2.5，以及基础底面与地基土之间不出现零应力区（$e \leqslant b/6$）为条件推导出来的弯矩简化计算公式，适用于除岩石以外的地基。其中，基础台阶宽高比小于或等于 2.5 是基于试验结果，旨在保证基底反力呈直线分布。中国建筑科学研究院地基所黄熙龄、郭天强对不同宽高比的板进行了试验，试验板的面积为 1.0m×1.0m。试验结果表明：在轴向荷载作用下，当 $h/l \leqslant 0.125$ 时，基底反力呈现中部大、端部小（图 31a、31b），地基承载力没有充分发挥基础板就出现井字形受弯破坏裂缝；当 $h/l = 0.16$ 时，地基反力呈直线分布，加载超过地基承载力特征值后，基础板发生冲切破坏（图 31c）；当 $h/l = 0.20$ 时，基础边缘反力逐渐增大，中部反力逐渐减小，在加荷接近冲切承载力时，底部反力向中部集中，最终基础板出现冲切破坏（图 31d）。基于试验结果，对基础台阶宽高比小于或等于 2.5 的独立柱基可采用基底反力直线分布进行内力分析。

此外，考虑到独立基础的高度一般是由冲切或剪切承载力控制，基础板相对较厚，如果用其计算最小配筋量可能导致底板用钢量不必要的增加，因此本规范提出对阶形以及锥形独立基础，可将其截面折算成矩形，其折算截面的宽度 b_0 及截面有效高度 h_0 按本规范附录 U 确定，并按最小配筋率 0.15% 计算基础底板的最小配筋量。

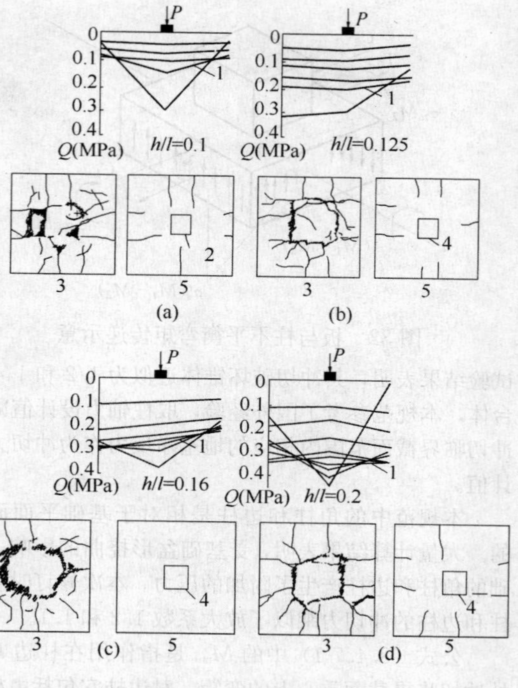

图 31　不同宽高比的基础板下反力分布

h—板厚；l—板宽

1—开裂；2—柱边整齐裂缝；3—板底面；4—裂缝；5—板顶面

8.3　柱下条形基础

8.3.1、8.3.2　基础梁的截面高度应根据地基反力、柱荷载的大小等因素确定。大量工程实践表明，柱下条形基础梁的截面高度一般为柱距的 1/4～1/8。原上海工业建筑设计院对 50 项工程的统计，条形基础梁的高跨比在 1/4～1/6 之间的占工程数的 88%。在选择基础梁截面时，柱边缘处基础梁的受剪截面尚应满足现行《混凝土结构设计规范》GB 50010 的要求。

关于柱下条形基础梁的内力计算方法，本规范给出了按连续梁计算内力的适用条件。在比较均匀的地基上，上部结构刚度较好，荷载分布较均匀，且条形基础梁的截面高度大于或等于 1/6 柱距时，地基反力可按直线分布考虑。其中基础梁高大于或等于 1/6 柱距的条件是通过与柱距 l 和文克勒地基模型中的弹性特征系数 λ 的乘积 $\lambda l \leqslant 1.75$ 作了比较，结果表明，当高跨比大于或等于 1/6 时，对一般柱距及中等压缩性的地基都可考虑地基反力为直线分布。当不满足上述条件时，宜按弹性地基梁法计算内力，分析时采用的地基模型应结合地区经验进行选择。

8.4　高层建筑筏形基础

8.4.1　筏形基础分为平板式和梁板式两种类型，其选型应根据工程具体条件确定。与梁板式筏基相比，平板式筏基具有抗冲切及抗剪切能力强的特点，且构造简单，施工便捷，经大量工程实践和部分工程事故分析，平板式筏基具有更好的适应性。

8.4.2　对单幢建筑物，在均匀地基的条件下，基础底面的压力和基础的整体倾斜主要取决于作用的准永久组合下产生的偏心距大小。对基底平面为矩形的筏基，在偏心荷载作用下，基础抗倾覆稳定系数 K_F 可用下式表示：

$$K_F = \frac{y}{e} = \frac{\gamma B}{e} = \frac{\gamma}{\dfrac{e}{B}}$$

式中：B——与组合荷载竖向合力偏心方向平行的基础边长；

e——作用在基底平面的组合荷载全部竖向合力对基底面积形心的偏心距；

y——基底平面形心至最大受压边缘的距离，γ 为 y 与 B 的比值。

从式中可以看出 e/B 直接影响着抗倾覆稳定系数 K_F，K_F 随着 e/B 的增大而降低，因此容易引起较大的倾斜。表 19 三个典型工程的实测证实了在地基条件相同时，e/B 越大，则倾斜越大。

表 19　e/B 值与整体倾斜的关系

地基条件	工程名称	横向偏心距 e（m）	基底宽度 B（m）	e/B	实测倾斜（‰）
上海软土地基	胸科医院	0.164	17.9	1/109	2.1（有相邻建筑影响）
上海软土地基	某研究所	0.154	14.8	1/96	2.7
北京硬土地基	中医医院	0.297	12.6	1/42	1.716（唐山地震时北京烈度为 6 度，未发现明显变化）

高层建筑由于楼身质心高，荷载重，当筏形基础开始产生倾斜后，建筑物总重对基础底面形心将产生新的倾覆力矩增量，而倾覆力矩的增量又产生新的倾斜增量，倾斜可能随时间而增长，直至地基变形稳定为止。因此，为避免基础产生倾斜，应尽量使结构竖向荷载合力作用点与基础平面形心重合，当偏心难以避免时，则应规定竖向合力偏心距的限值。本规范根据实测资料并参考交通部（公路桥涵设计规范）对桥墩合力偏心距的限制，规定了在作用的准永久组合时，$e \leqslant 0.1W/A$。从实测结果来看，这个限制对硬土地区稍严格，当有可靠依据时可适当放松。

8.4.3　国内建筑物脉动实测试验结果表明，当地基为非密实土和岩石持力层时，由于地基的柔性改变了上部结构的动力特性，延长了上部结构的基本周期以及增大了结构体系的阻尼，同时土与结构的相互作用也改变了地基运动的特性。结构按刚性地基假定分析的水平地震作用比其实际承受的地震作用大，因此可以根据场地条件、基础埋深、基础和上部结构的刚度等因素确定是否对水平地震作用进行适当折减。

实测地震记录及理论分析表明，土中的水平地震加速度一般随深度而渐减，较大的基础埋深，可以减少来自基底的地震输入，例如日本取地表下20m深处的地震系数为地表的0.5倍；法国规定筏基或带地下室的建筑的地震荷载比一般的建筑少20%。同时，较大的基础埋深，可以增加基础侧面的摩擦阻力和土的被动土压力，增强土对基础的嵌固作用。美国FEMA386及IBC规范采用加长结构物自振周期作为考虑地基土的柔性影响，同时采用增加结构有效阻尼来考虑地震过程中结构的能量耗散，并规定了结构的基底剪力最大可降低30%。

本次修订，对不同土层剪切波速、不同场地类别以及不同基础埋深的钢筋混凝土剪力墙结构，框架剪力墙结构和框架核心筒结构进行分析，结合我国现阶段的地震作用条件并与美国UBC1977和FEMA386、IBC规范进行了比较，提出了对四周与土层紧密接触带地下室外墙的整体式筏基和箱基，场地类别为Ⅲ类和Ⅳ类，结构基本自振周期处于特征周期的1.2倍～5倍范围时，按刚性地基假定分析的基底水平地震剪力和倾覆力矩可根据抗震设防烈度乘以折减系数，8度时折减系数取0.9，9度时折减系数取0.85，该折减系数是一个综合性的包络值，它不能与现行国家标准《建筑抗震设计规范》GB 50011第5.2节中提出的折减系数同时使用。

8.4.6 本条为强制性条文。平板式筏基的板厚通常由冲切控制，包括柱下冲切和内筒冲切，因此其板厚应满足受冲切承载力的要求。

8.4.7 N. W. Hanson和J. M. Hanson在他们的《混凝土板柱之间剪力和弯矩的传递》试验报告中指出：板与柱之间的不平衡弯矩传递，一部分不平衡弯矩是通过临界截面周边的弯曲应力T和C来传递，而一部分不平衡弯矩则通过临界截面上的偏心剪力对临界截面重心产生的弯矩来传递的，如图32所示。因此，在验算距柱边$h_0/2$处的冲切临界截面剪应力时，除需考虑竖向荷载产生的剪应力外，尚应考虑作用在冲切临界截面重心上的不平衡弯矩所产生的附加剪应力。本规范公式（8.4.7-1）右侧第一项是根据现行国家标准《混凝土结构设计规范》GB 50010在集中力作用下的冲切承载力计算公式换算而得，右侧第二项是引自美国ACI 318规范中有关的计算规定。

关于公式（8.4.7-1）中冲切力取值的问题，国内外大量试验结果表明，内柱的冲切破坏呈完整的锥体状，我国工程实践中一直沿用柱所承受的轴向力设计值减去冲切破坏锥体范围内相应的地基净反力作为冲切力；对边柱和角柱，中国建筑科学研究院地基所

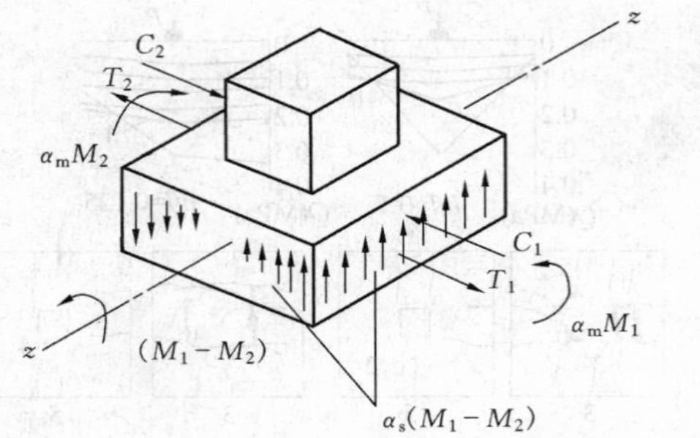

图32 板与柱不平衡弯矩传递示意

试验结果表明，其冲切破坏锥体近似为1/2和1/4圆台体，本规范参考了国外经验，取柱轴力设计值减去冲切临界截面范围内相应的地基净反力作为冲切力设计值。

本规范中的角柱和边柱是相对于基础平面而言的。大量计算结果表明，受基础盆形挠曲的影响，基础的角柱和边柱产生了附加的压力。本次修订时将角柱和边柱的冲切力乘以了放大系数1.2和1.1。

公式（8.4.7-1）中的M_{unb}是指作用在柱边$h_0/2$处冲切临界截面重心上的弯矩，对边柱它包括由柱根处轴力N和该处筏板冲切临界截面范围内相应的地基反力P对临界截面重心产生的弯矩。由于本条中筏板和上部结构是分别计算的，因此计算M值时尚应包括柱子根部的弯矩设计值M_c，如图33所示，M的表达式为：

$$M_{unb}=Ne_N-Pe_p\pm M_c$$

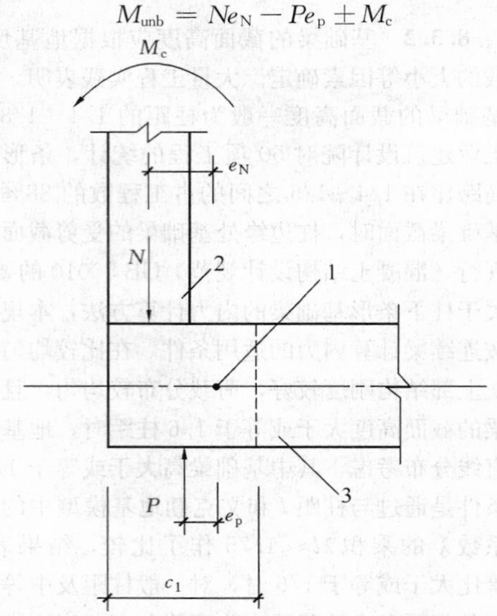

图33 边柱M_{unb}计算示意

1—冲切临界截面重心；2—柱；3—筏板

对于内柱，由于对称关系，柱截面形心与冲切临界截面重心重合，$e_N=e_p=0$，因此冲切临界截面重心上的弯矩，取柱根弯矩设计值。

国外试验结果表明，当柱截面的长边与短边的比值β_s大于2时，沿冲切临界截面的长边的受剪承载力

约为柱短边受剪承载力的一半或更低。本规范的公式(8.4.7-2)是在我国受冲切承载力公式的基础上，参考了美国 ACI 318 规范中受冲切承载力公式中有关规定，引进了柱截面长、短边比值的影响，适用于包括扁柱和单片剪力墙在内的平板式筏基。图 34 给出了本规范与美国 ACI 318 规范在不同 β_s 条件下筏板有效高度的比较，由于我国受冲切承载力取值偏低，按本规范算得的筏板有效高度稍大于美国 ACI 318 规范相关公式的结果。

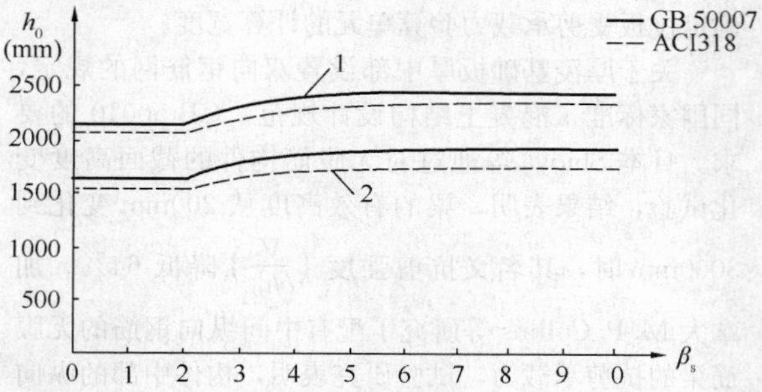

图 34　不同 β_s 条件下筏板有效高度的比较

1—实例一、筏板区格 9m×11m，作用的标准组合的地基土净反力 345.6kPa；2—实例二、筏板区格 7m×9.45m，作用的标准组合的地基土净反力 245.5kPa

对有抗震设防要求的平板式筏基，尚应验算地震作用组合的临界截面的最大剪应力 $\tau_{E,max}$，此时公式(8.4.7-1)和式(8.4.7-2)应改写为：

$$\tau_{E,max}=\frac{V_{sE}}{A_s}+\alpha_s\frac{M_E}{I_s}C_{AB}$$

$$\tau_{E,max}\leqslant\frac{0.7}{\gamma_{RE}}\left(0.4+\frac{1.2}{\beta_s}\right)\beta_{hp}f_t$$

式中：V_{sE}——作用的地震组合的集中反力设计值(kN)；

M_E——作用的地震组合的冲切临界截面重心上的弯矩设计值（kN·m)；

A_s——距柱边 $h_0/2$ 处的冲切临界截面的筏板有效面积（m^2)；

γ_{RE}——抗震调整系数，取 0.85。

8.4.8　Venderbilt 在他的《连续板的抗剪强度》试验报告中指出：混凝土抗冲切承载力随比值 u_m/h_0 的增加而降低。由于使用功能上的要求，核心筒占有相当大的面积，因而距核心筒外表面 $h_0/2$ 处的冲切临界截面周长是很大的，在 h_0 保持不变的条件下，核心筒下筏板的受冲切承载力实际上是降低了，因此设计时应验算核心筒下筏板的受冲切承载力，局部提高核心筒下筏板的厚度。此外，我国工程实践和美国休斯敦壳体大厦基础钢筋应力实测结果表明，框架-核心筒结构和框筒结构下筏板底部最大应力出现在核心筒边缘处，因此局部提高核心筒下筏板的厚度，也有利于核心筒边缘处筏板应力较大部位的配筋。本规范给出的核心筒下筏板冲切截面周长影响系数 η，是通过实际工程中不同尺寸的核心筒，经分析并和美国 ACI 318 规范对比后确定的（详见表 20)。

表 20　内筒下筏板厚度比较

筒尺寸(m×m)	筏板混凝土强度等级	标准组合的内筒轴力(kN)	标准组合的基底净反力(kN/m^2)	规范名称	筏板有效高度(m) 不考虑冲切临界截面周长影响	考虑冲切临界截面周长影响
11.3×13.0	C30	128051	383.4	GB 50007	1.22	1.39
				ACI 318	1.18	1.44
12.6×27.2	C40	424565	453.1	GB 50007	2.41	2.72
				ACI 318	2.36	2.71
24×24	C40	718848	480	GB 50007	3.2	3.58
				ACI 318	3.07	3.55
24×24	C40	442980	300	GB 50007	2.39	2.57
				ACI 318	2.12	2.67
24×24	C40	336960	225	GB 50007	1.95	2.28
				ACI 318	1.67	2.21

8.4.9　本条为强制性条文。平板式筏基内筒、柱边缘处以及筏板变厚度处剪力较大，应进行抗剪承载力验算。

8.4.10　通过对已建工程的分析，并鉴于梁板式筏基基础梁下实测土反力存在的集中效应、底板与土壤之间的摩擦力作用以及实际工程中底板的跨厚比一般都在 14～6 之间变动等有利因素，本规范明确了取距内柱和内筒边缘 h_0 处作为验算筏板受剪的部位，如图 35 所示；角柱下验算筏板受剪的部位取距柱角 h_0 处，如图 36 所示。式(8.4.10)中的 V_s 即作用在图 35 或图 36 中阴影面积上的地基平均净反力设计值除以验算截面处的板格中至中的长度（内柱)、或距角柱角点 h_0 处 45°斜线的长度（角柱)。国内筏板试验报告表明：筏板的裂缝首先出现在板的角部，设计中当采用简化计算方法时，需适当考虑角点附近土反力的集中效应，乘以 1.2 的增大系数。图 37 给出了筏板模型试验中裂缝发展的过程。设计中当角柱下筏板

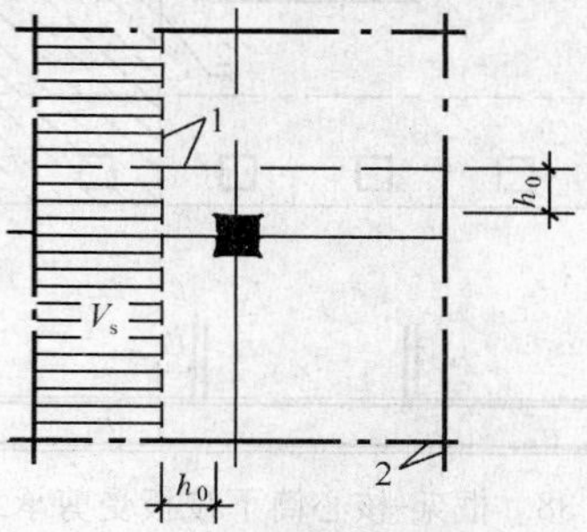

图 35　内柱（筒）下筏板验算剪切部位示意

1—验算剪切部位；2—板格中线

受剪承载力不满足规范要求时，也可采用适当加大底层角柱横截面或局部增加筏板角隅板厚等有效措施，以期降低受剪截面处的剪力。

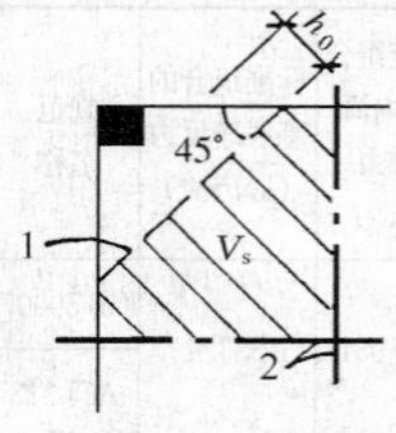

图 36　角柱（筒）下筏板验算剪切部位示意

1—验算剪切部位；2—板格中线

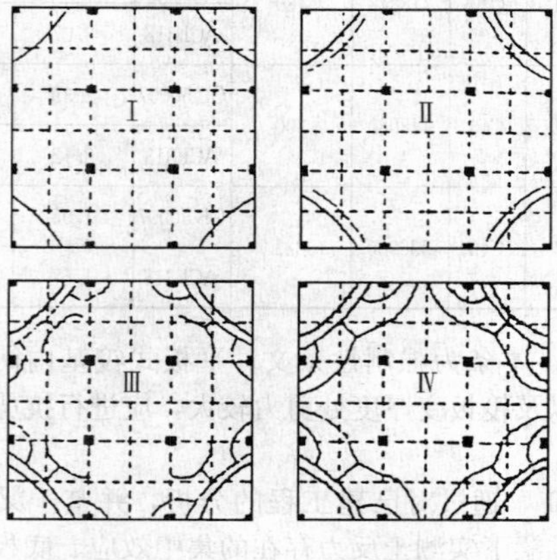

图 37　筏板模型试验裂缝发展过程

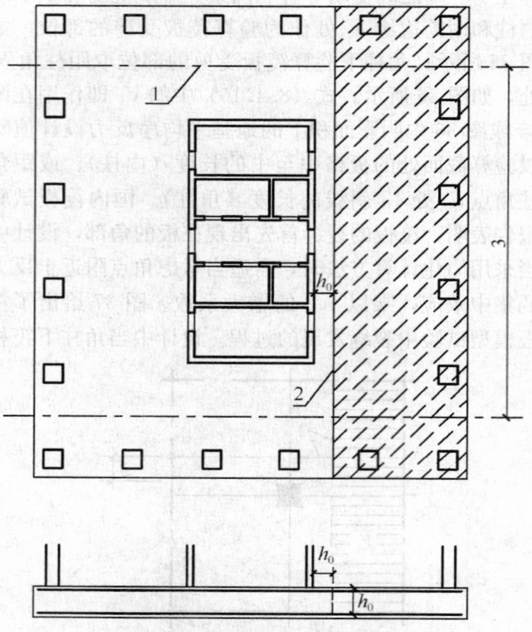

图 38　框架-核心筒下筏板受剪承载力计算截面位置和计算

1—混凝土核心筒与柱之间的中分线；2—剪切计算截面；3—验算单元的计算宽度 b

对于上部为框架-核心筒结构的平板式筏形基础，设计人应根据工程的具体情况采用符合实际的计算模型或根据实测确定的地基反力来验算距核心筒 h_0 处的筏板受剪承载力。当边柱与核心筒之间的距离较大时，式（8.4.10）中的 V_s 即作用在图 38 中阴影面积上的地基平均净反力设计值与边柱轴力设计值之差除以 b，b 取核心筒两侧紧邻跨的跨中分线之间的距离。当主楼核心筒外侧有两排以上框架柱或边柱与核心筒之间的距离较小时，设计人应根据工程具体情况慎重确定筏板受剪承载力验算单元的计算宽度。

关于厚筏基础板厚中部设置双向钢筋网的规定，同国家标准《混凝土结构设计规范》GB 50010 的要求。日本 Shioya 等通过对无腹筋构件的截面高度变化试验，结果表明，梁的有效高度从 200mm 变化到 3000mm 时，其名义抗剪强度 $\left(\frac{V}{bh_0}\right)$ 降低 64%。加拿大 M. P. Collins 等研究了配有中间纵向钢筋的无腹筋梁的抗剪承载力，试验研究表明，构件中部的纵向钢筋对限制斜裂缝的发展，改善其抗剪性能是有效的。

8.4.11　本条为强制性条文。本条规定了梁板式筏基底板的设计内容：抗弯计算、受冲切承载力计算、受剪切承载力计算。为确保梁板式筏基底板设计的安全，在进行梁板式筏基底板设计时必须严格执行。

8.4.12　板的抗冲切机理要比梁的抗剪复杂，目前各国规范的受冲切承载力计算公式都是基于试验的经验公式。本规范梁板式筏基底板受冲切承载力和受剪承载力验算方法源于《高层建筑箱形基础设计与施工规程》JGJ 6－80。验算底板受剪承载力时，规程 JGJ 6－80 规定了以距墙边 h_0（底板的有效高度）处作为验算底板受剪承载力的部位。在本规范 2002 版编制时，对北京市十余幢已建的箱形基础进行调查及复算，调查结果表明按此规定计算的底板并没有发现异常现象，情况良好。表 21 和表 22 给出了部分已建工程有关箱形基础双向底板的信息，以及箱形基础双向底板按不同规范计算剪切所需的 h_0。分析比较结果表明，取距支座边缘 h_0 处作为验算双向底板受剪承载力的部位，并将梯形受荷面积上的平均净反力摊在（$l_{n2}-2h_0$）上的计算结果与工程实际的板厚以及按 ACI 318 计算结果是十分接近的。

表 21　已建工程箱形基础双向底板信息表

序号	工程名称	板格尺寸（m×m）	地基净反力标准值（kPa）	支座宽度（m）	混凝土强度等级	底板实用厚度 h（mm）
①	海军医院门诊楼	7.2×7.5	231.2	0.60	C25	550
②	望京Ⅱ区 1 号楼	6.3×7.2	413.6	0.20	C25	850
③	望京Ⅱ区 2 号楼	6.3×7.2	290.4	0.20	C25	700

续表 21

序号	工程名称	板格尺寸（m×m）	地基净反力标准值（kPa）	支座宽度（m）	混凝土强度等级	底板实用厚度 h（mm）
④	望京Ⅱ区 3 号楼	6.3×7.2	384.0	0.20	C25	850
⑤	松榆花园 1 号楼	8.1×8.4	616.8	0.25	C35	1200
⑥	中鑫花园	6.15×9.0	414.4	0.30	C30	900
⑦	天创成	7.9×10.1	595.5	0.25	C30	1300
⑧	沙板庄小区	6.4×8.7	434.0	0.20	C30	1000

表 22　已建工程箱形基础双向底板剪切计算分析

序号	双向底板剪切计算的 h_0（mm）			按 GB 50007 双向底板冲切计算的 h_0（mm）	工程实用厚度 h（mm）
	GB 50010	ACI-318	GB 50007		
	梯形土反力摊在 l_{n2} 上		梯形土反力摊在 $(l_{n2}-2h_0)$ 上		
	支座边缘	距支座边 h_0	距支座边 h_0		
①	600	584	514	470	550
②	1200	853	820	710	850
③	760	680	620	540	700
④	1090	815	770	670	850
⑤	1880	1160	1260	1000	1200
⑥	1210	915	824	700	900
⑦	2350	1355	1440	1120	1300
⑧	1300	950	890	740	1000

8.4.14　中国建筑科学研究院地基所黄熙龄和郭天强在他们的框架柱-筏基础模型试验报告中指出，在均匀地基上，上部结构刚度较好，柱网和荷载分布较均匀，且基础梁的截面高度大于或等于 1/6 的梁板式筏基基础，可不考虑筏板的整体弯曲，只按局部弯曲计算，地基反力可按直线分布。试验是在粉质黏土和碎石土两种不同类型的土层上进行的，筏基平面尺寸为 3220mm×2200mm，厚度为 150mm（图 39），其上为三榀单层框架（图 40）。试验结果表明，土质无论是粉质黏土还是碎石土，沉降都相当均匀（图 41），筏板的整体挠曲度约为万分之三。基础内力的分布规律，按整体分析法（考虑上部结构作用）与倒梁法是一致的，且倒梁板法计算出来的弯矩值还略大于整体分析法（图 42）。

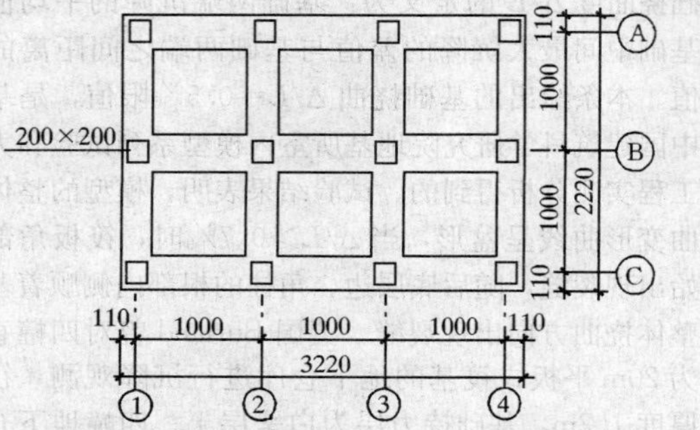

图 39　模型试验加载梁平面图

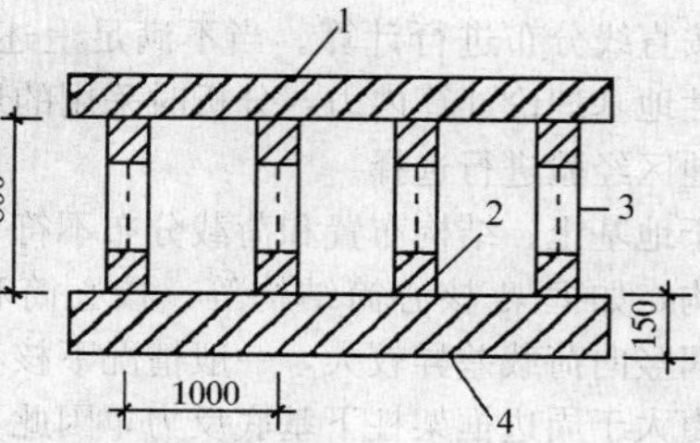

图 40　模型试验（B）轴线剖面图

1—框架梁；2—柱；3—传感器；4—筏板

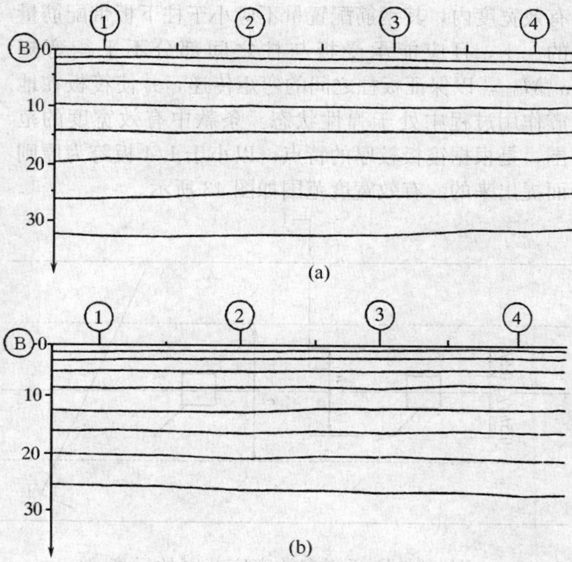

图 41　（B）轴线沉降曲线

（a）粉质黏土；（b）碎石土

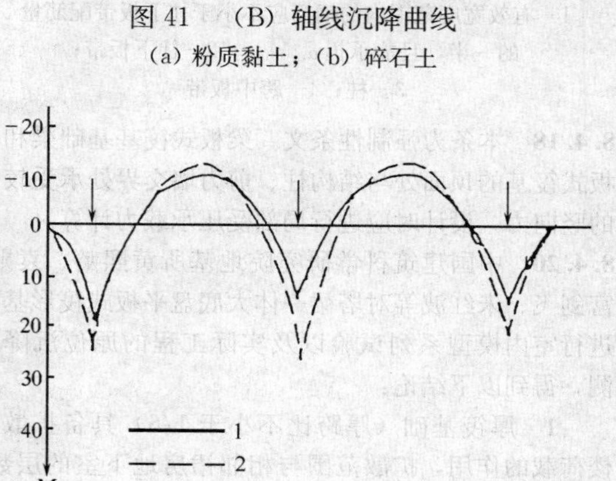

图 42　整体分析法与倒梁板法弯矩计算结果比较

1—整体（考虑上部结构刚度）；2—倒梁板法

对单幢平板式筏基，当地基土比较均匀，地基压缩层范围内无软弱土层或可液化土层、上部结构刚度较好，柱网和荷载较均匀、相邻柱荷载及柱间距的变化不超过 20%，上部结构刚度较好，筏板厚度满足受冲切承载力要求，且筏板的厚跨比不小于 1/6 时，平板式筏基可仅考虑局部弯曲作用。筏形基础的内力，可按直线分布进行计算。当不满足上述条件时，宜按弹性地基理论计算内力，分析时采用的地基模型应结合地区经验进行选择。

对于地基土、结构布置和荷载分布不符合本条要求的结构，如框架-核心筒结构等，核心筒和周边框架柱之间竖向荷载差异较大，一般情况下核心筒下的基底反力大于周边框架柱下基底反力，因此不适用于本条提出的简化计算方法，应采用能正确反映结构实际受力情况的计算方法。

8.4.16 工程实践表明，在柱宽及其两侧一定范围的有效宽度内，其钢筋配置量不应小于柱下板带配筋量的一半，且应能承受板与柱之间部分不平衡弯矩 $\alpha_m M_{unb}$，以保证板柱之间的弯矩传递，并使筏板在地震作用过程中处于弹性状态。条款中有效宽度的范围，是根据筏板较厚的特点，以小于 1/4 板跨为原则而提出来的。有效宽度范围如图 43 所示。

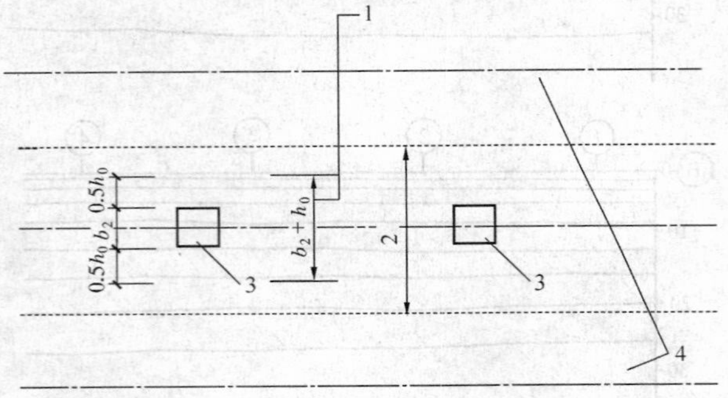

图 43　柱两侧有效宽度范围的示意

1—有效宽度范围内的钢筋应不小于柱下板带配筋量的一半，且能承担 $\alpha_m M_{unb}$；2—柱下板带；3—柱；4—跨中板带

8.4.18 本条为强制性条文。梁板式筏基基础梁和平板式筏基的顶面处与结构柱、剪力墙交界处承受较大的竖向力，设计时应进行局部受压承载力计算。

8.4.20 中国建筑科学研究院地基所黄熙龄、袁勋、宫剑飞、朱红波等对塔裙一体大底盘平板式筏形基础进行室内模型系列试验以及实际工程的原位沉降观测，得到以下结论：

1　厚筏基础（厚跨比不小于 1/6）具备扩散主楼荷载的作用，扩散范围与相邻裙房地下室的层数、间距以及筏板的厚度有关，影响范围不超过三跨。

2　多塔楼作用下大底盘厚筏基础的变形特征为：各塔楼独立作用下产生的变形效应通过以各个塔楼下面一定范围内的区域为沉降中心，各自沿径向向外围衰减。

3　多塔楼作用下大底盘厚筏基础的基底反力的分布规律为：各塔楼荷载产出的基底反力以其塔楼下某一区域为中心，通过各自塔楼周围的裙房基础沿径向向外围扩散，并随着距离的增大而逐渐衰减。

4　大比例室内模型系列试验和工程实测结果表明，当高层建筑与相连的裙房之间不设沉降缝和后浇带时，高层建筑的荷载通过裙房基础向周围扩散并逐渐减小，因此与高层建筑紧邻的裙房基础下的地基反力相对较大，该范围内的裙房基础板厚度突然减小过多时，有可能出现基础板的截面因承载力不够而发生破坏或其因变形过大出现裂缝。因此本条提出高层建筑及与其紧邻一跨的裙房筏板应采用相同厚度，裙房筏板的厚度宜从第二跨裙房开始逐渐变化。

5　室内模型试验结果表明，平面呈 L 形的高层建筑下的大面积整体筏形基础，筏板在满足厚跨比不小于 1/6 的条件下，裂缝发生在与高层建筑相邻的裙房第一跨和第二跨交接处的柱旁。试验结果还表明，高层建筑连同紧邻一跨的裙房其变形相当均匀，呈现出接近刚性板的变形特征。因此，当需要设置后浇带时，后浇带宜设在与高层建筑相邻裙房的第二跨内（见图 44）。

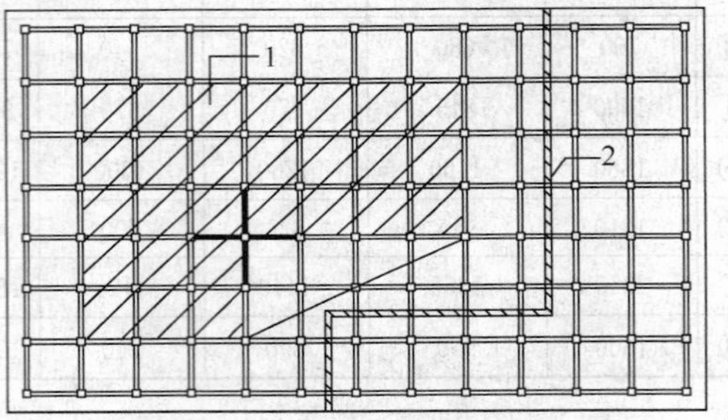

图 44　平面呈 L 形的高层建筑后浇带示意

1—L 形高层建筑；2—后浇带

8.4.21 室内模型试验和工程沉降观察以及反算结果表明，在同一大面积整体筏形基础上有多幢高层和低层建筑时，筏形基础的结构分析宜考虑上部结构、基础与地基土的共同作用，否则将得到与沉降测试结果不符的较小的基础边缘沉降值和较大的基础挠曲度。

8.4.22 高层建筑基础不但应满足强度要求，而且应有足够的刚度，方可保证上部结构的安全。本规范基础挠曲度 Δ/L 的定义为：基础两端沉降的平均值和基础中间最大沉降的差值与基础两端之间距离的比值。本条给出的基础挠曲 $\Delta/L=0.5‰$ 限值，是基于中国建筑科学研究院地基所室内模型系列试验和大量工程实测分析得到的。试验结果表明，模型的整体挠曲变形曲线呈盆形，当 $\Delta/L>0.7‰$ 时，筏板角部开始出现裂缝，随后底层边、角柱的根部内侧顺着基础整体挠曲方向出现裂缝。英国 Burland 曾对四幢直径为 20m 平板式筏基的地下仓库进行沉降观测，筏板厚度 1.2m，基础持力层为白垩层土。四幢地下仓库的整体挠曲变形曲线均呈反盆状（图 45），当基础挠

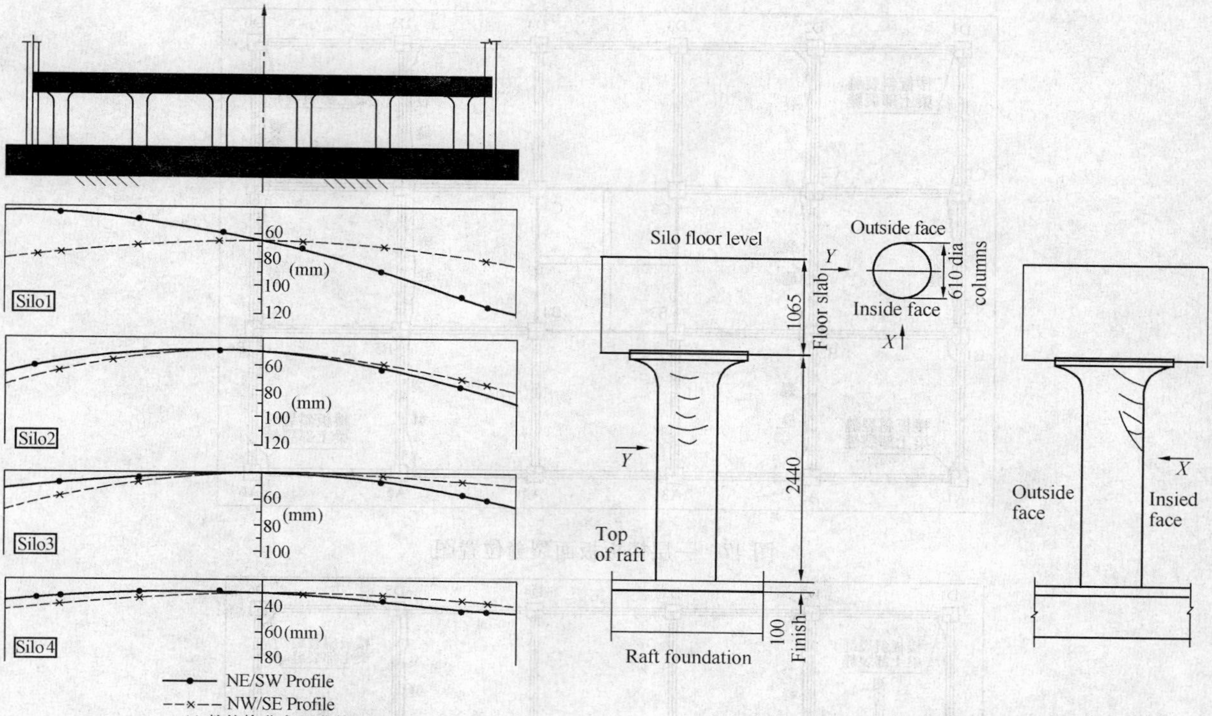

(a) 整体挠曲变形曲线　　(b) 柱子裂缝示意

图 45　四幢地下仓库平板式筏基的整体挠曲变形曲线及柱子裂缝示意

曲度 $\Delta/L=0.45‰$时，混凝土柱子出现发丝裂缝，当 $\Delta/L=0.6‰$时，柱子开裂严重，不得不设置临时支撑。因此，控制基础挠曲度的是完全必要的。

8.4.23　中国建筑科学研究院地基所滕延京和石金龙对大底盘框架-核心筒结构筏板基础进行了室内模型试验，试验基坑内为人工换填的均匀粉土，深 2.5m，其下为天然地基老土。通过载荷板试验，地基土承载力特征值为 100kPa。试验模型比例 $i=6$，上部结构为 8 层框架-核心筒结构，其左右两侧各带 1 跨 2 层裙房，筏板厚度为 220mm，楼板厚度：1 层为 35mm，2 层为 50mm，框架柱尺寸为 150mm × 150mm，大底盘结构模型平面及剖面见图 46。

试验结果显示：

1　当筏板发生纵向挠曲时，在上部结构共同作用下，外扩裙房的角柱和边柱抑制了筏板纵向挠曲的发展，柱下筏板存在局部负弯矩，同时也使顺着基础整体挠曲方向的裙房底层边、角柱下端的内侧，以及底层边、角柱上端的外侧出现裂缝。

2　裙房的角柱内侧楼板出现弧形裂缝、顺着挠曲方向裙房的外柱内侧楼板以及主裙楼交界处的楼板均发生了裂缝，图 47 及图 48 为一层和二层楼板板面裂缝位置图。本条的目的旨在从构造上加强此类楼板的薄弱环节。

8.4.24　试验资料和理论分析都表明，回填土的质量影响着基础的埋置作用，如果不能保证填土和地下室外墙之间的有效接触，将减弱土对基础的约束作用，降低基侧土对地下结构的阻抗。因此，应注意地下室四周回填土应均匀分层夯实。

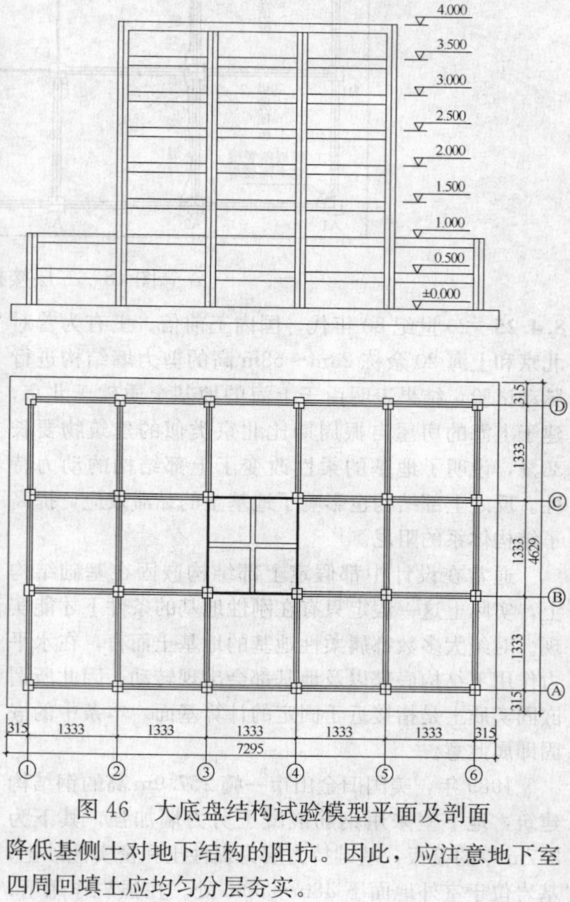

图 46　大底盘结构试验模型平面及剖面

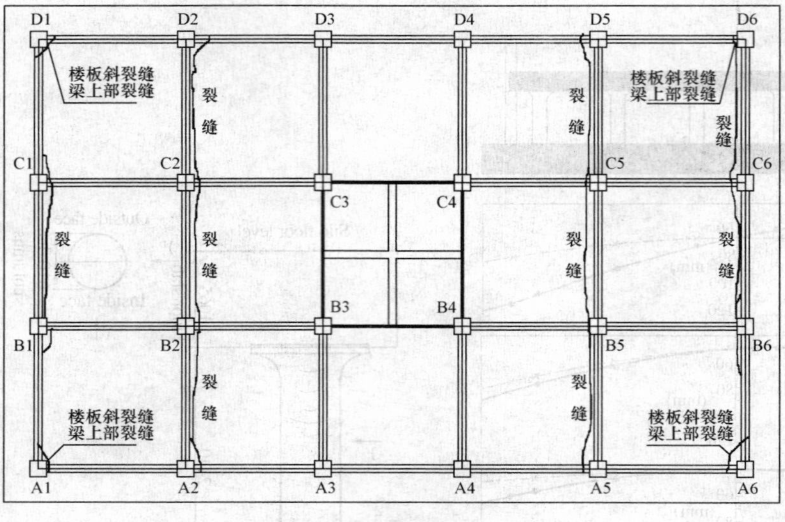

图 47　一层楼板板面裂缝位置图

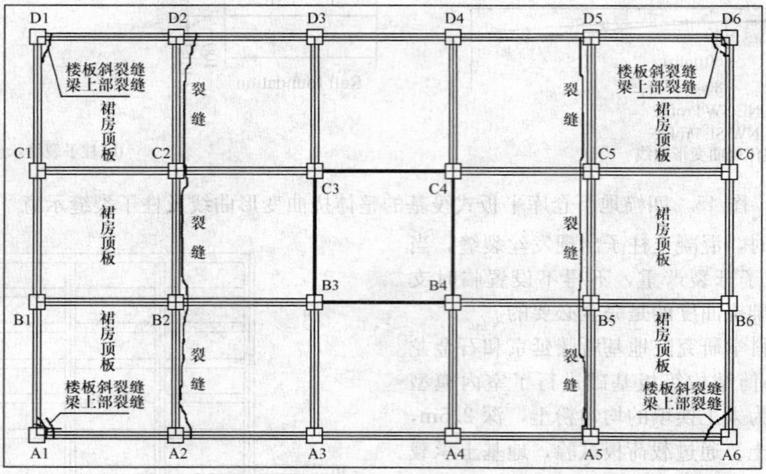

图 48　二层楼板板面裂缝位置图

8.4.25　20 世纪 80 年代，国内王前信、王有为曾对北京和上海 20 余栋 23m～58m 高的剪力墙结构进行脉动试验，结果表明由于上海的地基土质软于北京，建于上海的房屋自振周期比北京类似的建筑物要长 30%，说明了地基的柔性改变了上部结构的动力特性。反之上部结构也影响了地基土的黏滞效应，提高了结构体系的阻尼。

通常在设计中都假定上部结构嵌固在基础结构上，实际上这一假定只有在刚性地基的条件下才能实现。对绝大多数都属柔性地基的地基土而言，在水平力作用下结构底部以及地基都会出现转动，因此所谓嵌固实质上是指接近于固定的计算基面。本条中的嵌固即属此意。

1989 年，美国旧金山市一幢 257.9m 高的钢结构建筑，地下室采用钢筋混凝土剪力墙加强，其下为 2.7m 厚的筏板，基础持力层为黏性土和密实性砂土，基岩位于室外地面下 48m～60m 处。在强震作用下，地下室除了产生 52.4mm 的整体水平位移外，还产生了万分之三的整体转角。实测记录反映了两个基本事实：其一是厚筏基础四周外墙与土层紧密接触，且具有一定数量纵横内墙的地下室变形呈现出与刚体变形相似的特征；其二是地下结构的转角体现了柔性地基的影响。地震作用下，既然四周与土壤接触的具有外墙的地下室变形与刚体变形基本一致，那么在抗震设计中可假设地下结构为一刚体，上部结构嵌固在地下室的顶板上，而在嵌固部位处增加一个大小与柔性地基相同的转角。

对有抗震设防要求的高层建筑基础和地下结构设计中的一个重要原则是，要求基础和地下室结构应具有足够的刚度和承载力，保证上部结构进入非弹性阶段时，基础和地下室结构始终能承受上部结构传来的荷载并将荷载安全传递到地基上。因此，当地下一层结构顶板作为上部结构的嵌固部位时，为避免塑性铰转移到地下一层结构，保证上部结构在地震作用下能实现预期的耗能机制，本规范规定了地下一层的层间侧向刚度大于或等于与其相连的上部结构楼层刚度的1.5倍。地下室的内外墙与主楼剪力墙的间距符合条文中表8.4.25要求时，可将该范围内的地下室的内墙的刚度计入地下室层间侧向刚度内，但该范围内的侧向刚度不能重叠使用于相邻建筑，6度区和非抗震设计的建筑物可参照表8.4.25中的7度、8度区的要求适当放宽。

当上部结构嵌固地下一层结构顶板上时，为保证上部结构的地震等水平作用能有效通过楼板传递到地下室抗侧力构件中，地下一层结构顶板上开设洞口的面积不宜大于该层面积的30%；沿地下室外墙和内墙边缘的楼板不应有大洞口；地下一层结构顶板应采用梁板式楼盖；楼板的厚度、混凝土强度等级及配筋率不应过小。本规范提出地下一层结构顶板的厚度不应小于180mm的要求，不仅旨在保证楼板具有一定的传递水平作用的整体刚度，还旨在充分发挥其有效减小基础整体弯曲变形和基础内力的作用，使结构受力、变形更为合理、经济。试验和沉降观察结果的反演均显示了楼板参与工作后对降低基础整体挠曲度的贡献，基础整体挠曲度随着楼板厚度的增加而减小。

当不符合本条要求时，建筑物的嵌固部位可设在筏基的顶部，此时宜考虑基侧土对地下室外墙和基底土对地下室底板的抗力。

8.4.26 国内震害调查表明，唐山地震中绝大多数地面以上的工程均遭受严重破坏，而地下人防工程基本完好。如新华旅社上部结构为8层组合框架，8度设防，实际地震烈度为10度。该建筑物的梁、柱和墙体均遭到严重破坏（未倒塌），而地下室仍然完好。天津属软土区，唐山地震波及天津时，该地区的地震烈度为7度～8度，震后已有的人防地下室基本完好，仅人防通道出现裂缝。这不仅仅由于地下室刚度和整体性一般较大，还由于土层深处的水平地震加速度一般比地面小，因此当结构嵌固在基础顶面时，剪力墙底部加强部位的高度应从地下室顶板算起，但地下部分也应作为加强部位。国内震害还表明，个别与上部结构交接处的地下室柱头出现了局部压坏及剪坏现象。这表明在强震作用下，塑性铰的范围有向地下室发展的可能。因此，与上部结构底层相邻的那一层地下室是设计中需要加强的部位。有关地下室的抗震等级、构件的截面设计以及抗震构造措施参照现行国家标准《建筑抗震设计规范》GB 50011有关条款使用。

8.5 桩 基 础

8.5.1 摩擦型桩分为端承摩擦桩和摩擦桩，端承摩擦桩的桩顶竖向荷载主要由桩侧阻力承受；摩擦桩的桩端阻力可忽略不计，桩顶竖向荷载全部由桩侧阻力承受。端承型桩分为摩擦端承桩和端承桩，摩擦端承桩的桩顶竖向荷载主要由桩端阻力承受；端承桩的桩侧阻力可忽略不计，桩顶竖向荷载全部由桩端阻力承受。

8.5.2 同一结构单元的桩基，由于采用压缩性差异较大的持力层或部分采用摩擦桩，部分采用端承桩，常引起较大不均匀沉降，导致建筑物构件开裂或建筑物倾斜；在地震荷载作用下，摩擦桩和端承桩的沉降不同，如果同一结构单元的桩基同时采用部分摩擦桩和部分端承桩，将导致结构产生较大的不均匀沉降。

岩溶地区的嵌岩桩在成孔中常发生漏浆、塌孔和埋钻现象，给施工造成困难，因此应首先考虑利用上覆土层作为桩端持力层的可行性。利用上覆土层作为桩端持力层的条件是上覆土层必须是稳定的土层，其承载力及厚度应满足要求。上覆土层的稳定性的判定至关重要，在岩溶发育区，当基岩上覆土层为饱和砂类土时，应视为地面易塌陷区，不得作为建筑场地。必须用作建筑场地时，可采用嵌岩端承桩基础，同时采取勘探孔注浆等辅助措施。基岩面以上为黏性土层，黏性土有一定厚度且无土洞存在或可溶性岩面上有砂岩、泥岩等非可溶岩层时，上覆土层可视为稳定土层。当上覆黏性土在岩溶水上下交替变化作用下可能形成土洞时，上覆土层也应视为不稳定土层。

在深厚软土中，当基坑开挖较深时，基底土的回弹可引起桩身上浮、桩身开裂，影响单桩承载力和桩身耐久性，应引起高度重视。设计时应考虑加强桩身配筋、支护结构设计时应采取防止基底隆起的措施，同时应加强坑底隆起的监测。

承台及地下室周围的回填土质量对高层建筑抗震性能的影响较大，规范均规定了填土压实系数不小于0.94。除要求施工中采取措施尽量保证填土质量外，可考虑改用灰土回填或增加一至两层混凝土水平加强条带，条带厚度不应小于0.5m。

关于桩、土、承台共同工作问题，各地区根据工程经验有不同的处理方法，如混凝土桩复合地基、复合桩基、减少沉降的桩基、桩基的变刚度调平设计等。实际操作中应根据建筑物的要求和岩土工程条件以及工程经验确定设计参数。无论采用哪种模式，承台下土层均应当是稳定土层。液化土、欠固结土、高灵敏度软土、新填土等皆属于不稳定土层，当沉桩引起承台土体明显隆起时也不宜考虑承台底土层的抗力作用。

8.5.3 本条规定了摩擦型桩的桩中心距限制条件，主要为了减少摩擦型桩侧阻叠加效应及沉桩中对邻桩的影响，对于密集群桩以及挤土型桩，应加大桩距。非挤土桩当承台下桩数少于9根，且少于3排时，桩距可不小于$2.5d$。对于端承型桩，特别是非挤土端承桩和嵌岩桩桩距的限制可以放宽。

扩底灌注桩的扩底直径，不应大于桩身直径的3倍，是考虑到扩底施工的难易和安全，同时需要保持桩间土的稳定。

桩端进入持力层的最小深度，主要是考虑了在各类持力层中成桩的可能性和难易程度，并保证桩端阻力的发挥。

桩端进入破碎岩石或软质岩的桩，按一般桩来计算桩端进入持力层的深度。桩端进入完整和较完整的未风化、微风化、中等风化硬质岩石时，入岩施工困难，同时硬质岩已提供足够的端阻力。规范条文提出桩周边嵌岩最小深度为0.5m。

桩身混凝土最低强度等级与桩身所处环境条件有关。有关岩土及地下水的腐蚀性问题，牵涉腐蚀源、腐蚀类别、性质、程度、地下水位变化、桩身材料等诸多因素。现行国家标准《岩土工程勘察规范》GB 50021、《混凝土结构设计规范》GB 50010、《工业建筑防腐蚀设计规范》GB 50046、《混凝土结构耐久性设计规范》GB/T 50476等不同角度作了相应的表述和规定。

为了便于操作，本条将桩身环境划分为非腐蚀环境（包括微腐蚀环境）和腐蚀环境两大类，对非腐蚀环境中桩身混凝土强度作了明确规定，腐蚀环境中的桩身混凝土强度、材料、最小水泥用量、水灰比、抗渗等级等还应符合相关规范的规定。

桩身埋于地下，不能进行正常维护和维修，必须采取措施保证其使用寿命，特别是许多情况下桩顶附近位于地下水位频繁变化区，对桩身混凝土及钢筋的耐久性应引起重视。

灌注桩水下浇筑混凝土目前大多采用商品混凝土，混凝土各项性能有保障的条件下，可将水下浇筑混凝土强度等级达到C45。

当场地位于坡地且桩端持力层和地面坡度超过10%时，除应进行场地稳定验算并考虑挤土桩对边坡稳定的不利影响外，桩身尚应通长配筋，用来增加桩身水平抗力。关于通长配筋的理解应该是钢筋长度达到设计要求的持力层需要的长度。

采用大直径长灌注桩时，宜将部分构造钢筋通长设置，用以验证孔径及孔深。

8.5.6 为保证桩基设计的可靠性，规定除设计等级为丙级的建筑物外，单桩竖向承载力特征值应采用竖向静载荷试验确定。

设计等级为丙级的建筑物可根据静力触探或标准贯入试验方法确定单桩竖向承载力特征值。用静力触探或标准贯入方法确定单桩承载力已有不少地区和单位进行过研究和总结，取得了许多宝贵经验。其他原位测试方法确定单桩竖向承载力的经验不足，规范未推荐。确定单桩竖向承载力时，应重视类似工程、邻近工程的经验。

试桩前的初步设计，规范推荐了通用的估算公式（8.5.6-1），式中侧阻、端阻采用特征值，规范特别注明侧阻、端阻特征值应由当地载荷试验结果统计分析求得，减少全国采用同一表格所带来的误差。

嵌入完整和较完整的未风化、微风化、中等风化硬质岩石的嵌岩桩，规范给出了单桩竖向承载力特征值的估算式（8.5.6-2），只计端阻。简化计算的意义在于硬质岩强度超过桩身混凝土强度，设计以桩身强度控制，桩长较小时再计入侧阻、嵌岩阻力等已无工程意义。当然，嵌岩桩并不是不存在侧阻力，有时侧阻和嵌岩阻力占有很大的比例。对于嵌入破碎岩和软质岩石中的桩，单桩承载力特征值则按公式（8.5.6-1）进行估算。

为确保大直径嵌岩桩的设计可靠性，必须确定桩底一定深度内岩体性状。此外，在桩底应力扩散范围内可能埋藏有相对软弱的夹层，甚至存在洞隙，应引起足够注意。岩层表面往往起伏不平，有隐伏沟槽存在，特别在碳酸盐类岩石地区，岩面石芽、溶槽密布，此时桩端可能落于岩面隆起或斜面处，有导致滑移的可能，因此，规范规定在桩底端应力扩散范围内应无岩体临空面存在，并确保基底岩体的稳定性。实践证明，作为基础施工图设计依据的详细勘察阶段的工作精度，满足不了这类桩设计施工的要求，因此，当基础方案选定之后，还应根据桩位及要求进行专门性的桩基勘察，以便针对各个桩的持力层选择入岩深度、确定承载力，并为施工处理等提供可靠依据。

8.5.7、8.5.8 单桩水平承载力与诸多因素相关，单桩水平承载力特征值应由单桩水平载荷试验确定。

规范特别写入了带承台桩的水平载荷试验。桩基抵抗水平力很大程度上依赖于承台侧面抗力，带承台桩基的水平载荷试验能反映桩基在水平力作用下的实际工作状况。

带承台桩基水平载荷试验采用慢速维持荷载法，用以确定长期荷载下的桩基水平承载力和地基土水平反力系数。加载分级及每级荷载稳定标准可按单桩竖向静载荷试验的办法。当加载至桩身破坏或位移超过30mm～40mm（软土取大值）时停止加载。卸载按2倍加载等级逐级卸载，每30min卸一级载，并于每次卸载前测读位移。

根据试验数据绘制荷载位移 H_0-X_0 曲线及荷载位移梯度 $H_0-(\Delta X_0/\Delta H_0)$ 曲线，取 $H_0-(\Delta X_0/\Delta H_0)$ 曲线的第一拐点为临界荷载，取第二拐点或 H_0-X_0 曲线的陡降起点为极限荷载。若桩身设有应力测读装置，还可根据最大弯矩点变化特征综合判定临界荷载和极限荷载。

对于重要工程，可模拟承台顶竖向荷载的实际状况进行试验。

水平荷载作用下桩基内各单桩的抗力分配与桩数、桩距、桩身刚度、土质性状、承台形式等诸多因素有关。

水平力作用下的群桩效应的研究工作不深入，条文规定了水平力作用面的桩距较大时，桩基的水平承载力可视为各单桩水平承载力的总和，实际上在低桩承台的前提下应注重采取措施充分发挥承台底面及侧面土的抗力作用，加强承台间的连系等。当承台周围填土质量有保证时，应考虑土的抗力作用按弹性抗力法进行计算。

用斜桩来抵抗水平力是一项有效的措施，在桥梁桩基中采用较多。但在一般工业与用民建筑中则很少采用，究其原因是依靠承台埋深大多可以解决水平力的问题。

8.5.9 单桩抗拔承载力特征值应通过单桩竖向抗拔载荷试验确定，并应加载至破坏，试验数量，同条件下的桩不应少于3根且不应少于总抗拔桩数的1%。

8.5.10 本条为强制性条文。为避免基桩在受力过程中发生桩身强度破坏，桩基设计时应进行基桩的桩身强度验算，确保桩身混凝土强度满足桩的承载力要求。

8.5.11 鉴于桩身强度计算中并未考虑荷载偏心、弯矩作用、瞬时荷载的影响等因素，因此，桩身强度设计必须留有一定富裕。在确定工作条件系数时考虑了承台下的土质情况，抗震设防等级、桩长、混凝土浇筑方法、混凝土强度等级以及桩型等因素。本次修订中适当提高了灌注桩的工作条件系数，补充了预应力混凝土管桩工作条件系数。考虑到高强度离心混凝土的延性差、加之沉桩中对桩身混凝土的损坏、加工过程中已对桩身施加轴向预应力等因素，结合日本、广东省的经验，将工作条件系数规定为0.55～0.65。

日本、美国及广东省等规定管桩允许承载力（相当于承载力特征值）应满足下式要求：

$$R_a \leqslant 0.25(f_{cu,k} - \sigma_{pc})A_G$$

式中：$f_{cu,k}$——桩身混凝土立方体抗压强度；

σ_{pc}——桩身混凝土有效预应力值（约为4MPa～10MPa）；

A_G——桩身混凝土横截面积。

$$Q \leqslant 0.33(f_{cu,k} - \sigma_{pc})A_G$$

$$f_{cu,k} = [2.18(C60) \sim 2.23(C80)]f_c$$

PHC桩：

$$Q \leqslant 0.33\ (2.23f_c - \sigma_{pc})\ A_G$$

当 $\sigma_{pc}=4$MPa时

$$Q \leqslant 0.33\ (2.23f_c - 0.11f_c)\ A_G$$

$$Q \leqslant 0.699f_cA_G$$

当 $\sigma_{pc}=10$MPa时

$$Q \leqslant 0.33\ (2.23f_c - 0.28f_c)\ A_G$$

$$Q \leqslant 0.644f_cA_G$$

PC桩：

$$Q \leqslant 0.33\ (2.18f_c - \sigma_{pc})\ A_G$$

当 $\sigma_{pc}=4$MPa时

$$Q \leqslant 0.33\ (2.18f_c - 0.145f_c)\ A_G$$

$$Q \leqslant 0.67f_cA_G$$

当 $\sigma_{pc}=10$MPa时

$$Q \leqslant 0.33\ (2.18f_c - 0.36f_c)\ A_G$$

$$Q \leqslant 0.6f_cA_G$$

考虑到当前管桩生产质量、软土中的抗震要求、沉桩中桩身混凝土受损以及接头焊接时高温对桩身混凝土的损伤等因素，将工作条件系数定为0.55～0.65是合理的。

8.5.12 非腐蚀性环境中的抗拔桩，桩身裂缝宽度应满足设计要求。预应力混凝土管桩因增加钢筋直径有困难，考虑其钢筋直径较小，耐久性差，所以裂缝控制等级应为二级，即混凝土拉应力不应超过混凝土抗拉强度设计值。

腐蚀性环境中，考虑桩身钢筋耐久性，抗拔桩和受水平力或弯矩较大的桩不允许桩身混凝土出现裂缝。预应力混凝土管桩裂缝等级应为一级（即桩身混凝土不出现拉应力）。

预应力管桩作为抗拔桩使用时，近期出现了数起桩身抗拔破坏的事故，主要表现在主筋墩头与端板连接处拉脱，同时管桩的接头焊缝耐久性也有问题，因此，在抗拔构件中应慎用预应力混凝土管桩。必须使用时应考虑以下几点：

1 预应力筋必须锚入承台；

2 截桩后应考虑预应力损失，在预应力损失段的桩外围应包裹钢筋混凝土；

3 宜采用单节管桩；

4 多节管桩可考虑通长灌芯，另行设置通长的抗拔钢筋，或将抗拔承载力留有余地，防止墩头拔出。

5 端板与钢筋的连接强度应满足抗拔力要求。

8.5.13 本条为强制性条文。地基基础设计强调变形控制原则，桩基础也应按变形控制原则进行设计。本条规定了桩基沉降计算的适用范围以及控制原则。

8.5.15 软土中摩擦桩的桩基础沉降计算是一个非常复杂的问题。纵观许多描述桩基实际沉降和沉降发展过程的文献可知，土体中桩基沉降实质是由桩身压缩、桩端刺入变形和桩端平面以下土层受群桩荷载共同作用产生的整体压缩变形等多个主要分量组成。摩擦桩基础的沉降是历时数年、甚至更长时间才能完成的过程，加荷瞬间完成的沉降只占总沉降中的小部分。大部分沉降都是与时间发展有关的沉降，也就是由于固结或流变产生的沉降。因此，摩擦型桩基础的沉降不是用简单的弹性理论就能描述的问题，这就是为什么依据弹性理论公式的各种桩基沉降计算方法，在实际工程的应用中往往都与实测结果存在较大的出入，即使经过修正，两者也只能在某一范围内比较接近的原因。

近年来越来越多的研究人员和设计人员理解了，目前借用弹性理论的公式计算桩基沉降，实质是一种经验拟合方法。

从经验拟合这一观点出发，本规范推荐Mindlin

方法和考虑应力扩散以及不考虑应力扩散的实体深基础方法。修订组收集了部分软土地区 62 栋房屋沉降实测资料和工程计算资料，将大量实际工程的长期沉降观测资料与各种计算方法的计算值对比，经过统计分析，最后推荐了桩基础最终沉降量计算的经验修正系数。考虑应力扩散以及不考虑应力扩散的实体深基础方法计算沉降量和沉降计算深度都有差异，从统计意义上沉降量计算的经验修正系数差异不大。

8.5.16 20 世纪 80 年代上海市开始采用为控制沉降而设置桩基的方法，取得显著的社会经济效益。目前天津、湖北、福建等省市也相继应用了上述方法。开发这种方法是考虑桩、土、承台共同工作时，基础的承载力可以满足要求，而下卧层变形过大，此时采用摩擦型桩旨在减少沉降，以满足建筑物的使用要求。以控制沉降为目的设置桩基是指直接用沉降量指标来确定用桩的数量。能否实行这种设计方法，必须要有当地的经验，特别是符合当地工程实践的桩基沉降计算方法。直接用沉降量确定用桩数量后，还必须满足本条所规定的使用条件和构造措施。上述方法的基本原则有三点：

一、设计用桩数量可以根据沉降控制条件，即允许沉降量计算确定。

二、基础总安全度不能降低，应按桩、土和承台共同作用的实际状态来验算。桩土共同工作是一个复杂的过程，随着沉降的发展，桩、土的荷载分担不断变化，作为一种最不利状态的控制，桩顶荷载可能接近或等于单桩极限承载力。为了保证桩基的安全度，规定按承载力特征值计算的桩群承载力与土承载力之和应大于或等于作用的标准组合产生的作用在桩基承台顶面的竖向力与承台及其上土自重之和。

三、为保证桩、土和承台共同工作，应采用摩擦型桩，使桩基产生可以容许的沉降，承台底不致脱空，在桩基沉降过程中充分发挥桩端持力层的抗力。同时桩端还要置于相对较好的土层中，防止沉降过大，达不到预期控制沉降的目的。为保证承台底不脱空，当承台底土为欠固结土或承载力利用价值不大的软土时，尚应对其进行处理。

8.5.18 本条是桩基承台的弯矩计算。

1 承台试件破坏过程的描述

中国石化总公司洛阳设计院和郑州工学院曾就桩台受弯问题进行专题研究。试验中发现，凡属抗弯破坏的试件均呈梁式破坏的特点。四桩承台试件采用均布方式配筋，试验时初始裂缝首先在承台两个对应边的一边或两边中部或中部附近产生，之后在两个方向交替发展，并逐渐演变成各种复杂的裂缝而向承台中部合拢，最后形成各种不同的破坏模式。三桩承台试件是采用梁式配筋，承台中部因无配筋而抗裂性能较差，初始裂缝多由承台中部开始向外发展，最后形成各种不同的破坏模式。可以得出，不论是三桩试件还是四桩试件，它们在开裂破坏的过程中，总是在两个方向上互相交替承担上部主要荷载，而不是平均承担，也即是交替起着梁的作用。

2 推荐的抗弯计算公式

通过对众多破坏模式的理论分析，选取图 49 所示的四种典模型式作为公式推导的依据。

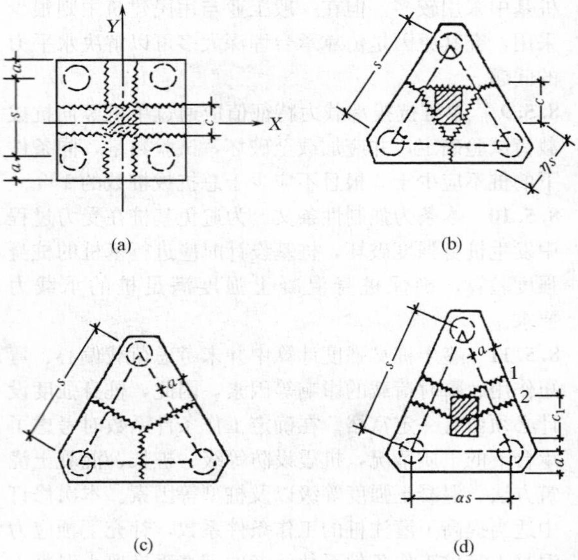

图 49 承台破坏模式

（a）四桩承台；（b）等边三桩承台（一）；（c）等边三桩承台（二）；（d）等腰三桩承台

1）图 49a 四桩承台破坏模式系屈服线将承台分成很规则的若干块几何块体。设块体为刚性的，变形略去不计，最大弯矩产生于屈服线处，该弯矩全部由钢筋来承担，不考虑混凝土的拉力作用，则利用极限平衡方法并按悬臂梁计算。

$$M_x = \sum(N_i y_i)$$

$$M_y = \sum(N_i x_i)$$

2）图 49b 是等边三桩承台具有代表性的破坏模式，可利用钢筋混凝土板的屈服线理论，按机动法的基本原理来推导公式得：

$$M = \frac{N_{\max}}{3}\left(s - \frac{\sqrt{3}}{2}c\right) \tag{1}$$

由图 49c 的等边三桩承台最不利破坏模式，可得另一个公式即：

$$M = \frac{N_{\max}}{3}s \tag{2}$$

式（1）考虑屈服线产生在柱边，过于理想化；式（2）未考虑柱子的约束作用，是偏于安全的。根据试件破坏的多数情况，采用（1）、（2）二式的平均值为规范的推荐公式（8.5.18-3）：

$$M = \frac{N_{\max}}{3}\left(s - \frac{\sqrt{3}}{4}c\right)$$

3）由图 49d，等腰三桩承台典型的屈服线基本上都垂直于等腰三桩承台的两个腰，当试件在长跨产生开裂破坏后，才在短跨内产生裂缝。因此根据试件的破坏形态并考虑梁的约束影响作用，按梁的理论给出计算公式。

在长跨，当屈服线通过柱中心时：

$$M_1=\frac{N_{\max}}{3}s \tag{3}$$

当屈服线通过柱边缝时：

$$M_1=\frac{N_{\max}}{3}\left(s-\frac{1.5}{\sqrt{4-a^2}}c_1\right) \tag{4}$$

式（3）未考虑柱子的约束影响，偏于安全；而式（4）考虑屈服线通过往边缘处，又不够安全，今采用两式的平均值作为推荐公式（8.5.18-4）：

$$M_1=\frac{N_{\max}}{3}\left(s-\frac{0.75}{\sqrt{4-a^2}}c_1\right)$$

上述所有三桩承台计算的 M 值均指由柱截面形心到相应承台边的板带宽度范围内的弯矩，因而可按此相应宽度采用三向配筋。

8.5.19 柱对承台的冲切计算方法，本规范在编制时曾考虑了以下两种计算方法：方法一为冲切临界截面取柱边 $0.5h_0$ 处，当冲切临界截面与桩相交时，冲切力扣除相交那部分单桩承载力，采用这种计算方法的国家有美国、新西兰，我国20世纪90年代前一些设计单位亦多采用此法；方法二为冲切锥体取柱边或承台变阶处至相应桩顶内边缘连线所构成的锥体并考虑了冲跨比的影响，原苏联及我国《建筑桩基技术规范》JGJ 94均采用这种方法。计算结果表明，这两种方法求得的柱对承台冲切所需的有效高度是十分接近的，相差约5%左右。考虑到方法一在计算过程中需要扣除冲切临界截面与柱相交那部分面积的单桩承载力，为避免计算上繁琐，本规范推荐采用方法二。

本规范公式（8.5.19-1）中的冲切系数是按 $\lambda=1$ 时与我国现行《混凝土结构设计规范》GB 50010的受冲切承载力公式相衔接，即冲切破坏锥体与承台底面的夹角为45°时冲切系数 $\alpha=0.7$ 提出来的。

图50及图51分别给出了采用本规范和美国ACI 318计算的一典型九桩承台内柱对承台冲切、角桩对承台冲切所需的承台有效高度比较表，其中桩径为800mm，柱距为2400mm，方柱尺寸为1550mm，承台宽度为6400mm。按本规范算得的承台有效高度与美国ACI 318规范相比较略偏于安全。但是，美国钢筋混凝土学会CRSI手册认为由角桩荷载引起的承台角隅45°剪切破坏较之角桩冲切破坏更为不利，因此尚需验算距柱边 h_0 承台角隅45°处的抗剪强度。

8.5.20 本条为强制性条文。桩基承台的柱边、变阶处等部位剪力较大，应进行斜截面抗剪承载力验算。

8.5.21 桩基承台的抗剪计算，在小剪跨比的条件下具有深梁的特征。关于深梁的抗剪问题，近年来我国已发表了一系列有关的抗剪强度试验报告以及抗剪承

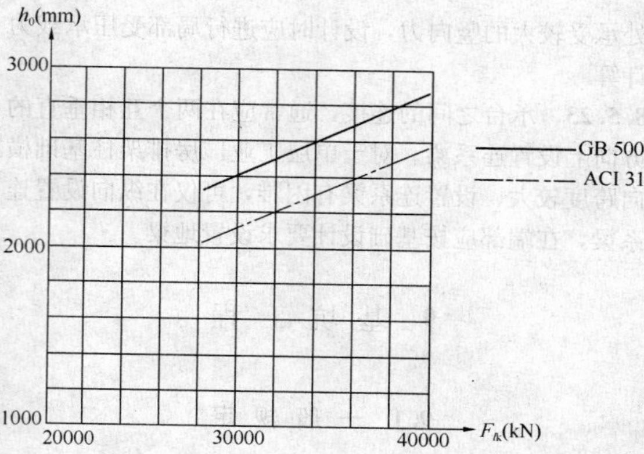

图50　内柱对承台冲切承台有效高度比较

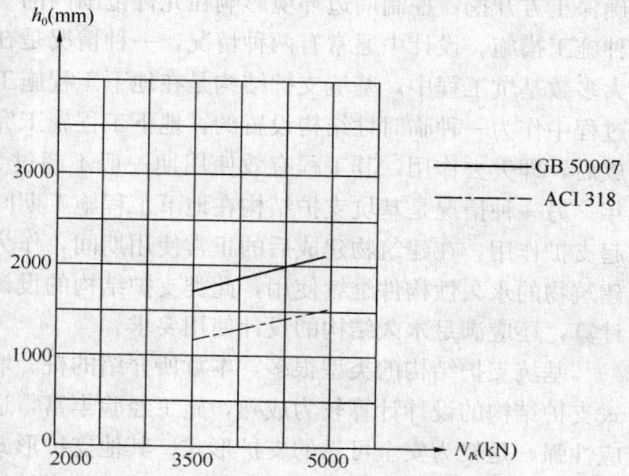

图51　角桩对承台冲切承台有效高度比较

载力计算文章，尽管文章中给出的抗剪承载力的表达式不尽相同，但结果具有很好的一致性。本规范提出的剪切系数是通过分析和比较后确定的，它已能涵盖深梁、浅梁不同条件的受剪承载力。图52给出了一典型的九桩承台的柱边剪切所需的承台有效高度比较表，按本规范求得的柱边剪切所需的承台有效高度与美国ACI 318规范求得的结果是相当接近的。

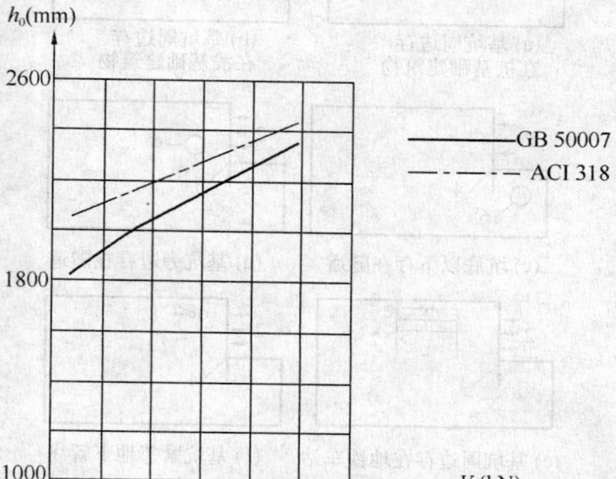

图52　柱边剪切承台有效高度比较

8.5.22 本条为强制性条文。桩基承台与柱、桩交界

处承受较大的竖向力，设计时应进行局部受压承载力计算。

8.5.23 承台之间的连接，通常应在两个互相垂直的方向上设置连系梁。对于单层工业厂房排架柱基础横向跨度较大、设置连系梁有困难，可仅在纵向设置连系梁，在端部应按基础设计要求设置地梁。

9 基 坑 工 程

9.1 一 般 规 定

9.1.1 基坑支护结构是在建筑物地下工程建造时为确保土方开挖，控制周边环境影响在允许范围内的一种施工措施。设计中通常有两种情况，一种情况是在大多数基坑工程中，基坑支护结构是在地下工程施工过程中作为一种临时性结构设置的，地下工程施工完成后，即失去作用，其工程有效使用期一般不超过2年；另一种情况是基坑支护结构在地下工程施工期间起支护作用，在建筑物建成后的正常使用期间，作为建筑物的永久性构件继续使用，此类支护结构的设计计算，还应满足永久结构的设计使用要求。

基坑支护结构的类型很多，本章所介绍的桩、墙式支护结构的设计计算较为成熟，施工经验丰富，适应性强，是较为安全可靠的支护形式。其他支护形式例如水泥土墙，土钉墙等以及其他复合使用的支护结构，在工程实践中应用，应根据地区经验设计施工。

9.1.2 基坑支护结构的功能是为地下结构的施工创造条件、保证施工安全，并保证基坑周围环境得到应有的保护。图53列出了几种基坑周边典型的环境条件。基坑工程设计与施工时，应根据场地的地质条件及具体的环境条件，通过有效的工程措施，满足对周边环境的保护要求。

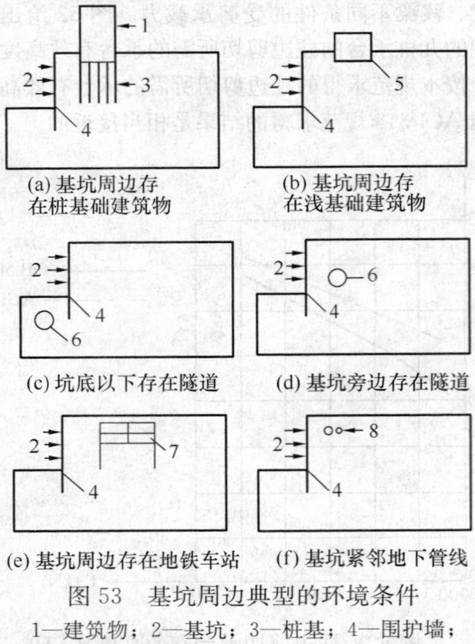

(a) 基坑周边存在桩基础建筑物　(b) 基坑周边存在浅基础建筑物

(c) 坑底以下存在隧道　(d) 基坑旁边存在隧道

(e) 基坑周边存在地铁车站　(f) 基坑紧邻地下管线

图53 基坑周边典型的环境条件

1—建筑物；2—基坑；3—桩基；4—围护墙；5—浅基础建筑物；6—隧道；7—地铁车站；8—地下管线

9.1.3 本条为强制性条文。本条规定了基坑支护结构设计的基本原则，为确保基坑支护结构设计的安全，在进行基坑支护结构设计时必须严格执行。

基坑支护结构设计应从稳定、强度和变形三个方面满足设计要求：

1 稳定：指基坑周围土体的稳定性，即不发生土体的滑动破坏，因渗流造成流砂、流土、管涌以及支护结构、支撑体系的失稳。

2 强度：支护结构，包括支撑体系或锚杆结构的强度应满足构件强度和稳定设计的要求。

3 变形：因基坑开挖造成的地层移动及地下水位变化引起的地面变形，不得超过基坑周围建筑物、地下设施的变形允许值，不得影响基坑工程基桩的安全或地下结构的施工。

基坑工程施工过程中的监测应包括对支护结构和对周边环境的监测，并提出各项监测要求的报警值。随基坑开挖，通过对支护结构桩、墙及其支撑系统的内力、变形的测试，掌握其工作性能和状态。通过对影响区域内的建筑物、地下管线的变形监测，了解基坑降水和开挖过程中对其影响的程度，作出在施工过程中基坑安全性的评价。

9.1.4 基坑支护结构设计时，应规定支护结构的设计使用年限。基坑工程的施工条件一般均比较复杂，且易受环境及气象因素影响，施工周期宜短不宜长。支护结构设计的有效期一般不宜超过2年。

基坑工程设计时，应根据支护结构破坏可能产生后果的严重性，确定支护结构的安全等级。基坑工程的事故和破坏，通常受设计、施工、现场管理及地下水控制条件等多种因素影响。其中对于不按设计要求施工及管理水平不高等因素，应有相应的有效措施加以控制，对支护结构设计的安全等级，可按表23的规定确定。

表23 基坑支护结构的安全等级

安全等级	破坏后果	适用范围
一级	很严重	有特殊安全要求的支护结构
二级	严重	重要的支护结构
三级	不严重	一般的支护结构

基坑支护结构施工或使用期间可能遇到设计时无法预测的不利荷载条件，所以基坑支护结构设计采用的结构重要性系数的取值不宜小于1.0。

9.1.5 不同设计等级基坑工程设计原则的区别主要体现在变形控制及地下水控制设计要求。对设计等级为甲级的基坑变形计算除基坑支护结构的变形外，尚应进行基坑周边地面沉降以及周边被保护对象的变形计算。对场地水文地质条件复杂、设计等级为甲级的基坑应作地下水控制的专项设计，主要目的是要在充分掌握场地地下水规律的基础上，减少因地下水处理不当对周边建（构）筑物以及地下管线的损坏。

9.1.6 基坑工程设计时，对土的强度指标的选用，主要应根据现场土体的排水条件及固结条件确定。

三轴试验受力明确，又可控制排水条件，因此，在基坑工程中确定土的强度指标时规定应采用三轴剪切试验方法。

软黏土灵敏度高，受扰动后强度下降明显。这种黏土矿物颗粒在一定条件下从凝聚状态迅速过渡到胶溶状态的现象，称为“触变现象”。深厚软黏土中的基坑，在扰动源作用下，随着基坑变形的发展，灵敏黏土强度降低的现象是不可忽视的。

9.1.7 基坑设计时对变形的控制主要考虑因土方开挖和降水引起的对基坑周边环境的影响。基坑施工不可避免地会对周边建（构）筑物等产生附加沉降和水平位移，设计时应控制建（构）筑物等地基的总变形值（原有变形加附加变形）不得超过地基的允许变形值。

土方开挖使坑内土体产生隆起变形和侧移，严重时将使坑内工程桩偏位、开裂甚至断裂。设计时应明确对土方开挖过程的要求，保证对工程桩的正常使用。

9.1.9 本条为强制性条文。基坑开挖是大面积的卸载过程，将引起基坑周边土体应力场变化及地面沉降。降雨或施工用水渗入土体会降低土体的强度和增加侧压力，饱和黏性土随着基坑暴露时间延长和经扰动，坑底土强度逐渐降低，从而降低支护体系的安全度。基底暴露后应及时铺筑混凝土垫层，这对保护坑底土不受施工扰动、延缓应力松弛具有重要的作用，特别是雨期施工中作用更为明显。

基坑周边荷载，会增加墙后土体的侧向压力，增大滑动力矩，降低支护体系的安全度。施工过程中，不得随意在基坑周围堆土，形成超过设计要求的地面超载。

9.2 基坑工程勘察与环境调查

9.2.1 拟建建筑物的详细勘察，大多数是沿建筑物外轮廓布置勘探工作，往往使基坑工程的设计和施工依据的地质资料不足。本条要求勘察及勘探范围应超出建筑物轮廓线，一般取基坑周围相当基坑深度的2倍，当有特殊情况时，尚需扩大范围。勘探点的深度一般不应小于基坑深度的2倍。

9.2.2 基坑工程设计时，对土的强度指标有较高要求，在勘察手段上，要求钻探取样与原位测试并重，综合确定提供设计计算用的强度指标。

9.2.3 基坑工程的水文地质勘察，应查明场地地下水类型、潜水、承压水的埋置分布特点，明确含水层及相对隔水层的成因及动态变化特征。通过室内及现场水文地质实验，提供各土层的水平向与垂直向的渗透系数。对于需进行地下水控制专项设计的基坑工程，应对场地含水层及地下水分布情况进行现场抽水试验，计算含水层水文地质参数。

抽水试验的目的：

1 评价含水层的富水性，确定含水层组单井涌水量，了解含水层组水位状况，测定承压水头；

2 获取含水层组的水文地质参数；

3 确定抽水试验影响范围。

抽水试验的成果资料应包括：在成井过程中，井管长度、成井井管、滤水管排列情况、洗井情况等的详细记录；绘制各抽水井及观测井的 s-t 曲线、s-lg$t$ 曲线，恢复水位 s-lg$t$ 曲线以及各组抽水试验的 Q-s 关系曲线和 q-s 关系曲线。确定土层的渗透系数、影响半径、单位涌水量等参数。

9.2.4 越冬基坑受土的冻胀影响评价需要土的相关参数，特殊性土也需其相关设计参数。

9.2.6 国外关于基坑围护墙后地表的沉降形状（Peck，1969；Clough，1990；Hsieh 和 Ou，1998等）及上海地区的工程实测资料表明，墙后地表沉降的主要影响区域为2倍基坑开挖深度，而在2倍～4倍开挖深度范围内为次影响区域，即地表沉降由较小值衰减到可以忽略不计。因此本条规定，一般情况下环境调查的范围为2倍开挖深度。但当有重要的建（构）筑物如历代优秀建筑、有精密仪器与设备的厂房、其他采用天然地基或短桩基础的重要建筑物、轨道交通设施、隧道、防汛墙、共同沟、原水管、自来水总管、燃气总管等重要建(构)筑物或设施位于2倍～4倍开挖深度范围内时，为了能全面掌握基坑可能对周围环境产生的影响，也应对这些环境情况作调查。环境调查一般包括如下内容：

1 对于建筑物应查明其用途、平面位置、层数、结构形式、材料强度、基础形式与埋深、历史沿革及现状、荷载、沉降、倾斜、裂缝情况、有关竣工资料（如平面图、立面图和剖面图等）及保护要求等；对历代优秀建筑，一般建造年代较远，保护要求较高，原设计图纸等资料也可能不齐全，有时需要通过专门的房屋结构质量检测与鉴定，对结构的安全性作出综合评价，以进一步确定其抵抗变形的能力。

2 对于隧道、防汛墙、共同沟等构筑物应查明其平面位置、埋深、材料类型、断面尺寸、受力情况及保护要求等。

3 对于管线应查明其平面位置、直径、材料类型、埋深、接头形式、压力、输送的物质（油、气、水等）、建造年代及保护要求等，当无相关资料时可进行必要的地下管线探测工作。

4 环境调查的目的是明确环境的保护要求，从而得到其变形的控制标准，并为基坑工程的环境影响分析提供依据。

9.3 土压力与水压力

9.3.2 自然状态下的土体内水平向有效应力，可认为与静止土压力相等。土体侧向变形会改变其水平应力状态。最终的水平应力，随着变形的大小和方向可呈现出两种极限状态（主动极限平衡状态和被动极限平衡状态），支护结构处于主动极限平衡状态时，受主动土压力作用，是侧向土压力的最小值。

按作用的标准组合计算土压力时，土的重度取平均值，土的强度指标取标准值。

库仑土压理论和朗肯土压理论是工程中常用的两种经典土压理论，无论用库仑或朗肯理论计算土压力，由于其理论的假设与实际工作情况有一定的出入，只能看作是近似的方法，与实测数据有一定差异。一些试验结果证明，库仑土压力理论在计算主动土压力时，与实际较为接近。在计算被动土压力时，其计算结果与实际相比，往往偏大。

静止土压力系数（k_0）宜通过试验测定。当无试验条件时，对正常固结土也可按表 24 估算。

表 24 静止土压力系数 k_0

土类	坚硬土	硬—可塑黏性土、粉质黏土、砂土	可—软塑黏性土	软塑黏性土	流塑黏性土
k_0	0.2～0.4	0.4～0.5	0.5～0.6	0.6～0.75	0.75～0.8

对于位移要求严格的支护结构，在设计中宜按静止土压力作为侧向土压力。

9.3.3 高地下水位地区土压力计算时，常涉及水土分算与水土合算两种算法。水土分算采用浮重度计算土的竖向有效应力，如果采用有效应力强度理论，水土分算当然是合理的。但当支护结构内外土体中存在渗流现象和超静孔隙水压力时，特别是在黏性土层中，孔隙压力场的计算是比较复杂的。这时采用半经验的总应力强度理论可能更简便。本规范对饱和黏性土的土压力计算，推荐总应力强度理论水土合算法。

在基坑工程场地范围内，当会出现存在多个含水土层及相对隔水层的情况，各含水层的水头也常存在差异，从区域水文地质条件分析，也存在层间越流补给的条件。计算作用在支护结构上的侧向水压力时，可将含水层的水头近似按潜水位水头进行计算。

9.3.5 作用在支护结构上的土压力及其分布规律取决于支护体的刚度及侧向位移条件。

刚性支护结构的土压力分布可由经典的库仑和朗肯土压力理论计算得到，实测结果表明，只要支护结构的顶部的位移不小于其底部的位移，土压力沿垂直方向分布可按三角形计算。但是，如果支护结构底部位移大于顶部位移，土压力将沿高度呈曲线分布，此时，土压力的合力较上述典型条件要大 10%～15%，在设计中应予注意。

相对柔性的支护结构的位移及土压力分布情况比较复杂，设计时应根据具体情况分析，选择适当的土压力值，有条件时土压力值应采用现场实测、反演分析等方法总结地区经验，使设计更加符合实际情况。

9.4 设 计 计 算

9.4.1 结构按承载能力极限状态设计中，应考虑各种作用组合，由于基坑支护结构是房屋地下结构施工过程中的一种围护结构，结构使用期短。本条规定，基坑支护结构的基本组合的效应设计值可采用简化计算原则，按下式确定：

$$S_d = \gamma_F S\left(\sum_{i\geqslant 1} G_{ik} + \sum_{j\geqslant 1} Q_{jk}\right)$$

式中：γ_F——作用的综合分项系数；

G_{ik}——第 i 个永久作用的标准值；

Q_{jk}——第 j 个可变作用的标准值。

作用的综合分项系数 γ_F 可取 1.25，但对于轴向受力为主的构件，γ_F 应取 1.35。

9.4.2 支护结构的入土深度应满足基坑支护结构稳定性及变形验算的要求，并结合地区工程经验综合确定。按当上述要求确定了入土深度，但支护结构的底部位于软土或液化土层中时，支护结构的入土深度应适当加大，支护结构的底部应进入下卧较好的土层。

9.4.4 基坑工程在城市区域的环境保护问题日益突出。基坑设计的稳定性仅是必要条件，大多数情况下的主要控制条件是变形，从而使得基坑工程的设计从强度控制转向变形控制。

1 基坑工程设计时，应根据基坑周边环境的保护要求来确定基坑的变形控制指标。严格地讲，基坑工程的变形控制指标（如围护结构的侧移及地表沉降）应根据基坑周边环境对附加变形的承受能力及基坑开挖对周围环境的影响程度来确定。由于问题的复杂性，在很多情况下，确定基坑周围环境对附加变形的承受能力是一件非常困难的事情，而要较准确地预测基坑开挖对周边环境的影响程度也往往存在较大的难度，因此也就难以针对某个具体工程提出非常合理的变形控制指标。此时根据大量已成功实施的工程实践统计资料来确定基坑的变形控制指标不失为一种有效的方法。上海市《基坑工程技术规范》DG/TJ 08－61 就是采用这种方法并根据基坑周围环境的重要性程度及其与基坑的距离，提出了基坑变形设计控制指标（如表 25 所示），可作为变形控制设计时的参考。

表 25　基坑变形设计控制指标

环境保护对象	保护对象与基坑距离关系	支护结构最大侧移	坑外地表最大沉降
优秀历史建筑、有精密仪器与设备的厂房、其他采用天然地基或短桩基础的重要建筑物、轨道交通设施、隧道、防汛墙、原水管、自来水总管、煤气总管、共同沟等重要建（构）筑物或设施	$s \leqslant H$	0.18%H	0.15%H
	$H < s \leqslant 2H$	0.3%H	0.25%H
	$2H < s \leqslant 4H$	0.7%H	0.55%H
较重要的自来水管、燃气管、污水管等市政管线、采用天然地基或短桩基础的建筑物等	$s \leqslant H$	0.3%H	0.25%H
	$H < s \leqslant 2H$	0.7%H	0.55%H

注：1　H 为基坑开挖深度，s 为保护对象与基坑开挖边线的净距；

2　位于轨道交通设施、优秀历史建筑、重要管线等环境保护对象周边的基坑工程，应遵照政府有关文件和规定执行。

不同地区不同的土质条件，支护结构的位移对周围环境的影响程度不同，各地区应积累工程经验，确定变形控制指标。

2　目前预估基坑开挖对周边环境的附加变形主要有两种方法。一种是建立在大量基坑统计资料基础上的经验方法，该方法预测的是地表沉降，并不考虑周围建（构）筑物存在的影响，可以用来间接评估基坑开挖引起周围环境的附加变形。上海市《基坑工程技术规范》DG/TJ 08－61 提出了如图 54 所示的地表沉降曲线分布，其中最大地表沉降 δ_{vm} 可根据其与围护结构最大侧移 δ_{hm} 的经验关系来确定，一般可取 $\delta_{vm} = 0.8\delta_{hm}$。

另一种方法是有限元法，但在应用时应有可靠的

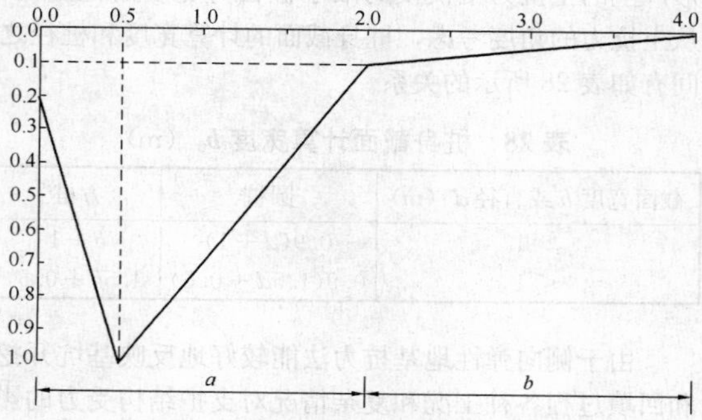

图 54　围护墙后地表沉降预估曲线

δ_v/δ_{vm}—坑外某点的沉降/最大沉降；d/H—坑外地表某点围护墙外侧的距离/基坑开挖深度；a—主影响区域；b—次影响区域

工程实测数据为依据，且该方法分析得到的结果宜与经验方法进行相互校核，以确认分析结果的合理性。采用有限元法分析时应合理地考虑分析方法、边界条件、土体本构模型的选择及计算参数、接触面的设置、初始地应力场的模拟、基坑施工的全过程模拟等因素。

关于建筑物的允许变形值，表 26 是根据国内外有关研究成果给出的建筑物在自重作用下的差异沉降与建筑物损坏程度的关系，可作为确定建筑物对基坑开挖引起的附加变形的承受能力的参考。

表 26　各类建筑物在自重作用下的差异沉降与建筑物损坏程度的关系

建筑结构类型	δ/L（L 为建筑物长度，δ 为差异沉降）	建筑物的损坏程度
1　一般砖墙承重结构，包括有内框架的结构，建筑物长高比小于 10；有圈梁；天然地基（条形基础）	达 1/150	分隔墙及承重砖墙发生相当多的裂缝，可能发生结构破坏
2　一般钢筋混凝土框架结构	达 1/150	发生严重变形
	达 1/300	分隔墙或外墙产生裂缝等非结构性破坏
	达 1/500	开始出现裂缝
3　高层刚性建筑（箱形基础、桩基）	达 1/250	可观察到建筑物倾斜
4　有桥式行车的单层排架结构的厂房；天然地基或桩基	达 1/300	桥式行车运转困难，不调整轨面难运行，分割墙有裂缝
5　有斜撑的框架结构	达 1/600	处于安全极限状态
6　一般对沉降差反应敏感的机器基础	达 1/850	机器使用可能会发生困难，处于可运行的极限状态

3　基坑工程是支护结构施工、降水以及基坑开挖的系统工程，其对环境的影响主要分如下三类：支护结构施工过程中产生的挤土效应或土体损失引起的相邻地面隆起或沉降；长时间、大幅度降低地下水可能引起地面沉降，从而引起邻近建（构）筑物及地下管线的变形及开裂；基坑开挖时产生的不平衡力、软黏土发生蠕变和坑外水土流失而导致周围土体及围护墙向开挖区发生侧向移动、地面沉降及坑底隆起，从而引起紧邻建（构）筑物及地下管线的侧移、沉降或倾斜。因此除从设计方面采取有关环境保护措施外，还应从支护结构施工、地下水控制及开挖三个方面分

别采取相关措施保护周围环境。必要时可对被保护的建（构）筑物及管线采取土体加固、结构托换、架空管线等防范措施。

9.4.5 支护结构计算的侧向弹性抗力法来源于单桩水平力计算的侧向弹性地基梁法。用理论方法计算桩的变位和内力时，通常采用文克尔假定的竖向弹性地基梁的计算方法。地基水平抗力系数的分布图式常用的有：常数法、“k”法、“m”法、“c”法等。不同分布图式的计算结果，往往相差很大。国内常采用“m”法，假定地基水平抗力系数（K_x）随深度正比例增加，即 $K_x=mz$，z 为计算点的深度，m 称为地基水平抗力系数的比例系数。按弹性地基梁法求解桩的弹性曲线微分方程式，即可求得桩身各点的内力及变位值。基坑支护桩计算的侧向弹性抗力法，即相当于桩受水平力作用计算的“m”法。

1 地基水平抗力系数的比例系数 m 值

m 值不是一个定值，与现场地质条件，桩身材料与刚度，荷载水平与作用方式以及桩顶水平位移取值大小等因素有关。通过理论分析可得，作用在桩顶的水平力与桩顶位移 X 的关系如下式所示：

$$X=\frac{H}{\alpha^3 EI}A \tag{5}$$

式中：H——作用在桩顶的水平力（kN）；

A——弹性长桩按“m”法计算的无量纲系数；

EI——桩身的抗弯刚度；

α——桩的水平变形系数，$\alpha=\sqrt[5]{\frac{mb_0}{EI}}$（1/m），

其中 b_0 为桩身计算宽度（m）。

无试验资料时，m 值可从表 27 中选用。

表 27 非岩石类土的比例系数 m 值表

地基土类别	预制桩、钢桩		灌注桩	
	m (MN/m^4)	相应单桩地面处水平位移 (mm)	m (MN/m^4)	相应单桩地面处水平位移 (mm)
淤泥、淤泥质土和湿陷性黄土	2～4.5	10	2.5～6.0	6～12
液塑（$I_L>1$）、软塑（$0<I_L\leqslant1$）状黏性土、$e>0.9$ 粉土、松散粉细砂、松散填土	4.5～6.0	10	6～14	4～8
可塑（$0.25<I_L\leqslant0.75$）状黏性土、$e=0.9$ 粉土、湿陷性黄土、稍密和中密的填土、稍密细砂	6.0～10.0	10	14～35	3～6
硬塑（$0<I_L\leqslant0.25$）和坚硬（$I_L\leqslant0$）的黏性土、湿陷性黄土、$e<0.9$ 粉土、中密的中粗砂、密实老黄土	10.0～22.0	10	35～100	2～5
中密和密实的砾砂、碎石类土			100～300	1.5～3

2 基坑支护桩的侧向弹性地基抗力法，借助于单桩水平力计算的“m”法，基坑支护桩内力分析的计算简图如图 55 所示。

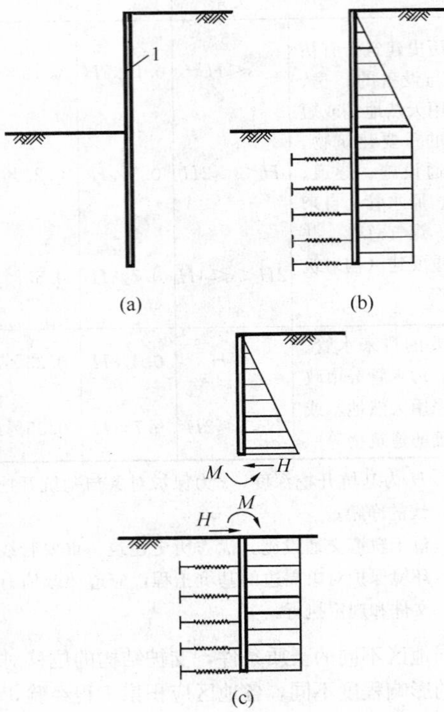

图 55 侧向弹性地基抗力法

1—支护桩

图 55 中，（a）为基坑支护桩，（b）为基坑支护桩上作用的土压力分布图，在开挖深度范围内通常取主动土压力分布图式，支护桩入土部分，为侧向受力的弹性地基梁（如 c 所示），地基反力系数取“m”法图形，内力分析时，常按杆系有限元——结构矩阵分析解法即可求得支护桩身的内力、变形解。

当采用密排桩支护时，土压力可作为平面问题计算。当桩间距比较大时，形成分离式排桩墙。桩身变形产生的土抗力不仅仅局限于桩自身宽度的范围内。从土抗力的角度考虑，桩身截面的计算宽度和桩径之间有如表 28 所示的关系。

表 28 桩身截面计算宽度 b_0（m）

截面宽度 b 或直径 d（m）	圆桩	方桩
>1	$0.9(d+1)$	$b+1$
$\leqslant1$	$0.9(1.5d+0.5)$	$1.5b+0.5$

由于侧向弹性地基抗力法能较好地反映基坑开挖和回填过程各种工况和复杂情况对支护结构受力的影响，是目前工程界最常用的基坑设计计方法。

9.4.6 基坑因土体的强度不足，地下水渗流作用而造成基坑失稳，包括：支护结构倾覆失稳；基坑内外侧土体整体滑动失稳；基坑底土因承载力不足而隆

起；地层因地下水渗流作用引起流土、管涌以及承压水突涌等导致基坑工程破坏。本条将基坑稳定性归纳为：支护桩、墙的倾覆稳定；基坑底土隆起稳定；基坑边坡整体稳定；坑底土渗流、突涌稳定四个方面，基坑设计时必须满足上述四方面的验算要求。

1 基坑稳定性验算，采用单一安全系数法，应满足下式要求：

$$\frac{R}{S_{\mathrm{d}}} \geqslant K \tag{6}$$

式中：K——各类稳定安全系数；

R——土体抗力极限值；

S_{d}——承载能力极限状态下基本组合的效应设计值，但其分项系数均为1.0，当有地区可靠工程经验时，分项系数也可按地区经验确定。

2 基坑稳定性验算时，所选用的强度指标的类别，稳定验算方法与安全系数取值之间必须配套。当按附录V进行各项稳定验算时，土的抗剪强度指标的选用，应符合本规范第9.1.6条的规定。

3 土坡及基坑内外土体的整体稳定性计算，可按平面问题考虑，宜采用圆弧滑动面计算。有软土夹层和倾斜岩面等情况时，尚需采用非圆弧滑动面计算。

对不同情况的土坡及基坑整体稳定性验算，最危险滑动面上诸力对滑动中心所产生的滑动力矩与抗滑力矩应符合下式要求：

$$M_{\mathrm{S}} \leqslant \frac{1}{K_{\mathrm{R}}} M_{\mathrm{R}} \tag{7}$$

式中：M_{S}、M_{R}——分别为对于危险滑弧面上滑动力矩和抗滑力矩（kN·m）；

K_{R}——整体稳定抗滑安全系数。

M_{S} 计算中，当有地下水存在时，坑外土条零压线（浸润线）以上的土条重度取天然重度，以下的土条取饱和重度。坑内土条取浮重度。

验算整体稳定时，对于开挖区，有条件时可采用卸荷条件下的抗剪强度指标进行验算。

4 基坑底隆起稳定性验算，实质上是软土地基承载力不足造成，故用 $\varphi=0$ 的承载力公式进行验算。

当桩底土为一般黏性土时，上海市《基坑工程技术规范》DG/TJ 08-61 提出了适用于一般黏性土的抗隆起计算公式。

板式支护体系按承载能力极限状态验算绕最下道内支撑点的抗隆起稳定性时（图56），应满足式（8）的要求：

$$M_{\mathrm{SLK}} \leqslant \frac{M_{\mathrm{RLK}}}{K_{\mathrm{RL}}} \tag{8}$$

$$\begin{aligned} M_{\mathrm{RLK}} = {} & K_{\mathrm{a}} \tan\varphi_{\mathrm{k}} \Big\{ \frac{D'}{2}\gamma h'^{2}_{0} + q_{\mathrm{k}} D' h'_{0} + \frac{\pi}{4}(q_{\mathrm{k}} + \gamma h'_{0}) D'^{2} \\ & + \gamma D'^{3}\Big[\frac{1}{3} + \frac{1}{3}\cos^{3}\alpha - \frac{1}{2}\Big(\frac{\pi}{2} - \alpha\Big)\sin\alpha \\ & + \frac{1}{2}\sin^{2}\alpha\cos\alpha\Big]\Big\} + \tan\varphi_{\mathrm{k}}\Big\{\frac{\pi}{4}(q_{\mathrm{k}} + \gamma h'_{0}) D'^{2} + \gamma D'^{3} \\ & \Big[\frac{2}{3} + \frac{2}{3}\cos\alpha - \frac{\sin\alpha}{2}\Big(\frac{\pi}{2} - \alpha\Big) - \frac{1}{6}\sin^{2}\alpha\cos\alpha\Big]\Big\} \\ & + c_{\mathrm{k}}\left[D' h'_{0} + D'^{2}(\pi - \alpha)\right] \end{aligned}$$

$$\begin{aligned} M_{\mathrm{SLK}} = {} & \frac{1}{3}\gamma D'^{3}\sin\alpha + \frac{1}{6}\gamma D'^{2}(D' - D)\cos^{2}\alpha \\ & + \frac{1}{2}(q_{\mathrm{k}} + \gamma h'_{0}) D'^{2} \end{aligned} \tag{9}$$

$$k_{\mathrm{a}} = \tan^{2}\Big(\frac{\pi}{4} - \frac{\varphi_{\mathrm{k}}}{2}\Big) \tag{10}$$

式中：M_{RLK}——抗隆起力矩值（kN·m/m）；

M_{SLK}——隆起力矩值（kN·m/m）；

α——如图56所示（弧度）；

γ——围护墙底以上地基土各土层天然重度的加权平均值（kN/m³）；

D——围护墙在基坑开挖面以下的入土深度（m）；

D'——最下一道支撑距墙底的深度（m）；

K_{a}——主动土压力系数；

c_{k}、φ_{k}——滑裂面上地基土的黏聚力标准值（kPa）和内摩擦角标准值（°）的加权平均值；

h'_{0}——最下一道支撑距地面的深度（m）；

q_{k}——坑外地面荷载标准值（kPa）；

K_{RL}——抗隆起安全系数。设计等级为甲级的基坑工程取2.5；乙级的基坑工程取2.0；丙级的基坑工程取1.7。

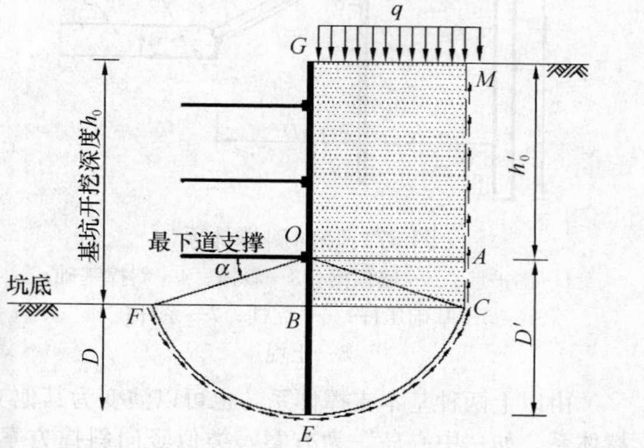

图56　坑底抗隆起计算简图

5 桩、墙式支护结构的倾覆稳定性验算，对悬臂式支护结构，在附录V中采用作用在墙内外的土压力引起的力矩平衡的方法验算，抗倾覆稳定性安全系数应大于或等于1.30。

对于带支撑的桩、墙式支护体系，支护结构的抗倾覆稳定性又称抗踢脚稳定性，踢脚破坏为作用与围护结构两侧的土压力均达到极限状态，因而使得围护结构（特别是围护结构插入坑底以下的部分）大量地向开挖区移动，导致基坑支护失效。本条取最下道支撑或锚拉点以下的围护结构作为脱离体，将作用于围护结构上的外力进行力矩平衡分析，从而求得抗倾覆分项系数。需指出的是，抗倾覆力矩项中本应包括支护结构的桩身抗力力矩，但由于其值相对而言要小得多，因此在本条的计算公式中不考虑。

9.5 支护结构内支撑

9.5.1 常用的内支撑体系有平面支撑体系和竖向斜撑体系两种。

平面支撑体系可以直接平衡支撑两端支护墙上所受到的侧压力，且构造简单，受力明确，适用范围较广。但当构件长度较大时，应考虑平面受弯及弹性压缩对基坑位移的影响。此外，当基坑两侧的水平作用力相差悬殊时，支护墙的位移会通过水平支撑而相互影响，此时应调整支护结构的计算模型。

竖向斜撑体系（图 57）的作用是将支护墙上侧压力通过斜撑传到基坑开挖面以下的地基上。它的施工流程是：支护墙完成后，先对基坑中部的土层采取放坡开挖，然后安装斜撑，再挖除四周留下的土坡。对于平面尺寸较大，形状不很规则，但深度较浅的基坑采用竖向斜撑体系施工比较简单，也可节省支撑材料。

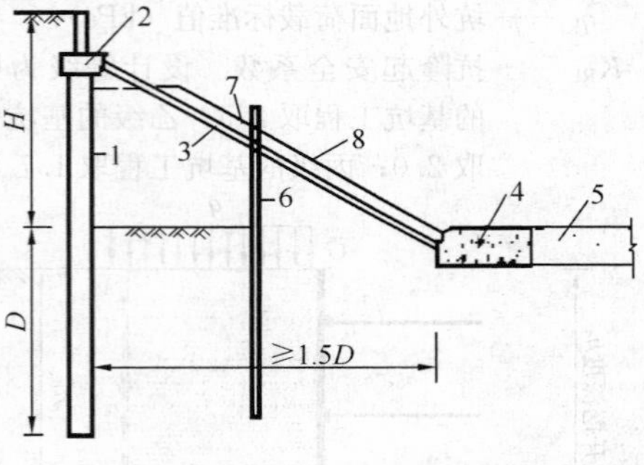

图 57 竖向斜撑体系

1—围护墙；2—墙顶梁；3—斜撑；4—斜撑基础；5—基础压杆；6—立柱；7—系杆；8—土堤

由以上两种基本支撑体系，也可以演变为其他支撑体系。如“中心岛”为方案，类似竖向斜撑方案，先在基坑中部放坡挖土，施工中部主体结构，然后利用完成的主体结构安装水平支撑或斜撑，再挖除四周留下的土坡。

当必须利用支撑构件兼作施工平台或栈桥时，除应满足内支撑体系计算的有关规定外，尚应满足作业平台（或栈桥）结构的承载力和变形要求，因此需另行设计。

9.5.2 基坑支护结构的内力和变形分析大多采用平面杆系模型进行计算。通常把支撑系统结构视为平面框架，承受支护桩传来的侧向力。为避免计算模型产生“漂移”现象，应在适当部位加设水平约束或采用“弹簧”等予以约束。

当基坑周边的土层分布或土性差异大，或坑内挖深差异大，不同的支护桩其受力条件相差较大时，应考虑支撑系统节点与支撑桩支点之间的变形协调。这时应采用支撑桩与支撑系统结合在一起的空间结构计算简图进行内力分析。

支撑系统中的竖向支撑立柱，应按偏心受压构件计算。计算时除应考虑竖向荷载作用外，尚应考虑支撑横向水平力对立柱产生的弯矩，以及土方开挖时，作用在立柱上的侧向土压力引起的弯矩。

9.5.3 本条为强制性条文。当采用内支撑结构时，支撑结构的设置与拆除是支撑结构设计的重要内容之一，设计时应有针对性地对支撑结构的设置和拆除过程中的各种工况进行设计计算。如果支撑结构的施工与设计工况不一致，将可能导致基坑支护结构发生承载力、变形、稳定性破坏。因此支撑结构的施工，包括设置、拆除、土方开挖等，应严格按照设计工况进行。

9.6 土 层 锚 杆

9.6.1 土层锚杆简称土锚，其一端与支护桩、墙连接，另一端锚固在稳定土层中，作用在支护结构上的水土压力，通过自由端传递至锚固段，对支护结构形成锚拉支承作用。因此，锚固段不宜设置在软弱或松散的土层中，锚拉式支承的基坑支护，基坑内部开敞，为挖土、结构施工创造了空间，有利于提高施工效率和工程质量。

9.6.3 锚杆有多种破坏形式，当依靠锚杆保持结构系统稳定的构件时，设计必须仔细校核各种可能的破坏形式。因此除了要求每根土锚必须能够有足够的承载力之外，还必须考虑包括土锚和地基在内的整体稳定性。通常认为锚固段所需的长度是由于承载力的需要，而土锚所需的总长度则取决于稳定的要求。

在土锚支护结构稳定分析中，往往设有许多假定，这些假定的合理程度，有一定的局限性，因此各种计算往往只能作为工程安全性判断的参考。不同的使用者根据不尽相同的计算方法，采用现场试验和现场监测来评价工程的安全度对重要工程来说是十分必要的。

稳定计算方法依建筑物形状而异。对围护系统这类承受土压力的构筑物，必须进行外部稳定和内部稳定两方面的验算。

1 外部稳定计算

所谓外部稳定是指锚杆、围护系统和土体全部合在一起的整体稳定，见图 58a。整个土锚均在土体的深滑裂面范围之内，造成整体失稳。一般采用圆弧法具体试算边坡的整体稳定。土锚长度必须超过滑动面，要求稳定安全系数不小于 1.30。

2 内部稳定计算

所谓内部稳定计算是指土锚与支护墙基础假想支点之间深滑动面的稳定验算，见图 58b。内部稳定最常用的计算是采用 Kranz 稳定分析方法，德国 DIN4125、日本 JSFD1-77 等规范都采用此法，也有的国家如瑞典规范推荐用 Brows 对 Kranz 的修正方法。我国有些锚定式支挡工程设计中采用 Kranz 方法。

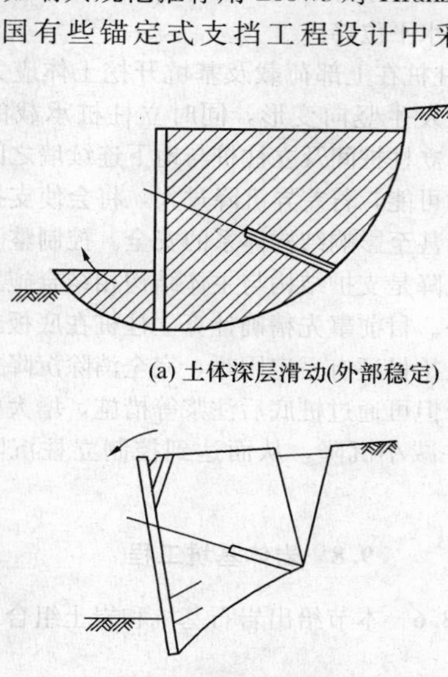

(a) 土体深层滑动(外部稳定)

(b) 内部稳定

图 58　锚杆的整体稳定

9.6.4　锚杆设计包括构件和锚固体截面、锚固段长度、自由段长度、锚固结构稳定性等计算或验算内容。

锚杆支护体系的构造如图 59 所示。

锚杆支护体系由挡土构筑物、腰梁及托架、锚杆三个部分所组成，以保证施工期间的基坑边坡稳定与安全，见图 59。

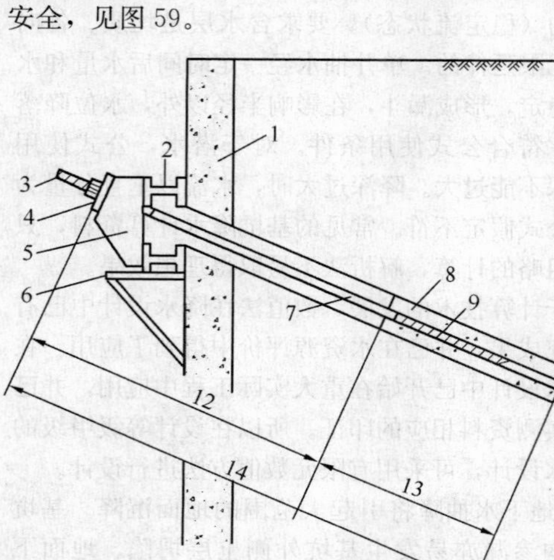

图 59　锚杆构造

1—构筑物；2—腰梁；3—螺母；4—垫板；5—台座；6—托架；7—套管；8—锚固体；9—钢拉杆；10—锚固体直径；11—拉杆直径；12—非锚固段长 L_0；13—有效锚固段长 L_a；14—锚杆全长 L

9.6.5　锚杆预应力筋张拉施工工艺控制系数，应根据锚杆张拉工艺特点确定。当锚杆钢筋或钢绞线为单根时，张拉施工工艺控制系数可取 1.0。当锚杆钢筋或钢绞线为多根时，考虑到张拉施工时锚杆钢筋或钢绞线受力的不均匀性，张拉施工工艺控制系数可取 0.9。

9.6.6　土层锚杆的锚固段长度及锚杆轴向拉力特征值应根据土层锚杆锚杆试验（附录 Y）的规定确定。

9.7　基坑工程逆作法

9.7.4　支护结构与主体结构相结合，是指在施工期间利用地下结构外墙或地下结构的梁、板、柱兼作基坑支护体系，不设置或仅设置部分临时围护支护体系的支护方法。与常规的临时支护方法相比，基坑工程采用支护结构与主体结构相结合的设计施工方法具有诸多优点，如由于可同时向地上和地下施工因而可以缩短工程的施工工期；水平梁板支撑刚度大，挡土安全性高，围护结构和土体的变形小，对周围的环境影响小；采用封闭逆作施工，施工现场文明；已完成的地面层可充分利用，地面层先行完成，无需架设栈桥，可作为材料堆置场或施工作业场；避免了采用大量临时支撑的浪费现象，工程经济效益显著。

利用地下结构兼作基坑的支护结构，基坑开挖阶段与永久使用阶段的荷载状况和结构状况有较大的差别，因此应分别进行设计和验算，同时满足各种工况下的承载力极限状态和正常使用阶段极限状态的设计要求。

支护结构作为主体地下结构的一部分时，地下结构梁板与地下连续墙、竖向支承结构之间的节点连接是需要重点考虑的内容。所谓变形协调，主要指地下结构尚未完工之前，处于支护结构承载状态时，其变形与沉降量及差异沉降均应在限值规定内，保证在地下结构完工、转换成主体工程基础承载时，与主体结构设计对变形和沉降要求一致，同时要求承载转换前后，结构的节点连接和防水构造等均应稳定可靠，满足设计要求。

9.7.5　“两墙合一”的安全性和可靠性已经得到工程界的普遍认同，并在全国得到了大量应用，已经形成了一整套比较成熟的设计方法。“两墙合一”地下连续墙具有良好的技术经济效果：(1) 刚度大、防水性能好；(2) 将基坑临时围护墙与永久地下室外墙合二为一，节省了常规地下室外墙的工程量；(3) 不需要施工操作空间，可减少直接土方开挖量，并且无需再施工换撑板带和进行回填土工作，经济效果明显，尤其对于红线退界紧张或地下室与邻近建（构）筑物距离极近的地下工程，“两墙合一”可大大减小围护体所占空间，具有其他围护形式无可替代的优势；(4) 基坑开挖到坑底后，在基础内部结构由下而上施工过程中，“两墙合一”的设计无需再施工地下室外墙，因此比常规两墙分离的工程施工工期要节省，同时也避免了长期困扰地下室外墙浇筑施工过程中混凝土的收缩裂缝问题。

9.7.6 主体地下结构的水平构件用作支撑时，其设计应符合下列规定：

1 结构水平构件与支撑相结合的设计中可用梁板结构体系作为水平支撑，该结构体系受力明确，可根据施工需要在梁间开设孔洞，并在梁周边预留止水片，在逆作法结束后再浇筑封闭；也可采用结构楼板后作的梁格体系，在开挖阶段仅浇筑框架梁作为内支撑，梁格空间均可作为出土口，基础底板浇筑后再封闭楼板结构。另外，结构水平构件与支撑相结合设计中也可采用无梁楼盖作为水平支撑，其整体性好、支撑刚度大，且便于结构模板体系的施工。在无梁楼盖上设置施工孔洞时，一般需设置边梁并附加止水构造。无梁楼板一般在梁柱节点位置设置一定长宽的柱帽，逆作阶段竖向支承钢立柱的尺寸一般占柱帽尺寸的比例较小，因此，无梁楼盖体系梁柱节点位置钢筋穿越矛盾相对梁板体系缓和、易于解决。

对用作支撑的结构水平构件，当采用梁板体系且结构开口较多时，可简化为仅考虑梁系的作用，进行在一定边界条件下及在周边水平荷载作用下的封闭框架的内力和变形计算，其计算结果是偏安全的。当梁板体系需考虑板的共同作用，或结构为无梁楼盖时，应采用有限元的方法进行整体计算分析，根据计算分析结果并结合工程概念和经验，合理确定用于结构构件设计的内力。

2 支护结构与主体结构相结合的设计方法中，作为竖向支承的立柱桩其竖向变形应严格控制。立柱桩的竖向变形主要包含两个方面：一方面为基坑开挖卸荷引起的立柱向上的回弹隆起；另一方面为已施工完成的水平结构和施工荷载等竖向荷重的加载作用下，立柱桩的沉降。立柱桩竖向变形量和立柱桩间的差异变形过大时，将引发对已施工完成结构的不利结构次应力，因此在主体地下水平结构构件设计时，应通过验算采取必要的措施以控制有害裂缝的产生。

3 主体地下水平结构作为基坑施工期的水平支撑，需承受坑外传来的水土侧向压力。因此水平结构应具有直接的、完整的传力体系。如同层楼板面标高出现较大的高差时，应通过计算采取有效的转换结构以利于水平力的传递。另外，应在结构楼板出现较大面积的缺失区域以及地下各层水平结构梁板的结构分缝以及施工后浇带等位置，通过计算设置必要的水平支撑传力体系。

9.7.7 竖向支承结构的设计应符合下列规定：

1 在支护结构与主体结构相结合的工程中，由于逆作阶段结构梁板的自重相当大，立柱较多采用承载力较高而断面小的角钢拼接格构柱或钢管混凝土柱。

2 立柱应根据其垂直度允许偏差计入竖向荷载偏心的影响，偏心距应按计算跨度乘以允许偏差，并按双向偏心考虑。支护结构与主体结构相结合的工程中，利用各层地下结构梁板作为支护结构的水平内支撑体系。水平支撑的刚度可假定为无穷大，因而钢立柱假定为无水平位移。

3 立柱桩在上部荷载及基坑开挖土体应力释放的作用下，发生竖向变形，同时立柱桩承载的不均匀，增加了立柱桩间及立柱桩与地下连续墙之间产生较大沉降的可能，若差异沉降过大，将会使支撑系统产生裂缝，甚至影响结构体系的安全。控制整个结构的不均匀沉降是支护结构与主体结构相结合施工的关键技术之一。目前事先精确计算立柱桩在底板封闭前的沉降或上抬量还有一定困难，完全消除沉降差也是不可能的，但可通过桩底后注浆等措施，增大立柱桩的承载力并减小沉降，从而达到控制立柱沉降差的目的。

9.8 岩体基坑工程

9.8.1～9.8.6 本节给出岩石基坑和岩土组合基坑的设计原则。

9.9 地下水控制

9.9.1 在高地下水位地区，深基坑工程设计施工中的关键问题之一是如何有效地实施对地下水的控制。地下水控制失效也是引发基坑工程事故的重要源头。

9.9.3 基坑降水设计时对单井降深的计算，通常采用解析法用裘布衣公式计算。使用时，应注意其适用条件，裘布衣公式假定：(1) 进入井中的水流主要是径向水流和水平流；(2) 在整个水流深度上流速是均匀一致的（稳定流状态）。要求含水层是均质、各向同性的无限延伸的。单井抽水经一定时间后水量和水位均趋稳定，形成漏斗，在影响半径以外，水位降落为零，才符合公式使用条件。对于潜水，公式使用时，降深不能过大。降深过大时，水流以垂直分量为主，与公式假定不符。常见的基坑降水计算资料，只是一种粗略的计算，解析法不易取得理想效果。

鉴于计算技术的发展，数值法在降水设计中已有大量研究成果，并已在水资源评价中得到了应用。在基坑降水设计中已开始在重大实际工程中应用，并已取得与实测资料相应的印证。所以在设计等级甲级的基坑降水设计，可采用有限元数值方法进行设计。

9.9.6 地下水抽降将引起大范围的地面沉降。基坑围护结构渗漏亦易发生基坑外侧土层坍陷、地面下沉，引发基坑周边的环境问题。因此，为有效控制基坑周边的地面变形，在高地下水位地区的甲级基坑或基坑周边环境保护要求严格时，应进行基坑降水和环境保护的地下水控制专项设计。

地下水控制专项设计应包括降水设计、运营管理以及风险预测及应对等内容：

1 制定基坑降水设计方案：

1）进行工程地下水风险分析，浅层潜水降水的影响，疏干降水效果的估计；

2）承压水突涌风险分析。

2 基坑抗突涌稳定性验算。

3 疏干降水设计计算，疏干井数量，深度。

4 减压设计，当对下部承压水采取减压降水时，确定减压井数量、深度以及减压运营的要求。

5 减压降水的三维数值分析，渗流数值模型的建立，减压降水结果的预测。

6 减压降水对环境影响的分析及应采取的工程措施。

7 支护桩、墙渗漏风险的预测及应对措施。

8 降水措施与管理措施：

1）现场排水系统布置；

2）深井构造、设计、降水井标准；

3）成井施工工艺的确定；

4）降水井运行管理。

深基坑降水和环境保护的专项设计，是一项比较复杂的设计工作。与基坑支护结构（或隔水帷幕）周围的地下水渗流特征及场地水文地质条件、支护结构及隔水帷幕的插入深度、降水井的位置等有关。

10 检验与监测

10.1 一般规定

10.1.1 为设计提供依据的试验为基本试验，应在设计前进行。基本试验应加载到极限或破坏，为设计人员提供足够的设计依据。

10.1.2 为验证设计结果或为工程验收提供依据的试验为验收检验。验收检验是利用工程桩、工程锚杆等进行试验，其最大加载量不应小于设计承载力特征值的2倍。

10.1.3 抗拔桩的验收检验应控制裂缝宽度，满足耐久性设计要求。

10.2 检 验

10.2.1 本条为强制性条文。基槽（坑）检验工作应包括下列内容：

1 应做好验槽（坑）准备工作，熟悉勘察报告，了解拟建建筑物的类型和特点，研究基础设计图纸及环境监测资料。当遇有下列情况时，应列为验槽（坑）的重点：

1）当持力土层的顶板标高有较大的起伏变化时；

2）基础范围内存在两种以上不同成因类型的地层时；

3）基础范围内存在局部异常土质或坑穴、古井、老地基或古迹遗址时；

4）基础范围内遇有断层破碎带、软弱岩脉以及古河道、湖、沟、坑等不良地质条件时；

5）在雨期或冬期等不良气候条件下施工，基底土质可能受到影响时。

2 验槽（坑）应首先核对基槽（坑）的施工位置。平面尺寸和槽（坑）底标高的容许误差，可视具体的工程情况和基础类型确定。一般情况下，槽（坑）底标高的偏差应控制在0mm～50mm范围内；平面尺寸，由设计中心线向两边量测，长、宽尺寸不应小于设计要求。

验槽（坑）方法宜采用轻型动力触探或袖珍贯入仪等简便易行的方法，当持力层下埋藏有下卧砂层而承压水头高于基底时，则不宜进行钎探，以免造成涌砂。当施工揭露的岩土条件与勘察报告有较大差别或者验槽（坑）人员认为必要时，可有针对性地进行补充勘察测试工作。

3 基槽（坑）检验报告是岩土工程的重要技术档案，应做到资料齐全，及时归档。

10.2.2 复合地基提高地基承载力、减少地基变形的能力主要是设置了增强体，与地基土共同作用的结果，所以复合地基应对增强体施工质量进行检验。复合地基载荷试验由于试验的压板面积有限，考虑到大面积荷载的长期作用结果与小面积短时荷载作用的试验结果有一定的差异，故需要对载荷板尺寸限制。条形基础和独立基础复合地基载荷试验的压板宽度的确定宜考虑面积置换率和褥垫层厚度，基础宽度不大时应取基础宽度，基础宽度较大，试验条件达不到时应取较薄厚度褥垫层。

对遇水软化、崩解的风化岩、膨胀性土等特殊土层，不可仅根据试验数据评价承载力等，尚应考虑由于试验条件与实际施工条件的差异带来的潜在风险，试验结果宜考虑一定的折减。

10.2.3 在压实填土的施工过程中，取样检验分层土的厚度视施工机械而定，一般情况下宜按200mm～500mm分层进行检验。

10.2.4 利用贯入仪检验垫层质量，通过现场对比试验确定其击数与干密度的对应关系。

垫层质量的检验可采用环刀法；在粗粒土垫层中，可采用灌水法、灌砂法进行检验。

10.2.5 预压处理的软弱地基，应在预压区内预留孔位，在预压前后堆载不同阶段进行原位十字板剪切试验和取土室内土工试验，检验地基处理效果。

10.2.6 强夯地基或强夯置换地基载荷试验的压板面积应考虑压板的尺寸效应，应采用大压板载荷试验，根据处理深度的大小，压板面积可采用$1m^2$～$4m^2$，压板最小直径不得小于1m。

10.2.7 砂石桩对桩体采用动力触探方法检验，对桩间土采用标准贯入、静力触探或其他原位测试方法进行检验可检测砂石桩及桩间土的挤密效果。如处理可液化地层时，可按标准贯入击数来检验砂性土的抗液化性。

10.2.8、10.2.9 水泥土搅拌桩进行标准贯入试验后对成桩质量有怀疑时可采用双管单动取样器对桩身钻芯取样，制成试块，测试桩身实际强度。钻孔直径不宜小于108mm。由于取芯和试样制作原因，桩身钻芯取样测试的桩身强度应该是较高值，评价时应给予注意。

单桩载荷试验和复合地基载荷试验是检验水泥土搅拌桩质量的最直接有效的方法，一般在龄期28d后进行。

10.2.10 本条为强制性条文。刚性桩复合地基单桩的桩身完整性检测可采用低应变法；单桩竖向承载力检测可采用静载荷试验；刚性桩复合地基承载力可采用单桩或多桩复合地基载荷试验。当施工工艺对地基土承载力影响较小、有地区经验时，可采用单桩静载荷试验和桩间土静载荷试验结果确定刚性桩复合地基承载力。

10.2.11 预制打入桩、静力压桩应提供经确认的桩顶标高、桩底标高、桩端进入持力层的深度等。其中预制桩还应提供打桩的最后三阵锤贯入度、总锤击数等，静力压桩还应提供最大压力值等。

当预制打入桩、静力压桩的入土深度与勘察资料不符或对桩端下卧层有怀疑时，可采用补勘方法，检查自桩端以上1m起至下卧层$5d$范围内的标准贯入击数和岩土特性。

10.2.12 混凝土灌注桩提供经确认的参数应包括桩端进入持力层的深度，对锤击沉管灌注桩，应提供最后三阵锤贯入度、总锤击数等。对钻（冲）孔桩，应提供孔底虚土或沉渣情况等。当锤击沉管灌注桩、冲（钻）孔灌注桩的入土（岩）深度与勘察资料不符或对桩端下卧层有怀疑时，可采用补勘方法，检查自桩端以上1m起至下卧层$5d$范围内的岩土特性。

10.2.13 本条为强制性条文。人工挖孔桩应逐孔进行终孔验收，终孔验收的重点是持力层的岩土特征。对单柱单桩的大直径嵌岩桩，承载能力主要取决嵌岩段岩性特征和下卧层的持力性状，终孔时，应用超前钻逐孔对孔底下$3d$或5m深度范围内持力层进行检验，查明是否存在溶洞、破碎带和软夹层等，并提供岩芯抗压强度试验报告。

终孔验收如发现与勘察报告及设计文件不一致，应由设计人提出处理意见。缺少经验时，应进行桩端持力层岩基原位荷载试验。

10.2.14 本条为强制性条文。单桩竖向静载试验应在工程桩的桩身质量检验后进行。

10.2.15 桩基工程事故，有相当部分是因桩身存在严重的质量问题而造成的。桩基施工完成后，合理地选取工程桩进行完整性检测，评定工程桩质量是十分重要的。抽检方式必须随机、有代表性。常用桩基完整性检测方法有钻孔抽芯法、声波透射法、高应变动力检测法、低应变动力检测法等。其中低应变方法方便灵活，检测速度快，适宜用于预制桩、小直径灌注桩的检测。一般情况下低应变方法能可靠地检测到桩顶下第一个浅部缺陷的界面，但由于激振能量小，当桩身存在多个缺陷或桩周土阻力很大或桩长较大时，难以检测到桩底反射波和深部缺陷的反射波信号，影响检测结果准确度。改进方法是加大激振能量，相对地采用高应变检测方法的效果要好，但对大直径桩，特别是嵌岩桩，高、低应变均难以取得较好的检测效果。钻孔抽芯法通过钻取混凝土芯样和桩底持力层岩芯，既可直观地判别桩身混凝土的连续性，持力层岩土特征及沉渣情况，又可通过芯样试压，了解相应混凝土和岩样的强度，是大直径桩的重要检测方法。不足之处是一孔之见，存在片面性，且检测费用大，效率低。声波透射法通过预埋管逐个剖面检测桩身质量，既能可靠地发现桩身缺陷，又能合理地评定缺陷的位置、大小和形态，不足之处是需要预埋管，检测时缺乏随机性，且只能有效检测桩身质量。实际工作中，将声波透射法与钻孔抽芯法有机地结合起来进行大直径桩质量检测是科学、合理，且是切实有效的检测手段。

直径大于800mm的嵌岩桩，其承载力一般设计得较高，桩身质量是控制承载力的主要因素之一，应采用可靠的钻孔抽芯或声波透射法（或两者组合）进行检测。每个柱下承台的桩抽检数不得少于一根的规定，涵括了单柱单桩的嵌岩桩必须100%检测，但直径大于800mm非嵌岩桩检测数量不少于总桩数的10%。小直径桩其抽检数量宜为20%。

10.2.16 工程桩竖向承载力检验可根据建筑物的重要程度确定抽检数量及检验方法。对地基基础设计等级为甲级、乙级的工程，宜采用慢速静荷载加载法进行承载力检验。

对预制桩和满足高应变法适用检测范围的灌注桩，当有静载对比试验时，可采用高应变法检验单桩竖向承载力，抽检数量不得少于总桩数的5%，且不得少于5根。

超过试验能力的大直径嵌岩桩的承载力特征值检验，可根据超前钻及钻孔抽芯法检验报告提供的嵌岩深度、桩端持力层岩石的单轴抗压强度、桩底沉渣情况和桩身混凝土质量，必要时结合桩端岩基荷载试验和桩侧摩阻力试验进行核验。

10.2.18 对地下连续墙，应提交经确认的成墙记录，主要包括槽底岩性、入岩深度、槽底标高、槽宽、垂直度、清渣、钢筋笼制作和安装质量、混凝土灌注质量记录及预留试块强度检验报告等。由于高低应变检测数学模型与连续墙不符，对地下连续墙的检测，应采用钻孔抽芯或声波透射法。对承重连续墙，检验槽段不宜少于同条件下总槽段数的20%。

10.2.19 岩石锚杆现在已普遍使用。本规范2002版规定检验数量不得少于锚杆总数的3%，为了更好地控制岩石锚杆施工质量，提高检验数量，规定检验数量不得少于锚杆总数的5%，但最少抽检数量不变。

10.3 监 测

10.3.1 监测剖面及监测点数量应满足监控到填土区的整体稳定性及边界区边坡的滑移稳定性的要求。

10.3.2 本条为强制性条文。由于设计、施工不当造成的基坑事故时有发生，人们认识到基坑工程的监测是实现信息化施工、避免事故发生的有效措施，又是完善、发展设计理论、设计方法和提高施工水平的重要手段。

根据基坑开挖深度及周边环境保护要求确定基坑的地基基础设计等级，依据地基基础设计等级对基坑的监测内容、数量、频次、报警标准及抢险措施提出明确要求，实施动态设计和信息化施工。本条列为强制性条文，使基坑开挖过程必须严格进行第三方监测，确保基坑及周边环境的安全。

10.3.3 人工挖孔桩降水、基坑开挖降水等都对环境有一定的影响，为了确保周边环境的安全和正常使用，施工降水过程中应对地下水位变化、周边地形、建筑物的变形、沉降、倾斜、裂缝和水平位移等情况进行监测。

10.3.4 预应力锚杆施加的预应力实际值因锁定工艺不同和基坑及周边条件变化而发生改变，需要监测。当监测的锚头预应力不足设计锁定值的70%，且边坡位移超过设计警戒值时，应对预应力锚杆重新进行张拉锁定。

10.3.5 监测项目选择应根据基坑支护形式、地质条件、工程规模、施工工况与季节及环境保护的要求等因素综合而定。对设计等级为丙级的基坑也提出了监测要求，对每种等级的基坑均增加了地面沉降监测要求。

10.3.6 监测值的变化和周边建（构）筑物、管线允许的最大沉降变形是确定监控报警标准的主要因素，其中周边建（构）筑物原有的沉降与基坑开挖造成的附加沉降叠加后，不能超过允许的最大沉降变形值。

爆破对周边环境的影响程度与炸药量、引爆方式、地质条件、离爆破点距离等有关，实际影响程度需对测点的振动速度和频率进行监测确定。

10.3.7 挤土桩施工过程中造成的土体隆起等挤土效应，不但影响周边环境，也会造成邻桩的抬起，严重影响成桩质量和单桩承载力，应实施监控。监测结果反映土体隆起和位移、邻桩桩顶标高及桩位偏差超出设计要求时，应提出处理意见。

10.3.8 本条为强制性条文。本条所指的建筑物沉降观测包括从施工开始，整个施工期内和使用期间对建筑物进行的沉降观测。并以实测资料作为建筑物地基基础工程质量检查的依据之一，建筑物施工期的观测日期和次数，应根据施工进度确定，建筑物竣工后的第一年内，每隔2月～3月观测一次，以后适当延长至4月～6月，直至达到沉降变形稳定标准为止。

中华人民共和国国家标准

室外排水设计规范

Code for design of outdoor wastewater engineering

GB 50014—2006

(2011年版)

主编部门：上海市建设和交通委员会

批准部门：中华人民共和国建设部

施行日期：2 0 0 6 年 6 月 1 日

中华人民共和国住房和城乡建设部
公　告

第1114号
关于发布国家标准
《室外排水设计规范》局部修订的公告

现批准《室外排水设计规范》GB 50014—2006局部修订的条文，经此次修改的原条文同时废止。

局部修订的条文及具体内容，将刊登在我部有关网站和近期出版的《工程建设标准化》刊物上。

中华人民共和国住房和城乡建设部

二〇一一年八月四日

修　订　说　明

本次局部修订是根据住房和城乡建设部《关于印发〈2010年工程建设标准制订、修订计划〉的通知》（建标〔2010〕43号）的要求，由上海市政工程设计研究总院（集团）有限公司会同有关单位对《室外排水设计规范》GB 50014—2006进行修订而成的。

修订的主要技术内容是：补充规定除降雨量少的干旱地区外，新建地区应采用分流制；补充规定现有合流制排水地区有条件应进行改造；补充规定应按照低影响开发（LID）理念进行雨水综合管理；补充规定采用数学模型法计算雨水设计流量；补充规定综合径流系数较高的地区应采用渗透、调蓄措施；补充规定塑料管使用的条件；补充规定雨水调蓄池的设置和计算；更正生物滤池的设计负荷等。

本规范中下划线为修改的内容；用黑体字表示的条文为强制性条文，必须严格执行。

本规范由住房和城乡建设部负责管理和对强制性条文的解释，上海市建设和交通委员会负责日常管理，由上海市政工程设计研究总院（集团）有限公司负责具体技术内容的解释。执行过程中如有意见或建议，请寄送至上海市政工程设计研究总院（集团）有限公司室外给水排水设计规范国家标准管理组（地址：上海市中山北二路901号，邮政编码：200092），以供今后修订时参考。

本次局部修订的主编单位、参编单位、主要起草人和主要审查人：

主 编 单 位： 上海市政工程设计研究总院（集团）有限公司

参 编 单 位： 北京工业大学
上海市政交通设计研究院有限公司
杭州智慧给排水工程有限公司
广州市市政工程设计研究院

主要起草人： 张　辰（以下按姓氏笔画为序）
支霞辉　石　红　朱广汉　陈　芸
陈　嫣　陈贻龙　肖　峻　邵尧明
周玉文

主要审查人： 李　艺　厉彦松　孔令勇　王秀朵
李树苑　罗万申

中华人民共和国建设部
公　告

第409号

建设部关于发布国家标准《室外排水设计规范》的公告

现批准《室外排水设计规范》为国家标准，编号为GB 50014—2006，自2006年6月1日起实施。其中，第1.0.6、4.1.4、4.3.3、4.4.6、4.6.1、4.10.3、4.13.2、5.1.3、5.1.9、5.1.11、6.1.8、6.1.18、6.1.19、6.1.23、6.3.9、6.8.22、6.11.4、6.11.8（4）、6.11.13、6.12.3、7.1.3、7.3.8、7.3.9、7.3.11、7.3.13条为强制性条文，必须严格执行，原《室外排水设计规范》GBJ 14—87及《工程建设标准局部修订公告》（1997年第12号）同时废止。

本规范由建设部标准定额研究所组织中国计划出版社出版发行。

中华人民共和国建设部

二〇〇六年一月十八日

前　言

本规范根据建设部《关于印发"二〇〇二～二〇〇三年度工程建设国家标准制订、修订计划"的通知》（建标〔2003〕102号），由上海市建设和交通委员会主管，由上海市政工程设计研究总院主编，对原国家标准《室外排水设计规范》GBJ 14—87（1997年版）进行全面修订。

本规范修订的主要技术内容有：增加水资源利用（包括再生水回用和雨水收集利用）、术语和符号、非开挖技术和敷设双管、防沉降、截流井、再生水管道和饮用水管道交叉、除臭、生物脱氮除磷、序批式活性污泥法、曝气生物滤池、污水深度处理和回用、污泥处置、检测和控制的内容；调整综合径流系数、生活污水中每人每日的污染物产量、检查井在直线管段的间距、土地处理等内容；补充塑料管的粗糙系数、水泵节能、氧化沟的内容；删除双层沉淀池。

本规范中以黑体字标志的条文为强制性条文，必须严格执行。

本规范由建设部负责管理和对强制性条文的解释，上海市建设和交通委员会负责具体管理，上海市政工程设计研究总院负责具体技术内容的解释。在执行过程中如有需要修改与补充的建议，请将相关资料寄送主编单位上海市政工程设计研究总院《室外排水设计规范》国家标准管理组（地址：上海市中山北二路901号，邮政编码：200092），以供今后修订时参考。

本规范主编单位、参编单位和主要起草人：

主编单位：上海市政工程设计研究总院

参编单位：北京市市政工程设计研究总院
中国市政工程东北设计研究院
中国市政工程华北设计研究院
中国市政工程西北设计研究院
中国市政工程中南设计研究院
中国市政工程西南设计研究院
天津市市政工程设计研究院
合肥市市政设计院
深圳市市政工程设计院
哈尔滨工业大学
同济大学
重庆大学

主要起草人：张　辰（以下按姓氏笔画为序）
王秀朵　孔令勇　厉彦松　刘广旭
刘莉萍　刘章富　刘常忠　朱广汉
李　艺　李成江　李春光　李树苑
吴济华　吴瑜红　陈　芸
张玉佩　张　智　杨　健　罗万申
周克钊　周　彤　南　军　姚玉健
常　憬　蒋旨谨　蒋　健　雷培树
熊　杨

目　次

1　总则 …………………………………… 1—3—5
2　术语和符号 ……………………………… 1—3—5
2.1　术语 ……………………………… 1—3—5
2.2　符号 ……………………………… 1—3—9
3　设计流量和设计水质 ………………… 1—3—10
3.1　生活污水量和工业废水量 ………… 1—3—10
3.2　雨水量 …………………………… 1—3—11
3.3　合流水量 ………………………… 1—3—12
3.4　设计水质 ………………………… 1—3—12
4　排水管渠和附属构筑物 ……………… 1—3—12
4.1　一般规定 ………………………… 1—3—12
4.2　水力计算 ………………………… 1—3—12
4.3　管道 ……………………………… 1—3—14
4.4　检查井 …………………………… 1—3—14
4.5　跌水井 …………………………… 1—3—15
4.6　水封井 …………………………… 1—3—15
4.7　雨水口 …………………………… 1—3—15
4.8　截流井 …………………………… 1—3—15
4.9　出水口 …………………………… 1—3—16
4.10　立体交叉道路排水 ……………… 1—3—16
4.11　倒虹管 ………………………… 1—3—16
4.12　渠道 …………………………… 1—3—16
4.13　管道综合 ……………………… 1—3—17
4.14　雨水调蓄池 …………………… 1—3—17
4.15　雨水渗透设施 ………………… 1—3—17
5　泵站 ………………………………… 1—3—18
5.1　一般规定 ………………………… 1—3—18
5.2　设计流量和设计扬程 …………… 1—3—18
5.3　集水池 …………………………… 1—3—18
5.4　泵房设计 ………………………… 1—3—19
5.5　出水设施 ………………………… 1—3—19
6　污水处理 …………………………… 1—3—19
6.1　厂址选择和总体布置 …………… 1—3—19
6.2　一般规定 ………………………… 1—3—20
6.3　格栅 ……………………………… 1—3—21
6.4　沉砂池 …………………………… 1—3—21
6.5　沉淀池 …………………………… 1—3—22
6.6　活性污泥法 ……………………… 1—3—22
6.7　化学除磷 ………………………… 1—3—26
6.8　供氧设施 ………………………… 1—3—26
6.9　生物膜法 ………………………… 1—3—27
6.10　回流污泥和剩余污泥 …………… 1—3—29
6.11　污水自然处理 ………………… 1—3—29
6.12　污水深度处理和回用 …………… 1—3—30
6.13　消毒 …………………………… 1—3—31
7　污泥处理和处置 …………………… 1—3—31
7.1　一般规定 ………………………… 1—3—31
7.2　污泥浓缩 ………………………… 1—3—31
7.3　污泥消化 ………………………… 1—3—32
7.4　污泥机械脱水 …………………… 1—3—33
7.5　污泥输送 ………………………… 1—3—34
7.6　污泥干化焚烧 …………………… 1—3—34
7.7　污泥综合利用 …………………… 1—3—34
8　检测和控制 ………………………… 1—3—34
8.1　一般规定 ………………………… 1—3—34
8.2　检测 ……………………………… 1—3—34
8.3　控制 ……………………………… 1—3—34
8.4　计算机控制管理系统 …………… 1—3—34
附录A　暴雨强度公式的编制方法 ……………………………… 1—3—35
附录B　排水管道和其他地下管线（构筑物）的最小净距 …… 1—3—35
本规范用词说明 ……………………… 1—3—36
附：条文说明 ………………………… 1—3—37

1 总 则

1.0.1 为使我国的排水工程设计贯彻科学发展观，符合国家的法律法规，达到防治水污染，改善和保护环境，提高人民健康水平和保障安全的要求，制定本规范。

1.0.2 本规范适用于新建、扩建和改建的城镇、工业区和居住区的永久性的室外排水工程设计。

1.0.3 排水工程设计应以批准的城镇的总体规划和排水工程专业规划为主要依据，从全局出发，根据规划年限、工程规模、经济效益、社会效益和环境效益，正确处理城镇中工业与农业、城镇化与非城镇化地区、近期与远期、集中与分散、排放与利用的关系。通过全面论证，做到确能保护环境、节约土地、技术先进、经济合理、安全可靠，适合当地实际情况。

1.0.4 排水体制（分流制或合流制）的选择，应根据城镇的总体规划，结合当地的地形特点、水文条件、水体状况、气候特征、原有排水设施、污水处理程度和处理后出水利用等综合考虑后确定。同一城镇的不同地区可采用不同的排水体制。除降雨量少的干旱地区外，新建地区的排水系统应采用分流制。现有合流制排水系统，有条件的应按照城镇排水规划的要求，实施雨污分流改造；暂时不具备雨污分流条件的，应采取截流、调蓄和处理相结合的措施。

1.0.4A 雨水综合管理应按照低影响开发（LID）理念采用源头削减、过程控制、末端处理的方法进行，控制面源污染、防治内涝灾害、提高雨水利用程度。

1.0.5 排水系统设计应综合考虑下列因素：

1 污水的再生利用，污泥的合理处置。

2 与邻近区域内的污水和污泥的处理和处置系统相协调。

3 与邻近区域及区域内给水系统和洪水的排除系统相协调。

4 接纳工业废水并进行集中处理和处置的可能性。

5 适当改造原有排水工程设施，充分发挥其工程效能。

1.0.6 工业废水接入城镇排水系统的水质应按有关标准执行，不应影响城镇排水管渠和污水处理厂等的正常运行；不应对养护管理人员造成危害；不应影响处理后出水的再生利用和安全排放，不应影响污泥的处理和处置。

1.0.7 排水工程设计应在不断总结科研和生产实践经验的基础上，积极采用经过鉴定的、行之有效的新技术、新工艺、新材料、新设备。

1.0.8 排水工程宜采用机械化和自动化设备，对操作繁重、影响安全、危害健康的，应采用机械化和自动化设备。

1.0.9 排水工程的设计，除应按本规范执行外，尚应符合国家现行的有关标准和规范的规定。

1.0.10 在地震、湿陷性黄土、膨胀土、多年冻土以及其他特殊地区设计排水工程时，尚应符合国家现行的有关专门规范的规定。

2 术语和符号

2.1 术 语

2.1.1 排水工程 wastewater engineering，sewerage

收集、输送、处理、再生和处置污水和雨水的工程。

2.1.2 排水系统 waste water engineering system

收集、输送、处理、再生和处置污水和雨水的设施以一定方式组合成的总体。

2.1.3 排水体制 sewerage system

在一个区域内收集、输送污水和雨水的方式，有合流制和分流制两种基本方式。

2.1.4 排水设施 wastewater facilities

排水工程中的管道、构筑物和设备等的统称。

2.1.5 合流制 combined system

用同一管渠系统收集、输送污水和雨水的排水方式。

2.1.5A 合流制管道溢流 combined sewer overflow

合流制排水系统降雨时，超过截流能力的水排入水体的状况。

2.1.6 分流制 separate system

用不同管渠系统分别收集、输送污水和雨水的排水方式。

2.1.7 城镇污水 urban wastewater，sewage

综合生活污水、工业废水和入渗地下水的总称。

2.1.8 城镇污水系统 urban wastewater system

收集、输送、处理、再生和处置城镇污水的设施以一定方式组合成的总体。

2.1.8A 面源污染 diffuse pollution

通过降雨和地表径流冲刷，将大气和地表中的污染物带入受纳水体，使受纳水体遭受污染的现象。

2.1.8B 低影响开发（LID） low impact development

强调城镇开发应减少对环境的冲击，其核心是基于源头控制和延缓冲击负荷的理念，构建与自然相适应的城镇排水系统，合理利用景观空间和采取相应措施对暴雨径流进行控制，减少城镇面源污染。

2.1.9 城镇污水污泥 urban wastewater sludge

城镇污水系统中产生的污泥。

2.1.10 旱流污水 dry weather flow

合流制排水系统晴天时的城镇污水。

2.1.11 生活污水 domestic wastewater, sewage

居民生活产生的污水。

2.1.12 综合生活污水 comprehensive sewage

居民生活和公共服务产生的污水。

2.1.13 工业废水 industrial wastewater

工业企业生产过程产生的废水。

2.1.14 入渗地下水 infiltrated ground water

通过管渠和附属构筑物进入排水管渠的地下水。

2.1.15 总变化系数 peak variation factor

最高日最高时污水量与平均日平均时污水量的比值。

2.1.16 径流系数 runoff coefficient

一定汇水面积内地面径流量与降雨量的比值。

2.1.17 暴雨强度 rainfall intensity

单位时间内的降雨量。工程上常用单位时间单位面积内的降雨体积来计，其计量单位以 L/cs·hm^2 表示。

2.1.18 重现期 recurrence interval

在一定长的统计期间内，等于或大于某统计对象出现一次的平均间隔时间。

2.1.19 降雨历时 duration of rainfall

降雨过程中的任意连续时段。

2.1.20 汇水面积 catchment area

雨水管渠汇集降雨的流域面积。

2.1.20A 内涝 local flooding

强降雨或连续性降雨超过城镇排水能力，导致城镇地面产生积水灾害的现象。

2.1.21 地面集水时间 inlet time, concentration time

雨水从相应汇水面积的最远点地面流到雨水管渠入口的时间。又集水时间。

2.1.22 截流倍数 interception ratio

合流制排水系统在降雨时被截流的雨水径流量与平均旱流污水量的比值。

2.1.23 排水泵站 drainage pumping station

污水泵站、雨水泵站和合流污水泵站的总称。

2.1.24 污水泵站 sewage pumping station

分流制排水系统中，提升污水的泵站。

2.1.25 雨水泵站 storm water pumping station

分流制排水系统中，提升雨水的泵站。

2.1.26 合流污水泵站 combined sewage pumping station

合流制排水系统中，提升合流污水的泵站。

2.1.27 一级处理 primary treatment

污水通过沉淀去降悬浮物的过程。

2.1.28 二级处理 secondary treatment

污水一级处理后，再用生物方法进一步去除污水中胶体和溶解性有机物的过程。

2.1.29 活性污泥法 activated sludge process, suspended growth process

污水生物处理的一种方法。该法是在人工条件下，对污水中的各类微生物群体进行连续混合和培养，形成悬浮状态的活性污泥。利用活性污泥的生物作用，以分解去除污水中的有机污染物，然后使污泥与水分离，大部分污泥回流到生物反应池，多余部分作为剩余污泥排出活性污泥系统。

2.1.30 生物反应池 biological reaction tank

利用活性污泥法进行污水生物处理的构筑物。反应池内能满足生物活动所需条件，可分厌氧、缺氧和好氧状态。池内保持污泥悬浮并与污水充分混合。

2.1.31 活性污泥 activated sludge

生物反应池中繁殖的含有各种微生物群体的絮状体。

2.1.32 回流污泥 returned sludge

由二次沉淀池分离，回流到生物反应池的活性污泥。

2.1.33 格栅 bar screen

拦截水中较大尺寸漂浮物或其他杂物的装置。

2.1.34 格栅除污机 bar screen machine

用机械的方法，将格栅截留的栅渣清捞出的机械。

2.1.35 固定式格栅除污机 fixed raking machine

对应每组格栅设置的固定式清捞栅渣的机械。

2.1.36 移动式格栅除污机 mobile raking machine

数组或超宽格栅设置一台移动式清捞栅渣的机械，按一定操作程序轮流清捞栅渣。

2.1.37 沉砂池 grit chamber

去除水中自重较大、能自然沉降的较大粒径砂粒或颗粒的构筑物。

2.1.38 平流沉砂池 horizontal flow grit chamber

污水沿水平方向流动分离砂粒的沉砂池。

2.1.39 曝气沉砂池 aerated grit chamber

空气沿池一侧进入、使水呈螺旋形流动分离砂粒的沉砂池。

2.1.40 旋流沉砂池 vortex-type grit chamber

靠进水形成旋流离心力分离砂粒的沉砂池。

2.1.41 沉淀 sedimentation, settling

利用悬浮物和水的密度差，重力沉降作用去除水中悬浮物的过程。

2.1.42 初次沉淀池 primary settling tank

设在生物处理构筑物前的沉淀池，用以降低污水中的固体物浓度。

2.1.43 二次沉淀池 secondary settling tank

设在生物处理构筑物后，用于污泥与水分离的沉淀池。

2.1.44 平流沉淀池　horizontal settling tank

污水沿水平方向流动，使污水中的固体物沉降的水池。

2.1.45 竖流沉淀池　vertical flow settling tank

污水从中心管进入，水流竖直上升流动，使污水中的固体物沉降的水池。

2.1.46 辐流沉淀池　radial flow settling tank

污水沿径向减速流动，使污水中的固体物沉降的水池。

2.1.47 斜管（板）沉淀池　inclined tube (plate) sedimentation tank

水池中加斜管（板），使污水中的固体物高效沉降的沉淀池。

2.1.48 好氧　aerobic，oxic

污水生物处理中有溶解氧或兼有硝态氮的环境状态。

2.1.49 厌氧　anaerobic

污水生物处理中没有溶解氧和硝态氮的环境状态。

2.1.50 缺氧　anoxic

污水生物处理中溶解氧不足或没有溶解氧但有硝态氮的环境状态。

2.1.51 生物硝化　bio-nitrification

污水生物处理中好氧状态下硝化细菌将氨氮氧化成硝态氮的过程。

2.1.52 生物反硝化　bio-denitrification

污水生物处理中缺氧状态下反硝化菌将硝态氮还原成氮气，去除污水中氮的过程。

2.1.53 混合液回流　mixed liquid recycle

将好氧池混合液回流至缺氧池，以增加供反硝化脱氮的硝态氮的过程。

2.1.54 生物除磷　biological phosphorus removal

活性污泥法处理污水时，通过排放聚磷菌较多的剩余污泥，去除污水中磷的过程。

2.1.55 缺氧/好氧脱氮工艺　anoxic/oxic process (A_NO)

污水经过缺氧、好氧交替状态处理，提高总氮去除率的生物处理。

2.1.56 厌氧/好氧除磷工艺　anaerobic/oxic process (A_PO)

污水经过厌氧、好氧交替状态处理，提高总磷去除率的生物处理。

2.1.57 厌氧/缺氧/好氧脱氮除磷工艺　anaerobic/anoxic/oxic process (AAO，又称 A^2/O)

污水经过厌氧、缺氧、好氧交替状态处理，提高总氮和总磷去除率的生物处理。

2.1.58 序批式活性污泥法　sequencing batch reactor (SBR)

活性污泥法的一种形式。在同一个反应器中，按时间顺序进行进水、反应、沉淀和排水等处理工序。

2.1.59 充水比　fill ratio

序批式活性污泥法工艺一个周期中，进入反应池的污水量与反应池有效容积之比。

2.1.60 总凯氏氮　total Kjeldahl nitrogen (TKN)

有机氮和氨氮之和。

2.1.61 总氮　total nitrogen (TN)

有机氮、氨氮、亚硝酸盐氮和硝酸盐氮的总和。

2.1.62 总磷　total phosphorus (TP)

水体中有机磷和无机磷的总和。

2.1.63 好氧泥龄　oxic sludge age

活性污泥在好氧池中的平均停留时间。

2.1.64 泥龄　sludge age，sludge retention time (SRT)

活性污泥在整个生物反应池中的平均停留时间。

2.1.65 氧化沟　oxidation ditch

活性污泥法的一种形式，其构筑物呈封闭无终端渠形布置，降解去除污水中有机污染物和氮、磷等营养物。

2.1.66 好氧区　oxic zone

生物反应池的充氧区。微生物在好氧区降解有机物和进行硝化反应。

2.1.67 缺氧区　anoxic zone

生物反应池的非充氧区，且有硝酸盐或亚硝酸盐存在的区域。生物反应池中含有大量硝酸盐、亚硝酸盐，得到充足的有机物时，可在该区内进行脱氮反应。

2.1.68 厌氧区　anaerobic zone

生物反应池的非充氧区，且无硝酸盐或亚硝酸盐存在的区域。聚磷微生物在厌氧区吸收有机物和释放磷。

2.1.69 生物膜法　attached-growth process，biofilm process

污水生物处理的一种方法。该法利用生物膜对有机污染物的吸附和分解作用使污水得到净化。

2.1.70 生物接触氧化　bio-contact oxidation

由浸没在污水中的填料和曝气系统构成的污水处理方法。在有氧条件下，污水与填料表面的生物膜广泛接触，使污水得到净化。

2.1.71 曝气生物滤池　biological aerated filter (BAF)

生物膜法的一种构筑物。由接触氧化和过滤相结合，在有氧条件下，完成污水中有机物氧化、过滤、反冲洗过程，使污水获得净化。又称颗粒填料生物滤池。

2.1.72 生物转盘　rotating biological contactor (RBC)

生物膜法的一种构筑物。由水槽和部分浸没在污水中的旋转盘体组成，盘体表面生长的生物膜反复接触污水和空气中的氧，使污水得到净化。

2.1.73 塔式生物滤池 biotower

生物膜法的一种构筑物。塔内分层布设轻质塑料载体，污水由上往下喷淋，与载体上生物膜及自下向上流动的空气充分接触，使污水得到净化。

2.1.74 低负荷生物滤池 low-rate trickling filters

亦称滴滤池（传统、普通生物滤池）。由于负荷较低，占地较大，净化效果较好，五日生化需氧量去除率可达85%～95%。

2.1.75 高负荷生物滤池 high-rate biological filters

生物滤池的一种形式。通过回流处理水和限制进水有机负荷等措施，提高水力负荷，解决堵塞问题。

2.1.76 五日生化需氧量容积负荷 BOD_5-volumetric loading rate

生物反应池单位容积每天承担的五日生化需氧量千克数。其计量单位以kg BOD_5/（m^3·d）表示。

2.1.77 表面负荷 hydraulic loading rate

一种负荷表示方式，指每平方米面积每天所能接受的污水量。

2.1.78 固定布水器 fixed distributor

生物滤池中由固定的布水管和喷嘴等组成的布水装置。

2.1.79 旋转布水器 rotating distributor

由若干条布水管组成的旋转布水装置。它利用从布水管孔口喷出的水流所产生的反作用力，推动布水管绕旋转轴旋转，达到均匀布水的目的。

2.1.80 石料滤料 rock filtering media

用以提供微生物生长的载体并起悬浮物过滤作用的粒状材料，有碎石、卵石、炉渣、陶粒等。

2.1.81 塑料填料 plastic media

用以提供微生物生长的载体，有硬性、软性和半软性填料。

2.1.82 污水自然处理 natural treatment of wastewater

利用自然生物作用的污水处理方法。

2.1.83 土地处理 land treatment

利用土壤、微生物、植物组成的生态污水处理方法。通过该系统营养物质和水分的循环利用，使植物生长繁殖并不断被利用，实现污水的资源化、无害化和稳定化。

2.1.84 稳定塘 stabilization pond，stabi lization lagoon

经过人工适当修整，设围堤和防渗层的污水池塘，通过水生生态系统的物理和生物作用对污水进行自然处理。

2.1.85 灌溉田 sewage farming

利用土地对污水进行自然生物处理的方法。一方面利用污水培育植物，另一方面利用土壤和植物净化污水。

2.1.86 人工湿地 artifical wetland，constructed wetland

利用土地对污水进行自然处理的一种方法。用人工筑成水池或沟槽，种植芦苇类维管束植物或根系发达的水生植物，污水以推流方式与布满生物膜的介质表面和溶解氧进行充分接触，使水得到净化。

2.1.87 污水再生利用 wastewater reuse

污水回收、再生和利用的统称，包括污水净化再用、实现水循环的全过程。

2.1.88 深度处理 advanced treatment

常规处理后设置的处理。

2.1.89 再生水 renovated water，reclaimed water

污水经适当处理后，达到一定的水质标准，满足某种使用要求的水。

2.1.90 膜过滤 membrane filtration

在污水深度处理中，通过渗透膜过滤去除污染物的技术。

2.1.91 颗粒活性炭吸附池 granular activated carbon adsorption tank

池内介质为单一颗粒活性炭的吸附池。

2.1.92 紫外线 ultraviolet（UV）

紫外线是电磁波的一部分，污水消毒用的紫外线波长为200nm～310nm（主要为254nm）的波谱区。

2.1.93 紫外线剂量 ultraviolet dose

照射到生物体上的紫外线量（即紫外线生物验定剂量或紫外线有效剂量），由生物验定测试得到。

2.1.94 污泥处理 sludge treatment

对污泥进行减量化、稳定化和无害化的处理过程，一般包括浓缩、调理、脱水、稳定、干化或焚烧等的加工过程。

2.1.95 污泥处置 sludge disposal

对处理后污泥的最终消纳过程。一般包括土地利用、填埋和建筑材料利用等。

2.1.96 污泥浓缩 sludge thickening

采用重力、气浮或机械的方法降低污泥含水率，减少污泥体积的方法。

2.1.97 污泥脱水 sludge dewatering

浓缩污泥进一步去除大量水分的过程，普遍采用机械的方式。

2.1.98 污泥干化 sludge drying

通过渗滤或蒸发等作用，从浓缩污泥中去除大部分水分的过程。

2.1.99 污泥消化 sludge digestion

通过厌氧或好氧的方法，使污泥中的有机物进行生物降解和稳定的过程。

2.1.100 厌氧消化 anaerobic digestion

使污泥中有机物生物降解和稳定的过程。

2.1.101 好氧消化 aerobic digestion

有氧条件下污泥消化的过程。

2.1.102 中温消化 mesophilic digestion

污泥温度在33℃～35℃时进行的消化过程。

2.1.103 高温消化 thermophilic digestion

污泥温度在53℃～55℃时进行的消化过程。

2.1.104 原污泥 raw sludge

未经处理的初沉污泥、二沉污泥（剩余污泥）或两者混合后的污泥。

2.1.105 初沉污泥 primary sludge

从初次沉淀池排出的沉淀物。

2.1.106 二沉污泥 secondary sludge

从二次沉淀池、生物反应池（沉淀区或沉淀排泥时段）排出的沉淀物。

2.1.107 剩余污泥 excess activated sludge

从二次沉淀池、生物反应池（沉淀区或沉淀排泥时段）排出系统的活性污泥。

2.1.108 消化污泥 digested sludge

经过厌氧消化或好氧消化的污泥。与原污泥相比，有机物总量有一定程度的降低，污泥性质趋于稳定。

2.1.109 消化池 digester

污泥处理中有机物进行生物降解和稳定的构筑物。

2.1.110 消化时间 digest time

污泥在消化池中的平均停留时间。

2.1.111 挥发性固体 volatile solids

污泥固体物质在600℃时所失去的重量，代表污泥中可通过生物降解的有机物含量水平。

2.1.112 挥发性固体去除率 removal percentage of volatile solids

通过污泥消化，污泥中挥发性有机固体被降解去除的百分比。

2.1.113 挥发性固体容积负荷 cubage load of volatile solids

单位时间内对单位消化池容积投入的原污泥中挥发性固体重量。

2.1.114 污泥气 sludge gas，marsh gas

俗称沼气。在污泥厌氧消化时有机物分解所产生的气体，主要成分为甲烷和二氧化碳，并有少量的氢、氮和硫化氢等。

2.1.115 污泥气燃烧器 sludge gas burner

污泥气燃烧消耗的装置。又称沼气燃烧器。

2.1.116 回火防止器 backfire preventer

防止并阻断回火的装置。在发生事故或系统不稳定的状况下，当管内污泥气压力降低时，燃烧点的火会通过管道向气源方向蔓延，称作回火。

2.1.117 污泥热干化 sludge heat drying

污泥脱水后，在外部加热的条件下，通过传热和传质过程，使污泥中水分随着相变化分离的过程。成为干化产品。

2.1.118 污泥焚烧 sludge incineration

利用焚烧炉将污泥完全矿化为少量灰烬的过程。

2.1.119 污泥综合利用 sludge integrated application

将污泥作为有用的原材料在各种用途上加以利用的方法，是污泥处置的最佳途径。

2.1.120 污泥土地利用 sludge land application

将处理后的污泥作为介质土或土壤改良材料，用于园林绿化、土地改良和农田等场合的处置方式。

2.1.121 污泥农用 sludge farm application

污泥在农业用地上有效利用的处置方式。一般包括污泥经过无害化处理后用于农田、果园、牧草地等。

2.2 符 号

2.2.1 设计流量

Q——设计流量；

Q_d——设计综合生活污水量；

Q_m——设计工业废水量；

Q_s——雨水设计流量；

Q_{dr}——截流井以前的旱流污水量；

Q'——截流井以后管渠的设计流量；

Q'_s——截流井以后汇水面积的雨水设计流量；

Q'_{dr}——截流井以后的旱流污水量；

n_0——截流倍数；

H_1——堰高；

H_2——槽深；

H——槽堰总高；

Q_j——污水截流量；

d——污水截流管管径；

k——修正系数。

A_1，C，b，n——暴雨强度公式中的有关参数；

P——设计重现期；

t——降雨历时；

t_1——地面集水时间；

t_2——管渠内雨水流行时间；

m——折减系数；

q——设计暴雨强度；

Ψ——径流系数；

F——汇水面积；

Q_p——泵站设计流量；

V——调蓄池有效容积；

t_i——调蓄池进水时间；

β——调蓄池容积计算安全系数；

t_o——调蓄池放空时间；

η——调蓄池放空时的排放效率。

2.2.2 水力计算

Q——设计流量；

v——流速；

A——水流有效断面面积；

h——水流深度；

I——水力坡降；

n——粗糙系数；

R——水力半径。

2.2.3 污水处理

Q——设计污水流量；

V——生物反应池容积；

S_o——生物反应池进水五日生化需氧量；

S_e——生物反应池出水五日生化需氧量；

L_S——生物反应池五日生化需氧量污泥负荷；

L_V——生物反应池五日生化需氧量容积负荷；

X——生物反应池内混合液悬浮固体平均浓度；

X_V——生物反应池内混合液挥发性悬浮固体平均浓度；

y——MLSS中MLVSS所占比例；

Y——污泥产率系数；

Y_t——污泥总产率系数；

θ_c——污泥泥龄，活性污泥在生物反应池中的平均停留时间；

θ_{co}——好氧区（池）设计污泥泥龄；

K_d——衰减系数；

K_{dT}——T℃时的衰减系数；

K_{d20}——20℃时的衰减系数；

θ_T——温度系数；

F——安全系数；

η——总处理效率；

T——温度；

f——悬浮固体的污泥转换率；

SS_o——生物反应池进水悬浮物浓度；

SS_e——生物反应池出水悬浮物浓度；

V_n——缺氧区（池）容积；

V_o——好氧区（池）容积；

V_P——厌氧区（池）容积；

N_k——生物反应池进水总凯氏氮浓度；

N_{ke}——生物反应池出水总凯氏氮浓度；

N_t——生物反应池进水总氮浓度；

N_a——生物反应池中氨氮浓度；

N_{te}——生物反应池出水总氮浓度；

N_{oe}——生物反应池出水硝态氮浓度；

ΔX——剩余污泥量；

ΔX_V——排出生物反应池系统的生物污泥量；

K_{de}——脱氮速率；

$K_{de(T)}$——T℃时的脱氮速率；

$K_{de(20)}$——20℃时的脱氮速率；

μ——硝化菌比生长速率；

K_n——硝化作用中氮的半速率常数；

Q_R——回流污泥量；

Q_{Ri}——混合液回流量；

R——污泥回流比；

R_i——混合液回流比；

HRT——生物反应池水力停留时间；

t_P——厌氧区（池）水力停留时间；

O_2——污水需氧量；

O_S——标准状态下污水需氧量；

a——碳的氧当量，当含碳物质以 BOD_5 计时，取1.47；

b——常数，氧化每公斤氨氮所需氧量，取4.57；

c——常数，细菌细胞的氧当量，取1.42；

E_A——曝气器氧的利用率；

G_S——标准状态下供气量；

t_F——SBR生物反应池每池每周期需要的进水时间；

t——SBR生物反应池一个运行周期需要的时间；

t_R——每个周期反应时间；

t_S——SBR生物反应池沉淀时间；

t_D——SBR生物反应池排水时间；

t_b——SBR生物反应池闲置时间；

m——SBR生物反应池充水比。

2.2.4 污泥处理

t_d——消化时间；

V——消化池总有效容积；

Q_o——每日投入消化池的原污泥量；

L_V——消化池挥发性固体容积负荷；

W_S——每日投入消化池的原污泥中挥发性干固体重量。

3 设计流量和设计水质

3.1 生活污水量和工业废水量

3.1.1 城镇旱流污水设计流量，应按下式计算：

$$Q_{dr}=Q_d+Q_m \quad (3.1.1)$$

式中：Q_{dr}——截流井以前的旱流污水量（L/s）；

Q_d——设计综合生活污水量（L/s）；

Q_m——设计工业废水量（L/s）。

在地下水位较高的地区，应考虑入渗地下水量，其量宜根据测定资料确定。

3.1.2 居民生活污水定额和综合生活污水定额应根

据当地采用的用水定额，结合建筑内部给排水设施水平确定，可按当地相关用水定额的80%～90%采用。

3.1.2A 排水系统的设计规模应根据排水系统的规划和普及程度合理确定。

3.1.3 综合生活污水量总变化系数可按当地实际综合生活污水量变化资料采用，没有测定资料时，可按表3.1.3的规定取值。

表3.1.3 综合生活污水量总变化系数

平均日流量(L/s)	5	15	40	70	100	200	500	≥1000
总变化系数	2.3	2.0	1.8	1.7	1.6	1.5	1.4	1.3

注：当污水平均日流量为中间数值时，总变化系数可用内插法求得。

3.1.4 工业区内生活污水量、沐浴污水量的确定，应符合现行国家标准《建筑给水排水设计规范》GB 50015的有关规定。

3.1.5 工业区内工业废水量和变化系数的确定，应根据工艺特点，并与国家现行的工业用水量有关规定协调。

3.2 雨 水 量

3.2.1 采用推理公式计算雨水设计流量，应按下式计算。有条件的地区，雨水设计流量也可采用数学模型法计算。

$$Q_s = q\Psi F \qquad (3.2.1)$$

式中：Q_s——雨水设计流量（L/s）；

q——设计暴雨强度［L/（s·hm²）］；

Ψ——径流系数；

F——汇水面积（hm²）。

注：当有允许排入雨水管道的生产废水排入雨水管道时，应将其水量计算在内。

3.2.2 应严格执行规划控制的综合径流系数，综合径流系数高于0.7的地区应采用渗透、调蓄措施。径流系数，可按表3.2.2-1的规定取值，汇水面积的综合径流系数应按地面种类加权平均计算，可按表3.2.2-2的规定取值。

表3.2.2-1 径 流 系 数

地 面 种 类	Ψ
各种屋面、混凝土或沥青路面	0.85～0.95
大块石铺砌路面或沥青表面处理的碎石路面	0.55～0.65
级配碎石路面	0.40～0.50
干砌砖石或碎石路面	0.35～0.40
非铺砌土路面	0.25～0.35
公园或绿地	0.10～0.20

表3.2.2-2 综合径流系数

区 域 情 况	Ψ
城镇建筑密集区	0.60～0.70
城镇建筑较密集区	0.45～0.60
城镇建筑稀疏区	0.20～0.45

3.2.3 设计暴雨强度，应按下式计算：

$$q = \frac{167A_1\ (1 + C\lg P)}{(t+b)^n} \qquad (3.2.3)$$

式中：q——设计暴雨强度［L/（s·hm²）］；

t——降雨历时（min）；

P——设计重现期（年）；

A_1，C，b，n——参数，根据统计方法进行计算确定。

在具有十年以上自动雨量记录的地区，设计暴雨强度公式，宜采用年多个样法，有条件的地区可采用年最大值法。若采用年最大值法，应进行重现期修正，可按本规范附录A的有关规定编制。

3.2.3A 根据气候变化，宜对暴雨强度公式进行修订。

3.2.4 雨水管渠设计重现期，应根据汇水地区性质、地形特点和气候特征等因素确定。同一排水系统可采用同一重现期或不同重现期。重现期应采用1年～3年，重要干道、重要地区或短期积水即能引起较严重后果的地区，应采用3年～5年，并应与道路设计协调，经济条件较好或有特殊要求的地区宜采用规定的上限。特别重要地区可采用10年或以上。

3.2.4A 应采取必要的措施防止洪水对城镇排水系统的影响。

3.2.4B 应校核城镇排水系统排除地面积水的能力，根据城镇特点、积水影响程度和内河水位调控等因素经技术经济比较后确定。一般根据重现期校核排除地面积水的能力，重现期应采用3年～5年，重要干道、重要地区或短期积水即能引起较严重后果的地区应采用5年～10年，经济条件较好或有特殊要求的地区宜采用规定的上限，目前不具备条件的地区可分期达到标准。特别重要地区可采用50年或以上。

3.2.5 雨水管渠的降雨历时，应按下式计算：

$$t = t_1 + mt_2 \qquad (3.2.5)$$

式中：t——降雨历时（min）；

t_1——地面集水时间（min），视距离长短、地形坡度和地面铺盖情况而定，一般采用5min～15min；

m——折减系数，暗管折减系数$m=2$，明渠折减系数$m=1.2$，在陡坡地区，暗管折减系数$m=1.2～2$，经济条件较好、安全性要求较高地区的排水管渠m可取1；

t_2——管渠内雨水流行时间（min）。

3.2.5A 应采取雨水渗透、调蓄等措施，从源头降低雨水径流产生量，延缓出流时间。

3.2.6 当雨水径流量增大，排水管渠的输送能力不能满足要求时，可设雨水调蓄池。

3.3 合 流 水 量

3.3.1 合流管渠的设计流量，应按下式计算：

$$Q = Q_d + Q_m + Q_s = Q_{dr} + Q_s \qquad (3.3.1)$$

式中：Q——设计流量（L/s）；

Q_d——设计综合生活污水量（L/s）；

Q_m——设计工业废水量（L/s）；

Q_s——雨水设计流量（L/s）；

Q_{dr}——截流井以前的旱流污水量（L/s）。

3.3.2 截流井以后管渠的设计流量，应按下式计算：

$$Q' = (n_0 + 1)\ Q_{dr} + Q'_s + Q'_{dr} \qquad (3.3.2)$$

式中：Q'——截流井以后管渠的设计流量（L/s）；

n_0——截流倍数；

Q'_s——截流井以后汇水面积的雨水设计流量（L/s）；

Q'_{dr}——截流井以后的旱流污水量（L/s）。

3.3.3 截流倍数 n_0 应根据旱流污水的水质、水量、排放水体的卫生要求、水文、气候、经济和排水区域大小等因素经计算确定，宜采用1～5。在同一排水系统中可采用同一截流倍数或不同截流倍数。

3.3.4 合流管道的雨水设计重现期可适当高于同一情况下的雨水管道设计重现期。

3.4 设 计 水 质

3.4.1 城镇污水的设计水质应根据调查资料确定，或参照邻近城镇、类似工业区和居住区的水质确定。无调查资料时，可按下列标准采用：

1 生活污水的五日生化需氧量可按每人每天25g～50g计算。

2 生活污水的悬浮固体量可按每人每天40g～65g计算。

3 生活污水的总氮量可按每人每天5g～11g计算。

4 生活污水的总磷量可按每人每天0.7g～1.4g计算。

5 工业废水的设计水质，可参照类似工业的资料采用，其五日生化需氧量、悬浮固体量、总氮量和总磷量，可折合人口当量计算。

3.4.2 污水厂内生物处理构筑物进水的水温宜为10℃～37℃，pH值宜为6.5～9.5，营养组合比（五日生化需氧量：氮：磷）可为100：5：1。有工业废水进入时，应考虑有害物质的影响。

4 排水管渠和附属构筑物

4.1 一 般 规 定

4.1.1 排水管渠系统应根据城镇总体规划和建设情况统一布置，分期建设。排水管渠断面尺寸应按远期规划的最高日最高时设计流量设计，按现状水量复核，并考虑城镇远景发展的需要。

4.1.2 管渠平面位置和高程，应根据地形、土质、地下水位、道路情况、原有的和规划的地下设施、施工条件以及养护管理方便等因素综合考虑确定。排水干管应布置在排水区域内地势较低或便于雨污水汇集的地带。排水管宜沿城镇道路敷设，并与道路中心线平行，宜设在快车道以外。截流干管宜沿受纳水体岸边布置。管渠高程设计除考虑地形坡度外，还应考虑与其他地下设施的关系以及接户管的连接方便。

4.1.3 管渠材质、管渠构造、管渠基础、管道接口，应根据排水水质、水温、冰冻情况、断面尺寸、管内外所受压力、土质、地下水位、地下水侵蚀性、施工条件及对养护工具的适应性等因素进行选择与设计。

4.1.3A 排水管渠的断面形状应符合下列要求：

1 排水管渠的断面形状应根据设计流量、埋设深度、工程环境条件，同时结合当地施工、制管技术水平和经济、养护管理要求综合确定，宜优先选用成品管。

2 大型和特大型管渠的断面应方便维修、养护和管理。

4.1.4 输送腐蚀性污水的管渠必须采用耐腐蚀材料，其接口及附属构筑物必须采取相应的防腐蚀措施。

4.1.5 当输送易造成管渠内沉析的污水时，管渠形式和断面的确定，必须考虑维护检修的方便。

4.1.6 工业区内经常受有害物质污染场地的雨水，应经预处理达到相应标准后才能排入排水管渠。

4.1.7 排水管渠系统的设计，应以重力流为主，不设或少设提升泵站。当无法采用重力流或重力流不经济时，可采用压力流。

4.1.8 雨水管渠系统设计可结合城镇总体规划，考虑利用水体调蓄雨水，必要时可建人工调蓄和初期雨水处理设施。

4.1.9 污水管道、合流污水管道和附属构筑物应保证其严密性，应进行闭水试验，防止污水外渗和地下水入渗。

4.1.10 当排水管渠出水口受水体水位顶托时，应根据地区重要性和积水所造成的后果，设置潮门、闸门或泵站等设施。

4.1.11 雨水管道系统之间或合流管道系统之间可根据需要设置连通管。必要时可在连通管处设闸槽或闸门。连通管及附近闸门井应考虑维护管理的方便。雨水管道系统与合流管道系统之间不应设置连通管道。

4.1.12 排水管渠系统中，在排水泵站和倒虹管前，宜设置事故排出口。

4.2 水 力 计 算

4.2.1 排水管渠的流量，应按下式计算：

$$Q=Av \quad (4.2.1)$$

式中：Q——设计流量（m^3/s）；

A——水流有效断面面积（m^2）；

v——流速（m/s）。

4.2.2 恒定流条件下排水管渠的流速，应按下式计算：

$$v=\frac{1}{n}R^{\frac{2}{3}}I^{\frac{1}{2}} \quad (4.2.2)$$

式中：v——流速（m/s）；

R——水力半径（m）；

I——水力坡降；

n——粗糙系数。

4.2.3 排水管渠粗糙系数，宜按表4.2.3的规定取值。

表4.2.3 排水管渠粗糙系数

管渠类别	粗糙系数 n	管渠类别	粗糙系数 n
UPVC管、PE管、玻璃钢管	0.009～0.011	浆砌砖渠道	0.015
石棉水泥管、钢管	0.012	浆砌块石渠道	0.017
陶土管、铸铁管	0.013	干砌块石渠道	0.020～0.025
混凝土管、钢筋混凝土管、水泥砂浆抹面渠道	0.013～0.014	土明渠（包括带草皮）	0.025～0.030

4.2.4 排水管渠的最大设计充满度和超高，应符合下列规定：

1 重力流污水管道应按非满流计算，其最大设计充满度，应按表4.2.4的规定取值。

表4.2.4 最大设计充满度

管径或渠高（mm）	最大设计充满度
200～300	0.55
350～450	0.65
500～900	0.70
≥1000	0.75

注：在计算污水管道充满度时，不包括短时突然增加的污水量，但当管径小于或等于300mm时，应按满流复核。

2 雨水管道和合流管道应按满流计算。

3 明渠超高不得小于0.2m。

4.2.5 排水管道的最大设计流速，宜符合下列规定。非金属管道最大设计流速经过试验验证可适当提高。

1 金属管道为10.0m/s。

2 非金属管道为5.0m/s。

4.2.6 排水明渠的最大设计流速，应符合下列规定：

1 当水流深度为0.4m～1.0m时，宜按表4.2.6的规定取值。

表4.2.6 明渠最大设计流速

明渠类别	最大设计流速（m/s）
粗砂或低塑性粉质黏土	0.8
粉质黏土	1.0
黏土	1.2
草皮护面	1.6
干砌块石	2.0
浆砌块石或浆砌砖	3.0
石灰岩和中砂岩	4.0
混凝土	4.0

2 当水流深度在0.4m～1.0m范围以外时，表4.2.6所列最大设计流速宜乘以下列系数：

$h<0.4$m　0.85；

$1.0<h<2.0$m　1.25；

$h\geqslant2.0$m　1.40。

注：h为水流深度。

4.2.7 排水管渠的最小设计流速，应符合下列规定：

1 污水管道在设计充满度下为0.6m/s。

2 雨水管道和合流管道在满流时为0.75m/s。

3 明渠为0.4m/s。

4.2.8 污水厂压力输泥管的最小设计流速，可按表4.2.8的规定取值。

表4.2.8 压力输泥管最小设计流速

污泥含水率（%）	最小设计流速（m/s）	
	管径150mm～250mm	管径300mm～400mm
90	1.5	1.6
91	1.4	1.5
92	1.3	1.4
93	1.2	1.3
94	1.1	1.2
95	1.0	1.1
96	0.9	1.0
97	0.8	0.9
98	0.7	0.8

4.2.9 排水管道采用压力流时，压力管道的设计流速宜采用0.7m/s～2.0m/s。

4.2.10 排水管道的最小管径与相应最小设计坡度，宜按表4.2.10的规定取值。

表 4.2.10 最小管径与相应最小设计坡度

管道类别	最小管径（mm）	相应最小设计坡度
污水管	300	塑料管 0.002，其他管 0.003
雨水管和合流管	300	塑料管 0.002，其他管 0.003
雨水口连接管	200	0.01
压力输泥管	150	—
重力输泥管	200	0.01

4.2.11 管道在坡度变陡处，其管径可根据水力计算确定由大改小，但不得超过2级，并不得小于相应条件下的最小管径。

4.3 管 道

4.3.1 不同直径的管道在检查井内的连接，宜采用管顶平接或水面平接。

4.3.2 管道转弯和交接处，其水流转角不应小于90°。

注：当管径小于或等于300mm，跌水水头大于0.3m时，可不受此限制。

4.3.2A 埋地塑料排水管可采用硬聚氯乙烯管、聚乙烯管和玻璃纤维增强塑料夹砂管。

4.3.2B 埋地塑料排水管的使用，应符合下列规定：

1 根据工程条件、材料力学性能和回填材料压实度，按环刚度复核覆土深度。

2 设置在机动车道下的埋地塑料排水管道不应影响道路质量。

3 埋地塑料排水管不应采用刚性基础。

4.3.2C 塑料管应直线敷设，当遇到特殊情况需折线敷设时，应采用柔性连接，其允许偏转角应满足要求。

4.3.3 管道基础应根据管道材质、接口形式和地质条件确定，对地基松软或不均匀沉降地段，管道基础应采取加固措施。

4.3.4 管道接口应根据管道材质和地质条件确定，污水和合流污水管道应采用柔性接口。当管道穿过粉砂、细砂层并在最高地下水位以下，或在地震设防烈度为7度及以上设防区时，必须采用柔性接口。

4.3.4A 当矩形钢筋混凝土箱涵敷设在软土地基或不均匀地层上时，宜采用钢带橡胶止水圈结合上下企口式接口形式。

4.3.5 设计排水管道时，应防止在压力流情况下使接户管发生倒灌。

4.3.6 污水管道和合流管道应根据需要设通风设施。

4.3.7 管顶最小覆土深度，应根据管材强度、外部荷载、土壤冰冻深度和土壤性质等条件，结合当地埋管经验确定。管顶最小覆土深度宜为：人行道下0.6m，车行道下0.7m。

4.3.8 一般情况下，排水管道宜埋设在冰冻线以下。当该地区或条件相似地区有浅埋经验或采取相应措施时，也可埋设在冰冻线以上，其浅埋数值应根据该地区经验确定，但应保证排水管道安全运行。

4.3.9 道路红线宽度超过40m的城镇干道，宜在道路两侧布置排水管道。

4.3.10 重力流管道系统可设排气和排空装置，在倒虹管、长距离直线输送后变化段宜设置排气装置。设计压力管道时，应考虑水锤的影响。在管道的高点以及每隔一定距离处，应设排气装置；排气装置有排气井、排气阀等，排气井的建筑应与周边环境相协调。在管道的低点以及每隔一定距离处，应设排空装置。

4.3.11 承插式压力管道应根据管径、流速、转弯角度、试压标准和接口的摩擦力等因素，通过计算确定是否在垂直或水平方向转弯处设置支墩。

4.3.12 压力管接入自流管渠时，应有消能设施。

4.3.13 管道的施工方法，应根据管道所处土层性质、管径、地下水位、附近地下和地上建筑物等因素，经技术经济比较，确定采用开槽、顶管或盾构施工等。

4.4 检 查 井

4.4.1 检查井的位置，应设在管道交汇处、转弯处、管径或坡度改变处、跌水处以及直线管段上每隔一定距离处。

4.4.1A 污水管、雨水管和合流污水管的检查井井盖应有标识。

4.4.1B 检查井宜采用成品井，污水和合流污水检查井应进行闭水试验。

4.4.2 检查井在直线管段的最大间距应根据疏通方法等具体情况确定，一般宜按表4.4.2的规定取值。

表 4.4.2 检查井最大间距

管径或暗渠净高（mm）	最大间距（m）	
	污水管道	雨水（合流）管道
200～400	40	50
500～700	60	70
800～1000	80	90
1100～1500	100	120
1600～2000	120	120

4.4.3 检查井各部尺寸，应符合下列要求：

1 井口、井筒和井室的尺寸应便于养护和检修，爬梯和脚窝的尺寸、位置应便于检修和上下安全。

2 检修室高度在管道埋深许可时宜为1.8m，污水检查井由流槽顶算起，雨水（合流）检查井由管底算起。

4.4.4 检查井井底宜设流槽。污水检查井流槽顶可与0.85倍大管管径处相平，雨水（合流）检查井流槽顶可与0.5倍大管管径处相平。流槽顶部宽度宜满足检修要求。

4.4.5 在管道转弯处，检查井内流槽中心线的弯曲半径应按转角大小和管径大小确定，但不宜小于大管管径。

4.4.6 位于车行道的检查井，应采用具有足够承载力和稳定性良好的井盖与井座。

4.4.6A 设置在主干道上的检查井的井盖基座宜和井体分离。

4.4.7 检查井宜采用具有防盗功能的井盖。位于路面上的井盖，宜与路面持平；位于绿化带内的井盖，不应低于地面。

4.4.8 在污水干管每隔适当距离的检查井内，需要时可设置闸槽。

4.4.9 接入检查井的支管（接户管或连接管）管径大于300mm时，支管数不宜超过3条。

4.4.10 检查井与管渠接口处，应采取防止不均匀沉降的措施。

4.4.10A 检查井和塑料管道应采用柔性连接。

4.4.11 在排水管道每隔适当距离的检查井内和泵站前一检查井内，宜设置沉泥槽，深度宜为0.3m～0.5m。

4.4.12 在压力管道上应设置压力检查井。

4.4.13 高流速排水管道坡度突然变化的第一座检查井宜采用高流槽排水检查井，并采取增强井筒抗冲击和冲刷能力的措施，井盖宜采用排气井盖。

4.5 跌 水 井

4.5.1 管道跌水水头为1.0m～2.0m时，宜设跌水井；跌水水头大于2.0m时，应设跌水井。管道转弯处不宜设跌水井。

4.5.2 跌水井的进水管管径不大于200mm时，一次跌水水头高度不得大于6m；管径为300mm～600mm时，一次跌水水头高度不宜大于4m。跌水方式可采用竖管或矩形竖槽。管径大于600mm时，其一次跌水水头高度及跌水方式应按水力计算确定。

4.6 水 封 井

4.6.1 当工业废水能产生引起爆炸或火灾的气体时，其管道系统中必须设置水封井。水封井位置应设在产生上述废水的排出口处及其干管上每隔适当距离处。

4.6.2 水封深度不应小于0.25m，井上宜设通风设施，井底应设沉泥槽。

4.6.3 水封井以及同一管道系统中的其他检查井，均不应设在车行道和行人众多的地段，并应适当远离产生明火的场地。

4.7 雨 水 口

4.7.1 雨水口的形式、数量和布置，应按汇水面积所产生的流量、雨水口的泄水能力及道路形式确定。雨水口宜设污物截留设施。

4.7.2 雨水口间距宜为25m～50m。连接管串联雨水口个数不宜超过3个。雨水口连接管长度不宜超过25m。

4.7.3 当道路纵坡大于0.02时，雨水口的间距可大于50m，其形式、数量和布置应根据具体情况和计算确定。坡段较短时可在最低点处集中收水，其雨水口的数量或面积应适当增加。

4.7.4 雨水口深度不宜大于1m，并根据需要设置沉泥槽。遇特殊情况需要浅埋时，应采取加固措施。有冻胀影响地区的雨水口深度，可根据当地经验确定。

4.8 截 流 井

4.8.1 截流井的位置，应根据污水截流干管位置、合流管渠位置、溢流管下游水位高程和周围环境等因素确定。

4.8.2 截流井宜采用槽式，也可采用堰式或槽堰结合式。管渠高程允许时，应选用槽式，当选用堰式或槽堰结合式时，堰高和堰长应进行水力计算。

4.8.2A 当污水截流管管径为300mm～600mm时，堰式截流井内各类堰（正堰、斜堰、曲线堰）的堰高，可按下列公式计算：

1 $d=300\text{mm}, H_1=(0.233+0.013Q_j)\cdot d\cdot k$ (4.8.2A-1)

2 $d=400\text{mm}, H_1=(0.226+0.007Q_j)\cdot d\cdot k$ (4.8.2A-2)

3 $d=500\text{mm}, H_1=(0.219+0.004Q_j)\cdot d\cdot k$ (4.8.2A-3)

4 $d=600\text{mm}, H_1=(0.202+0.003Q_j)\cdot d\cdot k$ (4.8.2A-4)

5 $Q_j=(1+n_0)\cdot Q_{dr}$ (4.8.2A-5)

式中：H_1——堰高（mm）；

Q_j——污水截流量（L/s）；

d——污水截流管管径（mm）；

k——修正系数，$k=1.1\sim1.3$；

n_0——截流倍数；

Q_{dr}——截流井以前的旱流污水量（L/s）。

4.8.2B 当污水截流管管径为300mm～600mm时，槽式截流井的槽深、槽宽，应按下列公式计算：

$$H_2=63.9\cdot Q_j^{0.43}\cdot k \quad (4.8.2B-1)$$

式中：H_2——槽深（mm）；

Q_j——污水截流量（L/s）；

k——修正系数，$k=1.1\sim1.3$。

$$B=d \quad (4.8.2B-2)$$

式中：B——槽宽（mm）；

d——污水截流管管径（mm）。

4.8.2C 槽堰结合式截流井的槽深、堰高，应按下列公式计算：

1 根据地形条件和管道高程允许降落的可能性，确定槽深 H_2。

2 根据截流量，计算确定截流管管径 d。

3 假设 H_1/H_2 比值，按表 4.8.2C 计算确定槽堰总高 H。

表 4.8.2C 槽堰结合式井的槽堰总高计算表

d (mm)	$H_1/H_2 \leqslant 1.3$	$H_1/H_2 > 1.3$
300	$H=(4.22\,Q_j+94.3)\cdot k$	$H=(4.08\,Q_j+69.9)\cdot k$
400	$H=(3.43\,Q_j+96.4)\cdot k$	$H=(3.08\,Q_j+72.3)\cdot k$
500	$H=(2.22\,Q_j+136.4)\cdot k$	$H=(2.42\,Q_j+124.0)\cdot k$

4 堰高 H_1，可按下式计算：

$$H_1=H-H_2 \quad (4.8.2C)$$

式中：H_1——堰高（mm）；

H——槽堰总高（mm）；

H_2——槽深（mm）。

5 校核 H_1/H_2 是否符合本条第 3 款的假设条件，如不符合则改用相应公式重复上述计算。

6 槽宽计算同式（4.8.2B-2）。

4.8.3 截流井溢流水位，应在设计洪水位或受纳管道设计水位以上，当不能满足要求时，应设置闸门等防倒灌设施。

4.8.4 截流井内宜设流量控制设施。

4.9 出水口

4.9.1 排水管渠出水口位置、形式和出口流速，应根据受纳水体的水质要求、水体的流量、水位变化幅度、水流方向、波浪状况、稀释自净能力、地形变迁和气候特征等因素确定。

4.9.2 出水口应采取防冲刷、消能、加固等措施，并视需要设置标志。

4.9.3 有冻胀影响地区的出水口，应考虑用耐冻胀材料砌筑，出水口的基础必须设在冰冻线以下。

4.10 立体交叉道路排水

4.10.1 立体交叉道路排水应排除汇水区域的地面径流水和影响道路功能的地下水，其形式应根据当地规划、现场水文地质条件、立交形式等工程特点确定。

4.10.2 立体交叉道路排水的地面径流量计算，宜符合下列规定：

1 设计重现期不小于 3 年，重要区域标准可适当提高，同一立体交叉工程的不同部位可采用不同的重现期。

2 地面集水时间宜为 5min～10min。

3 径流系数宜为 0.8～1.0。

4 汇水面积应合理确定，宜采用高水高排、低水低排互不连通的系统，并应有防止高水进入低水系统的可靠措施。

4.10.3 立体交叉地道排水应设独立的排水系统，其出水口必须可靠。

4.10.4 当立体交叉地道工程的最低点位于地下水位以下时，应采取排水或控制地下水的措施。

4.10.5 高架道路雨水口的间距宜为 20m～30m。每个雨水口单独用立管引至地面排水系统。雨水口的入口应设置格网。

4.11 倒虹管

4.11.1 通过河道的倒虹管，不宜少于两条；通过谷地、旱沟或小河的倒虹管可采用一条。通过障碍物的倒虹管，尚应符合与该障碍物相交的有关规定。

4.11.2 倒虹管的设计，应符合下列要求：

1 最小管径宜为 200mm。

2 管内设计流速应大于 0.9m/s，并应大于进水管内的流速，当管内设计流速不能满足上述要求时，应增加定期冲洗措施，冲洗时流速不应小于 1.2m/s。

3 倒虹管的管顶距规划河底距离一般不宜小于 1.0m，通过航运河道时，其位置和管顶距规划河底距离应与当地航运管理部门协商确定，并设置标志，遇冲刷河床应考虑防冲措施。

4 倒虹管宜设置事故排出口。

4.11.3 合流管道设倒虹管时，应按旱流污水量校核流速。

4.11.4 倒虹管进出水井的检修室净高宜高于 2m。进出水井较深时，井内应设检修台，其宽度应满足检修要求。当倒虹管为复线时，井盖的中心宜设在各条管道的中心线上。

4.11.5 倒虹管进出水井内应设闸槽或闸门。

4.11.6 倒虹管进水井的前一检查井，应设置沉泥槽。

4.12 渠道

4.12.1 在地形平坦地区、埋设深度或出水口深度受限制的地区，可采用渠道（明渠或盖板渠）排除雨水。盖板渠宜就地取材，构造宜方便维护，渠壁可与道路侧石联合砌筑。

4.12.2 明渠和盖板渠的底宽，不宜小于 0.3m。无铺砌的明渠边坡，应根据不同的地质按表 4.12.2 的规定取值；用砖石或混凝土块铺砌的明渠可采用 1∶0.75～1∶1 的边坡。

表 4.12.2 明渠边坡值

地质	边坡值
粉砂	1∶3～1∶3.5
松散的细砂、中砂和粗砂	1∶2～1∶2.5
密实的细砂、中砂、粗砂或黏质粉土	1∶1.5～1∶2
粉质黏土或黏土砾石或卵石	1∶1.25～1∶1.5
半岩性土	1∶0.5～1∶1
风化岩石	1∶0.25～1∶0.5
岩石	1∶0.1～1∶0.25

4.12.3 渠道和涵洞连接时，应符合下列要求：

1 渠道接入涵洞时，应考虑断面收缩、流速变化等因素造成明渠水面壅高的影响。

2 涵洞断面应按渠道水面达到设计超高时的泄水量计算。

3 涵洞两端应设挡土墙，并护坡和护底。

4 涵洞宜做成方形，如为圆管时，管底可适当低于渠底，其降低部分不计入过水断面。

4.12.4 渠道和管道连接处应设挡土墙等衔接设施。渠道接入管道处应设置格栅。

4.12.5 明渠转弯处，其中心线的弯曲半径不宜小于设计水面宽度的5倍；盖板渠和铺砌明渠可采用不小于设计水面宽度的2.5倍。

4.13 管道综合

4.13.1 排水管道与其他地下管渠、建筑物、构筑物等相互间的位置，应符合下列要求：

1 敷设和检修管道时，不应互相影响。

2 排水管道损坏时，不应影响附近建筑物、构筑物的基础，不应污染生活饮用水。

4.13.2 污水管道、合流管道与生活给水管道相交时，应敷设在生活给水管道的下面。

4.13.3 排水管道与其他地下管线（或构筑物）水平和垂直的最小净距，应根据两者的类型、高程、施工先后和管线损坏的后果等因素，按当地城镇管道综合规划确定，亦可按本规范附录B采用。

4.13.4 再生水管道与生活给水管道、合流管道和污水管道相交时，应敷设在生活给水管道下面，宜敷设在合流管道和污水管道的上面。

4.14 雨水调蓄池

4.14.1 需要控制面源污染、削减排水管道峰值流量防治地面积水、提高雨水利用程度时，宜设置雨水调蓄池。

4.14.2 雨水调蓄池的设置应尽量利用现有设施。

4.14.3 雨水调蓄池的位置，应根据调蓄目的、排水体制、管网布置、溢流管下游水位高程和周围环境等综合考虑后确定。

4.14.4 用于控制面源污染时，雨水调蓄池的有效容积可按下式计算：

$$V=3600t_{\mathrm{i}}\ (n-n_0)\ Q_{\mathrm{dr}}\beta \tag{4.14.4}$$

式中：V——调蓄池有效容积（m^3）；

t_i——调蓄池进水时间（h），宜采用0.5h～1h，当合流制排水系统雨天溢流污水水质在单次降雨事件中无明显初期效应时，宜取上限；反之，可取下限；

n——调蓄池运行期间的截流倍数，由要求的污染负荷目标削减率、当地截流倍数和截流量占降雨量比例之间的关系求得；

n_0——系统原截流倍数；

Q_{dr}——截流井以前的旱流污水量（m^3/s）；

β——调蓄池容积计算安全系数，可取1.1～1.5。

4.14.5 用于削减排水管道洪峰流量时，雨水调蓄池的有效容积可按下式计算：

$$V=\left[-\left(\frac{0.65}{n^{1.2}}+\frac{b}{t}\cdot\frac{0.5}{n+0.2}+1.10\right)\lg(\alpha+0.3)+\frac{0.215}{n^{0.15}}\right]\cdot Q\cdot t \tag{4.14.5}$$

式中：V——调蓄池有效容积（m^3）；

α——脱过系数，取值为调蓄池下游设计流量和上游设计流量之比；

Q——调蓄池上游设计流量Q（m^3/min）；

b、n——暴雨强度公式参数；

t——降雨历时（min），根据式（3.2.5）计算。其中，$m=1$。

4.14.6 用于提高雨水利用程度时，雨水调蓄池的有效容积应根据降雨特征、用水需求和经济效益等确定。

4.14.7 雨水调蓄池的放空时间，可按下式计算：

$$t_{\mathrm{o}}=\frac{V}{3600Q'\eta} \tag{4.14.7}$$

式中：t_o——放空时间（h）；

V——调蓄池有效容积（m^3）；

Q'——下游排水管道或设施的受纳能力（m^3/s）；

η——排放效率，一般可取0.3～0.9。

4.14.8 雨水调蓄池应设置清洗、排气和除臭等附属设施和检修通道。

4.15 雨水渗透设施

4.15.1 城镇基础设施建设应综合考虑雨水径流量的削减。人行道、停车场和广场等宜采用渗透性铺面；绿地标高宜低于周边路面标高，形成下凹式绿地。

4.15.2 在场地条件许可的情况下，可设置植草沟、渗透池等设施接纳地面径流。

5 泵 站

5.1 一般规定

5.1.1 排水泵站宜按远期规模设计，水泵机组可按近期规模配置。

5.1.2 排水泵站宜设计为单独的建筑物。

5.1.3 抽送产生易燃易爆和有毒有害气体的污水泵站，必须设计为单独的建筑物，并应采取相应的防护措施。

5.1.4 排水泵站的建筑物和附属设施宜采取防腐蚀措施。

5.1.5 单独设置的泵站与居住房屋和公共建筑物的距离，应满足规划、消防和环保部门的要求。泵站的地面建筑物造型应与周围环境协调，做到适用、经济、美观，泵站内应绿化。

5.1.6 泵站室外地坪标高应按城镇防洪标准确定，并符合规划部门要求；泵房室内地坪应比室外地坪高0.2m～0.3m；易受洪水淹没地区的泵站，其入口处设计地面标高应比设计洪水位高0.5m以上；当不能满足上述要求时，可在入口处设置闸槽等临时防洪措施。

5.1.7 雨水泵站应采用自灌式泵站。污水泵站和合流污水泵站宜采用自灌式泵站。

5.1.8 泵房宜有两个出入口，其中一个应能满足最大设备或部件的进出。

5.1.9 排水泵站供电应按二级负荷设计，特别重要地区的泵站，应按一级负荷设计。当不能满足上述要求时，应设置备用动力设施。

5.1.10 位于居民区和重要地段的污水、合流污水泵站，应设置除臭装置。

5.1.11 自然通风条件差的地下式水泵间应设机械送排风综合系统。

5.1.12 经常有人管理的泵站内，应设隔声值班室并有通讯设施。对远离居民点的泵站，应根据需要适当设置工作人员的生活设施。

5.2 设计流量和设计扬程

5.2.1 污水泵站的设计流量，应按泵站进水总管的最高日最高时流量计算确定。

5.2.2 雨水泵站的设计流量，应按泵站进水总管的设计流量计算确定。当立交道路设有盲沟时，其渗流水量应单独计算。

5.2.3 合流污水泵站的设计流量，应按下列公式计算确定。

1 泵站后设污水截流装置时，按式（3.3.1）计算。

2 泵站前设污水截流装置时，雨水部分和污水部分分别按式（5.2.3-1）和式（5.2.3-2）计算。

1）雨水部分：

$$Q_p = Q_s - n_0 Q_{dr} \quad (5.2.3\text{-}1)$$

2）污水部分：

$$Q_p = (n_0 + 1)\ Q_{dr} \quad (5.2.3\text{-}2)$$

式中：Q_p——泵站设计流量（m^3/s）；

Q_s——雨水设计流量（m^3/s）；

Q_{dr}——旱流污水设计流量（m^3/s）；

n_0——截流倍数。

5.2.4 雨水泵的设计扬程，应根据设计流量时的集水池水位与受纳水体平均水位差和水泵管路系统的水头损失确定。

5.2.5 污水泵和合流污水泵的设计扬程，应根据设计流量时的集水池水位与出水管渠水位差和水泵管路系统的水头损失以及安全水头确定。

5.3 集 水 池

5.3.1 集水池的容积，应根据设计流量、水泵能力和水泵工作情况等因素确定，并应符合下列要求：

1 污水泵站集水池的容积，不应小于最大一台水泵5min的出水量。

注：如水泵机组为自动控制时，每小时开动水泵不得超过6次。

2 雨水泵站集水池的容积，不应小于最大一台水泵30s的出水量。

3 合流污水泵站集水池的容积，不应小于最大一台水泵30s的出水量。

4 污泥泵房集水池的容积，应按一次排入的污泥量和污泥泵抽送能力计算确定。活性污泥泵房集水池的容积，应按排入的回流污泥量、剩余污泥量和污泥泵抽送能力计算确定。

5.3.2 大型合流污水输送泵站集水池的面积，应按管网系统中调压塔原理复核。

5.3.3 流入集水池的污水和雨水均应通过格栅。

5.3.4 雨水泵站和合流污水泵站集水池的设计最高水位，应与进水管管顶相平。当设计进水管道为压力管时，集水池的设计最高水位可高于进水管管顶，但不得使管道上游地面冒水。

5.3.5 污水泵站集水池的设计最高水位，应按进水管充满度计算。

5.3.6 集水池的设计最低水位，应满足所选水泵吸水头的要求。自灌式泵房尚应满足水泵叶轮浸没深度的要求。

5.3.7 泵房应采用正向进水，应考虑改善水泵吸水管的水力条件，减少滞流或涡流。

5.3.8 泵站集水池前，应设置闸门或闸槽；泵站宜设置事故排出口，污水泵站和合流污水泵站设置事故排出口应报有关部门批准。

5.3.9 雨水进水管沉砂量较多地区宜在雨水泵站集

水池前设置沉砂设施和清砂设备。

5.3.10 集水池池底应设集水坑，倾向坑的坡度不宜小于10%。

5.3.11 集水池应设冲洗装置，宜设清泥设施。

5.4 泵房设计

Ⅰ 水泵配置

5.4.1 水泵的选择应根据设计流量和所需扬程等因素确定，且应符合下列要求：

1 水泵宜选用同一型号，台数不应少于2台，不宜大于8台。当水量变化很大时，可配置不同规格的水泵，但不宜超过两种，或采用变频调速装置，或采用叶片可调式水泵。

2 污水泵房和合流污水泵房应设备用泵，当工作泵台数不大于4台时，备用泵宜为1台。工作泵台数不小于5台时，备用泵宜为2台；潜水泵房备用泵为2台时，可现场备用1台，库存备用1台。雨水泵房可不设备用泵。立交道路的雨水泵房可视泵房重要性设置备用泵。

5.4.2 选用的水泵宜在满足设计扬程时在高效区运行；在最高工作扬程与最低工作扬程的整个工作范围内应能安全稳定运行。2台以上水泵并联运行合用一根出水管时，应根据水泵特性曲线和管路工作特性曲线验算单台水泵工况，使之符合设计要求。

5.4.3 多级串联的污水泵站和合流污水泵站，应考虑级间调整的影响。

5.4.4 水泵吸水管设计流速宜为0.7m/s～1.5m/s。出水管流速宜为0.8m/s～2.5m/s。

5.4.5 非自灌式水泵应设引水设备，并均宜设备用。小型水泵可设底阀或真空引水设备。

Ⅱ 泵 房

5.4.6 水泵布置宜采用单行排列。

5.4.7 主要机组的布置和通道宽度，应满足机电设备安装、运行和操作的要求，并应符合下列要求：

1 水泵机组基础间的净距不宜小于1.0m。

2 机组突出部分与墙壁的净距不宜小于1.2m。

3 主要通道宽度不宜小于1.5m。

4 配电箱前面通道宽度，低压配电时不宜小于1.5m，高压配电时不宜小于2.0m。当采用在配电箱后面检修时，后面距墙的净距不宜小于1.0m。

5 有电动起重机的泵房内，应有吊运设备的通道。

5.4.8 泵房各层层高，应根据水泵机组、电气设备、起吊装置、安装、运行和检修等因素确定。

5.4.9 泵房起重设备应根据需吊运的最重部件确定。起重量不大于3t，宜选用手动或电动葫芦；起重量大于3t，宜选用电动单梁或双梁起重机。

5.4.10 水泵机组基座，应按水泵要求配置，并应高出地坪0.1m以上。

5.4.11 水泵间与电动机间的层高差超过水泵技术性能中规定的轴长时，应设中间轴承和轴承支架，水泵油箱和填料函处应设操作平台等设施。操作平台工作宽度不应小于0.6m，并应设置栏杆。平台的设置应满足管理人员通行和不妨碍水泵装拆。

5.4.12 泵房内应有排除积水的设施。

5.4.13 泵房内地面敷设管道时，应根据需要设置跨越设施。若架空敷设时，不得跨越电气设备和阻碍通道，通行处的管底距地面不宜小于2.0m。

5.4.14 当泵房为多层时，楼板应设吊物孔，其位置应在起吊设备的工作范围内。吊物孔尺寸应按需起吊最大部件外形尺寸每边放大0.2m以上。

5.4.15 潜水泵上方吊装孔盖板可视环境需要采取密封措施。

5.4.16 水泵因冷却、润滑和密封等需要的冷却用水可接自泵站供水系统，其水量、水压、管路等应按设备要求设置。当冷却水量较大时，应考虑循环利用。

5.5 出水设施

5.5.1 当2台或2台以上水泵合用一根出水管时，每台水泵的出水管上均应设置闸阀，并在闸阀和水泵之间设置止回阀。当污水泵出水管与压力管或压力井相连时，出水管上必须安装止回阀和闸阀等防倒流装置。雨水泵的出水管末端宜设防倒流装置，其上方宜考虑设置起吊设施。

5.5.2 出水压力井的盖板必须密封，所受压力由计算确定。水泵出水压力井必须设透气筒，筒高和断面根据计算确定。

5.5.3 敞开式出水井的井口高度，应满足水体最高水位时开泵形成的高水位，或水泵骤停时水位上升的高度。敞开部分应有安全防护措施。

5.5.4 合流污水泵站宜设试车水回流管，出水井通向河道一侧应安装出水闸门或考虑临时封堵措施。

5.5.5 雨水泵站出水口位置选择，应避让桥梁等水中构筑物，出水口和护坡结构不得影响航道，水流不得冲刷河道和影响航运安全，出口流速宜小于0.5m/s，并取得航运、水利等部门的同意。泵站出水口处应设警示装置。

6 污水处理

6.1 厂址选择和总体布置

6.1.1 污水厂位置的选择，应符合城镇总体规划和排水工程专业规划的要求，并应根据下列因素综合确定：

1 在城镇水体的下游。

2 便于处理后出水回用和安全排放。

3 便于污泥集中处理和处置。

4 在城镇夏季主导风向的下风侧。

5 有良好的工程地质条件。

6 少拆迁，少占地，根据环境评价要求，有一定的卫生防护距离。

7 有扩建的可能。

8 厂区地形不应受洪涝灾害影响，防洪标准不应低于城镇防洪标准，有良好的排水条件。

9 有方便的交通、运输和水电条件。

6.1.2 污水厂的厂区面积，应按项目总规模控制，并做出分期建设的安排，合理确定近期规模，近期工程投入运行一年内水量宜达到近期设计规模的60%。

6.1.3 污水厂的总体布置应根据厂内各建筑物和构筑物的功能和流程要求，结合厂址地形、气候和地质条件，优化运行成本，便于施工、维护和管理等因素，经技术经济比较确定。

6.1.4 污水厂厂区内各建筑物造型应简洁美观，节省材料，选材适当，并应使建筑物和构筑物群体的效果与周围环境协调。

6.1.5 生产管理建筑物和生活设施宜集中布置，其位置和朝向应力求合理，并应与处理构筑物保持一定距离。

6.1.6 污水和污泥的处理构筑物宜根据情况尽可能分别集中布置。处理构筑物的间距应紧凑、合理，符合国家现行的防火规范的要求，并应满足各构筑物的施工、设备安装和埋设各种管道以及养护、维修和管理的要求。

6.1.7 污水厂的工艺流程、竖向设计宜充分利用地形，符合排水通畅、降低能耗、平衡土方的要求。

6.1.8 厂区消防的设计和消化池、贮气罐、污泥气压缩机房、污泥气发电机房、污泥气燃烧装置、污泥气管道、污泥干化装置、污泥焚烧装置及其他危险品仓库等的位置和设计，应符合国家现行有关防火规范的要求。

6.1.9 污水厂内可根据需要，在适当地点设置堆放材料、备件、燃料和废渣等物料及停车的场地。

6.1.10 污水厂应设置通向各构筑物和附属建筑物的必要通道，通道的设计应符合下列要求：

1 主要车行道的宽度：单车道为3.5m～4.0m，双车道为6.0m～7.0m，并应有回车道。

2 车行道的转弯半径宜为6.0m～10.0m。

3 人行道的宽度宜为1.5m～2.0m。

4 通向高架构筑物的扶梯倾角宜采用30°，不宜大于45°。

5 天桥宽度不宜小于1.0m。

6 车道、通道的布置应符合国家现行有关防火规范的要求，并应符合当地有关部门的规定。

6.1.11 污水厂周围根据现场条件应设置围墙，其高度不宜小于2.0m。

6.1.12 污水厂的大门尺寸应能容许运输最大设备或部件的车辆出入，并应另设运输废渣的侧门。

6.1.13 污水厂并联运行的处理构筑物间应设均匀配水装置，各处理构筑物系统间宜设可切换的连通管渠。

6.1.14 污水厂内各种管渠应全面安排，避免相互干扰。管道复杂时宜设置管廊。处理构筑物间输水、输泥和输气管线的布置应使管渠长度短、损失小、流行通畅、不易堵塞和便于清通。各污水处理构筑物间的管渠连通，在条件适宜时，应采用明渠。

管廊内宜敷设仪表电缆、电信电缆、电力电缆、给水管、污水管、污泥管、再生水管、压缩空气管等，并设置色标。

管廊内应设通风、照明、广播、电话、火警及可燃气体报警系统、独立的排水系统、吊物孔、人行通道出入口和维护需要的设施等，并应符合国家现行有关防火规范的要求。

6.1.15 污水厂应合理布置处理构筑物的超越管渠。

6.1.16 处理构筑物应设排空设施，排出水应回流处理。

6.1.17 污水厂宜设置再生水处理系统。

6.1.18 厂区的给水系统、再生水系统严禁与处理装置直接连接。

6.1.19 污水厂的供电系统，应按二级负荷设计，重要的污水厂宜按一级负荷设计。当不能满足上述要求时，应设置备用动力设施。

6.1.20 污水厂附属建筑物的组成及其面积，应根据污水厂的规模，工艺流程，计算机监控系统的水平和管理体制等，结合当地实际情况，本着节约的原则确定，并应符合现行的有关规定。

6.1.21 位于寒冷地区的污水处理构筑物，应有保温防冻措施。

6.1.22 根据维护管理的需要，宜在厂区适当地点设置配电箱、照明、联络电话、冲洗水栓、浴室、厕所等设施。

6.1.23 处理构筑物应设置适用的栏杆、防滑梯等安全措施，高架处理构筑物还应设置避雷设施。

6.2 一般规定

6.2.1 城镇污水处理程度和方法应根据现行的国家和地方的有关排放标准、污染物的来源及性质、排入地表水域环境功能和保护目标确定。

6.2.2 污水厂的处理效率，可按表6.2.2的规定取值。

表6.2.2 污水处理厂的处理效率

处理级别	处理方法	主要工艺	处理效率（%）	
			SS	BOD_5
一级	沉淀法	沉淀（自然沉淀）	40～55	20～30

续表 6.2.2

处理级别	处理方法	主要工艺	处理效率（%）	
			SS	BOD_5
二级	生物膜法	初次沉淀、生物膜反应、二次沉淀	60～90	65～90
	活性污泥法	初次沉淀、活性污泥反应、二次沉淀	70～90	65～95

注：1 表中SS表示悬浮固体量，BOD_5 表示五日生化需氧量。

2 活性污泥法根据水质、工艺流程等情况，可不设置初次沉淀池。

6.2.3 水质和（或）水量变化大的污水厂，宜设置调节水质和（或）水量的设施。

6.2.4 污水处理构筑物的设计流量，应按分期建设的情况分别计算。当污水为自流进入时，应按每期的最高日最高时设计流量计算；当污水为提升进入时，应按每期工作水泵的最大组合流量校核管渠配水能力。生物反应池的设计流量，应根据生物反应池类型和曝气时间确定。曝气时间较长时，设计流量可酌情减少。

6.2.5 合流制处理构筑物，除应按本章有关规定设计外，尚应考虑截流雨水进入后的影响，并应符合下列要求：

1 提升泵站、格栅、沉砂池，按合流设计流量计算。

2 初次沉淀池，宜按旱流污水量设计，用合流设计流量校核，校核的沉淀时间不宜小于30min。

3 二级处理系统，按旱流污水量设计，必要时考虑一定的合流水量。

4 污泥浓缩池、湿污泥池和消化池的容积，以及污泥脱水规模，应根据合流水量水质计算确定。可按旱流情况加大10%～20%计算。

5 管渠应按合流设计流量计算。

6.2.6 各处理构筑物的个（格）数不应少于2个（格），并应按并联设计。

6.2.7 处理构筑物中污水的出入口处宜采取整流措施。

6.2.8 污水厂应设置对处理后出水消毒的设施。

6.3 格　栅

6.3.1 污水处理系统或水泵前，必须设置格栅。

6.3.2 格栅栅条间隙宽度，应符合下列要求：

1 粗格栅：机械清除时宜为16mm～25mm；人工清除时宜为25mm～40mm。特殊情况下，最大间隙可为100mm。

2 细格栅：宜为1.5mm～10mm。

3 水泵前，应根据水泵要求确定。

6.3.3 污水过栅流速宜采用0.6m/s～1.0m/s。除转鼓式格栅除污机外，机械清除格栅的安装角度宜为60°～90°。人工清除格栅的安装角度宜为30°～60°。

6.3.4 格栅除污机，底部前端距井壁尺寸，钢丝绳牵引除污机或移动悬吊葫芦抓斗式除污机应大于1.5m；链动刮板除污机或回转式固液分离机应大于1.0m。

6.3.5 格栅上部必须设置工作平台，其高度应高出格栅前最高设计水位0.5m，工作平台上应有安全和冲洗设施。

6.3.6 格栅工作平台两侧边道宽度宜采用0.7m～1.0m。工作平台正面过道宽度，采用机械清除时不应小于1.5m，采用人工清除时不应小于1.2m。

6.3.7 粗格栅栅渣宜采用带式输送机输送；细格栅栅渣宜采用螺旋输送机输送。

6.3.8 格栅除污机、输送机和压榨脱水机的进出料口宜采用密封形式，根据周围环境情况，可设置除臭处理装置。

6.3.9 格栅间应设置通风设施和有毒有害气体的检测与报警装置。

6.4 沉　砂　池

6.4.1 污水厂应设置沉砂池，按去除相对密度2.65、粒径0.2mm以上的砂粒设计。

6.4.2 平流沉砂池的设计，应符合下列要求：

1 最大流速应为0.3m/s，最小流速应为0.15m/s。

2 最高时流量的停留时间不应小于30s。

3 有效水深不应大于1.2m，每格宽度不宜小于0.6m。

6.4.3 曝气沉砂池的设计，应符合下列要求：

1 水平流速宜为0.1m/s。

2 最高时流量的停留时间应大于2min。

3 有效水深宜为2.0m～3.0m，宽深比宜为1～1.5。

4 处理每立方米污水的曝气量宜为0.1m³～0.2m³空气。

5 进水方向应与池中旋流方向一致，出水方向应与进水方向垂直，并宜设置挡板。

6.4.4 旋流沉砂池的设计，应符合下列要求：

1 最高时流量的停留时间不应小于30s。

2 设计水力表面负荷宜为150m³/（m²·h）～200m³/（m²·h）。

3 有效水深宜为1.0m～2.0m，池径与池深比宜为2.0～2.5。

4 池中应设立式桨叶分离机。

6.4.5 污水的沉砂量，可按每立方米污水0.03L计算；合流制污水的沉砂量应根据实际情况确定。

6.4.6 砂斗容积不应大于2d的沉砂量，采用重力排砂时，砂斗斗壁与水平面的倾角不应小于55°。

6.4.7 沉砂池除砂宜采用机械方法，并经砂水分离后贮存或外运。采用人工排砂时，排砂管直径不应小于200mm。排砂管应考虑防堵塞措施。

6.5 沉淀池

Ⅰ 一般规定

6.5.1 沉淀池的设计数据宜按表6.5.1的规定取值。斜管（板）沉淀池的表面水力负荷宜按本规范第6.5.14条的规定取值。合建式完全混合生物反应池沉淀区的表面水力负荷宜按本规范第6.6.16条的规定取值。

表6.5.1 沉淀池设计数据

沉淀池类型		沉淀时间(h)	表面水力负荷[m³/(m²·h)]	每人每日污泥量[g/(人·d)]	污泥含水率(%)	固体负荷[kg/(m²·d)]
初次沉淀池		0.5～2.0	1.5～4.5	16～36	95～97	—
二次沉淀池	生物膜法后	1.5～4.0	1.0～2.0	10～26	96～98	≤150
	活性污泥法后	1.5～4.0	0.6～1.5	12～32	99.2～99.6	≤150

6.5.2 沉淀池的超高不应小于0.3m。

6.5.3 沉淀池的有效水深宜采用2.0m～4.0m。

6.5.4 当采用污泥斗排泥时，每个污泥斗均应设单独的闸阀和排泥管。污泥斗的斜壁与水平面的倾角，方斗宜为60°，圆斗宜为55°。

6.5.5 初次沉淀池的污泥区容积，除设机械排泥的宜按4h的污泥量计算外，宜按不大于2d的污泥量计算。活性污泥法处理后的二次沉淀池污泥区容积，宜按不大于2h的污泥量计算，并应有连续排泥措施；生物膜法处理后的二次沉淀池污泥区容积，宜按4h的污泥量计算。

6.5.6 排泥管的直径不应小于200mm。

6.5.7 当采用静水压力排泥时，初次沉淀池的静水头不应小于1.5m；二次沉淀池的静水头，生物膜法处理后不应小于1.2m，活性污泥法处理池后不应小于0.9m。

6.5.8 初次沉淀池的出口堰最大负荷不宜大于2.9L/（s·m）；二次沉淀池的出水堰最大负荷不宜大于1.7L/（s·m）。

6.5.9 沉淀池应设置浮渣的撇除、输送和处置设施。

Ⅱ 沉淀池

6.5.10 平流沉淀池的设计，应符合下列要求：

1 每格长度与宽度之比不宜小于4，长度与有效水深之比不宜小于8，池长不宜大于60m。

2 宜采用机械排泥，排泥机械的行进速度为0.3m/min～1.2m/min。

3 缓冲层高度，非机械排泥时为0.5m，机械排泥时，应根据刮泥板高度确定，且缓冲层上缘宜高出刮泥板0.3m。

4 池底纵坡不宜小于0.01。

6.5.11 竖流沉淀池的设计，应符合下列要求：

1 水池直径（或正方形的一边）与有效水深之比不宜大于3。

2 中心管内流速不宜大于30mm/s。

3 中心管下口应设有喇叭口和反射板，板底面距泥面不宜小于0.3m。

6.5.12 辐流沉淀池的设计，应符合下列要求：

1 水池直径（或正方形的一边）与有效水深之比宜为6～12，水池直径不宜大于50m。

2 宜采用机械排泥，排泥机械旋转速度宜为1r/h～3r/h，刮泥板的外缘线速度不宜大于3m/min。当水池直径（或正方形的一边）较小时也可采用多斗排泥。

3 缓冲层高度，非机械排泥时宜为0.5m；机械排泥时，应根据刮泥板高度确定，且缓冲层上缘宜高出刮泥板0.3m。

4 坡向泥斗的底坡不宜小于0.05。

Ⅲ 斜管（板）沉淀池

6.5.13 当需要挖掘原有沉淀池潜力或建造沉淀池面积受限制时，通过技术经济比较，可采用斜管（板）沉淀池。

6.5.14 升流式异向流斜管（板）沉淀池的设计表面水力负荷，可按普通沉淀池的设计表面水力负荷的2倍计；但对于二次沉淀池，尚应以固体负荷核算。

6.5.15 升流式异向流斜管（板）沉淀池的设计，应符合下列要求：

1 斜管孔径(或斜板净距)宜为80mm～100mm。

2 斜管（板）斜长宜为1.0m～1.2m。

3 斜管（板）水平倾角宜为60°。

4 斜管（板）区上部水深宜为0.7m～1.0m。

5 斜管（板）区底部缓冲层高度宜为1.0m。

6.5.16 斜管（板）沉淀池应设冲洗设施。

6.6 活性污泥法

Ⅰ 一般规定

6.6.1 根据去除碳源污染物、脱氮、除磷、好氧污泥稳定等不同要求和外部环境条件，选择适宜的活性污泥处理工艺。

6.6.2 根据可能发生的运行条件，设置不同运行方案。

6.6.3 生物反应池的超高，当采用鼓风曝气时为0.5m～1.0m；当采用机械曝气时，其设备操作平台宜高出设计水面0.8m～1.2m。

6.6.4 污水中含有大量产生泡沫的表面活性剂时，应有除泡沫措施。

6.6.5 每组生物反应池在有效水深一半处宜设置放水管。

6.6.6 廊道式生物反应池的池宽与有效水深之比宜采用1∶1～2∶1。有效水深应结合流程设计、地质条件、供氧设施类型和选用风机压力等因素确定，可采用4.0m～6.0m。在条件许可时，水深尚可加大。

6.6.7 生物反应池中的好氧区（池），采用鼓风曝气器时，处理每立方米污水的供气量不应小于$3m^3$。好氧区采用机械曝气器时，混合全池污水所需功率不宜小于$25W/m^3$；氧化沟不宜小于$15W/m^3$。缺氧区（池）、厌氧区（池）应采用机械搅拌，混合功率宜采用$2W/m^3$～$8W/m^3$。机械搅拌器布置的间距、位置，应根据试验资料确定。

6.6.8 生物反应池的设计，应充分考虑冬季低水温对去除碳源污染物、脱氮和除磷的影响，必要时可采取降低负荷、增长泥龄、调整厌氧区（池）及缺氧区（池）水力停留时间和保温或增温等措施。

6.6.9 原污水、回流污泥进入生物反应池的厌氧区（池）、缺氧区（池）时，宜采用淹没入流方式。

Ⅱ 传统活性污泥法

6.6.10 处理城镇污水的生物反应池的主要设计参数，可按表6.6.10的规定取值。

表 6.6.10 传统活性污泥法去除碳源污染物的主要设计参数

类别	L_S [kg/(kg·d)]	X (g/L)	L_V [kg/(m³·d)]	污泥回流比 (%)	总处理效率 (%)
普通曝气	0.2～0.4	1.5～2.5	0.4～0.9	25～75	90～95
阶段曝气	0.2～0.4	1.5～3.0	0.4～1.2	25～75	85～95
吸附再生曝气	0.2～0.4	2.5～6.0	0.9～1.8	50～100	80～90
合建式完全混合曝气	0.25～0.5	2.0～4.0	0.5～1.8	100～400	80～90

6.6.11 当以去除碳源污染物为主时，生物反应池的容积，可按下列公式计算：

1 按污泥负荷计算：

$$V=\frac{24Q\ (S_o-S_e)}{1000L_SX} \tag{6.6.11-1}$$

2 按污泥泥龄计算：

$$V=\frac{24QY\theta_c\ (S_o-S_e)}{1000X_V\ (1+K_d\theta_c)} \tag{6.6.11-2}$$

式中：V——生物反应池容积（m^3）；

S_o——生物反应池进水五日生化需氧量（mg/L）；

S_e——生物反应池出水五日生化需氧量（mg/L）（当去除率大于90%时可不计入）；

Q——生物反应池的设计流量（m^3/h）；

L_S——生物反应池五日生化需氧量污泥负荷[$kgBOD_5$/（kgMLSS·d）]；

X——生物反应池内混合液悬浮固体平均浓度（gMLSS/L）；

Y——污泥产率系数（$kgVSS/kgBOD_5$），宜根据试验资料确定，无试验资料时，一般取0.4～0.8；

X_V——生物反应池内混合液挥发性悬浮固体平均浓度(gMLVSS/L)；

θ_c——污泥泥龄（d），其数值为0.2～15；

K_d——衰减系数（d^{-1}），20℃的数值为0.04～0.075。

6.6.12 衰减系数K_d值应以当地冬季和夏季的污水温度进行修正，并按下式计算：

$$K_{dT}=K_{d20}\cdot(\theta_T)^{T-20} \tag{6.6.12}$$

式中：K_{dT}——T℃时的衰减系数（d^{-1}）；

K_{d20}——20℃时的衰减系数（d^{-1}）；

T——设计温度（℃）；

θ_T——温度系数，采用1.02～1.06。

6.6.13 生物反应池的始端可设缺氧或厌氧选择区（池），水力停留时间宜采用0.5h～1.0h。

6.6.14 阶段曝气生物反应池宜采取在生物反应池始端1/2～3/4的总长度内设置多个进水口。

6.6.15 吸附再生生物反应池的吸附区和再生区可在一个反应池内，也可分别由两个反应池组成，并应符合下列要求：

1 吸附区的容积，不应小于生物反应池总容积的1/4，吸附区的停留时间不应小于0.5h。

2 当吸附区和再生区在一个反应池内时，沿生物反应池长度方向应设置多个进水口；进水口的位置应适应吸附区和再生区不同容积比例的需要；进水口的尺寸应按通过全部流量计算。

6.6.16 完全混合生物反应池可分为合建式和分建式。合建式生物反应池的设计，应符合下列要求：

1 生物反应池宜采用圆形，曝气区的有效容积应包括导流区部分。

2 沉淀区的表面水力负荷宜为$0.5m^3/(m^2\cdot h)$～$1.0m^3/(m^2\cdot h)$。

Ⅲ 生物脱氮、除磷

6.6.17 进入生物脱氮、除磷系统的污水，应符合下列要求：

1 脱氮时，污水中的五日生化需氧量与总凯氏氮之比宜大于4。

2 除磷时，污水中的五日生化需氧量与总磷之比宜大于17。

3 同时脱氮、除磷时，宜同时满足前两款的要求。

4 好氧区（池）剩余总碱度宜大于70mg/L（以$CaCO_3$计），当进水碱度不能满足上述要求时，应采取增加碱度的措施。

6.6.18 当仅需脱氮时，宜采用缺氧/好氧法（A_NO法）。

1 生物反应池的容积，按本规范第6.6.11条所列公式计算时，反应池中缺氧区（池）的水力停留时间宜为0.5h～3h。

2 生物反应池的容积，采用硝化、反硝化动力学计算时，按下列规定计算。

1）缺氧区（池）容积，可按下列公式计算：

$$V_n=\frac{0.001Q(N_k-N_{te})-0.12\Delta X_V}{K_{de}X} \quad (6.6.18\text{-}1)$$

$$K_{de(T)}=K_{de(20)}1.08^{(T-20)} \quad (6.6.18\text{-}2)$$

$$\Delta X_V=yY_t\frac{Q(S_o-S_e)}{1000} \quad (6.6.18\text{-}3)$$

式中：V_n——缺氧区（池）容积（m^3）；

Q——生物反应池的设计流量（m^3/d）；

X——生物反应池内混合液悬浮固体平均浓度（gMLSS/L）；

N_k——生物反应池进水总凯氏氮浓度（mg/L）；

N_{te}——生物反应池出水总氮浓度（mg/L）；

ΔX_V——排出生物反应池系统的微生物量（kgMLVSS/d）；

K_{de}——脱氮速率［（$kgNO_3$-N）/（kgMLSS·d）］，宜根据试验资料确定。无试验资料时，20℃的K_{de}值可采用0.03～0.06（$kgNO_3$-N）/（kgMLSS·d），并按本规范公式（6.6.18-2）进行温度修正；$K_{de(T)}$、$K_{de(20)}$分别为T℃和20℃时的脱氮速率；

T——设计温度（℃）；

Y_t——污泥总产率系数（$kgMLSS/kgBOD_5$），宜根据试验资料确定。无试验资料时，系统有初次沉淀池时取0.3，无初次沉淀池时取0.6～1.0；

y——MLSS中MLVSS所占比例；

S_o——生物反应池进水五日生化需氧量（mg/L）；

S_e——生物反应池出水五日生化需氧量（mg/L）。

2）好氧区（池）容积，可按下列公式计算：

$$V_o=\frac{Q(S_o-S_e)\theta_{co}Y_t}{1000X} \quad (6.6.18\text{-}4)$$

$$\theta_{co}=F\frac{1}{\mu} \quad (6.6.18\text{-}5)$$

$$\mu=0.47\frac{N_a}{K_n+N_a}e^{0.098(T-15)} \quad (6.6.18\text{-}6)$$

式中：V_o——好氧区（池）容积（m^3）；

θ_{co}——好氧区（池）设计污泥泥龄（d）；

F——安全系数，为1.5～3.0；

μ——硝化菌比生长速率（d^{-1}）；

N_a——生物反应池中氨氮浓度（mg/L）；

K_n——硝化作用中氮的半速率常数（mg/L）；

T——设计温度（℃）；

0.47——15°C时，硝化菌最大比生长速率（d^{-1}）。

3）混合液回流量，可按下式计算：

$$Q_{Ri}=\frac{1000V_nK_{de}X}{N_{te}-N_{ke}}-Q_R \quad (6.6.18\text{-}7)$$

式中：Q_{Ri}——混合液回流量（m^3/d），混合液回流比不宜大于400%；

Q_R——回流污泥量（m^3/d）；

N_{ke}——生物反应池出水总凯氏氮浓度（mg/L）；

N_{te}——生物反应池出水总氮浓度（mg/L）。

3 缺氧/好氧法（A_NO法）生物脱氮的主要设计参数，宜根据试验资料确定；无试验资料时，可采用经验数据或按表6.6.18的规定取值。

表6.6.18 缺氧/好氧法（A_NO法）生物脱氮的主要设计参数

项目		单位	参数值
BOD_5污泥负荷L_S		$kgBOD_5$/(kgMLSS·d)	0.05～0.15
总氮负荷率		kgTN/(kgMLSS·d)	≤0.05
污泥浓度(MLSS)X		g/L	2.5～4.5
污泥龄θ_c		d	11～23
污泥产率系数Y		$kgVSS/kgBOD_5$	0.3～0.6
需氧量O_2		$kgO_2/kgBOD_5$	1.1～2.0
水力停留时间HRT		h	8～16 其中缺氧段0.5～3.0
污泥回流比R		%	50～100
混合液回流比R_i		%	100～400
总处理效率η	BOD_5	%	90～95
	TN	%	60～85

6.6.19 当仅需除磷时，宜采用厌氧/好氧法（A_PO法）。

1 生物反应池的容积，按本规范第6.6.11条所列公式计算时，反应池中厌氧区（池）和好氧区（池）之比，宜为1∶2～1∶3。

2 生物反应池中厌氧区（池）的容积，可按下式计算：

$$V_P=\frac{t_PQ}{24} \quad (6.6.19)$$

式中：V_P——厌氧区（池）容积（m^3）；

t_P——厌氧区（池）水力停留时间（h），宜为1～2；

Q——设计污水流量（m^3/d）。

3 厌氧／好氧法（A_PO法）生物除磷的主要设计参数，宜根据试验资料确定；无试验资料时，可采用经验数据或按表6.6.19的规定取值。

表6.6.19 厌氧／好氧法（A_PO法）生物除磷的主要设计参数

项目		单位	参数值
BOD_5污泥负荷L_S		$kgBOD_5/kgMLSS\cdot d$	0.4～0.7
污泥浓度(MLSS)X		g/L	2.0～4.0
污泥龄θ_c		d	3.5～7
污泥产率系数Y		$kgVSS/kgBOD_5$	0.4～0.8
污泥含磷率		kgTP/kgVSS	0.03～0.07
需氧量O_2		$kgO_2/kgBOD_5$	0.7～1.1
水力停留时间HRT		h	3～8 其中厌氧段1～2 A_P：O=1：2～1：3
污泥回流比R		%	40～100
总处理效率η	BOD_5	%	80～90
	TP	%	75～85

4 采用生物除磷处理污水时，剩余污泥宜采用机械浓缩。

5 生物除磷的剩余污泥，采用厌氧消化处理时，输送厌氧消化污泥或污泥脱水滤液的管道，应有除垢措施。对含磷高的液体，宜先除磷再返回污水处理系统。

6.6.20 当需要同时脱氮除磷时，宜采用厌氧/缺氧/好氧法（AAO法，又称A^2O法）。

1 生物反应池的容积，宜按本规范第6.6.11条、第6.6.18条和第6.6.19条的规定计算。

2 厌氧／缺氧／好氧法（AAO法，又称A^2O法）生物脱氮除磷的主要设计参数，宜根据试验资料确定；无试验资料时，可采用经验数据或按表6.6.20的规定取值。

表6.6.20 厌氧/缺氧/好氧法（AAO法，又称A^2O法）生物脱氮除磷的主要设计参数

项目		单位	参数值
BOD_5污泥负荷L_S		$kgBOD_5/(kgMLSS\cdot d)$	0.1～0.2
污泥浓度(MLSS)X		g/L	2.5～4.5
污泥龄θ_c		d	10～20
污泥产率系数Y		$kgVSS/kgBOD_5$	0.3～0.6
需氧量O_2		$kgO_2/kgBOD_5$	1.1～1.8
水力停留时间HRT		h	7～14 其中厌氧1～2 缺氧0.5～3
污泥回流比R		%	20～100
混合液回流比R_i		%	≥200
总处理效率η	BOD_5	%	85～95
	TP	%	50～75
	TN	%	55～80

3 根据需要，厌氧/缺氧/好氧法（AAO法，又称A^2O法）的工艺流程中，可改变进水和回流污泥的布置形式，调整为前置缺氧区（池）或串联增加缺氧区（池）和好氧区（池）等变形工艺。

Ⅳ 氧化沟

6.6.21 氧化沟前可不设初次沉淀池。

6.6.22 氧化沟前可设置厌氧池。

6.6.23 氧化沟可按两组或多组系列布置，并设置进水配水井。

6.6.24 氧化沟可与二次沉淀池分建或合建。

6.6.25 延时曝气氧化沟的主要设计参数，宜根据试验资料确定，无试验资料时，可按表6.6.25的规定取值。

表6.6.25 延时曝气氧化沟主要设计参数

项目		单位	参数值
污泥浓度(MLSS)X		g/L	2.5～4.5
污泥负荷L_S		$kgBOD_5/(kgMLSS\cdot d)$	0.03～0.08
污泥龄θ_c		d	>15
污泥产率系数Y		$kgVSS/kgBOD_5$	0.3～0.6
需氧量O_2		$kgO_2/kgBOD_5$	1.5～2.0
水力停留时间HRT		h	≥16
污泥回流比R		%	75～150
总处理效率η	BOD_5	%	>95

6.6.26 当采用氧化沟进行脱氮除磷时，宜符合本规范第6.6.17条～第6.6.20条的有关规定。

6.6.27 进水和回流污泥点宜设在缺氧区首端，出水点宜设在充氧器后的好氧区。氧化沟的超高与选用的曝气设备类型有关，当采用转刷、转碟时，宜为0.5m；当采用竖轴表曝机时，宜为0.6m～0.8m，其设备平台宜高出设计水面0.8m～1.2m。

6.6.28 氧化沟的有效水深与曝气、混合和推流设备的性能有关，宜采用3.5m～4.5m。

6.6.29 根据氧化沟渠宽度，弯道处可设置一道或多道导流墙；氧化沟的隔流墙和导流墙宜高出设计水位0.2m～0.3m。

6.6.30 曝气转刷、转碟宜安装在沟渠直线段的适当位置，曝气转碟也可安装在沟渠的弯道上，竖轴表曝机应安装在沟渠的端部。

6.6.31 氧化沟的走道板和工作平台，应安全、防溅和便于设备维修。

6.6.32 氧化沟内的平均流速宜大于0.25m/s。

6.6.33 氧化沟系统宜采用自动控制。

V 序批式活性污泥法（SBR）

6.6.34 SBR反应池宜按平均日污水量设计；SBR反应池前、后的水泵、管道等输水设施应按最高日最高时污水量设计。

6.6.35 SBR反应池的数量宜不少于2个。

6.6.36 SBR反应池容积，可按下式计算：

$$V=\frac{24QS_o}{1000XL_St_R} \quad (6.6.36)$$

式中：Q——每个周期进水量（m^3）；

t_R——每个周期反应时间（h）。

6.6.37 污泥负荷的取值，以脱氮为主要目标时，宜按本规范表6.6.18的规定取值；以除磷为主要目标时，宜按本规范表6.6.19的规定取值；同时脱氮除磷时，宜按本规范表6.6.20的规定取值。

6.6.38 SBR工艺各工序的时间，宜按下列规定计算：

1 进水时间，可按下式计算：

$$t_F=\frac{t}{n} \quad (6.6.38\text{-}1)$$

式中：t_F——每池每周期所需要的进水时间（h）；

t——一个运行周期需要的时间（h）；

n——每个系列反应池个数。

2 反应时间，可按下式计算：

$$t_R=\frac{24S_om}{1000L_SX} \quad (6.6.38\text{-}2)$$

式中：m——充水比，仅需除磷时宜为0.25～0.5，需脱氮时宜为0.15～0.3。

3 沉淀时间 t_S 宜为1h。

4 排水时间 t_D 宜为1.0h～1.5h。

5 一个周期所需时间可按下式计算：

$$t=t_R+t_S+t_D+t_b \quad (6.6.38\text{-}3)$$

式中：t_b——闲置时间（h）。

6.6.39 每天的周期数宜为正整数。

6.6.40 连续进水时，反应池的进水处应设置导流装置。

6.6.41 反应池宜采用矩形池，水深宜为4.0m～6.0m；反应池长度与宽度之比：间隙进水时宜为1：1～2：1，连续进水时宜为2.5：1～4：1。

6.6.42 反应池应设置固定式事故排水装置，可设在滗水结束时的水位处。

6.6.43 反应池应采用有防止浮渣流出设施的滗水器；同时，宜有清除浮渣的装置。

6.7 化学除磷

6.7.1 污水经二级处理后，其出水总磷不能达到要求时，可采用化学除磷工艺处理。污水一级处理以及污泥处理过程中产生的液体有除磷要求时，也可采用化学除磷工艺。

6.7.2 化学除磷可采用生物反应池的后置投加、同步投加和前置投加，也可采用多点投加。

6.7.3 化学除磷设计中，药剂的种类、剂量和投加点宜根据试验资料确定。

6.7.4 化学除磷的药剂可采用铝盐、铁盐，也可采用石灰。用铝盐或铁盐作混凝剂时，宜投加离子型聚合电解质作为助凝剂。

6.7.5 采用铝盐或铁盐作混凝剂时，其投加混凝剂与污水中总磷的摩尔比宜为1.5～3。

6.7.6 化学除磷时，应考虑产生的污泥量。

6.7.7 化学除磷时，对接触腐蚀性物质的设备和管道应采取防腐蚀措施。

6.8 供氧设施

6.8.1 生物反应池中好氧区的供氧，应满足污水需氧量、混合和处理效率等要求，宜采用鼓风曝气或表面曝气等方式。

6.8.2 生物反应池中好氧区的污水需氧量，根据去除的五日生化需氧量、氨氮的硝化和除氮等要求，宜按下式计算：

$$O_2=0.001aQ(S_o-S_e)-c\,\Delta X_V+b[0.001Q(N_k-N_{ke})-0.12\Delta X_V]-0.62b[0.001Q(N_t-N_{ke}-N_{oe})-0.12\Delta X_V] \quad (6.8.2)$$

式中：O_2——污水需氧量（kgO_2/d）；

Q——生物反应池的进水流量（m^3/d）；

S_o——生物反应池进水五日生化需氧量（mg/L）；

S_e——生物反应池出水五日生化需氧量（mg/L）；

ΔX_V——排出生物反应池系统的微生物量（kg/d）；

N_k——生物反应池进水总凯氏氮浓度（mg/L）；

N_{ke}——生物反应池出水总凯氏氮浓度（mg/L）；

N_t——生物反应池进水总氮浓度（mg/L）；

N_{oe}——生物反应池出水硝态氮浓度（mg/L）；

$0.12\Delta X_V$——排出生物反应池系统的微生物中含氮量（kg/d）；

a——碳的氧当量，当含碳物质以BOD_5计时，取1.47；

b——常数，氧化每公斤氨氮所需氧量（kgO_2/kgN），取4.57；

c——常数，细菌细胞的氧当量，取1.42。

去除含碳污染物时，去除每公斤五日生化需氧量可采用$0.7kgO_2$～$1.2kgO_2$。

6.8.3 选用曝气装置和设备时，应根据设备的特性、位于水面下的深度、水温、污水的氧总转移特性、当地的海拔高度以及预期生物反应池中溶解氧浓度等因素，将计算的污水需氧量换算为标准状态下清水需氧量。

6.8.4 鼓风曝气时，可按下式将标准状态下污水需氧量，换算为标准状态下的供气量。

$$G_S=\frac{O_S}{0.28E_A} \quad (6.8.4)$$

式中：G_S——标准状态下供气量（m^3/h）；

0.28——标准状态（0.1MPa、20℃）下的每立方米空气中含氧量（kgO_2/m^3）；

O_S——标准状态下生物反应池污水需氧量（kgO_2/h）；

E_A——曝气器氧的利用率（%）。

6.8.5 鼓风曝气系统中的曝气器，应选用有较高充氧性能、布气均匀、阻力小、不易堵塞、耐腐蚀、操作管理和维修方便的产品，并应具有不同服务面积、不同空气量、不同曝气水深，在标准状态下的充氧性能及底部流速等技术资料。

6.8.6 曝气器的数量，应根据供氧量和服务面积计算确定。供氧量包括生化反应的需氧量和维持混合液有2mg/L的溶解氧量。

6.8.7 廊道式生物反应池中的曝气器，可满池布置或池侧布置，或沿池长分段渐减布置。

6.8.8 采用表面曝气器供氧时，宜符合下列要求：

1 叶轮的直径与生物反应池（区）的直径（或正方形的一边）之比：倒伞或混流型为1∶3～1∶5，泵型为1∶3.5～1∶7。

2 叶轮线速度为3.5m/s～5.0m/s。

3 生物反应池宜有调节叶轮（转刷、转碟）速度或淹没水深的控制设施。

6.8.9 各种类型的机械曝气设备的充氧能力应根据测定资料或相关技术资料采用。

6.8.10 选用供氧设施时，应考虑冬季溅水、结冰、风沙等气候因素以及噪声、臭气等环境因素。

6.8.11 污水厂采用鼓风曝气时，宜设置单独的鼓风机房。鼓风机房可设有值班室、控制室、配电室和工具室，必要时尚应设置鼓风机冷却系统和隔声的维修场所。

6.8.12 鼓风机的选型应根据使用的风压、单机风量、控制方式、噪声和维修管理等条件确定。选用离心鼓风机时，应详细核算各种工况条件时鼓风机的工作点，不得接近鼓风机的湍振区，并宜设有调节风量的装置。在同一供气系统中，应选用同一类型的鼓风机。并应根据当地海拔高度，最高、最低空气的温度，相对湿度对鼓风机的风量、风压及配置的电动机功率进行校核。

6.8.13 采用污泥气（沼气）燃气发动机作为鼓风机的动力时，可与电动鼓风机共同布置，其间应有隔离措施，并应符合国家现行的防火防爆规范的要求。

6.8.14 计算鼓风机的工作压力时，应考虑进出风管路系统压力损失和使用时阻力增加等因素。输气管道中空气流速宜采用：干支管为10m/s～15m/s；竖管、小支管为4m/s～5m/s。

6.8.15 鼓风机设置的台数，应根据气温、风量、风压、污水量和污染物负荷变化等对供气的需要量而确定。

鼓风机房应设置备用鼓风机，工作鼓风机台数在4台以下时，应设1台备用鼓风机；工作鼓风机台数在4台或4台以上时，应设2台备用鼓风机。备用鼓风机应按设计配置的最大机组考虑。

6.8.16 鼓风机应根据产品本身和空气曝气器的要求，设置不同的空气除尘设施。鼓风机进风管口的位置应根据环境条件而设置，宜高于地面。大型鼓风机房宜采用风道进风，风道转折点宜设整流板。风道应进行防尘处理。进风塔进口宜设置耐腐蚀的百叶窗，并应根据气候条件加设防止雪、雾或水蒸气在过滤器上冻结冰霜的设施。

6.8.17 选择输气管道的管材时，应考虑强度、耐腐蚀性以及膨胀系数。当采用钢管时，管道内外应有不同的耐热、耐腐蚀处理，敷设管道时应考虑温度补偿。当管道置于管廊或室内时，在管外应敷设隔热材料或加做隔热层。

6.8.18 鼓风机与输气管道连接处，宜设置柔性连接管。输气管道的低点应设置排除水分（或油分）的放泄口和清扫管道的排出口；必要时可设置排入大气的放泄口，并应采取消声措施。

6.8.19 生物反应池的输气干管宜采用环状布置。进入生物反应池的输气立管管顶宜高出水面0.5m。在生物反应池水面上的输气管，宜根据需要布置控制阀，在其最高点宜适当设置真空破坏阀。

6.8.20 鼓风机房内的机组布置和起重设备宜符合本规范第5.4.7条和第5.4.9条的规定。

6.8.21 大中型鼓风机应设置单独基础，机组基础间通道宽度不应小于1.5m。

6.8.22 鼓风机房内、外的噪声应分别符合国家现行的《工业企业噪声卫生标准》和《城市区域环境噪声标准》GB 3096的有关规定。

6.9 生物膜法

Ⅰ 一般规定

6.9.1 生物膜法适用于中小规模污水处理。

6.9.2 生物膜法处理污水可单独应用，也可与其他污水处理工艺组合应用。

6.9.3 污水进行生物膜法处理前，宜经沉淀处理。当进水水质或水量波动大时，应设调节池。

6.9.4 生物膜法的处理构筑物应根据当地气温和环境等条件，采取防冻、防臭和灭蝇等措施。

Ⅱ 生物接触氧化池

6.9.5 生物接触氧化池应根据进水水质和处理程度确定采用一段式或二段式。生物接触氧化池平面形状宜为矩形，有效水深宜为3m～5m。生物接触氧化池不宜少于两个，每池可分为两室。

6.9.6 生物接触氧化池中的填料可采用全池布置（底部进水、进气）、两侧布置（中心进气、底部进水）或单侧布置（侧部进气、上部进水），填料应分层安装。

6.9.7 生物接触氧化池应采用对微生物无毒害、易挂膜、质轻、高强度、抗老化、比表面积大和空隙率高的填料。

6.9.8 宜根据生物接触氧化池填料的布置形式布置曝气装置。底部全池曝气时，气水比宜为8∶1。

6.9.9 生物接触氧化池进水应防止短流，出水宜采用堰式出水。

6.9.10 生物接触氧化池底部应设置排泥和放空设施。

6.9.11 生物接触氧化池的五日生化需氧量容积负荷，宜根据试验资料确定，无试验资料时，碳氧化宜为2.0kgBOD_5/（m^3·d）～5.0 kgBOD_5/（m^3·d），碳氧化/硝化宜为0.2kgBOD_5/（m^3·d）～2.0 kgBOD_5/（m^3·d）。

Ⅲ 曝气生物滤池

6.9.12 曝气生物滤池的池型可采用上向流或下向流进水方式。

6.9.13 曝气生物滤池前应设沉砂池、初次沉淀池或混凝沉淀池、除油池等预处理设施，也可设置水解调节池，进水悬浮固体浓度不宜大于60mg/L。

6.9.14 曝气生物滤池根据处理程度不同可分为碳氧化、硝化、后置反硝化或前置反硝化等。碳氧化、硝化和反硝化可在单级曝气生物滤池内完成，也可在多级曝气生物滤池内完成。

6.9.15 曝气生物滤池的池体高度宜为5m～7m。

6.9.16 曝气生物滤池宜采用滤头布水布气系统。

6.9.17 曝气生物滤池宜分别设置反冲洗供气和曝气充氧系统。曝气装置可采用单孔膜空气扩散器或穿孔管曝气器。曝气器可设在承托层或滤料层中。

6.9.18 曝气生物滤池宜选用机械强度和化学稳定性好的卵石作承托层，并按一定级配布置。

6.9.19 曝气生物滤池的滤料应具有强度大、不易磨损、孔隙率高、比表面积大、化学物理稳定性好、易挂膜、生物附着性强、比重小、耐冲洗和不易堵塞的性质，宜选用球形轻质多孔陶粒或塑料球形颗粒。

6.9.20 曝气生物滤池的反冲洗宜采用气水联合反冲洗，通过长柄滤头实现。反冲洗空气强度宜为10L/（m^2·s）～15L/（m^2·s），反冲洗水强度不应超过8L/（m^2·s）。

6.9.21 曝气生物滤池后可不设二次沉淀池。

6.9.22
在碳氧化阶段，曝气生物滤池的污泥产率系数可为0.75 kgVSS/kgBOD_5。

6.9.23 曝气生物滤池的容积负荷宜根据试验资料确定，无试验资料时，曝气生物滤池的五日生化需氧量容积负荷宜为3kgBOD_5/（m^3·d）～6kgBOD_5/（m^3·d），硝化容积负荷（以NH_3-N计）宜为0.3kgNH_3-N/（m^3·d）～0.8kgNH_3-N/（m^3·d），反硝化容积负荷（以NO_3-N计）宜为0.8kgNO_3-N/（m^3·d）～4.0kgNO_3-N/（m^3·d）。

Ⅳ 生物转盘

6.9.24 生物转盘处理工艺流程宜为：初次沉淀池，生物转盘，二次沉淀池。根据污水水量、水质和处理程度等，生物转盘可采用单轴单级式、单轴多级式或多轴多级式布置形式。

6.9.25 生物转盘的盘体材料应质轻、高强度、耐腐蚀、抗老化、易挂膜、比表面积大以及方便安装、养护和运输。

6.9.26 生物转盘的反应槽设计，应符合下列要求：

1 反应槽断面形状应呈半圆形。

2 盘片外缘与槽壁的净距不宜小于150mm；盘片净距：进水端宜为25mm～35mm，出水端宜为10mm～20mm。

3 盘片在槽内的浸没深度不应小于盘片直径的35%，转轴中心高度应高出水位150mm以上。

6.9.27 生物转盘转速宜为2.0r/min～4.0r/min，盘体外缘线速度宜为15m/min～19m/min。

6.9.28 生物转盘的转轴强度和挠度必须满足盘体自重和运行过程中附加荷重的要求。

6.9.29 生物转盘的设计负荷宜根据试验资料确定，无试验资料时，五日生化需氧量表面有机负荷，以盘片面积计，宜为0.005kgBOD_5/（m^2·d）～0.020kgBOD_5/（m^2·d），首级转盘不宜超过0.030 kgBOD_5/（m^2·d）～0.040kgBOD_5/（m^2·d）；表面水力负荷以盘片面积计，宜为0.04m^3/（m^2·d）～0.20m^3/（m^2·d）。

Ⅴ 生物滤池

6.9.30 生物滤池的平面形状宜采用圆形或矩形。

6.9.31 生物滤池的填料应质坚、耐腐蚀、高强度、比表面积大、空隙率高，适合就地取材，宜采用碎石、卵石、炉渣、焦炭等无机滤料。用作填料的塑料制品应抗老化，比表面积大，宜为 $100m^2/m^3$ ～ $200m^2/m^3$；空隙率高，宜为80%～90%。

6.9.32 生物滤池底部空间的高度不应小于0.6m，沿滤池池壁四周下部应设置自然通风孔，其总面积不应小于池表面积的1%。

6.9.33 生物滤池的布水装置可采用固定布水器或旋转布水器。

6.9.34 生物滤池的池底应设1%～2%的坡度坡向集水沟，集水沟以0.5%～2%的坡度坡向总排水沟，并有冲洗底部排水渠的措施。

6.9.35 低负荷生物滤池采用碎石类填料时，应符合下列要求：

1 滤池下层填料粒径宜为60mm～100mm，厚0.2m；上层填料粒径宜为30mm～50mm，厚1.3m～1.8m。

2 处理城镇污水时，正常气温下，水力负荷以滤池面积计，宜为 $1m^3/(m^2 \cdot d)$ ～ $3m^3/(m^2 \cdot d)$；五日生化需氧量容积负荷以填料体积计，宜为 $0.15kgBOD_5/(m^3 \cdot d)$ ～ $0.3kgBOD_5/(m^3 \cdot d)$。

6.9.36 高负荷生物滤池宜采用碎石或塑料制品作填料，当采用碎石类填料时，应符合下列要求：

1 滤池下层填料粒径宜为70mm～100mm，厚0.2m；上层填料粒径宜为40mm～70mm，厚度不宜大于1.8m。

2 处理城镇污水时，正常气温下，水力负荷以滤池面积计，宜为 $10m^3/(m^2 \cdot d)$ ～ $36m^3/(m^2 \cdot d)$；五日生化需氧量容积负荷以填料体积计，宜小于 $1.8kgBOD_5/(m^3 \cdot d)$。

Ⅵ 塔式生物滤池

6.9.37 塔式生物滤池直径宜为1m～3.5m，直径与高度之比宜为1∶6～1∶8；填料层厚度宜根据试验资料确定，宜为8m～12m。

6.9.38 塔式生物滤池的填料应采用轻质材料。

6.9.39 塔式生物滤池填料应分层，每层高度不宜大于2m，并应便于安装和养护。

6.9.40 塔式生物滤池宜采用自然通风方式。

6.9.41 塔式生物滤池进水的五日生化需氧量值应控制在500mg/L以下，否则处理出水应回流。

6.9.42 塔式生物滤池水力负荷和五日生化需氧量容积负荷应根据试验资料确定。无试验资料时，水力负荷宜为 $80m^3/(m^2 \cdot d)$ ～ $200m^3/(m^2 \cdot d)$，五日生化需氧量容积负荷宜为 $1.0kgBOD_5/(m^3 \cdot d)$ ～ $3.0kgBOD_5/(m^3 \cdot d)$。

6.10 回流污泥和剩余污泥

6.10.1 回流污泥设施，宜采用离心泵、混流泵、潜水泵、螺旋泵或空气提升器。当生物处理系统中带有厌氧区（池）、缺氧区（池）时，应选用不易复氧的回流污泥设施。

6.10.2 回流污泥设施宜分别按生物处理系统中的最大污泥回流比和最大混合液回流比计算确定。

回流污泥设备台数不应少于2台，并应有备用设备，但空气提升器可不设备用。

回流污泥设备，宜有调节流量的措施。

6.10.3 剩余污泥量，可按下列公式计算：

1 按污泥泥龄计算：

$$\Delta X=\frac{V \cdot X}{\theta_c} \quad (6.10.3\text{-}1)$$

2 按污泥产率系数、衰减系数及不可生物降解和惰性悬浮物计算：

$$\Delta X=YQ(S_o-S_e)-K_dVX_V+fQ(SS_o-SS_e) \quad (6.10.3\text{-}2)$$

式中：ΔX——剩余污泥量（kgSS/d）；

V——生物反应池的容积（m^3）；

X——生物反应池内混合液悬浮固体平均浓度（gMLSS/L）；

θ_c——污泥泥龄（d）；

Y——污泥产率系数（$kgVSS/kgBOD_5$），20℃时为0.3～0.8；

Q——设计平均日污水量（m^3/d）；

S_o——生物反应池进水五日生化需氧量（kg/m^3）；

S_e——生物反应池出水五日生化需氧量（kg/m^3）；

K_d——衰减系数（d^{-1}）；

X_V——生物反应池内混合液挥发性悬浮固体平均浓度（gMLVSS/L）；

f——SS的污泥转换率，宜根据试验资料确定，无试验资料时可取0.5gMLSS/gSS～0.7gMLSS/gSS；

SS_o——生物反应池进水悬浮物浓度（kg/m^3）；

SS_e——生物反应池出水悬浮物浓度（kg/m^3）。

6.11 污水自然处理

Ⅰ 一般规定

6.11.1 污水量较小的城镇，在环境影响评价和技术经济比较合理时，宜审慎采用污水自然处理。

6.11.2 污水自然处理必须考虑对周围环境以及水体的影响，不得降低周围环境的质量，应根据区域特点选择适宜的污水自然处理方式。

6.11.3 在环境评价可行的基础上，经技术经济比较，可利用水体的自然净化能力处理或处置污水。

6.11.4 采用土地处理，应采取有效措施，严禁污染地下水。

6.11.5 污水厂二级处理出水水质不能满足要求时，有条件的可采用土地处理或稳定塘等自然处理技术进一步处理。

Ⅱ 稳 定 塘

6.11.6 有可利用的荒地和闲地等条件，技术经济比较合理时，可采用稳定塘处理污水。用作二级处理的稳定塘系统，处理规模不宜大于 $5000m^3/d$。

6.11.7 处理城镇污水时，稳定塘的设计数据应根据试验资料确定。无试验资料时，根据污水水质、处理程度、当地气候和日照等条件，稳定塘的五日生化需氧量总平均表面有机负荷可采用 $1.5gBOD_5/(m^2 \cdot d)$～$10gBOD_5/(m^2 \cdot d)$，总停留时间可采用 20d～120d。

6.11.8 稳定塘的设计，应符合下列要求：

1 稳定塘前宜设置格栅，污水含砂量高时宜设置沉砂池。

2 稳定塘串联的级数不宜少于 3 级，第一级塘有效深度不宜小于 3m。

3 推流式稳定塘的进水宜采用多点进水。

4 稳定塘必须有防渗措施，塘址与居民区之间应设置卫生防护带。

5 稳定塘污泥的蓄积量为 40L/（年·人）～100L/（年·人），一级塘应分格并联运行，轮换清除污泥。

6.11.9 在多级稳定塘系统的后面可设置养鱼塘，进入养鱼塘的水质必须符合国家现行的有关渔业水质的规定。

Ⅲ 土地处理

6.11.10 有可供利用的土地和适宜的场地条件时，通过环境影响评价和技术经济比较后，可采用适宜的土地处理方式。

6.11.11 污水土地处理的基本方法包括慢速渗滤法（SR）、快速渗滤法（RI）和地面漫流法（OF）等。宜根据土地处理的工艺形式对污水进行预处理。

6.11.12 污水土地处理的水力负荷，应根据试验资料确定，无试验资料时，可按下列范围取值：

1 慢速渗滤 0.5m/年～5m/年。

2 快速渗滤 5m/年～120m/年。

3 地面漫流 3m/年～20m/年。

6.11.13 在集中式给水水源卫生防护带，含水层露头地区，裂隙性岩层和溶岩地区，不得使用污水土地处理。

6.11.14 污水土地处理地区地下水埋深不宜小于 1.5m。

6.11.15 采用人工湿地处理污水时，应进行预处理。设计参数宜通过试验资料确定。

6.11.16 土地处理场地距住宅区和公共通道的距离不宜小于 100m。

6.11.17 进入灌溉田的污水水质必须符合国家现行有关水质标准的规定。

6.12 污水深度处理和回用

Ⅰ 一 般 规 定

6.12.1 污水再生利用的深度处理工艺应根据水质目标选择，工艺单元的组合形式应进行多方案比较，满足实用、经济、运行稳定的要求。再生水的水质应符合国家现行的水质标准的规定。

6.12.2 污水深度处理工艺单元主要包括：混凝、沉淀（澄清、气浮）、过滤、消毒，必要时可采用活性炭吸附、膜过滤、臭氧氧化和自然处理等工艺单元。

6.12.3 再生水输配到用户的管道严禁与其他管网连接，输送过程中不得降低和影响其他用水的水质。

Ⅱ 深 度 处 理

6.12.4 深度处理工艺的设计参数宜根据试验资料确定，也可参照类似运行经验确定。

6.12.5 深度处理采用混合、絮凝、沉淀工艺时，投药混合设施中平均速度梯度值宜采用 $300s^{-1}$，混合时间宜采用 30s～120s。

6.12.6 絮凝、沉淀、澄清、气浮工艺的设计，宜符合下列要求：

1 絮凝时间为 5min～20min。

2 平流沉淀池的沉淀时间为 2.0h～4.0h，水平流速为 4.0mm/s～12.0mm/s。

3 斜管沉淀池的上升流速为 0.4mm/s～0.6mm/s。

4 澄清池的上升流速为 0.4mm/s～0.6mm/s。

5 气浮池的设计参数宜根据试验资料确定。

6.12.7 滤池的设计，宜符合下列要求：

1 滤池的构造、滤料组成等宜按现行国家标准《室外给水设计规范》GB 50013 的规定采用。

2 滤池的进水浊度宜小于 10NTU。

3 滤池的滤速应根据滤池进出水水质要求确定，可采用 4m/h～10m/h。

4 滤池的工作周期为 12h～24h。

6.12.8 污水厂二级处理出水经混凝、沉淀、过滤后，仍不能达到再生水水质要求时，可采用活性炭吸附处理。

6.12.9 活性炭吸附处理的设计，宜符合下列要求：

1 采用活性炭吸附工艺时，宜进行静态或动态试验，合理确定活性炭的用量、接触时间、水力负荷和再生周期。

2 采用活性炭吸附池的设计参数宜根据试验资

料确定，无试验资料时，可按下列标准采用：

1）空床接触时间为20min～30min；

2）炭层厚度为3m～4m；

3）下向流的空床滤速为7m/h～12m/h；

4）炭层最终水头损失为0.4m～1.0m；

5）常温下经常性冲洗时，水冲洗强度为11L/（m^2·s）～13L/（m^2·s），历时10min～15min，膨胀率15%～20%，定期大流量冲洗时，水冲洗强度为15L/（m^2·s）～18L/（m^2·s），历时8min～12min，膨胀率为25%～35%。活性炭再生周期由处理后出水水质是否超过水质目标值确定，经常性冲洗周期宜为3d～5d。冲洗水可用砂滤水或炭滤水，冲洗水浊度宜小于5NTU。

3 活性炭吸附罐的设计参数宜根据试验资料确定，无试验资料时，可按下列标准确定：

1）接触时间为20min～35min；

2）吸附罐的最小高度与直径之比可为2∶1，罐径为1m～4m，最小炭层厚度为3m，宜为4.5m～6m；

3）升流式水力负荷为2.5L/（m^2·s）～6.8L/（m^2·s），降流式水力负荷为2.0L/（m^2·s）～3.3L/（m^2·s）；

4）操作压力每0.3m炭层7kPa。

6.12.10 深度处理的再生水必须进行消毒。

Ⅲ 输配水

6.12.11 再生水管道敷设及其附属设施的设置应符合现行国家标准《室外给水设计规范》GB 50013的有关规定。

6.12.12 污水深度处理厂宜靠近污水厂和再生水用户。有条件时深度处理设施应与污水厂集中建设。

6.12.13 输配水干管应根据再生水用户的用水特点和安全性要求，合理确定干管的数量，不能断水用户的配水干管不宜少于两条。再生水管道应具有安全和监控水质的措施。

6.12.14 输配水管道材料的选择应根据水压、外部荷载、土壤性质、施工维护和材料供应等条件，经技术经济比较确定。可采用塑料管、承插式预应力钢筋混凝土管和承插式自应力钢筋混凝土管等非金属管道或金属管道。采用金属管道时应进行管道的防腐。

6.13 消毒

Ⅰ 一般规定

6.13.1 城镇污水处理应设置消毒设施。

6.13.2 污水消毒程度应根据污水性质、排放标准或再生水要求确定。

6.13.3 污水宜采用紫外线或二氧化氯消毒，也可用液氯消毒。

6.13.4 消毒设施和有关建筑物的设计，应符合现行国家标准《室外给水设计规范》GB 50013的有关规定。

Ⅱ 紫外线

6.13.5 污水的紫外线剂量宜根据试验资料或类似运行经验确定；也可按下列标准确定：

1 二级处理的出水为15mJ/cm^2～22mJ/cm^2。

2 再生水为24mJ/cm^2～30mJ/cm^2。

6.13.6 紫外线照射渠的设计，应符合下列要求：

1 照射渠水流均布，灯管前后的渠长度不宜小于1m。

2 水深应满足灯管的淹没要求。

6.13.7 紫外线照射渠不宜少于2条。当采用1条时，宜设置超越渠。

Ⅲ 二氧化氯和氯

6.13.8 二级处理出水的加氯量应根据试验资料或类似运行经验确定。无试验资料时，二级处理出水可采用6mg/L～15mg/L，再生水的加氯量按卫生学指标和余氯量确定。

6.13.9 二氧化氯或氯消毒后应进行混合和接触，接触时间不应小于30min。

7 污泥处理和处置

7.1 一般规定

7.1.1 城镇污水污泥，应根据地区经济条件和环境条件进行减量化、稳定化和无害化处理，并逐步提高资源化程度。

7.1.2 污泥的处置方式包括作肥料、作建材、作燃料和填埋等，污泥的处理流程应根据污泥的最终处置方式选定。

7.1.3 污泥作肥料时，其有害物质含量应符合国家现行标准的规定。

7.1.4 污泥处理构筑物个数不宜少于2个，按同时工作设计。污泥脱水机械可考虑1台备用。

7.1.5 污泥处理过程中产生的污泥水应返回污水处理构筑物进行处理。

7.1.6 污泥处理过程中产生的臭气，宜收集后进行处理。

7.2 污泥浓缩

7.2.1 浓缩活性污泥时，重力式污泥浓缩池的设计，应符合下列要求：

1 污泥固体负荷宜采用30kg/（m^2·d）～60kg/（m^2·d）。

2 浓缩时间不宜小于12h。

3 由生物反应池后二次沉淀池进入污泥浓缩池的污泥含水率为99.2%～99.6%时，浓缩后污泥含水率可为97%～98%。

4 有效水深宜为4m。

5 采用栅条浓缩机时，其外缘线速度一般宜为1m/min～2m/min，池底坡向泥斗的坡度不宜小于0.05。

7.2.2 污泥浓缩池宜设置去除浮渣的装置。

7.2.3 当采用生物除磷工艺进行污水处理时，不应采用重力浓缩。

7.2.4 当采用机械浓缩设备进行污泥浓缩时，宜根据试验资料或类似运行经验确定设计参数。

7.2.5 污泥浓缩脱水可采用一体化机械。

7.2.6 间歇式污泥浓缩池应设置可排出深度不同的污泥水的设施。

7.3 污 泥 消 化

Ⅰ 一 般 规 定

7.3.1 根据污泥性质、环境要求、工程条件和污泥处置方式，选择经济适用、管理方便的污泥消化工艺，可采用污泥厌氧消化或好氧消化工艺。

7.3.2 污泥经消化处理后，其挥发性固体去除率应大于40%。

Ⅱ 污泥厌氧消化

7.3.3 厌氧消化可采用单级或两级中温消化。单级厌氧消化池（两级厌氧消化池中的第一级）污泥温度应保持33℃～35℃。

有初次沉淀池系统的剩余污泥或类似的污泥，宜与初沉污泥合并进行厌氧消化处理。

7.3.4 单级厌氧消化池（两级厌氧消化池中的第一级）污泥应加热并搅拌，宜有防止浮渣结壳和排出上清液的措施。

采用两级厌氧消化时，一级厌氧消化池与二级厌氧消化池的容积比应根据二级厌氧消化池的运行操作方式，通过技术经济比较确定；二级厌氧消化池可不加热、不搅拌，但应有防止浮渣结壳和排出上清液的措施。

7.3.5 厌氧消化池的总有效容积，应根据厌氧消化时间或挥发性固体容积负荷，按下列公式计算：

$$V=Q_o \cdot t_d \tag{7.3.5-1}$$

$$V=\frac{W_S}{L_V} \tag{7.3.5-2}$$

式中：t_d——消化时间，宜为20d～30d；

V——消化池总有效容积（m^3）；

Q_o——每日投入消化池的原污泥量（m^3/d）；

L_V——消化池挥发性固体容积负荷［kgVSS/（$m^3 \cdot d$）］，重力浓缩后的原污泥宜采用0.6kgVSS/（$m^3 \cdot d$）～1.5kgVSS/（$m^3 \cdot d$），机械浓缩后的高浓度原污泥不应大于2.3kgVSS/（$m^3 \cdot d$）；

W_S——每日投入消化池的原污泥中挥发性干固体重量（kgVSS/d）。

7.3.6 厌氧消化池污泥加热，可采用池外热交换或蒸汽直接加热。厌氧消化池总耗热量应按全年最冷月平均日气温通过热工计算确定，应包括原生污泥加热量、厌氧消化池散热量(包括地上和地下部分)、投配和循环管道散热量等。选择加热设备应考虑10%～20%的富余能力。厌氧消化池及污泥投配和循环管道应进行保温。厌氧消化池内壁应采取防腐措施。

7.3.7 厌氧消化的污泥搅拌宜采用池内机械搅拌或池外循环搅拌，也可采用污泥气搅拌等。每日将全池污泥完全搅拌（循环）的次数不宜少于3次。间歇搅拌时，每次搅拌的时间不宜大于循环周期的一半。

7.3.8 厌氧消化池和污泥气贮罐应密封，并能承受污泥气的工作压力，其气密性试验压力不应小于污泥气工作压力的1.5倍。厌氧消化池和污泥气贮罐应有防止池（罐）内产生超压和负压的措施。

7.3.9 厌氧消化池溢流和表面排渣管出口不得放在室内，并必须有水封装置。厌氧消化池的出气管上，必须设回火防止器。

7.3.10 用于污泥投配、循环、加热、切换控制的设备和阀门设施宜集中布置，室内应设置通风设施。厌氧消化系统的电气集中控制室不宜与存在污泥气泄漏可能的设施合建，场地条件许可时，宜建在防爆区外。

7.3.11 污泥气贮罐、污泥气压缩机房、污泥气阀门控制间、污泥气管道层等可能泄漏污泥气的场所，电机、仪表和照明等电器设备均应符合防爆要求，室内应设置通风设施和污泥气泄漏报警装置。

7.3.12 污泥气贮罐的容积宜根据产气量和用气量计算确定。缺乏相关资料时，可按6h～10h的平均产气量设计。污泥气贮罐内、外壁应采取防腐措施。污泥气管道、污泥气贮罐的设计，应符合现行国家标准《城镇燃气设计规范》GB 50028的规定。

7.3.13 污泥气贮罐超压时不得直接向大气排放，应采用污泥气燃烧器燃烧消耗，燃烧器应采用内燃式。污泥气贮罐的出气管上，必须设回火防止器。

7.3.14 污泥气应综合利用，可用于锅炉、发电和驱动鼓风机等。

7.3.15 根据污泥气的含硫量和用气设备的要求，可设置污泥气脱硫装置。脱硫装置应设在污泥气进入污泥气贮罐之前。

Ⅲ 污泥好氧消化

7.3.16 好氧消化池的总有效容积可按本规范公式

(7.3.5-1) 或 (7.3.5-2) 计算。设计参数宜根据试验资料确定。无试验资料时，好氧消化时间宜为 10d～20d。挥发性固体容积负荷一般重力浓缩后的原污泥宜为 0.7kgVSS/ (m³·d) ～2.8kgVSS/ (m³·d)；机械浓缩后的高浓度原污泥，挥发性固体容积负荷不宜大于 4.2kgVSS/ (m³·d)。

7.3.17 当气温低于 15°C 时，好氧消化池宜采取保温加热措施或适当延长消化时间。

7.3.18 好氧消化池中溶解氧浓度，不应低于 2mg/L。

7.3.19 好氧消化池采用鼓风曝气时，宜采用中气泡空气扩散装置，鼓风曝气应同时满足细胞自身氧化和搅拌混合的需气量，宜根据试验资料或类似运行经验确定。无试验资料时，可按下列参数确定：剩余污泥的总需气量为 0.02m³ 空气/ (m³ 池容·min) ～0.04m³ 空气/ (m³ 池容·min)；初沉污泥或混合污泥的总需气量为 0.04m³ 空气/ (m³ 池容·min) ～0.06m³ 空气/ (m³ 池容·min)。

7.3.20 好氧消化池采用机械表面曝气机时，应根据污泥需氧量、曝气机充氧能力、搅拌混合强度等确定曝气机需用功率，其值宜根据试验资料或类似运行经验确定。当无试验资料时，可按 20W/ (m³ 池容)～40W/ (m³ 池容) 确定曝气机需用功率。

7.3.21 好氧消化池的有效深度应根据曝气方式确定。当采用鼓风曝气时，应根据鼓风机的输出风压、管路及曝气器的阻力损失确定，宜为 5.0m～6.0m；当采用机械表面曝气时，应根据设备的能力确定，宜为 3.0m～4.0m。好氧消化池的超高，不宜小于 1.0m。

7.3.22 好氧消化池可采用敞口式，寒冷地区应采取保温措施。根据环境评价的要求，采取加盖或除臭措施。

7.3.23 间歇运行的好氧消化池，应设有排出上清液的装置；连续运行的好氧消化池，宜设有排出上清液的装置。

7.4 污泥机械脱水

Ⅰ 一般规定

7.4.1 污泥机械脱水的设计，应符合下列规定：

1 污泥脱水机械的类型，应按污泥的脱水性质和脱水要求，经技术经济比较后选用。

2 污泥进入脱水机前的含水率一般不应大于 98%。

3 经消化后的污泥，可根据污水性质和经济效益，考虑在脱水前淘洗。

4 机械脱水间的布置，应按本规范第 5 章泵房中的有关规定执行，并应考虑泥饼运输设施和通道。

5 脱水后的污泥应设置污泥堆场或污泥料仓贮存，污泥堆场或污泥料仓的容量应根据污泥出路和运输条件等确定。

6 污泥机械脱水间应设置通风设施。每小时换气次数不应小于 6 次。

7.4.2 污泥在脱水前，应加药调理。污泥加药应符合下列要求：

1 药剂种类应根据污泥的性质和出路等选用，投加量宜根据试验资料或类似运行经验确定。

2 污泥加药后，应立即混合反应，并进入脱水机。

Ⅱ 压滤机

7.4.3 压滤机宜采用带式压滤机、板框压滤机、箱式压滤机或微孔挤压脱水机，其泥饼产率和泥饼含水率，应根据试验资料或类似运行经验确定。泥饼含水率可为 75%～80%。

7.4.4 带式压滤机的设计，应符合下列要求：

1 污泥脱水负荷应根据试验资料或类似运行经验确定，污水污泥可按表 7.4.4 的规定取值。

表 7.4.4 污泥脱水负荷

污泥类别	初沉原污泥	初沉消化污泥	混合原污泥	混合消化污泥
污泥脱水负荷 [kg/ (m·h)]	250	300	150	200

2 应按带式压滤机的要求配置空气压缩机，并至少应有 1 台备用。

3 应配置冲洗泵，其压力宜采用 0.4MPa～0.6MPa，其流量可按 5.5m³/ [m (带宽) ·h] ～11m³/ [m (带宽) ·h] 计算，至少应有 1 台备用。

7.4.5 板框压滤机和箱式压滤机的设计，应符合下列要求：

1 过滤压力为 400kPa～600kPa。

2 过滤周期不大于 4h。

3 每台压滤机可设污泥压入泵 1 台，宜选用柱塞泵。

4 压缩空气量为每立方米滤室不小于 2m³/min (按标准工况计)。

Ⅲ 离心机

7.4.6 离心脱水机房应采取降噪措施。离心脱水机房内外的噪声应符合现行国家标准《工业企业噪声控制设计规范》GBJ 87 的规定。

7.4.7 污水污泥采用卧螺离心脱水机脱水时，其分离因数宜小于 3000g (g 为重力加速度)。

7.4.8 离心脱水机前应设置污泥切割机，切割后的污泥粒径不宜大于 8mm。

7.5 污泥输送

7.5.1 脱水污泥的输送一般采用皮带输送机、螺旋输送机和管道输送三种形式。

7.5.2 皮带输送机输送污泥，其倾角应小于20°。

7.5.3 螺旋输送机输送污泥，其倾角宜小于30°，且宜采用无轴螺旋输送机。

7.5.4 管道输送污泥，弯头的转弯半径不应小于5倍管径。

7.6 污泥干化焚烧

7.6.1 在有条件的地区，污泥干化宜采用干化场；其他地区，污泥干化宜采用热干化。

7.6.2 污泥干化场的污泥固体负荷，宜根据污泥性质、年平均气温、降雨量和蒸发量等因素，参照相似地区经验确定。

7.6.3 污泥干化场分块数不宜少于3块；围堤高度宜为0.5m～1.0m，顶宽0.5m～0.7m。

7.6.4 污泥干化场宜设人工排水层。

7.6.5 除特殊情况外，人工排水层下应设不透水层，不透水层应坡向排水设施，坡度宜为0.01～0.02。

7.6.6 污泥干化场宜设排除上层污泥水的设施。

7.6.7 污泥的热干化和焚烧宜集中进行。

7.6.8 采用污泥热干化设备时，应充分考虑产品出路。

7.6.9 污泥热干化和焚烧处理的污泥固体负荷和蒸发量应根据污泥性质、设备性能等因素，参照相似设备运行经验确定。

7.6.10 污泥热干化和焚烧设备宜设置2套；若设1套，应考虑设备检修期间的应急措施，包括污泥贮存设施或其他备用的污泥处理和处置途径。

7.6.11 污泥热干化设备的选型，应根据热干化的实际需要确定。规模较小、污泥含水率较低、连续运行时间较长的热干化设备宜采用间接加热系统，否则宜采用带有污泥混合器和气体循环装置的直接加热系统。

7.6.12 污泥热干化设备的能源，宜采用污泥气。

7.6.13 热干化车间和热干化产品贮存设施，应符合国家现行有关防火规范的要求。

7.6.14 在已有或拟建垃圾焚烧设施、水泥窑炉、火力发电锅炉等设施的地区，污泥宜与垃圾同时焚烧，或掺在水泥窑炉、火力发电锅炉的燃料煤中焚烧。

7.6.15 污泥焚烧的工艺，应根据污泥热值确定，宜采用循环流化床工艺。

7.6.16 污泥热干化产品、污泥焚烧灰应妥善保存、利用或处置。

7.6.17 污泥热干化尾气和焚烧烟气，应处理达标后排放。

7.6.18 污泥干化场及其附近，应设置长期监测地下水质量的设施；污泥热干化厂、污泥焚烧厂及其附近，应设置长期监测空气质量的设施。

7.7 污泥综合利用

7.7.1 污泥的最终处置，宜考虑综合利用。

7.7.2 污泥的综合利用，应因地制宜，考虑农用时应慎重。

7.7.3 污泥的土地利用，应严格控制污泥中和土壤中积累的重金属和其他有毒物质含量。农用污泥，必须符合国家现行有关标准的规定。

8 检测和控制

8.1 一般规定

8.1.1 排水工程运行应进行检测和控制。

8.1.2 排水工程设计应根据工程规模、工艺流程、运行管理要求确定检测和控制的内容。

8.1.3 自动化仪表和控制系统应保证排水系统的安全和可靠，便于运行，改善劳动条件，提高科学管理水平。

8.1.4 计算机控制管理系统宜兼顾现有、新建和规划要求。

8.2 检 测

8.2.1 污水厂进、出水应按国家现行排放标准和环境保护部门的要求，设置相关项目的检测仪表。

8.2.2 下列各处应设置相关监测仪表和报警装置：

1 排水泵站：硫化氢（H_2S）浓度。

2 消化池：污泥气（含CH_4）浓度。

3 加氯间：氯气（Cl_2）浓度。

8.2.3 排水泵站和污水厂各处理单元宜设置生产控制、运行管理所需的检测和监测仪表。

8.2.4 参与控制和管理的机电设备应设置工作与事故状态的检测装置。

8.3 控 制

8.3.1 排水泵站宜按集水池的液位变化自动控制运行，宜建立遥测、遥讯、遥控系统。

8.3.2 10万m^3/d规模以下的污水厂的主要生产工艺单元，可采用自动控制系统。

8.3.3 10万m^3/d及以上规模的污水厂宜采用集中管理监视、分散控制的自动控制系统。

8.3.4 采用成套设备时，设备本身控制宜与系统控制相结合。

8.4 计算机控制管理系统

8.4.1 计算机控制管理系统应有信息收集、处理、控制、管理和安全保护功能。

8.4.2 计算机控制系统的设计，应符合下列要求：

1 宜对监控系统的控制层、监控层和管理层做出合理的配置。

2 应根据工程具体情况，经技术经济比较后选择网络结构和通信速率。

3 对操作系统和开发工具要从运行稳定、易于开发、操作界面方便等多方面综合考虑。

4 根据企业需求和相关基础设施，宜对企业信息化系统做出功能设计。

5 厂级中控室应就近设置电源箱，供电电源应为双回路，直流电源设备应安全可靠。

6 厂、站级控制室面积应视其使用功能设定，并应考虑今后的发展。

7 防雷和接地保护应符合国家现行有关规范的规定。

附录A 暴雨强度公式的编制方法

Ⅰ 年多个样法取样

A.0.1 本方法适用于具有10年以上自动雨量记录的地区。

A.0.2 计算降雨历时采用5min、10min、15min、20min、30min、45min、60min、90min、120min共9个历时。计算降雨重现期宜按0.25年、0.33年、0.5年、1年、2年、3年、5年、10年统计。资料条件较好时（资料年数≥20年、子样点的排列比较规律），也可统计高于10年的重现期。

A.0.3 取样方法宜采用年多个样法，每年每个历时选择6个～8个最大值，然后不论年次，将每个历时子样按大小次序排列，再从中选择资料年数的3倍～4倍的最大值，作为统计的基础资料。

A.0.4 选取的各历时降雨资料，应采用频率曲线加以调整。当精度要求不太高时，可采用经验频率曲线；当精度要求较高时，可采用皮尔逊Ⅲ型分布曲线或指数分布曲线等理论频率曲线。根据确定的频率曲线，得出重现期、降雨强度和降雨历时三者的关系，即P、i、t关系值。

A.0.5 根据P、i、t关系值求得b、m、A_1、C各个参数，可用解析法、图解与计算结合法或图解法等方法进行。将求得的各参数代入$q=\frac{167A_1(1+C\lg p)}{(t+b)^n}$，即得当地的暴雨强度公式。

A.0.6 计算抽样误差和暴雨公式均方差。宜按绝对均方差计算，也可辅以相对均方差计算。计算重现期在0.25年～10年时，在一般强度的地方，平均绝对方差不宜大于0.05mm/min。在较大强度的地方，平均相对方差不宜大于5%。

Ⅱ 年最大值法取样

A.0.7 本方法适用于具有20年以上自记雨量记录的地区，有条件的地区可用30年以上的雨量系列，暴雨样本选样方法可采用年最大值法。若在时段内任一时段超过历史最大值，宜进行复核修正。

A.0.8 计算降雨历时采用5min、10min、15min、20min、30min、45min、60min、90min、120min共9个历时，汇水面积较大或需要校核暴雨积水历时的地区计算降雨历时可增加150min和180min，共11个历时。计算降雨重现期宜按2年、3年、5年、10年、20年统计。当有需要或资料条件较好时（资料年数大于或等于30年、子样点的排列比较规律），可增加30年、50年、100年统计，重点可采用2年～20年统计。

A.0.9 选取的各历时降雨资料，应采用经验频率曲线或理论频率曲线加以调整，一般采用理论频率曲线，包括皮尔逊Ⅲ型分布曲线、耿贝尔分布曲线和指数分布曲线。根据确定的频率曲线，得出重现期、降雨强度和降雨历时三者的关系，即P、i、t关系值。

A.0.10 根据p、i、t的关系值求得A_1、b、C、n各个参数。可采用图解法、解析法、图解与计算结合法等方法进行。为提高暴雨强度公式的精度，一般采用高斯－牛顿法。将求得的各个参数代入$q=\frac{167A_1(1+C\lg p)}{(t+b)^n}$，即得当地的暴雨强度公式。

A.0.11 计算抽样误差和暴雨公式均方差。宜按绝对均方差计算，也可辅以相对均方差计算。计算重现期在2年～20年时，在一般强度的地方，平均绝对方差不宜大于0.05mm/min。在较大强度的地方，平均相对方差不宜大于5%。

附录B 排水管道和其他地下管线（构筑物）的最小净距

表B 排水管道和其他地下管线（构筑物）的最小净距

名称			水平净距（m）	垂直净距（m）
建筑物			见注3	
给水管		$d\leqslant200$mm	1.0	0.4
		$d>200$mm	1.5	
排水管				0.15
再生水管			0.5	0.4
燃气管	低压	$P\leqslant0.05$MPa	1.0	0.15
	中压	$0.05\text{MPa}<P\leqslant0.4$MPa	1.2	0.15
	高压	$0.4\text{MPa}<P\leqslant0.8$MPa	1.5	0.15
		$0.8\text{MPa}<P\leqslant1.6$MPa	2.0	0.15

续表 B

名　　称		水平净距（m）	垂直净距（m）
热力管线		1.5	0.15
电力管线		0.5	0.5
电信管线		1.0	直埋 0.5 管块 0.15
乔木		1.5	
地上柱杆	通讯照明及<10kV	0.5	
	高压铁塔基础边	1.5	
道路侧石边缘		1.5	
铁路钢轨（或坡脚）		5.0	轨底 1.2
电车（轨底）		2.0	1.0
架空管架基础		2.0	
油管		1.5	0.25
压缩空气管		1.5	0.15
氧气管		1.5	0.25
乙炔管		1.5	0.25
电车电缆			0.5
明渠渠底			0.5
涵洞基础底			0.15

注：1　表列数字除注明者外，水平净距均指外壁净距，垂直净距系指下面管道的外顶与上面管道基础底间净距。

2　采取充分措施（如结构措施）后，表列数字可以减小。

3　与建筑物水平净距，管道埋深浅于建筑物基础时，不宜小于 2.5m，管道埋深深于建筑物基础时，按计算确定，但不应小于 3.0m。

本规范用词说明

1　为便于在执行本规范条文时区别对待，对要求严格程度不同的用词说明如下：

1） 表示很严格，非这样做不可的：

正面词采用“必须”，反面词采用“严禁”；

2） 表示严格，在正常情况下均应这样做的：

正面词采用“应”，反面词采用“不应”或“不得”；

3） 表示允许稍有选择，在条件许可时首先应这样做的：

正面词采用“宜”，反面词采用“不宜”；

4） 表示有选择，在一定条件下可以这样做的，采用“可”。

2　条文中指明应按其他有关标准执行的写法为“应符合……的规定”或“应按……执行”。

中华人民共和国国家标准

室外排水设计规范

GB 50014—2006

条 文 说 明

目　次

1　总则 …………………………………… 1—3—39
3　设计流量和设计水质 ……………… 1—3—40
3.1　生活污水量和工业废水量………… 1—3—40
3.2　雨水量……………………………… 1—3—41
3.3　合流水量…………………………… 1—3—43
3.4　设计水质…………………………… 1—3—43
4　排水管渠和附属构筑物 …………… 1—3—44
4.1　一般规定…………………………… 1—3—44
4.2　水力计算…………………………… 1—3—45
4.3　管道………………………………… 1—3—46
4.4　检查井……………………………… 1—3—47
4.5　跌水井……………………………… 1—3—48
4.6　水封井……………………………… 1—3—48
4.7　雨水口……………………………… 1—3—48
4.8　截流井……………………………… 1—3—49
4.9　出水口……………………………… 1—3—49
4.10　立体交叉道路排水 ……………… 1—3—49
4.11　倒虹管 …………………………… 1—3—49
4.12　渠道 ……………………………… 1—3—50
4.13　管道综合 ………………………… 1—3—50
4.14　雨水调蓄池 ……………………… 1—3—50
4.15　雨水渗透设施 …………………… 1—3—51
5　泵站 …………………………………… 1—3—52
5.1　一般规定…………………………… 1—3—52
5.2　设计流量和设计扬程……………… 1—3—53
5.3　集水池……………………………… 1—3—53
5.4　泵房设计…………………………… 1—3—54
5.5　出水设施…………………………… 1—3—55
6　污水处理……………………………… 1—3—55
6.1　厂址选择和总体布置……………… 1—3—55
6.2　一般规定…………………………… 1—3—57
6.3　格栅………………………………… 1—3—57
6.4　沉砂池……………………………… 1—3—58
6.5　沉淀池……………………………… 1—3—59
6.6　活性污泥法………………………… 1—3—61
6.7　化学除磷…………………………… 1—3—66
6.8　供氧设施…………………………… 1—3—67
6.9　生物膜法…………………………… 1—3—68
6.10　回流污泥和剩余污泥 …………… 1—3—72
6.11　污水自然处理 …………………… 1—3—72
6.12　污水深度处理和回用 …………… 1—3—75
6.13　消毒 ……………………………… 1—3—76
7　污泥处理和处置 …………………… 1—3—77
7.1　一般规定…………………………… 1—3—77
7.2　污泥浓缩…………………………… 1—3—77
7.3　污泥消化…………………………… 1—3—78
7.4　污泥机械脱水……………………… 1—3—81
7.5　污泥输送…………………………… 1—3—83
7.6　污泥干化焚烧……………………… 1—3—84
7.7　污泥综合利用……………………… 1—3—86
8　检测和控制…………………………… 1—3—87
8.1　一般规定…………………………… 1—3—87
8.2　检测………………………………… 1—3—87
8.3　控制………………………………… 1—3—88
8.4　计算机控制管理系统……………… 1—3—88

1 总 则

1.0.1 说明制定本规范的宗旨目的。

1.0.2 规定本规范的适用范围。

本规范只适用于新建、扩建和改建的城镇、工业区和居住区的永久性的室外排水工程设计。

关于村庄、集镇和临时性排水工程，由于村庄、集镇排水的条件和要求具有与城镇不同的特点，而临时性排水工程的标准和要求的安全度要比永久性工程低，故不适用本规范。

关于工业废水，由于已逐步制定了各工业废水的设计规范，故本规范不包括工业废水的内容。

1.0.3 规定排水工程设计的主要依据和基本任务。

1989年12月26日第七届全国人民代表大会常务委员会第十一次会议通过的《中华人民共和国城市规划法》规定，中华人民共和国的一切城镇，都必须制定城镇规划，按照规划实施管理。城镇总体规划包括各项专业规划，排水工程专业规划是城镇总体规划的组成部分。城镇总体规划批准后，必须严格执行；未经原审批部门同意，任何组织和个人不得擅自改变。

据此，本条规定了主要依据。

2000年9月25日中华人民共和国国务院令第293号颁发的《建设工程勘察设计管理条例》规定，设计工作的基本任务是根据建设工程的要求，对建设工程所需的技术、经济、资源、环境等条件进行综合分析、论证，充分体现节地、节水、节能和节材的原则，编制与社会、经济发展水平相适应，经济效益、社会效益和环境效益相统一的设计文件。

据此，本条规定了基本任务和应正确处理的有关方面关系。

1.0.4 规定排水体制选择的原则。

分流制指用不同管渠系统分别收集、输送污水和雨水的排水方式。合流制指用同一管渠系统收集、输送污水和雨水的排水方式。

分流制可根据当地规划的实施情况和经济情况，分期建设。污水由污水收集系统收集并输送到污水厂处理；雨水由雨水系统收集，并就近排入水体，具有投资低、环境效益高的投点。因此，规定除降雨量少的干旱地区外，新建地区的排水系统应采用分流制。降雨量少一般指年均300mm以下的地区。旧城区由于历史原因，一般已采用合流制，故规定同一城镇的不同地区可采用不同的排水体制，同时规定现有合流制排水系统应按照规划的要求实现雨污分流改造，不仅可以控制初期雨水污染，而且能有效减少由于雨水量过大造成的溢流；暂时不具备雨污分流条件的地区，应采取截流、调蓄和处理相结合的措施减少合流污水污染。

本条中"对水体保护要求高的地区，可对初期雨水进行截流、调蓄和处理"移至第1.0.4A条、第4.14节和第4.15节，进一步规定初期雨水的截流、调蓄和处理。本条中"在缺水地区，宜对雨水进行收集、处理和综合利用"移至1.0.4A条。

1.0.4A 本条是关于采用低影响开发进行雨水综合管理的规定。

本次修订增加了按照低影响开发（LID）理念进行雨水综合管理的规定。低影响开发是指通过源头削减、过程控制、末端处理的方法，控制面源污染、防治内涝灾害、提高雨水利用程度。

面源污染是指通过降雨和地表径流冲刷，将大气和地表中的污染物排入受纳水体，使受纳水体遭受污染的现象。城镇的商业区、居民区、工业区和街道等地表包括大量不透水地面，这些地表积累大量污染物，如油类、盐分、氮、磷、有毒物质和生活垃圾等，在降雨过程中雨水及其形成的地表径流冲刷地面污染物，通过排水管渠或直接进入地表水环境，造成地表水污染，所以应控制面源污染。

城镇化进程的不断推进和高强度开发势必造成城镇下垫面不透水层的增加，导致降雨后径流量增大。城镇规划时，应采用渗透、调蓄等设施减少雨水径流量，减少进入分流制雨水管道和合流制管道的雨水量，减少合流制排水系统溢流次数和溢流量，不仅可有效防治内涝灾害，还可提高雨水利用程度。

雨水资源是陆地淡水资源的主要形式和来源，应提高雨水利用程度。具体措施包括屋顶绿化、雨水蓄渗、下凹式绿地、透水路面等。有条件的地区应设置雨水渗透设施，削减雨水径流量，雨水渗透涵养地下水也是雨水资源的利用。

1.0.5 规定了进行排水系统设计时，从较大范围综合考虑的若干因素。

1 根据国内外经验，污水和污泥可作为有用资源，应考虑综合利用，但在考虑综合利用和处置污水污泥时，首先应对其卫生安全性、技术可靠性、经济合理性等情况进行全面论证和评价。

2 与邻近区域内的污水和污泥的处理和处置系统相协调包括：

一个区域的排水系统可能影响邻近区域，特别是影响下游区域的环境质量，故在确定该区的处理水平和处置方案时，必须在较大区域范围内综合考虑；

根据排水专业规划，有几个区域同时或几乎同时建设时，应考虑合并处理和处置的可能性，因为它的经济效益可能更好，但施工时间较长，实现较困难。前苏联和日本都有类似规定。

3 如设计排水区域内尚需考虑给水和防洪问题时，污水排水工程应与给水工程协调，雨水排水工程应与防洪工程协调，以节省总造价。

4 根据国内外经验，工业废水只要符合条件，以集中至城镇排水系统一起处理较为经济合理。

5 在扩建和改建排水工程时，对原有排水工程设施利用与否应通过调查做出决定。

1.0.6 规定工业废水接入城镇排水系统的水质要求。

从全局着眼，工业企业有责任根据本企业废水水质进行预处理，使工业废水接入城镇排水系统后，对城镇排水管渠不阻塞，不损坏，不产生易燃、易爆和有毒有害气体，不传播致病菌和病原体，不危害操作养护人员，不妨碍污水的生物处理，不影响处理后出水的再生利用和安全排放，不影响污泥的处理和处置。排入城镇排水系统的污水水质，必须符合现行的《污水综合排放标准》GB 8978、《污水排入城市下水道水质标准》CJ 3082 等有关标准的规定。

1.0.7 规定排水工程设计采用新技术应遵循的主要原则。

规范应及时地将新技术纳入。凡是在国内普遍推广、行之有效、积有完整的可靠科学数据的新技术，都应积极纳入。随着科学技术的发展，新技术还会不断涌现。规范不应阻碍或抑制新技术的发展，为此，鼓励积极采用经过鉴定、节地节能、经济高效的新技术。

1.0.8 规定采用排水工程设备机械化和自动化程度的主要原则。

由于排水工程操作人员劳动强度较大，同时，有些构筑物，如污水泵站的格栅井、污泥脱水机房和污泥厌氧消化池等会产生硫化氢、污泥气等有毒有害和易燃易爆气体，为保障操作人员身体健康和人身安全，规定排水工程宜采用机械化和自动化设备，对操作繁重、影响安全、危害健康的，应采用机械化和自动化设备。

1.0.9 关于排水工程尚应执行的有关标准和规范的规定。

有关标准、规范有：《建筑物防雷设计规范》GB 50057、《建筑设计防火规范》GBJ 16、《城镇污水处理厂污染物排放标准》GB 18918 和《工业企业噪声控制设计规范》GBJ 87 等。

为保障操作人员和仪器设备安全，根据《建筑物防雷设计规范》GB 50057 的规定，监控设施等必须采取接地和防雷措施。

由于排水工程的污水中可能含有易燃易爆物质，根据《建筑设计防火规范》GBJ 16 的规定，建筑物应按二级耐火等级考虑。建筑物构件的燃烧性能和耐火极限以及室内设置的消防设施均应符合《建筑设计防火规范》GBJ 16 的规定。

排水工程可能会散发恶臭气体，污染周围环境，设计时应对散发的臭气进行收集和净化，或建设绿化带并设有一定的防护距离，以符合《城镇污水处理厂污染物排放标准》GB 18918 的规定。

鼓风机尤其是罗茨鼓风机会产生超标的噪声，应首先从声源上进行控制，选用低噪声的设备，同时采用隔声、消声、吸声和隔振等措施，以符合《工业企业噪声控制设计规范》GBJ 87 的规定。

1.0.10 关于在特殊地区设计排水工程尚应同时符合有关专门规范的规定。

3 设计流量和设计水质

3.1 生活污水量和工业废水量

3.1.1 规定城镇旱流污水设计流量的计算公式。

设计综合生活污水量 Q_d 和设计工业废水量 Q_m 均以平均日流量计。

城镇旱流污水，由综合生活污水和工业废水组成。综合生活污水由居民生活污水和公共建筑污水组成。居民生活污水指居民日常生活中洗涤、冲厕、洗澡等产生的污水。公共建筑污水指娱乐场所、宾馆、浴室、商业网点、学校和办公楼等产生的污水。

规定地下水位较高地区考虑入渗地下水量的原则。

因当地土质、地下水位、管道和接口材料以及施工质量、管道运行时间等因素的影响，当地下水位高于排水管渠时，排水系统设计应适当考虑入渗地下水量。入渗地下水量宜根据测定资料确定，一般按单位管长和管径的入渗地下水量计，也可按平均日综合生活污水和工业废水总量的 10%～15%计，还可按每天每单位服务面积入渗的地下水量计。中国市政工程中南设计研究院和广州市市政园林局测定过管径为 1000mm～1350mm 的新铺钢筋混凝土管入渗地下水量，结果为：地下水位高于管底 3.2m，入渗量为 $94m^3/(km \cdot d)$；高于管底 4.2m，入渗量为 $196\ m^3/(km \cdot d)$；高于管底 6m，入渗量为 $800m^3/(km \cdot d)$；高于管底 6.9m，入渗量为 $1850m^3/(km \cdot d)$。上海某泵站冬夏两次测定，冬季为 $3800m^3/(km^2 \cdot d)$，夏季为 $6300m^3/(km^2 \cdot d)$；日本《下水道设施设计指南与解说》（日本下水道协会，2001 年，以下简称日本指南）规定采用经验数据，按日最大综合污水量的 10%～20%计；英国《污水处理厂》BSEN 12255（以下简称英国标准）建议按观测现有管道的夜间流量进行估算；德国 ATV 标准（德国废水工程协会，2000 年，以下简称德国 ATV）规定入渗水量不大于 $0.15L/(s \cdot hm^2)$，如大于则应采取措施减少入渗；美国按 $0.01m^3/(d \cdot mm\text{-}km)$～$1.0m^3/(d \cdot mm\text{-}km)$（mm 为管径，km 为管长）计，或按 $0.2m^3/(hm^2 \cdot d)$～$28m^3/(hm^2 \cdot d)$计。

在地下水位较高的地区，水力计算时，公式（3.1.1）后应加入入渗地下水量 Q_u，即 $Q_{dr}=Q_d+Q_m+Q_u$。

3.1.2 本条规定居民生活污水定额和综合生活污水

定额的确定原则。

按用水定额确定污水定额时，建筑内部给排水设施水平较高的地区，可按用水定额的90%计，一般水平的可按用水定额的80%计。“排水系统普及程度等因素”移至第3.1.2A条。

3.1.2A 本条是关于排水系统规模确定的规定。

排水系统作为重要的市政基础设施，应按照一次规划、分期实施和先地下、后地上的建设规律进行。地下管道应按远期规模设计，污水处理系统应根据排水系统的发展规划和普及程度合理确定近远期规模。

3.1.3 规定采用综合生活污水量总变化系数值。

根据全国各地51座污水厂总变化系数取值的资料，34座按原设计规范（《室外排水设计规范》GBJ 14—87）采用，占66.7%；12座取值小于原设计规范，占23.5%；5座取值大于原设计规范，占9.8%。总趋势是减小。取值小于原设计规范的12座污水厂中有8座厂的取值小于1.3，均出于经济原因。但据国外资料，一般应在1.5以上，因此本规范暂不调整，最小值仍为1.3。

3.1.4 规定工业区内生活污水量、沐浴污水量的确定原则。

3.1.5 规定工业废水量及变化系数的确定原则。

我国是一个水资源短缺的国家，城市缺水问题尤为突出，国家对水资源的开发利用和保护十分重视，有关部门制定了各工业的用水量规定，排水工程设计时，应与之相协调。

3.2 雨 水 量

3.2.1 规定雨水设计流量的计算公式。

我国目前采用恒定均匀流推理公式，即用式(3.2.1)计算雨量。恒定均匀流推理公式基于以下三个假设：在计算雨量过程中径流系数是常数，汇流面积不变，在汇水时间内降雨强度不变。而实际上这三者都是变化的，而且推理公式适用于较小规模排水系统的计算，随着技术的进步、管渠直径的放大、水泵能力的提高，排水系统汇水流域面积逐步扩大，应该修正推理公式的精确度。发达国家已采用数学模型模拟降雨过程，把排水管渠作为一个系统考虑，并用数学模型对管网进行管理。因此，本次修订提出雨水设计流量的计算也可采用数学模型法。

数学模型法是一种基于流量过程线的设计方法，指设计流量的取值系根据设计暴雨条件下，经地表径流计算或管网汇流计算所得的流量过程线求得，同时根据最大洪峰流量计算求得管径。有条件的城镇可采用实测的流量过程线作为设计流量。

利用数学模型法设计流量过程线可按以下五个步骤计算：

1 设计暴雨。设计暴雨包括确定设计暴雨量和设计暴雨过程，设计暴雨量可按城市暴雨强度公式计算，设计暴雨过程可按以下三种方法确定：

1）设计暴雨统计模型。结合编制城市暴雨强度公式的采样过程，收集降雨过程资料和雨峰位置，根据常用重现期部分的降雨资料，采用统计分析方法确定设计降雨过程。

2）芝加哥降雨模型。根据自记雨量资料统计分析城市暴雨强度公式，同时采集雨峰位置系数，雨峰位置系数取值为降雨雨峰位置除以降雨总历时。

3）当地水利部门推荐的降雨模型。采用当地水利部门的设计降雨雨型资料，必要时需作适当修正。

2 汇水流域面积。应根据雨水口布置划分汇水流域，计算汇水流域面积。

3 地表径流过程线。可采用瞬时单位线法、时间面积等流时线法、线性水库、非线性水库和运动波法计算地表径流过程线。

4 管网汇流过程。宜采用运动波法计算管网汇流过程；若考虑下游回水的影响，宜采用动力波法进行校核。

5 流量调节。在计算过程中应考虑径流调节的作用。

3.2.2 本条规定了径流系数的选用范围。

本次修订新增内容，体现了低影响开发的理念。小区的高强度开发，不应由市政设施的一再扩建与之适应，而应在小区内进行源头削减。本条规定了应严格执行规划控制的综合径流系数，还提出了综合径流系数高于0.7的地区应采用渗透、调蓄措施。

表3.2.2-1列出按地面种类分列的综合径流系数Ψ值。表3.2.2-2列出按区域情况分列的综合径流系数Ψ值。国内一些地区采用的综合径流系数Ψ值，见表1。日本指南推荐的综合径流系数见表2。

表1 国内一些地区采用的综合径流系数

城市	综合径流系数	城市	综合径流系数
北京	0.5～0.7	扬州	0.5～0.8
上海	0.5～0.8	宜昌	0.65～0.8
天津	0.45～0.6	南宁	0.5～0.75
乌兰浩特	0.5	柳州	0.4～0.8
南京	0.5～0.7	深圳	旧城区:0.7～0.8
杭州	0.6～0.8		新城区:0.6～0.7

表2 日本指南推荐的综合径流系数

区域情况	Ψ
空地非常少的商业区或类似的住宅区	0.80
有若干室外作业场等透水地面的工厂或有若干庭院的住宅区	0.65
房产公司住宅区之类的中等住宅区或单户住宅多的地区	0.50
庭院多的高级住宅区或夹有耕地的郊区	0.35

3.2.3 规定设计暴雨强度的计算公式。

目前我国各地已积累了完整的自动雨量记录资料，可采用数理统计法计算确定暴雨强度公式。本条所列的计算公式为我国目前普遍采用的计算公式。

水文统计学的取样方法有年最大值法和非年最大值法两类，国际上的发展趋势是采用年最大值法。日本在具有20年以上雨量记录的地区采用年最大值法，在不足20年雨量记录的地区采用非年最大值法，年多个样法是非年最大值法中的一种。由于以前国内自记雨量资料不多，因此多采用年多个样法。现在我国许多地区已具有40年以上的自记雨量资料，具备采用年最大值法的条件。在使用年最大值法计算过程中，会出现大雨年的次大值虽大于小雨年的最大值而不入选的情况，该方法算得的暴雨强度小于年多个样法的计算值，因此采用年最大值法时需作重现期修正。

有条件的地区指既有20年以上的自记雨量资料，又有能力进行分析统计的地区。根据当地自记雨量资料推求暴雨强度公式时，应分析年多个样法重现期和年最大值法重现期的对应关系，经充分论证后可采用年最大值法确定暴雨强度公式。

3.2.3A 关于暴雨强度公式修订的规定。

各地区水文特性随气候变化而变化，一般气候变化的周期为10年～12年，考虑到近年来气候变化异常，5年～10年宜收集新的降雨资料，对暴雨强度公式进行修订，以应对气候变化。

3.2.4 规定雨水管渠设计重现期的选用范围。

雨水管渠设计重现期选用范围是根据我国各地目前实际采用的数据，经归纳综合规定。鉴于我国幅员广大，各地气候状况、地形条件、重要程度和排水设施各异，同时为防止或减少城镇积水现象，保证城镇的安全运行，本次修订将一般地区的重现期调整为1年～3年；重要地区为3年～5年，同时规定经济条件较好或有特殊要求的地区宜采用规定的上限，特别重要的地区可采用10年或以上。国内一些城市采用的设计重现期见表3。

表3 国内一些城市现状设计重现期

城市	设计重现期（年）	城市	设计重现期（年）
北京	1～2；特别重要地区3～10	扬州	0.5～1
上海	1～3；特别重要地区5	宜昌	1～5
天津	1	南宁	1～2
乌兰浩特	0.5～1	柳州	0.5～1
南京	0.5～1	深圳	一般地区2；低洼易涝及重要地区2；下沉广场、地下通道、排水困难地区5～10
杭州	1；重要地区2～3；特别重要地区3～5	香港	10年，干管200年

美国、日本等国在防止城镇内涝的设施上投入较大，城镇雨水管渠设计重现期一般采用5年～10年。美国各州都将排水干管系统的设计重现期定为100年，排水系统的其他设施分别具有不同的设计重现期。日本下水道设计指南中，排水系统设计重现期标准可以提高到30年～50年。

3.2.4A 关于防止洪水对城镇影响的规定。

由于全球气候变化，特大暴雨发生频率越来越高，引发洪水灾害频繁，为保障城镇居民生活和工厂企业运行正常，在城镇防洪体系中应采取措施防止洪水对城镇排水系统的影响而造成内涝。措施有设置泄洪通道，城镇设置圩垸等。

3.2.4B 关于城镇排水系统校核排除地面积水能力的规定。

目前，我国对城镇排水系统排除地面积水的能力没有明确界定，没有成熟的工程设计标准。美国采用区域开发洪涝分析，当一个地区排水系统设计重现期采用10年时，按照100年一遇房屋不能进水的要求进行校核。上海市道路积水的标准是：道路积水深度超过15cm，积水时间超过1h，积水范围超过50m。因此，需采用重现期对排水系统的排除积水能力进行校核，通过模型计算，按该排水系统内城镇道路的积水深度不超过15cm进行校核，因为超过15cm小汽车将不能正常行驶，影响城镇交通。如校核结果不符合要求，则应调整排水系统设计，包括放大管径、增设渗透措施、建设调蓄管段或调蓄池等。

城镇排除内涝标准和水利排涝标准应有所区别，水利排涝标准中一般采用5年～10年，且根据作物耐淹水深和耐淹历时等条件，允许一定的受淹时间和受淹水深。而城镇不允许长时间积水，道路积水将影响城镇正常运行。因此，有条件的地区应规定城镇排涝系统的建设，确定排涝标准，保证城镇安全运行。欧盟室外排水系统排放标准（BS EN 752：2008）推荐暴雨设计重现期和内涝设计重现期见表3A、表3B。

表3A 欧盟推荐设计暴雨重现期

地点	设计暴雨重现期	
	重现期（年）	超过1年一遇的概率
农村地区	1	100%
居民区	2	50%
城市中心/工业区/商业区	5	20%
地下铁路/地下通道	10	10%

表3B 欧盟推荐设计内涝重现期

地点	设计内涝重现期	
	重现期（年）	超过1年一遇的概率
农村地区	10	10%

续表 3B

地点	设计内涝重现期	
	重现期（年）	超过 1 年一遇的概率
居民区	20	5%
城市中心/工业区/商业区	30	3%
地下铁路/地下通道	50	2%

3.2.5 规定雨水管渠降雨历时的计算公式。

降雨历时计算公式中的折减系数值是根据我国对雨水空隙容量的理论研究成果提出的数据。根据国内外资料，地面集水时间采用的数据大多不经计算，按经验确定。在地面平坦、地面覆盖接近、降雨强度相差不大的情况下，地面集水距离是决定集水时间长短的主要因素；地面集水距离的合理范围是 50m～150m，采用的集水时间为 5min～15min。国外采用的地面集水时间见表 4。2010 年进入主汛期以来，我国许多地区发生严重内涝，给人民生活和生产造成了极不利影响。为防止或减少类似事件，有必要提高城镇排水系统设计标准，而采用降雨历时计算公式中的折减系数降低了设计标准，当时因考虑经济条件而设折减系数，发达国家一般不采用折减系数。为提高城镇排水的安全保证性，本次修订提出经济条件较好、安全性要求较高地区的排水管渠 m 可取 1。

表 4 国外采用的地面集水时间

资料来源	工程情况	t_1（min）
日本指南	人口密度大的地区	5
	人口密度小的地区	10
	平 均	7
	干 线	5
	支 线	7～10
美国土木学会	全部铺装，下水道完备的密集地区	5
	地面坡度较小的发展区	10～15
	平坦的住宅区	20～30

3.2.5A 关于延缓出流时间的规定。

采用就地渗透、调蓄、延缓径流出流时间等措施，延缓出流时间，降低暴雨径流量。渗透措施包括采用透水地面、下凹式绿地、生态水池、调蓄池等，延缓径流出流时间措施如屋面绿化和屋面雨水就地综合利用等。

3.2.6 关于可设雨水调蓄池的规定。

随着城镇化的发展，雨水径流量增大，排水管渠的输送能力可能不能满足需要。为提高排水安全性，一种经济的做法是结合城镇绿地、运动场等公共设施，设雨水调蓄池。

3.3 合 流 水 量

3.3.1 规定合流管渠设计流量的计算公式。

设计综合生活污水量 Q_d 和设计工业废水量 Q_m 均以平均日流量计。

3.3.2 规定截流井以后管渠流量的计算公式。

3.3.3 规定截流倍数的选用原则。

截流倍数小，会造成受纳水体污染；截流倍数大，虽水体污染程度较小，但管渠系统投资大，同时把大量雨水输送至污水厂，影响处理效果。据调查分析，当截流倍数增大时，其投资的增长倍数与环境效益的改善程度相比较，从经济效益上分析并不合理。当合流制排水系统具有排水能力较大的合流管渠，可采用较小的截流倍数，或设置一定容量的雨水调蓄设施。国外有资料报道，采用雨水调蓄设施时，在环境效益相同时，经济效益较好。英国截流倍数为 5，德国为 4，美国为 1.5～5，甚至到 30，日本为最大时污水量的 3 倍以上。

3.3.4 确定合流管道雨水设计重现期的原则。

合流管道的短期积水会污染环境，散发臭味，引起较严重的后果，故合流管道的雨水设计重现期可适当高于同一情况下的雨水管道设计重现期。

3.4 设 计 水 质

3.4.1 关于设计水质的有关规定。

根据 1990 年以来全国 37 座污水处理厂的设计资料，每人每日五日生化需氧量的范围为 20g/（人·d）～67.5g/（人·d），集中在 25g/（人·d）～50g/（人·d），占总数的 76%；每人每日悬浮固体的范围为 28.6g/（人·d）～114g/（人·d），集中在 40g/（人·d）～65g/（人·d），占总数的 73%；每人每日总氮的范围为 4.5g/（人·d）～14.7g/（人·d），集中在 5g/（人·d）～11g/（人·d），占总数的 88%；每人每日总磷的范围为 0.6g/（人·d）～1.9g/（人·d），集中在 0.7g/（人·d）～1.4g/（人·d），占总数的 81%。《室外排水设计规范》GBJ 14—87（1997 年版）规定五日生化需氧量和悬浮固体的范围分别为 25g/（人·d）～30g/（人·d）和 35g/（人·d）～50g/（人·d），由于污水浓度随生活水平提高而增大，同时我国幅员辽阔，各地发展不平衡，故与《室外排水设计规范》GBJ 14—87（1997 年版）相比，数值相对提高，范围扩大。本规范规定五日生化需氧量、悬浮固体、总氮和总磷的范围分别为 25g/（人·d）～50g/（人·d）、40g/（人·d）～65g/（人·d）、5g/（人·d）～11g/（人·d）和 0.7g/（人·d）～1.4g/（人·d）。一些国家的水质指标比较见表 5。

表 5 一些国家的水质指标比较［g/（人·d）］

国家	五日生化需氧量 BOD_5	悬浮固体 SS	总氮 TN	总磷 TP
埃及	27～41	41～68	8～14	0.4～0.6
印度	27～41	—	—	—

续表 5

国家	五日生化需氧量 BOD_5	悬浮固体 SS	总氮 TN	总磷 TP
日本	40～45	—	1～3	0.15～0.4
土耳其	27～50	41～68	8～14	0.4～2.0
美国	50～120	60～150	9～22	2.7～4.5
德国	55～68	82～96	11～16	1.2～1.6
原规范	25～30	35～50	—	—
本规范	25～50	40～65	5～11	0.7～1.4

我国有些地方，如深圳，为解决水体富营养问题，禁止使用含磷洗涤剂，使得污水中总磷浓度大为降低，在设计时应考虑这个因素。

3.4.2 关于生物处理构筑物进水水质的有关规定。

根据国内污水厂的运行数据，提出如下要求：

1 规定进水水温为10℃～37℃。微生物在生物处理过程中最适宜温度为20℃～35℃，当水温高至37℃或低至10℃时，还有一定的处理效果，超出此范围时，处理效率即显著下降。

2 规定进水的pH值宜为6.5～9.5。在处理构筑物内污水的最适宜pH值为7～8，当pH值低于6.5或高于9.5时，微生物的活动能力下降。

3 规定营养组合比（五日生化需氧量：氮：磷）为100：5：1。一般而言，生活污水中氮、磷能满足生物处理的需要；当城镇污水中某些工业废水占较大比例时，微生物营养可能不足，为保证生物处理的效果，需人工添加至足量。为保证处理效果，有害物质不宜超过表6规定的允许浓度。

表6 生物处理构筑物进水中有害物质允许浓度

序号	有害物质名称	允许浓度（mg/L）
1	三价铬	3
2	六价铬	0.5
3	铜	1
4	锌	5
5	镍	2
6	铅	0.5
7	镉	0.1
8	铁	10
9	锑	0.2
10	汞	0.01
11	砷	0.2
12	石油类	50
13	烷基苯磺酸盐	15
14	拉开粉	100
15	硫化物（以S计）	20
16	氯化钠	4000

注：表中允许浓度为持续性浓度，一般可按日平均浓度计。

4 排水管渠和附属构筑物

4.1 一般规定

4.1.1 规定排水管渠的布置和设计原则。

排水管渠（包括输送污水和雨水的管道、明渠、盖板渠、暗渠）的系统设计，应按城镇总体规划和分期建设情况，全面考虑，统一布置，逐步实施。

管渠一般使用年限较长，改建困难，如仅根据当前需要设计，不考虑规划，在发展过程中会造成被动和浪费；但是如按规划一次建成设计，不考虑分期建设，也会不适当地扩大建设规模，增加投资拆迁和其他方面的困难。为减少扩建时废弃管渠的数量，排水管渠的断面尺寸应根据排水规划，并考虑城镇远景发展需要确定；同时应按近期水量复核最小流速，防止流速过小造成淤积。规划期限应与城镇总体规划期限相一致。

本条对排水管渠的设计期限作了重要规定，即需要考虑“远景”水量。

4.1.2 规定管渠具体设计时在平面布置和高程确定上应考虑的原则。

一般情况下，管渠布置应与其他地下设施综合考虑。污水管渠通常布置在道路人行道、绿化带或慢车道下，尽量避开快车道，如不可避免时，应充分考虑施工对交通和路面的影响。敷设的管道应是可巡视的，要有巡视养护通道。排水管渠在城镇道路下的埋设位置应符合《城市工程管线综合规划规范》GB 50289的规定。

4.1.3 规定管渠材质、管渠构造、管渠基础、管道接口的选定原则。

管渠采用的材料一般有混凝土、钢筋混凝土、陶土、石棉水泥、塑料、球墨铸铁、钢以及土明渠等。管渠基础有砂石基础、混凝土基础、土弧基础等。管道接口有柔性接口和刚性接口等，应根据影响因素进行选择。

4.1.3A 关于排水管渠断面形状的规定。

排水管渠断面形状应综合考虑下列因素后确定：受力稳定性好；断面过水流量大，在不淤流速下不发生沉淀；工程综合造价经济；便于冲洗和清通。

排水工程常用管渠的断面形状有圆形、矩形、梯形和卵形等。圆形断面有较好的水力性能，结构强度高，使用材料经济，便于预制，因此是最常用的一种断面形式。

矩形断面可以就地浇筑或砌筑，并可按需要调节深度，以增大排水量。排水管道工程中采用箱涵的主要因素有：受当地制管技术、施工环境条件和施工设备等限制，超出其能力的即用现浇箱涵；在地势较为平坦地区，采用矩形断面箱涵敷设，可减少埋深。

梯形断面适用于明渠。

卵形断面适用于流量变化大的场合，合流制排水系统可采用卵形断面。

4.1.4 关于管渠防腐蚀措施的规定。

输送腐蚀性污水的管渠、检查井和接口必须采取相应的防腐蚀措施，以保证管渠系统的使用寿命。

4.1.5 关于管渠考虑维护检修方便的规定。

某些污水易造成管渠内沉析，或因结垢、微生物和纤维类粘结而堵塞管道，因而管渠形式和附属构筑物的确定，必须考虑维护检修方便，必要时要考虑更换的可能。

4.1.6 关于工业区内雨水的规定。

工业区内经常受有害物质污染的露天场地，下雨时，地面径流水夹带有害物质，若直接泄入水体，势必造成水体的污染，故应经过预处理后，达到排入城镇下水道标准，才能排入排水管渠。

4.1.7 关于重力流和压力流的规定。

提出排水管渠应以重力流为主的要求，当排水管道翻越高地或长距离输水等情况时，可采用压力流。

4.1.8 关于雨水调蓄的规定。

目前城镇的公园湖泊、景观河道等有作为雨水调蓄水体和设施的可能性，雨水管渠的设计，可考虑利用这些条件，以节省工程投资。

本条增加了“必要时可建人工调蓄和初期雨水处理设施”的内容。

4.1.9 规定污水管道、合流污水管道和附属构筑物应保证其严密性的要求。

为用词确切，本次修订增加了“合流污水管道”，同时将“密实性”改为“严密性”。污水管道设计为保证其严密性，应进行闭水试验，防止污水外泄污染环境，并防止地下水通过管道、接口和附属构筑物入渗，同时也可防止雨水管渠的渗漏造成道路沉陷。

4.1.10 关于管渠出水口的规定。

管渠出水口的设计水位应高于或等于排放水体的设计洪水位。当低于时，应采取适当工程措施。

4.1.11 关于连通管的规定。

在分流制和合流制排水系统并存的地区，为防止系统之间的雨污混接，本次修订增加了“雨水管道系统与合流管道系统之间不应设置连通管道”的规定。

由于各个雨水管道系统或各个合流管道系统的汇水面积、集水时间均不相同，高峰流量不会同时发生，如在两个雨水管道系统或两个合流管道系统之间适当位置设置连通管，可相互调剂水量，改善地区排水情况。

为了便于控制和防止管道检修时污水或雨水从连通管倒流，可设置闸槽或闸门并应考虑检修和养护的方便。

4.1.12 关于事故排出口的规定。

考虑事故、停电或检修时，排水要有出路。

4.2 水力计算

4.2.1 规定排水管渠流量的计算公式。

补充了流量计算公式。

4.2.2 规定排水管渠流速的水力计算公式。

排水管渠的水力计算根据流态可以分为恒定流和非恒定流两种，本条规定了恒定流条件下的流速计算公式，非恒定流计算条件下的排水管渠流速计算应根据具体数学模型确定。

4.2.3 规定排水管渠的粗糙系数。

根据《建筑排水硬聚氯乙烯管道工程技术规程》CJJ/T 29 和《玻璃纤维缠绕增强固性树脂夹砂压力管》JC/T 838，UPVC 管和玻璃钢管的粗糙系数 n 均为 0.009。根据调查，HDPE 管的粗糙系数 n 为 0.009。因此，本条规定 UPVC 管、PE 管和玻璃钢管的粗糙系数 $n=0.009 \sim 0.01$。具体设计时，可根据管道加工方法和管道使用条件等确定。

4.2.4 关于管渠最大设计充满度的规定。

4.2.5 规定排水管道的最大设计流速。

非金属管种类繁多，耐冲刷等性能各异。我国幅员辽阔，各地地形差异较大。山城重庆有些管渠的埋设坡度达到 10%以上，甚至达到 20%，实践证明，在污水计算流速达到最大设计流速 3 倍或以上的情况下，部分钢筋混凝土管和硬聚氯乙烯管等非金属管道仍可正常工作。南宁市某排水系统，采用钢筋混凝土管，管径为 1800mm，最高流速为 7.2m/s，投入运行后无破损，管道和接口无渗水，管内基本无淤泥沉积，使用效果良好。根据塑料管道试验结果，分别采用含 7%和 14%石英砂、流速为 7.0m/s 的水对聚乙烯管和钢管进行试验对比，结果显示聚乙烯管的耐磨性优于钢管。根据以上情况，规定通过试验验证，可适当提高非金属管道最大设计流速。

4.2.6 规定排水明渠的最大设计流速。

4.2.7 规定排水管渠的最小设计流速。

含有金属、矿物固体或重油杂质等的污水管道，其最小设计流速宜适当加大。

当起点污水管段中的流速不能满足条文中的规定时，应按本规范表 4.2.10 的规定取值。

设计流速不满足最小设计流速时，应增设清淤措施。

4.2.8 规定压力输泥管的最小设计流速。

4.2.9 规定压力管道的设计流速。

压力管道在排水工程泵站输水中较为适用。使用压力管道，可以减少埋深、缩小管径、便于施工。但应综合考虑管材强度，压力管道长度，水流条件等因素，确定经济流速。

4.2.10 规定在不同条件下管道的最小管径和相应的最小设计坡度。

随着城镇建设发展，街道楼房增多，排水量增大，应适当增大最小管径，并调整最小设计坡度。

常用管径的最小设计坡度，可按设计充满度下不淤流速控制，当管道坡度不能满足不淤流速要求时，应有防淤、清淤措施。通常管径的最小设计坡度见表7。

表7 常用管径的最小设计坡度
（钢筋混凝土管非满流）

管　径（mm）	最小设计坡度
400	0.0015
500	0.0012
600	0.0010
800	0.0008
1000	0.0006
1200	0.0006
1400	0.0005
1500	0.0005

4.2.11 规定管道在坡度变陡处管径变化的处理原则。

4.3 管　　道

4.3.1 规定不同直径的管道在检查井内的连接方式。

采用管顶平接，可便利施工，但可能增加管道埋深；采用管道内按设计水面平接，可减少埋深，但施工不便，易发生误差。设计时应因地制宜选用不同的连接方式。

4.3.2A 关于采用埋地塑料排水管道种类的规定。

近些年，我国排水工程中采用较多的埋地塑料排水管道品种主要有硬聚氯乙烯管、聚乙烯管和玻璃纤维增强塑料夹砂管等。

根据工程使用情况，管材类型、范围和接口形式如下：

1　硬聚氯乙烯管（UPVC），管径主要使用范围为225mm～400mm，承插式橡胶圈接口；

2　聚乙烯管（PE管，包括高密度聚乙烯HDPE管），管径主要使用范围为500mm～1000mm，承插式橡胶圈接口；

3　玻璃纤维增强塑料夹砂管（RAM管），管径主要使用范围为600mm～2000mm，承插式橡胶圈接口。

随着经济、技术的发展，还可以采用符合质量要求的其他塑料管道。

4.3.2B 关于埋地塑料排水管的使用规定。

埋地塑料排水管道是柔性管道，依据“管土共同作用”理论，如采用刚性基础会破坏回填土的连续性，引起管壁应力变化，并可能超出管材的极限抗拉强度导致管道破坏。

4.3.2C 关于敷设塑料管的有关规定。

试验表明：柔性连接时，加筋管的接口转角5°时无渗漏；双壁波纹管的接口转角7°～9°时无渗漏。由于不同管材采用的密封橡胶圈形式各异，密封效果差异很大，故允许偏转角应满足不渗漏的要求。

4.3.3 关于管道基础的规定。

为了防止污水外泄污染环境，防止地下水入渗，以及保证污水管道使用年限，管道基础的处理非常重要，对排水管道的基础处理应严格执行国家相关标准的规定。对于各种化学制品管材，也应严格按照相关施工规范处理好管道基础。

4.3.4 关于管道接口的规定。

本次修订取消了可采用刚性接口的规定，将污水和合流污水管的接口从“宜选用柔性接口”改为“应采用柔性接口”，防止污水外渗污染地下水。同时将“地震设防烈度为8度设防区时，应采用柔性接口”调整为“地震设防烈度为7度及以上设防区时，必须采用柔性接口”，以提高管道接口标准。

4.3.4A 关于矩形箱涵接口的有关规定。

钢筋混凝土箱涵一般采用平接口，抗地基不均匀沉降能力较差，在顶部覆土和附加荷载的作用下，易引起箱涵接口上、下严重错位和翘曲变形，造成箱涵接口止水带的变形，形成箱涵混凝土与橡胶接口止水带之间的空隙，严重的会使止水带拉裂，最终导致漏水。钢带橡胶止水圈采用复合型止水带，突破了原橡胶止水带的单一材料结构形式，具有较好的抗渗漏性能。箱涵接口采用上下企口抗错位的新结构形式，能限制接口上下错位和翘曲变形。

上海市污水治理二期工程敷设的41km的矩形箱涵，采用钢带橡胶止水圈，经过二十多年的运行，除外环线施工时堆土较大，超出设计值造成漏水外，其余均未发现接口渗漏现象。

4.3.5 关于防止接户管发生倒灌溢水的规定。

明确指出设计排水管道时，应防止在压力流情况下使接户管发生倒灌溢水。

4.3.6 关于污水管道和合流管道设通风设施的规定。

为防止发生人员中毒、爆炸起火等事故，应排除管道内产生的有毒有害气体，为此，根据管道内产生气体情况、水力条件、周围环境，在下列地点可考虑设通风设施：

在管道充满度较高的管段内；

设有沉泥槽处；

管道转弯处；

倒虹管进、出水处；

管道高程有突变处。

4.3.7 规定管顶最小覆土深度。

一般情况下，宜执行最小覆土深度的规定：人行道下0.6m，车行道下0.7m。不能执行上述规定时，需对管道采取加固措施。

4.3.8 关于管道浅埋的规定。

一般情况下，排水管道埋设在冰冻线以下，有利于安全运行。当有可靠依据时，也可埋设在冰冻线以上。这样，可节省投资，但增加了运行风险，应综合比较确定。

4.3.9 关于城镇干道两侧布置排水管道的规定。

本规范第4.7.2条规定："雨水口连接管长度不宜超过25m"，为与之协调，本次修订将"道路红线宽度超过50m的城镇干道"调整为"道路红线宽度超过40m的城镇干道"。道路红线宽度超过40m的城镇干道，宜在道路两侧布置排水管道，减少横穿管，降低管道埋深。

4.3.10 关于管道应设防止水锤、排气和排空装置的规定。

重力流管道在倒虹管、长距离直线输送后变化段会产生气体的逸出，为防止产生气阻现象，宜设置排气装置。

当压力管道内流速较大或管路很长时应有消除水锤的措施。为使压力管道内空气流通、压力稳定，防止污水中产生的气体逸出后在高点堵塞管道，需设排气装置。上海市合流污水工程的直线压力管道约1km～2km设1座透气井，透气管面积约为管道断面的1/8～1/10，实际运行中取得较好的效果。

为考虑检修，故需在管道低点设排空装置。

4.3.11 关于压力管道设置支墩的规定。

对流速较大的压力管道，应保证管道在交叉或转弯处的稳定。由于液体流动方向突变所产生的冲力或离心力，可能造成管道本身在垂直或水平方向发生位移，为避免影响输水，需经过计算确定是否设置支墩及其位置和大小。

4.3.12 关于设置消能设施的规定。

4.3.13 关于管道施工方法的规定。

4.4 检查井

4.4.1A 关于井盖标识的规定。

一般建筑物和小区均采用分流制排水系统。为防止接出管道误接，产生雨污混接现象，应在井盖上分别标识"雨"和"污"，合流污水管应标识"污"。

4.4.1B 关于检查井采用成品井和闭水试验的规定。

为防止渗漏、提高工程质量、加快建设进度，制定本条规定。条件许可时，检查井宜采用钢筋混凝土成品井或塑料成品井，不应使用实心黏土砖砌检查井。污水和合流污水检查井应进行闭水试验，防止污水外渗。

4.4.2 关于检查井最大间距的规定。

根据国内排水设计、管理部门意见以及调查资料，考虑管渠养护工具的发展，重新规定了检查井的最大间距。

根据有关部门意见，为适应养护技术发展的新形势，将检查井的最大间距普遍加大一档，但以120m为限。此项变动具有很大的工程意义。随着城镇范围的扩大，排水设施标准的提高，有些城镇出现口径大于2000mm的排水管渠。此类管渠内的净高度可允许养护工人或机械进入管渠内检查养护。为此，在不影响用户接管的前提下，其检查井最大间距可不受表4.4.2规定的限制。大城市干道上的大直径直线管段，检查井最大间距可按养护机械的要求确定。检查井最大间距大于表4.4.2数据的管段应设置冲洗设施。

4.4.3 规定检查井设计的具体要求。

据管理单位反映，在设计检查井时尚应注意以下问题：

在我国北方及中部地区，在冬季检修时，因工人操作时多穿棉衣，井口、井筒小于700mm时，出入不便，对需要经常检修的井，井口、井筒大于800mm为宜；

以往爬梯发生事故较多，爬梯设计应牢固、防腐蚀，便于上下操作。砖砌检查井内不宜设钢筋爬梯；井内检修室高度，是根据一般工人可直立操作而规定的。

4.4.4 关于检查井流槽的规定。

总结各地经验，为创造良好的水流条件，宜在检查井内设置流槽。流槽顶部宽度应便于在井内养护操作，一般为0.15m～0.20m，随管径、井深增加，宽度还需加大。

4.4.5 规定流槽转弯的弯曲半径。

为创造良好的水力条件，流槽转弯的弯曲半径不宜太小。

4.4.6 关于检查井安全性的规定。

位于车行道的检查井，必须在任何车辆荷重下，包括在道路碾压机荷重下，确保井盖井座牢固安全，同时应具有良好的稳定性，防止车速过快造成井盖振动。

4.4.6A 关于检查井井盖基座的规定。

采用井盖基座和井体分离的检查井，可避免不均匀沉降时对交通的影响。

4.4.7 关于检查井防盗等方面的规定。

井盖应有防盗功能，保证井盖不被盗窃丢失，避免发生伤亡事故。

在道路以外的检查井，尤其在绿化带时，为防止地面径流水从井盖流入井内，井盖可高出地面，但不能妨碍观瞻。

4.4.8 关于检查井内设置闸槽的规定。

根据北京、上海等地经验，在污水干管中，当流量和流速都较大，检修管道需放空时，采用草袋等措施断流，困难较多，为了方便检修，故规定可设置闸槽。

4.4.9 规定接入检查井的支管数。

支管是指接户管等小管径管道。检查井接入管径大于300mm以上的支管过多，维护管理工人会操作不便，故予以规定。管径小于300mm的支管对维护管理影响不大，在符合结构安全条件下适当将支管集中，有利于减少检查井数量和维护工作量。

4.4.10 规定检查井与管渠接口处的处置措施。

在地基松软或不均匀沉降地段，检查井与管渠接口处常发生断裂。处理办法：做好检查井与管渠的地基和基础处理，防止两者产生不均匀沉降；在检查井与管渠接口处，采用柔性连接，消除地基不均匀沉降的影响。

4.4.10A 关于检查井和塑料管连接的有关规定。

为适应检查井和管道间的不均匀沉降和变形要求而制定本条规定。

4.4.11 关于检查井设沉泥槽的规定。

沉泥槽设置的目的是为了便于将养护时从管道内清除的污泥，从检查井中用工具清除。应根据各地情况，在每隔一定距离的检查井和泵站前一检查井设沉泥槽，对管径小于600mm的管道，距离可适当缩短。

4.4.12 关于压力检查井的规定。

4.4.13 关于管道坡度变化时检查井的设施规定。

检查井内采用高流槽，可使急速下泄的水流在流槽内顺利通过，避免使用普通低流槽产生的水流溢出而发生冲刷井壁的现象。

管道坡度变化较大处，水流速度发生突变，流速差产生的冲击力会对检查井产生较大的推动力，宜采取增强井筒抗冲击和冲刷能力的措施。

水在流动时会挟带管内气体一起流动，呈气水两相流，气水冲刷和上升气泡的振动反复冲刷管道内壁，使管道内壁易破碎、脱落、积气。在流速突变处，急速的气水两相撞击井壁，气水迅速分离，气体上升冲击井盖，产生较大的上升顶力。某机场排水管道坡度突变处的检查井井盖曾被气体顶起，造成井盖变形和损坏。

4.5 跌 水 井

4.5.1 规定采用跌水井的条件。

据各地调查，支管接入跌水井水头为1.0m左右时，一般不设跌水井。化工部某设计院一般在跌水水头大于2.0m时才设跌水井；沈阳某设计院亦有类似意见。上海某设计院反映，上海未用过跌水井。据此，本条作了较灵活的规定。

4.5.2 规定跌水井的跌水水头高度和跌水方式。

4.6 水 封 井

4.6.1 规定设置水封井的条件。

水封井是一旦废水中产生的气体发生爆炸或火灾时，防止通过管道蔓延的重要安全装置。国内石油化工厂、油品库和油品转运站等含有易燃易爆的工业废水管渠系统中均设置水封井。

当其他管道必须与输送易燃易爆废水的管道连接时，其连接处也应设置水封井。

4.6.2 规定水封井内水封深度等。

水封深度与管径、流量和废水含易燃易爆物质的浓度有关，水封深度不应小于0.25m。

水封井设置通风管可将井内有害气体及时排出，其直径不得小于100mm。设置时应注意：

1 避开锅炉房或其他明火装置。

2 不得靠近操作台或通风机进口。

3 通风管有足够的高度，使有害气体在大气中充分扩散。

4 通风管处设立标志，避免工作人员靠近。

水封井底设置沉泥槽，是为了养护方便，其深度一般采用0.3m～0.5m。

4.6.3 规定水封井的位置。

水封井位置应考虑一旦管道内发生爆炸时造成的影响最小，故不应设在车行道和行人众多的地段。

4.7 雨 水 口

4.7.1 规定雨水口设计应考虑的因素。

雨水口的形式主要有平箅式和立箅式两类。平箅式水流通畅，但暴雨时易被树枝等杂物堵塞，影响收水能力。立箅式不易堵塞，边沟需保持一定水深，但有的城镇因逐年维修道路，路面加高，使立箅断面减小，影响收水能力。各地可根据具体情况和经验确定。

雨水口布置应根据地形和汇水面积确定，有的地区不经计算，完全按道路长度均匀布置，不仅浪费投资，且不能收到预期的效果。

本次修订增加“雨水口宜设污物截留设施”，目的是减少由地表径流产生的非溶解性污染物进入受纳水体。

4.7.2 规定雨水口间距和连接管长度等。

根据各地设计、管理的经验和建议，确定雨水口间距、连接管横向雨水口串联的个数和雨水口连接管的长度。

为保证路面雨水宣泄通畅，又便于维护，雨水口只宜横向串联，不应横、纵向一起串联。

对于低洼和易积水地段，雨水径流面积大，径流量较一般为多，如有植物落叶，容易造成雨水口的堵塞。为提高收水速度，需根据实际情况适当增加雨水口，或采用带侧边进水的联合式雨水口和道路横沟。

4.7.3 关于道路纵坡较大时的雨水口设计的规定。

根据各地经验，对丘陵地区、立交道路引道等，当道路纵坡大于0.02时，因纵坡大于横坡，雨水流入雨水口少，故沿途可少设或不设雨水口。坡段较短（一般在300m以内）时，往往在道路低点处集中收水，较为经济合理。

4.7.4 规定雨水口的深度。

雨水口不宜过深，若埋设较深会给养护带来困难，并增加投资。故规定雨水口深度不宜大于1m。

雨水口深度指雨水口井盖至连接管管底的距离，不包括沉泥槽深度。

在交通繁忙行人稠密的地区，根据各地养护经验，可设置沉泥槽。

4.8 截 流 井

4.8.1 关于截流井位置的规定。

截流井一般设在合流管渠的入河口前，也有的设在城区内，将旧有合流支线接入新建分流制系统。溢流管出口的下游水位包括受纳水体的水位或受纳管渠的水位。

4.8.2 关于截流井形式选择的规定。

国内常用的截流井形式是槽式和堰式。据调查，北京市的槽式和堰式截流井占截流井总数的80.4%。槽堰式截流井兼有槽式和堰式的优点，也可选用。

槽式截流井的截流效果好，不影响合流管渠排水能力，当管渠高程允许时，应选用。

4.8.2A 关于堰式截流井堰高计算公式的规定。

本规定采用《合流制系统污水截流井设计规程》CECS 91：97中"堰式截流井"的设计规定。

4.8.2B 关于槽式截流井槽深、槽宽计算公式的规定。

本规定采用《合流制系统污水截流井设计规程》CECS 91：97中"槽式截流井"的设计规定。

4.8.2C 关于槽堰结合式截流井槽深、堰高计算公式的规定。

本规定采用《合流制系统污水截流井设计规程》CECS 91：97中"槽堰结合式截流井"的设计规定。

4.8.3 关于截流井溢流水位的规定。

截流井溢流水位，应在接口下游洪水位或受纳管道设计水位以上，以防止下游水倒灌，否则溢流管道上应设置闸门等防倒灌设施。

4.8.4 关于截流井流量控制的规定。

4.9 出 水 口

4.9.1 规定管渠出水口设计应考虑的因素。

排水出水口的设计要求是：

1 对航运、给水等水体原有的各种用途无不良影响。

2 能使排水迅速与水体混合，不妨碍景观和影响环境。

3 岸滩稳定，河床变化不大，结构安全，施工方便。

出水口的设计包括位置、形式、出口流速等，是一个比较复杂的问题，情况不同，差异很大，很难做出具体规定。本条仅根据上述要求，提出应综合考虑的各种因素。由于它牵涉面比较广，设计应取得规划、卫生、环保、航运等有关部门同意，如原有水体系鱼类通道，或重要水产资源基地，还应取得相关部门同意。

4.9.2 关于出水口结构处理的规定。

据北京、上海等地经验，一般仅设翼墙的出口，在较大流量和无断流的河道上，易受水流冲刷，致底部掏空，甚至底板折断损坏，并危及岸坡，为此规定应采取防冲、加固措施。一般在出水口底部打桩，或加深齿墙。当出水口跌水水头较大时，尚应考虑消能。

4.9.3 关于在冻胀地区的出水口设计的规定。

在有冻胀影响的地区，凡采用砖砌的出水口，一般3年～5年即损坏。北京地区采用浆砌块石，未因冻胀而损坏，故设计时应采取块石等耐冻胀材料砌筑。

据东北地区调查，凡基础在冰冻线上的，大多冻胀损坏；在冰冻线下的，一般完好，如长春市伊通河出水口等。

4.10 立体交叉道路排水

4.10.1 规定立体交叉道路排水的设计原则及任务。

立体交叉道路排水主要任务是解决降雨的地面径流和影响道路功能的地下水的排除，一般不考虑降雪的影响。对个别雪量大的地区应进行融雪流量校核。

总结各地立交排水设计经验，立交排水形式必须结合当地规划、立交场地的水文地质条件和立交形式等因素确定。

4.10.2 规定立体交叉道路排水设计选用的基本参数。

对同一立交工程的不同部位，可采用不同重现期，立交道路选用的重现期应与道路设计协调。

合理确定立交排水的汇水面积，高水高排，低水低排，并采取有效的防止高水进入低水系统的拦截措施，是排除立交（尤其是地道）地面径流的关键问题。例如某立交地道排水，由于对高水拦截无效，造成高于设计径流量的径流水进入地道，超过泵站排水能力，造成积水。

4.10.3 规定立体交叉地道排水的出水口必须可靠。

立体交叉地道排水的可靠程度取决于排水系统出水口的畅通无阻，故立体交叉地道排水应设独立系统，尽量不要利用其他排水管渠排出。

4.10.4 关于治理立体交叉地道地下水的规定。

据天津、上海等地设计经验，应全面详细调查工程所在地的水文、地质、气候资料，以便确定排出或控制地下水的设施，一般推荐盲沟收集排除地下水，或设泵站排除地下水；也可采取控制地下水进入措施。

4.10.5 关于高架道路雨水口的规定。

4.11 倒 虹 管

4.11.1 规定倒虹管设置的条数。

倒虹管宜设置两条以上，以便一条发生故障时，另一条可继续使用。平时也能逐条清通。通过谷地、旱沟或小河时，因维修难度不大，可以采用一条。

通过铁路、航运河道、公路等障碍物时，应符合与该障碍物相交的有关规定。

4.11.2 规定倒虹管的设计参数及有关注意事项。

我国以往设计，都采用倒虹管内流速应大于0.9m/s，并大于进水管内流速，如达不到时，定期冲洗的水流流速不应小于1.2m/s。此次调查中未发现问题。日本指南规定：倒虹管内的流速，应比进水管渠增加20%～30%，与本规范规定基本一致。

倒虹管在穿过航运河道时，必须与当地航运管理等部门协商，确定河道规划的有关情况，对冲刷河道还应考虑抛石等防冲措施。

为考虑倒虹管道检修时排水，倒虹管进水端宜设置事故排出口。

4.11.3 关于合流制倒虹管设计的规定。

鉴于合流制中旱流污水量与设计合流污水量数值差异极大，根据天津、北京等地设计经验，合流管道的倒虹管应对旱流污水量进行流速校核，当不能达到最小流速0.9m/s时，应采取相应的技术措施。

为保证合流制倒虹管在旱流和合流情况下均能正常运行，设计中对合流制倒虹管可设两条，分别使用于旱季旱流和雨季合流两种情况。

4.11.4 关于倒虹管检查井的规定。

4.11.5 规定倒虹管进出水井内应设闸槽或闸门。

设计闸槽或闸门时必须确保在事故发生或维修时，能顺利发挥其作用。

4.11.6 规定在倒虹管进水井前一检查井内设置沉泥槽。

其作用是沉淀泥土、杂物，保证管道内水流通畅。

4.12 渠 道

4.12.1 规定渠道的应用条件。

4.12.2 规定渠道的设计参数。

4.12.3 规定渠道和涵洞连接时的要求。

4.12.4 规定渠道和管道连接处的衔接措施。

4.12.5 规定渠道的弯曲半径。

本条规定是为保证渠道内水流有良好的水力条件。

4.13 管道综合

4.13.1 规定排水管道与其他地下管线和构筑物等相互间位置的要求。

当地下管道多时，不仅应考虑到排水管道不应与其他管道互相影响，而且要考虑经常维护方便。

4.13.2 规定排水管道与生活给水管道相交时的要求。

目的是防止污染生活给水管道。

4.13.3 规定排水管道与其他地下管线水平和垂直的最小净距。

排水管道与其他地下管线（或构筑物）水平和垂直的最小净距，应由城镇规划部门或工业企业内部管道综合部门根据其管线类型、数量、高程、可敷设管线的地位大小等因素制定管道综合设计确定。附录B的规定是指一般情况下的最小间距，供管道综合时参考。

4.13.4 规定再生水管道与生活给水管道、合流管道和污水管道相交时的要求。

为避免污染生活给水管道，再生水管道应敷设在生活给水管道的下面，当不能满足时，必须有防止污染生活给水管道的措施。为避免污染再生水管道，再生水管道宜敷设在合流管道和污水管道的上面。

4.14 雨水调蓄池

4.14.1 关于雨水调蓄池设置的规定。

雨水调蓄池的设置有三种目的，即控制面源污染、防治内涝灾害和提高雨水利用程度。

有些城镇地区合流制排水系统溢流污染物或分流制排水系统排放的初期雨水已成为内河的主要污染源，在排水系统雨水排放口附近设置雨水调蓄池，可将污染物浓度较高的溢流污染或初期雨水暂时储存在调蓄池中，待降雨结束后，再将储存的雨污水通过污水管道输送至污水处理厂，达到控制面源污染、保护水体水质的目的。

随着城镇化的发展，雨水径流量增大，将雨水径流的高峰流量暂时储存在调蓄池中，待流量下降后，再从调蓄池中将水排出，以削减洪峰流量，降低下游雨水干管的管径，提高区域的排水标准和防涝能力，减少内涝灾害。

雨水利用工程中，为满足雨水利用的要求而设置调蓄池储存雨水，储存的雨水净化后可综合利用。

4.14.2 关于利用已有设施建设雨水调蓄池的规定。

充分利用现有河道、池塘、人工湖、景观水池等设施建设雨水调蓄池，可降低建设费用，取得良好的社会效益。

4.14.3 关于雨水调蓄池位置的规定。

根据调蓄池在排水系统中的位置，可分为末端调蓄池和中间调蓄池。末端调蓄池位于排水系统的末端，主要用于城镇面源污染控制，如上海市合流污水治理一期工程成都北路调蓄池。中间调蓄池位于一个排水系统的起端或中间位置，可用于削减洪峰流量和提高雨水利用程度。当用于削减洪峰流量时，调蓄池一般设置于系统干管之前，以减少排水系统达标改造工程量；当用于雨水利用储存时，调蓄池应靠近用水量较大的地方，以减少雨水利用管渠的工程量。

4.14.4 关于雨水调蓄池用于控制面源污染时有效容

积计算的规定。

雨水调蓄池用于控制面源污染时，有效容积应根据气候特征、排水体制、汇水面积、服务人口和受纳水体的水质要求、水体的流量、稀释自净能力等确定。本条规定的方法为截流倍数计算法。可将当地旱流污水量转化为当量降雨强度，从而使系统截流倍数和降雨强度相对应，溢流量即为大于该降雨强度的降雨量。根据当地降雨特性参数的统计分析，拟合当地截流倍数和截流量占降雨量比例之间的关系。

上海市合流污水治理一期工程成都北路调蓄池，拟合的关系式为：$y=-0.014\left[\mathrm{Ln}(n)\right]^3+0.04\left[\mathrm{Ln}(n)\right]^2+0.211\mathrm{Ln}(n)+0.342\ (n\neq 0)$，其中 n 为截流倍数，y 为截流量占降雨量的比例。若原截流倍数的截流量占降雨量的50%，要求再削减50%的污染物，即截流量需占降雨量的75%，将 $y=75\%$ 代入上式，可求得截流倍数。截流倍数计算法是一种简化计算方法，该方法建立在降雨事件为均匀降雨的基础上，且假设调蓄池的运行时间不小于发生溢流的降雨历时，以及调蓄池的放空时间小于两场降雨的间隔，而实际情况下，很难满足上述两种假设。因此，以截流倍数计算法得到的调蓄池容积偏小，计算得到的调蓄池容积在实际运行过程中发挥的效果小于设定的调蓄效果，在设计中应乘以安全系数 β。

德国、日本、美国、澳大利亚等国家均将雨水调蓄池作为合流制排水系统溢流污染控制的主要措施。德国设计规范 ATV A128《合流污水箱涵暴雨削减装置指南》中以合流制排水系统排入水体负荷不大于分流制排水系统为目标，根据降雨量、地面径流污染负荷、旱流污水浓度等参数确定雨水调蓄池容积。日本合流制排水系统溢流污染控制目标和德国相同，区域单位面积截流雨水量设为1mm/h，区域单位面积调蓄量设为2mm～4mm。

4.14.5 关于雨水调蓄池用于削减峰值流量时容积计算的规定。

雨水调蓄池用于削减峰值流量时，有效容积应根据排水标准和下游雨水管道负荷确定。本条规定的方法为脱过流量法，适用于高峰流量入池调蓄，低流量时脱过。式（4.14.5）可用于 $q=A/(t+b)^n$、$q=A/t^n$、$q=A/(t+b)$ 三种降雨强度公式。

4.14.6 关于雨水调蓄池用于收集利用雨水时容积计算的规定。

雨水调蓄池容积可通过数学模型，根据流量过程线计算。为简化计算，用于雨水收集储存的调蓄池也可根据当地气候资料，按一定设计重现期降雨量（如24h最大降雨量）计算。合理确定雨水调蓄池容积是一个十分重要且复杂的问题，除了调蓄目的外，还需要根据投资效益等综合考虑。

4.14.7 关于雨水调蓄池最小放空时间的规定。

调蓄池的放空方式包括重力放空和水泵压力放空两种。有条件时，应采用重力放空。对于地下封闭式调蓄池，可采用重力放空和水泵压力放空相结合的方式，以降低能耗。

设计中应合理确定放空水泵启动的设计水位，避免在重力放空的后半段放空流速过小，影响调蓄池的放空时间。

雨水调蓄池的放空时间直接影响调蓄池的使用效率，是调蓄池设计中必须考虑的一个重要参数。调蓄池的放空时间与放空方式密切相关，同时取决于下游管道的排水能力和雨水利用设施的流量。考虑降低能耗、排水安全等方面的因素，式（4.14.7）引入排放效率 η，η 可取0.3～0.9。算得调蓄池放空时间后，应对调蓄池的使用效率进行复核，如不能满足要求，应重新考虑放空方式，缩短放空时间。

4.14.8 关于雨水调蓄池附属设施和检修通道的规定。

雨水调蓄池使用一定时间后，特别是当调蓄池用于面源污染控制或削减排水管道峰值流量时，易沉淀积泥。因此，雨水调蓄池应设置清洗设施。清洗方式可分为人工清洗和水力清洗，人工清洗危险性大且费力，一般采用水力清洗系统，人工清洗为辅助手段。对于矩形池，可采用水力冲洗翻斗或水力自清洗装置；对于圆形池，可通过入水口和底部构造设计，形成进水自冲洗，或采用径向水力清洗装置。

对全地下调蓄池来说，为防止有害气体在调蓄池内积聚，应提供有效的通风排气装置。经验表明，每小时4次～6次的空气交换量可以实现良好的通风排气效果。若需采用除臭设备时，设备选型应考虑调蓄池间歇运行、长时间空置的情况，除臭设备的运行应能和调蓄池工况相匹配。

所有顶部封闭的大型地下调蓄池都需要设置维修人员和设备进出的检修孔，并在调蓄池内部设置单独的检查通道。检查通道一般设在调蓄池最高水位以上。

4.15 雨水渗透设施

4.15.1 关于城镇基础设施雨水径流量削减的规定。

多孔渗透性铺面有整体浇注多孔沥青或混凝土，也有组件式混凝土砌块。有关资料表明，组件式混凝土砌块铺面的效果较长久，堵塞时只需简单清理并将铺面砌块中间的沙土换掉，处理效率就可恢复。整体浇注多孔沥青或混凝土在开始使用时效果较好，1年～2年后会堵塞，且难以修复。

绿地标高宜低于周围地面适当深度，形成下凹式绿地，可削减绿地本身的径流，同时周围地面的径流能流入绿地下渗。下凹式绿地结构设计的关键是调整好绿地与周边道路和雨水口的高程关系，即路面标高高于绿地标高，雨水口设在绿地中或绿地和道路交界处，雨水口标高高于绿地标高而低于路面标高。如果道路坡度适合时可以直接利用路面作为溢流坎，使非绿地铺装表面产生的径流雨水汇入下凹式绿地入渗，待绿地蓄满水后再流入雨水口。

4.15.2 关于接纳雨水径流的渗透设施设置的规定。

雨水渗透设施特别是地面下的入渗增加了深层土壤的含水量，使土壤的受力性能改变，可能会影响道路、建筑物或构筑物的基础。因此，建设雨水渗透设施时，需对场地的土壤条件进行调查研究，以便正确设置雨水渗透设施，避免影响城镇基础设施、建筑物和构筑物的正常使用。

植草沟是指植被覆盖的开放式排水系统，一般呈梯形或浅碟形布置，深度较浅。植被一般指草皮。该系统能够收集一定的径流量，具有输送功能。雨水径流进入植草沟后首先下渗而不是直接排入下游管道或受纳水体，是一种生态型的雨水收集、输送和净化系统。渗透池可设置于广场、绿化物地下，或利用天然洼地，通过管渠接纳服务范围内的地面径流，使雨水滞留并渗入地下，超过渗透池滞留能力的雨水通过溢流管排入市政雨水管道，可削减服务范围内的径流量和径流峰值。

5 泵 站

5.1 一般规定

5.1.1 关于排水泵站远近期设计原则的规定。

排水泵站应根据排水工程专业规划所确定的远近期规模设计。考虑到排水泵站多为地下构筑物，土建部分如按近期设计，则远期扩建较为困难。因此，规定泵站主要构筑物的土建部分宜按远期规模一次设计建成，水泵机组可按近期规模配置，根据需要，随时添装机组。

5.1.2 关于排水泵站设计为单独的建筑物的规定。

由于排水泵站抽送污水时会产生臭气和噪声，对周围环境造成影响，故宜设计为单独的建筑物。

5.1.3 关于抽送产生易燃易爆和有毒有害气体的污水泵站必须设计为单独建筑物的规定。采取相应的防护措施为：

1 应有良好的通风设备。

2 采用防火防爆的照明、电机和电气设备。

3 有毒气体监测和报警设施。

4 与其他建筑物有一定的防护距离。

5.1.4 关于排水泵站防腐蚀的规定。

排水泵站的特征是潮湿和散发各种气体，极易腐蚀周围物体，因此其建筑物和附属设施宜采取防腐蚀措施。其措施一般为设备和配件采用耐腐蚀材料或涂防腐涂料，栏杆和扶梯等采用玻璃钢等耐腐蚀材料。

5.1.5 关于排水泵站防护距离和建筑物造型的规定。

排水泵站的卫生防护距离涉及周围居民的居住质量，在当前广大居民环保意识增强的情况下，尤其显得必要，故作此规定。

泵站地面建筑物的建筑造型应与周围环境协调、和谐、统一。上海、广州、青岛等地的某些泵站，因地制宜的建筑造型深受周围居民欢迎。

5.1.6 关于泵站地面标高的规定。

主要为防止泵站淹水。易受洪水淹没地区的泵站应保证洪水期间水泵能正常运转，一般采取的防洪措施为：

1 泵站地面标高填高。这需要大量土方，并可能造成与周围地面高差较大，影响交通运输。

2 泵房室内地坪标高抬高。可减少填土土方量，但可能造成泵房地坪与泵站地面高差较大，影响日常管理维修工作。

3 泵站或泵房入口处筑高或设闸槽等。仅在入口处筑高可适当降低泵房的室内地坪标高，但可能影响交通运输和日常管理维修工作。通常采用在入口处设闸槽、在防洪期间加闸板等，作为临时防洪措施。

5.1.7 关于泵站类型的规定。

由于雨水泵的特征是流量大、扬程低、吸水能力小，根据多年来的实践经验，应采用自灌式泵站。污水泵站和合流污水泵站宜采用自灌式，若采用非自灌式，保养较困难。

5.1.8 关于泵房出入口的规定。

泵房宜有两个出入口；其中一个应能满足最大设备和部件进出，且应与车行道连通，目的是方便设备吊装和运输。

5.1.9 关于排水泵站供电负荷等级的规定。

供电负荷是根据其重要性和中断供电所造成的损失或影响程度来划分的。若突然中断供电，造成较大经济损失，给城镇生活带来较大影响者应采用二级负荷设计。若突然中断供电，造成重大经济损失，使城镇生活带来重大影响者应采用一级负荷设计。二级负荷宜由二回路供电，二路互为备用或一路常用一路备用。根据《供配电系统设计规范》GB 50052 的规定，二级负荷的供电系统，对小型负荷或供电确有困难地区，也容许一回路专线供电，但应从严掌握。一级负荷应两个电源供电，当一个电源发生故障时，另一个电源不应同时受到损坏。上海合流污水治理一期和二期工程中，大型输水泵站 35kV 变电站都按一级负荷设计。

5.1.10 关于除臭的规定。

污水、合流污水泵站的格栅井及污水敞开部分，有臭气逸出，影响周围环境。对位于居民区和重要地段的泵站，应设置除臭装置。目前我国应用的臭气处理装置有生物除臭装置、活性炭除臭装置、化学除臭装置等。

5.1.11 关于水泵间设机械通风的规定。

地下式泵房在水泵间有顶板结构时，其自然通风条件差，应设置机械送排风综合系统排除可能产生的有害气体以及泵房内的余热、余湿，以保障操作人员的生命安全和健康。通风换气次数一般为 5 次/h～10 次/h，通风换气体积以地面为界。当地下式泵房的水泵间为无顶板结构，或为地面层泵房时，则可视通风条件和要求，确定通风方式。送排风口应合理布置，防止气流短路。

自然通风条件较好的地下式水泵间或地面层泵房，宜采用自然通风。当自然通风不能满足要求时，可采用自然进风、机械排风方式进行通风。

自然通风条件一般的地下式泵房或潜水泵房的集水池，可不设通风装置。但在检修时，应设临时送排风设施。通风换气次数不小于 5 次/h。

5.1.12 关于管理人员辅助设施的规定。

隔声值班室是指在泵房内单独隔开一间，供值班人员工作、休息等用，备有通讯设施，便于与外界的联络。对远离居民点的泵站，应适当设置管理人员的生活设施，一般可在泵站内设置供居住用的建筑。

5.2 设计流量和设计扬程

5.2.1 关于污水泵站设计流量的规定。

由于泵站需不停地提升、输送流入污水管渠内的污水，应采用最高日最高时流量作为污水泵站的设计流量。

5.2.2 关于雨水泵站设计流量的规定。

5.2.3 关于合流污水泵站设计流量的规定。

5.2.4 关于雨水泵设计扬程的规定。

受纳水体水位以及集水池水位的不同组合，可组成不同的扬程。受纳水体水位的常水位或平均潮位与设计流量下集水池设计水位之差加上管路系统的水头损失为设计扬程。受纳水体水位的低水位或平均低潮位与集水池设计最高水位之差加上管路系统的水头损失为最低工作扬程。受纳水体水位的高水位或防汛潮位与集水池设计最低水位之差加上管路系统的水头损失为最高工作扬程。

5.2.5 关于污水泵、合流污水泵设计扬程的规定。

出水管渠水位以及集水池水位的不同组合，可组成不同的扬程。设计平均流量时出水管渠水位与集水池设计水位之差加上管路系统水头损失和安全水头为设计扬程。设计最小流量时出水管渠水位与集水池设计最高水位之差加上管路系统水头损失和安全水头为最低工作扬程。设计最大流量时出水管渠水位与集水池设计最低水位之差加上管路系统水头损失和安全水头为最高工作扬程。安全水头一般为 0.3m～0.5m。

5.3 集 水 池

5.3.1 关于集水池有效容积的规定。

为了泵站正常运行，集水池的贮水部分必须有适当的有效容积。集水池的设计最高水位与设计最低水位之间的容积为有效容积。集水池有效容积的计算范围，除集水池本身外，可以向上游推算到格栅部位。如容积过小，则水泵开停频繁；容积过大，则增加工程造价。对污水泵站应控制单台泵开停次数不大于 6 次/h。对污水中途泵站，其下游泵站集水池容积，应与上游泵站工作相匹配，防止集水池壅水和开空车。雨水泵站和合流污水泵站集水池容积，由于雨水进水管部分可作为贮水容积考虑，仅规定不应小于最大一台水泵 30s 的出水量。间隙使用的泵房集水池，应按一次排入的水、泥量和水泵抽送能力计算。

5.3.2 关于集水池面积的规定。

大型合流污水泵站，尤其是多级串联泵站，当水泵突然停运或失负时，系统中的水流由动能转为势能，下游集水池会产生壅水现象，上壅高度与集水池面积有关，应复核水流不壅出地面。

5.3.3 关于设置格栅的规定。

集水池前设置格栅是用以截留大块的悬浮或漂浮的污物，以保护水泵叶轮和管配件，避免堵塞或磨损，保证水泵正常运行。

5.3.4 关于雨水泵站和合流污水泵站集水池设计最高水位的规定。

我国的雨水泵站运行时，部分受压情况较多，其进水水位高于管顶，设计时，考虑此因素，故最高水位可高于进水管管顶，但应复核，控制最高水位不得使管道上游的地面冒水。

5.3.5 关于污水泵站集水池设计最高水位的规定。

5.3.6 关于集水池设计最低水位的规定。

水泵吸水管或潜水泵的淹没深度，如达不到该产品的要求，则会将空气吸入，或出现冷却不够等，造成汽蚀或过热等问题，影响泵站正常运行。

5.3.7 关于泵房进水方式和集水池布置的规定。

泵房正向进水，是使水流顺畅，流速均匀的主要条件。侧向进水易形成集水池下游端的水泵吸水管处水流不稳，流量不均，对水泵运行不利，故应避免。由于进水条件对泵房运行极为重要，必要时，$15m^3/s$ 以上泵站宜通过水力模型试验确定进水布置方式；$5m^3/s$～$15m^3/s$ 的泵站宜通过数学模型计算确定进水布置方式。

集水池的布置会直接影响水泵吸水的水流条件。水流条件差，会出现滞流或涡流，不利水泵运行；会引起汽蚀作用，水泵特性改变，效率下降，出水量减少，电动机超载运行；会造成运行不稳定，产生噪声和振动，增加能耗。

集水池的设计一般应注意下列几点：

1 水泵吸水管或叶轮应有足够的淹没深度，防止空气吸入，或形成涡流时吸入空气。

2 泵的吸入喇叭口与池底保持所要求的距离。

3 水流应均匀顺畅无旋涡地流进泵吸水管，每台水泵的进水水流条件基本相同，水流不要突然扩大或改变方向。

4 集水池进口流速和水泵吸入口处的流速尽可能缓慢。

5.3.8 关于设置闸门或闸槽和事故排出口的规定。

为了便于清洗集水池或检修水泵，泵站集水池前应设闸门或闸槽。泵站前宜设置事故排出口，供泵站检修时使用。为防止水污染和保护环境，规定设置事故排出口应报有关部门批准。

5.3.9 关于沉砂设施的规定。

有些地区雨水管道内常有大量砂粒流入，为保护水泵，减少对水泵叶轮的磨损，在雨水进水管砂粒量较多的地区宜在集水池前设置沉砂设施和清砂设备。上海某一泵站设有沉砂池，长期运行良好。上海另一泵站，由于无沉砂设施，曾发生水泵被淤埋或进水管渠断面减小、流量减少的情况。青岛市的雨水泵站大多设有沉砂设施。

5.3.10 关于集水坑的规定。

5.3.11 关于集水池设冲洗装置的规定。

5.4 泵房设计

Ⅰ 水泵配置

5.4.1 关于水泵选用和台数的规定。

1 一座泵房内的水泵，如型号规格相同，则运行管理、维修养护均较方便。其工作泵的配置宜为2台～8台。台数少于2台，如遇故障，影响太大；台数大于8台，则进出水条件可能不良，影响运行管理。当流量变化大时，可配置不同规格的水泵，大小搭配，但不宜超过两种；也可采用变频调速装置或叶片可调式水泵。

2 污水泵房和合流污水泵房的备用泵台数，应根据下列情况考虑：

1）地区的重要性：不允许间断排水的重要政治、经济、文化和重要的工业企业等地区的泵房，应有较高的水泵备用率。

2）泵房的特殊性：是指泵房在排水系统中的特殊地位。如多级串联排水的泵房，其中一座泵房因故不能工作时，会影响整个排水区域的排水，故应适当提高备用率。

3）工作泵的型号：当采用橡胶轴承的轴流泵抽送污水时，因橡胶轴承等容易磨损，造成检修工作繁重，也需要适当提高水泵备用率。

4）台数较多的泵房，相应的损坏次数也较多，故备用台数应有所增加。

5）水泵制造质量的提高，检修率下降，可减少备用率。

但是备用泵增多，会增加投资和维护工作，综合考虑后作此规定。由于潜水泵调换方便，当备用泵为2台时，可现场备用1台，库存备用1台，以减小土建规模。

雨水泵的年利用小时数很低，故雨水泵一般可不设备用泵，但应在非雨季做好维护保养工作。

立交道路雨水泵站可视泵站重要性设备用泵，但必须保证道路不积水，以免影响交通。

5.4.2 关于按设计扬程配泵的规定。

根据对已建泵站的调查，水泵扬程普遍按集水池最低水位与排出水体最高水位之差，再计入水泵管路系统的水头损失确定。由于出水最高水位出现几率甚少，导致水泵大部分工作时段的工况较差。本条规定了选用的水泵宜满足设计扬程时在高效区运行。此外，最高工作扬程与最低工作扬程，应在所选水泵的安全、稳定的运行范围内。由于各类水泵的特性不一，按上列扬程配泵如超出稳定运行范围，则以最高工作扬程时能安全稳定运行为控制工况。

5.4.3 关于多级串联泵站考虑级间调整的规定。

多级串联的污水泵站和合流污水泵站，受多级串联后的工作制度、流量搭配等的影响较大，故应考虑级间调整的影响。

5.4.4 规定了吸水管和出水管的流速。

水泵吸水管和出水管流速不宜过大，以减少水头损失和保证水泵正常运行。如水泵的进出口管管径较小，则应配置渐扩管进行过渡，使流速在本规范规定的范围内。

5.4.5 关于非自灌式水泵设引水设备的规定。

当水泵为非自灌式工作时，应设引水设备。引水设备有真空泵或水射器抽气引水，也可采用密闭水箱注水。当采用真空泵引水时，在真空泵与水泵之间应设置气水分离箱。

Ⅱ 泵 房

5.4.6 关于水泵布置的规定。

水泵的布置是泵站的关键。水泵一般宜采用单行排列，这样对运行、维护有利，且进出水方便。

5.4.7 关于机组布置的规定。

主要机组的间距和通道的宽度应满足安全防护和便于操作、检修的需要，应保证水泵轴或电动机转子在检修时能够拆卸。

5.4.8 关于泵房层高的规定。

5.4.9 关于泵房起重设备的规定。

5.4.10 关于水泵机组基座的规定。

基座尺寸随水泵形式和规格而不同，应按水泵的要求配置。基座高出地坪0.1m以上是为了在机房少量淹水时，不影响机组正常工作。

5.4.11 关于操作平台的规定。

当泵房较深，选用立式泵时，水泵间地坪与电动机间地坪的高差超过水泵允许的最大轴长值时，一种方法是将电动机间建成半地下式；另一种方法是设置中间轴承和轴承支架以及人工操作平台等辅助设施。从电动机及水泵运转稳定性出发，轴长不宜太长，采用前一种方法较好，但从电动机散热方面考虑，后一种方法较好。本条对后一种方法做出了规定。

5.4.12 关于泵房排除积水的规定。

水泵间地坪应设集水沟排除地面积水，其地坪宜以1%坡向集水沟，并在集水沟内设抽吸积水的水泵。

5.4.13 关于泵房内敷设管道的有关规定。

泵房内管道敷设在地面上时，为方便操作人员巡回工作，可采用活动踏梯或活络平台作为跨越设施。

当泵房内管道为架空敷设时，为不妨碍电气设备的检修和阻碍通道，规定不得跨越电气设备，通行处的管底距地面不小于2.0m。

5.4.14 关于泵房内设吊物孔的有关规定。

5.4.15 关于潜水泵的环境保护和改善操作环境的规定。

5.4.16 关于水泵冷却水的有关规定。

冷却水是相对洁净的水，应考虑循环利用。

5.5 出水设施

5.5.1 关于出水管的有关规定。

污水管出水管上应设置止回阀和闸阀。雨水泵出水管末端设置防倒流装置的目的是在水泵突然停运时，防止出水管的水流倒灌，或水泵发生故障时检修方便，我国目前使用的防倒流装置有拍门、堰门、柔性止回阀等。

雨水泵出水管的防倒流装置上方，应按防倒流装置的重量考虑是否设置起吊装置，以方便拆装和维修。一种做法是设工字钢，在使用时安装起吊装置，以防锈蚀。

5.5.2 关于出水压力井的有关规定。

出水压力井的井压，按水泵的流量和扬程计算确定。出水压力井上设透气筒、可释放水锤能量，防止水锤损坏管道和压力井。透气筒高度和断面根据计算确定，且透气筒不宜设在室内。压力井的井座、井盖及螺栓应采用防锈材料，以利装拆。

5.5.3 关于敞开式出水井的有关规定。

敞开式出水井的井口高度，应根据河道最高水位加上开泵时的水流壅高，或停泵时壅高水位确定。

5.5.4 关于试车水回流管的有关规定。

合流污水泵站试车时，关闭出水井内通向河道一侧的出水闸门或临时封堵出水井，可把泵出的水通过管道回至集水池。回流管管径宜按最大一台水泵的流量确定。

5.5.5 关于泵站出水口的有关规定。

雨水泵站出水口流量较大，应避让桥梁等水中构筑物，出水口和护坡结构不得影响航行，出水口流速宜控制在0.5m/s以下。出水口的位置、流速控制、消能设施、警示标志等，应事先征求当地航运、水利、港务和市政等有关部门的同意，并按要求设置有关设施。

6 污水处理

6.1 厂址选择和总体布置

6.1.1 规定厂址选择应考虑的主要因素。

污水厂位置的选择必须在城镇总体规划和排水工程专业规划的指导下进行，以保证总体的社会效益、环境效益和经济效益。

1 污水厂在城镇水体的位置应选在城镇水体下游的某一区段，污水厂处理后出水排入该河段，对该水体上、下游水源的影响最小。污水厂位置由于某些因素，不能设在城镇水体的下游时，出水口应设在城镇水体的下游。

2 根据目前发展需要新增条文。

3 根据污泥处理和处置的需要新增条文。

4 污水厂在城镇的方位，应选在对周围居民点的环境质量影响最小的方位，一般位于夏季主导风向的下风侧。

5 厂址的良好工程地质条件，包括土质、地基承载力和地下水位等因素，可为工程的设计、施工、管理和节省造价提供有利条件。

6 根据我国耕田少、人口多的实际情况，选厂址时应尽量少拆迁、少占农田，使污水厂工程易于上马。同时新增条文规定"根据环境评价要求"应与附近居民点有一定的卫生防护距离，并予绿化。

7 有扩建的可能是指厂址的区域面积不仅应考虑规划期的需要，尚应考虑满足不可预见的将来扩建的可能。

8 厂址的防洪和排水问题必须重视，一般不应在淹水区建污水厂，当必须在可能受洪水威胁的地区建厂时，应采取防洪措施。另外，有良好的排水条件，可节省建造费用。新增条文规定防洪标准"不应低于城镇防洪标准"。

9 为缩短污水厂建造周期和有利于污水厂的日常管理，应有方便的交通、运输和水电条件。

6.1.2 关于污水厂工程项目建设用地和近期规模的规定。

污水厂工程项目建设用地必须贯彻"十分珍惜、合理利用土地和切实保护耕地"的基本国策。考虑到城镇污水量的增加趋势较快，污水厂的建造周期较长，污水厂厂区面积应按项目总规模确定。同时，应根据现状水量和排水收集系统的建设周期合理确定近期规模。尽可能近期少拆迁、少占农田，做出合理的分期建设、分期征地的安排。规定既保证了污水厂在远期扩建的可能性，又利于工程建设在短期内见效，近期工程投入运行一年内水量宜达到近期设计规模的60%，以确保建成后污水设施充分发挥投资效益和运行效益。

6.1.3 关于污水厂总体布置的规定。

根据污水厂的处理级别（一级处理或二级处理）、处理工艺（活性污泥法或生物膜法）和污泥处理流程（浓缩、消化、脱水、干化、焚烧以及污泥气利用等），各种构筑物的形状，大小及其组合，结合厂址地形、气候和地质条件等，可有各种总体布置形式，必须综合确定。总体布置恰当，可为今后施工、维护和管理等提供良好条件。

6.1.4 规定污水厂在建筑美学方面应考虑的主要因素。

污水厂建设在满足经济实用的前提下，应适当考虑美观。除在厂区进行必要的绿化、美化外，应根据污水厂内建筑物和构筑物的特点，使各建筑物之间、建筑物和构筑物之间、污水厂和周围环境之间均达到建筑美学的和谐一致。

6.1.5 关于生产管理建筑物和生活设施布置原则的规定。

城镇污水包括生活污水和一部分工业废水，往往散发臭味和对人体健康有害的气体。另外，在生物处理构筑物附近的空气中，细菌芽孢数量也较多。所以，处理构筑物附近的空气质量相对较差。为此，生产管理建筑物和生活设施应与处理构筑物保持一定距离，并尽可能集中布置，便于以绿化等措施隔离开来，保证管理人员有良好的工作环境，避免影响正常工作。办公室、化验室和食堂等的位置，应处于夏季主导风向的上风侧，朝向东南。

6.1.6 规定处理构筑物的布置原则。

污水和污泥处理构筑物各有不同的处理功能和操作、维护、管理要求，分别集中布置有利于管理。合理的布置可保证施工安装、操作运行、管理维护安全方便，并减少占地面积。

6.1.7 规定污水厂工艺流程竖向设计的主要考虑因素。

6.1.8 规定厂区消防和消化池等构筑物的防火防爆要求。

消化池、贮气罐、污泥气燃烧装置、污泥气管道等是易燃易爆构筑物，应符合国家现行的《建筑设计防火规范》GBJ 16 的有关规定。

6.1.9 关于堆场和停车场的规定。

堆放场地，尤其是堆放废渣（如泥饼和煤渣）的场地，宜设置在较隐蔽处，不宜设在主干道两侧。

6.1.10 关于厂区通道的规定。

污水厂厂区的通道应根据通向构筑物和建筑物的功能要求，如运输、检查、维护和管理的需要设置。通道包括双车道、单车道、人行道、扶梯和人行天桥等。根据管理部门意见，扶梯不宜太陡，尤其是通行频繁的扶梯，宜利于搬重物上下扶梯。

单车道宽度由 3.5m 修改为 3.5m～4.0m，双车道宽度仍为 6.0m～7.0m，转弯半径修改为 6.0m～10.0m，增加扶梯倾角“宜采用 30°”的规定。

6.1.11 关于污水厂围墙的规定。

根据污水厂的安全要求，污水厂周围应设围墙，高度不宜太低，一般不低于 2.0m。

6.1.12 关于污水厂门的规定。

6.1.13 关于配水装置和连通管渠的规定。

并联运行的处理构筑物间的配水是否均匀，直接影响构筑物能否达到设计水量和处理效果，所以设计时应重视配水装置。配水装置一般采用堰或配水井等方式。

构筑物系统之间设可切换的连通管渠，可灵活组合各组运行系列，同时，便于操作人员观察、调节和维护。

6.1.14 规定污水厂内管渠设计应考虑的主要因素。

污水厂内管渠较多，设计时应全面安排，可防止错、漏、碰、缺。在管道复杂时宜设置管廊，利于检查维修。管渠尺寸应按可能通过的最高时流量计算确定，并按最低时流量复核，防止发生沉积。明渠的水头损失小，不易堵塞，便于清理，一般情况应尽量采用明渠。合理的管渠设计和布置可保障污水厂运行的安全、可靠、稳定，节省经常费用。本条增加管廊内设置的内容。

6.1.15 关于超越管渠的规定。

污水厂内合理布置超越管渠，可使水流越过某处理构筑物，而流至其后续构筑物。其合理布置应保证在构筑物维护和紧急修理以及发生其他特殊情况时，对出水水质影响小，并能迅速恢复正常运行。

6.1.16 关于处理构筑物排空设施的规定。

考虑到处理构筑物的维护检修，应设排空设施。为了保护环境，排空水应回流处理，不应直接排入水体，并应有防止倒灌的措施，确保其他构筑物的安全运行。排空设施有构筑物底部预埋排水管道和临时设泵抽水两种。

6.1.17 关于污水厂设置再生水处理系统的规定。

我国是一个水资源短缺的国家。城镇污水具有易于收集处理、数量巨大的特点，可作为城市第二水源。因此，设置再生水处理系统，实现污水资源化，对保障安全供水具有重要的战略意义。

6.1.18 规定严禁污染给水系统、再生水系统。

防止污染给水系统、再生水系统的措施，一般为通过空气间隙和设中间贮存池，然后再与处理装置衔接。本条文增加有关再生水设置的内容。

6.1.19 关于污水厂供电负荷等级的规定。

考虑到污水厂中断供电可能对该地区的政治、经济、生活和周围环境等造成不良影响，污水厂的供电负荷等级应按二级设计。本条文增加重要的污水厂宜按一级负荷设计的内容。重要的污水厂是指中断供电对该地区的政治、经济、生活和周围环境等造成重大影响者。

6.1.20 关于污水厂附属建筑物的组成及其面积应考虑

的主要原则。

确定污水厂附属建筑物的组成及其面积的影响因素较复杂，如各地的管理体制不一，检修协作条件不同，污水厂的规模和工艺流程不同等，目前尚难规定统一的标准。目前许多污水厂设有计算机控制系统，减少了工作人员及附属构筑物建筑面积。本条文增加“计算机监控系统的水平”的因素。

《城镇污水处理厂附属建筑和附属设备设计标准》CJJ 31，规定了污水厂附属建筑物的组成及其面积，可作为参考。

6.1.21 关于污水厂保温防冻的规定。

为了保证寒冷地区的污水厂在冬季能正常运行，有关的处理构筑物、管渠和其他设施应有保温防冻措施。一般有池上加盖、池内加热、建于房屋内等，视当地气温和处理构筑物的运行要求而定。

6.1.22 关于污水厂维护管理所需设施的规定。

根据国内污水厂的实践经验，为了有利于维护管理，应在厂区内适当地点设置一定的辅助设施，一般有巡回检查和取样等有关地点所需的照明，维修所需的配电箱，巡回检查或维修时联络用的电话，冲洗用的给水栓、浴室、厕所等。

6.1.23 关于处理构筑物安全设施的规定。

6.2 一般规定

6.2.1 规定污水处理程度和方法的确定原则。

6.2.2 规定污水厂处理效率的范围。

根据国内污水厂处理效率的实践数据，并参考国外资料制定。

一级处理的处理效率主要是沉淀池的处理效率，未计入格栅和沉砂池的处理效率。二级处理的处理效率包括一级处理。

6.2.3 关于在污水厂中设置调节设施的规定。

美国《污水处理设施》（1997年，以下简称美国十州标准）规定，在水质、水量变化大的污水厂中，应考虑设置调节设施。据调查，国内有些生活小区的污水厂，由于其水质、水量变化很大，致使生物处理效果无法保证。本条据此制定。

6.2.4 关于污水处理构筑物设计流量的规定。

污水处理构筑物设计，应根据污水厂的远期规模和分期建设的情况统一安排，按每期污水量设计，并考虑到分期扩建的可能性和灵活性，有利于工程建设在短期内见效。设计流量按分期建设的各期最高日最高时设计流量计算。当污水为提升进入时，还需按每期工作水泵的最大组合流量校核管渠输水能力。

关于生物反应池设计流量，根据国内设计经验，认为生物反应池如完全按最高日最高时设计流量计算，不尽合理。实际上当生物反应池采用的曝气时间较长时，生物反应池对进水流量和有机负荷变化都有一定的调节能力，故规定设计流量可酌情减少。

一般曝气时间超过5h，即可认为曝气时间较长。

6.2.5 关于合流制处理构筑物设计的规定。

对合流制处理构筑物应考虑雨水进入后的影响。目前国内尚无成熟的经验。本条是参照美、日、前苏联等国有关规定，沿用原规范有关条文而制定的。

1 格栅和沉砂池按合流设计流量计算，即按旱流污水量和截留雨水量的总水量计算。

2 初次沉淀池一般按旱流污水量设计，保证旱流时的沉淀效果。降雨时，容许降低沉淀效果，故用合流设计水量校核，此时沉淀时间可适当缩短，但不宜小于30min。前苏联《室外排水工程设计规范》（1974年，以下简称前苏联规范）规定不应小于0.75h～1.0h。

3 二级处理构筑物按旱流污水量设计，有的地区为保护降雨时的河流水质，要求改善污水厂出水水质，可考虑对一定流量的合流水量进行二级处理。前苏联规范规定，二级处理构筑物按合流水量设计，并按旱流水量校核。

4 污泥处理设施应相应加大，根据前苏联规范规定，一般比旱流情况加大10%～20%。

5 管渠应按合流设计流量计算。

6.2.6 规定处理构筑物个（格）数和布置的原则。

根据国内污水厂的设计和运行经验，处理构筑物的个（格）数，不应少于2个（格），利于检修维护；同时按并联的系列设计，可使污水的运行更为可靠、灵活和合理。

6.2.7 关于处理构筑物污水的出入口处设计的规定。

处理构筑物中污水的入口和出口处设置整流措施，使整个断面布水均匀，并能保持稳定的池水面，保证处理效率。

6.2.8 关于污水厂设置消毒设施的规定。

根据国家有关排放标准的要求设置消毒设施。消毒设施的选型，应根据消毒效果、消毒剂的供应、消毒后的二次污染、操作管理、运行成本等综合考虑后决定。

6.3 格 栅

6.3.1 规定设置格栅的要求。

在污水中混有纤维、木材、塑料制品和纸张等大小不同的杂物。为了防止水泵和处理构筑物的机械设备和管道被磨损或堵塞，使后续处理流程能顺利进行，作此规定。

6.3.2 关于格栅栅条间隙宽度的规定。

根据调查，本条规定粗格栅栅条间隙宽度：机械清除时为16mm～25mm，人工清除时为25mm～40mm，特殊情况下最大栅条间隙可采用100mm。

根据调查，细格栅栅条间隙宽度为1.5mm～10mm，超细格栅栅条间隙宽度为0.2mm～1.5mm，本条规定细格栅栅条间隙宽度为1.5mm～10mm。

水泵前，格栅除污机栅条间隙宽度应根据水泵进口口径按表8选用。对于阶梯式格栅除污机、回转式固液分离机和转鼓式格栅除污机的栅条间隙或栅孔可按需要确定。

表8 栅条间隙

水泵口径(mm)	＜200	250～450	500～900	1000～3500
栅条间隙(mm)	15～20	30～40	40～80	80～100

如泵站较深，泵前格栅机械清除或人工清除比较复杂，可在泵前设置仅为保护水泵正常运转的、空隙宽度较大的粗格栅（宽度根据水泵要求，国外资料认为可大到100mm）以减少栅渣量，并在处理构筑物前设置间隙宽度较小的细格栅，保证后续工序的顺利进行。这样既便于维修养护，投资也不会增加。

6.3.3 关于污水过栅流速和格栅倾角的规定。

过栅流速是参照国外资料制定的。前苏联规范为0.8m/s～1.0m/s，日本指南为0.45m/s，美国《污水处理厂设计手册》（1998年，以下简称美国污水厂手册）为0.6m/s～1.2m/s，法国《水处理手册》（1978年，以下简称法国手册）为0.6m/s～1.0m/s。本规范规定为0.6m/s～1.0m/s。

格栅倾角是根据国内外采用的数据而制定的。除转鼓式格栅除污机外，其资料见表9。

表9 格栅倾角

资料来源	格栅倾角	
	人工清除	机械清除
国内污水厂	一般为45°～75°	
日本指南	45°～60°	70°左右
美国污水厂手册	30°～45°	40°～90°
本规范	30°～60°	60°～90°

6.3.4 关于格栅除污机底部前端距井壁尺寸的规定。

钢丝绳牵引格栅除污机和移动悬吊葫芦抓斗式格栅除污机应考虑耙斗尺寸和安装人员的工作位置，其他类型格栅除污机由于齿耙尺寸较小，其尺寸可适当减小。

6.3.5 关于设置格栅工作平台的规定。

本条规定为便于清除栅渣和养护格栅。

6.3.6 关于格栅工作平台过道宽度的规定。

本条是根据国内污水厂养护管理的实践经验而制定的。

6.3.7 关于栅渣输送的规定。

栅渣通过机械输送、压榨脱水外运的方式，在国内新建的大中污水厂中已得到应用。关于栅渣的输送设备采用：一般粗格栅渣宜采用带式输送机，细格栅渣宜采用螺旋输送机；对输送距离大于8.0m宜采用带式输送机，对距离较短的宜采用螺旋输送机；而当污水中有较大的杂质时，不管输送距离长短，均以采用皮带输送机为宜。

6.3.8 关于污水预处理构筑物臭味去除的规定。

一般情况下污水预处理构筑物，散发的臭味较大，格栅除污机、输送机和压榨脱水机的进出料口宜采用密封形式。根据污水提升泵站、污水厂的周围环境情况，确定是否需要设置除臭装置。

6.3.9 关于格栅间设置通风设施的规定。

为改善格栅间的操作条件和确保操作人员安全，需设置通风设施和有毒有害气体的检测与报警装置。

6.4 沉 砂 池

6.4.1 关于设置沉砂池的规定。

一般情况下，由于在污水系统中有些井盖密封不严，有些支管连接不合理以及部分家庭院落和工业企业雨水进入污水管，在污水中会含有相当数量的砂粒等杂质。设置沉砂池可以避免后续处理构筑物和机械设备的磨损，减少管渠和处理构筑物内的沉积，避免重力排泥困难，防止对生物处理系统和污泥处理系统运行的干扰。

6.4.2 关于平流沉砂池设计的规定。

本条是根据国内污水厂的试验资料和管理经验，并参照国外有关资料而制定。平流沉砂池应符合下列要求：

1 最大流速应为0.3m/s，最小流速应为0.15m/s。在此流速范围内可避免已沉淀的砂粒再次翻起，也可避免污水中的有机物大量沉淀，能有效地去除相对密度2.65、粒径0.2mm以上的砂粒。

2 最高时流量的停留时间至少应为30s，日本指南推荐30s～60s。

3 从养护方便考虑，规定每格宽度不宜小于0.6m。有效水深在理论上与沉砂效率无关，前苏联规范规定为0.25m～1.0m，本条规定不应大于1.2m。

6.4.3 关于曝气沉砂池设计的规定。

本条是根据国内的实践数据，参照国外资料而制定，其资料见表10。

表10 曝气沉砂池设计数据

设计数据 / 资料来源	旋流速度(m/s)	水平流速(m/s)	最高时流量停留时间(min)	有效水深(m)	宽深比	曝气量	进水方向	出水方向
上海某污水厂	0.25～0.3		2	2.1	1	0.07m^3/m^3	与池中旋流方向一致	与进水方向垂直，淹没式出水口

续表 10

设计数据 / 资料来源	旋流速度（m/s）	水平流速（m/s）	最高时流量停留时间（min）	有效水深（m）	宽深比	曝气量	进水方向	出水方向
北京某污水厂	0.3	0.056	2～6	1.5	1	0.115m^3/m^3	与池中旋流方向一致	与进水方向垂直，淹没式出水口
北京某中试厂	0.25	0.075	3～15（考虑预曝气）	2	1	0.1m^3/m^3	与池中旋流方向一致	与进水方向垂直，淹没式出水口
天津某污水厂			6	3.6	1	0.2m^3/m^3	淹没孔	溢流堰
美国污水厂手册			1～3			16.7$m^3/(m^2 \cdot h)$～44.6$m^3/(m^2 \cdot h)$	使污水在空气作用下直接形成旋流	应与进水成直角，并在靠近出口处应考虑设挡板
前苏联规范		0.08～0.12			1～1.5	3$m^3/(m^2 \cdot h)$～5$m^3/(m^2 \cdot h)$	与水在沉砂池中的旋流方向一致	淹没式出水口
日本指南			1～2	2～3		1m^3/m^3～2m^3/m^3		
本规范		0.1	＞2	2～3	1～1.5	0.1m^3/m^3～0.2m^3/m^3	应与池中旋流方向一致	应与进水方向垂直，并宜设置挡板

6.4.4 关于旋流沉砂池设计的规定。

本条是根据国内的实践数据，参照国外资料而制定。

6.4.5 关于污水沉砂量的规定。

污水的沉砂量，根据北京、上海、青岛等城市的实践数据，分别为：0.02L/m^3、0.02L/m^3、0.11L/m^3，污水沉砂量的含水率为60%，密度1500kg/m^3。参照国外资料，本条规定沉砂量为0.03L/m^3，国外资料见表11。

表 11 各国沉砂量情况

资料来源	单位	数值	说明
日本指南	L/m^3（污水）	0.0005～0.05	分流制污水
		0.005～0.05	分流制雨水
		0.005～0.05	合流制污水
		0.001～0.05	合流制雨水
美国污水厂手册	L/m^3（污水）	0.004～0.037	合流制
	L/（人·d）	0.004～0.018	合流制
前苏联规范	L/（人·d）（污水）	0.02	相当于0.05（L/m^3）～0.09L/m^3（污水）
德国ATV	L/（人·年）	0.02～0.2 2～5	年平均0.06
本规范	L/m^3（污水）	0.03	

6.4.6 关于砂斗容积和砂斗壁倾角的规定。

根据国内沉砂池的运行经验，砂斗容积一般不超过2d的沉砂量；当采用重力排砂时，砂斗壁倾角不应小于55°，国外也有类似规定。

6.4.7 关于沉砂池除砂的规定。

从国内外的实践经验表明，沉砂池的除砂一般采用砂泵或空气提升泵等机械方法，沉砂经砂水分离后，干砂在贮砂池或晒砂场贮存或直接装车外运。由于排砂的不连续性，重力或机械排砂方法均会发生排砂管堵塞现象，在设计中应考虑水力冲洗等防堵塞措施。考虑到排砂管易堵，规定人工排砂时，排砂管直径不应小于200mm。

6.5 沉 淀 池

Ⅰ 一 般 规 定

6.5.1 关于沉淀池设计的规定。

为使用方便和易于比较，根据目前国内的实践经验并参照美国、日本等的资料，沉淀池以表面水力负荷为主要设计参数。按表面水力负荷设计沉淀池时，应校核固体负荷、沉淀时间和沉淀池各部分主要尺寸的关系，使之相互协调。表12为国外有关表面水力负荷和沉淀时间的取值范围。

表 12 表面水力负荷和沉淀时间取值范围

资料来源	沉淀时间（h）	表面水力负荷［$m^3/(m^2 \cdot d)$］	说明
日本指南	1.5	35～70	分流制初次沉淀池
	0.5～3.0	25～50	合流制初次沉淀池
	4.0～5.0	20～30	二次沉淀池

续表 12

资料来源	沉淀时间(h)	表面水力负荷[$m^3/(m^2 \cdot d)$]	说　明
美国十州标准	1.5～2.5	60～120	初次沉淀池
	2.0～3.5	37～49	二次沉淀池
	1.5～2.5	80～120	初次沉淀池
	2.0～3.5	40～64	二次沉淀池
德国 ATV	0.5～0.8	2.5～4.0*	化学沉淀池
	0.5～1.0	2.5～4.0*	初次沉淀池
	1.7～2.5	0.8～1.5*	二次沉淀池

注：*单位为 $m^3/(m^2 \cdot h)$。

按《城镇污水处理厂污染物排放标准》GB 18918 要求，对排放的污水应进行脱氮除磷处理，为保证较高的脱氮除磷效果，初次沉淀池的处理效果不宜太高，以维持足够碳氮和碳磷的比例。通过函调返回资料统计分析，建议适当缩短初次沉淀池的沉淀时间。当沉淀池的有效水深为 2.0m～4.0m 时，初次沉淀池的沉淀时间为 0.5h～2.0h，其相应的表面水力负荷为 $1.5m^3/(m^2 \cdot h)$～$4.5m^3/(m^2 \cdot h)$；二次沉淀池活性污泥法后的沉淀时间为 1.5h～4.0h，其相应的表面水力负荷为 $0.6m^3/(m^2 \cdot h)$～$1.5m^3/(m^2 \cdot h)$。

沉淀池的污泥量是根据每人每日 SS 和 BOD_5 数值，按沉淀池沉淀效率经理论推算求得。

污泥含水率，按国内污水厂的实践数据制定。

6.5.2 关于沉淀池超高的规定。

沉淀池的超高按国内污水厂实践经验取 0.3m～0.5m。

6.5.3 关于沉淀池有效水深的规定。

沉淀池的沉淀效率由池的表面积决定，与池深无多大关系，因此宁可采用浅池。但实际上若水深过浅，则因水流会引起污泥的扰动，使污泥上浮。温度、风等外界影响也会使沉淀效率降低。若水池过深，会造成投资增加。有效水深一般以 2.0m～4.0m 为宜。

6.5.4 规定采用污泥斗排泥的要求。

本条是根据国内实践经验制定，国外规范也有类似规定。每个泥斗分别设闸阀和排泥管，目的是便于控制排泥。

6.5.5 关于污泥区容积的规定。

本条是根据国内实践数据，并参照国外规范而制定。污泥区容积包括污泥斗和池底贮泥部分的容积。

6.5.6 关于排泥管直径的规定。

6.5.7 关于静水压力排泥的若干规定。

本条是根据国内实践数据，并参照国外规范而制定。

6.5.8 关于沉淀池出水堰最大负荷的规定。

参照国外资料，规定了出水堰最大负荷，各种类型的沉淀池都宜遵守。

6.5.9 关于撇渣设施的规定。

据调查，初次沉淀池和二次沉淀池出流处会有浮渣积聚，为防止浮渣随出水溢出，影响出水水质，应设撇除、输送和处置设施。

Ⅱ　沉　淀　池

6.5.10 关于平流沉淀池设计的规定。

1 长宽比和长深比的要求。长宽比过小，水流不易均匀平稳，过大会增加池中水平流速，二者都影响沉淀效率。长宽比值日本指南规定为 3～5，英、美资料建议也是 3～5，本规范规定为不宜小于 4。长深比前苏联规范规定为 8～12，本条规定为不宜小于 8。池长不宜大于 60m。

2 排泥机械行进速度的要求。据国内外资料介绍，链条刮板式的行进速度一般为 0.3m/min～1.2m/min，通常为 0.6m/min。

3 缓冲层高度的要求。参照前苏联规范制定。

4 池底纵坡的要求。设刮泥机时的池底纵坡不宜小于0.01。日本指南规定为 0.01～0.02。

按表面水力负荷设计平流沉淀池时，可按水平流速进行校核。平流沉淀池的最大水平流速：初次沉淀池为 7mm/s，二次沉淀池为 5mm/s。

6.5.11 关于竖流沉淀池设计的规定。

1 径深比的要求。根据竖流沉淀池的流态特征，径深比不宜大于 3。

2 中心管内流速不宜过大，防止影响沉淀区的沉淀作用。

3 中心管下口设喇叭口和反射板，以消除进入沉淀区的水流能量，保证沉淀效果。

6.5.12 关于辐流沉淀池设计的规定。

1 径深比的要求。根据辐流沉淀池的流态特征，径深比宜为 6～12。日本指南和前苏联规范都规定为 6～12，沉淀效果较好，本条文采用 6～12。为减少风对沉淀效果的影响，池径宜小于 50m。

2 排泥方式及排泥机械的要求。近年来，国内各地区设计的辐流沉淀池，其直径都较大，配有中心传动或周边驱动的桁架式刮泥机，已取得成功经验。故规定宜采用机械排泥。参照日本指南，规定排泥机械旋转速度为 1r/h～3r/h，刮泥板的外缘线速度不大于 3m/min。当池子直径较小，且无配套的排泥机械时，可考虑多斗排泥，但管理较麻烦。

Ⅲ　斜管（板）沉淀池

6.5.13 规定斜管（板）沉淀池的采用条件。

据调查，国内城镇污水厂采用斜管（板）沉淀池作为初次沉淀池和二次沉淀池，积有生产实践经验，认为在用地紧张，需要挖掘原有沉淀池的潜力，或需要压缩沉淀池面积等条件下，通过技术经济比较，可采用斜管（板）沉淀池。

6.5.14 关于升流式异向流斜管（板）沉淀池负荷的

规定。

根据理论计算，升流式异向流斜管（板）沉淀池的表面水力负荷可比普通沉淀池大几倍，但国内污水厂多年生产运行实践表明，升流式异向流斜管（板）沉淀池的设计表面水力负荷不宜过大，不然沉淀效果不稳定，宜按普通沉淀池设计表面负荷的2倍计。据调查，斜管（板）二次沉淀池的沉淀效果不太稳定，为防止泛泥，本条规定对于斜管（板）二次沉淀池，应以固体负荷核算。

6.5.15 关于升流式异向流斜管（板）沉淀池设计的规定。

本条是根据国内污水厂斜管（板）沉淀池采用的设计参数和运行情况而做出的相应规定。

1 斜管孔径（或斜板净距）为45mm～100mm，一般为80mm，本条规定宜为80mm～100mm。

2 斜管（板）斜长宜为1.0m～1.2m。

3 斜管（板）倾角宜为60°。

4 斜管（板）区上部水深为0.5m～0.7m，本条规定宜为0.7m～1.0m。

5 底部缓冲层高度0.5m～1.2m，本条规定宜为1.0m。

6.5.16 规定斜管（板）沉淀池设冲洗设施的要求。

根据国内生产实践经验，斜管内和斜板上有积泥现象，为保证斜管（板）沉淀池的正常稳定运行，本条规定应设冲洗设施。

6.6 活性污泥法

Ⅰ 一般规定

6.6.1 关于活性污泥处理工艺选择的规定。

外部环境条件，一般指操作管理要求，包括水量、水质、占地、供电、地质、水文、设备供应等。

6.6.2 关于运行方案的规定。

运行条件一般指进水负荷和特性，以及污水温度、大气温度、湿度、沙尘暴、初期运行条件等。

6.6.3 规定生物反应池的超高。

6.6.4 关于除泡沫的规定。

目前常用的消除泡沫措施有水喷淋和投加消泡剂等方法。

6.6.5 关于设置放水管的规定。

生物反应池投产初期采用间歇曝气培养活性污泥时，静沉后用作排除上清液。

6.6.6 规定廊道式生物反应池的宽深比和有效水深。

本条适用于推流式运行的廊道式生物反应池。生物反应池的池宽与水深之比为1～2，曝气装置沿一侧布置时，生物反应池混合液的旋流前进的水力状态较好。有效水深4.0m～6.0m是根据国内鼓风机的风压能力，并考虑尽量降低生物反应池占地面积而确定的。当条件许可时也可采用较大水深，目前国内一些大型污水厂采用的水深为6.0m，也有一些污水厂采用的水深超过6.0m。

6.6.7 关于生物反应池中好氧区（池）、缺氧区（池）、厌氧区（池）混合全池污水最小曝气量及最小搅拌功率的规定。

缺氧区（池）、厌氧区（池）的搅拌功率：在《污水处理新工艺与设计计算实例》一书中推荐取$3W/m^3$，美国污水厂手册推荐取$5W/m^3$～$8W/m^3$，中国市政工程西南设计研究院曾采用过$2W/m^3$。本规范建议为$2W/m^3$～$8W/m^3$。所需功率均以曝气器配置功率表示。

其他设计参数沿用原规范有关条文的数据。

6.6.8 关于低温条件的规定。

我国的寒冷地区，冬季水温一般在6℃～10℃，短时间可能为4℃～6℃；应核算污水处理过程中，低气温对污水温度的影响。

当污水温度低于10℃时，应按《寒冷地区污水活性污泥法处理设计规程》CECS 111的有关规定修正设计计算数据。

6.6.9 关于入流方式的规定。

规定污水进入厌氧区（池）、缺氧区（池）时，采用淹没式入流方式的目的是避免引起复氧。

Ⅱ 传统活性污泥法

6.6.10 规定生物反应池的主要设计数据。

有关设计数据是根据我国污水厂回流污泥浓度一般为4g/L～8g/L的情况确定的。如回流污泥浓度不在上述范围时，可适当修正。当处理效率可以降低时、负荷可适当增大。当进水五日生化需氧量低于一般城镇污水时，负荷尚应适当减小。

生物反应池主要设计数据中，容积负荷L_V与污泥负荷L_S和污泥浓度X相关；同时又必须按生物反应池实际运行规律来确定数据，即不可无依据地将本规范规定的L_S和X取端值相乘以确定最大的容积负荷L_V。

Q为反应池设计流量，不包括污泥回流量。

X为反应池内混合液悬浮固体MLSS的平均浓度，它适用于推流式、完全混合式生物反应池。吸附再生反应池的X，是根据吸附区的混合液悬浮固体和再生区的混合液悬浮固体，按这两个区的容积进行加权平均得出的理论数据。

6.6.11 规定生物反应池容积的计算公式。

污泥负荷计算公式中，原来是按进水五日生化需氧量计算，现在修改为按去除的五日生化需氧量计算。

由于目前很少采用按容积负荷计算生物反应池的容积，因此将原规范中按容积负荷计算的公式列入条文说明中以备方案校核、比较时参考使用，以及采用容积负荷指标时计算容积之用。按容积负荷计算生物反应池的容积时，可采用下式：

$$V=\frac{24S_oQ}{1000L_V}$$

式中：L_V——生物反应池的五日生化需氧量容积负荷，$kgBOD_5/(m^3\cdot d)$。

6.6.12 关于衰减系数的规定。

衰减系数 K_d 值与温度有关，列出了温度修正公式。

6.6.13 关于生物反应池始端设置缺氧选择区（池）或厌氧选择区（池）的规定。

其作用是改善污泥性质，防止污泥膨胀。

6.6.14 关于阶段曝气生物反应池的规定。

本条是根据国内外有关阶段曝气法的资料而制定。阶段曝气的特点是污水沿池的始端1/2～3/4长度内分数点进入（即进水口分布在两廊道生物反应池的第一条廊道内，三廊道生物反应池的前两条廊道内，四廊道生物反应池的前三条廊道内），尽量使反应池混合液的氧利用率接近均匀，所以容积负荷比普通生物反应池大。

6.6.15 关于吸附再生生物反应池的规定。

根据国内污水厂的运行经验，参照国外有关资料，规定吸附再生生物反应池吸附区和再生区的容积和停留时间。它的特点是回流污泥先在再生区作较长时间的曝气，然后与污水在吸附区充分混合，作较短时间接触，但一般不小于0.5h。

6.6.16 关于合建式完全混合生物反应池的规定。

1 据资料介绍，一般生物反应池的平均耗氧速率为30mg/（L·h）～40mg/（L·h）。根据对上海某污水厂和湖北某印染厂污水站的生物反应池回流缝处测定实际的溶解氧，表明污泥室的溶解氧浓度不一定能满足生物反应池所需的耗氧速率，为安全计，合建式完全混合反应池曝气部分的容积包括导流区，但不包括污泥室容积。

2 根据国内运行经验，沉淀区的沉淀效果易受曝气区的影响。为了保证出水水质，沉淀区表面水力负荷宜为 $0.5m^3/(m^2\cdot h)\sim1.0m^3/(m^2\cdot h)$。

Ⅲ 生物脱氮、除磷

6.6.17 关于生物脱氮、除磷系统污水的水质规定。

1 污水的五日生化需氧量与总凯氏氮之比是影响脱氮效果的重要因素之一。异养性反硝化菌在呼吸时，以有机基质作为电子供体，硝态氮作为电子受体，即反硝化时需消耗有机物。青岛等地污水厂运行实践表明，当污水中五日生化需氧量与总凯氏氮之比大于4时，可达理想脱氮效果；五日生化需氧量与总凯氏氮之比小于4时，脱氮效果不好。五日生化需氧量与总凯氏氮之比过小时，需外加碳源才能达到理想的脱氮效果。外加碳源可采用甲醇，它被分解后产生二氧化碳和水，不会留下任何难以分解的中间产物。由于城镇污水水量大，外加甲醇的费用较大，有些污水厂将淀粉厂、制糖厂、酿造厂等排出的高浓度有机废水作为外加碳源，取得了良好效果。当五日生化需氧量与总凯氏氮之比为4或略小于4时，可不设初次沉淀池或缩短污水在初次沉淀池中的停留时间，以增大进生物反应池污水中五日生化需氧量与氮的比值。

2 生物除磷由吸磷和放磷两个过程组成，积磷菌在厌氧放磷时，伴随着溶解性可快速生物降解的有机物在菌体内储存。若放磷时无溶解性可快速生物降解的有机物在菌体内储存，则积磷菌在进入好氧环境中并不吸磷，此类放磷为无效放磷。生物脱氮和除磷都需有机碳，在有机碳不足，尤其是溶解性可快速生物降解的有机碳不足时，反硝化菌与积磷菌争夺碳源，会竞争性地抑制放磷。

污水的五日生化需氧量与总磷之比是影响除磷效果的重要因素之一。若比值过低，积磷菌在厌氧池放磷时释放的能量不能很好地被用来吸收和贮藏溶解性有机物，影响该类细菌在好氧池的吸磷，从而使出水磷浓度升高。广州地区的一些污水厂，在五日生化需氧量与总磷之比为17及以上时，取得了良好的除磷效果。

3 若五日生化需氧量与总凯氏氮之比小于4，则难以完全脱氮而导致系统中存在一定的硝态氮的残余量，这样即使污水中五日生化需氧量与总磷之比大于17，其生物除磷的效果也将受到影响。

4 一般地说，积磷菌、反硝化菌和硝化细菌生长的最佳pH值在中性或弱碱性范围，当pH值偏离最佳值时，反应速度逐渐下降，碱度起着缓冲作用。污水厂生产实践表明，为使好氧池的pH值维持在中性附近，池中剩余总碱度宜大于70mg/L。每克氨氮氧化成硝态氮需消耗7.14g碱度，大大消耗了混合液的碱度。反硝化时，还原1g硝态氮成氮气，理论上可回收3.57g碱度，此外，去除1g五日生化需氧量可以产生0.3g碱度。出水剩余总碱度可按下式计算，剩余总碱度＝进水总碱度＋0.3×五日生化需氧量去除量＋3×反硝化脱氮量－7.14×硝化氮量，式中3为美国EPA（美国环境保护署）推荐的还原1g硝态氮可回收3g碱度。当进水碱度较小，硝化消耗碱度后，好氧池剩余碱度小于70mg/L，可增加缺氧池容积，以增加回收碱度量。在要求硝化的氨氮量较多时，可布置成多段缺氧/好氧形式。在该形式下，第一个好氧池仅氧化部分氨氮，消耗部分碱度，经第二个缺氧池回收碱度后再进入第二个好氧池消耗部分碱度，这样可减少对进水碱度的需要量。

6.6.18 关于生物脱氮的规定。

生物脱氮由硝化和反硝化两个生物化学过程组成。氨氮在好氧池中通过硝化细菌作用被氧化成硝态氮，硝态氮在缺氧池中通过反硝化菌作用被还原成氮气逸出。硝化菌是化能自养菌，需在好氧环境中氧化氨氮获得生长所需能量；反硝化菌是兼性异养菌，它们利用有机物作为电子供体，硝态氮作为电子最终受体，将硝态氮还原成气态氮。由此可见，为了发生反硝化作用，必须具备下列条件：①有硝态氮；②有有机碳；③基本无溶解氧（溶解氧会消耗有机物）。为了有硝态氮，处理系统应采用较长泥龄和较低负荷。缺氧/好氧法可满足上述要求，适于脱氮。

1 缺氧/好氧生物反应池的容积计算，可采用本规范第6.6.11条生物去除碳源污染物的计算方法。根据经验，缺氧区（池）的水力停留时间宜为0.5h～3h。

2 式（6.6.18-1）介绍了缺氧池容积的计算方法，式中0.12为微生物中氮的分数。反硝化速率K_{de}与混合液回流比、进水水质、温度和污泥中反硝化菌的比例等因素有关。混合液回流量大，带入缺氧池的溶解氧多，K_{de}取低值；进水有机物浓度高且较易生物降解时，K_{de}取高值。

温度变化可用式（6.6.18-2）修正，式中1.08为温度修正系数。

由于原污水总悬浮固体中的一部分沉积到污泥中，结果产生的污泥将大于由有机物降解产生的污泥，在许多不设初次沉淀池的处理工艺中更甚。因此，在确定污泥总产率系数时，必须考虑原污水中总悬浮固体的含量，否则，计算所得的剩余污泥量往往偏小。污泥总产率系数随温度、泥龄和内源衰减系数变化而变化，不是一个常数。对于某种生活污水，有初次沉淀池和无初次沉淀池时，泥龄-污泥总产率曲线分别示于图1和图2。

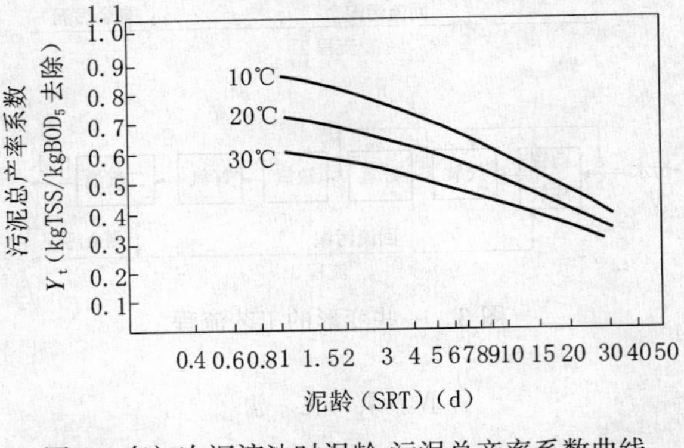

图1 有初次沉淀池时泥龄-污泥总产率系数曲线

注：有初次沉淀池，TSS去除60%，初次沉淀池出流中有30%的惰性物质，原污水的COD/BOD$_5$为1.5～2.0，TSS/BOD$_5$为0.8～1.2。

TSS/BOD$_5$反映了原污水中总悬浮固体与五日生化需氧量之比，比值大，剩余污泥量大，即Y_t值大。泥龄θ_c影响污泥的衰减，泥龄长，污泥衰减多，即Y_t值小。温度影响污泥总产率系数，温度高，Y_t值小。

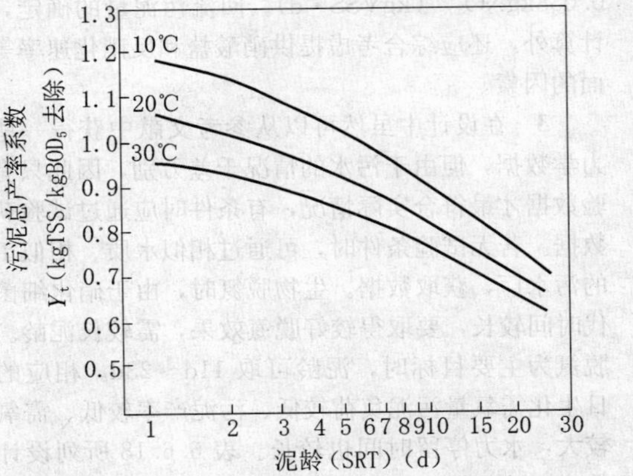

图2 无初次沉淀池时泥龄-污泥总产率系数曲线

注：无初次沉淀池，TSS/BOD$_5$＝1.0，TSS中惰性固体占50%。

式（6.6.18-4）介绍了好氧区（池）容积的计算公式。式（6.6.18-6）为计算硝化细菌比生长速率的公式，0.47为15℃时硝化细菌最大比生长速率；硝化作用中氮的半速率常数K_n是硝化细菌比生长速率等于硝化细菌最大比生长速率一半时氮的浓度，K_n的典型值为1.0mg/L；$e^{0.098(T-15)}$是温度校正项。假定好氧区（池）混合液进入二次沉淀池后不发生硝化反应，则好氧区（池）氨氮浓度与二次沉淀池出水氨氮浓度相等，式（6.6.18-6）中好氧区（池）氨氮浓度N_a可根据排放要求确定。自养硝化细菌比异养菌的比生长速率小得多，如果没有足够长的泥龄，硝化细菌就会从系统中流失。为了保证硝化发生，泥龄须大于$1/\mu$。在需要硝化的场合，以泥龄作为基本设计参数是十分有利的。式（6.6.18-6）是从纯种培养试验中得出的硝化细菌比生长速率。为了在环境条件变得不利于硝化细菌生长时，系统中仍有硝化细菌，在式（6.6.18-5）中引入安全系数F，城镇污水可生化性好，F可取1.5～3.0。

式（6.6.18-7）介绍了混合液回流量的计算公式。如果好氧区（池）硝化作用完全，回流污泥中硝态氮浓度和好氧区（池）相同，回流污泥中硝态氮进厌氧区（池）后全部被反硝化，缺氧区（池）有足够碳源，则系统最大脱氮率是总回流比（混合液回流量加上回流污泥量与进水流量之比）r的函数，$r=(Q_{Ri}+Q_R)/Q$，最大脱氮率$=r/(1+r)$。由公式可知，增大总回流比可提高脱氮效果，但是，总回流比为4时，再增加回流比，对脱氮效果的提高不大。总回流比过大，会使系统由推流式趋于完全混合式，导致污泥性状变差；在进水浓度较低时，会使缺氧区（池）氧化还原电位（ORP）升高，导致反硝化速率降低。上海市政工程设计研究院观察到总回流比从

1.5 上升到 2.5，ORP 从 −218mV 上升到 −192mV，反硝化速率从 0.08kgNO_3/（kgVSS・d）下降到 0.038kgNO_3/（kgVSS・d）。回流污泥量的确定，除计算外，还应综合考虑提供硝酸盐和反硝化速率等方面的因素。

3 在设计中虽然可以从参考文献中获得一些动力学数据，但由于污水的情况千差万别，因此只有试验数据才最符合实际情况，有条件时应通过试验获取数据。若无试验条件时，可通过相似水质、相似工艺的污水厂，获取数据。生物脱氮时，由于硝化细菌世代时间较长，要取得较好脱氮效果，需较长泥龄。以脱氮为主要目标时，泥龄可取 11d～23d。相应的五日生化需氧量污泥负荷较低、污泥产率较低、需氧量较大，水力停留时间也较长。表 6.6.18 所列设计参数为经验数据。

6.6.19 关于生物除磷的规定。

生物除磷必须具备下列条件：①厌氧（无硝态氮）；②有机碳。厌氧/好氧法可满足上述要求，适于除磷。

1 厌氧/好氧生物反应池的容积计算，根据经验可采用本规范第 6.6.11 条生物去除碳源污染物的计算方法，并根据经验确定厌氧和好氧各段的容积比。

2 在厌氧区（池）中先发生脱氮反应消耗硝态氮，然后积磷菌释放磷，释磷过程中释放的能量可用于其吸收和贮藏溶解性有机物。若厌氧区（池）停留时间小于 1h，磷释放不完全，会影响磷的去除率，综合考虑除磷效率和经济性，规定厌氧区（池）停留时间为 1h～2h。在只除磷的厌氧/好氧系统中，由于无硝态氮和积磷菌争夺有机物，厌氧池停留时间可取下限。

3 活性污泥中积磷菌在厌氧环境中会释放出磷，在好氧环境中会吸收超过其正常生长所需的磷。通过排放富磷剩余污泥，可比普通活性污泥法从污水中去除更多的磷。由此可见，缩短泥龄，即增加排泥量可提高磷的去除率。以除磷为主要目的时，泥龄可取 3.5d～7.0d。表 6.6.19 所列设计参数为经验数据。

4 除磷工艺的剩余污泥在污泥浓缩池中浓缩时会因厌氧放出大量磷酸盐，用机械法浓缩污泥可缩短浓缩时间，减少磷酸盐析出量。

5 生物除磷工艺的剩余活性污泥厌氧消化时会产生大量灰白色的磷酸盐沉积物，这种沉积物极易堵塞管道。青岛某污水厂采用 AAO（又称 A^2O）工艺处理污水，该厂在消化池出泥管、后浓缩池进泥管、后浓缩池上清液管道和污泥脱水后滤液管道中均发现灰白色沉积物，弯管处尤甚，严重影响了正常运行。这种灰白色沉积物质地坚硬，不溶于水；经盐酸浸泡，无法去除。该厂在这些管道的转弯处增加了法兰，还拟对消化池出泥管进行改造，将原有的内置式管道改为外部管道，便于经常冲洗保养。污泥脱水滤液和第二级消化池上清液，磷浓度十分高，如不除磷，直接回到集水池，则磷从水中转移到泥中，再从泥中转移到水中，只是在处理系统中循环，严重影响了磷的去除效率。这类磷酸盐宜采用化学法去除。

6.6.20 关于生物同时脱氮除磷的规定。

生物同时脱氮除磷，要求系统具有厌氧、缺氧和好氧环境。厌氧/缺氧/好氧法可满足这一条件。

脱氮和除磷是相互影响的。脱氮要求较低负荷和较长泥龄，除磷却要求较高负荷和较短泥龄。脱氮要求有较多硝酸盐供反硝化，而硝酸盐不利于除磷。设计生物反应池各区（池）容积时，应根据氮、磷的排放标准等要求，寻找合适的平衡点。

脱氮和除磷对泥龄、污泥负荷和好氧停留时间的要求是相反的。在需同时脱氮除磷时，综合考虑泥龄的影响后，可取 10d～20d。本规范表 6.6.20 所列设计参数为经验数据。

AAO（又称 A^2O）工艺中，当脱氮效果好时，除磷效果较差。反之亦然，不能同时取得较好的效果。针对这些存在的问题，可对工艺流程进行变形改进，调整泥龄、水力停留时间等设计参数，改变进水和回流污泥等布置形式，从而进一步提高脱氮除磷效果。图 3 为一些变形的工艺流程。

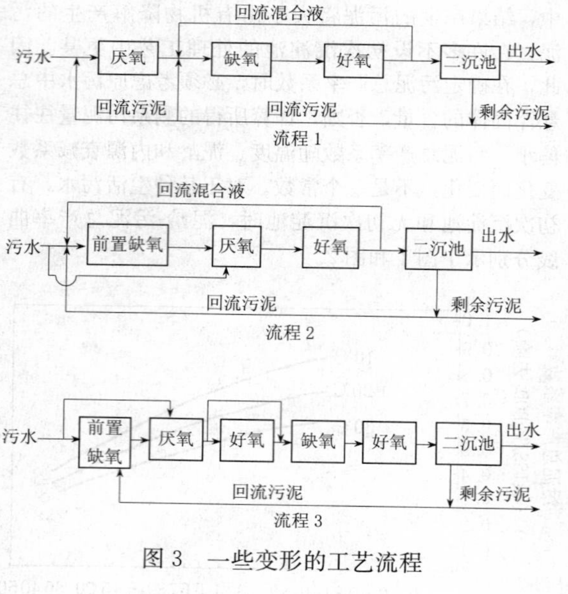

图 3 一些变形的工艺流程

Ⅳ 氧 化 沟

6.6.21 关于可不设初次沉淀池的规定。

由于氧化沟多用于长泥龄的工艺，悬浮状有机物可在氧化沟内得到部分稳定，故可不设初次沉淀池。

6.6.22 关于氧化沟前设厌氧池的规定。

氧化沟前设置厌氧池可提高系统的除磷功能。

6.6.23 关于设置配水井的规定。

在交替式运行的氧化沟中，需设置进水配水井，井内设闸或溢流堰，按设计程序变换进出水水流方向；当有两组及其以上平行运行的系列时，也需设置进水配水井，以保证均匀配水。

6.6.24 关于与二次沉淀池分建或合建的规定。

按构造特征和运行方式的不同，氧化沟可分为多种类型，其中有连续运行、与二次沉淀池分建的氧化沟，如Carrousel型多沟串联系统氧化沟、Orbal同心圆或椭圆形氧化沟、DE型交替式氧化沟等；也有集曝气、沉淀于一体的氧化沟，又称合建式氧化沟，如船式一体化氧化沟、T型交替式氧化沟等。

6.6.25 关于延时曝气氧化沟的主要设计参数的规定。

6.6.26 关于氧化沟进行脱氮除磷的规定。

6.6.27 关于氧化沟进出水布置和超高的规定。

进水和回流污泥从缺氧区首端进入，有利于反硝化脱氮。出水宜在充氧器后的好氧区，是为了防止二次沉淀池中出现厌氧状态。

6.6.28 关于有效水深的规定。

随着曝气设备不断改进，氧化沟的有效水深也在变化。过去，一般为0.9m～1.5m；现在，当采用转刷时，不宜大于3.5m；当采用转碟、竖轴表曝机时，不宜大于4.5m。

6.6.29 关于导流墙、隔流墙的规定。

6.6.30 关于曝气设备安装部位的规定。

6.6.31 关于走道板和工作平台的规定。

6.6.32 关于平均流速的规定。

为了保证活性污泥处于悬浮状态，国内外普遍采用沟内平均流速0.25m/s～0.35m/s。日本指南规定，沟内平均流速为0.25m/s，本规范规定宜大于0.25m/s。为改善沟内流速分布，可在曝气设备上、下游设置导流墙。

6.6.33 关于自动控制的规定。

氧化沟自动控制系统可采用时间程序控制，也可采用溶解氧或氧化还原电位（ORP）控制。在特定位置设置溶解氧探头，可根据池中溶解氧浓度控制曝气设备的开关，有利于满足运行要求，且可最大限度地节约动力。

对于交替运行的氧化沟，宜设置溶解氧控制系统，控制曝气转刷的连续、间歇或变速转动，以满足不同阶段的溶解氧浓度要求或根据设定的模式进行运行。

Ⅴ　序批式活性污泥法（SBR）

6.6.34 关于设计污水量的规定。

由于进水时可均衡水量变化，且反应池对水质变化有较大的缓冲能力，故规定反应池的设计污水量为平均日污水量。为顺利输送污水并保证处理效果，对反应池前后的水泵、管道等输水设施做出按最高日最高时污水量设计的规定。

6.6.35 关于反应池数量的规定。

考虑到清洗和检修等情况，SBR反应池的数量不宜少于2个。但水量较小（小于500m^3/d）时，设2个反应池不经济，或当投产初期污水量较小、采用低负荷连续进水方式时，可建1个反应池。

6.6.36 规定反应池容积的计算公式。

6.6.37 规定污泥负荷的选用范围。

除负荷外，充水比和周期数等参数均对脱氮除磷有影响，设计时，要综合考虑各种因素。

6.6.38 关于SBR工艺各工序时间的规定。

SBR工艺是按周期运行的，每个周期包括进水、反应（厌氧、缺氧、好氧）、沉淀、排水和闲置五个工序，前四个工序是必需工序。

进水时间指开始向反应池进水至进水完成的一段时间。在此期间可根据具体情况进行曝气（好氧反应）、搅拌（厌氧、缺氧反应）、沉淀、排水或闲置。若一个处理系统有n个反应池，连续地将污水流入各个池内，依次对各池污水进行处理，假设在进水工序不进行沉淀和排水，一个周期的时间为t，则进水时间应为t/n。

非好氧反应时间内，发生反硝化反应及放磷反应。运行时可增减闲置时间调整非好氧反应时间。

式（6.6.38-2）中充水比的含义是每个周期进水体积与反应池容积之比。充水比的倒数减1，可理解为回流比；充水比小，相当于回流比大。要取得较好的脱氮效果，充水比要小；但充水比过小，反而不利，可参见本规范条文说明6.6.18。

排水目的是排除沉淀后的上清液，直至达到开始向反应池进水时的最低水位。排水可采用滗水器，所用时间由滗水器的能力决定。排水时间可通过增加滗水器台数或加大溢流负荷来缩短。但是，缩短了排水时间将增加后续处理构筑物（如消毒池等）的容积和增大排水管管径。综合两者关系，排水时间宜为1.0h～1.5h。

闲置不是一个必需的工序，可以省略。在闲置期间，根据处理要求，可以进水、好氧反应、非好氧反应以及排除剩余污泥等。闲置时间的长短由进水流量和各工序的时间安排等因素决定。

6.6.39 规定每天的运行周期数。

为了便于运行管理，做此规定。

6.6.40 关于导流装置的规定。

由于污水的进入会搅动活性污泥，此外，若进水发生短流会造成出水水质恶化，因此应设置导流装置。

6.6.41 关于反应池池形的规定。

矩形反应池可布置紧凑，占地少。水深应根据鼓风机出风压力确定。如果反应池水深过大，排出水的深度相应增大，则固液分离所需时间就长。同时，受滗水器结构限制，滗水不能过多；如果反应池水深过小，由于受活性污泥界面以上最小水深（保护高度）限制，排出比小，不经济。综合以上考虑，规定完全混合型反应池水深宜为 4.0m～6.0m。连续进水时，如反应池长宽比过大，流速大，会带出污泥；长宽比过小，会因短流而造成出水水质下降，故长宽比宜为 2.5：1～4：1。

6.6.42 关于事故排水装置的规定。

滗水器故障时，可用事故排水装置应急。固定式排水装置结构简单，十分适合作事故排水装置。

6.6.43 关于浮渣的规定。

由于 SBR 工艺一般不设初次沉淀池，浮渣和污染物会流入反应池。为了不使反应池水面上的浮渣随处理水一起流出，首先应设沉砂池、除渣池（或极细格栅）等预处理设施，其次应采用有挡板的滗水器。反应池应有撇渣机等浮渣清除装置，否则反应池表面会积累浮渣，影响环境和处理效果。

6.7 化学除磷

6.7.1 关于化学除磷应用范围的规定。

《城镇污水处理厂污染物排放标准》GB 18918 规定的总磷的排放标准：当达到一级 A 标准时，在 2005 年 12 月 31 日前建设的污水厂为 1mg/L，2006 年 1 月 1 日起建设的污水厂为 0.5mg/L。一般城镇污水经生物除磷后，较难达到后者的标准，故可辅以化学除磷，以满足出水水质的要求。

强化一级处理，可去除污水中绝大部分磷。上海白龙港污水厂试验表明，当 $FeCl_3$ 投加量为 40mg/L～80mg/L，或 $Al_2(SO_4)_3 \cdot 18H_2O$ 投加量为 60mg/L～80mg/L 时，进出水磷酸盐磷浓度分别为 2mg/L～9mg/L 和 0.2mg/L～1.1mg/L，去除率为 60%～95%。

污泥厌氧处理过程中的上清液、脱水机的过滤液和浓缩池上清液等，由于在厌氧条件下，有大量含磷物质释放到液体中，若回流入污水处理系统，将造成污水处理系统中磷的恶性循环，因此应先进行除磷，一般宜采用化学除磷。

6.7.2 关于药剂投加点的规定。

以生物反应池为界，在生物反应池前投加为前置投加，在生物反应池后投加为后置投加，投加在生物反应池内为同步投加，在生物反应池前、后都投加为多点投加。

前置投加点在原污水处，形成沉淀物与初沉污泥一起排除。前置投加的优点是还可去除相当数量的有机物，因此能减少生物处理的负荷。后置投加点是在生物处理之后，形成的沉淀物通过另设的固液分离装置进行分离，这一方法的出水水质好，但需增建固液分离设施。同步投加点为初次沉淀池出水管道或生物反应池内，形成的沉淀物与剩余污泥一起排除。多点投加点是在沉砂池、生物反应池和固液分离设施等位置投加药剂，其可以降低投药总量，增加运行的灵活性。由于 pH 值的影响，不可采用石灰作混凝剂。在需要硝化的场合，要注意铁、铝对硝化菌的影响。

6.7.3 关于药剂种类、剂量和投加点宜根据试验确定的规定。

由于污水水质和环境条件各异，因而宜根据试验确定最佳药剂种类、剂量和投加点。

6.7.4 关于化学除磷药剂的规定。

铝盐有硫酸铝、铝酸钠和聚合铝等，其中硫酸铝较常用。铁盐有三氯化铁、氯化亚铁、硫酸铁和硫酸亚铁等，其中三氯化铁最常用。

采用铝盐或铁盐除磷时，主要生成难溶性的磷酸铝或磷酸铁，其投加量与污水中总磷量成正比。可用于生物反应池的前置、后置和同步投加。采用亚铁盐需先氧化成铁盐后才能取得最大除磷效果，因此其一般不作为后置投加的混凝剂，在前置投加时，一般投加在曝气沉砂池中，以使亚铁盐迅速氧化成铁盐。采用石灰除磷时，生成 $Ca_5(PO_4)_3OH$ 沉淀，其溶解度与 pH 值有关，因而所需石灰量取决于污水的碱度，而不是含磷量。石灰作混凝剂不能用于同步除磷，只能用于前置或后置除磷。石灰用于前置除磷后污水 pH 值较高，进生物处理系统前需调节 pH 值；石灰用于后置除磷时，处理后的出水必须调节 pH 值才能满足排放要求；石灰还可用于污泥厌氧释磷池或污泥处理过程中产生的富磷上清液的除磷。用石灰除磷，污泥量较铝盐或铁盐大很多，因而很少采用。加入少量阴离子、阳离子或阴阳离子聚合电解质，如聚丙烯酰胺（PAM），作为助凝剂，有利于分散的游离金属磷酸盐絮体混凝和沉淀。

6.7.5 关于铝盐或铁盐作混凝剂时，投加量的规定。

理论上，三价铝和铁离子与等摩尔磷酸反应生成磷酸铝和磷酸铁。由于污水中成分极其复杂，含有大量阴离子，铝、铁离子会与它们反应，从而消耗混凝剂，根据经验投加时其摩尔比宜为1.5～3。

6.7.6 关于应考虑污泥量的规定。

化学除磷时会产生较多的污泥。采用铝盐或铁盐作混凝剂时，前置投加，污泥量增加 40%～75%；后置投加，污泥量增加 20%～35%；同步投加，污泥量增加 15%～50%。采用石灰作混凝剂时，前置投加，污泥量增加 150%～500%；后置投加，污泥量增加 130%～145%。

6.7.7 规定了接触腐蚀性物质的设备应采取防腐蚀措施。

三氯化铁、氯化亚铁、硫酸铁和硫酸亚铁都具有很强的腐蚀性；硫酸铝固体在干燥条件下没有腐蚀性，但硫酸铝液体却有很强的腐蚀性，故做此规定。

6.8 供氧设施

Ⅰ 一般规定

6.8.1 规定生物反应池供氧设施的功能和曝气方式。

供氧设施的功能应同时满足污水需氧量、活性污泥与污水的混合和相应的处理效率等要求。

6.8.2 规定污水需氧量的计算公式。

公式右边第一项为去除含碳污染物的需氧量，第二项为剩余污泥氧当量，第三项为氧化氨氮需氧量，第四项为反硝化脱氮回收的氧量。若处理系统仅为去除碳源污染物则 b 为零，只计第一项和第二项。

总凯氏氮（TKN）包括有机氮和氨氮。有机氮可通过水解脱氨基而生成氨氮，此过程为氨化作用。氨化作用对氮原子而言化合价不变，并无氧化还原反应发生。故采用氧化 1kg 氨氮需 4.57kg 氧来计算 TKN 降低所需要的氧量。

反硝化反应可采用下列公式表示：

$$5C+2H_2O+4NO_3^- \rightarrow 2N_2+4OH^-+5CO_2$$

由此可知：4 个 NO_3^- 还原成 2 个 N_2，可使 5 个有机碳氧化成 CO_2，相当于耗去 5 个 O_2，而从反应式 $4NH_4^+ + 8O_2 \rightarrow 4NO_3^- + 8H^+ + 4H_2O$ 可知，4 个氨氮氧化成 4 个 NO_3^- 需消耗 8 个 O_2，故反硝化时氧的回收率为 5/8＝0.62。

1.42 为细菌细胞的氧当量，若用 $C_5H_7NO_2$ 表示细菌细胞，则氧化 1 个 $C_5H_7NO_2$ 分子需 5 个氧分子，即 160/113＝1.42（$kgO_2/kgVSS$）。

含碳物质氧化的需氧量，也可采用经验数据，参照国内外研究成果和国内污水厂生物反应池污水需氧量数据，综合分析为去除 1kg 五日生化需氧量需 0.7kg～1.2kgO_2。

6.8.3 规定生物反应池标准状态下污水需氧量的计算。

同一曝气器在不同压力、不同水温、不同水质时性能不同，曝气器的充氧性能数据是指单个曝气器标准状态下之值（即0.1MPa，20℃清水）。生物反应池污水需氧量，不是 0.1MPa20℃清水中的需氧量，为了计算曝气器的数量，必须将污水需氧量换成标准状态下的值。

6.8.4 规定空气供气量的计算公式。

6.8.5 规定选用空气曝气系统中曝气器的原则。

6.8.6 规定曝气器数量的计算方法及应考虑的事项。

6.8.7 规定曝气器的布置方式。

20 世纪 70 年代前曝气器基本是在水池一侧布置，近年来多为满池布置。沿池长分段渐减布置，效果更佳。

6.8.8 规定采用表面曝气器供氧的要求。

叶轮使用应与池型相匹配，才可获得良好的效果，根据国内外运行经验作了相应的规定：

1 叶轮直径与生物反应池直径之比，根据国内运行经验，较小直径的泵型叶轮的影响范围达不到叶轮直径的 4 倍，故适当调整为 1∶3.5～1∶7。

2 根据国内实际使用情况，叶轮线速度在 3.5m/s～5.0m/s 范围内，效果较好。小于 3.5m/s，提升效果降低，故本条规定为 3.5m/s～5.0m/s。

3 控制叶轮供氧量的措施，根据国内外的运行经验，一般有调节叶轮速度、控制生物反应池出口水位和升降叶轮改变淹没水深等。

6.8.9 规定采用机械曝气设备充氧能力的原则。

目前多数曝气叶轮、转刷、转碟和各种射流曝气器均为非标准型产品，该类产品的供氧能力应根据测定资料或相关技术资料采用。

6.8.10 规定选用供氧设施时，应注意的内容。

本条是根据近几年设计、运行管理经验而提出的。

6.8.11 规定鼓风机房的设置方式及机房内的主要设施。

目前国内有露天式风机站，根据多年运行经验，考虑鼓风机的噪声影响及操作管理的方便，规定污水厂一般宜设置独立鼓风机房，并设置辅助设施。离心式鼓风机需设冷却装置，应考虑设置的位置。

6.8.12 规定鼓风机选型的基本原则。

目前在污水厂中常用的鼓风机有单级高速离心式鼓风机，多级离心式鼓风机和容积式罗茨鼓风机。

离心式鼓风机噪声相对较低。调节风量的方法，目前大多采用在进口调节，操作简便。它的特性是压力条件及气体相对密度变化时对送风量及动力影响很大，所以应考虑风压和空气温度的变动带来的影响。离心式鼓风机宜用于水深不变的生物反应池。

罗茨鼓风机的噪声较大。为防止风压异常上升，应设置防止超负荷的装置。生物反应池的水深在运行中变化时，采用罗茨鼓风机较为适用。

6.8.13 规定污泥气（沼气）鼓风机布置应考虑的事项。

6.8.14 规定计算鼓风机工作压力时应考虑的事项。

6.8.15 规定确定工作和备用鼓风机数量的原则。

工作鼓风机台数，按平均风量配置时，需加设备用鼓风机。根据污水厂管理部门的经验，一般认为如按最大风量配置工作鼓风机时，可不设备用机组。

6.8.16 规定了空气除尘器选择的原则。

气体中固体微粒含量，罗茨鼓风机不应大于 100mg/m^3，离心式鼓风机不应大于 10mg/m^3。微粒最大尺寸不应大于气缸内各相对运动部件的最小工作间隙之半。空气曝气器对空气除尘也有要求，钟罩式、平板式微孔曝气器，固体微粒含量应小于 15mg/m^3；中大气泡曝气器可采用粗效除尘器。

在进风口设置的防止在过滤器上冻结冰霜的措施，一般是加热处理。

6.8.17 规定输气管道管材的基本要求。

6.8.18 关于鼓风机输气管道的规定。

6.8.19 关于生物反应池输气管道的布置规定。

生物反应池输气干管，环状布置可提高供气的安全性。为防止鼓风机突然停止运转，使池内水回灌进入输气管中，规定了应采取的措施。

6.8.20 规定鼓风机房内机组布置和起重设备的设计标准。

鼓风机机组布置宜符合本规范第5.4.7条对水泵机组布置的规定；鼓风机房起重设备宜符合本规范第5.4.9条对泵房起重设备的规定。

6.8.21 规定大中型鼓风机基础设置原则。

为了发生振动时，不影响鼓风机房的建筑安全，做此规定。

6.8.22 规定鼓风机房设计应遵守的噪声标准。

降低噪声污染的主要措施，应从噪声源着手，特别是选用低噪声鼓风机，再配以消声措施。

6.9 生 物 膜 法

Ⅰ 一 般 规 定

6.9.1 规定了生物膜法的适用范围。

生物膜法目前国内均用于中小规模的污水处理，根据《城市污水处理工程项目建设标准》的规定，一般适用于日处理污水量在Ⅲ类以下规模的二级污水厂。该工艺具有抗冲击负荷、易管理、处理效果稳定等特点。生物膜法包括浸没式生物膜法（生物接触氧化池、曝气生物滤池）、半浸没式生物膜法（生物转盘）和非浸没式生物膜法（高负荷生物滤池、低负荷生物滤池、塔式生物滤池）等。其中浸没式生物膜法具有占地面积小，五日生化需氧量容积负荷高，运行成本低，处理效率高等特点，近年来在污水二级处理中被较多采用。半浸没式、非浸没式生物膜法最大特点是运行费用低，约为活性污泥法的1/3～1/2，但卫生条件较差及处理程度较低，占地较大，所以阻碍了其发展，可因地制宜采用。

6.9.2 关于生物膜法工艺应用的规定。

生物膜法在污水二级处理中可以适应高浓度或低浓度污水，可以单独应用，也可以与其他生物处理工艺组合应用，如上海某污水处理厂采用厌氧生物反应池、生物接触氧化池和生物滤池组合工艺处理污水。

6.9.3 关于生物膜法前处理的规定。

国内外资料表明，污水进入生物膜处理构筑物前，应进行沉淀处理，以尽量减少进水的悬浮物质，从而防止填料堵塞，保证处理构筑物的正常运行。当进水水质或水量波动大时，应设调节池，停留时间根据一天中水量或水质波动情况确定。

6.9.4 关于生物膜法的处理构筑物采取防冻、防臭和灭蝇等措施的规定。

在冬季较寒冷的地区应采取防冻措施，如将生物转盘设在室内。

生物膜法处理构筑物的除臭一般采用生物过滤法、湿式吸收氧化法去除硫化氢等恶臭气体。塔式生物滤池可采用顶部喷淋，生物转盘可以从水槽底部进水的方法减少臭气。

生物滤池易孳生滤池蝇，可定期关闭滤池出口阀门，让滤池填料淹水一段时间，杀死幼蝇。

Ⅱ 生物接触氧化池

6.9.5 关于生物接触氧化池布置形式的原则规定。

污水经初次沉淀池处理后可进一段接触氧化池，也可进两段或两段以上串联的接触氧化池，以达到较高质量的处理水。

6.9.6 关于生物接触氧化池填料布置的规定。

填料床的填料层高度应结合填料种类、流程布置等因素确定。每层厚度由填料品种确定，一般不宜超过1.5m。

6.9.7 规定生物接触氧化池填料的选用原则。

目前国内常用的填料有：整体型、悬浮型和悬挂型，其技术性能见表13。

表13 常用填料技术性能

填料名称 / 项目	整体型			悬浮型	悬挂型	
	立体网状	蜂窝直管	ϕ50×50mm柱状	内置式悬浮填料	半软性填料	弹性立体填料
比表面积（m^2/m^3）	50～110	74～100	278	650～700	80～120	116～133
空隙率（%）	95～99	99～98	90～97	内置纤维束数 12束/个≥40g/个 纤维束重量 1.6g/个～2.0g/个	≥96	—
成品重量（kg/m^3）	20	45～38	7.6		3.6kg/m～6.7kg/m	2.7kg/m～4.99kg/m
挂膜重量（kg/m^3）	190～316	—	—		4.8g/片～5.2g/片	—
填充率（%）	30～40	50～70	60～80	堆积数量1000个/m^3 产品直径ϕ100	100	100

续表 13

项目 \ 填料名称		整体型		悬浮型		悬挂型	
		立体网状	蜂窝直管	ϕ50×50mm 柱状	内置式悬浮填料	半软性填料	弹性立体填料
填料容积负荷［kgCOD/(m^3·d)］	正常负荷	4.4	—	3～4.5	1.5～2.0	2～3	2～2.5
	冲击负荷	5.7	—	4～6	3	5	—
安装条件		整体	整体	悬浮	悬浮	吊装	吊装
支架形式		平格栅	平格栅	绳网	绳网	框架或上下固定	框架或上下固定

6.9.8 规定生物接触氧化池的曝气方式。

生物接触氧化池有池底均布曝气方式、侧部进气方式、池上面安装表面曝气器充氧方式（池中心为曝气区）、射流曝气充氧方式等。一般常采用池底均布曝气方式，该方式曝气均匀，氧转移率高，对生物膜搅动充分，生物膜的更新快。常用的曝气器有中微孔曝气软管、穿孔管、微孔曝气等，其安装要求见《鼓风曝气系统设计规程》CECS 97。

6.9.9 关于生物接触氧化池进、出水方式的规定。

6.9.10 规定生物接触氧化池排泥和放空设施。

生物接触氧化池底部设置排泥斗和放空设施，以利于排除池底积泥和方便维护。

6.9.11 关于生物接触氧化池的五日生化需氧量容积负荷的规定。

该数据是根据国内经验，参照国外标准而制定。生物接触氧化池典型负荷率见表 14，此表摘自英国标准。

表 14 生物接触氧化池的典型负荷

处理要求	工艺要求	容积负荷	
		$kgBOD_5/(m^3\cdot d)$	$kgNH_4\text{-}N/(m^3\cdot d)$
碳氧化	高负荷	2～5	—
碳氧化／硝化	高负荷	0.5～2	0.1～0.4
三级硝化	高负荷	＜20mgBOD/L*	0.2～1.0

注：*装置进水浓度。

Ⅲ 曝气生物滤池

6.9.12 关于曝气生物滤池池型的规定。

曝气生物滤池由池体、布水系统、布气系统、承托层、填料层和反冲洗系统等组成。曝气生物滤池的池型有上向流曝气生物滤池（池底进水，水流与空气同向运行）和下向流曝气生物滤池（滤池上部进水，水流与空气逆向运行）两种。

6.9.13 关于设预处理设施的规定。

污水经预处理后使悬浮固体浓度降低，再进入曝气生物滤池，有利于减少反冲洗次数和保证滤池的运行。如进水有机物浓度较高，污水经沉淀后可进入水解调节池进行水质水量的调节，同时也提高了污水的可生化性。

6.9.14 关于曝气生物滤池处理程度的规定。

多级曝气生物滤池中，第一级曝气生物滤池以碳氧化为主；第二级曝气生物滤池主要对污水中的氨氮进行硝化；第三级曝气生物滤池主要为反硝化除氮，也可在第二级滤池出水中投加碳源和铁盐或铝盐同时进行反硝化脱氮除磷。

6.9.15 关于曝气生物滤池池体高度的规定。

曝气生物滤池的池体高度宜为 5m～7m，由配水区、承托层、滤料层、清水区的高度和超高等组成。

6.9.16 关于曝气生物滤池布水布气系统的规定。

曝气生物滤池的布水布气系统有滤头布水布气系统、栅型承托板布水布气系统和穿孔管布水布气系统。根据调查研究，城镇污水处理宜采用滤头布水布气系统。

6.9.17 关于曝气生物滤池布气系统的规定。

曝气生物滤池的布气系统包括曝气充氧系统和进行气/水联合反冲洗时的供气系统。曝气充氧量由计算得出，一般比活性污泥法低 30%～40%。

6.9.18 关于曝气生物滤池承托层的规定。

曝气生物滤池承托层采用的材质应具有良好的机械强度和化学稳定性，一般选用卵石作承托层。用卵石作承托层其级配自上而下：卵石直径 2mm～4mm，4mm～8mm，8mm～16mm，卵石层高度 50mm，100mm，100mm。

6.9.19 关于曝气生物滤池滤料的规定。

生物滤池的滤料应选择比表面积大、空隙率高、吸附性强、密度合适、质轻且有足够机械强度的材料。根据资料和工程运行经验，宜选用粒径 5mm 左右的均质陶粒及塑料球形颗粒，常用滤料的物理特性见表 15。

表 15　常用滤料的物理特性

名　称	物理特性							
	比表面积 (m^3/g)	总孔体积 (cm^3/g)	松散容重 (g/L)	磨损率 (%)	堆积密度 (g/cm^3)	堆积空隙率 (%)	粒内孔隙率 (%)	粒径 (mm)
黏土陶粒	4.89	0.39	875	≤3	0.7~1.0	>42	>30	3~5
页岩陶粒	3.99	0.103	976					
沸石	0.46	0.0269	830					
膨胀球形黏土	3.98		密度 1550 (kg/m^3)	1.5				3.5~6.2

6.9.20　关于曝气生物滤池反冲洗系统的规定。

曝气生物滤池反冲洗通过滤板和固定其上的长柄滤头来实现，由单独气冲洗、气水联合反冲洗、单独水洗三个过程组成。反冲洗周期，根据水质参数和滤料层阻力加以控制，一般 24h 为一周期，反冲洗水量为进水水量的 8%左右。反冲洗出水平均悬浮固体可达 600mg/L。

6.9.21　关于曝气生物滤池后不设二次沉淀池的规定。

6.9.22　关于曝气生物滤池污泥产率的规定。

6.9.23　关于曝气生物滤池容积负荷的规定。

表 16 为曝气生物滤池的有关负荷，20℃时，硝化和反硝化的最大容积负荷分别小于 2kgNH_3-N/(m^3·d) 和 5kgNO_3-N/(m^3·d)；推荐值分别为 0.3kgNH_3-N/(m^3·d)～0.8kgNH_3-N/(m^3·d) 和 0.8kgNO_3-N/(m^3·d)～4.0kgNO_3-N/(m^3·d)。

表 16　曝气生物滤池典型容积负荷

负荷类别	碳氧化	硝　化	反硝化
水力负荷 [m^3/(m^2·h)]	2~10	2~10	
最大容积负荷 [kgX/(m^3·d)]	3~6 3~6	<1.5 (10℃) <2.0 (20℃)	<2(10℃) <5(20℃)

注：碳氧化、硝化和反硝化时，X 分别代表五日生化需氧量、氨氮和硝态氮。

Ⅳ　生 物 转 盘

6.9.24　关于生物转盘的一般规定。

生物转盘可分为单轴单级式、单轴多级式和多轴多级式。对单轴转盘，可在槽内设隔板分段；对多轴转盘，可以轴或槽分段。

6.9.25　规定生物转盘盘体的材料。

盘体材料应轻质、高强度、比表面积大、易于挂膜、使用寿命长和便于安装运输。盘体宜由高密度聚乙烯、聚氯乙烯或聚酯玻璃钢等制成。

6.9.26　关于生物转盘反应槽设计的规定。

1　反应槽的断面形状呈半圆形，可与盘体外形基本吻合。

2　盘体外缘与槽壁净距的要求是为了保证盘体外缘的通风。盘片净距取决于盘片直径和生物膜厚度，一般为 10mm～35mm，污水浓度高，取上限值，以免生物膜造成堵塞。如采用多级转盘，则前数级的盘片间距为 25mm～35mm，后数级为 10mm～20mm。

3　为确保处理效率，盘片在槽内的浸没深度不应小于盘片直径的 35%。水槽容积与盘片总面积的比值，影响着水在槽中的平均停留时间，一般采用 5L/m^2～9L/m^2。

6.9.27　关于生物转盘转速的规定。

生物转盘转速宜为 2.0r/min～4.0r/min，转速过高有损于设备的机械强度，同时在盘片上易产生较大的剪切力，易使生物膜过早剥离。一般对于小直径转盘的线速度采用 15m/min；中大直径转盘采用 19m/min。

6.9.28　关于生物转盘转轴强度和挠度的规定。

生物转盘的转轴强度和挠度必须满足盘体自重、生物膜和附着水重量形成的挠度及启动时扭矩的要求。

6.9.29　规定生物转盘的设计负荷。

国内生物转盘大都应用于处理工业废水，国外生物转盘用于处理城镇污水已有成熟的经验。生物转盘的五日生化需氧量表面有机负荷宜根据试验资料确定，一般处理城镇污水五日生化需氧量表面有机负荷为 0.005kgBOD_5/(m^2·d)～0.020kgBOD_5/(m^2·d)。国外资料：要求出水 BOD_5≤60mg/L 时，表面有机负荷为 0.020kgBOD_5/(m^2·d)～0.040kgBOD_5/(m^2·d)；要求出水 BOD_5≤30mg/L 时，表面有机负荷为 0.010kgBOD_5/(m^2·d)～0.020kgBOD_5/(m^2·d)。水力负荷一般为 0.04m^3/(m^2·d)～0.2m^3/(m^2·d)。生物转盘的典型负荷见表 17，此表摘自英国标准。

表 17　生物转盘的典型负荷

处理要求	工艺类型	第一阶段（级）表面有机负荷 [kg/(m^2·d)]*	平均表面有机负荷 [kg/(m^2·d)]
部分处理	高负荷	≤0.04	≤0.01
碳氧化	低负荷	≤0.03	≤0.005
碳氧化/硝化	低负荷	≤0.03	≤0.002

注：* 这里的单位只限于多阶段（级）系统。第一阶段（级）的负荷率应低于推荐值以防止膜的过度增长并使臭味降低到最小。

Ⅴ　生 物 滤 池

6.9.30　关于生物滤池池形的规定。

生物滤池由池体、填料、布水装置和排水系统等四部分组成，可为圆形，也可为矩形。

6.9.31 关于生物滤池填料的规定。

滤池填料应高强度、耐腐蚀、比表面积大、空隙率高和使用寿命长。对碎石、卵石、炉渣等无机滤料可就地取材。聚乙烯、聚苯乙烯、聚酰胺等材料制成的填料如波纹板、多孔筛装板、塑料蜂窝等具有比表面积大和空隙率高的优点，近年来被大量应用。

6.9.32 关于生物滤池通风构造的规定。

滤池通风好坏是影响处理效率的重要因素，前苏联规范规定池底部空间高度不应小于0.6m，沿池壁四周下部应设自然通风孔，其总面积不应小于滤池表面积的1%。

6.9.33 关于生物滤池布水设备的规定。

生物滤池布水的原则，应使污水均匀分布在整个滤池表面上，这样有利于提高滤池的处理效果。布水装置可采用间歇喷洒布水系统或旋转式布水器。高负荷生物滤池多采用旋转式布水器，该装置由固定的进水竖管、配水短管和可以转动的布水横管组成。每根横管的断面积由设计流量和流速决定；布水横管的根数取决于滤池和水力负荷的大小，水量大时可采用4根，一般用2根。

6.9.34 关于生物滤池的底板坡度和冲洗底部排水渠的规定。

前苏联规范规定底板坡度为1%，日本指南规定底板坡度为1%～2%。为排除底部可能沉积的污泥，规定应有冲洗底部排水渠的措施，以保持滤池良好的通风条件。

6.9.35 关于低负荷生物滤池设计参数的规定。

低负荷生物滤池的水力负荷和容积负荷，日本指南规定水力负荷为$1m^3/(m^2 \cdot d)$～$3m^3/(m^2 \cdot d)$，五日生化需氧量容积负荷不应大于$0.3kgBOD_5/(m^3 \cdot d)$，美国污水厂手册规定水力负荷为$0.9m^3/(m^2 \cdot d)$～$3.7m^3/(m^2 \cdot d)$，五日生化需氧量容积负荷为$0.08\ kgBOD_5/(m^3 \cdot d)$～$0.4\ kgBOD_5/(m^3 \cdot d)$。

6.9.36 关于高负荷生物滤池的设计参数的规定。

高负荷生物滤池的水力负荷和容积负荷，日本指南规定水力负荷为$10m^3/(m^2 \cdot d)$～$25m^3/(m^2 \cdot d)$，五日生化需氧量容积负荷不应大于$1.2kgBOD_5/(m^3 \cdot d)$，美国污水厂手册规定水力负荷为$10m^3/(m^2 \cdot d)$～$35m^3/(m^2 \cdot d)$，五日生化需氧量容积负荷为$0.4kgBOD_5/(m^3 \cdot d)$～$4.8kgBOD_5/(m^3 \cdot d)$。国外生物滤池设计标准见表18、表19。

采用塑料制品为填料时，滤层厚度、水力负荷和容积负荷可提高，具体设计数据应根据试验资料而定。当生物滤池水力负荷小于规定的数值时，应采取回流；当原水有机物浓度高于或处理水达不到水质排放标准时，应采用回流。

德国、美国生物滤池设计标准见表18；生物滤池典型负荷见表19，表19摘自英国标准。

表18 国外生物滤池设计标准

负荷范围	低	中	一般	高
有机物的容积负荷 $[gBOD_5/(m^3 \cdot d)]$	200 80～400*	200～450 240～480*	450～750 400～480*	>750 >480*
水力负荷（m/h）	大约0.2	0.4～0.8	0.6～1.2	>1.2
预计BOD_5出水浓度（mg/L）	<20	<25	20～40	30～50

注：*为美国污水厂手册数据。

表19 生物滤池典型负荷

处理要求	工艺类型	填料的比表面积 (m^2/m^3)	容积负荷		水力负荷 $[m^3/(m^2 \cdot h)]$
			$kgBOD/(m^3 \cdot d)$	$kgNH_4^+$-$N/(m^3 \cdot d)$	
部分处理	高负荷	40～100	0.5～5	—	0.2～2
碳氧化/硝化	低负荷	80～200	0.05～5	0.01～0.05	0.03～0.1
三级硝化	低负荷	150～200	<40mgBOD/L*	0.04～0.2	0.2～1

注：*为装置进水浓度。

Ⅵ 塔式生物滤池

6.9.37 关于塔式生物滤池池体结构的规定。

塔式生物滤池由塔身、填料、布水系统以及通风、排水装置组成。据国内资料，为达到一定的出水水质，在一定塔高限值内，塔高与进水浓度成线性关系。处理效率随着填料层总厚度的增加而增加，但当填料层总厚度超过某一数值后，处理效率提高极微，因而是不经济的。故本条规定，填料层厚度宜根据试验资料确定，一般宜为8m～12m。

6.9.38 关于塔式生物滤池填料选用的规定。

填料一般采用轻质制品，国内常用的有纸蜂窝、玻璃钢蜂窝和聚乙烯斜交错波纹板等，国外推荐使用的填料有波纹塑料板、聚苯乙烯蜂窝等。

6.9.39 关于塔式生物滤池填料分层的规定。

塔式生物滤池填料分层，是使填料荷重分层负担，每层高不宜大于2m，以免压碎填料。塔顶高出最上层填料表面0.5m左右，以免风吹影响污水的均匀分布。

6.9.40 关于塔式生物滤池通风方式的规定。

6.9.41 关于塔式生物滤池的进水水质的规定。

塔式生物滤池的进水五日生化需氧量宜控制在500mg/L以下，否则较高的五日生化需氧量容积负荷会使生物膜生长迅速，易造成填料堵塞；回流处理水后，高的水力负荷使生物膜受到强烈的冲刷而不断脱落与更新，不易造成填料堵塞。

6.9.42 关于塔式生物滤池设计负荷的规定。

美国污水厂手册介绍塑料填料塔式生物滤池的五日生化需氧量容积负荷为$4.8kgBOD_5/(m^3 \cdot d)$，法国手册介绍塑料生物塔式滤池的五日生化需氧量容积负荷为$1kg/(m^3 \cdot d)$～$5kg/(m^3 \cdot d)$。

6.10 回流污泥和剩余污泥

6.10.1 规定回流污泥设备可用的种类。

增补了生物脱氮除磷处理系统中选用回流污泥提升设备时应注意的事项。减少提升过程中的复氧，可使厌氧段和缺氧段的溶解氧值尽可能低，以利脱氮和除磷。

6.10.2 规定确定回流污泥设备工作和备用数量的原则。

6.10.3 关于剩余污泥量计算公式的规定。

式(6.10.3-1)中，剩余污泥量与泥龄成反比关系。

式(6.10.3-2)中的Y值为污泥产率系数。理论上污泥产率系数是指单位五日生化需氧量降解后产生的微生物量。

由于微生物在内源呼吸时要自我分解一部分，其值随内源衰减系数(泥龄、温度等因素的函数)和泥龄变化而变化，不是一个常数。

污泥产率系数Y，采用活性污泥法去除碳源污染物时为0.4～0.8；采用A_NO法时为0.3～0.6；采用A_PO法时为0.4～0.8；采用AAO法时为0.3～0.6，范围为0.3～0.8。本次修订将取值下限调整为0.3。

由于原污水中有相当量的惰性悬浮固体，它们原封不动地沉积到污泥中，在许多不设初次沉淀池的处理工艺中其值更甚。计算剩余污泥量必须考虑原水中惰性悬浮固体的含量，否则计算所得的剩余污泥量往往偏小。由于水质差异很大，因此悬浮固体的污泥转换率相差也很大。德国废水工程协会(ATV)推荐取0.6。日本指南推荐取0.9～1.0。

2003年11月，北京市市政工程设计研究总院和北京城市排水集团有限责任公司以高碑店污水处理厂为研究对象，进行了污泥处理系统的分析与研究，污水厂的剩余污泥平均产率为1.21kgMLSS/$kgBOD_5$～1.52kgMLSS/$kgBOD_5$。建议设计参数可选择1kgMLSS/$kgBOD_5$～1.5kgMLSS/$kgBOD_5$，经过核算悬浮固体的污泥转换率大于0.7。

悬浮固体的污泥转换率，有条件时可根据试验确定，或参照相似水质污水处理厂的实测数据。当无试验条件时可取0.5gMLSS/gSS～0.7gMLSS/gSS。

活性污泥中，自养菌所占比例极小，故可忽略不计。出水中的悬浮物没有单独计入。若出水的悬浮物含量过高时，可自行斟酌计入。

6.11 污水自然处理

Ⅰ 一般规定

6.11.1 关于选用污水自然处理原则的规定。

污水自然处理主要依靠自然的净化能力，因此必须严格进行环境影响评价，通过技术经济比较后确定。污水自然处理对环境的依赖性强，所以从建设规模上考虑，一般仅应用在污水量较小的小城镇。

6.11.2 关于污水自然处理的环境影响和方式的规定。

污水自然处理是利用环境的净化能力进行污水处理的方法，因此，当设计不合理时会破坏环境质量，所以建设污水自然处理设施时应充分考虑环境因素，不得降低周围环境的质量。污水自然处理的方式较多，必须结合当地的自然环境条件，进行多方案的比较，在技术经济可行，满足环境评价、满足生态环境和社会环境要求的基础上，选择适宜的污水自然处理方式。

6.11.3 关于利用水体的自然净化能力处理或处置污水的规定。

江河海洋等大水体有一定的污水自然净化能力，合理有效的利用，有利于减少工程投资和运行费用，改善环境。但是，如果排放的污染物量超过水体的自净能力，会影响水体的水质，造成水质恶化。要利用水环境的环境容量，必须控制合理的污染物排放量。因此，在确定是否采用污水排海排江等大水体处理或处置污水时必须进行环境影响评价，避免对水体造成不利的影响。

6.11.4 规定土地处理禁止污染地下水的原则。

土地处理是利用土地对污水进行处理，处理方式、土壤的性质、厚度等自然条件是可能影响地下水水质的因素。因此采用土地处理时，必须首先考虑不影响地下水水质，不能满足要求时，应采取措施防止对地下水的污染。

6.11.5 关于污水自然处理在污水深度处理方面应用的规定。

自然处理的工程投资和运行费用较低。城镇污水二级处理的出水水质一般污染物浓度较低，所以有条件时可考虑采用自然处理方法进行深度处理。这样，不仅可改善水质，还能够恢复水体的生态功能。

Ⅱ 稳定塘

6.11.6 关于稳定塘选用原则和建设规模的规定。

在进行污水处理规划设计时，对地理环境合适的城镇，以及中、小城镇和干旱、半干旱地区，可考虑采用荒地、废地、劣质地，以及坑塘、洼地，建设稳定塘污水处理系统。

稳定塘是人工的接近自然的生态系统，它具有管理方便、能耗少等优点，但有占地面积大等缺点。选用稳定塘时，必须考虑当地是否有足够的土地可供利用，并应对工程投资和运行费用做全面的经济比较。国外稳定塘一般用于处理小水量的污水。如日本因稳定塘占地面积大，不推广应用；英国限定稳定塘用于三级处理；美国5000座稳定塘的处理污水总量为898.9×$10^4m^3/d$，平均$1798m^3/d$，仅135座大于

$3785m^3/d$。我国地少价高，稳定塘占地约为活性污泥法二级处理厂用地面积的13.3倍～66.7倍，因此，稳定塘的建设规模不宜大于$5000m^3/d$。

6.11.7 关于稳定塘表面有机物负荷和停留时间的规定。

冰封期长的地区，其总停留时间应适当延长；曝气塘的有机负荷和停留时间不受本条规定的限制。

温度、光照等气候因素对稳定塘处理效果的影响十分重要，将决定稳定塘的负荷能力、处理效果以及塘内优势细菌、藻类及其他水生生物的种群。

稳定塘的五日生化需氧量总平均表面负荷与冬季平均气温有关，气温高时，五日生化需氧量负荷较高，气温低时，五日生化需氧量负荷较低。为保证出水水质，冬季平均气温在0℃以下时，总水力停留时间以不少于塘面封冻期为宜。本条的表面有机负荷和停留时间适用于好氧稳定塘和兼性稳定塘。表20为几种稳定塘的典型设计参数。

表20 稳定塘典型设计参数

塘类型	表面有机负荷 $[gBOD_5/(m^2 \cdot d)]$	水力停留时间 (d)	水深 (m)	BOD_5 去除率 (%)
好氧稳定塘	4～12	10～40	1.0～1.5	80～95
兼性稳定塘	1～10	25～80	1.5～2.5	60～85
厌氧稳定塘	15～100	5～30	2.5～5	20～70
曝气稳定塘	3～30	3～20	2.5～5	80～95
深度处理稳定塘	2～10	4～12	0.6～1.0	30～50

6.11.8 关于稳定塘设计的规定。

1 污水进入稳定塘前，宜进行预处理。预处理一般为物理处理，其目的在于尽量去除水中杂质或不利于后续处理的物质，减少塘中的积泥。

污水流量小于$1000m^3/d$的小型稳定塘前一般可不设沉淀池，否则，增加了塘外处理污泥的困难。处理大水量的稳定塘前，可设沉淀池，防止稳定塘塘底沉积大量污泥，减少塘的容积。

2 有关资料表明：对几个稳定塘进行串联模型实验，单塘处理效率76.8%，两塘处理效率80.9%，三塘处理效率83.4%，四塘处理效率84.6%，因此，本条规定稳定塘串联的级数一般不少于3级。

第一级塘的底泥增长较快，约占全塘系统的30%～50%，一级塘下部需用于储泥。深塘暴露于空气的面积小，保温效果好。因此，本条规定第一级塘的有效水深不宜小于3m。

3 当只设一个进水口和一个出水口并把进水口和出水口设在长度方向中心线上时，则短流严重，容积利用系数可低至0.36。进水口与出水口离得太近，也会使塘内存在很大死水区。为取得较好的水力条件和运转效果，推流式稳定塘宜采用多个进水口装置，出水口尽可能布置在距进水口远一点的位置上。风能使塘产生环流，为减小这种环流，进出水口轴线布置在与当地主导风向相垂直的方向上，也可以利用导流墙，减小风产生环流的影响。

4 稳定塘的卫生要求。

没有防渗层的稳定塘很可能影响和污染地下水。稳定塘必须采取防渗措施，包括自然防渗和人工防渗。

稳定塘在春初秋末容易散发臭气，对人健康不利。所以，塘址应在居民区主导风向的下风侧，并与住宅区之间设置卫生防护带，以降低影响。

5 关于稳定塘底泥的规定。

根据资料，各地区的稳定塘的底泥量分别为：武汉68L/（年·人）～78L/（年·人）、印度74L/（年·人）～156L/（年·人）、美国30L/(年·人）～91 L/（年·人)、加拿大91L/（年·人）～146L/（年·人），一般可按100 L/(年·人)取值，五年后大约稳定在40L/（年·人）的水平。

第一级塘的底泥增长较快，污泥最多，应考虑排泥或清淤措施。为清除污泥时不影响运行，一级塘可分格并联运行。

6.11.9 规定稳定塘系统中养鱼塘的设置及水质要求。

多级稳定塘处理的最后出水中，一般含有藻类、浮游生物，可作鱼饵，在其后可设置养鱼塘，但水质必须符合现行国家标准《渔业水质标准》GB 11607的规定。

Ⅲ 土地处理

6.11.10 规定土地处理的采用条件。

水资源不足是当前许多国家和地区共同面临的问题，应将污水处理与利用相结合。随着污水处理技术的发展，污水处理的途径不是单一的，而是多途径的。土地处理是实现污水资源化的重要途径，具有投资省、管理方便、能耗低、运行费用少和处理效果稳定等优点，但有占地面积大、受气候影响大等缺点。选用土地处理时，必须考虑当地是否有合适的场地，并应对工程的环境影响、投资、运行费用和效益做全面的分析比较。

6.11.11 关于污水土地处理的方法和预处理的规定。

基本的污水土地处理法包括慢速渗滤法（包括污水灌溉）、快速渗滤法、地面漫流法三大主要类型。其中以慢速渗滤法发展历史最长，用途最广。表21为几种污水土地处理系统典型的场地条件。

早期的污水土地处理（如污水灌溉），污水未经预处理就直接用于灌溉田，致使农田遭受有机毒物和重金属不同程度的污染，个别灌溉区生态环境受到破坏。为保证污水土地处理的正常运行，保证工程实施的环境效益和社会效益，本条规定污水土地处理之前需经过预处理。污水预处理的程度和方式应当综合污水水质、土壤性质、污水土地处理的方法、处理后水质要求以及场地周围环境条件等因素确定。

表 21　污水土地处理系统典型的场地条件

项　目	慢速渗滤法	快速渗滤法	地面漫流法
土层厚度（m）	>0.6	>1.5	>0.3
地面坡度（%）	种作物时不超过 20；不种作物时不超过 40；林地无要求	无要求	2%～8%
土壤类型	粉砂、细砂、黏土 1、粉质黏土	粉砂、细砂、中砂、粗砂	黏土 2、粉质黏土
土壤渗透率（cm/h）	中等 ≥0.15	高 ≥5.0	低 ≤0.5
气候限制	寒冷季节常需蓄水	可终年运行	寒冷季节常需蓄水

注：1　表中黏土 1 粒组百分含量为：粘粒（<0.002mm）27.5%～40%，粉粒（0.002mm～0.05mm）15%～52.5%，砂粒（0.05mm～2.0mm）20%～45%。

2　表中黏土 2 粒组百分含量为：粘粒（<0.002mm）40%～100%，粉粒（0.002mm～0.05mm）0%～40%，砂粒（0.05mm～2.0mm）0%～45%。

3　粉质黏土粒组百分含量为：粘粒（<0.002mm）0%～20%，粉粒（0.002mm～0.05mm）0%～50%，砂粒（0.05mm～2.0mm）42.5%～85%。

慢速渗滤系统的污水预处理程度对污水负荷的影响极小；快速渗滤系统和地面漫流系统，经过预处理的污水水质越好，其污水负荷越高。

几种常用的污水土地处理系统要求的最低预处理方式见表 22。

表 22　土地处理的最低水平预处理工艺

项　目	慢速渗滤	快速渗滤	地面漫流
最低水平的预处理方式	一级沉淀	一级沉淀	格栅和沉砂

6.11.12　规定污水土地处理的水力负荷。

一般污水土地处理的水力负荷宜根据试验资料确定；没有资料时应根据实践经验，结合当地条件确定。本条根据美国 1995 年至 2000 年间的有关设计手册，结合我国研究结果，提出几种基本的土地处理方法的水力负荷。

污水土地处理系统一般都是根据现有的经验进行设计，通过对现有土地处理系统成功运行经验的研究和总结，引导出具有普遍意义的设计参数和计算公式，在此基础上进行新系统的设计。

6.11.13　规定不允许进行污水土地处理的地区。

有关污水土地处理地区与给水水源的防护距离，在现行国家标准《生活饮用水卫生标准》GB 5749 中已有规定。

6.11.14　关于地下水最小埋藏深度的规定。

选择污水灌溉地点时，如地下水埋藏深度过浅，易被污水污染。前苏联规范规定地下水埋深不小于 1.5m，澳大利亚新南威尔斯州污染控制委员会制定的《土壤处理污水条例》中规定，污水灌溉地点的地下水埋藏深度不小于 1.5m，本规范规定不宜小于 1.5m。

6.11.15　关于人工湿地处理污水的有关规定。

人工湿地系统水质净化技术是一种生态工程方法。其基本原理是在一定的填料上种植特定的湿地植物，从而建立起一个人工湿地生态系统，当污水通过系统时，经砂石、土壤过滤，植物根际的多种微生物活动，污水的污染物质和营养物质被系统吸收、转化或分解，从而使水质得到净化。

用人工湿地处理污水的技术已经在全球广泛运用，使得水可以再利用，同时还可以保护天然湿地，减少天然湿地水的损失。马来西亚最早运用人工湿地处理污水。他们在 1999 年建造了 $650hm^2$ 的人工湿地，这是热带最大面积的人工淡水湿地。建造人工湿地的目的就是仿效天然湿地的功能，以满足人的需要。湿地植物和微生物是污水处理的主要因子。

经过人工湿地系统处理后的出水水质可以达到地面水水质标准，因此它实际上是一种深度处理的方法。处理后的水可以直接排入饮用水源或景观用水的湖泊、水库或河流中。因此，特别适合饮用水源或景观用水区附近的生活污水的处理或直接对受污染水体的水进行处理，或者为这些水体提供清洁的水源补充。

人工湿地处理污水是土地处理的一种，一般要进行预处理。处理城镇污水的最低预处理为一级处理，对直接处理受污染水体的可根据水体情况确定，一般应设置格栅。

人工湿地处理污水采用的类型包括地表流湿地、潜流湿地、垂直流湿地及其组合，一般将处理污水与景观相结合。因人工湿地处理污水的目标不同，目前国内人工湿地的实际数据差距较大，因此，设计参数宜由试验确定，也可以参照相似条件的经验确定。

6.11.16　规定污水土地处理场地距住宅和公共通道的最小距离。

一般污水土地处理区的臭味较大，蚊蝇较多。根据国内实际情况，并参考国外资料，对污水土地处理场地距住宅和公共通道之间规定最小距离，有条件的应尽量加大间距，并用防护林隔开。

6.11.17　规定污水用于灌溉田的水质要求。

污水土地处理主要依靠土壤及植物的生物作用和物理作用净化污水，但实施和管理不善会对环境带来不利的影响，包括污染土壤、作物或植物以及地下水水源等。

我国现行国家标准《农田灌溉水质标准》GB 5084对有害物质允许浓度以及含有病原体污水的处理要求均做出规定，必须遵照执行。

6.12 污水深度处理和回用

Ⅰ 一般规定

6.12.1 关于城市污水再生利用的深度处理工艺选择原则和水质要求的规定。

污水再生利用的目标不同，其水质标准也不同。根据《城市污水再生利用分类》GB/T 18919 的规定，城市污水再生利用类别共分为五类，包括农、林、牧、渔业用水，城镇杂用水，工业用水，环境用水，补充水源水。污水再生利用时，其水质应符合以上标准及其他相关标准的规定。深度处理工艺应根据水质目标进行选择，保证经济和有效。

6.12.2 关于污水深度处理工艺单元形式的规定。

本条列出常规条件下城镇污水深度处理的主要工艺形式，其中，膜过滤包括：微滤、超滤、纳滤、反渗透、电渗析等，不同膜过滤工艺去除污染物分子量大小和对预处理要求不同。

进行污水深度处理时，可采用其中的 1 个单元或几种单元的组合，也可采用其他的处理技术。

6.12.3 关于再生水输配中的安全规定。

再生水水质是保证污水回用工程安全运行的重要基础，其水质介于饮用水和城镇污水厂出厂水之间，为避免对饮用水和再生水水质的影响，再生水输配管道不得与其他管道相连接，尤其是严禁与城市饮用水管道连接。

Ⅱ 深度处理

6.12.4 规定深度处理工艺设计参数确定的原则。

设计参数的采用，目前国内的经验相对较少，所以规定宜通过试验资料确定或参照相似地区的实际设计和运行经验确定。

6.12.5 关于混合设施的规定。

混合是混凝剂被迅速均匀地分布于整个水体的过程。在混合阶段中胶体颗粒间的排斥力被消除或其亲水性被破坏，使颗粒具有相互接触而吸附的性能。根据国外资料，混合时间可采用 30s～120s。

6.12.6 关于深度处理工艺基本处理单元设计参数取值范围的规定。

污水处理出水的水质特点与给水处理的原水水质有较大的差异，因此实际的设计参数不完全一致。

如美国南太和湖石灰作混凝剂的絮凝（空气搅拌）时间为 5min、沉淀（圆形辐流式）表面水力负荷为 $1.6m^3/(m^2 \cdot h)$，上升流速为 0.44mm/s；美国加利福尼亚州橘县给水区深度处理厂的絮凝（机械絮凝）时间为 30min、沉淀（斜管）表面水力负荷为 $2.65m^3/(m^2 \cdot h)$，上升流速为 0.74mm/s；科罗拉多泉污水深度处理厂处理二级处理出水，用于灌溉及工业回用，澄清池上升流速为 0.57mm/s～0.63mm/s；《室外给水设计规范》GB 50013 规定不同形式的絮凝时间为 10min～30min；平流沉淀池水平流速为 10mm/s～25mm/s，沉淀时间为 1.5h～3.0h；斜管沉淀表面负荷为 $5m^3/(m^2 \cdot h) \sim 9m^3/(m^2 \cdot h)$，机械搅拌澄清池上升流速为 0.8mm/s～1.0mm/s，水力澄清池上升流速为 0.7mm/s～0.9mm/s；《污水再生利用工程设计规范》GB 50335 规定絮凝时间为 10min～15min，平流沉淀池沉淀时间为 2.0h～4.0h，水平流速为 4.0mm/s～10.0mm/s，澄清池上升流速为 0.4mm/s～0.6mm/s。

污水的絮凝时间较天然水絮凝时间短，形成的絮体较轻，不易沉淀，宜根据实际运行经验，提出混凝沉淀设计参数。

6.12.7 关于滤池设计参数的规定。

用于污水深度处理的滤池与给水处理的池形没有大的差异，因此，在污水深度处理中可以参照给水处理的滤池设计参数进行选用。

滤池的设计参数，主要根据目前国内外的实际运行情况和《污水再生利用工程设计规范》GB 50335 以及有关资料的内容确定。

6.12.8 关于采用活性炭吸附处理的规定。

因活性炭吸附处理的投资和运行费用相对较高，所以，在城镇污水再生利用中应慎重采用。在常规的深度处理工艺不能满足再生水水质要求或对水质有特殊要求时，为进一步提高水质，可采用活性炭吸附处理工艺。

6.12.9 规定活性炭吸附池设计参数的取值原则。

活性炭吸附池的设计参数原则上应根据原水和再生水水质要求，根据试验资料或结合实际运行资料确定。本条按有关规范提出了正常情况下可采用的参数。

6.12.10 关于再生水消毒的规定。

根据再生水水质标准，对不同目标的再生水均有余氯和卫生学指标的规定，因此再生水必须进行消毒。

Ⅲ 输配水

6.12.11 关于再生水管道及其附属设施设置的规定。

再生水管道和给水管道的铺设原则上无大的差异，因此，再生水输配管道设计可参照现行国家标准《室外给水设计规范》GB 50013 执行。

6.12.12 关于污水深度处理厂设置位置的原则规定。

为减少污水厂出水的输送距离，便于深度处理设施的管理，一般宜与城镇污水厂集中建设；同时，污水深度处理设施应尽量靠近再生水用户，以节省输配水管道的长度。

6.12.13 关于再生水输配管道安全性的原则规定。

再生水输配水管道的数量和布置与用户的用水特点及重要性有密切关系，一般比城镇供水的保证率低，应具体分析实际情况合理确定。

6.12.14 关于再生水输配管道材料选用原则的规定。

6.13 消 毒

Ⅰ 一 般 规 定

6.13.1 规定污水处理应设置消毒设施。

2000 年 5 月，国家发布的《城市污水处理及污染防治技术政策》规定：为保证公共卫生安全，防止传染性疾病传播，城镇污水处理应设置消毒设施。本条据此规定。

6.13.2 关于污水消毒程度的规定。

6.13.3 关于污水消毒方法的规定。

为避免或减少消毒时产生的二次污染物，消毒宜采用紫外线法和二氧化氯法。2003 年 4 月至 5 月，清华大学等对北京市的高碑店等 6 座污水处理厂出水的消毒试验表明：紫外线消毒不产生副产物，二氧化氯消毒产生的副产物不到氯消毒产生的 10%。

6.13.4 关于消毒设施和有关建筑物设计的规定。

Ⅱ 紫 外 线

6.13.5 关于污水的紫外线剂量的规定。

污水的紫外线剂量应为生物体吸收至足量的紫外线剂量（生物验定剂量或有效剂量），以往用理论公式计算。由于污水的成分复杂且变化大，实践表明理论值比实际需要值低很多，为此，美国《紫外线消毒手册》（EPA，2003 年）已推荐用经独立第三方验证的紫外线生物验定剂量作为紫外线剂量。据此，做此规定。

一些病原体进行不同程度灭活时所需紫外线剂量资料见表 23。

表 23 灭活一些病原体的紫外线剂量（mJ/cm^2）

病原体的灭活程度 / 病原体	90%	99%	99.9%	99.99%
隐孢子虫		<10	<19	
贾第虫		<5		
霍乱弧菌	0.8	1.4	2.2	2.9
痢疾志贺氏病毒	0.5	1.2	2.0	3.0
埃希氏病菌	1.5	2.8	4.1	5.6
伤寒沙门氏菌	1.8～2.7	4.1～4.8	5.5～6.4	7.1～8.2
伤寒志贺氏病菌	3.2	4.9	6.5	8.2
致肠炎沙门氏菌	5	7	9	10
肝炎病毒	4.1～5.5	8.2～14	12～22	16～30

续表 23

病原体的灭活程度 / 病原体	90%	99%	99.9%	99.99%
脊髓灰质炎病毒	4～6	8.7～14	14～23	21～30
柯萨奇病毒 B5 病毒	6.9	14	22	30
轮状病毒 SAII	7.1～9.1	15～19	23～26	31～36

一些城镇污水厂消毒的紫外线剂量见表 24。

表 24 一些城镇污水厂消毒的紫外线剂量

厂 名	拟消毒的水	紫外线剂量（mJ/cm^2）	建成时间（年）
上海市长桥污水厂	A_NO 二级出水	21.4	2001
上海市龙华污水厂	二级出水	21.6	2002
无锡市新城污水厂	二级出水	17.6	2002
深圳市大工业区污水厂（一期）	二级出水	18.6	2003
苏州市新区第二污水厂	二级出水	17.6	2003
上海市闵行污水处理厂	A_NO 二级出水	15.0	1999

6.13.6 关于紫外线照射渠的规定。

为控制合理的水流流态，充分发挥照射效果，做出本规定。

6.13.7 关于超越渠的规定。

根据运行经验，当采用 1 条照射渠时，宜设置超越渠，以利于检修维护。

Ⅲ 二氧化氯和氯

6.13.8 关于污水加氯量的规定。

2002 年 7 月，国家首次发布了城镇污水厂的生物污染物排放指标，按此要求的加氯量，应根据试验资料或类似生产运行经验确定。

2003 年北京市高碑店等 6 座污水厂二级出水的氯法消毒实测表明：加氯量为 6mg/L～9mg/L 时，出水粪大肠菌群数可在 7300 个/L 以下。据此，无试验资料时，本条规定二级处理出水的加氯量为 6mg/L～15mg/L。

二氧化氯和氯的加量均按有效氯计。

6.13.9 关于混合接触时间的规定。

在紊流条件下，二氧化氯或氯能在较短的接触时间内对污水达到最大的杀菌率。但考虑到接触池中水流可能发生死角和短流，因此，为了提高和保证消毒效果，规定二氧化氯或氯消毒的接触时间不应小于30min。

7 污泥处理和处置

7.1 一般规定

7.1.1 规定城镇污水污泥的处理和处置的基本原则。

我国幅员辽阔，地区经济条件、环境条件差异很大，因此采用的污泥处理和处置技术也存在很大的差异，但是城镇污水污泥处理和处置的基本原则和目的是一致的。

城镇污水污泥的减量化处理包括使污泥的体积减少和污泥的质量减少，前者可采用污泥浓缩、脱水、干化等技术，后者可采用污泥消化、污泥焚烧等技术。

城镇污水污泥的稳定化处理是指使污泥得到稳定（不易腐败），以利于对污泥做进一步处理和利用。可以达到或部分达到减轻污泥重量，减少污泥体积，产生沼气、回收资源，改善污泥脱水性能，减少致病菌数量，降低污泥臭味等目的。实现污泥稳定可采用厌氧消化、好氧消化、污泥堆肥、加碱稳定、加热干化、焚烧等技术。

城镇污水污泥的无害化处理是指减少污泥中的致病菌数量和寄生虫卵数量，降低污泥臭味，广义的无害化处理还包括污泥稳定。

污泥处置应逐步提高污泥的资源化程度，变废为宝，例如用作肥料、燃料和建材等，做到污泥处理和处置的可持续发展。

7.1.2 规定城镇污水污泥处理技术的选用。

目前城镇污水污泥的处理技术种类繁多，采用何种技术对城镇污水污泥进行处理应与污泥的最终处置方式相适应，并经过技术经济比较确定。

例如城镇污水污泥用作肥料，应该进行稳定化、无害化处理，根据运输条件和施肥操作工艺确定是否进行减量处理，如果是人工施肥则应考虑进行脱水处理，而机械化施肥则可以不经脱水直接施用，需要作较长时间的贮存则宜进行加热干化。

7.1.3 规定农用污泥的要求。

城镇污水污泥中含有重金属、致病菌、寄生虫卵等有害物质，为保证污泥用作农田肥料的安全性，应按照国家现行标准严格限制工业企业排入城镇下水道的重金属等有害物质含量，同时还应按照国家现行标准加强对污泥中有害物质的检测。

7.1.4 规定污泥处理构筑物的最少个数。

考虑到构筑物检修的需要和运转中会出现故障等因素，各种污泥处理构筑物和设备均不宜只设1个。据调查，我国大多数污水厂的污泥浓缩池、消化池等至少为2个，同时工作；污泥脱水机械台数一般不少于2台，其中包括备用。当污泥量很少时，可为1台。国外设计规范和设计手册，也有类似规定。

7.1.5 关于污泥水处理的规定。

污泥水含有较多污染物，其浓度一般比原污水还高，若不经处理直接排放，势必污染水体，形成二次污染。因此，污泥处理过程中产生的污泥水均应进行处理，不得直接排放。

污泥水一般返回至污水厂进口，与进水混合后一并处理。若条件允许，也可送入初次沉淀池或生物处理构筑物进行处理。必要时，剩余污泥产生的污泥水应进行化学除磷后再返回污水处理构筑物。

7.1.6 规定污泥处理过程中产生臭气的处理原则。

7.2 污泥浓缩

7.2.1 关于重力式污泥浓缩池浓缩活性污泥的规定。

1 根据调查，目前我国的污泥浓缩池的固体负荷见表25。原规范规定的30kg/(m^2·d)～60kg/(m^2·d)是合理的。

2 根据调查，现有的污泥浓缩池水力停留时间不低于12 h。

3 根据一些污泥浓缩池的实践经验，浓缩后污泥的含水率往往达不到97%。故本条规定：当浓缩前含水率为99.2%～99.6%时，浓缩后含水率为97%～98%。

表25 污泥浓缩池浓缩活性污泥时的水力停留时间与固体负荷

污水厂名称	水力停留时间（h）	固体负荷［kg/(m^2·d)］
苏州新加坡工业园区污水厂	36.5	45.3
常州市城北污水厂	14～18	40
徐州市污水厂	26.6	38.9
唐山南堡开发区污水厂	12.7	26.5
湖州市市北污水厂	33.9	33.5
西宁市污水处理一期工程	24	46
富阳市污水厂	16～17	38

4 浓缩池有效水深采用4m的规定不变。

5 栅条浓缩机的外缘线速度的大小，以不影响污泥浓缩为准。我国目前运行的部分重力浓缩池，其浓缩机外缘线速度一般为1m/min～2m/min。同时，根据有关污水厂的运行经验，池底坡向泥斗的坡度规定为不小于0.005。

7.2.2 关于设置去除浮渣装置的规定。

由于污泥在浓缩池内停留时间较长，有可能会因厌氧分解而产生气体，污泥附着该气体上浮到水面，形成浮渣。如不及时排除浮渣，会产生污泥出流。为此，规定宜设置去除浮渣的装置。

7.2.3 关于在污水生物除磷工艺中采用重力浓缩的规定。

污水生物除磷工艺是靠积磷菌在好氧条件下超量吸磷形成富磷污泥，将富磷污泥从系统中排出，达到生物除磷的目的。重力浓缩池因水力停留时间长，污泥在池内会发生厌氧放磷，如果将污泥水直接回流至污水处理系统，将增加污水处理的磷负荷，降低生物除磷的效果。因此，应将重力浓缩过程中产生的污泥水进行除磷后再返回水处理构筑物进行处理。

7.2.4 关于采用机械浓缩的规定。

调查表明，目前一些城镇污水厂已经采用机械式污泥浓缩设备浓缩污水污泥，例如采用带式浓缩机、螺压式浓缩机、转筒式浓缩机等。鉴于污泥浓缩机械设备种类较多，各设备生产厂家提供的技术参数不尽相同。因此宜根据试验资料确定设计参数，无试验资料时，按类似运行经验（污泥性质相似、单台设备处理能力相似）合理选用设计参数。

7.2.5 关于一体化污泥浓缩脱水机械的规定。

目前，污泥浓缩脱水一体化机械已经应用于工程中。对这类一体化机械的规定可分别按照本规范浓缩部分和脱水部分的有关条文执行。

7.2.6 关于排除污泥水的规定。

污泥在间歇式污泥浓缩池为静止沉淀，一般情况下污泥水在上层，浓缩污泥在下层。但经日晒或贮存时间较长后，部分污泥可能腐化上浮，形成浮渣，变为中间是污泥水，上、下层是浓缩污泥。此外，污泥贮存深度也有不同。为此，本条规定应设置可排除深度不同的污泥水的设施。

7.3 污泥消化

Ⅰ 一般规定

7.3.1 规定污泥消化可采用厌氧消化或好氧消化两种方法。

应根据污泥性质、环境要求、工程条件和污泥处置方式，选择经济适用、管理便利的污泥消化工艺。

污泥厌氧消化系统由于投资和运行费用相对较省、工艺条件（污泥温度）稳定、可回收能源（污泥气综合利用）、占地较小等原因，采用比较广泛；但工艺过程的危险性较大。

污泥好氧消化系统由于投资和运行费用相对较高、占地面积较大、工艺条件（污泥温度）随气温变化波动较大、冬季运行效果较差、能耗高等原因，采用较少；但好氧消化工艺具有有机物去除率较高、处理后污泥品质好、处理场地环境状况较好、工艺过程没有危险性等优点。污泥好氧消化后，氮的去除率可达60%，磷的去除率可达90%，上清液回流到污水处理系统后，不会增加污水脱氮除磷的负荷。

一般在污泥量较少的小型污水处理厂（国外资料报道当污水厂规模小于1.8万m^3/d时，好氧消化的投资可能低于厌氧消化），或由于受工业废水的影响，污泥进行厌氧消化有困难时，可考虑采用好氧消化工艺。

7.3.2 规定污泥消化应达到的挥发性固体去除率。

据有关文献介绍，污泥完全厌氧消化的挥发性固体分解率最高可达到80%。对于充分搅拌、连续工作、运行良好的厌氧消化池，在有限消化时间（20d～30d）内，挥发性固体分解率可达到40%～50%。

据有关文献介绍，污泥完全好氧消化的挥发性固体分解率最高可达到80%。对于运行良好的好氧消化池，在有限消化时间（15d～25d）内，挥发性固体分解率可达到50%。

据调查资料，我国现有的厌氧或好氧消化池设计有机固体分解率在40%～50%，实际运行基本达到40%。《城镇污水处理厂污染物排放标准》GB 18918规定，污泥稳定化控制指标中有机物降解率应大于40%，本规范也规定挥发性固体去除率应大于40%。

Ⅱ 污泥厌氧消化

7.3.3 规定污泥厌氧消化方法和基本运行条件。

污泥厌氧消化的方法，有高温厌氧消化和中温厌氧消化两种。高温厌氧消化耗能较高，一般情况下不经济。国外采用较少，国内尚无实例，故未列入。

在不延长总消化时间的前提下，两级中温厌氧消化对有机固体的分解率并无提高。一般由于第二级的静置沉降和不加热，一方面提高了出池污泥的浓度，减少污泥脱水的规模和投资；另一方面提高了产气量，减少运行费用。但近年来随着污泥浓缩脱水技术的发展，污泥的中温厌氧消化多采用一级。因此规定可采用单级或两级中温厌氧消化。设计时应通过技术经济比较确定。

厌氧消化池（两级厌氧消化中的第一级）的污泥温度，不但是设计参数，而且是重要的运行参数，故由原规范中的“采用”改为“保持”。

有初次沉淀池的系统，剩余污泥的碳氮比大约只有5或更低，单独进行厌氧消化比较困难，故规定宜与初沉污泥合并进行厌氧消化处理。“类似污泥”指当采用长泥龄的污水处理系统时，即便不设初次沉淀池，由于细菌的内源呼吸消耗，二次沉淀池排出的剩余污泥的碳氮比也很低，厌氧消化也难于进行。

当采用相当于延时曝气工艺的污水处理系统时，剩余污泥的碳氮比更低，污泥已经基本稳定，没有必要再进行厌氧消化处理。

7.3.4 规定厌氧消化池对加热、搅拌、排除上清液的设计要求和两级消化的容积比。

一级厌氧消化池与二级厌氧消化池的容积比多采用2∶1，与二级厌氧消化池的运行控制方式和后续的污泥浓缩设施有关，应通过技术经济比较确定。当连续或自控排出二级消化池中的上清液，或设有后续污泥浓缩池时，容积比可以适当加大，但不宜大于

4：1；当非连续或非自控排出二级消化池中的上清液，或不设置后续污泥浓缩池时，容积比可适当减小，但不宜小于2：1。

对二级消化池，由于可以不搅拌，运行时常有污泥浮渣在表面结壳，影响上清液的排出，所以增加了有关防止浮渣结壳的要求。本条规定的是国内外通常采用的方法。

7.3.5 规定厌氧消化池容积确定的方法和相关参数。

采用浓缩池重力浓缩后的污泥，其含水率在96%～98%之间。经测算，当消化时间在20d～30d时，相应的厌氧消化池挥发性固体容积负荷为0.5kgVSS/（m^3·d）～1.5kgVSS/（m^3·d），沿用原规范推荐值0.6kgVSS/（m^3·d）～1.5kgVSS/（m^3·d），是比较符合实际的。

对要求除磷的污水厂，污泥应当采用机械浓缩。采用机械浓缩时，进入厌氧消化池的污泥含水率一般在94%～96%之间，原污泥容积减少较多。当厌氧消化时间仍采用20d～30d时，厌氧消化池总容积相应减小。经测算，这种情况下厌氧消化池的挥发性固体容积负荷为0.9kgVSS/（m^3·d）～2.3kgVSS/（m^3·d）。所以规定当采用高浓度原污泥时，挥发性固体容积负荷不宜大于2.3kgVSS/（m^3·d）。

当进入厌氧消化池的原污泥浓度增加时，经过一定时间的运行，厌氧消化池中活性微生物浓度同步增加。即同样容积的厌氧消化池，能够分解的有机物总量相应增加。根据国外相关资料，对于更高含固率的原污泥，高负荷厌氧消化池的挥发性固体容积负荷可达2.4kgVSS/（m^3·d）～6.4kgVSS/（m^3·d），说明本条的规定还是留有余地的。污泥厌氧消化池挥发性固体容积负荷测算见表26。

表26 污泥厌氧消化池挥发性固体容积负荷测算

方案序号 / 参数名称	一	二	三	四	五	六	七	八	九	十
原污泥干固体量（kgSS/d）	100	100	100	100	100	100	100	100	100	100
污泥消化时间（d）	30	30	30	30	30	20	20	20	20	20
原污泥含水率（%）	98	97	96	95	94	98	97	96	95	94
原污泥体积（m^3/d）	5.0	3.3	2.5	2.0	1.7	5.0	3.3	2.5	2.0	1.7
挥发性干固体比例（%）	70	70	70	70	75	70	70	70	70	75
挥发性干固体重量（kgVSS/d）	79	70	70	70	75	70	70	70	70	75
消化池总有效容积（m^3）	150	100	75	60	50	100	67	50	40	33
挥发性固体容积负荷［kgVSS/（m^3·d）］	0.47	0.70	0.93	1.17	1.50	0.7	1.05	1.40	1.75	2.25

7.3.6 规定厌氧消化池污泥加热的方法和保温防腐要求。

随着技术的进步，近年来新设计的污泥厌氧消化池，大多采用污泥池外热交换方式加热，有的扩建项目仍沿用了蒸汽直接加热方式。原规范列举的其他污泥加热方式，实际上均属于蒸汽直接加热，但太具体化，故取消。

规定了热工计算的条件、内容和设备选型的要求。

厌氧消化污泥和污泥气对混凝土或钢结构存在较大的腐蚀破坏作用，为延长使用年限，池内壁应当进行防腐处理。

7.3.7 规定厌氧消化池污泥搅拌的方法和设备配置要求。

由于用于污泥气搅拌的污泥气压缩设备比较昂贵，系统运行管理比较复杂，耗能高，安全性较差，因此本规范推荐采用池内机械搅拌或池外循环搅拌，但并不排除采用污泥气搅拌的可能性。

原规范对连续搅拌的搅拌（循环）次数没有规定，导致设备选型时缺乏依据。本次修编参照间歇搅拌的常规做法（5h～10h搅拌一次），规定每日搅拌（循环）次数不宜少于3次，相当于至少每8h（每班）完全搅拌一次。

间歇搅拌时，规定每次搅拌的时间不宜大于循环周期的一半（按每日3次考虑，相当于每次搅拌的时间4h以下），主要是考虑设备配置和操作的合理性。如果规定时间太短，设备投资增加太多；如果规定时间太长，接近循环周期时，间歇搅拌就失去了意义。

7.3.8 关于污泥厌氧消化池和污泥气贮罐的密封及压力控制的规定。

污泥厌氧消化系统在运行时，厌氧消化池和污泥气贮罐是用管道连通的，所以厌氧消化池的工作内压一般与污泥气贮罐的工作压力相同。《给水排水构筑物施工及验收规范》GBJ 141—90要求厌氧消化池应进行气密性试验，但未规定气密性试验的压力，实际操作有困难。故增加该项要求，规定气密性试验压力按污泥气工作压力的1.5倍确定。

为防止超压或负压造成的破坏，厌氧消化池和污泥气贮罐设计时应采取相应的措施（如设置超压或负压检测、报警与释放装置，放空、排泥和排水阀应采用双阀等），规定防止超压或负压的操作程序。如果操作不当，浮动盖式的厌氧消化池和污泥气贮罐也有可能发生超压或负压，故将原规范中的“固定盖式消化池”改为“厌氧消化池”。

7.3.9 关于污泥厌氧消化池安全的设计规定。

厌氧消化池溢流或表面排渣管排渣时，均有可能发生污泥气外泄，放在室内（指经常有人活动或值守的房间或设备间内，不包括户外专用于排渣、溢流的井室）可能发生爆炸，危及人身安全。水封的作用是减少污泥气泄漏，并避免空气进入厌氧消化池影响消化条件。

为防止污泥气管道着火而引起厌氧消化池爆炸，规定厌氧消化池的出气管上应设回火防止器。

7.3.10 关于污泥厌氧消化系统合理布置的规定。

为便于管理和减少通风装置的数量，相关设备宜集中布置，室内应设通风设施。

电气设备引发火灾或爆炸的危险性较大，如全部采用防爆型则投资较高，因此规定电气集中控制室不宜与存在污泥气泄漏可能的设施合建，场地条件许可时，宜建在防爆区外。

7.3.11 关于通风报警和防爆的设计规定。

存放或使用污泥气的贮罐、压缩机房、阀门控制间、管道层等场所，均存在污泥气泄漏的可能，规定这些场所的电机、仪表和照明等电器设备均应符合防爆要求，若处于室内时，应设置通风设施和污泥气泄漏报警装置。

7.3.12 关于污泥气贮罐容积和安全设计的规定。

污泥气贮罐的容积原则上应根据产气量和用气情况经计算确定，但由于污泥气产量的计算带有估算的性质，用气设备也可能不按预定的时序工作，计算结果的可靠性不够。实际设计大多按6h～10h的平均产气量采用。

污泥气对钢或混凝土结构存在较大的腐蚀破坏作用，为延长使用年限，贮罐的内外壁均应当进行防腐处理。

污泥气贮罐和管道贮存输送介质的性质与城镇燃气相近，其设计应符合现行国家标准《城镇燃气设计规范》GB 50028 的要求。

7.3.13 关于污泥气燃烧排放和安全的设计规定。

为防止大气污染和火灾，多余的污泥气必须燃烧消耗。由于外燃式燃烧器明火外露，在遇大风时易形成火苗或火星飞落，可能导致火灾，故规定燃烧器应采用内燃式。

为防止用气设备回火或输气管道着火而引起污泥气贮罐爆炸，规定污泥气贮罐的出气管上应设回火防止器。

7.3.14 规定污泥气应当综合利用。

污水厂的污泥气一般多用于污泥气锅炉的燃料，也有用于发电和驱动鼓风机的。

7.3.15 关于设置污泥气脱硫装置的规定。

经调查，有些污水厂由于没有设置污泥气脱硫装置，使污泥气内燃机（用于发电和驱动鼓风机）不能正常运行或影响设备的使用寿命。当污泥气的含硫量高于用气设备的要求时，应当设置污泥气脱硫装置。为减少污泥气中的硫化氢等对污泥气贮罐的腐蚀，规定脱硫装置应设在污泥气进入污泥气贮罐之前，尽量靠近厌氧消化池。

Ⅲ 污泥好氧消化

7.3.16 规定好氧消化池容积确定的方法和相关参数。

好氧消化池的设计经验比较缺乏，故规定好氧消化池的总有效容积，宜根据试验资料和技术经济比较确定。

据国内外文献资料介绍，污泥好氧消化时间，对二沉污泥（剩余污泥）为10d～15d，对混合污泥为15d～20d（个别资料推荐15d～25d）；污泥好氧消化的挥发性固体容积负荷一般为0.38kgVSS/(m^3·d)～2.24kgVSS/(m^3·d)。

在上述资料中，对于挥发性固体容积负荷，所推荐的下限值显然是针对未经浓缩的原污泥，含固率和容积负荷偏低，不经济；上限值是针对消化时间20d的情况，未包括消化时间10d的情况，因此在时间上不配套。

根据测算，在10d～20d的消化时间内，当处理一般重力浓缩后的原污泥（含水率在96%～98%之间）时，相应的挥发性固体容积负荷为0.7kgVSS/(m^3·d)～2.8kgVSS/(m^3·d)；当处理经机械浓缩后的原污泥（含水率在94%～96%之间）时，相应的挥发性固体容积负荷为1.4kgVSS/(m^3·d)～4.2kgVSS/(m^3·d)。

因此本规范推荐，好氧消化时间宜采用10d～20d。一般重力浓缩后的原污泥，挥发性固体容积负荷宜采用0.7kgVSS/(m^3·d)～2.8kgVSS/(m^3·d)；机械浓缩后的高浓度原污泥，挥发性固体容积负荷不宜大于4.2 kgVSS/(m^3·d)。污泥好氧消化池挥发性固体容积负荷测算见表27。

表27 污泥好氧消化池挥发性固体容积负荷测算

参数名称 \ 方案序号	一	二	三	四	五	六	七	八	九	十
原污泥干固体量（kgSS/d）	100	100	100	100	100	100	100	100	100	100
污泥消化时间（d）	20	20	20	20	20	10	10	10	10	10
原污泥含水率（%）	98	97	96	95	94	98	97	96	95	94
原污泥体积（m^3/d）	5.0	3.3	2.5	2.0	1.7	5.0	3.3	2.5	2.0	1.7
挥发性干固体比例（%）	70	70	70	70	70	70	70	70	70	70
挥发性干固体重量（kgVSS/d）	70	70	70	70	70	70	70	70	70	70
消化池总有效容积（m^3）	100	67	50	40	33	50	33	25	20	17
挥发性固体容积负荷[kgVSS/(m^3·d)]	0.7	1.05	1.40	1.75	2.10	1.4	2.10	2.80	3.50	4.20

7.3.17 关于好氧消化池污泥温度的规定。

好氧消化过程为放热反应，池内污泥温度高于投入的原污泥温度，当气温在15℃时，泥温一般在20℃左右。

根据好氧消化时间和温度的关系，当气温20℃时，活性污泥的消化时间约需要16d～18d，当气温低于 15℃时，活性污泥的消化时间需要 20d 以上，混合污泥则需要更长的消化时间。

因此规定当气温低于 15℃时，宜采取保温、加热措施或适当延长消化时间。

7.3.18 规定好氧消化池中溶解氧浓度。

好氧消化池中溶解氧的浓度，是一个十分重要的运行控制参数。

溶解氧浓度 2mg/L 是维持活性污泥中细菌内源呼吸反应的最低需求，也是通常衡量活性污泥处于好氧/缺氧状态的界限参数。好氧消化应保持污泥始终处于好氧状态下，即应保持好氧消化池中溶解氧浓度不小于 2mg/L。

溶解氧浓度，可采用在线仪表测定，并通过控制曝气量进行调节。

7.3.19 规定好氧消化池采用鼓风曝气时，需气量的参数取值范围。

好氧消化池采用鼓风曝气时，应同时满足细胞自身氧化需气量和搅拌混合需气量。宜根据试验资料或类似工程经验确定。

根据工程经验和文献记载，一般情况下，剩余污泥的细胞自身氧化需气量为 0.015m^3 空气/（m^3 池容·min）～0.02m^3 空气/（m^3 池容·min），搅拌混合需气量为 0.02m^3 空气/（m^3 池容·min）～0.04m^3 空气/（m^3 池容·min）；初沉污泥或混合污泥的细胞自身氧化需气量为 0.025m^3 空气/（m^3 池容·min）～0.03m^3 空气/（m^3 池容·min），搅拌混合需气量为 0.04m^3 空气/（m^3 池容·min）～0.06m^3 空气/（m^3 池容·min）。

可见污泥好氧消化采用鼓风曝气时，搅拌混合需气量大于细胞自身氧化需气量，因此以混合搅拌需气量作为好氧消化池供气量设计控制参数。

采用鼓风曝气时，空气扩散装置不必追求很高的氧转移率。微孔曝气器的空气洁净度要求高、易堵塞、气压损失较大、造价较高、维护管理工作量较大、混合搅拌作用较弱，因此好氧消化池宜采用中气泡空气扩散装置，如穿孔管、中气泡曝气盘等。

7.3.20 规定好氧消化池采用机械表面曝气时，需用功率的取值方法。

好氧消化池采用机械表面曝气时，应根据污泥需氧量、曝气机充氧能力、搅拌混合强度等确定需用功率，宜根据试验资料或类似工程经验确定。

当缺乏资料时，表面曝气机所需功率可根据原污泥含水率选用。原污泥含水率高于 98%时，可采用 14W/（m^3 池容）～20W/（m^3 池容）；原污泥含水率为 94%～98%时，可采用 20W/（m^3 池容）～40W/（m^3 池容）。

因好氧消化的原污泥含水率一般在 98%以下，因此表面曝气机功率宜采用 20W/（m^3 池容）～40W/（m^3 池容）。原污泥含水率较低时，宜采用较大的曝气机功率。

7.3.21 关于好氧消化池深度的规定。

好氧消化池的有效深度，应根据曝气方式确定。

当采用鼓风曝气时，应根据鼓风机的输出风压、管路和曝气器的阻力损失来确定，一般鼓风机的出口风压约为 55kPa～65kPa，有效深度宜采用 5.0m～6.0m。

当采用机械表面曝气时，应根据设备的能力来确定，即按设备的提升深度设计有效深度，一般为 3.0m～4.0m。

采用鼓风曝气时，易形成较高的泡沫层；采用机械表面曝气时，污泥飞溅和液面波动较大。所以好氧消化池的超高不宜小于 1.0m。

7.3.22 关于好氧消化池加盖的规定。

好氧消化池一般采用敞口式，但在寒冷地区，污泥温度太低不利于好氧消化反应的进行，甚至可能结冰，因此应加盖并采取保温措施。

大气环境的要求较高时，应根据环境评价的要求确定好氧消化池是否加盖和采取除臭措施。

7.3.23 关于好氧消化池排除上清液的规定。

间歇运行的好氧消化池，一般其后不设泥水分离装置。在停止曝气期间利用静置沉淀实现泥水分离，因此消化池本身应设有排出上清液的措施，如各种可调或浮动堰式的排水装置。

连续运行的好氧消化池，一般其后设有泥水分离装置。正常运行时，消化池本身不具泥水分离功能，可不使用上清液排出装置。但考虑检修等其他因素，宜设排出上清液的措施，如各种分层放水装置。

7.4 污泥机械脱水

Ⅰ 一般规定

7.4.1 关于污泥机械脱水设计的规定。

1 污泥脱水机械，国内较成熟的有压滤机和离心脱水机等，应根据污泥的脱水性质和脱水要求，以及当前产品供应情况经技术经济比较后选用。污泥脱水性质的指标有比阻、粘滞度、粒度等。脱水要求，指对泥饼含水率的要求。

2 进入脱水机的污泥含水率大小，对泥饼产率影响较大。在一定条件下，泥饼产率与污泥含水率成反比关系。根据国内调查资料（见表 28），规定污泥进入脱水机的含水率一般不大于 98%。当含水率大于 98%时，应对污泥进行预处理，以降低其含水率。

表 28 国内进入脱水机的污泥含水率

使用单位	污泥种类	脱水机类型	进入脱水机的污泥含水率（%）
上海某织袜厂	活性污泥	板泥压滤机	98.5～99
四川某维尼纶厂	活性污泥	折带式真空过滤机	95.8

续表 28

使用单位	污泥种类	脱水机类型	进入脱水机的污泥含水率（%）
辽阳某化纤厂	活性污泥	箱式压滤机	98.1
北京某印染厂	接触氧化后加药混凝沉淀污泥	自动板框压滤机	96～97
北京某油毡原纸厂	气浮污泥	带式压滤机	93～95
哈尔滨某毛织厂	电解浮泥	自动板框压滤机	94～97
上海某污水厂	活性污泥	刮刀式真空过滤机	97
北京某污水厂	消化的初沉污泥	刮刀式真空过滤机	91.2～92.7
上海污水处理厂试验组	活性污泥	真空过滤机和板框压滤机	95.8～98.7
上海某涤纶厂	活性污泥	折带式真空过滤机	98.0～98.5
上海某厂污水站	活性污泥	折带式真空过滤机	95.0～98.0
上海某印染厂	活性污泥	板框压滤机	97.0
无锡某印染厂	活性污泥	板框压滤机	97.4

3 据国外资料介绍，消化污泥碱度过高，采用经处理后的废水淘洗，可降低污泥碱度，从而节省某些药剂的投药量，提高脱水效率。前苏联规范规定，消化后的生活污水污泥，真空过滤之前应进行淘洗。日本指南规定，污水污泥在真空过滤和加压过滤之前要进行淘选，淘选后的碱度低于 600mg/L。国内四川某维尼纶厂污水处理站利用二次沉淀池出水进行剩余活性污泥淘洗试验，结果表明：当淘洗水倍数为 1～2 时，比阻降低率约 15%～30%，提高了过滤效率。但淘洗并不能降低所有药剂的使用量。同时，淘洗后的水需要处理（如返回污水处理构筑物）。为此规定：经消化后污泥，可根据污泥性质和经济效益考虑在脱水前淘洗。

4 根据脱水间机组与泵房机组的布置相似的特点，脱水间的布置可按本规范第 5 章泵房的有关规定执行。有关规定指机组的布置与通道宽度、起重设备和机房高度等。除此以外，还应考虑污泥运输的设施和通道。

5 据调查，国内污水厂一般设有污泥堆场或污泥料仓，也有用车立即运走的，由于目前国内污泥的出路尚未妥善解决，贮存时间等亦无规律性，故堆放容量仅作原则规定。

6 脱水间内一般臭气较大，为改善工作环境，脱水间应有通风设施。脱水间的臭气因污泥性质、混凝剂种类和脱水机的构造不同而异，每小时换气次数不应小于 6 次。对于采用离心脱水机或封闭式压滤机或在压滤机上设有抽气罩的脱水机房可适当减少换气次数。

7.4.2 关于污泥脱水前加药调理的规定。

为了改善污泥的脱水性质，污泥脱水前应加药调理。

1 无机混凝剂不宜单独用于脱水机脱水前的污泥调理，原因是形成的絮体细小，重力脱水难于形成泥饼，压榨脱水时污泥颗粒漏网严重，固体回收率很低。用有机高分子混凝剂（如阳离子聚丙烯酰胺）形成的絮体粗大，适用于污水厂污泥机械脱水。阳离子型聚丙烯酰胺适用于带负电荷、胶体粒径小于 0.1μ 的污水污泥。其混凝原理一般认为是电荷中和与吸附架桥双重作用的结果。阳离子型聚丙烯酰胺还能与带负电的溶解物进行反应，生成不溶性盐，因此它还有除浊脱色作用。经它调理后的污泥滤液均为无色透明，泥水分离效果良好。聚丙烯酰胺与铝盐、铁盐联合使用，可以减少其用于中和电荷的量，从而降低药剂费用。但联合使用却增加了管道、泵、阀门、贮药罐等设备，使一次性投资增加并使管理复杂化。聚丙烯酰胺是否与铝盐铁盐联合使用应通过试验，并经技术经济比较后确定。

2 污泥加药以后，应立即混合反应，并进入脱水机，这不仅有利于污泥的凝聚，而且会减小构筑物的容积。

Ⅱ 压 滤 机

7.4.3 关于不同型式的压滤机的泥饼的产率和含水率的规定。

目前，国内用于污水污泥脱水的压滤机有带式压滤机、板框压滤机、箱式压滤机和微孔挤压脱水机。

由于各种污泥的脱水性质不同，泥饼的产率和含水率变化较大，所以应根据试验资料或参照相似污泥的数据确定。本条所列出的含水率，是根据国内调查资料和参照国外规范而制定的。

日本指南从脱水泥饼的处理及泥饼焚烧经济性考虑，规定泥饼含水率宜为 75%；天津某污水厂消化污泥经压滤机脱水后，泥饼含水率为 70%～80%，平均为 75%；上海某污水厂混合污泥经压滤机脱水后，泥饼含水率为 73.4%～75.9%。

7.4.4 关于带式压滤机的规定。

1 本规范使用污泥脱水负荷的术语，其含义为每米带宽每小时能处理污泥干物质的公斤数。该负荷因污泥类别、含水率、滤带速度、张力以及混凝剂品种、用量不同而异；应根据试验资料或类似运行经验确定，也可按表 7.4.4 估计。表中混合原污泥为初沉污泥与二沉污泥的混合污泥，混合消化污泥为初沉污泥与二沉污泥混合消化后的污泥。

日本指南建议对浓缩污泥及消化污泥的污泥脱水负荷采用 90kg/（m·h）～150kg/（m·h）；杭州某

污水厂用2m带宽的压滤机对初沉消化污泥脱水，污泥脱水负荷为300kg/（m·h）～500kg/（m·h）；上海某污水厂用1m带宽的压滤机对混合原污泥脱水，污泥脱水负荷为150kg/(m·h)～224kg/(m·h)；天津某污水厂用3m带宽的压滤机对混合消化污泥脱水，污泥脱水负荷为207kg/（m·h）～247kg/(m·h)。

2 若压滤机滤布的张紧和调正由压缩空气与其控制系统实现，在空气压力低于某一值时，压滤机将停止工作。应按压滤机的要求，配置空气压缩机。为在检查和故障维修时脱水机间能正常运行，至少应有1台备用机。

3 上海某污水厂采用压力为0.4MPa～0.6MPa的冲洗水冲洗带式压滤机滤布，运行结果表明，压力稍高，结果稍好。

天津某污水厂推荐滤布冲洗水压为0.5MPa～0.6MPa。

上海某污水厂用带宽为1m的带式压滤机进行混合污泥脱水，每米带宽每小时需$7m^3$～$11m^3$冲洗水。天津某污水厂用带宽3m的带式压滤机对混合消化污泥脱水，每米带宽每小时需$5.5m^3$～$7.5m^3$冲洗水。为降低成本，可用再生水作冲洗水；天津某污水厂用再生水冲洗，取得较好效果。

为在检查和维修故障时脱水间能正常运行，至少应有1台备用泵。

7.4.5 规定板框压滤机和箱式压滤机的设计要求。

1 过滤压力，哈尔滨某厂污水站的自动板框压滤机和吉林某厂污水站的箱式压滤机均为500kPa，辽阳某厂污水站的箱式压滤机为500kPa～600kPa，北京某厂污水站的自动板框压滤机为600kPa。日本指南为400kPa～500kPa。据此，本条规定为400kPa～600kPa。

2 过滤周期，吉林某厂污水站的箱式压滤机为3h～4.5h；辽阳某厂污水站的箱式压滤机为3.5h；北京某厂污水站的自动板框压滤机为3h～4h。据此，本条规定为不大于4h。

3 污泥压入泵，国内使用离心泵、往复泵或柱塞泵。北京某厂污水站采用柱塞泵，使用效果较好。日本指南规定可用无堵塞构造的离心泵、往复泵或柱塞泵。

4 我国现有配置的压缩空气量，每立方米滤室一般为$1.4m^3/min$～$3.0m^3/min$。日本指南为每立方米滤室$2m^3/min$（按标准工况计）。

Ⅲ 离心机

7.4.6 规定了离心脱水机房噪声应符合的标准。

因为《工业企业噪声控制设计规范》GBJ 87 规定了生产车间及作业场所的噪声限制值和厂内声源辐射至厂界的噪声A声级的限制值，故规定离心脱水机房噪声应符合此标准。

7.4.7 关于所选用的卧螺离心机分离因数的规定。

目前国内用于污水污泥脱水的离心机多为卧螺离心机。离心脱水是以离心力强化脱水效率，虽然分离因数大脱水效果好，但并不成比例，达到临界值后分离因数再大脱水效果也无多大提高，而动力消耗几乎成比例增加，运行费用大幅度提高，机械磨损、噪声也随之增大。而且随着转速的增加，对污泥絮体的剪切力也增大，大的絮体易被剪碎而破坏，影响污泥干物质的回收率。

国内污水处理厂卧螺离心机进行污泥脱水采用的分离因数如下：

深圳滨河污水厂为2115g；洛阳涧西污水厂为2115g；仪征化纤污水厂为1700g；上海曹杨污水厂为1224g；云南个旧污水厂为1450g；武汉汤逊湖污水厂为2950g；辽宁葫芦岛市污水厂为2950g；上海白龙港污水厂（一级强化处理）为3200g；香港昂船洲污水厂（一级强化处理）为3200g。

由于随污泥性质、离心机大小的不同，其分离因数的取值也有一定的差别。为此，本条规定污水污泥的卧螺离心机脱水的分离因数宜小于3000g。对于初沉和一级强化处理等有机质含量相对较低的污泥，可适当提高其分离因数。

7.4.8 对离心机进泥粒径的规定。

为避免污泥中的长纤维缠绕离心机螺旋以及纤维裹挟污泥成较大的球状体后堵塞离心机排泥孔，一般认为当纤维长度小于8mm时已不具备裹挟污泥成为大的球状体的条件。为此，本条规定离心脱水机前应设置污泥切割机，切割后的污泥粒径不宜大于8mm。

7.5 污泥输送

7.5.1 关于脱水污泥输送形式的规定。

规定了脱水污泥通常采用的三种输送形式：皮带输送机输送、螺旋输送机输送和管道输送。

7.5.2 关于皮带运输机输送污泥的规定。

皮带运输机倾角超过20°，泥饼会在皮带上发生滑动。

7.5.3 关于螺旋输送机输送污泥的规定。

如果螺旋输送机倾角过大，会导致污泥下滑而影响污泥脱水间的正常工作。如果采用有轴螺旋输送机，由于轴和螺旋叶片之间形成了相对于无轴螺旋输送机而言较为密闭的空间，在输送污泥过程中对污泥的挤压与搅动更为剧烈，易于使污泥中的表面吸附水、间歇水和毛细结合水外溢，增加污泥的流动性，在污泥的运输过程中容易造成污泥的滴漏，污染沿途环境。为此，做出本条规定。

7.5.4 关于管道输送污泥的规定。

由于污泥管道输送的局部阻力系数大，为降低污泥输送泵的扬程，同时为避免污泥在管道中发生堵死现象，参照《浆体长距离管道输送工程设计规程》

CECS 98的相关规定，同时考虑到污水厂污泥的管道输送距离较短，而脱水机房场地有限，不利于管道进行大幅度转角布置，做出本条规定。

7.6 污泥干化焚烧

7.6.1 关于污泥干化总体原则的规定。

根据国内外多年的污泥处理和处置实践，污泥在很多情况下都需要进行干化处理。

污泥自然干化，可以节约能源，降低运行成本，但要求降雨量少、蒸发量大、可使用的土地多、环境要求相对宽松等条件，故受到一定限制。在美国的加利福尼亚州，自然干化是普遍采用的污泥脱水和干化方法，1988年占32%，1998年增加到39%，其中科罗拉多地区超过80%的污水处理厂采用干化场作为首选工艺。

污泥人工干化，采用最多的是热干化。大连开发区、秦皇岛、徐州等污水厂已经采用热干化工艺烘干污泥，并制造复合肥。深圳的污泥热干化工程，目前已着手开展。

7.6.2 关于污泥干化场固体负荷量的原则规定。

污泥干化场的污泥主要靠渗滤、撇除上层污泥水和蒸发达到干化。渗滤和撇除上层污泥水主要受污泥的含水率、粘滞度等性质的影响，而蒸发则主要视当地自然气候条件，如平均气温、降雨量和蒸发量等因素而定。由于各地污泥性质和自然条件不同，所以，建议固体负荷量宜充分考虑当地污泥性质和自然条件，参照相似地区的经验确定。在北方地区，应考虑结冰期间干化场储存污泥的能力。

7.6.3 规定干化场块数的划分和围堤尺寸。

干化场划分块数不宜少于3块，是考虑进泥、干化和出泥能够轮换进行，从而提高干化场的使用效率。围堤高度是考虑贮泥量和超高的需要，顶宽是考虑人行的需要。

7.6.4 关于人工排水层的规定。

对脱水性能好的污泥而言，设置人工排水层有利于污泥水的渗滤，从而加速污泥干化。我国已建干化场大多设有人工排水层，国外规范也都建议设人工排水层。

7.6.5 关于设不透水层的规定。

为了防止污泥水入渗土壤深层和地下水，造成二次污染，故规定在干化场的排水层下面应设置不透水层。某些地下水较深、地基岩土渗透性较差的地区，在当地卫生管理部门允许时，才可考虑不设不透水层。本条与原规范相比，加大了设立不透水层的强制力度。

7.6.6 规定了宜设排除上层污泥水的设施。

污泥在干化场脱水干化是一个污泥沉降浓缩、析出污泥水的过程，及时将这部分污泥水排除，可以加速污泥脱水，有利于提高干化场的效率。

7.6.7 规定污泥热干化和焚烧宜集中进行。

单个污水处理厂的污泥量可能较少，集中干化焚烧处理更经济、更利于保证质量、更便于管理。

7.6.8 规定污泥热干化应充分考虑产品出路。

污泥热干化成本较高，故应充分考虑产品的出路，以提高热干化工程的经济效益。

7.6.9 关于污泥热干化和焚烧的污泥负荷量原则的规定。

污泥热干化和焚烧在国内属于新兴的技术，经验不足。污泥含水率等性质，对热干化的污泥负荷量有显著影响。污泥热干化的设备类型很多，性能各异，因此，需要根据污泥性质、设备性能，并参照相似设备的运行参数进行污泥负荷量设计。

7.6.10 规定热干化和焚烧设备的套数。

热干化和焚烧设备宜设置2套，是为了保证设备检修期间污水厂的正常运行。由于设备投资较大，可仅设1套，但应考虑必要的应急措施，在设备检修时，保证污水厂仍然能够正常运行。

7.6.11 关于热干化设备选型的原则规定。

热干化设备种类很多，如直接加热转鼓式干化器、气体循环、间接加热回转室、流化床等，目前国内应用经验不足，只能根据热干化的实际需要和国外经验确定。

国内热干化设备安装运行情况见表29。

1995年以前国外应用直接加热转鼓式干化器较多，干化后得到稳定的球形颗粒产品，但尾气量大，处理费用昂贵。

1995—1999年出现了间接加热系统，尾气量要小得多，但干化器内部磨损严重且难以生产出颗粒状产品。气体循环技术使转鼓中的氧气含量保持在10%以下，提高了安全性。间接加热回转室适用于中小型污水处理厂。此外还出现了机械脱水和热干化一体化的技术，即真空过滤带式干化系统和离心脱水干化系统。

表29 国内热干化设备安装运行情况

污水厂名称	上海市石洞口污水厂	天津市咸阳路污水厂
所在地(省、市、县)	上海	天津
污水规模(万 m^3/d)	40	45
污水处理工艺	一体化活性污泥处理工艺	A/O
投产时间	2003年	2004年
污泥规模(t/d)	64	73
设备型号	流化床污泥干燥机	间接加热碟片式干燥机
进泥含水率(%)	70	75
出泥含水率(%)	≤10	<10
燃料种类/消耗量	干化污泥	沼气、天然气

2000年以后的美国热干化设备，出现了以蒸汽为热源的流化床干化设备，带有产品过筛返混系统，其产品的性状良好，与转鼓式干化器是相似的。蒸汽锅炉（或废热蒸汽）和流化床有逐渐取代热风锅炉和转鼓之势。转鼓式干化器仍将继续扮演重要角色，同时也向设备精、处理量大的方向发展。干料返混系统能够生产出可销售的生物固体产品。

简单的间接加热系统受制于设备本身的大小，较适合于小到中等规模的处理量；带有污泥混合器和气体循环装置的直接加热系统，是中到大规模处理量的较佳选择。

7.6.12 规定热干化设备能源的选择。

消化池污泥气是污泥消化的副产品，无需购买，故越来越多的热干化设备以污泥气作为能源，但直接加热系统仍多采用天然气。

7.6.13 关于热干化设备安全的规定。

污水污泥产生的粉尘是St1级的爆炸粉尘，具有潜在的粉尘爆炸的危险，干化设施和贮料仓内的干化产品也可能会自燃。在欧美已经发生了多起干化器爆炸、着火和附属设施着火的事件。因此，应高度重视污泥干化设备的安全性。

7.6.14 规定优先考虑污泥与垃圾或燃料煤同时焚烧。

由于污泥的热值偏低，单独焚烧具有一定难度，故宜考虑与热值较高的垃圾或燃料煤同时焚烧。

7.6.15 关于污泥焚烧工艺的规定。

初沉污泥的有机物含量一般在55%～70%之间，剩余污泥的有机物含量一般在70%～85%之间，污泥经厌氧消化处理后，其中40%的有机物已经转化为污泥气，有机物含量降低。

污泥具有一定的热值，但仅为标准煤的30%～60%，低于木材，与泥煤、煤矸石接近，见表30。

由于污泥的热值与煤矸石接近，故污泥焚烧工艺可以在一定程度上借鉴煤矸石焚烧工艺。

表30 污泥和燃料的热值

材料		热值（kJ/kg）		
		脱水后	干化后	无水
燃料	标准煤			29300
	木材			19000
	泥煤			18000
	煤矸石			≤12550
污泥	初沉污泥			10715～18920
	二沉污泥			13295～15215
	混合污泥			12005～16957
上海石洞口污水厂	混合污泥			11078～15818
北京高碑店	原污泥			9830～14360
	消化污泥			11120
	消化污泥与浓缩污泥混合			10980～11910
天津纪庄子	污泥	559（75%水分）	12603（水分6.80）	13823
	污泥（放置时间较长）	1346（75%水分）	13873（水分7.78）	15257
天津东郊	污泥	1672（75%水分）	12895（水分7.74）	14187
	污泥（放置时间较长）	1718（75%水分）	13134（水分7.36）	14375

早期建设的煤矸石电厂基本以鼓泡型流化床锅炉为主，这种锅炉热效率低，不利于消烟脱硫。20世纪90年代以来，循环流化床锅炉逐步取代了鼓泡型流化床锅炉，成为煤矸石电厂的首选锅炉，逐步从35t/h发展到70t/h，合资生产的已达到240t/h，热效率提高5%～15%。现在由于采取了防磨措施，循环流化床锅炉连续运行小时普遍超过2000h。“九五”期间，国家通过国债、技改等渠道，对大型煤矸石电厂，尤其是220t/h以上的燃煤矸石循环流化床锅炉，给予了重点倾斜。

1998年2月12日，国家经贸委、煤炭部、财政部、电力部、建设部、国家税务总局、国家土地管理局、国家建材局八部委以国经贸资〔1998〕80号文件印发了《煤矸石综合利用管理办法》，其中第十四条要求，新建煤矸石电厂应采用循环流化床锅炉。

国内污泥焚烧工程较少，仅收集到上海市石洞口污水厂的情况，也采用流化床焚烧炉工艺，见表31。

表31 国内污泥焚烧情况

污水厂名称	上海市石洞口污水厂
所在地（省、市、县）	上海
污水规模（万m^3/d）	40
污水处理工艺	一体化活性污泥处理工艺
投产时间（年）	2003
污泥规模（m^3/d）	213（脱水污泥）
设备型号	流化床焚烧炉

续表 31

污水厂名称	上海市石洞口污水厂
进泥含水率（%）	≤10
灰分产量（t/d）	42（约）
燃料种类/消耗量	干化污泥
预热温度（℃）	136
焚烧温度（℃）	≥850
焚烧时间（min）	炉内烟气有效停留时间＞2s

7.6.16 关于污泥热干化产品和污泥焚烧灰处置的规定。

部分污泥热干化产品遇水将再次成为含水污泥，污泥焚烧灰含有较多的重金属和放射性物质，处置不当会造成二次污染，所以都必须妥善保存、利用或最终处置。

7.6.17 规定污泥热干化尾气和焚烧烟气必须达标排放。

污泥热干化的尾气，含有臭气和其他污染物质；污泥焚烧的烟气，含有危害人民身体健康的污染物质。二者如不处理或处理不当，可能对大气产生严重污染，故规定应达标排放。

7.6.18 关于污泥干化场、污泥热干化厂和污泥焚烧厂环境监测的规定。

污泥干化场可能污染地下水，污泥热干化厂和焚烧厂可能污染大气，故规定应设置相应的长期环境监测设施。

7.7 污泥综合利用

7.7.1 关于污泥最终处置的规定。

污水污泥是一种宝贵的资源，含有丰富的营养成分，为植物生长所需要，同时含有大量的有机物，可以改良土壤或回收能源。

污泥综合利用既可以充分利用资源，同时又节约了最终处置费用。国外已经把满足土地利用要求的污水污泥改称为"生物固体（biosolids）"。

7.7.2 关于污泥综合利用的规定。

由于污泥中含有丰富的有机质，可以改良土壤。污泥土地利用维持了有机物→土壤→农作物→城镇→污水→污泥→土壤的良性大循环，无疑是污泥处置最合理的方式。以前，国外污泥大量用于填埋，但近年来呈显著下降趋势，污泥综合利用则呈急剧上升趋势。

美国1998年污泥处置的主要方法为土地利用占61.2%，其次是土地填埋占13.4%，堆肥占12.6%，焚烧占6.7%，表面处置占4.0%，贮存占1.6%，其他占0.4%。目前，在美国污泥土地利用已经代替填埋成为最主要的污泥处置方式。

加拿大土地利用的污泥数量，占了将近一半，显著高于其他技术，这与美国的情况类似。

英国1998年前42%的污泥最终处置出路是农用，另有30%的污泥排海，但目前欧共体已禁止污泥排海。

德国目前污泥处置以脱水污泥填埋为主，部分农用，将来的趋势是污泥干化或焚烧后再利用或填埋。

目前，日本正在进行区域集中的污泥处理处置工作，污泥处理处置的主要途径是减量后堆肥农用或焚烧、熔融成炉渣，制成建材，其余部分委托给民间团体处理处置。日本是国外仅有的污水污泥土地利用程度较小的发达国家。

我国的污泥处置以填埋为主，堆肥、复合肥研究不少，但生产规模很小。国内污泥综合利用实例不多，仅调查到一例，正是土地利用，见表32。

表32 污泥综合利用情况

污水厂名称		富阳市污水处理厂
所在地（省、市、县）		浙江、杭州、富阳
污水规模（万 m^3/d）		2
污水处理工艺		粗、细格栅—沉砂—回转式氧化沟—二次沉淀池
投产时间（年）		1999
污泥规模（t/d）		3
污泥含水率（%）		80±2
直接农业利用	施肥方式	与土地原土混合掺和，种植热带作物
	农作物	培养苗木
	农作物生长情况说明	效果不错

我国是一个农业大国，由于化肥的广泛应用，使得土壤有机质逐年下降，迫切需要施用污水污泥这样的有机肥料。但是，污泥中的重金属和其他有毒物质是污泥土地利用的最大障碍，一旦不慎造成污染，后果严重且难以挽回，因此，污泥农用不得不慎之又慎。

美国30年前的预处理计划保证了城镇污水污泥中的重金属含量达标，为污泥土地利用铺平了道路；10年前的503污泥规则进一步保证了污泥土地利用的安全性，免除了任何后顾之忧。由此可见，中国的污泥农用还有相当长的路要走。

污泥直接土地利用是国内外污泥处置技术发展的必然趋势。但是，我国在污水污泥直接土地利用之前尚有一个过渡时期，这就是污泥干化、堆肥、造粒（包括复合肥）等处理后的污泥产品的推广使用，让使用者有一个学习和适应的过程，培育市场，同时逐步健全污泥土地利用的法规和管理制度。

7.7.3 规定污泥的土地利用应严格控制重金属和其他有毒物质含量。

借鉴国外污泥土地利用的成功经验，首先必须对工业废水进行严格的预处理，杜绝重金属和其他有毒物质进入污水污泥，污水污泥利用必须符合相关国家标准的要求。同时，必须对施用污泥的土壤中积累的重金属和其他有毒物质含量进行监测和控制，严格保证污泥土地利用的安全性。这一过程，必须长期坚持不懈，不能期望一蹴而就。

8 检测和控制

8.1 一 般 规 定

8.1.1 规定排水工程应进行检测和控制。

排水工程检测和控制内容很广，原规范无此章节，此次编制主要确定一些设计原则，仪表和控制系统的技术标准应符合国家或有关部门的技术规定和标准。本章中所提到的检测均指在线仪表检测。建设规模在1万m^3/d以下的工程可视具体情况决定。

8.1.2 规定检测和控制内容的确定原则。

排水工程检测和控制内容应根据原水水质、采用的工艺、处理后的水质，并结合当地生产运行管理要求和投资情况确定。有条件时，可优先采用综合控制管理系统，系统的配置标准可视建设规模、污水处理级别、经济条件等因素合理确定。

8.1.3 规定自动化仪表和控制系统的使用原则。

自动化仪表和控制系统的使用应有利于排水工程技术和生产管理水平的提高；自动化仪表和控制设计应以保证出厂水质、节能、经济、实用、保障安全运行、科学管理为原则；自动化仪表和控制方案的确定，应通过调查研究，经过技术经济比较后确定。

8.1.4 规定计算机控制系统的选择原则。

根据工程所包含的内容及要求选择系统类型，系统选择要兼顾现有和今后发展。

8.2 检 测

8.2.1 关于污水厂进、出水检测的规定。

污水厂进水应检测水压（水位）、流量、温度、pH值和悬浮固体量（SS），可根据进水水质增加一些必要的检测仪表，BOD_5等分析仪表价格较高，应慎重选用。

污水厂出水应检测流量、pH值、悬浮固体量（SS）及其他相关水质参数。BOD_5、总磷、总氮仪表价格较高，应慎重选用。

8.2.2 关于污水厂操作人员工作安全的监测规定。

排水泵站内必须配置H_2S监测仪，供监测可能产生的有害气体，并采取防患措施。泵站的格栅井下部，水泵间底部等易积聚H_2S的地方，可采用移动式H_2S监测仪监测，也可安装在线式H_2S监测仪及报警装置。

消化池控制室必须设置污泥气泄漏浓度监测及报警装置，并采取相应防患措施。

加氯间必须设置氯气泄漏浓度监测及报警装置，并采取相应防患措施。

8.2.3 关于排水泵站和污水厂各个处理单元运行、控制、管理设置检测仪表的规定。

排水泵站：排水泵站应检测集水池或水泵吸水池水位、提升水量及水泵电机工作相关的参数，并纳入该泵站自控系统。为便于管理，大型雨水泵站和合流污水泵站（流量不小于15m^3/s），宜设置自记雨量计，其设置条件应符合国家相关的规定，并根据需要确定是否纳入该泵站自控系统。

污水厂：污水处理一般包括一级及二级处理，几种常用污水处理工艺的检测项目可按表33设置。

表33 常用污水处理工艺检测项目

处理级别	处理方法		检测项目	备 注
一级处理	沉淀法		粗、细格栅前后水位（差）；初次沉淀池污泥界面或污泥浓度及排泥量	为改善格栅间的操作条件，一般均采用格栅前后水位差来自动控制格栅的运行
二级处理	活性污泥法	传统活性污泥法	生物反应池：活性污泥浓度(MLSS)、溶解氧(DO)、供气量、污泥回流量、剩余污泥量；二次沉淀池：泥水界面	只对各个工艺提出检测内容，而不作具体数量及位置的要求，便于设计的灵活应用
		厌氧/缺氧/好氧法(生物脱氮、除磷)	生物反应池：活性污泥浓度(MLSS)、溶解氧(DO)、供气量、氧化还原电位(ORP)、混合液回流量、污泥回流量、剩余污泥量；二次沉淀池：泥水界面	
		氧化沟法	氧化沟：活性污泥浓度(MLSS)、溶解氧(DO)、氧化还原电位(ORP)、污泥回流量、剩余污泥量；二次沉淀池：泥水界面	
		序批式活性污泥法(SBR)	液位、活性污泥浓度(MLSS)、溶解氧(DO)、氧化还原电位(ORP)、污泥排放量	
	生物膜法	曝气生物滤池	单格溶解氧、过滤水头损失	只提出了一个常规参数溶解氧的检测，实际工程设计中可根据具体要求配置
		生物接触氧化池、生物转盘、生物滤池	溶解氧(DO)	

3 污水深度处理和回用：应根据深度处理工艺和再生水水质要求检测。出水通常检测流量、压力、余氯、pH值、悬浮固体量（SS）、浊度及其他相关水质参数。检测的目的是保证回用水的供水安全，可根据出水水质增加一些必要的检测。BOD_5、总磷、总氮仪表价格较高，应慎重选用。

4 加药和消毒：加药系统应根据投加方式及控制方式确定所需要的检测项目。消毒应视所采用的消毒方法确定安全生产运行及控制操作所需要的检测项目。

5 污泥处理应视其处理工艺确定检测项目。据调查，运行和管理部门都认为消化池需设置必要的检测仪表，以便及时掌握运行工况，否则会给运行管理带来许多困难，难于保证运行效果，同时，有利于积累原始运行资料。近年来随着大量引进国外先进技术，污水污泥测控技术和设备不断完善，提高了污泥厌氧消化的工艺控制自动化水平。采用重力浓缩和污泥厌氧消化时，可按表34确定检测项目。

表34 污泥重力浓缩和消化工艺检测项目

污泥处理构筑物	检测项目	备注
浓缩池	泥位、污泥浓度	
消化池	消化池：污泥气压力（正压、负压），污泥气量，污泥温度、液位、pH值； 污泥投配和循环系统：压力，污泥流量； 污泥加热单元：热媒和污泥进出口温度	压力报警，污泥气泄漏报警
贮气罐	压力（正压、负压）	

8.2.4 关于检测机电设备工况的规定。

机电设备的工作状况与工作时间、故障次数与原因对控制及运行管理非常重要，随着排水工程自动化水平的提高，应检测机电设备的状态。

8.3 控 制

8.3.1 关于排水泵站控制原则的规定。

排水泵站的运行管理应在保证运行安全的条件下实现自动控制。为便于生产调度管理，宜建立遥测、遥讯、遥控"三遥"系统。

8.3.2 关于10万m^3/d规模以下污水厂控制原则的规定。

10万m^3/d规模以下的污水厂可采用计算机数据采集系统与仪表检测系统，对主要工艺单元可采用自动控制。

序批式活性污泥法（SBR）处理工艺，用可编程序控制器，按时间控制，并根据污水流量变化进行调整。

氧化沟处理工艺，用时间程序自动控制运行，用溶解氧或氧化还原电位（ORP）控制曝气量，有利于满足运行要求，且可最大限度地节约动力。

8.3.3 关于10万m^3/d及以上规模污水厂控制原则的规定。

10万m^3/d及以上规模的污水厂生产管理与控制的自动化宜为：计算机控制系统应能够监视主要设备的运行工况与工艺参数，提供实时数据传输、图形显示、控制设定调节、趋势显示、超限报警及制作报表等功能，对主要生产过程实现自动控制。目前，我国污水厂的生产管理与自动化已具有一定水平，且逐步提高。经济条件不允许时，可采用分期建设的原则，分阶段逐步实现自动控制。

8.3.4 关于成套设备控制的规定。

成套设备本身带有控制及仪表装置时，设计应完成与外部控制系统的通信接口。

8.4 计算机控制管理系统

8.4.1 规定计算机控制管理系统的功能。

此条是对系统功能的总体要求。

8.4.2 关于计算机控制管理系统设计原则的规定。

中华人民共和国国家标准

小型火力发电厂设计规范

Code for design of small fossil fired power plant

GB 50049—2011

主编部门：中 国 电 力 企 业 联 合 会
批准部门：中华人民共和国住房和城乡建设部
施行日期：2 0 1 1 年 1 2 月 1 日

中华人民共和国住房和城乡建设部
公　　告

第881号
关于发布国家标准
《小型火力发电厂设计规范》的公告

现批准《小型火力发电厂设计规范》为国家标准，编号为GB 50049—2011，自2011年12月1日起实施。其中，第7.2.4、7.4.7、21.1.5条为强制性条文，必须严格执行。原《小型火力发电厂设计规范》GB 50049—94同时废止。

本规范由我部标准定额研究所组织中国计划出版社出版发行。

中华人民共和国住房和城乡建设部

二〇一〇年十二月二十四日

前　　言

本规范系根据原建设部《关于印发〈2006年工程建设标准规范制订、修订计划（第二批）〉的通知》（建标〔2006〕136号）的要求，由河南省电力勘测设计院会同有关单位在原《小型火力发电厂设计规范》GB 50049—94的基础上修订完成的。

本规范共分24章和1个附录，主要内容有：总则、术语、基本规定、热（冷）电负荷、厂址选择、总体规划、主厂房布置、运煤系统、锅炉设备及系统、除灰渣系统、脱硫系统、脱硝系统、汽轮机设备及系统、水处理设备及系统、信息系统、仪表与控制、电气设备及系统、水工设施及系统、辅助及附属设施、建筑与结构、采暖通风与空气调节、环境保护和水土保持、劳动安全与职业卫生、消防。

本规范修订的主要技术内容是：

1. 适用范围增加为高温高压及以下参数、单机容量小于125MW、采用直接燃烧方式、主要燃用固体化石燃料的火力发电厂设计；

2. 增加了脱硫系统、脱硝系统的技术内容；

3. 增加了信息系统、水土保持、消防的技术内容。

本规范中以黑体字标志的条文为强制性条文，必须严格执行。

本规范由住房和城乡建设部负责管理和对强制性条文的解释，由中国电力企业联合会负责日常管理，河南省电力勘测设计院负责具体技术内容的解释。在执行过程中如有意见或建议，请寄送河南省电力勘测设计院（地址：河南省郑州市中原西路212号，邮政编码：450007）。

本规范主编单位、参编单位、主要起草人和主要审查人：

主 编 单 位： 河南省电力勘测设计院

参 编 单 位： 湖南省电力勘测设计院
浙江省电力设计院
山东电力工程咨询院有限公司

主要起草人： 娄金旗　庞　可　王成立　钱海平
王　葵　韦迎旭　王宇新　张战涛
宋俊山　张军民　郭红兵　郭西平
陈本柏　刘自力　刘怡君　李柯伟
张卫灵　崔云素　许　伟　楼予嘉
陈　晓　周　建　周志勇　于　昉
王瑞来　张吉栋　唐爱良　何语平

主要审查人： 郭晓克　黄宝德　王小京　郭亚丽
刘东亚　苏云勇　王焕瑾　李江波
田蓉荣　黄　文　陈　彬　程　建
胡　蔚　王振彪　蔡发明　何维莎
李　钟　付剑波　金维勤　陈　曦
葛四敏　曹和平　陈丽琳　周献林
林　抒　甘家福　汤莉莉　黄　蓉
徐同社　陈　峥　王洁如　刘明秋
徐正元　王晓军　马团生　尉湘战
胡华强　李向东　张燕生　侯连成
汤东升　张开军　邹效农

目　次

1　总则 ………………………………… 1—4—8
2　术语 ………………………………… 1—4—8
3　基本规定 …………………………… 1—4—8
4　热（冷）电负荷 …………………… 1—4—9
4.1　热（冷）负荷和热（冷）介质 …… 1—4—9
4.2　电负荷 ……………………………… 1—4—9
5　厂址选择 …………………………… 1—4—9
6　总体规划 …………………………… 1—4—10
6.1　一般规定 …………………………… 1—4—10
6.2　厂区内部规划 ……………………… 1—4—11
6.3　厂区外部规划 ……………………… 1—4—13
7　主厂房布置 ………………………… 1—4—13
7.1　一般规定 …………………………… 1—4—13
7.2　主厂房布置 ………………………… 1—4—13
7.3　检修设施 …………………………… 1—4—14
7.4　综合设施 …………………………… 1—4—14
8　运煤系统 …………………………… 1—4—15
8.1　一般规定 …………………………… 1—4—15
8.2　卸煤设施及厂外运输 ……………… 1—4—15
8.3　带式输送机系统 …………………… 1—4—15
8.4　贮煤场及其设备 …………………… 1—4—15
8.5　筛、碎煤设备 ……………………… 1—4—16
8.6　石灰石贮存与制备 ………………… 1—4—16
8.7　控制方式 …………………………… 1—4—16
8.8　运煤辅助设施及附属建筑 ………… 1—4—16
9　锅炉设备及系统 …………………… 1—4—16
9.1　锅炉设备 …………………………… 1—4—16
9.2　煤粉制备 …………………………… 1—4—16
9.3　烟风系统 …………………………… 1—4—18
9.4　点火及助燃油系统 ………………… 1—4—18
9.5　锅炉辅助系统及其设备 …………… 1—4—19
9.6　启动锅炉 …………………………… 1—4—19
10　除灰渣系统 ………………………… 1—4—19
10.1　一般规定 ………………………… 1—4—19
10.2　水力除灰渣系统 ………………… 1—4—19
10.3　机械除渣系统 …………………… 1—4—20
10.4　干式除灰系统 …………………… 1—4—20
10.5　灰渣外运系统 …………………… 1—4—20
10.6　控制及检修设施 ………………… 1—4—20
10.7　循环流化床锅炉除灰渣系统 …… 1—4—21
11　脱硫系统 …………………………… 1—4—21
12　脱硝系统 …………………………… 1—4—22
13　汽轮机设备及系统 ………………… 1—4—22
13.1　汽轮机设备 ……………………… 1—4—22
13.2　主蒸汽及供热蒸汽系统 ………… 1—4—23
13.3　给水系统及给水泵 ……………… 1—4—23
13.4　除氧器及给水箱 ………………… 1—4—23
13.5　凝结水系统及凝结水泵 ………… 1—4—23
13.6　低压加热器疏水泵 ……………… 1—4—24
13.7　疏水扩容器、疏水箱、疏水泵与低位水箱、低位水泵 ………………… 1—4—24
13.8　工业水系统 ……………………… 1—4—24
13.9　热网加热器及其系统 …………… 1—4—25
13.10　减温减压装置 ………………… 1—4—25
13.11　蒸汽热力网的凝结水回收设备 …………………………………… 1—4—25
13.12　凝汽器及其辅助设施 ………… 1—4—26
14　水处理设备及系统 ………………… 1—4—26
14.1　水的预处理 ……………………… 1—4—26
14.2　水的预除盐 ……………………… 1—4—26
14.3　锅炉补给水处理 ………………… 1—4—27
14.4　热力系统的化学加药和水汽取样 …………………………………… 1—4—27
14.5　冷却水处理 ……………………… 1—4—27
14.6　热网补给水及生产回水处理 …… 1—4—27
14.7　药品贮存和溶液箱 ……………… 1—4—28
14.8　箱、槽、管道、阀门设计及其防腐 ……………………………… 1—4—28
14.9　化验室及仪器 …………………… 1—4—28
15　信息系统 …………………………… 1—4—28
15.1　一般规定 ………………………… 1—4—28
15.2　全厂信息系统的总体规划 ……… 1—4—28
15.3　管理信息系统（MIS） ………… 1—4—28
15.4　报价系统 ………………………… 1—4—28
15.5　视频监视系统 …………………… 1—4—28
15.6　门禁管理系统 …………………… 1—4—28
15.7　布线 ……………………………… 1—4—29
15.8　信息安全 ………………………… 1—4—29

16　仪表与控制 …… 1—4—29
16.1　一般规定 …… 1—4—29
16.2　控制方式及自动化水平 …… 1—4—29
16.3　控制室和电子设备间布置 …… 1—4—29
16.4　测量与仪表 …… 1—4—29
16.5　模拟量控制 …… 1—4—30
16.6　开关量控制及联锁 …… 1—4—30
16.7　报警 …… 1—4—30
16.8　保护 …… 1—4—30
16.9　控制系统 …… 1—4—31
16.10　控制电源 …… 1—4—31
16.11　电缆、仪表导管和就地设备布置 …… 1—4—31
16.12　仪表与控制试验室 …… 1—4—31
17　电气设备及系统 …… 1—4—31
17.1　发电机与主变压器 …… 1—4—31
17.2　电气主接线 …… 1—4—32
17.3　交流厂用电系统 …… 1—4—32
17.4　高压配电装置 …… 1—4—33
17.5　直流电源系统及交流不间断电源 …… 1—4—33
17.6　电气监测与控制 …… 1—4—33
17.7　电气测量仪表 …… 1—4—34
17.8　元件继电保护和安全自动装置 …… 1—4—34
17.9　照明系统 …… 1—4—34
17.10　电缆选择与敷设 …… 1—4—34
17.11　过电压保护与接地 …… 1—4—34
17.12　电气试验室 …… 1—4—34
17.13　爆炸火灾危险环境的电气装置 …… 1—4—34
17.14　厂内通信 …… 1—4—34
17.15　系统保护 …… 1—4—35
17.16　系统通信 …… 1—4—35
17.17　系统远动 …… 1—4—35
17.18　电能量计量 …… 1—4—35
18　水工设施及系统 …… 1—4—35
18.1　水源和水务管理 …… 1—4—35
18.2　供水系统 …… 1—4—35
18.3　取水构筑物和水泵房 …… 1—4—36
18.4　输配水管道及沟渠 …… 1—4—36
18.5　冷却设施 …… 1—4—36
18.6　外部除灰渣系统及贮灰场 …… 1—4—37
18.7　给水排水 …… 1—4—37
18.8　水工建（构）筑物 …… 1—4—38
19　辅助及附属设施 …… 1—4—38
20　建筑与结构 …… 1—4—39
20.1　一般规定 …… 1—4—39
20.2　抗震设计 …… 1—4—39
20.3　主厂房结构 …… 1—4—39
20.4　地基与基础 …… 1—4—39
20.5　采光和自然通风 …… 1—4—40
20.6　建筑热工及噪声控制 …… 1—4—40
20.7　防排水 …… 1—4—40
20.8　室内外装修 …… 1—4—40
20.9　门和窗 …… 1—4—40
20.10　生活设施 …… 1—4—40
20.11　烟囱 …… 1—4—40
20.12　运煤构筑物 …… 1—4—40
20.13　空冷凝汽器支承结构 …… 1—4—40
20.14　活荷载 …… 1—4—41
21　采暖通风与空气调节 …… 1—4—43
21.1　一般规定 …… 1—4—43
21.2　主厂房 …… 1—4—43
21.3　电气建筑与电气设备 …… 1—4—43
21.4　运煤建筑 …… 1—4—44
21.5　化学建筑 …… 1—4—44
21.6　其他辅助及附属建筑 …… 1—4—44
21.7　厂区制冷、加热站及管网 …… 1—4—44
22　环境保护和水土保持 …… 1—4—45
22.1　一般规定 …… 1—4—45
22.2　环境保护和水土保持设计要求 …… 1—4—45
22.3　各类污染源治理原则 …… 1—4—45
22.4　环境管理和监测 …… 1—4—45
22.5　水土保持 …… 1—4—46
23　劳动安全与职业卫生 …… 1—4—46
23.1　一般规定 …… 1—4—46
23.2　劳动安全 …… 1—4—46
23.3　职业卫生 …… 1—4—46
24　消防 …… 1—4—46
附录A　水质全分析报告 …… 1—4—46
本规范用词说明 …… 1—4—47
引用标准名录 …… 1—4—47
附：条文说明 …… 1—4—48

Contents

1 General provisions ······ 1—4—8
2 Terms ······ 1—4—8
3 Basic requirement ······ 1—4—8
4 Heating (cooling) and electrical load ······ 1—4—9
4.1 Heating (cooling) load and heating (cooling) medium ······ 1—4—9
4.2 Electrical load ······ 1—4—9
5 Site selection ······ 1—4—9
6 Overall planning ······ 1—4—10
6.1 General requirement ······ 1—4—10
6.2 plant area planning ······ 1—4—11
6.3 Off-site facilities planning ······ 1—4—13
7 Main power building arrangement ······ 1—4—13
7.1 General requirement ······ 1—4—13
7.2 Main power building arrangement ······ 1—4—13
7.3 Maintenance and repair facilities ······ 1—4—14
7.4 Integrated facilities ······ 1—4—14
8 Coal handling system ······ 1—4—15
8.1 General requirement ······ 1—4—15
8.2 Coal unloading facilities and off-site transport ······ 1—4—15
8.3 Belt conveyor system ······ 1—4—15
8.4 Coal storage yard and its equipments ······ 1—4—15
8.5 Coal screening and crushing equipment ······ 1—4—16
8.6 Limestone storage and limestone pulverizing system ······ 1—4—16
8.7 Coal handling control mode ······ 1—4—16
8.8 Coal handling auxiliary facilities and ancillary buildings ······ 1—4—16
9 Boiler equipment and system ······ 1—4—16
9.1 Boiler equipment ······ 1—4—16
9.2 Pulverized coal making ······ 1—4—16
9.3 Flue gas and air system ······ 1—4—18
9.4 Fuel oil system for Ignition and combustion stabilization ······ 1—4—18
9.5 Boiler auxiliary system and its equipments ······ 1—4—19
9.6 Auxiliary boiler ······ 1—4—19
10 Fly ash and bottom ash removed system ······ 1—4—19
10.1 General requirement ······ 1—4—19
10.2 Fly ash and bottom ash removed hydraulic system ······ 1—4—19
10.3 Bottom ash removed mechanical system ······ 1—4—20
10.4 Dry ash removed system ······ 1—4—20
10.5 Fly ash and bottom ash transportation system ······ 1—4—20
10.6 Control mode and maintenance facilities ······ 1—4—20
10.7 Fly ash and bottom ash removed system of CFB boiler ······ 1—4—21
11 Desulfuration system ······ 1—4—21
12 Denitration system ······ 1—4—22
13 Steam turbine equipment and system ······ 1—4—22
13.1 Steam turbine equipment ······ 1—4—22
13.2 Main steam system and heat supplying steam system ······ 1—4—23
13.3 Feedwater system and feedwater pump ······ 1—4—23
13.4 Deaerator and feedwater tank ······ 1—4—23
13.5 Condensate system and condensate pump ······ 1—4—23
13.6 Water draining pump of low pressure heater ······ 1—4—24
13.7 Water draining expandor, water draining tank, water draining pump and low tank, low pump ······ 1—4—24
13.8 Service water cooling system ······ 1—4—24
13.9 Thermal network heater and its systems ······ 1—4—25

13.10 Desuperheating and reducing device ······ 1—4—25
13.11 Condensate water return device of steam network ······ 1—4—25
13.12 Condenser and its auxiliary facilities ······ 1—4—26
14 Water treatment equipment and system ······ 1—4—26
14.1 Water pretreatment system ······ 1—4—26
14.2 Water pre-desalination system ······ 1—4—26
14.3 Boiler make-up water treatment system ······ 1—4—27
14.4 Chemical dosing and water-steam sampling of thermal system ······ 1—4—27
14.5 Cooling water treatment system ······ 1—4—27
14.6 Water treatment system for thermal network make-up water and industrial return water ······ 1—4—27
14.7 Chemical storage and solution tank ······ 1—4—28
14.8 Tank, slot, pipe, valve design and corrosion resistant ······ 1—4—28
14.9 Chemical laboratory and instrument ······ 1—4—28
15 Information system ······ 1—4—28
15.1 General requirement ······ 1—4—28
15.2 Overall plan of whole plant information system ······ 1—4—28
15.3 Management information system ······ 1—4—28
15.4 Price proposing system ······ 1—4—28
15.5 Video monitoring system ······ 1—4—28
15.6 Entrance guarding management system ······ 1—4—28
15.7 Wire layout ······ 1—4—29
15.8 Information safety ······ 1—4—29
16 Instrument and control ······ 1—4—29
16.1 General requirement ······ 1—4—29
16.2 Control mode and level of automation ······ 1—4—29
16.3 Control room and electric equipment room ······ 1—4—29
16.4 Measurement and instrument ······ 1—4—29
16.5 Analog control ······ 1—4—30
16.6 Binary control and interlocking ······ 1—4—30
16.7 Alarm ······ 1—4—30
16.8 Protection ······ 1—4—30
16.9 Control system ······ 1—4—31
16.10 On-off control ······ 1—4—31
16.11 Cable and instrument tube and arrangement of local equipment ······ 1—4—31
16.12 Instrument and control laboratory ······ 1—4—31
17 Electrical equipment and system ······ 1—4—31
17.1 Generator and main transformer ······ 1—4—31
17.2 Main electrical connection scheme ······ 1—4—32
17.3 AC auxiliary power system ······ 1—4—32
17.4 High voltage switchgear arrangement ······ 1—4—33
17.5 DC system and AC uninterruptible power supply ······ 1—4—33
17.6 Electrical monitoring and control ······ 1—4—33
17.7 Electrical measurement and instrument ······ 1—4—34
17.8 Component protection and security automatic equipment ······ 1—4—34
17.9 Lighting system ······ 1—4—34
17.10 Cable selection and cable laying ······ 1—4—34
17.11 Overvoltage protection and grounding system ······ 1—4—34
17.12 Electrical laboratory ······ 1—4—34
17.13 Electrical equipment in the explosive and fire danger area ······ 1—4—34
17.14 In-plant communication ······ 1—4—34
17.15 Electric power system protection ······ 1—4—35
17.16 Electric power system communication ······ 1—4—35
17.17 Electric power system automation ······ 1—4—35
17.18 Electric energy measurement system ······ 1—4—35
18 Water supply facilities and system ······ 1—4—35
18.1 Water source and water management ······ 1—4—35
18.2 Water supply system ······ 1—4—35

18.3 Water intake structure and pump house ········ 1—4—36
18.4 Piping and culvert ········ 1—4—36
18.5 Cooling facilities ········ 1—4—36
18.6 Off-site fly ash and bottom ash removed system and ash storage yard ········ 1—4—37
18.7 Water supply and water drainage ········ 1—4—37
18.8 Water supply system buildings ········ 1—4—38
19 Auxiliary and ancillary facilities ········ 1—4—38
20 Architecture and structure ······ 1—4—39
20.1 General requirement ········ 1—4—39
20.2 Seismic resistant design ········ 1—4—39
20.3 Main power building structure ··· 1—4—39
20.4 Founding base and foundation ··· 1—4—39
20.5 Daylighting and natural ventilation ········ 1—4—40
20.6 Thermal engineering and noise control in building ········ 1—4—40
20.7 Water proof and drainage ········ 1—4—40
20.8 Indoor and outdoor decoration ··· 1—4—40
20.9 Door and window ········ 1—4—40
20.10 Life facilities ········ 1—4—40
20.11 Chimney ········ 1—4—40
20.12 Coal conveying building ········ 1—4—40
20.13 Supporting structure of air cooling condenser ········ 1—4—40
20.14 Live load ········ 1—4—41
21 Heating, ventilation and air conditioning ········ 1—4—43
21.1 General requirement ········ 1—4—43
21.2 Main power building ········ 1—4—43
21.3 Electrical buildings and electrical equipments ········ 1—4—43
21.4 Coal handing building ········ 1—4—44
21.5 Chemical buildings ········ 1—4—44
21.6 Other auxiliary and ancillary buildings ········ 1—4—44
21.7 Plant cooling and heating station and pipe network ········ 1—4—44
22 Environmental protection and water-soil conservation ······ 1—4—45
22.1 General requirement ········ 1—4—45
22.2 Design requirements of environmental protection and water-soil conservation ········ 1—4—45
22.3 Various pollution control principle ········ 1—4—45
22.4 Management and monitoring of environmental protection ········ 1—4—45
22.5 Water-soil conservation ········ 1—4—46
23 Labor safety and occupational health ········ 1—4—46
23.1 General requirement ········ 1—4—46
23.2 Labor safety ········ 1—4—46
23.3 Occupational health ········ 1—4—46
24 Fire fighting ········ 1—4—46
Appendix A Water quality analysis report ········ 1—4—46
Explanation of wording in this code ········ 1—4—47
List of quoted standards ········ 1—4—47
Addition: Explanation of provisions ········ 1—4—48

1 总　　则

1.0.1 为了使小型火力发电厂（以下简称发电厂）在设计方面满足安全可靠、技术先进、经济适用、节约能源、保护环境的要求，制定本规范。

1.0.2 本规范适用于高温高压及以下参数、单机容量在125MW以下、采用直接燃烧方式、主要燃用固体化石燃料的新建、扩建和改建火力发电厂的设计。

1.0.3 小型火力发电厂的设计除应符合本规范外，尚应符合国家现行有关标准的规定。

2 术　　语

2.0.1 热化系数　thermalization coefficient

供热机组的额定供热量（扣除自用汽热量）与最大设计热负荷之比。

2.0.2 同时率　simultaneity factor

同时率为区域（企业）最大热负荷与各用户（各车间）的最大热负荷总和的比。

2.0.3 微滤　micro filtration

系膜式分离技术，过滤精度在0.1μm～1.0μm范围之内。

2.0.4 超滤　ultra filtration

系膜式分离技术，过滤精度在0.01μm～0.1μm范围之内。

2.0.5 在线式UPS　on line UPS

不管交流工作电源正常与否，逆变器一直处于工作状态，当交流工作电源故障时，逆变器能通过直流电源逆变保证负荷的不间断供电，且其输出为交流正弦波的不间断电源装置。

2.0.6 电气监控管理系统　electrical control and management system

基于现场总线技术，采用开放式、分布式的网络结构，对发电厂的发电机变压器组、高低压厂用电源等电气设备进行监控和管理的计算机系统，简称ECMS。

2.0.7 电力网络计算机监控系统　network computerized control system

基于现场总线技术，采用开放式、分布式的网络结构，对升压站的电力网络系统或设备进行监控和管理的计算机系统，简称NCCS。

2.0.8 操作员站　operator station

控制系统中安装在控制室供运行操作人员进行监视和控制的人机接口设备。

2.0.9 并联切换　parallel change-over

发电厂高压工作电源断路器跳闸与备用电源断路器合闸指令同时发出的切换。

2.0.10 快速切换　high speed change-over

发电厂高压厂用电源事故切换时间不大于100ms的厂用电切换。

2.0.11 工程师站　engineer station

控制系统中安装在控制室或其他场所，供编程组态人员进行逻辑、画面、参数修改的人机接口设备。

2.0.12 空冷散热器　air cooled heat exchangers

以空气作为冷却介质，使间接空冷系统循环水被冷却的一种散热设备。

2.0.13 空冷凝汽器　air cooled condensers

以空气作为冷却介质，使汽轮机的排汽直接冷却凝结成水的一种散热设备。

2.0.14 干旱指数　drought exponent

某地区年蒸发能力和年降雨量的比值。

2.0.15 严寒地区　severe cold region

累年最冷月平均温度（即冬季通风室外计算温度）不高于零下10℃的地区。

2.0.16 寒冷地区　cold region

累年最冷月平均温度（即冬季通风室外计算温度）不高于0℃但高于零下10℃的地区。

3 基本规定

3.0.1 发电厂的设计必须符合国家法律、法规及节约能源、保护环境等相关政策要求。

3.0.2 发电厂的设计应按照基本建设程序进行，其内容深度应符合国家现行有关标准的要求。

3.0.3 发电厂的类型应符合下列规定：

1 根据城市集中供热规划、热电联产规划，考虑热负荷的特性和大小，在经济合理的供热范围内，建设供热式发电厂（以下简称热电厂）。

2 根据企业热电负荷的需要，建设适当规模的企业自备热电厂。

3 在电网很难到达的地区，应优先建设小水电或可再生能源的发电厂；当不具备小水电和可再生能源条件时，且当地煤炭资源丰富、交通不便的缺电地区或无电地区，根据城镇地区电力规划，因地制宜地建设适当规模的凝汽式发电厂。

4 在有条件的地区，宜推广热、电、冷三联供热电厂。

3.0.4 发电厂机组压力参数的选择，宜近、远期统一考虑，并宜符合下列规定：

1 热电厂单机容量25MW级及以上抽汽机组和12MW背压机组，宜选用高压参数；单机容量为12MW的抽汽机组和6MW背压机组宜选用高压、次高压或中压参数；单机容量为6MW及以下机组宜选用中压参数。

2 凝汽式发电厂单机容量50MW级及以上，宜选用高压参数；单机容量为50MW级以下，宜选用次高压或中压参数。

3 在同一发电厂内的机组宜采用同一种参数。

3.0.5 发电厂的设计应符合国家电力发展和企业发展规划的要求，热电厂的设计应符合城市集中供热规划和热电联产规划的要求，企业自备热电厂的设计应符合企业工艺系统对供热参数的要求。

3.0.6 发电厂的设计应充分合理利用厂址资源条件，按规划容量进行总体规划。

3.0.7 扩建和改建发电厂的设计应结合原有总平面布置、原有生产系统的设备布置、原有建筑结构和运行管理经验等方面的特点统筹考虑。

3.0.8 企业应统筹规划企业自备发电厂的设计，发电厂不应设置重复的系统、设备或设施。

3.0.9 发电厂的工艺系统设计寿命应按照30年设计。

4 热(冷)电负荷

4.1 热(冷)负荷和热(冷)介质

4.1.1 热电厂的热负荷应在城镇地区热力规划的基础上经调查核实后确定。企业自备热电厂的热负荷应按企业规划要求的供热量确定。

4.1.2 热电厂的规划容量和分期建设的规模应根据调查落实的近期和远期的热负荷以及本地区的热电联产规划确定。

4.1.3 热电厂的经济合理供热范围应根据热负荷的特性、分布、热源成本、热网造价和供热介质参数等因素,通过技术经济比较确定。蒸汽管网的输送距离不宜超过 8km,热水管网的输送距离不宜超过 20km。

4.1.4 确定设计热负荷应调查供热范围内的热源概况、热源分布、供热量和供热参数等,并应符合下列规定:

1 工业用汽热负荷应调查和收集各热用户现状和规划的热负荷的性质、用汽参数、用汽方式、用热方式、回水情况及最近一年内逐月的平均用汽量和用汽小时数,按各热用户不同季节典型日的小时用汽量,确定冬季和夏季的最大、最小和平均的小时用汽量。对主要热用户应绘制出不同季节的典型日的热负荷曲线和年持续热负荷曲线。

2 采暖热负荷应收集供热范围内近期、远期采暖用户类型,分别计算采暖面积及采暖热指标。采暖热负荷应符合下列规定:

1)应根据当地气象资料,计算从起始温度到采暖室外计算温度的各室外温度相应的小时热负荷和采暖期的平均热负荷,绘制采暖年负荷曲线,并应计算出最大热负荷的利用小时数及平均热负荷的利用小时数。

2)当采暖建筑物设有通风、空调热负荷时,应在计算的采暖热负荷中加上该建筑物通风、空调加热新风需要的热负荷。

3)采暖指标应符合现行行业标准《城市热力网设计规范》CJJ 34 的有关规定。

3 生活热水的热负荷应收集住宅和公共建筑的面积、生活热水热指标等,并应计算生活热水的平均热负荷和最大热负荷。

4.1.5 夏季宜发展热力制冷热负荷。制冷热负荷应根据制冷建筑物的面积、热工特性、气象资料以及制冷工艺对热介质的要求确定。

4.1.6 经过调查核实的热用户端的不同季节的最大、最小和平均用汽量及用汽参数,应按焓值和管道的压降及温降折算成发电厂端的供汽参数、供汽流量或供热量。采暖热负荷和生活热水热负荷,当按照指标统计时,不应再计算热水网损失。

4.1.7 对热用户进行热负荷叠加时,同时率的取用应符合下列规定:

1 对有稳定生产热负荷的主要热用户,在取得其不同季节的典型日热负荷曲线的基础上,进行热负荷叠加时,不应计算同时率。

2 对生产热负荷量较小或无稳定生产热负荷的次要热用户,在进行最大热负荷叠加时,应乘以同时率。

3 采暖热负荷及用于生活的空调制冷热负荷和生活热水热负荷进行叠加时,不应计算同时率。

4 同时率数值宜取 0.7~0.9。热负荷较平稳的地区取大值,反之取小值。

4.1.8 供热机组的选型和发电厂热经济指标的计算,应根据发电厂端绘制的采暖期和非采暖期蒸汽和热水的典型日负荷曲线,以及总耗热量的年负荷持续曲线确定。

4.1.9 热电厂的供热(冷)介质应按下列原则确定:

1 当用户主要生产工艺需蒸汽供热时,应采用蒸汽供热介质。

2 当多数用户生产工艺需热水介质,少数用户可由热水介质转化为蒸汽介质,经技术经济比较合理时,宜采用热水供热介质。

3 单纯对民用建筑物供采暖通风、空调及生活热水的热负荷,应采用热水供热介质。

4 当用户主要生产工艺必须采用蒸汽供热,同时又供大量的民用建筑采暖通风、空调及生活热水热负荷时,应采用蒸汽和热水两种供热介质。当仅供少量的采暖通风、空调热负荷时,经技术经济比较合理时,可采用蒸汽一种介质供热。

5 用于供冷的介质通常为冷水。

4.1.10 供热(冷)介质参数的选择应符合下列规定:

1 根据热用户端生产工艺需要的蒸汽参数,按焓值和管道的压降及温降折算成热电厂端的供汽参数,应经技术经济比较后选择最佳的汽轮机排汽参数或抽汽参数。

2 热水热力网最佳设计供水温度、回水温度,应根据具体工程条件,综合热电厂、管网、热力站、热用户二次供热系统等方面的因素,进行技术经济比较后确定。当不具备确定最佳供水温度、回水温度的技术经济比较条件时,热水热力网的供水温度、回水温度可按下列原则确定:

1)通过热力站与用户间连接供热的热力网,热电厂供水温度可取 110℃~150℃。采用基本加热器的取较小值,采用基本加热器串联尖峰加热器(包括串联尖峰锅炉)的取较大值。回水温度可取 60℃~70℃。

2)直接向用户供热水负荷的热力网,热电厂供水温度可取 95℃左右,回水温度可取 65℃~70℃。

3)供冷冷水的供水温度:5℃~9℃,宜为 7℃。供冷冷水的回水温度:10℃~14℃,宜为 12℃。

4.1.11 蒸汽热力网的用户端,当采用间接加热时,其凝结水回收率应达 80%以上。用户端的凝结水回收方式与回收率应根据水质、水量、输送距离和凝结水管道投资等因素进行综合技术经济比较后确定。

4.2 电负荷

4.2.1 建设单位应向设计单位提供建厂地区近期及远期的逐年电力负荷资料,应详细说明负荷的分布情况。电力负荷资料应包括下列内容:

1 地区逐年总的电力负荷和电量需求。

2 地区第一、第二、第三产业和居民生活逐年用电负荷。

3 现有及新增主要电力用户的生产规模、主要产品及产量、耗电量、用电负荷组成及其性质、最大用电负荷及其利用小时数、一级用电负荷比重等详细情况。

4.2.2 对电力负荷资料应进行复查,对用电负荷较大的用户应分析核实。

4.2.3 根据建厂地区内的电源发展规划和电力负荷资料,作出近期及远期各水平年的地区电力平衡。必要时应作出电量平衡。

5 厂址选择

5.0.1 发电厂的厂址选择应符合下列规定:

1 发电厂的厂址应满足电力规划、城乡规划、土地利用规划、燃料和水源供应、交通运输、接入系统、热电联产与供热管网规划、环境保护与水土保持、机场净空、军事设施、矿产资源、文物保护、风景名胜与生态保护、饮用水源保护等方面的要求。

2　在选址工作中，应从大局出发，正确处理与相邻农业、工矿企业、国防设施、居民生活、热用户以及电网各方面的关系，并对区域经济和社会影响进行分析论证。

3　发电厂的厂址选择应研究电网结构、电力和热力负荷、集中供热规划、燃煤供应、水源、交通、燃料及大件设备的运输、环境保护、灰渣处理、出线走廊、供热管线、地形、地震、水文、气象、用地与拆迁、施工以及周边企业对发电厂的影响等因素，应通过技术经济比较和经济效益分析，对厂址进行综合论证和评价。

4　企业自备热电厂的厂址宜靠近企业的热力和电力负荷中心。应在企业的选厂阶段统一规划。

5　热电厂的厂址宜靠近用户的热力负荷中心。

5.0.2　选择发电厂厂址时，水源应符合下列规定：

1　供水水源必须落实、可靠。在确定水源的给水能力时，应掌握当地农业、工业和居民生活用水情况，以及水利、水电规划对水源变化的影响。

2　采用直流供水的电厂宜靠近水源。并应考虑取排水对水域航运、环境、养殖、生态和城市生活用水等的影响。

3　取水口位置选择的相应要求。当采用江、河水作为供水水源时，其取水口位置必须选择在河床全年稳定的地段，且应避免泥砂、草木、冰凌、漂流杂物、排水回流等的影响。

4　当考虑地下水作为水源时，应进行水文地质勘探，按照国家和电力行业现行的供水水文地质勘察规范的要求，提出水文地质勘探评价报告，并应得到有关水资源主管部门的批准。

5.0.3　选择发电厂厂址时，厂址自然条件应符合下列规定：

1　发电厂的厂址不应设在危岩、滑坡、岩溶发育、泥石流地段、发震断裂地带。当厂址无法避开地质灾害易发区时，在工程选厂阶段应进行地质灾害危险性评价工作，综合评价地质灾害危险性的程度，提出建设场地适宜性的评价意见，并采取相应的防范措施。

2　发电厂的厂址应充分考虑节约集约用地，宜利用非可耕地和劣地，还应注意拆迁房屋，减少人口迁移。

3　山区发电厂的厂址宜选在较平坦的坡地或丘陵地上，还应注意不应破坏原有水系、森林、植被，避免高填深挖，减少土石方和防护工程量。

4　发电厂的厂址宜选择在其附近城市（镇）居民居住区、生活水源地常年最小频率风向的上风侧。

5.0.4　确定发电厂厂址标高和防洪、防涝堤顶标高时，应符合下列规定：

1　厂址标高应高于重现期为50年一遇的洪水位。当低于上述标准时，厂区必须有排洪（涝）沟、防洪（涝）围堤、挡水围墙或其他可靠的防洪（涝）设施，应在初期工程中按规划规模一次建成。

2　主厂房区域的室外地坪设计标高，应高于50年一遇的洪水位以上0.5m。厂区其他区域的场地标高不应低于50年一遇的洪水位。当厂址标高高于设计水位，但低于浪高时可采取以下措施：

1）厂外布置排泻洪渠道；

2）厂内加强排水系统的设置；

3）布置防浪围墙，墙顶标高应按浪高确定。

3　对位于江、河、湖旁的发电厂，其防洪堤的堤顶标高应高于50年一遇的洪水位0.5m。当受风、浪、潮影响较大时，尚应再加重现期为50年的浪爬高。防洪堤的设计应征得当地水利部门的同意。

4　对位于海滨的发电厂，其防洪堤的堤顶标高，应按50年一遇的高水位或潮位，加重现期50年累积频率1%的浪爬高和0.5m的安全超高确定。

5　在以内涝为主的地区建厂时，防涝围堤堤顶标高应按50年一遇的设计内涝水位（当难以确定时，可采用历史最高内涝水位）加0.5m的安全超高确定。如有排涝设施时，应按设计内涝水位加0.5m的安全超高确定。围堤应在初期工程中一次建成。

6　对位于山区的发电厂，应考虑防山洪和排山洪的措施，防排洪设施可按频率为1%的标准设计。

7　企业自备发电厂的防洪标准应与所在企业的防洪标准相协调。

5.0.5　选择发电厂厂址时，应对厂址及其周围区域的地质情况进行调查和勘探，为确定厂址、解决岩土工程问题提供基础资料。当地质条件合适时，建筑物和构筑物宜采用天然基础，应把主厂房及荷载较大的建（构）筑物布置在承载力较高的地段上。

5.0.6　发电厂厂址的抗震设防烈度可采用现行国家标准《中国地震动参数区划图》GB 18306划分的地震基本烈度。对已编制抗震设防区划的城市，应按批准的抗震设防烈度或设计地震动参数进行抗震设防。

5.0.7　选择发电厂厂址时，应结合灰渣综合利用情况选定贮灰场。贮灰场的设计应符合下列规定：

1　贮灰场宜靠近厂区，宜利用厂区附近的山谷、洼地、滩涂、塌陷区、废矿井等建造贮灰场，并宜避免多级输送。

2　贮灰场不应设在当地水源地或规划水源保护区范围内。对大气环境、地表水、地下水的污染必须有防护措施，并应满足当地环保要求。

3　当采用山谷贮灰场时，应选择筑坝工程量小、布置防排洪构筑物有利的地形构筑贮灰场；应避免贮灰场灰水对附近村庄的居民生活带来危害，采取措施防止其泄洪构筑物在泄洪期对下游造成不利的影响，并应充分利用当地现有的防洪设施；应有足够的筑坝材料，尽量考虑利用灰渣分期筑坝的可能条件。

4　当灰渣综合利用不落实时，初期贮灰场总贮量应满足初期容量存放5年的灰渣量。规划的贮灰场总贮量应满足规划容量存放10年的灰渣量。

5　当有部分灰渣综合利用时，应扣除同期综合利用的灰渣量来选定贮灰场。当灰渣全部综合利用时，应按综合利用可能中断的最长持续期间内的灰渣排除量来选定缓冲调节贮灰场。

5.0.8　选择发电厂厂址时，应根据系统规划、输电出线方向、电压等级与回路数、厂址附近地形、地貌和障碍物等条件，按规划容量统一安排，并且避免交叉。高压输电线应避开重要设施，不宜跨越建筑物，当不可避开时，相互间应有足够的防护间距。

5.0.9　供热管线的布置和规划走廊应与厂区总体规划相协调，不应影响厂区的交通运输、扩建和施工等条件。

5.0.10　选择发电厂厂址时，发电厂的燃料运输方式应通过对厂址周围的运输条件进行技术经济比较后确定。

5.0.11　选择发电厂厂址时，应严格遵守国家有关环境保护的法规、法令的规定。应根据气象和地形等因素，减少发电厂排放的粉尘、废气、废水、灰渣对环境的污染。同时，应注意发电厂与其他企业所排出的废气、废水、灰渣之间的相互影响。

5.0.12　确定发电厂厂址时，应取得有关部门同意或认可的文件，主要有土地使用、燃料和水源供应、铁路运输及接轨、公路和码头建设、输电线路及供热管网、环境保护、城市规划部门、机场、军事设施或文物遗迹等相关部门文件。

6　总体规划

6.1　一般规定

6.1.1　发电厂的总体规划，应根据发电厂的生产、施工和生活需要，结合厂址及其附近的自然条件和城乡及土地利用总体规划，对厂区、施工区、生活区、水源地、供排水设施、污水处理设施、灰管线、贮灰场、灰渣综合利用、交通运输、出线走廊、供热管网等，立足本期，考虑远景，统筹规划。自备电厂的厂区总体规划和布置应与企业各分厂车间相协调，并应满足企业的总体规划要求。

6.1.2 发电厂的总体规划应贯彻节约集约用地的方针，通过采用新技术、新工艺和设计优化，严格控制厂区、厂前建筑区和施工区用地面积。发电厂用地范围应根据规划容量和本期建设规模及施工的需要确定。发电厂用地宜统筹规划，分期征用。

6.1.3 发电厂的总体规划应符合下列规定：

1 工艺流程合理。

2 交通运输方便。

3 处理好厂内与厂外、生产与生活、生产与施工之间的关系。

4 与城市(镇)或工业区规划相协调。

5 方便施工，有利扩建。

6 合理利用地形、地质条件。

7 尽量减少场地的开挖工程量。

8 工程造价低，运行费用小，经济效益高。

9 符合环境保护、消防、劳动安全和职业卫生要求。

6.1.4 发电厂的总体规划还应满足下列要求：

1 按功能要求分区，可分为主厂房区、配电装置区、冷却设施区、燃煤设施区、辅助生产区、厂前建筑区、施工区等。

2 各区内建筑物的布置应考虑日照方位和风向，并力求合理紧凑。辅助、附属建筑和行政管理、公共福利建筑宜采用联合布置和多层建筑。

3 注意建筑物空间的组织及建筑群体的协调，从整体出发，与环境协调。

4 因地制宜地进行绿化规划，厂区绿地率宜不大于厂区用地面积的20%，不应为绿化而增加厂区用地面积。

5 屋外配电装置裸露部分的场地可铺设草坪或碎石、卵石。对煤场、灰场、脱硫吸收剂贮存场等会出现粉尘飞扬的区域，除采取防尘措施外，有条件时应植树隔开。对于风沙较大地区的电厂，根据具体情况，可设厂外防护林带。

6.1.5 发电厂的建筑物布置必须符合防火要求，各主要生产和辅助生产及附属建(构)筑物在生产过程中的火灾危险性分类及其耐火等级除应符合现行国家标准《火力发电厂与变电站设计防火规范》GB 50229的规定外，还应符合下列规定：

1 办公楼、食堂、招待所、值班宿舍、警卫传达室按丁类三级。

2 液氨储存处置设施区按乙类二级，尿素贮存处置设施按丙类二级。

6.2 厂区内部规划

6.2.1 发电厂的厂区规划应以工艺流程合理为原则，以主厂区为中心，结合各生产设施及系统的功能，分区明确，紧凑合理，有利扩建，因地制宜地进行布置，并满足防火、防爆、环境保护、劳动安全和职业卫生的要求。厂前建筑设施宜集中布置在主厂房固定端，做到与生产联系方便、生活便利、厂容美观。企业自备电厂的厂区规划应与企业的厂区布置相协调。

6.2.2 厂区主要建筑物和构筑物的布置，除应符合国家现行有关防火标准的规定及其环境保护的原则要求外，还应符合下列规定：

1 发电厂的厂区规划应按规划容量设计。发电厂分期建设时，总体规划应正确处理近期与远期的关系。应近期集中布置，远期预留发展，分期征地，严禁先征待用。

2 主厂房应布置在厂区的适中位置，当采用直流供水时，汽机房宜靠近水源。主厂房和烟囱宜布置在土质均匀、地基承载力较高的地区。主厂房的固定端宜朝向进厂道路引接方向。当采用直接空冷时，应考虑气象条件对空冷机组运行及主厂房方位的影响。

3 屋外配电装置的布置应考虑进出线的方便，尽量避免线路交叉。

4 冷却塔的布置应根据地形、地质、相邻设施的布置条件及常年的风向等因素予以综合考虑。在工程初期，冷却塔不宜布置在扩建端。对采用排烟冷却塔的发电厂，冷却塔宜靠近炉后区域，使烟道顺畅和短捷。对采用机械通风冷却塔的发电厂，单侧进风塔的进风面宜面向夏季主导风向，双侧进风塔的进风面宜平行于夏季主导风向。

5 露天贮煤场、液氨设施宜布置在厂区主要建筑物全年最小频率风向的上风侧，应避免对厂外居民区的污染影响。

6 供油、卸油泵房以及助燃油罐、液氨贮存设施应与其他生产辅助及附属建筑分开，并单独布置形成独立的区域。靠近江、河、湖、泊布置时，应有防止泄漏液体流入水域的措施。

7 生产废水及生活污水经处理合格后的排放口应远离生活用水取水口，并在其下游集中排放，但未经检测，不应将排水接入下水道总干管排出。

8 厂区对外应设置不少于2个出入口，其位置应方便厂内外联系，并使人流和货流分开。厂区的主要出入口宜设在厂区的固定端一侧。在施工期间，宜有施工专用的出入口。发电厂采用汽车运煤或灰渣时，宜设专用的出入口。

9 厂区建(构)筑物的平面布置和空间组合，应紧凑合理，厂区建筑风格简洁协调，建筑造型新颖美观。企业自备电厂的建筑物形式及布置应与所在企业的总体环境相协调。

10 扩建发电厂的厂区规划应结合老厂的生产系统和布置特点进行统筹安排、改造，合理利用现有设施，减少拆迁，并避免扩建施工对正常生产的影响。

11 辅助厂房和附属建筑物宜采用联合建筑和多层建筑。

6.2.3 厂区主要建筑物的方位宜结合日照、自然通风和天然采光等因素确定。

6.2.4 发电厂的各项用地指标应符合国家现行的电力工程项目建设用地指标的有关规定，厂区建筑系数不应低于35%，厂区绿地率不应大于20%。

6.2.5 发电厂各建筑物、构筑物之间的最小间距应符合表6.2.5的规定。

表6.2.5 发电厂各建筑物、构筑物之间的最小间距(m)

建筑物、构筑物名称		丙、丁、戊类建筑耐火等级		屋外配电装置	自然通风冷却塔	机械通风冷却塔	露天卸煤装置或煤场	助燃油罐	厂前建筑		铁路中心线		厂外道路(路边)	厂内道路(路边)		围墙
		一、二级	三级						一、二级	三级	厂内	厂外		主要	次要	
丙、丁、戊类建筑耐火等级	一、二级	10	12	10	15～30①	15～30	15	20	10	12	有出口时为5～6无出口时为3～5		无出口时为1.5，有出口无引道时为3，有引道时为6			5
	三级	12	14	12				25	12	14						
屋外配电装置		10	12	—	25～40②	40～60③	50	25	10	12	—	—	1.5			—
主变压器或屋外厂用变压器(油重小于10t/台)		12	15					40	15	20	—	—	—			—
自然通风冷却塔		15～30		25～40	0.4D～0.5D④	40～50	25～30	20	30		25	15	25	10		10
机械通风冷却塔		15～30		40～60③	40～50	⑤	40～45	25	35		35	20	35	15		15
露天卸煤装置或煤场		15		50	25～30	40～45	—	15 存贮褐煤时为25			—	—	10	5	1.5	5

续表 6.2.5

<table>
<tr><th colspan="2" rowspan="2">建筑物、构筑物名称</th><th colspan="2">丙、丁、戊类建筑耐火等级</th><th rowspan="2">屋外配电装置</th><th rowspan="2">自然通风冷却塔</th><th rowspan="2">机械通风冷却塔</th><th colspan="2" rowspan="2">露天卸煤装置或煤场</th><th rowspan="2">助燃油罐</th><th colspan="2">厂前建筑</th><th colspan="2">铁路中心线</th><th rowspan="2">厂外道路（路边）</th><th colspan="2">厂内道路（路边）</th><th rowspan="2">围墙</th></tr>
<tr><th>一、二级</th><th>三级</th><th>一、二级</th><th>三级</th><th>厂内</th><th>厂外</th><th>主要</th><th>次要</th></tr>
<tr><td colspan="2">助燃油罐</td><td>20</td><td>25</td><td>25</td><td>20</td><td>25</td><td rowspan="4">15</td><td rowspan="4">存贮褐煤时为25</td><td></td><td>25</td><td>32</td><td>30</td><td>20</td><td>15</td><td>10</td><td>5</td><td>5</td></tr>
<tr><td colspan="2">液氨罐</td><td>12</td><td>15</td><td>30</td><td>20</td><td>25</td><td>25</td><td colspan="2">30</td><td>35</td><td>25</td><td>20</td><td>15</td><td>10</td><td>10</td></tr>
<tr><td rowspan="2">厂前建筑</td><td>一、二级</td><td>10</td><td>12</td><td>20</td><td rowspan="2">30</td><td rowspan="2">35</td><td>20</td><td>6</td><td>7</td><td colspan="2" rowspan="2">有出口时为5～6无出口时为3～5</td><td colspan="3" rowspan="2">有出口时为3，无出口时为1.5</td><td rowspan="2">5</td></tr>
<tr><td>三级</td><td>12</td><td>14</td><td>12</td><td>25</td><td>7</td><td>8</td></tr>
<tr><td colspan="2">围墙</td><td>5</td><td>5</td><td>—</td><td>10</td><td>15</td><td colspan="2">5</td><td>5</td><td colspan="2">3.5</td><td colspan="2">3.5</td><td>2.0</td><td colspan="2">1.0</td><td>—</td></tr>
</table>

注：①自然通风冷却塔（机械通风冷却塔）与主控楼、单元控制楼、计算机室等建筑物采用 30m，其余建筑物均采用 15m～20m（除水工设施等采用 15m 外，其他均采用 20m），且不小于 2 倍塔的进风口高度；

②为冷却塔零米（水面）外壁至屋外配电装置构架边净距，当冷却塔位于屋外配电装置冬季盛行风向的上风侧时为 40m，位于冬季盛行风向的下风侧时为 25m；

③在非严寒地区或全年主导风向下风侧采用 40m，严寒地区或全年主导风向上风侧采用 60m；

④D 为逆流式自然通风冷却塔进出口下缘塔筒直径（人字柱与水面交点处直径），取相邻较大塔的直径；冷却塔采用非塔群布置时，塔间距宜为 $0.45D$，困难情况下可适当缩减，但不应小于 4 倍标准进风口的高度；冷却塔采用塔群布置时，塔间距宜为 $0.5D$，有困难时可适当缩减，但不应小于 $0.45D$；当间距小于 $0.5D$ 时，应要求冷却塔采取减小风的负压负荷的措施；

⑤机力通风冷却塔之间的间距应符合现行国家标准《工业循环水冷却设计规范》GB/T 50102 的规定：塔排一字形布置时，塔端净距不小于 4m；塔排平行错开布置时，塔端净距不小于 4 倍进风口高度。

6.2.6 厂区围墙的平面布置应在节约用地的前提下规整，除有特殊要求外，宜为实体围墙，高度不应低于 2.2m。屋外配电装置区域周围厂内部分应设有 1.8m 高的围栅，变压器厂地周围应设置 1.5m 高的围栅。液氨贮存区和助燃油罐区均应单独布置，其四周应设置高度不低于 2.0m 的非燃烧体实体围墙。当利用厂区围墙时，该段围墙应为高度不低于 2.5m 高的非燃烧体实体围墙，助燃油罐周围还应设有防火堤或防火墙。

6.2.7 采用空冷机组的发电厂，应根据空冷气象资料，结合地形、地质、铁路专用线引接、冷却塔设施用地等条件，通过技术经济比较，合理确定采用直接空冷或间接空冷系统。空冷设施布置应符合下列规定：

1 直接空冷平台朝向应根据空冷平台区域、蒸汽分配管顶部的全年、夏季、夏季高温大风的主导风向、风速、风频等因素，并兼顾空冷机组运行的安全性和经济性综合确定，应避免夏季高温大风主导风向来自锅炉后部。

2 直接空冷平台宜布置在主厂房 A 排外侧，此时变压器、电气配电间、贮油箱等宜布置在平台下方，但应保证空冷平台支柱位置不影响变压器的安装、消防和检修运输通道。

3 间接空冷塔除作为排烟冷却塔外，宜靠近汽机房布置，以缩短循环水管线长度。

6.2.8 发电厂专用线的设计标准，应符合现行国家标准《工业企业标准轨距铁路设计规范》GBJ 12 的有关规定。铁路专用线的配线应根据发电厂燃煤量、卸煤方式、锅炉点火及低负荷助燃的用油量和施工需要，按规划容量一次规划，分期建设。

6.2.9 以水运为主的发电厂，其码头的建设规模及平面布局应按发电厂的规划容量、厂址和航道的自然条件，以及厂内运煤设施统筹安排，并应符合下列规定：

1 码头的规划设计应符合现行国家标准《河港工程设计规范》GB 50192 和现行行业标准《海港总平面设计规范》JTJ 211 的有关规定。

2 码头应设在水深适宜、航道稳定、泥砂运动较弱、水流平顺、地质较好的地段，并宜与陆域的地形高程相协调。

3 码头前沿应有足够开阔的水域。对码头与冷却水进水口、排水口之间的距离应考虑两者之间的相互影响，通过模型试验充分论证，合理确定。

6.2.10 发电厂厂内道路的设计应符合现行国家标准《厂矿道路设计规范》GBJ 22 的有关规定。

6.2.11 厂内各建筑物之间应根据生产、生活和消防的需要设置行车道路、消防车道和人行道。山区发电厂设置环行消防车道有困难时，可沿长边设置尽端式消防车道，并应设回车道或回车场。主厂房、配电装置、贮煤场、液氨贮存区和助燃油罐区周围应设环形消防车道。

6.2.12 厂区内主要道路宜采用水泥路面或沥青路面。

6.2.13 厂区主干道的行车部分宽度宜为 6m～7m，次要道路的宽度可为 3.5m～4m。通向建筑物出入口处的人行引道的宽度宜与门宽相适应。

6.2.14 发电厂厂区的竖向布置应综合考虑生产工艺要求、工程地质、水文气象、土石方量及地基处理等因素，并应符合下列规定：

1 在不设防洪大堤或围堤的厂区，主厂房区的室外地坪设计标高应高于设计高水位的 0.5m。厂区设有防洪大堤或围堤且满足防洪要求时，厂内场地标高可低于设计洪水位，但必须要有可靠的防内涝措施。

2 所有建（构）筑物、铁路及道路等的标高的确定应满足生产使用和维护方便。地上、地下设施中的基础、管线、管架、管沟、隧道及地下室等的标高和布置应统一安排，以达到合理交叉，维修、扩建便利，排水畅通的目的。

3 应使本期工程和扩建时的土石方工程量最小，地基处理和场地整理措施费等投资最小，并力求使厂区和施工场地范围内的土石方量综合平衡。在填、挖方量不能达到平衡时，应落实取土或弃土地点。

4 厂区场地的最小坡度及坡向应以排除地面水为原则，应与建筑物、道路及场地的雨水窨井、雨水口的设置相适应，并按当地降雨量和场地土质条件等因素来确定。

5 地处山坡地区发电厂的竖向布置应在满足工艺要求的前提下，合理利用地形，节省土石方量并确保边坡、挡土墙稳定。

6.2.15 当厂区自然地形的坡度大于 3% 时，宜采用阶梯布置。阶梯的划分应考虑生产需要、交通运输的便利和地下设施布置的合理。在两台阶交接处，应根据地质条件充分考虑边坡稳定的措施。

6.2.16 厂区场地排水系统的设计应根据地形、工程地质、地下水位等因素综合考虑，并应符合下列规定：

1 场地的排水系统设计应按规划容量全面考虑，并使每期工程排水畅通。厂区场地排水可根据具体条件，采用雨水口接入城市型道路的下水系统的主干管窨井内的系统，或采用明沟接入公路型道路的雨水排水系统。有条件时，应采用自流排水。对于阶梯布置的发电厂，每个台阶应有排水措施。对山区或丘陵地区的发电厂，在厂区边界处应有防止山洪流入厂区的设施。

2 当室外沟道高于设计地坪标高时，应有过水措施，或在沟道的两侧均设排水措施。

3 煤场周围应设排水设施，使煤场外的雨水不流入煤场内，煤场内的雨水不流出煤场外，煤场内应有澄清池和便于清理煤泥的设施。

6.2.17 建筑物零米标高的确定应考虑建筑功能、交通联络、场地排水、场地地质等因素，宜高出室外地面设计标高 0.15m～0.30m。软土地区应考虑室内外沉降差异的影响。

6.2.18 厂区内的主要管架、管线和管沟应按规划容量统一规划，集中布置，并留有足够的管线走廊。

管架、管线和管沟宜沿道路布置。地下管线和管沟宜敷设在道路行车部分之外。

6.2.19 架空管线及地下管线的布置应符合下列规定：

1 流程应合理并便于施工及检修。

2 当管道发生故障时不应发生次生灾害，特别应防止污水渗入生活给水管道和有害、易燃气体渗入其他沟道和地下室内。

3 应避免遭受机械损伤和腐蚀。

4 应避免管道内液体冻结。

5 电缆沟及电缆隧道应防止地面水、地下水及其他管沟内的水渗入，并应防止各类水倒灌入电缆沟及电缆隧道内。

6 电缆沟及电缆隧道在进入建筑物处或在适当的距离及地段应设防火隔墙，电缆隧道的防火隔墙上应设防火门。

6.2.20 管沟、地下管线与建筑物、铁路、道路及其他管线的水平距离以及管线交叉时的垂直距离，应根据地下管线和管沟的埋深、建筑物的基础构造及施工、检修等因素综合确定。高压架空线与道路、铁路或其他管线交叉布置时，应按规定保持必要的安全净空。

6.2.21 厂区管线的敷设方式应符合下列规定：

1 凡有条件集中架空布置的管线宜采用综合管架进行敷设；在地下水位较高，土壤具有腐蚀性或基岩埋深较浅且不利于地下管沟施工的地区，宜优先考虑采用综合管架。

2 生产、生活、消防给水管和雨水、污水排水管等宜地下敷设。

3 灰渣管、石灰石浆液管、石膏浆液管、氢气管、压缩空气管、助燃油管、氨气管、热力管等宜架空敷设。

4 酸液和碱液管可敷设在地沟内，也可架空敷设。有条件时，除灰管宜按低支架或管枕方式敷设。对发生故障时有可能扩大灾害的管道，不宜同沟敷设。

5 根据具体条件，厂区内的电缆可采用直埋、地沟、排管、隧道或架空敷设。电缆不应与其他管道同沟敷设。

6.2.22 地下管线之间的最小水平净距，地下管线与建(构)筑物之间的最小水平净距，架空管架(线)跨越铁路、道路的最小垂直净距及架空管架(线)与建(构)筑物之间的最小水平净距应符合现行行业标准《火力发电厂总图运输设计技术规程》DL/T 5032的有关规定。

6.3 厂区外部规划

6.3.1 发电厂的厂外设施，包括交通运输、供水和排水、灰渣输送和处理、输电线路和供热管线、生活区和施工区等，应在确定厂址和落实厂内各个主要系统的基础上，根据发电厂的规划容量和厂址的自然条件，全面考虑，综合规划。

6.3.2 发电厂的厂外交通运输规划应符合下列规定：

1 铁路专用线应从国家或地方铁路线或其他工业企业的专用线上接轨。专用线不应在区间线上接轨，并应避免切割接轨站正线，且应充分利用既有设施能力，不过多增加接轨站的改建费用。发电厂的燃料及货物运输列车宜优先采用送重取空的货物交接方式。发电厂不宜设置厂前交接站。

2 以水运为主的发电厂，当码头布置在厂区以外或需与其他企业共同使用码头时，应与规划部门及有关企业协调，落实建设的可能性以及建设费用、建成后的运行方式，取得必要的协议，并保证码头与发电厂厂区之间有良好的交通运输通道。

3 发电厂的主要进厂道路应就近与城乡现有公路相连接，其连接宜短捷且方便行车，宜避免与铁路线交叉。当进厂道路与铁路线平交时，应设置有看守的道口及其他安全设施。

4 厂区与厂外供排水建筑、水源地、码头、贮灰场、生活区之间应有道路连接，可利用现有道路或设专用道路。

5 主要进厂道路的宽度宜为7m，可采用水泥混凝土或沥青路面；其他厂外专用道路的宽度可为4m，困难条件下也可为3.5m；专用运灰道路、运煤进厂道路的标准应根据运量及运卸条件等因素合理确定。

6.3.3 发电厂的厂外供排水设施规划应根据规划容量、水源、地形条件、环保要求和本期与扩建的关系等，通过方案比选，合理安排，并应符合下列规定：

1 当采用直流供水系统时，应做好取、排水建筑物和岸边(或中央)水泵房的布置及循环水管(或沟)的路径选择。

2 对于循环供水系统和生活供水系统，应做好厂外水源(或集水池)和补给水泵房的布点及补给水管的路径选择。

3 应考虑水能的回收和水的重复利用。

6.3.4 应结合工程具体条件，做好发电厂的防排洪(涝)规划，充分利用现有防排洪(涝)设施。当必需新建时，可因地制宜地选用防洪(涝)堤、排洪(涝)沟或挡水围墙。

6.3.5 厂外灰渣处理设施的设计应符合下列规定：

1 当采用山谷贮灰场时，应避免贮灰场灰水给附近村庄的居民生活带来危害，并应考虑其泄洪构筑物对下游的影响，设计中应结合当地规划的防洪能力综合研究确定。当贮灰场置于江、河滩地时，应考虑灰堤修筑后对河道产生的影响，并应取得有关部门同意的文件。

2 灰管线宜沿道路及河网边缘敷设，选择高差小、爬坡、跨越及转弯少的地段，并应避免影响农业耕作。

3 当采用汽车或船舶输送灰渣时，应充分研究公路或河道及码头的通行能力和可能对环境产生的污染影响，并采取相应的措施。

6.3.6 发电厂的出线走廊应根据城乡总体规划和电力系统规划、输电线路方向、电压等级和回路数，按发电厂规划容量和本期工程建设规模，统筹规划，避免交叉。

6.3.7 厂外供热管线应合理规划，并与厂区总体规划相协调。

6.3.8 发电厂的施工区应按规划容量统筹规划，合理利用地形，减少场地平整土石方量，并应避免施工区场地表土层的大面积破坏，防止水土流失。

7 主厂房布置

7.1 一般规定

7.1.1 发电厂主厂房的布置应符合热、电生产工艺流程，做到设备布局紧凑、合理，管线连接短捷、整齐，厂房布置简洁、明快。

7.1.2 主厂房的布置应为安全运行和方便操作创造条件，做到巡回检查通道畅通。厂房内的空气质量、通风、采光、照明和噪声等应符合现行国家有关标准的规定。特殊设备应采取相应的防护措施，符合防火、防爆、防腐、防冻、防毒等有关要求。

7.1.3 主厂房布置应根据自然条件、总体规划和主辅设备特点及施工场地、扩建条件等因素，进行技术经济比较后确定。

7.1.4 主厂房布置应根据发电厂的厂区、综合主厂房内各工艺专业设计的布置要求及发电厂的扩建条件确定。扩建厂房宜与原有厂房协调一致。

7.1.5 主厂房内应设置必要的检修起吊设施和检修场地，以及设备和部件检修所需的运输通道。

7.2 主厂房布置

7.2.1 主厂房的布置形式宜按汽机房、除氧间(或合并的除氧煤仓间)、煤仓间、锅炉房的顺序排列。当采用其他的布置形式时，应经技术经济比较后确定。

7.2.2 主厂房的布置应与发电厂出线，循环水管进、排水管位，热网管廊，主控制楼(室)、汽机房毗屋和其周围的环形道路等布置相协调。

7.2.3 主厂房各层标高的确定应符合下列规定：

1 双层布置的锅炉房和汽机房，其运转层宜取同一标高。汽机房的运转层宜采用岛式布置。

2 除氧器层的标高应保证在汽轮机各种运行工况下，给水泵或其前置泵进口不发生汽化。

当气候、布置条件合适、除氧间不与煤仓间合并时，除氧器和给水箱宜采用露天布置。

3 煤仓间给煤机层的标高应符合下列规定：

1)循环流化床锅炉给煤机层的标高应考虑锅炉给煤口标高（包括播煤装置）、所需给煤机级数、给煤距离和给煤机出口阀门布置所需的空间等。

2)煤粉锅炉给煤机层的标高应由磨煤机（风扇磨煤机除外）、送粉管道及其检修起吊装置等所需的空间决定。在有条件时，该层标高宜与锅炉运转层标高一致。风扇磨煤机的给煤机层标高应考虑干燥段的布置。

4 煤仓间煤仓层的标高应根据运煤系统运行班制，每台锅炉原煤仓（包括贮仓式制粉系统的煤粉仓，不包括直吹式制粉系统备用磨煤机对应的原煤仓）有效容积应符合下列规定：

1)运煤系统两班工作制，经技术经济比较后认为合理时，可按满足锅炉额定蒸发量12h～14h的耗煤量考虑。

2)运煤系统三班工作制，可按满足锅炉额定蒸发量10h～12h的耗煤量考虑。

3)对燃用低热值煤的循环流化床锅炉，可按满足锅炉额定蒸发量8h～10h的耗煤量考虑。

4)对燃用褐煤的煤粉锅炉，可按满足锅炉额定蒸发量6h～8h的耗煤量考虑。

5)煤粉仓的有效容积可按满足锅炉额定蒸发量3h～4h的耗煤量考虑。

7.2.4 当除氧器和给水箱布置在单元控制室上方时，单元控制室的顶板必须采用混凝土整体浇筑，除氧器层楼面必须有可靠的防水措施。

7.2.5 主厂房的柱距和跨度应根据锅炉和汽机的容量及布置形式，结合规划容量确定。

7.2.6 当气象条件适宜时，65t/h及以上容量的锅炉宜采用露天或半露天布置，并宜采用岛式布置，即锅炉运转层不设置大平台。露天布置的锅炉应采取有效的防冻、防雨、防腐、承受风压和减少热损失等措施。除尘设备应露天布置，干式除尘灰斗应有防结露措施。非严寒地区，锅炉引风机宜露天布置。当锅炉为岛式露天布置时，送风机、一次风机也宜露天布置。露天布置的辅机应有防噪声措施，其电动机宜采用全封闭户外式。

7.2.7 原煤仓、煤粉仓的设计应符合下列规定：

1 锅炉原煤仓形式应结合主厂房布置情况确定。

2 非圆筒仓结构的原煤仓的内壁应光滑耐磨，其相邻两壁交线与水平面夹角不应小于55°，壁面与水平面的交角不应小于60°。对褐煤及黏性大或易燃的烟煤，相邻两壁交线与水平面夹角不应小于65°，壁面与水平面的交角不应小于70°。相邻壁交线内侧应做成圆弧形，圆弧的半径宜为200mm。循环流化床锅炉的原煤仓出口段壁面与水平面的夹角不应小于70°。

3 原煤仓应采用大的出口截面。对煤粉炉，在原煤仓出口下部宜设置圆形双曲线或圆锥形金属小煤斗。对易堵的煤在原煤仓的出口段宜采用不锈钢复合钢板、内衬不锈钢板或其他光滑阻燃型耐磨材料。金属煤斗外壁宜设振动装置或其他防堵装置。

4 在严寒地区，对钢结构的原煤仓，以及靠近厂房外墙或外露的钢筋混凝土原煤仓，其仓壁应设有防冻保温装置。

5 原煤仓应设置煤位测量装置。

6 煤粉仓的设计应符合下列规定：

1)煤粉仓应封闭严密，减少开孔。任何开孔必须有可靠的密封结构。煤粉仓的进粉和出粉装置必须具有锁气功能。

2)煤粉仓内表面应平整、光滑、耐磨和不积粉，其几何形状和结构应使煤粉能够顺畅自流。

3)除无烟煤以外的其他煤种，煤粉仓宜设置自启闭式防爆门。

4)煤粉仓应防止受热和受潮。在严寒地区，金属煤粉仓及靠近厂房外墙或外露的混凝土煤粉仓应有防冻保温措施。

5)煤粉仓相邻两壁间的交线与水平面的夹角不应小于60°，壁面与水平面的交角不应小于65°。相邻两壁交线的内侧应做成圆弧形，圆弧半径宜为200mm。

6)煤粉仓的长径比应小于5：1。矩形煤粉仓以当量直径作基准值。

7)煤粉仓应有测量粉位、温度以及灭火、吸潮和放粉等设施。

7.2.8 汽轮机润滑油系统的设备和管道布置应远离高温蒸汽管道。油系统应设防火措施，并应符合现行国家标准《火力发电厂与变电站设计防火规范》GB 50229的有关规定。

7.2.9 减温减压器和热网加热器宜布置在主厂房内。

7.3 检修设施

7.3.1 汽机房的底层应设置集中安装检修场地。其面积应能满足检修吊装大件和汽轮机翻缸的要求。每2台～4台机组宜设置一个零米检修场地。

7.3.2 汽机房内起重机的设置宜符合下列规定：

1 100MW级机组装机在2台及以上时，宜设置2台电动桥式起重机。

2 50MW级机组装机在4台以上时，宜设置2台电动桥式起重机。

3 50MW级以下容量机组的汽机房内，应设置1台电动桥式起重机。

4 起重量应按检修起吊最重件确定（不包括发电机定子）。

5 起重机的轨顶标高应满足起吊物件最大起吊高度的要求。

6 起重机的起重量和轨顶标高应考虑规划扩建机组的容量。

7.3.3 主厂房的下列各处，应设置必要的检修起吊设施：

1 锅炉房炉顶。电动起吊装置起重量宜为0.5t～1t，提升高度应从零米至炉顶平台。

2 送风机、引风机、磨煤机、排粉风机、一次风机等转动设备的上方。

3 煤仓间煤仓层。电动起吊装置的起重量宜为0.5t～1t，提升高度应从零米或运转层至煤仓层。

4 利用汽机房桥式起重机起吊受到限制的地方：加热器、水泵、凝汽器端盖等设备和部件。

7.3.4 汽机房的运转层应留有利用桥式起重机抽出发电机转子所需要的场地和空间。汽机房的底层应留有抽、装凝汽器冷却管的空间位置。

7.3.5 锅炉房的布置应预留拆装空气预热器、省煤器的检修空间和运输通道。

7.3.6 主厂房电梯台数和布置方式应符合下列规定：

1 对于130t/h～220t/h级锅炉，每3台～4台锅炉宜设1台电梯。

2 对于410t/h级锅炉，每2台锅炉宜设1台电梯。

3 电梯宜采用客货两用形式，起重量为1t～2t，升降速度不宜小于1m/s。

4 电梯宜布置在控制室与锅炉之间靠近炉前位置，且应能在锅炉本体各主要平台层停靠。

5 电梯的井底应设置排水设施，排水井的容量不应小于$2m^3$。

7.4 综合设施

7.4.1 主厂房内管道阀门的布置应方便检查和操作，凡需经常操作维护的阀门而人员难以到达的场所，宜设置平台、楼梯，或设置传动装置引至楼(地)面方便操作。

7.4.2 主厂房内通道和楼梯的设置应符合下列规定：

1 主厂房零米层与运转层应设有贯穿直通的纵向通道。其宽度应满足下列要求：

1)汽机房靠A列柱侧，不宜小于1m。

2)汽机房靠B列柱侧，不宜小于1.4m。

3)锅炉房炉前距离，220t/h级及以下，宜为2m～3m;410t/h级宜不大于4.5m。

2 汽机房与锅炉房之间应设有供运行、检修用的横向通道。

3 每台锅炉应设运转层至零米层的楼梯。

4 每台双层布置的汽轮机运转层至零米层，应设上下联系楼梯。

7.4.3 主厂房的地下沟道、地坑、电缆隧道应有防、排水设施。

7.4.4 煤仓间各楼层地面应设置冲洗水源，并能排水；主厂房主要楼层应有清除垃圾的设施，运转层和零米宜设厕所。

7.4.5 汽机房外适当位置应设置一个事故贮油池。其容量按最大一台变压器的油量与最大一台汽轮机组油系统的油量比较确定，事故贮油池宜设油水分离设施。

7.4.6 机炉电控制室宜集中布置，也可多台机组合用一个集中控制室。控制室应设置2个出入口，当控制室面积小于$60m^2$时可设置1个出入口，其净空高度不应小于3.2m。

7.4.7 控制室和电子设备间，严禁穿行汽、水、油、煤粉等工艺管道。

8 运煤系统

8.1 一般规定

8.1.1 新建发电厂的运煤系统设计应因地制宜，根据发电厂规划容量、燃煤品种、自然条件、来煤方式等因素统筹规划，必要时对分期建设或一次建成应进行技术经济比较。

8.1.2 扩建发电厂的运煤系统设计应结合老厂的生产系统和布置特点进行安排，合理利用原有设施并充分考虑扩建施工对生产的影响。

8.1.3 运煤系统宜采用带式输送机运煤。当总耗煤量小于60t/h时，可采用单路系统；当总耗煤量在60t/h及以上时，可采用双路系统。

8.1.4 运煤系统昼夜作业时间的确定应符合下列规定：

1 两班工作制运行不宜大于11h。

2 三班工作制运行不宜大于16h。

3 运煤系统的工作班制应与锅炉煤仓的总有效容积协调。

8.1.5 运煤系统的出力应按全厂运行锅炉额定蒸发量每小时总耗煤量(以下简称总耗煤量)确定，应符合下列规定：

1 双路运煤系统宜采用三班工作制运行，每路系统的出力不应小于总耗煤量的135%。

2 单路的运煤系统宜采用两班工作制运行，其出力不应小于总耗煤量的300%。

8.2 卸煤设施及厂外运输

8.2.1 当铁路来煤时，卸煤装置的出力应根据对应机组的铁路最大来煤量和来车条件确定。卸车时间和一次进厂的车辆数量应与铁路部门协商确定。一次进厂的车辆数应与进厂铁路专用线的牵引定数相匹配。当采用单线缝式煤槽卸煤时，煤槽的有效长度宜与一次进厂车辆数分组后的数字相匹配。

8.2.2 在缝式煤槽中，当采用单路带式输送机时，叶轮给煤机应有1台备用。

8.2.3 当水路来煤时，码头的规划设计应符合现行国家标准《河港工程设计规范》GB 50192和现行行业标准《海港总平面设计规范》JTJ 211的有关规定。卸煤机械的总额定出力应按泊位的通过能力，并与航运部门协商确定，不宜小于全厂总耗煤量的300%。全厂装设的卸煤机械的台数不应少于2台。

8.2.4 当汽车来煤时，运输车辆应优先利用社会运力，电厂不宜设自备运煤汽车。

8.2.5 当部分或全部燃煤采用汽车运输时，厂内应根据汽车运输年来煤量设置相应规模的受煤站，应符合下列规定：

1 当发电厂汽车运输年来煤量为30×10^4t及以下时，受煤站宜与煤场合并布置，可将煤场内某一个或几个区域作为受煤站。

2 当发电厂汽车运输年来煤量为30×10^4t～60×10^4t时，受煤站可采用多个受煤斗串联布置方式。

3 当发电厂汽车运输年来煤量为60×10^4t及以上时，受煤站宜采用缝式煤槽卸煤装置。

4 当燃煤以非自卸汽车为主运输时，受煤站宜设置卸车机械。

8.2.6 靠近煤源的发电厂，厂外运输可采用单路带式输送机或其他方式输送，并通过技术经济比较确定。

8.3 带式输送机系统

8.3.1 采用普通胶带的带式输送机的倾斜角，运送碎煤机前的原煤时，不应大于16°，运送碎煤机后的细煤时，不应大于18°。

8.3.2 运煤栈桥宜采用半封闭式或封闭式。气象条件适宜时，可采用露天布置，但输送机胶带应设防护罩。在寒冷与多风沙地区，应采用封闭式，并应有采暖设施。

8.3.3 运煤栈桥及地下隧道的通道尺寸应符合下列规定：

1 运行通道的净宽不应小于1m，检修通道的净宽不应小于0.7m。

2 带宽800mm及以下的运煤栈桥的净高不应小于2.2m，带宽800mm以上的运煤栈桥的净高不应小于2.5m。

3 带式输送机的地下隧道的净高不应小于2.5m。

8.4 贮煤场及其设备

8.4.1 贮煤场的总贮煤量应按交通运输条件和来煤情况确定，并应符合下列规定：

1 经过国家铁路干线来煤的发电厂，贮煤场的容量不应小于15d的耗煤量。

2 不经过国家铁路干线，包括采用公路运输或带式输送机来煤的发电厂(煤源唯一的发电厂除外)，贮煤场容量宜为全厂5d～10d的耗煤量。个别地区可结合气象条件的影响适当增大贮煤量。

3 由水路来煤的发电厂，应按水路可能中断运输的最长持续时间确定，贮煤场容量不应小于全厂15d的耗煤量。

4 对于燃烧褐煤的发电厂，在无防止自燃有效措施的情况下，贮煤场的容量不宜大于全厂10d的耗煤量。

5 供热机组的贮煤容量应在上述标准的基础上，增加5d的耗煤量。

8.4.2 发电厂位于多雨地区时，应根据煤的特性、燃烧系统、煤场设备的形式等条件确定设置干煤棚，其容量不宜小于全厂4d的耗煤量；燃用黏性煤质的发电厂，可适当增大干煤棚贮量；采用循环流化床锅炉的发电厂，其干煤棚容量宜为全厂4d～10d的耗煤量。

8.4.3 贮煤场设备的出力和台数，应符合下列规定：

1 贮煤场设备的堆煤能力应与卸煤装置的输出能力相匹配，取煤出力应与锅炉房的运煤系统的出力相匹配。

2 当采用1台堆取料机作为煤场设备时，应有出力不小于进入锅炉房运煤系统出力的备用上煤设施；当采用推煤机、轮式装载机等运载机械作为贮煤场的主要设备时，应设1台备用。

3 作为多种用途的门式或桥式抓煤机，其总额定出力不应小于总耗煤量的250％、卸煤装置出力、运煤系统出力三者中最大值，不另设备用。但可设1台推煤机，供煤场辅助作业。

8.4.4 对于环保要求较高或场地狭窄地区，可采用封闭式贮煤场或半封闭式贮煤场或配置挡风抑尘网的露天贮煤场。

8.4.5 圆筒仓作为混煤或缓冲设施，容量宜为全厂1d的耗煤量。

8.4.6 当煤的物理特性适合发电厂的贮煤设施采用筒仓时，应设置必要的防堵措施。当贮存褐煤或易自燃的高挥发分煤种时，还应设置防爆、通风、温度监测和喷水降温措施，并严格控制存煤时间。

8.5 筛、碎煤设备

8.5.1 当运煤系统内需要设筛碎设备时，煤粉锅炉宜采用单级。碎煤机宜设旁路通道。

8.5.2 筛碎设备的选型应符合下列规定：

1 容易粘结和堵塞筛孔的煤宜选用无算的高速锤式或环式碎煤机，不宜选用振动筛。

2 煤质坚硬或煤质多变时，宜选用重型环锤式或反击式碎煤机。

8.5.3 经筛碎后的煤块粒度应满足不同形式锅炉或磨煤机的要求：

1 煤粉炉不宜大于30mm。

2 沸腾炉、循环流化床炉不宜大于10mm。

3 当锅炉厂对循环流化床炉入炉煤的颗粒尺寸有具体规定时，筛碎设备应满足锅炉要求。

8.5.4 采用循环流化床锅炉的发电厂破碎系统宜采用两级破碎设备，宜在粗破碎机前设滚轴筛，宜在细碎机前设细煤筛。

8.5.5 当原煤块粒度符合磨煤机或锅炉燃烧要求时，可不设置碎煤设备，但宜预留安装位置。当来煤中大块或杂质较多时，系统中宜设置除大块装置。

8.6 石灰石贮存与制备

8.6.1 石灰石不宜露天存放，贮存量宜为全厂3d～7d的需用量。送入石灰石制粉系统的石灰石应保证其水分在1％以下。

8.6.2 破碎石灰石的设备设置应满足入炉石灰石粉的粒度的要求，石灰石制备及输送系统破碎工艺的选择应根据进厂的石灰石粒度级配比的情况确定。当需要设置单级以上破碎工艺时，终级破碎设备的出料粒度应符合循环流化床锅炉的要求。

8.7 控制方式

8.7.1 运煤系统中各相邻连续运煤设备之间应设置电气联锁、信号和必要的通信设施。

8.7.2 运煤系统的控制方式应根据系统的复杂性及设备对运行操作的要求确定，可采用集中控制、自动程序控制、就地控制方式。对采用自动程序控制或集中控制的运煤系统，可根据控制要求设置就地控制按钮。控制室不应设在振动和煤尘大的地点。

8.8 运煤辅助设施及附属建筑

8.8.1 在每路运煤系统中，宜在卸煤设施后的第一个转运站、煤场带式输送机出口处和碎煤机前各装设一级除铁器。当采用中速磨煤机或高速磨煤机时，应在碎煤机后再增设一级除铁器。

8.8.2 发电厂应装设入厂煤和入炉煤的计量装置，有条件的发电厂宜装设入厂煤和入炉煤的机械取样装置。

8.8.3 运煤系统应采取下列防止堵煤的措施：

1 受煤斗和转运煤斗壁面与水平面的交角不应小于60°，矩形受煤斗相邻两壁的交线与水平面的夹角不应小于55°。

2 落煤管与水平面的倾斜角不宜小于60°。当受条件限制，倾角不能达到60°时，应根据煤的水分、颗粒组成、粘结性等条件，采用消除堵煤的措施，如装设振动器等，但此时落煤管的倾角也不应小于55°。

8.8.4 运煤设备应设检修起吊设施和检修场地。

8.8.5 煤尘的治理应符合下列规定：

1 对表面水分偏低、易起尘的原煤，可进行加湿。加湿水量的控制应不影响运煤、燃烧系统的正常运行和锅炉效率。

2 在运煤设备布置中，应有清扫地面的设施。当采用水力冲洗时，应有煤泥水排出及沉淀处理的设施。

3 运煤点的落差大于4.0m时，落煤管宜加锁气挡板。

4 运煤转运站和碎煤机室应有防止煤尘飞扬的措施。必要时可设置除尘设施。

5 对易扬尘需加湿的原煤，贮煤场应设置喷淋加湿装置。加湿后的原煤水分可根据煤种、煤质、颗粒级配等因素确定，但不宜大于8％。

6 对周围影响较大的贮煤场，宜在居住区的相邻处设隔尘设施。

8.8.6 运煤系统生产车间需设置的办公室、值班室、交接班室、检修间、备品库、棚库、推煤机库、浴室、厕所等设施可合并建设，并可与其他系统设施共用。

9 锅炉设备及系统

9.1 锅炉设备

9.1.1 锅炉的选型应符合下列规定：

1 根据煤质情况、工程条件和热负荷性质等选用循环流化床锅炉、煤粉炉或其他形式的锅炉。

2 容量相同的锅炉宜选用同型设备。

3 气象条件适宜时宜选用露天或半露天锅炉。

9.1.2 热电厂锅炉的台数和容量应根据设计热负荷经技术经济比较后确定。在选择锅炉容量时，应核算在最小热负荷工况下，汽轮机的进汽量不得低于锅炉不投油最低稳燃负荷。

9.1.3 在无其他热源的情况下，热电厂一期工程，机炉配置不宜仅设置单台锅炉。

9.1.4 热电厂当1台容量最大的锅炉停用时，其余锅炉出力应满足下列规定：

1 热用户连续生产所需的生产用汽量。

2 冬季采暖通风和生活用热量的60％～75％，严寒地区取上限。

9.1.5 当发电厂扩建且主蒸汽管道采用母管制系统时，锅炉容量的选择应连同原有锅炉容量统一计算。

9.1.6 凝汽式发电厂锅炉容量和台数的选择应符合下列规定：

1 锅炉的容量应与汽轮机最大工况时的进汽量相匹配。

2 1台汽轮发电机宜配置1台锅炉，不设备用锅炉。

9.2 煤粉制备

9.2.1 磨煤机的形式应根据煤种的煤质特性、可能的煤种变化范围、负荷性质、磨煤机的适用条件，经过技术经济比较后确定，并应符合下列规定：

1　当发电厂燃用无烟煤、低挥发分贫煤、磨损性很强的煤或煤种、煤质难固定时，宜选用钢球磨煤机。当技术经济比较合理时，可选用双进双出钢球磨煤机。

2　燃用磨损性不强、水分较高、灰分较低、挥发分较高的褐煤时，宜选用风扇磨煤机。

3　煤质适宜时，宜优先选用中速磨煤机。

9.2.2　制粉系统形式的选择应符合下列规定：

1　当选用常规钢球磨煤机时，应采用中间贮仓式制粉系统；当采用双进双出钢球磨煤机时，应采用直吹式制粉系统。

2　当选用高、中速磨煤机时，应采用直吹式制粉系统；当采用中速磨煤机时，运煤系统应有较完善的清除铁块、木块、石块和大块煤的设施，并应考虑石子煤的清除设施。

3　当采用中速磨煤机和双进双出钢球磨煤机，且空气预热器能满足要求时，宜采用正压冷一次风机直吹式制粉系统。

4　易燃、易爆的煤种宜采用直吹式制粉系统。

9.2.3　磨煤机的台数和出力的选择应符合下列规定：

1　钢球磨煤机中间贮仓式制粉系统的磨煤机的台数和出力应符合下列规定：

1）220t/h～410t/h 级的锅炉，每台炉应装设 2 台磨煤机，不设备用磨煤机。130t/h 级及以下容量的锅炉，每台炉宜装设 1 台磨煤机。

2）每台锅炉装设的磨煤机在最大钢球装载量下的计算出力，按设计煤种不应小于锅炉额定蒸发量时所需耗煤量的 115%；按校核煤种不应小于锅炉额定蒸发量时所需的耗煤量。

3）每台锅炉装设 2 台及以上磨煤机时，当其中 1 台磨煤机停止运行，其余磨煤机按设计煤种的计算出力，应满足锅炉不投油稳燃的负荷要求。必要时可经输粉机由邻炉来粉。

2　直吹式制粉系统的磨煤机的台数和出力应符合下列规定：

1）当采用双进双出钢球磨煤机直吹式制粉系统时，不设备用磨煤机。220t/h～410t/h 级的锅炉，每炉应装设 2 台磨煤机；130t/h 级及以下容量的锅炉，每台炉宜装设 1 台磨煤机。每台锅炉装设的磨煤机在制造厂推荐的钢球装载量下的计算出力，按设计煤种不应小于锅炉额定蒸发量时所需耗煤量的 115%，按校核煤种不应小于锅炉额定蒸发量时所需的耗煤量。

2）当采用高、中速磨煤机直吹式制粉系统时，应设备用磨煤机。220t/h～410t/h 级的锅炉，每炉宜装设 3 台磨煤机，其中 1 台备用；130t/h 级及以下容量的锅炉，每台炉宜装设 2 台磨煤机，其中 1 台备用。磨煤机的计算出力应有备用容量。在磨制设计煤种时，除备用外的磨煤机的总出力不应小于锅炉额定蒸发量时所需耗煤量的 110%。在磨制校核煤种时，全部磨煤机按检修前状态的总出力不应小于锅炉额定蒸发量时所需的耗煤量。

9.2.4　煤粉炉给煤机的形式、台数、出力应符合下列规定：

1　给煤机的形式应根据制粉系统设备的布置、锅炉负荷需要、给煤机调节性能、运行的可靠性并结合计量要求等进行选择。正压直吹式制粉系统的给煤机必须具有良好的密封性及承压能力，贮仓式制粉系统的给煤机也应有较好的密闭性以减少漏风。

2　给煤机的形式应与磨煤机形式匹配，应按下列原则选择：

1）钢球磨煤机中间贮仓式制粉系统，可采用刮板式、皮带式或振动式给煤机。

2）直吹式制粉系统应采用密封、调节性能较好的可计量的皮带式或刮板式给煤机。

3　给煤机的台数应与磨煤机的台数相匹配。对配置双进双出钢球磨煤机的机组，1 台磨煤机应配 2 台给煤机。

4　刮板式、皮带式给煤机的计算出力不应小于磨煤机计算出力的 110%，振动式给煤机的计算出力不应小于磨煤机计算出力的 120%。对配双进双出钢球磨煤机的给煤机，其单台计算出力不应小于磨煤机单侧运行时的最大给煤量要求。

9.2.5　循环流化床锅炉等炉型应采用对称给煤，给煤设备不应少于 2 套，当其中 1 套给煤设备故障时，其余给煤设备出力应能满足锅炉额定蒸发量时所需的耗煤量。

9.2.6　给粉机的台数、最大出力应符合下列规定：

1　给粉机的台数应与锅炉燃烧器一次风的接口数相同。当锅炉设有预燃室时，应另配置相应数量的给粉机。

2　每台给粉机的最大出力不应小于与其连接的燃烧器最大设计出力的 130%。

9.2.7　贮仓式制粉系统根据需要可设置输粉设施。输粉设备可选用螺旋输粉机、刮板输粉机、链式输粉机或质量可靠的其他形式的输粉机，其设置原则和容量应符合下列规定：

1　具备布置条件的两台锅炉的煤粉仓之间可采用输粉机连通方式。

2　输粉机的容量不应小于与其相连磨煤机中最大一台磨煤机的计算出力。

3　当输粉机长度在 40m 及以下时，宜单端驱动；长度在 40m 以上时，宜双端驱动。

4　输粉机应具有良好的密封性。

5　对高挥发分烟煤和褐煤不宜设输粉设备。

9.2.8　排粉机的台数、风量和压头的裕量应符合下列规定：

1　排粉机的台数应与磨煤机的台数相同。

2　排粉机的基本风量应按设计煤种的制粉系统热力计算确定。

3　排粉机的风量裕量不应低于 5%，压头裕量不应低于 10%，风机的最大设计点应能满足磨煤机在最大钢球装载量时所需的通风量。

9.2.9　中速磨煤机和双进双出钢球磨煤机正压直吹式制粉系统应设置密封风机。密封风机的台数、风量和压头的裕量应符合下列规定：

1　每台锅炉设置的密封风机不应少于 2 台，其中 1 台备用。当每台磨煤机均设密封风机时，密封风机可不设备用。

2　密封风机的风量裕量不应低于 10%（基本风量按全部磨煤机计算），压头裕量不应低于 20%。

9.2.10　除无烟煤外，制粉系统应设防爆和灭火措施，其要求应符合现行国家标准《火力发电厂与变电站设计防火规范》GB 50229 和现行行业标准《火力发电厂煤和制粉系统防爆设计技术规程》DL/T 5203 的有关规定。

9.2.11　煤粉炉如果设置一次风机，其形式、台数、风量和压头宜符合下列规定：

1　对正压直吹式制粉系统，当采用三分仓空气预热器时，冷一次风机宜采用离心式风机。当技术经济比较合理时，也可采用其他调速风机。

2　冷一次风机的台数宜为 2 台，不设备用。

3　一次风机的风量和压头宜根据空气预热器的特点和不同的制粉系统采用。采用三分仓空气预热器正压直吹式制粉系统的冷一次风机按下列要求选择：

1）风机的基本风量按设计煤种计算，应包括锅炉在额定蒸发量时所需的一次风量、制造厂保证的空气预热器运行一年后一次风侧的漏风量加上需由一次风机所提供的磨煤机密封风量损失（按全部磨煤机计算）。

2）风机的风量裕量宜为 20%～30%，另加温度裕量，可按"夏季通风室外计算温度"来确定。

3）风机的压头裕量宜为 20%～30%。

9.3 烟风系统

9.3.1 煤粉炉送风机的形式、台数、风量和压头应符合下列规定：

1 送风机宜选用高效离心式风机。当技术经济比较合理时，宜采用调速风机。

2 锅炉容量为130t/h级及以下时，每台锅炉应装设1台送风机，锅炉容量为220t/h级及以上时，每台锅炉宜设置1台～2台送风机，不设备用。

3 送风机的风量和压头应符合下列规定：

1)送风机的基本风量按锅炉燃用设计煤种计算，应包括锅炉在额定蒸发量时所需的空气量及制造厂保证的空气预热器运行一年后送风侧的净漏风量。

2)当采用三分仓空气预热器时，送风机的风量裕量不低于5%，另加温度裕量，可按"夏季通风室外计算温度"来确定；送风机的压头裕量不低于15%。

3)当采用管箱式或两分仓空气预热器时，送风机的风量裕量宜为10%，压头裕量宜为20%。

4)当采用热风再循环系统时，送风机的风量裕量不应小于冬季运行工况下的热风再循环量。

4 对燃烧低热值煤或低挥发分煤的锅炉，当每台锅炉装有2台送风机时，应验算风机裕量选择，使其在单台送风机运行工况下能满足锅炉最低不投油稳燃负荷时的需要。

9.3.2 引风机的形式、台数、风量和压头裕量应符合下列规定：

1 引风机宜选用高效离心式风机。当技术经济比较合理时，宜采用调速风机。

2 锅炉容量为65t/h级及以下时，每台锅炉应设1台引风机；锅炉容量为130t/h级及以上时，每台锅炉宜设1台～2台引风机，不设备用。

3 引风机的风量和压头应符合下列规定：

1)引风机的基本风量，按锅炉燃用设计煤种和锅炉在额定蒸发量时的烟气量及制造厂保证的空气预热器运行一年后烟气侧漏风量及锅炉烟气系统漏风量之和考虑。

2)引风机的风量裕量不低于10%，另加10℃～15℃的温度裕量。

3)引风机的压头裕量不低于20%。

4 对燃烧低热质煤或低挥发分煤的煤粉炉，当每台锅炉装有2台引风机时，应验算在单台引风机运行工况下能满足锅炉不投油助燃最低稳燃负荷时的需要。

9.3.3 循环流化床锅炉的一、二次风机均宜采用高效离心式风机，当技术经济比较合理时，宜采用调速风机。220t/h级及以下锅炉每炉各1台；410t/h级锅炉应每炉各1台～2台，不应设备用。一、二次风机风量和压头裕量应符合下列规定：

1 基本风量按锅炉燃用设计煤种计算，应包括锅炉在额定蒸发量时需要的风量及制造厂保证的空气预热器运行一年后一次风侧(二次风机对应二次风侧)的净漏风量。

2 风机风量裕量不宜小于20%，另加温度裕量，可按"夏季通风室外计算温度"来确定。

3 风机压头裕量应分段考虑，炉膛背压(床层等阻力)裕量应由锅炉厂提供，从空气预热器进口至一次风喷嘴(二次风机对应二次风喷嘴)出口的阻力裕量应取44%，从风机进口至空气预热器进口间的阻力裕量应取风机选型风量与基本风量比值的平方值。

9.3.4 循环流化床锅炉如需要配置高压流化风机，宜选用离心式或罗茨风机。220t/h级及以下锅炉，每炉宜配2台50%容量；410t/h级锅炉每炉宜配3台50%容量。风机的风量裕量与压头裕量不应小于20%。

9.3.5 锅炉如需要设置安全监控保护系统的冷却风机，每炉宜选用2台离心风机，其中1台运行，1台备用。风机的风量裕量与压头裕量应满足锅炉安全监控保护系统的冷却要求。

9.3.6 除尘设备的选择应根据建设项目环境影响报告书批复的对烟气排放粉尘量及粉尘浓度的要求、煤灰特性、锅炉燃烧方式、工艺、场地条件和灰渣综合利用的要求等因素，经技术经济比较后确定。除尘器在下列条件下仍应能达到保证的除尘效率：

1 除尘器的烟气量应按燃用设计煤种在锅炉额定蒸发量时的空气预热器出口烟气量计算，应加10%的裕量；烟气温度为燃用设计煤种在锅炉额定蒸发量时的空气预热器出口温度加10℃～15℃。

2 除尘器的烟气量应按燃用校核煤种在锅炉额定蒸发量时的空气预热器出口烟气量计算，烟气温度为燃用校核煤种在锅炉额定蒸发量时的空气预热器出口温度。

9.3.7 在除尘器前、后烟道上应设置必要的采样孔及采样操作平台。

9.3.8 烟囱台数、形式、高度和烟气出口流速应根据建设项目环境影响报告书和烟囱防腐要求、同时建设的锅炉台数、烟囱布置和结构上的经济合理性等综合考虑确定。接入同一座烟囱的锅炉台数宜为2台～4台。

9.4 点火及助燃油系统

9.4.1 循环流化床炉、煤粉炉及其他炉型的点火及助燃燃料可采用轻柴油。发电厂附近有煤气或燃气供应时，也可采用煤气、燃气点火及助燃，此时应参照相关的安全技术规定设计。当重油的供应和油品质量有保证时，也可采用重油点火及助燃。煤粉炉应采用小油枪点火、少油(微油)点火、等离子点火等节油点火方式。

9.4.2 点火及助燃油罐的个数及容量宜符合下列规定：

1 当采用220t/h级以下容量的煤粉炉时，全厂宜设置1个～2个$50m^3$～$100m^3$的油罐。

2 当采用220t/h～410t/h级的煤粉炉时，全厂宜设置2个$200m^3$～$500m^3$的油罐。

3 煤粉炉采用等离子点火、小油枪点火、少油(微油)点火等节油点火方式时，油罐容量可比以上容量减小1个～2个等级。

4 循环流化床锅炉的油罐容量可比相应容量煤粉锅炉减小1个～2个等级。

9.4.3 点火及助燃油宜采用汽车运输。发电厂就近有油源时，可采用管道输送。当采用铁路运输时，应设置卸油站台，其长度可按能容纳1节～2节油槽车设计，并应符合铁路部门的调车要求。当采用水路运输时，卸油码头宜与灰渣码头、运大件码头或煤码头合建。

9.4.4 卸油方式应根据油质特性、输送方式和油罐情况等经技术经济比较后确定。卸油泵形式、台数和流量应符合下列规定：

1 卸油泵形式应根据油质黏度、卸油方式及消防规范要求来确定。

2 如果卸油时间有规定要求，卸油泵台数不宜少于2台，当最大一台泵停用时，其余泵的总流量应满足在规定的卸油时间内卸完车、船的装载量。

3 卸油泵的扬程及其电动机的容量应按输送油达到最大黏度时的工况考虑，扬程裕量宜为30%。

9.4.5 点火及助燃油系统供油泵的形式、出力和台数宜符合下列规定：

1 输(供)油泵形式应根据油质和供油参数要求确定，宜选用离心泵或螺杆泵。

2 供油泵的出力宜按容量最大一台锅炉在额定蒸发量时所需燃料热量的20%～30%选择。

3 供油泵的台数宜为2台，其中1台备用。

4 供油泵的流量裕量不宜小于10%，扬程裕量不宜小于5%，扬程计算中的燃油管道系统总阻力(不含油枪雾化油压及高差)裕量不宜小于30%。

9.4.6 输油泵房宜靠近油库区。燃油泵房内应设置适当的通风、起吊设施和必要的检修场地及值班室，如自动控制及消防设施可满足无人值班要求时，可不设置值班室。油泵房内的电气设备应采用防爆型。

9.4.7 至锅炉房的供油、回油管道设计宜符合下列规定：

1 供油、回油管道宜各采用1条。

2 每台锅炉的供油和回油管道上应装设油量计量装置。供油总管上可装设油量计量装置。

3 各台锅炉的供油管道上应装设快速切断阀和手动关断阀。各台锅炉的回油管道上宜装设快速切断阀。

4 对黏度大、易凝结的燃油，其卸油、贮油及供油系统应有加热、吹扫设施。对于燃油管道可设置蒸汽伴热或其他方式的伴热管，以及蒸汽或压缩空气吹扫管。蒸汽吹扫系统应有防止燃油倒灌的措施。

9.4.8 燃油系统中应设污油、污水收集及有关的含油污水处理设施。

9.4.9 油系统的设计应符合现行国家标准《石油库设计规范》GB 50074的有关规定。燃油罐、输油管道和燃油管道的防爆、防火、防静电和防雷击的设计，应符合现行国家标准《爆炸和火灾危险环境电力装置设计规范》GB 50058和《火力发电厂与变电站设计防火规范》GB 50229的有关规定。

9.4.10 地上或半地下式金属燃油罐宜设置移动式或固定式与移动式相结合的冷却水系统。

9.5 锅炉辅助系统及其设备

9.5.1 锅炉排污系统及其设备应符合下列规定：

1 锅炉排污扩容系统宜2台～4台炉设置1套。

2 锅炉宜采用一级连续排污扩容系统。对高压热电厂的汽包锅炉，根据扩容蒸汽的利用条件，可采用两级连续排污扩容系统；连续排污系统应有切换至定期排污扩容器的旁路。

3 定期排污扩容器的容量应满足锅炉事故放水的需要。

9.5.2 锅炉向空排汽的噪声应符合环境保护的要求。向空排放的锅炉点火排汽管应装设消声器。起跳压力最低的汽包安全阀和过热器安全阀排汽管宜装设消声器。

9.5.3 空气预热器应防止低温腐蚀和堵灰，宜按实际需要情况设置空气预热器入口空气加热系统，根据技术经济比较可选用热风再循环、暖风器或其他空气加热系统。当煤质条件较好、环境温度较高或空气预热器冷端采用耐腐蚀材料，确保空气预热器不被腐蚀、不堵灰时，可不设空气加热系统。对转子转动式三分仓空气预热器，当烟气先加热一次风时，在空气预热器一次风侧可不设空气加热装置，仅在二次风侧设置。

1 对暖风器系统应符合下列规定：

1)暖风器的设置部位应通过技术经济比较确定，对北方严寒地区，暖风器宜设置在风机入口。

2)暖风器在结构和布置上应考虑降低阻力的要求。对年使用小时数不高的暖风器，可采用移动式结构。

3)选择暖风器所用的环境温度，对采暖区宜取冬季采暖室外计算温度，对非采暖区宜取冬季最冷月平均温度，并适当留有加热面积裕量。

2 热风再循环系统宜用于管式空气预热器或较低硫分和灰分的煤种及环境温度较高的地区。回转式空气预热器采用热风再循环系统时，应考虑风机和风道的防磨要求，热风再循环率不宜过大；热风抽出口应布置在烟尘含量低的部位。

9.6 启动锅炉

9.6.1 需要设置启动锅炉的发电厂，其启动锅炉的台数、容量和燃料根据机组容量、启动方式，并结合地区气象条件等具体情况应符合下列规定：

1 启动锅炉容量只考虑启动中必需的蒸汽量，不考虑裕量和主汽轮机冲转调试用汽量、可暂时停用的施工用汽量及非启动用的其他用汽量。

2 启动锅炉最大容量不宜超过1×10t/h。

3 启动锅炉宜按燃油快装炉设计。严寒地区的启动锅炉，可与施工用汽锅炉结合考虑，以燃煤为宜，炉型可选用快装炉或常规炉型。

9.6.2 启动锅炉的蒸汽参数宜采用低压(1.27MPa)锅炉，有关系统应简单、可靠和运行操作简便，其配套辅机不设备用。必要时启动锅炉系统可考虑便于今后拆迁的条件。对燃煤启动锅炉房的设计宜简化，但工艺系统设计应满足生产要求和环境保护要求。

9.6.3 对扩建电厂，宜采用原有机组的辅助蒸汽作为启动汽源，可不设启动锅炉。

10 除灰渣系统

10.1 一般规定

10.1.1 除灰渣系统的选择应根据灰渣量、灰渣的化学物理特性，锅炉形式及除尘器和排渣装置的形式，冲灰水水质、水量以及发电厂与贮灰场的距离、高差以及总平面布置、交通运输、地形、地质、可用水源和气象等条件，经过技术经济比较确定。当条件合适时，应采用干除灰方式。

10.1.2 对已落实粉煤灰综合利用条件的电厂，应设计厂内粉煤灰的集中及外运接口。对有灰渣综合利用意向，但其途径和条件都暂不落实时，设计应为灰渣的综合利用预留条件。

10.1.3 除灰渣系统的容量应按锅炉额定蒸发量燃用设计煤种时排出的总灰渣量计算。厂内各分系统的容量可根据具体情况分别留有一定裕度，厂外输送系统的容量宜根据综合利用的落实情况确定。

10.2 水力除灰渣系统

10.2.1 拟定水力除灰系统时，应采用电厂复用水，并经过技术经济比较，合理确定制浆方式和灰水浓度。

10.2.2 厂内灰渣水力输送可采用压力管和灰渣沟两种方式，应根据锅炉排渣装置及除尘器形式、锅炉房和厂区布置以及贮灰场位置等条件确定。

10.2.3 采用离心灰渣泵的水力除灰渣系统，当一级离心泵的扬程不能满足要求时，宜采用离心灰渣泵直接串联的方式。

10.2.4 采用容积式灰浆泵系统输送灰浆液，应采用高浓度输送。

10.2.5 采用浓缩机浓缩灰浆时，浓缩机的选择应符合下列规定：

1 浓缩机直径应根据排灰量及浓缩机的单位出力确定。

2 浓缩机宜采用高位布置。

3 浓缩机排浆管应设有反冲洗水管道，冲洗水源应可靠，水压不应小于0.4MPa。

10.2.6 浓缩机的备用台数应符合下列规定：

1 当全厂除灰系统设有备用或事故排灰条件时，可不设备用。

2 当全厂除灰系统无备用或不具备事故排灰条件时，浓缩机不宜少于2台，而且当其中1台故障时，其余浓缩机的总出力应能承担不低于除灰系统80%的计算灰量。

10.2.7 除灰渣系统的灰渣沟设计应符合下列规定：

1 灰渣沟不设备用，布置应短而直，并应考虑扩建时便于连接，沟底应采用铸石等耐磨镶板衬砌。

2 电厂内其他系统的排水、污水等不宜排入灰渣沟。

3 灰渣沟坡度应符合下列规定：

1)灰沟坡度不应小于1%。

2)固态排渣炉的渣沟坡度不应小于1.5%。

3)液态排渣炉的渣沟坡度不应小于2%。

4)输送高浓度灰渣浆的灰渣沟，其坡度宜适当加大。

10.2.8 在一套水力除灰渣系统中，主要设备的备用台数应符合下列规定：

1 经常运行的清水泵应各有1台(组)备用。

2 在一个泵房内，离心式灰渣(浆)泵和容积式灰浆泵的备用台(组)数应按下列原则确定：

1)当1台(组)运行时，设1台(组)备用。

2)当2台(组)～3台(组)运行时，设2台(组)备用。

3)对于容积式灰浆泵，当只设2台(组)备用时，可以预留第二台(组)备用泵的基础。

10.2.9 当采用沉渣池除渣系统时，沉渣池的几何尺寸应根据渣浆量、渣的颗粒分析、沉降速度及外部输送条件等因素确定。沉渣池宜采用两格，每格有效容积不宜小于该除渣系统24h的排渣量。当采用脱水仓除渣系统时，脱水仓的容积应根据锅炉排渣量、外部输送条件等因素确定。每台脱水仓的有效容积不宜小于该除渣系统24h的排渣量。

10.2.10 当运行的厂外灰渣(浆)管为1条～3条时，应设1条备用管。当灰渣管磨损或结垢严重时，应采取防磨或防结垢、除垢措施。

10.2.11 当采用普通钢管作灰渣管时，除壁厚应满足强度要求外，还应符合下列规定：

1 灰管壁厚不应小于7mm。

2 渣管壁厚不应小于10mm。

3 弯管和管件可采用耐磨管。

4 当灰渣具有严重磨损特性时，对直管段经技术经济比较后，也可采用耐磨管。

10.3 机械除渣系统

10.3.1 锅炉采用机械除渣系统时，应根据渣量、渣的特性、输送距离及渣综合利用的要求等因素，经过技术经济比较，可选用水浸式刮板捞渣机、干式风冷输渣机或埋刮板输送机等设备输送锅炉底渣。当条件允许时，宜优先采用机械方式将渣提升至贮渣仓。

10.3.2 当采用水浸式刮板捞渣机方案时，应符合下列规定：

1 宜采用单级刮板捞渣机输送至渣仓方案，其最大出力不宜小于锅炉额定蒸发量时燃用设计煤种排渣量的400%。与渣接触的刮板捞渣机部件应采用耐磨、耐腐蚀材料制成。

2 刮板捞渣机的水浸槽水深应能保证渣块充分粒化，并大于锅炉炉膛最大正压值。

3 刮板捞渣机的头部倾角不应大于35°，并设有清洗链环的设施。

10.3.3 当采用干式风冷输渣机方案时，设备的最大出力不宜小于锅炉额定蒸发量时的燃用设计煤种排渣量的250%，且不宜小于燃用校核煤种排渣量的150%。

10.3.4 埋刮板输送机应选用电厂专用耐磨、低速输灰渣埋刮板输送机。埋刮板输送机的布置应符合下列规定：

1 埋刮板输送机可采用水平布置和倾斜布置两种形式。当采用倾斜布置时，倾斜角不宜大于10°。

2 埋刮板输送机驱动装置有水平和立式两种形式，设计时可按具体情况选用。当采用高位布置时应设置检修平台。

3 埋刮板输送机宜为单路布置。

10.3.5 贮渣仓应尽量靠近锅炉底渣排放点布置。贮渣仓的容积应按锅炉排渣量、外部运输条件等因素确定，其有效容积宜满足该除渣系统24h～48h的排渣量。当贮渣仓仅作为中转或缓冲渣仓使用时，其有效容积宜满足该除渣系统8h的排渣量。

10.4 干式除灰系统

10.4.1 除灰系统应根据灰量、输送距离、灰的特性、除尘器形式及集灰斗布置等情况，经过技术经济比较，选用负压气力除灰系统、正压气力除灰系统和空气斜槽、埋刮板输送机、螺旋输送机等输送系统，以及由以上方式组合的联合系统。

10.4.2 气力除灰系统的设计出力应根据系统排灰量、系统形式、运行方式等确定。采用连续运行方式的系统出力不应小于锅炉额定蒸发量时的燃用设计煤种排灰量的150%，不应小于燃用校核煤种排灰量的120%；对于采用间断运行方式的系统不应小于锅炉额定蒸发量时的燃用设计煤种排灰量的200%。静电除尘器第一电场灰斗的容积不宜小于8h集灰量。

10.4.3 正压气力除灰系统设置的空气压缩机，当运行的空气压缩机为1台～2台时，应设1台备用；运行3台及以上时，可设2台备用。

10.4.4 负压气力除灰系统应设置专用的抽真空设备。在一个单元系统内，当1台～2台抽真空设备经常运行时，宜设1台备用。

10.4.5 空气斜槽的风源宜由专用风机供气，专用风机可不设备用，有条件时也可由锅炉送风系统供给。空气斜槽的布置应符合下列规定：

1 空气斜槽的斜度不应小于6%。

2 空气斜槽宜考虑防潮保温措施。

3 灰斗与空气斜槽之间应装设插板门和电动锁气器。

4 落灰管与空气斜槽之间，以及鼓风机与风嘴之间宜用软连接。

5 静电除尘器下分路斜槽的输送方向宜从一电场向二(三)电场方向输送。

10.4.6 灰库的总容量宜符合下列规定：

1 当作为中转或缓冲灰库时，宜满足贮存8h的系统排灰量。

2 当作为贮运灰库时，宜满足贮存24h～48h的系统排灰量。

10.4.7 灰库设计为平底库时，在库底应设置气化槽。气化空气应为热空气，气化空气系统应设专用的空气加热器，加热后的气化空气管道应保温。

10.4.8 灰库卸灰设施的配置应符合下列规定：

1 当厂外采用水力输送时，应设干灰制浆装置。

2 当车(船)装卸干灰时，应设防止干灰飞扬的设施。

3 当外运调湿灰时，应设干灰调湿装置，加水量宜为灰质量的15%～30%。

10.5 灰渣外运系统

10.5.1 采用车辆运输灰渣时，宜采用封闭式自卸汽车，并优先利用社会运力解决。

10.5.2 厂外灰渣输送采用带式输送机时，在厂区应具有短期贮存的措施。渣应经过冷却调湿或冷却脱水，灰应加水调湿。带式输送机应按单路设计，其设计出力应根据系统输送量、输送距离和运行方式等确定，不宜小于电厂灰渣最大排放量的300%。除严寒地区外，带式输送机不宜采用封闭栈桥，但应设必要的防护罩或采用管状带式输送机。

10.5.3 采用船舶外运灰渣时，应根据灰渣运输量和船型设置灰码头及装船设施。

10.6 控制及检修设施

10.6.1 除灰渣系统的控制方式应根据系统的复杂性及设备对运行操作的要求确定，可采用集中控制、自动程序控制、就地控制方式。对采用自动程序控制或集中控制的除灰渣系统，可根据控制要求设置调试用就地控制按钮。

10.6.2 在除灰渣设备集中布置处应设置必要的检修场地和起吊设施。

10.7 循环流化床锅炉除灰渣系统

10.7.1 循环流化床锅炉底渣输送系统宜采用机械输送系统，当底渣量较小时，经技术经济比较也可采用气力输送系统，其系统出力不宜小于锅炉额定蒸发量时燃用设计煤种排渣量的250%，且不宜小于燃用校核煤种排渣量的200%。不宜采用水力输送系统。

10.7.2 循环流化床锅炉底渣系统底渣库库顶除尘器的布袋宜选用耐高温滤料。采用机械输送系统时，渣库库顶除尘器宜设排气风机。

10.7.3 当循环流化床锅炉飞灰采用气力输送系统时，其系统输送出力的确定应按本规范第10.4节中气力除灰系统的规定执行。

11 脱硫系统

11.0.1 脱硫工艺的选择应根据锅炉容量及炉型、燃料含硫量、建设项目环境影响报告书批复对脱硫效率的要求、吸收剂资源情况和运输条件、水源情况、脱硫废水、废渣排放条件、脱硫副产品利用条件以及脱硫工艺成熟程度等综合因素，经全面技术经济比较后确定。对于改、扩建电厂，还应考虑现场场地布置条件的影响，因地制宜。脱硫工艺的选择还应符合下列规定：

1 中小容量循环流化床锅炉宜优先采用炉内脱硫的方式。

2 燃煤含硫量大于或等于2%的机组，应优先采用石灰石-石膏湿法烟气脱硫工艺。

3 燃煤含硫量小于2%的机组或对于剩余寿命低于10年的老机组以及在场地条件有限的已建电厂加装脱硫装置时，在环保要求允许的条件下，宜优先采用半干法、干法或其他费用较低的成熟工艺。

4 经全面技术经济比较合理后，可采用氨法烟气脱硫工艺。

5 燃煤含硫量小于或等于1%的海滨电厂，在海水碱度满足工艺要求、海域环境影响评价取得国家有关部门审查通过的情况下，可采用海水法烟气脱硫工艺；燃煤含硫量大于1%的海滨电厂，在满足上述条件且经技术经济比较后，也可采用海水法脱硫工艺。

6 水资源匮乏地区的燃煤电厂宜优先采用节水的干法、半干法烟气脱硫工艺。

7 脱硫装置的可用率应在95%以上。

11.0.2 脱硫吸收剂应符合下列规定：

1 吸收剂应有可靠的来源，并宜由市场直接购买符合要求的成品；当条件许可且方案合理时，可由电厂自建吸收剂制备车间；必须新建吸收剂加工制备厂时，应优先考虑区域性协作，即集中建厂，应根据投资及管理方式、加工工艺、厂址位置、运输条件等进行综合技术经济论证。

2 厂内吸收剂储存容量应根据供货连续性、货源远近及运输条件等因素确定，不宜小于3d的需用量。

3 吸收剂的制备储运系统应有防止二次扬尘、挥发泄漏等污染，保证安全的措施。

4 循环流化床锅炉脱硫石灰石粉储存及输送系统应符合下列规定：

1)成品石灰石粉进厂，可直接采用气力输送至石灰石粉仓(库)内存放备用。在厂内破碎制备后的石灰石粉宜采用气力输送，有条件时也可采用密闭刮板输送机或螺旋输送机输送，宜单路设置。

2)石灰石粉输送宜采用一级输送系统，也可采用二级输送系统。

3)一级输送系统的石灰石粉库容积宜为锅炉额定蒸发量时24h的消耗量，二级输送石灰石粉仓容积宜为锅炉额定蒸发量时3h～4h的消耗量。

4)至锅炉炉膛的石灰石粉宜采用气力输送，各条输送管路宜对称布置。

5)气力输送系统出力设计应根据锅炉所需石灰石粉的消耗量、运行方式等因素确定。当采用连续运行方式时，系统设计出力不应小于石灰石粉的消耗量的150%，当采用间断运行方式时，系统设计出力不应小于石灰石粉的消耗量的200%。

6)若石灰石粉采用二级且风机输送时，宜配置1台～2台定容式输送风机。

11.0.3 烟气脱硫反应吸收装置容量、数量应符合下列规定：

1 反应吸收装置的额定容量宜按锅炉设计或校核煤种额定工况下的烟气条件，取其中较高者，不应增加容量裕量。

2 反应吸收装置的入口 SO_2 浓度(设计值和校核值)应经调研，考虑燃煤实际采购情况和含硫量变化趋势，选取其变化范围中的较高值。

3 反应吸收装置应能在锅炉最低稳燃负荷工况和额定工况之间的任何负荷持续安全运行。反应吸收装置的负荷变化速度应与锅炉负荷变化率相适应。

4 反应吸收装置入口烟温应按锅炉设计煤种额定工况下从主烟道进入脱硫装置接口处的运行烟气温度加10℃(短期按照加50℃)设计，并应注意在锅炉异常运行条件下采取适当措施，不致造成对设备的损害。

5 反应吸收装置的数量应根据锅炉容量、反应吸收装置的容量及可靠性等确定。当采用湿法工艺时，宜2台炉配1台反应吸收塔；半干法脱硫工艺可1台炉配1台反应吸收塔，根据工艺条件也可2台炉配1台反应吸收塔。

6 反应吸收装置内部应根据工艺特点考虑可靠的防腐措施。

11.0.4 当脱硫系统设增压风机时，其容量应根据处理烟气量选择，风量裕量不宜小于10%，另加不低于10℃～15℃的温度裕量，压头裕量不宜小于20%。当脱硫系统增压风机与引风机合并设置时，锅炉炉膛瞬态防爆压力的选取应考虑风机压头较大的因素。

11.0.5 应根据建设项目环境影响报告书批复要求确定是否设置湿法脱硫工艺的烟气-烟气换热器。

11.0.6 烟气脱硫装置旁路烟道的设置，宜根据脱硫工艺的技术特性和脱硫装置的可靠性确定；在条件允许的情况下，可不设烟气脱硫装置旁路烟道。湿法脱硫装置不设旁路烟道时，脱硫装置的可用率应保证满足整体机组运行可用率的要求。设置旁路烟道的脱硫装置进口、出口和旁路挡板门(或插板门)应有良好的操作和密封性能。旁路挡板门(或插板门)的开启时间应能满足脱硫装置故障不引起锅炉跳闸的要求。

11.0.7 反应吸收装置出口至烟囱的低温烟道，应根据不同的脱硫工艺采取必要的适当的防腐措施。

11.0.8 脱硫工艺设计应为脱硫副产品的综合利用创造条件，经技术经济论证合理时，脱硫副产品可经过适当加工后外运，其加工深度、品种及数量应根据可靠的市场调查结果确定。若脱硫副产品无综合利用条件时，可考虑将其输送至储存场，但宜与灰渣分别堆放，留有今后综合利用的可能性，并应采取防止副产品造成二次污染的措施。厂内脱硫副产品的贮存方式，根据其具体物性，可堆放在贮存间内。贮存的容量应根据副产品的运输方式确定，不宜小于24h。

11.0.9 当吸收剂和脱硫副产品是浆液状态，其输送系统应考虑防堵措施和加装管道清洗装置。

11.0.10 脱硫控制室的设置及控制水平应符合下列规定：

1 脱硫控制室宜与除灰空压机室、除尘配电室等合并布置在脱硫装置附近，也可结合工艺流程和场地条件设独立的脱硫控制室。

2 脱硫系统的控制水平应与机组控制水平相当。

11.0.11 脱硫装置高、低压厂用电电压等级及厂用电系统中性点接地方式应与电厂主体工程一致。脱硫装置的高压负荷宜直接由主厂房高压段供电，在脱硫区设低压脱硫变压器向脱硫低压负荷供电，其高压电源引至主厂房高压段。

11.0.12 脱硫工艺系统的布置应符合下列规定：

1 脱硫反应吸收装置宜布置于锅炉尾部烟道及烟囱附近。

2 吸收剂制备和脱硫副产品加工场地宜在脱硫反应吸收装置附近集中布置，也可布置于其他适当地点。

3 脱硫反应吸收装置宜露天布置，并应有必要的防护措施。

12 脱硝系统

12.0.1 脱硝工艺的选择应符合下列规定：

1 新建、扩建发电机组的锅炉应根据建设项目环境影响报告书批复要求预留烟气脱硝装置空间或同步建设烟气脱硝装置。循环流化床锅炉不宜设置烟气脱硝装置。煤粉炉在进行炉膛和燃烧器结构选型时宜采取降低氮氧化物排放的措施。

2 煤粉炉烟气脱硝工艺的选择应根据机组容量、煤质情况、锅炉氮氧化物排放浓度、对脱硝效率的要求、反应剂资源情况和运输条件、废水排放条件、脱硝副产品利用条件以及脱硝工艺成熟程度等综合因素，经技术经济比较确定。对于改造机组，还应考虑现场场地布置条件等特点。

3 当条件许可且技术经济比较合理时，可采用同时脱硫脱硝一体化的工艺。

12.0.2 脱硝反应剂应符合下列规定：

1 脱硝反应剂应有可靠的来源。

2 厂内脱硝反应剂储存容量应根据供货连续性、货源远近及运输条件等因素确定。

3 脱硝反应剂的制备储运系统应有防止挥发、泄漏等污染的措施。如果有防火、防爆、防毒等方面的要求，应有相应保证安全的措施。

12.0.3 脱硝工艺如需要采用催化剂，应制定失效催化剂的妥善处理措施，优先选择可再生循环利用的催化剂，应避免二次污染。

12.0.4 脱硝装置不宜设置旁路烟道。

12.0.5 当脱硝装置引起引风机风压增加较大时，锅炉炉膛瞬态防爆压力的选取应考虑相应因素。

12.0.6 如果装设脱硝装置有可能生成腐蚀和堵塞锅炉空气预热器的产物时，空气预热器的设计应采取特殊的措施减轻或消除其影响。

12.0.7 脱硝反应装置容量、台数的选择应符合下列规定：

1 脱硝反应装置的额定容量宜按锅炉相对应的烟气量设计，不增加容量余量。

2 脱硝反应装置应采用单元制，即每台锅炉配1台反应装置。

3 脱硝反应装置入口烟温应按正常运行烟气温度设计，并应注意在锅炉异常运行条件下采取适当措施不致造成对设备的损害。

12.0.8 脱硝反应区控制系统宜纳入机组分散控制系统(DCS)，脱硝反应剂制备储运控制系统宜通过可编程控制器(PLC)控制或纳入机组分散控制系统(DCS)。

12.0.9 脱硝工艺系统的布置应符合下列规定：

1 脱硝反应装置宜根据脱硝工艺的流程布置于锅炉本体或尾部烟道及烟囱附近。

2 脱硝反应剂制备储运系统的布置应满足与周边建筑物相应的间距要求，布置于适当地点。必要时，应考虑不利风向的影响，系统设备区域内应设有通畅的道路和疏散通道。

3 脱硝反应装置宜露天布置，但应有必要的防护措施。

13 汽轮机设备及系统

13.1 汽轮机设备

13.1.1 发电厂的机组选择应符合下列规定：

1 供热式汽轮机的容量和台数应根据热负荷的大小和性质，并以热定电的原则合理确定。条件许可时，应优先选择较大容量、较高参数的汽轮机。

2 小型发电厂不宜选用凝汽式汽轮机。在电网覆盖不到的边远地区或无电地区，当不具备小水电和可再生能源资源且煤炭资源丰富而又交通不便，以及电网覆盖不到的小水电供电地区，考虑枯水期补充电力的需要，在有煤炭来源条件时，可因地制宜地选择适当规模容量的凝汽式汽轮机或抽凝式汽轮机。

3 干旱指数大于1.5的缺水地区，宜选用空冷式汽轮机。

13.1.2 供热式汽轮机机型的最佳配置方案应在调查核实热负荷的基础上，根据设计的热负荷曲线特性，经技术经济比较后确定。

13.1.3 供热式汽轮机的选型应符合下列规定：

1 具有常年持续稳定的热负荷的热电厂，应按全年基本热负荷优先选用背压式汽轮机。

2 具有部分持续稳定热负荷和部分变化波动热负荷的热电厂，应选用背压式汽轮机或抽汽背压式汽轮机承担基本稳定的热负荷，再设置抽凝式汽轮机承担其余变化波动的热负荷。

3 新建热电厂的第一台机组不宜设置背压式汽轮机。

13.1.4 热电厂的热化系数可按下列原则选取：

1 热电厂的热化系数宜小于1。

2 热化系数必须因地制宜、综合各种影响因素经技术经济比较后确定，并宜符合下列规定：

1)单机容量小于或等于100MW级、兼供工业和民用热负荷的热电厂，其热化系数宜小于1。

2)对以供常年工业用汽热负荷为主的热电厂，其热化系数宜取0.7～0.8。

3)对于以采暖热负荷为主的成熟区域(即建设规模已接近尾声，每年新投入的建筑面积趋于0)，其热化系数宜控制在0.6～0.7之间。

4)对于以采暖热负荷为主的发展中供热区域(每年均有一定量新建筑投入供暖的)，其热化系数可大于0.8，甚至接近1。

5)在选取热化系数时，应对热负荷的性质进行分析。年供热利用小时数高、日负荷稳定的，取高值；年供热利用小时数低、日负荷波动大的，取低值。

13.1.5 对季节性热负荷差别较大或昼夜热负荷波动较大的地区，为满足尖峰热负荷，可采用下列方式供热：

1 应利用热电厂的锅炉裕量，经减温减压装置补充供热。

2 应采用供热式汽轮机与尖峰锅炉房协调供热。

3 应选留热用户中容量较大、使用时间较短、热效率较高的燃煤锅炉补充供热。

13.1.6 采暖尖峰锅炉房与热电厂采用并联供热系统或串联供热系统，应经技术经济比较后确定，并宜符合下列规定：

1 当采用并联供热时，采暖锅炉房宜建在热电厂或热电厂附近。

2 当采用串联供热时，采暖锅炉房宜建在热负荷中心或热网的远端。

13.2 主蒸汽及供热蒸汽系统

13.2.1 主蒸汽管道宜采用切换母管制系统。

13.2.2 热电厂厂内应设供热集汽联箱。向厂外同一方向输送的供热蒸汽管道宜采用单管制系统；采用双管或多管制系统，应符合下列规定：

1 当同一方向的各用户所需蒸汽参数相差较大，或季节性热负荷占总热负荷比例较大，经技术经济比较合理时，可采用双管或多管制系统。

2 对特别重要而不允许停汽的热用户，需由两个热源供汽时，可设双管输送。每根管道的管径宜按最大流量的60%设计。

3 当热用户按规划分期建设，初期设单管不能满足规划容量参数要求或运行不经济时，可采用双管或多管制系统。

13.3 给水系统及给水泵

13.3.1 给水管道应采用母管制系统，并应符合下列规定：

1 给水泵吸水侧的低压给水母管，宜采用分段单母管制系统。其管径应比给水箱出水管径大1级～2级。给水箱之间的水平衡管的设置可根据机组的台数和给水箱间的距离等因素综合确定。

2 给水泵出口的压力母管，当给水泵的出力与锅炉容量不匹配时，宜采用分段单母管制系统；当给水泵的出力与锅炉容量匹配时，宜采用切换母管制系统。

3 给水泵的出口处应设有给水再循环管和再循环母管。

4 备用给水泵的吸水管宜位于低压给水母管两个分段阀门之间，出口的压力管宜位于分段压力母管两个分段阀门之间或接至切换母管上。

5 高压加热器后的锅炉给水母管，当高加出力与锅炉容量不匹配时，宜采用分段单母管制系统；当高加出力与锅炉容量匹配时，宜采用切换母管制系统。

13.3.2 发电厂的给水泵的台数和容量应符合下列规定：

1 发电厂应设置1台备用给水泵，宜采用液力耦合器调速。

2 给水泵的总容量及台数应保证在任何一台给水泵停用时，其余给水泵的总出力仍能满足所连接的系统的全部锅炉额定蒸发量的110%。

3 每台给水泵的容量宜按其对应的锅炉额定蒸发量的110%给水量来选择。

13.3.3 当采用汽动给水泵时，宜符合下列规定：

1 不与电网连接或电网供电不可靠的发电厂，宜设置1台汽动给水泵。

2 厂用低压蒸汽需常年经减温减压器供给的热电厂，经供热量平衡和技术经济比较后，可采用1台～2台经常运行的汽动给水泵。

3 高压供热机组当有中压抽汽时，可供小背压机带动给水泵，小背压机的排汽再供除氧器用汽或接至供热管网。

13.3.4 给水泵的扬程应为下列各款之和：

1 锅炉额定蒸发量时的给水流量，从除氧给水箱出口至省煤器进口给水流动的总阻力，另加20%的裕量。

2 汽包正常水位与除氧器给水箱正常水位间的水柱静压差。当锅炉本体总阻力中包括其静压差时，应为省煤器进口与除氧器正常水位间的水柱静压差。

3 锅炉额定蒸发量时，省煤器入口的进水压力。

4 除氧器额定工作压力(取负值)。

13.4 除氧器及给水箱

13.4.1 除氧器的总出力应按全部锅炉额定蒸发量的给水量确定。当利用除氧器作热网补水定压设备时，应另加热网补水量。每台机组宜设置1台除氧器。

13.4.2 给水箱的总容量根据热负荷变动的大小，宜符合下列规定：

1 给水箱的总容量，对130t/h及以下的锅炉宜为20min全部锅炉额定蒸发量时的给水消耗量。

2 对130t/h以上、410t/h级及以下锅炉宜为10min～15min全部锅炉额定蒸发量时的给水消耗量。

13.4.3 凝汽式发电厂及补水量少的热电厂，补水应进入凝汽器进行初级真空除氧。对于凝汽器带鼓泡式除氧装置的供热机组也应进入凝汽器进行初级真空除氧。

13.4.4 对补给水量大的热电厂，当有合适的热源时，可在除氧器前装设补给水加热器。当无合适的热源时，可采用允许常温补水的除氧器。

13.4.5 对以供采暖为主的热电厂，热网加热器的疏水有条件时可直接进入除氧器；当无条件时应装设疏水冷却器，降温后再进入除氧器。当采用高温疏水直接进入除氧器，且技术经济比较合理时，可选用0.25MPa～0.412MPa(绝对压力)、120℃～145℃的中压除氧器或0.5MPa(绝对压力)、饱和温度为158℃的高压除氧器。

13.4.6 高压供热机组在保证给水含氧量合格的条件下，可采用一级高压除氧器。否则，补给水应先采用凝汽器鼓泡式除氧装置或另设低压除氧器初级除氧后，再经中继水泵送至高压除氧器。

13.4.7 多台相同参数的除氧器的有关汽、水管道宜采用母管制系统。

13.4.8 除氧器给水箱的最低水位面到给水泵中心线间的水柱所产生的压力，不应小于下列各款之和：

1 给水泵进口处水的汽化压力和除氧器的工作压力之差。

2 给水泵的汽蚀余量。

3 给水泵进水管的流动阻力。

4 给水泵安全运行必需的富裕量3kPa～5kPa。

13.4.9 除氧器及给水箱应设有防止过压爆炸的安全阀及排汽管道，除氧器及其给水箱的设计还应满足现行行业标准《锅炉除氧器技术条件》JB/T 10325的有关要求。

13.5 凝结水系统及凝结水泵

13.5.1 发电厂的凝结水宜采用母管制系统。

13.5.2 凝汽式机组的凝结水泵的台数、容量应符合下列规定：

1 每台凝汽式机组宜装设2台凝结水泵，每台容量为最大凝结水量的110%，宜设置调速装置。

2 最大凝结水量应为下列各项之和：

1)汽轮机最大进汽工况时的凝汽量。

2)进入凝汽器的经常补水量和经常疏水量。

3)当低压加热器疏水泵无备用时，可能进入凝汽器的事故疏水量。

13.5.3 供热式机组的凝结水泵的台数、容量应符合下列规定：

1 工业抽汽式机组或工业、采暖双抽汽式机组，每台机组宜装设2台或3台凝结水泵，并应符合下列规定：

1)当机组投产后即对外供热时，宜装设2台凝结水泵。每台容量宜为设计热负荷工况下的凝结水量，另加10%的裕量。设计热负荷工况下的凝结水量不足最大凝结水量50%的，每台容量按最大凝结水量的50%确定。

2）当机组投产后需做较长时间低热负荷工况运行时，宜装设3台凝结水泵，每台容量宜为设计热负荷工况下的凝结水量，另加10%的裕量。设计热负荷工况下的凝结水量不足最大凝结水量50%的，每台容量应按最大凝结水量的50%确定。

2 采暖抽汽式机组宜装设3台凝结水泵，每台容量宜为最大凝结水量的55%。

3 设计热负荷工况下的凝结水量应为下列各项之和：

1）机组在设计热负荷工况下运行时的凝汽量。

2）进入凝汽器的经常疏水量。

3）当设有低压加热器疏水泵而不设备用泵时，可能进入凝汽器的事故疏水量。

4 最大的凝结水量应为下列各项之和：

1）抽凝式机组按纯凝汽工况运行时，在最大进汽工况下的凝汽量。

2）进入凝汽器的经常补水量和经常疏水量。

3）当设有低压加热器疏水泵而不设备用泵时，可能进入凝汽器的事故疏水量。

13.5.4 凝结水泵的扬程应为下列各款之和：

1 从凝汽器热井到除氧器凝结水入口的凝结水管道流动阻力，另加20%的裕量。低压加热器的疏水，经疏水泵并入主凝结水管道的，在并入点前应按最大凝结水量计算；在并入点后，应加上低压加热器疏水量计算。

2 除氧器凝结水入口与凝汽器热井最低水位间的水柱静压差。

3 除氧器入口凝结水管喷雾头所需的喷雾压力。

4 除氧器最大工作压力，另加15%的裕量。

5 凝汽器的最高真空。

13.6 低压加热器疏水泵

13.6.1 容量为25MW级及以上的机组，可设低压加热器疏水泵；容量为25MW级以下的机组，可不设低压加热器疏水泵。

13.6.2 低压加热器疏水泵的容量及台数应符合下列规定：

1 低压加热器的疏水泵容量应按汽轮机最大进汽工况时，接入该泵的低压加热器的疏水量，另加10%的裕量确定。

2 低压加热器的疏水泵宜设1台，不设备用。但低压加热器的疏水应设有回流至凝汽器的旁路管路。

13.6.3 低压加热器的疏水泵扬程应为下列各款之和：

1 从低压加热器到除氧器凝结水入口的介质流动阻力，另加20%的裕量。

2 除氧器凝结水入口与低压加热器最低水位间的水柱静压差。

3 除氧器入口喷雾头所需的喷雾压力。

4 除氧器最大工作压力，另加15%的裕量。

5 对应最大凝结水量工况下低压加热器内的真空。加热器为正压力时，应取负值。

13.7 疏水扩容器、疏水箱、疏水泵与低位水箱、低位水泵

13.7.1 疏水扩容器、疏水箱和疏水泵的容量和台数的选择应符合下列规定：

1 疏水扩容器的容量，对25MW级及以下的机组，宜为$0.5m^3$～$1m^3$。对50MW级及以上的高压机组宜分别设置高压疏水扩容器和低压疏水扩容器，容量宜分别为$1.5m^3$。

2 发电厂设置65t/h～130t/h锅炉时，疏水箱可装设2个，其总容量为$20m^3$。发电厂设置220t/h～410t/h级锅炉时，疏水箱可装设2个，其总容量为$30m^3$。

3 疏水泵采用2台。每台疏水泵的容量宜按在0.5h内将1个疏水箱的存水打至除氧器给水箱的要求确定。其扬程应按相应的静压差、流动阻力及除氧器工作压力，另加20%裕量确定。

13.7.2 当低位疏放水量较大、水质好可供利用时，可装设1台容量为$5m^3$的低位水箱和1台低位水泵。低位水泵的容量宜按在0.5h内将低位水箱内的存水打至疏水箱的要求确定。其扬程应按相应的静压差、流动阻力另加20%的裕量确定。当疏水箱低位布置时，可不设低位水箱。

13.8 工业水系统

13.8.1 发电厂应设工业水系统。其供水量应满足主厂房及其邻近区域锅炉、汽轮机辅助机械设备的冷却用水、轴封用水及其他用水量，并应符合下列规定：

1 汽轮机的冷油器和发电机的空气冷却器的冷却用水均应由循环水直接供水。

2 当循环水的压力和水质能满足其他设备冷却供水要求时，应采用循环水直接供水。循环水压力无法达到的用水点，应设置升压泵供水。

13.8.2 发电厂的工业用水应有可靠的水源。工业水应具有独立的供、排水系统，并应结合扩建机组设备的冷却供水要求，统一规划。

13.8.3 工业水系统应符合下列规定：

1 以淡水作冷却水水源，不需要处理即可作为工业用水的，宜采用开式系统；需经处理的，可视具体情况，采用开式或闭式系统，或开式、闭式相结合的系统。

2 以再生水作冷却水水源，不宜用再生水直接冷却的辅机设备，宜采用除盐水闭式循环冷却系统。此时，闭式循环水-水冷却器应采用再生水作为冷却水源。

3 以海水作为凝汽器冷却水水源，工业水可采用淡水闭式或海水开式系统，或淡水闭式、海水开式相结合的系统。

4 50MW级及以上的机组，工业水可采用闭式除盐水系统。

5 在开式工业水系统中，可视具体情况确定设置工业水箱。在闭式工业水系统中，宜设置高位水箱、回水箱(池)、水泵及水-水冷却器或其他冷却设备。

13.8.4 工业水管道宜采用母管制系统。

13.8.5 工业水泵的总容量应满足所连接的工业水系统最大用水量的需要，另加10%的裕量。

13.8.6 母管制工业水系统，当机组为2台～3台时，宜采用2台工业水泵，其中1台备用；当机组为4台及以上时，宜选用3台工业水泵，其中1台备用。

13.8.7 工业水泵的扬程应为下列各款之和：

1 最高工业用水点或高位工业水箱进口与工业水泵中心线或工业水泵吸水池最低水位间的水柱静压差。

2 从工业水泵进水始端到最高用水点出口或高位工业水箱进口间工业水的流动阻力(按最大用水量计算)，另加20%的裕量。

3 工业水泵进口真空(进口为正压力时，取负值)；当从吸水池吸水时，本项不计人。

13.8.8 开式工业水系统的排水应回收利用。

13.8.9 工业水的排水系统可采用自流排水或采用自流排水与压力排水相结合的排水方式，并应符合下列规定：

1 自流排水应通过漏斗接入母管，引至排水沟或回水池。

2 排水漏斗后的管道，其管径应放大1级～2级。

3 连接至同一排水母管上的排水漏斗，应布置在同一标高上。

4 对高位设备的排水，除在设备附近设排水漏斗外，尚应在接入排水母管低端的统一标高处，设缓冲排水漏斗。

5 汽轮机的冷油器和发电机的空气冷却器的开式系统压力排水，宜接至循环水排水系统或工业冷却水压力排水系统。闭式系统的压力排水应直接接入排水母管，引至回水箱。

6 辅助设备轴承的压力排水管道上应装设流动指示器。

13.9 热网加热器及其系统

13.9.1 热水网系统的选择应符合下列规定：

1 采暖的热水网应采用由供水管和回水管组成的闭式双管制系统。

2 同时有生产工艺、采暖、通风、空调、生活热水等多种热负荷的热水网，当生产工艺热负荷和采暖热负荷所需热水参数相差较大，或季节性热负荷占总热负荷比例较大，经技术经济比较后，可采用闭式多管制系统。

13.9.2 热网加热器的容量和台数的选择应符合下列规定：

1 基本热网加热器的容量和台数应根据采暖通风和生活热水的热负荷进行选择，不设备用。但当任何一台加热器停止运行时，其余设备应能满足60%～75%热负荷的需要，严寒地区取上限。

2 热网尖峰加热器的设置应根据热负荷性质、输送距离、气象条件和热网系统等因素，经技术经济比较后确定。

13.9.3 当供热系统采用中央质调节时，热水网循环水泵的容量、扬程及台数应符合下列规定：

1 热网循环水泵不应少于2台，其中1台备用。热网循环水泵的总容量和台数应能保证其中任何一台停用时，其余的水泵应满足向热用户提供热水总流量的110%。

2 热网循环水泵的扬程应符合下列规定：

1)热水在热网加热器的流动阻力。

2)热水在供热管道中的流动阻力。

3)热水在热力站或热用户系统中的压力损失。

4)热水在回水管道中的流动阻力。

5)热水在回水过滤器中的流动阻力。

6)按1项～5项计算的扬程，应另加20%的裕量。

13.9.4 当热水网供热系统采用中央质一量调节时，采用连续改变流量的调节，应选用调速水泵；采用分阶段改变流量的调节，宜选用扬程和流量不等的泵组。

13.9.5 热网凝结水泵的容量、扬程及台数应符合下列规定：

1 热网凝结水泵的容量应按各级热网加热器逐级回流的总凝结水量（包括尖峰加热器投用时的最大凝结水量）的100%选取。

2 热网凝结水泵不应少于2台，其中1台备用。

3 热网凝结水泵的扬程应为下列各项之和：

1)按包括尖峰加热器投用时的最大凝结水量计算，从基本热网加热器到除氧器凝结水入口的介质流动阻力，设有疏水冷却器的，应加疏水冷却器的阻力，并另加10%～20%的裕量。

2)除氧器入口喷雾头所需的喷雾压力。

3)除氧器入口处与基本热网加热器凝结水最低水位间的水柱静压差。

4)除氧器的最大工作压力，另加15%的裕量。

5)基本热网加热器汽侧的工作压力，如为正压力，取负值。

4 热网凝结水泵应采用热水泵。

13.9.6 闭式热水网的正常补水量宜为热网循环水量的1%～2%。补水设备的容量宜为热网循环水量的4%，其中0.5%～1%的水量应采用除过氧的化学软化水以及锅炉排污水，其余所需水量则采用工业水或生活水。当采用工业水或生活水补给时，系统应装设记录式流量计。补入的工业水或生活水应加缓蚀剂。

13.9.7 热水网的补水方式、补给水泵的容量和台数应符合下列规定：

1 应优先利用锅炉连续排污扩容器排污水直接补入热网。利用除氧器水箱补水，当条件许可时，可直接补入热网。这两项直接补水能满足热网的正常补水量时，可按热网循环水量的2%设置事故时补入工业水或生活水的热网补给水泵1台。

2 在除氧器水箱贮水直接补入热网的系统中，热网循环水泵停用，不能维持热网所需静压时，应设热网补给水泵1台，容量可按热网循环水量的2%选取。

3 在热网回水压力较高，除氧器水箱的贮水不能直接补入热网的系统中，应设热网补给水泵2台，其中1台备用。每台泵的容量可按热网循环水量的2%选取。

13.9.8 热水网的定压方式应经技术经济比较后确定。补给水泵可兼作定压之用。定压点即补水点宜设在热网循环水泵的入口处。补给水泵可采用压力开关或无源一次仪表，自动控制补给水泵的启停。备用的热网补给水泵应能自动投入。

13.9.9 兼作定压用的热网补给水泵的扬程，应符合下列规定：

1 热网系统中最高点与系统补水点的高差。

2 高温热水的汽化压力。

3 安全压力裕量30kPa～50kPa。

4 补给水泵吸水管路中的阻力损失，另加20%的裕量。

5 补给水泵出水管路中的阻力损失，另加20%的裕量。

6 补给水箱的压力和补给水箱最低水位高出系统补水点的高度（取负值）。

7 根据本条第1款～第6款计算结果选择的热网补给水泵的扬程，应与热水网水力工况计算的定压点的回水压力相一致。

13.9.10 热网循环水泵和补给水泵均应由两个彼此独立的电源供电。

13.9.11 热网系统应设有除污、放气和防止水击的措施。

13.10 减温减压装置

13.10.1 装有抽汽式汽轮机或背压式汽轮机的热电厂，应按生产抽汽或排汽每种参数各装设1套备用减温减压装置，其容量等于最大一台汽轮机的最大抽汽量或排汽量。

13.10.2 当任何一台汽轮机停用，其余汽轮机如能供给采暖、通风和生活用热的60%～75%（严寒地区取上限）时，可不装设采暖抽汽或排汽的备用减温减压装置。

13.10.3 当供热式机组的抽汽或排汽参数不适合作厂用汽源时，可采用减温减压装置或减压阀，将较高参数的抽汽或排汽降至所需要的参数。

13.10.4 经常运行的减温减压装置或减压阀，应设1套备用。

13.11 蒸汽热力网的凝结水回收设备

13.11.1 当采用间接加热的热用户能返回合格的凝结水，且在技术经济上合理时，发电厂应装设回水收集设备。回水箱的容量和数量应按具体情况确定，回收水箱不应少于2个。

13.11.2 回水泵宜设置2台，其中1台备用。每台泵的容量宜按在1h内将回水箱的存水抽出的要求确定，扬程可按送往除氧器的要求确定。

13.12 凝汽器及其辅助设施

13.12.1 凝汽器的水室、管板、管束材质应根据循环水水质确定。采用海水或受海潮影响含氯根较高的江、河水作循环水的机组，宜采用耐海水腐蚀的材质制造的凝汽器。

13.12.2 汽轮机的凝汽器，除水质好并证明凝汽器管材内壁不结垢，水中悬浮物较少的直流供水系统外，应装设胶球清洗装置。

13.12.3 汽轮机的凝汽器应配置可靠的抽真空设备。25MW级及以下的机组可配置射汽抽汽器或射水抽汽器；50MW～100MW级机组除可配置射水抽汽器外，也可采用水环式真空泵。

13.12.4 空冷机组的汽轮机抽真空系统，每台空冷机组宜设置2台水环式真空泵。每台泵的容量应满足凝汽器正常运行抽真空的需要。

14 水处理设备及系统

14.1 水的预处理

14.1.1 根据电厂附近全部可利用的、可靠的水源情况，经过技术经济比较，确定有代表性的水源跟踪并进行水质全分析，分析其变化趋势，选择可供电厂使用的水源。

14.1.2 对于地表水，应了解历年丰水期和枯水期的水质变化规律以及预测原水可能会被沿程污染情况，取得相应数据；对于受海水倒灌或农田排灌影响的水源，应掌握由此引起的水质波动；对石灰岩地区的地下水，应了解其水质稳定性；对于再生水、矿井排水等回用水应掌握其来源及深度处理实况；对于海水应了解高低潮位规律和含盐量。

14.1.3 对选定水源其水质若有季节性恶化，经技术经济比较后可设置备用水源。

14.1.4 原水水质全分析应符合下列规定：

1 地表水、再生水应为全年逐月资料，共12份。

2 地下水、海水、矿井排水应为全年每季资料，不少于4份。

3 应对获得的水质资料进行验证并确定采用设计的设计水质和校核水质。原水水质全分析报告格式宜符合本规范附录A的规定。

14.1.5 原水预处理系统应在全厂水务管理的基础上根据原水水质、后续处理工艺对水质的要求、处理水量和试验资料，并参考类似厂的运行经验，结合当地条件，通过技术经济比较确定。原水预处理方式应满足下列规定：

1 对于泥沙含量大于预处理系统设备所能承受情况时应设置降低泥沙含量的预沉淀设施。

2 根据水域有机物种类，可采用氯化处理或非氧化性杀生剂处理，上述处理仍不能满足下一级设备进水要求时，可同时采用活性炭、吸附树脂或其他方法去除有机物。

3 应根据原水中不同悬浮物、胶体的含量，选择沉淀（混凝）、澄清、过滤，接触混凝、过滤或膜过滤等预处理方式。

4 地下水含沙时应考虑除沙措施；原水中铁、锰以及非活性硅含量对后续水处理系统制水质量有影响时应考虑去除措施。

5 碳酸盐硬度偏高以及受到污染需综合治理的原水，经技术经济比较，宜选用石灰、弱酸离子交换或其他药剂联合处理。

6 当原水水温较低影响预处理效果时，宜采取加热措施。

7 对于再生水及矿井排水等回用水源，应根据水质特点采用生化处理、杀菌、过滤、石灰凝聚澄清、膜过滤等工艺。

14.1.6 预处理系统的设备选择应符合下列规定：

1 澄清器（池）的设置应符合下列规定：

1）澄清器（池）的选型应根据进水水质、处理水量、出水水质要求，并应结合当地条件确定。

2）澄清器（池）不宜少于2台，当有1台澄清器（池）检修时，其余的应保证正常供水。用于短期、季节性处理时可只设1台。

3）装有原水加热器的澄清器（池）前应设置空气分离装置。

2 过滤器（池）的设置应符合下列规定：

1）过滤器（池）的选型应根据进水水质、处理水量、处理系统和水质要求结合当地条件确定。

2）过滤器（池）不应少于2台（格），当有1台（格）检修时，其余过滤器（池）应保证正常供水。

3 超（微）滤装置的设置应符合下列规定：

1）超（微）滤装置的设计应根据进水水质特点和出水水质要求，选择合适的膜组件形式、膜材料以及装置的运行方式。

2）超（微）滤装置的套数不应少于2套。膜的配置应考虑其在使用过程中膜通量的衰减和压差升高的影响。

4 水箱（池）、水泵的设置应符合下列规定：

1）预处理系统的各种水箱（池）其总有效容积应按系统自用水量、前后系统出力的配置以及系统运行要求设计，可按系统前级处理的1h～2h贮水量配置。

2）母管制系统的水泵应考虑备用泵。当水泵的布置高于箱（池）最低水位时，每台泵应有独立吸水管。

14.1.7 澄清器（池）排泥、过滤器（池）反洗宜程序控制。

14.1.8 预处理系统应配置必要的在线监督仪表。

14.2 水的预除盐

14.2.1 水的预脱盐应包括海水淡化和苦咸水以及其他水预脱盐工艺。并应根据来水类型及水质特点选择合适的预脱盐工艺。

14.2.2 海水淡化工艺可采用反渗透法或蒸馏法技术。应根据厂址条件、海水水源及水质、供汽及供电、系统容量、出水水质要求等因素，经技术经济比较确定海水淡化工艺。

14.2.3 反渗透预脱盐应符合下列规定：

1 反渗透系统选择配置应符合下列规定：

1）反渗透预脱盐系统应根据原水特性、预处理方式、回收率等合理选择系统配置。对于单级反渗透装置产品水回收率海水应为小于45%，其他水源取值应为55%～85%。

2）反渗透装置宜按连续运行设计，不宜少于2套。宜考虑备用设备。整个系统应满足反渗透装置清洗及检修时系统的需水量。成品水产量应与后续系统用水量相适应，膜通量宜按下限选取。

3）反渗透装置应有流量、压力、温度等控制措施；反渗透应采用变频高压泵并有进水低压保护和出水高压保护措施；并联连接数台反渗透装置时，应在每台装置出水管上设止回阀；反渗透装置淡水侧宜设爆破膜；浓水排放应装流量控制阀。

4）反渗透装置浓水宜回收重复利用至合适用水点。

5）反渗透装置应配套加药和清洗设施。

6）海水预脱盐反渗透装置的材料应根据其所处部位有足够的强度和耐腐蚀能力。

2 反渗透装置及其加药、清洗保养装置宜布置在室内，应考虑膜元件更换空间。

14.2.4 海水蒸馏淡化预脱盐应符合下列规定：

1 应根据原料海水悬浮物含量、所选蒸馏装置对进水水质要求，确定海水预处理系统。

2 蒸馏淡化装置应设置防海生物生长、防结垢和消泡等加药装置。

3 蒸馏淡化装置系统出力可根据工程所需淡水用量确定。装置不设备用，其台数不宜少于2台。装置以及配套水箱、附属设施等宜露天布置。

4 蒸馏淡化装置加热和抽真空用汽可采用汽轮机抽汽，加热蒸汽的参数可经技术经济比较后确定。

5 多级闪蒸蒸发器盐水最高运行温度不应大于110℃，低温多效淡化装置操作温度宜小于70℃。装置材料应耐海水腐蚀，适应运行中温度、pH值、O_2、CO_2参数变化。热交换管可选择不锈钢、铜合金、铝合金或钛材，容器可选择不锈钢或碳钢涂衬耐高温防腐层。

14.2.5 淡化装置出水作为工业水时应采取水质调整措施，减轻工业用水系统腐蚀；作为饮用水时应考虑进一步后续处理，达到饮用水标准。

14.2.6 预脱盐系统运行方式应采取程序控制。

14.3 锅炉补给水处理

14.3.1 锅炉补给水处理系统应符合下列规定：

1 锅炉补给水处理宜采用离子交换组合除盐技术。应根据系统进水水质、汽轮发电机组给水、锅炉水和蒸汽质量标准、补给水率以及热网回收水率等因素拟定工艺系统。

2 无前置预脱盐系统的离子交换装置，再生阴树脂的碱再生液宜加热，温度不应高于40℃。

3 离子交换树脂的工作交换容量宜按树脂性能参数、(单元制)阳床、阴床体内装载树脂量或比照类似运行经验确定。

4 进行选择系统的技术经济比较时，应采用锅炉正常补水量和全年原水平均水质进行核算，并用最坏原水水质对系统及设备进行校核。

5 锅炉补给水处理系统出力应按发电厂全部正常水、汽损失与启动或事故增加的水、汽损失以及除盐系统自用水量之和确定。发电厂各项水汽损失可按表14.3.1计算。

表14.3.1 发电厂各项正常水、汽损失和外供除盐水

序号	损失类别	正常损失
1	发电厂厂内水、汽系统循环损失	锅炉额定蒸发量的2%～3%
2	发电厂汽包锅炉排污损失	根据计算或锅炉厂资料，但不宜小于0.3%
3	发电厂其他用水、用汽损失	根据工程资料
4	对外供汽损失	根据工程资料
5	闭式热水网损失	热水网水量的0.5%～1%或根据工程资料
6	对外供给除盐水量	根据工程资料

注：1 启动或事故增加的损失宜按全厂最大一台锅炉额定蒸发量的6%～10%或不少于$10m^3/h$考虑；

2 汽包锅炉正常排污损失不宜超过下列数值：凝汽式电厂为1%，供热电厂为2%；

3 发电厂其他用水、用汽及闭式热水网补充水应经技术经济比较，确定合适的供汽方式和补充水处理方式；

4 发电厂闭式辅机冷却水系统损失按冷却水量的0.3%～0.6%计算或按实际消耗量。

14.3.2 锅炉补给水处理设备选择应符合下列规定：

1 各种离子交换器数量不应少于2台，正常再生次数宜按每台每昼夜不超过1次考虑。

2 中间水箱的有效容积：固定床单元制系统宜为其制水出力6min贮水量、浮动床单元制系统宜为其制水出力4min贮水量，中间水箱容积不应小于$2m^3$；母管制系统宜为需流经水箱流量的15min～30min贮水量。

3 电除盐装置的产水量应与其前面处理工艺的容量匹配，装置产水回收率应大于90%，当有极水排放时应采取氢气泄放措施。

4 除盐水箱容积应配合水处理设备出力并满足最大一台锅炉化学清洗或机组启动用水需求，总有效容积宜按2h～3h的全厂补给水量确定。除盐水箱宜采取减少水被空气污染的措施。

5 水处理车间至主厂房的除盐水管道流通能力应能满足同时输送最大一台机组启动耗水或锅炉化学清洗需水量以及其余机组正常补水量。

14.4 热力系统的化学加药和水汽取样

14.4.1 热力系统的化学加药处理应符合机组汽水品质要求和现行行业标准《火力发电厂水汽化学监督导则》DL/T 561的有关规定，并应符合下列规定：

1 锅炉炉水宜采取磷酸盐或氢氧化钠碱性处理。

2 锅炉给水应加氨校正水质处理。

3 锅炉给水宜加联氨处理。

4 设有闭式除盐水冷却系统机组应设置闭冷水加药设施。药品可选用联氨、磷酸盐或其他缓蚀剂。

5 药品配制应采用除盐水或凝结水。

14.4.2 加药部位宜根据锅炉制造厂汽水系统确定。

14.4.3 加药系统宜按建设机组台数合理设置。经常连续运行的每种药液箱不应少于2台。

14.4.4 药液箱应有搅拌设施，固体药品进料口应设置过滤网，每台加药泵进液侧宜有过滤装置，出液管道上应装设稳压器、压力表。

14.4.5 应根据机组容量、类型、参数以及化学监督要求确定热力系统水汽取样点，并应符合现行行业标准《火力发电厂水汽分析方法 第2部分：水汽样品的采集》DL/T 502.2的有关规定。取样点引出部位应根据炉水、给水运行工况和加药方式确定。

14.4.6 每台机组宜设置水汽集中取样分析装置，配备满足机组运行要求的在线监测仪表。

14.4.7 水汽取样系统应有可靠、连续、稳定的冷却水源，宜采用除盐水或闭冷水。

14.4.8 加药、取样管宜采用不锈钢管。

14.4.9 加药、取样装置宜物理集中布置，宜就近设立现场水汽化验室。

14.5 冷却水处理

14.5.1 冷却水处理系统应根据凝汽器冷却方式、全厂水量平衡、冷却水质等，经技术经济比较后确定。并应考虑防垢、防腐和防菌藻及水生物滋生等因素，选择节约用水、保护环境的处理工艺。

14.5.2 凝汽器二次循环冷却水系统，淡水或其他水浓缩倍率不应小于3.5倍；采用海水冷却塔时浓缩倍率不应大于2.5倍。

14.5.3 采用再生水或其他回收水作为循环水补充水水源时，水质满足运行要求可直接补入循环水系统，否则应进行深度处理。深度处理设施宜设在电厂内。

14.5.4 凝汽器管材采用铜管时宜设置硫酸亚铁(或其他药品)成膜处理设施，加药点应靠近凝汽器入水口。

14.6 热网补给水及生产回水处理

14.6.1 热网补给水可采用锅炉排污水、软化水、反渗透出水或一级除盐水。其处理工艺应综合考虑全厂水处理系统，经技术经济比较确定。

14.6.2 生产回水的处理方式应根据污染情况确定，可采用单独处理系统或与锅炉补给水处理系统合并。

14.6.3 生产回水水质标准应符合下列规定：

1 总硬度小于或等于50μg/L。

2 总铁量小于或等于0.5mg/L。

3 含油量小于或等于10mg/L。

14.7 药品贮存和溶液箱

14.7.1 化学水处理药品仓库的设置应根据药品消耗量、供应和运输条件等因素确定。

14.7.2 药品储存设施宜靠近铁路或厂区道路。药品仓库内应采取相应的防腐措施，必须设置安全防护设施和通风设施。

14.8 箱、槽、管道、阀门设计及其防腐

14.8.1 水箱(池)应设有水位计、进水管、出水管、溢流管、排污管、呼吸管及人孔等，并有便于维修、清扫的措施。

14.8.2 管道材质及阀门应满足介质特性要求。

14.8.3 寒冷地区的室外水箱及管道、阀门、液位计等应有保温和防冻措施。

14.8.4 箱(池)、槽的内表面应按贮存液体的性质进行防腐衬涂。排水沟内表面和直埋钢管外表面应衬涂合适的防腐层。选择防腐材料应兼顾衬涂施工时的职业卫生及劳动安全有关规定。

14.9 化验室及仪器

14.9.1 发电厂应根据机组容量、参数并结合全厂在线化学表计配置水平，设置分析水汽、煤、油的化学试验室并配备相应分析仪器。水处理车间宜设置现场化验室。当企业设有中心试验室时，自备电厂宜只设值班化验室与相应的仪器设备。

14.9.2 化验室位置应远离有污染场所。

15 信息系统

15.1 一般规定

15.1.1 全厂信息系统的总体规划与建设应做到技术先进、经济合理，满足电厂实际建设与运行的需要。

15.1.2 全厂信息系统的总体规划与建设应在企业统一规划的框架下进行。

15.1.3 以计算机为基础的不同信息系统，在满足安全可靠的前提下，宜采用统一的网络和硬件系统。不同系统应尽可能避免软件及功能配置的相互交叉与重复。

15.1.4 发电厂各信息系统的设计均应考虑安全防范措施，有效防止病毒感染和黑客入侵等。

15.2 全厂信息系统的总体规划

15.2.1 发电厂信息系统主要包括管理信息系统(MIS)、报价系统、视频监控系统和门禁管理系统等。

15.2.2 在全厂各控制系统和信息系统总体规划设计中，应合理利用各系统的信息资源，使得控制系统和信息系统协调统一。

15.2.3 全厂信息系统的总体规划应考虑发电厂的信息特征与信息需求，满足在设计、施工、调试和运行等阶段的实际需要。

15.2.4 全厂信息系统的总体规划应兼顾现状，立足本期，考虑未来。

15.2.5 全厂信息系统的总体规划应充分利用全厂所有控制系统的实时生产信息，应通过合理的网络接口和数据库设置，将全厂各控制系统和信息系统有效进行集成。

15.2.6 实时系统与非实时系统之间的数据流向应为单向传输，并应采取必要的隔离措施。

15.3 管理信息系统(MIS)

15.3.1 发电厂管理信息系统应根据企业需要设置，其规模与配置应根据企业总体规划和电厂实际需求确定。管理信息系统应统一规划、分布实施。

15.3.2 对于新建电厂，应预留规划容量下未来扩建所需的扩容能力；对于扩建电厂，应充分考虑已有信息系统，必要时可对现有信息系统进行改造或重新建设。

15.3.3 管理信息系统应包括建设期管理信息系统和生产期管理信息系统两部分。建设期管理信息系统的功能至少应包括进度管理、质量管理、物资管理、费用管理、安全环境管理、图纸文档管理、综合查询、系统维护等。生产期管理信息系统的功能至少包括：生产管理、设备管理、燃料管理、经营管理、行政管理、综合查询、系统维护等。在进行生产期管理信息系统的开发时，应充分考虑建设期管理信息系统的资源，应注意和建设期管理信息系统的衔接、过渡问题。

15.3.4 管理信息系统的主要关键硬件宜考虑冗余配置，包括数据库服务器、核心交换机以及核心交换机与二级交换机之间的光纤通道等。

15.3.5 管理信息系统的数据应取自实时/历史数据库、关系数据库、资料数据库和文件系统，范围宜覆盖各专业和各应用领域，并实现通用的数据存储。

15.3.6 信息分类与编码应符合下列规定：

1 信息分类与编码原则：对于信息的分类与编码应尽量采用已有标准；若没有标准可循，应按照科学性、唯一性、实用性、可扩充性的原则制定分类编码原则。

2 标准信息分类编码列表：对信息管理系统中采用的标准信息分类编码进行列表说明。

3 自编信息分类编码列表：对信息管理系统中自编的信息分类编码进行列表说明，并说明编码原则。

15.4 报价系统

15.4.1 发电厂报价系统应根据电力市场交易系统的要求设置。

15.5 视频监视系统

15.5.1 全厂视频监视系统应根据企业需要设置，可分为安保视频监视系统和生产视频监视系统。

15.5.2 安保和生产视频监视系统的监视范围宜包括：主厂房(包括汽轮机油系统、制粉系统、炉前油燃烧器、电缆夹层等危险区)、集中控制室、锅炉炉后(除尘、脱硫)、升压站区、重要设备区域(如高/低压配电间)、输煤系统、冷却塔区域、无人值班的辅助车间、与厂区安全有关的重要区域(如厂大门、材料库、综合楼)等。

15.5.3 视频监视系统的功能宜包括：实时监控、动态存储、实时报警、历史画面回放、网络传输等。

15.5.4 全厂可设置一套视频监视系统，也可将生产视频监视系统和安保视频监视系统分开设置。

15.5.5 视频监视系统的设备选择应符合现行国家标准《民用闭路监视电视系统工程技术规范》GB 50198的有关规定。

15.6 门禁管理系统

15.6.1 发电厂可根据企业需要设置门禁管理系统。

15.6.2 门禁管理系统的应用范围宜包括：主厂房内的重要设备区域，如电子设备间、高/低压配电间、计算机房等，无人值班的辅助车间，生产综合楼区域的重要房间如试验室、信息系统机房等。

15.6.3 门禁管理系统的功能宜包括：实时监控、进出权限管理、记录、报警、消防报警联动等。

15.7 布 线

15.7.1 发电厂的布线设计应符合现行国家标准《综合布线系统工程设计规范》GB 50311 的有关规定，宜对管理信息系统、视频监控系统和门禁管理系统等按综合布线方式统一考虑。

15.8 信 息 安 全

15.8.1 信息安全设计应按照信息系统配置的内容，分别考虑硬件、网络操作系统、数据库、应用服务、客户服务和终端等的安全防范措施。

15.8.2 信息安全设计应考虑硬件和环境的安全，包括服务器和存储设备的备份和灾难恢复、网络设备的安全及环境要求等。

15.8.3 信息安全设计应考虑网络操作系统的安全，包括系统的可靠性，系统间的访问控制，用户的访问控制。

15.8.4 信息安全设计应考虑数据库的安全，数据库应具有对存储数据的全面保护功能，包括对数据安全及数据恢复的要求、用户访问控制、数据的一致性和保密性等。

15.8.5 信息安全设计应考虑应用系统的安全，包括用户访问控制、身份识别、操作记录、防病毒、防黑客等。

15.8.6 信息安全设计应考虑厂内各信息系统之间互联接口以及与外部相关接口的安全性。

16 仪表与控制

16.1 一 般 规 定

16.1.1 仪表与控制系统的选型应针对机组的特点进行设计，以满足机组安全、经济运行、机组启停控制的要求。

16.1.2 仪表与控制系统应选择技术先进、质量可靠、性价比高的设备和元件。

16.1.3 对于新产品、新技术应在取得成功的应用经验后方可在设计中使用。

16.1.4 对于分散控制系统(DCS)或可编程控制器(PLC)应考虑安全防范措施。

16.2 控制方式及自动化水平

16.2.1 控制方式宜采用集中控制。集中控制方式有机炉电集中控制、机炉集中控制、锅炉集中控制、汽机集中控制方式。运行人员在少量就地操作和巡检人员的配合下，通过设置在集中控制室或控制室的操作员站，实现机组的启动、停止和正常运行工况下的监视和调整，以及异常运行工况下的事故处理和紧急停机。

16.2.2 机组或主厂房控制系统应采用分散控制系统(DCS)或者采用可编程控制器(PLC)构成。控制系统应设置有操作员站、工程师站、历史站、打印机等。自备发电厂控制水平、控制系统、控制设备的选择应与企业整体自动化水平一致或相当。

16.2.3 对于单元制机组，每台机组设置一套控制系统；对于母管制汽水系统，可根据母管制的情况，设置一套或多套控制系统；对于热电厂内的热网系统，宜纳入机组或主厂房控制系统监控。

16.2.4 辅助车间应根据车间相临或性质相近、本着减少控制点的原则，进行合并控制室，以便按区域集中控制。对于工艺流程简单、就地操作方便的辅助车间也可采用就地控制方式。

16.2.5 对于采用集中控制方式的辅助车间，每个区域应设置一套控制系统，其监控系统可采用可编程控制器(PLC)或分散控制系统(DCS)构成。脱硫监控系统宜与主厂房监控系统硬件一致，脱硫系统也可采用远程 I/O 或硬接线的方式，纳入机组或主厂房控制系统监控。

16.2.6 湿冷机组循环水泵(或空冷机组辅机冷却水泵房)、空冷岛系统、燃油泵房、空压机房、脱硝系统及非湿式脱硫系统、热网等宜采用远程 I/O 或硬接线的方式，纳入机组或主厂房控制系统监控。

16.3 控制室和电子设备间布置

16.3.1 控制室和电子设备间的布置应按电厂规划容量和机组类型与数量，进行统一考虑。对于分阶段建设的电厂，可按每一阶段工程建设的特点设置控制室和电子设备间。

16.3.2 对于单元制系统，应设置集中控制室。对于母管制汽水系统，根据母管制的情况设置相应的集中控制室。集中控制室的标高应与运行层相同。

16.3.3 仪表与控制电子设备间可与电气电子设备间合并设置，也可单独设置。电子设备间可根据工艺设备的布置情况，确定相对集中设置或分散设置。

16.3.4 辅助车间可设置三个控制点：燃料系统控制点、水系统控制点、灰渣系统控制点。每个控制点设置控制室，电子设备间和控制室宜合并设置。

16.3.5 脱硫控制室可单独设置，当条件许可时应与灰渣系统的控制室合并设置。

16.3.6 控制室和电子设备间布置位置及面积应符合下列规定：

1 控制室和电子设备间宜位于被控设备的适中位置。

2 便于电缆进入电子设备间。

3 避开大型振动设备的影响。

4 不应坐落在厂房伸缩缝和沉降缝上或不同基座的平台上。

5 控制室操作台前的运行维护操作场地应满足运行监控人员工作方便和交接班的需要。

6 控制室和电子设备间的净空应满足安全、安装、检修、维护以及运行监控人员工作需要。

7 盘柜到墙、盘柜两侧的通道和盘柜之间的通道应满足热控设备最小安全距离、维护、检修、调试、通行、散热的要求。

16.3.7 控制室和电子设备间的环境设施应符合下列规定：

1 控制室和电子设备间应有良好的空调、照明、隔热、防火、防尘、防水、防振、防噪声等措施。

2 电子设备间还应满足控制系统、控制设备对环境的要求。

16.4 测量与仪表

16.4.1 测量与仪表的设计应满足机组安全、经济运行的要求，并能准确地测量、显示工艺系统各设备的运行参数和运行状态。

16.4.2 测量与仪表应包括下列内容：

1 锅炉的主要运行参数应包括下列内容：

1)炉膛压力或负压。

2)汽包水位。

3)锅炉金属壁温。

4)烟气含氧量。

5)煤粉锅炉炉膛火焰监视。

6)循环流化床锅炉床温。

7)循环流化床锅炉床压。

8)锅炉出口主蒸汽压力。

9)锅炉出口主蒸汽温度。

10)锅炉母管蒸汽压力。

11)锅炉母管蒸汽温度。

2 汽轮机的主要运行参数应包括下列内容：

1)汽轮机调速级压力(如果有)。

2)各段抽汽压力。

3)各段抽汽温度。

4)汽轮机排汽真空。

5)汽轮机转速。

6)汽轮机轴承金属温度。

7)汽轮机振动。

8)汽轮机轴向位移。

9)汽轮机润滑油压力。

10)汽轮机主汽门前蒸汽压力。

11)汽轮机主汽门前蒸汽温度。

12)主蒸汽流量。

3 热网的主要运行参数应包括下列内容：

1)对外供热温度。

2)对外供热压力。

3)对外供热流量。

4 除氧给水系统的主要运行参数应包括下列内容：

1)除氧器水位。

2)除氧器压力。

3)主给水压力。

4)主给水流量。

5 脱硫系统的主要运行参数。

6 辅助系统的主要运行参数。

7 空冷岛系统的主要运行参数。

8 主要辅机的状态和运行参数。

9 仪表和控制用电源、气源的状态和运行参数。

16.4.3 检测仪表选择应符合下列规定：

1 仪表精度等级应符合以下要求：

1)经济计算和分析的检测仪表0.5级。

2)主要参数的检测仪表1级。

3)其他检测仪表1.5级或2.5级。

2 仪表和控制设备应根据所在区域选择适当的防护等级。

3 测量腐蚀性或黏性介质时，应选用具有防腐性能的仪表、隔离仪表或采用适当的隔离措施。

4 根据危险场所的分类，对于装设在爆炸危险区域的仪表和控制设备，应选择合适的防爆仪表和控制设备。

5 不宜使用含有对人体有害物质的仪器仪表，严禁使用含汞仪表。

16.4.4 主辅机设备和工艺管道应装设供巡检人员进行现场检查和就地操作的就地检测仪表。

16.5 模拟量控制

16.5.1 模拟量控制系统应满足机组正常运行的控制要求。控制回路的设计应按照实用、可靠的原则。应尽可能适应机组在启动过程中以及不同负荷阶段中安全经济运行的需求，还应考虑机组在事故及异常工况下与相应的联锁保护的措施。

16.5.2 模拟量控制宜设置下列项目：

1 锅炉给水调节系统。

2 锅炉燃料量调节系统。

3 锅炉炉膛压力调节系统。

4 锅炉过热蒸汽温度调节系统。

5 锅炉母管蒸汽压力调节系统。

6 除氧器压力调节系统。

7 除氧器水位调节系统。

8 加热器水位调节系统。

9 热网减温减压器温度调节系统。

10 热网减温减压器压力调节系统。

11 循环流化床锅炉床温调节系统。

12 循环流化床锅炉床压调节系统。

16.6 开关量控制及联锁

16.6.1 开关量控制的功能应满足机组的启动、停止及正常运行工况的控制要求，并能实现机组在异常运行工况下的事故处理和紧急停机的控制操作，保证机组安全。

16.6.2 具体功能应满足下列要求：

1 实现风机、泵、阀门、挡板的顺序控制。

2 在发生局部设备故障跳闸时，联锁启动和停止相关的设备。

3 实现状态报警、联锁及保护。

16.6.3 顺序控制应按驱动级、子组级水平进行设计，设计应遵守保护、联锁操作优先的原则。在顺序控制过程中出现保护、联锁指令时，应将控制进程中断，并使工艺系统按照保护、联锁指令执行。

16.7 报　警

16.7.1 报警应包括下列内容：

1 工艺系统的主要参数偏离正常范围。

2 保护动作及主要辅助设备故障。

3 控制电源故障。

4 控制气源故障。

5 主要电气设备故障。

6 有毒/有害气体泄漏。

16.7.2 机组或主厂房控制系统的所有模拟量输入、开关量输入、模拟量输出、开关量输出和中间变量的计算值，都可作为数据采集系统的报警信号源。

16.7.3 报警系统应具有自动闪光、音响和人工确认等功能。机组或主厂房控制系统的功能范围内的全部报警项目应能在操作员站显示器上显示和打印机上打印。在机组启停过程中应抑制虚假报警信号。

16.7.4 控制室也可设置少量常规光字牌报警器进行报警，其输入信号不宜取自控制系统的输出，光字牌报警窗应仅限于下列内容：

1 重要参数偏离正常值。

2 主要保护跳闸。

3 重要控制装置电源故障。

16.7.5 当采用机炉集中控制或汽机集中控制方式时，电气主控制室与集中控制室之间应设置机电联系信号。

16.8 保　护

16.8.1 保护应符合下列规定：

1 保护系统的设计应有防止误动和拒动的措施，保护系统电源中断和恢复不会误发动作指令。

2 保护系统应遵循独立性的原则，并应符合下列规定：

1)锅炉、汽轮机跳闸保护系统的逻辑控制器应单独冗余设置，或者设置独立的系统。当保护采用独立的系统时，其控制器也应冗余设置。

2)保护系统应有独立的输入/输出信号(I/O)通道，并有电隔离措施。

3)冗余的I/O信号应通过不同的I/O模件引入。

4)触发机组跳闸的保护信号的开关量仪表和变送器应单独设置。

5)用于跳闸、重要的联锁和超驰控制的信号直接采用硬接线，而不应通过数据通信总线发送。

3 在操作台上应设置停止汽轮机和解列发电机的跳闸按钮，跳闸按钮应不通过逻辑直接接至停汽轮机的驱动回路。

4 保护系统输出的操作指令应优先于其他任何指令。

5 停机、停炉保护动作原因应设置事件顺序记录，并具有事故追忆功能。

6 汽轮机跳闸保护宜纳入机组或主厂房控制系统。

16.8.2 锅炉的主要保护项目应包括下列内容：

1 汽包水位保护。

2 主蒸汽压力保护。

3 炉膛压力保护。

4 循环流化床锅炉床温保护。

5 对于220t/h级及以上的煤粉锅炉，设置总燃料跳闸保护。

6 锅炉厂家要求的其他保护。

16.8.3 汽轮机的主要保护项目，应包括下列内容：

1 汽轮机超速保护。

2 汽轮机润滑油压力低保护。

3 汽轮机轴向位移大保护。

4 汽轮机轴承振动大保护。

5 汽轮机厂家要求的其他保护。

16.8.4 发电机的主要保护项目应包括下列内容：

1 发电机断水保护。

2 发电机厂家要求的其他保护。

16.8.5 辅助系统的相关保护。

16.9 控制系统

16.9.1 控制系统的可利用率至少应为99.9%。

16.9.2 控制系统在卡件、端子排等设置时，各种I/O和合计I/O数量应考虑10%～20%的备用量。

16.9.3 控制器的数量应按照控制系统功能的分工或按工艺系统的分类进行设置，控制器的数量应满足保护和控制的要求。

16.9.4 控制器的处理能力应有40%的余量，操作员站处理器能力应有60%的余量。

16.9.5 共享式以太网通信负荷率不大于20%，其他网络通信负荷率不大于40%。

16.9.6 当机组或主厂房控制系统发生全局性或重大故障时，为确保机组紧急安全停机，应设置独立于控制系统的后备硬接线操作手段。

16.9.7 重要模拟量项目的变送器应冗余设置。

16.10 控制电源

16.10.1 机组或主厂房控制系统、汽轮机控制系统、机组保护回路、火焰检测装置等的供电电源应有两路电源供电。其中一路应采用交流不间断电源，一路应采用厂用电。两路电源宜设自动电源切投装置，切投时间应确保不影响控制系统的运行。

16.10.2 每组仪表和控制交流动力电源配电箱、交流电源盘应各有两路电源供电，两路电源分别引自厂用低压母线的不同段。

16.10.3 控制盘应有两路电源供电，两路电源分别引自厂用低压母线的不同段。控制盘需要直流电源时，应有两路电源供电，两路电源均引自电气蓄电池组。

16.11 电缆、仪表导管和就地设备布置

16.11.1 仪表和控制回路用的电缆、电线的线芯材质应为铜芯。电缆的敷设应有防火、防高温、防腐、防水、防震等措施。

16.11.2 敷设在高温区域的电线和补偿导线应选用耐高温型。

16.11.3 仪表和控制回路用的电缆、电线、补偿导线的线芯截面应按回路的最大允许电压降、仪表允许最大的外部电阻、线路的截面流量及机械强度等要求选择。

16.11.4 起、终点相同的电缆应合并电缆。有抗干扰要求的仪表和计算机线路，应采用相应类型的屏蔽电缆。控制系统接地宜接入全厂电气接地网，并满足控制系统对接地的要求。计算机信号电缆屏蔽层必须接地。

16.11.5 电缆主通道路径的选择及电缆敷设的方式宜符合下列规定：

1 电缆主通道宜采用电缆桥架敷设，分支电缆通道可采用电缆槽盒。

2 路径最短。

3 避开吊装孔、防爆门及易受机械损伤和有腐蚀性物质的场所。

4 与各种管道平行或交叉敷设时，其最小间距应符合现行国家有关规范的要求。

16.11.6 测点的定位应满足测量的要求。变送器的布置宜靠近测点，并适当集中，便于维护、检修。

16.11.7 露天布置的热控设备及导管、阀门等部件应有防尘、防雨、防冻、防高温、防震、防腐、防止机械损伤等措施。

16.12 仪表与控制试验室

16.12.1 发电厂应设有仪表与控制试验室，其试验设备应能满足仪表控制设备维修、校验、调试的需要，并应符合国家计量标准的有关规定。

16.12.2 当企业内已设有仪表与控制试验室时，其自备发电厂不应再设置仪表与控制试验室。

16.12.3 试验室的规模应根据发电厂单机容量和规划容量，按不承担检修任务等来确定。

16.12.4 试验室宜布置在主厂房附近，可设置在生产综合办公楼内，也可以单独设置。现场维修间应设置在主厂房合适的位置，用于执行机构和阀门等不易搬动的现场仪表与控制设备的维护。

16.12.5 试验室应按发电厂规划容量一次建成，但试验室设备可分期购置。

16.12.6 试验室应远离振动大、灰尘多、噪声大、潮湿或有强磁场干扰的场所，试验室的地面应避免受振动的影响。

17 电气设备及系统

17.1 发电机与主变压器

17.1.1 发电机及其励磁系统的选型和技术要求应分别符合现行国家标准《隐极同步发电机技术要求》GB/T 7064、《旋转电机 定额和性能》GB 755、《同步电机励磁系统 定义》GB/T 7409.1、《同步电机励磁系统 电力系统研究用模型》GB/T 7409.2、《同步电机励磁系统 大、中型同步发电机励磁系统技术要求》GB/T 7409.3和《中小型同步电机励磁系统基本技术要求》GB 10585的有关规定。

17.1.2 当发电机与主变压器为单元连接时，该变压器的容量宜按发电机的最大连续容量扣除高压厂用工作变压器计算负荷与高压厂用备用变压器可能替代的高压厂用工作变压器计算负荷的差值进行选择。变压器在正常使用条件下连续输送额定容量时绕组平均温升不应超过65℃。

17.1.3 发电机电压母线上的主变压器的容量、台数应根据发电厂的单机容量、台数、电气主接线及地区电力负荷的供电情况，经技术经济比较后确定。

17.1.4 容量为50MW级及以下机组的发电厂，接于发电机电压母线主变压器的总容量应在考虑逐年负荷发展的基础上满足下列要求：

1 发电机电压母线的负荷为最小时，应将剩余功率送入电力系统。

2 发电机电压母线的最大一台发电机停运或因供热机组热负荷变动而需限制本厂出力时，应能从地区电力系统受电，以满足发电机电压母线最大负荷的需要。

17.1.5 主变压器宜采用双绕组变压器，并应符合下列规定：

1 当需要两种升高电压向用户供电或与地区电力系统连接时，也可采用三绕组变压器，但每个绕组的通过功率应达到该变压器额定容量的15%以上。

2 连接两种升高电压的三绕组变压器不宜超过2台。

17.1.6 主变压器宜选用无励磁调压型的变压器；经调压计算论证确有必要且技术经济比较合理时，可选用有载调压变压器。主变压器的额定电压、阻抗及电压分接头的选择应满足地区电力系统近、远期及调相调压要求。

17.1.7 若两种升高电压均系直接接地系统且技术经济合理时，可选用自耦变压器，但主要潮流方向应为低压和中压向高压送电。

17.2 电气主接线

17.2.1 发电机的额定电压应符合下列规定：

1 当有发电机电压直配线时，应根据地区电力网的需要采用6.3kV或10.5kV。

2 50MW级及以下发电机与变压器为单元连接且有厂用分支引出时，宜采用6.3kV。

17.2.2 若接入电力系统发电厂的机组容量与电力系统不匹配且技术经济合理时，可将两台发电机与一台变压器（双绕组变压器或分裂绕组变压器）做扩大单元连接，也可将两组发电机双绕组变压器组共用一台高压侧断路器做联合单元连接。此时在发电机与主变压器之间应装设发电机断路器或负荷开关。

17.2.3 发电机电压母线的接线方式应根据发电厂的容量或负荷的性质确定，并宜符合下列规定：

1 每段上的发电机容量为12MW及以下时，宜采用单母线或单母线分段接线。

2 每段上的发电机容量为12MW以上时，可采用双母线或双母线分段接线。

17.2.4 当发电机电压母线的短路电流超过所选择的开断设备允许值时，可在母线分段回路中安装电抗器。当仍不能满足要求时，可在发电机回路、主变压器回路、直配线上安装电抗器。

17.2.5 母线分段电抗器的额定电流应按母线上因事故而切除最大一台发电机时可能通过电抗器的电流进行选择。当无确切的负荷资料时，也可按该发电机额定电流的50%～80%选择。

17.2.6 220kV及以下母线避雷器和电压互感器宜合用一组隔离开关。110kV～220kV线路上的电压互感器与耦合电容器不应装设隔离开关。220kV及以下线路避雷器以及接于发电机与变压器引出线的避雷器不宜装设隔离开关，变压器中性点避雷器不应装设隔离开关。

17.2.7 发电机与双绕组变压器为单元接线时，对供热式机组可在发电机与变压器之间装设断路器。发电机与三绕组变压器为单元接线时，在发电机与变压器之间宜装设断路器和隔离开关。厂用分支应接在变压器与该断路器之间。

17.2.8 35kV～220kV配电装置的接线方式应按发电厂在电力系统中的地位、负荷的重要性、出线回路数、设备特点、配电装置形式以及发电厂的单机和规划容量等条件确定。应符合下列规定：

1 当配电装置在地区电力系统中居重要地位，负荷大，潮流变化大，且出线回路数较多时，宜采用双母线接线。

2 采用单母线或双母线接线的66kV～220kV配电装置，当断路器为六氟化硫型时，不宜设旁路设施；当配电装置采用气体绝缘金属全封闭开关设备时，不应设置旁路设施。

3 当35kV～66kV配电装置采用单母线分段接线且断路器无停电检修条件时，可设置不带专用旁路断路器的旁路母线；当采用双母线接线时，不宜设置旁路母线，有条件时可设置旁路隔离开关。

4 发电机变压器组的高压侧断路器不宜接入旁路母线。

5 在初期工程可采用断路器数量较少的过渡接线方式，但配电装置的布置应便于过渡到最终接线。

17.2.9 发电机的中性点的接地方式可采用不接地方式、经消弧线圈或高电阻的接地方式。

17.2.10 主变压器的中性点接地方式应根据接入电力系统的额定电压和要求决定接地，或不接地，或经消弧线圈接地。当采用接地或经消弧线圈接地时，应装设隔离开关。

17.3 交流厂用电系统

17.3.1 发电厂的高压厂用电的电压宜采用6kV中性点不接地方式。低压厂用电的电压宜采用380V动力和照明网络共用的中性点直接接地方式。

17.3.2 高压厂用变压器不应采用有载调压变压器，其阻抗电压不宜大于10.5%。当发电机出口装设断路器，此时支接于主变低压侧的高厂变兼作启动电源时，可采用有载调压变压器。

17.3.3 当高压厂用备用变压器的阻抗电压在10.5%以上时，或引接地点的电压波动超过±5%时，应采用有载调压变压器。备用变压器引接地点的电压波动应计及全厂停电时负荷潮流变化引起的电压变化。

17.3.4 高压厂用工作电源可采用下列引接方式：

1 当有发电机电压母线时，由各段母线引接，供给接在该段母线上的机组的厂用负荷。

2 当发电机与变压器为单元连接时，应从主变压器低压侧引接，供给该机组的厂用负荷。

17.3.5 高压厂用变压器容量应按高压电动机计算负荷与低压厂用电的计算负荷之和选择。低压厂用工作变压器的容量宜留有10%的裕度。

17.3.6 高压厂用备用电源或启动/备用电源，可采用下列引接方式：

1 当有发电机电压母线时，应从该母线引接一个备用电源。

2 当无发电机电压母线时，应从高压配电装置母线中电源可靠的最低一级电压母线引接，并应保证在全厂停电的情况下，能从外部电力系统取得足够的电源。

3 当发电机出口装设断路器且机组台数为2台及以上时，还可由1台机组的高压厂用工作变压器低压侧厂用工作母线引接另一台机组的高压备用电源，即机组之间对应的高压厂用母线设置联络，互为备用或互为事故停机电源。

4 当技术经济合理时，可从外部电网引接专用线路供电。

5 全厂有两个及以上高压厂用备用或启动/备用电源时，宜引自两个相对独立的电源。

17.3.7 高压厂用备用变压器（电抗器）或启动/备用变压器的容量不应小于最大一台（组）高压厂用工作变压器（电抗器）的容量。低压厂用备用变压器的容量应与最大的一台低压工作变压器的容量相同。

17.3.8 当发电机与主变压器为单元接线时，其厂用分支线上宜装设断路器。当无需开断短路电流的断路器时，可采用能够满足动稳定要求的断路器，但应采取相应的措施，使该断路器仅在其允许的开断短路电流范围内切除短路故障；也可采用能满足动稳定要求的隔离开关或连接片等。

17.3.9 厂用备用电源的设置应符合下列规定：

1 接有Ⅰ类负荷的高压和低压厂用母线应设置备用电源，并应装设备用电源自动投入装置。

2 接有Ⅱ类负荷的低压厂用母线应设置手动切换的备用电源。

3 只有Ⅲ类负荷的低压厂用母线可不设备用电源。

17.3.10 容量为100MW级及以下的机组，高压厂用工作变压器（电抗器）的数量在6台（组）及以上时，可设置第二台（组）高压厂用备用变压器（电抗器）。低压厂用工作变压器的数量在8台及以上时，可增设第二台低压厂用备用变压器。

17.3.11 高压厂用电系统应采用单母线接线。锅炉容量为410t/h级以下时，每台锅炉可由一段母线供电；锅炉容量为410t/h级时，每台锅炉每一级高压厂用电压不应少于两段母线。低压厂用母线也应采用单母线接线。锅炉容量为220t/h级，且在母线上接有机炉的Ⅰ类负荷时，宜按炉或机对应分段；锅炉容量为410t/h级时，每台锅炉可由两段母线供电。

17.3.12 发电厂应设置固定的交流低压检修供电网络，并应在各检修现场装设电源箱。

17.3.13 厂用变压器接线组别的选择，应使厂用工作电源与备用电源之间相位一致，以便厂用电源的切换可采用并联切换的方式。全厂低压厂用变压器宜采用“D，yn”接线。

17.4 高压配电装置

17.4.1 发电厂高压配电装置的设计应符合现行国家标准《高压架空线路和发电厂、变电所环境污区分级及外绝缘选择标准》GB/T 16434、《电力设施抗震设计规范》GB 50260、《3～110kV高压配电装置设计规范》GB 50060和《火力发电厂与变电站设计防火规范》GB 50229的有关规定。

17.4.2 配电装置的选型应满足以下要求：

1 35kV及以下的配电装置宜采用屋内式。

2 110kV～220kV配电装置应符合下列规定：

1）配电装置的形式选择应根据设备选型和进出线方式，以及工程实际情况，结合发电厂总平面布置，优先采用占地少的配电装置形式。

2）Ⅳ级污秽地区宜采用屋内配电装置，当技术经济合理时，可采用气体绝缘金属封闭开关设备（GIS）配电装置。

17.5 直流电源系统及交流不间断电源

17.5.1 发电厂内应装设蓄电池组，向机组的控制、信号、继电保护、自动装置等负荷（以下简称控制负荷）和直流油泵、交流不停电电源装置、断路器合闸机构及直流事故照明负荷等（以下简称动力负荷）供电。蓄电池组应以全浮充电方式运行。

17.5.2 蓄电池组数应符合下列规定：

1 当单机容量在50MW级及以上时，每台机组可装设1组蓄电池，当机组总容量为100MW及以上时，宜装设2组蓄电池，总容量小于100MW时可装设1组蓄电池。

2 酸性电池组不宜设置端电池，碱性电池组宜设端电池。

17.5.3 直流系统采用对控制负荷与动力负荷合并供电的方式，直流系统标称电压为220V。

17.5.4 直流母线电压应符合下列规定：

1 正常运行时，直流母线电压应为直流系统标称电压的105%。

2 均衡充电时，直流母线电压应不高于直流系统标称电压的110%。

3 事故放电时，直流母线电压宜不低于直流系统标称电压的87.5%。

17.5.5 发电厂蓄电池组负荷统计应符合下列规定：

1 当装设2组蓄电池时，对控制负荷每组应按全部负荷统计。

2 对事故照明负荷每组应按全部负荷的60%统计。

3 对动力负荷，宜平均分配在两组蓄电池上，每组可按所连接的负荷统计。

17.5.6 选择蓄电池组容量时，与电力系统连接的发电厂，厂用交流电源事故停电时间应按1h计算；不与电力系统连接的孤立发电厂，厂用交流电源事故停电时间应按2h计算；供交流不间断电源用的直流负荷计算时间可按0.5h计算。

17.5.7 蓄电池的充电及浮充电设备的配置应符合下列规定：

1 当采用高频开关充电装置时，每组蓄电池宜装设一套充电设备。当采用晶闸管充电装置时，两组相同电压的蓄电池可再设置一套充电设备作为公用备用。全厂只有一组蓄电池时，可装设两套充电设备。

2 充电设备的容量及输出电压的调节范围应满足蓄电池组浮充电和充电的要求。

17.5.8 发电厂的直流系统宜采用单母线或单母线分段的接线方式。当采用单母线分段时，每组蓄电池和相应的充电设备应接在同一母线上，公用备用的充电设备应能切换到相应的两段母线上，蓄电池和充电设备均应经隔离和保护电器接入直流系统。

17.5.9 当采用计算机监控时，应设置交流不间断电源。交流不间断电源应采用在线式UPS。

17.5.10 交流不间断电源装置旁路开关的切换时间不应大于5ms；交流厂用电消失时，交流不间断电源满负荷供电时间不应小于0.5h。

17.5.11 交流不间断电源装置应由一路交流主电源、一路交流旁路电源和一路直流电源供电。交流主电源和交流旁路电源应由不同厂用母线段引接，直流电源可由主控制室或机组的直流电源引接，也可采用自带的蓄电池供电。

17.5.12 交流不间断电源主母线应采用单母线或单母线分段接线方式。当有冗余供电或互为备用的不间断负载时，交流不间断电源主母线应采用单母线分段，负载应分别接到不同的母线段上。

17.6 电气监测与控制

17.6.1 发电厂和电力网络的电气设备和元件宜采用计算机控制，宜符合下列规定：

1 当热工控制采用机炉电集中控制时，发电厂的电气系统及网络控制部分应设在机炉电集中控制室内，发电厂电气设备和元件宜采用分散控制系统控制或PLC控制，其监测和控制方式宜与热工仪表和控制协调一致。

2 当热工控制采用机炉集中控制或汽机集中控制方式时，发电厂的电气系统及电力网络控制应设在电气主控制室内，主控制室电气设备和元件宜采用电气监控管理系统控制，此时应在主控室设置专用操作员站，并留有与热工控制系统的通信接口。

17.6.2 电气监控管理系统、分散控制系统及电力网络计算机监控系统等计算机控制系统应采用开放式、分布式结构。当具有控制功能时，站控层设备及网络宜采用冗余配置。

17.6.3 当采用机炉电集中控制时，下列设备或元件应在分散控制系统或PLC进行控制和监视：

1 发电机、主变压器或发电机变压器组。

2 发电机励磁系统。

3 厂用高压电源，包括高压工作变压器和高压启动/备用变压器。

4 高压厂用电源线。

5 低压厂用变压器及低压母线分段断路器。

6 消防水泵。

17.6.4 当采用主控制室控制时，下列设备或元件应在电气监控管理系统进行控制和监视：

1 发电机、主变压器或发电机变压器组。

2 发电机励磁系统。

3 厂用高压电源，包括高压工作变压器和高压启动/备用变压器。

4 高压厂用电源线。

5 低压厂用变压器及低压母线分段断路器。

6 消防水泵。

7 联络变压器（如果有）。

8 6kV及以上线路。

9 母线联络断路器、母线分段断路器及电抗器。

10 并联电容器、串联补偿装置等。

17.6.5 电力网络计算机监控系统宜与分散控制系统合并为一个系统，其监控范围应包括下列设备和线路：

1 联络变压器(如果有)。

2 6kV及以上线路。

3 母线联络断路器、母线分段断路器及电抗器。

4 并联电容器、串联补偿装置等。

17.6.6 下列设备或元件宜在分散控制系统、PLC或电气监控管理系统进行监视：

1 直流系统。

2 交流不间断电源。

17.6.7 为保证机组紧急停机，应在控制室设置下列独立的后备操作设备：

1 发电机或发电机变压器组紧急跳闸。

2 灭磁开关跳闸。

3 直流润滑油泵的启动按钮。

17.6.8 继电保护、自动准同步、自动电压调节、故障录波和厂用电快速切换等功能应由专用装置实现。继电保护和安全自动装置发出的跳、合闸指令，应直接接入断路器的跳合闸回路；与继电保护、安全自动装置、厂用电切换相关的断路器的跳合闸回路应监视相应回路的完好性。

17.6.9 继电保护装置、测控装置和电度表等二次设备宜装设在电气继电器室内。

17.6.10 发电厂的集中控制室或主控制室应装设自动准同步装置，也可再装设带有同步闭锁的手动准同步装置。发电厂的网络控制部分应装设捕捉同步装置或带闭锁的手动准同步装置。

17.6.11 隔离开关、接地开关和母线接地器与相应的断路器之间应装设闭锁装置以防止误操作，闭锁装置可由机械的、电磁的或电气回路的闭锁构成。在电力网络计算机监控系统中应设置五防闭锁功能。

17.7 电气测量仪表

17.7.1 发电厂的电气测量仪表设计，应符合现行国家标准《电力装置的电测量仪表装置设计规范》GB/T 50063的有关规定。

17.7.2 当采用计算机进行监控时，电气设备和元件的测量宜采用交流采样方式，就地可采用一次仪表测量或直接仪表测量方式。

17.8 元件继电保护和安全自动装置

17.8.1 发电厂的继电保护和安全自动装置的设计应符合现行国家标准《继电保护和安全自动装置技术规程》GB/T 14285的有关规定。

17.9 照明系统

17.9.1 发电厂照明系统设计应遵循安全、环保、维护检修方便、经济、美观的原则，并积极地采用先进技术和节能设备。发电厂的照明应提倡绿色照明和节能环保，符合国家的节能政策。

17.9.2 发电厂照明系统的设计应符合现行国家标准《建筑照明设计标准》GB 50034的有关规定。

17.9.3 发电厂的照明应有正常照明和应急直流照明两种供电网络，正常照明网络电压应为380V/220V，应急直流照明网络电压应为220V，并符合下列规定：

1 正常照明的电源应由动力和照明网络共用的中性点直接接地的低压厂用变压器供电。

2 应急直流照明应由蓄电池直流系统供电。应急照明与正常照明可同时点燃，正常时由低压380V/220V厂用电供电，事故时自动切换到蓄电池直流母线供电；主控制室与集中控制室的应急直流照明除长明灯外，也可为正常时由380V/220V厂用电供电，事故时自动切换到蓄电池直流母线供电。

3 主厂房的出入口、通道、楼梯间以及远离主厂房的重要工作场所要求的应急照明应采用自带蓄电池的应急灯。

17.9.4 生产车间的照明灯具，当其安装高度应在2.2m及以下，且处于特别潮湿的场所或高温场所时，应采用24V及以下电压。电缆隧道内的照明灯具宜采用24V电压供电。如采用220V电压供电时，应有防止触电的安全措施，并应敷设灯具外壳专用接地线。

17.9.5 照明灯具应按工作场所的环境条件和使用要求进行选择，应采用光效高、寿命长的光源。应急直流照明应采用能瞬时可靠点燃的白炽灯。室内、外照明灯具的安装应便于维修。对于室内、外配电装置的照明灯具还应考虑在设备带电的情况下能安全地进行维修。

17.9.6 对烟囱、冷却塔和其他高耸建筑物或构筑物上装设障碍照明的要求，除应符合现行国家标准《烟囱设计规范》GB 50051的有关规定外，还应和当地航空管理部门协商确定。高建筑物标志灯供电电源可由就近可靠的380V/220V配电柜供电，标志等回路不允许"T"接其他用电负荷。对取、排水口及码头障碍照明的要求应和航运管理部门协商确定。

17.10 电缆选择与敷设

17.10.1 发电厂电缆选择与敷设的设计应符合现行国家标准《电力工程电缆设计规范》GB 50217的有关规定。

17.11 过电压保护与接地

17.11.1 发电厂电气装置的过电压保护设计应符合国家现行标准《高压输变电设备的绝缘配合》GB 311.1、《绝缘配合　第2部分：高压输变电设备的绝缘配合使用导则》GB/T 311.2以及《交流电气装置的过电压保护和绝缘配合》DL/T 620的有关规定。

17.11.2 主要生产建(构)筑物和辅助厂房建(构)筑物的过电压保护应符合现行行业标准《交流电气装置的过电压保护和绝缘配合》DL/T 620的有关规定。生产办公楼、食堂、宿舍楼等附属建(构)筑物，液氨贮罐的防雷设计应符合现行国家标准《建筑物防雷设计规范》GB 50057的有关规定。

17.11.3 发电厂交流接地系统的设计应符合现行国家标准《交流电气装置接地设计规范》GB 50065的有关规定。

17.12 电气试验室

17.12.1 发电厂应设有电气试验室，其试验设备应能满足电气设备维修、校验、调试的需要。电气试验室的规模应根据发电厂的类型、单机容量和规划容量来确定。

17.12.2 当企业内已设有电气试验室时，其自备发电厂不应再设电气试验室。

17.13 爆炸火灾危险环境的电气装置

17.13.1 发电厂爆炸火灾危险环境的电气装置设计应符合现行国家标准《爆炸和火灾危险环境电气装置设计规范》GB 50058和《火力发电厂与变电站设计防火规范》GB 50229的有关规定。

17.14 厂内通信

17.14.1 厂内通信可分为生产管理通信和生产调度通信。对于小机组工程，可将二者合并考虑，厂内配置一套调度程控交换机兼做行政交换机。容量应以100线为基础，两台以上机组每增加一台机组，增加30线。各控制室设置调度台。调度交换机至调度主管部门应有中继线连接。

17.14.2 发电厂对外联系的中继方式可视工程具体情况采用模拟中继或数字中继方式，中继线数量不少于用户数的10%。

17.14.3 通信设备所需的交流电源应由能自动切换的、可靠的、来自不同厂用电母线段的双回路交流电源供电。通信设备所需直流电源应设至少1组通信专用蓄电池组，并配置至少1套整流器。厂内通信电源与系统通信电源可合并考虑。电源容量按远景规模最大负荷考虑，蓄电池的放电时间按4h考虑。

17.14.4 厂内可设通信专用机房，机房面积按远景规模最大容量考虑，应安装厂内通信设备、系统通信设备，各业务接口设备等，也可与电气控制设备布置在一起。通信蓄电池宜单独安装。

17.14.5 通信设备应设置工作接地和保护接地，通信机房内应设有环形接地母线，并应就近接至全厂总接地网上，引接线不应少于2条。

17.14.6 厂内通信网络包括各类通信设备的线路，应采用管道电缆或直埋电缆敷设方式。电缆可采用暗配线敷设方式。

17.14.7 厂区外的水源、灰场和燃料系统可采用当地公用电话。

17.15 系统保护

17.15.1 系统继电保护和安全自动装置的设计应根据审定的接入系统设计原则设计，并应符合现行国家标准《继电保护和安全自动装置技术规程》GB/T 14285的有关规定。

17.16 系统通信

17.16.1 系统通信应按当地电网的通信设计、审定的接入系统设计确定。发电厂应装设为电力调度服务的专用调度通信设施，通信方式及容量配置等应根据审定的电力系统通信设计或相应的接入系统通信设计确定。

17.16.2 发电厂至调度端的通道数量、质量及带宽应满足调度通道、自动化通道、保护通道、电能量计费的要求。

17.16.3 发电厂至其调度中心应至少有一个可靠的调度通道，应提出推荐的传输方案、制式、建设规模及容量，明确各业务接入方式。

17.16.4 发电厂的系统通信可采用一套通信电源供电，并配置一组蓄电池，也可与厂内通信设备共用通信电源。

17.16.5 系统通信可与厂内通信设备共用通信机房。

17.17 系统远动

17.17.1 发电厂的远动设计应根据电力调度自动化系统设计，或相应的发电厂接入系统设计确定。电厂远动功能宜纳入计算机监控系统，不单独设置微机远动装置(RTU)。

17.17.2 发电厂的远动信息应符合现行行业标准《电力系统调度自动化设计技术规程》DL/T 5003或者《地区电网调度自动化设计技术规程》DL/T 5002的有关规定。

17.17.3 发电厂与调度中心之间应至少有一条可靠的远动通道。

17.17.4 发电厂的电力二次安全防护应遵照国家有关电力二次安全防护规定的要求执行。

17.18 电能量计量

17.18.1 发电厂的电能量计量设计应符合现行行业标准《电能量计量系统设计技术规程》DL/T 5202的有关规定。

18 水工设施及系统

18.1 水源和水务管理

18.1.1 发电厂的水源选择，必须认真落实，做到充分可靠。除应考虑发电厂取、排水对水域的影响外，还要考虑当地工农业和其他用户及水利规划对电厂取水水质、水量和水温的影响。

18.1.2 北方缺水地区新建、扩建电厂生产用水禁止取用地下水，严格控制使用地表水，鼓励利用城市污水处理厂的再生水和其他废水，坑口电厂首先考虑使用矿区排水。当有不同的水源可供选择时，应在节水产业政策的指导下，根据水量、水质和水价等因素，经技术经济比较确定。

18.1.3 当采用再生水作为电厂补给水源时，应设备用水源。

18.1.4 当采用矿区排水作为电厂补给水源时，应根据矿区开采规划和排水方式，分析可供电厂使用的矿区稳定的最小排水量。

18.1.5 在下述情况下，发电厂的供水水源应保证供给全部机组满负荷运行所需的水量，并应取得水行政主管部门同意用水的正式文件：

1 从天然河道取水时，按保证率为95%的最小流量考虑，同时扣除取水口上游必保的工农业规划用水量和河道水域生态用水量。

2 当河道受水库调节时，按水库保证率为95%的最小下泄流量加上区间来水量考虑，同时扣除取水口上游必保的工农业规划用水量和河道水域生态用水量。

3 从水库取水时，应按保证率为95%的枯水年考虑。

18.1.6 在发电厂设计中，必须贯彻落实国家水资源方针政策，应通过水务管理和工程措施来实现合理用水，节约水资源，防止水污染和保护生态环境。

18.1.7 水务管理应符合现行国家标准《地表水环境质量标准》GB 3838、《生活饮用水卫生标准》GB 5749、《取水定额》GB/T 18916、《污水综合排放标准》GB 8978等及有关法律、法规的规定。

18.1.8 发电厂的设计耗水指标应符合表18.1.8的规定：

表18.1.8 小型火力发电厂设计耗水指标表[$m^3/(s\cdot GW)$]

序号	冷却方式	<50MW级	≥50MW级	备注
1	淡水循环供水系统	≤1.20	≤1.00	炉内脱硫、干式除灰、干式除渣
2	直流供水系统	≤0.40	≤0.20	炉内脱硫、干式除灰、干式除渣
3	空冷机组	≤0.40	≤0.20	炉内脱硫、干式除灰、干式除渣

18.1.9 发电厂应装设必要的水质与水量计量与监测装置。

18.2 供水系统

18.2.1 发电厂的供水系统应根据水源条件、规划容量和机组形式，经技术经济比较确定。在水源条件允许的情况下，宜采用直流供水系统；当水源条件受限制时，宜采用循环供水、混合供水或空冷系统。

18.2.2 发电厂的供水系统应符合下列规定：

1 直流供水系统应根据历年月平均的水位、水温和温排水影响，结合汽轮机特性和系统布置方案确定最佳的汽轮机背压、冷却水量、凝汽器面积、水泵和进排水管(沟)的经济配置。

2 循环或混合供水系统应根据历年月平均气象条件，结合汽轮机特性和系统布置方案确定最佳的汽轮机背压、冷却水量、凝汽器面积、冷却塔的选型、水泵和进排水管(沟)的经济配置。

3 空冷系统应根据典型年与汽轮机特性等因素进行优化计算，以确定最佳的空冷形式、设计气温、汽轮机设计背压和空冷散热器面积。

4 在最高计算水温条件下选定的冷却水量，应保证汽轮机的背压不超过满负荷运行时的最高允许值。

18.2.3 当采用直流供水系统时，冷却水的最高计算温度应按多年水温最高时期(可采用3个月)频率为10%的日平均水温确定，并应考虑温排水对取水水温的影响。

18.2.4 循环供水系统冷却水的最高计算温度应采用近期连续不少于5年，每年最热时期(可采用3个月)的日平均值，以湿球温度频率统计方法求得的频率为10%的日平均气象条件确定。混合供水系统冷却水的最高计算温度宜按与河流枯水时段相应的最高月平均气温时的气象条件确定。

18.2.5 空冷系统的设计温度宜根据典型年干球温度统计，可按5℃以上年加权平均法(5℃以下按5℃计算)计算设计气温并向上取整。

18.2.6 发电厂宜采用母管制供水系统。每台汽轮机宜设置2台循环水泵，其总出力应等于该机组的最大计算用水量。在2台汽轮机的凝汽器进水管之间宜设联络管。

18.2.7 热电厂的冷却水量应按最小热负荷时的凝汽量计算。

18.2.8 附属设备冷却水宜取自循环水的进水，当水温过高、汛期泥沙和漂浮物过多或以海水冷却时，应采取相应措施或使用其他水源。

18.2.9 发电厂的用水水质应根据生产工艺和设备的要求确定，宜符合下列要求：

1 用于凝汽器等表面热交换设备的冷却用水，应采取去除水中杂物及水草的措施。当水中含砂量较多时，宜对冷却用水进行沉砂处理。

2 循环供水系统，冷却塔的补充水悬浮物含量超过50mg/L～100mg/L时宜做预处理，经处理后的悬浮物含量不宜超过20mg/L，pH值不应小于6.5，且不应大于9.5。

3 工业用水转动机械轴承冷却水的碳酸盐硬度宜小于250mg/L(以$CaCO_3$计)；pH值不应小于6.5，不宜大于9.5；悬浮物的含量应小于100mg/L。

18.2.10 当采用直流、混合供水系统时，取、排水口的位置和形式应根据水源特点、温排水扩散对取水温度的影响、泥沙冲淤和工程施工等因素，通过技术经济比较确定。必要时应进行数模计算或模型试验确定。

18.2.11 凝汽器的进出口阀门和联络门，直径为400mm及以上的水泵出口阀门，直径为600mm及以上的其他阀门，以及需要自动控制的阀门应装有电动或气动装置。远离电源的地区，直径为800mm及以下的其他阀门也可采用手动。

18.3 取水构筑物和水泵房

18.3.1 地表水的取水构筑物和水泵房应按保证率为95%的低水位设计，并以保证率为97%的低水位校核。

18.3.2 地表水的取水构筑物的进水间应分隔成若干单间，并根据水源水质条件及取水量的大小装设清污及滤水设备，进水间应考虑起吊、启闭设施以及冲洗和排除脏物的措施。当水中带有冰凌、大量泥沙或较多漂浮物影响取水时，在设计中应采取相应的措施。

18.3.3 岸边水泵房±0.00m层标高(入口地坪设计标高)应为频率2%的洪水位(或潮位)加频率2%浪高再加超高0.5m，并应符合下列规定：

1 ±0.00m层标高不应低于频率为1%的洪水位，否则水泵房应有防洪措施。

2 当频率2%与频率1%洪水位相差很大时，应经分析论证后确定。

18.3.4 在水位涨落幅度较大，且涨落和缓的江河取水时，宜采用浮船式或缆车式取水设施。

18.3.5 采用冷却塔循环供水系统，在条件许可时，循环水泵可设在汽机房内或汽机房毗屋内。

18.3.6 当条件合适时，循环水泵可选择露天布置。

18.3.7 当采用集中泵房母管制供水系统时，安装在水泵房内的循环水泵达到规划容量时不应少于4台，水泵的总出力应满足最大的计算用水量，不设备用。根据工程建设进度，水泵可分期安装，但第一期工程安装的水泵不应少于2台。

18.3.8 集中取水的补给水泵台数不宜少于3台，其中1台备用。

18.3.9 当采用海水作循环冷却水源时，宜选用转速低、抗汽蚀性的循环水泵。此外，清污设备、冲洗泵、排水泵、阀门和闸门门槽等与海水直接接触的部件，也应选用耐海水腐蚀的材料制作，并可采用涂料、阴极保护等防腐措施，还应考虑防止海生物在进、排水构筑物和设备上滋生附着的措施。

18.3.10 水泵房及进水间应设置起重设备，水泵房内还应设置设备检修场地和水泵中间轴承检修平台等设施。当设备露天布置时，也可不设固定式起重设备。阀门切换间应设阀门操作平台、排水措施及照明设施。

18.4 输配水管道及沟渠

18.4.1 采用母管制供水时，循环水进水、排水管(沟)达到规划容量时(大于2台机组)不宜少于2条，并可根据工程具体情况分期建设。当其中一条停运时，其余母管应能通过最大计算用水量的75%。

18.4.2 供水系统的补给水管的条数宜按规划容量设置2条，并可根据工程具体情况分期建设。当有一定容量的蓄水池或采用其他供水措施作备用时，可设置1条。当采用2条补给水管，而每条补给水管能供给补给水量的60%，则补给水管之间可不设联络管。在补给水系统总管及电厂内主要用户的接管上均应设置水量计量装置。

18.4.3 压力管道的材料应根据管道工作压力、水质，管道沿线的地质、地形条件、施工条件和材料供应等情况，通过技术经济比较确定。可选用的管材有：钢管、球墨铸铁管、预应力钢筋混凝土管、预应力钢筒混凝土管、玻璃钢管、钢塑复合管等。自流管、沟宜采用钢筋混凝土结构。

18.4.4 供水渠道应按规划容量一次建成。在渠道的设计中，应考虑原有地面排水系统的改变和地下水位上升对邻近地区农田和建筑物的影响。

18.5 冷却设施

18.5.1 冷却设施的选择应根据使用要求、自然条件、场地布置和施工条件、运行经济性以及与周围环境的相互影响等因素，经技术经济比较后确定。

18.5.2 发电厂可利用水库、湖泊、河道或海湾等水体的自然水面冷却循环水，也可根据自然条件新建冷却池。在设计中应考虑水量、水质和水温的变化对工业、农业、渔业、水利、航运和环境等产生的影响，并应取得相应主管部门同意的文件。

18.5.3 冷却塔的塔型选择应根据循环水的水量、水温、水质和循环水系统的运行方式等使用要求，并结合下列因素及具体工程条件，通过技术经济比较确定：

1 当地的气象、地形和地质等自然条件。

2 材料和设备的供应情况。

3 场地布置和施工条件。

4 冷却塔与周围环境的相互影响。

18.5.4 冷却塔的布置应考虑空气动力干扰、通风、检修和管沟布置等因素。在山区和丘陵地带布置冷却塔时，应考虑避免湿热空气回流的影响。冷却塔间净距及其与附近建(构)筑物的距离应按本规范表6.2.5的规定执行。

18.5.5 冷却塔内使用的塑料材质的淋水填料、喷溅装置、配水管和除水器的选用及安装设计应符合现行行业标准《冷却塔塑料部件技术条件》DL/T 742的有关规定。

18.5.6 机械通风冷却塔和自然通风冷却塔均应装设除水器，宜装设塑料材质的除水器。

18.5.7 建在寒冷和严寒地区的冷却塔(包括空冷塔)宜采用防冻措施。

18.5.8 自然通风冷却塔进风口处的支柱及塔内空气通流部位的构件应采用气流阻力较小的断面形式。

18.5.9 当采用空冷机组时，应根据当地气象条件、冷却设施占地、防噪声要求、防冻性能等因素通过技术经济比较后确定空冷系统形式。

18.5.10 直接空冷系统的空冷凝汽器宜采用机械通风冷却方式，间接空冷系统的空冷塔宜采用钢筋混凝土结构的自然通风冷却塔。受场地限制，空冷塔布置有困难时，经论证后也可采用机械通风间接空冷系统。

18.5.11 直接空冷系统的布置应符合下列规定：

1 直接空冷凝汽器宜布置在汽机房A列外空冷平台上，且宜沿汽轮机纵向布置。空冷凝汽器布置方位宜面向夏季主导风向，并考虑高温大风气象条件出现频率的影响，避免来自锅炉房后的较高的风频和风速。连续建设机组的台数应根据风环境条件进行论证布置形式。

2 当风环境比较复杂或电厂周边地形地貌特殊时，应利用数模计算或物模试验对空冷凝汽器的布置方案进行验证。

3 空冷凝汽器下方的轴流风机、电机和减速机应设置检修起吊装置和维护平台。

18.5.12 间接空冷系统的布置宜符合下列规定：

1 空冷塔宜采用风筒式自然通风冷却塔，冷却塔与其他高于塔进风口高度的建筑物之间的距离应大于2倍进风口高度，冷却塔之间的净距应大于冷却塔零米半径。

2 喷射式凝汽器间接空冷系统的循环水泵宜布置在汽机房内或汽机房毗屋内，表凝式凝汽器间接空冷系统宜设置独立的循环水泵房，循环水泵房可布置在冷却塔区或汽机房前。

18.5.13 空冷塔的结构与尺寸应结合工程布置，经过优选确定。空冷散热器可采用水平布置或垂直布置，宜根据空冷塔的体型、外界风对散热效果的影响等因素经论证后确定。空冷塔设计应考虑空冷散热器的检修起吊设施。

18.5.14 排烟冷却塔的设计应符合下列规定：

1 烟气及塔内烟道应参与冷却塔的热力性能计算和优化计算。

2 排烟冷却塔应有合理的开孔加固措施。

3 排烟冷却塔的防腐设计方案及防腐产品的选择应通过技术经济比较确定。

18.5.15 海水冷却塔的选型与设计应考虑海水冷却塔与淡水冷却塔热力性能和结构性能的差异，并选择适合海水水质的冷却塔填料、除水器和相应的防腐措施。

18.5.16 当冷却塔的噪声超过环境保护要求时，应采取防治措施。

18.6 外部除灰渣系统及贮灰场

18.6.1 厂区内外灰渣管的敷设宜符合下列规定：

1 厂区外压力灰渣管宜沿地面或管架敷设，应注意不占或少占耕地，避免通过居民区及民房。

2 厂区内压力灰渣管宜敷设于地沟内，有条件时，可沿地面或厂区管架敷设。

3 当具有可靠依据证明灰管结垢或磨损不严重时，也可直埋于地下。

4 灰渣管的坡度不宜小于0.1%，在最低处应有放空措施，在最高处应有排气措施。

18.6.2 厂区外压力灰渣管宜沿路边敷设，并充分利用原有道路供检修使用。当需要修建局部或全部检修道路时，应按简易道路修筑，并注意节约用地和不影响农田耕作。

18.6.3 水灰场排水根据环保、节水等要求必须处理后重复使用，不得排放。回收水系统应根据地形、地质、水量、水质和贮灰场排水建筑物等条件确定。回收水管道宜与灰渣管一起敷设，结垢严重时应采取防结垢措施，并宜采用直埋式布置。

18.6.4 灰渣管道宜采用钢管或复合管材。灰水回收管宜采用钢管、复合管或预应力钢筋混凝土管。对于磨损严重的灰渣管段，宜采用钢管内衬铸石管或其他耐磨复合管。在灰水结垢、磨损不严重时灰渣管宜采用钢管或防结垢复合管。

18.6.5 水灰场澄清水应设置灰水回收系统。灰场回收水应重复用于冲灰系统。对于用海水输灰的滩涂灰场，灰场灰水回收应根据环保要求和工程情况确定。

18.6.6 灰水回收水泵台数不宜少于3台，其中1台备用；灰水回收管道可敷设1条，不设备用。

18.6.7 灰场应按电厂规划容量统一规划，分期分块建设。初期堤坝形成的有效容积不应少于3年按设计煤种计算的灰渣量。热电联产项目的事故灰场有效容积满足不大于6个月按设计煤种计算的灰渣量。灰场附近宜设置值班室，并有生活、通信、照明等必要的运行管理设施。

18.6.8 山谷水灰场堤坝的设计标准应按表18.6.8执行。

表18.6.8 山谷灰场灰坝设计标准

灰场级别	分级指标		洪水重现期(a)		坝顶安全加高(m)		抗滑稳定安全系数		
	总容积 V ($\times 10^8 m^3$)	最终坝高 H(m)	设计	校核	设计	校核	外坡		内坡
							正常运行条件	非常运行条件	正常运行条件
一	$V>1$	$H>70$	100	500	1.0	0.7	1.25	1.05	1.15
二	$0.1<V\leqslant 1$	$50<H\leqslant 70$	50	200	0.7	0.5	1.20	1.05	1.15
三	$0.01<V\leqslant 0.1$	$30<H\leqslant 50$	30	100	0.5	0.3	1.15	1.00	1.15

注：1 用灰渣筑坝时，灰坝的坝顶安全加高和抗滑稳定安全系数应按国家现行标准《火力发电厂灰渣筑坝设计规范》DL/T 5045的规定执行；

2 当灰场下游有重要工矿企业和居民集中区时，通过论证可提高一级设计标准；

3 当坝高与总容积不相应时，以高者为准，当级差大于一个级别时，按高者降低一个级别确定；

4 坝顶应高于堆灰标高至少1.0m～1.5m。

18.6.9 江、河、湖、海滩(涂)灰场围堤建设标准应与当地堤防工程一致。围堤设计应按现行国家标准《堤防工程设计规范》GB 50286的规定执行，其级别与当地堤防工程的级别相同。此外尚应符合表18.6.9规定。

表18.6.9 江、河、湖、海滩(涂)灰场围堤设计标准

灰场级别	总容积 V ($\times 10^8 m^3$)	堤内汇水堤外潮位重现期(a)		堤外风浪重现期(a)	堤顶(防浪墙顶)安全加高(m)				抗滑稳定安全系数		
					堤外侧		堤内侧		外坡		内坡
		设计	校核	设计校核	设计	校核	设计	校核	正常运行条件	非正常运行条件	正常运行条件
一	$V>0.1$	50	200	50	0.4	0.0	0.7	0.5	1.20	1.05	1.15
二	$V\leqslant 0.1$	30	100	50	0.4	0.0	0.5	0.3	1.15	1.00	1.15

注：堤顶(或防浪墙顶)应高于堆灰标高至少1m。

18.6.10 设计山谷型水灰场的坝和排洪设施时，应考虑灰场的调洪作用。设计山谷型干灰场时，应考虑截洪和排洪的导流设施。

18.6.11 当采用干式除灰时，干灰场的设计应符合下列规定：

1 整个干灰场应进行合理规划，分期、分块使用，并以此作为场内运灰道路设计、施工机具选型的依据。当填至设计标高时，应及时覆土或植被绿化。

2 当干灰场四周有汇水流域时，宜将汇水截流并引至灰场外。当山谷干灰场下游设初期坝并采取由下游向上游堆灰方式时，灰场内宜设排水设施。防洪设计标准可参照水灰场确定。

3 干灰场应配备正常运行的施工机具，并可根据情况考虑少量的备用机具。

4 干灰场内宜设喷洒水池，应有完善的供水设施。场内应配备喷洒机具，其中应至少有1辆洒水车。

5 平原干灰场周围应设不少于10m宽的绿化隔离带。山谷干灰场可利用山体及原有林木作为防风掩体，必要时可设不少于10m宽的绿化隔离带。

18.7 给水排水

18.7.1 当发电厂靠近城市、开发区或其他工业企业时，生活给水和排水的管网系统宜与城市、开发区或其他工业企业的给水和排水系统连接。

18.7.2 发电厂设有自备的生活饮用水系统时，水源选择及水源处理应符合现行国家标准《室外给水设计规范》GB 50013的有关规定，水源卫生防护及水质标准必须符合现行国家标准《生活饮用水卫生标准》GB 5749 的有关规定。

18.7.3 净水站水处理工艺流程的选择应根据原水水质、设计处理能力和对处理后的水质要求，结合当地条件通过技术经济比较后确定。给水处理混凝、沉淀和澄清、过滤，地下水除铁、除锰、除氟等设计应按现行国家标准《室外给水设计规范》GB 50013 的有关规定执行。

18.7.4 厂区内的生活污水、生产污水、废水和雨水的排水系统应采用分流制。各种废水、污水应按清污分流的原则分类收集输送，并根据其污染的程度、复用和排放要求进行处理，处理后复用的杂用水水质应符合现行国家标准《城市污水再生利用 城市杂用水水质》GB/T 18920 的有关规定；处理后对外排放的水质应符合现行国家标准《污水综合排放标准》GB 8978 的有关规定。

18.7.5 含有腐蚀性物质、油质或其他有害物质的生产污水，温度高于 40℃的生产废水，应经处理达到国家现行标准规定后，方可排入生产废水系统经规范的排污口排放。

18.7.6 输煤系统建筑采用水力清扫时，其清扫产生的含煤废水应予以处理，含煤废水经处理后应重复使用。发电厂露天煤场宜设煤场雨水沉淀池，并宜与输煤系统建筑冲洗排水沉淀池合并设置。

18.7.7 生活污水、含油污水、灰水等污水的处理应符合现行行业标准《火力发电厂废水治理设计技术规程》DL/T 5046 的有关规定。

18.8 水工建(构)筑物

18.8.1 水工建(构)筑物的设计应根据水文、气象、地质、施工条件、建材供应和当地的具体情况，通过技术经济比较确定。

18.8.2 水工建(构)筑物的设计还应执行本规范第 20 章建筑与结构中的有关规定。

18.8.3 位于厂区的水泵房及取水建筑物，其建筑外观应与厂区的其他建筑物相协调；厂区外的水泵房及取水建筑物，其建筑造型处理应与周围环境相协调。

18.8.4 对远离厂区的水泵房，应设置必需的生产和生活设施。

18.8.5 循环水泵房电气操作层及立式水泵的电机层的地面宜采用水磨石地面，其他可采用水泥地面。

18.8.6 取水建筑物和水泵房宜采用钢塑窗或铝合金窗。进出设备的大门根据具体情况，可选用钢大门或电动卷帘门。

18.8.7 海水建筑物应采用防海水腐蚀的建筑材料或采取其他有效防腐措施，并应符合现行国家标准《河港工程设计规范》GBJ 50192 的有关规定。取用海水的钢管应进行专门防护。

18.8.8 在软弱地基上修建水工建筑物时，应考虑地基的变形和稳定。当不能满足设计要求时，应采取地基处理措施。建筑物四周宜设置沉降观测点。

18.8.9 水工建筑物应按规划容量统一规划。当条件合适时，可分期建设；当施工条件困难，布置受到限制，且分期建设在经济上不合理时，可按规划容量一次建成。

18.8.10 排水明渠与河床连接处应设排水口，排水口形式可根据地形地质条件、消能、散热要求等因素确定。

18.8.11 山谷型干贮灰场周围山坡宜设截洪沟，设计标准可按重现期为十年一遇洪水考虑。

18.8.12 山谷型干贮灰场上游设有拦洪坝时，其坝高应根据不同排洪设施对设计洪水进行调洪演算，并进行技术经济比较确定。设计标准应按照堆灰高度和容积参照表 18.6.8 确定。下游的挡灰堤(坝)宜为排水棱体。

18.8.13 贮灰场堤坝坝体结构宜采用当地建筑材料，当条件许可时，可采用灰渣分期筑坝，并结合环保要求，通过技术经济比较，选定安全、经济、合理的坝型。

18.8.14 在抗震设防烈度为 6 度及以上的地区修筑灰坝时，应根据地基条件采取相应的防止坝体和地基液化的措施。

19 辅助及附属设施

19.0.1 发电厂的设计应根据机组容量、形式、台数、设备检修特点、地区协作和交通运输等条件综合考虑，一般不设置金工修配设施。大件和精密件的加工及铸件应充分利用社会加工能力。大修外包或地区集中检修的发电厂，应按机组维修或小修的需要配置修配设施。企业自备发电厂，当企业能满足发电厂修配任务时，不另设修配设施。

19.0.2 当发电厂位于偏僻、边远地区时，可根据机组的容量和台数，因地制宜地设置锅炉、汽机、电气、燃料、化学等检修间，并配置常用的检修机具和工具。

19.0.3 发电厂应设有存放材料、备品和配件的库房与场地。材料库、油库的布置应符合现行的消防规范的有关规定。企业自备发电厂的材料库等可由企业统筹规划设计。

19.0.4 发电厂宜设置控制用和检修用的压缩空气系统，压缩空气系统和空气压缩机宜符合下列规定：

1 发电厂的压缩空气系统宜全厂共用，包括化学、除灰等工艺专业。

2 控制用和检修用的系统宜采用同型号、同容量的空气压缩机，并集中布置。空气压缩机出口接入同一母管，母管上应设控制用和检修用压缩空气电动隔离阀，并设低压力联锁保护，保证控制用压缩空气系统压力在任何工况下均满足工作压力的要求。两系统的贮气罐和供气系统应分开设置。压缩空气的供气压力应满足用气端的要求。控制用压缩空气的供气管道宜采用不锈钢管。

3 运行空气压缩机的总容量应能满足全厂热工控制用气设备的最大连续用气量，并应设置 1 台备用。

4 当全部空气压缩机停用时，热工控制用压缩空气系统的贮气罐容量应能维持在 5min～10min 的耗气量，气动保护设备和远离空气压缩机房的用气点宜设置专用的稳压贮气罐。

5 热工控制用压缩系统应设有除尘过滤器和空气干燥器，并与运行空气压缩机的容量相匹配，供气质量应符合现行国家标准《工业自动化仪表气源压力范围和质量》GB 4830 的有关规定，气源品质应符合下列规定：

1)工作压力下的露点应比工作环境最低温度低 10℃。

2)净化后的气体中含尘粒径不应大于 3μm。

3)气源装置送出的气体含油量应控制在 8ppm 以下。

6 空气压缩机房应设有防止噪声和振动的措施。

7 当企业设有空气压缩机站，且输送条件合适时，企业自备发电厂可不另设空气压缩机。

19.0.5 发电厂设备、管道的保温设计应符合下列规定：

1 发电厂的保温设计应符合现行国家标准的有关规定。

2 表面温度高于 50℃，且经常运行的设备和管道应进行保温。对表面温度高于 60℃且不经常运行的设备和管道，凡在人员可能接触到的 2.2m 高度范围内，应进行防烫伤保温，保温层外表面温度不应超过 60℃。露天的蒸汽管道宜设减少散热损失的防潮层。

3 设备和管道保温层的厚度应按经济厚度法确定。当需限制介质在输送过程中的温度降时，应按热平衡法进行计算。

4 选用的保温材料的主要技术性能指标应符合下列规定：

1)介质工作温度为 450℃～650℃，导热系数不得大于 0.11W/(m·K)。

2)介质工作温度小于 450℃，导热系数不得大于 0.09W/(m·K)；导热系数应有随温度变化的导热系数方程或图表。

3)对于硬质保温材料密度不大于 220kg/m³，对于软质保温材料密度不大于 150kg/m³。

5 保温的结构设计应符合下列规定：

1)保温层外应有良好的保护层。保护层应能防水、阻燃，且其机械强度满足施工、运行要求。

2)采用硬质保温材料时，直管段和弯头处应留伸缩缝；对于高温管道垂直长度超过 2m～3m，应设紧箍承重环支撑件；对于中低温管道垂直长度超过 3m～5m，应设焊接承重环支撑件。

3)阀门和法兰等检修需拆的部件宜采用活动式保温结构。

19.0.6 发电厂的设备和管道的油漆、防腐设计应符合下列规定：

1 管道保护层外表面应用文字、箭头标出管内介质名称和流向。

2 对于不保温的设备和管道及其附件应涂刷防锈底漆两度、面漆两度，对于介质温度低于 120℃的设备和管道及其附件应涂刷防锈底漆两度。

19.0.7 发电厂宜设贮油箱和滤油设备，不设单独的油处理室。透平油和绝缘油的贮油箱的总容积，分别不应小于 1 台最大机组的系统透平油量和 1 台最大变压器的绝缘油量的 110%。

20 建筑与结构

20.1 一般规定

20.1.1 发电厂的建筑结构设计应全面贯彻"安全、适用、经济、美观"的方针。

20.1.2 建筑设计应根据生产流程、使用要求、自然条件、周围环境、建筑材料和建筑技术等因素，并结合工艺设计做好建筑物的平面布置、空间组合、建筑造型、色彩处理以及围护结构的选择；配合工艺解决建筑物内部交通、防火、防爆泄压、防水、防潮、防腐蚀、防噪声、防尘、防小动物、抗震、隔振、保温、隔热、节能、日照、采光、环保、自然通风和生活设施等问题。在进行造型、外观和内部处理时，应将建(构)筑物与工艺设备视为统一的整体考虑，并注重建(构)筑物群体与周围环境的协调。

20.1.3 发电厂内各建(构)筑物的防火设计必须符合现行国家标准《火力发电厂与变电站设计防火规范》GB 50229 及国家其他有关防火标准和规范的规定。

20.1.4 发电厂建(构)筑物的结构设计使用年限，除临时性结构外应为 50 年。

20.1.5 结构设计时，应根据结构破坏可能产生后果的严重性，采取不同的安全等级。高度 200m 及以上的烟囱、主厂房钢筋混凝土煤斗、钢筋混凝土悬吊锅炉炉架安全等级为一级，其余建(构)筑物均为二级。

20.1.6 厂区辅助、附属和生活建筑物的规模和面积应执行现行国家及行业标准的有关规定；贯彻节约用地原则，房屋宜采用多层建筑和联合建筑。

20.1.7 选择建筑材料时，宜考虑不同地区特点，因地制宜，使用可再循环利用的材料，建筑砌体材料不应使用国家和地方政府禁用的黏土制品。

20.1.8 结构设计必须在承载力、稳定、变形和耐久性等方面满足生产使用要求，同时尚应考虑施工及安装条件。对于混凝土结构，必要时应验算结构的裂缝宽度。承受动力荷载的结构，必要时应做动力计算。煤粉仓应做密封处理，并考虑防爆要求。

20.1.9 建(构)筑物变形缝的设计应符合下列规定：

1 建(构)筑物应根据体型、荷载、工程地质和抗震设防烈度，设置沉降缝或抗震缝。

2 主厂房纵向温度伸缩缝的最大间距，对现浇钢筋混凝结构，不宜超过 75m；对装配式钢筋混凝土结构，不宜超过 100m；对钢结构，不宜超过 150m。

3 变形缝不应破坏建筑物装修面层，其构造和材料应根据其部位与需要，分别采用防水、防火、保温和防腐蚀等措施。

4 当有充分根据，采取有效措施或经过温度应力计算能满足设计要求时，可适当增大温度伸缩缝的间距。

5 主厂房温度伸缩缝宜布置在两机组单元之间，宜采用双柱双屋架，伸缩缝处梁板及围护结构宜采用悬挑结构。

20.1.10 对位于海滨的电厂外露结构应采取防盐雾侵蚀措施。

20.2 抗震设计

20.2.1 发电厂的抗震设计应贯彻预防为主的方针，使建筑物经抗震设防后，能减轻建筑损坏，避免人员伤亡，减少经济损失。

20.2.2 抗震设防烈度为 6 度及以上的建筑物应做抗震设防。发电厂建(构)筑物抗震设防应按现行国家标准《建筑工程抗震设防分类标准》GB 50223、《电力设施抗震设计规范》GB 50260 的有关规定执行，并应符合下列规定：

1 特别重要的工矿企业的自备发电厂的主厂房主体结构、锅炉炉架、烟囱、烟道、运煤栈桥、碎煤机室与转运站、主控制楼(包括集中控制楼)、屋内配电装置楼、燃油和燃气机组电厂的燃料供应设施等按现行国家标准《建筑工程抗震设防分类标准》GB 50223 中的重点设防类(乙类)建筑进行抗震设防。

2 材料库、厂区围墙、自行车棚等次要建筑物，应按现行国家标准《建筑工程抗震设防分类标准》GB 50223 中的适度设防类(丁类)建筑进行抗震设防。

3 除第 1 款和第 2 款外的其他建筑物，应按现行国家标准《建筑工程抗震设防分类标准》GB 50223 中的标准设防类(丙类)建筑进行抗震设防。

20.3 主厂房结构

20.3.1 主厂房框(排)架宜采用钢筋混凝土结构，有条件时也可采用组合结构或钢结构。

20.3.2 汽机房屋面结构应选用有檩、无檩或板梁(屋架)合一的屋盖体系。对无檩体系的厂房，在施工条件及材料允许的情况下宜采用预应力大型屋面板；对有檩体系，宜采用小槽板或以压型钢板做底模的现浇钢筋混凝土层面板。

20.3.3 汽机房屋架跨度为 18m 及以下，宜采用钢筋混凝土屋架或预应力钢筋混凝土薄腹梁；当跨度大于 18m 时，宜采用钢屋架或实腹钢梁。

20.3.4 主厂房围护结构应与承重结构体系相适应，宜采用砌块，必要时亦可采用新型轻质墙板。

20.3.5 悬吊锅炉炉架宜采用独立式布置。炉架宜采用钢结构，也可采用钢筋混凝土结构。

20.3.6 汽轮发电机基础应按现行国家标准《动力机器基础设计规范》GB 50040 的有关规定进行设计。

20.4 地基与基础

20.4.1 地基与基础的设计应根据工程地质和岩土工程条件，结合发电厂各类建(构)筑物的使用要求，充分吸取地区的建筑经验，综合考虑结构类型、材料供应等因素，采用安全、经济、合理的地基基础形式。

20.4.2 主厂房地基设计应根据不同的工程地质条件，或厂房不同的结构单元，采用适合的地基形式和桩基持力层。

20.4.3 地基除做承载力计算外，尚应按现行国家标准《建筑地基基础设计规范》GB 50007 的有关规定对地基变形和稳定做必要验算。

20.4.4 当地基的承载力、变形或稳定不能满足设计要求时，应采用人工地基。重要建(构)筑物的地基处理应进行原体试验。当工程建设场地拟采用的地基处理方法具有成熟经验时，扩建工程可不进行原体试验。

20.4.5 厂房基础的选型宜采用独立基础，也可依次采用条形、筏板、箱形基础。

20.4.6 贮煤场、大面积负载区内及其邻近的建筑物，应根据地质条件考虑堆载的影响。当地基不能满足设计要求时，应进行处理。

20.4.7 主要建(构)筑物应设置沉降观测点。

20.4.8 在扩建设计中，应考虑扩建建(构)筑物对原有建(构)筑物的影响。

20.5 采光和自然通风

20.5.1 建筑物宜优先考虑天然采光，设计应符合下列规定：

1 建筑物室内天然采光照度应符合现行国家标准《建筑采光设计标准》GB/T 50033 的有关规定。

2 建筑物在满足采光要求的前提下减小采光口面积，其布置应不受设备遮挡的影响。

3 侧窗设计应考虑建筑节能和便于清洁，避免设置大面积玻璃窗。

20.5.2 汽轮机房宜采用侧窗和顶部混合采光方式，运转层采光等级可按Ⅴ级设计。

20.5.3 各类控制室应避免控制屏表面和操作台显示器屏幕面产生眩光及视线方向上形成的眩光。

20.5.4 发电厂建筑宜采用自然通风；墙上和楼层上的通风口应合理布置，避免气流短路和倒流，减少气流死角。

20.6 建筑热工及噪声控制

20.6.1 建筑热工设计应符合国家节约能源的方针，使设计与地区气候条件相适应，应注意建筑朝向，节约建筑采暖和空调能耗，改善并保证室内热环境质量。

20.6.2 厂区生活建筑物和人员集中的辅助和附属建筑物的热工设计应执行现行国家标准《民用建筑热工设计规范》GB 50176 的有关规定。严寒地区和寒冷地区还应执行现行行业标准《严寒和寒冷地区居住建筑节能设计标准》JGJ 26 的有关规定。

20.6.3 建筑设计应重视噪声控制，在布置上应使主要工作和生活场所避开强噪声源，对噪声源应采取吸声和隔声措施。在噪声控制设计中，应符合现行国家标准《工业企业噪声控制设计规范》GBJ 87 的有关规定。

20.7 防 排 水

20.7.1 主厂房有冲洗要求的地面应考虑有组织排水；除氧器层、煤仓层及有冲洗要求的楼面(包括运煤栈桥)、主厂房屋面(包括露天锅炉的炉顶结构和运转层平台)应防水并有组织排水。电气和控制设备间的顶板应有可靠的防排水措施。屋面工程的设计应符合现行国家标准《屋面工程技术规范》GB 50345 的有关规定。

20.7.2 所有室内沟道、隧道、地下室和地坑等应有妥善的排水设计和可靠的防排水设施。当不能保证自流排水时，应采用机械排水并防止倒灌。严禁将电缆沟和电缆隧道作为地面冲洗水和其他水的排水通路。

20.7.3 电气建筑物的屋面宜采用现浇钢筋混凝土结构(装配整体结构屋面需加整浇层)，应选用优质防水层和有组织排水。

20.8 室内外装修

20.8.1 建筑物室内外装修应符合下列规定：

1 建筑物的室内外墙面应根据使用和外观需要进行处理，内外墙表面宜耐污染、易清洗。

2 地面和楼面材料除工艺要求外，宜采用耐磨、易清洗的材料。

3 室内装修应符合现行国家标准《建筑内部装修设计防火规范》GB 50222 的有关规定。

20.8.2 有侵蚀性物质的房间，其内表面(包括室内外排放沟道的内表面)应采取防腐蚀措施。有可燃气体的房间，其内部构件布置应便于气体的排出。

20.9 门 和 窗

20.9.1 建筑物门的设计应符合下列规定：

1 厂房运输用门宜采用钢门。

2 大型设备出入口可采用电动大门(在大门上或附近宜设人行门)。在严寒和寒冷地区应选用保温与密闭性能好的门窗。

3 电气设备房间应采用非燃烧材料的门，门窗及墙上孔洞应有防止小动物进入的措施。

20.9.2 建筑物窗的设计应符合下列规定：

1 建筑物宜采用钢窗、塑钢窗或铝合金窗等，必要时可加设纱窗。

2 在人员经常活动的范围内宜设平开窗或推拉窗。

3 通风用高侧窗宜采用机械起闭装置。

4 建筑物设计应考虑窗扇维护和擦洗的便利。

20.9.3 有侵蚀性物质的房间门和窗应考虑耐腐蚀。

20.10 生 活 设 施

20.10.1 集中控制室、运煤、除灰等系统运行人员较集中的场所，应设有休息室、更衣室等生活设施。

20.10.2 厂区宜有集中的浴室。燃料分场应就近另设专用浴室。

20.10.3 主要生产建筑物的主要作业层和人员较集中的建筑物应考虑饮用水设施，并应设有厕所和清洁用的水池。

20.11 烟 囱

20.11.1 烟囱设计应符合现行国家标准《烟囱设计规范》GB 50051 及其他现行的烟囱设计标准的有关规定。

20.11.2 烟囱结构可采用单筒式或套筒式，其选型可视烟气腐蚀性的强弱、锅炉运行及环保等要求，结合烟气条件，应符合下列规定：

1 当排放强腐蚀性烟气时，应采用套筒式烟囱。

2 当排放中等腐蚀性烟气时，宜采用套筒式烟囱，也可采用防腐型单筒式烟囱。

3 当排放弱腐蚀性烟气时，可采用防腐型单筒式烟囱。

20.11.3 当采用套筒式烟囱时，外筒壁及排烟内筒间应考虑便于人员巡查、维修检修的条件。

20.11.4 烟囱的防腐材料应具有良好的耐酸、耐温、抗渗和密封等性能。

20.12 运煤构筑物

20.12.1 运煤栈桥可采用钢筋混凝土结构。当运煤栈桥跨度大于 24m 时，其纵向结构宜采用钢桁架。

20.12.2 运煤栈桥可根据气候条件采用封闭、半封闭或露天形式，当为封闭式时宜采用轻型围护结构。

20.12.3 干煤棚顶盖宜采用钢结构。

20.13 空冷凝汽器支承结构

20.13.1 空冷凝汽器支承结构平面布置应采用规则、对称的布置形式。

20.13.2 空冷凝汽器支承结构可采用钢筋混凝土框架结构、钢结构及钢桁架和钢筋混凝土管柱组成的混合结构。

20.13.3 主要承重钢结构构件应采取可靠的防腐措施。

20.14 活 荷 载

20.14.1 发电厂建(构)筑物的屋面、楼(地)面结构设计应考虑在生产使用、检修、施工安装时,由设备、管道、运输工具、材料堆放等重物所引起的荷载。

20.14.2 对无特殊要求的活荷载取值,可按表20.14.2采用。

20.14.3 汽机房、灰浆泵房、修配厂、检修间及引风机室等的吊车按照现行国家标准《起重机设计规范》GB/T 3811—2008中工作级别A1~A3取值,燃煤及除灰建筑的桥式抓斗吊车按工作级别A6、A7取值。

20.14.4 变电构架的设计除按工艺提供的导线、地线水平张力、垂直荷载、设备自重外,尚应计算检修、操作等其他活荷载。

表20.14.2 火力发电厂主厂房屋面、楼(地)面均布活荷载标准值及组合值、频遇值和准永久值系数

序号	名 称	标准值(kN/m²)	计算次梁、双T板及槽板主肋折减系数	计算主梁(柱)时折减系数	计算主框排架用楼(屋)面活荷载(kN/m²)	组合值系数	频遇值系数	准永久值系数	备注
一	汽机房								
1	0.000m								
	集中检修区域地面	15~20	—	—	—	—	—	—	—
	其他空闲地面及钢筋混凝土沟盖板①	10	—	—	—	0.7	0.7	0.5	—
	钢盖板(钢格栅板)	4	—	—	—	0.7	0.7	0.5	—
2	中间层平台								
	加热器平台管道层及低压加热器楼面	4	0.8	0.8	—	0.8	0.8	0.7	—
	汽轮发电机基座中间层平台	4	0.8	0.7	—	0.8	0.8	0.7	—
3	汽机房运转层								
	加热器平台区域楼板及固定端平台	6~8	0.8	0.7	—	0.7	0.7	0.5	—
	扩建端山墙悬挑走道平台	4	0.8	0.7	—	0.7	0.7	0.5	—
	汽轮发电机检修区域楼板及汽轮发电机基座平台	15~20	0.8	0.7		0.7	0.7	0.5	—
	A排柱悬臂平台②	4	1.0	—	4	0.75	0.7	0.6	—
	B排柱悬臂平台②	8	1.0	—	5~6	0.75	0.7	0.6	—
	钢盖板(钢格栅板)	4	—	—	—	0.7	0.7	0.5	—
4	汽机房屋面③	1	1	0.7	0.5~0.7	0.7	0.5	0.2	—
二	除氧间								
5	厂用配电装置楼面④	6(10)	0.7	—	3(6)	0.95	0.9	0.8	括号内取值仅用于高压(>380V)配电装置
6	通风层、电缆夹层楼面	4	0.8	—	3	0.95	0.9	0.7	—
7	运转层(管道层)楼面	6~8	0.8	—	5~6	0.9	0.9	0.7	—
8	其他(非运转层)管道层楼面	4	0.8	—	3	0.9	0.9	0.7	—
9	除氧器层楼面⑤	4	0.7	—	3~4	0.9	0.9	0.7	—
10	除氧间屋面	4(2)	0.7	—	3(1)	0.7	0.6	0.4	括号内数值用于该层无任何设备管道荷载,施工安装时仅有少量零星材料堆放时

续表 20.14.2

序号	名　　称	标准值(kN/m²)	计算次梁、双T板及槽板主肋折减系数	计算主梁(柱)时折减系数	计算主框排架用楼(屋)面活荷载(kN/m²)	组合值系数	频遇值系数	准永久值系数	备注
三	煤仓间								
11	0.000m 磨煤机地坪	15	—	—	—	—	—	—	—
12	运转层楼面	6	0.7	—	5	0.9	0.9	0.7	—
13	给粉机平台	4	0.7	—	3	0.9	0.9	0.7	—
14	煤斗层楼面	4	0.7	—	3	0.9	0.9	0.7	—
15	皮带层楼面	4	0.8	—	3	0.9	0.9	0.7	—
	皮带机头部传动装置楼面	10	0.7	—	6	0.9	0.9	0.7	—
16	煤仓间屋面	4(2)	0.7	—	3(1)	0.7	0.6	0.4	括号内数值用于该层无任何设备管道荷载，施工安装时仅有少量零星设备材料堆放时
17	除氧间煤仓间非运转层的各层悬臂平台	4	0.8	—	3	0.9	0.9	0.7	—
四	锅炉房								
18	0.000m 地坪及钢筋混凝土沟盖板①	10	—	—	—	0.7	0.7	0.5	—
19	运转层楼面	8	0.8	0.7	6	0.8	0.8	0.6	—
20	锅炉房屋面⑥	1	1.0	0.7	0.5～0.7	0.7	0.6	0.2	—
21	炉顶小室屋面⑥	1	1.0	0.8	—	0.7	0.6	0.0	—
五	其他								
22	集中控制室楼面	4	0.8	0.7	3	0.9	0.9	0.7	—
	继电器室蓄电池室楼面	6	0.8	0.7	4	0.9	0.9	0.7	—
	集中控制室屋面	1	1.0	0.7	0.7	0.7	0.6	0.2	当有机具、材料堆放时，按26项取值
23	电梯间机房楼面及联络平台	4	—	0.7	—	0.9	0.9	0.7	机房楼面荷载由厂家提供
24	除氧间、煤仓间钢筋混凝土楼梯(包括主钢楼梯)	4	—	—	—	0.7	0.7	0.5	当运行检修中有可能放置阀门等较重的零部件时，用大值
25	主厂房钢楼梯	2	—	—	—	0.7	0.6	0.5	—
26	可能安装机具和堆放保温材料的其他生产建筑物(含集控室)屋面	4	0.8	0.7	—	0.7	0.6	0.4	—

注：① 汽机房、锅炉房零米设备运行检修(风扇磨、钢球磨煤机等检修)通道部分的钢筋混凝土沟盖板及沟道(包括隧道)应按实际产生的集中(或均布)活荷载进行计算。安装时的临时重件设备运输起吊通道对地下设施产生的荷载，应采取临时措施解决；

② 不包括汽轮机横向布置时转子安装检修对平台产生的荷载。当需要将转子支承在平台上时，应由工艺提供荷载；当汽轮机纵向布置，需要在汽轮机运转层平台与A(B)排悬臂平台间搭设临时安装检修平台时作用于A(B)排板肋(或边梁)的荷载可按10kN/m²(包括平台自重)计算；

③ 表中汽机房、锅炉房屋面(包括炉顶小室屋面)活荷载仅适用于钢筋混凝土屋面；

④ 低压(≤380V)配电装置楼面荷载由工艺提供，对一般盘柜可按表列的6kN/m² 采用；

⑤ 当除氧器需在楼面上拖运时，其对楼(地)面产生的荷载应根据实际拖运方案，采取临时性措施解决；

⑥ 次梁(板主肋)折减系数与主梁(柱)折减系数不同时考虑。

21 采暖通风与空气调节

21.1 一般规定

21.1.1 采暖地区分为集中采暖地区和采暖过渡地区，集中采暖地区的生产厂房和辅助建筑物应设计集中采暖。采暖过渡地区根据生产工艺要求，或对生产过程中易发生冻结的厂房和辅助建筑设计采暖。集中采暖地区和采暖过渡地区划分原则应符合下列规定：

1 历年每年最冷月平均气温低于或等于5℃的日数，大于或等于90d的地区为集中采暖地区。

2 历年每年最冷月平均气温低于或等于5℃的日数，大于或等于60d，且小于90d的地区，为采暖过渡地区。

21.1.2 厂区以外的生活福利建筑物的采暖应符合当地建设标准。

21.1.3 发电厂的建筑物采暖热媒选择应符合下列规定：

1 集中采暖地区采暖热媒宜采用高温热水，供、回水温度不宜低于110℃/70℃，过渡地区可采用95℃/70℃。

2 严寒地区的主厂房、输煤系统如需要采用蒸汽作为热媒时，应经技术、经济、安全、卫生等方面的论证。蒸汽温度不超过160℃，凝结水必须回收利用。

21.1.4 空气调节系统的冷源和冷却水源应根据所在地区的条件、全厂可用冷却水源的水质及供水条件，通过技术经济比较确定。当工业水或工业循环水供水条件和水质符合要求，且水源能够保证连续供给时，应优先作为冷却水源。

21.1.5 在输送、贮存或生产过程中会产生易燃、易爆气体或物料的建筑物，严禁采用明火和电加热器采暖。

21.1.6 位于集中采暖地区的发电厂，当采用单台汽轮机的抽汽作为采暖系统热源时，应设备用汽源。

21.1.7 采暖、通风和空气调节室内设计参数应符合下列规定：

1 冬季采暖室内设计温度应根据工艺特点确定，并应符合现行国家标准《采暖通风与空气调节设计规范》GB 50019的有关规定。

2 夏季通风室内设计温度应根据工艺要求确定，当工艺无特殊要求时，应按室内散热强度确定作业地带温度。

3 空气调节室内设计温湿度基数应根据工艺要求确定。一般舒适性空调室内设计参数应符合现行国家标准《采暖通风与空气调节设计规范》GB 50019的有关规定。

21.1.8 通风和空气调节设计应根据现行国家标准《火力发电厂与变电站设计防火规范》GB 50229及国家其他防火规范的有关规定设置防火排烟措施，并与消防控制中心联动控制。

21.1.9 空气调节系统及装置的设置范围应根据工艺要求和生产实际需要确定。

21.1.10 对散热量和散湿量较大的车间，其作业地带的空气温度应符合表21.1.10的要求。

表 21.1.10 散热量和散湿量车间空气温度规定

序号	车间作业地带的特征	车间作业地带空气温度
1	散热量 $Q<23W/m^3$	不超过夏季通风室外计算温度3℃
2	$23W/m^3 \leqslant$ 散热量 $Q \leqslant 116W/m^3$	不超过夏季通风室外计算温度5℃
3	散热量 $Q>116W/m^3$	不超过夏季通风室外计算温度7℃

注：作业地带系指工作地点所在的地面以上2m内的空间。

21.1.11 电厂各类建筑及车间的通风设计原则应符合下列规定：

1 对余热和余湿量均较大的建筑和车间，通风量应按排除余热或余湿所需空气量中较大值确定。

2 对有可能放散有毒和有害气体的车间，应根据满足室内最高允许浓度所需的换气次数确定通风量，室内空气严禁再循环。有毒、有害气体的排放应符合现行有关国家标准的要求。

3 当周围环境空气较为恶劣或工艺设备有防尘要求时，宜采用正压通风，进风应过滤。

21.1.12 对有易燃、易爆气体产生的车间，应设事故通风。事故通风量按换气次数不小于12次/h计算，事故通风宜由正常通风系统和事故通风系统共同保证。

21.2 主 厂 房

21.2.1 主厂房采暖宜按维持室内温度+5℃计算围护结构热负荷，计算时不考虑设备、管道散热量。

21.2.2 在夏季，锅炉房的通风设计应利用锅炉送风机吸取锅炉房上部的热空气作为机械排风；在冬季，锅炉送风机室内的吸风量应根据热平衡计算确定。

21.2.3 主厂房的通风设计应符合下列规定：

1 主厂房宜采用自然通风方式。锅炉房及汽机房宜设避风天窗。

2 当利用除氧间高侧窗或其他排风措施，经技术经济比较合理时，汽机房可不设避风天窗。

3 当自然通风达不到卫生或生产要求时，应采用机械通风方式或自然与机械结合的通风方式。

21.2.4 紧身封闭的锅炉房应采用自然通风。

21.2.5 主厂房的通风换气量应符合下列规定：

1 汽机房应考虑同时排出余热量和余湿量。

2 锅炉房只考虑排出余热量。

3 主厂房余热量的确定可不考虑太阳辐射热。

21.2.6 主厂房内控制室应根据工艺要求及生产实际需要设置空气调节装置。

21.2.7 50MW级以上机组，锅炉房运转层、锅炉本体及顶部应设置真空清扫系统清扫积尘，该系统兼管煤仓间不宜水冲洗部位的积尘清扫，并应满足下列要求：

1 按高真空吸入式选择主要设备和配置输送管网。

2 应根据锅炉布置形式、锅炉容量、清扫装置布置条件以及除灰系统方式等因素，确定设置车载式或固定式真空清扫装置。

21.3 电气建筑与电气设备

21.3.1 主控制室、通信室、不停电电源室等应根据工艺对室内的温度、湿度要求，设置空气调节装置或降温措施。

21.3.2 集中控制室、电子设备间、电子计算机室、单元控制室等应按全年性空气调节系统设置，空气处理设备宜按设计冷负荷及风量的2×100%(或3×50%)配置，集中制冷、加热系统宜采用集中控制方式。其他控制室应根据工艺要求及生产实际需要设置空气调节装置。

21.3.3 蓄电池室的通风设计应符合下列规定：

1 蓄电池室应维持一定的负压，室内换气次数每小时不得小于3次，排风系统的排风口应设在房间的上部，空气不允许再循环。

2 对免维护蓄电池室，室内温度不宜高于30℃，当通风系统不能满足室内温度要求时，宜采取直流降温措施。

3 蓄电池室的通风机及电动机应为防爆式，并应直接连接。蓄电池室内的降温设施应为防爆式。

21.3.4 当主厂房电气设备间内设有高压开关柜或干式变压器等散热量较大的电气设备时，室内环境温度不宜高于35℃。当符合下列条件之一时，通风系统宜采取降温措施：

1 夏季通风室外计算温度大于或等于33℃。

2 夏季通风室外计算温度大于或等于30℃，且小于33℃，最热月月平均相对湿度大于或等于70%。

21.3.5 厂用变压器室的通风设计应符合下列规定：

1 油浸式变压器室的通风，按夏季排风温度不超过45℃，进风与排风的温度差不超过15℃计算。

2 干式变压器室的通风，按夏季排风温度不超过40℃计算。

21.3.6 厂用配电装置室的事故通风量应按每小时不应少于12次计算。

21.3.7 电抗器室的通风应按夏季排风温度不超过40℃计算。

21.3.8 电缆隧道的通风应按夏季排风温度不超过40℃，进风与排风的温度差不超过10℃计算。电缆隧道宜采用自然通风。

21.3.9 发电机出线小室布置有电压互感器、电流互感器、励磁盘及灭火电阻等设备时，宜采用自然通风。当小室内设有电抗器、隔离开关等设备时，应有自然进风和机械排风的设施，其通风量分别按本规范第21.3.7条确定。当出线小室设有硅整流装置时，宜采用自然进风、机械排风。当环境空气质量恶劣时，进风应过滤。

21.3.10 六氟化硫设备间及检修室，应设置上部和下部机械排风装置。室内空气严禁再循环。正常运行时的排风量，应按每小时不少于2次换气计算；事故时的排风量应按每小时不少于12次换气计算，并应符合室内空气中六氟化硫的含量不得超过6000mg/m³的要求。

21.3.11 电气建筑和电气设备间的通风、空调系统的防火排烟措施应视消防设施的性质确定。

21.4 运煤建筑

21.4.1 运煤建筑物的采暖应选用不易积尘的散热器。斜升运煤栈桥内的散热器宜布置在检修通道侧的下部。采暖过渡地区运煤建筑物内的运煤带式输送机头部及尾部可设置局部采暖。

21.4.2 碎煤机室及运煤转运站等局部扬尘点应采取除尘措施。

21.4.3 煤仓间胶带落煤口在工艺采取密封措施的基础上，宜设置除尘装置。

21.4.4 运煤系统的地下卸煤沟、运煤隧道、转运站等地下建筑物应有通风设施，宜采用自然进风、机械排风。通风量可按夏季换气次数每小时不小于15次、冬季换气次数每小时不小于5次计算。对于严寒地区冬季通风、除尘系统运行期间，应根据热、风平衡计算冬季通风耗热量，其补偿应符合下列规定：

1 宜通过采暖系统予以补偿。

2 允许室内温度低于16℃，但不得低于5℃。

21.4.5 运煤集中控制室应根据工艺要求及生产实际需要设置空气调节装置。

21.5 化学建筑

21.5.1 水处理室的电渗析室、反渗透间、过滤器及离子交换器间在夏季宜采用自然通风。在设计采暖和通风时，宜计入设备散热量。

21.5.2 酸库及酸计量间应设有换气次数每小时不小于15次的通风装置。室内空气严禁再循环。

21.5.3 碱库及碱计量间宜采用自然通风，当酸碱共库时，应按酸库要求设计通风。

21.5.4 化验室应设通风柜。化验室及药品贮存室应设有换气次数每小时不小于6次的通风换气装置。

21.5.5 加氯间及充氯瓶间应设有换气次数每小时不小于15次的机械排风装置。

21.5.6 氨、联氨仓库及加药品间应设有换气次数每小时不小于15次的机械排风装置。通风机及电动机应为防爆式，并应直接连接。

21.5.7 天平间、精密仪器室、热计量室等应根据工艺要求设置空气调节装置。

21.5.8 水处理车间的控制室应根据工艺要求及生产实际需要设置空气调节装置。

21.5.9 在有腐蚀性物质产生的房间内，采暖通风系统的设备、管道及附件应采取防腐措施。

21.5.10 对其他化学建筑应根据车间及排除气体的性质确定通风方式和通风量。

21.6 其他辅助及附属建筑

21.6.1 集中采暖地区，循环水泵房、岸边水泵房、污水泵房、燃油泵房、灰渣泵房、空压机房等如设有人员值班室，应保证室内温度不低于16℃，设备间设值班采暖。

21.6.2 循环水泵房或岸边水泵房，当水泵配用的电动机布置在地上部分时，宜采用自然通风；当水泵配用的电动机布置在地下部分时，应设有机械通风装置。

21.6.3 空压机房、灰渣泵房夏季宜采用自然通风，通风量按排除余热计算。冬季空压机由室内吸风时，应按吸风量进行热风补偿，室外计算参数应采用室外采暖计算温度。

21.6.4 油泵房的通风设计应符合下列规定：

1 当油泵房为地上建筑时，宜采用自然通风；油泵房为地下建筑时，应采用机械通风。

2 油泵房的通风量应采取下列三项计算结果的较大值：

1)按排除余热所需要的风量计算；

2)按换气次数每小时不小于10计算；

3)油泵房的通风量应符合空气中油气的含量不超过350mg/m³、体积浓度不超过0.2%的要求。

3 室内空气严禁再循环。

4 油泵房的通风机及电动机应为防爆式，并应直接连接。

21.7 厂区制冷、加热站及管网

21.7.1 凝汽式发电厂或只供生产用汽的热电厂，当厂区采暖热媒为热水时，应设置采暖热网加热器。

21.7.2 厂区加热站的设备容量和台数宜按本规范第13.9节的相关内容确定，并根据电厂规划容量确定预留条件。

21.7.3 厂区采暖热网加热器的凝结水可回收至除氧器或疏水箱。当凝结水不能自流回收时，应设凝结水泵。其台数不应少于2台，其中1台备用。

21.7.4 厂区采暖热网补给水及定压方式可采用开式膨胀水箱、直接补水、补给水泵或其他方式。定压点压力(定压点压力为直接连接用户中最高充水高度与供水温度相应汽化压力之和，并应有0.03MPa～0.05MPa的富裕压力)宜设在热网循环水泵吸入管段上，并应符合下列规定：

1 采用开式膨胀水箱定压时，开式膨胀水箱的设置高度应为定压点压力。膨胀水箱的容积宜根据系统的水容量、运行中最大水温变化值和系统的小时泄露量等因素确定。露天布置的膨胀水箱应有防冻措施。

2 当根据水压图可以确定补给水能够直接而可靠地补入热网时，可采用直接补水系统定压。

3 采用补给水泵定压时，补给水泵应设2台，其中1台备用，备用补给水泵应能自动投入。补给水泵的扬程应根据水压图决定。

21.7.5 热水采暖管网应采用双管闭式循环系统。蒸汽采暖管网宜采用开式系统，其凝结水必须回收利用。

21.7.6 采暖热网的主干管应通过采暖热负荷集中的地区。

21.7.7 厂区采暖热网管道的敷设方式应根据工程的具体情况，经技术经济比较选用架空、地沟或直埋敷设。

21.7.8 地沟内敷设的采暖供热管道的阀门及需要经常维修的附件处应设检查井。

21.7.9 集中采暖地区和过渡地区，当补给水水泵房、岸边水泵房或贮灰场管理站等远离厂区，且厂区供热管网不能供给时，其生产和生活建筑宜采用以电能作为热源的局部集中或分散供热方式，热源设备不设备用。

21.7.10 当空调系统冷源采用人工冷源时，制冷站宜与厂区采暖加热站合并设置。当因工艺需要独立设置集中制冷站时，应尽量靠近冷负荷较大的建筑。

21.7.11 全厂空调系统宜根据工程的具体情况统一规划冷源容量和布置冷水管网。

21.7.12 人工冷源的选择应符合下列规定：

1 在蒸汽汽源没有可靠保证的情况下，应采用电动压缩制冷。

2 在蒸汽汽源有可靠保证的情况下，可采用溴化锂吸收制冷。

21.7.13 制冷机组的选型应符合下列规定：

1 当采用压缩式冷水机组时，宜按设计冷负荷的2×75％或3×50％选型。

2 当选用溴化锂吸收式冷水机组时，宜按设计冷负荷的2×60％选型。

3 当采用其他形式的冷水机组或整体式空调机组时，应根据设计冷负荷合理设置备用容量。

21.7.14 制冷系统冷却水的水质应符合现行国家标准《工业循环冷却水处理设计规范》GB 50050及有关产品对水质的要求。

22 环境保护和水土保持

22.1 一般规定

22.1.1 发电厂的环境保护设计和水土保持设计必须贯彻执行国家和省、自治区、直辖市地方政府颁布的环境保护的法律、法规、政策、标准和规定。采取的污染治理措施应满足环境影响报告书、水土保持方案报告书及其批复意见的要求。

22.1.2 发电厂的环境保护设计，应采取措施防治废气、废水、固体废物及噪声对环境的污染和施工建设对生态的破坏。厂区应进行绿化规划，改善生产及生活环境。

22.1.3 发电厂设计中应贯彻国家产业政策和发展循环经济及节能减排的要求，采用清洁生产工艺，合理利用资源，减少污染物产生量，治理污染与资源综合利用相结合。

22.1.4 废水、废气、固体废物的处理应选用高效、实用、无毒、低毒的处理方案和药剂，处理过程中如产生二次污染，应采取相应的治理措施。

22.1.5 热电联产机组应符合当地经批准的供热总体规划的要求，并应符合国家对热电联产机组的有关要求。

22.1.6 对扩建、改建的发电厂，应“以新代老”，对原有的污染源进行治理，与环境保护设施有关的公用系统的设计应新老厂统一规划。

22.2 环境保护和水土保持设计要求

22.2.1 发电厂的设计在可行性研究阶段，应编制环境保护篇章并委托有资质单位编制环境影响报告书、水土保持方案报告书；在初步设计阶段，应根据环境影响报告书、水土保持方案报告书及其审批意见编制环境保护专篇和水土保持方案专篇，提出环境保护和水土保持的工程措施；在施工图设计阶段应落实各项环境保护措施和水土保持措施。

22.3 各类污染源治理原则

22.3.1 大气污染防治应符合下列规定：

1 发电厂排放的大气污染物应符合现行国家标准《火电厂大气污染物排放标准》GB 13223、《锅炉大气污染物排放标准》GB 13271的规定和污染物排放总量控制的要求。并应符合省、自治区、直辖市等地方政府颁发的有关排放标准的规定。

2 发电厂的锅炉必须装设高效除尘设施。其除尘效率及烟尘排放浓度应持续、稳定达到国家及地方标准要求。

3 除按规定可预留脱硫场地的火力发电厂外，其他发电厂设计应采取稳定、可靠的脱硫措施，二氧化硫排放量及排放浓度应符合国家及地方标准要求。二氧化硫排放总量应符合总量控制指标要求。脱硫设施的设计应符合国家有关设计规程、规范要求。

4 发电厂锅炉应采用低氮燃烧措施，并依据环境影响评价要求确定是否采取烟气脱硝措施，氮氧化物排放浓度应符合国家及地方标准要求。

5 发电厂宜采用高烟囱排放，烟囱高度应根据环境影响评价确定，并应高于锅炉(房)高度的2倍～2.5倍，当烟囱高度受到限制时，应采取合并烟囱、提高烟气抬升高度等措施。

6 燃料、灰渣、脱硫系统物料的制备、贮运应采取密闭、防尘措施，减少无组织排放，防止二次污染，灰场应采取措施防止扬尘污染。

22.3.2 废水治理应符合下列规定：

1 发电厂应做节约用水设计，提高水的循环利用率和重复利用率，采取合理生产工艺减少废水产生量，处理达标后的废水应尽量回收重复利用。

2 对外排放水质必须符合现行国家标准《污水综合排放标准》GB 8978和地方有关污水排放的要求。不符合排放标准的废污水不得排入自然水体或任意处置。

3 发电厂各生产作业场所排出的各种废水和污水，应按清污分流原则分类收集和输送，宜分散处理、达标集中排放。企业自备发电厂的生产废水和生活污水宜由企业的污水处理厂集中处理。

4 发电厂的废水、污水排放口应规范化设计，设置采样点及计量装置。

5 酸碱废水宜采用酸碱中和处理工艺；含油废水宜采用油水分离处理工艺；含煤污水宜采用絮凝沉降处理工艺；脱硫废水应有专门的处理设施，处理后全部回用；冲灰、渣水应优先考虑重复利用，不外排；生活污水宜采用生化处理装置处理；锅炉大修冲洗排水应根据清洗方案确定相应的处理方案；直流循环的温排水应根据地表水体的环境状况，合理设置排水口。

22.3.3 固体废物治理及综合利用应符合下列规定：

1 应积极开展固体废物综合利用工作，热电联产机组灰渣应全部综合利用，并设立事故备用灰场，灰场容量宜按6个月最大排灰渣量考虑。

2 发电厂宜采用干灰场，贮灰场设计应符合现行国家标准《一般工业固体废物贮存、处置场污染控制标准》GB 18599的有关规定。

3 固体废物运输路径应避免穿越居民集中区，并应对运输车辆采取相应的封闭措施。

22.3.4 噪声防治应符合下列规定：

1 发电厂噪声对周围环境的影响应符合现行国家标准《工业企业厂界环境噪声排放标准》GB 12348和《声环境质量标准》GB 3096的有关规定。

2 发电厂的噪声应首先从声源上进行控制，选择符合国家噪声控制标准的设备。对于声源上无法控制的生产噪声应采取有效的噪声控制措施，并考虑设置噪声防护距离。

3 应对发电厂的总平面布置、建筑物和绿化的隔声、消声、吸声等作用进行优化，以降低发电厂噪声影响。

4 对于环境敏感点噪声达标的非敏感区火力发电厂，在采取噪声控制措施后厂界噪声仍有超标现象时，在符合当地规划要求的前提下，可在厂界外设置噪声卫生防护距离。

22.4 环境管理和监测

22.4.1 总装机容量50MW及以上的发电厂应设环境监测站，并应配置必要的监测仪器；总装机容量小于50MW的发电厂可配置必要的监测仪器。

22.4.2 企业自备发电厂应由企业的环境监测站统一安排环境监测工作，不另设分站。

22.4.3 发电厂应装设烟气连续监测装置，连续监测各类大气污染物的排放状况，烟气连续监测装置设计应符合现行行业标准《固定污染源烟气排放连续监测技术规范》HJ/T 75 的有关规定。

22.4.4 发电厂各类排污口应按有关要求规范化设计。

22.5 水土保持

22.5.1 发电厂水土保持措施设计应符合现行国家标准《开发建设项目水土保持技术规范》GB 50433 的有关规定，水土保持设施应与主体工程同时设计、同时施工、同时投产使用。

22.5.2 发电厂应编制水土保持监测设计和实施计划，并应符合现行行业标准《水土保持监测技术规程》SL 277 和国家现行有关《开发建设项目水土保持监测设计与实施计划编制提纲》的要求。

23 劳动安全与职业卫生

23.1 一般规定

23.1.1 发电厂的设计应认真贯彻“安全第一、预防为主、防治结合”的方针，新建、改建、扩建工程的劳动安全和职业卫生设施必须与主体工程同时设计、同时施工、同时投入生产和使用。

23.1.2 劳动安全和职业卫生的工程设计必须执行国家有关法律、法规，并根据国家标准和行业标准落实在各项专业设计中。

23.1.3 发电厂应设置劳动安全基层监测站和安全卫生教育用室，并配备必要的仪器设备。

23.2 劳动安全

23.2.1 劳动安全设计应以安全预评价报告为依据，落实各项安全措施。

23.2.2 发电厂设计中应根据劳动安全的法律、法规、国家标准的有关规定对危险因素进行分析、对危险区域进行划分，并采取相应的防护措施。

23.2.3 发电厂的生产车间、作业场所、辅助建筑、附属建筑、生活建筑和易爆、易燃的危险场所以及地下建筑物应设计防火分区、防火隔断、防火间距、安全疏散和消防通道。

23.2.4 发电厂的安全疏散设施应有充足的照明和明显的疏散指示标志。有爆炸危险的设备(含有关电气设施、工艺系统)、厂房的工艺设计和土建设计必须按照不同类型的爆炸源和危险因素采取相应的防爆防护措施。

23.2.5 电气设备的布置应满足带电设备的安全防护距离要求，并应有必要的隔离防护措施和防止误操作措施；应设置防直击雷和安全接地等措施。

23.2.6 发电厂各车间转动机械的所有转动、传动部件，应设防护罩、安全距离、警告报警设施。工作场所的井、坑、孔、洞、平台或沟道等有坠落危险处，应设防护栏杆或盖板。烟囱、冷却塔等处的直爬梯必须设有护笼。

23.2.7 厂区道路设计应符合有关规程、规范的要求，合理组织车流，在危险地段设置警示标识，防止交通事故发生。

23.2.8 在厂区及作业场所对人员有危险、危害的地点、设备和设施之处，均应设置醒目的安全标志或安全色。安全标志的设置应符合现行国家标准《安全标志及其使用导则》GB 2894 的有关规定，安全色的设置应符合现行国家标准《安全色》GB 2893 的有关规定。

23.3 职业卫生

23.3.1 职业卫生设计应以职业病危害预评价报告为依据，落实各项防护措施。

23.3.2 发电厂设计应根据国家职业病防治的法律、法规和国家标准对危害因素进行分析，并采取相应的防护措施。

23.3.3 发电厂的设计应有防止粉尘飞扬的措施。卸、贮、运煤系统，锅炉系统、除灰系统等处应采取密闭运行、水力清扫、除尘等综合治理措施，工作场所空气中含尘浓度应符合国家现行有关工作场所有害因素职业接触限值的规定。

23.3.4 对贮存和产生有害气体或腐蚀性介质等场所及使用含有对身体有害物质的仪器和仪表设备，必须有相应的防毒及防化学伤害的安全防护设施，并应符合国家现行有关工业企业设计卫生标准及工作场所有害因素职业接触限值的有关规定。

23.3.5 在发电厂设计中，对生产过程和设备产生的噪声，应首先从声源上进行控制并采用隔声、消声、吸声、隔振等控制措施。噪声控制的设计应符合现行国家标准《工业企业噪声控制设计规范》GBJ 87 及其他有关标准、规范的规定。

23.3.6 发电厂的防暑、防寒及防潮设计应符合现行国家标准《采暖通风与空气调节设计规范》GB 50019 及国家现行有关工业企业设计卫生标准的规定。电厂运煤系统的地下卸煤沟、运煤隧道、地下转运站应设有防潮措施。

23.3.7 对于有可能产生工频电磁场的场所应考虑防工频电磁影响的措施。对于有放射性源的生产工艺或场所(探伤仪，料位计，X、Y 射线)应考虑防电离辐射措施。

23.3.8 有职业病危害的场所应设置醒目的警示标识，应注明产生职业病危害种类、后果、预防及应急救治措施等内容。警示标识的设置应符合国家现行有关工作场所职业病危害警示标识的有关规定。

24 消 防

24.0.1 发电厂的消防设计应符合现行国家标准《火力发电厂与变电站设计防火规范》GB 50229 的有关规定。

附录 A 水质全分析报告

工程名称　　　　　　　　　　化验编号
取水地点　　　　　　　　　　取水部位
取水时气温　　　℃　　　　　取水日期　　年　　月　　日
取水时水温　　　℃　　　　　分析日期　　年　　月　　日
水样种类

透明度				嗅味			
项目		mg/L	mmol/L	项目		mg/L	mmol/L
阳离子	$K^{+}+Na^{+}$			硬度	总硬度		
	Ca^{2+}				碳酸盐硬度		
	Mg^{2+}				非碳酸盐硬度		
	Fe^{2+}				负硬度		
	Fe^{3+}			酸碱度	全碱度		
	Al^{3+}				酚酞碱度		
	NH_4^{+}				甲基橙碱度		
	Ba^{2+}				酸度		
	Sr^{2+}				pH 值		
	Mn^{2+}			其他	氨氮		
	合计				游离 CO_2		
阴离子	Cl^{-}				COD_{Mn}		
	SO_4^{2-}				BOD_5		
	HCO_3^{-}				全固形物		
	CO_3^{2-}				溶解固形物		
	NO_3^{-}				悬浮物		
	NO_2^{-}				全硅(SiO_2)		
	活性硅(SiO_2)				非活性硅(SiO_2)		
	F^{-}				TOC		
	OH^{-}			中水、再生水增加测定项目	COD_{Cr}		
	合计				总磷		
离子分析误差					细菌总数		
溶解固体误差					游离氯		
pH 值分析误差							

注：水样采集参见《锅炉用水和冷却水分析方法：水样的采集方法》GB/T 6907 的规定。

化验单位：　　　负责人：　　　校核者：　　　化验者：

本规范用词说明

1 为便于在执行本规范条文时区别对待，对要求严格程度不同的用词说明如下：

1）表示很严格，非这样做不可的：

正面词采用"必须"，反面词采用"严禁"；

2）表示严格，在正常情况下均应这样做的：

正面词采用"应"，反面词采用"不应"或"不得"；

3）表示允许稍有选择，在条件许可时首先应这样做的：

正面词采用"宜"，反面词采用"不宜"；

4）表示有选择，在一定条件下可以这样做的，采用"可"。

2 条文中指明应按其他有关标准执行的写法为："应符合……的规定"或"应按……执行"。

引用标准名录

《建筑地基基础设计规范》GB 50007

《室外给水设计规范》GB 50013

《采暖通风与空气调节设计规范》GB 50019

《建筑采光设计标准》GB/T 50033

《建筑照明设计标准》GB 50034

《动力机器基础设计规范》GB 50040

《工业循环冷却水处理设计规范》GB 50050

《烟囱设计规范》GB 50051

《建筑物防雷设计规范》GB 50057

《爆炸和火灾危险环境电力装置设计规范》GB 50058

《3～110kV 高压配电装置设计规范》GB 50060

《电力装置的电测量仪表装置设计规范》GB/T 50063

《交流电气装置接地设计规范》GB 50065

《石油库设计规范》GB 50074

《工业循环水冷却设计规范》GB/T 50102

《民用建筑热工设计规范》GB 50176

《河港工程设计规范》GB 50192

《民用闭路监视电视系统工程技术规范》GB 50198

《电力工程电缆设计规范》GB 50217

《建筑内部装修设计防火规范》GB 50222

《建筑工程抗震设防分类标准》GB 50223

《火力发电厂与变电站设计防火规范》GB 50229

《电力设施抗震设计规范》GB 50260

《堤防工程设计规范》GB 50286

《综合布线系统工程设计规范》GB 50311

《屋面工程技术规范》GB 50345

《开发建设项目水土保持技术规范》GB 50433

《中小型同步电机励磁系统基本技术要求》GB 10585

《工业企业厂界环境噪声排放标准》GB 12348

《火电厂大气污染物排放标准》GB 13223

《锅炉大气污染物排放标准》GB 13271

《继电保护和安全自动装置技术规程》GB/T 14285

《高压架空线路和发电厂、变电所环境污区分级及外绝缘选择标准》GB/T 16434

《中国地震动参数区划图》GB 18306

《一般工业固体废物贮存、处置场污染控制标准》GB 18599

《取水定额》GB/T 18916

《城市污水再生利用　城市杂用水水质》GB/T 18920

《安全色》GB 2893

《安全标志及其使用导则》GB 2894

《声环境质量标准》GB 3096

《起重机设计规范》GB/T 3811

《地表水环境质量标准》GB 3838

《工业自动化仪表气源压力范围和质量》GB 4830

《生活饮用水卫生标准》GB 5749

《锅炉用水和冷却水分析方法：水样的采集方法》GB/T 6907

《隐极同步发电机技术要求》GB/T 7064

《同步电机励磁系统　定义》GB/T 7409.1

《同步电机励磁系统　电力系统研究用模型》GB/T 7409.2

《同步电机励磁系统　大、中型同步发电机励磁系统技术要求》GB/T 7409.3

《污水综合排放标准》GB 8978

《高压输变电设备的绝缘配合》GB 311.1

《绝缘配合　第 2 部分：高压输变电设备的绝缘配合使用导则》GB/T 311.2

《旋转电机　定额和性能》GB 755

《工业企业标准轨距铁路设计规范》GBJ 12

《厂矿道路设计规范》GBJ 22

《工业企业噪声控制设计规范》GBJ 87

《严寒和寒冷地区居住建筑节能设计标准》JGJ 26

《城市热力网设计规范》CJJ 34

《火力发电厂水汽化学监督导则》DL/T 561

《地区电网调度自动化设计技术规程》DL/T 5002

《电力系统调度自动化设计技术规程》DL/T 5003

《火力发电厂总图运输设计技术规程》DL/T 5032

《火力发电厂灰渣筑坝设计规范》DL/T 5045

《火力发电厂废水治理设计技术规程》DL/T 5046

《电能量计量系统设计技术规程》DL/T 5202

《火力发电厂煤和制粉系统防爆设计技术规程》DL/T 5203

《火力发电厂水汽分析方法　第 2 部分：水汽样品的采集》DL/T 502.2

《交流电气装置的过电压保护和绝缘配合》DL/T 620

《冷却塔塑料部件技术条件》DL/T 742

《海港总平面设计规范》JTJ 211

《水土保持监测技术规程》SL 277

《锅炉除氧器技术条件》JB/T 10325

《固定污染源烟气排放连续监测技术规范》HJ/T 75

中华人民共和国国家标准

小型火力发电厂设计规范

GB 50049—2011

条 文 说 明

修 订 说 明

《小型火力发电厂设计规范》GB 50049—2011，经住房和城乡建设部2010年12月24日以第881号公告批准发布。

本规范是在《小型火力发电厂设计规范》GB 50049—94的基础上修订而成，上一版的主编单位是河南省电力勘测设计院，参加单位是湖南省电力勘测设计院、山东省电力设计院、浙江省电力设计院，主要起草人员是孙怀祖、何语平、鞠冰玉、万广南、李彦、周义文、马瑞存、侯锦如、潘政、吴树逊、胡晓蔚、康永安、刘振球、张惠林、任岐山、买福安、张文琪、王宇新、孙富伟、马连诚、陈晓。

为便于广大设计、施工、安装、科研、学校等单位的有关人员在使用本规范时能正确理解和执行条文规定，编制组按章、节、条顺序编制了本规范的条文说明，对条文规定的目的、依据以及执行中需注意的有关事项进行了说明（还着重对强制性条文的强制性理由作了解释）。但是，本条文说明不具备与规范正文同等的法律效力，仅供使用者作为理解和把握规范规定的参考。

目　次

1　总则 ………………………………………… 1—4—52
2　术语 ………………………………………… 1—4—52
3　基本规定 …………………………………… 1—4—52
4　热（冷）电负荷 …………………………… 1—4—52
4.1　热（冷）负荷和热（冷）介质 ……… 1—4—52
4.2　电负荷 …………………………………… 1—4—53
5　厂址选择 …………………………………… 1—4—53
6　总体规划 …………………………………… 1—4—53
6.1　一般规定 ………………………………… 1—4—53
6.2　厂区内部规划 …………………………… 1—4—53
6.3　厂区外部规划 …………………………… 1—4—54
7　主厂房布置 ………………………………… 1—4—54
7.1　一般规定 ………………………………… 1—4—54
7.2　主厂房布置 ……………………………… 1—4—55
7.3　检修设施 ………………………………… 1—4—55
7.4　综合设施 ………………………………… 1—4—55
8　运煤系统 …………………………………… 1—4—55
8.1　一般规定 ………………………………… 1—4—55
8.2　卸煤设施及厂外运输 …………………… 1—4—55
8.3　带式输送机系统 ………………………… 1—4—56
8.4　贮煤场及其设备 ………………………… 1—4—56
8.5　筛、碎煤设备 …………………………… 1—4—56
8.6　石灰石贮存与制备 ……………………… 1—4—56
8.7　控制方式 ………………………………… 1—4—56
8.8　运煤辅助设施及附属建筑 ……………… 1—4—56
9　锅炉设备及系统 …………………………… 1—4—56
9.1　锅炉设备 ………………………………… 1—4—56
9.2　煤粉制备 ………………………………… 1—4—57
9.3　烟风系统 ………………………………… 1—4—57
9.4　点火及助燃油系统 ……………………… 1—4—57
9.5　锅炉辅助系统及其设备 ………………… 1—4—58
9.6　启动锅炉 ………………………………… 1—4—58
10　除灰渣系统 ………………………………… 1—4—58
10.1　一般规定 ……………………………… 1—4—58
10.2　水力除灰渣系统 ……………………… 1—4—58
10.3　机械除渣系统 ………………………… 1—4—59
10.4　干式除灰系统 ………………………… 1—4—59
10.5　灰渣外运系统 ………………………… 1—4—59
10.6　控制及检修设施 ……………………… 1—4—60
10.7　循环流化床锅炉除灰渣系统 ………… 1—4—60
11　脱硫系统 …………………………………… 1—4—60
12　脱硝系统 …………………………………… 1—4—61
13　汽轮机设备及系统 ………………………… 1—4—62
13.1　汽轮机设备 …………………………… 1—4—62
13.2　主蒸汽及供热蒸汽系统 ……………… 1—4—62
13.3　给水系统及给水泵 …………………… 1—4—62
13.4　除氧器及给水箱 ……………………… 1—4—62
13.5　凝结水系统及凝结水泵 ……………… 1—4—63
13.6　低压加热器疏水泵 …………………… 1—4—63
13.7　疏水扩容器、疏水箱、疏水泵与低位水箱、低位水泵 ……………………… 1—4—63
13.8　工业水系统 …………………………… 1—4—63
13.9　热网加热器及其系统 ………………… 1—4—63
13.10　减温减压装置 ………………………… 1—4—63
13.11　蒸汽热力网的凝结水回收设备 ……… 1—4—63
13.12　凝汽器及其辅助设施 ………………… 1—4—63
14　水处理设备及系统 ………………………… 1—4—63
14.1　水的预处理 …………………………… 1—4—63
14.2　水的预除盐 …………………………… 1—4—64
14.3　锅炉补给水处理 ……………………… 1—4—64
14.4　热力系统的化学加药和水汽取样 …… 1—4—64
14.5　冷却水处理 …………………………… 1—4—65
14.6　热网补给水及生产回水处理 ………… 1—4—65
14.7　药品贮存和溶液箱 …………………… 1—4—65
14.8　箱、槽、管道、阀门设计及其防腐 … 1—4—65
14.9　化验室及仪器 ………………………… 1—4—65
15　信息系统 …………………………………… 1—4—65
15.1　一般规定 ……………………………… 1—4—65
15.2　全厂信息系统的总体规划 …………… 1—4—65
15.3　管理信息系统（MIS） ……………… 1—4—65
16　仪表与控制 ………………………………… 1—4—65
16.1　一般规定 ……………………………… 1—4—65
16.2　控制方式及自动化水平 ……………… 1—4—65
16.3　控制室和电子设备间布置 …………… 1—4—66
16.4　测量与仪表 …………………………… 1—4—66

16.5 模拟量控制 …………………… 1—4—66
16.6 开关量控制及联锁 ……………… 1—4—66
16.7 报警 …………………………… 1—4—66
16.8 保护 …………………………… 1—4—66
16.9 控制系统 ……………………… 1—4—67
16.10 控制电源 ……………………… 1—4—67
16.11 电缆、仪表导管和就地设备布置 ………………………… 1—4—67
16.12 仪表与控制试验室 …………… 1—4—67
17 电气设备及系统 ……………… 1—4—67
17.1 发电机与主变压器 ……………… 1—4—67
17.2 电气主接线 ……………………… 1—4—68
17.3 交流厂用电系统 ………………… 1—4—68
17.4 高压配电装置 …………………… 1—4—69
17.5 直流电源系统及交流不间断电源 ………………………… 1—4—69
17.6 电气监测与控制 ………………… 1—4—69
17.7 电气测量仪表 …………………… 1—4—70
17.8 元件继电保护和安全自动装置 ………………………… 1—4—70
17.9 照明系统 ……………………… 1—4—70
17.10 电缆选择与敷设 ……………… 1—4—70
17.11 过电压保护与接地 …………… 1—4—70
17.12 电气试验室 …………………… 1—4—70
17.13 爆炸火灾危险环境的电气装置 ………………………… 1—4—70
17.14 厂内通信 ……………………… 1—4—70
17.15 系统保护 ……………………… 1—4—70
17.16 系统通信 ……………………… 1—4—70
17.17 系统远动 ……………………… 1—4—70
17.18 电能量计量 …………………… 1—4—70
18 水工设施及系统 ……………… 1—4—71
18.1 水源和水务管理 ………………… 1—4—71
18.2 供水系统 ……………………… 1—4—71
18.3 取水构筑物和水泵房 …………… 1—4—71
18.4 输配水管道及沟渠 ……………… 1—4—72
18.5 冷却设施 ……………………… 1—4—72
18.6 外部除灰渣系统及贮灰场 ……… 1—4—73
18.7 给水排水 ……………………… 1—4—73
18.8 水工建（构）筑物 ……………… 1—4—74
19 辅助及附属设施 ……………… 1—4—74
20 建筑与结构 …………………… 1—4—74
20.1 一般规定 ……………………… 1—4—74
20.2 抗震设计 ……………………… 1—4—75
20.3 主厂房结构 …………………… 1—4—75
20.4 地基与基础 …………………… 1—4—75
20.5 采光和自然通风 ………………… 1—4—75
20.6 建筑热工及噪声控制 …………… 1—4—75
20.7 防排水 ………………………… 1—4—75
20.8 室内外装修 …………………… 1—4—75
20.9 门和窗 ………………………… 1—4—75
20.10 生活设施 ……………………… 1—4—76
20.11 烟囱 …………………………… 1—4—76
20.12 运煤构筑物 …………………… 1—4—76
20.13 空冷凝汽器支承结构 ………… 1—4—76
20.14 活荷载 ………………………… 1—4—76
21 采暖通风与空气调节 ………… 1—4—76
21.1 一般规定 ……………………… 1—4—76
21.2 主厂房 ………………………… 1—4—76
21.3 电气建筑与电气设备 …………… 1—4—76
21.4 运煤建筑 ……………………… 1—4—77
21.5 化学建筑 ……………………… 1—4—77
21.6 其他辅助及附属建筑 …………… 1—4—77
21.7 厂区制冷、加热站及管网 ……… 1—4—77
22 环境保护和水土保持 ………… 1—4—77
22.1 一般规定 ……………………… 1—4—77
22.2 环境保护和水土保持设计要求 … 1—4—78
22.3 各类污染源治理原则 …………… 1—4—78
22.4 环境管理和监测 ………………… 1—4—78
22.5 水土保持 ……………………… 1—4—78
23 劳动安全与职业卫生 ………… 1—4—78
23.1 一般规定 ……………………… 1—4—78
23.2 劳动安全 ……………………… 1—4—79
23.3 职业卫生 ……………………… 1—4—79
24 消防 …………………………… 1—4—80

1 总 则

1.0.1 系原规范第1.0.1条的修改。

本条是本规范修编的目的，也是最基本要求的综合性条文。

1.0.2 系原规范第1.0.2条的修改。

本规范的适用范围与现行国家标准《大中型火力发电厂设计规范》GB 50660充分衔接，是由原规范的次高压参数提高到高温高压参数，单机容量由25MW提高到125MW以下的固体化石燃料的火力发电厂设计。

1.0.3 系原规范第1.0.12条的修改。

2 术 语

本章为新增章节。

按照国家标准，对本规范中出现的技术术语进行解释。

本规范中出现的术语，除本章规定外，均符合现行国家标准《电工术语》GB/T 2900和《电力工程基本术语标准》GB/T 50297的规定。

3 基本规定

本章为新增章节。

3.0.1 本条为新增条文。

3.0.2 本条为新增条文。

本条强调发电厂的设计应按照基本建设程序进行，避免违规重复建设带来的浪费。

3.0.3 系原规范第1.0.3条的修改。

本条增加了对有条件的地区宜优先建设热、电、冷三联供热电厂，利用热电厂供出的低压蒸汽或热水为热源，通过溴化锂吸收式制冷设备，向用户提供空调冷水。

3.0.4 系原规范第1.0.5条的修改。

本条对发电厂机组压力参数的选择进行了修订。

3.0.5 本条为新增条文。

3.0.6 系原规范第1.0.7条的修改。

3.0.7 本条为新增条文。

本条是对扩建和改建发电厂设计的总体要求。

3.0.8 系原规范第1.0.8条的修改。

本条是对企业自备发电厂设计的总体要求。

3.0.9 本条为新增条文。

本规范明确了主要工艺系统设计寿命按照30年设计，相应也明确了设计责任期限。

4 热(冷)电负荷

4.1 热(冷)负荷和热(冷)介质

4.1.1 系原规范第2.1.1条的修改。

本条强调了城镇地区热力规划是确定热电厂热负荷的主要基础资料之一。城镇地区热力规划是在普查和预测该地区近期、远期热负荷的种类和数量的基础上，充分考虑了工业用汽、民用采暖、生活热水和制冷等多种用热需求而制定的。作为热电厂的热负荷，应对规划热负荷进行调查和核实。

热负荷是建设热电联产项目的基础，热负荷的调查和核实是热电厂建设前期最重要的基础工作。热用户应提供可靠、切合实际的热负荷需求，建设单位应进行准确的热负荷统计，设计单位应负责对热负荷进行调查和核实。

热负荷的调查和核实一般由热力网设计单位负责，但热电厂的设计单位也应对热负荷进行复核。

4.1.2 系原规范第2.1.2条的修改。

热负荷既是确定热电厂建设规模和机组选型的重要依据，又是热电厂投产后机组能否稳定生产、取得预期经济效益的保证。

已投运的热电厂，凡是热用户实事求是地提供热负荷资料，设计热负荷切合实际，投产后热负荷就比较落实和稳定，热电厂确定的建设规模和机组选型就比较恰当，这样的热电厂都取得了满意的节能效果和经济效益。

4.1.3 系原规范第2.1.3条的修改。

一般蒸汽管网每1km压降为0.1MPa，温降约8℃～10℃。如果输送距离过远，蒸汽的压力和温度损失将增大，这就要求热电厂供热机组的背压或抽汽参数要提高，显然提高供汽参数运行是不经济的。一般在热电厂周围5km～6km以内的范围是蒸汽输送经济的距离，蒸汽管网输送距离不宜超过8km。若8km外有持续稳定的热用户，应做专项的技术方案论证，并宜计算主干管出现凝结水的最小流量不小于最小热负荷的要求。

热水管网每1km温降一般不到1℃。其输送距离主要取决于热网循环水泵的扬程、耗电量、管网的压力等级和造价等因素，一般不宜超过10km。当热电厂供水温度较高时，中途装设中继泵站，可输送到较远的距离，但最远不宜超过20km。

本条规定符合国家发展改革委、建设部2007年1月17日印发的《热电联产和煤矸石综合利用发电项目建设管理暂行规定》第15条的要求："以热水为供热介质的热电联产项目覆盖的供热半径一般按20km考虑，在10km范围内不重复规划建设此类热电项目；以蒸汽为供热介质的一般按8km考虑，在8km范围内不重复规划建设此类热电项目。"

4.1.4 系原规范第2.1.4条。

4.1.5 系原规范第2.1.5条的修改。

发展制冷热负荷可以填补热电厂夏季热负荷的低谷，提高供热机组的年设备利用率，提高热电厂全年的经济效益；另一方面又减少了用户制冷用电，缓解了社会上夏季用电紧张的局面，具有节能、节电的双重效益。

1 蒸汽、热水型溴化锂吸收式冷水机组的选择应根据用户端具备的热源种类和参数合理确定。各类机型所需的热源参数见表1。

表1 各类机型所需的热源参数

机 型	所需的热源种类和参数
蒸汽双效机组	饱和蒸汽(压力：0.25MPa、0.4MPa、0.6MPa、0.8MPa)
热水双效机组	热水(温度高于140℃)
蒸汽单效机组	工艺废汽(压力：0.1MPa)
热水单效机组	工艺废热水(温度85℃～140℃)

用户端利用热电厂夏季供汽的裕量，安装蒸汽双效溴化锂吸收式冷水机组，向用户提供空调冷水。住宅小区利用热电厂来的高温热水，在热力站安装热水双效溴化锂吸收式冷水机组，利用高温热水制冷，向居民提供空调冷水。

国内主要生产厂家提供的溴化锂吸收式冷水机组产品为双效机组，只要热源参数合适，应优先采用双效机组。

2 建筑物的制冷量按制冷量指标与建筑物的面积的乘积求得。制冷量指标可按现行行业标准《城镇供热管网设计规范》CJJ 34查得。

生产车间的空调制冷量应根据生产车间的工艺设备产生热量的多少、建筑物的容积和结构特性等因素具体计算。

建筑物或生产车间的制冷量也是随着制冷期间室外气温的变化而变化的，因此与采暖相同，制冷量也应考虑气象因素求出制冷期内的最大和平均制冷量。

根据上述计算出的制冷量，可按现行行业标准《城镇供热管网设计规范》CJJ 34 的规定最终计算出溴化锂吸收式制冷热负荷。

4.1.6～4.1.8 系原规范第 2.1.6 条～第 2.1.8 条。

4.1.9 系原规范第 2.1.9 条的修改。

用于供冷的介质通常为冷水，系新增内容。

4.1.10 系原规范第 2.1.10 条的修改。

用于供冷的冷水供、回水温度系根据现行国家标准《采暖通风与空气调节设计规范》GB 50019 的规定而确定的。按照溴化锂吸收式冷水机组蒸发温度的要求，空调冷水供水温度不得低于 5℃，一般采用 7℃。

4.1.11 系原规范第 2.1.11 条。

4.2 电 负 荷

4.2.1 系原规范第 2.2.1 条的修改。

电力负荷的调查、研究及分析是发电厂设计中的一项重要内容。电力负荷资料的内容及深度应满足发电厂接入系统设计的要求。远期是指设计年 5 年～10 年；近期是指工程投产年左右年份。

4.2.2 系原规范第 2.2.2 条。

应对发电厂直供负荷进行全面了解分析。

4.2.3 系原规范第 2.2.3 条。

通过电力平衡说明发电厂在所在地区和电力系统中的作用和地位，从而确定发电厂的供电范围和电厂接入系统电压等级。

5 厂址选择

5.0.1 系原规范第 2.3.1 条的修改。

本条增加了发电厂的厂址选址应符合土地利用规划，并增加了厂址综合论证和评价应在拟定的厂址初步方案的基础上的规定。

5.0.2 系原规范第 2.3.4 条的修改。

本条增加了直流供水的发电厂水源的布置要求。增加了取水口的布置要求。

5.0.3 系原规范第 2.3.9 条的修改。

本条增加了发电厂的厂址应充分考虑节约集约用地的要求。

5.0.4 系原规范第 2.3.6 条的修改。

本条增加了当厂址标高高于设计水位，但低于浪高时需采取的措施。

5.0.5 本条为新增条文。

本条增加了尽可能把主厂房及荷载较大的建(构)筑物布置在承载力较高的地段上的规定，采用天然基础可大大节省地基处理费用。

5.0.6 系原规范第 2.3.8 条的修改。

本条增加了抗震设防烈度可采用现行国家标准《中国地震动参数区划图》GB 18306 划分的地震基本烈度。

5.0.7 系原规范第 2.3.10 条的修改。

本条对原条文进行了归纳，简化了原条文的内容，对贮灰场的选择及布置提出了原则性的要求。

5.0.8 系原规范第 2.3.12 条的修改。

本条增加了规划出线走廊时需考虑的因素，主要包括几大方面：接入系统规划、电厂出线方案、周围环境等，同时增加了当高压输电线牵涉周围重要设施而无法避开时，为了增强线路的可靠性和保证周围重要设施的安全，两者间应有足够的防护间距。

5.0.9 系原规范第 2.3.13 条。

5.0.10 系原规范第 2.3.14 条的修改。

5.0.11 系原规范第 2.3.16 条。

5.0.12 本条为新增条文。

为使项目顺利批复，应取得相关部门的支持性文件，以确保项目在实施过程中不发生颠覆性因素。

6 总体规划

6.1 一般规定

6.1.1 本条为新增条文。

在发电厂的建设中，做好电厂的总体规划有着极其重要的意义。原规范中有局部的描述，但没有突出该部分的内容。本次修编中，单独作为一个章节，进行详细阐述。

6.1.2 本条为新增条文。

"十分珍惜和合理利用每寸土地，切实保护耕地"是我国的一项长期的基本国策，提出了节约集约用地的新概念。同时，通过积极采用新技术、新工艺和设计优化，在满足工艺要求、生产运行安全、稳定的前提下，经充分论证，应进一步压缩电厂用地规模。

6.1.3 系原规范第 2.3.3 条的修改。

根据设计经验和运行情况，详细列出了发电厂总体规划应符合的要求。

6.1.4 本条为新增条文。

考虑到发电厂环保要求的提高，综合厂区用地指标及场地利用指标的分析，将厂区绿地率提高至不大于 20%。考虑到脱硫电厂脱硫吸收剂贮存场主要堆放物为石灰石，其堆放场地亦属于粉尘飞扬区域，需要采取防尘措施或植树分隔。对于风沙较大地区的发电厂，在条件适宜情况下设厂外防护林带，对改造电厂小气候，改善水土环境和生产、生活条件有一定的作用。

6.1.5 系原规范第 3.1.7 条的修改。

发电厂的建筑物布置必须符合防火要求，文中不再详细列出主要生产和辅助生产及附属建(构)筑物在生产过程中的火灾危险性分类及其耐火等级表，而是直接按照现行国家标准《火力发电厂与变电站设计防火规范》GB 50229 的规定执行。

根据近年来的运行经验，新列了办公楼、食堂、招待所、值班宿舍、警卫传达室的耐火等级，以及脱硝用液氨和尿素贮存设施区的耐火等级。

6.2 厂区内部规划

6.2.1 系原规范第 3.1.1 条的修改。

结合厂区规划的特点，对内容进行有序的梳理，明确原则，确立中心，结合功能，因地制宜。

6.2.2 系原规范第 3.1.2 条的修改。

将原规范第 3.1.2.1 款～第 3.1.2.3 款并入，并新增液氨设施、供油、卸油泵房及其助燃油罐的布置要求，以及生产废水及生活污水经处理排放的要求。

采用直流供水时，为缩短循环水进、排水管沟，减少基建投资和节约能耗，主厂房宜布置在靠近水源处。增加了空冷机组的布置要求，排烟冷却塔和机械通风冷却塔的布置要求。

根据环保要求，电厂排水应体现清污分流原则，并考虑排水的复用。

6.2.3　系原规范第3.1.5条。

6.2.4　系原规范第3.1.6条的修改。

随着技术的革新，工艺流程的合理化，联合建筑的采用，检修公司的成立，厂区占地面积呈逐渐减小的趋势，布置越来越紧凑，用地越来越合理化，厂区面积越来越小。

6.2.5　系原规范第3.2.4条的修改。

根据近年来的实际运行经验，对各建筑物、构筑物之间的最小间距进行了调整。

6.2.6　系原规范第3.2.6条的修改。

本条对围墙高度及形式作了明确规定。

6.2.7　本条为新增条文。

本条对空冷设施提出了具体的布置原则和要求。

6.2.8　系原规范第3.3.4条和第3.3.5条的修改。

本条增加了发电厂铁路专用线的设计要求，应符合现行国家标准《工业企业标准轨距铁路设计规范》GBJ 12的规定，同时确定铁路专用线厂内配线的原则。

6.2.9　系原规范第3.3.6条的修改。

码头宜布置在循环水进水口的下游，码头与冷却水进、排水口之间的距离一般与河势、海流、设计船型等综合因素有关，可通过模型试验计算及论证确定。

6.2.10　本条为新增条文。

本条对发电厂厂内道路提出了设计要求。

6.2.11　系原规范第3.3.1条的修改。

本条对原规范的内容进行了有序的梳理、归纳，简明扼要地阐明了道路布置的原则。

6.2.12　系原规范第3.3.2.1款。

6.2.13　系原规范第3.3.2条的修改。

本条将原规范第3.3.2.2款和第3.3.2.4款合并，同时增加了建筑物引道的布置要求。

6.2.14　系原规范第3.4.1条的修改。

本条增加了厂区竖向布置应满足的要求及考虑的因素。

6.2.15　系原规范第3.4.6条的修改。

场地整平设计地面坡度不宜太大，否则会给生产工艺流程和运行管理带来诸多不便，如采用大面积的较缓的场地整平设计，将会造成土石方工程量过大。实践证明，在自然地形坡度为3%及以上时，采取阶梯式布置是合适的。

6.2.16　系原规范第3.4.3条的修改。

本条提出了厂区排水系统的设计，应考虑的因素及符合的要求。

6.2.17　系原规范第3.4.7条的修改。

生产建筑物的底层标高宜高出室外地面设计标高0.15m～0.30m，可防止因建筑物沉降而引起地面水倒灌入室的可能。在地质条件良好的少雨干燥地区，可采用下限值。同时增加了建筑物零米标高确定时需考虑的因素。

6.2.18　本条为新增条文。

本条增加了厂内管线布置的一般要求。

6.2.19　系原规范第3.5.1条的修改。

本条增加了管线布置应符合流程合理的基本要求，增加了管道发生故障时不致发生次生灾害的规定，并着重强调了电缆沟及电缆隧道的设计要求，以避免发生重大的事故。

6.2.20　系原规范第3.5.5条的修改。

本条增加了高压架空线与道路、铁路或其他管线交叉布置时，应按规定保持必要的安全净空要求，以消除安全隐患。

6.2.21　系原规范第3.5.4条的修改。

本条把原条文具体化，详细阐述了管线的敷设要求，增强了条文的指导性和可操作性。

6.2.22　系原规范第3.5.5条和第3.5.6条的修改。

根据这些年来实际运行和操作的经验，对地下管线与建筑物、构筑物之间的最小水平净距，地下管线之间的最小水平净距，地下管线与铁路、道路交叉的最小垂直净距，架空管线与建筑物、构筑物之间的最小水平净距、架空管线跨越道路的最小垂直净距进行了修正，以便更符合实际情况。

6.3　厂区外部规划

本节为新增章节。

6.3.1　本条为新增条文。

发电厂的厂外部分规划，主要是指厂区外一些设施的合理布置。厂区外的设施主要包括交通运输设施、水工设施、灰渣输送和处理设施，输电线路、供热管线、生活区和施工区等。厂区外部规划是在选定厂址并落实了各个主要工艺系统的基础上进行的，因此应在已定的厂址条件和工艺系统的基础上，根据发电厂的规划容量全面研究、统筹规划，以达到优化设计的目标。

6.3.2　本条为新增条文。

本条从运输的三种方式铁路、水路和公路进行了阐述，提出了一些基本的要求。

近年来，随着电厂运量的增加，电厂接轨站改造工程量也有较大幅度的提高，部分铁路部门运量规划偏差较大，导致站场规模亦偏大，设备、股道利用率低，强调接轨站的改、扩建要充分利用既有设施能力。

考虑到部分厂外专用道路有装卸检修设备及管道要求，因此推荐采用4m。连接生活区的道路宽度推荐采用7m是考虑到该道路要满足职工通勤安全需要，当长度较短时，尚考虑了自行车行驶条件。专用运灰道路及运煤进厂道路的标准应视运量、行车组织及运卸设备出力大小、车型条件等情况综合考虑确定。

6.3.3　本条为新增条文。

本条增加了厂外供排水设施规划的要求。

6.3.4　本条为新增条文。

发电厂的防排洪（涝）规划设计关系到长期运行的安全和满发，在工程设计中，必须引起高度重视。为了减少建设费用和用地，应充分利用既有防洪（涝）设施，同时宜根据自然条件和安全要求，适当选择泄洪沟（渠）、防洪围堤或结合厂区围墙修筑挡洪墙。

6.3.5　系原规范第2.3.10条的修改。

在原条文的基础上，增加了灰管线的布置要求；增加了采用不同运输方式运灰渣时需综合考虑的因素。

6.3.6　本条为新增条文。

目前一些电厂基建完成后，送电走廊成了制约企业生存和发展的瓶颈。随着城市的发展和人们环境意识的提高，城镇和工业规划区一般不允许架空电气线路走廊的布设，因此，在电厂规划过程中，需充分考虑这一因素。

6.3.7　系原规范第2.3.13条的修改。

6.3.8　本条为新增条文。

近年来，各个安装和施工单位积累了丰富的施工安装经验，采用新工艺、新技术，加强管理，施工场地的实际使用面积比原先的指标有了大幅度的降低；在回填地区，为节约土方，施工场地的标高可比厂区适当降低，采用台阶式布置等。

7　主厂房布置

7.1　一般规定

7.1.1　系原规范第4.1.1条。

7.1.2　系原规范第4.1.2条的修改。

本条增加了对特殊设备(脱硫、脱硝)要求符合防火、防爆、防腐、防冻、防毒等有关规定,预防发生设备损坏事故,保护人身安全。

7.1.3～7.1.5 系原规范第4.1.3条～第4.1.5条。

7.2 主厂房布置

7.2.1、7.2.2 系原规范第4.2.1条和第4.2.2条。

7.2.3 系原规范第4.2.3条的修改。

本条增加了除氧器层标高确定的原则和除氧器露天布置的规定。

本条增加了煤仓间给煤机层标高确定的原则。

为实现减员增效的目标,原煤仓的贮煤量也可按运煤两班制运行考虑。是否按运煤两班制运行来确定煤仓的设计容量,需通过技术经济比较确定,即对减少一班运煤运行人员所节约的费用与加大煤仓设计容量要增加的投资进行比较。本条增加了褐煤、低热值煤种的原煤仓贮煤量选择参考值。

7.2.4 本条为新增条文。

本条为强制性条文。因为50MW级及以上机组一般均为两机一控布置,且集控室位于除氧间的运转层,为了确保运行人员和机组的安全,除了对除氧设备本身及系统上采取必要的安全措施外,集控室顶板(除氧层楼板)必须采用整体现浇,并有可靠的防水措施。

7.2.5 系原规范第4.2.4条的修改。

主厂房的柱距通常是根据锅炉、磨煤机等主要设备的尺寸和布置来决定的。

7.2.6 系原规范第4.2.5条的修改。

本条增加了干式除尘设备灰斗应有防结露措施及锅炉岛式露天布置时送风机、一次风机的布置要求。

7.2.7 系原规范第4.2.8条的修改。

1 原煤仓采用圆筒仓钢结构形式,强度条件较好,钢材耗量较小,造价低。但圆筒仓空间利用率较低,可能将造成整个主厂房高度增高,相应又增加了造价。因此,原煤仓形式应根据主厂房布置的具体情况综合比较确定。

2 由于循环流化床锅炉燃用煤的颗粒较细,原煤仓出口段壁面与水平面的夹角不小于70°,符合现行行业标准《火力发电厂煤和制粉系统防爆设计技术规范》DL/T 5203的规定。

6 本款对单位粉仓容积所对应的防爆门面积(泄压比)未列出具体计算数值。防爆门的设置要求及泄压比数值应符合现行行业标准《火力发电厂煤和制粉系统防爆设计技术规程》DL/T 5203的规定。

7.2.8 系原规范第4.2.6条的修改。

汽轮机油为可燃物品,为了确保汽机房的生产安全,油系统的防火措施应按现行国家标准《火力发电厂与变电站设计防火规范》GB 50229的有关规定执行。

布置主油箱、冷油器、油泵等设备时,要远离高温管道,油系统尽量减少法兰连接,防止漏油。当油管道需与蒸汽管道交叉时,油管道可布置在蒸汽管道下面。如果避免不了,油管道在蒸汽管道的上方,则蒸汽管道保温外表面应采用镀锌铁皮遮盖,以防漏油滴落于热管上着火。

7.2.9 系原规范第4.2.7条的修改。

热网加热器可以放在主厂房外披屋内。

7.3 检修设施

7.3.1 系原规范第4.3.1条的修改。

对50MW级及以上机组,一般是两台机组设一个检修场,50MW级以下机组,可四台及以上机组合用一个检修场。

7.3.2 系原规范第4.3.2条的修改。

本条扩大了50MW级及以上机组的汽机房起重机的设置原则。

7.3.3～7.3.5 系原规范第4.3.3条～第4.3.5条的修改。

7.3.6 本条为新增条文。

电梯数量是根据锅炉的容量来确定的。130t/h循环流化床锅炉有40多米高,为方便运行人员的巡回检查和减轻检修工人工作强度,电厂要求增设客货两用电梯。本次修改增加了130t/h～220t/h级锅炉,每3台～4台锅炉宜设1台电梯;410t/h级锅炉每2台锅炉宜设1台电梯,具体根据布置情况,以经济合理为原则。

7.4 综合设施

7.4.1 系原规范第4.4.1条。

7.4.2 系原规范第4.4.2条的修改。

原规范已规定了主厂房零米层和运转层的纵向通道及其宽度要求。据调查,电厂认为这是运行维护和检修所需要的。汽机房B列纵向通道宽度随机组容量增大可加大到1.5m。锅炉房炉前底层通道,为满足检修需要,其宽度宜为2.0m～4.5m,后者用于410t/h级及以上锅炉,是考虑机动车辆通行的需要。

7.4.3、7.4.4 系原规范第4.4.3条和第4.4.4条。

7.4.5 系原规范第4.4.5条的修改。

由于汽轮机油系统事故排油也布置在汽机房外,为节省投资,条文明确两个合并,容量按其排油量大的考虑。据了解,工程设计中大多数事故贮油池设计容量按主变压器内贮存的油量与汽轮机油系统贮存油量的大者考虑。

7.4.6 本条为新增条文。

本条文对集控室的布置提出了原则性要求。据调研,目前投运的热电厂,其热工控制系统均采用DCS(分散控制系统),一般皆为一期工程(三炉两机)设一个集控室。

7.4.7 本条为新增条文。

本条为强制性条文。集控室内是运行人员集中的地方,集控室和电子设备间是机组运行的控制中心,为了保障运行人员的生命安全和机组安全,集控室和电子设备间严禁穿行汽、水、油、煤粉等工艺管道。

8 运煤系统

8.1 一般规定

8.1.1 系原规范第5.1.1条的修改。

在保证安全可靠的前提下,输煤系统宜按分期建设考虑,以节省投资。若根据建厂条件经过技术经济综合比较后一次建成更合理,也可考虑一次建成。

8.1.2 本条为新增条文。

扩建发电厂的运煤系统设计时,应注意结合老厂现有生产系统和布置特点,统筹安排,尽量利用原有的附属生产建筑物,要充分考虑拆迁费用及施工过渡问题。

8.1.3 系原规范第5.3.1.1款的修改。

8.1.4 系原规范第5.1.5条的修改。

8.1.5 系原规范第5.1.4条的修改。

8.2 卸煤设施及厂外运输

8.2.1 系原规范第5.2.2条的修改。

8.2.2 本条为新增条文。

8.2.3 系原规范第5.2.3条的修改。

8.2.4 系原规范第5.2.4条的修改。

从综合经济效益和社会效益来考虑,地方运输公司承运优于自己营运，利用社会运力可降低发电厂的建设投资和减少运行维护费用。自备运煤汽车的选型及计算可参见现行行业标准《火力发电厂运煤设计技术规程 第1部分：运煤系统》DL/T 5187.1—2004的附录D。

8.2.5 本条为新增条文。

8.2.6 系原规范第5.2.5条的修改。

建在矿区的发电厂，一般多见的运输方式是：汽车运煤、带式输送机运煤、自卸式底开车运煤。

8.3 带式输送机系统

8.3.1 系原规范第5.3.2条的修改。

8.3.2 系原规范第5.3.3条。

8.3.3 系原规范第5.3.4条的修改。

第2款系原规范第5.3.4.2款的修改。

运煤栈桥及地下隧道的通道尺寸设计应考虑电缆布置和行走安全。因本规范修订后适用的机组容量范围扩大，增加了带宽800mm以上的运煤栈桥的净高要求。

8.4 贮煤场及其设备

8.4.1 系原规范第5.4.1条的修改。

1 系原规范第5.4.1.1款的修改。

据调查，经过国家铁路干线的发电厂，依建厂条件不同，贮煤场设计容量一般为全厂15d～30d的耗煤量，均能满足要求。对于铁路来煤的发电厂，因受气象条件等客观因素影响，来煤连续中断天数一般不超过7d，而春节期间来煤不稳定持续时间约为15d，平时则基本能按计划来煤。

2 系原规范第5.4.1.2款和第5.4.1.3款的修改。

3 系原规范第5.4.1.4款的修改。

水路来煤的发电厂，受气象条件影响较大（如大雾、寒潮、冰冻、台风等），影响来煤受阻的内河航运为3d～5d，海运为5d～10d。故贮煤场设计容量不应小于全厂15d的耗煤量。

8.4.2 系原规范第5.4.2条的修改。

多数中小型发电厂的干煤棚容量均在4d～8d以上，故将干煤棚容量的下线确定为4d，而南方中小型发电厂的干煤棚容量均在5d以上。尤其是南方小窑煤，颗粒细、粉末多，遇水时黏性大，煤中含有泥质，下雨后不易干燥，脱水时间长。因此，个别地区结合气象条件，可适当增大干煤棚贮量。

本条文补充了采用循环流化床锅炉的发电厂应设置干煤棚的要求。

8.4.3 系原规范第5.4.3条的修改。

8.4.4～8.4.6 系新增条文。

8.5 筛、碎煤设备

8.5.1 系原规范第5.5.1条。

8.5.2 系原规范第5.5.2条的修改。

8.5.3 系原规范第5.5.3条的修改。

一般情况下循环流化床炉的入炉煤粒度不宜大于10mm，但也有特殊情况，如云南省的几个燃用褐煤的循环流化床电厂，入炉煤粒度大于10mm。由于褐煤的热碎性比较强，粗颗粒进入炉内受热后爆裂成很细的颗粒，大部分小于设计粒径，引起旋风分离器效率降低，造成大量物料损失，床压随着运行时间的推移而逐渐降低。云南省的几个燃用褐煤的循环流化床电厂取消了输煤系统的二级笼式细碎机，只用一级环锤式破碎机，使进入炉内的燃煤粒径由6mm提高到30mm左右。

8.5.4 本条为新增条文。

循环流化床锅炉的燃烧过程是：当以特定燃料颗粒特性曲线来分布的燃料进入炉膛后，被流化风流化，较粗的颗粒在下部，细小颗粒悬浮到中部，微小颗粒被烟气带到上部，各粒径的燃料在炉膛的上、中、下部燃烧放热。微小及较细的颗粒在逐渐上升的过程中燃尽，未燃尽的颗粒随烟气进入分离器，分离器分离下来后又被送入炉膛继续燃烧，直到燃尽。由此可知，循环流化床锅炉的燃烧特性决定了避免入炉燃料的过细和过粗是保证锅炉稳定燃烧的两个必要条件。

已投产的循环流化床锅炉燃料的制备破碎系统较多采用的是两级破碎设备串联的形式。若原煤没有经过筛分就进行破碎，当来煤粒度较小时存在严重的过破碎现象，且粉尘量大大增加，使得运行环境十分恶劣。细碎机进口处大多没有设计筛子的原因是循环流化床锅炉应用初期，细煤筛的研究和制造也处在起步阶段，细筛子的设计原理不够合理，质量有待提高，当来煤黏性较高，水分较大时易堵塞筛孔。

在一级粗破碎机前设滚轴筛，这样既可以降低粗破碎机的出力，减少锤头磨损，也可以减少因系统来煤经粗破碎机初破后造成的部分过破碎问题。

在细碎机前设细煤筛，可以有效起到防止燃料的过破碎问题，极大改善细碎机的运行工况，降低细碎机堵煤的几率。鉴于目前国产细煤筛的运行情况还不尽如人意，若设有细煤筛，建议不降低细碎机的出力。

8.5.5 系原规范第5.5.4条的修改。

8.6 石灰石贮存与制备

本节为新增循环流化床锅炉的石灰石贮存与制备的条文。

8.7 控制方式

8.7.1、8.7.2 系新增条文。

增加了运煤系统的电气联锁、信号及控制方式的有关内容。

8.8 运煤辅助设施及附属建筑

8.8.1、8.8.2 系原规范第5.6.1条和第5.6.2条的修改。

8.8.3～8.8.6 系原规范第5.6.4条～第5.6.7条的修改。

9 锅炉设备及系统

9.1 锅炉设备

9.1.1 系原规范第6.1.1条的修改。

循环流化床（CFB）锅炉对燃料适应性广，燃烧效率高、污染物排放少，属于洁净煤燃烧技术，可通过炉内添加石灰石等比较简单、投资较少的方式脱硫，同时NO_x的排放很低，因此，小型机组（锅炉容量为220t/h级及以下）宜优先选用。

我国电站循环流化床锅炉技术发展很快，截至目前，国产引进型和国产型135MW～300MW机组的CFB锅炉已有多台运行业绩，但实际应用水平参差不齐，主要反映在炉内水冷壁、受热面、耐火浇注料等磨损严重，返料阀、排渣系统等不畅，分离器效率不高、飞灰可燃物含量偏高，风机电机功率大、厂用电高等问题，造成锅炉强迫停机率不能达到设计要求。

煤粉炉技术成熟，运行可靠性高。因此，对于410t/h级及以上的锅炉，特别是热负荷性质要求电厂可靠性较高时，宜优先选用煤粉炉。

为了减少锅炉的备品备件和方便运行、维修、管理，电厂内同容量的锅炉机组宜采用同型设备。

在非严寒地区（累年最冷月平均温度高于-10℃），锅炉宜采用露天或半露天布置。在严寒或风沙大的地区，应根据设备特点及工程具体情况采用屋内式或紧身罩封闭布置。

露天布置是指锅炉本体仅设置炉顶罩壳及汽包小室，或锅炉本体不设置炉顶罩壳而设置炉顶盖及汽包小室的布置。炉顶盖是指锅炉顶上设置的雨棚(或雨披),它只是顶部加盖,而不是四周封闭的炉顶小室。对于锅炉运转层以下部分不论封闭与否,只要其余部分符合上述条件的,均可认为是露天布置。

半露天布置是指锅炉炉顶上部及四周设有轻型围护结构的炉顶小室(包括汽包小室)。对燃烧器及其以下部分采用全封闭或炉前采用封闭(不论是高封还是低封)而锅炉尾部敞开的锅炉房,均可认为是半露天布置。

南方雨水较多的地区,即年平均降雨量在 1200mm 以上地区,即使在炉顶设置了炉顶盖,但还不能完全解决雨水浸入炉顶部分的受热面时,可采用半露天布置。另外,对累积年最冷月平均气温接近－10℃地区,在冬季炉顶检修或运行条件不太恶劣时,亦可采用半露天布置。

锅炉露天或半露天布置不仅能节约投资,还可缩短建设周期,改善锅炉卫生条件,随着锅炉制造水平的提高,防护措施的逐步完善,露天和半露天锅炉得到了广泛的应用。

9.1.2 系原规范第 6.1.2 条的修改。

热电厂要结合热力规划、近期和远期热负荷以及季节性变化或昼夜峰谷差,合理配置锅炉的容量和台数。不同容量锅炉机组的搭配可以提高锅炉机组运行的灵活性和经济性。

热电厂在选择锅炉容量时,应核算在最小热负荷工况下,汽轮机进汽量不得低于锅炉不投油最低稳燃负荷。以免锅炉为了满足汽轮机需要,长期低负荷投油助燃,影响经济性。

9.1.3 系原规范第 6.1.3 条的修改。

为了避免锅炉故障停运无法保障供热,故热电厂一期工程在无其他热源的情况下,不宜仅设置单台锅炉。

9.1.4 系原规范第 6.1.4 条。

9.1.5 系原规范第 6.1.5 条的修改。

在主蒸汽管道采用母管制系统的发电厂中,当装机台数较多时,可能会出现锅炉总的额定蒸发量多于汽轮机最大工况所需蒸汽量很多,此时,扩建机组锅炉容量的选择应连同原有锅炉容量统一计算。

9.1.6 系原规范第 6.1.6 条。

9.2 煤粉制备

9.2.1 系原规范第 6.2.1 条的修改。

磨煤机选型主要依据现行行业标准《电站磨煤机及制粉系统选型导则》DL/T 466 的规定。

双进双出钢球磨煤机具有煤种适应范围广,煤粉较细,煤粉均匀性好,无石子煤排放、负荷调节能力强等优点,同时可以用于正压运行,具有直吹式制粉系统的特点,运行较灵活,可以双进双出、单进单出、单进双出等状态运行。

目前,引进技术国产双进双出钢球磨煤机产品已相当成熟,拥有大量制造和运行业绩,国产化程度也越来越高,仅个别部件或材料需要进口,设备价格也比初期下降较多,因此,适宜采用钢球磨煤机的煤种,当技术经济比较合理时,也可选用双进双出钢球磨煤机。

9.2.2 系原规范第 6.2.2 条的修改。

制粉系统选型主要依据现行行业标准《电站磨煤机及制粉系统选型导则》DL/T 466 的规定。

9.2.3 系原规范第 6.2.3 条的修改。

本条增加了 220t/h～410t/h 级锅炉磨煤机台数和出力的选择要求。

9.2.4 系原规范第 6.2.4 条的修改。

本条增加了双进双出钢球磨煤机的给煤机选择要求。

9.2.5 本条为新增条文。

本条提出了循环流化床锅炉的给煤机选择要求。

9.2.6 系原规范第 6.2.5 条。

9.2.7 系原规范第 6.2.6 条的修改。

本条对原条文进行了补充,第 1 款中“具备布置条件”是指输粉机能够水平布置且输送距离不宜过长。

9.2.8 系原规范第 6.2.7 条的修改。

由于目前基本上不推荐采用负压直吹式系统,故取消了原规范中“对直吹式制粉系统的排粉机,应采用耐磨风机”的规定。

9.2.9 系原规范第 6.2.8 条的修改。

本条增加了对双进双出钢球磨煤机正压直吹式制粉系统也应设置密封风机的要求。另外,对密封风机风量和压头裕量仅规定了下限。

9.2.10 系原规范第 6.2.9 条的修改。

9.2.11 本条为新增条文。

主要针对 410t/h 级煤粉锅炉,如采用三分仓空气预热器时,提出了一次风机的选择要求。

9.3 烟风系统

9.3.1、9.3.2 系原规范第 6.3.1 条和第 6.3.2 条的修改。

本条增加了 220t/h～410t/h 级锅炉送风机、引风机的选择要求。

其中“调速风机”主要是指采用高/低压变频、磁联耦合器、液力耦合器等节能调速方式的离心风机。

我国离心式风机的制造水平和运行可靠性已达到了较高的水平,因此推荐中等容量锅炉设置送风机、引风机的台数可选每炉各 2 台,也可选每炉各 1 台。

9.3.3 本条为新增条文。

本条提出了循环流化床锅炉一、二次风机的选择要求,其他说明同第 9.3.1 条和第 9.3.2 条。

9.3.4 本条为新增条文。

本条提出了循环流化床锅炉高压流化风机的选择要求。

9.3.5 本条为新增条文。

本条提出了安全监控保护系统冷却风机的选择要求。

9.3.6 系原规范第 6.3.3 条的修改。

本条提出了除尘设备的选择要求。

由于电袋除尘器、袋式除尘器除尘效率很高,烟尘排放浓度能够保证在 50mg/m³(标准状态)以下,目前在国内电厂应用已比较广泛,随着安装、运行和维护经验的逐渐积累,滤料的运行寿命逐步提高,滤料成本逐步下降,小型火电机组宜优先选用电袋除尘器和袋式除尘器。

9.3.7 系原规范第 6.3.4 条。

9.3.8 本条为新增条文。

本条提出了烟囱的选择要求。

9.4 点火及助燃油系统

9.4.1 系原规范第 6.4.1 条的修改。

目前等离子点火等各类节油点火方式在大中型煤粉锅炉上应用已十分广泛,经济效益显著,在技术经济比较合理时,应针对燃用煤种情况,优先选用节油点火方式。

9.4.2 系原规范第 6.4.2 条的修改。

根据建设部 2002 年 10 月 14 日批准的中国建筑标准设计研究所出版的《拱顶油罐图集》02R112 中所列,油罐公称容积可按 40m³～60m³、100m³、200m³、300m³、400m³、500m³ 的系列等级选用。

采用节油点火方式的煤粉炉,点火用油量相比常规点火方式的锅炉能够节约 70%～90%以上,其主要燃油量消耗为低负荷助燃用油,月平均油耗相比常规点火方式要少,因此油罐容量也可同比减小 1 个～2 个等级。

循环流化床锅炉基本上不需要低负荷投油助燃,主要是在启动点火加热床料时需要用油,相比常规煤粉炉其月平均油耗要少,因此油罐容量可同比减小1个～2个等级。

9.4.3 系原规范第6.4.3条的修改。

本条对原条文进行了补充修改，增加了铁路和水路运输的要求。

9.4.4 本条为新增条文。

本条对卸油方式应根据油质特性、输送方式和油罐情况等经技术经济比较后确定，并提出了卸油泵的选择要求。

9.4.5 系原规范第6.4.4条的修改。

本条对原条文进行了补充修改，提出了供油泵的选择要求。

9.4.6 系原规范第6.4.5条的修改。

本条对原条文进行了补充修改，提出了燃油泵房的设计要求。

9.4.7 系原规范第6.4.6条的修改。

本条对原条文进行了补充修改，提出了燃油泵房至锅炉房供、回油管道的设计要求。

9.4.8 本条为新增条文。

9.4.9 本条为新增条文。

本条提出了油系统设计还应符合现行国家标准《石油库设计规范》GB 50074、《爆炸和火灾危险环境电力装置设计规范》GB 50058和《火力发电厂与变电站设计防火规范》GB 50229的有关规定。

9.4.10 系原规范第6.4.7条的修改。

本条符合现行国家标准《石油库设计规范》GB 50074和《火力发电厂与变电站设计防火规范》GB 50229的规定。

9.5 锅炉辅助系统及其设备

9.5.1 系原规范第6.5.1条的修改。

本条增加了高压锅炉排污系统的选择要求。

9.5.2 本条为新增条文。

本条提出了锅炉向空排汽噪声防治的具体要求。

9.5.3 本条为新增条文。

本条提出了为防止空气预热器低温腐蚀和堵灰，按实际需要情况设置空气预热器入口空气加热系统的要求。

9.6 启动锅炉

9.6.1～9.6.3 系新增条文。

对电厂设置的启动锅炉及其系统提出了设计和选择的要求。130t/h级及以下容量锅炉一般不设启动锅炉。

10 除灰渣系统

10.1 一般规定

10.1.1 系原规范第7.1.1条的修改。

本条补充了锅炉形式、总平面布置、交通运输等条件，此外还强调了环保及节能、节约资源的要求。

10.1.2 系原规范第7.1.2条的修改。

粉煤灰(渣)是可以利用的资源。对于有粉煤灰综合利用条件的发电厂，按照干湿分排、粗细分排和灰渣分排的原则，设计粉煤灰的输送贮运系统，为灰渣的综合利用提供条件。

10.1.3 本条为新增条文。

为确保发电厂的安全运行，除按灰渣综合利用要求设置灰渣输送系统外，尚应有能力将全部或部分灰渣输送至贮灰场的设施，其裕度视具体情况而定。

对于确保灰渣能够全部综合利用，即便出现短时期停顿也有足够的库容安全贮存灰渣的电厂，可以不设贮灰场。

10.2 水力除灰渣系统

10.2.1 本条为新增条文。

各种水力除灰系统在我国火电厂中应用广泛、成熟、经验丰富。因此，规范不再对水力除灰系统的具体方式作出规定。

10.2.2 本条为新增条文。

从锅炉除渣装置排出的渣过去一般多采用灰渣沟的方式。采用水力喷射泵、压力管是另一种输送方式，其主要优点是水量和出力容易控制，布置比较灵活，地下设施简单，水力喷射泵及其管道宜采用耐磨材料。

10.2.3 系原规范第7.2.1条的修改。

采用灰渣泵直接串联的布置方式，同采用中继灰渣泵房比较，对设备的安装、运行、维护检修、管理都比较方便。

台州发电厂的灰渣泵为4级串联运行，石横发电厂的灰渣泵为3级串联运行，预留第4级串联的位置，灰渣泵3级串联的电厂较多。运行实践表明，采用灰渣泵串联运行的发电厂运行情况良好。

10.2.4 系原规范第7.2.2条的修改。

当采用容积式灰浆泵(如柱塞泵、油隔离泵、水隔离泵)高浓度水力除灰系统时，应优先考虑灰渣分除系统。

当需要采用上述容积式灰浆泵输送灰和磨细渣的混除系统时，磨渣前应先将渣浆筛分和脱水，因为锅炉水封式除渣斗排出的渣一般有30%以上的细粒渣，可不经粉磨直接通过上述容积式灰浆泵输送，否则不但影响磨渣机出力，而且灰渣混放在渣斗内，容易引起渣斗的堵塞。

采用容积式灰浆泵水力输送时，根据需要，也可采用两泵一管的并联系统，但在设计中应考虑当其中1台泵因故停运时管内流速降低的影响，以及切换启动备用泵或高压清水冲管的措施。

10.2.5 本条为新增条文。

浓缩机高位布置的目的是为了使泵房能布置在地面上，以改善运行、检修条件，并保证泵房不被灰浆淹没。

10.2.6 本条为新增条文。

10.2.7 系原规范第7.2.3条的修改。

10.2.8 系原规范第7.2.4条的修改。

对于离心泵，目前国内采用灰渣泵混除或单独除渣，有相当比例的电厂只设1台(组)备用泵或即使设2台(组)备用泵，实际只有一台(组)起到备用的作用，另一台(组)长期不用或基本不用，主要原因是国内灰渣泵的制造质量及其耐磨材质已有较大改善，易损件及整泵的连续运行时间有了较大提高。因此，离心泵一台(组)运行、一台(组)备用是可行的。对2台～3台(组)离心泵运行时，备用泵台数也减少为2台(组)。此外，离心式灰渣泵(组)易损件及整泵连续运行时间与是单级泵还是多级泵关系不大，所以单级泵和多级泵采用同一备用标准。

对于容积泵，目前国内大型电厂采用的容积泵多数为柱塞泵，油隔离泵和水隔离泵采用的较少。据调查，柱塞泵的主要易损件柱塞、阀组件的使用寿命已有较大的提高，因此，本条规定容积泵(柱塞泵)备用泵组的设置标准与离心泵相同。为确保电厂安全运行，可预留一台泵的基础，必要时可安装此泵。

10.2.9 系原规范第7.2.5条的修改。

由于沉灰池效果不佳，占地面积大，近年来，电厂的除灰系统已不采用。

10.2.10 系原规范第7.2.6条的修改。

据调查，多数发电厂敷设了2条或2条以上的压力灰渣(浆)管，其中1条为备用管。有的灰渣(浆)管由于结垢，必须定期清理，每次需要15d～30d或更长的时间。有的灰渣(浆)管不结垢，但磨损严重，必须定期翻转一定角度。故应敷设1条备用管。

当灰渣(浆)管结垢严重时，应避免采用水力除灰。

10.2.11 本条为新增条文。

本条提出了灰渣管的选择要求。

10.3 机械除渣系统

10.3.1 本条为新增条文。

机械除渣系统方式主要有:水浸式刮板捞渣机配渣仓系统、干式风冷排渣机配渣仓系统及埋刮板输送机配渣仓系统。

1 刮板捞渣机配渣仓系统。该系统要比传统的用捞渣机将渣捞出加水后水力输送,然后再脱水的系统简单、合理、省水,目前国内较多采用这种方式。

2 干式风冷排渣机配渣仓系统。该系统是一种引进型、新型除渣方式,主要采用干式风冷输渣机,炉底渣在干式输渣机输送带上被空气冷却,冷却后的底渣采用机械或气力输送方式送至渣仓贮存。

3 埋刮板输送机配渣仓系统。该系统常见于循环流化床锅炉,进入埋刮板输送机的锅炉底渣须经底渣冷却器冷却至200℃以下,采用机械或气力输送方式将埋刮板输送机捞出的渣转运至渣仓。该系统出渣为干渣。

由于锅炉底渣颗粒较飞灰大,采用气力输送方式对管路的磨损严重,因此,底渣输送系统宜优先采用机械输送系统。

10.3.2 本条为新增条文。

刮板捞渣机的总长度应适度,一般不宜超过65m,斜升段水平倾角也不宜太大,以不大于35°为宜,若捞渣机太长或倾角过大,无论从设备运行可靠性,还是整体刚度、安装检修、除大焦能力等都会带来更多的问题。

10.3.3 本条为新增条文。

本条提出了干式风冷输渣机的选择要求。

10.3.4 本条为新增条文。

本条提出了埋刮板输送机的选择和布置设计的要求。

电厂用埋刮板输送机的主要参数选择:低链速,宜采用速度0.08m/s以下;宽机槽;主要承磨件,如链条,头轮、尾轮、导轨应采用耐磨钢。

10.3.5 本条为新增条文。

小型火电厂尤其是秸秆及垃圾电厂的渣量比较小,贮存1d～2d的灰渣量,则渣仓直径及高度选取较小,对灰渣外运不宜。另外,许多供热电厂多为小型机组,且多在北方寒冷地区,贮存时间长有利于灰渣外运。

10.4 干式除灰系统

10.4.1 本条为新增条文。

我国干式除灰系统的类型较多,主要有负压气力除灰系统、低正压气力除灰系统、正压气力除灰系统、空气斜槽除灰系统、螺旋输送机等方式,国外还有埋刮板输送机、气力提升装置等方式,也有由上述方式组合的联合系统。

1 负压气力除灰系统。负压源主要有负压风机、水环式真空泵和喷射式抽气器等。主要用于除尘器灰斗干灰至灰库集中。负压系统的特点是系统较简单,自动化程度高,以及在运行中对周围环境不会造成污染。但输送距离一般不超过200m,设计出力一般在40t/h以下。

2 正压气力除灰系统。这种系统目前在我国应用最多,技术也较成熟,输送距离和出力都比负压气力除灰系统大。

3 其他系统。空气斜槽除灰系统在国外得到了广泛的应用,国内也有部分发电厂采用了该系统,如巴公、高井、永安、大武口、台州等发电厂。空气斜槽具有动力消耗少、无转动设备、噪声小、系统布置简单、运行比较可靠等优点,缺点是在布置上必须保证有大于6%的坡度。

螺旋输送机,其功能与空气斜槽大体相同,但不需向下倾斜安装。

国外也有采用埋刮板输送机集中干灰的方式。

10.4.2 本条为新增条文。

在设计煤种和校核煤种灰分差别不大的情况下,一般出力裕度取设计煤种灰量的50%即可满足要求。但我国电厂实际燃煤复杂,设计煤种和校核煤种灰分差别较大,有时相差1倍,此时按设计煤种灰分计算的系统出力(包括裕度)不能满足燃用校核煤种时的输送要求,因此还需按满足燃用校核煤种时的输送要求进行校核,并取20%的裕度,以上二者之间取大值。

本条中静电除尘器第一电场集灰斗的容积不宜小于8h集灰量是针对中等灰分的煤质而言,对某些煤种灰分很大,难以做到8h集灰量的可适当减少,但不应少于6h。

10.4.3 系原规范第7.3.1条的修改。

国产空压机的产品质量越来越好,形式也越来越多,有活塞式(有油,无油)、螺杆式(有油,无油)、滑片式、离心式等。一般运行2台只设1台备用,当采用螺杆式空压机,运行2台以上,也可只设1台备用。如选用活塞式空压机时可增加1台备用空压机。

10.4.4 系原规范第7.3.2条的修改。

10.4.5 系原规范第7.3.3条的修改。

现在国内使用的空气斜槽有宽型和窄型两种。宽型斜槽的灰层薄,窄型斜槽的灰层厚。灰层厚度一般为0.10m～0.15m。其布置坡度推荐不低于6%,在布置条件允许的情况下应再加大斜度。因为斜度每提高1%,出力可增加20%左右,这样不仅便于安全运行,也有利于经济运行。

空气斜槽要考虑防潮措施,如提高输送空气的温度以及空气斜槽布置在室内等。当斜槽露天布置,气温较低时应考虑保温措施,保温的外层宜采用铝皮保护层。

根据各电厂运行经验,空气斜槽的输送气源当采用热风时,就能够使斜槽内的灰流动性更好,以保证系统正常运行。为了防止空气结露与灰粘结而引起在输送中堵灰,风温不应低于40℃,在南方地区还应再提高一些。

10.4.6 系原规范第7.3.4条的修改。

很多热电厂多为小型机组,且多在北方寒冷地区,储存时间长有利于灰渣外运。

根据运行经验,当灰库为中转或缓冲灰库时,其有效容积不宜小于除灰系统8h的排灰量。

10.4.7 系原规范第7.3.5条的修改。

库底气化槽的最小总面积不宜小于库底截面积的15%。现在气化槽型号多,宽度有150mm、175mm、200mm等,布置起来比较容易,并且气化槽所占面积越大越有利于库底气化。

灰库气化空气量的选择可按库底斜槽每平方米气化空气量$0.62m^3$(标准状态)计算。气化空气设置专用加热器,对灰库排灰能起到良好的效果,规范中只提出了加热要求,而未对加热的温度作出具体规定,但加热后的最低温度应保证灰库内不发生结露现象。

10.4.8 系原规范第7.3.6条的修改。

灰库底部装车用的加水调湿装置,加水量不应超过灰质量的30%。如加水量过大,湿灰就会粘结车厢,不易卸空。运行实践表明:加水量过低,在运输过程中将会出现干灰飞扬现象,故设计加水量应为15%～30%。

10.5 灰渣外运系统

10.5.1 系原规范第7.4.3条的修改。

采用汽车输送方式,根据其运作形式的不同,又可分为电厂自购车辆和利用社会运力两种方式。采用自购汽车方式,初投资较大,管理复杂;利用社会运力运灰,则可省去购买汽车的初期投资,管理简单,当干灰综合利用量逐步增大后,不会出现运输设备闲置的问题。因此,条件允许时,应优先考虑采用利用社会运力方式。

10.5.2 系原规范第7.4.4条的修改。

国内已有部分电厂采用皮带作为主系统厂外运送灰渣，如衡水、鄂州、三河、安顺、金竹山等电厂，其中，金竹山电厂采用的是管状皮带输送机，其他电厂采用的是普通皮带输送机。以上电厂均采用单路皮带，只考虑容量备用，可以满足要求。因此，本条仅作了运灰皮带机设计的原则性规定。

由于皮带机在布置上较管道复杂且占地大，不宜分期设置。按照运煤皮带机的设置原则，除灰(渣)皮带机的出力按规划容量考虑。

皮带机的出力按规划容量计算并留有100%余量是考虑按两班制运行，每班运行5h～6h。当皮带机故障检修时，由于灰库和渣仓的容积较大，可作为缓冲备用。如果经技术经济论证认为改按一班制运行更为合理时，方可适当放大这一裕度。

除灰(渣)皮带机应设必要的防护罩，起到防止风吹雨淋的作用。管状皮带输送机因皮带被卷成管状，能起到防止风吹雨淋的作用，不过造价相对较高。

10.5.3 本条为新增条文。

沿江、河的发电厂，当贮灰场靠近江河且离发电厂较远或从厂区至贮灰场沿途敷设输灰管道受穿越地段限制或敷设有困难时，经过技术经济比较，可采用船舶运输灰渣的方式。采用的船型、吨位以及在厂区内的装船方式、灰场卸船方式，要根据发电厂的容量、当地的航运情况、航道情况和灰场贮灰方式，经技术经济比较确定。

10.6 控制及检修设施

10.6.1 系原规范第7.5.1条的修改。

国内新建电厂干除灰系统控制基本都采用程序控制或集中控制且运行可靠性很高，不需再设就地控制装置。为方便调试及事故处理，可保留必要的就地按钮。

对水力除灰渣系统(包括石子煤系统)，应根据系统和工程条件采用就地或集中控制。

10.6.2 系原规范第7.5.2条的修改。

10.7 循环流化床锅炉除灰渣系统

本节为新增章节。

10.7.1 本条为新增条文。

由于循环流化床锅炉的灰渣中钙化物含量较高，不宜采用水力除灰系统。

国内循环流化床锅炉电厂的底渣输送系统，其系统出力一般为底渣量的230%～300%，电厂运行人员反映出力偏小。考虑到我国电厂燃煤煤种多变以及入炉燃煤粒度的变化，底渣量变化较大，输送机械经常在低速下工作，可大大减少对部件的磨损，故推荐系统出力不宜小于底渣量的250%。

11 脱硫系统

本章为新增章节。

11.0.1 目前常用的烟气脱硫工艺见表2。

表2 常用的烟气脱硫工艺

分类	处理方法	基本原理及适应性	处理效果及优缺点
干法、半干法	循环流化床锅炉炉内脱硫法	向循环流化床燃烧锅炉燃烧室喷入石灰石粉，在炉内煅烧成CaO，然后同SO_2反应，生成$CaSO_3$与$CaSO_4$ 适用于各种容量的锅炉，在国内已有不少业绩	脱硫效率约为80%～90%，系统简单，投资省；脱硫效率中等，钙硫比高(Ca/S=2.0～3.0)

续表2

分类	处理方法	基本原理及适应性	处理效果及优缺点
干法、半干法	烟气循环流化床或NID(Novel Integrated Desulphurization)	利用CaO消化生成吸收剂$Ca(OH)_2$，在一个特制的回流循环流化床装置或反应器中与烟尘混合，并多次循环，装置的底部喷入雾状水调质，使石灰碱性达到最佳状态，与SO_2反应生成$CaSO_3$与$CaSO_4$ 适用于各种容量的锅炉，目前国内已有不少业绩	脱硫效率80%～90%以上，系统较简单，钙硫比低(Ca/S=1.1～1.3)，投资较高，占地面积大，运行费用较高，对运行要求严格
	电子束照射法	吸收剂为液氨，利用电子束照射作用，与烟气中的SO_2反应生成$(NH_4)_2SO_4$，在除尘器中被收集，副产品可作为肥料。可同时脱硝 适用于中小型锅炉，目前国内已有业绩	脱硫效率可达90%，投资高，占地面积大，运行费用较高，对运行要求严格
	喷雾干燥法	利用CaO消化并加水制成消石灰[$Ca(OH)_2$]乳，在含SO_2的烟气进入吸收塔时，向吸收塔内喷入消石灰乳，在塔中SO_2与$Ca(OH)_2$发生反应，生成的$CaSO_3$与$CaSO_4$颗粒物，利用烟气的热量干燥后，降落于塔底 适用于各种容量的锅炉，在国内已有业绩	脱硫效率70%～85%，投资高，占地面积大，喷雾枪、石灰乳泵磨损严重，吸收塔内集灰结垢，钙硫比较低(Ca/S=1.4～1.5)
	炉内喷钙尾部增湿	向锅炉燃烧室喷入石灰石粉，使$CaCO_3$煅烧成CaO，炉内一部分SO_2与CaO反应生成$CaSO_3$与$CaSO_4$，然后同烟气一起进入炉外活化器，其中烟尘和吸收剂再循环，同时向活化器中注入大量水和空气，使活化器内烟气温度降至接近露点温度，SO_2与吸收剂进一步反应脱硫，低温烟气排出活化器后，或采用热交换或混入部分热空气，使烟温提高至70℃左右，再进入除尘器 适用于大中容量锅炉，国内已有业绩	脱硫效率70%～80%，投资较高，占地面积大，炉内加入石灰石，降低锅炉热效率，运行管理要求高，钙硫比高(Ca/S=2.5～3)
	荷电干式吸收剂喷射脱硫	通过特殊的喷枪，使吸收剂$Ca(OH)_2$干粉荷电后，喷入锅炉后部烟道中与SO_2反应，生成$CaSO_3$与$CaSO_4$ 适用于中小容量的锅炉，在国内已有不少工程使用	脱硫效率70%～85%，系统较简单，占地面积小，投资省，钙硫比低(Ca/S=1.3～1.5)，运行成本低
湿法	石灰石-石膏湿法	利用石灰石粉浆液洗涤烟气，使SO_2与$CaCO_3$产生化学反应，生成$CaSO_3$，进而被氧化成$CaSO_4$，通过吸收，固液分离等工艺过程达到脱硫的目的 适用于较大容量锅炉，技术成熟，业绩广泛	脱硫效率可达90%～95%以上，技术可靠，工艺系统完整，钙硫比低(Ca/S=1.03～1.05)；脱硫效率最高，可获得石膏副产品，投资很大，占地面积大，系统复杂，运行成本高，管理要求严格
	海水脱硫	利用天然海水作为吸收液，在反应塔中洗涤SO_2，吸收SO_2后的海水在曝气氧化池中与海水混合，曝气处理，使不稳定的SO_3^{2-}被氧化成稳定的SO_4^{2-}，最终排入大海。通常需要设置烟气换热器 国内有运行业绩	脱硫效率可达90%以上，投资中等，受自然条件限制(需位于海边且周边海域对增加的SO_4^{2-}不敏感)，占地面积较大，运行成本较低
	氨法	利用氨水或液氨为吸收剂，通过吸收洗涤烟气，使SO_2与氨反应，生成$(NH_4)_2SO_3$和NH_4HSO_3，进一步氧化成$(NH_4)_2SO_4$ 适用于中小容量锅炉，国内有系列设备	脱硫效率80%～90%，系统简单，占地小，投资较低，运行费用高
	钠钙双碱法	利用NaOH或$NaCO_3$溶液作为吸收剂，降低吸收塔结垢倾向，同时再生的NaOH或$NaCO_3$溶液可反复循环利用，利用CaO消化后产生的$Ca(OH)_2$作为固硫剂，达到脱硫的目的 适用于中小容量锅炉，目前国内已有业绩	脱硫效率可达90%，投资中等，占地面积中等，运行成本中等

续表 2

分类	处理方法	基本原理及适应性	处理效果及优缺点
湿法	碱金属（镁或钠）法	利用 $Mg(OH)_2$ 或 NaOH 作为吸收剂，在反应塔中洗涤烟气，使 SO_2 与 $Mg(OH)_2$ 或 NaOH 产生化学反应，生成 $MgSO_3$ 或 Na_2SO_3，在氧化塔中进一步氧化为 $MgSO_4$ 或 Na_2SO_4，达到脱硫的目的	脱硫效率可达 90%以上，占地中等，投资中等，运行费用较高
	废碱液法	利用锅炉房水力除灰渣系统的碱性循环废水及企业的其他碱性废液作为吸收剂，通过麻石湿法除尘器洗涤烟气，使烟气中的 SO_2 与碱性废水反应 适用于中小容量锅炉，在工业锅炉上应用较多	脱硫效率 30%～60%，系统简单，投资较低，占地较大，效率低，运行费用低

11.0.3 一般情况下，当采用湿法脱硫工艺时，2 台炉配 1 台反应吸收塔比 1 台炉配 1 台反应吸收塔投资要低，有利于节省投资。

11.0.4 脱硫增压风机的工作条件与锅炉引风机类似，选择要求参照引风机。

关于锅炉炉膛瞬态防爆压力的选取，目前国内现行规程（《电站煤粉锅炉炉膛防爆规程》DL/T 435 及《火力发电厂烟风煤粉管道设计技术规程》DL/T 5121）与现行美国国家防火协会 NFPA85 规范之间存在差异，如果完全按照国内现行规程执行提高炉膛瞬态防爆压力，则比较保守，将导致锅炉及烟气系统钢材增加较多。

国内中小型机组锅炉大多属于传统型锅炉（在原苏联设计标准上发展起来的），其炉膛防爆设计压力低于美国标准，一般不低于±4kPa。取钢材按屈服极限确定基本许用应力时的安全系数 $n_s=1.5$，则炉膛瞬态防爆压力达到±4×1.5=±6.0(kPa)；如果取 $n_s=1.67$，则炉膛瞬态防爆压力达到±4×1.67=±6.7(kPa)；其绝对值均小于 8.7kPa。因此，锅炉（特别是传统型锅炉）炉膛设计瞬态负压在引风机压头较大时应适当提高，按照引风机在环境温度下的 TB 点[Test Block，风机试验台工况点。一般将此工况点作为风机能力（风量、压头）的考核点]能力取用，但不要求负压绝对值大于 8.7kPa。

11.0.10 本条规定了脱硫控制室的设置及控制水平。

1 脱硫控制室与其他控制室或构筑物如果有条件合并布置，可节约占地。

2 脱硫系统的控制水平应与机组控制水平一致。

12 脱硝系统

本章为新增章节。

12.0.1 目前常用的烟气脱硝工艺见表 3。

表 3 常用的烟气脱硝工艺

分类	处理方法	基本原理及适应性	处理效果及优缺点
干法（还原法）	选择性催化还原法(SCR)	采用 NH_3 为反应剂，采用 TiO_2 和 V_2O_5 为主基体的催化剂，将 NO_x 还原为 N_2。反应温度 300℃～400℃ 技术最成熟，适合于大容量锅炉，在国内有运行业绩	脱硝效率高，可达到 50%～90%，NH_3 逃逸率低，无副产品，投资费用较高
	非选择性催化还原法(SNCR)	采用 NH_3 或尿素[$CO(NH_2)_2$]为反应剂，将 NO_x 还原为 N_2。不使用催化剂，反应温度需控制在 850℃～1100℃ 适合于中小容量锅炉，在国内中小机组上尚无业绩，在 600MW 机组上有运行业绩	脱硝效率较低，仅 40%～60%，还原剂消耗量大，NH_3 逃逸率较高，易造成下游设备（如空预器）的堵塞和腐蚀，不需要催化剂，无副产品，投资费用较低

续表 3

分类	处理方法	基本原理及适应性	处理效果及优缺点
干法（还原法）	活性炭、焦吸附法	采用活性炭或焦吸附 SO_2，并将其转化为 H_2SO_4，同时催化加入的 NH_3 还原 NO 至 N_2。可同时脱硫和脱硝 适合于中小容量锅炉，在国内尚无业绩	脱硝效率可达到 80%，初投资和运行费用较高
湿法（氧化法）	O_3 氧化吸收法	采用 O_3 为反应剂，使 NO 氧化成 NO_2，然后用水吸收。生成物硝酸(HNO_3)液体需经浓缩处理，而且 O_3 需用高电压制取 适合小容量锅炉	脱硝效率可达到 85%，初投资高，运行费高
	ClO_2 氧化还原法	采用 ClO_2 为反应剂，将 NO 氧化成 NO_2，用 Na_2SO_3 水溶液吸收，使 NO_2 还原成 N_2。副产品 KNO_3 可作化肥，可以和采用 NaOH 作为脱硫剂的湿法脱硫技术结合使用 适合小容量锅炉	脱硝效率高，可达到 95%，运行成本高，投资较高
	$KMnO_4$ 氧化吸收法	采用 $KMnO_4$ 为反应剂，将 NO 氧化成 NO_2，然后将 NO_2 固相生成硝酸盐。副产品 KNO_3 可作化肥，可同时脱硫，存在水污染的问题，需增加废水处理系统 适合小容量锅炉	脱硝效率高，可达到 90%～95%，运行成本高，投资较高

12.0.2 当选择液氨等作为脱硝反应剂时，还应经过建设项目环境影响报告和安全预评价报告的批复通过。

12.0.3 失效催化剂的处理一般采用再生循环利用或者是垃圾掩埋，主要取决于失效催化剂的寿命与使用情况，同时综合考虑处理方式对环境的影响和经济成本。

12.0.4 如果脱硝装置采用 SCR 装置且"高含尘"（位于省煤器和空预器之间）布置的方式，一般旁路有两种，一种是烟气调温旁路，另一种是 SCR 旁路。

所谓烟气调温旁路，是指从省煤器入口至 SCR 反应器入口的旁路。其作用是在低负荷时（低于 50%～70%MCR）打开旁路，将烟气直接引入 SCR 装置，保证 SCR 装置内的烟气温度保持在适合投 NH_3 的温度（300℃左右），以确保脱硝效率。由于锅炉在低负荷时 NO_x 浓度相应较低，如果电厂低负荷的年运行小时很低时，可以考虑不投 NH_3，因此一般不设置烟气调温旁路。

所谓 SCR 旁路，是指从 SCR 入口至空预器入口的旁路。其主要用于锅炉启停时保护 SCR 装置内的催化剂不受损坏，并且方便检修 SCR。因此，安装 SCR 旁路主要用于锅炉需要经常启停或长时间不用的情况。SCR 旁路需要增压挡板，由于挡板常关，因此积灰比较严重，为使积灰不结块，SCR 旁路还需要设置一套加热系统使之加热至 100℃左右，因而投资、维护费用和要求都比较高。在美国，SCR 在夏季运行，冬季关闭，所以专门设置 SCR 旁路；对于小型热电厂一般可不设置 SCR 旁路。

12.0.5 关于锅炉炉膛瞬态防爆压力选取的原则与第 11.0.4 条条文说明相同。

12.0.6 主要指 410t/h 级锅炉当采用回转式空气预热器时，如果采用 SCR 或 SNCR 装置，残余 NH_3 和烟气中的 SO_3、H_2O 形成 NH_3HSO_4，在温度 150℃～230℃范围内对空气预热器的中温段和冷段形成强烈腐蚀，SCR 催化物也将部分 SO_2 转化为易溶于水形成硫酸滴的 SO_3，加剧冷端腐蚀和堵塞的可能。因此，空气预热器设计需要采用如下一些措施：

1 换热元件采用高吹灰通透性的波形替代，虽然这种波形能保证吹灰和清洗效果，但换热性能下降，需增加换热面积。

2 冷段采用搪瓷表面传热元件，可以隔断腐蚀物和金属接触，表面光洁，易于清洗干净。

3 空气预热器吹灰器采用蒸汽吹灰和高压水停机清洗。

13 汽轮机设备及系统

13.1 汽轮机设备

13.1.1 系原规范第8.1.1条的修改。

国家发改委、建设部2007年《关于印发〈热电联产和煤矸石综合利用发电项目建设管理暂行规定〉的通知》中明确：在已有热电厂的供热范围内，原则上不重复规划建设企业自备热电厂。除大型石化、化工、钢铁和造纸等企业外，限制建设为单一企业服务的热电联产项目。在热电联产项目中，优先安排背压式热电联产机组，当背压式机组不能满足供热需要时，鼓励建设单机200MW及以上大型高效供热机组。在电网规模较小的边远地区，结合当地电力电量平衡需要，可以按热负荷需求规划抽汽式供热机组，并优先考虑利用生物质能等可再生能源的热电联产机组；限制新建并逐步淘汰次高压参数及以下燃煤(油)抽凝机组。

根据国家新的能源政策，热电联产应当以集中供热为前提，以热定电。在热负荷可靠落实的前提下，应优先选用容量较大、参数较高和经济效益更高的供热式汽轮机。

对于干旱地区，水资源非常紧张，节约水资源是我国保护环境的基本国策，因此，干旱地区宜选用空冷式汽轮机。

13.1.2 系原规范第8.1.2条。

13.1.3 系原规范第8.1.3条的修改。

1 选用背压式机组，特别强调必须具有常年持续稳定的热负荷。如一些化工企业，一年四季不分冬夏、不分昼夜，除按计划停产检修外，连续生产，用汽热负荷非常稳定，这样的企业自备热电厂，非常适合选用背压式机组或抽汽背压式机组来承担全年中的基本热负荷。

背压式机组满负荷运行时，有很高的经济性。但低负荷时，效率降低很多。因此应让背压式汽轮机带足全年中的基本热负荷，这样节能效果显著。通常背压式汽轮机的最小热负荷，不得低于调压器正常工作允许的最小出力，为额定出力的40%左右。

2 热电厂各热用户或企业自备热电厂各车间的用汽量和用汽时间不均衡，在全年的热负荷中有一部分是常年稳定的热负荷，而另一部分是随季节和昼夜而波动的热负荷。在机组选型时，必须实事求是，有多少是常年稳定的基本热负荷，就选用多大容量的背压式汽轮机或抽汽背压式汽轮机，另设置抽凝式机组承担变化波动的热负荷。

3 本条提出了“新建热电厂的第一台机组不宜设置背压式汽轮机”这一点在我国是有经验教训的。热网建设牵涉到城市规划和各行各业，虽然强调与热电厂同时设计、同时施工、同时投产，但往往因种种原因而滞后较长时间，新的经济开发区热负荷稳定一般需要1年～2年，甚至2年～3年时间。在这种情况下，第一台机组选用了背压式汽轮机，常常因热负荷不足，而不能正常投运，不得不改为先安装抽凝式机组，后安装背压式机组。

13.1.4 系原规范第8.1.4条的修改。

为了使热电联产系统的经济性达到最佳状态，应该正确选择供热式汽轮机的形式、容量，并建设一定容量的尖峰锅炉实行联合供热。热化系数是标志热电联产系统经济性是否达到最佳状态的一个重要指标。在工程中具体取多少，必须因地制宜，论证确定。

热化系数取值过小，满足了热电厂本身的经济效益，则可能使热电厂机组容量小、扩建周期短而新建尖峰锅炉房多；热化系数取值过大，则设备投资和热电厂的运行经济效益受热负荷的增长速度的严重制约。

影响热化系数的主要因素有热负荷的种类、大小、特性和增长速度，地区气象特征；供热式机组的形式、容量、热电厂的扩建周期和综合造价；尖峰锅炉房的容量和综合造价；热网的参数、形式、规模和综合造价；热电厂的燃料和供水条件及费用；地区的煤价、热价、电价和热电厂在电网中的地位等。这些因素都是随时间和地点而变化的，同时也在一定程度上受到国家能源政策和经济政策的约束。因此合理选取热化系数是一个政策性强、涉及面广、较复杂的系统优化组合问题。

热化系数作为衡量热电厂经济性的宏观指标，一般在0.5～0.8范围内，这就说明建成热电厂之后仍有20%～50%的供热负荷不依靠电厂，直接由调峰锅炉供给。而保留一部分外置区锅炉房，既有利于电厂的经济运行，降低热电厂的建设投资，又对供热区域起到调峰和备用作用。

13.1.5、13.1.6 系原规范第8.1.5条和第8.1.6条。

13.2 主蒸汽及供热蒸汽系统

13.2.1、13.2.2 系原规范第8.2.1条和第8.2.2条。

13.3 给水系统及给水泵

13.3.1、13.3.2 系原规范第8.3.1条和第8.3.2条。

13.3.3 系原规范第8.3.3条的修改。

近年来，为了减少厂用电，已出现一些高压热电厂采用大汽轮机的中压抽汽，供小背压机带动给水泵，小背压机的排汽再供除氧器用汽(0.8MPa～1.0MPa)，进一步提高了节能效果。

13.3.4 系原规范第8.3.4条。

13.4 除氧器及给水箱

13.4.1 系原规范第8.4.1条。

13.4.2 系原规范第8.4.2条的修改和补充。

给水箱是凝结水泵、化学补给水泵与给水泵之间的缓冲容器，在机组启动、热负荷大幅度变化以及凝结水系统或化学补给水系统故障造成除氧器进水中断时，可保证在一定时间内不间断地满足锅炉给水的需要。

考虑到小型发电厂近年来的热控水平及操作水平虽有所提高，但热电厂的热负荷变化较大等因素，对130t/h级及以下的锅炉的给水箱容量，仍规定与原条文相近。随机组容量的增大，热控水平的提高，适当减小给水箱容量，对设备布置和节约投资均有利，故对410t/h级及以下的锅炉，补充规定给水箱的总容量为15min全部锅炉额定蒸发量时的给水消耗量，但仍比纯凝汽电厂大。

给水箱的总容量是指给水箱正常水位至出水管顶部水位之间的贮水量。

13.4.3 系原规范第8.4.3条的修改。

国产高压50MW级抽凝式机组凝汽器带鼓泡式除氧装置，允许补水进入凝汽器进行初级除氧。

13.4.4 系原规范第8.4.4条。

13.4.5 系原规范第8.4.5条的修改。

在以供采暖为主的热电厂中，当热网加热器的大量高温疏水和高压加热器的疏水进入大气式除氧器时，其扩容汽化的蒸汽量超过除氧器的用汽需要，使进入除氧器的给水不需要回热抽汽加热就自生沸腾，产生这种自生沸腾的不良后果是：

1 除氧器内压力升高，对空排汽量加大，汽水损失增加。

2 破坏除氧器内的汽水逆向流动，除氧效果恶化。

3 影响给水泵的安全运行。

在除氧器热力系统做热平衡计算时，应保证除氧器不发生自生沸腾。为此必须使回热抽汽量有一定的正值，必要时还要对除氧器进行低负荷热平衡校核计算。如果计算的结果是回热抽汽量为较小的正值，甚至负值时，就必须把大量的热网高温疏水通过疏水冷却器降温后再进入除氧器。疏水冷却器可以用来预热热网水、生水或化学补给水。

解决除氧器自生沸腾的另一方法是提高除氧器的工作压力，

采用绝对压力为0.25MPa～0.412MPa、饱和温度为120℃～145℃的中压除氧器或压力为0.5MPa、饱和温度为158℃的高压除氧器。近年来大容量、高参数的采暖机组都采用了压力较高的除氧器。

13.4.6 本条为新增条文。

火力发电厂高温高压机组一般要配置两台除氧器：一台低压除氧器，一台高压除氧器。温度较低的除盐水首先经除盐水泵补入低压除氧器，在低压除氧器内热力除氧，加热到一定温度后再由中继泵打入高压除氧器。设置低压除氧器的目的一方面主要是经过两道除氧，可保证给水含氧量合格；另一方面，可防止低温补水直接进入高压除氧器，引起设备负荷加大，出现剧烈振动，甚至造成设备损坏。

在保证给水含氧量合格的条件下（给水含氧量部颁标准为小于7μg/L），也可采用一级高压除氧器。

13.4.7～13.4.9 系原规范第8.4.6条～第8.4.8条。

13.5 凝结水系统及凝结水泵

13.5.1 系原规范第8.5.1条。

13.5.2 系原规范第8.5.2条的修改。

新增凝结水泵"宜设置调速装置"，主要是考虑电厂的节能降耗。

凝汽式机组一般装设2台凝结水泵，一运一备。每台凝结水泵的容量应为汽机最大进汽工况下最大凝结水量的110%。裕量10%，主要考虑除氧器水位调节需要、凝结水泵老化和其他未估计到的因素。

13.5.3、13.5.4 系原规范第8.5.3条和第8.5.4条。

13.6 低压加热器疏水泵

13.6.1 系原规范第8.6.1条的修改。

由于本规范电厂容量的适应范围已经扩大到125MW以下机组，因此根据这一情况，相应修改本条。

13.6.2、13.6.3 系原规范第8.6.2条和第8.6.3条。

13.7 疏水扩容器、疏水箱、疏水泵与低位水箱、低位水泵

13.7.1 系原规范第8.7.1条的修改。

电厂的主蒸汽、供热蒸汽和厂用低压蒸汽等均采用母管制系统。其他各类母管也较多，启动和经常疏放水也较多，为回收工质和热量，宜设疏水扩容器、疏水箱和疏水泵。本次修订补充了高压机组宜分别设置高压疏水扩容器和低压疏水扩容器的规定。

多数热电厂设疏水箱和疏水泵。运行中锅炉停炉及水压试验后的放水，常因水质差，回收一部分或不回收。除氧器给水箱的放水，多数发电厂均采用先放至疏水箱，再用疏水泵打至其他除氧器给水箱后，然后放去部分水质差的剩水。实际放入疏水箱的主要是各母管的经常疏水。考虑到多数热电厂实际放入疏水箱的经常疏水量，疏水箱的容积比原规范规定得小一些。

第二组疏水系统的设置，可根据机组台数、主厂房长度等因素综合考虑决定。一般机组超过4台时，根据需要可设置第二组疏水设施。

13.7.2 系原规范第8.7.2条。

13.8 工业水系统

13.8.1 系原规范第8.8.1条。

13.8.2 系原规范第8.8.2条的修改。

有些发电厂把工业水、冲灰水、消防水和生活水等系统连在一起，系统紊乱，互相影响。为避免出现各种用水相混的情况发生和保证工业用水的可靠性，要求工业水具有独立的供、排水系统。供水系统不应与厂内消防用水、冲灰用水、生活用水等系统合并。

13.8.3 系原规范第8.8.3条的修改。

工业水系统一般可分为开式、闭式或开式与闭式相结合的系统。开式系统较为常见，这种系统较简单。当淡水水源不足或水质较差，如再生水、海水等，不能适应辅机设备冷却水要求的，需要进行澄清、过滤或化学处理时，可选用闭式系统，回收重复利用。

近年来在大机组中普遍采用的闭式除盐水系统也出现在一些对工业水要求较高的50MW级及以上的机组设计中，因此补充了此条款。

13.8.4～13.8.7 系原规范第8.8.4条～第8.8.7条。

13.8.8 系原规范第8.8.8条。

提倡节约用水，循环使用，一水多用。工业水排水可回收作为其他对水质要求不高的用户的水源，如作煤场喷洒水、调湿灰用水等，也可以经过冷却后再作工业水循环使用。

13.8.9 系原规范第8.8.9条。

13.9 热网加热器及其系统

13.9.1～13.9.11 系原规范第8.9.1条～第8.9.11条。

13.10 减温减压装置

13.10.1～13.10.4 系原规范第8.10.1条～第8.10.4条。

13.11 蒸汽热力网的凝结水回收设备

13.11.1、13.11.2 系原规范第8.11.1条和第8.11.2条。

13.12 凝汽器及其辅助设施

13.12.1 系原规范第8.12.1条。

13.12.2 系原规范第8.12.2条的修改。

凝汽器胶球清洗装置能在运行中对凝汽器换热管内壁进行自动清洗，是提高凝汽器真空、延长管材使用寿命、减少人工清洗、检修工作量、提高机组运行经济性、节能降低煤耗的有效措施。对水质条件差、受季节性变化影响大的开式循环水系统的机组尤为必要。因此除了采用开式循环水系统水质好，水中悬浮物较少，并证明凝汽器管材不结垢的除外，一般应装设胶球清洗装置。

13.12.3 本条为新增条文。

本条提出了对凝汽器抽真空设备的规定。

13.12.4 本条为新增条文。

本条补充了对空冷机组凝汽器抽真空设备的规定。

14 水处理设备及系统

14.1 水的预处理

14.1.1 系原规范第10.1.1条的修改。

随着水处理新技术不断推出和其工艺系统日臻完善，可供选择的锅炉补给水处理水源不局限于水源地的原水，如城市回用再生水、矿井排水以及苦咸水、海水等，经过技术经济比较后都可以作为被选择水源。

14.1.2 本条为新增条文。

要求掌握所选择的水源是否有丰水期和枯水期的变化以及变化规律，了解是否有海水倒灌或农田排灌等影响，对于回用再生水、矿井排水需了解其来源和水质组成。对于地表水还应对是否会有沿程变化进行预测判断。

14.1.3 本条为新增条文。

14.1.4 本条为新增条文。

强调水质资料的获取是设计行之有效的水处理系统的先决条件。作为锅炉补给水的水源应进行水质全分析，并对分析次数及项目作出规定。

14.1.5 系原规范第10.1.2条的修改。

根据不同的被处理水源确定水处理系统。对不同的水质选择不同的处理工艺时细化归纳成三个大类：

1 凝聚澄清。

2 颗粒介质过滤。

3 膜过滤。

14.1.6 系原规范第10.1.3条和第10.1.4条的修改。

保留条文中有用部分，增加近年来运用成熟的微滤、超滤等内容，以及设备台数的确定。

14.1.7 本条为新增条文。

预处理系统运行时的"启"与"停"操作不太频繁，手动操作一般不会给运行带来不便；而澄清器(池)排泥、过滤器(池)反洗则随运行状态的继续不断重复，宜程序控制。

14.1.8 本条为新增条文。

14.2 水的预除盐

本节为新增章节。

随着水处理科技不断发展和处理工艺可操作性增强，无论是膜法脱盐还是热法脱盐，依托的是物理法，在热力发电领域被越来越多地采用。纳滤膜也能部分脱盐，但在国内火电厂尚鲜见，因此本规范所指的膜法是针对反渗透而言。

14.2.1 本条论述了发电厂水的预脱盐工艺。

14.2.3 热电厂以热电联产来获取效益，机组容量不大但需补水量很大。提出设计预脱盐系统前应进行技术经济比较。

1 提出了反渗透系统选择配置的原则。主要包括：模块化设计、回收率确定原则、排放浓水宜回用以及装置运行加药、停运保养等。

1)根据运行资料，中水回收率约55%，其他淡水回收率可达85%、海水单级反渗透回收率可达45%。

2)RO膜对进水中溶解性盐类不可能绝对完美地截留。水通量同时是温度、压力、溶质浓度、膜通量衰减以及回收率的函数，运行中任一因素都会影响产水量。设计时应考虑程序计算膜元件的温度取值，海水每降低1℃产水量下降约3%，淡水每降低1℃产水量下降1.5%～2%。加热水体可以减小水的黏度、提高水的扩散系数、降低膜表面浓差极化、增加水通量。

3)反渗透高压泵出口慢开门可防膜组件受高压水冲击，也有工程采用变频手段控制启动条件，装爆破膜是尽可能减小误操作引起膜损坏，浓水排放装流量控制阀可以控制水的回收率。

14.2.4 本条论述了发电厂采用热法预脱盐的规定。

1 提出了设置海水预处理的原则。

2 提出了海水热法脱盐前的水质稳定、调理原则。

3 提出了蒸馏淡化装置的容量配置原则。

4 提出了加热和抽真空用汽选择的原则。

5 对不同类型的热法海水淡化装置最高操作温度作出了原则约定。不同的海水淡化装置，其所选材质也不同。

14.3 锅炉补给水处理

系对原规范第10.2节作出较大增删、调整和修改。20世纪90年代以来随着热电联产机组容量、参数不断增大、升高，以及不断推出阴离子交换树脂新品种和价格下降，水的软化工艺渐渐淡出市场。基建电厂锅炉补给水处理大都采用除盐技术，运行厂也纷纷对软化系统进行除盐工艺技术改造。锅炉补给水水质的改观与锅炉水、汽系统能否清洁运行相辅相成，既可核减锅炉排污损失，又可减轻热力系统化学加药负担。

14.3.1 本条为锅炉补给水处理系统设计。

1 系原规范第10.2.1条的修改。

保留了原条文中有用部分，提出锅炉补给水处理宜采用除盐技术。

2 系原规范第10.2.1条的修改。

3 本款为新增条款。

离子交换树脂的工作交换容量是拟定处理系统、选取设备规范的重要数据。树脂的工作交换容量是动态的，当树脂品牌和用量确定后，在不超过相应树脂工作交换容量上限的前提下，也可用再生剂耗量的不同得到相应树脂的工作交换容量，使再生排水pH值在中性范围内。

4 系原规范第10.2.1条的修改。

5 系原规范第10.2.3条的修改。

本规范锅炉蒸发量一般不超过410t/h级，仍保留并修改"启动或事故增加的损失"这一项。由于不采用单独软化水作为补给水，厂内水、汽系统循环损失相应核减，锅炉蒸发量大时宜取下限，锅炉蒸发量小时宜取上限。

14.3.2 本条规定了锅炉补给水处理设备的选择。

1 系原规范第10.2.4条的修改。

每台交换器正常再生次数宜按每昼夜不超过1次考虑是基于：当每台交换器正常再生次数多于1次/d时，说明进入交换器的水中需被交换的离子含量高，此时往往用设置预脱盐系统、增大交换器直径、增加交换器台数等方法来解决；在相同制水量时，再生越频繁，单位耗酸碱和废水排放量以及厂用电越大；运行20h、再生4h较科学，涉外工程和核电机组均如此考虑。有前置预脱盐的交换器不受本条款限制。

每台交换器正常再生次数按每昼夜1次考虑，对检修或再生备用以及全年最坏水质都已具有缓冲空间。

2 系原规范第10.2.5.1款的修改。

目前国内离子交换器最大直径为ϕ3200mm，固定床系列中间水箱6min贮水量和浮动床系列中间水箱4min贮水量对应的有效贮容积约20m^3，其直径不会超过ϕ3400mm，不会对制造、运输带来不便。

3 本款为新增条款。

装置元器件配置应保证产水回收率大于90%。据了解：IONPURE公司C-CELL装置的淡水室和浓水室均填充着离子交换树脂，充分克服了水电阻问题，能耗降低，故无须浓水循环、不必加盐，有浓水排放，但没有极水排放；ELECTROPURE公司EDI装置中，淡水室填充着离子交换树脂，浓水室无离子交换树脂填充，故也无须浓水循环、但须加盐，有浓水排放，也有极水排放。

4 本款为新增条款。

提出了对运行中的除盐系统进行不能断水的保护。

5 系原规范第10.2.5.2款～第10.2.5.4款的修改。

14.4 热力系统的化学加药和水汽取样

14.4.1 系原规范第10.3.1条和第10.3.2条的修改。

1 锅炉炉水加药不局限于磷酸盐，也可用氢氧化钠校正水质。加药是一把双刃剑，在为炉水处理作出贡献的同时客观上也向水体投入了杂质。因此在达到处理效果前提下希望加入量越少越好。如一台410t/h级汽包炉，每个月投加一次30g的固体分析纯氢氧化钠提高炉水pH本底值即可，同时锅炉不再排污。

2 当锅炉补给水采用除盐水后，给水应进行加氨处理。

3 根据锅炉压力等级或炉型，考虑是否进行给水加联氨处理。联氨不仅是除氧剂，还有缓蚀作用。

4 新增闭式冷却水系统加药及药品选择内容。药品宜与给水或炉水采用的一致。当给水没有进行加联氨时，可视炉水加药品种先对闭冷水添加适量磷酸盐或氢氧化钠提升pH本底值，然后加少量氨维持pH值。

14.4.2 本条为新增条文。

有必要时可向制造厂提出增设加药点，与本体连接的入药口应在锅炉出厂前完成。

14.4.3 系原规范第10.3.1条和第10.3.2条的修改。

根据实际运行情况，高压及以下机组的加药计量泵(尤其是进口泵)不易损坏,对多台机组合用一套加药装置时,可不设备用泵,泵出口管系设计成相互备用;如果仅设单台机组,也可根据机组情况考虑备用泵。

14.4.4 本条为新增条文。

本条提出了自动加药以及控制自动加药所采集的信号方式。

14.4.5 系原规范第10.3.4条的修改。

本条强调了样点设置、与水化学工况的关系确定等。

14.4.6 本条为新增条文。

采用水汽取样模块;配备必要的在线仪表(如溶氧表、pH表和电导率表等),根据工程情况选择在线仪表信号输送方式。

14.4.7 系原规范第10.3.4.1款的修改。

14.4.8 本条为新增条文。

本条对加药、取样管道材料选择提出了要求。

14.4.9 系原规范第10.3.4.6款的修改。

加药、取样装置宜物理集中布置,就近设立现场水汽化验室,其分析仪器配置应与在线仪表互补。

14.5 冷却水处理

14.5.1 系原规范第10.4.1条的修改。

电厂冷却水是厂内最大水用户,尤其是冷却塔二次冷却电厂,其水源选择意义重大。循环冷却水系统又是一个动态平衡体系,不仅包括水量、水质的平衡(稳定),而且包括换热表面、微生物生长等方面的平衡,循环冷却水加药就是为了维持浓缩倍率在一定范围时,尽量提高凝汽器传热效率和循环水浓缩倍率,建立起系统新的动态平衡和保持系统正常、经济运行。

14.5.2 本条为新增条文。

本条增加了凝汽器循环水浓缩倍率计算取值的内容。

近年水质稳定剂药效已大幅提高,通常可使水中极限碳酸盐硬度保持在10mmol/L,辅助加酸效果更佳。

循环水补充水碳酸盐硬度较高又要求有较高浓缩倍率时,应采取补充水软化处理或循环水旁流软化处理。

循环水排污水必须回用于循环冷却水系统或补充水含盐量很高时也可考虑膜处理。

14.5.3 本条为新增条文。

再生水一般指城市污水经过一级处理、二级处理后的排水。同自然界淡水相比,它具有含盐量、有机物、氨氮高,细菌种群复杂,腐蚀和结垢倾向大等特点。可考虑石灰处理,当有机物等含量高时宜采用生物膜处理。

14.5.4 系原规范第10.4.2条的修改。

硫酸亚铁溶液在凝汽器铜管内壁形成碱性氧化铁膜可减缓铜管腐蚀。新铜管一次造膜效果较好;运行中补膜与药剂浓度、加药模块距加药点距离、二价铁被氧化成三价铁速度、水的流程以及时间有关。聚磷酸盐在水中易产生粘着物,而硫酸亚铁有助凝作用,可致使粘着物附于管壁影响传热效果,因此冷却水采用聚磷酸盐处理时不宜选用硫酸亚铁成膜。

14.6 热网补给水及生产回水处理

14.6.1 系原规范第10.5.2条的修改。

本条阐述了对热网补给水处理的要求。

14.6.2 系原规范第10.5.3条、第10.5.5条的修改。

14.6.3 系原规范第10.5.4条的修改。

14.7 药品贮存和溶液箱

14.7.1 系原规范第10.7.1条的修改。

14.7.2 系原规范第10.7.3条的修改。

14.8 箱、槽、管道、阀门设计及其防腐

本节为新增章节。

14.8.1 本条为新增条文。

本条提出了水箱(池)本体应具有的必要功能。

14.8.2 本条为新增条文。

本条提出了管道、阀门应满足流经介质的要求。

14.8.3 本条为新增条文。

本条对寒冷地区室外设施提出了保温和防冻要求。

14.8.4 系原规范第10.6节的修改。

本条提出了应根据腐蚀性介质的性质选择防腐材料和工艺,兼顾防腐衬涂施工时的环境、劳动卫生条件。直埋钢管要根据土壤性质(如盐碱性、地下水位以及冻土层等)选择管外壁防腐层。

14.9 化验室及仪器

14.9.1 系原规范第10.7.5条的修改。

14.9.2 本条为新增条文。

15 信息系统

本章为新增章节。

15.1 一般规定

15.1.1 在全厂信息系统的总体规划设计时,要符合现行行业标准《电厂信息管理系统设计内容及深度规定》DLGJ 164的有关规定。

15.2 全厂信息系统的总体规划

15.2.6 单向传输隔离设备应是通过国家有关部门认证的、可靠的、取得合格证书的产品。应遵循国家经贸委发布的〔2002〕第30号令《电网和电厂计算机监控系统及调度数据网络安全防护规定》(2002年6月8日起施行)。

15.3 管理信息系统(MIS)

15.3.6 信息分类与编码应遵照国家标准和电力行业的各种规范及编码标准。如工程采用电厂标识系统,应遵循现行国家标准《电厂标识系统编码标准》GB/T 50549。

16 仪表与控制

16.1 一般规定

16.1.1 系原规范第13.1.1条的修改。

本条规定了仪表与控制系统的选型的基本原则。

16.1.2 系原规范第13.1.2条的修改。

根据我国电力建设的现状和发展要求,本条强调仪表与控制系统的选择应技术先进、质量可靠、性价比高。

16.1.3 系原规范第13.1.3条的修改。

由于产品必须经过鉴定后才准许生产并投放市场的做法今后将有所改变,所以对新产品、新技术的要求修改为"取得成功的应用经验后",不再强调"鉴定合格"。

16.1.4 本条为新增条文。

本条是采用分散控制系统(DCS)、可编程控制器(PLC)技术后新增的条文,规定了控制系统对于安全防范和措施的基本要求。

16.2 控制方式及自动化水平

16.2.1 系原规范第13.2.1条～第13.2.7条的修改。

原条文第13.2.1条～第13.2.7条，采用就地控制、设置常规控制盘控制的模式已经不能满足电厂对自动化水平的要求，随着自动化技术的发展，电厂减员增效的要求，控制方式采用集中控制得到了广泛的应用。

16.2.2 本条为新增条文。

分散控制系统(DCS)、可编程控制器(PLC)技术成熟，作为电厂机组或主厂房内控制系统，在新建、扩建电厂中得到了广泛的应用。

16.2.3 本条为新增条文。

本条是采用分散控制系统(DCS)、可编程控制器(PLC)技术后新增的条文。主厂房控制系统设置数量应根据单元制、母管制、厂内热网情况确定。

16.2.4 本条为新增条文。

由于辅助车间分散，运行人员相对较多。为减少辅助车间值班点，按区域或功能进行划分，适当合并设置。对于工艺流程简单的辅助车间，也可采用就地控制方式。因为除灰渣工艺系统在某些电厂中系统非常简单，一般采用就地控制方式，故本条保留了辅助车间可采用就地控制方式的模式。

16.2.5 本条为新增条文。

本条是采用分散控制系统(DCS)、可编程控制器(PLC)技术后新增的条文。为提高辅助车间自动化水平，使之与机组或主厂房自动化水平相协调，对于采用集中控制方式的辅助车间，按区域设置控制点，设置独立的控制系统，有利于工程的实施。全厂辅助车间控制系统选型应统一，可以减少备品备件和培训、维护工作量。

16.2.6 本条为新增条文。

本条是采用分散控制系统(DCS)、可编程控制器(PLC)技术后新增的条文。根据多数电厂工程实例，结合计算机通信技术的发展，将循环水泵、空冷岛系统、燃油泵房、空压机房、脱硝等与机组或主厂房联系密切的工艺系统，纳入机组或主厂房控制系统，以实现上述车间无人值班。

16.3 控制室和电子设备间布置

16.3.1 本条为新增条文。

原规范第13.2.1条～第13.2.7条控制方式由就地控制改为本规范第16.2.1条集中控制方式后，对集中控制方式的控制室和电子设备间布置进行了原则规定。

16.3.2 本条为新增条文。

小机组的集中控制室的设置有机炉电集中控制室、机炉集中控制室、锅炉集中控制室、汽机集中控制室等多种形式。集中控制室的设置具有较大的灵活性和多样性。

16.3.3 本条为新增条文。

电子设备间的布置因机组的布置方式不同，具有较大的灵活性和多样性，设计人员可根据工程情况确定。

16.3.4 本条为新增条文。

辅助车间三个控制点的设置，已得到广泛应用。

16.3.5 本条为新增条文。

从合并控制点、减少运行人员的角度出发，将脱硫控制系统与灰渣控制系统的操作员站集中摆放在一起，脱硫与灰渣控制室合并设置。当电厂运行方式有需要时可单独设置脱硫控制室和灰渣控制室。

16.3.6 系原规范第13.10.1条的修改。

控制室是电厂主辅机设备控制中心。热控设计人员要积极主动配合主体专业统一规划布置控制室和电子设备间，工艺专业要像对待主辅设备布置一样重视将控制室和电子设备间纳入主厂房和辅助车间规划布置。本条规定了控制室位置及面积的基本原则。增加了电子设备间盘柜到墙、盘柜两侧的通道和盘柜之间的通道应满足热控设备最小安全距离、散热的要求。控制室操作台前空间距离应大于4m，当受条件限制时最小不小于3.5m。两排机柜之间距离应大于1.4m，当受条件限制时最小不小于1.2m。靠墙布置的盘柜和背对背布置的盘柜应考虑留有大于100mm的散热距离，条件受限制时最小距离不小于50mm。

16.3.7 系原规范第13.10.2条的修改。

本条规定了控制室和电子设备间环境设施的基本要求。

16.4 测量与仪表

16.4.1、16.4.2 系原规范第13.3.1条～第13.3.7条的修改。

采用分散控制系统(DCS)、可编程控制器(PLC)技术后，检测指示、记录、积算、报警等功能由DCS或PLC微处理器完成，并通过操作员站显示器显示和报警。本条列举了检测的主要内容和具体项目。

16.4.3 本条为新增条文。

对检测仪表选择原则进行了规定。

16.4.4 本条为新增条文。

本条对巡检人员进行现场检查和就地操作的就地检测仪表设置进行了规定。

16.5 模拟量控制

16.5.1、16.5.2 系原规范第13.4.1条～第13.4.11条的修改。

这两条列举了模拟量控制的主要内容和具体项目。

16.6 开关量控制及联锁

16.6.1、16.6.2 系原规范第13.5.1条～第13.5.5条、第13.8.1条和第13.8.2条的修改。

本条基于DCS或PLC技术的应用，对开关量控制的基本功能和具体功能的条款进行了规定。

16.6.3 本条为新增条文。

本条确定了顺序控制系统设置的原则。

16.7 报　警

16.7.1 系原规范第13.6.1条的修改。

本条根据集中控制方式，增加了主要电气设备故障、有毒/有害气体泄漏作为报警内容。

16.7.2 本条为新增条文。

根据机组或主厂房控制系统采用DCS或PLC技术，确定信号源的新内容。

16.7.3 本条为新增条文。

本条是采用分散控制系统(DCS)、可编程控制器(PLC)技术后的新增条文。规定进入控制系统的报警信号均能在操作员站显示器上显示和打印机上打印。

16.7.4 本条为新增条文。

本条规定了采用分散控制系统(DCS)、可编程控制器(PLC)后，常规光字牌报警器进行报警设置的原则。

16.7.5 系原规范第13.6.2条的修改。

本条规定了机电联系信号设置的条件和原则。

16.8 保　护

16.8.1 系原规范第13.7.1条的修改。

由于控制技术的发展以及控制设备采用较先进的计算机技术后，对保护设计的要求增加了较多的内容，如防误动和拒动措施，独立性原则，停机、停炉按钮直接接入驱动回路，保护优先原则，不设运行人员切、投保护操作设备等，这些在设计中应充分重视。

16.8.2、16.8.3 系原规范第13.7.2条和第13.7.3条的修改。

16.8.4 本条为新增条文。

本条提出了发电机的保护内容。

16.8.5 本条为新增条文。

本条提出了辅助系统的保护要求。

16.9 控制系统

本节为新增章节。

16.9.1 本条为新增条文。

本条规定了控制系统的可利用率。

16.9.2 本条为新增条文。

本条是采用分散控制系统(DCS)、可编程控制器(PLC)技术后的新增条文。在工程实施过程中,控制系统I/O点的数量多有变化,设计时应考虑10%~20%的备用量。特别是对于辅助车间控制系统应特别给予关注,板卡、通道、端子均应按此原则考虑。

16.9.3 本条为新增条文。

本条对控制器数量设计进行了原则规定。

16.9.4 本条为新增条文。

本条对控制器、操作员站的处理能力进行了原则规定。

16.9.5 本条为新增条文。

本条对控制系统的通信负荷率进行了原则规定。

16.9.6 本条为新增条文。

本条对独立于控制系统的后备硬接线操作手段的设置进行了原则规定。

16.9.7 本条为新增条文。

本条对变送器冗余设置进行了原则规定。

16.10 控制电源

16.10.1 系原规范第13.9.1条的修改。

本条提出了机组或主厂房控制系统、汽轮机控制系统、机组保护回路、火焰检测装置等供电电源的设计原则。

16.10.2 系原规范第13.9.2条的修改。

为保证配电箱、电源盘供电电源的可靠性,本条文提出应有两路输入电源,分别引自厂用低压母线的不同段。

16.10.3 系原规范第13.9.3条的修改。

采用DCS或PLC控制系统后,取消了常规控制盘设计模式和供电模式,规定了其他控制盘的供电电源设计原则。

16.11 电缆、仪表导管和就地设备布置

16.11.1~16.11.3 系原规范第13.11.1条~第13.11.3条。

16.11.4 系原规范第13.11.4条的修改。

16.11.5 系原规范第13.11.5条的修改。

明确分支电缆通道可采用电缆槽盒的设计原则。

16.11.6 系原规范第13.11.6条。

检测点定位和变送器布置的原则应满足和保证被测介质检测参数精度的要求,在此基础上,适当集中布置,以方便安装维护。

16.11.7 系原规范第13.11.7条。

某些发电厂仪表控制设备及部件的设计,因露天防护措施不力而造成不少事故。为此规定,凡露天布置的热控设备、导管及阀门,均应注意采取防尘、防雨、防冻、防高温、防震、防止机械损伤等措施。

16.12 仪表与控制试验室

16.12.1 系原规范第13.12.1条的修改。

发电厂的仪表与控制试验室是国家计量系统中的一部分,根据我国计量管理有关规定(火力发电厂仪表与控制试验室建设标准,应根据国家三级计量标准设计)制定本条。

16.12.2 系原规范第13.12.2条的修改。

对于企业内的自备发电厂,当企业已设置了仪表与控制试验室时,不应重复设置仪表与控制试验室。

16.12.3 系原规范第13.12.3条的修改。

本条规定了试验室建设规模的基本原则。

16.12.4 系原规范第13.12.5条的修改。

凡比较难以搬运的重而大的仪表控制设备,如执行机构等,一般在主厂房内设置现场维修间。

16.12.5、16.12.6 系原规范第13.12.6条和第13.12.7条。

17 电气设备及系统

17.1 发电机与主变压器

17.1.1 本条为新增条文。

本条提出了发电机及其励磁系统的选型原则和技术要求。

17.1.2 本条为新增条文。

"扣除高压厂用工作变压器计算负荷与高压厂用备用变压器可能替代的高压厂用工作变压器计算负荷的差值进行选择",系指以估算厂用电率的原则和方法所确定的厂用电计算负荷。计算方法是考虑到高压厂用备用变压器可能作为高压厂用工作变压器的检修备用,主变压器的容量选择因此应考虑这种运行工况。

当发电机出口装设断路器且不设置专用的高压厂用备用变压器,而由一台机组的高压厂用工作变压器低压侧厂用工作母线引接另一台机组的高压事故停机电源时,则主变压器的容量宜按发电机的最大连续容量扣除本机组的高压厂用工作变压器计算负荷确定。

根据现行国家标准《电力变压器 第1部分:总则》GB 1094.1规定,变压器正常使用条件为:海拔不超过1000m、最高气温+40℃、最热月平均温度+30℃、最高年平均温度+20℃、最低气温-25℃(适用于户外变压器)。现行国家标准《电力变压器 第2部分:温升》GB 1094.2规定油浸式变压器(以矿物油或燃点不大于300℃的合成绝缘液体为冷却介质)在连续额定容量稳态下的绕组平均温升(用电阻法测量)限值为65℃。故对发电机单元连接主变压器的容量选择条件作出了规定。

变压器绕组温升是指在正常使用条件下制造厂的保证值,变压器应承受规定条件下的温升试验,应以正常的温升限值为准。在特殊使用条件下的温升限值应按现行国家标准《电力变压器 第2部分:温升》GB 1094.2—1996第4.3条的规定进行修正。

变压器容量可根据发电机主变压器的负载特性及热特性参数进行验算。

17.1.3 系原规范第11.1.2条。

17.1.4 本条为新增条文。

热电联产工程应按"以热定电"的方式运行,并网运行的企业自备热电厂应坚持自发自用原则,严格限制上网电量。故规定容量为50MW级及以下的热电机组宜以发电机电压供电。

17.1.5 系原规范第11.1.4条。

一般情况下,发电厂的主变压器应采用双绕组变压器,以减少发电厂出现的电压等级,便于运行管理。经技术经济比较论证、确需出现两种升高电压等级,而且建厂初期每种电压侧的通过功率达到该变压器任一个绕组容量的15%以上时,才可选用三绕组变压器。

17.1.6 系原规范第11.1.5条。

正常情况下,发电厂与地区电力网间的交换功率不会有太大的变化,地区电力网的电压也不应有太大的波动,故发电厂的主变压器采用有载调压变压器的必要性不大,因此为了提高运行的可靠性,不宜采用有载调压变压器。

对某些容量较大(装机总容量在100MW级及以上),且当地电业部门又要求承担调频调相任务的发电厂,也可采用有载调压变压器,但需经过调相调压计算论证。

17.1.7 本条为新增条文。

自耦变压器作为升压变压器,若发电机满发,则只有中压同时

向高压送电时才能达到额定容量；高、中压间的电力输送与上述相反。自耦变压器容量就不能充分利用，此时可通过计算来选择公共线圈容量。因此，使用自耦变压器要经过技术经济比较确定。

17.2 电气主接线

17.2.1 系原规范第12.1.1条。

小型发电厂多数为热电厂，一般靠近负荷中心，常由发电机电压配电装置供电。发电机电压的选择可根据各地区电力网的电压情况，经技术经济比较后选定。

当发电机与变压器为单元连接且有厂用分支引出时，发电机的额定电压采用6.3kV是恰当的，可以节省高压厂用变压器的费用，并可直接向6kV厂用负荷供电。

17.2.2 本条为新增条文。

17.2.3 系原规范第12.1.2条。

本条明确了发电机电压母线的接线方式，对连接母线上的不同容量机组规定了不同的要求。当每段母线容量在24MW及以上，负荷较大，出线较多，且有重要负荷时，为保证对用户安全供电、灵活运行，采用双母线或双母线分段是必要的。

17.2.4 系原规范第12.1.3条。

据调查，有发电机直配线的发电厂，其限流电抗器的设置位置有下列几种情况：

1 当每段母线上发电机容量为24MW及以上时，需在发电机电压母线分段上和直配线上安装电抗器来限制短路电流。

2 当每段母线上发电机容量为12MW及以下时，宜在母线分段上安装电抗器。

3 限流电抗器安装在不同地点，其效果是有差异的，以限流电抗器在母线分段上的效果最为显著，最为经济。

17.2.5 系原规范第12.1.4条。

17.2.6 本条为新增条文。

110kV～220kV线路电压互感器、耦合电容器或电容式电压互感器以及避雷器的检修与试验可与相应回路配合或带电作业进行，故规定"不应装设隔离开关"。

17.2.7 系原规范第12.1.6条的修改。

发电机与双绕组变压器为单元连接时，对供热式机组经常有停机不停炉的运行方式，此时需要主变压器向锅炉辅机倒送电，以保证供热的可靠性。经了解，目前国产的125MW以下机组的发电机出口断路器为SF6型，已经应用得较多。国外如ABB、AREVA等公司也有成熟产品。但是价格较贵，一般在150万元/台～180万元/台。因此，为保证供热的可靠性，发电机出口是否装设断路器，应该与厂用备用电源的引接方式、发电厂与电网的联系强弱有密切关系。需要在工程中进行技术经济比较。本条中对供热机组采用"可"，而对于凝汽式机组来说，机、炉同时检修，因此不需要装设断路器。

如果确定发电机出口装设断路器，此时主变压器或高压厂用工作变压器宜采用有载调压方式，当根据机组接入系统的变电站电压波动范围经过计算，满足机组启动和正常运行等不同工况下的高压厂用母线电压水平要求时，也可采用无励磁调压方式。

17.2.8 系原规范第12.1.7条的修改。

本规范适用于发电机的单机容量最大为100MW级，可能出现的最高电压是220kV，对接线方式的规定只限于220kV及以下（包括35kV、66kV、110 kV）的电压等级。

17.2.9 系原规范第12.1.8条。

对于25MW级及以下的机组，当采用发电机变压器组接线方式时，由于与发电机直接联系的电路距离较短，其单相接地故障电容电流很小，不会超过规定的允许值，因此采用发电机变压器组接线的发电机的中性点不应采用接地方式。

当发电机额定容量为50MW级及以下时，发电机电压为6.3kV回路中的单相接地故障电容电流大于4A，或发电机额定容量为50MW～100MW级，发电机电压为10.5kV回路中的单相接地故障电容电流大于3A，且要求发电机带内部单相接地故障继续运行时，宜在厂用变压器的中性点经消弧线圈接地，也可在发电机的中性点经消弧线圈接地；当发电机内部发生故障要求瞬时切机时，宜采用高电阻接地方式。电阻器一般接在发电机中性点变压器的二次绕组上。

17.2.10 系原规范第12.1.9条。

发电厂主变压器的接地方式决定于电力网中性点的接地方式，因此本条不作具体规定，应按系统规划专业提供的接地方式而定。

17.3 交流厂用电系统

17.3.1 系原规范第12.2.1条。

原规范适用的发电机容量较小，本次修订单机容量增大到100MW级，高压厂用电系统应为6kV。

17.3.2 系原规范第12.2.2条。

高压厂用工作变压器不采用有载调压变压器，而又要求厂用母线上的电压偏移在±5%范围之内，必须具备两个条件：一是发电机出口电压波动不应超过±5%；二是高压厂用工作变压器的阻抗不宜大于10.5%，目前已被公认是选择变压器阻抗的一个必要条件。

当发电机出口装设断路器，此时高压厂用工作变压器宜采用有载调压方式，当根据机组接入系统的变电站电压波动范围经过计算，满足机组启动和正常运行等不同工况下的高压厂用母线电压水平要求时，也可采用无励磁调压方式。

17.3.3 系原规范第12.2.3条。

考虑到高压厂用备用变压器有从升高电压母线引接的可能，该母线电压受电力系统的影响比较大，为了考虑全厂停电后满足机组启动的要求，必须保证高压厂用母线的电压波动不超过±5%。所以当高压厂用备用变压器的阻抗电压在10.5%以上时，应采用有载调压变压器。

17.3.4 系原规范第12.2.4条。

为了便于检修，强调了高压厂用工作电源与机组对应引接的原则。我国绝大多数发电厂是按此引接的，并已有丰富的运行经验。

17.3.5 系原规范第12.2.5条的修改。

对低压厂用变压器容量的选择考虑今后发展和临时用电的需要，仍规定留有10%左右的裕度。

17.3.6 系原规范第12.2.6条的修改。

由发电机电压母线引接的备用电源，可靠性差，但运行经验表明，发生故障的几率很小。这种引接方式具有投资省的优点，因此，当有发电机电压母线时，可从该母线引接一个备用电源，而第二个备用电源则不宜再从该发电机电压母线引接。

"电源可靠"的含义是指容量应能满足备用电源自启动和连续运行的要求，电源数量应在2个以上（包括本厂的发电机电源）。"从外部电力系统取得足够的电源"是指在发电厂全厂停电后能满足启动机组的需要，包括三绕组变压器的中压侧从高压侧取得足够的电源。此时应注意由于负荷潮流变化引起母线电压降低的不利因素，并应满足发电厂重要的大容量电动机正常启动电压的要求。

"从外部电网引接专用线路"作为高压厂用备用电源是指发电厂中仅有1级～2级升高电压向电网送电，而发电厂附近有较低电压级的电网，且在发电厂停电时能提供可靠的电源，在这种情况下，可从该电网引接专用线路作为备用电源。

"两个相对独立的电源"是指接于同一升高电压等级的不同母线段上（包括通过母联或分段断路器连接的不同母线），也就是说2个及以上的高压厂用备用电源，可全部引自具有2个及以上电源的双母线接线的配电装置，或单母线分段的配电装置。当技术经济合理时，也可从不同电压等级的配电装置母线上引接。

对于出口装设断路器的机组，其高压厂用备用变压器的功能为机组的事故停机电源和/或高压厂用工作变压器的检修备用。事故停机电源是基本功能，必须满足，检修备用可根据电厂需要，结合厂用电接线、厂用变压器容量、厂用开关开断能力等因素按需设置。

17.3.7 系原规范第12.2.7条。

高、低压厂用备用变压器的容量选择，均应满足最大的一台厂用工作变压器所带的负荷要求。

17.3.8 系原规范第12.2.8条的修改。

对100MW级及以下发电机的厂用分支线上装设断路器已有成熟的运行经验，其优点是：当厂用分支回路发生故障时，仅将高压厂用变压器切除，而不影响整个机组的正常运行。

17.3.9 系原规范第12.2.9条的修改。

本条中的Ⅰ类负荷系指短时（包括手动切换恢复供电所需的时间）停电可能影响人身或设备安全，使生产停顿或发电量大量下降的负荷。Ⅱ类负荷系指允许短时停电，但停电时间过长，有可能损坏设备或影响正常生产的负荷。Ⅲ类负荷为长时间停电不会直接影响生产的负荷。

本条中所指的备用电源是明备用电源，不包括互为备用的暗备用电源。

17.3.10 系原规范第12.2.10条的修改。

热电厂不宜超过6台，凝汽式发电厂不宜超过4台。在工作电源较多的情况下，为了对工作电源提供可靠的备用电源，需设置第二台备用电源，以满足厂用电源供电的可靠性。

17.3.11 系原规范第12.2.11条的修改。

因本规范适用范围增大到100MW级机组，当锅炉为410t/h级时，具有双套辅机，所以每台机组设置2段母线供电。

17.3.12 系原规范第12.2.12条。

发电厂内设置固定的交流低压检修供电网络，为检修、试验等工作提供方便。

在检修现场装设检修电源箱是为了供电焊机、电动工具和试验设备等使用。

17.3.13 系原规范第12.2.13条的修改。

厂用变压器接线组别的选择应使厂用工作电源与备用电源之间相位一致，原因是以便厂用工作电源可采用并联切换方式。

低压厂用变压器采用D，yn接线，变压器的零序阻抗大大减小，可缩小各种短路类型的短路电流差异，以简化保护方式。另外，对改善运行性能也有益处。

17.4 高压配电装置

17.4.1 系原规范第12.3.2条的修改。

17.4.2 系原规范第12.3.1条的修改。

35kV屋内配电装置具有节约土地、便于运行维护、防污性能好等优点，且投资也不高于屋外型，所以宜采用屋内配电装置。110kV～220kV的SF6全封闭组合电器（GIS）目前国内的价格已经降低，因此在大气严重污秽地区（或场地受限制时），经技术经济论证决定是否采用GIS。

17.5 直流电源系统及交流不间断电源

17.5.1 系原规范第12.6.1条的修改。

17.5.2 系原规范第12.6.2条和第12.6.3条的修改。

本条增加了50MW级及以上机组蓄电池组数量的要求。

17.5.3 本条为新增条文。

17.5.4 本条为新增条文。

本条对正常运行、均衡充电和事故放电工况下的直流母线电压允许变化范围作了规定。

17.5.5 系原规范第12.6.4条的修改。

当装设2组蓄电池时，因控制负荷属于经常性负荷，为保证安全，可以允许切换到1组蓄电池运行，故应统计全部负荷。事故照明负荷因负荷较大而影响蓄电池容量，故按60%统计在每组蓄电池上。

17.5.6 系原规范第12.6.5条的修改。

当企业自备电厂不与电力系统连接时，在事故停电时间内，很难立即处理恢复厂用电，故蓄电池的容量按事故停电2h的放电容量计算。

17.5.7 系原规范第12.6.6条的修改。

对于晶闸管充电装置，原则上可配置1套备用充电装置，即：1组蓄电池配置2套充电装置；2组蓄电池可配置3套。高频开关充电装置，整流模块可以更换，且有冗余，原则上不设整台装置的备用。即：1组蓄电池配置1套充电装置，2组蓄电池配置2套充电装置。

17.5.8 系原规范第12.6.7条。

当采用单母线或单母线分段接线方式时，每一段母线上接有一组蓄电池和相应的充电设备。当相同电压的两组蓄电池设有公用备用充电设备时，在接线上还应能将这套备用的充电设备切换到两组蓄电池的母线上。

17.5.9 本条为新增条文。

当机组或主厂房热工自动化控制系统采用计算机控制系统时应设置在线式交流不间断电源。

17.5.10 本条为新增条文。

本条对交流不间断电源的主要技术条件作出了规定。

17.5.11 本条为新增条文。

本条对交流不间断电源的输入电源作出了规定。

17.5.12 本条为新增条文。

本条对交流不间断电源配电接线作出了规定。

17.6 电气监测与控制

17.6.1 系原规范第12.7.1条的修改。

热工自动化控制方式分为机炉电集中控制、机炉集中控制、锅炉集中控制、汽机集中控制方式。根据热工控制方式的分类，结合目前技术水平的发展以及实际运行情况，当采用机炉电集中控制方式时，推荐采用分散控制系统（电气系统纳入DCS）方案，此时电力网络部分的控制应设在机炉电集中控制室；当采用机炉集中控制、汽机集中控制方式时，电气采用主控制室的控制方式，并推荐采用电气监控管理系统，该系统也包括电力网络系统的控制。

17.6.2 本条为新增条文。

本条对计算机控制系统的网络结构作出了规定。

17.6.3 本条为新增条文。

本条对机炉电集中控制室内的电气控制设备及元件作出了规定。

17.6.4 系原规范第12.7.3条的修改。

本条对采用主控制室控制时，应在电气监控管理系统进行控制和监视的设备及元件作出了规定。

17.6.5 本条为新增条文。

本条对电力网络计算机监控系统的监控范围作出了规定。

17.6.6 本条为新增条文。

17.6.7 本条为新增条文。

为了保证事故紧急情况可采用硬手操实现安全停机，本条提出了至少要保留的后备硬操手段。

17.6.8 本条为新增条文。

继电保护、自动准同步、自动电压调节、故障录波和厂用电切换装置采用专门的独立装置，不纳入计算机控制系统。

17.6.9 系原规范第12.7.4条。

主控制室控制的设备和元件的继电保护装置和电度表宜装设

在主控制室内，但低压厂用变压器的继电保护和电度表也可放在厂用配电装置内。

17.6.10 本条为新增条文。

电力网络部分的同期功能也可以在电力网络计算机监控系统中实现。

17.6.11 本条为新增条文。

本条对隔离开关、接地开关和母线接地器与断路器之间的防误操作作出了规定。

17.7 电气测量仪表

17.7.1 系原规范第12.8.1条的修改。

17.7.2 本条为新增条文。

17.8 元件继电保护和安全自动装置

17.8.1 系原规范第12.9.1条的修改。

17.9 照明系统

17.9.1 本条为新增条文。

本条提出了发电厂照明系统的设计原则和要求。

绿色照明是指节约能源、保护环境，有益于提高人们生产、工作、学习效率和生活质量，保护身心健康的照明。

17.9.2 本条为新增条文。

17.9.3 系原规范第12.10.1条的修改。

根据目前照明设计的要求，对发电厂正常照明、应急直流照明系统重新作了规定。

17.9.4 系原规范第12.10.2条和第12.10.3条的修改。

按现行国家标准《特低电压（ELV）限值》GB/T 3805的规定："当电气设备采用24V以上的安全电压时，必须采取防止直接接触带电体的保护措施"，故本条对生产厂房内安装高度低于2.2m照明灯具以及热管道与电缆隧道内照明灯具的安全电压规定为24V。

17.9.5 系原规范第12.10.4条的修改。

在选择光源时，应进行全寿命期的综合经济分析比较。因为高效、长寿命光源虽然价格较高，但使用数量减少，运行维护费用降低，如细管径直管荧光灯、紧凑型荧光灯和金属卤化物灯、高压钠灯。三基色荧光灯比卤粉的荧光灯显色性好，光效更高，寿命更长。

17.9.6 系原规范第12.10.5条的修改。

为确保电厂的安全运行和防止船只对取、排水口及码头等构筑物可能造成的危害，本条作出了相应的规定。

17.10 电缆选择与敷设

17.10.1 系原规范第12.11.1条的修改。

本条按现行国家标准《电力工程电缆设计规范》GB 50217的有关规定执行。

17.11 过电压保护与接地

17.11.1 系原规范第12.12.1条的修改。

17.11.2 本条为新增条文。

本条规定了主要生产建（构）筑物、辅助厂房建（构）筑物和生产办公楼、食堂、宿舍楼等附属建（构）筑物，液氨贮罐分别应执行的国家标准。

17.11.3 本条为新增条文。

本条规定了发电厂交流接地系统的设计应执行的国家标准。

17.12 电气试验室

17.12.1 本条为新增条文。

电气试验室的规模可参考现行行业标准《火力发电厂修配设备及建筑面积配置标准》DL/T 5059。

17.12.2 系原规范第12.14.2条的修改。

对企业内的自备发电厂，当企业已经设置了电气试验室时，企业自备发电厂不应重复设置电气试验室。当企业电气试验室不能满足发电厂电气设备的高压试验项目要求时，应按发电厂电气试验要求给予配备。

17.13 爆炸火灾危险环境的电气装置

17.13.1 系原规范第12.15.1条的修改。

17.14 厂内通信

17.14.1 系原规范第11.13.1条～第11.13.3条的修改。

对于小型火力发电厂的行政及调度系统可合并考虑，容量基数适当调整，交换机均考虑采用程控交换机。

17.14.2 系原规范第11.13.4条的修改。

17.14.3 系原规范第11.13.5条的修改。

厂内通信电源与系统通信电源可合并考虑。宜放置在厂内通信部分。

17.14.4 本条为新增条文。

目前许多小型电厂不单独设置通信机房，通信设备安装在电气设备室时，考虑通信屏位要求即可。蓄电池也可与电气蓄电池一并摆放。

17.14.5 本条为新增条文。

通信设备必须有安全可靠的接地系统，接地要求执行国家的有关规程、规范。

17.14.6 本条为新增条文。

17.14.7 本条为新增条文。

17.15 系统保护

17.15.1 系原规范第11.2.1条的修改。

17.16 系统通信

17.16.1 系原规范第11.3.1条的修改。

17.16.2 系原规范第11.3.2条的修改。

本条规定了各专业对通道的要求及通道数量、种类的统计。

17.16.3 系原规范第11.3.3条的修改。

小型发电厂一般不是系统中的重要节点，保证有一路通道接入调度端，除非重要的电厂提供两个通道。

17.16.4 系原规范第11.3.4条的修改。

一般电厂配置一套通信电源及蓄电池。

17.16.5 系原规范第11.3.5条的修改。

为方便电厂运行管理，通信设备宜统一布置、统一管理。

17.17 系统远动

17.17.1 系原规范第11.4.1条的修改。

目前许多电厂远动功能纳入电力系统计算机网控系统或DCS，不再需要设置单独RTU。

17.17.2 系原规范第11.4.2条的修改。

由于不同机组由不同的调度进行调度管理，故应满足相应调度的相关规范。

17.17.3 系原规范第11.4.2条。

发电厂与调度中心之间，随着机组大小的不同，电网对机组的接入有不同的通道方式要求，但应至少有一条可靠的远动通道。

17.17.4 本条为新增条文。

17.18 电能量计量

本节为新增章节。

18 水工设施及系统

18.1 水源和水务管理

18.1.1 本条为新增条文。

为了保证电厂供水水源落实可靠，在选厂阶段应充分考虑当地工农业和生活用水的发展情况。此外，同一水体中常有多个用水户，这些用户现在和将来都在改变着水体的水质、水量和水温等要素，这些改变都将对发电厂的运行产生影响。预先注意并考虑到这种影响，对于保证发电厂的安全经济运行是必需的。

18.1.2 本条为新增条文。

根据国家有关产业政策，在北方缺水地区，新建、扩建发电厂禁止取用地下水，严格控制使用地表水，鼓励利用城市污水处理厂的再生水和其他废水，原则上应建设空冷机组。这些地区的发电厂要与城市污水厂统一规划，配套同步建设。坑口电厂项目首先考虑使用矿井疏干水。鼓励沿海缺水地区利用发电厂余热进行海水淡化。

18.1.3 本条为新增条文。

近年来，越来越多的火电厂利用经处理合格后的城市中水作为补给水源，本条强调有条件时，经充分论证和技术经济比较，发电厂应尽量利用城市再生水水源。此外，工业水采用再生水时，按照有关规定，应设备用水源。

18.1.4 本条为新增条文。

根据国家有关产业政策，坑口电站项目应首先考虑使用矿井疏干水。本条强调应根据矿区开采规划和排水方式，分析可供水量。

18.1.5 系原规范第 9.1.3 条的修改。

由于河道取水点区间内存在着工农业用水、生活用水和水域生态用水，根据国家有关规定，强调了电厂取水要取得水行政主管部门同意用水的正式文件。

18.1.6 系原规范第 9.1.1 条的修改。

随着国民经济的迅速发展和人民生活水平的提高，工农业和人民生活用水需求量日益增多，有限的水资源日益紧缺；另一方面，环境保护的要求日趋严格，对废水的处理和排放提出了较高的要求。因此，本条作出了原则性要求，发电厂设计中应对电厂各类用水、排水进行全面规划，综合平衡和优化比较，以达到经济合理、一水多用，综合利用，提高重复用水率，降低全厂耗水指标，减少废水排放量，排水应符合排放标准。

18.1.7 本条为新增条文。

本条是发电厂规划设计的主要原则，强调了水务管理工作中应执行和遵守的有关法律、法规、标准、规定和要求。

18.1.8 本条为新增条文。

本条在我国火力发电厂多年节水经验的基础上参照国内外有关技术标准制定。规定了火电厂设计的节水评价指标。

淡水循环供水系统设计耗水指标按夏季凝汽工况（频率 $P=10\%$ 的气象条件）计算。

表 18.1.8 中直流供水系统包括了淡水直流供水和海水直流供水系统。

耗水量包括厂内各项生产、生活和未预见用水量等，不包括厂外输水管道损失、供热机组外网损失、临时及事故用水、原水预处理系统和再生水深度处理系统的自用水量以及厂外生活区用水。

各类电厂申请取水指标时，应增加管道损失量和水处理系统的自用水量。

18.1.9 本条为新增条文。

发电厂设计中需控制水量和水质的供、排水系统，装设必要的计量和监测装置是贯彻水务管理的必要措施。

18.2 供 水 系 统

18.2.1 系原规范第 9.1.2 条的修改。

在选择供水系统时，必须考虑地区水资源利用规划及工农业用水的合理分配关系，正确预计发电厂周边近期与远期供热负荷的变化，根据水源条件和规划容量，通过技术经济比较确定。

18.2.2 系原规范第 9.1.4 条的修改。

本条增加了空冷系统。

目前国际、国内得到实际应用的电站空冷系统有：直接空冷系统（又称 GEA 或 ACC 系统）、采用混合式凝汽器的间接空冷器（又称海勒系统）、采用表面式凝汽器的间接空冷系统（又称哈蒙系统）共三类。

典型年的选取方法为：先从当地的气象资料找出多年的算术平均气温为 X，然后从最近 5 年～10 年的气象统计资料中的某一年找出其该年算术平均气温 Y，若 $X=Y$，则年算术平均气温为 Y 的那一年即为典型年。

18.2.3 系原规范第 9.1.6 条的修改。

本条增加了应考虑温排水对取水水温的影响。

18.2.4 系原规范第 9.1.7 条的修改。

本条规定了在供水系统的最高计算温度时，应采用的气象参数标准、资料年限及气象参数的频率统计方法和取值方法。

18.2.5 本条为新增条文。

气象资料应取得近期 5 年～10 年的典型年“气温一小时”统计资料和近期 10 年的风频、风速资料。

设计气温的选择方法，目前国内尚无规范、标准可遵循，除 5℃以上年加权平均法外，还有年平均气温法、6000h 法、全年发电量最大法等。

5℃以上年加权平均法：在典型年的小时气温统计表上，从 5℃开始直到最高值取其加权平均值为设计气温（5℃以下按 5℃计算）。

18.2.6 本条为新增条文。

发电厂一般采用集中水泵房母管制供水系统，但容量较大机组经论证后也可采用扩大单元制供水系统。

18.2.7 系原规范第 9.1.5 条。

按照“以热定电，热电联产”的原则，热电厂的建设必须以热负荷为根据，其规划、设计和运行应从宏观上求得年节能最多和年费用最小的综合效益。

18.2.8 本条为新增条文。

18.2.9 系原规范第 9.1.8 条的修改。

发电厂用水水质应能满足设备生产厂的有关技术要求，否则不利于机组的安全运行，当现有水源的水质不能满足要求时，可采取相应处理措施。

悬浮物较多的补充水容易在淋水装置和集水池里沉积，给发电厂的安全运行和检修带来麻烦，冷却塔广泛使用塑料淋水填料后，对水质的要求相应提高，当水中悬浮物含量超过规定值时，宜做预处理。

18.2.10 系原规范第 9.1.9 条的修改。

本条增加了“必要时应进行数模计算或模型试验”，所列因素直接关系到发电厂的投资、经济性和对水域生态的影响。许多实践证明，在工程条件比较复杂的情况下，利用数模计算或模型试验是达到发电厂取、排水口的合理布置和提高经济效益的有效措施。

18.2.11 系原规范第 9.1.10 条的修改。

为提高自动化水平，减轻工人劳动强度，本条对电动或气动阀门的标准作了规定。

18.3 取水构筑物和水泵房

18.3.1 系原规范第 9.2.1 条的修改。

据调查，在保证率 97％的低水位时，以往大多数电厂仍能满发，少数电厂虽由于水位低，取水量受到限制，但采取措施后仍能达到满发。水泵房按保证率97%低水位校核是有利于发电厂的安全运行。当出现校核低水位时，允许减少取水量，减少的幅度应根据工程和水源的具体情况确定。

18.3.2 系原规范第9.2.2条。

实践证明，地表水的取水构筑物的进水间分隔成若干单间，为清污、设备检修提供了方便。

在有冰凌的河、湖、海水域，宜在取水口前设置拦冰设施或采取排水回流措施提高取水口处的水温。在有大量泥沙的河道、海湾取水时，取水口应避开回流区，并根据取水口处含沙量垂直分布的情况采取减少悬浮物及防止推移质进入的措施。

当水中漂浮物较多时，取水口进口的流速宜小于该区域天然流速，但不宜小于0.2m/s，以免使取水口的造价太高。

18.3.3 系原规范第9.2.3条的修改。

对岸边水泵房±0.00m层标高作出规定，以保证岸边水泵房的安全，也就保证了发电厂的正常供水。

频率为2%的浪高，可采用重现期为50年的波列累积频率1%的波浪作用在泵房前墙的波峰面高度。波峰面高度可按现行行业标准《海港水文规范》JTJ 213的有关规定计算确定。如果在几乎没有风浪的江河上取水时，频率2%浪高这项可取零值。受风浪潮影响较大的江、河、湖旁发电厂，由于没有如海边区域那种的波浪样本，常用风推算浪，此时浪高采用重现期50年的浪爬高。

18.3.4 系原规范第9.2.4条。

有条件时，采用浮船式或缆车式取水设施，可节省取水构筑物的建设费用。

18.3.5 本条为新增条文。

在循环供水系统中有条件时，循环水泵应优先考虑设置在汽机房或其毗屋内，以减少泵房建筑费用和占地，降低工程造价。

18.3.6 本条为新增条文。

据调查，许多大型发电厂循环水泵都采用了露天布置，采用露天布置可节约投资，因此，在大气腐蚀不严重且可采取防冻措施的工程中可考虑水泵露天布置。

18.3.7 系原规范第9.2.5条的修改。

由于小机组规划容量越来越大，考虑到近期和远期的关系及运行灵活性，将原规范容量循环水泵设置3台～4台改为不少于4台。

18.3.8 系原规范第9.2.8条的修改。

由于补给水泵在循环供水系统中的重要地位，以及补给水泵检修工作量大于管道检修的特点，同时考虑了机组的规划容量，补充水泵由原规范的宜设置3台，改为不宜少于3台。既考虑了补给水泵调度的灵活性，又明确了有1台备用水泵，增加的费用有限，有利于电厂的安全运行。

18.3.9 系原规范第9.2.7条的修改。

与海水直接接触的部件中，增加了闸门门槽。增加了涂料、阴极保护防腐措施。

由于泵和阀门属于机械产品，当选用耐海水腐蚀材料时，应与制造厂签订技术协议予以明确。

18.3.10 系原规范第9.2.10条的修改。

本条从保障水泵房安全运行、提供必需的劳动安全卫生条件、减轻工人劳动强度等方面考虑，对水泵房、切换间内设备的安装、运行、检修作出了规定。

当水泵等设备露天布置时，根据工程具体要求可设或不设固定式检修吊车，如不设，需要时采用汽车吊等移动式吊车完成。

18.4 输配水管道及沟渠

18.4.1 系原规范第9.1.11条的修改。

本条规定了达到规划容量时循环进、排水管（沟）不宜少于2条。根据调查了解，已建的发电厂达到规划容量时，绝大多数发电厂为2条或2条以上的循环进、排水管（沟）。

18.4.2 系原规范第9.1.12条的修改。

本条规定了当补给水管设置1条时，应考虑蓄水池或其他供水措施作备用，以提高供水的可靠性。一般可采用城市供水或相邻厂矿企业供水作为备用水源，但应落实可靠。当设置蓄水池时，其容量应按补给水管事故所必需的抢修时间计算，抢修时间应根据管长、管材、管径、管路特点、管道敷设条件、道路、运输工具、排除事故的手段以及气候条件等因素确定。一般宜按8h～12h考虑。

为节省初期建设费用，可根据工程具体情况，实现分期建设。另外，本条还对采用2条补给水管时的单管通流能力作了规定。当每条补给水管不能保证通过60%补给水量时，则补给水管之间每隔一定距离需设置联络管和阀门，以便当其中1条补给水管局部发生事故时，可利用联络管和阀门进行切换，实现事故管的分段运行，以确保补给水量不少于60%。

为了节约用水和考核用水指标，本条规定了在补给水总管上及厂内主要用户的接管上应装设水量计量装置。

18.4.3 本条为新增条文。

本条参照了现行行业标准《火力发电厂水工设计规范》DL/T 5339的有关规定。根据当今新材料的发展，可用于循环水管及补充水管的管材越来越多，钢管并非压力管道最好的管材。循环水管及补充水管管材的选用应通过技术经济比较后确定。对于输送海水的管道以及大口径循环水压力管道，在管线较长时宜采用预应力钢筋混凝土或预应力钢筒混凝土管。

18.4.4 系原规范第9.1.13条的修改。

从明渠的施工和运行特点出发，供水明渠应按规划容量一次建成。

18.5 冷却设施

18.5.1 系原规范第9.3.1条。

冷却设施的选择受诸多因素的影响，各种冷却设施都有一定的适用范围，但又受其自身特点的限制，除应满足使用要求外，还应结合水文、气象、地形、地质等自然条件，材料、设备、电能、补给水的供应情况，场地布置和施工条件，运行的经济性，冷却设施与周围环境的相互影响，通过技术经济比较确定合适的冷却设施。

目前发电厂运用最广泛的冷却设施是冷却塔。

18.5.2 系原规范第9.3.7条的修改。

水库、湖泊或河道水体作为发电厂的冷却池，可减少水工设施占地和循环水系统的总损失量，能获得较低的冷却水温。当自然条件合适时，尚可减少水工设施的施工工程量。因此，在条件许可时，利用水库、湖泊或河道水面冷却循环水是适宜的。

利用水库、湖泊或河道作为冷却池后，将使水体的自然环境条件发生变化，并对社会的其他生产活动带来一定的影响。在冷却池设计中，还应根据国家的有关标准和规定，充分考虑取水、排水及其建筑物对工农业、渔业、航运和环境等带来的影响，并应同有关方面充分协商，提出解决有关问题的措施方案，取得有关部门出具的书面同意文件。

18.5.3 系原规范第9.3.2条的修改。

机械通风冷却塔初期投资小、建设工期短、布置紧凑占地少、冷却后水温较低、冷却效果稳定，适宜在空气湿度大、气温高、要求冷却后水温比较低的情况下采用，也适应于小型发电厂建设投资少、速度快的特点。但是机械通风冷却塔需要风机设备，运行中要消耗电能，增加了检修维护工作量及运行费。

自然通风冷却塔初期投资较大，施工期较长、占地多，但运行维护工程量少，冷却效果稳定，适用于冷却水量较大的情况。

近年来，随着机械通风冷却塔技术的发展，其设计、制造和运行经验日益成熟，在一些工程中得以采用。因此本条强调了采用何种塔型，应结合工程具体情况，通过技术经济比较后确定。

18.5.4 系原规范第9.3.3条的修改。

本条对冷却塔的布置及间距提出了具体的要求。

18.5.5 系原规范第9.3.4条的修改。

淋水填料是在塔内造成水和空气充分接触进行热交换的关键元件。近年来冷却塔中已全面推广使用塑料淋水填料、除水器、喷溅装置和配水管。为了确保这些塑料部件制品的制造及安装质量，原国家电力公司组织有关单位编制了现行行业标准《冷却塔塑料部件技术条件》DL/T 742，规定了冷却塔内使用的塑料材质的淋水填料、除水器、喷溅装置和配水管等部件有关设计、生产制造、质量检验、安装和运行管理等各个环节的基本要求，在冷却塔设计中应执行该技术条件。

18.5.6 系原规范第9.3.5条的修改。

原条文中冷却塔宜装设除水器改为应装设除水器。这是从节约用水、改善厂区和邻近地区环境条件、缩小冷却塔与附近建(构)筑物的间距以减少厂区占地和降低循环水管(沟)造价等方面考虑，新建的自然通风冷却塔或机械通风冷却塔应装设除水器。

根据冷却塔多年运行实践表明，目前塑料材质的除水器已取代了玻璃钢除水器。

18.5.7 系原规范第9.3.6条的修改。

在寒冷和严寒地区，冷却塔冬季运行中的最大隐患和危害是结冰。冷却塔结冰后，不仅影响塔的通风，降低冷却效果，严重时还会造成淋水填料塌落、塔体结构和设备的损坏。为保证发电厂安全经济运行，设计中应采用合适的防冰措施。

18.5.8 本条为新增条文。

本条规定的目的是为了减小通风阻力，提高冷却效率。

18.5.9 本条为新增条文。

电厂采用空冷系统后，初投资一般增加5%～10%，因此，强调了空冷系统设计应通过技术经济比较后确定空冷系统的形式。

18.5.10 本条为新增条文。

18.5.11 本条为新增条文。

由于空气冷凝器暴露在空气中，直接与周围空气进行热交换，因此环境风场必然会对空气冷凝器的正常运行产生很大影响，特别是风的作用会使空冷系统的换热效率降低，导致汽轮机的背压提高，降低发电效率，极端的情况会导致汽轮机的背压超过安全标准，造成电厂停机。

因此，当风环境比较复杂或电厂周边地形地貌特殊时，为了评估环境对空冷系统造成的影响，应对空冷机组方案进行系统的数模计算或物模试验验证，以弄清风对空冷系统换热效率的影响规律，从而为减少这些不利影响，保证机组满负荷安全、经济运行提出建设性措施，使得最后的实施方案做到科学合理。

18.5.12 本条为新增条文。

本条根据已有工程经验确定。

18.5.13 本条为新增条文。

18.5.14 本条为新增条文。

本条提出了排烟冷却塔在设计时应考虑的主要因素和要求。

排烟冷却塔在欧洲国家已有20多年的运行经验，取得了较好的社会效益。2006年，北京热电厂一期改造工程投运了我国第一座排烟冷却塔，淋水面积3090m²；2007年，国内自主设计的排烟冷却塔在三河电厂二期工程投运，淋水面积4500m²。

18.5.15 本条为新增条文。

海水冷却塔是沿海地区节约淡水资源与减低海洋热污染的有效途径，在德国、美国、日本等国家采用较多。由于海水的物理特性与淡水不同，因此本条强调了海水冷却塔的选型与设计应考虑的因素。

18.5.16 本条为新增条文。

当环境对冷却塔的噪声有限制时，视工程具体条件应采取下列措施降低噪声：

1 机械通风冷却塔选用低噪声型的风机设备。

2 改善配水和集水系统，减低淋水噪声。

3 冷却塔周围设置隔音屏障。

4 冷却塔设置的位置远离对噪声敏感的区域。

18.6 外部除灰渣系统及贮灰场

18.6.1 系原规范第9.4.1条的修改。

目前发电厂厂区外的灰渣管大部分沿地面敷设，检修方便，运行情况良好。但有可靠依据证明灰管结垢或磨损不严重时，可以将灰管浅埋于地下，其优点是不占农田，施工简单，节省投资。

18.6.2 本条为新增条文。

关于检修道路的标准，应以简易道路为宜。

18.6.3 系原规范第9.4.3条和第9.4.4条的修改。

近年来，由于环保、节水等要求贮灰场澄清水不能直接外放，灰水考虑回收，故对原条文作局部修改。

18.6.4 本条为新增条文。

灰渣管道的选择应根据灰水性质(灰、渣、灰渣)确定。近十几年来，针对发电厂的除灰管道出现了许多复合管材，如薄壁管内衬铸石管道、衬胶管道、衬塑管道、衬塑胶管道和衬陶瓷管道等，这些管材均已通过权威机构鉴定并推广使用。

18.6.5 本条为新增条文。

18.6.6 本条为新增条文。

由于灰水回收管道发生事故时对电厂生产影响甚微，因而规定了灰水回收管道可以不设备用。

18.6.7 系原规范第9.6.11条的修改。

灰渣综合利用途径越来越广，排入贮灰场的灰渣量越来越少，因此贮灰场的初期容量不宜太大，且应分期、分块建设，以节省工程投资，同时减少土地的占用。

18.6.8 本条为新增条文。

本条系引用了现行行业标准《火力发电厂水工设计规范》DL/T 5339的内容，强调了山谷水灰场堤坝的设计标准。

根据现行国家标准《堤防工程设计规范》GB 50286并参考现行行业标准《碾压式土石坝设计规范》SL 274，将坝体抗滑稳定安全系数的计算工况分为“正常运行条件”和“非常运行条件”。抗滑稳定计算组合工况按现行行业标准《火力发电厂水工设计规范》DL/T 5339执行。

贮灰场堤坝的安全稳定是贮灰场安全运行的关键，一旦失事，其危害较大。

18.6.9 本条为新增条文。

本条系引用现行行业标准《火力发电厂水工设计规范》DL/T 5339的内容，强调了江、河、湖、海滩(涂)灰场围堤的设计标准。

18.6.10 系原规范第9.4.2条的修改。

本条增加了山谷型干灰场截洪、排洪导流的要求。

18.6.11 系原规范第9.6.15条的修改。

1 系第9.6.15.1款的修改。

2 系第9.6.15.2款的修改。

3 系第9.6.15.3款的修改。干灰场运行时，考虑到工作条件较为恶劣，机具零件容易磨损，故障较频繁，为此要求施工机具要有备用。

4 系第9.6.15.4款的修改。

5 系新增条款，由于贮灰场附近一般均有居民和农作物田地，运行机具的噪声及飞灰对其影响较大，因此要求干贮灰场四周应设绿化隔离带，减少灰场运行时噪声及飞灰对周围的影响。

18.7 给水排水

18.7.1、18.7.2 系原规范第9.5.1条和第9.5.2条的修改。

18.7.3 本条为新增条文。

18.7.4 系原规范第9.5.8条的修改。

发电厂生产排水可分为两部分：污染较严重、需经处理后方可排放的部分称作生产污水；轻度污染或水温不高，不需处理即可排放的部分则称为生产废水。

随着对环境保护的日益重视，为消除或减少污染，需对生活污水、生产污水进行必要的处理后方可排放。处理达标后的生产污水可视为生产废水，应尽量重复使用，如果不能重复利用时，对外排放的水质应符合现行国家标准《污水综合排放标准》GB 8978 的规定。

18.7.5 系原规范第 9.5.8 条的修改。

18.7.6 本条为新增条文。

目前，电厂处理含煤废水的方法很多，除常用的有一体化净水器外，还有利用微孔陶瓷滤板进行机械过滤、加药混凝后利用膜式过滤器直接过滤等方法。这些方法在处理效果、运行管理的难易程度和运行成本、初期投资等方面均有差异，设计时需结合工程具体情况，通过技术经济比较后综合考虑确定。

18.7.7 本条为新增条文。

18.8 水工建(构)筑物

18.8.1～18.8.3 系原规范第 9.6.1 条～第 9.6.3 条的修改。

18.8.4、18.8.5 系原规范第 9.6.4 条和第 9.6.5 条。

18.8.6、18.8.7 系原规范第 9.6.6 条和第 9.6.7 条的修改。

18.8.8 系原规范第 9.6.8 条。

18.8.9 系原规范第 9.6.9 条的修改。

水工建筑物(特别是厂外取水构筑物和水泵房)的施工，受自然条件影响较大，施工条件一般比较困难，施工费用较多，因此，应按规划容量统一规划。

当取水构筑物和水泵房不受场地布置和施工等条件的限制，且经济上合理时，则应分期建设，以节省投资。

18.8.10 本条为新增条文。

为保持和改善生态环境，排水口的形式应进行水力模型试验，满足其消能和散热的要求。

18.8.11 本条为新增条文。

本条系引用现行行业标准《火力发电厂水工设计规范》DL/T 5339的有关内容。

为保证干灰场的良好运行和减少天然雨水不受灰渣影响，设置截洪沟以拦截外来洪水是经常采用的防洪措施，但其设计标准不宜太高，以节省工程投资。

18.8.12 本条为新增条文。

本条引用现行行业标准《火力发电厂水工设计规范》DL/T 5339的有关内容。

为了保证灰场安全运行，需要在灰场上游端修建拦洪坝，灰场内底部建输水设施将拦截的上游洪水通过输水设施排至灰场下游，本条规定了上游拦洪坝设计标准及确定坝高的原则性要求。

18.8.13、18.8.14 系原规范第 9.6.13 条和第 9.6.14 条的修改。

19 辅助及附属设施

19.0.1 系原规范第 16.0.1 条的修改。

本条强调了发电厂的设计一般不设置金工修配设施，应充分利用社会加工能力。

19.0.2 系原规范第 16.0.2 条的修改。

本条强调了设置检修车间和检修机具的条件，仅限于边远和偏僻电厂。

19.0.3 系原规范第 16.0.3 条。

19.0.4 系原规范第 16.0.4 条的修改。

据调研，目前热电厂大多采用循环流化床锅炉，除灰所需的空气量比较大，化水车间的仪用空气量占一定份额，多数热电厂全厂集中设一个空压机房，分别向各工艺专业用气点供气。

控制用和检修用宜采用同型号、同容量的空气压缩机，控制用和检修用压缩机可以互为备用，以减少备件的品种，提高设备的利用率，同时也保证了压缩空气供气的可靠性。为了防止机组大修时检修用压缩空气耗量过大导致母管压力下降影响控制用压缩空气的质量，从母管引向检修用压缩空气的一端应设动力驱动隔离阀，一旦母管压力低于一定值，联锁关闭该隔离阀，保证控制用压缩空气的质量。

热工控制用气设备的最大连续用气量一般按统计的气动设备耗气量的 2 倍确定。根据调研的电厂反映，目前使用的大多为进口技术的螺杆式空压机，质量可靠，对于 410t/h 级及以下的锅炉，备用一台即可，但贮气罐的容量适当增大。当采用活塞式空气压缩机、且运行台数大于 3 台时，建议备用 2 台。热工控制用储气罐的容量必须满足全厂断电或全部空压机故障安全停机所需的耗气量。空压机台数应考虑下列两个工况：

1 两台机组正常运行，不需要检修用压缩空气时。

2 一台机组正常运行，另一台机组正在检修时。

本条对控制用压缩空气的质量提出了标准和详细规定。

19.0.5 系原规范第 16.0.5 条的修改。

发电厂设备和管道的保温是一项重要的节能措施。保温好坏直接影响到年运行费用。对高温和中温管道保温材料的最大导热系数和容重作了明确的规定。数值取自现行行业标准《火力发电厂保温油漆设计规程》DL/T 5072。

本条对发电厂设备、管道的保温及其计算方法作了规定。

对于露天的供热蒸汽管道宜采用防潮层，减少热损失。

由于机组容量和参数的提高，垂直管道支撑件的间距作了调整，结构形式分为紧箍承重环和焊接承重环两种。

19.0.6 系原规范第 16.0.6 条的修改。

据调研，保护层外标识管道的介质名称和流向箭头可满足要求。为了防腐，增加了介质温度低于 120℃ 的管道、设备都应进行油漆的规定。

19.0.7 系原规范第 16.0.7 条的修改。

20 建筑与结构

20.1 一 般 规 定

20.1.1 系原规范第 15.1.1 条的修改。

20.1.2 系原规范第 15.1.2 条的修改。

本条强调了节能、环保要求。

20.1.3 本条为新增条文。

20.1.4 本条为新增条文。

本条明确了规范规定范围内的建(构)筑物主体结构的设计使用年限。

20.1.5 本条为新增条文。

对于不同结构，其安全等级不同。一般情况下，应按现行国家标准《建筑结构可靠度设计统一标准》GB 50068、《混凝土结构设计规范》GB 50010、《钢结构设计规范》GB 50017 的有关规定执行。包括主厂房在内的一般电厂建筑结构的安全等级可取二级。

依据现行国家标准《烟囱设计规范》GB 50051，高度 200m 及以上的烟囱安全等级为一级。

主厂房钢筋混凝土煤斗、汽机房屋盖主要承重结构、钢筋混凝土悬吊锅炉炉架安全等级为一级。

20.1.6 本条为新增条文。

20.1.7 本条为新增条文。

建筑材料的使用分别受国家、地方政策法规的限制，选择时应充分考虑这些因素。

20.1.8 本条为新增条文。

20.1.9 系原规范第 15.1.8 条的修改。

厂房结构设置温度伸缩缝，是为了避免由于温差和混凝土收缩使结构产生严重的变形和裂缝。伸缩缝最大间距的取值主要根据设计规范的规定，并结合发电厂特点以及设计经验确定。

20.1.10 系原规范第 15.1.17 条的修改。

所谓采取防盐雾侵蚀措施，一般指尽可能少用外露钢结构，必须采用时应在钢结构表面加强防腐涂料处理；外露的钢筋混凝土结构应适当增加钢筋保护层的厚度。

20.2 抗 震 设 计

本节为新增章节。

20.2.1 本条为新增条文。

20.2.2 系原规范第 15.1.14 条的修改。

特别重要的工矿企业的自备发电厂主要指没有备用电源的发电厂及没有备用热源的热电厂，其停电（热）会造成重要设备严重破坏或危及人身安全。

20.3 主厂房结构

本节为新增章节。

20.3.1 系原规范第 15.1.12 条的修改。

钢筋混凝土结构仍然是小型发电厂优先考虑的结构方案，增加了钢结构方案。

20.3.2 本条为新增条文。

发电厂主厂房屋面结构大多采用屋架及大型屋面板的无檩体系，但因结构自重大，在抗震区对抗震不利。近年来，发电厂主厂房屋面结构采用钢屋架、钢檩条和压型钢板作底模上铺钢筋混凝土现浇板的有檩体系越来越多。故屋面结构采用何种体系，应结合工程特点、施工条件及材料供应等情况来确定。

20.3.3 本条为新增条文。

20.3.4 本条为新增条文。

20.3.5 本条为新增条文。

悬吊式锅炉炉架建议优先采用钢结构，不排除采用钢筋混凝土结构的可能。

20.3.6 本条为新增条文。

本条规定了汽轮发电机基础设计的要求。

20.4 地基与基础

本节为新增章节。

20.4.1 系原规范第 15.1.13 条的修改。

本条提出了地基与基础设计的总的要求。地基与基础设计首先要以工程地质勘测报告中的建议为主要依据，同时结合工程特点、地区建设经验，采用优化设计方案，以提高设计质量。

20.4.2 本条为新增条文。

主厂房地基设计在一般情况下宜采用同一类型的地基，但也可根据工程的具体地质条件，采用不同的地基形式。如某工程锅炉房采用桩基，而汽机房及除氧煤仓间采用天然地基；另一工程则相反，锅炉房为天然地基，而汽机房及除氧煤仓间则采用桩基。实践证明，厂房不同的结构单元采用不同的地基形式，不仅有效地减少了各单元之间的差异沉降，而且具有明显的经济效果。

20.4.3 本条为新增条文。

地基是建（构）筑物的根基，通过地基承载力、地基变形和稳定性计算，才能保证建（构）筑物的安全。

20.4.4 本条为新增条文。

对于软弱地基，应视建筑物的重要性及其对地基承载力的要求，本着安全、经济的原则，采用不同的人工地基。浅层加固常用的方法有强夯法、强夯置换法、排水固结法、振冲挤密桩、挤密砂石桩、灰土桩、换填置换法等。当浅层加固不能满足设计要求时，软弱地基亦可采用桩基处理。

重要建（构）筑物指主厂房、烟囱、冷却塔、场地和地基条件复杂的一般建（构）筑物。

20.4.5 本条为新增条文。

本条提出了厂房基础的选型意见。

20.4.6 本条为新增条文。

贮煤场地基处理可采用堆煤自预压法、堆载预压法、真空预压法、水泥搅拌桩、碎石桩、高压旋喷桩等。

20.4.7 本条为新增条文。

本条根据现行国家标准《建筑地基基础设计规范》GB 50007—2002第 10.2.9 条的要求制定。

20.4.8 本条为新增条文。

20.5 采光和自然通风

本节为新增章节。

20.5.1 系原规范第 15.3.1 条的修改。

为了使厂房内天然采光能保持一定的采光系数，侧窗需经常擦洗和便于洁净；为了节能，主厂房内应避免设置大面积玻璃窗。

20.5.2 系原规范第 15.3.1 条的修改。

本条以现行国家标准《建筑采光设计标准》GB/T 50033 为依据，并结合电厂实际情况，规定了发电厂建筑物天然采光标准。

20.5.3 本条为新增条文。

20.5.4 系原规范第 15.3.2 条的修改。

20.6 建筑热工及噪声控制

本节为新增章节。

20.6.1 本条为新增条文。

本条提出了建筑热工设计的基本要求。

20.6.2 本条为新增条文。

本条应按照有关标准进行建筑热工设计。

20.6.3 系原规范第 15.3.5 条的修改。

20.7 防 排 水

本节为新增章节。

20.7.1 本条为新增条文。

20.7.2 系原规范第 15.4.2 条的修改。

据调查，已建电厂的室内沟道、隧道大部分存在渗、漏水和积水问题，主要原因是设计时没有可靠的防排水措施，因此强调"应有妥善的排水设计和可靠的防排水措施"，以保证电厂生产安全。

20.7.3 本条为新增条文。

20.8 室内外装修

20.8.1 系原规范第 15.4.6 条的修改。

现行国家标准《建筑内部装修设计防火规范》GB 50222 对建筑室内外装修有详细的规定。

20.8.2 系原规范第 15.4.5 条的修改。

20.9 门 和 窗

本节为新增章节。

20.9.1 系原规范第 15.4.3 条的修改。

对电气建筑物的门窗及墙上的开孔洞部位应采取措施防止小动物的进入，以免影响电气设备的安全运行。

20.9.2 系原规范第 15.4.4 条的修改。

考虑到有特殊工艺要求的房间，如集中控制室、计算机房、通信室等有隔声、防尘的要求，采用塑钢或铝合金门、窗比较合理。

20.9.3 本条为新增条文。

有侵蚀性物质的化水用房有腐蚀性气体，对金属有腐蚀作用，如采用金属门、窗，应采用防腐型。

20.10 生活设施

20.10.1～20.10.3 系原规范第15.5.1条～第15.5.3条的修改。

20.11 烟 囱

本节为新增章节。

20.11.1 系原规范第15.6.4条的修改。

20.11.2～20.11.4 系新增条文。

20.12 运煤构筑物

本节为新增章节。

20.12.1 本条为新增条文。

当运煤栈桥跨度大于24m时，预应力钢筋混凝土结构受到施工条件、场地要求等种种因素的限制，较难推广，故倾向于其纵向结构采用钢桁架，而栈桥支架仍可选择混凝土结构方案。

20.12.2 系原规范第15.6.5条的修改。

我国是个多气候的国家。据调查报告分析，运煤栈桥的形式也有多种，封闭运煤栈桥采用轻型围护结构较为合理。

20.12.3 本条为新增条文。

20.13 空冷凝汽器支承结构

本节为新增章节。

20.13.1 本条为新增条文。

本条提出了空冷凝汽器支承结构平面布置的要求。

20.13.2 本条为新增条文。

本条规定了空冷凝汽器支承结构的选择形式。

20.13.3 本条为新增条文。

空冷凝汽器主要承重钢结构构件要进行可靠的防腐。

20.14 活 荷 载

20.14.1 系原规范第15.7.1条。

20.14.2 系原规范第15.7.2条的修改。

表20.14.2"火力发电厂主厂房屋面、楼(地)面均布活荷载标准值及组合值、频遇值和准永久值系数"基本上保留原规范的荷载取值。另根据现行国家标准《建筑结构荷载规范》GB 50009，增加可变荷载的频遇值系数、组合值系数。

20.14.3、20.14.4 系原规范第15.7.3条和第15.7.4条的修改。

21 采暖通风与空气调节

21.1 一般规定

21.1.1 系原规范第14.1.1条的修改。

本条规定了集中采暖地区和采暖过渡地区的气象条件。

采暖区的划分是一项比较复杂而且政策性很强的问题，它不仅取决于人民的生活水平和需要，而且受到国家财力和物力的制约，尤其是像我国这样幅员辽阔的发展中国家更应慎重。

对于集中采暖地区的各类建筑物，只要室内经常有人停留或工作，或者工艺对室内温度有一定要求时，均应设集中采暖。

发电厂的热源条件比较方便，有大量的余热可供利用，根据目前的实际情况，我们提出了过渡地区各类建筑物设置集中采暖的条件。应该说明的是，本条特别强调了位于过渡地区的某些生产厂房、某些辅助和附属建筑物，可以按照集中采暖地区的条件设计集中采暖，而并非过渡地区所有的建筑物均要设置集中采暖。就过渡地区而言，气象条件差别仍然很大，所以集中采暖建筑物的种类也因地而异。一般情况下，主厂房属于热车间，在过渡地区不宜设计集中采暖；而对于夜班休息楼、生产办公楼等建筑物需要设计集中采暖；至于发电厂其他辅助及附属建筑物是否设计集中采暖，还应视电厂的室外采暖计算温度和其他因素决定。

21.1.2 系原规范第14.1.2条。

21.1.3 系原规范第14.1.5条的修改。

21.1.4 系原规范第14.1.6条的修改。

采用工业水作为制冷系统的冷却水，是从全厂"一水多用"的水务管理、节省设备初投资和运行费用等几个方面综合考虑后的系统优化意见。

21.1.5 系原规范第14.1.7条的修改。

本条为强制性条文。对明火和电采暖器采暖易引起易燃、易爆气体或物料燃烧、爆炸，会危机生产安全和工人生命安全，该建筑物的采暖禁止采用明火和电采暖器。

21.1.6 系原规范第14.1.8条。

21.1.7 本条为新增条文。

本条对采暖、通风和空气调节室内设计参数作出了规定。

21.1.8 系原规范第14.1.10条的修改。

21.1.9 本条为新增条文。

创造良好舒适的工作和休息环境，有利于人员集中精力、高效率地工作，可避免由于人为的原因造成工作失误所带来的损失。同时，各类控制和管理设备对室内环境也有一定的要求。

21.1.10 本条为新增条文。

对于散热量和散湿量较大的生产车间，在夏季设计自然通风或机械通风时，其作业地带的温度应根据车间的热强度和夏季通风室外计算温度来确定。对作业地带所考虑的是如何维持地面以上2m内的空间的温度，在这个区域内允许局部非工作地点，即热源周边一定范围内的温度超过设计允许值。

21.1.11 本条为新增条文。

本条给出了发电厂各类建筑通风设计的基本原则。在确定通风方式时，应根据工艺过程，散发有害物设备的特点，与工艺密切配合，了解生产过程，收集各类有害物生产的数据，结合当地具体条件，因地制宜地确定通风设计方案。

21.1.12 本条为新增条文。

本条给出了有易燃、易爆气体产生车间的通风设计的基本原则。

21.2 主 厂 房

21.2.1～21.2.3 系原规范第14.2.1条～第14.2.3条。

21.2.4 本条为新增条文。

21.2.5 系原规范第14.2.4条。

21.2.6 本条为新增条文。

随着科学技术的发展，控制仪表和元件对环境的要求不断降低，室内的温度和湿度的要求已接近人对温度和湿度的要求。随着生活水平的提高，人对环境的要求却在不断提高，集控楼内空调多为集中空调，相邻的值班室、办公室和工程师室在有条件的情况下宜设空调，以改善工作环境，提高工作效率。

21.2.7 本条为新增条文。

在确定真空清扫设备和管网时，应根据技术论证合理配置；在选择设备时应注意海拔高度对真空设备能力的影响。

21.3 电气建筑与电气设备

21.3.1 系原规范第14.3.1条的修改。

21.3.2 本条为新增条文。

随着科学技术的进步，电子计算机和电子设备对环境的温度、湿度已具备较强的适应能力，但从符合人体卫生舒适的“等效温度”以及对电子设备防尘的角度考虑，对环境的温度、湿度、新风量以及室内洁净度均应有一定的要求。因此，对上述房间应采取空气调节措施。本条规定了集中空调系统空气处理设备配置的基本原则。

21.3.3 系原规范第14.3.2条～第14.3.5条的合并修改。

目前发电厂蓄电池主要采用密封免维护铅酸蓄电池，根据生产厂家提供的资料要求环境温度不超过30℃，环境温度过高对蓄电池寿命有影响。同时，免维护蓄电池在充电过程中有少量氢气释放，因此，蓄电池室的空调应采用直流式，室内空气不允许再循环。

21.3.4 本条为新增条文。

对炎热高湿地区的电子设备间内，尤其是设有高压开关柜和设有干式变压器的配电间，室内环境温度过高是多年来普遍存在的问题，通风系统应根据对送入房间的空气采取降温措施。一般电气设备的环境最高允许温度不超过40℃，故规定不宜高于35℃作为设计温度。

21.3.5 系原规范第14.3.6条的修改。

目前发电厂厂用变压器主要使用干式变压器，油浸式变压器使用的较少，而干式变压器与油浸式变压器对最高环境温度要求不一样，故对两种变压器室的通风方式分别规定。

21.3.6～21.3.8 系原规范第14.3.7条～第14.3.9条的修改。

21.3.9 系原规范第14.3.11条的修改。

现在的发电机出线小室没有油断路器设备，取消了原条文中的油断路器。

21.3.10 系原规范第14.3.13条。

21.3.11 本条为新增条文。

主要强调通风、空调系统所采取的防火措施，除考虑自身的防火排烟功能外，还应考虑电气建筑和电子设备间的消防设施的性质，注意和相关专业之间的协调一致。

21.4 运煤建筑

21.4.1 系原规范第14.4.1条的修改。

在采暖过渡地区，运煤建筑物内仍有冰冻可能，使运煤胶带打滑，为了保证胶带正常运行，碎煤机室及转运站可在运煤带式输送机头部及尾部设置局部采暖。

21.4.2、21.4.3 系原规范第14.4.2条和第14.4.3条。

21.4.4 系原规范第14.4.4条的修改。

发电厂运煤系统的地下卸煤沟、运煤隧道、转运站等夏季室内阴冷潮湿，运行时煤尘飞扬，劳动条件很差，因此，规定应有通风除尘设施。

对采暖地区应结合通风、除尘方式根据热、风平衡计算热补偿量，以满足环境温度不低于5℃。

21.4.5 系原规范第14.4.5条的修改。

21.5 化学建筑

21.5.1～21.5.8 系原规范第14.5.1条～第14.5.8条的修改。

21.5.9 本条为新增条文。

21.5.10 本条为新增条文。

本条对本节未涉及的其他化学建筑规定了通风原则。

21.6 其他辅助及附属建筑

21.6.1 本条为新增条文。

21.6.2 系原规范第14.6.2条的修改。

21.6.3 本条为新增条文。

本条规定了空压机房的采暖、通风原则。

21.6.4 系原规范第14.6.1条。

21.7 厂区制冷、加热站及管网

21.7.1 系原规范第14.7.1条。

21.7.2 系原规范第14.7.2条～第14.7.3条的修改。

本条明确厂区加热站的设备容量和台数按照第13.9节热网加热器及其系统的原则确定。

21.7.3 系原规范第14.7.4条。

21.7.4 系原规范第14.7.5条的修改。

本条明确了厂区采暖热网补给水及定压方式的原则。

21.7.5～21.7.8 系原规范第14.7.6条～第14.7.9条。

21.7.9～21.7.11 系新增条文。

21.7.12 本条为新增条文。

本条规定了人工冷源的选择原则，在新建电厂的初期，没有可靠的蒸汽汽源，不宜采用溴化锂吸收式冷水机组。

21.7.13 本条为新增条文。

本条规定了制冷机组的配置原则。制冷设备的配置应尽可能地适应空调系统冷负荷随季节变化，如果机组单机容量过大，存在不易调节、经济性较差的问题。

1 对压缩式冷水机组，考虑使用灵活，便于能量调节，在空调冷负荷较低时，能够起到互相备用的作用，故规定按2×75%或3×50%选型。

2 溴化锂吸收式冷水机组运行一段时间后，在蒸发器、吸收器、冷凝器的换热管的内壁会逐渐形成一层污垢，污垢积得越多，热阻越大，使传热工况恶化，制冷量下降。因此，在选择设备时，单台制冷量应增加10%作为裕量。溴化锂冷水机组与压缩式冷水机组相比，运行可靠，故障率低，可不考虑设备的备用。

3 其他形式冷水机组主要指模块式、空冷式冷水机组等，整体式空调机组主要指柜式空调机组和屋顶式空调机组。对模块式和空冷式冷水机组，由于设备本身具有互为备用的功能，因此仅考虑设备容量的备用即可，而整体式空调机组则应考虑设备的备用。

21.7.14 本条为新增条文。

22 环境保护和水土保持

22.1 一般规定

22.1.1、22.1.2 系原规范第17.1.1条和第17.1.2条的修改。

近年来，环境问题已成为制约我国社会经济发展的突出问题，为了保护生态环境，实现可持续发展，国家加强了环保的管理力度，制定了一系列的法律、法规、政策和标准。各省、自治区和直辖市也根据本地区的具体情况，相应颁发了地方性的法规和政策。发电厂的设计必须遵循保护环境的指导思想，贯彻国家环境保护的法律、法规及产业政策以及地方制定的有关规定。

现行建设项目环境保护法律、法规主要有：《中华人民共和国环境保护法》，《中华人民共和国大气污染防治法》，《中华人民共和国水污染防治法》，《中华人民共和国环境噪声污染防治法》，《中华人民共和国固体废物污染环境防治法》，《中华人民共和国海洋环境保护法》，《中华人民共和国清洁生产促进法》，《中华人民共和国循环经济促进法》，《中华人民共和国节约能源法》，《中华人民共和国水土保持法》，《中华人民共和国环境影响评价法》，《建设项目环境保护管理条例》。

国家环境保护行政主管部门根据国家产业政策和社会经济条件制定了相关的环境质量标准和污染物排放标准。

各省、自制区、直辖市地方政府对国家污染物排放标准中未作规定的项目，可以制定地方污染物排放标准；对国家污染物排放标准中已有的项目，也可根据本地环境质量要求，制定严于国家污染

物排放标准的地方排放标准。

凡是在已有地方污染物排放标准的区域内建设的发电厂，应当执行地方污染物排放标准。

第22.1.2条新增了在施工建设期要防止对生态造成破坏的内容。

22.1.3 系原规范第17.1.3条的修改。

《中华人民共和国清洁生产促进法》于2003年1月1日施行，国家对浪费资源和严重污染环境的落后技术、工艺、设备和产品实行限期淘汰制度。要求企业在进行技术改造过程中采取清洁生产措施。

22.1.4 本条为新增条文。

本条提出了对废弃物处理的原则要求。

22.1.5 本条为新增条文。

国家计委、国家经贸委、建设部、国家环保总局于2000年1月1日以计基础〔2000〕1268号文发布了《关于发展热电联产的规定》。要求热电联产项目审批时，热电厂、热力网、粉煤灰综合利用项目应同时审批、同步建设、同步验收。

22.1.6 系原规范第17.1.4条的修改。

22.2 环境保护和水土保持设计要求

22.2.1 系原规范第17.2.1条～第17.2.3条的修改。

根据《中华人民共和国水土保持法》，新增了水土保持方案的有关内容和要求。

22.3 各类污染源治理原则

22.3.1 本条规定了大气污染防治的有关内容。

1 系原规范第17.3.1条的修改。

发电厂排放的大气污染物应符合国家颁发的有关现行的排放标准，二氧化硫属于总量控制项目，二氧化硫排放量除应符合排放标准要求外，还要符合总量控制的要求。

2～4 系新增条款。

根据我国目前的技术装备水平和环保标准要求，并根据煤质条件，发电厂除尘器宜采用布袋除尘器、电袋除尘器和电气除尘器。

对于小机组脱硫系统应结合工程的具体特点，选用环保管理部门认可的、运行可靠的、二氧化硫排放能稳定达标的技术方案。

5 系原规范第17.3.3条的修改。

为避免不利气象条件下烟气下洗造成局部地面污染，烟囱高度应高于锅炉房或露天锅炉炉顶高度的2倍～2.5倍。

当发电厂邻近机场对烟囱高度有限制时，应采用合并烟囱，增加热释放率，提高烟气抬升高度的方式，达到环境质量标准和排放标准要求。

6 本款为新增条款。

本款增加了对粉尘无组织排放控制的要求。

22.3.2 本条为废水治理的有关规定。

1 系原规范第17.3.5条的修改。

根据清洁生产原则，电厂设计应减小对水资源的消耗量，减少废水、污水产生量，对处理达标的废水、污水应积极回收利用。

3 系原规范第17.3.6条的修改。

发电厂的废水处理宜采用清污分流、分散处理、达标集中排放的原则。可根据不同废水、污水的污染因子，采取有针对性的处理方案，避免各类废水、污水混合后导致污染物成分复杂、处理难度大、污水处理设施投资高等问题。企业自备发电厂的废水、污水可送入企业的污水处理厂集中处理，避免重复投资建设。

4 系原规范第17.3.7条的修改。

发电厂的废水、污水排放口不宜多于2个，排放口应有取样监测的条件，并装有流量计。对于废水在线监测装置可根据环境影响评价的要求确定是否设置。

5 系原规范第17.3.8条的修改。

脱硫废水一般不允许外排，处理后可用于干灰调湿、灰场喷洒等，在厂内消耗掉；直流循环温排水排水口位置的设置应根据环境影响评价确定。

22.3.3 本条规定了固体废物治理及综合利用的有关内容。

1 本款为新增条款。

灰渣综合利用可以节约资源，变废为宝，保护环境，热电联产机组要求灰渣应全部综合利用，目前粉煤灰用于生产建材和筑路较多；脱硫系统产生的固体废物根据脱硫方案的不同而有所不同，一般也可用于建材生产，但现阶段综合利用情况不太好，大多运往灰场单独存放。

2 本款为新增条款。

发电厂灰渣由于浸出液中pH值超标属于第Ⅱ类一般工业固体废物，灰场设计应根据现行国家标准《一般工业固体废物贮存、处置场污染控制标准》GB 18599的要求采取防渗处理，灰场界距居民集中区要有500m以上。

22.3.4 本条规定了噪声防治的有关内容。

1、2 系原规范第17.3.12条和第17.3.13条的修改。

控制工程噪声对环境的影响，有从声源上根治噪声和从噪声传播途径上控制噪声两种措施。发电厂的噪声应首先从声源上进行控制，选择符合国家噪声控制标准的设备。

对于声源上无法控制的生产噪声可采用对设备装设隔声罩、对外排汽阀装设消声器、在建筑物内敷设吸声材料等措施控制噪声。

3 本款为新增条款。

在总平面布置上应注意厂界周边的情况，如冷却塔等噪声设备或设施应尽量远离厂界外的敏感点，根据环境影响评价的要求采取噪声治理措施。

22.4 环境管理和监测

22.4.1 系原规范第17.4.3条。

按照国家有关规定，发电厂应设有环保监测基层站，负责本企业的环保监测工作。从目前实际情况来看，发电厂环保监测站往往与化水试验室合并，并备有环保监测分析所需仪器，负责环保取样监测工作。对于总装机容量小于50MW的发电厂可配置必要的监测仪器，并可委托地方环保部门的监测机构定期进行监测。

22.4.2 系原规范第17.4.2条。

22.4.3 本条为新增条文。

22.4.4 本条为新增条文。

发电厂的排污口主要有废气、废水、固体废物、噪声排放口等。排放口要有明确的环保图形标志、监测取样条件。

22.5 水土保持

本节为新增章节。

22.5.1 火力发电厂水土保持措施设计应符合现行国家标准《开发建设项目水土保持技术规范》GB 50433的要求，主要水土保持措施应包括发电厂的防洪工程、阶梯布置的防护工程、护坡工程、土地整治、灰场的灰坝、排洪设施等工程措施和施工期的临时拦挡、临时覆盖、临时排水等临时防护措施，以及项目建设区的植物防护措施。

23 劳动安全与职业卫生

23.1 一般规定

23.1.1 本条为新增条文。

改善劳动条件，保护劳动者在生产过程中的安全和健康是我国的一项重要政策，随着社会经济活动日趋活跃和复杂，特别是经济成分、组织形式日益多样化，我国的安全生产问题越来越突出。党中央、国务院一贯高度重视安全生产工作，新中国成立以来特别是改革开放以来制定了一系列的法律、法规，加强安全生产工作。

1982年《中华人民共和国宪法》中明确规定"加强劳动保护、改善劳动条件"，这是有关安全生产方面最高法律效力的规定。

《中华人民共和国劳动法》中明确规定"劳动安全卫生设施必须符合国家规定的标准。新建、改建、扩建工程的劳动安全卫生设施必须与主体工程同时设计、同时施工、同时投入生产和使用"。

《中华人民共和国安全生产法》明确提出安全生产工作方针为"安全第一、预防为主"；"生产经营单位新建、改建、扩建工程项目的安全设施，必须与主体工程同时设计、同时施工、同时投入生产和使用。安全设施投资应纳入建设项目概算"。

《中华人民共和国职业病防治法》提出"职业病防治工作坚持预防为主、防治结合的方针，实行分类管理、综合治理"。

发电厂的设计应认真贯彻国家安全生产的法律、法规的要求。

23.1.2 本条为新增条文。

与劳动安全和职业卫生相关的现行法律、条例、国家标准和行业标准如下：

1 法律：

《中华人民共和国安全生产法》(2002年11月1日施行)；

《中华人民共和国劳动法》(1995年1月1日施行)；

《中华人民共和国电力法》(1996年4月1日施行)；

《中华人民共和国防洪法》(1998年1月1日施行)；

《中华人民共和国消防法》(1998年9月1日施行)；

《中华人民共和国职业病防治法》(2002年5月1日施行)。

2 条例：

国务院第393号令《建设工程安全生产管理条例》(2004年2月1日实施)；

国务院第549号令《特种设备安全监察条例》(2009年5月1日实施)；

国务院第591号令《危险化学品安全管理条例》(2011年12月1日实施)。

3 国家标准：

《生产设备安全卫生设计总则》GB 5083；

《生产过程安全卫生要求总则》GB 12801；

《民用建筑设计通则》GB 50352；

《建筑内部装修设计防火规范》GB 50222；

《爆炸和火灾危险环境电力装置设计规范》GB 50058；

《火力发电厂与变电站设计防火规范》GB 50229；

《粉尘防爆安全规程》GB 15577；

《储罐区防火堤设计规范》GB 50351；

《安全色》GB 2893；

《安全标志及其使用导则》GB 2894；

《3～110kV高压配电装置设计规范》GB 50060；

《建筑物防雷设计规范》GB 50057；

《工业企业噪声控制设计规范》GBJ 87；

《工业企业设计卫生标准》GBZ 1；

《工作场所有害因素职业接触限值》GBZ 2.1、GBZ 2.2；

《采暖通风与空气调节设计规范》GB 50019；

《交流电气装置接地设计规范》GB 50065。

4 行业标准：

《火力发电厂劳动安全和工业卫生设计规程》DL 5053；

《高压配电装置设计技术规程》DL 5352；

《电力工业锅炉压力容器监察规程》DL 612；

《交流电气装置的过电压保护和绝缘配合》DL/T 620。

23.1.3 本条为新增条文。

发电厂劳动安全基层监测站、安全教育室用房、仪器设备的配备可参照现行的《电力行业劳动环境检测监督管理规定》、《火力发电厂辅助、附属及生活福利建筑面积标准》DL/T 5052等有关标准、规范的规定执行。

23.2 劳动安全

23.2.1 本条为新增条文。

根据《中华人民共和国安全生产法》，对高危行业的建设项目应进行安全生产评价。国家发展和改革委员会、国家安全生产监督管理局《关于加强建设项目安全设施"三同时"工作的通知》(发改投资〔2003〕1346号)中明确规定"对矿山建设项目和生产、储存危险物品、使用危险化学品等高危险行业的建设项目以及具有较大安全风险的建设项目，建设单位在进行项目可行性研究时，应对安全生产条件进行专门论证，委托安全评价中介机构进行安全生产评价，对建设项目安全设施的安全性和可操作性进行综合分析，提出安全生产对策的具体方案"；《关于进一步加强建设项目(工程)劳动安全卫生预评价工作的通知》(安监管办字〔2001〕39号)规定"新建、改建、扩建的工程建设项目，必须进行劳动安全卫生预评价，以保障安全生产设施与主体工程同时设计、同时施工、同时投产使用，不给安全生产工作留下隐患"。

23.2.2 本条为新增条文。

一般应从自然与环境因素、主要危险有害物质、生产过程危险有害因素、人力与安全管理、重大危险源辨识等方面对危险、有害因素进行辨识。可根据系统工艺流程对危险区域进行划分。

23.2.3、23.2.4 系新增条文。

防火分区、防火间距、安全疏散等具体的防火设计应按照现行国家标准《火力发电厂与变电站设计防火规范》GB 50229的要求执行。

23.2.5 系原规范第18.2.1条的修改。

发电机、变压器、变电站、配电室及厂内各种电气设备、设施、电缆等，因故障、误操作、短路、雷击等原因均可引发人身触电伤害、设备损坏、仪表失灵、系统破坏等危险。带电设备的安全防护距离及防电伤、防直击雷设计要符合现行的有关标准、规范的要求。

23.2.6 系原规范第18.2.2条～第18.2.6条的修改。

发电厂有许多传动、转动设备，机械伤害是一种常见的人身伤害事故，为保护运行人员的安全，应切实做好这方面的防护工作。机、炉、煤、灰、水、化各车间机械设备传动装置的联轴器部分，运煤系统的皮带转动部分，送风机、吸风机靠背轮都要装设防护罩。为防止运行人员接触运煤胶带，输送机的运行通道侧应加设防护栏杆，跨越胶带处设人行过桥。在输送机头部、尾部、中部可装设事故按钮，并应沿带式输送机全长设紧急事故拉线开关及报警装置。

为防止坠落、磕、碰、跌伤等意外伤害事故发生，保护工作人员的安全，在井、坑、孔、洞或沟道等有坠落危险处应设防护栏杆或盖板，防护栏杆高度应符合有关规范要求。

23.2.7 本条为新增条文。

主要为防止厂区交通事故造成的人身伤害。

23.2.8 本条为新增条文

根据《中华人民共和国安全生产法》第二十八条，生产经营单位应当在有较大危险因素的生产经营场所和有关设施、设备上设置明显的安全警示标志。工作场所的安全标志和安全色设置应按照现行国家标准《安全标志及其使用导则》GB 2894、《安全色》GB 2893的有关规定具体落实。

23.3 职业卫生

23.3.1 本条为新增条文。

《中华人民共和国职业病防治法》中规定，新建、扩建、改建建设项目和技术改造、技术引进项目可能产生职业病危害的，建设单位在可行性论证阶段应当向卫生行政部门提交职业病危害预评价报告。职业卫生设计应以预评价报告为依据，落实各项防护要求。

23.3.2 本条为新增条文。

危害因素一般包括物理因素和化学因素。物理因素主要指电磁场辐射、高温、噪声、振动等；化学因素主要指粉尘、有毒有害物质；应结合电厂的实际情况，依据《工作场所有害因素职业接触限值》GBZ 2.1、GBZ 2.2 的规定进行分析。

23.3.3 系原规范第 18.3.1 条和第 18.3.2 条的修改。

煤尘防治应首先堵住产生煤尘的源头。绞龙的密封、导煤槽出口加挡帘、减小落差、控制皮带速度可减少煤尘的产生；对原煤采取加湿的办法，适当提高其表面水分，是当前防止煤尘飞扬的有效措施。对运煤系统的各落煤点安装除尘器。对贮煤场应设置覆盖整个煤堆表面的喷洒设施。采用喷雾加湿和地面水力清扫等也是煤尘综合防治的有效措施。煤尘综合防治的各项措施应符合现行行业标准《火力发电厂运煤设计技术规程　第 2 部分：煤尘防治》DL/T 5187.2 的要求，并应符合现行国家标准《工业企业设计卫生标准》GBZ 1、《工作场所有害因素职业接触限值》GBZ 2.1、GBZ 2.2 的要求。

目前，采用气力除灰系统的电厂越来越多，由于粉煤灰成分中游离二氧化硅含量高、粒径小，对人体危害严重。气力除灰系统要密闭运行，灰库应设有袋式除尘器，干灰场应有喷洒碾压设备。

23.3.4 系原规范第 18.3.3 条的修改。

23.3.5 系原规范第 18.5.1 条和第 18.5.2 条的修改。

发电厂的高噪声设备主要集中在主厂房内及运煤系统的转动、传动部件和筛碎设备。应从声源上进行控制，选用噪声低、振动小的设备。对不能根除的生产噪声，可采取有效的隔声、消声、吸声等控制措施，以降低噪声危害。

23.3.6 系原规范第 18.4.1 条和第 18.4.2 条的修改。

发电厂的地下卸煤沟、运煤隧道、地下转运站等地下建筑物内部，一般较阴冷、潮湿，故应采取防潮设施，以改善劳动条件，保护工人身体健康。

23.3.7 系原规范第 18.2.8 条和第 18.2.9 条的修改。

23.3.8 本条为新增条文。

职业病警示标识可以提醒、警示工作人员工作场所可能存在的职业危害，要采取相应的防护措施。警示标识的具体设置应按照《工作场所职业病危害警示标识》GBZ 158 的有关规定执行。

24 消　　防

本章为新增章节。

中华人民共和国国家标准

低压配电设计规范

Code for design of low voltage electrical installations

GB 50054—2011

主编部门：中 国 机 械 工 业 联 合 会
批准部门：中华人民共和国住房和城乡建设部
施行日期：2 0 1 2 年 6 月 1 日

中华人民共和国住房和城乡建设部
公　告

第1100号
关于发布国家标准
《低压配电设计规范》的公告

现批准《低压配电设计规范》为国家标准，编号为GB 50054—2011，自2012年6月1日起实施。其中，第3.1.4、3.1.7、3.1.10、3.1.12、3.2.13、4.2.6、7.4.1条为强制性条文，必须严格执行。原《低压配电设计规范》GB 50054—95同时废止。

本规范由我部标准定额研究所组织中国计划出版社出版发行。

中华人民共和国住房和城乡建设部

二〇一一年七月二十六日

前　言

本规范是根据原建设部《关于印发〈二〇〇一～二〇〇二年度工程建设国家标准制订、修订计划〉的通知》（建标〔2002〕85号）的要求，由中机中电设计研究院有限公司会同有关单位在原《低压配电设计规范》GB 50054—95的基础上修订而成的。

本规范在编制过程中，编制组经广泛调查研究，认真总结实践经验，参考有关国际标准和国外先进标准，并在广泛征求意见的基础上，最后经审查定稿。

本规范共分7章和1个附录，主要技术内容包括：总则、术语、电器和导体的选择、配电设备的布置、电气装置的电击防护、配电线路的保护、配电线路的敷设等。

修订的主要技术内容有：

1. 将规范适用范围的电压由交流、工频500V以下修改为交流、工频1000V及以下；

2. 取消了原规范总则中对于选用铜、铝导体材质的规定；

3. 增设术语为单独一章，删除附录中的名词解释；

4. 补充了功能性开关电器和剩余电流动作保护电器选择和安装的规定；

5. 补充了选用具有中性极的开关电器的规定；

6. 补充了IT系统中安装绝缘监测电器的规定；

7. 补充了等电位联结用的保护联结导体截面积选择的规定；

8. 将原第三章“配电设备的布置”中的第二节“配电设备布置中的安全措施”和第四章“配电线路的保护”中的第四节“接地故障保护”合并，并增加“SELV系统和PELV系统及FELV系统”一节，为第5章“电气装置的电击防护”；

9. 在“配电线路的保护”一章中增加了“配电线路电气火灾防护”一节；

10. 增加了关于“可弯曲金属导管布线”、“地面内暗装金属槽盒布线”、“矿物绝缘电缆敷设”、“预分支电缆敷设”的规定；

11. 对原规范部分条文进行了补充、完善和调整。

本规范中以黑体字标志的条文为强制性条文，必须严格执行。

本规范由住房和城乡建设部负责管理和对强制性条文的解释，中国机械工业联合会负责日常管理工作，中机中电设计研究院有限公司负责具体技术内容的解释。本规范在执行过程中，请各单位注意总结经验，积累资料，随时将有关意见和建议寄送至中机中电设计研究院有限公司（地址：北京首都体育馆南路9号中国电工大厦；邮政编码：100048；E-mail：yaodalin@cneec. com. cn），以供今后修订时参考。

本规范组织单位、主编单位、参编单位、主要起草人和主要审查人：

组织单位：中国机械工业勘察设计协会

主编单位：中机中电设计研究院有限公司

参编单位：中国有色工程有限公司（原中国有色工程设计研究总院）

中国航空规划建设发展有限公司（原中国航空工业规划设计研究院）

北京市建筑设计研究院

施耐德电气（中国）投资有限公司

保定市满城长瑞管业有限公司

湖州久盛电气有限公司
国际铜业协会（中国）
无锡 TCL 罗格朗低压电器有限公司
营口鑫源金属套管有限公司

主要起草人： 贺湘琨　王增尧　邵晓钢　丁　杰　刘叶语　王厚余　任　红　徐　辉　张　萍　王长瑞　王建明　王大刚　潘立新　凌全新

主要审查人： 王素英　李道本　王金元　毛文中　黄宝生　姚大林　余小军　钟景华　姚　杰　邓重秋　季慧玉　罗怀平

目　次

1　总则 ………………………………… 1—5—6
2　术语 ………………………………… 1—5—6
3　电器和导体的选择 ……………… 1—5—7
3.1　电器的选择 …………………… 1—5—7
3.2　导体的选择 …………………… 1—5—8
4　配电设备的布置 ………………… 1—5—10
4.1　一般规定 ……………………… 1—5—10
4.2　配电设备布置中的安全措施 …… 1—5—10
4.3　对建筑物的要求 ……………… 1—5—11
5　电气装置的电击防护 …………… 1—5—11
5.1　直接接触防护措施 …………… 1—5—11
5.2　间接接触防护的自动切断电源防护措施 …………………………… 1—5—12
5.3　SELV 系统和 PELV 系统及 FELV 系统 ………………………………… 1—5—14
6　配电线路的保护 ………………… 1—5—15
6.1　一般规定 ……………………… 1—5—15
6.2　短路保护 ……………………… 1—5—15
6.3　过负荷保护 …………………… 1—5—16
6.4　配电线路电气火灾防护 ……… 1—5—16
7　配电线路的敷设 ………………… 1—5—16
7.1　一般规定 ……………………… 1—5—16
7.2　绝缘导线布线 ………………… 1—5—17
7.3　钢索布线 ……………………… 1—5—19
7.4　裸导体布线 …………………… 1—5—19
7.5　封闭式母线布线 ……………… 1—5—19
7.6　电缆布线 ……………………… 1—5—20
7.7　电气竖井布线 ………………… 1—5—22
附录 A　系数 k 值 ……………………… 1—5—23
本规范用词说明 ……………………… 1—5—24
引用标准名录 ………………………… 1—5—24
附：条文说明 ………………………… 1—5—25

Contents

1 General provisions ········· 1—5—6
2 Terms ········· 1—5—6
3 Selection of electrical devices and conductors ········· 1—5—7
3.1 Selection of electrical devices ········· 1—5—7
3.2 Selection of conductor ········· 1—5—8
4 Layout of switchgear assembly ········· 1—5—10
4.1 General requirement ········· 1—5—10
4.2 Safety precautions in layout of switchgear assembly ········· 1—5—10
4.3 Requirements for buildings ········· 1—5—11
5 Protection against electric shock in electrical installation ········· 1—5—11
5.1 Measure for protection against direct contact ········· 1—5—11
5.2 Measure for protection against indirect contact by automatic disconnection of supply ········· 1—5—12
5.3 SELV system、PELV system and FELV system ········· 1—5—14
6 Protection for power circuits ········· 1—5—15
6.1 General requirement ········· 1—5—15
6.2 Protection against short circuit ··· 1—5—15
6.3 Protection against overload ········· 1—5—16
6.4 Protection against electrical fire of power circuits ········· 1—5—16
7 Erection of wiring systems ········· 1—5—16
7.1 General requirement ········· 1—5—16
7.2 Wiring of insulated conductors ··· 1—5—17
7.3 Wiring of suspended conductors ········· 1—5—19
7.4 Wiring of bare conductors ········· 1—5—19
7.5 Wiring of enclosed busbar ········· 1—5—19
7.6 Wiring of cables ········· 1—5—20
7.7 Wiring in electric shaft ········· 1—5—22
Appendix A Value of factor k ········· 1—5—23
Explanation of wording in this code ··· 1—5—24
List of quoted standards ········· 1—5—24
Addition: Explanation of provisions ··· 1—5—25

1 总 则

1.0.1 为使低压配电设计中，做到保障人身和财产安全、节约能源、技术先进、功能完善、经济合理、配电可靠和安装运行方便，制定本规范。

1.0.2 本规范适用于新建、改建和扩建工程中交流、工频1000V及以下的低压配电设计。

1.0.3 低压配电设计除应符合本规范外，尚应符合国家现行有关标准的规定。

2 术 语

2.0.1 预期接触电压 prospective touch voltage

人或动物尚未接触到可导电部分时，可能同时触及的可导电部分之间的电压。

2.0.2 约定接触电压限值 conventional prospective touch voltage limit

在规定的外界影响条件下，允许无限定时间持续存在的预期接触电压的最大值。

2.0.3 直接接触 direct contact

人或动物与带电部分的电接触。

2.0.4 间接接触 indirect contact

人或动物与故障状况下带电的外露可导电部分的电接触。

2.0.5 直接接触防护 protection against direct contact

无故障条件下的电击防护。

2.0.6 间接接触防护 protection against indirect contact

单一故障条件下的电击防护。

2.0.7 附加防护 additional protection

直接接触防护和间接接触防护之外的保护措施。

2.0.8 伸臂范围 arm's reach

从人通常站立或活动的表面上的任一点延伸到人不借助任何手段，向任何方向能用手达到的最大范围。

2.0.9 外护物 enclosure

能提供与预期应用相适应的防护类型和防护等级的外罩。

2.0.10 保护遮栏 protective barrier

为防止从通常可能接近方向直接接触而设置的防护物。

2.0.11 保护阻挡物 protective obstacle

为防止无意的直接接触而设置的防护物。

2.0.12 电气分隔 electrical separation

将危险带电部分与所有其他电气回路和电气部件绝缘以及与地绝缘，并防止一切接触的保护措施。

2.0.13 保护分隔 protective separation

用双重绝缘、加强绝缘或基本绝缘和电气保护屏蔽的方法将一电路与其他电路分隔。

2.0.14 特低电压 extra-low voltage

相间电压或相对地电压不超过交流方均根值50V的电压。

2.0.15 SELV系统 SELV system

在正常条件下不接地，且电压不能超过特低电压的电气系统。

2.0.16 PELV系统 PELV system

在正常条件下接地，且电压不能超过特低电压的电气系统。

2.0.17 FELV系统 FELV system

非安全目的而为运行需要的电压不超过特低电压的电气系统。

2.0.18 等电位联结 equipotential bonding

多个可导电部分间为达到等电位进行的联结。

2.0.19 保护等电位联结 protective-equipotential-bonding

为了安全目的进行的等电位联结。

2.0.20 功能等电位联结 functional-equipotential-bonding

为保证正常运行进行的等电位联结。

2.0.21 总等电位联结 main equipotential bonding

在保护等电位联结中，将总保护导体、总接地导体或总接地端子、建筑物内的金属管道和可利用的建筑物金属结构等可导电部分连接到一起。

2.0.22 辅助等电位联结 supplementary equipotential bonding

在导电部分间用导线直接连通，使其电位相等或接近，而实施的保护等电位联结。

2.0.23 局部等电位联结 local equipotential bonding

在一局部范围内将各导电部分连通，而实施的保护等电位联结。

2.0.24 接地故障 earth fault

带电导体和大地之间意外出现导电通路。

2.0.25 导管 conduit

用于绝缘导线或电缆可以从中穿入或更换的圆形断面的部件。

2.0.26 电缆槽盒 cable trunking

用于将绝缘导线、电缆、软电线完全包围起来且带有可移动盖子的底座组成的封闭外壳。

2.0.27 电缆托盘 cable tray

带有连续底盘和侧边，没有盖子的电缆支撑物。

2.0.28 电缆梯架 cable ladder

带有牢固地固定在纵向主支撑组件上的一系列横向支撑构件的电缆支撑物。

2.0.29 电缆支架 cable brackets

仅有一端固定的、间隔安置的水平电缆支撑物。

2.0.30 移动设备 mobile equipment

运行时可移动或在与电源相连接时易于由一处移到另一处的电气设备。

2.0.31 手持设备 hand-held equipment

正常使用时握在手中的电气设备。

2.0.32 开关电器 switching device

用于接通或分断电路中电流的电器。

2.0.33 开关 switch

在电路正常的工作条件或过载工作条件下能接通、承载和分断电流，也能在短路等规定的非正常条件下承载电流一定时间的一种机械开关电器。

2.0.34 隔离开关 switch-disconnector

在断开位置上能满足对隔离器的隔离要求的开关。

2.0.35 隔离电器 device for isolation

具有隔离功能的电器。

2.0.36 断路器 circuit-breaker

能接通、承载和分断正常电路条件下的电流，也能在短路等规定的非正常条件下接通、承载电流一定时间和分断电流的一种机械开关电器。

2.0.37 矿物绝缘电缆 mineral insulated cables

在同一金属护套内，由经压缩的矿物粉绝缘的一根或数根导体组成的电缆。

3 电器和导体的选择

3.1 电器的选择

3.1.1 低压配电设计所选用的电器，应符合国家现行的有关产品标准，并应符合下列规定：

1 电器应适应所在场所及其环境条件；

2 电器的额定频率应与所在回路的频率相适应；

3 电器的额定电压应与所在回路标称电压相适应；

4 电器的额定电流不应小于所在回路的计算电流；

5 电器应满足短路条件下的动稳定与热稳定的要求；

6 用于断开短路电流的电器应满足短路条件下的接通能力和分断能力。

3.1.2 验算电器在短路条件下的接通能力和分断能力应采用接通或分断时安装处预期短路电流，当短路点附近所接电动机额定电流之和超过短路电流的1%时，应计入电动机反馈电流的影响。

3.1.3 当维护、测试和检修设备需断开电源时，应设置隔离电器。隔离电器宜采用同时断开电源所有极的隔离电器或彼此靠近的单极隔离电器。当隔离电器误操作会造成严重事故时，应采取防止误操作的措施。

3.1.4 在TN—C系统中不应将保护接地中性导体隔离，严禁将保护接地中性导体接入开关电器。

3.1.5 隔离电器应符合下列规定：

1 断开触头之间的隔离距离，应可见或能明显标示“闭合”和“断开”状态；

2 隔离电器应能防止意外的闭合；

3 应有防止意外断开隔离电器的锁定措施。

3.1.6 隔离电器应采用下列电器：

1 单极或多极隔离器、隔离开关或隔离插头；

2 插头与插座；

3 连接片；

4 不需要拆除导线的特殊端子；

5 熔断器；

6 具有隔离功能的开关和断路器。

3.1.7 半导体开关电器，严禁作为隔离电器。

3.1.8 独立控制电气装置的电路的每一部分，均应装设功能性开关电器。

3.1.9 功能性开关电器可采用下列电器：

1 开关；

2 半导体开关电器；

3 断路器；

4 接触器；

5 继电器；

6 16A及以下的插头和插座。

3.1.10 隔离器、熔断器和连接片，严禁作为功能性开关电器。

3.1.11 剩余电流动作保护电器的选择，应符合下列规定：

1 除在TN—S系统中，当中性导体为可靠的地电位时可不断开外，应能断开所保护回路的所有带电导体；

2 剩余电流动作保护电器的额定剩余不动作电流，应大于在负荷正常运行时预期出现的对地泄漏电流；

3 剩余电流动作保护电器的类型，应根据接地故障的类型按现行国家标准《剩余电流动作保护电器的一般要求》GB/Z 6829的有关规定确定。

3.1.12 采用剩余电流动作保护电器作为间接接触防护电器的回路时，必须装设保护导体。

3.1.13 在TT系统中，除电气装置的电源进线端与保护电器之间的电气装置符合现行国家标准《电击防护 装置和设备的通用部分》GB/T 17045规定的Ⅱ类设备的要求或绝缘水平与Ⅱ类设备相同外，当仅用一台剩余电流动作保护电器保护电气装置时，应将保护电器布置在电气装置的电源进线端。

3.1.14 在IT系统中，当采用剩余电流动作保护电器保护电气装置，且在第一次故障不断开电路时，其额定剩余不动作电流值不应小于第一次对地故障时流经故障回路的电流。

3.1.15 在符合下列情况时，应选用具有断开中性极的开关电器：

1 有中性导体的IT系统与TT系统或TN系统之间的电源转换开关电器；

2 TT系统中，当负荷侧有中性导体时选用隔离电器；

3 IT系统中，当有中性导体时选用开关电器。

3.1.16 在电路中需防止电流流经不期望的路径时，可选用具有断开中性极的开关电器。

3.1.17 在IT系统中安装的绝缘监测电器，应能连续监测电气装置的绝缘。绝缘监测电器应只有使用钥匙或工具才能改变其整定值，其测试电压和绝缘电阻整定值应符合下列规定：

1 SELV和PELV回路的测试电压应为250V，绝缘电阻整定值应低于0.5MΩ；

2 SELV和PELV回路以外且不高于500V回路的测试电压应为500V，绝缘电阻整定值应低于0.5MΩ；

3 高于500V回路的测试电压应为1000V，绝缘电阻整定值应低于1.0MΩ。

3.2 导体的选择

3.2.1 导体的类型应按敷设方式及环境条件选择。绝缘导体除满足上述条件外，尚应符合工作电压的要求。

3.2.2 选择导体截面，应符合下列规定：

1 按敷设方式及环境条件确定的导体载流量，不应小于计算电流；

2 导体应满足线路保护的要求；

3 导体应满足动稳定与热稳定的要求；

4 线路电压损失应满足用电设备正常工作及启动时端电压的要求；

5 导体最小截面应满足机械强度的要求。固定敷设的导体最小截面，应根据敷设方式、绝缘子支持点间距和导体材料按表3.2.2的规定确定。

表3.2.2 固定敷设的导体最小截面

敷设方式	绝缘子支持点间距（m）	导体最小截面（mm^2）	
		铜导体	铝导体
裸导体敷设在绝缘子上	—	10	16
绝缘导体敷设在绝缘子上	≤2	1.5	10
	>2，且≤6	2.5	10
	>6，且≤16	4	10
	>16，且≤25	6	10
绝缘导体穿导管敷设或在槽盒中敷设	—	1.5	10

6 用于负荷长期稳定的电缆，经技术经济比较确认合理时，可按经济电流密度选择导体截面，且应符合现行国家标准《电力工程电缆设计规范》GB 50217的有关规定。

3.2.3 导体的负荷电流在正常持续运行中产生的温度，不应使绝缘的温度超过表3.2.3的规定。

表3.2.3 各类绝缘最高运行温度（℃）

绝缘类型	导体的绝缘	护套
聚氯乙烯	70	—
交联聚乙烯和乙丙橡胶	90	—
聚氯乙烯护套矿物绝缘电缆或可触及的裸护套矿物绝缘电缆	—	70
不允许触及和不与可燃物相接触的裸护套矿物绝缘电缆	—	105

3.2.4 绝缘导体和无铠装电缆的载流量以及载流量的校正系数，应按现行国家标准《建筑物电气装置 第5部分：电气设备的选择和安装 第523节：布线系统载流量》GB/T 16895.15的有关规定确定。铠装电缆的载流量以及载流量的校正系数，应按现行国家标准《电力工程电缆设计规范》GB 50217的有关规定确定。

3.2.5 绝缘导体或电缆敷设处的环境温度应按表3.2.5的规定确定。

表3.2.5 绝缘导体或电缆敷设处的环境温度

电缆敷设场所	有无机械通风	选取的环境温度
土中直埋	—	埋深处的最热月平均地温
水下	—	最热月的日最高水温平均值
户外空气中、电缆沟	—	最热月的日最高温度平均值
有热源设备的厂房	有	通风设计温度
	无	最热月的日最高温度平均值另加5℃
一般性厂房及其他建筑物内	有	通风设计温度
	无	最热月的日最高温度平均值
户内电缆沟隧道、电气竖井	无	最热月的日最高温度平均值另加5℃*
隧道、电气竖井	有	通风设计温度

注：*数量较多的电缆工作温度大于70℃的电缆敷设于未装机械通风的隧道、电气竖井时，应计入对环境温升的影响，不能直接采取仅加5℃。

3.2.6 当电缆沿敷设路径中各场所的散热条件不相同时，电缆的散热条件应按最不利的场所确定。

3.2.7 符合下列情况之一的线路，中性导体的截面应与相导体的截面相同：

1 单相两线制线路；

2 铜相导体截面小于等于 $16mm^2$ 或铝相导体截面小于等于 $25mm^2$ 的三相四线制线路。

3.2.8 符合下列条件的线路，中性导体截面可小于相导体截面：

1 铜相导体截面大于 $16mm^2$ 或铝相导体截面大于 $25mm^2$；

2 铜中性导体截面大于等于 $16mm^2$ 或铝中性导体截面大于等于 $25mm^2$；

3 在正常工作时，包括谐波电流在内的中性导体预期最大电流小于等于中性导体的允许载流量；

4 中性导体已进行了过电流保护。

3.2.9 在三相四线制线路中存在谐波电流时，计算中性导体的电流应计入谐波电流的效应。当中性导体电流大于相导体电流时，电缆相导体截面应按中性导体电流选择。当三相平衡系统中存在谐波电流，4 芯或 5 芯电缆内中性导体与相导体材料相同和截面相等时，电缆载流量的降低系数应按表 3.2.9 的规定确定。

表 3.2.9 电缆载流量的降低系数

相电流中三次谐波分量（%）	降低系数	
	按相电流选择截面	按中性导体电流选择截面
0～15	1.0	—
>15，且≤33	0.86	—
>33，且≤45	—	0.86
>45	—	1.0

3.2.10 在配电线路中固定敷设的铜保护接地中性导体的截面积不应小于 $10mm^2$，铝保护接地中性导体的截面积不应小于 $16mm^2$。

3.2.11 保护接地中性导体应按预期出现的最高电压进行绝缘。

3.2.12 当从电气系统的某一点起，由保护接地中性导体改变为单独的中性导体和保护导体时，应符合下列规定：

1 保护导体和中性导体应分别设置单独的端子或母线；

2 保护接地中性导体应首先接到为保护导体设置的端子或母线上；

3 中性导体不应连接到电气系统的任何其他的接地部分。

3.2.13 装置外可导电部分严禁作为保护接地中性导体的一部分。

3.2.14 保护导体截面积的选择，应符合下列规定：

1 应能满足电气系统间接接触防护自动切断电源的条件，且能承受预期的故障电流或短路电流；

2 保护导体的截面积应符合式（3.2.14）的要求，或按表 3.2.14 的规定确定：

$$S \geqslant \frac{I}{k}\sqrt{t} \quad (3.2.14)$$

式中：S——保护导体的截面积（mm^2）；

I——通过保护电器的预期故障电流或短路电流［交流方均根值（A）］；

t——保护电器自动切断电流的动作时间（s）；

k——系数，按本规范公式（A.0.1）计算或按表 A.0.2～表 A.0.6 确定。

表 3.2.14 保护导体的最小截面积（mm^2）

相导体截面积	保护导体的最小截面积	
	保护导体与相导体使用相同材料	保护导体与相导体使用不同材料
≤16	S	$\frac{S \times k_1}{k_2}$
>16，且≤35	16	$\frac{16 \times k_1}{k_2}$
>35	$\frac{S}{2}$	$\frac{S \times k_1}{2 \times k_2}$

注：1 S—相导体截面积；

2 k_1—相导体的系数，应按本规范表 A.0.7 的规定确定；

3 k_2—保护导体的系数，应按本规范表 A.0.2～表 A.0.6 的规定确定。

3 电缆外的保护导体或不与相导体共处于同一外护物内的保护导体，其截面积应符合下列规定：

1）有机械损伤防护时，铜导体不应小于 $2.5mm^2$，铝导体不应小于 $16mm^2$；

2）无机械损伤防护时，铜导体不应小于 $4mm^2$，铝导体不应小于 $16mm^2$。

4 当两个或更多个回路共用一个保护导体时，其截面积应符合下列规定：

1）应根据回路中最严重的预期故障电流或短路电流和动作时间确定截面积，并应符合公式（3.2.14）的要求；

2）对应于回路中的最大相导体截面积时，应按表 3.2.14 的规定确定。

5 永久性连接的用电设备的保护导体预期电流超过 10mA 时，保护导体的截面积应按下列条件之一确定：

1）铜导体不应小于 $10mm^2$ 或铝导体不应小于 $16mm^2$；

2）当保护导体小于本款第 1 项规定时，应为用电设备敷设第二根保护导体，其截面积不应小于第一根保护导体的截面积。第二根保护导体应一直敷设到截面积大于等于 $10mm^2$ 的铜保护导体或 $16mm^2$ 的铝保护导体处，并应为用电设备的第二根保护导体设置单独的接线端子；

3）当铜保护导体与铜相导体在一根多芯电缆中时，电缆中所有铜导体截面积的总和不应小于 $10mm^2$；

4）当保护导体安装在金属导管内并与金属导管并接时，应采用截面积大于等于 $2.5mm^2$ 的铜导体。

3.2.15 总等电位联结用保护联结导体的截面积，不应小于配电线路的最大保护导体截面积的 1/2，保护联结导体截面积的最小值和最大值应符合表 3.2.15 的规定。

表 3.2.15 保护联结导体截面积的最小值和最大值（mm^2）

导体材料	最小值	最大值
铜	6	25
铝	16	按载流量与 $25mm^2$ 铜导体的载流量相同确定
钢	50	

3.2.16 辅助等电位联结用保护联结导体截面积的选择，应符合下列规定：

1 联结两个外露可导电部分的保护联结导体，其电导不应小于接到外露可导电部分的较小的保护导体的电导；

2 联结外露可导电部分和装置外可导电部分的保护联结导体，其电导不应小于相应保护导体截面积 1/2 的导体所具有的电导；

3 单独敷设的保护联结导体，其截面积应符合本规范第 3.2.14 条第 3 款的规定。

3.2.17 局部等电位联结用保护联结导体截面积的选择，应符合下列规定：

1 保护联结导体的电导不应小于局部场所内最大保护导体截面积 1/2 的导体所具有的电导；

2 保护联结导体采用铜导体时，其截面积最大值为 $25mm^2$。保护联结导体为其他金属导体时，其截面积最大值应按其与 $25mm^2$ 铜导体的载流量相同确定；

3 单独敷设的保护联结导体，其截面积应符合本规范第 3.2.14 条第 3 款的规定。

4 配电设备的布置

4.1 一般规定

4.1.1 配电室的位置应靠近用电负荷中心，设置在尘埃少、腐蚀介质少、周围环境干燥和无剧烈振动的场所，并宜留有发展余地。

4.1.2 配电设备的布置应遵循安全、可靠、适用和经济等原则，并应便于安装、操作、搬运、检修、试验和监测。

4.1.3 配电室内除本室需用的管道外，不应有其他的管道通过。室内水、汽管道上不应设置阀门和中间接头；水、汽管道与散热器的连接应采用焊接，并应做等电位联结。配电屏上、下方及电缆沟内不应敷设水、汽管道。

4.2 配电设备布置中的安全措施

4.2.1 落地式配电箱的底部应抬高，高出地面的高度室内不应低于 50mm，室外不应低于 200mm；其底座周围应采取封闭措施，并应能防止鼠、蛇类等小动物进入箱内。

4.2.2 同一配电室内相邻的两段母线，当任一段母线有一级负荷时，相邻的两段母线之间应采取防火措施。

4.2.3 高压及低压配电设备设在同一室内，且两者有一侧柜顶有裸露的母线时，两者之间的净距不应小于 2m。

4.2.4 成排布置的配电屏，其长度超过 6m 时，屏后的通道应设 2 个出口，并宜布置在通道的两端；当两出口之间的距离超过 15m 时，其间尚应增加出口。

4.2.5 当防护等级不低于现行国家标准《外壳防护等级（IP 代码）》GB 4208 规定的 IP2X 级时，成排布置的配电屏通道最小宽度应符合表 4.2.5 的规定。

表 4.2.5 成排布置的配电屏通道最小宽度（m）

配电屏种类		单排布置			双排面对面布置			双排背对背布置			多排同向布置			屏侧通道
		屏前	屏后		屏前	屏后		屏前	屏后		屏间	前、后排屏距墙		
			维护	操作		维护	操作		维护	操作		前排屏前	后排屏后	
固定式	不受限制时	1.5	1.0	1.2	2.0	1.0	1.2	1.5	1.5	2.0	2.0	1.5	1.0	1.0
	受限制时	1.3	0.8	1.2	1.8	0.8	1.2	1.3	1.3	2.0	1.8	1.3	0.8	0.8
抽屉式	不受限制时	1.8	1.0	1.2	2.3	1.0	1.2	1.8	1.0	2.0	2.3	1.8	1.0	1.0
	受限制时	1.6	0.8	1.2	2.1	0.8	1.2	1.6	0.8	2.0	2.1	1.6	0.8	0.8

注：1 受限制时是指受到建筑平面的限制、通道内有柱等局部突出物的限制；

2 屏后操作通道是指需在屏后操作运行中的开关设备的通道；

3 背靠背布置时屏前通道宽度可按本表中双排背对背布置的屏前尺寸确定；

4 控制屏、控制柜、落地式动力配电箱前后的通道最小宽度可按本表确定；

5 挂墙式配电箱的箱前操作通道宽度，不宜小于 1m。

4.2.6 配电室通道上方裸带电体距地面的高度不应低于 2.5m；当低于 2.5m 时，应设置不低于现行国家标准《外壳防护等级（IP 代码）》GB 4208 规定的 IP××B 级或 IP2×级的遮栏或外护物，遮栏或外护物底部距地面的高度不应低于 2.2m。

4.3 对建筑物的要求

4.3.1 配电室屋顶承重构件的耐火等级不应低于二级，其他部分不应低于三级。当配电室与其他场所毗邻时，门的耐火等级应按两者中耐火等级高的确定。

4.3.2 配电室长度超过7m时，应设2个出口，并宜布置在配电室两端。当配电室双层布置时，楼上配电室的出口应至少设一个通向该层走廊或室外的安全出口。配电室的门均应向外开启，但通向高压配电室的门应为双向开启门。

4.3.3 配电室的顶棚、墙面及地面的建筑装修，应使用不易积灰和不易起灰的材料；顶棚不应抹灰。

4.3.4 配电室内的电缆沟，应采取防水和排水措施。配电室的地面宜高出本层地面50mm或设置防水门槛。

4.3.5 当严寒地区冬季室温影响设备正常工作时，配电室应采暖。夏热地区的配电室，还应根据地区气候情况采取隔热、通风或空调等降温措施。有人值班的配电室，宜采用自然采光。在值班人员休息间内宜设给水、排水设施。附近无厕所时宜设厕所。

4.3.6 位于地下室和楼层内的配电室，应设设备运输通道，并应设有通风和照明设施。

4.3.7 配电室的门、窗关闭应密合；与室外相通的洞、通风孔应设防止鼠、蛇类等小动物进入的网罩，其防护等级不宜低于现行国家标准《外壳防护等级（IP代码）》GB 4208规定的IP3X级。直接与室外露天相通的通风孔尚应采取防止雨、雪飘入的措施。

4.3.8 配电室不宜设在建筑物地下室最底层。设在地下室最底层时，应采取防止水进入配电室内的措施。

5 电气装置的电击防护

5.1 直接接触防护措施

（Ⅰ）将带电部分绝缘

5.1.1 带电部分应全部用绝缘层覆盖，其绝缘层应能长期承受在运行中遇到的机械、化学、电气及热的各种不利影响。

（Ⅱ）采用遮栏或外护物

5.1.2 标称电压超过交流方均根值25V容易被触及的裸带电体，应设置遮栏或外护物。其防护等级不应低于现行国家标准《外壳防护等级（IP代码）》GB 4208规定的IP××B级或IP2×级。为更换灯头、插座或熔断器之类部件，或为实现设备的正常功能所需的开孔，在采取了下列两项措施后可除外：

1 设置防止人、畜意外触及带电部分的防护设施；

2 在可能触及带电部分的开孔处，设置“禁止触及”的标志。

5.1.3 可触及的遮栏或外护物的顶面，其防护等级不应低于现行国家标准《外壳防护等级（IP代码）》GB 4208规定的IP××D级或IP4×级。

5.1.4 遮栏或外护物应稳定、耐久、可靠地固定。

5.1.5 需要移动的遮栏以及需要打开或拆下部件的外护物，应采用下列防护措施之一：

1 只有使用钥匙或其他工具才能移动、打开、拆下遮栏或外护物；

2 将遮栏或外护物所保护的带电部分的电源切断后，只有在重新放回或重新关闭遮栏或外护物后才能恢复供电；

3 设置防护等级不低于现行国家标准《外壳防护等级（IP代码）》GB 4208规定的IP××B级或IP2×级的中间遮栏，并应能防止触及带电部分且只有使用钥匙或工具才能移开。

5.1.6 按本规范第5.1.2条设置的遮栏或外护物与裸带电体之间的净距，应符合下列规定：

1 采用网状遮栏或外护物时，不应小于100mm；

2 采用板状遮栏或外护物时，不应小于50mm。

（Ⅲ）采用阻挡物

5.1.7 当裸带电体采用遮栏或外护物防护有困难时，在电气专用房间或区域宜采用栏杆或网状屏障等阻挡物进行防护。阻挡物应能防止人体无意识地接近裸带电体和在操作设备过程中人体无意识地触及裸带电体。

5.1.8 阻挡物应适当固定，但可以不用钥匙或工具将其移开。

5.1.9 采用防护等级低于现行国家标准《外壳防护等级（IP代码）》GB 4208规定的IP××B级或IP2×级的阻挡物时，阻挡物与裸带电体的水平净距不应小于1.25m，阻挡物的高度不应小于1.4m。

（Ⅳ）置于伸臂范围之外

5.1.10 在电气专用房间或区域，不采用防护等级等于高于现行国家标准《外壳防护等级（IP代码）》GB 4208规定的IP××B级或IP2×级的遮栏、外护物或阻挡物时，应将人可能无意识同时触及的不同电位的可导电部分置于伸臂范围之外。

5.1.11 伸臂范围（图5.1.11）应符合下列规定：

1 裸带电体布置在有人活动的区域上方时，其与平台或地面的垂直净距不应小于2.5m；

2 裸带电体布置在有人活动的平台侧面时，其与平台边缘的水平净距不应小于1.25m；

3 裸带电体布置在有人活动的平台下方时，其与平台下方的垂直净距不应小于1.25m，且与平台边缘的水平净距不应小于0.75m；

4　裸带电体在水平方向的阻挡物、遮栏或外护物，其防护等级低于现行国家标准《外壳防护等级（IP代码）》GB 4208 规定的 IP××B 级或 IP2×级时，伸臂范围应从阻挡物、遮栏或外护物算起；

5　在有人活动区域上方的裸带电体的阻挡物、遮栏或外护物，其防护等级低于现行国家标准《外壳防护等级（IP代码）》GB 4208 规定的 IP××B 级或 IP2×级时，伸臂范围 2.5m 应从人所在地面算起；

6　人手持大的或长的导电物体时，伸臂范围应计及该物体的尺寸。

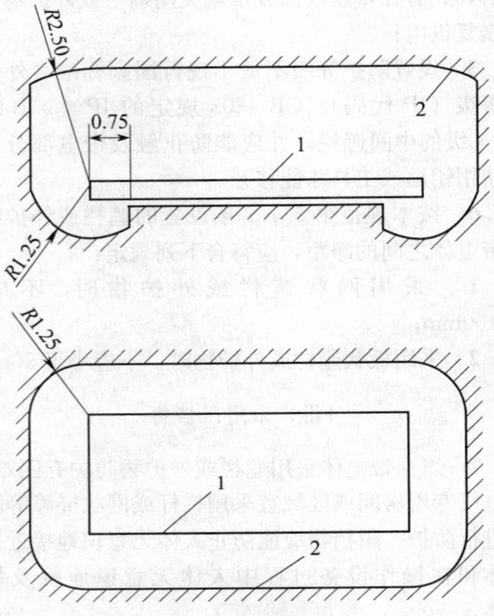

图 5.1.11　伸臂范围（m）
1—平台；2—手臂可达到的界限

（Ⅴ）用剩余电流动作保护器的附加防护

5.1.12　额定剩余动作电流不超过 30mA 的剩余电流动作保护器，可作为其他直接接触防护措施失效或使用者疏忽时的附加防护，但不能单独作为直接接触防护措施。

5.2　间接接触防护的自动切断电源防护措施

（Ⅰ）一 般 规 定

5.2.1　对于未按现行国家标准《建筑物电气装置　第 4—41 部分：安全防护　电击防护》GB 16895.21 的规定采用下列间接接触防护措施者，应采用本节所规定的防护措施：

1　采用Ⅱ类设备；

2　采取电气分隔措施；

3　采用特低电压供电；

4　将电气设备安装在非导电场所内；

5　设置不接地的等电位联结。

5.2.2　在使用Ⅰ类设备、预期接触电压限值为 50V 的场所，当回路或设备中发生带电导体与外露可导电部分或保护导体之间的故障时，间接接触防护电器应能在预期接触电压超过 50V 且持续时间足以引起对人体有害的病理生理效应前自动切断该回路或设备的电源。

5.2.3　电气装置的外露可导电部分，应与保护导体相连接。

5.2.4　建筑物内的总等电位联结，应符合下列规定：

1　每个建筑物中的下列可导电部分，应做总等电位联结：

1）总保护导体（保护导体、保护接地中性导体）；

2）电气装置总接地导体或总接地端子排；

3）建筑物内的水管、燃气管、采暖和空调管道等各种金属干管；

4）可接用的建筑物金属结构部分。

2　来自外部的本条第 1 款规定的可导电部分，应在建筑物内距离引入点最近的地方做总等电位联结。

3　总等电位联结导体，应符合本规范第 3.2.15 条～第 3.2.17 条的有关规定。

4　通信电缆的金属外护层在做等电位联结时，应征得相关部门的同意。

5.2.5　当电气装置或电气装置某一部分发生接地故障后间接接触的保护电器不能满足自动切断电源的要求时，尚应在局部范围内将本规范第 5.2.4 条第 1 款所列可导电部分再做一次局部等电位联结；亦可将伸臂范围内能同时触及的两个可导电部分之间做辅助等电位联结。局部等电位联结或辅助等电位联结的有效性，应符合下式的要求：

$$R \leqslant \frac{50}{I_a} \qquad (5.2.5)$$

式中：R——可同时触及的外露可导电部分和装置外可导电部分之间，故障电流产生的电压降引起接触电压的一段线路的电阻（Ω）；

I_a——保证间接接触保护电器在规定时间内切断故障回路的动作电流（A）。

5.2.6　配电线路间接接触防护的上下级保护电器的动作特性之间应有选择性。

（Ⅱ）TN　系　统

5.2.7　TN系统中电气装置的所有外露可导电部分，应通过保护导体与电源系统的接地点连接。

5.2.8　TN系统中配电线路的间接接触防护电器的动作特性，应符合下式的要求：

$$Z_s I_a \leqslant U_0 \qquad (5.2.8)$$

式中：Z_s——接地故障回路的阻抗（Ω）；

U_0——相导体对地标称电压（V）。

5.2.9 TN系统中配电线路的间接接触防护电器切断故障回路的时间，应符合下列规定：

1 配电线路或仅供给固定式电气设备用电的末端线路，不宜大于5s；

2 供给手持式电气设备和移动式电气设备用电的末端线路或插座回路，TN系统的最长切断时间不应大于表5.2.9的规定。

表5.2.9 TN系统的最长切断时间

相导体对地标称电压（V）	切断时间（s）
220	0.4
380	0.2
>380	0.1

5.2.10 在TN系统中，当配电箱或配电回路同时直接或间接给固定式、手持式和移动式电气设备供电时，应采取下列措施之一：

1 应使配电箱至总等电位联结点之间的一段保护导体的阻抗符合下式的要求：

$$Z_L \leqslant \frac{50}{U_0} Z_s \quad (5.2.10)$$

式中：Z_L——配电箱至总等电位联结点之间的一段保护导体的阻抗（Ω）。

2 应将配电箱内保护导体母排与该局部范围内的装置外可导电部分做局部等电位联结或按本规范第5.2.5条的有关要求做辅助等电位联结。

5.2.11 当TN系统相导体与无等电位联结作用的地之间发生接地故障时，为使保护导体和与之连接的外露可导电部分的对地电压不超过50V，其接地电阻的比值应符合下式的要求：

$$\frac{R_B}{R_E} \leqslant \frac{50}{U_0 - 50} \quad (5.2.11)$$

式中：R_B——所有与系统接地极并联的接地电阻（Ω）；

R_E——相导体与大地之间的接地电阻（Ω）。

5.2.12 当不符合本规范公式（5.2.11）的要求时，应补充其他有效的间接接触防护措施，或采用局部TT系统。

5.2.13 TN系统中，配电线路采用过电流保护电器兼作间接接触防护电器时，其动作特性应符合本规范第5.2.8条的规定；当不符合规定时，应采用剩余电流动作保护电器。

（Ⅲ）TT 系 统

5.2.14 TT系统中，配电线路内由同一间接接触防护电器保护的外露可导电部分，应用保护导体连接至共用或各自的接地极上。当有多级保护时，各级应有各自的或共同的接地极。

5.2.15 TT系统配电线路间接接触防护电器的动作特性，应符合下式的要求：

$$R_A I_a \leqslant 50\text{V} \quad (5.2.15)$$

式中：R_A——外露可导电部分的接地电阻和保护导体电阻之和（Ω）。

5.2.16 TT系统中，间接接触防护的保护电器切断故障回路的动作电流：当采用熔断器时，应为保证熔断器在5s内切断故障回路的电流；当采用断路器时，应为保证断路器瞬时切断故障回路的电流；当采用剩余电流保护器时，应为额定剩余动作电流。

5.2.17 TT系统中，配电线路间接接触防护电器的动作特性不符合本规范第5.2.15条的规定时，应按本规范第5.2.5条的规定做局部等电位联结或辅助等电位联结。

5.2.18 TT系统中，配电线路的间接接触防护的保护电器应采用剩余电流动作保护电器或过电流保护电器。

（Ⅳ）IT 系 统

5.2.19 在IT系统的配电线路中，当发生第一次接地故障时，应发出报警信号，且故障电流应符合下式的要求：

$$R_A I_d \leqslant 50\text{V} \quad (5.2.19)$$

式中：I_d——相导体和外露可导电部分间第一次接地故障的故障电流（A），此值应计及泄漏电流和电气装置全部接地阻抗值的影响。

5.2.20 IT系统应设置绝缘监测器。当发生第一次接地故障或绝缘电阻低于规定的整定值时，应由绝缘监测器发出音响和灯光信号，且灯光信号应持续到故障消除。

5.2.21 IT系统的外露可导电部分可采用共同的接地极接地，亦可个别或成组地采用单独的接地极接地，并应符合下列规定：

1 当外露可导电部分为共同接地，发生第二次接地故障时，故障回路的切断应符合本规范规定的TN系统自动切断电源的要求；

2 当外露可导电部分单独或成组地接地，发生第二次接地故障时，故障回路的切断应符合本规范规定的TT系统自动切断电源的要求。

5.2.22 IT系统不宜配出中性导体。

5.2.23 在IT系统的配电线路中，当发生第二次接地故障时，故障回路的最长切断时间不应大于表5.2.23的规定。

表5.2.23 IT系统第二次故障时最长切断时间

相对地标称电压/相间标称电压（V）	切断时间（s）	
	没有中性导体配出	有中性导体配出
220/380	0.4	0.8
380/660	0.2	0.4
580/1000	0.1	0.2

5.2.24 IT系统的配电线路符合本规范第5.2.21条第1款规定时，应由过电流保护电器或剩余电流保护器切断故障回路，并应符合下列规定：

1 当IT系统不配出中性导体时，保护电器动作特性应符合下式的要求：

$$Z_c I_e \leqslant \frac{\sqrt{3}}{2} U_0 \quad (5.2.24\text{-}1)$$

2 当IT系统配出中性导体时，保护电器动作特性应符合下式的要求：

$$Z_d I_e \leqslant \frac{1}{2} U_0 \quad (5.2.24\text{-}2)$$

式中：Z_c——包括相导体和保护导体的故障回路的阻抗（Ω）；

Z_d——包括相导体、中性导体和保护导体的故障回路的阻抗（Ω）；

I_e——保证保护电器在表5.2.23规定的时间或其他回路允许的5s内切断故障回路的电流（A）。

5.3 SELV系统和PELV系统及FELV系统

（Ⅰ）SELV系统和PELV系统

5.3.1 直接接触防护的措施和间接接触防护的措施，除本规范第5.1节和第5.2节规定的防护措施外，亦可采用SELV系统和PELV系统作为防护措施。

5.3.2 SELV系统和PELV系统的标称电压不应超过交流方均根值50V。当系统由自耦变压器、分压器或半导体器件等设备从高于50V电压系统供电时，应对输入回路采取保护措施。特殊装置或场所的电压限值，应符合现行国家标准《建筑物电气装置》GB 16895系列标准中的有关标准的规定。

5.3.3 SELV系统和PELV系统的电源，应符合下列要求之一：

1 由符合现行国家标准《隔离变压器和安全隔离变压器　技术要求》GB 13028的安全隔离变压器供电；

2 具备与本条第1款规定的安全隔离变压器有同等安全程度的电源；

3 电化学电源或与高于交流方均根值50V电压的回路无关的其他电源；

4 符合相应标准，而且即使内部发生故障也保证能使出线端子的电压不超过交流方均根值50V的电子器件构成的电源。当发生直接接触和间接接触时，电子器件能保证出线端子的电压立即降低到等于小于交流方均根值50V时，出线端子的电压可高于交流方均根值50V的电压。

5.3.4 SELV系统和PELV系统的安全隔离变压器或电动发电机等移动式安全电源，应达到Ⅱ类设备或与Ⅱ类设备等效绝缘的防护要求。

5.3.5 SELV系统和PELV系统回路的带电部分相互之间及与其他回路之间，应进行电气分隔，且不应低于安全隔离变压器的输入和输出回路之间的隔离要求。

5.3.6 每个SELV系统和PELV系统的回路导体，应与其他回路导体分开布置。当不能分开布置时，应采取下列措施之一：

1 SELV系统和PELV系统的回路导体应做基本绝缘，并应将其封闭在非金属护套内；

2 不同电压的回路导体，应用接地的金属屏蔽或接地的金属护套隔开；

3 不同电压的回路可包含在一个多芯电缆或导体组内，但SELV系统和PELV系统的回路导体应单独或集中地按其中最高电压绝缘。

5.3.7 SELV系统的回路带电部分严禁与地、其他回路的带电部分或保护导体相连接，并应符合下列要求：

1 设备的外露可导电部分不应与下列部分连接：

1）地；

2）其他回路的保护导体或外露可导电部分；

3）装置外可导电部分。

2 电气设备因功能的要求与装置外可导电部分连接时，应采取能保证这种连接的电压不会高于交流方均根值50V的措施。

3 SELV系统回路的外露可导电部分有可能接触其他回路的外露可导电部分时，其电击防护除依靠SELV系统保护外，尚应依靠可能被接触的其他回路的外露可导电部分所采取的保护措施。

5.3.8 SELV系统，当标称电压超过交流方均根值25V时，直接接触防护应采取下列措施之一：

1 设置防护等级不低于现行国家标准《外壳防护等级（IP代码）》GB 4208规定的IP××B级或IP2×级的遮栏或外护物；

2 采用能承受交流方均根值500V、时间为1min的电压耐受试验的绝缘。

5.3.9 当SELV系统的标称电压不超过交流方均根值25V时，除国家现行有关标准另有规定外，可不设直接接触防护。

5.3.10 PELV系统的直接接触防护，应采用本规范第5.3.8条规定的措施。当建筑物内外已设置总等电位联结，PELV系统的接地配置和外露可导电部分已用保护导体连接到总接地端子上，且符合下列条件时，可不采取直接接触防护措施：

1 设备在干燥场所使用、预计人体不会大面积触及带电部分并且标称电压不超过交流方均根值25V；

2 在其他情况下，标称电压不超过交流方均根值6V。

5.3.11 SELV系统的插头和插座，应符合下列规定：

1 插头应不能插入其他电压系统的插座；

2 其他电压系统的插头应不能插入插座；

3 插座应无保护导体的插孔。

5.3.12 PELV 系统的插头和插座，应符合本规范第 5.3.11 条的第 1 款和第 2 款的要求。

（Ⅱ）FELV 系 统

5.3.13 当不必要采用 SELV 系统或 PELV 系统保护或因功能上的原因使用了标称电压小于等于交流方均根值 50V 的电压，但本规范第 5.3.1 条～第 5.3.12 条的规定不能完全满足其要求时，可采用 FELV 系统。

5.3.14 FELV 系统的直接接触防护，应采取下列措施之一：

1 应装设符合本规范第 5.1 节（Ⅱ）要求的遮栏或外护物；

2 应采用与一次回路所要求的最低试验电压相当的绝缘。

5.3.15 当属于 FELV 系统的一部分的设备的绝缘不能耐受一次回路所要求的试验电压时，设备可接近的非导电部分的绝缘应加强，且应使其能耐受交流方均根值为 1500V、时间为 1min 的试验电压。

5.3.16 FELV 系统的间接接触防护，应采取下列措施之一：

1 当一次回路采用自动切断电源的防护措施时，应将 FELV 系统中的设备外露可导电部分与一次回路的保护导体连接，此时不排除 FELV 系统中的带电导体与该一次回路保护导体的连接；

2 当一次回路采用电气分隔防护时，应将 FELV 系统中的设备外露可导电部分与一次回路的不接地等电位联结导体连接。

5.3.17 FELV 系统的插头和插座，应符合本规范第 5.3.11 条第 1 款、第 2 款的规定。

6 配电线路的保护

6.1 一 般 规 定

6.1.1 配电线路应装设短路保护和过负荷保护。

6.1.2 配电线路装设的上下级保护电器，其动作特性应具有选择性，且各级之间应能协调配合。非重要负荷的保护电器，可采用部分选择性或无选择性切断。

6.1.3 用电设备末端配电线路的保护，除应符合本规范的规定外，尚应符合现行国家标准《通用用电设备配电设计规范》GB 50055 的有关规定。

6.1.4 除当回路相导体的保护装置能保护中性导体的短路，而且正常工作时通过中性导体的最大电流小于其载流量外，尚应采取当中性导体出现过电流时能自动切断相导体的措施。

6.2 短 路 保 护

6.2.1 配电线路的短路保护电器，应在短路电流对导体和连接处产生的热作用和机械作用造成危害之前切断电源。

6.2.2 短路保护电器，应能分断其安装处的预期短路电流。预期短路电流，应通过计算或测量确定。当短路保护电器的分断能力小于其安装处预期短路电流时，在该段线路的上一级应装设具有所需分断能力的短路保护电器；其上下两级的短路保护电器的动作特性应配合，使该段线路及其短路保护电器能承受通过的短路能量。

6.2.3 绝缘导体的热稳定，应按其截面积校验，且应符合下列规定：

1 当短路持续时间小于等于 5s 时，绝缘导体的截面积应符合本规范公式（3.2.14）的要求，其相导体的系数可按本规范表 A.0.7 的规定确定；

2 短路持续时间小于 0.1s 时，校验绝缘导体截面积应计入短路电流非周期分量的影响；大于 5s 时，校验绝缘导体截面积应计入散热的影响。

6.2.4 当短路保护电器为断路器时，被保护线路末端的短路电流不应小于断路器瞬时或短延时过电流脱扣器整定电流的 1.3 倍。

6.2.5 短路保护电器应装设在回路首端和回路导体载流量减小的地方。当不能设置在回路导体载流量减小的地方时，应采用下列措施：

1 短路保护电器至回路导体载流量减小处的这一段线路长度，不应超过 3m；

2 应采取将该段线路的短路危险减至最小的措施；

3 该段线路不应靠近可燃物。

6.2.6 导体载流量减小处回路的短路保护，当离短路点最近的绝缘导体的热稳定和上一级短路保护电器符合本规范第 6.2.3 条、第 6.2.4 条的规定时，该段回路可不装设短路保护电器，但应敷设在不燃或难燃材料的管、槽内。

6.2.7 下列连接线或回路，当在布线时采取了防止机械损伤等保护措施，且布线不靠近可燃物时，可不装设短路保护电器：

1 发电机、变压器、整流器、蓄电池与配电控制屏之间的连接线；

2 断电比短路导致的线路烧毁更危险的旋转电机励磁回路、起重电磁铁的供电回路、电流互感器的二次回路等；

3 测量回路。

6.2.8 并联导体组成的回路，任一导体在最不利的位置处发生短路故障时，短路保护电器应能立即可靠切断该段故障线路，其短路保护电器的装设，应符合下列规定：

1 当符合下列条件时，可采用一个短路保护电器：

1）布线时所有并联导体采用了防止机械损伤等保护措施；

2）导体不靠近可燃物。

2 两根导体并联的线路，当不能满足本条第1款条件时，在每根并联导体的供电端应装设短路保护电器。

3 超过两根导体的并联线路，当不能满足本条第1款条件时，在每根并联导体的供电端和负荷端均应装设短路保护电器。

6.3 过负荷保护

6.3.1 配电线路的过负荷保护，应在过负荷电流引起的导体温升对导体的绝缘、接头、端子或导体周围的物质造成损害之前切断电源。

6.3.2 过负荷保护电器宜采用反时限特性的保护电器，其分断能力可低于保护电器安装处的短路电流值，但应能承受通过的短路能量。

6.3.3 过负荷保护电器的动作特性，应符合下列公式的要求：

$$I_B \leqslant I_n \leqslant I_Z \quad (6.3.3\text{-}1)$$

$$I_2 \leqslant 1.45 I_Z \quad (6.3.3\text{-}2)$$

式中：I_B——回路计算电流（A）；

I_n——熔断器熔体额定电流或断路器额定电流或整定电流（A）；

I_Z——导体允许持续载流量（A）；

I_2——保证保护电器可靠动作的电流（A）。当保护电器为断路器时，I_2为约定时间内的约定动作电流；当为熔断器时，I_2为约定时间内的约定熔断电流。

6.3.4 过负荷保护电器，应装设在回路首端或导体载流量减小处。当过负荷保护电器与回路导体载流量减小处之间的这一段线路没有引出分支线路或插座回路，且符合下列条件之一时，过负荷保护电器可在该段回路任意处装设：

1 过负荷保护电器与回路导体载流量减小处的距离不超过3m，该段线路采取了防止机械损伤等保护措施，且不靠近可燃物；

2 该段线路的短路保护符合本规范第6.2节的规定。

6.3.5 除火灾危险、爆炸危险场所及其他有规定的特殊装置和场所外，符合下列条件之一的配电线路，可不装设过负荷保护电器：

1 回路中载流量减小的导体，当其过负荷时，上一级过负荷保护电器能有效保护该段导体；

2 不可能过负荷的线路，且该段线路的短路保护符合本规范第6.2节的规定，并没有分支线路或出线插座；

3 用于通信、控制、信号及类似装置的线路；

4 即使过负荷也不会发生危险的直埋电缆或架空线路。

6.3.6 过负荷断电将引起严重后果的线路，其过负荷保护不应切断线路，可作用于信号。

6.3.7 多根并联导体组成的回路采用一个过负荷保护电器时，其线路的允许持续载流量，可按每根并联导体的允许持续载流量之和计，且应符合下列规定：

1 导体的型号、截面、长度和敷设方式均相同；

2 线路全长内无分支线路引出；

3 线路的布置使各并联导体的负载电流基本相等。

6.4 配电线路电气火灾防护

6.4.1 当建筑物配电系统符合下列情况时，宜设置剩余电流监测或保护电器，其应动作于信号或切断电源：

1 配电线路绝缘损坏时，可能出现接地故障；

2 接地故障产生的接地电弧，可能引起火灾危险。

6.4.2 剩余电流监测或保护电器的安装位置，应能使其全面监视有起火危险的配电线路的绝缘情况。

6.4.3 为减少接地故障引起的电气火灾危险而装设的剩余电流监测或保护电器，其动作电流不应大于300mA；当动作于切断电源时，应断开回路的所有带电导体。

7 配电线路的敷设

7.1 一般规定

7.1.1 配电线路的敷设，应符合下列条件：

1 与场所环境的特征相适应；

2 与建筑物和构筑物的特征相适应；

3 能承受短路可能出现的机电应力；

4 能承受安装期间或运行中布线可能遭受的其他应力和导线的自重。

7.1.2 配电线路的敷设环境，应符合下列规定：

1 应避免由外部热源产生的热效应带来的损害；

2 应防止在使用过程中因水的侵入或因进入固体物带来的损害；

3 应防止外部的机械性损害；

4 在有大量灰尘的场所，应避免由于灰尘聚集在布线上对散热带来的影响；

5 应避免由于强烈日光辐射带来的损害；

6 应避免腐蚀或污染物存在的场所对布线系统带来的损害；

7 应避免有植物和（或）霉菌衍生存在的场所对布线系统带来的损害；

8 应避免有动物的情况对布线系统带来的损害。

7.1.3 除下列回路的线路可穿在同一根导管内外，其他回路的线路不应穿于同一根导管内。

1 同一设备或同一流水作业线设备的电力回路和无防干扰要求的控制回路；

2 穿在同一管内绝缘导线总数不超过8根，且为同一照明灯具的几个回路或同类照明的几个回路。

7.1.4 在同一个槽盒里有几个回路时，其所有的绝缘导线应采用与最高标称电压回路绝缘相同的绝缘。

7.1.5 电缆敷设的防火封堵，应符合下列规定：

1 布线系统通过地板、墙壁、屋顶、天花板、隔墙等建筑构件时，其孔隙应按等同建筑构件耐火等级的规定封堵；

2 电缆敷设采用的导管和槽盒材料，应符合现行国家标准《电气安装用电缆槽管系统 第1部分：通用要求》GB/T 19215.1、《电气安装用电缆槽管系统 第2部分：特殊要求 第1节：用于安装在墙上或天花板上的电缆槽管系统》GB/T 19215.2和《电气安装用导管系统 第1部分：通用要求》GB/T 20041.1规定的耐燃试验要求，当导管和槽盒内部截面积等于大于$710mm^2$时，应从内部封堵；

3 电缆防火封堵的材料，应按耐火等级要求，采用防火胶泥、耐火隔板、填料阻火包或防火帽；

4 电缆防火封堵的结构，应满足按等效工程条件下标准试验的耐火极限。

7.2 绝缘导线布线

（Ⅰ）直 敷 布 线

7.2.1 正常环境的屋内场所除建筑物顶棚及地沟内外，可采用直敷布线，并应符合下列规定：

1 直敷布线应采用护套绝缘导线，其截面积不宜大于$6mm^2$；

2 护套绝缘导线至地面的最小距离应符合表7.2.1的规定；

3 当导线垂直敷设时，距地面低于1.8m段的导线，应用导管保护；

表7.2.1 护套绝缘导线至地面的最小距离（m）

布线方式		最小距离
水平敷设	屋内	2.5
	屋外	2.7
垂直敷设	屋内	1.8
	屋外	2.7

4 导线与接地导体及不发热的管道紧贴交叉时，应用绝缘管保护；敷设在易受机械损伤的场所应用钢管保护；

5 不应将导线直接埋入墙壁、顶棚的抹灰层内。

（Ⅱ）瓷夹、塑料线夹、鼓形绝缘子、针式绝缘子布线

7.2.2 正常环境的屋内场所和挑檐下的屋外场所，可采用瓷夹或塑料线夹布线。

7.2.3 采用瓷夹、塑料线夹、鼓形绝缘子和针式绝缘子在屋内、屋外布线时，其导线至地面的距离，应符合本规范表7.2.1的规定。

7.2.4 采用鼓形绝缘子和针式绝缘子在屋内、屋外布线时，其导线最小间距，应符合表7.2.4的规定。

表7.2.4 屋内、屋外布线的导线最小间距

支持点间距（m）	导线最小间距（mm）	
	屋内布线	屋外布线
≤1.5	50	100
>1.5，且≤3	75	100
>3，且≤6	100	150
>6，且≤10	150	200

7.2.5 导线明敷在屋内高温辐射或对导线有腐蚀的场所时，导线之间及导线至建筑物表面的最小净距应符合表7.2.5的规定。

表7.2.5 导线之间及导线至建筑物表面的最小净距

固定点间距（m）	最小净距（mm）
≤1.5	75
>1.5，且≤3	100
>3，且≤6	150
>6	200

7.2.6 屋外布线的导线至建筑物的最小间距，应符合表7.2.6的规定。

表7.2.6 导线至建筑物的最小间距（mm）

布线方式		最小间距
水平敷设时的垂直间距	在阳台、平台上和跨越建筑物顶	2500
	在窗户上	200
	在窗户下	800
垂直敷设时至阳台、窗户的水平间距		600
导线至墙壁和构架的间距（挑檐下除外）		35

（Ⅲ）金属导管和金属槽盒布线

7.2.7 对金属导管、金属槽盒有严重腐蚀的场所，不宜采用金属导管、金属槽盒布线。

7.2.8 在建筑物闷顶内有可燃物时，应采用金属导管、金属槽盒布线。

7.2.9 同一回路的所有相线和中性线，应敷设在同一金属槽盒内或穿于同一根金属导管内。

7.2.10 暗敷于干燥场所的金属导管布线，金属导管的管壁厚度不应小于 1.5mm；明敷于潮湿场所或直接埋于素土内的金属导管布线，金属导管应符合现行国家标准《电气安装用导管系统　第 1 部分：通用要求》GB/T 20041.1 或《低压流体输送用焊接钢管》GB/T 3091 的有关规定；当金属导管有机械外压力时，金属导管应符合现行国家标准《电气安装用导管系统　第 1 部分：通用要求》GB/T 20041.1 中耐压分类为中型、重型及超重型的金属导管的规定。

7.2.11 金属导管和金属槽盒敷设时，应符合下列规定：

1 与热水管、蒸汽管同侧敷设时，应敷设在热水管、蒸汽管下方。当有困难时，亦可敷设在热水管、蒸汽管上方，其净距应符合下列要求：

1）敷设在热水管下方时，不宜小于 0.2m；在上方时，不宜小于 0.3m；

2）敷设在蒸汽管下方时，不宜小于 0.5m；在上方时，不宜小于 1.0m；

3）对有保温措施的热水管、蒸汽管，其净距不宜小于 0.2m。

2 当不能符合本条第 1 款要求时，应采取隔热措施。

3 与其他管道的平行净距不应小于 0.1m。

4 当与水管同侧敷设时，宜将金属导管与金属槽盒敷设在水管的上方。

5 管线互相交叉时的净距，不宜小于其平行的净距。

7.2.12 暗敷于地下的金属导管不应穿过设备基础；金属导管及金属槽盒在穿过建筑物伸缩缝、沉降缝时，应采取防止伸缩或沉降的补偿措施。

7.2.13 采用金属导管布线，除非重要负荷、线路长度小于 15m、金属导管的壁厚大于等于 2mm，并采取了可靠的防水、防腐蚀措施后，可在屋外直接埋地敷设外，不宜在屋外直接埋地敷设。

7.2.14 同一路径无防干扰要求的线路，可敷设于同一金属导管或金属槽盒内。金属导管或金属槽盒内导线的总截面积不宜超过其截面积的 40%，且金属槽盒内载流导线不宜超过 30 根。

7.2.15 控制、信号等非电力回路导线敷设于同一金属导管或金属槽盒内时，导线的总截面积不宜超过其截面的 50%。

7.2.16 除专用接线盒内外，导线在金属槽盒内不应有接头。有专用接线盒的金属槽盒宜布置在易于检查的场所。导线和分支接头的总截面积不应超过该点槽盒内截面积的 75%。

7.2.17 金属槽盒垂直或倾斜敷设时，应采取防止导线在线槽内移动的措施。

7.2.18 金属槽盒敷设的吊架或支架，宜在下列部位设置：

1 直线段宜为 2m～3m 或槽盒接头处；

2 槽盒首端、终端及进出接线盒 0.5m 处；

3 槽盒转角处。

7.2.19 金属槽盒的连接处，不得设在穿楼板或墙壁等孔处。

7.2.20 由金属槽盒引出的线路，可采用金属导管、塑料导管、可弯曲金属导管、金属软导管或电缆等布线方式。导线在引出部分应有防止损伤的措施。

(Ⅳ) 可弯曲金属导管布线

7.2.21 敷设在正常环境屋内场所的建筑物顶棚内或暗敷于墙体、混凝土地面、楼板垫层或现浇钢筋混凝土楼板内时，可采用基本型可弯曲金属导管布线。明敷于潮湿场所或直埋地下素土内时，应采用防水型可弯曲金属导管。

7.2.22 可弯曲金属导管布线，管内导线的总截面积不宜超过管内截面积的 40%。

7.2.23 可弯曲金属导管布线，其与热水管、蒸汽管或其他管路同侧敷设时，应符合本规范第 7.2.11 条的规定。

7.2.24 暗敷于现浇钢筋混凝土楼板内的可弯曲金属导管，其表面混凝土覆盖层不应小于 15mm。

7.2.25 在可弯曲金属导管有可能受重物压力或明显机械冲击处，应采取保护措施。

7.2.26 可弯曲金属导管布线，导管的金属外壳等非带电金属部分应可靠接地，且不应利用导管金属外壳作接地线。

7.2.27 暗敷于地下的可弯曲金属导管的管路不应穿过设备基础。

(Ⅴ) 地面内暗装金属槽盒布线

7.2.28 正常环境下大空间且隔断变化多、用电设备移动性大或敷有多功能线路的屋内场所，宜采用地面内暗装金属槽盒布线，且应暗敷于现浇混凝土地面、楼板或楼板垫层内。

7.2.29 采用地面内暗装金属槽盒布线时，应将同一回路的所有导线敷设在同一槽盒内。

7.2.30 采用地面内暗装金属槽盒布线时，应将电力线路、非电力线路分槽或增加隔板敷设，两种线路交叉处应设置有屏蔽分线板的分线盒。

7.2.31 由配电箱、电话分线箱及接线端子箱等设备引至地面内暗装金属槽盒的线路，宜采用金属管布线方式引入分线盒，或以终端连接器直接引入槽盒。

7.2.32 地面内暗装金属槽盒出线口和分线盒不应突出地面，且应做好防水密封处理。

（Ⅵ）塑料导管和塑料槽盒布线

7.2.33 有酸碱腐蚀介质的场所宜采用塑料导管和塑料槽盒布线，但在高温和易受机械损伤的场所不宜采用明敷。

7.2.34 布线用塑料导管，应符合现行国家标准《电气安装用电缆导管系统 第1部分：通用要求》GB/T 20041.1中非火焰蔓延型塑料导管；布线用塑料槽盒，应符合现行国家标准《电气安装用电缆槽管系统 第1部分：通用要求》GB/T 19215.1中非火焰蔓延型的有关规定。塑料导管暗敷或埋地敷设时，应选用中等机械应力以上的导管，并应采取防止机械损伤的措施。

7.2.35 塑料导管和塑料槽盒不宜与热水管、蒸汽管同侧敷设。

7.2.36 塑料导管和塑料槽盒布线，应符合本规范第7.2.14条、第7.2.15条和第7.2.16条的有关规定。

7.3 钢索布线

7.3.1 钢索布线在对钢索有腐蚀的场所，应采取防腐蚀措施。

7.3.2 钢索上绝缘导线至地面的距离，应符合本规范第7.2.1条第2款的规定。

7.3.3 钢索布线应符合下列规定：

1 屋内的钢索布线，采用绝缘导线明敷时，应采用瓷夹、塑料夹、鼓形绝缘子或针式绝缘子固定；采用护套绝缘导线、电缆、金属导管及金属槽盒或塑料导管及塑料槽盒布线时，可将其直接固定于钢索上；

2 屋外的钢索布线，采用绝缘导线明敷时，应采用鼓形绝缘子、针式或蝶式绝缘子固定；采用电缆、金属导管及金属槽盒布线时，可将其直接固定于钢索上。

7.3.4 钢索布线所采用的钢索的截面积，应根据跨距、荷重和机械强度等因素确定，且不宜小于$10mm^2$。钢索固定件应镀锌或涂防腐漆。钢索除两端拉紧外，跨距大的应在中间增加支持点，其间距不宜大于12m。

7.3.5 在钢索上吊装金属导管或塑料导管布线时，应符合下列规定：

1 支持点之间及支持点与灯头盒之间的最大间距，应符合表7.3.5的规定；

表7.3.5 支持点之间及支持点与灯头盒之间的最大间距（mm）

布线类别	支持点之间	支持点与灯头盒之间
金属导管	1500	200
塑料导管	1000	150

2 吊装接线盒和管道的扁钢卡子宽度，不应小于20mm；吊装接线盒的卡子，不应少于2个。

7.3.6 钢索上吊装护套绝缘导线布线时，应符合下列规定：

1 采用铝卡子直敷在钢索上时，其支持点间距不应大于500mm；卡子距接线盒的间距不应大于100mm；

2 采用橡胶和塑料护套绝缘导线时，接线盒应采用塑料制品。

7.3.7 钢索上采用瓷瓶吊装绝缘导线布线时，应符合下列规定：

1 支持点间距不应大于1.5m；

2 线间距离，屋内不应小于50mm；屋外不应小于100mm；

3 扁钢吊架终端应加拉线，其直径不应小于3mm。

7.4 裸导体布线

7.4.1 除配电室外，无遮护的裸导体至地面的距离，不应小于3.5m；采用防护等级不低于现行国家标准《外壳防护等级（IP代码）》GB 4208规定的IP2×的网孔遮栏时，不应小于2.5m。网状遮栏与裸导体的间距，不应小于100mm；板状遮栏与裸导体的间距，不应小于50mm。

7.4.2 裸导体与需经常维护的管道同侧敷设时，裸导体应敷设在管道的上方。

7.4.3 裸导体与需经常维护的管道以及与生产设备最凸出部位的净距不应小于1.8m；当其净距小于等于1.8m时，应加遮栏。

7.4.4 裸导体的线间及裸导体至建筑物表面的最小净距应符合本规范表7.2.5的规定。硬导体固定点的间距，应符合在通过最大短路电流时的动稳定要求。

7.4.5 桥式起重机上方的裸导体至起重机平台铺板的净距不应小于2.5m；当其净距小于等于2.5m时，在裸导体下方应装设遮栏。除滑触线本身的辅助导线外，裸导体不宜与起重机滑触线敷设在同一支架上。

7.5 封闭式母线布线

7.5.1 干燥和无腐蚀性气体的屋内场所，可采用封闭式母线布线。

7.5.2 封闭式母线敷设时，应符合下列规定：

1 水平敷设时，除电气专用房间外，与地面的距离不应小于2.2m；垂直敷设时，距地面1.8m以下部分应采取防止母线机械损伤措施。母线终端无引出线和引入线时，端头应封闭。

2 水平敷设时，宜按荷载曲线选取最佳跨距进行支撑，且支撑点间距宜为2m～3m。

3 垂直敷设时，在通过楼板处应采用专用附件支撑。进线盒及末端悬空时，应采用支架固定。

4 直线敷设长度超过制造厂给定的数值时，宜设置伸缩节。在封闭式母线水平跨越建筑物的伸缩缝或沉降缝处，应采取防止伸缩或沉降的措施。

5 母线的插接分支点，应设在安全及安装维护方便的地方。

6 母线的连接点不应在穿过楼板或墙壁处。

7 母线在穿过防火墙及防火楼板时，应采取防火隔离措施。

7.5.3 封闭式母线外壳及支架应可靠接地，全长应不少于2处与接地干线相连。

7.6 电缆布线

（Ⅰ）一般规定

7.6.1 电缆路径的选择，应符合下列规定：

1 应使电缆不易受到机械、振动、化学、地下电流、水锈蚀、热影响、蜂蚁和鼠害等损伤；

2 应便于维护；

3 应避开场地规划中的施工用地或建设用地；

4 应使电缆路径较短。

7.6.2 露天敷设的有塑料或橡胶外护层的电缆，应避免日光长时间的直晒；当无法避免时，应加装遮阳罩或采用耐日照的电缆。

7.6.3 电缆在屋内、电缆沟、电缆隧道和电气竖井内明敷时，不应采用易延燃的外保护层。

7.6.4 电缆不应在有易燃、易爆及可燃的气体管道或液体管道的隧道或沟道内敷设。当受条件限制需要在这类隧道或沟道内敷设电缆时，应采取防爆、防火的措施。

7.6.5 电力电缆不宜在有热力管道的隧道或沟道内敷设。当需要敷设时，应采取隔热措施。

7.6.6 支承电缆的构架，采用钢制材料时，应采取热镀锌或其他防腐措施；在有较严重腐蚀的环境中，应采取相适应的防腐措施。

7.6.7 电缆宜在进户处、接头、电缆头处或地沟及隧道中留有一定长度的余量。

（Ⅱ）电缆在屋内敷设

7.6.8 无铠装的电缆在屋内明敷，除明敷在电气专用房间外，水平敷设时，与地面的距离不应小于2.5m；垂直敷设时，与地面的距离不应小于1.8m；当不能满足上述要求时，应采取防止电缆机械损伤的措施。

7.6.9 屋内相同电压的电缆并列明敷时，除敷设在托盘、梯架和槽盒内外，电缆之间的净距不应小于35mm，且不应小于电缆外径。1kV及以下电力电缆及控制电缆与1kV以上电力电缆并列明敷时，其净距不应小于150mm。

7.6.10 在屋内架空明敷的电缆与热力管道的净距，平行时不应小于1m；交叉时不应小于0.5m；当净距不能满足要求时，应采取隔热措施。电缆与非热力管道的净距，不应小于0.15m；当净距不能满足要求时，应在与管道接近的电缆段上，以及由该段两端向外延伸大于等于0.5m以内的电缆段上，采取防止电缆受机械损伤的措施。在有腐蚀性介质的房屋内明敷的电缆，宜采用塑料护套电缆。

7.6.11 钢索上电缆布线吊装时，电力电缆固定点间的间距不应大于0.75m；控制电缆固定点间的间距不应大于0.6m。

7.6.12 电缆在屋内埋地穿管敷设，或通过墙、楼板穿管时，其穿管的内径不应小于电缆外径的1.5倍。

7.6.13 除技术夹层外，电缆托盘和梯架距地面的高度不宜低于2.5m。

7.6.14 电缆在托盘和梯架内敷设时，电缆总截面积与托盘和梯架横断面面积之比，电力电缆不应大于40%，控制电缆不应大于50%。

7.6.15 电缆托盘和梯架水平敷设时，宜按荷载曲线选取最佳跨距进行支撑，且支撑点间距宜为1.5m～3m。垂直敷设时，其固定点间距不宜大于2m。

7.6.16 电缆托盘和梯架多层敷设时，其层间距离应符合下列规定：

1 控制电缆间不应小于0.20m；

2 电力电缆间不应小于0.30m；

3 非电力电缆与电力电缆间不应小于0.50m；当有屏蔽盖板时，可为0.30m；

4 托盘和梯架上部距顶棚或其他障碍物不应小于0.30m。

7.6.17 几组电缆托盘和梯架在同一高度平行敷设时，各相邻电缆托盘和梯架间应有满足维护、检修的距离。

7.6.18 下列电缆，不宜敷设在同一层托盘和梯架上：

1 1kV以上与1kV及以下的电缆；

2 同一路径向一级负荷供电的双路电源电缆；

3 应急照明与其他照明的电缆；

4 电力电缆与非电力电缆。

7.6.19 本规范第7.6.18条规定的电缆，当受条件限制需安装在同一层托盘和梯架上时，应采用金属隔板隔开。

7.6.20 电缆托盘和梯架不宜敷设在热力管道的上方及腐蚀性液体管道的下方；腐蚀性气体的管道，当气体比重大于空气时，电缆托盘和梯架宜敷设在其上方；当气体比重小于空气时，宜敷设在其下方。电缆托盘和梯架与管道的最小净距，应符合表7.6.20的规定。

表 7.6.20 电缆托盘和梯架与各种管道的最小净距（m）

管道类别		平行净距	交叉净距
有腐蚀性液体、气体的管道		0.5	0.5
热力管道	有保温层	0.5	0.3
	无保温层	1.0	0.5
其他工艺管道		0.4	0.3

7.6.21 电缆托盘和梯架在穿过防火墙及防火楼板时，应采取防火封堵。

7.6.22 金属电缆托盘、梯架及支架应可靠接地，全长不应少于2处与接地干线相连。

（Ⅲ）电缆在电缆隧道或电缆沟内敷设

7.6.23 电缆在电缆隧道或电缆沟内敷设时，其通道宽度和支架层间垂直的最小净距，应符合表7.6.23的规定。

表 7.6.23 通道宽度和电缆支架层间垂直的最小净距（m）

项目		通道宽度		支架层间垂直最小净距	
		两侧设支架	一侧设支架	电力线路	控制线路
电缆隧道		1.00	0.90	0.20	0.12
电缆沟	沟深≤0.60	0.30	0.30	0.15	0.12
	沟深＞0.60	0.50	0.45	0.15	0.12

7.6.24 电缆隧道和电缆沟应采取防水措施，其底部排水沟的坡度不应小于0.5%，并应设集水坑，积水可经集水坑用泵排出。当有条件时，积水可直接排入下水道。

7.6.25 在多层支架上敷设电缆时，电力电缆应敷设在控制电缆的上层；当两侧均有支架时，1kV及以下的电力电缆和控制电缆宜与1kV以上的电力电缆分别敷设于不同侧支架上。

7.6.26 电缆支架的长度，在电缆沟内不宜大于350mm；在电缆隧道内不宜大于500mm。

7.6.27 电缆在电缆隧道或电缆沟内敷设时，支架间或固定点间的最大间距应符合表7.6.27的规定。

表 7.6.27 电缆支架间或固定点间的最大间距（m）

敷设方式		水平敷设	垂直敷设
塑料护套、钢带铠装	电力电缆	1.0	1.5
	控制电缆	0.8	1.0
钢丝铠装		3.0	6.0

7.6.28 电缆沟在进入建筑物处应设防火墙。电缆隧道进入建筑物处以及在进入变电所处，应设带门的防火墙。防火门应装锁。电缆的穿墙处保护管两端应采用难燃材料封堵。

7.6.29 电缆沟或电缆隧道，不应设在可能流入熔化金属液体或损害电缆外护层和护套的地段。

7.6.30 电缆沟盖板宜采用钢筋混凝土盖板或钢盖板。钢筋混凝土盖板的重量不宜超过50kg，钢盖板的重量不宜超过30kg。

7.6.31 电缆隧道内的净高不应低于1.9m。局部或与管道交叉处净高不宜小于1.4m。隧道内应采取通风措施，有条件时宜采用自然通风。

7.6.32 当电缆隧道长度大于7m时，电缆隧道两端应设出口；两个出口间的距离超过75m时，尚应增加出口。人孔井可作为出口，人孔井直径不应小于0.7m。

7.6.33 电缆隧道内应设照明，其电压不应超过36V；当照明电压超过36V时，应采取安全措施。

7.6.34 与电缆隧道无关的管线不得穿过电缆隧道。电缆隧道和其他地下管线交叉时，应避免隧道局部下降。

（Ⅳ）电缆埋地敷设

7.6.35 电缆直接埋地敷设时，沿同一路径敷设的电缆数量不宜超过6根。

7.6.36 电缆在屋外直接埋地敷设的深度不应小于700mm；当直埋在农田时，不应小于1m。在电缆上下方应均匀铺设砂层，其厚度宜为100mm；在砂层应覆盖混凝土保护板等保护层，保护层宽度应超出电缆两侧各50mm。

7.6.37 在寒冷地区，屋外直接埋地敷设的电缆应埋设于冻土层以下。当受条件限制不能深埋时，应采取防止电缆受到损伤的措施。

7.6.38 电缆通过下列地段应穿管保护，穿管内径不应小于电缆外径的1.5倍：

1 电缆通过建筑物和构筑物的基础、散水坡、楼板和穿过墙体等处；

2 电缆通过铁路、道路处和可能受到机械损伤的地段；

3 电缆引出地面2m至地下200mm处的部分；

4 电缆可能受到机械损伤的地方。

7.6.39 埋地敷设的电缆间及其与建筑物、构筑物等的最小净距，应符合现行国家标准《电力工程电缆设计规范》GB 50217的有关规定。

7.6.40 电缆与建筑物平行敷设时，电缆应埋设在建筑物的散水坡外。电缆引入建筑物时，其保护管应超出建筑物散水坡100mm。

7.6.41 电缆与热力管沟交叉，当采用电缆穿隔热水泥管保护时，其长度应伸出热力管沟两侧各2m；采用隔热保护层时，其长度应超过热力管沟两侧各1m。

7.6.42 电缆与道路、铁路交叉时，应穿管保护，保护管应伸出路基1m。

7.6.43 埋地敷设电缆的接头盒下面应垫混凝土基础板，其长度宜超出接头保护盒两端0.6m~0.7m。

（Ⅴ）电缆在多孔导管内敷设

7.6.44 电缆在多孔导管内的敷设，应采用塑料护套电缆或裸铠装电缆。

7.6.45 多孔导管可采用混凝土管或塑料管。

7.6.46 多孔导管应一次留足备用管孔数；当无法预计发展情况时，可留1个~2个备用孔。

7.6.47 当地面上均匀荷载超过$10t/m^2$或通过铁路及遇有类似情况时，应采取防止多孔导管受到机械损伤的措施。

7.6.48 多孔导管孔的内径不应小于电缆外径的1.5倍，且穿电力电缆的管孔内径不应小于90mm；穿控制电缆的管孔内径不应小于75mm。

7.6.49 多孔导管的敷设，应符合下列规定：

1 多孔导管敷设时，应有倾向人孔井侧大于等于0.2%的排水坡度，并在人孔井内设集水坑，以便集中排水；

2 多孔导管顶部距地面不应小于0.7m，在人行道下面时不应小于0.5m；

3 多孔导管沟底部应垫平夯实，并应铺设厚度大于等于60mm的混凝土垫层。

7.6.50 采用多孔导管敷设，在转角、分支或变更敷设方式改为直埋或电缆沟敷设时，应设电缆人孔井。在直线段上设置的电缆人孔井，其间距不宜大于100m。

7.6.51 电缆人孔井的净空高度不应小于1.8m，其上部人孔的直径不应小于0.7m。

（Ⅵ）矿物绝缘电缆敷设

7.6.52 屋内高温或耐火需要的场所，宜采用矿物绝缘电缆。

7.6.53 矿物绝缘电缆敷设时，其允许最小弯曲半径应符合表7.6.53的规定。

表7.6.53 矿物绝缘电缆允许最小弯曲半径（mm）

电缆外径	最小弯曲半径
<7	2*D*
≥7，且<12	3*D*
≥12，且<15	4*D*
≥15	6*D*

注：*D*为电缆外径。

7.6.54 矿物绝缘电缆在下列场合敷设时，应将电缆敷设成“S”或“Ω”形。矿物绝缘电缆弯曲半径不应小于电缆外径的6倍。

1 在温度变化大的场合；

2 振动设备的布线；

3 建筑物的沉降缝和伸缩缝之间。

7.6.55 矿物绝缘电缆敷设时，除在转弯处、中间联结器两侧外，应设置固定点固定，固定点的最大间距应符合表7.6.55的规定。

表7.6.55 矿物绝缘电缆固定点间的最大间距（mm）

电缆外径	固定点间的最大间距	
	水平敷设	垂直敷设
<9	600	800
≥9，且<15	900	1200
≥15	1500	2000

注：当矿物绝缘电缆倾斜敷设时，电缆与垂直方向小于等于30°时，应按垂直敷设间距固定；大于30°时，应按水平敷设间距固定。

7.6.56 敷设的矿物绝缘电缆可能遭受到机械损伤的部位，应采取保护措施。

7.6.57 当矿物绝缘电缆敷设在对铜护套有腐蚀作用的环境或部分埋地、穿管敷设时，应采用有聚氯乙烯护套的电缆。

（Ⅶ）预分支电缆敷设

7.6.58 预分支电缆敷设时，宜将分支电缆紧紧地绑扎在主干电缆上，待主干电缆安装固定后，再将分支电缆的绑扎解开。敷设安装时，不应过分强拉分支电缆。

7.6.59 预制分支电力电缆的主干电缆采用单芯电缆时，应防止涡流效应和电磁干扰，不应使用导磁金属夹具。

7.7 电气竖井布线

7.7.1 多层和高层建筑物内垂直配电干线的敷设，宜采用电气竖井布线。

7.7.2 电气竖井垂直布线时，其固定及垂直干线与分支干线的连接方式，应能防止顶部最大垂直变位和层间垂直变位对干线的影响，以及导线及金属保护管、罩等自重所带来的载重（荷重）影响。

7.7.3 电气竖井内垂直布线采用大容量单芯电缆、大容量母线作干线时，应符合下列要求：

1 载流量要留有裕度；

2 分支容易、安全可靠；

3 安装及维修方便和造价经济。

7.7.4 电气竖井的位置和数量，应根据用电负荷性质、供电半径、建筑物的沉降缝设置和防火分区等因素确定，并应符合下列规定：

1 应靠近用电负荷中心；

2 应避免邻近烟囱、热力管道及其他散热量大或潮湿的设施；

3 不应和电梯、管道间共用同一电气竖井。

7.7.5 电气竖井的井壁应采用耐火极限不低于1h的非燃烧体。电气竖井在每层楼应设维护检修门并应开向公共走廊，检修门的耐火极限不应低于丙级。楼层间应采用防火密封隔离。电缆和绝缘线在楼层间穿钢管时，两端管口空隙应做密封隔离。

7.7.6 同一电气竖井内的高压、低压和应急电源的电气线路，其间距不应小于300mm或采取隔离措施。高压线路应设有明显标志。当电力线路和非电力线路在同一电气竖井内敷设时，应分别在电气竖井的两侧敷设或采取防止干扰的措施；对回路线数及种类较多的电力线路和非电力线路，应分别设置在不同电气竖井内。

7.7.7 管路垂直敷设，当导线截面积小于等于$50mm^2$、长度大于30m或导线截面积大于$50mm^2$、长度大于20m时，应装设导线固定盒，且在盒内用线夹将导线固定。

7.7.8 电气竖井的尺寸，除应满足布线间隔及端子箱、配电箱布置的要求外，在箱体前宜有大于等于0.8m的操作、维护距离。

7.7.9 电气竖井内不应设有与其无关的管道。

附录A 系数 k 值

A.0.1 由导体、绝缘和其他部分的材料以及初始和最终温度决定的系数，其值应按下式计算：

$$k=\sqrt{\frac{Q_c\ (\beta+20^\circ C)}{\rho_{20}}I_n\left(1+\frac{\theta_f-\theta_i}{\beta+\theta_i}\right)} \quad (A.0.1)$$

式中：k——系数；

Q_c——导体材料在20℃时的体积热容量，按表A.0.1的规定确定［J/（℃·mm^3）］；

β——导体在0℃时电阻率温度系数的倒数，按表A.0.1的规定确定（℃）；

ρ_{20}——导体材料在20℃时的电阻率，按表A.0.1的规定确定（Ω·mm）；

θ_i——导体初始温度（℃）；

θ_f——导体最终温度（℃）。

表A.0.1 不同材料的参数值

材料	β(℃)	Q_c[J/(℃·mm^3)]	ρ_{20}(Ω·mm)
铜	234.5	3.45×10^{-3}	17.241×10^{-6}
铝	228	2.5×10^{-3}	28.264×10^{-6}
铅	230	1.45×10^{-3}	214×10^{-6}
钢	202	3.8×10^{-3}	138×10^{-6}

A.0.2 非电缆芯线且不与其他电缆成束敷设的绝缘保护导体的初始、最终温度和系数，其值应按表A.0.2的规定确定。

表A.0.2 非电缆芯线且不与其他电缆成束敷设的绝缘保护导体的初始、最终温度和系数

导体绝缘	温度(℃)		导体材料的系数		
	初始	最终	铜	铝	钢
70℃聚氯乙烯	30	160(140)	143(133)	95(88)	52(49)
90℃聚氯乙烯	30	160(140)	143(133)	95(88)	52(49)
90℃热固性材料	30	250	176	116	64
60℃橡胶	30	200	159	105	58
85℃橡胶	30	220	166	110	60
硅橡胶	30	350	201	133	73

注：括号内数值适用于截面积大于$300mm^2$的聚氯乙烯绝缘导体。

A.0.3 与电缆护层接触但不与其他电缆成束敷设的裸保护导体的初始、最终温度和系数，其值应按表A.0.3的规定确定。

表A.0.3 与电缆护层接触但不与其他电缆成束敷设的裸保护导体的初始、最终温度和系数

电缆护层	温度(℃)		导体材料的系数		
	初始	最终	铜	铝	钢
聚氯乙烯	30	200	159	105	58
聚乙烯	30	150	138	91	50
氯磺化聚乙烯	30	220	166	110	60

A.0.4 电缆芯线或与其他电缆或绝缘导体成束敷设的保护导体的初始、最终温度和系数，其值应按表A.0.4的规定确定。

表A.0.4 电缆芯线或与其他电缆或绝缘导体成束敷设的保护导体的初始、最终温度和系数

导体绝缘	温度（℃）		导体材料的系数		
	初始	最终	铜	铝	钢
70℃聚氯乙烯	70	160(140)	115(103)	76(68)	42(37)
90℃聚氯乙烯	90	160(140)	100(86)	66(57)	36(31)
90℃热固性材料	90	250	143	94	52
60℃橡胶	60	200	141	93	51
85℃橡胶	85	220	134	89	48
硅橡胶	180	350	132	87	47

注：括号内数值适用于截面积大于$300mm^2$的聚氯乙烯绝缘导体。

A.0.5 用电缆的金属护层作保护导体的初始、最终温度和系数，其值应按表A.0.5的规定确定。

表 A.0.5 用电缆的金属护层作保护导体的初始、最终温度和系数

电缆绝缘	温度（℃）		导体材料的系数			
	初始	最终	铜	铝	铅	钢
70℃聚氯乙烯	60	200	141	93	26	51
90℃聚氯乙烯	80	200	128	85	23	46
90℃热固性材料	80	200	128	85	23	46
60℃橡胶	55	200	144	95	26	52
85℃橡胶	75	220	140	93	26	51
硅橡胶	70	200	135	—	—	—
裸露的矿物护套	105	250	135	—	—	—

注：电缆的金属护层，如铠装、金属护套、同心导体等。

A.0.6 裸导体温度不损伤相邻材料时的初始、最终温度和系数，其值应按表 A.0.6 的规定确定。

表 A.0.6 裸导体温度不损伤相邻材料时的初始、最终温度和系数

裸导体所在的环境	温度（℃）				导体材料的系数		
	初始温度	最终温度			铜	铝	钢
		铜	铝	钢			
可见的和狭窄的区域内	30	500	300	500	228	125	82
正常环境	30	200	200	200	159	105	58
有火灾危险	30	150	150	150	138	91	50

A.0.7 相导体的初始、最终温度和系数，其值应按表 A.0.7 的规定确定。

表 A.0.7 相导体的初始、最终温度和系数

导体绝缘		温度（℃）		相导体的系数		
		初始温度	最终温度	铜	铝	铜导体的锡焊接头
聚氯乙烯		70	160(140)	115(103)	76(68)	115
交联聚乙烯和乙丙橡胶		90	250	143	94	—
工作温度 60℃的橡胶		60	200	141	93	—
矿物质	聚氯乙烯护套	70	160	115	—	—
	裸护套	105	250	135	—	—

注：括号内数值适用于截面积大于 300mm² 的聚氯乙烯绝缘导体。

本规范用词说明

1 为便于在执行本规范条文时区别对待，对要求严格程度不同的用词说明如下：

1） 表示很严格，非这样做不可的：
正面词采用“必须”，反面词采用“严禁”；

2） 表示严格，在正常情况下均应这样做的：
正面词采用“应”，反面词采用“不应”或“不得”；

3） 表示允许稍有选择，在条件许可时首先应这样做的：
正面词采用“宜”，反面词采用“不宜”；

4） 表示有选择，在一定条件下可以这样做的，采用“可”。

2 条文中指明应按其他有关标准执行的写法为：“应符合……的规定”或“应按……执行”。

引用标准名录

《电力工程电缆设计规范》GB 50217

《通用用电设备配电设计规范》GB 50055

《低压流体输送用焊接钢管》GB/T 3091

《外壳防护等级（IP 代码）》GB 4208

《剩余电流动作保护电器的一般要求》GB/Z 6829

《隔离变压器和安全隔离变压器 技术要求》GB 13028

《建筑物电气装置 第 5 部分：电气设备的选择和安装 第 523 节：布线系统 载流量》GB/T 16895.15

《建筑物电气装置 第 4－41 部分：安全防护 电击防护》GB 16895.21

《电击防护 装置和设备的通用部分》GB/T 17045

《电气安装用电缆槽管系统 第 1 部分：通用要求》GB/T 19215.1

《电气安装用电缆槽管系统 第 2 部分：特殊要求 第 1 节：用于安装在墙上或天花板上的电缆槽管系统》GB/T 19215.2

《电气安装用导管系统 第 1 部分：通用要求》GB/T 20041.1

中华人民共和国国家标准

低压配电设计规范

GB 50054—2011

条 文 说 明

修 订 说 明

《低压配电设计规范》GB 50054—2011，经住房和城乡建设部2011年7月26日以第1100号公告批准发布。

本规范修订遵循的主要原则：贯彻执行国家的有关法律、法规和政策，合理利用资源，充分考虑社会效益和经济效益；涉及人身及生产安全的使用强制性条文；采用行之有效的新技术，做到技术先进、经济合理、安全实用；积极采用国际标准和国外先进标准，并且符合中国国情；广泛征求意见，通过充分协商，共同确定；执行现行国家关于工程建设标准编制规定，确保可操作性；按“统一、协调、简化、选优”的原则严格把关，并注意与国家有关工程建设标准内容之间的协调。

本规范修订开展的主要工作：筹建规范修订编制组，制定规范修订工作大纲；编制规范初稿和专题调研大纲；编制规范征求意见稿，并经历了起草、汇总、互审、专题技术会议讨论定稿，以及征求意见稿征求意见的整理、汇总、分析等程序；编制规范送审稿，以及完成送审稿专家审查意见的修改；完成规范报批稿。

本规范修订，与上版规范比较在内容方面的变化的主要情况：将规范适用范围的电压由交流、工频500V以下修改为交流、工频1000V及以下；取消了原规范总则中对于选用铜、铝导体材质的规定；增设术语为单独一章，删除附录中的名词解释；补充了功能性开关电器和剩余电流动作保护电器选择和安装的规定；补充了选用具有中性极的开关电器的规定；补充了IT系统中安装绝缘监测电器的规定；补充了等电位联结用的保护联结导体截面积选择的规定；将原第三章“配电设备的布置”中的第二节“配电设备布置中的安全措施”和第四章“配电线路的保护”中的第四节“接地故障保护”合并，并增加“SELV系统和PELV系统及FELV系统”一节，为第5章“电气装置的电击防护”；在“配电线路的保护”一章中增加了“配电线路电气火灾防护”一节；增加了关于“可弯曲金属导管布线”、“地面内暗装金属槽盒布线”、“矿物绝缘电缆敷设”、“预分支电缆敷设”的规定。

原规范主编单位：机械工业部中机中电设计研究院；参编单位：机械工业部第八设计研究院、北京有色冶金设计研究总院、中国航空工业规划设计研究院、北京市建筑设计院；主要起草人：王增尧、王厚余、冯宗恒、吕光大、宋正华、汤继东。

为便于广大设计、施工、科研、学校等单位的有关人员在使用本规范时能正确理解和执行条文规定，规范修订编制组按章、条顺序编制了本规范的条文说明。供使用者参考。

目　次

1　总则 …………………………… 1—5—28
2　术语 …………………………… 1—5—28
3　电器和导体的选择 …………………… 1—5—29
3.1　电器的选择………………………… 1—5—29
3.2　导体的选择………………………… 1—5—30
4　配电设备的布置 …………………… 1—5—31
4.1　一般规定…………………………… 1—5—31
4.2　配电设备布置中的安全措施……… 1—5—31
4.3　对建筑物的要求…………………… 1—5—31
5　电气装置的电击防护 ………………… 1—5—32
5.1　直接接触防护措施………………… 1—5—32
5.2　间接接触防护的自动切断电源防护措施………………………… 1—5—32
6　配电线路的保护 …………………… 1—5—35
6.1　一般规定…………………………… 1—5—35
6.2　短路保护…………………………… 1—5—36
6.3　过负荷保护………………………… 1—5—36
6.4　配电线路电气火灾防护…………… 1—5—36
7　配电线路的敷设 …………………… 1—5—37
7.1　一般规定…………………………… 1—5—37
7.2　绝缘导线布线……………………… 1—5—37
7.3　钢索布线…………………………… 1—5—37
7.4　裸导体布线………………………… 1—5—37
7.5　封闭式母线布线…………………… 1—5—37
7.6　电缆布线…………………………… 1—5—37
7.7　电气竖井布线……………………… 1—5—37

1 总　　则

1.0.1　本条强调“保障人身和财产安全”和“节约能源”，这是根据国家的基本政策“以人为本”和“建设资源节约型社会”修改的。

1.0.2　本条将原规范适用的电压范围由“交流、工频500V及以下”修改为“交流、工频1000V及以下”，与现行国家标准《建筑物电气装置》的系列标准GB 16895（等同采用IEC 60364标准）保持一致。而且在我国，有的单位早已将本规范的规定运用在1000V及以下的电气系统中，没有发现任何问题。

1.0.3　对于本规范中没有规定的低压配电设计的内容，当其他现行国家标准有规定时，同样应该执行。特别是现行国家标准《建筑物电气装置》GB 16895的系列标准是等同采用国际标准IEC 60364的标准，该系列标准在国际上已得到重视和应用。该系列标准对特殊场所的低压配电设计的特殊要求，在下列现行国家标准中有详细的规定，同样应该遵照执行，这些标准是：

1《建筑物电气装置　第7部分：特殊装置或场所的要求　第701节：装有浴盆或淋浴盆场所》GB 16895.13；

2《建筑物电气装置　第7部分：特殊装置或场所的要求　第702节：游泳池和其他水池》GB 16895.19；

3《建筑物电气装置　第7-703部分：特殊装置或场所的要求　装有桑拿浴加热器场所》GB 16895.14；

4《建筑物电气装置　第7-704部分：特殊装置或场所的要求　施工和拆除场所的电气装置》GB 16895.7；

5《建筑物电气装置　第7部分：特殊装置或场所的要求　第705节：农业和园艺设施的电气装置》GB 16895.27；

6《建筑物电气装置　第7-706部分：特殊装置或场所的要求　活动受限制的可导电场所》GB 16895.8；

7《建筑物电气装置　第7部分：特殊装置或场所的要求　第707节：数据处理设备用电气装置的接地要求》GB 16895.9；

8《建筑物电气装置　第7-710部分：特殊装置或场所的要求　医疗场所》GB 16895.24；

9《建筑物电气装置　第7-711部分：特殊装置或场所的要求　展览馆、陈列室和展位》GB 16895.25；

10《建筑物电气装置　第7-712部分：特殊装置或场所的要求　太阳能光伏（PV）电源供电系统》GB/T 16895.32；

11《建筑物电气装置　第7-713部分：特殊装置或场所的要求　家具》GB 16895.29；

12《建筑物电气装置　第7-714部分：特殊装置或场所的要求　户外照明装置》GB 16895.28；

13《建筑物电气装置　第7-715部分：特殊装置或场所的要求　特低电压照明装置》GB 16895.30；

14《建筑物电气装置　第7-717部分：特殊装置或场所的要求　移动的或可搬运的单元》GB 16895.31；

15《建筑物电气装置　第7-740部分：特殊装置或场所的要求　游乐场和马戏场中的构筑物、娱乐设施和棚屋》GB 16895.26。

2 术　　语

2.0.33～2.0.36　过去我们习惯将低压开关电器分为隔离开关（不能接通和分断负荷电流和短路电流）、负荷开关（不能接通和分断短路电流）和断路器（可以接通和分断负荷电流和短路电流）三类。但是在产品标准中这个分类已经改变了，现可用现行国家标准《低压开关设备和控制设备　第3部分：开关、隔离器、隔离开关以及熔断器组合电器》GB 14048.3—2008（等同采用IEC 60947—3：2005）的“电器定义概要表”表1来说明：

表1　电器定义概要表

功　　能		
接通和分断电流	隔离	接通、分断和隔离
开关 2.1 	隔离器 2.2 	隔离开关 2.3 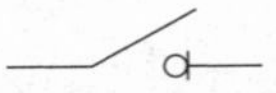
熔断器组合电器 2.4		
开关熔断器组 2.5 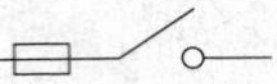 a)	隔离器熔断器组 2.7 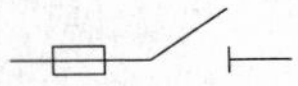 a)	隔离开关熔断器 2.9 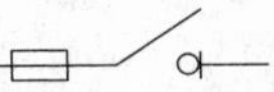 a)
熔断器式开关 2.6 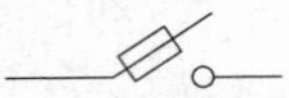	熔断器式隔离器 2.8 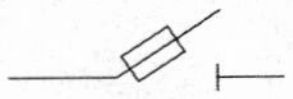	熔断器式隔离开关 2.10 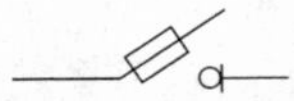
注：1. 所有电器可以为单断点或多断点。 2. 编号指有关定义的条款号。 3. 图形符号根据出版物GB/T 4728.7		
a) 熔断器可接在电器的任一侧或接在电器触头间的一固定位置。		

由有关电器的定义和此表可以看出：只具有隔离功能的开关电器称为“隔离器”；“开关”是可以接通负荷电流、短路电流和分断负荷电流而不能分断短路电流的开关电器；具有隔离功能的开关称为“隔离开

关”。开关、隔离器和隔离开关可以和熔断器组合构成熔断器组合电器。

3 电器和导体的选择

3.1 电器的选择

3.1.1 本条对原规范第 2.1.1 条略作修改，只是调整了款的顺序。所选电器的额定电压、额定电流和额定频率应与所在回路标称电压、计算电流和频率相适应，只要电器能正常工作就不必要求与所在回路的标称电压和频率完全一致，因为电器可在偏离标称值的一定范围内正常工作。

1 本规定包括很广泛的内容，对于环境条件的规定可参见现行国家标准《建筑物电气装置　第 5-51 部分：电气设备的选择和安装　通用规则》GB/T 16895.18 和各产品标准。另外，特别提请注意的是现在有的电器产品（如断路器、熔断器、剩余电流动作保护器、插头和插座等）按用途分为“工业用”、“家庭和类似用途用”的产品，并分别制定了产品标准，在选用时请注意。

6 根据有关产品标准，如现行国家标准《低压开关设备和控制设备　第 2 部分：断路器》GB 14048.2—2008 规定低压断路器的“短路分断（或接通）能力”分为“极限短路分断能力”和“运行短路分断能力”，“极限短路分断能力”的定义是：“按规定的试验程序所规定的条件，不要求断路器连续承载起额定电流能力的分断能力”；“运行短路分断能力”的定义是：“按规定的试验程序所规定的条件，要求断路器连续承载起额定电流能力的分断能力”。在选用时请根据工程的具体情况进行选择。

3.1.4 将原规范第 2.2.12 条、第 4.5.6 条中有关的内容合并列为一条。在 TN-C 系统中，当保护接地中性导体断开时，有可能危及人身安全，因此本条规定为强制性条文，必须严格执行。

3.1.5 隔离电器的可靠性是非常重要的，因此对隔离电器作此规定。

3.1.6 本条是对原规范第 2.1.6 条的修改条文。根据现行国家标准《低压开关设备和控制设备　第 2 部分：断路器》GB 14048.2—2008 的规定，增加了“具有隔离功能的断路器”可作为隔离电器。

3.1.7 为了保证人身安全，隔离电器应可靠地将回路与电源隔离，而半导体开关电器不具有这样的功能，因此规定为强制性条文，必须严格执行。

3.1.10 隔离器、熔断器以及连接片不具有接通断开负荷电流的功能，所以不能作为功能性开关电器。如果装设错误，将可能造成人身和财产损失，因此本条规定为强制性条文，必须严格执行。

3.1.11 对本条作如下说明：

1 要求剩余电流动作保护电器能断开所保护回路的所有带电导体，包括中性导体，是为了防止在回路中可能发生的误动作。对于剩余电流动作保护电器“在 TN-S 系统中，当中性导体为可靠的地电位时可不断开”的规定，是考虑到当中性导体为可靠的地电位时断开中性导体是没有意义的，而中性导体是否为可靠的地电位，需要技术人员根据工程的具体情况决定。

2 要求在负荷正常运行时，不希望剩余电流动作保护电器动作，所以在选择剩余电流动作保护电器和划分回路时，应该防止可能出现的对地泄漏电流引起剩余电流动作保护电器误动作。在现行国家标准《电击防护　装置和设备的通用部分》GB/T 17045—2008（等同采用 IEC 61140：2001）中对用电设备的保护导体电流限值作了规定。

3 对选择剩余电流动作保护电器的类型作了规定。

3.1.12 在没有保护导体的回路中，剩余电流动作保护电器是不能正确动作的，因此必须装设保护导体。本条为强制性条文，必须严格执行。

3.1.13 本条规定是为了使剩余电流动作保护电器能够保护整个 TT 系统。

3.1.14 在 IT 系统中，发生第一次对地故障时，是可以不断开电路的，因此剩余电流动作保护电器不应该动作。所以，剩余电流动作保护电器的额定剩余不动作电流值不应小于第一次对地故障时流经故障回路的电流。

3.1.15 本条对在某些情况下选用具有中性极的开关电器（通称四极开关）作了规定，但这并不是说只是在这些情况下应该用具有中性极的开关电器。在其他情况下，开关极数的确定，应由技术人员根据本规范规定和工程的具体情况来决定。应该说明的是如果选用了具有中性极的开关电器，而中性极发生故障则有可能使中性线断开，这也是我们不希望的。

3.1.16 在电路中如果电流流经不期望的路径，则会产生杂散电流。而这个杂散电流将产生电磁干扰，影响其他设备的工作。为此，可选用具有断开中性极的开关电器，避免产生杂散电流。这可以用图 1、图 2 来说明：

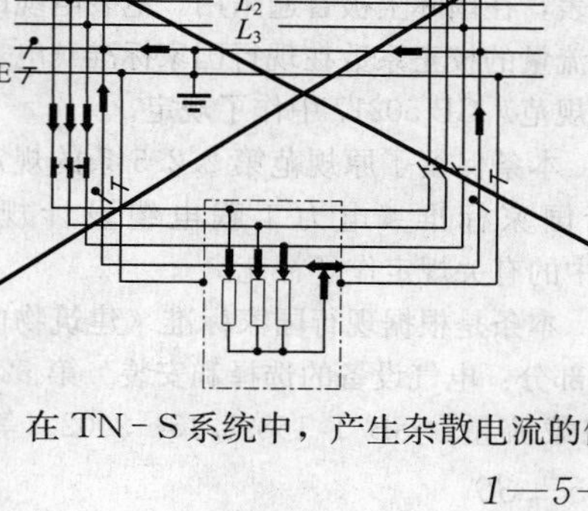

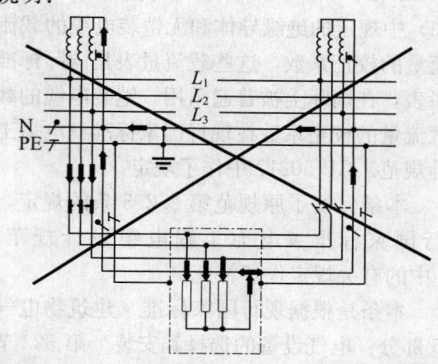

图 1　在 TN-S 系统中，产生杂散电流的例子

在图1表示的TN-S系统中，用电设备的中性线电流，可以从两个不同的路径流过，这样就会产生电磁干扰。如果按图2，采用具有中性极的开关电器，中性线电流就不会从右边的中性线中流过了。在这种情况下，采用具有中性极的开关电器是防止产生电磁干扰的有效措施。

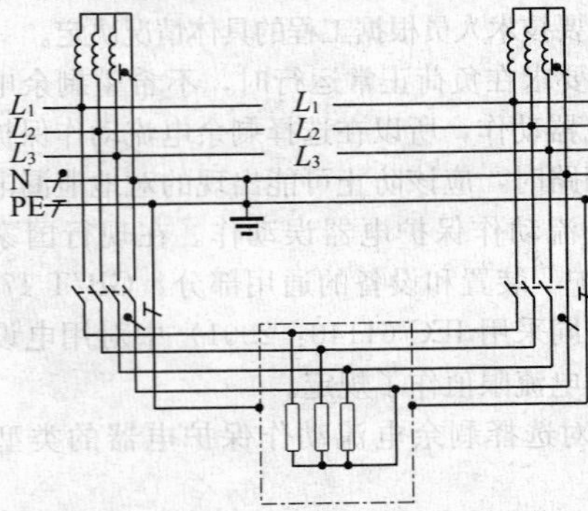

图2 在TN-S系统中，采用具有断开中性极的开关可避免产生杂散电流

3.2 导体的选择

3.2.2 按敷设方式及外界影响确定的导体载流量，不仅应小于计算电流，同时还应满足线路保护的要求的规定。因为在设计线路保护时，经常与本回路的阻抗、导体的截面有关，在本规范第5.2.8条、第6.3.3条等对此均有规定。所以在本条中增加了"导体应满足线路保护的要求"。

根据现行国家标准《电缆的导体》GB/T 3956的规定，铝导体的最小截面是$10mm^2$，所以规定固定敷设的铝导线最小截面是$10mm^2$。

当电缆用于长期稳定的负荷时，可按经济电流密度选择导体的截面，这是引用了现行国家标准《电力工程电缆设计规范》GB 50217中的规定。当电缆用于长期稳定的负荷时，按经济电流截面选择导体的截面，可以有利于节约能源。

3.2.4 现行国家标准《建筑物电气装置 第5部分：电气设备的选择和安装 第523节：布线系统载流量》GB/T 16895.15—2002（等同采用IEC 60364-5-523）中规定的绝缘导体和无铠装电缆的载流量以及载流量的校正系数，这些载流量表是国际标准中的载流量表，在国际上被普遍采用。铠装电缆的载流量以及载流量的校正系数在现行国家标准《电力工程电缆设计规范》GB 50217中作了规定。

3.2.5 本条保留了原规范第2.2.5条的规定，并根据现行国家标准《电力工程电缆设计规范》GB 50217中的有关规定作了补充。

3.2.6 本条是根据现行国家标准《建筑物电气装置 第5部分：电气设备的选择和安装 第523节：布线系统载流量》GB/T 16895.15—2002（等同采用IEC 60364-5-523）中的有关规定对原规范第2.2.3条作了修改。

3.2.9 目前，由于在用电设备中有大量非线性用电设备存在，电力系统中的谐波问题已经很突出，严重时，中性导体的电流可能大于相导体的电流，因此必须考虑谐波问题引起的效应。

对于表3.2.9中存在谐波电流时，三相平衡系统中4芯和5芯电缆载流量的降低系数的应用，可以用下面的例子说明：

假设有一计算电流39A的三相负荷平衡回路，使用4芯PVC绝缘电缆，固定在墙上。

经查，$6mm^2$铜芯电缆的载流量为41A。假如回路中不存在谐波电流，选择该电缆是适当的。假如有20%三次谐波，那么采用降低系数0.86，计算电流变成：

$$\frac{39}{0.86}=45A$$

对这一负荷采用$10mm^2$铜芯电缆是适当的。

假如有40%三次谐波，则应按中性导体电流选择截面，中性导体电流为：

$$39\times0.4\times3=46.8A$$

并采用降低系数0.86，则计算电流为：

$$\frac{46.8}{0.86}=54.4A$$

对于这一负荷采用$10mm^2$电缆是适当的。

假如有50%三次谐波，电缆截面仍按中性导体电流来选择，电流值为：

$$39\times0.5\times3=58.5A$$

这时额定负荷系数为1，采用$16mm^2$的电缆才是适当的。

以上电缆截面的选择，仅考虑电缆的载流量，未考虑电压降和其他设计方面的问题。

3.2.12 本条是保护接地中性导体、保护导体和中性导体之间关系的基本要求。

3.2.13 装置外可导电部分在电气连接的可靠性方面没有保证，因此严禁作为保护接地中性导体的一部分。本条是强制性条文，必须严格执行。

3.2.14 本条第2款的规定是对于保护导体截面选择的一般规定，按式（3.2.14）选择保护导体是最基本的要求，按表3.2.14选择保护导体简单方便，但是在某些情况下，特别是在相导体截面积比较大的情况下，可能偏于保守，此时，按式（3.2.14）选择保护导体会更合理。

在低压线路上存在分布电容和用户的非线性用电设备（计算机、电视、调光灯、电子镇流器、微波炉、电磁炉、变频设备等）会使PE线上的泄漏电流很大，如果保护导体断线，则可能会对触及到保护导体的人的安全造成威胁。因此，本条第5款对保护导体的截面积作了专门规定。

现行国家标准《电击防护 装置和设备的通用部分》GB 17045（等同采用 IEC 61140：2001）中，对用电设备的最大保护导体电流作了以下的规定：接自额定电流值小于等于 32 A 的单相或多相插头和插座系统的用电设备：当设备的额定电流小于 4A 时，最大保护导体电流为 2mA；当设备的额定电流大于 4A、小于等于 10A 时，最大保护导体电流为 0.5mA/A；当设备的额定电流大于 10A 时，最大保护导体电流为 5mA。对于没有为保护导体设置专门措施的固定连接的和不易移动的用电设备，或接自额定电流值大于 32A 的单相或多相插头和插座系统的用电设备：当设备的额定电流小于 7A 时，最大保护导体电流为 3.5mA；当设备的额定电流大于 7A、小于等于 20A 时，最大保护导体电流为 0.5mA/A；当设备的额定电流大于 20A 时，最大保护导体电流为 10mA。

3.2.17 关于局部等电位联结用的保护联结导体截面的规定是参考了辅助等电位联结用的保护联结导体截面的规定作的规定，这个规定曾经被列入国家建筑标准设计图集 02D501－2《等电位联结安装》中，多年实践证明，这个规定是合理的。

4 配电设备的布置

4.1 一 般 规 定

4.1.3 本条是对原规范第 3.1.4 条的修改条文，增加了配电室需用的水、汽管道“应做等电位联结”，是为了保证配电室内操作维护人员的安全。“配电屏上、下方及电缆沟内不应敷设水、汽管道”的规定，是防止水、汽管道“跑冒滴漏”和维修时影响电气设施正常运行。

4.2 配电设备布置中的安全措施

4.2.1 落地式配电箱底部适当抬高是为了防止水进入配电箱内和便于施工接线。底部抬高后还应将底座四周封严，以防止鼠、蛇类等小动物爬入箱内裸导体上引起短路事故。例如某大酒店厨房用的落地配电箱底部抬高后未封严，一老鼠钻进箱内，爬在母线上造成短路。

4.2.2 将原规范第 3.1.6 条中“并列的两段母线”改为“相邻的两段母线”更为准确。本条规定是作为增强一级负荷配电可靠性的措施之一，当没有一级负荷的母线发生故障引起火灾时，有一级负荷的母线因为采取了防护措施而不直接受到影响或少受影响，防护措施可以是配电屏的防火材料隔板，也可以是隔墙，隔墙是整体形时，墙上应开通行门洞。

4.2.3 此净距是为防止电工在柜（屏）顶进行维修工作时，误跨触到邻近的屏（柜）顶上的裸带电母线而造成电击事故而作的规定。

4.2.4 根据过去设计的经验和调查，许多工业企业的供配电系统，由单台变压器供电的低压配电屏并排排列的长度一般不超过 6m 时，屏后的通道只有一个出口，已能满足安全运行的要求，且便于建筑形式的布置；当配电屏的长度超过 6m 时，屏后通道应设 2 个出口，以便于维修工作和事故时人员逃离事故点。

4.2.5 本条是对原规范第 3.1.9 条的修改条文，增加了“当防护等级不低于现行国家标准《外壳防护等级（IP 代码）》GB 4208 规定的 IP2×级时，”以满足直接接触防护要求。有的开关柜在屏后操作，因此屏后的通道要适当加宽，以便于操作和维修工作的进行。由于这种操作不是经常性的，屏后通道不能完全按屏前操作维护通道一样的要求。

与原规范相比：

1 增加了屏侧通道最小宽度数据，不受限制时应为 1m，受限制时为 0.8m。屏侧通道是指在配电屏侧端连接屏后通道和屏前通道的操作维护人员的通路。

2 抽屉式双排面对面屏前通道，受限制时的最小宽度由 2.0m 改为 2.1m。固定式多排同向布置屏间通道，受限制时的最小宽度由 2.0m 改为 1.8m；抽屉式多排同向布置屏间通道，受限制时的最小宽度由 2.0m 改为 2.1m。

3 新增了挂墙式配电箱的箱前操作通道最小宽度的规定。

4.2.6 本条是对原规范第 3.2.10 条的修改条文。原规范规定屏后通道上方裸导电体距地高度为 2.3m，不符合直接接触防护中置于伸臂范围 2.5m 之外的要求，故作此条规定。

4.3 对建筑物的要求

4.3.1 根据低压配电装置室的性质和防火规范的一般要求而定。由于三级耐火等级的屋顶承重结构为燃烧体，不防火，不够安全，所以规定屋顶承重结构为不低于二级耐火等级。与原规范第 3.3.1 条相比，增加了“当配电室与其他场所毗邻时，门的耐火等级应按两者中耐火等级高的确定”的规定。

4.3.2 本条规定主要是考虑当室内发生事故时，现场人员容易逃离事故地点，同时也便于救护人员接近现场，平时使用也较方便。有的配电室分楼下和楼上两部分布置，其内部有楼梯上下相通，楼下部分有通向室外的门，但这还不够，楼上部分也应有通往室外走道或楼梯间的安全门，当楼上或楼下发生火灾或其他事故时，楼上的人员可直接从楼上逃至室外。

4.3.3 一般配电室的电气设备和元件不是密封的，容易造成事故。另外观察表计也要有较明亮的光线，要求配电室的环境清洁、明亮。因此，土建设计要注意不使用易起灰的装修材料，使室内少积灰和光线明亮。

4.3.4 配电室内的电缆沟距户外较近时和在地下水位较高的地区，沟内容易渗水，因此土建应采取防止渗水的措施。另外在电缆管道穿过墙基处，若管口及其周围密封不严实，户外地下水容易由管口处流入地沟。地沟底部应有一定的坡度，当沟内有水进入时，可以使其流至一端设法排出。经常容易进水的电缆沟内，必要时还应做集水坑，以便将水抽出。规定“配电室的地面宜高出本层地面50mm或设置防水门槛”，是为了防止配电室外少量的水进入。

4.3.5 有的电气元件，如继电器、熔断器、仪表、导线、照明光源等，对使用的环境有一定的要求，否则会影响正常的工作，因此严寒地区和炎热地区应考虑合适的室温问题。有人值班的配电室应保证人正常工作的室温和照明，必要时，还需考虑应有的生活设施，如给排水、厕所等设施。

4.3.6 在高层建筑内通常将配电室设于地下室或楼层内，且位置较偏僻，因此一定要考虑到安装时和建成后维修时的运输通道问题。设计时要向土建设计提出要求，不能只考虑安装时的运输，还应考虑建筑物建成后，正常使用时配电设备出故障运出维修的可能，后者常常容易为设计人员所忽略。地下室的通风一般不好，应设机械通风，还应有紧急照明系统，保证事故停电时，有可靠的安全照明。

4.3.7 鼠、蛇类等小动物往往能从密合不严的门缝和通风孔爬入室内，因此配电室的门窗应密合，并应在通风孔上装设遮护网罩。现行国家标准《外壳防护等级（IP代码）》GB 4208规定的IP3×级防护标准是能防止直径大于2.5mm的固体异物进入，如网罩的网孔较大时，南方地区蛇类较多，蛇容易穿过网孔爬入室内，造成事故。因此，规定网罩的防护等级不宜低于IP3×较可靠。

4.3.8 将配电室设置在建筑物地下室最底层，这在雨季形成洪水或大量积水时，或建筑物内给排水系统出现事故造成地下室最底层大量积水情况下对配电系统的安全可靠运行非常不利。因此，配电室不宜设置在建筑物地下室最底层。在不得已情况下，配电室位于地下室最底层时，应根据当地气象部门记载的洪水资料数据、建筑物的防洪标准以及建筑物内给排水系统的可靠性和事故时出现的积水量确定防水措施。

5 电气装置的电击防护

5.1 直接接触防护措施

（Ⅰ）将带电部分绝缘

5.1.1 仅用油漆、清漆、喷漆及类似物不能作为绝缘。

（Ⅱ）采用遮栏或外护物

5.1.2 现行国家标准《外壳防护等级（IP代码）》GB 4208规定的IP2×级的防护，能防止直径大于12.5mm的球形物体进入防护壳内；能防止手指触及壳内带电部分或运动部件。IP××B级能防止手指或长度小于等于80mm的类似物触及壳内带电部分或运动部件。

5.1.3 容易接近的遮栏或外护物的顶部容易掉进异物，如短段金属线、垃圾块及小金属零件等，故防护等级要求较高。现行国家标准《外壳防护等级（IP代码）》GB 4208规定的IP××D级或IP4×级的防护，能防止直径（厚度）大于1mm的固体物进入防护壳内。

5.1.4 所谓可靠地固定是指防护物不能随便移动或被无意识地碰倒。

5.1.5 本条规定主要是为了使保护物起到可靠的保护作用，加强可靠性；具体采用哪一种措施较合适，则要依据实际情况而定。

5.1.6 现行国家标准《外壳防护等级（IP代码）》GB 4208规定的IP××B级能防止手指或长度小于等于80mm的类似物触及壳内带电部分或运动部件，所以规定网状遮护物与裸带电体净距不应小于100mm是安全的。

（Ⅲ）采用阻挡物

5.1.7 阻挡物的设置与制作要求没有遮护物那样严格，一般是作为简易的防护措施，但也应起到防直接电击的保护作用。

阻挡物是指栏杆、网状屏障等。它能防止人无意识地触及裸带电体，但不能防止故意绕过阻挡物而有意识地触及裸带电体。

5.1.9 本条是对原规范第3.2.11条的修改条文，将阻挡物与裸导体水平净距改为1.25m，与伸臂范围的要求吻合。为防止人的身体前倾后伸臂触电，将阻挡物高度定为1.4m。

（Ⅳ）置于伸臂范围之外

5.1.10 如果两个不同电位的可导电部分之间的间隔不超过2.5m，则被认为是可同时触及的。

5.1.11 伸臂范围值是指无其他辅助物（如工具或梯子）的赤手直接接触范围。

人在工作时，有时手中握有导电的金属工具。因此，当计算此种情况的伸臂范围时应加入手持工具的长度。

5.2 间接接触防护的自动切断电源防护措施

（Ⅰ）一般规定

5.2.1 本条是对原规范第4.4.2条的修改条文。因

IEC 60364 系列标准转化为我国标准的 GB 16895 系列国家标准中没有“接地故障保护”这一术语，故本次规范修改将其按 GB 16895 系列国家标准中的说法称作“间接接触防护中自动切断电源的防护措施”。这些措施针对的是相导体因绝缘损坏对地或与地有联系的导电体之间的短路，包括相导体与大地、保护导体、保护接地中性导体、配电和用电设备的金属外壳、敷线金属管槽、建筑物金属构件、给排水和采暖、通风等金属管道以及金属屋面、水面等之间的短路，这种短路均与接地有关。当发生接地故障并在故障持续的时间内，与它有电气联系的电气设备的外露可导电部分对大地和装置外可导电部分间存在电位差，此电位差可能使人身遭受电击。间接接触防护措施因接地系统类别不同而异，故这种保护比较复杂，国际电工标准和一些技术先进的国家对它都很重视，对其危害的防范都作出了具体规定。

本条和原规范第 4.4.2 条在文字表述上有所不同外，其内容是一致的。需要强调的是，切断故障电路是间接接触防护的措施之一，但不是唯一的措施，也可采用其他措施。

5.2.2 根据现行国家标准《电击防护 装置和设备的通用部分》GB/T 17045 的有关规定，电气设备共分为 0、Ⅰ、Ⅱ、Ⅲ 四类。

人体受电击时安全电压限值为 50V，系根据现行国家标准《电流对人和家畜的效应 第 1 部分：通用部分》GB/T 13870.1—2008（等同采用 IEC/TS 60479—1：2005）的规定，在干燥环境下当接触电压不超过 50V 时，人体接触此电压不会受伤害。

5.2.3 电气装置的外露可导电部分与保护导体相连接可以降低接触电压值，亦可以提高保护电器的动作灵敏度。

5.2.4 等电位联结可以更有效地降低接触电压值，还可以防止由建筑物外传入的故障电压对人身造成危害，提高电气安全水平。

条文中“可接用的建筑物金属结构部分”，是指在施工中便于进行联结的楼板、梁、柱、基础等建筑构件中的钢筋。这些钢筋都必须加以利用，使其成为总等电位联结的一部分；实际上钢筋之间、钢筋与各种金属管道之间因自然接触而连通，这也可以认为满足总等电位的要求。

5.2.5 总等电位联结虽然能大大降低接触电压，但如果建筑物离电源较远，建筑物内保护线路过长，则保护电器的动作时间和接触电压都可能超过规定的限值。

这时应在局部范围内再做一次等电位联结即局部等电位联结，见图 3。局部等电位联结之前，图中人的双手承受的接触电压为电气设备与暖气片之间的电位差；其值为 a—b—c 段保护导体上的故障电流产生的电压降，由于此段线路较长，电压降超过 50V，但因离电源距离远，故障电流不能使过电流保护器在 5s 内切断故障线路。为保障人身安全，应如图虚线所示做局部等电位联结。这时接触电压降低为 a—b 段的保护导体的电压降，其值小于安全电压限值 50V。

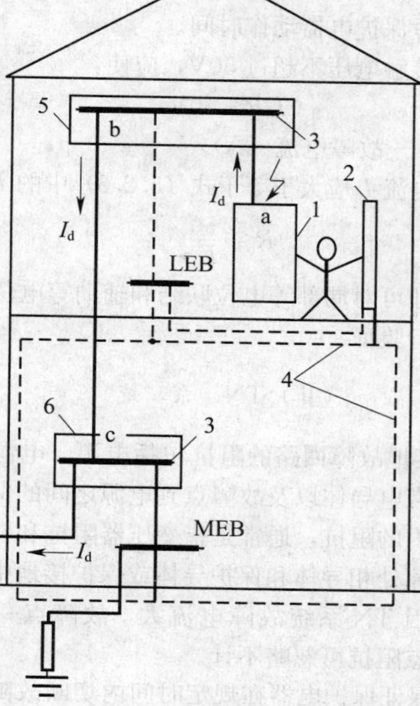

图 3 局部等电位联结的作用

1—电气设备；2—暖气片；3—保护导体；4—结构钢筋；5—末端配电箱；6—进线配电箱；I_d—故障电流

如果做辅助等电位联结，即将电气设备与暖气片直接连接，如图 4 虚线所示，这时人体承受的接触电压接近 0。

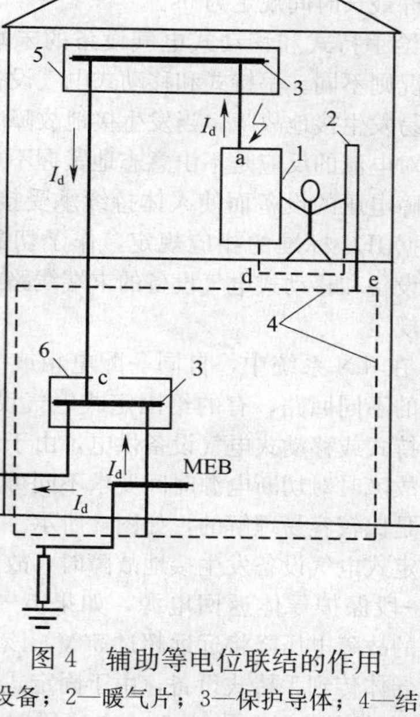

图 4 辅助等电位联结的作用

1—电气设备；2—暖气片；3—保护导体；4—结构钢筋；5—末端配电箱；6—进线配电箱；I_d—故障电流

图中 MEB 和 LEB 分别为总等电位联结和局部等电位联结端子板。

上例说明局部等电位联结和辅助等电位联结的目的在于使接触电压降低至安全电压限值 50V 以下，而不是缩短保护电器动作时间。

为使接触电压不超过 50V，应使：

$$I_d R \leqslant 50V \quad (1)$$

式中：I_d——故障电流（A）。

故障电流 I_d应大于等于式（5.2.5）中的 I_a，故：

$$R \leqslant \frac{50}{I_a} \quad (2)$$

上式即可对局部等电位联结和辅助等电位联结的有效性进行验证。

（Ⅱ）TN 系 统

5.2.8 接地故障回路的阻抗包括电源、电源到故障点之间的带电导体以及故障点到电源之间的保护导体的阻抗在内的阻抗，通常是指变压器阻抗和自变压器至接地故障处相导体和保护导体或保护接地中性导体的阻抗。因 TN 系统故障电流大，故障点一般被熔焊，故障点阻抗可忽略不计。

I_a是保证保护电器在规定时间内切断故障回路的动作电流，其值必须保证保护电器在规定时间内动作，且应考虑保护电器动作的灵敏度与可靠性。

5.2.9 固定式电气设备发生接地故障时，人体触及它时通常易于摆脱，并综合考虑其他因素，如避免发生线路绝缘烧损、电气火灾、线路在接地故障时的热承受能力、躲开电动机启动电流的影响和保护电器在小故障电流下的动作灵敏度以及线路的合理截面等，IEC 标准将所有接地系统切断固定式电气设备和配电干线的允许最长时间规定为 5s。

供电给手持式和移动式电气设备的末端配电线路，其情况则不同。手持式和移动式电气设备因经常挪动，较易发生接地故障。当发生接地故障时，人的手掌肌肉对电流的反应是不由意志地紧握不放，不能摆脱带故障电压的设备而使人体持续承受接触电压。为此，依据 IEC 标准的相应规定，作了切断供给手持式电气设备和移动式电气设备的末端线路或插座回路的时间规定。

5.2.10 在 TN 系统中，自同一配电箱或配电干线直接引出的不同回路，有的给固定式电气设备供电，有的给手持式或移动式电气设备供电，由于两种回路发生接地故障时对切断电源时间要求不同可能导致的电击危险是比较容易理解的，如图 5 所示。

当固定式电气设备发生接地故障时，故障电流经 a—b—c 一段保护导体返回电源，如果 b—c 线段很长，其上的故障电压降将远远超过 50V，该故障电压通过保护导体传到手持式设备，由于固定式电气设备切断故障回路的时间允许达 5s，在这段时间内，使用手持式电气设备的人如果站在地面上将遭受电击的伤害。如果为保证安全，使固定式电气设备在 0.4s 内切断电路，将会有很多线路放大线芯截面。如果采用以下两种办法可以解决问题：①将末端配电箱至总等电位联结回路的这段保护导体阻抗降低至小于等于式（5.2.10）的要求；②可以在该配电箱处做局部等电位联结，以降低该场所内保护导体的长度或阻抗，减少电位差，如图 5 中虚线所示。

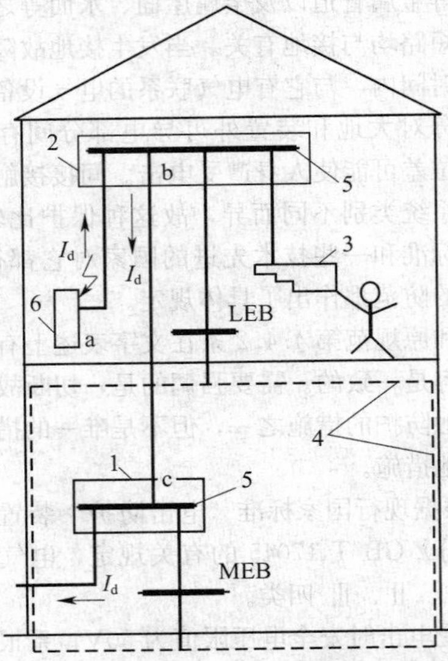

图 5 同一配电箱或配电干线直接引出的不同回路

1—进线配电箱；2—末端配电箱；3—手持式电气设备；4—结构钢筋；5—保护导体；6—固定式电气设备

对于由同一配电箱或配电干线间接给固定式、手持式和移动式电气设备供电的情况，由于上述同样原因导致的电击危险则容易被忽略，如图 6 所示。

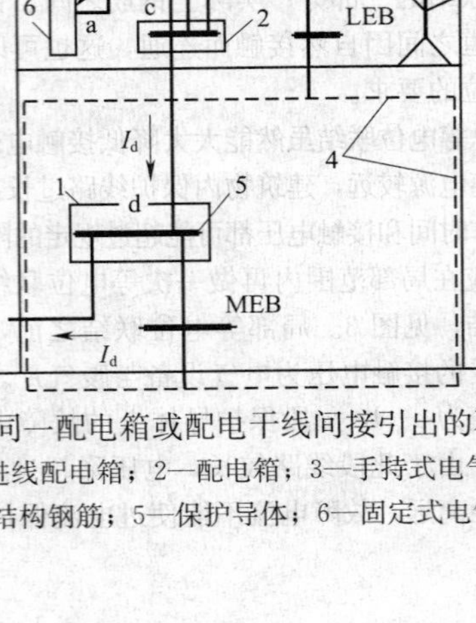

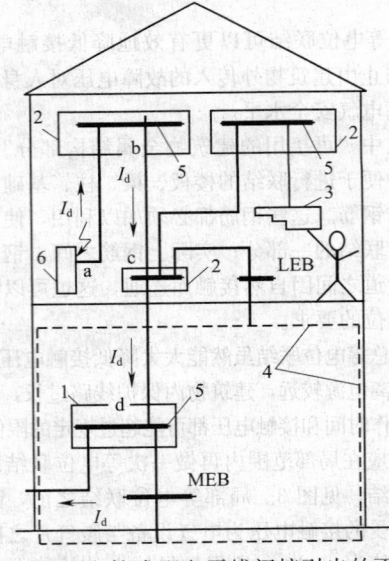

图 6 同一配电箱或配电干线间接引出的不同回路

1—进线配电箱；2—配电箱；3—手持式电气设备；4—结构钢筋；5—保护导体；6—固定式电气设备

由同一配电箱1供电给不同的配电箱，其中一个配电箱给固定式电气设备供电，另一个配电箱给手持式电气设备供电。当固定式电气设备发生接地故障时，故障电流经a—b—c—d一段保护导体返回电源，如果c—d线段很长，其上的故障电压降将远远超过50V；若固定式电气设备切断故障回路的时间仍为5s，则该故障电压同样将通过保护导体对使用手持式电气设备的人造成电击伤害。这时采用上述相同的两种办法可以解决问题。

5.2.12 第5.2.11条规定的公式主要是说明为了使保护导体和与之连接的外露可导电部分的对地电压不超过50V，所有与系统接地极并联的接地电阻应该越小越好。事实上，由于相导体与大地之间的接地电阻的阻值难以确定，很难保证保护导体和与之连接的外露导电部分的对地电压不超过50V，所以在室外无法做总等电位联结的场所往往采用TT系统或局部TT系统，以避免保护导体传导故障电压造成电击事故。

5.2.13 用一般的过电流保护器（熔断器、断路器）兼作间接接触防护电器最为经济简单，应优先采用。如过电流保护不能满足本规范式（5.2.8）要求时，采用剩余电流动作保护器最为有效，但都需设保护导体。

（Ⅲ）TT 系 统

5.2.14 当TT系统配电线路内由同一保护电器保护的几个外露导电部分之间相距较远时，每个外露导电部分的保护导体可连接至各自的接地极上。

当有多级保护时，如果被保护的各级外露导电部分在一个建筑物内，则应采用共同的接地极；如果被保护的各级外露导电部分在不同的建筑物内，或在屋外相距较远的地方，则各级应采用各自的接地极。

5.2.15、5.2.16 TT系统的故障回路阻抗包括变压器相线和接地故障点阻抗以及外露导电体接地电阻和变压器中性点接地电阻。故障回路阻抗大，故障电流小，且按照IEC技术文件的解释，其故障阻抗包括难以估计的接触电阻。因此，TT系统的故障回路阻抗和故障电流是难以估算的，它不能用TN系统的本规范式（5.2.8）来验算保护的有效性，而需用式（5.2.15）来验算保护的有效性。从式（5.2.15）可知，保护动作的条件是当外露导体对地电压达到或超过50V时保护电器应动作，这时的故障电流应大于保护电器的动作电流，即：

$$R_A I_a \leqslant 50V \quad (3)$$

在切断接地故障前，TT系统外露导电部分呈现的电压往往超过50V，因此仍需按规定时间切断故障。当采用反时限特性过电流保护电器时，应在不超过5s的时间内切断故障，但对于手握式和移动式设备应按接触电压来确定切断故障回路的时间，这实际上是难以做到的。所以TT系统通常采用剩余电流动作保护。

5.2.17 配电线路间接接触防护的保护电器的动作特性不符合本规范式（5.2.15）的要求时，要采取局部等电位联结或辅助等电位联结的措施，将接触电压降至50V以下。

（Ⅳ）IT 系 统

5.2.19 IT系统有两种型式，即电源中性点对地绝缘或者串经接地阻抗接地。正常工作的IT系统如一相发生接地故障（被称作第一次接地故障），中性点对地绝缘的IT系统的故障电流决定于另外两个非故障接地相的对地电容值；中性点经接地阻抗接地的IT系统的故障电流则受接地阻抗的限制；因此IT系统的接地故障电流很小，可以继续供电。正因为如此，对供电可靠性要求很高的场合，配电系统往往采取IT系统。

IT系统的第一次接地故障电流值需加以限制，以保证接地故障电压不超过50V，这时不需切断故障回路，只作用于信号报警。这样既不会发生电击事故，又可保证供电的连续性。运行人员接到报警信号后应及时排除第一次接地故障。否则，当另一相再发生接地故障时（被称作异相接地故障或第二次接地故障）将发展成相间短路，导致供电中断。

为了使IT系统第一次接地故障时装置的接触电压小于等于50V，应减少配电系统的对地电容，例如限制装置线路的总长度。

5.2.22 IT系统不宜配出中性导体，是因为中性导体无法进行绝缘监测，当其发生接地故障时，IT系统其实已经成为TN或者TT系统。这时如果出现接地故障，保护电器就会按照TN或者TT系统的要求切断故障回路，使得供电中断。IT系统则失去了供电可靠性高的优势。

6 配电线路的保护

6.1 一 般 规 定

6.1.1 短路保护和过负荷保护是预防电气火灾的重要措施之一，配电线路装设短路保护和过负荷保护的目的就是避免线路因过电流导致绝缘受损，进而引发火灾及其他灾害。一般来说，短路保护作用于切断电源，过负荷保护作用于切断电源或发出报警信号。

6.1.2 随着低压电器的快速发展，上下级保护电器之间的选择、配合特性不断改善。对于过负荷保护，上下级保护电器动作特性之间的选择性比较容易实现，例如，装在上级的保护电器采用具有定时限动作特性或反时限动作特性的保护电器。对于熔断器而言，上下级的熔体额定电流比只要满足1.6：1即可保证选择性；上下级断路器通过其保护特性曲线的配合或者短延时调节也不难做到这一点。但对于短路保护，要做到选择性配合还有一定难度，需综合考虑脱扣器电流动作的整定值、延时、区域选择性联锁、能量选择等多种技术手段。根据目前低压电器的技术发展情况，完全实现保护的选择性还是有一定难度的，从经济、技术两方面考虑，对于非重要负荷还是允许采用部分选择性或无选择性切断。

6.1.3 供给用电设备的末端线路，除符合本章要求外，尚有用电设备的特殊保护要求，所以还要符合现行国家标准《通用用电设备配电设计规范》GB 50055的规定。但用电设备本身的过电流保护不属于本规范规定的范围。

6.1.4 当电气装置中存在大量谐波电流时，会引起相导体及中性导体的过负荷，而中性导体的过负荷是最常见的。在三相四线回路中，有时当相导体载流量在正常值范围以内时，中性导体已经严重过载。所以应根据配电系统中谐波的情况采取中性导体的保护措施。

如果没有谐波，即使中性导体截面积小于相导体截面积，但正常工作时通过中性导体的最大电流明显小于其载流量，这时不必检测中性导体过电流。

如果有谐波，但中性导体截面积大于等于相导体截面积，并且能够保证中性导体通过的最大电流小于等于其载流量，这时不必检测中性导体过电流。

如果谐波含量很高，即使中性导体截面积大于等于相导体截面积，也难以保证中性导体不出现过电流，这时应根据中性导体载流量检测过电流。当检测到过电流时，只要动作于切断相导体即可，中性导体不必切断。

6.2 短路保护

6.2.4 按照现行国家标准《低压开关设备和控制设备　第2部分：断路器》GB 14048.2的规定，断路器的制造误差为±20%，再加上计算误差、电网电压偏差等因素，故规定被保护线路末端的短路电流不应小于低压断路器瞬时或短延时过电流脱扣器整定电流的1.3倍。

6.2.5 导体载流量减小的原因包括截面积、材料、敷设方式发生变化等。

6.2.8 本条第2款、第3款的规定是考虑了并联导线中任一导线在线路中间发生短路时，故障电流从其余并联导线的两端流至故障点的情况。

6.3 过负荷保护

6.3.1 电气线路短时间的过负荷（如电动机启动）是难免的，它并不对线路造成损害。长时间即使不大的过负荷也将对线路的绝缘、接头、端子造成损害。绝缘因长期超过允许温升将因老化加速缩短线路使用寿命。严重的过负荷（例如过负荷100%）将使绝缘在短时间内软化变形、介质损耗增大、耐压水平降低，最后导致短路，引发火灾和其他灾害。

6.3.2 被保护线路导体的绝缘热承受能力一般呈反时限特性，与之相适应，过负荷保护电器的时间-电流特性也宜为反时限特性，以实现热效应的配合。

6.3.3 关于过负荷保护的两个条件及其关系可以用图7说明：

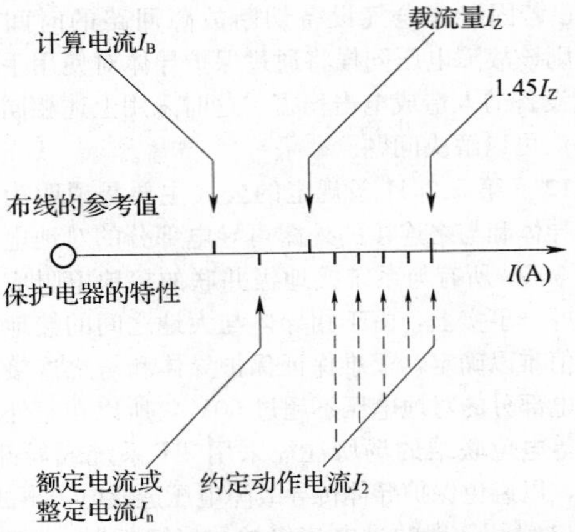

图7　过电荷保护电器的动力特性关系图

6.3.4 本条第1款规定是为了操作与维护方便，例如一段安装在高处的水平母干线变截面后经插接开关箱引至配电箱，插接开关箱可以安装在便于操作的高度，但距离母干线截面减小处的距离不能大于3m。

6.3.5 本条第2款系指不论负荷多大，由于受电源本身阻抗限制不可能使线路过负荷。

6.3.6 线路短时间的过负荷并不立即引起灾害，在某些情况下可让导体超过允许温度运行，即使牺牲一些使用寿命也应保证对重要负荷的不间断供电，例如消防水泵、旋转电机的励磁回路、起重电磁铁的供电回路、电流互感器的二次回路等，这时保护可作用于信号。

6.3.7 如果满足条文的规定即可认为并联导线中的电流分配是相等的，这样对于并联导线的过负荷保护的要求则简单明了。

6.4 配电线路电气火灾防护

6.4.1 接地电弧引起的火灾属于电气火灾中短路性火灾的一种，其发生几率很高，是导致电气火灾的最大隐患。为了减少其发生，应采取措施及时发现接地故障。电弧性对地短路起火难以用一般的过电流防护电器防护，但是剩余电流监测器对此类故障具有足够的灵敏度，且价格便宜，安装方便，可及时对接地故障做出反应，作用于切断电源或发出报警信号。

6.4.2 建筑物内配电线路的绝缘情况应受到全面监视，不能出现监测盲区。一般来说，可在建筑物电源总进线配电箱处设置剩余电流监测器，该监测器可以安装在总进线回路上，也可以安装在各馈出回路上，这样可以对建筑物实施全面的防护。在设计、安装正确、产品符合电磁兼容要求的情况下，建筑物内任何一点出现接地故障剩余电流监测器都应能够做出反应。如果在总进线配电箱处安装了剩余电流监测器，之后的各级配电箱可以不再安装剩余电流监测器。

如果正常情况下泄漏电流较大，剩余电流监测器安装在总配电柜进线或出线回路上时，动作电流值难以整定，可将总进线配电柜处的剩余电流监测器的动作电流整定值适当放大，也可在下级配电箱的进线或出线回路中安装剩余电流监测器。

6.4.3 在国际电工委员会第 64 技术委员会（IEC TC64）最近的技术文件中规定 300mA 以上的电弧能量才能引起火灾，故规定在火灾危险场所内，剩余电流监测器的动作电流不宜大于 300mA。一般场所不受此值限制，可根据实际情况调整动作电流值。

7 配电线路的敷设

7.1 一 般 规 定

7.1.5 电缆敷设的防火封堵是防止电气火灾的重要措施，因此作此规定。

7.2 绝缘导线布线

（Ⅲ）金属导管和金属槽盒布线

7.2.7、7.2.8 这两条是对原规范第 5.2.7 条的修改条文。仅将“金属管”改为“金属导管”；“金属线槽”改为“金属槽盒”；“在建筑物的顶棚内”改为“在建筑物闷顶内有可燃物时”。

7.2.10 本条是对原规范第 5.2.8 条的修改条文。将“电线管”改为“金属导管”，并作了相应规定。

7.2.11 本条是对原规范第 5.2.9 条的修改条文，仅将“电线管”改为“金属导管”。

7.2.12 本条是为了防止金属导管和金属槽盒损坏而规定的。

7.2.13 金属导管是不适合在屋外直接埋地敷设的，但是对于短距离非重要用电负荷的线路可以适当放宽限制。

7.2.14 本条是对原规范第 5.2.13 条的修改条文。新增了导线在金属槽盒内的布线要求。

（Ⅵ）塑料导管和塑料槽盒布线

7.2.33 本条是对原规范第 5.2.10 条的修改条文。新增高温场所不宜采用明敷的规定。

7.3 钢 索 布 线

7.3.1、7.3.2 这两条是对原规范第 5.3.1 条的修改条文。规定“钢索上绝缘导线至地面的距离”应该符合本规范第 7.2.1 条第 2 款护套绝缘导线至地面的最小距离的规定。

7.3.3 本条是对原规范第 5.3.2 条的修改条文。将“金属管”改为“金属导管”、“塑料管”改为“塑料导管”，新增金属槽盒及塑料槽盒。

7.4 裸导体布线

7.4.1 本条是对原规范第 5.4.2 条的修改条文，是强制性条文，必须严格执行。本条主要是为避免车间内工人或维修人员等，在搬金属梯子或手持长杆形金属工具时，不甚碰到裸导体，从而导致人身伤亡。

7.5 封闭式母线布线

7.5.2 本条是对原规范第 5.5.2 条的修改条文。明确水平敷设时，至地面的距离不应小于 2.2m；垂直敷设时，距地面 1.80m 以下部分应采取防止机械损伤措施；第 2 款～第 7 款为新增内容。

7.5.3 做好封闭式母线的接地是非常重要的，因此作此规定。

7.6 电 缆 布 线

（Ⅰ）一 般 规 定

7.6.3 本条是对原规范第 5.6.3 条的修改条文。将“黄麻或其他”删除，因黄麻的防火性能差，实际工程中黄麻外护层已不采用。

（Ⅱ）电缆在屋内敷设

7.6.10 本条是对原规范第 5.6.10 条的修改条文。新增在“有腐蚀性介质的房屋内明敷的电缆，宜采用塑料护套电缆”的规定。

（Ⅳ）电缆埋地敷设

7.6.35 本条是对原规范第 5.6.29 条的修改条文。将电缆直接埋地敷设时，沿同一路径敷设的电缆数量不宜超过的数量由 8 根修改为 6 根，与现行国家标准《电力工程电缆设计规范》GB 50217 的规定一致。

（Ⅴ）电缆在多孔导管内敷设

7.6.45 本条是对原规范第 5.6.46 条的修改条文。将“陶土管”删除，因陶土管的强度差，实际工程中陶土管已不采用。

7.6.49 本条是对原规范第 5.6.45 条的修改条文。将第 1 款修改为 0.2%的排水坡度，与现行国家标准《电力工程电缆设计规范》GB 50217 的规定一致。

7.7 电气竖井布线

7.7.5 本条是对原规范第 5.7.5 条的修改条文。根据现行国家标准《建筑设计防火规范》GB 50016 的规定将检修门的耐火极限改为“丙级”。

7.7.6 本条是对原规范第 5.7.7 条的修改条文。将不规范的“强电和弱电线路”提法修改为“电力线路和非电力线路”。

中华人民共和国国家标准

通用用电设备配电设计规范

Code for design of electric distribution of general-purpose utilization equipment

GB 50055—2011

主编部门：中 国 机 械 工 业 联 合 会

批准部门：中华人民共和国住房和城乡建设部

施行日期：2 0 1 2 年 6 月 1 日

中华人民共和国住房和城乡建设部
公　告

第1101号

关于发布国家标准《通用用电设备配电设计规范》的公告

现批准《通用用电设备配电设计规范》为国家标准，编号为GB 50055—2011，自2012年6月1日起实施。其中，第2.3.1、2.5.5、2.5.6、3.1.13条为强制性条文，必须严格执行。原《通用用电设备配电设计规范》GB 50055—93同时废止。

本规范由我部标准定额研究所组织中国计划出版社出版发行。

中华人民共和国住房和城乡建设部

二〇一一年七月二十六日

前　言

本规范是根据原建设部《关于印发〈二〇〇二～二〇〇三年度国家标准制订、修订计划〉的通知》（建标〔2003〕102号）的要求，由中国新时代国际工程公司会同有关单位在原《通用用电设备配电设计规范》GB 50055—93的基础上进行修订而成的。

本规范在修订过程中，编制组进行了广泛的调查研究，总结了原规范在使用过程中的经验，结合科学技术和生产力的发展水平，本着“统一、协调、简化、优选”的原则进行修订，并征求了广大设计、科研、生产等各有关单位的意见，最后经审查定稿。

本规范共分8章，主要内容包括总则、电动机、起重运输设备、电焊机、电镀、蓄电池充电、静电滤清器电源及室内日用电器等。

本次修订的主要内容是：①将各章节中的适用范围统一调整到总则；②原规范规定的3kW以上的连续运行的电动机宜装设过载保护调整为连续运行的电动机宜装设过载保护；③放宽了低压断路器和符合要求的隔离开关用于电动机的控制电器的使用；④将“3kV～10kV电动机”单列一节；⑤在“起重机”中增加了“铜质刚性滑触线”的使用；⑥在原规范“日用电器”中增加了“特殊场所”插座安装形式的要求；⑦对原规范的主要技术内容进行了补充、完善和必要的修改。

本规范中以黑体字标志的条文为强制性条文，必须严格执行。

本规范由住房和城乡建设部负责管理和对强制性条文的解释，中国机械工业联合会负责日常管理，中国新时代国际工程公司负责具体技术内容的解释。请各单位在执行本规范过程中，注意总结经验，积累资料，并及时将意见、建议和有关资料反馈给中国新时代国际工程公司（地址：陕西省西安市环城南路东段128号，邮政编码：710054，电子信箱：cnme@cnme.com.cn），以便今后修订时参考。

本规范组织单位、主编单位、参编单位、主要起草人和主要审查人：

组织单位：中国机械工业勘察设计协会

主编单位：中国新时代国际工程公司

参编单位：中国航天建筑设计研究院（集团）
中冶南方工程技术有限公司
中国电子工程设计院
中国航空工业规划设计研究院
北京市建筑设计研究院
国际铜业协会（中国）

主要起草人：余小军　王　勇　曹国栋　李志愿　张秀芬　陈泽毅　杨维迅　徐　辉

主要审查人：王素英　李道本　贺湘琨　杨德才　高小平　高常明　汤继东　周积刚　刘丽萍

目 次

1 总则 …………………………………… 1—6—5
2 电动机 …………………………………… 1—6—5
2.1 电动机的选择 …………………………… 1—6—5
2.2 电动机的起动 …………………………… 1—6—5
2.3 低压电动机的保护 ……………………… 1—6—6
2.4 低压交流电动机的主回路 ……………… 1—6—7
2.5 低压交流电动机的控制回路 …………… 1—6—8
2.6 3kV～10kV 电动机 ……………………… 1—6—8
3 起重运输设备 ……………………………… 1—6—8
3.1 起重机 …………………………………… 1—6—8
3.2 胶带输送机运输线 ……………………… 1—6—9
3.3 电梯和自动扶梯 ………………………… 1—6—10
4 电焊机 …………………………………… 1—6—10
5 电镀 ……………………………………… 1—6—10
6 蓄电池充电 ……………………………… 1—6—11
7 静电滤清器电源 ………………………… 1—6—12
8 室内日用电器 …………………………… 1—6—12
本规范用词说明 …………………………… 1—6—12
引用标准名录 ……………………………… 1—6—13
附：条文说明 ……………………………… 1—6—14

Contents

1 General provisions ········ 1—6—5
2 Motor ········ 1—6—5
2.1 Selection of motor ········ 1—6—5
2.2 Start of motor ········ 1—6—5
2.3 Protection of low voltage motor ··· 1—6—6
2.4 Main circuit of low voltage AC motor ········ 1—6—7
2.5 Control circuit of low voltage AC motor ········ 1—6—8
2.6 3kV～10kV motor ········ 1—6—8
3 Crane and transportation equipment ········ 1—6—8
3.1 Crane ········ 1—6—8
3.2 Transportation line of belt conveyors ········ 1—6—9
3.3 Elevator and escalator ········ 1—6—10
4 Electric welder ········ 1—6—10
5 Electroplate ········ 1—6—10
6 Charge of storage battery ········ 1—6—11
7 Power supply for electrostatic filter ········ 1—6—12
8 Indoor household and similar electrical appliances ········ 1—6—12
Explanation of wording in this code ··· 1—6—12
List of quoted standards ········ 1—6—13
Addition: Explanation of provisions ········ 1—6—14

1 总 则

1.0.1 为使通用用电设备配电设计做到保障人身安全、配电可靠、技术先进、经济合理、节约能源和安装维护方便，制定本规范。

1.0.2 本规范适用于下列通用用电设备的配电设计：

1 额定功率大于或等于 0.55kW 的一般用途电动机。

2 电动桥式起重机、电动梁式起重机、门式起重机和电动葫芦；胶带输送机运输线、载重大于300kg 的电力拖动的室内电梯和自动扶梯。

3 电弧焊机、电阻焊机和电渣焊机。

4 电镀用的直流电源设备。

5 牵引用铅酸蓄电池、起动用铅酸蓄电池、固定型阀控式密闭铅酸蓄电池和镉镍蓄电池的充电装置。

6 直流电压为 40kV～80kV 的除尘、除焦油等静电滤清器的电源装置。

7 室内日用电器。

1.0.3 通用用电设备配电设计应采用符合国家现行标准的产品，并应采用效率高、能耗低、性能先进的电气产品。

1.0.4 通用用电设备配电的设计除应符合本规范外，尚应符合国家现行有关标准的规定。

2 电 动 机

2.1 电动机的选择

2.1.1 电动机的工作制、额定功率、堵转转矩、最小转矩、最大转矩、转速及其调节范围等电气和机械参数应满足电动机所拖动的机械（以下简称机械）在各种运行方式下的要求。

2.1.2 电动机类型的选择应符合下列规定：

1 机械对起动、调速及制动无特殊要求时，应采用笼型电动机，但功率较大且连续工作的机械，当在技术经济上合理时，宜采用同步电动机。

2 符合下列情况之一时，宜采用绕线转子电动机：

1）重载起动的机械，选用笼型电动机不能满足起动要求或加大功率不合理时。

2）调速范围不大的机械，且低速运行时间较短时。

3 机械对起动、调速及制动有特殊要求时，电动机类型及其调速方式应根据技术经济比较确定。当采用交流电动机不能满足机械要求的特性时，宜采用直流电动机；交流电源消失后必须工作的应急机组，亦可采用直流电动机。

4 变负载运行的风机和泵类等机械，当技术经济上合理时，应采用调速装置，并选用相应类型的电动机。

2.1.3 电动机额定功率的选择应符合下列规定：

1 连续工作负载平稳的机械应采用最大连续定额的电动机，其额定功率应按机械的轴功率选择。当机械为重载起动时，笼型电动机和同步电动机的额定功率应按起动条件校验；对同步电动机，尚应校验其牵入转矩。

2 短时工作的机械应采用短时定额的电动机，其额定功率应按机械的轴功率选择；当无合适规格的短时定额电动机时，可按允许过载转矩选用周期工作定额的电动机。

3 断续周期工作的机械应采用相应的周期工作定额的电动机，其额定功率宜根据制造厂提供的不同负载持续率和不同起动次数下的允许输出功率选择，亦可按典型周期的等值负载换算为额定负载持续率选择，并应按允许过载转矩校验。

4 连续工作负载周期变化的机械应采用相应的周期工作定额的电动机，其额定功率宜根据制造厂提供的数据选择，亦可按等值电流法或等值转矩法选择，并应按允许过载转矩校验。

5 选择电动机额定功率时，应根据机械的类型和重要性计入储备系数。

6 当电动机使用地点的海拔和冷却介质温度与规定的工作条件不同时，其额定功率应按制造厂的资料予以校正。

2.1.4 电动机的额定电压应根据其额定功率和配电系统的电压等级及技术经济的合理性确定。

2.1.5 电动机的防护形式应符合安装场所的环境条件。

2.1.6 电动机的结构及安装形式应与机械相适应。

2.2 电动机的起动

2.2.1 电动机起动时，其端子电压应能保证机械要求的起动转矩，且在配电系统中引起的电压波动不应妨碍其他用电设备的工作。

2.2.2 交流电动机起动时，配电母线上的电压应符合下列规定：

1 配电母线上接有照明或其他对电压波动较敏感的负荷，电动机频繁起动时，不宜低于额定电压的90%；电动机不频繁起动时，不宜低于额定电压的85%。

2 配电母线上未接照明或其他对电压波动较敏感的负荷，不应低于额定电压的80%。

3 配电母线上未接其他用电设备时，可按保证电动机起动转矩的条件决定；对于低压电动机，尚应保证接触器线圈的电压不低于释放电压。

2.2.3 笼型电动机和同步电动机起动方式的选择应

符合下列规定：

1 当符合下列条件时，电动机应全压起动：

1）电动机起动时，配电母线的电压符合本规范第2.2.2条的规定。

2）机械能承受电动机全压起动时的冲击转矩。

3）制造厂对电动机的起动方式无特殊规定。

2 当不符合全压起动的条件时，电动机宜降压起动，或选用其他适当的起动方式。

3 当有调速要求时，电动机的起动方式应与调速方式相匹配。

2.2.4 绕线转子电动机宜采用在转子回路中接入频敏变阻器或电阻器起动，并应符合下列规定：

1 起动电流平均值不宜超过电动机额定电流的2倍或制造厂的规定值。

2 起动转矩应满足机械的要求。

3 当有调速要求时，电动机的起动方式应与调速方式相匹配。

2.2.5 直流电动机宜采用调节电源电压或电阻器降压起动，并应符合下列规定：

1 起动电流不宜超过电动机额定电流的1.5倍或制造厂的规定值。

2 起动转矩和调速特性应满足机械的要求。

2.3 低压电动机的保护

2.3.1 **交流电动机应装设短路保护和接地故障的保护。**

2.3.2 交流电动机的保护除应符合本规范第2.3.1条的规定外，尚应根据电动机的用途分别装设过载保护、断相保护、低电压保护以及同步电动机的失步保护。

2.3.3 每台交流电动机应分别装设相间短路保护，但符合下列条件之一时，数台交流电动机可共用一套短路保护电器：

1 总计算电流不超过20A，且允许无选择切断时。

2 根据工艺要求，必须同时起停的一组电动机，不同时切断将危及人身设备安全时。

2.3.4 交流电动机的短路保护器件宜采用熔断器或低压断路器的瞬动过电流脱扣器，亦可采用带瞬动元件的过电流继电器。保护器件的装设应符合下列规定：

1 短路保护兼作接地故障的保护时，应在每个不接地的相线上装设。

2 仅作相间短路保护时，熔断器应在每个不接地的相线上装设，过电流脱扣器或继电器应至少在两相上装设。

3 当只在两相上装设时，在有直接电气联系的同一网络中，保护器件应装设在相同的两相上。

2.3.5 当交流电动机正常运行、正常起动或自起动时，短路保护器件不应误动作。短路保护器件的选择应符合下列规定：

1 正确选用保护电器的使用类别。

2 熔断体的额定电流应大于电动机的额定电流，且其安秒特性曲线计及偏差后应略高于电动机起动电流时间特性曲线。当电动机频繁起动和制动时，熔断体的额定电流应加大1级或2级。

3 瞬动过电流脱扣器或过电流继电器瞬动元件的整定电流应取电动机起动电流周期分量最大有效值的2倍～2.5倍。

4 当采用短延时过电流脱扣器作保护时，短延时脱扣器整定电流宜躲过起动电流周期分量最大有效值，延时不宜小于0.1s。

2.3.6 交流电动机的接地故障的保护应符合下列规定：

1 每台电动机应分别装设接地故障的保护，但共用一套短路保护的数台电动机可共用一套接地故障的保护器件。

2 交流电动机的间接接触防护应符合现行国家标准《低压配电设计规范》GB 50054的有关规定。

3 当电动机的短路保护器件满足接地故障的保护要求时，应采用短路保护器件兼作接地故障的保护。

2.3.7 交流电动机的过载保护应符合下列规定：

1 运行中容易过载的电动机、起动或自起动条件困难而要求限制起动时间的电动机，应装设过载保护。连续运行的电动机宜装设过载保护，过载保护应动作于断开电源。但断电比过载造成的损失更大时，应使过载保护动作于信号。

2 短时工作或断续周期工作的电动机可不装设过载保护，当电动机运行中可能堵转时，应装设电动机堵转的过载保护。

2.3.8 交流电动机宜在配电线路的每相上装设过载保护器件，其动作特性应与电动机过载特性相匹配。

2.3.9 当交流电动机正常运行、正常起动或自起动时，过载保护器件不应误动作。过载保护器件的选择应符合下列规定：

1 热过载继电器或过载脱扣器整定电流应接近但不小于电动机的额定电流。

2 过载保护的动作时限应躲过电动机正常起动或自起动时间。热过载继电器整定电流应按下式确定：

$$I_{zd}=K_{k}K_{jx}\frac{I_{ed}}{nK_{h}} \tag{2.3.9}$$

式中：I_{zd}——热过载继电器整定电流（A）；

I_{ed}——电动机的额定电流（A）；

K_{k}——可靠系数，动作于断电时取1.2，动作于信号时取1.05；

K_{jx}——接线系数，接于相电流时取1.0，接于相电流差时取$\sqrt{3}$；

K_h——热过载继电器返回系数，取0.85；

n——电流互感器变比。

3 可在起动过程的一定时限内短接或切除过载保护器件。

2.3.10 交流电动机的断相保护应符合下列规定：

1 连续运行的三相电动机，当采用熔断器保护时，应装设断相保护；当采用低压断路器保护时，宜装设断相保护。

2 断相保护器件宜采用断相保护热继电器，亦可采用温度保护或专用的断相保护装置。

2.3.11 交流电动机采用低压断路器兼作电动机控制电器时，可不装设断相保护；短时工作或断续周期工作的电动机亦可不装设断相保护。

2.3.12 交流电动机的低电压保护应符合下列规定：

1 按工艺或安全条件不允许自起动的电动机应装设低电压保护。

2 为保证重要电动机自起动而需要切除的次要电动机应装设低电压保护。次要电动机宜装设瞬时动作的低电压保护。不允许自起动的重要电动机应装设短延时的低电压保护，其时限可取0.5s～1.5s。

3 按工艺或安全条件在长时间断电后不允许自起动的电动机，应装设长延时的低电压保护，其时限按照工艺的要求确定。

4 低电压保护器件宜采用低压断路器的欠电压脱扣器、接触器或接触器式继电器的电磁线圈，亦可采用低电压继电器和时间继电器。当采用电磁线圈作低电压保护时，其控制回路宜由电动机主回路供电；当由其他电源供电，主回路失压时，应自动断开控制电源。

5 对于需要自起动不装设低电压保护或装设延时低电压保护的重要电动机，当电源电压中断后在规定时限内恢复时，控制回路应有确保电动机自起动的措施。

2.3.13 同步电动机应装设失步保护。失步保护宜动作于断开电源，亦可动作于失步再整步装置。动作于断开电源时，失步保护可由装设在转子回路中或用定子回路的过载保护兼作失步保护。必要时，应在转子回路中加装失磁保护和强行励磁装置。

2.3.14 直流电动机应装设短路保护，并根据需要装设过载保护。他励、并励及复励电动机宜装设弱磁或失磁保护。串励电动机和机械有超速危险的电动机应装设超速保护。

2.3.15 电动机的保护可采用符合现行国家标准《低压开关设备和控制设备　第4-2部分：接触器和电动机起动器　交流半导体电动机控制器和起动器（含软起动器）》GB 14048.6保护要求的综合保护器。

2.3.16 旋转电机励磁回路不宜装设过载保护。

2.4 低压交流电动机的主回路

2.4.1 低压交流电动机主回路宜由具有隔离功能、控制功能、短路保护功能、过载保护功能、附加保护功能的器件和布线系统等组成。

2.4.2 隔离电器的装设应符合下列规定：

1 每台电动机的主回路上应装设隔离电器，但符合下列条件之一时，可数台电动机共用一套隔离电器：

1）共用一套短路保护电器的一组电动机。

2）由同一配电箱供电且允许无选择地断开的一组电动机。

2 电动机及其控制电器宜共用一套隔离电器。

3 符合隔离要求的短路保护电器可兼作隔离电器。

4 隔离电器宜装设在控制电器附近或其他便于操作和维修的地点。无载开断的隔离电器应能防止误操作。

2.4.3 短路保护电器应与其负荷侧的控制电器和过载保护电器协调配合。短路保护电器的分断能力应符合现行国家标准《低压配电设计规范》GB 50054的有关规定。

2.4.4 控制电器的装设应符合下列规定：

1 每台电动机应分别装设控制电器，但当工艺需要时，一组电动机可共用一套控制电器。

2 控制电器宜采用接触器、起动器或其他电动机专用的控制开关。起动次数少的电动机，其控制电器可采用低压断路器或与电动机类别相适应的隔离开关。电动机的控制电器不得采用开启式开关。

3 控制电器应能接通和断开电动机堵转电流，其使用类别和操作频率应符合电动机的类型和机械的工作制。

4 控制电器宜装设在便于操作和维修的地点。过载保护电器的装设宜靠近控制电器或为其组成部分。

2.4.5 导线或电缆的选择应符合下列规定：

1 电动机主回路导线或电缆的载流量不应小于电动机的额定电流。当电动机经常接近满载工作时，导线或电缆载流量宜有适当的裕量；当电动机为短时工作或断续工作时，其导线或电缆在短时负载下或断续负载下的载流量不应小于电动机的短时工作电流或额定负载持续率下的额定电流。

2 电动机主回路的导线或电缆应按机械强度和电压损失进行校验。对于向一级负荷配电的末端线路以及少数更换导线很困难的重要末端线路，尚应校验导线或电缆在短路条件下的热稳定。

3 绕线式电动机转子回路导线或电缆载流量应符合下列规定：

1）起动后电刷不短接时，其载流量不应小于转子额定电流。当电动机为断续工作时，应采用导线或电缆在断续负载下的载流量。

2）起动后电刷短接，当机械的起动静阻转矩不超过电动机额定转矩的50%时，不宜小于转子额定电流的35%；当机械的起动静阻转矩超过电动机额定转矩的50%时，不宜小于转子额定电流的50%。

2.5 低压交流电动机的控制回路

2.5.1 电动机的控制回路应装设隔离电器和短路保护电器，但由电动机主回路供电且符合下列条件之一时，可不另装设：

1 主回路短路保护器件能有效保护控制回路的线路时。

2 控制器回路接线简单、线路很短且有可靠的机械防护时。

3 控制回路断电会造成严重后果时。

2.5.2 控制回路的电源及接线方式应安全可靠、简单适用，并应符合下列规定：

1 当TN或TT系统中的控制回路发生接地故障时，控制回路的接线方式应能防止电动机意外起动或不能停车。

2 对可靠性要求高的复杂控制回路可采用不间断电源供电，亦可采用直流电源供电。直流电源供电的控制回路宜采用不接地系统，并应装设绝缘监视装置。

3 额定电压不超过交流50V或直流120V的控制回路的接线和布线应能防止引入较高的电压和电位。

2.5.3 电动机的控制按钮或控制开关宜装设在电动机附近便于操作和观察的地点。当需在不能观察电动机或机械的地点进行控制时，应在控制点装设指示电动机工作状态的灯光信号或仪表。

2.5.4 自动控制或连锁控制的电动机应有手动控制和解除自动控制或连锁控制的措施；远方控制的电动机应有就地控制和解除远方控制的措施；当突然起动可能危及周围人员安全时，应在机械旁装设起动预告信号和应急断电控制开关或自锁式停止按钮。

2.5.5 当反转会引起危险时，反接制动的电动机应采取防止制动终了时反转的措施。

2.5.6 电动机旋转方向的错误将危及人员和设备安全时，应采取防止电动机倒相造成旋转方向错误的措施。

2.6 3kV～10kV电动机

2.6.1 3kV～10kV异步电动机和同步电动机的保护和二次回路应符合现行国家标准《电力装置的继电保护和自动装置设计规范》GB/T 50062的有关规定。

2.6.2 3kV～10kV异步电动机和同步电动机的开关设备和导体选择应符合现行国家标准《3～110kV高压配电装置设计规范》GB 50060的有关规定。

3 起重运输设备

3.1 起 重 机

3.1.1 电动桥式起重机、电动梁式起重机和电动葫芦宜采用安全滑触线或铜质刚性滑触线供电，亦可采用钢质滑触线供电。在对金属有强烈腐蚀的环境中应采用软电缆供电。

3.1.2 滑触线或软电缆的电源线应装设隔离电器和短路保护电器，并应装设在滑触线或软电缆附近便于操作和维修的地点。

3.1.3 滑触线或软电缆的截面选择应符合下列规定：

1 载流量不应小于负荷计算电流。

2 应能满足机械强度的要求。

3 对交流电源供电，在尖峰电流时，自供电变压器的低压母线至起重机任何一台电动机端子上的电源的总电压降最大不得超过额定电压的15%。

3.1.4 起重机供电线路的设计宜采取下列措施减少电压降：

1 电源线尽量接至滑触线的中部。

2 采用安全滑触线或铜质刚性滑触线。

3 适当增大滑触线截面或增设辅助导线。

4 增加滑触线供电点或分段供电。

5 增大电源线或软电缆截面。

6 提高供电电压等级。

3.1.5 固定式滑触线跨越建筑物伸缩缝处以及钢质滑触线在其长度每隔50m处，应装设膨胀补偿装置，其间隙宜为20mm。在跨越伸缩缝处，辅助导线亦应采取膨胀补偿。安全滑触线及铜质刚性滑触线装设膨胀补偿装置的要求应根据产品技术参数确定。

3.1.6 采用角钢作固定式滑触线时，其固定点的间距及角钢规格应符合下列规定：

1 小于或等于3t的电动梁式起重机和电动葫芦，固定点的间距不应大于1.5m，角钢规格不应小于25mm×4mm。

2 小于或等于10t的电动桥式起重机，固定点的间距不应大于3m，角钢规格不应小于40mm×4mm。

3 大于10t并小于或等于50t的电动桥式起重机，固定点的间距不应大于3m，角钢规格不应小于50mm×5mm。

4 大于50t的电动桥式起重机，固定点的间距不应大于3m，角钢规格不应小于63mm×6mm。

5 采用角钢作固定式滑触线，角钢最大的规格不宜大于75mm×8mm。

3.1.7 分段供电的固定式滑触线，各分段电源当允许并联运行时，分段间隙宜为20mm，当不允许并联运行时，分段间隙应大于集电器滑触块的宽度，并应采取防止滑触块落入间隙的措施。

3.1.8 数台起重机在同一固定式滑触线上工作时，宜在起重机轨道的两端设置检修段；中间检修段的设置应根据生产检修的需要确定。检修段长度应比起重机桥身宽度大2m。采用安全滑触线，且起重机上的集电器能与滑触线脱开时，可不设置检修段。

3.1.9 固定式滑触线的工作段与检修段之间的绝缘间隙宜为50mm。工作段与检修段之间应装设隔离电器，隔离电器应装设在安全和便于操作的地方。

3.1.10 装于起重机梁的固定式裸滑触线，宜装于起重机驾驶室的对侧；当装于同侧时，对人员上下可能触及的滑触线段应采取防护措施。安全滑触线宜与起重机驾驶室装于同侧，并可不采取防护措施。

3.1.11 裸滑触线距离地面的高度不应低于3.5m，在室外跨越汽车通道处不应低于6m。当不能满足要求时，应采取防护措施。

3.1.12 固定式裸滑触线应装设灯光信号，安全滑触线宜装设灯光信号，灯光信号应装设在便于观察的地点或滑触线两端。

3.1.13 在起重机的滑触线上严禁连接与起重机无关的用电设备。

3.1.14 门式起重机的配电宜符合下列规定：

1 移动范围较大，容量较大的门式起重机，根据生产环境，宜采用地沟固定式滑触线或悬挂式滑触线供电。

2 移动范围不大，且容量较小的门式起重机，根据生产环境，宜采用悬挂式软电缆或卷筒式软电缆供电。

3 抓斗门式起重机，当贮料场有上通廊时，宜在上通廊顶部装设固定式滑触线供电，集电器应采用软连接。

4 卷筒式的软电缆宜采用重型橡套电缆，悬挂式的软电缆可根据具体情况采用重型或中型橡套电缆。

5 悬挂式滑触线宜采用钢绳吊挂双沟形铜电车线。

3.1.15 起重机的负荷等级应按中断供电造成损害的程度确定，其分级及供电要求应符合现行国家标准《供配电系统设计规范》GB 50052的有关规定。

3.1.16 起重机轨道的接地除应符合国家现行有关接地标准外，尚应符合下列规定：

1 在轨道的伸缩缝或断开处应采用足够截面的跨接线连接，并应形成可靠通路。

2 安装在露天的起重机，其轨道除应符合本条第1款的规定外，其接地点不应少于2处。

3.1.17 当采用固定式裸滑触线，且起重机的吊钩钢绳摆动能触及到滑触线时，或多层布置时的各下层滑触线应采取防止意外触电的防护措施。

3.2 胶带输送机运输线

3.2.1 同一胶带输送机运输线（以下简称胶带运输线）的电气设备的供电电源宜取自同一供电母线，若胶带运输线较长或电气设备较多时，可按工艺分段采用多回路供电。当主回路和控制回路由不同线路或不同电源供电时，应装设连锁装置。

3.2.2 胶带运输线的电动机起动时，起动电压应符合本规范第2.2.1条和第2.2.2条的规定，当多台同时起动不能满足要求时，应按分批起动设计。

3.2.3 胶带运输线的电气连锁应符合工艺和安全的要求。

3.2.4 胶带运输线中的料流信号及胶带跑偏、打滑、纵向撕裂、断带、超速、堵料等信号检测装置的电气设计应符合工艺对其要求。

3.2.5 胶带运输线起动和停止的程序应按工艺要求确定。运行中，任何一台连锁机械故障停车时，应使给料方向的连锁机械立即停车。当运输线设有中间贮料装置时，可不立即停车。

3.2.6 胶带运输线应能解除连锁实现机旁控制。单机调试起停按钮或开关的安装地点应便于操作和维修。

3.2.7 胶带运输线的控制应符合下列规定：

1 当连锁机械少且分散时，宜采用连锁分散控制。

2 当连锁机械较少且集中或连锁机械虽较多但工艺允许分段控制时，宜按系统或按工艺分段采用连锁局部集中控制。

3 当连锁机械较多、工艺流程复杂时，宜在控制室内集中控制或自动控制。

3.2.8 胶带运输线上的除铁器应在胶带输送机起动前先接通电源。当采用悬挂式除铁器时，应在胶带运输线停车后人工断电；胶带运输线上的除尘风机应在胶带输送机起动前先起动，并在胶带输送机停车后延时停风机。

3.2.9 胶带运输线应采取下列安全措施：

1 沿线设置起动预告信号。

2 在值班点设置事故信号、设备运行信号、允许起动信号。

3 控制箱（屏、台）面上设置事故断电开关或自锁式按钮。

4 胶带运输线宜每隔20m～30m在连锁机械旁设置事故断电开关或自锁式按钮。事故断电开关宜采用钢绳操作的限位开关或防尘密闭式开关。

3.2.10 控制室或控制点与有关场所的联系宜采用声光信号。当联系频繁时，宜设置通讯设备。

3.2.11 控制箱（屏、台）面板上的电气元件应按控制顺序布置。较复杂的控制系统宜采用可编程序控制器或计算机进行控制。

3.2.12 控制室和控制点位置的确定宜符合下列规定：

1 便于观察、操作和调度。

2 通风、采光良好。

3 振动小、灰尘少。

4 线路短，进出线及检修方便。

3.2.13 胶带卸料小车及移动式配合胶带输送机宜采用悬挂式软电缆供电。

3.2.14 胶带运输线上各电气设备的接地应符合现行国家标准《交流电气装置的接地设计规范》GB 50065的有关规定。胶带卸料小车及移动式胶带输送机的接地宜采用移动电缆的第四根芯线作接地线。

3.3 电梯和自动扶梯

3.3.1 各类电梯和自动扶梯的负荷分级及供电应符合现行国家标准《供配电系统设计规范》GB 50052的有关规定。

3.3.2 每台电梯或自动扶梯的电源线应装设隔离电器和短路保护电器。电梯机房的每路电源进线均应装设隔离电器，并应装设在电梯机房内便于操作和维修的地点。

3.3.3 电梯的电力拖动和控制方式应根据其载重量、提升高度、停层方案进行综合比较后确定。

3.3.4 电梯或自动扶梯的供电导线应根据电动机铭牌额定电流及其相应的工作制确定，并应符合下列规定：

1 单台交流电梯供电导线的连续工作载流量应大于其铭牌连续工作制额定电流的140%或铭牌0.5h或1h工作制额定电流的90%。

2 单台直流电梯供电导线的连续工作载流量应大于交直流变流器的连续工作制交流额定输入电流的140%。

3 向多台电梯供电，应计入需要系数。

4 自动扶梯应按连续工作制计。

3.3.5 电梯的动力电源应设独立的隔离电器。轿厢、电梯机房、井道照明、通风、电源插座和报警装置等，其电源可从电梯动力电源隔离电器前取得，并应装设隔离电器和短路保护电器。

3.3.6 向电梯供电的电源线路不得敷设在电梯井道内。除电梯的专用线路外，其他线路不得沿电梯井道敷设。在电梯井道内的明敷电缆应采用阻燃型。明敷线路的穿线管、槽应是阻燃的。消防电梯的供电尚应符合现行国家标准《建筑设计防火规范》GB 50016和《高层民用建筑设计防火规范》GB 50045的有关规定。

3.3.7 电梯机房、轿厢和井道的接地应符合下列规定：

1 机房和轿厢的电气设备、井道内的金属件与建筑物的用电设备应采用同一接地体。

2 轿厢和金属件应采用等电位联结。

3 当轿厢接地线采用电缆芯线时，不得少于2根。

4 电 焊 机

4.0.1 每台电焊机的电源线应符合下列规定：

1 手动弧焊变压器或弧焊整流器的电源线应装设隔离电器、开关和短路保护电器。

2 自动弧焊变压器、电渣焊机或电阻焊机的电源线应装设隔离电器和短路保护电器。

3 隔离电器、开关和短路保护电器应装设在电焊机附近便于操作和维修的地点。

4.0.2 单台交流弧焊变压器、弧焊整流器或电阻焊机采用熔断器保护时，其熔体的额定电流应符合下列规定：

1 交流弧焊变压器、弧焊整流器宜符合下式的要求：

$$I_{er} \geqslant K_{js} I_{eh} \sqrt{\varepsilon_h} \qquad (4.0.2\text{-}1)$$

式中：I_{er}——熔断器熔体的额定电流（A）；

K_{js}——计算系数，一般取1.25；

I_{eh}——电焊机一次侧额定电流（A）；

ε_h——电焊机额定负载持续率（%）。

2 电阻焊机宜符合下式的要求：

$$I_{er} \geqslant 0.7 I_{eh} \qquad (4.0.2\text{-}2)$$

4.0.3 电焊机电源线的载流量不应小于电焊机的额定电流；断续周期工作制的电焊机的额定电流应为其额定负载持续率下的额定电流，其电源线的载流量应为断续负载下的载流量。

4.0.4 多台单相电焊机宜均匀地接在三相线路上。

4.0.5 电渣焊机、容量较大的电阻焊机宜采用专用线路供电。大容量的电焊机可采用专用变压器供电。

4.0.6 空载运行次数较多和空载持续时间超过5min的中小型电焊机宜装设空载自停装置。

4.0.7 无功功率较大的电焊机线路上宜装设电力电容器进行补偿，并应计入谐波对电容器的影响。

5 电 镀

5.0.1 电镀用的直流电源设备应采用硅整流或可控硅整流。

5.0.2 整流设备的选择应符合下列规定：

1 直流额定电压应大于并接近镀槽工作电压。对需要冲击电流的镀槽，整流设备的额定电压尚应符合冲击的要求。

2 直流额定电流不应小于镀槽所需电流。对需要冲击电流的镀槽，整流设备的额定电流应根据镀槽冲击电流值及电源设备短时允许过载能力确定。当多槽共用整流设备时，其额定电流不应小于各槽所需电流之和乘以同时使用系数及负荷系数。

3　整流设备的整流结线方式应根据电镀工艺的要求确定。

4　工艺需要自动换向的电镀应采用带有自动换向的可控硅整流设备。

5.0.3　用硅整流设备作直流电源时，其调压方式应符合下列规定：

1　工艺要求电流调节精度高，经常使用但额定负荷小于或等于30%的镀槽宜采用自耦变压器或感应调压器。

2　经常使用且额定负荷大于30%的镀槽，可采用饱和电抗器调压方式。

5.0.4　用可控硅整流设备作直流电源时，宜采用带恒电位仪或电流密度自动控制的可控硅整流设备。

5.0.5　电镀槽的电源宜采用一台整流设备供给一个镀槽。当工艺条件许可时，对电压等级相同的镀槽亦可采用一台整流设备供给几个镀槽用电。对不同时使用的两个镀槽，其工作电压、电流参数相近，位置又接近时，可合用一台整流设备供电。

5.0.6　当一台整流设备向一个镀槽供电，且整流设备集中放置时，应在镀槽附近设置防腐型就地控制箱，其内部应装设电流调节装置、测量仪表和开停整流设备的控制按钮。

5.0.7　当一台整流设备向几个镀槽同时供电时，应在镀槽附近设置防腐型就地控制箱，其内部应装设电流调节装置及测量仪表。

5.0.8　直流线路截面的选择应符合下列规定：

1　线路的允许载流量不应小于镀槽的计算电流。

2　在额定负荷下，电力整流设备至电镀槽的母线电压降不应大于1.0V。

5.0.9　每台整流设备的供电线路应装设隔离电器和短路保护电器。隔离电器的额定电流及供电线路的载流量不应小于整流设备的额定输入电流。

5.0.10　直流线路电压小于60V时，宜采用铜母线、铜芯塑料线或铜芯电缆。当采用铝母线时，在母线连接处应采用铜铝过渡板，铜端应搪锡。电源接入镀槽处应采用铜编织线或铜母线。当线路电压大于或等于60V时，直流线路应采用电缆或绝缘导线。

5.0.11　集中放置整流设备的电源间应符合下列规定：

1　宜接近负荷中心，并宜靠外墙设置；电源间不得设置在镀槽区的下方，亦不应设置在厕所或浴室的正下方或与之贴邻。

2　正面操作通道不宜小于1.5m；当需在整流设备背面检修时，其背面距墙不宜小于0.8m；与整流器配套的调压器距墙不宜小于0.8m。

3　室内夏季温度不宜超过40℃，冬季温度不宜低于5℃。当自然通风不能满足电源间要求时，应采用机械通风，并保持室内正压。

4　镀槽排风系统的管道、地沟及其他与电源间无关的管道不得通过电源间。

5.0.12　控制系统较复杂的自动生产线的控制台应设在专用的控制室内，控制室应设观察窗。当控制室门开向生产车间时，控制室宜有正压通风。

5.0.13　电镀间内的电气设备应采用防腐型，其线路及金属支架等应采取防腐措施。

5.0.14　直接安放在镀槽旁的整流设备，其底部应设有高出地面不小于150mm的底座。

5.0.15　在电镀间内，整流设备的金属外壳及配电箱、控制箱、操作箱的金属外壳、金属电缆桥架、配线槽、保护钢管等应与交流配电系统的保护线或保护中性线可靠连接。电镀间内各种接地系统宜采用共用接地的方式。

6　蓄电池充电

6.0.1　蓄电池充电用直流电源，应采用硅整流、可控硅整流设备或高频开关电源。

6.0.2　除固定型阀控式密闭铅酸蓄电池、镉镍蓄电池外，铅酸蓄电池与其充电用整流设备不宜装设在同一房间内。

6.0.3　酸性蓄电池与碱性蓄电池应在不同房间内充电及存放。

6.0.4　蓄电池车充电时，每辆车宜采用单独充电回路，并应能分别调节。

6.0.5　当采用恒电流充电方式时，整流设备的直流额定电压不宜低于蓄电池组电压的150%。

6.0.6　整流设备的选择应根据蓄电池组容量、数量和不同的充电方式确定。

6.0.7　整流设备应装设直流电压表和直流电流表。并联充电的各回路应装设单独的调节装置和直流电流表。

6.0.8　充电间的设计应符合下列规定：

1　铅酸蓄电池充电间的墙壁、门窗、顶部、金属管道及构架等宜采取耐酸措施，地面应能耐酸，并应有适当的坡度及给排水设施。

2　铅酸蓄电池充电间的地面下不宜通过无关的沟道和管线。

3　充电间应通风良好，当自然通风不能满足要求时，应采用机械通风，每小时通风换气次数不应少于8次。

4　防酸式铅酸蓄电池充电间内的电气照明应采用增安型照明器。充电间内不应装设开关、熔断器或插座等可能产生火花的电器。

5　充电间内的固定式线路应采用铜芯绝缘线穿保护管敷设或铜芯塑料护套电缆，并有防止外界损伤的措施；移动式线路应采用铜芯重型橡套电缆。

7 静电滤清器电源

7.0.1 每个单静电滤清器电场应由单独的整流设备供电。多电场静电滤清器的每个电场宜由单独的整流设备供电，但工作条件相近的电场可共用一套整流设备。

7.0.2 户内式整流设备宜装设在靠近静电滤清器的单独房间内，并应按现行国家标准《建筑灭火器配置设计规范》GB 50140 的有关规定配置灭火器。每套整流设备的高压整流器、变压器和转换开关应装设在单独的隔间内。整流隔间遮栏宜采用金属网制作，网孔尺寸不应大于 40mm×40mm，高度不应低于 2.5m。

7.0.3 户外式整流设备应装设在电滤器上。

7.0.4 直流 40kV～80kV 户内式配电装置的设备绝缘等级不应低于工频 35kV 的绝缘等级。配电装置的导体及带电部分的各项电气净距不应小于下列数值：

1 带电部分之间以及带电部分至接地部分之间为 300mm。

2 带电部分至栅状遮栏之间为 1050mm。

3 带电部分至网状遮栏之间为 400mm。

4 带电部分至板状遮栏之间为 330mm。

5 无遮拦裸导体至地面之间为 2600mm。

6 平行的不同时停电检修的无遮拦裸导体之间为 2100mm。

7 通向屋外的高压出线套管至屋外通道的路面为 4000mm。

7.0.5 户内式整流器的整流隔间的门上应装设开门后断开交流电源的电气连锁装置；户外式整流器的交流电源侧应装设连锁装置；当检修整流设备或操作高压隔离开关时，应先断开交流电源。

7.0.6 户内式整流设备的控制屏应装设在整流隔间外附近的地方，整流隔间与控制屏间的通道不宜小于 2m。户外式整流设备的控制屏应装设在静电滤清器附近的房间内。

7.0.7 户内式整流器负极与电滤器电晕电极之间的连接线宜采用专用高压电缆。户内式或户外式整流器正极与电滤器收尘电极之间的连接线不应少于 2 根，并应接地。连接线宜采用 25mm×4mm 的镀锌扁钢，不得利用设备外壳或金属结构作为连接线。接地电阻不应大于 4Ω。

7.0.8 整流设备因故障停电时，值班室应有声光信号。

8 室内日用电器

8.0.1 固定式日用电器的电源线应设置隔离电器、短路保护电器、过载保护电器及间接接触防护。

8.0.2 移动式日用电器的供电回路应装设隔离电器和短路、过载及剩余电流保护电器。

8.0.3 功率小于或等于 0.25kW 的电感性负荷以及小于或等于 1kW 的电阻性负荷的日用电器，可采用插头和插座作为隔离电器，并兼作功能性开关。

8.0.4 室内日用电器的间接接触防护和剩余电流保护应符合现行国家标准《低压配电设计规范》GB 50054 的有关规定。

8.0.5 日用电器的插座线路，其配电应按下列规定确定：

1 插座的计算负荷应按已知使用设备的额定功率计，未知使用设备应按每出线口 100W 计。

2 插座的额定电流应按已知使用设备的额定电流的 1.25 倍计，未知使用设备应按不小于 10A 计。

3 插座线路的载流量：对已知使用设备的插座供电时，应按大于插座的额定电流计；对未知使用设备的插座供电时，应按大于总计算负荷电流计。

8.0.6 插座的形式和安装要求应符合下列规定：

1 对于不同电压等级的日用电器，应采用与其电压等级相匹配的插座；选用非 220V 单相插座时，应采用面板上有明示使用电压的产品。

2 需要连接带接地线的日用电器的插座必须带接地孔。

3 采用插拔插头使日用电器工作或停止工作危险性大时，宜采用带开关能切断电源的插座。

4 在潮湿场所，应采用具有防溅电器附件的插座，安装高度距地不应低于 1.5m。

5 在装有浴盆、淋浴盆、桑拿浴加热器和泳池、水池以及狭窄的可导电场所，其插座及安装应符合现行国家标准《建筑物电气装置》GB 16895 的有关规定。

6 在住宅和儿童专用活动场所应采用带保护门的插座。

本规范用词说明

1 为便于在执行本规范条文时区别对待，对要求严格程度不同的用词说明如下：

1）表示很严格，非这样做不可的：
正面词采用“必须”，反面词采用“严禁”；

2）表示严格，在正常情况下均应这样做的：
正面词采用“应”，反面词采用“不应”或“不得”；

3）表示允许稍有选择，在条件许可时首先应这样做的：
正面词采用“宜”，反面词采用“不宜”；

4）表示有选择，在一定条件下可以这样做的，采用“可”。

2 条文中指明应按其他有关标准执行的写法为："应符合……的规定"或"应按……执行"。

引用标准名录

《建筑设计防火规范》GB 50016

《高层民用建筑设计防火规范》GB 50045

《供配电系统设计规范》GB 50052

《低压配电设计规范》GB 50054

《3～110kV 高压配电装置设计规范》GB 50060

《电力装置的继电保护和自动装置设计规范》GB/T 50062

《交流电气装置的接地设计规范》GB 50065

《建筑灭火器配置设计规范》GB 50140

《低压开关设备和控制设备　第 4-2 部分：接触器和电动机起动器　交流半导体电动机控制器和起动器（含软起动器）》GB 14048.6

《建筑物电气装置》GB 16895

中华人民共和国国家标准

通用用电设备配电设计规范

GB 50055—2011

条 文 说 明

修 订 说 明

《通用用电设备配电设计规范》GB 50055—2011，经住房和城乡建设部 2011 年 7 月 26 日以第 1101 号公告批准发布。

本规范是在《通用用电设备配电设计规范》GB 50055—93（以下简称原规范）的基础上修订而成，上一版的主编单位是机械工业部第七设计研究院，参编单位是中国航空工业规划设计研究院、航空航天工业部第七设计研究院、电子工业部第十设计研究院、冶金工业部武汉钢铁设计研究院、北京市建筑设计院。主要起草人是张杰、蒋毓滋、卞铠生、陈德水、龚循仪、洪元颐、柏志荣、张德声。

本着“统一、协调、简化、优选”的原则，在总结了原规范在使用过程中存在的问题的基础上，结合科学技术和生产力的发展水平，征求了广大设计、科研、生产等各有关单位的意见，最终完成了修订工作。

为便于广大设计、施工、科研、学校等单位有关人员在使用本规范时能正确理解和执行条文规定，《通用用电设备配电设计规范》编制组按照章、节、条顺序编制了本规范的条文说明，对条文规定的目的、依据以及执行中需注意的有关事项进行了说明（还着重对强制性条文的强制性理由作了解释）。但是，本条文说明不具备与规范正文同等的法律效力，仅供使用者作为理解和把握规范规定的参考。

目　次

1　总则 …………………………………… 1—6—17
2　电动机 ………………………………… 1—6—17
2.1　电动机的选择……………………… 1—6—17
2.2　电动机的起动……………………… 1—6—18
2.3　低压电动机的保护………………… 1—6—18
2.4　低压交流电动机的主回路………… 1—6—20
2.5　低压交流电动机的控制回路……… 1—6—21
3　起重运输设备 ………………………… 1—6—22
3.1　起重机……………………………… 1—6—22
3.2　胶带输送机运输线………………… 1—6—23
3.3　电梯和自动扶梯…………………… 1—6—23
4　电焊机 ………………………………… 1—6—24
5　电镀 …………………………………… 1—6—24
6　蓄电池充电…………………………… 1—6—25
7　静电滤清器电源 ……………………… 1—6—26
8　室内日用电器 ………………………… 1—6—27

1 总 则

1.0.3 国家在相继公布的《绿色建筑技术导则》、《节能中长期专项规划》中对节能的重要性、目标、要求和措施等作了详尽的描述，因此采用符合国家现行有关标准的高效节能、性能先进、绿色环保、安全可靠的电气产品，也是实现国家可持续发展的要求。

通用用电设备配电设计时所选用的设备，必须是经国家主管部门认定的鉴定机构鉴定合格的产品，基本建设、技术改造项目和更新设备都应优先采用节能产品，并严禁采用国家已公布的能耗高、性能落后的电气产品。

1.0.4 对于本规范中没有规定的通用用电设备配电设计的内容，或对于专业性较强的内容未在本规范中表达，当其他现行国家标准有规定时，同样应该执行，故作此规定。

2 电 动 机

2.1 电动机的选择

2.1.2 本条的宗旨是在满足使用要求的前提下，尽量选用简单、可靠、经济、节能的电动机；即优先选用笼型电动机，一般不宜选用直流电动机。

1 关于笼型电动机变频调速问题参见本条第3款说明。本款包括多速笼型电动机，仅要求数种转速时，应优先予以选用。

选用同步电动机，除个别情况是为稳速外，通常是为了提高功率因数。采用同步电动机是否合理，不仅与额定功率大小有关，还涉及同步转速、运行方式、所在系统无功负荷的大小和分布、制造和价格情况等，规范中不宜对功率界限作出硬性规定，而应通过技术经济比较确定。

2 重载起动的笼型电动机应按起动条件进行校验，这在本规范第2.2.3条第1款中有明确规定。当不能满足要求或加大功率不合理时，则应按本款规定选用绕线转子电动机。在起动过程中，堵转转矩（亦称起动转矩）、最小转矩、最大转矩共同起作用，均需校验。能否克服静阻转矩决定于堵转转矩；能否顺利加速则最小转矩是关键；最大转矩除影响起动过程外，还决定了电动机的过载能力。绕线转子电动机的转矩——转差特性曲线可通过调节转子回路的电阻而改变，从而适应重载起动条件，并能在一定范围内调节转速。

3 机械对起动、调速及制动有特殊要求时，有多种方案可供选择，如机械调速、液压调速、串级调速、变频调速等。这些方案各有优缺点，因此，电动机调速选择需结合传动设计，通过技术经济比较确定。随着电力电子技术的发展，应优先选用交流变频调速。

4 关于风机和水泵出于节能目的而调速的问题，多年来，国家相关部门十分重视，据统计，我国发电总量60%以上是通过电动机消耗的，其中一半以上用于各种风机和水泵设备。而我国一些企业中变负荷运行的风机、水泵占70%，如果以调速传动代替原有的不调速传动，通过改变转速来调节流量和压力，取代传统的用挡板和阀门调节的方法，平均可节电30%左右。

2.1.3 作为定额一部分的额定输出功率（简称额定功率）是以工作制为基准的。不同工作制的机械应选用相应定额的电动机。根据现行国家标准《旋转电机定额和性能》GB 755中的定义，“定额”是“一组额定值和运行条件”，“工作制”是“电机承受的一系列负载情况的说明，包括起动、电制动、空载、停机和断能及其持续时间和先后顺序等”。

电动机的工作制分为10类：连续工作制——S1；短时工作制——S2；断续周期工作制——S3；包括起动的断续周期工作制——S4；包括电制动的断续周期工作制——S5；连续周期工作制——S6；包括电制动的连续周期工作制——S7；包括负载-转速相应变化的连续周期工作制——S8；负载和转速做非周期变化的工作制——S9；离散恒定负载工作制——S10。

按此分类，连续工作制（S1）为恒定负载（运行时间足以达到热稳定）；连续周期工作制（包括S6～S8）则为可变负载。

电动机的定额分为6类：连续工作制定额（S1）；短时工作制定额（S2）——持续运行时间为10min、30min、60min或90min；周期工作制定额（S3～S8）——负载持续率为15%、25%、40%或60%，工作周期的持续时间为10min；非周期定额（S9）；离散恒定负载工作制定额（S10）；等效负载定额（应标志为“equ”）——制造厂为试验目的而规定的定额，与S3～S10工作制之一等效。

2.1.4 直流电动机的电压主要由功率决定。交流电动机的电压选择涉及电机本身和配电系统两个方面。一般情况下，中小型电动机为380V或660V，大中型电动机为10kV。对恒速负载，功率大于200kW的电动机其额定电压宜选10kV。对变速负载宜采用变频调速，功率在200kW～1500kW的电动机其额定电压宜选660V。

将现行的380V电压升为660V电压，可增加输电距离，提高输电能力；可减少变压器数量，简化工厂配电系统，提高供电可靠性；可缩小电缆截面，节省有色金属；可降低功率损耗及短路电流值，并扩大异步电动机的制造容量等，因而是有效的节电手段之一。提高配电电压，这在世界各国已成为发展趋势。在我国，660V等级电压在矿井中广泛使用，并已列入了国家标准《标准电压》GB/T 156。

2.1.5 本条对电动机防护形式问题只作了原则规定，关于爆炸和火灾危险、化工腐蚀等特殊环境条件，另有专用规范。

2.1.6 关于电动机的结构及安装形式，详见现行国家标准《旋转电机结构型式、安装型式及接线盒位置的分类（IM代码）》GB/T 997。

2.2 电动机的起动

2.2.1、2.2.2 电动机起动对系统各点电压的影响，包括对其他用电设备和对电动机本身两个方面。第一方面：应保证电动机起动时不妨碍其他用电设备的工作。为此，理论上应校验其他用电设备端子的电压，但在实践上极不方便，故在工程设计中采取校验流过电动机起动电流的各级配电母线的电压，其容许值则视母线所接的负荷性质而定。这方面的要求列入了第2.2.2条的第1款和第2款。第二方面：应保证电动机的起动转矩满足其所拖动的机械的要求。为此，在必要时，应校验电动机端子的电压。这方面的要求反映在第2.2.2条的第3款中。

1 第2.2.2条第1款适用于母线接有照明或其他对电压较敏感的负荷时的情况。至于对电压质量有特殊要求的用电设备，应对其电源采取专门措施，如为大中型电子计算机配置UPS或CVCF，这已超出本规范的内容。母线电压不宜低于额定电压的90%（频繁起动时）或85%（不频繁起动时），是沿用多年的数据并被广泛采用。所谓“频繁”是指每小时起动数十次以致数百次。

2 母线电压不低于额定值的80%的条件，是参照《火力发电厂厂用电设计技术规定》DL/T 5153和许多部门的实际经验而列入的。第2.2.2条第2款适用于3kV～10kV、1140V和660V电动机，以及不与照明和其他对电压较敏感的负荷合用配电变压器或共用配电线路的情况。

3 配电母线上未接其他负荷时，保证电动机的起动转矩是唯一的条件。不同机械所要求的起动转矩相差悬殊；不同类型电动机起动转矩与端子电压的关系亦不相同。因此，不可能规定电动机端子电压的下限。各类机械要求的起动转矩数据可在有关的手册、资料中得到。

最后还应指出，仅在电动机功率达到电源容量的一定比例（如20%或30%）或配电线路很长时，才需要校验配电母线的电压，而不必对各个系统的各级母线进行校验。同样，仅在电动机末端线路很长且重载起动时，才需要校验起动转矩；需考虑接触器释放电压的情况很少遇到。

2.2.3 本条的重点是正确选择全压起动或降压起动。第1款所列的全压起动条件是充分条件，必须全部满足。某些构造特殊的电动机，如铸钢转子笼型电动机，当其全压起动时，转子表面可能过热，在这类情况下，应按制造厂规定的方式起动。

当不符合全压起动的条件时应优先采用降压起动方式，包括切换绕组接线、串接阻抗、自耦变压器、软起动装置起动等。应该指出，除降压起动外，还可能采用其他适当的起动方式。如某些机械带有盘车用的小电动机可以利用，某些变流机组可利用其直流发电机作为直流电动机来起动，某些有调速要求的电动机可利用调速装置来起动。

2.2.4 绕线转子电动机采用频敏变阻器起动，具有接线简单、起动平滑、成本较低、维护方便等优点，应优先选用；但在某些情况下尚不能取代电阻器，特别是在需要调速范围不宽的场合。绕线转子电动机可接电阻器，既用于起动也用于调速。

根据现行行业标准《YZR系列起重及冶金用绕线转子三相异步电动机　技术条件》JB/T 10105的规定：“电动机起动时，转子必须串入附加电阻或电抗，以限制起动电流的平均值不超过各工作制的额定电流的2倍”。对有具体型号及规格的电动机，可按制造厂的资料确定起动电流的限值。

2.2.5 直流电动机起动电流不仅受机械的调速要求和温升的制约，而且受换向器火花的限制。根据现行国家标准《旋转电机　定额和性能》GB 755的规定，一般用途的直流电机在偶然过电流或短时过转矩时，火花应不超过两级。直流电机和交流换向器电动机的偶然过电流为1.5倍额定电流，历时不小于1min（大型电机经协议可缩短为30s）。上述数据偏于安全，尤其是小型直流电机可能容许较高的偶然过电流。对有具体型号及规格的电动机，可按制造厂的资料或实际经验确定最大允许电流。

2.3 低压电动机的保护

2.3.1 条文中有关低压线路保护和电气安全的名词定义详见现行国家标准《电气安全术语》GB/T 4776和《低压配电设计规范》GB 50054的规定。短路故障和接地故障的保护是交流电动机必须设置的保护，故本条为强制性条文。

2.3.2 交流电动机的过载保护、断相保护和低电压保护以及同步电动机的失步保护等需根据电动机的具体用途确定是否设置。

2.3.3 本条为相间短路保护（简称短路保护），相对地短路划归为接地故障的保护。

数台电动机共用一套短路保护属于特殊情况，应从严掌握。总计算电流不超过20A是根据电动机的使用性质和重要性而确定的，节约投资，实践证明是可行的。

2.3.4 IEC标准IEC 60364—4《建筑物电气装置》第473.3.1条中规定，短路保护器件应在不接地的相线上装设。当短路保护兼作接地故障保护时，这是必要的。每相上装设过电流脱扣器或继电器能提高灵敏度，随着科技的发展，电流脱扣器、电流互感器和继电器的制造成本降低，每相上装设是合适的。考虑到某些场合，如装有专门的接地故障保护或在 IT 系统中，可能出现只在两相上装设的情况，本条保留了原规范的基本内容，但明确其条件是不兼作接地故障的保护。

2.3.5 防止短路保护器在电动机起动过程中误动作，包括正确选择保护电器的使用类别和电流规格，特予并列，以防偏废。

1 我国熔断器和低压断路器标准中均已列入了保护电动机型。低压熔断器的分断范围和使用类别用两个字母表示。第一个字母表示分断范围（g——全范围分断能力熔断体，a——部分范围分断能力熔断体），第二个字母表示使用类别（G——一般用途熔断体，M——保护电动机回路的熔断体）。如“gM”即为全范围分断的电动机回路中用的熔断体。

2 由于我国熔断器品种繁多，各种熔断器的安秒特性曲线差别很大，故难以给出统一的系数。时至今日，熔断器标准已靠拢 IEC 标准，产品的种类多，计算系数过多就失去优点，故直接查曲线或在手册中给出具体的查选表格比较便于操作。如《工业与民用配电设计手册》列出了不同规格的熔断体在轻载和重载起动下的容许电流。这种做法造表虽繁琐，但使用方便，建议推广。

3 采用瞬动过电流脱扣器或过电流继电器的瞬动元件时，应考虑电动机起动电流非周期分量的影响。非周期分量的大小和持续时间取决于电路中电抗与电阻的比值和合闸瞬间的相位。根据对电动机直接起动电流的测试结果，起动电流非周期分量主要出现在第一半波，第二、三周波即明显衰减，其后则微乎其微。电动机起动电流第一半波的有效值通常不超过其周期分量有效值的 2 倍，个别可达 2.3 倍。由于瞬动过电流脱扣器或过电流瞬动元件动作与断路器的固有分段时间无关，故其整定电流应躲过电动机起动电流第一半波的有效值。瞬动过电流脱扣器或电流继电器瞬动元件的整定电流应取电动机起动电流周期分量最大有效值的 2 倍～2.5 倍。

2.3.6 关于 TN、TT 和 IT 系统中间接接触防护的具体要求，已列入现行国家标准《低压配电设计规范》GB 50054 中，本条不再重复。条文中将原“接地故障保护”改为“接地故障的保护”，以便于与现行国家标准《低压配电设计规范》GB 50054 及有关标准相对应。

2.3.7 本条中的过载保护用来防止电动机因过热而造成的损坏，不同于现行国家标准《低压配电设计规范》GB 50054 中的线路过负荷保护。

1 过载时导致电动机损坏的主要原因是过载引起的温升过高，除危及绝缘外，还使定子和转子电阻增加，导致损耗和转矩改变；由于定子和转子发热不同而使气隙减少，导致运行可靠性降低甚至“扫堂”，大部分的电动机故障都是由过载产生的过热所致。当然，以上所称“过载”是广义的，即包括机械过载、断相运行、电压过低、频率升高、散热不良、环境温度过高等各种因素。但无论如何，过载保护的必要性是肯定的。因此，电动机，包括不易机械过载的连续运行的电动机，应尽可能装设过载保护。此外，某些场合下断电的后果比过载运行更严重，如没有备用机组的消防水泵，应在过载情况下坚持工作。

2 目前常用的过载保护器件用于短时工作或断续周期工作的电动机时，整定困难，效果不好。条文规定上述电动机可不装设过载保护，是为了考虑现实情况。如有运行经验或采用其他适用的保护时，仍宜装设。

2.3.8 每相上装设过载保护器件能提高灵敏度，反映各相电流的真实情况，易于实现保护。目前交流电动机过载保护器件最普遍应用的是热继电器和过载脱扣器（即长延时脱扣器）。较大的重要电动机亦采用电流继电器，通常为反时限继电器，用于保护电动机堵转的过载保护时，可为定时限继电器，其延时应躲过电动机的正常起动时间。

常用的过载保护器件简单、价廉，但也难免存在缺点。如热继电器的双金属片与电动机的发热特性不同，导致过载范围内动作不均匀；过电流保护在低过载数倍下的动作时间明显低于电动机的允许时间，使整定困难。目前，国内有许多厂家生产的专用电机保护器采样电机定子电流，经运算与设定的保护曲线比较，具有定时限和反时限功能，能较真实地模拟电机运行情况，保护效果明显，可以使用。以上两者均只反映定子电流，对其他原因引起的过热不能保护。因此，直接反映绕组过热的温度保护（如 PTC 热敏电阻保护）及其改进型温度-电流保护是比较合理的。为适应电动机的保护设备的迅速发展，条文中列入了温度保护或其他适当的保护。

2.3.9 本条规定了选择过载保护器件的一般要求。此外，某些起动时间长的电动机在起动过程的一定时限内解除过载保护，防止保护器件误动作，同时对正常运行的电机进行了保护。实践证明行之有效。

2.3.10 在过载烧毁的电动机中，断相故障所占比例很大，根据参考资料，在美国和日本约占 12%，在前苏联约占 30%；而在我国则明显超过以上数字。这与断相保护不完善有直接关系，致使因断相运行每年烧毁大批电动机，已引起多方面人士的关注。基于上述情况，并考虑到电器制造水平的发展，本规范对断相保护作出了较严的规定。

关于用低压断路器保护的电动机，本条规定宜装设断相保护。据发生断相故障的 181 台小型电动机的统计，因熔断器一相熔断或接触不良的占 75%，因刀开关或接触器一相接触不良的占11%，因电动机定子绕组或引线端子松开的占14%。由此可见，除熔断器外，其他原因约占25%，仍不容忽视。

电动机断相运行时，电流会出现过载，用熔断器作保护时，需热效应将每相熔断器逐一熔断，反应迟缓，故要另外装设断相保护。对断路器而言，过载保护动作后，将切断三相电源，比熔断器效果好。

2.3.11 短时工作或断续周期工作的电动机经常处于起动和制动状态，电流变化较大。保护元件难以准确判断，容易误动作。因此可不设断相保护。

2.3.12 交流电动机装设低电压保护是为了限制自起动，而不是保护电动机本身。当系统电压降到一定程度，电动机将疲倒、堵转，这个数值可称为临界电压，并与电动机类型和负载大小有关。低电压保护的动作电压均接近临界电压（欠压保护）或低于临界电压（失压保护）。在系统电压降到低电压保护的动作电压之前，电动机早已因电流增加而过载。低电压保护可归纳为两类：为保证人身和设备安全，防止电动机自起动（包括短延时和长延时）；为保证重要电动机能自起动，切除足够数量的次要电动机（瞬时）。

为配合自动重合闸和备用电源自投的时限，与继电保护规程协调一致，短延时低电压保护的时限为0.5s～1.5s。考虑到某些机械（如透平式压气机）的停机时间较长，长延时低电压保护的时限为9s～20s，为了适用不同情况，本规范未给定低电压保护的时限具体数值，而是根据工艺要求确定。

2.3.13 按有关规范间的分工和本节的适用范围，本条仅涉及低压同步电动机。低压同步电动机在某些场合仍有应用价值，因此条文中作了原则规定。以前低压同步电动机都采用定子回路的过载保护兼作失步保护，随着电力电子技术的发展，在转子回路中装设失步保护或失步再整步装置等是可行的，因此，条文中列入了这些内容。此外，当同步电动机由专用变频设备供电时，特别是具有转速自适应功能时，失步情况与由电力系统供电时不同，可另行处理。

2.3.14 直流电动机的使用情况差别很大，其保护方式与拖动方式密切相关，规范中只能作一般性规定。条文中“并根据需要装设过载保护”，这里的“过载保护”亦包括保护电动机堵转的过载保护。

2.3.15 电动机综合保护器目前国内已有许多生产厂能够生产，可实现多种保护功能，其内部的微处理器能用复杂的算法编制程序，精确地描述实际电动机对正常和不正常情况的相应曲线，能保护多种起因的电动机故障，并有许多监控功能。

2.3.16 旋转电机励磁回路额定电流一般较小，过载能力强，且励磁回路一旦断电，容易造成“飞车”现象，导致出现更大的危害。

2.4 低压交流电动机的主回路

2.4.1 本条为新增内容，规定了电动机主回路的组成，其中有关术语参见现行国家标准《电气安全术语》GB/T 4776和《低压配电设计规范》GB 50054。

2.4.2 隔离是保证安全的重要措施，规范中应予以明确规定。

1 考虑到我国常用配电箱、柜的产品现状和实际运行经验，本款对数台电动机共用一套隔离电器的问题作了灵活规定。

2、3 现行国家标准《建筑物电气装置 第5部分：电气设备的选择和安装 第53章：开关设备和控制设备》GB 16895.4第537.2条规定：隔离电气在断开位置时，其触头之间或其他隔离手段之间，应保证一定的隔离距离；隔离距离必须是看得见的，或明显地并可靠地用“开”或“断”标志指示；这种指示只有在电器每个极的断开触头之间的隔离距离已经达到时才出现。半导体电器严禁用作隔离电器。在现行的国家低压电器标准中，已列入了低压空气式开关、隔离开关、隔离器、熔断器组合电器等隔离电器；低压断路器标准中亦列入了隔离型。

按IEC标准，“手握式设备”是在正常使用时要用手握住的移动式设备；“移动式设备”是在工作时移动的设备，或在接有电源时容易从一处移至另一处的设备。请注意，没有搬运把手且重量又使人难以移动的设备（规定这一重量为18kg）应归入固定式设备。

4 按IEC标准的规定，无载开断的隔离电器应装设在能防止无关人员接近的地点或外护物内，或者能加锁。

2.4.3 根据我国接触器和起动器的制造标准（等效采用IEC相应标准），起动器的定义是“起动和停止电动机所需要的所有开关电器与适当的过载保护电器相结合的组合电器”；过载保护电器附在起动器标准中，不再单列一项标准。接触器和起动器（包括过载保护电器）与短路保护电器（以下简称SCPD）的协调配合是上述标准中的一项重要规定，其要点如下：

1 接触器和起动器制造厂应成套供应或推荐一种适用的SCPD，以保证协调配合的要求。

2 过载保护电器与SCPD之间应有选择性：在两条时间-电流特性平均曲线交点所对应的电流以下，SCPD不应动作，而过载保护电器应动作，使起动器断开，起动器应无损坏。在上述电流以上，SCPD应在过载保护电器动作之前动作，起动器应满足制造厂规定的协调配合类型的条件。

3 允许有两种协调配合类型：“1型”协调配合——要求接触器或起动器在短路条件下不应对人或周围造成危害，应能在修理或更换零件后继续使用。“2型”协调配合——要求接触器或起动器在短路条件下不应对人或周围造成危害，且应能继续使用，但允许有容易分离的触头熔焊。

4 上述协调配合的要求，由接触器或起动器制造厂通过试验验证。

2.4.4 本条中的控制电器是指电动机的起动器、接触器及其他开关电器，而不是"控制电路电器"。

根据起动器与短路保护电器协调配合的要求，堵转电流及以下的所有电流应由起动器分断。

原规范"当符合控制和保护要求时，3kW及以下的电动机可采用封闭式负荷开关（铁壳开关）"易被理解为只有3kW及以下的电动机方能采用负荷开关。其实根据现行国家标准《低压开关设备和控制设备 第3部分：开关、隔离器、隔离开关以及熔断器组合电器》GB 14048.3使用类别为AC-2～AC-4的隔离开关，在相应类别范围内可用作直接通断单台电动机。AC-23可偶尔通断单台电动机。

（机械）开关——是在正常电路条件下（包括规定的过载工作条件），能接通、承载和分断电流，并在规定的非正常电路条件下（如短路），能在规定时间内承载电流的一种机械开关电器。也就是说只要是开关就应该能接通、承载和分断电流，只是根据其使用类别不同，接通、承载和分断电流性质、能力、大小不一样。

开关按使用类别、人力操作电器的方式、隔离的适用性进行了分类，并未分出负荷开关这一类别。详见现行国家标准《低压开关设备和控制设备 第3部分：开关、隔离器、隔离开关以及熔断器组合电器》GB 14048.3。

2.4.5 导线和电缆（以下简称导线）在连续负载、断续负载和短时负载下的载流量可以参照相关的国家标准，本规范不再列入：

1 导线与电动机相比，发热时间常数和过载能力较小。选择导线时宜考虑这一因素，使导线留有适当的裕量。

断续周期工作制的电动机可有多种工作制，电动机的额定功率通常按基准工作制标称，其他工作制的功率按基准工作制时额定功率的实际温升确定，由制造厂在产品样本中给出。

2 接单台的电设备的末端线路可不按过载保护进行校验，理由如下：首先，设备的额定功率是按可能出现的最繁重的工作制确定；其次，不允许在这种线路上另接负荷；此外，电动机的过载保护对导线亦起作用。上述说明不适用于向日用电器配电的末端线路，参见本规范第8.0.1条和第8.0.2条。

关于校验导线在短路条件下热稳定的要求，末端线路应与配电线路区别对待。

3 本规范规定以起动静阻转矩是否超过额定转矩的50%为界，划分了轻载与重载，使条文更加明确。

2.5 低压交流电动机的控制回路

2.5.1 控制回路上装设隔离电器和短路保护电器是必要的，通常亦这样做了。有的控制回路很简单，如仅有磁力起动器和控制按钮，可灵活处理。有的设备（如消防泵）的控制回路断电可能造成严重后果，是否另装短路保护，各有利弊，应根据具体情况（如有无备用泵，各泵控制回路是否独立，保护器件的可靠性等）决定取舍。

这里所说的"隔离电器和短路保护电器"，既可以是两种电器，亦可以是具有隔离作用和短路保护作用的一种电器，如隔离开关熔断器和具有隔离功能的断路器，一种电器具有隔离和短路保护两种作用。

2.5.2 控制回路的可靠性问题易被忽视，应列入规范以引起设计人员的重视。仍以消防泵为例，常见如下弊病：控制电源的可靠性低于主回路电源，多台工作泵和备用泵共用一路控制电源，各泵控制回路不能分割，一旦故障将同时停泵；延伸很长的消火栓控制按钮线路直接连到接触器线圈，任一处故障将使手动就地控制亦不可能，等等。显然，这类问题可能导致严重后果。例如，某指挥所计算机用的三台中频机组共用一路220V控制线，曾因系统电压短时降低而全部停机，备用机组未能发挥作用。在保证控制回路可靠性方面，发电厂和变电所二次回路中有很多行之有效的做法，值得借鉴。

TN或TT系统中的控制回路发生接地故障时，保护或控制接点可被大地短接，使控制失灵或线圈通电，造成电动机不能停车或意外起动。当控制回路接线复杂，线路很长，特别是在恶劣环境中装有较多的行程开关和连锁接点时，这个问题更加突出。

采用正确的结线方式，能够避免上述问题。如图1所示，结线Ⅰ是正确的：当a、b、c任何一点接地时，控制接点均不被短接，甚至a和b两点同时接地时亦将因熔断器熔断而停车。结线Ⅱ是错误的：当e点接地时，控制接点被短接，运行中的电动机将不能停车，不工作的电动机将意外起动，这种接法不应采用。结线Ⅲ是有问题的：当h点接地时，仅L3上的熔断器熔断，线圈接于相电压下，通电的接触器不能可靠释放，不通电的则不排除吸合的可能，从而有可能造成电动机不能停车或意外起动，这种做法只能用于极简单的控制回路（如磁力起动器中）。

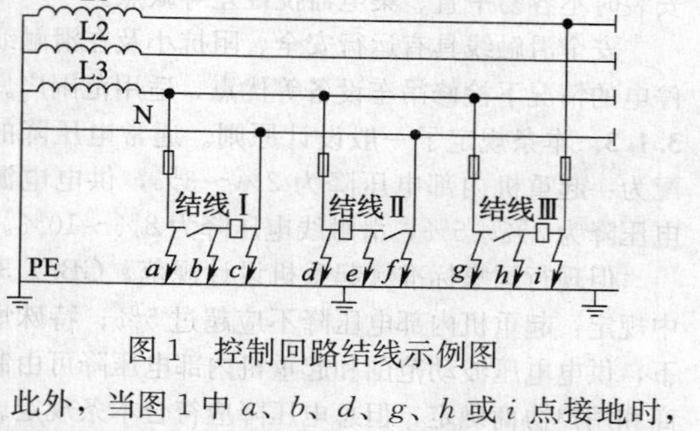

图1 控制回路结线示例图

此外，当图1中a、b、d、g、h或i点接地时，相应的熔断器熔断，电动机将被迫（a、b、d点）或可能（g、h、i点）停止工作。

为提高控制回路的可靠性，可在控制回路中装设隔离变压器。二次侧采用不接地系统，不仅可避免电动机意外起动或不能停车，而且任何一点接地时电动机能继续坚持工作。

直流控制电源如为中性点或一极接地系统，当控制回路发生接地故障时的情况可按以上分析类推。因此，最好采用不接地系统，并应装设绝缘监视装置，但为了节能和减少接触器噪声而采用整流电源时，可不受此限制。

2.5.3 本条是保证设备操作运行安全的基本要求。设计中尚应根据具体情况，采取各种必要的措施。此外，电动机尚应根据现行国家标准装设必要的测量仪表，本规范不予重复。

2.5.4 本条是在设备检修或运行中保证人身安全的基本规定，必须引起重视。据了解，在检修电动机设备或机械时，远方误起动而致维修人员伤亡的事故时有发生。

2.5.5、2.5.6 这两条是参照IEC标准IEC 60364—4《建筑物电气装置》第465.3.2条、第465.3.3条的要求而增加的，是保证人身和设备安全的最基本规定。这两条为强制性条文，必须严格执行。

3 起重运输设备

3.1 起 重 机

3.1.1 目前我国起重机的供电方式通常有滑触线供电形式和软电缆供电形式。

滑触线供电形式：有固定式铜质、钢质和安全滑触线等。

软电缆供电形式：有悬挂式软电缆和卷筒式软电缆等。

铜质刚性滑触线具有载流量大、重量轻、导电率高、电能损耗小、压降小、安装维护方便等优点，适用于大吨位吊车、高温环境场合。

钢质滑触线具有制作简单、容易上马等优点，但存在导电率低、相间距离大、阻抗大、电压损失大、安装时不容易平直、集电器挠性差等缺点。

安全滑触线具有运行安全、阻抗小及在滑触线不停电的情况下检修吊车设备等优点，适用范围广。

3.1.3 本条规定了一般设计原则。通常电压降的分配为：起重机内部电压降为2%～3%，供电电源线电压降为3%～5%，滑触线电压降为8%～10%。

但现行国家标准《起重机设计规范》GB/T 3811中规定：起重机内部电压降不应超过5%；特殊情况下，供电电压波动范围和起重机内部电压降可由制造商和用户协商确定，但总电压降应符合本条规定。

在确定滑触线电压降时，所采用的计算长度应为自供电点至滑触线最远一端。

3.1.4 原规范为五款措施，现增加了第6款“提高供电电压等级”。对于大吨位起重机可由用户和制造商协商确定提高起重机电动机电压，这样可减少电压降。

3.1.5 钢质滑触线过长，由于温度变化所造成的应力集中和建筑变形等原因会造成滑触线变形、断裂等故障。因此，需装设膨胀补偿装置，它与滑触线的材质、截面大小有关。

因为各制造厂生产的绝缘式安全滑触线和铜质刚性滑触线的结构和导电材质都不相同，故安全滑触线和铜质刚性滑触线装设膨胀补偿装置的要求应根据其制造厂提供的产品技术参数确定。

3.1.6 本条规定的角钢滑触线截面的选择是符合实际使用情况的。但如吨位较大，角钢滑触线规格大于75mm×8mm时就不合适。因此，制定本条规定。

3.1.7 由同一变压器或同一高压电源供电符合并联运行条件的两台变压器供电，在分段处并联后不会造成熔断器或低压断路器动作。

当分段供电的两台变压器不符合并联运行条件或两台变压器高压侧不是同一电源时，起重机集电器经过分段处，将使两个分段的供电电源并联运行，由于电压差而造成较大的均衡电流，可能造成保护电器动作，为避免这种误动作，保证系统的正常运行，间隙应大于集电器滑块的宽度。

3.1.8、3.1.9 起重机上的某些部件，如集电器装置、驾驶室电源总开关、大轮旁齿轮箱、大车行走轮等，检修时要求滑触线不带电。因此，需设置检修段来保证这一点。从严格执行检修制度来说，设置检修段对起重机的维护工作是有利的。在一些以起重机为主要生产设备连续生产的车间内，由于不可能利用假日或二、三班的时间检修，而生产要求又不允许全部起重机停止工作时，设置检修段就显得更有必要了。

固定式铜质刚性滑触线和钢质滑触线的工作段与检修段之间设绝缘间隙及隔离电器，在起重机不进行检修时，此隔离电器合上，检修段作为延续的工作段使用，当起重机需要检修时，驶入检修段，然后将该隔离电器切断，检修段即停电，安全进行检修。检修段的隔离电器一般安装在吊车走台上便于操作的地方。

检修段的长度及工作段之间的绝缘间隙的规定，主要是从安全及运行可靠的角度考虑的。

对安全滑触线，若起重机上的集电器可以与滑触线脱开时，因滑触线有绝缘外罩，能保证检修安全，故可以不设置检修段。

3.1.10 本条对起重机的滑触线形式与安装位置作了规定。固定式裸滑触线设于驾驶室对侧，是防止驾驶人员上下平台及扶梯时发生触电事故，主要是从安全角度考虑的。但在某些情况下，如对侧有电弧炉、冲天炉、炼钢炉等高温设备时，滑触线就应布置于驾驶室同侧，此时对人员上下容易触及的裸滑触线段应采取防护措施。

有少数情况，裸滑触线装在屋架下弦，人员上下平台及扶梯时触及不到，则不需考虑此问题。

对驾驶室设在起重机中部的情况，裸滑触线则宜装在驾驶人员上下的梯子平台对侧。

3.1.11 本条主要从安全出发，并根据1kV以下裸导体对地安全距离而制定。室外汽车通道处，车辆进出频繁，并考虑汽车上装货允许最高高度为4.8m，再考虑一定的裕度或者车上有人等因素，因此，裸滑触线距离地面的高度不应低于6m。当不能满足要求时，应采取防护措施。

3.1.12 在固定式裸滑触线上装设灯光信号，便于生产和维护人员知道滑触线上是否有电。对于安全滑触线，装设灯光信号是为了便于观察滑触线的供电是否正常。

3.1.13 起重机的滑触线上严禁连接与起重机无关的用电设备，是为了配电可靠和人员及设备安全，防止无关用电设备的故障而影响起重机用电，减少引起失压事故的几率，因此，本条为强制性条文，必须严格执行。

3.1.14 由于门式起重机一般都安装在露天，其用途、形式及生产环境都不相同，因此，需根据生产环境、移动范围、同一轨道上安装的台数、用电容量大小等情况综合考虑选择适当的配电方式。

3.1.16 现行国家标准《起重机设计规范》GB/T 3811中规定，交流起重机采用三根滑触线供电，保护接地通常利用起重机轨道。当有不导电灰尘沉积或其他原因造成车轮与轨道不可靠的电气连接时，宜增设一根接地用滑触线，即采用四根滑触线。

3.1.17 当起重机的小车行至固定式裸滑触线一端时，由于吊钩钢绳的摆动而有可能触及到滑触线，特别是在有双层及以上的起重机厂房中，上层起重机的吊钩钢绳很易碰到下层起重机的滑触线，故应在设计中采取防止意外触电的保护措施。当采用安全滑触线时，可不设置防止触电的措施。

采取的防护措施要根据具体情况而定，一般可在起重机大车滑触线端梁下设置防护板。如有多层布置的滑触线时，在下面的各层滑触线上应沿全长设置防护措施。

3.2 胶带输送机运输线

3.2.1 主回路和控制回路要求同时得电、失电，否则，当控制回路电源有电，主回路电源失电又恢复供电时，将引起自起动，易发生事故，所以应有连锁装置。

3.2.5 连锁的胶带运输线有多种起动、停止方式，其方式的选择应符合工艺要求和运行需求。

3.2.6 解除连锁实现机旁控制，是为了单机调试和检修。

3.2.7 运输线的控制方式要根据工艺要求确定。胶带运输线采用可编程序控制器或计算机控制后，能按工艺要求实现全线自动化。

3.2.9 根据冶金、机械不同企业的具体情况，为了防止发生人身、设备事故，提出几点常用措施：

1 连锁起动预告一般采用音响信号（如电笛、电铃、喇叭）。如胶带运输线长，则就地设有值班人员，经检查后分别起动或用电话、灯光信号通知控制人员起动。

2 设置事故信号可帮助操作、维修人员及时发现故障，及时处理故障，避免事故扩大。

3 就地控制箱（屏、台）的地点一般选择在机组较集中的场合，并有专人负责，事故断电开关装在控制箱（台）上，使用维修比较方便，工作比较可靠。

4 胶带运输线比较长，宜在其巡视通道装设事故断电开关或自锁式按钮，以便巡视人员发现故障时能及时切除，防止故障扩大。

按钮采用自锁式主要是用于事故切断后，从安全考虑，在事故未解除前不允许别的地方进行操作。现行国家标准《建筑物电气装置　第5部分：电气设备的选择和安装　第53章：开关设备和控制设备》GB 16895.4第537.4条规定：“除非紧急开关用的操作器件和重新通电用的操作器件，二者是由同一个人控制，否则紧急开关电器的操作器件应能自锁住或被限位在‘断’或‘停’的位置。”

3.2.10 有专人值班的控制室（或控制点）与经常联系场所用电话联络，或采用对讲设备，能迅速说明情况，便于及时处理现场生产。

3.2.11 本条为一般设计原则。采用可编程序控制器或计算机进行控制的胶带运输线，宜设人机界面操作终端，显示生产工艺过程信息。

3.2.12 控制室的位置往往受工艺布置的限制，选择位置时，应考虑到条文中所述的几个方面，这是从生产和实践中总结出来的。

3.2.13 胶带卸料小车及移动式配合胶带输送机一般容量不大，速度较慢，每次移动距离较小，工作地点粉尘或潮湿比较严重，此时采用悬挂式软电缆供电具有装置简单、可靠、安装方便的优点，不受粉尘影响，因此，宜首先采用。软电缆采用工字钢滚轮悬挂，尤其是采用带滚珠轴承的双滚轮结构，滑动轻巧、灵活，没有卡住及拉断电缆的现象。

3.2.14 因原料场散料易撒在轨道上，积灰太多而造成轨道与车轮接触不良，因此，采用移动电缆的第四根芯线作接地线。

3.3 电梯和自动扶梯

3.3.3 电梯的电气设备包括信号、控制和拖动主机几大部件。近年来由于电子技术、计算机技术的飞速发展，大功率半导体器件、集成电路器件的性能稳定、可靠，使电梯技术有了很大提高。

1 控制技术。由简单的人控、自控发展到用电子计算机的集控、群控，利用计算机的分析、判别功能使电梯的运行达到高效，从而节省了大量的电能。

2 拖动技术。由于拖动方式很多，近期发展又特别快，所以市场上可见的有许多种形式：

1）交流电梯。方式有：交流双速电机变极数调速，串电阻起动、制动；交流双速电机变极数调速，能耗制动；交流双速电机变极数调速，涡流制动；交流电动机变频调速。

2）直流电梯。方式有:电动发电机组供电，晶闸管励磁调速;直流电源供电调压调速。

对于不同的梯速和运行状态，控制方式和拖动方式应选择恰当，尤其要重视节电性能，因为在长期运行中其效果是相当明显的。

3.3.4 应按电梯的设备容量向电梯供电。电梯的设备容量应为电梯的电动机额定功率加上其他附属电器之和。

交流电梯的电动机功率应为交直流变流器的交流额定输入功率。

此外，要特别提出的是：交流电梯和直流电梯的铭牌额定功率各不相同。如交流电梯是指其曳引机功率，而由直流发电机供电的直流电梯是指拖动直流发电机的交流电动机功率。

3.3.5 本条是结合原规范第3.3.6条以及《电梯工程施工质量验收规范》GB 50310有关电梯动力主电源与电梯附属用电设备电源的关系增补的相应条文内容。

电梯的照明是稳定乘客心理情绪的重要措施，不容忽视。

3.3.6 电梯的电源线路敷设在井道中是不安全的。不敷设在井道中，既可防止井道火灾危及电源线路，又可防止电源线路产生火灾的可能性。

4 电焊机

4.0.1 手动弧焊变压器或弧焊整流器上，仅装有焊接电流的调节装置及指示器，操作及保护电器均由用户自配，故手动弧焊变压器或弧焊整流器的电源线应装设隔离电器、开关和短路保护电器。

这里所说的“隔离电器、开关和短路保护电器”既可以是三种电器，亦可以是两种电器，如具有隔离作用的能接通断开负载的电器和短路保护电器，或隔离电器和具有短路保护作用的能接通断开负载的电器；亦可以是具有隔离作用和短路保护作用的能接通断开负载的一种电器。

自动弧焊变压器、电渣焊机或电阻焊机带有成套的电控装置，故其电源线应装设隔离电器和短路保护电器。

4.0.5 电渣焊接主要用于重型设备和构件中的厚板焊接，这些构件的工作条件与受力情况往往较为恶劣复杂，所以要求焊接质量要好，焊缝最好一次形成。如果在施焊过程中电源突然中断，因此产生未焊透部分，修补是比较复杂的。电渣焊机的容量较大，在设计配电系统时，应尽量使电力变压器靠近些，并采用专用线路配电。

为减少电压波动，提高交流自动焊的焊接质量，必要时宜采用专线供电。

电阻焊机是一种断续工作的用电设备，大多数是单相的，负荷波动较大，影响同一条配电线路上的其他用电设备的正常工作。所以对容量较大的电阻焊机宜采用专用线路供电。

当单相或三相大容量电焊机和车间用电设备共用一台变压器供电时，往往互相影响，因此可由专用变压器供电。

4.0.7 本条的制定，主要是考虑节约电能，但当电力线路上接有晶闸管点焊机、直流冲击波点焊机时，应考虑谐波对补偿电容器的影响，并应采取相应对策。

5 电镀

5.0.1 直流发电机组作为电镀直流电源，运行可靠，使用寿命长，能供给较稳定的直流电流，而且过载能力比整流器大，但需要专业直流发电机室，直流输电线路长，电能损耗大，效率低。整流设备与直流发电机组比较，具有效率高、体积小、重量轻、寿命长、维修简单、无噪声等优点，且防腐型整流设备可直接放在镀槽旁，缩短了直流供电线路，方便电参数调节，既减少了电能损耗，亦节约了有色金属。

5.0.2 整流设备应按镀槽额定电压、额定电流选择，因为镀槽所需的电压视工艺规范、电解液成分和所取的电流密度不同而异。合理的电压数值能保证电解过程正常进行，而电流（或电流密度）大小会直接影响电镀的沉积过程。

可控硅整流设备的额定电压应大于并接近镀槽所需电压。因为控制角增大，交流成分随之增加，某些镀种电镀质量可能受影响。各种可控硅整流电路在不同控制角时，交流分量与直流分量的百分比（经电阻负载）见表1。

表1 可控硅整流电路交流分量与直流分量百分比（%）

控制角	整流电路			
	单相半波	单相全波及双半波	三相半波	三相全波
150°	387	264	8	208

续表1

控制角	整 流 电 路			
	单相半波	单相全波及双半波	三相半波	三相全波
120°	258	170	213	122
90°	202	124	124	75
60°	159	88	80	35.2
30°	133	61	41.3	17.3
0°	121	48	14	4.6

需冲击电流的镀槽，整流管、可控硅整流器容量按镀槽额定电压、冲击电流值和整流器允许过载能力来选择。整流设备的过载能力是指制造设备时的裕量及硅元件的过载能力（一般5s可过载2倍，5min可过载1.25倍）；而需冲击电流的镀槽，冲击电流持续时间均小于5min。当整流设备过载能力无资料可查时，可按镀槽电压、冲击电流值乘以系数0.8选择整流设备容量。

多槽（指2个及以上镀槽）共用的整流设备应按各槽额定电流之和乘以同时使用系数和负荷系数，一般可取0.8～0.9，但各行各业电镀情况不同，应根据具体情况确定。

一些镀种对整流波形尚有一定要求，为此，利用整流线路不同的结线方式获得不同的输出电流波形。如焦磷酸盐光亮镀铜可用单相半波、全波整流管或可控硅整流设备；无氰光亮镀铜可采用可控硅整流设备；焦磷酸盐镀铜合金可采用可控硅整流设备或单相半波整流设备或单相全波整流设备加间歇性电流装置；镀铬槽可采用整流管或可控硅双反星形带平衡电抗器整流设备或三相桥式整流设备。

5.0.3 根据制造厂提供的资料，采用饱和电抗器调压的整流管整流设备只能在额定负载的10%～13%以上时才能调压。本条考虑了各厂的生产要求不同，故规定为额定负载的30%以上使用饱和电抗器调压。若负载在额定电压的30%以下，就可能保证不了调压要求，负载电流亦调不下去。因此，在电流调节精度高，同时经常使用在额定负荷30%以下的低负荷镀槽，宜采用自耦调压器或感应调压器方式的整流管整流设备。

5.0.4 按照不同镀种采用相应数值的恒定镀槽电位是确保提高电镀质量的有效措施。可控硅整流设备附带电流密度自动控制环节在技术上可行，目前已有成品供应。在可控硅整流设备上附设恒电位仪产品已在国内几个厂试验运行达数年之久，操作工人反映，采用恒电位仪的可控硅整流设备后，再也不必按照镀件的数量、镀件面积大小频繁地观察表计来调节槽子的电流或电压，不仅减轻了操作强度，亦提高了镀件质量。

5.0.5 用整流设备作为电镀电源，实现一台整流设备供给一个镀槽，方便了操作者调节镀槽电流，满足了单个镀槽的特定工艺，提高了电镀质量，同样亦节约了有色金属和电能损耗。

每个镀槽电流不大，工艺上对电流控制没有严格要求时，亦可采用一台整流设备供给几个镀槽用电，以节省投资。

两个镀槽位置相近，电压相近，电流相差不大，可用一台整流设备供给两个不同时使用的镀槽。整流设备与镀槽中间增加倒换开关，这样对整流设备及电镀质量没有影响。

5.0.6 当一台整流设备向一个镀槽供电，且整流设备集中放置时，为便于操作和调节，应在镀槽附近设置电流调节装置、测量仪表和开停整流设备的控制按钮。

5.0.7 当一台整流设备向几个镀槽同时供电时，为避免相互影响或干扰，每个镀槽旁应设有电压表、电流表、电流调节装置，以便根据产品要求分别进行调节。为了操作方便，镀槽旁还可加装整流设备的控制按钮。

5.0.9 为了检修及运行安全，每台整流设备的供电线路，应装设隔离电器和短路保护电器。

5.0.11 电源间尽可能接近负荷中心是为了节省有色金属和降低电能损耗。电源间宜靠近外墙，为的是获得通风和采光的良好效果。电源间不应布置在镀槽、浴室、厕所等容易积水场所的正下方或与之贴邻，是出于安全的考虑。

为了电源间的安全，与电源间无关的管道不得通过。尤其是有腐蚀性气体的抽风系统管道不得穿过。

5.0.13 酸性溶液镀槽或碱性溶液镀槽在电镀过程中会散发出酸性或碱性蒸气和飞沫。酸对大多数金属及纤维质绝缘都起腐蚀作用，碱对铝和铝合金有腐蚀作用。所以本条规定了在电镀间内的电气设备、线路及金属支架等应采取防腐蚀措施。

6 蓄电池充电

6.0.1 充电电源传统的结构形式为单相或三相晶闸管相控整流电路，换代的技术为以全控型器件为核心的高频开关电路，成本、体积和重量都大大下降，而性能却有明显提高。目前的充电电源无论是相控整流式还是高频开关式，大都采用微处理器进行智能控制，并具备远程遥感、遥测和遥控接口，可以实现充电过程的自动控制，甚至可实现系统无人值守工作。

6.0.2 酸性蓄电池充电时排出的氢和氧的混合气体系爆炸性气体，随着气体带出部分电解液，将形成硫酸蒸气。为了人员健康、设备安全运行及不被腐蚀，整流器不宜放在充电间内，而宜设在单独的房间内。整流器室的门亦不宜直接开向充电间。

固定型阀控式密闭（免维护）铅酸蓄电池与碱性镉镍蓄电池在充放电过程中排出的电解液气体及氢、

氧气很少，故其充电用整流设备可装设在同一房间内。

6.0.3 为了防止酸性蓄电池放出的酸性蒸气和碱性蓄电池放出的碱性蒸气相互渗入蓄电池而使电解液产生中和效应，因此，酸性蓄电池与碱性蓄电池应严格分开在不同房间内充电及存放。

6.0.4 根据调查，蓄电池车的蓄电池充电时一般都是成组进行的，而且大部分单位都是将车开到充电间直接在车上进行充电。由于各车的运行情况不同，蓄电池的放电容量就不一样，如将各车容量不同的蓄电池串联一起，则充电过程中有的已充好，有的未充足。如同时结束充电，则未充足的蓄电池的寿命就会受到影响。故每辆车宜采用单独回路充电，并应能分别调节。

6.0.5、6.0.6 选择整流设备的输出电压，要按照蓄电池国家标准规定，酸性单体电池一般充电电压为2.4V，充电到最后2h可增加到2.5V；碱性蓄电池充电终止时一般电压为1.6V～1.75V。故选择的整流器电压应该比最终的充电电压要高，而且电压应能调节。所以第6.0.5条规定充电电压为蓄电池组电压的150%。整流设备的输出电流也要符合现行蓄电池国家标准的规定，这些标准主要有《牵引用铅酸蓄电池 第1部分：技术条件》GB/T 7403.1、《起动用铅酸蓄电池技术条件》GB/T 5008.1、《固定型阀控密封式铅酸蓄电池》GB/T 19638.2、《镉镍碱性蓄电池组》GB/T 9369等。

6.0.8 本条对充电间的设计要求作出了规定。

1、2 酸性蓄电池充电时排出的硫酸蒸气及飞沫对一般地面、墙壁、天花板及金属支架等均有腐蚀作用。因此，要对墙壁、天花板及金属支架等采取防酸措施。地面亦应能耐酸。为了便于经常冲洗地面，地坪应有适当的坡度及排水措施。

3 根据我国现行行业标准《电信专用房屋设计规范》YD/T 5003的规定：安装有防爆式酸式蓄电池的电池室，通风量不应小于每小时换气5次。参照上述规定，并考虑到蓄电池充电至后期时将产生较多的腐蚀性气体或氢气，所以本规范规定每小时通风换气次数不应小于8次。

5 为了防止电气线路受到腐蚀损伤导线，并使导线接点电阻增加而制定本款规定。

7 静电滤清器电源

7.0.1 静电滤清器（以下简称电滤器）电源在工作过程中各电场的供气状况不同，气体中不同的悬浮粒子、含量和气体参数均有差别，为保证气体除尘时有最高的效率，电滤器的每一个电场都需要有不同的供电参数（电晕电流和电晕电压值）。另外，电滤器在操作过程中气体参数还会发生变化，电晕电压和电流需随时进行调整。因此，从生产操作的观点出发，电滤器的每一个电场均以设置单独的供电设备为宜。否则，如用一台整流器对若干个电场供电时，供电参数通常是按操作条件最差的情况确定的，这样其余的电场则是在降低电压的情况下工作，电滤器没有充分利用。由于电滤器的造价比整流器要高得多（占总投资的85%～90%），所以为节省整流设备而使电滤器不能充分利用会造成更大浪费。当然，如果电场的条件差不多，供电参数相差不多，用一台整流设备供给多个电场亦是可以的。

7.0.2 高压整流设备要求安装在无导电尘埃、无腐蚀气体的环境中，所以户内式整流设备宜设在单独的房间内。每套整流设备的高压整流器、变压器和转换开关应装设在单独的隔间内，是为了保证运行维护时的安全和检修某一套整流设备时不影响其他整流设备的运行。整流隔间的金属网孔尺寸不应大于40mm×40mm是为了防止人手误入金属网内。隔间遮栏高度选定2.5m是考虑一般人员不能将手伸过隔间顶部。

7.0.3 户外式整流设备系封闭式，可以放在室外。而且，户外式整流设备的高压出线套管系水平式，可将套管直接伸入高压隔离开关箱再与电滤器端子箱相接，从而省去了高压电缆。因此，户外高压整流设备应装设在电滤器上。

7.0.4 一般交流35kV网络的内部过电压为4倍。据有关资料介绍，高压直流输电网络内部过电压仅在罕见的情况下有可能到2倍左右，而电滤器直流系统的内部过电压则要小得多，暂取1.5倍。所以直流40kV～80kV配电装置的设备绝缘不应低于工频35kV的绝缘等级。

7.0.5 户内式高压整流隔间门上装设断开电源的连锁装置，是为了防止工作人员误入高压整流隔间发生触电危险，故设置开门后即自动断开交流电源的电气连锁装置，以保证安全。

户外式整流器的断开电源连锁装置装在高压隔离开关的箱门上，当打开隔离开关箱门时则自动断开交流电源。

7.0.6 户内式整流设备的控制屏靠近整流隔间是为了便于操作监视，且有利于接线。整流设备套数较多时，比较好的办法是将控制屏与整流隔间各排成一列，面对面布置。这样布置比较紧凑，节省面积，走线方便。整流隔间与控制屏间的通道规定不宜小于2m，是考虑便于设备搬运及操作维护。

户外式整流设备的控制屏规定装在电滤器附近的房间内主要是为了管理方便，缩短电气线路。

7.0.7 采用负的电晕电极可以得到比正的电晕电极更高的火花击穿电压，这就可以使电滤器在更高的电压下工作，有较高的除尘效率。根据有关的资料介绍，对煤气用电滤器，当电晕电极接整流器的负极时，除尘效率可达99.9%，如与整流器正极相连，除尘效率只达70%。

由整流器负极接到电滤器电晕电极的线路均采用专用高压电缆，一般不再采用圆钢或钢管。采用高压电缆可保证运行安全。

选择高压电缆的截面主要考虑电缆强度，因为工作电流很小，为毫安（mA）级，而工作电压一般为40kV～70kV，如电缆截面小，则强度低，一旦断线则有危险电压，造成事故，现在通常采用95mm^2的专用电缆。

规定整流器的正极接到电滤器的收尘电极的连接线不应少于2根并予接地，是为了安全可靠。

通常不利用设备或金属结构本身来作为接地线，因为当设备或金属结构偶然损坏或检修时，有可能使接地回路断开。

8 室内日用电器

8.0.1 根据国家标准《电工术语 家用和类似用途电器》GB/T 2900.29，将家用和类似用途电器按用途分为11大类：制冷空调器具、清洁器具、厨房器具、通风器具、取暖熨烫器具、个人护理器具、商用饮食加工器具、保健器具、娱乐器具、花园园林器具、其他器具。本章适用于住宅建筑和公共建筑中的制冷空调器具、清洁器具、厨房器具、通风器具、取暖熨烫器具、个人护理器具、保健器具、娱乐器具和其他器具，统称为室内日用电器。

8.0.5 插头、插座及软线的计算负荷是设计的重要参数。条文中对未知使用设备的插座提出了每个出线口按100W计，该数据供确定计算电流用，并不表示插座只能供100W及以下的设备用电。

8.0.6 本条对各种场所的插座选择和安装要求作了规定。

1 原规范第8.0.7条第1款规定“该电压等级的插座不应被其他电压等级的插头插入”，目前国内尚无相应的生产标准，故而无法实行。对于自带变压器的110V插座，目前大多数采取面板上标明使用电压的方式。鉴于上述原因，并保持各规范间的衔接，将原条文修订为“选用非220V单相插座时，应采用面板上有明示使用电压的产品”。

5 对于潮湿、危险场所安装插座的特殊要求在现行国家标准《建筑物电气装置》GB 16895相应章节的安全区域划分中已作出了具体的规定。为保持各规范间的衔接，补充了本款内容。

6 随着带保护门的插座产品的成熟和普及，将原规范第8.0.7条第5款“在儿童专用的活动场所，应采用安全型插座”和第6款“住宅内插座，若安装高度距地1.8m及以上时，可采用一般型插座；低于1.8m时，应采用安全型插座”，统一修订为“应采用带保护门的插座”，是从产品的发展和人身安全要求考虑的。根据现行国家标准《家用和类似用途插头插座 第1部分：通用要求》GB 2099.1关于插座分类的规定，插座分为带保护门和不带保护门的插座，因此规范中将原来的“安全型插座”改为“带保护门的插座”。

中华人民共和国国家标准

35kV～110kV 变电站设计规范

Code for design of 35kV～110kV substation

GB 50059—2011

主编部门：中 国 电 力 企 业 联 合 会
批准部门：中华人民共和国住房和城乡建设部
施行日期：2 0 1 2 年 8 月 1 日

中华人民共和国住房和城乡建设部
公　　告

第1162号

关于发布国家标准
《35kV～110kV变电站设计规范》的公告

现批准《35kV～110kV变电站设计规范》为国家标准，编号为GB 50059—2011，自2012年8月1日起实施。其中，第3.1.3条为强制性条文，必须严格执行。原《35～110kV变电所设计规范》GB 50059—92同时废止。

本规范由我部标准定额研究所组织中国计划出版社出版发行。

中华人民共和国住房和城乡建设部

二〇一一年九月十六日

前　　言

本规范是根据原建设部《关于印发〈2004年工程建设国家标准制订、修订计划〉的通知》（建标〔2004〕67号）的要求，由华东电力设计院会同有关单位对原国家标准《35～110kV变电所设计规范》GB 50059—92进行修订而成。

本规范在修订过程中，修订组结合我国电力建设和工程设计的实际情况，进行了大量的调查研究，广泛征询了全国有关设计、管理、运行和建设单位的意见，吸取了国内、国外先进的设计思想和方法，最后经审查定稿。

本规范共分8章和3个附录。其主要内容：总则、站址选择和站区布置、电气部分、土建部分、消防、环境保护、劳动安全和职业卫生、节能。其中，除站址选择和站区布置、电气部分、土建部分等章节内容进行修订、补充外，新增内容有消防、环境保护、劳动安全与职业卫生、节能等。

本规范本次修订的内容为：

——取消“变电所”名称，改为“变电站”；

——对电气、土建的内容行了修编，章节进行了调整；

——补充了直流系统内容；

——补充了监控系统内容；

——补充了调度自动化内容；

——补充了给水与排水内容；

——补充了消防内容；

——增加了环境保护内容；

——增加了劳动安全与职业卫生内容；

——增加了节能内容。

本规范中以黑体字标志的条文为强制性条文，必须严格执行。

本规范由住房和城乡建设部负责管理和对强制性条文的解释，由中国电力企业联合会标准化中心负责具体管理，由华东电力设计院负责具体技术内容的解释。本规范在执行过程中，请各单位结合工程实践，认真总结经验，注意积累资料，随时将意见和建议反馈给华东电力设计院（地址：上海市武宁路409号，邮政编码：200063），以便今后修改时参考。

本规范主编单位、参编单位、主要起草人和主要审查人：

主编单位： 华东电力设计院
上海电力设计院有限公司

参编单位： 中冶京诚工程技术有限公司
中国石化集团南京设计院

主要起草人： 俞　正　王晓京　唐宏德　巢　琼
叶　军　王龙娣　朱　涛　王向平
魏　奕　刘爱勤　毛建勤　黄　平
汪　筝　陆庭龙　庄文柳　濮松夫
史锡才

主要审查人： 夏　泉　宗　明　秦建新　李一红
张桂娟　王　勇　王小平　司富轩
王靖满　孙靖宇

目 次

1 总则 …… 1—7—5
2 站址选择和站区布置 …… 1—7—5
3 电气部分 …… 1—7—5
3.1 主变压器 …… 1—7—5
3.2 电气主接线 …… 1—7—5
3.3 配电装置 …… 1—7—6
3.4 无功补偿 …… 1—7—6
3.5 过电压保护和接地设计 …… 1—7—6
3.6 站用电系统 …… 1—7—6
3.7 直流系统 …… 1—7—6
3.8 照明 …… 1—7—7
3.9 控制室电气二次布置 …… 1—7—7
3.10 监控及二次接线 …… 1—7—7
3.11 继电保护和自动装置 …… 1—7—7
3.12 调度自动化 …… 1—7—7
3.13 计量与测量 …… 1—7—7
3.14 通信 …… 1—7—7
3.15 电缆敷设 …… 1—7—8
4 土建部分 …… 1—7—8
4.1 一般规定 …… 1—7—8
4.2 荷载 …… 1—7—8
4.3 建筑物 …… 1—7—10
4.4 构筑物 …… 1—7—10
4.5 采暖、通风和空气调节 …… 1—7—10
4.6 给水与排水 …… 1—7—11
5 消防 …… 1—7—11
6 环境保护 …… 1—7—11
7 劳动安全和职业卫生 …… 1—7—12
8 节能 …… 1—7—12
附录A 挠度及裂缝的限值 …… 1—7—12
附录B 钢结构构件的长细比限值 …… 1—7—12
附录C 构架柱计算长度系数 …… 1—7—13
本规范用词说明 …… 1—7—14
引用标准名录 …… 1—7—14
附：条文说明 …… 1—7—15

Contents

1 General provisions ······ 1—7—5
2 Selection of the substation location and general plan ······ 1—7—5
3 Electrical part ······ 1—7—5
3.1 Main transformer ······ 1—7—5
3.2 Electrical circuit connection ······ 1—7—5
3.3 Electrical installation ······ 1—7—6
3.4 Reactive power compensation ······ 1—7—6
3.5 Overvoltage protection & grounding design ······ 1—7—6
3.6 AC station service ······ 1—7—6
3.7 DC station service ······ 1—7—6
3.8 Lighting ······ 1—7—7
3.9 Arrangement of control room ······ 1—7—7
3.10 Monitoring & control system and electrical secondary wiring ······ 1—7—7
3.11 Relaying protection and automatic device ······ 1—7—7
3.12 Dispatch automation ······ 1—7—7
3.13 Meter and measurement ······ 1—7—7
3.14 Communication ······ 1—7—7
3.15 Cable laying ······ 1—7—8
4 Civil works ······ 1—7—8
4.1 General requirement ······ 1—7—8
4.2 Loads ······ 1—7—8
4.3 Buildings ······ 1—7—10
4.4 Structures ······ 1—7—10
4.5 Heating, ventilation and air conditioning ······ 1—7—10
4.6 Water supply and drainage ······ 1—7—11
5 Fire protection ······ 1—7—11
6 Environmental protection ······ 1—7—11
7 Labour safety and occupational heath ······ 1—7—12
8 Energy saving ······ 1—7—12
Appendix A Deflection limitation ······ 1—7—12
Appendix B Slenderness Ratio of steel member ······ 1—7—12
Appendix C Effective length factor for columns ······ 1—7—13
Explanation of wording in this code ······ 1—7—14
List of quoted standards ······ 1—7—14
Addition: Explanation of provisions ······ 1—7—15

1 总　　则

1.0.1 为规范变电站设计，使变电站的设计符合国家的有关政策、法规，达到安全可靠、经济合理的要求，制定本规范。

1.0.2 本规范适用于电压35kV～110kV、单台变压器容量5000kV·A及以上的新建、扩建和改造工程的变电站设计。

1.0.3 变电站的设计应根据工程的5年～10年发展规划进行，做到远、近期结合，应以近期为主，正确处理近期建设与远期发展的关系，并应根据需要预留扩建的可能。

1.0.4 变电站的设计应从全局出发，统筹兼顾，按负荷性质、用电容量、环境特点，结合地区发展水平，合理地确定设计方案。

1.0.5 变电站的设计应坚持节约资源、兼顾社会效益的原则。

1.0.6 变电站的设计，除应符合本规范外，尚应符合国家现行有关标准的规定。

2 站址选择和站区布置

2.0.1 变电站站址的选择，应符合现行国家标准《工业企业总平面设计规范》GB 50187的有关规定，并应符合下列要求：

1 应靠近负荷中心。

2 变电站布置应兼顾规划、建设、运行、施工等方面的要求，宜节约用地。

3 应与城乡或工矿企业规划相协调，并应便于架空和电缆线路的引入和引出。

4 交通运输应方便。

5 周围环境宜无明显污秽，空气污秽时，站址宜设在受污染源影响最小处。

6 变电站应避免与邻近设施之间的相互影响，应避开火灾、爆炸及其他敏感设施，与爆炸危险性气体区域邻近的变电站站址选择及其设计应符合现行国家标准《爆炸和火灾危险环境电力装置设计规范》GB 50058的有关规定。

7 应具有适宜的地质、地形和地貌条件，站址宜避免选在有重要文物或开采后对变电站有影响的矿藏地点，无法避免时，应征得有关部门的同意。

8 站址标高宜在50年一遇高水位上，无法避免时，站区应有可靠的防洪措施或与地区（工业企业）的防洪标准相一致，并应高于内涝水位。

9 变电站主体建筑应与周边环境相协调。

2.0.2 变电站应根据所在区域特点，选择合适的配电装置形式，抗震设计应符合现行国家标准《电力设施抗震设计规范》GB 50260的有关规定。

2.0.3 城市中心变电站宜选用小型化紧凑型电气设备。

2.0.4 变电站主变压器布置除应运输方便外，并应布置在运行噪声对周边环境影响较小的位置。

2.0.5 屋外变电站实体围墙不应低于2.2m。城区变电站、企业变电站围墙形式应与周围环境相协调。

2.0.6 变电站内为满足消防要求的主要道路宽度应为4.0m。主要设备运输道路的宽度可根据运输要求确定，并应具备回车条件。

2.0.7 变电站的场地设计坡度，应根据设备布置、土质条件、排水方式确定，坡度宜为0.5%～2%，且不应小于0.3%；平行于母线方向的坡度，应满足电气及结构布置的要求。道路最大坡度不宜大于6%。当利用路边明沟排水时，沟的纵向坡度不宜小于0.5%，局部困难地段不应小于0.3%。

电缆沟及其他类似沟道的沟底纵坡，不宜小于0.5%。

2.0.8 变电站内的建筑物标高、基础埋深、路基和管线埋深，应相互配合；建筑物内地面标高，宜高出屋外地面0.3m，屋外电缆沟壁，宜高出地面0.1m。

2.0.9 各种地下管线之间和地下管线与建筑物、构筑物、道路之间的最小净距，应满足安全、检修安装及工艺的要求。

2.0.10 变电站站区绿化规划应与周围环境相适应，并应防止绿化物影响安全运行。

3 电气部分

3.1 主变压器

3.1.1 主变压器的台数和容量，应根据地区供电条件、负荷性质、用电容量和运行方式等条件综合确定。

3.1.2 在有一、二级负荷的变电站中应装设两台主变压器，当技术经济比较合理时，可装设两台以上主变压器。变电站可由中、低压侧电网取得足够容量的工作电源时，可装设一台主变压器。

3.1.3 装有两台及以上主变压器的变电站，当断开一台主变压器时，其余主变压器的容量（包括过负荷能力）应满足全部一、二级负荷用电的要求。

3.1.4 具有三种电压的变电站中，通过主变压器各侧绕组的功率达到该变压器额定容量的15%以上时，主变压器宜采用三绕组变压器。

3.1.5 主变压器宜选用低损耗、低噪声变压器。

3.1.6 电力潮流变化大和电压偏移大的变电站，经计算普通变压器不能满足电力系统和用户对电压质量的要求时，应采用有载调压变压器。

3.2 电气主接线

3.2.1 变电站的主接线，应根据变电站在电网中的地位、出线回路数、设备特点及负荷性质等条件确定，并应满足供电可靠、运行灵活、操作检修方便、节约投资和便于扩建等要求。

变电站在满足供电规划的条件下，宜减少电压等级和简化接线。

3.2.2 在满足变电站运行要求的前提下，变电站高压侧宜采用断路器较少或不设置断路器的接线。

3.2.3 35kV～110kV 电气接线宜采用桥形、扩大桥形、线路变压器组或线路分支接线、单母线或单母线分段的接线。

3.2.4 35kV～66kV 线路为 8 回及以上时，宜采用双母线接线。110kV 线路为 6 回及以上时，宜采用双母线接线。

3.2.5 当变电站装有两台及以上主变压器时，6kV～10kV 电气接线宜采用单母线分段，分段方式应满足当其中一台主变压器停运时，有利于其他主变压器的负荷分配的要求。

3.2.6 当需限制变电站 6kV～10kV 线路的短路电流时，可采用下列措施之一：

1 变压器分列运行；

2 采用高阻抗变压器；

3 在变压器回路中串联限流装置。

3.2.7 接在母线上的避雷器和电压互感器，可合用一组隔离开关。接在变压器引出线上的避雷器，不宜装设隔离开关。

3.3 配 电 装 置

3.3.1 变电站配电装置的设计，应符合现行国家标准《3～110kV 高压配电装置设计规范》GB 50060 的有关规定。

3.3.2 配电装置的设计，应根据变电站负荷性质、环境条件、运行维护的要求，选用资源节约、环境友好、占地省的设备和布置方案。

3.3.3 配电装置的设计应根据工程特点、规模和发展规划，做到远近结合，并应以近期为主。

3.4 无 功 补 偿

3.4.1 变电站无功功率补偿装置型式和容量的确定，应按无功的分布情况，无功功率的大小，无功功率的波动幅度和波动频率，用户谐波电流的发生量和所接入电网的背景谐波值，由供配电系统设计进行统筹安排。

3.4.2 无功补偿装置的设计应符合现行国家标准《并联电容器装置设计规范》GB 50227 的有关规定。

3.4.3 变电站应装设并联电容器装置；必需时应装设交流谐波滤波装置或能根据无功负荷波动自动进行快速调节补偿容量的静补装置。

3.5 过电压保护和接地设计

3.5.1 变电站过电压保护的设计，应符合现行行业标准《交流电气装置的过电压保护和绝缘配合》DL/T 620 的有关规定。

3.5.2 变电站交流电气装置的接地设计，应符合现行行业标准《交流电气装置的接地》DL/T 621 的有关规定。

3.5.3 变电站建筑物的接地，应根据负载性质确定，并应符合现行国家标准《建筑物防雷设计规范》GB 50057 中有关第二类或第三类防雷建筑物接地的规定。

3.6 站用电系统

3.6.1 在有两台及以上主变压器的变电站中，宜装设两台容量相同可互为备用的站用变压器，每台站用变压器容量应按全站计算负荷选择。两台站用变压器可分别接自主变压器最低电压级不同段母线。能从变电站外引入一个可靠的低压备用电源时，亦可装设一台站用变压器。

当 35kV 变电站只有一回电源进线及一台主变压器时，可在电源进线断路器前装设一台站用变压器。

3.6.2 按规划需装设消弧线圈补偿装置的变电站，采用接地变压器引出中性点时，接地变压器可作为站用变压器使用，接地变压器容量应满足消弧线圈和站用电的容量的要求。

3.6.3 站用电接线及供电方式宜符合下列要求：

1 站用电低压配电宜采用中性点直接接地的 TN 系统，宜采用动力和照明共用的供电方式，额定电压宜为 380V/220V。

2 站用电低压母线宜采用单母线分段接线，每台站用变压器宜各接一段母线；也可采用单母线接线，两台站用变压器宜经过切换接一段母线。

3 站用电重要负荷宜采用双回路供电方式。

3.6.4 变电站宜设置固定的检修电源，并应设置漏电保护装置。

3.7 直 流 系 统

3.7.1 变电站的直流母线，宜采用单母线或单母线分段的接线。采用单母线分段时，蓄电池应能切换至任一母线。

3.7.2 操作电源宜采用一组 110V 或 220V 蓄电池，不应设端电池。重要的 110kV 变电站，也可装设 2 组蓄电池。

蓄电池组宜采用性能可靠、维护量少的蓄电池，冲击负荷较大时，亦可采用高倍率蓄电池。

3.7.3 充电装置宜采用高频开关充电装置。

采用高频开关充电装置时，宜配置一套具有热备用部件的充电装置，也可配置两套充电装置。

3.7.4 蓄电池组的容量，应符合下列要求：

1 有人值班变电站应为全站事故停电 1h 的放电容量。

2 无人值班变电站应为全站事故停电2h的放电容量。

3 应满足事故放电末期最大冲击负荷的要求。

3.7.5 通信设备的直流电源可独立设置一组专用蓄电池直供或利用站用蓄电池直流变换方式。

3.8 照 明

3.8.1 变电站的照明设计，应符合现行国家标准《建筑照明设计标准》GB 50034的有关规定。

3.8.2 在控制室、屋内配电装置室、蓄电池室及屋内主要通道等处，应装设事故照明。

3.8.3 照明设备的安装位置应满足维修安全要求。

3.8.4 监视屏面应避免明显的反射眩光和直接阳光。

3.8.5 铅酸蓄电池室内的照明，应采用防爆型照明器，不应在蓄电池室内装设非防爆电器。

3.8.6 电缆隧道内的照明电压不宜高于24V，高于24V时，应采取防止触电的安全措施。

3.9 控制室电气二次布置

3.9.1 有人值班变电站的控制室，应位于运行管理方便、电缆总长较短、朝向良好和便于观察屋外主要设备的位置。

3.9.2 控制屏、柜的排列布置，宜与配电装置的间隔排列次序相对应。

3.9.3 控制室的建筑，应按变电站的规划容量在第一期工程中一次建成，屏位应按规划容量确定，并应留有备用屏位的余地。

3.9.4 无人值班变电站不宜设专用的控制室。

3.10 监控及二次接线

3.10.1 站内下列设备宜采用就地操作或控制：

1 6kV～110kV配电装置的隔离开关、接地开关；

2 无需远方控制的主变压器中性点接地隔离开关。

3.10.2 无人值班变电站的下列设备，应能远方及就地控制：

1 所有的断路器、电动负荷开关；

2 主变压器有载调压分接开关；

3 需要远方控制的主变压器中性点接地隔离开关。

3.10.3 控制电路应为强电控制电路。远方遥控和站内控制操作之间，应设操作切换闭锁。

3.10.4 有人值班的变电站，宜装设能重复动作、延时自动解除的就地事故信号装置。无人值班的变电站，应装设满足远方运行要求的远动装置。

3.10.5 断路器的控制回路，应有监视信号。

3.10.6 配电装置应装设防止电气误操作闭锁装置。防止电气误操作闭锁装置宜采用机械闭锁，成套开关柜应采用机械闭锁装置。屋内间隔式配电装置，尚应装设防止误入带电间隔的设施。

闭锁连锁回路的电源，应与继电保护、控制信号回路的电源分开。

3.10.7 变电站可根据需要设置时钟同步系统。

3.10.8 变电站的主变压器有载分接开关调节、并联电容器组投切、蓄电池组充电、直流母线电压调节，宜采用自动控制。变电站的主变压器有载分接开关调节和并联电容器组投切自动装置，应具有远动装置的接口。

3.10.9 变电站应配置一套满足全站重要负荷供电的交流不停电电源系统，直流电源应采用站内直流系统，负荷供电采用辐射方式。

3.10.10 变电站可根据需要设置安全技术防范系统。

3.11 继电保护和自动装置

3.11.1 变电站继电保护的设计，应符合现行国家标准《继电保护和安全自动装置技术规程》GB/T 14285的有关规定。

3.11.2 变电站继电保护和自动装置的设计，还应符合现行国家标准《电力装置的继电保护和自动装置设计规范》GB/T 50062的有关规定。

3.12 调度自动化

3.12.1 调度自动化系统应根据调度自动化规划设计的要求配置。

3.12.2 调度自动化系统的遥信、遥测、遥控、遥调量，应根据安全监控、调度和保证电能质量，以及节约投资的要求确定。调度自动化系统应满足可靠的自动化信息采集和传送要求。

3.12.3 变电站与相应的调度端间应具备至少1个独立的远动通道或调度数据网，自动化通道应在通信设计中统一组织。

3.12.4 调度自动化系统应采用不间断电源供电。

3.12.5 变电站应按安全分区、网络专用的基本原则配置二次系统安全防护设备。

3.13 计量与测量

3.13.1 变电站计量与测量装置的设计，应符合现行国家标准《电力装置的电测量仪表装置设计规范》GB 50063的有关规定。

3.13.2 变电站电能计量系统的设计，应符合现行行业标准《电能量计量系统设计技术规程》DL/T 5202的有关规定。

3.14 通 信

3.14.1 变电站通信设计，应按变电站的规划容量、调度体制和在电网和通信网中所处的位置因地制宜地配置通信设备。

3.14.2 变电站可根据需要设置下列通信设施：

1 系统调度通信，变电站与其电网调度机构之间应至少具有1个独立的调度通信通道，通信方式可采用光纤通信、微波通信、电力线载波通信、音频电缆通信等。

2 站内通信。

3 与相关运行维护管理部门的通信。

4 与当地市话局的通信。

3.14.3 变电站可根据需要设置通信设备专用的直流电源系统，额定直流电压应为－48V，应采用浮充供电方式。

3.14.4 变电站不宜设置单独的通信机房。

3.15 电缆敷设

3.15.1 变电站电缆选择与敷设的设计，应符合现行国家标准《电力工程电缆设计规范》GB 50217 的有关规定。

3.15.2 站用电源回路的电缆不宜在同一条通道（沟、隧道、竖井）中敷设，无法避免时，应采取有效的防火阻隔措施。

3.15.3 10kV及以上高压电力电缆与控制电缆，宜分通道（沟、隧道、竖井）敷设或采取其他有效的防火阻隔措施。

3.15.4 变电站内不宜采用电缆中间接头。

4 土建部分

4.1 一般规定

4.1.1 土建设计应符合现行国家标准《混凝土结构设计规范》GB 50010 和《钢结构设计规范》GB 50017 的有关规定。

4.1.2 建筑物、构筑物及有关设施的设计，应统一规划、造型协调、整体性好，并应便于生产及生活，所选择的结构的类型及材料品种应合理并简化。

4.1.3 建筑物、构筑物的设计应符合下列要求：

1 承载能力极限状态，应按荷载效应的基本组合或偶然组合进行荷载（效应）组合，并应采用下式进行设计：

$$\gamma_0 S \leqslant R \qquad (4.1.3\text{-}1)$$

式中：γ_0——结构重要性系数；

S——荷载效应组合的设计值；

R——结构构件抗力的设计值，应按现行国家标准《混凝土结构设计规范》GB 50010 和《钢结构设计规范》GB 50017 的有关规定确定。

2 正常使用极限状态，应根据不同的设计要求，采用荷载的标准组合、频遇组合或准永久组合，并应按下式进行设计：

$$S \leqslant C \qquad (4.1.3\text{-}2)$$

式中：C——结构或结构构件达到正常使用要求的规定限值，应按现行国家标准《混凝土结构设计规范》GB 50010 和《钢结构设计规范》GB 50017 的有关规定采用，不宜超过本规范附录A的规定。

4.1.4 建筑物、构筑物的安全等级均不应低于二级，相应的结构重要性系数不应小于1.0。

4.1.5 架构、支架及其他构筑物的基础，当验算上拔或倾覆稳定时，荷载效应应按承载能力极限状态下荷载效应的基本组合，分项系数均应为1.0，设计荷载所引起的基础上拔或倾覆弯矩应小于或等于基础的抗拔力或抗倾覆弯矩除以表4.1.5的稳定系数。当基础处于稳定的地下水位以下时，应计入浮力的影响。

表 4.1.5 基本组合基础上拔或倾覆稳定系数 K_S 及 K_G

荷载类型	K_S	K_G
基本组合	1.8	1.3

注：K_S——用于按极限土抗力来计算基础的抗倾覆力矩及按锥形土体计算抗拔力；

K_G——用于按基础自重加阶梯以上土重计算抗倾覆力矩或抗拔力。

4.2 荷载

4.2.1 结构上的荷载可按下列分类：

1 结构自重、导线及避雷线的自重和水平张力，固定的设备重、土重、土压力、水压力等永久荷载；

2 风荷载、冰荷载、雪荷载、活荷载、安装及检修时临时性荷载、地震作用、温度变化等可变荷载；

3 短路电动力、验算（稀有）风荷载及验算（稀有）冰荷载等偶然荷载。

4.2.2 荷载分项系数的采用应符合下列要求：

1 永久荷载和可变荷载的分项系数，应按现行国家标准《建筑结构荷载规范》GB 50009 和《建筑抗震设计规范》GB 50011 的有关规定选取；

2 对结构的倾覆、滑移或漂浮验算有利时，永久荷载的分项系数应取0.9；

3 偶然荷载的分项系数宜取1.0；

4 导线荷载的分项系数应按表4.2.2中数值取用。

表 4.2.2 导线荷载的分项系数

序号	荷载名称	最大风工况	覆冰工况	检修安装工况
1	水平张力	1.3	1.3	1.2
2	垂直荷载	1.3	1.3	1.2
3	侧向风压	1.4	1.4	1.4

注：垂直荷重当其效应对结构抗力有利时其荷载分项系数，可取1.0。

4.2.3 可变荷载的荷载组合值系数应按下列要求采用：

1 房屋建筑的基本组合情况：风荷载组合值系数应取 0.6。

2 构筑物的大风情况：连续架构的温度变化作用组合值系数应取 0.85。

3 构筑物最严重覆冰情况：风荷载组合值系数应取 0.15（冰厚≤10mm）或 0.25（冰厚＞10mm）。

4 构筑物的安装或检修情况：风荷载组合值系数应取 0.15。

5 地震作用情况：建筑物的活荷载组合值系数应取 0.5，构筑物的风荷载组合值系数应取 0.2，构筑物的冰荷载组合值系数应取 0.5。

4.2.4 房屋建筑的楼面、屋面活荷载及有关系数的取值，不应低于表 4.2.4 所列的数值。当设备及运输工具的荷载标准值大于表 4.2.4 的数值时，应按实际荷载进行设计。

表 4.2.4 建筑物均布活荷载及有关系数

序号	类别	标准值 (kN/m^2)	组合值系数 Ψ_c	频遇值系数 Ψ_f	准永久值系数 Ψ_q	计算主梁、柱及基础的折减系数	备注
1	不上人屋面	0.5	0.7	0.5	0	1.0	
2	上人屋面	2.0	0.7	0.5	0.4	1.0	—
3	主控制室、继电器室及通信室的楼面	4.0	1.0	0.9	0.8	0.7	电缆层的电缆系吊在主控制室或继电器室的楼板上时，则应按实际荷载计算
4	主控制楼电缆层楼面	3.0	1.0	0.9	0.8	0.7	
5	电容器室楼面	4.0～9.0	1.0	0.9	0.8	0.7	—
6	屋内 6kV、10kV 配电装置开关层楼面	4.0～7.0	1.0	0.9	0.8	0.7	用于每组开关重量≤8kN，无法满足时，应按实际荷载计算
7	屋内 35kV 配电装置开关层楼面	4.0～8.0	1.0	0.9	0.8	0.7	用于每组开关重量≤12kN，无法满足时，应按实际荷载计算
8	屋内 110kV 配电装置开关层楼面	4.0～10.0	1.0	0.9	0.8	0.7	用于每组开关重量≤36kN，无法满足时，应按实际荷载计算
9	屋内 110kVGIS 组合电器楼面	10.0	1.0	0.9	0.8	0.7	—
10	办公室及宿舍楼面	2.5	0.7	0.6	0.5	0.85	—
11	楼梯	2.5	0.7	0.6	0.5	—	—
12	室内沟盖板	4.0	0.7	0.6	0.5	1.0	搬运设备需通过盖板时，应按实际荷载计算

注：1 序号 6、7、8 也适用于成套柜情况。对 3kV、6kV、10kV、35kV、110kV 配电装置区以外的楼面活荷载标准值可采用 $4.0kN/m^2$；

2 运输通道按运输的最重设备计算；

3 准永久值系数仅在计算正常使用极限状态的长期效应组合时使用。

4.2.5 构架及其基础宜根据实际受力条件，包括远景可能发生的不利情况，分别按终端或中间构架设计，下列荷载情况应作为承载能力极限状态的四种基本组合，并应按正常使用极限状态的条件对变形及裂缝进行校验：

1 运行情况，取50年一遇的设计最大风荷载（无冰、相应气温）、最低气温（无冰、无风）及最严重覆冰（相应气温、风荷载）三种情况及其相应的导线及避雷线张力、自重等。

2 安装情况，指导线及避雷线的架设，应计入梁上作用的人和工具重2kN，以及相应的风荷载（风速按10m/s计取）、导线及避雷线张力、自重等。

3 检修情况，取三相同时上人停电检修及单相跨中上人带电检修两种情况以及相应风荷载（风速按10m/s取）、导线张力、自重等。对挡距内无引下线的情况可不加入跨中上人荷载。

4 地震情况，应计及水平地震作用及相应的风荷载或相应的冰荷载、导线及避雷线张力、自重等，地震情况下的结构抗力或承载力调整系数应按现行国家标准《构筑物抗震设计规范》GB 50191的有关规定选取。

4.2.6 设备支架及其基础应按下列荷载情况作为承载能力极限状态的三种基本组合，并应按正常使用极限状态条件对变形及裂缝进行校验：

1 取50年一遇的设计最大风荷载及相应的引线张力、自重等最大风荷载情况。

2 取最大操作荷载及相应的风荷载、相应的引线张力、自重等操作情况。

3 计及水平地震作用及相应的风荷载、相应的引线张力、自重等地震情况，地震情况下的结构抗力或承载力调整系数应按现行国家标准《构筑物抗震设计规范》GB 50191的有关规定选取。

4.2.7 高型及半高型配电装置的平台、走道及天桥的活荷载标准值，宜采用1.5kN/m²，装配式板应取1.5kN集中荷载验算。在计算梁、柱及基础时，活荷载标准值应乘以折减系数，当荷重面积为10m²～20m²时，折减系数宜取0.7，当荷重面积超过20m²时，折减系数宜取0.6。

4.2.8 室外场地电缆沟荷载应取4.0kN/m²。

4.3 建 筑 物

4.3.1 控制楼（室）可根据规模和需要布置成单层或多层建筑。控制室（含继电器室）的净高宜采用3.0m。电缆夹层的净高宜采用2.0m～2.4m；辅助生产房屋的净高宜采用2.7m～3.0m。

4.3.2 控制室宜具备良好的朝向，宜天然采光，屏位布置及照明设计应避免表盘的眩光。

4.3.3 屋面防水应根据建筑物的性质、重要程度、使用功能要求采取相应的防水等级。主控制楼及屋内配电装置楼等设有重要电气设备的建筑，屋面防水应采用Ⅱ级，其余宜采用Ⅲ级。屋面排水宜采用有组织排水，结构找坡，坡度不应小于3%。

4.3.4 控制室等对防尘有较高要求的房间，地坪应采用不起尘的材料并应由工艺专业根据工程的具体情况确定是否设置屏蔽措施。

4.4 构 筑 物

4.4.1 屋外架构、设备支架等构筑物应根据变电站的电压等级、规模、施工及运行条件、制作水平、运输条件，以及当地的气候条件选择合适的结构类型，其外形应做到相互协调。

4.4.2 钢结构构件的长细比不应超出本规范附录B的规定。各种架构的受压柱的整体长细比不宜超过150。计算长度系数应按本规范附录C的规定采用。

4.4.3 构筑物应采用有效的防腐措施。钢结构应采用热镀锌、喷锌或其他可靠措施；不宜因防腐要求加大材料规格。

4.4.4 屋外钢结构构件及其连接件，当采用热镀锌防腐时，用材最小规格宜符合表4.4.4的规定。

表4.4.4 屋外镀锌钢构件最小规格（mm）

角　钢	钢管厚度	钢板厚度	圆钢	螺栓	地脚螺栓	架构拉条	基础底脚板厚度
∟50×5(弦杆) ∟40×4(腹杆)	3	4	ϕ12	M12	M16	ϕ14	16

4.4.5 人字柱及打拉线（条）柱，其根开与柱高（基础面到柱的交点）之比，分别不宜小于1/7和1/5。

4.4.6 格构式钢梁梁高与跨度之比不宜小于1/25。

4.4.7 架构及设备支架的柱插入基础杯口的深度，除应满足计算要求外，不应小于表4.4.7的规定。

表4.4.7 柱插入基础杯口深度

架　构	1.5D
支　架	1.0D

注：表中D为柱的直径。柱插入杯口深度还不应小于柱身高度的0.05倍，当施工采取打临时拉线等措施时可不受限制。

4.5 采暖、通风和空气调节

4.5.1 变电站采暖通风和空气调节系统的设计，应符合现行国家标准《建筑设计防火规范》GB 50016、《采暖通风与空气调节设计规范》GB 50019和《火力发电厂与变电站设计防火规范》GB 50229的有关规定。

4.5.2 变电站的控制室、计算机室、继电保护室、远动通信室、值班室等有空调要求的工艺设备房间，宜设置空调设施。

4.5.3 变压器室宜采用自然通风，当自然通风不能满足排热要求时，可增设机械排风。当变压器为油浸式时，各变压器室的通风系统不应合并。

4.5.4 蓄电池室应根据设备对环境温湿度要求和当地的气象条件，设置通风或降温通风系统，并应符合下列要求：

1 防酸隔爆蓄电池室的通风应采用机械通风，通风量应按空气中的最大含氢量（按体积计）不超过0.7%计算；但换气次数不应少于6次/h，室内空气严禁再循环，并应维持室内负压。吸风口应在靠近顶棚的位置设置。

2 免维护式蓄电池的通风空调设计，应符合下列要求：

1）夏季室内温度应小于或等于30℃；

2）设置换气次数不应少于3次/h的事故排风装置，事故排风装置可兼作通风用。

3 防酸隔爆蓄电池室和免维护式蓄电池室的排风机及其电动机应为防爆型。防酸隔爆蓄电池室通风设施及其管道宜采取防腐措施。

4 蓄电池室不应采用明火采暖。采用电采暖时，应采用防爆型。采用散热器采暖时，应采用焊接的光管散热器，室内不应有法兰、丝扣接头和阀门等。蓄电池室地面下不应设置采暖管道，采暖通风管道不宜穿过蓄电池室的楼板。

4.5.5 配电装置室及电抗器室等其他电气设备房间，宜设置机械通风系统，并宜维持夏季室内温度不高于40℃。配电装置室应设置换气次数不少于10次/h的事故排风机，事故排风机可兼作平时通风用。通风机和降温设备应与火灾探测系统连锁，火灾时应切断通风机的电源。

4.5.6 六氟化硫开关室应采用机械通风，室内空气不应再循环。六氟化硫电气设备室的正常通风量不应少于2次/h，事故时通风量不应少于4次/h。

4.6 给水与排水

4.6.1 变电站生活用水水源应根据供水条件综合比较确定，宜选用已建供水管网供水方式，不宜选用地表水作为水源的方案。

4.6.2 生活用水水质应符合现行国家标准《生活饮用水卫生标准》GB 5749的有关规定。

4.6.3 变电站生活污水、生产废水和雨水宜采用分流制。

4.6.4 变电站生活污水、生产废水应达到排放标准后排放。

5 消 防

5.0.1 变电站内建筑物、构筑物的耐火等级，应符合现行国家标准《火力发电厂与变电站设计防火规范》GB 50229的有关规定。

5.0.2 变电站内建筑物、构筑物与站外的民用建筑物、构筑物及各类厂房、库房、堆场、储罐之间的防火净距，应符合现行国家标准《建筑设计防火规范》GB 50016的有关规定；变电站内部的设备之间、建筑物与构筑物之间及设备与建筑物及构筑物之间的最小防火净距，应符合现行国家标准《火力发电厂与变电站设计防火规范》GB 50229的有关规定。

5.0.3 变电站应对主变压器等各种带油电气设备及建筑物配备适当数量的移动式灭火器，主控制室等设有精密仪器、仪表设备的房间，应在房间内或附近走廊内配置灭火后不会引起污损的灭火器。移动式灭火器设计应符合现行国家标准《建筑灭火器配置设计规范》GB 50140的有关规定。

5.0.4 屋外油浸变压器之间，当防火净距小于现行国家标准《火力发电厂与变电站设计防火规范》GB 50229的规定值时，应设置防火隔墙，墙应高出油枕顶，墙长应大于贮油坑两侧各1.0m，屋外油浸变压器与油量在600kg以上的本回路充油电气设备之间的防火净距，不应小于5m。

5.0.5 变压器室、电容器室、蓄电池室、电缆夹层、配电装置室，以及其他有充油电气设备房间的门，应向疏散方向开启，当门外为公共走道或其他房间时，应采用乙级防火门。

5.0.6 电缆从室外进入室内的入口处与电缆竖井的出、入口处，以及控制室与电缆层之间，应采取防止电缆火灾蔓延的阻燃及分隔的措施。

5.0.7 变电站火灾探测及报警装置的设置，应符合现行国家标准《火力发电厂与变电站设计防火规范》GB 50229的有关规定。

5.0.8 火灾探测及报警系统的设计和消防控制设备及其功能，应符合现行国家标准《火灾自动报警系统设计规范》GB 50116的有关规定。

5.0.9 消防控制室应与变电站控制室合并设置。

6 环境保护

6.0.1 变电站及进出线的电磁场对环境的影响，应符合现行国家标准《电磁辐射防护规定》GB 8702、《环境电磁波卫生标准》GB 9175和《高压交流架空送电线无线电干扰限值》GB 15707等的有关规定。

6.0.2 变电站噪声对周围环境的影响，应符合现行国家标准《工厂企业厂界环境噪声排放标准》GB 12348和《声环境质量标准》GB 3096的有关规定。

6.0.3 变电站噪声应首先从声源上进行控制，宜采用低噪声设备。

6.0.4 变电站对外排放的水质应符合现行国家标准《污水综合排放标准》GB 8978的有关规定。

6.0.5 变电站的生活污水，应处理达标后复用或排放。位于城市的变电站，生活污水应排入城市污水系统，并应满足相应排放水质要求。

6.0.6 变电站的选址、设计和建设等各阶段，应符合水土保持的要求，可能产生水土流失时，应采取防止人为水土流失的措施。

7 劳动安全和职业卫生

7.0.1 变电站的生产场所、附属建筑和易燃、易爆的危险场所，以及地下建筑物的防火分区、防火隔断、防火间距、安全疏散和消防通道的设计，应符合现行国家标准《建筑设计防火规范》GB 50016 和《火力发电厂与变电站设计防火规范》GB 50229 的有关规定。

7.0.2 安全疏散处应设置照明和明显的疏散指示标志。

7.0.3 变电站的电气设备的布置应满足带电设备的安全防护距离要求，还应采取隔离防护措施和防止误操作措施；应采取防雷击和安全接地等措施。

7.0.4 变电站的防机械伤害和防坠落伤害的设计，应符合现行国家标准《机械设备防护罩安全要求》GB 8196 的有关规定。

7.0.5 外露部分的机械转动部件应设置防护罩，机械设备应设置必要的闭锁装置。

7.0.6 平台、走道、吊装孔和坑池边等有坠落危险处，应设置栏杆或盖板。

7.0.7 变电站的六氟化硫开关室应设置机械排风设施。

7.0.8 在建筑物内部配置防毒及防化学伤害的灭火器时，应设置安全防护设施。

7.0.9 变电站噪声控制，应符合现行国家标准《工业企业噪声控制设计规范》GBJ 87 和有关工业企业设计卫生标准的规定。

7.0.10 防振动的设计应符合现行国家标准《作业场所局部振动卫生标准》GB 10434 和有关工业企业设计卫生标准的规定。

7.0.11 变电站的防暑、防寒及防潮的设计应符合现行国家标准《采暖通风与空气调节设计规范》GB 50019 和有关工业企业设计卫生标准的规定。

7.0.12 变电站的电磁影响防护设计，应符合现行国家标准《作业场所微波辐射卫生标准》GB 10436 和《电磁辐射防护规定》GB 8702 的有关规定。

8 节　　能

8.0.1 变压器应采用高效节能型产品，宜采用自冷冷却方式。

8.0.2 站用电耗能指标应采取下列措施降低：

1 应根据室内环境温度变化和相对湿度变化对设备的影响，合理配置空气调节设备。

2 户内安装电气设备，常规运行条件下宜采用自然通风散热，宜减少机械通风。

3 设备操作机构中的防露干燥加热，应采用温、湿自动控制。

4 应采用高光效光源和高效率节能灯具。

5 应合理选取站用变压器的容量。

8.0.3 墙体应采用节能、环保的建筑材料，并应合理设置门窗洞口和尺寸。

附录A 挠度及裂缝的限值

表A 挠度及裂缝的限值

序号	构件类别		挠度限值
1	架构横梁	220kV 及以下	$L/200$（跨中），$L/100$（悬臂）
2	架构单柱（无拉线）		$H/100$
3	人字柱	平面内	$H/200$
		平面外（带端撑）	$H/200$
		平面外（无端撑）	$H/100$
4	设备支架	隔离开关的横梁	$L/300$
		隔离开关的支柱	$H/300$
		其他设备支架柱	$H/200$
5	独立避雷针		$H/100$

注：1 L 及 H 分别为梁的计算跨度及柱的高度，架构的 H 不包括避雷针、地线柱。

2 计算悬臂构件的挠度限值时，其计算跨度 L 按实际悬臂长度的 2 倍取用。

3 各类设备支架的挠度，尚应满足设备对支架提出的特殊要求。

附录B 钢结构构件的长细比限值

B.0.1 钢结构构件容许长细比应符合表 B.0.1 的规定。

表 B.0.1 钢结构构件容许长细比

构件名称	受压弦杆及支座处受压腹杆	一般受压腹杆	辅助杆	受拉杆	预应力拉条
容许长细比	150	220	250	400	不限

B.0.2 格构式钢结构构件的计算长度及长比，应按表 B.0.2 采用。

表 B.0.2 格构式钢结构构件计算

简图	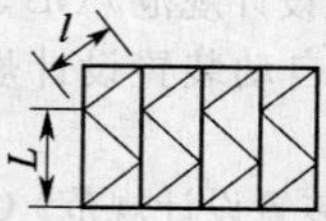	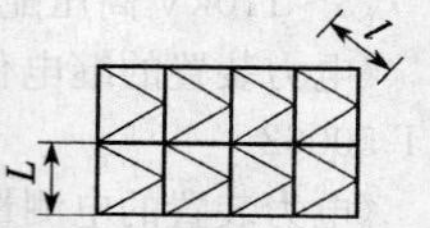	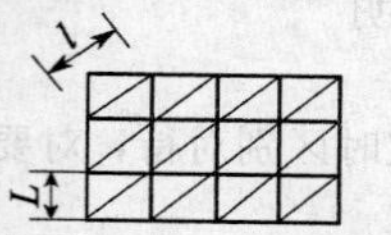	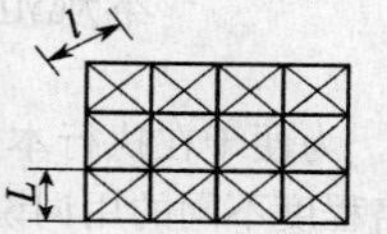
弦杆	$\frac{1.2L}{r_{x-x}}$	$\frac{1.1L}{r_{x-x}}$	$\frac{L}{r_{y_0-y_0}}$	$\frac{L}{r_{y_0-y_0}}$
腹杆	$\frac{l}{r_{y_0-y_0}}$	$\frac{l}{r_{y_0-y_0}}$	$\frac{l}{r_{y_0-y_0}}$	交叉腹杆拉压：$0.5l/r_{y_0-y_0}$ 交叉腹杆均受压：l/r_{x-x}

注：1 对角钢 r_{x-x} 为平行轴回转半径，$r_{y_0-y_0}$ 为最小轴回转半径，对其他型钢也按此原则。

2 交叉腹杆系指不断开连接，且交叉点装有连接螺栓的情况。

3 L 及 l 均指中心线尺寸。

4 本表也适用于三角形断面结构。

附录C 构架柱计算长度系数

C.0.1 人字柱平面内、外压杆的计算长度系数 μ，应按表 C.0.1 的规定取值。

表 C.0.1 人字柱平面内、外压杆的计算长度系数 μ

侧面	正面	人字平面内 μ		人字平面外 μ	
		$\frac{N_1}{N_2}\geqslant 0.6$	$0\leqslant\frac{N_1}{N_2}<0.6$	单 跨	双跨及以上
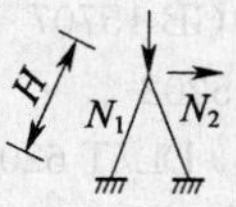	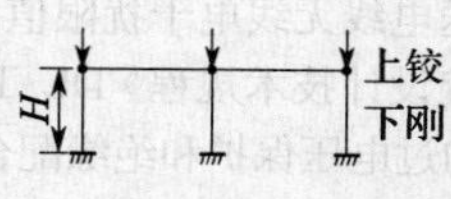	0.8	0.85	$\mu=0.8+0.6\left(1+\frac{N_1}{N_2}\right)$（无端撑） 0.7（有端撑）	0.8（无端撑） 0.7（有端撑）
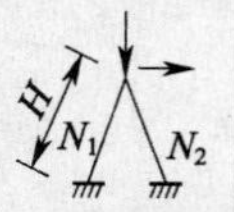	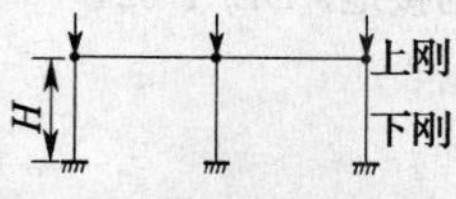	0.7	0.8	$\mu=0.66+0.17\left(1+\frac{N_1}{N_2}\right)+0.1\left(\frac{N_1}{N_2}\right)^2$	0.75

注：1 人字柱钢管（或钢管混凝土）柱，当水平腹杆与弦杆刚性连接时，允许在计算中计入受拉弦杆对受压弦杆的帮助作用。若人字柱全部节点均为刚接，同时水平腹杆的直径不小于弦杆直径的 3/4，且布置于离地 $\frac{H}{2}\sim\frac{2}{3}H$ 范围内，则受压杆在人字柱平面外的计算长度可取 $H_0=0.6H$。

2 计算长度 $H_0=\mu H$（H 计算至基础面）。

C.0.2 打拉线（条）柱平面内、外压杆的计算长度系数，应按表C.0.2的规定取值。

表 C.0.2 打拉线（条）柱平面内、外压杆的计算长度系数

侧面	正面	拉条平面内 μ	拉条平面外 μ		
			单跨	双跨	三跨及以上
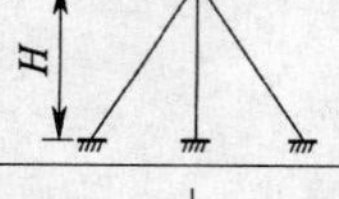	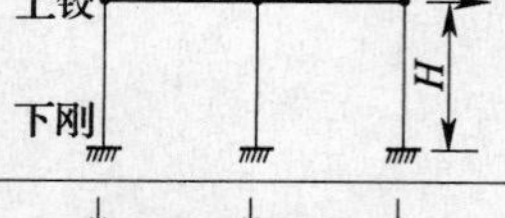	1.0	2.0（无端撑） 0.7（有端撑）	1.6（无端撑） 0.7（有端撑）	1.6（无端撑） 0.7（有端撑）
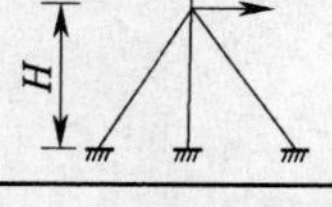	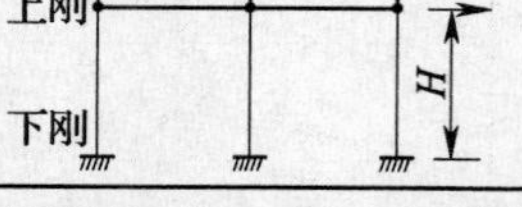	1.0	1.2	1.0	0.95

注：1 表中图画的为双侧打拉线（条），但对单侧拉线（条）也适用。

2 计算长度 $H_0=\mu H$。

本规范用词说明

1 为便于在执行本规范条文时区别对待，对要求严格程度不同的用词说明如下：

1）表示很严格，非这样做不可的：
正面词采用“必须”，反面词采用“严禁”；

2）表示严格，在正常情况下均应这样做的：
正面词采用“应”，反面词采用“不应”或“不得”；

3）表示允许稍有选择，在条件许可时首先应这样做的：
正面词采用“宜”，反面词采用“不宜”；

4）表示有选择，在一定条件下可以这样做的，采用“可”。

2 条文中指明应按其他有关标准执行的写法为：“应符合……的规定”或“应按……执行”。

引用标准名录

《建筑结构荷载规范》GB 50009
《混凝土结构设计规范》GB 50010
《建筑抗震设计规范》GB 50011
《建筑设计防火规范》GB 50016
《钢结构设计规范》GB 50017
《采暖通风与空气调节设计规范》GB 50019
《建筑照明设计标准》GB 50034
《建筑物防雷设计规范》GB 50057
《爆炸和火灾危险环境电力装置设计规范》GB 50058
《3～110kV高压配电装置设计规范》GB 50060
《电力装置的继电保护和自动装置设计规范》GB/T 50062
《电力装置的电测量仪表装置设计规范》GB 50063
《工业企业噪声控制设计规范》GBJ 87
《火灾自动报警系统设计规范》GB 50116
《建筑灭火器配置设计规范》GB 50140
《工业企业总平面设计规范》GB 50187
《构筑物抗震设计规范》GB 50191
《电力工程电缆设计规范》GB 50217
《并联电容器装置设计规范》GB 50227
《火力发电厂与变电站设计防火规范》GB 50229
《电力设施抗震设计规范》GB 50260
《声环境质量标准》GB 3096
《生活饮用水卫生标准》GB 5749
《机械设备防护罩安全要求》GB 8196
《电磁辐射防护规定》GB 8702
《污水综合排放标准》GB 8978
《环境电磁波卫生标准》GB 9175
《作业场所局部振动卫生标准》GB 10434
《作业场所微波辐射卫生标准》GB 10436
《工厂企业厂界环境噪声排放标准》GB 12348
《继电保护和安全自动装置技术规程》GB/T 14285
《高压交流架空送电线无线电干扰限值》GB 15707
《电能量计量系统设计技术规程》DL/T 5202
《交流电气装置的过电压保护和绝缘配合》DL/T 620
《交流电气装置的接地》DL/T 621

中华人民共和国国家标准

35kV～110kV 变电站设计规范

GB 50059—2011

条 文 说 明

修 订 说 明

《35kV～110kV 变电站设计规范》GB 50059—2011，经住房和城乡建设部 2011 年 9 月 16 日以第 1162 号公告批准发布。

1 编制说明

本规范是根据建设部下达的建标〔2004〕67 号文件要求，由华东电力设计院和上海电力设计院有限公司作为主编单位，中冶京诚工程技术有限公司和中国石化集团南京设计院作为参编单位，组成联合编制工作组，对原《35～110kV 变电所设计规范》GB 50059—92 进行修订编制而成。

上一版的主编单位是能源部华东电力设计院，参加单位是铁道部第三勘测设计院、化工部第三设计院、水利部长江流域规划办公室、上海市电力工业局，主要起草人是尤国铭、翁保光、徐锡镛、杨趣贤、赵正铨、鲍姗、古育根、俞洋、殷勇、江琴、季至诚。

本规范于 2006 年 10 月完成修编大纲，2008 年 10 月完成征求意见稿，并广泛征求意见，至 2009 年 6 月共收到国家电网公司等 6 家单位反馈意见共计 62 条；经过联合编制工作组认真研究，采纳反馈意见中的 51 条并完成“送审稿”和“征求意见稿意见汇总处理表”。2010 年 10 月，中国电力企业联合会组织召开本规范“送审稿”审查会；根据“送审稿”审查意见，编制工作组于 2010 年 12 月完成本规范“报批稿”。

2 编制原则及主要修编内容

修订本规范是为了适应现代科学技术进步和发展的需要，明确和规范了 35kV～110kV 变电站的设计原则，使我国 35kV～110kV 变电站的设计技术更加适应我国电力建设的发展需要，依靠技术进步，使变电站工程的设计达到安全可靠、技术先进、造价合理的目的。

本规范在原规范的基础上，认真征询了设计、运行、管理等部门意见，对有关内容进行修改和补充，对章节也进行了调整，使条款更顺畅，并注意了与现行的国家及相关行业标准的一致性。主要修编内容及相关说明如下：

（1）编写规则按照《工程建设标准编写规定》（住房和城乡建设部建标〔2008〕182 号）。

（2）取消“变电所”名称，改为“变电站”。

（3）对电气、土建的相关内容及章节编排进行了修编调整，主要包括：

——调整了第 3 章各节的前后顺序；

——补充了直流系统内容；

——补充了监控系统内容；

——补充了调度自动化内容；

——补充了给水与排水内容；

——补充了消防内容。

（4）修编中除更新变电站工艺设计方面的规范内容外，还着重考虑适应我国在“注重环保”、“以人为本”、“节能减排”等方面的要求，在本规范中加入了以下条文：

——环境保护。强调变电站设计工作中应采取有效措施，避免或降低变电站建设及运行对项目所在地的外部环境影响。

——劳动安全与职业卫生。面向变电站内部人员，提出变电站设计应采取的措施和必须遵循的相关国家标准。

——节能。提出变电站在节能设计方面应重点关注的内容，包括设备材料选型、建筑设计等。

（5）考虑本规范所涉及的变电站直接面向电力用户，为满足用户对供电可靠性日益增长的高要求，本规范中的第 3.1.3 条列为强制性条文。

为便于广大设计、施工、科研、学校等单位有关人员在使用本规范时能正确理解和执行条文规定，《35kV～110kV 变电站设计规范》编制组按章、节、条顺序编制了本规范的条文说明，对条文规定的目的、依据以及执行中需注意的有关事项进行了说明，还着重对强制性条文的强制性理由做了解释。但是，本条文说明不具备与规范正文同等的法律效力，仅供使用者作为理解和把握规范规定的参考。

目　次

1　总则 ………………………………… 1—7—18
2　站址选择和站区布置 ………………… 1—7—18
3　电气部分 …………………………… 1—7—18
3.1　主变压器 ………………………… 1—7—18
3.2　电气主接线 ……………………… 1—7—19
3.3　配电装置 ………………………… 1—7—19
3.4　无功补偿 ………………………… 1—7—19
3.5　过电压保护和接地设计 ………… 1—7—19
3.6　站用电系统 ……………………… 1—7—19
3.7　直流系统 ………………………… 1—7—19
3.8　照明 ……………………………… 1—7—20
3.9　控制室电气二次布置 …………… 1—7—20
3.10　监控及二次接线 ……………… 1—7—20
3.11　继电保护和自动装置 ………… 1—7—21
3.12　调度自动化 …………………… 1—7—21
3.13　计量与测量 …………………… 1—7—21
3.14　通信 …………………………… 1—7—21
3.15　电缆敷设 ……………………… 1—7—21
4　土建部分 …………………………… 1—7—21
4.1　一般规定 ………………………… 1—7—21
4.2　荷载 ……………………………… 1—7—21
4.3　建筑物 …………………………… 1—7—22
4.4　构筑物 …………………………… 1—7—22
4.5　采暖、通风和空气调节 ………… 1—7—22
4.6　给水与排水 ……………………… 1—7—23
5　消防 ………………………………… 1—7—23
6　环境保护 …………………………… 1—7—23
7　劳动安全和职业卫生 ……………… 1—7—23
8　节能 ………………………………… 1—7—23

1 总　　则

1.0.1 原规范第1.0.1条修改条文。基本原则不变，调整文字描述。

1.0.2 原规范第1.0.2条修改条文。增加适用于扩建和改造工程内容。

1.0.3 原规范第1.0.3条保留条文。根据多年来电力建设方面的经验教训，正确处理近期建设与远期发展的相互关系是必要的，目的是使设计的变电站能获得最大的综合经济效益，并补充了应根据工程的5年～10年发展规划进行设计。上述年限是指工程预定投产之日算起的5年～10年，并要适当考虑今后变电站在布置上有再扩建的可能性。

1.0.4 原规范第1.0.4条修改条文。增加变电站建设适应环境的要求。

1.0.5 原规范第1.0.5条修改条文。基本原则不变，调整文字描述。

1.0.6 原规范第1.0.6条保留条文。

2 站址选择和站区布置

2.0.1 原规范第2.0.1条修改条文。

1 增加变电站站址的选择应执行现行国家标准《工业企业总平面设计规范》GB 50187规定的要求。

2 增加变电站主体建筑与周边环境相协调的要求。

3 细化原规范本条第九款内容，强调变电站应避免与相邻设施之间的相互影响，站址选择应符合现行国家标准《爆炸和火灾危险环境电力装置设计规范》GB 50058规定的要求。

4 调整各款的编排及文字描述。

2.0.2 原规范第2.0.2条修改条文。增加抗震设计要求。

2.0.3 新增条文。城市变电站选用小型化设备符合实际需要。

2.0.4 新增条文。强调变电站设计的环境适应性要求。

2.0.5 保留原规范第2.0.3条内容。因人的举手高度一般为2.3m以下，2.2m高已能阻止人翻越围墙。城网与企业变电站，可根据具体条件设置实体围墙或与周围环境协调的花墙。有的企业变电站，所在的厂区已有围墙防护，故可视具体情况设置围墙或围栅。

2.0.6 原规范第2.0.4条修改条文。根据国家标准《火力发电厂与变电站设计防火规范》GB 50229的规定，道路宽度由3.5m改为4.0m。变电站内不需进消防车的道路宽度则可适当减小。主要设备运输道路的宽度（一般指主变压器运输道路），按主变运输和大修时用平板车或利用汽车吊作业的要求确定。

2.0.7 保留原规范第2.0.5条内容。本条文系根据工程实践经验确定。场地的局部坡度过大，将使场地形成冲沟。道路局部坡度过大，将不利于行车、停车及日常运行。明沟和电缆沟的沟底坡度太小时将引起淤积和排水不畅。

当采用连续的进、出线门型架时，平行于母线方向的场地如有坡度，将造成该连续架构各梁的对地距离不等，并给电气与结构的设计带来困难，故与母线平行方向的场地应尽量平整，需要坡度时，不宜太大。

2.0.8 保留原规范第2.0.6条内容。为使建筑物不被积水淹浸及避免场地雨水倒灌电缆沟内，故规定了建筑物内外地面标高及屋外电缆沟壁与地面的高差。

2.0.9 原规范第2.0.7条修改条文。按照现行国家标准《工业企业总平面设计规范》GB 50187要求执行。

2.0.10 原规范第2.0.8条修改条文。变电站设计中应有合适的绿化规划。

3 电气部分

3.1 主变压器

3.1.1 原规范第3.1.1条保留条文。

3.1.2 原规范第3.1.2条保留条文。选择两台主变压器具有较大的灵活性和可靠性，变电站接线较简单。对有一、二级电荷的变电所来说，应列为基本型式。但有些单位主张按三台主变压器设计，其理由是：

1 主变压器的单台容量和变电所的总容量都可以减少，降低投资。对工业企业变电站来说，还可减少电业单位所需的贴费。

2 主变压器可以按变电站的供电负荷、实际增长速度分期逐台安装，使变电所以最经济的方式运行。

3 提高变电站的供电可靠性和灵活性。

但选用两台以上主变压器时，尚应计入增加的电气设备、控制及保护装置、配电装置及场地扩大、年运行费用等因素。因此变电站的主变压器台数应经技术经济比较，综合考虑确定。

3.1.3 原规范第3.1.3条修改条文。随着我国国民经济的发展，电力用户对于供电可靠性的要求日益提高，鉴于本规范所涉及的35kV～110kV变电站与电力用户直接相关，修编后的本条文不再提及一级和二级负荷所占变压器容量的比例，而强调应确保满足全部一、二级负荷用电的要求。本次修编将本条文列为强制性条文，变电站设计中必须严格执行。

3.1.4 原规范第3.1.4条修改条文。调整文字描述，将线圈改为绕组。

3.1.5 新增条文。强调节能与环保要求。

3.1.6 原规范第3.1.5条保留条文。由于我国电力不足，缺电严重，电网电压波动较大。变压器的有载调压是改善电压质量、减少电压波动的有效手段。

对电力系统，一般要求110kV及以下变电站至少采用一级有载调压变压器。因此城网变电站采用有载调压变压器的较多。

对企业变电站，有载调压变压器的采用决定于负荷的性质，如化工企业一般用电负荷比较平稳，供电质量能满足要求，很少采用有载调压变压器，但像钢铁厂等负荷波动较大的企业，则采用有裁调压变压器。

有载调压变压器在价格上比普通变压器贵30%～40%，其检修工作量也比普通变压器增加1/3。因此，本条规定经计算在电压质量不能满足要求时，应采用有载调压变压器。

3.2 电气主接线

3.2.1 原规范第3.2.1条修改条文。"便于扩建"是考虑变电所分期建设时，接线能较方便地从初期形式分期过渡到最终接线，使在一次和二次设备装置方面所需的改动最小，减少扩建过程中所造成的停电损失和可能发生的事故。

增加减少电压等级和简化接线的设计要求。

3.2.2 原规范第3.2.2条保留条文。强调当采用桥形、线路变压器组或线路分支接线（即T接）等断路器较少或不用断路器的接线时，应满足运行要求。例如，采用线路变压器组接线时，主变压器应有可靠的保护，如不用断路器时，可采取远方跳电源侧断路器的措施，采用线路分支接线时，分支线需包括在线路的继电保护范围之内，且线路分支接线应不使原来的系统继电保护性能显著变坏。

3.2.3、3.2.4 原规范第3.2.3条拆分为本规范第3.2.3条及第3.2.4条。在线路数较多时采用双母线，其特点是便于系统中的功率分配，母线事故后停电范围小恢复供电快，便于对母线及母线设备进行检修试验，对供电影响较小。因此，规定当35kV～63kV线路为8回及以上、110kV线路为6回及以上时，采用双母线接线。多数变电所的实际情况也是如此。

根据电网技术与设备水平的不断提高，本规范拟不再建议在35kV～110kV变电站装设旁路设施，原规范第3.2.4条内容删除。

3.2.5 原规范第3.2.5条修改条文。明确母线分段方式应满足变电站负荷分配的要求；删除旁路母线相关内容。

3.2.6 原规范第3.2.6条保留条文。变压器分列运行，限流效果显著，是现在广泛采用的限流措施。当不具备分列运行条件时，也可选择采用高阻抗低损耗变压器、在变压器回路中装设电抗器或分裂电抗器等方式。

3.2.7 原规范第3.2.7条保留条文。

3.3 配电装置

3.3.1 原规范第3.10.1条保留条文。

3.3.2、3.3.3 新增条文。明确配电装置设计应遵循的基本原则。

3.4 无功补偿

3.4.1～3.4.3 由原规范第3.7.1条～第3.7.6条内容整合而成。目前变电站无功功率补偿装置型式已不仅限于并联电容器，设计应根据变电站具体情况选择合适的无功补偿装置。

原规范所述的并联电容器装置设计要求，本规范以应符合现行国家标准《并联电容器装置设计规范》GB 50227的规定而予以简化。

3.5 过电压保护和接地设计

3.5.1 原规范第3.13.1条修改条文。目前国家标准《交流电气装置的过电压保护和绝缘配合设计规范》GB 50064尚处于编制阶段，在此标准正式颁布之前，应执行现行的电力行业标准。

3.5.2 原规范第3.14.1条修改条文。目前国家标准《交流电气装置的接地设计规范》GB 50065尚处于编制阶段，在此标准正式颁布之前，应执行现行的电力行业标准。

3.5.3 新增条文。明确变电站建筑物接地设计的要求。

3.6 站用电系统

3.6.1 原规范第3.3.1条修改条文。站用变压器是供给变电站的操作、照明及其他动力用电的电源，应保证可靠供电。因此，变电站宜装设两台容量按全所计算负荷选择的站用变压器，以保证相互切换和轮换检修。若可由站外引入一个可靠的站用低压电源时，也可只设一台站用变压器。

在只有一条电源进线的35kV变电站中，为在主变压器停电后能够取得站用电源，规定此种情况下，站用变压器应接在断路器的电源侧。

3.6.2 新增条文。明确接地变压器兼作站用变压器使用情况下的设计要求。

3.6.3 新增条文。变电站站用电低压供电系统的基本设计要求。

3.6.4 原规范第3.3.5条修改条文。新增设置漏电保护装置要求。

3.7 直流系统

3.7.1 原规范第3.3.2条保留条文。本条是根据变电所直流系统的运行经验，采用单母线或分段单母线接线较为清晰可靠。

3.7.2 原规范第3.3.3条修改条文。变电站应提供不间断供电的直流电源为继电保护装置供电，蓄电池组与整流装置组成的电源装置可满足以上要求。蓄电池组的容量是按照事故持续放电容量或最大冲击负荷选择。平时蓄电池组处于浮充电状态，当直流负荷突然增大（断路器合闸或交流电停电）时蓄电池组放电，以满足直流负荷的需要。由此可见，蓄电池组与整流装置组成的电源装置是一种独立的电源型式，它不受电力网的影响。在变电站内发生任何事故时，甚至在交流电全部停电的情况下，它也能保证直流系统中的用电设备可靠而连续地工作。因而它是一种可靠的电源型式，可作为变电站中的直流操作电源。

根据目前工程实践，本条中取消原规范对蓄电池型式的规定。

3.7.3 新增条文。高频开关充电装置是目前变电站直流系统中广泛采用的整流装置。

3.7.4 原规范第3.3.4条修改条文。当变电站出现全站事故停电时，为满足查找故障和切换电源的需要，应对必要的信号及事故照明提供保证一定时间的所用电源，此时由蓄电池组供电。在事故放电末期，还应由蓄电池组提供合闸电源，以恢复交流供电。因而蓄电池组的容量应按事故停电期间的放电容量及事故放电末期最大冲击负荷确定。

有人值班变电站的事故停电时间参照发电厂的设计取值为1h；鉴于事故处理时间因素，无人值班变电站的事故停电时间适当放大至2h。

3.7.5 新增条文。变电站通信设施用直流电源的设计规定。

3.8 照 明

3.8.1 原规范第3.6.1条修改条文。现行国家标准《建筑照明设计标准》GB 50034对工业企业电气照明光源、照明方式及照明种类、照度、灯具照明供电等都有明确要求，因此变电所照明设计也应符合该标准的基本规定。

3.8.2 原规范第3.6.2条保留条文。由于事故照明的方式直接与直流操作电源型式有关，故应配合本规范第3.7.2条的规定选用。例如，装有铅酸蓄电池的变电所，采用交流电源停电后自动切换至蓄电池组的方式或采用工作照明兼作事故照明方式；装有大容量镉镍蓄电池组的变电所，因镉镍蓄电池组允许的短时冲击值较大，使镉镍蓄电池容量的安时数小于铅酸蓄电池，为了减少事故时的照明容量，可采用一部分工作照明兼作事故照明的方式，另一部分则在事故处理需要时，手动投入事故照明的方式；装有小容量镉镍蓄电池组的变电所，在直流操作电源有裕度的情况下，除控制室内装设一盏工作照明兼作事故照明灯以外，其余的可采用在事故处理时临时手动投入事故照明灯的方式；在没有直流事故照明容量的情况下，可装设少量的自动切换应急灯作为事故照明；无人值班的变电所一般不装设事故照明自动投切装置。

3.8.3 原规范第3.6.3条修改条文。简化了原条文内容，突出强调“维修安全”。

3.8.4 原规范第3.6.4条修改条文。此规定的目的是避免由于观察屏面所产生的眩光和反射光直接影响运行操作。

3.8.5 原规范第3.6.5条修改条文。根据工程实践经验，装有铅酸蓄电池的室内，含有氢气成分，在有火花的情况下，容易引起着火、爆炸危险。目前，变电站内虽然采用了防酸隔爆铅酸蓄电池组，但还缺少含氢量的分析研究数据，而且采用防爆灯具投资增加极少，故对于铅酸蓄电池室仍按防爆灯具考虑，且不应装设可能产生火花的电器。

3.8.6 原规范第3.6.6条修改条文。电缆隧道内的照明电压由不宜高于36V改为不宜高于24V，提高了安全等级要求。如电压高于24V，对于容易被人触及的灯具应采取在灯具外设罩、网等防止触电的措施，并敷设灯具外壳用的接地线。

3.9 控制室电气二次布置

3.9.1 原规范第3.4.1条修改条文。无人值班变电站一般不设控制室，故明确此条适用于有人值班变电站。

控制室是整个变电站的控制中心，是运行值班人员工作的场所，又是全站电缆汇集的中心，因而控制室应位于便于运行维护、操作巡视和使用电缆最短的地方，并应布置在朝阳的房间，以获得良好的采光和适宜的温度。

3.9.2 原规范第3.4.2条保留条文。控制屏台的排列次序与配电间隔的次序尽可能对应。这样可便于值班人员记忆，缩短判别和处理事故时间，减少误操作。

3.9.3 原规范第3.4.3条修改条文。增加备用屏位的设置要求。

3.9.4 原规范第3.4.4条修改条文。明确无人值班变电站不宜设控制室。

3.10 监控及二次接线

3.10.1 原规范第3.5.1条修改条文。本条规定涉及安全的电气设备宜采用就地操作方式。

3.10.2 新增条文。明确无人值班变电站设备的控制要求。

3.10.3 新增条文。

3.10.4、3.10.5 原规范第3.5.2条修改条文。将原条文拆分为两条并简化文字描述。区分有人值班变电站与无人值班变电站在事故信号方面的不同要求。

3.10.6 原规范第 3.5.3 条修改条文。隔离开关与断路器、接地刀闸之间，应装设电气闭锁装置，以防止带负荷拉合隔离开关、带接地合闸及误拉合断路器，并增加了防止误入屋内有电间隔等的连锁要求。

闭锁连锁回路电源与继电保护、控制信号回路的电源分开，主要是为满足安全可靠的要求。

3.10.7～3.10.9 新增条文。这几条符合目前变电站设计的实际需要。

3.10.10 新增条文。安全技术防范系统包括：图像监视和安全警卫系统。

3.11 继电保护和自动装置

3.11.1 原规范第 3.11.1 条修改条文。将原条文拆分为两条并调整文字描述。

3.11.2 新增条文。现行国家标准《电力装置的继电保护和自动装置设计规范》GB/T 50062 主要是针对 110kV 以下电压等级变电站继电保护和自动装置制定的有关规定。

3.12 调度自动化

3.12.1 原规范第 3.9.1 条修改条文。删除原条文中"预留位置"的描述。

3.12.2 原规范第 3.9.2 条修改条文。根据"四遥"的概念增加"遥调"一项，并提出应满足信息采集和传送要求。

3.12.3 新增条文。明确变电站调度自动化的通道要求。

3.12.4 原规范第 3.9.7 条修改条文。明确变电站调度自动化应采用不间断电源供电。

3.12.5 新增条文。符合目前变电站设计的实际需要。

3.13 计量与测量

3.13.1 原规范第 3.12.1 条修改条文。将原条文拆分为两条并调整文字描述。

3.13.2 新增条文。现行行业标准《电能量计量系统设计技术规程》DL/T 5202 主要针对电能计量的有关规定，更符合目前变电站设计的实际需要，并可能随着电子式互感器的应用而修订。

3.14 通 信

3.14.1 新增条文。本条规定了变电站通信设计的基本原则要求。

3.14.2 原规范第 3.9.6 条修改条文。细化变电站通信方式的分类并明确要求。

3.14.3、3.14.4 新增条文。

规定变电站通信设计的电源及布置要求。

3.15 电缆敷设

3.15.1 原规范第 3.8.1 条～第 3.8.4 条修改条文。原规范相关内容已包括在现行国家标准《电力工程电缆设计规范》GB 50217 中。

3.15.2 新增条文。本条规定的目的在于避免任一站用电源回路电缆起火燃烧后把同一通道内其他站用电源回路电缆一并烧毁，造成站用电源全失的严重后果。

3.15.3 新增条文。本条规定的目的在于避免高压电力电缆起火燃烧后把同一通道内的控制电缆一并烧毁，导致故障发生时保护无法及时动作，造成故障范围扩大的严重后果。

3.15.4 新增条文。电缆中间接头是电缆绝缘的薄弱环节，如电缆中间接头制作质量不良、压接头不紧、接触电阻过大，长期运行会造成中间接头过热，从而烧穿绝缘。由于变电站内单根电缆的敷设长度不大，没有采用中间接头的必要性。

4 土建部分

4.1 一般规定

4.1.1 新增条文。明确变电站土建设计应满足的国家标准。

4.1.2 原规范第 4.1.1 条修改条文。将原条文中关于建筑设计与环境协调方面的要求放入第 2.0.1 条。

4.1.3 原规范第 4.1.2 条修改条文。根据现行国家标准《建筑结构可靠度设计统一标准》GB 50068 的规定，我国的建筑结构应按极限状态设计原则进行设计，据此本规范制订了有关极限设计的条文。在采用极限设计方法时，本规范按照现行国家标准《建筑结构可靠度设计统一标准》GB 50068 所规定的总的原则，再根据变电站的实际情况确定了结构重要性系数及与荷载和荷载组合有关的各种系数；至于结构的设计强度或材料的设计应力，则应遵照现行国家标准《钢结构设计规范》GB 50017、《混凝土结构设计规范》GB 50010 以及其他现行国家标准的有关规定采用。

按现行规范的表达式，删除了原条文中关于建筑物的内容。

4.1.4 原规范第 4.1.3 条修改条文。按现行国家标准《建筑结构可靠度设计统一标准》GB 50068 的规定，建筑物、构筑物的安全等级分一级、二级、三级，一般的建筑物、构筑物多数采用二级，35kV～110kV 变电站的建筑物、构筑物也属二级范畴。

4.1.5 原规范第 4.1.4 条修改条文。按现行规范的表达式修改分项系数。

4.2 荷 载

4.2.1 原规范第 4.2.1 条修改条文。荷载的分类系根据现行国家标准《建筑结构荷载规范》BG 50009

规定的原则确定。其中，将变电站特有的导线荷载、设备荷载列入永久荷载，增加了土重荷载；增加安装及检修时临时性荷载，地震作用、温度变化等要计算的作用也列入可变荷载；（稀有）风荷载或（稀有）冰荷载是根据送变电专业以往的工程实践经验提出的，即对某些地区的某些重要工程，只考虑常规的风或冰荷载尚感不够，而需要对历史上曾经出现过的最严重的风（或冰）荷载进行验算。由于这种荷载出现的几率极为稀少，故作为偶然荷载来处理。

4.2.2 原规范第4.2.2条修改条文。根据现行国家标准《建筑结构荷载规范》GB 50009的规定，本条中列表描述导线荷载的分项系数。

4.2.3 原规范第4.2.3条修改条文。根据现行国家标准《建筑结构荷载规范》GB 50009的规定，将构筑物的大风情况下连续架构的温度变化作用组合值系数由原条文的0.8改为0.85。

4.2.4 原规范第4.2.4条修改条文。调整格式编排，将原规范附录四的表格放于正文中。

房屋建筑的楼面活荷载按理应根据设备在施工、安装及运行过程中产生的实际荷载来确定，本规范为了设计方便对不同的房间规定了活荷载的标准值，这是对设备及其他荷载作了分析归纳后得到的。但由于设备的种类很多，且经常变化，故使用者应结合实际设备情况作分析后使用，如发现实际的设备荷载超出本规范的规定值时则应取较大的荷载进行设计。

4.2.5 原规范第4.2.5条修改条文。按照现行国家标准调整运行及地震情况下的荷载要求。

根据现行国家标准《建筑结构荷载规范》GB 50009，将运行情况下气象条件的取值年限由原规范的30年一遇改为50年一遇；地震条件下的荷载调整系数按现行国家标准《构筑物抗震设计规范》GB 50191的规定选取。

4.2.6 原规范第4.2.6条修改条文。按照现行国家标准调整运行及地震情况下的荷载要求。

根据现行国家标准《建筑结构荷载规范》GB 50009，将运行情况下大风条件的取值年限由原规范的30年一遇改为50年一遇；地震条件下的荷载调整系数按现行国家标准《构筑物抗震设计规范》GB 50191的规定选取。

4.2.7 原规范第4.2.8条修改条文。本条系在总结以往工程设计实际经验的基础上提出。

根据目前变电站内导线施工均采用吊车，本次修编取消原规范第4.2.7条。

4.2.8 新增条文。明确变电站的室外电缆沟荷载取值要求。

4.3 建 筑 物

4.3.1 原规范第4.3.1条修改条文。主控制楼的各层层高系根据工程实践经分析后确定。为便于工程设计运用，本次修编中规定主控制楼各分部的层高按照净高设计，并统一主控制室与继电器室的净高要求。

4.3.2 原规范第4.3.2条修改条文。明确变电站控制室的建筑设计原则。按照目前工程实际，本规范修编中取消原条文关于控制屏与继电器屏分室布置的设计要求。

4.3.3 原规范第4.3.3条修改条文。明确重要建筑的防水等级应采用Ⅱ级。为提高排水效率，将屋面排水坡度的下限值由原规范规定的2%提高至3%。

4.3.4 原规范第4.3.4条修改条文。根据变电站的特殊要求增加屏蔽设计说明，例如防静电地板。

随着全密封蓄电池在本规范所涉及的变电站中广泛采用，本规范取消对蓄电池室建筑防腐的设计要求，即删除原规范第4.3.5条。

删除原规范第4.3.6条～第4.3.9条，变电站建筑物抗震设计执行国家标准《建筑物抗震设计规范》的规定。

4.4 构 筑 物

4.4.1 原规范第4.4.1条修改条文。规定变电站构筑物型式的选择原则。

4.4.2 将原规范第4.4.2条～第4.4.5条合并。具体内容参考国家现行标准《110kV～750kV架空输电线路设计规范》GB 50545和《火力发电厂土建结构设计技术规定》DL 5022中的相关条款。

4.4.3、4.4.4 新增条文。规定变电站构筑物的防腐设计要求。

4.4.5、4.4.6 分别为原规范第4.4.6条保留条文、第4.4.7条修改条文。架构梁的高度与跨度之比及柱的根开与柱高之比均系经验数据。根据理论，只要强度与挠度符合要求，这些比值允许超过，特别对受力很小，强度裕度较大的梁及柱更是如此，但另一方面，考虑到外形的协调及人的安全感，此值不宜超过太多。

根据工程实际应用情况，删除了原规范第4.4.7条中钢筋混凝土结构内容。

4.4.7 原规范第4.4.8条修改条文。架构及支架插入基础杯口的最小深度系按不同断面，不同材料及不同受力情况，并根据多年来工程的运行经验及部分试验资料作出不同的规定。

根据工程实际应用情况，删除了钢筋混凝土结构内容。

4.5 采暖、通风和空气调节

4.5.1 原规范第4.5.1条修改条文。明确了本节内容应遵循的国家标准。严寒地区，凡站内有人值班、办公及生活的房间以及工艺、设备需要采暖的房间，均宜设置集中采暖设施。寒冷地区，凡工艺、设备需要采暖的房间和有人值班、办公的房间，宜设置采暖设施。采暖过渡区，主控室等经常有人值班的房间，可根据实际气温条件采用局部采暖设施。采暖方式应根据建筑物的规模、所在地区的气象条件、能源状况、环保要求和当地建设标准等因素，经技术经济比较后确定。

4.5.2 原规范第4.5.2条修改条文。变电站空调系统的形式应根据建筑物的规模和工艺设备房间对室内温湿度的要求确定。工艺无特殊要求时，夏季设计温度为26℃～28℃，相对湿度不宜高于70%，冬季设计温度18℃～20℃。

空调设备一般不考虑备用，在选用设备时宜考虑多台设备的方案，且宜采用直接蒸发式空调器。

4.5.3 新增条文。对于油浸式变压器室，其通风量应按夏季室内排风温度不超过45℃，且进风和排风温差不大于15℃计算。对于干式变压器室，其通风量应按夏季室内排风温度不超过40℃计算。

4.5.4 原规范第4.5.3条修改条文。细化变电站蓄电池室暖通设计要求，增加免维护式蓄电池的通风空调设计内容。

4.5.5、4.5.6 新增条文。室内空气中六氟化硫的含量不得超过6000mg/m^3。由设置在下部的正常通风系统和上部事故排风系统共同保证。

4.6 给水与排水

4.6.1～4.6.4 新增内容。明确变电站取水、水质及排水的设计原则，根据工程经验，提出生活用水水源不宜选用地表水的要求。

5 消　　防

5.0.1、5.0.2 原规范第4.6.1条及第4.6.2条修改条文。明确消防设计要求按照国家相关标准执行，取消原规范附录九、十。

5.0.3、5.0.4 原规范第4.6.3条、第4.6.4条修改条文。体现本规范对变电站建筑及设备防火设计的总体考虑，大致可归纳为下列几点：

1 变电所的火灾绝大部分系由电气设备特别是带油设备所引起，这类火灾用水扑救作用不大，故本规范推荐采用干粉、卤代烷1211等对油类火灾灭火效能较高的推车式或手提式化学灭火器。这类灭火器允许存放的时间较长，需要经常检查及维护的工作也较少，初期投资也较水消防省，且使用比较灵活方便，不需要专业消防队伍，有可能在专业消防队来到之前就可扑灭初起火灾。

2 对设有重要仪器仪表的房间，一旦着火，不宜采用泡沫或二氧化碳灭火器，也不宜采用水消防，因为这类设施用后都可能将未着火的仪器设备污损或破坏。本规范所推荐的灭火后不会引起污损的气体灭火器主要是指卤代烷灭火器，其中卤代烷1211价格比较便宜。

3 对油浸式变压器的消防对策。本规范对这类变压器的初起火灾的基本对策是争取用化学灭火器扑灭或抑制；对由内部故障引起的严重火灾，则依靠防火距离（或防火隔墙）、事故排油设施及化学灭火器来有效地防止火灾的扩大蔓延。

5.0.5 原规范第4.6.7条修改条文。鉴于现行国家标准《火力发电厂与变电站设计防火规范》GB 50229已作明确规定，取消原规范第4.6.5条和第4.6.6条内容。

5.0.6 原规范第4.6.8条保留条文。电缆的火灾事故率较高，但因电缆分布较广，如到处采用固定的灭火设施太不经济，也不现实。为了防止电缆火灾蔓延波及主建筑及各种设备，尽量缩小事故范围并相应缩短修复时间，本规范所推荐的主要措施是分隔及阻燃，例如用防火胶泥等防火材料堵塞主控制室电缆入口处的全部空隙，实践证明可以防止电缆将火灾引进主建筑物。阻燃措施的目的也是为了分隔，例如主控制室与电缆夹层之间的电缆，在楼板上下各1m范围内涂上防火涂料，即可起到阻燃分隔作用，当然如与防火胶泥填嵌孔洞一起使用，效果会更好。较长的电缆沟或电缆隧道，也可采用类似的分段分隔阻燃措施。

5.0.7～5.0.9 新增条文。明确变电站火灾探测及报警系统和消防控制的设计原则。

6 环境保护

6.0.1～6.0.6 新增内容。明确变电站的环境保护设计应遵循的基本原则。

7 劳动安全和职业卫生

7.0.1～7.0.11 新增内容。明确变电站的劳动安全和职业卫生设计应遵循的基本原则。

8 节　　能

8.0.1～8.0.3 新增内容。明确变电站的节能设计应遵循的基本原则。

中华人民共和国国家标准

交流电气装置的接地设计规范

Code for design of ac electrical installations earthing

GB/T 50065—2011

主编部门：中 国 电 力 企 业 联 合 会

批准部门：中华人民共和国住房和城乡建设部

施行日期：2 0 1 2 年 6 月 1 日

中华人民共和国住房和城乡建设部
公　告

第1216号
关于发布国家标准
《交流电气装置的接地设计规范》的公告

现批准《交流电气装置的接地设计规范》为国家标准，编号为GB/T 50065—2011，自2012年6月1日起实施。原《工业与民用电力装置的接地设计规范》GBJ 65—83同时废止。

本规范由我部标准定额研究所组织中国计划出版社出版发行。

中华人民共和国住房和城乡建设部

二〇一一年十二月五日

前　言

本规范是根据原建设部《关于印发〈二〇〇四年工程建设国家标准制订、修订计划〉的通知》（建标〔2004〕67号）的要求，由中国电力科学研究院会同有关单位对原国家标准《工业与民用电力装置的接地设计规范》GBJ 65—83进行修订而成的。

本规范在修订过程中，修订组经过调查研究，广为搜集近年来随着电力系统的发展对电气工程中交流电气装置接地技术提出的新要求以及相关科研成果和工程的实践经验，在原有标准的基础上增添了许多新的内容。在认真处理征求意见稿反馈意见后提出送审稿，最后经审查定稿。

本规范共分8章和9个附录，主要技术内容包括：总则，术语，高压电气装置接地，发电厂和变电站的接地网，高压架空线路和电缆线路的接地，高压配电电气装置的接地，低压系统接地型式、架空线路的接地、电气装置的接地电阻和保护总等电位联结系统，低压电气装置的接地装置和保护导体等。

本规范本次修订的主要内容是：

1. 对本规范的适用范围作了修订，由适用于35kV及以下，扩大到适用于750kV及以下电压等级。同时由于接地要求的不同，将交流电气装置按系统标称电压的区别划分为高压（1kV以上至750kV）和低压（1kV及以下）电气装置。

2. 根据条文内容的修订，适当增加了术语。

3. 规定了接地的种类。随着本规范适用范围的扩大，也将高压电气装置的保护接地的范围加以扩大。

4. 提出了110kV及以上变电站接地网设计的一般要求。对有效接地系统变电站接地网提出了地电位升高的限值和均压要求。针对接地装置防腐蚀要求引入了铜和铜覆钢材料。补充了具有气体绝缘金属封闭开关设备（GIS）变电站的接地，以及发电厂和变电站雷电保护与防静电的接地要求。

5. 对高压架空线路和电缆线路的接地作出了规定。

6. 对高压配电电气装置的接地作出了规定。

7. 参照IEC有关标准和现行国家标准提出低压系统接地型式、架空线路的接地、低压电气装置的接地电阻和保护总等电位联结的规定。

8. 参照IEC有关标准和现行国家标准提出低压电气装置的接地装置和保护导体的要求。

本规范由住房和城乡建设部负责管理，由中国电力企业联合会标准化管理中心负责具体管理，由中国电力科学研究院负责具体技术内容的解释。本规范在执行过程中，请各单位结合工程实践，认真总结经验，如有意见或建议请寄送中国电力科学研究院（地址：北京市海淀区小营东路15号；邮政编码：100192），以便今后修订时参考。

本规范主编单位、参编单位、主要起草人和主要审查人：

主编单位：中国电力科学研究院

参编单位：清华大学

主要起草人：杜澍春　陆家榆　何金良　鞠　勇　郭　剑　葛　栋　曾　嵘

主要审查人：方　静　王　茁　陈俊章　李　晖　董晓辉　梁学宇　曾小超　陈宏明　彭　勇　黄宝莹　丁　杰　马静波　张惠寰　巴　涛　韩敬军　刘庆时　王荣亮　陆宠惠　刘稳坚　陈光华　王碧云　王厚余　黄妙庆　刘　继

目次

1　总则 ………………………………… 1—8—6
2　术语 ………………………………… 1—8—6
3　高压电气装置接地…………………… 1—8—7
3.1　一般规定 ………………………… 1—8—7
3.2　保护接地的范围 ………………… 1—8—7
4　发电厂和变电站的接地网 ………… 1—8—8
4.1　110kV 及以上发电厂和变电站接地网设计的一般要求 ………………… 1—8—8
4.2　接地电阻与均压要求 …………… 1—8—8
4.3　水平接地网的设计 ……………… 1—8—9
4.4　具有气体绝缘金属封闭开关设备变电站的接地………………………… 1—8—11
4.5　雷电保护和防静电的接地 ……… 1—8—12
5　高压架空线路和电缆线路的接地 …………………………………… 1—8—12
5.1　高压架空线路的接地…………… 1—8—12
5.2　6kV～220kV 电缆线路的接地 …… 1—8—13
6　高压配电电气装置的接地………… 1—8—14
6.1　高压配电电气装置的接地电阻…… 1—8—14
6.2　高压配电电气装置的接地装置…… 1—8—14
7　低压系统接地型式、架空线路的接地、电气装置的接地电阻和保护总等电位联结系统 ……………… 1—8—15
7.1　低压系统接地的型式…………… 1—8—15
7.2　低压架空线路的接地、电气装置的接地电阻和保护总等电位联结系统 ………………………………… 1—8—17
8　低压电气装置的接地装置和保护导体 ………………………………… 1—8—18
8.1　接地装置 ………………………… 1—8—18
8.2　保护导体 ………………………… 1—8—19
8.3　保护联结导体 …………………… 1—8—20
附录 A　土壤中人工接地极工频接地电阻的计算 ……………………… 1—8—20
附录 B　经发电厂和变电站接地网的入地故障电流及地电位升高的计算 ………………………… 1—8—22
附录 C　表层衰减系数 ………………… 1—8—23
附录 D　均匀土壤中接地网接触电位差和跨步电位差的计算 ……………………………… 1—8—23
附录 E　高压电气装置接地导体（线）的热稳定校验 ………………… 1—8—26
附录 F　架空线路杆塔接地电阻的计算 ……………………………… 1—8—27
附录 G　系数 k 的求取方法 ……………… 1—8—28
附录 H　低压接地配置、保护导体和保护联结导体 ………………… 1—8—29
附录 J　土壤和水的电阻率参考值 … 1—8—29
本规范用词说明 …………………………… 1—8—30
引用标准名录 ……………………………… 1—8—30
附：条文说明 ……………………………… 1—8—31

Contents

1 General provisions ······ 1—8—6
2 Terms ······ 1—8—6
3 Earthing of high voltage electrical installations ······ 1—8—7
3.1 General ······ 1—8—7
3.2 Protective earthing ······ 1—8—7
4 Earthing grid of power plant and substation ······ 1—8—8
4.1 General requirement on the design of earthing grid of 110 kV and above power plant and substation ······ 1—8—8
4.2 Requirement on earthing resistance and potential equalizing ······ 1—8—8
4.3 Design of horizontal earthing grid ······ 1—8—9
4.4 Earthing design of substation with Gas Insulated Switchgear ······ 1—8—11
4.5 Design of earthing system for lightning and ESD protection ······ 1—8—12
5 Earthing of high voltage overhead transmission lines and cable lines ······ 1—8—12
5.1 Earthing of high voltage overhead transmission lines ······ 1—8—12
5.2 Earthing of 6kV～220kV cable lines ······ 1—8—13
6 Earthing of high voltage electrical installations in distribution network ······ 1—8—14
6.1 Earthing resistance ······ 1—8—14
6.2 Earthing devices ······ 1—8—14
7 Earthing method types of low-voltage power network, earthing of overhead transmission line, earthing resistance and protective equipotential bonding system of electrical installations ······ 1—8—15
7.1 Types of earthing method ······ 1—8—15
7.2 Earthing of low voltage overhead line, earthing resistance and protective equipotential bonding system ······ 1—8—17
8 Earthing devices and protective conductor of low voltage electrical installations ······ 1—8—18
8.1 Earthing devices ······ 1—8—18
8.2 Protective conductor ······ 1—8—19
8.3 Protective bonding conductor ······ 1—8—20
Appendix A Calculation method of power-frequency earthing resistance of artificial earthing electrode in soil ······ 1—8—20
Appendix B Calculation method of short-circuit current and the consequent ground potential rise through earthing grid of power plant and substation into soil ······ 1—8—22
Appendix C Determination of attenuation coefficient of surface soil layer ······ 1—8—23
Appendix D Calculation method of touch potential difference and step potential difference ······ 1—8—23
Appendix E Thermal stability check of earthing conductor of high voltage electrical installations ······ 1—8—26
Appendix F Calculation method of earthing resistance of

power transmission tower ······················ 1—8—27
Appendix G Calculation method of coefficient *k* ·············· 1—8—28
Appendix H Specification of the low voltage earthing device, protective conductor and protective bonding conductor ·················· 1—8—29
Appendix J Recommended resistivity values of earth and water ························ 1—8—29
Explanation of wording in this code ··································· 1—8—30
List of quoted standards ················ 1—8—30
Addition: Explanation of provisions ······························· 1—8—31

1 总 则

1.0.1 为使交流电气装置的接地设计在电力系统运行和故障时能保证电气装置和人身的安全，做到技术先进、经济合理，制定本规范。

1.0.2 本规范适用于交流标称电压1kV以上至750kV发电、变电、送电和配电高压电气装置，以及1kV及以下低压电气装置的接地设计。

1.0.3 交流电气装置的接地设计，应遵循规定的设计步骤。设计方案、接地导体（线）和接地极材质的选用等，应因地制宜。土壤情况比较复杂地区的重要发电厂和变电站的接地网，宜经经济技术比较后确定设计方案。

1.0.4 交流电气装置的接地设计，除应符合本规范外，尚应符合国家现行有关标准的规定。

2 术 语

2.0.1 接地 earth

在系统、装置或设备的给定点与局部地之间做电连接。

2.0.2 系统接地 system earthing

电力系统的一点或多点的功能性接地。

2.0.3 保护接地 protective earthing

为电气安全，将系统、装置或设备的一点或多点接地。

2.0.4 雷电保护接地 lightning protective earthing

为雷电保护装置（避雷针、避雷线和避雷器等）向大地泄放雷电流而设的接地。

2.0.5 防静电接地 static protective earthing

为防止静电对易燃油、天然气贮罐和管道等的危险作用而设的接地。

2.0.6 接地极 earthing electrode

埋入土壤或特定的导电介质（如混凝土或焦炭）中与大地有电接触的可导电部分。

2.0.7 接地导体（线） earthing conductor

在系统、装置或设备的给定点与接地极或接地网之间提供导电通路或部分导电通路的导体（线）。

2.0.8 接地系统 earthing system

系统、装置或设备的接地所包含的所有电气连接和器件。

2.0.9 接地装置 earth connection

接地导体（线）和接地极的总和。

2.0.10 接地网 earth-electrode network

接地系统的组成部分，仅包括接地极及其相互连接部分。

2.0.11 集中接地装置 concentrated earth connection; concentrated grounding connection

为加强对雷电流的散流作用、降低对地电位而敷设的附加接地装置，敷设3根～5根垂直接地极。在土壤电阻率较高的地区，则敷设3根～5根放射形水平接地极。

2.0.12 接地电阻 earthing resistance

在给定频率下，系统、装置或设备的给定点与参考地之间的阻抗的实部。

2.0.13 工频接地电阻 power frequency earthing resistance

根据通过接地极流入地中工频交流电流求得的电阻。

2.0.14 冲击接地电阻 impulse earthing resistance

根据通过接地极流入地中冲击电流求得的接地电阻（接地极上对地电压的峰值与电流的峰值之比）。

2.0.15 地电位升高 earth potential rise

电流经接地装置的接地极流入大地时，接地装置与参考地之间的电位差。

2.0.16 接触电位差 touch potential difference

接地故障（短路）电流流过接地装置时，大地表面形成分布电位，在地面上到设备水平距离为1.0m处与设备外壳、架构或墙壁离地面的垂直距离2.0m处两点间的电位差。

2.0.17 最大接触电位差 maximal touch potential difference

接地网孔中心对接地网接地极的最大电位差。

2.0.18 跨步电位差 step potential difference

接地故障（短路）电流流过接地装置时，地面上水平距离为1.0m的两点间的电位差。

2.0.19 最大跨步电位差 maximal step potential difference

接地网外的地面上水平距离1.0m处对接地网边缘接地极的最大电位差。

2.0.20 转移电位 diverting potential

接地故障（短路）电流流过接地系统时，由一端与接地系统连接的金属导体传递的接地系统对参考地之间的电位。

2.0.21 外露可导电部分 exposed conductive part

设备上能触及到的可导电部分，它在正常情况下不带电，但在基本绝缘损坏时会带电。

2.0.22 外界可导电部分 extraneous conductive part

非电气装置的，且易于引入电位的可导电部分，该电位通常为局部电位。

2.0.23 中性导体 neutral conductor

电气上与中性点连接并能用于配电的导体。

2.0.24 保护导体 protective conductor (PE)

为了安全目的设置的导体。

2.0.25 保护中性导体 PEN conductor (PEN)

具有中性导体和保护导体两种功能的导体。

2.0.26 等电位联结 equipotential bonding

为达到等电位，多个可导电部分间的电连接。

2.0.27 保护总等电位联结系统 protective equipotential bonding system (PEBS)

用于保护的为实现可导电部分之间的等电位联结而将这些部分相互连接。

2.0.28 直流偏移 dc offset

电力系统暂态情况下，实际电流与对称电流波形之间的差异。

2.0.29 接地故障对称电流有效值 effective symmetrical ground fault current

接地故障时交流电流有效值。

2.0.30 接地故障不对称电流有效值 effective asymmetrical ground fault current

计及直流电流分量数值及其衰减特性影响的不对称电流的等价有效值。

2.0.31 衰减系数 decrement factor

接地计算中，对接地故障电流中对称分量电流引入的校正系数，以考虑短路电流的过冲效应。衰减系数 D_f 为接地故障不对称电流有效值 I_f 与接地故障对称电流有效值 I_f 的比值。

2.0.32 接地网最大入地电流 maximum grid current

接地故障电流中经接地网流入地中的电流最大值，供接地设计使用。

2.0.33 接地网入地对称电流 symmetrical grid current

接地网入地电流的对称分量。

2.0.34 故障电流分流系数 fault current division factor

接地网入地对称电流 I_g 与接地故障对称电流 I_f 的比值。

2.0.35 接地故障电流持续时间 continuous time of ground fault current

接地故障出现起直至其终止的全部时间。

2.0.36 放热焊接 exothermic welding

利用金属氧化物与铝之间的氧化还原反应，同时释放出大量的热量和高温熔融金属，进行焊接的方法。

3 高压电气装置接地

3.1 一 般 规 定

3.1.1 电力系统、装置或设备应按规定接地。接地装置应充分利用自然接地极接地，但应校验自然接地极的热稳定性。接地按功能可分为系统接地、保护接地、雷电保护接地和防静电接地。

3.1.2 发电厂和变电站内，不同用途和不同额定电压的电气装置或设备，除另有规定外应使用一个总的接地网。接地网的接地电阻应符合其中最小值的要求。

3.1.3 设计接地装置时，应计及土壤干燥或降雨和冻结等季节变化的影响，接地电阻、接触电位差和跨步电位差在四季中均应符合本规范的要求。但雷电保护接地的接地电阻，可只采用在雷季中土壤干燥状态下的最大值。典型人工接地极的接地电阻可按本规范附录A计算。

3.2 保护接地的范围

3.2.1 电力系统、装置或设备的下列部分（给定点）应接地：

1 有效接地系统中部分变压器的中性点和有效接地系统中部分变压器、谐振接地、低电阻接地以及高电阻接地系统的中性点所接设备的接地端子。

2 高压并联电抗器中性点接地电抗器的接地端子。

3 电机、变压器和高压电器等的底座和外壳。

4 发电机中性点柜的外壳、发电机出线柜、封闭母线的外壳和变压器、开关柜等（配套）的金属母线槽等。

5 气体绝缘金属封闭开关设备的接地端子。

6 配电、控制和保护用的屏（柜、箱）等的金属框架。

7 箱式变电站和环网柜的金属箱体等。

8 发电厂、变电站电缆沟和电缆隧道内，以及地上各种电缆金属支架等。

9 屋内外配电装置的金属架构和钢筋混凝土架构，以及靠近带电部分的金属围栏和金属门。

10 电力电缆接线盒、终端盒的外壳，电力电缆的金属护套或屏蔽层，穿线的钢管和电缆桥架等。

11 装有地线（架空地线，又称避雷线）的架空线路杆塔。

12 除沥青地面的居民区外，其他居民区内，不接地、谐振接地和高电阻接地系统中无地线架空线路的金属杆塔。

13 装在配电线路杆塔上的开关设备、电容器等电气装置。

14 高压电气装置传动装置。

15 附属于高压电气装置的互感器的二次绕组和铠装控制电缆的外皮。

3.2.2 附属于高压电气装置和电力生产设施的二次设备等的下列金属部分可不接地：

1 在木质、沥青等不良导电地面的干燥房间内，交流标称电压 380V 及以下、直流标称电压 220V 及以下的电气装置外壳，但当维护人员可能同时触及电气装置外壳和接地物件时除外。

2 安装在配电屏、控制屏和配电装置上的电测量仪表、继电器和其他低压电器等的外壳，以及当发生绝缘损坏时在支持物上不会引起危险电压的绝缘子金属底座等。

3　安装在已接地的金属架构上，且保证电气接触良好的设备。

4　标称电压220V及以下的蓄电池室内的支架。

5　除本规范第4.3.3条所列的场所外，由发电厂和变电站区域内引出的铁路轨道。

4　发电厂和变电站的接地网

4.1　110kV及以上发电厂和变电站接地网设计的一般要求

4.1.1　设计人员应掌握工程地点的地形地貌、土壤的种类和分层状况，并应实测或搜集站址土壤及江、河、湖泊等的水的电阻率、地质电测部门提供的地层土壤电阻率分布资料和关于土壤腐蚀性能的数据，应充分了解站址处较大范围土壤的不均匀程度。

4.1.2　设计人员应根据有关建筑物的布置、结构、钢筋配置情况，确定可利用作为接地网的自然接地极。

4.1.3　设计人员应根据当前和远景的最大运行方式下一次系统电气接线、母线连接的送电线路状况、故障时系统的电抗与电阻比值等，确定设计水平年的最大接地故障不对称电流有效值。

4.1.4　设计人员应计算确定流过设备外壳接地导体（线）和经接地网入地的最大接地故障不对称电流有效值。

4.1.5　接地网的尺寸及结构应根据站址土壤结构和其电阻率，以及要求的接地网的接地电阻值初步拟定，并宜通过数值计算获得接地网的接地电阻值和地电位升高，且将其与要求的限值比较，并通过修正接地网设计使其满足要求。

4.1.6　设计人员应通过计算获得地表面的接触电位差和跨步电位差分布，并应将最大接触电位差和最大跨步电位差与允许值加以比较。不满足要求时，应采取降低措施或采取提高允许值的措施。

4.1.7　接地导体（线）和接地极的材质和相应的截面，应计及设计使用年限内土壤对其的腐蚀，通过热稳定校验确定。

4.1.8　设计人员应根据实测结果校验设计。当不满足要求时，应补充与完善或增加防护措施。

4.2　接地电阻与均压要求

4.2.1　保护接地要求的发电厂和变电站接地网的接地电阻，应符合下列要求：

1　有效接地系统和低电阻接地系统，应符合下列要求：

1）接地网的接地电阻宜符合下列公式的要求，且保护接地接至变电站接地网的站用变压器的低压侧应采用TN系统，低压电气装置应采用（含建筑物钢筋的）保护总等电位联结系统：

$$R \leqslant 2000/I_G \qquad (4.2.1\text{-}1)$$

式中：R——采用季节变化的最大接地电阻（Ω）；

I_G——计算用经接地网入地的最大接地故障不对称电流有效值（A），应按本规范附录B确定。

I_G应采用设计水平年系统最大运行方式下在接地网内、外发生接地故障时，经接地网流入地中并计及直流分量的最大接地故障电流有效值。对其计算时，还应计算系统中各接地中性点间的故障电流分配，以及避雷线中分走的接地故障电流。

2）当接地网的接地电阻不符合本规范式（4.2.1-1）的要求时，可通过技术经济比较适当增大接地电阻。在符合本规范第4.3.3条的规定时，接地网地电位升高可提高至5kV。必要时，经专门计算，且采取的措施可确保人身和设备安全可靠时，接地网地电位升高还可进一步提高。

2　不接地、谐振接地和高电阻接地系统，应符合下列要求：

1）接地网的接地电阻应符合下列公式的要求，但不应大于4Ω，且保护接地接至变电站接地网的站用变压器的低压侧电气装置，应采用（含建筑物钢筋的）保护总等电位联结系统：

$$R \leqslant \frac{120}{I_g} \qquad (4.2.1\text{-}2)$$

式中：R——采用季节变化的最大接地电阻（Ω）；

I_g——计算用的接地网入地对称电流（A）。

2）谐振接地系统中，计算发电厂和变电站接地网的入地对称电流时，对于装有自动跟踪补偿消弧装置（含非自动调节的消弧线圈）的发电厂和变电站电气装置的接地网，计算电流等于接在同一接地网中同一系统各自动跟踪补偿消弧装置额定电流总和的1.25倍；对于不装自动跟踪补偿消弧装置的发电厂和变电站电气装置的接地网，计算电流等于系统中断开最大一套自动跟踪补偿消弧装置或系统中最长线路被切除时的最大可能残余电流值。

4.2.2　确定发电厂和变电站接地网的型式和布置时，应符合下列要求：

1　110kV及以上有效接地系统和6kV～35kV低电阻接地系统发生单相接地或同点两相接地时，发电厂和变电站接地网的接触电位差和跨步电位差不应超过由下列公式计算所得的数值：

$$U_t = \frac{174 + 0.17\rho_s C_s}{\sqrt{t_s}} \quad (4.2.2\text{-}1)$$

$$U_s = \frac{174 + 0.7\rho_s C_s}{\sqrt{t_s}} \quad (4.2.2\text{-}2)$$

式中：U_t——接触电位差允许值（V）；

U_s——跨步电位差允许值（V）；

ρ_s——地表层的电阻率（m）；

C_s——表层衰减系数，按本规范附录C的规定确定；

t_s——接地故障电流持续时间，与接地装置热稳定校验的接地故障等效持续时间 t_e 取相同值（s）。

2 6kV～66kV不接地、谐振接地和高电阻接地的系统，发生单相接地故障后，当不迅速切除故障时，发电厂和变电站接地装置的接触电位差和跨步电位差不应超过下列公式计算所得的数值：

$$U_t = 50 + 0.05\rho_s C_s \quad (4.2.2\text{-}3)$$

$$U_t = 50 + 0.2\rho_s C_s \quad (4.2.2\text{-}4)$$

3 接触电位差和跨步电位差可按本规范附录D的规定计算。

4.3 水平接地网的设计

4.3.1 发电厂和变电站水平接地网应符合下列要求：

1 水平接地网应利用直接埋入地中或水中的自然接地极，发电厂和变电站接地网除应利用自然接地极外，还应敷设人工接地极。

2 当利用自然接地极和引外接地装置时，应采用不少于2根导线在不同地点与水平接地网相连接。

3 发电厂（不含水力发电厂）和变电站的接地网，应与110kV及以上架空线路的地线直接相连，并应有便于分开的连接点。6kV～66kV架空线路的地线不得直接和发电厂和变电站配电装置架构相连。发电厂和变电站接地网应在地下与架空线路地线的接地装置相连接，连接线埋在地中的长度不应小于15m。

4 在高土壤电阻率地区，可采取下列降低接地电阻的措施：

1）在发电厂和变电站2000m以内有较低电阻率的土壤时，敷设引外接地极；当地下较深处的土壤电阻率较低时，可采用井式、深钻式接地极或采用爆破式接地技术。

2）填充电阻率较低的物质或降阻剂，但应确保填充材料不会加速接地极的腐蚀和其自身的热稳定。

3）敷设水下接地网。水力发电厂可在水库、上游围堰、施工导流隧洞、尾水渠、下游河道或附近的水源中的最低水位以下区域敷设人工接地极。

5 在永冻土地区可采用下列措施：

1）将接地网敷设在溶化地带或溶化地带的水池或水坑中。

2）可敷设深钻式接地极，或充分利用井管或其他深埋在地下的金属构件作接地极，还应敷设深垂直接地极，其深度应保证深入冻土层下面的土壤至少5m。

3）在房屋溶化盘内敷设接地网。

4）在接地极周围人工处理土壤，降低冻结温度和土壤电阻率。

6 在季节冻土或季节干旱地区可采用下列措施：

1）季节冻土层或季节干旱形成的高电阻率层的厚度较浅时，可将接地网埋在高电阻率层下0.2m。

2）已采用多根深钻式接地极降低接地电阻时，可将水平接地网正常埋设。

3）季节性的高电阻率层厚度较深时，可将水平接地网正常埋设，在接地网周围及内部接地极交叉节点布置短垂直接地极，其长度宜深入季节高电阻率层下面2m。

4.3.2 发电厂和变电站接地网除应利用自然接地极外，应敷设以水平接地极为主的人工接地网，并应符合下列要求：

1 人工接地网的外缘应闭合，外缘各角应做成圆弧形，圆弧的半径不宜小于均压带间距的1/2，接地网内应敷设水平均压带，接地网的埋设深度不宜小于0.8m。

2 接地网均压带可采用等间距或不等间距布置。

3 35kV及以上变电站接地网边缘经常有人出入的走道处，应铺设沥青路面或在地下装设2条与接地网相连的均压带。在现场有操作需要的设备处，应铺设沥青、绝缘水泥或鹅卵石。

4 6kV和10kV变电站和配电站，当采用建筑物的基础作接地极，且接地电阻满足规定值时，可不另设人工接地。

4.3.3 有效接地和低电阻接地系统中发电厂和变电站接地网在发生接地故障后地电位升高超过2000V时，接地网及有关电气装置应符合下列要求：

1 保护接地接至变电站接地网的站用变压器的低压侧，应采用TN系统，且低压电气装置应采用（含建筑物钢筋的）保护等电位联结接地系统。

2 应采用扁铜（或铜绞线）与二次电缆屏蔽层并联敷设。扁铜应至少在两端就近与接地网连接。当接地网为钢材时，尚应防止铜、钢连接产生腐蚀。扁铜较长时，应多点与接地网连接。二次电缆屏蔽层两端应就近与扁铜连接。扁铜的截面应满足热稳定的要求。

3 应评估计入短路电流非周期分量的接地网电位升高条件下，发电厂、变电站内6kV或10kV金属氧化物避雷器吸收能量的安全性。

4 可能将接地网的高电位引向厂、站外或将低电位引向厂、站内的设备，应采取下列防止转移电位引起危害的隔离措施：

1）站用变压器向厂、站外低压电气装置供电时，其0.4kV绕组的短时（1min）交流耐受电压应比厂、站接地网地电位升高40%。向厂、站外供电用低压线路采用架空线，其电源中性点不在厂、站内接地，改在厂、站外适当的地方接地。

2）对外的非光纤通信设备加隔离变压器。

3）通向厂、站外的管道采用绝缘段。

4）铁路轨道分别在两处加绝缘鱼尾板等。

5 设计接地网时，应验算接触电位差和跨步电位差，并应通过实测加以验证。

4.3.4 人工接地极，水平敷设时可采用圆钢、扁钢；垂直敷设时可采用角钢或钢管。腐蚀较重地区采用铜或铜覆钢材时，水平敷设的人工接地极可采用圆铜、扁铜、铜绞线、铜覆钢绞线、铜覆圆钢或铜覆扁钢；垂直敷设的人工接地极可采用圆铜或铜覆圆钢等。

接地网采用钢材时，按机械强度要求的钢接地材料的最小尺寸，应符合表4.3.4-1的要求。接地网采用铜或铜覆钢材时，按机械强度要求的铜或铜覆钢材料的最小尺寸，应符合表4.3.4-2的要求。

表 4.3.4-1 钢接地材料的最小尺寸

种类	规格及单位	地上	地下
圆钢	直径（mm）	8	8/10
扁钢	截面（mm^2）	48	48
	厚度（mm）	4	4
角钢	厚度（mm）	2.5	4
钢管	管壁厚（mm）	2.5	3.5/2.5

注：1 地下部分圆钢的直径，其分子、分母数据分别对应于架空线路和发电厂、变电站的接地网。

2 地下部分钢管的壁厚，其分子、分母数据分别对应于埋于土壤和埋于室内混凝土地坪中。

3 架空线路杆塔的接地极引出线，其截面不应小于$50mm^2$，并应热镀锌。

表 4.3.4-2 铜或铜覆钢接地材料的最小尺寸

种类	规格及单位	地上	地下
铜棒	直径（mm）	8	水平接地极为8
			垂直接地极为15
扁铜	截面（mm^2）	50	50
	厚度（mm）	2	2
铜绞线	截面（mm^2）	50	50
铜覆圆钢	直径（mm）	8	10
铜覆钢绞线	直径（mm）	8	10
铜覆扁钢	截面（mm^2）	48	48
	厚度（mm）	4	4

注：1 铜绞线单股直径不小于1.7mm。

2 各类铜覆钢材的尺寸为钢材的尺寸，铜层厚度不应小于0.25mm。

4.3.5 发电厂和变电站接地装置的热稳定校验，应符合下列要求：

1 在有效接地系统及低电阻接地系统中，发电厂和变电站电气装置中电气装置接地导体（线）的截面，应按接地故障（短路）电流进行热稳定校验。接地导体（线）的最大允许温度和接地导体（线）截面的热稳定校验，应符合本规范附录E的规定。

2 校验不接地、谐振接地和高电阻接地系统中，电气装置接地导体（线）在单相接地故障时的热稳定，敷设在地上的接地导体（线）长时间温度不应高于150℃，敷设在地下的接地导体（线）长时间温度不应高于100℃。

3 接地装置接地极的截面，不宜小于连接至该接地装置的接地导体（线）截面的75%。

4.3.6 接地网的防腐蚀设计，应符合下列要求：

1 计及腐蚀影响后，接地装置的设计使用年限，应与地面工程的设计使用年限一致。

2 接地装置的防腐蚀设计，宜按当地的腐蚀数据进行。

3 接地网可采用钢材，但应采用热镀锌。镀锌层应有一定的厚度。接地导体（线）与接地极或接地极之间的焊接点，应涂防腐材料。

4 腐蚀较重地区的330kV及以上发电厂和变电站、全户内变电站、220kV及以上枢纽变电站、66kV及以上城市变电站、紧凑型变电站，以及腐蚀严重地区的110kV发电厂和变电站，通过技术经济比较后，接地网可采用铜材、铜覆钢材或其他防腐蚀措施。

4.3.7 发电厂和变电站电气装置的接地导体（线），应符合下列要求：

1 发电厂和变电站电气装置中，下列部位应采用专门敷设的接地导体（线）接地：

1）发电机机座或外壳，出线柜、中性点柜的金属底座和外壳，封闭母线的外壳。

2）110kV及以上钢筋混凝土构件支座上电气装置的金属外壳。

3）箱式变电站和环网柜的金属箱体。

4）直接接地的变压器中性点。

5）变压器、发电机和高压并联电抗器中性点所接自动跟踪补偿消弧装置提供感性电流的部分、接地电抗器、电阻器或变压器等的接地端子。

6）气体绝缘金属封闭开关设备的接地母线、接地端子。

7）避雷器，避雷针和地线等的接地端子。

2 当不要求采用专门敷设的接地导体（线）接地时，应符合下列要求：

1）电气装置的接地导体（线）宜利用金属构件、普通钢筋混凝土构件的钢筋、穿线的钢管和电缆的铅、铝外皮等，但不得使用蛇皮管、保温管的金属网或外皮，以及低压照明网络的导线铅皮作接地导体（线）。

2）操作、测量和信号用低压电气装置的接地导体（线）可利用永久性金属管道，但可燃液体、可燃或爆炸性气体的金属管道除外。

3）用本款第1）项和第2）项所列材料作接地导体（线）时，应保证其全长为完好的电气通路，当利用串联的金属构件作为接地导体（线）时，金属构件之间应以截面不小于 $100mm^2$ 的钢材焊接。

3 接地导体（线）应便于检查，但暗敷的穿线钢管和地下的金属构件除外。潮湿的或有腐蚀性蒸汽的房间内，接地导体（线）离墙不应小于10mm。

4 接地导体（线）应采取防止发生机械损伤和化学腐蚀的措施。

5 在接地导体（线）引进建筑物的入口处应设置标志。明敷的接地导体（线）表面应涂15mm～100mm宽度相等的绿色和黄色相间的条纹。

6 发电厂和变电站电气装置中电气装置接地导体（线）的连接，应符合下列要求：

1）采用铜或铜覆钢材的接地导体（线）应采用放热焊接方式连接。钢接地导体（线）使用搭接焊接方式时，其搭接长度应为扁钢宽度的2倍或圆钢直径的6倍。

2）当利用钢管作接地导体（线）时，钢管连接处应保证有可靠的电气连接。当利用穿线的钢管作接地导体（线）时，引向电气装置的钢管与电气装置之间，应有可靠的电气连接。

3）接地导体（线）与管道等伸长接地极的连接处宜焊接。连接地点应选在近处，在管道因检修而可能断开时，接地装置的接地电阻应符合本规范的要求。管道上表计和阀门等处，均应装设跨接线。

4）采用铜或铜覆钢材的接地导体（线）与接地极的连接，应采用放热焊接；接地导体（线）与电气装置的连接，可采用螺栓连接或焊接。螺栓连接时的允许温度为250℃，连接处接地导体（线）应适当加大截面，且应设置防松螺帽或防松垫片。

5）电气装置每个接地部分应以单独的接地导体（线）与接地母线相连接，严禁在一个接地导体（线）中串接几个需要接地的部分。

6）接地导体（线）与接地极的连接，接地导体（线）与接地极均为铜（包含铜覆钢材）或其中一个为铜时，应采用放热焊接工艺，被连接的导体应完全包在接头里，连接部位的金属应完全熔化，并应连接牢固。放热焊接接头的表面应平滑，应无贯穿性的气孔。

4.4 具有气体绝缘金属封闭开关设备变电站的接地

4.4.1 具有气体绝缘金属封闭开关设备的变电站，应设置一个总接地网。其接地电阻的要求应符合本规范第4.2节的规定。

4.4.2 气体绝缘金属封闭开关设备区域应设置专用接地网，并应成为变电站总接地网的一个组成部分。该设备区域专用接地网，应由该设备制造厂设计，并应具有下列功能：

1 应能防止故障时人触摸该设备的金属外壳遭到电击。

2 释放分相式设备外壳的感应电流。

3 快速流散开关设备操作引起的快速瞬态电流。

4.4.3 气体绝缘金属封闭开关设备外部近区故障人触摸其金属外壳时，区域专用接地网应保证触及者手—脚间的接触电位差符合下列公式的要求：

$$\sqrt{U_{tmax}^2 + (U'_{tomax})^2} < U_t \qquad (4.4.3)$$

式中：U_{tmax}^2——设备区域专用接地网最大接触电位差，由人脚下的点决定；

U'_{tomax}——设备外壳上、外壳之间或外壳与任何水平/垂直支架之间金属到金属因感应产生的最大电压差；

U_t——接触电位差容许值。

4.4.4 位于居民区的全室内或地下气体绝缘金属封闭开关设备变电站，应校核接地网边缘、围墙或公共道路处的跨步电位差。变电站所在地区土壤电阻率较高时，紧靠围墙外的人行道路宜采用沥青路面。

4.4.5 气体绝缘金属封闭开关设备区域专用接地网与变电站总接地网的连接线，不应少于4根。连接线截面的热稳定校验应符合本规范第4.3.5条的要求。4根连接线截面的热稳定校验电流，应按单相接地故障时最大不对称电流有效值的35%取值。

4.4.6 气体绝缘金属封闭开关设备的接地导体（线）及其连接，应符合下列要求：

1 三相共箱式或分相式设备的金属外壳与其基

座上接地母线的连接方式，应按制造厂要求执行。其采用的连接方式，应确保无故障时所有金属外壳运行在地电位水平。当在指定点接地时，应确保母线各段外壳之间电压差在允许范围内。

2 设备基座上的接地母线应按制造厂要求与该区域专用接地网连接。

3 本条第1款和第2款连接线的截面，应满足设备接地故障（短路）时热稳定的要求。

4.4.7 当气体绝缘金属封闭开关设备置于建筑物内时，建筑物地基内的钢筋应与人工敷设的接地网相连接。建筑物立柱、钢筋混凝土地板内的钢筋等与建筑物地基内的钢筋，应相互连接，并应良好焊接。室内还应设置环形接地母线，室内各种需接地的设备（包括前述各种钢筋）均应连接至环形接地母线。环形接地母线还应与气体绝缘金属封闭开关设备区域专用接地网相连接。

4.4.8 气体绝缘金属封闭开关设备与电力电缆或与变压器/电抗器直接相连时，电力电缆护层或气体绝缘金属封闭开关设备与变压器/电抗器之间套管的变压器/电抗器侧，应通过接地导体（线）以最短路径接到接地母线或气体绝缘金属封闭开关设备区域专用接地网。气体绝缘金属封闭开关设备外壳和电缆护套之间，以及其外壳和变压器/电抗器套管之间的隔离（绝缘）元件，应安装相应的隔离保护器。

4.4.9 气体绝缘金属封闭开关设备置于建筑物内时，设备区域专用接地网可采用钢导体。置于户外时，设备区域专用接地网宜采用铜导体。主接地网也宜采用铜或铜覆钢材。

4.5 雷电保护和防静电的接地

4.5.1 发电厂和变电站雷电保护的接地，应符合下列要求：

1 发电厂和变电站配电装置构架上避雷针（含悬挂避雷线的架构）的接地引下线应与接地网连接，并应在连接处加装集中接地装置。引下线与接地网的连接点至变压器接地导体（线）与接地网连接点之间沿接地极的长度，不应小于15m。

2 主厂房装设直击雷保护装置或为保护其他设备而在主厂房上装设避雷针时，应采取加强分流、设备的接地点远离避雷针接地引下线的入地点、避雷针接地引下线远离电气装置等防止反击的措施。避雷针的接地引下线应与主接地网连接，并应在连接处加装集中接地装置。

主控制室、配电装置室和35kV及以下变电站的屋顶上如装设直击雷保护装置，若为金属屋顶或屋顶上有金属结构时，则应将金属部分接地；屋顶为钢筋混凝土结构时，则应将其焊接成网接地；结构为非导电的屋顶时，则应采用避雷带保护，该避雷带的网格应为8m～10m，并应每隔10m～20m设接地引下线。该接地引下线应与主接地网连接，并应在连接处加装集中接地装置。

3 发电厂和变电站有爆炸危险且爆炸后可能波及发电厂和变电站内主设备或严重影响发供电的建（构）筑物，应采用独立避雷针保护，并应采取防止雷电感应的措施。露天贮罐周围应设置闭合环形接地装置，接地电阻不应超过30Ω，无独立避雷针保护的露天贮罐不应超过10Ω，接地点不应小于2处，接地点间距不应大于30m。架空管道每隔20m～25m应接地1次，接地电阻不应超过30Ω。易燃油贮罐的呼吸阀、易燃油和天然气贮罐的热工测量装置，应用金属导体与相应贮罐的接地装置连接。不能保持良好电气接触的阀门、法兰、弯头等管道连接处应跨接。

4 发电厂和变电站避雷器的接地导体（线）应与接地网连接，且应在连接处设置集中接地装置。

4.5.2 发电厂易燃油、可燃油、天然气和氢气等贮罐、装卸油台、铁路轨道、管道、鹤管、套筒及油槽车等防静电接地的接地位置，接地导体（线）、接地极布置方式等，应符合下列要求：

1 铁路轨道、管道及金属桥台，应在其始端、末端、分支处，以及每隔50m处设防静电接地，鹤管应在两端接地。

2 厂区内的铁路轨道应在两处用绝缘装置与外部轨道隔离。两处绝缘装置间的距离应大于一列火车的长度。

3 净距小于100mm的平行或交叉管道，应每隔20m用金属线跨接。

4 不能保持良好电气接触的阀门、法兰、弯头等管道连接处，也应跨接。跨接线可采用直径不小于8mm的圆钢。

5 油槽车应设置防静电临时接地卡。

6 易燃油、可燃油和天然气浮动式贮罐顶，应用可挠的跨接线与罐体相连，且不应少于2处。跨接线可用截面不小于25mm^{2}的钢绞线、扁铜、铜绞线或覆铜扁钢、覆铜钢绞线。

7 浮动式电气测量的铠装电缆应埋入地中，长度不宜小于50m。

8 金属罐罐体钢板的接缝、罐顶与罐体之间，以及所有管、阀与罐体之间，应保证可靠的电气连接。

5 高压架空线路和电缆线路的接地

5.1 高压架空线路的接地

5.1.1 6kV及以上无地线线路钢筋混凝土杆宜接地，金属杆塔应接地，接地电阻不宜超过30Ω。

5.1.2 除多雷区外，沥青路面上的架空线路的钢筋混凝土杆塔和金属杆塔，以及有运行经验的地区，可不另设人工接地装置。

5.1.3 有地线的线路杆塔的工频接地电阻，不宜超过表 5.1.3 的规定。

表 5.1.3 有地线的线路杆塔的工频接地电阻

土壤电阻率 ρ（Ω·m）	$\rho \leqslant 100$	$100 < \rho \leqslant 500$	$500 < \rho \leqslant 1000$	$1000 < \rho \leqslant 2000$	$\rho > 2000$
接地电阻（Ω）	10	15	20	25	30

5.1.4 66kV 及以上钢筋混凝土杆铁横担和钢筋混凝土横担线路的地线支架、导线横担与绝缘子固定部分或瓷横担固定部分之间，宜有可靠的电气连接，并应与接地引下线相连。主杆非预应力钢筋上下已用绑扎或焊接连成电气通路时，可兼作接地引下线。

利用钢筋兼作接地引下线的钢筋混凝土电杆时，其钢筋与接地螺母、铁横担间应有可靠的电气连接。

5.1.5 高压架空线路杆塔的接地装置，可采用下列型式：

1 在土壤电阻率 $\rho \leqslant 100\Omega \cdot m$ 的潮湿地区，可利用铁塔和钢筋混凝土杆自然接地。发电厂和变电站的进线段，应另设雷电保护接地装置。在居民区，当自然接地电阻符合要求时，可不设人工接地装置。

2 在土壤电阻率 $100\Omega \cdot m < \rho \leqslant 300\Omega \cdot m$ 的地区，除应利用铁塔和钢筋混凝土杆的自然接地外，并应增设人工接地装置，接地极埋设深度不宜小于 0.6m。

3 在土壤电阻率 $300\Omega \cdot m < \rho \leqslant 2000\Omega \cdot m$ 的地区，可采用水平敷设的接地装置，接地极埋设深度不宜小于 0.5m。

4 在土壤电阻率 $\rho > 2000\Omega \cdot m$ 的地区，接地电阻很难降到 30Ω 以下时，可采用 6 根～8 根总长度不超过 500m 的放射形接地极或采用连续伸长接地极。放射形接地极可采用长短结合的方式。接地极埋设深度不宜小于 0.3m。接地电阻可不受限制。

5 居民区和水田中的接地装置，宜围绕杆塔基础敷设成闭合环形。

6 放射形接地极每根的最大长度应符合表 5.1.5 的规定：

表 5.1.5 放射形接地极每根的最大长度

土壤电阻率（Ω·m）	$\rho \leqslant 500$	$500 < \rho \leqslant 1000$	$1000 < \rho \leqslant 2000$	$2000 < \rho \leqslant 5000$
最大长度（m）	40	60	80	100

7 在高土壤电阻率地区应采用放射形接地装置，且在杆塔基础的放射形接地极每根长度的 1.5 倍范围内有土壤电阻率较低的地带时，可部分采用引外接地或其他措施。

5.1.6 计算雷电保护接地装置所采用的土壤电阻率时，应取雷季中最大值，并应按下式计算：

$$\rho = \rho_0 \varphi \qquad (5.1.6)$$

式中：ρ——土壤电阻率，土壤和水的电阻率可参考本规范附录 J 的规定取值（Ω·m）；

ρ_0——雷季中无雨水时所测得的土壤电阻率（Ω·m）；

φ——土壤干燥时的季节系数，应按表 5.1.6 的规定取值。

表 5.1.6 土壤干燥时的季节系数

埋深（m）	φ 值	
	水平接地极	2m～3m 的垂直接地极
0.5	1.4～1.8	1.2～1.4
0.8～1.0	1.25～1.45	1.15～1.3
2.5～3.0	1.0～1.1	1.0～1.1

5.1.7 单独接地极或杆塔接地装置的冲击接地电阻，可按下式计算：

$$R_i = \alpha R \qquad (5.1.7)$$

式中：R_i——单独接地极或杆塔接地装置的冲击接地电阻（Ω）；

R——单独接地极或杆塔接地装置的工频接地电阻（Ω）；

α——单独接地极或杆塔接地装置的冲击系数，可按本规范附录 F 的规定取值。

5.1.8 当接地装置由较多水平接地极或垂直接地极组成时，垂直接地极的间距不应小于其长度的 2 倍；水平接地极的间距不宜小于 5m。

由 n 根等长水平放射形接地极组成的接地装置，其冲击接地电阻可按下式计算：

$$R_i = \frac{R_{hi}}{n} \times \frac{1}{\eta_i} \qquad (5.1.8)$$

式中：R_{hi}——每根水平放射形接地极的冲击接地电阻（Ω）；

η_i——计及各接地极间相互影响的冲击利用系数，可按本规范附录 F 的规定选取。

5.1.9 由水平接地极连接的 n 根垂直接地极组成的接地装置，其冲击接地电阻可按下式计算：

$$R_i = \frac{\frac{R_{vi}}{n} \times R'_{hi}}{\frac{R_{vi}}{n} + R'_{hi}} \times \frac{1}{\eta_i} \qquad (5.1.9)$$

式中：R_{vi}——每根垂直接地极的冲击接地电阻（Ω）；

R'_{hi}——水平接地极的冲击接地电阻（Ω）。

5.2 6kV～220kV 电缆线路的接地

5.2.1 电力电缆金属护套或屏蔽层，应按下列规定接地：

1 三芯电缆应在线路两终端直接接地。线路中有中间接头时，接头处也应直接接地。

2　单芯电缆在线路上应至少有一点直接接地，且任一非接地处金属护套或屏蔽层上的正常感应电压，不应超过下列数值：

1）在正常满负载情况下，未采取防止人员任意接触金属护套或屏蔽层的安全措施时，50V。

2）在正常满负荷情况下，采取防止人员任意接触金属护套或屏蔽层的安全措施时，100V。

3　长距离单芯水底电缆线路应在两岸的接头处直接接地。

5.2.2　交流单芯电缆金属护套的接地方式，应按图5.2.2所示部位接地和设置金属护套或屏蔽层电压限制器，并应符合下列规定：

1　线路不长，且能满足本规范第5.2.1条的规定时，可采用线路一端直接接地方式。在系统发生单相接地故障对临近弱电线路有干扰时，还应沿电缆线路平行敷设一根回流线，回流线的选择与设置应符合下列要求：

1）回流线的截面选择应按系统发生单相接地故障电流和持续时间验算其稳定性。

2）回路线的排列布置方式，应使电缆正常工作时在回流线上产生的损耗最小。

2　线路稍长，一端接地不能满足本规范第5.2.1条的规定，且无法分成3段组成交叉互联时，可采用线路中间一点接地方式，并应按本规范第5.2.2条第1款的规定加设回流线。

3　线路较长，中间一点接地方式不能满足本规范第5.2.1条的规定时，宜使用绝缘接头将电缆的金属护套和绝缘屏蔽均匀分割成3段或3的倍数段，并应按图5.2.2所示采用交叉互联接地方式。

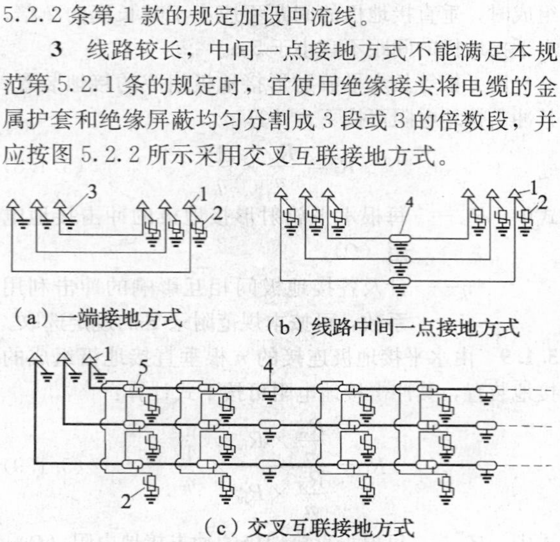

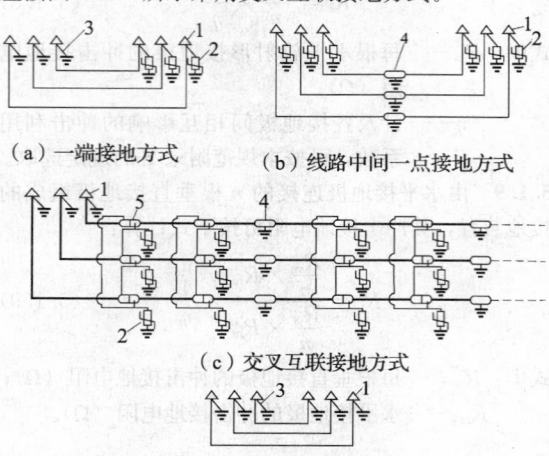

（a）一端接地方式　（b）线路中间一点接地方式

（c）交叉互联接地方式

（d）两端直接接地方式

图5.2.2　采用金属屏蔽层电压限制器时的接地方式

1—电缆终端头；2—金属屏蔽层电压限制器；3—直接接地；4—中间接头；5—绝缘接头

5.2.3　金属护套或屏蔽层电压限制器与电缆金属护套的连接线，应符合下列要求：

1　连接线应最短，3m之内可采用单芯塑料绝缘线，3m以上宜采用同轴电缆。

2　连接线的绝缘水平不得小于电缆外护套的绝缘水平。

3　连接线截面应满足系统单相接地故障电流通过时的热稳定要求。

6　高压配电电气装置的接地

6.1　高压配电电气装置的接地电阻

6.1.1　工作于不接地、谐振接地和高电阻接地系统、向1kV及以下低压电气装置供电的高压配电电气装置，其保护接地的接地电阻应符合下式的要求，且不应大于4Ω：

$$R \leqslant 50/I \qquad (6.1.1)$$

式中：R——因季节变化的最大接地电阻（Ω）；

I——计算用的单相接地故障电流；谐振接地系统为故障点残余电流。

6.1.2　低电阻接地系统的高压配电电气装置，其保护接地的接地电阻应符合本规范公式（4.2.1-1）的要求，且不应大于4Ω。

6.1.3　保护配电变压器的避雷器其接地应与变压器保护接地共用接地装置。

6.1.4　保护配电柱上断路器、负荷开关和电容器组等的避雷器的接地导体（线），应与设备外壳相连，接地装置的接地电阻不应大于10Ω。

6.2　高压配电电气装置的接地装置

6.2.1　户外箱式变压器、环网柜和柱上配电变压器等电气装置，宜敷设围绕户外箱式变压器、环网柜和柱上配电变压器的闭合环形的接地装置。居民区附近人行道路宜采用沥青路面。

6.2.2　与户外箱式变压器和环网柜内所有电气装置的外露导电部分连接的接地母线，应与闭合环形接地装置相连接。

6.2.3　配电变压器等电气装置安装在由其供电的建筑物内的配电装置室时，其所设接地装置应与建筑物基础钢筋等相连。配电变压器室内所有电气装置的外露导电部分应连接至该室内的接地母线，该接地母线应再连接至配电装置室的接地装置。

6.2.4　引入配电装置室的每条架空线路安装的金属氧化物避雷器的接地导体（线），应与配电装置室的接地装置连接，但在入地处应敷设集中接地装置。

7 低压系统接地型式、架空线路的接地、电气装置的接地电阻和保护总等电位联结系统

7.1 低压系统接地的型式

7.1.1 低压系统接地的型式可分为TN、TT和IT等3种。

7.1.2 TN系统可分为单电源系统和多电源系统，并应分别符合下列要求：

1 对于单电源系统，TN电源系统在电源处应有一点直接接地，装置的外露可导电部分应经PE接到接地点。TN系统可按N和PE的配置，分为下列类型：

1）TN-S系统，整个系统应全部采用单独的PE，装置的PE也可另外增设接地（图7.1.2-1～图7.1.2-3）。

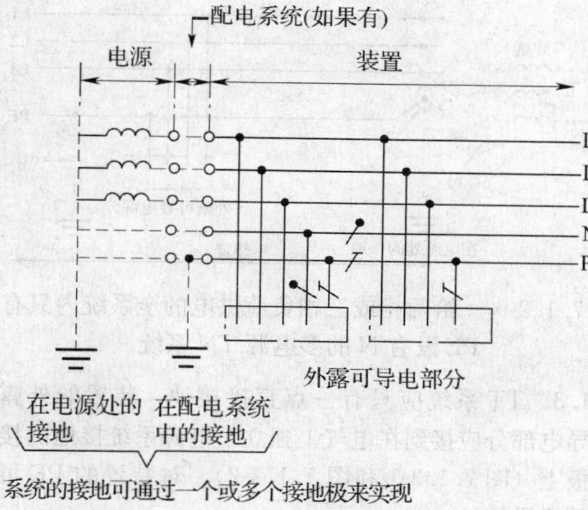

图7.1.2-1 全系统将N与PE分开的TN-S系统

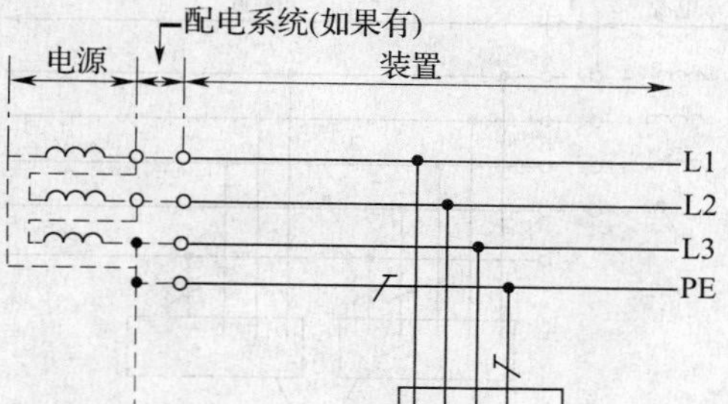

图7.1.2-2 全系统将被接地的相导体与PE分开的TN-S系统

2）TN-C-S系统，系统中的一部分，N的功能和PE的功能合并在一根导体中（图7.1.2-4～图7.1.2-6）。图7.1.2-4中装置的PEN或

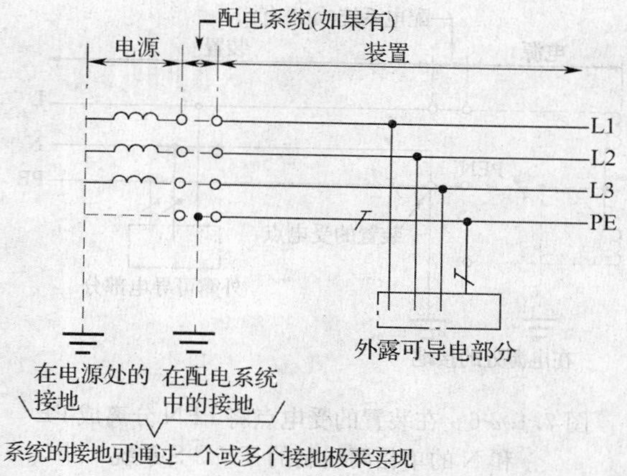

图7.1.2-3 全系统采用接地的PE和未配出N的TN-S系统

PE导体可另外增设接地。图7.1.2-5和图7.1.2-6中对配电系统的PEN和装置的PE导体也可另外增设接地。

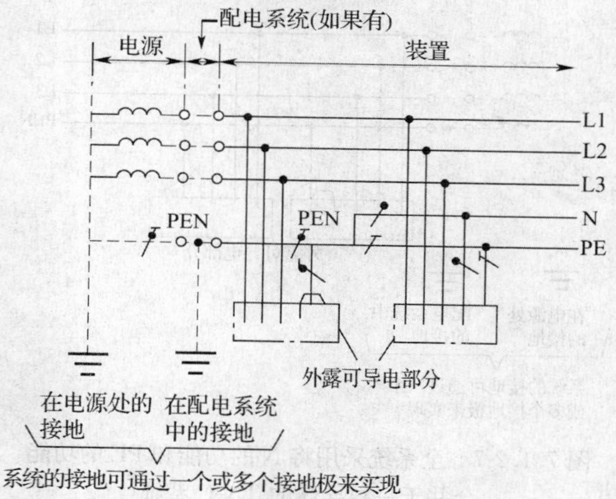

图7.1.2-4 在装置非受电点的某处将PEN分离成PE和N的三相四线制的TN-C-S系统

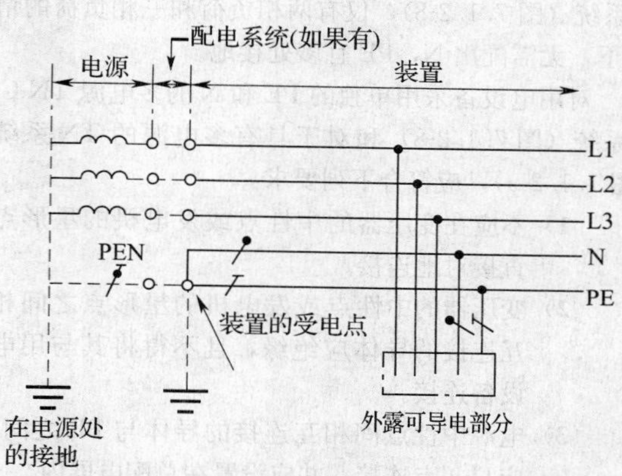

图7.1.2-5 在装置的受电点将PEN分离成PE和N的三相四线制的TN-C-S系统

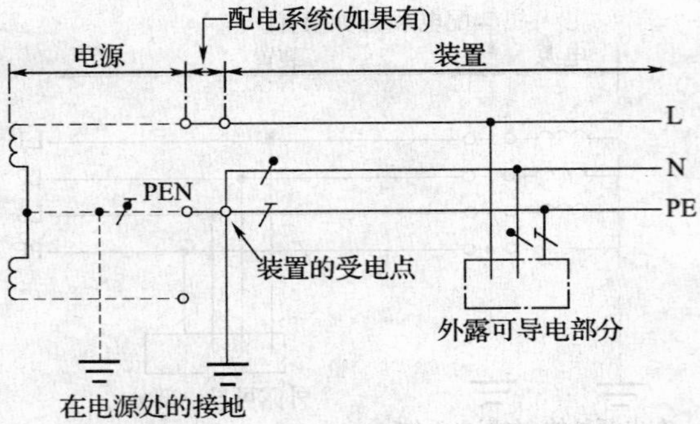

图 7.1.2-6　在装置的受电点将 PEN 分离成 PE 和 N 的单相两线制的 TN-C-S 系统

3）TN-C 系统，在全系统中，N 的功能和 PE 的功能合并在一根导体中（图 7.1.2-7）。装置的 PEN 也可另外增设接地。

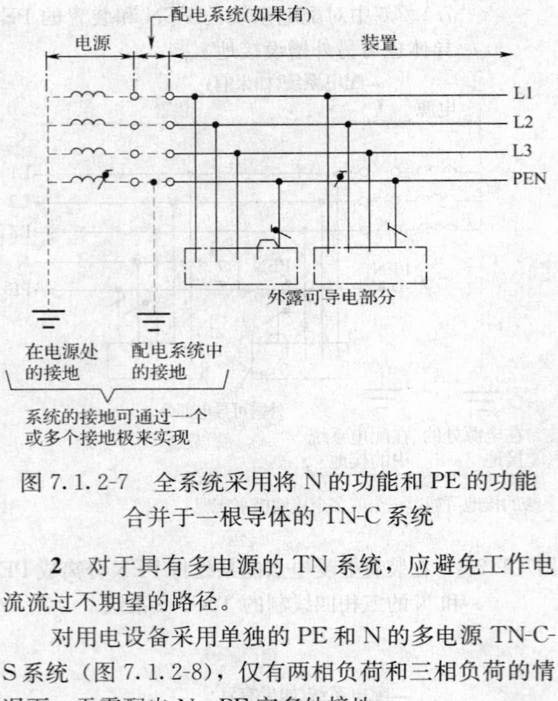

图 7.1.2-7　全系统采用将 N 的功能和 PE 的功能合并于一根导体的 TN-C 系统

2　对于具有多电源的 TN 系统，应避免工作电流流过不期望的路径。

对用电设备采用单独的 PE 和 N 的多电源 TN-C-S 系统（图 7.1.2-8），仅有两相负荷和三相负荷的情况下，无需配出 N，PE 宜多处接地。

对用电设备采用单独的 PE 和 N 的多电源 TN-C-S 系统（图 7.1.2-8）和对于具有多电源的 TN 系统（图 7.1.2-9），应符合下列要求：

1） 不应在变压器的中性点或发电机的星形点直接对地连接。

2） 变压器的中性点或发电机的星形点之间相互连接的导体应绝缘，且不得将其与用电设备连接。

3） 电源中性点间相互连接的导体与 PE 之间，应只一点连接，并应设置在总配电屏内。

4） 对装置的 PE 可另外增设接地。

5） PE 的标志，应符合现行国家标准《人机界面标志标识的基本和安全规则　导体的颜色或数字标识》GB 7947 的有关规定。

6） 系统的任何扩展，应确保防护措施的正常功能不受影响。

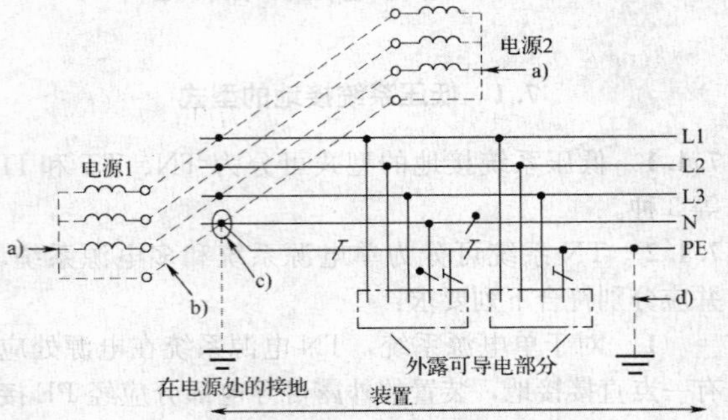

图 7.1.2-8　对用电设备采用单独的 PE 和 N 的多电源 TN-C-S 系统

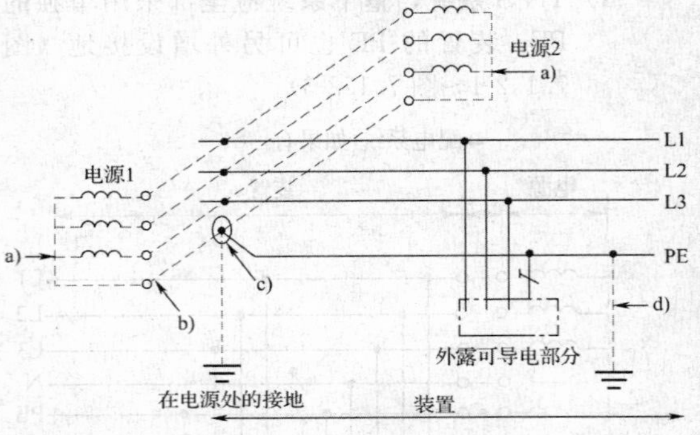

图 7.1.2-9　给两相或三相负荷供电的全系统内只有 PE 没有 N 的多电源 TN 系统

7.1.3　TT 系统应只有一点直接接地，装置的外露可导电部分应接到在电气上独立于电源系统接地的接地极上（图 7.1.3-1 和图 7.1.3-2）。对装置的 PE 可另外增设接地。

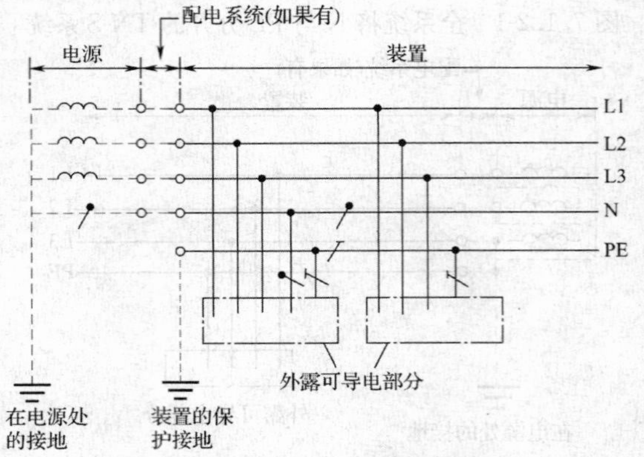

图 7.1.3-1　全部装置都采用分开的中性导体和保护导体的 TT 系统

7.1.4　IT 电源系统的所有带电部分应与地隔离，或某一点通过阻抗接地。电气装置的外露可导电部分，应被单独地或集中地接地，也可按现行国家标准《建

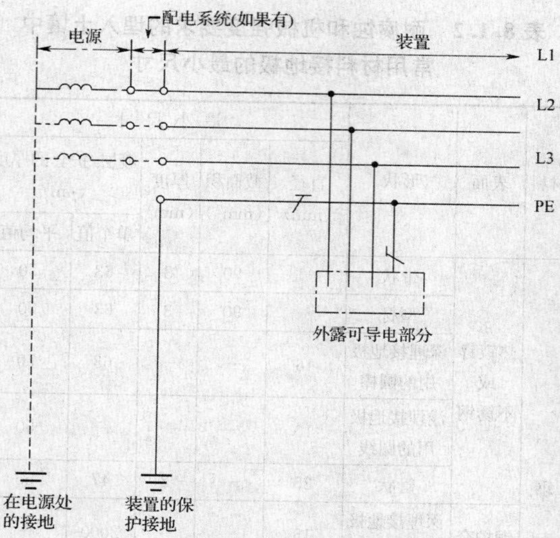

图 7.1.3-2 全部装置都具有接地的保护导体，但不配出中性导体的 TT 系统

筑物电气装置 第4-41部分：安全防护—电击防护》GB 16895.21—2004 的第 413.1.5 条的规定，接到系统的接地上（图 7.1.4-1 和图 7.1.4-2）。对装置的 PE 可另外增设接地，并应符合下列要求：

1 该系统可经足够高的阻抗接地。

2 可配出 N，也可不配出 N。

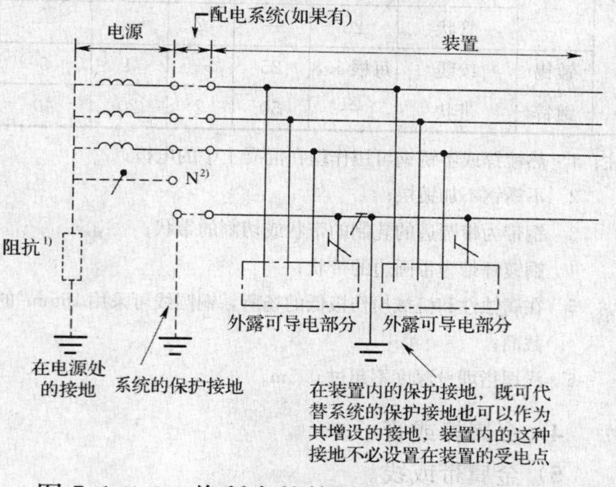

图 7.1.4-1 将所有的外露可导电部分采用 PE 相连后集中接地的 IT 系统

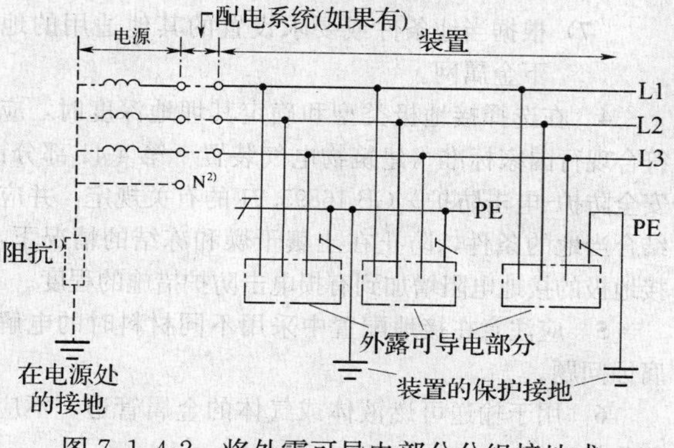

图 7.1.4-2 将外露可导电部分分组接地或独立接地的 IT 系统

7.2 低压架空线路的接地、电气装置的接地电阻和保护总等电位联结系统

7.2.1 单独电源 TN 系统的低压线路和高、低压线路共杆线路的钢筋混凝土杆塔，其铁横担以及金属杆塔本体应与低压线路 PE 或 PEN 相连接，钢筋混凝土杆塔的钢筋宜与低压线路的相应导体相连接。与低压线路 PE 或 PEN 相连接的杆塔可不另做接地。

7.2.2 配电变压器设置在建筑物外其低压采用 TN 系统时，低压线路在引入建筑物处，PE 或 PEN 应重复接地，接地电阻不宜超过 10Ω。

7.2.3 中性点不接地 IT 系统的低压线路钢筋混凝土杆塔宜接地，金属杆塔应接地，接地电阻不宜超过 30Ω。

7.2.4 架空低压线路入户处的绝缘子铁脚宜接地，接地电阻不宜超过 30Ω。土壤电阻率在 200Ω·m 及以下地区的铁横担钢筋混凝土杆线路，可不另设人工接地装置。当绝缘子铁脚与建筑物内电气装置的接地装置相连时，可不另设接地装置。人员密集的公共场所的入户线，当钢筋混凝土杆的自然接地电阻大于 30Ω 时，入户处的绝缘子铁脚应接地，并应设专用的接地装置。

7.2.5 向低压电气装置供电的配电变压器的高压侧工作于不接地、谐振接地和高电阻接地系统，且变压器的保护接地装置的接地电阻符合本规范第 6.1.1 条的要求，建筑物内低压电气装置采用（含建筑物钢筋的）保护总等电位联结系统时，低压系统电源中性点可与该变压器保护接地共用接地装置。

7.2.6 向低压电气装置供电的配电变压器的高压侧工作于低电阻接地系统，变压器的保护接地装置的接地电阻符合本规范第 4.2.1 条的要求，建筑物内低压采用 TN 系统且低压电气装置采用（含建筑物钢筋的）保护总等电位联结系统时，低压系统电源中性点可与该变压器保护接地共用接地装置。

当建筑物内低压电气装置虽采用 TN 系统，但未采用（含建筑物钢筋的）保护总等电位联结系统，以及建筑物内低压电气装置采用 TT 或 IT 系统时，低压系统电源中性点严禁与该变压器保护接地共用接地装置，低压电源系统的接地应按工程条件研究确定。

7.2.7 TT 系统中电气装置外露可导电部分应设保护接地的接地装置，其接地电阻与外露可导电部分的保护导体电阻之和，应符合下式的要求：

$$R_A \leqslant 50/I_a \qquad (7.2.7)$$

式中：R_A ——季节变化时接地装置的最大接地电阻与外露可导电部分的保护导体电阻之和（Ω）；

I_a ——保护电器自动动作的动作电流，当保护电器为剩余电流保护时，I_a 为额定剩余电流动作电流 $I_{\triangle n}$，(A)。

7.2.8 TT系统配电线路内由同一接地故障保护电器保护的外露可导电部分，应用PE连接至共用的接地极上。当有多级保护时，各级宜有各自的接地极。

7.2.9 IT系统各电气装置的外露可导电部分其保护接地可共用同一接地装置，亦可个别地或成组地用单独的接地装置接地。每个接地装置的接地电阻应符合下式的要求：

$$R \leqslant 50/I_d \quad (7.2.9)$$

式中：R——外露可导电部分的接地装置因季节变化的最大接地电阻（Ω）；

I_d——相导体(线)和外露可导电部分间第一次出现阻抗可不计的故障时的故障电流(A)。

7.2.10 低压电气装置采用接地故障保护时，建筑物内电气装置应采用保护总等电位联结系统，并应符合本规范附录H的有关规定。

7.2.11 建筑物处的低压系统电源中性点、电气装置外露导电部分的保护接地、保护等电位联结的接地极等，可与建筑物的雷电保护接地共用同一接地装置。共用接地装置的接地电阻，不应大于各要求值中的最小值。

8 低压电气装置的接地装置和保护导体

8.1 接地装置

8.1.1 低压电气装置的接地装置，应符合下列要求：

1 接地配置可兼有或分别承担防护性和功能性的作用，但首先应满足防护的要求。

2 低压电气装置本身有接地极时，应将该接地极用一接地导体（线）连接到总接地端子上。

3 对接地配置要求中的对地连接，应符合下列要求：

1）对装置的防护要求应可靠、适用。

2）能将对地故障电流和PE电流传导入地。

3）接地配置除保护要求外还有功能性的需要时，也应符合功能性的相应要求。

8.1.2 接地极应符合下列要求：

1 对接地极的材料和尺寸的选择，应使其耐腐蚀又具有适当的机械强度。耐腐蚀和机械强度要求的埋入土壤中常用材料接地极的最小尺寸，应符合表8.1.2的规定。有防雷装置时，应符合现行国家标准《建筑物防雷设计规范》GB 50057的有关规定。

2 接地极应根据土壤条件和所要求的接地电阻值，选择1个或多个。

3 接地极可采用下列设施：

1）嵌入地基的地下金属结构网（基础接地）。

2）金属板。

3）埋在地下混凝土（预应力混凝土除外）中的钢筋。

表8.1.2 耐腐蚀和机械强度要求的埋入土壤中常用材料接地极的最小尺寸

材料	表面	形状	最小尺寸				
			直径(mm)	截面积(mm²)	厚度(mm)	镀层/护套的厚度(μm)	
						单个值	平均值
钢	热镀锌或不锈钢	带状	—	90	3	63	70
		型材	—	90	3	63	70
		深埋接地极用的圆棒	16	—	—	63	70
		浅埋接地极用的圆线	10	—	—	—	50
		管状	25	—	2	47	55
	铜护套	深埋接地极用的圆棒	15	—	—	2000	—
	电镀铜护层	深埋水平接地极	—	90	3	70	—
		深埋接地极用的圆棒	14	—	—	254	—
铜	裸露	带状	—	50	2	—	—
		浅埋接地极用的圆线	—	25	—	—	—
	—	绞线	每根1.8	25	—	—	—
		管状	20	—	2	—	—
	镀锡	绞线	每根1.8	25	—	1	5
	镀锌	带状	—	50	2	20	40

注：1 热镀锌或不锈钢可用作埋在混凝土中的电极；
2 不锈钢不加镀层；
3 钢带为带圆边的轧制的带状或切割的带状；
4 铜镀锌带为带圆边的带状；
5 在腐蚀性和机械损伤极低的场所，铜圆线可采用16mm²的截面；
6 浅埋指埋设深度不超过0.5m。

4）金属棒或管子。

5）金属带或线。

6）根据当地条件或要求所设电缆的金属护套和其他金属护层。

7）根据当地条件或要求设置的其他适用的地下金属网。

4 在选择接地极类型和确定其埋地深度时，应符合现行国家标准《建筑物电气装置 第4-41部分：安全防护-电击防护》GB 16895.21的有关规定，并应结合当地的条件，防止在土壤干燥和冻结的情况下，接地极的接地电阻增加到有损电击防护措施的程度。

5 应注意在接地配置中采用不同材料时的电解腐蚀问题。

6 用于输送可燃液体或气体的金属管道，不应用作接地极。

8.1.3 接地导体（线）应符合下列要求：

1 接地导体（线）应符合本规范第 8.2.1 条的规定；埋入土壤中的接地导体（线）的最小截面积应符合表 8.1.3 的要求。

表 8.1.3 埋入土壤中的接地导体（线）的最小截面积

防腐蚀保护	有防机械损伤保护	无防机械损伤保护
有	铜：$2.5mm^2$ 钢：$10mm^2$	铜：$16mm^2$ 钢：$16mm^2$
无	铜：$25mm^2$	钢：$50mm^2$

2 接地导体（线）与接地极的连接应牢固，且应有良好的导电性能，并应采用放热焊接、压接器、夹具或其他机械连接器连接。机械接头应按厂家的说明书安装。采用夹具时，不得损伤接地极或接地导体（线）。

8.1.4 总接地端子应符合下列要求：

1 在采用保护联结的每个装置中都应配置总接地端子，并应将下列导线与其连接：

1）保护联结导体（线）；

2）接地导体（线）；

3）PE（当 PE 已通过其他 PE 与总接地端子连接时，则不应把每根 PE 直接接到总接地端子上）；

4）功能接地导体（线）。

2 接到总接地端子上的每根导体，连接应牢固可靠，应能被单独地拆开。

8.2 保护导体

8.2.1 PE 的最小截面积应符合下列要求：

1 每根 PE 的截面积均应符合现行国家标准《建筑物电气装置 第 4-41 部分：安全防护-电击防护》GB 16895.21—2004 的第 411.1 条的规定，并应能承受预期的故障电流。

PE 的最小截面积可按式（8.2.1）计算，也可按表 8.2.1 确定：

表 8.2.1 PE 的最小截面积

相线截面积 S_a（mm^2）	相应 PE 的最小截面积（mm^2）	
	PE 与相线使用相同材料	PE 与相线使用不同材料
$S_a \leqslant 16$	S_a	$\frac{k_1}{k_2} \times S_a$
$16 < S_a \leqslant 35$	16	$\frac{k_1}{k_2} \times 16$
$S_a > 16$	$\frac{S_a}{2}$	$\frac{k_1}{k_2} \times \frac{S_a}{2}$

注：1 k_1为相导体的 k 值，按线和绝缘的材料由本规范表 G.0.1 或现行国家标准《建筑物电气装置 第 4 部分：安全防护 第 43 章：过电流保护》GB 16895.5 的有关规定选取；

2 k_2为 PE 的 k 值，按本规范表 G.0.2-1～表 G.0.2-5 的规定选取；

3 对于 PEN，其截面积应符合现行国家标准《建筑物电气装置 第 5 部分：电气设备的选择和安装 第 52 章：布线系统》GB 16895.6 规定的 N 尺寸后，再减少。

2 切断时间不超过 5s 时，PE 的截面积不应小于下式的要求：

$$S = \frac{\sqrt{I^2 t}}{k} \quad (8.2.1)$$

式中：S——截面积（mm^2）；

I——通过保护电器的阻抗可忽略的故障产生的预期故障电流有效值（A）；

t——保护电器自动切断时的动作时间（s）；

k——由 PE、绝缘和其他部分的材料以及初始和最终温度决定的系数，按本规范附录 G 的规定取值。

3 不属于电缆的一部分或不与相线共处于同一外护物之内的每根 PE，其截面积不应小于下列数值：

1）有防机械损伤保护，铜为 $2.5mm^2$，铝为 $16mm^2$；

2）没有防机械损伤保护，铜为 $4mm^2$，铝为 $16mm^2$。

4 当两个或更多个回路共用一个时，其截面积应按下列要求确定：

1）按回路中遭受最严重的预期故障电流和动作时间，其截面积按本条第 1 款计算；

2）对应于回路中的最大相线截面积，其截面积按本规范表 8.2.1 选定。

8.2.2 PE 类型应符合下列要求：

1 PE 应由下列一种或多种导体组成。

1）多芯电缆中的芯线。

2）与带电线共用的外护物（绝缘的或裸露的线）。

3）固定安装的裸露的或绝缘的导体。

4）符合本规范第 8.2.2. 条第 2 款第 1）项和第 2）项规定条件的金属电缆护套、电缆屏蔽层、电缆铠装、金属编织物、同心线、金属导管。

5）PE 的配置，还应符合本规范第 8.2.6 条的规定。

2 装置中包括带金属外护物的设备，其金属外护物或框架同时满足下列要求时，可用作保护导体：

1）能利用结构或适当的连接，使对机械、化学或电化学损伤的防护性能得到保护，并保持电气连续性。

2）符合本规范第 8.2.1 条的规定。

3）在每个预留的分接点上，允许与其他保护导体连接。

3 下列金属部分不应作为 PE 或保护联结导体：

1）金属水管。

2）含有可燃性气体或液体的金属管道。

3）正常使用中承受机械应力的结构部分。

4）柔性或可弯曲金属导管（用于保护接地或保护联结目的而特别设计的除外）。

5）柔性金属部件。

6）支撑线。

8.2.3 PE 的电气连续性应符合下列要求：

1 PE 对机械伤害、化学或电化学损伤、电动力和热动力等，应具有适当的防护性能。

2 除下列各项外，PE 接头的位置应是可接近的：

1）填充复合填充物的接头。

2）封闭的接头。

3）在金属导管内和槽盒内接头。

4）在设备标准中已成为设备的一部分的接头。

3 在 PE 中，不应串入开关器件，可设置能用工具拆开的接头。

4 在采用接地电气监测时，不应将专用器件串接在 PE 中。

5 除本规范第 8.2.2 条第 2 款外，器具的外露可导电部分不应用于构成其他设备保护导体的一部分。

8.2.4 PEN 应符合下列要求：

1 PEN 应只在固定的电气装置中采用，铜的截面积不应小于 $10mm^2$ 或铝的截面积不应小于 $16mm^2$。

2 PEN 应按可能遭受的最高电压加以绝缘。

3 从装置的任一点起，N 和 PE 分别采用单独的导体时，不允许该 N 再连接到装置的任何其他的接地部分，允许由 PEN 分接出的 PE 和 PE 超过一根以上。PE 和 N，可分别设置单独的端子或母线，PEN 应接到为 PE 预设的端子或母线上。

8.2.5 保护和功能共用接地应符合下列要求：

1 保护和功能共用接地用途的导体，应满足有关 PE 的要求，并应符合现行国家标准《建筑物电气装置 第 4-41 部分：安全防护—电击防护》GB 16895.21 的有关规定。信息技术电源的直流回路的 PEL 或 PEM，也可用作功能接地和保护接地两种共用功能的导体。

2 外界可导电部分不应用作 PEL 和 PEM。

8.2.6 当过电流保护器用作电击防护时，PE 应合并到与带电导体同一布线系统中，或设置在靠过电流保护器最近的地方。

8.2.7 预期用作永久性连接，且所用的 PE 电流又超过 10mA 的用电设备，应按下列要求设置加强型 PE：

1 PE 的全长应采用截面积至少为 $10mm^2$ 的铜线或 $16mm^2$ 的铝线。

2 也可再用一根截面积至少与用作间接接触防护所要求的 PE 相同，且一直敷设到 PE 的截面积不小于铜 $1.0mm^2$ 或铝 $16mm^2$ 处，用电器具对第二根 PE 应设置单独的接线端子。

8.3 保护联结导体

8.3.1 作为总等电位联结的保护联结导体和按本规范第 8.1.4 条的规定接到总接地端子的保护联结导体，其截面积不应小于下列数值：

1 铜为 $6mm^2$。

2 镀铜钢为 $25mm^2$。

3 铝为 $16mm^2$。

4 钢为 $50mm^2$。

8.3.2 作辅助联结用的保护联结导体应符合下列要求：

1 联结两个外露可导电部分的保护联结导体，其电导不应小于接到外露可导电部分的较小的 PE 的电导。

2 联结外露可导电部分和外界可导电部分的保护联结导体的电阻，不应大于相应 PE 1/2 截面积导体所具有的电阻。

3 应符合本规范第 8.2.1 条第 3 款的规定。

附录 A 土壤中人工接地极工频接地电阻的计算

A.0.1 均匀土壤中垂直接地极的接地电阻可按下列公式计算：

1 当 $l \geqslant d$ 时，接地电阻可按下式计算（图 A.0.1-1）：

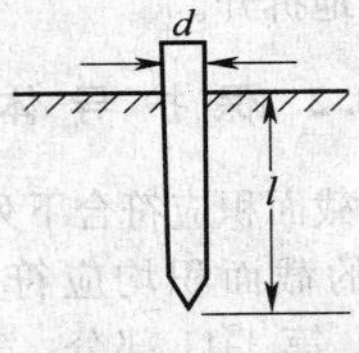

图 A.0.1-1 垂直接地极的示意

$$R_v = \frac{\rho}{2\pi l}\left(\ln\frac{8l}{d} - 1\right) \qquad (A.0.1\text{-}1)$$

式中：R_v——垂直接地极的接地电阻（Ω）；

ρ——土壤电阻率（Ω·m）；

l——垂直接地极的长度（m）；

d——接地极用圆导体时，圆导体的直径（m）。

2 当接地极用其他型式导体时，其等效直径可按下式计算（图 A.0.1-2）：

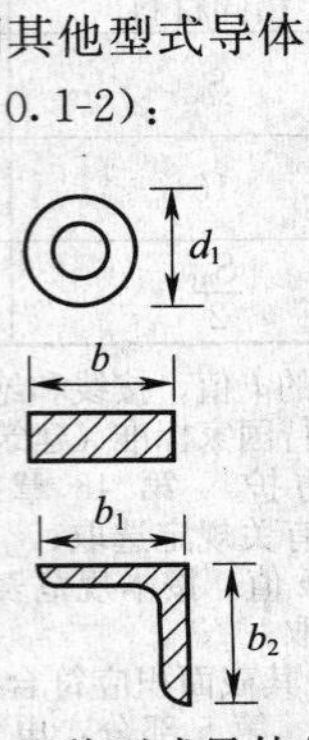

图 A.0.1-2 几种型式导体的计算用尺寸

管状导体，$d=d_1$ (A.0.1-2)

扁导体，$d=\frac{b}{2}$　(A.0.1-3)

等边角钢，$d=0.84b$　(A.0.1-4)

不等边角钢，$d=0.71\left[b_1 b_2 (b_1^2+b_2^2)\right]^{0.25}$

(A.0.1-5)

A.0.2 均匀土壤中不同形状水平接地极的接地电阻，可按下式计算：

$$R_h=\frac{\rho}{2\pi L}\left(\ln\frac{L^2}{hd}+A\right) \quad (A.0.2)$$

式中：R_h——水平接地极的接地电阻（Ω）；

L——水平接地极的总长度（m）；

h——水平接地极的埋设深度（m）；

d——水平接地极的直径或等效直径（m）；

A——水平接地极的形状系数，可按表 A.0.2 的规定采用。

表 A.0.2 水平接地极的形状系数

水平接地极形状		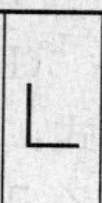			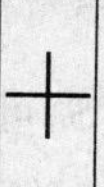					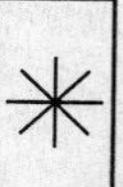
形状系数 A	−0.6	−0.18	0	0.48	0.89	1	2.19	3.03	4.71	5.65

A.0.3 均匀土壤中水平接地极为主边缘闭合的复合接地极（接地网）的接地电阻，可按下列公式计算：

$$R_n=\alpha_1 R_e \quad (A.0.3-1)$$

$$\alpha_1=\left(3\ln\frac{L_0}{\sqrt{S}}-0.2\right)\frac{\sqrt{S}}{L_0} \quad (A.0.3-2)$$

$$R_e=0.213\frac{\rho}{\sqrt{S}}(1+B)+\frac{\rho}{2\pi L}\left(\ln\frac{S}{9hd}-5B\right)$$

(A.0.3-3)

$$B=\frac{1}{1+4.6\frac{h}{\sqrt{S}}} \quad (A.0.3-4)$$

式中：R_n——任意形状边缘闭合接地网的接地电阻（Ω）；

R_e——等值（即等面积、等水平接地极总长度）方形接地网的接地电阻（Ω）；

S——接地网的总面积（m^2）；

d——水平接地极的直径或等效直径（m）；

h——水平接地极的埋设深度（m）；

L_0——接地网的外缘边线总长度（m）；

L——水平接地极的总长度（m）。

A.0.4 均匀土壤中人工接地极工频接地电阻的简易计算，可相应采用下列公式：

垂直式：

$$R\approx 0.3\rho \quad (A.0.4-1)$$

单根水平式：

$$R\approx 0.03\rho \quad (A.0.4-2)$$

复合式（接地网）：

$$R\approx 0.5\frac{\rho}{\sqrt{S}}=0.28\frac{\rho}{r} \quad (A.0.4-3)$$

或 $$R\approx\frac{\sqrt{\pi}}{4}\times\frac{\rho}{\sqrt{S}}+\frac{\rho}{L}=\frac{\rho}{4r}+\frac{\rho}{L} \quad (A.0.4-4)$$

式中：S——大于 $100m^2$ 的闭合接地网的面积；

R——与接地网面积 S 等值的圆的半径，即等效半径（m）。

A.0.5 典型双层土壤中几种接地装置的接地参数，可按下列公式计算：

1 深埋垂直接地极的接地电阻（图 A.0.5-1）：

$$R=\frac{\rho_a}{2\pi l}\left(\ln\frac{4l}{d}+C\right) \quad (A.0.5-1)$$

$l<H$ 时：$\rho_a=\rho_1$　(A.0.5-2)

$l>H$ 时：$\rho_a=\dfrac{\rho_1\rho_2}{\frac{H}{l}(\rho_2-\rho_1)+\rho_1}$　(A.0.5-3)

$$C=\sum_{n=1}^{\infty}\left(\frac{\rho_2-\rho_1}{\rho_2+\rho_1}\right)^n\ln\frac{2nH+l}{2(n-1)H+l}$$

(A.0.5-4)

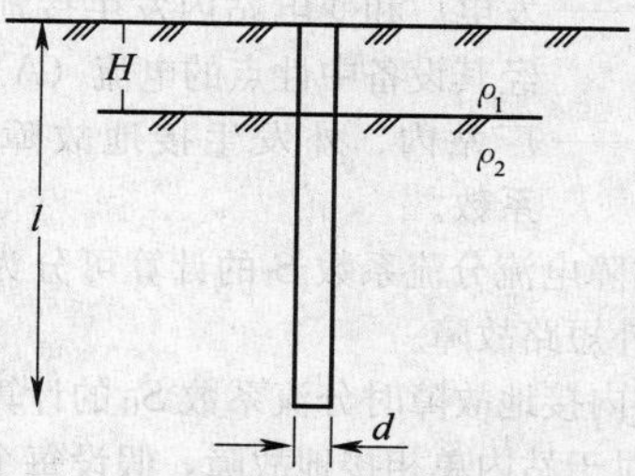

图 A.0.5-1 深埋接地体示意

2 土壤具有图 A.0.5-2 所示的两个剖面结构时，水平接地网的接地电阻 R：

$$R=\frac{0.5\rho_1\rho_2\sqrt{S}}{\rho_1 S_2+\rho_2 S_1} \quad (A.0.5-5)$$

式中：S_1、S_2——覆盖在 ρ_1、ρ_2 土壤电阻率上的接地网面积（m^2）；

S——接地网总面积（m^2）。

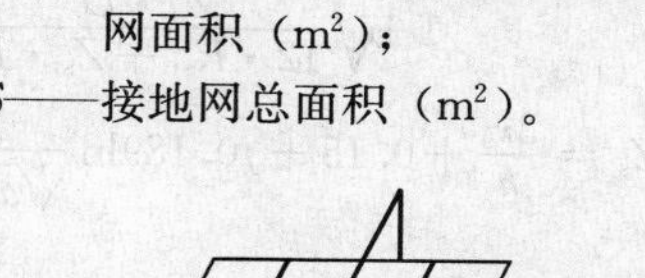

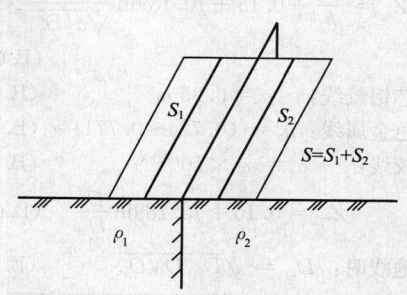

图 A.0.5-2 两种土壤电阻率的接地网

附录B　经发电厂和变电站接地网的入地故障电流及地电位升高的计算

B.0.1　经发电厂和变电站接地网的入地接地故障电流，应计及故障电流直流分量的影响，设计接地网时应按接地网最大入地电流 I_G 进行设计。I_G 可按下列步骤确定：

1　确定接地故障对称电流 I_f。

2　根据系统及线路设计采用的参数确定故障电流分流系数 S_f，进而计算接地网入地对称电流 I_g。

3　计算衰减系数 D_f，将其乘以入地对称电流，得到计及直流偏移的经接地网入地的最大接地故障不对称电流有效值 I_G。

4　发电厂和变电站内、外发生接地短路时，经接地网入地的故障对称电流可分别按下列公式计算：

$$I_g = (I_{max} - I_n) S_{f1} \tag{B.0.1-1}$$

$$I_g = I_n S_{f2} \tag{B.0.1-2}$$

式中：I_{max}——发电厂和变电站内发生接地故障时的最大接地故障对称电流有效值（A）；

I_n——发电厂和变电站内发生接地故障时流经其设备中性点的电流（A）；

S_{f1}、S_{f2}——厂站内、外发生接地故障时的分流系数。

B.0.2　故障电流分流系数 S_f 的计算可分为站内短路故障和站外短路故障。

1　站内接地故障时分流系数 S_{f1} 的计算：

1）对于站内单相接地故障，假设每个挡距内的导线参数和杆塔接地电阻均相同（图B.0.2-1）。不同位置的架空线路地线上流过的零序电流可按下列公式计算：

$$I_{B(n)} = \left[\frac{e^{\beta(s+1-n)} - e^{-\beta(s+1-n)}}{e^{\beta(s+1)} - e^{-\beta(s+1)}}\left(1-\frac{Z_m}{Z_s}\right)+\frac{Z_m}{Z_s}\right]\cdot I_b \tag{B.0.2-1}$$

$$e^{-\beta} = \frac{1-\sqrt{\dfrac{Z_s \cdot D}{12\cdot R_{st} + Z_s \cdot D}}}{1+\sqrt{\dfrac{Z_s \cdot D}{12\cdot R_{st} + Z_s \cdot D}}} \tag{B.0.2-2}$$

$$Z_s = \frac{3r_s}{k} + 0.15 + j0.189\ln\frac{D_g}{\sqrt[k]{a_s D_s^{k-1}}} \tag{B.0.2-3}$$

钢芯铝绞线：　$a_s = 0.95\, a_0$　(B.0.2-4)

有色金属线：$a_s =$（0.724～0.771）a_0　(B.0.2-5)

钢绞线：　$a_s = a_0 \times 10^{-6.9X_{ne}}$　(B.0.2-6)

$$Z_m = 0.15 + j0.189\ln\frac{D_g}{D_m} \tag{B.0.2-7}$$

单地线时：$D_m = \sqrt[3]{D_{1A}D_{1B}D_{1C}}$　(B.0.2-8)

双地线时：$D_m = \sqrt[6]{D_{1A}D_{1B}D_{1C}D_{2A}D_{2B}D_{2C}}$　(B.0.2-9)

式中：Z_s——单位长度的地线阻抗（Ω/km）；

Z_m——单位长度的相线与地线之间的互阻抗（Ω/km）；

D——挡距的平均长度（km）；

r_s——单位长度地线的电阻（Ω/km）；

a_s——地线的将电流化为表面分布后的等值半径（m）；

X_{ne}——单位长度的内感抗（Ω/km）；

k——地线的根数；

D_s——地线之间的距离（m）；

D_m——地线之间的几何均距（m）；

D_g——地线对地的等价镜像距离，$D_g = 80\sqrt{\rho}$（m），ρ 为大地等值电阻率（Ω·m）。

2）当 $n=1$ 时，分流系数 S_{f1} 可按下式计算：

$$S_{f1} = 1 - \frac{I_{B(1)}}{I_b} = 1 - \left[\frac{e^{\beta\cdot s} - e^{-\beta\cdot s}}{e^{\beta(s+1)} - e^{-\beta(s+1)}}\left(1-\frac{Z_m}{Z_s}\right)+\frac{Z_m}{Z_s}\right] \tag{B.0.2-10}$$

3）当 $s>10$ 时，S_{f1} 可简化为下式：

$$S_{f1} = 1 - \left[e^{-\beta}\cdot\left(1-\frac{Z_m}{Z_s}\right)+\frac{Z_m}{Z_s}\right] \tag{B.0.2-11}$$

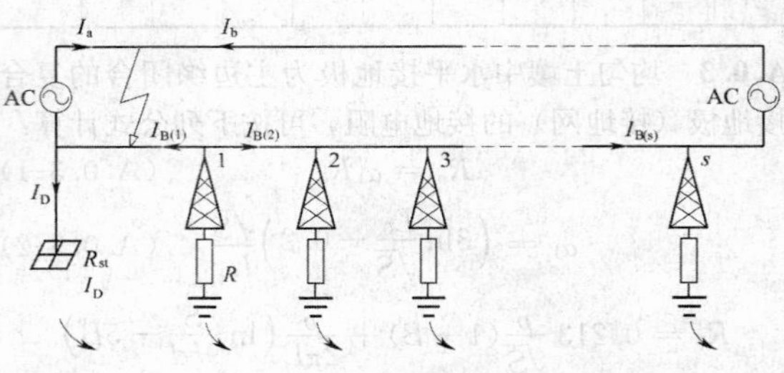

图B.0.2-1　站内接地故障示意

2　站外接地故障时分流系数 S_{f2} 的计算：

1）对于站外单相接地故障（图B.0.2-2），不同位置的地线上流过的零序电流可按下式计算：

$$I_{B(n)} = \left[\frac{e^{\beta(s+1-n)} - e^{-\beta(s+1-n)}}{e^{\beta(s+1)} - e^{-\beta(s+1)}}\left(1-\frac{Z_m}{Z_s}\right)+\frac{Z_m}{Z_s}\right]\cdot I_a \tag{B.0.2-12}$$

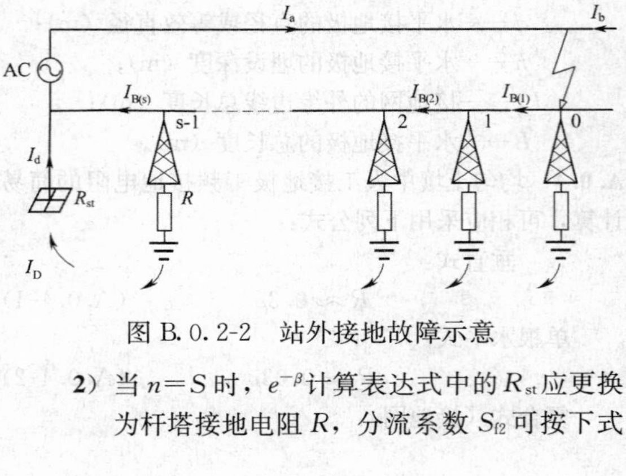

图B.0.2-2　站外接地故障示意

2）当 $n=S$ 时，$e^{-\beta}$ 计算表达式中的 R_{st} 应更换为杆塔接地电阻 R，分流系数 S_{f2} 可按下式

计算：

$$S_{f2}=1-\frac{I_{B(s)}}{I_a}=1-\left[\frac{e^{\beta}-e^{-\beta}}{e^{\beta(s+1)}-e^{-\beta(s+1)}}\left(1-\frac{Z_m}{Z_s}\right)+\frac{Z_m}{Z_s}\right] \tag{B.0.2-13}$$

3）当 $S>10$ 时，S_{f2} 可简化为下式：

$$S_{f2}=1-\frac{Z_m}{Z_s} \tag{B.0.2-14}$$

B.0.3 典型的衰减系数 D_f 值可按表 B.0.3 中 t_f 和 X/R 的关系确定。

表 B.0.3 典型的衰减系数 D_f 值

故障时延 t_f（s）	50Hz 对应的周期	衰减系数 D_f			
		$X/R=10$	$X/R=20$	$X/R=30$	$X/R=40$
0.05	2.5	1.2685	1.4172	1.4965	1.5445
0.10	5	1.1479	1.2685	1.3555	1.4172
0.20	10	1.0766	1.1479	1.2125	1.2685
0.30	15	1.0517	1.1010	1.1479	1.1919
0.40	20	1.0390	1.0766	1.1130	1.1479
0.50	25	1.0313	1.0618	1.0913	1.1201
0.75	37.5	1.0210	1.0416	1.0618	1.0816
1.00	50	1.0158	1.0313	1.0467	1.0618

B.0.4 在系统单相接地故障电流入地时，地电位的升高可按下式计算：

$$V=I_G R \tag{B.0.4}$$

式中：V——接地网地电位升高（V）；

I_G——经接地网入地的最大接地故障不对称电流有效值（A）；

R——接地网的工频接地电阻（Ω）。

附录 C 表层衰减系数

C.0.1 接触电位差和跨步电位差允许值可按下列公式计算：

$$U_t=\frac{174+0.17\rho_s C_s}{\sqrt{t_s}} \tag{C.0.1-1}$$

$$U_s=\frac{174+0.7\rho_s C_s}{\sqrt{t_s}} \tag{C.0.1-2}$$

$$C_s=1+\frac{16b}{\rho_s}\sum_{n=1}^{\infty}\left[K^n\cdot R_{m(2nh)}\right] \tag{C.0.1-3}$$

$$K=\frac{\rho-\rho_s}{\rho+\rho_s} \tag{C.0.1-4}$$

$$R_{m(2nh)}=\frac{1}{\pi b^2}\int_0^b (2\pi x\cdot R_{r,z})\mathrm{d}x \tag{C.0.1-5}$$

$$R_{m(2nh_s)}=\frac{\rho_s}{4\pi b}\sin^{-1}\left[\frac{2b}{\sqrt{(r-b)^2+z^2}+\sqrt{(r+b)^2+z^2}}\right] \tag{C.0.1-6}$$

式中：ρ_s——表层土壤电阻率；

C_s——表层衰减系数，通过镜像法进行计算，也可通过图 C.0.1 中 C_s 与 h 和 K 的关系曲线查取，其中 b 取 0.08m；

b——人脚的金属圆盘的半径；

K——不同电阻率土壤的反射系数，可按公式（C.0.1-4）计算；

h_s——表层土壤厚度；

$R_{m(2nh_s)}$——两个相似、平行、相距 $2nh_s$ 且置于土壤电阻率为 ρ 的无限大土壤中的两个圆盘之间的互阻（Ω）；

ρ——下层土壤电阻率；

r，z——以圆盘 1 的中心为坐标原点时，圆盘 2 上某点的极坐标。

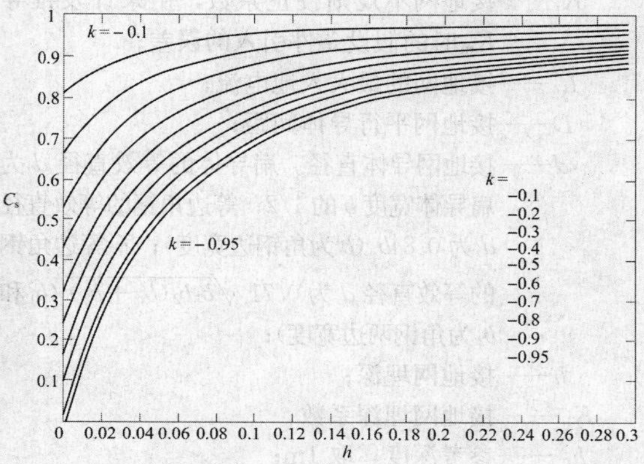

图 C.0.1 Cs 与 h 和 K 的关系曲线

C.0.2 工程中对地网上方跨步电位差和接触电位差允许值的计算精度要求不高（误差在 5% 以内）时，也可采用下式计算：

$$C_s=1-\frac{0.09\cdot\left(1-\frac{\rho}{\rho_s}\right)}{2h_s+0.09} \tag{C.0.2}$$

附录 D 均匀土壤中接地网接触电位差和跨步电位差的计算

D.0.1 本附录只适用于均匀土壤中接地网接触电位差和跨步电位差的计算。均匀土壤中不规则、复杂结构的等间距布置和不等间距布置的接地网，以及分层土壤中的接地网其接触电位差和跨步电位差的计算，宜采用专门的计算机程序进行。

D.0.2 接地网接地极的布置可分为等间距布置和不等间距布置。等间距布置时，接地网的水平接地极采用 10m～20m 的间距布置。接地极间距的大小应根据地面电气装置接地布置的需要确定。不等间距布置的接地网接地极从中间到边缘应按一定的规律由稀到密布置。

D.0.3 等间距布置接地网的接触电位差和跨步电位差的计算。

1 接地网初始设计时的网孔电压计算：

1）接地网初始设计时的网孔电压可按下列公式计算：

$$U_{\mathrm{m}}=\frac{\rho I_{\mathrm{G}}K_{\mathrm{m}}K_{\mathrm{i}}}{L_{\mathrm{M}}} \quad (\mathrm{D.0.3\text{-}1})$$

$$K_{\mathrm{m}}=\frac{1}{2\pi}\left[\ln\left(\frac{D^2}{16hd}+\frac{(D+2h)^2}{8Dd}-\frac{h}{4d}\right)+\frac{K_{\mathrm{ii}}}{K_{\mathrm{h}}}\ln\frac{8}{\pi(2n-1)}\right] \quad (\mathrm{D.0.3\text{-}2})$$

$$K_{\mathrm{h}}=\sqrt{1+h/h_0} \quad (\mathrm{D.0.3\text{-}3})$$

式中：ρ——土壤电阻率（Ω·m）；

K_{m}——网孔电压几何校正系数；

K_{i}——接地网不规则校正系数，用来计及推导K_{m}时的假设条件引入的误差；

I_{G}——接地网的最大入地电流；

D——接地网平行导体间距；

d——接地网导体直径。扁导体的等效直径d为扁导体宽度b的1/2；等边角钢的等效直径d为$0.84b$（b为角钢边宽度）；不等边角钢的等效直径d为$0.71\sqrt[4]{b_1b_2(b_1^2+b_2^2)}$（$b_1$和$b_2$为角钢两边宽度）；

h——接地网埋深；

K_{h}——接地网埋深系数；

h_0——参考深度，取1m；

K_{ii}——因内部导体对角网孔电压影响的校正加权系数。

2）式（D.0.3-1）～式（D.0.3-3）对埋深在0.25m～2.50m范围的接地网有效。当接地网具有沿接地网周围布置的垂直接地极、在接地网四角布置的垂直接地极或沿接地网四周和其内部布置的垂直接地极时，$K_{\mathrm{ii}}=1$。

3）对无垂直接地极或只有少数垂直接地极，且垂直接地极不是沿外周或四角布置时，K_{ii}可按下式计算：

$$K_{\mathrm{ii}}=1/(2n)^{2/n} \quad (\mathrm{D.0.3\text{-}4})$$

式中：n——矩形或等效矩形接地网一个方向的平行导体数。

4）对于矩形和不规则形状的接地网的计算，n可按下式计算：

$$n=n_{\mathrm{a}}n_{\mathrm{b}}n_{\mathrm{c}}n_{\mathrm{d}} \quad (\mathrm{D.0.3\text{-}5})$$

5）式（D.0.3-5）中，对于方形接地网，$n_{\mathrm{b}}=1$；对于方形和矩形接地网，$n_{\mathrm{c}}=1$；对于方形、矩形和L形接地网，$n_{\mathrm{d}}=1$。对于其他情况，可按下列公式计算：

$$n_{\mathrm{a}}=\frac{2L_{\mathrm{c}}}{L_{\mathrm{p}}} \quad (\mathrm{D.0.3\text{-}6})$$

$$n_{\mathrm{b}}=\sqrt{\frac{L_{\mathrm{p}}}{4\sqrt{A}}} \quad (\mathrm{D.0.3\text{-}7})$$

$$n_{\mathrm{c}}=\left(\frac{L_{\mathrm{x}}L_{\mathrm{y}}}{A}\right)^{\frac{0.7A}{L_{\mathrm{x}}L_{\mathrm{y}}}} \quad (\mathrm{D.0.3\text{-}8})$$

$$n_{\mathrm{d}}=\frac{D_{\mathrm{m}}}{\sqrt{L_{\mathrm{x}}^2+L_{\mathrm{y}}^2}} \quad (\mathrm{D.0.3\text{-}9})$$

式中：L_{c}——水平接地网导体的总长度（m）；

L_{p}——接地网的周边长度（m）；

A——接地网面积（m²）；

L_{x}——接地网x方向的最大长度（m）；

L_{y}——接地网y方向的最大长度（m）；

D_{m}——接地网上任意两点间最大的距离（m）。

6）如果进行简单的估计，在计算K_{m}和K_{i}以确定网孔电压时可采用$n=\sqrt{n_1n_2}$，n_1和n_2为x和y方向的导体数。

7）接地网不规则校正系数K_i可按下式计算：

$$K_i=0.644+0.148n \quad (\mathrm{D.0.3\text{-}10})$$

8）对于无垂直接地极的接地网，或只有少数分散在整个接地网的垂直接地极，这些垂直接地极没有分散在接地网四角或接地网的周边上，有效埋设长度L_{M}按下式计算：

$$L_{\mathrm{M}}=L_{\mathrm{c}}+L_{\mathrm{R}} \quad (\mathrm{D.0.3\text{-}11})$$

式中：L_{R}——所有垂直接地极的总长度。

9）对于在边角有垂直接地极的接地网，或沿接地网四周和其内部布置垂直接地极时，有效埋设长度L_{M}可按下式计算：

$$L_{\mathrm{M}}=L_{\mathrm{c}}+\left[1.55+1.22\left(\frac{L_{\mathrm{r}}}{\sqrt{L_x^2+L_y^2}}\right)\right]L_{\mathrm{R}} \quad (\mathrm{D.0.3\text{-}12})$$

式中：L_{r}——每个垂直接地棒的长度（m）。

2 最大跨步电位差的计算：

1）跨步电位差与跨步电位差U_{s}与几何校正系数K_{S}、校正系数K_{i}、土壤电阻率ρ、接地系统单位导体长度的平均流散电流有关，可按下列公式计算：

$$U_{\mathrm{s}}=\frac{\rho I_{\mathrm{G}}K_{\mathrm{S}}K_{\mathrm{i}}}{L_{\mathrm{s}}} \quad (\mathrm{D.0.3\text{-}13})$$

$$L_{\mathrm{s}}=0.75L_{\mathrm{c}}+0.85L_{\mathrm{R}} \quad (\mathrm{D.0.3\text{-}14})$$

式中：I_{G}——接地网入地故障电流；

L_{s}——埋入地中的接地系统导体有效长度。

2）发电厂和变电站接地系统的最大跨步电位差出现在平分接地网边角直线上，从边角点开始向外1m远的地方。对于一般埋深h在0.25m～2.5m的范围的接地网，K_{S}可按下式计算：

$$K_{\mathrm{S}}=\frac{1}{\pi}\left(\frac{1}{2h}+\frac{1}{D+h}+\frac{1-0.5^{n-2}}{D}\right) \quad (\mathrm{D.0.3\text{-}15})$$

D.0.4 不等间距布置接地网的接触电位差和跨步电位差的计算。

1 不等间距布置接地网的布置规则应符合下列

要求：

1）不等间距布置的长方形接地网（图 D.0.4），长或宽方向的第 i 段导体长度 L_{ik} 占边长 L 的百分数 S_{ik} 可按下式计算：

$$S_{ik}=\frac{L_{ik}}{L}\times 100\% \qquad (D.0.4\text{-}1)$$

式中：L——接地网的边长，在长方向，$L=L_1$，在宽方向，$L=L_2$。

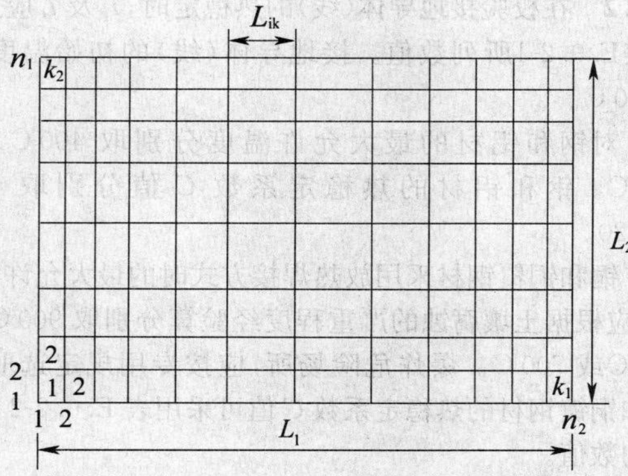

图 D.0.4 不等间距布置的长方形接地网

2）接地网长方向的导体根数为 n_1，宽方向的导体根数为 n_2。长方向上导体分段数为 $k_1=n_1-1$，宽方向上的导体分段数为 $k_2=n_2-1$。

3）S_{ik} 与导体分段数 k 和从周边导体数起的导体段的序号 i 的关系如表 D.0.4 所示。因接地网的对称性，如某方向的导体分段为奇数，则列出了（$k+1$）/2 个数据，当 k 为偶数，则列出了 $k/2$ 个数据，其余数据可以根据对称性赋值。$k\geqslant 7$，对表中结果进行拟合，则 S_{ik} 可按下列公式计算：

$$S_{ik}=b_1\exp(-ib_2)+b_3 \qquad (D.0.4\text{-}2)$$

当 $7\leqslant k\leqslant 14$ 时：

$$b_1=-1.8066+2.6681\lg k-1.0719\lg^2 k \qquad (D.0.4\text{-}3)$$

$$b_2=-0.7649+2.6992\lg k-1.6188\lg^2 k \qquad (D.0.4\text{-}4)$$

$$b_3=1.8520-2.8568\lg k+1.1948\lg^2 k \qquad (D.0.4\text{-}5)$$

当 $14<k\leqslant 25$ 时：

$$b_1=-0.00064-2.50923/(k+1) \qquad (D.0.4\text{-}6)$$

$$b_2=-0.03083+3.17003/(k+1) \qquad (D.0.4\text{-}7)$$

$$b_3=0.00967+2.21653/(k+1) \qquad (D.0.4\text{-}8)$$

当 $25<k\leqslant 40$ 时：

$$b_1=-0.0006-2.50923/(k+1) \qquad (D.0.4\text{-}9)$$

$$b_2=-0.03083+3.17003/(k+1) \qquad (D.0.4\text{-}10)$$

$$b_3=0.00969+2.2105/(k+1) \qquad (D.0.4\text{-}11)$$

式中：b_1、b_2 和 b_3——与 k 有关的常数。

表 D.0.4 S_{ik} 与导体分段数 k 和从周边导体数起的导体段的序号 i 的关系

k \ i	1	2	3	4	5	6	7	8	9	10
3	27.50	45.00								
4	17.50	32.50								
5	12.50	23.50	28.33							
6	8.75	17.50	23.75							
7	71.4	13.57	18.57	21.43						
8	5.50	10.83	15.67	18.00						
9	4.50	8.94	12.83	15.33	16.73					
10	3.75	7.50	11.08	13.08	14.58					
11	3.18	6.36	9.54	11.36	12.73	13.46				
12	2.75	5.42	8.17	10.00	11.33	12.33				
13	2.38	4.69	6.77	8.92	10.23	11.15	11.69			
14	2.00	3.86	6.00	7.86	9.28	10.24	10.76			
15	1.56	3.62	5.35	6.82	8.07	9.12	10.01	10.77		
16	1.46	3.27	4.82	6.14	7.28	8.24	9.07	9.77		
17	1.38	2.97	4.35	5.54	6.57	7.47	8.24	8.90	9.47	
18	1.14	2.58	3.86	4.95	5.91	6.67	8.15	8.15	8.71	
19	1.05	2.32	3.47	4.53	5.47	6.26	7.53	7.53	8.11	8.36
20	0.95	2.15	3.20	4.15	5.00	5.75	7.00	7.00	7.50	7.90

2 不等间距布置接地网时接地电阻可按下列公式计算：

$$R=k_{Rh}k_{RL}k_{Rm}k_{RN}k_{Rd}(1.068\times 10^{-4}+0.445/\sqrt{S})\rho \qquad (D.0.4\text{-}12)$$

$$k_{Rh}=1.061-0.070\sqrt[5]{h} \qquad (D.0.4\text{-}13)$$

$$k_{RL}=1.144-0.13\sqrt{L_1/L_2} \qquad (D.0.4\text{-}14)$$

$$k_{RN}=1.256-0.367\sqrt{N_1/N_2}+0.126N_1/N_2 \qquad (D.0.4\text{-}15)$$

$$k_{Rm}=(1.168-0.079\sqrt[5]{m})k_{RN} \qquad (D.0.4\text{-}16)$$

$$k_{Rd}=0.931+0.0174/\sqrt[3]{d} \qquad (D.0.4\text{-}17)$$

$$m=(N_1-1)(N_2-1) \qquad (D.0.4\text{-}18)$$

式中：ρ——土壤电阻率（Ω·m）；

k_{Rh}、k_{RL}、k_{Rm}、k_{RN}、k_{Rd}——接地电阻的埋深、形状、网孔数目、导体根数和导体直径对接地电阻的影响系数；

L_1、L_2——接地网的长度和宽度（m）；

N_1、N_2——长宽方向布置的导体根数；

m——接地网的网孔数目。

3 最大接触电位差 U_T 可按下列公式计算：

$$U_T=k_{TL}k_{Th}k_{Td}k_{TS}k_{TN}k_{Tm}V \qquad (D.0.4\text{-}19)$$

$$k_{TL}=1.215-0.269\sqrt[3]{L_2/L_1} \qquad (D.0.4\text{-}20)$$

$$k_{Th}=1.612-0.654\sqrt[5]{h} \quad (D.0.4\text{-}21)$$

$$k_{Td}=1.527-1.494\sqrt[5]{d} \quad (D.0.4\text{-}22)$$

$$k_{TN}=64.301-232.65\sqrt[6]{N}+279.65\sqrt[3]{N}110.32\sqrt{N} \quad (D.0.4\text{-}23)$$

$$k_{TS}=-0.118+0.445\sqrt[12]{S} \quad (D.0.4\text{-}24)$$

$$k_{Tm}=9.727\times10^{-3}+1.356/\sqrt{m} \quad (D.0.4\text{-}25)$$

$$N=N_2/N_1 \quad (D.0.4\text{-}26)$$

式中：$V=I_GR$——接地网的最大接地电位升高；

I_{GM}——流入接地网的最大接地故障电流；

R——接地网接地电阻；

k_{TL}、k_{Th}、k_{Td}、k_{TS}、k_{TN}、k_{Tm}——最大接触电位差的形状、埋深、接地导体直径、接地网面积、接地体导体根数及接地网网孔数目影响系数。

4 最大跨步电位差U_S可按下列公式计算：

$$U_S=k_{SL}k_{Sh}k_{Sd}k_{SS}k_{SN}k_{Sm}U_0 \quad (D.0.4\text{-}27)$$

$$k_{SL}=29.081-1.862\sqrt{l}+435.18l+425.68l^{1.5}+148.59l^2 \quad (D.0.4\text{-}28)$$

$$k_{Sh}=0.454\exp(-2.294\sqrt[3]{h}) \quad (D.0.4\text{-}29)$$

$$k_{Sd}=-2780+9623\sqrt[36]{d}-11099\sqrt[18]{d}+4265\sqrt[12]{d} \quad (D.0.4\text{-}30)$$

$$k_{SN}=1.0+1.416\times10^6\exp(-202.7N)-0.306\exp[29.264(N-1)] \quad (D.0.4\text{-}31)$$

$$k_{SS}=0.911+19.104\sqrt{S} \quad (D.0.4\text{-}32)$$

$$k_{Sm}=k_{SN}(34.474-11.541\sqrt{m}+1.43m-0.076m^{1.5}+1.455\times10^{-3}m^2) \quad (D.0.4\text{-}33)$$

$$N=N_2/N_1 \quad (D.0.4\text{-}34)$$

$$l=L_1/L_2 \quad (D.0.4\text{-}35)$$

式中：k_{SL}、k_{Sh}、k_{Sd}、k_{SS}、k_{SN}和k_{Sm}——最大跨步电位差的形状、埋深、接地导体直径、接地网面积、接地体导体根数及接地网网孔数目影响系数。

附录E 高压电气装置接地导体(线)的热稳定校验

E.0.1 接地导体(线)的最小截面应符合下式的要求：

$$S_g\geqslant\frac{I_g}{C}\sqrt{t_e} \quad (E.0.1)$$

式中：S_g——接地导体(线)的最小截面(mm^2)；

I_g——流过接地导体(线)的最大接地故障不对称电流有效值(A)，按工程设计水平年系统最大运行方式确定；

t_e——接地故障的等效持续时间，与t_s相同(s)；

C——接地导体(线)材料的热稳定系数，根据材料的种类、性能及最大允许温度和接地故障前接地导体(线)的初始温度确定。

E.0.2 在校验接地导体(线)的热稳定时，I_g及t_e应采用表E.0.2-1所列数值。接地导体(线)的初始温度，取40℃。

对钢和铝材的最大允许温度分别取400℃和300℃。钢和铝材的热稳定系数C值分别取70和120。

铜和铜覆钢材采用放热焊接方式时的最大允许温度，应根据土壤腐蚀的严重程度经验算分别取900℃、800℃或700℃。爆炸危险场所，应按专用规定选取。铜和铜镀钢材的热稳定系数C值可采用表E.0.2-2给出的数值。

表E.0.2-1 校验接地导体(线)热稳定用的I_g和t_e值

系统接地方式	I_g	t_e
有效接地	三相同体设备：单相接地故障电流 三相分体设备：单相接地或三相接地流过接地线的最大接地故障电流	本规范第E.0.3条
低电阻接地	单相接地故障电流	本规范第E.0.3条

表E.0.2-2 校验铜和铜镀钢材接地导体(线)热稳定用的C值

最大允许温度℃	铜	导电率40%铜镀钢绞线	导电率30%铜镀钢绞线	导电率20%铜镀钢棒
700	249	167	144	119
800	259	173	150	124
900	268	179	155	128

E.0.3 热稳定校验用的时间可按下列要求计算：

1 发电厂和变电站的继电保护装置配置有两套速动主保护、近接地后备保护、断路器失灵保护和自动重合闸时，t_e应按下式取值：

$$t_e\geqslant t_m+t_f+t_o \quad (E.0.3\text{-}1)$$

式中 t_m——主保护动作时间(s)；

t_f——断路器失灵保护动作时间(s)；

t_o——断路器开断时间(s)。

2 配有一套速动主保护、近或远(或远近结合的)后备保护和自动重合闸，有或无断路器失灵保护时，t_e

应按下式取值：

$$t_e \geqslant t_o + t_r \tag{E.0.3-2}$$

式中　t_r——第一级后备保护的动作时间(s)。

附录 F　架空线路杆塔接地电阻的计算

F.0.1　杆塔水平接地装置的工频接地电阻可按下式计算：

$$R=\frac{\rho}{2\pi L}\left(\ln\frac{L^2}{hd}+A_t\right) \tag{F.0.1}$$

式中：A_t——按表 F.0.1 取值；

L——按表 F.0.1 取值。

表 F.0.1　A_t 和 L 的意义与取值

接地装置种类	形　状	参　数
铁塔接地装置	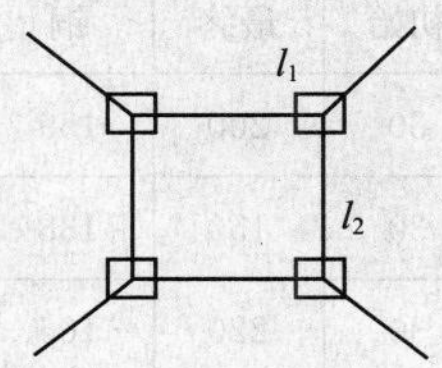	$A_t=1.76$ $L=4(l_1+l_2)$
钢筋混凝土杆放射型接地装置	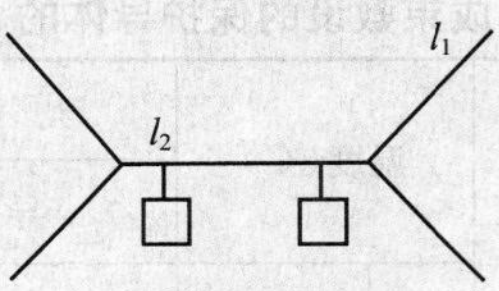	$A_t=2.0$ $L=4l_1+l_2$
钢筋混凝土杆环型接地装置	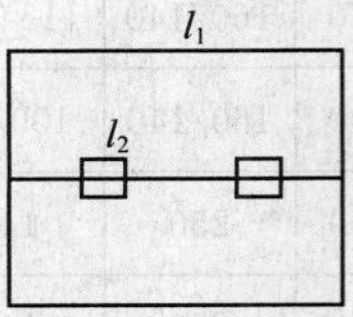	$A_t=1.0$ $L=8l_2$ （当 $l_1=0$ 时） $L=4l_1$ （当 $l_1\neq0$ 时）

F.0.2　杆塔接地装置接地电阻的冲击系数，可按以下公式计算：

1　铁塔接地装置：

$$\alpha=0.74\rho^{-0.4}(7.0+\sqrt{L})[1.56-\exp(-3.0I_i^{-0.4})] \tag{F.0.2-1}$$

式中：I_i——流过杆塔接地装置或单独接地极的冲击电流(kA)；

ρ——以 Ω·m 表示的土壤电阻率。

2　钢筋混凝土杆放射型接地装置：

$$\alpha=1.36\rho^{-0.4}(1.3+\sqrt{L})[1.55-\exp(-4.0I_i^{-0.4})] \tag{F.0.2-2}$$

3　钢筋混凝土杆环型接地装置：

$$\alpha=2.94\rho^{-0.5}(6.0+\sqrt{L})[1.23-\exp(-2.0I_i^{-0.3})] \tag{F.0.2-3}$$

4　单独接地极接地电阻的冲击系数的计算：

1)垂直接地极：

$$\alpha=2.75\rho^{-0.4}(1.8+\sqrt{L})[0.75-\exp(-1.50I_i^{-0.2})] \tag{F.0.2-4}$$

2)单端流入冲击电流的水平接地极：

$$\alpha=1.62\rho^{-0.4}(5.0+\sqrt{L})[0.79-\exp(-2.3I_i^{-0.2})] \tag{F.0.2-5}$$

3)中部流入冲击电流的水平接地极：

$$\alpha=1.16\rho^{-0.4}(7.1+\sqrt{L})[0.78-\exp(-2.3I_i^{-0.2})] \tag{F.0.2-6}$$

F.0.3　$\rho\leqslant300\Omega\cdot m$ 时，可计及杆塔自然接地极的作用。其冲击系数可利用下式计算：

$$\alpha=\frac{1}{1.35+\alpha_1 I_i^{1.5}} \tag{F.0.3}$$

式中：α_i——对钢筋混凝土杆、钢筋混凝土桩和铁塔的基础（一个塔脚），为 0.053；对装配式钢筋混凝土基础（一个塔脚）和拉线盘（带拉线棒），为 0.038。

F.0.4　各种型式接地极的冲击利用系数 η_i 可采用表 F.0.4 的数值。工频利用系数可取 0.9。自然接地极，工频利用系数可取 0.7。

表 F.0.4　接地极的冲击利用系数 η_i

接地极型式	接地导体（线）的根数	冲击利用系数	备　注
n 根水平射线（每根长 10m～80m）	2 3 4～6	0.83～1.00 0.75～0.90 0.65～0.80	较小值用于较短的射线
以水平接地极连接的垂直接地极	2 3 4 6	0.80～0.85 0.70～0.80 0.70～0.75 0.65～0.70	$\frac{D\text{（垂直接地极间距）}}{l\text{（垂直接地极长度）}}=2\sim3$ 较小值用于 $\frac{D}{l}=2$ 时
自然接地极	拉线棒与拉线盘间 铁塔的各基础间 门型、各种拉线杆塔的各基础间	0.6 0.4～0.5 0.7	—

F.0.5　各种型式接地装置工频接地电阻的计算，可采用表 F.0.5 的简易计算式。

表 F.0.5　各种型式接地装置的工频接地电阻简易计算式

接地装置型式	杆塔型式	接地电阻简易计算式
n 根水平射线（$n\leqslant12$，每根长约 60m）	各型杆塔	$R\approx\frac{0.062\rho}{n+1.2}$
沿装配式基础周围敷设的深埋式接地极	铁塔 门型杆塔 V 形拉线的门型杆塔	$R\approx0.07\rho$ $R\approx0.04\rho$ $R\approx0.045\rho$

续表 F.0.5

接地装置型式	杆塔型式	接地电阻简易计算式
装配式基础的自然接地极	铁塔 门型杆塔 V形拉线的门型杆塔	$R\approx0.1\rho$ $R\approx0.06\rho$ $R\approx0.09\rho$
钢筋混凝土杆的自然接地极	单杆 双杆 拉线单、双杆 一个拉线盘	$R\approx0.3\rho$ $R\approx0.2\rho$ $R\approx0.1\rho$ $R\approx0.28\rho$
深埋式接地与装配式基础自然接地的综合	铁塔 门型杆塔 V形拉线的门型杆塔	$R\approx0.05\rho$ $R\approx0.03\rho$ $R\approx0.04\rho$

注：表中 R 为接地电阻（Ω）；ρ 为土壤电阻率（Ω·m）。

附录 G 系数 k 的求取方法

G.0.1 本规范第 8.2.1 条第 2 款式（8.2.1）中 k 值可由下式计算：

$$k=\sqrt{\frac{Q_c\ (\beta+20^\circ C)}{\rho_{20}}\ln\left(1+\frac{\theta_f-\theta_i}{\beta+\theta_i}\right)} \quad (G.0.1)$$

式中 Q_c——导线材料在 20℃ 的体积热容量［J/(℃·mm³)］；

β——导线在 0℃时的电阻率温度系数的倒数，可按表G.0.1取值（℃）；

ρ_{20}——导线材料在 20℃时的电阻率，可按表 G.0.1 取值（Ω·mm）；

θ_i——导线的初始温度（℃）；

θ_f——导线的最终温度（℃）。

表 G.0.1 式（G.0.1）中的参数取值

材料	β(℃)	Q_c[J/(℃·mm³)]	ρ_{20} (Ω·mm)	$\sqrt{\frac{Q_c(B+20)}{\rho_{20}}}$ $(A\sqrt{s}/mm^2)$
铜	234.5	3.45×10^{-3}	17.241×10^{-6}	226
铝	228	2.5×10^{-3}	28.264×10^{-6}	148
铅	230	1.45×10^{-3}	214×10^{-6}	41
钢	202	3.8×10^{-3}	138×10^{-6}	78

G.0.2 用法不同或运行情况不同的保护导体的 k 值，可按表G.0.2-1～表 G.0.2-5 选取。

表 G.0.2-1 非电缆芯线且不与其他电缆成束敷设的绝缘保护导体的 k

导体绝缘	温度(℃)		k		
			导体材料		
	初始	最终	铜	铝	钢
70℃ PVC	30	160/140	143/133	95/88	52/49
90℃ PVC	30	160/140	143/133	95/88	52/49
90℃ 热固性材料	30	250	176	116	64

续表 G.0.2-1

导体绝缘	温度(℃)		k		
			导体材料		
	初始	最终	铜	铝	钢
60℃橡胶	30	200	159	105	58
85℃橡胶	30	220	166	110	60
硅橡胶	30	350	201	133	73

注：温度中的较小数值适用于截面积大于 300mm² 的 PVC 绝缘导体。

表 G.0.2-2 与电缆护层接触但不与其他电缆成束敷设的裸保护导体的 k

导体绝缘	温度(℃)		k		
			导体材料		
	初始	最终	铜	铝	钢
PVC	30	200	159	105	58
聚乙烯	30	150	138	91	50
氯磺化聚乙烯	30	220	166	110	60

表 G.0.2-3 电缆芯线或与其他电缆或绝缘导体成束敷设的保护导体的 k

导体绝缘	温度(℃)		k		
			导体材料		
	初始	最终	铜	铝	钢
70℃ PVC	70	160/140	115/103	76/68	42/37
90℃ PVC	90	160/140	100/86	66/57	36/31
90℃ 热固性材料	90	250	143	94	52
60℃橡胶	60	200	141	93	51
85℃橡胶	85	220	134	89	48
硅橡胶	180	350	132	87	47

注：温度中较小数值适用于截面积大于 300mm² 的 PVC 绝缘导体。

表 G.0.2-4 用电缆的金属护层，铠装、金属护套、同心导体等作保护导体的 k

导体绝缘	温度(℃)		k			
			导体材料			
	初始	最终	铜	铝	铅	钢
70℃ PVC	60	200	141	93	26	51
90℃ PVC	80	200	128	85	23	46

续表 G.0.2-4

导体绝缘	温度(℃)		k			
			导 体 材 料			
	初始	最终	铜	铝	铅	钢
90℃ 热固性材料	80	200	128	85	23	46
60℃橡胶	55	200	144	95	26	52
85℃橡胶	75	220	140	93	26	51
硅橡胶	70	200	135	—	—	—
裸露的矿物护套	105	250	135	—	—	—

注：温度的数值也应适用于外露可触及的或与可燃性材料接触的裸导体。

表 G.0.2-5 所示温度不损伤相邻材料时的裸导体的 k

条件	初始温度(℃)	导 体 材 料					
		铜		铝		钢	
		k	最高温度(℃)	k	最高温度(℃)	k	最高温度(℃)
可见的和狭窄的区域内	30	228	500	125	300	82	500
正常条件	30	159	200	105	200	58	200
有火灾危险	30	138	159	91	150	50	150

附录 H 低压接地配置、保护导体和保护联结导体

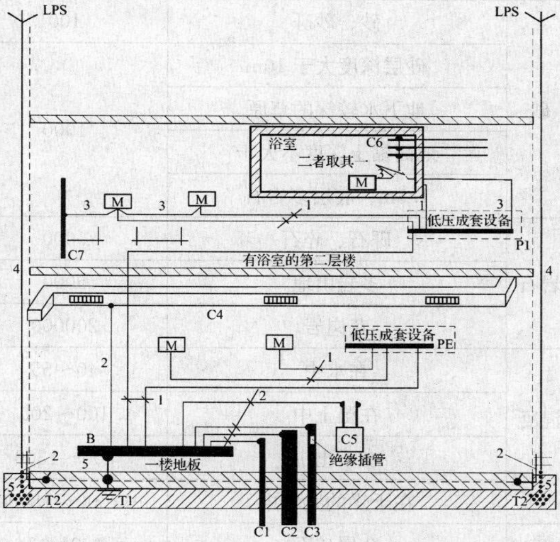

图 H 接地配置、保护导体和保护联结导体

M—外露可导电部分；C—外界可导电部分；C1—外部进来的金属水管；C2—外部进来的金属排弃废物、排水管道；C3—外部进来的带绝缘插管的金属可燃气体管道；C4—空调；C5—供热系统；C6—金属水管，比如浴池里的金属水管；C7—在外露可导电部分的伸臂范围内的外界可导电部分；B—总接地端子(总接地母线)；T—接地极；T1—基础接地；T2—LPS(防雷装置)的接地极(若需要的话)；1—保护导体；2—保护联结导体；3—用作辅助联结用的保护联结导体；4—LPS(防雷装置)的引下线；5—接地导体

附录 J 土壤和水的电阻率参考值

表 J 土壤和水的电阻率参考值

类别	名 称	电阻率近似值(Ω·m)	不同情况下电阻率的变化范围		
			较湿时(一般地区、多雨区)	较干时(少雨区、沙漠区)	地下水含盐碱时
土	陶黏土	10	5～20	10～100	3～10
	泥炭、泥灰岩、沼泽地	20	10～30	50～300	3～30
	捣碎的木炭	40	—	—	—
	黑土、园田土、陶土	50	30～100	50～300	10～30
	白垩土、黏土	60			
	砂质黏土	100	30～100	50～300	10～30
	黄土	200	100～200	250	30
	含砂黏土、砂土	300	100～1000	1000 以上	30～100
	河滩中的砂	—	300	—	—
	煤	—	350	—	—
	多石土壤	400	—	—	—
	上层红色风化黏土、下层红色页岩	500(30%湿度)	—	—	—
	表层土夹石、下层砾石	600(15%湿度)	—	—	—

续表 J

类别	名称	电阻率近似值（Ω·m）	不同情况下电阻率的变化范围		
			较湿时(一般地区、多雨区)	较干时(少雨区、沙漠区)	地下水含盐碱时
砂	砂、砂砾	100	25～1000	1000～2500	—
	砂层深度大于 10m 地下水较深的草原 地面黏土深度不大于 1.5m、底层多岩石	1000	—	—	—
岩石	砾石、碎石	5000	—	—	—
	多岩山地	5000	—	—	—
	花岗岩	200000	—	—	—
混凝土	在水中	40～55	—	—	—
	在湿土中	100～200	—	—	—
	在干土中	500～1300	—	—	—
	在干燥的大气中	12000～18000	—	—	—
矿	金属矿石	0.01～1	—	—	—

本规范用词说明

1 为便于在执行本规范条文时区别对待，对要求严格程度不同的用词说明如下：

1） 表示很严格，非这样做不可的：
正面词采用“必须”，反面词采用“严禁”；

2） 表示严格，在正常情况下均应这样做的：
正面词采用“应”，反面词采用“不应”或“不得”；

3） 表示允许稍有选择，在条件许可时首先应这样做的：
正面词采用“宜”，反面词采用“不宜”；

4） 表示有选择，在一定条件下可以这样做的，采用“可”。

2 条文中指明应按其他有关标准执行的写法为：“应符合……的规定”或“应按……执行”。

引用标准名录

《建筑物防雷设计规范》GB 50057

《爆炸性气体环境用电气设备　第 1 部分：通用要求》GB 3836.1

《人机界面标志标识的基本和安全规则　导体的颜色或数字标识》GB 7947

《建筑物电气装置　第 4 部分：安全防护　第 43 章：过电流保护》GB 16895.5

《建筑物电气装置　第 5 部分：电气设备的选择和安装　第 52 章：布线系统》GB 16895.6

《建筑物电气装置　第 4-41 部分：安全防护—电击防护》GB 16895.21

中华人民共和国国家标准

交流电气装置的接地设计规范

Code for design of ac electrical installations earthing

GB/T 50065—2011

条 文 说 明

修 订 说 明

《交流电气装置的接地设计规范》(GB/T 50065—2011)，经住房和城乡建设部2011年12月5日以第1216号公告批准发布。本规范是在《工业与民用电力装置接地设计规范》GBJ 65—1983的基础上修订而成，上版的主编单位为原水利电力部电力科学研究院高压研究所，主要起草人员为刘继等。

本规范的修订主要是依据我国电力行业标准《交流电气装置的接地》DL/T 621—1997，同时参考了低压建筑物相应国家标准和美国电气电子工程学会变电站委员会2000年1月发布的《交流变电站接地安全导则》IEEE Std 80—2000，并且吸收从《交流电气装置的接地》DL/T 621—1997执行过程中反馈的意见和近年来接地工程的科研成果以及工程实践经验等加以完成的。

为便于广大设计、施工、科研、学校等单位有关人员在使用本规范时能正确理解和执行条文规定，《交流电气装置的接地设计规范》编制组按章、节、条顺序编制了本规范的条文说明，对条文规定的目的、依据以及执行中需注意的有关事项进行了说明。但是，本条文说明不具备与标准正文同等的法律效力，仅供使用者作为理解和把握标准规定的参考。

目　次

1　总则 ………………………………… 1—8—34
2　术语 ………………………………… 1—8—34
3　高压电气装置接地 ………………… 1—8—34
3.1　一般规定 …………………………… 1—8—34
3.2　保护接地的范围 …………………… 1—8—34
4　发电厂和变电站的接地网 ………… 1—8—34
4.1　110kV及以上发电厂和变电站接地网设计的一般要求 …………………… 1—8—34
4.2　接地电阻与均压要求 ……………… 1—8—36
4.3　水平接地网的设计 ………………… 1—8—39
4.4　具有气体绝缘金属封闭开关设备变电站的接地 ……………………… 1—8—41
4.5　雷电保护和防静电的接地 ………… 1—8—41
5　高压架空线路和电缆线路的接地 ………………………………… 1—8—42
5.1　高压架空线路的接地 ……………… 1—8—42
5.2　6kV～220kV电缆线路的接地 …… 1—8—42
6　高压配电电气装置的接地 ………… 1—8—42
6.1　高压配电电气装置的接地电阻 …… 1—8—42
6.2　高压配电电气装置的接地装置 …… 1—8—42
7　低压系统接地型式、架空线路的接地、电气装置的接地电阻和保护总等电位联结系统 ………………………………… 1—8—42
7.1　低压系统接地的型式 ……………… 1—8—42
7.2　低压架空线路的接地、电气装置的接地电阻和保护总等电位联结系统 ……………………………… 1—8—42
8　低压电气装置的接地装置和保护导体 ……………………………… 1—8—43
8.1　接地装置 …………………………… 1—8—43
8.2　保护导体 …………………………… 1—8—43
附录A　土壤中人工接地极工频接地电阻的计算 ……………… 1—8—43
附录B　经发电厂和变电站接地网的入地故障电流及地电位升高的计算 …………………… 1—8—44
附录C　表层衰减系数 ………………… 1—8—47
附录D　均匀土壤中接地网接触电位差和跨步电位差的计算 …… 1—8—47
附录E　高压电气装置接地导体（线）的热稳定校验 …………………… 1—8—48
附录F　架空线路杆塔接地电阻的计算 ……………………………… 1—8—48
附录G　系数k的求取方法 ……………… 1—8—49
附录H　低压接地配置、保护导体和保护联结导体 ……………… 1—8—49
附录J　土壤和水的电阻率参考值 … 1—8—49

1 总 则

1.0.1 阐明规范制订的目的。

1.0.2 修订前的规范《工业与民用电力装置接地》GBJ 65—1983 仅适用于35kV及以下电压等级。此次修订，将我国目前已运行的750kV及以下电压等级全部纳入。同时由于接地要求的不同，将交流电气装置按系统标称电压划分为高压（1kV以上至750kV）和低压（1kV及以下）电气装置。

1.0.3 强调接地设计必须从实际出发、因地制宜。条款中“重要发电厂和变电站”，系指“330kV及以上发电厂和变电站、全户内变电站、220kV枢纽变电站、66kV及以上城市变电站、紧凑型变电站以及腐蚀严重地区的110kV发电厂和变电站等”。

已有工程经验表明，在土壤电阻率并不均匀的情况下仅利用适用于均匀土壤电阻率地区的接地电阻公式和典型形状接地网接触/跨步电位差的计算公式进行接地网的设计，其结果大多是实测的接地参数与设计不符。而追加的补救措施往往也是盲目的。既可能造成投资的浪费，也可能带来安全的隐患。因此对土壤情况比较复杂地区的重要发电厂和变电站的接地网设计，推荐利用专用软件进行数值计算，经过不同方案的比较后再确定设计方案。近年来国内外已开发出多种可以考虑分层土壤条件的接地工程设计专用软件。从科技进步、提高设计技术水平和优选方案、降低工程造价等诸多方面来说，对于重要的发电厂和变电站的接地网设计，优先采用这些接地工程设计专用软件进行设计是值得提倡的。

1.0.4 所指尚应符合的现行有关国家标准名称已在“引用标准名录”中列出。

2 术 语

本规范的术语来自以下几个方面：

1 按《电工术语 电气装置》GB/T 2900.71—2008和《电工术语 接地与电击保护》GB/T 2900.73—2008择取了相关的术语。

2 吸收了《交流变电站接地安全导则》IEEE Std80—2000的相关术语。

3 吸收了《交流电气装置的接地》DL/T 621—1997的相关术语。

2.0.35 接地故障电流持续时间 t_s 为接地故障出现起直至其终止的全部时间。该时间用于计算变电站接地网的接触电位差和跨步电位差的允许值和接地导体（线）的热稳定。

2.0.36 新增条文。《电气装置安装工程接地装置施工及验收规范》GB 50169－2006已经列出该条文，并标明评判指标。在IEEE等标准中均推荐在接地连接中采用放热焊接进行连接。并将经放热焊接连接的两个导体视为同一导体。它可以焊接不同的金属，如铜与钢，尤其适合铜接地网之间的连接。放热焊接目前在国内已在采用。

3 高压电气装置接地

3.1 一 般 规 定

本节引自《交流电气装置的接地》DL/T 621—1997的3.1～3.3，但按新术语作了修改。其中也提及了附属于高压电气装置的主要二次设备的接地要求。

3.1.2 本规范中接地电阻如无另外注明，均指工频接地电阻。

3.1.3 补充了降雨时对地表电阻率降低的因素，如果地表没有高阻层，则接触电位差和跨步电位差的限值会降低到很低的值。另一方面，会导致地表低电阻率层流过的电流增加，使地表的接触电位差和跨步电位差增加，从而对人身安全不利。因此，如果地表没有敷设高阻层时应校核雨季时接地的安全性。

3.2 保护接地的范围

本节引自《交流电气装置的接地》DL/T 621—1997的第4章 高压电气装置保护接地的范围。其中第3.2.1条的第1款是新补充的系统接地的内容。

4 发电厂和变电站的接地网

4.1 110kV及以上发电厂和变电站接地网设计的一般要求

本节是为了规范电气装置的接地设计而新引入的内容，总结了一些有相当资质设计部门的工作经验。其中也参考了电力行业标准《水力发电厂接地设计技术导则》DL/T5091—1999的有关内容。

4.1.1 所提变电站站址土壤电阻率测量的要求，对其介绍如下：

1 土壤电阻率测量方法。土壤电阻率的测量方法有土壤试样分析法、三极法和四极法。

土壤试样分析的原理是通过钻探得到地下不同深度的土壤试样，在实验室中进行试样分析，得到随深度变化的电阻率分布情况。一般是用已知尺寸的土壤试样相对两面间所测得的电阻值来推算试样的电阻率，这种测试方法会带来一定的误差，因为该值包含了电极与土壤试样的接触电阻和电极电阻，这些都是未知的。在实际中很少有均匀的土壤，我们一般测量得到的是土壤的等值电阻率或土壤的视在电阻率。

三极法的原理是测量埋入地中的标准垂直接地极

的接地电阻，然后利用接地电阻的计算公式反推出土壤电阻率。改变垂直接地极的深度，得到视在土壤电阻率随深度变化的曲线，这种方法的缺点是测量的深度有限，最多在 10m 以内。

目前，我国接地电阻测量国家标准推荐采用的土壤电阻率测量方法是四极法，一般采用等测量间距的温纳（Wenner）四极法，如图 1 所示。四个测量电极沿着一条直线被打进土壤中，相隔等距离 a，打入深度为 b。然后测量两个中间电极（电极）之间的电压，然后用它除以两个外侧的电流极之间的电流就给出一个电阻值 R。

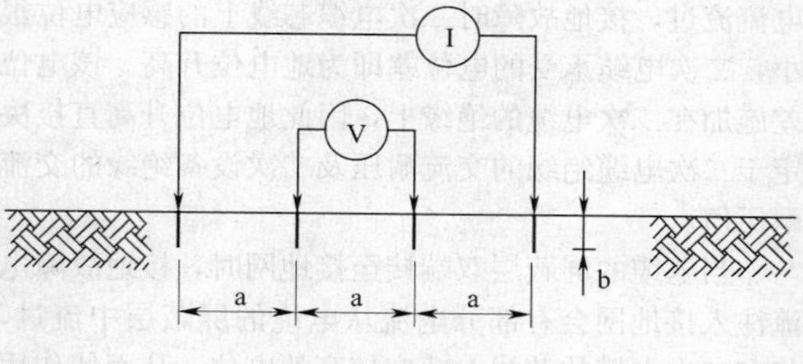

图 1　测量土壤电阻率的等间距四极法（Wenner 四极法）

视在土壤电阻率可以由测量得到的电阻值和极间距换算得到：

$$\rho_a=\frac{4\pi aR}{1+\frac{2a}{\sqrt{a^2+4b^2}}-\frac{a}{\sqrt{a^2+b^2}}} \tag{1}$$

式中：ρ_a——土壤的视在电阻率；

R——测量到的电阻；

a——相邻测试电极之间的距离；

b——测量电极打入地中的深度。

如果 b 远小于 a，即在探头仅仅穿透地面一小段距离时，式（1）可简化为：

$$\rho_a=2\pi aR \tag{2}$$

测量极间距较小时电流倾向于在表面流动，而大跨距时更多的电流则渗透到深层土壤中。地质勘探时近似假设：当土壤层电阻率反差不是过大时，测量得到的给定探头间距 a 时的电阻率代表深度为 a 的土壤视在电阻率。

因此，从每一个极间距 a 值所测得的电阻值 R，可得出对应的视在电阻率 ρ_a，将 ρ_a 与对应的 a 绘成曲线，可了解到土壤电阻率随深度变化的情况。

电阻率的测量记录中应该包括测量时的温度数据和关于土壤含水量的信息。在研究区内已知的埋入导电物体的所有可以获得的数据也应该记录下来。

土壤电阻率测量时，测量电流极应打入地中 20cm，有时为了增大测量电流可能要将电流极打入地中更深，或增加电流极的数量。测量电压极应打入地中 10cm。

变电站站址的土壤电阻率测量一般最大的极间距为变电站区域的对角线的长度，以反映变电站工频短路时散流区域的土壤特性。为了测量得到土壤的视在土壤电阻率随极间距的变化特性，测量时的极间距应包括 1m、2m、5m、10m、20m、40m、75m、100m、150m、200m、250m、300m，大致以 50m 的间隔直到最大极间距。

2　土壤结构模型分析方法。在现场得到的视在电阻率的解释可能是测量程序中最困难的部分。基本的目的是获得实际土壤一个好的近似的土壤模型。土壤电阻率沿着横向和纵向方面变化，而纵向方面的变化取决于土壤的分层。由于变化的天气条件，土壤电阻率也会随着季节的变化而变化。必须承认，这个土壤模型仅仅只是实际土壤条件的一种近似而已，而不是完全的匹配。

如果视在电阻率基本上不随极间距变化，可以认为土壤为均匀土壤模型。这种情况很少遇到。

如果测试得到的视在电阻率随测量极间距变化的曲线是从高到低（如图 2 中的曲线 1）或由低到高（如图 2 中的曲线 2），则可以处理为双层土壤模型。

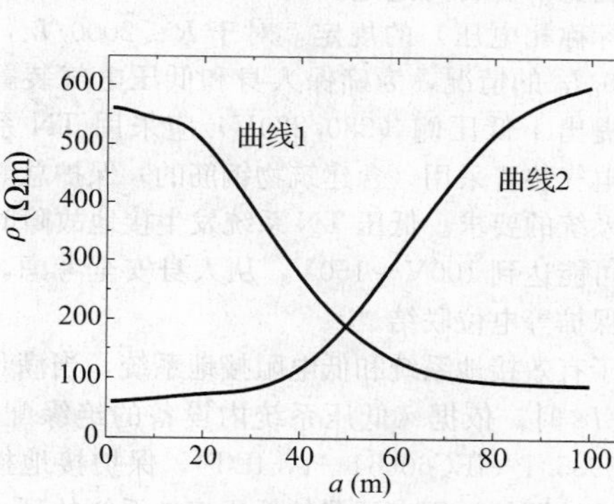

图 2　双层土壤的典型视在电阻率曲线

图 3 和图 4 所示为三层和四层结构的土壤的典型视在电阻率曲线。

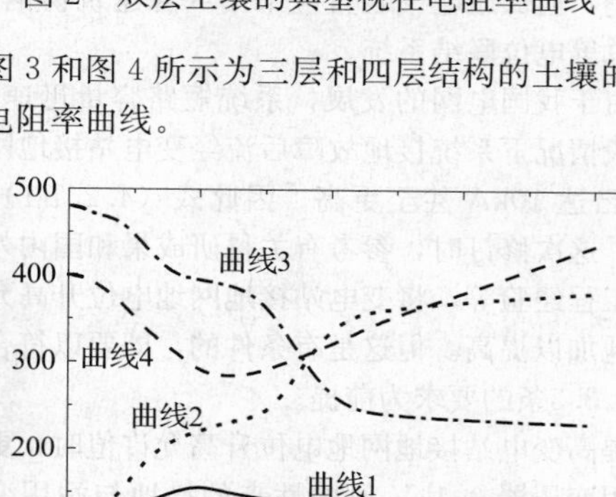

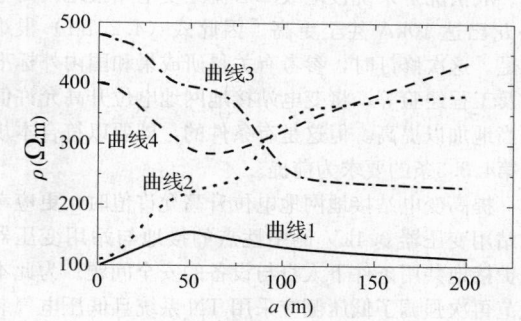

图 3　三层土壤结构模型的典型视在电阻率曲线

对于两层及以上的土壤结构，最好通过专门的计算机分析软件分析得到土壤分层参数。

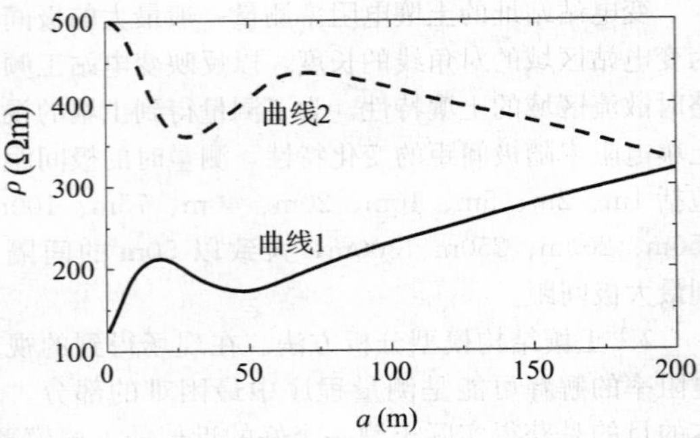

图4　四层土壤结构模型的典型视在电阻率曲线

4.2　接地电阻与均压要求

4.2.1　本条第1款，式（4.2.1-1）引自《交流电气装置的接地》DL/T 621—1997 中 5.1.1 的 a)。

由于站用变压器的保护接地接至变电站接地网、且与站用变压器的低压中性点共用接地，以及参考《低压系统内设备的绝缘配合》GB/T16935.1（IEC60664—1，IDT）中对于基本固体绝缘和附加固体绝缘应能承受暂时过电压为 V_n＋1200V（V_n为低压系统标称相电压）的规定，对于 $R \leqslant 2000/I_G$，但 $R > 1200/I_G$ 的情况，为确保人身和低压电气装置的安全，提出了低压侧（380/220V）应采用 TN 系统且低压电气装置采用（含建筑物钢筋的）保护总等电位联结系统的要求。低压 TN 系统发生接地故障时接触电压可能达到 100V～150V，从人身安全考虑，也应采取保护等电位联结。

对于有效接地系统和低电阻接地系统，当满足 $R \leqslant 1200/I_G$ 时，依据《低压系统内设备的绝缘配合》GB/T16935.1（IEC60664—1，IDT），保护接地接至变电站接地网的站用变压器的低压接地系统的型式不予限制，但低压电气装置应采用（含建筑物钢筋的）保护总等电位联结系统。

由于我国电网的发展，系统短路容量迅速扩大，在一般情况下系统接地故障后流经变电站接地网的电流 I_G已达 10kA 甚至更高。因此式（4.2.1-1）很难满足。这次修订时，参考有关科研成果和国内外标准以及工程经验等，将变电站接地网地电位升高允许值适当地加以提高。但这是有条件的，即要以符合本规范第4.3.3条的要求为前提。

提高变电站接地网地电位升高允许值时，更应考虑站用变压器 0.4kV 侧中性点的接地与站用变压器保护接地共用条件下人身与设备的安全问题。为此本规范再次强调了低压侧应采用 TN 系统且低压电气装置采用（含建筑物钢筋的）保护总等电位联结系统的要求。

其次，变电站接地网地电位升高直接与二次系统的安全性相关。系统发生接地故障时接地网中流动的电流，将在二次电缆的芯线—屏蔽层之间，或二次设备的信号线或电源线与地之间产生电位差。当此电位差超过二次电缆或二次设备绝缘的工频耐受电压时，二次电缆或设备将会发生绝缘破坏。因此，必须将极限电位升高控制在二次系统安全值之内。

一般的二次电缆 2s 工频耐受电压较高（≥5kV)。二次设备，如综合自动化设备，其工频绝缘耐受电压为 2kV/min。从安全出发，二次系统的绝缘耐受电压可取 2kV。

二次系统在短路时承受的地电位升高，还决定于二次电缆的接地方式。

二次电缆屏蔽层单端接地时，电缆屏蔽层中没有电流流过，接地故障时二次电缆芯线上的感应电位很小，二次电缆承受的电位差即为地电位升高。该电位差施加在二次电缆的绝缘上，因此地电位升高直接决定于二次电缆绝缘的交流耐压及二次设备绝缘的交流耐压值。

当电缆的屏蔽层双端接至接地网时，接地故障电流注入接地网会有部分电流从电缆的屏蔽层中流过，将在二次电缆的芯线上感应较高的电位，从而使作用在二次电缆的芯—屏蔽层电位差减小。对变电站二次电缆的不同布置方式及不同接地故障点位置，清华大学通过大量的计算表明，双端接地电缆上感应的芯—屏蔽层电位通常不到地网电位升的 20%。甚至对于土壤电阻率为50Ω·m左右，边长大于 100m 的接地网，即使在二次电缆屏蔽层接地点附近发生接地故障时，芯—皮电位小于地网电位升高的 40%。目前，变电站已实现保护在电气装置处就近设置，变电站内的二次电缆一般都较短，如果二次电缆的长度小于接地网边长的一半，则在最严酷的条件下，芯—屏蔽层电位差也小于 40%，甚至更小。

因此采用二次电缆屏蔽层双端接地，可以将地电位升高放宽到 2kV/（40%）＝5kV。采用二次电缆屏蔽层双端接地的方式，虽然短路时地电位升高达到 5kV，但作用在二次电缆芯—屏蔽层之间和二次设备上的电位差只有 2kV，满足了二次系统安全的要求。

二次电缆屏蔽层双端接地带来的一个问题是，接地故障时有部分故障电流流过二次电缆的屏蔽层。如果故障电流较大，则有可能烧毁屏蔽层。应在电缆沟中与二次电缆平行布置一根扁铜或铜绞线，且接至接地网。二次电缆与扁铜应可靠连接。这样接地故障时，由于扁铜的阻抗比二次电缆屏蔽层的阻抗小得多，因此故障电流主要从扁铜中流过，而流过二次电缆的屏蔽层的电流较小。可以消除屏蔽层双端接地时可能烧毁二次电缆的危险。

最后，当站用变压器向站外低压用户供电时，由于站用变压站外壳已连接至站接地网，为此应避免变电站接地网过高的地电位升高对站用变压器低压绕组造成反击。一般条件下，10/0.4kV 站用变压器的 0.4kV 侧的短时交流耐受电压仅为 3kV（例如《电力

变压器　第 11 部分：干式变压器》GB 1094.11 对 0.4kV 侧的短时交流耐受电压就规定为该值）。为此当接地网地电位升高超过 2kV 时规定：10/0.4kV 站用变压器的 0.4kV 侧的短时交流耐受电压应比厂、站接地网地电位升高超出 40%，以确保变电站接地网地电位升高不会反击至低压系统。而向厂、站外供电用低压线路要采用架空线，站用变压器低压绕组中性点不在厂、站内接地，改在厂、站外适当的地方接地。

对于与变电站连接的通信线路，也要考虑地电位升高的高电位引出及其隔离措施。目前变电站的通信线路一般采用光缆通信线路，此问题可不予考虑。未采用光缆通信线路时，则必须采用专门的隔离变压器。其一次、二次绕组间绝缘的交流 1min 耐压值不应低于 15kV。

本规范综合上述后规定：在符合本规范 4.3.3 条规定的条件下，接地网地电位升高可提高至 5kV。必要时，经专门计算，且采取的措施可确保人身安全和设备安全可靠运行时，接地网地电位升高还可进一步提高。

1998 年投产的天荒坪抽水蓄能电站 500kV 升压站的接地电阻为 0.75Ω，地电位升高值约达 6kV。加拿大拉格兰德具有 735kV 升压站的二级水电站接地设计标准采用过的地电位升高值为 9.28kV。

我国在考虑发电厂和变电站接地网的电位升高时，对于接地装置的入地接地故障电流，未计及接地故障过渡过程时接地故障电流中直流分量的影响。本规范式（4.2.1-1）中流经接地装置的入地接地故障不对称电流有效值 I_G，则按《交流变电站接地安全导则》IEEE Std80—2000 的相应要求，引入接地故障电流中直流分量的影响，从而使设计更为安全。

计算用接地故障电流原则上应选择变电站工程设计水平年（15 年～20 年后）接线情况下，站内发生接地故障时的接地故障电流和各对端有电源线路所提供的接地故障电流。当系统远景不是十分明确时，我国华东某省电力公司的《变电站铜质接地网应用导则》中提出的“500kV 配电装置的总接地故障电流可选 63kA；500kV 站的 220kV 配电装置可选 50kA，220kV 枢纽站的 220kV 配电装置选 50kA，一般的 220kV 站的 220kV 配电装置选 40kA；110kV 站可选 25kA。”的推荐意见可供参考。

本条中提及的“专门计算”和可能“采取的措施”在设计中如何操作，对此给出如下一些参考意见：

1　关于接地计算采用的专用程序。目前，水平或垂直分层的多层土壤中接地网性能的数值仿真方法已经非常成熟，包括土壤分层结构、接地电阻、地电位升高分布、跨步电位差、接触电位差、地表任意点的电位等均可以计算。

一般来说，土壤都可以用分层模型来表示，对于 n 层土壤则有 $2n-1$ 个未知量。土壤建模的过程也就是用最小二乘法对测量点进行拟合的过程。在数学上这是一个反演问题，已知响应，需要由响应反推得到实际土壤的分层模型。反演过程实际上就是假设多种分层结构模型，由假设模型的计算结果与实测结果比较，调整假设模型，直到二者之间的误差达到一定的要求。

因此，土壤分层的原理是：首先对需要建模的土壤进行测量，得到土壤表面实际的视在电阻率。用最小二乘法建立由测量值 ρ_m 及由未知土壤模型建立的计算值 ρ_c 所构成的目标函数：

$$f(\rho_1,\rho_2\cdots\rho_n,h_1,h_2\cdots h_{n-1})=\sum_{j=1}^{N}\left[\frac{\rho_m(r_j)-\rho_c(r_j)}{\rho_m(r_j)}\right]^2 \tag{3}$$

式中：$f(\rho_1,\rho_2\cdots\rho_n,h_1,h_2\cdots h_{n-1})$——目标函数；

$\rho_1,\rho_2\cdots\rho_n$——各层土壤电阻率；

h_1，$h_2\cdots h_{n-1}$——各层土壤厚度；

n——土壤层数；

N——测量得到的土壤表面视电阻率个数。

最后，利用无约束非线性最优化方法目标函数进行寻优，得到最佳土壤模型，也就是得到了土壤的结构。

接地电阻、地电位升高分布、跨步电位差、接触电位差和地表任意点的电位等的分析可以通过电磁场数值计算完成。

土壤中任一点的电位是土壤中向外泄漏电流的源产生的。接地系统就是一个向外泄漏电流的源。其附近任意点的电位都是由它产生的，求出接地极上的泄漏电流分布就可以求得接地电阻、地电位升高分布、跨步电位差、接触电位差和地表任意点的电位等。因此，得到导体中泄漏电流的分布是关键。实际的接地极中泄漏电流的分布是不均匀的，通常将接地极分为若干短的导体棒来分段逼近实际的电流分布。最基本的方法是按照接地极之间的相互交叉情况分段。使用导体表面上电位的连续性来建立方程组，即在导体段表面上两点间的电位差是由各导体段上的泄漏电流决定的，而导体段内这两点间的电位差是由导体本身的阻抗和流过导体段上的轴向电流产生的，这两个电位差应当相等，同时导体段上的轴向电流可以用各导体段上的泄漏电流表示，从而建立了一组方程，解之可得接地网上的泄漏电流分布。

依据上面的思想，在每段导体增加一个中间节点，在中间节点和端节点间添加金属导体的内阻，在中间节点上连接由所有泄漏电流产生的电位决定的电压源，则可按电路理论中的节点法列出节点方程进行求解。

假设每剖分导体的泄漏电流在中间节点流入大

地，可得中间节点上电压源与泄漏电流的关系：

$$[V^M]=[R^{MM}][I^M] \tag{4}$$

式中上角标 M 表示中间节点，R^{MM} 电阻矩阵，由土壤结构决定，当 $i=j$ 时，R_{ij} 为第 i 段自电阻，二者不等时为导体剖分段间的互阻。

金属的内阻可以很容易由导体尺寸及其电导率求得，考虑中间节点后的接地系统网络的节点方程为：

$$\begin{bmatrix} G^{MM} & G^{MT} \\ G^{TM} & G^{TT} \end{bmatrix}\begin{bmatrix} V^M \\ V^T \end{bmatrix}=\begin{bmatrix} -I^M \\ I^T \end{bmatrix} \tag{5}$$

式中上角标 T 表示剖分段端部节点；

I^T 为端部节点的注入电流列向量，只有短路节点有注入接地系统的电流，其余节点的注入电流都为零；

G^{MM} 为中间节点的自导对角矩阵，其元素可以由金属导体的电阻公式计算；

G^{MT} 为中间节点和端部节点间的互导，当节点 i 和 j 相连时，元素值为二者间导体段的自导纳，元素值为负，当节点不连时，元素值为零；

G^{TM} 为 G^{MT} 的转置矩阵；

G^{TT} 为端部节点的自导纳对角矩阵。

由上述两个方程组可以求解得到剖分导体段的中间点和端部点的电位及中间点流入大地的泄漏电流：

$$\begin{bmatrix} G^{MM} & G^{MT} & E \\ G^{TM} & G^{TT} & 0 \\ -E & 0 & R^{MM} \end{bmatrix}\begin{bmatrix} V^M \\ V^T \\ I^M \end{bmatrix}=\begin{bmatrix} 0 \\ I^T \\ 0 \end{bmatrix} \tag{6}$$

分析得到各导体段的入地电流后，按照电场理论就可以计算接地系统在任一点产生的电位，进而求得接地电阻、地电位升高分布、跨步电位差、接触电位差和地表任意点的电位等。

对于并联电缆和扁铜的情况，可以先求得两个连接点的电位和由这两个点看入的接地系统等效内阻，然后按照戴维南等效电路求得流过电缆或扁铜的电流。

2 软件应用。以某 500kV 变电站接地网为例。采用对称四极法对变电站站址的视在土壤电阻率进行了测量，测试了东西和南北两个方向的视在土壤电阻率随两电流极间距 AB 的变化规律，测试结果如图 5 所示。两方向的测量数值极其接近，说明在测试深度范围内土壤“各向异性”变化不大，土壤为沿水平分层的多层土壤。土壤结构可分为水平 3 层，表层厚 2.35m，电阻率 180.3Ω·m；中间层厚 87.6m；电阻率 80Ω·m；底层电阻率为488Ω·m。

与变电站相连的所有线路包括：500kV 出线 3 回；220kV 出线 5 回。500kV 侧接地故障（短路电流 18kA）时对应的变电站的分流系数为 0.671，对应的最大接地故障电流为 0.671×18kA＝12.08kA；220kV 侧接地故障（短路电流 23kA）时对应的变电站的分流系数为 0.533，对应的接地故障最大电流为 0.533×23kA＝12.26kA。

接地网占地 300×210（m^2），埋设深度为 0.8m，

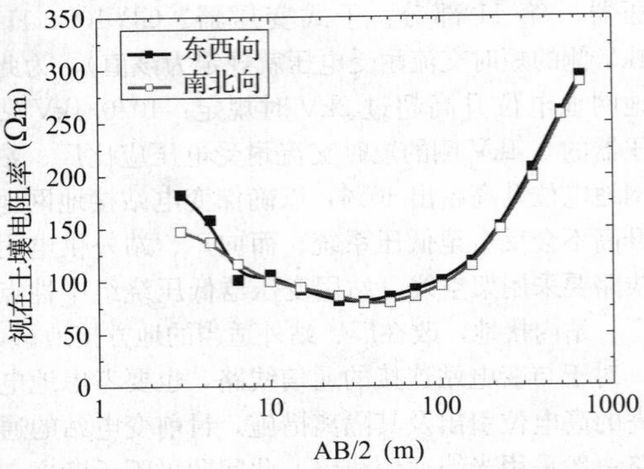

图 5 视在土壤电阻率测试结果

钢接地体均匀布置，间距约为 15m。接地电阻计算结果为 0.332Ω。大于《交流电气装置的接地》DL/T 621—1997 规定的小于 2000V/12.26kA＝0.163Ω 的要求。但地电位升高计算结果为 4069V，满足本规范规定的小于 5000V 要求。跨步电位差为 134V，其安全限值为 475V（接地故障电流持续时间取 0.4s），即使不铺高阻层也可以满足人身安全要求；但接触电位差为 914V，远大于无高阻层时的安全限值 324V（接地故障电流持续时间取 0.4s），为保障人身安全，需要铺设 5cm 厚的高阻层。

由于接地故障时变电站接地系统不同部位导体存在较大的电位差，该电位差可能通过接地网耦合进入二次电缆，影响二次系统安全性能。分析如图 6 所示的由控制楼引出的KVVP2-450/1000V 4芯电缆的安全情况。当 12.26kA 电流入地时，电缆的芯皮电位差为 148V，屏蔽层中的电流为 377A，有些情况下电缆屏蔽层电流可能过大，烧毁电缆。为了减少流过电缆屏蔽层的电流，保障电缆的安全，可沿电缆并行布置一根扁铜，以分流电缆屏蔽层中的电流。对于图 6 所示的电缆，经过分析，并联 2 倍电缆屏蔽层横截面积的扁铜排，流过电缆屏蔽层的电流为 103A。可以看到，铺设铜条后屏蔽层的电流明显减小。

本条第 2 款第 1 项按《交流电气装置的接地》DL/T 621—1997中 5.1.1 b）的 1 引入。为考虑人身安

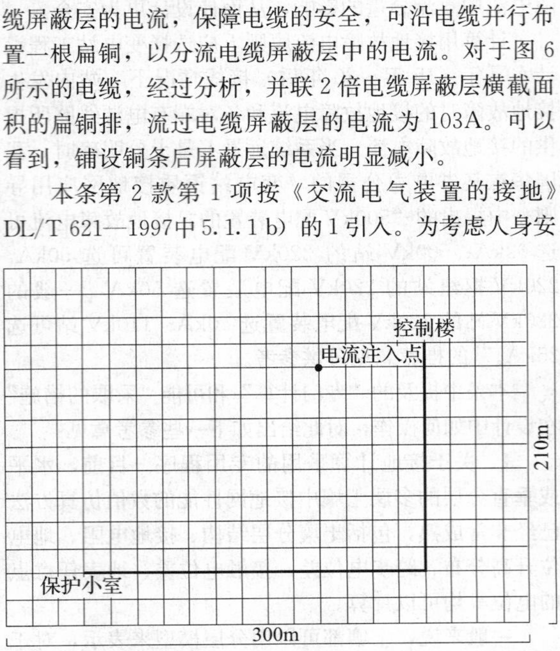

图 6 电缆和电流入地点的位置示意

全，补充了低压电气装置采用（含建筑物钢筋的）保护总等电位联结系统的要求。

第 2 项按《交流电气装置的接地》DL/T 621—1997 中5.1.1b）的 3 引入。（4.2.1-2）式中的 I_g，采用的是接地网入地对称电流。其原因在于不接地、谐振接地和高电阻接地系统发生单相接地故障后，虽然对地短路电流中也存在着直流分量，但因不立即跳闸，较快衰减的直流的影响已可不必考虑。

进出线都为电力电缆的城区变电站的接地电阻，一般可适当放宽要求。但因工程情况各异，因此需进行专门研究加以确定。

4.2.2 当系统发生接地短路故障时，流经变电站接地网的入地电流引起接地网的对地电位升高，且接地网内部电位也是不等的。当运行维护人员等在系统故障时，手触及带电的构架（见图 7），手—脚的接触电位差就会使其遭到电击；相应的当人两脚不在一起时（见图 8），脚—脚的跨步电位差也会导致人受到电击。那么受到电击的人是否会有致死的危险，则是人们普遍关注的问题。

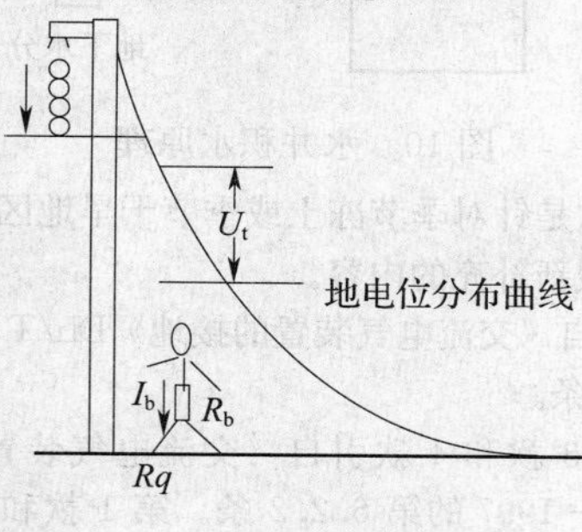

图 7　人体遭受接触电位差

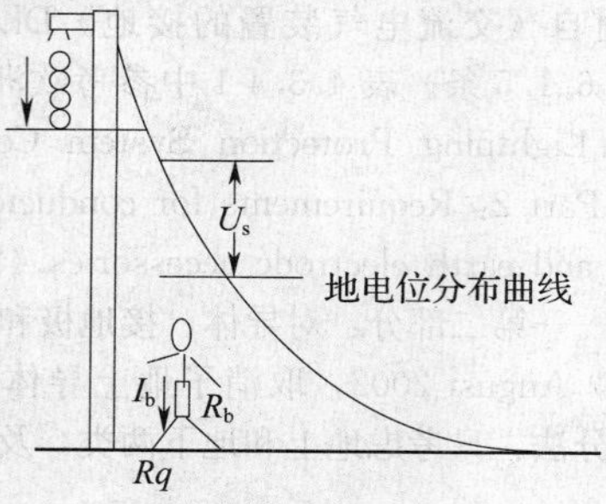

图 8　人体遭受跨步电位差

根据国外学者的研究，人体可承受的最大交流电流有效值 I_b（mA）由下列 2 式决定：

对于体重 50kg 的人：

$$I_b=\frac{116}{\sqrt{t_s}} \tag{7}$$

式中：t_s——通过人体电流的时间（s）。

对于体重 70kg 的人：

$$I_b=\frac{157}{\sqrt{t_s}} \tag{8}$$

人体的电阻 R_b（Ω）变动范围很大。《交流变电站接地安全导则》IEEE Std80—2000 选用 1000Ω。我国自 1979 年（水利电力部颁布《电力设备接地设计技术规程》SDJ 8—79）一直采用 1500Ω。人脚站在土壤电阻率为 ρ 的地面上时的电阻 R_g（Ω）可视为一个直径 16cm 金属板置于地面上的电阻。该电阻经计算为 3ρ。于是人可承受接触电位差和跨步电位差的限值分别为：

$$U_s=\frac{116}{\sqrt{t_s}}(1500+1.5\rho)=\frac{174+0.17\rho}{\sqrt{t_s}} \tag{9}$$

$$U_s=\frac{116}{\sqrt{t_s}}(1500+6\rho)=\frac{174+0.7\rho}{\sqrt{t_s}} \tag{10}$$

在以上 2 式中人体电阻取 1500Ω，人体体重按 50kg 考虑，人体可承受的最大交流电流有效值 I_b（mA）依式（7）取值。

式（9）与式（10）即我国《交流电气装置的接地》DL/T 621—1997 中 3.4 中的式（1）和式（2）。此种要求早在 1984 年已被列入水利电力部颁发的《500kV 电网过电压保护绝缘配合与电气设备接地暂行技术标准》SD 119—84 中。迄今已执行逾 25 年，是安全可行的。

本规范式（4.2.2-1）和式（4.2.2-2）中的表层衰减系数 C_s 是参照《交流变电站接地安全导则》IEEE Std80—2000 中 8.3 引入的。当具有为提高接触电位差和跨步电位差的允许阈值而敷设的高电阻率表层材料时，系数 C_s 相当于一个校正系数，用来正确计算此种条件下脚的有效电阻。该系数的计算方法见本规范附录 C。

人遭遇电击时身体吸收的能量正比于流过人体电流的平方与 t_s 的乘积。为对人身安全从严要求，本规范式（4.2.2-1）和式（4.2.2-2）中的 t_s，与附录 E 中的 t_e 取同一值。

本条第 2 款 按第 1 款相同的原则处理。

4.3　水平接地网的设计

4.3.1 引自《交流电气装置的接地》DL/T 621—1997 的第 6.1.1 条～第 6.1.4 条。

本条第 4 款提及了降低发电厂和变电站接地网接地电阻的方法。降低发电厂和变电站接地电阻的基本措施是将接地网在水平面上扩展或向纵深方向发展。这包括扩大接地网面积、引外接地、增加接地网的埋设深度、利用自然接地、深垂直接地极、局部换土、爆破接地技术及深井接地技术等。应注意各种降阻方法都有其应用的特定条件，针对不同地区、不同条件采用不同的方法才能有效地降低接地电阻；另外各种方法也不是孤立的，在使用过程中必须相互配合，以获得明显的降阻效果。降阻方法的应用效果宜结合接地系统的数值计算进行分析。特别是采用长垂直接地极时，宜结合分层土壤模型来确定合理的垂直接地极深度，做到有的放矢。

少量地扩大接地网面积对降低发电厂、变电站接地网的接地电阻效果不明显。当接地网的埋深在1m左右时，增加接地网的埋设深度对降低接地电阻的基本不起作用。

引外接地主要适宜于水电站的降阻，通过将水库堤坝等基础的钢筋及在水库中敷设的附加接地网与主接地网相连来降低接地电阻。

对于面积狭小的市区变电站，通常可采用长垂直接地极结合爆破接地技术来降低接地网的接地电阻。

对于非城区变电站，可采用良导体地线来增加分流、采用长垂直接地极结合爆破接地技术来降低接地网的接地电阻外，还可以利用适当的引外接地。

在高土壤电阻率地区降阻的有效方法是采用长垂直接地电极，结合分层土壤模型，有效地利用地下低电阻率层，以达到要求的降阻效果。为了减小水平接地网对垂直接地极和垂直接地极之间的屏蔽效应，以提高垂直接地极的利用系数，垂直接地极宜沿接地网的外围导体布置。如果条件许可的话，尽可能将垂直接地极向站外布置，让垂直接地极间的距离不小于2倍垂直接地极的长度。垂直接地极的根数及实际长度的选择，可根据水平接地网接地电阻的大小和实际的降阻要求以及地质结构来确定。其基本原则是在地中无低电阻率层时，垂直接地极的长度一般不得小于水平接地网的等效半径，垂直接地极的根数一般应在4根以上。但应考虑如下两点：一是垂直接地极根数增加到一定值时降阻率趋于饱和，二是长垂直接地极的施工费用比较高。

爆破接地技术的基本原理是采用钻孔机在地中垂直钻一定直径和深度的深孔。在孔中插入接地电极，然后沿孔的整个深度隔一定距离安放一定量的炸药来进行爆破，将岩石爆裂、爆松。接着用压力机将调成浆状的低电阻率材料压入深孔中及爆破制裂产生的缝隙中，以达到通过低电阻率材料将地下巨大范围的土壤内部沟通及加强接地电极与土壤或岩石的接触。从而达到在大范围内改良土壤的特性，实现较大幅度降低接地电阻的目的，如图9所示。

地下水可以填充土壤中的空隙，增大土壤的散

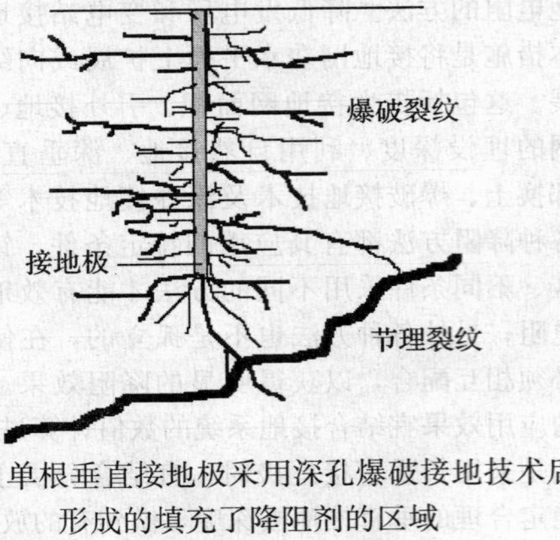

图9　单根垂直接地极采用深孔爆破接地技术后形成的填充了降阻剂的区域

流面积，缩短土壤的散流通道，这是地下水影响土壤电阻率的原因。土壤的湿度越大，土壤电阻率越低，含有丰富导电离子的地下水对土壤电阻率的影响更加明显。在有地下水的地区可以采用深水井接地技术来降低接地电阻。它是利用水井积水的原理制作的接地极，如图10所示。在地中挖一深井，在井壁内布置不锈钢管或热镀锌钢管接地极。钢管的直径约5cm，钢管壁上必须留有通水孔。利用钢管内的空间作为深水井的储水空间，钢管的金属既是接地极的导体，又是深水井的井壁。另外水井的上端不能封死，必须留有通气孔以形成压力差，确保地下水分子的运动，在接地极的周围形成明显的低电阻率区，从而降低了接地极的接地电阻。

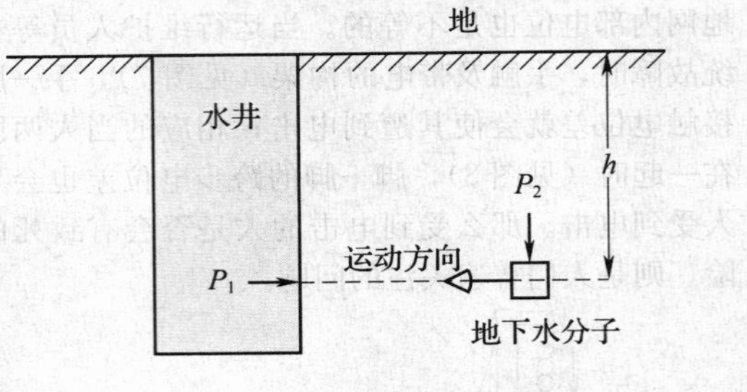

图10　水井积水原理

第6款是针对季节冻土或季节干旱地区的情况而据工程实践新补充的内容。

4.3.2　引自《交流电气装置的接地》DL/T 621—1997的第6.2.1条。

4.3.3　第3款和4款引自《交流电气装置的接地》DL/T 621—1997的第6.2.2条。第1款和2款是新补充的要求。其解释见本规范第4.2.1条的说明。

4.3.4　引自《交流电气装置的接地》DL/T 621—1997的第6.1.5条。表4.3.4-1中参考欧洲标准EN 50164—2 Lightning Protection System Components（LPSC）-Part 2：Requirements for conductors，earth electrodes and earth electrode accessories《防雷系统组成部分——第二部分：对导体、接地极和接地极附件的要求》August 2002，取消了地上导体分为室内和室外的分法，只考虑地上和地下两类，及其对接地极的要求。

近年来覆铜钢材（采用电镀、在铜液中连铸等工艺将铜覆于表面的钢材）在国内也有开发并应用于变电站接地网工程。为与本规范第4.3.6条的第4款相呼应，在表4.3.4-2中参考欧洲标准EN 50164—2 Lightning Protection System Components（LPSC）-Part 2：Requirements for conductors，earth electrodes and earth electrode accessories《防雷系统组成部分——第二部分：对导体、接地极和接地极附件的要求》August 2002和《交流变电站接地安全导则》IEEE Std80—2000给出了对铜、铜覆钢材料的要求。

4.3.5 引自《交流电气装置的接地》DL/T 621—1997的第6.2.7条、第6.2.8条。第3款引自《交流电气装置的接地》DL/T 621—1997附录C的C2。

4.3.6 本条第1～3款引自《交流电气装置的接地》DL/T 621—1997的第6.1.6条。

选择接地导体（线）、接地极材料的出发点是接地网在变电站的设计使用年限内要做到免维护。其尺寸要综合考虑接地故障电流热稳定的要求，也要考虑变电站在设计使用年限内导体的腐蚀总量。材料的选择需由综合的技术经济分析确定。

接地导体（线）、接地极材料一般采用镀锌钢。镀锌钢的镀锌层必须采用热镀锌的方法。且镀层要有足够的厚度，以满足接地装置设计使用年限的要求。已有的研究表明，土壤电阻率、类别、含盐量、酸碱度和含水量等因素会导致钢材质接地导体（线）、接地极的腐蚀。确定变电站站址土壤的腐蚀率是确定接地导体（线）、接地极截面尺寸的基础。接地设计应按站址当地土壤腐蚀条件选择适当的材料和防腐蚀措施。表1给出了若干土壤腐蚀情况的参考值。

表1 接地导体（线）和接地极年平均最大腐蚀速率（总厚度）

土壤电阻率（Ω·m）	扁钢腐蚀速率（mm/a）	圆钢腐蚀速率（mm/a）	热镀锌扁钢腐蚀速率（mm/a）
50～300	0.2～0.1	0.3～0.2	0.065
>300	0.1～0.07	0.2～0.07	0.065

本条第4款是根据近年我国华北电网、江苏、河南和广东等地企业标准或反事故措施中已明确推荐采用铜材或铜镀钢材料的规定和参考华东某省电力公司2005年6月发布的《变电站铜质接地网应用导则》相应条款引入的。

1988年8月投产的华能大连发电厂接地装置采用的材质是退火铜绞线，未采取特殊防腐措施。接地引下线/水平接地极的截面为$2\times150mm^2$和$250mm^2$两种。垂直接地极为1.2m长的镀铜钢棒。虽然该厂的土壤为碱性土壤，未出现问题。广东江门500kV GIS变电站接地网水平接地极采用4mm×30mm的扁铜。设备接地引下线采用4mm×60mm的扁铜。已运行20多年情况仍然良好。由于扁铜太软，在进行垂直接地极施工时采用铜镀钢棒。

接地网采用铜材和铜覆钢材一般认为较贵。然而铜和铜覆钢材比钢材耐腐蚀性能要好，在腐蚀严重地区不用钢而代之以铜将是合理的。

4.3.7 引自《交流电气装置的接地》DL/T 621—1997的第6.2.5条、第6.2.6条、第6.2.10条、第6.2.11条和第6.2.13条。对于铜或铜覆钢接地导体（线）的焊接，基于可提高允许温度节约材料，提出了应采用放热焊接的要求。《电气装置安装工程 接地装置施工及验收规范》GB 50169—2006对放热焊接也有明确的规定。

本条第6款第4项中对接地导体（线）与电气装置采用螺栓方式连接时，根据英国接地标准（BS7430—1998：Code of Practice for Earthing）的规定，指出螺栓连接时的允许温度为250℃，提出了连接处接地导体（线）应适当加大截面的要求。

4.4 具有气体绝缘金属封闭开关设备变电站的接地

4.4.1 66kV～220kV具有气体绝缘金属封闭开关设备的变电站，一般为GIS变电站。而在500kV变电站中有开关装置采用GIS而母线采用敞开式配电装置的设计，对此种组合方式称为HGIS变电站。目前工程中GIS变电站均采用一个总接地网。

4.4.2 这是目前工程的一般情况。应强调的是工程设计单位应主动与GIS制造厂交换工程设计信息与要求，同时了解GIS制造厂提出的GIS区域专用接地网设计方案，并在变电站总接地网设计中加以考虑并纳入。

4.4.3 引自《交流变电站接地安全导则》IEEE Std80—2000的第10.8节。

4.4.4 位于居民区的GIS变电站，考虑环保因素，参考华东某省电力公司的《变电站铜质接地网应用导则》相应条款，对跨步电位差提出相关要求。

4.4.5 GIS区域专用接地网与变电站总接地网相连的方式与要求主要是从安全散流加以提出的。参考《交流电气装置的接地》DL/T 621—1997的第6.2.14条的b）给出。

4.4.6 引自《交流电气装置的接地》DL/T 621—1997的第6.2.14条的a）。

4.4.7 引自《交流电气装置的接地》DL/T 621—1997的第6.2.14条的d）。

4.4.8 参照《交流变电站接地安全导则》IEEE Std80—2000的第10.4节提出。条文提及的保护器，其额定电压的选择应能承受在接地故障电流流入接地网时GIS和电缆护层两个接地系统之间产生的地电位差，又能在由开关（隔离开关）分合或GIS中的故障产生的特快速瞬态过电压（VFTO）下，保护绝缘元件免受损坏。由于各制造厂的GIS结构不同，制造厂应提供绝缘元件的绝缘水平和保护器的技术条件。

4.4.9 按国内外工程情况引入的规定。

4.5 雷电保护和防静电的接地

4.5.1 第1款引自《交流电气装置的接地》DL/T 621—1997的第6.2.15条。第2款引自《交流电气装置的接地》DL/T 621—1997的第7.1.2条。第3款引自《交流电气装置的接地》DL/T 621—1997的第7.1.4条。第4款是考虑接地极在雷电流作用下存在有效面积，雷电流主要通过入地点附近流入地中，为改善避雷器的保护效果而引入的。

4.5.2 引自《交流电气装置的接地》DL/T 621—1997 的第 6.2.18 条。

5 高压架空线路和电缆线路的接地

5.1 高压架空线路的接地

5.1.1 原规范第 4.4.1 条。

5.1.2 原规范第 4.4.1 条。

5.1.3 引自《交流电气装置的接地》DL/T 621—1997 第 6.1.4 条。

5.1.4 引自《交流电气装置的接地》DL/T 621—1997 第 6.1.8 条。

5.1.5 引自《交流电气装置的接地》DL/T 621—1997 第 6.3.1 条。但应注意本条的 5 款，对于工作于有效接地系统的城镇居民区的杆塔，如有接地时短路电流过大的情况，应校验杆塔周围人员有无危险电击的可能，并采取相应的措施。

5.1.6 引自《交流电气装置的接地》DL/T 621—1997 第 6.3.2 条。

5.1.7 引自《交流电气装置的接地》DL/T 621—1997 第 6.3.3 条。

5.1.8 引自《交流电气装置的接地》DL/T 621—1997 第 6.3.4 条。

5.1.9 引自《交流电气装置的接地》DL/T 621—1997 第 6.3.5 条。

5.2 6kV～220kV 电缆线路的接地

本节引自电力行业标准《城市电缆线路设计技术规定》DL/T 5221—2005 第 10.0.1 条、第 10.0.2 条和第 10.0.4 条。同时也参考了《电力工程电缆设计规范》GB 50217—2007 的有关规定。

对于电缆金属屏蔽层电压限制器的特性，按电力行业标准《城市电缆线路设计技术规定》DL/T 5221—2005 第 10.0.3 条要求，应符合下列规定：

1 在系统可能的大冲击电流作用下的残压，不得大于电缆护层冲击耐受电压的 $1/\sqrt{2}$。

2 可能最大工频过电压 5s 作用下，电缆金属屏蔽层电压限制器能够耐受。

3 可能最大冲击电流累计作用 20 次，电缆金属屏蔽层电压限制器不被损坏。

4 电缆金属屏蔽层电压限制器的残压比一般选择为 2.0～3.0。

6 高压配电电气装置的接地

6.1 高压配电电气装置的接地电阻

本节相应引自《交流电气装置的接地》DL/T 621—1997 的第 5.3.1 条～第 5.3.4 条。

6.2 高压配电电气装置的接地装置

6.2.1 引自《交流电气装置的接地》DL/T 621—1997 的第 6.4.1 条，并补充户外箱式变压器、环网柜等电气装置。

6.2.2 按工程实践新增内容。

6.2.3、6.2.4 分别引自《交流电气装置的接地》DL/T 621—1997 第 6.4.2 条、第 6.4.3 条。

7 低压系统接地型式、架空线路的接地、电气装置的接地电阻和保护总等电位联结系统

7.1 低压系统接地的型式

本节引自现行国家标准《低压电气装置　第 1 部分：基本原则、一般特性评估和定义》GB/T 16895.1—2008，源自国际电工委员会标准：IEC60364—1：2005。

本节图中表示的不同接地型式代号中字母的含意为：

1 第 1 个字母——电源系统对地的关系，表示如下：

1）T——某点对地直接连接；

2）I——所有的带电部分与地隔离；或某点通过高阻抗接地。

2 第 2 个字母——装置的外露可导电部分对地的关系，表示如下：

1）T——外露可导电部分与地直接做电气连接，它与系统电源的任何一点的接地无任何连接；

2）N——外露可导电部分与电源系统的接地点直接做电气连接（在交流系统中，电源系统的接地点通常是中性点，或者如果没有可连接的中性点，则与一个相导体连接）。

3 后续的字母——N 与 PE 的配置，表示如下：

1）S——将与 N 或被接地的导体（在交流系统中是被接地的相导体）分离的导体作为 PE；

2）C——N 和 PE 功能合并在一根导体中(PEN)。

7.2 低压架空线路的接地、电气装置的接地电阻和保护总等电位联结系统

7.2.1 原规范第 4.4.1 条，并按本规范第 7.1 节进行了修改。

7.2.2 参照《建筑物电气装置　第 4-41 部分：安全防护—电击防护》GB 16895.21—2004。

7.2.3 原规范第 4.4.1 条。

7.2.4 源自《交流电气装置的接地》DL/T 621—1997 第 7.2.7 条。

7.2.5 源自《交流电气装置的接地》DL/T 621—

1997第7.2.1条的a）和第7.2.2条的a）。当建筑物内低压电气装置采用（含建筑物钢筋的）保护总等电位联结系统时，可保证低压系统电源中性点与该变压器保护接地共用接地装置时人身和低压电气装置的安全。

7.2.6 高低压共用接地源自《交流电气装置的接地》DL/T 621—1997第7.2.2条b）。当建筑物内低压电气装置采用TN系统且采用（含建筑物钢筋的）保护总等电位联结系统时，可保证低压系统电源中性点与该变压器保护接地共用接地装置时人身和低压电气装置的安全。

当建筑物内低压电气装置虽采用TN系统，但未采用（含建筑物钢筋的）保护总等电位联结系统，以及建筑物内低压电气装置采用TT或IT系统时，参考《交流电气装置的接地》DL/T 621—1997第7.2.2条c）"向低压系统供电的配电变压器的高压侧工作于低电阻接地系统时，低压系统不得与电源配电变压器的保护接地共用接地装置，低压系统电源接地点应在距该配电变压器适当的地点设置专用接地装置，其接地电阻不宜超过4Ω。"，作出了"低压系统电源中性点严禁与该变压器保护接地共用接地装置，低压电源系统的接地应按工程条件研究确定"的规定。

1999年参照《交流电气装置的接地》DL/T 621—1997第7.2.2条c）的规定，北京地区有关部门在10kV中性点低电阻接地的配电网中曾进行过专门的试验研究。当配电线路上多台柱上变压器的低压系统电源接地点与变压器保护接地共用的接地装置通过低压N导体互联后，总的接地电阻一般不超过0.5Ω。根据10kV配电网单相接地故障入地电流引起共用接地装置上的地电位升高和故障跳闸时间等的实际情况，在确保低压用户人身和设备安全的前提下，确定了"变压器台接地装置互联的总接地电阻不超过0.5Ω（如超过，采取措施降至该值）时，低压电源接地点可与变压器保护接地共用接地装置；单独接地的变压器台的保护接地不允许与低压系统电源接地点共用接地装置，后者另设的接地装置应离开变压器台接地装置5m或以上"的原则。该原则已纳入其企业标准，多年来的运行情况良好。

7.2.7 引自《建筑物电气装置 第4-41部分：安全防护—电击防护》GB 16895.21—2004的413.1.4.1。

7.2.8 按《建筑物电气装置 第4-41部分：安全防护—电击防护》GB 16895.21—2004的413.1.4.1新增的条文。

7.2.9 引自《建筑物电气装置 第4-41部分：安全防护—电击防护》GB 16895.21—2004的413.1.5.3。

7.2.10 源自《交流电气装置的接地》DL/T 621—1997的第7.2.5条。

7.2.11 引自《交流电气装置的接地》DL/T 621—1997的第7.2.6条。

8 低压电气装置的接地装置和保护导体

8.1 接地装置

8.1.1 第3款可参见《建筑物电气装置 第4部分：安全防护 第44章：过电压保护 第444节：建筑物电气装置电磁干扰（EMI）防护》GB/T 16895.16—2002。

8.1.2 表8.1.2按IEC 62561—2作了局部修改。

8.2 保护导体

8.2.1 出于对设计工作使用方便的考虑，本条目前的条文是对现行国家标准《建筑物电气装置 第5-54部分：电气设备的选择和安装——接地配置、保护导体和保护联结导体》GB 16895.3—2004相应原条文经修改后得到的。相应原条文如下：

"保护导体的截面积不应小于由如下两者之一所确定的值：

1）按仅对切断时间不超过5s时，可由下式所确定：

$$S=\frac{\sqrt{I^2 t}}{k} \tag{11}$$

式中：S——截面积，mm^2；

I——通过保护电器的阻抗可忽略的故障产生的预期故障电流有效值，A；

t——保护电器自动切断时的动作时间，s；需考虑线路阻抗的限流影响和保护电器的$I^2 t$的限值。

k——由保护导体、绝缘和其他部分的材料以及初始和最终温度决定的系数（k值的求取方法见附录G）。

2）按IEC 60949（在考虑非绝缘加热效应条件下的热容许短路电流的计算）计算。

若用公式求得的尺寸是非标准的，则应采用较大标准截面积的导体。

对处于有潜在爆炸性危险环境中的装置的温度限制，应符合国家标准《爆炸性气体环境用电气设备第1部分：通用要求》GB 3836.1的有关规定。

按IEC 60702—1：2002额定电压不超过750V的矿物绝缘电缆及其终端 第1部分：电缆，矿物绝缘电缆的金属护套承受接地故障的能力大于相线承受接地故障电流的能力，且把这种金属护套用作保护导体时，则不必计算其截面积。"

附录A 土壤中人工接地极工频接地电阻的计算

A.0.1～A.0.4 均匀土壤中典型接地极接地电阻的计算公式引自《交流电气装置的接地》DL/T 621—

1997 的附录 A。此次修订，对拟引用公式计算的结果，与应用加拿大某公司开发的计算软件 Current Distribution Electromagnetic Interference Earthing and Soil Structure Analysis（CDEGS，简称为“软件”）的计算结果作了比较，并给出了二者相差的百分比。

A.0.1 采用“软件”与《交流电气装置的接地》DL/T 621—1997 附录 A.0.1 的垂直接地极的电阻计算公式对比计算的条件为：垂直接地极的长度 1m～50m、接地极的直径 0.01m～0.05m。计算结果表明，“软件”计算结果与公式计算结果之间的差值在 7%之内。

A.0.2 采用“软件”与《交流电气装置的接地》DL/T 621—1997 附录 A.2 各种水平接地极的电阻计算公式对比计算的条件为：水平接地极的总长度 20m～400m、水平接地极的直径 0.01m～0.05m、水平接地极的埋深 1m～3m。计算结果表明：对于各种不同形状的水平接地极，当长度小于 200m 时，公式与“软件”的计算结果相差小于 14%。

A.0.3 采用“软件”与《交流电气装置的接地》DL/T 621—1997 附录 A3 复合接地极（接地网）的电阻计算公式对比计算的结果（参见表 A12）表明，对于方形网孔的接地网，当网孔边长小于 10m 时，该计算公式对于不同面积的接地网均适用；对于方形网孔，当接地网的长宽比小于 8 时，也可以采用该公式进行接地电阻计算。

A.0.4 采用“软件”与《交流电气装置的接地》DL/T 621—1997 附录 A4 接地电阻简易计算公式对比计算的结果表明，垂直式接地极的接地电阻计算公式与接地计算“软件”的结果相差很小；单根水平式接地极，当土壤电阻率较小时，接地电阻计算公式与“软件”计算结果相差很大（21%）。随着土壤电阻率的提高，接地电阻计算公式与“软件”计算结果相差逐渐减小（13%）；对于复合式接地极，接地网总面积 10000m^{2}时，接地电阻计算公式与“软件”计算结果相差不大（11%）。

A.0.5 典型双层土壤中几种接地装置的接地参数计算。

1 对于土壤水平分层的垂直接地极接地电阻计算公式（A.0.5-1），系引自电力行业标准《水力发电厂接地设计技术导则》DL/T 5091—1999 附录 A 的式（A4）。该式的计算结果（参见表 2）与采用“软件”的计算结果除个别数据相差 18%左右外，其余相差不大。

表 2 接地电阻计算对比

ρ_1 (Ω·m)	ρ_2 (Ω·m)	H (m)	L (m)	d (m)	接地电阻（Ω） DL/T 5091	软件	相差（%）
50	100	5	10	0.01	9.10824	8.94864	−1.78
50	100	5	10	0.02	8.37278	8.20388	−2.06
50	100	5	10	0.05	7.40057	7.22575	−2.42
50	100	1	10	0.02	11.1201	10.8861	−2.15
50	100	2	10	0.02	10.2802	10.0579	−2.21
50	100	8	10	0.02	7.06335	6.93978	−1.78
50	75	5	10	0.02	7.40879	7.23382	−2.42
50	150	5	10	0.02	9.67397	9.5191	−1.63
50	200	5	10	0.02	10.5271	10.4137	−1.09
200	50	5	10	0.02	9.27375	8.87806	−4.46
150	50	5	10	0.02	8.74714	8.39045	−4.25
100	50	5	10	0.02	7.85828	7.56751	−3.84
50	100	5	20	0.02	5.39365	5.24897	−2.76
50	100	5	50	0.02	2.68974	2.63941	−1.91
50	100	5	100	0.02	1.50804	1.54188	2.19
50	100	5	200	0.02	0.82453	0.98163	16.00
50	100	10	8	0.02	7.83058	7.48069	−4.68
50	100	10	5	0.02	11.9801	10.9677	−9.23
50	100	10	2	0.02	27.3802	23.2421	−17.80
50	10	10	1	0.02	50.9823	40.6208	−25.51

2 对于土壤垂直分层的接地网接地电阻计算公式（A.0.5-2），系引自电力行业标准《水力发电厂接地设计技术导则》DL/T 5091—1999 附录 A 的公式（A1）。该式的计算结果（参见表 3）与采用“软件”的计算结果个别数据相差 25%以下。

表 3 接地电阻计算对比

ρ_1 (Ω·m)	ρ_2 (Ω·m)	S_1 (m×m)	S_2 (m×m)	接地电阻（Ω） DL/T 5091	软件	相差（%）
50	80	750	1750	0.67797	0.596	−13.75
50	80	250	2250	0.75472	0.63099	−19.61
50	80	1250	1250	0.61538	0.56724	−8.49
50	80	1750	750	0.56338	0.54179	−3.99
50	80	2250	250	0.51948	0.51771	−0.34
50	80	72000	88000	0.07874	0.1024	23.10
50	80	40000	120000	0.08696	0.10652	18.36
50	200	40000	120000	0.14286	0.14501	1.49
50	200	72000	88000	0.10638	0.12792	16.84
50	200	750	1750	1.05263	0.84531	−24.53

附录 B 经发电厂和变电站接地网的入地故障电流及地电位升高的计算

B.0.1 本规范中式（B.0.1-1）和（B.0.1-2）是参照《交流电气装置的接地》DL/T 621—1997 的附录 B 的 B1 的式（B1）和（B2）引入的。但要注意规范中的分流系数定义与《交流电气装置的接地》DL/T 621—1997 中的分流系数定义是不同的。

B.0.2 在发电厂或变电站内、线路上发生接地故障时，线路上出现接地故障电流。故障电流经地线、杆塔分流后，剩余部分通过发电厂和变电站的接地网流入大地。这部分电流即为接地网的入地接地故障电流 I_g。而经接地网入地的计及直流偏移分量的接地故障不对称电流有效值 I_G 按下式计算：

$$I_G = D_f \times I_g \tag{12}$$

式中：D_f——衰减系数。

I_g 与接地故障接地对称电流 I_f 的比值，称为故障电流分流系数 S_f。

故障电流分流系数包括站内接地故障和站外接地故障两种情况。相应的简化计算公式参见本规范附录B的公式（B.0.2-11）和（B.0.2-14）。这些公式参照解广润编写的《电力系统接地技术》（水利电力出版社，1991.5）给出。

分流系数受导线、架空线路地线的布置、地线尺寸与材质、厂或站接地网与线路杆塔的接地电阻等多种因素的影响，在工程设计中宜采用专用计算分析程序对其专门加以计算。以下给出一个应用清华大学开发的接地计算分析程序获得的分流系数数值计算示例。

分析所用模型如图11所示。该110kV输变电系统，两个变电站通过架空线路相连。线路采用如图12所示的SZ－16.4杆塔。相导线采用LGJ-240，地线采用GJ-50。杆塔接地电阻为10Ω。变电站B接地电阻为0.2Ω。两变电站相距7km，送电线路杆塔挡距为350m。变电站A内部发生单相接地故障。

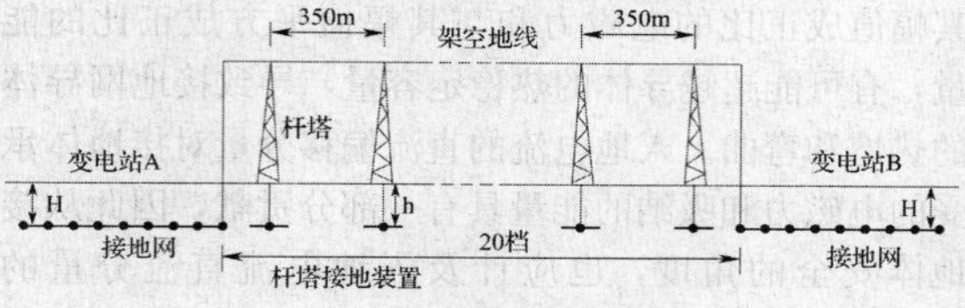

图11 变电站A发生内部接地故障

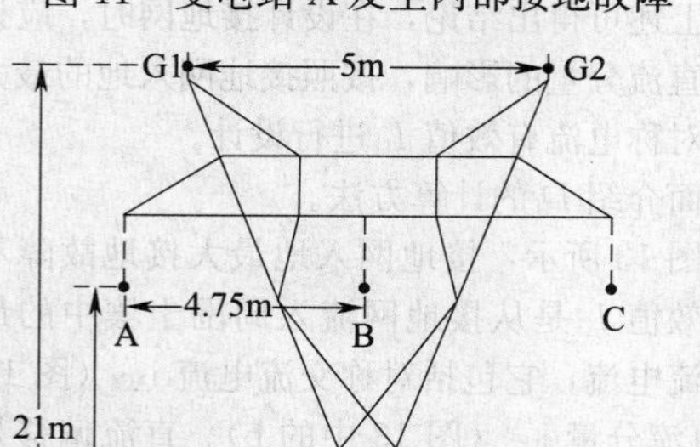

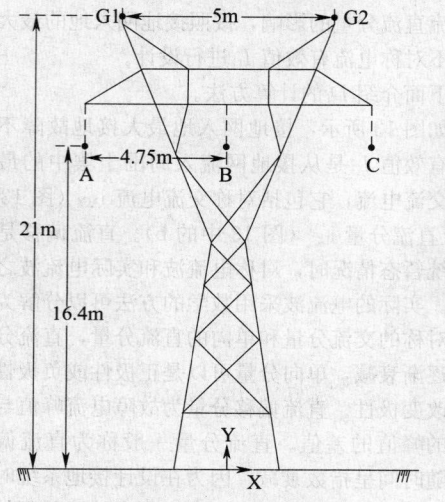

图12 典型110kV型杆SZ-16.4

表4～表9给出变电站接地电阻、杆塔接地电阻、不同地线材质、不同进出线回数及线路挡距长度等对分流系数影响的计算结果。这一示例显示，只有采用专门的计算机程序，通过数值计算才能使入地电流等的计算获得较为接近实际的结果，进而为设计选择出较为合理的方案。

表4 不同杆塔接地电阻时的分流系数

变电站接地电阻（Ω）	杆塔接地电阻（Ω）			
	5	10	20	30
0.1	0.88555	0.89367	0.89935	0.90179
0.2	0.85471	0.86932	0.88078	0.88646
0.3	0.82549	0.84672	0.86375	0.87186
0.4	0.7974	0.82482	0.84753	0.85737
0.5	0.77232	0.80414	0.83063	0.8436
0.6	0.74813	0.78435	0.81524	0.82982
0.7	0.72524	0.76537	0.79984	0.81686
0.8	0.70422	0.74789	0.78581	0.80429
0.9	0.68375	0.73052	0.77161	0.79254
1	0.66488	0.7138	0.75783	0.78037
1.1	0.6465	0.69838	0.74505	0.76861
1.2	0.62954	0.68358	0.73214	0.75771

表5 不同地线时的分流系数

变电站接地电阻（Ω）	避雷线				
	A:GJ-35（2根）	B:GJ-50（2根）	C:1根OPGW 1根GJ-35	D:1根OPGW 1根GJ-50	E:OPGW（2根）
0.1	0.91109	0.89367	0.70541	0.69985	0.56384
0.2	0.88825	0.86932	0.67809	0.67206	0.53901
0.3	0.86705	0.84672	0.65243	0.64646	0.51546
0.4	0.84584	0.82482	0.62835	0.62237	0.49389
0.5	0.82626	0.80414	0.6057	0.60031	0.47417
0.6	0.80693	0.78435	0.58483	0.57948	0.45537
0.7	0.7885	0.76537	0.5652	0.55945	0.43816
0.8	0.77151	0.74789	0.54673	0.54109	0.42213
0.9	0.75453	0.73052	0.52925	0.52366	0.40676
1	0.73889	0.7138	0.51286	0.50769	0.39265
1.1	0.7232	0.69838	0.49769	0.49224	0.37943
1.2	0.70867	0.68358	0.4829	0.47756	0.36694

表6　不同进出线回数对应的分流系数

变电站接地电阻（Ω）	不同出线回数		
	A：单回进线线路（杆塔接地电阻10Ω）	B：双回进线（1条线路杆塔接地电阻10Ω，1条20Ω）	C：三回进线（1条线路杆塔接地电阻10Ω，1条20Ω，第3条10Ω）
0.1	0.89367	0.87546	0.85212
0.2	0.86932	0.83543	0.79432
0.3	0.84672	0.79935	0.74358
0.4	0.82482	0.76602	0.69908
0.5	0.80414	0.73539	0.65925
0.6	0.78435	0.70715	0.62381
0.7	0.76537	0.68076	0.59178
0.8	0.74789	0.65635	0.56277
0.9	0.73052	0.63351	0.53665
1	0.7138	0.61224	0.51274
1.1	0.69838	0.5924	0.4908
1.2	0.68358	0.57348	0.47083

表7　不同线路挡距长度的分流系数

变电站接地电阻（Ω）	线路挡距（m）			
	200	350	500	800
0.1	0.88347	0.89367	0.89811	0.90312
0.2	0.85183	0.86932	0.87828	0.88796
0.3	0.82145	0.84672	0.85926	0.87323
0.4	0.79403	0.82482	0.84093	0.85891
0.5	0.76782	0.80414	0.8234	0.84515
0.6	0.74345	0.78435	0.80657	0.83168
0.7	0.72029	0.76537	0.79043	0.81861
0.8	0.69878	0.74789	0.77478	0.80596
0.9	0.67744	0.73052	0.75981	0.79373
1	0.65833	0.7138	0.74544	0.78189
1.1	0.64042	0.69838	0.73146	0.77022
1.2	0.62309	0.68358	0.71806	0.75909

表8　不同线路挡数的分流系数

变电站接地电阻（Ω）	线路挡数			
	5	10	20	50
0.1	0.86805	0.88927	0.89367	0.89347
0.2	0.8429	0.86521	0.86932	0.86932
0.3	0.81918	0.84283	0.84672	0.84638
0.4	0.79633	0.82106	0.82482	0.82465
0.5	0.77513	0.80035	0.80414	0.8041
0.6	0.75447	0.78078	0.78435	0.78431

续表8

变电站接地电阻（Ω）	线路挡数			
	5	10	20	50
0.7	0.73508	0.7618	0.76537	0.76558
0.8	0.71691	0.74439	0.74789	0.74761
0.9	0.69917	0.72696	0.73052	0.73049
1	0.68278	0.71066	0.7138	0.71402
1.1	0.66636	0.6955	0.69838	0.69842
1.2	0.65113	0.68032	0.68358	0.68341

表9　不同系统阻抗的分流系数

故障电流比	3∶1	2∶1	1∶1	1∶2	1∶3
分流系数	0.71425	0.7142	0.71415	0.71407	0.71405

B.0.3　本规范中故障电流衰减系数 D_f 的计算公式引自《交流变电站接地安全导则》IEEE Std80—2000的15.10。

《交流变电站接地安全导则》IEEE Std80—2000中采用Dalziel的实验结论，确定人体安全电流与作用时间的关系为 $I^2 \cdot t$ = 常数。在2005年出版的IEC 60479—1中，该关系近似为 $I^{1.8} \cdot t$ = 常数。可见，电流对人体的作用大小主要取决于电流在人体内产生的能量。同样，这一能量中包含直流衰减分量的贡献，因此从人身安全的角度，应计及入地故障电流的直流分量。

在故障电流流散到土壤的过程中，电流会产生与其幅值成正比的电磁力和与其幅值平方成正比的能量，有可能超越导体的热稳定容量，导致接地网导体的热熔和弯曲。入地电流的直流偏移分量对接地体承受的电磁力和吸纳的能量具有一部分贡献，因此从接地体安全的角度，也应计及入地电流直流分量的影响。

从上述可得出结论，在设计接地网时，应计及故障电流直流分量的影响，按照接地网入地的最大接地故障不对称电流有效值 I_G 进行设计。

下面介绍 D_f 的计算方法。

如图13所示，接地网入地最大接地故障不对称电流有效值 I_G 是从接地网流入周围土壤中的最大非对称交流电流，它包括对称交流电流 i_{AC}（图13中的a）及直流分量 i_{DC}（图13中的b）。直流偏移是指电力系统暂态情况时，对称电流波和实际电流波之间的差值。实际的电流波采用数学的方法可以分解为两部分，对称的交流分量和单向的直流分量，直流分量随时间逐渐衰减，单向分量可以是正极性或负极性，但不能改变极性。直流偏移分量为故障电流峰值与对称分量的峰值的差值。直流分量一般称为直流偏移电流，随时间呈指数衰减。因为在设计接地系统时必须考虑非对称电流，因此为了考虑到在故障的开始几个周波内，由于直流分量的作用而产生的非对称故障电流波形，应考虑衰减系数 D_f。

一般，非对称的故障电流包括次暂态、暂态和稳态交流分量，及直流偏移电流分量。次暂态电抗是指故障起始时发电机的电抗，该值用于计算起始的对称故障电流。电流持续减小，但在计算时假设该电流在故障突然出现后稳定维持约 0.05s。次暂态、暂态交流分量和直流偏移电流分量呈指数衰减，衰减速度各自不同。然而，为了简单起见，假设交流分量不随时间而衰减，保持其起始值。因此非对称故障电流是时间的周期函数，可以表示为：

$$i_f(t)=\sqrt{2}UY[\sin(\omega t+\alpha-\theta)-\exp(-t/T_a)\sin(\alpha-\theta)] \quad (13)$$

式中：U——故障前相对中性点的标称电压；

ω——系统角频率；

α——电流起始时的电压相位角；

θ——电流相位角；

Y——交流系统等效导纳；

T_a——直流偏移分量的时间常数，$T_a=X/(\omega R)$；

X/R——对于给定的故障类型在故障位置处系统的 X/R 之比。系统次态故障阻抗的 X 和 R 分量用于确定X/R之比。

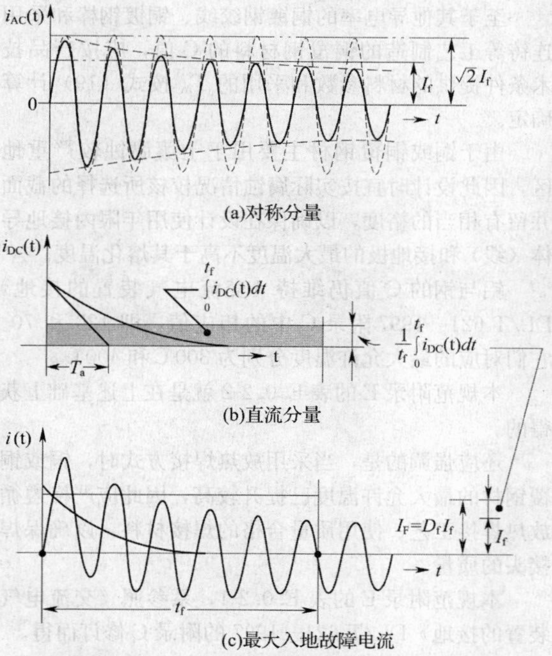

图 13　接地网最大入地故障电流（c）的对称分量（a）和直流分量（b）

最严重的情况为 $\alpha-\theta=-\pi/2$ 时，直流偏移分量处于最大值。式（13）变为：

$$i_f(t)=\sqrt{2}UY[\exp(-t/T_a)-\cos(\omega t)] \quad (14)$$

因为电击对于人心脏纤维性颤动的试验数据是基于常数幅值的对称正弦波的能量值确定的，因此对于非对称电流波，应根据其可能的电击暴露的最大时间来确定其等效有效值。根据有效非对称故障电流的定义，这个有效值 I_F 可以根据下列公式确定：

$$I_F=\sqrt{\frac{1}{t_f}\int_0^{t_f} i_f^2(t)\,dt} \quad (15)$$

I_F为在整个故障时间内，非对称电流的有效值；t_f为故障时间。

将式（14）代入式（15）可得：

$$I_F=I_f\sqrt{\frac{2}{t_f}\int_0^{t_f}[\exp(-t/T_a)-\cos(\omega t)]^2dt} \quad (16)$$

因此衰减系数 D_f 定义为 I_F与 I_f的比值：

$$D_f=I_F/I_f \quad (17)$$

$$D_f=\sqrt{1+\frac{T_a}{t_f}[1-\exp(-2t_f/T_a)]} \quad (18)$$

本规范中表 B.0.3 就是通过式（18）的计算得到的。

B.0.4　本规范中式（B.0.4）系引自《交流电气装置的接地》DL/T 621—1997 附录 C 的式（C3）。但注意电流 I_G为接地网入地的接地故障最大不对称电流有效值。

附录 C　表层衰减系数

地表高电阻率表层材料主要有砾石或鹅卵石、沥青、沥青混凝土、绝缘水泥。即使在下雨天，砾石或沥青混凝土仍能保持5000Ω·m的电阻率。建议在站内道路上敷设沥青或沥青混凝土，在设备周围敷设鹅卵石。

特别应当注意，普通的混凝土路面不能用来作为提高表层电阻率的措施，因为混凝土具有吸水性能，在下雨天其电阻率将降至几十欧姆·米。

随着高阻层厚度的增加，接触电位差和跨步电位差允许值的增加具有饱和趋势，即增加高阻层厚度来提高安全水平具有饱和性。因此要使接触电压和跨步电压的提高满足人身安全要求，还必须将接地电阻降低到合适的值。地表高阻层的厚度一般可取 10cm～35cm。

附录 D　均匀土壤中接地网接触电位差和跨步电位差的计算

D.0.1　对于均匀土壤中等间距布置的接地网的最大接触电压和最大跨步电压的计算公式，是引自《交流变电站接地安全导则》IEEE Std80—2000 的 16.5。

通过对方形、矩形、三角形、T形和L形等形状的接地网的计算结果与计算机计算结果比较表明，不管接地网是否有垂直接地极，这些公式都具有较高的精度。分析时接地网面积从6.25m^2～10000m^2，一个方向的网孔数目为1～40，网孔尺寸从2.5m^2～22.5m^2。

D.0.2 非均压带等间距布置时的地表面接触电位系数和跨步电位系数的计算公式，是由清华大学提供的。通过大量的理论计算，采用回归分析，得到了用不等间距布置接地网时接地电阻、最大接触电压和最大跨步电压的经验公式。

附录E 高压电气装置接地导体（线）的热稳定校验

E.0.1 本规范式（E.0.1）引自《交流电气装置的接地》DL/T 621—1997的附录C。公式中I_g为流过接地导体（线）计及直流分量的最大接地故障不对称电流有效值（A）。其确定方法可参见本规范附录B和本规范第4.2.1条第1款的条文说明。

《交流变电站接地安全导则》IEEE Std80—2000的第11.3.1条的式（37）给出了计算热稳定的公式。经推导由其得到热稳定系数C值的计算公式如下：

$$C=10\sqrt{\frac{TCAP}{\alpha_r\times\rho_r}\ln\left(\frac{K_0+T_m}{K_0+T_a}\right)} \tag{19}$$

式中：T_m——最大允许温度（℃）；

T_a——环境温度（℃）；

T_r——材料物理常数的参考温度（℃）；

α_r——温度为参考温度T_r时的电阻率温度系数（1/℃）；

α_0——温度为时0℃的电阻率温度系数（1/℃）；

ρ_r——温度为参考温度T_r时接地导体的电阻率（μΩ·cm）；

K_0——$1/\alpha_0$或$(1/\alpha_r)-T_r$，℃；

$TCAP$——单位体积热容量（J/cm^3℃）。

按照《交流变电站接地安全导则》IEEE Std80—2000，在表10中给出了用于C值计算的有关材料的各种参数。

表10 材料参数

材 料	材料导电率（%）	T_r=20℃时 α_r(1/℃)	0℃时 K_0(℃)	熔化温度(℃)	T_r=20℃时 ρ_r(μΩ·cm)	TCAP热容量(J/cm^3℃)
铜，韧化，软拉	100.0	0.00393	234	1083	1.72	3.42
铜镀钢绞线	40	0.00378	245	1084	4.4	3.85
铜镀钢绞线	30	0.00378	245	1084	5.86	3.85
铜镀钢棒	20	0.00378	245	1084	8.62	3.85
镀锌钢	8.6	0.0032	293	419	20.1	3.93

铜材的C值与采用的焊接方式密切相关。过去铜材一般采用铜焊焊接，铜材最大允许温度T_m取450℃。参照表10中的材料参数，并取环境温度T_a=40℃代入式（19）得C=215.141，它与《交流电气装置的接地》DL/T 621—1997中的210相当接近。

目前铜材焊接方式已有很大进步，英国接地标准（BS7430—1998：Code of Practice for Earthing）规定，铜材采用焊接（非铜焊焊接）方式最大允许温度可采用500℃、600℃直至700℃。为节约铜材，在本规范中对铜材推荐采用放热焊接方式。考虑土壤对铜腐蚀的因素，正如《交流变电站接地安全导则》IEEE Std80—2000的第11.3.3条所指出"应该仔细检查导体暴露在腐蚀性土壤性环境的可能性。因为即使合理的导体尺寸和正确的连接方法已经满足标准要求，仍然需要选择更大的导体尺寸以补偿土壤腐蚀环境中，导体截面积在接地装置设计寿命内的逐渐减少"，并参考BS7430—1998，本规范中规定对铜材采用放热焊接方式时的最大允许温度，视土壤腐蚀的轻重程度经验算可分别取为900℃、800℃和700℃。其相应的C值分别为268、259和249。

本规范中还对国内目前已采用的铜镀钢绞线（导电率40%和30%）和铜镀钢棒（导电率20%），按与铜材相同的最大允许温度和表10中相应的参数给出了它们的C值。

至于其他导电率的铜镀钢绞线、铜镀钢棒和采用连铸等工艺制造的铜覆钢材料的C值，应按产品技术条件提供的材料参数和采用的T_m按式（19）计算确定。

由于铜或铜覆钢材主要用于土壤腐蚀较严重地区，因此设计时宜按实际腐蚀情况校核所选择的截面并留有相当的裕度，以确保在设计使用年限内接地导体（线）和接地极的最大温度不高于其熔化温度。

铝与钢的C值仍维持《交流电气装置的接地》DL/T 621—1997附录C中的相应值，即120和70。它们对应的最大允许温度分别为300℃和400℃。

本规范附录E的表E.0.2-2就是在上述基础上获得的。

还应强调的是，当采用放热焊接方式时，铜或铜覆钢材的最大允许温度已提升较高，因此应严格遵循放热焊接工艺、使用质量合格的焊接材料，以确保焊接头的质量。

本规范附录E的表E.0.2-1，系参照《交流电气装置的接地》DL/T 621—1997的附录C修订而得。

E.0.2 引自《交流电气装置的接地》DL/T 621—1997的附录C。

附录F 架空线路杆塔接地电阻的计算

引自《交流电气装置的接地》DL/T 621—1997

的附录D。根据研究，采用伸长接地极能有效降低杆塔接地装置的工频接地电阻，但并不能确保其良好的雷电保护效果。接地极在冲击电流作用下与在工频电流作用下不同，接地极将呈现电感效应，阻碍电流向接地极远端流动。如果接地极过长，则在冲击电流作用下只有一部分被利用，即接地极具有有效长度。

伸长接地极的有效长度不能超过下列公式计算的有效长度，这在工程设计中应予以注意。

单端注入雷电流的水平接地极：

$$l_e = 6.528(\rho T)^{0.379}/I_M{}^{0.097} \tag{20}$$

中间注入雷电流的水平接地极：

$$l_e = 7.683(\rho T)^{0.379}/I_M{}^{0.097} \tag{21}$$

中心注入雷电流的十字形接地极：

$$l_e = 8.963(\rho T)^{0.379}/I_M{}^{0.097} \tag{22}$$

式中：T——冲击电流波前时间（μs）；

I_M——施加冲击电流的幅值（kA）；

ρ——土壤电阻率（Ω·m）。

裹有降阻剂后接地极的有效长度明显减小，约减小10%～20%。这是因为接地极裹有降阻剂后相当于增大了接地极的截面积，有利于接地极的散流，因而有效长度减小。

计算裹有降阻剂的水平接地极的雷电冲击有效长度的公式如下：

单端注入雷电流的水平接地极：

$$l_e = 5.222(\rho T)^{0.379}/I_M{}^{0.097} \tag{23}$$

中间注入雷电流的水平接地极：

$$l_e = 6.531(\rho T)^{0.379}/I_M{}^{0.097} \tag{24}$$

中心注入雷电流的十字形接地极：

$$l_e = 8.067(\rho T)^{0.379}/I_M{}^{0.097} \tag{25}$$

附录G　系数k的求取方法

引自现行国家标准《建筑物电气装置　第5-54部分：电气设备的选择和安装——接地配置、保护导体和保护联结导体》GB 16895.3—2004的附录A。

k值与本规范式（E.0.1）中的C值是一样的。本规范附录E的说明中已指出，对铜材按焊接方式的不同，即最大允许温度的不同，C值也不相同。《建筑物电气装置　第5-54部分：电气设备的选择和安装——接地配置、保护导体和保护联结导体》GB 16895.3—2004附录A中对铜的k值取226，但未指出焊接方式。这在设计中宜结合焊接方式的不同，并参照本规范附录E的说明加以处理。

附录H　低压接地配置、保护导体和保护联结导体

引自现行国家标准《建筑物电气装置　第5-54部分：电气设备的选择和安装——接地配置、保护导体和保护联结导体》GB 16895.3—2004的附录B。

附录J　土壤和水的电阻率参考值

引自国家现行标准《交流电气装置的接地》DL/T 612—1997的附录F。

中华人民共和国国家标准

住宅设计规范

Design code for residential buildings

GB 50096—2011

主编部门：中华人民共和国住房和城乡建设部
批准部门：中华人民共和国住房和城乡建设部
施行日期：2 0 1 2 年 8 月 1 日

中华人民共和国住房和城乡建设部
公　　告

第 1093 号

关于发布国家标准《住宅设计规范》的公告

现批准《住宅设计规范》为国家标准，编号为GB 50096－2011，自 2012 年 8 月 1 日起实施。其中，第 5.1.1、5.3.3、5.4.4、5.5.2、5.5.3、5.6.2、5.6.3、5.8.1、6.1.1、6.1.2、6.1.3、6.2.1、6.2.2、6.2.3、6.2.4、6.2.5、6.3.1、6.3.2、6.3.5、6.4.1、6.4.7、6.5.2、6.6.1、6.6.2、6.6.3、6.6.4、6.7.1、6.9.1、6.9.6、6.10.1、6.10.4、7.1.1、7.1.3、7.1.5、7.2.1、7.2.3、7.3.1、7.3.2、7.4.1、7.4.2、7.5.3、8.1.1、8.1.2、8.1.3、8.1.4、8.1.7、8.2.1、8.2.2、8.2.6、8.2.10、8.2.11、8.2.12、8.3.2、8.3.3、8.3.4、8.3.6、8.3.12、8.4.1、8.4.3、8.4.4、8.5.3、8.7.3、8.7.4、8.7.5、8.7.9 条为强制性条文，必须严格执行。原《住宅设计规范》GB 50096－1999（2003 年版）同时废止。

本规范由我部标准定额研究所组织中国建筑工业出版社出版发行。

中华人民共和国住房和城乡建设部
2011 年 7 月 26 日

前　　言

本规范是根据住房和城乡建设部《关于印发〈2008 年工程建设标准规范制订、修订计划（第一批）〉的通知》（建标［2008］102）号的要求，中国建筑设计研究院会同有关单位共同对《住宅设计规范》GB 50096－1999（2003 年版）进行修订而成。

本规范在修订过程中，修订组广泛调查研究，认真总结实践经验，参考有关国际标准和国外先进标准，并在充分征求意见的基础上，经多次讨论修改，最后经审查定稿。

本规范共分 8 章，主要技术内容是：总则；术语；基本规定；技术经济指标计算；套内空间；共用部分；室内环境；建筑设备。

本规范修订的主要内容是：

1. 修订了住宅套型分类及各房间最小使用面积，技术经济指标计算，楼、电梯及信报箱的设置等；

2. 增加了术语；

3. 扩展了节能、室内环境、建筑设备和排气道的内容。

本规范中以黑体字标志的条文为强制性条文，必须严格执行。

本规范由住房和城乡建设部负责管理和对强制性条文的解释，由中国建筑设计研究院负责具体技术内容的解释。本规范在执行过程中如发现需要修改和补充之处，请将意见和有关资料寄送中国建筑设计研究院国家住宅工程中心（北京市西城区车公庄大街 19 号，邮政编码：100044），以供今后修订时参考。

本规范主编单位：中国建筑设计研究院

本规范参编单位：中国中建设计集团有限公司
中国建筑科学研究院
北京市建筑设计研究院
中南建筑设计院股份有限公司
上海建筑设计研究院有限公司
中国城市规划设计研究院
清华大学建筑设计研究院有限公司
哈尔滨工业大学建筑学院
湖南省建筑科学研究院
广东省建筑科学研究院
重庆大学建筑城规学院
重庆市设计院

本规范参加单位：天津市城市规划设计研究院

国际铜业协会（中国）
大连九洲建设集团有限公司

本规范主要起草人员：林建平　赵冠谦　薛　峰　王　贺　曾　捷　孙敏生　林　莉　陈华宁　刘燕辉　仲继寿　李耀培　朱昌廉　张菲菲　叶茂煦　李桂文　周湘华　赵文凯　李正春　王连顺　胡荣国　李逢元　文　彪　朱显泽　曾　雁　张　磊　焦　燕　张广宇　满孝新　龙　灏　钟开健　张　播　桑　椹

本规范主要审查人员：徐正忠　窦以德　陈永江　陈玉华　储兆佛　符培勇　高　勇　洪声扬　路　红　罗文兵　毛姚增　戎向阳　伍小亭　杨德才　章海峰　张学洪　郑志宏　周晓红

目　次

1　总则 ………………………………………… 1—9—6
2　术语 ………………………………………… 1—9—6
3　基本规定 …………………………………… 1—9—6
4　技术经济指标计算………………………… 1—9—7
5　套内空间 …………………………………… 1—9—7
5.1　套型 …………………………………… 1—9—7
5.2　卧室、起居室（厅） ………………… 1—9—7
5.3　厨房 …………………………………… 1—9—7
5.4　卫生间 ………………………………… 1—9—8
5.5　层高和室内净高 ……………………… 1—9—8
5.6　阳台 …………………………………… 1—9—8
5.7　过道、贮藏空间和套内楼梯 ……… 1—9—8
5.8　门窗 …………………………………… 1—9—8
6　共用部分 …………………………………… 1—9—9
6.1　窗台、栏杆和台阶 …………………… 1—9—9
6.2　安全疏散出口 ………………………… 1—9—9
6.3　楼梯 …………………………………… 1—9—9
6.4　电梯 …………………………………… 1—9—9
6.5　走廊和出入口………………………… 1—9—10
6.6　无障碍设计要求……………………… 1—9—10
6.7　信报箱………………………………… 1—9—10
6.8　共用排气道…………………………… 1—9—10
6.9　地下室和半地下室…………………… 1—9—11
6.10　附建公共用房 ……………………… 1—9—11
7　室内环境………………………………… 1—9—11
7.1　日照、天然采光、遮阳……………… 1—9—11
7.2　自然通风……………………………… 1—9—11
7.3　隔声、降噪…………………………… 1—9—11
7.4　防水、防潮…………………………… 1—9—12
7.5　室内空气质量………………………… 1—9—12
8　建筑设备………………………………… 1—9—12
8.1　一般规定……………………………… 1—9—12
8.2　给水排水……………………………… 1—9—12
8.3　采暖…………………………………… 1—9—13
8.4　燃气…………………………………… 1—9—13
8.5　通风…………………………………… 1—9—13
8.6　空调…………………………………… 1—9—13
8.7　电气…………………………………… 1—9—14
本规范用词说明 …………………………… 1—9—14
附：条文说明 ……………………………… 1—9—15

Contents

1 General Provisions ········ 1—9—6
2 Terms ········ 1—9—6
3 Basic Requirement ········ 1—9—6
4 Calculation of Technical and Economic Indicators ········ 1—9—7
5 Spaces Within the Dwelling Unit ········ 1—9—7
5.1 Dwelling Unit ········ 1—9—7
5.2 Bed Room and Living Room (Hall) ········ 1—9—7
5.3 Kitchen ········ 1—9—7
5.4 Toilet ········ 1—9—8
5.5 Storey Height and Interior Net Storey Height ········ 1—9—8
5.6 Balcony ········ 1—9—8
5.7 Passage, Store Space and Interior Stairs ········ 1—9—8
5.8 Doors and Windows ········ 1—9—8
6 Common Facilities ········ 1—9—9
6.1 Windowsill and Railings ········ 1—9—9
6.2 Emergency Evacuation ········ 1—9—9
6.3 Stairs ········ 1—9—9
6.4 Elevator ········ 1—9—9
6.5 Gallery and Entrance ········ 1—9—10
6.6 Requirement About Barrier-free Design ········ 1—9—10
6.7 Post Box ········ 1—9—10
6.8 Common Exhaust Pipe ········ 1—9—10
6.9 Basement and Semi-basement ········ 1—9—11
6.10 Accessorial Public Rooms ········ 1—9—11
7 Interior Environment ········ 1—9—11
7.1 Sunlight, Natural Lighting and Shading ········ 1—9—11
7.2 Natural Ventilation ········ 1—9—11
7.3 Sound Insulation and Noise Reduction ········ 1—9—11
7.4 Moistureproof ········ 1—9—12
7.5 Interior Air Quality ········ 1—9—12
8 Building Equipments ········ 1—9—12
8.1 General Requirement ········ 1—9—12
8.2 Water Supply and Sewerage ········ 1—9—12
8.3 Heating ········ 1—9—13
8.4 Gas ········ 1—9—13
8.5 Ventilation ········ 1—9—13
8.6 Air Conditioning ········ 1—9—13
8.7 Electric ········ 1—9—14
Explanation of Wording in This Code ········ 1—9—14
Addition: Explanation of Provisions ········ 1—9—15

1 总　　则

1.0.1 为保障城镇居民的基本住房条件和功能质量，提高城镇住宅设计水平，使住宅设计满足安全、卫生、适用、经济等性能要求，制定本规范。

1.0.2 本规范适用于全国城镇新建、改建和扩建住宅的建筑设计。

1.0.3 住宅设计必须执行国家有关方针、政策和法规，遵守安全卫生、环境保护、节约用地、节约能源资源等有关规定。

1.0.4 住宅设计除应符合本规范外，尚应符合国家现行有关标准的规定。

2 术　　语

2.0.1 住宅　residential building

供家庭居住使用的建筑。

2.0.2 套型　dwelling unit

由居住空间和厨房、卫生间等共同组成的基本住宅单位。

2.0.3 居住空间　habitable space

卧室、起居室（厅）的统称。

2.0.4 卧室　bed room

供居住者睡眠、休息的空间。

2.0.5 起居室（厅）　living room

供居住者会客、娱乐、团聚等活动的空间。

2.0.6 厨房　kitchen

供居住者进行炊事活动的空间。

2.0.7 卫生间　bathroom

供居住者进行便溺、洗浴、盥洗等活动的空间。

2.0.8 使用面积　usable area

房间实际能使用的面积，不包括墙、柱等结构构造的面积。

2.0.9 层高　storey height

上下相邻两层楼面或楼面与地面之间的垂直距离。

2.0.10 室内净高　interior net storey height

楼面或地面至上部楼板底面或吊顶底面之间的垂直距离。

2.0.11 阳台　balcony

附设于建筑物外墙设有栏杆或栏板，可供人活动的空间。

2.0.12 平台　terrace

供居住者进行室外活动的上人屋面或由住宅底层地面伸出室外的部分。

2.0.13 过道　passage

住宅套内使用的水平通道。

2.0.14 壁柜　cabinet

建筑室内与墙壁结合而成的落地贮藏空间。

2.0.15 凸窗　bay-window

凸出建筑外墙面的窗户。

2.0.16 跃层住宅　duplex apartment

套内空间跨越两个楼层且设有套内楼梯的住宅。

2.0.17 自然层数　natural storeys

按楼板、地板结构分层的楼层数。

2.0.18 中间层　middle-floor

住宅底层、入口层和最高住户入口层之间的楼层。

2.0.19 架空层　open floor

仅有结构支撑而无外围护结构的开敞空间层。

2.0.20 走廊　gallery

住宅套外使用的水平通道。

2.0.21 联系廊　inter-unit gallery

联系两个相邻住宅单元的楼、电梯间的水平通道。

2.0.22 住宅单元　residential building unit

由多套住宅组成的建筑部分，该部分内的住户可通过共用楼梯和安全出口进行疏散。

2.0.23 地下室　basement

室内地面低于室外地平面的高度超过室内净高的1/2的空间。

2.0.24 半地下室　semi-basement

室内地面低于室外地平面的高度超过室内净高的1/3，且不超过1/2的空间。

2.0.25 附建公共用房　accessory assembly occupancy building

附于住宅主体建筑的公共用房，包括物业管理用房、符合噪声标准的设备用房、中小型商业用房、不产生油烟的餐饮用房等。

2.0.26 设备层　mechanical floor

建筑物中专为设置暖通、空调、给水排水和电气的设备和管道施工人员进入操作的空间层。

3 基 本 规 定

3.0.1 住宅设计应符合城镇规划及居住区规划的要求，并应经济、合理、有效地利用土地和空间。

3.0.2 住宅设计应使建筑与周围环境相协调，并应合理组织方便、舒适的生活空间。

3.0.3 住宅设计应以人为本，除应满足一般居住使用要求外，尚应根据需要满足老年人、残疾人等特殊群体的使用要求。

3.0.4 住宅设计应满足居住者所需的日照、天然采光、通风和隔声的要求。

3.0.5 住宅设计必须满足节能要求，住宅建筑应能合理利用能源。宜结合各地能源条件，采用常规能源与可再生能源结合的供能方式。

3.0.6 住宅设计应推行标准化、模数化及多样化，并应积极采用新技术、新材料、新产品，积极推广工业化设计、建造技术和模数应用技术。

3.0.7 住宅的结构设计应满足安全、适用和耐久的要求。

3.0.8 住宅设计应符合相关防火规范的规定，并应满足安全疏散的要求。

3.0.9 住宅设计应满足设备系统功能有效、运行安全、维修方便等基本要求，并应为相关设备预留合理的安装位置。

3.0.10 住宅设计应在满足近期使用要求的同时，兼顾今后改造的可能。

4 技术经济指标计算

4.0.1 住宅设计应计算下列技术经济指标：

——各功能空间使用面积（m^2）；

——套内使用面积（m^2/套）；

——套型阳台面积（m^2/套）；

——套型总建筑面积（m^2/套）；

——住宅楼总建筑面积（m^2）。

4.0.2 计算住宅的技术经济指标，应符合下列规定：

1 各功能空间使用面积应等于各功能空间墙体内表面所围合的水平投影面积；

2 套内使用面积应等于套内各功能空间使用面积之和；

3 套型阳台面积应等于套内各阳台的面积之和；阳台的面积均应按其结构底板投影净面积的一半计算；

4 套型总建筑面积应等于套内使用面积、相应的建筑面积和套型阳台面积之和；

5 住宅楼总建筑面积应等于全楼各套型总建筑面积之和。

4.0.3 套内使用面积计算，应符合下列规定：

1 套内使用面积应包括卧室、起居室（厅）、餐厅、厨房、卫生间、过厅、过道、贮藏室、壁柜等使用面积的总和；

2 跃层住宅中的套内楼梯应按自然层数的使用面积总和计入套内使用面积；

3 烟囱、通风道、管井等均不应计入套内使用面积；

4 套内使用面积应按结构墙体表面尺寸计算；有复合保温层时，应按复合保温层表面尺寸计算；

5 利用坡屋顶内的空间时，屋面板下表面与楼板地面的净高低于 1.20m 的空间不应计算使用面积，净高在 1.20m～2.10m 的空间应按 1/2 计算使用面积，净高超过 2.10m 的空间应全部计入套内使用面积；坡屋顶无结构顶层楼板，不能利用坡屋顶空间时不应计算其使用面积；

6 坡屋顶内的使用面积应列入套内使用面积中。

4.0.4 套型总建筑面积计算，应符合下列规定：

1 应按全楼各层外墙结构外表面及柱外沿所围合的水平投影面积之和求出住宅楼建筑面积，当外墙设外保温层时，应按保温层外表面计算；

2 应以全楼总套内使用面积除以住宅楼建筑面积得出计算比值；

3 套型总建筑面积应等于套内使用面积除以计算比值所得面积，加上套型阳台面积。

4.0.5 住宅楼的层数计算应符合下列规定：

1 当住宅楼的所有楼层的层高不大于 3.00m 时，层数应按自然层数计；

2 当住宅和其他功能空间处于同一建筑物内时，应将住宅部分的层数与其他功能空间的层数叠加计算建筑层数。当建筑中有一层或若干层的层高大于 3.00m 时，应对大于 3.00m 的所有楼层按其高度总和除以 3.00m 进行层数折算，余数小于 1.50m 时，多出部分不应计入建筑层数，余数大于或等于 1.50m 时，多出部分应按 1 层计算；

3 层高小于 2.20m 的架空层和设备层不应计入自然层数；

4 高出室外设计地面小于 2.20m 的半地下室不应计入地上自然层数。

5 套内空间

5.1 套 型

5.1.1 住宅应按套型设计，每套住宅应设卧室、起居室（厅）、厨房和卫生间等基本功能空间。

5.1.2 套型的使用面积应符合下列规定：

1 由卧室、起居室（厅）、厨房和卫生间等组成的套型，其使用面积不应小于 $30m^2$；

2 由兼起居的卧室、厨房和卫生间等组成的最小套型，其使用面积不应小于 $22m^2$。

5.2 卧室、起居室（厅）

5.2.1 卧室的使用面积应符合下列规定：

1 双人卧室不应小于 $9m^2$；

2 单人卧室不应小于 $5m^2$；

3 兼起居的卧室不应小于 $12m^2$。

5.2.2 起居室（厅）的使用面积不应小于 $10m^2$。

5.2.3 套型设计时应减少直接开向起居厅的门的数量。起居室（厅）内布置家具的墙面直线长度宜大于 3m。

5.2.4 无直接采光的餐厅、过厅等，其使用面积不宜大于 $10m^2$。

5.3 厨 房

5.3.1 厨房的使用面积应符合下列规定：

1　由卧室、起居室（厅）、厨房和卫生间等组成的住宅套型的厨房使用面积，不应小于 $4.0m^2$；

2　由兼起居的卧室、厨房和卫生间等组成的住宅最小套型的厨房使用面积，不应小于 $3.5m^2$。

5.3.2　厨房宜布置在套内近入口处。

5.3.3　厨房应设置洗涤池、案台、炉灶及排油烟机、热水器等设施或为其预留位置。

5.3.4　厨房应按炊事操作流程布置。排油烟机的位置应与炉灶位置对应，并应与排气道直接连通。

5.3.5　单排布置设备的厨房净宽不应小于 1.50m；双排布置设备的厨房其两排设备之间的净距不应小于 0.90m。

5.4　卫 生 间

5.4.1　每套住宅应设卫生间，应至少配置便器、洗浴器、洗面器三件卫生设备或为其预留设置位置及条件。三件卫生设备集中配置的卫生间的使用面积不应小于 $2.50m^2$。

5.4.2　卫生间可根据使用功能要求组合不同的设备。不同组合的空间使用面积应符合下列规定：

1　设便器、洗面器时不应小于 $1.80m^2$；

2　设便器、洗浴器时不应小于 $2.00m^2$；

3　设洗面器、洗浴器时不应小于 $2.00m^2$；

4　设洗面器、洗衣机时不应小于 $1.80m^2$；

5　单设便器时不应小于 $1.10m^2$。

5.4.3　无前室的卫生间的门不应直接开向起居室（厅）或厨房。

5.4.4　卫生间不应直接布置在下层住户的卧室、起居室（厅）、厨房和餐厅的上层。

5.4.5　当卫生间布置在本套内的卧室、起居室（厅）、厨房和餐厅的上层时，均应有防水和便于检修的措施。

5.4.6　每套住宅应设置洗衣机的位置及条件。

5.5　层高和室内净高

5.5.1　住宅层高宜为 2.80m。

5.5.2　卧室、起居室（厅）的室内净高不应低于 2.40m，局部净高不应低于 2.10m，且局部净高的室内面积不应大于室内使用面积的 1/3。

5.5.3　利用坡屋顶内空间作卧室、起居室（厅）时，至少有1/2的使用面积的室内净高不应低于 2.10m。

5.5.4　厨房、卫生间的室内净高不应低于 2.20m。

5.5.5　厨房、卫生间内排水横管下表面与楼面、地面净距不得低于 1.90m，且不得影响门、窗扇开启。

5.6　阳　　台

5.6.1　每套住宅宜设阳台或平台。

5.6.2　阳台栏杆设计必须采用防止儿童攀登的构造，栏杆的垂直杆件间净距不应大于 0.11m，放置花盆处必须采取防坠落措施。

5.6.3　阳台栏板或栏杆净高，六层及六层以下不应低于 1.05m；七层及七层以上不应低于 1.10m。

5.6.4　封闭阳台栏板或栏杆也应满足阳台栏板或栏杆净高要求。七层及七层以上住宅和寒冷、严寒地区住宅宜采用实体栏板。

5.6.5　顶层阳台应设雨罩，各套住宅之间毗连的阳台应设分户隔板。

5.6.6　阳台、雨罩均应采取有组织排水措施，雨罩及开敞阳台应采取防水措施。

5.6.7　当阳台设有洗衣设备时应符合下列规定：

1　应设置专用给、排水管线及专用地漏，阳台楼、地面均应做防水；

2　严寒和寒冷地区应封闭阳台，并应采取保温措施。

5.6.8　当阳台或建筑外墙设置空调室外机时，其安装位置应符合下列规定：

1　应能通畅地向室外排放空气和自室外吸入空气；

2　在排出空气一侧不应有遮挡物；

3　应为室外机安装和维护提供方便操作的条件；

4　安装位置不应对室外人员形成热污染。

5.7　过道、贮藏空间和套内楼梯

5.7.1　套内入口过道净宽不宜小于 1.20m；通往卧室、起居室（厅）的过道净宽不应小于 1.00m；通往厨房、卫生间、贮藏室的过道净宽不应小于 0.90m。

5.7.2　套内设于底层或靠外墙、靠卫生间的壁柜内部应采取防潮措施。

5.7.3　套内楼梯当一边临空时，梯段净宽不应小于 0.75m；当两侧有墙时，墙面之间净宽不应小于 0.90m，并应在其中一侧墙面设置扶手。

5.7.4　套内楼梯的踏步宽度不应小于 0.22m；高度不应大于 0.20m，扇形踏步转角距扶手中心 0.25m 处，宽度不应小于 0.22m。

5.8　门　　窗

5.8.1　窗外没有阳台或平台的外窗，窗台距楼面、地面的净高低于 0.90m 时，应设置防护设施。

5.8.2　当设置凸窗时应符合下列规定：

1　窗台高度低于或等于 0.45m 时，防护高度从窗台面起算不应低于 0.90m；

2　可开启窗扇窗洞口底距窗台面的净高低于 0.90m 时，窗洞口处应有防护措施。其防护高度从窗台面起算不应低于 0.90m；

3　严寒和寒冷地区不宜设置凸窗。

5.8.3　底层外窗和阳台门、下沿低于 2.00m 且紧邻走廊或共用上人屋面上的窗和门，应采取防卫措施。

5.8.4　面临走廊、共用上人屋面或凹口的窗，应避免视线干扰，向走廊开启的窗扇不应妨碍交通。

5.8.5 户门应采用具备防盗、隔声功能的防护门。向外开启的户门不应妨碍公共交通及相邻户门开启。

5.8.6 厨房和卫生间的门应在下部设置有效截面积不小于 0.02m^2的固定百叶，也可距地面留出不小于 30mm 的缝隙。

5.8.7 各部位门洞的最小尺寸应符合表 5.8.7 的规定。

表 5.8.7 门洞最小尺寸

类 别	洞口宽度（m）	洞口高度（m）
共用外门	1.20	2.00
户（套）门	1.00	2.00
起居室（厅）门	0.90	2.00
卧室门	0.90	2.00
厨房门	0.80	2.00
卫生间门	0.70	2.00
阳台门（单扇）	0.70	2.00

注：1 表中门洞口高度不包括门上亮子高度，宽度以平开门为准。

2 洞口两侧地面有高低差时，以高地面为起算高度。

6 共用部分

6.1 窗台、栏杆和台阶

6.1.1 楼梯间、电梯厅等共用部分的外窗，窗外没有阳台或平台，且窗台距楼面、地面的净高小于 0.90m 时，应设置防护设施。

6.1.2 公共出入口台阶高度超过 0.70m 并侧面临空时，应设置防护设施，防护设施净高不应低于 1.05m。

6.1.3 外廊、内天井及上人屋面等临空处的栏杆净高，六层及六层以下不应低于 1.05m，七层及七层以上不应低于 1.10m。防护栏杆必须采用防止儿童攀登的构造，栏杆的垂直杆件间净距不应大于 0.11m。放置花盆处必须采取防坠落措施。

6.1.4 公共出入口台阶踏步宽度不宜小于 0.30m，踏步高度不宜大于 0.15m，并不宜小于 0.10m，踏步高度应均匀一致，并应采取防滑措施。台阶踏步数不应少于 2 级，当高差不足 2 级时，应按坡道设置；台阶宽度大于 1.80m 时，两侧宜设置栏杆扶手，高度应为 0.90m。

6.2 安全疏散出口

6.2.1 十层以下的住宅建筑，当住宅单元任一层的建筑面积大于 650m^2，或任一套房的户门至安全出口的距离大于 15m 时，该住宅单元每层的安全出口不应少于 2 个。

6.2.2 十层及十层以上且不超过十八层的住宅建筑，当住宅单元任一层的建筑面积大于 650m^2，或任一套房的户门至安全出口的距离大于 10m 时，该住宅单元每层的安全出口不应少于 2 个。

6.2.3 十九层及十九层以上的住宅建筑，每层住宅单元的安全出口不应少于 2 个。

6.2.4 安全出口应分散布置，两个安全出口的距离不应小于 5m。

6.2.5 楼梯间及前室的门应向疏散方向开启。

6.2.6 十层以下的住宅建筑的楼梯间宜通至屋顶，且不应穿越其他房间。通向平屋面的门应向屋面方向开启。

6.2.7 十层及十层以上的住宅建筑，每个住宅单元的楼梯均应通至屋顶，且不应穿越其他房间。通向平屋面的门应向屋面方向开启。各住宅单元的楼梯间宜在屋顶相连通。但符合下列条件之一的，楼梯可不通至屋顶：

1 十八层及十八层以下，每层不超过 8 户、建筑面积不超过 650m^2，且设有一座共用的防烟楼梯间和消防电梯的住宅；

2 顶层设有外部联系廊的住宅。

6.3 楼 梯

6.3.1 楼梯梯段净宽不应小于 1.10m，不超过六层的住宅，一边设有栏杆的梯段净宽不应小于 1.00m。

6.3.2 楼梯踏步宽度不应小于 0.26m，踏步高度不应大于 0.175m。扶手高度不应小于 0.90m。楼梯水平段栏杆长度大于 0.50m 时，其扶手高度不应小于 1.05m。楼梯栏杆垂直杆件间净空不应大于 0.11m。

6.3.3 楼梯平台净宽不应小于楼梯梯段净宽，且不得小于 1.20m。楼梯平台的结构下缘至人行通道的垂直高度不应低于 2.00m。入口处地坪与室外地面应有高差，并不应小于 0.10m。

6.3.4 楼梯为剪刀梯时，楼梯平台的净宽不得小于 1.30m。

6.3.5 楼梯井净宽大于 0.11m 时，必须采取防止儿童攀滑的措施。

6.4 电 梯

6.4.1 属下列情况之一时，必须设置电梯：

1 七层及七层以上住宅或住户入口层楼面距室外设计地面的高度超过 16m 时；

2 底层作为商店或其他用房的六层及六层以下住宅，其住户入口层楼面距该建筑物的室外设计地面高度超过 16m 时；

3 底层做架空层或贮存空间的六层及六层以下住宅，其住户入口层楼面距该建筑物的室外设计地面高度超过 16m 时；

4 顶层为两层一套的跃层住宅时，跃层部分不

计层数，其顶层住户入口层楼面距该建筑物室外设计地面的高度超过16m时。

6.4.2 十二层及十二层以上的住宅，每栋楼设置电梯不应少于两台，其中应设置一台可容纳担架的电梯。

6.4.3 十二层及十二层以上的住宅每单元只设置一部电梯时，从第十二层起应设置与相邻住宅单元联通的联系廊。联系廊可隔层设置，上下联系廊之间的间隔不应超过五层。联系廊的净宽不应小于1.10m，局部净高不应低于2.00m。

6.4.4 十二层及十二层以上的住宅由二个及二个以上的住宅单元组成，且其中有一个或一个以上住宅单元未设置可容纳担架的电梯时，应从第十二层起设置与可容纳担架的电梯联通的联系廊。联系廊可隔层设置，上下联系廊之间的间隔不应超过五层。联系廊的净宽不应小于1.10m，局部净高不应低于2.00m。

6.4.5 七层及七层以上住宅电梯应在设有户门和公共走廊的每层设站。住宅电梯宜成组集中布置。

6.4.6 候梯厅深度不应小于多台电梯中最大轿箱的深度，且不应小于1.50m。

6.4.7 电梯不应紧邻卧室布置。当受条件限制，电梯不得不紧邻兼起居的卧室布置时，应采取隔声、减振的构造措施。

6.5 走廊和出入口

6.5.1 住宅中作为主要通道的外廊宜作封闭外廊，并应设置可开启的窗扇。走廊通道的净宽不应小于1.20m，局部净高不应低于2.00m。

6.5.2 位于阳台、外廊及开敞楼梯平台下部的公共出入口，应采取防止物体坠落伤人的安全措施。

6.5.3 公共出入口处应有标识，十层及十层以上住宅的公共出入口应设门厅。

6.6 无障碍设计要求

6.6.1 七层及七层以上的住宅，应对下列部位进行无障碍设计：

1 建筑入口；

2 入口平台；

3 候梯厅；

4 公共走道。

6.6.2 住宅入口及入口平台的无障碍设计应符合下列规定：

1 建筑入口设台阶时，应同时设置轮椅坡道和扶手；

2 坡道的坡度应符合表6.6.2的规定；

表6.6.2 坡道的坡度

坡度	1:20	1:16	1:12	1:10	1:8
最大高度（m）	1.50	1.00	0.75	0.60	0.35

3 供轮椅通行的门净宽不应小于0.8m；

4 供轮椅通行的推拉门和平开门，在门把手一侧的墙面，应留有不小于0.5m的墙面宽度；

5 供轮椅通行的门扇，应安装视线观察玻璃、横执把手和关门拉手，在门扇的下方应安装高0.35m的护门板；

6 门槛高度及门内外地面高差不应大于0.015m，并应以斜坡过渡。

6.6.3 七层及七层以上住宅建筑入口平台宽度不应小于2.00m，七层以下住宅建筑入口平台宽度不应小于1.50m。

6.6.4 供轮椅通行的走道和通道净宽不应小于1.20m。

6.7 信 报 箱

6.7.1 新建住宅应每套配套设置信报箱。

6.7.2 住宅设计应在方案设计阶段布置信报箱的位置。信报箱宜设置在住宅单元主要入口处。

6.7.3 设有单元安全防护门的住宅，信报箱的投递口应设置在门禁以外。当通往投递口的专用通道设置在室内时，通道净宽应不小于0.60m。

6.7.4 信报箱的投取信口设置在公共通道位置时，通道的净宽应从信报箱的最外缘起算。

6.7.5 信报箱的设置不得降低住宅基本空间的天然采光和自然通风标准。

6.7.6 信报箱设计应选用信报箱定型产品，产品应符合国家有关标准。选用嵌墙式信报箱时应设计洞口尺寸和安装、拆卸预埋件位置。

6.7.7 信报箱的设置宜利用共用部位的照明，但不得降低住宅公共照明标准。

6.7.8 选用智能信报箱时，应预留电源接口。

6.8 共用排气道

6.8.1 厨房宜设共用排气道，无外窗的卫生间应设共用排气道。

6.8.2 厨房、卫生间的共用排气道应采用能够防止各层回流的定型产品，并应符合国家有关标准。排气道断面尺寸应根据层数确定，排气道接口部位应安装支管接口配件，厨房排气道接口直径应大于150mm，卫生间排气道接口直径应大于80mm。

6.8.3 厨房的共用排气道应与灶具位置相邻，共用排气道与排油烟机连接的进气口应朝向灶具方向。

6.8.4 厨房的共用排气道与卫生间的共用排气道应分别设置。

6.8.5 竖向排气道屋顶风帽的安装高度不应低于相邻建筑砌筑体。排气道的出口设置在上人屋面、住户平台上时，应高出屋面或平台地面2m；当周围4m之内有门窗时，应高出门窗上皮0.6m。

6.9 地下室和半地下室

6.9.1 卧室、起居室（厅）、厨房不应布置在地下室；当布置在半地下室时，必须对采光、通风、日照、防潮、排水及安全防护采取措施，并不得降低各项指标要求。

6.9.2 除卧室、起居室（厅）、厨房以外的其他功能房间可布置在地下室，当布置在地下室时，应对采光、通风、防潮、排水及安全防护采取措施。

6.9.3 住宅的地下室、半地下室做自行车库和设备用房时，其净高不应低于2.00m。

6.9.4 当住宅的地上架空层及半地下室做机动车停车位时，其净高不应低于2.20m。

6.9.5 地上住宅楼、电梯间宜与地下车库连通，并宜采取安全防盗措施。

6.9.6 直通住宅单元的地下楼、电梯间入口处应设置乙级防火门，严禁利用楼、电梯间为地下车库进行自然通风。

6.9.7 地下室、半地下室应采取防水、防潮及通风措施，采光井应采取排水措施。

6.10 附建公共用房

6.10.1 住宅建筑内严禁布置存放和使用甲、乙类火灾危险性物品的商店、车间和仓库，以及产生噪声、振动和污染环境卫生的商店、车间和娱乐设施。

6.10.2 住宅建筑内不应布置易产生油烟的餐饮店，当住宅底层商业网点布置有产生刺激性气味或噪声的配套用房，应做排气、消声处理。

6.10.3 水泵房、冷热源机房、变配电机房等公共机电用房不宜设置在住宅主体建筑内，不宜设置在与住户相邻的楼层内，在无法满足上述要求贴临设置时，应增加隔声减振处理。

6.10.4 住户的公共出入口与附建公共用房的出入口应分开布置。

7 室内环境

7.1 日照、天然采光、遮阳

7.1.1 每套住宅应至少有一个居住空间能获得冬季日照。

7.1.2 需要获得冬季日照的居住空间的窗洞开口宽度不应小于0.60m。

7.1.3 卧室、起居室（厅）、厨房应有直接天然采光。

7.1.4 卧室、起居室（厅）、厨房的采光系数不应低于1%；当楼梯间设置采光窗时，采光系数不应低于0.5%。

7.1.5 卧室、起居室（厅）、厨房的采光窗洞口的窗地面积比不应低于1/7。

7.1.6 当楼梯间设置采光窗时，采光窗洞口的窗地面积比不应低于1/12。

7.1.7 采光窗下沿离楼面或地面高度低于0.50m的窗洞口面积不应计入采光面积内，窗洞口上沿距地面高度不宜低于2.00m。

7.1.8 除严寒地区外，居住空间朝西外窗应采取外遮阳措施，居住空间朝东外窗宜采取外遮阳措施。当采用天窗、斜屋顶窗采光时，应采取活动遮阳措施。

7.2 自然通风

7.2.1 卧室、起居室（厅）、厨房应有自然通风。

7.2.2 住宅的平面空间组织、剖面设计、门窗的位置、方向和开启方式的设置，应有利于组织室内自然通风。单朝向住宅宜采取改善自然通风的措施。

7.2.3 每套住宅的自然通风开口面积不应小于地面面积的5%。

7.2.4 采用自然通风的房间，其直接或间接自然通风开口面积应符合下列规定：

1 卧室、起居室（厅）、明卫生间的直接自然通风开口面积不应小于该房间地板面积的1/20；当采用自然通风的房间外设置阳台时，阳台的自然通风开口面积不应小于采用自然通风的房间和阳台地板面积总和的1/20；

2 厨房的直接自然通风开口面积不应小于该房间地板面积的1/10，并不得小于$0.60m^2$；当厨房外设置阳台时，阳台的自然通风开口面积不应小于厨房和阳台地板面积总和的1/10，并不得小于$0.60m^2$。

7.3 隔声、降噪

7.3.1 卧室、起居室（厅）内噪声级，应符合下列规定：

1 昼间卧室内的等效连续A声级不应大于45dB；

2 夜间卧室内的等效连续A声级不应大于37dB；

3 起居室（厅）的等效连续A声级不应大于45dB。

7.3.2 分户墙和分户楼板的空气声隔声性能应符合下列规定：

1 分隔卧室、起居室（厅）的分户墙和分户楼板，空气声隔声评价量（R_W+C）应大于45dB；

2 分隔住宅和非居住用途空间的楼板，空气声隔声评价量（R_W+C_{tr}）应大于51dB。

7.3.3 卧室、起居室（厅）的分户楼板的计权规范化撞击声压级宜小于75dB。当条件受到限制时，分户楼板的计权规范化撞击声压级应小于85dB，且应在楼板上预留可供今后改善的条件。

7.3.4 住宅建筑的体形、朝向和平面布置应有利于噪声控制。在住宅平面设计时，当卧室、起居室（厅）布置在噪声源一侧时，外窗应采取隔声降噪措施；当居住空间与可能产生噪声的房间相邻时，分隔墙和分隔楼板应采取隔声降噪措施；当内天井、凹天井中设置相邻户间窗口时，宜采取隔声降噪措施。

7.3.5 起居室（厅）不宜紧邻电梯布置。受条件限制起居室（厅）紧邻电梯布置时，必须采取有效的隔声和减振措施。

7.4 防水、防潮

7.4.1 住宅的屋面、地面、外墙、外窗应采取防止雨水和冰雪融化水侵入室内的措施。

7.4.2 住宅的屋面和外墙的内表面在设计的室内温度、湿度条件下不应出现结露。

7.5 室内空气质量

7.5.1 住宅室内装修设计宜进行环境空气质量预评价。

7.5.2 在选用住宅建筑材料、室内装修材料以及选择施工工艺时，应控制有害物质的含量。

7.5.3 住宅室内空气污染物的活度和浓度应符合表7.5.3的规定。

表7.5.3 住宅室内空气污染物限值

污染物名称	活度、浓度限值
氡	≤200（Bq/m^3）
游离甲醛	≤0.08（mg/m^3）
苯	≤0.09（mg/m^3）
氨	≤0.2（mg/m^3）
TVOC	≤0.5（mg/m^3）

8 建筑设备

8.1 一般规定

8.1.1 住宅应设置室内给水排水系统。

8.1.2 严寒和寒冷地区的住宅应设置采暖设施。

8.1.3 住宅应设置照明供电系统。

8.1.4 住宅计量装置的设置应符合下列规定：

1 各类生活供水系统应设置分户水表；

2 设有集中采暖（集中空调）系统时，应设置分户热计量装置；

3 设有燃气系统时，应设置分户燃气表；

4 设有供电系统时，应设置分户电能表。

8.1.5 机电设备管线的设计应相对集中、布置紧凑、合理使用空间。

8.1.6 设备、仪表及管线较多的部位，应进行详细的综合设计，并应符合下列规定：

1 采暖散热器、户配电箱、家居配线箱、电源插座、有线电视插座、信息网络和电话插座等，应与室内设施和家具综合布置；

2 计量仪表和管道的设置位置应有利于厨房灶具或卫生间卫生器具的合理布局和接管；

3 厨房、卫生间内排水横管下表面与楼面、地面净距应符合本规范第5.5.5条的规定；

4 水表、热量表、燃气表、电能表的设置应便于管理。

8.1.7 下列设施不应设置在住宅套内，应设置在共用空间内：

1 公共功能的管道，包括给水总立管、消防立管、雨水立管、采暖（空调）供回水总立管和配电和弱电干线（管）等，设置在开敞式阳台的雨水立管除外；

2 公共的管道阀门、电气设备和用于总体调节和检修的部件，户内排水立管检修口除外；

3 采暖管沟和电缆沟的检查孔。

8.1.8 水泵房、冷热源机房、变配电室等公共机电用房应采用低噪声设备，且应采取相应的减振、隔声、吸声、防止电磁干扰等措施。

8.2 给水排水

8.2.1 住宅各类生活供水系统水质应符合国家现行有关标准的规定。

8.2.2 入户管的供水压力不应大于0.35MPa。

8.2.3 套内用水点供水压力不宜大于0.20MPa，且不应小于用水器具要求的最低压力。

8.2.4 住宅应设置热水供应设施或预留安装热水供应设施的条件。生活热水的设计应符合下列规定：

1 集中生活热水系统配水点的供水水温不应低于45℃；

2 集中生活热水系统应在套内热水表前设置循环回水管；

3 集中生活热水系统热水表后或户内热水器不循环的热水供水支管，长度不宜超过8m。

8.2.5 卫生器具和配件应采用节水型产品。管道、阀门和配件应采用不易锈蚀的材质。

8.2.6 厨房和卫生间的排水立管应分别设置。排水管道不得穿越卧室。

8.2.7 排水立管不应设置在卧室内，且不宜设置在靠近与卧室相邻的内墙；当必须靠近与卧室相邻的内墙时，应采用低噪声管材。

8.2.8 污废水排水横管宜设置在本层套内；当敷设于下一层的套内空间时，其清扫口应设置在本层，并应进行夏季管道外壁结露验算和采取相应的防止结露的措施。污废水排水立管的检查口宜每层设置。

8.2.9 设置淋浴器和洗衣机的部位应设置地漏，设置洗衣机的部位宜采用能防止溢流和干涸的专用地漏。洗衣机设置在阳台上时，其排水不应排入雨水管。

8.2.10 无存水弯的卫生器具和无水封的地漏与生活排水管道连接时，在排水口以下应设存水弯；存水弯和有水封地漏的水封高度不应小于 50mm。

8.2.11 地下室、半地下室中低于室外地面的卫生器具和地漏的排水管，不应与上部排水管连接，应设置集水设施用污水泵排出。

8.2.12 采用中水冲洗便器时，中水管道和预留接口应设明显标识。坐便器安装洁身器时，洁身器应与自来水管连接，严禁与中水管连接。

8.2.13 排水通气管的出口，设置在上人屋面、住户平台上时，应高出屋面或平台地面 2.00m；当周围 4.00m 之内有门窗时，应高出门窗上口 0.60m。

8.3 采　暖

8.3.1 严寒和寒冷地区的住宅宜设集中采暖系统。夏热冬冷地区住宅采暖方式应根据当地能源情况，经技术经济分析，并根据用户对设备运行费用的承担能力等因素确定。

8.3.2 除电力充足和供电政策支持，或建筑所在地无法利用其他形式的能源外，严寒和寒冷地区、夏热冬冷地区的住宅不应设计直接电热作为室内采暖主体热源。

8.3.3 住宅采暖系统应采用不高于 95℃ 的热水作为热媒，并应有可靠的水质保证措施。热水温度和系统压力应根据管材、室内散热设备等因素确定。

8.3.4 住宅集中采暖的设计，应进行每一个房间的热负荷计算。

8.3.5 住宅集中采暖的设计应进行室内采暖系统的水力平衡计算，并应通过调整环路布置和管径，使并联管路（不包括共同段）的阻力相对差额不大于 15%；当不满足要求时，应采取水力平衡措施。

8.3.6 设置采暖系统的普通住宅的室内采暖计算温度，不应低于表 8.3.6 的规定。

表 8.3.6 室内采暖计算温度

用　房	温度（℃）
卧室、起居室（厅）和卫生间	18
厨房	15
设采暖的楼梯间和走廊	14

8.3.7 设有洗浴器并有热水供应设施的卫生间宜按沐浴时室温为 25℃ 设计。

8.3.8 套内采暖设施应配置室温自动调控装置。

8.3.9 室内采用散热器采暖时，室内采暖系统的制式宜采用双管式；如采用单管式，应在每组散热器的进出水支管之间设置跨越管。

8.3.10 设计地面辐射采暖系统时，宜按主要房间划分采暖环路。

8.3.11 应采用体型紧凑、便于清扫、使用寿命不低于钢管的散热器，并宜明装，散热器的外表面应刷非金属性涂料。

8.3.12 采用户式燃气采暖热水炉作为采暖热源时，其热效率应符合现行国家标准《家用燃气快速热水器和燃气采暖热水炉能效限定值及能效等级》GB 20665 中能效等级 3 级的规定值。

8.4 燃　气

8.4.1 住宅管道燃气的供气压力不应高于 0.2MPa。住宅内各类用气设备应使用低压燃气，其入口压力应在 0.75 倍～1.5 倍燃具额定范围内。

8.4.2 户内燃气立管应设置在有自然通风的厨房或与厨房相连的阳台内，且宜明装设置，不得设置在通风排气竖井内。

8.4.3 燃气设备的设置应符合下列规定：

1 燃气设备严禁设置在卧室内；

2 严禁在浴室内安装直接排气式、半密闭式燃气热水器等在使用空间内积聚有害气体的加热设备；

3 户内燃气灶应安装在通风良好的厨房、阳台内；

4 燃气热水器等燃气设备应安装在通风良好的厨房、阳台内或其他非居住房间。

8.4.4 住宅内各类用气设备的烟气必须排至室外。排气口应采取防风措施，安装燃气设备的房间应预留安装位置和排气孔洞位置；当多台设备合用竖向排气道排放烟气时，应保证互不影响。户内燃气热水器、分户设置的采暖或制冷燃气设备的排气管不得与燃气灶排油烟机的排气管合并接入同一管道。

8.4.5 使用燃气的住宅，每套的燃气用量应根据燃气设备的种类、数量和额定燃气量计算确定，且应至少按一个双眼灶和一个燃气热水器计算。

8.5 通　风

8.5.1 排油烟机的排气管道可通过竖向排气道或外墙排向室外。当通过外墙直接排至室外时，应在室外排气口设置避风、防雨和防止污染墙面的构件。

8.5.2 严寒、寒冷、夏热冬冷地区的厨房，应设置供厨房房间全面通风的自然通风设施。

8.5.3 无外窗的暗卫生间，应设置防止回流的机械通风设施或预留机械通风设置条件。

8.5.4 以煤、薪柴、燃油为燃料进行分散式采暖的住宅，以及以煤、薪柴为燃料的厨房，应设烟囱；上下层或相邻房间合用一个烟囱时，必须采取防止串烟的措施。

8.6 空　调

8.6.1 位于寒冷（B 区）、夏热冬冷和夏热冬暖地区的住宅，当不采用集中空调系统时，主要房间应设置空调设施或预留安装空调设施的位置和条件。

8.6.2 室内空调设备的冷凝水应能有组织地排放。

8.6.3 当采用分户或分室设置的分体式空调器时，室外机的安装位置应符合本规范第5.6.8条的规定。

8.6.4 住宅计算夏季冷负荷和选用空调设备时，室内设计参数宜符合下列规定：

1 卧室、起居室室内设计温度宜为26℃；

2 无集中新风供应系统的住宅新风换气宜为1次/h。

8.6.5 空调系统应设置分室或分户温度控制设施。

8.7 电 气

8.7.1 每套住宅的用电负荷应根据套内建筑面积和用电负荷计算确定，且不应小于2.5kW。

8.7.2 住宅供电系统的设计，应符合下列规定：

1 应采用TT、TN-C-S或TN-S接地方式，并应进行总等电位联结；

2 电气线路应采用符合安全和防火要求的敷设方式配线，套内的电气管线应采用穿管暗敷设方式配线。导线应采用铜芯绝缘线，每套住宅进户线截面不应小于$10mm^2$，分支回路截面不应小于$2.5mm^2$；

3 套内的空调电源插座、一般电源插座与照明应分路设计，厨房插座应设置独立回路，卫生间插座宜设置独立回路；

4 除壁挂式分体空调电源插座外，电源插座回路应设置剩余电流保护装置；

5 设有洗浴设备的卫生间应作局部等电位联结；

6 每幢住宅的总电源进线应设剩余电流动作保护或剩余电流动作报警。

8.7.3 每套住宅应设置户配电箱，其电源总开关装置应采用可同时断开相线和中性线的开关电器。

8.7.4 套内安装在1.80m及以下的插座均应采用安全型插座。

8.7.5 共用部位应设置人工照明，应采用高效节能的照明装置和节能控制措施。当应急照明采用节能自熄开关时，必须采取消防时应急点亮的措施。

8.7.6 住宅套内电源插座应根据住宅套内空间和家用电器设置，电源插座的数量不应少于表8.7.6的规定。

表8.7.6 电源插座的设置数量

空 间	设置数量和内容
卧室	一个单相三线和一个单相二线的插座两组
兼起居的卧室	一个单相三线和一个单相二线的插座三组
起居室（厅）	一个单相三线和一个单相二线的插座三组
厨房	防溅水型一个单相三线和一个单相二线的插座两组
卫生间	防溅水型一个单相三线和一个单相二线的插座一组
布置洗衣机、冰箱、排油烟机、排风机及预留家用空调器处	专用单相三线插座各一个

8.7.7 每套住宅应设有线电视系统、电话系统和信息网络系统，宜设置家居配线箱。有线电视、电话、信息网络等线路宜集中布线，并应符合下列规定：

1 有线电视系统的线路应预埋到住宅套内。每套住宅的有线电视进户线不应少于1根，起居室、主卧室、兼起居的卧室应设置电视插座；

2 电话通信系统的线路应预埋到住宅套内。每套住宅的电话通信进户线不应少于1根，起居室、主卧室、兼起居的卧室应设置电话插座；

3 信息网络系统的线路宜预埋到住宅套内。每套住宅的进户线不应少于1根，起居室、卧室或兼起居室的卧室应设置信息网络插座。

8.7.8 住宅建筑宜设置安全防范系统。

8.7.9 当发生火警时，疏散通道上和出入口处的门禁应能集中解锁或能从内部手动解锁。

本规范用词说明

1 为便于在执行本规范条文时区别对待，对要求严格程度不同的用词，说明如下：

1）表示很严格，非这样做不可的用词：
正面词采用“必须”，反面词采用“严禁”；

2）表示严格，在正常情况下均应这样做的用词：
正面词采用“应”，反面词采用“不应”或“不得”；

3）表示允许稍有选择，在条件许可时首先应这样做的用词：
正面词采用“宜”，反面词采用“不宜”；

4）表示有选择，在一定条件下可以这样做的用词，采用“可”。

2 本规范中指明应按其他有关标准执行的写法为：“应符合……的规定”或“应按……执行”。

中华人民共和国国家标准

住宅设计规范

GB 50096—2011

条文说明

制 定 说 明

《住宅设计规范》GB 50096 - 2011，经住房和城乡建设部 2011 年 7 月 26 日以第 1093 号公告批准、发布。

为便于广大设计、施工、科研、学校等单位的有关人员在使用本规范时能正确理解和执行条文规定，《住宅设计规范》编制组按章、节、条顺序编制了本规范条文说明，对条文的目的、依据以及执行中需注意的有关事项进行了说明。但是，本条文说明不具备与规范正文同等的法律效力，仅供使用者作为理解和把握规范规定的参考。在使用中如发现本条文说明有不妥之处，请将意见函寄中国建筑设计研究院。

目　次

1　总则 ……………………………… 1—9—18
2　术语 ……………………………… 1—9—18
3　基本规定 ………………………… 1—9—19
4　技术经济指标计算 ……………… 1—9—19
5　套内空间 ………………………… 1—9—20
5.1　套型 ………………………… 1—9—20
5.2　卧室、起居室（厅） ………… 1—9—21
5.3　厨房 ………………………… 1—9—21
5.4　卫生间 ……………………… 1—9—22
5.5　层高和室内净高 …………… 1—9—22
5.6　阳台 ………………………… 1—9—23
5.7　过道、贮藏空间和套内楼梯 … 1—9—23
5.8　门窗 ………………………… 1—9—24
6　共用部分 ………………………… 1—9—24
6.1　窗台、栏杆和台阶 ………… 1—9—24
6.2　安全疏散出口 ……………… 1—9—25
6.3　楼梯 ………………………… 1—9—25
6.4　电梯 ………………………… 1—9—26
6.5　走廊和出入口 ……………… 1—9—26
6.6　无障碍设计要求 …………… 1—9—27
6.7　信报箱 ……………………… 1—9—27
6.8　共用排气道 ………………… 1—9—27
6.9　地下室和半地下室 ………… 1—9—28
6.10　附建公共用房 …………… 1—9—28
7　室内环境 ………………………… 1—9—28
7.1　日照、天然采光、遮阳 …… 1—9—28
7.2　自然通风 …………………… 1—9—29
7.3　隔声、降噪 ………………… 1—9—29
7.4　防水、防潮 ………………… 1—9—30
7.5　室内空气质量 ……………… 1—9—30
8　建筑设备 ………………………… 1—9—31
8.1　一般规定 …………………… 1—9—31
8.2　给水排水 …………………… 1—9—31
8.3　采暖 ………………………… 1—9—33
8.4　燃气 ………………………… 1—9—34
8.5　通风 ………………………… 1—9—35
8.6　空调 ………………………… 1—9—35
8.7　电气 ………………………… 1—9—35

1 总 则

1.0.1 城镇住宅建设量大面广，关系到广大城镇居民的切身利益，同时，住宅建设要求投入大量资金、土地和建材等资源，如何根据我国国情合理地使用有限的资金和资源，以满足广大人民对住房的要求，保障居民最低限度的居住条件，提高城镇住宅功能质量，使住宅设计符合适用、安全、卫生、经济等基本要求，是制定本规范的目的。

《住宅设计规范》GB 50096－1999（以下简称原规范）自1999年起施行至今已超过10年，2003年版完成局部修订，执行至今也已有7年，在我国住房商品化的全过程中发挥了巨大作用。但是，随着我国住房市场快速发展，住宅品质有了很大变化，部分条文已不适应当前情况，需要修改并补充新的内容；近年来新颁布或修订的相关法规，在表述和指标方面有所发展变化，需要对本规范的相应条文进行调整，避免执行中的矛盾；为落实国家建设节能省地型住宅的要求，贯彻高度重视民生与住房保障问题的精神，本规范也应进行修订，正确引导中小套型住宅设计与开发建设。

本次修订扩充了原来各章节的内容，修改了部分经济技术指标的低限要求和计算方法，以便进一步保证住宅设计质量，促进城镇住宅建设健康发展。

1.0.2 目前我国城镇住宅形式多样，但基本功能及安全、卫生要求是一样的，本规范对这些设计的基本要求作了明确的规定，故本规范适用于全国城镇新建、改建和扩建的各种类型的住宅设计。

1.0.3 住宅建设关系到民生以及社会和谐，国家对住宅建设非常重视，制定了一系列方针政策和法规，住宅设计时必须严格贯彻执行。本条阐述了住宅设计的基本原则，重点突出了保证安全卫生、节约资源、保护环境的要求，住宅设计时必须统筹考虑，全面协调，在我国城镇住宅建设可持续发展方面发挥其应有的作用。

1.0.4 住宅设计涉及建筑、结构、防火、热工、节能、隔声、采光、照明、给排水、暖通空调、电气等各种专业，各专业已有规范规定的内容，除必要的重申外，本规范不再重复，因此设计时除执行本规范外，尚应符合国家现行的有关标准的规定，主要有：

《民用建筑设计通则》GB 50352

《建筑设计防火规范》GB 50016

《高层民用建筑设计防火规范》GB 50045

《住宅建筑规范》GB 50368

《城市居住区规划设计规范》GB 50180

《建筑工程建筑面积计算规范》GB/T 50353

《安全防范工程技术规范》GB 50348

《建筑抗震设计规范》GB 50011

《建筑采光设计标准》GB/T 50033

《民用建筑隔声设计规范》GB 50118

《住宅信报箱工程技术规范》GB 50631

《民用建筑工程室内环境污染控制规范》GB 50325

《城镇燃气设计规范》GB 50028

《建筑给水排水设计规范》GB 50015

《城市道路和建筑物无障碍设计规范》JGJ 50

《严寒和寒冷地区居住建筑节能设计标准》JGJ 26

《夏热冬冷地区居住建筑节能设计标准》JGJ 134

《夏热冬暖地区居住建筑节能设计标准》JGJ 75

《电梯主要参数及轿厢、井道、机房的型式与尺寸》GB/T 7025.1

2 术 语

2.0.1 本定义提出了住宅的两个关键概念："家庭"和"房子"。申明"房子"的设计规范主要是按照"家庭"的居住使用要求来规定的。未婚的或离婚后的单身男女以及孤寡老人作为家庭的特殊形式，居住在普通住宅中时，其居住使用要求与普通家庭是一致的。作为特殊人群，居住在单身公寓或老年公寓时，则应另行考虑其特殊居住使用要求，在《住宅设计规范》GB 50096 中不需予以特别考虑。因为除了有《住宅设计规范》GB 50096 外，还有《老年人居住建筑标准》GB/T 50340 和《宿舍建筑设计规范》JGJ 36，这也是公寓和宿舍设计可以不执行《住宅设计规范》GB 50096 的原因之一。

由于本规范的条文没有出现"公寓"一词，所以本规范没有对公寓进行定义，但是规范执行中经常有关于如何区别"住宅"和"公寓"的疑问，在此作以下说明：

公寓一般指为特定人群提供独立或半独立居住使用的建筑，通常以栋为单位配套相应的公共服务设施。

公寓经常以其居住者的性质冠名，如学生公寓、运动员公寓、专家公寓、外交人员公寓、青年公寓、老年公寓等。公寓中的居住者的人员结构相对住宅中的家庭结构简单，而且在使用周期中较少发生变化。住宅的设施配套标准是以家庭为单位配套的，而公寓一般以栋为单位甚至可以以楼群为单位配套。例如，不必每套公寓设厨房、卫生间、客厅等空间，而且可以采用共用空调、热水供应等计量系统。但是不同公寓之间的某些标准差别很大，如老年公寓在电梯配置、无障碍设计、医疗和看护系统等方面的要求，要比运动员公寓高得多。目前，我国尚未编制通用的公寓设计标准。

2.0.12 本条所指的平台是住宅里常见的上人屋面，

或由住宅底层地面伸出的供人们室外活动的平台。不同于楼梯平台、设备平台、非上人屋面等情况。

2.0.15 凸窗既作为窗，在设计和使用时就应有别于地板（楼板）的延伸，也就是说不能把地板延伸出去而仍称之为凸窗。凸窗的窗台应只是墙面的一部分且距地面应有一定高度。凸窗的窗台防护高度要求与普通窗台一样，应按本规范的相关规定进行设计。

2.0.16 跃层住宅的主要特征就是一户人家的户内居住面积跨越两层楼面，此时连接上下层的楼梯就是户内楼梯，在楼梯的设计及消防要求上均有别于公共楼梯。跃层住宅可以位于楼房的下部、中部，也可设置于顶层。

3 基本规定

3.0.1 本规范只对住宅单体工程设计作出规定，但住宅与居住区规划密不可分，住宅的日照、朝向、层数、防火等与规划的布局、建筑密度、建筑容积率、道路系统、竖向设计等都有内在的联系。我国人口多土地少，合理节约用地是住宅建设中日益突出的重要课题。通过住宅单体设计和群体布置中的节地措施，可显著提高土地利用率，因此必须在设计时给予充分重视。

3.0.2 通过住宅设计，使“人、建筑、环境”三要素紧密联系在一起，共同形成一个良好的居住环境。同时因地制宜地创造可持续发展的生态环境，为居住区创造既便于邻里交往又赏心悦目的生活环境，是满足人居住活动中生理、心理的双重需要。

3.0.3 住宅是供人使用的，因此住宅设计处处要以人为本。本条文要求住宅设计在满足一般居住者的使用要求外，还要兼顾老年人、残疾人等特殊群体的使用要求。

3.0.4 居住者大部分时间是在住宅室内度过的，因此使住宅室内具有良好的通风、充足的日照、明亮的采光和安静私密的声环境是住宅设计的重要任务。

3.0.5 节能、环保是一件关乎国计民生的大事，世界各国都相当关注。我国政府高度重视资源环境问题，实施可持续发展战略，把节约资源、保护环境作为基本国策，努力建设资源节约型和环境友好型社会。随着我国城镇化步伐的加快，人民生活水平的持续提高，对住宅功能、舒适度等方面的要求越来越高，如果延续传统的建设模式，我国的土地、能源、资源和环境都将难以承受。因此住宅设计要注意满足节能要求，并合理利用能源，各地住宅建设可根据当地能源条件，积极采用常规能源与可再生能源结合的供能系统与设备。

3.0.6 我国住宅建筑量大面广，工业化与产业化是住宅发展的趋势，只有推行建筑主体、建筑设备与建筑构配件的标准化、模数化，才能适应工业化生产。目前建筑新技术、新产品、新材料层出不穷，国家正在实行住宅产业现代化的政策，提高住宅产品质量。因此，住宅设计人员有责任在设计中积极采用新技术、新材料、新产品。

3.0.7 随着住房市场的发展，住宅建筑的形式也不断创新，对住宅结构设计也提出了更高的要求。本条要求住宅设计在保证结构安全、可靠的同时，要满足建筑功能需求，使住宅更加安全、适用、耐久。

3.0.8 进入21世纪以来，全球城市火灾问题日益严重，其中居民住宅火灾发生率显著增加。住宅火灾不仅威胁人民生命安全，造成严重经济损失，而且给家庭带来巨大伤害，影响社会和谐稳定。因此，住宅设计符合防火要求是最重要且基本的要求之一，具有重要意义。住宅防火设计的主要依据是《建筑设计防火规范》GB 50016和《高层民用建筑设计防火规范》GB 50045。除防火之外，避震、防空、突发事件等的安全疏散要求也要予以满足。

3.0.9 本条要求建筑设计专业和建筑设备设计的各专业进行协作设计，综合考虑建筑设备和管线的配置，并提供必要的设置空间和检修条件。同时要求建筑设备设计也要树立建筑空间合理布局的整体观念。

3.0.10 住宅物质寿命一般不少于50年，而生活水平的提高，家庭结构的变化，人口老龄化的趋势，新技术和产品的不断涌现，又会对住宅提出各种新的功能要求，这将会导致对旧住宅的更新改造。如果在设计时充分考虑建筑和居住者全生命周期的使用需求，兼顾当前使用和今后改造的可能，将大大延长住宅的使用寿命，比新建住宅节省大量投资和材料。

4 技术经济指标计算

4.0.1 在住宅设计阶段计算的各项技术经济指标，是住宅从计划、规划到施工、管理各阶段技术文件的重要组成部分。本条要求计算的5项主要经济指标，必须在设计中明确计算出来并标注在图纸中。本次修编由原规范的7项经济指标简化为5项，并对其计算方法进行了部分修改，其主要目的是避免矛盾、体现公平、统一标准，反映客观实际。

4.0.2 住宅设计经济指标的计算方法有多种，本条要求采用统一的计算规则，这有利于方案竞赛、工程投标、工程立项、报建、验收、结算以及销售、管理等各环节的工作，可有效避免各种矛盾。本次修编针对本条的修改主要为以下几个方面。

1 原规范的“各功能空间使用面积”和“套内使用面积”两项指标的概念及其计算方法受到广大设计人员的普遍认同，本次修编未作修改。

2 本次修编取消了原规范中“住宅标准层使用面积系数”这项指标。该指标过去主要用于方案设计阶段的指标比较，其结果与工程设计实践中以栋为单位计算建筑面积存在一定误差。因此，本次不再继续使用。

3 根据现行国家标准《建筑工程建筑面积计算规范》GB/T 50353 中有关阳台面积计算方法，对原规范中套型阳台面积的计算方法进行了修改，明确规定其计算方法为：无论阳台为凹阳台、凸阳台、封闭阳台和不封闭阳台均按其结构底板投影净面积一半计算。

4 本次修编明确了套型总建筑面积的构成要素是套内使用面积、相应的建筑面积和套型阳台面积，保证了住宅楼总建筑面积与全楼各套型总建筑面积之和不会产生数值偏差。"套型总建筑面积"不同于原规范中的"套型建筑面积"指标，原规范中"套型建筑面积"反映的是标准层各种要素的计算结果；本次修编的"套型总建筑面积"反映的是整栋楼各种要素的计算结果。

5 本次修编增加了"住宅楼总建筑面积"这项指标，便于规划设计工作中经济指标的计算和数值的统一。

4.0.3 套内使用面积计算是计算住宅设计技术经济指标的基础，本条明确规定了计算范围：

1 套内使用面积指每套住宅户门内独自使用的面积，包括卧室、起居室（厅）、餐厅、厨房、卫生间、过厅、过道、贮藏室等各种功能空间，以及壁柜等使用空间的面积。根据本规范 2.0.14 条，壁柜定义为"建筑室内与墙壁结合而成的落地贮藏空间"，因此其使用面积应只计算落地部分的净面积，并计入套内使用面积。套型阳台面积单独计算，不列入套内使用面积之中。

2 跃层住宅的套内使用面积包括其室内楼梯，并将其按自然层数计入使用面积。

3 本条规定烟囱、排气道、管井等均不计入使用面积，反映了使用面积是住户真正能够使用的面积。该条规定，尤其对厨房、卫生间等小空间面积分析时更具准确性，能够正确反映设计的合理性。

4 正常的墙体按结构体表面尺寸计算使用面积，粉刷层可以简略，遇有各种复合保温层时，要将复合层视为结构墙体厚度扣除后再计算。

5 利用坡屋顶内作为使用空间时，对低于 1.20m 净高的不予计入使用面积；对 1.20m～2.10m 的计入 1/2；超过 2.10m 全部计入。坡屋顶无结构顶层楼板，不能利用坡屋顶空间时不计算其使用面积。

6 本次修编对原条文进行了修改，本条规定将坡屋顶内的使用面积列入套内使用面积中，加大了计算比值，将利用坡屋顶所获得的使用面积惠及全楼各套型，更好地体现公平性。同时，可以准确计算出参与公共面积分摊后的该套型总建筑面积。

4.0.4 原规范没有要求计算套型的总建筑面积，不能直观地反映一套住宅所涵盖的建筑面积到底是多少，本次修编对此给予明确：

1 原规范的套型面积计算方法是利用住宅标准层使用面积系数反求套型建筑面积，其计算参数以标准层为计算参数。本次修编以住宅整栋楼建筑面积为计算参数，该参数包括了本栋住宅楼地上的全部住宅建筑面积，但不包括本栋住宅楼的套型阳台面积总和，这样更能够体现准确性和合理性，保证各套型总建筑面积之和与住宅楼总建筑面积一致。

本栋住宅楼地上全部住宅建筑面积包括了供本栋住宅楼使用的地上机房和设备用房建筑面积，以及当住宅和其他功能空间处于同一建筑物内时，供本栋住宅楼使用的单元门厅和相应的交通空间建筑面积，不包括本栋住宅楼地下室和半地下室建筑面积。

2 本次修编以全楼总套内使用面积除以住宅楼建筑面积（包括本栋住宅楼地上的全部住宅建筑面积，但不包括本栋住宅楼的套型阳台面积），得出一个用来计算套型总建筑面积的计算比值。与原规范采用的住宅标准层使用面积系数含义不同，该计算比值相当于全楼的使用面积系数，采用该计算比值可避免同一套型出现不同建筑面积的现象。

3 利用计算比值的计算方法明确了套型总建筑面积为套内使用面积、通过计算比值反算出的相应的建筑面积和套型阳台面积之和。

4.0.5 本条规定了住宅楼层数的计算依据，主要用于明确住宅楼的层数，便于执行本规范的相关规定。

1 本条规定考虑到与现行相关防火规范和现行国家标准《住宅建筑规范》GB 50368 的衔接，以层数作为衡量高度的指标，并对层高较大的楼层规定了计算和折算方法。建筑层数应包括住宅部分的层数和其他功能空间的层数。住宅建筑的高度和面积直接影响到火灾时建筑内人员疏散的难易程度、外部救援的难易程度以及火灾可能导致财产损失的大小，住宅建筑的防火与疏散，因此要求与建筑高度和面积直接相关联。对不同建筑高度和建筑面积的住宅区别对待，可解决安全性和经济性的矛盾。

2 本条考虑到与现行国家标准《房产测量规范 第 1 单元：房产测量规定》GB/T 17986.1 的衔接，规定了高出室外地坪小于 2.20m 的半地下室和层高小于 2.20m 的架空层和设备层不计入自然层数。

5 套内空间

5.1 套 型

5.1.1 住宅按套型设计是指每套住宅的分户界限应明确，必须独门独户，每套住宅至少包含卧室、起居室（厅）、厨房和卫生间等基本功能空间。本条要求将这些基本功能空间设计于户门之内，不得与其他套型共用或合用。这里要进一步说明的是：基本功能空间不等于房间，没有要求独立封闭，有时不同的功能空间会部分地重合或相互“借用”。当起居功能空间和卧室功能空间合用时，称为兼起居的卧室。

5.1.2 本次修编删除了原规范对住宅套型的分类。经过对原规范一类套型最小使用面积的论证和适当减小，重新规定了套型最小使用面积分别不应小于 $30m^2$ 和 $22m^2$，主要依据如下：

1 本条明确了设计规范主要是按照“家庭”的居住使用要求来规定的。本条规定的低限标准为统一要求，不因地区气候条件、墙体材料等不同而有差异。

2 套型最小使用面积，不应是各个最小房间面积的简单组合。即使在工程设计理论和实践中，可能设计出更小的套型，但是这种套型是不能满足最低使用要求的。此外，未婚的或离婚后的单身男女以及孤寡老人作为家庭的特殊形式，居住在普通住宅中时，其居住使用要求与普通家庭是一致的。作为特殊人群，居住在单身公寓或老年公寓时，则应另行考虑其特殊居住使用要求，由其他相关规范作出规定。

3 原规范规定的由卧室、起居室（厅）、厨房和卫生间等组成的住宅套型，虽然组成空间数不变，但因为综合考虑我国中小套型住房建设的国策，以及住宅部品技术产业化、集成化和家电设备技术更新等因素，各种住宅部品及家电尺寸有所减小，对各功能空间尺度的要求也相应减小。所以将原规范规定不应小于 $34m^2$ 下调为不应小于 $30m^2$。其具体测算方法是：

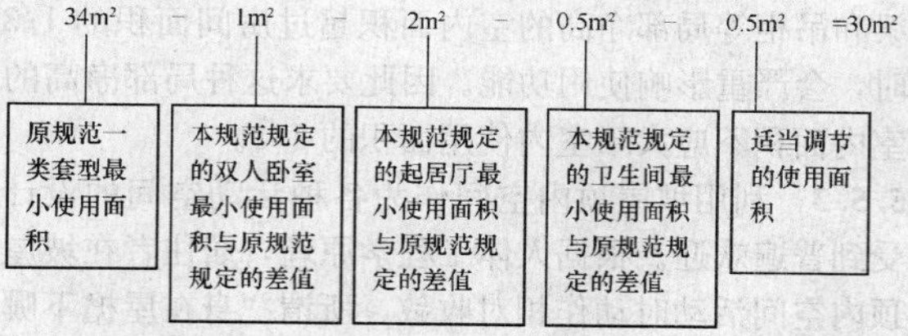

4 明确了基本功能空间不等于房间，没有要求独立封闭，有时不同的功能空间会部分地重合或相互“借用”。当起居功能空间和卧室功能空间合用时，称为兼起居的卧室等概念以后，提出了采用兼起居的卧室的最小套型，不应小于 $22m^2$。其具体测算方法是：

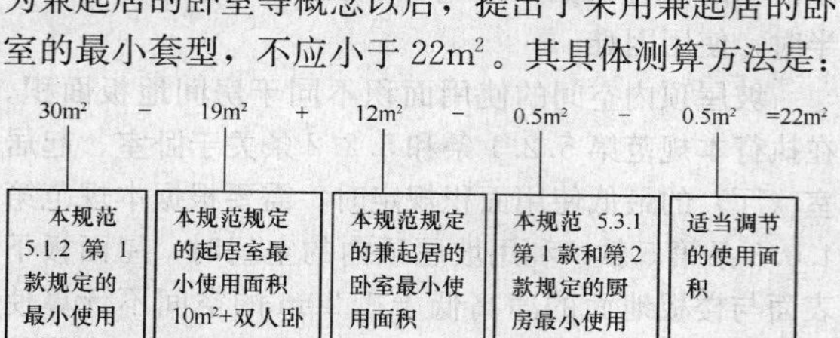

5.2 卧室、起居室（厅）

5.2.1 卧室的最小面积是根据居住人口、家具尺寸及必要的活动空间确定的。原规范规定双人卧室不小于 $10m^2$。单人卧室不小于 $6m^2$，本次修编分别减小为 $9m^2$ 和 $5m^2$。其依据为：

1 本规范综合考虑我国中小套型住房建设的国策，以及住宅部品技术产业化、集成化和家电设备技术更新等因素，各种住宅部品及家电尺寸有所减小，对各功能空间尺度的要求也相应减小。所以将原规范规定的双人及单人卧室的使用面积分别减小 $1m^2$。

2 在小套型住宅设计中，允许采用一种兼有起居活动功能空间和睡眠功能空间为一室的“卧室”，这种兼起居的卧室需要在双人卧室的面积基础上至少增加一组沙发和摆设一个小餐桌的面积（$3m^2$）才能保证家具的布置，所以规定兼起居的卧室为 $12m^2$。

5.2.2 起居室（厅）是住宅套型中的基本功能空间，由于本规范 5.2.1 第 1 款的条文说明所列的原因，将起居室（厅）的使用面积最小值由原规范的 $12m^2$ 减小为 $10m^2$。

5.2.3 起居室（厅）的主要功能是供家庭团聚、接待客人、看电视之用，常兼有进餐、杂物、交通等作用。除了应保证一定的使用面积以外，应减少交通干扰，厅内门的数量如果过多，不利于沿墙面布置家具。根据低限度尺度研究结果，3m 以上直线墙面保证可布置一组沙发，使起居室（厅）中能有一相对稳定的使用空间。

5.2.4 较大的套型中，起居室（厅）以外的过厅或餐厅等可无直接采光，但其面积不能太大，否则会降低居住生活标准。

5.3 厨 房

5.3.1 本次修编厨房的使用面积不再进行分类规定，而是规定其使用面积分别不应小于 $4m^2$ 和 $3.5m^2$。其依据是：根据对全国新建住宅小区的调查统计，厨房使用面积普遍能达到 $4m^2$ 以上，所以本次修编对由卧室、起居室（厅）、厨房和卫生间等组成的住宅套型的厨房使用面积未进行修改，仍明确其最小使用面积为 $4m^2$。对由兼起居的卧室、厨房和卫生间等组成的住宅套型的厨房面积则规定为 $3.5m^2$。

5.3.2 厨房布置在套内近入口处，有利于管线布置及厨房垃圾清运，是套型设计时达到洁污分区的重要保证，应尽量做到。

5.3.3 厨房应设置洗涤池、案台、炉灶及排油烟机等设施或为其预留位置，才能保证住户正常炊事功能要求。

现行国家标准《城镇燃气设计规范》GB 50028 规定，设有直排式燃具的室内容积热负荷指标超过 $0.207kW/m^3$ 时，必须设置有效的排气装置，一个双眼灶的热负荷约为（8～9）kW，厨房体积小于 $39m^3$ 时，体积热负荷就超过 $0.207kW/m^3$。一般住宅厨房的体积均达不到 $39m^3$（约大于 $16m^2$），因此均必须设置排油烟机等机械排气装置。

5.3.4 厨房设计时若不按操作流程合理布置，住户实际使用时或改造时都将带来极大不便。排油烟机的位置只有与炉灶位置对应并与排气道直接连通，才能最有效地发挥排气效能。

5.3.5 单排布置的厨房，其操作台最小宽度为0.50m，考虑操作人下蹲打开柜门、抽屉所需的空间或另一人从操作人身后通过的极限距离，要求最小净宽为1.50m。双排布置设备的厨房，两排设备之间的距离按人体活动尺度要求，不应小于0.90m。

5.4 卫生间

5.4.1 本次修编不再进行分类和规定设置卫生间的个数，仅规定了每套住宅应配置的卫生设备的种类和件数，强调至少应配置便器、洗浴器、洗面器三件卫生设备或为其预留设置位置及条件，以保证基本生活需求。

本次修编明确规定集中配置便器、洗浴器、洗面器三件卫生设备的卫生间使用面积不应小于2.50m²，比原规范规定数值减小0.5m²。其修改依据是：由于住宅集成化技术的不断成熟，设备成套技术的不断推广，提高了卫生间面积的利用效率。

5.4.2 本条规定了卫生设备分室设置时几种典型设备组合的最小使用面积。卫生间设计时除应符合本条规定外，还应符合本规范5.4.1条对每套住宅卫生设备种类和件数的规定。为适应卫生间成套设备集成技术和卫生设备组合多样化的要求，本次修编增加了两种空间划分类型，并规定了最小使用面积。由不同设备组合而成的卫生间，其最小面积的规定依据是：以卫生设备低限尺度以及卫生活动空间计算最低面积；对淋浴空间和盆浴空间作综合考虑，不考虑便器使用与淋浴活动的空间借用；卫生间面积要适当考虑无障碍设计要求和为照顾儿童使用时留有余地。

5.4.3 无前室的卫生间，其门直接开向厅或厨房的这种布置方法问题突出，诸如“交通干扰”、“视线干扰”、“不卫生”等，本条规定要求杜绝出现这种设计。

5.4.4 卫生间的地面防水层，因施工质量差而发生漏水的现象十分普遍，同时管道噪声、水管冷凝水下滴等问题也很严重。因此，本条规定不得将卫生间直接布置在下层住户的卧室、起居室（厅）、厨房和餐厅的上层。

5.4.5 在跃层住宅设计中允许将卫生间布置在本套内的卧室、起居室（厅）、厨房或餐厅的上层，尽管在使用上无可非议，对其他套型也毫无影响，但因布置了多种设备和管线，容易损坏或漏水，所以本条要求采取防水和便于检修的措施，减少或消除对下层功能空间的不良影响。

5.4.6 洗衣为基本生活需求，洗衣机是普遍使用的家用设备，属于卫生设备，通常设置在卫生间内。但是在实际使用中有时设置在阳台、厨房、过道等位置。本条文强调，在住宅设计时，应明确设计出洗衣机的位置及专用给排水接口和电插座等条件。

5.5 层高和室内净高

5.5.1 把住宅层高控制在2.80m以下，不仅是控制投资的问题，更重要的是关系到住宅节地、节能、节水、节材和环保。把层高相对统一，在当前住宅产业化发展的初期阶段很有意义，例如对发展住宅专用电梯、通风排气竖管、成套橱柜等均有现实意义，有一个明确的层高，这类产品的主要参数就可以确定。

2.80m层高的规定，在全国执行已有多年，对于普通住宅更需进一步要求控制层高，以便节能。

5.5.2 卧室和起居室（厅）是住宅套内活动最频繁的空间，也是大型家具集中的场所，本条要求其室内净高不低于2.40m，以保证基本使用要求。在国际上，把室内净高定位2.40m的国家很多，如：美国、英国、日本和我国的香港地区，参照这些国家和地区的标准，室内净高定为2.40m是可行的。

另外，据对空气洁净度测试的有关资料分析，不同层高的住宅中，冬季室内空气中的CO_2的浓度值没有明显变化。

卧室、起居室（厅）的室内局部净高不应低于2.10m，是指室内梁底处的净高、活动空间上部吊柜的柜底与地面的距离等，只有控制在2.10m或以上，才能保证居民的基本活动并具有安全感。

在一间房间中，当低于2.40m、高于2.10m的梁和吊柜等局部净高的室内面积超过房间面积的1/3时，会严重影响使用功能。因此要求这种局部净高的室内面积不应大于室内使用面积的1/3。

5.5.3 利用坡屋顶内空间作为各种活动空间的设计受到普遍欢迎。根据人体工程学原理，居住者在坡屋顶内空间活动时动作相对收敛，所谓“身在屋檐下哪能不低头”，因此，室内净高要求略低于普通房间的净高要求。但是利用坡屋顶内空间作卧室、起居室（厅）时，仍然应有一定的高度要求，特别是需要直立活动的部位，如果净高低于2.10m的空间超过一半时，使用困难。

坡屋顶内空间的使用面积不同于房间地板面积。在执行本规范第5.2.1条和5.2.2条关于卧室、起居室（厅）的最低使用面积规定时，需要根据本规范第4.0.3条第5款“利用坡屋顶内的空间时，屋面板下表面与楼板地面的净高低于1.20m的空间不计算使用面积，净高在1.20m～2.10m的空间按1/2计算使用面积，净高超过2.10m的空间全部计入套内使用面积”的规定，保证卧室、起居室（厅）的最小使用面积标准符合要求。

5.5.4 厨房和卫生间人流交通较少，室内净高可比卧室和起居室（厅）低。但有关燃气设计安装规范要求厨房不低于2.20m；卫生间从空气容量、通风排气的高度要求等考虑也不应低于 2.20m。另外从厨、卫设备的发展看，室内净高低于 2.20m 不利于设备及管线的布置。

5.5.5 厨房、卫生间面积较小，顶板下的排水横管即使靠墙设置，其管底（特别是存水弯）的底部距楼、地面净距若太低，常常造成碰撞并且妨碍门、窗户开启。本条对此作出相关规定。

5.6 阳 台

5.6.1 阳台是室内与室外之间的过渡空间，在城镇居住生活中发挥了越来越重要的作用。本条要求每套住宅宜设阳台，住宅底层和退台式住宅的上人屋面层可设平台。

5.6.2 阳台是儿童活动较多的地方，栏杆（包括栏板的局部栏杆）的垂直杆件间距若设计不当，容易造成事故。根据人体工程学原理，栏杆垂直净距应小于 0.11m，才能防止儿童钻出。同时为防止因栏杆上放置花盆而坠落伤人，本条要求可搁置花盆的栏杆必须采取防止坠落措施。

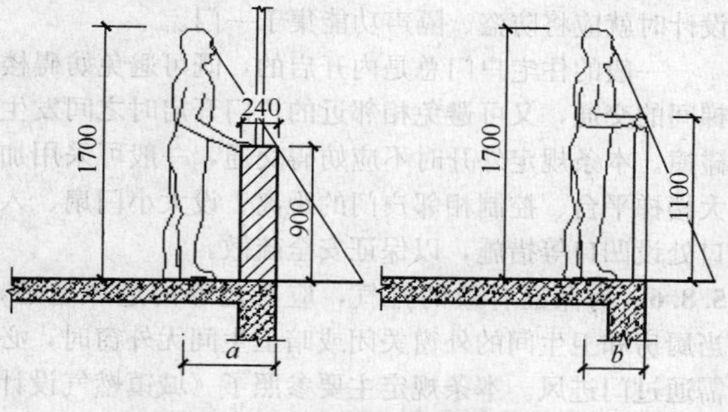

图 1 窗台与阳台的防护高度要求不同

5.6.3 阳台栏杆的防护高度是根据人体重心稳定和心理要求确定的，应随建筑高度增高而增高。阳台（包括封闭阳台）栏杆或栏板的构造一般与窗台不同，且人站在阳台前比站在窗前有更加靠近悬崖的眩晕感，如图 1 所示，人体距离建筑外边沿的距离 b 明显小于 a，其重心稳定性和心理安全要求更高。所以本条规定阳台栏杆的净高不应按窗台高度设计。

此外，强调封闭阳台栏杆的高度不同于窗台高度的另一理由是本规范相关条文一致性的需要。封闭阳台也是阳台，本规范在“面积计算”、“采光、通风窗地比指标要求”、“隔声要求”、“节能要求”、“日照间距”等方面的规定，都是不同于对窗户的规定的。

本次修编还对原规范中关于建筑层数的定义进行了修改，使之与现行国家标准《住宅建筑规范》GB 50368 相一致，在本条文中不再出现“高层住宅”、“中高层住宅”等词。

5.6.4 七层及七层以上住宅以及寒冷、严寒地区住宅的阳台采用实体栏板，可以防止冷风从阳台灌入室内，还可防止物品从过高处的栏杆缝隙处坠落伤人。

5.6.5 由于住宅部品生产技术的不断成熟，现在已有大量成熟的晾衣部品，在其安装时不会造成漏水、滴水现象。实态调查表明，居民多数将施工过程中安装的晒衣架拆除，造成浪费。所以本次修编不再要求“设置晾晒衣物的设施”。

顶层住宅阳台若没有雨罩，就会给晾晒衣物带来不便。同时，阳台上的雨水、积水容易流入室内，故规定顶层阳台应设置雨罩。

各套住宅之间毗邻的阳台分隔板是套与套之间明确的分界线，对居民的领域感起保证作用，对安全防范也有重要作用，在设计时明确分隔，可减少管理上的矛盾。

5.6.6 实态调查表明，由于阳台及雨罩排水组织不当，造成上下层的干扰十分严重，如上层浇花、冲洗阳台而弄脏下层晾晒的衣服甚至浇淋到他人身上的事故常常引发邻里矛盾，故阳台、雨罩均应做有组织排水。本次修编将本条修改为“应采取防水措施”，主要是针对容易漏水的关键节点要求采取防水措施。

5.6.7 当阳台设置洗衣机设备时，为方便使用要求设置专用给排水管线、接口和插座等，并要求设置专用地漏，减少溢水的可能。在这种情况下，阳台是用水较多的地方。如出现洗衣设备跑漏水现象，容易造成阳台漏水。所以，本条规定该类阳台楼地面应做防水。为防止严寒和寒冷地区冬季将给排水管线冻裂。本条规定应封闭阳台，并应采取保温措施，防止以上现象的发生。

5.6.8 当阳台设置空调室外机时，如安装措施不当，会降低空调室外机排热效果，降低制冷工效，会对居民在阳台上的正常活动以及对室外和其他住户环境造成影响。因此，本条对阳台或建筑外墙空调室外机的设置作出了具体规定。其中本条第 2 款规定在排出空气一侧不应有遮挡物，不包括百叶。但空调室外机所设置的百叶仅是装饰物，叶片间距太小，会影响空调室外机散热，因此在满足一定的视线遮挡效果时，叶片间距越大越好。

5.7 过道、贮藏空间和套内楼梯

5.7.1 套内入口的过道，常起门斗的作用，既是交通要道，又是更衣、换鞋和临时搁置物品的场所，是搬运大型家具的必经之路。在大型家具中沙发、餐桌、钢琴等尺度较大，本条规定在一般情况下，过道净宽不宜小于 1.20m。

通往卧室、起居室（厅）的过道要考虑搬运写字台、大衣柜等的通过宽度，尤其在入口处有拐弯时，门的两侧应有一定余地，故本条规定该过道不应小于 1.00m。通往厨房、卫生间、贮藏室的过道净宽可适当减小，但也不应小于 0.90m。

5.7.2 套内合理设置贮藏空间或位置对提高居室空间利用率，使室内保持整洁起到很大作用。居住实态调查资料表明，套内壁柜常因通风防潮不良造成贮藏物霉烂，本条规定对设置于底层或靠外墙、靠卫生间等容易受潮的壁柜应采取防潮措施。

5.7.3 套内楼梯一般在两层住宅和跃层内作垂直交通使用。本条规定套内楼梯的净宽，当一边临空时，其净宽不应小于 0.75m；当两侧有墙面时，墙面之间净宽不应小于 0.90m（见图 2），此规定是搬运家具和日常手提东西上下楼梯最小宽度。

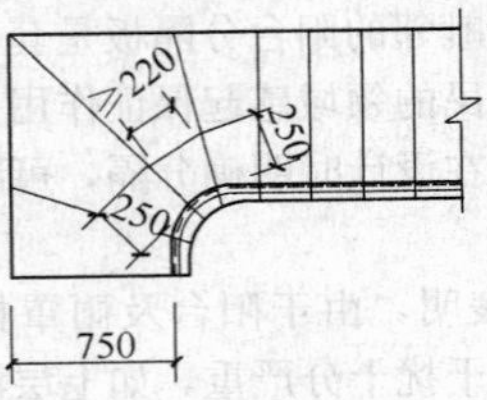

(a)一边临空扇形楼梯

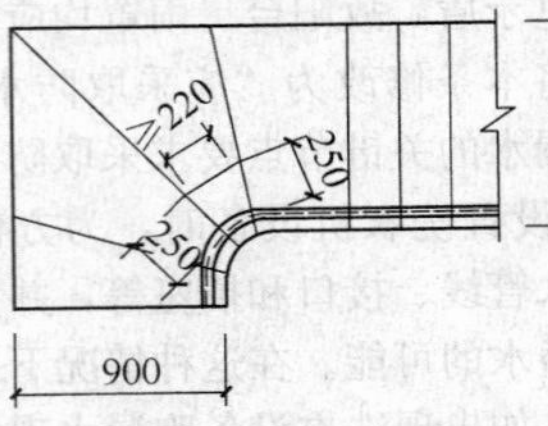

(b)两边墙面扇形楼梯

图 2　一边临空与两侧有墙的楼梯净宽要求不同

此外，当两侧有墙时，为确保居民特别是老人、儿童上下楼梯的安全，本条规定应在其中一侧墙面设置扶手。

5.7.4 扇形楼梯的踏步宽度离内侧扶手中心 0.25m 处的踏步宽度不应小于 0.22m，是考虑人上下楼梯时，脚踏扇形踏步的部位，如图 2 所示。

5.8　门　窗

5.8.1 没有邻接阳台或平台的外窗窗台，如距地面净高较低，容易发生儿童坠落事故。本条规定当窗台低于 0.90m 时，采取防护措施。有效的防护高度应保证净高 0.90m，距离楼（地）面 0.45m 以下的台面、横栏杆等容易造成无意识攀登的可踏面，不应计入窗台净高。

5.8.2 本条规定的依据是：

1　窗台净高低于或等于 0.45m 的凸窗台面，容易造成无意识攀登，其有效防护高度应从凸窗台面起算，高度不应低于净高 0.90m；

2　实态调查表明，当出现可开启窗扇执手超出一般成年人正常站立所能触及的范围，就会出现攀登至凸窗台面关闭窗扇的情况，如可开启窗扇窗洞口底距凸窗台面的净高小于 0.90m，容易发生坠落事故。所以本条规定可开启窗扇窗洞口底距窗台面的净高低于 0.90m 时，窗洞口处应有防护措施，其防护高度从窗台面起算不应低于 0.90m；

3　实态调查表明，严寒和寒冷地区凸窗的挑板或两侧壁板，在实际工程中由于施工困难，普遍未采取保温措施，会形成热桥，对节能非常不利。所以本条规定严寒和寒冷地区不宜设置凸窗。

5.8.3 从安全防范和满足住户安全感的角度出发，底层住宅的外窗和阳台门均应有一定防卫措施，紧邻走廊或共用上人屋面的窗和门同样是安全防范的重点部位，应有防卫措施。

5.8.4 住宅凹口的窗和面临走廊、共用上人屋面的窗常因设计不当，引起住户的强烈不满，本条规定采取措施避免视线干扰。面向走廊的窗、窗扇不应向走廊开启，否则应保证一定高度或加大走廊宽度，以免妨碍交通。

5.8.5 为保证居住的安全性，本次修编明确规定住宅户门应具备防盗、隔声功能。住宅实态调查发现，由于原规范中“安全防卫门”概念模糊未明确其应具有防盗功能，普遍被住户加装一层防盗门，而加装的防盗门只能向外开启，妨碍楼梯间的交通，本条规定设计时就应将防盗、隔声功能集于一门。

一般的住宅户门总是内开启的，既可避免妨碍楼梯间的交通，又可避免相邻近的户门开启时之间发生碰撞。本条规定外开时不应妨碍交通，一般可采用加大楼梯平台、控制相邻户门的距离、设大小门扇、入口处设凹口等措施，以保证安全疏散。

5.8.6 为保证有效的排气，应有足够的进风通道，当厨房和卫生间的外窗关闭或暗卫生间无外窗时，必需通过门进风。本条规定主要参照了《城镇燃气设计规范》GB 50028 对设有直接排气式或烟道排气式燃气热水器房间的规定。厨房排油烟机的排气量一般为 $300m^3/h \sim 500m^3/h$，有效进风截面积不小于 $0.02m^2$，相当于进风风速 4m/s～7m/s，由于排油烟机有较大风压，基本可以满足要求。卫生间排风机的排气量一般为 $80m^3/h \sim 100m^3/h$，虽风压较小，但有效进风截面积不小于 $0.02m^2$，相当于进风风速 1.1m/s～1.4m/s，也可以满足要求。

5.8.7 本次修编根据住宅实态调查数据仅将户门洞口宽度增大为 1.00m，其余未作改动。住宅各部位门洞的最小尺寸是根据使用要求的最低标准结合普通材料构造提出的，未考虑门的材料构造过厚或有特殊要求。

6　共 用 部 分

6.1　窗台、栏杆和台阶

6.1.1 公共部分的楼梯间、电梯厅等处是交通和疏散的重要通道，没有邻接阳台或平台的外窗窗台如距地面净高较低，容易发生儿童坠落事故。原规范只在

"套内空间"规定了本条文，执行中发现有理解为住宅共用部分的窗台栏杆高度执行《民用建筑设计通则》GB 50352 的情况，本条特别提出共用部分的窗台栏杆也应执行本规范。

6.1.2 公共出入口台阶高度超过 0.70m 且侧面临空时，人易跌伤，故需采取防护措施。

6.1.3 外廊、内天井及上人屋面等处一般都是交通和疏散通道，人流较集中，特别在紧急情况下容易出现拥挤现象，因此临空处栏杆高度应有安全保障。根据国家标准《中国成年人人体尺寸》GB/T 10000 资料，换算成男子人体直立状态下的重心高度为 1006.80mm，穿鞋后的重心高度为 1006.80mm＋20mm＝1026.80mm，因此对栏杆的最低安全高度确定为 1.05m。对于七层及七层以上住宅，由于人们登高和临空俯视时会产生恐惧的心理，而产生不安全感，适当提高栏杆高度将会增加人们心理的安全感，故比六层及六层以下住宅的要求提高了 0.05m，即不应低于 1.10m。对栏杆的开始计算部位应从栏杆下部可踏部位起计，以确保安全高度。栏杆间距等设计要求与本规范 5.6.2 条的规定一致。

6.1.4 公共出入口的台阶是老年人、儿童等摔伤事故的多发地点，本条对台阶踏步宽度、高度等作出的相关规定，保证了老人、儿童行走在公共出入口时的安全。

6.2 安全疏散出口

6.2.1～6.2.3 根据不同的建筑层数，对安全出口设置数量作出的相关规定，兼顾了住宅建筑安全性和经济性的要求。关于剪刀梯作为疏散口的设计要求，应执行《高层民用建筑设计防火规范》GB 50045 的规定。

6.2.4 在同一建筑中，若两个楼梯出口之间距离太近，会导致疏散人流不均而产生局部拥挤，还可能因出口同时被烟堵住，使人员不能脱离危险而造成重大伤亡事故。因此，建筑安全疏散出口应分散布置并保持一定距离。

6.2.5 若门的开启方向与疏散人流的方向不一致，当遇有紧急情况时，不易推开，会导致出口堵塞，造成人员伤亡事故。

6.2.6 对于住宅建筑，根据实际疏散需要，规定设置的楼梯间能通向屋面，并强调楼梯间通屋顶的门要易于开启，而不应采取上锁或钉牢等不易打开的做法，以利于人员的安全疏散。

6.2.7 十层及十层以上的住宅建筑，除条文里规定的两种情况外，每个住宅单元的楼梯间均应通至屋顶，各住宅单元的楼梯间宜在屋顶相连通，以便于疏散到屋顶的人，能够经过另一座楼梯到达室外，及时摆脱灾害威胁。对于楼层层数不同的单元，则不在本条的规定范围内，其安全疏散设计则应执行其他规范。

6.3 楼　　梯

6.3.1 楼梯梯段净宽系指墙面装饰面至扶手中心之间的水平距离。梯段最小净宽是根据使用要求、模数标准、防火规范的规定等综合因素加以确定的。这里需要说明，将六层及六层以下住宅梯段最小净宽定为 1.00m 的原因是：①为满足防火规范规定的楼梯段最小宽度为 1.10m，一般采用 2.70m 或 2.60m（不符合 3 模）开间楼梯间，楼梯面积较大。如采用 2.40m 开间楼梯间，每套可增加 1.00m² 左右使用面积，但楼梯宽度只能做到 1m 左右；②2.40m 开间符合 3 模，与 3 模其他参数能协调成系列，在平面布置中不出现半模数，与 3.60m 等参数可组成扩大模数系列，有利于减少构件，也有利于工业化制作，平面布置也比较适用、灵活；③据分析，只要保证楼梯平台宽度能搬运家具，2.40m 是能符合使用要求的；④参照国内外有关规范，1999 年经与公安部协调，在《建筑设计防火规范》GB 50016 中规定了"不超过六层的单元式住宅中，一边设有栏杆的疏散楼梯，其最小净宽可不小于 1m"。但其他的住宅楼梯梯段最小净宽仍为 1.10m。

6.3.2 踏步宽度不应小于 0.26m，高度不应大于 0.175m 时，坡度为 33.94°，这接近舒适性标准，在设计中也能做到。按层高 2.80m 计，正好设 16 步。

6.3.3 楼梯平台净宽系指墙面装饰面至扶手中心之间的水平距离。实际调查证明，楼梯平台的宽度是影响搬运家具的主要因素，如平台上有暖气片、配电箱等凸出物时，平台宽度要从凸出面起算。楼梯平台的结构下缘至人行通道的垂直高度系指结构梁（板）的装饰面至地面装饰面的垂直距离。调查中发现有的住宅入口楼梯平台的垂直高度在 1.90m 左右，行人经过时容易碰头，很不安全。

规定入口处地坪与室外设计地坪的高差不应小于 0.10m，第一是考虑到建筑物本身的沉陷；第二是为了保证雨水不会侵入室内。当住宅建筑带有半地下室、地下室时，更要严防雨水倒灌。此外，本条对楼梯平台净宽、楼梯平台的结构下缘至人行通道的垂直高度都作出了相关规定。

6.3.4 我国目前大多数住宅的剪刀梯平台普遍过于狭窄，日常搬运大型家具困难，特别是急救时担架难以水平回转；高层建筑虽有电梯，但往往一栋楼只有一部能容纳普通担架，需要通过联系廊和疏散楼梯搬运伤病员。因此，本条文从保障居民生命安全的角度，要求住宅剪刀梯休息平台进深加大到 1.30m。

6.3.5 楼梯井宽度过大，儿童往往会在楼梯扶手上做滑梯游戏，容易产生坠落事故，因此规定楼梯井宽度大于 0.11m，必须采取防止儿童攀滑的措施。

6.4 电　　梯

6.4.1 电梯是七层及七层以上住宅的主要垂直交通工具。多少层开始设置电梯是个居住标准的问题，各国标准不同。在欧美一些国家，一般规定四层起应设置电梯，原苏联、日本及我国台湾省的规范规定六层起应设置电梯。我国1954年《建筑设计规范》中规定："居住房间在五层以上或最高层的楼板面高出地平线在17公尺以上时，应有电梯设备"。1987年，《住宅建筑设计规范》GBJ 96规定了七层（含七层）以上应设置电梯。我国已步入老龄化社会，应该对老年群体给予更多的关注，为此，本规范中规定"住户入口层楼面距室外地面的高度超过16m的住宅必须设置电梯"。本次修订特别对三种工程设计中没有严格执行设置电梯规定的情况进一步明确限定。其理由是：

1 如底层为层高4.50m的商店或其他用房，以2.80m层高的住宅计算，(2.80m×4)(最高住户入口层楼面标高)＋4.50m(底层用房层高)＋0.30m(室外高差)＝16m。也就是说，上部的住宅只能作五层。此时以16m作为是否设置电梯的限值。

2 当设置一个架空层时，如六层住宅采用2.70m层高，即：2.20m(架空层)＋0.10m(室内外高差)＋(2.70m×5)＝15.80m＜16m，可以不设置电梯。如六层住宅采用2.80m层高并架空层时，若不采取一定措施则不能控制在16m的规定范围内，即2.20m(架空层)＋0.10m(室内外高差)＋(2.80m×5)＝16.30m＞16m。本规范对有架空层或储存空间的住宅严格规定，不设置电梯的住宅，其住户入口层楼面距该建筑物室外地面的高度不得超过16m。

3 在住宅建筑顶层若布置两层一套的跃层住宅（设置户内楼梯者），跃层部分的入口处距该建筑物室外地面的高度若超过16m。实践证明，顶层住户的一次室内登高超出了规定的范围，所以必须设置电梯。

除了以上三种情况外，原规范允许山地、台地住宅的中间层有直通室外地面入口，如果该入口具有消防通道作用时，其层数由该中间层起计算。由于这种情况正在逐步减少，同时涉及如何设消防通道和消防电梯等问题。由防火规范统一规定，本规范不再放宽条件。

6.4.2 十二层及十二层以上的住宅，每栋楼设置电梯不应少于两台，主要考虑到其中的一台电梯进行维修时，居民可通过另一部电梯通行。住宅要适应多种功能需要，因此，电梯的设置除考虑日常人流垂直交通需要外，还要考虑保障病人安全、能满足紧急运送病人的担架乃至较大型家具等需要。

6.4.3、6.4.4 十二层及十二层以上的住宅每个住宅单元只设置一部电梯时，在电梯维修期间，会给居民带来极大不便，只能通过联系廊或屋顶连通的方式从其他单元的电梯通行。当一栋楼只有一部能容纳担架的电梯时，其他单元只能通过联系廊到达这电梯运输担架。在两个住宅单元之间设置联系廊并非推荐做法，只是一种过渡做法。在实际操作中，联系廊的设计会带来视线干扰、安全防范、使部分居室厨房失去自然通风和直接采光等问题，此种设置电梯的方法虽较经济，但属低水平。所以，理想的方案是设置两台电梯，且其中一台可以容纳担架。

对于一栋十二层的住宅，各单元联通的屋面可以视为联系廊；对于一栋十八层的住宅，联系廊的设置可有两种方案：方案一，在十二层设置第一个联系廊，根据联系廊的间隔不能超过五层的规定，十七层必须设置第二个联系廊；方案二，在十四层设置第一个联系廊，各单元的联通屋面即可以视为第二个联系廊。

近来，有些一梯两户的方案将十二层以上相邻单元的两户住宅北阳台连通，这种做法也能起到紧急疏散的目的，但需要相关住户之间认可。这种做法从设计上不属于联系廊的做法。

6.4.5 为了使用方便，高层住宅电梯应在设有户门或公共走廊的每层设站。隔一层或更多层设站的方式，既不合理，对居民也不公平。

6.4.6 电梯是人们使用频繁和理想的垂直通行设施，根据国家标准《电梯主参数及轿厢、井道、机房的型式与尺寸》GB/T 7025.1的规定："单台电梯或多台并列成排布置的电梯，候梯厅深度不应小于最大的轿箱深度"。近几年来部分六层及以下住宅设置了电梯，电梯厅的深度不小于1.50m，即可满足载重量为630kg的电梯对候梯厅深度的要求。

6.4.7 本条对电梯在住宅单元平面布局中的位置，提出了相关的限定条件。电梯机房设备产生的噪声、电梯井道内产生的振动、共振和撞击声对住户干扰很大，尤其对最需要安静的卧室的干扰就更大。

原规范要求"电梯不应与卧室、起居室（厅）紧邻布置"，本次修编考虑到我国中小套型住宅建设的实际情况，在小套型住宅单元平面设计时，满足这一要求确有一定困难。特别是，在做由兼起居的卧室、厨房和卫生间等组成的最小套型组合时，当受条件限制，电梯不得不紧邻兼起居的卧室布置的情况很多。考虑到"兼起居的卧室"实际上有部分起居空间，可以尽量在起居空间部分相邻电梯，并采取双层分户墙或同等隔声效果的构造措施。因此，在广泛征求意见基础上，本条适当放宽了特定条件。

6.5 走廊和出入口

6.5.1 外廊是指居民日常必经之主要通道，不包括单元之间的联系廊等辅助外廊。从调查来看，严寒和寒冷地区由于气候寒冷、风雪多，外廊型住宅都做成封闭外廊（有的外廊在墙上开窗户，也有的做成玻璃窗全封闭的挑廊）；另夏热冬冷地区，因冬季很冷，风雨较多，设计标准也规定设封闭外廊。故本条规定在住宅中作为主要通道的外廊宜做封闭外廊。由于沿外廊一侧通常布置厨房、卫生间，封闭外廊需要良好通风，还要考虑防火排烟，故规定封闭外廊要有能开启的窗扇或通风排烟设施。

6.5.2 为防止阳台、外廊及开敞楼梯平台物品下坠伤人，要求设在下部的公共出入口采取安全措施。

6.5.3 在住宅建筑设计中，有的对出入口门头处理很简单，各栋住宅出入口没有自己的特色，形成千篇一律，以至于住户不易识别自己的家门。本条规定要求出入口设计上要有醒目的标识，包括建筑装饰、建筑小品、单元门牌编号等。按照防火规范的规定，十层及十层以上定为高层住宅，其入口人流相对较大，同时信报箱等公共设施需要一定的布置空间，因此对十层及十层以上住宅作出了设置入口门厅的规定。

6.6 无障碍设计要求

6.6.1 本条系根据行业标准《城市道路和建筑物无障碍设计规范》JGJ 50 第 5.2.1 条制订，列出了七层及七层以上的住宅应进行无障碍设计的部位。该标准对七层及七层以上住宅要求进行无障碍设计的部位还包括电梯轿厢。由于该规定对住宅强制执行存在现实问题，本条未将电梯轿厢列入强制条款。对六层及六层以下设置电梯的住宅，也不列为强制执行无障碍设计的对象。此外原来规定的无障碍设计的部位还包括无障碍住房，由于本规范仅针对住宅单体建筑设计，故不要求对每栋住宅都做无障碍住房设计。

6.6.2 七层及七层以上住宅入口设置台阶时，必须按照无障碍设计的要求设置轮椅坡道和扶手。

6.6.3 为保证轮椅使用者与正常人流能同时进行并避免交叉干扰，提出本规定。

6.6.4 本条列出了供轮椅通行的走道和通道的最小净宽限值。

6.7 信 报 箱

6.7.1 目前全国有些地区的住宅信报箱发展滞后，安装率低，使得人们的基本通信权利无法得到保障。自 2009 年 10 月 1 日起施行的《中华人民共和国邮政法》在第二章第十条对信报箱的设置提出了具体要求。同年，住房和城乡建设部发布建标［2009］88 号文，开始组织《住宅信报箱工程技术规范》的编制工作，该规范已经批准发布，编号为 GB 50631－2010。本规范编制组与《住宅信报箱工程技术规范》编制组协调后，新增了本节内容。信报箱作为住宅的必备设施，其设置应满足每套住宅均有信报箱的基本要求。

6.7.2 在住宅设计时，根据信报箱的安装形式留出必要的安装空间，能避免后期安装时占用消防通道和对建筑结构造成破坏。将信报箱设置于地面层主要步行入口处，既方便投递、保证邮件安全，又便于住户收取。

6.7.3 根据实态调查，大多数住宅楼的门禁系统将邮递员拒之门外，造成了投递到户的困难。因此要求将信报箱设置在门禁系统外。同时要求充分考虑信报箱使用空间尺度，满足信报投递、收取等功能需求。

6.7.4 通道的净宽系指通道墙面装饰面至信报箱表面的最外缘的水平距离。因此，当通道墙面及信报箱上有局部突出物时，仍要求保证通道的净宽。

6.7.5 信报箱的设置，无论在住宅室内或室外，都需要避免遮挡住宅基本空间的门窗洞口。

6.7.6 信报箱的质量受使用材料、加工工艺等因素的影响，其使用年限、防火等级、抗震等差别很大，因此要求选用符合国家现行有关标准规定的定型产品。由于嵌入式信报箱需与墙体结合，设计时应根据选用的产品种类，生产厂家提供的安装说明文件，预留安装条件。

6.7.7 信报箱可借用公共照明，但不能遮挡公共照明。

6.7.8 智能信报箱需要连接电源，因此必须预留电源接口，既避免给后期安装带来不便并增加成本，又不会影响室内美观和结构安全。

6.8 共用排气道

6.8.1 我国的城镇住宅大多数是集合式住宅，密度高、排气量大，采用共用竖向排气系统更有利于高空排放，减少污染。

6.8.2 为保证排气道的工程质量，要求选择排气道产品时特别注意其排气量、防回流构造、严密性等性能指标。我国目前住宅使用的共用排气道，一般是竖向排气道，利用各层住户的排油烟机向管道增压排气。由于各层住户的排油烟机输出压力不相等，容易产生上下层之间的回流。因此，应采用能够防止各层回流的定型产品。同时，层数越多的住宅，要求排气道的截面越大，如果排气管道截面太小，竖向排气道中的压力大于支管压力，也容易产生回流。因此，断面尺寸应根据层数确定。排气道支管及其接口直径太小，会造成管道局部压力过大，产生回流。所以提出最小直径要求。

6.8.3 在进行厨房设计以及排气道安装时，需正确安排共用排气道的位置和接口方向，以保证排气管的正确接入和排气顺畅。

6.8.4 厨房和卫生间的烟气性质不同，合用排气道会互相串味。另外，由于厨房和卫生间气体成分不同，分别设置也可避免互相混合产生的危险。

6.8.5 风帽既要满足气流排放的要求，又要避免产生排气道进水造成的渗、漏等现象。如在可上人屋面或邻近门窗位置设置竖向通风道的出口，可能对周围环境产生影响，本条参考了对排水通气管的有关规定，对出口高度提出要求。

6.9 地下室和半地下室

6.9.1 住宅建筑中的地下室由于通风、采光、日照、防潮、排水等条件差，对居住者健康不利，故规定住宅建筑中的卧室、起居室、厨房不应布置在地下室。但半地下室有对外开启的窗户，条件相对较好，若采取采光、通风、日照、防潮、排水、安全防护措施，可布置卧室、起居室（厅）、厨房。

6.9.2 住宅建筑中地下室及半地下室可以布置其他如贮藏间、卫生间、娱乐室等房间。

6.9.3 住宅的地下车库和设备用房，其净高至少应与公共走廊净高相等，所以不能低于2.00m。

6.9.4 当住宅地上架空层及半地下室做机动车停车位时，应符合行业标准《汽车库建筑设计规范》JGJ 100的相关规定。考虑到住宅的空间特性，以及住宅周围以停放的小型汽车为主，本条规定参照了《汽车库建筑设计规范》JGJ 100中对小型汽车的净空的规定。

6.9.5 考虑到住户使用方便，便于搬运家具等大件物品，地上住宅楼、电梯宜与地下车库相连通。此外，目前从地下室进入住户层的门安全监控不够健全，存在安全隐患，因此要求采取防盗措施。

6.9.6 地下车库在通风、采光方面条件差，且集中存放的汽车中储存有大量汽油，本身易燃、易爆，故规定要设置防火门。且汽车库中存在的汽车尾气等有害气体可能超标，如果利用楼、电梯间为地下车库自然通风，将严重污染住宅室内环境，必须加以限制。

6.9.7 住宅的地下室包括车库，储存间，一般含有污水和采暖系统的干管，采取防水措施必不可少。此外，采光井、采光天窗处，都要做好防水排水措施，防止雨水倒流进入地下室。

6.10 附建公共用房

6.10.1 在住宅区内，为了节约用地，增加绿化面积和公共活动场地面积，方便居民生活等，往往在住宅主体建筑底层或适当部位布置商店及其他公共服务设施。今后在住宅建筑中附建为居住区（甚至为整个地区）服务的公共设施会日益增多，可以允许布置居民日常生活必需的商店、邮政、银行、餐馆、修理行业、物业管理等公共用房。所以，附建公共用房是住宅主体建筑的组成部分，但不包括大型公共建筑。为保障住户的安全，防止火灾、爆炸灾害的发生，要严格禁止布置存放和使用火灾危险性为甲、乙类物品的商店、车间和仓库，如石油化工商店、液化石油气钢瓶贮存库等。根据防护要求，还应按建筑设计防火规范的有关规定对在住宅建筑中布置产生噪声、振动和污染环境的商店、车间和娱乐设施加以限制。

6.10.2 住宅建筑内布置易产生油烟的餐饮店，使住宅内进出人员复杂，其营业时间与居民的生活作息习惯矛盾较大，不便管理，且产生的气味及噪声也对邻近住户产生不良影响，因此，本条作出了相关规定。

6.10.3 水泵房、冷热源机房、变配电机房等公共机电用房都会产生较大的噪声，故不宜设置于住户相邻楼层内，也不宜设置在住宅主体建筑内；当受到条件限制必须设置在主体建筑内时，可设置在架空楼层或不与住宅套内房间直接相邻的空间内，并需作好减振、隔声措施，其隔声性能应符合本规范第7.3.1条和第7.3.2条的要求。

6.10.4 要求住户的公共出入口与附建公共用房的出入口分开布置，是为了解决使用功能完全不同的用房在一起时产生的人流交叉干扰的矛盾，使住宅的防火和安全疏散有了确实保障。

7 室内环境

7.1 日照、天然采光、遮阳

7.1.1 日照对人的生理和心理健康都非常重要，但是住宅的日照又受地理位置、朝向、外部遮挡等许多外部条件的限制，很不容易达到比较理想的状态。尤其是在冬季，太阳的高度角较小，在楼与楼之间的间距不足的情况下更加难以满足要求。由于住宅日照受外界条件和住宅单体设计两个方面的影响，本条规定是在住宅单体设计环节为有利于日照而要求达到的基本物质条件，是一个最起码的要求，必须满足。事实上，除了外界严重遮挡的情况外，只要不将一套住宅的居住空间都朝北布置，就应能满足这条要求。

本条文规定"每套住宅至少应有一个居住空间能获得冬季日照"，没有规定室内在某特定日子里一定要达到的理论日照时数，这是因为本规范主要针对住宅单体设计时的定性分析提出要求，而日照的时数、强度、角度、质量等量化指标受室外环境影响更大，因此，住宅的日照设计，应执行《城市居住区规划设计规范》GB 50180等其他相关规范、标准提出的具体指标规定。

7.1.2 为保证居住空间的日照质量，确定为获得冬季日照的居住空间的窗洞不宜过小。一般情况下住宅所采用的窗都能符合要求，但在特殊情况下，例如建筑凹槽内的窗、转角窗的主要朝向面等，都要注意避免因窗洞开口宽度过小而降低日照质量。工程设计实践中，由于强调满窗日照，反而缩小窗洞开口宽度的例子时有发生。因此，需要对最小窗洞尺寸作出规定。

7.1.3 卧室和起居室（厅）具有天然采光条件是居住者生理和心理健康的基本要求，有利于降低人工照明能耗；同时，厨房具有天然采光条件可保证基本的炊事操作的照明需求，也有利于降低人工照明能耗；因此条文对三类空间是否有天然采光提出了相应要求。

7.1.4～7.1.6 由于居住者对于卧室、起居室（厅）、厨房、楼梯间等不同空间的采光需求不同，条文对住宅中不同的空间分别提出了不同要求，条文中对于楼梯间采光系数和窗地面积比的要求是以设置采光窗为前提的。

住宅采光以“采光系数”最低值为标准，条文中采光系数的规定为最低值。采光系数的计算位置以及计算方法等相关规定按现行国标《建筑采光设计标准》GB/T 50033执行。条文中采光系数和窗地面积比值是按Ⅲ类光气候区单层普通玻璃钢窗为计算标准，其他光气候区或采用其他类型窗的采光系数最低值和窗地面积比按现行国家标准《建筑采光设计标准》GB/T 50033执行。

用采光系数评价住宅是否获得了足够的天然采光比较科学，但由于采光系数需要通过直接测量或复杂的计算才能得到。在一般情况下，住宅各房间的采光系数与窗地面积比密切相关，为了与《住宅建筑规范》相关条款的协调，本条文中给出了‘采光系数’的同时，也规定了窗地面积比的限值。

7.1.7 由于在原规范中，该条文以表格“注”的方式表达，要求不够明确，因此，本次修编时将相关要求编入了条文。

7.1.8 住宅采用侧窗采光时，西向或东向外窗采取外遮阳措施能有效减少夏季射入室内的太阳辐射对夏季空调负荷的影响和避免眩光，因此条文中作了相关规定。同时在制定本条款时，还参考了《民用建筑热工设计规范》GB 50176以及寒冷地区、夏热冬冷地区和夏热冬暖地区相关“居住建筑节能设计标准”对于外窗遮阳的规定和把握尺度，因此条文中的相关规定是最低要求，设计时可执行相应的国家标准或地方标准。

由于住宅采用天窗、斜屋顶窗采光时，太阳辐射更为强烈，夏季空调负荷也将更大，同时兼顾采光和遮阳要求，活动的遮阳装置效果会比较好。因此条文作了相关规定。

7.2 自然通风

7.2.1 卧室和起居室（厅）具有自然通风条件是居住者的基本需求。通过对夏热冬暖地区典型城市的气象数据进行分析，从5月到10月，有的地区室外平均温度不高于28℃的天数占每月总天数高达60%～70%，最热月也能达到10%左右，对应时间段的室外风速大多能达到1.5m/s左右。当室外温度不高于28℃时，室内良好的自然通风，能保证室内人员的热舒适性，减少房间空调设备的运行时间，节约能源，同时也可以有效改善室内空气质量，有助于健康。因此，本条文对卧室和起居室（厅）作了相关规定。

由于厨房具有自然通风条件可以保证炊事人员基本操作时和炊事用可燃气体泄露时所需的通风换气。根据居住实态调查结果分析，90%以上的住户仅在炒菜时启动排油烟机，其他作业如煮饭、烧水等基本靠自然通风，因此，条文对厨房作了相关规定。

7.2.2 室内外之间自然通风既可以是相对外墙窗之间形成的对流的穿堂风，也可以是相邻外墙窗之间形成的流通的转角风。将室外风引入室内，同时将室内空气引导至室外，需要合理的室内平面设计、室内空间合理的组织以及门窗位置与大小的精细化设计。因此，本条文提出了相关要求。

当住宅设计条件受限制，不得已采用单朝向住宅套型时，可以采取户门上方设通风窗、下方设通风百叶等有效措施，最大限度地保证卧室、起居室（厅）内良好的自然通风条件。在实践过程中，有的单朝向住宅安装了带有通风口的防盗门或防盗户门，这样也可以通过开启门上的通风口，在不同的时间段获得较好的自然通风，改善室内环境。当单朝向住宅户门一侧为防火墙和防火门时，在户门或防火墙上开设自然通风口有一定困难，因此，对于单朝向住宅改善自然通风的措施，要求的尺度确定为“宜”。

7.2.3 本条规定是对整套住宅总的自然通风开口面积的要求，与《住宅建筑规范》GB 50368相关规定一致。使用时，既要保证整套住宅总的自然通风开口面积，也要保证有自然通风要求房间的自然通风开口面积。

7.2.4 本条文基本为原规范的保留条文。条文中通风开口面积是最低要求。为避免有自然通风要求房间开向室外的自然通风开口面积或开向阳台的自然通风开口面积不够，影响自然通风效果，条文对有自然通风要求房间的直接自然通风开口面积提出了要求；同时为避免设置在有自然通风要求房间外的阳台或封闭阳台的外窗的自然通风开口面积不够，影响自然通风效果，条文对阳台或封闭阳台外窗的自然通风开口面积也提出了要求。

7.3 隔声、降噪

7.3.1 本条文规定的室内允许噪声级标准是在关窗条件下测量的指标，包括了对起居室（厅）的等效连续A声级的在昼间和夜间的要求。

住宅应给居住者提供一个安静的室内生活环境，但是在现代城镇中，尤其是大中城市中，大部分住宅的室外环境均比较嘈杂，特别是邻近主要街道的住宅，交通噪声的影响较为严重。同时住宅的内部各种设备机房动力设备的振动会传递到住宅房间，动力设备振动所产生的低频噪声也会传递到住宅房间，这都会严重影响居住质量。特别是动力设备的振动产生的低频噪声往往难以完全消除。因此，住宅设计时，不仅针对室外环境噪声要采取有效的隔声和防噪声措施，而且卧室、起居室（厅）也要布置在远离可能产生噪声的设备机房（如水泵房、冷热机房等）的位置，且做到结构相互独立也是十分必要的措施。

7.3.2 为便于设计人员在设计中选择相应的构造、部品、产品和做法，条文中规定的分户墙和分户楼板的空气声隔声性能指标是计权隔声量＋粉红噪声频谱修正量（R_W+C），该指标是实验室测量的空气声隔声性能。条文中规定的分隔住宅和非住宅用途空间的楼板空气声隔声性能指标是计权隔声量＋交通噪声频谱修正量（R_W+C_{tr}），该指标也是实验室测量的空气声隔声性能。

7.3.3 原规范采用的计权标准化撞击声压级标准是现场综合各种因素后的现场测量指标，设计人员在设计时采用计权标准化撞击声压级标准设计难以把握最终的隔声效果。为便于设计人员在设计中选择相应的构造、部品、产品和做法，条文中对楼板的撞击声隔声性能采用了计权规范化撞击声压级作为控制指标，该指标是实验室测量值。

7.3.4 本条文中所指噪声源为室外噪声。条文中所指隔声降噪措施为加大窗间距、设置隔声窗、设置隔声板等措施。在住宅设计时，居住空间与可能产生噪声的房间相邻布置，分隔墙或楼板采取隔声降噪措施十分必要。同时卧室与卫生间相邻布置时，排水管道、卫生器具等设备设施在使用时也会产生很大噪声，因此除选用噪声更小的产品外，将排水管道、卫生器具等设备设施布置在远离卧室一侧会对减少噪声起到较好的作用。

7.3.5 由于电梯机房设备产生的噪声以及电梯井道内产生的振动和撞击声对住户有很大干扰，因此在住宅设计时尽量避免起居室（厅）紧邻电梯井道和电梯机房布置十分必要。当受条件限制起居室（厅）紧邻电梯井道、电梯机房布置时，需要采取提高电梯井壁隔声量的有效的隔声、减振技术措施，需要采取提高电梯机房与起居室（厅）之间隔墙和楼板隔声量的有效的隔声、减振技术措施，需要采取电梯轨道和井壁之间设置减振垫等有效的隔声、减振技术措施。

7.4 防水、防潮

7.4.1 防止渗漏是住宅建筑屋面、外墙、外窗的基本要求。为防止渗漏，在设计、施工、使用阶段均应采取相应措施。住宅防水不仅仅地下室要采取措施，地上也要采取措施，原规范仅在共用部分对地下室和半地下室有防水要求，不够全面。此次规范修编与《住宅建筑规范》GB 50368 协调，加入了相关规定。

7.4.2 住宅室内表面（屋面和外墙的内表面）长时间的结露会滋生霉菌，对居住者的健康造成有害的影响。室内表面出现结露最直接的原因是表面温度低于室内空气的露点温度。另外，表面空气的不流通也助长了结露现象的发生。因此，住宅设计时，要核算室内表面可能出现的最低温度是否高于露点温度，并尽量避免通风死角。但是，要杜绝内表面的结露现象有时非常困难。例如，在我国南方的雨季，空气非常潮湿，空气所含的水蒸气接近饱和，除非紧闭门窗，空气经除湿后再送入室内，否则短时间的结露现象是不可避免的。因此，本条规定在“设计的室内温度、湿度条件下”（即在正常条件下）不应出现结露。

7.5 室内空气质量

7.5.1～7.5.3 因使用的室内装修材料、施工辅助材料以及施工工艺不合规范，造成建筑物建成后室内环境污染长期难以消除，是目前较为普遍的问题。为杜绝此类问题，严格按照《民用建筑工程室内环境污染控制规范》GB 50325 和现行国家标准关于室内建筑装饰装修材料有害物质限量的相关规定，选用合格的装修材料及辅助材料十分必要。同时，鼓励选用比国家标准更健康环保的材料，鼓励改进施工工艺。

保障室内空气质量是一个综合性的问题，其中设计阶段是一个关键环节。第 7.5.1 条、7.5.2 条和 7.5.3 条这三个条款存在相互的逻辑关系，第 7.5.1 条是设计阶段要进行的工作，第 7.5.2 条是工作内容中要关注的几个主要方面，第 7.5.3 条是工作的目标。第 7.5.3 条的控制标准摘自《民用建筑工程室内环境污染控制规范》GB 50325 的相关规定。

调查表明，室内空气污染物中主要的有毒有害气体（氨气污染除外）一般是装修材料及其辅料和家具等释放出的，其中，板材、涂料、油漆以及各种胶粘剂均释放出甲醛气体、非甲烷类挥发性有机气体。氨气主要来源于混凝土外加剂中，其次源于室内装修材料中的添加剂和增白剂。同时由于使用的建筑材料、施工辅助材料以及施工工艺不合规范，也会使建筑室内环境的污染长期难以消除。

另外，室内装修时，即使使用的各种装修材料均满足各自的污染物环保标准，但是如果过度装修使装修材料中的污染大量累积时，室内空气污染物浓度依然会超标。为解决这一问题，在室内装修设计阶段及主体建筑设计阶段进行室内环境质量预评价十分必要。预评价时可综合考虑室内装修设计方案和空间承载量、装修材料的使用量、建筑材料、施工辅助材料、施工工艺、室内新风量等诸多影响室内空气质量的因素，对最大限度能够使用的各种装修材料的数量作出预算，也可根据工程项目设计方案的内容，分析和预测该工程项目建成后存在的危害室内环境质量因素的种类和危害程度，并提出科学、合理和可行的技术对策，作为工程项目改善设计方案和项目建筑材料供应的主要依据，从而根据预评价的结果调整装修设计方案。

其次，住宅室内空气污染物中的氡主要来源于无机建筑材料和建筑物地基（土壤和岩石）。对于室内氡的污染，只要建筑材料和装修材料符合国家限值要求，由建筑材料和装修材料释放出的氡，就不会使其含量超过规定限值。然而建筑物地基（土壤和岩石）中的氡会长期通过地下室外墙和地板的缝隙向室内渗透，因此科学的选址以及环境评价十分重要。同时在建筑物地基有氡污染的地区，建筑物地板和地下室外墙的设计可以采取一些隔绝和建立主动或被动式的通风系统等措施防止土壤中的氡进入建筑内部。

8 建筑设备

8.1 一般规定

8.1.1～8.1.3 给水排水系统、严寒和寒冷地区的住宅采暖设施和照明供电系统，是有利于居住者身体健康的最基本居住生活设施，是现代居家生活的重要组成部分，因此规定应予设置。

8.1.4 按户分别设置计量仪表是节能节水的重要措施。设置的分户水表包括冷水表、中水表、集中热水供应时的热水表、集中直饮水供应时的水表等。

根据现行行业标准《供热计量技术规程》JGJ 173，对于集中采暖和集中空调的居住建筑，其水系统提供的热量既可以按楼栋设置热量表作为热量结算点，楼内住户按户进行热量分摊，每户需有相应的装置作为对整栋楼的耗热量进行户间分摊的依据；也可以在每户安装热量表作为热量结算点。无论是按户分摊还是每户安装热量表结算，均统称为分户热计量。

8.1.5 建筑设备设计应有建筑空间合理布局的整体观念。设计时首先由建筑设计专业按本规范第3.0.9条要求综合考虑建筑设备和管线的配置，并提供必要的空间条件，尤其是公共管道和设备、阀门等部件的设置空间和管理检修条件，以及强弱电竖井等。

需要建筑设计预留安装位置的户内机电设备有：采用地板采暖时的分集水器、燃气热水器、分户设置的燃气采暖炉或制冷设备、户配电箱、家居配线箱等。

8.1.6 本条提出了应进行详细综合设计的主要部位和需进行综合布置的主要设施。

计量仪表的选择和安装的原则是安全可靠、便于读表、检修和减少扰民。需人工读数的仪表（如分户计量的水表、热计量表、电能表等）一般设置在户外。对设置在户内的仪表（如厨房燃气表、厨房卫生间等就近设置生活热水立管的热水表等）可考虑优先采用可靠的远传电子计量仪表，并注意其位置有利于保证安全，且不影响其他器具或家具的布置及房间的整体美观。

8.1.7 公共的管道和设备、部件如设置在住宅套内，不仅占用套内空间的面积、影响套内空间的使用，住户装修时往往将管道等加以隐蔽，给维修和管理带来不便，且经常发生无法进入户内进行维护的实例，因此本条规定不应设置在住宅套内。

雨水立管指建筑物屋面等公共部位的雨水排水管，不包括仅为各户敞开式阳台服务的各层共用雨水立管。屋面雨水管如设置在室内（包括封闭阳台和卫生间或厨房的管井内），使公共共用管道占据了某些住户的室内空间，下雨时还有噪声扰民等问题，因此规定不应设置在住宅套内。但考虑到为减少首层地面下的水平雨水管坡度占据的空间，往往需要在靠建筑物外墙就近排出室外，且敞开式阳台已经不属于室内，对住户影响不大，因此将设置在此处的屋面公共雨水立管排除在规定之外。当阳台设置屋面雨水管时，还应注意按《建筑给水排水设计规范》GB 50015的规定单独设置，不能与阳台雨水管合用。

当给水、生活热水采用远传水表或IC水表时，立管设置在套内卫生间或厨房，但立管检修阀一般设置在共用部分（例如管道层的横管上），而不设置在套内立管的部分。

采暖（空调）系统用于总体调节和检修的部件设置举例如下：环路检修阀门设置在套外公共部分；立管检修阀设置在设备层或管沟内；共用立管的分户独立采暖系统，与共用立管相连接的各分户系统的入口装置（检修调节阀、过滤器、热量表等）设置在公共管井内。

配电干线、弱电干线（管）和接线盒设置在电气管井中便于维护和检修。当管线较少或没有条件设置电气管井时，宜将电气立管和设备设置在共用部分的墙体上，确有困难时，可在住宅的分户墙内设置电气暗管和暗箱，但箱体的门或接线盒应设置在共用部分的空间内。

采暖管沟和电缆沟的检查孔不得设置在套内，除考虑维修和管理因素外，还考虑了安全问题。

8.1.8 设置在住宅楼内的机电设备用房产生的噪声、振动、电磁干扰，对住户的休息和生活影响很大，也是居民投诉的热点。本规范的第6.10.3条也有相关规定。

8.2 给水排水

8.2.1 住宅各类生活供水系统的水源，无论来自市政管网还是自备水源井，生食品的洗涤、烹饪，盥洗、淋浴、衣物的洗涤以及家具的擦洗用水水质都要符合国家现行标准《生活饮用水卫生标准》GB 5749、《城市供水水质标准》CJ/T 206的规定。当采用二次供水设施来保证住宅正常供水时，二次供水设施的水质卫生标准要符合现行国家标准《二次供水设施卫生规范》GB 17051的规定。生活热水系统的水质要求与生活给水系统的水质相同。管道直饮水水质要符合行业标准《饮用净水水质标准》CJ 94的规定。

生活杂用水指用于便器冲洗、绿化浇洒、室内车库地面和室外地面冲洗的水，可使用建筑中水或市政再生水，其水质要符合国家现行标准《城市污水再生利用 城市杂用水水质》GB/T 18920、《城市污水再生利用 景观环境用水水质》GB/T 18921 的相关规定。

8.2.2、**8.2.3** 入户管的给水压力的最大限值规定为 0.35MPa，为强制性条文，与现行国家标准《住宅建筑规范》GB 50368 一致，并严于现行国家标准《建筑给水排水设计规范》GB 50015 的相关规定。推荐用水器具规定的最低压力不宜大于 0.20MPa，与现行国家标准《民用建筑节水设计标准》GB 50555 一致，其目的都是要通过限制供水的压力，避免无效出流状况造成水的浪费。超过压力限值，则要根据条文规定的严格程度采取系统分区、支管减压等措施。

提出最低给水水压的要求，是为了确保居民正常用水条件，可根据《建筑给水排水设计规范》GB 50015 提供的卫生器具最低工作压力确定。

8.2.4 住宅设置热水供应设施，以满足居住者洗浴的需要，是提高生活水平的必要措施，也是居住者的普遍要求。由于热源状况和技术经济条件不尽相同，可采用多种加热方式和供应系统，如：集中热水供应系统、分户燃气热水器、太阳能热水器和电热水器等。当不设计热水供应系统时，也需预留安装热水供应设施的条件，如预留安装热水器的位置、预留管道、管道接口、电源插座等。条件适宜时，可设计太阳能热水系统或为安装太阳能热水设施预留接口条件。

配水点水温是指打开用水龙头约 15s 内的得到的水温。为避免使用热水时需要放空大量冷水而造成水和能源的浪费，集中生活热水系统应在分户热水表前设置循环加热系统，无循环的供水支管长度不宜超过 8m，这与协会标准《小区集中生活热水供应设计规程》CECS 222-2007 的规定一致，但略有放宽（该规程认为不循环支管的长度应控制在 5m～7m）。当热水用水点距水表或热水器较远时，需采取其他措施，例如：集中热水供水系统在用水点附近增加热水和回水立管并设置热水表；户内采用燃气热水器时，在较远的卫生间预留另设电热水器的条件，或设置户内热水循环系统。循环水泵控制可以采用用水前手动控制或定时控制方式。

8.2.5 采用节水型卫生器具和配件是住宅节水的重要措施。节水型卫生器具和配件包括：总冲洗用水量不大于 6L 的坐便器，两档式便器水箱及配件，陶瓷片密封水龙头、延时水嘴、红外线节水开关、脚踏阀等。住宅内不得使用明令淘汰的螺旋升降式铸铁水龙头、铸铁截止阀、进水阀低于水面的卫生洁具水箱配件、上导向直落式便器水箱配件等。建设部公告第 218 号《关于发布〈建设部推广应用和限制禁止使用技术〉的公告》中规定：对住宅建筑，推广应用节水型坐便器（不大于 6L），禁止使用冲水量大于等于 9L 的坐便器。

管道、阀门和配件应采用铜质等不易锈蚀的材料，以保证检修时能及时可靠关闭，避免渗漏。

8.2.6 为防止卫生间排水管道内的污浊有害气体串至厨房内，对居住者卫生健康造成影响，因此本条规定当厨房与卫生间相邻布置时，不应共用一根排水立管，而应分别设置各自的立管。

为避免排水管道漏水、噪声或结露产生凝结水影响居住者卫生健康，损坏财产，因此排水管道（包括排水立管和横管）均不得穿越卧室空间。

8.2.7 排水立管的设置位置需避免噪声对卧室的影响，本条规定排水立管不应布置在卧室内，也包含利用卧室空间设置排水立管管井的情况。普通塑料排水管噪声较大，有消声功能的管材指橡胶密封圈柔性接口机制的排水铸铁管、双壁芯层发泡塑料排水管、内螺旋消声塑料排水管等。

8.2.8 推荐住宅的污废水排水横管设置于本层套内以及每层设置污废水排水立管的检查口，是为了检修和疏通管道时避免影响下层住户。同层排水系统的具体做法，可参考协会标准《建筑同层排水系统技术规程》CECS 247-2008。

排水横管必须敷设于下一层套内空间时，只有采取相应的技术措施，才能在排水管道发生堵塞时，在本层内疏通，而不影响下层住户，例如可采用能代替浴缸存水弯、并可在本层清掏的多通道地漏等。此外，有些地区在有些季节会出现管道外壁结露滴水，需采取防止的措施。

8.2.9 本条规定了必须设置地漏的部位和对洗衣机地漏的性能的要求。洗衣机设置在阳台上时，如洗衣废水排入阳台雨水管，雨水管在首层地面排至散水，漫流至室外地面或绿地，会造成污染、影响植物的生长。

8.2.10 在工程实践中，尤其是二次装修的住宅工程，经常忽略洗盆等卫生器具存水弯的设置。实际上，在设计中即便采用无水封的直通地漏（包括密封型地漏）时，也需在下部设置存水弯。本条针对此问题强调了存水弯的设置，并针对污水管内臭味外溢的常见现象，强调无论是有水封的地漏，还是管道设置的存水弯，都要保证水封高度不小于 50mm。

8.2.11 低于室外地面的卫生间器具和地漏的排水管，不与上部排水管合并而设置集水设施，用污水泵单独排出，是为了确保当室外排水管道满流或发生堵塞时不造成倒灌。

8.2.12 使用中水冲厕具有很好的节水效益。我国水资源短缺的形势非常严峻，缺水城镇的住宅应推广使用中水冲厕。中水的水质要求低于生活饮用水，因此为了保障用水安全，在中水管道上和预留接口部位应设明显标识，主要是为了防止洁身器用水与中水管误接，对健康产生不良影响。

8.2.13 在有错层设计的住宅时，顶层住户有可上人的平台或其窗下为下一层的屋面，如这些位置设置排水通气管的出口，可能对住户环境产生影响，实践中有不少为此问题而投诉的实例。本条参考了《建筑给水排水设计规范》GB 50015 对排水通气管的有关规定，增加了对顶层用户平台通气管要求，对其出口高度作出了规定。

8.3 采 暖

8.3.1 "采暖设施"包括集中采暖系统和分户或分室设置的采暖系统或采暖设备。"集中采暖"系指热源和散热设备分别设置，由集中热源通过管道向各个建筑物或各户供给热量的采暖方式。

严寒和寒冷地区以城市热网、区域供热厂、小区锅炉房或单幢建筑物锅炉房为热源的集中采暖方式，从节能、采暖质量、环保、消防安全和住宅的卫生条件等方面，都是严寒和寒冷地区采暖方式的主体。即使某些地区具备设置燃油或燃用天然气分散式采暖方式的条件，但除较分散的低层住宅以外，仍推荐采用集中采暖系统。

夏热冬冷地区的采暖要求引自《夏热冬冷地区居住建筑节能设计标准》JGJ 134。该区域冬季湿冷、夏季酷热，随着经济发展，人民生活水平的不断提高，对采暖的需求逐年上升。对于居住建筑选择设计集中采暖（空调）系统方式，还是分户采暖（空调）方式，应根据当地能源、环保等因素，通过仔细的技术经济分析来确定。同时，因为该地区的居民采暖所需设备及运行费用全部由居民自行支付，所以，还应考虑用户对设备及运行费用的承担能力。因此，没有对该地区设置采暖设施作出硬性规定，但最低标准是按本规范第 8.6.1 条的规定，在主要房间预留设置分体式空调器的位置和条件，空调器一般具有制热供暖功能，较适合用于夏热冬冷地区供暖。

8.3.2 本条引自《严寒和寒冷地区居住建筑节能设计标准》JGJ 26 和《夏热冬冷地区居住建筑节能设计标准》JGJ 134。直接电热采暖，与采用以电为动力的热泵采暖，以及利用电网低谷时段的电能蓄热、在电网高峰或平峰时段采暖有较大区别。

用高品位的电能直接转换为低品位的热能进行采暖，热效率较低，不符合节能原则。火力发电不仅对大气环境造成严重污染，还产生大量温室气体（CO_2），对保护地球、抑制全球气候变暖不利，因此它并不是清洁能源。

严寒、寒冷、夏热冬冷地区采暖能耗占有较高比例。因此，应严格限制应用直接电热进行集中采暖的方式。但并不限制居住者在户内自行配置电热采暖设备，也不限制卫生间等设置"浴霸"等非主体的临时电采暖设施。

8.3.3 住宅采暖系统包括集中热源和各户设置分散热源的采暖系统，不包括以电能为热源的分散式采暖设备。采用散热器或地板辐射采暖，以不高于 95℃ 的热水作为采暖热媒，从节能、温度均匀、卫生和安全等方面，均比直接采用高温热水和蒸汽合理。

长期以来，热水采暖系统中管道、阀门、散热器经常出现被腐蚀、结垢和堵塞现象。尤其是住宅设置热计量表和散热器恒温控制阀后，对水质的要求更高。除热源系统的水质处理外，对于住宅室内采暖系统的水质保证措施，主要是指建筑物采暖入口和分户系统入口设置过滤设备、采用塑料管材时对管材的阻气要求等。

金属管材、热塑性塑料管、铝塑复合管等，其可承受的长期工作温度和允许工作压力均不相同，不同类型的散热器能够承受的压力也不同。采用低温辐射地板采暖时，从卫生、塑料管材寿命和管壁厚度等方面考虑，要求的水温要低于散热器采暖系统。因此，采暖系统的热水温度和系统压力应根据各种因素综合确定。

8.3.4 根据《严寒和寒冷地区居住建筑节能设计标准》JGJ 26 的有关规定，本条特别强调房间的热负荷计算，是为了避免采用估算数值作为集中采暖系统施工图的依据，导致房间的冷热不均、建设费用和能源的浪费。同时，负荷计算结果还可为管道水力平衡计算提供依据。

8.3.5 系统的热力失匀和水力失调是影响房间舒适和采暖系统节能的关键。本条强调进行水力平衡计算，力求通过调整环路布置和管径达到系统水力平衡。当确实不能满足水力平衡要求时，也应通过计算才能正确选用和设置水力平衡装置。

水力平衡措施除调整环路布置和管径外，还包括设置平衡装置（包括静态平衡阀和动态平衡阀等），这些要根据工程标准、系统特性正确选用，并在适当的位置正确设置，例如当设置两通恒温控制阀的双管系统为变流量系统时，各并联支环路就不应采用自力式流量控制阀（也称定流量阀或动态平衡阀）。

8.3.6 本条规定了采暖最低计算温度，根据《住宅建筑规范》GB 50368，本条为强制性条文。其中楼梯间和走廊温度，为有采暖设施时的计算数值，如不采暖则无最低计算温度要求。根据《严寒和寒冷地区居住建筑节能设计标准》JGJ 26，严寒（A）区和严寒（B）区楼梯间宜采暖。

8.3.7 随着生活水平的提高，经常的热水供应（包括集中热水供应和设置燃气或电热水器）在有洗浴器的卫生间越来越普遍，沐浴时室温应相应提高，因此推荐有洗浴器的卫生间室温能够达到浴室温度。但如按 25℃设置热水采暖设施，不沐浴时室温偏高，既不舒适也不节能。当采用散热器采暖时，可利用散热器支管的恒温控制阀随时调节室温。当采用低温热水地面辐射采暖时，由于采暖地板热惰性较大，难以快速调节室温，且设计室温过高、负荷过大，加热管也难以敷设。因此，可以按一般卧室室温要求设计热水采暖设施，另设置“浴霸”等电暖设施在沐浴时临时使用。

8.3.8 套内采暖设施配置室温自动调控装置是节能和保证舒适的重要手段之一。这与《严寒和寒冷地区居住建筑节能设计标准》JGJ 26和《供热计量技术规程》JGJ 173的相关规定一致。根据户内采暖系统的类型、分户热计量（分摊）方式和调控标准，可选择分室温控或分户总体温控两种方法。

对于散热器采暖，除户内采用具有整体控温功能的通断时间面积法进行分户热计量（分摊）外，一般采用在每组散热器设置恒温控制阀（又称温控阀、恒温器等）的方式。恒温控制阀是一种自力式调节控制阀，可自主调节室温，满足不同人群的舒适要求，同时可以利用房间内获得的自由热，实现自动恒温功能。安装恒温控制阀不仅保持了适宜的室温，同时达到节能目的。

对于热水地面辐射供暖系统，各环路的调控阀门一般集中在分水器处，在各房间设置自力式恒温控制阀较困难。一般可采用各房间设置温度控制器设定，监测室内温度，对各支路的电热阀进行控制，保持房间的设定温度；或选择在有代表性的部位（如起居室），设置房间温度控制器，控制分水器前总进水管上的电动或电热两通阀的开度。

8.3.9 条文中对室内采暖系统制式的推荐，与《严寒和寒冷地区居住建筑节能设计标准》JGJ 26的相关规定一致。

住宅集中采暖设置分户热计量设施时，一般采用共用立管的分户独立循环的双管或单管系统。采用散热器热分配计法等进行分户热计量时，可以采用垂直双管或单管系统。住宅各户设置独立采暖热源时，分户独立系统可以是水平双管或单管式。

无论何种形式，双管系统各组散热器的进出口温差大，恒温控制阀的调节性能好（接近线性），而单管系统串联的散热器越多，各组散热器的进出口温差越小，恒温控制阀的调节性能越差（接近快开阀）。双管系统能形成变流量水系统，循环水泵可采用变频调节，有利于节能。设置散热器恒温控制阀时，双管系统应采用高阻力型可利于系统的水力平衡，因此，推荐采用双管式系统。

当采用单管系统时，为了改善恒温控制阀的调节性能，应设跨越管，减少散热器流量、增大温差。但减小流量使散热器平均温度降低，则需增加散热器面积，也是单管系统的缺点之一。单管系统本身阻力较大，各组散热器之间无水力平衡问题，因此采用散热器恒温控制阀时应采用低阻力型。

8.3.10 地面辐射供暖系统推荐按主要房间划分地面辐射采暖的环路，与《严寒和寒冷地区居住建筑节能设计标准》JGJ 26的相关规定一致。其目的是能够对主要房间进行分室调节和温控。当采用发热电缆地面辐射采暖时，采暖环路则是指发热电缆回路。

8.3.11 要求采用体型紧凑的散热器，是为了少占用住宅户内的使用空间。为改善卫生条件，散热器要便于清扫。针对部分钢制散热器的腐蚀穿孔，在住宅中采用后造成漏水的问题，本条强调了采用散热器耐腐蚀的使用寿命，应不低于钢管。

8.3.12 本规范提出了户式燃气采暖热水炉设计选用时对热效率的要求，表1引自《家用燃气快速热水器和燃气采暖热水炉能效限定值及能效等级》GB 20665，该标准第4.2条规定了热水器和采暖炉能效限定值为表1中能效等级的3级。

表1 热水器和采暖炉能效等级

类型		热负荷	最低热效率值（%） 能效等级 1	2	3
热水器		额定热负荷	96	88	84
		≤50%额定热负荷	94	84	—
采暖炉（单采暖）		额定热负荷	94	88	84
		≤50%额定热负荷	92	84	—
热采暖炉（两用型）	供暖	额定热负荷	94	88	84
		≤50%额定热负荷	92	84	—
	热水	额定热负荷	96	88	84
		≤50%额定热负荷	94	84	—

8.4 燃气

8.4.1 本条引自现行国家标准《城镇燃气设计规范》GB 50028。

8.4.2 考虑到除燃气灶外，热水器等用气设备也可能设置在厨房或与厨房相连的阳台内，因此，户内燃气立管设置在燃气灶和燃气设备旁可减少支管长度，要尽量避免穿越其他房间，对于保持户内美观和安全都有好处，实际工程也都如此，本条对此作出了相应规定。住宅立管明装设置是指不宜设置在不便于检查的水管管井等密闭空间内，更不允许设置在通风排气道内。如必须设置在水管管井内，管井还需设置燃气浓度监测报警设施等，见现行国家标准《城镇燃气设计规范》GB 50028。

8.4.3 本条根据现行国家标准《城镇燃气设计规范》GB 50028整理。考虑到浴室使用热水器时门窗较密闭，一旦有燃气发生泄漏等事故，难以及时发现，很不安全，因此浴室内不允许设置有可能积聚有害气体的设备。要求厨房等安装燃气设备的房间“通风良好”，是指能符合本规范第5.3节的规定，有直接采光和自然通风，且燃气灶和其他燃气设备能符合本规范第8.5节的规定。允许安装燃气设备的“其他非居住房间”，是指一些大户型住宅、别墅等为燃气设备等单独设置的、有与其他空间分隔的门、有自然通风且确实能保证无人居住的设备间等，不包括目前一般住宅中不能保证无人居住的起居室、餐厅以及与之相通的过道等。

8.4.4 根据现行国家标准《城镇燃气设计规范》GB 50028的有关规定整理。

8.4.5 本条规定了住宅每套的燃气用量和最低设计燃气用量的确定原则，即使设有集中热水供应系统，也应预留住户选择采用单户燃气热水器的条件。

8.5 通 风

8.5.1 本条给出排油烟机排气的两种出路。通过外墙直接排至室外，可节省设置排气道的空间并不会产生各层互相串烟，但不同风向时可能倒灌，且对墙体可能有不同程度的污染，因此应采取相应措施。当通过共用排气道排出屋面时，本规范第6.8.5条另有规定。

8.5.2 房间“全面通风”是相对于炉灶排油烟机等“局部排风”而言。严寒地区、寒冷地区和夏热冬冷地区的厨房，在冬季关闭外窗和非炊事时间排油烟机不运转的条件下，应有向室外排除厨房内燃气或烟气的自然排气通路。厨房不开窗时全面通风装置应保证开启，因此应采用最安全和节能的自然通风。自然通风装置指有避风、防雨构造的外墙通风口或通风器等。

8.5.3 当卫生间不采用机械通风，仅设置自然通风的竖向通气道时，主要依靠室内外空气温差形成的热压，室外气温越低热压越大。但在室内气温低于室外气温的季节（如夏季），就不能形成自然通风所需的作用力，因此要求设置机械通风设施或预留机械通风（一般为排气扇）条件。

8.5.4 燃气设备的烟气排放，已经在本章第8.4节和本节作出了明确规定。煤、薪柴、燃油等燃烧时，产生气体更加有害，也需有排烟设施。除了在外墙上开洞通过设备的排烟管道直接向室外排放外，一般应设置竖向烟囱。

烟囱有两种做法：一种是每户独用一个排气孔道直出屋面，这种做法比较安全，使用效果也较好，但占用面积较多；另一种做法是各层合用一个排气道，这种做法较省面积，但也可能串烟，发生事故。最好采用由主次烟气道组合的排气道，它占用面积较少，并能防止串烟。因此，本条规定必须采取防止串烟的措施。

8.6 空 调

8.6.1 随着人民生活水平的提高，包括北方寒冷（B）区在内，夏季使用空调设备已经非常普及，参考各地区居住建筑节能设计标准的有关条文，本条规定至少要在主要房间设置空调设施或预留设置空调设施的位置和条件。

8.6.2 室内空调设备的冷凝水可以采用专用排水管或就近间接排入附近污水或雨水地面排水口（地漏）等方式，有组织地排放，以免无组织排放的凝水影响室外环境。

8.6.3 住宅内各用户对夏季空调的运行时间和全日间歇运行要求差距很大。采用分散式空调器的节能潜力较大，且机电一体化的分体式空调器（包括风管机和多联机）自动控制水平较高，根据有关调查研究，它比集中空调更加节能和控制灵活。另外，当采用集中空调系统分户计量时，还应考虑电价因素，以免给日后的物业管理造成难度。因此目前住宅采用分户或分室设置的分体式空调器较多。

室外机的安装位置直接涉及节能、安全，以及对室外和其他住户环境的影响问题，因此暖通专业应按本规范第5.6.7条的设置原则向建筑专业提出或校核建筑专业确定的空调室外机的设置位置，使其达到最佳。

8.6.4 26℃和新风换气次数只是一个计算参数，在设备选择时计算空调负荷，在进行围护结构热工性能综合判断时用来计算空调能耗，并不等同于实际的室内热环境。实际的室温和通风换气是由住户自己控制的。

8.6.5 室温控制是分户计量和保证舒适的前提。采用分室或分户温度控制可根据采用的空调方式确定。一般集中空调系统的风机盘管可以方便地设置室温控制设施，分体式空调器（包括多联机）的室内机也均具有能够实现分室温控的功能。风管机需调节各房间风量才能实现分室温控，有一定难度。因此，也可将温度传感器设置在有代表性房间或监测回风的平均温度，粗略地进行户内温度的整体控制。

8.7 电 气

8.7.1 每套住宅的用电负荷因套内建筑面积、建设标准、采暖（或过渡季采暖）和空调的方式、电炊、洗浴热水等因素而有很大的差别。本规范仅提出必须达到的下限值。每套住宅用电负荷中应包括：照明、插座，小型电器等，并为今后发展留有余地。考虑家用电器的特点，用电设备的功率因数按0.9计算。

8.7.2 本条强调了住宅供电系统设计的安全要求。

1 在TN系统中，壁挂空调的插座回路可不设置剩余电流保护装置，但在TT系统中所有插座回路均应设置剩余电流保护装置。

2 导线采用铜芯绝缘线，是指每套住宅的进户线和户内分支回路，对干线的选材未作规定。每套住宅进户线是限定每套住宅最大用电量的关键参数，综合考虑每套住宅的基本用电需求、适当留有发展余地、住宅进户线一般为暗管一次敷设到位难以改造等因素，提出每套住宅进户线的最小截面。

3 住宅套内线路分路分类配线，是为了减小线路温升，满足用电需求、保证用电安全和减少电气火灾的危险。

5 “总等电位联结”是用来均衡电位，降低人体受到电击时的接触电压的，是接地保护的一项重要措施。“局部等电位联结”，是为了防止出现危险的接触电压。

局部等电位联结包括卫生间内金属给排水管、金属浴盆、金属采暖管以及建筑物钢筋网和卫生间电源插座的PE线，可不包括金属地漏、扶手、浴巾架、肥皂盒等孤立金属物。尽管住宅卫生间目前多采用铝塑管、PPR等非金属管，但考虑住宅施工中管材更换、住户二次装修等因素，还是要求设置局部等电位接地或预留局部等电位接地端子盒。

6 为了避免接地故障引起的电气火灾，住宅建筑要采取可靠的措施。由于防火剩余电流动作值不宜大于500mA，为减少误报和误动作，设计中要根据线路容量、线路长短、敷设方式、空气湿度等因素，确定在电源进线处或配电干线的分支处设置剩余电流动作保护或报警装置。当住宅建筑物面积较小，剩余电流检测点较少时，可采用剩余电流动作保护装置或独立型防火剩余电流动作报警器。当有集中监测要求时，可将报警信号连至小区消防控制室。当剩余电流检测点较多时，也可采用电气火灾监控系统。

8.7.3 为保证安全和便于管理，本条对每套住宅的电源总断路器提出了相应要求。

8.7.4 为了避免儿童玩弄插座发生触电危险，本条规定安装高度在1.8m及以下的插座采用安全型插座。

8.7.5 原规范规定公共部分照明采用节能自熄开关，以实现人在灯亮，人走灯灭，达到节电目的。但在应用中也出现了一些新问题：如夜间漆黑一片，对住户不方便；在设置安防摄像场所（除采用红外摄像机外），达不到摄像机对环境的最低照度要求；较大声响会引起大面积公共照明自动点亮，如在夜间经常有重型货车通过时频繁亮灭，使灯具寿命缩短，也达不到节能效果；具体工程中，楼梯间、电梯厅有无外窗的条件也不相同。此外，应用于住宅建筑的节能光源的声光控制和应急启动技术也在不断发展和进步。因此，本条强调住宅公共照明要选择高效节能的照明装置和节能控制。设计中要具体分析，因地制宜，采用合理的节能控制措施，并且要满足消防控制的要求。

8.7.6 电源插座的设置应满足家用电器的使用要求，尽量减少移动插座的使用。但住宅家用电器的种类和数量很多，因套内空间、面积等因素不同，电源插座的设置数量和种类差别也很大，我国尚未有统一的家用电器电源线长度的统一标准，难以统一规定插座之间的间距。为方便居住者安全用电，本条规定了电源插座的设置数量和部位的最低标准，这是对应本规范第5.1.2条的最小套型提出的。

8.7.7 住宅的信息网络系统可以单独设置，也可利用有线电视系统或电话系统来实现。三网融合是今后的发展方向，IPTV、ADSL等技术可利用有线电视系统和电话系统来实现信息通信，住宅建筑电话通信系统的设置需与当地电信业务经营者提供的运营方式相结合。住宅建筑信息网络系统的设计要与当地信息网络的现有水平及发展规划相互协调一致，根据当地公共通信网络资源的条件决定是否与有线电视或电话通信系统合一。

每套住宅设置家居配线箱应是今后的发展方向，但对于较小住宅套型设置有电视、电话和信息网络线路即可，因此提出“宜设置”家居配线箱。

8.7.8 根据《安全防范工程技术规范》GB 50348，对于建筑面积在50000m²以上的住宅小区，要根据建筑面积、建设投资、系统规模、系统功能和安全管理要求等因素，设置基本型、提高型、先进型的安全防范系统。在有小区集中管理时，可根据工程具体情况，将呼救信号、紧急报警和燃气报警等纳入访客对讲系统。

8.7.9 门禁系统必须满足紧急逃生时人员疏散的要求。当发生火警或需紧急疏散时，住宅楼疏散门的防盗门锁须能集中解除或现场顺疏散方向手动解除，使人员能迅速安全疏散。设有火灾自动报警系统或联网型门禁系统时，在确认火情后，须在消防控制室集中解除相关部位的门禁。当不设火灾自动报警系统或联网型门禁系统时，要求能在火灾时不需使用任何工具就能从内部徒手打开出口门，以便于人员的逃生。

中华人民共和国国家标准

中小学校设计规范

Code for design of school

GB 50099—2011

主编部门：中华人民共和国住房和城乡建设部
批准部门：中华人民共和国住房和城乡建设部
施行日期：2 0 1 2 年 1 月 1 日

中华人民共和国住房和城乡建设部
公　告

第 885 号

关于发布国家标准《中小学校设计规范》的公告

现批准《中小学校设计规范》为国家标准，编号为GB 50099－2011，自 2012 年 1 月 1 日起实施。其中，第 4.1.2、4.1.8、6.2.24、8.1.5、8.1.6 条为强制性条文，必须严格执行。原《中小学校建筑设计规范》GBJ 99－86 同时废止。

本规范由我部标准定额研究所组织中国建筑工业出版社出版发行。

中华人民共和国住房和城乡建设部

2010 年 12 月 24 日

前　言

根据住房和城乡建设部《关于印发〈2008 年工程建设标准规范制订、修订计划（第一批）〉的通知》（建标［2008］102 号）的要求，由北京市建筑设计研究院和天津市建筑设计院会同有关单位在《中小学校建筑设计规范》GBJ 99－86（以下简称《原规范》）的基础上修订完成。

编制组经广泛调查研究，认真总结实践经验，参考有关国际标准和国外先进标准，并在广泛征求意见的基础上，最后经审查定稿。

本规范共分 10 章，主要技术内容包括总则，术语，基本规定，场地和总平面，教学用房及教学辅助用房，行政办公用房和生活服务用房，主要教学用房及教学辅助用房面积指标和净高，安全、通行与疏散，室内环境，建筑设备等。

本规范修订的主要技术内容是：

1　将适用范围扩展为城镇和农村中小学校（含非完全小学）的新建、改建和扩建工程的设计，不适用于中等师范和幼儿师范学校的建设；

2　适应教育部自 2007 年底起陆续颁布的小学、初中、高中全部课程的新课程标准，对学校设计的有关规定进行了修改和补充；

3　在相关章节中增加了安全保障方面的规定；

4　修改和补充了采用低投入、高效率而且成熟的新技术；

5　增加了"术语"和"基本规定"，取消了《原规范》的"附录一名词解释"。

本规范中以黑体字标志的条文为强制性条文，必须严格执行。

本规范由住房和城乡建设部负责管理和对强制性条文的解释，北京市建筑设计研究院负责对具体技术内容的解释。本规范在执行过程中，请各单位总结经验，积累资料，意见及有关资料请函寄北京市建筑设计研究院国家标准《中小学校设计规范》编制组（地址：北京市西城区南礼士路 62 号　邮编：100045），以便今后修订时参考。

本规范主编单位、参编单位、主要起草人和主要审查人：

主 编 单 位：北京市建筑设计研究院
天津市建筑设计院

参 编 单 位：中国建筑科学研究院
成都木原建筑设计院有限公司
西安建筑科技大学建筑设计研究院
北京大学青少年卫生研究所
江苏省教育建筑设计研究院
翰林（福建）勘察设计有限公司
广东省高教建筑规划设计院
清华大学建筑设计研究院
上海市高等教育建筑设计研究院
湖北省教育建筑设计院

主要起草人：黄　汇　刘祖玲　李宝瑜
陈　华　王小工　张绍刚
杨　红　白学晖　温海水
金　磊　余小鸣　牟子元
陈　彤　王　珏　邢金利
刘幸坤　刘占军　李志民
朱　明　林　武　刘玉龙

刘瑞光　姚　慧　何梅珍
杨　轶　马　军　刘　剀
赵建平

主要审查人：马国馨　沈国尧　张必信

谢映霞　林建平　高冀生
刘燕辉　郭　景　胡建中
韩叶祥　李晓纯　雷树恩
邱小勇

目　次

1　总则 ………………………………… 1—10—6
2　术语 ………………………………… 1—10—6
3　基本规定 …………………………… 1—10—6
4　场地和总平面 ……………………… 1—10—7
4.1　场地 ……………………………… 1—10—7
4.2　用地 ……………………………… 1—10—7
4.3　总平面 …………………………… 1—10—7
5　教学用房及教学辅助用房 ………… 1—10—8
5.1　一般规定 ………………………… 1—10—8
5.2　普通教室 ………………………… 1—10—9
5.3　科学教室、实验室 ……………… 1—10—9
5.4　史地教室 ………………………… 1—10—11
5.5　计算机教室 ……………………… 1—10—11
5.6　语言教室 ………………………… 1—10—11
5.7　美术教室、书法教室 …………… 1—10—11
5.8　音乐教室 ………………………… 1—10—11
5.9　舞蹈教室 ………………………… 1—10—11
5.10　体育建筑设施 ………………… 1—10—12
5.11　劳动教室、技术教室 ………… 1—10—12
5.12　合班教室 ……………………… 1—10—12
5.13　图书室 ………………………… 1—10—13
5.14　学生活动室 …………………… 1—10—13
5.15　体质测试室 …………………… 1—10—13
5.16　心理咨询室 …………………… 1—10—13
5.17　德育展览室 …………………… 1—10—13
5.18　任课教师办公室 ……………… 1—10—13
6　行政办公用房和生活服务用房 …… 1—10—14
6.1　行政办公用房 …………………… 1—10—14
6.2　生活服务用房 …………………… 1—10—14
7　主要教学用房及教学辅助用房面积指标和净高 …… 1—10—15
7.1　面积指标 ………………………… 1—10—15
7.2　净高 ……………………………… 1—10—16
8　安全、通行与疏散 ………………… 1—10—16
8.1　建筑环境安全 …………………… 1—10—16
8.2　疏散通行宽度 …………………… 1—10—16
8.3　校园出入口 ……………………… 1—10—17
8.4　校园道路 ………………………… 1—10—17
8.5　建筑物出入口 …………………… 1—10—17
8.6　走道 ……………………………… 1—10—17
8.7　楼梯 ……………………………… 1—10—17
8.8　教室疏散 ………………………… 1—10—18
9　室内环境 …………………………… 1—10—18
9.1　空气质量 ………………………… 1—10—18
9.2　采光 ……………………………… 1—10—18
9.3　照明 ……………………………… 1—10—19
9.4　噪声控制 ………………………… 1—10—19
10　建筑设备 ………………………… 1—10—19
10.1　采暖通风与空气调节 ………… 1—10—19
10.2　给水排水 ……………………… 1—10—20
10.3　建筑电气 ……………………… 1—10—21
10.4　建筑智能化 …………………… 1—10—22
本规范用词说明 ……………………… 1—10—22
引用标准名录 ………………………… 1—10—22
附：条文说明 ………………………… 1—10—23

Contents

1 General Provisions ········ 1—10—6
2 Terms ········ 1—10—6
3 Basic Requirement ········ 1—10—6
4 Location and Site Planning ········ 1—10—7
4.1 Location ········ 1—10—7
4.2 Land-use ········ 1—10—7
4.3 Site Planning ········ 1—10—7
5 Teaching Rooms and Auxiliary Rooms ········ 1—10—8
5.1 General Requirement ········ 1—10—8
5.2 Regular Classrooms ········ 1—10—9
5.3 Science Classrooms and Laboratories ········ 1—10—9
5.4 History and Geography Classrooms ········ 1—10—11
5.5 Computer Classrooms ········ 1—10—11
5.6 Language Labs ········ 1—10—11
5.7 Art Classrooms and Calligraphy Classroom ········ 1—10—11
5.8 Music Classrooms ········ 1—10—11
5.9 Classroom for Dance ········ 1—10—11
5.10 Sports Building Facility ········ 1—10—12
5.11 Classrooms for Hands-on Activities ········ 1—10—12
5.12 Classrooms for Combined Classes ········ 1—10—12
5.13 Library ········ 1—10—13
5.14 Activities Center ········ 1—10—13
5.15 Physical Fitness Test Room ········ 1—10—13
5.16 Psychological Counseling Office ········ 1—10—13
5.17 Moral Education Exhibition Room ········ 1—10—13
5.18 Teachers Office ········ 1—10—13
6 Administrative Offices and Logistic Services Offices ········ 1—10—14
6.1 Administrative Offices ········ 1—10—14
6.2 Logistics Services ········ 1—10—14
7 Area Indices and Clear Height ········ 1—10—15
7.1 Area Indices ········ 1—10—15
7.2 The Clear Height of Main Teaching Rooms ········ 1—10—16
8 Safety, Traffic, and Evacuation ········ 1—10—16
8.1 Building Environmental Safety ········ 1—10—16
8.2 Width for Traffic Evacuation ········ 1—10—16
8.3 School Entrances and Exits ········ 1—10—17
8.4 School Roads ········ 1—10—17
8.5 Entrances and Exits of School Building ········ 1—10—17
8.6 Passages ········ 1—10—17
8.7 Stairs ········ 1—10—17
8.8 Classroom Evacuation ········ 1—10—18
9 Indoor Environment ········ 1—10—18
9.1 Air Quality ········ 1—10—18
9.2 Day Lighting ········ 1—10—18
9.3 Lighting ········ 1—10—19
9.4 Noise Control ········ 1—10—19
10 Facilities ········ 1—10—19
10.1 Heating、Ventilation and Air-Conditioning ········ 1—10—19
10.2 Water Supply and Drainage ········ 1—10—20
10.3 Electric Works ········ 1—10—21
10.4 Building Intelligence ········ 1—10—22
Explanation of Wording in This Code ········ 1—10—22
List of Quoted Standards ········ 1—10—22
Addition: Explanation of Provisions ········ 1—10—23

1 总　　则

1.0.1 为使中小学校建设满足国家规定的办学标准，适应建筑安全、适用、经济、绿色、美观的需要，制定本规范。

1.0.2 本规范适用于城镇和农村中小学校（含非完全小学）的新建、改建和扩建项目的规划和工程设计。

1.0.3 中小学校设计应遵守下列原则：

1 满足教学功能要求；

2 有益于学生身心健康成长；

3 校园本质安全，师生在学校内全过程安全。校园具备国家规定的防灾避难能力；

4 坚持以人为本、精心设计、科技创新和可持续发展的目标，满足保护环境、节地、节能、节水、节材的基本方针；并应满足有利于节约建设投资，降低运行成本的原则。

1.0.4 中小学校的设计除应符合本规范的规定外，尚应符合国家现行有关标准的规定。

2 术　语

2.0.1 完全小学　elementary school

对儿童、少年实施初等教育的场所，共有 6 个年级，属义务教育。

2.0.2 非完全小学　lower elementary school

对儿童实施初等教育基础教育阶段的场所，设 1 年级～4 年级，属义务教育。

2.0.3 初级中学　junior secondary school

对青、少年实施初级中等教育的场所，共有 3 个年级，属义务教育。

2.0.4 高级中学　senior secondary school

对青年实施高级中等教育的场所，共有 3 个年级。

2.0.5 完全中学　secondary school

对青、少年实施中等教育的场所，共有 6 个年级，含初级中学和高级中学教育的学校。其中，1 年级～3 年级属义务教育。

2.0.6 九年制学校　9-year school

对儿童、青少年连续实施初等教育和初级中等教育的学校，共有 9 个年级，其中完全小学 6 个年级，初级中学 3 个年级。属义务教育。

2.0.7 中小学校　school

泛指对青、少年实施初等教育和中等教育的学校，包括完全小学、非完全小学、初级中学、高级中学、完全中学、九年制学校等各种学校。

2.0.8 安全设计　safety design

安全设计应包括教学活动的安全保障、自然与人为灾害侵袭下的防御备灾条件、救援疏散时师生的避难条件等。

2.0.9 本质安全　intrinsic safety

本质安全是从内在赋予系统安全的属性，由于去除各种早期危险及潜在隐患，从而能保证系统与设施可靠运行。

2.0.10 避难疏散场所　disaster shelter for evacuation

用作发生意外灾害时受灾人员疏散的场地和建筑。

2.0.11 学校可比总用地　comparable floor area for school

校园中除环形跑道外的用地，与学生总人数成比例增减。

2.0.12 学校可比容积率　comparable floor area ratio for school

校园中各类建筑地上总建筑面积与学校可比总用地面积的比值。

2.0.13 风雨操场　sports ground with roof

有顶盖的体育场地，包括有顶无围护墙的场地和有顶有围护墙的场馆。

3 基 本 规 定

3.0.1 各类中小学校建设应确定班额人数，并应符合下列规定：

1 完全小学应为每班 45 人，非完全小学应为每班 30 人；

2 完全中学、初级中学、高级中学应为每班 50 人；

3 九年制学校中 1 年级～6 年级应与完全小学相同，7 年级～9 年级应与初级中学相同。

3.0.2 中小学校建设应为学生身心健康发育和学习创造良好环境。

3.0.3 接受残疾生源的中小学校，除应符合本规范的规定外，还应按照现行行业标准《城市道路和建筑物无障碍设计规范》JGJ 50的有关规定设置无障碍设施。

3.0.4 校园内给水排水、电力、通信及供热等基础设施应与中小学校主体建筑同步建设，并宜先行施工。

3.0.5 中小学校设计应满足国家有关校园安全的规定，并应与校园应急策略相结合。安全设计应包括校园内防火、防灾、安防设施、通行安全、餐饮设施安全、环境安全等方面的设计。

3.0.6 由当地政府确定为避难疏散场所的学校应按国家和地方相关规定进行设计。

3.0.7 多个学校校址集中或组成学区时，各校宜合建可共用的建筑和场地。分设多个校址的学校可依教学及其他条件的需要，分散设置或在适中的校园内集中建设可共用的建筑和场地。

3.0.8 中小学校建设应符合环境保护的要求，宜按绿色校园、绿色建筑的有关要求进行设计。

3.0.9 在改建、扩建项目中宜充分利用原有的场地、设施及建筑。

3.0.10 中小学校设计应与当地气候、地理环境、社会、经济、技术的发展水平、民族习俗及传统相适应。

3.0.11 环境设计、建筑的造型及装饰设计应朴素、安全、实用。

4 场地和总平面

4.1 场 地

4.1.1 中小学校应建设在阳光充足、空气流动、场地干燥、排水通畅、地势较高的宜建地段。校内应有布置运动场地和提供设置基础市政设施的条件。

4.1.2 中小学校严禁建设在地震、地质塌裂、暗河、洪涝等自然灾害及人为风险高的地段和污染超标的地段。校园及校内建筑与污染源的距离应符合对各类污染源实施控制的国家现行有关标准的规定。

4.1.3 中小学校建设应远离殡仪馆、医院的太平间、传染病院等建筑。与易燃易爆场所间的距离应符合现行国家标准《建筑设计防火规范》GB 50016 的有关规定。

4.1.4 城镇完全小学的服务半径宜为 500m，城镇初级中学的服务半径宜为 1000m。

4.1.5 学校周边应有良好的交通条件，有条件时宜设置临时停车场地。学校的规划布局应与生源分布及周边交通相协调。与学校毗邻的城市主干道应设置适当的安全设施，以保障学生安全跨越。

4.1.6 学校教学区的声环境质量应符合现行国家标准《民用建筑隔声设计规范》GB 50118 的有关规定。学校主要教学用房设置窗户的外墙与铁路路轨的距离不应小于 300m，与高速路、地上轨道交通线或城市主干道的距离不应小于 80m。当距离不足时，应采取有效的隔声措施。

4.1.7 学校周界外 25m 范围内已有邻里建筑处的噪声级不应超过现行国家标准《民用建筑隔声设计规范》GB 50118 有关规定的限值。

4.1.8 高压电线、长输天然气管道、输油管道严禁穿越或跨越学校校园；当在学校周边敷设时，安全防护距离及防护措施应符合相关规定。

4.2 用 地

4.2.1 中小学校用地应包括建筑用地、体育用地、绿化用地、道路及广场、停车场用地。有条件时宜预留发展用地。

4.2.2 中小学校的规划设计应合理布局，合理确定容积率，合理利用地下空间，节约用地。

4.2.3 中小学校的规划设计应提高土地利用率，宜以学校可比容积率判断并提高土地利用效率。

4.2.4 中小学校建筑用地应包括以下内容：

1 教学及教学辅助用房、行政办公和生活服务用房等全部建筑的用地；有住宿生学校的建筑用地应包括宿舍的用地；建筑用地应计算至台阶、坡道及散水外缘；

2 自行车库及机动车停车库用地；

3 设备与设施用房的用地。

4.2.5 中小学校的体育用地应包括体操项目及武术项目用地、田径项目用地、球类用地和场地间的专用甬路等。设 400m 环形跑道时，宜设 8 条直跑道。

4.2.6 中小学校的绿化用地宜包括集中绿地、零星绿地、水面和供教学实践的种植园及小动物饲养园。

1 中小学校应设置集中绿地。集中绿地的宽度不应小于 8m。

2 集中绿地、零星绿地、水面、种植园、小动物饲养园的用地应按各自的外缘围合的面积计算。

3 各种绿地内的步行甬路应计入绿化用地。

4 铺栽植被达标的绿地停车场用地应计入绿化用地。

5 未铺栽植被或铺栽植被不达标的体育场地不宜计入绿化用地。

6 绿地的日照及种植环境宜结合教学、植物多样化等要求综合布置。

4.2.7 中小学校校园内的道路及广场、停车场用地应包括消防车道、机动车道、步行道、无顶盖且无植被或植被不达标的广场及地上停车场。用地面积计量范围应界定至路面或广场、停车场的外缘。校门外的缓冲场地在学校用地红线以内的面积应计量为学校的道路及广场、停车场用地。

4.3 总 平 面

4.3.1 中小学校的总平面设计应包括总平面布置、竖向设计及管网综合设计。总平面布置应包括建筑布置、体育场地布置、绿地布置、道路及广场、停车场布置等。

4.3.2 各类小学的主要教学用房不应设在四层以上，各类中学的主要教学用房不应设在五层以上。

4.3.3 普通教室冬至日满窗日照不应少于 2h。

4.3.4 中小学校至少应有 1 间科学教室或生物实验室的室内能在冬季获得直射阳光。

4.3.5 中小学校的总平面设计应根据学校所在地的冬夏主导风向合理布置建筑物及构筑物，有效组织校园气流，实现低能耗通风换气。

4.3.6 中小学校体育用地的设置应符合下列规定：

1 各类运动场地应平整，在其周边的同一高程上应有相应的安全防护空间。

2 室外田径场及足球、篮球、排球等各种球类场地的长轴宜南北向布置。长轴南偏东宜小于20°，南偏西宜小于10°。

3 相邻布置的各体育场地间应预留安全分隔设施的安装条件。

4 中小学校设置的室外田径场、足球场应进行排水设计。室外体育场地应排水通畅。

5 中小学校体育场地应采用满足主要运动项目对地面要求的材料及构造做法。

6 气候适宜地区的中小学校宜在体育场地周边的适当位置设置洗手池、洗脚池等附属设施。

4.3.7 各类教室的外窗与相对的教学用房或室外运动场地边缘间的距离不应小于25m。

4.3.8 中小学校的广场、操场等室外场地应设置供水、供电、广播、通信等设施的接口。

4.3.9 中小学校应在校园的显要位置设置国旗升旗场地。

5 教学用房及教学辅助用房

5.1 一般规定

5.1.1 中小学校的教学及教学辅助用房应包括普通教室、专用教室、公共教学用房及其各自的辅助用房。

5.1.2 中小学校专用教室应包括下列用房：

1 小学的专用教室应包括科学教室、计算机教室、语言教室、美术教室、书法教室、音乐教室、舞蹈教室、体育建筑设施及劳动教室等，宜设置史地教室；

2 中学的专用教室应包括实验室、史地教室、计算机教室、语言教室、美术教室、书法教室、音乐教室、舞蹈教室、体育建筑设施及技术教室等。

5.1.3 中小学校的公共教学用房应包括合班教室、图书室、学生活动室、体质测试室、心理咨询室、德育展览室等及任课教师办公室。

5.1.4 中小学校的普通教室与专用教室、公共教学用房间应联系方便。教师休息室宜与普通教室同层设置。各专用教室宜与其教学辅助用房成组布置。教研组教师办公室宜设在其专用教室附近或与其专用教室成组布置。

5.1.5 中小学校的教学用房及教学辅助用房应设置的给水排水、供配电及智能化等设施除符合本章规定外，还应符合本规范第10章的规定。

5.1.6 中小学校的教学用房及教学辅助用房宜多学科共用。

5.1.7 中小学校教学用房及教学辅助用房中，隔墙的设置及水、暖、气、电、通信等各种设施的管网布线宜适应教学空间调整的需求。

5.1.8 各教室前端侧窗窗端墙的长度不应小于1.00m。窗间墙宽度不应大于1.20m。

5.1.9 教学用房的窗应符合下列规定：

1 教学用房中，窗的采光应符合现行国家标准《建筑采光设计标准》GB/T 50033的有关规定，并应符合本规范第9.2节的规定；

2 教学用房及教学辅助用房的窗玻璃应满足教学要求，不得采用彩色玻璃；

3 教学用房及教学辅助用房中，外窗的可开启窗扇面积应符合本规范第9.1节及第10.1节通风换气的规定；

4 教学用房及教学辅助用房的外窗在采光、保温、隔热、散热和遮阳等方面的要求应符合国家现行有关建筑节能标准的规定。

5.1.10 炎热地区的教学用房及教学辅助用房中，可在内外墙设置可开闭的通风窗。通风窗下沿宜设在距室内楼地面以上0.10m～0.15m高度处。

5.1.11 教学用房的门应符合下列规定：

1 除音乐教室外，各类教室的门均宜设置上亮窗；

2 除心理咨询室外，教学用房的门扇均宜附设观察窗。

5.1.12 教学用房的地面应有防潮处理。在严寒地区、寒冷地区及夏热冬冷地区，教学用房的地面应设保温措施。

5.1.13 教学用房的楼层间及隔墙应进行隔声处理；走道的顶棚宜进行吸声处理。隔声、吸声的要求应符合现行国家标准《民用建筑隔声设计规范》GB 50118的有关规定。

5.1.14 教学用房及学生公共活动区的墙面宜设置墙裙，墙裙高度应符合下列规定：

1 各类小学的墙裙高度不宜低于1.20m；

2 各类中学的墙裙高度不宜低于1.40m；

3 舞蹈教室、风雨操场墙裙高度不应低于2.10m。

5.1.15 教学用房内设置黑板或书写白板及讲台时，其材质及构造应符合下列规定：

1 黑板的宽度应符合下列规定：

1）小学不宜小于3.60m；

2）中学不宜小于4.00m；

2 黑板的高度不应小于1.00m；

3 黑板下边缘与讲台面的垂直距离应符合下列规定：

1）小学宜为0.80m～0.90m；

2）中学宜为1.00 m～1.10m；

4 黑板表面应采用耐磨且光泽度低的材料；

5 讲台长度应大于黑板长度，宽度不应小于

0.80m，高度宜为 0.20m。其两端边缘与黑板两端边缘的水平距离分别不应小于 0.40m。

5.1.16 主要教学用房应配置的教学基本设备及设施应符合表 5.1.16 的规定。

表 5.1.16 主要教学用房的教学基本设备及设施

房间名称	黑板	书写白板	讲台	投影仪接口	投影屏幕	显示屏	展示园地	挂镜线	广播音箱	储物柜	教具柜	清洁柜	通信外网接口
普通教室	●	—	●	●	●	—	●	—	●	●	○	◎	○
科学教室	●	—	●	●	●	—	●	—	●	—	◎	—	—
化学、物理实验室	●	—	●	◎	◎	—	—	—	●	—	◎	—	—
解剖实验室	●	—	●	●	●	—	◎	◎	●	—	◎	◎	—
显微镜观察实验室	—	●	●	◎	◎	—	◎	◎	●	—	◎	—	—
综合实验室	●	—	●	◎	◎	—	—	—	●	—	—	—	—
演示实验室	●	—	●	●	●	◎	—	—	●	—	—	—	—
史地教室	●	—	●	●	●	—	◎	●	●	—	◎	—	—
计算机教室	—	●	●	●	●	—	—	—	●	—	—	—	◎
语言教室	●	—	●	●	●	—	—	—	●	—	—	—	◎
美术教室	—	●	●	●	●	—	◎	●	●	○	●	—	—
书法教室	●	—	●	●	●	—	◎	●	●	○	○	◎	—
现代艺术课教室	—	●	●	●	●	—	—	—	●	—	—	—	—
音乐教室	●	—	●	●	●	—	—	◎	●	—	○	—	○
舞蹈教室	—	—	—	—	—	—	—	○	●	◎	—	—	—
风雨操场	—	—	—	—	—	—	—	—	●	◎	—	—	—
合班教室（容 2 个班）	●	—	●	●	●	●	—	—	●	—	—	—	◎
阶梯教室	●	◎	●	●	●	●	◎	◎	●	—	—	—	◎
阅览室	—	—	—	●	●	—	◎	◎	●	—	—	—	—
视听阅览室	—	●	—	—	—	—	◎	—	●	—	—	—	◎
体质测试室	—	—	—	—	—	—	○	◎	●	◎	—	—	—
心理咨询室	—	—	—	—	—	—	◎	◎	—	—	●	—	○
德育展览室	—	—	—	—	—	—	●	●	◎	—	—	—	—
教师办公室	—	—	—	—	—	—	—	◎	●	◎	—	◎	◎

注：● 为应设置 ◎ 为宜设置 ○ 为可设置 — 为可不设置

5.1.17 安装视听教学设备的教室应设置转暗设施。

5.2 普 通 教 室

5.2.1 普通教室内单人课桌的平面尺寸应为 0.60m×0.40m。

5.2.2 普通教室内的课桌椅布置应符合下列规定：

1 中小学校普通教室课桌椅的排距不宜小于 0.90m，独立的非完全小学可为 0.85m；

2 最前排课桌的前沿与前方黑板的水平距离不宜小于 2.20m；

3 最后排课桌的后沿与前方黑板的水平距离应符合下列规定：

1）小学不宜大于 8.00m；

2）中学不宜大于 9.00m；

4 教室最后排座椅之后应设横向疏散走道；自最后排课桌后沿至后墙面或固定家具的净距不应小于 1.10m；

5 中小学校普通教室内纵向走道宽度不应小于 0.60m，独立的非完全小学可为 0.55m；

6 沿墙布置的课桌端部与墙面或壁柱、管道等墙面突出物的净距不宜小于 0.15m；

7 前排边座座椅与黑板远端的水平视角不应小于 30°。

5.2.3 普通教室内应为每个学生设置一个专用的小型储物柜。

5.3 科学教室、实验室

5.3.1 科学教室和实验室均应附设仪器室、实验员室、准备室。

5.3.2 科学教室和实验室的桌椅类型和排列布置应根据实验内容及教学模式确定，并应符合下列规定：

1 实验桌平面尺寸应符合表 5.3.2 的规定；

表 5.3.2 实验桌平面尺寸

类 别	长度(m)	宽度(m)
双人单侧实验桌	1.20	0.60
四人双侧实验桌	1.50	0.90
岛式实验桌(6人)	1.80	1.25
气垫导轨实验桌	1.50	0.60
教师演示桌	2.40	0.70

2 实验桌的布置应符合下列规定：

1）双人单侧操作时，两实验桌长边之间的净距不应小于 0.60m；四人双侧操作时，两实验桌长边之间的净距不应小于 1.30m；超过四人双侧操作时，两实验桌长边之间的净距不应小于 1.50m；

2）最前排实验桌的前沿与前方黑板的水平距离不宜小于 2.50m；

3）最后排实验桌的后沿与前方黑板之间的水平距离不宜大于 11.00m；

4）最后排座椅之后应设横向疏散走道；自最后排实验桌后沿至后墙面或固定家具的净距不应小于 1.20m；

5）双人单侧操作时，中间纵向走道的宽度不应小于 0.70m；四人或多于四人双向操作时，中间纵向走道的宽度不应小于 0.90m；

6）沿墙布置的实验桌端部与墙面或壁柱、管道等墙面突出物间宜留出疏散走道，净宽不宜小于 0.60m；另一侧有纵向走道的实验桌端部与墙面或壁柱、管道等墙面突出物间可不留走道，但净距不宜小于 0.15m；

7）前排边座座椅与黑板远端的最小水平视角不应小于 30°。

Ⅰ 科学教室

5.3.3 除符合本规范第 5.3.1 条规定外，科学教室并宜在附近附设植物培养室，在校园下风方向附设种植园及小动物饲养园。

5.3.4 冬季获得直射阳光的科学教室应在阳光直射的位置设置摆放盆栽植物的设施。

5.3.5 科学教室内实验桌椅的布置可采用双人单侧的实验桌平行于黑板布置，或采用多人双侧实验桌成组布置。

5.3.6 科学教室内应设置密闭地漏。

Ⅱ 化学实验室

5.3.7 化学实验室宜设在建筑物首层。除符合本规范第 5.3.1 条规定外，化学实验室并应附设药品室。化学实验室、化学药品室的朝向不宜朝西或西南。

5.3.8 每一化学实验桌的端部应设洗涤池；岛式实验桌可在桌面中间设通长洗涤槽。每一间化学实验室内应至少设置一个急救冲洗水嘴，急救冲洗水嘴的工作压力不得大于 0.01MPa。

5.3.9 化学实验室的外墙至少应设置 2 个机械排风扇，排风扇下沿应在距楼地面以上 0.10m～0.15m 高度处。在排风扇的室内一侧应设置保护罩，采暖地区应为保温的保护罩。在排风扇的室外一侧应设置挡风罩。实验桌应有通风排气装置，排风口宜设在桌面以上。药品室的药品柜内应设通风装置。

5.3.10 化学实验室、药品室、准备室宜采用易冲洗、耐酸碱、耐腐蚀的楼地面做法，并装设密闭地漏。

Ⅲ 物理实验室

5.3.11 当学校配置 2 个及以上物理实验室时，其中 1 个应为力学实验室。光学、热学、声学、电学等实验可共用同一实验室，并应配置各实验所需的设备和设施。

5.3.12 力学实验室需设置气垫导轨实验桌，在实验桌一端应设置气泵电源插座；另一端与相邻桌椅、墙壁或橱柜的间距不应小于 0.90m。

5.3.13 光学实验室的门窗宜设遮光措施。内墙面宜采用深色。实验桌上宜设置局部照明。特色教学需要时可附设暗室。

5.3.14 热学实验室应在每一实验桌旁设置给水排水装置，并设置热源。

5.3.15 电学实验室应在每一个实验桌上设置一组包括不同电压的电源插座，插座上每一电源宜设分开关，电源的总控制开关应设在教师演示桌处。

5.3.16 物理实验员室宜具有设置钳台等小型机修装备的条件。

Ⅳ 生物实验室

5.3.17 除符合本规范第 5.3.1 条规定外，生物实验室还应附设药品室、标本陈列室、标本储藏室，宜附设模型室，并宜在附近附设植物培养室，在校园下风方向附设种植园及小动物饲养园。标本陈列室与标本储藏室宜合并设置，实验员室、仪器室、模型室可合并设置。

5.3.18 当学校有 2 个生物实验室时，生物显微镜观察实验室和解剖实验室宜分别设置。

5.3.19 冬季获得直射阳光的生物实验室应在阳光直射的位置设置摆放盆栽植物的设施。

5.3.20 生物显微镜观察实验室内的实验桌旁宜设置显微镜储藏柜。实验桌上宜设置局部照明设施。

5.3.21 生物解剖实验室的给水排水设施可集中设置，也可在每个实验桌旁分别设置。

5.3.22 生物标本陈列室和标本储藏室应采取通风、降温、隔热、防潮、防虫、防鼠等措施，其采光窗应避免直射阳光。

5.3.23 植物培养室宜独立设置，也可以建在平屋顶上或其他能充分得到日照的地方。种植园的肥料及小动物饲养园的粪便均不得污染水源和周边环境。

Ⅴ 综合实验室

5.3.24 当中学设有跨学科的综合研习课时，宜配置综合实验室。综合实验室应附设仪器室、准备室；当化学、物理、生物实验室均在邻近布置时，综合实验室可不设仪器室、准备室。

5.3.25 综合实验室内宜沿侧墙及后墙设置固定实验桌，其上装设给水排水、通风、热源、电源插座及网络接口等设施。实验室中部宜设 $100m^2$ 开敞空间。

Ⅵ 演示实验室

5.3.26 演示实验室宜按容纳 1 个班或 2 个班设置。

5.3.27 演示实验室课桌椅的布置应符合下列规定：

1 宜设置有书写功能的座椅，每个座椅的最小宽度宜为 0.55m；

2 演示实验室中，桌椅排距不应小于 0.90m；

3 演示实验室纵向走道宽度不应小于 0.70m；

4 边演示边实验的阶梯式实验室中，阶梯的宽度不宜小于 1.35m；

5 边演示边实验的阶梯式实验室的纵向走道应

有便于仪器药品车通行的坡道，宽度不应小于0.70m。

5.3.28 演示实验室宜设计为阶梯教室，设计视点应定位于教师演示实验台桌面的中心，每排座位宜错位布置，隔排视线升高值宜为0.12m。

5.3.29 演示实验室内最后排座位之后，应设横向疏散走道，疏散走道宽度不应小于0.60m，净高不应小于2.20m。

5.4 史地教室

5.4.1 史地教室应附设历史教学资料储藏室、地理教学资料储藏室和陈列室或陈列廊。

5.4.2 史地教室的课桌椅布置方式宜与普通教室相同。并宜在课桌旁附设存放小地球仪等教具的小柜。教室内可设标本展示柜。在地质灾害多发地区附近的学校，史地教室标本展示柜应与墙体或楼板有可靠的固定措施。

5.4.3 史地教室设置简易天象仪时，宜设置课桌局部照明设施。

5.4.4 史地教室内应配置挂镜线。

5.5 计算机教室

5.5.1 计算机教室应附设一间辅助用房供管理员工作及存放资料。

5.5.2 计算机教室的课桌椅布置应符合下列规定：

1 单人计算机桌平面尺寸不应小于0.75m×0.65m。前后桌间距离不应小于0.70m；

2 学生计算机桌椅可平行于黑板排列；也可顺侧墙及后墙向黑板成半围合式排列；

3 课桌椅排距不应小于1.35m；

4 纵向走道净宽不应小于0.70m；

5 沿墙布置计算机时，桌端部与墙面或壁柱、管道等墙面突出物间的净距不宜小于0.15m。

5.5.3 计算机教室应设置书写白板。

5.5.4 计算机教室宜设通信外网接口，并宜配置空调设施。

5.5.5 计算机教室的室内装修应采取防潮、防静电措施，并宜采用防静电架空地板，不得采用无导出静电功能的木地板或塑料地板。当采用地板采暖系统时，楼地面需采用与之相适应的材料及构造做法。

5.6 语言教室

5.6.1 语言教室应附设视听教学资料储藏室。

5.6.2 中小学校设置进行情景对话表演训练的语言教室时，可采用普通教室的课桌椅，也可采用有书写功能的座椅。并应设置不小于20m² 的表演区。

5.6.3 语言教室宜采用架空地板。不架空时，应铺设可敷设电缆槽的地面垫层。

5.7 美术教室、书法教室

Ⅰ 美术教室

5.7.1 美术教室应附设教具储藏室，宜设美术作品及学生作品陈列室或展览廊。

5.7.2 中学美术教室空间宜满足一个班的学生用画架写生的要求。学生写生时的座椅为画凳时，所占面积宜为2.15m²/生；用画架写生时所占面积宜为2.50m²/生。

5.7.3 美术教室应有良好的北向天然采光。当采用人工照明时，应避免眩光。

5.7.4 美术教室应设置书写白板，宜设存放石膏像等教具的储藏柜。在地质灾害多发地区附近的学校，教具储藏柜应与墙体或楼板有可靠的固定措施。

5.7.5 美术教室内应配置挂镜线，挂镜线宜设高低两组。

5.7.6 美术教室的墙面及顶棚应为白色。

5.7.7 当设置现代艺术课教室时，其墙面及顶棚应采取吸声措施。

Ⅱ 书法教室

5.7.8 小学书法教室可兼作美术教室。

5.7.9 书法教室可附设书画储藏室。

5.7.10 书法条案的布置应符合下列规定：

1 条案的平面尺寸宜为1.50m×0.60m，可供2名学生合用；

2 条案宜平行于黑板布置；条案排距不应小于1.20m；

3 纵向走道宽度不应小于0.70m。

5.7.11 书法教室内应配置挂镜线，挂镜线宜设高低两组。

5.8 音乐教室

5.8.1 音乐教室应附设乐器存放室。

5.8.2 各类小学的音乐教室中，应有1间能容纳1个班的唱游课，每生边唱边舞所占面积不应小于2.40m²。

5.8.3 音乐教室讲台上应布置教师用琴的位置。

5.8.4 中小学校应有1间音乐教室能满足合唱课教学的要求，宜在紧接后墙处设置2排～3排阶梯式合唱台，每级高度宜为0.20m，宽度宜为0.60m。

5.8.5 音乐教室应设置五线谱黑板。

5.8.6 音乐教室的门窗应隔声。墙面及顶棚应采取吸声措施。

5.9 舞蹈教室

5.9.1 舞蹈教室宜满足舞蹈艺术课、体操课、技巧课、武术课的教学要求，并可开展形体训练活动。每个学生的使用面积不宜小于 $6m^2$。

5.9.2 舞蹈教室应附设更衣室，宜附设卫生间、浴室和器材储藏室。

5.9.3 舞蹈教室应按男女学生分班上课的需要设置。

5.9.4 舞蹈教室内应在与采光窗相垂直的一面墙上设通长镜面，镜面含镜座总高度不宜小于 2.10m，镜座高度不宜大于 0.30m。镜面两侧的墙上及后墙上应装设可升降的把杆，镜面上宜装设固定把杆。把杆升高时的高度应为 0.90m；把杆与墙间的净距不应小于 0.40m。

5.9.5 舞蹈教室宜设置带防护网的吸顶灯。采暖等各种设施应暗装。

5.9.6 舞蹈教室宜采用木地板。

5.9.7 当学校有地方或民族舞蹈课时，舞蹈教室设计宜满足其特殊需要。

5.10 体育建筑设施

5.10.1 体育建筑设施包括风雨操场、游泳池或游泳馆。体育建筑设施的位置应邻近室外体育场，并宜便于向社会开放。

Ⅰ 风 雨 操 场

5.10.2 风雨操场应附设体育器材室，也可与操场共用一个体育器材室，并宜附设更衣室、卫生间、浴室。教职工与学生的更衣室、卫生间、淋浴室应分设。

5.10.3 当风雨操场无围护墙时，应避免眩光影响。有围护墙的风雨操场外窗无避免眩光的设施时，窗台距室内地面高度不宜低于 2.10m。窗台高度以下的墙面宜为深色。

5.10.4 根据运动占用空间的要求，应在风雨操场内预留各项目之间设置安全分隔的设施。

5.10.5 风雨操场内，运动场地的灯具等应设护罩。悬吊物应有可靠的固定措施。有围护墙时，在窗的室内一侧应设护网。

5.10.6 风雨操场的楼、地面构造应根据主要运动项目的要求确定，不宜采用刚性地面。固定运动器械的预埋件应暗设。

5.10.7 当风雨操场兼作集会场所时，宜进行声学处理。

5.10.8 风雨操场通风设计应符合本规范第 9.1.3 条的规定，应采用自然通风；当自然通风不满足要求时，宜设机械通风或空调。

5.10.9 体育器材室的门窗及通道应满足搬运体育器材的需要。

5.10.10 体育器材室的室内应采取防虫、防潮措施。

Ⅱ 游泳池、游泳馆

5.10.11 中小学校的游泳池、游泳馆均应附设卫生间、更衣室，宜附设浴室。

5.10.12 中小学校泳池宜为 8 泳道，泳道长宜为 50m 或 25m。

5.10.13 中小学校游泳池、游泳馆内不得设置跳水池，且不宜设置深水区。

5.10.14 中小学校泳池入口处应设置强制通过式浸脚消毒池，池长不应小于 2.00m，宽度应与通道相同，深度不宜小于 0.20m。

5.10.15 泳池设计应符合国家现行标准《建筑给水排水设计规范》GB 50015 及《游泳池给水排水工程技术规程》CJJ 122 的有关规定。

5.11 劳动教室、技术教室

5.11.1 小学的劳动教室和中学的技术教室应根据国家或地方教育行政主管部门规定的教学内容进行设计，并应设置教学内容所需要的辅助用房、工位装备及水、电、气、热等设施。

5.11.2 中小学校内有油烟或气味发散的劳动教室、技术教室应设置有效的排气设施。

5.11.3 中小学校内有振动或发出噪声的劳动教室、技术教室应采取减振减噪、隔振隔噪声措施。

5.11.4 部分劳动课程、技术课程可以利用普通教室或其他专用教室。高中信息技术课可以在计算机教室进行，但其附属用房宜加大，以配置扫描仪、打印机等相应的设备。

5.12 合 班 教 室

5.12.1 各类小学宜配置能容纳 2 个班的合班教室。当合班教室兼用于唱游课时，室内不应设置固定课桌椅，并应附设课桌椅存放空间。兼作唱游课教室的合班教室应对室内空间进行声学处理。

5.12.2 各类中学宜配置能容纳一个年级或半个年级的合班教室。

5.12.3 容纳 3 个班及以上的合班教室应设计为阶梯教室。

5.12.4 阶梯教室梯级高度依据视线升高值确定。阶梯教室的设计视点应定位于黑板底边缘的中点处。前后排座位错位布置时，视线的隔排升高值宜为 0.12m。

5.12.5 合班教室宜附设 1 间辅助用房，储存常用教学器材。

5.12.6 合班教室课桌椅的布置应符合下列规定：

1 每个座位的宽度不应小于 0.55m，小学座位排距不应小于 0.85m，中学座位排距不应小于 0.90m；

2 教室最前排座椅前沿与前方黑板间的水平距离不应小于 2.50m，最后排座椅的前沿与前方黑板间的水平距离不应大于 18.00m；

3 纵向、横向走道宽度均不应小于 0.90m，当座位区内有贯通的纵向走道时，若设置靠墙纵向走道，靠墙走道宽度可小于0.90m，但不应小于0.60m；

4 最后排座位之后应设宽度不小于0.60m的横向疏散走道；

5 前排边座座椅与黑板远端间的水平视角不应小于30°。

5.12.7 当合班教室内设置视听教学器材时，宜在前墙安装推拉黑板和投影屏幕（或数字化智能屏幕），并应符合下列规定：

1 当小学教室长度超过9.00m，中学教室长度超过10.00m时，宜在顶棚上或墙、柱上加设显示屏；学生的视线在水平方向上偏离屏幕中轴线的角度不应大于45°，垂直方向上的仰角不应大于30°；

2 当教室内，自前向后每6.00m～8.00m设1个显示屏时，最后排座位与黑板间的距离不应大于24.00m；学生座椅前缘与显示屏的水平距离不应小于显示屏对角线尺寸的4倍～5倍，并不应大于显示屏对角线尺寸的10倍～11倍；

3 显示屏宜加设遮光板。

5.12.8 教室内设置视听器材时，宜设置转暗设备，并宜设置座位局部照明设施。

5.12.9 合班教室墙面及顶棚应采取吸声措施。

5.13 图 书 室

5.13.1 中小学校图书室应包括学生阅览室、教师阅览室、图书杂志及报刊阅览室、视听阅览室、检录及借书空间、书库、登录、编目及整修工作室。并可附设会议室和交流空间。

5.13.2 图书室应位于学生出入方便、环境安静的区域。

5.13.3 图书室的设置应符合下列规定：

1 教师与学生的阅览室宜分开设置，使用面积应符合本规范表7.1.1的规定；

2 中小学校的报刊阅览室可以独立设置，也可以在图书室内的公共交流空间设报刊架，开架阅览；

3 视听阅览室的设置应符合下列规定：

1）使用面积应符合本规范表7.1.1的规定；

2）视听阅览室宜附设资料储藏室，使用面积不宜小于12.00m²；

3）当视听阅览室兼作计算机教室、语言教室使用时，阅览桌椅的排列应符合本规范第5.5节及第5.6节的规定；

4）视听阅览室宜采用防静电架空地板，不得采用无导出静电功能的木地板或塑料地板；当采用地板采暖系统时，楼地面需采用与之相适应的构造做法；

4 书库使用面积宜按以下规定计算后确定：

1）开架藏书量约为400册/m²～500册/m²；

2）闭架藏书量约为500册/m²～600册/m²；

3）密集书架藏书量约为800册/m²～1200册/m²；

5 书库应采取防火、降温、隔热、通风、防潮、防虫及防鼠的措施；

6 借书空间除设置师生个人借阅空间外，还应设置检录及班级集体借书的空间。借书空间的使用面积不宜小于10.00m²。

5.14 学生活动室

5.14.1 学生活动室供学生兴趣小组使用。各小组宜在相关的专用教室中开展活动，各活动室仅作为服务、管理工作和储藏用。

5.14.2 学生活动室的数量及面积宜依据学校的规模、办学特色和建设条件设置。面积应依据活动项目的特点确定。

5.14.3 学生活动室的水、电、气、冷、热源及设备、设施应根据活动内容的需要设置。

5.15 体质测试室

5.15.1 体质测试室宜设在风雨操场或医务室附近。并宜设为相通的2间。体质测试室宜附设可容纳一个班的等候空间。

5.15.2 体质测试室应有良好的天然采光和自然通风。

5.16 心理咨询室

5.16.1 心理咨询室宜分设为相连通的2间，其中有一间宜能容纳沙盘测试，其平面尺寸不宜小于4.00m×3.40m。心理咨询室可附设能容纳1个班的心理活动室。

5.16.2 心理咨询室宜安静、明亮。

5.17 德育展览室

5.17.1 德育展览室的位置宜设在校门附近或主要教学楼入口处，也可设在会议室、合班教室附近，或在学生经常经过的走道处附设展览廊。

5.17.2 德育展览室可与其他展览空间合并或连通。

5.17.3 德育展览室的面积不宜小于60.00m²。

5.18 任课教师办公室

5.18.1 任课教师的办公室应包括年级组教师办公室和各课程教研组办公室。

5.18.2 年级组教师办公室宜设置在该年级普通教室附近。课程有专用教室时，该课程教研组办公室宜与专用教室成组设置。其他课程教研组可集中设置于行政办公室或图书室附近。

5.18.3 任课教师办公室内宜设洗手盆。

6 行政办公用房和生活服务用房

6.1 行政办公用房

6.1.1 行政办公用房应包括校务、教务等行政办公室、档案室、会议室、学生组织及学生社团办公室、文印室、广播室、值班室、安防监控室、网络控制室、卫生室（保健室）、传达室、总务仓库及维修工作间等。

6.1.2 主要行政办公用房的位置应符合下列规定：

1 校务办公室宜设置在与全校师生易于联系的位置，并宜靠近校门；

2 教务办公室宜设置在任课教师办公室附近；

3 总务办公室宜设置在学校的次要出入口或食堂、维修工作间附近；

4 会议室宜设在便于教师、学生、来客使用的适中位置；

5 广播室的窗应面向全校学生做课间操的操场；

6 值班室宜设置在靠近校门、主要建筑物出入口或行政办公室附近；

7 总务仓库及维修工作间宜设在校园的次要出入口附近，其运输及噪声不得影响教学环境的质量和安全。

6.1.3 中小学校设计应依据使用和管理的需要设安防监控中心。安防工程的设置应符合现行国家标准《安全防范工程技术规范》GB 50348 的有关规定。

6.1.4 网络控制室宜设空调。

6.1.5 网络控制室内宜采用防静电架空地板，不得采用无导出静电功能的木地板或塑料地板。当采用地板采暖时，楼地面需采用相适应的构造。

6.1.6 卫生室（保健室）的设置应符合下列规定：

1 卫生室（保健室）应设在首层，宜临近体育场地，并方便急救车辆就近停靠；

2 小学卫生室可只设1间，中学宜分设相通的2间，分别为接诊室和检查室，并可设观察室；

3 卫生室的面积和形状应能容纳常用诊疗设备，并能满足视力检查的要求；每间房间的面积不宜小于15m²；

4 卫生室宜附设候诊空间，候诊空间的面积不宜小于20m²；

5 卫生室（保健室）内应设洗手盆、洗涤池和电源插座；

6 卫生室（保健室）宜朝南。

6.2 生活服务用房

6.2.1 中小学校生活服务用房应包括饮水处、卫生间、配餐室、发餐室、设备用房，宜包括食堂、淋浴室、停车库（棚）。寄宿制学校应包括学生宿舍、食堂、浴室。

Ⅰ 饮 水 处

6.2.2 中小学校的饮用水管线与室外公厕、垃圾站等污染源间的距离应大于25.00m。

6.2.3 教学用建筑内应在每层设饮水处，每处应按每40人～45人设置一个饮水水嘴计算水嘴的数量。

6.2.4 教学用建筑每层的饮水处前应设置等候空间，等候空间不得挤占走道等疏散空间。

Ⅱ 卫 生 间

6.2.5 教学用建筑每层均应分设男、女学生卫生间及男、女教师卫生间。学校食堂宜设工作人员专用卫生间。当教学用建筑中每层学生少于3个班时，男、女生卫生间可隔层设置。

6.2.6 卫生间位置应方便使用且不影响其周边教学环境卫生。

6.2.7 在中小学校内，当体育场地中心与最近的卫生间的距离超过90.00m时，可设室外厕所。所建室外厕所的服务人数可依学生总人数的15%计算。室外厕所宜预留扩建的条件。

6.2.8 学生卫生间卫生洁具的数量应按下列规定计算：

1 男生应至少为每40人设1个大便器或1.20m长大便槽；每20人设1个小便斗或0.60m长小便槽；

女生应至少为每13人设1个大便器或1.20m长大便槽；

2 每40人～45人设1个洗手盆或0.60m长盥洗槽；

3 卫生间内或卫生间附近应设污水池。

6.2.9 中小学校的卫生间内，厕位蹲位距后墙不应小于0.30m。

6.2.10 各类小学大便槽的蹲位宽度不应大于0.18m。

6.2.11 厕位间宜设隔板，隔板高度不应低于1.20m。

6.2.12 中小学校的卫生间应设前室。男、女生卫生间不得共用一个前室。

6.2.13 学生卫生间应具有天然采光、自然通风的条件，并应安置排气管道。

6.2.14 中小学校的卫生间外窗距室内楼地面1.70m以下部分应设视线遮挡措施。

6.2.15 中小学校应采用水冲式卫生间。当设置旱厕时，应按学校专用无害化卫生厕所设计。

Ⅲ 浴 室

6.2.16 宜在舞蹈教室、风雨操场、游泳池（馆）附设淋浴室。教师浴室与学生浴室应分设。

6.2.17 淋浴室墙面应设墙裙，墙裙高度不应低于2.10m。

Ⅳ 食 堂

6.2.18 食堂与室外公厕、垃圾站等污染源间的距离应大于25.00m。

6.2.19 食堂不应与教学用房合并设置，宜设在校园的下风向。厨房的噪声及排放的油烟、气味不得影响教学环境。

6.2.20 寄宿制学校的食堂应包括学生餐厅、教工餐厅、配餐室及厨房。走读制学校应设置配餐室、发餐室和教工餐厅。

6.2.21 配餐室内应设洗手盆和洗涤池，宜设食物加热设施。

6.2.22 食堂的厨房应附设蔬菜粗加工和杂物、燃料、灰渣等存放空间。各空间应避免污染食物，并宜靠近校园的次要出入口。

6.2.23 厨房和配餐室的墙面应设墙裙，墙裙高度不应低于2.10m。

Ⅴ 学生宿舍

6.2.24 **学生宿舍不得设在地下室或半地下室。**

6.2.25 宿舍与教学用房不宜在同一栋建筑中分层合建，可在同一栋建筑中以防火墙分隔贴建。学生宿舍应便于自行封闭管理，不得与教学用房合用建筑的同一个出入口。

6.2.26 学生宿舍必须男女分区设置，分别设出入口，满足各自封闭管理的要求。

6.2.27 学生宿舍应包括居室、管理室、储藏室、清洁用具室、公共盥洗室和公共卫生间，宜附设浴室、洗衣房和公共活动室。

6.2.28 学生宿舍宜分层设置公共盥洗室、卫生间和浴室。盥洗室门、卫生间门与居室门间的距离不得大于20.00m。当每层寄宿学生较多时可分组设置。

6.2.29 学生宿舍每室居住学生不宜超过6人。居室每生占用使用面积不宜小于3.00m²。当采用单层床时，居室净高不宜低于3.00m；当采用双层床时，居室净高不宜低于3.10m；当采用高架床时，居室净高不宜低于3.35m。

注：居室面积指标内未计入储藏空间所占面积。

6.2.30 学生宿舍的居室内应设储藏空间，每人储藏空间宜为0.30m³～0.45m³，储藏空间的宽度和深度均不宜小于0.60m。

6.2.31 学生宿舍应设置衣物晾晒空间。当采用阳台、外走道或屋顶晾晒衣物时，应采取防坠落措施。

Ⅵ 设备用房

6.2.32 设备用房包括变电室、配电室、锅炉房、通风机房、燃气调压箱、网络机房、消防水池等。中小学校建设应充分利用社会协作条件设置，减少设备用房的建设。

7 主要教学用房及教学辅助用房面积指标和净高

7.1 面 积 指 标

7.1.1 主要教学用房的使用面积指标应符合表7.1.1的规定。

表7.1.1 主要教学用房的使用面积指标（m²/每座）

房间名称	小 学	中 学	备 注
普通教室	1.36	1.39	—
科学教室	1.78	—	—
实验室	—	1.92	—
综合实验室	—	2.88	—
演示实验室	—	1.44	若容纳2个班，则指标为1.20
史地教室	—	1.92	—
计算机教室	2.00	1.92	—
语言教室	2.00	1.92	—
美术教室	2.00	1.92	—
书法教室	2.00	1.92	—
音乐教室	1.70	1.64	—
舞蹈教室	2.14	3.15	宜和体操教室共用
合班教室	0.89	0.90	—
学生阅览室	1.80	1.90	—
教师阅览室	2.30	2.30	—
视听阅览室	1.80	2.00	—
报刊阅览室	1.80	2.30	可不集中设置

注：1 表中指标是按完全小学每班45人、各类中学每班50人排布测定的每个学生所需使用面积；如果班级人数定额不同时需进行调整，但学生的全部座位均必须在"黑板可视线"范围以内；
2 体育建筑设施、劳动教室、技术教室、心理咨询室未列入此表，另行规定；
3 任课教师办公室未列入此表，应按每位教师使用面积不小于5.0m²计算。

7.1.2 体育建筑设施的使用面积应按选定的体育项目确定。

7.1.3 劳动教室和技术教室的使用面积应按课程内容的工艺要求、工位要求、安全条件等因素确定。

7.1.4 心理咨询室的使用面积要求应符合本规范第5.16节的规定。

7.1.5 主要教学辅助用房的使用面积不宜低于表

7.1.5 的规定。

表 7.1.5 主要教学辅助用房的使用面积指标（m^2/每间）

房间名称	小学	中学	备注
普通教室教师休息室	(3.50)	(3.50)	指标为使用面积/每位使用教师
实验员室	12.00	12.00	
仪器室	18.00	24.00	
药品室	18.00	24.00	
准备室	18.00	24.00	
标本陈列室	42.00	42.00	可陈列在能封闭管理的走道内
历史资料室	12.00	12.00	—
地理资料室	12.00	12.00	
计算机教室资料室	24.00	24.00	
语言教室资料室	24.00	24.00	
美术教室教具室	24.00	24.00	可将部分教具置于美术教室内
乐器室	24.00	24.00	—
舞蹈教室更衣室	12.00	12.00	

注：除注明者外，指标为每室最小面积。当部分功能移入走道或教室时，指标作相应调整。

7.2 净　　高

7.2.1 中小学校主要教学用房的最小净高应符合表 7.2.1 的规定。

表 7.2.1 主要教学用房的最小净高（m）

教室	小学	初中	高中
普通教室、史地、美术、音乐教室	3.00	3.05	3.10
舞蹈教室	4.50		
科学教室、实验室、计算机教室、劳动教室、技术教室、合班教室	3.10		
阶梯教室	最后一排（楼地面最高处）距顶棚或上方突出物最小距离为 2.20m		

7.2.2 风雨操场的净高应取决于场地的运动内容。各类体育场地最小净高应符合表 7.2.2 的规定。

表 7.2.2 各类体育场地的最小净高（m）

体育场地	田径	篮球	排球	羽毛球	乒乓球	体操
最小净高	9	7	7	9	4	6

注：田径场地可减少部分项目降低净高。

8 安全、通行与疏散

8.1 建筑环境安全

8.1.1 中小学校应装设周界视频监控、报警系统。有条件的学校应接入当地的公安机关监控平台。中小学校安防设施的设置应符合现行国家标准《安全防范工程技术规范》GB 50348 的有关规定。

8.1.2 中小学校建筑设计应符合现行国家标准《建筑抗震设计规范》GB 50011、《建筑设计防火规范》GB 50016 的有关规定。

8.1.3 学校设计所采用的装修材料、产品、部品应符合现行国家标准《建筑内部装修设计防火规范》GB 50222、《民用建筑工程室内环境污染控制规范》GB 50325 的有关规定及国家有关材料、产品、部品的标准规定。

8.1.4 体育场地采用的地面材料应满足环境卫生健康的要求。

8.1.5 临空窗台的高度不应低于 0.90m。

8.1.6 上人屋面、外廊、楼梯、平台、阳台等临空部位必须设防护栏杆，防护栏杆必须牢固、安全，高度不应低于 1.10m。防护栏杆最薄弱处承受的最小水平推力应不小于 1.5kN/m。

8.1.7 以下路面、楼地面应采用防滑构造做法，室内应装设密闭地漏：

1 疏散通道；

2 教学用房的走道；

3 科学教室、化学实验室、热学实验室、生物实验室、美术教室、书法教室、游泳池（馆）等有给水设施的教学用房及教学辅助用房；

4 卫生室（保健室）、饮水处、卫生间、盥洗室、浴室等有给水设施的房间。

8.1.8 教学用房的门窗设置应符合下列规定：

1 疏散通道上的门不得使用弹簧门、旋转门、推拉门、大玻璃门等不利于疏散通畅、安全的门；

2 各教学用房的门均应向疏散方向开启，开启的门扇不得挤占走道的疏散通道；

3 靠外廊及单内廊一侧教室内隔墙的窗开启后，不得挤占走道的疏散通道，不得影响安全疏散；

4 二层及二层以上的临空外窗的开启扇不得外开。

8.1.9 在抗震设防烈度为 6 度或 6 度以上地区建设的实验室不宜采用管道燃气作为实验用的热源。

8.2 疏散通行宽度

8.2.1 中小学校内，每股人流的宽度应按 0.60m 计算。

8.2.2 中小学校建筑的疏散通道宽度最少应为 2 股

人流，并应按0.60m的整数倍增加疏散通道宽度。

8.2.3 中小学校建筑的安全出口、疏散走道、疏散楼梯和房间疏散门等处每100人的净宽度应按表8.2.3计算。同时，教学用房的内走道净宽度不应小于2.40m，单侧走道及外廊的净宽度不应小于1.80m。

表8.2.3 安全出口、疏散走道、疏散楼梯和房间疏散门每100人的净宽度（m）

所在楼层位置	耐火等级		
	一、二级	三级	四级
地上一、二层	0.70	0.80	1.05
地上三层	0.80	1.05	—
地上四、五层	1.05	1.30	—
地下一、二层	0.80	—	—

8.2.4 房间疏散门开启后，每樘门净通行宽度不应小于0.90m。

8.3 校园出入口

8.3.1 中小学校的校园应设置2个出入口。出入口的位置应符合教学、安全、管理的需要，出入口的布置应避免人流、车流交叉。有条件的学校宜设置机动车专用出入口。

8.3.2 中小学校校园出入口应与市政交通衔接，但不应直接与城市主干道连接。校园主要出入口应设置缓冲场地。

8.4 校园道路

8.4.1 校园内道路应与各建筑的出入口及走道衔接，构成安全、方便、明确、通畅的路网。

8.4.2 中小学校校园应设消防车道。消防车道的设置应符合现行国家标准《建筑设计防火规范》GB 50016的有关规定。

8.4.3 校园道路每通行100人道路净宽为0.70m，每一路段的宽度应按该段道路通达的建筑物容纳人数之和计算，每一路段的宽度不宜小于3.00m。

8.4.4 校园道路及广场设计应符合国家现行标准的有关规定。

8.4.5 校园内人流集中的道路不宜设置台阶。设置台阶时，不得少于3级。

8.4.6 校园道路设计应符合现行国家标准《建筑设计防火规范》GB 50016的有关规定。

8.5 建筑物出入口

8.5.1 校园内除建筑面积不大于200m²，人数不超过50人的单层建筑外，每栋建筑应设置2个出入口。非完全小学内，单栋建筑面积不超过500m²，且耐火等级为一、二级的低层建筑可只设1个出入口。

8.5.2 教学用房在建筑的主要出入口处宜设门厅。

8.5.3 教学用建筑物出入口净通行宽度不得小于1.40m，门内与门外各1.50m范围内不宜设置台阶。

8.5.4 在寒冷或风沙大的地区，教学用建筑物出入口应设挡风间或双道门。

8.5.5 教学用建筑物的出入口应设置无障碍设施，并应采取防止上部物体坠落和地面防滑的措施。

8.5.6 停车场地及地下车库的出入口不应直接通向师生人流集中的道路。

8.6 走 道

8.6.1 教学用建筑的走道宽度应符合下列规定：

1 应根据在该走道上各教学用房疏散的总人数，按照本规范表8.2.3的规定计算走道的疏散宽度；

2 走道疏散宽度内不得有壁柱、消火栓、教室开启的门窗扇等设施。

8.6.2 中小学校的建筑物内，当走道有高差变化应设置台阶时，台阶处应有天然采光或照明，踏步级数不得少于3级，并不得采用扇形踏步。当高差不足3级踏步时，应设置坡道。坡道的坡度不应大于1∶8，不宜大于1∶12。

8.7 楼 梯

8.7.1 中小学校建筑中疏散楼梯的设置应符合现行国家标准《民用建筑设计通则》GB 50352、《建筑设计防火规范》GB 50016和《建筑抗震设计规范》GB 50011的有关规定。

8.7.2 中小学校教学用房的楼梯梯段宽度应为人流股数的整数倍。梯段宽度不应小于1.20m，并应按0.60m的整数倍增加梯段宽度。每个梯段可增加不超过0.15m的摆幅宽度。

8.7.3 中小学校楼梯每个梯段的踏步级数不应少于3级，且不应多于18级，并应符合下列规定：

1 各类小学楼梯踏步的宽度不得小于0.26m，高度不得大于0.15m；

2 各类中学楼梯踏步的宽度不得小于0.28m，高度不得大于0.16m；

3 楼梯的坡度不得大于30°。

8.7.4 疏散楼梯不得采用螺旋楼梯和扇形踏步。

8.7.5 楼梯两梯段间楼梯井净宽不得大于0.11m，大于0.11m时，应采取有效的安全防护措施。两梯段扶手间的水平净距宜为0.10m～0.20m。

8.7.6 中小学校的楼梯扶手的设置应符合下列规定：

1 楼梯宽度为2股人流时，应至少在一侧设置扶手；

2 楼梯宽度达3股人流时，两侧均应设置扶手；

3 楼梯宽度达4股人流时，应加设中间扶手，中间扶手两侧的净宽均应满足本规范第8.7.2条的规定；

4 中小学校室内楼梯扶手高度不应低于0.90m，

室外楼梯扶手高度不应低于1.10m；水平扶手高度不应低于1.10m；

5 中小学校的楼梯栏杆不得采用易于攀登的构造和花饰；杆件或花饰的镂空处净距不得大于0.11m；

6 中小学校的楼梯扶手上应加装防止学生溜滑的设施。

8.7.7 除首层及顶层外，教学楼疏散楼梯在中间层的楼层平台与梯段接口处宜设置缓冲空间，缓冲空间的宽度不宜小于梯段宽度。

8.7.8 中小学校的楼梯两相邻梯段间不得设置遮挡视线的隔墙。

8.7.9 教学用房的楼梯间应有天然采光和自然通风。

8.8 教室疏散

8.8.1 每间教学用房的疏散门均不应少于2个，疏散门的宽度应通过计算；同时，每樘疏散门的通行净宽度不应小于0.90m。当教室处于袋形走道尽端时，若教室内任一处距教室门不超过15.00m，且门的通行净宽度不小于1.50m时，可设1个门。

8.8.2 普通教室及不同课程的专用教室对教室内桌椅间的疏散走道宽度要求不同，教室内疏散走道的设置应符合本规范第5章对各教室设计的规定。

9 室内环境

9.1 空气质量

9.1.1 中小学校建筑的室内空气质量应符合现行国家标准《室内空气质量标准》GB/T 18883及《民用建筑工程室内环境污染控制规范》GB 50325的有关规定。

9.1.2 中小学校教学用房的新风量应符合现行国家标准《公共建筑节能设计标准》GB 50189的有关规定。

9.1.3 当采用换气次数确定室内通风量时，各主要房间的最小换气次数应符合表9.1.3的规定。

表9.1.3 各主要房间的最小换气次数标准

房间名称		换气次数（次/h）
普通教室	小学	2.5
	初中	3.5
	高中	4.5
实验室		3.0
风雨操场		3.0
厕所		10.0
保健室		2.0
学生宿舍		2.5

9.1.4 中小学校设计中必须对建筑及室内装修所采用的建材、产品、部品进行严格择定，避免对校内空气造成污染。

9.2 采光

9.2.1 教学用房工作面或地面上的采光系数不得低于表9.2.1的规定和现行国家标准《建筑采光设计标准》GB/T 50033的有关规定。在建筑方案设计时，其采光窗洞口面积应按不低于表9.2.1窗地面积比的规定估算。

表9.2.1 教学用房工作面或地面上的采光系数标准和窗地面积比

房间名称	规定采光系数的平面	采光系数最低值（%）	窗地面积比
普通教室、史地教室、美术教室、书法教室、语言教室、音乐教室、合班教室、阅览室	课桌面	2.0	1∶5.0
科学教室、实验室	实验桌面	2.0	1∶5.0
计算机教室	机台面	2.0	1∶5.0
舞蹈教室、风雨操场	地面	2.0	1∶5.0
办公室、保健室	地面	2.0	1∶5.0
饮水处、厕所、淋浴	地面	0.5	1∶10.0
走道、楼梯间	地面	1.0	—

注：表中所列采光系数值适用于我国Ⅲ类光气候区，其他光气候区应将表中的采光系数值乘以相应的光气候系数。光气候系数应符合现行国家标准《建筑采光设计标准》GB/T 50033的有关规定。

9.2.2 普通教室、科学教室、实验室、史地、计算机、语言、美术、书法等专用教室及合班教室、图书室均应以自学生座位左侧射入的光为主。教室为南向外廊式布局时，应以北向窗为主要采光面。

9.2.3 除舞蹈教室、体育建筑设施外，其他教学用房室内各表面的反射比值应符合表9.2.3的规定，会议室、卫生室（保健室）的室内各表面的反射比值宜符合表9.2.3的规定。

表9.2.3 教学用房室内各表面的反射比值

表面部位	反射比
顶 棚	0.70～0.80
前 墙	0.50～0.60
地 面	0.20～0.40
侧墙、后墙	0.70～0.80
课桌面	0.25～0.45
黑 板	0.10～0.20

9.3 照　　明

9.3.1　主要用房桌面或地面的照明设计值不应低于表 9.3.1 的规定，其照度均匀度不应低于 0.7，且不应产生眩光。

表 9.3.1　教学用房的照明标准

房间名称	规定照度的平面	维持平均照度(lx)	统一眩光值 UGR	显色指数 Ra
普通教室、史地教室、书法教室、音乐教室、语言教室、合班教室、阅览室	课桌面	300	19	80
科学教室、实验室	实验桌面	300	19	80
计算机教室	机台面	300	19	80
舞蹈教室	地面	300	19	80
美术教室	课桌面	500	19	90
风雨操场	地面	300	—	65
办公室、保健室	桌面	300	19	80
走道、楼梯间	地面	100	—	—

9.3.2　主要用房的照明功率密度值及对应照度值应符合表 9.3.2 的规定及现行国家标准《建筑照明设计标准》GB 50034 的有关规定。

表 9.3.2　教学用房的照明功率密度值及对应照度值

房间名称	照明功率密度(W/m^2)		对应照度值(lx)
	现行值	目标值	
普通教室、史地教室、书法教室、音乐教室、语言教室、合班教室、阅览室	11	9	300
科学教室、实验室、舞蹈教室	11	9	300
有多媒体设施的教室	11	9	300
美术教室	18	15	500
办公室、保健室	11	9	300

9.4 噪 声 控 制

9.4.1　教学用房的环境噪声控制值应符合现行国家标准《民用建筑隔声设计规范》GB 50118 的有关规定。

9.4.2　主要教学用房的隔声标准应符合表 9.4.2 的规定。

表 9.4.2　主要教学用房的隔声标准

房间名称	空气声隔声标准(dB)	顶部楼板撞击声隔声单值评价量(dB)
语言教室、阅览室	≥50	≤65
普通教室、实验室等与不产生噪声的房间之间	≥45	≤75
普通教室、实验室等与产生噪声的房间之间	≥50	≤65
音乐教室等产生噪声的房间之间	≥45	≤65

9.4.3　教学用房的混响时间应符合现行国家标准《民用建筑隔声设计规范》GB 50118 的有关规定。

10　建 筑 设 备

10.1 采暖通风与空气调节

10.1.1　中小学校建筑的采暖通风与空气调节系统的设计应满足舒适度的要求，并符合节约能源的原则。

10.1.2　中小学校的采暖与空调冷热源形式应根据所在地的气候特征、能源资源条件及其利用成本，经技术经济比较确定。

10.1.3　采暖地区学校的采暖系统热源宜纳入区域集中供热管网。无条件时宜设置校内集中采暖系统。非采暖地区，当舞蹈教室、浴室、游泳馆等有较高温度要求的房间在冬季室温达不到规定温度时，应设置采暖设施。

10.1.4　中小学校热环境设计中，当具备条件时，应进行技术经济比较，优先利用可再生能源作为冷热源。

10.1.5　中小学校的集中采暖系统应以热水为供热介质，其采暖设计供水温度不宜高于 85℃。

10.1.6　中小学校的采暖系统应实现分室控温；宜有分区或分层控制手段。

10.1.7　中小学校内各种房间的采暖设计温度不应低于表 10.1.7 的规定。

表 10.1.7　采暖设计温度

房间名称		室内设计温度(℃)
教学及教学辅助用房	普通教室、科学教室、实验室、史地教室、美术教室、书法教室、音乐教室、语言教室、学生活动室、心理咨询室、任课教师办公室	18
	舞蹈教室	22
	体育馆、体质测试室	12～15
	计算机教室、合班教室、德育展览室、仪器室	16
	图书室	20

续表 10.1.7

房间名称		室内设计温度(℃)
行政办公用房	办公室、会议室、值班室、安防监控室、传达室	18
	网络控制室、总务仓库及维修工作间	16
	卫生室（保健室）	22
生活服务用房	食堂、卫生间、走道、楼梯间	16
	浴室	25
	学生宿舍	18

10.1.8 中小学校的通风设计应符合下列规定：

1 应采取有效的通风措施，保证教学、行政办公用房及服务用房的室内空气中 CO_2 的浓度不超过 0.15%；

2 当采用换气次数确定室内通风量时，其换气次数不应低于本规范表 9.1.3 的规定；

3 在各种有效通风设施选择中，应优先采用有组织的自然通风设施；

4 采用机械通风时，人员所需新风量不应低于表 10.1.8 的规定。

表 10.1.8 主要房间人员所需新风量

房间名称	人均新风量 ($m^3/(h \cdot 人)$)
普通教室	19
化学、物理、生物实验室	20
语言、计算机教室、艺术类教室	20
合班教室	16
保健室	38
学生宿舍	10

注：人均新风量是指人均生理所需新风量与排除建筑污染所需新风量之和，其中单位面积排除建筑污染所需新风量按 $1.1m^3/(h \cdot m^2)$ 计算。

10.1.9 除化学、生物实验室外的其他教学用房及教学辅助用房的通风应符合下列规定：

1 非严寒与非寒冷地区全年，严寒与寒冷地区除冬季外，应优先采用开启外窗的自然通风方式；

2 严寒与寒冷地区于冬季，条件允许时，应采用排风热回收型机械通风方式；其新风量不应低于本规范表 10.1.8 的规定；

3 严寒与寒冷地区于冬季采用自然通风方式时，应符合下列规定：

1) 宜在外围护结构的下部设置进风口；

2) 在内走道墙上部设置排风口或在室内设附墙排风道，此时排风口应贴近各层顶棚设置，并应可调节；

3) 进风口面积不应小于房间面积的 1/60；当房间采用散热器采暖时，进风口宜设在进风能被散热器直接加热的部位；

4) 当排风口设于内走道时，其面积不应小于房间面积的 1/30；当设置附墙垂直排风道时，其面积应通过计算确定；

5) 进、排风口面积与位置宜结合建筑布局经自然通风分析计算确定。

10.1.10 化学与生物实验室、药品储藏室、准备室的通风设计应符合下列规定：

1 应采用机械排风通风方式。排风量应按本规范表 10.1.8 确定；最小通风效率应为 75%。各教室排风系统及通风柜排风系统均应单独设置。

2 补风方式应优先采用自然补风，条件不允许时，可采用机械补风。

3 室内气流组织应根据实验室性质确定，化学实验室宜采用下排风。

4 强制排风系统的室外排风口宜高于建筑主体，其最低点应高于人员逗留地面 2.50m 以上。

5 进、排风口应设防尘及防虫鼠装置，排风口应采用防雨雪进入、抗风向干扰的风口形式。

10.1.11 在夏热冬暖、夏热冬冷等气候区中的中小学校，当教学用房、学生宿舍不设空调且在夏季通过开窗通风不能达到基本热舒适度时，应按下列规定设置电风扇：

1 教室应采用吊式电风扇。各类小学中，风扇叶片距地面高度不应低于 2.80m；各类中学中，风扇叶片距地面高度不应低于 3.00m。

2 学生宿舍的电风扇应有防护网。

10.1.12 计算机教室、视听阅览室及相关辅助用房宜设空调系统。

10.1.13 中小学校的网络控制室应单独设置空调设施，其温、湿度应符合现行国家标准《电子信息系统机房设计规范》GB 50174的有关规定。

10.2 给 水 排 水

10.2.1 中小学校应设置给水排水系统，并选择与其等级和规模相适应的器具设备。

10.2.2 中小学校的用水定额、给水排水系统的选择，应符合现行国家标准《建筑给水排水设计规范》GB 50015 的有关规定。

10.2.3 中小学校的生活用水水质应符合现行国家标准《生活饮用水卫生标准》GB 5749 的有关规定。

10.2.4 在寒冷及严寒地区的中小学校中，教学用房的给水引入管上应设泄水装置。有可能产生冰冻部位的给水管道应有防冻措施。

10.2.5 当化学实验室给水水嘴的工作压力大于 0.02MPa，急救冲洗水嘴的工作压力大于 0.01MPa 时，应采取减压措施。

10.2.6 中小学校的二次供水系统及自备水源应遵循安全卫生、节能环保的原则，并应符合国家现行标准的有关规定。

10.2.7 中小学校的用水器具和配件应采用节水性能良好、坚固耐用，且便于管理维修的产品。室内消火栓箱不宜采用普通玻璃门。

10.2.8 实验室化验盆排水口应装设耐腐蚀的挡污箅，排水管道应采用耐腐蚀管材。

10.2.9 中小学校的植物栽培园、小动物饲养园和体育场地应设洒水栓及排水设施。

10.2.10 中小学校建筑应根据所在地区的生活习惯，供应开水或饮用净水。当采用管道直饮水时，应符合现行行业标准《管道直饮水系统技术规程》CJJ 110的有关规定。

10.2.11 中小学校应根据所在地的自然条件、水资源情况及经济技术发展水平，合理设置雨水收集利用系统。雨水利用工程应符合现行国家标准《建筑与小区雨水利用工程技术规范》GB 50400的有关规定。

10.2.12 中小学校应按当地有关规定配套建设中水设施。当采用中水时，应符合现行国家标准《建筑中水设计规范》GB 50336的有关规定。

10.2.13 化学实验室的废水应经过处理后再排入污水管道。食堂等房间排出的含油污水应经除油处理后再排入污水管道。

10.3 建筑电气

10.3.1 中小学校应设置安全的供电设施和线路。

10.3.2 中小学校的供、配电设计应符合下列规定：

1 中小学校内建筑的照明用电和动力用电应设总配电装置和总电能计量装置。总配电装置的位置宜深入或接近负荷中心，且便于进出线。

2 中小学校内建筑的电梯、水泵、风机、空调等设备应设电能计量装置并采取节电措施。

3 各幢建筑的电源引入处应设置电源总切断装置和可靠的接地装置，各楼层应分别设置电源切断装置。

4 中小学校的建筑应预留配电系统的竖向贯通井道及配电设备位置。

5 室内线路应采用暗线敷设。

6 配电系统支路的划分应符合以下原则：

1）教学用房和非教学用房的照明线路应分设不同支路；

2）门厅、走道、楼梯照明线路应设置单独支路；

3）教室内电源插座与照明用电应分设不同支路；

4）空调用电应设专用线路。

7 教学用房照明线路支路的控制范围不宜过大，以2个～3个教室为宜。

8 门厅、走道、楼梯照明线路宜集中控制。

9 采用视听教学器材的教学用房，照明灯具宜分组控制。

10.3.3 学校建筑应设置人工照明装置，并应符合下列规定：

1 疏散走道及楼梯应设置应急照明灯具及灯光疏散指示标志。

2 教室黑板应设专用黑板照明灯具，其最低维持平均照度应为500lx，黑板面上的照度最低均匀度宜为0.7。黑板灯具不得对学生和教师产生直接眩光。

3 教室应采用高效率灯具，不得采用裸灯。灯具悬挂高度距桌面的距离不应低于1.70m。灯管应采用长轴垂直于黑板的方向布置。

4 坡地面或阶梯地面的合班教室，前排灯不应遮挡后排学生视线，并不应产生直接眩光。

10.3.4 教室照明光源宜采用显色指数Ra大于80的细管径稀土三基色荧光灯。对识别颜色有较高要求的教室，宜采用显色指数Ra大于90的高显色性光源；有条件的学校，教室宜选用无眩光灯具。

10.3.5 中小学校照明在计算照度时，维护系数宜取0.8。

10.3.6 教学及教学辅助用房电源设置应符合下列规定：

1 各教室的前后墙应各设置一组电源插座；每组电源插座均应为220V二孔、三孔安全型插座。

2 教室内设置视听教学器材时，应配置接线电源。

3 各实验室内，教学用电应设置专用线路，并应有可靠的接地措施。电源侧应设置短路保护、过载保护措施的配电装置。

4 科学教室、化学实验室、物理实验室应设置直流电源线路和交流电源线路。

5 物理实验室内，教师演示桌处应设置三相380V电源插座。

6 电学实验室的实验桌及计算机教室的微机操作台应设置电源插座。综合实验室的电源插座宜设在靠墙的固定实验桌上。总用电控制开关均应设置在教师演示桌内。

7 化学实验室内，当实验桌上设置机械排风设施时，排风机应设专用动力电源，其控制开关宜设置在教师实验桌内。

10.3.7 行政和生活服务用房的电气设计应符合下列规定：

1 保健室、食堂的餐厅、厨房及配餐空间应设置电源插座及专用杀菌消毒装置。

2 教学楼内饮水器处宜设置专用供电电源装置。

3 学生宿舍居室用电宜设置电能计量装置。电能计量装置宜设置在居室外，并应设置可同时断开相线和中性线的电器装置。

4　盥洗室、淋浴室应设置局部等电位联结装置。

10.3.8　中小学校的电源插座回路、电开水器电源、室外照明电源均应设置剩余电流动作保护器。

10.4　建筑智能化

10.4.1　中小学校的智能化系统应包括计算机网络控制室、视听教学系统、安全防范监控系统、通信网络系统、卫星接收及有线电视系统、有线广播及扩声系统等。

10.4.2　中小学校智能化系统的机房设置应符合下列规定：

1　智能化系统的机房不应设在卫生间、浴室或其他经常可能积水场所的正下方，且不宜与上述场所相贴邻；

2　应预留智能化系统的设备用房及线路敷设通道。

10.4.3　智能化系统的机房宜铺设架空地板、网络地板，机房净高不宜小于2.50m。

10.4.4　中小学校应根据使用需要设置视听教学系统。

10.4.5　中小学校视听教学系统应包括控制中心机房设备和各教室内视听教学设备。

10.4.6　中小学校视听教学系统组网宜采用专业的线缆。

10.4.7　中小学校广播系统的设计应符合下列规定：

1　教学用房、教学辅助用房和操场应根据使用需要，分别设置广播支路和扬声器。室内扬声器安装高度不应低于2.40m。

2　播音系统中兼作播送作息音响信号的扬声器应设置在走道及其他场所。

3　广播线路敷设宜暗敷设。

4　广播室内应设置广播线路接线箱，接线箱宜暗装，并预留与广播扩音设备控制盘连接线的穿线暗管。

5　广播扩音设备的电源侧，应设置电源切断装置。

10.4.8　学校建筑智能化设计应符合现行国家标准《智能建筑设计标准》GB/T 50314的有关规定。

本规范用词说明

1　为便于在执行本规范条文时区别对待，对要求严格程度不同的用词说明如下：

1）表示很严格，非这样做不可的用词：
正面词采用“必须”，反面词采用“严禁”；

2）表示严格，在正常情况均应这样做的用词：
正面词采用“应”，反面词采用“不应”或“不得”；

3）表示允许稍有选择，在条件许可时首先应这样做的用词：
正面词采用“宜”，反面词采用“不宜”；

4）表示有选择，在一定条件下可以这样做的用词，采用“可”。

2　本规范中指明应按其他有关标准、规范执行的写法为：“应符合……的规定”或“应按……执行”。

引用标准名录

1《建筑抗震设计规范》GB 50011
2《建筑给水排水设计规范》GB 50015
3《建筑设计防火规范》GB 50016
4《建筑采光设计标准》GB/T 50033
5《建筑照明设计标准》GB 50034
6《民用建筑隔声设计规范》GB 50118
7《电子信息系统机房设计规范》GB 50174
8《公共建筑节能设计标准》GB 50189
9《建筑内部装修设计防火规范》GB 50222
10《智能建筑设计标准》GB/T 50314
11《民用建筑工程室内环境污染控制规范》GB 50325
12《建筑中水设计规范》GB 50336
13《安全防范工程技术规范》GB 50348
14《民用建筑设计通则》GB 50352
15《建筑与小区雨水利用工程技术规范》GB 50400
16《生活饮用水卫生标准》GB 5749
17《室内空气质量标准》GB/T 18883
18《城市道路和建筑物无障碍设计规范》JGJ 50
19《管道直饮水系统技术规程》CJJ 110
20《游泳池给水排水工程技术规程》CJJ 122

中华人民共和国国家标准

中小学校设计规范

GB 50099—2011

条 文 说 明

修 订 说 明

《中小学校设计规范》GB 50099－2011，经住房和城乡建设部2010年12月24日以第885号公告批准发布。

本规范是在《中小学校建筑设计规范》GBJ 99－86的基础上修订而成，上一版的主编单位是天津市建筑设计院，参编单位是北京市建筑设计院、西安冶金建筑学院、上海市民用建筑设计院、湖南大学、陕西省建筑设计院、中国建筑科学研究院、吉林省建筑设计院、四川省建筑勘测设计院、武汉市建筑设计院、福州市建筑设计院、内蒙古自治区建筑设计院、北京医科大学、山西医学院、哈尔滨医科大学，主要起草人是王绍箕、吴定京、张泽蕙、黄汇、张宗尧、王咏梅、闵玉林、陈世箖、陈述平、王正本、单明婉、张修美、董葭铭、赵秀兰、张绍纲、庞蕴凡、朱学梅、赵融、褚柏、王绍汉、许恒宽、关怀民、陆增懿、双全、王淑贤、郝同礼。

为便于广大设计、施工、科研、学校等单位有关人员在使用本标准时能正确理解和执行条文规定，《中小学校设计规范》编制组按章、节、条顺序编制了本规范的条文说明，对条文规定的目的、依据以及执行中需注意的有关事项进行了说明（还着重对强制性条文的强制性理由作了解释）。但是，本条文说明不具备与标准正文同等的法律效力，仅供使用者作为理解和把握规范规定的参考。

目　次

1　总则 …………………………… 1—10—26
2　术语 …………………………… 1—10—26
3　基本规定 ……………………… 1—10—26
4　场地和总平面 ………………… 1—10—27
4.1　场地 ………………………… 1—10—27
4.2　用地 ………………………… 1—10—28
4.3　总平面 ……………………… 1—10—29
5　教学用房及教学辅助用房 …… 1—10—30
5.1　一般规定 …………………… 1—10—30
5.2　普通教室 …………………… 1—10—31
5.3　科学教室、实验室 ………… 1—10—31
5.4　史地教室 …………………… 1—10—32
5.5　计算机教室 ………………… 1—10—32
5.6　语言教室 …………………… 1—10—32
5.7　美术教室、书法教室 ……… 1—10—32
5.8　音乐教室 …………………… 1—10—32
5.9　舞蹈教室 …………………… 1—10—33
5.10　体育建筑设施 ……………… 1—10—33
5.11　劳动教室、技术教室 ……… 1—10—33
5.12　合班教室 …………………… 1—10—33
5.13　图书室 ……………………… 1—10—33
5.14　学生活动室 ………………… 1—10—34
5.15　体质测试室 ………………… 1—10—34
5.16　心理咨询室 ………………… 1—10—34
5.17　德育展览室 ………………… 1—10—34
5.18　任课教师办公室 …………… 1—10—34
6　行政办公用房和生活服务用房 …………………………… 1—10—34
6.1　行政办公用房 ……………… 1—10—34
6.2　生活服务用房 ……………… 1—10—35
7　主要教学用房及教学辅助用房面积指标和净高 ……………… 1—10—35
7.1　面积指标 …………………… 1—10—35
7.2　净高 ………………………… 1—10—36
8　安全、通行与疏散 …………… 1—10—36
8.1　建筑环境安全 ……………… 1—10—36
8.2　疏散通行宽度 ……………… 1—10—36
8.3　校园出入口 ………………… 1—10—36
8.4　校园道路 …………………… 1—10—37
8.5　建筑物出入口 ……………… 1—10—37
8.6　走道 ………………………… 1—10—37
8.7　楼梯 ………………………… 1—10—37
8.8　教室疏散 …………………… 1—10—37
9　室内环境 ……………………… 1—10—37
9.1　空气质量 …………………… 1—10—37
9.2　采光 ………………………… 1—10—37
9.3　照明 ………………………… 1—10—38
9.4　噪声控制 …………………… 1—10—39
10　建筑设备 …………………… 1—10—39
10.1　采暖通风与空气调节 ……… 1—10—39
10.2　给水排水 ………………… 1—10—39
10.3　建筑电气 ………………… 1—10—40
10.4　建筑智能化 ……………… 1—10—41

1 总　　则

1.0.1 《中华人民共和国义务教育法》规定：学校建设，应当符合国家规定的办学标准，适应教育教学需要；应当符合国家规定的选址要求和建设标准，确保学生和教职工安全。其后的条文提出了居住分散的适龄儿童、青少年的寄宿问题；具有接受普通教育能力的残疾适龄儿童、青少年随班就读问题；依法维护学校周边秩序，保护学生、教师、学校的合法权益，为学校提供安全保障的问题以及学校的安全制度和应急机制等问题，并明确规定了相关的原则。据此在对1986年制定的《中小学校建筑设计规范》（后简称《原规范》）的修订工作中对以上这些问题都分别进行细化，对相关的条文进行了修改，并增添了部分技术性的规定。

1.0.2 本规范修订中已将《原规范》适用范围中的中等师范学校和幼儿师范学校移出。《原规范》不含农村学校，修订中将农村学校纳入，有利于提升农村中小学校建筑建设的标准，构建城乡一元化的学校建设新格局。

2 术　　语

2.0.1、**2.0.3** 个别地区（如上海市、哈尔滨市）的学制规定完全小学为5年制，初级中学为4年制，本次修订规范在基地及用房量化的统计中未将其分别列为一类，具体指标由地方标准调整。

2.0.8 本规范所规定的安全设计是指在满足国家规范涉及的场地设计、无障碍设计、疏散空间设计、消防设计、抗震设计、防雷设计等具体内容的基础上，对校园内教学活动及生活方面的安全保障和对易发生的灾害及事故的防范所进行的综合防御设计。

2.0.9 以建筑环境中物质方面的基本性质为基础，在与人群密切联系的有关特性方面，校园环境及学校建筑本身应对师生实现安全保障。本质安全设计是从根源上预先避免建筑内外环境及设备、设施等全部可能发生的潜在危险，这是本质安全与传统安全最重要的区别。针对校园本质安全进行设计的重点强调在方案设计阶段及初步设计阶段杜绝学校建成使用后可能发生的风险。本质安全型的建筑不仅内在系统不易发生事故，还具有在灾害中自主调节、自我保护的能力。

2.0.11 小学五年级至高中三年级的部分体育课必须在环行跑道上完成，其占地面积有定制，与办学规模及学生总人数之间无线性比例关系。本规范将校园总用地中减除环形跑道占地后的用地界定为"学校可比总用地"，学校可比总用地随办学规模及学生总人数成比例增减。

2.0.12 这是一项新的指标。用这一指标衡量中小学校设计的土地利用率比较客观、公平。以校园总用地为基数的容积率不易直接表达中小学校设计土地利用率的实效。本规范规定以学校可比容积率作为判定学校设计土地利用率的一项基本参数。

3 基 本 规 定

3.0.1 依据教育部的规定确定本条文中的班额人数，并据此合理布置课桌椅，核定教学用房面积。每班学生人数过多，教室内前排侧边座位及后排座位的学生看不清黑板上的字和图，不能保证教学预期效果。座位拥挤，遇突发事件时，疏散不畅，安全也难以保障。应按此标准限制班额人数，并应根据生源情况逐步推行小班额制。小班额制是各国办学的趋势。小班额易于因材施教，易于使老师更细致地关心每一个学生，使每一个学生的身心和智力都能健康成长。

3.0.2 本条关注全体儿童、青少年的身心健康发育。2005年由教育部、国家体育总局、卫生部、国家民委、科技部共同组织的第5次对全国城市和乡村的1320所学校25个民族的38万多名男女学生的身高、体重等身体形态、生理技能、身体素质及健康状况进行了调研，发表了《2005年中国学生体质与健康调研报告》。与1985年的记载相比，（7～18）岁学生的身高普遍有所增长，城市男生增长49mm，农村男生增长58mm，城市女生增长35mm，农村女生增长45mm。除身高外，肩宽、体重等其他参数也有明显变化。本规范在与体型及发育相关条文的修订中，对尺度的规定都作了相应的调整。

3.0.3 《中华人民共和国义务教育法》第19条明确规定："普通学校应当接受具有接受普通教育能力的适龄残疾儿童、少年随班就读，并为其学习、康复提供帮助"。学校建设应满足这一需求。为使学校资源物尽其用，目前阶段可由所在地的地方政府确定部分学校接受残疾生源，这些学校的设计必须符合本规范对设置无障碍设施的规定及现行行业标准《城市道路和建筑物无障碍设计规范》JGJ 50的有关规定。

3.0.4 配套基础设施是办学的基本条件。大部分配套基础设施（特别是管网）埋置于地下，在主体结构投入使用后再继续建设配套基础设施工程不但影响教学和生活，更会加大施工的难度和风险。为保障学校的教学、生活需要，创造健康的环境，必须具备水、电、通信等基础设施，本规范修订中增加了这一条文。设计和建造应符合这一建设需要。

3.0.5 "安全第一"是学校建设必须执行的基本原则。下列与校园安全相关的事故灾难个例触目惊心：

——1988年12月7日，莫斯科时间10时许，前苏联亚美尼亚加盟共和国北部发生里氏7级地震，截止到1989年3月，统计在24972名死亡者中，学生死亡近6000人；

——1994年12月8日，新疆克拉玛依友谊馆火灾，因各种诱因（窒息、中毒、踩踏、烧灼等）致死亡者323人，80%以上为中小学生；

——2002年9月23日19时许，内蒙古乌兰察布盟丰镇市第二中学三层的教学楼发生学生拥挤踩踏事故，造成21名学生死亡，43名学生受伤；

——2004年9月1日～3日，俄罗斯别斯兰中学发生车臣武装恐怖分子的人质事件，共造成326人死亡，其中多数为中学生；

——2005年6月20日，黑龙江宁安市沙兰镇中心小学在山洪中蒙难，117人死亡，其中包括105名学生。

以上事例警示学校校园的安全设计是学校设计工作中最重要的工作，必须认真、细致地处理每一个细节。特别应关注普通教室与各种专用教室之间的通道、教室与厕所及开水间之间的通道、教室内从座位到门口的通道、从教室门口到楼梯口的通道（走道）、楼梯间以及从楼梯间到楼门（建筑出入口）的通道等疏散途径必须安全通畅。

依据现行国家标准《城市抗震防灾规划标准》GB 50413及《建筑工程抗震设防分类标准》GB 50223规定，中小学校的教学用房、学生宿舍和食堂的抗震设防类别应不低于重点设防类（乙类）。应按所在地区的抗震设防烈度确定其地震作用进行抗震计算，并按高于本地区抗震设防烈度1度的要求加强其抗震措施。

3.0.6 学校建筑属重点抗震设防类建筑，且其各种教室、风雨操场空间较大，并有开敞的体育场地，通常可被选定为城乡“固定避震疏散场所”，作为人员较长时间避震和进行集中性救援的场所。为此应在学校的体育用地处设置各种生命保障设施的固定接口。日本阪神大地震时，生还者中有百分之八十受益于学校的避难设施，这一经验值得我国借鉴。避灾疏散场所必须具备有保障的生命线系统，包括应急照明、应急水源、应急厕所、食品备用库、应急通信系统及避难空间的通风换气系统。

3.0.7 目前在提高土地利用率的方针指引下、我国大中城市很多新建居住区的容积率为1.3～2.8。依此计算，每1平方公里内可布置一座4万～6万人的居住区，其中有880名～1320名初中学生和1720名～2580名小学生，宜建设2～3所完全小学和1所初级中学或完全中学。由此，资源共享的策划和设计有很大的可操作空间。以图书馆为例，每个学校可以各自建设藏书量为2万册（完全小学）或2万册～4万册（完全中学）的图书室，但也可以合建1座藏书量为10万册的水平较高的、稍具规模的图书馆。又以体育设施的建设为例，小学1年级～4年级的“体育技能”和“运动参与”内容中都没有中长跑项目，不需要环行跑道。每所24班的小学设置200m环行跑道，占地0.44万m^2，仅为每学期中长跑课时有限的五、六年级使用，效率太低。反之，由各校按课程标准规定自建篮、排球场等小场地，并共建有看台的中型（甚至是大型）运动场。在科学、公平地安排各校使用时间的前提下，可以明显提升整个地区各校体育设施的水平，也能充分发挥土地利用效益。

3.0.8 保护环境和节约资源是我国建设的国策，学校建设作为教育事业发展的一个重要方面，应率先做到不破坏环境并节约既有资源。对学校建设进行绿色设计需特别关注于以下4个方面：

1 校园规划及建筑设计满足中小学校的教学需要；

2 在建设、使用、改建、拆除的整个过程中对环境的影响减到最小；

3 节约土地、能源、水、材料等资源的消耗；

4 节约投资，提高建设项目的性价比，提高学校在全寿命周期内的经济性和运行效果。

进行绿色设计，把中小学校建设成为“绿色建筑”，符合社会发展的需要和国家建设的方针，也是全世界追求可持续发展的大趋势。同时，教育部制定的《环境教育课程指南》规定每所学校的建设本身就是该中小学校环境教育课程教材的一部分。所以，学校校园规划和建筑设计是否确实是绿色设计，将决定日后建成的学校将成为该校环境教育课程的“正面教材”还是“反面教材”。

3.0.9 在改建、扩建项目中宜充分利用原有的场地、设施及建筑。大拆大建，把场地全部推平再建，不但浪费，而且推除了原有的特色和文化痕迹。

3.0.10 我国各地区、各民族的各种条件及建造技能、特长的差异甚大，一方面要通过规范的规定使全民都能平等地受惠于国家的进步和发展；另一方面，要使学校建设项目因地制宜，植根于所在地域，宜采用当地乐于接受，易于推广的做法。

校园和学校建筑是校园文化的实体部分，对学生有熏陶作用。不同地区的学校应具有地方特色和民族传统，并适应自选课程的需要。继往开来，中小学校设计应创造条件使中华文化丰富、深厚的积淀得以世代传承。

4 场地和总平面

4.1 场　　地

4.1.2 本条对原条文有较大修改，并确定为强制性条文。

所谓自然灾害及人为风险高的地段指已知可能发生滑坡、泥石流、崩塌、地陷、地裂、雷暴、洪涝、冲埸、飓风、海啸等灾难的地段及地震断裂带上可能发生错位的部位。

校园周边环境质量以建校立项时的环境质量评估报告为依据。中小学校环境质量评估报告的内容应包括该地段的气候特征、空气洁净度、噪声级、地质条件、雷暴记录、电磁波辐射测定、土壤氡污染检验值等项。目前我国政府环境保护部门对各种污染源的防护距离的控制已有相关标准，在设计中应遵照执行。

4.1.3 学校是学生身心得以健康成长的园地，本条旨在保障师生安全及身心健康，应严格遵守。

1 殡仪馆、医院的太平间、传染病院是病源可能集中之处，长期为邻，对师生健康会造成威胁。

2 依据现行国家标准《建筑设计防火规范》GB 50016的有关规定，各类易燃易爆的危险场区的防护距离随危险品的类别及储放规模而不同，需区别处理。

4.1.4 本条规定强调学校布点要均匀，做到小学生上学时间控制在步行10min左右，中学生上学控制在步行15min～20min左右。

4.1.5 由于居住水平提高和人口增长率降低，一些地区居住人口密度降低，学生生源减少，成规模建制的学校布点稀，学生跨城市干道上学的现象并非罕见，极为危险。当城市干道的规划确定后学校选址时，学生生源尽量不跨城市干道；反之，在规划、建设城市干道时应同步规划建设适当的安全设施，以保障学生安全跨越。

4.1.6 本条规定的学校与铁路的距离300m，是二者间有建筑物遮挡时所需要的距离。当没有遮挡或学校处于流量大的铁路线转弯处或编组站附近时，距离需加大；当铁路的流量小或车速低时，此距离可缩小。本规范对高速路、地上轨道交通线或城市主干道作为噪声源规定的减噪距离是按照其对外廊式学校开窗教室的噪声干扰自然衰减距离确定的。

4.1.7 教学要防止受到噪声干扰。同时，学校音乐课、体育课、课间操，甚至全班集体朗读对周边近邻都可能造成噪声干扰。应在规划设计中通过对周边环境、用地形状认真调查、分析，合理布局，避免干扰近邻。若用地条件过差时，需对用地作相应调整。

4.1.8 本条对原条文进行了修改，并确定为强制性条文。

高压电线、长输天然气管道及石油管道都有爆燃隐患，危险性极大，故不得将校址选在这些管线的影响范围内。建校后亦不得在校园内过境穿越或跨越，以保障师生安全。

4.2 用 地

4.2.1 《原规范》未将道路及广场、停车场用地单独列出。近年来，各地重视校园环境的交往功能、空间设计和停车场地，道路及广场、停车占地比例提高，本次修订在用地分类时将其作为一类用地予以布置和计量。

4.2.2 土地是不可再生资源，学校建设中应该提高土地利用率。地下空间值得大力开发。地下空间的利用也有其明显的困难，即：缺少天然采光、自然通风；需要防水或防潮；防火要求高；结构受地上建筑结构的限制；建安成本也较高。然而，光导技术和防水技术的日渐成熟。同时，下沉式花园的做法能更有效地使地下室获得天然采光和自然通风。这些都有益于解决利用地下空间的困难。地下建筑建安成本虽高一些，但与节约的土地价值相比还是值得的，中小学校设计应充分利用地下空间。

4.2.3 判断学校建设的土地利用率时，应将用地分作随学生人数成正比例增减的用地及与学生人数无比例关系的用地两部分进行比较：

随学生人数成正比例增减的用地包括建筑用地、绿化用地及部分体育用地，如篮球、排球、体操、体育游戏等场地等。不成比例增减的用地包括环形跑道等。18班与36班的初级中学的学生人数差一倍，但依教学需要，都应配置一个至少是200m的环行跑道，占地同为0.58公顷，占有学校用地中很大的份额。将此参数按人均用地对学校设计的土地利用率进行比较，对规模小的18班学校不公平。所以，这部分占地不可比。本规范提出一个新术语："学校可比总用地"，定位为学校总用地减除环行跑道的占地。

为科学地判断学校设计对土地利用的水平，提出一个新的指标："学校可比容积率"。即：

学校可比容积率＝学校地上建筑面积总和/学校可比总用地。

4.2.4 2 中小学校自行车库用以停放教工及中学生的自行车。机动车库只能满足本校公车和教职工的自用车。车库建筑和用地应与学校所在地的交通和经济条件协调，结合实际情况设置。

3 设备用房主要包括变配电室、应急发电机房、水泵房、锅炉房等，设施用房主要包括水处理设施、垃圾收集点等。当所在地的市政设施完备时，学校无需自备全部设备与设施用房；条件差时，应补充其不足。

4.2.5 表1为中小学校主要体育项目的用地指标。

表1 中小学校主要体育项目的用地指标

项目	最小场地（m）	最小用地（m^2）	备 注
广播体操	—	小学2.88/生	按全校学生数计算，可与球场共用
	—	中学3.88/生	
60m直跑道	92.00×6.88	632.96	4道
100m直跑道	132.00×6.88	908.16	4道
	132.00×9.32	1230.24	6道

续表 1

项目	最小场地（m）	最小用地（m^2）	备注
200m 环道	99.00×44.20（60m 直道）	4375.80	4 道环形跑道；含 6 道直跑道
	132.00×44.20（100m 直道）	5834.40	
300m 环道	143.32×67.10	9616.77	6 道环形跑道；含 8 道 100m 直跑道
400m 环道	176.00×91.10	16033.60	6 道环形跑道；含 8 道、6 道 100m 直跑道
足球	94.00×48.00	4512.00	—
篮球	32.00×19.00	608.00	—
排球	24.00×15.00	360.00	—
跳高	坑 5.10×3.00	706.76	最小助跑半径 15.00m
跳远	坑 2.76×9.00	248.76	最小助跑长度 40.00m
立定跳远	坑 2.76×9.00	59.03	起跳板后 1.20m
铁饼	半径 85.50 的 40°扇面	2642.55	落地半径 80.00m
铅球	半径 29.40 的 40°扇面	360.38	落地半径 25.00m
武术、体操	14.00 宽	320.00	包括器械等用地

注：体育用地范围计量界定于各种项目的安全保护区（含投掷类项目的落地区）的外缘。

4.2.6 绿地是保障学校环境质量的重要方面，同时可进行科学课、生物课及环境教育课的直观教学及实践活动。不得强调气候条件差或缺少土地而忽略绿地的设置。种植园、小动物饲养园及水面的设置应据学校所在地的气候等自然条件、学校周边条件、学校办学特色等因素综合考虑确定。

4.2.7 《原规范》将广场及道路用地以道路中心线为界分解至其他三种用地之中，但从功能需要及安全因素着眼，本规范在用地性质和用地面积等方面将其列为一类用地予以规定。道路及广场、停车场用地占学校总用地的比例较小，但有必要予以重视。目前一些学校修建了面积过大的广场，不但土地利用率过低，广场地面为硬铺装也有损于校园热环境质量。

4.3 总平面

4.3.1 应完善总平面设计工作的内容，以避免因该层次的工作不到位而留下隐患。可持续发展是我国的国策，应遵照绿色设计的原则，充分而且合理地利用场地原有的地形、地貌，不宜将学校用地全部推平后再建。应进行竖向设计。竖向设计必须体现科学性、经济性。在总平面设计阶段结合发展需要进行管网综合设计也是实现可持续发展必要的工作内容。

4.3.2 《原规范》本条归属第 5 章，现移入本章。

经医学测定，当学生在课间操和体育课结束后，利用短暂的几分钟上楼并立刻进入下一节课的学习时，4 层（小学生）和 5 层（中学生）是疲劳感转折点。超过这个转折点，在下一节课开始后的 5min～15min 内，心脏和呼吸的变化会使注意力难以集中，影响教学效果，依此制定本条。中小学校属自救能力较差的人员的密集场所，建筑层数不宜过多，制定本条还旨在当发生突发意外事件时，利于学生安全疏散。

4.3.3 日照是学生健康发育的基本条件，日照时间长短直接关系学生的健康成长。我国卫生部的专题科研成果指出，人体只能通过每天有一定时间的日照才能合成维生素 D，日照对抑制癌细胞的侵袭和体格的生长能发挥重要作用。直射阳光并能够抑制和杀灭部分校内易发传染病的病菌，日照时间对病菌的杀伤作用见表 2。

表 2 直射阳光对各种病菌的杀伤时间

气温（℃）	季节	肺炎菌	金葡萄球菌	链球菌	流感病毒	百日咳	结核菌
20～30	夏	10min	1h	10min	5min	20min	2h
0～10	冬	1h	3h	10min	20min	3h	10h
10～20	春秋	1h	2h	10min	20min	30min	5h

直射阳光对保护学生健康有重要作用，小学生有 50％的课程在普通教室进行，中学生有 41％的课程在普通教室进行，所以本规范规定了普通教室冬至日满窗日照时间。荷兰、瑞士、日本、俄罗斯等国家的法规对学校建设的日照时间也有所规定。

4.3.4 为满足科学课及生物课教学对适时观察盆栽植物生长过程的需要，本条文对科学教室和生物实验室利用直射阳光作出规定。

4.3.5 本条对原规范作了较大修改，旨在利用所在地的气候条件节能并改善校园环境微气候质量。

4.3.6 1 当用地起伏不平时，各种体育项目的场地宜依照自然地形顺势布置在不同的高度上，但每一项目用地，包括安全区及周边的甬道，必须在同一高程上。

2 限制纵轴的偏斜角度是因为田径场内常顺纵轴布置球场。若长轴东西向布置，当太阳高度角较低时，每场有一方必须面对太阳投射，或面对太阳接球，极易发生伤害事故，故规定宜将场地的长轴南北向布置。一般学校早晨第一节课不安排体育课，所以对南偏东的限制较松；下午课外活动时，凡当日无体育课的学生都集中在操场上锻炼，人数多，所以对南偏西的限制更严格。

4 场地排水系统设计的正确与否对体育场地的质量和寿命影响很大。在排水设计中针对不同的场地材料做法应采用不同的参数、坡度及技术措施。

4.3.7 在开窗的情况下，教室内朗读和歌唱声传至室外1m处的噪声级约80dB，上体育课时，体育场地边缘处噪声级约70dB～75dB，根据测定和对声音在空气中自然衰减的计算，教室窗与校园内噪声源的距离为25m时，教室内的噪声不超过50dB。

《原规范》规定控制两排教室的长边相对时的间距及教室的长边与运动场的间距，由于现在学校的教室楼不一定是矩形，故修订为控制各类教室的外窗与相对的教学用房或运动场地之间的距离，以避免噪声干扰，影响教学效果。

4.3.9 升旗仪式是学校每日或每周重要的爱国主义教学内容。旗杆、旗台应设置在校门附近可以看到的显要位置处。

5 教学用房及教学辅助用房

5.1 一 般 规 定

5.1.1～5.1.3 此3条分叙了《原规范》第3.1.1条的内容。

1 国家加大教育投入及现代化教学手段的飞速发展促进了学校建设走向现代化，各地区的许多学校建设了名目繁多的应用现代化教学手段的新型教室。若逐一建设，利用率不高，而且现代化教学器材更新周期很短，不应顺势加建专用教室。本规范定位于在普通教室、合班教室、计算机教室等教室内增设或更换、更新器材配置，满足教学手段进步和一室多功能的需求，以此避免各种教室的重复性建设。如：

1）当普通教室内配置了计算机和投影仪，学生可以获得影视直观的教学，也可以放映动画教学片；

2）当普通教室设网络接口，网络控制室编排的教学片可通过网络传至教室，构成“班班通教室”；

3）当普通教室内配置了多媒体装备，则成为多媒体教室；

4）当合班教室内配置了多媒体装备，则成为可多班一同上课的多媒体教室；

5）当普通教室或合班教室设置数字化教学器材，则成为数字化教室（或称为数字化实验室）；

6）当普通教室、计算机教室、合班教室或一般房间内配置了现代化教学装备和通信外网接口，则成为远程教育教室；

7）计算机教室增加敷设师生对讲线则可以兼作语言教室；

8）当合班教室（多班）配置音响设备，并将讲台扩大为表演台（区）时，则成为多功能教室。

2 在普通教室内或美术教室内难以完成书法教学的任务。调查发现大多数学校因未设书法教室，降低了书法课的教学效果。本规范修订了对书法教室的设置规定。

3 在风、雨、雪、雷暴等恶劣气候出现较多的地区，没有风雨操场难以完成体育教学任务，体育课程标准的新内容也对体育设施的设置提出了新的要求。本规范修订了对体育设施的设置规定。

4 本次修订还增加了一些专用教室和公共教学用房。

1）劳动教室和技术教室。为培养学生的劳动观念、动手能力和自主创新能力，应设置有专业设施的环境。多年来，世界上许多国家，特别是发达国家，将劳动技术课确定为中小学教育的重要课程。在我国台湾地区的学校中，不但在劳技课上教授学生掌握一些基础性的劳动技能，同时通过学生亲手为自己的学校创造有用之物，使学生体会到劳动的成就感，提升了学生的素质。在中小学校中设置劳动教室和技术教室是提高民族素质之必需。

2）心理咨询室、体质测试室和德育展览室。目的在于有针对性地、有效地关心、帮助每一个学生的身心健康成长。各校可以利用本校的办学特色进行德育展示、布置校史展览和德育课的其他教学内容展示。学校设计应重视这方面的发展需要。

5.1.6 提高教室的利用率是学校建设节约资源的重要方面，现代化教学器材在功能兼容性方面的飞速进步为多学科共用某些教学用房创造了条件。

5.1.7 教学内容及教学模式的变化很快，在发达国家有一些中小学校取消大部分专用教室，加大了各班专用的普通教室，在其中设置较通用的实验设施，学生的多数课程都能在本班的教室完成。任课老师和实验员在各班的教室间流动。这种教学模式能节约较多的建设资源，但需增加一些教学设备和器材的投入。在规模不大的农村学校的建设中，这种做法值得借鉴。同时，在高级中学选修课比例日渐提高的情况下，我国和一些发达国家的部分高级中学开始取消每班专用的普通教室，学生像大学生一样，流动于各种专用教室和图书馆或自习室之间。为适应多种教学模式的需要及教学模式可能发生的变化，新增本条。

5.1.8 前端侧窗窗端墙长度达到 1.00m 时可避免黑板眩光。过宽的窗间墙会形成从相邻窗进入的光线都无法照射的暗角，暗角处的课桌面亮度过低，学生视读困难。

5.1.9 2 教学中常有些课程内容与颜色有关，若安装彩色玻璃，则透过的有色光线导致学生不能正确地辨识颜色。

5.1.11 2 观察窗的大小、形状以从门外可看到教室内的教学活动和不致影响学生的注意力为原则。常采用的观察窗为圆形和竖向或水平的窄缝。为隔声，观察窗应嵌装玻璃。

5.1.12 地面潮湿或温度过低会导致学生患风寒等多种不易治愈的慢性病；而且在严寒地区的冬季，地面也是一个不可忽视的散热面，设保温层既有利于学生健康成长，也有利于节能。

5.1.17 每一节课的教学内容多次在黑板板书和幻灯投影间转换，虽然能提高和加深学生对授课内容的理解，但是使学生的视力受到伤害。2008 年一些城市对学生视力测试的结果令人担忧。若不能方便地转暗，大多数课时拉着窗帘上课，不但有损于视力的发育，也使学生不能得到太阳光的免疫保健。转暗设施可依建设条件采用可调百叶或便于由教师控制开闭的窗帘等设施，也可采用专用设施。

5.2 普 通 教 室

5.2.1 我国现行国家标准《学校课桌椅卫生标准》GB 7792 规定了中小学校使用的课桌椅各有 10 种型号，桌面尺寸均为 0.60m×0.40m，桌面高标准尺寸为 0.76m～0.49m，其桌下净空、椅高、椅面的有效深度、椅宽、椅背的高宽都有相应的规定。本规范依据此标准的数据明确了单人课桌椅的平面尺寸。

5.2.2

2 目前，为适应现代化教学模式的需要，国家保障性投资使中小学校都能做到投影仪进教室。为了保护学生视力，把最前排课桌的前沿与黑板的水平距离较原规范规定增加了 0.20m。

4 最后排课桌后沿之后的座椅空间与疏散宽度合计 1.10m。

5 依据《2005 年中国学生体质与健康调研报告》关于中小学生体形增大的现实，将纵向走道的最小宽度定为 0.60m；较原规范加大了 0.05m。

6 以正确姿势写字，学生两肘间的宽度为 0.70m～0.80m，而课桌宽为 0.60m，课桌两侧空间需各设 0.10m 的伸出余地及 0.05m 的间隙，故宜留出 0.15m 空间。

注：1 对于普通教室多课程共用的多功能化和多教室组合建成按年级开放式的布置方式，本规范未予列入。

2 普通教室的布置应控制以下 11 个平面尺度：

1）排距；

2）最前排课桌前沿与前方黑板间的距离；

3）最后排课桌后沿与前方黑板间的距离；

4）最后排课桌后的横走道宽度；

5）纵向走道宽度；

6）桌端与墙面或突出物间的净距；

7）前排边座椅与黑板远端的水平视角；

8）黑板长度；

9）讲台长度及宽度；

10）讲台两端边缘伸出黑板边的距离；

11）前窗端墙宽度。

5.2.3 现在学生每天需携带的书很多，还有体育课必须穿的运动服和运动鞋。书包过大、过重已是普遍性问题。为了减轻学生携带困难，应设置每个学生专用的储物柜，让学生存放不需每天带回家的书本、衣物。对于靠步行较远距离上学的农村学校，设置储物柜更为必要。

5.3 科学教室、实验室

5.3.1 为与教育部近年颁发文件的用词一致，本规范将《原规范》的自然教室改称为科学教室，并增加部分新的内容和要求。

5.3.2 本次修订依据我国教育部颁发的新教学要求，采用现行标准实验桌椅及通用的布置方式。

1 目前世界各国开辟了多种实验课的新内容，所需要的实验桌各不相同。本条规定的实验桌尺寸符合我国教育设备有关标准的规定。力学实验是物理课最基础的实验，利用气垫导轨的力学实验能使学生直观地认识一些力学现象的作用过程和结果，但该仪器设备支座需要较长的桌面搁置，所以此次修订增加了气垫导轨所需的实验桌。

2 实验桌布置主要指科学教室及物理、化学、生物实验室内的实验桌的布置。

Ⅰ 科 学 教 室

5.3.3 科学课教学强调启发式教育和参与式学习，新课程要求学校设植物培养室和小型种植园、饲养园，故修订增加此条文。

5.3.4 依课程要求，学生需直接观察植物的栽种和生长过程，故至少应有一间科学教室可放置与授课内容相关的盆栽植物，其成活需要阳光。

Ⅱ 化学实验室

5.3.7 化学实验室的每个实验桌下都有给水排水管和排气管，如果设在首层，这些管线不致影响其他房间的使用，也易于检修。

5.3.8 当有害化学药品溅入眼中或接触皮肤时，需立即用急救冲洗水嘴冲洗。

5.3.9 《原规范》条文中无桌上通风排气装置的规定，现该装置的技术已成熟，从桌面排走污浊气体对学生健康有益。

Ⅲ 物理实验室

5.3.12 力学是中学物理教学的主要内容之一，因其实验器材的特点，对实验室的室内布置有一定的要求，故特别作出规定。

Ⅳ 生物实验室

5.3.18 生物显微镜观察实验室与解剖实验室对实验器材、设施及采光、照明等实验环境的需求差异较大，宜分开设置。

5.3.19 部分生物课程要求学生直接接触植物的栽种和生长过程，故实验室的朝向宜为南或东南，并在有阳光直射的一侧设置室外阳台或宽度不小于0.35m的室内窗台，以放置盆栽植物。

5.3.22 生物课经常需要分阶段结合教学展出相关的标本，通风不良、潮湿的环境中标本易霉变，阳光直射或闷热易使标本变质、干裂，生物标本多为有机物，应防虫，防鼠。本条强调了应有保护标本的必要措施。

Ⅴ 综合实验室

5.3.24 中学的理科教学中日益凸显各学科的综合性，十多年来，为了加深直观印象，培养创新思维能力，一些学校设立综合研习课，需有相应的实验教学用房。

5.3.25 物理化学和生物化学等多种综合研习课程所需要的实验桌及排列方式均不相同，故沿实验室周边贴墙布置各种管线的接口；在实验室中心部位宜留约$100m^2$地面无固定装置的空间，用以设置学生的实验桌；实验桌及布置方式可随不同的实验需要及不同的教学模式变换。

Ⅵ 演示实验室

5.3.27 **4、5** 个别学校建成了一种较大的阶梯式实验室，老师与学生互动，学生随老师边演示边实验，效果比较好。

5.3.28 演示实验室应使每一个学生都能看清老师完成实验的全过程，宜建成阶梯教室。

5.4 史地教室

历史事件与地域划分、民族构成、自然资源分布相关，而且历史课和地理课的课时都不多，宜共用一间专用教室。部分与历史、地理背景相联系的政治时事课也可以在史地教室进行。

5.4.1 学校把与近期课程有关的挂图、岩石标本等展品在教室内、陈列室（廊）或与史地教室贴邻的走道内陈列，教学效果较好。

5.4.2 在许多学校中，小地球仪已成为必备的教学器材，故增加此条。

5.5 计算机教室

5.5.3 为减少粉尘，计算机教室应配置书写白板。

5.5.4 计算机教室设置通信外网接口便于接受远程教育。

5.6 语言教室

5.6.2 依据外语课的新教学要求增加本条。情景对话是语言课口语教学有效的教学手段，表演区的大小取决于可同时参与表演的学生人数。$20m^2$可供2人～4人同时表演。

5.7 美术教室、书法教室

Ⅰ 美术教室

5.7.2 本条依据教学要求对《原规范》进行了补充。

5.7.3 写生课要求光源稳定，尽量避免直射阳光，窗宜朝北。当顶部采光时，也应避免阳光直射。

5.7.6 本条文的目的为避免环境色彩干扰学生对颜色的判断。

5.7.7 为适应现代艺术视听效果综合交融的需要，现代艺术课教室应配置音响设施，故新增设本条。

Ⅱ 书法教室

5.7.8 一些学校在建设时误认为在美术教室可以完成书法课的教学，没有设置书法教室。但美术教室与书法教室所采用的课桌椅不同，难以通用，使书法课不能正常进行。小学美术课可以在书法条案上进行，故小学书法教室可兼作美术教室。

5.7.10 依据调查成果，本条对《原规范》作了较大的修改和补充。

5.7.11 挂镜线宜设高低两组。高挂镜线可悬挂示范条幅，低挂镜线可悬挂学生的习作。

5.8 音乐教室

5.8.2 依据小学新课程标准的要求，低年级音乐课程内容有唱游课，故增加本条。该教室空间需满足1个班学生在教室内边唱边舞的要求。

5.8.4 音乐教室内设置合唱台是为了使教师和学生能互相看清练声时的口形，也可练习合唱或小件乐器合奏。合唱台宜紧贴后墙或侧墙布置。

5.8.6 一般音乐教室发出声音的声级约为80dB，当对相邻教室有噪声影响时，就应该采用隔声的门窗及其他隔声减噪措施。

5.9 舞蹈教室

5.9.1 为适应新课程内容要求增加技巧、武术、形体训练课的需要，本条对《原规范》进行了修改。

5.9.3 舞蹈课或形体训练课对于男生和女生采用不同的课程内容、要求及训练方法，应该分开上课；同时，在舞蹈课和形体训练课上，必须对学生逐一进行辅导，学生人数宜少，因此规定该教室只容纳半个班的学生。

5.9.5 本条为保障学生安全。

5.10 体育建筑设施

5.10.1 《原规范》有关体育设施的内容仅为风雨操场，为适应体育课程教学的新需求，本规范将本节改为“体育建筑设施”，包括风雨操场、游泳池及游泳馆。

风雨操场宜与室外体育场地贴近布置。应方便体育教学、体育活动并服务于社会。

风雨操场可以不设围护墙，也可以设围护墙。有围护墙的风雨操场也称作体育馆。为使各校依据学校所在地的气候特点、自身办学需要及建设条件建设风雨操场，本规范修订不再对风雨操场的类型划分作出规定。

在气候区划图中Ⅲ、Ⅳ类地区宜建室外游泳池或有棚架的游泳池。

Ⅰ 风雨操场

5.10.6 用以固定运动器械的预埋件不应影响活动安全，故不得高出楼、地面的完成面。

5.10.8 调查中看到一些学校体育馆的门窗布置忽略了对自然通风的气流引导设计，降温、通风完全借助于空调，增加了运营费用。因此，设计人员应当重视体育馆室内自然通风设计。

5.10.9 体育器材室应设借用器材的窗口和易于搬运运动器械的门和通道。

Ⅱ 游泳池、游泳馆

5.10.12 游泳对学生健康发育有益，各地许多有条件的新建校建设了游泳池。泳道数量和长度按比赛池规定设置有益于使训练适应比赛要求，提高训练效果。

5.10.13 为防止发生意外，不得设置跳水池。为保障师生安全，对于仅供教学及一般训练用的游泳池，不宜设置深水区。游泳特色校可视学校的办学特色及救生能力确定深水区的设置。

5.11 劳动教室、技术教室

5.11.1 我国教育改革强调对学生进行全面素质教育，设劳动课和技术课。学生通过劳动课与技术课学习生存与生活本领，初步掌握制作和操作的基本知识和技能，提高动脑动手能力、理论与实际相结合的能力和自主创新能力。同时，劳动的成就感使学生热爱劳动，热爱学校，从而提高了对自身行为的控制力。

现行课程标准规定，各类中学必须设置木工、金工技术教室。木工、金工技术教室，应按每1名～2名学生一个工位布置；高级中学必修课为信息技术课和通用技术课。信息技术课和部分通用技术课可以在计算机教室进行。中小学校可以选修电子控制技术、建筑与建筑设计、简易机器人制作、现代农业技术、汽车驾驶与保养、服装及服装设计、家政课与生活技术课等课程。这些课程都需要专门的教室。劳动教室和技术教室内可分组布置或按工位布置。

5.11.2 中小学校设置的劳动课程、技术课程中，烹调、农艺等专业的教室会产生油烟、气味，易对邻近教室及校园造成污染，应设置有效的排气设施。

5.11.3 各类中学设置的技术课程中，木工、机加工、汽车及农机具修理、缝纫及部分手工艺品制作等专业的技术教室产生的噪声、振动可能对邻近的教学用房或校外相邻建筑造成干扰，设计中需认真处理，不得超出现行国家相关标准的规定。课程作业中不应造成电磁波污染。

5.11.4 信息技术课为高级中学必修课，宜充分利用计算机教室，但配套设施需增加设置。

5.12 合班教室

5.12.3 容纳2个班的合班教室采用平地面不致影响授课的视听效果，但超过2个班的合班教室应按视线升高值设计为阶梯形地面，以保证每一个学生都能清晰地获得授课内容。

5.12.8 为保护学生视力并达到教学实效，本规范增设此规定。

1 在装设了视听器材的教室授课时，一般不会整节课都进行课件播放，讲课时，教师写板书和学生记笔记都需要天然采光达标的环境；

2 教室的转暗设备可以选用遮光窗帘或通风遮光窗，也可以是专用转换设施；可以是手动的，也可以是遥控的；

3 若桌面有局部照明，在播放视听教材时便于记笔记。

5.13 图书室

5.13.1 图书室有益于提高学习效果和学生自主学习能力。调查中多数学校提出，需要重视中小学校图书室的阅览和借书环境，并针对中小学生的特点进行设计。

5.13.3 3 视听阅览室是各类学校图书室必须设置的阅览室。在规模较小的学校中，为提高房间利用率，可兼作为计算机教室、语言教室等教室使用。

5.14 学生活动室

5.14.1 结合学生的关注科目和办学特色，各校都成立一些学生的兴趣小组或社团。因为这些学生组织都分别和某一门课程有关，所以常在普通教室、相关的专用教室或场地开展活动。一般情况下，各小组或社团都需要一个小房间，作为管理用房，并可存放开展活动的用品。

5.14.2 学生活动室的活动内容、数量、位置、使用面积及构成特点依所在地的历史地理、文化传统、经济发展及学校办学特色确定。

依城乡学校目前的现状调查，各类学校学生活动室的使用面积（总计）不宜小于表3的规定。全面素质教育使学生兴趣活动小组日益活跃、发展，今后，学生活动室的总使用面积将会随之增加。

表3 学生活动室使用面积最小值（总计）

类别	规模（班）	总面积（m^2）
非完全小学		25
完全小学	12	30
	18	36
	24	54
	30	72
初级中学	12	36
	18	54
	24	72
	30	90
高级中学	18	36
	24	72
	30	90
	36	108
九年制学校	18	36
	27	54
	36	72
	45	90
完全中学	18	36
	24	72
	30	90
	36	108

5.15 体质测试室

5.15.1 依据国务院批准的《学校卫生工作条例》和教育部发布的《国家学生体质健康标准》，各校都应设置体质测试室，定期为学生进行体质测试。

体质测试室的位置宜设在风雨操场或医务室附近。若建在风雨操场附近，可以方便地进行体能测试；若建在医务室附近，则可以由学校的卫生保健机构兼管体质测试的工作。

5.15.2 学生进行体质测试时，活动量较大，体质测试室应有良好的自然通风。

5.16 心理咨询室

5.16.1 目前，对于心理咨询工作有多种不同的做法，其中对学校建设要求差异较大的为以下两种：

1 强调学生私密性的做法是由学生单独面对计算机选择问卷，并快速回答计算机所提出的一系列问题，然后从计算机上得到忠告；

2 强调公开化的做法是把学生中共同的、相似的问题由老师提炼后提出，在全班讨论，寻找正确的、统一的解决途径；更有一些国家和地区的学校在合班教室内或设置较大的心理活动室，由学生分组自编自演心理剧，全班同学在互相观摩后进行研讨，共同用自己的力量化解自己的心结，使心理素质得到提高。

心理健康是中小学生健康成长重要的方面，也是全世界教育界极为关切的重点方面。在我国，心理关怀刚刚开始，设置心理咨询室是必要的起步措施，比较普及的做法是沙盘测试。

5.17 德育展览室

5.17.1 一些有革命传统或有历史传统的学校常把德育展览室和校史展览室合建。一些办学有特色的学校常把德育展览室和特色的成绩展览结合。各校不同，但展览与德育课程的内容应全面结合。德育展览的位置应便于全校学生观看。

5.18 任课教师办公室

5.18.1 一般情况，完全小学、非完全小学均为“年级组制”；初级中学及九年制学校多为“年级组制”；完全中学及高级中学则各校不同。

5.18.2 许多国家和地区的一些新建学校常把年级组教师办公室贴近该年级的教室布置，教学效果较好。

6 行政办公用房和生活服务用房

6.1 行政办公用房

6.1.1 本条规定了保证教学工作有序运转的各种行政办公用房，其中档案室、文印室、广播室、值班室、安防监控室、网络控制室、卫生室（保健室）、传达室各校只设一间，其使用面积一般为 $14.00m^2$ ～ $32.00m^2$；其他房间依学校的类别及规模确定。

教职员人数依据教育部《关于制定中小学教职工

编制标准的意见》设定。

6.1.2 5 广播室面向操场可配合课间操和在操场上集会时召唤全体师生。广播室承担在课间操及其他室外教学活动时同步播放课件的工作。

6.1.4 在我国，现代化教学手段已经成为镇以上各个学校不可或缺的教学手段。建设网络控制室可有效利用各种教学资源，使利用计算机的各个教学环节有序运转。网络控制室内，多个网络器材在一个较小的空间内运行，散热量大，宜设空调。

6.1.6 依据卫生部及教育部的有关规定，中小学校应设置卫生室或保健室。卫生室与保健室的资质不同，承担的工作范围也不同。

1 体育场地是最容易发生肢体伤害的地方，卫生室（保健室）在体育场地附近易于及时治疗。

2 出于保护隐私的目的，中学卫生室（保健室）宜分设2间。目前因儿童成熟较早，也有些小学生希望检查空间有所分隔。

3 视力检查要求6.00m长的空间；有镜面反射时可减小为3.50m。

6.2 生活服务用房

6.2.1 应认真调查学校周边的交通、市政及生活服务条件，因地制宜地确定食堂、停车库（棚）及设备用房等生活服务用房的设置。有关设备用房的设置应符合本规范第10章的有关规定。

Ⅰ 饮 水 处

6.2.2 旱厕、化粪池等设施对水质、土壤有污染。

Ⅱ 卫 生 间

6.2.8 1 本款条文依据教育部制定的“中小学校教学卫生基本标准”的规定制定，并根据调查成果进行调整。

1）通过调查，普遍的现象是课间女生卫生间排队，总有学生因如厕而在下一节课迟到，严重的是个别女生因不能及时如厕而致病。调查中凡15人～20人一个大便器的女生卫生间拥挤，排队，这和计算的结论接近（计算基本依据是：每个上午有3次课间休息，每次休息10分钟，除往返走路外，每个厕位仅供3名～5名女生使用。估计每个女生在每个上午、下午各如厕1次），故规定女生每13人设1个大便器。

依本条规定测算：男生每40人设3个厕位（1个大便器＋2个小便斗）；女生每39人设3个厕位，接近1∶1。调查结果说明，本规范的规定基本上是可行的。

2）原1.00m长大便槽太短，不能供1个人使用，改为1.20m长；每个男生的体宽为0.60m，故小便槽每个厕位的长度改为0.60m。

6.2.15 无害化卫生厕所的设置技术进步很快，有的和沼气的利用相结合，有的采用大小便分离便器并烘干大便的措施，本规范不对其作出技术性规定，详见相关标准的规定。

作为中小学校，科学课、实验课等许多必修课程必须有给水排水系统的保证，有些学校因缺少必要的市政条件而无法提供水冲式卫生间的情况应该是暂时现象。

Ⅲ 浴 室

6.2.16 师生在风雨操场及舞蹈教室的活动量大，有淋浴的需求。对于不设学生浴室的学校，宜在体育教研组办公室附近设体育及舞蹈教师专用的浴室。

Ⅳ 食 堂

6.2.20 当前城镇学校的学生家长大部分是双职工，家长普遍要求让走读学生在学校吃午饭。调查中看到，大部分没有食堂的学校没有设置配餐室和发餐室，当社会送餐公司提供的午餐送到后，就在走道的地上分餐、发餐，很不卫生。所以规定应设配餐室、发餐室。

Ⅴ 学 生 宿 舍

6.2.24 由于地下室和半地下室的通风、采光、日照、湿度、排水、安全等各方面的条件不适于居住，宿舍设在地下室或半地下室不利于学生健康发育，特新增此强制性条文。

6.2.28 因学生宿舍中早晚学生如厕时间集中，盥洗室、卫生间及浴室的服务范围不宜过大，卫生洁具配置的数量宜略高于现行国家标准《宿舍建筑设计规范》JGJ 36的有关指标。

6.2.29 为保障学生健康，夜间关窗睡觉期间宜有 $15m^3$ 的空气量，人数超过6人时所需空间过大，不经济；人数过多也会互相干扰。

Ⅵ 设 备 用 房

6.2.32 设备用房的设置应结合所在地的市政基础设施的设置条件及管理、维护条件进行设计。

7 主要教学用房及教学辅助用房面积指标和净高

7.1 面 积 指 标

7.1.1 中小学校中许多非教学用房都有其相应的设计规范，本规范不作规定，本规范仅对主要教学用房及教学辅助用房的设计要求进行表述，故本章标题与

《原规范》相比，缩小了涉及面。

表7.1.1的注1表述的“黑板可视线”的范围按本规范第5.2节、5.3节及5.12节的有关规定界定。

7.1.2 场地面积见本规范第4.2.5条的条文说明。

7.1.3 因课程内容不同，劳动教室及技术教室的工艺跨行业范围很宽，所需使用面积差异很大，各行业有行业标准规定，本规范不作统一的规定。

7.2 净 高

7.2.1 净高指楼、地面完成面至结构梁底或板下突出物间的垂直距离。当室内顶棚或风道（管道）低于梁底时，净高计至顶棚或风道（管道）底。

净高按上课时学生所需要的空气量及教室使用面积确定。依据《中小学校教室换气卫生标准》GB/T 17226规定的每名学生每小时必要换气量计算所得净高见表7.2.1。如果所在地的气候能使教室全年都开窗上课，净高可适当调整，但不得低于3.00m。

8 安全、通行与疏散

8.1 建筑环境安全

8.1.3 建筑材料、装修和装饰材料可能使空气遭受物理性、化学性、生物性和放射性污染。

某些天然石材和矿物性水泥等材料都可能释放一定的放射性元素，特别是碱性花岗岩的放射性比活度是土壤的数倍；在设计中对于建筑材料、产品、部品、混凝土冬期施工添加的缓凝剂、保温隔热板材、人造板材、涂料、壁纸、胶粘剂等的采用及机械通风设施的择定若有疏漏则可能导致污染物（如甲醛、苯、氨、氡、细菌、病毒、可吸入颗粒物等）超标，对学生的皮肤、眼睛、上呼吸道、肺、脑、神经系统的伤害难以估计。故中小学校设计应严格执行有关可能影响环境质量的建材、产品、部品的采用规定。

8.1.5 为保障学生安全，新增设本条，并确定为强制性条文。

中小学生身高增高，重心上移，窗台也应随之相应升高。依据《2005年中国学生体质与健康调研报告》公布的学生身高，将临空窗台的最小允许高度确定为0.90m。这一高度比现行国家标准《民用建筑设计通则》GB 50352的规定提高了0.10m。

8.1.6 上人屋面栏杆的高度应从屋面至栏杆扶手顶面垂直高度计算，当上人屋面、外廊、楼梯、平台、阳台等临空部位的栏杆扶手以下有可蹬踏部位时，扶手高度应从可蹬踏部位顶面起计算。

现行国家标准《建筑结构荷载规范》GB 50009-2001（2006年版）中规定了栏杆顶部水平推力的荷载为1.0kN/m。由于学生平日嬉闹或应急疏散时，集中挤压、推搡栏杆的人数常超过2人/m，本规范加大为1.5kN/m，并应加强对防跌落栏杆的构造及安装设计，以防拥挤时跌落。

为保障学生安全，新增设本条，并确定为强制性条文。

8.1.8 2、3 总结近年来发生的多起安全事故的教训，针对中小学生在突发事件中难以自控的现象，规定各教学用房的疏散门均应向疏散方向开启，以避免出现数十人同时涌上，使疏散门难以开启的灾难性事件。

外开门窗可采用开启扇局部凹入教室的平面布置；也可利用长脚合页等五金，使开启扇开启180°。

4 学校应训练学生自己擦窗，这是生存的基本技能之一。为保障学生擦窗时的安全，规定为开启扇不应外开。为防止撞头，平开窗开启扇的下缘低于2m时，开启后应平贴在固定扇上或平贴在墙上。装有擦窗安全设施的学校可不受此限制。

8.1.9 近年来，许多城市的燃气管道敷设完善，学校中已普遍以燃气替代酒精灯作为实验用的热源。在实验室里，密集的燃气管一旦受到地震作用而破坏时，火灾将成为严重的次生灾害。这种可预见的隐患必须规避。对于在抗震设防烈度为6度或6度以上地区建设的学校难以回避采用燃气作为实验热源时，设计中应采用相应的保护性技术设施。

8.2 疏散通行宽度

8.2.1 依据教育部、卫生部等五部委发布的《2005年中国学生体质与健康调研报告》中有关中小学生体宽较1985年明显增宽0.05m的测定成果，本规范将中小学生每股人流的宽度规定为0.60m。

8.2.2 计算疏散宽度时，疏散路径的每处都宜以1股人流0.60m的整数倍计算。不足1股人流0.60m的宽度对发生意外灾害时没有逃生作用。在设计中疏散宽度满足需要的同时还有接近0.60m的余量时，拥挤时会多挤入一股人流，导致部分人侧身行走，更易发生踩踏事故。

8.2.4 依据现行国家标准《建筑设计防火规范》GB 50016的有关规定制定本条。

8.3 校园出入口

8.3.1 对于中小学校，校门应分两处设置。学校正门，一方面要防止早晨急于奔赴学校或下午放学时涌出学校的学生与过路的车辆发生冲撞；另一方面要使进出校门的自行车和小型机动车便于为步行出入的师生让路。大型机动车（运送厨房的主副食料、教学装备、房屋与设施维护工料运输用的大型机动车及垃圾运输车）应以次要校门为出入口，避免与步行的师生交叉。

8.3.2 校门口人流、车流交叉对学生安全是严重的威胁，校门前退让出一定的缓冲距离是重要的安全措施。同时据调查，校园主要出入口明显干扰城市交通。在城市里，干扰主要集中在三个时段：

1 早晨进校时，在校门前，近半数步行的和骑自行车的学生急于横穿道路进校；部分送学生上学的小汽车也同时停车，校门前的道路每天早晨堵塞近半小时；

2 下午放学前，接孩子的家长围着校门，家长的车堵塞校门前的机动车道，堵塞的时间长于早晨；

3 召开家长会的时候，家长驾车前来的数量远多于平时接送学生的汽车数量。学校没有客用停车场，堵车的时间比家长会的时间长。

为使师生人流及自行车流出入顺畅，校门宜向校内退让，构成校门前的小广场，起缓冲作用。退后场地的面积大小取决于学校所在地段的交通环境、学校规模及生源家庭情况。为解决家长的临时停车问题，若由学校建停车场则利用率过低，需由社区或城市管理部门结合周边的停车需要统一规划建设。

8.4 校园道路

8.4.5 中小学校学生的行动经常是群体行动，道路有台阶易发生踩踏事故。在人流集中的道路上设置台阶可能成为紧急疏散时的隐患，宜采用坡道等无障碍设施处理道路的高差。

8.5 建筑物出入口

8.5.3 为保障集中时段疏散的安全，《建筑设计防火规范》GB 50016 规定，在建筑外门的内外 1.40m 范围内不得设台阶。为创造条件使轮椅进出方便，本规范调整为 1.50m 范围内不宜设置台阶。

8.5.4 挡风间的深度不宜小于 2.10m。

8.6 走道

8.6.2 在走道内无天然采光处设置台阶易发生踩踏事故，中小学校设计应避免此类隐患。

8.7 楼梯

8.7.2 多个学校发生的踩踏事故说明，当梯段宽度不是人流宽度的整数倍时很不安全。2009 年 12 月湖南省某校楼梯间的踩踏事故使 8 名学生死亡，26 名学生受伤。该楼梯梯段宽度为 1.50m(2.5 股人流)，课后急拥下楼时，会挤入 3 人，必然有人侧身下行，极易跌倒。惨痛的教训不可重演。为保障疏散安全，本条规定，中小学校楼梯梯段宽度应为人流股数的整数倍。

应依据现行国家标准《民用建筑设计通则》GB 50352 的方法，并按本规范每股人流宽度的规定为 0.60m 计算楼梯梯段宽度。行进中人体摆幅仍为（0～0.15）m，计算每一梯段总宽度时可增加一次摆幅，但不得将每一股人流都增计摆幅。

8.7.7 下课时，特别是突发意外灾害紧急疏散时，在中间层楼层休息平台与下行梯段接口处，从走道出来急于下楼的人流与自上一层继续下楼的人流易发生冲撞挤踏事故，为防止此类隐患，增设此条文规定。

8.8 教室疏散

8.8.1 《原规范》规定了门口宽度。当门的构造做法不同时，实际疏散通行净宽度不同。为保障实际疏散能力，本规范依据现行国家标准《建筑设计防火规范》GB 50016 的有关规定，对教室疏散门的最小通行净宽度作出规定，并规定了开启方向。

9 室内环境

9.1 空气质量

9.1.1 中小学校建筑室内的空气质量对学生的发育和一生的健康很重要，质量过低时，既有突显性的征兆，也有隐性且难以排除的长期影响，必须按国家标准严格控制。

9.1.3 应测算各主要用房的面积与净高，对照本规范表 10.1.8 中师生对新风量的要求，计算所需的换气次数应符合表 9.1.3 的规定。

充足的新鲜空气保证学生能够健康成长，并能保证学生的听课质量。经测定，在换气不足的教室里，由于一个班学生新陈代谢的作用，第二节课以后，学生的注意力就因为缺氧而难以集中。根据日本就学校教室换气量多少对学生学习效率的影响分析显示，换气次数为 0.4 次/h 与 3.5 次/h 对比时，后者学生的学习效率可提高 5%～9%。同时，随着学生在教室停留时间的增加，换气量大的教室内学生的学习效率可提高 7%～10%。设计应认真执行本规范对换气的规定。

9.2 采光

9.2.1 学校教学用房采光的优劣直接影响视力发育、视觉功能、教学效果、环境质量和能源消耗，故必须为教学用房创造良好的光环境，充分利用天然光。本条文规定了中小学校建筑合理的采光系数和相应的窗地面积比。

制定本条文的依据如下：

1 采光系数最低值

1）实测调查

根据实测调查 16 所学校教室采光效果，有 7 所采光系数为 0.5%～1.0%，占 44%；9 所为 1.0%～2.0%，占 56%，后者采光评价较好。

2）参考国外标准

俄罗斯为 1.5%，英国、日本、荷兰均为 2%。

3）国家标准《建筑采光设计标准》GB/T 50033 规定学校建筑中各类教室的采光系

数最低值标准为 2%。规定的这一标准只适用于Ⅲ类光气候区，其他光气候区的采光系数应乘以相应的光气候系数。

2 窗洞面积与地板面积之比（简称窗地比）只作为采光设计初步估计时用，不能作为采光设计的最后依据，最终采光窗尺寸由采光计算确定。

根据对 16 所学校的调查结果，1∶3～1∶4 的窗地比有 12 所，占 75%，1∶4～1∶5 有 2 所，占 12.5%。本规范根据现行国家标准《建筑采光设计标准》GB/T 50033 的规定，教室、实验室等教学用房的窗地面积比为 1∶5。

3 采光系数最低值应按照现行国家标准《建筑采光设计标准》GB/T 50033－2001 的第 5.0.2 条进行计算。

9.2.2 为防止学生书写时自身挡光，教室光线应自学生座位的左侧射入。根据现场调研结果，有南廊的双侧采光的教室，靠北窗形成的采光系数均大于靠南廊侧窗形成的采光系数。故有南廊的双侧采光的教室应以北侧窗为主要采光面，以此采光面决定安设黑板的位置。

9.2.3 室内各表面的反射比值主要依据现行国家标准《建筑采光设计标准》GB/T 50033 制定。

9.3 照　明

9.3.1 学校教学用房的照明标准是根据对我国各地 99 所学校的教学用房进行调查的结果，并参考 CIE 标准《国际照明委员会标准》及一些发达国家的标准，经综合分析研究后制定。学校教学用房的国内外照度标准值对比见表 4。

表 4　学校建筑国内外照度标准值对比（lx）

房间或场所			教　室	实验室	美术教室	采用视听教学器材的教室	教室黑板
调查	重点	照度范围	200～300 (66.6%)	200～300 (70%)	—	—	<150 (55%)
		平均照度	232	295	196	300	170
	普查		200～300 (94.00%)	200～300 (94.80%)	200～300 (94.10%)	200～300 (90.70%)	—
我国现行标准 GB 50034－2004			300	300	500	300	500 (黑板面)
CIE 标准 CIES 008/E－2001			300	500	500	500	500
			500(夜校、成人教育)		750		
美国 IESNA-2000			500	500	500	—	—
日本 JISZ 9125-2007			300	500	500～750	500	500
德国 DIN 5035-1990			300	500	500	500	—
			500				
俄罗斯 СНиП 23-05-95			300	300	—	400	500
本规范			300	300	500	300	500

注：CIE 标准为国际照明委员会制定的标准。

由表 4 可知：

1 教室的实测照度大多数在 200lx～300lx 之间，平均照度为 232lx。实际照度和设计照度均较低。我国现行国家标准《建筑照明设计标准》GB 50034 规定为 300lx，本规范依此将教室照度标准定为 300lx。

其他国家的情况：国际照明委员会（CIE）推荐的标准规定普通教室设计照度为 300lx；夜间使用的教室，如成人教育教室，照度为 500lx，德国与 CIE 标准相同，日本为 300lx。

2 实验室实测照度大多数在 200lx～300lx 之间，平均照度为 294lx。CIE、美国、日本和德国均在 500lx 以上，仅俄罗斯为 300lx。本规范根据我国实际情况采用与教室相同的 300lx 的标准值。

3 采用视听器材的教室的普查照度多在 200lx～300lx 之间，CIE、日本和德国均为 500lx，俄罗斯为 400lx，我国照明标准为 300lx。本规范采用与我国照明标准相同的 300lx。

4 舞蹈教室采用与普通教室相同的照度标准值。

5 美术教室的普查照度多在 200lx～300lx 之间，我国和多数国外标准为 500lx，因美术教室视觉工作精细，本规范采用与我国照明标准相同的标准值，确定为 500lx 的标准值。

6 风雨操场采用现行国家标准《建筑照明设计标准》GB 50034 中无彩电转播各种球类项目为 300lx 的标准，且现行建筑工程行业标准《体育场馆照明设计及检测标准》JGJ 153 中使用功能为训练、娱乐空间的照度标准也是 300lx。

7 办公室的照度标准采用我国照明设计标准，为 300lx。

8 教学用房区域为人员密集场所，学生同时下课，同时涌入走道和楼梯间。特别是，当发生突发意外事件时，未成年人在光线黯淡的走道、楼梯间中，容易造成混乱，发生冲撞踩踏事故。走道、楼梯间的照明值过低是近几年学校内发生踩踏事故的原因之一。故本条规定把走道、楼梯间的照明标准调整为 100lx。教学用房区域内的走道、楼梯间的应急照明标准值也应按照人员密集场所进行设计。

9 主要依据现行国家标准《建筑照明设计标准》GB 50034，确定学校建筑用房的统一眩光值 UGR 和显色指数 Ra。

10 UGR 是评价室内照明不舒适眩光的量化指标。《室内工作场所照明》标准 CIE S 008/E 的规定值可作为 CIE 成员国参照使用。我国也采用此评价方法。它是度量处于视觉环境中的照明装置发出的光引起人眼不舒适感主观反应的心理参量，其值可按 CIE 的 UGR 公式计算，公式已列于现行国家标准《建筑照明设计标准》GB 50034 的附录中。

11 一般显色指数是光源对八个一组色样（CIE1974 色样）的特殊显色指数平均值。符号用 Ra

表示，与参比标准光源相比较，显色性一致时，其显色指数 Ra 为 100，当 Ra 小于 100 的数时，即有显色失真的表现，其数值越小，颜色失真度越大。根据现行国家标准《建筑照明设计标准》GB 50034 规定，在长时间有人工作的房间，其照明光源的显色指数不应小于 80。

12 照度均匀度是指教室的最小照度与平均照度之比，不得小于 0.7。

9.4 噪声控制

9.4.2 依据现行国家标准《民用建筑隔声设计规范》GB 50118 的有关规定制定本条的标准。

9.4.3 设计对混响时间的处理直接影响讲课的清晰度。现行国家标准《民用建筑隔声设计规范》GB 50118 对主要教学用房的混响时间作出了明确的规定，中小学校设计应符合该标准的有关规定。

10 建筑设备

10.1 采暖通风与空气调节

10.1.2 各地能源结构和自然条件差别较大，采用适合当地的冷热源形式，可以达到节能的目的。

10.1.3 区域供热网建设在城镇的推进速度很快，学校的采暖系统纳入其中是学校建设之首选。农村学校及建设条件较困难的学校，宜在校内建设集中采暖系统，或采用学校所在地适宜的其他节能型采暖系统。

10.1.6 由于教学用房内各功能区内人员停留时间、时长各不相同，分区或分层控制有利于在维持一定舒适度的条件下节约能源。

10.1.7 采暖设计中可将室内设计温度提高 2℃，为学生和老师提供一定程度内对舒适度的选择，也为日后调整和发展留有余地。

10.1.8 中小学校的通风设计

1 卫生部规定室内 CO_2 最高允许浓度为 0.1%，鉴于教室内学生集中且基本为平静状态，故将 CO_2 允许浓度规定为 0.15%。

4 依室内 CO_2 浓度为 0.1%时的新风量 31.8m^3/(h·人)折算，浓度为 0.15%时新风量是 18.3m^3/(h·人)。此值的确定也参考了美国有关规定中对呼吸区最小新风量的要求。

10.1.9 新鲜空气对于学生的健康和听课时集中注意力是必要的保障。目前有两种违背科学的认识和做法：其一是误认为教室内安装空调是对学生的关怀，更是学校档次的标志；其二是为保温隔热，寒冷地区和严寒地区有些学校的教室整个冬季不开窗。本规范为保障学生健康成长，并保证教学效果，要求学校通风设计应执行本条规定。

3 换气方式：

各气候区中小学校在不同季节宜采用不同的换气方式：

在夏热冬暖地区，四季都可开窗；在夏热冬冷地区可采用开窗与开小气窗相结合的方式；在寒冷及严寒地区则在外墙和走道开小气窗或做通风道的换气方式。教室如在外墙开窗，风直接吹到学生身上，容易感冒，故以设风斗式小气窗为宜，或将进风口设在散热器后方，让新风经散热器加热后送入教室内。

参照前苏联学校建筑设计的卫生要求，其小气窗面积应不小于房间的 1/60。如在单内廊走道开窗，则可定时开启门的上亮窗及窗上小气窗。采暖地区的走道应采暖，以预热空气并提高学生活动时的热舒适度。走道窗的风压小，故窗开启面积宜增加一倍。

在寒冷或严寒地区设通风道换气时，需设可随时关闭的活门，以免散热过多。采暖设计亦应考虑所散热量的补给。

10.1.10 **3** 调研发现，学校实验室内发生的实验气体的密度除氢气外一般都大于空气的密度。实验室通风换气方式多为机械排风，换气次数为 3 次/h，补风为门窗渗透自然补风。采用 airpark 模拟计算软件，对以密度为 2.55kg/m^3 的三氧化硫为实验气体，进行模拟计算，在实验室呼吸区域中，下排风比上排风三氧化硫浓度减少约 4.9%，由此得出结论：实验室采用下排风方式优于上排风方式。

10.2 给水排水

10.2.1 中小学校建筑设置配套的给水排水系统，是建筑物卫生要求的基本保证。调查发现，有些学校的卫生器具、设备选择不合理。本条规定强调选择卫生器具设备应与学校规模及建设条件相匹配。

10.2.4 在寒冷及严寒地区，给水管上应设泄水装置以防止在寒假期间由于停止使用导致管道冻裂，并可防止暑假及寒假期间管内存水变质。

10.2.5 本规范规定化学实验室宜建于首层。由于水压较高，造成实验室用水时发生溅水现象，不利于使用，因此有必要控制水嘴的工作压力。

急救冲洗水嘴是为当有害化学药品溅入学生眼中时，急救冲洗使用，故水压不能过大。减压可采取设置稳压水箱、节流塞、减压阀等措施。

10.2.6 增加本条旨在保证二次供水及自备水源的水质安全和节能环保。在设计中应注意以下几点：

1 中小学校二次供水的安全稳定，特别是保证水质安全对学生的健康成长至关重要。二次供水工程应符合现行国家标准《二次供水工程技术规程》CJJ140 的有关规定。

2 二次供水系统的加压水泵需长期连续工作，水泵产品的效率对降低能耗和运行费用起关键作用。

3 对水泵房噪声的控制不容忽视，此类噪声直接关系到学校的环境质量。学校建筑内水泵机组运行的噪声应符合现行国家标准《民用建筑隔声设计规范》GB 50118的有关规定。由于加压泵房可能在运行中存在低频噪声，加压泵房宜独立建造，并布置在主体建筑以外。

10.2.7 采用节水型用水器具和配件是节水的重要措施。用水器具应符合现行城镇建设标准《节水型生活用水器具》CJ 164标准的规定。

室内消火栓箱的玻璃门发生破裂时，容易使学生受到伤害，故本规范规定中小学校的室内消火栓箱不宜采用普通玻璃门。

10.2.8 学生在实验过程中，经常把废品倒入水槽内，致使排水管道堵塞。防止管道堵塞比较简单的方法是在水槽排水口处设置拦污箅。

早期化学实验室内排水管道采用耐腐蚀铅管，有些新（扩）建的学校采用排水铸铁管。当未将酸碱废液倒入废液罐（有的学校未设置废液罐）而倒入水槽内时，导致管道腐蚀。故本条规定排水管道应采用耐腐蚀管材。一般可采用塑料管。

10.2.10 饮用水供应是学校建筑的重要课题之一，学校必须为学生提供安全卫生、充足的饮用水以及相关设施。应根据地区差异及生活习惯合理设置饮用水的供应设施，传统的开水炉不能满足现代学校建设多元化的需要，一些学校采用桶装水或管道直饮水系统。需要强调的是，学校建筑的饮用水供应必须安全卫生，符合国家相关卫生标准的有关规定。

10.2.11 我国水资源匮乏，全国各地有各自不同的收集、利用雨水的措施，值得借鉴、采用和发展。特别是在我国教育改革推出的新课程标准中，学校建设因地制宜地节约资源是环境教育课程的重要内容，故中小学校设计应充分重视雨水收集利用系统的设计工作。

10.2.12 合理利用水资源、节约用水是我国的基本国策。利用中水是合理利用水资源、节约用水的一项重要措施。

应遵照学校所在地有关部门的规定和意见确定中水设施设置内容。一些学校所在地有地区集中建设的处理厂生产中水，并建有中水输送管网时，应设计中水利用系统。学校所在地若尚未建成该地区的集中处理设施，学校可建设小型处理站实现水的循环利用。

中水为再生水，主要用于绿化、冲厕及浇洒道路等，不得饮用。为确保中水的安全使用，防止学生误饮、误用，设计时应采取相应的安全措施。

10.3 建 筑 电 气

10.3.2 中小学校总平面布置应提供学校区域供电条件的设置。避免设置在湿洼地、排水不畅区域。应保证基本的供电条件。配电装置的安装和构造设计应安全、牢固，应设有防止意外触电的措施，且应维护方便。

1 为确保用电安全，用户与供电部门应设置明显断开点。供电部门无法用低压供电方式供电的学校建筑，应设置用户变配电设施。

2 学校建筑中，电梯、水泵、风机等各种耗电较大的机电设备的配置日增，应分别计量并采取节电措施。

4 为了用电的安全和可靠，学校建筑应预留电气管井，层配电设备应设置在电气管井内。

6 教学用房与非教学用房的配电线路应划分为不同支路控制。在调查中发现有些学校将教学用房与非教学用房建于同一栋建筑内，使用性质不同，使用的时间段也不同，为了节电和安全，应分路控制。教学用房的用电集中控制，上课时接通电源；下课时切断电源；放假期间统一切断电源。值班室或办公室等非教学用房则需正常供电。依据维护管理和使用特点的不同，两者应划分为不同的支路进行控制，互不影响。

10.3.3 根据调查，尚有个别学校不装设人工照明装置，这种做法既不安全，也不利于学生健康发育，且影响教学效果，故设本条规定。学校用房的照明，除满足教学需要及夜间学习外，冬天早晚和阴天时，可用于补充光线的不足。

1 学校建筑为人员密集场所，疏散走道、楼梯间应设置应急照明灯具，以保证疏散时必要的照度；并应沿疏散走道和在安全出口、人员密集场所的疏散门的正上方设置灯光疏散指示标志，以保证安全地定向疏散。

湖南湘乡市某中学的走道和楼梯间的照度没有达到标准，也未设事故照明。2009年12月7日晚，自习后发生重大踩踏事故，血的教训应引以为戒。

2 根据调研，尚有部分学校的教室目前未设置黑板灯。为改善教学效果，教室应设置专用黑板照明灯。黑板面的垂直照度应高于课桌面的水平照度。依据现行国家标准《建筑照明设计标准》GB 50034，本规范规定为500lx。

3 教室照明不应采用裸灯，因为裸灯产生眩光，损害学生的视力健康。教室应采用高效率的灯具。开敞式荧光灯的效率不应低于75%；格栅式灯具效率不应低于60%。

灯的不同悬挂高度，如距桌面1.70m和1.90m对桌面和黑板面照度及照度均匀度的影响甚微。为控制眩光，规定灯具悬挂高度距桌面不应低于1.70m。

灯管排列方式对黑板照明有影响，横向（灯管长轴平行于黑板面）排列与纵向（灯管长轴垂直于黑板面）排列所得的桌面照度与照度均匀度大致相等；灯管横向排列时，黑板照度比纵向排列高，但对黑板照度均匀度影响不大。纵向灯管排列目的为减少眩光。

4 阶梯教室由于后排座位升高，设计时应注意前排灯的设置高度，不能使后排学生看黑板及屏幕时受眩光干扰。

10.3.4 教室应采用光效高、显色好、寿命长的节能光源。宜采用光效高达90lm/W、寿命不低于8000h的细管径稀土三基色荧光灯。对识别颜色较高的教室（如美术教室），为防止颜色失真，宜采用显色指数大的高显性光源。

10.3.5 学校用房属于清洁房间，在使用荧光灯时，照明灯具应每月擦洗一次。故照明的维护系数值，根据现行国家标准《建筑照明设计标准》GB 50034的有关规定，应选取0.8。

10.3.6 根据教育部《中小学理科实验室装备规范》等四个教育行业标准，实验室演示桌上设单相交流电（220V）、三相四线（380V）和低压交、直流电源。学生电学实验桌上设单相220V二、三孔插座、低压交流连续可调电源、稳压直流连续可调电源。教学电源和学生电源可选用集控电源或分立电源，指标应能充分满足实验教学的需要。

6 综合实验室的室内布置特点是除黑板及讲台一侧外，其余三面沿墙均为贴墙布置的固定实验桌，水、电、气等各种设施均设置在固定实验桌上。

为防止学生将细物插入插座的孔中而触电，电源控制开关必须设在只有老师能控制的部位，便于及时处理。

10.3.7 **2** 寒冷地区冬季学生饮冷水不习惯，可视情况，供应热开水。

10.4 建筑智能化

10.4.1 中小学校的安全防范系统包括周界防护、电子巡查、视频监控、出入口控制、入侵报警等。

通信网络系统包括卫星接收及有线电视、电话等。

10.4.5 中小学校视听教学系统控制中心的设备包括计算机、服务器、控制器、音视频节目源、数字硬盘录像机等设备和控制软件。

教室内视听教学设备包括教室智能控制器、显示器、计算机、实物投影仪、扬声器等。

中华人民共和国国家标准

砌体基本力学性能试验方法标准

Standard for test method of basic mechanics properties of masonry

GB/T 50129—2011

主编部门：四 川 省 住 房 和 城 乡 建 设 厅
批准部门：中华人民共和国住房和城乡建设部
施行日期：2 0 1 2 年 3 月 1 日

中华人民共和国住房和城乡建设部
公　告

第1109号

关于发布国家标准《砌体基本力学性能试验方法标准》的公告

现批准《砌体基本力学性能试验方法标准》为国家标准，编号为GB/T 50129－2011，自2012年3月1日起实施。原《砌体基本力学性能试验方法标准》GBJ 129－90同时废止。

本标准由我部标准定额研究所组织中国建筑工业出版社出版发行。

中华人民共和国住房和城乡建设部

2011年7月29日

前　言

本标准是根据住房和城乡建设部《关于印发〈2009年工程建设标准规范制订、修订计划〉的通知》（建标［2009］88号）的要求，由四川省建筑科学研究院和山西四建集团有限公司会同有关单位共同对原国家标准《砌体基本力学性能试验方法标准》GBJ 129－90进行修订而成的。

本标准在修订过程中，修订组总结了1990年原标准颁布实施以来新的砌体试验方法科研成果，并进行了必要的补充试验，并在全国范围内广泛征求有关科研、教学、设计等单位的意见，经反复讨论、修改、充实，最后经审查定稿。

本标准共分7章，主要技术内容包括：总则、术语和符号、基本规定、砌体抗压强度试验方法、砌体沿通缝截面抗剪强度试验方法、砌体弯曲抗拉强度试验方法、试验资料的整理分析。

本标准主要修订内容是：1. 增加编制试验方案的具体要求；2. 增加砌体偏心抗压试验方法和砌体长柱试验的规定；3. 砌体抗压试件截面尺寸和高厚比可根据块体尺寸和试验目的稍有调整；4. 根据试验目的，对砂浆试块底模作出新的规定；5. 增加试件与试验机压板调平方法的规定；6. 增加试验资料整理、分析的内容。

本标准由住房和城乡建设部负责管理，四川省建筑科学研究院负责具体内容的解释。在执行过程中，请各单位结合试验工作实践，认真总结经验，并将意见和建议寄交成都市一环路北三段55号四川省建筑科学研究院《砌体基本力学性能试验方法标准》管理组（邮编：610081；E-mail：kzs@scjky.cn）。

本标准主编单位：四川省建筑科学研究院
　　　　　　　　山西四建集团有限公司

本标准参编单位：湖南大学
　　　　　　　　重庆市建筑科学研究院
　　　　　　　　西安建筑科技大学
　　　　　　　　辽宁省建设科学研究院
　　　　　　　　山东省建筑科学研究院
　　　　　　　　江苏省建筑科学研究院有限公司
　　　　　　　　长沙理工大学

本标准主要起草人：吴　体　杜　锐　侯汝欣
　　　　　　　　　施楚贤　林文修　王永维
　　　　　　　　　王庆霖　梁建国　崔士起
　　　　　　　　　张书禹　顾瑞南　甘立刚
　　　　　　　　　凌程建　肖承波　李　峰
　　　　　　　　　黄　靓

本标准主要审查人：陈行之　邸小坛　刘立新
　　　　　　　　　孙伟民　严家熺　苑振芳
　　　　　　　　　张昌叙　张　扬　周炳章
　　　　　　　　　唐岱新　雷宏刚

目　次

1　总则 ………………………………………… 1—11—5
2　术语和符号………………………………… 1—11—5
2.1　术语………………………………………… 1—11—5
2.2　符号………………………………………… 1—11—5
3　基本规定………………………………………… 1—11—5
4　砌体抗压强度试验方法………………………… 1—11—6
4.1　试件………………………………………… 1—11—6
4.2　试验步骤………………………………………… 1—11—7
4.3　结果计算………………………………………… 1—11—8
5　砌体沿通缝截面抗剪强度试验方法 ………………………………………… 1—11—9
6　砌体弯曲抗拉强度试验方法 …… 1—11—10
7　试验资料的整理分析 …………… 1—11—11
本标准用词说明 ……………………… 1—11—11
引用标准名录………………………… 1—11—11
附：条文说明………………………… 1—11—12

Contents

1 General Provisions ························ 1—11—5
2 Terms and Symbols ······················ 1—11—5
2.1 Terms ·································· 1—11—5
2.2 Symbols ································ 1—11—5
3 Basic Requirements ····················· 1—11—5
4 Test Method of Masonry Compressive Strength ···················· 1—11—6
4.1 Specimens ······························ 1—11—6
4.2 Procedures ····························· 1—11—7
4.3 Calculation of Test Results ········ 1—11—8
5 Test Method of Masonry Shear Strength Along Mortar Joints ······························ 1—11—9
6 Test Method of Brick Masonry Bending Tensile Strength ··········· 1—11—10
7 Experimental Data Analysis ······ 1—11—11
Explanation of Wording in This Code ·· 1—11—11
List of Quoted Standards ·············· 1—11—11
Addition: Explanation of Provisions ································ 1—11—12

1 总 则

1.0.1 为了规范砌体基本力学性能的试验方法，为砌体结构研究、设计和施工质量检验提供准确可靠试验数据，制定本标准。

1.0.2 本标准适用于砌体结构工程各类砌体的基本力学性能试验与检验。对研制的新型块体或砌筑砂浆，亦应按本标准进行砌体基本力学性能试验。

1.0.3 本标准砌体试件所用的块体材料为砖、砌块、料石和毛石。有关块体材料及砌筑砂浆的力学性能，应按国家现行有关标准进行检验。

1.0.4 砌体基本力学性能的试验，除应符合本标准的规定外，尚应符合国家现行有关标准的规定。

2 术语和符号

2.1 术 语

2.1.1 砖 brick

本标准所指的砖，系指砌体结构中承重墙体用砖，按品种划分，包括烧结砖和非烧结砖（蒸压砖、混凝土砖），实心砖和多孔砖，以及新研制的小尺寸承重用砖。

2.1.2 混凝土小型空心砌块 concrete small hollow block

由普通混凝土或轻集料混凝土制成，主规格尺寸为390mm×190mm×190mm，空心率为25％～50％的块体，简称小砌块。

2.1.3 中型砌块 medium block

长度大于390mm，高度大于190mm，厚度为墙体厚度的砌块。

2.1.4 几何对中 geometrical centering

砌体抗压试验中，四个侧面的竖向中线对准压力试验机上下压板的中心线。

2.1.5 物理对中 physical centering

砌体抗压试件几何对中后，施加一个大小为预估破坏荷载值5％～20％的荷载，测量两个宽侧面轴向变形值，通过调整试件位置和改善垫平措施，使其相对误差不大于10％。

2.1.6 研究性试验 investigative test

为科学研究工作进行的试验。

2.1.7 检验性试验 verifying test

为检验砌体结构工程质量或砌体材料质量进行的试验。

2.1.8 新型砌筑砂浆 new mortar

系指预拌砂浆、专用砂浆和掺加各种新型外加剂的砌筑砂浆。

2.2 符 号

x_i——试件强度的测定值；

n——一组砌体试件的数量；

m_x——样本均值；

s——样本标准差；

δ——变异系数；

b——试件宽度；

t——试件厚度；

H——试件高度；

h——试件截面高度；

e_0——受压试件轴向力的偏心距；

β——试件高厚比；

ε——逐级荷载下的轴向应变值；

ε_{tr}——逐级荷载下的横向应变值；

Δl、Δl_{tr}——分别为逐级荷载下的轴向和横向变形值；

l、l_{tr}——分别为轴向和横向测点间的距离；

L——抗弯试件的计算跨度；

σ——逐级荷载下的应力值；

E——试件的弹性模量（N/mm^2）；

$\varepsilon_{0.4}$——对应于应力为$0.4f_{c,i}$时的轴向应变值；

φ_0——轴心受压构件的稳定系数；

$f_{c,i}$——试件的抗压强度；

$f_{v,i}$——试件沿通缝截面的抗剪强度；

$f_{t,i}$——试件的弯曲抗拉强度。

3 基 本 规 定

3.0.1 砌体试验之前，应编制详细的试验方案。试验方案应包括：

1 试验目的和要求；

2 原材料质量检测；

3 块体适宜含水率及其控制方法；

4 砂浆配合比设计，包括水泥砂浆、水泥石灰混合砂浆、预拌砂浆或专用砂浆的配合比设计；

5 试件尺寸、组数，每组试件数量；

6 预估试件极限荷载；

7 加荷方法、加荷程序、加荷设备及其精度检验；

8 试验测量的内容、方法和仪表布置；

9 试验进度；

10 试验人员安排计划；

11 试验数据及试验资料统计分析、试验报告撰写要求；

12 安全及环保措施。

3.0.2 砌体试验按照试验用途可分为研究性试验和检验性试验两类，并应符合下列规定：

1 研究性试验的试件组数及每组试件的数量，

应符合数理统计要求，并按专门的试验设计或试验目的确定。对抗压试验，每组试件不宜少于6件，对抗剪和抗弯试验，每组试件不宜少于9件；

2 研制的新型块体或砌筑砂浆的研究性砌体试验，宜砌筑同条件的烧结普通砖砌体对比试件，对比试件组数及每组试件数量可根据试验目的适当减少；

3 检验性试验的试件组数及每组试件的数量，可由检测单位规定。但在同等条件下，每组试件的数量，对轴心和偏心抗压试验，不宜少于3件；对抗剪和抗弯试验，不宜少于6件。

3.0.3 砌体试件的砌筑和养护，除应符合现行国家标准《砌体结构工程施工质量验收规范》GB 50203的有关规定外，尚应符合下列规定：

1 对同类别、同强度等级砂浆或同一对比组的试件，应由一名中等技术水平的瓦工，采用分层流水作业法砌筑，并应使每盘砂浆均匀地用于各个试件；对于检验施工质量的砌体试件，尚宜在现场砌筑；

2 试件砌筑过程中，应随时检查砂浆饱满度。当试验后检查时，对抗压试件，每组应选3件，每件检查数量不少于3个块体；对抗剪或抗弯试件，应对每个破坏截面进行检查；

3 试件砌筑完毕，应立即在其顶部平压四皮砖或一皮砌块，平压时间不宜少于14d；

4 试件室内养护时间不应少于28d，实验室温度宜为15℃～25℃；

5 检验性试验，当试件在室外砌筑和养护时，试件表面宜覆盖塑料薄膜并采取遮阳措施，日平均气温不应低于5℃；

6 试件在养护期内平均气温低于15℃时，应适当延长养护时间，用砂浆试块强度控制试验时间。

3.0.4 试件砌筑前，应按国家相应的现行试验方法标准确定块体抗压强度及强度等级：

1 砖应按现行国家标准《砌墙砖试验方法》GB/T 2542的有关规定采用；

2 砌块应按现行国家标准《混凝土小型空心砌块试验方法》GB/T 4111的有关规定采用；

3 石材应按现行国家标准《砌体结构设计规范》GB 50003的有关规定采用；

4 砌体抗压的研究性试验，块体试验组数不宜少于3组或30件；其他砌体试验，块体试验组数不应少于1组或10件。

3.0.5 砌筑砂浆力学性能应按现行行业标准《建筑砂浆基本性能试验方法标准》JGJ/T 70的有关规定进行试验。砌筑砂浆抗压试件的制作数量和养护条件，应符合下列规定：

1 对研究性试验，每盘砂浆应制作一组砂浆试件，每组砂浆试件的数量不应少于6件。但对同类别、同强度等级砂浆的砌体试件，砂浆试件组数不应少于两组。当需用砂浆试件强度控制砌体试件的试验时间，组数宜增加1组～2组。每组砂浆试件拆模后，3件置于标准条件下养护，3件与砌体试件同条件养护。制作砂浆试件的底模，应采用砌体试验用的块体，块体底模的含水率，不宜大于2%。当研究工作需考虑不同材质底模对砂浆强度的影响时，还应按JGJ/T 70的要求制作相同组数的钢底模砂浆试件，每组砂浆试件为3件，拆模后置于标准条件下养护；

2 对检验性试验，砂浆试件的制作由检测单位根据检验目的，可按本条第1款确定；

3 砌筑砂浆试件应与砌体试件同时进行试验。

3.0.6 试验采用的加荷架、荷载分配梁等设备，应有足够的强度、刚度和稳定性。测量仪表的示值相对误差，不应大于2%。

3.0.7 试验时，应观察并记录试件在试验过程中的变化情况，发现异常情况应终止试验，查明原因并采取纠正措施，保证试验结果不受影响后，方可继续进行试验。对试件各受力阶段宜拍摄照片或摄像。

3.0.8 试件砌筑和试验之前，试验负责人应对工作人员进行技术交底和安全交底。试验时应采取确保人身安全和防止仪表损坏的安全措施及必要的环保措施。其中，长柱试件周围宜设置防护栏杆。

4 砌体抗压强度试验方法

4.1 试 件

4.1.1 对于外形尺寸为240mm×115mm×53mm的普通砖和外形尺寸为240mm×115mm×90mm的各类多孔砖，其标准砌体抗压试件（图4.1.1）的截面尺寸tb（厚度×宽度）应采用240mm×370mm或240mm×490mm。其他外形尺寸砖的标准砌体抗压试件，其截面尺寸可稍作调整。试件高度H应按高厚比β确定，β值应为3～5。试件厚度和宽度的制作允许误差，应为±5mm。

4.1.2 主规格尺寸为390mm×190mm×190mm的混凝土小型空心砌块的标准砌体抗压试件（图4.1.2），其厚度应为砌块厚度，试件宽度宜为主规格砌块长度的1.5～2倍，高度应为五皮砌块加灰缝厚度。其他规格砌块的标准砌体抗压试件，可按照本条要求确定截面尺寸和高度。

4.1.3 中型砌块的标准砌体抗压试件，其厚度应为砌块厚度；宽度应为主规格砌块的长度；高度应为三皮砌块高加灰缝厚度。中间一皮砌块应有一条竖向灰缝。

4.1.4 料石的标准砌体抗压试件的厚度宜为200mm～250mm，宽度宜为350mm～400mm；毛石的标准砌体抗压试件的厚度宜为400mm，宽度宜为700mm～800mm；两类试件的高度均应按高厚比为3～5确定。料石砌体试件的中间一皮石块，应有一条竖向

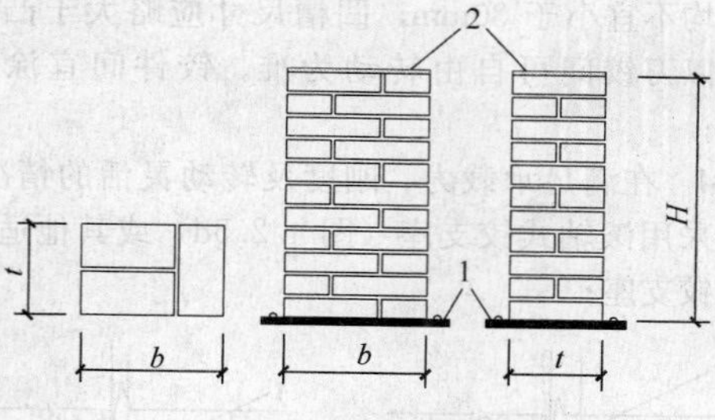

(a) 普通砖砌体

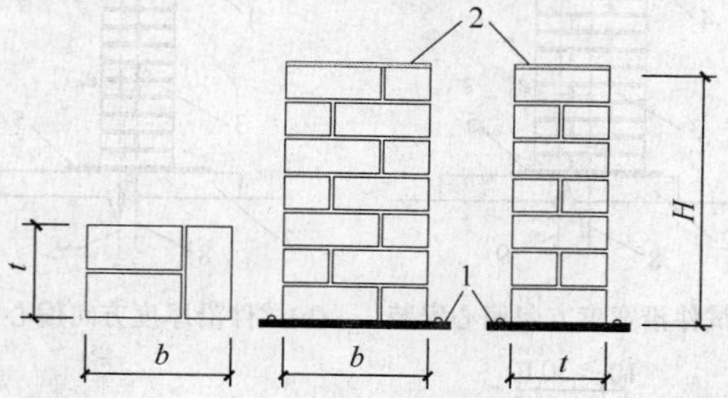

(b) 多孔砖砌体

图 4.1.1 砖的标准砌体抗压试件

1—钢垫板；2—找平砂浆

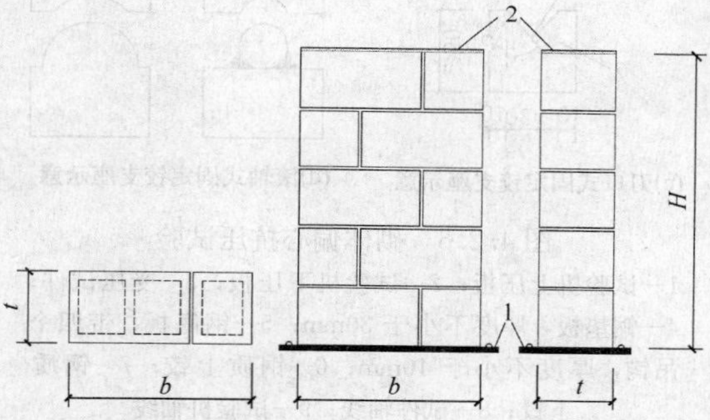

图 4.1.2 小砌块的标准砌体抗压试件

1—钢垫板；2—找平砂浆

灰缝。

4.1.5 T形、十字形、环形等异形截面的标准砌体抗压研究性试验，试件边长应为块体宽度的整数倍，试件截面折算厚度可近似取 3.5 倍截面回转半径，试件高度应按高厚比为 3～5 确定。

4.1.6 高厚比 β 值大于 5 的各类长柱试件抗压试验，其截面尺寸宜按本标准第 4.1.1～4.1.5 条确定。

4.1.7 各类砌体抗压试件应砌筑在带吊钩的刚性垫板或厚度不小于 10mm 的钢垫板上。垫板应事先找平；试件顶部宜采用厚度为 10mm 的 1∶3 水泥砂浆找平，并应采用水平尺检查其平整度。

4.2 试 验 步 骤

4.2.1 砌体抗压试验之前的准备工作，应符合下列规定：

1 试件应作外观检查，当有施工缺陷、碰撞或其他损伤痕迹时，应作记录；当试件破损严重时，应舍去该试件；

2 在试件四个侧面上，应画出竖向中线；当试件为偏心受压时，应画出偏心荷载作用线；

3 在试件高度的 1/4、1/2 和 3/4 处，应分别测量试件的厚度与宽度，测量精度应为 1mm。测量结果应采用平均值。试件的高度，应以垫板顶面为基准，量至找平层顶面确定；

4 试件的安装，应先将试件吊起，清除粘在垫板下的杂物，然后置于试验机的下压板上。试件就位时，对于轴心抗压试验，应使试件四个侧面的竖向中线对准试验机的上下压板中线；对于单向偏心抗压试验，应使试件在该偏心方向两个侧面的偏心荷载作用线对准试验机的上下压板中线。当试验机的上、下压板小于试件截面尺寸时，应加设刚性垫板；当试件承压面与试验机压板的接触不均匀紧密时，尚应垫平；

5 宜采用快硬石膏浆或其他快硬浆料将试件顶面垫平。将快硬石膏或其他快硬浆料抹在试件顶面并初步抹平后，启动试验机，使上压板将多余的石膏或浆料挤出。石膏浆硬化时间不宜少于 40min；其他快硬浆料硬化时间，根据浆料品种、硬化速度确定，不宜少于 20min。快硬石膏或其他快硬浆料与试验机上压板之间，宜垫一层起隔离作用的纸张等薄材料。

4.2.2 安装测量试件变形的仪表，应符合下列规定：

1 当测量轴心抗压试件的轴向变形值时，应在试件两个宽侧面的竖向中线上，通过粘贴于试件表面的表座，安装千分表或其他测量变形的仪表。测点间的距离，宜为试件高度的 1/3，且为一个块体厚加一条灰缝厚的倍数。当测量试件的横向变形时，应在宽侧面的水平中线上安装仪表，测点与试件边缘的距离不应小于 50mm，标距不小于宽度的 1/2，且跨 1 条竖缝；

2 当测量单向偏心抗压试件的轴向变形值时，根据研究内容，宜在偏心方向两个侧面上增设轴向测量仪表，测量截面轴向应变分布情况；同时，宜在轴心受压的两个侧面上布设轴向测量仪表，测量两个侧面变形的差值；

3 当测量轴心抗压或偏心抗压的长柱试件的变形时，除应符合本条第 1 款和 2 款的规定外，还应安装测量试件侧向弯曲变形的仪表，沿试件高度布设的仪表不宜少于 3 只（图 4.2.2）。仪表基座不得接触试件及试验机上、下压板；

4 对试件施加预估破坏荷载 5%，检查仪表的灵敏性和安装的牢固性。

4.2.3 对不需测量变形值的轴心抗压试件，可采用几何对中、分级施加荷载方法，并应符合下列规定：

1 每级荷载应为预估破坏荷载值的 10%，并应在 1min～1.5min 内均匀加完；恒荷 1min～2min 后施加下一级荷载。施加荷载时，不得冲击试件；

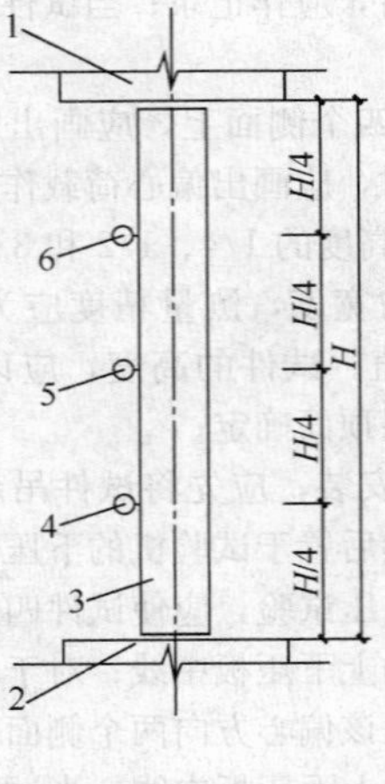

图 4.2.2 长柱侧向弯曲仪表布置示意

1—试验机上压板；2—试验机下压板；3—受压构件；4—仪表 1；5—仪表 2；6—仪表 3

2 加荷至预估破坏荷载值的 50%后，宜将每级荷载减小至预估破坏荷载值的 5%。当试件出现第一条受力裂缝后，将每级荷载恢复到预估破坏荷载值的 10%；

3 加荷至预估破坏荷载值的 80%后，可按原定加荷速度继续加荷，直至试件破坏。试验机的测力计指针明显回退时，应定为该试件丧失承载能力而达到破坏状态。其最大荷载读数应为该试件的破坏荷载值。

4.2.4 对需要测量变形值、确定砌体弹性模量的轴心抗压试件，宜采用物理对中、分级均匀施加荷载方法，并应符合下列规定：

1 在预估破坏荷载值的 5%至 20%区间内，反复预压3 次～5 次。两个宽侧面轴向变形值的相对误差，不应超过 10%，当超过时，应重新调整试件位置或重新垫平试件；

2 预压后，应卸荷并记录初始读数，按本标准第 4.2.3 条规定的施加荷载方法逐级加荷，并应同时测量、记录变形值；

3 当加荷至预估破坏荷载值的 80%时，应拆除仪表，然后将试件连续加荷至破坏。

注：预估破坏荷载值，可按试探性试验确定，也可按现行国家标准《砌体结构设计规范》GB 50003 的公式计算。

4.2.5 砌体试件的偏心抗压试验，应符合下列规定：

1 根据试验方案，应按图 4.2.5a 或图 4.2.5b 安装试件。图中 e_0 为试验方案中的偏心距；

2 在试件顶部受压钢板和试验机上压板之间，应设置固定铰支座，铰支座可采用刀口式铰支座；

3 铰支座上铰件和下铰件的宽度和高度均不宜小于 50mm，长度不应小于砌体偏心抗压试件的厚度（图 4.2.5a）或宽度（图 4.2.5b）。刀口式铰支座（图 4.2.5c）下刀铰件的凹槽深度和上刀铰件凸出长度，均不宜小于 30mm，凹槽尺寸应略大于凸齿尺寸，以刀铰间可自由转动为准。铰件间宜涂抹润滑油；

4 在满足承载力、刚度及转动灵活的情况下，也可采用滚轴式铰支座（图 4.2.5d）或其他适宜的固定铰支座；

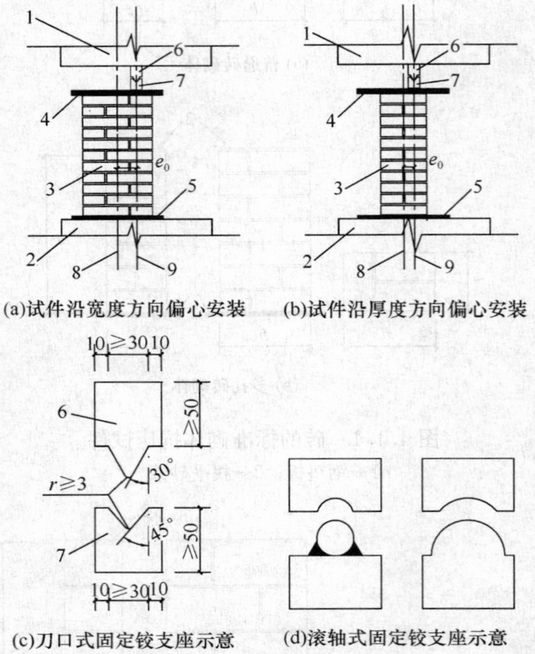

(a)试件沿宽度方向偏心安装　(b)试件沿厚度方向偏心安装

(c)刀口式固定铰支座示意　(d)滚轴式固定铰支座示意

图 4.2.5 砌体偏心抗压试验

1—试验机上压板；2—试验机下压板；3—受压试件；4—钢垫板，厚度不小于 30mm；5—钢底板，带四个吊钩，厚度不小于 10mm；6—钢质上铰；7—钢质下铰；8—试件轴线；9—试验机轴线

5 偏心抗压试验步骤，同轴心抗压试验步骤；

6 进行偏心抗压试验的同时，应进行一组同条件的轴心抗压试验。

4.2.6 长柱试件宜砌筑在试验室的台座上，采用加荷架、千斤顶和测力计等组成的加荷系统对试件施加轴心或偏心荷载；也可采用安全可靠的吊装方法，将试件运至长柱压力试验机上，进行轴心或偏心抗压试验。

4.2.7 试验过程中，应观察和捕捉第一条受力裂缝，并在试件上绘出裂缝位置、长度，标注初裂荷载值。对安装有变形测量仪表的试件，应观察变形值突然增大时可能出现的裂缝。荷载逐级增加时，应观察和描绘裂缝发展变化情况。试件破坏后，应立即绘制裂缝图、标记主要裂缝与对应荷载值，记录破坏特征。

4.3 结果计算

4.3.1 单个标准砌体试件的轴心抗压强度 $f_{c,i}$，应按下式计算，其计算结果取值应精确至 0.01N/mm²：

$$f_{c,i}=\frac{N}{A} \quad (4.3.1)$$

式中：$f_{c,i}$——试件的抗压强度（N/mm²）；

N——试件的抗压破坏荷载值（N）；

A——试件的截面面积（mm²），按本标准第4.2.1条测得的试件平均宽度和平均厚度计算。

4.3.2 对偏心抗压试件的抗压强度，应考虑偏心距 e_0（相对偏心距 e_0/b）的影响，以相同情况轴心抗压试件抗压强度为基准进行对比分析。对进行了变形测量的偏心抗压试件，应按试验方案对变形值进行计算，对其规律性进行分析。

4.3.3 单个轴心抗压标准砌体试件的弹性模量 E、泊松比 ν 的实测值，应按下列步骤计算：

1 逐级荷载下的轴向应变 ε 和横向应变 ε_{tr}，应按下列公式计算：

$$\varepsilon=\frac{\Delta l}{l} \quad (4.3.3\text{-}1)$$

$$\varepsilon_{tr}=\frac{\Delta l_{tr}}{l_{tr}} \quad (4.3.3\text{-}2)$$

式中：ε——逐级荷载下的轴向应变值；

ε_{tr}——逐级荷载下的横向应变值；

Δl，Δl_{tr}——分别为逐级荷载下的轴向和横向变形值（mm）；

l，l_{tr}——分别为轴向和横向测点间的距离（mm）。

2 逐级荷载下的应力 σ，应按下式计算：

$$\sigma=\frac{N_i}{A} \quad (4.3.3\text{-}3)$$

式中：σ——逐级荷载下的应力值（N/mm²）；

N_i——试件承受的逐级荷载值（N）。

3 应力与轴向应变的关系曲线应以 σ 为纵坐标、ε 为横坐标绘制。根据曲线，应取应力 σ 等于 $0.4f_{c,i}$ 时的割线模量为该试件的弹性模量，并应按下式计算：

$$E=\frac{0.4f_{c,i}}{\varepsilon_{0.4}} \quad (4.3.3\text{-}4)$$

式中：E——试件的弹性模量（N/mm²）；

$\varepsilon_{0.4}$——对应于应力为 $0.4f_{c,i}$ 时的轴向应变值。

4 应力与泊松比的关系曲线应以 σ 为纵坐标、泊松比 ν 为横坐标绘制。根据曲线，应取应力 σ 等于 $0.4f_{c,i}$ 时的泊松比为该试件的泊松比。逐级应力对应的泊松比，应按下式计算：

$$\nu=\frac{\varepsilon_{tr}}{\varepsilon} \quad (4.3.3\text{-}5)$$

4.3.4 中型砌块砌体试件的高厚比 β 大于5时，应计入稳定性对试验结果的影响，其抗压强度 $f_{c,i}$ 值，可按下式计算：

$$f_{c,i}=\frac{N}{\varphi_0 A} \quad (4.3.4)$$

式中：φ_0——轴心受压构件的稳定系数，按现行国家标准《砌体结构设计规范》GB 50003计算。

4.3.5 对长柱试件的试验结果，应综合考虑轴向稳定性、偏心影响、轴向变形及侧向挠曲变形进行分析。

5 砌体沿通缝截面抗剪强度试验方法

5.0.1 砌体沿通缝截面抗剪试件的几何尺寸和制作应符合下列规定：

1 普通砖的砌体抗剪试件，应采用由9块砖组成的双剪试件（图5.0.1-1）。其他规格砖块的砌体抗剪试件，亦应采用此种双剪试件形式，但试件尺寸可作相应的调整。

2 中、小型砌块的砌体抗剪试件，应采用图5.0.1-2所示的双剪试件。也可采用表面质量和材质均相同的较小块体，按图5.0.1-1或图5.0.1-2制作抗剪试件。

3 砌筑试件时，竖向灰缝的砂浆应填塞饱满。对吸水率较小或吸水速度较慢的块体，其砌体抗剪试件砌筑完毕，宜覆盖塑料薄膜等材料予以保湿养护。

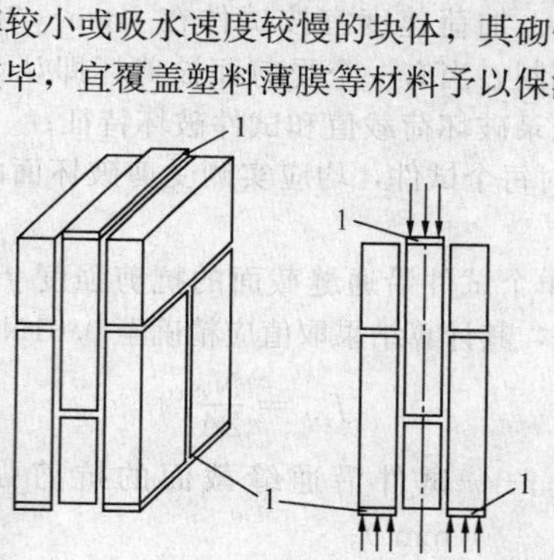

图5.0.1-1 砖砌体双剪试件及其受力情况

1—砂浆抹面

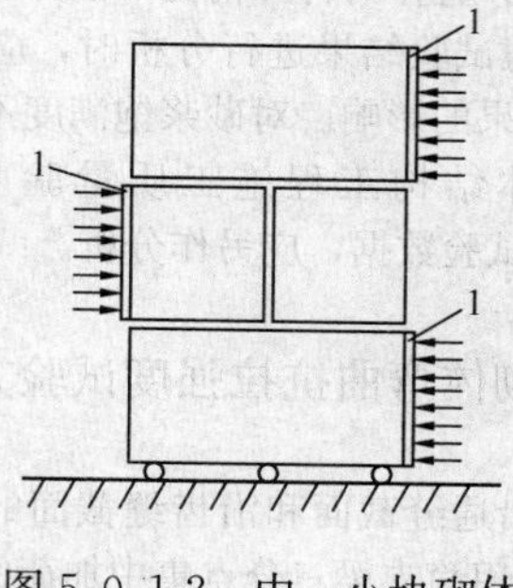

图5.0.1-2 中、小块砌体双剪试件及其受力情况

1—砂浆抹面

5.0.2 砖砌体抗剪试件的砂浆强度达到100%以后，可将试件立放，先后对承压面和加荷面采用1：3水泥砂浆找平，找平层厚度不宜小于10mm。上下找平层应相互平行并垂直于受剪面的灰缝。其平整度可采用水平尺和直角尺检查。水平加荷的中、小型砌块砌

体抗剪试件，其三个受力面也应找平，并应垂直于水平灰缝。

5.0.3 砌体抗剪试件应按下列步骤和要求进行抗剪试验：

1 测量受剪面尺寸，测量精度应为1mm；

2 将砖砌体抗剪试件立放在试验机下压板上，试件的中心线应与试验机上、下压板轴线重合。试验机上下压板与试件的接触应密合。当上部不密合时，可垫10mm厚木条或较硬橡胶条；当下部不密合时，可采用在两个受力面下垫湿砂等适宜的调平措施；也可采用本标准第4.2.1条第5款的调平措施；

3 对中、小型砌块砌体抗剪试验，尚应采用由加荷架、千斤顶和测力计组成的水平加荷系统。对较高的中型砌块砌体抗剪试件，应加设侧向支撑；试件与台座间宜采用湿砂垫平，不宜加设滚轴。对外形尺寸较小的砌块砌体抗剪试件，也可采用砖砌体抗剪试件的试验方法，在试验机上进行试验；

4 抗剪试验应采用匀速连续加荷方法，并应避免冲击。加荷速度宜按试件在1min～3min内破坏进行控制。当有一个受剪面被剪坏即认为试件破坏，应记录破坏荷载值和试件破坏特征；

5 对每个试件，均应实测受剪破坏面的砂浆饱满度。

5.0.4 单个试件沿通缝截面的抗剪强度 $f_{v,i}$，应按下式计算，其计算结果取值应精确至0.01N/mm²：

$$f_{v,i}=\frac{N_v}{2A} \tag{5.0.4}$$

式中：$f_{v,i}$——试件沿通缝截面的抗剪强度（N/mm²）；

N_v——试件的抗剪破坏荷载值（N）；

A——试件的一个受剪面的面积（mm²）。

5.0.5 若块体先于受剪面灰缝破坏时，该试件的试验值应予注明，宜作为特殊情况单独分析。

5.0.6 对抗剪试验结果进行分析时，应考虑砂浆饱满度对试验结果的影响。对砂浆饱满度不符合现行国家标准《砌体结构工程施工质量验收规范》GB 50203规定的试验数据，应另作分析。

6 砌体弯曲抗拉强度试验方法

6.0.1 砌体沿通缝截面和沿齿缝截面的弯曲抗拉强度试验，宜采用简支梁三分点集中加荷的方法。

6.0.2 普通砖砌体抗弯试件尺寸（图6.0.2-1和图6.0.2-2），应符合下列规定：

1 截面高度和宽度，均应为240mm；

2 试件计算跨度，对于沿通缝抗弯试件，不应小于720mm；对于沿齿缝抗弯试件，不应小于1000mm；

3 试件的总长度宜为试件跨度加60mm。其他规格块体的砌体抗弯试件尺寸，可按具体情况作相应调整，但试件跨度不应小于截面高度的3倍。

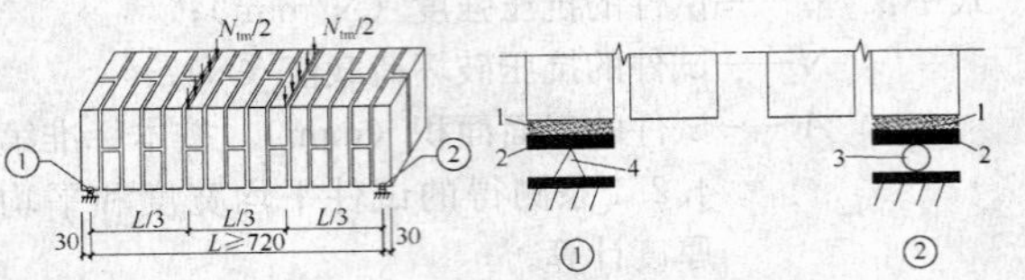

图6.0.2-1 砖砌体沿通缝截面抗弯试验方法

1—水泥砂浆找平层；2—钢垫板；3—圆钢棒；4—角钢

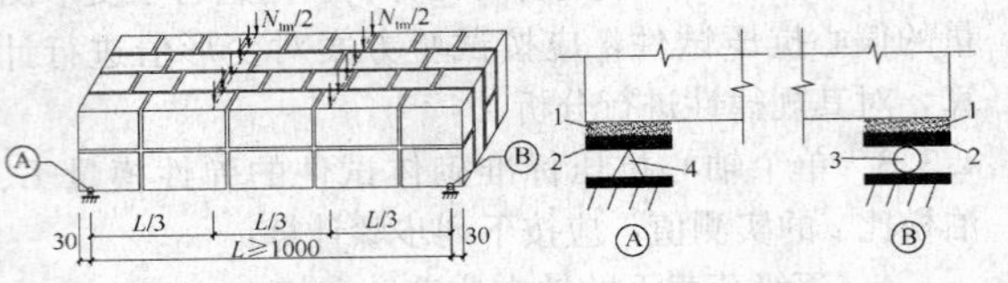

图6.0.2-2 砖砌体沿齿缝截面抗弯试验方法

1—水泥砂浆找平层；2—钢垫板；3—圆钢棒；4—角钢

6.0.3 沿通缝截面抗弯的砌体试件应立砌；试验时应将试件放平，再安装到试验机或试验台座上。沿齿缝截面抗弯的砌体试件应平砌，根据试验要求可采用一顺一丁、三顺一丁或其他砌筑形式；试验时应以长边为轴旋转90°，平移至试验机或试验台座上。试件的支座处和荷载作用处，应预先采用1∶3水泥砂浆找平，找平层的厚度不应小于10mm，宽度不应小于50mm或加荷垫板宽度。当加荷设备的荷载作用面与试件受荷面接触不密合时，应按本标准第4.2.1条第4款有关要求处理。

6.0.4 固定铰支座的固定铰可选用边长不小于50mm的等边角钢，滚动铰支座的滚轴可选用直径不小于50mm的圆形钢棒。固定铰支座和滚动铰支座上表面应处于同一水平面上。

6.0.5 加荷的设备，宜采用压力试验机。当受条件限制时，可采用由试验台座、加荷架、千斤顶和测力计等组成的加荷系统。

6.0.6 砌体试件应按下列步骤与要求进行抗弯试验：

1 在试件上标出支座与荷载作用线的准确位置，并在纯弯区段的中部测量截面尺寸，测量精确度应为1mm；随机选取3个试件，测其自重并计算平均值，精确至10N；

2 在试验机或试验台座上，按简支梁三分点集中加荷的要求使试件准确就位；

3 抗弯试验应采用匀速连续加荷方法，加荷速度宜按试件在3min～5min内破坏进行控制。试件破坏后，应立即记录破坏荷载值和破坏特征；

4 整理与分析砌体抗弯试验结果时，应注明是沿通缝截面还是沿齿缝截面，不得混淆。

当试件破坏处在跨中1/3长度之外，视为非正常破坏，应舍去该项试验数据。

6.0.7 单个试件沿通缝截面或沿齿缝截面的弯曲抗

拉强度 $f_{t,i}$，应按下式计算，其计算结果取值应精确至 0.01N/mm²：

$$f_{t,i}=\frac{(N_t+0.75G)L}{bh^2} \qquad (6.0.7)$$

式中：$f_{t,i}$——试件的弯曲抗拉强度（N/mm²）；

N_t——试件的抗弯破坏荷载值，包括荷载分配梁等附件的自重（N）；

G——试件的自重（N）；

L——抗弯试件的计算跨度（mm）；

b——试件的截面宽度（mm）；

h——试件的截面高度（mm）。

7 试验资料的整理分析

7.0.1 试验完毕，应及时整理下列原始试验资料：

1 试验方案及实施过程中的变更情况；

2 块体和砌筑砂浆的试验结果；

3 测试仪表校核记录；

4 试验前试件外观质量检查情况，包括几何尺寸、施工缺陷及损伤状况；

5 试验数据记录；

6 试件的裂缝图、破坏特征文字描述、照片或录像；

7 试验异常情况记录。

7.0.2 每组的单个试件的强度试验值应按现行国家标准《数据的统计处理和解释 正态样本离群值的判断和处理》GB/T 4883 中格拉布斯检验法或狄克逊检验法，检出其中的歧离值，剔除统计离群值。检出水平取 0.05，剔除水平取 0.01。不得仅依据计算分析即舍去歧离值，尚应检查是否系材料或施工质量变化以及人为因素等原因导致出现歧离值。当从技术或物理上找到产生离群原因，应剔除歧离值；当未找到技术或物理上的原因，则不应剔除。

7.0.3 砌体基本力学性能的各项试验结果，当需要采用统计指标表示时，应按下列公式进行计算。当试件数量较少时，仅计算均值。

1 均值应按下式计算：

$$m_x=\frac{1}{n}\sum_{i=1}^{n}x_i \qquad (7.0.3\text{-}1)$$

2 标准差应按下式计算：

$$s=\sqrt{\frac{1}{n-1}\sum_{i=1}^{n}(x_i-m_x)^2} \qquad (7.0.3\text{-}2)$$

3 变异系数（以百分率计）应按下式计算：

$$\delta=\frac{s}{m_x}\times 100\% \qquad (7.0.3\text{-}3)$$

式中：x_i——试件强度的测定值（N/mm²）；

n——一组砌体试件的数量。

7.0.4 当需要将砌体强度试验值与理论计算值进行比较时，应以材料（砂浆、块体）强度实测平均值确定其理论计算值，并宜给出试验值与理论计算值的比值及其平均值。

7.0.5 研究性试验，烧结普通砖之外的新型块体或砌筑砂浆的砌体强度试验值，宜与同条件砌筑的烧结普通砖砌体强度试验值进行比较和分析，不宜仅与理论值进行比较。

7.0.6 对砌体试件的破坏过程及其特征应进行描述和分析，必要时配以典型试件裂缝图和照片。

7.0.7 根据试验目的，应对试验结果进行分析。当需要作回归分析时，宜采用最小二乘法拟合试验曲线，求出经验公式，并宜给出试验散点图和回归曲线的比较图。对试验中出现的新问题或超出试验目的的新现象，应进行阐述。对试验工作中的不足之处，应总结经验教训。

本标准用词说明

1 为了便于在执行本标准条文时区别对待，对要求严格程度不同的用词说明如下：

1）表示很严格，非这样做不可的用词：
正面词采用“必须”，反面词采用“严禁”；

2）表示严格，在正常情况下均应这样做的用词：
正面词采用“应”，反面词采用“不应”或“不得”；

3）表示允许稍有选择，在条件许可时首先这样做的用词：
正面词采用“宜”，反面词采用“不宜”；

4）表示有选择，在一定条件下可以这样做的，采用“可”。

2 标准中指明应按其他有关标准执行的写法为：“应符合……的规定”或“应按……执行”。

引用标准名录

1 《砌体结构设计规范》GB 50003

2 《砌体结构工程施工质量验收规范》GB 50203

3 《砌墙砖试验方法》GB/T 2542

4 《混凝土小型空心砌块试验方法》GB/T 4111

5 《数据的统计处理和解释 正态样本离群值的判断和处理》GB/T 4883

6 《建筑砂浆基本性能试验方法标准》JGJ/T 70

中华人民共和国国家标准

砌体基本力学性能试验方法标准

GB/T 50129—2011

条 文 说 明

修 订 说 明

《砌体基本力学性能试验方法标准》GB/T 50129-2011，经住房和城乡建设部2011年7月29日以第1109号公告批准、发布。

本标准是在《砌体基本力学性能试验方法标准》GBJ 129-90的基础上修订而成，上一版的主编单位是四川省建筑科学研究院，参编单位是山东省建筑科学研究院、湖南大学、辽宁省建筑科学研究院；主要起草人员是侯汝欣、曹居易、汪权信、施楚贤、王增泽、陈安析。本次修订的主要技术内容是：1. 增加编制试验方案的具体要求；2. 增加砌体偏心抗压试验方法和砌体长柱试验的规定；3. 砌体抗压试件截面尺寸和高厚比可根据块体尺寸和试验目的稍有调整；4. 根据试验目的，对砂浆试块底模作出新的规定；5. 增加试件与试验机压板调平方法的规定；6. 增加试验资料整理、分析的内容。

本规程修订过程中，编制组进行了深入广泛的调查研究，总结了我国在砌体基本力学性能试验领域自上一版标准颁布实施以来在研究、设计、施工等方面工作的实践经验，同时参考了国内外先进技术法规、技术标准，并对不同截面尺寸和高厚比的试件对试验结果的影响以及偏心抗压试验的加荷方法等进行了试验研究。

为便于广大设计、施工、科研、检测、学校等单位有关人员在使用本标准时能正确理解和执行条文规定，《砌体基本力学性能试验方法标准》编制组按章、节、条顺序编制了本标准的条文说明，对条文规定的目的、依据以及执行中需注意的有关事项进行了说明。但是，本条文说明不具备与标准正文同等的法律效力，仅供使用者作为理解和把握标准规定的参考。

目　次

1　总则 …………………………………… 1—11—15
3　基本规定 ………………………………… 1—11—15
4　砌体抗压强度试验方法 ………… 1—11—16
4.1　试件 ………………………………… 1—11—16
4.2　试验步骤 …………………………… 1—11—17
4.3　结果计算 …………………………… 1—11—18
5　砌体沿通缝截面抗剪强度试验方法 …………………………………… 1—11—18
6　砌体弯曲抗拉强度试验方法 …… 1—11—19
7　试验资料的整理分析 …………… 1—11—21

1 总　则

1.0.1 砌体基本力学性能试验，是一项量大面广的工作。过去由于缺乏统一的试验方法，不仅使不同单位的试验结果难以对比和引用，而且还影响到工程质量检验工作的顺利进行。本标准颁布施行 20 年来，众多高校、科研单位在砌体结构试验研究中，采纳了本标准，为砌体结构研究和砌体结构设计、施工规范的编制工作，作出了积极贡献，同时积累和丰富了砌体试验方法的经验。此次修订，吸收了这些试验工作经验，使之进一步满足砌体结构研究和生产建设检验工作的需要。

1.0.2 本标准是根据砌体结构试验工作必须统一的技术内容，作出必要且可能的规定。多年以来，我国推行墙体材料改革工作，大量新型砌体块材和新型砌筑砂浆应用于建筑工程中，为保证工程结构的安全性，对这些新型材料应按本标准进行应用试验和检验。

1.0.3 砌体试件系由块体和砂浆砌筑而成，块体材料和砌筑砂浆的质量对砌体的工作性能与承载能力有很大影响。为此，本条要求对块体材料和砌筑砂浆进行必要的质量检验，以便为砌体试验提供基础数据，做好试验设计和试验分析工作。

1.0.4 标准总是配套使用的，一本标准中不应重复现行其他标准已有的规定。因此，在执行本标准时，尚应符合现行国家有关标准的要求。

3 基 本 规 定

3.0.1 本条系新增条文，对试验方案提出了具体要求。有些砌体试验结果存在一些缺陷，试验方案编制得不够详细是其原因之一。为此，这次修订时增加了编制试验方案的内容。

3.0.2 在实际工作中，根据不同的试验目的，砌体基本力学性能试验可分为研究性试验和检验性试验两类。过去因对这个前提未予明确，致使在确定试件数量与抽样方法时，产生不应有的混乱。因此，有必要加以区分。

原《砖石结构设计规范》GBJ 3－73 对于砌体抗压试件数量的规定，基本是根据检验性试验要求制定的。因此，本标准的检验性试验的每组试件数量仍沿用此规定。砌体抗剪和抗弯试验，由于检验值较为离散，每组试件数量有必要适当增加，根据四川省建筑科学研究院和国内其他科研单位、高校多年积累的数据，规定每组不应少于 6 个试件。

关于研究性试验，考虑到一般有专门的试验设计，所以原标准未具体规定每组试件数量。但实践经验表明，有些单位的研究性试验工作，试件数量明显偏少，此次修订时增加了每组试件数量的规定。

关于本条第 3 款，需要特别说明的是：我国《砌体结构设计规范》GB 50003、《砌体结构工程施工质量验收规范》GB 50203、《砌体工程现场检测技术标准》GB/T 50315 均是以烧结普通砖砌体为依据编制并逐步扩展的，积累了大量试验研究资料和丰富的工程实践经验。新型砖材或新型砌筑砂浆的研究性试验，应与同条件的烧结普通砖砌体试验进行比较，以便得出可靠结论。又由于砌体试验结果受人工砌筑和试验条件影响很大，因此新增加了此款规定。

3.0.3 本条对砌体试件的砌筑和养护作了具体规定。

1 已有的试验资料表明，不同技术水平瓦工砌筑的试件，其砌体基本力学性能指标相差可达 50% 以上。本款规定由中等技术水平的瓦工砌筑试件，可使试件的砌筑质量有一定的代表性。所谓中等技术水平，一般可理解为经过技术考核合格的四、五级工。

2 砂浆饱满度对砌体抗压、抗剪和抗弯强度均有较大影响。四川省建筑科学研究院曾进行过水平灰缝的砂浆饱满度 ξ_f 对砌体抗压强度影响的试验，对抗压强度影响系数得出如下回归公式：

$$\Psi_f = 0.2 + 0.8\xi_f + 0.4\xi_f^2$$

式中当 $\xi_f = 0.73$ 时，$\Psi_f = 1.0$，表示水平灰缝的砂浆饱满度为 0.73 的砌体抗压试件，其抗压强度可达到现行国家标准《砌体结构设计规范》GB 50003 规定的强度指标。现行国家标准《砌体结构工程施工质量验收规范》GB 50203 规定，水平灰缝的砂浆饱满度不得低于 80%。

砂浆饱满度对砌体抗剪和抗弯强度的影响更大。为了准确掌握砂浆饱满度对砌体试验值的具体影响程度，应对砂浆饱满度进行仔细检查。

3 砂浆初凝之前，对试件施加适当的初始压应力（如对砖砌体压四皮砖），可改善砂浆与砖的粘结性能，减小试验结果的离散性。这样做，与墙体的实际施工情况也较为接近。一般情况下，施工现场每天砌筑墙体的高度为一步脚手架（约 1.2m～1.5m）。这样，多数砖层在砂浆初凝前已获得适当的初始压应力。

4 试件室内养护温度主要是参照国际标准《砌体试验方法》ISO 9652-4 和美国 ASTM《砌体抗压强度的标准试验方法》有关内容制定的。ISO 9652-4 标准规定的养护温度为 15℃～25℃，美国规定的养护温度为 16℃～24℃。当气温低于 15℃时，砂浆强度的增长速度将显著地延缓。在这种情况下，若仍按固定的天数进行养护，将得不到预期的砂浆强度。改按砂浆实测强度控制试件养护时间较为科学、合理。

3.0.5 同原标准相比，砂浆试件的制作方法和制作数量作了较大修改。修改理由如下：现行行业标准《建筑砂浆基本性能试验方法标准》JGJ/T 70 将砂浆试件的块材底模改为钢底模。采用钢底模成型的砂浆试件强度明显低于块材底模的砂浆试件强度，降低系数随不同块材品种及其含水率而变化。此外，高强砂浆降低幅度小，低强砂浆降低幅度大。1956 年以来，我国陆续开展了系统的砌体结构试验研究工作，几十年来均是以砌体试验用块材作底模成型砂浆试块，现行国家标准《砌体结构设计规范》GB 50003－2001 以及之前的砌体结构设计规范（GBJ 3－73、GBJ 3－88）的砌体设计计算指标均是以块材底模的砂浆试件强度为基础而确定的。砌体工程的施工质量检验和相应的检测标准《砌体工程现场检测技术标准》GB/T 50315 也是如此。若改为钢底模，砌体结构设计计算指标和国家标准 GB/T 50315 的检测方法难以作相应调整。在现有的试验数据条件下，对于不同块材，现在常用的砌筑砂浆强度等级 M5、M7.5、M10、M15 尚不能准确换算为钢底模的砂浆强度等级。

本标准是为砌体结构设计和砌体工程质量检测服务的，考虑到砌体试验研究、砌体工程检测的历史和现实情况，仍要求制作砂浆试件的底模为块材底模；又考虑到与新的砂浆试验标准衔接，逐步积累以钢底模砂浆试块为基础的砌体试验数据，规定了研究性试验还应制作钢底模的砂浆试件。

3.0.6 对自行设计的各类加荷架及其他附属设备，本标准只提出原则要求，新加工的设备，应经试验或试用，符合技术要求和安全后方可使用。

3.0.8 砌体试件较笨重，试验工作易发生工伤事故。应采取必要的措施，确保安全。

4 砌体抗压强度试验方法

4.1 试 件

4.1.1～4.1.6 确定各类砌体抗压试件的外形尺寸，依据如下：

1 主要参考资料：

原国家标准《砖石结构设计规范》GBJ 3－73 附录四：砖石砌体抗压强度的试验方法；

四川省建筑科学研究院等单位：混凝土小型空心砌块与砌体力学性能试验方法（JGJ 14－82）；

四川省建筑科学研究院等单位：中型砌块砌体抗压强度的试验方法（JGJ 5－80）；

山东省建筑科学研究院：乱毛石砌体抗压试验方法；

福建省建筑科学研究院：关于石材与石砌体试验方法中的几个问题；

有关单位的砌体抗压强度和弹性模量的试验报告。

2 编制原标准 GBJ 129－90 时，经与《砌体结构设计规范》编制组协商，砖砌体标准抗压试件的截面尺寸，由过去的 370mm×490mm 改为 240mm×370mm。

3 根据重庆市建筑科学研究院和四川省建筑科学研究院分别进行的对比试验，砖砌体截面尺寸为 240mm×370mm 与 240mm×490mm，对砌体抗压试验结果无显著性区别；抗压试件高厚比 β 值为 3、4、5 时，对砌体抗压试验结果无显著性区别。详见背景材料。

4 关于混凝土小型空心砌块砌体试件截面尺寸对抗压强度的影响，四川省建筑科学研究院、原哈尔滨建筑工程学院等单位的试验资料表明，当试件厚度（如 190mm）相同时，宽度（如 390mm、590mm、790mm）对抗压强度没有显著性影响。这表明材质相同的无限长墙体，用单位宽度的单元体进行试验、分析和计算是可行的；试件厚度从 190mm 增加至 390mm，抗压强度下降约 25%，这是由于截面增加的竖向灰缝削弱了砌体的整体性造成的。几个单位的试验结果，见表 1 和表 2。

表 1 不同截面对小型砌块砌体抗压强度的影响

试件数量 n	厚度 t (mm)	宽度 b (mm)	高厚比 β	砌块强度 f_1 (N/mm²)	砂浆强度 f_2 (N/mm²)	砌体强度（N/mm²） f_{590}	f_{190}	f_{390}	f_{190}/f_{590}	f_{390}/f_{190} (f_{390}/f_{590})	备 注	试验单位
10	190	790	3.1	8.8	6.1	6.31	6.36		1.01		试件宽度对试验结果无影响	广东省建筑科学研究院
6	190	790	3.1	5.2	11.0	3.69	3.69		1.00			
(16)								平均	1.00			
8	185	385	3.2	7.5	5.9	6.89	5.07		0.74		试件宽度对试验结果无影响	贵州省建材所
9	185	385	3.2	7.5	10.3	5.31	6.30		1.19			
8	190	390	3.1	8.4	2.4	4.15	4.02		0.97			
(25)								平均	0.97			
3	185	585	2.6		2.9	3.9	3.9		1.00		试件宽度对试验结果无影响	第七冶金建设公司建研所
3	185	785	2.6		2.9	3.9	3.9		1.00			
3	385	385	2.6		2.9	3.9		2.8		(0.72)	试件厚度对试验结果有影响	
3	385	585	2.6		2.9	3.9		2.7		(0.69)		
3	385	785	2.6		2.9	3.9		2.9		(0.74)		
(15)								平均	1.00	(0.72)		

续表1

试件数量 n	厚度 t (mm)	宽度 b (mm)	高厚比 β	砌块强度 f_1 (N/mm²)	砂浆强度 f_2 (N/mm²)	砌体强度 (N/mm²)			f_{190}/f_{590}	f_{390}/f_{190} (f_{390}/f_{590})	备 注	试验单位
						f_{590}	f_{190}	f_{390}				
6	240	485	4.0	2.53	2.6		1.88		$f_{750}/f_{485}=1.09$		试件宽度对试验结果无影响	原哈建院，浮石砌块，t 检验，没有区别
6	240	750	3.0	2.53	2.6		2.05					
19			2.56	6.8	2.5		2.39	2.10		0.88	试件厚度对试验结果有影响	陕西省建筑科学研究院
32			2.56	6.4	2.5		2.28	2.80		0.80		
15			2.56	5.9	5.3		2.45	2.91		0.84		
15			2.56	4.6	5.3		2.35	1.93		0.82		
15			2.56	4.6	9.6		2.75	2.52		0.91		
(96)									平均	0.85		
10	390	390	3.0	13.8	4.3	9.57		6.44		(0.67)	试件厚度对试验结果有影响	四川省建筑科学研究院
5	390	590	3.0	13.8	4.3	9.57		6.29		(0.66)		
5	390	790	3.0	13.8	4.3	9.57		7.04		(0.74)		
(20)									平均	(0.69)		

注：f_{590}指砌体尺寸为 190mm×590mm×600mm 的抗压平均强度；f_{190}、f_{390}分别表示 190mm、390mm 厚不同宽度砌体的抗压平均强度。

表 2　试件宽度对小型砌块砌体抗压强度的影响

厚度 t (mm)	宽度 b (mm)	高厚比 β	砌体强度 (N/mm²)		f_{390}/f_{590}	t 检验
			f_{590}	f_{390}		
140	590	4.3	5.84		0.94	$f_{590}=f_{390}$
140	390	4.3		5.49		
190	590	3.2	4.34		0.91	$f_{590}=f_{390}$
190	390	3.2		3.96		

试验单位：四川省建筑科学研究院

国际标准《砌体试验方法》ISO 9652-4 规定砌体抗压试件尺寸如下表所示：

表 3　砌体抗压试件尺寸要求

墙片宽度 b	墙片厚度 t	墙片高度 h
2 个块体	1 个块体	$3\leqslant h/t\leqslant 15$；$h/b\geqslant 1$；$h\geqslant 5$ 层块材高度

原标准与 ISO 标准比较，小砌块砌体抗压试件的宽度和试件高度明显偏小。此次修订，试件截面宽度恢复到原行业标准《混凝土小型空心砌块建筑技术规程》JGJ 14－82 的规定值，并考虑向 ISO 标准靠拢，将试件宽度调整为 1.5～2.0 倍的块体长度；试件高度为 5 皮砌块加灰缝厚度，即 $\beta=5$。根据对比试验，高厚比 β 值为 3 和 5 时，砌体抗压试验结果无显著性区别。

4.1.7　要求试件的垫板事先找平和顶部用 1：3 水泥砂浆找平，是为使试件上下面平行而受力均匀。个别单位对此重视不够，致使试件过早开裂，破坏荷载值偏低，且离散性大，故应强调试件上下表面的平整度。

4.2　试 验 步 骤

4.2.1　本条是关于试验准备工作的具体规定，有两点需要说明：

①常用的试件对中有两种方法，但由于对中所耗费的时间相差悬殊，因而宜根据试验目的选用。当不需测量变形值时，宜用快捷的几何对中方法，即试件四个侧面的竖向中线对准试验机上下压板的中垂线；当需要测量变形值时，宜用物理对中方法，即在规定应力条件下（$\sigma\approx 0.2f_{c,m}$），通过调整试件位置或将试件顶部垫平等方法，使两侧仪表测得的轴向变形值，其相对误差小于 10%。采用物理对中方法，所测变形值较为准确，但需要较长的试验准备时间。

②抗压试件表面与试验机压板是否紧密接触对试验结果及其离散性影响很大。试件底部有带吊钩的钢板，钢板与试验机下压板之间一般能够紧密接触，若钢板有微小变形，通过垫湿砂或薄钢板等措施，容易使两者紧密接触。人工在试件顶部抹水泥砂浆找平层的方法，不可能使表面非常平整；过去采用垫湿砂的措施，试件顶部四周 10mm～20mm 的湿砂被试验机上压板部分挤出，难以做到均匀密实。同原标准相比，此次修订增加了试件顶部垫平的具体措施。美国

进行砌体抗压试验，是在试件顶部抹快硬石膏，通过试验机上压板施加压力将石膏压平，以达到紧密接触的目的；四川省建筑科学研究院分别使用快硬石膏或快速防水堵漏材料抹在试件顶部，施加约5%～10%试件承载力的荷载，使试验机上压板将多余浆料挤出，待浆料硬化后再进行抗压试验。这一具体措施，能够使试件顶部和试验机上压板之间完全紧密接触，减小了试验误差，收到了较好的效果。故根据四川省建筑科学研究院的实践经验并参考美国的做法，将这一具体措施纳入本标准。

4.2.2 轴向变形的测点标距，规定约为标准试件高度的1/3，且为一个块体加一条灰缝厚的倍数，约为250mm～350mm。试验机压板对试件的变形有一定约束，影响区域的高度约为试件厚度的尺寸。前已规定，试件高厚比为：$\beta=3\sim5$。这样，测试区间正好在试件高度中部，可以避开试验机压板对试件约束的影响。测试长柱轴向变形的测点标距，可适当放大些，如400mm～500mm，这样能够获得更准确的轴向变形值。

4.2.3 原国家标准GBJ 3-73附录四规定："试验时采用等速分级加荷，每级荷载约等于破坏荷载的10%，直至破坏为止。"四川省建筑科学研究院等单位曾提出混凝土小型空心砌块和中型砌块砌体的抗压试验方法，规定除分级加荷外，还分别增加了加荷速度一般为每分钟$0.1N/mm^2\sim1N/mm^2$和$0.3N/mm^2\sim0.5N/mm^2$的规定。

四川省建筑科学研究院曾用砖砌体进行过加荷速度与加荷方式对抗压强度影响的试验。试验分成四组，加荷方式分连续加荷与分级加荷两种，加荷速度从每分钟$0.571N/mm^2\sim2.85N/mm^2$。试验结果表明，快速加荷的试验值略高，平均约高5%，慢速加荷的试验值略低。由于砖砌体的匀质性较差，这样的差异并不算大。如果将四组12个试件的试验结果混合统计，变异系数$\delta=0.092$，属于正常变异范围。

美国ASTM《砌体抗压强度的标准试验方法》规定："从零到预估破坏荷载的1/2区间内，可以按任意适当的速度加荷，在这之后，调整试验机的控制装置，在1min～2min内，按均匀速度施加完剩余荷载。"这个速度比本标准规定的速度要快得多。

规定加荷速度，是避免试件在受力过程中承受冲击荷载。本标准的规定，可以达此目的。

4.2.4 根据以往各单位习惯做法，并参考混凝土弹性模量测试方法，编制本条条文。同混凝土相比，砌筑砂浆强度较低，塑性变形值较大，因此反复预压的相对应力值应低于混凝土。本标准规定在5%～20%预估破坏荷载区间反复预压3次～5次，主要目的是使砌体在低应力状态下的变形基本趋于线性关系，同时消除构造方面的变形。

试验表明，采用几何对中及快硬石膏调平措施后，试件两个侧面的轴向变形值较为接近，基本可达到物理对中的效果，从而减少了试验工作量。

4.2.5 砌体偏心抗压试验，是砌体力学性能的一项重要试验内容，此次修订增加了这个项目。以往各单位在进行偏心抗压试验时，是在试件顶部加设调整偏心距的固定铰支座，国家标准《砌体结构设计规范》GB 50003-2001（GBJ 3-73、GBJ 3-88）中的偏心影响系数即是在这种试验条件下得到的。故本标准采用此种加荷方法。

4.2.6 无筋长柱试件搬运困难，宜在台座上砌筑试件并进行试验；如果采取安全可靠的吊装方法，也可运至长柱压力试验机上进行试验。

4.2.7 初裂荷载是研究性试验中的一项重要试验数据，往往不易准确判断；观察初裂裂缝以肉眼可见为准，并注意测量仪表的变形值突变时可能出现裂缝。裂缝图和破坏特征可说明试件是否属于正常破坏，以及块材、砂浆对试验结果的影响，它是科学分析的重要依据，故应认真作好记录。宜对典型破坏试件拍摄照片。

4.3 结果计算

4.3.1 单个试件抗压强度$f_{c,i}$的计算精度，一般要求准确至$0.01N/mm^2$。对于检验性试验，此精度已经足够了；至于研究性试验，如果需要更高的精度，由研究者自定。一组试件抗压强度平均值按式(7.0.3-1)计算。

4.3.2 偏心抗压试验多属于研究性试验，科研人员可根据试验目的对试验数据进行分析。

4.3.3 计算砌体弹性模量E值时，砌体应力σ取$0.4f_{c,i}$，应变ε取与$0.4f_{c,i}$对应的应变值$\varepsilon_{0.4}$，作此规定，一是与国家标准《砌体结构设计规范》GB 50003协调一致，二是此时的砌体受力正常，尚未出现初裂裂缝，可以假定变形值基本处于弹性变形阶段。

4.3.4 参考国家标准《砌体结构设计规范》GB 50003和原行业标准《中型砌块建筑设计与施工规程》JGJ 5，引入式（4.3.4）。

5 砌体沿通缝截面抗剪强度试验方法

5.0.1 在分析以往习用砌体单剪试验方法的优缺点后，通过单剪与双剪的对比试验，并参考英国的砌体抗剪试验方法，以及美、德等国关于砌体抗剪方法的标准和文献，本标准采纳双剪试件作为砖砌体沿通缝截面抗剪试验的标准试件。双剪试件的优点是立放稳定，加荷方便，受力明确，基本消除了弯曲应力的影响，荷载通过灰缝以剪力形式传递，且试验的变异系数相对较小；缺点是两个受剪面往往不能同时破坏，不过这也反映了砖砌体剪应力分布不均匀且难以克服施工因素影响的客观规律。

四川省建筑科学研究院使用三种强度等级的水泥石灰砂浆，同一批普通黏土砖，运用双剪方法和原国家标准 GBJ 3－73 所依据的单剪方法（简称 73 规范法）进行对比试验，结果如下：

表 4　双剪法和 73 规范法对比实验结果

砂浆强度（N/mm^2）	双剪方法		73 规范法		t 检验
	受剪面尺寸（mm）	$f_{v,m}$（N/mm^2）	受剪面尺寸（mm）	$f'_{v,m}$（N/mm^2）	
7.59	240×370	0.578	370×370	0.605	$f_{v,m}=f'_{v,m}$
4.96	240×370	0.446	370×370	0.412	$f_{v,m}=f'_{v,m}$
3.48	240×370	0.288	370×370	0.159	$f_{v,m}>f'_{v,m}$

从双剪试件受力过程的宏观现象分析，只要保证三条砂浆抹面的施工质量（表面平整、上下抹面平行且垂直于受剪灰缝），两个受剪面能够共同受力，试验结果较为理想。多数情况是一个受剪面破坏，也有一先一后或同时破坏者。从对比试验结果分析，两种方法的试验值极为接近，从而避免了因改变试验方法而设计规范中的抗剪强度设计值必须做较大调整的可能性。

此外，四川省建筑科学研究院完成一组砖砌体双剪试件变异系数试验。50 个试件的抗剪强度平均值 $f_{v,m}=0.394N/mm^2$，标准差 $s=0.0576N/mm^2$，变异系数 $\delta=0.146$。用 W 法进行正态性检验，给定危险率 $\alpha=0.05$，计算 $W=0.957$，大于 $W(n,\alpha)=0.947$，不能否定原子样母体是正态分布的。这组试验数据表明，双剪方法的试验结果的变异性较小。

混凝土小型空心砌块和其他品种小型砌块的砌体抗剪试验，考虑到应与砖砌体双剪试件形式一致，并根据浙江大学的试验，也由单剪试件改为双剪试件形式。中型砌块砌体抗剪试验，也照此执行，但由于试件较高，需加侧向支撑。中、小型砌块的砌体抗剪试验，均采用水平方向加荷的方法。为减小试件与试验台座之间的摩擦力，根据试件宽度的大小，应在试件底部加设（3～4）个滚轴或垫湿砂。

原标准颁布施行 20 年以来，许多高校、科研单位按此方法进行了砌体抗剪试验，取得了较好的试验结果。有的单位建议改为尺寸更小的小试件进行抗剪试验，这样使用一般万能试验机即可进行试验，能够给一般检测单位的试验工作创造便利条件。根据四川省建筑科学研究院以往用小试件进行抗剪试验的试验结果，小试件的抗剪强度显著偏高。这项建议有待通过进一步对比试验予以验证。有些体量较大的万能试验机，配以条形钢板等配件，也能够进行砌体抗剪试验。如河南省建筑科学研究院等单位就曾在万能试验机上进行普通砖和多孔砖的砌体抗剪试验。

试验时，曾发生一个受剪面上的三块砖（240mm×370mm）仅有两块砖上的受剪灰缝（240mm×240mm）破坏，原因是竖向灰缝不饱满，该灰缝不能传递剪力。故此次修订增加了竖向灰缝应填塞饱满的规定。

5.0.2、5.0.3　试件受力处的砂浆找平层是否平行并垂直于受剪灰缝，对其受力性能影响较大，要求试验工人认真做好抹面工作，最好在工作台上使用简易夹具抹面。如仍不能保证平整度，则在试验时应垫平。

抗剪试验时，试件的变形极小，故不要求测量变形值。根据砂浆强度的高低，加荷速度控制在 1min～3min 内使试件破坏。

在天气炎热干燥的气候条件下，吸水率较小的混凝土砖或吸水速度较慢的蒸压灰砂砖、蒸压粉煤灰砖，其砌体表面的灰缝会因失水较快而收缩，试件表面 10mm～20mm 范围的砂浆不能与砖很好地粘结，在砌筑好试件后，宜覆盖塑料薄膜予以保湿养护。

5.0.4　试验中发现，多数试件的两个受剪面不能同时破坏，有施工和试验两方面的原因。施工影响因素较多，很难保证两条灰缝的砂浆与砖的切向粘结力完全一致。试验因素则主要是三条砂浆抹面不易做到准确平行，但两条灰缝均受力则是确定无疑的。由此判断，两条灰缝或一强一弱，或受力一大一小，不能同时破坏亦属正常现象。用式（5.0.4）计算的抗剪强度，与实际的抗剪强度相比，实为偏小值。因而这项计算方法偏于安全。

5.0.5　试验中发现，强度较低的烧结多孔砖或混凝土多孔砖的抗剪试件，砖块可能先于受剪灰缝破坏，即灰缝的抗剪荷载大于砖块所能承受的抗压荷载。在进行统计分析时，应单独分析，但也不宜舍去该项试验值。

6　砌体弯曲抗拉强度试验方法

6.0.1　砌体结构在水平荷载（如风荷载、地震作用、挡土墙的土压力、贮仓中散状物荷载等）作用下，承受弯矩；一般砖砌过梁，亦承受弯矩。为确定砖砌体受弯承载能力，提出砌体弯曲抗拉强度试验方法。

6.0.2　1970 年前后，为编制砌体结构设计规范，四川省建筑科学研究院进行了砖砌体沿通缝截面和沿齿缝截面的弯曲抗拉试验。试件截面的高度 h 为 370mm，宽度 b 为 240mm；跨度 L，前者为 800mm，后者为 1000mm。均采用单点集中加荷方法。试验结果被 1973 年颁布试行的《砖石结构设计规范》GBJ 3－73 采用。本标准即以该项试验工作为基础，并作了以下修改和补充：

①参照一般梁式构件的试验方法，将单点集中加荷改为三分点集中加荷。试件中部三分之一区间内为

纯弯区段，受力更为明确。单点加荷的试件，破坏截面往往不在最大弯矩处，试验结果不够理想。

②原试件的跨高比 $L/h<3$，剪力影响较大，属于深梁受力形式；新试件的跨高比改为 $L/h\geqslant 3$。

③试件截面高度由 370mm 改为 240mm。

④齿缝抗弯试验，将试件沿轴向旋转 90°，以模拟砖砌挡土墙等类墙体的弯曲破坏模式。

为了验证上述第一至第三项因素对砖砌体抗弯强度的影响，分别使用页岩砖和七孔多孔砖，进行砌体沿通缝截面抗弯的对比试验，结果见表 5 和表 6。从表 5 所列对比试验结果分析，加荷方式、跨高比 L/h 及试件高度 h 对抗弯强度的影响较小（仅就试验条件范围内的变化而言）。若将每批砂浆强度的各组试件当作同一母体，混合统计，则砂浆强度为 4.7N/mm² 的一批砌体试件，抗弯试验值的变异系数 $\delta=0.19$，另一批的变异系数 $\delta=0.13$，均在砌体抗弯试验值变异的正常范围之内。表 6 是两种跨高比的七孔多孔砖砌体抗弯对比试验，跨高比分别为 2.4 和 3.5，共两组，抗弯试验值的比值分别为 1.16 和 0.81，有高有低，比表 5 中括号内的比值离散性要大些，原因是多孔砖砌体抗弯强度受砌筑质量的影响比普通砖更为显著。但是，若从对比组之间抗弯强度的极差分析，仅为 0.05N/mm² 左右，这一差值是较小的。

根据上述试验结果，并考虑到砌体抗弯强度变异系数一般较大（$\delta=0.2\sim0.24$）的实际情况，原《砖石结构设计规范》所依据的抗弯试验方法，同本方法相比，在试验结果的具体数据上，没有大的差别。因此，试验方法的变更对砌体结构设计规范没有影响。当然，无论从理论分析出发，还是从一般抗弯试验的习惯作法出发，本方法所推荐的加荷方式、跨高比和试件高度，更为妥当。

表 5　页岩砖砌体沿通缝截面抗弯对比试验结果

$f'_{tm,m}$ 试件 / 试验条件	$b\times h\times L$ =240×115 ×900 (mm)	$b\times h\times L$ =240 ×240×800 (mm)	$b\times h\times L$ =240×370 ×800 (mm)	$b\times h\times L$ =240×240 ×1100 (mm)	混合统计 $f'_{tm,m}$ (N/mm²)	混合统计 δ
1	2	3	4	5	6	7
加荷方式	三分点	单点	单点	三分点		
L_0/h	7.8	3.3	2.2	4.6		
砂浆强度 4.7（N/mm²）	0.365 (0.90)	0.447	0.409	0.42	0.402	0.19
	0.370 (预压)	(1.09)	(1.00)	(1.02)		
砂浆强度 3.2（N/mm²）	0.398 (1.10)	0.335 (0.93)	0.361 (1.00)	0.352 (0.98)	0.36	0.13

注：1　第 4 列为原试验方法及其试验结果；

2　括号内数字均为与原试验方法的比值；

3　每组试件数量为 3 件。

表 6　多孔砖砌体跨高比对抗弯试验结果的影响

试件尺寸 $b\times h\times L$（mm）	L_0/h	砂浆强度 (N/mm²)	抗弯强度 $f'_{tm,m}$（N/mm²）	比值
240×460×1090	2.4	4.6	0.402	1.16
180×240×850	3.5		0.348	
240×460×1090	2.4	2.9	0.257	0.81
180×240×850	3.5		0.316	

试验中有一组试件（即表 5 中 $b\times h\times L=240\text{mm}\times115\text{mm}\times900\text{mm}$，砂浆强度为 4.7N/mm² 的一组），其中三个试件在成型后预压 1200N 重的铁砝码，（每半天预压 200N，分六次压完），平均预压应力 $\sigma_0=0.043\text{N/mm}^2$，试验结果分别为 0.375、0.396、0.339N/mm²，平均为 0.370N/mm²；仅预压四皮砖的试件则分别为 0.446、0.268、0.382N/mm²，平均为 0.382N/mm²。单纯从平均值对比，差别较小，但试件经过预压后，试验值的离散性较小，极差仅为 0.057N/mm²，未预压者极差接近 0.2N/mm²，说明还是预压者效果好。考虑到有些砌体抗弯构件（如砖砌平拱过梁）没有预压应力，一般砖墙也可能短时间停工，所以本标准没有规定对试件进行较大应力的预压，只规定砌完试件后平压四皮砖块。

6.0.3　本条是对试件砌筑和试验的要求。

齿缝抗弯试件旋转 90°，然后进行试验，是吸取了国际标准《砌体试验方法》ISO 9652-4 的做法。该标准抗弯试件的受力简图（图 1），与本标准相似，只是将试件立放、加荷方法为侧向加荷，因而未考虑试件自重的作用，详见图 1。

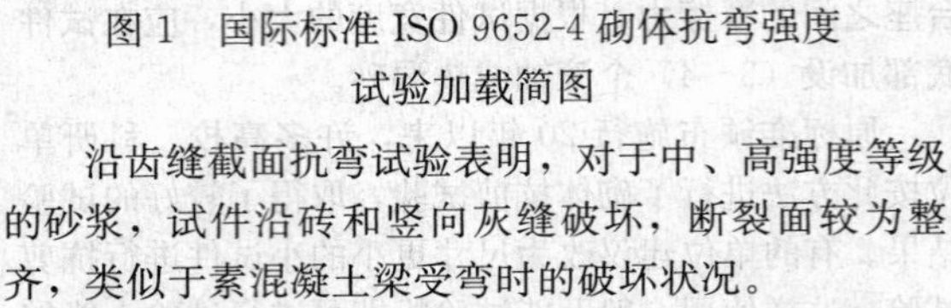

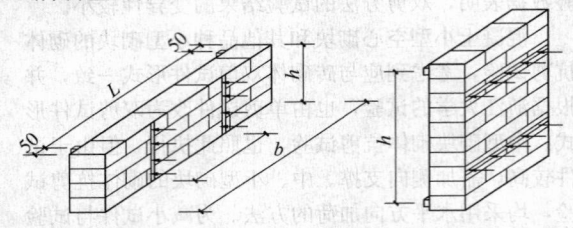

图 1　国际标准 ISO 9652-4 砌体抗弯强度试验加载简图

沿齿缝截面抗弯试验表明，对于中、高强度等级的砂浆，试件沿砖和竖向灰缝破坏，断裂面较为整齐，类似于素混凝土梁受弯时的破坏状况。

6.0.4　对固定铰支座和滚动铰支座提出一般要求。试验者可根据本单位具体情况，以保证固定铰支座的上钢板能自由转动、滚动铰支座的滚轴能自由滚动为原则，设计和使用其他形式、尺寸的铰支座。

6.0.5　本标准对自行设计的加荷系统不作具体规定，只提原则要求。ISO 9652－4 的砌体抗弯试验方法中，也只提供试件受力简图，未规定具体的试验设备。

6.0.6　抗弯试验，试件呈脆性破坏，一般不需要测量受弯变形值，故规定使用匀速连续加荷制度。

6.0.7 式（6.0.7）系按一般材料力学公式推导而得，与砌体抗压、抗剪强度计算公式相比较，考虑了砌体试件自重的影响。抗压、抗剪计算可不考虑试件自重的影响，对抗弯计算则不容许忽略。

7 试验资料的整理分析

7.0.2 对于一项具体试验工作，其强度值的总体标准差是未知的，格拉布斯检验法和狄克逊检验法适用于这种情况。这两种检验法也是土木工程技术人员常用的方法。所以本标准推荐这两种方法。

以组内 n 个试验值为一个计算单元，检出歧离值，剔除统计离群值。一般情况下，n 值很小，抗剪值或抗弯值的离散性又往往较大，不宜轻易舍去统计离群值；尚应与其他组的试验值横向比较分析。也可采用其他统计方法如稳健统计法，去掉一个最大值和一个最小值对组内数据进行分析。

7.0.4 砌体试件用的块体和砌筑砂浆，其强度平均值和强度等级值有时存在较大差异，国家标准《砌体结构设计规范》GB 50003 中的计算指标是以块体、砂浆的强度平均值统计给出的，但设计应用时是以强度等级确定计算指标的。研究分析工作和设计应用是不同的。根据上述情况作出此条规定。试验研究工作应以强度平均值作为技术分析的依据。

7.0.5 我国积累了大量烧结普通砖、混合砂浆（或水泥砂浆）的砌体强度试验资料，国家标准《砌体结构设计规范》GB 50003 据此给出了强度平均值、标准值、设计值的回归计算公式。工人砌筑质量和试验条件对砌体强度试验值影响很大。对烧结普通砖之外的新型砖材或新型砌筑砂浆的砌体试验，若不同时砌筑和试验同条件的烧结普通砖砌体，而直接将试验结果与国家标准 GB 50003 回归计算公式进行比较分析，则忽略了工人砌筑质量和试验条件对试验结果的影响，可能得出试验值偏高或偏低的结论。

中华人民共和国国家标准

电镀废水治理设计规范

Code for design of electroplating wastewater processing

GB 50136—2011

主编部门：中 国 机 械 工 业 联 合 会
批准部门：中华人民共和国住房和城乡建设部
施行日期：2 0 1 2 年 6 月 1 日

中华人民共和国住房和城乡建设部
公　告

第1078号

关于发布国家标准
《电镀废水治理设计规范》的公告

现批准《电镀废水治理设计规范》为国家标准，编号为GB 50136—2011，自2012年6月1日起实施。其中，第3.0.9、10.0.4条为强制性条文，必须严格执行。原《电镀废水治理设计规范》GBJ 136—90同时废止。

本规范由我部标准定额研究所组织中国计划出版社出版发行。

中华人民共和国住房和城乡建设部

二〇一一年七月二十六日

前　言

本规范是根据原建设部《关于印发〈二〇〇二～二〇〇三年度工程建设国家标准制订、修订计划〉的通知》（建标〔2003〕102号）的要求，由中国新时代国际工程公司会同有关单位对国家标准《电镀废水治理设计规范》GBJ 136—90进行修订而成的。

本规范在修订过程中，修订组开展了专题研究，进行了广泛的调查分析，总结了近年来我国电镀废水处理工程的设计、施工、运行经验，吸纳了该领域新的科研成果，并广泛征求了有关单位意见，经过反复修改和补充，最后经审查定稿。

本规范共分10章和3个附录。主要内容包括：总则、术语和符号、基本规定、镀件的清洗、化学处理法、离子交换处理法、电解处理法、内电解处理法、污泥处理和废水处理站设计等。

本规范本次修订的主要内容是：

1. 增加了内电解处理法、废水处理站设计；

2. 删除了离子交换法处理含铬废水、钝化含铬废水、钾盐镀锌废水、氰化镀铜和氰化镀铜锡废水；

3. 对原规范其他各章进行了全面修订，重新调整了章节结构。

本规范中以黑体字标志的条文为强制性条文，必须严格执行。

本规范由住房和城乡建设部负责管理和对强制性条文的解释，中国机械工业联合会负责日常管理，中国新时代国际工程公司负责具体技术内容的解释。请各单位在执行过程中注意总结经验，积累资料，并及时将意见或建议寄送中国新时代国际工程公司（地址：陕西省西安市环城南路东段128号，邮政编码：710054，E-mail：cnme@cnme.com.cn），以供今后修订时参考。

本规范组织单位、主编单位、参编单位、主要起草人和主要审查人：

组织单位：中国机械工业勘察设计协会

主编单位：中国新时代国际工程公司

参编单位：中国海诚工程科技股份有限公司
中联西北工程设计研究院
中国联合工程公司
中国航空规划建设发展有限公司
中机国际工程设计研究院
北方设计研究院
中国电子工程设计院

主要起草人：张军锋　徐永民　赵肇一　赵兴建　阮建林　郭伟华　于寒松　彭吉兴　吴玉华　韩永锋　李德喜　刘　笋　徐　辉

主要审查人：胡晓东　王维平　王卫政　陈士洪　樊振江　崔小英　周承志　权　武　李　瑾　徐经策　何　勇

目次

1 总则 …… 1—12—5
2 术语和符号 …… 1—12—5
2.1 术语 …… 1—12—5
2.2 符号 …… 1—12—5
3 基本规定 …… 1—12—5
4 镀件的清洗 …… 1—12—6
4.1 回收清洗法 …… 1—12—6
4.2 连续逆流清洗法 …… 1—12—6
4.3 间歇逆流清洗法 …… 1—12—6
4.4 反喷洗清洗法 …… 1—12—6
4.5 超声波清洗法 …… 1—12—7
5 化学处理法 …… 1—12—7
5.1 含氰废水 …… 1—12—7
5.2 含铬废水 …… 1—12—7
5.3 含镉废水 …… 1—12—9
5.4 混合废水 …… 1—12—9
6 离子交换处理法 …… 1—12—10
6.1 含镍废水 …… 1—12—10
6.2 含金废水 …… 1—12—10
7 电解处理法 …… 1—12—11
7.1 含铬废水 …… 1—12—11
7.2 镀银废水 …… 1—12—11
7.3 镀铜废水 …… 1—12—12
8 内电解处理法 …… 1—12—12
8.1 连续式处理 …… 1—12—12
8.2 间歇式处理 …… 1—12—13
8.3 工艺参数 …… 1—12—13
9 污泥处理 …… 1—12—13
10 废水处理站设计 …… 1—12—13
附录A 镀件单位面积的镀液带出量 …… 1—12—14
附录B 离子交换柱的设计 …… 1—12—14
附录C 电解槽设计 …… 1—12—14
本规范用词说明 …… 1—12—15
引用标准名录 …… 1—12—16
附：条文说明 …… 1—12—17

Contents

1 General provisions …… 1—12—5
2 Terms and symbols …… 1—12—5
2.1 Terms …… 1—12—5
2.2 Symbols …… 1—12—5
3 Basic requirement …… 1—12—5
4 Rinse …… 1—12—6
4.1 The recycle rinse method …… 1—12—6
4.2 Continuous countercurrent rinse method …… 1—12—6
4.3 Batch countercurrent rinse method …… 1—12—6
4.4 Back spray rinse method …… 1—12—6
4.5 Ultrasonic rinse method …… 1—12—7
5 Chemical treatment method …… 1—12—7
5.1 Cyanide-containing wastewater …… 1—12—7
5.2 Chromium-containing wastewater …… 1—12—7
5.3 Cadmium-containing wastewater …… 1—12—9
5.4 Mixed wastewater …… 1—12—9
6 Ion-exchange treatment method …… 1—12—10
6.1 Nickel-containing wastewater …… 1—12—10
6.2 Gold-containing wastewater …… 1—12—10
7 Electrolytic treatment method …… 1—12—11
7.1 Chromium-containing wastewater …… 1—12—11
7.2 Silver-electroplating wastewater …… 1—12—11
7.3 Copper-electroplating wastewater …… 1—12—12
8 Internal-electrolysis treatment method …… 1—12—12
8.1 Continuous treatment …… 1—12—12
8.2 Batch treatment …… 1—12—13
8.3 Process parameters …… 1—12—13
9 Sludge disposal …… 1—12—13
10 Design of wastewater treatment plant …… 1—12—13
Appendix A The sticked plating liquid quantity on unit area of the plated parts …… 1—12—14
Appendix B Design of ion-exchange column …… 1—12—14
Appendix C Design of electrolyzer …… 1—12—14
Explanation of wording in this code …… 1—12—15
List of quoted standards …… 1—12—16
Addition: Explanation of provisions …… 1—12—17

1 总 则

1.0.1 为贯彻执行国家有关环境保护的法律、法规，使电镀废水治理工程设计达到防治污染、保护和改善环境的要求，并做到技术先进、节约能源、经济合理、安全适用，制定本规范。

1.0.2 本规范适用于新建、扩建和改建的电镀废水治理工程的设计。

1.0.3 在选择电镀废水治理工程设计方案时，应结合电镀工艺、废水排放条件、环境保护要求等具体情况，经全面技术经济比较后确定。

1.0.4 电镀废水治理工程设计应采用新技术、新工艺、新材料和新设备，并应采用自动化控制和监测，严禁采用国家明令淘汰的工艺、技术、设备和材料。

1.0.5 电镀废水治理工程的设计除应符合本规范外，尚应符合国家现行有关标准的规定。

2 术语和符号

2.1 术 语

2.1.1 含铬废水 chromium-containing wastewater

电镀生产工艺中排放的废水中含有六价铬离子。

2.1.2 含氰废水 cyanide-containing wastewater

电镀生产工艺中排放的废水中含氰离子。

2.1.3 混合废水 mixed wastewater

电镀生产工艺中排放的废水中含多种金属离子、酸和碱。

2.1.4 废液 waste electrobath

电镀生产工艺中因不能满足工艺要求而废弃的溶液。

2.1.5 镀液 electrobath

电镀生产工艺中使用的各类配制液体。

2.1.6 电解处理法 electrolytic treatment method

利用电解反应处理废水的方法。

2.1.7 电流密度 current density

阳极或阴极通过的电流与极板或工件表面积之比。

2.1.8 极距 electrode distance

电解槽内相邻两块阳、阴极板间的净距离。

2.1.9 双极性电极 bipolar electrode

一个不与外电源相连的浸入阳极与阴极间电解液中的导体，靠近阳极一边起着阴极的作用，靠近阴极一边起着阳极的作用，即同一块极板一面是阳极而另一面是阴极。

2.1.10 内电解法 internal-electrolysis treatment method

利用铁-碳在电解质溶液中腐蚀形成的内电解过程来处理废水的电化学方法。

2.1.11 有价金属 valuable metal

有回收价值的金属。

2.2 符 号

d——镀液带出量；

E——交换容量；

i——电流密度；

M_x——电极析出金属量；

N——电能消耗；

n——清洗槽级数，电极串联级数；

P——发射功率；

T——周期；

ω——功率密度；

X——镀件溶液带出量与换水量之比；

μ——离子交换柱空间流速。

3 基本规定

3.0.1 镀件用水清洗时，应选用清洗效率高、用水量少和能回用镀件带出液的清洗工艺。

3.0.2 电镀工艺的设计宜采用低浓度镀液，并应采取减少镀液带出量的措施。镀件单位面积的镀液带出量应通过试验确定，当无试验条件时，可按本规范附录A的规定确定。

3.0.3 回收槽或第一级清洗槽的清洗水水质应符合电镀工艺要求。当回收槽内主要金属离子浓度达到回用程度时，宜补入镀槽回用。当回用液对镀液质量产生影响时，应采用过滤、离子交换等方法净化后再回用。

3.0.4 末级清洗槽中主要的金属离子允许浓度宜根据电镀工艺要求确定，亦可采用下列数据：

1 中间镀层清洗为5mg/L～10mg/L。

2 最终镀层清洗为20mg/L～50mg/L。

3.0.5 当电镀槽镀液蒸发量与清洗用水量相平衡时，宜采用自然封闭循环工艺流程；当蒸发量小于清洗用水量时，可采用强制封闭循环工艺流程。镀液蒸发量宜通过试验确定。

3.0.6 镀件预处理的清洗，宜采用串联清洗工艺流程，其酸洗清洗水可复用于碱洗清洗水。

3.0.7 废液不应直接进入废水处理系统。

3.0.8 含氰废水、含铬废水、含有价金属的废水应分质分管排至废水处理站处理。

3.0.9 **含氰废水严禁与酸性废水混合。**

3.0.10 废水与投加的化学药剂混合、反应时，应进行搅拌。搅拌方式可采用机械、水力或空气。当废水含有氰化物或所投加的药剂在反应过程中产生有害气体时，不宜采用空气搅拌。

3.0.11 当废水需要进行过滤时，滤料层的冲洗排水应排入调节池，不得直接排放。

3.0.12 废水中同时含有氰化物和六价铬时，应先处理氰化物，再处理六价铬。

3.0.13 采用离子交换法处理某一镀种的清洗废水时，不应混入其他镀种或地面散水等废水。当离子交换树脂的洗脱回收液回用于镀槽时，不得混入不同镀液配方的废水。

3.0.14 进入离子交换柱的废水，其悬浮物浓度不应超过 15mg/L，当超过时，在进入离子交换柱前应进行预处理。

4 镀件的清洗

4.1 回收清洗法

4.1.1 回收清洗法，可采用图 4.1.1 的基本工艺流程。工艺流程中的一级或二级回收槽的设置，应根据回收槽的最高允许浓度确定。回收液应回用。

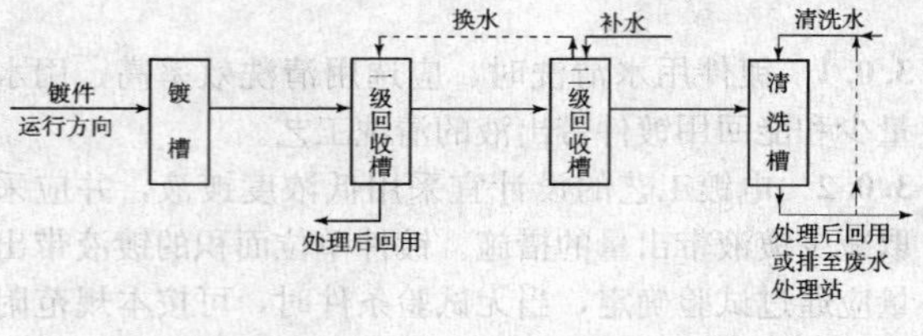

图 4.1.1 回收清洗法的基本工艺流程

4.1.2 回收清洗法，镀件单位面积的清洗用水量宜小于 $100L/m^2$。

4.2 连续逆流清洗法

4.2.1 连续逆流清洗法可采用图 4.2.1 的基本工艺流程。末级清洗槽废水浓度不得超过允许浓度。

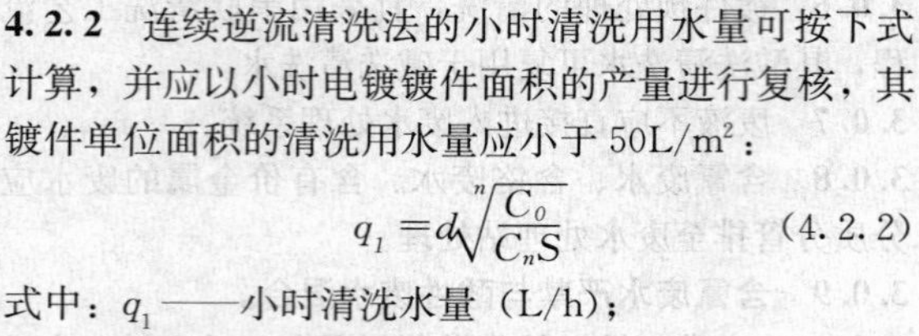

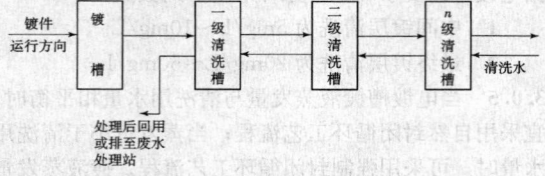

图 4.2.1 连续逆流清洗法的基本工艺流程

4.2.2 连续逆流清洗法的小时清洗用水量可按下式计算，并应以小时电镀镀件面积的产量进行复核，其镀件单位面积的清洗用水量应小于 $50L/m^2$：

$$q_1 = d\sqrt[n]{\frac{C_0}{C_n S}} \qquad (4.2.2)$$

式中：q_1——小时清洗水量（L/h）；

d——单位时间镀液带出量（L/h）；

n——清洗槽级数；

C_0——电镀槽镀液中金属离子浓度（mg/L）；

C_n——末级清洗槽废水中金属离子浓度(mg/L)；

S——浓度修正系数，指每级清洗槽的理论计算浓度与实测浓度的比值。

4.2.3 浓度修正系数宜通过试验确定，当无试验条件时，可按表 4.2.3 的规定确定。

表 4.2.3 浓度修正系数

清洗槽级数	1	2	3	4	5
浓度修正系数	0.90～0.95	0.70～0.80	0.50～0.60	0.30～0.40	0.10～0.20

4.2.4 连续逆流清洗的各级清洗槽之间应设置溢流挡板、溢流窄缝、溢流导管等防止水流短路的措施。清洗槽底部宜设置排空管。

4.3 间歇逆流清洗法

4.3.1 间歇逆流清洗法可采用图 4.3.1 的基本工艺流程。当末级清洗槽废水浓度达到允许浓度时，应逆流逐级全部换水或部分换水。

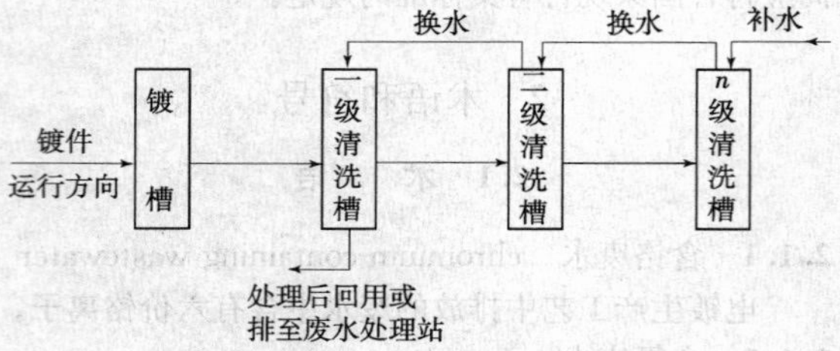

图 4.3.1 间歇逆流清洗法的基本工艺流程

4.3.2 间歇逆流清洗法每清洗周期换水量可按下列公式计算，并应以每周期电镀镀件面积的产量进行复核，其镀件单位面积的清洗用水量的计算结果不应大于 $30L/m^2$：

$$q_2 = \frac{dT}{X} \qquad (4.3.2\text{-}1)$$

$$X = \sqrt[n]{\frac{C_n n!\, S}{C_0}} \qquad (4.3.2\text{-}2)$$

式中：q_2——每清洗周期换水量（L）；

X——镀件溶液带出量与换水量之比；

T——清洗周期（h）；

$n!$——清洗槽级数阶乘；

S——浓度修正系数。

4.3.3 浓度修正系数宜通过试验确定，当无条件试验时，可按表 4.3.3 的规定确定。

表 4.3.3 浓度修正系数

清洗槽级数	1	2	3	4	5
浓度修正系数	0.90～0.95	0.70～0.80	0.50～0.60	0.30～0.40	0.20～0.25

4.4 反喷洗清洗法

4.4.1 反喷洗清洗法可采用图 4.4.1 的基本工艺流程。镀件每次浸洗后应用后一级槽的清洗水进行反喷洗，镀件从末级清洗槽提出时，宜用补充水喷洗。所有清洗和喷洗应采用自动控制，并应与电镀自动生产线相协调。

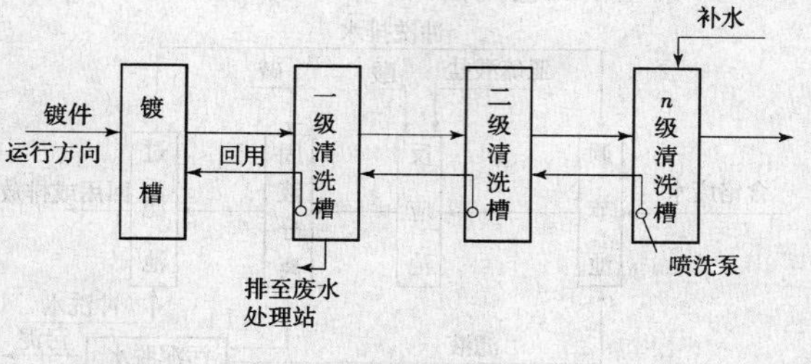

图 4.4.1 反喷洗清洗法的基本工艺流程

4.4.2 反喷洗清洗法，镀件单位面积的清洗用水量宜通过试验确定，且不宜大于 $10L/m^2$。

4.4.3 反喷洗清洗法的喷洗泵取水口高度宜设在槽体中下部。

4.5 超声波清洗法

4.5.1 超声波清洗采用的功率密度宜通过试验确定，也可按下式计算确定，且不宜小于 $0.5W/cm^2$：

$$\omega = P/A \qquad (4.5.1)$$

式中：ω——功率密度（W/cm^2）；

P——发射功率（W）；

A——发射面积（cm^2）。

4.5.2 超声波发生器的发射功率宜通过试验确定，亦可按镀件清洗槽容积进行计算，其单位容积的发射功率值宜为 15W/L。

5 化学处理法

5.1 含氰废水

5.1.1 化学法处理含氰废水宜采用碱性氯化法，其废水中氰离子的浓度不宜大于 50mg/L。

5.1.2 采用碱性氯化法处理含氰废水时，应避免铁、镍离子混入含氰废水处理系统。

5.1.3 碱性氯化法处理含氰废水应采用二级氧化处理，当受纳水体的水质许可时，可采用一级氧化处理。

5.1.4 采用二级氧化处理含氰废水时，可采用图 5.1.4 的基本工艺流程。第一级氧化和第二级氧化所需氧化剂应分阶段投加。

5.1.5 采用一级氧化处理含氰废水时，可采用图 5.1.5 的基本工艺流程。采用间歇式处理，当设置两格反应沉淀池交替使用时，可不设调节池。

5.1.6 含氰废水经氧化处理后，应根据其含其他污染物的情况进行后续处理。

5.1.7 处理含氰废水的氧化剂可采用次氯酸钠、漂白粉和二氧化氯等。氧化剂的投入量应通过氧化还原

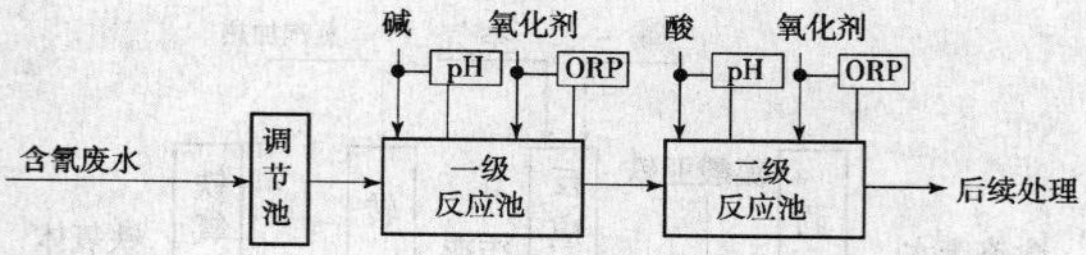

图 5.1.4 二级氧化处理含氰废水的基本工艺流程
ORP—氧化还原电位监测仪

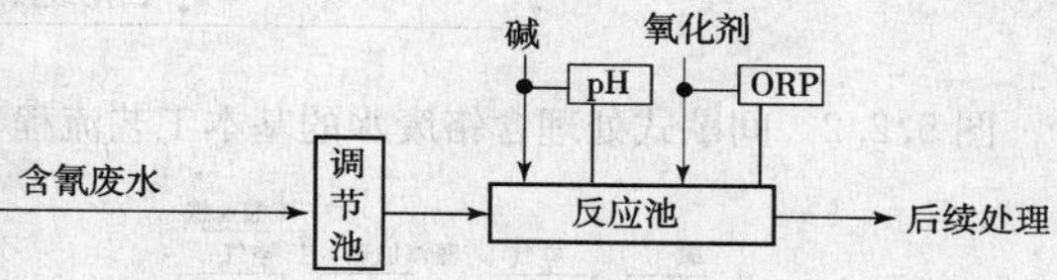

图 5.1.5 一级氧化处理含氰废水的基本工艺流程
ORP—氧化还原电位监测仪

电位控制；也可按氰离子与活性氯的质量比计算确定，采用一级氧化处理时，质量比宜为1∶3～1∶4；采用二级氧化处理时，质量比宜为1∶7～1∶8。

5.1.8 采用一级氧化处理含氰废水时，当采用次氯酸钠、漂白粉作氧化剂，反应过程 pH 值宜控制为 10～11，当采用二氧化氯作氧化剂，反应过程 pH 值宜控制为 11～11.5；当采用次氯酸钠、二氧化氯作氧化剂，反应时间宜为 10min～15min，当采用漂白粉干投时，反应时间宜为 30min～40min。采用二级氧化处理含氰废水，第二级氧化反应过程 pH 值宜控制为 6.5～7.0，反应时间宜为 10min～15min。

5.1.9 连续处理含氰废水时，反应 pH 值的控制和氧化剂的投药量应采用在线自动监控和自动加药系统，第一级氧化阶段氧化还原电位应为 300mV～350mV，第二级氧化阶段氧化还原电位应为 600mV～700mV。

5.1.10 反应池应采取防止有害气体逸出的封闭和通风措施。

5.2 含铬废水

Ⅰ 铁氧体法处理含铬废水

5.2.1 铁氧体法处理含铬废水，其废水中六价铬离子浓度宜大于 10mg/L。

5.2.2 采用间歇式处理含铬废水时，可采用图 5.2.2 的基本工艺流程。

5.2.3 采用连续式处理含铬废水时，可采用图 5.2.3 的基本工艺流程。

5.2.4 处理含铬废水的还原剂应采用硫酸亚铁，且应采用湿投。

5.2.5 硫酸亚铁的投入量应按六价铬离子与七水合硫酸亚铁的重量比计算确定，并应符合下列规定：

1 当废水中六价铬离子浓度小于 25mg/L 时，应为1∶40～1∶50。

2 当废水中六价铬离子浓度为 25mg/L～50mg/L

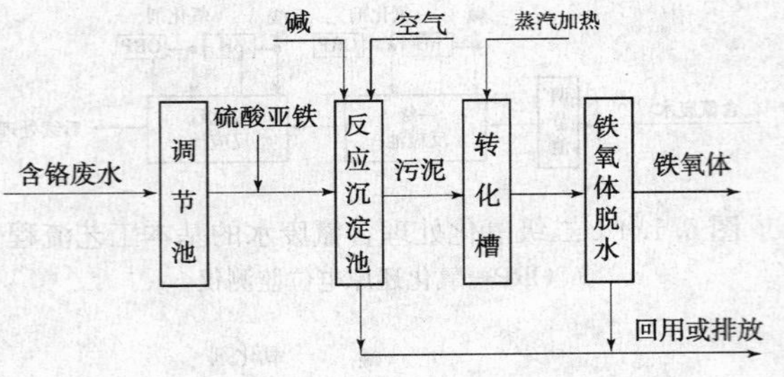

图 5.2.2　间歇式处理含铬废水的基本工艺流程

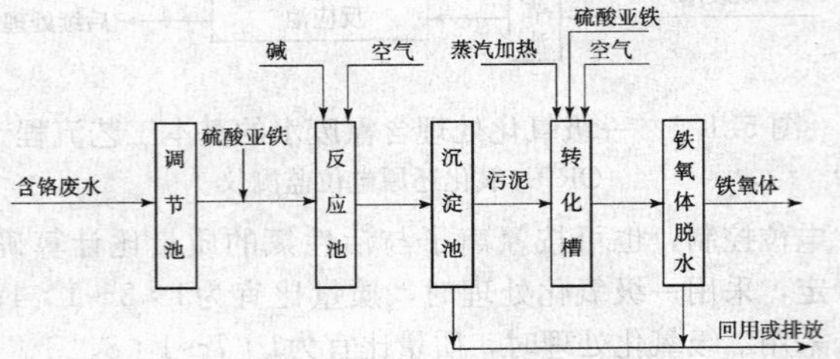

图 5.2.3　连续式处理含铬废水的基本工艺流程

时，应为1∶35～1∶40。

3　当废水中六价铬离子浓度为 50mg/L～100mg/L 时，应为1∶30～1∶35。

4　当废水中六价铬离子浓度大于 100mg/L 时，应为1∶30。

5.2.6　处理含铬废水过程中的废水 pH 值，应符合下列规定：

1　投加硫酸亚铁前废水的 pH 值不宜大于 6。

2　硫酸亚铁与废水混合反应均匀后，应将 pH 值调整至 7～8。

5.2.7　向废水投加碱后应通入空气，并应符合下列规定：

1　当废水中六价铬离子浓度小于 25mg/L 时，应将废水与药剂搅拌均匀后，再停止通气。

2　当废水中六价铬离子浓度在 25mg/L～50mg/L 时，通气时间宜为 5min～10min。

3　当废水中六价铬离子浓度大于 50mg/L 时，通气时间宜为 10min～20min。

4　每立方米废水所需的空气量宜为 $0.1m^3/min$～$0.2m^3/min$。

5.2.8　用铁氧体法间歇式处理含铬废水时，经混合反应后的静止沉淀时间可采用 40min～60min，相应的污泥体积宜为处理废水体积的 25%～30%。

5.2.9　污泥转化成铁氧体的加热温度宜为 70℃～80℃。采用间歇式处理时，宜将几次废水处理后的污泥排入转化槽后集中加热；当受条件限制时，可不设转化槽，每次废水处理后的污泥应在反应沉淀池内加热。

5.2.10　铁氧体法间歇式处理含铬废水的一个处理周期宜为 2.0h～2.5h。

Ⅱ　亚硫酸盐还原法处理含铬废水

5.2.11　亚硫酸盐还原法处理含铬废水可采用图 5.2.11 的基本工艺流程。

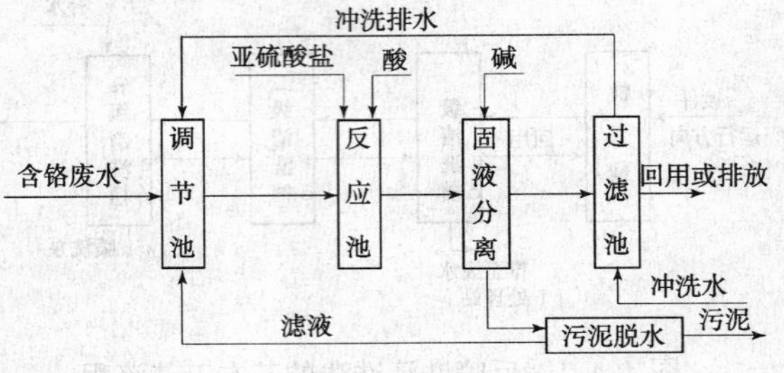

图 5.2.11　亚硫酸盐还原法处理含铬废水的基本工艺流程

5.2.12　含铬废水量小于 40t/d，且含六价铬离子的浓度变化较大时，宜采用间歇式处理，当设置两格反应沉淀池交替使用时，可不设废水调节池，其固液分离方式宜采用静止沉淀。含铬废水量大于或等于 40t/d，且含六价铬离子浓度变化幅度不大时，可采用连续式处理，固液分离方式宜采用斜管（板）沉淀池、气浮等设施。采用连续式处理含铬废水时，反应过程的 pH 值和氧化还原电位值应采用在线自动控制。

5.2.13　采用亚硫酸盐还原法处理含铬废水应符合下列规定：

1　废水反应的 pH 值宜为 2.5～3，氧化还原电位宜小于 300mV。

2　废水反应过程无在线自动监控和自动加药系统时，加药量可按六价铬离子与亚硫酸氢钠的质量比 1∶3.5～1∶5投加。

3　亚硫酸盐与废水混合反应时间宜为 15min～30min。

4　亚硫酸盐与废水混合反应均匀后，应加碱调整 pH 值至7～8。

5.2.14　采用亚硫酸盐间歇式处理含铬废水时，反应沉淀池的有效容积宜为 3h～4h 的平均废水量，反应后的沉淀时间宜为1.0h～1.5h，反应沉淀池应密封，并应设置通风装置。

Ⅲ　槽内处理法处理含铬废水

5.2.15　槽内处理法处理含铬废水的还原剂，宜采用亚硫酸氢钠或水合肼。

5.2.16　采用槽内处理法处理含铬废水的工艺流程应符合下列规定：

1　在酸性条件下以亚硫酸氢钠或水合肼为还原剂时，可采用图 5.2.16-1 的基本工艺流程。化学清洗槽宜根据还原剂失效控制的难易程度确定，可采用一级或两级。

2　在碱性条件下以水合肼为还原剂时，可采用图 5.2.16-2 的基本工艺流程。

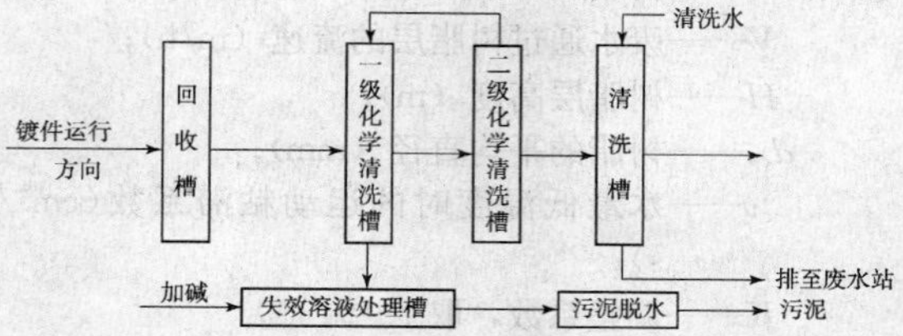

图 5.2.16-1 酸性条件下槽内法处理含铬废水的基本工艺流程

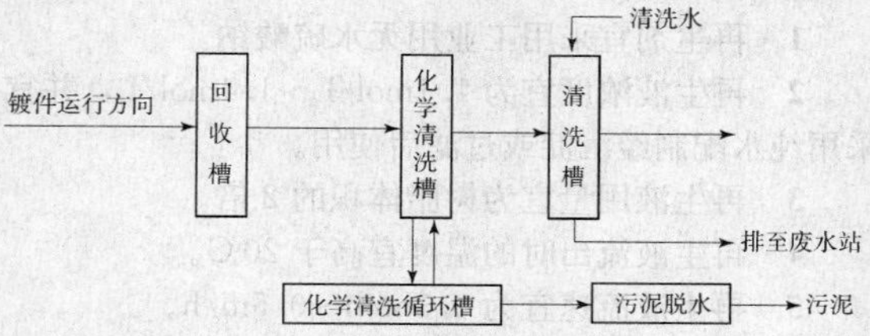

图 5.2.16-2 碱性条件下槽内法处理含铬废水的基本工艺流程

5.2.17 化学清洗液中的还原剂浓度、pH 值应符合下列规定：

1 当采用亚硫酸氢钠为还原剂时，清洗液中还原剂浓度宜为 3g/L，pH 值宜为 2.5～3.0。

2 当采用水合肼（有效浓度 40%）为还原剂时，化学清洗液中还原剂浓度宜为 0.5g/L～1.0g/L。用于镀铬清洗时，溶液的 pH 值宜为 2.5～3.0；用于钝化清洗时，溶液的 pH 值宜为 8～9。

5.2.18 化学清洗槽的有效容积可按下式计算，并应满足镀件对槽体尺寸的要求：

$$V=\frac{dC_0ATm}{C_R} \tag{5.2.18}$$

式中：V——化学清洗槽有效容积（L）；

d——单位面积镀液带出量（L/dm^2）；

C_0——回收槽溶液中六价铬离子浓度（g/L）；

A——单位时间清洗镀件面积（dm^2/h）；

T——使用周期，当采用亚硫酸氢钠为还原剂时，不宜超过 72h；

m——还原 1.0g 六价铬离子所需的还原剂量，亚硫酸氢钠宜为 3.0g～3.5g，水合肼（有效浓度 40%）宜为 2.0g～2.5g；

C_R——化学清洗液中的还原剂浓度。

5.2.19 失效溶液处理槽的容积可按化学清洗槽的容积确定。

5.3 含镉废水

5.3.1 化学法处理含镉废水时，宜采用氢氧化物沉淀。废水中镉离子浓度不宜大于 50mg/L。

5.3.2 采用氢氧化物沉淀处理含镉废水时，其废水中不得含有氰化物。

5.3.3 化学法处理含镉废水可采用图 5.3.3 的基本工艺流程。

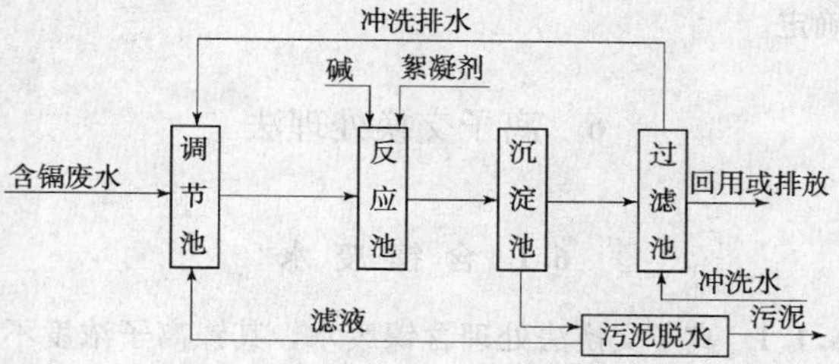

图 5.3.3 化学法处理含镉废水的基本工艺流程

5.3.4 废水反应的 pH 值应大于或等于 11。反应的时间宜为 10min～15min，反应池宜设置机械搅拌或水力搅拌。

5.4 混合废水

5.4.1 下列废水不得排入混合废水处理系统内：

1 含各种络合剂超过允许浓度的废水。

2 含各种表面活性剂超过允许浓度的废水。

5.4.2 化学法处理混合废水宜采用连续式处理，且可采用图 5.4.2 的基本工艺流程。

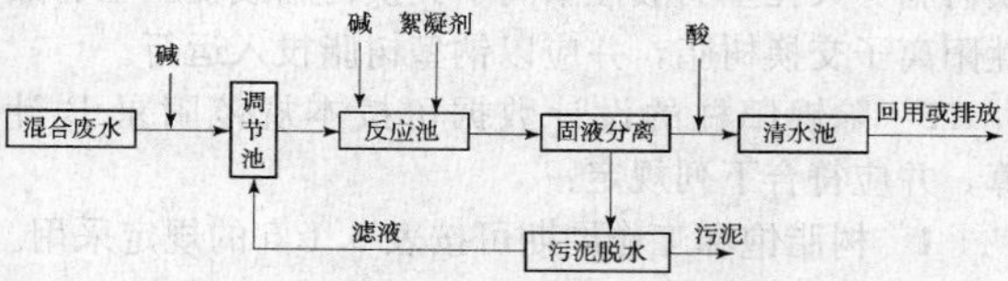

图 5.4.2 化学法处理混合废水的基本工艺流程

5.4.3 混合废水中含有镉、镍离子时，应采用二级处理，第一级处理过程中 pH 值应控制在 8～9，第二级处理过程中 pH 值应控制在大于或等于 11；混合废水中不含有镉、镍离子时，应采用一级处理。

5.4.4 经化学法处理后废水中的污泥浓度可按下式计算：

$$C_{js}=KC_1+2C_2+1.7C_3+C_{ss} \tag{5.4.4}$$

式中：C_{js}——废水中污泥浓度（mg/L）；

K——系数。以硫酸亚铁为还原剂时，当废水中六价铬离子浓度等于或大于 5mg/L 时，K 值宜为 14；当废水中六价铬浓度小于 5mg/L 时，K 值宜为 16；以亚硫酸盐为还原剂时，K 值宜为 2；

C_1——废水中六价铬离子浓度（mg/L），当废水中离子浓度小于 5mg/L 时，应以 5mg/L 计算；

C_2——废水中铁离子总量（mg/L）；

C_3——废水中除铬和铁离子以外的金属离子浓度总和（mg/L）；

C_{ss}——废水进水中的悬浮物浓度（mg/L）。

5.4.5 在混合废水化学处理过程中，可根据需要投加絮凝剂和助凝剂，其品种和投加量应通过试验确定。

6 离子交换处理法

6.1 含 镍 废 水

6.1.1 离子交换法处理含镍废水，其镍离子浓度不宜大于200mg/L。

6.1.2 离子交换法处理含镍废水，应做到水的循环利用。循环水宜定期更换新水或连续补充新水，更换或补充的新水均应采用纯水。

6.1.3 用离子交换法处理含镍废水，宜采用图6.1.3的基本工艺流程。

图6.1.3 离子交换法处理含镍废水的基本工艺流程

6.1.4 阳离子交换剂宜采用凝胶型强酸性阳离子交换树脂、大孔型弱酸性阳离子交换树脂或凝胶型弱酸性阳离子交换树脂，并应以钠型树脂投入运行。

6.1.5 除镍阳柱的设计数据可按本规范附录B计算，并应符合下列规定：

1 树脂饱和工作周期可按表6.1.5的规定采用。

2 树脂层高度可按下列规定采用：

1）强酸性阳离子交换树脂（钠型）可采用0.5m～1.0m；

2）弱酸性阳离子交换树脂（钠型）可采用0.5m～1.2m。

表6.1.5 树脂饱和工作周期

树脂种类	废水中镍离子含量（mg/L）	饱和工作周期（h）
强酸性阳离子交换树脂	200～100	24
	100～20	24～48
	<20	48
弱酸性阳离子交换树脂	200～100	24
	100～30	24～48
	<30	48

3 流速可按下列规定采用：

1）强酸性阳离子交换树脂宜小于或等于25m/h。

2）弱酸性阳离子交换树脂宜小于或等于15m/h。

4 废水通过树脂层的水头损失可按下式计算：

$$\Delta P=K\times\frac{\nu\cdot V\cdot H}{d_{cp}^{2}} \quad (6.1.5)$$

式中：ΔP——树脂层的水头损失（m）；

V——废水通过树脂层的流速（m/h）；

H——树脂层高度（m）；

d_{cp}——树脂的平均直径（mm）；

ν——水最低温度时的运动粘滞系数（cm^2/s）；

K——调整系数，取7～9。

6.1.6 除镍阳柱的饱和工作终点，应按进、出水中的镍离子浓度基本相等进行控制。

6.1.7 除镍阳柱的再生和淋洗采用强酸性阳离子交换树脂时，宜符合下列规定：

1 再生剂宜采用工业用无水硫酸钠。

2 再生液浓度宜为1.1mol/L～1.4mol/L，并宜采用纯水配制经沉淀或过滤后使用。

3 再生液用量宜为树脂体积的2倍。

4 再生液流出时的温度宜高于20℃。

5 再生液流速宜为0.3m/h～0.5m/h。

6 淋洗水质宜采用纯水。

7 淋洗水量宜为树脂体积的4倍～6倍。

8 淋洗流速开始时宜与再生流速相等，且宜逐渐增大到运行时流速。

9 淋洗终点宜以淋洗时进、出水中硫酸钠浓度相等进行控制。

10 反冲时树脂层膨胀率宜为30%～50%。

6.1.8 除镍阳柱的再生和淋洗采用弱酸性阳离子交换树脂时，宜符合下列规定：

1 采用再生剂时，宜符合下列规定：

1）再生剂宜采用化学纯硫酸。

2）再生液浓度宜为1.0mol/L～1.5mol/L，并采用纯水配制。

3）再生液用量宜为树脂体积的2倍。

4）再生液流速，顺流再生时宜为0.3m/h～0.5m/h；循环顺流再生时宜为4.5m/h～5m/h，循环时间宜为20min～30min。

5）淋洗终点的pH值宜为4～5。

2 采用转型剂时，宜符合下列规定：

1）转型剂宜采用工业用氢氧化钠。

2）转型液浓度宜为1.0mol/L～1.5mol/L，并采用纯水配制。

3）转型液用量宜为树脂体积的2倍。

4）转型液流速宜为0.3m/h～0.5m/h。

5）淋洗终点的pH值宜为8～9。

6）反冲洗时树脂层膨胀率宜为50%。

6.1.9 回收的硫酸镍应经沉淀、过滤等预处理后回用于镀槽。

6.1.10 再生时的前期淋洗水应排至调节池，后期淋洗水可作为循环水的补充水用。

6.2 含 金 废 水

6.2.1 用离子交换法处理氰化含金废水时，水不宜循环使用。含金废水中的氰化物，在排放前应按本规范第5.1节的规定进行处理。

6.2.2 用离子交换法处理含金废水，宜采用图6.2.2的基本工艺流程。

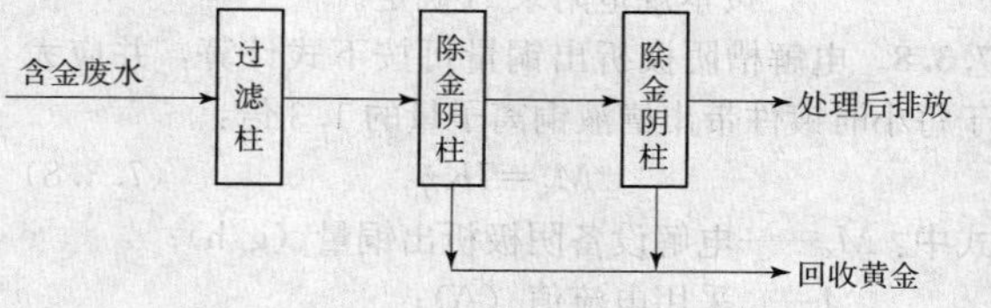

图6.2.2 离子交换法处理含金废水的基本工艺流程

6.2.3 阴离子交换剂应采用凝胶型强碱性阴离子交换树脂或大孔型强碱性阴离子交换树脂，且应以氯型投入运行。

6.2.4 当废水需进行预处理时，应选用树脂白球或不吸附废水中金离子的滤料。

6.2.5 除金阴柱的设计应符合本规范附录B的规定，并应符合下列规定：

1 树脂饱和工作周期，每年宜为1个～4个周期。

2 树脂层高度宜为0.6m～1.0m。

3 流速不宜大于15m/h。

4 除金阴柱直径宜为0.1m～0.15m。

6.2.6 除金阴柱的饱和工作终点，应按进、出水的含金浓度基本相等进行控制。

6.2.7 树脂交换吸附金达到饱和后，可送专门回收单位回收黄金。

6.2.8 处理镀金废水所用的水箱、水泵、管道等均应采用塑料制品。

7 电解处理法

7.1 含铬废水

7.1.1 电解法处理含铬废水时，六价铬离子浓度不宜大于100mg/L，pH值宜为4.0～6.5。

7.1.2 电解法处理含铬废水宜采用连续式，且可采用图7.1.2的基本工艺流程。

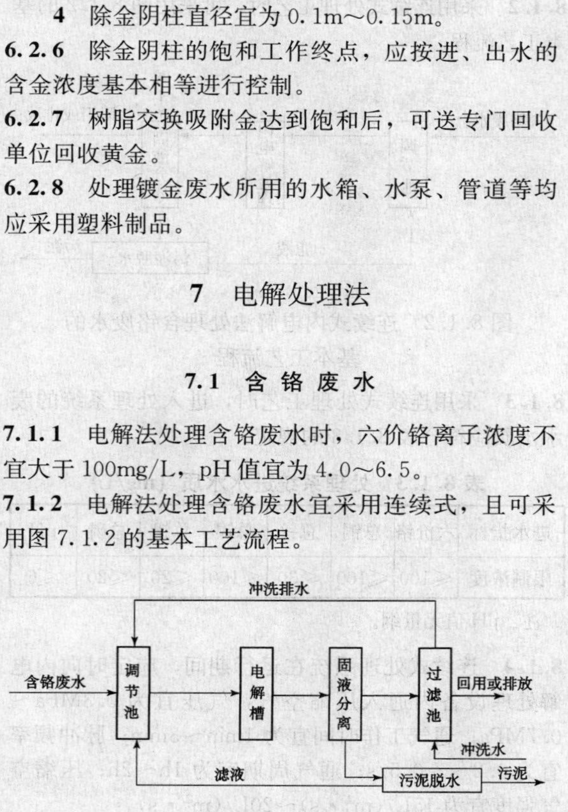

图7.1.2 电解法处理含铬废水的基本工艺流程

7.1.3 电解槽宜采用竖流式双极性电极，并应对槽体、电极板框等采取防腐和绝缘措施；电解槽和电源设备应可靠接地。

7.1.4 极板的材料可采用普通碳素钢钢板，其厚度宜为3mm～5mm，极板间净距可为5mm～10mm。

7.1.5 还原1g六价铬离子的铁极板消耗量可按4g～5g计算。

7.1.6 电解槽的电极电路应设置电流换向装置。

7.1.7 电解槽应按废水设计流量和废水中六价铬浓度选择，亦可按本规范附录C的规定设计。

7.1.8 用纯水作漂洗水的含铬废水，宜在废水进入电解槽前投加氯化钠，投入量宜为0.5g/L。

7.1.9 电解槽电能消耗值，当含六价铬浓度小于50mg/L时，处理每立方米废水应小于1.1kW·h；当含六价铬浓度在50mg/L～100mg/L时，处理每立方米废水应控制在1.1kW·h～2.5kW·h。

7.1.10 电解槽采用的最高直流电压，应符合现行国家标准《特低电压（ELV）限值》GB/T 3805中有关直流（无波纹）的稳态电压限值的规定。

7.1.11 电解槽的整流器选用时，应在计算的总电流和总电压值基础上增加30%～50%的备用量。

7.1.12 电解法处理含铬废水应设置固液分离装置，当采用沉淀池作为固液分离装置时，应符合下列规定：

1 沉淀前废水的pH值宜为7～9。

2 污泥体积可按处理废水体积的5%～10%计算。

7.1.13 当废水中六价铬离子浓度为100mg/L时，处理每立方米废水所产生的污泥干重可按1kg计算。

7.2 镀银废水

7.2.1 用电解法回收银时，一级回收槽内废水中银离子浓度宜控制在200mg/L～600mg/L。

7.2.2 用电解法处理氰化镀银废水时，可采用图7.2.2的基本工艺流程。

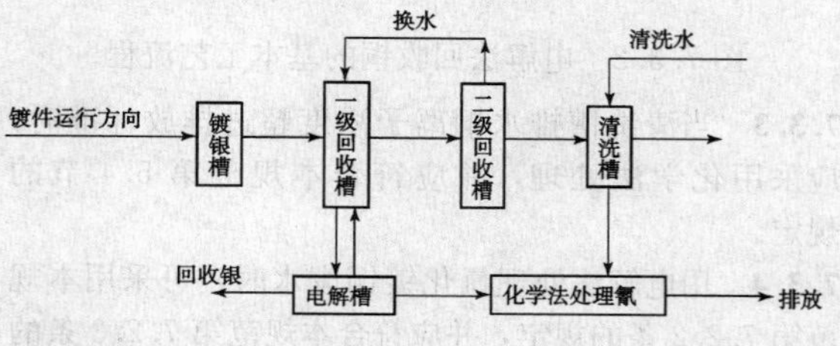

图7.2.2 电解法处理氰化镀银废水的基本工艺流程

7.2.3 当清洗槽排水中氰离子浓度超过排放标准时，应按本规范第5.1节的规定进行处理。

7.2.4 回收槽的补充水应采用纯水。

7.2.5 电解槽宜采用无隔膜、单极性平板电极电解槽或同心双筒电极旋流式电解槽。电解槽和电源设备应可靠接地。

7.2.6 电解槽的阴极材料可采用不锈钢，并宜设2套。阳极材料应根据废水性质和电解槽形式确定。

7.2.7 电解槽的选择宜根据每小时镀件带出槽液银（或氰）离子量确定。银（或氰）离子的带出量可按下式计算：

$$d=C_{o}Sq/1000 \quad (7.2.7)$$

式中：d——银（或氰）离子带出量（g/h）；

C_{o}——镀液含有银（或氰）离子的浓度（g/L）；

S——单位时间的镀件表面积（dm^2/h）；

q——镀件单位面积带出液量（mL/dm^2），可按本规范附录A的规定确定。

7.2.8 电解槽阴极析出银量可按下式计算，并应大于每小时镀件带出槽液银离子量的1.3倍：

$$M_{x}=IK\eta \quad (7.2.8)$$

式中：M_{x}——电解槽阴极析出银量（g/h）；

I——采用电流值（A）；

K——银的电化当量，K=4.025g/（A·h）；

η——阴极电流效率，按设备给出值选择，宜为20%～50%。

7.2.9 电解槽的设计宜符合本规范附录C的规定。

7.2.10 电解法回收银的电源，可采用直流电源或脉冲电源。

7.3 镀 铜 废 水

7.3.1 用电解法回收铜时，一级回收槽内废水中铜离子浓度宜控制在500mg/L～2000mg/L。

7.3.2 酸性镀铜废水用电解法回收铜时，可采用图7.3.2的基本工艺流程。

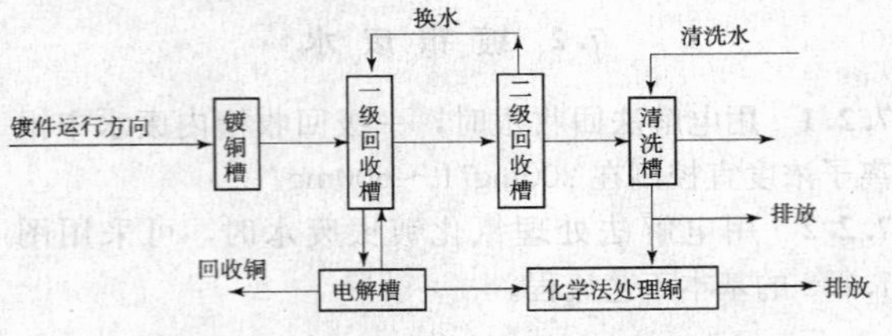

图7.3.2 电解法回收铜的基本工艺流程

7.3.3 当清洗槽排水铜离子浓度超过排放标准时，应采用化学法处理，并应符合本规范第5.4节的规定。

7.3.4 用电解法处理氰化镀铜废水时，可采用本规范第7.2.2条的规定，并应符合本规范第7.2.3条的规定。

7.3.5 电解槽宜采用无隔膜、单极性平板电极电解槽。电解槽的电源应采用直流电源。电解槽和电源设备应可靠接地。

7.3.6 电解槽的阳极材料宜采用不溶性材质，阴极材料可采用不锈钢板或铜板，并宜设置2套。

7.3.7 电解设备的选择宜根据每小时镀件带出槽液铜离子量确定。铜离子的带出量可按下式计算：

$$d=C_{o}Ad_{A}/1000 \quad (7.3.7)$$

式中：d——铜离子带出量（g/h）；

C_{o}——镀液含有铜离子的浓度（g/L）；

A——单位时间的镀件表面积（dm^2/h）；

d_{A}——镀件单位表面带出液量（mL/dm^2），可按本规范附录A确定。

7.3.8 电解槽阴极析出铜量可按下式计算，并应大于每小时镀件带出槽液铜离子量的1.3倍：

$$M_{x}=IK\eta \quad (7.3.8)$$

式中：M_{x}——电解设备阴极析出铜量（g/h）；

I——采用电流值（A）；

K——铜的电化当量，K=1.185g/（A·h）；

η——阴极电流效率，按镀液成分和设备给出值选择，酸性镀铜时宜为60%～80%，氰化镀铜时宜为30%～40%。

7.3.9 电解槽的设计应符合本规范附录C的规定。

8 内电解处理法

8.1 连续式处理

8.1.1 内电解法处理含铬废水，废水量大于40m^3/d时，宜采用连续式处理工艺。

8.1.2 采用连续式处理工艺时，可采用图8.1.2的基本工艺流程。

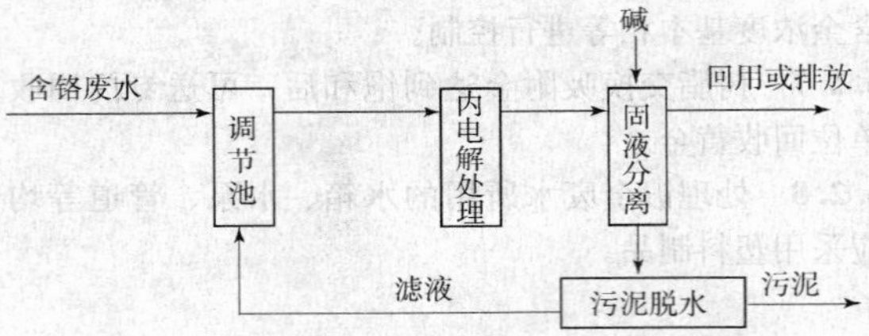

图8.1.2 连续式内电解法处理含铬废水的基本工艺流程

8.1.3 采用连续式处理工艺时，进入处理系统的废水水质应符合表8.1.3的规定。

表8.1.3 处理系统进水水质（mg/L）

进水指标	六价铬	总铜	总锌	总镍	总铅	总磷	pH
限制浓度	≤100	≤100	≤30	≤100	≤20	≤20	≤6

注：pH值无量纲。

8.1.4 连续式处理系统在运行期间，应定时向内电解处理设备内通入压缩空气，气压宜为0.3MPa～0.7MPa；通气工作时间宜为1min～3min；脉冲频率宜为0.2/s～0.5/s；通气周期宜为1h～2h；压缩空气强度宜为15L/(m^2·s)～20L/(m^2·s)。

8.1.5 内电解设备的铸铁屑应定期进行气、水联合冲洗；气冲洗强度宜为15L/(m^2·s)～20L/(m^2·s)；水冲洗强度宜为7L/(m^2·s)～14L/(m^2·s)；

冲洗时间宜为 5 min～10min，反冲洗周期宜为 16h～32h，亦可通过试验确定。

8.1.6 内电解法处理电镀废水，铸铁屑的消耗速率应符合下列规定：

1 当进水的 pH 值小于或等于 5 时，可按下式计算：

$$V_t = Q_d(1.1C_l + 0.9C_i + 2.8\times10^{4-pH}) \quad (8.1.6\text{-}1)$$

式中：V_t——铁屑消耗速率（g/d）；

Q_d——日处理水量（m^3/d）；

C_l——废水中六价铬离子浓度（mg/L）；

C_i——废水中铜离子浓度（mg/L）；

pH——废水进入设备前的 pH 值。

2 当进水的 pH 值大于 5 时，可按下式计算：

$$V_t = Q_d(1.1C_l + 0.9C_i) \quad (8.1.6\text{-}2)$$

8.2 间歇式处理

8.2.1 内电解法处理含铬废水，当废水量小于或等于 $40m^3/d$ 时，宜采用间歇式处理工艺。

8.2.2 采用间歇式循环处理工艺时，可采用图 8.2.2 的基本工艺流程。

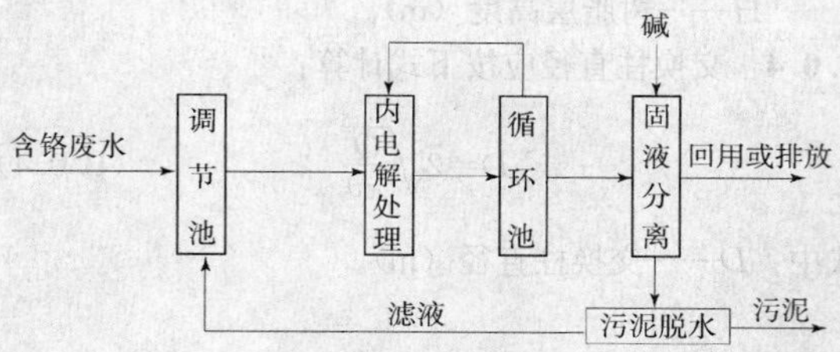

图 8.2.2 间歇式内电解法处理含铬废水的基本工艺流程

8.2.3 采用间歇式处理工艺时，进入处理系统的废水水质应符合表 8.2.3 的规定。

表 8.2.3 处理系统进水水质（mg/L）

进水指标	六价铬	总铜	总锌	总镍	总铅	总磷	pH
限制浓度	≤200	≤100	≤100	≤100	≤20	≤20	≤6

注：pH 值无量纲。

8.2.4 间歇式处理工艺，废水在内电解处理设备内的流速不宜低于 20m/h 。

8.2.5 间歇式处理工艺的调节池和反应池的有效容积不宜小于正常情况下日排水量的 1/2。一个处理周期宜为 3h～4h。

8.2.6 间歇式处理的反应终点应以六价铬达到排放标准为止。

8.3 工艺参数

8.3.1 采用内电解法废水处理工艺，废水与铸铁屑的接触反应时间不宜少于 20min；铸铁屑的装填高度宜为 1m～1.5m；铸铁屑粒径宜大于 1mm。

8.3.2 内电解处理设备停止运行时，应保持设备内的水位浸没铸铁屑；遇有维修需排空设备内的废水时，其维修和注满水的总时间不应超过 4h。

8.3.3 经内电解法处理后，废水中污泥浓度可按下式计算：

$$C_{js} = 4C_1 + 2C_2 + 1.6C_3 + C_{ss} \quad (8.3.3)$$

9 污泥处理

9.0.1 电镀废水处理时产生的污泥应进行脱水处理，污泥脱水后含水率宜小于 80%。

9.0.2 污泥脱水前，宜经过试验和技术经济比较确定浓缩或投加絮凝剂。

9.0.3 脱水和浓缩过程产生的滤液应排至调节池。

9.0.4 污泥脱水方式可根据自然条件和污泥的特性、需脱水的程度、贮存、运输、综合利用等要求，经技术经济比较后确定。

9.0.5 当处理的废水量大于 $2m^3/h$ 时，污泥进入污泥脱水设备前，其含水率不宜大于 98%。当处理的废水量小于或等于 $2m^3/h$ 时，混合液可直接进入压滤机进行脱水。

9.0.6 电镀废水处理所产生的污泥，应按现行国家标准《危险废物鉴别标准》GB 5085 的有关规定进行危险特性鉴别。

9.0.7 一般污泥可按现行国家标准《一般工业固体废物贮存、处置场污染控制标准》GB 18599 的有关规定处置。

9.0.8 属于危险废物的污泥，应在其收集、贮存的设施场所设置危险废物识别标志，并应按现行国家标准《危险废物贮存污染控制标准》GB 18597 的有关规定贮存。

9.0.9 属于危险废物的污泥，其收集、转移、处置应按国家现行有关规定实施。

10 废水处理站设计

10.0.1 废水处理站位置的确定应符合下列规定：

1 宜靠近废水排出集中点，废水宜自流进入废水处理站。

2 站区地面标高应高出设计洪水水位。

3 处理后废水应有良好的排放条件。

4 应有良好的工程地质条件。

5 应有良好的卫生环境，建筑物应有良好的通风和采光条件，并应便于设立防护围墙。

6 站区的规划应与整个厂区的发展规划相协调。

10.0.2 废水处理站宜由处理间及其水池、控制室、化验室、药品库、污泥堆场等组成。

10.0.3 废水处理站的平面布置应符合下列规定：

1　水池及泵房宜设置在处理站站房内或附近。

2　废水流向应顺直。

3　建（构）筑物及设施的布置应紧凑，通道设置宜方便药剂和污泥的运送。

4　站内工艺设备应按废水处理流程和废水的性质分类布置，设备、装置排列应整齐合理，并应便于操作和维修。

10.0.4　废水处理站的安全设计应符合下列规定：

1　含氰废水调节池应加盖、加锁。

2　化学危险品应按现行国家标准《常用化学危险品贮存通则》GB 15603的有关规定贮存和保管，并应设置警示标志。

3　封闭水池应设置2个以上人孔。

4　废水处理的装置、构筑物等应设置操作平台和防护栏杆。

10.0.5　废水处理站应设废水调节池。调节池宜设计成2格，有效容积可按4h～8h的平均废水量计算，并应设置除油、清除沉淀物和漂浮物的设施。

10.0.6　废水处理站供电等级应采用与电镀车间相同的供电等级。

10.0.7　废水处理站宜配置常规的分析化验仪器。

10.0.8　电镀废水处理的装置、构筑物等均应根据其接触介质的性质、浓度和环境保护要求等具体情况，采取相应的防腐、防渗、防漏等措施。

10.0.9　当采用地下泵房时，应有良好的通风设施和防渗漏措施，并应设置集水坑和排水泵，地下泵房的高度不宜低于3.0m。

10.0.10　寒冷地区的废水处理站，其室外管道和装置应保温。

10.0.11　废水处理站的处理间、药品间等产生有害气体的场所，应设置通风、处理装置。

10.0.12　废水处理站宜设置污泥堆放场，堆放场应采取防雨措施，地坪应采取防渗漏和防腐蚀措施，其容积或面积可根据污泥外运条件确定。

附录A　镀件单位面积的镀液带出量

表A　镀件单位面积的镀液带出量

电镀方式	不同镀件形状的镀液带出量（mL/dm^2）			
	简单	一般	较复杂	复杂
手工挂镀	<2	2～3	3～4	4～5
自动线挂镀	<1	1	1～2	2～3
滚镀	3	3～4	4～5	5～6

注：1　选用时可再结合镀件的排液时间、悬挂方式、镀液性质、挂具制作等情况确定；

2　表中所列镀液带出量已包括挂具的带出量；

3　表中所列滚镀的镀液带出量为滚筒起吊后停留25s的数据。

附录B　离子交换柱的设计

B.0.1　阴（阳）离子交换树脂单柱体积应按下式计算：

$$V=\frac{Q}{\mu}\times 1000 \tag{B.0.1}$$

式中：V——阴（阳）离子交换树脂单柱体积（L）；

Q——废水设计流量（m^3/h）；

μ——空间流速［L/L（R）/h］。

B.0.2　空间流速应按下式计算：

$$\mu=\frac{E}{CT}\times 1000 \tag{B.0.2}$$

式中：E——树脂饱和工作交换容量［g/L（R）］；

C——废水中金属离子浓度（mg/L）；

T——树脂饱和工作周期（h）。

B.0.3　流速应按下式计算：

$$v=\mu H \tag{B.0.3}$$

式中：v——流速（m/h）；

H——树脂层高度（m）。

B.0.4　交换柱直径应按下式计算：

$$D=2\sqrt{\frac{Q}{\pi v}} \tag{B.0.4}$$

式中：D——交换柱直径（m）。

附录C　电解槽设计

C.1　含铬废水电解槽设计参数

C.1.1　电流可按下式计算：

$$I=\frac{K_{Cr}QC}{n} \tag{C.1.1}$$

式中：I——计算电流（A）；

K_{Cr}——1g六价铬离子还原为三价铬离子时所需的电量，宜通过试验确定，当无试验条件时，可采用4［$A\cdot h/g\ (Cr^{6+})$］～5［$A\cdot h/g\ (Cr^{6+})$］；

Q——废水设计流量（m^3/h）；

C——废水中六价铬离子浓度（g/m^3）；

n——电极串联次数，n值应为串联极板数减1。

C.1.2　电解槽有效容积可按下式计算，并应满足极板安装所需的空间要求：

$$V=\frac{Qt}{60} \tag{C.1.2}$$

式中：V——电解槽有效容积（m^3）；

t——电解时间，当废水中六价铬离子浓度小于 50mg/L 时，t 值宜为 5min～10min；当浓度为 50mg/L～100 mg/L 时，t 值宜为 10min～20min。

C.1.3 极板面积可按下式计算：

$$F=\frac{I}{\alpha M_1 M_2 J_F} \tag{C.1.3}$$

式中：F——单块极板面积（dm^2）；

α——极板面积减少系数，可采用 0.8；

M_1——并联极板组数（若干段为一组）；

M_2——并联极板段数（每一串联极板单元为一段）；

J_F——极板电流密度，可采用 $0.15A/dm^2$～$0.3A/dm^2$。

C.1.4 电压可按下式计算：

$$U=nU_1+U_2 \tag{C.1.4}$$

式中：U——计算电压（V）；

U_1——极间电压降（V）；

U_2——导线电压降（V）。

C.1.5 极间电压降可按下式计算：

$$U_1=a+bJ_F \tag{C.1.5}$$

式中：U_1——极间电压降，宜为 3V～5V；

a——电极表面分解电压（V）；

b——极间电压计算系数（$V\cdot dm^2/A$）。

C.1.6 电极表面分解电压和极间电压计算系数宜通过试验确定，当无试验条件时，电极表面分解电压可采用 1V，极间电压可按表 C.1.6 的规定采用。

表 C.1.6 极间电压计算系数

投加氯化钠浓度（g/L）	温度（℃）	极距（mm）	电导率（$\mu S/cm$）	极间电压计算系数（$V\cdot dm^2/A$）
0.5	10～15	5	—	8.0
		10	—	10.5
		15	—	12.5
		20	—	15.7
不投加氯化钠	13～15	5	400	8.5
			600	6.2
			800	4.8
		10	400	14.7
			600	11.2
			800	8.3

C.1.7 电能消耗可按下式计算，并应符合本规范第 7.1.9 条的规定：

$$N=\frac{IU}{1000Q\eta} \tag{C.1.7}$$

式中：N——电能消耗（$kW\cdot h/m^3$）；

η——整流器效率，当无实测数据时，可采用 0.8。

C.2 含银废水电解槽设计参数

C.2.1 电极间的净距，当为平板电极时，可采用 10mm～20mm；当为同心双筒电极时，可采用 10mm。

C.2.2 电解槽内废水宜采用快速循环，废水通过电极间的最佳流速应根据能提高极限电流密度及降低能耗的原则确定，平板电极宜为 300m/h～900m/h；同心双筒电极宜为 300m/h～1200m/h。

C.2.3 阴极电流密度应根据废水含银离子浓度等因素确定，并应符合下列规定：

1 当废水中银离子浓度大于 400mg/L 时，可采用 $0.10A/dm^2$～$0.25A/dm^2$。

2 当废水中银离子浓度小于或等于 400mg/L 时，可采用 $0.10A/dm^2$～$0.03A/dm^2$。

C.2.4 电解槽回收银的极间电压可采用 1V～3V。

C.3 含铜废水电解槽设计参数

C.3.1 平板电极间的净距可采用 15mm～20mm。

C.3.2 阴极电流密度应根据废水含铜离子浓度等因素确定，并应符合下列规定：

1 当废水中铜离子浓度大于 700mg/L 时，可采用 $0.5A/dm^2$～$1.0A/dm^2$。

2 当废水中铜离子浓度小于或等于 700mg/L 时，可采用 $0.1A/dm^2$～$0.5A/dm^2$。

C.3.3 电解槽回收铜的极间电压可采用 3V～4V。

本规范用词说明

1 为便于在执行本规范条文时区别对待，对要求严格程度不同的用词说明如下：

1） 表示很严格，非这样做不可的：
正面词采用“必须”，反面词采用“严禁”；

2） 表示严格，在正常情况下均应这样做的：
正面词采用“应”，反面词采用“不应”或“不得”；

3） 表示允许稍有选择，在条件许可时首先应这样做的：
正面词采用“宜”，反面词采用“不宜”；

4） 表示有选择，在一定条件下可以这样做的，采用“可”。

2 条文中指明应按其他有关标准执行的写法为：

"应符合……的规定"或"应按……执行"。

引用标准名录

《特低电压（ELV）限值》GB/T 3805

《危险废物鉴别标准》GB 5085

《危险废物贮存污染控制标准》GB 18597

《常用化学危险品贮存通则》GB 15603

《一般工业固体废物贮存、处置场污染控制标准》GB 18599

中华人民共和国国家标准

电镀废水治理设计规范

GB 50136—2011

条 文 说 明

修 订 说 明

《电镀废水治理设计规范》GB 50136－2011，经住房和城乡建设部 2011 年 7 月 26 日以第 1078 号文公告批准发布。

本规范是在《电镀废水治理设计规范》GBJ 136－90 的基础上修订而成，上一版的主编单位是机械电子工业部第七设计研究院，参加单位是机械电子工业部工程设计研究院、航空航天工业部第四勘测设计研究院、中国船舶工业总公司第九设计研究院、轻工业部上海轻工业设计院、机械电子工业部第二设计研究院、铁道部铁道专业设计院、上海市机电设计研究院、机械电子工业部第十一设计研究院、北京市政设计院、机械电子工业部第五设计研究院、北京工业大学，主要起草人员是胡冠民、涂锦葆、宁天禄、孙书云、陈士洪、陈萃岚、肖立人、李春华、张秉镛、周赓武、经守谦、赵肇一、蒋文彪、谭孝良、樊振江、戴鼎康。本次修订的主要技术内容是：增加了超声波清洗；增加了内电解处理法；增加了废水处理站设计，对“站的位置条件”、“站的组成与布置”、“安全设计”等内容作了规定；加强了处理过程自动控制的要求；新增了污泥鉴别、污泥处置的规定；对相关的工艺技术参数作了修订，以满足新的污染物排放标准要求。

本规范在修订过程中重点讨论了“含氰废水处理”的取舍，原国家经贸委 32 号令《淘汰落后生产能力、工艺和产品的目录》（第三批）明确在 2003 年前淘汰含氰电镀，2005 年国家发改委 40 号令在《产业结构调整指导目录》中，亦将氰化物电镀作为淘汰类工艺，但又明确“电镀金、银、铜基合金及预镀铜打底工艺，暂缓淘汰”，经过慎重讨论，修订组依据国家发改委 40 号令《产业结构调整指导目录》和现阶段实际生产情况，本着“有废水就要处理”的原则，暂保留“含氰废水处理”内容，但需明确，此做法无鼓励氰化物电镀之意，希望能经过努力，彻底淘汰氰化物电镀工艺，代之以更环保的电镀工艺。

电镀污泥的处置一直是困扰电镀废水处理的难题。电镀污泥由于电镀工艺不同，污泥成分不尽相同，毒性不同，可利用途径亦不同，因此，首要的是将污泥进行鉴别、分类管理。国内现有的污泥处置方法需不断完善，将其列入规范的条件尚不成熟，因此本规范仅对污泥脱水、污泥鉴别、污泥处置作出了原则性规定。

为便于广大设计、施工、科研、学校等单位有关人员在使用本规范时能正确理解和执行条文规定，《电镀废水治理设计规范》编制组按章、节、条顺序编制了本规范的条文说明，对条文规定的目的、依据以及执行中需注意的有关事项进行了说明。但是，本条文说明不具备与规范正文同等的法律效力，仅供使用者作为理解和把握规范规定的参考。

目 次

1 总则 …………………………………… 1—12—20
3 基本规定 …………………………… 1—12—20
4 镀件的清洗 ………………………… 1—12—22
4.1 回收清洗法 ……………………… 1—12—22
4.2 连续逆流清洗法 ………………… 1—12—22
4.3 间歇逆流清洗法 ………………… 1—12—22
4.4 反喷洗清洗法 …………………… 1—12—22
4.5 超声波清洗法 …………………… 1—12—23
5 化学处理法 ………………………… 1—12—23
5.1 含氰废水 ………………………… 1—12—23
5.2 含铬废水 ………………………… 1—12—24
5.3 含镉废水 ………………………… 1—12—25
5.4 混合废水 ………………………… 1—12—25
6 离子交换处理法 …………………… 1—12—25
6.1 含镍废水 ………………………… 1—12—25
6.2 含金废水 ………………………… 1—12—26
7 电解处理法 ………………………… 1—12—26
7.1 含铬废水 ………………………… 1—12—26
7.2 镀银废水 ………………………… 1—12—27
7.3 镀铜废水 ………………………… 1—12—28
8 内电解处理法 ……………………… 1—12—28
8.1 连续式处理 ……………………… 1—12—28
8.2 间歇式处理 ……………………… 1—12—28
8.3 工艺参数 ………………………… 1—12—28
9 污泥处理 …………………………… 1—12—28
10 废水处理站设计 ………………… 1—12—28

1 总　　则

1.0.1　本条是说明制定本规范的目的，由于电镀废水量大面广，如不采取严格的防范措施，将对环境产生严重污染，本规范要从技术上贯彻国家的有关法规和政策，以防止电镀废水对环境的污染。

1.0.2　根据我国的建设方针，电镀废水治理的扩建和改建工程较多，所以本条规定亦应执行本规范。

1.0.3　本规范所列的各种治理方法都有一定的使用条件，同一种废水可以有几种不同的治理方法，同一种废水又可以有不同的工艺流程，各种治理方法又可以相互组合。所以设计者应根据设计对象的具体情况，选用合理的废水治理工艺流程。具体情况分为两个方面：

1　设计对象本身的情况：生产规模的大小、投资的多少、管理操作水平的高低以及今后发展或改造的可能等。

2　设计对象周围的情况：废水排入城市管道或者是直排水体，污泥有无综合利用的出路，当地是否缺水，供电是否紧张，处理所需药剂的供应情况，当地环保部门的要求等。

1.0.4　科学技术总是不断发展提高的，电镀废水治理技术亦不例外。本条提倡采用行之有效的新技术，规范随之不断修订，这样才能促进技术的不断发展。本条还提出应提高自动化控制和监测的程度，这是电镀废水处理稳定运行及保证处理达标的关键因素，目前自动化控制技术水平完全能够满足要求。

3 基 本 规 定

3.0.1　根据不同的电镀工艺情况，国内已出现了不少投资少而效果好、适合于我国国情的清洗方法和清洗工艺，从源头上减少了废水量，节省了能源和资源，实现了循环经济的科学发展。

3.0.2　回收槽及第一清洗槽的主要金属离子全部来源于镀液带出液，因此镀液带出量在镀件清洗工艺中是一个主要的参数，它是造成电镀废水污染的主要因素，其带出量的多少决定了废水浓度与清洗用水量。影响镀液带出量的因素很多，如镀件表面积的大小、几何形状的复杂程度、挂具的制作方式和挂装形式、镀件出镀槽时间（包括出镀槽速度，在镀槽上空停留滴沥时间以及在工件和工艺条件许可下所采取的其他有效措施，如出镀槽采用喷淋清洗或吹气装置，镀槽上空停留有抖晃装置等）、镀液的黏度和温度等，其中以镀件几何形状和出槽时间为主要影响因素。由于带出量取决于多种不同的因素，不能简单地用理论计算公式求得，亦不能完全靠有限的实测数据统计而得。可行的方法是针对使用单位的具体情况选择一些有代表性的产品，通过实测来得到较为可靠的带出量。所以本条规定应通过试验确定，如无条件进行试验时，根据国内外资料和试验数据，整理汇总了表1、表2供设计时选用。对于滚镀的带出量，在不同情况下相差很大，必须特别注意。

表1　镀液带出量（mL/dm^2）

电镀方式	手工挂镀		2～5
	滚 镀		3～6
	自动线		1～2.5
镀件几何形状	简 单		<1
	一 般		1～2
	较复杂		2～5
	复 杂		>5
镀件挂法及排液情况	垂 直	排液好	0.16～0.41
		排液较差	0.81～1.22
		排液差	1.63～2.04
	水 平	排液好	0.33～0.81
		排液差	4.07
	盲 孔	排液好	3.26
		排液差	9.77
镀种	镀 铬		1～2.5
	其 他		0.8～2

表2　国内部分行业镀液带出量（mL/dm^2）

行　业	镀液带出量
日用五金	2
钟表	简单1，较复杂2～5，复杂5
自行车	1～2
仪表	2
铁道	大件3.14
船舶	简单1，较复杂2.3，复杂7.7
兵器	简单0.5～1，较复杂1～2，复杂2～3
机械	简单0.2～0.8，较复杂1～1.8，复杂3

3.0.3　第一级清洗槽清洗水补入镀槽回用是减少污染的关键。第一级清洗槽清洗水的回用与镀液消耗量

的平衡以及回用水量与清洗水量的关系都有一个最佳匹配，应根据实际情况来确定。同时还要考虑在生产过程中会不断产生杂质，一部分是自身产生的，如落槽的镀件、挂具和辅助电极的溶解物以及部分有机添加剂的分解物等；另一部分是由上道工序带入的其他金属离子及镀件附着液。随着回用水量的增加，杂质积累的速度就会相对加快，所以本条规定如对镀件质量有影响时，清洗水回用补入镀槽前应采用净化措施。

3.0.4 末级清洗槽允许的金属离子浓度是镀件清洗工艺中的一个主要参数，其大小直接影响清洗倍率，从而决定了清洗水量和清洗槽级数等。关于末级清洗槽允许的金属离子浓度，目前从国内外报道的资料来看，尚无统一标准。美国有资料提出其值为16mg/L；日本有资料提出其值为5mg/L～50mg/L；德国有资料（根据实践经验）提出其值为10mg/L～20mg/L；俄罗斯在电镀手册中提出其值为10mg/L～20mg/L；国内一些单位通过试验和分析后提出其值为5mg/L～50mg/L，其中最终镀层清洗时其值为20mg/L～50mg/L，中间镀层清洗时其值为5mg/L～10mg/L。

综合分析国内外有关资料及实测数据，提出本条所列的末级清洗槽允许的金属离子浓度数据，当末级清洗槽采用喷淋清洗时，可以采用条文中的上限值。

3.0.5 影响镀液蒸发量的因素很多，如镀液温度、环境气温和相对湿度、液面空气流速（即通风条件）以及操作条件（抑雾剂、泡沫球覆盖等），其中镀液温度为主要因素。

以下列出镀液表面单位蒸发量与镀液温度的关系曲线及电镀车间镀铬槽的实测数据，供不具备实验条件时选用。

根据国内20多家电镀厂（点）提供的数据，经数学处理后得到了一个经验公式，绘制成图1的镀液表面单位蒸发量与镀液温度的关系曲线。

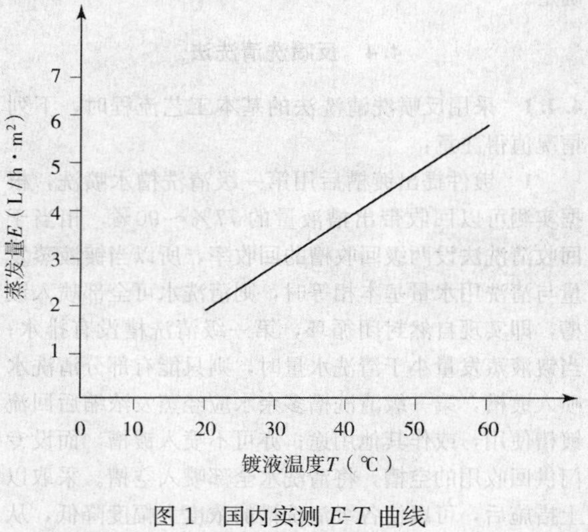

图1 国内实测 E-T 曲线

电镀车间镀铬槽的实测数据见表3和表4。

表3 一班制工作（8h）的昼夜蒸发量

序号	室温（℃）	相对湿度（%）	镀液温度（℃）	镀槽单位面积蒸发量 L/（m²·昼夜）	镀槽单位面积蒸发量 L/（m²·h）	实际电镀时间（h）
1	9～18	50～80	58	34.4	4.30	4
2	10～14	70	58	55.4	6.90	4
3	10～18	60～90	58	49.8	6.23	2
4	11～18	70～100	60	49.8	6.23	4
5	14～25	60～80	50	25.0	3.13	4
6	18～22	50～80	50	25.0	3.13	4
7	18～20	45～65	60	40.1	5.01	4
8	18～20	50～80	60	45.0	5.63	4
9	18～24	75～100	60	49.8	6.23	7
范围	9～24	45～100	50～60	25.0～49.8	3.13～6.90	2～7

表4 二班制工作（16h）的昼夜蒸发量

序号	室温（℃）	相对湿度（%）	镀液温度（℃）	镀槽单位面积蒸发量 L/（m²·昼夜）	镀槽单位面积蒸发量 L/（m²·h）	实际电镀时间（h）
1	10～18	60～100	40～60	45.4	2.84	—
2	11～17	60～85	56～62	90.0	5.63	—
3	12～17	75～90	40～57	61.5	3.84	14
4	11～21	50～90	40～55	90.0	5.63	12
5	12～22	50～90	60	68.4	4.20	12
6	13～25	72～92	62	90.0	5.63	11
7	18～25	65～85	58	75.0	4.69	10
范围	10～25	50～100	40～62	45.4～90.0	2.84～5.63	10～14

3.0.6 镀件在电镀前往往需要进行碱洗和酸洗，其耗水水量一般要占总用水量的25%以上。经试验研究和实际使用情况表明，采用酸洗清洗水复用于碱洗清洗水，不但可以节约用水，而且对镀件质量亦无影响。

3.0.7 电镀废液的浓度很高，直接排入废水处理系统会造成冲击负荷很大，影响废水处理系统的正常运行，造成排水超标，因此本条对废液排放作出了规定。

3.0.8 在生产布局中要考虑将含铬废水生产线和氰化物生产线在工艺布局上合理分开，含氰废水和含铬废水分质分管排至废水处理站。

3.0.9 本条为强制性条文。含氰废水与酸性废水混合后会产生剧毒氢氰酸气体，造成严重的环境污染并危害身体健康，故必须严格执行本条规定。

3.0.10 采用化学法处理电镀废水时，需要向废水中投加各种药剂，投加的药剂是由废水中待处理的有害物质决定的。在进行混合、反应时需要搅拌，搅拌可以采用多种方式，但是在含氰废水中加氯进行氧化反应时，因为有氯化氰、氯气等有毒气体产生，所以不宜采用空气搅拌，以免有毒气体逸出。采用亚硫酸氢钠或焦亚硫酸钠作为还原剂处理含铬废水时，有二氧化硫气体产生，亦不宜采用空气搅拌。

3.0.11 过滤装置的冲洗水内含有截流的悬浮物，应排入调节池再进行处理，不得直接排放。

3.0.12 当废水中同时含有氰化物和六价铬时，由于氰化物遇酸会产生氢氰酸，释放毒性气体，而还原六价铬需在酸性条件下，因此应先破氰，再还原六价铬为三价铬，工艺不能颠倒。

3.0.13 离子交换法处理多种电镀废水在技术上较复杂，目前国内多用于处理同一镀种的电镀清洗废水，但是当回收的洗脱液要求回用于电镀槽时，则虽属同一镀种，如果镀液配方不同，亦不能混在一起处理，如镀硬铬和光亮铬，镀亮镍和暗镍等。如果回收液不回镀槽使用，作其他综合利用，则同一镀种的清洗废水可以一起处理。所以每一镀槽的清洗废水应该设专用管道接到离子交换处理设备，不应采用排水沟，以免其他废水混入。

3.0.14 进入离子交换柱的废水中悬浮物含量过高，不仅易污染树脂，而且会堵塞树脂层使阻力增大，根据国内的运行经验，悬浮物含量在10mg/L～15mg/L时，对树脂无严重影响。所以本条规定不应超过15mg/L，当超过时，应采取沉淀、过滤等处理措施。

4 镀件的清洗

4.1 回收清洗法

4.1.1 根据实际测定资料，在镀槽后设置一级回收槽可以回收带出槽液量的70%，设两级可回收90%，本条规定设置一级或两级回收槽。回收槽的允许浓度应根据镀件带出量、清洗槽的清洗用水量及末级清洗槽允许浓度来进行控制，在带出量、清洗槽用水量及末级清洗槽允许浓度给定的条件下，可以计算出设一级或两级回收槽时的最高允许浓度。当回收槽达到最高允许浓度并符合回用条件时，可将回收液浓缩后回镀槽使用，或作其他用途。一级回收槽溶液回用后，将二级回收槽溶液移入一级回收槽，二级回收槽补入纯水。

4.1.2 本条规定了回收清洗法的镀件单位面积清洗用水量。如果由于镀件形状特别复杂、末级清洗槽浓度要求低等原因，根据实测或初步计算用水量要超过$100L/m^2$时，则应考虑采用其他清洗方法。

4.2 连续逆流清洗法

4.2.3 综合归纳国内外的有关资料及实测数据，提出了本条所推荐的各级清洗槽的浓度修正系数。由于影响修正系数的因素很多，不同电镀产品之间存在差异，所以凡有条件的单位，宜针对具体情况实测或通过试验确定。

4.2.4 连续逆流清洗的各级清洗槽若水流溢流分布设计不当，使补入的清洗水不能在各清洗槽内充分逆流，造成水流不均以致水流短路，会影响清洗效果。连续逆流清洗槽水流溢流分布方式的装置比较见表5。

表5 水流溢流分布比较

水流溢流方式	简要说明
溢流挡板	制作简单；水流均率不足；槽脚容易反冲，使清洗水易混浊；耗材较多
溢流导管	制作较繁；水流均率较好；槽脚不易反冲，但清理较困难；耗材较少
溢流窄缝	制作较简单；水流均率尚可（补水量与窄缝大小要匹配）；槽脚沉淀较好，便于清理；耗材较多

4.3 间歇逆流清洗法

4.3.1 间歇逆流清洗法是在镀槽后设置若干级逆流换水的清洗槽，镀件从镀槽中提出后经各清洗槽逐槽清洗。随着清洗的延续，各级清洗槽浓度不断上升，待一级清洗槽浓度升高到控制值时开始逐槽逆流换水，末槽补进纯水，至此为一个清洗周期。

4.3.3 综合归纳国内外有关资料及实测数据，提出了本条所推荐的各级清洗槽浓度修正系数，但是有条件的单位，宜针对具体情况进行实测或通过试验确定。

4.4 反喷洗清洗法

4.4.1 采用反喷洗清洗法的基本工艺流程时，下列情况值得注意：

1 镀件提出镀槽后用第一级清洗槽水喷洗，根据实测可以回收带出槽液量的77%～90%，相当于回收清洗法设两级回收槽的回收率，所以当镀液蒸发量与清洗用水量基本相等时，则清洗水可全部喷入镀槽，即实现自然封闭循环，第一级清洗槽没有排水；当镀液蒸发量小于清洗水量时，则只能有部分清洗水喷入镀槽，第一级清洗槽多余水应经蒸发浓缩后回流镀槽使用，或作其他用途；亦可不喷入镀槽，而设专门供回收用的空槽，将清洗水全部喷入空槽。采取以上措施后，可以使各级清洗槽的浓度大幅度降低，从而可以减少清洗槽的级数和清洗用水量。

2　末级清洗槽补充水补入的方式：一种是直接补入（与镀件同步补入或均匀补入）；另一种是当镀件从末级清洗槽浸洗后提出时，用补充水喷洗镀件后补入。根据实测镀铬零件，两者在镀件上铬酐的残留量后者要比前者少40%左右。

3　在生产及运行等各种条件都基本不变的情况下，各级清洗槽浓度都可以保持基本不变，即所谓达到“平衡浓度”，可以稳定地进行运行，但是有时由于种种原因，使运行条件发生变化，平衡浓度受到破坏，有可能使末级清洗槽浓度超过允许的最高浓度。为了保证镀件的清洗质量，可以采用逐级逆流换水的方法（即同间歇逆流清洗法），将第一级清洗槽的水抽出，经蒸发浓缩处理后回用于镀槽，再逐级换水。

4　喷洗要求对镀件及挂具都能喷到，而喷洗时间又要求与自动线上升速度相配合，所以要控制好喷洗强度，一般喷洗时间为5s左右。

4.4.3　本条规定是考虑到反喷洗清洗法的特殊要求，如将反喷洗取水口设置在中下部特别是下部时，很可能使槽体底部的沉淀物悬浮上升，容易堵塞喷水口和反喷水的质量；如将反喷洗取水口设置在上中部特别是上部时，因镀件下浸清洗时，上部槽体浓度较高，对镀件反喷清洗时，取水口浓度就相对较浓，从而影响镀件的清洗质量。具体位置应根据实际情况决定，而不设置尺寸目标。

4.5　超声波清洗法

4.5.2　通过调查，超声波发生器的发射功率统计见表6，得到发射功率的平均值为15.35，因此提出单位容积超声波发生器的发射功率选用值为15W/L。

表6　发射功率统计

清洗槽 $(L\times W\times H)(mm^3)$	容积 (L)	超声波功率 (W)	每升水功率 (W/L)
250×200×230	11	200	17.39
290×200×230	13	300	22.56
370×280×330	34	600	17.55
460×330×400	60	900	14.82
600×400×350	84	1000	11.90
600×400×400	96	1200	12.50
600×500×400	120	1500	12.50
600×500×440	132	1800	13.60
平　均	—	—	15.35

5　化学处理法

5.1　含氰废水

5.1.1　当废水中氰离子的浓度在50mg/L以上时，氧化剂投加量较高，不经济，一般应回收制成副产品，如黄血盐、赤血盐等。

5.1.2　含氰废水中混入镍，会形成络合物，致使投药量增加3.5倍～7.5倍，而且需要较长时间（24h）才能分解；铁盐会使水中氰化物变成亚铁氰化物而不易分解，因此本条规定含氰废水处理时应避免混入铁离子和镍离子。

5.1.3　碱性氯化法处理氰化物分为两个阶段，第一阶段是将氰化物分解为氰酸盐，即一级氧化（局部氧化），第二阶段是将生成的氰酸盐进一步氧化成二氧化碳和氮气，即二级氧化阶段（完全氧化）。一级氧化产物氰酸盐毒性仅是氰化物的千分之一，但氰酸盐水解生成的氨将对水产资源危害很大，现行国家标准《电镀污染物排放标准》GB 21900规定氨氮排放浓度为15mg/L，特别排放限值为8mg/L，因此，本规范规定采用一级氧化时，要根据受纳水体的水质条件确定。

5.1.6　含氰废水破氰后应对重金属离子进行后续处理，使废水符合国家排放标准要求。

5.1.7　本条规定了氧化剂的选择和氧化剂的投加量。

各种氧化剂的适用范围及优缺点比较见表7。

表7　各种氧化剂的适用范围及优缺点比较

氧化剂	适用范围	优　点	缺　点
次氯酸钠	较低浓度，中小水量的含氰废水	产生污泥量少；操作较为方便；能利用较为便宜的化工厂副产品	不便储存，如采用次氯酸钠发生器自制次氯酸钠，处理费用高，设备复杂，电耗较大
漂白粉	低浓度，小水量的含氰废水	货源供应较易解决；处理费用较低；设备简单，工期短；当废水中含有酒石酸盐络合剂时，有利于生成酒石酸钙沉淀	有效氯含量低，杂质多，产生的污泥量大。调制药剂操作时劳动强度较繁重。存放不当或时间较长药剂易失效
二氧化氯	高（低）浓度，大中水量含氰废水	氧化作用强，为液氯的2.6倍；污泥量少，有效氯含量高，投药量少	需现场制取

氧化剂的投加量：

简单氰化物（如NaCN、KCN）的理论投药量是固定的，而络合氰化物的理论投药量则是变化的，不但随所络合的金属而变，也随络合物的配位数而变，如四氰合锌$[Zn(CN)_4]^{2-}$完全氧化的理论投药比（质量比）为$CN^-:Cl_2=1:7.18$，四氰合铜［Cu

$(CN)_4]^{2-}$的理论投药比（质量比）为CN^-：Cl_2＝1：7.38，另外，氰化镀液内尚含有其他络合剂，如氰化镀铜液中可能含有酒石酸盐和硫氰酸盐，还有其他杂质，又如氰化镀锌液内有铁离子，氰化镀银液内有铜离子等也形成络合物，所以要进行理论计算比较复杂。总之，一般氰化物的投药比要高于简单氰化物。实践中投药比见表8。

表8　含氰废水投药比（氰化物：活性氯的质量比）

氧化程度	氰化物状态	理论投药比	实际投药比	备注
一级氧化阶段	简单氰化物	1：2.73	1：(3～4)	不完全氧化
二级氧化阶段	简单氰化物	1：4.10	1：4	
两阶段合计	简单氰化物	1：6.83	1：(7～8)	完全氧化
一级氧化阶段	络合氰化物	1：(2.9～3.4)	1：(3～4)	不完全氧化
二级氧化阶段	络合氰化物	1：4.10	1：4	
两阶段合计	络合氰化物	1：(7～7.5)	1：(7～8)	完全氧化

药剂中含活性氯的百分比，漂白粉为36%，次氯酸钠为8%，二氧化氯为260%。

故本条规定投药量质量比（氰化物：活性氯）为：当一级氧化处理时宜为1：3～1：4，两级氧化处理时宜为1：7～1：8。

5.1.8　一级氧化处理时，由于生成的氰酸盐在酸性条件下不稳定，易挥发致毒，因此反应时废水的pH值应控制在10～11；当采用二氧化氯作氧化剂时，二氧化氯先和碱液生成次氯酸盐，需要消耗部分碱液，因此pH值应控制在11～11.5。二级氧化阶段的关键在于控制pH值，pH值大于或等于12时，$2CNO^- + 3ClO^- + H_2O \rightarrow 2CO_2 + N_2 + 3Cl^- + 2OH^-$反应几乎停止，pH值过低时氰酸根会水解生成有毒的氯胺，并影响其他金属离子的处理。因此二级氧化阶段宜控制pH值为6.5～7.0，并用稀硫酸调节，防止副反应发生。

5.1.9　连续处理含氰废水时，控制废水的pH值和氧化剂的投加量是破氰的关键，因此，采用pH计和氧化还原电位计在线监测以及采用自动加药系统才能保证废水处理投药量的准确和稳定，避免人为因素的影响，保证破氰完全。

反应中氧化还原电位的控制应注意废水中氧化剂或还原剂的干扰，设备调试时应以氰化物达标状态下的氧化还原电位作为实际运行的控制参数。

5.2　含铬废水

Ⅰ　铁氧体法处理含铬废水

5.2.1　铁氧体处理含铬废水的特点是使含铬污泥能形成铁氧体，避免污泥的二次污染，对于各种含铬废水都适用。废水含铬浓度过低时投加药剂量比较大，不经济，所以本条规定废水中六价铬离子浓度宜大于10mg/L。

5.2.4　采用湿投可以除去硫酸亚铁中的固体残渣，同时便于与废水混合均匀。

5.2.5　形成铁氧体的硫酸亚铁投加量按照理论计算为Cr^{6+}：$FeSO_4 \cdot 7H_2O$＝1：26.7（其中还原六价铬离子为1：16，形成铁氧体为1：10.7），实际投药量都要超过理论量，而且含铬废水浓度越低，投药比越大。

5.2.6　六价铬的还原反应要求在酸性条件下进行，最佳的pH值为2～3，最高不得大于6。经调查，含铬废水的pH值为2～6，所以一般不需要加酸调整pH值。

六价铬被还原成为三价铬后，需要提高pH值，使其生成$Cr(OH)_3$沉淀，应加碱调整pH值到7～8，含铬废水浓度越低，要求pH值越高。

5.2.9　转化槽是将废水处理后的污泥加热到70℃～80℃，转化为铁氧体的装置，当受条件限制时，可不设转化槽，每次废水处理后的污泥在反应沉淀池内加热，使污泥转化成铁氧体。

Ⅱ　亚硫酸盐还原法处理含铬废水

5.2.12　采用亚硫酸盐还原法连续处理含铬废水，pH值和氧化还原电位对六价铬离子的还原反应控制至关重要，应采用自动控制系统自动调节酸和亚硫酸盐的投加量，保证反应过程中pH值和氧化还原电位值的稳定。

5.2.13　亚硫酸氢钠还原六价铬的还原反应必须在酸性条件下进行，还原反应的速度和pH值密切相关，由反应式$2H_2Cr_2O_7 + 6NaHSO_3 + 3H_2SO_4 = 2Cr_2(SO_4)_3 + 3Na_2SO_4 + 8H_2O$可知，当酸度增加时，反应向形成三价铬的方向进行。

资料显示，当pH值小于2时，反应可在5min左右进行完毕，当pH值等于2.5～3时，反应约需要15min～20min，当pH值大于或等于4时，反应速度突然变得很慢。当pH值小于2时，虽然反应速度较快，但需要多耗酸，而且反应产生的SO_2气体增加，出水中的含盐量亦增加，从节约处理成本角度，本条规定反应时的pH值宜为2.5～3，反应时间宜为15min～30min。

亚硫酸氢钠的投药量按照理论计算：Cr^{6+}：$NaHSO_3$＝1：3。在实际运行当中推荐采用1：3.5～1：5投加，大于理论计算，这是因为：废水中除Cr^{6+}以外，还存在其他氧化性物质；亚硫酸氢钠存放时间过长或纯度不高也会使投药量增加；废水中有亚铁离子等还原性物质存在，使投药量比较接近甚至小于理论计算。所以确切的投药比应在生产调试中确定，本条根据大多数使用单位的投药比规定可采用1：3.5～1：5。

氧化还原电位指示值与六价铬之间的典型关系见

表9。

表9 指示值与六价铬之间的典型关系

氧化还原电位（mV）	六价铬（mg/L）	氧化还原电位（mV）	六价铬（mg/L）
590	40	330	1
570	10	300	0
540	5	—	—

采用氧化还原电位进行反应控制时，由于氧化还原电位受废水中氧化还原性物质的干扰，实际运行中氧化还原电位指示值与六价铬之间的关系与表9会有出入，设备调试时应以六价铬达标状态下的氧化还原电位作为实际控制参数。

Ⅲ 槽内处理法处理含铬废水

5.2.15 可供采用的化学还原剂很多，属于肼类的有水合肼（$N_2H_4 \cdot H_2O$）、硫酸肼（$NH_2H_2SO_4$）。属于亚硫酸盐类的有亚硫酸氢钠（$NaHSO_3$）、亚硫酸钠（Na_2SO_3）、焦亚硫酸钠（$Na_2S_2O_5$）、连二亚硫酸钠（$Na_2S_2O_4 \cdot 2H_2O$）等。目前较多采用的为水合肼和亚硫酸氢钠。

5.2.16 水合肼在酸性、碱性条件下均能还原六价铬，但酸性时反应比碱性时快，亚硫酸氢钠只能用于酸性条件下。

本条第1款规定的基本工艺流程，适用于酸性条件下，化学清洗槽设两级主要是考虑药剂失效较难控制，设两级比较保险，设一级也可以，可根据具体情况确定。酸性清洗溶液失效后需要加碱使之形成$Cr(OH)_3$沉淀，所以要设失效溶液处理槽。

本条第2款规定的基本工艺流程，适用于碱性条件下以水合肼作还原剂，由于其反应速度比酸性时慢，所以设置化学清洗循环槽，进行循环搅拌以加速反应，当清洗溶液内有较多的$Cr(OH)_3$悬浮物时，停止循环，使$Cr(OH)_3$在循环槽内静止沉淀后排除。

5.2.17 采用槽内处理法只要还原剂品种选择合适，反应时pH值控制得当，就不会影响产品质量，有的还可以提高产品质量，调查和试验的结果如下：

1 亚硫酸氢钠只能用于镀铬，用于钝化对钝化膜的质量有影响。

2 水合肼在酸性、碱性情况下都能够用于钝化，碱性条件下钝化膜的质量稍好于酸性条件，由于水合肼在酸性条件下反应速度较快，所以镀铬时一般在酸性条件下进行化学清洗。

3 以上两种还原剂在清洗溶液内的配置浓度在10g/L以下，对于镀铬或钝化的质量均无明显影响，但是应考虑到尽量少的带出还原剂，配置浓度不宜太高，水合肼有毒性，配置浓度应更低一些，本条规定为0.5g/L～1.0g/L。根据实验，亚硫酸氢钠的配置浓度在3g/L时所产生的$Cr(OH)_3$沉淀最佳，故采用此值。

5.2.18 根据实验测定，亚硫酸氢钠在空气中暴露3d，因被空气氧化其还原性大部分失效，水合肼的化学性质比较稳定，经过10d后浓度下降并不多。所以本条规定了以亚硫酸氢钠为还原剂时使用周期不宜超过72h，以水合肼为还原剂时，对周期不作规定，可根据实际生产确定。

按照理论计算还原1.0g六价铬需要亚硫酸氢钠3.0g，需要水合肼（有效浓度40%）1.8g。调查表明，由于槽内处理镀液单一等原因，耗药量低于槽外处理，有时可接近理论值。所以本条规定了还原1.0g六价铬所需的还原剂，亚硫酸氢钠宜为3.0g～3.5g，水合肼（有效浓度40%）宜为2.0g～2.5g。

5.3 含镉废水

5.3.1 当废水中镉浓度在50mg/L以上时，一般采用电解法回收。

5.3.2 含镉废水中的氰离子来源于氰化镀镉，废水中的氰与镉是以络合物的形成存在的，直接处理不能达到理想效果，应先破氰，使镉离子游离出来，便于氢氧化物沉淀法处理镉离子。

5.4 混合废水

5.4.1 本条规定了进入混合废水处理系统的排水水质条件，以避免超量的络合剂及表面活性剂对系统造成的不稳定，络合剂及表面活性剂的允许浓度应通过试验确定。

5.4.3 废水中的金属离子在pH值为8～9的情况下，大部分能形成氢氧化物沉淀。在有镉离子、镍离子的情况下，pH需大于10.5，但此时两性金属如锌等会出现反溶，因此本条规定应采用二级处理。

除两性金属外，对于大多数金属而言，pH值越高其生成的氢氧化物沉淀越彻底，本条规定混合废水中不含有镉、镍离子时，处理过程中pH值应为8～9是为了控制药剂消耗量，而且符合排放标准的规定。

5.4.5 在化学法处理时投加絮凝剂、助凝剂对固液分离是有利的，尤其是对有机物含量较高的混合废水，但是由于混合废水的成分复杂，絮凝剂和助凝剂的选用和投加量应通过试验确定。

6 离子交换处理法

6.1 含镍废水

6.1.1 本条规定基于以下原因：

1 目前使用单位的镀镍清洗废水含镍浓度一般

都在 200mg/L 以下。

2　废水浓度过大，说明镀件带出量过大或清洗工艺存在问题，需要进行工艺改进。

3　含镍浓度高，需要的离子交换设备大，运行费用亦高，是不经济的。

6.1.2　离子交换的出水水质可以满足电镀工艺要求，因此应做到水的循环利用，但由于在循环过程中盐类不断积累，所以要定期换水或连续补水，换水或补水量根据具体情况确定。

6.1.4　强酸性阳离子树脂在处理镀镍废水时，一定要在钠型时进行，因为 H^+ 型时出水呈强酸性，使处理后的水既不能排放又达不到回用的要求；弱酸性阳离子树脂处理镀镍系统废水时，也一定要钠型方可进行，其原因主要受树脂对阳离子交换顺序所限，即弱酸性阳离子树脂对 H^+ 离子有强的交换势，若不转成钠型会影响交换的正常进行。所以上述两大类树脂都要求以钠型投入运行。

6.1.5　本条对除镍阳柱的设计参数作出了规定。

1　树脂饱和工作周期：一般可在 24h～48h 之间选用，选用的原则是：当废水浓度高时周期短一些，树脂层高度高一些，流速低一些；当废水浓度低时，周期长一些（可以超过 48h），树脂层高度低一些，流速高一些。

2　树脂层高度：根据试验资料，树脂层高度为 0.4m 左右（钠型时），经过 15 个周期运行，基本稳定，交换带高度一般均为 200mm～300mm，比较规则。阳离子树脂对镍离子有较好的选择性，因此树脂层不必过高，所以将树脂层最低高度定为 0.5m。由于能适用于较高的废水浓度，不使工作周期过短（不小于 24h），所以将强酸性树脂最高高度定为 1.0m，弱酸性树脂由于在交换过程中体积要缩小一半左右，所以定为 1.2m。树脂层高度均以钠型时的体积计。

3　流速：由于本条规定的树脂层高度是比较低的，所以流速不宜太高，弱酸性树脂定为小于或等于 15m/h，强酸性树脂定为小于或等于 25m/h。

4　废水通过树脂层的阻力损失与流速、树脂层高度、树脂的平均粒径及与水最低温度粘滞系数有关，还与树脂的种类有关。采用强酸性阳离子树脂，阻力调整系数 K 一般取 7，弱酸性阳离子树脂阻力调整系数 K 一般取 9。

6.1.6　规定阳柱的工作终点应控制在进、出水的含镍浓度基本相等，此时阳离子树脂吸附镍离子达到全饱和，这样才能提高回收的硫酸镍纯度。

6.1.7　本条对除镍阳柱的再生和淋洗要求作出了规定。

1　若用硫酸再生，强酸性阳离子树脂较难再生，要再生彻底，耗用酸量要多些，不但使洗脱液中余酸过多，而且对硫酸镍的直接回用也会带来困难。改用硫酸钠再生，因钠离子交换势优于氢离子，且钠盐再生后在进行交换时不需再转型了，这样既使洗脱液无余酸，又节省了氢氧化钠原料，省去了转型的过程。因此，本款规定强酸性阳离子树脂以无水硫酸钠再生。

2　用硫酸再生弱酸性阳离子树脂较易洗脱树脂上的阳离子，但再生后需要由氢型转成钠型。

6.1.9　回收的硫酸镍溶液内有硫酸钙、硫酸镁等杂质，所以在回用于镀槽之前，应沉淀或过滤去除之。

6.2　含金废水

6.2.1　经离子交换处理后的废水中尚含有游离氰以及盐类，镀金零件对清洗水的质量要求较高，所以水不宜循环使用。

6.2.3　试验结果表明，丙烯酸系叔胺型弱碱性树脂和苯乙烯系叔胺型弱碱性树脂，这两种弱碱性树脂虽然都可以从微酸性低氰镀金废水中交换吸附金，但是交换吸附金不完全，对强碱性高氰镀金废水，弱碱性树脂则更无法交换吸附。所以本条规定应采用凝胶型强碱性阴离子交换树脂或大孔型强碱性阴离子交换树脂。

6.2.6　本条规定是为了提高金的回收效率。

6.2.7　在树脂交换吸附金达饱和后，从树脂上洗脱回收黄金的方法可以采用焚烧树脂法或丙酮-盐酸洗脱法，两种回收方法工艺流程见图 2。

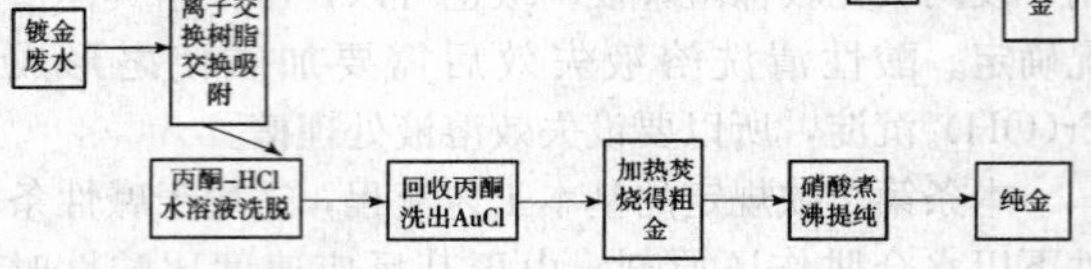

图 2　回收黄金工艺流程

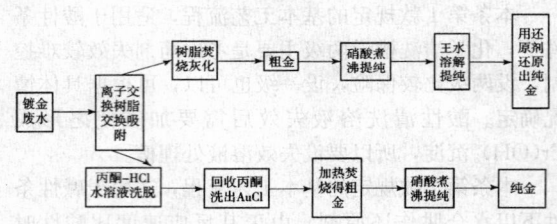

不论是采用焚烧树脂法还是丙酮-盐酸洗脱法，都会造成环境污染问题，并需要有专门的技术和设备，一般电镀厂（点）很难达到，所以需要有专门的回收单位。

7　电解处理法

7.1　含铬废水

7.1.1　根据国外资料和国内一些单位的使用情况，用电解法处理高浓度废水时，铁极板的消耗增加，铁阳极表面易纯化，所需的电解历时延长，电能消耗剧增。国内一些单位试验或生产测试的废水浓度与单位电能消耗值见表 10。

表 10 废水浓度与电能消耗关系

含铬废水浓度（mg/L）	每立方米废水电能消耗（kW·h）	还原1g六价铬的电耗（kW·h）
16～20	0.4～0.5	0.025
36	0.9	0.025
50	1.0	0.020
100	2.1	0.021
200	4.5	0.022
300	7.2	0.024
350	8.8	0.025
600	15.0	0.025
800	19.6	0.025

从表10的数据来看，虽然还原1g六价铬的电耗并不随废水浓度的增加而增加，然而处理每立方米废水的电能消耗却随废水浓度的增加而明显增加。因而使用电解法处理高浓度的含铬废水的经济性较差。

国外资料认为：电解法适用于处理六价铬浓度低于100mg/L的废水。

综合上述资料，用电解法处理含铬废水的浓度宜低于100mg/L较为经济。

pH值保持微酸性对电解处理的效果是有利的。若pH值偏高，则电解出来的Fe^{2+}和Cr^{6+}的还原作用削弱，除铬效果也会受到影响，而且铁电极长期在pH大于7的环境中工作，容易造成钝化，降低电流效率。

7.1.3 对于电解槽的水流形式，国内使用的有回流式、翻腾式、竖流式等。由于竖流式电解槽与其他形式相比具有排泥方便等优点，现已逐步得到推广。因此，本条文推荐了竖流式电解槽。

7.1.4 极板厚度的确定要考虑制作安装方便，有一定的刚度，又不至于过分笨重，因此，条文规定一般采用3mm～5mm。

极距的确定，前苏联资料采用极距5mm～10mm，日本资料采用极距10mm。减小极间距离能降低极间电阻，减少电能消耗，并可以不加氯化钠，故本条规定极距可采用5mm～10mm。

7.1.5 还原1g六价铬的铁极板消耗量主要与电解历时、废水pH值、盐类浓度和阳极电位有关。根据国内设备的运行情况，当废水含六价铬浓度为50mg/L左右、pH值为3～6时，铁极板消耗量为4.0g～4.5g，但据国外资料介绍，当最佳pH值为3～5，六价铬浓度为50mg/L～100mg/L时，铁极板消耗量为2.0g～2.5g（低于理论计算值）。

铁极板的消耗量还与实际操作条件有关：如电解时所采用的电流密度过高、电解历时太短，则铁极板消耗量增加。又如当电解槽停止运转时，槽中水放空后未浸泡清水，导致铁极板氧化，也会增加消耗量。故本条规定为4g～5g。

7.1.6 电流换向除了能减少阳极钝化外，还可使阴、阳极板均匀消耗。试验表明以每隔15mm为宜，也有的采用每隔30min～60min手动或自动换向一次。

7.1.8 电解除铬时，投加氯化钠能增加水的导电率，降低电压，减少电能消耗，并利用氯化钠中的氯离子活化铁阳极，减少钝化。

7.1.9 由于电解设备一般为商品供应，故规定电能消耗指标以限制选用低效率的产品。

7.1.12 完全沉淀后，污泥体积与污泥含水率、废水浓度等因素有关。当废水含六价铬浓度为50mg/L～100mg/L，污泥含水率在99%以上，实测污泥体积占废水量的百分数为5%～8%，故本条规定为5%～10%。

7.1.13 根据试验资料，经电解处理后所产生的氢氧化物沉渣量，当含铬废水浓度为50mg/L时，废水的干污泥量约为0.5kg/m³。

7.2 镀银废水

7.2.1 本条规定了电解法回收银的经济浓度范围。

7.2.3 回收槽回收银后的废水和清洗槽定期换水时的排放水中均含有氰化物，需经过处理才能达到排放标准。

7.2.4 本条规定是为了提高回收银的纯度。

7.2.6 镀银废水回收银的电解槽阴极材料一般采用不锈钢板，其厚度为1mm～2mm。

阳极材料一般也可采用不锈钢，但当废水中含氰离子较多时或镀银槽槽液配方采用氯化银时，由于氯离子会腐蚀不锈钢，不宜采用。

在选用阳极材料时，应考虑到它也能起到较好的破氰作用，据试验，当含氰浓度在700mg/L～800mg/L进行电解时，石墨阳极的破氰电流效率在40%以上，为最好；钛基涂二氧化铅阳极次之，在30%以上；钛基涂二氧化钌阳极为15%以上；而不锈钢阳极最差，仅5%左右。

电解法回收银时，一般是将阴极板取出，剥离沉积在极板上的银箔。为了不影响生产，便于更换沉积银后的阴极板，阴极板宜设2套，阴极板与电源线宜采用易于拆装的插接式联接。

7.2.7～7.2.9 随着专业化水处理公司的发展，电解槽基本已由专业化公司制造，因此将设备设计的参数放到本规范附录C中。条文主要规定了选用设备的计算方法。

7.2.10 采用脉冲电源来改善电解时的浓差极化，它可在高出普通直流电源的极限电流密度下工作，并能得到优质的银沉积和较高的阴极电流效率。

7.3 镀铜废水

7.3.1 本条规定了电解回收铜的经济浓度范围。

7.3.6 阳极一般采用不溶性材料，如钛网涂二氧化铅、钛网涂二氧化钌、铅锑合金（含 Sb 5%）、石墨等。

阴极一般采用不锈钢，以便于从极板上剥取铜箔回收。

为便于阴极板沉积铜后的互换，阴极与电源线宜采用易于拆装的插接式联接。阴极板应设 2 套，便于更换。

7.3.7～7.3.9 随着专业化水处理公司的发展，电解槽基本已由专业化公司制造，因此将设备设计的参数放到本规范附录 C 中。条文主要规定了选用设备的计算方法。

8 内电解处理法

8.1 连续式处理

8.1.3 根据内电解法处理设备运行调查，当进水水质浓度超过本条规定的限制浓度时，出水容易超标，设备需频繁冲洗，既增加了运行费用，又加大了操作难度，不具备实用性。大部分电镀废水的污染物浓度均低于限定的数值，但由于各企业的生产状况不同，会出现个别离子浓度超过限定值的情况，应采取相应的预处理措施。

8.1.4 采用压缩空气定期搅拌是为了及时将铸铁屑表面的沉淀物去除，保持铸铁屑的活性。

8.1.5 为了保证处理效果，有时仅靠运行过程空气冲洗不够彻底，需要定期用压缩空气和清水联合冲洗，将铸铁屑中的污泥彻底排出。

8.2 间歇式处理

8.2.5 调节池和反应池的有效容积按日排水量的 1/2 设计，可分 2 次处理完全天的水量，比较方便操作。

8.2.6 内电解法处理综合性电镀废水的原理为：当废水与铁屑接触时，由于微电池的电化学作用，Cr^{6+}、Cu^{2+} 等在铁屑表面进行电子转移，完成氧化还原反应。反应式如下：

$$Fe + H_2CrO_4 + 2H_2O = Fe(OH)_3 + Cr(OH)_3$$

$$Cu^{2+} + Fe = Cu + Fe^{2+}$$

$$2H^+ + Fe = Fe^{2+} + H_2$$

另一方面，由于 $Fe(OH)_3$ 属于胶体物质，是高度分散体，具有很大的比表面积，能起到絮凝和共沉淀作用，改善沉淀的 pH 条件和沉淀状态。反应式如下：

$$M^{x+} + xOH^- = M(OH)_x$$

M 代表 Cr^{3+}、Cu^{2+}、Zn^{2+}、Ni^{2+}、Mn^{2+}、Fe^{3+}、Fe^{2+} 等。

从上述反应可看出，只有 Cr^{6+} 的去除完全依赖与铁屑的反应，其他重金属离子可通过中和沉淀去除，因此，循环处理以六价铬达标为反应终点。

8.3 工艺参数

8.3.1 铸铁屑因含有一定量的碳，因此能发生电化学反应，且反应速度很快，实验室试验证明，在搅拌条件下反应时间不超过 10s。生产设备内的铁屑不易搅动，属于固定床，接触反应时间确定 20min 比较合理。因填料阻力不均匀难免出现废水偏流或短路现象，为防止水流短路，减少设备阻力，装填高度不宜太高，在铁屑粒径较均匀的情况下，装填高度 1m 即可，工程实践中装填高度大部分在 1m～1.5m 的范围，因此确定装填高度为 1m～1.5m。铸铁屑的粒径对处理效果无明显影响，但如果粒径太细小，运行过程会增大设备阻力，而且铁屑的损耗大。因此，铸铁屑的粒径最好大于 1mm。

8.3.2 铸铁屑被水浸泡后，如果暴露在空气中，会被氧化而结块，影响处理效果。为避免板结现象，同时考虑维修速度，确定排空时间不应超过 4h。

9 污泥处理

9.0.1 电镀废水处理后产生的污泥经浓缩后其含水率还很高，体积较大，不利于运输，应进行脱水处理，使污泥基本成形，为污泥的储存、运输和综合利用等创造必要的条件，并可防止因污泥随意流失而造成二次污染，同时减少运输、储存、填埋等污泥处理费用。

9.0.2 电镀污泥经适当凝聚后可提高分离效率，经絮凝后，电镀污泥的凝聚体增大，有一定的空间，并有良好的滤水性能。一般凝聚剂常用碱式氯化铝、聚丙烯酰胺等，根据试验确定投加量。

9.0.4 污泥脱水常用方式有干化池和机械脱水。干化池具有结构简单、管理方便、建设费用低、运行费用低的特点，但占地面积大、卫生条件差、易受气候影响；机械脱水有厢式压滤机、带式压滤机、卧式螺旋脱水机等，处理能力、运行成本和占地面积各有特色，具体采用哪种方式，需根据建设场地、气候、污泥量、当地人工成本等因素综合比较后确定。

9.0.5 为了提高污泥脱水机效率，污泥进入脱水机前的含水率要求不宜大于 98%。气浮设备产生的污泥一般可达到此要求，斜板沉淀池产生的污泥要进行浓缩，才能达到要求。

10 废水处理站设计

10.0.1 本条规定了废水处理站在厂区（或园区）的

规划中，位置选择的一般原则：

1 废水排放的管路应尽量短，并应以自流方式排放，安全可靠、管理方便。电镀废水腐蚀性强，废水压力输送排放时对泵的防腐蚀性能要求很高，增加了管理和运行成本，因此规定自流排放；

2 为防止洪水倒灌，规定站区地面标高应高出设计洪水水位。

10.0.4 本条为强制性条文，规定了废水处理站的安全设计。

1 含氰废水有剧毒，应密封、加锁，保证人员安全。

2 废水处理站内会用到大量酸、碱及其他化学药品，这些药品大多具有强腐蚀性或毒性，应按国家相关规定进行储存、保管并设置警示标志。

3 电镀废水具有强腐蚀性和剧毒，在池体防腐蚀施工及使用维护中需强制通风，保证操作人员生命安全，因此，规定密闭水池需设 2 个以上人孔，便于强制通风的实施。

4 废水处理装置大多数比较高，装置内的液体具有腐蚀性或毒性，因此规定操作平台应加防护栏杆。

10.0.5 电镀生产过程中排水的流量和水质是处于变化状态的，给废水处理带来困难，设置废水调节池能调节流量和均化水质，调节池容积根据电镀车间的排水状况、废水处理设施的能力进行确定，排水量大，废水处理设施能力较高时取小值，反之，则取大值。如废水中含有少量的油脂，则在调节池内设置适当的隔油措施。

10.0.8 本条规定了废水处理站土建设计的主要考虑因素。电镀废水主要含酸碱及重金属离子，是强腐蚀及有毒害的介质，因此地下水池、沟槽、设备基础等接触废水的地方需要进行防渗漏和耐腐蚀措施。

10.0.12 堆存污泥可分为散堆和包装堆两种。散堆便于污泥在堆放过程中继续干化，但易于飞扬或受冲刷后流失，经机械脱水后污泥含水率小于 80%，已基本成型，可直接装袋或堆放。堆放场地面积可根据运输条件确定，一般按 30d～90d 的存放量计算。

中华人民共和国国家标准

城市用地分类与规划建设用地标准

Code for classification of urban land use and planning standards of development land

GB 50137—2011

主编部门：中华人民共和国住房和城乡建设部
批准部门：中华人民共和国住房和城乡建设部
施行日期：2 0 1 2 年 1 月 1 日

中华人民共和国住房和城乡建设部
公　告

第880号

关于发布国家标准《城市用地分类与规划建设用地标准》的公告

现批准《城市用地分类与规划建设用地标准》为国家标准，编号为GB 50137－2011，自2012年1月1日起实施。其中，第3.2.2、3.3.2、4.2.1、4.2.2、4.2.3、4.2.4、4.2.5、4.3.1、4.3.2、4.3.3、4.3.4、4.3.5条为强制性条文，必须严格执行。原《城市用地分类与规划建设用地标准》GBJ 137－90同时废止。

本标准由我部标准定额研究所组织中国建筑工业出版社出版发行。

中华人民共和国住房和城乡建设部

2010年12月24日

前　言

根据住房和城乡建设部《关于印发〈2008年工程建设标准规范制订、修订计划（第一批）〉的通知》（建标［2008］102号）的要求，标准编制组广泛调查研究，认真总结实践经验，参考有关国内外标准，并在广泛征求意见的基础上，修订本标准。

本标准修订的主要技术内容是：增加城乡用地分类体系；调整城市建设用地分类体系；调整规划建设用地的控制标准，包括规划人均城市建设用地面积标准、规划人均单项城市建设用地面积标准以及规划城市建设用地结构三部分；并对相关条文进行了补充修改。

本标准中以黑体字标志的条文为强制性条文，必须严格执行。

本标准由住房和城乡建设部负责管理和对强制性条文的解释，由中国城市规划设计研究院负责具体技术内容的解释。执行过程中如有意见或建议，请寄送中国城市规划设计研究院《城市用地分类与规划建设用地标准》修订组（地址：北京市车公庄西路5号，邮政编码：100044）。

本标准主编单位：中国城市规划设计研究院

本标准参编单位：上海同济城市规划设计研究院
北京大学城市与区域规划系（城市规划设计中心）
北京市城市规划设计研究院
浙江省城乡规划设计研究院
辽宁省城乡建设规划设计院
四川省城乡规划设计研究院

本标准主要起草人员：王　凯　赵　民　林　坚　张　菁　靳东晓　徐　泽　楚建群　李新阳　徐　颖　谢　颖　顾　浩　邵　波　张立鹏　韩　华　鹿　勤　张险峰　张文奇　刘贵利　张　播　高　捷　程　遥　汪　军　乐　芸　张书海　苗春蕾　田　刚　陈　宏　詹　敏　洪　明　赵书鑫

本标准主要审查人员：董黎明　王静霞　任世英　邹德慈　李　先　范耀邦　徐　波　耿慧志　谭纵波　潘一玲

目　次

1　总则 …………………………………… 1—13—5
2　术语 …………………………………… 1—13—5
3　用地分类 ……………………………… 1—13—5
3.1　一般规定 ……………………………… 1—13—5
3.2　城乡用地分类 ………………………… 1—13—5
3.3　城市建设用地分类 …………………… 1—13—7
4　规划建设用地标准 …………………… 1—13—11
4.1　一般规定 ……………………………… 1—13—11
4.2　规划人均城市建设用地面积标准 …………………………………… 1—13—11
4.3　规划人均单项城市建设用地面积标准 ……………………………… 1—13—12
4.4　规划城市建设用地结构 ……………… 1—13—12
附录A　城市总体规划用地统计表统一格式 ………………………………… 1—13—12
附录B　中国建筑气候区划图 ……………… 插页
本标准用词说明 …………………………… 1—13—13
引用标准名录 ……………………………… 1—13—13
附：条文说明 ……………………………… 1—13—14

Contents

1 General Provision ········ 1—13—5
2 Terms ········ 1—13—5
3 Land Use Classes ········ 1—13—5
3.1 General Requirement ········ 1—13—5
3.2 Town and Country Land Use Classes ········ 1—13—5
3.3 Urban Development Land Use Classes ········ 1—13—7
4 Planning Standards of Development Land ········ 1—13—11
4.1 General Requirement ········ 1—13—11
4.2 Standard of Urban Development Land Area Per Capita ········ 1—13—11
4.3 Standard of Single-category Urban Development Land Area Per Capita ········ 1—13—12
4.4 Composition of Urban Development Land ········ 1—13—12
Appendix A Format for Statistics in Urban Comprehensive Planning ········ 1—13—12
Appendix B Building Climate Zones in China ········ 插页
Explanation of Wording in This Standard ········ 1—13—13
List of Quoted Standard ········ 1—13—13
Addition: Explanation of Provisions ········ 1—13—14

1 总 则

1.0.1 依据《中华人民共和国城乡规划法》，为统筹城乡发展，集约节约、科学合理地利用土地资源，制定本标准。

1.0.2 本标准适用于城市、县人民政府所在地镇和其他具备条件的镇的总体规划和控制性详细规划的编制、用地统计和用地管理工作。

1.0.3 编制城市（镇）总体规划和控制性详细规划除应符合本标准外，尚应符合国家现行有关标准的规定。

2 术 语

2.0.1 城乡用地 town and country land

指市（县、镇）域范围内所有土地，包括建设用地（development land）与非建设用地（non-development land）。建设用地包括城乡居民点建设用地、区域交通设施用地、区域公用设施用地、特殊用地、采矿用地以及其他建设用地，非建设用地包括水域、农林用地以及其他非建设用地。城乡用地内各类用地的术语见本标准表3.2.2。

2.0.2 城市建设用地 urban development land

指城市（镇）内居住用地（residential）、公共管理与公共服务设施用地（administration and public services）、商业服务业设施用地（commercial and business）、工业用地（industrial，manufacturing）、物流仓储用地（logistics and warehouse）、道路与交通设施用地（road，street and transportation）、公用设施用地（public utilities）、绿地与广场用地（green space and square）的统称。城市建设用地内各类用地的术语见本标准表3.3.2。城市建设用地规模指上述用地之和，单位为hm^2。

2.0.3 人口规模 population

人口规模分为现状人口规模与规划人口规模，人口规模应按常住人口进行统计。常住人口指户籍人口数量与半年以上的暂住人口数量之和，单位为万人。

2.0.4 人均城市建设用地面积 urban development land area per capita

指城市（镇）内的城市建设用地面积除以该范围内的常住人口数量，单位为m^2/人。

2.0.5 人均单项城市建设用地面积 single-category urban development land area per capita

指城市（镇）内的居住用地、公共管理与公共服务设施用地、道路与交通设施用地以及绿地与广场用地等单项用地面积除以城市建设用地范围内的常住人口数量，单位为m^2/人。

2.0.6 人均居住用地面积 residential land area per capita

指城市（镇）内的居住用地面积除以城市建设用地内的常住人口数量，单位为m^2/人。

2.0.7 人均公共管理与公共服务设施用地面积 administration and public services land area per capita

指城市（镇）内的公共管理与公共服务设施用地面积除以城市建设用地范围内的常住人口数量，单位为m^2/人。

2.0.8 人均道路与交通设施用地面积 road，street and transportation land area per capita

指城市（镇）内的道路与交通设施用地面积除以城市建设用地范围内的常住人口数量，单位为m^2/人。

2.0.9 人均绿地与广场用地面积 green space and square area per capita

指城市（镇）内的绿地与广场用地面积除以城市建设用地范围内的常住人口数量，单位为m^2/人。

2.0.10 人均公园绿地面积 park land area per capita

指城市（镇）内的公园绿地面积除以城市建设用地范围内的常住人口数量，单位为m^2/人。

2.0.11 城市建设用地结构 composition of urban development land

指城市（镇）内的居住用地、公共管理与公共服务设施用地、工业用地、道路与交通设施用地以及绿地与广场用地等单项用地面积除以城市建设用地面积得出的比重，单位为%。

2.0.12 气候区 climate zone

指根据《建筑气候区划标准》GB 50178－93，以1月平均气温、7月平均气温、7月平均相对湿度为主要指标，以年降水量、年日平均气温低于或等于5℃的日数和年日平均气温高于或等于25℃的日数为辅助指标而划分的七个一级区。

3 用地分类

3.1 一 般 规 定

3.1.1 用地分类包括城乡用地分类、城市建设用地分类两部分，应按土地使用的主要性质进行划分。

3.1.2 用地分类采用大类、中类和小类3级分类体系。大类应采用英文字母表示，中类和小类应采用英文字母和阿拉伯数字组合表示。

3.1.3 使用本分类时，可根据工作性质、工作内容及工作深度的不同要求，采用本分类的全部或部分类别。

3.2 城乡用地分类

3.2.1 城乡用地共分为2大类、9中类、14小类。

3.2.2 城乡用地分类和代码应符合表3.2.2的规定。

表 3.2.2　城乡用地分类和代码

类别代码			类别名称	内　容
大类	中类	小类		
H			建设用地	包括城乡居民点建设用地、区域交通设施用地、区域公用设施用地、特殊用地、采矿用地及其他建设用地等
	H1		城乡居民点建设用地	城市、镇、乡、村庄建设用地
		H11	城市建设用地	城市内的居住用地、公共管理与公共服务设施用地、商业服务业设施用地、工业用地、物流仓储用地、道路与交通设施用地、公用设施用地、绿地与广场用地
		H12	镇建设用地	镇人民政府驻地的建设用地
		H13	乡建设用地	乡人民政府驻地的建设用地
		H14	村庄建设用地	农村居民点的建设用地
	H2		区域交通设施用地	铁路、公路、港口、机场和管道运输等区域交通运输及其附属设施用地，不包括城市建设用地范围内的铁路客货运站、公路长途客货运站以及港口客运码头
		H21	铁路用地	铁路编组站、线路等用地
		H22	公路用地	国道、省道、县道和乡道用地及附属设施用地
		H23	港口用地	海港和河港的陆域部分，包括码头作业区、辅助生产区等用地
		H24	机场用地	民用及军民合用的机场用地，包括飞行区、航站区等用地，不包括净空控制范围用地
		H25	管道运输用地	运输煤炭、石油和天然气等地面管道运输用地，地下管道运输规定的地面控制范围内的用地应按其地面实际用途归类
	H3		区域公用设施用地	为区域服务的公用设施用地，包括区域性能源设施、水工设施、通信设施、广播电视设施、殡葬设施、环卫设施、排水设施等用地
	H4		特殊用地	特殊性质的用地
		H41	军事用地	专门用于军事目的的设施用地，不包括部队家属生活区和军民共用设施等用地
		H42	安保用地	监狱、拘留所、劳改场所和安全保卫设施等用地，不包括公安局用地
	H5		采矿用地	采矿、采石、采沙、盐田、砖瓦窑等地面生产用地及尾矿堆放地
	H9		其他建设用地	除以上之外的建设用地，包括边境口岸和风景名胜区、森林公园等的管理及服务设施等用地

续表 3.2.2

类别代码			类别名称	内　容
大类	中类	小类		
E			非建设用地	水域、农林用地及其他非建设用地等
	E1		水域	河流、湖泊、水库、坑塘、沟渠、滩涂、冰川及永久积雪
		E11	自然水域	河流、湖泊、滩涂、冰川及永久积雪
		E12	水库	人工拦截汇集而成的总库容不小于 10 万 m^3 的水库正常蓄水位岸线所围成的水面
		E13	坑塘沟渠	蓄水量小于 10 万 m^3 的坑塘水面和人工修建用于引、排、灌的渠道
	E2		农林用地	耕地、园地、林地、牧草地、设施农用地、田坎、农村道路等用地
	E9		其他非建设用地	空闲地、盐碱地、沼泽地、沙地、裸地、不用于畜牧业的草地等用地

3.3 城市建设用地分类

3.3.1 城市建设用地共分为 8 大类、35 中类、42 小类。

3.3.2 城市建设用地分类和代码应符合表 3.3.2 的规定。

表 3.3.2 城市建设用地分类和代码

类别代码			类别名称	内　容
大类	中类	小类		
R			居住用地	住宅和相应服务设施的用地
	R1		一类居住用地	设施齐全、环境良好，以低层住宅为主的用地
		R11	住宅用地	住宅建筑用地及其附属道路、停车场、小游园等用地
		R12	服务设施用地	居住小区及小区级以下的幼托、文化、体育、商业、卫生服务、养老助残、公用设施等用地，不包括中小学用地
	R2		二类居住用地	设施较齐全、环境良好，以多、中、高层住宅为主的用地
		R21	住宅用地	住宅建筑用地（含保障性住宅用地）及其附属道路、停车场、小游园等用地
		R22	服务设施用地	居住小区及小区级以下的幼托、文化、体育、商业、卫生服务、养老助残、公用设施等用地，不包括中小学用地
	R3		三类居住用地	设施较欠缺、环境较差，以需要加以改造的简陋住宅为主的用地，包括危房、棚户区、临时住宅等用地
		R31	住宅用地	住宅建筑用地及其附属道路、停车场、小游园等用地
		R32	服务设施用地	居住小区及小区级以下的幼托、文化、体育、商业、卫生服务、养老助残、公用设施等用地，不包括中小学用地

续表 3.3.2

类别代码			类别名称	内容
大类	中类	小类		
A			公共管理与公共服务设施用地	行政、文化、教育、体育、卫生等机构和设施的用地，不包括居住用地中的服务设施用地
	A1		行政办公用地	党政机关、社会团体、事业单位等办公机构及其相关设施用地
	A2		文化设施用地	图书、展览等公共文化活动设施用地
		A21	图书展览用地	公共图书馆、博物馆、档案馆、科技馆、纪念馆、美术馆和展览馆、会展中心等设施用地
		A22	文化活动用地	综合文化活动中心、文化馆、青少年宫、儿童活动中心、老年活动中心等设施用地
	A3		教育科研用地	高等院校、中等专业学校、中学、小学、科研事业单位及其附属设施用地，包括为学校配建的独立地段的学生生活用地
		A31	高等院校用地	大学、学院、专科学校、研究生院、电视大学、党校、干部学校及其附属设施用地，包括军事院校用地
		A32	中等专业学校用地	中等专业学校、技工学校、职业学校等用地，不包括附属于普通中学内的职业高中用地
		A33	中小学用地	中学、小学用地
		A34	特殊教育用地	聋、哑、盲人学校及工读学校等用地
		A35	科研用地	科研事业单位用地
	A4		体育用地	体育场馆和体育训练基地等用地，不包括学校等机构专用的体育设施用地
		A41	体育场馆用地	室内外体育运动用地，包括体育场馆、游泳场馆、各类球场及其附属的业余体校等用地
		A42	体育训练用地	为体育运动专设的训练基地用地
	A5		医疗卫生用地	医疗、保健、卫生、防疫、康复和急救设施等用地
		A51	医院用地	综合医院、专科医院、社区卫生服务中心等用地
		A52	卫生防疫用地	卫生防疫站、专科防治所、检验中心和动物检疫站等用地
		A53	特殊医疗用地	对环境有特殊要求的传染病、精神病等专科医院用地
		A59	其他医疗卫生用地	急救中心、血库等用地
	A6		社会福利用地	为社会提供福利和慈善服务的设施及其附属设施用地，包括福利院、养老院、孤儿院等用地
	A7		文物古迹用地	具有保护价值的古遗址、古墓葬、古建筑、石窟寺、近代代表性建筑、革命纪念建筑等用地。不包括已作其他用途的文物古迹用地
	A8		外事用地	外国驻华使馆、领事馆、国际机构及其生活设施等用地
	A9		宗教用地	宗教活动场所用地

续表 3.3.2

类别代码			类别名称	内容
大类	中类	小类		
B			商业服务业设施用地	商业、商务、娱乐康体等设施用地，不包括居住用地中的服务设施用地
	B1		商业用地	商业及餐饮、旅馆等服务业用地
		B11	零售商业用地	以零售功能为主的商铺、商场、超市、市场等用地
		B12	批发市场用地	以批发功能为主的市场用地
		B13	餐饮用地	饭店、餐厅、酒吧等用地
		B14	旅馆用地	宾馆、旅馆、招待所、服务型公寓、度假村等用地
	B2		商务用地	金融保险、艺术传媒、技术服务等综合性办公用地
		B21	金融保险用地	银行、证券期货交易所、保险公司等用地
		B22	艺术传媒用地	文艺团体、影视制作、广告传媒等用地
		B29	其他商务用地	贸易、设计、咨询等技术服务办公用地
	B3		娱乐康体用地	娱乐、康体等设施用地
		B31	娱乐用地	剧院、音乐厅、电影院、歌舞厅、网吧以及绿地率小于65%的大型游乐等设施用地
		B32	康体用地	赛马场、高尔夫、溜冰场、跳伞场、摩托车场、射击场，以及通用航空、水上运动的陆域部分等用地
	B4		公用设施营业网点用地	零售加油、加气、电信、邮政等公用设施营业网点用地
		B41	加油加气站用地	零售加油、加气、充电站等用地
		B49	其他公用设施营业网点用地	独立地段的电信、邮政、供水、燃气、供电、供热等其他公用设施营业网点用地
	B9		其他服务设施用地	业余学校、民营培训机构、私人诊所、殡葬、宠物医院、汽车维修站等其他服务设施用地
M			工业用地	工矿企业的生产车间、库房及其附属设施用地，包括专用铁路、码头和附属道路、停车场等用地，不包括露天矿用地
	M1		一类工业用地	对居住和公共环境基本无干扰、污染和安全隐患的工业用地
	M2		二类工业用地	对居住和公共环境有一定干扰、污染和安全隐患的工业用地
	M3		三类工业用地	对居住和公共环境有严重干扰、污染和安全隐患的工业用地
W			物流仓储用地	物资储备、中转、配送等用地，包括附属道路、停车场以及货运公司车队的站场等用地
	W1		一类物流仓储用地	对居住和公共环境基本无干扰、污染和安全隐患的物流仓储用地
	W2		二类物流仓储用地	对居住和公共环境有一定干扰、污染和安全隐患的物流仓储用地
	W3		三类物流仓储用地	易燃、易爆和剧毒等危险品的专用物流仓储用地

续表 3.3.2

类别代码			类别名称	内容
大类	中类	小类		
S			道路与交通设施用地	城市道路、交通设施等用地，不包括居住用地、工业用地等内部的道路、停车场等用地
	S1		城市道路用地	快速路、主干路、次干路和支路等用地，包括其交叉口用地
	S2		城市轨道交通用地	独立地段的城市轨道交通地面以上部分的线路、站点用地
	S3		交通枢纽用地	铁路客货运站、公路长途客运站、港口客运码头、公交枢纽及其附属设施用地
	S4		交通场站用地	交通服务设施用地，不包括交通指挥中心、交通队用地
		S41	公共交通场站用地	城市轨道交通车辆基地及附属设施，公共汽（电）车首末站、停车场（库）、保养场，出租汽车场站设施等用地，以及轮渡、缆车、索道等的地面部分及其附属设施用地
		S42	社会停车场用地	独立地段的公共停车场和停车库用地，不包括其他各类用地配建的停车场和停车库用地
	S9		其他交通设施用地	除以上之外的交通设施用地，包括教练场等用地
U			公用设施用地	供应、环境、安全等设施用地
	U1		供应设施用地	供水、供电、供燃气和供热等设施用地
		U11	供水用地	城市取水设施、自来水厂、再生水厂、加压泵站、高位水池等设施用地
		U12	供电用地	变电站、开闭所、变配电所等设施用地，不包括电厂用地。高压走廊下规定的控制范围内的用地应按其地面实际用途归类
		U13	供燃气用地	分输站、门站、储气站、加气母站、液化石油气储配站、灌瓶站和地面输气管廊等设施用地，不包括制气厂用地
		U14	供热用地	集中供热锅炉房、热力站、换热站和地面输热管廊等设施用地
		U15	通信用地	邮政中心局、邮政支局、邮件处理中心、电信局、移动基站、微波站等设施用地
		U16	广播电视用地	广播电视的发射、传输和监测设施用地，包括无线电收信区、发信区以及广播电视发射台、转播台、差转台、监测站等设施用地
	U2		环境设施用地	雨水、污水、固体废物处理等环境保护设施及其附属设施用地
		U21	排水用地	雨水泵站、污水泵站、污水处理、污泥处理厂等设施及其附属的构筑物用地，不包括排水河渠用地
		U22	环卫用地	生活垃圾、医疗垃圾、危险废物处理（置），以及垃圾转运、公厕、车辆清洗、环卫车辆停放修理等设施用地
	U3		安全设施用地	消防、防洪等保卫城市安全的公用设施及其附属设施用地
		U31	消防用地	消防站、消防通信及指挥训练中心等设施用地
		U32	防洪用地	防洪堤、防洪枢纽、排洪沟渠等设施用地
	U9		其他公用设施用地	除以上之外的公用设施用地，包括施工、养护、维修等设施用地

续表 3.3.2

类别代码			类别名称	内容
大类	中类	小类		
G			绿地与广场用地	公园绿地、防护绿地、广场等公共开放空间用地
	G1		公园绿地	向公众开放，以游憩为主要功能，兼具生态、美化、防灾等作用的绿地
	G2		防护绿地	具有卫生、隔离和安全防护功能的绿地
	G3		广场用地	以游憩、纪念、集会和避险等功能为主的城市公共活动场地

4 规划建设用地标准

4.1 一般规定

4.1.1 用地面积应按平面投影计算。每块用地只可计算一次，不得重复。

4.1.2 城市（镇）总体规划宜采用 1/10000 或 1/5000 比例尺的图纸进行建设用地分类计算，控制性详细规划宜采用 1/2000 或 1/1000 比例尺的图纸进行用地分类计算。现状和规划的用地分类计算应采用同一比例尺。

4.1.3 用地的计量单位应为万平方米（公顷），代码为“hm²”。数字统计精度应根据图纸比例尺确定，1/10000 图纸应精确至个位，1/5000 图纸应精确至小数点后一位，1/2000 和 1/1000 图纸应精确至小数点后两位。

4.1.4 城市建设用地统计范围与人口统计范围必须一致，人口规模应按常住人口进行统计。

4.1.5 城市（镇）总体规划应统一按附录 A 附表的格式进行用地汇总。

4.1.6 规划建设用地标准应包括规划人均城市建设用地面积标准、规划人均单项城市建设用地面积标准和规划城市建设用地结构三部分。

4.2 规划人均城市建设用地面积标准

4.2.1 规划人均城市建设用地面积指标应根据现状人均城市建设用地面积指标、城市（镇）所在的气候区以及规划人口规模，按表 4.2.1 的规定综合确定，并应同时符合表中允许采用的规划人均城市建设用地面积指标和允许调整幅度双因子的限制要求。

表 4.2.1 规划人均城市建设用地面积指标（m²/人）

气候区	现状人均城市建设用地面积指标	允许采用的规划人均城市建设用地面积指标	允许调整幅度		
			规划人口规模 ≤20.0 万人	规划人口规模 20.1～50.0 万人	规划人口规模 >50.0 万人
Ⅰ、Ⅱ、Ⅵ、Ⅶ	≤65.0	65.0～85.0	>0.0	>0.0	>0.0
	65.1～75.0	65.0～95.0	+0.1～+20.0	+0.1～+20.0	+0.1～+20.0
	75.1～85.0	75.0～105.0	+0.1～+20.0	+0.1～+20.0	+0.1～+15.0
	85.1～95.0	80.0～110.0	+0.1～+20.0	−5.0～+20.0	−5.0～+15.0
	95.1～105.0	90.0～110.0	−5.0～+15.0	−10.0～+15.0	−10.0～+10.0
	105.1～115.0	95.0～115.0	−10.0～−0.1	−15.0～−0.1	−20.0～−0.1
	>115.0	≤115.0	<0.0	<0.0	<0.0
Ⅲ、Ⅳ、Ⅴ	≤65.0	65.0～85.0	>0.0	>0.0	>0.0
	65.1～75.0	65.0～95.0	+0.1～+20.0	+0.1～20.0	+0.1～+20.0
	75.1～85.0	75.0～100.0	−5.0～+20.0	−5.0～+20.0	−5.0～+15.0
	85.1～95.0	80.0～105.0	−10.0～+15.0	−10.0～+15.0	−10.0～+10.0
	95.1～105.0	85.0～105.0	−15.0～+10.0	−15.0～+10.0	−15.0～+5.0
	105.1～115.0	90.0～110.0	−20.0～−0.1	−20.0～−0.1	−25.0～−5.0
	>115.0	≤110.0	<0.0	<0.0	<0.0

注：1 气候区应符合《建筑气候区划标准》GB 50178－93 的规定，具体应按本标准附录 B 执行。
2 新建城市（镇）、首都的规划人均城市建设用地面积指标不适用本表。

4.2.2 新建城市（镇）的规划人均城市建设用地面积指标宜在（85.1～105.0）m^2/人内确定。

4.2.3 首都的规划人均城市建设用地面积指标应在（105.1～115.0）m^2/人内确定。

4.2.4 边远地区、少数民族地区城市（镇）以及部分山地城市（镇）、人口较少的工矿业城市（镇）、风景旅游城市（镇）等，不符合表 4.2.1 规定时，应专门论证确定规划人均城市建设用地面积指标，且上限不得大于 150.0m^2/人。

4.2.5 编制和修订城市（镇）总体规划应以本标准作为规划城市建设用地的远期控制标准。

4.3 规划人均单项城市建设用地面积标准

4.3.1 规划人均居住用地面积指标应符合表 4.3.1 的规定。

表 4.3.1 人均居住用地面积指标（m^2/人）

建筑气候区划	Ⅰ、Ⅱ、Ⅵ、Ⅶ气候区	Ⅲ、Ⅳ、Ⅴ气候区
人均居住用地面积	28.0～38.0	23.0～36.0

4.3.2 规划人均公共管理与公共服务设施用地面积不应小于 5.5m^2/人。

4.3.3 规划人均道路与交通设施用地面积不应小于 12.0m^2/人。

4.3.4 规划人均绿地与广场用地面积不应小于 10.0m^2/人，其中人均公园绿地面积不应小于 8.0m^2/人。

4.3.5 编制和修订城市（镇）总体规划应以本标准作为规划单项城市建设用地的远期控制标准。

4.4 规划城市建设用地结构

4.4.1 居住用地、公共管理与公共服务设施用地、工业用地、道路与交通设施用地和绿地与广场用地五大类主要用地规划占城市建设用地的比例宜符合表 4.4.1 的规定。

表 4.4.1 规划城市建设用地结构

用地名称	占城市建设用地比例（%）
居住用地	25.0～40.0
公共管理与公共服务设施用地	5.0～8.0
工业用地	15.0～30.0
道路与交通设施用地	10.0～25.0
绿地与广场用地	10.0～15.0

4.4.2 工矿城市（镇）、风景旅游城市（镇）以及其他具有特殊情况的城市（镇），其规划城市建设用地结构可根据实际情况具体确定。

附录 A 城市总体规划用地统计表统一格式

A.0.1 城市（镇）总体规划城乡用地应按表 A.0.1 进行汇总。

表 A.0.1 城乡用地汇总表

用地代码	用地名称		用地面积（hm^2）		占城乡用地比例（%）	
			现状	规划	现状	规划
H	建设用地					
	其中	城乡居民点建设用地				
		区域交通设施用地				
		区域公用设施用地				
		特殊用地				
		采矿用地				
		其他建设用地				
E	非建设用地					
	其中	水域				
		农林用地				
		其他非建设用地				
	城乡用地				100	100

A.0.2 城市（镇）总体规划城市建设用地应按表 A.0.2 进行平衡。

表 A.0.2 城市建设用地平衡表

用地代码	用地名称		用地面积（hm^2）		占城市建设用地比例（%）		人均城市建设用地面积（m^2/人）	
			现状	规划	现状	规划	现状	规划
R	居住用地							
A	公共管理与公共服务设施用地							
	其中	行政办公用地						
		文化设施用地						
		教育科研用地						
		体育用地						
		医疗卫生用地						
		社会福利用地						
		……						
B	商业服务业设施用地							
M	工业用地							
W	物流仓储用地							
S	道路与交通设施用地							
	其中：城市道路用地							
U	公用设施用地							
G	绿地与广场用地							
	其中：公园绿地							
H	城市建设用地				100	100		

备注：____年现状常住人口____万人

____年规划常住人口____万人

本标准用词说明

1 为便于在执行本标准条文时区别对待，对要求严格程度不同的用词说明如下：

1） 表示很严格，非这样做不可的用词：
正面词采用“必须”，反面词采用“严禁”；

2） 表示严格，在正常情况均应这样做的用词：
正面词采用“应”，反面词采用“不应”或“不得”；

3） 表示允许稍有选择，在条件许可时首先应这样做的用词：
正面词采用“宜”，反面词采用“不宜”；

4） 表示有选择，在一定条件下可以这样做的用词，采用“可”。

2 条文中指明应按其他有关标准、规范执行的写法为：“应符合……的规定”或“应按……执行”。

引用标准名录

1 《建筑气候区划标准》GB 50178－93

中华人民共和国国家标准

城市用地分类与规划建设用地标准

GB 50137—2011

条 文 说 明

修 订 说 明

《城市用地分类与规划建设用地标准》GB 50137－2011（以下简称本标准），经住房和城乡建设部2010年12月24日以第880号公告批准、发布。

本标准是在《城市用地分类与规划建设用地标准》GBJ 137－90（以下简称原标准）的基础上修订而成，上一版的主编单位是中国城市规划设计研究院，参编单位是北京市城市规划设计研究院、上海市城市规划设计院、四川省城乡规划设计研究院、辽宁省城乡建设规划设计院、湖北省城市规划设计研究院、陕西省城乡规划设计院、同济大学城市规划系，主要起草人员是蒋大卫、范耀邦、沈福林、吴今露、罗希、赵崇仁、潘家莹、沈肇裕、石如琤、王继勉、兰继中、吕光琪、曹连群、吴明伟、吴载权、何善权。本次修订的主要技术内容是：1. 增加城乡用地分类体系；2. 调整城市建设用地分类体系；3. 调整规划建设用地的控制标准；4. 对相关条文进行了补充修改。

本标准修订过程中，编制组根据《关于加快进行〈城市用地分类与规划建设用地标准〉修订的函》（建规城函［2008］008号）的要求，参考了大量国内外已有的相关法规、技术标准，征求了专家、相关部门和社会各界对于原标准以及标准修订的意见，并与相关国家标准相衔接。

为便于广大规划设计、管理、科研、学校等有关单位人员在使用本标准时能正确理解和执行条文规定，《城市用地分类与规划建设用地标准》编制组按章、节、条顺序编制了本标准的条文说明，对条文规定的目的、依据以及执行中需注意的有关事项进行了说明，还着重对强制性条文的强制性理由作了解释。但是，本条文说明不具备与标准正文同等的法律效力，仅供使用者作为理解和把握标准规定的参考。

目　次

1　总则 ………………………………………… 1—13—17
3　用地分类 …………………………………… 1—13—17
3.1　一般规定 ………………………………… 1—13—17
3.2　城乡用地分类 …………………………… 1—13—17
3.3　城市建设用地分类 ……………………… 1—13—18
4　规划建设用地标准 ………………………… 1—13—19
4.1　一般规定 ………………………………… 1—13—19
4.2　规划人均城市建设用地面积标准 ………………………………………… 1—13—19
4.3　规划人均单项城市建设用地面积标准 ………………………………………… 1—13—20
4.4　规划城市建设用地结构 ………………… 1—13—21

1 总 则

1.0.1 1990年颁布的原标准作为城市规划编制与管理工作的一项重要技术规范施行了21年，它在统一全国的城市用地分类和计算口径、合理引导不同城市建设布局等方面发挥了积极作用。为适应我国城乡发展宏观背景的变化，落实2008年1月颁布实施的《中华人民共和国城乡规划法》以及国家对新时期城市发展应“节约集约用地，从严控制城市用地规模”的要求，对原标准作出修订。

1.0.2 由于县人民政府所在地镇的管理体制不同于一般镇，城镇建设目标与标准也与一般镇有所区别，其规划与建设应按城市标准执行；其他具备条件的镇指人口规模、经济发展水平已达到设市城市标准，但管理体制仍保留镇的行政建制。因此，这两类镇与城市一并作为本标准的适用对象。

3 用 地 分 类

3.1 一 般 规 定

3.1.1 为贯彻《中华人民共和国城乡规划法》有关城乡统筹的新要求，本标准设立“城乡用地”分类。“城乡用地”分类的地类覆盖市域范围内所有的建设用地和非建设用地，以满足市域土地使用的规划编制、用地统计、用地管理等工作需求。

本标准提出的“城市建设用地”基于原标准在大类上做了调整，主要包括：为强调城市（镇）政府对基础民生需求服务的保障，合理调控市场行为，将原标准“公共设施用地”分为“公共管理与公共服务设施用地”（A）和“商业服务业设施用地”（B）；为反映城市（镇）生活的基本职能要求，将原标准涉及区域服务的“对外交通用地”和不仅仅为本城市（镇）使用的“特殊用地”等归入城乡用地分类；为体现城市规划的公共政策属性，在“居住用地”中强调了保障性住宅用地。

本标准的用地分类按土地实际使用的主要性质或规划引导的主要性质进行划分和归类，具有多种用途的用地应以其地面使用的主导设施性质作为归类的依据。如高层多功能综合楼用地，底层是商店，2～15层为商务办公室，16～20层为公寓，地下室为车库，其使用的主要性质是商务办公，因此归为“商务用地”（B2）。若综合楼使用的主要性质难以确定时，按底层使用的主要性质进行归类。

3.1.2 本标准用地分类体系为保证分类良好的系统性、完整性和连续性，采用大、中、小3级分类，在图纸中同一地类的大、中、小类代码不能同时出现使用。

3.2 城乡用地分类

3.2.1 “城乡用地分类”在同等含义的地类上尽量与《土地利用现状分类》GB/T 21010－2007衔接，并充分对接《中华人民共和国土地管理法》中的农用地、建设用地和未利用地“三大类”用地，以利于城乡规划在基础用地调查时可高效参照土地利用现状调查资料（表1）。

表1 城乡用地分类与《中华人民共和国土地管理法》“三大类”对照表

《中华人民共和国土地管理法》三大类	城乡用地分类类别		
	大类	中类	小类
农用地	E非建设用地	E1水域	E13坑塘沟渠
		E2农林用地	—
建设用地	H建设用地	H1城乡居民点建设用地	H11城市建设用地
			H12镇建设用地
			H13乡建设用地
			H14村庄建设用地
		H2区域交通设施用地	H21铁路用地
			H22公路用地
			H23港口用地
			H24机场用地
			H25管道运输用地
		H3区域公用设施用地	—
		H4特殊用地	H41军事用地
			H42安保用地
		H5采矿用地	—
		H9其他建设用地	—
	E非建设用地	E1水域	E12水库
		E9其他非建设用地	E9中的空闲地
未利用地	E非建设用地	E1水域	E11自然水域
		E9其他非建设用地	E9中除去空闲地以外的用地

3.2.2 本条文属于强制性条文。表3.2.2“城乡用地分类和代码”已就每类用地的含义作了简要解释，现按大类排列顺序作若干补充说明：

1 建设用地

(1)“城乡居民点建设用地”（H1）与《中华人

民共和国城乡规划法》中规划编制体系的市、镇、乡、村规划层级相对应，满足市域用地规划管理的需求。

（2）“公路用地”（H22）的内容与《土地利用现状分类》GB/T 21010－2007 衔接，采用国道、省道、县道、乡道作为划分标准。“机场用地”（H24）净空控制范围内的用地应按其地面实际用途归类。

（3）“区域公用设施用地”（H3）与城市建设用地分类中的“公用设施用地”和“商业服务业设施用地”不重复。其中，水工设施指人工修建的闸、坝、堤路林、水电厂房、扬水站等常水位岸线以上的设施，与《土地利用现状分类》GB/T 21010－2007 中的二级类“水工建筑用地”内容基本对应。

（4）“特殊用地”（H4）中“安保用地”（H42）不包括公安局，该用地应归入“行政办公用地”（A1）。

（5）“采矿用地”（H5）与《土地利用现状分类》GB/T 21010－2007 中的二级类“采矿用地”内容统一，其中，露天矿虽然一般开采后均作回填处理改作他用，并不是土地的最终形式，但是其用地具有开发建设性质，故将其纳入“采矿用地”。

2 非建设用地

（1）“水域”（E1）包括《土地利用现状分类》GB/T 21010－2007 一级地类“水域及水利设施用地”除去“水工建筑用地”的地类。

（2）“农林用地”（E2）包括《土地利用现状分类》GB/T 21010－2007 一级地类“耕地”、“园地”、“林地”与二级地类“天然牧草地”、“人工牧草地”、“设施农用地”、“田坎”、“农村道路”。其中，“农村道路”指公路以外的南方宽度不小于 1m、北方宽度不小于 2m 的村间、田间道路（含机耕道）。

（3）“其他非建设用地”（E9）包括《土地利用现状分类》GB/T 21010－2007 一级地类“其他土地”中的空闲地、盐碱地、沼泽地、沙地、裸地和一级地类“草地”中的其他草地。

自然保护区、风景名胜区、森林公园等范围内的“非建设用地”（E）按土地实际用途归入“水域”（E1）、“农林用地”（E2）和“其他非建设用地”（E9）的一种或几种。

3.3 城市建设用地分类

3.3.1 本标准的“城市建设用地”与城乡用地分类中的“H11 城市建设用地”概念完全衔接。

3.3.2 本条文属于强制性条文。表 3.3.2“城市建设用地分类和代码”已就每类用地的含义作了简要解释，现按大类排列顺序作若干补充说明：

1 居住用地

本标准将住宅和相应服务配套设施看作一个整体，共同归为“居住用地”（R）大类，包括单位内的职工生活区（含有住宅、服务设施等用地）。为加强民生保障、便于行政管理，本标准将中小学用地划入“教育科研用地”（A3）。

本标准结合我国的实际情况，将居住用地（R）按设施水平、环境质量和建筑层数等综合因素细分为 3 个中类，满足城市（镇）对不同类型居住用地提出不同的规划设计及规划管理要求。其中：

“一类居住用地”（R1）包括别墅区、独立式花园住宅、四合院等。

“二类居住用地”（R2）强调了保障性住宅，进一步体现国家关注中低收入群众住房问题的公共政策要求。

“三类居住用地”（R3）在现状居住用地调查分类时采用，以便于制定相应的旧区更新政策。

2 公共管理与公共服务设施用地

“公共管理与公共服务设施用地”（A）是指政府控制以保障基础民生需求的服务设施，一般为非营利的公益性设施用地。其中：

“教育科研用地”（A3）包括附属于院校和科研事业单位的运动场、食堂、医院、学生宿舍、设计院、实习工厂、仓库、汽车队等用地。

“文物古迹用地”（A7）的内容与《历史文化名城保护规划规范》GB 50357－2005 相衔接。已作其他用途的文物古迹用地应按其地面实际用途归类，如北京的故宫和颐和园均是国家级重点文物古迹，但故宫用作博物院，颐和园用作公园，因此应分别归到“图书展览用地”（A21）和“公园绿地”（G1），而不是归为“文物古迹用地”（A7）。

为了保证“公共管理与公共服务设施用地”（A）的土地供给，“行政办公用地”（A1）、“文化设施用地”（A2）、“教育科研用地”（A3）、“体育用地”（A4）、“医疗卫生用地”（A5）、“社会福利用地”（A6）等中类应在用地平衡表中列出。

3 商业服务业设施用地

“商业服务业设施用地”（B）是指主要通过市场配置的服务设施，包括政府独立投资或合资建设的设施（如剧院、音乐厅等）用地。其中：

“其他商务用地”（B29）包括在市场经济体制下逐步转轨为商业性办公的企业管理机构（如企业总部等）和非事业科研设计机构用地。

4 工业用地

“工业用地”（M）包括为工矿企业服务的办公室、仓库、食堂等附属设施用地。

本标准按工业对居住和公共环境的干扰污染程度将“工业用地”（M）细分为 3 个中类。界定工业对周边环境干扰污染程度的主要衡量因素包括水、大气、噪声等，应依据工业具体条件及国家有关环境保护的规定与指标确定中类划分，建议参考以下标准执行（表 2）。

表2 工业用地的分类标准

	水	大气	噪声
参照标准	《污水综合排放标准》GB 8978－1996	《大气污染物综合排放标准》GB 16297－1996	《工业企业厂界环境噪声排放标准》GB 12348－2008
一类工业企业	低于一级标准	低于二级标准	低于1类声环境功能区标准
二类工业企业	低于二级标准	低于二级标准	低于2类声环境功能区标准
三类工业企业	高于二级标准	高于二级标准	高于2类声环境功能区标准

5 物流仓储用地

由于物流、仓储与货运功能之间具有一定的关联性与兼容性，本标准设立“物流仓储用地”（W），并按其对居住和公共环境的干扰污染程度分为3个中类。界定物流仓储对周边环境干扰污染程度的主要衡量因素包括交通运输量、安全、粉尘、有害气体、恶臭等。

6 道路与交通设施用地

“城市道路用地”（S1）不包括支路以下的道路，旧城区小街小巷、胡同等分别列入相关的用地内。为了保障城市（镇）交通的基本功能，应在用地平衡表中列出该中类。

“城市轨道交通用地”（S2）指地面以上（包括地面）部分且不与其他用地重合的城市轨道交通线路、站点用地，以满足城市轨道交通发展建设的需要。

“交通枢纽用地”（S3）包括枢纽内部用于集散的广场等附属用地。

“交通场站用地”（S4）不包括交通指挥中心、交通队用地，该用地应归入“行政办公用地”（A1）。“社会停车场用地”（S42）不包括位于地下的社会停车场，该用地应按其地面实际用途归类。

7 公用设施用地

“供电用地”（U12）不包括电厂用地，该用地应归入“工业用地”（M）。“供燃气用地”（U13）不包括制气厂用地，该用地应归入“工业用地”（M）。“通信用地”（U15）仅包括以邮政函件、包件业务为主的邮政局、邮件处理和储运场所等用地，不包括独立地段的邮政汇款、报刊发行、邮政特快、邮政代办、电信服务、水电气热费用收缴等经营性邮政网点用地，该用地应归入“其他公用设施营业网点用地”（B49）。“环卫用地”（U22）包括废旧物品回收处理设施等用地。

8 绿地与广场用地

由于满足市民日常公共活动需求的广场与绿地功能相近，本标准将绿地与广场用地合并设立大类。

“公园绿地”（G1）的名称、内容与《城市绿地分类标准》CJJ/T 85-2002统一，包括综合公园、社区公园、专类公园、带状公园、街旁绿地。位于城市建设用地范围内以文物古迹、风景名胜点（区）为主形成的具有城市公园功能的绿地属于“公园绿地”（G1），位于城市建设用地范围以外的其他风景名胜区则在“城乡用地分类”中分别归入“非建设用地”（E）的“水域”（E1）、“农林用地”（E2）以及“其他非建设用地”（E9）中。为了保证市民的基本游憩生活需求，应在用地平衡表中列出该中类。

“防护绿地”（G2）的名称、内容与《城市绿地分类标准》CJJ/T 85－2002统一，包括卫生隔离带、道路防护绿地、城市高压走廊绿带、防风林、城市组团隔离带等。

“广场用地”（G3）不包括以交通集散为主的广场用地，该用地应归入“交通枢纽用地”（S3）。

园林生产绿地以及城市建设用地范围外基础设施两侧的防护绿地，按照实际使用用途纳入城乡建设用地分类“农林用地”（E2）。

4 规划建设用地标准

4.1 一般规定

4.1.4 城市建设用地在现状调查时按现状建成区范围统计，在编制规划时按规划建设用地范围统计。多组团分片布局的城市（镇）可分片计算用地，再行汇总。

4.2 规划人均城市建设用地面积标准

4.2.1 本条文属于强制性条文。通过各项因素对人均城市建设用地面积指标的影响分析，发现人口规模、气候区划两个因素对于人均城市建设用地面积的影响最为显著，因此本标准选择人口规模、气候区划两个因素进一步细分城市（镇）类别并分别进行控制。

本标准气候区参考《城市居住区规划设计规范》GB 50180－93（2002年版）的相关规定，结合全国现有城市（镇）特点，分为Ⅰ、Ⅱ、Ⅵ、Ⅶ以及Ⅲ、Ⅳ、Ⅴ两类。

本标准的人均城市建设用地面积指标采用“双因子”控制，“双因子”是指“允许采用的规划人均城市建设用地面积指标”和“允许调整幅度”，确定人均城市建设用地面积指标时应同时符合这两个控制因素。其中，前者规定了在不同气候区中不同现状人均城市建设用地面积指标城市（镇）可采用的取值上下限区间，后者规定了不同规模城市（镇）的规划人均城市建设用地面积指标比现状人均城市建设用地面积指标增加或减少的可取数值。

基于现状用地统计资料的分析，依据节约集约用地的原则，本标准将位于Ⅰ、Ⅱ、Ⅵ、Ⅶ气候区的城市（镇）规划人均城市建设用地面积指标的上下限幅度定为（65.0～115.0）m^2/人，将位于Ⅲ、Ⅳ、Ⅴ气候区的城市（镇）规划人均城市建设用地面积指标的上下限幅度定为（65.0～110.0）m^2/人。

本标准确定“允许调整幅度”总体控制在(－25.0～＋20.0)m^2/人范围内，未来人均城市建设用地面积除少数新建城市（镇）外，大多数城市（镇）只能有限度地增减。在具体确定调整幅度时，应本着节约集约用地和保障、改善民生的原则，根据各城市（镇）具体条件优化调整用地结构，在规定幅度内综合各因素合理增减，而非盲目选取极限幅度。

以下是举例详细说明：

（1）西北某市所处地域为Ⅱ气候区，现状人均城市建设用地面积指标 64.1m^2/人，规划期末常住人口规模为 50.0 万人。对照本标准表 4.2.1，规划人均城市建设用地面积取值区间为（65.0～85.0）m^2/人，允许调整幅度为＞0.0 m^2/人，因此规划人均城市建设用地面积指标可选（65.0～85.0)m^2/人。

（2）华南某市所处地域为Ⅳ气候区，现状人均城市建设用地面积指标 95.0m^2/人，规划期末常住人口规模为 95.0 万人。对照本标准表 4.2.1，规划人均城市建设用地面积取值区间为（85.0～105.0）m^2/人，允许调整幅度为（－10.0～10.0)m^2/人，因此规划人均城市建设用地面积指标可选（85.0～105.0）m^2/人。

（3）华东某市所处地域为Ⅲ气候区，现状人均城市建设用地面积指标 119.2m^2/人，规划期末常住人口规模为 75.0 万人。对照本标准表 4.2.1，规划人均城市建设用地面积取值区间为≤110.0 m^2/人，允许调整幅度为＜0.0m^2/人，因此规划人均城市建设用地面积指标不能大于 110.0m^2/人。

4.2.2 本条文属于强制性条文。新建城市（镇）是指新开发城市（镇），应保证按合理的用地标准进行建设。新建城市（镇）的规划人均城市建设用地面积指标宜在（95.1～105.0）m^2/人内确定，如果该城市（镇）不能满足以上指标要求时，也可以在（85.1～95.0）m^2/人内确定。

4.2.3 本条文属于强制性条文。由于首都的行政管理、对外交往、科研文化等功能较突出，用地较多，因此，人均城市建设用地面积指标应适当放宽。

4.2.4 本条文属于强制性条文。我国幅员辽阔，城市（镇）之间的差异性较大。既有边远地区及少数民族地区中不少城市（镇），地多人少，经济水平低，具有不同的民族生活习俗；也有一些山地城市（镇），地少人多；还存在个别特殊原因的城市（镇），如人口较少的工矿及工业基地、风景旅游城市（镇）等。这些城市（镇）可根据实际情况，本着“合理用地、节约用地、保证用地”的原则确定其规划人均城市建设用地面积指标。

4.2.5 本条文属于强制性条文。对规划人均城市建设用地指标提出远期控制标准，是为了保障城市（镇）社会经济发展、人口增长与土地开发建设之间的长期协调性，促进城市（镇）节约集约使用土地，防止城市（镇）用地的盲目扩张，而且对于节省城市（镇）基础设施的投资，节约能源，减少运输和整个城市（镇）的经营管理费用，都具有重要意义。

4.3 规划人均单项城市建设用地面积标准

4.3.1 本条文属于强制性条文。本标准人均居住用地面积指标按照Ⅰ、Ⅱ、Ⅵ、Ⅶ气候区以及Ⅲ、Ⅳ、Ⅴ气候区分为两类分别控制。人均居住用地面积水平主要与人均住房水平及住宅建筑面积密度有关。参照住房和城乡建设部政策研究中心《全面建设小康社会居住目标研究》中 2020 年城镇人均住房建筑面积 35.0m^2/人的标准，根据《城市居住区规划设计规范》GB 50180－93（2002 年版）关于住宅建筑密度、住宅用地比例的相关规定，推导归纳Ⅰ、Ⅱ、Ⅵ、Ⅶ气候区的人均居住区用地面积最低值为（30.0～40.0)m^2/人，Ⅲ、Ⅳ、Ⅴ气候区的人均居住区用地面积最低值为（25.0～38.0)m^2/人。

在此基础上，由于“居住用地”（R）不包括中小学用地，根据《城市居住区规划设计规范》GB 50180－93（2002 年版）中人均教育用地（1.0～2.4）m^2/人的要求，本标准综合确定Ⅰ、Ⅱ、Ⅵ、Ⅶ气候区的人均居住用地面积指标为（28.0～38.0）m^2/人，Ⅲ、Ⅳ、Ⅴ气候区的人均居住用地面积指标为（23.0～36.0）m^2/人。

4.3.2 本条文属于强制性条文。本标准基于《城市公共设施规划规范》GB 50442－2008 关于原标准“行政办公用地”、“商业金融用地”、“文化娱乐用地”、“体育用地”、“医疗卫生用地”、“教育科研设计用地”、“社会福利用地”人均指标的相关规定以及《城市居住区规划设计规范》GB 50180－93（2002 年版）关于人均教育用地指标的规定，综合确定人均公共管理与公共服务设施用地面积不低于 5.5m^2/人。

4.3.3 本条文属于强制性条文。“道路与交通设施用地”（S）的人均指标由“城市道路用地”（S1）、“城市轨道交通用地”（S2）、“交通枢纽用地”（S3）、“交通场站用地”（S4）以及“其他交通设施用地”（S9）5 部分人均指标组成。本标准根据近年来国内 52 个城市（镇）总体规划用地资料的分析研究，参考相关交通规范综合确定人均道路与交通设施用地面积最低不应小于 12.0m^2/人，具体细分指标为：人均城市道路用地面积最低按 10m^2/人控制，人均交通枢纽用地最低按 0.2m^2/人控制，人均交通场站用地最低按 1.8m^2/人控制。

对于人口规模较大的城市（镇），由于公共交通比例较高，高等级道路比例相对较高，人均道路与交通设施用地面积指标低限应在此基础上酌情提高。

4.3.4 本条文属于强制性条文。《国家园林城市标准》规定园林城市人均公共绿地最低值在（6.0～8.0）m^2/人之间。2007年制定的《国家生态园林城市标准》提出人均公共绿地12m^2/人应该是今后城市（镇）努力要达到的一个目标。本标准确定以10m^2/人作为人均绿地与广场用地面积控制的低限，为了维护好城市（镇）良好的生态环境，并提出人均公园绿地面积控制的低限为8m^2/人。

4.3.5 本条文属于强制性条文。对居住用地、公共管理与公共服务用地、道路与交通设施用地、绿地与广场用地的单项人均城市建设用地指标提出低限标准的规定，是为了使得每个居民所必需的基本居住、公共服务、交通、绿化权利得到保障。

4.4 规划城市建设用地结构

4.4.1 “城市建设用地结构”是指城市（镇）各大类用地与建设用地的比例关系。对城市（镇）各项用地资料统计表明，“居住用地”（R）、“公共管理与公共服务设施用地”（A）、“工业用地”（M）、“道路与交通设施用地”（S）、“绿地与广场用地”（G）5大类用地占城市建设用地的比例具有一般规律性，本标准综合研究确定比例关系，对城市（镇）规划编制、管理具有指导作用，在实际工作中可参照执行。其中，规模较大城市（镇）的“道路与交通设施用地”（S）占城市建设用地的比例宜比规模较小城市（镇）高。

4.4.2 工矿城市（镇）、风景旅游城市（镇）等由于工矿业用地、景区用地比重大，其用地结构应体现出该类城市（镇）的专业职能特色。

中华人民共和国国家标准

混凝土质量控制标准

Standard for quality control of concrete

GB 50164—2011

主编部门：中华人民共和国住房和城乡建设部
批准部门：中华人民共和国住房和城乡建设部
施行日期：2 0 1 2 年 5 月 1 日

中华人民共和国住房和城乡建设部
公　告

第 969 号

关于发布国家标准《混凝土质量控制标准》的公告

现批准《混凝土质量控制标准》为国家标准，编号为GB 50164－2011，自 2012 年 5 月 1 日起实施。其中，第 6.1.2 条为强制性条文，必须严格执行。原《混凝土质量控制标准》GB 50164－92 同时废止。

本标准由我部标准定额研究所组织中国建筑工业出版社出版发行。

中华人民共和国住房和城乡建设部

2011 年 4 月 2 日

前　言

本标准是根据原建设部《关于印发〈2005 年工程建设标准规范制订、修订计划（第一批）〉的通知》（建标［2005］84 号）的要求，由中国建筑科学研究院和北京中关村开发建设股份有限公司会同有关单位，并在原《混凝土质量控制标准》GB 50164－92 的基础上修订完成的。

本标准在编制过程中，编制组经广泛调查研究，认真总结实践经验、参考有关国际标准和国外先进标准，并在广泛征求意见的基础上，最后经审查定稿。

本标准共分 7 章和 1 个附录，主要技术内容是：总则、原材料质量控制、混凝土性能要求、配合比控制、生产控制水平、生产与施工质量控制、混凝土质量检验。

本标准修订的主要技术内容是：增加氯离子含量等质量控制指标；修订了混凝土拌合物稠度等级划分；补充混凝土耐久性质量控制指标；修订了混凝土生产控制的强度标准差要求；修订了混凝土组成材料计量结果的允许偏差；修订了混凝土蒸汽养护质量控制指标；增加混凝土质量检验等内容。

本标准中以黑体字标志的条文为强制性条文，必须严格执行。

本标准由住房和城乡建设部负责管理和对强制性条文的解释，由中国建筑科学研究院负责具体技术内容的解释。执行过程中如有意见和建议，请寄送中国建筑科学研究院（地址：北京市北三环东路 30 号，邮政编码：100013）。

本标准主编单位：中国建筑科学研究院
北京中关村开发建设股份有限公司

本标准参编单位：甘肃土木工程科学研究院
西安建筑科技大学
深圳大学
中建商品混凝土有限公司
贵州中建建筑科研设计院有限公司
中国建筑第二工程局深圳分公司
建研建材有限公司
北京天恒泓混凝土有限公司
宁波金鑫商品混凝土有限公司
重庆市建筑科学研究院
黑龙江省寒地建筑科学研究院
云南建工混凝土有限公司
山东省建筑科学研究院
上海市建筑科学研究院（集团）有限公司
浙江中科仪器有限公司
北京京辉混凝土有限公司
中设建工集团有限公司
浙江国泰建设集团有限公司
中国水利水电第三工程局有限公司

杭州中豪建设工程有限公司

北京城建亚泰建设工程有限公司

本标准主要起草人员：冷发光　丁　威　韦庆东　周永祥　杜　雷　尚建丽　王卫仑　武铁明　钟安鑫　许远峰　高金枝　陆士强　孟国民　朱卫中　李章建　鲁统卫　韩建军　谢岳庆　李帼英　田冠飞　洪昌华　袁勇军　谢凯军　姬脉兴　张伟尧　吴尧庆　费　恺　何更新　纪宪坤　王　晶　赖文帧

本标准主要审查人员：石云兴　郝挺宇　罗保恒　闻德荣　蔡亚宁　朋改非　封孝信　姜福田　陶梦兰　戴会生

目　次

1　总则 …………………………………… 1—14—6
2　原材料质量控制 ……………………… 1—14—6
2.1　水泥………………………………… 1—14—6
2.2　粗骨料……………………………… 1—14—6
2.3　细骨料……………………………… 1—14—6
2.4　矿物掺合料………………………… 1—14—7
2.5　外加剂……………………………… 1—14—7
2.6　水…………………………………… 1—14—7
3　混凝土性能要求 ……………………… 1—14—7
3.1　拌合物性能………………………… 1—14—7
3.2　力学性能…………………………… 1—14—8
3.3　长期性能和耐久性能……………… 1—14—8
4　配合比控制…………………………… 1—14—9
5　生产控制水平 ………………………… 1—14—9
6　生产与施工质量控制 ……………… 1—14—10
6.1　一般规定 ………………………… 1—14—10
6.2　原材料进场 ……………………… 1—14—10
6.3　计量 ……………………………… 1—14—10
6.4　搅拌 ……………………………… 1—14—10
6.5　运输 ……………………………… 1—14—11
6.6　浇筑成型 ………………………… 1—14—11
6.7　养护 ……………………………… 1—14—12
7　混凝土质量检验……………………… 1—14—12
7.1　混凝土原材料质量检验 ………… 1—14—12
7.2　混凝土拌合物性能检验 ………… 1—14—12
7.3　硬化混凝土性能检验 …………… 1—14—13
附录 A　坍落度经时损失
　　　　试验方法 ……………………… 1—14—13
本标准用词说明 ………………………… 1—14—13
引用标准名录…………………………… 1—14—13
附：条文说明…………………………… 1—14—14

Contents

1 General Provisions ······ 1—14—6
2 Quality Control of Raw Materials ······ 1—14—6
2.1 Cement ······ 1—14—6
2.2 Coarse Aggregate ······ 1—14—6
2.3 Fine Aggregate ······ 1—14—6
2.4 Mineral Admixture ······ 1—14—7
2.5 Chemical Admixture ······ 1—14—7
2.6 Water ······ 1—14—7
3 Specification for Technical Properties of Concrete ······ 1—14—7
3.1 Mixture Properties ······ 1—14—7
3.2 Mechanical Properties ······ 1—14—8
3.3 Long-term Properties and Durable Properties ······ 1—14—8
4 Control of Mix Design ······ 1—14—9
5 Production Control Level ······ 1—14—9
6 Quality Control of Production and Construction ······ 1—14—10
6.1 General Requirements ······ 1—14—10
6.2 Approach of Raw Materials ······ 1—14—10
6.3 Metering ······ 1—14—10
6.4 Mixing ······ 1—14—10
6.5 Transportation ······ 1—14—11
6.6 Casting ······ 1—14—11
6.7 Curing ······ 1—14—12
7 Quality Inspection ······ 1—14—12
7.1 Quality Inspection of Raw Materials ······ 1—14—12
7.2 Performance Inspection of Concrete Mixture ······ 1—14—12
7.3 Performance Inspection of Hardened Concrete ······ 1—14—13
Appendix A Test Method for Slump Loss of Concrete ······ 1—14—13
Explanation of Wording in This Code ······ 1—14—13
List of Quoted Standards ······ 1—14—13
Addition: Explanation of Provisions ······ 1—14—14

1 总　　则

1.0.1 为加强混凝土质量控制，促进混凝土技术进步，确保混凝土工程质量，制定本标准。

1.0.2 本标准适用于建设工程的普通混凝土质量控制。

1.0.3 混凝土质量控制除应符合本标准的规定外，尚应符合国家现行有关标准的规定。

2 原材料质量控制

2.1 水　泥

2.1.1 水泥品种与强度等级的选用应根据设计、施工要求以及工程所处环境确定。对于一般建筑结构及预制构件的普通混凝土，宜采用通用硅酸盐水泥；高强混凝土和有抗冻要求的混凝土宜采用硅酸盐水泥或普通硅酸盐水泥；有预防混凝土碱-骨料反应要求的混凝土工程宜采用碱含量低于0.6%的水泥；大体积混凝土宜采用中、低热硅酸盐水泥或低热矿渣硅酸盐水泥。水泥应符合现行国家标准《通用硅酸盐水泥》GB 175和《中热硅酸盐水泥　低热硅酸盐水泥　低热矿渣硅酸盐水泥》GB 200的有关规定。

2.1.2 水泥质量主要控制项目应包括凝结时间、安定性、胶砂强度、氧化镁和氯离子含量，碱含量低于0.6%的水泥主要控制项目还应包括碱含量，中、低热硅酸盐水泥或低热矿渣硅酸盐水泥主要控制项目还应包括水化热。

2.1.3 水泥的应用应符合下列规定：

1 宜采用新型干法窑生产的水泥。

2 应注明水泥中的混合材品种和掺加量。

3 用于生产混凝土的水泥温度不宜高于60℃。

2.2 粗 骨 料

2.2.1 粗骨料应符合现行行业标准《普通混凝土用砂、石质量及检验方法标准》JGJ 52的规定。

2.2.2 粗骨料质量主要控制项目应包括颗粒级配、针片状颗粒含量、含泥量、泥块含量、压碎值指标和坚固性，用于高强混凝土的粗骨料主要控制项目还应包括岩石抗压强度。

2.2.3 粗骨料在应用方面应符合下列规定：

1 混凝土粗骨料宜采用连续级配。

2 对于混凝土结构，粗骨料最大公称粒径不得大于构件截面最小尺寸的1/4，且不得大于钢筋最小净间距的3/4；对混凝土实心板，骨料的最大公称粒径不宜大于板厚的1/3，且不得大于40mm；对于大体积混凝土，粗骨料最大公称粒径不宜小于31.5mm。

3 对于有抗渗、抗冻、抗腐蚀、耐磨或其他特殊要求的混凝土，粗骨料中的含泥量和泥块含量分别不应大于1.0%和0.5%；坚固性检验的质量损失不应大于8%。

4 对于高强混凝土，粗骨料的岩石抗压强度应至少比混凝土设计强度高30%；最大公称粒径不宜大于25mm，针片状颗粒含量不宜大于5%且不应大于8%；含泥量和泥块含量分别不应大于0.5%和0.2%。

5 对粗骨料或用于制作粗骨料的岩石，应进行碱活性检验，包括碱-硅酸反应活性检验和碱-碳酸盐反应活性检验；对于有预防混凝土碱-骨料反应要求的混凝土工程，不宜采用有碱活性的粗骨料。

2.3 细 骨 料

2.3.1 细骨料应符合现行行业标准《普通混凝土用砂、石质量及检验方法标准》JGJ 52的规定；混凝土用海砂应符合现行行业标准《海砂混凝土应用技术规范》JGJ 206的有关规定。

2.3.2 细骨料质量主要控制项目应包括颗粒级配、细度模数、含泥量、泥块含量、坚固性、氯离子含量和有害物质含量；海砂主要控制项目除应包括上述指标外尚应包括贝壳含量；人工砂主要控制项目除应包括上述指标外尚应包括石粉含量和压碎值指标，人工砂主要控制项目可不包括氯离子含量和有害物质含量。

2.3.3 细骨料的应用应符合下列规定：

1 泵送混凝土宜采用中砂，且300μm筛孔的颗粒通过量不宜少于15%。

2 对于有抗渗、抗冻或其他特殊要求的混凝土，砂中的含泥量和泥块含量分别不应大于3.0%和1.0%；坚固性检验的质量损失不应大于8%。

3 对于高强混凝土，砂的细度模数宜控制在2.6～3.0范围之内，含泥量和泥块含量分别不应大于2.0%和0.5%。

4 钢筋混凝土和预应力混凝土用砂的氯离子含量分别不应大于0.06%和0.02%。

5 混凝土用海砂应经过净化处理。

6 混凝土用海砂氯离子含量不应大于0.03%，贝壳含量应符合表2.3.3-1的规定。海砂不得用于预应力混凝土。

表2.3.3-1　混凝土用海砂的贝壳含量(按质量计,%)

混凝土强度等级	≥C60	C55～C40	C35～C30	C25～C15
贝壳含量	≤3	≤5	≤8	≤10

7 人工砂中的石粉含量应符合表2.3.3-2的规定。

表 2.3.3-2 人工砂中石粉含量（%）

混凝土强度等级		≥C60	C55～C30	≤C25
石粉含量	MB<1.4	≤5.0	≤7.0	≤10.0
	MB≥1.4	≤2.0	≤3.0	≤5.0

8 不宜单独采用特细砂作为细骨料配制混凝土。

9 河砂和海砂应进行碱-硅酸反应活性检验；人工砂应进行碱-硅酸反应活性检验和碱-碳酸盐反应活性检验；对于有预防混凝土碱-骨料反应要求的工程，不宜采用有碱活性的砂。

2.4 矿物掺合料

2.4.1 用于混凝土中的矿物掺合料可包括粉煤灰、粒化高炉矿渣粉、硅灰、沸石粉、钢渣粉、磷渣粉；可采用两种或两种以上的矿物掺合料按一定比例混合使用。粉煤灰应符合现行国家标准《用于水泥和混凝土中的粉煤灰》GB/T 1596 的有关规定，粒化高炉矿渣粉应符合现行国家标准《用于水泥和混凝土中的粒化高炉矿渣粉》GB/T 18046 的有关规定，钢渣粉应符合现行国家标准《用于水泥和混凝土中的钢渣粉》GB/T 20491 的有关规定，其他矿物掺合料应符合相关现行国家标准的规定并满足混凝土性能要求；矿物掺合料的放射性应符合现行国家标准《建筑材料放射性核素限量》GB 6566 的有关规定。

2.4.2 粉煤灰的主要控制项目应包括细度、需水量比、烧失量和三氧化硫含量，C 类粉煤灰的主要控制项目还应包括游离氧化钙含量和安定性；粒化高炉矿渣粉的主要控制项目应包括比表面积、活性指数和流动度比；钢渣粉的主要控制项目应包括比表面积、活性指数、流动度比、游离氧化钙含量、三氧化硫含量、氧化镁含量和安定性；磷渣粉的主要控制项目应包括细度、活性指数、流动度比、五氧化二磷含量和安定性；硅灰的主要控制项目应包括比表面积和二氧化硅含量。矿物掺合料的主要控制项目还应包括放射性。

2.4.3 矿物掺合料的应用应符合下列规定：

1 掺用矿物掺合料的混凝土，宜采用硅酸盐水泥和普通硅酸盐水泥。

2 在混凝土中掺用矿物掺合料时，矿物掺合料的种类和掺量应经试验确定。

3 矿物掺合料宜与高效减水剂同时使用。

4 对于高强混凝土或有抗渗、抗冻、抗腐蚀、耐磨等其他特殊要求的混凝土，不宜采用低于Ⅱ级的粉煤灰。

5 对于高强混凝土和有耐腐蚀要求的混凝土，当需要采用硅灰时，不宜采用二氧化硅含量小于90%的硅灰。

2.5 外加剂

2.5.1 外加剂应符合国家现行标准《混凝土外加剂》GB 8076、《混凝土防冻剂》JC 475 和《混凝土膨胀剂》GB 23439 的有关规定。

2.5.2 外加剂质量主要控制项目应包括掺外加剂混凝土性能和外加剂匀质性两方面，混凝土性能方面的主要控制项目应包括减水率、凝结时间差和抗压强度比，外加剂匀质性方面的主要控制项目应包括 pH 值、氯离子含量和碱含量；引气剂和引气减水剂主要控制项目还应包括含气量；防冻剂主要控制项目还应包括含气量和 50 次冻融强度损失率比；膨胀剂主要控制项目还应包括凝结时间、限制膨胀率和抗压强度。

2.5.3 外加剂的应用除应符合现行国家标准《混凝土外加剂应用技术规范》GB 50119 的有关规定外，尚应符合下列规定：

1 在混凝土中掺用外加剂时，外加剂应与水泥具有良好的适应性，其种类和掺量应经试验确定。

2 高强混凝土宜采用高性能减水剂；有抗冻要求的混凝土宜采用引气剂或引气减水剂；大体积混凝土宜采用缓凝剂或缓凝减水剂；混凝土冬期施工可采用防冻剂。

3 外加剂中的氯离子含量和碱含量应满足混凝土设计要求。

4 宜采用液态外加剂。

2.6 水

2.6.1 混凝土用水应符合现行行业标准《混凝土用水标准》JGJ 63 的有关规定。

2.6.2 混凝土用水主要控制项目应包括 pH 值、不溶物含量、可溶物含量、硫酸根离子含量、氯离子含量、水泥凝结时间差和水泥胶砂强度比。当混凝土骨料为碱活性时，主要控制项目还应包括碱含量。

2.6.3 混凝土用水的应用应符合下列规定：

1 未经处理的海水严禁用于钢筋混凝土和预应力混凝土。

2 当骨料具有碱活性时，混凝土用水不得采用混凝土企业生产设备洗涮水。

3 混凝土性能要求

3.1 拌合物性能

3.1.1 混凝土拌合物性能应满足设计和施工要求。混凝土拌合物性能试验方法应符合现行国家标准《普通混凝土拌合物性能试验方法标准》GB/T 50080 的有关规定；坍落度经时损失试验方法应符合本标准附录 A 的规定。

3.1.2 混凝土拌合物的稠度可采用坍落度、维勃稠度或扩展度表示。坍落度检验适用于坍落度不小于10mm的混凝土拌合物，维勃稠度检验适用于维勃稠度5s～30s的混凝土拌合物，扩展度适用于泵送高强混凝土和自密实混凝土。坍落度、维勃稠度和扩展度的等级划分及其稠度允许偏差应分别符合表3.1.2-1、表3.1.2-2、表3.1.2-3和表3.1.2-4的规定。

表3.1.2-1 混凝土拌合物的坍落度等级划分

等 级	坍落度（mm）
S1	10～40
S2	50～90
S3	100～150
S4	160～210
S5	≥220

表3.1.2-2 混凝土拌合物的维勃稠度等级划分

等 级	维勃稠度（s）
V0	≥31
V1	30～21
V2	20～11
V3	10～6
V4	5～3

表3.1.2-3 混凝土拌合物的扩展度等级划分

等级	扩展度（mm）	等级	扩展度（mm）
F1	≤340	F4	490～550
F2	350～410	F5	560～620
F3	420～480	F6	≥630

表3.1.2-4 混凝土拌合物稠度允许偏差

拌合物性能		允许偏差		
坍落度（mm）	设计值	≤40	50～90	≥100
	允许偏差	±10	±20	±30
维勃稠度（s）	设计值	≥11	10～6	≤5
	允许偏差	±3	±2	±1
扩展度（mm）	设计值	≥350		
	允许偏差	±30		

3.1.3 混凝土拌合物应在满足施工要求的前提下，尽可能采用较小的坍落度；泵送混凝土拌合物坍落度设计值不宜大于180mm。

3.1.4 泵送高强混凝土的扩展度不宜小于500mm；自密实混凝土的扩展度不宜小于600mm。

3.1.5 混凝土拌合物的坍落度经时损失不应影响混凝土的正常施工。泵送混凝土拌合物的坍落度经时损失不宜大于30mm/h。

3.1.6 混凝土拌合物应具有良好的和易性，并不得离析或泌水。

3.1.7 混凝土拌合物的凝结时间应满足施工要求和混凝土性能要求。

3.1.8 混凝土拌合物中水溶性氯离子最大含量应符合表3.1.8的要求。混凝土拌合物中水溶性氯离子含量应按照现行行业标准《水运工程混凝土试验规程》JTJ 270中混凝土拌合物中氯离子含量的快速测定方法或其他准确度更好的方法进行测定。

表3.1.8 混凝土拌合物中水溶性氯离子最大含量
（水泥用量的质量百分比，%）

环境条件	水溶性氯离子最大含量		
	钢筋混凝土	预应力混凝土	素混凝土
干燥环境	0.30	0.06	1.00
潮湿但不含氯离子的环境	0.20		
潮湿且含有氯离子的环境、盐渍土环境	0.10		
除冰盐等侵蚀性物质的腐蚀环境	0.06		

3.1.9 掺用引气剂或引气型外加剂混凝土拌合物的含气量宜符合表3.1.9的规定。

表3.1.9 混凝土含气量

粗骨料最大公称粒径（mm）	混凝土含气量（%）
20	≤5.5
25	≤5.0
40	≤4.5

3.2 力学性能

3.2.1 混凝土的力学性能应满足设计和施工的要求。混凝土力学性能试验方法应符合现行国家标准《普通混凝土力学性能试验方法标准》GB/T 50081的有关规定。

3.2.2 混凝土强度等级应按立方体抗压强度标准值（MPa）划分为C10、C15、C20、C25、C30、C35、C40、C45、C50、C55、C60、C65、C70、C75、C80、C85、C90、C95和C100。

3.2.3 混凝土抗压强度应按现行国家标准《混凝土强度检验评定标准》GB/T 50107的有关规定进行检验评定，并应合格。

3.3 长期性能和耐久性能

3.3.1 混凝土的长期性能和耐久性能应满足设计要求。试验方法应符合现行国家标准《普通混凝土长期性能和耐久性能试验方法标准》GB/T 50082 的有关规定。

3.3.2 混凝土的抗冻性能、抗水渗透性能和抗硫酸盐侵蚀性能的等级划分应符合表 3.3.2 的规定。

表 3.3.2 混凝土抗冻性能、抗水渗透性能和抗硫酸盐侵蚀性能的等级划分

抗冻等级（快冻法）		抗冻标号（慢冻法）	抗渗等级	抗硫酸盐等级
F50	F250	D50	P4	KS30
F100	F300	D100	P6	KS60
F150	F350	D150	P8	KS90
F200	F400	D200	P10	KS120
＞F400		＞D200	P12	KS150
			＞P12	＞KS150

3.3.3 混凝土抗氯离子渗透性能的等级划分应符合下列规定：

1 当采用氯离子迁移系数（RCM 法）划分混凝土抗氯离子渗透性能等级时，应符合表 3.3.3-1 的规定，且混凝土龄期应为 84d。

表 3.3.3-1 混凝土抗氯离子渗透性能的等级划分（RCM 法）

等级	RCM-Ⅰ	RCM-Ⅱ	RCM-Ⅲ	RCM-Ⅳ	RCM-Ⅴ
氯离子迁移系数 D_{RCM}（RCM 法）（$\times10^{-12}m^2/s$）	$D_{RCM}\geqslant4.5$	$3.5\leqslant D_{RCM}<4.5$	$2.5\leqslant D_{RCM}<3.5$	$1.5\leqslant D_{RCM}<2.5$	$D_{RCM}<1.5$

2 当采用电通量划分混凝土抗氯离子渗透性能等级时，应符合表 3.3.3-2 的规定，且混凝土龄期宜为 28d。当混凝土中水泥混合材与矿物掺合料之和超过胶凝材料用量的 50%时，测试龄期可为 56d。

表 3.3.3-2 混凝土抗氯离子渗透性能的等级划分（电通量法）

等级	Q-Ⅰ	Q-Ⅱ	Q-Ⅲ	Q-Ⅳ	Q-Ⅴ
电通量 Q_S（C）	$Q_S\geqslant4000$	$2000\leqslant Q_S<4000$	$1000\leqslant Q_S<2000$	$500\leqslant Q_S<1000$	$Q_S<500$

3.3.4 混凝土抗碳化性能等级划分应符合表 3.3.4 的规定。

表 3.3.4 混凝土抗碳化性能的等级划分

等级	T-Ⅰ	T-Ⅱ	T-Ⅲ	T-Ⅳ	T-Ⅴ
碳化深度 d（mm）	$d\geqslant30$	$20\leqslant d<30$	$10\leqslant d<20$	$0.1\leqslant d<10$	$d<0.1$

3.3.5 混凝土早期抗裂性能等级划分应符合表 3.3.5 的规定。

表 3.3.5 混凝土早期抗裂性能的等级划分

等级	L-Ⅰ	L-Ⅱ	L-Ⅲ	L-Ⅳ	L-Ⅴ
单位面积上的总开裂面积 C（mm^2/m^2）	$C\geqslant1000$	$700\leqslant C<1000$	$400\leqslant C<700$	$100\leqslant C<400$	$C<100$

3.3.6 混凝土耐久性能应按现行行业标准《混凝土耐久性检验评定标准》JGJ/T 193 的有关规定进行检验评定，并应合格。

4 配合比控制

4.0.1 混凝土配合比设计应符合现行行业标准《普通混凝土配合比设计规程》JGJ 55 的有关规定。

4.0.2 混凝土配合比应满足混凝土施工性能要求，强度以及其他力学性能和耐久性能应符合设计要求。

4.0.3 对首次使用、使用间隔时间超过三个月的配合比应进行开盘鉴定，开盘鉴定应符合下列规定：

1 生产使用的原材料应与配合比设计一致。

2 混凝土拌合物性能应满足施工要求。

3 混凝土强度评定应符合设计要求。

4 混凝土耐久性能应符合设计要求。

4.0.4 在混凝土配合比使用过程中，应根据混凝土质量的动态信息及时调整。

5 生产控制水平

5.0.1 混凝土工程宜采用预拌混凝土。

5.0.2 混凝土生产控制水平可按强度标准差（σ）和实测强度达到强度标准值组数的百分率（P）表征。

5.0.3 混凝土强度标准差（σ）应按式（5.0.3）计算，并宜符合表 5.0.3 的规定。

$$\sigma=\sqrt{\frac{\sum_{i=1}^{n}f_{cu,i}^{2}-nm_{fcu}^{2}}{n-1}} \tag{5.0.3}$$

式中：σ——混凝土强度标准差，精确到 0.1MPa；

$f_{cu,i}$——统计周期内第 i 组混凝土立方体试件的抗压强度值，精确到 0.1MPa；

m_{fcu}——统计周期内 n 组混凝土立方体试件的抗压强度的平均值，精确到 0.1MPa；

n——统计周期内相同强度等级混凝土的试件组数，n 值不应小于 30。

表 5.0.3 混凝土强度标准差（MPa）

生产场所	强度标准差 σ		
	＜C20	C20～C40	≥C45
预拌混凝土搅拌站 预制混凝土构件厂	≤3.0	≤3.5	≤4.0
施工现场搅拌站	≤3.5	≤4.0	≤4.5

5.0.4 实测强度达到强度标准值组数的百分率（P）应按公式 5.0.4 计算，且 P 不应小于 95%。

$$P=\frac{n_0}{n}\times 100\% \tag{5.0.4}$$

式中：P——统计周期内实测强度达到强度标准值组数的百分率，精确到 0.1%；

n_0——统计周期内相同强度等级混凝土达到强度标准值的试件组数。

5.0.5 预拌混凝土搅拌站和预制混凝土构件厂的统计周期可取一个月；施工现场搅拌站的统计周期可根据实际情况确定，但不宜超过三个月。

6 生产与施工质量控制

6.1 一 般 规 定

6.1.1 混凝土生产施工之前，应制订完整的技术方案，并应做好各项准备工作。

6.1.2 混凝土拌合物在运输和浇筑成型过程中严禁加水。

6.2 原材料进场

6.2.1 混凝土原材料进场时，供方应按规定批次向需方提供质量证明文件。质量证明文件应包括型式检验报告、出厂检验报告与合格证等，外加剂产品还应提供使用说明书。

6.2.2 原材料进场后，应按本标准第 7.1 节的规定进行进场检验。

6.2.3 水泥应按不同厂家、不同品种和强度等级分批存储，并应采取防潮措施；出现结块的水泥不得用于混凝土工程；水泥出厂超过 3 个月（硫铝酸盐水泥超过 45d），应进行复检，合格者方可使用。

6.2.4 粗、细骨料堆场应有遮雨设施，并应符合有关环境保护的规定；粗、细骨料应按不同品种、规格分别堆放，不得混入杂物。

6.2.5 矿物掺合料存储时，应有明显标记，不同矿物掺合料以及水泥不得混杂堆放，应防潮防雨，并应符合有关环境保护的规定；矿物掺合料存储期超过 3 个月时，应进行复检，合格者方可使用。

6.2.6 外加剂的送检样品应与工程大批量进货一致，并应按不同的供货单位、品种和牌号进行标识，单独存放；粉状外加剂应防止受潮结块，如有结块，应进行检验，合格者应经粉碎至全部通过 600μm 筛孔后方可使用；液态外加剂应储存在密闭容器内，并应防晒和防冻，如有沉淀等异常现象，应经检验合格后方可使用。

6.3 计 量

6.3.1 原材料计量宜采用电子计量设备。计量设备的精度应符合现行国家标准《混凝土搅拌站（楼）》GB/T 10171 的有关规定，应具有法定计量部门签发的有效检定证书，并应定期校验。混凝土生产单位每月应自检 1 次；每一工作班开始前，应对计量设备进行零点校准。

6.3.2 每盘混凝土原材料计量的允许偏差应符合表 6.3.2 的规定，原材料计量偏差应每班检查 1 次。

表 6.3.2 各种原材料计量的允许偏差（按质量计，%）

原材料种类	计量允许偏差	原材料种类	计量允许偏差
胶凝材料	±2	拌合用水	±1
粗、细骨料	±3	外加剂	±1

6.3.3 对于原材料计量，应根据粗、细骨料含水率的变化，及时调整粗、细骨料和拌合用水的称量。

6.4 搅 拌

6.4.1 混凝土搅拌机应符合现行国家标准《混凝土搅拌机》GB/T 9142 的有关规定。混凝土搅拌宜采用强制式搅拌机。

6.4.2 原材料投料方式应满足混凝土搅拌技术要求和混凝土拌合物质量要求。

6.4.3 混凝土搅拌的最短时间可按表 6.4.3 采用；当搅拌高强混凝土时，搅拌时间应适当延长；采用自落式搅拌机时，搅拌时间宜延长 30s。对于双卧轴强制式搅拌机，可在保证搅拌均匀的情况下适当缩短搅拌时间。混凝土搅拌时间应每班检查 2 次。

表 6.4.3 混凝土搅拌的最短时间（s）

混凝土坍落度（mm）	搅拌机机型	搅拌机出料量（L）		
		＜250	250～500	＞500
≤40	强制式	60	90	120
＞40 且＜100	强制式	60	60	90
≥100	强制式	60		

注：混凝土搅拌的最短时间系指全部材料装入搅拌筒中起，到开始卸料止的时间。

6.4.4 同一盘混凝土的搅拌匀质性应符合下列规定：

1 混凝土中砂浆密度两次测值的相对误差不应大于 0.8%。

2　混凝土稠度两次测值的差值不应大于表3.1.2-4规定的混凝土拌合物稠度允许偏差的绝对值。

6.4.5　冬期施工搅拌混凝土时，宜优先采用加热水的方法提高拌合物温度，也可同时采用加热骨料的方法提高拌合物温度。当拌合用水和骨料加热时，拌合用水和骨料的加热温度不应超过表6.4.5的规定；当骨料不加热时，拌合用水可加热到60℃以上。应先投入骨料和热水进行搅拌，然后再投入胶凝材料等共同搅拌。

表6.4.5　拌合用水和骨料的最高加热温度（℃）

采用的水泥品种	拌合用水	骨料
硅酸盐水泥和普通硅酸盐水泥	60	40

6.5　运　输

6.5.1　在运输过程中，应控制混凝土不离析、不分层，并应控制混凝土拌合物性能满足施工要求。

6.5.2　当采用机动翻斗车运输混凝土时，道路应平整。

6.5.3　当采用搅拌罐车运送混凝土拌合物时，搅拌罐在冬期应有保温措施。

6.5.4　当采用搅拌罐车运送混凝土拌合物时，卸料前应采用快档旋转搅拌罐不少于20s。因运距过远、交通或现场等问题造成坍落度损失较大而卸料困难时，可采用在混凝土拌合物中掺入适量减水剂并快档旋转搅拌罐的措施，减水剂掺量应有经试验确定的预案。

6.5.5　当采用泵送混凝土时，混凝土运输应保证混凝土连续泵送，并应符合现行行业标准《混凝土泵送施工技术规程》JGJ/T 10的有关规定。

6.5.6　混凝土拌合物从搅拌机卸出至施工现场接收的时间间隔不宜大于90min。

6.6　浇筑成型

6.6.1　浇筑混凝土前，应检查并控制模板、钢筋、保护层和预埋件等的尺寸、规格、数量和位置，其偏差值应符合现行国家标准《混凝土结构工程施工质量验收规范》GB 50204的有关规定，并应检查模板支撑的稳定性以及接缝的密合情况，应保证模板在混凝土浇筑过程中不失稳、不跑模和不漏浆。

6.6.2　浇筑混凝土前，应清除模板内以及垫层上的杂物；表面干燥的地基土、垫层、木模板应浇水湿润。

6.6.3　当夏季天气炎热时，混凝土拌合物入模温度不应高于35℃，宜选择晚间或夜间浇筑混凝土；现场温度高于35℃时，宜对金属模板进行浇水降温，但不得留有积水，并宜采取遮挡措施避免阳光照射金属模板。

6.6.4　当冬期施工时，混凝土拌合物入模温度不应低于5℃，并应有保温措施。

6.6.5　在浇筑过程中，应有效控制混凝土的均匀性、密实性和整体性。

6.6.6　泵送混凝土输送管道的最小内径宜符合表6.6.6的规定；混凝土输送泵的泵压应与混凝土拌合物特性和泵送高度相匹配；泵送混凝土的输送管道应支撑稳定，不漏浆，冬期应有保温措施，夏季施工现场最高气温超过40℃时，应有隔热措施。

表6.6.6　泵送混凝土输送管道的最小内径（mm）

粗骨料最大公称粒径	输送管道最小内径
25	125
40	150

6.6.7　不同配合比或不同强度等级泵送混凝土在同一时间段交替浇筑时，输送管道中的混凝土不得混入其他不同配合比或不同强度等级混凝土。

6.6.8　当混凝土自由倾落高度大于3.0m时，宜采用串筒、溜管或振动溜管等辅助设备。

6.6.9　浇筑竖向尺寸较大的结构物时，应分层浇筑，每层浇筑厚度宜控制在300mm～350mm；大体积混凝土宜采用分层浇筑方法，可利用自然流淌形成斜坡沿高度均匀上升，分层厚度不应大于500mm；对于清水混凝土浇筑，可多安排振捣棒，应边浇筑混凝土边振捣，宜连续成型。

6.6.10　自密实混凝土浇筑布料点应结合拌合物特性选择适宜的间距，必要时可以通过试验确定混凝土布料点下料间距。

6.6.11　应根据混凝土拌合物特性及混凝土结构、构件或制品的制作方式选择适当的振捣方式和振捣时间。

6.6.12　混凝土振捣宜采用机械振捣。当施工无特殊振捣要求时，可采用振捣棒进行捣实，插入间距不应大于振捣棒振动作用半径的一倍，连续多层浇筑时，振捣棒应插入下层拌合物约50mm进行振捣；当浇筑厚度不大于200mm的表面积较大的平面结构或构件时，宜采用表面振动成型；当采用干硬性混凝土拌合物浇筑成型混凝土制品时，宜采用振动台或表面加压振动成型。

6.6.13　振捣时间宜按拌合物稠度和振捣部位等不同情况，控制在10s～30s内，当混凝土拌合物表面出现泛浆，基本无气泡逸出，可视为捣实。

6.6.14　混凝土拌合物从搅拌机卸出后到浇筑完毕的

延续时间不宜超过表 6.6.14 的规定。

表 6.6.14 混凝土拌合物从搅拌机卸出后到浇筑完毕的延续时间（min）

混凝土生产地点	气温	
	≤25℃	>25℃
预拌混凝土搅拌站	150	120
施工现场	120	90
混凝土制品厂	90	60

6.6.15 在混凝土浇筑同时，应制作供结构或构件出池、拆模、吊装、张拉、放张和强度合格评定用的同条件养护试件，并应按设计要求制作抗冻、抗渗或其他性能试验用的试件。

6.6.16 在混凝土浇筑及静置过程中，应在混凝土终凝前对浇筑面进行抹面处理。

6.6.17 混凝土构件成型后，在强度达到 1.2MPa 以前，不得在构件上面踩踏行走。

6.7 养 护

6.7.1 生产和施工单位应根据结构、构件或制品情况、环境条件、原材料情况以及对混凝土性能的要求等，提出施工养护方案或生产养护制度，并应严格执行。

6.7.2 混凝土施工可采用浇水、覆盖保湿、喷涂养护剂、冬季蓄热养护等方法进行养护；混凝土构件或制品厂生产可采用蒸汽养护、湿热养护或潮湿自然养护等方法进行养护。选择的养护方法应满足施工养护方案或生产养护制度的要求。

6.7.3 采用塑料薄膜覆盖养护时，混凝土全部表面应覆盖严密，并应保持膜内有凝结水；采用养护剂养护时，应通过试验检验养护剂的保湿效果。

6.7.4 对于混凝土浇筑面，尤其是平面结构，宜边浇筑成型边采用塑料薄膜覆盖保湿。

6.7.5 混凝土施工养护时间应符合下列规定：

1 对于采用硅酸盐水泥、普通硅酸盐水泥或矿渣硅酸盐水泥配制的混凝土，采用浇水和潮湿覆盖的养护时间不得少于 7d。

2 对于采用粉煤灰硅酸盐水泥、火山灰质硅酸盐水泥、复合硅酸盐水泥配制的混凝土，或掺加缓凝剂的混凝土以及大掺量矿物掺合料混凝土，采用浇水和潮湿覆盖的养护时间不得少于 14d。

3 对于竖向混凝土结构，养护时间宜适当延长。

6.7.6 混凝土构件或制品厂的混凝土养护应符合下列规定：

1 采用蒸汽养护或湿热养护时，养护时间和养护制度应满足混凝土及其制品性能的要求。

2 采用蒸汽养护时，应分为静停、升温、恒温和降温四个养护阶段。混凝土成型后的静停时间不宜少于 2h，升温速度不宜超过 25℃/h，降温速度不宜超过 20℃/h，最高和恒温温度不宜超过 65℃；混凝土构件或制品在出池或撤除养护措施前，应进行温度测量，当表面与外界温差不大于 20℃时，构件方可出池或撤除养护措施。

3 采用潮湿自然养护时，应符合本节第 6.7.2 条～第 6.7.5 条的规定。

6.7.7 对于大体积混凝土，养护过程应进行温度控制，混凝土内部和表面的温差不宜超过 25℃，表面与外界温差不宜大于 20℃。

6.7.8 对于冬期施工的混凝土，养护应符合下列规定：

1 日均气温低于 5℃时，不得采用浇水自然养护方法。

2 混凝土受冻前的强度不得低于 5MPa。

3 模板和保温层应在混凝土冷却到 5℃方可拆除，或在混凝土表面温度与外界温度相差不大于 20℃时拆模，拆模后的混凝土亦应及时覆盖，使其缓慢冷却。

4 混凝土强度达到设计强度等级的 50%时，方可撤除养护措施。

7 混凝土质量检验

7.1 混凝土原材料质量检验

7.1.1 原材料进场时，应按规定批次验收型式检验报告、出厂检验报告或合格证等质量证明文件，外加剂产品还应具有使用说明书。

7.1.2 混凝土原材料进场时应进行检验，检验样品应随机抽取。

7.1.3 混凝土原材料的检验批量应符合下列规定：

1 散装水泥应按每 500t 为一个检验批；袋装水泥应按每 200t 为一个检验批；粉煤灰或粒化高炉矿渣粉等矿物掺合料应按每 200t 为一个检验批；硅灰应按每 30t 为一个检验批；砂、石骨料应按每 400m³ 或 600t 为一个检验批；外加剂应按每 50t 为一个检验批；水应按同一水源不少于一个检验批。

2 当符合下列条件之一时，可将检验批量扩大一倍。

1）对经产品认证机构认证符合要求的产品。

2）来源稳定且连续三次检验合格。

3）同一厂家的同批出厂材料，用于同时施工且属于同一工程项目的多个单位工程。

3 不同批次或非连续供应的不足一个检验批量的混凝土原材料应作为一个检验批。

7.1.4 原材料的质量应符合本标准第 2 章的规定。

7.2 混凝土拌合物性能检验

7.2.1 在生产施工过程中，应在搅拌地点和浇筑地点分别对混凝土拌合物进行抽样检验。

7.2.2 混凝土拌合物的检验频率应符合下列规定：

1 混凝土坍落度取样检验频率应符合现行国家标准《混凝土强度检验评定标准》GB/T 50107 的有关规定。

2 同一工程、同一配合比、采用同一批次水泥和外加剂的混凝土的凝结时间应至少检验 1 次。

3 同一工程、同一配合比的混凝土的氯离子含量应至少检验 1 次；同一工程、同一配合比和采用同一批次海砂的混凝土的氯离子含量应至少检验 1 次。

7.2.3 混凝土拌合物性能应符合本标准第 3.1 节的规定。

7.3 硬化混凝土性能检验

7.3.1 硬化混凝土性能检验应符合下列规定：

1 强度检验评定应符合现行国家标准《混凝土强度检验评定标准》GB/T 50107 的有关规定，其他力学性能检验应符合设计要求和有关标准的规定。

2 耐久性能检验评定应符合现行行业标准《混凝土耐久性检验评定标准》JGJ/T 193 的有关规定。

3 长期性能检验规则可按现行行业标准《混凝土耐久性检验评定标准》JGJ/T 193 中耐久性检验的有关规定执行。

7.3.2 混凝土力学性能应符合本标准第 3.2 节的规定；长期性能和耐久性能应符合本标准第 3.3 节的规定。

附录 A 坍落度经时损失试验方法

A.0.1 本方法适用于混凝土坍落度经时损失的测定。

A.0.2 取样与试样的制备应符合现行国家标准《普通混凝土拌合物性能试验方法标准》GB/T 50080 的有关规定。

A.0.3 检测混凝土拌合物卸出搅拌机时的坍落度应按现行国家标准《普通混凝土拌合物性能试验方法标准》GB/T 50080 的有关规定执行，应在坍落度试验后立即将混凝土拌合物装入不吸水的容器内密闭搁置 1h，然后，应再将混凝土拌合物倒入搅拌机内搅拌 20s，卸出搅拌机后应再次测试混凝土拌合物的坍落度。

A.0.4 前后两次坍落度之差即为坍落度经时损失，计算应精确到 5mm。

本标准用词说明

1 为便于在执行本标准条文时区别对待，对要求严格程度不同的用词说明如下：

1）表示很严格，非这样做不可的：
正面词采用“必须”，反面词采用“严禁”；

2）表示严格，在正常情况下均应这样做的：
正面词采用“应”，反面词采用“不应”或“不得”；

3）表示允许稍有选择，在条件许可时，首先应这样做的：
正面词采用“宜”，反面词采用“不宜”；

4）表示有选择，在一定条件下可以这样做的，采用“可”。

2 条文中指明应按其他有关标准执行的写法为：“应符合……的规定”或“应按……执行”。

引用标准名录

1 《普通混凝土拌合物性能试验方法标准》GB/T 50080

2 《普通混凝土力学性能试验方法标准》GB/T 50081

3 《普通混凝土长期性能和耐久性能试验方法标准》GB/T 50082

4 《混凝土强度检验评定标准》GB/T 50107

5 《混凝土外加剂应用技术规范》GB 50119

6 《混凝土结构工程施工质量验收规范》GB 50204

7 《通用硅酸盐水泥》GB 175

8 《中热硅酸盐水泥　低热硅酸盐水泥　低热矿渣硅酸盐水泥》GB 200

9 《用于水泥和混凝土中的粉煤灰》GB/T 1596

10 《建筑材料放射性核素限量》GB 6566

11 《混凝土外加剂》GB 8076

12 《混凝土搅拌机》GB/T 9142

13 《混凝土搅拌站(楼)》GB/T 10171

14 《用于水泥和混凝土中的粒化高炉矿渣粉》GB/T 18046

15 《用于水泥和混凝土中的钢渣粉》GB/T 20491

16 《混凝土膨胀剂》GB 23439

17 《混凝土泵送施工技术规程》JGJ/T 10

18 《普通混凝土用砂、石质量及检验方法标准》JGJ 52

19 《普通混凝土配合比设计规程》JGJ 55

20 《混凝土用水标准》JGJ 63

21 《混凝土耐久性检验评定标准》JGJ/T 193

22 《海砂混凝土应用技术规范》JGJ 206

23 《水运工程混凝土试验规程》JTJ 270

24 《混凝土防冻剂》JC 475

中华人民共和国国家标准

混凝土质量控制标准

GB 50164—2011

条 文 说 明

修 订 说 明

《混凝土质量控制标准》GB 50164－2011，经住房和城乡建设部2011年4月2日以第969号公告批准发布。

本标准是在原《混凝土质量控制标准》GB 50164－92的基础上修订而成。上一版的主编单位为中国建筑科学研究院，参加单位有：西安冶金建筑学院、北京市第一建筑构件厂、上海市建工材料公司、中建三局深圳工程地盘管理公司、上海市建筑构件研究所、中国科学院系统科学研究所。主要起草人有：韩素芳、耿维恕、钟炯垣、曹天霞、胡企才、彭冠群、许鹤力、吴传义。

本标准修订的主要技术内容是：增加氯离子含量等质量控制指标；修订了混凝土拌合物稠度等级划分；补充混凝土耐久性质量控制指标；修订了混凝土生产控制的强度标准差要求；修订了混凝土组成材料计量结果的允许偏差；修订了混凝土蒸汽养护质量控制指标；增加混凝土质量检验等内容。

本标准修订过程中，编制组进行了广泛而深入的调查研究，总结了我国工程建设中混凝土质量控制的实践经验，同时参考了国外先进技术标准，通过试验取得了混凝土质量控制的重要技术参数。

为便于广大设计、生产、施工、科研、学校等单位有关人员在使用本标准时能正确理解和执行条文规定，《混凝土质量控制标准》编制组按章、节、条顺序编制了本标准的条文说明，供使用者参考。但是，本条文说明不具备与标准正文同等的法律效力，仅供使用者作为理解和把握标准规定的参考。

目　次

1　总则 ………………………… 1—14—17
2　原材料质量控制 ………………… 1—14—17
2.1　水泥 …………………………… 1—14—17
2.2　粗骨料 ………………………… 1—14—17
2.3　细骨料 ………………………… 1—14—17
2.4　矿物掺合料 …………………… 1—14—18
2.5　外加剂 ………………………… 1—14—18
2.6　水 ……………………………… 1—14—18
3　混凝土性能要求 ………………… 1—14—18
3.1　拌合物性能 …………………… 1—14—18
3.2　力学性能 ……………………… 1—14—18
3.3　长期性能和耐久性能 ………… 1—14—19
4　配合比控制 ……………………… 1—14—19
5　生产控制水平 …………………… 1—14—20
6　生产与施工质量控制 …………… 1—14—20
6.1　一般规定 ……………………… 1—14—20
6.2　原材料进场 …………………… 1—14—20
6.3　计量 …………………………… 1—14—20
6.4　搅拌 …………………………… 1—14—20
6.5　运输 …………………………… 1—14—21
6.6　浇筑成型 ……………………… 1—14—21
6.7　养护 …………………………… 1—14—21
7　混凝土质量检验 ………………… 1—14—22
7.1　混凝土原材料质量检验 ……… 1—14—22
7.2　混凝土拌合物性能检验 ……… 1—14—22
7.3　硬化混凝土性能检验 ………… 1—14—22
附录A　坍落度经时损失试验方法 ……… 1—14—22

1 总 则

1.0.1 混凝土质量控制是工程建设的重要环节，体现着混凝土工程的整体技术水平，对于保证混凝土工程质量和促进混凝土技术进步具有重要意义。

1.0.2 混凝土质量控制包括对现浇混凝土和预制混凝土的质量控制，除一些特殊专业工程外，建设行业一般混凝土工程都适用。

1.0.3 与本标准有关的、难以详尽的技术要求，应符合国家现行标准的有关规定。

2 原材料质量控制

2.1 水 泥

2.1.1 在混凝土工程中，根据设计、施工要求以及工程所处环境合理选用水泥是十分重要的。硅酸盐水泥或普通硅酸盐水泥胶砂强度较高并掺加混合材较少，适合配制高强度混凝土，可掺用较多的矿物掺合料来改善高强混凝土的施工性能；由于掺加混合材较少，有利于配制抗冻混凝土。有预防混凝土碱-骨料反应要求的混凝土工程，采用碱含量不大于0.6%的低碱水泥是基本要求。采用低水化热的水泥，有利于限制大体积混凝土由温度应力引起的裂缝。

2.1.2 水泥质量主要控制项目为混凝土工程全过程中质量检验的主要项目。细度为选择性指标，没有列入主要控制项目，但水泥出厂检验报告中有细度检验内容；三氧化硫、烧失量和不溶物等化学项目可在选择水泥时检验，工程质量控制可以出厂检验为依据。

2.1.3 新型干法窑生产的水泥的质量稳定性较好；现行国家标准《通用硅酸盐水泥》GB 175已经规定检验报告内容应包括混合材品种和掺加量，落实这一规定对混凝土质量控制很重要；当前建设工程对水泥的需求量很大，存在水泥出厂运到工程现场时温度过高的情况，水泥温度过高时拌制混凝土对混凝土性能不利，应予以控制。

2.2 粗 骨 料

2.2.1 现行行业标准《普通混凝土用砂、石质量及检验方法标准》JGJ 52的内容不仅包括骨料一般质量及检验方法，还包括了不同混凝土强度等级和耐久性条件下对骨料的要求。

2.2.2 粗骨料中有害物质含量没有列入主要控制项目，实际工程中一般在选择料场时根据情况需要才进行检验。

2.2.3 连续级配粗骨料堆积相对紧密，空隙率比较小，有利于节约其他原材料，而其他原材料一般比粗骨料价格高，也有利于改善混凝土性能。混凝土中粗骨料最大公称粒径应考虑到结构或构件的截面尺寸以及钢筋间距，粗骨料最大公称粒径太大不利于混凝土浇筑成型；对于大体积混凝土，粗骨料最大公称粒径太小则限制混凝土变形作用较小。对于有抗渗、抗冻、抗腐蚀、耐磨或其他特殊要求的混凝土，坚固性检验是保证粗骨料性能稳定的重要方法。高强混凝土对粗骨料要求较高，如果粗骨料粒径太大或（和）针片状颗粒含量较多，不利于混凝土中骨料合理堆积和应力合理分布，直接影响混凝土强度；骨料含泥（包括泥块）较多将明显影响高强混凝土强度；工程实践表明，用于高强混凝土的岩石的抗压强度比混凝土设计强度高30%是可行的。对于有预防混凝土碱-骨料反应要求的混凝土工程，避免采用有碱活性的粗骨料是首选方案。

2.3 细 骨 料

2.3.1 当采用海砂作为混凝土细骨料时，质量控制应执行现行行业标准《海砂混凝土应用技术规范》JGJ 206的规定，该规范规定了用于混凝土的海砂的质量标准。除此之外，一般细骨料应执行现行行业标准《普通混凝土用砂、石质量及检验方法标准》JGJ 52的规定。

2.3.2 我国长期持续大规模建设，河砂资源日益枯竭，人工砂取代河砂用作混凝土细骨料是大势所趋。我国人工砂质量问题主要是石粉含量高、颗粒级配差和细度模数偏大，采用高水平的制砂设备可以解决这些问题，虽然设备投入大，但可以节约大量胶凝材料并提高混凝土性能，总体核算，十分经济。人工砂与碎石往往处于同一石料场，通常在选择料场时根据情况需要才检验氯离子含量和有害物质含量。

2.3.3 对于混凝土，尤其是对于有特殊性能要求的混凝土，如有抗渗、抗冻要求的混凝土和高强混凝土等，含泥（包括泥块）较多都对混凝土性能有不利的影响。

当采用海砂作为混凝土细骨料时，首要是须采用专用设备对海砂进行淡水淘洗并使之符合现行行业标准《海砂混凝土应用技术规范》JGJ 206的要求。海砂的氯离子含量控制比河砂严格得多，河砂指标为0.06%。现行行业标准《海砂混凝土应用技术规范》JGJ 206对贝壳含量的控制指标（见本标准表2.3.3-1）比现行行业标准《普通混凝土用砂、石质量及检验方法标准》JGJ 52略宽，是经多年试验进行修正的。

对于人工砂中的石粉含量，根据我国人工砂生产现状和混凝土质量控制要求，本标准表2.3.3-2中的控制指标是比较合理的，既比较适合混凝土性能的要求，又可促进人工砂生产水平的提高，因为目前我国许多地区人工砂的石粉含量大于10%，质量水平较差。*MB*为人工砂中亚甲蓝测定值，测试方法应符合现行行业标准《普通混凝土用砂、石质量及检验方法标准》JGJ 52的规定。

我国部分地区有特细砂资源，如重庆地区的特细河砂和云南的特细山砂等，目前特细砂与人工砂混合使用效果较好，但如果单独采用作为细骨料配制结构混凝土，混凝土收缩趋势较大，工程质量控制难度较大。

对于有预防混凝土碱-骨料反应要求的混凝土工程，避免采用有碱活性的细骨料是首选方案。

2.4 矿物掺合料

2.4.1 粉煤灰、粒化高炉矿渣粉、硅灰、钢渣粉、磷渣粉等矿物掺合料为活性粉体材料，掺入混凝土中能改善混凝土性能和降低成本，这些矿物掺合料列入国家标准或行业标准，在本条列出的标准中包括了对这些矿物掺合料的质量规定。

2.4.2 列入的矿物掺合料的主要控制项目是在混凝土工程中质量检验的主要项目，目前在实际工程中实行情况逐步规范。其他项目可在选择矿物掺合料时检验，工程质量控制可以出厂检验为依据。

2.4.3 硅酸盐水泥和普通硅酸盐水泥中混合材掺量相对较少，有利于掺加矿物掺合料，其他通用硅酸盐水泥中混合材掺量较多，再掺加矿物掺合料易于过量。矿物掺合料品种多，质量差异比较大，掺量范围较宽，用于混凝土时只有经过试验验证，才能实施混凝土质量的控制。采用适宜质量等级的矿物掺合料，有利于控制对性能有特殊要求的混凝土质量。

2.5 外 加 剂

2.5.1 国家现行标准《混凝土外加剂》GB 8076、《混凝土防冻剂》JC 475和《混凝土膨胀剂》GB 23439是我国关于外加剂产品的几本主要标准。

2.5.2 列入的外加剂的主要控制项目是在混凝土工程中质量检验的主要项目，其他项目可在选择外加剂时检验，工程质量控制可以出厂检验为依据。

2.5.3 现行国家标准《混凝土外加剂应用技术规范》GB 50119规定了不同剂种外加剂的应用技术要求。外加剂品种多，质量差异比较大，掺量范围较宽，用于混凝土时只有经过试验验证，才能实施混凝土质量的控制。含有氯盐配制的外加剂引起的钢筋锈蚀问题对钢筋混凝土和预应力混凝土具有严重的危害。液态外加剂易于在混凝土中均匀分布。

2.6 水

2.6.1 混凝土用水包括拌合用水和养护用水。现行行业标准《混凝土用水标准》JGJ 63包括了对各种水用于混凝土的规定。

2.6.2 混凝土用水主要控制项目在实际工程基本落实。

2.6.3 未经处理的海水含有大量氯盐，会引起严重的钢筋锈蚀，危及混凝土结构的安全性；混凝土企业设备洗涮水中碱含量高，与碱活性骨料一起配制混凝土易产生碱-骨料反应。

3 混凝土性能要求

3.1 拌合物性能

3.1.1 混凝土设计和施工都会提出对坍落度等混凝土拌合物性能的要求，如果混凝土拌合物出了问题，则硬化混凝土质量无法保证，因此，混凝土拌合物性能是混凝土质量控制的重点之一。现行国家标准《普通混凝土拌合物性能试验方法标准》GB/T 50080未规定坍落度经时损失试验方法。

3.1.2 扩展度即坍落扩展度。混凝土拌合物的坍落度、维勃稠度、扩展度的等级划分以及稠度允许偏差与欧洲标准一致，也与原标准差异不大。允许偏差是指可以接受的实测值与设计值的差值。

3.1.3～3.1.7 这些条文的规定是工程实践的经验总结，在执行过程中已经取得了较好的质量控制效果。其中，泵送混凝土拌合物稠度的控制指标允许存在本标准表3.1.2-4中的允许偏差。自密实混凝土的扩展度的控制指标略大于国外标准550mm的指标，比较适合于我国工程实际情况。以拌合物坍落度设计值180mm为例，正文表3.1.2-4规定其允许偏差为30mm，则实际控制范围应为150mm～210mm。

3.1.8 按环境条件影响氯离子引起钢锈的程度简明地分为四类，并规定了各类环境条件下的混凝土中氯离子最大含量。本条规定与现行国家标准《混凝土结构设计规范》GB 50010是协调的，也与欧美国家控制氯离子的趋势一致。测定混凝土拌合物中氯离子的方法，与测试硬化后混凝土中氯离子的方法相比，时间大大缩短，有利于混凝土质量控制。表3.1.8中的氯离子含量系相对混凝土中水泥用量的百分比，与控制氯离子相对混凝土中胶凝材料用量的百分比相比，偏于安全。

3.1.9 本条规定是针对一般环境条件下混凝土而言。对处于潮湿或水位变动的寒冷和严寒环境以及盐冻环境的混凝土可高于表3.1.9的规定，但最大含气量宜控制在7.0%以内。

3.2 力 学 性 能

3.2.1 混凝土的力学性能主要包括抗压强度、轴压强度、弹性模量、劈裂抗拉强度和抗折强度等。

3.2.2 立方体抗压强度标准值系指按标准方法制作和养护的边长为150mm的立方体试件在28d龄期用标准试验方法测得的具有95%保证率的抗压强度值（以MPa计）。

3.2.3 现行国家标准《混凝土强度检验评定标准》GB/T 50107 规定了混凝土取样、试件的制作与养护、试验、混凝土强度检验与评定，为各建设行业所采用。

3.3 长期性能和耐久性能

3.3.1 混凝土质量控制不仅仅是对混凝土拌合物性能和力学性能进行控制，还应包括混凝土长期性能和耐久性能的控制，以往对混凝土长期性能和耐久性能控制重视不够。本标准中的长期性能包括收缩和徐变。混凝土长期性能和耐久性能控制以满足设计要求为目标。

3.3.2 抗冻等级和抗渗等级的划分与我国各行业的标准规范是协调的，涵盖了各行业设计标准划分的全部等级。混凝土工程的结构（包括构件）混凝土基本都采用抗冻等级（快冻法），符号为F；建材行业中的混凝土制品基本还沿用抗冻标号（慢冻法），符号为D；抗渗等级是采用逐级加压的试验方法，为各行业通用的设计指标。

抗硫酸盐等级及其划分是在多年试验研究和工程实践的基础上制定的，并已经列入现行行业标准《混凝土耐久性检验评定标准》JGJ/T 193；抗硫酸盐侵蚀试验方法也已经列入现行国家标准《普通混凝土长期性能和耐久性能试验方法标准》GB/T 50082。一般在混凝土处于硫酸盐侵蚀环境时会对混凝土抗硫酸盐侵蚀性能提出设计要求。一般而言，抗硫酸盐等级为KS120的混凝土具有较好的抗硫酸盐侵蚀性能，抗硫酸盐等级超过KS150的混凝土具有优异的抗硫酸盐侵蚀性能。

3.3.3 按照氯离子迁移系数将混凝土抗氯离子渗透性能划分为五个等级，从Ⅰ级到Ⅴ级，表示混凝土抗氯离子渗透性能越来越高。同样，按电通量划分的混凝土抗氯离子渗透性能等级意义类同。

与Ⅰ～Ⅴ级对应的混凝土耐久性水平推荐意见见表1，该表定性地描述了等级中代号所代表的混凝土耐久性能的高低。这种定性评价仅对混凝土材料本身而言，至于是否符合工程实际的要求，则需要结合设计和施工要求进行确定。

表1 等级代号与混凝土耐久性水平推荐意见

等级代号	Ⅰ	Ⅱ	Ⅲ	Ⅳ	Ⅴ
混凝土耐久性水平推荐意见	差	较差	较好	好	很好

混凝土氯离子迁移系数往往是针对海洋等氯离子侵蚀环境的控制指标，此类环境的工程由于耐久性需要，混凝土中一般都掺入较多的矿物掺合料，规定84d龄期指标相对比较合理。目前84d龄期指标已经被工程普遍采用，如我国杭州湾大桥和马来西亚槟城第二跨海大桥等。一般而言，84d龄期的混凝土氯离子迁移系数小于 $2.5\times10^{-12}m^2/s$，表明混凝土具有较好的抗氯离子渗透性能；氯离子迁移系数小于 $1.5\times10^{-12}m^2/s$，表明混凝土具有优异的抗氯离子渗透性能。

当采用电通量作为混凝土抗氯离子渗透性能的控制指标时，对于大掺量矿物掺合料的混凝土，28d的试验结果可能不能准确反映混凝土真实的抗氯离子渗透性能，故允许采用56d的测试值进行评定。本标准明确了大掺量矿物掺合料的涵义：混凝土中水泥混合材与矿物掺合料之和超过胶凝材料用量的50%。

本标准电通量的等级划分部分参照了ASTM C 1202-05的规定（见表2）。我国其他有关标准也是参考该标准制订的。

表2 基于电通量的氯离子渗透性

电通量（C）	>4000	2000～4000	1000～2000	100～1000	<100
氯离子渗透性评价	高	中等	低	很低	可忽略

3.3.4 快速碳化试验碳化深度小于20mm的混凝土，其抗碳化性能较好，通常可满足大气环境下50年的耐久性要求。在大气环境下，有其他腐蚀介质侵蚀的影响，混凝土的碳化会发展得快一些。快速碳化试验碳化深度小于10mm的混凝土的碳化性能良好；许多强度等级高、密实性好的混凝土，在碳化试验中会出现测不出碳化的情况。

3.3.5 混凝土早期的抗裂性能系统试验研究表明，单位面积上的总开裂面积在 $100mm^2/m^2$ 以内的混凝土抗裂性能好；当单位面积上的总开裂面积超过 $1000mm^2/m^2$ 时，混凝土的抗裂性能较差。由于试验周期短，可用于混凝土配合比的对比和筛选，对混凝土裂缝控制具有良好的效果。

3.3.6 现行行业标准《混凝土耐久性检验评定标准》JGJ/T 193包括了混凝土抗冻性能、抗水渗透性能、抗硫酸盐侵蚀性能、抗氯离子渗透性能、抗碳化性能和早期抗裂性能的检验评定。

4 配合比控制

4.0.1 多年以来，现行行业标准《普通混凝土配合比设计规程》JGJ 55在混凝土工程领域普遍采用，可操作性强，效果良好。

4.0.2 混凝土配合比不仅应满足混凝土强度要求，还应满足混凝土施工性能和耐久性能的要求。目前应通过配合比控制加强对混凝土耐久性能的控制。

4.0.3 对于首次使用、使用间隔时间超过三个月的混凝土配合比，在使用前进行配合比审查和核准是不可省略的。生产使用的原材料应与配合比设计一致是指原材料的品种、规格、强度等级等指标应相同。以水泥为例，即指采用同一厂家生产的同品种、同强度等级和同批次水泥。

4.0.4 在混凝土配合比使用过程中，现场会出现各种情况，需要对混凝土配合比进行适当调整，比如因气候或施工情况变化可能影响混凝土质量，则需要适当调整混凝土配合比。

5 生产控制水平

5.0.1 预拌混凝土包括预拌混凝土搅拌站、预制混凝土构件厂和施工现场搅拌站生产的混凝土，具体定义为：在搅拌站生产、通过运输设备送至使用地点、交付时为拌合物的混凝土。

5.0.2 混凝土强度标准差（σ）、实测强度达到强度标准值组数的百分率（P）是表征生产控制水平的重要指标。

5.0.3、5.0.4 按强度评价混凝土生产控制水平主要体现在：强度满足要求，分散性小，且合格保证率高。因此，不仅仅要看混凝土强度是否满足评定要求，还要看反映强度分散程度的标准差的大小以及实测强度达到强度标准值组数的百分率，其中重点是强度标准差指标。近年来，我国预拌混凝土生产质量控制水平得到提高，全国范围统计的强度标准差基本可以达到修订前的标准的优良水平，因此，本次修订取消了原有的强度标准差一般水平，将强度标准差优良水平稍作调整后作为控制水平。

5.0.5 施工现场集中搅拌站的混凝土生产不及预拌混凝土搅拌站和预制混凝土构件厂规律，因此，统计周期可根据实际情况延长，但不宜超过3个月。

6 生产与施工质量控制

6.1 一 般 规 定

6.1.1 完整的生产施工技术方案能够充分研究确定各个环节及相互联系的控制技术，有利于做好充分准备，保证混凝土工程的顺利实施，进而保证混凝土工程质量。

6.1.2 在生产施工过程中向混凝土拌合物中加水会严重影响混凝土力学性能、长期性能和耐久性能，对混凝土工程质量危害极大，必须严格禁止。

6.2 原材料进场

6.2.1 混凝土原材料进场时，应具有质量证明文件。质量证明文件应存档备案作为原材料验收文件的一部分。

6.2.2 原材料进场检验对于混凝土质量控制具有极其重要的意义，因为原材料质量是混凝土质量的基本保证。

6.2.3 水泥在潮湿情况下容易结块，水泥结块后质量受到影响；水泥出厂超过3个月（硫铝酸盐水泥超过45d）属于过期，对质量重新进行检验是必要的。

6.2.4 混凝土骨料含水情况变化是长期以来影响混凝土质量的重要因素，很难在混凝土生产过程中对骨料含水情况变化做相应的准确调控。解决这一问题的最好办法就是建造大棚等遮雨设施，可大大提高混凝土质量的控制水平。建造大棚等遮雨设施一次性投资有限，可节约大量调控付出的材料成本和为质量问题付出的代价，经济上非常合算。目前国内许多搅拌站已经实施这一措施。

6.2.5 工程中存在将矿物掺合料和水泥搞错的质量事故，因此，区分矿物掺合料和水泥不得大意。

6.2.6 应杜绝外加剂送检样品与工程大批量进货不一致的情况。粉状外加剂受潮结块会影响质量，混凝土拌合时也不利于均匀分布；有些液态外加剂经过日晒和冻融后质量会下降，储存时应予以注意。

6.3 计 量

6.3.1 采用电子计量设备进行原材料计量对混凝土生产质量控制意义重大，无论是规模生产可控性还是控制精度，都是现代混凝土生产所要求的。混凝土生产企业应重视计量设备的自检和零点校准，保证计量设备运行质量。

6.3.2 由于拌合用水和外加剂用量对混凝土性能影响较大，所以本次修订提高拌合用水和外加剂计量控制水平（原来允许偏差为2%），目前计量设备可以满足要求。

6.3.3 在执行配合比进行计量时，粗、细骨料计量包含了骨料含水，拌合用水计量则应把相当于骨料含水的水扣除。

6.4 搅 拌

6.4.1 预拌混凝土搅拌站、预制混凝土构件厂和施工现场搅拌站都是采用强制式搅拌机，一些条件落后的情况还在使用自落式搅拌机。

6.4.2 原材料投料方式主要是指混凝土搅拌时原材料投料的顺序以及顺序之间的间隔时间。

6.4.3 目前，预拌混凝土搅拌站、预制混凝土构件厂和施工现场搅拌站基本采用双卧轴强制式搅拌机，采用的搅拌时间一般都少于表6.4.3给出的最短时间，但只要能保证混凝土搅拌均匀，就是允许的。

6.4.4 本条规定旨在直接控制混凝土搅拌质量，并给出具体控制指标。

6.4.5 在执行本条规定时，重点应注意通过骨料和热水搅拌使热水降温后，再加入水泥等胶凝材料搅拌。

6.5 运 输

6.5.1 广泛采用的搅拌罐车是控制混凝土拌合物性能稳定的重要运输工具。

6.5.2 采用机动翻斗车运输混凝土时，如果道路颠簸，容易导致混凝土分层和离析。

6.5.3 由于要控制混凝土拌合物入模温度不低于5℃，所以对搅拌罐车的搅拌罐作出保温的规定。

6.5.4 卸料之前采用快档旋转搅拌的目的是将拌合物搅拌均匀，利于泵送施工。搅拌罐车卸料困难或混凝土坍落度损失过大情况时有发生，较多情况是现场施工组织不力，不能及时浇筑混凝土而导致压车，这时可向罐车内掺加适量减水剂并搅拌均匀以改善拌合物稠度，但是应经过试验确定。

6.5.5 保证混凝土的连续泵送非常重要。尤其对大体积混凝土和不留施工缝的结构混凝土等。

6.5.6 随着混凝土外加剂技术的发展，调整混凝土拌合物的可操作时间并满足硬化混凝土性能要求比较容易实现，因此，控制混凝土出机至现场接收不超过90min是可行的。

6.6 浇筑成型

6.6.1 支模质量直接影响混凝土施工质量，如模板失稳或跑模会打乱混凝土浇筑节奏，影响混凝土质量；支模质量也对混凝土外观质量有直接影响。

6.6.2 表面干燥的地基土、垫层、木模板具有吸水性，会造成混凝土表面失水过多，容易产生外观质量问题。

6.6.3 混凝土拌合物入模温度过高，对混凝土硬化过程有影响，加大了控制难度，因此，避免高温条件浇筑混凝土是比较合理的选择。

6.6.4 混凝土拌合物入模温度过低，对水泥水化和混凝土强度发展不利，混凝土在冬期容易被冻伤。

6.6.5 混凝土浇筑质量控制目标为浇筑的均匀性、密实性和整体性。

6.6.6 如果混凝土粗骨料粒径太大而输送管道内径太小，会突出粗骨料与管道的摩阻力，混凝土的摩阻力也增大，在压力下，影响浆体对粗骨料包覆，易于堵泵。

6.6.7 无论采用车泵还是拖泵，都应避免输送管道中的混凝土混入其他不同配合比或不同强度等级混凝土，在工程中存在搞混引起质量事故的问题。

6.6.8 当混凝土自由倾落高度过大时，采用串筒、溜管或振动溜管等辅助设备有利于避免混凝土离析。

6.6.9 混凝土分层浇筑厚度过大不利于混凝土振捣，影响混凝土的成型质量，清水混凝土可采用边浇筑边振捣以利于形成质量均匀、颜色一致的混凝土表面。

6.6.10 自密实混凝土浇筑布料点往往选择多个，可避免自密实混凝土流动距离过远，影响混凝土的自密实效果。

6.6.11～6.6.13 一般结构混凝土通常使用振捣棒进行插入振捣，较薄的平面结构可采用平板振捣器进行表面振捣，竖向薄壁且配筋较密的结构或构件可采用附壁振动器进行附壁振动，当采用干硬性混凝土成型混凝土制品时可采用振动台或表面加压振动。振捣（动）时间要适宜，避免混凝土密实不够或分层。

6.6.14 虽然通过混凝土外加剂技术，可以调整混凝土拌合物的可操作时间并满足硬化混凝土性能要求，但控制混凝土从搅拌机卸出到浇筑完毕的延续时间对混凝土浇筑质量仍然非常重要，抓紧时间尽早完成浇筑有利于浇筑成型各方面的操作。

6.6.15 同条件养护试件可以比较客观地反映结构和构件实体的混凝土质量情况。

6.6.16 在混凝土终凝前对浇筑面进行抹面处理有利于抑制表面裂缝，提高表面质量。

6.6.17 混凝土硬化不足时人为踩踏会给混凝土造成伤害；构件底模及其支架拆除过早会使上面结构荷载和施工荷载对混凝土构件造成伤害的可能性增大。混凝土在自然保湿养护下强度达到1.2MPa的时间可按表3估计。混凝土强度的发展还受混凝土强度等级、配合比设计、构件尺寸、施工工艺等因素影响。

表3 混凝土强度达到1.2MPa的时间估计（h）

水泥品种	外界温度（℃）			
	1～5	5～10	10～15	15以上
硅酸盐水泥 普通硅酸盐水泥	46	36	26	20
矿渣硅酸盐水泥 火山灰质硅酸盐水泥 粉煤灰硅酸盐水泥	60	38	28	22

注：掺加矿物掺合料的混凝土可适当增加时间。

6.7 养 护

6.7.1 混凝土养护是水泥水化及混凝土硬化正常发展的重要条件，混凝土养护不好往往会前功尽弃。在工程中，制订施工养护方案或生产养护制度应作为必不可少的规定，并应有实施过程的养护记录，供存档备案。

6.7.2 养护应同时注意湿度和温度，原则是：湿度要充分，温度应适宜。

6.7.3 混凝土成型后立即用塑料薄膜覆盖可以预防混凝土早期失水和被风吹，是比较好的养护措施。对于难以潮湿覆盖的结构立面混凝土等，可采用养护剂进行养护，但养护效果应通过试验验证。

6.7.4 本规定可有效减少混凝土表面水分损失，有利于混凝土表面裂缝的控制。

6.7.5 粉煤灰硅酸盐水泥、火山灰质硅酸盐水泥和复合硅酸盐水泥配制的混凝土，或掺加缓凝剂的混凝土以及大掺量矿物掺合料混凝土中胶凝材料水化速度慢，达到性能要求的水化时间长，因此，相应需要的养护时间也长。

6.7.6 采用蒸汽养护时，在可接受生产效率范围内，混凝土成型后的静停时间长一些有利于减少混凝土在蒸养过程中的内部损伤；控制升温速度和降温速度慢一些，可减小温度应力对混凝土内部结构的不利影响；控制最高和恒温温度不宜超过65℃比较合适，最高不应超过80℃。

6.7.7 大体积混凝土温度控制，可有效控制混凝土内部温度应力对混凝土浇筑体结构的不利影响，减小裂缝产生的可能性。

6.7.8 对于冬期施工的混凝土，同样应注意避免混凝土内外温差过大，有效控制混凝土温度应力的不利影响。混凝土强度不低于5MPa即具有了一定的非冻融循环大气条件下的抗冻能力，这个强度也称抗冻临界强度。

7 混凝土质量检验

7.1 混凝土原材料质量检验

7.1.1 混凝土原材料质量检验应包括型式检验报告、出厂检验报告或合格证等质量证明文件的查验和收存。

7.1.2 应在混凝土原材料进场时检验把关，不合格的原材料不能进场。

7.1.3 混凝土原材料每个检验批的量不能多于规定的量。

7.1.4 符合本标准第2章规定的原材料为质量合格，可以验收。

7.2 混凝土拌合物性能检验

7.2.1 坍落度与和易性检验在搅拌地点和浇筑地点都要进行，搅拌地点检验为控制性自检，浇筑地点检验为验收检验；凝结时间检验可以在搅拌地点进行。

7.2.2 水泥和外加剂及其相容性是影响混凝土凝结时间的主要因素，且不同批次的水泥和外加剂对混凝土凝结时间的影响可能变化。对于海砂混凝土，关键是控制海砂的氯离子含量，因此，相应于每批海砂的混凝土都应检验混凝土氯离子含量。

7.2.3 符合本标准第3.1节规定的混凝土拌合物为质量合格，可以验收。

7.3 硬化混凝土性能检验

7.3.1 我国现行标准《混凝土强度检验评定标准》GB/T 50107和《混凝土耐久性检验评定标准》JGJ/T 193中包括了相应于混凝土强度和混凝土耐久性的检验规则。

7.3.2 符合本标准第3.2节和第3.3节规定的硬化混凝土为质量合格，可以验收。

附录A 坍落度经时损失试验方法

A.0.1 坍落度经时损失是混凝土拌合物性能的重要方面，现行国家标准《普通混凝土拌合物性能试验方法标准》GB/T 50080中尚未规定具体试验标准。

A.0.2 取样与试样的制备与现行国家标准《普通混凝土拌合物性能试验方法标准》GB/T 50080一致。

A.0.3 坍落度经时损失测定是在现行国家标准《普通混凝土拌合物性能试验方法标准》GB/T 50080中坍落度试验方法的基础上进行的，试验条件与坍落度试验方法相同。本方法规定测定经过1h的坍落度损失为标准做法；如果工程需要，也可参照此方法测定经过不同时间的坍落度损失。

A.0.4 坍落度经时损失可以为负值，表示经过一段时间后，混凝土坍落度反而有所增大。

中华人民共和国国家标准

工业金属管道工程施工质量验收规范

Code for acceptance of construction quality of industrial metallic piping

GB 50184—2011

主编部门：中国工程建设标准化协会化工分会
批准部门：中华人民共和国住房和城乡建设部
施行日期：2 0 1 1 年 1 2 月 1 日

中华人民共和国住房和城乡建设部
公　告

第879号

关于发布国家标准《工业金属管道工程施工质量验收规范》的公告

现批准《工业金属管道工程施工质量验收规范》为国家标准，编号为GB 50184—2011，自2011年12月1日起实施。其中，第3.2.5（4）、8.5.2（2）、8.5.4（2）、8.5.7（1）条（款）为强制性条文，必须严格执行。原《工业金属管道工程质量检验评定标准》GB 50184—93同时废止。

本规范由我部标准定额研究所组织中国计划出版社出版发行。

中华人民共和国住房和城乡建设部

二〇一〇年十二月二十四日

前　言

本规范是根据原建设部《关于印发〈一九九九年工程建设国家标准制订、修订计划〉的通知》（建标〔1999〕308号）的要求，由中国石油和化工勘察设计协会和中国化学工程第三建设有限公司会同有关单位，在《工业金属管道工程质量检验评定标准》GB 50184—93的基础上修订完成的。

本规范在修订过程中，编制组经广泛的调查研究，认真总结实践经验，参考有关国际标准和国外先进标准，并在广泛征求意见的基础上，最后经审查定稿。

本规范共分9章和4个附录。主要内容包括：总则，术语，基本规定，管道元件和材料的检验、管道加工，焊接和焊后热处理，管道安装，管道检查、检验和试验，管道吹扫与清洗等。

本规范本次修订的主要技术内容是：

1. 删除了不适用范围。

2. 增加了术语一章。

3. 删除了对工程“优良”等级的评定规定，将检验项目修改为主控项目和一般项目。

4. 删除了分项工程中对允许偏差抽检点实测值的量值规定。

5. 增加了斜接弯头、焊制翻边接头、支吊架制作的通用质量验收规定。

6. 增加了支管与主管的焊接连接、法兰角焊缝的有关质量验收的规定。

7. 增加了锆材有色金属管道、加套管和阀门安装通用的质量验收规定。

8. 增加了管道焊缝的检查等级划分的规定及焊缝表面无损检测、焊缝射线和超声波检测技术等级的质量验收规定。

9. 补充了液压试验和气压试验的相关质量验收要求。

本规范中以黑体字标志的条文为强制性条文，必须严格执行。

本规范由住房和城乡建设部负责管理和对强制性条文的解释，由中国工程建设标准化协会化工分会负责日常管理，由全国化工施工标准化管理中心站负责具体技术内容的解释。本规范在执行过程中如有意见或建议，请寄送全国化工施工标准化管理中心站（地址：河北省石家庄市桥东区槐安东路28号仁和商务1-1-1107室，邮政编码：050020），以供今后修订时参考。

本规范主编单位、参编单位、主要起草人和主要审查人：

主编单位： 中国石油和化工勘察设计协会
中国化学工程第三建设有限公司

参编单位： 全国化工施工标准化管理中心站
中国石化集团第五建设公司
中油吉林化建工程股份有限公司
中国机械工业建设工程总公司
中国二冶集团有限公司管道铁路工程公司
吉林化工学院
山东电力建设第一工程公司
中国核工业二三建设有限公司
惠生工程（中国）有限公司

阿美科工程咨询（上海）有限公司

主要起草人： 夏节文　张永明　杨　惠　胡忆沩　朱　宇　李功福　张永光　孔　会　单承家　赵红梅　芦　天　颜祖清　谭梦君　李天光　李信浩　王新建　吉章红　王建生　李洪波　武振平　孙　韵　张西民　汤志强　蒋桂英　余月英　陈鸿章

主要审查人： 李柏年　戈兆文　徐明才

目　次

1　总则 ………………………………… 1—15—6
2　术语 ………………………………… 1—15—6
3　基本规定 …………………………… 1—15—6
3.1　施工质量验收的划分 …………… 1—15—6
3.2　施工质量验收 …………………… 1—15—6
3.3　施工质量验收的程序及组织 …… 1—15—6
4　管道元件和材料的检验 …………… 1—15—7
5　管道加工 …………………………… 1—15—8
5.1　弯管制作 ………………………… 1—15—8
5.2　卷管制作 ………………………… 1—15—8
5.3　管口翻边 ………………………… 1—15—9
5.4　夹套管制作 ……………………… 1—15—9
5.5　斜接弯头制作 …………………… 1—15—9
5.6　支、吊架制作 …………………… 1—15—9
6　焊接和焊后热处理 ………………… 1—15—10
7　管道安装 …………………………… 1—15—10
7.1　一般规定 ………………………… 1—15—10
7.2　管道预制 ………………………… 1—15—11
7.3　钢制管道安装 …………………… 1—15—11
7.4　连接设备的管道安装 …………… 1—15—12
7.5　铸铁管道安装 …………………… 1—15—13
7.6　不锈钢和有色金属管道安装 …… 1—15—13
7.7　伴热管安装 ……………………… 1—15—14
7.8　夹套管安装 ……………………… 1—15—14
7.9　防腐蚀衬里管道安装 …………… 1—15—14
7.10　阀门安装 ……………………… 1—15—14
7.11　补偿装置安装 ………………… 1—15—14
7.12　支、吊架安装 ………………… 1—15—15
7.13　静电接地安装 ………………… 1—15—15
8　管道检查、检验和试验 …………… 1—15—16
8.1　焊缝外观检查 …………………… 1—15—16
8.2　焊缝射线检测和超声波检测 …… 1—15—17
8.3　焊缝表面无损检测 ……………… 1—15—17
8.4　硬度检验及其他检验 …………… 1—15—18
8.5　压力试验 ………………………… 1—15—18
9　管道吹扫与清洗 …………………… 1—15—19
9.1　水冲洗 …………………………… 1—15—19
9.2　空气吹扫 ………………………… 1—15—20
9.3　蒸汽吹扫 ………………………… 1—15—20
9.4　管道脱脂 ………………………… 1—15—20
9.5　化学清洗 ………………………… 1—15—20
9.6　油清洗 …………………………… 1—15—21
附录A　分项工程质量验收记录 …… 1—15—21
附录B　分部（子分部）工程质量验收记录 ………………………… 1—15—22
附录C　单位（子单位）工程质量验收记录 ………………………… 1—15—23
附录D　工程质量保证资料检查记录 ……………………………… 1—15—24
本规范用词说明 ……………………… 1—15—25
引用标准名录 ………………………… 1—15—25
附：条文说明 ………………………… 1—15—26

Contents

1 General provisions ········ 1—15—6
2 Terms ········ 1—15—6
3 Basic requirement ········ 1—15—6
3.1 Division for acceptance of constructional quality ········ 1—15—6
3.2 Acceptance of constructional quality ········ 1—15—6
3.3 Procedure and organization for acceptance of constructional quality ········ 1—15—6
4 Examination of pipe work components and materials ········ 1—15—7
5 Machining of piping ········ 1—15—8
5.1 Bending fabrication ········ 1—15—8
5.2 Machining of rolling pipe ········ 1—15—8
5.3 Flanging Edge of pipe ········ 1—15—9
5.4 Machining of jacket pipe ········ 1—15—9
5.5 Fabrication of mitre elbow ········ 1—15—9
5.6 Fabrication of piping supporter and hanger ········ 1—15—9
6 Welding and heattreatment after welding ········ 1—15—10
7 Piping installation ········ 1—15—10
7.1 General requirement ········ 1—15—10
7.2 Piping prefabricate ········ 1—15—11
7.3 Steel piping installation ········ 1—15—11
7.4 Installation for piping of coupling equipment ········ 1—15—12
7.5 Cast iron piping installation ········ 1—15—13
7.6 Installation of stainless steel piping and non-ferrous piping ········ 1—15—13
7.7 Installation of heat tracing piping ········ 1—15—14
7.8 Jacket piping installation ········ 1—15—14
7.9 Installation of anticorrosive lining piping ········ 1—15—14
7.10 Valve installation ········ 1—15—14
7.11 Expansion joint installation ········ 1—15—14
7.12 Installation of piping supporter and hanger ········ 1—15—15
7.13 Installation of static electricity grounding ········ 1—15—15
8 Inspection, examination and test for piping ········ 1—15—16
8.1 Visual inspection of welded seam ········ 1—15—16
8.2 Radiographic and ultrasonic examinations of welded seam ········ 1—15—17
8.3 Nondestructive examination of welded seam surface ········ 1—15—17
8.4 Hardness examination and other inspections ········ 1—15—18
8.5 Pressure test ········ 1—15—18
9 Blowing and cleaning of piping ········ 1—15—19
9.1 Water flushing ········ 1—15—19
9.2 Air blowing ········ 1—15—20
9.3 Steam blowing ········ 1—15—20
9.4 Degreasing of piping ········ 1—15—20
9.5 Chemical cleaning ········ 1—15—20
9.6 Oil cleaning ········ 1—15—21
Appendix A Record of sub-item project's quality acceptance ········ 1—15—21
Appendix B Record of subsection (sub-subsection) project's quality acceptance ··· 1—15—22
Appendix C Record of unit (sub-unit) project's quality acceptance ········ 1—15—23
Appendix D Record for check of project's quality guarantee materials ········ 1—15—24
Explanation of wording in this code ········ 1—15—25
List of quoted standards ········ 1—15—25
Addition: Explanation of provisions ········ 1—15—26

1 总　　则

1.0.1 为统一工业金属管道工程施工质量的验收方法，加强技术管理，确保工程质量，制订本规范。

1.0.2 本规范适用于设计压力不大于42MPa、设计温度不超过材料允许使用温度的工业金属管道工程施工质量的验收。

1.0.3 本规范应与现行国家标准《工业安装工程施工质量验收统一标准》GB 50252和《工业金属管道工程施工规范》GB 50235配合使用。

1.0.4 工业金属管道工程施工质量的验收，除应符合本规范外，尚应符合国家现行有关标准的规定。

2 术　语

2.0.1 检验批　inspection lot

按同一的生产条件或按规定的方式汇总起来供检验用的，由一定数量样本组成的检验体。

2.0.2 观察检查　visual inspection

以目测结合实践经验，判断被检查物体是否符合规范规定的检查。

2.0.3 100%检验　100% examination

在指定的一个检验批中，对某一具体项目进行全部检查。

2.0.4 抽样检验　random sampling examination

在指定的一个检验批中，对某一具体项目的某一百分数进行检查。

2.0.5 局部检验　local sampling examination

在指定的一个检验批中，对某一具体项目的每一件进行规定的部分检查。

3 基 本 规 定

3.1 施工质量验收的划分

3.1.1 工业金属管道工程的质量验收，可按分项工程、分部（子分部）工程、单位（子单位）工程进行划分。

3.1.2 分项工程应按管道级别和材质进行划分。

3.1.3 同一单位工程中的工业金属管道工程可划分为一个或几个分部（子分部）工程。

3.1.4 当工业金属管道工程具有独立施工条件或使用功能时，一个或几个管道分部（子分部）工程亦可构成一个单位（子单位）工程。

3.2 施工质量验收

3.2.1 分项工程质量验收应符合下列规定：

1 主控项目应符合本规范的规定。

2 一般项目每项抽检点数的实测值应在本规范规定的允许偏差范围内。

3 除本规范第8章规定以外的主控项目和一般项目中，当抽样检验（或局部检验）发现有不合格时，该抽样检验（或局部检验）所代表的这一检验批应视为不合格。可对该检验批进行全部检查，其中的合格者仍可验收。

3.2.2 分部（子分部）工程质量验收应符合下列规定：

1 分部（子分部）工程所含分项工程的质量均应验收合格。

2 分部（子分部）工程所含分项工程的质量应保证资料齐全。

3.2.3 单位（子单位）工程质量验收应符合下列规定：

1 单位（子单位）工程所含分部工程的质量均应验收合格。

2 单位（子单位）工程所含分部工程的质量应保证资料齐全。

3.2.4 工业金属管道工程质量验收文件和记录应包括下列内容：

1 管道工程施工技术文件、施工记录和报告，应符合现行国家标准《工业金属管道工程施工规范》GB 50235的有关规定。

2 分项工程质量验收记录应采用本规范附录A的格式。

3 分部（子分部）工程质量验收记录应采用本规范附录B的格式。

4 单位（子单位）工程质量验收记录应采用本规范附录C的格式。

5 质量保证资料核查记录应采用本规范附录D的格式。

3.2.5 当工业金属管道工程质量不符合本规范时，应按下列规定进行处理：

1 经返工或返修的分项工程，应重新验收。

2 经有资质的检测单位检测鉴定能够达到设计要求的分项工程，应予以验收。

3 经有资质的检测单位检测鉴定达不到设计要求，但经原设计单位核算认可，能够满足结构安全和使用功能的分项工程，可予以验收。

4 经过返修仍不能满足安全使用要求的工程，严禁验收。

3.2.6 压力管道安装工程应经监督检验单位监督检验，并应提供“压力管道安装安全质量监督检验报告”后，再进行竣工验收。

3.2.7 工业金属管道工程施工应在质量验收合格后再投入使用。

3.3 施工质量验收的程序及组织

3.3.1 工业金属管道工程的质量验收，应在施工单位自检合格的基础上，按分项工程、分部（子分部）工程、单位（子单位）工程依次进行，并应做好验收记录。

3.3.2 分项工程的质量验收应由专业监理工程师（或建设单位项目专业技术负责人）组织施工单位项目专业技术负责人和质量检查人员进行。

3.3.3 分部（子分部）工程的质量验收应由建设单位项目专业负责人（或总监理工程师）组织施工单位、监理、设计等有关单位项目负责人及技术负责人进行。

3.3.4 单位（子单位）工程完工后，施工单位应向建设单位提交单位（子单位）工程验收报告。建设单位收到工程验收报告后，应由建设单位项目负责人组织施工（含分包单位）、设计、监理等单位的项目负责人和相关专业人员进行验收。

3.3.5 当工业金属管道工程由分包单位施工时，总包单位应对工程质量全面负责。分包单位应对所承包的工程按本规范规定的程序进行检查验收。分包工程完成后，应将工程文件和记录提交总包单位。

4 管道元件和材料的检验

Ⅰ 主控项目

4.0.1 管道元件和材料应具有制造厂的质量证明文件，其特性数据应符合国家现行有关标准和设计文件的规定。

检验数量：全部检查。

检验方法：检查质量证明文件。

4.0.2 对于铬钼合金钢、含镍低温钢、不锈钢、镍及镍合金、钛及钛合金材料的管道组成件，应对材质进行抽样检验，并应做好标识。检验结果应符合国家现行有关标准和设计文件的规定。

检验数量：每个检验批（同炉批号、同型号规格、同时到货）抽查5%，且不少于1件。

检验方法：采用光谱分析或其他材质复验方法，检查光谱分析或材质复验报告。

4.0.3 阀门应进行壳体压力试验和密封试验，具有上密封结构的阀门还应进行上密封试验，并应符合下列规定：

1 阀门试验应以洁净水为介质。不锈钢阀门试验时，水中的氯离子含量不得超过 25×10^{-6}（25ppm）。试验合格后应立即将水渍清除干净。当有特殊要求时，试验介质应符合设计文件的规定。

2 阀门的壳体试验压力应为阀门在20℃时最大允许工作压力的1.5倍；密封试验压力应为阀门在20℃时最大允许工作压力的1.1倍；当阀门铭牌标示对最大工作压差或阀门配带的操作机构不适宜进行高压密封试验时，试验压力应为阀门铭牌标示的最大工作压差的1.1倍；阀门的上密封试验压力应为阀门在20℃时最大允许工作压力的1.1倍；夹套阀门的夹套部分试验压力应为设计压力的1.5倍。

3 在试验压力下的持续时间不得少于5min。

4 阀门壳体压力试验应以壳体填料无渗漏为合格。阀门密封试验和上密封试验应以密封面不漏为合格。

5 检验数量应符合下列规定：

1）于GC1级管道和设计压力大于或等于10MPa的C类流体管道的阀门，应进行100%检验。

2）用于GC2级管道和设计压力小于10MPa的所有C类流体管道的阀门，应每个检验批抽查10%，且不得少于1个。

3）用于GC3级管道和D类流体管道的阀门，应每个检验批抽查5%，且不得少于1个。

6 检验方法：观察检查，检查阀门试验记录，检查水质分析报告。

4.0.4 安全阀在安装前应进行整定压力调整和密封试验，有特殊要求时还应进行其他性能试验。试验结果应符合现行行业标准《安全阀安全技术监察规程》TSG ZF001和设计文件的规定。

检验数量：全部检查。

检验方法：检查安全阀校验报告。

4.0.5 GC1级管道和C类流体管道中，输送毒性程度为极度危害介质或设计压力大于或等于10MPa的管子、管件，应进行外表面磁粉检测或渗透检测，检测结果不应低于现行行业标准《承压设备无损检测 第4部分 磁粉检测》JB/T 4730.4和《承压设备无损检测 第5部分 渗透检测》JB/T 4730.5规定的Ⅰ级。对检测发现的表面缺陷经修磨清除后的实际壁厚不得小于管子公称壁厚的90%，且不得小于设计壁厚。

检验数量：每个检验批抽查5%，且不少于1个。

检验方法：检查磁粉或渗透检测报告，检查测厚报告。

4.0.6 当规定对管道元件和材料进行低温冲击韧性、晶间腐蚀等其他特性数据检验时，检验结果应符合国家现行有关标准和设计文件的规定。

检验数量：每个检验批抽查1件。

检验方法：按规定的检验方法进行，并检查检验报告。

4.0.7 合金钢螺栓、螺母应进行材质抽样检验。GC1级管道和C类流体管道中，设计压力大于或等于10MPa的管道用螺栓、螺母，应进行硬度抽样检验。检验结果应符合国家现行有关产品标准和设计文件的规定。

检验数量：每个检验批（同制造厂、同型号规格、同时到货）抽取2套。

检验方法：检查光谱分析或材质复验报告，检查硬度检验报告。

Ⅱ 一般项目

4.0.8 管道元件和材料的材质、规格、型号、数量和标识应符合国家现行有关标准和设计文件的规定。其外观质量和几何尺寸应符合国家现行有关产品标准和设计文件的规定。材料标识应清晰完整，并应追溯到产品质量证明文件。

检验数量：全部检查。

检验方法：检查质量证明文件、管道元件检查记录；外观和几何尺寸检查。

5 管道加工

5.1 弯管制作

Ⅰ 主控项目

5.1.1 弯管制作后的最小厚度不得小于直管的设计壁厚。

检验数量：全部检查。每个弯管的减薄部位测厚不应少于3处。

检验方法：检查测厚报告。

5.1.2 GC1级管道和C类流体管道中，输送毒性程度为极度危害介质或设计压力大于或等于10MPa的弯管制作后，应进行表面无损检测，合格标准不应低于现行行业标准《承压设备无损检测 第4部分 磁粉检测》JB/T 4730.4和《承压设备无损检测 第5部分 渗透检测》JB/T 4730.5规定的Ⅰ级。缺陷修磨后的弯管壁厚不得小于管子名义厚度的90%，且不得小于设计壁厚。

检验数量：100%检验。

检验方法：检查磁粉或渗透检测报告；检查测厚报告。

Ⅱ 一般项目

5.1.3 制作的弯管质量应符合下列规定：

1 不得有裂纹、过烧、分层等缺陷。

2 弯管内侧褶皱高度不应大于管子外径的3%，且波浪间距不应小于褶皱高度的12倍。

3 对于承受内压的弯管，其圆度不应大于8%；对于承受外压的弯管，其圆度不应大于3%。

4 弯管的管端中心偏差值应符合下列规定：

1）GC1级管道和C类流体管道中，输送毒性程度为极度危害介质或设计压力大于或等于10MPa的弯管，每米管端中心偏差值不得超过1.5mm。当直管段长度大于3m时，最大偏差不得超过5mm。

2）其他管道的弯管，每米管端中心偏差值不得超过3mm。当直管段长度大于3m时，最大偏差不得超过10mm。检验数量：全部检查。

检验方法：观察检查，几何尺寸检查，检查弯管加工记录。

5.1.4 Ⅱ形弯管平面度的允许偏差应符合表5.1.4的规定。

检验数量：全部检查。

检验方法：几何尺寸检查，检查弯管加工记录。

表5.1.4 Ⅱ形弯管平面度的允许偏差（mm）

直管段长度	≤500	>500～1000	>1000～1500	>1500
平面度	≤3	≤4	≤6	≤10

5.2 卷管制作

一般项目

5.2.1 卷管焊缝的位置应符合下列规定：

1 卷管的同一筒节上的两纵焊缝间距不应小于200mm。

2 卷管组对时，相邻筒节两纵缝间距应大于100mm。支管外壁距焊缝不宜小于50mm。

3 有加固环、板的卷管，加固环、板的对接焊缝应与管子纵向焊缝错开，其间距不应小于100mm。加固环、板距卷管的环焊缝不应小于50mm。

检验数量：全部检查。

检验方法：采用卷尺和直尺检查。

5.2.2 卷管的周长允许偏差及圆度允许偏差应符合表5.2.2的规定。

检验数量：每5m卷管段检查2处。

检验方法：采用卷尺、直尺或样板检查。

表5.2.2 周长允许偏差及圆度允许偏差（mm）

公称尺寸	周长允许偏差	圆度允许偏差
<800	±5	外径的1%且不应大于4
800～1200	±7	4
1300～1600	±9	6
1700～2400	±11	8
2600～3000	±13	9
>3000	±15	10

5.2.3 卷管的校圆样板与卷管内壁的不贴合间隙，应符合下列规定：

1 对接纵缝处不得大于壁厚的10%加2mm，且不得大于3mm。

2 离管端200mm的对接纵缝处不得大于2mm。

3 其他部位不得大于1mm。

检验数量：每5m卷管段检查2处。

检验方法：采用样板和直尺检查。校圆样板的弧长应为管子周长的1/6～1/4。

5.2.4 卷管端面与中心线的垂直允许偏差不得大于管子外径的1%，且不得大于3mm。每米直管的平直度偏差不得大于1mm。

检验数量：全部检查。

检验方法：采用直尺和样板检查。

5.3 管口翻边

一般项目

5.3.1 扩口翻边应符合设计文件的规定，并应符合下列规定：

1 与垫片配合的翻边接头的表面质量应符合管法兰密封面的标准要求，且应符合相配套法兰标准的规定。

2 扩口翻边后的外径及转角半径应能保证螺栓及法兰自由装卸，法兰与翻边平面的接触应均匀、良好。

3 翻边端面与管子中心线应垂直，垂直度允许偏差为1mm。

4 翻边接头的最小厚度不应小于管子最小壁厚的95%。

5 翻边接头不得有裂纹、豁口及褶皱等缺陷。

检验数量：全部检查。

检验方法：观察检查、采用直尺和卡尺测量。

5.3.2 焊制翻边应符合设计文件的规定，并应符合下列规定：

1 焊制翻边的厚度不应小于与其连接管子的名义壁厚。

2 与垫片配合的翻边接头的表面质量应符合相配套法兰标准的规定。

3 外侧焊缝应进行修磨。

检验数量：全部检查。

检验方法：观察检查和采用直尺检查。

5.4 夹套管制作

Ⅰ 主控项目

5.4.1 夹套管的内管有焊缝时，该焊缝应进行射线检测，并应经试压合格后，再封入外管。焊缝质量合格标准不应低于现行行业标准《承压设备无损检测 第2部分 射线检测》JB/T 4730.2规定的Ⅱ级。

检验数量：100%检验。

检验方法：检查射线检测报告。

5.4.2 夹套管的内管和外管应分别进行压力试验，试验介质、试验压力、试验过程及结果，应符合本规范第8.5节的有关规定。

检验数量：全部检查。

检验方法：观察检查，检查压力试验记录。

Ⅱ 一般项目

5.4.3 夹套管的加工尺寸和外观质量应符合设计文件的规定，并应符合下列规定：

1 外管与内管间隙应均匀，支承块不得妨碍内管与外管的热胀冷缩，支承块的材质应与内管相同。

2 夹套弯管的外管和内管，其同轴度偏差不得大于3mm。

3 输送熔融介质管道的内表面焊缝应平整、光滑。

检验数量：全部检查。

检验方法：观察检查，采用直尺检查，检查材质证明书。

5.5 斜接弯头制作

一般项目

5.5.1 斜接弯头的焊接接头应采用全焊透焊缝，其型式和尺寸应符合国家现行有关标准和设计文件的规定。

检验数量：全部检查。

检验方法：观察检查和采用检测尺检查。

5.5.2 斜接弯头的周长允许偏差应符合下列规定：

1 当公称尺寸大于1000mm时，允许偏差为±6mm。

2 当公称尺寸小于或等于1000mm时，允许偏差为±4mm。

检验数量：全部检查，每个不少于3处。

检验方法：观察检查和采用直尺检查。

5.6 支、吊架制作

Ⅰ 主控项目

5.6.1 管道支、吊架组件中主要承载构件的焊缝，应按国家现行有关标准和设计文件的规定进行无损检测。焊缝质量应符合国家现行有关标准和设计文件的规定。

检验数量：应符合国家现行有关标准和设计文件的规定。

检验方法：检查无损检测报告。

Ⅱ 一般项目

5.6.2 管道支、吊架的型式、材质、加工尺寸及精度应符合国家现行有关标准和设计文件的规定。

检验数量：全部检查。

检验方法：观察检查，采用直尺、卡尺检查。

5.6.3 管道支、吊架焊接完毕应进行外观检查。焊缝外观质量应符合国家现行有关标准和设计文件的规定。

检验数量：全部检查。

检验方法：观察检查，采用检查尺检查。

6 焊接和焊后热处理

Ⅰ 主控项目

6.0.1 管道及管道组成件的焊接和焊后热处理的质量应符合国家现行标准《现场设备、工业管道焊接工程施工质量验收规范》GB 50683—2011 的规定。

检验数量：应符合国家现行有关标准和设计文件的规定。

检验方法：观察检查、检查焊接检查记录或无损检测报告。

6.0.2 当在焊缝上开孔或开孔补强时，应对开孔直径 1.5 倍或开孔补强板直径范围内的焊缝进行射线或超声波检测。射线检测的焊缝质量合格标准不应低于现行行业标准《承压设备无损检测 第 2 部分 射线检测》JB/T 4730.2 规定的Ⅱ级，超声检测的焊缝质量合格标准不应低于现行行业标准《承压设备无损检测 第 3 部分 超声检测》JB/T 4730.3 规定的Ⅰ级。被补强板覆盖的焊缝应磨平。管孔边缘不应存在焊缝缺陷。

检验数量：100％检验。

检验方法：观察检查，检查射线或超声检测报告。

6.0.3 平焊法兰、承插焊法兰或承插焊管件与管子角焊缝的焊脚尺寸，应符合设计文件的规定，并应符合下列规定：

1 平焊法兰与管子焊接时，其法兰内侧角焊缝的焊脚尺寸应为直管名义厚度与 6mm 两者中的较小值；法兰外侧角焊缝的最小焊脚尺寸应为直管名义厚度的 1.4 倍与法兰颈部厚度两者中的较小值。

2 承插焊法兰与管子焊接时，角焊缝的最小焊脚尺寸应为直管名义厚度的 1.4 倍与法兰颈部厚度两者中的较小值。

3 承插焊管件与管子焊接时，角焊缝的最小焊脚尺寸应为直管名义厚度的 1.25 倍，且不应小于 3mm。

检验数量：全部检查，每个法兰（管件）不少于 3 处。

检验方法：采用检查尺检查。

6.0.4 支管连接角焊缝的形式和厚度应符合下列规定：

1 安放式焊接支管或插入式焊接支管的接头、整体补强的支管座，应全焊透，角焊缝厚度不应小于填角焊缝有效厚度。

2 补强圈或鞍形补强件的焊接质量应符合下列规定：

1）补强圈与支管应全焊透，角焊缝厚度不应小于填角焊缝有效厚度。

2）鞍形补强件与支管连接的角焊缝厚度，不应小于支管名义厚度与鞍形补强件名义厚度两者中较小值的 0.7 倍。

3）补强圈或鞍形补强件外缘与主管连接的角焊缝厚度应大于等于补强圈或鞍形补强件名义厚度的 0.5 倍。

4）补强圈和鞍形补强件应与主管和支管贴合良好。

检验数量：全部检查。

检验方法：观察检查，采用检查尺检查，检查管道焊接检查记录。

Ⅱ 一般项目

6.0.5 管道焊缝的位置应符合下列规定：

1 直管段上两对接焊口中心面间的距离，当公称尺寸大于或等于 150mm 时，不应小于 150mm；当公称尺寸小于 150mm 时，不应小于管子外径，且不应小于 100mm。

2 除采用定型弯头外，管道焊缝的中心与弯管起弯点的距离不应小于管子外径，且不应小于 100mm。

3 管道焊缝距离支管或管接头的开孔边缘不应小于 50mm，且不应小于孔径。

4 管道环焊缝距支、吊架净距不得小于 50mm。需热处理的焊缝距支、吊架不得小于焊缝宽度的 5 倍，且不得小于 100mm。

检验数量：全部检查。

检验方法：观察检查，采用直尺检查。

7 管道安装

7.1 一般规定

Ⅰ 主控项目

7.1.1 要求清洗、脱脂或内部防腐的管道组成件，应在清洗、脱脂或内部防腐工作完成后进行检查，其质量应符合国家现行有关标准和设计文件的规定。

检验数量：全部检查。

检验方法：观察检查，检查清洗、脱脂施工记录，或内部防腐施工及检测记录。

7.1.2 埋地管道的外防腐层质量应符合国家现行有关标准和设计文件的规定。

检验数量：全部检查。

检验方法：观察检查，测厚仪测量，电火花检漏，检查施工记录和防腐层检测记录。

7.1.3 埋地管道安装前，应对支承地基或基础进行检查验收，支承地基和基础的施工质量应符合国家现行有关标准和设计文件的规定。

检验数量：全部检查。

检验方法：观察检查，检查地基和基础施工记录，检查地基处理或承载力检验报告。

7.1.4 埋地管道试压、防腐合格后，应进行隐蔽工程检查验收，质量应符合国家现行有关标准、设计文件和本规范的规定。

检验数量：全部检查。

检验方法：观察检查，检查施工记录、压力试验报告、防腐层检测记录和隐蔽工程记录。

Ⅱ 一 般 项 目

7.1.5 管道法兰、焊缝及其他连接件的设置应便于检修，并不得紧贴墙壁、楼板或管架。当管道穿越道路、墙体、楼板或构筑物时，应加设套管或砌筑涵洞进行保护，并应符合国家现行有关标准和设计文件的规定。

检验数量：全部检查。

检验方法：观察检查，尺量检查，检查施工记录。

7.1.6 管道的坡度、坡向及管道组成件的安装方向应符合设计文件的规定。

检验数量：全部检查。

检验方法：检查安装记录，采用水准仪或水平尺检查。

7.2 管 道 预 制

一 般 项 目

7.2.1 预制完毕的管段，应按轴测图标注管线号和焊缝编号。内部应清理干净，并应封闭管口。

检验数量：全部检查。

检验方法：按轴测图检查。

7.2.2 自由管段和封闭管段的加工尺寸允许偏差应符合表7.2.2的规定。

检验数量：全部检查。

检验方法：采用直尺检查。

表 7.2.2 自由管段和封闭管段的加工尺寸允许偏差（mm）

项　目		允许偏差	
		自由管段	封闭管段
长度		±10	±1.5
法兰密封面与管子中心线垂直度	$DN<100$	0.5	0.5
	$100\leqslant DN\leqslant 300$	1.0	1.0
	$DN>300$	2.0	2.0
法兰螺栓孔对称水平度		±1.6	±1.6

7.3 钢制管道安装

Ⅰ 主 控 项 目

7.3.1 高温或低温管道法兰的螺栓，在试运行时应按下列规定进行热态紧固或冷态紧固：

1 管道热态紧固、冷态紧固温度应符合表7.3.1的规定。

表 7.3.1 管道热态紧固、冷态紧固温度（℃）

管道工作温度	一次热、冷态紧固温度	二次热、冷态紧固温度
250～350	工作温度	—
＞350	350	工作温度
－20～－70	工作温度	—
＜－70	－70	工作温度

2 热态紧固或冷态紧固应在达到工作温度2h后进行。

3 紧固螺栓时，管道最大内压应根据设计压力确定。当设计压力小于或等于6MPa时，热态紧固最大内压应为0.3MPa；当设计压力大于6MPa时，热态紧固最大内压应为0.5MPa。冷态紧固应卸压后进行。

检验数量：全部检查。

检验方法：检查施工记录。

7.3.2 管道预拉伸或压缩应检查下列内容，预拉伸或压缩量应符合设计文件的规定：

1 预拉伸区域内固定支架间所有焊缝（预拉口除外）已焊接完毕，需热处理的焊缝已做热处理，并经检验合格。

2 预拉伸区域支、吊架已安装完毕，管子与固定支架已牢固。预拉口附近的支、吊架应预留足够的调整裕量，支、吊架弹簧已按设计值进行调整，并临时固定，不使弹簧承受管道载荷。

3 预拉伸区域内的所有连接螺栓已拧紧。

检验数量：全部检查。

检验方法：观察检查，检查焊接记录、热处理记录和预拉伸或预压缩施工记录。

7.3.3 管道膨胀指示器的安装应符合设计文件的规定，并应指示正确。

检验数量：全部检查。

检验方法：观察检查，检查施工记录。

7.3.4 蠕胀测点和监察管段的安装应符合国家现行有关标准和设计文件的规定。

检验数量：全部检查。

检验方法：观察检查，尺量检查，检查施工记录。

7.3.5 合金钢管道系统安装完毕后，应检查材质标记。

检验数量：全部检查。

检验方法：观察检查，必要时采用光谱分析或其他材质复查方法。

Ⅱ 一般项目

7.3.6 当管道安装时，应检查法兰密封面及密封垫片，不得有影响密封性能的划痕、斑点等缺陷。

检验数量：全部检查。

检验方法：观察检查。

7.3.7 法兰连接应与管道同心，螺栓应自由穿入。法兰螺栓孔应跨中布置。法兰间应保持平行，其偏差不得大于法兰外径的0.15%，且不得大于2mm。

检验数量：全部检查。

检验方法：观察检查和卡尺检查。

7.3.8 法兰连接应使用同一规格螺栓，安装方向应一致。螺栓紧固后应与法兰紧贴，不得有楔缝。当需加垫圈时，每个螺栓不应超过1个。所有螺母应全部拧入螺栓。

检验数量：全部检查。

检验方法：观察检查。

7.3.9 当管道安装遇到下列情况之一时，螺栓、螺母应涂刷二硫化钼油脂、石墨机油或石墨粉等：

1 不锈钢、合金钢螺栓和螺母。

2 管道设计温度高于100℃或低于0℃。

3 露天装置。

4 处于大气腐蚀环境或输送腐蚀介质。

检验数量：全部检查。

检验方法：观察检查。

7.3.10 其他型式的管道接头连接和安装质量应符合国家现行有关标准、设计文件和产品技术文件的规定。

检验数量：全部检查。

检验方法：观察检查。

7.3.11 管道安装的允许偏差应符合表7.3.11的规定。

检验数量：按每条管线号抽查不少于3处。

检验方法：采用水平仪、经纬仪、直尺、水平尺、拉线或吊线检查。

表7.3.11 管道安装的允许偏差（mm）

项目			允许偏差
坐标	架空及地沟	室外	25
		室内	15
	埋地		60
标高	架空及地沟	室外	±20
		室内	±15
	埋地		±25

续表7.3.11

项目		允许偏差
水平管道平直度	DN≤100	2*l*‰，最大50
	DN>100	3*l*‰，最大80
立管铅垂度		5*l*‰，最大30
成排管道间距		15
交叉管的外壁或绝热层间距		20

7.4 连接设备的管道安装

主控项目

7.4.1 管道与设备的连接应在设备安装定位并紧固地脚螺栓后进行，管道安装前应将内部清理干净。

检验数量：全部检查。

检验方法：观察检查，检查设备安装记录或中间交接记录。

7.4.2 对不得承受附加外荷载的动设备，管道与动设备连接质量应符合下列规定：

1 管道与动设备连接前，应在自由状态下，检验法兰的平行度和同心度，当设计文件或产品技术文件无规定时，法兰平行度和同心度允许偏差应符合表7.4.2的规定。

检验数量：全部检查。

检验方法：采用塞尺、卡尺、直尺等检查。

表7.4.2 法兰平行度和同心度允许偏差

机器转速（r/min）	平行度（mm）	同心度（mm）
<3000	≤0.40	≤0.80
3000～6000	≤0.15	≤0.50
>6000	≤0.10	≤0.20

2 管道系统与动设备最终连接时，动设备额定转速大于6000r/min时的位移值应小于0.02mm；额定转速小于或等于6000r/min时的位移值应小于0.05mm。

检验数量：全部检查。

检验方法：在联轴器上架设百分表监视动设备位移。

7.4.3 管道试压、吹扫与清洗合格后，应对管道与动设备的接口进行复位检查，其偏差值应符合本规范表7.4.2的规定。

检验数量：全部检查。

检验方法：采用塞尺、卡尺、直尺等检查。

7.5 铸铁管道安装

一 般 项 目

7.5.1 铸铁管道安装的坐标、标高允许偏差应符合表7.5.1的规定。管道安装后各管节间应平顺，接口应无突起、突弯、轴向位移现象。

检验数量：全部检查。

检验方法：采用经纬仪和尺量检查。

表7.5.1 铸铁管道安装轴线位置、标高的允许偏差（mm）

项目	允许偏差（mm）	
	无压力的管道	有压力的管道
轴线位置	15	30
标高	±10	±20

7.5.2 管道沿直线安装时，承插接口的环向间隙应均匀，承插口间的轴向间隙应不小于3mm。

检验数量：全部检查。

检验方法：尺量检查。

7.5.3 管道沿曲线安装时，接口的允许借转角应符合表7.5.3的规定。

表7.5.3 管道沿曲线安装时接口的允许借转角

接口种类	公称尺寸(mm)	允许转角(°)
刚性接口	75～450	2
	500～1200	1
滑入式T型、梯唇型橡胶圈接口及柔性机械式接口	75～600	3
	700～800	2
	≥900	1

检验数量：全部检查。

检验方法：尺量检查。

7.5.4 管道柔性接口连接应符合下列规定：

1 承插接口连接时，承口的内工作面、插口的外工作面应修整光滑，不得有影响接口密封性的缺陷，插口推入深度应符合设计或产品技术文件要求。

2 法兰接口连接时，插口与承口法兰压盖的纵向轴线应重合。连接螺栓终拧扭矩应符合设计或产品技术文件要求。接口连接后，连接部位及连接件应无变形、破损现象。螺栓安装方向应一致。采用钢制螺栓和螺母时，防腐处理应符合设计要求。

3 橡胶圈安装位置应准确，不得扭曲、外露；沿圆周各点应与承口端面等距，其允许偏差为±3m。

检验数量：全部检查。

检验方法：观察检查，扭矩扳手检查，尺量检查，检查施工记录。

7.5.5 管道刚性接口连接应符合下列规定：

1 油麻填料的打入深度应为承口总深度的1/3，且不应超过承口三角凹槽的内边；橡胶圈装填应平展、压实，不得有松动、扭曲、断裂等缺陷。

2 接口水泥应密实饱满，其接口水泥面凹入承口边缘的深度不得大于2mm，水泥强度应符合设计文件的规定。

检验数量：全部检查。

检验方法：观察检查，尺量检查。

7.6 不锈钢和有色金属管道安装

7.6.1 不锈钢和有色金属管道的安装质量除应符合本节的规定外，尚应符合本规范第7.3节的有关规定。

Ⅰ 主 控 项 目

7.6.2 有色金属管道组成件与黑色金属管道支承件之间不得直接接触，应采用同材质或对管道组成件无害的非金属隔离垫进行隔离。对于不锈钢、镍及镍合金管道组成件，非金属隔离垫的氯离子含量不得超过50×10^{-6}(50ppm)。

检验数量：全部检查。

检验方法：观察检查，检查隔离垫的材质证明书。

7.6.3 不锈钢、镍及镍合金管道法兰用非金属垫片的氯离子含量不得超过50×10^{-6}(50ppm)。

检验数量：全部检查。

检验方法：观察检查，检查垫片的材质证明书。

7.6.4 用钢管保护的铅、铝及铝合金管，在装入钢管前应经试压合格。

检验数量：全部检查。

检验方法：观察检查，检查试压记录。

Ⅱ 一 般 项 目

7.6.5 不锈钢和有色金属管道安装完毕后，应检查其表面质量，其表面应平整、光洁，不得有超过壁厚允许偏差的机械划伤、凹瘪、异物嵌入以及飞溅物造成的污染等伤害。

检验数量：全部检查。

检验方法：观察检查和测厚检查。

7.6.6 铜及铜合金管道连接时，应符合下列规定：

1 翻边连接的管子，应保持同轴，当公称尺寸小于或等于50mm时，其偏差不应大于1mm；当公称尺寸大于50mm时，其偏差不应大于2mm。

2 螺纹连接的管子，其螺纹部分应涂以石墨甘油。

3 安装铜波纹膨胀节时，其直管长度不得小于100mm。

检验数量：全部检查。

检验方法：观察检查和尺量检查。

7.7 伴热管安装

Ⅰ 主控项目

7.7.1 当不允许伴热管与主管直接接触时，应在伴热管与主管之间加装隔离垫。当主管为不锈钢、伴热管为碳钢管时，隔离垫的氯离子含量不得超过50×10^{-6}(50ppm)，绑扎应采用不锈钢丝或不引起渗碳的绑扎带。

检验数量：全部检查。

检验方法：观察检查，检查隔离垫的材质证明书。

Ⅱ 一般项目

7.7.2 伴热管应与主管平行，位置、间距应正确，并应自行排液。不得将伴热管直接点焊在主管上。弯头部位的伴热管绑扎带不得少于3道，直管段伴热管绑扎点间距应符合表7.7.2的规定。

检验数量：全部检查。

检验方法：观察检查和尺量检查。

表7.7.2 直管段伴热管绑扎点间距(mm)

伴热管公称尺寸	绑扎点间距
10	800
15	1000
20	1500
>20	2000

7.8 夹套管安装

7.8.1 夹套管的安装质量除应符合本节的规定外，尚应符合本规范第5.4节和第7章的有关规定。

一般项目

7.8.2 夹套管的连通管安装，应符合设计文件的规定。当设计无规定时，连通管不得存液。

检验数量：全部检查。

检验方法：观察检查。

7.8.3 夹套管的支承块在同一位置处应设置3块，管道水平安装时，其中2块支承块应对地面跨中布置，夹角应为110°～120°；管道垂直安装时，3块支承块应按120°夹角均匀布置。

检验数量：全部检查。

检验方法：观察检查。

7.9 防腐蚀衬里管道安装

7.9.1 防腐蚀衬里管道的安装质量除应符合本节的规定外，尚应符合本规范第7.3节的有关规定。

一般项目

7.9.2 衬里管道安装前，应检查衬里层的质量，衬里层结构应完好和保持内部清洁。

检验数量：全部检查。

检验方法：观察检查，电火花检测或其他检测方法。

7.10 阀门安装

Ⅰ 主控项目

7.10.1 安全阀的安装应符合下列规定：

1 安全阀应垂直安装。

2 安全阀的出口管道应接向安全地点。

3 当进出口管道上设置截止阀时，截止阀应加铅封，且应锁定在全开启状态。

检验数量：全部检查。

检验方法：观察检查。

7.10.2 在管道投入试运行时，应按现行行业标准《安全阀安全技术监察规程》TSG ZF001和设计文件的规定对安全阀进行最终整定压力调整，并应铅封。

检验数量：全部检查。

检验方法：观察检查，检查安全阀调整记录。

Ⅱ 一般项目

7.10.3 阀门的型号、安装位置和方向应符合设计文件的规定。安装位置、进出口方向应正确，连接应牢固、紧密，启闭应灵活，阀杆、手轮等朝向应合理。

检验数量：全部检查。

检验方法：观察检查和启闭检查。

7.11 补偿装置安装

主控项目

7.11.1 补偿装置的规格、安装位置和方向应符合国家现行有关标准和设计文件的规定。

检验数量：全部检查。

检验方法：对照设计文件、产品技术文件检查。

7.11.2 “Π”形或“Ω”形膨胀弯管安装质量应符合设计文件的规定，并应符合下列规定：

1 安装前应按设计文件的规定进行预拉伸或预压缩，允许偏差为10mm。

2 预拉伸或预压缩的焊口位置与膨胀弯管起弯点的距离应大于2m。

3 水平安装时，其平行臂应与管线坡度相同，两垂直臂应相互平行。

4 铅垂安装时，应有排气及疏水装置。

检验数量：全部检查。

检验方法：观察检查和尺量检查，检查管道补偿器安装记录。

7.11.3 波纹管膨胀节的安装质量应符合设计文件的规定，并应符合下列规定：

1 波纹膨胀节安装前应按设计文件的规定进行预拉伸或预压缩，受力应均匀。

2 波纹管膨胀节内套有焊缝的一端，在水平管道上应位于介质的流入端，在铅垂管道上应置于上部。

3 波纹管膨胀节应与管道保持同心，不得偏斜和周向扭转。

检验数量：全部检查。

检验方法：观察检查，检查管道补偿器安装记录。

7.11.4 填料式补偿器的安装质量应符合设计文件的规定，并应符合下列规定：

1 填料式补偿器应与管道保持同心，不得歪斜。

2 两侧的导向支座应保证运行时自由伸缩，不得偏离中心。

3 应按设计文件规定的安装长度及温度变化，留有剩余的收缩量。剩余收缩量的允许偏差为5mm。

检验数量：全部检查。

检验方法：观察检查和尺量检查，检查管道补偿器安装记录。

7.11.5 球型补偿器的安装质量应符合设计文件的规定。

检验数量：全部检查。

检验方法：观察检查，检查管道补偿器安装记录。

7.12 支、吊架安装

Ⅰ 主控项目

7.12.1 管道固定支架的形式、安装位置和质量应符合国家现行有关标准和设计文件的规定。不得在没有补偿装置的热管道直管段上同时安置2个及2个以上的固定支架。

检验数量：全部检查。

检验方法：观察检查和测量检查，检查管道支、吊架安装记录。

7.12.2 弹簧支、吊架的形式应符合设计文件的规定，安装位置应正确，弹簧的调整值应符合设计文件的规定。

检验数量：全部检查。

检验方法：观察检查和测量检查，检查管道支、吊架安装记录。

Ⅱ 一般项目

7.12.3 无热位移的管道，吊杆应垂直安装。有热位移的管道，其吊杆应偏置安装，当设计文件无规定时，吊点应设置在位移的相反方向，并应按位移值的1/2偏位安装。两根有热位移的管道不得使用同一吊杆。

检验数量：全部检查。

检验方法：观察检查和测量检查，检查管道支、吊架安装记录。

7.12.4 导向支架或滑动支架的滑动面应洁净、平整，不得有歪斜和卡涩现象。有热位移的管道，当设计文件无规定时，支架安装位置应从支承面中心向位移反方向偏移，偏移量应为位移值的1/2，绝热层不得妨碍其位移。

检验数量：全部检查。

检验方法：观察检查和测量检查，检查管道支、吊架安装记录。

7.12.5 管道安装完毕后，应逐个核对支、吊架的形式和位置。

检验数量：全部检查。

检验方法：观察检查和测量检查，检查设计图纸和管道支、吊架安装记录。

7.13 静电接地安装

主控项目

7.13.1 有静电接地要求的管道，每对法兰或其他接头间的电阻值应小于或等于0.03Ω。

检验数量：全部检查。

检验方法：电阻值测量，检查管道静电接地测试记录。

7.13.2 有静电接地要求的管道系统，其对地电阻值及接地位置应符合设计文件的规定。

检验数量：全部检查。

检验方法：电阻值测量，检查管道静电接地测试记录。

7.13.3 有静电接地要求的不锈钢和有色金属管道，其跨接线或接地引线不得与管道直接连接，应采用同材质连接板过渡。

检验数量：全部检查。

检验方法：观察检查，检查管道静电接地测试记录。

8 管道检查、检验和试验

8.1 焊缝外观检查

Ⅰ 主控项目

8.1.1 管道焊缝的检查等级划分应符合表 8.1.1 的规定。

检验数量：全部检查。

检验方法：观察检查和检查尺检查，检查焊接检查记录。

表 8.1.1 管道焊缝的检查等级划分

焊缝检查等级	管道类别
Ⅰ	(1) 毒性程度为极度危害的流体管道； (2) 设计压力大于或等于 10MPa 的可燃流体、有毒流体的管道； (3) 设计压力大于或等于 4MPa、小于 10MPa，且设计温度大于等于 400℃的可燃流体、有毒流体的管道； (4) 设计压力大于或等于 10MPa，且设计温度大于或等于 400℃的非可燃流体、无毒流体的管道； (5) 设计文件注明为剧烈循环工况的管道； (6) 设计温度低于－20℃的所有流体管道； (7) 夹套管的内管； (8) 按本规范第 8.5.6 条的规定做替代性试验的管道； (9) 设计文件要求进行焊缝 100％无损检测的其他管道
Ⅱ	(1) 设计压力大于或等于 4MPa、小于 10MPa，设计温度低于 400℃，毒性程度为高度危害的流体管道； (2) 设计压力小于 4MPa，毒性程度为高度危害的流体管道； (3) 设计压力大于或等于 4MPa、小于 10MPa，设计温度低于 400℃的甲、乙类可燃气体和甲类可燃液体的管道； (4) 设计压力大于或等于 10MPa，且设计温度小于 400℃的非可燃流体、无毒流体的管道； (5) 设计压力大于或等于 4MPa、小于 10MPa，且设计温度大于等于 400℃的非可燃流体、无毒流体的管道； (6) 设计文件要求进行焊缝 20％无损检测的其他管道

续表 8.1.1

焊缝检查等级	管道类别
Ⅲ	(1) 设计压力大于或等于 4MPa、小于 10MPa，设计温度低于 400℃，毒性程度为中毒和轻度危害的流体管道； (2) 设计压力小于 4MPa 的甲、乙类可燃气体和甲类可燃液体管道； (3) 设计压力大于或等于 4MPa、小于 10MPa，设计温度低于 400℃的乙、丙类可燃液体管道； (4) 设计压力大于或等于 4MPa、小于 10MPa，设计温度低于 400℃的非可燃流体、无毒流体的管道； (5) 设计压力大于 1MPa 小于 4MPa，设计温度高于或等于 400℃的非可燃流体、无毒流体的管道； (6) 设计文件要求进行焊缝 10％无损检测的其他管道
Ⅳ	(1) 设计压力小于 4MPa，毒性程度为中毒和轻度危害的流体管道； (2) 设计压力小于 4MPa 的乙、丙类可燃液体管道； (3) 设计压力大于 1MPa 小于 4MPa，设计温度低于 400℃的非可燃流体、无毒流体的管道； (4) 设计压力小于或等于 1MPa，且设计温度大于 185℃的非可燃流体、无毒流体的管道； (5) 设计文件要求进行焊缝 5％无损检测的其他管道
Ⅴ	设计压力小于或等于 1.0MPa，且设计温度高于－20℃但不高于 185℃的非可燃流体、无毒流体的管道

8.1.2 钛及钛合金、锆及锆合金的焊缝表面除应进行外观质量检查外，还应在焊后清理前进行色泽检查。钛及钛合金焊缝的色泽检查结果应符合表 8.1.2 的规定。锆及锆合金的焊缝表面应为银白色，可有淡黄色存在，但应清除。

检验数量：全部检查。

检验方法：观察检查和检查焊接检查记录。

表 8.1.2 钛及钛合金焊缝的色泽检查

焊缝表面颜色	保护效果	质量
银白色(金属光泽)	优	合格
金黄色(金属光泽)	良	合格
紫色(金属光泽) 蓝色(金属光泽)	低温氧化，焊缝表面有污染	合格
	高温氧化，焊缝表面污染严重，性能下降	不合格
灰色(金属光泽)	保护不好，污染严重	不合格
暗灰色	保护不好，污染严重	不合格
灰白色	保护不好，污染严重	不合格
黄白色	保护不好，污染严重	不合格

Ⅱ 一 般 项 目

8.1.3 所有焊缝的观感质量应外形均匀，成型应较好，焊道与焊道、焊道与母材之间应平滑过渡，焊渣和飞溅物应清除干净。

检验数量：全部检查。

检验方法：观察检查。

8.2 焊缝射线检测和超声波检测

主 控 项 目

8.2.1 除设计文件另有规定外，现场焊接的管道及管道组成件的对接纵缝和环缝、对接式支管连接焊缝应进行射线检测或超声检测。对射线检测或超声检测发现有不合格的焊缝，经返修后，应采用原规定的检验方法重新进行检验。焊缝质量应符合下列规定：

1 100％射线检测的焊缝质量合格标准不应低于现行行业标准《承压设备无损检测 第2部分 射线检测》JB/T 4730.2 规定的Ⅱ级；抽样或局部射线检测的焊缝质量合格标准不应低于现行行业标准《承压设备无损检测 第2部分 射线检测》JB/T 4730.2 规定的Ⅲ级。

2 100％超声检测的焊缝质量合格标准不应低于现行行业标准《承压设备无损检测 第3部分 超声检测》JB/T 4730.3 规定的Ⅰ级；抽样或局部超声检测的焊缝质量合格标准不应低于现行行业标准《承压设备无损检测 第3部分 超声检测》JB/T 4730.3 规定的Ⅱ级。

3 检验数量应符合设计文件和下列规定：

1） 管道焊缝无损检测的检验比例应符合表 8.2.1 的规定。

表 8.2.1 管道焊缝无损检测的检验比例

焊缝检查等级	Ⅰ	Ⅱ	Ⅲ	Ⅳ	Ⅴ
无损检测比例（％）	100	≥20	≥10	≥5	—

2） 管道公称尺寸小于 500mm 时，应根据环缝数量按规定的检验比例进行抽样检验，且不得少于1个环缝。环缝检验应包括整个圆周长度。固定焊的环缝抽样检验比例不应少于40％。

3） 管道公称尺寸大于或等于 500mm 时，应对每条环缝按规定的检验数量进行局部检验，并不得少于 150mm 的焊缝长度。

4） 纵缝应按规定的检验数量进行局部检验，且不得少于 150mm 的焊缝长度。

5） 抽样或局部检验时，应对每一焊工所焊的焊缝按规定的比例进行抽查。当环缝与纵缝相交时，应在最大范围内包括与纵缝的交叉点，其中纵缝的检查长度不应少于 38mm。

6） 抽样或局部检验应按检验批进行。检验批和抽样或局部检验的位置应由质量检查人员确定。

4 检验方法：检查射线或超声检测报告和管道轴测图。

8.2.2 当焊缝局部检验或抽样检验发现有不合格时，应在该焊工所焊的同一检验批中采用原规定的检验方法做扩大检验，焊缝质量合格标准应符合本规范第 8.2.1 条的规定。

检验数量应符合下列规定：

1 当出现1个不合格焊缝时，应再检验该焊工所焊的同一检验批的2个焊缝；

2 当2个焊缝中任何1个又出现不合格时，每个不合格焊缝应再检验该焊工所焊的同一检验批的2个焊缝。

3 当再次检验又出现不合格时，应对该焊工所焊的同一检验批的焊缝进行100％检验。

检验方法：检查射线或超声检测报告和管道轴测图。

8.3 焊缝表面无损检测

主 控 项 目

8.3.1 除设计文件另有规定外，现场焊接的管道和管道组成件的承插焊焊缝、支管连接焊缝（对接式支管连接除外）和补强圈焊缝、密封焊缝、支吊架与管道的连接焊缝，以及管道上的其他角焊缝，其表面应进行磁粉检测或渗透检测。磁粉检测或渗透检测发现的不合格焊缝，经返修后，返修部位应采用原规定的检验方法重新进行检验。焊缝质量合格标准不应低于现行行业标准《承压设备无损检测 第4部分 磁粉检测》JB/T 4730.4 和《承压设备无损检测 第5部分 渗透检测》JB/T 4730.5 规定的Ⅰ级。

检验数量：应符合设计文件和本规范第 8.2.1 条的规定。

检验方法：检查磁粉或渗透检测报告和管道轴测图。

8.3.2 当焊缝局部检验或抽样检验发现有不合格时，应在该焊工所焊的同一检验批中采用原规定的检验方法做扩大检验，焊缝质量合格标准应符合本规范第 8.3.1 条的规定。

检验数量：应符合本规范第 8.2.2 条的规定。

检验方法：检查磁粉或渗透检测报告和管道轴测图。

8.4 硬度检验及其他检验

主 控 项 目

8.4.1 要求热处理的焊缝和管道组成件，热处理后应进行硬度检验。当管道组成件和焊缝重新进行热处理时，应重新进行硬度检验。除设计文件另有规定外，热处理后的硬度值应符合表 8.4.1 的规定。表 8.4.1 中未列入的材料，其焊接接头的焊缝和热影响区硬度值，碳素钢不应大于母材硬度值的 120%；合金钢不应大于母材硬度值的 125%。

检验数量应符合设计文件和下列规定的检查范围：

1 炉内热处理的每一热处理炉次应抽查 10%；局部热处理时应进行 100%检验。

2 焊缝的硬度检验区域应包括焊缝和热影响区。对于异种金属的焊缝，两侧母材热影响区均应进行硬度检验。

检验方法：检查硬度检验报告和管道轴测图。

表 8.4.1 热处理焊缝和管道组成件的硬度合格标准

母材类别	布氏硬度 HB
碳钼钢（C-Mo）、锰钼钢（Mn-Mo）、铬钼钢（Cr-Mo）：Cr≤0.5%	225
铬钼钢（Cr-Mo）：0.5<Cr≤2%	225
铬钼钢（Cr-Mo）：2<Cr≤10%	241
马氏体不锈钢	241

8.4.2 对于硬度抽样检验的管道组成件和焊接接头，当发现硬度值有不合格时，应做扩大检验。硬度值应符合本规范第 8.4.1 条的规定。

检验数量：应符合本规范第 8.2.2 条的规定。

检验方法：检查硬度检验报告和管道轴侧图。

8.4.3 当规定进行管道焊缝金属的化学成分分析、焊缝铁素体含量测定、焊接接头金相检验、产品试件力学性能等检验时，检验结果应符合国家现行有关标准和设计文件的规定。

检验数量：应符合国家现行有关标准和设计文件的规定。

检验方法：按规定的检验方法进行，并检查检验报告。

8.5 压 力 试 验

主 控 项 目

8.5.1 管道安装完毕、热处理和无损检测合格后，应进行压力试验。压力试验前，应检查压力试验范围内的管道系统，除涂漆、绝热外应已按设计图纸全部完成，安装质量应符合设计文件和本规范的有关规定，且试压前的各项准备工作应已完成。

检验数量：压力试验范围内的全部管道和全部安装资料。

检验方法：观察检查，检查相关资料。

8.5.2 液压试验应符合下列规定：

1 液压试验应使用洁净水。当水对管道或工艺有不良影响并有可能损坏管道时，可使用其他合适的无毒液体。当采用可燃液体介质进行试验时，其闪点不得低于 50℃。

2 液压试验温度严禁接近金属材料的脆性转变温度。

3 试验压力应符合下列规定：

1）承受内压的地上钢管道及有色金属管道试验压力应为设计压力的 1.5 倍。埋地钢管道的试验压力应为设计压力的 1.5 倍，且不得低于 0.4MPa。

2）当管道的设计温度高于试验温度时，试验压力应按下式计算，并应校核管道在试验压力（P_T）条件下的应力。当试验压力在试验温度下产生超过屈服强度的应力时，应将试验压力降至不超过屈服强度时的最大压力。

$$P_T = 1.5P\,[\sigma]_T / [\sigma]^t \quad (8.5.2)$$

式中：P_T——试验压力（表压）（MPa）；

P——设计压力（表压）（MPa）；

$[\sigma]_T$——试验温度下，管材的许用应力（MPa）；

$[\sigma]^t$——设计温度下，管材的许用应力（MPa）。

当 $[\sigma]_T / [\sigma]^t$ 大于 6.5 时，取 6.5。

3）当管道与设备作为一个系统进行试验，且管道的试验压力等于或小于设备的试验压力时，应按管道的试验压力进行试验。当管道试验压力大于设备的试验压力，且无法将管道与设备隔开，以及设备的试验压力不小于按本规范公式（8.5.2）计算的管道试验压力的 77%时，经设计或建设单位同意，可按设备的试验压力进行试验。

4）承受内压的埋地铸铁管道的试验压力，当设计压力小于或等于 0.5MPa 时，应为设计压力的 2 倍；当设计压力大于 0.5MPa 时，应为设计压力加 0.5MPa。

5）对位差较大的管道，应将试验介质的静压计入试验压力中。液体管道的试验压力应以最高点的压力为准，其最低点的压力不得超过管道组成件的承受力。

6）对承受外压的管道，其试验压力应为设计内、外压力之差的 1.5 倍，且不得低于 0.2MPa。

7）夹套管内管的试验压力应按内部或外部设计压力的较大者确定。夹套管外管的试验压力除设计文件另有规定外，应按本规范第8.5.2条第1款的规定进行。

4 液压试验时，应缓慢升压，待达到试验压力后，稳压10min，再将试验压力降至设计压力，稳压30min，以压力表压力不降、管道所有部位无渗漏为合格。

检验数量：全部检查。

检验方法：观察检查，检查压力试验记录。

8.5.3 不锈钢、镍及镍合金管道，或连有不锈钢、镍及镍合金管道组成件或设备的管道，在进行水压试验时，水中氯离子含量不得超过25×10^{-6}（25ppm）。

检验数量：全部检查。

检验方法：检查水质分析报告。

8.5.4 气压试验应符合下列规定：

1 试验介质应采用干燥洁净的空气、氮气或其他不易燃和无毒的气体。

2 气压试验温度严禁接近金属材料的脆性转变温度。

3 承受内压钢管及有色金属管的试验压力应为设计压力的1.15倍。真空管道的试验压力应为0.2MPa。

4 气压试验时应装有压力泄放装置，其设定压力不得高于试验压力的1.1倍。

5 气压试验前，应用空气进行预试验，试验压力宜为0.2MPa。

6 气压试验时，应逐步缓慢增加压力，当压力升至试验压力的50%时，如未发现异状或泄漏，应继续按试验压力的10%逐级升压，每级稳压3min，直至试验压力。应在试验压力下保持10min，再将压力降至设计压力，应以发泡剂检验无泄漏为合格。

检验数量：全部检查。

检验方法：观察检查，检查压力试验记录。

8.5.5 液压-气压试验应符合本规范第8.5.4条的规定，且被液体充填部分管道的压力不应大于本规范第8.5.2条第3款第1）项、第2）项的规定。

检验数量：全部检查。

检验方法：观察检查和检查压力试验记录。

8.5.6 现场条件不允许进行管道液压和气压试验时，经建设单位和设计单位同意，可采用无损检测、管道系统柔性分析和泄漏试验代替压力试验，并应符合下列规定：

1 所有环向、纵向对接焊缝和螺旋焊焊缝应进行100%射线检测或100%超声检测；其他未包括的焊缝（支吊架与管道的连接焊缝）应进行100%的渗透检测或100%的磁粉检测。焊缝无损检测合格标准应符合本规范第8.2.1和8.3.1条的规定。

2 管道系统的柔性分析方法和结果应符合国家现行有关标准的规定。

3 管道系统应采用敏感气体或浸入液体的方法进行泄漏试验，当设计文件无规定时，泄漏试验应符合下列规定：

1）试验压力不应小于105kPa或25%设计压力两者中的较小值。

2）应将试验压力逐渐增加至0.5倍试验压力或170kPa两者中的较小值，然后进行初检，再分级逐渐增加至试验压力，每级应有足够的时间以平衡管道的应变。

3）试验结果应符合本规范第8.5.7条的规定。

检验数量：全部检查。

检验方法：观察检查，检查柔性分析结果、无损检测报告和泄漏性试验记录。

8.5.7 泄漏性试验应按设计文件的规定进行，并应符合下列规定：

1 输送极度和高度危害介质以及可燃介质的管道，必须进行泄漏性试验。

2 泄漏性试验应在压力试验合格后进行。试验介质宜采用空气。

3 泄漏性试验压力应为设计压力。

4 泄漏性试验应逐级缓慢升压，当达到试验压力，并停压10min后，应巡回检查阀门填料函、法兰或螺纹连接处、放空阀、排气阀、排净阀等所有密封点，应以无泄漏为合格。

检验数量：全部检查。

检验方法：采用发泡剂观察检查，检查泄漏性试验记录。

8.5.8 真空系统在压力试验合格后，应按设计文件规定进行24h的真空度试验，增压率不应大于5%。

检验数量：全部检查。

检验方法：观察检查，检查真空度试验记录。

8.5.9 当设计文件规定以卤素、氦气、氨气或其他方法进行泄漏性试验时，应符合国家现行有关标准和设计文件的规定。

检验数量：全部检查。

检验方法：观察检查，检查泄漏性试验记录。

9 管道吹扫与清洗

9.1 水 冲 洗

主 控 项 目

9.1.1 冲洗管道应使用洁净水。冲洗不锈钢、镍及镍合金管道时，水中氯离子含量不得超过25×10^{-6}（25ppm）。

检验数量：全部检查。

检验方法：检查水质分析报告。

9.1.2 管道水冲洗的技术要求和质量应符合国家现行有关标准和设计文件的规定。当设计文件无规定时，应以冲洗排出口的水色和透明度与入口处的水色和透明度目测一致为合格。

检验数量：全部检查。

检验方法：观察检查，检查系统吹洗记录。

9.1.3 管道冲洗合格后，应及时将管内积水排净，并应及时吹干。

检验数量：全部检查。

检验方法：观察检查，检查系统封闭记录。

9.2 空气吹扫

主控项目

9.2.1 空气吹扫的技术要求和质量应符合国家现行有关标准和设计文件的规定。应在排气口设置贴有白布或涂刷白色涂料的木制靶板进行检验，吹扫5min后靶板上应无铁锈、尘土、水分及其他杂物。

检验数量：全部检查。

检验方法：检查靶板，检查系统吹洗记录。

9.2.2 空气吹扫合格的管道在投入使用前，应按设计文件的规定进行封闭。

检验数量：全部检查。

检验方法：观察检查，检查系统封闭记录。

9.3 蒸汽吹扫

主控项目

9.3.1 蒸汽吹扫的技术要求应符合国家现行有关标准和设计文件的规定。通往汽轮机或设计文件有规定的蒸汽管道，蒸汽吹扫后应检查靶板，吹扫质量应符合设计文件的规定，最终验收的靶板应做好标识，并应妥善保管。当设计文件无规定时，蒸汽吹扫质量应符合表9.3.1的规定。

检验数量：全部检查。

检验方法：检查靶板，检查系统吹洗记录。

表9.3.1 蒸汽吹扫质量验收标准

序号	检验项目	质量标准
1	打靶次数	不少于3次
2	打靶持续时间	每次吹扫15min（两次吹扫均应合格）
3	靶板上痕迹大小	ϕ0.6mm以下
4	靶板上痕迹深度	小于0.5mm
5	痕迹点数	1个/cm²

9.3.2 除本规范第9.3.1条规定以外的蒸汽管道吹扫时，可用刨光涂刷白色涂料的木制靶板置于排汽口进行检验。吹扫15min后靶板上应无铁锈、污物等杂质。

检验数量：全部检查。

检验方法：检查靶板，检查系统吹洗记录。

9.3.3 蒸汽吹扫合格的管道在投入运行前，应按设计文件的规定进行系统封闭。

检验数量：全部检查。

检验方法：观察检查，检查系统封闭记录。

9.4 管道脱脂

主控项目

9.4.1 管道脱脂的技术要求和质量标准应符合国家现行有关标准、设计文件和下列规定：

1 采用有机溶剂脱脂的脱脂件，脱脂后应将残存的溶剂用无油压缩空气吹除干净，直至无溶剂气味为止。

2 采用碱液脱脂的脱脂件，应用无油清水冲洗干净直至中性，然后用无油压缩空气吹干。用于冲洗不锈钢管的清洁水，水中氯离子含量不得超过25×10^{-6}（25ppm）。

3 采用65%以上浓硝酸作脱脂溶剂时，酸中所含有机物总量不应大于0.03%。

4 直接与氧、富氧、浓硝酸等强氧化性介质接触的管子、管件及阀门，可采用下列任意一种方法进行检验：

1）采用清洁干燥的白色滤纸擦拭脱脂件表面，纸上无油脂痕迹为合格。

2）采用无油蒸汽吹洗脱脂件，取少量蒸汽冷凝液盛于器皿中，放入一小粒直径不大于1mm的纯樟脑丸，以樟脑丸不停旋转为合格。

3）使用波长为3200～3800的紫外光源照射脱脂件表面，无紫蓝荧光为合格。

4）取样检查合格后的脱脂液，以其油脂含量不大于350mg/L为合格。

检验数量：全部检查。

检验方法：观察检查，检查脱脂记录、水质报告等。

9.4.2 脱脂合格的管道在投入使用前，应按国家现行有关标准和设计文件的规定进行系统封闭。

检验数量：全部检查。

检验方法：观察检查，检查系统封闭记录。

9.5 化学清洗

主控项目

9.5.1 管道化学清洗的技术要求和质量应符合国家现行有关标准和设计文件的规定。

检验数量：全部检查。

检验方法：检查化学清洗记录。

9.5.2 化学清洗合格的管道在投入使用前，应按设计文件的规定进行封闭或充氮保护。

检验数量：全部检查。

检验方法：观察检查，检查系统封闭记录。

9.6 油　清　洗

主 控 项 目

9.6.1 润滑、密封及控制系统的油管道，应在机械设备和管道酸洗合格后、系统试运行前进行油清洗。油清洗的技术要求和合格标准应符合国家现行有关标准、设计文件或产品技术文件的规定。当设计文件或产品技术文件无规定时，管道油清洗后应采用滤网进行检验，合格标准应符合表9.6.1的规定。

检验数量：全部检查。

检验方法：观察检查，检查油清洗合格后的油质报告。

表9.6.1　油清洗合格标准

机械转速（r/min）	滤网规格（目）	合格标准
≥6000	200	1）目视滤网上无硬的颗粒及黏稠物； 2）软杂物不多于3个/cm^2
<6000	100	

9.6.2 经油清洗合格的管道，应按设计文件的规定进行封闭或充氮保护。

检验数量：全部检查。

检验方法：观察检查，检查系统封闭记录或充氮保护记录。

附录A　分项工程质量验收记录

表A　分项工程质量验收记录

<table>
<tr><td>分项工程名称</td><td colspan="5"></td></tr>
<tr><td>施工单位</td><td></td><td>项目经理</td><td></td><td>项目技术负责人</td><td></td></tr>
<tr><td>分包单位</td><td></td><td>分包单位负责人</td><td></td><td>分包单位技术负责人</td><td></td></tr>
<tr><td>序号</td><td>检验项目</td><td colspan="2">施工单位检验结果</td><td colspan="2">建设（监理）单位验收结论</td></tr>
<tr><td>1</td><td></td><td colspan="2"></td><td colspan="2">□ 合格　□ 不合格</td></tr>
<tr><td>2</td><td></td><td colspan="2"></td><td colspan="2">□ 合格　□ 不合格</td></tr>
<tr><td>3</td><td></td><td colspan="2"></td><td colspan="2">□ 合格　□ 不合格</td></tr>
<tr><td>4</td><td></td><td colspan="2"></td><td colspan="2">□ 合格　□ 不合格</td></tr>
<tr><td>5</td><td></td><td colspan="2"></td><td colspan="2">□ 合格　□ 不合格</td></tr>
<tr><td>6</td><td></td><td colspan="2"></td><td colspan="2">□ 合格　□ 不合格</td></tr>
<tr><td>7</td><td></td><td colspan="2"></td><td colspan="2">□ 合格　□ 不合格</td></tr>
<tr><td>8</td><td></td><td colspan="2"></td><td colspan="2">□ 合格　□ 不合格</td></tr>
<tr><td>9</td><td></td><td colspan="2"></td><td colspan="2">□ 合格　□ 不合格</td></tr>
<tr><td>10</td><td></td><td colspan="2"></td><td colspan="2">□ 合格　□ 不合格</td></tr>
<tr><td colspan="2">质量控制资料</td><td colspan="2"></td><td colspan="2">□ 符合　□ 不符合</td></tr>
<tr><td colspan="2">施工单位质量检查员：

施工单位专业技术负责人：

年　月　日</td><td colspan="4">建设（监理）单位验收结论：

建设单位专业技术负责人：
（监理工程师）

年　月　日</td></tr>
</table>

附录B　分部（子分部）工程质量验收记录

表B　分部（子分部）工程质量验收记录

工程名称			分项工程数量		
施工单位		项目经理		项目技术负责人	
分包单位		分包单位负责人		分包单位技术负责人	

序号	分项工程名称	检验项目数	施工单位检查评定结论	建设（监理）单位验收结论
1			□合格　□不合格	□合格　□不合格
2			□合格　□不合格	□合格　□不合格
3			□合格　□不合格	□合格　□不合格
4			□合格　□不合格	□合格　□不合格
5			□合格　□不合格	□合格　□不合格
6			□合格　□不合格	□合格　□不合格
7			□合格　□不合格	□合格　□不合格
8			□合格　□不合格	□合格　□不合格
9			□合格　□不合格	□合格　□不合格
10			□合格　□不合格	□合格　□不合格
质量控制资料			□符合　□不符合	□符合　□不符合

	建设单位	监理单位	施工单位	设计单位
参加验收单位	（公章） 项目负责人： 项目技术负责人： 年　月　日	（公章） 总监理工程师： 年　月　日	（公章） 项目负责人： 项目技术负责人： 年　月　日	（公章） 项目负责人： 年　月　日

附录C 单位（子单位）工程质量验收记录

表C 单位工程质量验收记录

<table>
<tr><td>工程名称</td><td colspan="5"></td></tr>
<tr><td>施工单位</td><td colspan="3"></td><td>开工日期</td><td></td></tr>
<tr><td>项目经理</td><td></td><td>项目技术负责人</td><td></td><td>竣工日期</td><td></td></tr>
<tr><td>序号</td><td>项目</td><td colspan="3">验收记录</td><td>结论</td></tr>
<tr><td>1</td><td>分部工程</td><td colspan="3">共　　分部，经检查　　分部，
符合标准及设计要求　　分部</td><td></td></tr>
<tr><td>2</td><td>质量控制资料</td><td colspan="3">共　　项，经检查符合要求　　项</td><td></td></tr>
<tr><td>3</td><td>综合验收结论</td><td colspan="4"></td></tr>
</table>

<table>
<tr><td rowspan="2">参加验收单位</td><td>建设单位</td><td>监理单位</td><td>施工单位</td><td>设计单位</td></tr>
<tr><td>（公章）
项目负责人：
年　月　日</td><td>（公章）
总监理工程师：
年　月　日</td><td>（公章）
项目负责人：
年　月　日</td><td>（公章）
项目负责人：
年　月　日</td></tr>
</table>

注：表中分部工程和质量控制资料的检查记录应由施工单位填写，验收结论应由建设（监理）单位填写。综合验收结论由参加验收各方共同商定，建设单位填写，应对工程质量是否符合设计和规范要求及总体质量水平作出评价。

附录 D 工程质量保证资料检查记录

表 D 工程质量保证资料检查记录

工程名称			施工单位		
分类	序号	资料名称	份数	检查意见	检查人
质量管理	1	现场质量管理制度及质量责任制		□符合□不符合	
	2	施工单位、检验单位资质审查		□符合□不符合	
	3	施工图审查		□符合□不符合	
	4	施工技术标准		□符合□不符合	
	5	施工组织设计、施工方案及审批		□符合□不符合	
	6	技术和安全交底		□符合□不符合	
	7	主要专业操作上岗证		□符合□不符合	
	8	监视及测量设备检定		□符合□不符合	
	9	现场材料、设备存放与管理		□符合□不符合	
质量控制	1	图纸会审、设计变更、材料代用单、协商记录		□符合□不符合	
	2	工程开工文件		□符合□不符合	
	3	材料质量证明文件及检验试验报告		□符合□不符合	
	4	施工记录		□符合□不符合	
	5	施工检测、检验试验报告		□符合□不符合	
	6	隐蔽工程（封闭）验收记录		□符合□不符合	
	7	中间交接记录		□符合□不符合	
	8	单位、分部、分项工程质量验收记录		□符合□不符合	
	9	压力管道安装监督检验报告		□符合□不符合	
	10	质量事故处理记录		□符合□不符合	
	11	竣工图		□符合□不符合	
结论：					
施工单位项目负责人： 年 月 日			建设单位项目负责人： （总监理工程师） 年 月 日		

注：表中资料名称和份数应由施工单位填写，检查意见和检查人应由建设（监理）单位填写。结论应由参加双方共同商定，建设单位填写。

本规范用词说明

1 为便于在执行本规范条文时区别对待，对要求严格程度不同的用词说明如下：

1）表示很严格，非这样做不可的：
正面词采用“必须”，反面词采用“严禁”；

2）表示严格，在正常情况下均应这样做的：
正面词采用“应”，反面词采用“不应”或“不得”；

3）表示允许稍有选择，在条件许可时首先应这样做的：
正面词采用“宜”，反面词采用“不宜”；

4）表示有选择，在一定条件下可以这样做的，采用“可”。

2 条文中指明应按其他有关标准执行的写法为：“应符合……的规定”或“应按……执行”。

引用标准名录

《工业金属管道工程施工规范》GB 50235

《工业安装工程施工质量验收统一标准》GB 50252

《现场设备、工业管道焊接工程施工质量验收规范》GB 50683—2011

《安全阀安全技术监察规程》TSG ZF001

《承压设备无损检测　第2部分　射线检测》JB/T 4730.2

《承压设备无损检测　第3部分　超声检测》JB/T 4730.3

《承压设备无损检测　第4部分　磁粉检测》JB/T 4730.4

《承压设备无损检测　第5部分　渗透检测》JB/T 4730.5

中华人民共和国国家标准

工业金属管道工程施工质量验收规范

GB 50184—2011

条 文 说 明

修 订 说 明

《工业金属管道工程施工质量验收规范》GB 50184—2011，经住房和城乡建设部 2010 年 12 月 24 日以 879 号公告批准发布。

本规范是在《工业金属管道工程质量检验评定标准》GB 50184—93 的基础上修订而成，上一版的主编单位是化工部施工技术研究所，参加单位是兰州化学工业公司建设公司、四川省工业设备安装公司、能源部电力建设研究所、冶金部第二冶金建设公司、大庆石油化工工程公司。主要起草人是许霖苍、李世勋、陈光平、熊光洪、付玉琴、董邦平、郑祖志、梁永利、王彦博、张文胜。

在本规范的修订过程中，编制组进行了广泛的调查研究，总结了我国工业金属管道工程施工实践经验，同时参考了有关国际标准和国外先进标准。

为便于广大设计、施工、科研、学校等单位有关人员在使用本标准时能正确理解和执行条文规定，《工业金属管道工程施工质量验收规范》编制组按章、节、条顺序编制了本规范的条文说明，对条文规定的目的、依据以及执行中需注意的有关事项进行了说明，还着重对强制性条文的强制性理由作了解释。但是，本条文说明不具备与标准正文同等的法律效力，仅供使用者作为理解和把握标准规定的参考。

目　次

1　总则 ………………………………… 1—15—29
2　术语 ………………………………… 1—15—29
3　基本规定 …………………………… 1—15—29
3.1　施工质量验收的划分 ……………… 1—15—29
3.2　施工质量验收 ……………………… 1—15—29
3.3　施工质量验收的程序及组织 ……… 1—15—29
4　管道元件和材料的检验 …………… 1—15—30
5　管道加工 …………………………… 1—15—30
5.1　弯管制作 …………………………… 1—15—30
5.2　卷管制作 …………………………… 1—15—30
5.3　管口翻边 …………………………… 1—15—30
5.4　夹套管制作 ………………………… 1—15—31
5.5　斜接弯头制作 ……………………… 1—15—31
5.6　支、吊架制作 ……………………… 1—15—31
6　焊接和焊后热处理………………… 1—15—31
7　管道安装 …………………………… 1—15—31
7.1　一般规定 …………………………… 1—15—31
7.2　管道预制 …………………………… 1—15—31
7.3　钢制管道安装 ……………………… 1—15—31
7.4　连接设备的管道安装 ……………… 1—15—32
7.5　铸铁管道安装 ……………………… 1—15—32
7.6　不锈钢和有色金属管道安装 …… 1—15—32
7.7　伴热管安装 ………………………… 1—15—32
7.8　夹套管安装 ………………………… 1—15—32
7.9　防腐蚀衬里管道安装 ……………… 1—15—32
7.10　阀门安装 ………………………… 1—15—32
7.11　补偿装置安装……………………… 1—15—32
7.12　支、吊架安装……………………… 1—15—33
7.13　静电接地安装……………………… 1—15—33
8　管道检查、检验和试验 …………… 1—15—33
8.1　焊缝外观检查 ……………………… 1—15—33
8.2　焊缝射线检测和超声波检测 …… 1—15—33
8.3　焊缝表面无损检测 ………………… 1—15—34
8.4　硬度检验及其他检验 ……………… 1—15—34
8.5　压力试验 …………………………… 1—15—34
9　管道吹扫与清洗…………………… 1—15—35
9.1　水冲洗 ……………………………… 1—15—35
9.2　空气吹扫 …………………………… 1—15—35
9.3　蒸汽吹扫 …………………………… 1—15—35
9.4　管道脱脂 …………………………… 1—15—35
9.5　化学清洗 …………………………… 1—15—35
9.6　油清洗 ……………………………… 1—15—35

1 总 则

1.0.3 工业金属管道工程的施工是按施工规范执行的，本验收规范的制定是为了确定工程质量是否符合规定，两者的技术规定是一致的。本规范的基本内容和章节编排与《工业金属管道工程施工规范》GB 50235 相呼应，相应条款均存在一一对应的关系，该规范的条文说明同样也是对本规范相应条款的解释。

1.0.4 当工程有具体要求而本规范又无规定时，应执行现行国家有关标准、规范的规定，或由建设、设计、施工、监理等有关方面协商解决。

2 术 语

2.0.1～2.0.5 属新增加条文。术语条文定义所描述的内容更加准确和完善，同时也符合现阶段的实际情况。

3 基 本 规 定

3.1 施工质量验收的划分

3.1.1 管道工程质量验收划分方法主要是考虑了管道工程具有系统性和整体完整性的特点，验收分解单位的过小、过细意味着增加了管道的接头点，由于破坏了系统的完整性，即使每个分解子单元验收合格，也不能保证工程的整体性能和质量。所以施工质量验收的划分必须满足最小单位的限制，同时兼顾验收工作的方便，本规范设定最小划分单位为分项工程。具体执行时还应根据具体情况来掌握，例如：当一个工程只有一条管道时，单项工程、单位工程、分部（子分部）工程、分项工程是同一个含义，如果工程量比较大，也可以将敷设、焊接、试压划分为分项工程。

3.1.2 将相同管道级别和相同材质的管道系统划分为一个分项工程，主要是考虑到该管道系统的工作状态相近，施工条件、施工方法、技术要求等都具有一致性，这样便于施工、控制和验收。当工程含有多个管道级别和多种管道材质时，按管道级别和管道材质来划分分项工程，能够充分照顾管道工程系统性和完整性的特点，性质相同或相近的管道同批验收也保证了验收工作的一致性和适用性。

3.1.3 管道工程在各单位工程中一般只作为一个分部工程进行质量检验和验收，例如：通常一个车间内不同材质、不同压力等级、不同级别的管道应同属一个分部工程。但考虑到规模较大、分类比较复杂的管道工程，也可划分为几个分部（子分部）工程。例如：一个车间内既有大量的中低压管道，又有不少的高压管道时，可根据需要将中低压管道和高压管道各划分为一个分部或子分部。

3.1.4 此种情况是指以管道工程为主体，且工程量大、施工周期长的装置区内的管廊工程、地下管网工程等，能够具备独立施工条件或使用功能时，可确定为单位（子单位）工程进行验收，以利于施工管理。

3.2 施工质量验收

3.2.1 本条是本规范核心内容的展示，描述了管道工程验收的标准规定。理解本节的本质重点是：用“合格验收”取代了过去长时间以来的“质量评级”的概念，本规范在质量验收上采用了与国际工程行业接轨的做法，即只有合格与不合格之分，不再进行质量等级的评定。以此类推，第 3.2.2～3.2.5 条亦具有相同含义。

区分主控项目和一般项目，主要是为了突出过程控制和质量检查验收的重点内容。

对管道元件验收的抽样或局部检验，一旦发现不合格，表明该检验批的其他未检部分可能还存在质量问题或混用的情况，只有对该检验批进行 100% 检验，择其合格者使用，才能保证万无一失。

3.2.5 当分项工程质量不符合本规范时，本条文规定了四种处理情况。一般情况下，不合格的检验项目应通过对工序质量的过程控制，及时发现和返工处理达到合格要求；对于难以返工又难以确定质量的部位，由有资质的检测单位检测鉴定，其结论可以作为质量验收的依据；对于工程存在严重的缺陷，经返修后仍不能满足安全使用要求的，严禁验收，并对其作了强制性规定。

3.3 施工质量验收的程序及组织

3.3.1 本条规定了管道工程验收的逻辑顺序只能从小到大、从具体到整体，反之则认为违反验收程序，视为验收无效。

3.3.2 分项工程为基础的验收单位，验收主、客两方必须是具体工程的负责人。除非职责兼任，高层级管理人员不能替代基层人员进行工程验收。此规定旨在确定质量验收由具体到整体、由基层到高层、按照职责对称的组织模式，第 3.3.3、3.3.4 条进一步体现了此含义。

3.3.3、3.3.4 按照职责对称原则，分部（子分部）工程由工程总监和业主、施工单位的项目级负责人验收。由于分部（子分部）工程属于建设工程中比较大的验收事项，作为项目级别的负责人理应参与验收事宜。设计单位负责人参与验收，旨在从设计角度对管道分部工程进行验证性考察，以发现设计功能性和结构性方面的问题，使工程验收更具可靠性。管道工程作为具有独立功能的单位（子单位）工程时，其验收程序更应如此。

3.3.5 本条规定了总包单位和分包单位的质量责任和验收程序。

由于《建设工程承包合同》的双方主体是建设单位和总承包单位，总承包单位应按照承包合同的权利义务对建设单位负责。分包单位对总承包单位负责，亦应对建设单位负责。因此分包单位对承建的工程进行检验时，总包单位应参加，检验合格后，分包单位应将工程的有关资料移交总包单位，待建设单位组织单位工程质量验收时，分包单位负责人应参加验收。

工程总承包单位应将分包单位纳入自己的管理体系。作为体系的一部分，总承包商对施工记录的任何施工单位人员签字负有责任，反过来这些签字也代表了总承包单位对工程质量的验收确认。

4 管道元件和材料的检验

4.0.1 产品质量证明文件作为证明管道元件和材料质量的凭据，应逐页逐项进行检查，以确认其内容及特性数据是否符合国家现行材料标准、管道元件标准、专业施工规范和设计文件的规定。质量证明文件的检查内容应包括产品的标准号、产品规格型号、材料的牌号（钢号）、炉批号、化学成分、力学性能、耐腐蚀性能、交货状态、质量等级等材料性能指标以及相应的检验试验结果（如无损检测、理化性能试验、耐压试验、型式试验等）。由于质量证明文件的重要性，故作为主控项目验收。

4.0.2 本条和本章其他相关条款提出对管道元件和材料进行抽样检验，防止因供应的材料混用或假冒伪劣产品流入造成工程质量隐患，同时也考虑到检验成本问题，对复查的范围和数量要加以限制。

本条之所以将铬钼合金钢、含镍低温钢、不锈钢、镍及镍合金、钛及钛合金等材料的管道组成件列入材质抽样检验的范围，是因为它们的应用场合（高温、低温、耐腐蚀等）很重要，易构成重大安全隐患；同时也由于管道元件的材质种类很多，施工现场确实存在到货与设计不符合使用错误的情况，故需要严格控制。一般通过光谱分析可以快速确定合金钢的主要成分。

4.0.3 GC1 级管道和设计压力大于或等于 10MPa 的 C 类流体管道的阀门 保留原规范的要求，使用前进行 100%壳体压力试验和密封试验。除此之外的其他阀门，一方面阀门出厂检验包括了壳体压力试验和密封试验，另一方面按照国务院《特种设备安全监察条例》的规定已开展阀门产品监督检验，对未经监督检验合格的产品不得出厂或交付使用，所以本条规定的抽检数量比原规范有所降低。

4.0.4 根据《安全阀安全技术监察规程》TSG ZF001-2006 的规定，安全阀在安装前应进行整定压力调整和密封试验，委托有资质的检验机构完成并出具校验报告。

4.0.5 输送毒性程度为极度危害介质或设计压力大于或等于 10MPa 的管道，对人民生命财产安全和人身健康影响很大，所以规定其管子及管件在使用前应进行外表面无损检测抽样检验。这里的检验批是指同炉批号、同型号规格、同时到货。磁粉和渗透检测应由相应资质的检验单位进行，并出具磁粉或渗透检测报告。

4.0.7 高压螺栓和螺母的硬度检查应符合的材料标准为《优质碳素结构钢》GB/T 699—1999、《合金结构钢》GB/T 3077—1999、《不锈钢棒》GB/T 1220—2007、《紧固件机械性能 螺栓、螺钉和螺柱》GB/T 3098.1—2000 等。

4.0.8 检查管道元件和材料的材质、规格、型号、数量和标识时，应与设计文件和产品质量证明文件对照检查，体现其一一对应的关系，以防止产品的假冒伪劣和混用。管道元件的外观和几何尺寸检查，主要是确认其外观质量、主要尺寸（如直径、壁厚、结构尺寸等）和标识是否符合要求，不存在裂纹、凹陷、孔洞、砂眼、重皮、焊缝外观不良、严重锈蚀和局部残损等不允许缺陷，并且其尺寸误差应在设计文件和相关标准的许可范围内。

5 管道加工

5.1 弯管制作

5.1.1 弯管壁厚是弯管制作重要的质量指标之一，壁厚检测不达标，则认为不能满足使用的安全性能，故将管道壁厚的检验作为主控项目。

5.1.2 由于输送毒性程度为极度危害介质或设计压力大于或等于 10MPa 的管道使用安全的重要性，加之高压管在弯制后有产生裂纹的可能性，故本条规定进行表面无损检测，以检查发现裂纹缺陷为主。为防止漏检，要求 100%检验。

5.1.3 弯管出现分层、过烧等现象时，将会影响管子强度和金相组织，降低管子的使用寿命，因此不允许有上述现象出现。

在弯管表面质量和壁厚减薄满足要求的情况下，内侧波浪度主要影响弯管的美观和管道阻力，故也将弯管内侧褶皱高度和波浪间距列为质量验收的内容。

5.2 卷管制作

5.2.1 本条是对卷管焊缝相对位置的规定，主要是防止焊缝过于集中形成应力叠加造成焊接接头破坏的隐患。

5.3 管口翻边

5.3.1 扩口翻边的验收质量标准主要是依据美国机

械工程师协会《动力管道标准》ASME B31.3、《压力管道规范　工业管道　第4部分　制作与安装》GB/T 20801.4—2006，以及结合施工经验提出的。管道翻边引起螺栓装卸困难的原因往往是由于翻边尺寸大，延伸至法兰螺孔中去，这种缺陷可通过修磨方式来处理。

5.3.2　焊制翻边接头的验收质量标准主要依据美国机械工程师协会《动力管道标准》ASME B31.3和《压力管道规范　工业管道　第4部分　制作与安装》GB/T 20801.4—2006的规定。

5.4　夹套管制作

5.4.1、5.4.2　夹套管内管属于隐蔽工程，由于套管封闭后内管质量难以检查和维修，尤其是内管有焊缝时，一旦发生焊缝泄漏则不易发现，故对内管焊缝进行无损检测是非常必要的。

5.4.3　夹套管的内管与外管同轴度偏差直接影响工况的良好与否，而弯管部分的同轴度不容易控制。本条对同轴度偏差的控制，旨在保证夹套内介质流动性，以及传热性控制在可接受范围内。

检查数量的"全部检查"指每件在不破坏其结构的情况下从外观可以检测的部位进行检查，并非指对每个断面进行检查。

5.5　斜接弯头制作

5.5.1　由于设计标准规定斜接弯头只允许使用于一般工况条件下，所以本节将其制作验收内容列为一般项目。现场制作斜接弯头因未焊透出现问题的情况不少，所以本条规定斜接弯头应采用全焊透焊缝，以保证焊接接头的使用性能。

5.6　支、吊架制作

5.6.1　吊架组件中主要承载构件的焊缝作为重要受力焊缝，应按设计文件的规定进行无损检测。因管道支、吊架属于钢结构件，本规范和现行国家标准《现场设备、工业管道焊接工程施工质量验收规范》GB 50683—2011均不适用它的焊接检验与验收，故其焊缝质量标准、无损检测方法及数量等，应由设计文件规定执行国家现行有关标准。

5.6.2　考虑到目前一些简单的支、吊架在现场制作的情况还比较普遍，在制作过程中，对管道支、吊架的形式、材质、加工尺寸等加以控制是必要的。

6　焊接和焊后热处理

6.0.1　由于现行国家标准《现场设备、工业管道焊接工程施工质量验收规范》GB 50683—2011已包括了管道焊接和焊后热处理工程施工质量验收的全部内容，所以本规范不再重复。

6.0.3　本条是参照美国机械工程师协会《动力管道标准》ASME B31.3，对平焊法兰、承插焊法兰或承插焊管件与管子角焊缝的焊脚尺寸的规定。

6.0.4　本条是参照美国机械工程师协会《动力管道标准》ASME B31.3，对支管连接角焊缝的形式和厚度的规定。

6.0.5　对焊缝位置的规定主要是防止焊缝过于集中形成应力叠加，以免造成焊接接头破坏的隐患，并考虑因位置障碍影响焊工施焊和热处理工作的进行。

7　管道安装

7.1　一般规定

7.1.3　管道支承地基或基础检查验收是保证管道安装质量和安全运行的前提，故将其列为主控项目。

7.1.4　埋地管道是重要的隐蔽工程之一，对今后的使用与维护影响很大。管道埋地隐蔽前不仅要查验管道安装质量，还要做好管道施工记录和隐蔽工程记录，使得埋地管道在隐蔽后的任何时候都能间接地查证工程的实际质量和管道的实际布置。

7.1.5　穿越墙体、楼板或构筑物的管道，在投入使用后产生的振动，会使建筑物摇晃，导致墙体、屋面震坏，对管道自身也影响正常运行；穿越道路的管道会受压损坏。

7.1.6　管道的坡向、坡度对石油、化工物料、蒸汽及其他液体介质、易液化气体的管道尤为重要。管道的坡向、坡向往往不被人们所重视，生产过程中存在管内物料无法排尽的现象；另外，把管道组成件的安装方向搞错也是常有的。故本条把它作为一般项目进行验收，并要求现场实测。

7.2　管道预制

7.2.1、7.2.2　近年来，随着现场施工机械化程度的提高、现场工厂化预制条件的改善，管道加工预制深度不断提高，管道预制工作量加大，对预制完毕的管段进行质量验收是必不可少的一道程序。故本次修订增加了管道预制的验收要求，通过对预制质量的控制，有效地保证安装质量。

7.3　钢制管道安装

7.3.1　高温或低温管道上的螺栓，对连接部位的坚固性及密封性都是十分重要的，而且，在工况下与常态下坚固的情况有很大差异，为了在接近工况时进一步拧紧螺栓，以保证在操作条件下的工程质量，所以必须对此类螺栓的热紧或冷紧质量进行检验。

7.3.2　自然补偿管道常在工程中使用，部分管道需要在安装时进行预拉伸或预压缩。如果未能起到自然补偿作用，在投产后因管道热胀冷缩破坏了重要设备的初始安装精度，影响机器的运转寿命。本条将此类管道的预拉伸或预压缩施工质量列为主控项目进行检验，以确保精度较高设备的正常工作。

7.3.3、7.3.4 高温高压下运行的管道，通常设有膨胀指示器、监察管段和蠕胀测点，以便在管道运行时实施监测与管理。这些部件的安装质量将直接影响管道的安全运行，故本规范作出了对它们进行质量验收的要求。

7.3.7 法兰安装的平行度与同轴性，是衡量法兰连接质量的重要指标之一，它们对管道的内在质量和外观质量都有一定的影响，是确保法兰密封性所必需的，而且，其指标也是容易复测的。

7.4 连接设备的管道安装

7.4.1 在施工过程中要保持管道内部的清洁程度，特别是管道与动设备连接的接口，如果清理不干净，将会造成重大设备事故。为确保设备的安全，本规范将与动设备连接的管道安装前提条件和内部处理情况列为主控项目验收。

7.4.2 为设备上的法兰达到无应力连接的要求。确保动设备的安装质量，必须对管道与动设备的连接情况进行检查验收。

7.4.3 与动设备连接的管道安装质量，主要在于最终连接的那些接口，管道系统与设备最终连接时不得影响已经精密找平、找正的动设备的安装精度。因此，必须要求管道法兰在无应力的状况下与动设备法兰连接，按本条规定的方法，对设备的位移进行监测，并作为主控项目进行检验。

7.5 铸铁管道安装

7.5.1～7.5.5 柔性接口的球墨铸铁管道在工业装置中已得到广泛应用，而刚性接口的灰口铸铁管道已逐渐被淘汰。本节主要依据《给水排水管道工程施工及验收规范》GB 50268—2008，并结合施工经验，增加了柔性接口的铸铁管道安装质量验收的内容。由于铸铁管道使用的工况条件相对较低，所以本节所有条款均作为一般项目控制。

7.6 不锈钢和有色金属管道安装

7.6.2、7.6.3 非金属垫片的氯离子含量不超过50ppm时，对不锈钢无腐蚀作用，镍及镍合金的氯离子腐蚀机理与及腐蚀程度与不锈钢相似，故将不锈钢、镍及镍合金材料组成件所使用的非金属隔离垫氯离子指标作为主控项目并定量要求 。

7.6.4 有钢管保护的铅、铝及铝合金管道，在装入钢套管之前应对它们进行压力试验，以保证铅、铝管材的强度和严密性。否则，一旦铅、铝及铝合金管发生渗漏，管内的腐蚀性介质立即漏到钢管中，钢管将被迅速腐蚀，会造成严重后果。

7.6.5 由于有色金属管道管材的硬度一般都较小，很容易发生机械损伤、凹瘪、折弯、异物嵌入等缺陷以及飞溅物造成的污染等，这些缺陷不仅影响管道的外观质量，也会造成应力集中、壁厚减薄和局部腐蚀。在实际施工中，人们已习惯于钢管的施工工艺，对有色金属管材表面的保护没有特别重视，不自觉地使有色金属管材的表面受到损伤和污染。为避免这种现象发生，确保其安装质量，既要在使用前检查管材的外观质量，又要在整个管道系统安装完毕后，检查有色金属管道有无受到安装时的损伤和污染，如发现则必须返修或更换。

7.7 伴热管安装

7.7.2 伴热管的施工质量对伴热效果有重要影响，其安装定位和是否能够自行排液，是伴热管正常工作的前提之一。因此列为一般项目进行控制验收。

7.8 夹套管安装

7.8.2 夹套管的支承块是保证内外管间隙均匀的主要措施，支承块的安装不得妨碍管内介质的流动，支承块之间的相对角度要符合要求。

7.9 防腐蚀衬里管道安装

7.9.2 衬里管道的衬里层不均匀或被破坏都会影响衬里管道的使用。衬里管道的安装质量要求与钢制管道相同。衬里管道在搬运、安装等过程中要注意保护，不得破坏衬里层。

7.10 阀 门 安 装

7.10.1 本条是原规范条文的改写，依据特种设备安全技术规范《安全阀安全技术监察规程》TSG ZF001—2006 作了相应的内容补充。

7.10.2 安全阀是保证管道系统安全的装置，其运行前的最终整定压力调整非常重要，必须符合《安全阀安全技术监察规程》TSG ZF001—2006 和设计文件的要求。除现场检查外，还应对调试记录进行检查。

7.10.3 阀门是工业金属管道中的主要元件之一，品种繁多，功能各异，精度不等，因而安装要求也不相同，对其安装位置、进出口方向、密封性及灵活性等都应引起重视。

7.11 补偿装置安装

7.11.1 因为管道是在常温下安装的，当输送温度较高（或较低）的介质时，将引起管道的热胀（或冷缩）。为避免管道因热胀（或冷缩）而造成破坏，在设计时已对补偿装置的安装位置按管道长度进行了精确的计算和选择，安装时应严格执行设计文件的规定。

7.11.2 “Π”形或“Ω”形膨胀弯管预拉伸或预压

缩是管道系统在工作情况下减少应力的一种措施，对以后的正常生产十分必要；管道的设计坡向是按系统整体考虑的，补偿器也应与之适应。故本条对预拉伸或预压缩值、平行臂与垂直臂安装，以及补偿器在铅垂安装时的排气与疏水装置提出要求，并作为主控项目。

7.11.3 在工业管道中，波形补偿器应用较多，且是管道系统重要的组成件，而且安装时容易将其方向装反，会造成焊缝腐蚀，影响使用寿命，故本条强调安装方向，并作为主控项目。

7.11.4 填料函式补偿器是靠套管的相对移动保证管道补偿，故其安装应与管道保持同心，否则将直接影响填料函式补偿器的使用，可能发生补偿器外壳和导管卡涩现象，造成事故。填料式补偿器剩余收缩量的规定是保证它在极限状态下的工作条件。

7.12 支、吊架安装

7.12.1 管道固定支架的安装对管道的运行非常重要，固定支架的安装位置应符合设计技术文件的规定，且在管道试压前要逐一确认。

7.12.2 弹簧支、吊架的安装位置及安装高度直接影响管道的工程质量，但安装中弹簧支、吊架常有安装位置不正确、埋设不牢固等情况发生，造成管道受力不良或产生振动，故将其列为主控项目。弹簧支、吊架的弹簧调整值是设计文件给定的，故应符合设计文件规定。

7.12.4 工程中导向支架和滑动支架很多，导向支架或滑动支架的滑动面的光洁平整情况常常被忽视，致使卡涩、歪斜现象时有发生，影响管道的平稳性。滑动面安装位置的偏移方向及偏移值也有时被忽视。为加强整个管道施工质量，将本条列为一般项目。

7.13 静电接地安装

7.13.1、7.13.2 输送易燃、易爆介质的液体、气体、粉料的管道，由于输送介质的相互摩擦等易产生静电，这些静电不及时消除会产生火花，会引起火灾或爆炸，因此必须采取措施消除静电。为此，要求此类管道有可靠的接地线路，安装时的接地总电阻及连接件间的电阻值都应符合设计文件和相关标准的要求。本条将其作为验收条件，并列为主控项目。

8 管道检查、检验和试验

8.1 焊缝外观检查

8.1.1 现行国家标准《现场设备、工业管道焊接工程施工质量验收规范》GB 50683—2011 已包括了管道焊缝外观质量验收的全部内容，所以本规范不再重复。管道焊缝的检查等级划分也是直接引用了该规范的焊缝质量分级标准，即把焊缝质量分为五个级别，Ⅰ级最高，Ⅴ级最低。表 8.1.1 关于管道焊缝检查等级的划分主要是根据管道使用工况条件（设计压力、设计温度、输送介质特性、剧烈循环等）、焊缝位置的重要性、无损检测比例要求等因素确定的。

8.1.2 钛及钛合金、锆及锆合金的焊缝表面颜色是衡量它们焊接时惰性气体的保护情况和焊缝质量的重要指标和检验方法。钛及钛合金、锆及锆合金的焊缝表面颜色最好是银白色。即使是允许的表面颜色，最终也应分别采取清理（酸洗）、清除等方法处理，直至银白色出现。

区别低温氧化和高温氧化的方法宜采用酸洗法，经酸洗能除去紫色、蓝色者为低温氧化，除不掉者为高温氧化，酸洗液配方为：2%～4% HF＋30%～40%HNO_3＋余量水（体积比），酸洗液温度不应高于 60℃，酸洗时间宜为 2min～3min，酸洗后应立即用清水冲洗干净并晾干。

8.2 焊缝射线检测和超声波检测

8.2.1 线检测和超声波检测的范围主要是针对现场焊接的管道及管道组成件的对接纵缝和环缝、对接式支管连接焊缝而言，除非设计文件另有要求。射线和超声波检测的合格标准是根据管道级别、使用工况条件、材质等设计因素判定焊缝重要性而提出的最低要求。

1）表 8.2.1 综合考虑了我国工业装置管道施工的国情，主要根据表 8.1.1 划分的管道焊缝检查等级确定的管道焊缝无损检测比例，分 100%、20%、10%、5%和不要求检测等五种情况，是对焊缝无损检测（包括磁粉或渗透检测、射线或超声检测）数量的最低要求，反映了管道等级的差异和对焊缝质量的控制要求。设计文件另有不同检测比例要求时，应按设计文件的规定执行，但不低于表 8.2.1 的规定。

2）、3）管道纵缝和公称直径大于等于 500mm 的管道环焊缝应进行局部射线或超声波检测，且不少于 150mm 的焊缝长度，以保证每条环缝都能够检测到。而对于公称直径小于 500mm 的管道环焊缝，则要求进行抽样射线或超声波检测，且不少于 1 个环缝。此时凡进行抽样检测的环缝应包括其整个圆周长度。由于固定焊口的焊接属全位置焊接，焊接难度比转动焊口要大，因此本规范规定在抽样检查时，固定焊的焊接接头不得少于检测数量的 40%。同时，为了较充分地反映每条管线的焊接质量，规定每条管线的最终抽样检验数量应不少于 1 个环缝。

5）本条规定抽样或局部检测时是以每一焊工所焊的焊缝为对象，这是对每个焊工进行焊接质量的控制，这种控制应该是过程控制，一旦发现不合格焊缝，应立即对该焊工焊接的焊缝按第 8.2.2 条规定进行检查。

当环缝与纵缝相交时，由于纵环相交部位热影响区重叠、焊接残余应力较高，此时的T型接头是薄弱环节，因此本条依据美国机械工程师协会《动力管道标准》ASME B31.3的规定，提出检测部位应包括与纵缝的交叉点，检测长度不小于38mm的相交纵缝的要求。

6）规定抽样或局部检验应在同一个检验批进行。管道焊缝“检验批”的组成是有讲究的，合适的“检验批”能在节省检验成本和检查时间的前提下保证缺陷的检出率，提高产品安全质量。“检验批”的确定原则是：①“检验批”的数量不宜过大；②焊接时间段宜控制在2周以内；③相同管道级别、相同材质或相同检测比例的焊缝可划为同一“检验批”，以方便于焊缝质量统计、缺陷分析和及时返修。否则会造成质量管理和控制的困难。

检验批和局部或抽样检测的具体焊缝位置，应由施工单位的质量检查人员或总承包、监理、建设单位的质检人员确定，以体现公平、公正和随机的原则，并确保其检测的代表性、有效性。

8.2.2 本条依据美国机械工程师协会《动力管道标准》ASME B31.3，对局部检验或抽样检验的不合格时的扩大检验作了规定。这里所指的不合格，包括了本章各节所述的管道焊缝在焊接及热处理完成后的检验（如表面无损检测、射线或超声检测、硬度检验及其他检验等）发现的不合格。

由于局部或抽样检验不能保证未抽查部分的质量，所以当出现不合格时对进一步增加检验数量的选取是有要求的。本条提出的扩大检验方法（即累进检查），对于焊缝而言，应为该焊工所焊的同一检验批焊缝。为实现累进检查的科学性，保证管道安全质量的可靠性，本规范规定当出现不合格时，最多只能二次增加检查的要求，否则就需要进行100%检查。

累进检查对于抽样检验比较容易掌握和控制，而对于局部检验则一般较难掌握和控制。局部检验如发现不合格，应按规定的该条环缝需局部检测的焊缝长度的百分比来计算，并尽可能选择在缺陷侧延伸段进行检查。

本条的扩大检验方法同样也适用于要求焊后热处理的焊接接头、热弯和热成形加工的管道组成件在热处理后进行的硬度检验。

8.3 焊缝表面无损检测

8.3.1 表面无损检测的范围主要是现场焊接的管道和管道组成件的承插焊焊缝、支管连接焊缝（对接式支管连接除外）和补强圈焊缝、密封焊缝、支吊架与管道的连接焊缝以及管道上的其他角焊缝，因为这些角焊缝一般不采用射线检测，超声波检测也使用的比较少。对接焊缝是否要做表面无损检测，通常由工程设计文件根据管道材质、管道结构特点、固定焊接位置等方面的情况而定。碳钢、奥氏体不锈钢、铝及铝合金的对接焊缝一般情况下可不考虑表面无损检测的要求。

《承压设备无损检测》JB/T 4730是我国锅炉、压力容器、压力管道无损检测的指定标准，对不同类型的材料和焊缝（环缝、纵缝）提出的质量等级评定依据，更具有可操作性。本规范涉及压力管道工程，故统一采用《承压设备无损检测》JB/T 4730。由于焊接接头表面缺陷的危险性比深埋缺陷更大，因此对焊接接头表面无损检测要求Ⅰ级合格。

8.4 硬度检验及其他检验

8.4.1 关于热处理后硬度检验的数量，主要是依据美国机械工程师协会《动力管道标准》ASME B31.3，比照热处理方法，炉内热处理和局部热处理的区别和易控制的程度，而作出了100%和10%两种检查比例。

关于热处理后焊缝的硬度值合格指标问题，对比美国机械工程师协会《动力管道标准》ASME B31.3和国内相关标准，它们都是根据钢种类别确定硬度值合格标准，但钢种分类存在差别。国内的中石化规范和电建规范按照合金含量的范围和母材硬度值给出焊缝和热影响区的硬度指标值经验公式；《现场设备、工业管道焊接工程施工及验收规范》GB 50236—98和《工业金属管道工程施工及验收规范》GB 50235—97将所有钢种分为碳素钢和合金钢两大类，分别根据母材硬度值确定焊缝和热影响区的硬度合格指标，但由于没有区分不同种类合金钢及其焊缝金属的性能差异，所带来的问题就是Cr-Mo系列中、高合金钢焊缝和热影响区的硬度值很难满足规定要求。而美国机械工程师协会《动力管道标准》ASME B31.3按照钢种类别（P-No.）和Cr、Mo合金成分的范围确定硬度指标值，对不同材料的性能差异考虑的较充分。表8.4.1将合金钢（C-Mo、Mn-Mo、Cr-Mo系列）和马氏体不锈钢的硬度合格标准依据美国机械工程师协会《动力管道标准》ASME B31.3作出规定；而对于其他钢种，如碳素钢、其他低合金钢、奥氏体不锈钢等仍保留《工业金属管道工程施工及验收规范》GB 50235—97的规定。

8.5 压力试验

8.5.1 压力试验必须在管道的加工、装配、安装、检验全部完成后进行。为确保压力试验前的各项工作全部完成，以及压力试验时的安全，在压力试验前对管道安装质量和试压准备进行全面检查验收是必要的，故本条列为必查的工作内容。在检查时，必须持图在现场与实物逐项核对，以确保工程质量与图纸、相关质量标准相符。为便于管道压力试验时的检查，试验范围内的管道涂漆、绝热要在压力试验合格后进行。

8.5.2 由于脆性材料的破坏是无塑性变形的过程，且该材料的脆性转变温度较高，故本条用强制性条文规定“液压试验温度严禁接近金属材料的脆性转变温度”。

8.5.3 对不锈钢、镍及镍合金管道或对连有不锈钢、镍及镍合金管道组成件或容器的管道进行试验时，应控制水中氯离子含量。尽管欧盟标准《金属工业管道 第5部分：检验和测试》EN13480.5：2002和《压力管道规范 工业管道 第5部分 检验与试验》GB/T 20801.5—2006放宽了对氯离子含量的控制要求（即不超过50ppm），但本规范仍从严要求，保留原规范条文规定的25ppm，这与《压力管道安全技术监察规程——工业管道》TSG D0001—2009的规定是一致的。

8.5.4 本条规定压力试验时的保压时间至少为10min，具体因试验管道系统的实际情况而定。升压时应逐级缓慢加压，检查时应将试验压力降至设计压力。

气压试验有释放能量的危险，必须特别注意使气压试验时脆性破坏的机会减至最低程度，所以规定气压试验应采取事先预试验，以及分级升压、稳压等安全措施，使管道有足够时间平衡应变。

由于脆性材料的破坏是无塑性变形的过程，且该材料的脆性转变温度较高，故本条用强制性条文规定“气压试验温度严禁接近金属材料的脆性转变温度”。

8.5.6 依据美国机械工程师协会《动力管道标准》ASME B31.3规定的压力试验的替代试验中，无损检测、管道系统柔性分析和泄漏试验三种方法的结果必须同时满足要求，缺一不可。国家标准《工业金属管道设计规范》GB 50316—2000（2008版）和《压力管道规范 工业管道 第2部分 材料》GB/T 20801.2—2006都对管道系统柔性分析作了规定。

8.5.7 哪些管道应做泄漏性试验，应由设计文件根据管道系统输送介质的性质来确定。本条第1款涉及的介质都是极度和高度危害以及可燃介质，一旦发生泄漏将造成人身伤害及财产重大损失。根据《压力管道安全技术监察规程——工业管道》TSG D0001—2009对该条作了强制性规定。其他管道则应根据实际情况由设计区别对待。泄漏性试验的检查重点应是阀门填料函、法兰或螺纹连接处、放空阀、排气阀、排水阀等密封部位。

8.5.8 真空管道是在负压下运行的，由于法兰、垫片、阀门、填料等受力发生变化，正压下试验不泄漏的管道，在负压下可能出现泄漏，为了进一步检查管道的严密性，确保真空管道的施工质量，需在压力试验合格后进行真空度试验。

9 管道吹扫与清洗

9.1 水 冲 洗

9.1.2 水冲洗的质量与水质、水压、流速等密切相关，为了保证水冲洗质量，应落实技术要求。本条根据工程实践经验和做法编写。

9.1.3 为了使水冲洗合格后的管道系统不致再次遭受污染，要求将这种合格状况一直保持到管道系统投入运行。

9.2 空 气 吹 扫

9.2.1 本条根据工程实践经验和做法编写。不同介质管道系统的空气吹扫，所需的吹扫条件往往有所不同，如氧气管道要求用不含油的压缩空气，吹扫的温度和压力一般不超过设计温度和设计压力。只有实现上述条件，管道系统空气吹扫的质量才能达到预定的要求，所以强调吹扫技术要求和质量。

9.2.2 为了使空气吹扫合格后的管道系统不致再次遭受污染，要求将这种合格状况一直保持到管道系统投入运行。

9.3 蒸 汽 吹 扫

9.3.1 表9.3.1蒸汽吹扫质量验收标准的数据引自《工业金属管道工程施工及验收规范》GB 50235—97。

9.3.3 为了使蒸汽吹扫合格后的管道系统不致再次遭受污染，要求将这种合格状况一直保持到管道系统投入运行。

9.4 管 道 脱 脂

9.4.1 根据行业标准《脱脂工程施工及验收规范》HG 20202—2000有关条款编写。

9.4.2 为使脱脂合格后的管道及管道元件不致再次遭受污染，要求将这种合格状况一直保持到管道系统投入运行。

9.5 化 学 清 洗

9.5.2 为使化学清洗合格后的管道及管道元件不致再次遭受污染，要求将这种合格状况一直保持到管道系统投入运行。

9.6 油 清 洗

9.6.1 润滑、密封及控制油管道系统油清洗的质量直接影响动设备的正常运转。本条根据《工业金属管道工程施工及验收规范》GB 50235—97第8.6节的有关条款编写。

9.6.2 油清洗后，为了使清洁的管道不致再受污染，应该采取保护措施。

中华人民共和国国家标准

民用闭路监视电视系统工程技术规范

Technical code for project of civil closed circuit monitoring television system

GB 50198—2011

主编部门：国 家 广 播 电 影 电 视 总 局
批准部门：中华人民共和国住房和城乡建设部
施行日期：2 0 1 2 年 6 月 1 日

中华人民共和国住房和城乡建设部
公　告

第1140号

关于发布国家标准

《民用闭路监视电视系统工程技术规范》的公告

现批准《民用闭路监视电视系统工程技术规范》为国家标准，编号为GB 50198—2011，自2012年6月1日起实施。其中，第3.4.6、3.4.10条为强制性条文，必须严格执行。原《民用闭路监视电视系统工程技术规范》GB 50198—1994同时废止。

本规范由我部标准定额研究所组织中国计划出版社出版发行。

中华人民共和国住房和城乡建设部

二〇一一年八月二十六日

前　言

本规范是根据原建设部《关于印发〈2006年工程建设标准规范制订、修订计划（第一批）〉的通知》（建标〔2006〕77号）的要求，由武汉市广播影视局会同有关单位在原《民用闭路监视电视系统工程技术规范》GB 50198—1994的基础上修订而成的。

本规范在修订过程中，编制组通过广泛调查研究，总结了原规范自实施以来的实践经验，吸收了数字技术的最新成果，反复进行了实验，在广泛征求有关专家和部门意见的基础上，最后经审查定稿。

主要修订内容：在原来模拟系统基础上增加了数字系统，包括图像压缩编码格式、网络传输、系统带宽、存储和智能化等相关内容；增加了术语；增加了系统组成图；通过主观评价实验，获得了图像主观质量对应的峰值信噪比；对验收部分增加了功能性检测；增加了平板监视器最佳监视范围。

本规范共分5章和2个附录，主要内容包括总则、术语、系统的工程设计、系统的工程施工、系统的工程验收。

本规范中以黑体字标志的条文为强制性条文，必须严格执行。

本规范由住房和城乡建设部负责管理和对强制性条文的解释，由国家广播电影电视总局负责日常管理，由武汉市广播影视局负责具体技术内容的解释。本规范在执行过程中如有意见或建议，请寄送武汉市广播影视局（地址：湖北省武汉市建设大道677号，邮政编码：430022，电话：027－85562286）。

本规范主编单位、参编单位、参加单位、主要起草人和主要审查人：

主编单位：武汉市广播影视局

参编单位：国家多媒体软件工程技术研究中心

武汉世纪金桥安全技术有限公司

中南建筑设计院

参加单位：江苏亿通高科技股份有限公司

常熟市亿信诚智能电子科技有限公司

主要起草人：米新英　郑　翔　高　见　胡瑞敏　陈　军　冯泽仿　汪　隽　蒋　晖

主要审查人：刘　征　付明栋　杨　明　陈　建　刘卫忠　章登义　陈志葛　肖　冰　陈　军

目 次

1 总则 ………………………………… 1—16—5
2 术语 ………………………………… 1—16—5
3 系统的工程设计 …………………… 1—16—5
3.1 一般规定 ……………………………… 1—16—5
3.2 前端部分 ……………………………… 1—16—6
3.3 传输部分 ……………………………… 1—16—8
3.4 监控中心 ……………………………… 1—16—9
3.5 供电、接地与安全防护 …………… 1—16—10
4 系统的工程施工 …………………… 1—16—10
4.1 一般规定 …………………………… 1—16—10
4.2 前端设备的安装 …………………… 1—16—11
4.3 线路的敷设 ………………………… 1—16—11
4.4 监控（分）中心 …………………… 1—16—13
4.5 供电与接地 ………………………… 1—16—14
5 系统的工程验收 …………………… 1—16—14
5.1 一般规定 …………………………… 1—16—14
5.2 系统工程的施工质量 ……………… 1—16—14
5.3 系统功能性能的检测 ……………… 1—16—15
5.4 图像质量的主观评价 ……………… 1—16—15
5.5 图像质量的客观测试 ……………… 1—16—16
5.6 竣工验收文件 ……………………… 1—16—16
附录A 数字图像测试序列 …………… 1—16—16
附录B 系统工程验收证书 …………… 1—16—17
本规范用词说明 ……………………… 1—16—17
引用标准名录…………………………… 1—16—17
附：条文说明…………………………… 1—16—18

Contents

1 General provisions ······ 1—16—5
2 Terms ······ 1—16—5
3 Engineering design of the system ······ 1—16—5
3.1 General requirement ······ 1—16—5
3.2 Head-end parts ······ 1—16—6
3.3 Transmission parts ······ 1—16—8
3.4 Surveillance & control center ······ 1—16—9
3.5 Power supply, grounding and security protection ······ 1—16—10
4 Engineering construction of the system ······ 1—16—10
4.1 General requirement ······ 1—16—10
4.2 The installation of head-end equipment ······ 1—16—11
4.3 The laying of the line ······ 1—16—11
4.4 Surveillance & control sub-center ······ 1—16—13
4.5 Power supply and grounding ······ 1—16—14
5 Engineering acceptance of the system ······ 1—16—14
5.1 General requirement ······ 1—16—14
5.2 Constructional quality of the system engineering ······ 1—16—14
5.3 Evaluation of system functions and performance ······ 1—16—15
5.4 Subjective assessment of the system quality ······ 1—16—15
5.5 Objective testing of the system quality ······ 1—16—16
5.6 Completion and acceptance of documents ······ 1—16—16
Appendix A Digital image sequence for testing ······ 1—16—16
Appendix B Acceptance certificate of the system engineering ······ 1—16—17
Explanation of wording in this code ······ 1—16—17
List of quoted standards ······ 1—16—17
Addition: Explanation of provisions ······ 1—16—18

1 总　　则

1.0.1 为了贯彻执行国家的技术经济政策，规范民用闭路监视电视系统（以下简称系统）的工程设计、施工与验收，做到技术先进、经济合理、安全适用、确保质量、节能环保，制定本规范。

1.0.2 本规范适用于以民用监视为主要目的的闭路电视系统的新建、改建和扩建工程的设计、施工及验收。

1.0.3 系统宜采用数字化、网络化、智能化和高清晰度技术。

1.0.4 民用闭路监视电视系统工程的设计、施工及验收除应执行本规范外，尚应符合国家现行有关标准的规定。

2 术　　语

2.0.1 闭路监视电视系统　closed circuit monitoring television system

利用视音频技术实时显示监视场所图像或播放监视场所声音，并记录现场图像或声音的有线系统。

2.0.2 监控分中心　surveillance & control sub-center

闭路监视电视系统中的某一级或某一区域信息汇集、处理和共享的节点。用于接收、显示、记录、处理前端和各子系统发来的视频信息、状态信息等，并向上一级监控中心进行通信，接受上级监控中心的管理。

2.0.3 监控中心　surveillance & control center

闭路监视电视系统的中央控制室。用于接收、显示、记录和处理前端、子系统和监控分中心发来的视音频信息、状态信息等，并向系统中的相关设备发出控制指令。

2.0.4 智能视频系统　intelligent video system (IVS)

利用能够在图像及图像描述之间建立映射关系的技术，使计算机能够通过数字图像处理和分析来理解视频画面中的内容，获取实时的关键信息，监控并搜索特定行为，发现监视画面中的异常情况，并能以最快和最佳的方式发出警报和提供有用信息。

2.0.5 记录系统　recording system

记录系统主要是将视音频采集系统采集的图像或声音进行存储，以便搜索、播放。

2.0.6 图像分辨率　picture resolution

表征图像细节的能力，常称为信源分辨率，通常用水平和垂直方向的像素数表示。

2.0.7 图像清晰度　picture definition

人眼能察觉到的电视图像细节清晰程度，通常用电视线表示。

2.0.8 峰值信噪比　peak signal to noise ratio (PSNR)

峰值信噪比是图像压缩系统中信号重建质量评价的重要参数，它是信号的峰值功率与噪声功率的比值，常用分贝单位来表示。

2.0.9 视频编码　video encoding

是指对数字视频信号进行二进制数字编码并进行图像压缩的信号处理方式或过程，通常这种压缩属于有损数据压缩。

2.0.10 视频解码　video decoding

是指对数字视频信号进行二进制数字解码并进行图像解压缩的信号处理方式或过程。

2.0.11 可用图像　picture available

是指能够辨认画面物体轮廓的图像。

2.0.12 图像采集系统　image capture system

实时获取监视目标原始图像视频信息所构成的集合体或装置。

2.0.13 声音采集系统　sound capture system

实时获取监视目标现场原始音频信息所构成的集合体或装置。

3 系统的工程设计

3.1 一 般 规 定

3.1.1 系统的图像制式应与通用的电视制式一致。

3.1.2 当采用数字系统时，宜使用 AVS、ITU-T H.264 或 MPEG-4 视频编解码标准，并应根据需要支持 ITU-T G.711/G.723.1/G.729 音频编解码标准。

3.1.3 系统宜由前端、传输、监控（分）中心等三个主要部分组成（图 3.1.3），在监视目标的同时，当需要监听声音时，可配置拾音装置和声音传输、监听、记录等系统。

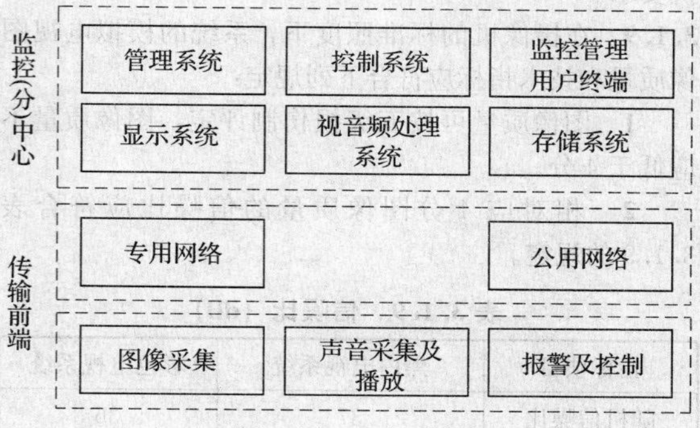

图 3.1.3　系统组成图

3.1.4 根据系统的规模，可分层、分区域设置监控分中心（图 3.1.4）。

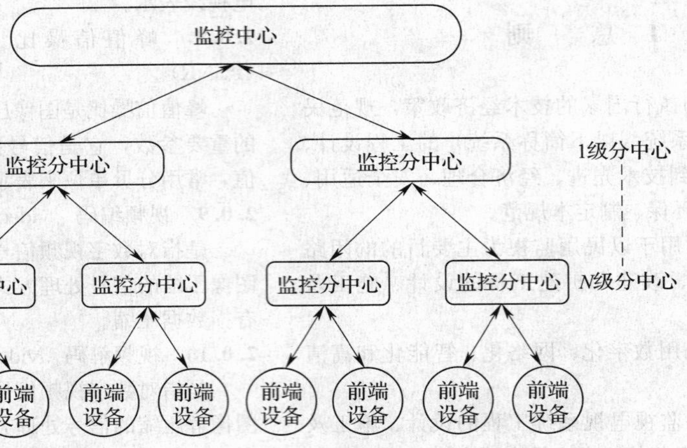

图 3.1.4 系统分层结构图

3.1.5 系统应留有软硬件接口，便于与消防系统、入侵报警系统、出入口控制系统、电子巡更系统、停车场管理系统等集成。当发生异常时，根据系统需要可实现系统之间的联动，并能自动切换到对应的视频通道。

3.1.6 系统应支持故障报警并宜具有设备管理能力。

3.1.7 系统设施的工作环境温度应符合下列规定：

1 寒冷地区室外工作的设施为－40℃～＋40℃。

2 其他地区室外工作的设施为－10℃～＋55℃。

3 室内工作的设施为－5℃～＋40℃。

3.1.8 系统的设备、部件的选择应符合下列规定：

1 应采用符合现行国家和行业相关标准的产品及节能环保设备。

2 系统采用设备和部件的视频输入和输出阻抗以及电缆的特性阻抗均应为75Ω，音频设备的输入、输出阻抗应为高阻抗或600Ω，四对对绞电缆的特性阻抗应为100Ω。

3 系统选用的各种配套设备的性能及技术要求应协调一致。

4 当采用数字系统时，系统图像和声音的相关设备宜具有模拟输出能力，并应满足本条第2款的阻抗要求。

3.1.9 在摄像机的标准照度下，系统的模拟电视图像质量和技术指标应符合下列规定：

1 图像质量可按五级损伤制评定，图像质量不应低于4分。

2 相对应4分图像质量的信噪比应符合表3.1.9的规定。

表 3.1.9 信噪比（dB）

指标项目	黑白电视系统	彩色电视系统
随机信噪比	37	36
单频干扰	40	37
电源干扰	40	37
脉冲干扰	37	31

3 图像水平清晰度不应低于400线。

4 图像画面的灰度不应低于8级。

5 系统的各路视频信号输出电平值应为1Vp-p ±3dB VBS。

6 监视画面为可用图像时，系统信噪比不得低于25dB。

3.1.10 在摄像机标准照度下，系统的数字电视图像质量和技术指标应符合下列规定：

1 图像质量可按五级损伤制评定，图像质量不应低于4分。

2 峰值信噪比（PSNR）不应低于32dB。

3 图像水平清晰度不应低于400线。

4 图像画面的灰度不应低于8级。

5 经智能化处理的图像质量不受本条第1款～第4款规定的限制。

3.1.11 系统的设计方案应根据下列因素确定：

1 根据系统的规模，确定系统的分层或分区以及监控分中心的数量。

2 根据系统的技术和功能要求，确定系统组成及设备配置。

3 根据建筑平面或实地勘察，确定摄像机和其他设备的设置地点。

4 根据监视目标和环境的条件，确定摄像机类型及防护措施。

5 根据摄像机分布及环境条件，确定传输方式和传输线路路由。

3.1.12 数字系统的传输网络宜采用专用网络，并应根据需要预留接口，与其他系统实现互联互通。

3.1.13 数字系统宜具有网络管理功能。有监控分中心的系统应具有网络管理功能。

3.1.14 根据需要，可采用具有分析、识别、统计等功能的智能视频系统或高清晰度系统。

3.2 前端部分

3.2.1 根据需要，前端主要可配备图像采集、声音采集、报警及控制等设备。

3.2.2 选择不同灵敏度的摄像机应根据监视目标的环境照度来确定，监视目标的最低环境照度宜高于摄像机最低照度的10倍。

3.2.3 摄像机镜头的选择应符合下列规定：

1 摄取固定监视目标时，可选用定焦镜头；当视距较小而视角较大时，可选用广角镜头；当视距较大时，可选用长焦镜头；当需要改变监视目标的观察视角或视角范围较大时，宜选用变焦镜头。镜头的焦距应根据视场大小和镜头与监视目标的距离确定，并按下式进行计算：

$$f=\frac{A\times L}{H} \tag{3.2.3}$$

式中：f——焦距（mm）；

A——像场高（mm）；

L——物距（mm）；

H——视场高（mm）。

2 监视目标照度有变化时，应采用自动光圈镜头。

3 需要遥控时，可选用具有可变对焦、可变光圈、可变焦距等功能的遥控镜头装置。

3.2.4 摄像机宜选用体积小、重量轻、便于现场安装与检修的电荷耦合器件（CCD）型摄像机或互补金属氧化物半导体（CMOS）型摄像机。

3.2.5 根据工作环境应选配相应的摄像机防护罩。

3.2.6 固定摄像机在特定部位上的支承装置可采用摄像机托架或云台，当一台摄像机需要监视多个不同方向的场景时，应配置自动调焦装置和电动云台。

3.2.7 当需要控制室内外电动云台、变焦镜头、防护罩的雨刷、灯光及摄像机的电源开关等可控装置时，应配置控制解码器，控制解码器应和控制系统主机配合使用。

3.2.8 一体化摄像机的选择应符合下列规定：

1 可根据需要和不同的使用场合选用一体化摄像机及一体化球形摄像机。

2 一体化摄像机宜具备自动光圈、自动变焦、自动白平衡、背光补偿等基本功能。

3 一体化球形摄像机宜具备自动电子快门、自动白平衡、电子与数码变焦、自动光圈与自动聚焦、水平连续旋转、高转速、预置位等功能，并宜根据使用环境的不同而具备内置风扇、加热器等多项辅助功能。

3.2.9 当通过网络传输时可采用网络摄像机，网络摄像机的选择应符合下列规定：

1 网络摄像机的组成应包括镜头、滤光器、图像传感器、图像压缩和具有网络连接功能的部件。

2 网络摄像机应具有IP地址等网络参数设置的功能。

3 特殊需要时，网络摄像机可具备移动探测、警报信号输出/输入设备和电子邮件支持等功能。

3.2.10 摄像机需要隐蔽时，可暗装，镜头可采用针孔或棱镜镜头。对防盗用的系统，可装设附加的外部传感器与系统组合，进行联动报警。

3.2.11 监视水下目标的设备应选用高灵敏度摄像机和密闭耐压、防水防护套，以及渗水报警装置。

3.2.12 摄像机的安装位置、摄像方向及照明条件应符合下列规定：

1 摄像机宜安装在监视目标附近不易受外界损伤的地方，安装位置不应影响现场设备运行和人员正常活动。安装的高度，室内宜距地面2.5m～5m，室外应距地面3.5m～10m。

2 电梯轿厢内的摄像机应安装在电梯轿厢顶部、电梯控制面板的对角处，并能监视电梯轿厢内全景。

3 摄像机镜头应避免强光直射。镜头视场内，不得有遮挡监视目标的物体。

4 摄像机镜头应从光源方向对准监视目标，并应避免逆光安装；当不能避免逆光安装时，应采取逆光补偿等措施。

5 摄像机应避免在高温、潮湿、强磁场下的环境工作。

6 当达不到本规范第3.2.2条的要求时，应增加补光设备。

3.2.13 视频编码设备的标准应符合下列规定：

1 图像分辨率不宜低于352×288，根据应用要求可采用704×576、1280×720、1920×1080等更高的分辨率。

2 应有以太网接口，支持TCP/IP协议，并应有二次开发的软件接口；宜扩展支持SIP、RTSP、RTP、RTCP等网络协议；宜支持IP组播技术。

3 应有RS-232或RS-485等数据通道，以支持常用控制协议。

4 应有可设定的点对点、点对多点传输能力，多通道设备应支持多点对一点或多点对多点的切换控制功能。

5 根据需要，系统宜有视频移动侦测能力，并可提供移动侦测报警。

6 宜支持单帧播放。

7 视频编码设备宜支持以太网供电（POE）。

8 特殊需要时，应有设备认证功能、防篡改功能及加密传输能力。

9 特殊需要时，应支持媒体多码率的编码、传输。

10 特殊需要时，应支持声音复核。

3.2.14 当需要报警时，可设置不同的传感器、报警器和控制器等，并应与视频编解码设备或系统关联。

3.2.15 当采用智能视频系统时，可选用具备目标探测、识别、跟踪，行为分析和统计等功能的智能摄像机或智能设备。

3.3 传 输 部 分

3.3.1 系统的图像信号传输方式宜符合下列规定：

1 传输距离较近，可采用同轴电缆传输视频基带信号的视频传输方式；当传输的黑白电视基带信号在5MHz点的不平坦度大于3dB时，宜加电缆均衡器；当大于6dB时，应加电缆均衡放大器。当传输的彩色电视基带信号在5.5MHz点的不平坦度大于3dB时，宜加电缆均衡器；当大于6dB时，应加电缆均衡放大器。

2 传输距离较远，监视点分布范围广或需进入有线电视网时，宜采用多路副载波复用的射频传输方式。

3 当系统为数字信号传输时，可采用四对对绞电缆的IP网络进行传输。

4 长距离传输或需避免强电磁场干扰的传输宜采用光缆传输方式。当有特殊要求时，宜采用无金属光缆。

3.3.2 系统的控制信号可采用多芯线直接传输，或将遥控信号进行数字编码用电（光）缆进行传输。

3.3.3 传输电、光缆的选择应符合下列规定：

1 同轴电缆在满足衰减、屏蔽、弯曲、防潮性能的要求下，宜选用线径较细的同轴电缆。

2 四对对绞电缆在满足衰减、屏蔽、防潮等性能的要求下，宜选用不劣于五类线性能的对绞电缆。

3 光缆的选择应满足衰减、带宽、温度特性、机械特性、防潮等要求。

3.3.4 云台解码箱、光部件在室外使用时，应具有良好的密闭防水结构。光缆接头应设接头护套，并应采取防尘、防水、防潮、防腐蚀措施，其防尘、防水的防护等级不低于IP65的标准要求。

3.3.5 传输线路路由设计应符合下列规定：

1 路由应尽量短、安全可靠，施工维护方便。

2 应避开恶劣环境条件或易使管线损伤的地段。

3 与其他管线等障碍物不宜交叉跨越。

4 应避免强电磁场干扰。

3.3.6 室内传输线路敷设方式的设计应符合下列规定：

1 无机械损伤的建筑物内的电（光）缆线路，可采用沿墙明敷方式。

2 在要求管线隐蔽或新建的建筑物内可用暗管敷设方式。

3 对下列情况应采用套管保护：

1）易受外界损伤；

2）在线路路由上，其他管线和障碍物较多，不宜明敷的线路；

3）在易受电磁干扰或易燃易爆等危险场所。

4 系统的信号电缆与电力线平行或交叉敷设时，间距不得小于0.3m；与通信线平行或交叉敷设时，间距不得小于0.1m。

3.3.7 室外传输线路的敷设应符合下列规定：

1 当采用通信管道（含隧道、槽道）敷设时，不宜与通信电缆共管孔。

2 当电缆与其他线路共沟（隧道）敷设时，其最小间距应符合表3.3.7-1的规定。

表3.3.7-1 电缆与其他线路共沟（隧道）的最小间距（m）

种　类	最小间距
10kV及以下电力电缆	0.5
通信电缆	0.1

3 当采用架空电缆与其他线路共杆架设时，其两线间最小垂直间距应符合表3.3.7-2的规定。

表3.3.7-2 电缆与其他线路共杆架设的最小垂直间距（m）

种　类	最小垂直间距
1kV～10kV电力线	2.5
1kV以下电力线	1.5
广播线	1.0
通信线	0.6

4 线路在城市郊区、乡村敷设时，可采用直埋敷设方式。

5 当线路敷设经过建筑物时，可采用沿墙敷设方式。

6 当线路跨越河流时，应采用桥上管道或槽道敷设方式，没有桥梁时，可采用架空敷设方式或水下敷设方式。

3.3.8 电缆宜采取穿管暗敷或线槽的敷设方式。当线路附近有强电磁场干扰时，电缆应在金属管内穿过，并埋入地下。当必须采取架空敷设时，应采取防干扰措施。

3.3.9 线路敷设设计应符合现行国家标准《工业企业通信设计规范》GBJ 42的有关规定，光缆和四对对绞电缆的敷设设计应符合现行国家标准《综合布线系统工程设计规范》GB 50311的有关规定。

3.3.10 当监视电视数字信号在IP网络中传输时，系统网络带宽的设计应按下列原则估算：

1 前端设备接入监控（分）中心的网络带宽至少应为允许并发接入的视频路数×单路视频编码率。

2 显示系统的接入带宽至少应为并发显示视频路数×单路视频编码率。

3 监控（分）中心互联的网络带宽至少为并发连接视频路数×单路视频编码率。

4 对于有线IP网络，352×288分辨率的单路视频编码率可采用512kbps估算，其他分辨率的单路视

频编码率 B 按下式进行估算：

$$B=\frac{H\times V}{352\times 288}\times 512 \tag{3.3.10}$$

式中：B——视频编码率（kbps）；

H——水平方向像素分辨率；

V——垂直方向像素分辨率。

5 宜根据联网系统的应用情况预留网络带宽。

3.3.11 监控（分）中心内部及监控（分）中心之间互联的 IP 有线网络性能指标应符合下列规定：

1 时延应小于 400ms。

2 时延抖动应小于 50ms。

3 丢包率应小于 1×10^{-3}。

3.3.12 当信息经由有线 IP 网络传输时，端到端的信息延迟时间应符合下列规定：

1 前端设备与所属监控中心相应设备间端到端的信息延迟时间不得大于 2s。

2 前端设备与监控用户终端设备间端到端的信息延迟时间不得大于 4s。

3 视频报警联动响应时间不得大于 4s。

3.3.13 必要时，监视电视数字信号可采用无线网络传输。

3.4 监 控 中 心

3.4.1 系统应设置监控中心，根据需要可设置监控分中心。监控中心场所的设计应符合下列规定：

1 使用面积应根据设备容量确定，不应小于 $10m^2$。

2 地面应光滑、平整、不起尘。门的宽度不应小于 0.9m，高度不应小于 2.1m。

3 温度宜为 16℃～30℃，相对湿度宜为 30%～75%。

4 室内照明宜大于 300 lx，其灯光不得直射到大屏幕电视墙及操作台。

5 电缆、控制线的敷设宜设置电缆线槽或桥架。

6 根据机柜、控制台等设备的相应位置，应设置电缆线槽和进线孔，线槽的规格应满足敷设电缆的容量和电缆弯曲半径的要求。

7 设备和线缆的排列应便于维护与操作，并应满足安全、消防的要求。

8 噪声、承重应符合现行国家标准《电子计算机场地通用规范》GB 2887 的有关要求。

3.4.2 监控中心应根据需要具备下列基本功能：

1 应能显示视频图像和对视频信号进行切换，在监视器上实现不同时段、不同监控点的多画面轮巡。

2 应随时启动记录设备进行视频图像存储，支持存储信息的检索、回放、下载、备份等管理功能。

3 宜通过电子地图设置监控点位置，调看监视图像。

4 根据需要，应具有预置摄像点、自动巡游路径、开闭式辅助输出控制等功能。

5 根据需要，应能实现云台的方向、速度和开关、摄像机的变焦与光圈以及预置点的控制。

6 宜支持报警联动。

7 特殊需要时，宜具有声音监听、广播和对讲功能。

8 系统的控制管理软件应具有直观、友好、简洁的中文人机界面，提供权限管理，自动生成系统日志，提供完整的值班记录，具有网络管理功能，支持二次开发。

3.4.3 视频解码设备的选择应符合下列规定：

1 应有以太网接口，支持 TCP/IP 协议，宜扩展支持 SIP、RTSP、RTP、RTCP 等网络协议。

2 在重要场所或特殊应用时，应具有设备认证功能及数字加密图像的解码能力。

3.4.4 记录存储系统应按下列原则进行设计：

1 根据安全管理的要求、系统的规模、网络状况以及存储投资成本，选择采用分布式存储、集中式存储以及两种方式相结合的存储模式。

2 对系统中摄像头数量、采集视频的格式和编码率等参数进行统计、分析，计算出存储的总带宽和存储容量要求，选用存储网络的结构。

3 根据系统整体设计和框架，考虑存储的容灾和备份，作出相应的存储策略。

3.4.5 记录存储系统设备的选择应符合下列规定：

1 应采用数字方式进行图像存储。

2 根据规模和需要，可选择数字视频录像机（DVR）的内部存储；也可选择磁盘阵列、网络附属存储（NAS）、存储域网络（SAN）等存储模式。

3 具有以太网接口，支持 TCP/IP 协议，宜扩展支持 SIP、RTSP、RTP、RTCP 等网络协议。应提供二次开发的软件接口。

4 应支持按图像的来源、记录时间、报警事件类别等多种方式对存储的图像数据进行检索，支持多用户同时访问同一数据资源。

5 在实时存储的同时应满足备份存储，并宜扩展支持异地容灾、数据迁移和远程镜像。

6 在重要应用场合，应考虑设备具有对录像文件采取防篡改或完整性检查的功能。

3.4.6 每路存储的图像分辨率必须不低于 352×288，每路存储的时间必须不少于 7×24h。

3.4.7 数据库、视频分发、安全认证等重要服务器宜采用双机备份的方式。

3.4.8 控制台、机架和机柜的选择应符合下列规定：

1 系统的运行控制和功能操作宜在控制台上进行，其操作部分应方便、灵活、可靠。控制台装机容量应根据工程需要留有扩展余地。

2 放置显示、测试、记录等设备的机架、机柜尺寸应符合现行国家标准《高度进制为 20mm 的面板、架和柜的基本尺寸系列》GB/T 3047.1 的有关规定。

3 控制台布局、尺寸和台面及座椅的高度应符合现行国家标准《电子设备控制台的布局、型式和基本尺寸》GB/T 7269 的有关规定。

4 控制台正面与墙的净距不应小于 1.2m；侧面与墙或其他设备的净距，在主要走道不应小于 1.5m，次要走道不应小于 0.8m。

5 机架、机柜背面和侧面距离墙的净距不应小于 0.8m。

3.4.9 显示设备的选择应符合下列规定：

1 根据需要可选用 CRT 监视器、LCD 监视器、等离子监视器或荧光平板监视器等显示设备。

2 固定监控终端主机显示分辨率不应小于 1024×768。

3 屏拼接显示器的拼接缝不应大于 22mm。

3.4.10 监控（分）中心的显示设备的分辨率必须不低于系统对采集规定的分辨率。

3.4.11 监控（分）中心电视墙的设置应符合下列规定：

1 电视墙宜由上箱体和下箱体组成。

2 电视墙整体结构根据需要可设计成平面形和弧形。

3 电视墙后侧距墙不应小于 0.8m。若电视墙后侧靠窗，应在窗外加装遮阳伞。电视墙上的主监视器到操作人员的距离应是监视器屏面高度的 4 倍～6 倍。

3.4.12 在监控（分）中心设置的监控终端应符合下列规定：

1 应有图像实时浏览、查询和回放、控制前端设备等功能。

2 固定监控终端主机宜采用通用多任务操作系统。

3 固定监控终端主机应有 USB 接口和 100Mbps 以上的以太网端口，手持监控终端应有 SDIO 接口。

3.5 供电、接地与安全防护

3.5.1 系统的供电电源应采用 220V、50Hz 的单相交流电源，并应配置专用的配电箱。电源质量应满足电压波动范围－15%～＋10%，频率波动范围－1Hz～＋1Hz，波形失真率范围－10%～＋10%。当电压波动超出－15%～＋10%范围时，应设置稳压电源装置。稳压电源装置的标称功率不得小于系统使用功率的1.5 倍。

3.5.2 不间断电源（UPS）应根据需要进行配置，其容量应至少保证系统监控中心的断电工作时间不小于 30min。

3.5.3 系统设备宜由监控中心引专线集中供电；前端设备可就近供电，但设备应设置电源开关和稳压等保护装置，严禁与照明系统使用同一开关控制系统设备的供电。

3.5.4 监控中心接地应符合下列规定：

1 系统的接地，宜采用一点接地方式。接地母线应采用铜质线，接地线不得形成封闭回路，不得与强电的电网零线短接或混接。

2 采用专用接地装置时，其接地电阻值不得大于 4Ω。

3 采用综合接地网时，其接地电阻不得大于 1Ω。

4 接地引下线应采用截面积不小于 32mm² 的铜导体。

5 应设局部等电位连接，局部等电位连接装置引至各设备的专用接地线应选用铜芯绝缘导线，其线芯截面积不应小于 8mm²。

3.5.5 室外架设的设备及立杆应良好接地，其接地电阻不得大于 10Ω。为防止电磁感应，沿杆引上摄像机的电源线和信号线应穿金属管屏蔽。

3.5.6 光缆传输系统中，光端机外壳应接地。光缆加强芯、架空光缆接续护套应接地。

3.5.7 架空电缆吊线的两端和架空电缆线路中的金属管应接地。

3.5.8 线路采用金属线槽或钢管敷设时，线槽或钢管应保持连续的电气连接，并在两端良好接地。

3.5.9 室外架设的设备应置于接闪器（避雷针或其他接闪导体）有效保护范围之内，并应安装信号线路防雷装置。

3.5.10 进入监控（分）中心室内的架空电缆入室端和前端设备装于旷野、塔顶或高于附近建筑物的电缆端，应设置避雷装置。根据需要，应在进入监控（分）中心室内的电源线、信号线等各条线路上加装避雷装置。

3.5.11 防雷接地装置宜与电气设备接地装置和埋地金属管道相连，当不相连时，两者间的距离不宜小于 20m。

3.5.12 两建筑物屋顶之间不得直接敷设电缆，应将电缆沿墙敷设置于防雷保护区以内，并不得妨碍车辆的运行。

3.5.13 系统的防雷接地与安全防护设计应符合现行国家标准《工业企业通信接地设计规范》GBJ 79、《建筑物电子信息系统防雷技术规范》GB 50343 的有关规定。

4 系统的工程施工

4.1 一般规定

4.1.1 系统的工程施工应满足下列条件：

1 设计文件和施工图纸齐全，并已会审和批准。

2 甲方、监理、施工方熟悉施工图纸及有关资料，包括工程特点、施工方案、工艺要求、施工质量标准。

3 设备、仪器、器材、机具、辅材、工具和机械等应满足连续施工和阶段施工的要求。

4 备有施工中的通信联络工具。

4.1.2 系统的工程施工前应对施工区域的有关情况进行检查，符合下列条件方可施工：

1 施工区域具备进场作业的条件。

2 施工区域地面、墙面的预留孔洞、地槽和预埋件等应符合设计要求，并标示清晰。

3 施工区域内无影响施工的障碍物、不安全设施等。

4.1.3 施工前应对下列情况进行调查：

1 施工区域内建筑物的现场情况和预留管道情况。

2 施工中使用道路及占用道路（包括横跨道路）情况。

3 允许同杆架设的杆路及自立杆杆路的情况。

4 敷设管道电缆和直埋电缆的路由状况，并对各管道标出路由标志。

5 当施工现场有影响施工的各种障碍物时，应提前清除。

6 影响工程、施工安全的其他情况，如高电磁场、潮湿、腐蚀等。

4.1.4 施工前应对系统使用的材料、部件和设备按下列要求进行检查：

1 按照施工材料表对材料进行清点、分类。

2 各种部件、设备的规格、型号和数量应符合设计要求。

3 产品外观应完整、无损伤和任何变形。

4 有源设备均应通电检查各项功能。

4.1.5 施工中应做好隐蔽工程的随工验收，并做好记录。

4.2 前端设备的安装

4.2.1 前端设备安装前应按下列要求进行检查：

1 将摄像机逐个通电进行检测和粗调，在摄像机处于正常工作状态后，方可安装。

2 检查云台的水平、垂直转动角度，并根据设计要求定准云台转动起点方向。

3 检查摄像机防护套的雨刷动作。

4 检查摄像机在防护套内的紧固情况。

5 检查摄像机座与支架或云台的安装尺寸。

6 对数字式（或网络型）摄像机，安装前还需按要求设置网络参数、管理参数。

7 检查云台控制解码器的设置是否正确，是否能够正确传送与接收控制信号。

4.2.2 摄像机的安装应符合下列规定：

1 在搬动、架设摄像机过程中，不得打开镜头盖。

2 在高压带电设备附近架设摄像机时，应根据带电设备的要求确定安全距离。

3 在强电磁干扰环境下，摄像机的安装应与地绝缘隔离。

4 摄像机及其配套装置安装应牢固稳定，运转应灵活。应避免破坏，并与周边环境相协调。

5 从摄像机引出的电缆宜留有1m的余量，不得影响摄像机的转动，摄像机的电缆和电源线均应固定，并不得用插头承受电缆的自重。

6 摄像机的信号线和电源线应分别引入，外露部分用护管保护。

7 先对摄像机进行初步安装，经通电试看、细调，检查各项功能，观察监视区域的覆盖范围和图像质量，符合要求后方可固定。

8 当摄像机在室外安装时，应检查其防雨、防尘、防潮的设施是否合格。

4.2.3 支架、云台、控制解码器的安装应符合下列规定：

1 根据设计要求安装好支架，确认摄像机、云台与其配套部件的安装位置合适。

2 解码器固定安装在建筑物或支架上，留有检修空间，不能影响云台、摄像机的转动。

3 云台安装好后，检查云台转动是否正常，确认无误后，根据设计要求锁定云台的起点、终点。

4 检查确认解码器、云台、摄像机联动工作是否正常。

5 当云台、解码器在室外安装时，应检查其防雨、防尘、防潮的设施是否合格。

4.2.4 声音采集和报警控制设备在室外安装时，应检查其防雨、防尘、防潮的设施是否合格。

4.2.5 视频编码设备的安装应符合下列规定：

1 确认视频编码设备和其配套部件的安装位置符合设计要求。

2 视频编码设备宜安装在室内设备箱内，应采取通风与防尘措施。如果必须安装在室外时，应将视频编码设备安装在具备防雨、防尘、通风、防盗措施的设备箱内。

3 视频编码设备固定安装在设备箱内，应留有线缆安装空间与检修空间，在不影响设备各种连接线缆的情况下，分类安放并固定线缆。

4 检查确认视频编码设备工作正常，输入、输出信号正确，且满足设计要求。

4.3 线路的敷设

4.3.1 电缆的敷设应符合下列规定：

1 多芯电缆的最小弯曲半径应大于其外径的6倍，其他电缆的弯曲半径应大于电缆直径的15倍。

2 交流电源线宜与信号线、控制线分开敷设。

3 室外设备连接电缆时，宜从设备（或设备箱）的下部进线。

4 电缆长度应逐盘核对，并根据设计图上各段线路的长度来选配电缆。不宜使用有接续的电缆；当需要接续时，应采用专用接插件。

5 线缆在沟道内敷设时，应敷设在支架上或线槽内。当线缆进入建筑物后，线缆沟道与建筑物间的缝隙应采取密封措施。

6 电缆接头处应当进行防锈、防氧化焊接，或采用专用接头鼻压接。

7 电缆两头应有码号标识，并与施工设计图纸相一致。

4.3.2 架设架空电缆时，宜将电缆吊线固定在电杆上，再用电缆挂钩把电缆卡挂在吊线上；挂钩的间距宜为 0.5m～0.6m。根据气候条件，每一杆档应留出余兜。

4.3.3 墙壁电缆的敷设，沿室外墙面宜采用吊挂方式，室内墙面宜采用卡子方式。墙壁电缆当沿墙角转弯时，应在墙角处设转角墙担。电缆卡子的间距在水平路径上宜为 0.6m，在垂直路径上宜为 1m。

4.3.4 电缆沿支架或在线槽内敷设时应在下列各处牢固固定：

1 电缆垂直排列或倾斜坡度超过 45°时的每一个支架上。

2 电缆水平排列或倾斜坡度不超过 45°时，在每隔 1 个～2 个支架上。

3 在引入接线盒及分线箱前 150mm～300mm 处。

4.3.5 直埋电缆的埋深不得小于 0.8m，并应埋在冻土层以下；紧靠电缆处应用沙或细土覆盖，其厚度应大于 0.1m，且上压一层砖石保护。通过交通要道时，应穿钢管保护。电缆应采用具有铠装的直埋电缆，不得用非直埋式电缆作直接埋地敷设。转弯地段的电缆，地面上应有电缆标志。

4.3.6 敷设管道电缆应符合下列规定：

1 敷设管道线之前应先清刷管孔。

2 管孔内预设一根镀锌铁线。

3 穿放电缆时宜涂抹黄油或滑石粉。

4 管口与电缆间应衬垫铅皮，铅皮应包在管口上。

5 进入管孔的电缆应保持平直，并应采取防潮、防腐蚀、防鼠等处理措施。

4.3.7 管道电缆或直埋电缆在引出地面时，均应采用钢管保护。钢管伸出地面不宜小于 2.5m，埋入地下宜为 0.3m～0.5m。

4.3.8 线缆槽敷设截面利用率不应大于 60%，线缆穿管敷设截面利用率不应大于 40%。

4.3.9 电缆在管内或线槽内不应有接头和扭结。电缆的接头应在接线盒内焊接或用接线端子连接。

4.3.10 四对对绞电缆的敷设与终接应符合下列规定：

1 电缆不得中间直接绞接，不能挤压或损坏外护套。

2 终接时扭绞松开长度不应大于 13mm，确保终接处压接紧密，电气接触良好。

3 终接模块宜采用 T568B 标准，统一色标和线对顺序。

4 如采用以太网供电（POE）技术对设备进行供电时，应满足防雷、防水的安装要求。

5 电缆敷设后，宜测量连通性。

6 四对对绞电缆的其他敷设要求应符合现行国家标准《综合布线系统工程验收规范》GB 50312 的有关规定。

4.3.11 光缆的敷设应符合下列规定：

1 敷设光缆前，应对光纤进行检查；光纤应无断点，其衰耗值应符合设计要求。

2 核对光缆的长度，并应根据施工图的敷设长度来选配光缆。配盘时应使接头避开河沟、交通要道和其他障碍物，架空光缆的接头应设在杆旁 1m 以内。

3 敷设光缆时，其弯曲半径不应小于光缆外径的 20 倍。光缆的牵引端头应做好技术处理，可采用牵引力自动控制性能的牵引机进行牵引。牵引力应加于加强芯上，其牵引力不应超过 1500N；牵引速度宜为 10m/min；一次牵引的直线长度不宜超过 1km。

4 光缆接头的预留长度不应小于 8m，且每隔 1km 要有 1%的盘留量。

5 光缆敷设完毕，应检查光纤有无损伤，并对光缆敷设损耗进行抽测。确认没有损伤时，再进行接续。

4.3.12 架空光缆应在杆下设置伸缩余兜，其数量应根据所在冰凌负荷区级别确定，对重负荷区宜每杆设一个；中负荷区宜 2 根～3 根杆设一个；轻负荷区可不设，但中间不得绷紧。光缆余兜的宽度宜为 1.52m～2.00m，深度宜为 0.20m～0.25m。光缆架设完毕，应将余缆端头用塑料胶带包扎，盘成圈置于光缆预留盒中；预留盒应固定在杆上。地下光缆引上电杆，必须采用钢管保护（图 4.3.12）。

4.3.13 在桥上敷设光缆时，宜采用牵引机终点牵引和中间人工辅助牵引。光缆在电缆槽内敷设不应过紧；当遇桥身伸缩接口处时应做 3 个～5 个“S”弯，并在每处宜预留 0.5m。当穿越铁路桥面时，应外加金属管保护。光缆经垂直走道时，应固定在支持物上。

4.3.14 管道光缆敷设时，无接头的光缆在直道上敷设应由人工逐个人孔同步牵引。预先做好接头的光缆，其接头部分不得在管道内穿行；光缆端头应用塑

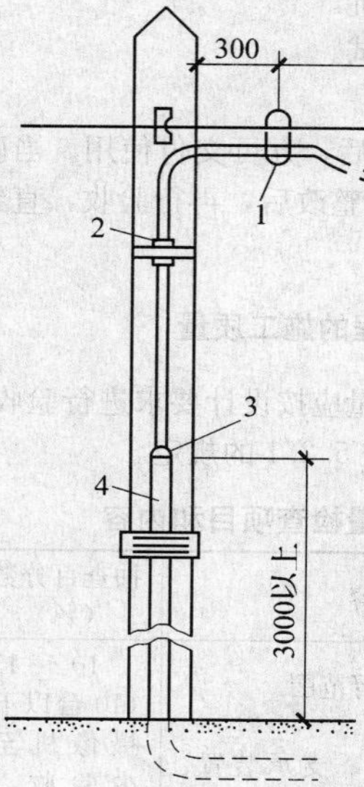

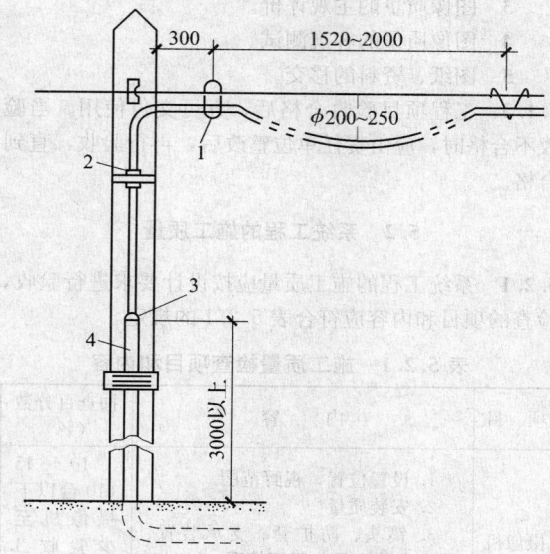

图 4.3.12 光缆的余兜及引上线钢管保护

1—固定线；2—橡胶片；3—堵头；4—引上保护管

料胶带包好，并盘成圈放置在托架高处。

4.3.15 光缆的接续应由受过专门训练的人员操作，接续时应采用光功率计或其他仪器进行监视，使接续损耗达到最小；接续后应做好接续保护，并安装好光缆接头护套。

4.3.16 光缆敷设后，宜测量通道的总损耗，并用光时域反射仪观察光纤通道全程波导衰减特性曲线。

4.3.17 在光缆的接续点和终端应做永久性标志。

4.4 监控（分）中心

4.4.1 机架、机柜安装应符合下列规定：

1 安装位置应符合设计要求，当有困难时可根据电缆地槽和接线盒位置做适当调整。

2 机架、机柜的底座应与地面固定。

3 安装应竖直平稳，垂直偏差不得超过1‰。

4 几个机架或机柜并排在一起，面板应在同一平面上并与基准线平行，前、后偏差不得大于3mm；两个机架或机柜中间缝隙不得大于3mm。对于相互有一定间隔而排成一列的设备，其面板前、后偏差不得大于5mm。

5 机架或机柜内的设备、部件的安装，应在机架或机柜定位完毕并加固后进行，安装在机架或机柜内的设备应牢固、端正。

6 机架或机柜上的固定螺丝、垫片和弹簧垫圈均应按要求紧固，不得遗漏。

4.4.2 控制台安装应符合下列规定：

1 控制台位置应符合设计要求。

2 控制台应安放竖直，台面水平。

3 附件应完整，无损伤，螺丝紧固，台面整洁无划痕。

4 台内接插件和设备接触应可靠，安装应牢固；内部接线应符合设计要求，无扭曲脱落现象。

4.4.3 监控（分）中心内电缆的敷设应符合下列规定：

1 采用地槽或墙槽时，电缆应从机架、机柜和控制台底部引入，将电缆顺着所盘方向理直，按电缆的排列次序放入槽内；拐弯处应符合电缆曲率半径要求。

2 电缆离开机架、机柜和控制台时，应在距起弯点10mm处成捆空绑，根据电缆的数量应每隔100mm～200mm空绑一次。

3 采用架槽时，架槽宜每隔一定距离留出线口。电缆由出线口从机架、机柜上方引入，在引入机架、机柜时，应成捆绑扎。

4 采用电缆走道时，电缆应从机架、机柜上方引入，并应在每个梯铁上进行绑扎。

5 采用活动地板时，电缆在地板下宜有序布放，并应顺直无扭绞；在引入机架、机柜和控制台处还应成捆绑扎。

4.4.4 在敷设的电缆两端应留适度余量，并标示明显的永久性标记。

4.4.5 引入、引出房屋的电（光）缆，在出入口处应加装防水套，向上引入、引出的电（光）缆，在出入口处还应做滴水弯，其弯度不得小于电（光）缆的最小弯曲半径。电（光）缆沿墙自上、下引入、引出时应设支持物。电（光）缆应固定（绑扎）在支持物上，支持物的间隔距离不宜大于1m。

4.4.6 监控（分）中心内的光缆在电缆走道上敷设时，光端机上的光缆宜预留10m；余缆盘成圈后应妥善放置。光缆至光端机的光纤连接器的耦合工艺，应严格按有关要求进行。

4.4.7 计算机与存储设备的安装和调试应符合下列规定：

1 设备宜安装在专用机架和机箱内，或嵌入操作台中。

2 设备操作面板前的空间不得小于0.1m，设备四周的空间间隙应保证良好的通风或散热。

3 设备连接端口用于插接线缆的空间不得小于0.2m。

4 设备之间的信号线、控制线的连接应正确无误。

5 应根据设计要求，对计算机和设备的硬盘空间进行分区，并安装相应的操作系统、控制和管理软件。

6 应根据设计要求对软件系统进行配置，系统功能应完整。

7 网络附属存储（NAS）、存储域网络（SAN）系统或其他存储设备安装时，应满足承重、散热、通风等要求。

4.4.8 监视器的安装应符合下列规定：

1 监视器的安装位置应使屏幕不受外来光直射，如不能避免时，应加遮光罩遮挡。

2 监视器可装设在固定的机架和柜上，也可装设在控制台操作柜上。应满足承重、散热、通风等要求。

3 监视器的外部可调节部分，应暴露在便于操作的位置，并可加保护盖。

4 监视器的板卡、接头等部位的连接应紧密、牢靠。

4.4.9 系统的调整与测试应符合下列规定：

1 设备与线缆安装、连接完成后，应联调系统功能。

2 联调中应记录测试环境、技术条件、测试结果。

3 联调各项硬/软件技术指标、功能的完整性、可用性。

4 应测试与其他系统的联动性。

4.5 供电与接地

4.5.1 当低压直流供电线与控制线合用多芯线对前端设备供电时，多芯线与电缆可一起敷设。

4.5.2 所有接地极的接地电阻应进行测量；经测量达不到设计要求时，应采取措施使其满足设计要求。

4.5.3 监控（分）中心内接地母线的走向、规格应符合设计要求。施工时应符合下列规定：

1 接地母线的表面应完整，无明显损伤和残余焊剂渣，铜带母线光滑无毛刺，绝缘线的绝缘层不得有老化龟裂现象。

2 接地母线应铺放在地槽或电缆走道中央，并固定在架槽的外侧，母线应平整，不得有歪斜、弯曲。母线与机架或机顶的连接应牢固端正。

3 电缆走道上的铜带母线可采用螺丝固定，电缆走道上的铜绞线母线应绑扎在横档上。

4.5.4 系统的工程防雷接地安装应严格按设计要求施工。接地安装应配合土建施工同时进行。

5 系统的工程验收

5.1 一般规定

5.1.1 系统的工程验收应由工程的设计、施工、建设单位和相关管理部门的代表组成验收小组，按验收方案进行验收。验收时应做好记录，签署验收证书，并应立卷、归档。

5.1.2 系统的工程验收方案应包括下列内容：

1 系统工程的施工质量。

2 系统功能性能的检测。

3 图像质量的主观评价。

4 图像质量的客观测试。

5 图纸、资料的移交。

5.1.3 工程项目验收合格后，方可交付使用。当验收不合格时，应由责任单位整改后，再行验收，直到合格。

5.2 系统工程的施工质量

5.2.1 系统工程的施工质量应按设计要求进行验收，检查的项目和内容应符合表5.2.1的规定。

表5.2.1 施工质量检查项目和内容

项　目	内　　容	抽查百分数（%）
摄像机	1. 设置位置，视野范围 2. 安装质量 3. 镜头、防护套、支承装置、云台安装质量与紧固情况	10～15（10台以下摄像机至少验收1台～2台）
摄像机	4. 通电试验	100
显示设备	1. 安装位置 2. 设置条件 3. 通电试验	100
控制设备	1. 安装质量 2. 遥控内容与切换路数 3. 通电试验	100
记录设备	1. 安装质量 2. 检索与回放 3. 存储时间 4. 通电试验	100
其他设备	1. 安装位置与安装质量 2. 通电试验	100
控制台与机架	1. 安装垂直水平度 2. 设备安装位置 3. 布线质量 4. 塞孔、连接处接触情况 5. 开关、按钮灵活情况 6. 通电试验	100
电（光）缆及网线的敷设	1. 敷设质量与标记 2. 电缆排列位置，布放和绑扎质量 3. 地沟、走道支铁吊架的安装质量 4. 埋设深度及架设质量 5. 焊接及插头安装质量 6. 接线盒接线质量	30
接地	1. 接地材料 2. 接地线焊接质量 3. 接地电阻	100

5.2.2 建设单位应对隐蔽工程进行随工验收，凡经过检验合格并办理验收签证后，在进行竣工验收时，可不再进行检验。

5.2.3 系统工程明确约定的其他施工质量要求，应列入验收内容。

5.3 系统功能性能的检测

5.3.1 对系统的各项功能及性能应进行检测，其功能性能指标应符合设计要求，性能指标还应符合本规范第3.3.11条～第3.3.13条和第3.4.6条的规定。功能性能检测表应符合表5.3.1的格式要求。

表5.3.1 功能性能检测表

项目	设计要求	设备序号					
		1	2	3	4	5	6
云台水平转动							
云台垂直转动							
自动光圈调节							
调焦功能							
变倍功能							
切换功能							
录像（分解为检索、回放、定时）功能							
移动侦测（分解为报警、录像）功能							
防护罩功能							
存储容量							
录像保存时间							
编码率							
时延							
结论							

5.3.2 系统工程明确约定的其他功能性能要求，应列入验收内容。

5.4 图像质量的主观评价

5.4.1 模拟电视图像质量主观评价应符合下列规定：

1 图像质量的主观评价可采用五级损伤制评定，五级损伤制评分分级应符合表5.4.1-1的规定。

表5.4.1-1 五级损伤制评分分级

图像质量损伤的主观评价	评分分级
图像上不觉察有损伤或干扰存在	5
图像上稍有可觉察的损伤或干扰，但并不令人讨厌	4
图像上有明显的损伤或干扰，令人感到讨厌	3
图像上损伤或干扰较严重，令人相当讨厌	2
图像上损伤或干扰极严重，不能观看	1

2 图像质量的主观评价项目应符合表5.4.1-2的规定。

表5.4.1-2 主观评价项目

项目	损伤的主观评价现象
随机信噪比	噪波，即“雪花干扰”
单频干扰	图像中纵、斜、人字形或波浪状的条纹，即“网纹”
电源干扰	图像中上、下移动的黑白间隔的水平横条，即“黑白滚道”
脉冲干扰	图像中不规则的闪烁、黑白麻点或“跳动”

3 图像各主观评价项目的得分值均不应低于4分。

5.4.2 模拟电视图像质量的主观评价方法和要求应符合下列规定：

1 主观评价应在摄像机标准照度下进行。

2 主观评价应采用符合国家标准的监视器，监视器的水平清晰度不应低于400线。

3 观看距离应为监视器屏面高度的4倍～6倍，光线柔和。

4 评价人员不应少于5名，可包括专业人员和非专业人员。评价人员应独立评价打分，取算术平均值为评价结果。

5.4.3 数字图像质量主观评价应符合下列规定：

1 图像质量的主观评价采用五级损伤制评定，其评分分级和相应的图像损伤的主观评价应符合表5.4.3-1的规定。

表5.4.3-1 五级损伤标准

图像质量损伤的主观评价	评分分级
不觉察	5
可觉察，但不讨厌	4
稍有讨厌	3
讨厌	2
非常讨厌	1

2 数字图像质量的主观评价项目应按表 5.4.3-2 的规定。

表 5.4.3-2 主观评价项目

项 目	含 义
马赛克效应	单色区域画面存在的色块
边缘处理	图像中的物体边界和线条（横、竖、斜方向），主要考察边界的对比度和变形情况
颜色平滑度	图像中单色区域画面的颜色层次丰富程度
画面的真实性	包括画面的完整性、是否存在色差、对图像的整体接受程度
快速运动图像处理	考察快速运动参考源下图像的连续性
低照度环境图像处理	考察低照度环境图像的清晰度

3 图像质量的主观评价采用五级损伤制评定，数字图像各主观评价项目的得分值均不应低于 4 分。

5.4.4 数字图像质量的主观评价方法和要求应符合下列规定：

1 测量方法宜采取单刺激法。

2 主观评价应在摄像机标准照度下进行。

3 主观评价应采用符合国家标准的数字监视器。

4 观看距离应为监视器屏面高度的 4 倍～6 倍，光线柔和。

5 评价人员不应少于 5 名，可包括专业人员和非专业人员。评价人员应独立评价打分，取算术平均值为评价结果。

5.5 图像质量的客观测试

5.5.1 图像质量的客观测试应在摄像机标准照度下进行，测试所用的仪器应有计量合格证书。

5.5.2 图像清晰度、灰度和色彩可用综合测试卡进行抽测，抽查数不宜小于 10%，其指标应符合本规范第 3.1.9 条、第 3.1.10 条的规定。

5.5.3 当需要对模拟系统的图像质量进行客观测试时，可用仪器对系统的随机信噪比及各种信号的干扰进行测试，其指标应符合本规范表 3.1.9 的规定。

5.5.4 当需要对数字系统的图像质量进行客观测试时，可采用以下两种方法之一进行测试，其指标应符合本规范第 3.1.10 条第 2 款的规定。

1 采用专用仪器对系统的峰值信噪比（PSNR）进行测试。

2 采用本规范推荐的方法对系统的峰值信噪比（PSNR）进行测试，具体操作步骤：

1）断开摄像机和视频编码设备的连线；

2）将播放标准的视频监控测试序列的 DVD 的视频输出接入到视频编码设备，测试序列宜符合本规范附录 A 的内容；

3）在系统的监控用户终端记录下标准的视频监控测试序列的图像；

4）用峰值信噪比测试软件计算出视频监控测试序列录像的峰值信噪比（PSNR）。

5.6 竣工验收文件

5.6.1 在系统的工程竣工验收前，施工单位应按下列内容编制竣工验收文件一式三份交建设单位，其中一份由建设单位签收盖章后，退还施工单位存档：

1 工程说明。

2 综合系统图。

3 线槽、管道布线图。

4 设备配置图。

5 设备连接系统图。

6 设备概要说明书。

7 设备器材一览表。

8 主观评价表。

9 客观测试表。

10 施工质量验收记录。

5.6.2 竣工验收文件应保证质量，做到内容齐全，标记详细，语义明晰，数据准确，互相对应。

5.6.3 系统工程验收合格后，验收小组应签署验收证书。验收证书的格式宜符合本规范附录 B 的规定。

附录 A 数字图像测试序列

表 A 测试序列表

序 列	备 注
Hall	走廊监控序列（ITU 标准测试序列）
Foreman	人脸序列（AVS 标准测试序列）
Cross-street	街头监控序列（AVS 标准测试序列）
Substation	地铁监控序列（AVS 标准测试序列）
其他	可以选用实际的监控场景

附录B　系统工程验收证书

表B　闭路监视电视系统工程验收证书

<table>
<tr><td>工程名称</td><td colspan="4"></td></tr>
<tr><td>工程地址</td><td colspan="4"></td></tr>
<tr><td>设计单位及地址</td><td colspan="4"></td></tr>
<tr><td>施工单位及地址</td><td colspan="4"></td></tr>
<tr><td>建设单位及地址</td><td colspan="4"></td></tr>
<tr><td rowspan="3">工程概况</td><td colspan="2">监视目标数</td><td>联动报警数</td><td>备　注</td></tr>
<tr><td>固定</td><td>移动</td><td></td><td></td></tr>
<tr><td></td><td></td><td></td><td></td></tr>
<tr><td rowspan="2">验收结果</td><td colspan="2">主观评价</td><td>客观测试</td><td>施工质量</td></tr>
<tr><td colspan="2"></td><td></td><td></td></tr>
<tr><td>验收结论</td><td colspan="4"></td></tr>
<tr><td>设计单位
（签章）
年　月　日</td><td colspan="2">施工单位
（签章）
年　月　日</td><td>系统管理部门
（签章）
年　月　日</td><td>建设单位
（签章）
年　月　日</td></tr>
</table>

本规范用词说明

1　为便于在执行本规范条文时区别对待，对要求严格程度不同的用词说明如下：

1） 表示很严格，非这样做不可的：
正面词采用“必须”，反面词采用“严禁”；

2） 表示严格，在正常情况下均应这样做的：
正面词采用“应”，反面词采用“不应”或“不得”；

3） 表示允许稍有选择，在条件许可时首先应这样做的：
正面词采用“宜”，反面词采用“不宜”；

4） 表示有选择，在一定条件下可以这样做的，采用“可”。

2　条文中指明应按其他有关标准执行的写法为：“应符合……的规定”或“应按……执行”。

引用标准名录

《工业企业通信设计规范》GBJ 42

《工业企业通信接地设计规范》GBJ 79

《综合布线系统工程设计规范》GB 50311

《综合布线系统工程验收规范》GB 50312

《建筑物电子信息系统防雷技术规范》GB 50343

《电子设备控制台的布局、型式和基本尺寸》GB/T 7269

《电子计算机场地通用规范》GB 2887

《高度进制为20mm的面板、架和柜的基本尺寸系列》GB/T 3047.1

中华人民共和国国家标准

民用闭路监视电视系统工程技术规范

GB 50198—2011

条 文 说 明

修 订 说 明

《民用闭路监视电视系统工程技术规范》GB 50198—2011，经住房和城乡建设部2011年8月26日以第1140号公告批准发布。

本规范是在《民用闭路监视电视系统工程技术规范》GB 50198—94的基础上修订而成，上一版的主编单位是武汉市广播电视局，参加单位是中南建筑设计院，主要起草人员是米新英、吴英民、郑经娣。

为便于广大设计、施工、科研、学校等单位有关人员在使用本规范时能正确理解和执行条文规定，《民用闭路监视电视系统工程技术规范》编制组按章、节、条顺序编写了本规范的条文说明，对条文规定的目的、依据以及执行中需注意的有关事项进行了说明，还着重对强制性条文的强制性理由作了解释。但是，本条文说明不具备与规范正文同等的法律效力，仅供使用者作为理解和把握规范规定的参考。

目　次

1　总则 ………………………………… 1—16—21
2　术语 ………………………………… 1—16—21
3　系统的工程设计 …………………… 1—16—21
3.1　一般规定 ………………………… 1—16—21
3.2　前端部分 ………………………… 1—16—23
3.3　传输部分 ………………………… 1—16—24
3.4　监控中心 ………………………… 1—16—25
3.5　供电、接地与安全防护 ………… 1—16—27
4　系统的工程施工 …………………… 1—16—27
4.1　一般规定 ………………………… 1—16—27
4.3　线路的敷设 ……………………… 1—16—27
5　系统的工程验收 …………………… 1—16—27
5.1　一般规定 ………………………… 1—16—27
5.2　系统工程的施工质量 …………… 1—16—27
5.3　系统功能性能的检测 …………… 1—16—27
5.4　图像质量的主观评价 …………… 1—16—27
5.5　图像质量的客观测试 …………… 1—16—28

1 总 则

1.0.1 本条说明了起草本规范的必要性。本条是对民用闭路监视电视系统设计、施工、验收方面所做的原则规定，在设计、施工中必须贯彻国家技术经济政策，充分考虑建设发展需要，做到既积极采用先进技术，又尽量节省投资并符合环保要求。

1.0.2 本条规定了本规范的适用范围。民用闭路监视电视系统指民用设施中用于防盗、防灾、查询、访客、监控、科研、生产、商业及日常管理等的闭路电视系统。其特点是以电缆或光缆方式在特定范围内传输图像信号，达到监视的目的。

1.0.3 随着科学技术与信息化的发展，数字化、网络化、智能化和高清晰度技术为监视电视系统和设备的整体性能提升创造了必要的条件，这也是监视电视领域的发展方向。

2 术 语

2.0.1 闭路监视电视系统是一个从摄像到图像显示的全过程中都应用光纤、同轴或四对对绞电缆在其闭合的环路内传输监视电视信号的独立完整的电视系统。它能实时、形象、真实地反映和记录被监视的对象，能有效地延长人眼的观察距离和扩大人眼的机能。

2.0.2、2.0.3 监控中心主要用于对所辖区域进行集中监视和控制，系统至少设置一个监控中心。根据规模大小可分层、分区域设置监控分中心。

2.0.4 智能视频源自计算机视觉技术。计算机视觉技术是人工智能研究的分支之一。监视电视系统中所涉及的智能视频技术主要是指系统能自动抽取和分析视频源中的关键信息，为用户提供高级视频分析功能，在充分利用视频资源的基础上，提高视频监视系统的能力。

2.0.6、2.0.7 这两条是参照现行行业标准《数字电视接收设备术语》SJ/T 11324 制定的。

2.0.8 峰值信噪比是衡量图像质量的重要指标。峰值信噪比一般通过均方差（MSE）进行定义。两个 $m \times n$ 单色图像 I 和 K，如果一个为另外一个的噪声近似，那么它们的均方差定义为：

$$MSE = \frac{1}{mn}\sum_{i=0}^{m-1}\sum_{j=0}^{n-1} \| I(i,j) - K(i,j) \|^2$$

峰值信噪比定义为：

$$PSNR = 10 \times \log_{10}\left(\frac{MAX_I^2}{MSE}\right) = 20 \times \log_{10}\left(\frac{MAX_I}{\sqrt{MSE}}\right)$$

其中，MAX_I 表示图像点颜色的最大数值，如果每个采样点用 8 位表示，那么 MAX_I 就是 255。

2.0.9 目前主要的视频编解码标准有国际电联制定的 H.264 标准，国际标准化组织运动图像专家组制定的 MPEG4 标准，此外还有我国自行开发的具有完全自主知识产权的 AVS 标准等。

3 系统的工程设计

3.1 一 般 规 定

3.1.1 我国的通用电视制式采用的是 PAL 制式，它与广播电视制式基本相同，这符合国内外产品的实际情况。民用闭路监视电视系统的图像制式与通用的电视制式一致，既经济实用，又便于维护。

随着技术进步，彩色摄像机的技术指标和质量性能得到很大提高，价格不断下降，且彩色图像更符合实际使用的要求。因此，目前大多数场合都采用彩色电视系统。若主要是监视目标形体变化和运动量大小等亮度强弱的明暗信息，从经济和实际效果考虑，也可采用黑白电视系统。

3.1.2 由于数字系统具有存储、处理、交换方便灵活等优点，它是未来发展的趋势，推荐优先使用数字系统。近几年来，数字化图像监控技术和设备发展迅速，新技术不断涌现，设备性能不断提高，视频编解码压缩标准历经 JPEG、MPEG-1、MPEG-4 发展到目前的 H.264。根据技术的发展和目前监视电视系统的实际情况，本规范推荐系统采用 AVS、H.264 和 MPEG-4 三种数字视频编解码压缩标准。由于 AVS 标准是基于我国自主创新技术和国际公开技术所构建的标准，应优先在系统中选用。

3.1.3 系统的前端部分主要是进行监视信号的信息采集，传输部分是连接前端、控制和显示记录部分的传输媒介，控制部分主要是对各种信号进行控制和管理，显示与记录部分主要是通过各种显示装置和记录装置呈现和存储监视目标的图像。一般控制、显示与记录部分都放置在监控（分）中心。图 3.1.3 描述了系统组成框架，对模拟系统则无需采用数字视音频编解码设备。

闭路监视电视数字系统采用先进的数字处理技术，可以灵活地实现视音频信号的控制、分配、传输和存储。

闭路监视电视系统的组成形式一般有下列几种：

1 在一处连续监视一个固定目标时，宜主要选择由摄像机、传输电（光）缆、监视器组成的单头单尾系统。

2 在一处集中监视多个分散目标时，宜主要选择由摄像机、传输电（光）缆、切换控制器、监视器组成的多头单尾系统。

3 在多处监视同一个固定目标时，宜主要选择由摄像机、传输电（光）缆、视频分配器、监视器等组成的单头多尾系统。

4　在多处监视多个目标时，宜主要选择由摄像机、传输电（光）缆、切换控制器、视频分配器、监视器等组成的多头多尾系统。

3.1.4　根据系统规模大小（主要有监控点的数量、覆盖区域的范围）、管理职能要求等可分层、分区域设置监控分中心。系统覆盖区域的范围可以是建筑、建筑群、社区、城区乃至跨城区等。

3.1.5　为了充分发挥系统的效能，系统应提供软硬件接口，实现与入侵报警系统、视频安防监控系统、出入口控制系统、电子巡查管理系统、汽车库（场）管理系统等相关系统的联动，并自动进入录像模式，加强有效的防范功能。

3.1.6　闭路监视电视数字系统通过计算机软件处理，将监视电视从单一的查询监控水平提高到综合管理控制的新高度，不仅能支持故障报警，还可以视频为主线结合相关实际业务，提供全面的管理服务，是监控系统发展的方向。

3.1.7　系统设施的工作环境温度主要是根据我国不同的地理环境情况，参考选用工业和信息化部对部件环境温度的相关要求。鉴于2010年入夏以来，我国东北地区多次打破高温历史记录，出现超过35℃以上天气的实际情况，故将寒冷地区室外工作设施工作环境温度的高温上限由35℃提高到了40℃。

3.1.8　本条对系统设备、部件的选择作出了规定。

第1款规定是为了限制滥用不符合标准的产品或设备，提倡节能环保，保证闭路监视电视系统的质量。合格产品是指符合现行国家标准的产品，如采用黑白监视器应符合现行国家标准《黑白监视器通用规范》GB/T 14858的规定，采用彩色监视器应符合现行行业标准《彩色监视器通用技术条件》SJ/T 10603的规定，报警系统电源选择应符合现行国家标准《报警系统电源装置、测试方法和性能规范》GB/T 15408的规定，对对绞、星绞对称电缆的选择应符合现行行业标准《数字通信用对绞、星绞对称电缆　第1部分：总则》YD/T 838.1等；产品的生产厂必须持有生产许可证，产品应附有铭牌、检验合格证、产品技术指标和使用说明书；作为科研成果的设备不宜在系统工程中使用；为了保证我国民族工业的发展，应优先采用国内产品，当选用国外产品时，其性能指标应优于国内产品。节能环保的设备主要指的是低功耗、污染小、易回收的电子设备。

第2款四对对绞电缆的特性阻抗应为100Ω，是根据现行行业标准《数字通信用对绞、星绞对称电缆　第1部分：总则》YD/T 838.1制定的。

第3款中“协调一致”的原则，是为了达到构成经济实用系统的目的。

3.1.9　系统的模拟电视图像质量是借用广播电视系统的五级损伤制来评定的，但与广播电视要求的图像质量不能等同，因为根据使用要求，闭路监视电视系统技术指标一般并不需要达到广播电视标准。在闭路监视电视系统中，若各项指标达到表3.1.9和本条第3款～第5款的规定，则模拟电视的图像质量为4分，若高于表3.1.9和本条第3款、第4款规定的指标，模拟电视的图像质量为4分以上。

根据闭路监视电视系统的规模和要求，模拟电视系统其他的视频指标，如DG、DP、ΔK、$\Delta\tau$等可不予考虑。

第1款中五级损伤制评分分级应符合本规范第5.4.1条表5.4.1-1的规定。

表3.1.9中的数据是实验的结果。在实验中，主观评价是参照现行国家标准《彩色电视图像质量主观评价方法》GB/T 7401的规定制定的。当模拟电视的图像质量为4分时，经过多次重复测试，得出相对应的随机信噪比和各种干扰信号的容限值。

第3款、第4款中的清晰度和灰度指标，在测试中可分别进行观察，不必兼顾，并且允许调节监视器的对比度和亮度。这种测试观察方法是与国际上的测试方法一致的。

第5款中监视器输入端的电平值1Vp-p±3dB VBS，是根据现行国家标准《视听、视频和电视系统中设备互连的优选配接值》GB/T 15859的电视接收机输入端的优选值而定的。VBS为图像信号、消隐脉冲和同步脉冲组成的全电视信号的英文缩写代号。

实际中，有需要监视低照度画面的情况，此时只要能辨认监视画面物体的轮廓，就认为是可用图像。第6款中所指的信噪比25dB是在监视画面主观评价为可用图像时的实测数据。

3.1.10　本条对系统的数字电视图像质量和技术指标作出了规定。

第1款系统的数字电视图像质量是参考了《数字电视图像质量主观评价方法》GY/T 134、《电视图像质量主观评价方法》（RECOMMENDATION ITU-R BT.500-11），经综合考虑，采用五级损伤制来评定的。但与广播电视图像质量不能等同，因为根据使用要求，闭路监视电视系统技术指标一般并不需要达到广播电视标准。

第2款是由实际工程经验和实验得出的结果。对于不同内容和纹理的图像，在一定的压缩比下，若峰值信噪比（PSNR）＞32dB，均可在不损失最低频信息的同时较好地保持图像中丰富的高频信息，数字电视的图像质量良好并为4分以上。

第5款是由于经智能化处理的图像需要在图像上标示监视图像的区域或物体，这样就无法用信噪比等指标来衡量。

3.1.11　在系统的设计中，必须全面、科学地进行调查研究，以便对系统选用方案的必要性、合理性、先进性作出明确判断。首先是根据系统规模和应用需求，确定是否需要分层或分区设置监控分中心。

3.1.12 专用网络是指专门为闭路监视电视系统所构成的一个独立的网络，实际工程中，采用专用网络可以获得较好的图像和声音质量，以及更好的安全性。但系统需要预留接口便于和其他系统互联。

3.1.13 在数字系统特别是较大规模的数字系统中，网络管理对系统的运行维护尤为重要。网络管理主要包括设备管理（设备运行状态等）、故障管理（故障报警与处理）、系统管理（性能管理与优化）、用户管理等功能。

3.1.14 随着技术的发展，监视电视系统正从模拟系统向数字化、网络化和高清晰度方向发展，监视电视系统的功能和性能也得到了很大的提高。但是由于受报警精度影响和监视者生理上的弱点以及监视设备的局限性，还存在着误报、漏报较高、报警响应时间长和录像数据分析困难等问题。在安全要求比较高的场合下，可采用智能视频系统，通过数字图像处理，自动分析和抽取视频源中的关键信息，对视频画面中的内容进行深入理解和识别，以最快和最佳的方式发出警报和提供有用信息，有效协助相关人员处理危机，并最大限度降低误报和漏报现象，达到有效的监视和安全防范的目的。

采用高清晰度系统所获得的图像清晰度高，能获取更关键性的细节，提高智能视频分析的精度，是实现智能监视电视的重要基础。

3.2 前端部分

3.2.1 前端部分主要包括需要接入到各级监控中心的图像采集、声音采集、报警及控制等设备，有时也包括区域性网络的输出端口即单位、社区设置的监控报警系统向各级监控中心传递信息的输出端口。前端部分的表现形式为图像、声音、报警信号、业务数据等。

图像采集系统包括摄像机、镜头、云台、防护罩、控制解码器等设备，在数字系统中还应包括图像采集卡、视频编码设备等。视频编码设备可单独设置，也可放在摄像机内。本规范中的视频编码设备指具有视频编码功能的硬盘录像机（DVR）、视频服务器（DVS）、网络摄像机（IPCAM）或网络服务器（NVR）等设备。

声音采集系统主要应包括拾音器（监听头）、麦克风、扬声器等配件，遇到突发事件，可对现场进行原音重现，在数字系统中还应包括音频编码设备等。

随着技术的发展，将会越来越重视对音频的实时采集，并实现视音频同步。

3.2.2 监视目标的照度要求与摄像机的灵敏度密切相关，通常闭路监视电视系统是由被监视时刻和被监视场所的自然光照明，一般画面的典型照度见表1。

表1 一般画面的典型照度

照度（lx）	3×10^{4}～3×10^{5}	3×10^{3}～3×10^{4}	5×10^{2}	5	3×10^{-2}～3×10^{-1}
光线举例	晴天	阴天	日出/日落	曙光	月圆
照度（lx）	7×10^{-4}～3×10^{-3}		2×10^{-5}～2×10^{-4}		
光线举例	星光		阴暗的晚上		

监视目标的最低环境照度宜高于摄像机最低照度的10倍以上，这是工程中的经验值。

3.2.3 处在室外的监视目标，其亮度一般从黑夜最低的10 lx以下到晴天中午的3×10^{4} lx～10×10^{4} lx，变化幅度相当大，仅采用自动靶压控制功能的摄像机将不能适应监视目标这种宽照度范围的变化。因此，本条第2款规定应采用自动光圈镜头。

3.2.4 CCD和CMOS是应用在摄像机中的两种不同的感光器件，电荷耦合器件（CCD）固体摄像机具有寿命长、不受磁场干扰、抗振动、图像延时小、灵敏度高和有极好的图像再现性等优点。互补金属氧化物半导体（CMOS）摄像机具有电源消耗量低、与周边电路的整合性高等优点，在相同分辨率下，其价格比CCD便宜，但目前的图像质量相比CCD要低一些。

3.2.5 防护罩可根据需要设置调温控制系统和雨刷等。摄像机是通过加防护罩的办法达到防高温、防低温、防雨、防尘的。在高低温差大，需要防雨、防尘的露天环境中工作时，防护罩应能避免日光直射，刮去玻璃窗上的水珠，防止玻璃窗结露，低温环境下可对摄像机进行加热等。

3.2.6 摄像机配有自动调焦装置及电动云台，可扩大摄像机的视域，有时也可采用2只以上定焦距镜头的摄像机来分区监视。

3.2.7 控制解码器是与控制系统配套使用的一种前端设备，可控制室内外云台、电动变焦镜头、一体化摄像机、灯光或雨刷等，应配有RS-485通信接口，宜兼容多种控制协议。

3.2.8 一体化摄像机将镜头内置于摄像机中，除有自动光圈、自动变焦、自动白平衡、背光补偿等基本功能外，有些还具备特殊防护功能，包括防水型、防爆型、防弹型摄像机等，以方便安装和使用。

一体化球形摄像机是指将摄像机、镜头等设备组合内置在球形防护罩内的摄像设备，是传统的摄像机、变焦镜头、快速云台、遥控解码器等设备的组合，在性能价格比上占有较大的优势，且造型美观、安装隐秘、使用方便、功能齐全。

3.2.9 网络摄像机除了具备普通的监视电视摄像机功能外，还采用了先进的网络技术，内置的系统软件能实现即插即用，免去了复杂的网络配置；内置的大容量内存能存储警报触发前的图像；内置的I/O端口和通信口便于扩充外部周边设备，如门禁系统、红外线感应装置、全方位云台等；可提供软件包便于使用者自行开发应用软件。另外，还具备作为网络服务器、FTP 服务器、FTP 用户端和电子邮箱用户端的功能。

3.2.12 因为电视再现图像其对比度所能显示的范围仅为 30：1～40：1，当摄像机的视野内明暗差别较大时，就会出现应看见的暗部却看不见。此时，对摄像机的设置位置、摄像方向及照明条件应进行充分的考虑和合理的选择。镜头应避免强光直射是为了防止产生光晕和保护镜头。

逆光补偿能提供在非常强的背景光线下目标的理想曝光，使背景画面与主体画面的主观亮度差降低，整个监视场所的可视性得到改善。当不能避免逆光安装时，可采取逆光补偿或采用更高性能的设备等措施。

当监视目标的环境照度极低时，一般可采用红外线灯照明，这样在没有可见光线的情况下也可以成像。

3.2.13 本条规定是目前市场上的视频编码设备在实际使用中要达到的指标。

根据演播室数字电视编码参数标准 ITU-R BT.601 号及 ITU-T H.323 协议簇等标准中的规定，视频采集设备的标准采集分辨率见表 2。

表 2 视频采集设备的标准采集分辨率（PAL 制式）

图像格式	（像素分辨率）亮度取样的像素个数（dx）×行数（dy）	色度取样的像素个数（dx/2）	色度取样的像素行数（dy/2）
sub-QCIF	128×96	64	48
QCIF	176×144	88	72
CIF	352×288	176	144
4CIF	704×576	352	288
16CIF	1408×1152	704	576

常用的标准化图像格式（CIF）是目前监控行业采用的基础分辨率和主流分辨率，它的优点是存储量较低，能在普通宽带网络中传输，价格也相对低廉，它的图像质量较好，被大部分用户所接受。

随着技术的发展，704×576、1280×720、1920×1080 以及百万像素级的视频编码设备在高端场合中已得到应用。

根据应用的需要，可采用具备多码率、单帧、以太网供电（Power Over Ethernet）、声音复核等功能的视频编码器。

3.2.14 摄像机可装设附加的外部传感器，一旦发生报警，系统和安全报警装置联动，立即启动设定的工作状态。

3.2.15 智能视频系统改变了完全由工作人员对监视画面进行监视和分析的模式，是通过嵌入在摄像机或智能前端设备中的智能分析模块，以及在监控中心增加智能分析模块或设备，对所监视的目标进行不间断地分析、统计，采用智能算法与用户定义的安全模型进行对比，一旦发现有安全威胁，立刻向监控室发出预警或报警。

3.3 传输部分

3.3.1 由于视频信号在同轴电缆内传输受到的衰减与传输距离、电缆的直径和信号的频率有关，信号频率越高，衰减越大。因此，同轴电缆只适合于近距离传输图像信号，当传输距离达到 200m 左右时，图像质量将会明显下降，特别是色彩变得暗淡，有失真感。为了延长传输距离，要使用视频放大器。放大器对视频信号有一定的放大，还能对不同频率成分进行不同大小的补偿，以使视频信号失真尽量小。但放大器不能级联太多，一般在一个点到点系统中放大器最多只能级联 2 个到 3 个，否则无法保证视频传输质量，且调整起来很困难。因此，在系统中使用同轴电缆传视频信号时，为了保证有较好的图像质量，一般将传输距离范围限制在 500m 左右。

第 1 款是根据现行国家标准《工业电视系统工程设计规范》GB 50115—2009 第 4.0.3 条制定的，用不平坦度来衡量如何加均衡器和放大器是科学的。

第 2 款采用多路副载波复用的射频传输方式，宜与有线电视一起传输，采用此方法比较经济实用。

监视电视系统正沿着数字化、网络化、智能化的方向发展，所以第 3 款规定数字信号可选择在 IP 网络中进行传输。IP 网所需要的核心技术，包括 IP 网络交换、IP 视频处理、IP 存储等，与 IP 监视网所需要的核心技术是一致的。IP 系统在性价比、图像综合利用及管理方面都具备优势。由于四对对绞电缆对以太网信号也存在着较大的衰减，因此传输距离只能限制在 100m 的电气长度以内。

同轴电缆和四对对绞电缆由于线材本身的特性，使得传输距离受到限制。此外，在较恶劣的电磁环境下容易受到干扰，若安装地点位于多雷区，两端设备还会因雷击遭到破坏。因此，第 4 款采用光缆传输具有同轴电缆无法比拟的优点而成为远距离视频和压缩编码视频传输的首选。目前一般的可传输距离为 15km～20km，甚至可达 100km。

3.3.4 IP65 是一种国际电器设备防护等级的描述。IP（International Protection）防护等级系统是由 IEC（International Electro Technical Commission）所起

草。将电器设备依其防尘、防止外物侵入、防水、防湿气之特性加以分级。IP防护等级是由两个数字所组成，第一个数字表示电器设备防尘、防止外物侵入的等级；第二个数字表示电器设备防湿气、防水侵入的密闭程度。数字越大，表示其防护等级越高，这里，IP65的第一个数字6表示完全防止外物侵入，且可完全防止灰尘侵入，第二个数字5防止喷射的水侵入，防止来自各方向由喷嘴喷射出的水进入电器设备造成损坏。采用IP65防护等级可防护暴雨对电器设备的损害。

3.3.7 为了系统安全和减少干扰，传输线路要尽量避免与强电、大功率通信线路近距离平行敷设和交叉敷设。

表3.3.7-1电缆与其他线路共沟（隧道）的最小间距是根据现行国家标准《通信管道与通道工程设计规范》GB 50373—2006第3.0.3条要求而制定的。

表3.3.7-2是根据现行国家标准《工业企业通信设计规范》GBJ 42—81中第68条而制定的。

本条给出了选择敷设的基本要求，具体如何选择，还要根据当地具体情况，与有关部门（供电、电信、市政等）协调，因地制宜而定。

3.3.9 架空电缆与其他建筑物之间的最小净距应符合现行国家标准《工业企业通信设计规范》GBJ 42—81附录二的规定。

地下电缆管线与其他地下管线或建筑物的最小净距应符合《工业企业通信设计规范》GBJ 42—81第57条表2的规定。

建筑物内同轴电缆或管线与其他管线的最小净距应符合《工业企业通信设计规范》GBJ 42—81第75条表5的规定。其他如管材的选用、管线敷设高度或埋深等，应符合《工业企业通信设计规范》GBJ 42—81“音频线路网”有关条款的规定。

3.3.10 不同的编码算法在同样的图像质量下，所需的单路视频编码率是不一样的。单路视频编码率的最低要求是根据本规范第3.1.2条视频编解码规定和本规范第3.1.10条第1款中的图像质量达到4分要求，经过实际测试和大量工程应用总结后综合所得出的。实际中可根据监视区域重点部位和非重点部位来决定视频编码率。

第4款指的是所需要的最小视频编码率，一般非重点部位可按352×288分辨率来估算，重点部位可按704×576分辨率来估算。

3.3.11 监控（分）中心内部及监控（分）中心之间互联的IP有线网络的监视图像延迟时间指标是根据IP有线网络数字信号的传输指标要求，参考现行行业标准《城市监控报警联网系统技术标准 第1部分：通用技术要求》GA/T 669.1而定的。

3.3.12 端到端的信息延迟时间是指当信息（可包括媒体信息、控制信息及报警信息等）经由IP有线网络传输时，包括发送端信息采集、编码、网络传输、信息接收端解码、显示等过程所需要的时间。数字监视图像延迟时间指标是参考通信行业标准《IP网络技术要求——网络性能参数与指标》YD/T 1171中所规定的1级（交互式）或1级以上服务质量等级而定的。

3.3.13 无线传输的技术众多，覆盖范围与应用环境也不尽相同，信息的传输时间和其他技术要求可参考本规范第3.3.11条和第3.3.12条中的规定，具体可根据应用需求来决定。

3.4 监控中心

3.4.1 本条对监控中心场所设计作出了规定。

第2款门的高度和宽度的规定主要是考虑能运进机架与控制台。

第3款是根据现行国家标准《安全防范工程技术规范》GB 50348—2004第3.13.4条所制定的。

第4款中监控中心的照度是参考现行国家标准《建筑照明设计标准》GB 50034—2004第5.2.2条作出的规定。

第5款中监控室内的电缆与控制线宜放置在线槽里，包括桥架、电缆走道、墙下槽板内、活动地板下等，主要是考虑敷设和维护检修方便。

3.4.2 本条对监控中心的基本功能作出了规定。

第2款支持记录的集中管理可保证任何人不得随意删除录像，保证信息资料的绝对安全。

第3款使用电子地图可了解监视区域的全貌，使得操作更加直观、方便。

第5款的规定是指系统应实现对云台或一体化球形摄像机等前端设备的无级变速，以及其他常规云台的控制，以达到可实时跟踪监视可疑目标的目的。

3.4.4 记录存储可以是整个系统在一个监控中心集中存储，也可以是在多个监控分中心分布式存储。分布式存储可采用多套小容量的存储设备分布部署，视频流就近上传，对骨干网带宽要求不大，对机房环境要求相对较低。集中式存储适合于大、中型监视系统的部署，便于管理，集中式存储与一个城市的行政划分、区域大小和可用的网络状况有关。对存储可靠性要求高的，可以采用分布式存储和集中存储相结合的方式，当采用分布式存储时，集中存储仅需针对重点监控点进行备份存储即可，这样可以降低存储的投资成本。

为保证视频采集或回放过程中不发生丢帧现象，第2款规定记录存储系统应有足够的带宽，存储读写的总带宽＝（采集＋回放路数）×视频图像编码率/8；为满足长时间大容量视频图像存储的需求，应有可扩展性并留有一定冗余。

3.4.5 DVR存储是较常见的一种存储模式，这种方式的特点是：价格便宜，使用方便，通过遥控器和键盘就可以操作。从成本上考虑，根据需要，可以采用不同的RAID技术机制来有效保护数据。

由于网络附属存储（NAS）、存储域网络（SAN）、以太网存储域网络（IP SAN）等存储技术具有冗余、安全、可靠等优点，建议优先采用。需长期保存的监视图像，还可配制专用存储设备（如磁盘阵列、光盘塔等）进行备份。

第5款规定备份存储主要是对关键数据库数据、重要图像信息进行双重保护。

3.4.6 本条作为强制性条文主要是考虑安防系统的核心需求。存储容量的估算可根据不同等级监视部位的监视图像分辨率、移动侦测录像、设防和非设防时间等综合因素来决定。存储图像的数据分辨率指的是最低要达到的分辨率。如果达不到这个最低分辨率，视频监控的场景范围、监控场景中目标的辨识会带来许多问题，严重情况下将会影响到对场景的正确分析判断。视频安防系统的一个核心需求是能事后一段时间内（至少一周内）查找到原始录像，如果存储时间过短，不利于事故现场回放与追踪调查，一般选择不得低于7×24h。不同行业可以依据各自要求和实际情况采用更高的图像分辨率，配置更长的监控图像存储时间。经过复核后的报警图像应按相应的报警处置规范做长期保存。

3.4.7 服务器是监控中心内部网络上运行特定服务程序的计算机主机，为监控报警管理平台软件的运行提供硬件支持。监控报警管理平台支持的服务程序包括数据库、视频分发、视频存储、认证、注册、设备代理等，比较重要。有条件时宜采取双机备份。

3.4.8 本条是参照通信设备的机架，控制台的有关规范和实际情况而制定的。

3.4.9 显示设备可以是普通的电视机、专业监视器，也可以是显示器或其他设备，如投影机、组合大屏幕等。监视器屏幕大小应根据监视的人数、画面、分辨程度及监视人与屏幕之间的距离确定。

23cm～51cm显像管监视器的最佳观看距离范围如表3所示。

表3 显像管监视器最佳观看距离范围

显像管尺寸（cm）	距监视器的最小距离（m）	距监视器的最大距离（m）
23	0.7	2.3
31	0.9	3.0
35	1.0	3.3
47	1.2	4.3
51	1.3	4.6

平板监视器的最佳观看距离如表4所示。

表4 平板监视器的最佳观看距离范围

画面对角线尺寸（in）	画面高度（cm）	480级最佳观赏距离（m）	720级最佳观赏距离（m）	1080级最佳观赏距离（m）
32	39.84	2.82	1.88	1.25
37	46.07	3.26	2.18	1.45
40	49.80	3.53	2.35	1.57
42	52.29	3.70	2.47	1.65
46	57.27	4.06	2.70	1.80
47	58.52	4.14	2.76	1.84
50	62.25	4.41	2.94	1.96
52	64.74	4.59	3.06	2.04
55	68.48	4.85	3.23	2.16
56	69.72	4.94	3.29	2.19
57	70.97	5.03	3.35	2.23
60	74.70	5.29	3.53	2.35
65	80.93	5.73	3.82	2.55
70	87.15	6.17	4.12	2.74
80	99.60	7.06	4.70	3.14
100	124.50	8.82	5.88	3.92
103	128.24	9.08	6.06	4.04
110	136.95	9.70	6.47	4.31
120	149.40	10.58	7.06	4.70
130	161.85	11.46	7.64	5.10
150	186.75	13.32	8.82	5.88
200	249.00	17.64	11.76	7.84

3.4.10 本条作为强制性条文主要是考虑安防系统的核心需求。系统的核心需求是能清晰显示出原始的图像。为了达到这个目标，系统要完成视频信号的采集、编码、传输、解码和显示等五个环节。如显示设备的分辨率低于采集分辨率，即使在采集、编码、传输和解码等环节做得很好，在显示设备上显示的图像质量也会达不到应有的效果，会影响到分析判断的正确度。

3.4.11 第1款电视墙分成上、下箱体，上箱体安装显示器，下箱体安装相关设备；第3款在窗外加装遮阳伞的目的是保护设备不受日晒和雨淋。

3.4.12 监控终端设备是一台计算机和相应的软件组成的实体，其作用是实时浏览回放图像和控制前端设备，既可以是固定用户终端，也可以是手持用户终端。

3.5 供电、接地与安全防护

3.5.1 本条参考现行国家标准《报警系统电源装置、测试方法和性能规范》GB/T 15408 和《计算机场地安全要求》GB 9361 制定。在计算机开机时，计算机性能允许的最低电源变动范围要求（C 级）制定的。当电源环境不好，如电源有中断现象、电压波动范围较大时，可配置不间断电源（UPS）系统。

3.5.2 不间断电源（UPS）所配置的容量主要是为了保证监控中心的数据保存时间和设备正常关机时间。

3.5.4 第 1 款中一点接地方式是为了避免由于接地电位差而混入交流杂波等干扰。

目前由于高层建筑日益增多，采用专门接地装置受位置限制较困难，实际中往往将高层建筑基础的钢筋网作为综合接地网，整个建筑的电气接地、防雷接地及各种系统设备接地都接在钢筋网接地体上。钢筋接地网的接地电阻都很小，往往小于 0.5Ω。

3.5.5～3.5.13 在系统设计中应全面考虑系统的防雷设施和安全防护，包括电源防雷、视频信号和控制信号防雷以及户外设施的防雷等。

4 系统的工程施工

4.1 一 般 规 定

4.1.2 第 1 款施工区域具备进场作业的条件，主要指建筑装饰装修完毕、施工区域内能保证施工用电等。

4.3 线路的敷设

4.3.1 一般民用闭路监视电视系统线路敷设是和电力或通信线路共杆、共管道，有关电缆的敷设可参照电力、通信线路敷设的有关规范。

第 2 款电源线与信号线、控制线分开敷设是为了避免干扰。

第 3 款从设备下部进线，电缆可以先向下垂再向上进入设备，可防止雨水沿着电缆流进设备内。

4.3.6 第 4 款铅皮包在管口上，是为了防止电缆掉入管内或脱落。

4.3.10 T568B 线对顺序是国内布线的主流方式，5 类、6 类布线的国际标准也均采用 T568B 线对顺序的连接方式。

4.3.11 光缆的敷设是根据实际工程调研情况制定的。

4.3.12 冰凌负荷区级别是参照通信线路敷设的有关规范来划分的，见表 5。

表 5 冰凌负荷区级别划分

负荷区级别	轻负荷区	中负荷区	重负荷区
导线上冰凌等效厚度（mm）	≤5	≤10	≤15

5 系统的工程验收

5.1 一 般 规 定

验收是对工程的综合评价，也是乙方向甲方移交工程的主要依据之一。具体验收分五部分进行：系统工程的施工质量，系统功能性能的检测，图像质量的主观评价，图像质量的客观测试，图纸、资料的移交等。

5.2 系统工程的施工质量

5.2.1 由于摄像机安装位置限制和安装的数量一般较多，逐一检查质量比较困难，根据实际情况定出抽查百分数为 10%～15%。电（光）缆敷设完毕，逐段的检查也比较困难，根据实际情况定出抽查数为 30%。

5.2.2 随工验收项目在进行竣工验收时，可不必再进行检验，如果验收小组认为必要，可进行复检，对复检发现质量不合格的项目，由验收小组查明原因，分清责任，提出处理办法。

5.2.3 系统工程明确约定是指甲方、乙方所签订的合同、协议等。

5.3 系统功能性能的检测

5.3.1 验收时功能性能检测表可参照表 5.3.1 自行设定。

5.3.2 系统工程明确约定是指甲方、乙方所签订的合同、协议等。

5.4 图像质量的主观评价

5.4.1、5.4.2 模拟电视图像质量主观评价是参照现行国家标准《彩色电视图像质量主观评价方法》GB/T 7401 的五级损伤制评定的。这是一个综合性的评定，若清晰度、灰度在客观测试中已测出符合规定，则主要就是对噪声及各种干扰信号的主观评价。

5.4.3、5.4.4 主观评价是当前数字电视评测的最有效和可靠的手段，目前，世界上很多国家（如美国、法国、日本等）的电视测试中心、研究所和实验室对此进行了深入的研究，提出了几种适合于数字电视的主观评价方法，其中比较有代表性的是双刺激法和单刺激法。双刺激法要求观看员对每个测试图像的两种状态进行评分，即基准状态图像（未经压缩处理的源图像）和被测状态图像（经压缩处理后重建的图像）。我国现行行业标准《数字电视图像质量主观评价方法》GY/T 134 对数字电视图像质量主观评价采用的是双刺激法，但在实际工程中采用双刺激法进行数字电视图像质量的主观评价难度较大。本规范参照《电视图像质量主观评价方法》（RECOMMENDATION ITU-R BT. 500-11）的推荐采用单刺激法，单刺激法只要求观看员对被测图像进行评分。单刺激法的灵敏度虽然相对低一些，但在绝对评价和缺少基准序列的情况下，仍是非常有效的方法。评分等级参照现行行业标准《数字电视图像质量主观评价方法》GY/T 134 五级图像损伤制的评价方法来评定，主要评价图像还原质量的真实程度和等级。

数字系统的主观评价的重点如下：马赛克效应：边缘处理、颜色平滑度、画面的真实性在对参考视频的全部内容评测后作出综合评价结果。

快速运动图像处理和低照度环境图像处理只有在系统满负荷的状态下才能测试出真实的数据，因此要求在测试时所有线路必须同时接入视频信号压缩，同时要打开回放、图标叠加、图像运动侦测等功能。

5.5 图像质量的客观测试

5.5.2 图像清晰度、灰度和色彩为图像质量的客观测试的必测项目，实际中由于一些摄像机安装位置的限制，使测试比较困难，可采取抽查测试的办法。

5.5.3 对系统的随机信噪比及各种信号干扰的测试，可参照现行国家标准《电视视频通道测试方法》GB 3659 进行。

随机信噪比项目的测试，由于受仪器的限制，工程验收中往往不容易做到。为此，编制组做了随机杂波与主观评价关系的实验，实验结果见表 6。在验收时，随机信噪比指标以主观评价为主，对主观评价得分有争议时，再进行客观测试。

若按五级损伤制评定，认为由于干扰图像质量达不到 4 分或有争议时，可进行客观测试。

表 6 随机杂波影响图像的程度表

随机信噪比（dB）		影响程度	评分
黑白系统	彩色系统		
40 以上	40 以上	不觉察有杂波	5
37	36	可觉察有杂波，但不妨碍观看	4
31	28	有明显杂波，有些讨厌	3
25	19	杂波较严重，很讨厌	2
17	13	杂波严重，无法观看	1

5.5.4 对视频编码和图像压缩领域中信号重建质量进行客观评价的常用方法是测量峰值信噪比（PSNR）。从多次的实验中得出峰值信噪比在 32dB 时，一般图像质量都可达到 4 分标准。

推荐测试方法中的视频监控测试序列是从 ITU、MPEG、AVS 标准的测试序列中优选出来的，峰值信噪比算法的测试软件可依据本规范第 2.0.8 条的条文说明中峰值信噪比的定义研究开发，本规范峰值信噪比算法采用了国家多媒体软件工程技术研究中心开发的峰值信噪比测试软件。

中华人民共和国国家标准

砌体结构工程施工质量验收规范

Code for acceptance of constructional quality of masonry structures

GB 50203—2011

主编部门：陕 西 省 住 房 和 城 乡 建 设 厅
批准部门：中华人民共和国住房和城乡建设部
施行日期：2 0 1 2 年 5 月 1 日

中华人民共和国住房和城乡建设部
公　　告

第 936 号

关于发布国家标准《砌体结构工程施工质量验收规范》的公告

现批准《砌体结构工程施工质量验收规范》为国家标准，编号为 GB 50203－2011，自 2012 年 5 月 1 日起实施。其中，第 4.0.1（1、2）、5.2.1、5.2.3、6.1.8、6.1.10、6.2.1、6.2.3、7.1.10、7.2.1、8.2.1、8.2.2、10.0.4 条（款）为强制性条文，必须严格执行。原《砌体工程施工质量验收规范》GB 50203－2002 同时废止。

本规范由我部标准定额研究所组织中国建筑工业出版社出版发行。

中华人民共和国住房和城乡建设部

2011 年 2 月 18 日

前　　言

根据住房和城乡建设部《关于印发〈2008 年工程建设标准规范制订、修订计划（第一批）〉的通知》（建标［2008］102 号）的要求，由陕西省建筑科学研究院和陕西建工集团总公司会同有关单位在原《砌体工程施工质量验收规范》GB 50203－2002 的基础上修订完成的。

本规范在编制过程中，编制组经广泛调查研究，认真总结实践经验，参考有关国际标准和国外先进标准，并在广泛征求意见的基础上，最后经审查定稿。

本规范共分 11 章和 3 个附录，主要技术内容包括：总则、术语、基本规定、砌筑砂浆、砖砌体工程、混凝土小型空心砌块砌体工程、石砌体工程、配筋砌体工程、填充墙砌体工程、冬期施工、子分部工程验收。

本规范修订的主要内容是：

1　增加砌体结构工程检验批的划分规定；

2　增加“一般项目”检测值的最大超差值为允许偏差值的 1.5 倍的规定；

3　修改砌筑砂浆的合格验收条件；

4　修改砌体轴线位移、墙面垂直度及构造柱尺寸验收的规定；

5　增加填充墙与框架柱、梁之间的连接构造按照设计规定进行脱开连接或不脱开连接施工；

6　增加填充墙与主体结构间连接钢筋采用植筋方法时的锚固拉拔力检测及验收规定；

7　修改轻骨料混凝土小型空心砌块、蒸压加气混凝土砌块墙体墙底部砌筑其他块体或现浇混凝土坎台的规定；

8　修改冬期施工中同条件养护砂浆试块的留置数量及试压龄期的规定；将氯盐砂浆法划入掺外加剂法；删除冻结法施工；

9　附录中增加填充墙砌体植筋锚固力检验抽样判定；填充墙砌体植筋锚固力检测记录。

本规范中以黑体字标志的条文为强制性条文，必须严格执行。

本规范由住房和城乡建设部负责管理和对强制性条文的解释，由陕西省住房和城乡建设厅负责日常管理，陕西省建筑科学研究院负责具体技术内容的解释。执行过程中如有意见或建议，请寄送陕西省建筑科学研究院（地址：西安市环城西路北段 272 号，邮编：710082）。

本规范主编单位：陕西省建筑科学研究院
陕西建工集团总公司

本规范参编单位：四川省建筑科学研究院
辽宁省建设科学研究院
天津市建工工程总承包公司
中天建设集团有限公司
中国建筑东北设计研究院
爱舍（天津）新型建材有限公司

本规范主要起草人员：张昌叙　高宗祺　吴　体　张书禹　郝宝林　张鸿勋　刘　斌　申京涛　吴建军　侯汝欣　和　平　王小院

本规范主要审查人员：王庆霖　周九仪　吴松勤　薛永武　高连玉　金　睿　何益民　赵　瑞　王华生

目　次

1　总则 …………………………………… 1—17—5
2　术语 …………………………………… 1—17—5
3　基本规定 ……………………………… 1—17—5
4　砌筑砂浆 ……………………………… 1—17—7
5　砖砌体工程 …………………………… 1—17—8
5.1　一般规定 …………………………… 1—17—8
5.2　主控项目 …………………………… 1—17—9
5.3　一般项目 …………………………… 1—17—9
6　混凝土小型空心砌块砌体工程 ……………………………… 1—17—10
6.1　一般规定 …………………………… 1—17—10
6.2　主控项目 …………………………… 1—17—10
6.3　一般项目 …………………………… 1—17—11
7　石砌体工程 …………………………… 1—17—11
7.1　一般规定 …………………………… 1—17—11
7.2　主控项目 …………………………… 1—17—11
7.3　一般项目 …………………………… 1—17—12
8　配筋砌体工程 ………………………… 1—17—12
8.1　一般规定 …………………………… 1—17—12
8.2　主控项目 …………………………… 1—17—12
8.3　一般项目 …………………………… 1—17—12
9　填充墙砌体工程 ……………………… 1—17—13
9.1　一般规定 …………………………… 1—17—13
9.2　主控项目 …………………………… 1—17—13
9.3　一般项目 …………………………… 1—17—14
10　冬期施工 …………………………… 1—17—14
11　子分部工程验收 …………………… 1—17—15
附录A　砌体工程检验批质量验收记录 ………………………………… 1—17—15
附录B　填充墙砌体植筋锚固力检验抽样判定 ………………………… 1—17—21
附录C　填充墙砌体植筋锚固力检测记录 ………………………………… 1—17—21
本规范用词说明 ………………………… 1—17—21
引用标准名录 …………………………… 1—17—22
附：条文说明 …………………………… 1—17—23

Contents

1 General Provisions ······ 1—17—5
2 Terms ······ 1—17—5
3 Basic Requirements ······ 1—17—5
4 Masonry Mortar ······ 1—17—7
5 Brick Masonry Engineering ······ 1—17—8
5.1 General Requirements ······ 1—17—8
5.2 Master Control Items ······ 1—17—9
5.3 General Items ······ 1—17—9
6 Masonry Engineering for Small Hollow Block of Concrete ······ 1—17—10
6.1 General Requirements ······ 1—17—10
6.2 Master Control Items ······ 1—17—10
6.3 General Items ······ 1—17—11
7 Stone Masonry Engineering ······ 1—17—11
7.1 General Requirements ······ 1—17—11
7.2 Master Control Items ······ 1—17—11
7.3 General Items ······ 1—17—12
8 Reinforced Masonry Engineering ······ 1—17—12
8.1 General Requirements ······ 1—17—12
8.2 Master Control Items ······ 1—17—12
8.3 General Items ······ 1—17—12
9 Masonry Engineering for Filler Wall ······ 1—17—13
9.1 General Requirements ······ 1—17—13
9.2 Master Control Items ······ 1—17—13
9.3 General Items ······ 1—17—14
10 Winter Construction ······ 1—17—14
11 Acceptance of Sub-divisional Work ······ 1—17—15
Appendix A The Quality Acceptance Records of Inspection Lot for Masonry Engineering ······ 1—17—15
Appendix B Testing Determination of Bonded Rebars Anchorage Force for Filler Wall Masonry ······ 1—17—21
Appendix C Testing Record of Bonded Rebars Anchorage Force for Filler Wall Masonry ······ 1—17—21
Explanation of Wording in This Code ······ 1—17—21
List of Quoted Standards ······ 1—17—22
Addition: Explanation of Provisions ······ 1—17—23

1 总 则

1.0.1 为加强建筑工程的质量管理，统一砌体结构工程施工质量的验收，保证工程质量，制定本规范。

1.0.2 本规范适用于建筑工程的砖、石、小砌块等砌体结构工程的施工质量验收。本规范不适用于铁路、公路和水工建筑等砌石工程。

1.0.3 砌体结构工程施工中的技术文件和承包合同对施工质量验收的要求不得低于本规范的规定。

1.0.4 本规范应与现行国家标准《建筑工程施工质量验收统一标准》GB 50300配套使用。

1.0.5 砌体结构工程施工质量的验收除应执行本规范外，尚应符合国家现行有关标准的规定。

2 术 语

2.0.1 砌体结构 masonry structure

由块体和砂浆砌筑而成的墙、柱作为建筑物主要受力构件的结构。是砖砌体、砌块砌体和石砌体结构的统称。

2.0.2 配筋砌体 reinforced masonry

由配置钢筋的砌体作为建筑物主要受力构件的结构。是网状配筋砌体柱、水平配筋砌体墙、砖砌体和钢筋混凝土面层或钢筋砂浆面层组合砌体柱（墙）、砖砌体和钢筋混凝土构造柱组合墙和配筋小砌块砌体剪力墙结构的统称。

2.0.3 块体 masonry units

砌体所用各种砖、石、小砌块的总称。

2.0.4 小型砌块 small block

块体主规格的高度大于115mm而又小于380mm的砌块，包括普通混凝土小型空心砌块、轻骨料混凝土小型空心砌块、蒸压加气混凝土砌块等。简称小砌块。

2.0.5 产品龄期 products age

烧结砖出窑；蒸压砖、蒸压加气混凝土砌块出釜；混凝土砖、混凝土小型空心砌块成型后至某一日期的天数。

2.0.6 蒸压加气混凝土砌块专用砂浆 special mortar for autoclaved aerated concrete block

与蒸压加气混凝土性能相匹配的，能满足蒸压加气混凝土砌块砌体施工要求和砌体性能的砂浆，分为适用于薄灰砌筑法的蒸压加气混凝土砌块粘结砂浆；适用于非薄灰砌筑法的蒸压加气混凝土砌块砌筑砂浆。

2.0.7 预拌砂浆 ready-mixed mortar

由专业生产厂生产的湿拌砂浆或干混砂浆。

2.0.8 施工质量控制等级 category of construction quality control

按质量控制和质量保证若干要素对施工技术水平所作的分级。

2.0.9 瞎缝 blind seam

砌体中相邻块体间无砌筑砂浆，又彼此接触的水平缝或竖向缝。

2.0.10 假缝 suppositious seam

为掩盖砌体灰缝内在质量缺陷，砌筑砌体时仅在靠近砌体表面处抹有砂浆，而内部无砂浆的竖向灰缝。

2.0.11 通缝 continuous seam

砌体中上下皮块体搭接长度小于规定数值的竖向灰缝。

2.0.12 相对含水率 comparatively percentage of moisture

含水率与吸水率的比值。

2.0.13 薄层砂浆砌筑法 the method of thin-layer mortar masonry

采用蒸压加气混凝土砌块粘结砂浆砌筑蒸压加气混凝土砌块墙体的施工方法，水平灰缝厚度和竖向灰缝宽度为2mm～4mm。简称薄灰砌筑法。

2.0.14 芯柱 core column

在小砌块墙体的孔洞内浇灌混凝土形成的柱，有素混凝土芯柱和钢筋混凝土芯柱。

2.0.15 实体检测 in-situ inspection

由有检测资质的检测单位采用标准的检验方法，在工程实体上进行原位检测或抽取试样在试验室进行检验的活动。

3 基本规定

3.0.1 砌体结构工程所用的材料应有产品合格证书、产品性能型式检验报告，质量应符合国家现行有关标准的要求。块体、水泥、钢筋、外加剂尚应有材料主要性能的进场复验报告，并应符合设计要求。严禁使用国家明令淘汰的材料。

3.0.2 砌体结构工程施工前，应编制砌体结构工程施工方案。

3.0.3 砌体结构的标高、轴线，应引自基准控制点。

3.0.4 砌筑基础前，应校核放线尺寸，允许偏差应符合表3.0.4的规定。

表3.0.4 放线尺寸的允许偏差

长度 L、宽度 B（m）	允许偏差（mm）
L(或 B)≤30	±5
30＜L(或 B)≤60	±10
60＜L(或 B)≤90	±15
L(或 B)＞90	±20

3.0.5 伸缩缝、沉降缝、防震缝中的模板应拆除干净，不得夹有砂浆、块体及碎渣等杂物。

3.0.6 砌筑顺序应符合下列规定：

1 基底标高不同时，应从低处砌起，并应由高处向低处搭砌。当设计无要求时，搭接长度 L 不应小于基础底的高差 H，搭接长度范围内下层基础应扩大砌筑（图 3.0.6）；

2 砌体的转角处和交接处应同时砌筑，当不能同时砌筑时，应按规定留槎、接槎。

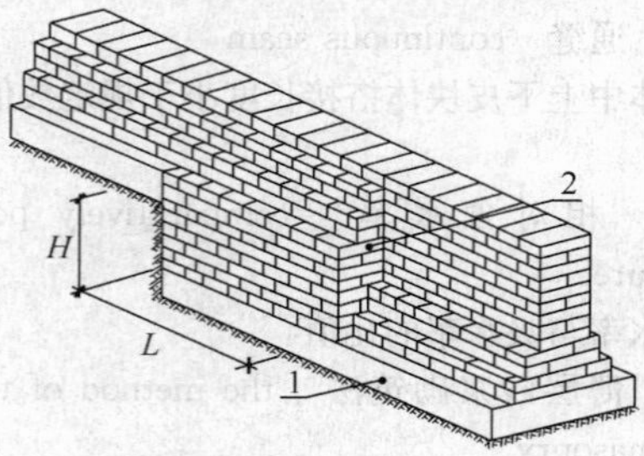

图 3.0.6 基底标高不同时的搭砌示意图（条形基础）
1—混凝土垫层；2—基础扩大部分

3.0.7 砌筑墙体应设置皮数杆。

3.0.8 在墙上留置临时施工洞口，其侧边离交接处墙面不应小于 500mm，洞口净宽度不应超过 1m。抗震设防烈度为 9 度地区建筑物的临时施工洞口位置，应会同设计单位确定。临时施工洞口应做好补砌。

3.0.9 不得在下列墙体或部位设置脚手眼：

1 120mm 厚墙、清水墙、料石墙、独立柱和附墙柱；

2 过梁上与过梁成 60°角的三角形范围及过梁净跨度 1/2 的高度范围内；

3 宽度小于 1m 的窗间墙；

4 门窗洞口两侧石砌体 300mm，其他砌体 200mm 范围内；转角处石砌体 600mm，其他砌体 450mm 范围内；

5 梁或梁垫下及其左右 500mm 范围内；

6 设计不允许设置脚手眼的部位；

7 轻质墙体；

8 夹心复合墙外叶墙。

3.0.10 脚手眼补砌时，应清除脚手眼内掉落的砂浆、灰尘；脚手眼处砖及填塞用砖应湿润，并应填实砂浆。

3.0.11 设计要求的洞口、沟槽、管道应于砌筑时正确留出或预埋，未经设计同意，不得打凿墙体和在墙体上开凿水平沟槽。宽度超过 300mm 的洞口上部，应设置钢筋混凝土过梁。不应在截面长边小于 500mm 的承重墙体、独立柱内埋设管线。

3.0.12 尚未施工楼面或屋面的墙或柱，其抗风允许自由高度不得超过表 3.0.12 的规定。如超过表中限值时，必须采用临时支撑等有效措施。

表 3.0.12 墙和柱的允许自由高度（m）

墙(柱)厚(mm)	砌体密度>1600 (kg/m³)			砌体密度 1300～1600 (kg/m³)		
	风载(kN/m²)			风载(kN/m²)		
	0.3（约 7 级风）	0.4（约 8 级风）	0.5（约 9 级风）	0.3（约 7 级风）	0.4（约 8 级风）	0.5（约 9 级风）
190	—	—	—	1.4	1.1	0.7
240	2.8	2.1	1.4	2.2	1.7	1.1
370	5.2	3.9	2.6	4.2	3.2	2.1
490	8.6	6.5	4.3	7.0	5.2	3.5
620	14.0	10.5	7.0	11.4	8.6	5.7

注：1 本表适用于施工处相对标高 H 在 10m 范围的情况。如 10m＜H≤15m，15m＜H≤20m 时，表中的允许自由高度应分别乘以 0.9、0.8 的系数；如 H＞20m 时，应通过抗倾覆验算确定其允许自由高度；

2 当所砌筑的墙有横墙或其他结构与其连接，而且间距小于表中相应墙、柱的允许自由高度的 2 倍时，砌筑高度可不受本表的限制；

3 当砌体密度小于 1300kg/m³ 时，墙和柱的允许自由高度应另行验算确定。

3.0.13 砌筑完基础或每一楼层后，应校核砌体的轴线和标高。在允许偏差范围内，轴线偏差可在基础顶面或楼面上校正，标高偏差宜通过调整上部砌体灰缝厚度校正。

3.0.14 搁置预制梁、板的砌体顶面应平整，标高一致。

3.0.15 砌体施工质量控制等级分为三级，并应按表 3.0.15 划分。

表 3.0.15 施工质量控制等级

项 目	施工质量控制等级		
	A	B	C
现场质量管理	监督检查制度健全，并严格执行；施工方有在岗专业技术管理人员，人员齐全，并持证上岗	监督检查制度基本健全，并能执行；施工方有在岗专业技术管理人员，人员齐全，并持证上岗	有监督检查制度；施工方有在岗专业技术管理人员
砂浆、混凝土强度	试块按规定制作，强度满足验收规定，离散性小	试块按规定制作，强度满足验收规定，离散性较小	试块按规定制作，强度满足验收规定，离散性大

续表 3.0.15

项目	施工质量控制等级		
	A	B	C
砂浆拌合	机械拌合；配合比计量控制严格	机械拌合；配合比计量控制一般	机械或人工拌合；配合比计量控制较差
砌筑工人	中级工以上，其中，高级工不少于30％	高、中级工不少于70％	初级工以上

注：1 砂浆、混凝土强度离散性大小根据强度标准差确定；

2 配筋砌体不得为C级施工。

3.0.16 砌体结构中钢筋（包括夹心复合墙内外叶墙间的拉结件或钢筋）的防腐，应符合设计规定。

3.0.17 雨天不宜在露天砌筑墙体，对下雨当日砌筑的墙体应进行遮盖。继续施工时，应复核墙体的垂直度，如果垂直度超过允许偏差，应拆除重新砌筑。

3.0.18 砌体施工时，楼面和屋面堆载不得超过楼板的允许荷载值。当施工层进料口处施工荷载较大时，楼板下宜采取临时支撑措施。

3.0.19 正常施工条件下，砖砌体、小砌块砌体每日砌筑高度宜控制在1.5m或一步脚手架高度内；石砌体不宜超过1.2m。

3.0.20 砌体结构工程检验批的划分应同时符合下列规定：

1 所用材料类型及同类型材料的强度等级相同；

2 不超过250m³ 砌体；

3 主体结构砌体一个楼层（基础砌体可按一个楼层计）；填充墙砌体量少时可多个楼层合并。

3.0.21 砌体结构工程检验批验收时，其主控项目应全部符合本规范的规定；一般项目应有80％及以上的抽检处符合本规范的规定；有允许偏差的项目，最大超差值为允许偏差值的1.5倍。

3.0.22 砌体结构分项工程中检验批抽检时，各抽检项目的样本最小容量除有特殊要求外，按不应小于5确定。

3.0.23 在墙体砌筑过程中，当砌筑砂浆初凝后，块体被撞动或需移动时，应将砂浆清除后再铺浆砌筑。

3.0.24 分项工程检验批质量验收可按本规范附录A各相应记录表填写。

4 砌筑砂浆

4.0.1 水泥使用应符合下列规定：

1 水泥进场时应对其品种、等级、包装或散装仓号、出厂日期等进行检查，并应对其强度、安定性进行复验，其质量必须符合现行国家标准《通用硅酸盐水泥》GB 175的有关规定。

2 当在使用中对水泥质量有怀疑或水泥出厂超过三个月（快硬硅酸盐水泥超过一个月）时，应复查试验，并按复验结果使用。

3 不同品种的水泥，不得混合使用。

抽检数量：按同一生产厂家、同品种、同等级、同批号连续进场的水泥，袋装水泥不超过200t为一批，散装水泥不超过500t为一批，每批抽样不少于一次。

检验方法：检查产品合格证、出厂检验报告和进场复验报告。

4.0.2 砂浆用砂宜采用过筛中砂，并应满足下列要求：

1 不应混有草根、树叶、树枝、塑料、煤块、炉渣等杂物；

2 砂中含泥量、泥块含量、石粉含量、云母、轻物质、有机物、硫化物、硫酸盐及氯盐含量（配筋砌体砌筑用砂）等应符合现行行业标准《普通混凝土用砂、石质量及检验方法标准》JGJ 52的有关规定；

3 人工砂、山砂及特细砂，应经试配能满足砌筑砂浆技术条件要求。

4.0.3 拌制水泥混合砂浆的粉煤灰、建筑生石灰、建筑生石灰粉及石灰膏应符合下列规定：

1 粉煤灰、建筑生石灰、建筑生石灰粉的品质指标应符合现行行业标准《粉煤灰在混凝土及砂浆中应用技术规程》JGJ 28、《建筑生石灰》JC/T 479、《建筑生石灰粉》JC/T 480的有关规定；

2 建筑生石灰、建筑生石灰粉熟化为石灰膏，其熟化时间分别不得少于7d和2d；沉淀池中储存的石灰膏，应防止干燥、冻结和污染，严禁采用脱水硬化的石灰膏；建筑生石灰粉、消石灰粉不得替代石灰膏配制水泥石灰砂浆；

3 石灰膏的用量，应按稠度120mm±5mm计量，现场施工中石灰膏不同稠度的换算系数，可按表4.0.3确定。

表 4.0.3 石灰膏不同稠度的换算系数

稠度(mm)	120	110	100	90	80	70	60	50	40	30
换算系数	1.00	0.99	0.97	0.95	0.93	0.92	0.90	0.88	0.87	0.86

4.0.4 拌制砂浆用水的水质，应符合现行行业标准《混凝土用水标准》JGJ 63的有关规定。

4.0.5 砌筑砂浆应进行配合比设计。当砌筑砂浆的组成材料有变更时，其配合比应重新确定。砌筑砂浆的稠度宜按表4.0.5的规定采用。

表 4.0.5 砌筑砂浆的稠度

砌 体 种 类	砂浆稠度 (mm)
烧结普通砖砌体 蒸压粉煤灰砖砌体	70～90
混凝土实心砖、混凝土多孔砖砌体 普通混凝土小型空心砌块砌体 蒸压灰砂砖砌体	50～70
烧结多孔砖、空心砖砌体 轻骨料小型空心砌块砌体 蒸压加气混凝土砌块砌体	60～80
石砌体	30～50

注：1 采用薄灰砌筑法砌筑蒸压加气混凝土砌块砌体时，加气混凝土粘结砂浆的加水量按照其产品说明书控制；

2 当砌筑其他块体时，其砌筑砂浆的稠度可根据块体吸水特性及气候条件确定。

4.0.6 施工中不应采用强度等级小于 M5 水泥砂浆替代同强度等级水泥混合砂浆，如需替代，应将水泥砂浆提高一个强度等级。

4.0.7 在砂浆中掺入的砌筑砂浆增塑剂、早强剂、缓凝剂、防冻剂、防水剂等砂浆外加剂，其品种和用量应经有资质的检测单位检验和试配确定。所用外加剂的技术性能应符合国家现行有关标准《砌筑砂浆增塑剂》JG/T 164、《混凝土外加剂》GB 8076、《砂浆、混凝土防水剂》JC 474 的质量要求。

4.0.8 配制砌筑砂浆时，各组分材料应采用质量计量，水泥及各种外加剂配料的允许偏差为±2%；砂、粉煤灰、石灰膏等配料的允许偏差为±5%。

4.0.9 砌筑砂浆应采用机械搅拌，搅拌时间自投料完起算应符合下列规定：

1 水泥砂浆和水泥混合砂浆不得少于 120s；

2 水泥粉煤灰砂浆和掺用外加剂的砂浆不得少于 180s；

3 掺增塑剂的砂浆，其搅拌方式、搅拌时间应符合现行行业标准《砌筑砂浆增塑剂》JG/T 164 的有关规定；

4 干混砂浆及加气混凝土砌块专用砂浆宜按掺用外加剂的砂浆确定搅拌时间或按产品说明书采用。

4.0.10 现场拌制的砂浆应随拌随用，拌制的砂浆应在 3h 内使用完毕；当施工期间最高气温超过 30℃时，应在 2h 内使用完毕。预拌砂浆及蒸压加气混凝土砌块专用砂浆的使用时间应按照厂方提供的说明书确定。

4.0.11 砌体结构工程使用的湿拌砂浆，除直接使用外必须储存在不吸水的专用容器内，并根据气候条件采取遮阳、保温、防雨雪等措施，砂浆在储存过程中严禁随意加水。

4.0.12 砌筑砂浆试块强度验收时其强度合格标准应符合下列规定：

1 同一验收批砂浆试块强度平均值应大于或等于设计强度等级值的 1.10 倍；

2 同一验收批砂浆试块抗压强度的最小一组平均值应大于或等于设计强度等级值的 85%。

注：1 砌筑砂浆的验收批，同一类型、强度等级的砂浆试块不应少于 3 组；同一验收批砂浆只有 1 组或 2 组试块时，每组试块抗压强度平均值应大于或等于设计强度等级值的 1.10 倍；对于建筑结构的安全等级为一级或设计使用年限为 50 年及以上的房屋，同一验收批砂浆试块的数量不得少于 3 组；

2 砂浆强度应以标准养护，28d 龄期的试块抗压强度为准；

3 制作砂浆试块的砂浆稠度应与配合比设计一致。

抽检数量：每一检验批且不超过 250m³ 砌体的各类、各强度等级的普通砌筑砂浆，每台搅拌机应至少抽检一次。验收批的预拌砂浆、蒸压加气混凝土砌块专用砂浆，抽检可为 3 组。

检验方法：在砂浆搅拌机出料口或在湿拌砂浆的储存容器出料口随机取样制作砂浆试块（现场拌制的砂浆，同盘砂浆只应作 1 组试块），试块标养 28d 后作强度试验。预拌砂浆中的湿拌砂浆稠度应在进场时取样检验。

4.0.13 当施工中或验收时出现下列情况，可采用现场检验方法对砂浆或砌体强度进行实体检测，并判定其强度：

1 砂浆试块缺乏代表性或试块数量不足；

2 对砂浆试块的试验结果有怀疑或有争议；

3 砂浆试块的试验结果，不能满足设计要求；

4 发生工程事故，需要进一步分析事故原因。

5 砖砌体工程

5.1 一 般 规 定

5.1.1 本章适用于烧结普通砖、烧结多孔砖、混凝土多孔砖、混凝土实心砖、蒸压灰砂砖、蒸压粉煤灰砖等砌体工程。

5.1.2 用于清水墙、柱表面的砖，应边角整齐，色泽均匀。

5.1.3 砌体砌筑时，混凝土多孔砖、混凝土实心砖、蒸压灰砂砖、蒸压粉煤灰砖等块体的产品龄期不应小于 28d。

5.1.4 有冻胀环境和条件的地区，地面以下或防潮层以下的砌体，不应采用多孔砖。

5.1.5 不同品种的砖不得在同一楼层混砌。

5.1.6 砌筑烧结普通砖、烧结多孔砖、蒸压灰砂砖、蒸压粉煤灰砖砌体时，砖应提前1d～2d适度湿润，严禁采用干砖或处于吸水饱和状态的砖砌筑，块体湿润程度宜符合下列规定：

1 烧结类块体的相对含水率60%～70%；

2 混凝土多孔砖及混凝土实心砖不需浇水湿润，但在气候干燥炎热的情况下，宜在砌筑前对其喷水湿润。其他非烧结类块体的相对含水率40%～50%。

5.1.7 采用铺浆法砌筑砌体，铺浆长度不得超过750mm；当施工期间气温超过30℃时，铺浆长度不得超过500mm。

5.1.8 240mm厚承重墙的每层墙的最上一皮砖，砖砌体的阶台水平面上及挑出层的外皮砖，应整砖丁砌。

5.1.9 弧拱式及平拱式过梁的灰缝应砌成楔形缝，拱底灰缝宽度不宜小于5mm，拱顶灰缝宽度不应大于15mm，拱体的纵向及横向灰缝应填实砂浆；平拱式过梁拱脚下面应伸入墙内不小于20mm；砖砌平拱过梁底应有1%的起拱。

5.1.10 砖过梁底部的模板及其支架拆除时，灰缝砂浆强度不应低于设计强度的75%。

5.1.11 多孔砖的孔洞应垂直于受压面砌筑。半盲孔多孔砖的封底面应朝上砌筑。

5.1.12 竖向灰缝不应出现瞎缝、透明缝和假缝。

5.1.13 砖砌体施工临时间断处补砌时，必须将接槎处表面清理干净，洒水湿润，并填实砂浆，保持灰缝平直。

5.1.14 夹心复合墙的砌筑应符合下列规定：

1 墙体砌筑时，应采取措施防止空腔内掉落砂浆和杂物；

2 拉结件设置应符合设计要求，拉结件在叶墙上的搁置长度不应小于叶墙厚度的2/3，并不应小于60mm；

3 保温材料品种及性能应符合设计要求。保温材料的浇注压力不应对砌体强度、变形及外观质量产生不良影响。

5.2 主控项目

5.2.1 砖和砂浆的强度等级必须符合设计要求。

抽检数量：每一生产厂家，烧结普通砖、混凝土实心砖每15万块，烧结多孔砖、混凝土多孔砖、蒸压灰砂砖及蒸压粉煤灰砖每10万块各为一验收批，不足上述数量时按1批计，抽检数量为1组。砂浆试块的抽检数量执行本规范第4.0.12条的有关规定。

检验方法：查砖和砂浆试块试验报告。

5.2.2 砌体灰缝砂浆应密实饱满，砖墙水平灰缝的砂浆饱满度不得低于80%；砖柱水平灰缝和竖向灰缝饱满度不得低于90%。

抽检数量：每检验批抽查不应少于5处。

检验方法：用百格网检查砖底面与砂浆的粘结痕迹面积，每处检测3块砖，取其平均值。

5.2.3 砖砌体的转角处和交接处应同时砌筑，严禁无可靠措施的内外墙分砌施工。在抗震设防烈度为8度及8度以上地区，对不能同时砌筑而又必须留置的临时间断处应砌成斜槎，普通砖砌体斜槎水平投影长度不应小于高度的2/3，多孔砖砌体的斜槎长高比不应小于1/2。斜槎高度不得超过一步脚手架的高度。

抽检数量：每检验批抽查不应少于5处。

检验方法：观察检查。

5.2.4 非抗震设防及抗震设防烈度为6度、7度地区的临时间断处，当不能留斜槎时，除转角处外，可留直槎，但直槎必须做成凸槎，且应加设拉结钢筋，拉结钢筋应符合下列规定：

1 每120mm墙厚放置1Φ6拉结钢筋（120mm厚墙应放置2Φ6拉结钢筋）；

2 间距沿墙高不应超过500mm，且竖向间距偏差不应超过100mm；

3 埋入长度从留槎处算起每边均不应小于500mm，对抗震设防烈度6度、7度的地区，不应小于1000mm；

4 末端应有90°弯钩（图5.2.4）。

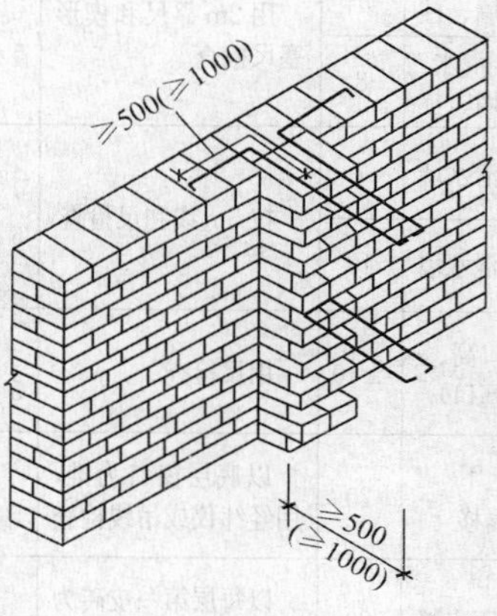

图5.2.4 直槎处拉结钢筋示意图

抽检数量：每检验批抽查不应少于5处。

检验方法：观察和尺量检查。

5.3 一般项目

5.3.1 砖砌体组砌方法应正确，内外搭砌，上、下错缝。清水墙、窗间墙无通缝；混水墙中不得有长度大于300mm的通缝，长度200mm～300mm的通缝每间不超过3处，且不得位于同一面墙体上。砖柱不得采用包心砌法。

抽检数量：每检验批抽查不应少于5处。

检验方法：观察检查。砌体组砌方法抽检每处应为3m～5m。

5.3.2 砖砌体的灰缝应横平竖直，厚薄均匀，水平灰缝厚度及竖向灰缝宽度宜为 10mm，但不应小于 8mm，也不应大于 12mm。

抽检数量：每检验批抽查不应少于 5 处。

检验方法：水平灰缝厚度用尺量 10 皮砖砌体高度折算；竖向灰缝宽度用尺量 2m 砌体长度折算。

5.3.3 砖砌体尺寸、位置的允许偏差及检验应符合表 5.3.3 的规定。

表 5.3.3 砖砌体尺寸、位置的允许偏差及检验

项次	项目			允许偏差（mm）	检验方法	抽检数量
1	轴线位移			10	用经纬仪和尺或用其他测量仪器检查	承重墙、柱全数检查
2	基础、墙、柱顶面标高			±15	用水准仪和尺检查	不应少于 5 处
3	墙面垂直度	每层		5	用 2m 托线板检查	不应少于 5 处
		全高	≤10m	10	用经纬仪、吊线和尺或用其他测量仪器检查	外墙全部阳角
			>10m	20		
4	表面平整度	清水墙、柱		5	用 2m 靠尺和楔形塞尺检查	不应少于 5 处
		混水墙、柱		8		
5	水平灰缝平直度	清水墙		7	拉 5m 线和尺检查	不应少于 5 处
		混水墙		10		
6	门窗洞口高、宽（后塞口）			±10	用尺检查	不应少于 5 处
7	外墙上下窗口偏移			20	以底层窗口为准，用经纬仪或吊线检查	不应少于 5 处
8	清水墙游丁走缝			20	以每层第一皮砖为准，用吊线和尺检查	不应少于 5 处

6 混凝土小型空心砌块砌体工程

6.1 一 般 规 定

6.1.1 本章适用于普通混凝土小型空心砌块和轻骨料混凝土小型空心砌块（以下简称小砌块）等砌体工程。

6.1.2 施工前，应按房屋设计图编绘小砌块平、立面排块图，施工中应按排块图施工。

6.1.3 施工采用的小砌块的产品龄期不应小于 28d。

6.1.4 砌筑小砌块时，应清除表面污物，剔除外观质量不合格的小砌块。

6.1.5 砌筑小砌块砌体，宜选用专用小砌块砌筑砂浆。

6.1.6 底层室内地面以下或防潮层以下的砌体，应采用强度等级不低于 C20（或 Cb20）的混凝土灌实小砌块的孔洞。

6.1.7 砌筑普通混凝土小型空心砌块砌体，不需对小砌块浇水湿润，如遇天气干燥炎热，宜在砌筑前对其喷水湿润；对轻骨料混凝土小砌块，应提前浇水湿润，块体的相对含水率宜为 40%～50%。雨天及小砌块表面有浮水时，不得施工。

6.1.8 承重墙体使用的小砌块应完整、无破损、无裂缝。

6.1.9 小砌块墙体应孔对孔、肋对肋错缝搭砌。单排孔小砌块的搭接长度应为块体长度的 1/2；多排孔小砌块的搭接长度可适当调整，但不宜小于小砌块长度的 1/3，且不应小于 90mm。墙体的个别部位不能满足上述要求时，应在灰缝中设置拉结钢筋或钢筋网片，但竖向通缝仍不得超过两皮小砌块。

6.1.10 小砌块应将生产时的底面朝上反砌于墙上。

6.1.11 小砌块墙体宜逐块坐（铺）浆砌筑。

6.1.12 在散热器、厨房和卫生间等设备的卡具安装处砌筑的小砌块，宜在施工前用强度等级不低于 C20（或 Cb20）的混凝土将其孔洞灌实。

6.1.13 每步架墙（柱）砌筑完后，应随即刮平墙体灰缝。

6.1.14 芯柱处小砌块墙体砌筑应符合下列规定：

1 每一楼层芯柱处第一皮砌块应采用开口小砌块；

2 砌筑时应随砌随清除小砌块孔内的毛边，并将灰缝中挤出的砂浆刮净。

6.1.15 芯柱混凝土宜选用专用小砌块灌孔混凝土。浇筑芯柱混凝土应符合下列规定：

1 每次连续浇筑的高度宜为半个楼层，但不应大于 1.8m；

2 浇筑芯柱混凝土时，砌筑砂浆强度应大于 1MPa；

3 清除孔内掉落的砂浆等杂物，并用水冲淋孔壁；

4 浇筑芯柱混凝土前，应先注入适量与芯柱混凝土成分相同的去石砂浆；

5 每浇筑 400mm～500mm 高度捣实一次，或边浇筑边捣实。

6.1.16 小砌块复合夹心墙的砌筑应符合本规范第 5.1.14 条的规定。

6.2 主 控 项 目

6.2.1 小砌块和芯柱混凝土、砌筑砂浆的强度等级必须符合设计要求。

抽检数量：每一生产厂家，每1万块小砌块为一验收批，不足1万块按一批计，抽检数量为1组；用于多层以上建筑的基础和底层的小砌块抽检数量不应少于2组。砂浆试块的抽检数量应执行本规范第4.0.12条的有关规定。

检验方法：检查小砌块和芯柱混凝土、砌筑砂浆试块试验报告。

6.2.2 砌体水平灰缝和竖向灰缝的砂浆饱满度，按净面积计算不得低于90%。

抽检数量：每检验批抽查不应少于5处。

检验方法：用专用百格网检测小砌块与砂浆粘结痕迹，每处检测3块小砌块，取其平均值。

6.2.3 墙体转角处和纵横交接处应同时砌筑。临时间断处应砌成斜槎，斜槎水平投影长度不应小于斜槎高度。施工洞口可预留直槎，但在洞口砌筑和补砌时，应在直槎上下搭砌的小砌块孔洞内用强度等级不低于C20（或Cb20）的混凝土灌实。

抽检数量：每检验批抽查不应少于5处。

检验方法：观察检查。

6.2.4 小砌块砌体的芯柱在楼盖处应贯通，不得削弱芯柱截面尺寸；芯柱混凝土不得漏灌。

抽检数量：每检验批抽查不应少于5处。

检验方法：观察检查。

6.3 一般项目

6.3.1 砌体的水平灰缝厚度和竖向灰缝宽度宜为10mm，但不应小于8mm，也不应大于12mm。

抽检数量：每检验批抽查不应少于5处。

检验方法：水平灰缝厚度用尺量5皮小砌块的高度折算；竖向灰缝宽度用尺量2m砌体长度折算。

6.3.2 小砌块砌体尺寸、位置的允许偏差应按本规范第5.3.3条的规定执行。

7 石砌体工程

7.1 一般规定

7.1.1 本章适用于毛石、毛料石、粗料石、细料石等砌体工程。

7.1.2 石砌体采用的石材应质地坚实，无裂纹和无明显风化剥落；用于清水墙、柱表面的石材，尚应色泽均匀；石材的放射性应经检验，其安全性应符合现行国家标准《建筑材料放射性核素限量》GB 6566的有关规定。

7.1.3 石材表面的泥垢、水锈等杂质，砌筑前应清除干净。

7.1.4 砌筑毛石基础的第一皮石块应坐浆，并将大面向下；砌筑料石基础的第一皮石块应用丁砌层坐浆砌筑。

7.1.5 毛石砌体的第一皮及转角处、交接处和洞口处，应用较大的平毛石砌筑。每个楼层（包括基础）砌体的最上一皮，宜选用较大的毛石砌筑。

7.1.6 毛石砌筑时，对石块间存在较大的缝隙，应先向缝内填灌砂浆并捣实，然后再用小石块嵌填，不得先填小石块后填灌砂浆，石块间不得出现无砂浆相互接触现象。

7.1.7 砌筑毛石挡土墙应按分层高度砌筑，并应符合下列规定：

1 每砌3皮～4皮为一个分层高度，每个分层高度应将顶层石块砌平；

2 两个分层高度间分层处的错缝不得小于80mm。

7.1.8 料石挡土墙，当中间部分用毛石砌筑时，丁砌料石伸入毛石部分的长度不应小于200mm。

7.1.9 毛石、毛料石、粗料石、细料石砌体灰缝厚度应均匀，灰缝厚度应符合下列规定：

1 毛石砌体外露面的灰缝厚度不宜大于40mm；

2 毛料石和粗料石的灰缝厚度不宜大于20mm；

3 细料石的灰缝厚度不宜大于5mm。

7.1.10 挡土墙的泄水孔当设计无规定时，施工应符合下列规定：

1 泄水孔应均匀设置，在每米高度上间隔2m左右设置一个泄水孔；

2 泄水孔与土体间铺设长宽各为300mm、厚200mm的卵石或碎石作疏水层。

7.1.11 挡土墙内侧回填土必须分层夯填，分层松土厚度宜为300mm。墙顶土面应有适当坡度使流水流向挡土墙外侧面。

7.1.12 在毛石和实心砖的组合墙中，毛石砌体与砖砌体应同时砌筑，并每隔4皮～6皮砖用2皮～3皮丁砖与毛石砌体拉结砌合；两种砌体间的空隙应填实砂浆。

7.1.13 毛石墙和砖墙相接的转角处和交接处应同时砌筑。转角处、交接处应自纵墙（或横墙）每隔4皮～6皮砖高度引出不小于120mm与横墙（或纵墙）相接。

7.2 主控项目

7.2.1 石材及砂浆强度等级必须符合设计要求。

抽检数量：同一产地的同类石材抽检不应少于1组。砂浆试块的抽检数量执行本规范第4.0.12条的有关规定。

检验方法：料石检查产品质量证明书，石材、砂浆检查试块试验报告。

7.2.2 砌体灰缝的砂浆饱满度不应小于80%。

抽检数量：每检验批抽查不应少于5处。

检验方法：观察检查。

7.3 一 般 项 目

7.3.1 石砌体尺寸、位置的允许偏差及检验方法应符合表7.3.1的规定。

表7.3.1 石砌体尺寸、位置的允许偏差及检验方法

项次	项目		允许偏差（mm）							检验方法
			毛石砌体		料石砌体					
					毛料石		粗料石		细料石	
			基础	墙	基础	墙	基础	墙	墙、柱	
1	轴线位置		20	15	20	15	15	10	10	用经纬仪和尺检查，或用其他测量仪器检查
2	基础和墙砌体顶面标高		±25	±15	±25	±15	±15	±15	±10	用水准仪和尺检查
3	砌体厚度		+30	+20 −10	+30	+20 −10	+15	+10 −5	+10 −5	用尺检查
4	墙面垂直度	每层	—	20	—	20	—	10	7	用经纬仪、吊线和尺检查或用其他测量仪器检查
		全高		30		30		25	10	
5	表面平整度	清水墙、柱	—	—	—	20	—	10	5	细料石用2m靠尺和楔形塞尺检查，其他用两直尺垂直于灰缝拉2m线和尺检查
		混水墙、柱	—	—	—	20	—	15	—	
6	清水墙水平灰缝平直度		—	—	—	—	—	10	5	拉10m线和尺检查

抽检数量：每检验批抽查不应少于5处。

7.3.2 石砌体的组砌形式应符合下列规定：

1 内外搭砌，上下错缝，拉结石、丁砌石交错设置；

2 毛石墙拉结石每0.7m² 墙面不应少于1块。

抽检数量：每检验批抽查不应少于5处。

检验方法：观察检查。

8 配筋砌体工程

8.1 一 般 规 定

8.1.1 配筋砌体工程除应满足本章要求和规定外，尚应符合本规范第5章及第6章的要求和规定。

8.1.2 施工配筋小砌块砌体剪力墙，应采用专用的小砌块砌筑砂浆砌筑，专用小砌块灌孔混凝土浇筑芯柱。

8.1.3 设置在灰缝内的钢筋，应居中置于灰缝内，水平灰缝厚度应大于钢筋直径4mm以上。

8.2 主 控 项 目

8.2.1 钢筋的品种、规格、数量和设置部位应符合设计要求。

检验方法：检查钢筋的合格证书、钢筋性能复试试验报告、隐蔽工程记录。

8.2.2 构造柱、芯柱、组合砌体构件、配筋砌体剪力墙构件的混凝土及砂浆的强度等级应符合设计要求。

抽检数量：每检验批砌体，试块不应少于1组，验收批砌体试块不得少于3组。

检验方法：检查混凝土和砂浆试块试验报告。

8.2.3 构造柱与墙体的连接应符合下列规定：

1 墙体应砌成马牙槎，马牙槎凹凸尺寸不宜小于60mm，高度不应超过300mm，马牙槎应先退后进，对称砌筑；马牙槎尺寸偏差每一构造柱不应超过2处；

2 预留拉结钢筋的规格、尺寸、数量及位置应正确，拉结钢筋应沿墙高每隔500mm设2Φ6，伸入墙内不宜小于600mm，钢筋的竖向移位不应超过100mm，且竖向移位每一构造柱不得超过2处；

3 施工中不得任意弯折拉结钢筋。

抽检数量：每检验批抽查不应少于5处。

检验方法：观察检查和尺量检查。

8.2.4 配筋砌体中受力钢筋的连接方式及锚固长度、搭接长度应符合设计要求。

抽检数量：每检验批抽查不应少于5处。

检验方法：观察检查。

8.3 一 般 项 目

8.3.1 构造柱一般尺寸允许偏差及检验方法应符合表8.3.1的规定。

表8.3.1 构造柱一般尺寸允许偏差及检验方法

项次	项目			允许偏差（mm）	检验方法
1	中心线位置			10	用经纬仪和尺检查或用其他测量仪器检查
2	层间错位			8	用经纬仪和尺检查或用其他测量仪器检查
3	垂直度	每层		10	用2m托线板检查
		全高	≤10m	15	用经纬仪、吊线和尺检查或用其他测量仪器检查
			>10m	20	

抽检数量：每检验批抽查不应少于5处。

8.3.2 设置在砌体灰缝中钢筋的防腐保护应符合本规范第3.0.16条的规定，且钢筋防护层完好，不应有肉眼可见裂纹、剥落和擦痕等缺陷。

抽检数量：每检验批抽查不应少于5处。

检验方法：观察检查。

8.3.3 网状配筋砖砌体中，钢筋网规格及放置间距应符合设计规定。每一构件钢筋网沿砌体高度位置超过设计规定一皮砖厚不得多于一处。

抽检数量：每检验批抽查不应少于5处。

检验方法：通过钢筋网成品检查钢筋规格，钢筋网放置间距采用局部剔缝观察，或用探针刺入灰缝内检查，或用钢筋位置测定仪测定。

8.3.4 钢筋安装位置的允许偏差及检验方法应符合表8.3.4的规定。

表8.3.4 钢筋安装位置的允许偏差和检验方法

项 目		允许偏差(mm)	检验方法
受力钢筋保护层厚度	网状配筋砌体	±10	检查钢筋网成品，钢筋网放置位置局部剔缝观察，或用探针刺入灰缝内检查，或用钢筋位置测定仪测定
	组合砖砌体	±5	支模前观察与尺量检查
	配筋小砌块砌体	±10	浇筑灌孔混凝土前观察与尺量检查
配筋小砌块砌体墙凹槽中水平钢筋间距		±10	钢尺量连续三档，取最大值

抽检数量：每检验批抽查不应少于5处。

9 填充墙砌体工程

9.1 一般规定

9.1.1 本章适用于烧结空心砖、蒸压加气混凝土砌块、轻骨料混凝土小型空心砌块等填充墙砌体工程。

9.1.2 砌筑填充墙时，轻骨料混凝土小型空心砌块和蒸压加气混凝土砌块的产品龄期不应小于28d，蒸压加气混凝土砌块的含水率宜小于30%。

9.1.3 烧结空心砖、蒸压加气混凝土砌块、轻骨料混凝土小型空心砌块等的运输、装卸过程中，严禁抛掷和倾倒；进场后应按品种、规格堆放整齐，堆置高度不宜超过2m。蒸压加气混凝土砌块在运输及堆放中应防止雨淋。

9.1.4 吸水率较小的轻骨料混凝土小型空心砌块及采用薄灰砌筑法施工的蒸压加气混凝土砌块，砌筑前不应对其浇（喷）水湿润；在气候干燥炎热的情况下，对吸水率较小的轻骨料混凝土小型空心砌块宜在砌筑前喷水湿润。

9.1.5 采用普通砌筑砂浆砌筑填充墙时，烧结空心砖、吸水率较大的轻骨料混凝土小型空心砌块应提前1d～2d浇（喷）水湿润。蒸压加气混凝土砌块采用蒸压加气混凝土砌块砌筑砂浆或普通砌筑砂浆砌筑时，应在砌筑当天对砌块砌筑面喷水湿润。块体湿润程度宜符合下列规定：

1 烧结空心砖的相对含水率60%～70%；

2 吸水率较大的轻骨料混凝土小型空心砌块、蒸压加气混凝土砌块的相对含水率40%～50%。

9.1.6 在厨房、卫生间、浴室等处采用轻骨料混凝土小型空心砌块、蒸压加气混凝土砌块砌筑墙体时，墙底部宜现浇混凝土坎台，其高度宜为150mm。

9.1.7 填充墙拉结筋处的下皮小砌块宜采用半盲孔小砌块或用混凝土灌实孔洞的小砌块；薄灰砌筑法施工的蒸压加气混凝土砌块砌体，拉结筋应放置在砌块上表面设置的沟槽内。

9.1.8 蒸压加气混凝土砌块、轻骨料混凝土小型空心砌块不应与其他块体混砌，不同强度等级的同类块体也不得混砌。

注：窗台处和因安装门窗需要，在门窗洞口处两侧填充墙上、中、下部可采用其他块体局部嵌砌；对与框架柱、梁不脱开方法的填充墙，填塞填充墙顶部与梁之间缝隙可采用其他块体。

9.1.9 填充墙砌体砌筑，应待承重主体结构检验批验收合格后进行。填充墙与承重主体结构间的空（缝）隙部位施工，应在填充墙砌筑14d后进行。

9.2 主控项目

9.2.1 烧结空心砖、小砌块和砌筑砂浆的强度等级应符合设计要求。

抽检数量：烧结空心砖每10万块为一验收批，小砌块每1万块为一验收批，不足上述数量时按一批计，抽检数量为1组。砂浆试块的抽检数量执行本规范第4.0.12条的有关规定。

检验方法：查砖、小砌块进场复验报告和砂浆试块试验报告。

9.2.2 填充墙砌体应与主体结构可靠连接，其连接构造应符合设计要求，未经设计同意，不得随意改变连接构造方法。每一填充墙与柱的拉结筋的位置超过一皮块体高度的数量不得多于一处。

抽检数量：每检验批抽查不应少于5处。

检验方法：观察检查。

9.2.3 填充墙与承重墙、柱、梁的连接钢筋，当采用化学植筋的连接方式时，应进行实体检测。锚固钢筋拉拔试验的轴向受拉非破坏承载力检验值应为6.0kN。抽检钢筋在检验值作用下应基材无裂缝、钢筋无滑移宏观裂损现象；持荷2min期间荷载值降低不大于5%。检验批验收可按本规范表B.0.1通过正常检验一次、二次抽样判定。填充墙砌体植筋锚固力检测记录可按本规范表C.0.1填写。

抽检数量：按表9.2.3确定。

检验方法：原位试验检查。

表 9.2.3 检验批抽检锚固钢筋样本最小容量

检验批的容量	样本最小容量	检验批的容量	样本最小容量
≤90	5	281～500	20
91～150	8	501～1200	32
151～280	13	1201～3200	50

9.3 一般项目

9.3.1 填充墙砌体尺寸、位置的允许偏差及检验方法应符合表 9.3.1 的规定。

表 9.3.1 填充墙砌体尺寸、位置的允许偏差及检验方法

项次	项目		允许偏差（mm）	检验方法
1	轴线位移		10	用尺检查
2	垂直度（每层）	≤3m	5	用 2m 托线板或吊线、尺检查
		>3m	10	
3	表面平整度		8	用 2m 靠尺和楔形尺检查
4	门窗洞口高、宽（后塞口）		±10	用尺检查
5	外墙上、下窗口偏移		20	用经纬仪或吊线检查

抽检数量：每检验批抽查不应少于 5 处。

9.3.2 填充墙砌体的砂浆饱满度及检验方法应符合表 9.3.2 的规定。

表 9.3.2 填充墙砌体的砂浆饱满度及检验方法

砌体分类	灰缝	饱满度及要求	检验方法
空心砖砌体	水平	≥80%	采用百格网检查块体底面或侧面砂浆的粘结痕迹面积
	垂直	填满砂浆，不得有透明缝、瞎缝、假缝	
蒸压加气混凝土砌块、轻骨料混凝土小型空心砌块砌体	水平	≥80%	
	垂直	≥80%	

抽检数量：每检验批抽查不应少于 5 处。

9.3.3 填充墙留置的拉结钢筋或网片的位置应与块体皮数相符合。拉结钢筋或网片应置于灰缝中，埋置长度应符合设计要求，竖向位置偏差不应超过一皮高度。

抽检数量：每检验批抽查不应少于 5 处。

检验方法：观察和用尺量检查。

9.3.4 砌筑填充墙时应错缝搭砌，蒸压加气混凝土砌块搭砌长度不应小于砌块长度的 1/3；轻骨料混凝土小型空心砌块搭砌长度不应小于 90mm；竖向通缝不应大于 2 皮。

抽检数量：每检验批抽查不应少于 5 处。

检验方法：观察检查。

9.3.5 填充墙的水平灰缝厚度和竖向灰缝宽度应正确，烧结空心砖、轻骨料混凝土小型空心砌块砌体的灰缝应为 8mm～12mm；蒸压加气混凝土砌块砌体当采用水泥砂浆、水泥混合砂浆或蒸压加气混凝土砌块砌筑砂浆时，水平灰缝厚度和竖向灰缝宽度不应超过 15mm；当蒸压加气混凝土砌块砌体采用蒸压加气混凝土砌块粘结砂浆时，水平灰缝厚度和竖向灰缝宽度宜为 3mm～4mm。

抽检数量：每检验批抽查不应少于 5 处。

检验方法：水平灰缝厚度用尺量 5 皮小砌块的高度折算；竖向灰缝宽度用尺量 2m 砌体长度折算。

10 冬期施工

10.0.1 当室外日平均气温连续 5d 稳定低于 5℃时，砌体工程应采取冬期施工措施。

注：1 气温根据当地气象资料确定；

2 冬期施工期限以外，当日最低气温低于 0℃时，也应按本章的规定执行。

10.0.2 冬期施工的砌体工程质量验收除应符合本章要求外，尚应符合现行行业标准《建筑工程冬期施工规程》JGJ/T 104 的有关规定。

10.0.3 砌体工程冬期施工应有完整的冬期施工方案。

10.0.4 冬期施工所用材料应符合下列规定：

1 石灰膏、电石膏等应防止受冻，如遭冻结，应经融化后使用；

2 拌制砂浆用砂，不得含有冰块和大于 10mm 的冻结块；

3 砌体用块体不得遭水浸冻。

10.0.5 冬期施工砂浆试块的留置，除应按常温规定要求外，尚应增加 1 组与砌体同条件养护的试块，用于检验转入常温 28d 的强度。如有特殊需要，可另外增加相应龄期的同条件养护的试块。

10.0.6 地基土有冻胀性时，应在未冻的地基上砌筑，并应防止在施工期间和回填土前地基受冻。

10.0.7 冬期施工中砖、小砌块浇（喷）水湿润应符合下列规定：

1 烧结普通砖、烧结多孔砖、蒸压灰砂砖、蒸压粉煤灰砖、烧结空心砖、吸水率较大的轻骨料混凝土小型空心砌块在气温高于 0℃条件下砌筑时，应浇水湿润；在气温低于、等于 0℃条件下砌筑时，可不浇水，但必须增大砂浆稠度；

2 普通混凝土小型空心砌块、混凝土多孔砖、混凝土实心砖及采用薄灰砌筑法的蒸压加气混凝土砌块施工时，不应对其浇（喷）水湿润；

3 抗震设防烈度为9度的建筑物，当烧结普通砖、烧结多孔砖、蒸压粉煤灰砖、烧结空心砖无法浇水湿润时，如无特殊措施，不得砌筑。

10.0.8 拌合砂浆时水的温度不得超过80℃，砂的温度不得超过40℃。

10.0.9 采用砂浆掺外加剂法、暖棚法施工时，砂浆使用温度不应低于5℃。

10.0.10 采用暖棚法施工，块体在砌筑时的温度不应低于5℃，距离所砌的结构底面0.5m处的棚内温度也不应低于5℃。

10.0.11 在暖棚内的砌体养护时间，应根据暖棚内温度，按表10.0.11确定。

表10.0.11 暖棚法砌体的养护时间

暖棚的温度（℃）	5	10	15	20
养护时间（d）	≥6	≥5	≥4	≥3

10.0.12 采用外加剂法配制的砌筑砂浆，当设计无要求，且最低气温等于或低于−15℃时，砂浆强度等级应较常温施工提高一级。

10.0.13 配筋砌体不得采用掺氯盐的砂浆施工。

11 子分部工程验收

11.0.1 砌体工程验收前，应提供下列文件和记录：

1 设计变更文件；

2 施工执行的技术标准；

3 原材料出厂合格证书、产品性能检测报告和进场复验报告；

4 混凝土及砂浆配合比通知单；

5 混凝土及砂浆试件抗压强度试验报告单；

6 砌体工程施工记录；

7 隐蔽工程验收记录；

8 分项工程检验批的主控项目、一般项目验收记录；

9 填充墙砌体植筋锚固力检测记录；

10 重大技术问题的处理方案和验收记录；

11 其他必要的文件和记录。

11.0.2 砌体子分部工程验收时，应对砌体工程的观感质量作出总体评价。

11.0.3 当砌体工程质量不符合要求时，应按现行国家标准《建筑工程施工质量验收统一标准》GB 50300有关规定执行。

11.0.4 有裂缝的砌体应按下列情况进行验收：

1 对不影响结构安全性的砌体裂缝，应予以验收，对明显影响使用功能和观感质量的裂缝，应进行处理；

2 对有可能影响结构安全性的砌体裂缝，应由有资质的检测单位检测鉴定，需返修或加固处理的，待返修或加固处理满足使用要求后进行二次验收。

附录A 砌体工程检验批质量验收记录

A.0.1 为统一砌体结构工程检验批质量验收记录用表，特列出表A.0.1-1～表A.0.1-5，以供质量验收采用。

A.0.2 对配筋砌体工程检验批质量验收记录，除应采用表A.0.1-4外，尚应配合采用表A.0.1-1或表A.0.1-2。

A.0.3 对表A.0.1-1～表A.0.1-5中有数值要求的项目，应填写检测数据。

表A.0.1-1 砖砌体工程检验批质量验收记录

<table>
<tr><td colspan="2">工程名称</td><td></td><td>分项工程名称</td><td></td><td>验收部位</td><td></td></tr>
<tr><td colspan="2">施工单位</td><td colspan="3"></td><td>项目经理</td><td></td></tr>
<tr><td colspan="2">施工执行标准
名称及编号</td><td colspan="3"></td><td>专业工长</td><td></td></tr>
<tr><td colspan="2">分包单位</td><td colspan="3"></td><td>施工班组组长</td><td></td></tr>
<tr><td rowspan="8">主控项目</td><td colspan="2">质量验收规范的规定</td><td colspan="2">施工单位
检查评定记录</td><td colspan="2">监理（建设）
单位验收记录</td></tr>
<tr><td>1. 砖强度等级</td><td>设计要求MU</td><td colspan="2"></td><td colspan="2" rowspan="7"></td></tr>
<tr><td>2. 砂浆强度等级</td><td>设计要求M</td><td colspan="2"></td></tr>
<tr><td>3. 斜槎留置</td><td>5.2.3条</td><td colspan="2"></td></tr>
<tr><td>4. 转角、交接处</td><td>5.2.3条</td><td colspan="2"></td></tr>
<tr><td>5. 直槎拉结钢筋及接槎处理</td><td>5.2.4条</td><td colspan="2"></td></tr>
<tr><td rowspan="2">6. 砂浆饱满度</td><td>≥80%（墙）</td><td colspan="2"></td></tr>
<tr><td>≥90%（柱）</td><td colspan="2"></td></tr>
</table>

续表 A.0.1-1

	质量验收规范的规定		施工单位检查评定记录	监理（建设）单位验收记录
一般项目	1. 轴线位移	≤10mm		
	2. 垂直度（每层）	≤5mm		
	3. 组砌方法	5.3.1 条		
	4. 水平灰缝厚度	5.3.2 条		
	5. 竖向灰缝宽度	5.3.2 条		
	6. 基础、墙、柱顶面标高	±15mm 以内		
	7. 表面平整度	≤5mm（清水）		
		≤8mm（混水）		
	8. 门窗洞口高、宽（后塞口）	±10mm 以内		
	9. 窗口偏移	≤20mm		
	10. 水平灰缝平直度	≤7mm（清水）		
		≤10mm（混水）		
	11. 清水墙游丁走缝	≤20mm		
施工单位检查评定结果	项目专业质量检查员：　项目专业质量（技术）负责人： 年　月　日			
监理（建设）单位验收结论	监理工程师（建设单位项目工程师）： 年　月　日			

注：本表由施工项目专业质量检查员填写，监理工程师（建设单位项目技术负责人）组织项目专业质量（技术）负责人等进行验收。

表 A.0.1-2 混凝土小型空心砌块砌体工程检验批质量验收记录

工程名称			分项工程名称		验收部位	
施工单位					项目经理	
施工执行标准名称及编号					专业工长	
分包单位					施工班组组长	
	质量验收规范的规定		施工单位检查评定记录		监理（建设）单位验收记录	
主控项目	1. 小砌块强度等级	设计要求 MU				
	2. 砂浆强度等级	设计要求 M				
	3. 混凝土强度等级	设计要求 C				
	4. 转角、交接处	6.2.3 条				
	5. 斜槎留置	6.2.3 条				
	6. 施工洞口砌法	6.2.3 条				
	7. 芯柱贯通楼盖	6.2.4 条				
	8. 芯柱混凝土灌实	6.2.4 条				
	9. 水平缝饱满度	≥90%				
	10. 竖向缝饱满度	≥90%				
一般项目	1. 轴线位移	≤10mm				
	2. 垂直度（每层）	≤5mm				
	3. 水平灰缝厚度	8mm～12mm				
	4. 竖向灰缝宽度	8mm～12mm				
	5. 顶面标高	±15mm 以内				
	6. 表面平整度	≤5mm（清水）				
		≤8mm（混水）				
	7. 门窗洞口	±10mm 以内				
	8. 窗口偏移	≤20mm				
	9. 水平灰缝平直度	≤7mm（清水）				
		≤10mm（混水）				
施工单位检查评定结果	项目专业质量检查员： 项目专业质量（技术）负责人： 年 月 日					
监理（建设）单位验收结论	监理工程师（建设单位项目工程师）： 年 月 日					

注：本表由施工项目专业质量检查员填写，监理工程师（建设单位项目技术负责人）组织项目专业质量（技术）负责人等进行验收。

表 A.0.1-3　石砌体工程检验批质量验收记录

<table>
<tr><td colspan="2">工程名称</td><td colspan="2"></td><td colspan="2">分项工程名称</td><td>验收部位</td><td></td></tr>
<tr><td colspan="2">施工单位</td><td colspan="4"></td><td>项目经理</td><td></td></tr>
<tr><td colspan="2">施工执行标准
名称及编号</td><td colspan="4"></td><td>专业工长</td><td></td></tr>
<tr><td colspan="2">分包单位</td><td colspan="4"></td><td>施工班组
组长</td><td></td></tr>
<tr><td></td><td colspan="2">质量验收规范的规定</td><td colspan="3">施工单位
检查评定记录</td><td colspan="2">监理(建设)
单位验收记录</td></tr>
<tr><td rowspan="3">主控项目</td><td>1. 石材强度等级</td><td>设计要求 MU</td><td colspan="3"></td><td colspan="2" rowspan="10"></td></tr>
<tr><td>2. 砂浆强度等级</td><td>设计要求 M</td><td colspan="3"></td></tr>
<tr><td>3. 砂浆饱满度</td><td>≥80%</td><td colspan="3"></td></tr>
<tr><td rowspan="7">一般项目</td><td>1. 轴线位移</td><td>7.3.1 条</td><td colspan="3"></td></tr>
<tr><td>2. 砌体顶面标高</td><td>7.3.1 条</td><td colspan="3"></td></tr>
<tr><td>3. 砌体厚度</td><td>7.3.1 条</td><td colspan="3"></td></tr>
<tr><td>4. 垂直度(每层)</td><td>7.3.1 条</td><td colspan="3"></td></tr>
<tr><td>5. 表面平整度</td><td>7.3.1 条</td><td colspan="3"></td></tr>
<tr><td>6. 水平灰缝平直度</td><td>7.3.1 条</td><td colspan="3"></td></tr>
<tr><td>7. 组砌形式</td><td>7.3.2 条</td><td colspan="3"></td></tr>
<tr><td colspan="2">施工单位检查
评定结果</td><td colspan="6">项目专业质量检查员：　项目专业质量(技术)负责人：

年　月　日</td></tr>
<tr><td colspan="2">监理(建设)单位
验收结论</td><td colspan="6">监理工程师(建设单位项目工程师)：

年　月　日</td></tr>
</table>

注：本表由施工项目专业质量检查员填写，监理工程师(建设单位项目技术负责人)组织项目专业质量(技术)负责人等进行验收。

表 A.0.1-4　配筋砌体工程检验批质量验收记录

工程名称			分项工程名称		验收部位	
施工单位					项目经理	
施工执行标准名称及编号					专业工长	
分包单位					施工班组组长	
	质量验收规范的规定		施工单位检查评定记录		监理（建设）单位验收记录	
主控项目	1. 钢筋品种、规格、数量和设置部位	8.2.1条				
	2. 混凝土强度等级	设计要求C				
	3. 马牙槎尺寸	8.2.3条				
	4. 马牙槎拉结筋	8.2.3条				
	5. 钢筋连接	8.2.4条				
	6. 钢筋锚固长度	8.2.4条				
	7. 钢筋搭接长度	8.2.4条				
一般项目	1. 构造柱中心线位置	≤10mm				
	2. 构造柱层间错位	≤8mm				
	3. 构造柱垂直度（每层）	≤10mm				
	4. 灰缝钢筋防腐	8.3.2条				
	5. 网状配筋规格	8.3.3条				
	6. 网状配筋位置	8.3.3条				
	7. 钢筋保护层厚度	8.3.4条				
	8. 凹槽中水平钢筋间距	8.3.4条				
施工单位检查评定结果	项目专业质量检查员：　项目专业质量（技术）负责人： 年　月　日					
监理（建设）单位验收结论	监理工程师（建设单位项目工程师）： 年　月　日					

注：本表由施工项目专业质量检查员填写，监理工程师（建设单位项目技术负责人）组织项目专业质量（技术）负责人等进行验收。

表 A.0.1-5 填充墙砌体工程检验批质量验收记录

<table>
<tr><td colspan="3">工程名称</td><td colspan="2"></td><td>分项工程名称</td><td></td><td>验收部位</td><td></td></tr>
<tr><td colspan="3">施工单位</td><td colspan="4"></td><td>项目经理</td><td></td></tr>
<tr><td colspan="3">施工执行标准名称及编号</td><td colspan="4"></td><td>专业工长</td><td></td></tr>
<tr><td colspan="3">分包单位</td><td colspan="4"></td><td>施工班组组长</td><td></td></tr>
<tr><td colspan="4">质量验收规范的规定</td><td colspan="3">施工单位检查评定记录</td><td colspan="2">监理（建设）单位验收记录</td></tr>
<tr><td rowspan="4">主控项目</td><td colspan="2">1. 块体强度等级</td><td>设计要求 MU</td><td colspan="3"></td><td colspan="2" rowspan="4"></td></tr>
<tr><td colspan="2">2. 砂浆强度等级</td><td>设计要求 M</td><td colspan="3"></td></tr>
<tr><td colspan="2">3. 与主体结构连接</td><td>9.2.2 条</td><td colspan="3"></td></tr>
<tr><td colspan="2">4. 植筋实体检测</td><td>9.2.3 条</td><td colspan="3">见填充墙砌体植筋锚固力检测记录</td></tr>
<tr><td rowspan="13">一般项目</td><td colspan="2">1. 轴线位移</td><td>≤10mm</td><td colspan="3"></td><td colspan="2" rowspan="13"></td></tr>
<tr><td rowspan="2">2. 墙面垂直度（每层）</td><td>≤3m</td><td>≤5mm</td><td colspan="3"></td></tr>
<tr><td>>3m</td><td>≤10mm</td><td colspan="3"></td></tr>
<tr><td colspan="2">3. 表面平整度</td><td>≤8mm</td><td colspan="3"></td></tr>
<tr><td colspan="2">4. 门窗洞口</td><td>±10mm</td><td colspan="3"></td></tr>
<tr><td colspan="2">5. 窗口偏移</td><td>≤20mm</td><td colspan="3"></td></tr>
<tr><td colspan="2">6. 水平缝砂浆饱满度</td><td>9.3.2 条</td><td colspan="3"></td></tr>
<tr><td colspan="2">7. 竖缝砂浆饱满度</td><td>9.3.2 条</td><td colspan="3"></td></tr>
<tr><td colspan="2">8. 拉结筋、网片位置</td><td>9.3.3 条</td><td colspan="3"></td></tr>
<tr><td colspan="2">9. 拉结筋、网片埋置长度</td><td>9.3.3 条</td><td colspan="3"></td></tr>
<tr><td colspan="2">10. 搭砌长度</td><td>9.3.4 条</td><td colspan="3"></td></tr>
<tr><td colspan="2">11. 灰缝厚度</td><td>9.3.5 条</td><td colspan="3"></td></tr>
<tr><td colspan="2">12. 灰缝宽度</td><td>9.3.5 条</td><td colspan="3"></td></tr>
<tr><td colspan="3">施工单位检查评定结果</td><td colspan="6">项目专业质量检查员：　项目专业质量（技术）负责人：
年　月　日</td></tr>
<tr><td colspan="3">监理（建设）单位验收结论</td><td colspan="6">监理工程师（建设单位项目工程师）：
年　月　日</td></tr>
</table>

注：本表由施工项目专业质量检查员填写，监理工程师（建设单位项目技术负责人）组织项目专业质量（技术）负责人等进行验收。

附录 B 填充墙砌体植筋锚固力检验抽样判定

B.0.1 填充墙砌体植筋锚固力检验抽样判定应按表 B.0.1-1、表 B.0.1-2 判定。

表 B.0.1-1 正常一次性抽样的判定

样本容量	合格判定数	不合格判定数
5	0	1
8	1	2
13	1	2
20	2	3
32	3	4
50	5	6

表 B.0.1-2 正常二次性抽样的判定

抽样次数与样本容量	合格判定数	不合格判定数
(1) −5 (2) −10	0 1	2 2
(1) −8 (2) −16	0 1	2 2
(1) −13 (2) −26	0 3	3 4
(1) −20 (2) −40	1 3	3 4
(1) −32 (2) −64	2 6	5 7
(1) −50 (2) −100	3 9	6 10

注：本表应用参照现行国家标准《建筑结构检测技术标准》GB/T 50344－2004 第 3.3.14 条条文说明。

附录 C 填充墙砌体植筋锚固力检测记录

C.0.1 填充墙砌体植筋锚固力检测记录应按表 C.0.1 填写。

表 C.0.1 填充墙砌体植筋锚固力检测记录

共 页 第 页

工程名称		分项工程名称		植筋日期	
施工单位		项目经理			
分包单位		施工班组组长		检测日期	
检测执行标准及编号					
试件编号	实测荷载（kN）	检测部位		检测结果	
		轴 线	层	完好	不符合要求情况
监理（建设）单位验收结论					
备注	1. 植筋埋置深度（设计）： mm； 2. 设备型号： ； 3. 基材混凝土设计强度等级为（C ）； 4. 锚固钢筋拉拔承载力检验值：6.0kN。				

复核： 检测： 记录：

本规范用词说明

1 为便于在执行本规范条文时区别对待，对要求严格程度不同的用词说明如下：

1） 表示很严格，非这样做不可的用词：
正面词采用“必须”，反面词采用“严禁”；

2） 表示严格，在正常情况下均应这样做的用词：
正面词采用“应”，反面词采用“不应”或“不得”；

3） 表示允许稍有选择，在条件许可时首先应这样做的用词：
正面采用“宜”，反面词采用“不宜”；

4） 表示有选择，在一定条件下可以这样做的用词，采用“可”。

2 条文中指明应按其他有关标准、规范执行的写法为“应符合……规定（或要求）”或“应按……执行”。

引用标准名录

1 《建筑工程施工质量验收统一标准》GB 50300

2 《通用硅酸盐水泥》GB 175

3 《建筑材料放射性核素限量》GB 6566

4 《混凝土外加剂》GB 8076

5 《粉煤灰在混凝土及砂浆中应用技术规程》JGJ 28

6 《普通混凝土用砂、石质量及检验方法标准》JGJ 52

7 《混凝土用水标准》JGJ 63

8 《建筑工程冬期施工规程》JGJ/T 104

9 《砌筑砂浆增塑剂》JG/T 164

10 《砂浆、混凝土防水剂》JC 474

11 《建筑生石灰》JC/T 479

12 《建筑生石灰粉》JC/T 480

中华人民共和国国家标准

砌体结构工程施工质量验收规范

GB 50203—2011

条 文 说 明

修 订 说 明

本规范是在《砌体工程施工质量验收规范》GB 50203－2002的基础上修订而成，上一版的主编单位是陕西省建筑科学研究设计院，参编单位是陕西省建筑工程总公司、四川省建筑科学研究院、天津建工集团总公司、辽宁省建设科学研究院、山东省潍坊市建筑工程质量监督站，主要起草人员是张昌叙、张鸿勋、侯汝欣、佟贵森、张书禹、赵瑞。

本规范修订继续遵循"验评分离、强化验收、完善手段、过程控制"的指导原则。

本规范修订过程中，编制组进行了大量调查研究，结合砌体结构"四新"的推广运用，丰富和完善了规范内容；通过"5·12"汶川大地震的震害调查，针对砌体结构施工质量的薄弱环节，充实了规范条文内容；与正修订的《砌体结构设计规范》GB 50003、《建筑工程施工质量验收统一标准》GB 50300、《建筑工程冬期施工规程》JGJ 104等标准进行了协调沟通。此外，还参考国外先进技术标准，对我国目前砌体结构工程施工质量现状进行分析，为科学、合理确定我国规范的质量控制参数提供了依据。

为便于广大设计、施工、科研、学校等单位有关人员在使用本规范时能正确理解和执行条文规定，《砌体结构工程施工质量验收规范》编制组按章、节、条顺序编制了本规范的条文说明，对条文规定的目的、依据以及在执行中需注意的有关事项进行了说明。但是，本条文说明不具备与规范正文同等的法律效力，仅供使用者作为理解和把握规范规定的参考。

目　次

1　总则 ………………………………… 1—17—26
3　基本规定 …………………………… 1—17—26
4　砌筑砂浆 …………………………… 1—17—28
5　砖砌体工程 ………………………… 1—17—30
5.1　一般规定 ………………………… 1—17—30
5.2　主控项目 ………………………… 1—17—31
5.3　一般项目 ………………………… 1—17—31
6　混凝土小型空心砌块砌体工程 ……… 1—17—32
6.1　一般规定 ………………………… 1—17—32
6.2　主控项目 ………………………… 1—17—32
6.3　一般项目 ………………………… 1—17—33
7　石砌体工程 ………………………… 1—17—33
7.1　一般规定 ………………………… 1—17—33
7.2　主控项目 ………………………… 1—17—33
7.3　一般项目 ………………………… 1—17—33
8　配筋砌体工程 ……………………… 1—17—33
8.1　一般规定 ………………………… 1—17—33
8.2　主控项目 ………………………… 1—17—34
8.3　一般项目 ………………………… 1—17—34
9　填充墙砌体工程 …………………… 1—17—34
9.1　一般规定 ………………………… 1—17—34
9.2　主控项目 ………………………… 1—17—34
9.3　一般项目 ………………………… 1—17—35
10　冬期施工 …………………………… 1—17—35
11　子分部工程验收 …………………… 1—17—36

1 总　　则

1.0.1 制定本规范的目的，是为了统一砌体结构工程施工质量的验收，保证安全使用。

1.0.2 本规范对砌体结构工程施工质量验收的适用范围作了规定。

1.0.3 本规范是对砌体结构工程施工质量的最低要求，应严格遵守。因此，工程承包合同和施工技术文件（如设计文件、企业标准、施工措施等）对工程质量的要求均不得低于本规范的规定。

当设计文件和工程承包合同对施工质量的要求高于本规范的规定时，验收时应以设计文件和工程承包合同为准。

1.0.4 国家标准《建筑工程施工质量验收统一标准》GB 50300规定了房屋建筑各专业工程施工质量验收规范编制的统一原则和要求，故执行本规范时，尚应遵守该标准的相关规定。

1.0.5 砌体结构工程施工质量的验收综合性较强，涉及面较广，为了保证砌体结构工程的施工质量，必须全面执行国家现行有关标准。

3 基 本 规 定

3.0.1 在砌体结构工程中，采用不合格的材料不可能建造出符合质量要求的工程。材料的产品合格证书和产品性能检测报告是工程质量评定中必备的资料，因此特提出了要求。

本次规范修订增加了"质量应符合国家现行标准的要求"，以强调对合格材料质量的要求。

块体、水泥、钢筋、外加剂等产品质量应符合下列国家现行标准的要求：

1 块体：《烧结普通砖》GB 5101、《烧结多孔砖》GB 13544、《烧结空心砖和空心砌块》GB 13545、《混凝土实心砖》GB/T 21144、《混凝土多孔砖》JC 943、《蒸压灰砂砖》GB 11945、《蒸压灰砂空心砖》JC/T 637、《粉煤灰砖》JC 239、《普通混凝土小型空心砌块》GB 8239、《轻集料混凝土小型空心砌块》GB/T 15229、《蒸压加气混凝土砌块》GB 11968等。

2 水泥：《通用硅酸盐水泥》GB 175、《砌筑水泥》GB/T 3183、《快硬硅酸盐水泥》JC 314等。

3 钢筋：《钢筋混凝土用钢　第1部分：热轧光圆钢筋》GB 1499.1、《钢筋混凝土用钢　第2部分：热轧带肋钢筋》GB 1499.2等。

4 外加剂：《混凝土外加剂》GB 8076、《砂浆、混凝土防水剂》JC 474、《砌筑砂浆增塑剂》JC/T 164等。

3.0.2 砌体结构工程施工是一项系统工程，为有条不紊地进行，确保施工安全，达到工程质量优、进度快、成本低，应在施工前编制施工方案。

3.0.4 在砌体结构工程施工中，砌筑基础前放线是确定建筑平面尺寸和位置的基础工作，通过校核放线尺寸，达到控制放线精度的目的。

3.0.5 本条系新增加条文。针对砌体结构房屋施工中较普遍存在的问题，强调了伸缩缝、沉降缝、防震缝的施工要求。

3.0.6 基础高低台的合理搭接，对保证基础的整体性和受力至关重要。本次规范修订中补充了基底标高不同时的搭砌示意图，以便对条文的理解。

砌体的转角处和交接处同时砌筑可以保证墙体的整体性，从而提高砌体结构的抗震性能。从震害调查看到，不少砌体结构建筑，由于砌体的转角处和交接处未同时砌筑，接搓不良导致外墙甩出和砌体倒塌，因此必须重视砌体的转角处和交接处的砌筑。

3.0.7 本条系新增加条文。使用皮数杆对保证砌体灰缝的厚度均匀、平直和控制砌体高度及高度变化部位的位置十分重要。

3.0.8 在墙上留置临时洞口系施工需要，但洞口位置不当或洞口过大，虽经补砌，但也会程度不同地削弱墙体的整体性。

3.0.9 砌体留置的脚手眼虽经补砌，但它对砌体的整体性能和使用功能或多或少会产生不良影响。因此，在一些受力不太有利和使用功能有特殊要求的部位对脚手眼设置作了规定。本次修订增加了不得在轻质墙体、夹心复合墙外叶墙设置脚手眼的规定，主要是考虑在这类墙体上安放脚手架不安全，也会造成墙体的损坏。

3.0.10 在实际工程中往往对脚手眼的补砌比较随意，忽视脚手眼的补砌质量，故提出脚手眼补砌的要求。

3.0.11 建筑工程施工中，常存在各工种之间配合不好的问题，例如水电安装中的一些洞口、埋设管道等常在砌好的砌体上打凿，往往对砌体造成较大损坏，特别是在墙体上开凿水平沟槽对墙体受力极为不利。

本次规范修订时将过梁明确为钢筋混凝土过梁；补充规定不应在截面长边小于500mm的承重墙体、独立柱内埋设管线，以不影响结构受力。

3.0.12 表3.0.12的数值系根据1956年《建筑安装工程施工及验收暂行技术规范》第二篇中表一规定推算而得。验算时，为偏安全计，略去了墙或柱底部砂浆与楼板（或下部墙体）间的粘结作用，只考虑墙体的自重和风荷载进行倾覆验算。经验算，安全系数在1.1～1.5之间。为了比较切合实际和方便查对，将原表中的风压值改为0.3、0.4、0.5 kN/m^2三种，并列出风的相应级数。

施工处标高可按下式计算：

$$H = H_0 + h/2 \quad (1)$$

式中：H——施工处的标高；

H_0——起始计算自由高度处的标高；

h——表 3.0.12 内相应的允许自由高度。

对于设置钢筋混凝土圈梁的墙或柱，其砌筑高度未达圈梁位置时，h 应从地面（或楼面）算起；超过圈梁时，h 可从最近的一道圈梁算起，但此时圈梁混凝土的抗压强度应达到 5N/mm^2 以上。

3.0.14 为保证混凝土结构工程施工中预制梁、板的安装施工质量而提出的相应规定。对原条文内容中的安装时应坐浆及砂浆的规定予以删除，原因是考虑该部分内容不属砌体结构工程施工的内容。

3.0.15 在采用以概率理论为基础的极限状态设计方法中，材料的强度设计值系由材料标准值除以材料性能分项系数确定，而材料性能分项系数与材料质量和施工水平相关。对于施工水平，由于在砌体的施工中存在大量的手工操作，所以，砌体结构的施工质量在很大程度上取决于人的因素。

在国际标准中，施工水平按质量监督人员、砂浆强度试验及搅拌、砌筑工人技术熟练程度等情况分为三级，材料性能分项系数也相应取为不同的数值。

为与国际标准接轨，在 1998 年颁布实施的国家标准《砌体工程施工及验收规范》GB 50203－98 中就参照国际标准，已将施工质量控制等级纳入规范中。随后，国家标准《砌体结构设计规范》GB 50003－2001 在砌体强度设计值的规定中，也考虑了砌体施工质量控制等级对砌体强度设计值的影响。

砂浆和混凝土的施工（生产）质量，可按强度离散性大小分为“优良”、“一般”和“差”三个等级。强度离散性分为“离散性小”、“离散性较小”和“离散性大”三个等次，其划分系按照砂浆、混凝土强度标准差确定。根据现行行业标准《砌筑砂浆配合比设计规程》JGJ/T 98 及原国家标准《混凝土检验评定标准》GBJ 107－87，砂浆、混凝土强度标准差可参见表 1 及表 2。

表 1 砌筑砂浆质量水平

强度标准差（MPa）＼强度等级＼质量水平	M5	M7.5	M10	M15	M20	M30
优 良	1.00	1.50	2.00	3.00	4.00	6.00
一 般	1.25	1.88	2.50	3.75	5.00	7.50
差	1.50	2.25	3.00	4.50	6.00	9.00

表 2 混凝土质量水平

评定标准＼生产单位＼强度等级＼质量水平		优良		一般		差	
		<C20	≥C20	<C20	≥C20	<C20	≥C20
强度标准差（MPa）	预拌混凝土厂	≤3.0	≤3.5	≤4.0	≤5.0	>4.0	>5.0
	集中搅拌混凝土的施工现场	≥3.5	≤4.0	≤4.5	≤5.5	>4.5	>5.5
强度等于或大于混凝土强度等级值的百分率（%）	预拌混凝土厂、集中搅拌混凝土的施工现场	≥95		>85		≤85	

对 A 级施工质量控制等级，砌筑工人中高级工的比例由原规范“不少于 20%”提高到“不少于 30%”，是考虑为适应近年来砌体结构工程施工中的新结构、新材料、新工艺、新设备不断增加，保证施工质量的需要。

3.0.16 从建筑物的耐久性考虑，现行国家标准《砌体结构设计规范》GB 50003 根据砌体结构的环境类别，对设置在砂浆中和混凝土中的钢筋规定了相应的防护措施。

3.0.18 在楼面上进行砌筑施工时，常常出现以下几种超载现象：一是集中堆载；二是抢进度或遇停电时，提前多备料；三是采用井架或门架上料时，接料平台高出楼面有坎，造成运料车对楼板产生较大的振动荷载。这些超载现象常使楼板底产生裂缝，严重时会导致安全事故。

3.0.19 本条系新增加条文。对墙体砌筑每日砌筑高度的控制，其目的是保证砌体的砌筑质量和生产安全。

3.0.20 本条系新增加条文。针对砌体结构工程的施工特点，将现行国家标准《建筑工程施工质量验收统一标准》GB 50300 对检验批的规定具体化。

3.0.21 现行国家标准《建筑工程施工质量验收统一标准》GB 50300在制定检验批抽样方案时，对生产方和使用方风险概率提出了明确的规定。该标准经修订后，对于计数抽样的主控项目、一般项目规定了正常检查一次、二次抽样判定规定。本规范根据上述标准并结合砌体工程的实际情况，采用一次抽样判定。其中，对主控项目应全部符合合格标准；对一般项目应有 80% 及以上的抽检处符合合格标准，均比国家标准《建筑工程施工质量验收统一标准》的要求略严，且便于操作。

本条文补充了对一般项目中的最大超差值作了规定，其值为允许偏差值 1.5 倍。这是从工程实际的现状考虑的，在这种施工偏差下，不会造成结构安全问题和影响使用功能及观感效果。

3.0.22 本条为增加条文。为使砌体结构工程施工质量抽检更具有科学性，在本次规范修订中，遵照现行国家标准《建筑工程施工质量验收统一标准》GB 50300 的要求，对原规范条文抽检项目的抽样方案作了修改，即将抽检数量按检验批的百分数（一般规定为 10%）抽取的方法修改为按现行国家标准《逐批检查计数抽样程序及抽样表》GB 2828 对抽样批的最小容量确定。抽样批的最小容量的规定引用现行国家标准《建筑结构检测技术标准》GB/T 50344 第 3.3.13 条表 3.3.13，但在本规范引用时作了以下考虑：检验批的样本最小容量在检验批容量 90 及以下不再细分。针对砌体结构工程实际，检验项目的检验批容量一般不大于 90，故各抽检项目的样本最小容量除有特殊要求（如砖砌体和混凝土小型空心砌块砌体的承重墙、柱的轴线位移应全数检查；外墙阳角数量小于 5 时，垂直度检查应为全部阳角；填充墙后植锚固钢筋的抽检最小容量规定等）外，按不应小于 5 确定，以便于检验批的统计和质量判定。

4 砌筑砂浆

4.0.1 水泥的强度及安定性是判定水泥质量是否合格的两项主要技术指标，因此在水泥使用前应进行复验。

由于各种水泥成分不一，当不同水泥混合使用后有可能发生材性变化或强度降低现象，引起工程质量问题。

本条文参照现行国家标准《混凝土结构工程施工质量验收规范》GB 50204 的相关规定对原规范条文进行了个别文字修改。

4.0.2 砂中草根等杂物，含泥量、泥块含量、石粉含量过大，不但会降低砌筑砂浆的强度和均匀性，还导致砂浆的收缩值增大，耐久性降低，影响砌体质量。砂中氯离子超标，配制的砌筑砂浆、混凝土会对其中钢筋的耐久性产生不良影响。砂含泥量、泥块含量、石粉含量及云母、轻物质、有机物、硫化物、硫酸盐、氯盐含量应符合表 3 的规定。

表 3 砂杂质含量（%）

项 目	指 标
泥	≤5.0
泥块	≤2.0
云母	≤2.0
轻物质	≤1.0
有机物（用比色法试验）	合格
硫化物及硫酸盐（折算成 SO_3 按重量计）	≤1.0
氯化物（以氯离子计）	≤0.06
注：含量按质量计	

4.0.3 脱水硬化的石灰膏、消石灰粉不能起塑化作用又影响砂浆强度，故不应使用。建筑生石灰粉由于其细度有限，在砂浆搅拌时直接干掺起不到改善砂浆和易性及保水的作用。建筑生石灰粉的细度依照现行行业标准《建筑生石灰粉》JC/T 480 列于表 4 中，由表看出，建筑生石灰粉的细度远不及水泥的细度（0.08mm 筛的筛余不大于 10%）。

表 4 建筑生石灰粉的细度

项 目		钙质生石灰粉			镁质生石灰粉		
		优等品	一等品	合格品	优等品	一等品	合格品
细度	0.90mm 筛的筛余（%）不大于	0.2	0.5	1.5	0.2	0.5	1.5
细度	0.125mm 筛的筛余（%）不大于	7.0	12.0	18.0	7.0	12.0	18.0

为使石灰膏计量准确，根据原标准《砌体工程施工及验收规范》GB 50203－98 引入表 4.0.3。

4.0.4 当水中含有有害物质时，将会影响水泥的正常凝结，并可能对钢筋产生锈蚀作用。

4.0.5 砌筑砂浆通过配合比设计确定的配合比，是使施工中砌筑砂浆达到设计强度等级，符合砂浆试块合格验收条件，减小砂浆强度离散性的重要保证。

砌筑砂浆的稠度选择是否合适，将直接影响砌筑的难易和质量，表 4.0.5 砌筑砂浆稠度范围的规定主要是考虑了块体吸水特性、铺砌面有无孔洞及气候条件的差异。

4.0.6 该条内容系根据新修订的国家标准《砌体结构设计规范》GB 50003的下述规定编写：当砌体用强度等级小于 M5 的水泥砂浆砌筑时，砌体强度设计值应予降低，其中抗压强度值乘以 0.9 的调整系数；轴心抗拉、弯曲抗拉、抗剪强度值乘以 0.8 的调整系数；当砌筑砂浆强度等级大于和等于 M5 时，砌体强度设计值不予降低。

4.0.7 由于在砌筑砂浆中掺用的砂浆增塑剂、早强剂、缓凝剂、防冻剂等产品种类繁多，性能及质量也存在差异，为保证砌筑砂浆的性能和砌体的砌筑质量，应对外加剂的品种和用量进行检验和试配，符合要求后方可使用。对砌筑砂浆增塑剂，2004 年国家已发布、实施了行业标准《砌筑砂浆增塑剂》JG/T 164，在技术性能的型式检验中，包括掺用该外加剂砂浆砌筑的砌体强度指标检验，使用时应遵照执行。

本条文由原规范的强制性条文修改为非强制性条文，是为了更方便地执行该条文的要求。

4.0.8 砌筑砂浆各组成材料计量不精确，将直接影响砂浆实际的配合比，导致砂浆强度误差和离散性加大，不利于砌体砌筑质量的控制和砂浆强度的验收。为确保砂浆各组分材料的计量精确，本条文增加了质量计量的允许偏差。

4.0.9 为了降低劳动强度和克服人工拌制砂浆不易搅拌均匀的缺点，规定砌筑砂浆应采用机械搅拌。同时，为使物料充分拌合，保证砂浆拌合质量，对不同品种砂浆分别规定了搅拌时间的要求。

4.0.10 根据以前规范编制组所进行的试验和收集的国内资料分析，在一般气候情况下，水泥砂浆和水泥混合砂浆在3h和4h使用完，砂浆强度降低一般不超过20%，虽然对砌体强度有所影响，但降低幅度在10%以内，又因为大部分砂浆已在之前使用完毕，故对整个砌体的影响只局限于很小的范围。当气温较高时，水泥凝结加速，砂浆拌制后的使用时间应予缩短。

近年来，设计中对砌筑砂浆强度普遍提高，水泥用量增加，因此将砌筑砂浆拌合后的使用时间作了一些调整，统一按照水泥砂浆的使用时间进行控制，这对施工质量有利，又便于记忆和控制。

4.0.12 我国近年颁布实施的现行国家标准《建筑结构可靠度设计标准》GB 50068 要求："质量验收标准宜在统计理论的基础上制定"。现行国家标准《建筑工程施工质量验收统一标准》GB 50300－2001第3.0.5条规定，主控项目合格质量水平的生产方风险（或错判概率α）和使用方风险（或漏判概率β）均不宜超过5%。这些要求和规定都是编制建筑工程施工质量验收规范应遵循的原则。

国家标准《砌体工程施工质量验收规范》GB 50203关于砌筑砂浆试块强度验收条件引自原《建筑安装工程质量检验评定标准 TJ 301－74 建筑工程》，并已执行多年。经分析发现，上述砌筑砂浆试块强度验收条件的确定较缺乏科学性，具体表现在以下几方面：

1）20世纪70年代我国尚未采用极限状态设计方法，因此，对砌筑砂浆质量的评定也未考虑结构的可靠度原则。

2）当同一验收批砌筑砂浆试块抗压强度平均值等于设计强度等级所对应的立方体抗压强度时，其满足设计强度的概率太低，仅为50%。

3）当砌筑砂浆试块强度等于设计强度等级所对应的立方体抗压强度的75%时，砌体强度较设计值小9%～13%，这将对结构的安全使用产生不良影响。

根据结构可靠度分析，当砌筑砂浆质量水平一般，即砂浆试块强度统计的变异系数为0.25，验收批砌筑砂浆试块抗压强度平均值为设计强度的1.10倍时，砌筑砂浆强度达到和超过设计强度的统计概率为65.5%，砌体强度达到95%规范值的统计概率为78.8%；砌筑砂浆试块强度最小值为85%设计强度时，砌体强度值只较规范设计值降低2%～8%，砌筑砂浆抗压强度等于和大于85%设计强度的统计概率为84.1%。还应指出，当砌筑砂浆试块改为带底试模制作后，砂浆试块强度统计的变异系数将较砖底试模减小，这对砌筑砂浆质量的提高和砌体质量是有利的。此外，砌体强度除与块体、砌筑砂浆强度直接相关外，尚与施工过程的质量控制有关，如砌筑砂浆的拌制质量及强度的离散性、块体砌筑前浇水湿润程度、砌筑手法、灰缝厚度及砂浆饱满度等。因此欲保证砌体的强度，除应使块体和砌筑砂浆合格外，尚应加强施工过程控制，这是保证砌体施工质量的综合措施。

鉴于上述分析，同时考虑砂浆拌制后到使用时存在的时间间隔对其强度的不利影响，本次规范修订中对砌筑砂浆试块抗压强度合格验收条件较原规范作了一定提高。砌筑砂浆拌制后随时间延续的强度变化规律是：在一般气温（低于30℃）情况下，砂浆拌制2h～6h后，强度降低20%～30%，10h降低50%以上，24h降低70%以上。以上试验大多采用水泥混合砂浆。对水泥砂浆而言，由于水泥用量较多，砂浆的保水性又较水泥混合砂浆差，其影响程度会更大。当气温较高（高于30℃）情况下，砂浆强度下降幅度也将更大一些。

当砂浆试块数量不足3组时，其强度的代表性较差，验收也存在较大风险，如只有1组试块时，其错判概率至少为30%。因此，为确保砌体结构施工验收的可靠性，对重要房屋一个验收批砂浆试块的数量规定为不得少于3组。

试验表明，砌筑砂浆的稠度对试块立方体抗压强度有一定影响，特别是当采用带底试模时，这种影响将十分明显。为如实反映施工中砌筑砂浆的强度，制作砂浆试块的砂浆稠度应与配合比设计一致，在实际操作中应注意砌筑砂浆的用水量控制。此外，根据现行行业标准《预拌砂浆》JC/T 230规定，预拌砂浆中的湿拌砂浆在交货时应进行稠度检验。

对工厂生产的预拌砂浆、加气混凝土专用砂浆，由于其材料稳定，计量准确，砂浆质量较好，强度值离散性较小，故可适当减少现场砂浆试块的制作数量，但每验收批各类、各强度等级砂浆试块不应少于3组。

根据统计学原理，抽检子样容量越大则结果判定越准确。对砌体结构工程施工，通常在一个检验批留置的同类型、同强度等级的砂浆试块数量不多，故在砌筑砂浆试块抗压强度验收时，为使砂浆试块强度具有更好的代表性，减小强度评定风险，宜将多个检验批的同类型、同强度等级的砌筑砂浆作为一个验收批进行评定验收；当检验批的同类型、同强度等级砌筑砂浆试块组数较多时，砂浆强度验收也可按检验批进行，此时的砌筑砂浆验收批即等同于检验批。

4.0.13 施工中，砌筑砂浆强度直接关系砌体质量。因此，规定了在一些非正常情况下应测定工程实体中的砂浆或砌体的实际强度。其中，当砂浆试块的试验结果已不能满足设计要求时，通过实体检测以便于进行强度核算和结构加固处理。

5 砖砌体工程

5.1 一般规定

5.1.1 本条所列砖是指以传统标准砖基本尺寸240mm×115mm×53mm为基础，适当调整尺寸，采用烧结、蒸压养护或自然养护等工艺生产的长度不超过240mm，宽度不超过190mm，厚度不超过115mm的实心或多孔（通孔、半盲孔）的主规格砖及其配砖。

5.1.3 混凝土多孔砖、混凝土普通砖、蒸压灰砂砖、蒸压粉煤灰砖早期收缩值大，如果这时用于墙体上，很容易出现收缩裂缝。为有效控制墙体的这类裂缝产生，在砌筑时砖的产品龄期不应小于28d，使其早期收缩值在此期间内完成大部分。实践证明，这是预防墙体早期开裂的一个重要技术措施。此外，混凝土多孔砖、混凝土普通砖的强度等级进场复验也需产品龄期为28d。

5.1.4 有冻胀环境和条件的地区，地面以下或防潮层以下的砌体，常处于潮湿的环境中，对多孔砖砌体的耐久性能有不利影响。因此，现行国家标准《砌体结构设计规范》GB 50003对多孔砖的使用作出了以下规定，"在冻胀地区，地面以下或防潮层以下的砌体，不宜采用多孔砖，如采用时，其孔洞应用水泥砂浆灌实。"鉴于多孔砖孔洞小且量大，施工中用水泥砂浆灌实费工、耗材、不易保证质量，故作本条规定。

5.1.5 不同品种砖的收缩特性的差异容易造成墙体收缩裂缝的产生。

5.1.6 试验研究和工程实践证明，砖的湿润程度对砌体的施工质量影响较大：干砖砌筑不仅不利于砂浆强度的正常增长，大大降低砌体强度，影响砌体的整体性，而且砌筑困难；吸水饱和的砖砌筑时，会使刚砌的砌体尺寸稳定性差，易出现墙体平面外弯曲，砂浆易流淌，灰缝厚度不均，砌体强度降低。

砖含水率对砌体抗压强度的影响，湖南大学曾通过试验研究得出两者之间的相关性，即砌体的抗压强度随砖含水率的增加而提高，反之亦然。根据砌体抗压强度影响系数公式得到，含水率为零的烧结黏土砖的砌体抗压强度仅为含水率为15%砖的砌体抗压强度的77%。

砖含水率对砌体抗剪强度的影响，国内外许多学者都进行过这方面的研究，试验资料较多，但结论并不完全相同。可以认为，各国（地）砖的性质不同，是试验结论不一致的主要原因。一般来说，砖砌体抗剪强度随着砖的湿润程度增加而提高，但是如果砖浇得过湿，砖表面的水膜将影响砖和砂浆间的粘结，对抗剪强度不利。美国Robert等在专著中指出：砖的初始吸水速率是影响砌体抗剪强度的重要因素，并指出，初始吸水速率大的砖，必须在使用前预湿水，使其达到较佳范围时方能砌筑。前苏联学者认为，黏土砖的含水率对砌体粘结强度的影响还与砂浆的种类及砂浆稠度有关，砖含水率在一定范围时，砌体的抗剪强度得以提高。近年来，长沙理工大学等单位通过试验获取的数据和收集的国内诸多学者研究成果撰写的研究论文指出，非烧结砖的上墙含水率对砌体抗剪强度影响，存在着最佳相对含水率，其范围是43%～55%，并从试验结果看出，蒸压粉煤灰砖在绝干状态和吸水饱和状态时，抗剪强度均大大降低，约为最佳相对含水率的30%～40%。

鉴于上述分析，考虑各类砌筑用砖的吸水特性，如吸水率大小、吸水和失水速度快慢等的差异（有时存在十分明显的差异，例如从资料收集中得到，我国各地生产的烧结普通黏土砖的吸水率变化范围为13.2%～21.4%），砖砌筑时适宜的含水率也应有所不同。因此，需要在砌筑前对砖预湿的程度采用含水率控制是不适宜的，为了便于在施工中对适宜含水率有更清晰的了解和控制，块体砌筑时的适宜含水率宜采用相对含水率表示。根据国内外学者的试验研究成果和施工实践经验，以及国家标准《砌体工程施工质量验收规范》GB 50203－2002的相关规定，本次规范修订按照块体吸水、失水速度快慢对烧结类、非烧结类块体的预湿程度采用相对含水率控制，并对适宜相对含水率范围分别作出了规定。

5.1.7 砖砌体砌筑宜随铺砂浆随砌筑。采用铺浆法砌筑时，铺浆长度对砌体的抗剪强度影响明显，陕西省建筑科学研究院的试验表明，在气温15℃时，铺浆后立即砌砖和铺浆后3min再砌砖，砌体的抗剪强度相差30%。气温较高时砖和砂浆中的水分蒸发较快，影响工人操作和砌筑质量，因而应缩短铺浆长度。

5.1.8 从有利于保证砌体的完整性、整体性和受力的合理性出发，强调本条所述部位应采用整砖丁砌。

5.1.9 平拱式过梁是弧拱式过梁的一个特例，是矢高极小的一种拱形结构，拱底应有一定起拱量，从砖拱受力特点及施工工艺考虑，必须保证拱脚下面伸入墙内的长度，并保持楔形灰缝形态。

5.1.10 过梁底部模板是砌筑过程中的承重结构，只有砂浆达到一定强度后，过梁部位砌体方能承受荷载作用，才能拆除底模。本次经修订的规范将砖过梁底部的模板及其支架拆除时对灰缝砂浆强度进行了提高，是为了更好地保证安全。

5.1.11 多孔砖的孔洞垂直于受压面，能使砌体有较大的有效受压面积，有利于砂浆结合层进入上下砖块的孔洞中产生“销键”作用，提高砌体的抗剪强度和砌体的整体性。此外，孔洞垂直于受压面砌筑也符合砌体强度试验时试件的砌筑方法。

5.1.12 竖向灰缝砂浆的饱满度一般对砌体的抗压强度影响不大，但是对砌体的抗剪强度影响明显。根据四川省建筑科学研究院、南京新宁砖瓦厂等单位的试验结果得到：当竖缝砂浆很不饱满甚至完全无砂浆时，其对角加载砌体的抗剪强度约降低30%。此外，透明缝、瞎缝和假缝对房屋的使用功能也会产生不良影响。

5.1.13 砖砌体的施工临时间断处的接槎部位是受力的薄弱点，为保证砌体的整体性，必须强调补砌时的要求。

5.2 主控项目

5.2.1 在正常施工条件下，砖砌体的强度取决于砖和砂浆的强度等级，为保证结构的受力性能和使用安全，砖和砂浆的强度等级必须符合设计要求。

烧结普通砖、混凝土实心砖检验批的数量，系参考砌体检验批划分的基本数量（250m³ 砌体）确定；烧结多孔砖、混凝土多孔砖、蒸压灰砂砖及蒸压粉煤灰砖检验批数量根据产品的特点并参考产品标准作了适当调整。

5.2.2 水平灰缝砂浆饱满度不小于80%的规定沿用已久，根据四川省建筑科学研究院试验结果，当砂浆水平灰缝饱满度达到73%时，则可达到设计规范所规定的砌体抗压强度值。砖柱为独立受力的重要构件，为保证其安全性，在本次规范修订中对水平灰缝砂浆饱满度的要求有所提高，并增加了对竖向灰缝饱满度的规定。

5.2.3、5.2.4 砖砌体转角处和交接处的砌筑和接槎质量，是保证砖砌体结构整体性能和抗震性能的关键之一，地震震害充分证明了这一点。根据陕西省建筑科学研究院对交接处同时砌筑和不同留槎形式接槎部位连接性能的试验分析，同时砌筑的连接性能最佳；留踏步槎（斜槎）的次之；留直槎并按规定加拉结钢筋的再次之；仅留直搓不加设拉结钢筋的最差。上述不同砌筑和留槎形式试件的水平抗拉力之比为1.00、0.93、0.85、0.72。因此，对抗震设防烈度8度及8度以上地区，不能同时砌筑时应留斜槎。对抗震设计烈度为6度、7度地区的临时间断处，允许留直槎并按规定加设拉结钢筋，这主要是从实际出发，在保证施工质量的前提下，留直槎加设拉结钢筋时，其连接性能较留斜槎时降低有限，对抗震设计烈度不高的地区允许采用留直槎加设拉结钢筋是可行的。

多孔砖砌体斜槎长高比明确为不小于1/2，是从多孔砖规格尺寸、组砌方法及施工实际出发考虑的。多孔砖砌体根据砖规格尺寸，留置斜槎的长高比一般为1∶2。

斜槎高度不得超过一步脚手架高度的规定，主要是为了尽量减少砌体的临时间断处对结构整体性的不利影响。

5.3 一般项目

5.3.1 本条是从确保砌体结构整体性和有利于结构承载出发，对组砌方法提出的基本要求，施工中应予满足。砖砌体的“通缝”系指相邻上下两皮砖搭接长度小于25mm的部位。本次规范修订对混水墙的最大通缝长度作了限制。此外，参考原国家标准《建筑工程质量检验评定标准》GBJ 301－88第6.1.6条对砖砌体上下错缝的规定，将原规范“混水墙中长度大于或等于300mm的通缝每间不超过3处，且不得位于同一面墙体上”修改为“混水墙中不得有长度大于300mm的通缝，长度200mm～300mm的通缝每间不得超过3处，且不得位于同一面墙体上”。

采用包心砌法的砖柱，质量难以控制和检查，往往会形成空心柱，降低了结构安全性。

5.3.2 灰缝横平竖直，厚薄均匀，不仅使砌体表面美观，又使砌体的变形及传力均匀。此外，灰缝增厚砌体抗压强度降低，反之则砌体抗压强度提高；灰缝过薄将使块体间的粘结不良，产生局部挤压现象，也会降低砌体强度。湖南大学曾研究砌体灰缝厚度对砌体抗压强度的影响，经对国内外的一些试验数据进行回归分析后得出影响系数公式。根据该公式分析，对普通砖砌体而言，与标准水平灰缝厚度10mm相比较，12mm水平灰缝厚度砌体的抗压强度降低5.4%；8mm水平灰缝厚度砌体的抗压强度提高6.1%。对多孔砖砌体，其变化幅度还要大些，与标准水平灰缝厚度10mm相比较，12mm水平灰缝厚度砌体的抗压强度降低9.1%；8mm水平灰缝厚度砌体的抗压强度提高11.1%。

砌体竖向灰缝宽度过宽或过窄不仅影响观感质量，而且易造成灰缝砂浆饱满度较差，影响砌体的使用功能、整体性及降低砌体的抗剪强度。因此，在本次规范修订中增加了砖砌体竖向灰缝宽度的规定。

5.3.3 本条所列砖砌体一般尺寸偏差，对整个建筑物的施工质量、建筑美观和确保有效使用面积均会产生影响，故施工中对其偏差应予以控制。

对于钢筋混凝土楼、屋盖整体现浇的房屋，其结构整体性良好；对于装配整体式楼、屋盖结构，国家标准《砌体结构设计规范》GB 50003－2001经修订后，加强了楼、屋盖结构的整体性规定：在抗震设防地区，预制钢筋混凝土板板端应有伸出钢筋相互有效连接，并用混凝土浇筑成板带，其板端支承长度不应小于60mm，板带宽不小于80mm，混凝土强度等级不应低于C20。另外，根据工程实践及调研结果看到，实际工程中砌体的轴线位置和墙面垂直度的偏差值均不大，但有时也会出现略大于《砌体工程施工质量验收规范》GB 50203－2002允许偏差值的规定，这不符合主控项目的验收要求，如要返工将十分困难。鉴于上述分析，墙体轴线位置和墙面垂直度尺寸的最大偏差值按表中允许偏差控制施工质量（允许有20%及以下的超差点的最大超差值为允许偏差值的1.5倍），墙体的受力性能和楼、屋盖的安全性是能保证的。

本次规范修订中，通过工程调查将门窗洞口高、宽（后塞口）的允许偏差由原规范的±5mm增加为±10mm。

6 混凝土小型空心砌块砌体工程

6.1 一般规定

6.1.2 编制小砌块平、立面排块图是施工准备的一项重要工作，也是保证小砌块墙体施工质量的重要技术措施。在编制时，宜由水电管线安装人员与土建施工人员共同商定。

6.1.3 小砌块龄期达到28d之前，自身收缩速度较快，其后收缩速度减慢，且强度趋于稳定。为有效控制砌体收缩裂缝，检验小砌块的强度，规定砌体施工时所用的小砌块，产品龄期不应小于28d。本次规范修订时，考虑到在施工中有时难于确定小砌块的生产日期，因此将本条文修改为非强制性条文。

6.1.5 专用的小砌块砌筑砂浆是指符合现行行业标准《混凝土小型空心砌块和混凝土砖砌筑砂浆》JC 860的砌筑砂浆，该砂浆可提高小砌块与砂浆间的粘结力，且施工性能好。

6.1.6 用混凝土填小砌块砌体一些部位的孔洞，属于构造措施，主要目的是提高砌体的耐久性及结构整体性。现行国家标准《砌体结构设计规范》GB 50003有如下规定："在冻胀地区，地面以下或防潮层以下的砌体……当采用混凝土砌块砌体时，其孔洞应采用强度等级不低于Cb20的混凝土灌实"。

6.1.7 普通混凝土小砌块具有吸水率小和吸水、失水速度迟缓的特点，一般情况下砌墙时可不浇水。轻骨料混凝土小砌块的吸水率较大，吸水、失水速度较普通混凝土小砌块快，应提前对其浇水湿润。

6.1.8 小砌块为薄壁、大孔且块体较大的建筑材料，单个块体如果存在破损、裂缝等质量缺陷，对砌体强度将产生不利影响；小砌块的原有裂缝也容易发展并形成墙体新的裂缝。条文经改动后较原规范条文"承重墙体严禁使用断裂小砌块"更全面。

6.1.9、**6.1.10** 确保小砌块砌体的砌筑质量，可简单归纳为六个字：对孔、错缝、反砌。所谓对孔，即在保证上下皮小砌块搭砌要求的前提下，使上皮小砌块的孔洞尽量对准下皮小砌块的孔洞，使上、下皮小砌块的壁、肋可较好传递竖向荷载，保证砌体的整体性及强度；所谓错缝，即上、下皮小砌块错开砌筑（搭砌），以增强砌体的整体性，这属于砌筑工艺的基本要求；所谓反砌，即小砌块生产时的底面朝上砌筑于墙体上，易于铺放砂浆和保证水平灰缝砂浆的饱满度，这也是确定砌体强度指标的试件的基本砌法。

6.1.11 小砌块砌体相对于砖砌体，小砌块块体大，水平灰缝坐（铺）浆面窄小，竖缝面积大，砌筑一块费时多，为缩短坐（铺）浆后的间隔时间，减少对砌筑质量的不良影响，特作此规定。

6.1.13 灰缝经过刮平，将对表层砂浆起到压实作用，减少砂浆中水分的蒸发，有利于保证砂浆强度的增长。

6.1.14 凡有芯柱之处均应设清扫口，一是用于清扫孔洞底撒落的杂物，二是便于上下芯柱钢筋连接。

芯柱孔洞内壁的毛边、砂浆不仅使芯柱断面缩小，而且混入混凝土中还会影响其质量。

6.1.15 小砌块灌孔混凝土系指符合现行行业标准《混凝土砌块（砖）砌体用灌孔混凝土》JC 861的专用混凝土，该混凝土性能好，对保证砌体施工质量和结构受力十分有利。

"5·12"汶川地震的震害表明，在遭遇地震时芯柱将发挥重要作用，在地震烈度较高的地区，芯柱破坏较为严重，而破坏的芯柱多数都存在浇筑不密实的情况。由于芯柱混凝土较难以浇筑密实，因此，本次规范修订特别补充了芯柱的施工质量控制要求。

6.2 主控项目

6.2.1 在正常施工条件下，小砌块砌体的强度取决于小砌块和砌筑砂浆的强度等级；芯柱混凝土强度等级也是砌体力学性能能否满足要求最基本的条件。因此，为保证结构的受力性能和使用安全，小砌块和芯柱混凝土、砌筑砂浆的强度等级必须符合设计要求。

6.2.2 小砌块砌体施工时对砂浆饱满度的要求，严于砖砌体的规定。究其原因：一是由于小砌块壁较薄，肋较窄，小砌块与砂浆的粘结面不大；二是砂浆饱满度对砌体强度及墙体整体性影响远较砖砌体大，其中，抗剪强度较低又是小砌块的一个弱点；三是考虑了建筑物使用功能（如防渗漏）的需要。竖向灰缝饱满度对防止墙体裂缝和渗水至关重要，故在本次修订中，将垂直灰缝的饱满度要求由原来的80%提高至90%。

6.2.3 墙体转角处和纵横墙交接处同时砌筑可保证墙体结构整体性，其作用效果参见本规范5.2.3条文说明。由于受小砌块块体尺寸的影响，临时间断处斜槎长度与高度比例不同于砖砌体，故在修订时对斜槎的水平投影长度进行了调整。

本次经修订的规范允许在施工洞口处预留直槎，但应在直槎处的两侧小砌块孔洞中灌实混凝土，以保证接槎处墙体的整体性。该处理方法较设置构造柱简便。

6.2.4 芯柱在楼盖处不贯通将会大大削弱芯柱的抗震作用。芯柱混凝土浇筑质量对小砌块建筑的安全至关重要，根据5·12汶川地震震害调查分析，在小砌块建筑墙体中芯柱较普遍存在混凝土不密实的情况，甚至有的芯柱存在一段中缺失混凝土（断柱），从而导致墙体开裂、错位破坏较为严重。故在本次规范修订时增加了对芯柱混凝土浇筑质量的要求。

6.3 一 般 项 目

6.3.1 小砌块水平灰缝厚度和竖向灰缝宽度的规定，可参阅本规范第5.3.2条说明，经多年施工经验表明，此规定是合适的。

7 石砌体工程

7.1 一 般 规 定

7.1.2 对砌体所用石材的质量作出规定，以满足砌体的强度，耐久性及美观的要求。为了避免石材放射性物质对环境造成污染和人体造成的伤害，增加了对石材放射性进行检验的要求。

7.1.4 为使毛石基础和料石基础与地基或基础垫层结合紧密，保证传力均匀和石块平稳，故要求砌筑毛石基础时的第一皮石块应坐浆并将大面向下，砌筑料石基础时的第一皮石块应用丁砌层坐浆砌筑。

7.1.5 毛石砌体中一些重要受力部位用较大的平毛石砌筑，是为了加强该部位砌体的整体性。同时，为使砌体传力均匀及搁置的梁、楼板（或屋面板）平稳牢固，要求在每个楼层（包括基础）砌体的顶面，选用较大的毛石砌筑。

7.1.6 石砌体砌筑时砂浆是否饱满，是影响砌体整体性和砌体强度的一个重要因素。由于毛石形状不规则，棱角多，砌筑时容易形成空隙，为了保证砌筑质量，施工中应特别注意防止石块间无浆直接接触或有空隙的现象。

7.1.7 规定砌筑毛石挡土墙时，由于毛石大小和形状各异，因此应每砌3皮～4皮石块作为一个分层高度，并通过对顶层石块的砌平，即大致平整（为避免理解不准确，用“砌平”替代原规范的“找平”要求），及时发现并纠正砌筑中的偏差，以保证工程质量。

7.1.8 从挡土墙的整体性和稳定性考虑，对料石挡土墙，当设计未作具体要求时，从经济出发，中间部分可填砌毛石，但应使丁砌料石伸入毛石部分的长度不小于200mm，以保证其整体性。

7.1.9 石砌体的灰缝厚度按本条规定进行控制，经多年实践是可行的，既便于施工操作，又能满足砌体强度和稳定性要求。本次规范修订中，增加的毛石砌体外露面的灰缝厚度规定，系根据原规范对毛石挡土墙的相应规定确定的。

7.1.10 为了防止地面水渗入而造成挡土墙基础沉陷，或墙体受附加水压作用产生破坏或倒塌，因此要求挡土墙设置泄水孔，同时给出了泄水孔的疏水层的要求。

7.1.11 挡土墙内侧回填土的质量是保证挡土墙可靠性的重要因素之一；挡土墙顶部坡面便于排水，不会导致挡土墙内侧土含水量和墙的侧向土压力明显变化，以确保挡土墙的安全。

7.1.12 据本条规定毛石和实心砖的组合墙中，毛石砌体与砖砌体应同时砌筑，是为了确保砌体的整体性。每隔4皮～6皮砖用2皮～3皮丁砖与毛石砌体拉结砌合。这样既可保证拉结良好，又便于砌筑。

7.1.13 据调查，一些地区有时为了就地取材和适应建筑要求，而采用砖和毛石两种材料分别砌筑纵墙和横墙。为了加强墙体的整体性和便于施工，故参照砖墙的留槎规定和本规范7.1.12条对毛石和实心砖的组合墙的连接要求，作出本条规定。

7.2 主 控 项 目

7.2.1 在正常施工条件下，石砌体的强度取决于石材和砌筑砂浆强度等级，为保证结构的受力性能和使用安全，石材和砌筑砂浆的强度等级必须符合设计要求。

7.2.2 砌体灰缝砂浆的饱满度，将直接影响石砌体的力学性能、整体性能和耐久性能。

7.3 一 般 项 目

7.3.1 根据工程实践及调研结果，将原规范主控项目中的轴线位置和墙面垂直度尺寸允许偏差检验纳入本条文，条文说明参阅本规范第5.3.3条。砌体厚度项目中的毛石基础、毛料石基础和粗料石基础的一般尺寸允许偏差下限为“0”控制，即不允许出现负偏差，这一规定将有利于基础工程的安全可靠性。本次规范修订中考虑毛石墙砌体表面平整度难于检验，故删去了允许偏差的规定。毛石墙砌体表面平整情况可通过观感检查作出评价。

7.3.2 本条规定是为了加强砌体内部的拉结作用，保证砌体的整体性。

8 配筋砌体工程

8.1 一 般 规 定

8.1.1 为避免重复，本章在“一般规定”，“主控项目”，“一般项目”的条文内容上，尚应符合本规范第5章及第6章的规定。

8.1.2 参见本规范第6.1.5条及6.1.15条文说明。

8.1.3 砌体水平灰缝中钢筋居中放置有两个目的：一是对钢筋有较好的保护；二是有利于钢筋的锚固。

8.2 主控项目

8.2.1、8.2.2 配筋砌体中的钢筋品种、规格、数量和混凝土、砂浆的强度直接影响砌体的结构性能，因此应符合设计要求。

8.2.3 构造柱是房屋抗震设防的重要措施，为保证构造柱与墙体的可靠连接，使构造柱能充分发挥其作用而提出了施工要求。外露的拉结钢筋有时会妨碍施工，必要时进行弯折是可以的，但不应随意弯折，以免钢筋在灰缝中产生松动和不平直，影响其锚固性能。

8.2.4 本条文为原规范第 8.1.3、8.3.5 条条文的合并及修改，因受力钢筋的连接方式及锚固、搭接长度对其受力至关重要，为保证配筋砌体的结构性能将该修改条文纳入主控项目。

8.3 一般项目

8.3.1 构造柱位置及垂直度的允许偏差系根据《设置钢筋混凝土构造柱多层砖房抗震技术规范》JGJ/T 13 的规定而确定的，经多年工程实践，证明其尺寸允许偏差是适宜的。因构造柱位置及垂直度在允许偏差情况下不会明显影响结构安全，故将其由原规范“主控项目”修改为“一般项目”进行质量验收。

8.3.4 本条项目内容系引用现行国家标准《砌体结构设计规范》GB 50003 的相关规定。

9 填充墙砌体工程

9.1 一般规定

9.1.2 轻骨料混凝土小型空心砌块，为水泥胶凝增强的块体，以 28d 强度为标准设计强度，且龄期达到 28d 之前，自身收缩较快；蒸压加气混凝土砌块出釜后虽然强度已达到要求，但出釜时含水率大多在 35%～40%，根据有关实验和资料介绍，在短期（10d～30d）制品的含水率下降一般不会超过 10%，特别是在大气湿度较高地区。为有效控制蒸压加气混凝土砌块上墙时的含水率和墙体收缩裂缝，对砌筑时的产品龄期进行了规定。

另外，现行行业标准《蒸压加气混凝土建筑应用技术规程》JGJ/T 17－2008 第 3.0.4 条规定“加气混凝土制品砌筑或安装时的含水率宜小于 30%”，本规范对此条规定予以引用。

9.1.3 用于填充墙的空心砖、蒸压加气混凝土砌块、轻骨料混凝土小型空心砌块强度不高，碰撞易碎，应在运输、装卸中做到文明装卸，以减少损耗和提高砌体外观质量。蒸压加气混凝土砌块吸水率可达 70%，为降低蒸压加气混凝土砌块砌筑时的含水率，减少墙体的收缩，有效控制收缩裂缝产生，蒸压加气混凝土砌块出釜后堆放及运输中应采取防雨措施。

9.1.4、9.1.5 块体砌筑前浇水湿润，是为了增强与砌筑砂浆的粘结和砌筑砂浆强度增长的需要。

本条系修改条文，主要修改内容为：一是对原规范条文中“蒸压加气混凝土砌块砌筑时，应向砌筑面适量浇水”的规定分为薄灰砌筑法砌筑和普通砌筑砂浆砌筑或蒸压加气混凝土砌块砌筑砂浆两种情况。其中，当采用薄灰砌筑法施工时，由于使用与其配套的专用砂浆，故不需对砌块浇（喷）水湿润；当采用普通砌筑砂浆或蒸压加气混凝土砌块砌筑砂浆砌筑时，应在砌筑当天对砌块砌筑面喷水湿润。二是考虑轻骨料小型空心砌块种类多，吸水率有大有小，因此对吸水率大的小砌块应提前浇（喷）水湿润。三是砌筑前对块体浇喷水湿润程度作出规定，并用块体的相对含水率表示，这更为明确和便于控制。

9.1.6 经多年的工程实践，当采用轻骨料混凝土小型空心砌块或蒸压加气混凝土填充墙施工时，除多水房间外可不需要在墙底部另砌烧结普通砖或多孔砖、普通混凝土小型空心砌块、现浇混凝土坎台等，因此本次规范修订将原规范条文进行了修改。

浇筑一定高度混凝土坎台的目的，主要是考虑有利于提高多水房间填充墙墙底的防水效果。混凝土坎台高度由原规范“不宜小于 200mm”的规定修改为“宜为 150mm”，是考虑踢脚线（板）便于遮盖填充墙底有可能产生的收缩裂缝。

9.1.8 在填充墙中，由于蒸压加气混凝土砌块砌体，轻骨料混凝土小型空心砌块砌体的收缩较大，强度不高，为防止或控制砌体干缩裂缝的产生，作出不应混砌的规定，以免不同性质的块体组砌在一起易引起收缩裂缝产生。对于窗台处和因构造需要，在填充墙底、顶部及填充墙门窗洞口两侧上、中、下局部处，采用其他块体嵌砌和填塞时，由于这些部位的特殊性，不会对墙体裂缝产生附加的不利影响。

9.1.9 本条文中“填充墙砌体的施工应待承重主体结构检验批验收合格后进行”系增加要求，这既是从施工实际出发，又对施工质量有保证；填充墙砌筑完成到与承重主体结构间的空（缝）隙进行处理的间隔时间由至少 7d 修改为 14d。这些要求有利于承重主体结构施工质量不合格的处理，减少混凝土收缩对填充墙砌体的不利影响。

9.2 主控项目

9.2.1 为加强质量控制和验收，将原规范条文对砖、砌块的强度等级只检查产品合格证书、产品性能检测报告修改为查砖、小砌块强度等级的进场复验报告，并规定了抽检数量。

9.2.2 汶川“5·12”大地震震害表明：当填充墙与

主体结构间无连接或连接不牢，墙体在水平地震荷载作用下极易破坏和倒塌；填充墙与主体结构间的连接不合理，例如当设计中不考虑填充墙参与水平地震力作用，但由于施工原因导致填充墙与主体结构共同工作，使框架柱常产生柱上部的短柱剪切破坏，进而危及房屋结构的安全。

经修订的现行国家标准《砌体结构设计规范》GB 50003 规定，填充墙与框架柱、梁的连接构造分为脱开方法和不脱开方法两类。鉴于此，本次规范修订时对条文进行了相应修改。

9.2.3 近年来，填充墙与承重墙、柱、梁、板之间的拉结钢筋，施工中常采用后植筋，这种施工方法虽然方便，但常常因锚固胶或灌浆料质量问题，钻孔、清孔、注胶或灌浆操作不规范，使钢筋锚固不牢，起不到应有的拉结作用。同时，对填充墙植筋的锚固力检测的抽检数量及施工验收无相关规定，从而使填充墙后植拉结筋的施工质量验收流于形式。因此，在本次规范修订中修编组从确保工程质量考虑，增加应对填充墙的后植拉结钢筋进行现场非破坏性检验。检验荷载值系根据现行行业标准《混凝土结构后锚固技术规程》JGJ 145 确定，并按下式计算：

$$N_t = 0.90 A_s f_{yk} \quad (2)$$

式中：N_t——后植筋锚固承载力荷载检验值；

A_s——锚筋截面面积（以钢筋直径 6mm 计）；

f_{yk}——锚筋屈服强度标准值。

填充墙与承重墙、柱、梁、板之间的拉结钢筋锚固质量的判定，系参照现行国家标准《建筑结构检测技术标准》GB/T 50344 计数抽样检测时对主控项目的检测判定规定。

9.3 一 般 项 目

9.3.1 本次规范修订中，通过工程调查将门窗洞口高、宽（后塞口）的允许偏差由原规范的±5mm 增加为±10mm。

9.3.2 填充墙体的砂浆饱满度虽不会涉及结构的重大安全，但会对墙体的使用功能产生影响，应予规定。砂浆饱满度的具体规定是参照本规范第 5 章、第 6 章的规定确定的。

9.3.4 错缝搭砌及竖向通缝长度的限制是增强砌体整体性的需要。

9.3.5 蒸压加气混凝土砌块尺寸比空心砖、轻骨料混凝土小型空心砌块大，故当其采用普通砌筑砂浆时，砌体水平灰缝厚度和竖向灰缝宽度的规定要稍大一些。灰缝过厚和过宽，不仅浪费砌筑砂浆，而且砌体灰缝的收缩也将加大，不利于砌体裂缝的控制。当蒸压加气混凝土砌块砌体采用加气混凝土粘结砂浆进行薄灰砌筑法施工时，水平灰缝厚度和竖向灰缝宽度可以大大减薄。

10 冬 期 施 工

10.0.1 室外日平均气温连续 5d 稳定低于 5℃时，作为划定冬期施工的界限，其技术效果和经济效果均比较好。若冬期施工期规定得太短，或者应采取冬期施工措施时没有采取，都会导致技术上的失误，造成工程质量事故；若冬期施工期规定得太长，将增加冬期施工费用和工程造价，并给施工带来不必要的麻烦。

10.0.2 砌体工程冬期施工，由于气温低，必须采取一些必要的冬期施工措施来确保工程质量，同时又要保证常温施工情况下的一些工程质量要求。因此，质量验收除应符合本章规定外，尚应符合本规范前面各章的要求及现行行业标准《建筑工程冬期施工规程》JGJ/T 104 的规定。

10.0.3 砌体工程在冬期施工过程中，只有加强管理，制定完整的冬期施工方案，才能保证冬期施工技术措施的落实和工程质量。

10.0.4 石灰膏、电石膏等若受冻使用，将直接影响砂浆强度。

砂中含有冰块和大于 10mm 的冻结块，将影响砂浆的均匀性、强度增长和砌体灰缝厚度的控制。

遭水浸冻的砖或其他块体，使用时将降低它们与砂浆的粘结强度，并因它们的温度较低而影响砂浆强度的增长，因此规定砌体用块体不得遭水浸冻。

10.0.5 为了解冬期施工措施（如掺用防冻剂或其他措施）的效果及砌筑砂浆的质量，应增留与砌体同条件养护的砂浆试块，测试检验所需龄期和转入常温 28d 的强度。

10.0.6 实践证明，在冻胀基土上砌筑基础，待基土解冻时会因不均匀沉降造成基础和上部结构破坏；施工期间和回填土前如地基受冻，会因地基冻胀造成砌体胀裂或因地基土解冻造成砌体损坏。

10.0.7 烧结普通砖、烧结多孔砖、蒸压灰砂砖、蒸压粉煤灰砖、烧结空心砖、蒸压加气混凝土砌块、吸水率较大的轻骨料混凝土小型空心砌块的湿润程度对砌体强度的影响较大，特别对抗剪强度的影响更为明显，故规定在气温高于 0℃条件下砌筑时，应浇水湿润。在气温低于、等于 0℃条件下砌筑时如再浇水，水将在块体表面结成冰薄膜，会降低与砂浆的粘结，同时也给施工操作带来诸多不便。此时，应适当增加砂浆稠度，以便施工操作、保证砂浆强度和增强砂浆与块体间的粘结效果。普通混凝土小型空心砌块、混凝土砖因吸水率小和初始吸水速度慢在砌筑施工中不需浇（喷）水湿润。

抗震设防烈度为 9 度的地区，因地震时产生的地震反应十分强烈，故对施工提出严格要求。

10.0.8 这是为了避免砂浆拌合时因水和砂过热造成水泥假凝而影响施工。

10.0.9 根据国家现有经济和技术水平，北方地区已极少采用冻结法施工，因此，正在修订的行业标准《建筑工程冬期施工规程》JGJ/T 104 取消了砌体冻结施工。所以，本规范也相应删去砌体冻结法施工的内容。

修订的行业标准《建筑工程冬期施工规程》JGJ/T 104 将氯盐砂浆法纳入外加剂法，为了统一，不再单提氯盐砂浆法。

砂浆使用温度的规定主要是考虑在砌筑过程中砂浆能保持良好的流动性，从而保证灰缝砂浆的饱满度和粘结强度。

10.0.10 主要目的是保证砌体中砂浆具有一定温度以利其强度增长。

10.0.11 为有利于砌体强度的增长，暖棚内应保持一定的温度。表中最少养护期是根据砂浆强度和养护温度之间的关系确定的。砂浆强度达到设计强度的30%，即达到砂浆允许受冻临界强度值后，拆除暖棚后遇到负温度也不会引起强度损失。

10.0.12 本条文根据修订的行业标准《建筑工程冬期施工规程》JGJ/T 104 相应规定进行了修改，以保证工程质量。有关研究表明，当气温等于或低于−15℃时，砂浆受冻后强度损失约为10%～30%。

10.0.13 掺氯盐的砂浆氯离子含量较大，为避免氯离子对钢筋的腐蚀，确保结构的耐久性，作此规定。

11 子分部工程验收

11.0.4 砌体中的裂缝常有发生，且又涉及工程质量的验收。因此，本条分两种情况，对裂缝是否影响结构安全性作了不同的验收规定。

中华人民共和国国家标准

地下防水工程质量验收规范

Code for acceptance of construction quality of underground waterproof

GB 50208—2011

主编部门：山 西 省 住 房 和 城 乡 建 设 厅

批准部门：中华人民共和国住房和城乡建设部

施行日期：2 0 1 2 年 1 0 月 1 日

中华人民共和国住房和城乡建设部
公　　告

第 971 号

关于发布国家标准《地下防水工程质量验收规范》的公告

现批准《地下防水工程质量验收规范》为国家标准，编号为GB 50208－2011，自 2012 年 10 月 1 日起实施。其中，第 4.1.16、4.4.8、5.2.3、5.3.4、7.2.12 条为强制性条文，必须严格执行。原《地下防水工程质量验收规范》GB 50208－2002 同时废止。

本规范由我部标准定额研究所组织中国建筑工业出版社出版发行。

中华人民共和国住房和城乡建设部

2011 年 4 月 2 日

前　　言

根据住房和城乡建设部《关于印发〈2008 年工程建设标准规范制订、修订计划（第一批）〉的通知》（建标［2008］102 号）的规定，山西建筑工程（集团）总公司和福建省闽南建筑工程（集团）有限公司会同有关单位，在《地下防水工程质量验收规范》GB 50208－2002 的基础上进行修订本规范。

本规范共分 9 章，4 个附录，主要技术内容包括：总则、术语、基本规定、主体结构防水工程、细部构造防水工程、特殊施工法结构防水工程、排水工程、注浆工程、子分部工程质量验收。

本次修订的主要内容是：重视防水材料的进场验收；强化结构的耐久性和环境保护；增加防水卷材接缝粘结质量检验；完善细部构造防水工程的质量验收；做到与国内相关标准的协调。

本规范中以黑体字标志的条文为强制性条文，必须严格执行。

本规范由住房和城乡建设部负责管理和对强制性条文的解释，由山西省住房和城乡建设厅负责日常管理，由山西建筑工程（集团）总公司负责具体技术内容的解释。在执行过程中，请各单位结合工程实践，认真总结经验，注意积累资料，如发现需要修改和补充之处，请将意见和建议寄送山西建筑工程（集团）总公司（地址：山西省太原市新建路 9 号，邮政编码：030002），以供今后修订时参考。

本规范主编单位：山西建筑工程（集团）总公司
福建省闽南建筑工程（集团）有限公司

本规范参编单位：总参工程兵科研三所
中冶建筑研究总院有限公司
北京市建筑工程研究院
上海市隧道工程轨道交通设计研究院
上海申通地铁集团有限公司维护保障中心
浙江工业大学
中国建筑业协会建筑防水分会
北京圣洁防水材料有限公司
大连细扬防水工程集团有限公司
上海台安工程实业有限公司
北京市龙阳伟业科技股份有限公司

本规范主要起草人员：郝玉柱　朱忠厚　李玉屏　黄荷山　邱伯荣　张玉玲　朱祖熹　薛绍祖　哈成德　冀文政　蔡庆华　冯晓军　赵　武　陆　明　朱　妍　许四法　曲　慧　杜　昕　樊细杨　程雪峰　王　伟

本规范主要审查人员：李承刚　吴松勤　姚源道　郭德友　吴　明　薛振东　彭尚银　高俊峰

目次

1 总则 …… 1—18—5
2 术语 …… 1—18—5
3 基本规定 …… 1—18—5
4 主体结构防水工程 …… 1—18—7
4.1 防水混凝土 …… 1—18—7
4.2 水泥砂浆防水层 …… 1—18—9
4.3 卷材防水层 …… 1—18—9
4.4 涂料防水层 …… 1—18—11
4.5 塑料防水板防水层 …… 1—18—11
4.6 金属板防水层 …… 1—18—12
4.7 膨润土防水材料防水层 …… 1—18—12
5 细部构造防水工程 …… 1—18—13
5.1 施工缝 …… 1—18—13
5.2 变形缝 …… 1—18—13
5.3 后浇带 …… 1—18—14
5.4 穿墙管 …… 1—18—14
5.5 埋设件 …… 1—18—15
5.6 预留通道接头 …… 1—18—15
5.7 桩头 …… 1—18—15
5.8 孔口 …… 1—18—16
5.9 坑、池 …… 1—18—16
6 特殊施工法结构防水工程 …… 1—18—16
6.1 锚喷支护 …… 1—18—16
6.2 地下连续墙 …… 1—18—17
6.3 盾构隧道 …… 1—18—17
6.4 沉井 …… 1—18—19
6.5 逆筑结构 …… 1—18—19
7 排水工程 …… 1—18—20
7.1 渗排水、盲沟排水 …… 1—18—20
7.2 隧道排水、坑道排水 …… 1—18—20
7.3 塑料排水板排水 …… 1—18—21
8 注浆工程 …… 1—18—22
8.1 预注浆、后注浆 …… 1—18—22
8.2 结构裂缝注浆 …… 1—18—22
9 子分部工程质量验收 …… 1—18—23
附录A 地下工程用防水材料的质量指标 …… 1—18—24
A.1 防水卷材 …… 1—18—24
A.2 防水涂料 …… 1—18—24
A.3 止水密封材料 …… 1—18—25
A.4 其他防水材料 …… 1—18—26
附录B 地下工程用防水材料标准及进场抽样检验 …… 1—18—27
附录C 地下工程渗漏水调查与检测 …… 1—18—28
C.1 渗漏水调查 …… 1—18—28
C.2 渗漏水检测 …… 1—18—28
C.3 渗漏水检测记录 …… 1—18—29
附录D 防水卷材接缝粘结质量检验 …… 1—18—30
D.1 胶粘剂的剪切性能试验方法 …… 1—18—30
D.2 胶粘剂的剥离性能试验方法 …… 1—18—30
D.3 胶粘带的剪切性能试验方法 …… 1—18—31
D.4 胶粘带的剥离性能试验方法 …… 1—18—31
本规范用词说明 …… 1—18—31
引用标准名录 …… 1—18—31
附：条文说明 …… 1—18—33

Contents

1 General Provisions ········· 1—18—5
2 Terms ········· 1—18—5
3 Basic Requirements ········· 1—18—5
4 Waterproof Projects of Main Structure ········· 1—18—7
4.1 Waterproofing Concrete ········· 1—18—7
4.2 Cement Mortar Waterproofing Layer ········· 1—18—9
4.3 Membrane Waterproofing Layer ········· 1—18—9
4.4 Coating Waterproofing Layer ········· 1—18—11
4.5 Plastic Sheet Waterproofing Layer ········· 1—18—11
4.6 Metal Sheet Waterproofing Layer ········· 1—18—12
4.7 Bentonite Waterproofing Layer ········· 1—18—12
5 Waterproofing Projects of Detail Structure ········· 1—18—13
5.1 Construction Joint ········· 1—18—13
5.2 Deformation Crack ········· 1—18—13
5.3 Post Poured Band ········· 1—18—14
5.4 Through-wall Pipes ········· 1—18—14
5.5 Embedded Parts ········· 1—18—15
5.6 Prepared Channel Joints ········· 1—18—15
5.7 Pile Head ········· 1—18—15
5.8 Orifice ········· 1—18—16
5.9 Pits and Ponds ········· 1—18—16
6 Waterproofing Projects of Special Applications ········· 1—18—16
6.1 Bolt-shotcrete Support ········· 1—18—16
6.2 Underground Diaphragm Wall ········· 1—18—17
6.3 Shield Tunnelling ········· 1—18—17
6.4 Open Caisson ········· 1—18—19
6.5 Inverted Construction ········· 1—18—19
7 Drainage Projects ········· 1—18—20
7.1 Osmotic Drainage, Blind Drainage ········· 1—18—20
7.2 Tunnel Drainage, Adit Drainage ········· 1—18—20
7.3 Plastic Sheet Drainage ········· 1—18—21
8 Grouting Projects ········· 1—18—22
8.1 Pre-grouting and Post-grouting ········· 1—18—22
8.2 Grouting of Structural Cracks ········· 1—18—22
9 Quality Acceptance of Sub-division Projects ········· 1—18—23
Appendix A Quality Index of Common Waterproofing Materials for Underground Projects ········· 1—18—24
Appendix B Standards of Waterproofing Materials for Underground Projects and Site Sampling Inspection ········· 1—18—27
Appendix C Seepage Investigation and Measurement for Underground Projects ········· 1—18—28
Appendix D Bonding Quality Testing of Joints between Waterproofing Membranes ········· 1—18—30
Explanation of Wording in This Code ········· 1—18—31
List of Quoted Standards ········· 1—18—31
Addition: Explanation of Provisions ········· 1—18—33

1 总 则

1.0.1 为了加强建筑工程质量管理，统一地下防水工程质量验收，保证工程质量，制定本规范。

1.0.2 本规范适用于房屋建筑、防护工程、市政隧道、地下铁道等地下防水工程质量验收。

1.0.3 地下防水工程采用的新技术，必须经过科技成果鉴定、评估或新产品、新技术鉴定。新技术应用前，应对新的或首次采用的施工工艺进行评审，并制定相应的技术标准。

1.0.4 地下防水工程的施工应符合国家现行有关安全与劳动防护和环境保护的规定。

1.0.5 地下防水工程质量验收除应符合本规范外，尚应符合国家现行有关标准的规定。

2 术 语

2.0.1 地下防水工程 underground waterproof project

对房屋建筑、防护工程、市政隧道、地下铁道等地下工程进行防水设计、防水施工和维护管理等各项技术工作的工程实体。

2.0.2 明挖法 cut and cover method

敞口开挖基坑，再在基坑中修建地下工程，最后用土石等回填的施工方法。

2.0.3 暗挖法 subsurface excavation method

不挖开地面，采用从施工通道在地下开挖、支护、衬砌的方式修建隧道等地下工程的施工方法。

2.0.4 胶凝材料 cementitious material or binder

用于配制混凝土的硅酸盐水泥及粉煤灰、磨细矿渣、硅粉等矿物掺合料的总称。

2.0.5 水胶比 water to binder ratio

混凝土配制时的用水量与胶凝材料总量之比。

2.0.6 锚喷支护 bolt-shotcrete support

锚杆和钢筋网喷射混凝土联合使用的一种围岩支护形式。

2.0.7 地下连续墙 underground diaphragm wall

采用机械施工方法成槽、浇灌钢筋混凝土，形成具有截水、防渗、挡土和承重作用的地下墙体。

2.0.8 盾构隧道 shield tunnelling method

采用盾构掘进机全断面开挖，钢筋混凝土管片作为衬砌支护进行暗挖法施工的隧道。

2.0.9 沉井 open caisson

由刃脚、井壁及隔墙等部分组成井筒，在筒内挖土使其下沉，达到设计标高后进行混凝土封底。

2.0.10 逆筑结构 inverted construction

以地下连续墙兼作墙体及混凝土灌注桩等兼作承重立柱，自上而下进行顶板、中楼板和底板施工的主体结构。

2.0.11 检验批 inspection lot

按同一生产条件或按规定的方式汇总起来供检验用的，由一定数量样本组成的检验体。

2.0.12 见证取样检测 evidential testing

在监理单位或建设单位见证员的监督下，由施工单位取样员现场取样，并送至具有相应资质检测单位进行的检测。

3 基本规定

3.0.1 地下工程的防水等级标准应符合表 3.0.1 的规定。

表 3.0.1 地下工程防水等级标准

防水等级	防 水 标 准
一 级	不允许渗水，结构表面无湿渍
二 级	不允许漏水，结构表面可有少量湿渍； 房屋建筑地下工程：总湿渍面积不应大于总防水面积（包括顶板、墙面、地面）的1/1000；任意 $100m^2$ 防水面积上的湿渍不超过2处，单个湿渍的最大面积不大于 $0.1m^2$； 其他地下工程：总湿渍面积不应大于总防水面积的2/1000；任意 $100m^2$ 防水面积上的湿渍不超过3处，单个湿渍的最大面积不大于 $0.2m^2$；其中，隧道工程平均渗水量不大于 $0.05L/(m^2 \cdot d)$，任意 $100m^2$ 防水面积上的渗水量不大于 $0.15L/(m^2 \cdot d)$
三 级	有少量漏水点，不得有线流和漏泥砂； 任意 $100m^2$ 防水面积上的漏水或湿渍点数不超过7处，单个漏水点的最大漏水量不大于2.5L/d，单个湿渍的最大面积不大于 $0.3m^2$
四 级	有漏水点，不得有线流和漏泥砂； 整个工程平均漏水量不大于 $2L/(m^2 \cdot d)$；任意 $100m^2$ 防水面积上的平均漏水量不大于 $4L/(m^2 \cdot d)$

3.0.2 明挖法和暗挖法地下工程的防水设防应按表 3.0.2-1 和表 3.0.2-2 选用。

表 3.0.2-1 明挖法地下工程防水设防

工程部位		主体结构							施工缝							后浇带				变形缝、诱导缝					
防水措施		防水混凝土	防水卷材	防水涂料	塑料防水板	膨润土防水材料	防水砂浆	金属板	遇水膨胀止水条或止水胶	外贴式止水带	中埋式止水带	外抹防水砂浆	外涂防水涂料	水泥基渗透结晶型防水涂料	预埋注浆管	补偿收缩混凝土	外贴式止水带	预埋注浆管	遇水膨胀止水条或止水胶	中埋式止水带	外贴式止水带	可卸式止水带	防水密封材料	外贴防水卷材	外涂防水涂料
防水等级	一级	应选	应选一种至二种						应选二种							应选	应选二种			应选	应选二种				
	二级	应选	应选一种						应选一种至二种							应选	应选一种至二种			应选	应选一种至二种				
	三级	应选	宜选一种						宜选一种至二种							应选	宜选一种至二种			应选	宜选一种至二种				
	四级	宜选	—						宜选一种							应选	宜选一种			应选	宜选一种				

表 3.0.2-2 暗挖法地下工程防水设防

工程部位		衬砌结构							内衬砌施工缝						内衬砌变形缝、诱导缝			
防水措施		防水混凝土	防水卷材	防水涂料	塑料防水板	膨润土防水材料	防水砂浆	金属板	遇水膨胀止水条或止水胶	外贴式止水带	中埋式止水带	防水密封材料	水泥基渗透结晶型防水涂料	预埋注浆管	中埋式止水带	外贴式止水带	可卸式止水带	防水密封材料
防水等级	一级	必选	应选一种至二种						应选一种至二种						应选	应选一种至二种		
	二级	应选	应选一种						应选一种						应选	应选一种		
	三级	宜选	宜选一种						宜选一种						应选	宜选一种		
	四级	宜选	宜选一种						宜选一种						应选	宜选一种		

3.0.3 地下防水工程必须由持有资质等级证书的防水专业队伍进行施工，主要施工人员应持有省级及以上建设行政主管部门或其指定单位颁发的执业资格证书或防水专业岗位证书。

3.0.4 地下防水工程施工前，应通过图纸会审，掌握结构主体及细部构造的防水要求，施工单位应编制防水工程专项施工方案，经监理单位或建设单位审查批准后执行。

3.0.5 地下工程所使用防水材料的品种、规格、性能等必须符合现行国家或行业产品标准和设计要求。

3.0.6 防水材料必须经具备相应资质的检测单位进行抽样检验，并出具产品性能检测报告。

3.0.7 防水材料的进场验收应符合下列规定：

1 对材料的外观、品种、规格、包装、尺寸和数量等进行检查验收，并经监理单位或建设单位代表检查确认，形成相应验收记录；

2 对材料的质量证明文件进行检查，并经监理单位或建设单位代表检查确认，纳入工程技术档案；

3 材料进场后应按本规范附录 A 和附录 B 的规定抽样检验，检验应执行见证取样送检制度，并出具材料进场检验报告；

4 材料的物理性能检验项目全部指标达到标准规定时，即为合格；若有一项指标不符合标准规定，应在受检产品中重新取样进行该项指标复验，复验结果符合标准规定，则判定该批材料为合格。

3.0.8 地下工程使用的防水材料及其配套材料，应符合现行行业标准《建筑防水涂料中有害物质限量》JC 1066的规定，不得对周围环境造成污染。

3.0.9 地下防水工程的施工，应建立各道工序的自检、交接检和专职人员检查的制度，并有完整的检查记录；工程隐蔽前，应由施工单位通知有关单位进行验收，并形成隐蔽工程验收记录；未经监理单位或建设单位代表对上道工序的检查确认，不得进行下道工序的施工。

3.0.10 地下防水工程施工期间，必须保持地下水位稳定在工程底部最低高程500mm以下，必要时应采取降水措施。对采用明沟排水的基坑，应保持基坑干燥。

3.0.11 地下防水工程不得在雨天、雪天和五级风及其以上时施工；防水材料施工环境气温条件宜符合表3.0.11的规定。

表3.0.11 防水材料施工环境气温条件

防水材料	施工环境气温条件
高聚物改性沥青防水卷材	冷粘法、自粘法不低于5℃，热熔法不低于-10℃
合成高分子防水卷材	冷粘法、自粘法不低于5℃，焊接法不低于-10℃
有机防水涂料	溶剂型-5℃～35℃，反应型、水乳型5℃～35℃
无机防水涂料	5℃～35℃
防水混凝土、防水砂浆	5℃～35℃
膨润土防水材料	不低于-20℃

3.0.12 地下防水工程是一个子分部工程，其分项工程的划分应符合表3.0.12的规定。

表3.0.12 地下防水工程的分项工程

子分部工程		分项工程
地下防水工程	主体结构防水	防水混凝土、水泥砂浆防水层、卷材防水层、涂料防水层、塑料防水板防水层、金属板防水层、膨润土防水材料防水层
	细部构造防水	施工缝、变形缝、后浇带、穿墙管、埋设件、预留通道接头、桩头、孔口、坑、池
	特殊施工法结构防水	锚喷支护、地下连续墙、盾构隧道、沉井、逆筑结构
	排水	渗排水、盲沟排水、隧道排水、坑道排水、塑料排水板排水
	注浆	预注浆、后注浆、结构裂缝注浆

3.0.13 地下防水工程的分项工程检验批和抽样检验数量应符合下列规定：

1 主体结构防水工程和细部构造防水工程应按结构层、变形缝或后浇带等施工段划分检验批；

2 特殊施工法结构防水工程应按隧道区间、变形缝等施工段划分检验批；

3 排水工程和注浆工程应各为一个检验批；

4 各检验批的抽样检验数量：细部构造应为全数检查，其他均应符合本规范的规定。

3.0.14 地下工程应按设计的防水等级标准进行验收。地下工程渗漏水调查与检测应按本规范附录C执行。

4 主体结构防水工程

4.1 防水混凝土

4.1.1 防水混凝土适用于抗渗等级不小于P6的地下混凝土结构。不适用于环境温度高于80℃的地下工程。处于侵蚀性介质中，防水混凝土的耐侵蚀性要求应符合现行国家标准《工业建筑防腐蚀设计规范》GB 50046和《混凝土结构耐久性设计规范》GB 50476的有关规定。

4.1.2 水泥的选择应符合下列规定：

1 宜采用普通硅酸盐水泥或硅酸盐水泥，采用其他品种水泥时应经试验确定；

2 在受侵蚀性介质作用时，应按介质的性质选用相应的水泥品种；

3 不得使用过期或受潮结块的水泥，并不得将不同品种或强度等级的水泥混合使用。

4.1.3 砂、石的选择应符合下列规定：

1 砂宜选用中粗砂，含泥量不应大于3.0%，泥块含量不宜大于1.0%；

2 不宜使用海砂；在没有使用河砂的条件时，应对海砂进行处理后才能使用，且控制氯离子含量不得大于0.06%；

3 碎石或卵石的粒径宜为5mm～40mm，含泥量不应大于1.0%，泥块含量不应大于0.5%；

4 对长期处于潮湿环境的重要结构混凝土用砂、石，应进行碱活性检验。

4.1.4 矿物掺合料的选择应符合下列规定：

1 粉煤灰的级别不应低于Ⅱ级，烧失量不应大于5%；

2 硅粉的比表面积不应小于15000m^2/kg，SiO_2含量不应小于85%；

3 粒化高炉矿渣粉的品质要求应符合现行国家标准《用于水泥和混凝土中的粒化高炉矿渣粉》GB/T 18046的有关规定。

4.1.5 混凝土拌合用水，应符合现行行业标准《混凝土用水标准》JGJ 63的有关规定。

4.1.6 外加剂的选择应符合下列规定：

1 外加剂的品种和用量应经试验确定，所用外加剂应符合现行国家标准《混凝土外加剂应用技术规范》GB 50119的质量规定；

2 掺加引气剂或引气型减水剂的混凝土，其含气量宜控制在3%～5%；

3 考虑外加剂对硬化混凝土收缩性能的影响；

4 严禁使用对人体产生危害、对环境产生污染的外加剂。

4.1.7 防水混凝土的配合比应经试验确定，并应符合下列规定：

1 试配要求的抗渗水压值应比设计值提高0.2MPa；

2 混凝土胶凝材料总量不宜小于320kg/m³，其中水泥用量不宜小于260kg/m³，粉煤灰掺量宜为胶凝材料总量的20%～30%，硅粉的掺量宜为胶凝材料总量的2%～5%；

3 水胶比不得大于0.50，有侵蚀性介质时水胶比不宜大于0.45；

4 砂率宜为35%～40%，泵送时可增至45%；

5 灰砂比宜为1∶1.5～1∶2.5；

6 混凝土拌合物的氯离子含量不应超过胶凝材料总量的0.1%；混凝土中各类材料的总碱量即Na_2O当量不得大于3kg/m³。

4.1.8 防水混凝土采用预拌混凝土时，入泵坍落度宜控制在120mm～160mm，坍落度每小时损失不应大于20mm，坍落度总损失值不应大于40mm。

4.1.9 混凝土拌制和浇筑过程控制应符合下列规定：

1 拌制混凝土所用材料的品种、规格和用量，每工作班检查不应少于两次。每盘混凝土组成材料计量结果的允许偏差应符合表4.1.9-1的规定。

表4.1.9-1 混凝土组成材料计量结果的允许偏差（%）

混凝土组成材料	每盘计量	累计计量
水泥、掺合料	±2	±1
粗、细骨料	±3	±2
水、外加剂	±2	±1

注：累计计量仅适用于微机控制计量的搅拌站。

2 混凝土在浇筑地点的坍落度，每工作班至少检查两次，坍落度试验应符合现行国家标准《普通混凝土拌合物性能试验方法标准》GB/T 50080的有关规定。混凝土坍落度允许偏差应符合表4.1.9-2的规定。

表4.1.9-2 混凝土坍落度允许偏差（mm）

规定坍落度	允许偏差
≤40	±10
50～90	±15
>90	±20

3 泵送混凝土在交货地点的入泵坍落度，每工作班至少检查两次。混凝土入泵时的坍落度允许偏差应符合表4.1.9-3的规定。

表4.1.9-3 混凝土入泵时的坍落度允许偏差（mm）

所需坍落度	允许偏差
≤100	±20
>100	±30

4 当防水混凝土拌合物在运输后出现离析，必须进行二次搅拌。当坍落度损失后不能满足施工要求时，应加入原水胶比的水泥浆或掺加同品种的减水剂进行搅拌，严禁直接加水。

4.1.10 防水混凝土抗压强度试件，应在混凝土浇筑地点随机取样后制作，并应符合下列规定：

1 同一工程、同一配合比的混凝土，取样频率与试件留置组数应符合现行国家标准《混凝土结构工程施工质量验收规范》GB 50204的有关规定；

2 抗压强度试验应符合现行国家标准《普通混凝土力学性能试验方法标准》GB/T 50081的有关规定；

3 结构构件的混凝土强度评定应符合现行国家标准《混凝土强度检验评定标准》GB/T 50107的有关规定。

4.1.11 防水混凝土抗渗性能应采用标准条件下养护混凝土抗渗试件的试验结果评定，试件应在混凝土浇筑地点随机取样后制作，并应符合下列规定：

1 连续浇筑混凝土每500m³应留置一组6个抗渗试件，且每项工程不得少于两组；采用预拌混凝土的抗渗试件，留置组数应视结构的规模和要求而定；

2 抗渗性能试验应符合现行国家标准《普通混凝土长期性能和耐久性能试验方法标准》GB/T 50082的有关规定。

4.1.12 大体积防水混凝土的施工应采取材料选择、温度控制、保温保湿等技术措施。在设计许可的情况下，掺粉煤灰混凝土设计强度等级的龄期宜为60d或90d。

4.1.13 防水混凝土分项工程检验批的抽样检验数量，应按混凝土外露面积每100m²抽查1处，每处10m²，且不得少于3处。

Ⅰ 主控项目

4.1.14 防水混凝土的原材料、配合比及坍落度必须符合设计要求。

检验方法：检查产品合格证、产品性能检测报告、计量措施和材料进场检验报告。

4.1.15 防水混凝土的抗压强度和抗渗性能必须符合设计要求。

检验方法：检查混凝土抗压强度、抗渗性能检验报告。

4.1.16 防水混凝土结构的施工缝、变形缝、后浇带、穿墙管、埋设件等设置和构造必须符合设计要求。

检验方法：观察检查和检查隐蔽工程验收记录。

Ⅱ 一般项目

4.1.17 防水混凝土结构表面应坚实、平整，不得有露筋、蜂窝等缺陷；埋设件位置应准确。

检验方法：观察检查。

4.1.18 防水混凝土结构表面的裂缝宽度不应大于0.2mm，且不得贯通。

检验方法：用刻度放大镜检查。

4.1.19 防水混凝土结构厚度不应小于250mm，其允许偏差应为+8mm、-5mm；主体结构迎水面钢筋保护层厚度不应小于50mm，其允许偏差应为±5mm。

检验方法：尺量检查和检查隐蔽工程验收记录。

4.2 水泥砂浆防水层

4.2.1 水泥砂浆防水层适用于地下工程主体结构的迎水面或背水面。不适用于受持续振动或环境温度高于80℃的地下工程。

4.2.2 水泥砂浆防水层应采用聚合物水泥防水砂浆、掺外加剂或掺合料的防水砂浆。

4.2.3 水泥砂浆防水层所用的材料应符合下列规定：

1 水泥应使用普通硅酸盐水泥、硅酸盐水泥或特种水泥，不得使用过期或受潮结块的水泥；

2 砂宜采用中砂，含泥量不应大于1.0%，硫化物及硫酸盐含量不应大于1.0%；

3 用于拌制水泥砂浆的水，应采用不含有害物质的洁净水；

4 聚合物乳液的外观为均匀液体，无杂质、无沉淀、不分层；

5 外加剂的技术性能应符合现行国家或行业有关标准的质量要求。

4.2.4 水泥砂浆防水层的基层质量应符合下列规定：

1 基层表面应平整、坚实、清洁，并应充分湿润、无明水；

2 基层表面的孔洞、缝隙，应采用与防水层相同的水泥砂浆堵塞并抹平；

3 施工前应将埋设件、穿墙管预留凹槽内嵌填密封材料后，再进行水泥砂浆防水层施工。

4.2.5 水泥砂浆防水层施工应符合下列规定：

1 水泥砂浆的配制，应按所掺材料的技术要求准确计量；

2 分层铺抹或喷涂，铺抹时应压实、抹平，最后一层表面应提浆压光；

3 防水层各层应紧密粘合，每层宜连续施工；必须留设施工缝时，应采用阶梯坡形槎，但与阴阳角处的距离不得小于200mm；

4 水泥砂浆终凝后应及时进行养护，养护温度不宜低于5℃，并应保持砂浆表面湿润，养护时间不得少于14d；聚合物水泥防水砂浆未达到硬化状态时，不得浇水养护或直接受雨水冲刷，硬化后应采用干湿交替的养护方法。潮湿环境中，可在自然条件下养护。

4.2.6 水泥砂浆防水层分项工程检验批的抽样检验数量，应按施工面积每$100m^2$抽查1处，每处$10m^2$，且不得少于3处。

Ⅰ 主控项目

4.2.7 防水砂浆的原材料及配合比必须符合设计规定。

检验方法：检查产品合格证、产品性能检测报告、计量措施和材料进场检验报告。

4.2.8 防水砂浆的粘结强度和抗渗性能必须符合设计规定。

检验方法：检查砂浆粘结强度、抗渗性能检验报告。

4.2.9 水泥砂浆防水层与基层之间应结合牢固，无空鼓现象。

检验方法：观察和用小锤轻击检查。

Ⅱ 一般项目

4.2.10 水泥砂浆防水层表面应密实、平整，不得有裂纹、起砂、麻面等缺陷。

检验方法：观察检查。

4.2.11 水泥砂浆防水层施工缝留槎位置应正确，接槎应按层次顺序操作，层层搭接紧密。

检验方法：观察检查和检查隐蔽工程验收记录。

4.2.12 水泥砂浆防水层的平均厚度应符合设计要求，最小厚度不得小于设计厚度的85%。

检验方法：用针测法检查。

4.2.13 水泥砂浆防水层表面平整度的允许偏差应为5mm。

检验方法：用2m靠尺和楔形塞尺检查。

4.3 卷材防水层

4.3.1 卷材防水层适用于受侵蚀性介质作用或受振动作用的地下工程；卷材防水层应铺设在主体结构的迎水面。

4.3.2 卷材防水层应采用高聚物改性沥青类防水卷材和合成高分子类防水卷材。所选用的基层处理剂、胶粘剂、密封材料等均应与铺贴的卷材相匹配。

4.3.3 在进场材料检验的同时，防水卷材接缝粘结质量检验应按本规范附录D执行。

4.3.4 铺贴防水卷材前，基面应干净、干燥，并应涂刷基层处理剂；当基面潮湿时，应涂刷湿固化型胶粘剂或潮湿界面隔离剂。

4.3.5 基层阴阳角应做成圆弧或45°坡角，其尺寸应根据卷材品种确定；在转角处、变形缝、施工缝，穿墙管等部位应铺贴卷材加强层，加强层宽度不应小于500mm。

4.3.6 防水卷材的搭接宽度应符合表4.3.6的要求。铺贴双层卷材时，上下两层和相邻两幅卷材的接缝应错开1/3～1/2幅宽，且两层卷材不得相互垂直铺贴。

表4.3.6 防水卷材的搭接宽度

卷 材 品 种	搭接宽度（mm）
弹性体改性沥青防水卷材	100
改性沥青聚乙烯胎防水卷材	100
自粘聚合物改性沥青防水卷材	80
三元乙丙橡胶防水卷材	100/60（胶粘剂/胶粘带）
聚氯乙烯防水卷材	60/80（单焊缝/双焊缝）
	100（胶粘剂）
聚乙烯丙纶复合防水卷材	100（粘结料）
高分子自粘胶膜防水卷材	70/80（自粘胶/胶粘带）

4.3.7 冷粘法铺贴卷材应符合下列规定：

1 胶粘剂应涂刷均匀，不得露底、堆积；

2 根据胶粘剂的性能，应控制胶粘剂涂刷与卷材铺贴的间隔时间；

3 铺贴时不得用力拉伸卷材，排除卷材下面的空气，辊压粘贴牢固；

4 铺贴卷材应平整、顺直，搭接尺寸准确，不得扭曲、皱折；

5 卷材接缝部位应采用专用胶粘剂或胶粘带满粘，接缝口应用密封材料封严，其宽度不应小于10mm。

4.3.8 热熔法铺贴卷材应符合下列规定：

1 火焰加热器加热卷材应均匀，不得加热不足或烧穿卷材；

2 卷材表面热熔后应立即滚铺，排除卷材下面的空气，并粘贴牢固；

3 铺贴卷材应平整、顺直，搭接尺寸准确，不得扭曲、皱折；

4 卷材接缝部位应溢出热熔的改性沥青胶料，并粘贴牢固，封闭严密。

4.3.9 自粘法铺贴卷材应符合下列规定：

1 铺贴卷材时，应将有黏性的一面朝向主体结构；

2 外墙、顶板铺贴时，排除卷材下面的空气，辊压粘贴牢固；

3 铺贴卷材应平整、顺直，搭接尺寸准确，不得扭曲、皱折和起泡；

4 立面卷材铺贴完成后，应将卷材端头固定，并应用密封材料封严；

5 低温施工时，宜对卷材和基面采用热风适当加热，然后铺贴卷材。

4.3.10 卷材接缝采用焊接法施工应符合下列规定：

1 焊接前卷材应铺放平整，搭接尺寸准确，焊接缝的结合面应清扫干净；

2 焊接时应先焊长边搭接缝，后焊短边搭接缝；

3 控制热风加热温度和时间，焊接处不得漏焊、跳焊或焊接不牢；

4 焊接时不得损害非焊接部位的卷材。

4.3.11 铺贴聚乙烯丙纶复合防水卷材应符合下列规定：

1 应采用配套的聚合物水泥防水粘结材料；

2 卷材与基层粘贴应采用满粘法，粘结面积不应小于90%，刮涂粘结料应均匀，不得露底、堆积、流淌；

3 固化后的粘结料厚度不应小于1.3mm；

4 卷材接缝部位应挤出粘结料，接缝表面处应涂刮1.3mm厚50mm宽聚合物水泥粘结料封边；

5 聚合物水泥粘结料固化前，不得在其上行走或进行后续作业。

4.3.12 高分子自粘胶膜防水卷材宜采用预铺反粘法施工，并应符合下列规定：

1 卷材宜单层铺设；

2 在潮湿基面铺设时，基面应平整坚固、无明水；

3 卷材长边应采用自粘边搭接，短边应采用胶粘带搭接，卷材端部搭接区应相互错开；

4 立面施工时，在自粘边位置距离卷材边缘10mm～20mm内，每隔400mm～600mm应进行机械固定，并应保证固定位置被卷材完全覆盖；

5 浇筑结构混凝土时不得损伤防水层。

4.3.13 卷材防水层完工并经验收合格后应及时做保护层。保护层应符合下列规定：

1 顶板的细石混凝土保护层与防水层之间宜设置隔离层。细石混凝土保护层厚度：机械回填时不宜小于70mm，人工回填时不宜小于50mm；

2 底板的细石混凝土保护层厚度不应小于50mm；

3　侧墙宜采用软质保护材料或铺抹 20mm 厚 1∶2.5水泥砂浆。

4.3.14　卷材防水层分项工程检验批的抽样检验数量，应按铺贴面积每 $100m^2$ 抽查 1 处，每处 $10m^2$，且不得少于 3 处。

Ⅰ　主 控 项 目

4.3.15　卷材防水层所用卷材及其配套材料必须符合设计要求。

检验方法：检查产品合格证、产品性能检测报告和材料进场检验报告。

4.3.16　卷材防水层在转角处、变形缝、施工缝、穿墙管等部位做法必须符合设计要求。

检验方法：观察检查和检查隐蔽工程验收记录。

Ⅱ　一 般 项 目

4.3.17　卷材防水层的搭接缝应粘贴或焊接牢固，密封严密，不得有扭曲、折皱、翘边和起泡等缺陷。

检验方法：观察检查。

4.3.18　采用外防外贴法铺贴卷材防水层时，立面卷材接槎的搭接宽度，高聚物改性沥青类卷材应为150mm，合成高分子类卷材应为 100mm，且上层卷材应盖过下层卷材。

检验方法：观察和尺量检查。

4.3.19　侧墙卷材防水层的保护层与防水层应结合紧密，保护层厚度应符合设计要求。

检验方法：观察和尺量检查。

4.3.20　卷材搭接宽度的允许偏差应为－10mm。

检验方法：观察和尺量检查。

4.4　涂料防水层

4.4.1　涂料防水层适用于受侵蚀性介质作用或受振动作用的地下工程；有机防水涂料宜用于主体结构的迎水面，无机防水涂料宜用于主体结构的迎水面或背水面。

4.4.2　有机防水涂料应采用反应型、水乳型、聚合物水泥等涂料；无机防水涂料应采用掺外加剂、掺合料的水泥基防水涂料或水泥基渗透结晶型防水涂料。

4.4.3　有机防水涂料基面应干燥。当基面较潮湿时，应涂刷湿固化型胶结剂或潮湿界面隔离剂；无机防水涂料施工前，基面应充分润湿，但不得有明水。

4.4.4　涂料防水层的施工应符合下列规定：

1　多组分涂料应按配合比准确计量，搅拌均匀，并应根据有效时间确定每次配制的用量；

2　涂料应分层涂刷或喷涂，涂层应均匀，涂刷应待前遍涂层干燥成膜后进行。每遍涂刷时应交替改变涂层的涂刷方向，同层涂膜的先后搭压宽度宜为30mm～50mm；

3　涂料防水层的甩槎处接槎宽度不应小于100mm，接涂前应将其甩槎表面处理干净；

4　采用有机防水涂料时，基层阴阳角处应做成圆弧；在转角处、变形缝、施工缝、穿墙管等部位应增加胎体增强材料和增涂防水涂料，宽度不应小于 500mm；

5　胎体增强材料的搭接宽度不应小于 100mm。上下两层和相邻两幅胎体的接缝应错开 1/3 幅宽，且上下两层胎体不得相互垂直铺贴。

4.4.5　涂料防水层完工并经验收合格后应及时做保护层。保护层应符合本规范第 4.3.13 条的规定。

4.4.6　涂料防水层分项工程检验批的抽样检验数量，应按涂层面积每 $100m^2$ 抽查 1 处，每处 $10m^2$，且不得少于 3 处。

Ⅰ　主 控 项 目

4.4.7　涂料防水层所用的材料及配合比必须符合设计要求。

检验方法：检查产品合格证、产品性能检测报告、计量措施和材料进场检验报告。

4.4.8　涂料防水层的平均厚度应符合设计要求，最小厚度不得小于设计厚度的 90%。

检验方法：用针测法检查。

4.4.9　涂料防水层在转角处、变形缝、施工缝、穿墙管等部位做法必须符合设计要求。

检验方法：观察检查和检查隐蔽工程验收记录。

Ⅱ　一 般 项 目

4.4.10　涂料防水层应与基层粘结牢固，涂刷均匀，不得流淌、鼓泡、露槎。

检验方法：观察检查。

4.4.11　涂层间夹铺胎体增强材料时，应使防水涂料浸透胎体覆盖完全，不得有胎体外露现象。

检验方法：观察检查。

4.4.12　侧墙涂料防水层的保护层与防水层应结合紧密，保护层厚度应符合设计要求。

检验方法：观察检查。

4.5　塑料防水板防水层

4.5.1　塑料防水板防水层适用于经常承受水压、侵蚀性介质或有振动作用的地下工程；塑料防水板宜铺设在复合式衬砌的初期支护与二次衬砌之间。

4.5.2　塑料防水板防水层的基面应平整，无尖锐突出物，基面平整度 D/L 不应大于 1/6。

注：D 为初期支护基面相邻两凸面间凹进去的深度；
L 为初期支护基面相邻两凸面间的距离。

4.5.3　初期支护的渗漏水，应在塑料防水板防水层铺设前封堵或引排。

4.5.4　塑料防水板的铺设应符合下列规定：

1　铺设塑料防水板前应先铺缓冲层，缓冲层应用暗钉圈固定在基面上；缓冲层搭接宽度不应小于50mm；铺设塑料防水板时，应边铺边用压焊机将塑料防水板与暗钉圈焊接；

2　两幅塑料防水板的搭接宽度不应小于100mm，下部塑料防水板应压住上部塑料防水板。接缝焊接时，塑料防水板的搭接层数不得超过3层；

3　塑料防水板的搭接缝应采用双焊缝，每条焊缝的有效宽度不应小于10mm；

4　塑料防水板铺设时宜设置分区预埋注浆系统；

5　分段设置塑料防水板防水层时，两端应采取封闭措施。

4.5.5　塑料防水板的铺设应超前二次衬砌混凝土施工，超前距离宜为5m～20m。

4.5.6　塑料防水板应牢固地固定在基面上，固定点间距应根据基面平整情况确定，拱部宜为0.5m～0.8m，边墙宜为1.0m～1.5m，底部宜为1.5m～2.0m；局部凹凸较大时，应在凹处加密固定点。

4.5.7　塑料防水板防水层分项工程检验批的抽样检验数量，应按铺设面积每100m²抽查1处，每处10m²，且不得少于3处。焊缝检验应按焊缝条数抽查5%，每条焊缝为1处，且不得少于3处。

Ⅰ　主控项目

4.5.8　塑料防水板及其配套材料必须符合设计要求。

检验方法：检查产品合格证、产品性能检测报告和材料进场检验报告。

4.5.9　塑料防水板的搭接缝必须采用双缝热熔焊接，每条焊缝的有效宽度不应小于10mm。

检验方法：双焊缝间空腔内充气检查和尺量检查。

Ⅱ　一般项目

4.5.10　塑料防水板应采用无钉孔铺设，其固定点的间距应符合本规范第4.5.6条的规定。

检验方法：观察和尺量检查。

4.5.11　塑料防水板与暗钉圈应焊接牢靠，不得漏焊、假焊和焊穿。

检验方法：观察检查。

4.5.12　塑料防水板的铺设应平顺，不得有下垂、绷紧和破损现象。

检验方法：观察检查。

4.5.13　塑料防水板搭接宽度的允许偏差应为－10mm。

检验方法：尺量检查。

4.6　金属板防水层

4.6.1　金属板防水层适用于抗渗性能要求较高的地下工程；金属板应铺设在主体结构迎水面。

4.6.2　金属板防水层所采用的金属材料和保护材料应符合设计要求。金属板及其焊接材料的规格、外观质量和主要物理性能，应符合国家现行有关标准的规定。

4.6.3　金属板的拼接及金属板与工程结构的锚固件连接应采用焊接。金属板的拼接焊缝应进行外观检查和无损检验。

4.6.4　金属板表面有锈蚀、麻点或划痕等缺陷时，其深度不得大于该板材厚度的负偏差值。

4.6.5　金属板防水层分项工程检验批的抽样检验数量，应按铺设面积每10m²抽查1处，每处1m²，且不得少于3处。焊缝表面缺陷检验应按焊缝的条数抽查5%，且不得少于1条焊缝；每条焊缝检查1处，总抽查数不得少于10处。

Ⅰ　主控项目

4.6.6　金属板和焊接材料必须符合设计要求。

检验方法：检查产品合格证、产品性能检测报告和材料进场检验报告。

4.6.7　焊工应持有有效的执业资格证书。

检验方法：检查焊工执业资格证书和考核日期。

Ⅱ　一般项目

4.6.8　金属板表面不得有明显凹面和损伤。

检验方法：观察检查。

4.6.9　焊缝不得有裂纹、未熔合、夹渣、焊瘤、咬边、烧穿、弧坑、针状气孔等缺陷。

检验方法：观察检查和使用放大镜、焊缝量规及钢尺检查，必要时采用渗透或磁粉探伤检查。

4.6.10　焊缝的焊波应均匀，焊渣和飞溅物应清除干净；保护涂层不得有漏涂、脱皮和反锈现象。

检验方法：观察检查。

4.7　膨润土防水材料防水层

4.7.1　膨润土防水材料防水层适用于pH为4～10的地下环境中；膨润土防水材料防水层应用于复合式衬砌的初期支护与二次衬砌之间以及明挖法地下工程主体结构的迎水面，防水层两侧应具有一定的夹持力。

4.7.2　膨润土防水材料中的膨润土颗粒应采用钠基膨润土，不应采用钙基膨润土。

4.7.3　膨润土防水材料防水层基面应坚实、清洁，不得有明水，基面平整度应符合本规范第4.5.2条的规定；基层阴阳角应做成圆弧或坡角。

4.7.4　膨润土防水毯的织布面和膨润土防水板的膨润土面，均应与结构外表面密贴。

4.7.5　膨润土防水材料应采用水泥钉和垫片固定；立面和斜面上的固定间距宜为400mm～500mm，平面上应在搭接缝处固定。

4.7.6 膨润土防水材料的搭接宽度应大于 100mm；搭接部位的固定间距宜为 200mm～300mm，固定点与搭接边缘的距离宜为 25mm～30mm，搭接处应涂抹膨润土密封膏。平面搭接缝处可干撒膨润土颗粒，其用量宜为 0.3kg/m～0.5kg/m。

4.7.7 膨润土防水材料的收口部位应采用金属压条和水泥钉固定，并用膨润土密封膏覆盖。

4.7.8 转角处和变形缝、施工缝、后浇带等部位均应设置宽度不小于 500mm 加强层，加强层应设置在防水层与结构外表面之间。穿墙管件部位宜采用膨润土橡胶止水条、膨润土密封膏进行加强处理。

4.7.9 膨润土防水材料分段铺设时，应采取临时遮挡防护措施。

4.7.10 膨润土防水材料防水层分项工程检验批的抽样检验数量，应按铺设面积每 100m^2 抽查 1 处，每处 10m^2，且不得少于 3 处。

Ⅰ 主 控 项 目

4.7.11 膨润土防水材料必须符合设计要求。

检验方法：检查产品合格证、产品性能检测报告和材料进场检验报告。

4.7.12 膨润土防水材料防水层在转角处和变形缝、施工缝、后浇带、穿墙管等部位做法必须符合设计要求。

检验方法：观察检查和检查隐蔽工程验收记录。

Ⅱ 一 般 项 目

4.7.13 膨润土防水毯的织布面或防水板的膨润土面，应朝向工程主体结构的迎水面。

检验方法：观察检查。

4.7.14 立面或斜面铺设的膨润土防水材料应上层压住下层，防水层与基层、防水层与防水层之间应密贴，并应平整无折皱。

检验方法：观察检查。

4.7.15 膨润土防水材料的搭接和收口部位应符合本规范第 4.7.5 条、第 4.7.6 条、第 4.7.7 条的规定。

检验方法：观察和尺量检查。

4.7.16 膨润土防水材料搭接宽度的允许偏差应为 －10mm。

检验方法：观察和尺量检查。

5 细部构造防水工程

5.1 施 工 缝

Ⅰ 主 控 项 目

5.1.1 施工缝用止水带、遇水膨胀止水条或止水胶、水泥基渗透结晶型防水涂料和预埋注浆管必须符合设计要求。

检验方法：检查产品合格证、产品性能检测报告和材料进场检验报告。

5.1.2 施工缝防水构造必须符合设计要求。

检验方法：观察检查和检查隐蔽工程验收记录。

Ⅱ 一 般 项 目

5.1.3 墙体水平施工缝应留设在高出底板表面不小于 300mm 的墙体上。拱、板与墙结合的水平施工缝，宜留在拱、板与墙交接处以下 150mm～300mm 处；垂直施工缝应避开地下水和裂隙水较多的地段，并宜与变形缝相结合。

检验方法：观察检查和检查隐蔽工程验收记录。

5.1.4 在施工缝处继续浇筑混凝土时，已浇筑的混凝土抗压强度不应小于 1.2MPa。

检验方法：观察检查和检查隐蔽工程验收记录。

5.1.5 水平施工缝浇筑混凝土前，应将其表面浮浆和杂物清除，然后铺设净浆、涂刷混凝土界面处理剂或水泥基渗透结晶型防水涂料，再铺 30mm～50mm 厚的 1∶1 水泥砂浆，并及时浇筑混凝土。

检验方法：观察检查和检查隐蔽工程验收记录。

5.1.6 垂直施工缝浇筑混凝土前，应将其表面清理干净，再涂刷混凝土界面处理剂或水泥基渗透结晶型防水涂料，并及时浇筑混凝土。

检验方法：观察检查和检查隐蔽工程验收记录。

5.1.7 中埋式止水带及外贴式止水带埋设位置应准确，固定应牢靠。

检验方法：观察检查和检查隐蔽工程验收记录。

5.1.8 遇水膨胀止水条应具有缓膨胀性能；止水条与施工缝基面应密贴，中间不得有空鼓、脱离等现象；止水条应牢固地安装在缝表面或预留凹槽内；止水条采用搭接连接时，搭接宽度不得小于 30mm。

检验方法：观察检查和检查隐蔽工程验收记录。

5.1.9 遇水膨胀止水胶应采用专用注胶器挤出粘结在施工缝表面，并做到连续、均匀、饱满，无气泡和孔洞，挤出宽度及厚度应符合设计要求；止水胶挤出成形后，固化期内应采取临时保护措施；止水胶固化前不得浇筑混凝土。

检验方法：观察检查和检查隐蔽工程验收记录。

5.1.10 预埋注浆管应设置在施工缝断面中部，注浆管与施工缝基面应密贴并固定牢靠，固定间距宜为 200mm～300mm；注浆导管与注浆管的连接应牢固、严密，导管埋入混凝土内的部分应与结构钢筋绑扎牢固，导管的末端应临时封堵严密。

检验方法：观察检查和检查隐蔽工程验收记录。

5.2 变 形 缝

Ⅰ 主 控 项 目

5.2.1 变形缝用止水带、填缝材料和密封材料必须符合设计要求。

检验方法：检查产品合格证、产品性能检测报告和材料进场检验报告。

5.2.2 变形缝防水构造必须符合设计要求。

检验方法：观察检查和检查隐蔽工程验收记录。

5.2.3 中埋式止水带埋设位置应准确，其中间空心圆环与变形缝的中心线应重合。

检验方法：观察检查和检查隐蔽工程验收记录。

Ⅱ 一般项目

5.2.4 中埋式止水带的接缝应设在边墙较高位置上，不得设在结构转角处；接头宜采用热压焊接，接缝应平整、牢固，不得有裂口和脱胶现象。

检验方法：观察检查和检查隐蔽工程验收记录。

5.2.5 中埋式止水带在转弯处应做成圆弧形；顶板、底板内止水带应安装成盆状，并宜采用专用钢筋套或扁钢固定。

检验方法：观察检查和检查隐蔽工程验收记录。

5.2.6 外贴式止水带在变形缝与施工缝相交部位宜采用十字配件；外贴式止水带在变形缝转角部位宜采用直角配件。止水带埋设位置应准确，固定应牢靠，并与固定止水带的基层密贴，不得出现空鼓、翘边等现象。

检验方法：观察检查和检查隐蔽工程验收记录。

5.2.7 安设于结构内侧的可卸式止水带所需配件应一次配齐，转角处应做成45°坡角，并增加紧固件的数量。

检验方法：观察检查和检查隐蔽工程验收记录。

5.2.8 嵌填密封材料的缝内两侧基面应平整、洁净、干燥，并应涂刷基层处理剂；嵌缝底部应设置背衬材料；密封材料嵌填应严密、连续、饱满，粘结牢固。

检验方法：观察检查和检查隐蔽工程验收记录。

5.2.9 变形缝处表面粘贴卷材或涂刷涂料前，应在缝上设置隔离层和加强层。

检验方法：观察检查和检查隐蔽工程验收记录。

5.3 后 浇 带

Ⅰ 主控项目

5.3.1 后浇带用遇水膨胀止水条或止水胶、预埋注浆管、外贴式止水带必须符合设计要求。

检验方法：检查产品合格证、产品性能检测报告和材料进场检验报告。

5.3.2 补偿收缩混凝土的原材料及配合比必须符合设计要求。

检验方法：检查产品合格证、产品性能检测报告、计量措施和材料进场检验报告。

5.3.3 后浇带防水构造必须符合设计要求。

检验方法：观察检查和检查隐蔽工程验收记录。

5.3.4 采用掺膨胀剂的补偿收缩混凝土，其抗压强度、抗渗性能和限制膨胀率必须符合设计要求。

检验方法：检查混凝土抗压强度、抗渗性能和水中养护14d后的限制膨胀率检验报告。

Ⅱ 一般项目

5.3.5 补偿收缩混凝土浇筑前，后浇带部位和外贴式止水带应采取保护措施。

检验方法：观察检查。

5.3.6 后浇带两侧的接缝表面应先清理干净，再涂刷混凝土界面处理剂或水泥基渗透结晶型防水涂料；后浇混凝土的浇筑时间应符合设计要求。

检验方法：观察检查和检查隐蔽工程验收记录。

5.3.7 遇水膨胀止水条的施工应符合本规范第5.1.8条的规定；遇水膨胀止水胶的施工应符合本规范第5.1.9条的规定；预埋注浆管的施工应符合本规范第5.1.10条的规定；外贴式止水带的施工应符合本规范第5.2.6条的规定。

检验方法：观察检查和检查隐蔽工程验收记录。

5.3.8 后浇带混凝土应一次浇筑，不得留设施工缝；混凝土浇筑后应及时养护，养护时间不得少于28d。

检验方法：观察检查和检查隐蔽工程验收记录。

5.4 穿 墙 管

Ⅰ 主控项目

5.4.1 穿墙管用遇水膨胀止水条和密封材料必须符合设计要求。

检验方法：检查产品合格证、产品性能检测报告和材料进场检验报告。

5.4.2 穿墙管防水构造必须符合设计要求。

检验方法：观察检查和检查隐蔽工程验收记录。

Ⅱ 一般项目

5.4.3 固定式穿墙管应加焊止水环或环绕遇水膨胀止水圈，并作好防腐处理；穿墙管应在主体结构迎水面预留凹槽，槽内应用密封材料嵌填密实。

检验方法：观察检查和检查隐蔽工程验收记录。

5.4.4 套管式穿墙管的套管与止水环及翼环应连续满焊，并作好防腐处理；套管内表面应清理干净，穿墙管与套管之间应用密封材料和橡胶密封圈进行密封处理，并采用法兰盘及螺栓进行固定。

检验方法：观察检查和检查隐蔽工程验收记录。

5.4.5 穿墙盒的封口钢板与混凝土结构墙上预埋的角钢应焊严，并从钢板上的预留浇注孔注入改性沥青密封材料或细石混凝土，封填后将浇注孔口用钢板焊接封闭。

检验方法：观察检查和检查隐蔽工程验收记录。

5.4.6 当主体结构迎水面有柔性防水层时，防水层与穿墙管连接处应增设加强层。

检验方法：观察检查和检查隐蔽工程验收记录。

5.4.7 密封材料嵌填应密实、连续、饱满，粘结牢固。

检验方法：观察检查和检查隐蔽工程验收记录。

5.5 埋设件

Ⅰ 主控项目

5.5.1 埋设件用密封材料必须符合设计要求。

检验方法：检查产品合格证、产品性能检测报告、材料进场检验报告。

5.5.2 埋设件防水构造必须符合设计要求。

检验方法：观察检查和检查隐蔽工程验收记录。

Ⅱ 一般项目

5.5.3 埋设件应位置准确，固定牢靠；埋设件应进行防腐处理。

检验方法：观察、尺量和手扳检查。

5.5.4 埋设件端部或预留孔、槽底部的混凝土厚度不得小于250mm；当混凝土厚度小于250mm时，应局部加厚或采取其他防水措施。

检验方法：尺量检查和检查隐蔽工程验收记录。

5.5.5 结构迎水面的埋设件周围应预留凹槽，凹槽内应用密封材料填实。

检验方法：观察检查和检查隐蔽工程验收记录。

5.5.6 用于固定模板的螺栓必须穿过混凝土结构时，可采用工具式螺栓或螺栓加堵头，螺栓上应加焊止水环。拆模后留下的凹槽应用密封材料封堵密实，并用聚合物水泥砂浆抹平。

检验方法：观察检查和检查隐蔽工程验收记录。

5.5.7 预留孔、槽内的防水层应与主体防水层保持连续。

检验方法：观察检查和检查隐蔽工程验收记录。

5.5.8 密封材料嵌填应密实、连续、饱满，粘结牢固。

检验方法：观察检查和检查隐蔽工程验收记录。

5.6 预留通道接头

Ⅰ 主控项目

5.6.1 预留通道接头用中埋式止水带、遇水膨胀止水条或止水胶、预埋注浆管、密封材料和可卸式止水带必须符合设计要求。

检验方法：检查产品合格证、产品性能检测报告、材料进场检验报告。

5.6.2 预留通道接头防水构造必须符合设计要求。

检验方法：观察检查和检查隐蔽工程验收记录。

5.6.3 中埋式止水带埋设位置应准确，其中间空心圆环与通道接头中心线应重合。

检验方法：观察检查和检查隐蔽工程验收记录。

Ⅱ 一般项目

5.6.4 预留通道先浇混凝土结构、中埋式止水带和预埋件应及时保护，预埋件应进行防锈处理。

检验方法：观察检查。

5.6.5 遇水膨胀止水条的施工应符合本规范第5.1.8条的规定；遇水膨胀止水胶的施工应符合本规范第5.1.9条的规定；预埋注浆管的施工应符合本规范第5.1.10条的规定。

检验方法：观察检查和检查隐蔽工程验收记录。

5.6.6 密封材料嵌填应密实、连续、饱满，粘结牢固。

检验方法：观察检查和检查隐蔽工程验收记录。

5.6.7 用膨胀螺栓固定可卸式止水带时，止水带与紧固件压块以及止水带与基面之间应结合紧密。采用金属膨胀螺栓时，应选用不锈钢材料或进行防锈处理。

检验方法：观察检查和检查隐蔽工程验收记录。

5.6.8 预留通道接头外部应设保护墙。

检验方法：观察检查和检查隐蔽工程验收记录。

5.7 桩头

Ⅰ 主控项目

5.7.1 桩头用聚合物水泥防水砂浆、水泥基渗透结晶型防水涂料、遇水膨胀止水条或止水胶和密封材料必须符合设计要求。

检验方法：检查产品合格证、产品性能检测报告和材料进场检验报告。

5.7.2 桩头防水构造必须符合设计要求。

检验方法：观察检查和检查隐蔽工程验收记录。

5.7.3 桩头混凝土应密实，如发现渗漏水应及时采取封堵措施。

检验方法：观察检查和检查隐蔽工程验收记录。

Ⅱ 一般项目

5.7.4 桩头顶面和侧面裸露处应涂刷水泥基渗透结晶型防水涂料，并延伸到结构底板垫层150mm处；桩头四周300mm范围内应抹聚合物水泥防水砂浆过渡层。

检验方法：观察检查和检查隐蔽工程验收记录。

5.7.5 结构底板防水层应做在聚合物水泥防水砂浆过渡层上并延伸至桩头侧壁，其与桩头侧壁接缝处应采用密封材料嵌填。

检验方法：观察检查和检查隐蔽工程验收记录。

5.7.6 桩头的受力钢筋根部应采用遇水膨胀止水条或止水胶，并应采取保护措施。

检验方法：观察检查和检查隐蔽工程验收记录。

5.7.7 遇水膨胀止水条的施工应符合本规范第5.1.8条的规定；遇水膨胀止水胶的施工应符合本规范第5.1.9条的规定。

检验方法：观察检查和检查隐蔽工程验收记录。

5.7.8 密封材料嵌填应密实、连续、饱满，粘结牢固。

检验方法：观察检查和检查隐蔽工程验收记录。

5.8 孔 口

Ⅰ 主控项目

5.8.1 孔口用防水卷材、防水涂料和密封材料必须符合设计要求。

检验方法：检查产品合格证、产品性能检测报告、材料进场检验报告。

5.8.2 孔口防水构造必须符合设计要求。

检验方法：观察检查和检查隐蔽工程验收记录。

Ⅱ 一般项目

5.8.3 人员出入口高出地面不应小于500mm；汽车出入口设置明沟排水时，其高出地面宜为150mm，并应采取防雨措施。

检验方法：观察和尺量检查。

5.8.4 窗井的底部在最高地下水位以上时，窗井的墙体和底板应作防水处理，并宜与主体结构断开。窗台下部的墙体和底板应做防水层。

检验方法：观察检查和检查隐蔽工程验收记录。

5.8.5 窗井或窗井的一部分在最高地下水位以下时，窗井应与主体结构连成整体，其防水层也应连成整体，并应在窗井内设置集水井。窗台下部的墙体和底板应做防水层。

检验方法：观察检查和检查隐蔽工程验收记录。

5.8.6 窗井内的底板应低于窗下缘300mm。窗井墙高出室外地面不得小于500mm；窗井外地面应做散水，散水与墙面间应采用密封材料嵌填。

检验方法：观察检查和尺量检查。

5.8.7 密封材料嵌填应密实、连续、饱满，粘结牢固。

检验方法：观察检查和检查隐蔽工程验收记录。

5.9 坑、池

Ⅰ 主控项目

5.9.1 坑、池防水混凝土的原材料、配合比及坍落度必须符合设计要求。

检验方法：检查产品合格证、产品性能检测报告、计量措施和材料进场检验报告。

5.9.2 坑、池防水构造必须符合设计要求。

检验方法：观察检查和检查隐蔽工程验收记录。

5.9.3 坑、池、储水库内部防水层完成后，应进行蓄水试验。

检验方法：观察检查和检查蓄水试验记录。

Ⅱ 一般项目

5.9.4 坑、池、储水库宜采用防水混凝土整体浇筑，混凝土表面应坚实、平整，不得有露筋、蜂窝和裂缝等缺陷。

检验方法：观察检查和检查隐蔽工程验收记录。

5.9.5 坑、池底板的混凝土厚度不应小于250mm；当底板的厚度小于250mm时，应采取局部加厚措施，并应使防水层保持连续。

检验方法：观察检查和检查隐蔽工程验收记录。

5.9.6 坑、池施工完后，应及时遮盖和防止杂物堵塞。

检验方法：观察检查。

6 特殊施工法结构防水工程

6.1 锚喷支护

6.1.1 锚喷支护适用于暗挖法地下工程的支护结构及复合式衬砌的初期支护。

6.1.2 喷射混凝土施工前，应根据围岩裂隙及渗漏水的情况，预先采用引排或注浆堵水。

6.1.3 喷射混凝土所用原材料应符合下列规定：

1 选用普通硅酸盐水泥或硅酸盐水泥；

2 中砂或粗砂的细度模数宜大于2.5，含泥量不应大于3.0%；干法喷射时，含水率宜为5%～7%；

3 采用卵石或碎石，粒径不应大于15mm，含泥量不应大于1.0%；使用碱性速凝剂时，不得使用含有活性二氧化硅的石料；

4 不含有害物质的洁净水；

5 速凝剂的初凝时间不应大于5min，终凝时间不应大于10min。

6.1.4 混合料必须计量准确，搅拌均匀，并应符合下列规定：

1 水泥与砂石质量比宜为1：4～1：4.5，砂率宜为45%～55%，水胶比不得大于0.45，外加剂和外掺料的掺量应通过试验确定；

2 水泥和速凝剂称量允许偏差均为±2%，砂、石称量允许偏差均为±3%；

3 混合料在运输和存放过程中严防受潮，存放时间不应超过2h；当掺入速凝剂时，存放时间不应超过 20min。

6.1.5 喷射混凝土终凝 2h 后应采取喷水养护，养护时间不得少于 14d；当气温低于 5℃时，不得喷水养护。

6.1.6 喷射混凝土试件制作组数应符合下列规定：

1 地下铁道工程应按区间或小于区间断面的结构，每 20 延米拱和墙各取抗压试件一组；车站取抗压试件两组。其他工程应按每喷射 $50m^3$ 同一配合比的混合料或混合料小于 $50m^3$ 的独立工程取抗压试件一组。

2 地下铁道工程应按区间结构每 40 延米取抗渗试件一组；车站每 20 延米取抗渗试件一组。其他工程当设计有抗渗要求时，可增做抗渗性能试验。

6.1.7 锚杆必须进行抗拔力试验。同一批锚杆每 100 根应取一组试件，每组 3 根，不足 100 根也取 3 根。同一批试件抗拔力平均值不应小于设计锚固力，且同一批试件抗拔力的最小值不应小于设计锚固力的 90%。

6.1.8 锚喷支护分项工程检验批的抽样检验数量，应按区间或小于区间断面的结构每 20 延米抽查 1 处，车站每 10 延米抽查 1 处，每处 $10m^2$，且不得少于 3 处。

Ⅰ 主 控 项 目

6.1.9 喷射混凝土所用原材料、混合料配合比及钢筋网、锚杆、钢拱架等必须符合设计要求。

检验方法：检查产品合格证、产品性能检测报告、计量措施和材料进场检验报告。

6.1.10 喷射混凝土抗压强度、抗渗性能和锚杆抗拔力必须符合设计要求。

检验方法：检查混凝土抗压强度、抗渗性能检验报告和锚杆抗拔力检验报告。

6.1.11 锚喷支护的渗漏水量必须符合设计要求。

检验方法：观察检查和检查渗漏水检测记录。

Ⅱ 一 般 项 目

6.1.12 喷层与围岩以及喷层之间应粘结紧密，不得有空鼓现象。

检验方法：用小锤轻击检查。

6.1.13 喷层厚度有 60%以上检查点不应小于设计厚度，最小厚度不得小于设计厚度的 50%，且平均厚度不得小于设计厚度。

检验方法：用针探法或凿孔法检查。

6.1.14 喷射混凝土应密实、平整，无裂缝、脱落、漏喷、露筋。

检验方法：观察检查。

6.1.15 喷射混凝土表面平整度 D/L 不得大于 1/6。

检验方法：尺量检查。

6.2 地下连续墙

6.2.1 地下连续墙适用于地下工程的主体结构、支护结构以及复合式衬砌的初期支护。

6.2.2 地下连续墙应采用防水混凝土。胶凝材料用量不应小于 $400kg/m^3$，水胶比不得大于 0.55，坍落度不得小于 180mm。

6.2.3 地下连续墙施工时，混凝土应按每一个单元槽段留置一组抗压试件，每 5 个槽段留置一组抗渗试件。

6.2.4 叠合式侧墙的地下连续墙与内衬结构连接处，应凿毛并清洗干净，必要时应作特殊防水处理。

6.2.5 地下连续墙应根据工程要求和施工条件减少槽段数量；地下连续墙槽段接缝应避开拐角部位。

6.2.6 地下连续墙如有裂缝、孔洞、露筋等缺陷，应采用聚合物水泥砂浆修补；地下连续墙槽段接缝如有渗漏，应采用引排或注浆封堵。

6.2.7 地下连续墙分项工程检验批的抽样检验数量，应按每连续 5 个槽段抽查 1 个槽段，且不得少于 3 个槽段。

Ⅰ 主 控 项 目

6.2.8 防水混凝土的原材料、配合比及坍落度必须符合设计要求。

检验方法：检查产品合格证、产品性能检测报告、计量措施和材料进场检验报告。

6.2.9 防水混凝土的抗压强度和抗渗性能必须符合设计要求。

检验方法：检查混凝土的抗压强度、抗渗性能检验报告。

6.2.10 地下连续墙的渗漏水量必须符合设计要求。

检验方法：观察检查和检查渗漏水检测记录。

Ⅱ 一 般 项 目

6.2.11 地下连续墙的槽段接缝构造应符合设计要求。

检验方法：观察检查和检查隐蔽工程验收记录。

6.2.12 地下连续墙墙面不得有露筋、露石和夹泥现象。

检验方法：观察检查。

6.2.13 地下连续墙墙体表面平整度，临时支护墙体允许偏差应为 50mm，单一或复合墙体允许偏差应为 30mm。

检验方法：尺量检查。

6.3 盾构隧道

6.3.1 盾构隧道适用于在软土和软岩土中采用盾构掘进和拼装管片方法修建的衬砌结构。

6.3.2 盾构隧道衬砌防水措施应按表 6.3.2 选用。

表 6.3.2 盾构隧道衬砌防水措施

防水措施		高精度管片	接缝防水				混凝土内衬或其他内衬	外防水涂料
			密封垫	嵌缝材料	密封剂	螺孔密封圈		
防水等级	一级	必选	必选	全隧道或部分区段应选	可选	必选	宜选	对混凝土有中等以上腐蚀的地层应选，在非腐蚀地层宜选
	二级	必选	必选	部分区段宜选	可选	必选	局部宜选	对混凝土有中等以上腐蚀的地层宜选
	三级	应选	必选	部分区段宜选	—	应选	—	对混凝土有中等以上腐蚀的地层宜选
	四级	可选	宜选	可选	—	—	—	—

6.3.3 钢筋混凝土管片的质量应符合下列规定：

1 管片混凝土抗压强度和抗渗性能以及混凝土氯离子扩散系数均应符合设计要求；

2 管片不应有露筋、孔洞、疏松、夹渣、有害裂缝、缺棱掉角、飞边等缺陷；

3 单块管片制作尺寸允许偏差应符合表 6.3.3 的规定。

表 6.3.3 单块管片制作尺寸允许偏差

项 目	允许偏差（mm）
宽度	±1
弧长、弦长	±1
厚 度	+3，−1

6.3.4 钢筋混凝土管片抗压和抗渗试件制作应符合下列规定：

1 直径 8m 以下隧道，同一配合比按每生产 10 环制作抗压试件一组，每生产 30 环制作抗渗试件一组；

2 直径 8m 以上隧道，同一配合比按每工作台班制作抗压试件一组，每生产 10 环制作抗渗试件一组。

6.3.5 钢筋混凝土管片的单块抗渗检漏应符合下列规定：

1 检验数量：管片每生产 100 环应抽查 1 块管片进行检漏测试，连续 3 次达到检漏标准，则改为每生产 200 环抽查 1 块管片，再连续 3 次达到检漏标准，按最终检测频率为 400 环抽查 1 块管片进行检漏测试。如出现一次不达标，则恢复每 100 环抽查 1 块管片的最初检漏频率，再按上述要求进行抽检。当检漏频率为每 100 环抽查 1 块时，如出现不达标，则双倍复检，如再出现不达标，必须逐块检漏。

2 检漏标准：管片外表在 0.8MPa 水压力下，恒压 3h，渗水进入管片外背高度不超过 50mm 为合格。

6.3.6 盾构隧道衬砌的管片密封垫防水应符合下列规定：

1 密封垫沟槽表面应干燥、无灰尘，雨天不得进行密封垫粘贴施工；

2 密封垫应与沟槽紧密贴合，不得有起鼓、超长和缺口现象；

3 密封垫粘贴完毕并达到规定强度后，方可进行管片拼装；

4 采用遇水膨胀橡胶密封垫时，非粘贴面应涂刷缓膨胀剂或采取符合缓膨胀的措施。

6.3.7 盾构隧道衬砌的管片嵌缝材料防水应符合下列规定：

1 根据盾构施工方法和隧道的稳定性，确定嵌缝作业开始的时间；

2 嵌缝槽如有缺损，应采用与管片混凝土强度等级相同的聚合物水泥砂浆修补；

3 嵌缝槽表面应坚实、平整、洁净、干燥；

4 嵌缝作业应在无明显渗水后进行；

5 嵌填材料施工时，应先刷涂基层处理剂，嵌填应密实、平整。

6.3.8 盾构隧道衬砌的管片密封剂防水应符合下列规定：

1 接缝管片渗漏时，应采用密封剂堵漏；

2 密封剂注入口应无缺损，注入通道应通畅；

3 密封剂材料注入施工前，应采取控制注入范围的措施。

6.3.9 盾构隧道衬砌的管片螺孔密封圈防水应符合下列规定：

1 螺栓拧紧前，应确保螺栓孔密封圈定位准确，并与螺栓孔沟槽相贴合；

2 螺栓孔渗漏时，应采取封堵措施；

3 不得使用已破损或提前膨胀的密封圈。

6.3.10 盾构隧道分项工程检验批的抽样检验数量，应按每连续 5 环抽查 1 环，且不得少于 3 环。

Ⅰ 主 控 项 目

6.3.11 盾构隧道衬砌所用防水材料必须符合设计要求。

检验方法：检查产品合格证、产品性能检测报告和材料进场检验报告。

6.3.12 钢筋混凝土管片的抗压强度和抗渗性能必须符合设计要求。

检验方法：检查混凝土抗压强度、抗渗性能检验报告和管片单块检漏测试报告。

6.3.13 盾构隧道衬砌的渗漏水量必须符合设计要求。

检验方法：观察检查和检查渗漏水检测记录。

Ⅱ 一 般 项 目

6.3.14 管片接缝密封垫及其沟槽的断面尺寸应符合

设计要求。

检验方法：观察检查和检查隐蔽工程验收记录。

6.3.15 密封垫在沟槽内应套箍和粘贴牢固，不得歪斜、扭曲。

检验方法：观察检查。

6.3.16 管片嵌缝槽的深宽比及断面构造形式、尺寸应符合设计要求。

检验方法：观察检查和检查隐蔽工程验收记录。

6.3.17 嵌缝材料嵌填应密实、连续、饱满，表面平整，密贴牢固。

检验方法：观察检查。

6.3.18 管片的环向及纵向螺栓应全部穿进并拧紧；衬砌内表面的外露铁件防腐处理应符合设计要求。

检验方法：观察检查。

6.4 沉 井

6.4.1 沉井适用于下沉施工的地下建筑物或构筑物。

6.4.2 沉井结构应采用防水混凝土浇筑。沉井分段制作时，施工缝的防水措施应符合本规范第5.1节的有关规定；固定模板的螺栓穿过混凝土井壁时，螺栓部位的防水处理应符合本规范第5.5.6条的规定。

6.4.3 沉井干封底施工应符合下列规定：

1 沉井基底土面应全部挖至设计标高，待其下沉稳定后再将井内积水排干；

2 清除浮土杂物，底板与井壁连接部位应凿毛、清洗干净或涂刷混凝土界面处理剂，及时浇筑防水混凝土封底；

3 在软土中封底时，宜分格逐段对称进行；

4 封底混凝土施工过程中，应从底板上的集水井中不间断地抽水；

5 封底混凝土达到设计强度后，方可停止抽水；集水井的封堵应采用微膨胀混凝土填充捣实，并用法兰、焊接钢板等方法封平。

6.4.4 沉井水下封底施工应符合下列规定：

1 井底应将浮泥清除干净，并铺碎石垫层；

2 底板与井壁连接部位应冲刷干净；

3 封底宜采用水下不分散混凝土，其坍落度宜为180mm～220mm；

4 封底混凝土应在沉井全部底面积上连续均匀浇筑；

5 封底混凝土达到设计强度后，方可从井内抽水，并应检查封底质量。

6.4.5 防水混凝土底板应连续浇筑，不得留设施工缝；底板与井壁接缝处的防水处理应符合本规范第5.1节的有关规定。

6.4.6 沉井分项工程检验批的抽样检验数量，应按混凝土外露面积每$100m^2$抽查1处，每处$10m^2$，且不得少于3处。

Ⅰ 主 控 项 目

6.4.7 沉井混凝土的原材料、配合比及坍落度必须符合设计要求。

检验方法：检查产品合格证、产品性能检测报告、计量措施和材料进场检验报告。

6.4.8 沉井混凝土的抗压强度和抗渗性能必须符合设计要求。

检验方法：检查混凝土抗压强度、抗渗性能检验报告。

6.4.9 沉井的渗漏水量必须符合设计要求。

检验方法：观察检查和检查渗漏水检测记录。

Ⅱ 一 般 项 目

6.4.10 沉井干封底和水下封底的施工应符合本规范第6.4.3条和第6.4.4条的规定。

检验方法：观察检查和检查隐蔽工程验收记录。

6.4.11 沉井底板与井壁接缝处的防水处理应符合设计要求。

检验方法：观察检查和检查隐蔽工程验收记录。

6.5 逆筑结构

6.5.1 逆筑结构适用于地下连续墙为主体结构或地下连续墙与内衬构成复合式衬砌进行逆筑法施工的地下工程。

6.5.2 地下连续墙为主体结构逆筑法施工应符合下列规定：

1 地下连续墙墙面应凿毛、清洗干净，并宜做水泥砂浆防水层；

2 地下连续墙与顶板、中楼板、底板接缝部位应凿毛处理，施工缝的施工应符合本规范第5.1节的有关规定；

3 钢筋接驳器处宜涂刷水泥基渗透结晶型防水涂料。

6.5.3 地下连续墙与内衬构成复合式衬砌逆筑法施工除应符合本规范第6.5.2条的规定外，尚应符合下列规定：

1 顶板及中楼板下部500mm内衬墙应同时浇筑，内衬墙下部应做成斜坡形；斜坡形下部应预留300mm～500mm空间，并应待下部先浇混凝土施工14d后再行浇筑；

2 浇筑混凝土前，内衬墙的接缝面应凿毛、清洗干净，并应设置遇水膨胀止水条或止水胶和预埋注浆管；

3 内衬墙的后浇筑混凝土应采用补偿收缩混凝土，浇筑口宜高于斜坡顶端200mm以上。

6.5.4 内衬墙垂直施工缝应与地下连续墙的槽段接缝相互错开2.0m～3.0m。

6.5.5 底板混凝土应连续浇筑，不宜留设施工缝；

底板与桩头接缝部位的防水处理应符合本规范第5.7节的有关规定。

6.5.6 底板混凝土达到设计强度后方可停止降水，并应将降水井封堵密实。

6.5.7 逆筑结构分项工程检验批的抽样检验数量，应按混凝土外露面积每$100m^2$抽查1处，每处$10m^2$，且不得少于3处。

Ⅰ 主控项目

6.5.8 补偿收缩混凝土的原材料、配合比及坍落度必须符合设计要求。

检验方法：检查产品合格证、产品性能检测报告、计量措施和材料进场检验报告。

6.5.9 内衬墙接缝用遇水膨胀止水条或止水胶和预埋注浆管必须符合设计要求。

检验方法：检查产品合格证、产品性能检测报告和材料进场检验报告。

6.5.10 逆筑结构的渗漏水量必须符合设计要求。

检验方法：观察检查和检查渗漏水检测记录。

Ⅱ 一般项目

6.5.11 逆筑结构的施工应符合本规范第6.5.2条和第6.5.3条的规定。

检验方法：观察检查和检查隐蔽工程验收记录。

6.5.12 遇水膨胀止水条的施工应符合本规范第5.1.8条的规定；遇水膨胀止水胶的施工应符合本规范第5.1.9条的规定；预埋注浆管的施工应符合本规范第5.1.10条的规定。

检验方法：观察检查和检查隐蔽工程验收记录。

7 排水工程

7.1 渗排水、盲沟排水

7.1.1 渗排水适用于无自流排水条件、防水要求较高且有抗浮要求的地下工程。盲沟排水适用于地基为弱透水性土层、地下水量不大或排水面积较小，地下水位在结构底板以下或在丰水期地下水位高于结构底板的地下工程。

7.1.2 渗排水应符合下列规定：

1 渗排水层用砂、石应洁净，含泥量不应大于2.0%；

2 粗砂过滤层总厚度宜为300mm，如较厚时应分层铺填；过滤层与基坑土层接触处，应采用厚度为100mm～150mm、粒径为5mm～10mm的石子铺填；

3 集水管应设置在粗砂过滤层下部，坡度不宜小于1%，且不得有倒坡现象。集水管之间的距离宜为5m～10m，并与集水井相通；

4 工程底板与渗排水层之间应做隔浆层，建筑周围的渗排水层顶面应做散水坡。

7.1.3 盲沟排水应符合下列规定：

1 盲沟成型尺寸和坡度应符合设计要求；

2 盲沟的类型及盲沟与基础的距离应符合设计要求；

3 盲沟用砂、石应洁净，含泥量不应大于2.0%；

4 盲沟反滤层的层次和粒径组成应符合表7.1.3的规定；

表7.1.3 盲沟反滤层的层次和粒径组成

反滤层的层次	建筑物地区地层为砂性土时（塑性指数 $I_P<3$）	建筑地区地层为黏性土时（塑性指数 $I_P>3$）
第一层（贴天然土）	用1mm～3mm粒径砂子组成	用2mm～5mm粒径砂子组成
第二层	用3mm～10mm粒径小卵石组成	用5mm～10mm粒径小卵石组成

5 盲沟在转弯处和高低处应设置检查井，出水口处应设置滤水箅子。

7.1.4 渗排水、盲沟排水均应在地基工程验收合格后进行施工。

7.1.5 集水管宜采用无砂混凝土管、硬质塑料管或软式透水管。

7.1.6 渗排水、盲沟排水分项工程检验批的抽样检验数量，应按10%抽查，其中按两轴线间或10延米为1处，且不得少于3处。

Ⅰ 主控项目

7.1.7 盲沟反滤层的层次和粒径组成必须符合设计要求。

检验方法：检查砂、石试验报告和隐蔽工程验收记录。

7.1.8 集水管的埋置深度和坡度必须符合设计要求。

检验方法：观察和尺量检查。

Ⅱ 一般项目

7.1.9 渗排水构造应符合设计要求。

检验方法：观察检查和检查隐蔽工程验收记录。

7.1.10 渗排水层的铺设应分层、铺平、拍实。

检验方法：观察检查和检查隐蔽工程验收记录。

7.1.11 盲沟排水构造应符合设计要求。

检验方法：观察检查和检查隐蔽工程验收记录。

7.1.12 集水管采用平接式或承插式接口应连接牢固，不得扭曲变形和错位。

检验方法：观察检查。

7.2 隧道排水、坑道排水

7.2.1 隧道排水、坑道排水适用于贴壁式、复合式、离壁式衬砌。

7.2.2 隧道或坑道内如设置排水泵房时，主排水泵站和辅助排水泵站、集水池的有效容积应符合设计要求。

7.2.3 主排水泵站、辅助排水泵站和污水泵房的废水及污水，应分别排入城市雨水和污水管道系统。污水的排放尚应符合国家现行有关标准的规定。

7.2.4 坑道排水应符合有关特殊功能设计的要求。

7.2.5 隧道贴壁式、复合式衬砌围岩疏导排水应符合下列规定：

1 集中地下水出露处，宜在衬砌背后设置盲沟、盲管或钻孔等引排措施；

2 水量较大、出水面广时，衬砌背后应设置环向、纵向盲沟组成排水系统，将水集排至排水沟内；

3 当地下水丰富、含水层明显且有补给来源时，可采用辅助坑道或泄水洞等截、排水设施。

7.2.6 盲沟中心宜采用无砂混凝土管或硬质塑料管，其管周围应设置反滤层；盲管应采用软式透水管。

7.2.7 排水明沟的纵向坡度应与隧道或坑道坡度一致，排水明沟应设置盖板和检查井。

7.2.8 隧道离壁式衬砌侧墙外排水沟应做成明沟，其纵向坡度不应小于0.5%。

7.2.9 隧道排水、坑道排水分项工程检验批的抽样检验数量，应按10%抽查，其中按两轴线间或每10延米为1处，且不得少于3处。

Ⅰ 主 控 项 目

7.2.10 盲沟反滤层的层次和粒径组成必须符合设计要求。

检验方法：检查砂、石试验报告。

7.2.11 无砂混凝土管、硬质塑料管或软式透水管必须符合设计要求。

检验方法：检查产品合格证和产品性能检测报告。

7.2.12 隧道、坑道排水系统必须通畅。

检验方法：观察检查。

Ⅱ 一 般 项 目

7.2.13 盲沟、盲管及横向导水管的管径、间距、坡度均应符合设计要求。

检验方法：观察和尺量检查。

7.2.14 隧道或坑道内排水明沟及离壁式衬砌外排水沟，其断面尺寸及坡度应符合设计要求。

检验方法：观察和尺量检查。

7.2.15 盲管应与岩壁或初期支护密贴，并应固定牢固；环向、纵向盲管接头宜与盲管相配套。

检验方法：观察检查。

7.2.16 贴壁式、复合式衬砌的盲沟与混凝土衬砌接触部位应做隔浆层。

检验方法：观察检查和检查隐蔽工程验收记录。

7.3 塑料排水板排水

7.3.1 塑料排水板适用于无自流排水条件且防水要求较高的地下工程以及地下工程种植顶板排水。

7.3.2 塑料排水板应选用抗压强度大且耐久性好的凸凹型排水板。

7.3.3 塑料排水板排水构造应符合设计要求，并宜符合以下工艺流程：

1 室内底板排水按混凝土底板→铺设塑料排水板（支点向下）→混凝土垫层→配筋混凝土面层等顺序进行；

2 室内侧墙排水按混凝土侧墙→粘贴塑料排水板（支点向墙面）→钢丝网固定→水泥砂浆面层等顺序进行；

3 种植顶板排水按混凝土顶板→找坡层→防水层→混凝土保护层→铺设塑料排水板（支点向上）→铺设土工布→覆土等顺序进行；

4 隧道或坑道排水按初期支护→铺设土工布→铺设塑料排水板（支点向初期支护）→二次衬砌结构等顺序进行。

7.3.4 铺设塑料排水板应采用搭接法施工，长短边搭接宽度均不应小于100mm。塑料排水板的接缝处宜采用配套胶粘剂粘结或热熔焊接。

7.3.5 地下工程种植顶板种植土若低于周边土体，塑料排水板排水层必须结合排水沟或盲沟分区设置，并保证排水畅通。

7.3.6 塑料排水板应与土工布复合使用。土工布宜采用200g/m^2～400g/m^{2}的聚酯无纺布。土工布应铺设在塑料排水板的凸面上，相邻土工布搭接宽度不应小于200mm，搭接部位应采用粘合或缝合。

7.3.7 塑料排水板排水分项工程检验批的抽样检验数量，应按铺设面积每100m^{2}抽查1处，每处10m^2，且不得少于3处。

Ⅰ 主 控 项 目

7.3.8 塑料排水板和土工布必须符合设计要求。

检验方法：检查产品合格证、产品性能检测报告。

7.3.9 塑料排水板排水层必须与排水系统连通，不得有堵塞现象。

检验方法：观察检查。

Ⅱ 一 般 项 目

7.3.10 塑料排水板排水层构造做法应符合本规范第7.3.3条的规定。

检验方法：观察检查和检查隐蔽工程验收记录。

7.3.11 塑料排水板的搭接宽度和搭接方法应符合本规范第7.3.4条的规定。

检验方法：观察和尺量检查。

7.3.12 土工布铺设应平整、无折皱；土工布的搭接宽度和搭接方法应符合本规范第7.3.6条的规定。

检验方法：观察和尺量检查。

8 注浆工程

8.1 预注浆、后注浆

8.1.1 预注浆适用于工程开挖前预计涌水量较大的地段或软弱地层；后注浆适用于工程开挖后处理围岩渗漏及初期壁后空隙回填。

8.1.2 注浆材料应符合下列规定：

1 具有较好的可注性；

2 具有固结体收缩小，良好的粘结性、抗渗性、耐久性和化学稳定性；

3 低毒并对环境污染小；

4 注浆工艺简单，施工操作方便，安全可靠。

8.1.3 在砂卵石层中宜采用渗透注浆法；在黏土层中宜采用劈裂注浆法；在淤泥质软土中宜采用高压喷射注浆法。

8.1.4 注浆浆液应符合下列规定：

1 预注浆宜采用水泥浆液、黏土水泥浆液或化学浆液；

2 后注浆宜采用水泥浆液、水泥砂浆或掺有石灰、黏土膨润土、粉煤灰的水泥浆液；

3 注浆浆液配合比应经现场试验确定。

8.1.5 注浆过程控制应符合下列规定：

1 根据工程地质条件、注浆目的等控制注浆压力和注浆量；

2 回填注浆应在衬砌混凝土达到设计强度的70%后进行，衬砌后围岩注浆应在充填注浆固结体达到设计强度的70%后进行；

3 浆液不得溢出地面和超出有效注浆范围，地面注浆结束后注浆孔应封填密实；

4 注浆范围和建筑物的水平距离很近时，应加强对邻近建筑物和地下埋设物的现场监控；

5 注浆点距离饮用水源或公共水域较近时，注浆施工如有污染应及时采取相应措施。

8.1.6 预注浆、后注浆分项工程检验批的抽样检验数量，应按加固或堵漏面积每100m²抽查1处，每处10m²，且不得少于3处。

Ⅰ 主 控 项 目

8.1.7 配制浆液的原材料及配合比必须符合设计要求。

检验方法：检查产品合格证、产品性能检测报告、计量措施和材料进场检验报告。

8.1.8 预注浆及后注浆的注浆效果必须符合设计要求。

检验方法：采取钻孔取芯法检查；必要时采取压水或抽水试验方法检查。

Ⅱ 一 般 项 目

8.1.9 注浆孔的数量、布置间距、钻孔深度及角度应符合设计要求。

检验方法：尺量检查和检查隐蔽工程验收记录。

8.1.10 注浆各阶段的控制压力和注浆量应符合设计要求。

检验方法：观察检查和检查隐蔽工程验收记录。

8.1.11 注浆时浆液不得溢出地面和超出有效注浆范围。

检验方法：观察检查。

8.1.12 注浆对地面产生的沉降量不得超过30mm，地面的隆起不得超过20mm。

检验方法：用水准仪测量。

8.2 结构裂缝注浆

8.2.1 结构裂缝注浆适用于混凝土结构宽度大于0.2mm的静止裂缝、贯穿性裂缝等堵水注浆。

8.2.2 裂缝注浆应待结构基本稳定和混凝土达到设计强度后进行。

8.2.3 结构裂缝堵水注浆宜选用聚氨酯、丙烯酸盐等化学浆液；补强加固的结构裂缝注浆宜选用改性环氧树脂、超细水泥等浆液。

8.2.4 结构裂缝注浆应符合下列规定：

1 施工前，应沿缝清除基面上油污杂质；

2 浅裂缝应骑缝粘埋注浆嘴，必要时沿缝开凿"U"形槽并用速凝水泥砂浆封缝；

3 深裂缝应骑缝钻孔或斜向钻孔至裂缝深部，孔内安设注浆管或注浆嘴，间距应根据裂缝宽度而定，但每条裂缝至少有一个进浆孔和一个排气孔；

4 注浆嘴及注浆管应设在裂缝的交叉处、较宽处及贯穿处等部位；对封缝的密封效果应进行检查；

5 注浆后待缝内浆液固化后，方可拆下注浆嘴并进行封口抹平。

8.2.5 结构裂缝注浆分项工程检验批的抽样检验数量，应按裂缝的条数抽查10%，每条裂缝检查1处，且不得少于3处。

Ⅰ 主 控 项 目

8.2.6 注浆材料及其配合比必须符合设计要求。

检验方法：检查产品合格证、产品性能检测报告、计量措施和材料进场检验报告。

8.2.7 结构裂缝注浆的注浆效果必须符合设计要求。

检验方法：观察检查和压水或压气检查；必要时钻取芯样采取劈裂抗拉强度试验方法检查。

Ⅱ 一般项目

8.2.8 注浆孔的数量、布置间距、钻孔深度及角度应符合设计要求。

检验方法：尺量检查和检查隐蔽工程验收记录。

8.2.9 注浆各阶段的控制压力和注浆量应符合设计要求。

检验方法：观察检查和检查隐蔽工程验收记录。

9 子分部工程质量验收

9.0.1 地下防水工程质量验收的程序和组织，应符合现行国家标准《建筑工程施工质量验收统一标准》GB 50300 的有关规定。

9.0.2 检验批的合格判定应符合下列规定：

1 主控项目的质量经抽样检验全部合格；

2 一般项目的质量经抽样检验 80%以上检测点合格，其余不得有影响使用功能的缺陷；对有允许偏差的检验项目，其最大偏差不得超过本规范规定允许偏差的 1.5 倍；

3 施工具有明确的操作依据和完整的质量检查记录。

9.0.3 分项工程质量验收合格应符合下列规定：

1 分项工程所含检验批的质量均应验收合格；

2 分项工程所含检验批的质量验收记录应完整。

9.0.4 子分部工程质量验收合格应符合下列规定：

1 子分部所含分项工程的质量均应验收合格；

2 质量控制资料应完整；

3 地下工程渗漏水检测应符合设计的防水等级标准要求；

4 观感质量检查应符合要求。

9.0.5 地下防水工程竣工和记录资料应符合表 9.0.5 的规定。

表 9.0.5 地下防水工程竣工和记录资料

序号	项 目	竣工和记录资料
1	防水设计	施工图、设计交底记录、图纸会审记录、设计变更通知单和材料代用核定单
2	资质、资格证明	施工单位资质及施工人员上岗证复印证件
3	施工方案	施工方法、技术措施、质量保证措施
4	技术交底	施工操作要求及安全等注意事项
5	材料质量证明	产品合格证、产品性能检测报告、材料进场检验报告
6	混凝土、砂浆质量证明	试配及施工配合比，混凝土抗压强度、抗渗性能检验报告，砂浆粘结强度、抗渗性能检验报告
7	中间检查记录	施工质量验收记录、隐蔽工程验收记录、施工检查记录
8	检验记录	渗漏水检测记录、观感质量检查记录
9	施工日志	逐日施工情况
10	其他资料	事故处理报告、技术总结

9.0.6 地下防水工程应对下列部位作好隐蔽工程验收记录：

1 防水层的基层；

2 防水混凝土结构和防水层被掩盖的部位；

3 施工缝、变形缝、后浇带等防水构造做法；

4 管道穿过防水层的封固部位；

5 渗排水层、盲沟和坑槽；

6 结构裂缝注浆处理部位；

7 衬砌前围岩渗漏水处理部位；

8 基坑的超挖和回填。

9.0.7 地下防水工程的观感质量检查应符合下列规定：

1 防水混凝土应密实，表面应平整，不得有露筋、蜂窝等缺陷；裂缝宽度不得大于 0.2mm，并不得贯通；

2 水泥砂浆防水层应密实、平整，粘结牢固，不得有空鼓、裂纹、起砂、麻面等缺陷；

3 卷材防水层接缝应粘贴牢固，封闭严密，防水层不得有损伤、空鼓、折皱等缺陷；

4 涂料防水层应与基层粘结牢固，不得有脱皮、流淌、鼓泡、露胎、折皱等缺陷；

5 塑料防水板防水层应铺设牢固、平整，搭接焊缝严密，不得有下垂、绷紧破损现象；

6 金属板防水层焊缝不得有裂纹、未熔合、夹渣、焊瘤、咬边、烧穿、弧坑、针状气孔等缺陷；

7 施工缝、变形缝、后浇带、穿墙管、埋设件、预留通道接头、桩头、孔口、坑、池等防水构造应符合设计要求；

8 锚喷支护、地下连续墙、盾构隧道、沉井、逆筑结构等防水构造应符合设计要求；

9 排水系统不淤积、不堵塞，确保排水畅通；

10 结构裂缝的注浆效果应符合设计要求。

9.0.8 地下工程出现渗漏水时，应及时进行治理，符合设计的防水等级标准要求后方可验收。

9.0.9 地下防水工程验收后，应填写子分部工程质量验收记录，随同工程验收资料分别由建设单位和施工单位存档。

附录A 地下工程用防水材料的质量指标

A.1 防水卷材

A.1.1 高聚物改性沥青类防水卷材的主要物理性能应符合表A.1.1的要求。

表A.1.1 高聚物改性沥青类防水卷材的主要物理性能

<table>
<tr><td rowspan="3" colspan="2">项 目</td><td colspan="5">指 标</td></tr>
<tr><td colspan="3">弹性体改性沥青防水卷材</td><td colspan="2">自粘聚合物改性沥青防水卷材</td></tr>
<tr><td>聚酯毡胎体</td><td>玻纤毡胎体</td><td>聚乙烯膜胎体</td><td>聚酯毡胎体</td><td>无胎体</td></tr>
<tr><td colspan="2">可溶物含量（g/m²）</td><td colspan="3">3mm厚≥2100
4mm厚≥2900</td><td>3mm厚
≥2100</td><td>—</td></tr>
<tr><td rowspan="2">拉伸性能</td><td>拉力（N/50mm）</td><td>≥800
（纵横向）</td><td>≥500
（纵横向）</td><td>≥140(纵向)
≥120(横向)</td><td>≥450
（纵横向）</td><td>≥180
（纵横向）</td></tr>
<tr><td>延伸率（%）</td><td>最大拉力时
≥40(纵横向)</td><td>—</td><td>断裂时≥250
（纵横向）</td><td>最大拉力时
≥30
（纵横向）</td><td>断裂时
≥200
（纵横向）</td></tr>
<tr><td colspan="2">低温柔度（℃）</td><td colspan="5">−25，无裂纹</td></tr>
<tr><td colspan="2">热老化后低温柔度（℃）</td><td colspan="2">−20，无裂纹</td><td colspan="3">−22，无裂纹</td></tr>
<tr><td colspan="2">不透水性</td><td colspan="5">压力0.3MPa，保持时间120min，不透水</td></tr>
</table>

A.1.2 合成高分子类防水卷材的主要物理性能应符合表A.1.2的要求。

表A.1.2 合成高分子类防水卷材的主要物理性能

<table>
<tr><td rowspan="2">项 目</td><td colspan="4">指 标</td></tr>
<tr><td>三元乙丙橡胶防水卷材</td><td>聚氯乙烯防水卷材</td><td>聚乙烯丙纶复合防水卷材</td><td>高分子自粘胶膜防水卷材</td></tr>
<tr><td>断裂拉伸强度</td><td>≥7.5MPa</td><td>≥12MPa</td><td>≥60N/10mm</td><td>≥100N/10mm</td></tr>
<tr><td>断裂伸长率（%）</td><td>≥450</td><td>≥250</td><td>≥300</td><td>≥400</td></tr>
<tr><td>低温弯折性（℃）</td><td>−40，无裂纹</td><td>−20，无裂纹</td><td>−20，无裂纹</td><td>−20，无裂纹</td></tr>
<tr><td>不透水性</td><td colspan="4">压力0.3MPa，保持时间120min，不透水</td></tr>
<tr><td>撕裂强度</td><td>≥25kN/m</td><td>≥40kN/m</td><td>≥20N/10mm</td><td>≥120N/10mm</td></tr>
<tr><td>复合强度（表层与芯层）</td><td>—</td><td>—</td><td>≥1.2N/mm</td><td>—</td></tr>
</table>

A.1.3 聚合物水泥防水粘结材料的主要物理性能应符合表A.1.3的要求。

表A.1.3 聚合物水泥防水粘结材料的主要物理性能

<table>
<tr><td colspan="2">项 目</td><td>指 标</td></tr>
<tr><td rowspan="3">与水泥基面的粘结拉伸强度（MPa）</td><td>常温7d</td><td>≥0.6</td></tr>
<tr><td>耐水性</td><td>≥0.4</td></tr>
<tr><td>耐冻性</td><td>≥0.4</td></tr>
<tr><td colspan="2">可操作时间（h）</td><td>≥2</td></tr>
<tr><td colspan="2">抗渗性（MPa，7d）</td><td>≥1.0</td></tr>
<tr><td rowspan="2">剪切状态下的粘合性（N／mm，常温）</td><td>卷材与卷材</td><td>≥2.0或卷材断裂</td></tr>
<tr><td>卷材与基面</td><td>≥1.8或卷材断裂</td></tr>
</table>

A.2 防水涂料

A.2.1 有机防水涂料的主要物理性能应符合表A.2.1的要求。

表A.2.1 有机防水涂料的主要物理性能

<table>
<tr><td rowspan="2" colspan="2">项 目</td><td colspan="3">指 标</td></tr>
<tr><td>反应型防水涂料</td><td>水乳型防水涂料</td><td>聚合物水泥防水涂料</td></tr>
<tr><td colspan="2">可操作时间（min）</td><td>≥20</td><td>≥50</td><td>≥30</td></tr>
<tr><td colspan="2">潮湿基面粘结强度（MPa）</td><td>≥0.5</td><td>≥0.2</td><td>≥1.0</td></tr>
<tr><td rowspan="3">抗渗性（MPa）</td><td>涂膜（120min）</td><td>≥0.3</td><td>≥0.3</td><td>≥0.3</td></tr>
<tr><td>砂浆迎水面</td><td>≥0.8</td><td>≥0.8</td><td>≥0.8</td></tr>
<tr><td>砂浆背水面</td><td>≥0.3</td><td>≥0.3</td><td>≥0.6</td></tr>
<tr><td colspan="2">浸水168h后拉伸强度（MPa）</td><td>≥1.7</td><td>≥0.5</td><td>≥1.5</td></tr>
<tr><td colspan="2">浸水168h后断裂伸长率（%）</td><td>≥400</td><td>≥350</td><td>≥80</td></tr>
<tr><td colspan="2">耐水性（%）</td><td>≥80</td><td>≥80</td><td>≥80</td></tr>
<tr><td colspan="2">表干（h）</td><td>≤12</td><td>≤4</td><td>≤4</td></tr>
<tr><td colspan="2">实干（h）</td><td>≤24</td><td>≤12</td><td>≤12</td></tr>
</table>

注：1 浸水168h后的拉伸强度和断裂伸长率是在浸水取出后只经擦干即进行试验所得的值；

2 耐水性指标是指材料浸水168h后取出擦干即进行试验，其粘结强度及抗渗性的保持率。

A.2.2 无机防水涂料的主要物理性能应符合表A.2.2的要求。

表 A.2.2　无机防水涂料的主要物理性能

项　　目	指　　标	
	掺外加剂、掺合料水泥基防水涂料	水泥基渗透结晶型防水涂料
抗折强度(MPa)	>4	≥4
粘结强度(MPa)	>1.0	≥1.0
一次抗渗性(MPa)	>0.8	>1.0
二次抗渗性(MPa)	—	>0.8
冻融循环(次)	>50	>50

A.3　止水密封材料

A.3.1　橡胶止水带的主要物理性能应符合表 A.3.1 的要求。

表 A.3.1　橡胶止水带的主要物理性能

项　　目			指　　标		
			变形缝用止水带	施工缝用止水带	有特殊耐老化要求的接缝用止水带
硬度(邵尔 A，度)			60±5	60±5	60±5
拉伸强度(MPa)			≥15	≥12	≥10
扯断伸长率(%)			≥380	≥380	≥300
压缩永久变形(%)	70℃×24h		≤35	≤35	≤25
	23℃×168h		≤20	≤20	≤20
撕裂强度(kN/m)			≥30	≥25	≥25
脆性温度(℃)			≤−45	≤−40	≤−40
热空气老化	70℃×168h	硬度变化(邵尔 A，度)	+8	+8	—
		拉伸强度(MPa)	≥12	≥10	—
		扯断伸长率(%)	≥300	≥300	—
	100℃×168h	硬度变化(邵尔 A，度)	—	—	+8
		拉伸强度(MPa)	—	—	≥9
		扯断伸长率(%)	—	—	≥250
橡胶与金属粘合			断面在弹性体内		

注：橡胶与金属粘合指标仅适用于具有钢边的止水带。

A.3.2　混凝土建筑接缝用密封胶的主要物理性能应符合表 A.3.2 的要求。

表 A.3.2　混凝土建筑接缝用密封胶的主要物理性能

项　　目			指　　标			
			25（低模量）	25（高模量）	20（低模量）	20（高模量）
流动性	下垂度(N型)	垂直(mm)	≤3			
		水平(mm)	≤3			
	流平性(S型)		光滑平整			
挤出性(mL/min)			≥80			
弹性恢复率(%)			≥80		≥60	
拉伸模量(MPa)	23℃ −20℃		≤0.4 和 ≤0.6	>0.4 或 >0.6	≤0.4 和 ≤0.6	>0.4 或 >0.6
定伸粘结性			无破坏			
浸水后定伸粘结性			无破坏			
热压冷拉后粘结性			无破坏			
体积收缩率(%)			≤25			

注：体积收缩率仅适用于乳胶型和溶剂型产品。

A.3.3　腻子型遇水膨胀止水条的主要物理性能应符合表 A.3.3 的要求。

表 A.3.3　腻子型遇水膨胀止水条的主要物理性能

项　　目	指　　标
硬度(C 型微孔材料硬度计，度)	≤40
7d 膨胀率	≤最终膨胀率的 60%
最终膨胀率(21d，%)	≥220
耐热性(80℃×2h)	无流淌
低温柔性(−20℃×2h，绕 ϕ10 圆棒)	无裂纹
耐水性(浸泡 15h)	整体膨胀无碎块

A.3.4　遇水膨胀止水胶的主要物理性能应符合表 A.3.4 的要求。

表 A.3.4　遇水膨胀止水胶的主要物理性能

项　　目		指　　标	
		PJ220	PJ400
固含量(%)		≥85	
密度(g/cm³)		规定值±0.1	
下垂度(mm)		≤2	
表干时间(h)		≤24	
7d 拉伸粘结强度(MPa)		≥0.4	≥0.2
低温柔性(−20℃)		无裂纹	
拉伸性能	拉伸强度(MPa)	≥0.5	
	断裂伸长率(%)	≥400	

续表 A.3.4

项　　目	指　　标	
	PJ220	PJ400
体积膨胀倍率(%)	≥220	≥400
长期浸水体积膨胀倍率保持率(%)	≥90	
抗水压(MPa)	1.5，不渗水	2.5，不渗水

A.3.5 弹性橡胶密封垫材料的主要物理性能应符合表 A.3.5 的要求。

表 A.3.5 弹性橡胶密封垫材料的主要物理性能

项　　目		指　　标	
		氯丁橡胶	三元乙丙橡胶
硬度(邵尔 A，度)		45±5~60±5	55±5~70±5
伸长率(%)		≥350	≥330
拉伸强度(MPa)		≥10.5	≥9.5
热空气老化(70℃×96h)	硬度变化值(邵尔 A，度)	≤+8	≤+6
	拉伸强度变化率(%)	≥−20	≥−15
	扯断伸长率变化率(%)	≥−30	≥−30
压缩永久变形(70℃×24h，%)		≤35	≤28
防霉等级		达到与优于 2 级	达到与优于 2 级

注：以上指标均为成品切片测试的数据，若只能以胶料制成试样测试，则其伸长率、拉伸强度应达到本指标的 120%。

A.3.6 遇水膨胀橡胶密封垫胶料的主要物理性能应符合表 A.3.6 的要求。

表 A.3.6 遇水膨胀橡胶密封垫胶料的主要物理性能

项　　目		指　　标		
		PZ-150	PZ-250	PZ-400
硬度(邵尔 A，度)		42±7	42±7	45±7
拉伸强度(MPa)		≥3.5	≥3.5	≥3.0
扯断伸长率(%)		≥450	≥450	≥350
体积膨胀倍率(%)		≥150	≥250	≥400
反复浸水试验	拉伸强度(MPa)	≥3	≥3	≥2
	扯断伸长率(%)	≥350	≥350	≥250
	体积膨胀倍率(%)	≥150	≥250	≥300
低温弯折(−20℃×2h)		无裂纹		
防霉等级		达到与优于 2 级		

注：1 PZ-×××是指产品工艺为制品型，按产品在静态蒸馏水中的体积膨胀倍率(即浸泡后的试样质量与浸泡前的试样质量的比率)划分的类型；
　　2 成品切片测试应达到本指标的 80%；
　　3 接头部位的拉伸强度指标不得低于本指标的 50%。

A.4 其他防水材料

A.4.1 防水砂浆的主要物理性能应符合表 A.4.1 的要求。

表 A.4.1 防水砂浆的主要物理性能

项　　目	指　　标	
	掺外加剂、掺合料的防水砂浆	聚合物水泥防水砂浆
粘结强度 (MPa)	＞0.6	＞1.2
抗渗性 (MPa)	≥0.8	≥1.5
抗折强度 (MPa)	同普通砂浆	≥8.0
干缩率 (%)	同普通砂浆	≤0.15
吸水率 (%)	≤3	≤4
冻融循环 (次)	＞50	＞50
耐碱性	10%NaOH 溶液浸泡 14d 无变化	—
耐水性 (%)	—	≥80

注：耐水性指标是指砂浆浸水 168h 后材料的粘结强度及抗渗性的保持率。

A.4.2 塑料防水板的主要物理性能应符合表 A.4.2 的要求。

表 A.4.2 塑料防水板的主要物理性能

项　　目	指　　标			
	乙烯—醋酸乙烯共聚物	乙烯—沥青共混聚合物	聚氯乙烯	高密度聚乙烯
拉伸强度 (MPa)	≥16	≥14	≥10	≥16
断裂延伸率 (%)	≥550	≥500	≥200	≥550
不透水性 (120min，MPa)	≥0.3	≥0.3	≥0.3	≥0.3
低温弯折性 (℃)	−35，无裂纹	−35，无裂纹	−20，无裂纹	−35，无裂纹
热处理尺寸变化率 (%)	≤2.0	≤2.5	≤2.0	≤2.0

A.4.3 膨润土防水毯的主要物理性能应符合表 A.4.3 的要求。

表 A.4.3 膨润土防水毯的主要物理性能

项目		指标		
		针刺法钠基膨润土防水毯	刺覆膜法钠基膨润土防水毯	胶粘法钠基膨润土防水毯
单位面积质量（干重，g/m^2）		≥4000		
膨润土膨胀指数（mL/2g）		≥24		
拉伸强度（N/100mm）		≥600	≥700	≥600
最大负荷下伸长率（%）		≥10	≥10	≥8
剥离强度	非织造布—编织布（N/100mm）	≥40	≥40	—
	PE膜—非织造布（N/100mm）	—	≥30	—
渗透系数（m/s）		$\leqslant 5.0\times 10^{-11}$	$\leqslant 5.0\times 10^{-12}$	$\leqslant 1.0\times 10^{-12}$
滤失量（mL）		≤18		
膨润土耐久性（mL/2g）		≥20		

附录 B 地下工程用防水材料标准及进场抽样检验

B.0.1 地下工程用防水材料标准应按表 B.0.1 的规定选用。

表 B.0.1 地下工程用防水材料标准

类别	标准名称	标准号
防水卷材	1 聚氯乙烯防水卷材	GB 12952
	2 高分子防水材料 第1部分 片材	GB 18173.1
	3 弹性体改性沥青防水卷材	GB 18242
	4 改性沥青聚乙烯胎防水卷材	GB 18967
	5 带自粘层的防水卷材	GB/T 23260
	6 自粘聚合物改性沥青防水卷材	GB 23441
	7 预铺/湿铺防水卷材	GB/T 23457
防水涂料	1 聚氨酯防水涂料	GB/T 19250
	2 聚合物乳液建筑防水涂料	JC/T 864
	3 聚合物水泥防水涂料	JC/T 894
	4 建筑防水涂料用聚合物乳液	JC/T 1017
密封材料	1 聚氨酯建筑密封胶	JC/T 482
	2 聚硫建筑密封胶	JC/T 483
	3 混凝土建筑接缝用密封胶	JC/T 881
	4 丁基橡胶防水密封胶粘带	JC/T 942

续表 B.0.1

类别	标准名称	标准号
其他防水材料	1 高分子防水材料 第2部分 止水带	GB 18173.2
	2 高分子防水材料 第3部分 遇水膨胀橡胶	GB 18173.3
	3 高分子防水卷材胶粘剂	JC/T 863
	4 沥青基防水卷材用基层处理剂	JC/T 1069
	5 膨润土橡胶遇水膨胀止水条	JG/T 141
	6 遇水膨胀止水胶	JG/T 312
	7 钠基膨润土防水毯	JG/T 193
刚性防水材料	1 水泥基渗透结晶型防水材料	GB 18445
	2 砂浆、混凝土防水剂	JC 474
	3 混凝土膨胀剂	GB 23439
	4 聚合物水泥防水砂浆	JC/T 984
防水材料试验方法	1 建筑防水卷材试验方法	GB/T 328
	2 建筑胶粘剂试验方法	GB/T 12954
	3 建筑密封材料试验方法	GB/T 13477
	4 建筑防水涂料试验方法	GB/T 16777
	5 建筑防水材料老化试验方法	GB/T 18244

B.0.2 地下工程用防水材料进场抽样检验应符合表 B.0.2 的规定。

表 B.0.2 地下工程用防水材料进场抽样检验

序号	材料名称	抽样数量	外观质量检验	物理性能检验
1	高聚物改性沥青类防水卷材	大于 1000 卷抽 5 卷，每 500～1000 卷抽 4 卷，100～499 卷抽 3 卷，100 卷以下抽 2 卷，进行规格尺寸和外观质量检验。在外观质量检验合格的卷材中，任取一卷作物理性能检验	断裂、折皱、孔洞、剥离、边缘不整齐，胎体露白、未浸透，撒布材料粒度、颜色，每卷卷材的接头	可溶物含量，拉力，延伸率，低温柔度，热老化后低温柔度，不透水性
2	合成高分子类防水卷材	大于 1000 卷抽 5 卷，每 500～1000 卷抽 4 卷，100～499 卷抽 3 卷，100 卷以下抽 2 卷，进行规格尺寸和外观质量检验。在外观质量检验合格的卷材中，任取一卷作物理性能检验	折痕、杂质、胶块、凹痕，每卷卷材的接头	断裂拉伸强度，断裂伸长率，低温弯折性，不透水性，撕裂强度
3	有机防水涂料	每 5t 为一批，不足 5t 按一批抽样	均匀黏稠体，无凝胶，无结块	潮湿基面粘结强度，涂膜抗渗性，浸水 168h 后拉伸强度，浸水 168h 后断裂伸长率，耐水性

续表 B.0.2

序号	材料名称	抽样数量	外观质量检验	物理性能检验
4	无机防水涂料	每10t为一批，不足10t按一批抽样	液体组分：无杂质、凝胶的均匀乳液 固体组分：无杂质、结块的粉末	抗折强度，粘结强度，抗渗性
5	膨润土防水材料	每100卷为一批，不足100卷按一批抽样；100卷以下抽5卷，进行尺寸偏差和外观质量检验。在外观质量检验合格的卷材中，任取一卷作物理性能检验	表面平整、厚度均匀，无破洞、破边，无残留断针，针刺均匀	单位面积质量，膨润土膨胀指数，渗透系数、滤失量
6	混凝土建筑接缝用密封胶	每2t为一批，不足2t按一批抽样	细腻、均匀膏状物或黏稠液体，无气泡、结皮和凝胶现象	流动性、挤出性、定伸粘结性
7	橡胶止水带	每月同标记的止水带产量为一批抽样	尺寸公差；开裂，缺胶，海绵状，中心孔偏心，凹痕，气泡，杂质，明疤	拉伸强度，扯断伸长率，撕裂强度
8	腻子型遇水膨胀止水条	每5000m为一批，不足5000m按一批抽样	尺寸公差；柔软、弹性匀质，色泽均匀，无明显凹凸	硬度，7d膨胀率，最终膨胀率，耐水性
9	遇水膨胀止水胶	每5t为一批，不足5t按一批抽样	细腻、黏稠、均匀膏状物，无气泡、结皮和凝胶	表干时间，拉伸强度，体积膨胀倍率
10	弹性橡胶密封垫材料	每月同标记的密封垫材料产量为一批抽样	尺寸公差；开裂，缺胶，凹痕，气泡，杂质，明疤	硬度，伸长率，拉伸强度，压缩永久变形
11	遇水膨胀橡胶密封垫胶料	每月同标记的膨胀橡胶产量为一批抽样	尺寸公差；开裂，缺胶，凹痕，气泡，杂质，明疤	硬度，拉伸强度，扯断伸长率，体积膨胀倍率，低温弯折
12	聚合物水泥防水砂浆	每10t为一批，不足10t按一批抽样	干粉类：均匀，无结块；乳胶类：液料经搅拌后均匀无沉淀，粉料均匀、无结块	7d粘结强度，7d抗渗性，耐水性

附录C 地下工程渗漏水调查与检测

C.1 渗漏水调查

C.1.1 明挖法地下工程应在混凝土结构和防水层验收合格以及回填土完成后，即可停止降水；待地下水位恢复至自然水位且趋向稳定时，方可进行地下工程渗漏水调查。

C.1.2 地下防水工程质量验收时，施工单位必须提供“结构内表面的渗漏水展开图”。

C.1.3 房屋建筑地下工程应调查混凝土结构内表面的侧墙和底板。地下商场、地铁车站、军事地下库等单建式地下工程，应调查混凝土结构内表面的侧墙、底板和顶板。

C.1.4 施工单位应在“结构内表面的渗漏水展开图”上标示下列内容：

1 发现的裂缝位置、宽度、长度和渗漏水现象；

2 经堵漏及补强的原渗漏水部位；

3 符合防水等级标准的渗漏水位置。

C.1.5 渗漏水现象的定义和标识符号，可按表C.1.5选用。

表 C.1.5 渗漏水现象的定义和标识符号

渗漏水现象	定义	标识符号
湿渍	地下混凝土结构背水面，呈现明显色泽变化的潮湿斑	#
渗水	地下混凝土结构背水面有水渗出，墙壁上可观察到明显的流挂水迹	○
水珠	地下混凝土结构背水面的顶板或拱顶，可观察到悬垂的水珠，其滴落间隔时间超过1min	◇
滴漏	地下混凝土结构背水面的顶板或拱顶，渗漏水滴落速度至少为1滴/min	▽
线漏	地下混凝土结构背水面，呈渗漏成线或喷水状态	↓

C.1.6 “结构内表面的渗漏水展开图”应经检查、核对后，施工单位归入竣工验收资料。

C.2 渗漏水检测

C.2.1 当被验收的地下工程有结露现象时，不宜进行渗漏水检测。

C.2.2 渗漏水检测工具宜按表C.2.2使用。

表 C.2.2 渗漏水检测工具

名　称	用　途
0.5m～1m 钢直尺	量测混凝土湿渍、渗水范围
精度为 0.1mm 的钢尺	量测混凝土裂缝宽度
放大镜	观测混凝土裂缝
有刻度的塑料量筒	量测滴水量
秒表	量测渗漏水滴落速度
吸墨纸或报纸	检验湿渍与渗水
粉笔	在混凝土上用粉笔勾画湿渍、渗水范围
工作登高扶梯	顶板渗漏水、混凝土裂缝检验
带有密封缘口的规定尺寸方框	量测明显滴漏和连续渗流，根据工程需要可自行设计

C.2.3 房屋建筑地下工程渗漏水检测应符合下列要求：

1 湿渍检测时，检查人员用干手触摸湿斑，无水分浸润感觉。用吸墨纸或报纸贴附，纸不变颜色；要用粉笔勾画出湿渍范围，然后用钢尺测量并计算面积，标示在"结构内表面的渗漏水展开图"上。

2 渗水检测时，检查人员用干手触摸可感觉到水分浸润，手上会沾有水分。用吸墨纸或报纸贴附，纸会浸润变颜色；要用粉笔勾画出渗水范围，然后用钢尺测量并计算面积，标示在"结构内表面的渗漏水展开图"上。

3 通过集水井积水，检测在设定时间内的水位上升数值，计算渗漏水量。

C.2.4 隧道工程渗漏水检测应符合下列要求：

1 隧道工程的湿渍和渗水应按房屋建筑地下工程渗漏水检测。

2 隧道上半部的明显滴漏和连续渗流，可直接用有刻度的容器收集量测，或用带有密封缘口的规定尺寸方框，安装在规定量测的隧道内表面，将渗漏水导入量测容器内，然后计算 24h 的渗漏水量，标示在"结构内表面的渗漏水展开图"上。

3 若检测器具或登高有困难时，允许通过目测计取每分钟或数分钟内的滴落数目，计算出该点的渗漏水量。通常，当滴落速度为 3 滴/min～4 滴/min 时，24h 的漏水量就是 1L。当滴落速度大于 300 滴/min 时，则形成连续线流。

4 为使不同施工方法、不同长度和断面尺寸隧道的渗漏水状况能够相互加以比较，必须确定一个具有代表性的标准单位。渗漏水量的单位通常使用"$L/(m^2 \cdot d)$"。

5 未实施机电设备安装的区间隧道验收，隧道内表面积的计算应为横断面的内径周长乘以隧道长度，对盾构法隧道不计取管片嵌缝槽、螺栓孔盒子凹进部位等实际面积；完成了机电设备安装的隧道系统验收，隧道内表面积的计算应为横断面的内径周长乘以隧道长度，不计取凹槽、道床、排水沟等实际面积。

6 隧道渗漏水量的计算可通过集水井积水，检测在设定时间内的水位上升数值，计算渗漏水量；或通过隧道最低处积水，检测在设定时间内的水位上升数值，计算渗漏水量；或通过隧道内设量水堰，检测在设定时间内水流量，计算渗漏水量；或通过隧道专用排水泵运转，检测在设定时间内排水量，计算渗漏水量。

C.3 渗漏水检测记录

C.3.1 地下工程渗漏水调查与检测，应由施工单位项目技术负责人组织质量员、施工员实施。施工单位应填写地下工程渗漏水检测记录，并签字盖章；监理单位或建设单位应在记录上填写处理意见与结论，并签字盖章。

C.3.2 地下工程渗漏水检测记录应按表 C.3.2 填写。

表 C.3.2 地下工程渗漏水检测记录

<table>
<tr><td>工程名称</td><td colspan="2"></td><td>结构类型</td><td colspan="2"></td></tr>
<tr><td>防水等级</td><td colspan="2"></td><td>检测部位</td><td colspan="2"></td></tr>
<tr><td rowspan="3">渗漏水量检测</td><td colspan="5">1　单个湿渍的最大面积　　m²；总湿渍面积　　m²</td></tr>
<tr><td colspan="5">2　每 100m² 的渗水量　L/(m²·d)；整个工程平均渗水量　L/(m²·d)</td></tr>
<tr><td colspan="5">3　单个漏水点的最大漏水量　L/d；整个工程平均漏水量　L/(m²·d)</td></tr>
<tr><td>结构内表面的渗漏水展开图</td><td colspan="5">（渗漏水现象用标识符号描述）</td></tr>
<tr><td>处理意见与结论</td><td colspan="5">（按地下工程防水等级标准）</td></tr>
<tr><td rowspan="3">会签栏</td><td rowspan="2">监理或建设单位（签章）</td><td colspan="4">施工单位（签章）</td></tr>
<tr><td colspan="2">项目技术负责人</td><td>质量员</td><td>施工员</td></tr>
<tr><td>年　月　日</td><td colspan="4">年　月　日</td></tr>
</table>

附录D 防水卷材接缝粘结质量检验

D.1 胶粘剂的剪切性能试验方法

D.1.1 试样制备应符合下列规定：

1 防水卷材表面处理和胶粘剂的使用方法，均按生产企业提供的技术要求进行；试样粘合时应用手辊反复压实，排除气泡。

2 卷材—卷材拉伸剪切强度试样应将与胶粘剂配套的卷材沿纵向裁取300mm×200mm试片2块，用毛刷在每块试片上涂刷胶粘剂样品，涂胶面100mm×300mm，按图D.1.1（a）进行粘合，在粘合的试样上裁取5个宽度为（50±1）mm的试件。

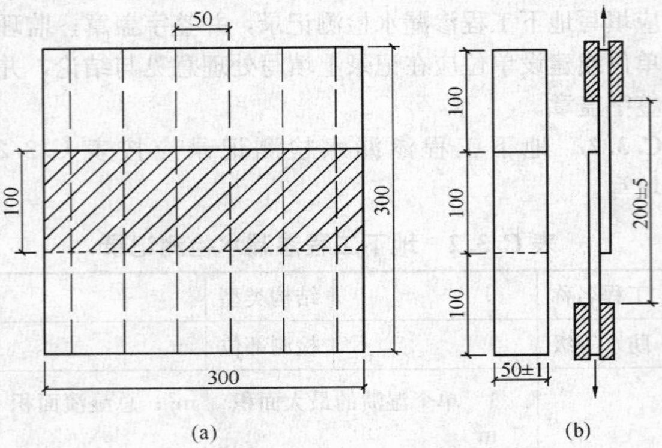

图D.1.1 卷材—卷材拉伸剪切强度试样及试验

D.1.2 试验条件应符合下列规定：

1 标准试验条件应为温度（23±2）℃和相对湿度（30～70）%。

2 拉伸试验机应有足够的承载能力，不应小于2000N，夹具拉伸速度为（100±10）mm/min，夹持宽度不应小于50mm，并配有记录装置。

3 试样应在标准试验条件下放置至少20h。

D.1.3 试验程序应符合下列规定：

1 试件应稳固地放入拉伸试验机的夹具中，试件的纵向轴线应与拉伸试验机及夹具的轴线重合。夹具内侧间距宜为(200±5)mm，试件不应承受预荷载，如图D.1.1（b）所示。

2 在标准试验条件下，拉伸速度应为(100±10)mm/min，记录试件拉力最大值和破坏形式。

D.1.4 试验结果应符合下列规定：

1 每个试件的拉伸剪切强度应按式（D.1.4）计算，并精确到0.1N/mm。

$$\sigma = P/b \tag{D.1.4}$$

式中：σ——拉伸剪切强度（N/mm）；

P——最大拉伸剪切力（N）；

b——试件粘合面宽度50mm。

2 计算试验结果时，应舍去试件距拉伸试验机夹具10mm范围内的破坏及从拉伸试验机夹具中滑移超过2mm的数据，用备用试件重新试验。

3 试验结果应以每组5个试件的算术平均值表示。

4 在拉伸剪切时，若试件都是卷材断裂，则应报告为卷材破坏。

D.2 胶粘剂的剥离性能试验方法

D.2.1 试样制备应符合下列规定：

1 防水卷材表面处理和胶粘剂的使用方法，均按生产企业提供的技术要求进行；试样粘合时应用手辊反复压实，排除气泡。

2 卷材—卷材剥离强度试样应将与胶粘剂配套的卷材纵向裁取300mm×200mm试片2块，按图D.2.1（a）所示，用胶粘剂进行粘合，在粘合的试样上截取5个宽度为（50±1）mm的试件。

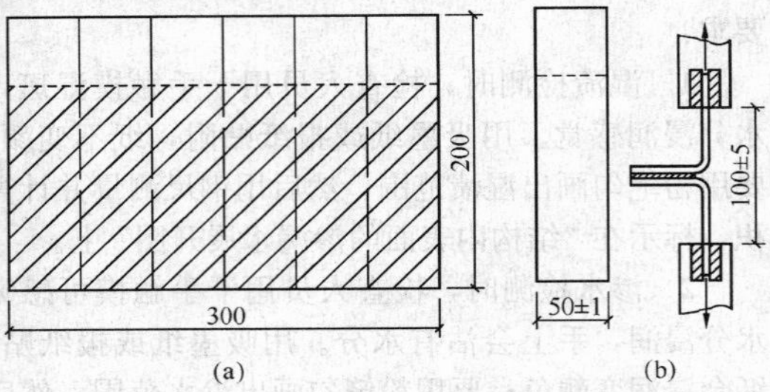

图D.2.1 卷材—卷材剥离强度试样及试验

D.2.2 试验条件应按本规定第D.1.2条的规定执行。

D.2.3 试验程序应符合下列规定：

1 将试件未胶接一端分开，试件应稳固地放入拉伸试验机的夹具中，试件的纵向轴线应与拉伸试验机、夹具的轴线重合。夹具内侧间距宜为（100±5）mm，试件不应承受预荷载，如图D.2.1（b）所示。

2 在标准试验条件下，拉伸试验机应以(100±10)mm/min的拉伸速度将试件分离。

3 试验结果应连续记录直至试件分离，并应在报告中说明破坏形式，即粘附破坏、内聚破坏或卷材破坏。

D.2.4 试验结果应符合下列规定：

1 每个试件应从剥离力和剥离长度的关系曲线上记录最大的剥离力，并按式（D.2.4）计算最大剥离强度。

$$\sigma_T = F/B \tag{D.2.4}$$

式中：σ_T——最大剥离强度（N/50mm）；

F——最大的剥离力（N）；

B——试件粘合面宽度50mm。

2 计算试验结果时，应舍去试件距拉伸试验机夹具10mm范围内的破坏及从拉伸试验机夹具中滑移超过2mm的数据，用备用试件重新试验。

3　每个试件在至少100mm剥离长度内，由作用于试件中间1/2区域内10个等分点处的剥离力的平均值，计算平均剥离强度。

4　试验结果应以每组5个试件的算术平均值表示。

D.3　胶粘带的剪切性能试验方法

D.3.1　试样制备应符合下列规定：

1　防水卷材试样应沿卷材纵向裁取尺寸150mm×25mm，胶粘带宽度不足25mm，按胶粘带宽度裁样。

2　双面胶粘带拉伸剪切强度试样应用丙酮等适用的溶剂清洁基材的粘结面。从三卷双面胶粘带上分别取试样，尺寸为100mm×25mm。按图D.3.1将胶粘带试样无隔离纸的一面粘贴在防水卷材上。揭去胶粘带试样上的隔离纸，在防水卷材的胶粘带试样的另一面粘贴防水卷材，然后用压辊反复滚压3次。

3　按上述方法制备防水卷材试样5个。

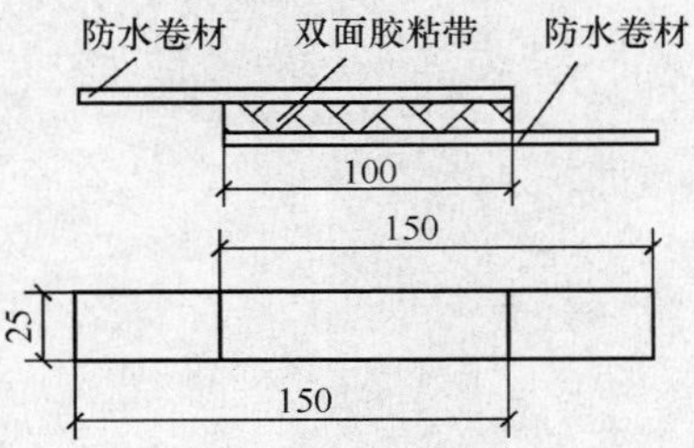

图D.3.1　双面胶粘带拉伸剪切强度试样

D.3.2　试验条件应符合下列规定：

1　标准试验条件应为温度（23±2）℃和相对湿度（30～70）%。

2　拉伸试验机应有足够的承载能力，不应小于2000N，夹具拉伸速度为（100±10）mm/min，夹持宽度不应小于50mm，并配有记录装置。

3　压辊质量为（2000±50）g，钢轮直径×宽度为84mm×45mm，包覆橡胶硬度（邵尔A型）为80°±5°，厚度为6mm；

4　试样应在标准试验条件下放置至少20h。

D.3.3　试验程序应按本规范第D.1.3条的规定执行。

D.3.4　试验结果应按本规范第D.1.4条的规定执行。

D.4　胶粘带的剥离性能试验方法

D.4.1　试样制备应符合以下规定：

1　防水卷材试样应沿卷材纵向裁取尺寸150mm×25mm，胶粘带宽度不足25mm，按胶粘带宽度裁样。

2　双面胶粘带剥离强度试样应用丙酮等适用的溶剂清洁基材的粘结面。从三卷双面胶粘带上分别取试样，尺寸为100mm×25mm。按图D.4.1将胶粘带试样无隔离纸的一面粘贴在防水卷材上。揭去胶粘带试样上的隔离纸，在防水卷材的胶粘带试样的另一面粘贴防水卷材，然后用压辊反复滚压3次。

3　按上述方法制备防水卷材试样5个。

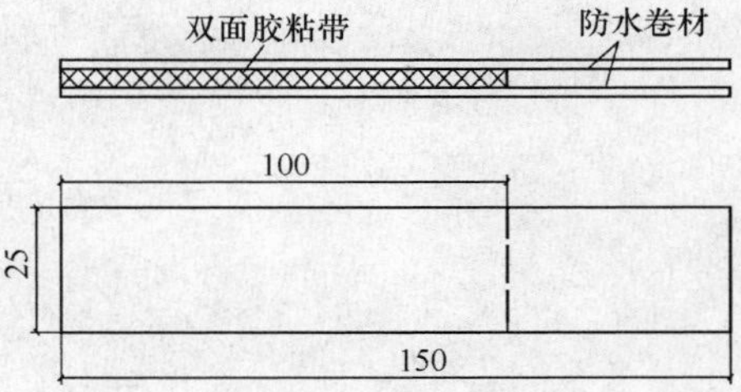

图D.4.1　双面胶粘带剥离强度试样

D.4.2　试验条件应按本规范第D.3.2条的规定执行。

D.4.3　试验程序应按本规范第D.2.3条的规定执行。

D.4.4　试验结果应按本规范第D.2.4条的规定执行。

本规范用词说明

1　为便于在执行本规范条文时区别对待，对要求严格程度不同的用词说明如下：

1）表示很严格，非这样做不可的：
正面词采用"必须"，反面词采用"严禁"；

2）表示严格，在正常情况下均应这样做的：
正面词采用"应"，反面词采用"不应"或"不得"；

3）表示允许稍有选择，在条件许可时首先应这样做的：
正面词采用"宜"，反面词采用"不宜"；

4）表示有选择，在一定条件下可以这样做的，采用"可"。

2　条文中指明应按其他有关标准执行的写法为"应符合……的规定"或"应按……执行"。

引用标准名录

1《工业建筑防腐蚀设计规范》GB 50046

2《普通混凝土拌合物性能试验方法标准》GB/T 50080

3《普通混凝土力学性能试验方法标准》GB/T 50081

4 《普通混凝土长期性能和耐久性能试验方法标准》GB/T 50082

5 《混凝土强度检验评定标准》GB/T 50107

6 《混凝土外加剂应用技术规范》GB 50119

7 《混凝土结构工程施工质量验收规范》GB 50204

8 《建筑工程施工质量验收统一标准》GB 50300

9 《混凝土结构耐久性设计规范》GB 50476

10 《用于水泥和混凝土中的粒化高炉矿渣粉》GB/T 18046

11 《混凝土用水标准》JGJ 63

12 《建筑防水涂料中有害物质限量》JC 1066

中华人民共和国国家标准

地下防水工程质量验收规范

GB 50208—2011

条 文 说 明

修 订 说 明

《地下防水工程质量验收规范》GB 50208－2011经住房和城乡建设部 2011 年 4 月 2 日以第 971 号公告批准、发布。

为便于广大设计、施工、科研、学校等单位有关人员在使用本规范时能正确理解和执行条文规定，《地下防水工程质量验收规范》编制组按章、节、条顺序编制了本规范的条文说明，对条文规定的目的、依据以及执行中需注意的有关事项进行了说明。但是，本条文说明不具备与规范正文同等的法律效力，仅供使用者作为理解和把握规范规定的参考。

目　次

1　总则 ………………………………… 1—18—36
2　术语 ………………………………… 1—18—36
3　基本规定 …………………………… 1—18—36
4　主体结构防水工程 ………………… 1—18—39
4.1　防水混凝土 ……………………… 1—18—39
4.2　水泥砂浆防水层 ………………… 1—18—42
4.3　卷材防水层 ……………………… 1—18—43
4.4　涂料防水层 ……………………… 1—18—46
4.5　塑料防水板防水层 ……………… 1—18—47
4.6　金属板防水层 …………………… 1—18—48
4.7　膨润土防水材料防水层 ………… 1—18—49
5　细部构造防水工程…………………… 1—18—50
5.1　施工缝 …………………………… 1—18—50
5.2　变形缝 …………………………… 1—18—50
5.3　后浇带 …………………………… 1—18—51
5.4　穿墙管 …………………………… 1—18—52
5.5　埋设件 …………………………… 1—18—52
5.6　预留通道接头 …………………… 1—18—52
5.7　桩头 ……………………………… 1—18—52
5.8　孔口 ……………………………… 1—18—53
5.9　坑、池 …………………………… 1—18—53
6　特殊施工法结构防水工程 ………… 1—18—53
6.1　锚喷支护 ………………………… 1—18—53
6.2　地下连续墙 ……………………… 1—18—54
6.3　盾构隧道 ………………………… 1—18—55
6.4　沉井 ……………………………… 1—18—56
6.5　逆筑结构 ………………………… 1—18—57
7　排水工程 …………………………… 1—18—57
7.1　渗排水、盲沟排水 ……………… 1—18—57
7.2　隧道排水、坑道排水 …………… 1—18—58
7.3　塑料排水板排水 ………………… 1—18—59
8　注浆工程 …………………………… 1—18—60
8.1　预注浆、后注浆 ………………… 1—18—60
8.2　结构裂缝注浆 …………………… 1—18—61
9　子分部工程质量验收 ……………… 1—18—62

1 总 则

1.0.1 随着地下空间的开发利用，地下工程的埋置深度愈来愈深，工程所处的水文地质条件和环境条件愈来愈复杂，地下工程渗漏水的情况时有发生，严重影响了地下工程的使用功能和结构耐久性。为进一步适应我国地下工程建设的需要，促进防水材料和防水技术的发展，遵循“材料是基础，设计是前提，施工是关键”，确保地下防水工程质量，特编制本规范。

由于我国目前尚未制定有关建筑防水设计的通用标准，而现行的《地下工程防水技术规范》GB 50108－2008中，含有一定的施工、设计内容，为了更好地与其配套使用，本规范仍保留原规范《地下防水工程质量验收规范》的名称。

1.0.2 本规范适用于房屋建筑、市政隧道、防护工程、地下铁道等地下防水工程质量验收。

地下工程是建造在地下或水底以下的工程建筑物和构筑物，包括各种工业、交通、民用和军事等地下建筑工程。房屋建筑地下工程是指住宅建筑、公共建筑、文教建筑、商业建筑、旅游建筑、交通建筑和各类工业建筑等地下室结构和基础；市政隧道是指修建在城市地下用作敷设各种市政设施地下管线的隧道以及城市公路隧道、城市人行隧道等工程；防护工程是指为战时防护要求而修建的国防和人防工程，如人员掩蔽工事、作战指挥部、军用地下工厂和仓库等工程，有一些地下商业街、地下车库、地下影剧院也可用于战时的人民防空工事；地下铁道是指城市地铁车站和连接各车站的区间隧道。

1.0.3 根据原建设部《建设领域推广应用新技术管理规定》部令第109号文件精神，发布建设工程中推广应用新技术和限制、禁止使用落后的技术。对采用性能、质量可靠的新型防水材料和相应的施工技术等科技成果，必须经过科技成果鉴定、评估或新产品、新技术鉴定，并应制定相应的技术标准。同时，强调新技术、新材料、新工艺需经工程实践检验，符合有关安全及功能要求的才能得到推广应用。

1.0.4 安全与劳动防护和环境保护，已成为当前全社会不可忽视的问题。在防水工程中，不得采用现行《职业性接触毒物危害程度分级》GBZ 230中划分为Ⅲ级以上毒物的材料。当配制和使用有毒材料时，现场必须采取通风措施，操作人员必须佩戴劳保用品；有毒材料和挥发性材料应密封储存，妥善保管。

目前，在原建设部《建设事业“十一五”推广应用和限制、禁止使用技术》第659号公告中，已经明确以下禁用产品：S型聚氯乙烯防水卷材、焦油型聚氨酯防水涂料、水性聚氯乙烯焦油防水涂料、焦油型聚氯乙烯建筑防水接缝材料。由国家发展和改革委员会发布的《建筑防水涂料中有害物质限量》JC 1066－2008和《沥青基防水卷材用基层处理剂》JC/T 1069－2008，对建设工程中预防和控制建筑材料产生的环境污染，保障公民健康和维护公共利益，提出了规范性规定。

1.0.5 本条是根据住房和城乡建设部《关于印发〈工程建设标准编写规定〉的通知》（建标［2008］182号）的规定，采用了“地下防水工程质量验收除应符合本规范外，尚应符合国家现行有关标准的规定”典型用语。

2 术 语

根据住房和城乡建设部印发建标［2008］182号通知精神，在《工程建设标准编写规定》第二十三条中明确规定：标准中采用的术语和符号，当现行标准中尚无统一规定，且需要给出定义或涵义时，可独立成章，集中列出。按照这一规定，本次修订时将本规范中尚未在其他国家标准、行业标准中规定的术语单独列为本章。

在本规范中涉及地下防水工程质量验收方面的术语有三种情况：

1 在现行国家标准、行业标准中无规定，是本规范首次提出的。

2 虽在国家标准、行业标准中出现过这一术语，但人们比较生疏的。

3 现行的国家标准、行业标准中虽有类似术语，但内容不完全相同。

以上三种类型的术语共12条，在本章中一一列入，并给予定义。

3 基本规定

3.0.1 当前，提出一个符合我国地下工程实际情况的防水等级标准是十分必要的。本条是引用《地下工程防水技术规范》GB 50108－2008第3.2.1条的内容。

表3.0.1地下工程防水等级标准的依据：

1 防水等级为一级的工程，按规定是不允许渗水的，但结构内表面并不是没有地下水渗透现象。由于渗水量极小，且随时被正常的人工通风所带走，当渗水量小于蒸发量时，结构表面往往不会留存湿渍，故对此不作量化指标的规定。

2 防水等级为二级的工程，按规定是不允许有漏水，结构表面可有少量湿渍。关于地下工程渗漏水检测，在房屋建筑和其他地下工程中，对总湿渍面积占总防水面积的比例以及任意100m^2防水面积上的湿渍处和单个湿渍最大面积都作了量化指标的规定；考虑到国外的有关隧道等级标准，我国防水等级为二级的隧道工程已按国际惯例采用渗水量单位“L/(m^2·

d)”，并对平均渗水量和任意 $100m^2$ 防水面积上的渗水量作出量化指标的规定。

3 防水等级为三级的工程，按规定允许有少量漏水点，但不得有线流和漏泥砂。在地下工程中，顶部或拱顶的渗漏水一般为滴水，而侧墙则多呈流挂湿渍的形式。为了便于工程验收，对任意 $100m^2$ 防水面积上的漏水或湿渍点数以及单个漏水点的最大漏水量、单个湿渍的最大面积都作了量化指标的规定。

4 防水等级为四级的工程，按规定允许有漏水点，但不得有线流和漏泥砂。根据德国 STUVA 防水等级中关于 100m 区间的渗漏水量是 10m 区间的 1/2 及 1m 区间的 1/4 的规定，我国地下工程采用任意 $100m^2$ 防水面积上的漏水量为整个工程平均漏水量的 2 倍。

3.0.2 本条是引用《地下工程防水技术规范》GB 50108－2008 第 3.3.1 条的内容。本条表 3.0.1-1 和表 3.0.1-2 虽保留了原规范的基本内容，但在主体或衬砌结构中增加了膨润土防水材料，在施工缝中增加了预埋注浆管和水泥基渗透结晶型防水涂料等防水设防。

本条规定了地下工程的防水设防要求，主要包括主体或衬砌结构和细部构造两个部分。目前，工程采用防水混凝土结构的自防水效果尚好，而细部构造特别是在施工缝、变形缝、后浇带等处的渗漏水现象最为普遍。明挖法或暗挖法地下工程的防水设防，主体或衬砌结构应首先选用防水混凝土，当工程防水等级为一级时，应再增设一至两道其他防水层；当工程为二级时，应再增设一道其他防水层；对于施工缝、后浇带、变形缝，应根据不同防水等级选用不同的防水措施，防水等级越高，拟采用的措施越多。我们从表 3.0.2-1 和表 3.0.2-2 得知，在防水混凝土结构或衬砌的迎水面全外包柔性防水层，形成一个整体全封闭的防水体系，理应使整个工程防水功能得到很大提高，但实际情况往往并非如此。在调研过程中，专家和施工单位反映了以下两种情况：一是由于基层干燥，在冷粘法粘贴合成高分子防水卷材或热熔法粘贴高聚物改性沥青防水卷材时，卷材与基层不能良好粘结，一旦成品保护或施工不当，会在防水结构与柔性防水层之间出现窜水渗漏，导致工程失效；二是长期以来，人们认为混凝土收缩是水泥固有的缺点，裂缝是难以避免的，随着地下工程的不断加深和超长发展，设计多采用变形缝或后浇带，处理不当会增加日后工程渗漏水隐患。为此，近年来我国包括防水材料生产企业在内的防水工程界人士，研发了预铺式反粘卷材防水系统、聚乙烯丙纶卷材与聚合物水泥防水胶粘料复合防水技术、钠基膨润土防水毯应用技术等新材料、新技术、新工艺，充分发挥了工程结构的整体防水功能。建设部科技发展促进中心发布的 2006 年全国建筑行业科技成果推广项目“FS101、FS102 刚性复合防水技术”，主要由 FS101 的防水砂浆和 FS102 防水混凝土复合而成的刚性防水系统，采用可提高水泥凝胶密实性的特种外加剂材料，具有减小收缩、控制开裂和良好的抗渗性能，从而减少变形缝或后浇带的设置，满足工程防水且与结构寿命相同。预埋注浆管也是近年来处理施工缝漏水的新增措施，解决了工程接缝部位薄弱环节的渗漏水问题，即在工程接缝部位的混凝土硬化完成后，通过预埋的注浆管向接缝内注入浆液加以封堵，形成一道防水设防，在强化接缝防水功能和接缝维修堵漏中得到广泛使用。

综上所述，地下工程的防水设计和施工，应符合“防、排、截、堵相结合，刚柔相济，因地制宜，综合治理”的原则。在选用地下工程防水设防时，不得按两表生搬硬套，应根据结构特点、使用年限、材料性能、施工方法、环境条件等因素合理地使用材料。

3.0.3 防水施工是保证地下防水工程质量的关键，是对防水材料的一次再加工。目前我国一些地区由于使用不懂防水技术的农村副业队或新工人进行防水作业，造成工程渗漏的严重后果。故强调必须建立具有相应资质的专业队伍，施工人员必须经过技术理论与实际操作的培训，并持有建设行政主管部门或其指定单位颁发的执业资格证书或防水专业岗位证书。对非防水专业队伍或非从事防水施工的人员，当地质量监督部门应责令其停止施工。

3.0.4 根据建设部（1991）837 号文《关于提高防水工程质量的若干规定》的要求：防水工程施工前，应通过图纸会审，掌握施工图中的细部构造及有关要求。这样，各有关单位既能对防水设计质量把关，又能掌握地下工程防水构造设计的要点，避免在施工中出现差错。同时，施工前还应制定相应的施工方案或技术措施，并按程序经监理单位或建设单位审查批准后执行。

3.0.5 影响建筑工程质量好坏的主要原因之一是建筑材料的质量优劣。由于建筑防水材料品种繁多，性能各异，质量参差不齐，成为大多数业主、工程监督、监理、施工质量管理以及采购人员的一个难题。为此，本条提出了地下防水工程所使用防水材料的品种、规格、性能等必须符合现行国家或行业产品标准和设计要求。

对于防水材料的品种、规格、性能等要求，凡是在地下工程防水设计中有明确规定的，应按设计要求执行；凡是在地下工程防水设计中未作具体规定的，应按现行国家或行业产品标准执行。

3.0.6 产品性能检测报告，是建筑材料是否适用于建设工程或正常在建设市场流通的合法通行证，也是工程质量预控制且符合工程设计要求的主要途径之一。对产品性能检测报告的准确判别十分重要，万一误判会给建设工程质量埋下隐患或造成工程事故。为此，对本条作如下说明：

1 防水材料必须送至经过省级以上建设行政主管部门资质认可和质量技术监督部门计量认证的检测单位进行检测。

2 检查人员必须按防水材料标准中组批与抽样的规定随机取样。

3 检查项目应符合防水材料标准和工程设计的要求。

4 检测方法应符合现行防水材料标准的规定，检测结论明确。

5 检测报告应有主检、审核、批准人签章，盖有"检测单位公章"和"检测专用章"。复制报告未重新加盖"检测单位公章"和"检测专用章"无效。

6 防水材料企业提供的产品出厂检验报告是对产品生产期间的质量控制，产品型式检验的有效期宜为一年。

3.0.7 材料进场验收是把好材料合格关的重要环节，本条给出了防水材料进场验收的具体规定。

1 第1、2款是按照《建设工程监理规范》GB 50319－2000第5.4.6条的规定，专业监理工程师应对承包单位报送的拟建进场工程材料/构配件/设备报审表及其质量证明资料进行审核，并对进场的实物按照委托监理合同约定或有关工程质量管理文件规定的比例，采用平行检验或见证取样方式进行抽检。对未经监理人员验收或验收不合格的工程材料/构配件/设备，监理人员应拒绝签认，并应签发监理工程师通知单，书面通知承包单位限期将不合格的工程材料/构配件/设备撤出现场。

2 第3款提到进场防水材料应按本规范附录A和附录B的规定进行抽样检验，并出具材料进场检验报告。原规范提到的抽样复验，有概念上的错误。进场检验是指从材料生产企业提供的合格产品中对外观质量和主要物理性能检验，决不是对不合格产品的复验，故本次修订为抽样检验。

为了做到建设工程质量检查工作的科学性、公正性和正确性，材料进场检验应执行原建设部关于《房屋建筑工程和市政基础设施工程实行见证取样和送检的规定》。

3 第4款是对进场材料抽样检验的合格判定。材料的主要物理性能检验项目全部指标达到标准时，即为合格；若有一项指标不符合标准规定时，应在受检产品中重新取样进行该项指标复验，复验结果符合标准规定，则判定该批材料合格。需要说明两点：一是检验中若有两项或两项以上指标达不到标准规定时，则判该批产品为不合格；二是检验中若有一项指标达不到标准规定时，允许在受检产品中重新取样进行该项指标复验。

3.0.8 保护环境是我国的一项基本国策，本条提出地下工程使用的防水材料及其配套材料应符合国家有关标准对有害物质限量的规定，不得对周围环境造成污染。在《建筑防水涂料中有害物质限量》JC 1066－2008中，对建筑防水用各类涂料和防水材料配套用的液体材料，按其性质分为水性、反应型和溶剂型建筑防水涂料，分别规定了有害物质限量。

3.0.9 施工过程中建立工序质量的自查、核查和交接检查制度，是实行施工质量过程控制的根本保证。上道工序完成后，应经完成方和后续工序的承接方共同检查并确认，方可进行下一工序的施工。避免了上道工序存在的问题未解决，而被下道工序所覆盖，给防水工程留下质量隐患。因此，本条规定工序或分项工程的质量验收，应在操作人员自检合格的基础上，进行工序之间的交接检和专职质量人员的检查，检查结果应有完整的记录，然后由监理工程师代表建设单位进行检查和确认。

3.0.10 进行防水结构或防水层施工时，现场应做到无水、无泥浆，这是保证地下防水工程施工质量的一个重要条件。因此，在地下防水工程施工期间，必须做好周围环境的排水和降低地下水位的工作。

排除基坑周围的地面水和基坑内的积水，以便在不带水和泥浆的基坑内进行施工。排水时应注意避免基土的流失，防止因改变基底的土层构造而导致地面沉陷。

为了确保地下防水工程的施工质量，本条规定地下水位应降低至工程底部最低高程500mm以下的位置，并保持已降的地下水位至整个防水工程完成。对于采用明沟排水施工的基坑，可适当放宽规定，但应保持基坑干燥。

3.0.11 在地下工程的防水层施工时，气候条件对其影响是很大的。雨天施工会使基层含水率增大，导致防水层粘结不牢；气温过低时铺贴卷材，易出现开卷时卷材发硬、脆裂，严重影响防水层质量；低温涂刷涂料，涂层易受冻且不成膜；五级风以上进行防水层施工操作，难以确保防水层质量和人身安全。故本条根据不同的材料性能及施工工艺，分别规定了适于施工的环境气温。当防水层施工环境温度不符合规定而又必须施工时，需采取合理的防护措施，满足防水层施工的条件。

3.0.12 根据《建筑工程施工质量验收统一标准》GB 50300－2001的规定，确定地下防水工程为地基与基础分部工程中的一个子分部工程。由于地下防水工程包括了主体结构防水工程、细部构造防水工程、特殊施工法结构防水工程、排水工程和注浆工程等主要内容，本条表3.0.12分别对地下防水工程的分项工程给予具体划分，有助于及时纠正施工中出现的质量问题，确保工程质量，也符合施工的实际情况。

3.0.13 按照《建筑工程施工质量验收统一标准》GB 50300的规定，分项工程可由一个或若干个检验批组成，检验批可根据质量控制和专业验收需要按楼层、施工段、变形缝等进行划分。由于原规范未对检验批划分作出规定，给施工质量验收带来不便。为此，本条分别对主体结构防水工程、细部构造防水工程、特殊施工法结构防水工程、排水工程和注浆工程分项工程检验批的划分和每个检验批的抽样检验数量作了规定。

3.0.14 我国对地下工程防水等级标准划分为四级，主要是根据国内工程调查资料和参考国外有关规定，结合地下工程不同的使用规定和我国实际情况，按允许渗漏水量来确定的。本条规定地下防水工程应按工程设计的防水等级标准进行验收，地下工程渗漏水检验与检测应按本规范附录C执行。

4 主体结构防水工程

4.1 防水混凝土

4.1.1 从本规范表3.0.2-1或表3.0.2-2可以看出，防水混凝土是主体结构或衬砌结构的一道重要防线。

防水混凝土在常温下具有较高抗渗性，但抗渗性将会随着环境温度的提高而降低。当温度为100℃时，混凝土抗渗性约降低40%，200℃时约降低60%以上；当温度超过250℃时，混凝土几乎失去抗渗能力，而抗拉强度也随之下降为原强度的66%。为此，本条规定了防水混凝土的最高使用温度不得超过80℃。

本条取消了原规范规定“防水混凝土耐蚀系数不应小于0.8”的规定。这是因为耐蚀系数的提出是20世纪60年代根据在硫酸盐侵蚀介质条件下得出的结论，而近几十年地下工程环境越来越复杂、恶劣，浅层地下水侵蚀介质已有六十多种，每个工程可能受到侵蚀介质的种类及其影响也不尽相同。故本条修改为“处于侵蚀性介质中，防水混凝土的耐侵蚀性要求应符合现行国家标准《工业建筑防腐蚀设计规范》GB 50046和《混凝土结构耐久性设计规范》GB 50476的有关规定”。

4.1.2 关于防水混凝土对水泥品种的选用，原规范规定水泥品种按设计要求选用。由于《通用硅酸盐水泥》GB 175－2007的实施，替代了《硅酸盐水泥、普通硅酸盐水泥》GB 175－1999、《矿渣硅酸盐水泥、火山灰质硅酸盐水泥及粉煤灰硅酸盐水泥》GB 1344－1999和《复合硅酸盐水泥》GB 12958－1999三个标准。根据通用硅酸盐水泥的定义：以硅酸盐水泥熟料和适量的石膏及规定的混合材料制成的水硬性胶凝材料。其中混合材料应包括粒化高炉矿渣、粒化高炉矿渣粉、粉煤灰、火山灰质混合材料。从《通用硅酸盐水泥》标准可以看到：硅酸盐水泥掺有混合材料不足5%，普通硅酸盐水泥掺有混合材料为5%～20%，而矿渣硅酸盐水泥允许掺有20%～70%的粒化高炉矿渣粉；火山灰质硅酸盐水泥允许掺有20%～40%的火山灰质混合材料；粉煤灰硅酸盐水泥允许掺有20%～40%的粉煤灰。同时，随着混凝土技术的发展，目前将用于配制混凝土的硅酸盐水泥及粉煤灰、磨细矿渣、硅粉等矿物掺合料总称为胶凝材料。为了简化混凝土配合比设计，本条规定了“水泥宜采用普通硅酸盐水泥或硅酸盐水泥，采用其他品种水泥时应经试验确定”。也就是说，通过试验确定其配合比，以确保防水混凝土的质量。

在受侵蚀性介质作用时，可以根据侵蚀介质的不同，选择相应的水泥品种或矿物掺合料。

4.1.3 对本条说明如下：

1 砂、石含泥量多少，直接影响到混凝土的质量，同时对混凝土抗渗性能影响很大。特别是泥块的体积不稳定，干燥时收缩、潮湿时膨胀，对混凝土有较大的破坏作用。因此防水混凝土施工时，对骨料含泥量和泥块含量均应严格控制。

2 海砂中含有氯离子，会引起混凝土中钢筋锈蚀，会对混凝土结构产生破坏。在没有河砂时，应对海砂进行处理后才能使用，本条增加了“不宜使用海砂”的规定。依据《普通混凝土用砂、石质量及检验方法标准》JGJ 52－2006，采用海砂配置混凝土时，其氯离 子含量不应大于0.06%，以干砂的质量百分率计。

3 地下工程长期受地下水、地表水的侵蚀，且水泥和外加剂中将难以避免具有一定的含碱量。若混凝土的粗细骨料具有碱活性，容易引起碱骨料反应，影响结构的耐久性，因此本条还增加了“对长期处于潮湿环境的重要结构混凝土用砂、石，应进行碱活性检验”的规定。

4.1.4 粉煤灰的质量要求应符合现行国家标准《用于水泥和混凝土中的粉煤灰》GB/T 1596的有关规定；硅粉的质量要求应符合现行国家标准《高强高性能混凝土用矿物外加剂》GB/T 18736的有关规定。

4.1.6 外加剂是提高防水混凝土的密实性的手段之一。现在国内外加剂种类很多，只对其质量标准作出规定很难保证工程质量。选用外加剂时，其品种、掺量应根据混凝土所用胶凝材料经试验确定。对于耐久性要求较高或寒冷地区的地下工程混凝土，宜采用引气剂或引气型减水剂，以改善混凝土拌合物的和易性，增加黏滞性，减少分层离析和沉降泌水，提高混凝土的抗渗、抗冻融循环、抗侵蚀能力等耐久性能。绝大部分减水剂，有增大混凝土收缩的副作用，这对混凝土抗裂防水显然不利，因此应考虑外加剂对硬化混凝土收缩性能的影响，选用收缩率更低的外加剂。

外加剂材料组成中有的是工业产品、废料，有的可能是有毒的，有的会污染环境。因此规定外加剂在混凝土生产和使用过程中，不能损害人体健康和污染环境。

4.1.7 防水混凝土配合比设计应符合现行行业标准

《普通混凝土配合比设计规程》JGJ 55 的有关规定，同时应满足以下要求：

1 考虑到施工现场与试验室条件的差别，试配要求的抗渗水压力值应比设计抗渗等级的规定压力值提高 0.2MPa，以保证防水混凝土所确定的配合比在验收时有足够的保证率。试配时，应采用水灰比最大的配合比作抗渗试验，其试验结果应符合式（1）规定。

$$P_t \geqslant P/10 + 0.2 \qquad (1)$$

式中：P_t——6 个试件中 4 个未出现渗水时的最大水压值（MPa）；

P——设计规定的抗渗等级。

2 随着混凝土技术的发展，现代混凝土的设计理念也在更新。尽可能减少硅酸盐水泥用量，而以一定数量的粉煤灰、粒化高炉矿渣粉、硅粉等矿物活性掺合料代替。它们的加入可改善砂子级配，补充天然砂中部分小于 0.15mm 的颗粒，填充混凝土部分孔隙，使混凝土在获得所需的抗压强度的同时，提高混凝土的密实性和抗渗性。

掺入粉煤灰等活性掺合料，还可以减少水泥用量，降低水化热，防止和减少混凝土裂缝的产生，使混凝土获得良好的耐久性、抗渗性、抗化学侵蚀及抗裂性能。但是随着上述细粉料的增加，混凝土强度随之下降，因此对其品种和掺量必须严格控制，并应通过试验确定。粉煤灰和粒化高炉矿渣粉，其质量应符合现行国家标准《用于水泥和混凝土中的粉煤灰》GB/T 1596 和《用于水泥和混凝土中的粒化高炉矿渣粉》GB/T 18046 的有关规定。本次修订对水泥及粉煤灰等活性掺合料用量作了新的规定。

3 除水泥外，粉煤灰等其他胶凝材料也具有不同程度的活性，其活性的激发，同样依赖于足够的水。因此本条以胶凝材料的用量取代了传统的水泥用量，并以水胶比取代传统的水灰比。拌合物的水胶比对硬化混凝土孔隙率大小和数量起决定性作用，直接影响混凝土结构的密实性。水胶比越大，混凝土中多余水分蒸发后，形成孔径为 50μm～150μm 的毛细孔等开放的孔隙也就越多，这些孔隙是造成混凝土抗渗性降低的主要原因。

从理论上讲，在满足胶凝材料完全水化及润湿砂石所需水量的前提下，水胶比越小，混凝土密实性越好，抗渗性和强度也就越高。但水胶比过小，混凝土极难振捣和拌合均匀，其抗渗性和密实性反而得不到保证。随着外加剂技术的发展，减水剂已成为混凝土不可缺少的组分之一，掺入减水剂后可适量减少混凝土的水胶比，而防水功能并不降低。

综上所述，本次修订将原规范“水灰比不得大于 0.55”修改为“水胶比不得大于 0.5”。当有侵蚀性介质或矿物掺合料掺量较大时，水胶比不宜大于 0.45，以使得粉煤灰等矿物掺合料的作用较为充分发挥，提高防水混凝土密实性，以确保防水混凝土的耐侵蚀性和抗渗性能。

4 砂率对抗渗性有明显的影响。砂率偏低时，由于砂子数量不足而水泥和水的含量高，混凝土往往出现不均匀及收缩大的现象，抗渗性较差；而砂率偏高时，由于砂子过多，拌合物干涩而缺乏粘结能力，混凝土密实性差，抗渗能力下降。实践证明，35%～45%砂率最为适宜。

5 灰砂比对抗渗性也有明显影响。灰砂比为 1∶1～1∶1.5 时，由于砂子数量不足而水泥和水的含量高，混凝土往往出现不均匀及收缩大的现象，混凝土抗渗性较差；灰砂比为 1∶3 时，由于砂子过多，拌合物干涩而缺乏粘结能力，混凝土密实性差，抗渗能力下降。因此，灰砂比为 1∶2～1∶2.5 时最为适宜。

6 氯离子含量高会导致混凝土的钢筋锈蚀，是影响混凝土结构耐久性的主要危害因素之一，应引起足够的重视。根据国内外资料和标准规范规定，氯离子含量不超过胶凝材料总量的 0.1%，不会导致钢筋锈蚀。

4.1.8 本条考虑到目前在地下工程中大量采用预拌混凝土泵送施工的需要，对预拌混凝土的坍落度作出具体规定。工程实践中，泵送混凝土的坍落度是按《混凝土泵送技术规程》JGJ/T 10－95 表 3.2.4-1 不同泵送高度入泵时混凝土坍落度选用的，对地下工程来说坍落度偏高并没有必要。施工时，为了达到较高的坍落度，往往采用掺加外加剂或提高水灰比的方法，前者会增加工程造价，后者可能降低混凝土的防水性能。经征求意见，本条修改为“入泵坍落度宜控制在 120mm～160mm，坍落度每小时损失不应大于 20mm，坍落度总损失值不应大于 40mm”。

泵送混凝土配合比设计应符合现行行业标准《普通混凝土配合比设计规程》JGJ/T 55 的有关规定；泵送混凝土试配时规定的坍落度值应按式（2）计算。

$$T_t = T_p + \Delta T \qquad (2)$$

式中：T_t——试配时规定的坍落度值（mm）；

T_p——入泵时规定的坍落度值（mm）；

ΔT——试验测得在预计时间内的坍落度经时损失值。

4.1.9 本条对混凝土拌制和浇筑过程控制作了具体规定，并增加了混凝土入泵时的坍落度允许偏差规定。

1 规定了各种原材料的计量标准，避免由于计量不准确或偏差过大而影响混凝土配合比的准确性，确保混凝土的匀质性、抗渗性和强度等技术性能。

2 拌合物坍落度的大小，对拌合物施工性及硬化后混凝土的抗渗性和强度有直接影响，因此加强坍落度的检测和控制是十分必要的。

由于混凝土输送条件和运距的不同，掺入外加剂后引起混凝土的坍落度损失也会不同。规定了坍落度允许偏差，减少和消除上述各种不利因素影响，保证混凝土具有良好的施工性。

3 混凝土入泵时的坍落度允许偏差是泵送混凝土质量控制的重要内容，并规定了混凝土入泵坍落度在交货地点按每工作班至少检查两次。本条表4.1.9-3是根据现行国家标准以及我国泵送施工经验确定的。

4 针对施工中遇到坍落度不满足规定时随意加水的现象，作了严禁直接加水的规定。随意加水将改变原有规定的水灰比，水灰比的增大不仅影响混凝土的强度，而且对混凝土的抗渗性影响极大，将会引起渗漏水的隐患。

4.1.10 本条针对防水混凝土抗压强度试件的取样频率与留置组数要求，应符合现行国家标准《混凝土结构工程施工质量验收规范》GB 50204的有关规定。同时，本条还对混凝土抗压强度试验方法和混凝土强度评定作出了规定。

4.1.11 防水混凝土不宜采用蒸汽养护。采用蒸汽养护会使毛细管因经受蒸汽压力而扩张，造成混凝土的抗渗性急剧下降，故防水混凝土的抗渗性能必须以标准条件下养护的抗渗试件作为依据。

随着地下工程规模的日益扩大，混凝土浇筑量大大增加。近十年来地下室3层～4层的工程并不罕见，有的工程仅底板面积即达1万平方米。如果抗渗试件留设组数过多，必然造成工作量太大、试验设备条件不够、所需试验时间过长；即使试验结果全部得出，也会因不及时而失去意义，给工程质量造成遗憾。为了比较真实地反映防水工程混凝土质量情况，规定每500m³留置一组抗渗试件，且每项工程不得少于两组。

按《普通混凝土长期性能和耐久性能试验方法标准》GB/T 50082－2009的规定，混凝土抗水渗透性能是通过逐级施加压力来测定混凝土抗渗等级的。混凝土抗渗等级应以每组6个试件中有4个试件未出现渗水时的最大水压力乘以10来确定，并应按式（3）计算。

$$P = 10H - 1 \tag{3}$$

式中：P——混凝土抗渗等级；

H——6个试件中有3个试件渗水时的水压力（MPa）。

4.1.12 大体积防水混凝土内部的热量不如表面热量散失得快，容易造成内外温差过大，所产生的温度应力使混凝土开裂。一般混凝土的水泥水化热引起的混凝土温度升值与环境温度差值大于25℃时，所产生的温度应力有可能大于混凝土本身的抗拉强度，造成混凝土的开裂。大体积混凝土施工时，除精心做好配合比设计、原材料选择外，一定要重视现场施工组织、现场检测等工作。加强温度监测，随时控制混凝土内部的温度变化，将混凝土中心温度与表面温度的差值控制在25℃以内，使表面温度与大气温度差不超过20℃，并及时进行保温保湿养护，使混凝土硬化过程中产生的温差应力小于混凝土本身的抗拉强度，避免混凝土产生贯穿性的有害裂缝。

大体积防水混凝土施工时，为了减少水泥水化热，推迟放热高峰出现的时间，往往掺加部分粉煤灰等胶凝材料替代水泥。由于粉煤灰的水化反应慢，混凝土强度上升较普通混凝土慢。因此可征得设计单位同意，将大体积混凝土60d或90d的强度作为验收指标。

4.1.13 本条对防水混凝土分项工程检验批的抽样检验数量作出规定。

4.1.14 防水混凝土所用的水泥、砂、石、水、外加剂及掺合料等原材料的品质，配合比的正确与否及坍落度大小，都直接影响防水混凝土的密实性、抗渗性，因此必须严格控制，以符合设计要求。在施工过程中，应检查产品合格证书、产品性能检测报告，计量措施和材料进场检验报告。

4.1.15 防水混凝土与普通混凝土配制原则不同，普通混凝土是根据所需强度要求进行配制的，而防水混凝土则是根据工程设计所需抗渗等级要求进行配制。通过调整配合比，使水泥砂浆除满足填充和粘结石子骨架作用外，还在粗骨料周围形成一定数量良好的砂浆包裹层，从而提高混凝土抗渗性。

作为防水混凝土首先必须满足设计的抗渗等级要求，同时适应强度要求。一般能满足抗渗要求的混凝土，其强度往往会超过设计要求。

4.1.16 对本条说明如下：

1 防水混凝土应连续浇筑，宜少留施工缝，以减少渗水隐患。墙体上的垂直施工缝宜与变形缝相结合。墙体最低水平施工缝应高出底板表面不小于300mm，距墙孔洞边缘不应小于300mm，并避免设在墙体承受剪力最大的部位。

2 变形缝应考虑工程结构的沉降、伸缩的可变性，并保证其在变化中的密闭性，不产生渗漏水现象。变形缝处混凝土结构的厚度不应小于300mm，变形缝的宽度宜为20mm～30mm。全埋式地下防水工程的变形缝应为环状；半地下防水工程的变形缝应为U字形，U字形变形缝的设计高度应超出室外地坪500mm以上。

3 后浇带采用补偿收缩混凝土、遇水膨胀止水条或止水胶等防水措施，补偿收缩混凝土的抗压强度和抗渗等级均不得低于两侧混凝土。

4 穿墙管道应在浇筑混凝土前预埋。当结构变形或管道伸缩量较小时，穿墙管可采用主管直接埋入混凝土内的固定式防水法；当结构变形或管道伸缩量较大或有更换要求时，应采用套管式防水法。穿墙管线较多时宜相对集中，采用封口钢板式防水法。

5　埋设件端部或预留孔、槽底部的混凝土厚度不得小于250mm；当厚度小于250mm时，应采取局部加厚或加焊止水钢板的防水措施。

4.1.17　地下防水工程除主体采用防水混凝土结构自防水外，往往在其结构表面采用卷材、涂料防水层，因此要求结构表面应做到坚实和平整。防水混凝土结构内的钢筋或绑扎钢丝不得触及模板，固定模板的螺栓穿墙结构时必须采取防水措施，避免在混凝土结构内留下渗漏水通路。

地下铁道、隧道结构埋设件和预留孔洞多，特别是梁、柱和不同断面结合等部位钢筋密集，施工时必须事先制定措施，加强该部位混凝土振捣密实，保证混凝土质量。

防水混凝土结构上埋设件应准确，其允许偏差：预埋螺栓中心线位置为2mm，外露长度为+10mm，0；预留孔、槽中心线位置为10mm，截面内部尺寸为+10mm，0。拆模后结构尺寸允许偏差：预埋件中心线位置为10mm，预埋螺栓和预埋管为5mm；预留孔、槽中心线位置为15mm。上述要求均按照现行国家标准《混凝土结构工程施工质量验收规范》GB 50204的有关规定执行。

4.1.18　工程渗漏水的轻重程度主要取决于裂缝宽度和水头压力，当裂缝宽度在0.1mm～0.2mm左右、水头压力小于15m～20m时，一般混凝土裂缝可以自愈。所谓"自愈"是当混凝土产生微细裂缝时，体内的游离氢氧化钙一部分被溶出且浓度不断增大，转变成白色氢氧化钙结晶，氢氧化钙与空气中的二氧化碳发生碳化作用，形成白色碳酸钙结晶沉积在裂缝的内部和表面，最后裂缝全部愈合，使渗漏水现象消失。基于混凝土这一特性，确定地下工程防水混凝土结构裂缝宽度不得大于0.2mm，并不得贯通。

4.1.19　对本条说明如下：

1　防水混凝土除了要求密实性好、开放孔隙少、孔隙率小以外，还必须具有一定厚度，从而可以延长混凝土的透水通路，加大混凝土的阻水截面，使得混凝土不发生渗漏。综合考虑现场施工的不利条件及钢筋的引水作用等诸因素，防水混凝土结构的厚度不应小于250mm，本次修订将原规范"其允许偏差为+15mm、−10mm"修改为"其允许偏差为+8mm、−5mm"，以便与现行国家标准《混凝土结构工程施工质量验收规范》GB 50204规定一致。

2　钢筋保护层通常是指主筋的保护层厚度。由于地下工程结构的主筋外面还有箍筋，箍筋处的保护层厚度较薄，加之水泥固有收缩的弱点以及使用过程中受到各种因素的影响，保护层处混凝土极易开裂，地下水沿钢筋渗入结构内部，故迎水面钢筋保护层必须具有足够的厚度。

钢筋保护层的厚度，对提高混凝土结构的耐久性、抗渗性极为重要。据有关资料介绍，当保护层厚度分别为40mm、30mm、20mm时，钢筋产生移位或保护层厚度发生负偏差时，5mm的误差就能使钢筋锈蚀的时间分别缩短24%、30%、44%，可见，保护层越薄其受到的损害越大。因此，规范规定："主体结构迎水面钢筋保护层厚度不应小于50mm"，本次修订将原规范"其允许偏差为±10mm"修改为"其允许偏差应为±5mm"，以确保负偏差时保护层的厚度。

4.2　水泥砂浆防水层

4.2.1　防水砂浆分为掺有外加剂或掺合料的防水砂浆和聚合物水泥防水砂浆两大类，水泥砂浆防水层适用于地下工程主体结构的迎水面或背水面。水泥防水砂浆系刚性防水材料，适应基层变形能力差，不适用于持续振动或温度大于80℃的地下工程。一些具有防腐蚀功能的聚合物水泥防水砂浆，常温下可用于化工大气和腐蚀性水作用的部位，也可用于浓度不大于2%的酸性介质或中等浓度以下的碱性介质和盐类介质作用的部位。因此，环境具有腐蚀性的地下工程，可根据介质、浓度、温度和作用条件等因素，综合确定选用聚合物水泥防水砂浆。防腐蚀工程的设计、选材、施工及验收可参照现行标准《聚合物水泥砂浆防腐蚀工程技术规程》CECS 18、《工业建筑防腐蚀设计规范》GB 50046、《建筑防腐蚀工程施工及验收规范》GB 50212、《建筑防腐蚀工程施工质量验收规范》GB 50224等有关规定。

4.2.2　随着防水技术的进步，普通水泥砂浆已逐渐被掺加外加剂、掺合料或聚合物乳液的防水砂浆所取代；由于防水砂浆施工工艺更简便，防水效果更可靠，因此本条取消了普通水泥砂浆防水层的规定。

聚合物水泥防水砂浆是以水泥、细骨料为主要原材料，以聚合物和添加剂等为改性材料并以适当配比混合而成的，产品分为干粉类和乳液类，其物理性能应符合现行行业标准《聚合物水泥防水砂浆》JC/T 984的有关规定。

4.2.3　对本条说明如下：

1　水泥应使用硅酸盐水泥、普通硅酸盐水泥或特种水泥，主要根据水泥早强、快硬、防渗、膨胀、抗硫酸盐等性能，适应不同情况的需要。水泥出厂后存放时间不宜过长，有效期不得超过3个月，快硬水泥不得超过1个月。过期或受潮结块水泥不得使用，必要时需经过检验后确定。

2　砂宜采用中砂，粒径大于3mm的颗粒应在使用前筛除。砂的颗粒应坚硬、粗糙、洁净，同时砂中不得含有垃圾和草根等有机杂质。砂中含泥量、硫化物和硫酸盐含量均应符合高强度混凝土用砂的规定。

3　一般能饮用的自来水和天然水，均可用作防水砂浆用水。规定水中不得有影响水泥正常凝结与硬化的有害杂质或油类、糖类等。

4 聚合物乳液的质量要求应符合现行行业标准《建筑防水涂料用聚合物乳液》JC/T 1017 的有关规定。

5 外加剂的质量要求应符合现行国家标准《混凝土外加剂应用技术规范》GB 50119 的有关规定。

4.2.4 对本条说明如下：

1 水泥砂浆防水层的基层至关重要。基层表面状态不好、不平整、不坚实、有孔洞和缝隙，就会影响水泥砂浆防水层的均匀性及与基层的粘结性。

2 施工前，要对基层仔细处理。表面疏松的石子、浮浆等要先清除干净；如有凹凸不平或蜂窝麻面、孔洞等，应剔除疏松部位，并预先进行修补；埋设件、穿墙管、预留凹槽等细部构造，均是防水工程的薄弱点，需先用反应固化型弹性密封材料嵌填密封处理。

4.2.5 对本条说明如下：

1 施工缝是水泥砂浆防水层的薄弱部位，施工缝接槎不严密及位置留设不当等原因将导致防水层渗漏水。因此水泥砂浆防水层各层应紧密结合，每层宜连续施工；如必须留槎时，应采用阶梯坡形槎，但离开阴阳角处不得小于 200mm，接槎要依层次顺序操作，层层搭接紧密。

2 为避免水泥砂浆防水层产生裂缝，在砂浆终凝后约12h～24h 要及时进行湿养护。一般水泥砂浆 14d 强度可达标准强度的 80%。

聚合物水泥砂浆防水层应采用干湿交替的养护方法，早期硬化后 7d 内采用潮湿养护，后期采用自然养护；在潮湿环境中，可在自然条件下养护。聚合物防水砂浆终凝后泛白前，不得洒水养护或雨淋，以防水冲走砂浆中的胶乳而破坏胶网膜的形成。

4.2.6 本条对水泥砂浆防水层分项工程检验批的抽样检验数量作出规定。

4.2.7 在水泥砂浆中掺入各种外加剂、掺合料的防水砂浆，可提 高砂浆的密实性、抗渗性，应用已较为普遍。而在水泥砂浆中掺入高分子聚合物配制成具有韧性、耐冲击性好的聚合物水泥砂浆，是近年来国内外发展较快、具有较好防水效果的新型防水材料。

由于外加剂、掺合料和聚合物的质量参差不齐，配制防水砂浆必须根据不同防水工程部位的防水规定和所用材料的特性，提供能满足设计要求的适宜配合比。配制过程中，必须做到原材料的品种、规格和性能符合现行国家标准或行业标准的要求，同时计量应准确，搅拌应均匀，现场抽样检验应符合设计要求。

4.2.8 目前掺入各种外加剂、掺合料和聚合物的防水砂浆品种繁多，给设计和施工单位选用这些材料带来一定的困难。《地下工程防水技术规范》GB 50108 - 2008 第 4.2.8 条列出了防水砂浆主要性能要求，可以满足设计和施工单位使用。同时规定：掺外加剂、掺合料的防水砂浆，其粘结强度应大于 0.6MPa，抗渗性应大于或等于 0.8MPa；聚合物水泥防水砂浆，其粘结强度应大于 1.2MPa，抗渗性应大于或等于 1.5MPa，砂浆浸水 168h 后材料的粘结强度及抗渗性的保持率应大于或等于 80%。又按《聚合物水泥防水砂浆》JC/T 984 - 2005 的规定，粘结强度 7d 应大于或等于 1.0MPa，28d 应大于或等于 1.2MPa；抗渗压力 7d 应大于或等于 1.0MPa，28d 应大于或等于 1.5MPa。综上所述，防水砂浆的粘结强度和抗渗性应是进场材料必检项目。

4.2.9 水泥砂浆防水层不宜单独作为一个防水层，而应与基层粘结牢固并连成一体，共同承受外力及压力水的作用。水泥砂浆防水层宜采用分层抹压法施工，水泥砂浆防水层各层之间应紧密贴合，防水层与基层之间必须粘结牢固，无空鼓现象。

由于本次修订将普通水泥砂浆防水层取消，水泥砂浆防水层与基层之间的粘结牢固显得格外重要，故对原条文作了局部修改。

本条检验方法是观察和用小锤轻击检查。在确定水泥砂浆防水层是否有空鼓时，应符合以下规定：一是对单个空鼓面积不大于 0.01m^2 且无裂纹者，一律可不作修补；局部单个空鼓面积大于 0.01m^2 或虽面积不大但裂纹显著者，应予修补。二是对已经出现大面积空鼓的严重缺陷，应由施工单位提出技术处理方案，并经监理或建设单位认可后处理。三是对水泥砂浆防水层经处理的部位，应重新检查验收。

4.2.10 水泥砂浆防水层不同于普通水泥砂浆找平层，在混凝土或砌体结构的基层上宜采用分层抹压法施工，防止防水层的表面产生裂纹、起砂、麻面等缺陷，保证防水层和基层的粘结质量。水泥砂浆铺压面层时，应在砂浆收水后二次压光，使表面坚固密实、平整；砂浆终凝后，应采取浇水、喷养护剂等手段充分养护，保证砂浆中的水泥充分水化，确保防水层质量。

4.2.11 参见本规范第 4.2.5 条的条文说明。

4.2.12 水泥砂浆防水层无论是在结构迎水面还是在结构背水面，都具有很好的防水效果。根据防水砂浆的特性和目前应用的实际情况，《地下工程防水技术规范》GB 50108 - 2008 对水泥砂浆防水层的厚度作了规定，掺外加剂或掺合料水泥砂浆防水层厚度宜为 18mm～20mm；聚合物水泥砂浆防水层厚度单层施工宜为 6mm～8mm，双层施工厚度宜为 10mm～12mm。

水泥砂浆防水层的厚度测量，应在砂浆终凝前用钢针插入进行尺量检查，不允许在已硬化的防水层表面任意凿孔破坏。

4.2.13 本条对水泥砂浆防水层表面平整度的允许偏差和检验方法作了规定。

4.3 卷材防水层

4.3.1 本条提出卷材防水层应铺设在主体结构的迎

水面，其作用是：1 保护结构不受侵蚀性介质侵蚀；2 防止外部压力水渗入到结构内部引起钢筋锈蚀和碱骨料反应；3 克服卷材与混凝土基面的粘结力小的缺点。一般卷材铺贴采用外防外贴和外防内贴两种施工方法。由于外防外贴法的防水效果优于外防内贴法，所以在施工场地和条件不受限制时一般均采用外防外贴法。

4.3.2 目前国内主要使用的卷材品种是：高聚物改性沥青类防水卷材有SBS、APP、自粘聚合物改性沥青等防水卷材；合成高分子类防水卷材有三元乙丙、聚氯乙烯、聚乙烯丙纶、高分子自粘胶膜等防水卷材。上述材料具有延伸率较大、对基层伸缩或开裂变形适应性较强的特点，适用于地下防水工程。

我国化学建材行业发展较快，卷材种类繁多、性能各异，各类不同的卷材都应有与其配套或相容的基层处理剂、胶粘剂和密封材料。基层处理剂是涂刷在防水层的基层表面，增加防水层与基面粘结强度的涂料，改性沥青防水卷材可采用沥青冷底子油，合成高分子防水卷材一般采用配套的基层处理剂；卷材的胶粘剂种类很多，胶粘剂应与铺贴的卷材相容。卷材的粘结质量是保证卷材防水层不产生渗漏的关键之一，《地下工程防水技术规范》GB 50108－2008对不同品种卷材粘结质量提出了具体的规定；卷材搭接缝施工质量又是影响防水层质量的关键，合成高分子防水卷材的搭接缝应采用卷材生产厂家配套的专用接缝胶粘剂粘结，并在卷材收头处用相容的密封材料封严。

4.3.3 材料是保证防水工程的基础，一个防水系统除了材料本身合格外，必须考虑防水材料及其辅助材料的匹配性。国内许多防水材料生产企业，一般只提供合格的防水材料或辅助材料，施工单位一般不会考虑是否相互匹配，采购后就直接使用在工程中，影响了工程质量。为了不增加过多的试验费用，在进场材料检验的同时，应按其用途将主材和辅材一并送检，并进行两种材料的剪切性能和剥离性能检验。本条对采用胶粘剂和胶粘带的防水卷材接缝进行粘结质量检验作了具体规定，同时在本规范附录D中提出了以下试验方法：

1 胶粘剂的剪切性能试验方法；

2 胶粘剂的剥离性能试验方法；

3 胶粘带的剪切性能试验方法；

4 胶粘带的剥离性能试验方法。

4.3.4 为了保证卷材与基层的粘结质量，铺贴卷材前应在基层上涂刷或喷涂基层处理剂，基层处理剂应与卷材及其粘结材料相容；基层处理剂施工时应做到均匀一致、不露底，待表面干燥后方可铺贴卷材；当基面潮湿时，为保证防水卷材在较潮湿的基面上的粘结质量，应涂刷湿固化型胶粘剂或潮湿界面隔离剂。

4.3.5 转角处、变形缝、施工缝和穿墙管等部位是地下工程防水施工中的薄弱部位，为保证防水工程质量，规定在这些部位增铺卷材加强层，并规定加强层宽度宜为300mm～500mm。

4.3.6 我国对卷材与卷材的连接要求采用搭接的方式，为了保证防水卷材接缝的粘结质量，本条提出了铺贴各种卷材搭接宽度的要求，同时保留原规范"铺贴双层卷材时，上下两层和相邻两幅卷材的接缝应错开1/3～1/2幅宽，且两层卷材不得相互垂直铺贴"的内容。

4.3.7 采用冷粘法铺贴高分子防水卷材时，胶粘剂的涂刷质量对卷材防水层施工质量的影响极大，涂刷不均匀、有堆积或漏涂现象，不但影响卷材的粘结力，还会造成材料的浪费。

不同胶粘剂的性能和施工规定不同，有的可以在涂刷后立即粘贴，有的要待溶剂挥发后粘贴，这些都与气温、湿度、风力等施工环境因素有关，本条提出应控制胶粘剂涂刷与卷材铺贴的间隔时间的原则规定。

卷材搭接缝的粘结质量，关键是搭接宽度和粘结密封性能。卷材接缝部位可采用专用胶粘剂或胶粘带满粘，卷材接缝粘结完成后，规定卷材接缝处用10mm宽的密封材料封严，以提高防水层的密封防水性能。

4.3.8 采用热熔法铺贴高聚物改性沥青防水卷材时，用火焰加热器加热卷材必须均匀一致，喷嘴与卷材应保持适当的距离，加热至卷材表面有黑色光亮时方可以粘合。加热时间或温度不够，卷材胶料未完全熔融，会影响卷材接缝的粘结强度和密封性能；加热时间过长或温度过高，会使卷材胶料烧焦或烧穿卷材，从而导致卷材材性下降，防水层质量难以保证。

铺贴卷材时应将空气排出，才能粘贴牢固；滚铺卷材时缝边必须溢出热熔的改性沥青胶料，使接缝粘贴牢固、封闭严密。

4.3.9 采用自粘法铺贴卷材时，首先应将隔离层全部撕净，否则不能实现完全粘贴。为了保证卷材与基面以及卷材接缝粘结性能，在温度较低时宜对卷材和基面采用热风加热施工。

采用这种铺贴工艺，考虑到施工的可靠度、防水层的收缩，以及外力使缝口翘边开缝的可能，规定卷材接缝口用密封材料封严，以提高防水层的密封防水性能。

4.3.10 本条对PVC等热塑性卷材的搭接缝采用热风焊机或焊枪进行焊接的施工要点作出规定。

为确保卷材接缝的焊接质量，规定焊接前卷材应铺放平整，搭接尺寸准确，焊接缝结合面的油污、尘土、水滴等附着物擦拭干净后，才能进行焊接施工。同时，焊缝质量与热风加热温度和时间、操作人员的熟练程度关系极大，焊接施工时必须严格控制，焊接处不得出现漏焊、跳焊或焊接不牢等现象。

4.3.11 聚乙烯丙纶卷材复合防水体系，是用聚合物水泥防水胶粘材料，将聚乙烯丙纶卷材粘贴在水泥砂浆或混凝土基层上，共同组成的一道防水层。聚合物水泥防水粘结材料是由聚合物乳液或聚合物再分散性粉末等聚合物材料和水泥为主要材料组成，不得使用水泥原浆或水泥与聚乙烯醇缩合物混合的材料；聚乙烯丙纶卷材应采用聚乙烯成品原生料和一次复合成型工艺生产；聚合物防水胶粘材料应与聚乙烯丙纶卷材配套供应。本条对其施工要点作出了规定。施工时还应符合《聚乙烯丙纶卷材复合防水工程技术规程》CECS 199 的规定。

4.3.12 高分子自粘胶膜防水卷材是在一定厚度的高密度聚乙烯膜面上涂覆一层高分子自粘胶料制成的复合高分子防水卷材，归类于高分子防水卷材复合片树脂类品种 FS_2，其特点是具有较高的断裂拉伸强度和撕裂强度，胶膜的耐水性好，一二级的地下防水工程单层使用时也能达到防水规定的要求。

高分子自粘胶膜防水卷材宜采用预铺反粘法施工。施工时将卷材的高分子胶膜层朝向主体结构空铺在基面上，然后浇筑结构混凝土，使混凝土浆料与卷材胶膜层紧密地结合，防水层与主体结构结合成为一体，从而达到不窜水的效果。卷材的长边采用自粘法搭接，短边采用胶粘带搭接，所用粘结材料必须与卷材相配套。

本条规定了高分子自粘膜防水卷材施工的基本要点，为保证防水工程质量，应选择具有这方面施工经验的单位，并按照该卷材应用技术规程或工法的规定施工。

4.3.13 卷材防水层铺贴完成后应立即做保护层，防止后续施工将其损坏。

顶板防水层上应采用细石混凝土保护层。机械回填碾压时，保护层厚度不宜小于 70mm；人工回填土时，保护层厚度不宜小于 50mm。条文中规定细石混凝土保护层与防水层之间宜设置隔离层，目的是防止保护层伸缩变形而破坏防水层。

底板防水层上要进行扎筋、支模、浇筑混凝土等工作，因此底板防水层上应采用厚度不小于 50mm 的细石混凝土保护层。侧墙防水层的保护层可采用聚苯乙烯泡沫塑料板、发泡聚乙烯、塑料排水板等软质保护层，也可采用铺抹 30mm 厚 1∶2.5 水泥砂浆保护层。

高分子自粘胶膜防水卷材采用预铺反粘法施工时，可不做保护层。

4.3.14 本条对卷材防水层分项工程检验批的抽样检验数量作出规定。

4.3.15 由于考虑到地下工程使用年限长，质量要求高，工程渗漏维修无法更换材料等特点，防水卷材产品标准中的某些技术指标不能满足地下工程的需要，故本规范附录第 A.1 节中列出了防水卷材及其配套材料的主要物理性能。

性能指标依据下列产品标准：

1 《弹性体改性沥青防水卷材》GB 18242

2 《改性沥青聚乙烯胎防水卷材》GB 18967

3 《聚氯乙烯防水卷材》GB 12952

4 《三元乙丙橡胶防水卷材》GB 18173.1（代号 JL_1）

5 《聚乙烯丙纶复合防水卷材》GB 18173.1（代号 FS_2）

6 《高分子自粘胶膜防水卷材》GB 18173.1（代号 FS_2）

7 《自粘聚合物改性沥青防水卷材》GB 23441

8 《带自粘层的防水卷材》GB/T 23260

9 《沥青基防水卷材用基层处理剂》JC/T 1069

10 《高分子防水卷材胶粘剂》JC 863

11 《丁基橡胶防水密封胶粘带》JC/T 942

4.3.16 转角处、变形缝、施工缝、穿墙管等部位是防水层的薄弱环节，由于基层后期产生裂缝会导致卷材或涂膜防水层的破坏，因此本规范第 4.3.5 条和第 4.4.4 条第 4 款已作规定，基层阴阳角应做成圆弧，卷材或涂料防水层在转角处、变形缝、施工缝、穿墙管等部位，应增设卷材或涂料加强层。为保证防水的整体效果，对上述细部构造节点必须精心施工和严格检查，除观察检查外还应检查隐蔽工程验收记录。

4.3.17 实践证明，只有基层牢固和基面干燥、洁净、平整，才能使卷材与基面粘贴牢固，从而保证卷材的铺贴质量。

基层的阴阳角是防水层应力集中的部位，铺贴高聚物改性沥青防水卷材时圆弧半径不应小于 50mm，铺贴合成高分子防水卷材时圆弧半径不应小于 20mm。

冷粘法铺贴卷材时，卷材接缝口应用与卷材相容的密封材料封严，其宽度不应小于 10mm。热熔法铺贴卷材时，接缝部位的热熔胶料必须溢出，并应随即刮封接口使接缝粘结严密。热塑性卷材接缝焊接时，单焊缝搭接宽度应为 60mm，有效焊缝宽度不应小于 30mm；双焊缝搭接宽度应为 80mm，中间应留设 10mm～20mm 的空腔，每条焊缝有效焊缝宽度不宜小于 10mm。

4.3.18 采用外防外贴法铺贴卷材时，应先铺平面，后铺立面，平面卷材应铺贴至立面主体结构施工缝处，交接处应交叉搭接，这个立面交接部位称为接槎。

混凝土结构完成后，铺贴立面卷材时应先将接槎部位的各层卷材揭开，并将其表面清理干净，如卷材有局部损伤，应及时进行修补。卷材接槎的搭接宽度：高聚物改性沥青类卷材应为 150mm，合成高分子类卷材应为 100mm，且上层卷材应盖过下层卷材。

4.3.19 本条规定卷材保护层与防水层应结合紧密、厚度均匀一致，是针对主体结构侧墙采用软质保护层和铺抹水泥砂浆保护层时提出来的。

4.3.20 卷材铺贴前，施工单位应根据不同卷材搭接宽度和允许偏差，在现场弹出基准线作为标准去控制施工质量。

4.4 涂料防水层

4.4.1、4.4.2 地下结构属长期浸水部位，涂料防水层应选用具有良好耐水性、耐久性、耐腐蚀性和耐菌性的涂料。

按地下工程应用防水涂料的分类，有机防水涂料主要包括合成橡胶类、合成树脂类和橡胶沥青类。氯丁橡胶防水涂料、SBS改性沥青防水涂料等聚合物乳液防水涂料，属挥发固化型；聚氨酯防水涂料属反应固化型。

有机防水涂料的特点是达到一定厚度具有较好的抗渗性，在各种复杂基面都能形成无接缝的完整防水膜，通常用于地下工程主体结构的迎水面。但近些年来，随着新材料的不断涌现，有些有机涂料的粘结性、抗渗性均有较大提高，也可用于地下工程主体结构的背水面。

无机防水涂料主要包括掺用外加剂、掺合料的水泥基防水涂料和水泥基渗透结晶型防水涂料。水泥基渗透结晶型防水涂料是一种新型刚性防水材料，与水作用后，材料中含有的活性化学物质通过载体向混凝土内部渗透，在混凝土中形成不溶于水的结晶体，填塞毛细孔道，从而提高混凝土的密实性和防水性。

由于无机防水涂料凝固快，与基面有较强的粘结力，比有机防水涂料更适宜用作主体结构背水面的防水。

目前国内聚合物水泥防水涂料发展很快，用量日益增多，该类材料是以有机高分子聚合物为主剂，加入少量无机活性粉料、填料等制备而成，除具有良好的柔韧性、粘结性、耐老化性、抗渗性外，涂膜干燥快，弹性模量适中，体积收缩小，潮湿基层可施工，兼具有机与无机防水涂料的优点。

应该指出，有机防水涂料固化成膜后最终形成柔性防水层，与防水混凝土主体结构结合为刚柔两道防水设防，无机水泥基防水涂料是在水泥中掺加一定的外加剂，不同程度地改变水泥固化后的物理力学性能，但是与防水混凝土主体结构结合仍应认为是两道刚性防水设防，不适用于变形较大或受振动部位。

4.4.3 防水涂料施工前，必须对基层表面的缺陷和渗水进行处理。因为涂料未凝固时，如受到水压力的作用，就会使涂料无法凝固或形成空洞，造成渗漏水隐患。基面洁净，无浮浆，有利于涂料均匀一致并具有较好的粘结力。

基层干燥有利于有机防水涂料的成膜及与基层粘结力，但地下工程由于施工工期所限，很难做到基面干燥。施工时，宜选用与潮湿基面粘结力较大的有机或无机涂料，也可采用先涂刷无机防水涂料，再涂刷有机防水涂料的复合防水做法。

水泥基渗透结晶型防水涂料施工前，应用洁净水充分湿润混凝土基层，但表面不得有明水，以利于其活性化学物质充分渗透，以水为载体，依靠自身所特有的活性化学物质，在混凝土中与未水化的成分进行水化。

4.4.4 对本条说明如下：

1 采用多组分涂料时，由于各组分的配料计量不准和搅拌不均匀，将会影响混合料的充分化学反应，造成涂料性能指标下降。一般配成的涂料固化时间比较短，应按照一次用量确定配料的多少，在固化前用完；已固化的涂料不能和未固化的涂料混合使用。当涂料黏度过大以及涂料固化过快或过慢时，可分别加入适量的稀释剂、缓凝剂或促凝剂，调节黏度或固化时间，但不得影响涂料的质量。

2 防水涂膜在满足厚度的前提下，涂刷的遍数越多对成膜的密实度越好，因此涂刷时应多遍涂刷，每遍涂刷应均匀，不得有露底、漏涂和堆积现象。多遍涂刷时，应待涂层干燥成膜后方可涂刷后一遍涂料；两涂层施工间隔时间不宜过长，否则会形成分层。

3 涂料施工面积较大时，为保护施工搭接缝的防水质量，规定甩槎处搭接宽度应大于100mm，接涂前应将其甩槎表面处理干净。

4 有机防水涂料大面积施工前，应对转角处、变形缝、施工缝和穿墙管等部位，设置胎体增强材料并增加涂刷遍数，以确保防水施工质量。

4.4.5 参见本规范第4.3.13条的条文说明。

4.4.6 本条对涂料防水层分项工程检验批的抽样检验数量作出规定。

4.4.7 防水涂料品种较多，选择适用于地下工程防水规定的材料，对设计和施工单位来说确有一定难度。根据地下工程防水对涂料的规定及现有涂料的性能，本规范附录第A.2节列出了有机防水涂料和无机防水涂料的主要物理性能。

性能指标依据下列产品标准：

1 《聚氨酯防水涂料》GB/T 19250

2 《聚合物乳液建筑防水涂料》JC/T 864

3 《聚合物水泥防水涂料》JC/T 894

4 《水泥基渗透结晶型防水涂料》GB 18445

5 《聚氯乙烯弹性防水涂料》JC/T 674

6 《水乳型沥青防水涂料》JC/T 408

7 《溶剂型橡胶沥青防水涂料》JC/T 852

4.4.8 防水涂料必须具有一定的厚度，保证其防水功能和防水层耐久性。在工程实践中，经常出现材料用量不足或涂刷不匀的缺陷，因此控制涂层的平均厚度和最小厚度是保证防水层质量的重要措施。《地下工程防水技术规范》GB 50108-2008规定：掺外加剂、掺合料的水泥基防水涂料厚度不得小于 3.0mm；水泥基渗透结晶型防水涂料的用量不应小于 1.5kg/m²，且厚度不应小于 1.0mm；有机防水涂料的厚度不得小于 1.2mm。本条保留了原规范涂料防水层的平均厚度应符合设计要求，将最小厚度由原规范的不得小于设计厚度 80%提高到 90%，以防止涂层厚薄不均匀而影响防水质量。检验方法宜采用针测法检查，取消割取实样用卡尺测量。

有关涂料防水层的厚度测量，建议采用下列方法：

1 按每处 10m² 抽取 5 个点，两点间距不小于 2.0m，计算 5 点的平均值为该处涂层平均厚度，并报告最小值；

2 涂层平均厚度符合设计规定，且最小厚度大于或等于设计厚度的 90%为合格标准；

3 每个检验批当有一处涂层厚度不合格时，则允许再抽取一处按上法测量，若重新抽取一处涂层厚度不合格，则判定检验批不合格。

4.4.9 参见本规范第 4.3.16 条的条文说明。

4.4.10、4.4.11 涂料防水层与基层是否粘结牢固，主要取决于基层的干燥程度。要想使基面达到干燥的程度一般较难，因此涂刷涂料前应先在基层上涂一层与涂料相容的基层处理剂，这是解决粘结牢固的好方法。

涂料防水层表面应平整，涂刷应均匀，成膜后如出现流淌、鼓泡、露胎体和翘边等缺陷，会降低防水工程质量和影响使用寿命。因此每遍涂料涂布完成后，均应对涂层的表面质量进行观察检查，对可能出现的质量缺陷进行修补，检查合格后再进行下一遍涂刷。

4.4.12 参见本规范第 4.3.19 条的条文说明。

4.5 塑料防水板防水层

4.5.1 塑料防水板防水层一般是铺设在初期支护上，然后在其上施做二次衬砌混凝土。塑料防水板不仅起防水作用，还对初期支护与二次衬砌之间起到隔离和滑动作用，防止因初期支护对二次衬砌的约束而导致二次衬砌的开裂变形。

4.5.2 铺设基面应平整，是为了保证塑料防水板的铺设和焊接质量。不平整的处理方法是：当喷射混凝土厚度达到设计规定时，可在低凹处涂抹水泥砂浆；如喷射混凝土厚度小于设计厚度，必须用喷射混凝土找平。

塑料防水板是在喷射混凝土、地下连续墙初期支护上铺设，规定初期支护基层表面十分平整则费时费力，故条文中只提应平整，并根据工程实践的经验提出平整度的定量指标，以便于铺设塑料防水板。但基层表面上伸出的钢筋头、钢丝等坚硬物体必须予以清除，以免损伤塑料防水板。

4.5.3 地下防水工程施工，应遵循“防、排、截、堵”相结合的综合治理原则。当初期支护出现线流漏水或大面积渗水时，应在缓冲层和塑料防水板施工前进行封堵或引排。

4.5.4 对本条说明如下：

1 设缓冲层，一是因基层表面不太平整，铺设缓冲层后便于铺设塑料防水板；二是能避免基层表面的坚硬物体清除不彻底时刺破塑料防水板；三是采用无纺布或聚乙烯泡沫塑料的缓冲层具有渗排水功能，可起到引排水的作用。

缓冲层铺设时，一般采用射钉和塑料暗钉圈相配套的机械固定方法。塑料暗钉圈用于焊接固定塑料防水板，最终形成无钉孔铺设的防水层。

目前，市场上出现了无纺布和塑料防水板结合在一起的复合防水板，其铺设一般采用吊铺或撑铺，质量难以保证。为保证防水层施工质量，应先铺缓冲层，再铺塑料防水板，真正做到无钉铺设。

2 两幅塑料防水板的搭接宽度应视开挖面的平整度确定，搭接太宽造成浪费，因此保留原规范搭接宽度为 100mm 的规定。

下部塑料防水板压住上部塑料防水板，可使衬砌外侧上部的渗漏水能顺利流下，消除在塑料防水板搭接处渗漏水的隐患。

搭接部位层数过多，焊接机无法施焊，采用焊枪大面积焊接施工难以保证质量，但从工艺上 3 层是不可避免的，超过 3 层时应采取措施避开。

3 为确保塑料防水板的整体性，搭接缝不宜采用粘结法，因胶粘剂在地下长期使用很难确保其性能不变。塑料防水板搭接缝应采用双焊缝热熔焊接，一方面能确保焊接效果，另一方面也便于充气检查焊缝质量。

4 本条增加了“塑料防水板铺设时的分区注浆系统”。设置分区注浆的目的是防止局部渗漏水窜流。

5 分段设置塑料防水板时，若两侧封闭不好，则地下水会从此处流出。由于塑料防水板与混凝土粘结性较差，工程上一般采用设过渡层的方法，即选用一种既能与塑料防水板焊接，又能与混凝土结合的材料作为过渡层，以保证塑料防水板两侧封闭严密。

4.5.5 塑料防水板的铺设和内衬混凝土的施工是交叉作业，根据目前施工的经验，两者施工距离宜为 5m～20m。同时，塑料防水板铺设时应设临时挡板，防止机械损伤和电火光灼伤塑料防水板。

4.5.6 本条规定塑料防水板应牢固地固定在基面上，固定点间距应根据基面平整情况确定，为塑料防水板铺设提供了设计依据。

4.5.7 本条对塑料防水板防水层分项工程检验批的抽样检验数量作出规定。

4.5.8 目前国内常用的塑料防水板主要有以下四种：乙烯—醋酸乙烯共聚物（EVA）、乙烯—沥青共混聚合物（ECB）、聚氯乙烯（PVC）、高密度聚乙烯（HDPE）。

应选择宽幅的塑料防水板，幅宽以 2m～4m 为宜。幅宽小搭接缝过多，既增加了施工难度，又增加了渗漏水的风险；但幅宽过宽，塑料防水板的重量加大，会造成铺设困难。

塑料防水板的厚度与板的重量、造价、防水性能等相互关联，板过厚则较重，不利于铺设，且造价较高，但过薄又不易保证防水施工质量。根据我国目前的使用情况，塑料防水板在地下工程防水中使用的厚度不得小于 1.2mm。

由于塑料防水板铺设于初期支护与二次衬砌之间，在二次衬砌浇筑混凝土时会承受一定的拉力，故应有足够的抗拉强度。

耐穿刺性是施工中对材料的规定，二次衬砌施工时，绑扎钢筋会对塑料防水板造成损伤，因此规定塑料防水板具有一定的耐穿刺性。

塑料防水板因长期处于地下有水的环境中，若要保证其长久的防水性能，规定必须具有良好的耐久性、耐腐蚀性、耐菌性。

抗渗性是塑料防水板非常重要的性能，但目前的试验方法不能真实地反映塑料防水板长期处于有水作用条件下的抗渗性能，而要制定一套符合地下工程使用环境的试验方法也不是短期能够解决的问题，故只能沿用现在工程界公认的试验方法所测得的数据。

本规范附录第 A.4 节列出了塑料防水板的主要物理性能。

性能指标依据下列产品标准：

1《乙烯—醋酸乙烯共聚物》GB 18173.1（代号 JS_2）

2 《乙烯—沥青共混聚合物》GB 18173.1（代号 JS_3）

3《聚氯乙烯》GB 18173.1（代号 JS_1）

4《高密度聚乙烯》GB 18173.1（代号 JS_2）

4.5.9 塑料防水板的搭接缝必须采用热风焊机和焊枪进行焊接，因热风焊机和焊枪的焊接温度、爬行速度可控，根据塑料防水板的熔点、环境温度和湿度设置焊接温度和爬行速度，塑料防水板接缝的焊接质量就有保障。

焊缝的检验一般是在双焊缝间空腔内进行充气检查。充气检查时，将专用充气检测仪一端与压力表相接，一端扎入空腔内，用打气筒进行充气，当压力表达到 0.25MPa 时停止充气，保持 15min，压力下降在 10%以内，表明焊缝合格；如果压力下降过快，表明焊缝不严密。用肥皂水涂在焊缝上，有气泡的地方重新补焊，直到不漏气为止。

4.5.10、4.5.11 塑料防水板应采用无钉孔铺设。基本做法，一是铺设塑料防水板前，应先铺缓冲层，缓冲层应采用塑料暗钉圈固定在基面上，钉距应符合本规范第 4.5.6 条的规定；二是铺设塑料防水板时，宜由拱顶向两侧展铺，并应边铺边用压焊机将塑料防水板与暗钉圈焊接牢固，不得有漏焊、假焊或焊穿等现象。

4.5.12 塑料防水板的铺设应与基层固定牢固，固定不牢会引起板面下垂，绷紧时又会将塑料防水板拉断。因拱顶防水板易绷紧，从而产生混凝土封顶厚度不够的现象，因此需将绷紧的塑料防水板割开，并将切口封焊严密再浇筑混凝土，以确保封顶混凝土的厚度。

4.5.13 塑料防水板搭接缝采用热熔焊接施工时，两幅塑料防水板的搭接宽度不应小于 100mm。由于双焊缝中间需留设 10mm～20mm 空腔，且每条焊缝的有效焊接宽度不应小于 10mm，本条给出了塑料防水板搭接宽度的允许偏差，做到准确下料和保证防水层的施工质量。

4.6 金属板防水层

4.6.1 金属板防水层重量大、工艺繁、造价高，一般地下防水工程极少使用，但对于一些抗渗性能要求较高的如铸工浇注坑、电炉钢水坑等构筑物，金属板防水层仍占有重要地位和使用价值。因为钢水、铁水均为高温熔液，可使渗入坑内的水分汽化，一旦蒸汽侵入金属熔液中会导致铸件报废，严重者还有引起爆炸的危险。

4.6.2 金属板防水层在地下水的侵蚀下易产生腐蚀现象，除了对金属材料和焊条、焊剂提出质量要求外，对保护材料也作了相应的规定。

4.6.3 金属板防水层的接缝应采用焊接，为保证接缝的防水密封性能，应对焊接的质量进行外观检查和无损检验。

4.6.4 金属板防水层易产生锈蚀、麻点或被其他铁件划伤，因此本条对上述缺陷提出了质量要求。

4.6.5 本条规定了金属板防水层分项工程检验批的抽样检验数量，并对原条文作了修改。焊缝的好坏是保证金属板防水层质量的关键，金属板焊缝虽然不考虑焊缝承载要求，但对密封防水要求而言，凡是严重影响焊缝严密性的缺陷都是严禁的。本条对焊缝表面的缺陷检验是按现行国家标准《钢结构工程施工质量验收规范》GB 50205 的有关规定执行，即应按焊缝的条数抽查 5%，且不得少于 1 条焊缝；每条焊缝检查 1 处，总抽查数不得少于 10 处。

4.6.6 金属板材和焊条的规格、材质必须按设计要求选择。钢材的性能应符合现行国家标准《碳素结构钢》GB/T 700 和《低合金高强度结构钢》GB/T 1591 的规定。焊接材料对焊接质量的影响重大，钢结构工程中所采用的焊接材料应按设计要求选用，同时产品应符合相应国家现行标准的规定。

4.6.7 焊工考试按现行《建筑钢结构焊接技术规程》

JGJ 81的有关规定 进行，焊工执业资格证书应在有效期内，执业资格证书中钢材种类、焊接方法应与施焊条件相适应。

4.6.8 金属板表面如有明显凹面和损伤，会使板的厚度减薄，影响金属板防水层的使用寿命，甚至在使用过程中产生渗漏现象，因此金属板防水层完工后不得有明显凹面和损伤。

4.6.9 焊缝质量直接影响金属板防水层的使用寿命，严重者会造成渗漏，因此对焊缝的缺陷应进行严格的检查，必要时采用磁粉或渗透探伤等无损检验，可按现行行业标准《建筑钢结构焊接技术规程》JGJ81的有关规定进行。发现焊缝不合格或渗漏时，应及时进行修整或补焊。

4.6.10 焊缝的观感应做到外形均匀、成型较好，焊道与焊道、焊道与基本金属间过渡较平滑，焊渣和飞溅物基本清除干净。

金属板防水层应加以保护，对金属板需用的保护材料应按设计要求并在焊缝检验合格后进行涂装。

4.7 膨润土防水材料防水层

4.7.1 膨润土吸收淡水后变成胶状体，膨胀为自身重量的5倍、自身体积的13倍左右，依靠粘结性和膨胀性发挥止水功能，这里的淡水是指不会降低膨润土膨胀功能且不含有害物质的水。当地下水为强酸性或强碱性时，即pH小于4或大于10的条件下，膨润土会丧失膨胀功能，从而也就不具有防水作用。

膨润土防水材料只有在有限的空间内吸水膨胀才能够发挥防水作用，所以膨润土防水材料防水层使用的条件是两侧必须具有一定的夹持力，且夹持力不应小于0.014MPa。地下工程外墙膨润土防水材料施工结束后应尽早回填，回填时应分层夯实，回填土夯实密实度应大于85%。另外，膨润土防水材料防水层应与结构物外表面密贴，才会在结构物表面形成胶体隔膜，从而达到防水的目的。

目前国内的膨润土防水材料有下列三种产品：

1 针刺法钠基膨润土防水毯，由一层编织土工布和一层非织造土工布包裹钠基膨润土颗粒针刺而成的毯状材料。

2 针刺覆膜法钠基膨润土防水毯，是在针刺法钠基膨润土防水毯的非织造土工布外表面复合一层高密度聚乙烯薄膜制成的。

3 胶粘法钠基膨润土防水板，是用胶粘剂将膨润土颗粒粘结到高密度聚乙烯板上，压缩生产的钠基膨润土防水板。

在地下防水工程中建议选用针刺覆膜法钠基膨润土防水毯，这种类型对防水工程质量更有保证。

4.7.2 钠基膨润土颗粒或粉剂是生产膨润土防水材料的主材。钠基膨润土分为天然钠基膨润土和人工钠化处理的膨润土。天然钠基膨润土的性能高于人工钠化处理的膨润土的性能。钙基膨润土的稳定性差、膨胀倍率低，不能作为防水材料使用。

4.7.3 膨润土防水材料对基层的要求虽然相对于防水卷材和涂料要低一些，但基层也不得有明水和积水，且应坚实、平整、无尖锐突出物，基面平整度D/L不应大于1/6，其中D是指基层相邻两凸面间凹陷的深度，L是指基层相邻两凸面间的距离。

膨润土防水毯在阴阳角部位可采用膨润土颗粒、膨润土棒材和水泥砂浆进行倒角处理，阴阳角应做成直径不小于30mm的圆弧或30mm×30mm的坡角。如不进行倒角处理，会导致转角部位出现剪切破坏或膨润土颗粒损失，影响整体防水质量。

4.7.4 膨润土防水毯和膨润土防水板铺设时，膨润土防水毯编织土工布面和膨润土防水板的膨润土面均应朝向主体结构的迎水面，即与结构外表面密贴。膨润土遇水膨胀后形成致密的胶状体，对结构裂缝、疏松部位可起到封堵修补作用，同时有效地阻止可能在防水层与主体结构之间的窜水现象。

4.7.5 膨润土防水材料宜采用机械固定法施工。平面上在膨润土防水材料的搭接缝处固定，立面和斜面上除搭接缝处需要机械固定外，其他部位也必须进行机械固定，固定点宜呈梅花形布置。

4.7.6 采用机械固定法铺设膨润土防水材料，固定点的布置和间距、搭接缝和收头的密封处理措施等对施工质量的保证至关重要。

4.7.7 膨润土防水材料自重和厚度较大，所以收口部位必须采用金属压条和水泥钉固定，并用膨润土密封膏封边，防止防水层滑移、翘边。

4.7.8 转角处、变形缝、施工缝、后浇带和穿墙管等部位是防水层的薄弱环节，必须采取加强处理措施，以提高防水层的可靠性。

4.7.9 膨润土防水材料分段铺设完毕后，由于绑扎钢筋等后续工程施工需要一定的时间，膨润土材料长时间暴露，会影响防水效果。因此应在膨润土防水材料表面覆盖塑料薄膜等挡水材料，避免下雨或施工用水导致膨润土材料提前膨胀。雨水直接淋在膨润土防水材料表面时导致膨润土颗粒提前膨胀，并在雨水的冲刷过程中出现流失的现象，在地下工程中经常发生，严重降低了膨润土防水材料的防水性能。特别是在雨期施工时，应采取临时遮挡措施对膨润土防水材料进行有效的保护。

4.7.10 本条对膨润土防水材料防水层分项工程检验批的抽样检验数量作出规定。

4.7.11 膨润土颗粒或粉剂通过针刺法固定在编织土工布和非织造土工布之间，针刺的密度、均匀度会影响膨润土颗粒或粉剂的分散均匀性。如果针刺的密度不均匀或过小，则膨润土防水毯在运输、现场搬运以及施工过程中会导致颗粒或粉剂在毯体内移动和脱落，从而降低毯体的整体防水效果。

本规范附录第 A.4 节列入了钠基膨润土防水毯的主要物理性能，性能指标依据现行行业标准《钠基膨润土防水毯》JG/T 193的规定。

4.7.12 参见本规范第 4.3.16 条的条文说明。

4.7.13 参见本规范第 4.7.4 条的条文说明。

4.7.14 膨润土防水材料的自重较大，在立面和斜面铺贴时应上层压住下层，防止材料滑移。另外，如果工程采用针刺覆膜法钠基膨润土防水毯，膜面是朝向迎水面的，上层压住下层可以使地下水自然排走。

4.7.15 参见本规范第 4.7.5 条、第 4.7.6 条、第 4.7.7 条的条文说明。

4.7.16 为了保证膨润土防水材料搭接部位的有效性，规定搭接宽度的负偏差不应大于 10mm。

5 细部构造防水工程

5.1 施 工 缝

5.1.1 本规范附录第 A.3 节列出了橡胶止水带和腻子型遇水膨胀止水条、遇水膨胀止水胶的主要物理性能，依据现行国家标准《高分子防水材料 第 2 部分 止水带》GB 18173.2 和行业标准《膨润土橡胶遇水膨胀止水条》JG/T 141、《遇水膨胀止水胶》JG/T 312 的规定。

本规范附录第 A.2 节列出了水泥基渗透结晶型防水涂料的主要物理性能，依据现行国家标准《水泥基渗透结晶型防水材料》GB 18445 的规定。

5.1.2 施工缝始终是防水薄弱部位，常因处理不当而在该部位产生渗漏，因此将防水效果较好的施工缝防水构造列入现行国家标准《地下工程防水技术规范》GB 50108 中。按设计要求采用止水带、遇水膨胀止水条或止水胶、水泥基渗透结晶型防水涂料和预埋注浆管等防水设防，使施工缝处不产生渗漏。

5.1.3 根据混凝土设计及施工验收相关规范的规定，施工缝应留设在剪力或弯矩较小及施工方便的部位。故本条规定了墙体水平施工缝距底板面应不小于 300mm，拱、板墙交接处若需要留设水平施工缝，宜留在拱、板墙接缝线以下 150mm～300mm 处，并避免设在墙板承受弯矩或剪力最大的部位。

5.1.4 根据混凝土施工验收相关规范，在已硬化的混凝土表面上继续浇筑混凝土前，先浇混凝土强度应达到 1.2MPa，确保再施工时不损坏先浇部分的混凝土。从施工缝处开始继续浇筑时，机械振捣宜向施工缝处逐渐推进，并距 80mm～100mm 处停止振捣，但应加强对施工缝接缝的捣实，使其紧密结合。

5.1.5、5.1.6 由于先浇混凝土施工完后需养护一段时间再进行下道工序施工，在此过程中施工缝表面可能留浮尘等，因此水平施工缝浇筑混凝土前，应将其表面浮浆和杂物清除，目的是为了使新老混凝土能很好地粘结。尽管涂刷混凝土界面处理剂或涂刷水泥基渗透结晶型防水涂料的防水机理不同，前者增强粘合力，后者使收缩裂缝被渗入涂料形成结晶闭合，但功效均是加强施工缝防水，故两者取其一。垂直施工缝规定应同水平施工缝。

5.1.7～5.1.9 传统的处理方法是将混凝土施工缝做成凹凸型接缝和阶梯接缝，实践证明这两种方法清理困难，不便施工，效果并不理想，故采用留平缝加设遇水膨胀止水条或止水胶、预留注浆管或中埋止水带等方法。

施工缝处采用遇水膨胀止水条时，一是应在表面涂缓膨胀剂，防止由于降雨或施工用水等使止水条过早膨胀；二是止水条应牢固地安装在缝表面或预留凹槽内，保证止水条与施工缝基面密贴。

施工缝采用遇水膨胀止水胶时，一是涂胶宽度及厚度应符合设计要求；二是止水胶固化期内应采取临时保护措施；三是止水胶固化前不得浇筑混凝土。

5.1.10 施工缝采用预埋注浆管时，注浆导管与注浆管的连接必须牢固、严密。根据经验预埋注浆管的间距宜为 200mm～300mm，注浆导管设置间距宜为 3.0m～5.0m。

在注浆之前应对注浆导管末端进行封闭，以免杂物进入导管产生堵塞，影响注浆工作。

5.2 变 形 缝

5.2.1 参见本规范第 5.1.1 条的条文说明。

本规范附录第 A.3 节列出了建筑接缝用密封胶的主要物理性能，依据现行《混凝土建筑接缝用密封胶》JC/T 881 的规定。

5.2.2 变形缝应考虑工程结构的沉降、伸缩的可变性，并保证其在变化中的密闭性，不产生渗漏水现象。变形缝处混凝土结构的厚度不应小于 300mm，变形缝的宽度宜为 20mm～30mm。全埋式地下防水工程的变形缝应为环状；半地下防水工程的变形缝应为 U 字形，U 字形变形缝的高度应超出室外地坪 500mm 以上。

5.2.3～5.2.5 变形缝的渗漏水除设计不合理的原因之外，施工质量也是一个重要的原因。

中埋式止水带施工时常存在以下问题：一是埋设位置不准，严重时止水带一侧往往折至缝边，根本起不到止水的作用。过去常用铁丝固定止水带，铁丝在振捣力的作用下会变形甚至振断，其效果不佳，目前推荐使用专用钢筋套或扁钢固定。二是顶、底板止水带下部的混凝土不易振捣密实，气泡也不易排出，且混凝土凝固时产生的收缩易使止水带与下面的混凝土产生缝隙，从而导致变形缝漏水。根据这种情况，条文中规定顶、底板中的止水带安装成盆形，有助于消除上述弊端。三是中埋式止水带的安装，在先浇一侧混凝土时，此时端模被止水带分为两块，这给模板固定造成困难，施工时由于端模支撑不牢，不仅造成漏浆，而且也不敢按规定进行振捣，致使变形缝处的混凝土密实性较差，从而导致渗漏水。四是止水带的接缝是止水带本身的防水薄弱处，因此接缝愈少愈好，考虑到工程规模不同，缝的长度不一，对接缝数量未作严格的限定。五是转角处止水带不能折成直角，条文规定转角处应做成圆弧形，以便于止水带的安设。

5.2.6 当采用外贴式止水带时，在变形缝与施工缝相交处，由于止水带的形式不同，现场进行热压接头有一定困难；在转角部位，由于过大的弯曲半径会造成齿牙不同的绕曲和扭转，同时减少了转角部位钢筋的混凝土保护层厚度。故本条规定变形缝与施工缝的相交部位宜采用十字配件，变形缝的转角部位宜采用直角配件。

5.2.7 可卸式止水带全靠其配件压紧橡胶止水带止水，配件质量是保证防水的一个重要因素，因此要求配件一次配齐，特别是在两侧混凝土浇筑时间有一定间隔时，更要确保配件质量。金属配件的防腐蚀很重要，是保证配件可卸的关键。

另外，由于止水带厚，势必在转角处形成圆角，存在不易密贴的问题，故在转角处应做成45°折角，并增加紧固件的数量，以确保此处的防水施工质量。

5.2.8 要使嵌填的密封材料具有良好的防水性能，变形缝两侧的基面处理十分重要，否则密封材料与基面粘结不紧密，就起不到防水作用。另外，嵌缝材料下面的背衬材料不可忽视，否则会使密封材料三向受力，对密封材料的耐久性和防水性都有不利影响。

由于基层处理剂涂刷完毕后再铺设背衬材料，将会对两侧基面的基层处理剂有一定的破坏，故基层处理剂应在铺设背衬材料后进行。

密封材料的嵌填十分重要，如嵌填不饱满，出现凹陷、露嵌、孔洞、气泡，都会降低接缝密封防水质量。嵌填密封材料应符合下列规定：

1 密封材料可使用挤出枪或腻子刀嵌填，嵌填应连续和饱满，不得有气泡和孔洞。

2 采用挤出枪嵌填时，应根据嵌填的宽度选用口径合适的挤出嘴，均匀挤出密封材料由底部逐渐充满整个缝隙。

3 采用腻子刀嵌填时，应先将少量密封材料批刮在缝隙两侧，再分次将密封材料嵌填在缝内，并防止裹入空气。接头应采用斜槎。

4 密封材料嵌填后，应在表干前用腻子刀进行修整。

5.2.9 卷材或涂料防水层应在地下工程的混凝土主体结构迎水面形成封闭的防水层，本条对变形缝处卷材或涂料防水层的构造做法提出了具体的规定。为了使卷材或涂料防水层能适应变形缝处的结构伸缩变形和沉降，规定防水层施工前应先将底板垫层在变形缝处断开，并抹带有圆弧的找平层，再铺设宽度为600mm的卷材加强层；变形缝处的卷材或涂料防水层应连成整体，并应在防水层上放置ϕ40mm～ϕ60mm聚乙烯泡沫棒，防水层与变形缝之间形成隔离层。侧墙和顶板变形缝处卷材或涂料防水层的构造做法与底板相同。

5.3 后 浇 带

5.3.1 参见本规范第5.1.1条的条文说明。

5.3.2 补偿收缩混凝土是在混凝土中加入一定量的膨胀剂，使混凝土产生微膨胀，在有配筋的情况下，能够补偿混凝土的收缩，提高混凝土的抗裂性和抗渗性。补偿收缩混凝土配合比设计，应符合国家现行行业标准《普通混凝土配合比设计规程》JGJ 55和国家标准《混凝土外加剂应用技术规范》GB 50119的有关规定，且混凝土的抗压强度和抗渗等级均不应低于两侧混凝土。

补偿收缩混凝土中膨胀剂的掺量宜为6%～12%，实际配合比中的掺量应根据限制膨胀率的设定值经试验确定。

5.3.3 后浇带应设在受力和变形较小的部位，其间距和位置应按结构设计要求确定，宽度宜为700mm～1000mm；后浇带可做成平直缝或阶梯缝。后浇带两侧的接缝处理应符合本规范第5.1节的规定。后浇带需超前止水时，后浇带部位的混凝土应局部加厚，并应增设外贴式或中埋式止水带。

5.3.4 后浇带应采用补偿收缩混凝土浇筑，其抗压强度和抗渗等级均不应低于两侧混凝土。采用掺膨胀剂的补偿收缩混凝土，应根据设计的限制膨胀率要求，经试验确定膨胀剂的最佳掺量，只有这样才能达到控制结构裂缝的效果。

5.3.5 为了保证后浇带部位的防水质量，必须做到带内的清洁，同时也应对预设的防水设防进行有效保护。

5.3.6 后浇带两侧混凝土的接缝处理，参见本规范第5.1.5条和第5.1.6条的条文说明。后浇带应在两侧混凝土干缩变形基本稳定后施工，混凝土收缩变形一般在龄期为6周后才能基本稳定。高层建筑后浇带的施工，应符合现行行业标准《高层建筑混凝土结构技术规程》JGJ 3的规定，对高层建筑后浇带的施工应按规定时间进行。这里所指按规定时间，应通过地基变形计算和建筑物沉降观测，并在地基变形基本稳定的情况下才可以确定。

5.3.7 本条对遇水膨胀止水条、遇水膨胀止水胶、预埋注浆管和外贴式止水带的施工作出具体的规定。

5.3.8 后浇带采用补偿收缩混凝土，可以提高混凝土的抗裂性和抗渗性，如果后浇带施工留设施工缝，就会大大降低后浇带的抗渗性，因此本条强调后浇带混凝土应一次浇筑。

混凝土养护时间对混凝土的抗渗性尤为重要，混凝土早期脱水或养护过程中缺少必要的水分和温度，则抗渗性将大幅度降低甚至完全消失。因此，当混凝土进入终凝以后即应开始浇水养护，使混凝土外露表面始终保持湿润状态。后浇带混凝土必须充分湿润地养护 4 周，以避免后浇带混凝土的收缩，使混凝土接缝更严密。

5.4 穿 墙 管

5.4.2 结构变形或管道伸缩量较小时，穿墙管可采用固定式防水构造；结构变形或管道伸缩量较大或有更换要求时，应采用套管式防水构造；穿墙管线较多时，宜相对集中，并应采用穿墙盒防水构造。

5.4.3、5.4.4 止水环的作用是改变地下水的渗透路径，延长渗透路线。如果止水环与管不满焊或焊接不密实，则止水环与管接触处仍是防水薄弱环节，故止水环与管一定要满焊密实。

穿墙管外壁与混凝土交界处是防水薄弱环节，穿墙管中部加焊止水环可改变水的渗透路径，延长水的渗透路线，环绕遇水膨胀止水圈则可堵塞渗水通道，从而达到防水目的。针对目前穿墙管部位渗漏水较多的情况，穿墙管在混凝土迎水面相接触的周围应预留宽和深各 15mm 左右的凹槽，凹槽内嵌填密封材料，以确保穿墙管部位的防水性能。

采用套管式穿墙管时，套管内壁表面应清理干净。套管内的管道安装完毕后，应在两管间嵌入内衬填料，端部还需采用其他防水措施。

穿墙管部位不仅是防水薄弱环节，也是防护薄弱环节，因此穿墙管应作好防腐处理，防止穿墙管锈蚀和电腐蚀。

5.4.5 穿墙管线较多采用穿墙盒时，由于空间较小，容易产生渗漏现象，因此应从封口钢板上预留浇注孔注入改性沥青材料或细石混凝土加以密封，并对浇注孔口用钢板焊接密封。

5.4.6 穿墙管部位是防水薄弱环节，当主体结构迎水面有卷材或涂料防水层时，防水层与穿墙管连接处应增设卷材或涂料加强层，保证防水工程质量。

5.5 埋 设 件

5.5.2 结构上的埋设件应采用预埋或预留孔、槽。固定设备用的锚栓等预埋件，应在浇筑混凝土前埋入。如必须在混凝土预留孔、槽时，孔、槽底部须保留至少 250mm 厚的混凝土；如确无预埋条件或埋设件遗漏或埋设件位置不准确时，后置埋件必须采用有效的防水措施。

5.5.3 结构上的埋设件和预留孔、槽均不得遗漏。固定在模板上的埋设件和预留孔、槽，安装必须牢固，位置准确。

地下工程结构上的埋设件，长期处于潮湿或腐蚀介质环境中很容易产生锈蚀和电腐蚀。其破坏作用：一是日久锈蚀会使埋设件丧失承载能力，影响设备的正常工作；二是埋设件锈蚀后由于自身体积产生膨胀，使得埋设件与混凝土接触处产生细微裂缝，形成渗水通道。故本条提出了埋设件应进行防腐处理的规定。

5.5.4 防水混凝土结构除密实度影响抗渗性外，其厚度也对抗渗性有影响。厚度大时可以延长渗水通路，增加对水压的阻力。本条规定埋设件端部或预留孔、槽底部的混凝土厚度不得小于 250mm；当厚度小于 250mm 时，应局部加厚或采取其他防水措施。可以弥补厚度的不足，以减少对防水混凝土结构抗渗性不利的因素。

5.5.5 由于埋设件周围的混凝土振捣不够密实，容易造成该部位的渗漏水，埋设件与迎水面混凝土相接触的周围应预留凹槽，凹槽内应嵌填密封材料，以确保埋设件部位的防水性能。

5.5.6 在采用螺栓加堵头的方法时，工具式螺栓可简化施工操作并可反复使用，因此重点介绍了这种构造做法。

穿过混凝土结构且固定模板用的螺栓周围容易造成渗漏，因此螺栓上应加焊方形止水环以增加渗水路径，同时拆模后应采取加强防水措施，将留下的凹槽封堵密实。

5.5.7 地下工程防水层应是一个封闭整体，不得有任何可能导致渗漏的缝隙。故本条规定预留孔、槽内的防水层应与主体结构防水层保持连续。

5.6 预留通道接头

5.6.2 预留通道接头处是防水薄弱环节之一，这不仅由于接头两边的结构重量及荷载有较大差异，可能产生较大沉降变形，而且由于接头两边的施工时间先后不一，间隔可达几年之久，故预留通道接头防水构造应适应这种特殊情况。

按《地下工程防水技术规范》GB 50108－2008 的有关规定：预留通道接头处的最大沉降差值不得大于 30mm；预留通道接头应采取变形缝防水构造方式。

5.6.3 参见本规范第 5.2.3 条的条文说明。

5.6.4 由于预留通道接头两边混凝土施工时间先后不一，因此特别要加强对中埋式止水带的保护，以免止水带受老化影响降低其性能，同时也要保持先浇部分混凝土端部表面平整、清洁，使可卸式止水带有良好的接触面。预埋件的锈蚀将严重影响后续工序的施工，故对预埋件应进行防锈处理。

5.6.5～5.6.7 这三条是对预留通道接头用中埋式止水带、遇水膨胀止水条或止水胶、预埋注浆管、密封材料和可卸式止水带的施工作出具体的规定。

5.6.8 预留通道接头外部采用保护墙的方法，是对成品保护的重要措施。

5.7 桩 头

5.7.2 近年来，因桩头处理不好引起工程渗漏水的情况时有发生，具体位置如下：1 桩头钢筋与混凝土间；2 底板与桩头间的施工缝；3 混凝土桩身与地基之间。桩头防水构造应强调桩头与结构底板形成整体的防水系统。

5.7.3 由于桩头应按设计要求将桩顶剔凿到混凝土密实处，造成桩顶不平整，给防水层施工带来困难。因此在桩头防水施工前，应对桩头清洗干净并用聚合物水泥防水砂浆进行补平。在目前的各种防水材料中，比较合适的是水泥基渗透结晶型防水涂料，使桩头与结构底板混凝土形成整体。涂刷水泥基渗透结晶型防水涂料时，应连续、均匀，不得少涂或漏涂，并应及时进行养护。

5.7.4、5.7.5 该两条是根据《地下工程防水技术规范》GB 50108－2008 列举的两种桩头防水构造，规定桩头所用防水材料的具体做法。

5.7.6 混凝土中的钢筋是地下水的渗透路径，我们在调查中也发现了很多露出桩基受力钢筋发生渗漏的现象。因此，桩头的受力钢筋根部仍是防水薄弱环节，目前比较好的处理方法是采用遇水膨胀止水条包绕钢筋的做法。

5.8 孔 口

5.8.2 地下工程通向地面的各种孔口均应采取防地面水倒灌的措施。人员和汽车出入口防水构造应符合本规范第 5.8.3 条的规定；窗井防水构造应符合本规范第 5.8.4 条和第 5.8.5 条的规定；通风口与窗井同样处理，竖井窗下缘离室外地面高度不得小于 500mm。

5.8.3 由于雨水或其他生活用水很容易通过各种孔口倒灌到地下工程的内部，从而影响地下工程的使用功能。本条提出地下工程通向地面的各种孔口，应设置防止地面水倒灌的构造措施。

5.8.4 窗井的底部在最高地下水位以上时，为了方便施工、降低造价、利于泄水，窗井的底板和墙宜与主体结构断开，以免窗井底部积水流入窗内。

5.8.5 窗井或窗井的一部分在最高地下水位以下时，窗井应与主体结构连成整体，其防水层也应连成整体，这样有利于防水层形成整体。

5.8.6 地下室窗井由底板和侧墙构成；侧墙可以用砖墙或钢筋混凝土板墙制作，墙体顶部应高出室外地面不得小于 500mm，以免造成倒灌现象。

5.9 坑、池

5.9.1 参见本规范第 4.1.14 条的条文说明。

5.9.2 坑、池坐落在结构底板之上，坑、池内防水层应采用聚合物水泥防水砂浆，掺外加剂或掺合料的防水砂浆用多层抹压法施工。受振动作用时，内部应设卷材或涂料防水层；坑、池外防水层应与结构底板防水层相同并保持连续。

5.9.3 坑、池、储水库内部防水层完成后必须进行蓄水试验。检查池壁和池底的抗渗质量。蓄水至设计水深进行渗水量测定时，可采用水位标尺测定；蓄水时间不应小于 24h。

5.9.4 参见本规范第 4.1.17 条和第 4.1.18 条的条文说明。

5.9.5 地下工程坑、池底部的混凝土必须具有一定的厚度，才能抵抗地下水的渗透。原规范规定防水混凝土结构厚度不应小于 250mm，防水效果明显。本条规定了当混凝土厚度小于 250mm 时，应将局部底板相应降低，保证混凝土厚度不小于 250mm；同时，底板的防水层应与结构主体防水层保持连续。

6 特殊施工法结构防水工程

6.1 锚 喷 支 护

6.1.1 锚喷暗挖隧道、坑道等施工，一般采用循环形式进行开挖，为防止围岩应力变化引起塌方和地面下沉，要求开挖、锚杆支护、喷射混凝土支护三个环节紧跟。同时，为了保证施工安全和提高支护效能，在初期喷射混凝土后应及时安装锚杆。

6.1.2 喷射表面有涌水时，不仅会使喷射混凝土的粘着性变坏，还会在混凝土的背后产生水压给混凝土带来不利影响。因此，表面有涌水时应先进行封堵或排水工作。

6.1.3 喷射混凝土质量与水泥品种和强度的关系密切，而普通硅酸盐水泥与速凝剂有很好的相容性，所以应优先选用。矿渣硅酸盐水泥和火山灰硅酸盐水泥抗渗性好，对硫酸盐类侵蚀抵抗能力较强，但初凝时间长，干缩性大，所以对早期强度要求较高的喷射混凝土应选普通硅酸盐水泥为好。

为减少混合料搅拌中产生粉尘和干拌合时水泥飞扬及损失，有利于喷射混凝土时水泥充分水化，故规定砂石宜有一定的含水率。一般砂为 5%～7%，石子为 1%～2%，但含水率不宜过大，以免凝结成团，发生堵管现象。

粗骨料粒径的大小不应大于 15mm，一是避免堵管，二是减少石子喷射时的动能，降低回弹损失。

为避免喷射混凝土时由于自重而开裂、坠落，提高其在潮湿面施喷时的适应性，故需在水泥中加入适量的速凝剂。

6.1.4 喷射混凝土配合比通常以经验方法试配，通过实测进行修正。掺速凝剂是必要的，但掺速凝剂后又会降低混凝土强度，所以要控制掺量并通过试配确定。钢纤维喷射混凝土虽然抗裂效果明显，但控制钢纤维的用量及保证钢纤维在混凝土中的均匀性却十分重要，故钢纤维喷射混凝土施工应符合现行国家标准《锚杆喷射混凝土支护技术规范》GB 50086 的有关规定，确保施工的顺利和混凝土的质量。

由于砂率低于45%时容易堵管且回弹量高，高于55%时则会降低混凝土强度和增加收缩量，故规定砂率宜为45%～55%。

喷射混凝土采用的是干混合料，若存放过久，砂石中的水分会与水泥反应，影响到喷射后的质量。所以，混合料尽量随拌随用，不要超过规定的存放时间。

6.1.5 由于喷射混凝土的含砂率高，水泥用量也相对较多并掺有速凝剂，其收缩变形必然要比灌注混凝土大。在喷射混凝土终凝2h后应立即进行喷水养护，且养护时间不得少于14d。当气温低于5℃时，不得喷水养护。

6.1.6 抗压试件是反映喷射混凝土物理力学性能优劣、检验喷射混凝土强度的主要指标。所以通常做抗压试件或采用回弹仪测试换算其抗压强度值，也可用钻芯法制取试件。喷射混凝土抗压强度标准试块制作方法可参考现行国家标准《锚杆喷射混凝土支护技术规范》GB 5 0086的有关规定。由于地下工程还有抗渗要求，因此还应做抗渗试件。

本条对地下铁道工程喷射混凝土抗压试件和抗渗试件制作组数均作出了具体规定，主要是参考国家标准《地下铁道工程施工及验收规范》GB 50299－1999的有关内容；对水底隧道、山岭隧道和军工隧道等其他工程喷射混凝土抗压试件制作组数，主要是参考国家标准《锚杆喷射混凝土支护技术规范》GB 50086－2001的有关内容。因影响喷射混凝土抗渗性能的因素较多，《地下工程防水技术规范》GB 50108－2008取消了喷射混凝土抗渗等级的规定，故本条仅对其他工程当设计有抗渗要求时，规定可增做抗渗性能试验。

6.1.7 锚杆的锚固力与安装施工工艺操作有关，锚杆安装后应进行拉拔试验，达到设计要求时方为合格。本条参考国家标准《地下铁道工程施工及验收规范》GB 50299－1999第7.6.18条的有关规定，同一批锚杆每100根应取一组（3根）试件，同一批试件拉拔力的平均值不得小于设计锚固力，拉拔力最低值不应小于设计锚固力的90%。

6.1.8 锚喷支护分项工程检验批的抽样检验数量，参考了国家标准《地下铁道工程施工及验收规范》GB 50299－1999第7.6.14条的规定。

6.1.9 参见本规范第6.1.3条和第6.1.4条的条文说明。

6.1.10 参见本规范第6.1.6条和第6.1.7条的条文说明。

6.1.11 锚喷支护宜用于防水等级为三级的地下工程，工程渗漏水量必须符合设计防水等级标准。喷射混凝土施工前，应根据围岩裂隙及渗漏水的情况，预先采用引排或注浆堵水。

6.1.12 喷层与围岩以及喷层之间粘结应用小锤轻击检查。

6.1.13 对喷层厚度检查宜通过在受喷面上埋设标桩或其他标志控制，也可在喷射混凝土凝结前用针探法检查，必要时可用钻孔或钻芯法检查。

区间或小于区间断面的结构每20延米检查一个断面，车站每10延米检查一个断面。每个断面从拱顶中线起，每2m检查一个点。断面检查点60%以上喷射厚度不应小于设计厚度，最小厚度不得小于设计厚度的50%，且平均厚度不得小于设计厚度时，方为合格。

6.1.14 本条是对喷射混凝土质量的外观检查。当发现喷射混凝土表面有裂缝、脱落、漏喷、露筋等情况时，应予凿除喷层重喷或进行修整。

6.1.15 本条是针对复合式衬砌的初期支护提出平整度的质量指标，以便于铺设塑料防水板。对初期支护基层表面要求十分平整则费时又费力，原规范规定“喷射混凝土表面平整度的允许偏差为30mm，且矢弦比不得大于1/6”，修改为“喷射混凝土表面平整度D/L不得大于1/6”与本规范第4.5.2条保持一致。

6.2 地下连续墙

6.2.1 地下连续墙主要作为地下工程的支护结构，也可以作为防水等级为一、二级的工程与内衬墙构成叠合墙结构或复合式衬砌的初期支护。强度与抗渗性能优异的地下连续墙，还可以直接作为主体结构，但从耐久性考虑，不应用作防水等级为一级的地下工程墙体。

6.2.2 由于地下连续墙是在水下灌注防水混凝土，其胶凝材料用量比一般防水混凝土用量多一些。同时，为保证混凝土灌注面上升速度，混凝土必须具有一定的流动性，坍落度也相应的大一些。其他均与本规范第4.1节防水混凝土相同。

6.2.3 本条参考国家标准《地下铁道工程施工及验收规范》GB 50299－1999第4.6.5条的有关规定。

6.2.4 地下连续墙与内衬墙构成叠合墙结构，两者之间的结合施工质量至关重要，故规定地下连续墙应凿毛并清洗干净，必要时应选用聚合物水泥砂浆、聚合物水泥防水涂料或水泥基渗透结晶型防水涂料等作特殊防水处理。

6.2.5 地下连续墙的防水措施，主要是在条件允许的情况下，尽量加大槽段的长度以减少接缝，提高防水功效。由于拐角处是施工的薄弱环节，施工中易出现质量问题，所以墙体幅间接缝应避开拐角部位，防止产生渗漏水。采用复合式衬砌时，内衬结构的接缝和地下连续墙接缝要错开设置，避免通缝并防止渗漏水。

6.2.7 地下连续墙施工质量的检验数量，参考了国家标准《建筑地基基础工程施工质量验收规范》GB 50202－2002第7.6.8条的规定，将原规范“应按连续墙每10个槽段抽查1个槽段”，修改为“应按每5

个槽段抽查1个槽段”。

6.2.10 地下连续墙墙面、墙缝渗漏水检验宜符合表1的规定。

6.2.11 地下连续墙的槽段接缝是防水的薄弱环节，根据国家标准《地下工程防水技术规范》GB 50108－2008中第8.3.2条第7款规定，幅间接缝应选用工字钢或十字钢板接头，锁口管应能承受混凝土灌注时的侧压力，灌注混凝土时不得发生移位和混凝土绕管。

表1 地下连续墙墙面、墙缝渗漏水检验

序号	检验项目		规 定	检验数量		检验方法
				范围	点数	
1	墙面渗漏	分离墙	无线流	每幅槽段	全数	尺量、观察和检查隐蔽工程验收记录
		单层墙或叠合墙	无滴漏和小于防水二级标准的湿渍			
2	墙缝渗漏	分离墙	仅有少量泥砂和水渗漏			观察和检查隐蔽工程验收记录
		单层墙或叠合墙	无可见泥砂和水渗漏			

6.2.12 需要开挖一侧土方的地下连续墙，尚应在开挖后检查混凝土质量。由于地下连续墙是采用导管法施工，在泥浆中依靠混凝土的自重浇筑而不进行振捣，所以混凝土质量不如在正常条件下浇筑的质量。

为保证使用要求，裸露的地下连续墙墙面如有露筋、露面和夹泥现象时，需按设计要求对墙面、墙缝进行修补或防水处理。

6.2.13 本条参考国家标准《地下铁道工程施工及验收规范》GB 50299－1999第4.9.2条的有关规定。

6.3 盾 构 隧 道

6.3.1 盾构法施工的隧道，宜采用钢筋混凝土管片、复合管片、砌块等装配式衬砌或现浇混凝土衬砌。装配式衬砌应采用防水混凝土制作。

6.3.2 本条是针对不同防水等级的盾构隧道衬砌，确定相应的防水措施。

当隧道处于侵蚀性介质的地层时，应采用相应的耐侵蚀混凝土或耐侵蚀的防水涂层。采用外防水涂料时，应按表6.3.2规定采取“应选”或“宜选”。

6.3.3 第1款增加了对管片混凝土氯离子扩散系数的设计要求，符合《混凝土结构耐久性设计规范》GB/T 50476－2008第3.4节耐久性规定。鉴于国内对处于侵蚀性地层的隧道衬砌的检测标准尚无正式规定，因而在验收条文中也不作具体规定。

第2款是按《盾构法隧道施工与验收规范》GB 50446－2008第6.7.2条有关 规定作了修改，管片外观质量不允许有严重缺陷，存在一般缺陷的管片应由生产厂家按技术规定处理后重新验收。

当管片表面出现缺棱掉角、混凝土剥落、大于0.2mm宽的裂缝或贯穿性裂缝等缺陷时，必须进行修补。管片的修补材料规定采用与管片混凝土同等以上强度的砂浆或特种混凝土，可保证衬砌管片的整体强度统一，对结构受力有益。

第3款是在工厂预制的钢筋混凝土管片，为满足隧道衬砌防水要求而制定了管片制作的质量标准。

6.3.4 原规范规定“钢筋混凝土管片同一配合比每生产5环应制作抗压强度试件一组，每10环制作抗渗试件一组”，是按《地下铁道工程施工及验收规范》GB 50299－1999第8.11.3条有关规定提出的。按上海市工程建设规范《市政地下工程施工质量验收规范》DG/TJ 08－236－2006第9.3.6条的规定，由于试件的取样及留置组数比较合理，故该条直接被本规范引用。

6.3.5 原规范规定“管片每生产两环应抽查一块做检漏测试。若检验管片中有25%不合格时，应按当天生产管片逐块检漏”。条文的内容虽然简单，但可操作性不强，不少管片生产厂家提出意见。现按《盾构法隧道施工与验收规范》GB 50446－2008第16.0.6条的有关规定。根据国内管片检漏的设备水平，提出了“管片外表在0.8MPa水压力下，恒压3h，渗水进入管片外背高度不得超过50mm”的单块管片检漏标准。以前恒压时间只规定2h，但考虑到目前单块管片的检漏压力只能达到0.8MPa，而埋深超过20m的轨道交通隧道会越来越多，因此恒压时间延长至3h，以弥补单块管片检漏压力限值的缺憾。渗水进入管片外背高度不得超过50mm，可确保渗水不会到达钢筋表面，不会对钢筋的耐久性产生不良影响。

6.3.6 钢筋混凝土管片接缝防水，主要依靠防水密封垫，所以对密封垫的设置和粘贴施工提出了具体规定。同时，管片拼装前应逐块对粘贴的密封垫进行检查，在管片吊装的过程中要采取措施，防止损坏密封垫。针对采用遇水膨胀橡胶作为防水密封垫的主要材质或遇水膨胀橡胶为主的复合密封垫时，为防止其在管片拼装前预先膨胀，应采取延缓膨胀的措施。

6.3.7 管片接缝防水除粘贴密封垫外，还应进行嵌缝防水处理，为防止嵌缝后产生错裂现象，规定嵌缝应在隧道结构基本稳定后进行。另外，由于湿固化嵌缝材料的应用，嵌缝前基面只要求达到无明显渗水即可。

6.3.8 密封剂主要为不易流失的掺有填料的黏稠注浆材料以减少流失。同时，为了发挥浆液的堵漏止水功效，应对浆液的注入范围采取限制措施。

6.3.9 螺孔为管片接缝的另一渗漏途径，同样应提出防水措施。

6.3.10 本条参考了上海市工程建设规范《市政地下工程施工质量验收规范》DG/TJ 08－236－2006第3.2.7条的规定，将原规范“应按每连续20环抽查1

处，每处为1环，且不得少于3处”，修改为“应按每连续5环抽查1环，且不得少于3环”。

6.3.11 盾构隧道衬砌管片接缝防水主要采用弹性密封材料。本规范附录第A.3节规定了弹性橡胶密封垫材料和遇水膨胀密封垫胶料的主要物理性能。其中，弹性橡胶密封垫材料的性能指标是参考目前国内盾构隧道密封垫设计中的通常要求；遇水膨胀密封垫胶料的性能指标是参考《高分子防水材料 第3部分 遇水膨胀橡胶》GB 18173.3－2002的规定。

6.3.12 混凝土抗压试件的试验方法应符合《普通混凝土力学性能试验方法标准》GB/T 50081－2002的有关规定；混凝土抗渗试件的试验方法应符合《普通混凝土长期性能和耐久性能试验方法标准》GB/T 50082－2009的有关规定。混凝土强度的评定还应符合《混凝土强度检验评定标准》GB/T 50107－2010的规定。

6.3.13 盾构隧道衬砌渗漏水量检验宜符合表2的规定。

表2 盾构隧道衬砌渗漏水检验

序号	检验项目			规定	检验数量		检验方法	
					范围	点数		
1	整条隧道	隧道渗漏	隧道渗漏量	符合设计要求	整条隧道任意100m²	1次～2次	尺量、设临时围堰储水检测	
			局部湿迹与渗漏量			2次～4次		
2	管片混凝土	直径8m以下隧道	强度等级	符合设计要求	每10环	制作抗压试件一组	检查试验报告、质量评定记录	
		直径8m以上隧道			每5环	制作抗压试件一组		
3		直径8m以下隧道	抗渗等级		每30环	制作抗渗试件一组		
		直径8m以上隧道			每10环	制作抗渗试件一组		
4		外防水涂层性能指标			整条隧道	1次		
5	管片接缝	直径8m以下隧道	密封垫	符合设计要求	常规指标每400环～500环	1次	检查产品合格证、质保单及抽样检验报告	若设计要求整环或局部嵌缝，则嵌缝材料的检查频率与方法同管片接缝其他防水材料
					全性能检测整条隧道	1次～2次		
		直径8m以上隧道			常规指标每200环～250环	1次		
					全性能检测整条隧道	2次～3次		

续表2

序号	检验项目		规定	检验数量		检验方法
				范围	点数	
6	隧道与井接头、隧道与连接通道接头	密封材料	符合设计要求	隧道与井、隧道与连接通道各一组接头	1次	检查产品合格证、质保单及抽样检验报告
7	连接通道	防水混凝土、塑料防水板等外防水材料或聚合物水泥防水砂浆等内防水材料	符合设计要求	每个连接通道	1次	检查产品合格证、质保单及抽样检验报告

6.3.14 管片应至少设置一道密封垫沟槽。接缝密封垫宜选择具有合理的构造形式、良好弹性或遇水膨胀性、耐久性的橡胶类材料，其外形应与沟槽相匹配。

管片接缝密封垫应完全压入密封垫沟槽内，密封垫沟槽的截面面积应大于或等于密封垫的截面积。接缝密封垫应满足在计算的接缝最大张开量和估算的错位量及埋深水头的2倍～3倍水压力不渗漏的技术要求。

6.3.16 鉴于目前管片嵌缝槽的断面构造形式已趋于集中，并对槽的深、宽尺寸及其关系加以定量的规定。管片嵌缝槽与地面建筑、道路工程变形缝嵌缝槽不同，因嵌缝材料在背水面防水，故嵌缝槽槽深应大于槽宽；由于盾构隧道衬砌承受水压较大，相对变形较小，因而嵌缝材料应采用中、高弹性模量类的防水密封材料，有时可采用特殊外形的预制密封件为主、辅以柔性密封材料或扩张型材料构成复合密封件。

6.3.17 管片嵌缝作业应在接缝堵漏和无明显渗水后进行，嵌缝槽表面混凝土如有缺损，应采用聚合物水泥砂浆或特种水泥修补，强度应达到或超过混凝土本体的强度。嵌缝材料嵌填时，应先刷涂基层处理剂，嵌缝应密实、平整。

6.3.18 钢筋混凝土管片拼装成环时，其连接螺栓应先逐片初步拧紧，脱出盾尾后再次拧紧。当后续盾构掘进至每环管片拼装之前，应对相邻已成环的3环范围内管片螺栓进行全面检查并复紧。

管片拼装后，应填写“盾构管片拼装记录”，并按管片的环向及纵向螺栓应全部穿进并拧紧的规定进行检验。

6.4 沉 井

6.4.3 干封底混凝土达到设计强度后，集水井需最后封堵，掺防水剂、膨胀剂的混凝土或掺水泥渗透结晶型防水材料的混凝土防裂抗渗性能好，宜作为填充材料应用。

6.4.4 水下封底混凝土的浇筑导管有效作业的半径应互相搭接，并覆盖井底全部面积，浇筑应连续均匀进行。混凝土浇筑时导管插入混凝土深度不宜小于1mm，混凝土平均升高速度不宜小于0.25m/h。

6.4.6 本条对沉井分项工程检验批的抽样检验数量作出规定。

6.4.7 参见本规范第4.1.14条的条文说明。

6.4.8 参见本规范第4.1.15条的条文说明。

6.4.9 沉井井壁、墙缝渗漏水检验宜符合表3规定。

表3 沉井井壁、墙缝渗漏水检验

序号	检验项目	规 定	检验数量		检验方法
			范围	点数	
1	井壁渗漏	无明显渗水和小于防水二级标准的湿渍	每两条水平施工缝之间的混凝土	10（均布）	尺量、观察和检查隐蔽工程验收记录
2	井壁接缝渗漏				尺量、观察和检查隐蔽工程验收记录
3	底板渗漏		底板混凝土	10（均布）	尺量、观察和检查隐蔽工程验收记录
4	底板与井壁或框架梁接缝				尺量、观察和检查隐蔽工程验收记录

6.5 逆筑结构

6.5.1 本节适用于地下连续墙为主体结构或地下连续墙与内衬构成复合式衬砌的逆筑法施工。

6.5.2 直接采用地下连续墙作围护的逆筑结构，无疑对降低工程造价、缩短工期、充分利用地下空间都极为有利。但由于地下连续墙的钢筋混凝土是在泥浆中浇筑的，影响混凝土质量的因素较多，从耐久性设计规定考虑较为不利。《地下工程防水技术规范》GB 50018－2008第8.3.2条第1款规定："单层地下连续墙不应直接用于防水等级为一级的地下工程墙体。"

6.5.3 采用地下连续墙与内衬构成复合式衬砌的逆筑结构，为确保地下工程防水等级达到一、二级标准，逆筑法施工时必须处理好施工接缝的防水。施工接缝与顶板、中楼板的距离要大些，否则不便于接缝处的混凝土浇筑施工。施工接缝应做成斜坡形；一次浇筑施工接缝时，由于混凝土沉降收缩，干燥收缩等原因会在该处形成裂缝，造成渗漏水隐患。施工接缝处应采用二次浇筑，后浇混凝土应采用补偿收缩混凝土；施工接缝处宜设遇水膨胀止水条或止水胶、预埋注浆管作为防水设防。

6.5.4 参见本规范第6.2.5条的条文说明。

6.5.7 本条对逆筑结构分项工程检验批的抽样检验数量作出规定。

6.5.10 逆筑结构侧墙、墙缝渗漏水检验宜符合表4的规定。

表4 逆筑结构侧墙、墙缝渗漏水检验

序号	检验项目	规 定	检验数量		检验方法
			范围	点数	
1	侧墙渗漏	根据不同的防水等级，达到相应的防水指标	每两条侧墙施工缝之间的混凝土每条逆筑施工接缝	10（均布）	尺量、观察和检查隐蔽工程验收记录
2	墙缝渗漏	根据不同的防水等级，达到相应的防水指标			尺量、观察和检查隐蔽工程验收记录

7 排水工程

7.1 渗排水、盲沟排水

7.1.1 渗排水及盲沟排水是采用疏导的方法，将地下水有组织地经过排水系统排走，以削弱水对地下结构的压力，减小水对结构的渗透作用，从而辅助地下工程达到降低地下水位和防水目的。

渗排水是将地下工程结构底板下排水层渗出的水通过集水管流入集水井内，然后采用专用水泵机械排水。盲沟排水一般设在建筑物周围，使地下水流入盲沟内，根据地形使水自动排走。如受地形限制没有自流排水条件时，可将水引到集水井中用泵抽出。

7.1.2 本条介绍渗排水层的构造、施工程序及规定，渗排水层对材料来源还应做到因地制宜。

为使渗排水层保持通畅，充分发挥其渗水作用，对砂石颗粒、砂石含泥量以及粗砂过滤层厚度均作了规定；构造上还规定在工程底板与渗排水层之间应做隔浆层，防止渗排水层堵塞。

7.1.3 盲沟的断面尺寸应根据地下水流量大小和构造上的需要确定，一般断面宽度不小于300mm，高度不小于400mm。断面过小时，盲沟宜被泥石淤塞，而失去排水效能。盲沟与基础最小距离的设计应根据工程地质情况选定。盲沟内填入的砂、石必须清洁，如砂、石含有过量泥土，就会堵塞盲沟。

本条对盲沟反滤层的层次和粒径组成作出了规定。

7.1.4 地基工程验收合格是保证渗排水、盲沟排水施工质量的前提。

7.1.5 无砂混凝土管通常均在施工现场制作，应注意检查无砂混凝土配合比和构造尺寸。

普通硬塑料管一般选用内径为100mm的硬质PVC管，壁厚6mm，沿管周六等分，间隔150mm钻12mm孔眼，隔行交错制成透水管。

软式透水管是以经防腐处理并外覆聚氯乙烯或其他材料保护层的弹簧钢丝圈作为骨架，以渗透性土工织物及聚合物纤维编织物为管壁包裹材料，组成的一种复合型土工合成管材，适用于地下工程排出渗透水、降低地下水位及水土保持。软式透水管的质量应符合现行行业标准《软式透水管》JC 937的有关规定。

7.1.6 本条对渗排水、盲沟排水分项工程检验批的抽样检验数量作出规定。

7.1.7 在工程中常采用盲沟排水来控制地下水和渗流，以减少对地下建筑物的危害。反滤层是工程降排水设施的重要环节，应正确做好反滤层的颗粒分级和层次排列，使地下水流畅而土壤中细颗粒不流失。

本条规定盲沟反滤层的层次和粒径组成必须符合设计要求。砂、石应洁净，含泥量不得大于2%，必要时应采取冲洗方法，使砂石含泥量符合规定要求。

7.1.8 集水管应设在粗砂过滤层下部，坡度不宜小于1%，且不得有倒坡现象。集水管之间的距离宜为5m～10m。

7.1.9 渗排水层应设置在工程结构底板下面，由粗砂过滤层与集水管组成，其顶面与结构底面之间，应干铺一层卷材或抹30mm～50mm厚1∶3水泥砂浆作隔浆层。

7.1.10 渗排水层总厚度一般不得小于300mm。如较厚时应分层铺填，每层厚度不得超过300mm。同时还应做到铺平和拍实。

7.1.11 盲沟的构造类型及盲沟与基础的最小距离，应根据工程地质情况由设计人员选定。

7.1.12 平接式集水管接口处应留30mm空隙，外围100mm宽塑料排水板包无纺布一层，用20号镀锌钢丝绕紧。承插式集水管承插口应填水泥砂浆，无砂浆处包浸煤焦油麻布。管材种类和管口接法应按工程设计综合考虑，故本条提出接口应连接牢固，不得扭曲变形和错位。

7.2 隧道排水、坑道排水

7.2.1 隧道排水、坑道排水是采用各种排水措施，使地下水能顺着预设的各种管沟被排到工程外，以降低地下水位和减少地下工程中的渗水量。

贴壁式衬砌采用暗沟或盲沟将水导入排水沟内，盲沟宜设在衬砌与围岩之间，而排水暗沟可设置在衬砌内。

复合式衬砌除纵向盲管设置在塑料防水板外侧并与缓冲排水层连接畅通外，其他均与贴壁式衬砌的要求相同。

离壁式衬砌的拱肩应设置排水沟，沟底预埋排水管或设排水孔，在侧墙和拱肩处应设检查孔。侧墙外排水沟应做明沟。

7.2.2 排水泵站的设置以及泵站、集水池的有效容积设计，与隧道或坑道消防排水、汛期排水等有密切关系，应注意相关专业的验收规定。

7.2.3 本条提到污水排放应符合国家现行有关标准的规定。

7.2.4 本条是对国防工程、人防工程等有特殊要求的地下工程提出的。

7.2.5 本条第1款规定是适用于围岩地下水量较少、出露比较集中的隧道，但也应注意隧道衬砌修好后围岩水文状况还会改变的地段。

第2款规定围岩地下水量较大、出露面广时，除出露处应该设置环向盲沟，包括拱部的环向盲沟、墙部的竖向盲沟和路面下的横向排水沟组成的环外，还应按水量大小、出露面广度，控制环向盲沟的间距，一般宜为10m～30m，以适应衬砌施工后衬砌背后水文状况的改变。必要时，设置竖向盲沟顶的集水钻孔。设置纵向盲沟，可使环向盲沟之间的水也能得到通畅的疏导。

第3款规定当地下水水压较高、水量很大，仅依靠暗沟和中心深埋水沟已不足以排泄丰富的地下水时，就要对衬砌形成水压而造成渗漏水，故应根据实际情况利用或设置辅助坑道、泄水洞等作为截、排水措施，降低地下水位，尽可能使隧道处于地下水位线以上。

7.2.6 环向、纵向盲管宜采用软式透水管；横向导水管宜采用带孔混凝土管或硬质塑料管；隧道底板下与围岩接触的中心盲沟或盲管宜采用无砂混凝土管或渗水盲管，并应设置反滤层；仰拱以上的中心盲管宜采用带孔混凝土管或硬质塑料管。

7.2.7 为了排水的需要，排水明沟的纵向坡度应尽可能与隧道或坑道坡度一致，避免加深或减小边沟深度，保持流水沟的正常断面；困难地段隧道排水明沟的最小流水坡度不得小于0.2%。在隧道路线纵坡变坡的分坡范围内，由于是流水起始点，流水量一般不大，且分坡范围的距离一般不长，减小坡顶水沟深度可作为特殊情况处理。

排水沟断面应根据水力计算确定。必要时，排水沟应设置沉砂井、检查井，并铺设盖板，其位置和结构构造应考虑便于清理和检查。

7.2.8 隧道围岩稳定和防潮要求高的工程可设置离壁式衬砌，衬砌与岩壁间的距离：拱顶上部宜为600mm～800mm；侧墙处不应小于500mm，主要为便于人员检查和维护而定。为加强拱部防水效果，工程上一般采用防水砂浆、塑料防水板、卷材等防水层；拱肩应设置排水沟，沟底应预埋排水管或设置排水孔；侧墙外排水沟应做成明沟，其纵向坡度不应小于0.5%。

7.2.9 本条对隧道排水、坑道排水分项工程检验批的抽样检验数量作出规定。

7.2.10 参见本规范第7.1.7条的条文说明。

7.2.11 作为隧道、坑道衬砌外壁的排水盲管和衬砌内壁的导水盲管，可有多种制品供设计和施工选择，应注意其制品是否有企业标准，并按其标准检验质量。

7.2.12 隧道防排水应视水文地质条件因地制宜地采

取“以排为主，防、排、截、堵相结合”的综合治理原则，达到排水通畅、防水可靠、经济合理、不留后患的目的。“防”是指衬砌抗渗和衬砌外围防水，包括衬砌外围防水层和压浆。“排”是指使衬砌背后空隙及围岩不积水，减少衬砌背后的渗水压力和渗水量。为此，对表面水、地下水应采取妥善的处理，使隧道内外形成一个完整的畅通的防排水系统。一般公路隧道应做到：1 拱部、边墙不滴水；2 路面不冒水、不积水，设备箱洞处均不渗水；3 冻害地区隧道衬砌背后不积水，排水沟不冻结。

隧道、坑道排水是按不同衬砌排水构造采取各种排水措施，将地下水和地面水引排至隧道以外。为了排水的需要，隧道一般应设置纵向排水沟、横向排水坡、横向排水暗沟或盲沟等排水设施。排水沟必须符合设计要求，隧道、坑道排水系统必须畅通，以保证正常使用和行车安全。

7.2.13 贴壁式、复合式衬砌排水构造是由纵向盲管、横向导水管、排水明沟、中心盲沟等组成。纵向盲管的坡度应符合设计要求，当设计无要求时，其坡度不得小于0.2%；横向导水管的坡度宜为2%；排水明沟的纵向坡度不得小于0.2%。铁路、公路隧道长度大于200m时，宜设双侧排水沟，纵向坡度应与线路坡度一致，且不得小于0.2%；中心盲沟的纵向坡度应符合设计要求。

纵向盲管的直径应根据围岩或初期支护的渗水量确定，但不得小于100mm；横向导水管的直径应根据排水量大小确定，但不得小于50mm；横向导水管的间距宜为5m～25m；中心盲管的直径应根据渗排水量大小确定，但不宜小于250mm。

7.2.14 参见本规范第7.2.7条和第7.2.8条的条文说明。

7.2.15 盲管应采用塑料带或无纺布和水泥钉固定在基层上，固定点间距：拱部宜为300mm～500mm，边墙宜为1000mm～1200mm，在不平处应增加固定点。

环向、纵向盲管接头部位要连接好，使汇集的地下水顺利排出。目前盲管生产厂家都配套生产了标准接头、异径接头和三通等，为施工创造了条件，施工中应尽量采用标准接头，以提高排水工程质量。

7.2.16 在贴壁式衬砌和无塑料板防水层段的复合式衬砌中铺设的盲沟或盲管，在施工混凝土衬砌前，均应用塑料布或无纺布包裹起来，以防混凝土中的水泥砂浆堵塞盲沟或盲管。

7.3 塑料排水板排水

7.3.1 无自流排水条件且防水要求较高的地下工程，可采用渗排水、盲沟排水、盲管排水、塑料排水板或机械抽水等排水方法。塑料排水板可用于地下工程底板与侧墙的室内明沟、架空地板排水以及地下工程种植顶板排水，还可用于隧道或坑道排水。塑料排水板与土工布结合，可替代传统的陶粒或卵石滤水层，并具有较高的抗压强度和排水、透气等功能。

7.3.2 塑料排水板是HDPE为主要原料，通过三层共挤在熔融状态下经真空吸塑和对辊辊压成型工艺制成的新型材料，具有立体空间和一定支撑高度的新型排水材料。塑料排水板的单位面积质量和支点高度应根据设计荷载和流水通量来确定。

7.3.3 本条第1、2款是塑料排水板在地下工程底板和侧墙中的应用。将排水板支点朝下或朝内墙，支点内灌入混凝土，可起到永久性模板作用；同时，塑料排水板与底板或内墙形成一个密封的空间，能及时地排出底板或内墙渗出的水分，起到防潮、排水、隔热、保温的作用。

第3款是塑料排水板在地下工程种植顶板的应用。将塑料排水板支点朝上，排水板上面覆一层土工布，防止泥水流到排水板内，保持排水畅通。

第4款是塑料排水板在隧道或坑道中的应用。在初期衬砌洞壁上先铺设一层土工布，防止泥水流到排水板内，保持排水畅通；将塑料排水板支点朝向洞壁，连续的排水板形成的密闭排水层，可将隧道或坑道围岩的裂隙水顺畅地引入排水盲沟。

7.3.4 塑料排水板搭接缝主要有热熔焊接、支点搭接和胶粘剂粘结等搭接工艺。塑料排水板采用双焊缝热熔焊接，适用于地下工程种植顶板中排水层兼耐根穿刺防水层，其焊接质量应符合本规范第4.5.9条的规定；塑料排水板采用1个～2个支点搭接或胶粘剂，可使排水板形成一个整体，而透过塑料排水板的少量渗漏水则可从防水层表面与塑料排水板凹槽间流出。

7.3.5 种植顶板有时因降水形成滞水，当积水上升到一定高度并浸没植物根系时，可能会造成根系的腐烂。本条规定了种植顶板种植土若低于周边土体，排水层必须与排水沟或盲沟配套使用，并按情况分区设置，保证其排水畅通。

7.3.6 土工布是过滤层材料，应空铺在塑料排水板的支点上。土工布宜采用$200g/m^2$～$400g/m^2$的聚酯无纺布，其搭接宽度不应小于200mm。土工布可起挡土、滤水、保湿作用，使过滤的多余清水在塑料排水板面上排出。土工布铺设不必考虑方向，搭接部位应采用粘合或缝合，防止回填种植土时将土工布接缝扯开，使土粒堵塞排水层。回填土属黏性土时，宜在土工布上先铺设5mm～10mm粗砂再覆土，避免土工布板结，保障其透水性。

7.3.7 本条对塑料排水板排水分项工程检验批的抽样检验数量作出规定。

7.3.8 塑料排水板和土工布的质量要求，应符合现行行业标准《种植屋面工程技术规程》JGJ 155的有关规定。

7.3.9 塑料排水板排水，可削弱地表水、地下水对地下结构的压力并减少水对结构的渗透。有自流排水条件的地下工程，可采用自流排水法，无自流排水条件的地下工程，可采用明沟或集水井和机械抽水等排水方法，故本条规定塑料排水板排水层必须与排水系统连通，不得有堵塞现象。

8 注浆工程

8.1 预注浆、后注浆

8.1.1 注浆按地下工程施工顺序可分为预注浆和后注浆。注浆方案应根据工程地质及水文地质条件，按下列规定选择：

1 在工程开挖前，预计涌水量较大的地段、软弱地层，宜采用预注浆；

2 开挖后有大股涌水或大面积渗漏水时，应采用衬砌前围岩注浆；

3 衬砌后渗漏水严重或充填壁后空隙的地段，宜进行回填注浆；

4 回填注浆后仍有渗漏水时，宜采用衬砌后围岩注浆。

上述所列各款可单独进行，也可按工程情况综合采用，确保地下工程达到设计的防水等级标准。

8.1.2 由于国内注浆材料的品种多、性能差异大，事实上目前还没有哪一种浆材能全部满足工程需要，所以要熟悉掌握各种浆材的特性，并根据工程地质、水文地质条件、注浆目的、注浆工艺、设备和成本等因素加以选择。

8.1.3 本条列举了用于预注浆和后注浆的三种常用方法，供工程上参考。

1 渗透注浆不破坏原土的颗粒排列，使浆液渗透扩散到土粒间的孔隙，孔隙中的气体和水分被浆液固结体排除，从而使土壤密实达到加固防渗的目的。渗透注浆一般用于渗透系数大于 10^{-5}cm/s 的砂土层。

2 劈裂注浆是在较高的注浆压力下，把浆液渗入到渗透性小的土层中，并形成不规则的脉状固结物。由注浆压力而挤密的土体与不受注浆影响的土体构成复合地基，具有一定的密实性和承载能力。劈裂注浆一般用于渗透系数不大于 10^{-6}cm/s 的黏土层。

3 高压喷射注浆是利用钻机把带有喷嘴的注浆管钻进至土中的预定位置，以高压设备使浆液成为高压流从喷嘴喷出，土粒在喷射流的作用下与浆液混合形成固结体。高压喷射注浆的浆液以水泥类材料为主、化学材料为辅。高压喷射注浆可用于加固软弱地层。

8.1.4 注浆材料包括了主剂和在浆液中掺入的各种外加剂。主剂可分为颗粒浆液和化学浆液两种。颗粒浆液主要包括水泥浆、水泥砂浆、黏土浆、水泥黏土浆以及粉煤灰、石灰浆等；化学浆液常用的有聚氨酯类、丙烯酰胺类、硅酸盐类、水玻璃等。

在隧道工程注浆中，常用颗粒浆液先堵塞大的孔隙，再注入化学浆液，既经济又起到注浆的满意效果。壁后回填注浆因为起填充作用，所以尽量采用颗粒浆液。各种浆液配合比必须根据注浆效果现场试验确定。

8.1.5 对本条说明如下：

1 注浆压力能克服浆液在注浆管内的阻力，把浆液压入隧道周边地层中。如有地下水时，其注浆压力尚应高于地层中的水压，但压力不宜过高。由于注浆浆液溢出地面或超出有效范围之外，会给周边建筑结构带来不良影响，所以应严格控制注浆压力。

2 回填注浆时间的确定，是以衬砌能否承受回填注浆压力作用为依据的，避免结构过早受力而产生裂缝。回填注浆压力一般都小于 0.8MPa，因此规定回填注浆应在衬砌混凝土达到设计强度的 70%后进行。

为避免衬砌后围岩注浆影响浆液固结体，因此规定衬砌后围岩注浆应在回填注浆浆液固结体达到设计强度的 70%后进行。

3 隧道地面建筑多，交通繁忙，地下各种管线纵横交错，一旦浆液溢出地面和超出有效注浆范围，就会危及建筑物或地下管线的安全。因此，注浆过程中应经常观测，出现异常情况应立即采取措施。

在地面进行垂直注浆后，为防止坍孔造成地面下降，规定注浆后应用砂子将注浆孔封填密实。

4 浆液的注浆压力应控制在有效范围内，如果周围的建筑物与被注点距离较近，有可能发生地面隆起、墙体开裂等工程事故。所以，在注浆作业时要定期对周围的建筑物和构筑物以及地下管线进行施工监测，保证施工安全。

5 注浆浆液特别是化学注浆浆液，有的有一定的毒性。为防止污染地下水，施工期间应定期检查地下水的水质。

8.1.6 本条对注浆工程分项工程检验批的抽样检验数量作出规定。

8.1.7 几乎所有的水泥都可以作为注浆材料使用，为了达到不同的注浆规定，往往在水泥中加入外加剂和掺合料，这样不仅扩大了水泥注浆材料的应用范围，也提高了固结体的技术性能。由于水泥和外加剂的品种较多，浆液的组成较复杂，所以有必要对进场后的注浆材料进行抽查检验。

8.1.8 注浆结束前，为防止开挖时发生坍塌或涌水事故，必须对注浆效果进行检验。通常是根据注浆设计、注浆记录、注浆结束标准，在分析各种注浆孔资料的基础上，按设计要求对注浆薄弱部位进行钻孔取芯检查，检查浆液扩散和固结情况。有条件时还可进行压力或抽水试验，检查地层吸水率或透水率，计算渗透系数及开挖时的出水量。

8.1.9 预注浆钻孔应根据岩层裂隙状态、地下水情况、设备能力、浆液有效扩散半径、钻孔偏斜率和对注浆效果的规定等，综合分析后确定注浆孔数、布孔方式及钻孔角度等注浆参数的设计。后注浆钻孔应根据围岩渗漏水或回填注浆后仍有渗漏水情况确定。

8.1.10 注浆压力是浆液在裂隙中扩散、充填、压实、脱水的动力。注浆压力太低，浆液不能充填裂隙，扩散范围受到限制而影响注浆质量；注浆压力过大，会引起裂隙扩大、岩层移动和抬高，浆液易扩散到预定范围之外。特别在浅埋隧道还会引起地表隆起，破坏地面设施。因此本条规定注浆各阶段的控制压力和注浆量应符合设计要求。

8.1.11 浆液沿注浆管壁冒出地面时，宜用水泥、水玻璃混合料封闭管壁与地表面孔隙或用栓塞进行密封，并间隔一段时间后再进行下一深度的注浆。

在松散的填土地层注浆时，宜采用间歇注浆、增加浆液浓度和速凝剂掺量、降低注浆压力等方法。

当浆液从已注好的注浆孔中冒出时，应采用跳孔施工。

8.1.12 当工程处于房屋和重要工程的密集段时，施工中应会同有关单位采取有效的保护措施，并进行必要的施工监测，以确保建筑物及地下管线的正常使用和安全运营。

8.2 结构裂缝注浆

8.2.1 混凝土结构裂缝严重影响工程结构的耐久性，随着我国经济建设的发展，化学注浆在该领域的应用技术不断创新，有许多成功实例，可满足结构正常使用和工程的耐久性规定。

本条提出结构裂缝注浆的适用范围，宽度大于0.2mm的静止裂缝以及贯穿性裂缝均是混凝土结构的有害裂缝，应采用堵水注浆，符合混凝土结构设计要求。

8.2.2 对于以混凝土承载力为主的受压构件和受剪构件，往往会出现原结构与加固部分先后破坏的各个击破现象，致使加固效果很不理想或根本不起作用。所以混凝土结构加固时，为适应加固结构应力、应变滞后现象，特别要求裂缝注浆应待结构基本稳定和混凝土达到设计强度后进行。

8.2.3 化学注浆材料为真溶液，与掺有膨润土、粉煤灰的水泥灌浆材料相比，可灌性好，胶凝时间可按工程需要调节，粘结强度高。因此，某些工程用水泥灌浆不能解决的问题，采用化学注浆材料处理或进行复合灌浆，基本上都可以满意的解决。注浆材料注入裂缝深部，达到恢复结构的整体性、耐久性及防水性的目的。

化学浆材按其功能与用途可分为防渗堵漏型和加固补强型，但两种类型的化学浆材其功能并非完全分开。聚氨酯虽有较好的堵水效果，而因强度低，不具备对混凝土的补强作用。但聚氨酯中强度较高的油溶性聚氨酯可用于非结构性混凝土裂缝补强；亲水性较好且固化较快的改性环氧浆材对渗流量小的混凝土结构裂缝具有堵水补强功能，但出水量较大的工程不宜用作堵水材料。所以，在实际应用中应根据工程情况合理的选用浆材。

注浆材料的选用与结构裂缝宽度、渗水量大小、常年性渗漏还是季节性渗漏、是否有补强要求等有关。当水量较大时，可选用聚氨酯浆液，水溶性聚氨酯具有流动性好、二次渗透、发泡快等特点，非常适合快速注浆堵水；当水量小时，可选择超细水泥注浆；当结构有补强要求时，可选用环氧树脂或水泥—水玻璃浆液注浆；当渗水较少但空洞大时，可先用水泥浆填充，然后再用化学浆液封堵。

8.2.4 注浆工艺和正确选用注浆设备是裂缝注浆的关键。本条参考了《混凝土结构加固技术规范》CECS25：90的有关规定，介绍裂缝注浆施工的工艺流程，便于施工过程对质量的控制。要保障注浆工程的处理效果和提高使用的耐久性，首先要对处理工程的使用要求、使用环境和工程的实际状况进行综合分析，正确选用合适的浆材，并要结合选用浆材的特性和工程实际状况制定行之有效的施工方案和工艺，选用合适的注浆设备精心施工，才能达到预期的效果。

8.2.5 本条对结构裂缝注浆分项工程检验批的抽样检验数量作出规定。

8.2.6 对本条说明如下：

1 聚氨酯灌浆材料是以多异氰酸酯与多羟基化合物聚合反应制备的预聚体为主剂，通过灌浆注入基础或结构，与水反应生成不溶于水的具有一定弹性或强度固结体的浆液材料。产品按原材料组成分为两类：水溶性聚氨酯灌浆材料，代号WPU；油溶性聚氨酯灌浆材料，代号OPU。

2 环氧树脂灌浆材料是以环氧树脂为主剂加入固化剂、稀释剂、增韧剂等组分所形成的A、B双组分商品灌浆材料。A组分是以环氧树脂为主的体系，B组分为固化体系。环氧树脂灌浆材料（代号EGR），按初始黏度分为低黏度型（L）和普通型（N）。

高渗透改性环氧材料的应用面在扩大，高渗透改性环氧材料是指具有优异渗透性、可灌性的改性环氧材料，能渗入微米级的岩土孔隙、裂缝，在自然状态下能在混凝土表面通过毛细管道、微孔隙和肉眼看不见的微细裂纹渗入混凝土内，能在压力下灌入渗透系数为10^{-6}cm/s～10^{-8}cm/s的低渗透软弱地层或夹泥层中。我国研发出了如“中化-798-Ⅲ高渗透改性环氧化灌浆材”第三代产品，而且结合工程实际，形成了混凝土专用的防腐、防水、补强、粘结的系列产品，具有高渗透性和优异的力学性能及耐老化性能。

8.2.7 结构裂缝注浆质量检查，一般可采用向缝中通入压缩空气或压力水检验注浆密实情况，也可钻芯取样检查浆体的外观质量，测试浆体的力学性能。封缝养护至一定强度应进行压水或压气检查，压水时可采用掺高锰酸钾、荧光黄试剂的颜色水。压水或压气所用压力不得超过设计注浆压力。

对设计有补强要求的工程，必须进行现场取芯试验，取芯方法如下：

1 起始芯：在第1个25延米注浆完成后，钻取直径50mm的起始芯。芯样由监理工程师指定位置钻取，其钻取深度为裂缝的深度。起始芯要有专用储存箱、按设计要求养护；注意了解和遵从业主对试件附加的要求和测试内容。

2 起始芯和质量见证芯的试验方法：渗透性为直观检验；粘结强度或抗压强度试验可采用混凝土常规法。

3 起始芯测试环氧树脂渗透的程度和粘结强度。其试验规定：渗透性以裂缝深度的90%充满环氧树脂浆液固结体为合格；当有补强要求而检测粘结强度时，应不在粘结面破坏。

4 试验的评定和验收规定：起始芯通过上述试验，达到标准数值，则说明这一区域的注浆作业得以验收；如果起始芯的渗透性和粘结强度测试不合格，则必须分析原因，补充注浆，重新检测，直到符合规定为止；不合格起始芯区域，返工之后，由监理工程师指定的位置钻取“见证芯”，重新按3和4的规定检测。

5 取芯孔应在得到监理工程师的允许后进行充填。

有关补强加固的结构裂缝注浆效果，应按《混凝土结构加固设计规范》GB 50367－2006第14.2.3条的规定执行。

8.2.8 结构裂缝注浆钻孔应根据结构渗漏水情况布置，孔深宜为结构厚度的1/3～2/3。

浅裂缝应骑槽粘埋注浆嘴，必要时沿缝开凿“U”形槽并用水泥砂浆封缝；深裂缝应骑缝钻孔或斜向钻孔至裂缝深部，孔内埋设注浆管。注浆嘴及注浆管设于裂缝交叉处、较宽处、端部及裂缝贯穿处等部位，注浆嘴间距宜为100mm～1000mm，注浆管间距宜为1000mm～2000mm。原则上应做到缝窄应密，缝宽可稀，但每条裂缝至少有一个进浆孔和排气孔。

8.2.9 现场注浆压力试验方法：拆去注浆设备的混合器。将双液输浆管连接到压力测试装置上。压力测试装置由两个独立的压力传感阀组成。关闭阀门，启动注浆泵；待压力表升到0.5MPa后停泵；观测压力表，在2min内的压力不降到0.4MPa为合格。

压力试验频率：压力试验可在每次注浆前进行；交接班或停工用餐后进行；在进行裂缝表面清理的间歇时间进行。

现场进浆比例试验方法：拆去注浆设备的混合器，将双液输浆管连接到比例测试装置上。比例测试装置由两个独立的阀件组成，可通过开启和关闭阀门，控制回流压力来调节，压力表可显示每个阀门的回流压力。关闭阀门，启动注浆泵；待压力升到0.5MPa后停泵；开启阀门，将浆液放入有刻度的容器，观测两个容器内的浆液，是否符合设备的比例参数。

9 子分部工程质量验收

9.0.1 按《建筑工程施工质量验收统一标准》GB 50300－2001第6章内容的规定，地下防水工程质量验收的程序和组织有以下两点说明：

1 检验批及分项工程应由监理工程师或建设单位项目技术负责人组织施工单位项目专业质量或技术负责人等进行验收。验收前，施工单位先填好“检验批和分项工程的质量验收记录”，并由项目专业质量检验员和项目专业技术负责人分别在验收记录中相关栏签字，然后由监理工程师组织按规定程序进行。

2 分部工程应由总监理工程师或建设单位项目负责人组织施工单位项目负责人和技术、质量负责人等进行验收。由于地下防水工程技术要求严格，故有关工程的勘察、设计单位项目负责人和施工单位技术、质量部门负责人也应参加相关分部工程验收。

9.0.2 检验批是工程验收的最小单位，是分项工程乃至整个建筑工程质量验收的基础。本条规定了检验批质量合格条件：一是对检验批的质量抽样检验。主控项目是对检验批的基本质量起决定性作用的检验项目，必须全部符合本规范的有关规定，且检验结果具有否决权；一般项目是除主控项目以外的检验项目，应有80%以上的一般项目子项符合本规范的有关规定，对有允许偏差的项目，其最大偏差不得超过本规范规定允许偏差值的1.5倍；二是质量控制资料，反映检验批从原材料到最终验收的各施工工序的操作依据、检查情况以及保证质量所必需的管理制度等质量控制资料，是检验批合格的前提。

9.0.3 分项工程的验收在检验批验收的基础上进行。一般情况下，两者具有相同或相近的性质，只是批量的大小不同而已。因此，将有关的检验批汇集构成分项工程。分项工程合格质量的条件比较简单，只要构成分项工程的各检验批的验收资料文件完整，并且均已验收合格，则分项工程验收合格。

9.0.4 子分部工程的验收在其所含各分项工程验收的基础上进行。本条给出了子分部工程验收合格的条件，包括四个方面：一是所含分项工程全部验收合格；二是相应的质量控制资料文件必须完整；三是地下工程渗漏水检测；四是观感质量检查。

9.0.5 地下防水工程竣工和记录资料体现了施工全

过程控制，必须做到真实、准确，不得有涂改和伪造，各级技术负责人签字后方可有效。

9.0.6 隐蔽工程是后续的工序或分项工程覆盖、包裹、遮挡的前一分项工程。如变形缝构造、渗排水层、衬砌前围岩渗漏水处理等，经过检查验收质量符合规定方可进行隐蔽，避免因质量问题造成渗漏或不易修复而直接影响防水效果。

9.0.7 关于观感质量检查，这类检查往往难以定量，只能以观察、触摸或简单量测的方式进行，并由各个人的主观印象判断，检查结果并不给出“合格”或“不合格”的结论，而是综合给出质量评价。对于“差”的检查点应通过返修处理等补救。

本条规定的地下防水工程的观感质量检查规定，是根据本规范各分项工程的质量内容。

9.0.8 按《建筑工程施工质量验收统一标准》GB 50300－2001 第 5.0.3 条第 3 款的规定，分部工程有关安全及功能的检验和抽样检测结果应符合有关规定。因此，本规范第 3.0.14 条规定地下工程应按设计的防水等级标准进行验收，检查地下工程有无渗漏水现象，填写“地下工程渗漏水检测记录”。地下工程出现渗漏水时，应及时进行治理，并应由防水专业设计人员和有防水资质的专业施工队伍承担。

根据《建筑工程施工质量验收统一标准》GB 50300－2001 第 5.0.6 条第 4 款规定，对地下工程渗漏水治理，必须满足分部工程的安全和主要使用功能的基本要求。地下工程达到设计的防水等级标准后，可以进行验收。

9.0.9 地下防水工程完成后，应由施工单位先行自检，并整理施工过程中的有关文件和记录，确认合格后会同建设或监理单位，共同按质量标准进行验收。子分部工程的验收，应在分项工程通过验收的基础上，对必要的部位进行抽样检验和使用功能满足程度的检查。子分部工程应由总监理工程师或建设单位项目负责人组织施工技术质量负责人进行验收。

地下防水工程验收时，施工单位应按照本规范第 9.0.5 条的规定，将竣工和记录资料提供总监理工程师或建设单位项目负责人审查，检查无误后方可作为存档资料。

中华人民共和国国家标准

铁路旅客车站建筑设计规范

Code for design of railway passenger station buildings

GB 50226—2007

（2011 年版）

主编部门：中华人民共和国铁道部

批准部门：中华人民共和国建设部

施行日期：2 0 0 7 年 1 2 月 1 日

中华人民共和国住房和城乡建设部
公　告

第1146号

关于发布国家标准《铁路旅客车站建筑设计规范》局部修订的公告

现批准《铁路旅客车站建筑设计规范》GB 50226—2007局部修订的条文，自发布之日起实施。经此次修改的原条文同时废止。

局部修订的条文及具体内容，将刊登在我部有关网站和近期出版的《工程建设标准化》刊物上。

中华人民共和国住房和城乡建设部

二〇一一年九月十六日

中华人民共和国建设部
公　告

第665号

建设部关于发布国家标准《铁路旅客车站建筑设计规范》的公告

现批准《铁路旅客车站建筑设计规范》为国家标准，编号为GB 50226—2007，自2007年12月1日起实施。其中，第4.0.8、4.0.11、5.2.4、5.2.5、5.7.1、5.8.8、5.9.2、6.1.1、6.1.3、6.1.4（3）、6.1.7（1）（3）（7）、6.4.5、7.1.1、7.1.2、7.1.4、7.1.5、7.1.6、8.3.2（5）、8.3.4条（款）为强制性条文，必须严格执行。原《铁路旅客车站建筑设计规范》GB 50226—95同时废止。

本规范由建设部标准定额研究所组织中国计划出版社出版发行。

中华人民共和国建设部

二〇〇七年六月二十二日

前　言

本规范是根据建设部建标〔2003〕102号文《关于印发“二〇〇二～二〇〇三年度工程建设国家标准制订、修订计划”的通知》的要求，由铁道第三勘察设计院集团有限公司在《铁路旅客车站建筑设计规范》GB 50226—95的基础上修订而成的。

本规范共分8章，其内容包括总则，术语，选址和总平面布置，车站广场，站房设计，站场客运建筑，消防与疏散，建筑设备等。另有1个附录。

本规范按照铁路要实现跨越式发展的总体要求，遵循“以人为本，服务运输，强本简末，系统优化，着眼发展”的原则，坚持依靠科技进步，改革运输管理体制，并依照调整生产力布局的要求，合理确定设计标准和站房规模，使铁路旅客车站建筑设计体现“功能性、系统性、先进性、文化性、经济性”的要求。在修订过程中，吸纳了原规范执行以来在铁路旅客车站建筑设计、运营等方面的成功经验和科研成果，并广泛征求了有关单位和专家的意见。

本次修订的主要内容有：

1. 修订了原规范按最高聚集人数确定车站建筑规模的内容，并根据客货共线铁路旅客车站与客运专线铁路旅客车站的不同特点，分别采用按最高聚集人数和高峰小时发送量划分车站建筑规模。

2. 将进站广厅改为集散厅，增加了出站集散厅并明确了进、出集散厅的概念。

3. 按客货共线和客运专线铁路分别确定候车面积和售票窗口数。

4. 根据行李、包裹不同性质，将原行包用房改为行李、包裹用房，按列车编组形式明确客运专线不设置行李、包裹用房。

5. 站房内的商业设施，限为旅客服务的小型商业设施。

6. 修改了男女旅客人数和厕所厕位比例，由原人数设定男占70%、女占30%，修改为男女旅客比例1∶1，厕位比由原接近1∶1改为1∶1.5。

7. 取消了原规范中第6章“特殊类型站房设计”中的“综合型站房”和“旅游站房”的内容。

8. 修订了大型及以上车站防火分区的规定。

9. 增加了地板采暖和空气调节等新技术应用内容，以及设置疏散照明和安全照明等规定。

本规范中以黑体字标志的条文为强制性条文，必须严格执行。

本规范由建设部负责管理和对强制性条文的解释。铁道部建设管理司负责具体技术内容的解释。

在执行本规范过程中，希望各单位结合工程实践，总结经验，积累资料。如发现需要修改和补充之处，请及时将意见及有关资料寄交铁道第三勘察设计院集团有限公司（天津市河北区中山路10号，邮政编码：300142），并抄送铁道部经济规划研究院（北京市海淀区羊坊店路甲8号，邮政编码：100038），以供今后修订时参考。

本规范主编单位和主要起草人：

主编单位： 铁道第三勘察设计院集团有限公司

主要起草人： 李　京　刘力进　王雪晴　孟　然　杜　爽　张国梁　李国富　于世平　赵树学　张　媛　张延翔

目　次

1　总则 …………………………………… 1—19—5
2　术语 …………………………………… 1—19—5
3　选址和总平面布置 …………………… 1—19—6
3.1　选址……………………………………… 1—19—6
3.2　总平面布置……………………………… 1—19—6
4　车站广场………………………………… 1—19—6
5　站房设计………………………………… 1—19—7
5.1　一般规定………………………………… 1—19—7
5.2　集散厅…………………………………… 1—19—7
5.3　候车区（室）…………………………… 1—19—7
5.4　售票用房………………………………… 1—19—8
5.5　行李、包裹用房………………………… 1—19—8
5.6　旅客服务设施…………………………… 1—19—9
5.7　旅客用厕所、盥洗间…………………… 1—19—9
5.8　客运管理、生活和设备用房 …… 1—19—10
5.9　国境（口岸）站房 ……………… 1—19—10
6　站场客运建筑 ………………………… 1—19—10
6.1　站台、雨篷 …………………………… 1—19—10
6.2　站场跨线设施 ………………………… 1—19—11
6.3　站台客运设施 ………………………… 1—19—12
6.4　检票口 ………………………………… 1—19—12
7　消防与疏散 …………………………… 1—19—12
7.1　建筑防火 ……………………………… 1—19—12
7.2　消防设施 ……………………………… 1—19—12
8　建筑设备 ……………………………… 1—19—12
8.1　给水、排水 …………………………… 1—19—12
8.2　采暖、通风和空气调节 ……………… 1—19—13
8.3　电气、照明 …………………………… 1—19—13
8.4　旅客信息系统 ………………………… 1—19—14
附录A　设计包裹库存件数
　　　　计算……………………………… 1—19—14
本规范用词说明 ………………………… 1—19—14
附：条文说明……………………………… 1—19—16

1 总　　则

1.0.1 为统一铁路旅客车站建筑设计标准，使铁路旅客车站建筑设计符合“功能性、系统性、先进性、文化性、经济性”的要求，制定本规范。

1.0.2 本规范适用于新建铁路旅客车站建筑设计。

1.0.3 旅客车站布局应符合城镇发展和铁路运输要求，并根据当地经济、交通发展条件，合理确定建筑形式。

1.0.4 铁路旅客车站建筑设计应积极采用安全、节能和符合环境保护要求的先进技术。

1.0.5 客货共线和客运专线铁路旅客车站的建筑规模，应分别根据最高聚集人数和高峰小时发送量按表1.0.5-1和表1.0.5-2确定。

表 1.0.5-1　客货共线铁路旅客车站建筑规模

建筑规模	最高聚集人数 H(人)
特大型	$H \geqslant 10000$
大型	$3000 \leqslant H < 10000$
中型	$600 < H < 3000$
小型	$H \leqslant 600$

表 1.0.5-2　客运专线铁路旅客车站建筑规模

建筑规模	高峰小时发送量 pH（人）
特大型	pH≥10000
大型	5000≤pH<10000
中型	1000≤pH<5000
小型	pH<1000

1.0.6 铁路旅客车站无障碍设计应符合国家现行标准《铁路旅客车站无障碍设计规范》TB 10083 和《城市道路和建筑物无障碍设计规范》JGJ 50 的有关规定。

1.0.7 铁路旅客车站建筑节能设计应符合现行国家标准《公共建筑节能设计标准》GB 50189 的有关规定。

1.0.8 铁路旅客车站建筑设计除应符合本规范外，尚应符合国家现行有关标准的规定。

2 术　语

2.0.1 铁路旅客车站　railway passenger station

为旅客办理客运业务，设有旅客乘降设施，并由车站广场、站房、站场客运建筑三部分组成整体的车站。

2.0.2 客货共线铁路旅客车站　mixed traffic railway line station

设在客货共线运行的铁路沿线，主要办理客运业务的车站。

2.0.3 客运专线铁路旅客车站　passenger dedicated railway line station

设在客运专线铁路沿线，专门办理客运业务的车站。

2.0.4 旅客最高聚集人数　maximum passengers in waiting room

旅客车站全年上车旅客最多月份中，一昼夜在候车室内瞬时（8～10min）出现的最大候车（含送客）人数的平均值。

2.0.5 高峰小时发送量　peak hour departing quantum

车站全年上车旅客最多月份中，日均高峰小时旅客发送量。

2.0.6 站房平台　platform for station building

由站房外墙向城市方向延伸一定宽度，连接站房各个部位及进出口的平台。

2.0.7 旅客车站专用场地　special area for passenger station

自站房平台外缘至相邻城市道路内缘和相邻建筑基地边缘范围内的区域，包括旅客活动地带、人行通道、车行道和停车场。

2.0.8 集散厅　concourse

用于旅客站房内疏导旅客，并设有安检、问询等服务设施的大厅。

2.0.9 线下式站房　low-lying station building

旅客车站站场线路的高程高于车站广场地面高程，站房首层地面低于站台面，且高差较大的站房。

2.0.10 高架候车室　elevated over-crossing waiting room

位于车站站台与线路上方，且与站房相连，主要为候车旅客使用的建筑物。

2.0.11 设计行包库存件数　designed capacity of luggage office

设计年度内最高月的日平均行包库存件数。

2.0.12 站场客运建筑　buildings for passenger traffic in station yard

在站场范围内，为客运服务的站台、雨篷、地道、天桥等建筑物，以及检票口、站台售货亭、站名牌等设施的统称。

2.0.13 旅客信息系统　passenger information system

向旅客通告事项、提供各类视听信息、组织客运作业、疏导客流、保证站车及旅客安全、有效地进行客运管理与服务的设施。

2.0.14 揭示牌　bulletin board

向旅客通告事项，提供运营、管理、安全、服务等视觉信息的告示牌。

3 选址和总平面布置

3.1 选　址

3.1.1 铁路旅客车站的选址应符合下列规定：

1 旅客车站应设于方便旅客集散、换乘并符合城镇发展的区域。

2 有利于铁路和城镇多种交通形式的发展。

3 少占或不占耕地，减少拆迁及填挖方工程量。

4 符合国家安全、环境保护、节约能源等有关规定。

3.1.2 铁路旅客车站选址不应选择在地形低洼、易淹没以及不良地质地段。

3.2 总平面布置

3.2.1 铁路旅客车站的总平面布置应包括车站广场、站房和站场客运设施，并应统一规划，整体设计。

3.2.2 铁路旅客车站的总平面布置应符合下列规定：

1 符合城镇发展规划要求，结合城市轨道交通、公共交通枢纽、机场、码头等道路的发展，合理布局。

2 建筑功能多元化、用地集约化，并留有发展余地。

3 使用功能分区明确，各种流线简捷、顺畅。

4 车站广场交通组织方案遵循公共交通优先的原则，交通站点布局合理。

5 特大型、大型站的站房应设置经广场与城市交通直接相连的环形车道。

6 当站区有地下铁道车站或地下商业设施时，宜设置与旅客车站相连接的通道。

3.2.3 铁路旅客车站的流线设计应符合下列规定：

1 旅客、车辆、行李、包裹和邮件的流线应短捷，避免交叉。

2 进、出站旅客流线应在平面或空间上分开。

3 减少旅客进出站和换乘的步行距离。

3.2.4 特大型站站房宜采用多方向进、出站的布局。

3.2.5 特大型、大型站应设置垃圾收集设施和转运站。站内废水、废气的处理，应符合国家有关标准的规定。

3.2.6 车站的各种室外地下管线应进行总体综合布置，并应符合现行国家标准《城市工程管线综合规划规范》GB 50289 的有关规定。

4 车 站 广 场

4.0.1 车站广场宜由站房平台、旅客车站专用场地、公交站点及绿化与景观用地四部分组成。

4.0.2 车站广场设计应符合下列规定：

1 车站广场应与站房、站场布置密切结合，并符合城镇规划要求。

2 车站广场内的旅客、车辆、行李和包裹流线应短捷，避免交叉。

3 人行通道、车行通道应与城市道路互相衔接。

4 除绿化用地外，车站广场应采用刚性地面，并符合排水要求。

5 特大型和大型旅客车站宜采用立体车站广场。

6 受季节性或节假日影响客流大的车站，其车站广场应有设置临时候车设施的条件。

4.0.3 客货共线铁路旅客车站专用场地最小面积应按最高聚集人数确定，客运专线铁路旅客车站专用场地最小面积应按高峰小时发送量确定，其最小面积指标均不宜小于 $4.8m^2$/人。

4.0.4 站房平台设计应符合下列规定：

1 平台长度不应小于站房主体建筑的总长度。

2 平台宽度，特大型站不宜小于 30m，大型站不宜小于 20m，中型站不宜小于 10m，小型站不宜小于 6m。

3 立体车站广场的平台应分层设置，每层平台的宽度不宜小于 8m。

4.0.5 旅客活动地带与人行通道的设计应符合下列规定：

1 人行通道应与公交（含城市轨道交通）站点相通。

2 旅客活动地带与人行通道的地面应高出车行道，并且不应小于 0.12m。

4.0.6 客货共线铁路的特大型、大型和中型旅客车站的行李和包裹托取厅附近应设停放车辆的场地。

4.0.7 车站广场绿化率不宜小于 10%，绿化与景观设计应按功能和环境要求布置。

4.0.8 出境入境的旅客车站应设置升挂国旗的旗杆。

4.0.9 当城市轨道交通与铁路旅客车站衔接时，人员进出站流线应顺畅衔接。

4.0.10 城市公交、轨道交通站点设计应符合下列规定：

1 城市公交、轨道交通站点应设于安全部位，并应方便旅客乘降及换乘。

2 公交站点应设停车场地，停车场面积应符合当地公共交通规划的要求；当无规划要求时，公交停车场最小面积宜根据最高聚集人数或高峰小时发送量确定，且不宜小于 $1.0m^2$/人。

3 当铁路旅客车站站房的进站和出站集散厅与城市轨道交通站厅连接，且不在同一平面时，应设垂直交通设施。

4.0.11 广场内的各种揭示牌和引导系统应醒目，其结构、构造应设置安全。

4.0.12 车站广场应设置厕所，最小使用面积可根据最高聚集人数或高峰小时发送量按每千人不宜小于

$25m^2$ 或 4 个厕位确定。当车站广场面积较大时宜分散布置。

5 站房设计

5.1 一般规定

5.1.1 站房内应按功能划分为公共区、设备区和办公区，各区应划分合理，功能明确，便于管理，并应符合下列规定：

1 公共区应设置为开敞、明亮的大空间，旅客服务设施齐备，旅客流线清晰、组织有序。

2 设备区应远离公共区设置，并充分利用地下空间。

3 办公区宜集中设置于站房次要部位，并与公共区有良好的联系条件，与运营有关的用房应靠近站台。

5.1.2 站房设计应符合国家有关安全、节约能源、环境保护和防火等规定的要求。

5.1.3 当站房与城市轨道交通站点合建时，应整体规划，统一设计。

5.1.4 线侧式站房设置多层候车室时，应设置与站台相连的跨线设施。

5.1.5 站房的进出站通道、换乘通道、楼梯、天桥和检票口应满足旅客进出站高峰通过能力的需要，其净宽度不应小于 0.65m/100 人；地道净宽度不应小于 1.00m/100 人。

5.1.6 特大型、大型和中型站应有设置防爆及安全检测设备的位置。

5.1.7 旅客站房宜独立设置。当与其他建筑合建时，应保证铁路旅客车站功能的完整和安全。

5.1.8 站房内综合管线宜集中布置，并满足防火要求。

5.1.9 客运专线铁路旅客车站可不设行李、包裹用房。

5.2 集散厅

5.2.1 中型及以上的旅客车站宜设进站、出站集散厅。客货共线铁路车站应按最高聚集人数确定其使用面积，客运专线铁路车站应按高峰小时发送量确定其使用面积，且均不宜小于 $0.2m^2$/人。

5.2.2 集散厅应有快速疏导客流的功能。

5.2.3 特大型、大型站的站房内应设置自动扶梯和电梯，中型站的站房宜设置自动扶梯和电梯。

5.2.4 进站集散厅内应设置问询、邮政、电信等服务设施。

5.2.5 大型及以上站的出站集散厅内应设置电信、厕所等服务设施。

5.3 候车区（室）

5.3.1 客货共线铁路旅客车站站房可根据车站规模设普通、软席、军人（团体）、无障碍候车区及贵宾候车室。各类候车区（室）候乘人数占最高聚集人数的比例可按表 5.3.1 确定。

表 5.3.1 各类候车区（室）人数比例（%）

建筑规模	候车区（室）				
	普通	软席	贵宾	军人（团体）	无障碍
特大型站	87.5	2.5	2.5	3.5	4.0
大型站	88.0	2.5	2.0	3.5	4.0
中型站	92.5	2.5	2.0	—	3.0
小型站	100.0	—	—	—	—

注：1 有始发列车的车站，其软席和其他候车室的比例可根据具体情况确定。

2 无障碍候车区（室）包含母婴候车区位，母婴候车区内宜设置母婴服务设施。

3 小型车站应在候车室内设置无障碍轮椅候车位。

5.3.2 客运专线铁路车站候车区总使用面积应根据高峰小时发送量，按不应小于 $1.2m^2$/人确定。各类候车区（室）的设置可按具体情况确定。

5.3.3 客货共线铁路旅客车站候车区总使用面积应根据最高聚集人数，按不应小于 $1.2m^2$/人确定。小型站候车区的使用面积宜增加 15%。

5.3.4 候车区（室）设计应符合下列规定：

1 普通、软席、军人（团体）和无障碍候车区宜布置在大空间下，并可采用低矮轻质隔断划分各类候车区。

2 利用自然采光和通风的候车区（室），其室内净高宜根据高跨比确定，并不宜小于 3.6m。

3 窗地比不应小于 1∶6，上下窗宜设开启扇，并应有开闭设施。

4 候车室座椅的排列方向应有利于旅客通向进站检票口。普通候车室的座椅间走道净宽度不得小于 1.3m。

5 候车区（室）应设进站检票口。

6 候车区应设饮水处，并应与盥洗间和厕所分开设置。

5.3.5 无障碍候车区设计应符合下列规定：

1 无障碍候车区可按本规范第 5.3.1 条确定其使用面积，并不宜小于 $2m^2$/人。

2 无障碍候车区的位置宜邻近站台，并宜单独设置检票口。

3 在有多层候车区的站房，无障碍候车区宜设在首层或站台层，靠近检票口附近。

5.3.6 软席候车区可按本规范第 5.3.1 条确定其使

用面积，并不宜小于 $2m^2$/人。

5.3.7 军人（团体）候车区应与普通候车区合设，其使用面积可按本规范第 5.3.1 条确定，并不宜小于 $1.2m^2$/人。

5.3.8 贵宾候车室设计应符合下列规定：

1 中型及以上站宜设贵宾候车室。

2 特大型站宜设两个贵宾候车室，每个使用面积不宜小于 $150m^2$；大型站宜设一个贵宾候车室，使用面积不宜小于 $120m^2$；中型站可设一个贵宾候车室，使用面积不宜小于 $60m^2$。

3 贵宾候车室应设置单独出入口和直通车站广场的车行道。

4 贵宾候车室内应设厕所、盥洗间、服务员室和备品间。

5.4 售票用房

5.4.1 售票用房的主要组成应符合表 5.4.1 的规定。

表 5.4.1 售票用房主要组成

房间名称	旅客车站建筑规模			
	特大型	大型	中型	小型
售票厅	应设	应设	应设	不设
售票室	应设	应设	应设	应设
票据室	应设	应设	应设	宜设
办公室	应设	应设	宜设	不设
进款室	应设	应设	应设	宜设
总账室	应设	应设	不设	不设
订、送票室	应设	宜设	不设	不设
微机室	应设	应设	应设	应设
自动售票机	宜设	宜设	宜设	不设

注：1 有始发车的车站应设订、送票室。
2 自动售票机宜设置在进站流线上。

5.4.2 售票处应按下列要求设置：

1 特大型、大型站的售票处除应设置在站房进站口附近外，还应在进站通道上设置售票点或自动售票机。

2 中型、小型站的售票处宜设置在站房内候车区附近。

3 当车站为多层站房时，售票处宜分层设置。

5.4.3 站房售票窗口的设置数量应符合下列规定：

1 客货共线铁路旅客车站售票窗口的设置数量应根据最高聚集人数经计算确定，并符合下列要求：

1）特大型站售票窗口的设置数量不宜少于 55 个；

2）大型站售票窗口的设置数量可为 25～50 个；

3）中型站售票窗口的设置数量可为 5～20 个；

4）小型站售票窗口的设置数量可为 2～4 个。

2 客运专线铁路旅客车站售票窗口的设置数量应根据高峰小时发送量经计算确定，并符合下列要求：

1）特大型站售票窗口的设置数量不宜少于 100 个；

2）大型站售票窗口的设置数量可为 50～100 个；

3）中型站售票窗口的设置数量可为 15～50 个；

4）小型站售票窗口的设置数量可为 2～4 个。

5.4.4 售票厅每个售票窗口的设置面积，特大型站不宜小于 $24m^2$/窗口、大型站不宜小于 $20m^2$/窗口、中型站和小型站均不宜小于 $16m^2$/窗口。

5.4.5 售票厅应有良好的自然采光和自然通风条件。

5.4.6 售票室设计应符合下列规定：

1 每个售票窗口的使用面积不应小于 $6m^2$。

2 售票室的最小使用面积不应小于 $14m^2$。

3 售票室与售票厅之间不应设门。

4 售票室内工作区地面宜高出售票厅地面 0.3m。严寒和寒冷地区宜采用保暖材质地面。

5 售票室内采光和通风应良好，并应设置防盗设施。

5.4.7 售票窗口的设计应符合下列规定：

1 与相邻售票窗口之间的中心距离宜为 1.8m，靠墙售票窗口中心距墙边不宜小于 1.2m。

2 售票窗台面至售票厅地面的高度宜为 1.1m。

3 特大型、大型站应设置无障碍售票窗口，其设计应符合国家现行标准《铁路旅客车站无障碍设计规范》TB 10083 的有关规定。

5.4.8 自动售票机的最小使用面积可按 $4m^2$/个确定。

5.4.9 票据室设计应符合下列规定：

1 票据室使用面积，中型和小型站不宜小于 $15m^2$，特大型和大型站不应小于 $30m^2$。

2 票据室应有防潮、防鼠、防盗和报警措施。

5.5 行李、包裹用房

5.5.1 客货共线铁路旅客车站宜设置行李托取处。特大型、大型站的行李托运和提取应分开设置，行李托运处的位置应靠近售票处，行李提取处宜设置在站房出站口附近。中型和小型站的行李托、取处可合并设置。

5.5.2 特大型、大型站房的行李和包裹库房，宜与跨越股道的行李、包裹地道相连。

5.5.3 包裹用房的主要组成应符合表 5.5.3 的规定。

表 5.5.3 包裹用房主要组成

房间名称	设计包裹库存件数 N（件）			
	N≥2000	1000≤N<2000	400≤N<1000	N<400
包裹库	应设	应设	应设	应设
包裹托取厅	应设	应设	应设	不设
办公室	应设	应设	应设	宜设
票据室	应设	应设	宜设	不设
总检室	应设	不设	不设	不设
装卸工休息室	应设	应设	宜设	不设
牵引车库	应设	应设	宜设	宜设
微机室	应设	应设	应设	应设
拖车存放处	应设	宜设	宜设	不设

注：1000 件以下包裹库的微机室宜与办公室合并设置。

5.5.4 包裹库、行李库的设计应符合下列规定：

1 各旅客车站的包裹库和行李库的位置应统一设置。

2 多层的特大型、大型站的站房和线下式站房的包裹库应设置垂直升降设施，升降机应能容纳一辆包裹拖车。

3 特大型站的包裹库各层之间应有供包裹车通行的坡道，其净宽度不应小于 3m。当坡道无栏杆时，其净宽度不应小于 4m，坡度不应大于 1∶12。

4 特大型站的行李提取厅宜设置行李传送带。

5.5.5 包裹库的使用面积应按下列公式计算：

$$A=N\times0.35 \qquad (5.5.5)$$

式中 A——包裹库的使用面积（m^2）；

N——设计包裹库存件数（件），可根据本规范附录 A 计算；

0.35——每件包裹占用面积（m^2/件）。

当设计库存件数少于 400 件时，包裹库的使用面积应增加 $10m^2$。

5.5.6 设计包裹库存件数 2000 件及以上的站房宜预留室外堆放场地。

5.5.7 特大型、大型站宜设无主包裹存放间，其使用面积可按设计包裹库存件数的 1%设置，并不宜小于 $20m^2$。

5.5.8 办理运输鲜活货业务的站房，包裹库内宜设置专用存放间，并应设清洗、排水设施。

5.5.9 包裹库内净高度不应小于 3m。

5.5.10 有机械作业的包裹库，应满足机械作业的要求，其门的宽度和高度均不应小于 3m。

5.5.11 包裹库宜设高窗，并应加设防护设施。

5.5.12 包裹托取厅使用面积及托取窗口数不应小于表 5.5.12 的规定。

表 5.5.12 包裹托取厅使用面积及托取窗口数

名称	设计行包库存件数 N（件）					
	N<600	600≤N<1000	1000≤N<2000	2000≤N<4000	4000≤N<10000	N≥10000
托取窗口（个）	1	1	2	4	7	10
托取厅（m^2）	—	25	30	60	150	300

注：表中所列数值为设计包裹库存件数下限的最小数值，当采用上限时，其数值应适当提高。

5.5.13 包裹托取柜台面高度不宜大于 0.6m，柜台面宽度不宜小于 0.6m。当包裹库与托取厅之间采用柜台分隔时，应留有不小于 1.5m 宽的通道。

5.6 旅客服务设施

5.6.1 站房内宜设置问询处，小件寄存处，邮政、电信、商业服务设施，医务室，自助存包柜，自动取款机，时钟等，并应设置饮水设施和导向标志。

5.6.2 特大型、大型和中型站应设有人值守问询处。

5.6.3 特大型、大型和中型站应设置小件寄存处，并宜设自助存包柜。小件寄存处使用面积可根据最高聚集人数或高峰小时发送量按 $0.05m^2$/人确定。

小型站的小件寄存处可与问询处合并设置。

5.6.4 特大型、大型站应设置吸烟处。

5.6.5 特大型、大型和中型旅客车站宜设旅客医务室。

5.6.6 旅客车站的广场、站房出入口、集散厅、候车区（室）、旅客通道、站台等处均应设置导向标志。

5.6.7 旅客车站宜设置为旅客服务的小型商业设施。

5.7 旅客用厕所、盥洗间

5.7.1 旅客站房应设厕所和盥洗间。

5.7.2 旅客站房厕所和盥洗间的设计应符合下列规定：

1 设置位置明显，标志易于识别。

2 厕位数宜按最高聚集人数或高峰小时发送量 2 个/100 人确定，男女人数比例应按 1∶1、厕位按 1∶1.5确定，且男、女厕所大便器数量均不应少于 2 个，男厕应布置与大便器数量相同的小便器。

3 厕位间应设隔板和挂钩。

4 男女厕所宜分设盥洗间，盥洗间应设面镜，水龙头应采用卫生、节水型，数量宜按最高聚集人数或高峰小时发送量 1 个/150 人设置，并不得少于 2 个。

5 候车室内最远地点距厕所距离不宜大于 50m。

6 厕所应有采光和良好通风。

7 厕所或盥洗间应设污水池。

5.7.3 特大型、大型站的厕所应分散布置。

5.8 客运管理、生活和设备用房

5.8.1 客运管理用房应根据旅客车站建筑规模及使用需要集中设置，其用房宜包括客运值班室、交接班室、服务员室、补票室、公安值班室、广播室、上水工室、开水间、清扫工具间以及生产用车停车场地等。

5.8.2 服务员室应设在候车区（室）或旅客站台附近，其使用面积应根据最大班人数，按不宜小于 $2m^2$/人确定，并不得小于 $8m^2$。

5.8.3 检票员室应设在检票口附近，其使用面积应根据最大班人数，按不宜小于 $2m^2$/人确定，并不得小于 $8m^2$。

5.8.4 特大型、大型和中型站在站房出口处宜设补票室，其使用面积不宜小于 $10m^2$，并应有防盗设施。

5.8.5 特大型、大型和中型站应设交接班室，其使用面积应根据最大班人数，按 $1m^2$/人确定，并不宜小于 $30m^2$。

5.8.6 旅客车站应设广播室，其使用面积不宜小于 $10m^2$。广播室应有符合运输组织工作要求的设施。

5.8.7 有客车给水设施的车站应设上水工室，其位置宜设在旅客站台上，使用面积应根据最大班人数，按不宜小于 $3m^2$/人确定，且不得小于 $8m^2$。

5.8.8 旅客车站均应有饮用水供应设施。

5.8.9 特大型、大型和中型站的集散厅、候车区（室）、售票厅附近宜设清扫工具间。采用机械清扫时，应设置存放间。

5.8.10 站房内在旅客相对集中处，应设置公安值班室，其使用面积不宜小于 $25m^2$。

5.8.11 旅客车站可根据需要设置通信、供电、供水、供气和暖通等设备的技术作业用房。各类技术作业房屋应集中设置。

5.8.12 客运办公用房应根据车站规模确定，使用面积不宜小于 $3m^2$/人。办公用房宜采用大开间、集中办公的模式。

5.8.13 旅客车站宜设间休室、更衣室和职工厕所等职工生活用房，并应符合下列规定：

1 客运服务人员，售票与行李、包裹工作人员间休室的使用面积应按最大班人数的 2/3 且不宜小于 $2m^2$/人确定，并不得小于 $8m^2$。

2 客运服务人员，售票与行李、包裹工作人员更衣室的使用面积应根据最大班人数，按不宜小于 $1m^2$/人确定。

3 特大型、大型和中型站应在售票、行李、包裹及职工工作场地附近设置厕所和盥洗间。

4 特大型、大型和中型站宜设置职工活动室、浴室、就餐间和会议室等生活用房。

5.9 国境（口岸）站房

5.9.1 国境（口岸）站房应设客运和联检设施。

5.9.2 国境（口岸）站房应设置标志牌、揭示牌、导向牌，其标志内容及有关文字的使用应符合国家有关规定。

5.9.3 国境（口岸）站房的客运设施应符合下列规定：

1 客运设施应设出入境和境内两套设施。

2 出入境候车室宜按中型和小型分室设置。

3 出入境候车室及行李、包裹托运处应布置于联检后的监护区内。

4 站房、站台和旅客通道等应设置出入境旅客与境内旅客分开或隔离的设施。

5.9.4 国境（口岸）站房的联检设施应符合下列规定：

1 联检设施应包括车站边防检查站、海关办事处、出入境检验检疫机构、国家安全检查站和口岸联检办公业务用房及查验设施。

2 出入境旅客的联检可按卫生检疫、边防检查、海关检查、动植物检疫的流程布置。

3 联检设施宜分为相互分离、完全封闭的出境和入境两套设施。

5.9.5 出入境旅客服务设施可设免税商店、货币兑换处、邮政、电信及世界时钟等，并宜设旅游咨询、接待服务和小型餐饮等设施。

6 站场客运建筑

6.1 站台、雨篷

6.1.1 客货共线铁路车站站台的长度、宽度、高度应符合现行国家标准《铁路车站及枢纽设计规范》GB 50091 的有关规定。客运专线铁路车站站台的设置应符合国家及铁路主管部门的有关规定。

6.1.2 铁路站房或建筑物最外凸出部分外缘至基本站台边缘的距离，特大型站宜为 20～25m；大型站宜为 15～20m；中型站宜为 8～12m；小型站宜为 8m，困难条件下不应小于 6m。

6.1.3 当旅客站台上设有天桥或地道出入口、房屋等建筑物时，其边缘至站台边缘的距离应符合下列规定：

1 特大型和大型站不应小于 3m。

2 中型和小型站不应小于 2.5m。

3 改建车站受条件限制时，天桥或地道出入口其中一侧的距离不得小于 2m。

4 当路段设计速度在 120km/h 及以上时，靠近有正线一侧的站台应按本条 1～3 款的数值加宽 0.5m。

6.1.4 旅客站台设计应符合下列规定：

1 站台应采用刚性防滑地面，并满足行李、包裹车荷载的要求，通行消防车的站台还应满足消防车荷载的要求。

2 站台地面应有排水措施。

3 旅客列车停靠的站台应在全长范围内，距站台边缘1m处的站台面上设置宽度为0.06m的黄色安全警戒线，安全警戒线可与提示盲道结合设计。当有速度超过120 km/h的列车临近站台通过时，安全警戒线和防护设施应符合铁路主管部门的有关规定。

6.1.5 当中间站台上需要设置房屋时，宜集中设置。

6.1.6 客运专线铁路旅客车站应设置与站台同等长度的站台雨篷。客货共线铁路的特大型、大型旅客车站应设置与站台同等长度的站台雨篷。根据所在地的气候特点，中型及以下车站宜设置与站台同等长度的站台雨篷或在站台局部设置雨篷，其长度可为200～300m。

6.1.7 旅客站台雨篷设置应符合下列规定：

1 雨篷各部分构件与轨道的间距应符合现行国家标准《标准轨距铁路建筑限界》GB 146.2的有关规定。

2 中间站台雨篷的宽度不应小于站台宽度。

3 通行消防车的站台，雨篷悬挂物下缘至站台面的高度不应小于4m。

4 基本站台上的旅客进站口、出站口应设置雨篷并应与基本站台雨篷相连。

5 地道出入口处无站台雨篷时应单独设置雨篷，并宜为封闭式雨篷，其覆盖范围应大于地道出入口，且不应小于4m。

6 <u>特大型旅客车站基本站台，根据需要可设置无站台柱雨棚</u>。

7 采用无站台柱雨篷时，铁路正线两侧不得设置雨篷立柱，在两条客车到发线之间的雨篷柱，其柱边最突出部分距线路中心的间距，应符合铁路主管部门的有关规定。

8 无站台柱雨篷除应满足采光、排气和排水等要求外，还应考虑吸音和隔音效果。

6.1.8 设无站台柱雨篷的车站，站台上不宜设置厕所。

6.2 站场跨线设施

6.2.1 旅客车站的地道、天桥设置数量应符合下列规定：

1 旅客用地道或天桥，特大型站不应少于3处，大型站不应少于2处，中型和小型站不应少于1处。当设有高架候车室时，出站地道或天桥不应少于1处。

2 特大型站可设2处行李或包裹地道，1处地上或地下联络通道；大型站可设1处行李或包裹地道。

6.2.2 旅客用地道、天桥的宽度和高度应通过计算确定，最小净宽度和最小净高度应符合表6.2.2的规定。

表6.2.2 地道、天桥的最小净宽度和最小净高度（m）

项目	旅客用地道、天桥		行李、包裹地道
	特大型、大型站	中型、小型站	
最小净宽度	8.0	6.0	5.2
最小净高度	2.5（3.0）		3.0

注：表中括号内的数值为封闭式天桥的尺寸。

6.2.3 设置在站台上通向地道、天桥的出入口应符合下列规定：

1 旅客用地道、天桥宜设双向出入口，其宽度特大型站不应小于4m，大型站不应小于3.5m，中型、小型站不应小于2.5m。当为单向出入口时，其宽度不应小于3m。

2 特大型、大型站应设自动扶梯，中型站宜设自动扶梯。

3 旅客用地道设双向出入口时，宜设阶梯和坡道各1处。

4 客货共线铁路旅客车站行李、包裹地道通向各站台时，应设单向出入口，其宽度不宜小于4.5m。当受条件限制且出入口处有交通指示时，其宽度不应小于3.5m。

6.2.4 地道、天桥的阶梯或坡道设计应符合下列规定：

1 旅客用地道、天桥的阶梯踏步高度不宜大于0.14m，踏步宽度不宜小于0.32m，每个梯段的踏步不应大于18级，直跑阶梯平台宽度不宜小于1.5m，踏步应采取防滑措施。

2 旅客用地道、天桥采用坡道时应有防滑措施，坡度不宜大于1∶8。

3 行李、包裹地道出入口坡道的坡度不宜大于1∶12，起坡点距主通道的水平距离不宜小于10m。

6.2.5 地道设计应符合下列规定：

1 地道出入口的地面应高出站台面0.1m，并采用缓坡与站台面相接。

2 地道应设置防水及排水设施。

3 出站地道的出口宜直对站房的出站口。

6.2.6 旅客用天桥设计应符合下列规定：

1 天桥应设有顶棚，严寒及寒冷地区应采用封闭式，非寒冷地区天桥两侧宜设置安全、通透的金属栏杆或玻璃隔断。

2 天桥栏杆或隔断的净高度不应小于1.4m。

6.3 站台客运设施

6.3.1 特大型、大型站可设站台售货亭，其位置宜设在站台中心两侧各90～100m处。客运专线的站台宜设旅客候车座椅。

6.3.2 站名牌、导向牌的设置应符合下列规定：

1 有雨篷的站台每侧应设置不少于2个悬挂式站名牌，并可垂直于线路方向布置。

2 无雨篷的站台应设置不少于2块立柱式站名牌，并应平行于线路方向布置。

3 采用悬挂式站名牌的车站可根据需要，结合站台建筑设施，在站台上合理设置平行于线路的低位站名牌。

4 站名牌、站台号牌应醒目、坚固。

5 旅客站台上均应设车次、走向等导向牌，导向牌应设于地道、天桥出入口和旅客进出站主要通道处。

6.4 检 票 口

6.4.1 进站检票口的设置数量应符合下列规定：

1 客货共线铁路旅客车站进站检票口的设置数量不宜少于表6.4.1的规定。

表6.4.1 客货共线车站检票口设置数量

最高聚集人数（人）	进站检票口（个）
≥8000	28
4000～7000	15～24
2000～3000	9～12
1000～1800	5～8
600～800	6
300～500	4
100～200	2

注：1 当普通旅客进站检票口分散设置时，其数量可根据候车室设置情况适当增加。

2 有始发终到业务的车站，其检票口应满足始发终到作业要求，并应通过计算确定其数量。

2 客运专线铁路旅客车站的检票口数量应根据高峰小时发送量，按每个检票口1500人/h的通过能力和15min的检票时间计算确定。

6.4.2 检票口应采用柔性或可移动栏杆，其通道应顺直，净宽度不应小于0.75m。

6.4.3 出站行李车辆通道净宽度不宜小于1.5m。

6.4.4 在楼层候车室设进站检票口时，检票口距进站楼梯踏步的净距离不得小于4m。

6.4.5 旅客进站检票口和出站口必须具备安全疏散功能，并应符合现行国家标准《建筑设计防火规范》GB 50016的有关规定。

7 消防与疏散

7.1 建 筑 防 火

7.1.1 旅客车站的站房及地道、天桥的耐火等级均不应低于二级。站台雨篷的防火等级应符合国家现行标准《铁路工程设计防火规范》TB 10063的有关规定。

7.1.2 其他建筑与旅客车站合建时必须划分防火分区。

7.1.3 旅客车站集散厅、候车区（室）防火分区的划分应符合国家现行标准《铁路工程设计防火规范》TB 10063的有关规定。

7.1.4 特大型、大型和中型站内的集散厅、候车区（室）、售票厅和办公区、设备区、行李与包裹库，应分别设置防火分区。集散厅、候车区（室）、售票厅不应与行李及包裹库上下组合布置。

7.1.5 疏散安全出口、走道和楼梯的净宽度除应符合现行国家标准《建筑设计防火规范》GB 50016的有关规定外，尚应符合下列要求：

1 站房楼梯净宽度不得小于1.6m；

2 安全出口和走道净宽度不得小于3m。

7.1.6 旅客车站消防安全标志和站房内采用的装修材料应分别符合现行国家标准《消防安全标志设置要求》GB 15630和《建筑内部装修设计防火规范》GB 50222的有关规定。

7.2 消 防 设 施

7.2.1 旅客车站站台消火栓的设置应符合国家现行标准《铁路工程设计防火规范》TB 10063的有关规定。

7.2.2 旅客车站站房的室内消防管网应设消防水泵接合器，其数量应根据室内消防用水量计算确定。

7.2.3 特大型、大型、国境（口岸）站的贵宾候车室和综合机房、票据库、配电室，国境（口岸）站的联检和易发生火灾危险的房屋，应设置火灾自动报警系统。设有火灾自动报警系统的车站应设置消防控制室。

7.2.4 建筑面积大于500m² 的地下包裹库，应设置自动喷水灭火系统；建筑面积大于300m² 且独立设置的行李或包裹库，应设室内消火栓。

8 建筑设备

8.1 给水、排水

8.1.1 旅客车站应设室内给水、排水系统。严寒地区的特大型、大型站内的盥洗间宜设热水供应设备。

8.1.2 旅客生活用水定额及小时变化系数应符合表8.1.2的规定。

表 8.1.2 旅客生活用水定额及小时变化系数

建筑性质	生活用水定额（最高日）（L/d·人）	小时变化系数
客货共线	15～20	3.0～2.0
客运专线	3～4	3.0～2.5

注：旅客计算人数和用水量计算应符合国家现行标准《铁路给水排水设计规范》TB 10010 的有关规定。

8.1.3 客货共线铁路旅客车站内宜按 1～2L/d·人设置饮水供应设备，客运专线铁路旅客车站内宜按 0.2～0.4L/d·人设置饮水供应设备。饮水供应时间内的小时变化系数宜取为1。

8.1.4 站房内公共场所的生活污水排水管径应比计算管径加大一级。

8.2 采暖、通风和空气调节

8.2.1 站房各主要房间的采暖计算温度应符合表8.2.1的规定。

表 8.2.1 站房各主要房间采暖计算温度

房间名称	室内采暖计算温度（℃）
进站集散厅	12～14
售票厅、行李和包裹托取处、小件寄存处	14～16
候车区（室）、售票室、车站办公室、旅客信息系统设备机房	18
票据室	10
行李、包裹库（有消防管道）	5
行李和包裹库（无消防管道）、旅客地道	不采暖

注：1 采用低温地板辐射采暖时，室内采暖计算温度应比表中规定温度低2℃。
2 当出站集散厅设于室内时，其采暖温度与进站集散厅相同，当设于室外时不设采暖。

8.2.2 严寒地区的特大型、大型站站房的主要出入口应设热风幕；中型站当候车室热负荷较大时，其站房的主要出入口宜设热风幕；寒冷地区的特大型、大型站站房的主要出入口宜设热风幕。

8.2.3 夏热冬冷地区及夏热冬暖地区的特大型、大型、中型站和国境（口岸）站的候车室及售票厅宜设空气调节系统。

8.2.4 空气调节的室内计算温度，冬季宜为 18～20℃，相对湿度不小于 40%；夏季宜为 26～28℃，相对湿度宜为 40%～65%。

8.2.5 站房内各主要房间空气调节系统的新风量和计算冷负荷应符合表 8.2.5 的规定。

表 8.2.5 主要房间空气调节系统的新风量和计算冷负荷

房间名称	最大人员密度（人/m²）		最小新风量（m³/h·人）	
	客货共线	客运专线	客货共线	客运专线
普通候车区	0.91	0.67	8	10
军人（团体）候车区	0.91	0.67	8	10
软席候车区	0.50	0.67	20	10
无障碍候车区	0.50	0.67	20	10
贵宾候车室	0.25	0.25	20	20
售票厅	0.91	0.91	10	10
售票室	每个窗口1人		25	25
乘务员公寓、候乘人员待班室	—		30	30

8.2.6 空调系统应采用节能型设备和置换通风、热泵、蓄冷（热）等技术，并应满足使用功能要求；对有共享空间的多层候车区，应考虑温度梯度对多层候车区的影响。

8.2.7 候车室、售票厅等房间应以自然通风为主，辅以机械通风；厕所、吸烟室应设机械通风。其换气次数宜符合表 8.2.7 的规定。

表 8.2.7 换气次数

房间名称	换气次数
候车区、售票厅	2～3(次/h)
旅客厕所大便器	40m³/h·厕位
旅客厕所小便器	20m³/h·厕位
吸烟室	10(次/h)

8.3 电气、照明

8.3.1 铁路旅客车站的用电负荷等级应符合国家现行标准《铁路电力设计规范》TB 10008 的有关规定。

8.3.2 旅客车站主要场所的照明除应符合现行国家标准《建筑照明设计标准》GB 50034 的有关规定外，尚应符合下列要求：

1 照明灯具的选择应与建筑物的形式、室内装修的色彩及风格相协调。

2 车站广场、站台、天桥等室外场所及较高的室内场所的照明，宜采用高压钠灯、金属卤化物灯等高光强气体放电光源或由上述光源组成的混光灯；安装高度较低的室内场所的照明，宜采用节能型荧光灯、紧凑型荧光灯。

3 检票口、售票工作台、结账交班台、海关验证处等场所宜增设局部照明。

4 候车室、售票厅、集散厅、旅客地道、天桥、行李和包裹托取厅及行李和包裹库等场所的照明，应设置不少于两种均匀照度的控制模式，特大型、大型站的照明宜采用智能化控制装置。

5 旅客站台所采用的光源不应与站内的黄色信号灯的颜色相混。

6 特大型、大型和中型站的广场宜采用升降式高杆灯照明。

8.3.3 除正常照明外，站房应设有疏散照明和安全照明系统。

8.3.4 旅客车站疏散和安全照明应有自动投入使用的功能，并应符合下列规定：

1 各候车区（室）、售票厅（室）、集散厅应设疏散和安全照明；重要的设备房间应设安全照明。

2 各出入口、楼梯、走道、天桥、地道应设疏散照明。

8.3.5 设有火灾自动报警系统及消防控制室的车站，当正常照明出现故障时，其设有疏散照明和安全照明的场所，应有自动开启和由消防控制室集中强行开启的功能。

8.3.6 特大型、大型站的站房应为第二类防雷建筑物；中型和小型站的站房应为第三类防雷建筑物。建筑物的防雷措施应符合现行国家标准《建筑物防雷设计规范》GB 50057 的有关规定。

8.3.7 站房应按自然分区采取可靠的总等电位联接；金属物体或金属构件集中的场所应增设局部或辅助等电位联接。

8.4 旅客信息系统

8.4.1 旅客车站的信息设备应根据车站的建筑规模、总体布局和客运作业综合管理现代化的需要配置，并应符合国家现行标准《铁路车站客运信息设计规范》TB 10074 的有关规定。

8.4.2 客运及行李、包裹无线通信系统的设置应符合国家现行标准《铁路运输通信设计规范》TB 10006 的有关规定。

8.4.3 旅客车站安全防范系统的设计应符合现行国家标准《安全防范工程技术规范》GB 50348 的有关规定。

8.4.4 特大型、大型旅客车站应设置通告显示网。列车到发通告系统主机可作为网络服务器；客运广播系统主机、旅客引导显示系统主机、旅客查询系统主机及综合显示屏系统主机可作为网络工作站与网络服务器进行行车信息交换。

8.4.5 旅客车站客运广播系统应作分区设计。

8.4.6 车站旅客信息系统的配线应采用综合布线，并宜采取暗敷方式。

8.4.7 车站旅客信息系统的电源应采用交流直供方式。

8.4.8 车站旅客信息系统机房宜按综合机房设计。

8.4.9 车站旅客信息系统应设接地装置。

附录A 设计包裹库存件数计算

A.0.1 改建铁路旅客车站的设计包裹库存件数可按下式计算确定：

$$N=M\cdot P\cdot S \tag{A.0.1-1}$$

$$P=(1+g)^n \tag{A.0.1-2}$$

式中 N——设计包裹库存件数，可按发送、中转、到达作业分别计算；

M——距设计最近统计年度的最高月日均包裹作业件数（由所在站统计资料提供），可按发送、中转、到达作业分别计算；

P——发展系数；

g——设计前十年实际最高月日均包裹作业件数的平均递增率（%）；

n——统计年度至设计年度（远期）间的年数；

S——周转系数，可按表A.0.1选取。

表A.0.1 周转系数

作业分类	周转系数
发送	0.5～0.8
中转	0.8～1.5
到达	1.5～2.5

注：在按式（A.0.1-1）计算时，周转系数宜根据所在站实际统计资料分析调整取值。

A.0.2 新建旅客车站设计包裹库存件数应根据车站所在区域的产业性质和经济发展因素，在调查分析和类比既有车站包裹运输资料作出评估后确定。

本规范用词说明

1 为便于在执行本规范条文时区别对待，对要求严格程度不同的用词说明如下：

1）表示很严格，非这样做不可的用词：

正面词采用“必须”，反面词采用“严禁”。

2）表示严格，在正常情况下均应这样做的用词：
正面词采用“应”，反面词采用“不应”或“不得”。

3）表示允许稍有选择，在条件许可时首先应这样做的用词：
正面词采用“宜”，反面词采用“不宜”；

表示有选择，在一定条件下可以这样做的用词，采用“可”。

2 本规范中指明应按其他有关标准、规范执行的写法为“应符合……的规定”或“应按……执行”。

中华人民共和国国家标准

铁路旅客车站建筑设计规范

GB 50226—2007

条 文 说 明

目　次

1　总则 ………………………………… 1—19—18
3　选址和总平面布置……………………… 1—19—18
3.1　选址 ………………………………… 1—19—18
3.2　总平面布置 ………………………… 1—19—19
4　车站广场 ………………………………… 1—19—20
5　站房设计 ………………………………… 1—19—22
5.1　一般规定 ………………………………… 1—19—22
5.2　集散厅 ………………………………… 1—19—22
5.3　候车区（室） ………………………… 1—19—23
5.4　售票用房 ………………………………… 1—19—24
5.5　行李、包裹用房 ………………………… 1—19—27
5.6　旅客服务设施 ………………………… 1—19—27
5.7　旅客用厕所、盥洗间 ………………… 1—19—28
5.8　客运管理、生活和设备用房 …… 1—19—28
5.9　国境（口岸）站房 ……………………… 1—19—28
6　站场客运建筑 ……………………………… 1—19—29
6.1　站台、雨篷 ………………………………… 1—19—29
6.2　站场跨线设施 ……………………… 1—19—29
6.4　检票口 ……………………………………… 1—19—30
8　建筑设备 ………………………………… 1—19—30
8.1　给水、排水 ………………………………… 1—19—30
8.2　采暖、通风和空气调节 ………… 1—19—30
8.3　电气、照明 ………………………………… 1—19—31
8.4　旅客信息系统 ……………………… 1—19—31

1 总　　则

1.0.1 本规范是在原国家标准《铁路旅客车站建筑设计规范》GB 50226—95 的基础上修订的。本条明确规定了铁路旅客车站建筑设计应遵循的功能性、系统性、先进性、文化性、经济性的原则。其中，功能性主要是"以人为本"，即以旅客为本，以方便旅客使用为前提，并将这一观念贯穿始终，落实到每一细节，强调站区内各种流线在动态中的合理性。系统性强调通过局部设计的集成，使整个铁路车站达到整体优化。如对铁路车站与城市、各种交通方式的组合、客站内各功能的组成、流线的布置、各专业系统的综合能力、设计近（远）期以及与运营等各方面关系，进行系统的、动态的综合考虑，处理好局部与整体的关系。先进性是要求铁路旅客车站体现社会经济发展进程，符合时代特征，满足旅客对旅行生活品质的需要。在旅客车站设计中要具有前瞻的、发展的观念，要博采众长、与时俱进，采用先进的设计理念，推广新技术、新材料、新工艺、新设备，充分落实安全、节能、环保的要求，设计出经得起时间考验的铁路旅客车站。文化性应体现铁路旅客车站的历史和现代价值，并具有引导时尚的作用，同时也表达了对地域性、民族性的深层次的理解。铁路旅客车站的文化性，重点在于追求现代铁路旅客车站的交通内涵与地域文化完美结合，依据地方特点，遵循科学规律，尊重地方特征与环境风格，做到总体谋划、有序发展、多元共处、显示特色，设计出具有不同风格的旅客车站。经济性应体现在铁路旅客车站的建设投入、建成品质、使用效果全过程内，达到运营维护最优化以及效益最大化。建设具有良好经济性的铁路旅客车站，应以全面落实科学发展观、建立节约型社会理念为先导，以合理的旅客车站规模及适宜的技术标准为基础，以先进的节能技术措施和手段为保障，在实现铁路旅客车站功能性、文化性、先进性的前提下，对旅客车站的经济性进行有效延展。

1.0.2 新建铁路旅客车站包括了近年发展较快的客运专线铁路旅客车站，虽然其基本功能与客货共线铁路旅客车站基本相同，但在客运组织方式和运营管理方面还是存在较大差异，所以对客运专线铁路旅客车站做了相应的规定。

1.0.3 铁路旅客车站的布局应兼顾铁路和城镇二者的发展要求，在实现铁路运输功能的同时，还要符合和满足城市发展和整个区域交通网络及城市景观等方面的需求。因此，根据城市土地资源和城市交通条件，合理确定铁路车站规模、布局、站型，使之符合铁路行车组织管理规定，以适应铁路运输长期发展要求。

1.0.5 铁路旅客站房建筑规模由所在地的城市规模和经济发达程度、客运量、客车到发线及站台数量、列车开行模式、运营管理模式以及地理位置等多种因素决定。

目前，我国铁路旅客车站客流存在"等候式"、"通过式"、"等候与通过混合式"三种旅客流线模式。"等候式"旅客需在车站滞留，对候车和相应服务设施的空间有一定的要求，车站的规模主要为最高聚集人数所控制。我国现有铁路大部分采用客货共线运行模式，因此，与其相适应的旅客车站均为"等候式"，原规范也是以"等候式"车站为基础，用最高聚集人数来确定铁路旅客车站的规模。本次规范保留了采用最高聚集人数确定铁路旅客车站规模的方法。根据近年客流量迅速增长的状况，在原规范基础上，对铁路旅客车站规模的最高聚集人数进行了适当的调整。"通过式"是客运专线旅客车站采用的旅客流线模式，特点是旅客以直接通过站房的形式到达站台上车。这种形式对集散空间需求大，对候车空间要求小，车站的规模主要受旅客流量控制。因此，本次修编增加了以高峰小时发送量确定客运专线旅客车站规模。"等候与通过混合式"为"等候"与"通过"同时存在于一个车站的形式，在其功能设置和空间布局上具有双重性和复杂性，与等候式和通过式站房都有所不同，此种站型应结合实际情况进行设计。

3 选址和总平面布置

3.1 选　　址

3.1.1 铁路旅客车站选址在铁路站场与枢纽的总体布局范围内，对铁路和城市发展都有一定的影响。

1 铁路旅客车站一方面是国家铁路交通网络的交汇点，它的设置应满足铁路路网规划的要求，另一方面它也是城市综合运输网络中的重要环节，具有客流集散、运输组织与管理、中转换乘和辅助服务等多项功能，因此应正确、合理的选择铁路旅客车站位置，既方便旅客提高旅行效率，又满足城市发展要求。

2 铁路旅客车站是城镇综合运输网络中的重要节点。布设合理的铁路旅客车站、对未来城市建设的格局，城市其他交通干线的设置，以及站场周边的经济、政治、文化和生活会产生重要的影响。对改善城镇和区域交通系统功能，提高运营效率和解决出行换乘问题都具有重要意义。

3 铁路旅客车站的选址，除应根据车站工程项目的使用功能要求，还要结合使用场地的自然地形的特点、平面布局与施工技术条件，研究建筑物、构筑物与其他设施之间的高程关系，充分利用地形，节约用地，尤其是少占耕地。正确合理的车站选址关系到国家经济可持续发展和社会稳定。铁路工程建设要贯彻国家《土地管理法》的规定，坚持依法用地、合理用地和节约用地的原则。

减少工程填挖土方量，因地制宜合理确定建筑、道路的竖向位置，合理组织用地范围内的场地排水和管线敷设，以保证合理性、经济性，达到降低成本实现加快建设速度的目的。

4 建设节能型、环境友好型铁路旅客车站，是社会发展的必然趋势。应通过综合考虑自然气候条件、各种传热方式、建筑装修、材料性能以及采暖、通风、制冷等各种建筑设备的选择和使用等因素，以周密合理的设计，较好地改善建筑耗能状况。在室内为旅客提供清新空气和适宜的声、光、热环境，并通过解决热岛效应、列车噪声、雨水收集与再利用等问题，通透空间光效应以及高大空间环境的控制等，为旅客提供舒适的候车环境。当代建筑发展已呈现多元化的态势，应按可持续发展的战略目标将铁路旅客车站功能定位在综合功能、多能转换、立体用地、立体绿化、生态平衡、面向未来与持续发展的构想上，将铁路旅客车站建筑融入历史与地域的人文环境中，适应城市、社会、经济发展的需要。

3.1.2 不良地质会对铁路旅客车站构成安全隐患，甚至影响车站的使用。我国不少铁路依山傍水修建，因地形、地质条件复杂或受河流水域等不稳定因素影响，造成铁路线路中断，车站受损，影响铁路运输安全和畅通。

3.2 总平面布置

3.2.1 车站广场、站房和站场客运设施为铁路旅客车站的三大组成部分，尽管功能各有区别，但相互之间联系紧密，休戚相关，形成了有机统一的整体。在平面位置上，现代铁路旅客车站由于站型多样化，各种交通形式的引入等因素，改变了以往单一、简单的平面布局，在平面位置、空间关系上相互重叠交融。因此，铁路旅客车站的总平面布置应以功能为核心，进行整体统一规划和设计，以达到资源共享，体现功能最优化。

3.2.2 总平面布置要求。

1 城市规划工作包括城镇体系规划、城市总体规划、分区规划和详细规划等阶段，而详细规划又分为控制性详细规划和修建性规划，其中控制性详细规划对铁路工程设计的控制最为具体，它以总体或分区规划为依据，详细规定建设用地的各项控制指标和其他规划管理要求，或直接对建设作出指导性意见和规划设计。因此，铁路旅客车站的总平面布置应在城市规划指导性意见的指导下，采用适应性设计，不断调整铁路旅客车站自身各个构成要素，达到车站功能与城市规划的协调统一。铁路旅客车站与城市轨道交通、公共交通枢纽、机场、码头等道路的发展相结合，是体现铁路旅客车站系统性发展的一项基本要求。现代旅客车站设计应积极体现综合交通枢纽的理念，既有效地整合和利用了资源，合理确定了建设用地，又为广大旅客提供了方便快捷的交通条件。

2 新时期的铁路旅客车站尤其是大型站房，已不仅是作为城市大门形象出现，围绕车站迅速发展起来的商业设施，带动了城市区域经济发展，公交、轻轨、地铁等多种交通方式在车站默契配合、有机衔接，使铁路旅客车站成为城市交通换乘枢纽和现代化客运中心，车站已经越来越多地和整个城市、区域交通规划融为一体。因此，铁路旅客车站的定位应向功能多元化和开放的“综合交通换乘枢纽”转化。

新时期的铁路旅客车站总平面布置的另一特点是广场、站房和站场互相关联、互相影响，已不再像以往那样可以截然分开，而趋于互相融合，成为一个满足旅客乘降和换乘的综合体。在土地利用上，应根据这一特点，采用集约化的原则，合理利用地形，少占土地，最大限度利用好有限的空间、有限的环境、有限的资源，重视与周边环境的协调统一。

3 使用功能分区明确，即要求旅客车站各部分功能划分合理，服务内容、使用目的明确。流线简捷即要求旅客车站对客流、车流整体规划中实现合理流动，减少各流线之间相互影响，特别是对旅客流线要做到简单、快捷，使之顺利到达目的地。

4 公共交通优先是铁路旅客车站建设系统化的具体体现。城市公共交通与铁路旅客车站的驳接一般体现在车站广场上，所以铁路车站广场实质上是一种多功能广场。目前出现的新站型，从使用方便出发将驳接的位置引入地上高架或地下层，与旅客进出站位置贴近。公共交通优先即首先考虑公交车的流线以及上下车的位置，占用较好、较近的道路和广场资源，并注意把公交车与小汽车的进站通路有效分开，提高公交车辆的运行效率。明确划分各类车的停车区域，尽量使其贴近旅客进出站的位置，减少旅客步行距离。

5 设置环形车道，其作用是为了满足消防使用需要。一般线上式的大型、特大型站房，可在广场设置经站房的地道进入基本站台，线下式站房可利用站前坡道进入基本站台。多层高架站房，应根据站房平面与站台布置，与防火设计共同采取有效措施，解决车道设置问题。

6 铁路旅客车站是城市的重要组成部分，车站的设计应该系统整合车站与城市的关系，以开放的理念融入城市，使铁路旅客车站功能与城市发展互补、互动、互相促进。车站设置地下通道，使进出站流线与地下铁道车站、地下商业设施连通，在为旅客提供安全、便捷换乘和购物条件的同时，也为车站的畅通和流线布局、增加集散能力以及完善综合交通枢纽作用，提供了条件。

3.2.3 各种流线短捷、避免互相交叉干扰，是建筑流线设计的一般要求。在铁路旅客车站设计中，在方便、安全使用的前提下，对车站各种流线，尤其是进、出站旅客流线实现平面或空间上分流，集中体现了铁路旅客车站功能设计以人为本，方便旅客的原则。目前旅客车站结合站型采用的平进下出、上进下出等旅客流线形式，取得了良好的效果。

3.2.4 特大型、大型站所在的城市，一般是直辖市、省会所在地和重要的交通枢纽所在地，其客流量较大也比较密集，采用多向进出的站房布局形式比单向进出有许多优点。第一，可以使旅客能方便地进、出站，避免了单向进出站布局旅客必须绕行，增加行程的缺点；第二，可以较快地疏散旅客并且相应缩小主要广场的范围；第三，有利于改变车站切割城市，造成车站两侧城市不均衡发展的现象。

3.2.6 铁路旅客车站作为一个集合众多设备体系的综合系统，管道工程非常复杂。应通过管线综合设计合理布局、有序排列，合理利用高程与平面，方便施工和检修，尽量少占空间，达到便于管理、节约工程投资的目的。

4 车站广场

4.0.1 车站广场是铁路与城市联系的节点，换乘场所，不仅具有解决旅客、车辆集散的功能，还兼有景观、环境、综合开发等多种功能。在形式上，现已由单一的平面形式发展为广场与站房、站场等互相融合的多层立体空间，在利用空间、节省土地、顺利的交通转换等方面取得了良好的效果。

车站广场一般由下列四部分组成：

站房平台。各型站房建筑的室外部分均设有向城市方向延伸一定宽度的平台，此平台具有联系站房各个部位、方便旅客办理各项旅行手续的功能，并与进出站口和旅客活动地带及人行通道连接，起到连接站房与车站广场的作用。

旅客车站专用场地。旅客车站由于人员流动、车辆流动的密集程度及频率远高于其他公共建筑，为便于使用及管理，维护车站良好秩序以保障旅客及车辆安全，需要有专用的室外集散场地，此专用场地由旅客活动地带、人行通道、车行道、停车场组成。

公共交通站点。多数旅客到站、离站均以各类公共交通车辆为主要代步工具，此类站点通常主要根据公交线路的设置情况，以起、终点站的形式常设于车站广场。

绿化与景观用地。绿化与景观除美化车站环境外，绿化还能减轻广场噪声及太阳辐射，改善环境。结合车站环境设置的建筑小品、座椅、风雨亭、廊道等可以为旅客提供方便。本次修订将这部分内容单独列出，是考虑车站广场虽然以交通功能为主，但同时也体现城市的形象，各地对于景观问题都比较重视，同时广场本身也需要一定的绿化率来保证环境质量。

绿化与景观用地可以单独设置，也可以与广场的其他内容相结合。

4.0.2 车站广场设计。

1 车站广场与站房、站场布局密切结合，在平面位置和空间关系上达到广场、站房、站场设施及流线互相融合，实现以铁路旅客车站功能为中心，车站建筑、客运设施及与相关设备等多项内容形成统一规划下的综合体，以达到资源的最佳利用和功能最大限度发挥。

旅客车站是城镇建设的组成部分，广场则是车站与城市连接的纽带，其设计应符合城镇规划的要求。广场设计应与城市环境相协调，并以其自身优势吸引商业设施，带动经济繁荣，促进城市发展。

2 车站广场、站房、站场客运设施等铁路客站各组成部分，构成了旅客出行及换乘的基础。合理的流线设置利于构成高效、快捷、便利的出行路线，以满足铁路旅客车站的功能要求。车站广场交通设施规划应与站房旅客进出站流线以及售票、行李、包裹、商业服务设施的布局相适应。合理布置旅客、车辆、行李和包裹三种主要流线，并要求其短捷，无交叉，提高交通效率。

3 车站广场上的人行通道布置主要为进站和出站旅客提供简捷、短直的通道，使旅客更方便的转换各种交通。合理布置各种停车场和车行道的位置，使车站广场与城市道路互相衔接顺畅。布置车行通道要遵循公交优先的原则，首先考虑公交车的流线设计以及停车位置。布置时注意把公交车与小型汽车的进站通道有效分开，这样可提高车辆运行效率和广场的使用效率。

4 旅客车站广场客流密集，流动性大，地面任何损坏都将给旅客的行动和安全带来影响。刚性地面平整坚实，可根据车站的性质，选择美观、实用、经济、耐久的刚性地面材料。

旅客车站广场面积大，地面积水难以自然排除，可借助于设在广场上的暗沟排除积水。

5 大型旅客车站采用立体车站广场时，常用的方法有设置高架车道和地下停车场等。

目前，我国很多铁路旅客车站的广场采用了立体方式，为了减少占地，更好地解决旅客集散和换乘问题，大型及以上车站应该有效利用车站内的空间位置关系，解决车辆停放、旅客换乘和进出站问题，这样不仅可解决平面布置流线的交叉和互相干扰，还可缩短旅客步行距离，提高整个车站的使用效率。

目前正在设计阶段的大型旅客车站也增加了此部分内容，从当前各旅客车站客流增长的具体情况看，无论新建还是改、扩建，立体广场设计方案均已经提到日程。

6 由于季节性或节假日客流量远大于本规范规定的最高聚集人数或高峰小时流量，车站规模不可能按此进行设计，所以在有季节性和节假日客流量大的旅客车站只能通过在广场上增加临时设施解决旅客候车问题。

4.0.3 车站专用场地最小用地面积指标的计算随着城市发展和车辆不断增加，停车场地也在逐步增加和扩大，所以车站专用场地的面积也应随之发生变化。经调查，目前大多数出行旅客一般采用公共交通。考虑车站长远发展及民众生活水平的提高，参考比较发达国家的交通水平，按出行旅客40%乘坐出租车，40%乘坐公交车辆，20%使用社会其他车辆到达或离开车站，如其中送站车辆约20%进入停车场，接站车辆约80%进入停车场，按每辆出租车平均载客1.5人，每辆社会车辆平均载客3.5人计，各种车辆在停车场的停留时间平均以0.5h计。

现以最高聚集人数4000人的车站为例(其日发送量、日到达量均为20000人)。

一昼夜出租车、社会车辆到达车站量为：

(20000＋20000)×0.4÷1.5＋(20000＋20000)×0.2÷3.5≈12953(辆)

每小时出租车、社会车辆到达车站量为：

12953÷24×1.5≈810(辆)

式中，1.5为超高峰小时系数。

按送站车约20%进入停车场，接站车约80%进入停车场，每辆车在停车场的停留时间以0.5h计的停车数量为：

(810×0.5×0.2＋810×0.5×0.8)×0.5≈203(辆)

各类车辆的平均停放面积计算：小轿车27m²/辆，大客车68m²/辆，行包卡车52m²/辆；取小轿车数量占70%，大客车占5%，行包卡车占25%，得出三者平均停放面积为35m²/辆。根据对部分旅客车站设计的统计分析，停车场面积约占停车场与车行道总面积的60%，所以得出停车场面积为：

203×35÷0.6≈11841(m²)

停车场地部分的每人面积指标为：

11841÷4000≈2.96(m²/人)

旅客活动地带的每人面积指标仍沿用原规范《铁路旅客车站建筑设计规范》GB 50226—95中1.83m²/人的标准。

2.96＋1.83＝4.79(m²/人)≈4.8m²/人

即得出旅客车站专用场地的最小面积指标。

本次修订将原指标按最高聚集人数不小于4.5m²/人的规定修改为4.8m²/人，并将原混杂在其中的部分绿化面积分离出来单独计列，扩大了专用场地的面积。修改后的人均面积指标基本可以同时满足客流量、车流量的使用要求。

4.0.4 平台具有一定的宽度，可以避免人群拥挤，保证旅客行走畅通。平台宽度的确定，主要决定于客流量。本条规定是根据对现有站房平台宽度的调查(见表1)，经分析而提出的。

表1 现有站房平台宽度

旅客车站名称	最高聚集人数(人)	平台宽度(m)
北京	10000	40
西安	7000	30
广州	6800	30
兰州	4000	27
乌鲁木齐	2000	40
西宁	2000	10
银川	2000	60
保定	2000	7
大同	1200	15
昆明	4000	11
无锡	6500	25
苏州	2500	25
赤峰	1000	5.5
泊镇	600	3.6
通辽	1200	6
胶县	800	5

一般立体广场与多层站房相接，所以也应该在每层设置站房平台。

4.0.5 车站广场人行通道设计除应首先保证进出站旅客流线畅通，还要有足够的宽度和避免相互交叉，引导旅客到达和离开车站，人行通道的设计应短捷，方便旅客通往公交站点。

旅客活动地带与人行通道高出车行道不应小于0.12m，是为使两者高程有区别，防止车辆穿越，发生危险。另外，0.12m的高度也是人跨越台阶比较舒适的高度，同时还可以起到避免雨水汇集的作用。

4.0.6 本条规定主要是为了方便旅客托取行李、包裹，停放车辆场地的规模要视站房规模大小而定，但应满足托取行李、包裹车辆的停放要求。

4.0.7 车站广场绿化及景观的功能除美化车站改善环境外，还能起到功能分区及导向作用。本条提出10%指标，主要是考虑到目前各地的广场绿化水平程度不同，在有条件的情况下可以相应提高车站广场绿化程度。

4.0.8 本条依据《中华人民共和国国旗法》第五条和第七条制定。

4.0.9 城市轨道交通具有大运量、快速、准时等优点，我国许多大城市总体规划都将城市轨道交通作为城市发展的重要建设项目。铁路车站作为重要的交通枢纽，应该与城市的交通共同发展和繁荣，这就需要在前期规划设计阶段进行有效整合，做到功能互补，流线衔接顺畅，工程实施合理，使铁路与城市轨道交通在未来的运营中能够最大限度地方便乘客。

4.0.10 城市公交、轨道交通站点的设计：

1 城市公共交通与轨道交通是大型和特大型铁路旅客车站旅客集散的主要交通工具，处理好相互之间的位置关系，是体现铁路旅客车站系统性的一项基本要求。在一些特大型和大型站房的设计中，公交车经常将首末车站设于车站广场，所以在广场总平面设计时应考虑与其站房进出站口的位置关系，给旅客创造较好的换乘条件。如可将公交站设置在专用场地边缘及出站口附近，或将站房平台设计为半岛形式。这样可减少公交流线与客流的交叉。

2 公交停车场的主要功能是为公交线路营运车辆提供合理的停放场地和必要的设施，车站广场合理布置公交停车场是完善车站集散功能、提高广场效率的重要措施。

由于公交车场的面积受公交线路数量、运营里程及车辆数量影响，特别是在发展中的小城市，交通规划尚不能准确提供这方面的数据，为解决公交车辆的停车问题，根据《城市道路交通规划设计规范》GB 50220 的规定，运用当量换算的方法，得知公交车的运输能力为小型车辆的 2 倍，而公交车场面积仅相当于社会停车场面积或出租车场面积的一半。

现仍以最高聚集人数 4000 人的站房为例，公交车建议停车场面积为旅客专用场地的 1/3。根据本规范第 4.0.3 条条文说明得出：

公交车场的面积：$11841 \div 3 = 3947(\text{m}^2)$

人均指标：$3947 \div 4000 = 0.98675(\text{m}^2/\text{人}) \approx 1.0\text{m}^2/\text{人}$

根据以上计算结果，公交停车场面积指标宜按最高聚集人数 1.0m^2/人确定。

4.0.11 揭示引导系统是车站设施的重要组成部分，在视觉上起到确认环境并引导旅客行动的作用。引导标识醒目、通用、连续，可以有效地引导旅客到达目的地。

4.0.12 车站广场是人员密集的场所，应按需要设置厕所。车站广场厕所的建设应纳入城市总体规划和旅客车站建设规划，使其规划、设计、建设和管理符合市容环境卫生要求，更好地为出行旅客服务。根据《城市公共厕所设计标准》CJJ 14 的有关要求，本条规定按 25m^2/千人或 4 个厕位/千人设置厕所。

5 站 房 设 计

5.1 一 般 规 定

5.1.1 铁路旅客车站是一个多功能集成的综合系统，铁路客运效率和服务质量往往取决于组成综合系统的各部门之间的协同工作、默契配合。对铁路旅客车站内按使用性质特点划分区域，目的在于根据站房功能要求，对各专业的系统方案、设备选型、运营管理方式等统一规划，精心设计，加强专业配合，通过各专业之间的有效互动、配合，处理好局部与整体的关系，力求在铁路客运效率和服务质量上，达到最优。

公共区为向旅客开放使用的区域，进出站集散厅，候车厅（室），售票厅，行李、包裹托取厅，旅客服务设施（问讯、邮电、商业、卫生）以及进站通廊等从属于这个区域。公共区内还可按“已检票”和“未检票”分别划分付费区和非付费区。旅客主要活动的公共区，在空间上要开敞、明亮。对区域内需分割的部位如候车区，可通过低矮的护栏或轻巧安全透明的隔断进行灵活划分，以增加视觉上的通透性和旅客的方位感。公共区内保证旅客流线通畅，引导旅客合理有序的流动，是旅客车站规划设计和运营管理水平的具体体现。

设备区包括水、暖、电设备、设施及其用房。其作用是向站房提供清新的空气，适宜的声、光、热环境和有效的安全防范措施。为旅客创造舒适、安全的旅客车站室内环境。

办公区由行政、技术管理及其辅助用房组成，担负着站内运营与管理。管理及辅助用房应设在站房内非主要部位，与运营有关的办公用房靠近站台，具有较好的联系、瞭望条件，便于管理人员使用。

5.1.5 本条是根据现行国家标准《建筑设计防火规范》GB 50016 的有关要求制定的。

5.1.7 铁路旅客车站有独特的功能性，当与其他建筑合建时，不但平面布局复杂，也给车站管理带来困难，影响其使用功能。尤其是在合建部分设有大型餐饮、娱乐和商业设施时，将造成火灾隐患，这种教训在现实中已有先例。当铁路车站需要与其他建筑合建时，合建部分及与站房的衔接应符合现行国家标准《建筑设计防火规范》GB 50016 的有关规定。

5.2 集 散 厅

5.2.1 本次规范修订将原“进站广厅”改为“集散厅”，原因是：近年来，随着城市交通建设的发展，大型站尤其是特大型站所在城市的地铁、轻轨、地下过站通道、商场通道等的引入，使得原进站广厅集散功能更为突出，从原有站内旅客经入口进入广厅后简单分流，到多种交通形式的人员互动，形成了多种流线的聚集与分散功能。“集散厅”比“进站广厅”更为确切，因此，本条把“进站广厅”改为“集散厅”。

集散厅为旅客站房的主要组成部分，尽管站房规模不同，但作为旅客进入站内或离开车站集散的功能却是共同的。因此，本次修订除将原规范关于特大型、大型站可设进站广厅改为中型及以上车站宜设集散厅外，还增加了设置出站集散厅的规定。对客货共线和客运专线铁路旅客车站，分别采用最高聚集人数和高峰小时发送量确定集散厅面积，但人均使用面积仍采用原规范不宜小于 $0.2m^2$/人的规定。

5.2.2 集散厅是旅客进入客站首到之处，厅内人员密度大，集散厅应有尽快疏导客流的功能，帮助旅客迅速到达目标。在发挥疏导客流功能上，集散厅要求开敞明亮、视线通透、引导设施齐全和服务及时，这应借助于设计上开放的平面布局、结构采用大空间、设置高效的楼梯、电梯和扶梯、完善的引导系统以及齐全的旅客服务设施（问询、小件寄存、邮电、电信及小型商业设施等）来完成。安全防范设施的设置对旅客安全起着重要保证作用，因此，集散厅内还应设置必要的安全检测设备。

5.2.3 我国大型，特大型站的站房大多已设置了自动扶梯和电梯。由于自动扶梯和电梯是一种既方便又安全的提升交通工具，在当今的公共建筑中已广为应用，很受使用者欢迎。对于人员密度大、时间性要求强、携带包裹的旅客站房更为适用。

5.3 候 车 区（室）

5.3.1 客货共线铁路旅客车站客流以“等候式”模式为主，站房应根据不同旅客的特点，设置候车区域满足其等候的需要。

不同类别的旅客对候车的环境和条件有不同的要求，因此车站内设置了普通、软席、贵宾、军人（团体）及无障碍候车区（室）。

另外本次修订增加了表注，规定有始发列车的车站，其软席和其他候车室的比例可具体考虑。这有利于今后车站根据列车的开行情况重新进行面积调整。

母婴候车区，是为方便妇女携带婴儿专门设置的候车区域。中型尤其是大型和特大型车站，母婴旅客较多，此类车站除考虑妇女携带婴儿所需候车面积外，有条件时还应该考虑母婴服务设施的面积。母婴候车区面积一般可以按照无障碍候车区（室）面积的3/4考虑。

母婴服务设施一般包括婴儿床、婴儿车以及在母婴候车区（室）附近厕所内设置的婴儿换尿布平台等。

各类候车区的计算如下：

软席候车仍采用原规范2.5%的比例。该比例是按每列车容载旅客1200人，一般挂1节软卧车厢，软席旅客以32人计算，软席旅客约占容载旅客的2.5%计算出的。现到站车次和种类变化较多，软席列车编挂的数量也不统一，可采用提高和改善普通候车区的质量解决软席旅客候车问题。

军人（团体）候车区仍采用原规范3.5%的比例，分析计算如表2所列。

表2 军人(团体)候车区规模调查分析

旅客车站名称	旅客最高聚集人数（人）	军人(团体)候车区使用面积(m^2)	按 $1.2m^2$/人计算规模人数（人）	占最高聚集人数百分率（%）
上海	10000	129	108	1.08
天津	10000	505	421	4.21
沈阳北	10000	792	660	6.60
郑州	16000	607	506	3.16
平 均				3.76

综合上述情况，规定军人（团体）候车室计算人数按最高聚集人数的3.5%设置。考虑军人（团体）候车室使用频率较低，在实际设计中一般不单独设置，而是与普通候车室合并设置。本次修订将原指标改为 $1.2m^2$/人，与普通候车室相同。

5.3.4 本条主要针对各种候车区（室）的共性而制定。

1 大空间开敞明亮、视线通透，候车区设置在环境宜人的大空间，符合车站旅客在生活水平和审美观不断提高基础上对候车环境的要求。大空间的设计须以功能需要为前提，充分重视并积极运用当代科学技术的成果，包括新型的材料、结构，以及为其创造良好声、光、热环境的设施设备。

近年来，软席候车需要量不断增加，越来越多的旅客乘坐软席列车，因此，将软席与普通候车共同设在候车区大空间中，以解决软席候车不足问题。另外，军人（团体）候车存在时间上的不定因素。利用轻质低矮隔断和易移动的特点，对候车空间按候车需要进行分割，可起到灵活调整候车区面积的作用。

乘坐客运专线旅客列车的客流基本为“通过式”模式，旅客多采用通过客站直接进入站台。对客站空间的要求应与其逗留时间短、通过迅速的特点相适应，此外，车次多、发车频率高，客站集聚人数受高峰小时发送量影响，客运专线铁路车站候车厅应为集售票、候车、进站通道、服务设施为一体的综合性大空间。

2 自然采光可节约能源，并让人在视觉上更为习惯和舒适，心理上更能与自然接近、协调，有利健康。自然通风（或机械辅助式自然通风）是当今生态建筑中广泛采用的一项技术措施，其能耗小、污染少，有利于人的生理和心理健康。自然采光和自然通风应为设计候车区（室）首选光源、风源。

站房属于公共建筑，候车室聚集较多的旅客，从观瞻及通风的要求出发，需要有适合的净高。经查阅多项近年设计的小型站房净高绝大部分为4m以上，也有旅客站房净高为3.2m，但通风效果不好，故本条规定最小净高为3.6m。

3 为旅客候车时有舒适、卫生的室内环境，并节约能源，候车室应有较好的天然采光及自然通风。采用一般公共建筑的标准，窗地比不应小于1∶6。有些既有站房的上部侧窗采用固定窗扇，只能达到采光的目的，不利于空气流通，因此规定上下窗宜设开启窗，并应有开闭的设施。

玻璃幕墙有很好的透光、借景效果。但构造复杂、投资大，宜在采用集中空调的特大型、大型旅客车站采用。采用时应按有关规范进行构造、安全、防火设计，并按要求设置一定数量的开启扇，以保证自然通风的利用。

4 为保持候车室候车秩序，我国多数较大规模站房候车室，在进站检票排队位置的两侧设置候车座椅，使旅客能按进站顺序就座候车休息，检票时起立顺序排队，达到休息与排队相结合的目的。因此本规范规定设计候车室的座椅排列应有利于旅客通向检票口。座椅之间的距离应有排队及放置物件的水平空间。经过实测一些候车室的实际情况，旅客就座后，1.3m的间距可满足基本需要，因此将其定为最小间距。

5 我国部分既有站房的候车室入口不设检票口，当进站检票开始时，候车室的出口处易出现拥挤、交叉等混乱现象，故本条规定候车区设进站检票口。

6 本款根据《中华人民共和国铁路法》的规定，铁路应为旅客供应饮水，因此候车室内应设饮水处。

5.3.5 本次修订、增加了对无障碍候车区设计的相关规定。由于无障碍候车区需要考虑儿童休息和活动的空间，另外残疾人轮椅活动也需要一定的空间，根据对部分旅客车站调查，认为每人1.5～2.0m^2比较合适，为此本条规定将使用面积定为不宜小于2.0m^2/人。

5.3.6 本次修订时对部分车站征询了意见（见表3）。

表3 软席候车区使用面积指标分析

旅客车站名称	使用面积（m^2/人）	旅客车站名称	使用面积（m^2/人）
沈阳	3.00	合肥	2.00
长春	2.50	青岛	4.00
锦州	2.00	徐州	3.00
北京	3.60	武昌	1.70
天津	2.50	西安	4.00
上海	4.60	成都	3.00
无锡	3.30	厦门	1.60

从上表分析得知，软席候车区每人使用面积指标平均值大于2.5m^2。结合天津站软席候车区的实测，其每人使用面积为2m^2，但活动空间并不狭小，因此本条仍采用每人使用面积的最低限值为2m^2。

5.3.7 考虑军人（团体）旅客携带物品与普通旅客相似，所以本条规定军人（团体）候车区的每人使用面积不宜小于1.2m^2。

5.4 售票用房

5.4.1 由于目前售票一般为电脑现制车票，原有的打号室可以取消，票据库的规模可以大幅度削减。订票室和送票室合一，主要是考虑城市内增设了许多售票处和售票点，这样不仅方便了广大旅客，同时减少了车站售票的压力。

随着车次的增加，客运专线的增多，给售票工作带来比较大的压力，所以应大力发展自动售票系统和采用多点售票的方法，给广大旅客提供更为快捷和便利的购票方式。

5.4.2 售票处的设置。

随着联网电子售票的普及，大量设置售票窗口的集中售票方式，已不是客站售票的主要形式，但客站仍是预售车票的当然场所，尤其是大城市的客站，设置规模相当的售票厅预售车票、办理中转签证和退票等业务仍有必要。

中型、小型站旅客少、面积小，在靠近候车区或在候车室内布置售票窗口既方便旅客又有效利用了面积。

售票处在站房内占有一定的空间，客流高峰期尤其是在大型及以上站房，旅客购票排队长度都较长，为避免混乱和干扰进出站客流，应在进站口附近单独设置售票处。

随着客站延伸服务的不断完善，车站的运营管理模式逐步从封闭的形式向开放转变，在集中售票的基础上，可以采用分散售票或分散与集中相结合的布置方式，即在广场、集散厅、候车区以及进站通道增设人工或自动售票点，售票点与流线相结合，使旅客购票更加灵活、方便。

发展多种售票方式，可以缓解车站内的售票压力。如特大型、大型站位于大城市，信息和交通比较发达，车站可办理订送票业务，可在市内设售票网点，车站设置自动售票机、增设流动售票、在出站口设中转售票口等。这样可以从很大程度上避免客流的过度集中。

近几年设计的新型站房改变了原有站房单面进出站的布局形式，大型站的站房结合出入口的变化，采用了分散布置售票处的办法。最新设计的北京南站，整个站房为一圆形建筑，垂直股道的两个方向有十多个入口。上海南站，客流可以从四个方向进入站房，这样增加了售票口布置的灵活性。

5.4.3 本次规范修编根据客货共线和客运专线铁路旅客车站旅客购票不同特点，对站房的售票窗口设置数量分别进行了调整和规定。

本次修订售票窗口数量，是根据客货共线铁路站房的“等候式”和客运专线站房的“通过式”不同客流特点，分别对售票窗口设置提出了不同的规定。

关于售票窗口的数量，本次修编先从调查分析国内现有部分旅客车站设置售票窗口开始，再按各型旅客车站每天上车人数，结合建筑规模进行核证后确定。

1 客货共线铁路站房售票窗口数量的确定。

目前国内部分既有站房售票窗口设置数量见表4。

表4 部分客货共线铁路特大型、大型站售票窗口数量统计

站房	日平均发送量（人）	日最高发送量（人）	最高聚集人数（人）	售票窗口数量（个）	使用情况
上海	85427	129000	14000	原设计34个 现为160个	合适
天津	51800	81000	10000	38	较拥挤
济南	51000	65000	11000	48（不含市内设流动售票点）	合适
长春	28600	50000	9000	42	合适
杭州	52600	65000	7000	36	拥挤
成都	31600	40000	7000	28	—
广州	53000	196000	6800	28	拥挤
无锡	25000	—	6500	15	—
大连	—	25000	6000	固定17个 临时4个	富裕
青岛	20000	30000	4000	16	基本合适
大石桥	—	—	1400	6	合适
汉中	—	—	800	3	合适

由表中可看出，售票口数量较原规范指标有很大变化。

1）特大型站设计售票口数量一般为34～40个，大型站售票窗口15～28个。多年前这些站的售票口基本能够满足使用要求，但随着客流量的增加，多数车站售票都出现拥挤的情况，特别是节假日，一些城市车站增加了售票口数量或采取了多种售票方式缓解售票压力。以杭州站为例，杭州站设计售票口为30个（老站为16个），目前实际使用需求增设到74个，最多达79个。其中：广场上4个；进站集散厅3个；出站口8个（中转售票口）；软席2个；另外在市内设10个联网售票点，并在周边城市慈溪、宁波、温州等地增设售票点。因此增加售票口，重新调整售票窗口数量指标是必要的。

2）同一规模车站（最高聚集人数相同的车站）日发送量也有很大区别，所需售票口数量也不同。如上海和沈阳北站同为最高聚集人数10000人以上的特大型站房，上海站的日发送量是沈阳北站的2.7倍。设计34个售票口的上海站显然不能满足要求，上海站目前增至160个售票窗口。从这里也可以看出单靠最高聚集人数确定售票口显然不科学。

3）中型、小型站售票口在16个以下基本满足要求，但应考虑备用售票口，以利高峰期使用。而类似大连站这种尽端站，都是始发车和终到车。按规定的方式计算确定的窗口数量，显得比较富裕，所以在确定售票窗口数量时可根据实际情况考虑设置数量。

4）大型以上车站设置单一集中售票方式弊端较大。主要表现为：售票口集中，服务半径过大、旅客步行距离长、中转旅客更为不便。售票口数量越多，购票旅客越集中，一是室内温度不易控制，空气质量不能保证，不利于提高站房服务质量；二是节假日购票拥挤。旅客大量聚集在售票厅，秩序不易维持，存在安全隐患。

5）每个窗口的售票能力：长途为80～100张/h；中转为100～140张/h；短途为150～180张/h。按两班一天工作约16个小时，人工售票速度平均在110～140张/h。原规范中1000张/h的规定偏于保守，但考虑售票员班组的替换，不一定每个窗口都按平均速度发售车票，考虑平时与高峰期的相互关系，此指标可以继续使用。

综上所述，按下列原则及具体情况定出客货共线各型旅客车站设置售票窗口数量：

1）特大型、大型站除比照已建成车站的售票口数量，还考虑了为方便特殊旅客购票需要增设的售票专口。本规范将售票口最小数量定为特大型站55个，大型站25～50个，这样特大型、大型站较原规范售票口数量有所增加。

2）中型站定为5～20个，小型站按至少2个设置。中型站低限值和小型站，由于铁路提速后旅客列车停靠次数少，相比之下与原规范接近。

3）关于售票窗口的数量与C值（最高聚集人数占一昼夜上车人数的百分率）之间的关系，根据对北京等车站的调查：一般车站最高聚集人数与日发送量之间的关系基本是1∶5的关系（高峰小时发送量与日发送量之间的关系基本是1∶10的关系）。C值按原规范；特大型、大型站取18%；中型站取20%；小型站取22%。但对于较发达的大城市，比如上海、杭州，其比值会大一些（客运专线则更大）。C值概括性分为三种比值，基本符合我国铁路运输现状。因此本次修订依然采用这个比值。

4）售票窗口数量计算仍采用原规范计算公式，

计算如下：

售票窗口数=一昼夜售票总数÷每个售票口一昼夜平均售票量

式中，一昼夜售票总数(售票总数量)=最高聚集人数÷C每个售票口一昼夜平均售票能力按1000张计

计算结果列入对照表（见表5），可看出：特大型、大型站和大多数中、小型站售票窗口数量基本满足实际需要。

表5　售票窗口计算数量和实际需要与原规范售票口数量对照

售票窗口计算数量与实际需要对照					原规范售票口数量				
旅客车站建筑规模		计算售票窗口数（个）	实际售票窗口数（个）	B/A（%）	旅客车站建筑规模		计算售票窗口数（个）	规定售票窗口数（个）	B/A（%）
车站类型	最高聚集人数（人）	A	B		车站类型	最高聚集人数（人）	A	B	
特大型	10000	55	54	98	特大型	10000	56	38	68
大型	9000	50	50	100	大型	9000	50	36	72
	8000	44	44	100		8000	44	33	75
	7000	39	39	100		7000	39	30	77
	6000	33	33	100		6000	33	26	79
	5000	28	28	100		5000	28	22	79
	4000	22	22	100		4000	22	18	82
	3000	17	17	100		3000	17	14	82
中型	2000	11	11	100		2000	11	10	91
	1800	9	9	100	中型	1800	9	9	100
	1500	8	8	100		1500	8	8	100
	1200	6	7	117		1200	6	7	117
	1000	5	6	120		1000	5	6	120
	800	4	5	125		800	4	5	125
小型	600	3	4	133	小型	600	3	4	133
	500	3	4	133		500	3	4	133
	400	2	3	150		400	2	3	150
	300	2	3	150		300	2	3	150
	200	1	2	200		200	1	2	200
	100	1	2	200		100	1	2	200
						50	1	1	100

季节性和传统节假日客运高峰所需增设的售票窗口未计在内。

2　客运专线铁路站房售票窗口数量的确定。

由于目前国内已建成的客运专线为数不多，尚缺乏比较成熟的资料，因此，有关售票窗口的设置数量是参考设计中的部分客运专线铁路站房并经计算和分析后得出的结果（见表6）。

表6　京沪客运专线各站售票口设计数量

车站	日发送量（人）	最高聚集人数（人）	经公式计算售票窗口数量（个）	自动售票机数量（个）	售票窗口、售票机数量总和（个）
北京南	150000	10000	84	40	124
天津西	50000	4000	28	20	48
华苑	20000	2000	12	10	22
沧州	20000	1100	12	6	18
德州	20000	1200	12	2	14
济南	50000	11000	28	20	48
泰山	20000	1200	12	6	18
曲阜	20000	1300	12	7	19
枣庄	20000	1000	12	5	17

5.4.4　按相邻售票口中心距1.8m计，结合进深及建筑模数考虑，并根据售票口前排队不超过20人，每售一张票时间不超过20s的要求，对售票厅进深做以下几个方面的考虑：

特大型站售票厅进深13m（计算依据：20×0.45+4=13，每个售票口前按20人排队，每人站立长度0.45m计，并留有4m宽的人行通道）。

大型站售票厅进深11m（计算依据：15×0.45+4=11，每个售票口前按15人排队，每人站立长度0.45m计，并留有4m宽的人行通道）。

中型站售票厅进深9m（计算依据：10×0.45+4=9，每个售票口前按10人排队，每人站立长度0.45m计，并留有4m宽的人行通道）。

小型站可以根据具体情况设置。

售票厅开间=1.8m（售票口中心距）×售票口数量+1.2m（靠墙售票口距墙距离）。

由以上数据可得出售票厅最小使用面积（见表7）：

表7　售票厅最小使用面积

旅客车站建筑规模		售票厅最小使用面积指标（m^2/1个售票窗口）
型级	最高聚集人数（人）	
特大型	10000	24
大型	3000～9000	20
中型	800～2000	16
小型	100～600	

通过以上计算可以看出特大型、大型站房售票厅面积比原规范均有所减少，中、小型站没有变化。这种变化的出现主要是售票口数量的增加、售票方式的

多样化引起的。

5.4.6 售票室设计。

1、2 售票室最小使用面积指标的确定主要考虑售票室进深，除了布置售票台、通道外，还要放置办公桌椅等，所以其进深尺寸不宜小于3.3m；按每个售票窗口宽1.8m计算，故规定其最小使用面积为每窗口6m²。最少设置两个售票口的售票室，室内除办公桌椅外还设有票据柜，所以规定使用面积不应小于14m²。

3 售票室是专为旅客办理乘车证的地方，现金及有价证券较多，为避免外来干扰，并确保室内安全，售票室的门不应直接向旅客用厅（房）开设。

4 售票室内地面高出售票厅地面0.3m，主要是考虑售票人员与旅客合适的售、购票高度。另外，售票人员工作时间长，严寒和寒冷地区采用保暖材质地面主要起防寒保护作用。

5.4.9 票据室设计。

1 票据室的使用面积较原规范有所减少，原因是改为电脑现制软票后，票据存储量有所减少，所以其票据室的面积也相应核减。

2 票据为有价票证，所以应重视防潮、防鼠、防盗和报警措施。

5.5 行李、包裹用房

5.5.1 行李为随旅客出行物品，为方便旅客，托运位置宜靠近进站口，提取位置宜布置在出站口，这样符合旅客流线的要求。

5.5.2 特大型站的行李和包裹量大、作业频率高且物品复杂，行李、包裹库房与跨越股道地道相连，将大大减少拖车在站台、站内作业时对站内流线形成的干扰，并可提高作业效率。

5.5.3 包裹库的规模主要取决于包裹的储存量，由于行李、包裹分开后对其业务性质影响不大，故本次规范修订其用房组成仍按包裹库存件数分四个档次配置房间。原规定包裹用房中计划室、行包主任室、安全室等用房在本次修订中划入办公室范畴，因为各站行包部门下属组织分工名称不统一，因此房间名称以办公室统列，不再按具体分工机构单列。

5.5.4 有关包裹库、行李库设计的规定。

各旅客车站包裹库的设置位置统一，主要是考虑列车编组和车站组织货物流线，同时包裹库设置位置应考虑缩短包裹流线，避免与旅客流线相互干扰。

特大型、大型站建设用地受到限制，不能满足要求，所以在这些车站一般设多层包裹库房，层间设垂直升降机和包裹运输坡道以保证运输通道的畅通。

5.5.5 每件包裹占地面积0.35m²，是根据下列分析计算确定：

发送及中转包裹：

$$\frac{0.40(\text{堆放面积占使用面积的比重})}{0.45(\text{每件包裹平均占地面积})}\times 3.5(\text{堆放层数})$$

$=3.11$(每平方米使用面积可堆放包裹件数)

平均每件包裹折合占地面积：$1\div3.11=0.322$ (m²)

到达包裹：

$$\frac{0.42(\text{堆放面积占使用面积的比重})}{0.45(\text{每件包裹平均占地面积})}\times 3.0(\text{堆放层})$$

$=2.8$(每平方米使用面积可堆放包裹件数)

平均每件包裹折合占地面积：$1\div2.8=0.357$ (m²)

上述计算中，堆放面积占使用面积的比重（发送及中转包裹采用0.40，到达包裹采用0.42）及每件包裹平均占地面积为0.45m²，均根据1990年铁道科学研究院对包裹运输设备能力查定研究课题成果确定。

发送、中转、到达包裹平均每件包裹折合占地面积：

$$(0.322+0.357)\div2=0.34(\text{m}^2)$$

为使包裹库具有一定余地，规定为0.35m²/件。

每件包裹折合占地面积按0.35m²确定已使用多年，按此指标计算仍然满足使用要求。

5.5.6 设计包裹库存件数2000件及以上旅客车站所在地区，一般工矿企业单位比较集中，发送及到达包裹件数较多，有的企业单位与车站签订合同，到达包裹由站台直接装车出站，不需进库存放。为便于这些包裹临时在室外停放，在新建或改扩建包裹库时，宜考虑预留室外堆放场地。该室外场地指位于包裹库侧面或站台方向的位置，为便于管理，不宜设于站房平台方向，以免影响车站环境及旅客通行。

5.5.12 表5.5.12列出的包裹托取窗口数量是根据发送、到达包裹库存件数提出的，按每600～1000件设一个托取窗口，相当于每日每一窗口管理包裹作业量400～600件左右。

关于包裹托取厅的面积，主要为方便货主排队取票、交付款项、填写标签、安全检查及取送货物的通道等必要的活动场地。每一托取窗口最小宽度一般为4～6m、进深约6m，即一个托取窗口最小面积约为25～30m²。

5.5.13 有的包裹体大、物重，托取柜台高度要适宜，通过调查及征询运营部门意见，将托取柜台高度及柜台面宽度定为0.6m。为便于笨重包裹托取及平板车进出，托取柜台应留出1.5m宽的运输通道。

5.6 旅客服务设施

5.6.6 旅客在车站内的活动受时间的制约，设置导向标志的目的是帮助旅客完成连贯、完整的活动过程，并帮助旅客在视觉上迅速确定环境，引导行动。

5.6.7 本条规定的商业服务设施仅指设在旅客站房

范围内，专为候车旅客服务的小型零售、餐饮、书报杂志等设施。车站内不应设置大型的商业设施，包括大型的零售、餐饮、住宿、娱乐等，因这些设施易发生火灾。车站为人员密集的场所，一旦发生安全事故，将危及整个车站的安全。旅客到达车站的目的不是为了购物，而是购置一些路途上使用的食品、用品、书报杂志等。所以设置一些小型商业设施可以基本满足旅客需求。

5.7 旅客用厕所、盥洗间

5.7.2 厕所、盥洗间设计。

根据对部分已建成车站厕所的调查（见表8），从中可以感到车站厕所的设置数量不足，男女厕位比例不当。本次修订将旅客男女人数比例修改为1∶1，厕位比例修改为1∶1.5，当按最高聚集人数或高峰小时发送量设置厕所时，按2个/100人可以满足使用要求。

表8 厕所厕位调查

站名	最高聚集人数	男厕位	面积（m^2）	女厕位	面积（m^2）	调查结论	厕位/百人（个）
丹东	2000	12	—	18	—	合适	1.50
满洲里	1000	3	12	2	10	拥挤	0.50
昆明	4000	—	30	—	22	拥挤	1.30
无锡	6500	21	84	21	84	—	0.64
兰州	4000	48	200	12	68	—	1.25
西宁	2000	22	62	24	58	富裕	2.30
银川	2000	10	36	6	16	富裕	0.80
乌鲁木齐	2000	20	39	20	48	合适	2.00
苏州	2500	14	100	14	78	稍挤	1.12
重庆	7000	28	140	28	140	拥挤	0.80

5.7.3 大型站使用面积较大，旅客分散，流线复杂，如果集中设置过大的厕所，因服务半径不合理，达不到方便旅客的要求，而且在卫生、管理等方面都有所不便。所以，特大型、大型旅客车站的厕所应酌情合理分散设置。

5.8 客运管理、生活和设备用房

5.8.1 与原规范相比，本条的变化主要是增加了公安值班室和生产用车停车场地。

5.8.2 服务员室是供服务员在接、发客车空隙时间内临时休息的地方，室内仅设有桌椅等，因此，按每人$2m^2$的使用面积是可以满足使用要求的。由于小型（或部分中型）站的客运服务人员很少，所以仅设一间服务员室，但也要有合理空间，故规定最小使用面积不应小于$8m^2$。特大型、大型站旅客流量大，服务员接发列车的业务量也大，故在站台附近设服务员室以方便使用。

5.8.3 检票员室是供检票员工作间歇休息的房间，其使用面积与服务员室相同，为方便工作故规定应位于检票口附近。

5.8.4 补票室位于出站口，其室内一般设有办公桌、椅及票据柜等，故规定房间最小使用面积不应小于$10m^2$。由于室内存有票据及现金，故其门窗应有防盗设施。

5.8.5 客运服务人员一般采用多班制工作，在上班前先在交接班室进行点名，传达有关事项。交接班室的使用情况相当于一般的会议室，故规定其使用面积不宜小于$1m^2$/人，并不宜小于$30m^2$。

5.8.6 由于广播室设有播音机、扩音机以及必要的通信设备，所以本条规定最小使用面积不宜小于$10m^2$。

5.8.10 站房内公安值班室的位置应根据安全保卫工作需要设置。其使用面积是根据公安部门有关规定确定的。

5.8.12 客运办公用房使用面积按$3m^2$/人，系根据《办公建筑设计规范》JGJ 67的有关规定确定的。

5.8.13 旅客车站生活用房主要由间休室、更衣室、职工厕所等用房组成，上述用房根据车站建筑规模不同及需要予以设置。

1 客运服务人员，售票及行李、包裹作业人员按照作息制度，允许值班期间轮流休息，因此各型旅客车站均设置间休室。

由于使用间休室的只是部分当班人员，本规范规定其使用面积按最大班人数的2/3计算。使用面积是参照《宿舍建筑设计规范》JGJ 36的规定确定的。最低面积指标定为双层床每人使用面积$3m^2$，考虑间休室仅供职工轮流休息用，无需存放诸多生活用品，故规定每人使用面积$2m^2$。

4 为改善铁路旅客车站职工的工作条件，本规范提出设置职工活动室、洗澡间、就餐间等设施的要求，设置方式可采用车站单独设置或与其他铁路单位联合设置。

5.9 国境（口岸）站房

5.9.1 客运设施指售票、候车、检票、行李、服务和管理等与一般旅客车站相同的厅室，联检设施见本规范第5.9.4条条文说明。

5.9.3 国境（口岸）站房的客运设施。

国境（口岸）站一般也是国内终端站，要同时办理境内外客运业务。由于口岸联检的要求，出入境旅客进站后必须接受联检和监护。因此，境内和出入境旅客使用的客运设施包括站房、通道、站台等要分开，并使两者的旅客流线严格隔离。

出入境旅客的成分复杂，信仰不同、习俗各异，故出入境候车室宜作多室布置，以利于灵活安排不同组团的旅客。同时出入境旅客中的贵宾也较多，分室接待也有利于安全。

出境旅客和行李经联检后方许进入候车室和行李厅，故出入境候车室和行李托运处都应布置在监护区内。

5.9.4 国境（口岸）站房的联检设施。

1 车站边防检查站、海关办事处、出入境检验检疫机构和国家安全检查站是国境联检的基本组成部门，他们的任务是对出入境旅客实行查验，代表国家在车站行使权力，以维护国家安全与主权。口岸联检办公室则是各驻站联检部门的统管、协调机构，各部门都需要在车站设置一定的旅客检查厅室、工作间、值班室和检验设备，可视各站的实际需要进行设置。

2 目前我国采用的联检方式主要有两种：一为全部旅客携带随身物品进入联检厅进行联检，流程为卫生检疫→边防检查→海关检查→动植物检疫，主要适用于始发、终到站，如广九站；二为当国际联运列车通过国境站时，列车到站后由联检小组上车观察初检，而后将重点对象监护下车，进入有关的联检厅室进行复检，其余旅客可不携物下车进站候车或购物、餐饮、娱乐等活动，而后再上车继续旅行。第二种联检方式对联检厅室的排列顺序要求不严，多用于国际列车中间通过的国境站，如丹东站、满洲里站等。设计中应采取哪一种方式可视各站的实际情况而定。

5.9.5 出入境旅客在站内须完成联检流程，逗留的时间较长，有较充分的时间在站内进行活动，因此站内应有比较齐全、良好的服务设施，各站可视实际需要进行设置。

6 站场客运建筑

6.1 站台、雨篷

6.1.2、6.1.3 系根据《铁路车站及枢纽设计规范》GB 50091 制定。

6.1.4 旅客站台设计。

1、2 旅客站台承受客流、行李和包裹搬运、迎宾、消防车辆等通行时的磨压，故站台应采用刚性地面，以满足耐磨和较大荷载使用的要求。站台面应防滑并应做好排水，以保证旅客的行走、行李和包裹搬运车辆通行安全。

3 列车进站时车速较快，会危及靠近站台边缘的旅客，据铁道科学研究院测试和国外有关资料，在距站台边缘 1m 处，列车以 120km/h 时速通过站台所产生的气动作用，不足以威胁旅客安全，我国铁路车站站台沿用多年的 1m 安全退避距离，实践证明也是安全的。因此，本条保留了原规范在站台全长范围内距站台边缘 1m 处应设置明显安全标记的规定。并以国际上通常用来表明环境变化的黄颜色定为警戒线的颜色，其宽度定为 0.06m 以加强标记的确认程度。

1m 警戒线的位置适用于停靠站台的客货共线和客运专线旅客列车，一般旅客列车停靠站台时的进站速度小于120km/h。

6.1.6 旅客站台设置雨篷目的在于避免旅客和行李、包裹、邮件受雨雪侵袭和烈日照晒。客运专线、客货共线铁路的特大及大型站旅客多，行李、包裹、邮件量大，故宜设置与列车同长的站台雨篷。客货共线铁路的中型站及以下的站房，旅客相对较少，行李、包裹、邮件的作业量也不大，可以根据车站所在地气候特点考虑雨篷的设置长度。

6.1.7 旅客站台雨篷设置。

“铁路建筑接近限界”是站台雨篷设计的重要依据，站台雨篷任何部位侵入限界都将危及行车和旅客的安全。

无站台柱雨篷覆盖面大，在设计时除结构本身的问题外，还要考虑安全因素，所以本条规定铁路正线两侧不得设置无站台柱雨篷立柱，在顶棚设计上可以采用一些吸音材料，减少声音的反射，避免产生混响效果。另外还应考虑车体产生的烟气、噪声、振动，以及采光、排水、通风等一系列环境问题。

目前，特大型旅客车站主要为副省会级及以上车站，该类车站大多为始发终到车站，客流相对集中，为更好的体现旅客车站基本站台的客运功能，同时考虑到无站台柱雨棚工程设计的技术经济合理性，因此规定了特大型旅客车站基本站台，根据需要可设置无站台柱雨棚。

6.2 站场跨线设施

6.2.1 本条系根据《铁路车站及枢纽设计规范》GB 50091 制定。

6.2.2 近年来由于列车提速，车次增加，旅客进出地道、天桥人数也相应增多，原规范规定的地道、天桥的最小宽度已不能满足旅客流量变化和快速疏散的要求，故对原规范旅客车站地道、天桥最小宽度进行了修订。

6.2.3 旅客地道、天桥的出入口设计。

1 站台上疏导旅客进入、离开站台的能力取决于旅客地道和天桥的出入口的数量和宽度。由于地道和天桥的出入口的宽度受站台宽度的限制，为增加通过能力，应尽量设计为双向出入口，这对旅客人数较多的特大型、大型站尤为重要。

2 自动扶梯具有输送快捷、平稳、安全的性能，尤其符合客运专线对客流高效率通过的要求。故应在客流量较大的特大型、大型和部分中型旅客车站设置自动扶梯。

3 旅客地道出入口全部采用阶梯式，对行动不便人员形成障碍，故本条规定设双向出入口时，宜设阶梯和坡道各1处。由于天桥距站台面高度较大，如采用坡道代替阶梯，则会长度过大，所以本款规定只限于地道，不包括天桥。

4 客货共线铁路的行李、包裹地道通向站台出入口的坡道较长，为减少占用旅客站台，应设单向出入口。行李、包裹地道的主要通行车辆为行李包裹搬运车辆，每列行李包裹车辆宽度为1.7m，并列时车辆宽度为3.4m，上下行时如车辆间隙为0.5m，靠墙一侧的间隙为0.3m，因此行李、包裹地道出入口最小宽度为：3.4＋0.5＋0.3 × 2＝4.5m。当站台宽度受到限制时，行李、包裹地道可按单向通行设计，并在出入口处设置标明地道使用情况的警示通行标志。

6.2.4 地道、天桥的阶梯及坡道设计。

1 阶梯踏步高度定为不宜大于0.14m，宽度不宜小于0.32m，有利于旅客在楼梯上平稳通行。

3 行李、包裹出入口坡道坡度为1∶12，既考虑了安全和经济的因素，也符合国际上采用的惯例。在坡道与主通道转弯处，为使车辆便于上、下坡，避免碰撞，自起坡点至主通道需要一段水平距离，按3辆行李拖车计，每辆车长3.25m，加牵引车总长约为11m，所以规定该段水平距离为10m可满足使用要求。

6.4 检 票 口

6.4.1 设置足够数量的检票口是快速疏导客流的重要环节。规定检票口的最少设置数量是结合现状调查，以计算结果为依据，并适当预留高峰期和发展备用而考虑的。检票口的设置数量系根据以下计算确定：

有始发车业务的车站其检票口的数量按每列车编组14节1200人计，其中普通旅客进站按90％计算，出站按100％计算。

每个进站检票口通过能力按1800人/h计（每分钟每个口的通过能力30人）。

进站检票计算时间取15min。

预留备用进站检票口数：中、小型站各2个；大型站3个；特大型站4个。

计算如下：

现以最高聚集人数为例：

1）最高聚集人数等于或大于8000人的站房进站检票口最少数量：

始发车时一列车人数：1200×90％＝1080(人)

一列车人同时进站需要检票口数：1080÷30÷15＝2.4，需要3个检票口。

有始发业务的车站当最高聚集人数达到8000人时，需要候车室数量：8000÷1080＝7.4，需要8个候车室。

检票口最少设置数量：3×8＝24(个)

2）最高聚集人数4000～7000人的站房需要候车室数量：

4000÷1080＝3.7，需要4个候车室。

7000÷1080＝6.5，需要7个候车室。

检票口最少数量：3×4＝12(个)

3×7＝21(个)

3）最高聚集人数2000～3000人的站房需要候车室数量：

2000÷1080＝1.9，需要2个候车室。

3000÷1080＝2.8，需要3个候车室。

检票口最少数量：3×2＝6(个)

3×3＝9(个)

4）最高聚集人数1000～1800的站房需要候车室数量：

1000÷1080＝0.93，需要1个候车室。

1800÷1080＝1.7，需要2个候车室。

检票口最少数量：3×1＝3(个)

3×2＝6(个)

将原规范和现在修订的规范进站检票口设置数量进行对比（见表9、表10）：

表9 原规范进站检票口设置最少数量

最高聚集人数(人)	进站检票口(个)
≥8000	18
4000～7000	14
2000～3000	12
1000～1800	8

表10 现在修订规范进站检票口设置最少数量

最高聚集人数(人)	进站检票口(个)
≥8000	28
4000～7000	15～24
2000～3000	9～12
1000～1800	5～8

通过对比得知，特大型、大型站进站检票口需要量远大于原规范规定。

6.4.2 检票口采用柔性或可移动栏杆是出于安全方面的问题，在发生意外情况时，可迅速拆除和移动栏杆，形成疏散通道。

8 建 筑 设 备

8.1 给水、排水

8.1.1 本着经济适用的原则，对严寒地区特大型、大型站内的旅客用盥洗间作了宜设热水供应的规定。

8.2 采暖、通风和空气调节

8.2.2 《采暖通风与空气调节设计规范》GB 50019

中明确规定："位于严寒地区、寒冷地区的公共建筑和工业建筑，对经常开启的外门，且不设门斗和前室时，宜设置热空气幕"。因此本条对特大型和大型站的热风幕设置作了明确的规定。

站房建筑空间较高，门窗尺寸大，室内采暖设备布置数量与热负荷数值存在较大缺口，故本条规定中型站的候车室，如热负荷较大，可设热风幕以补充热量的不足。

8.2.3 特大型、大型站中的普通候车区，目前常设计为高架或高大空间的新型建筑，维护结构的热工性能指标较低，人员聚集，致使室内温度升高，而且盛夏的七、八月又是客运负荷的高峰，因此，客运部门和广大旅客迫切需要设置空调设备。为体现以人为本的原则，同时考虑到国家能源仍很紧张，财力有限，故本条对特大型、大型、中型站和国境（口岸）站人员聚集的候车区、售票厅作了宜设空气调节系统的明确规定。

8.2.4 舒适性空气调节的室内计算参数，主要是根据《采暖通风与空气调节设计规范》GB 50019 中的有关规定制定的。

8.2.6 本条为新增条文。置换通风是一种新的通风方式，与传统的混合通风方式相比较，室内工作区可得到较高的空气品质和舒适性，并具有较高的通风效率。传统的混合通风是以稀释原理为基础的，而置换通风以浮力控制为动力。传统的混合通风是以建筑空间为主，而置换通风是以人群为主。由此在通风动力源、通风技术措施、气流分布等方面及最终的通风效果发生了一系列变化，这也是一种节能的有效通风方式。

冷热源设计方案是空气调节设计的首要问题，应根据各城市供电、供热、供气的不同情况而确定。可采用空气源热泵、水源（地源）热泵。蓄冷（热）空气调节系统可均衡用电负荷，缩小峰谷用电差，经过技术经济比较，宜采用蓄冷（热）空气调节系统。

8.3 电气、照明

8.3.2 照明设计。

2 候车室、售票厅、集散厅、行李和包裹托取厅、包裹库等高大空间场所的一般照明采用高压钠灯、金属卤化物灯等高光强气体放电光源或混光光源，不仅节电而且照明效果好。由于节能型荧光灯的光电参数较白炽灯的光电参数提高了发光效率，因此，一般场所宜采用节能型荧光灯。

3 本条所列场所，其工作特点对照度要求较高，一般照明满足不了功能要求，需增设局部照明设备。例如，检票口、售票工作台等处，要求迅速无误地辨认票面最小文字，以提高工作效率，减少旅客等候时间，所以需具有良好的照明。

4 本条所列场所昼夜客流量差别较大，根据对特大型站照明使用的调查及从节能的角度出发，在不影响安全的前提下适当设置照明控制模式，节电效果显著。

5 根据对运营单位实际情况的调查，站台采用高压钠灯，由于点燃后呈现橙黄色，极易与黄色信号灯的颜色相混，特作出规定，以引起注意。

6 车站广场应根据广场面积和客流量情况设置照明。在广场面积大时，宜采用高杆照明，面积小时，宜采用灯杆照明。但无论采用何种形式均宜选用高强气体放电光源，以利节能。为维修方便，高杆灯宜采用升降式，灯杆宜采用折杆式。

8.4 旅客信息系统

8.4.4 特大型、大型旅客车站客运工作繁忙，各系统工作业务量大，随着计算机网络的发展，同时也为了适应旅客车站综合管理现代化的要求，迅速、准确地向旅客传达列车行车信息，站内应设通告显示网。旅客车站服务的基础是列车到发时刻，因此，列车到发通告系统主机可作为网络服务器，其他子系统实时共享网络服务器上的列车运行计划和到发时刻信息，并及时、准确通过子系统向旅客传达。

8.4.8 旅客车站信息系统机房相对较多，设置综合机房可节省房屋面积，同时也便于系统联网及运营维护管理。

中华人民共和国国家标准

工程测量基本术语标准

Standard for foundational terminology
of engineering survey

GB/T 50228—2011

主编部门：中 国 有 色 金 属 工 业 协 会
批准部门：中华人民共和国住房和城乡建设部
施行日期：2 0 1 2 年 6 月 1 日

中华人民共和国住房和城乡建设部
公　告

第1085号

关于发布国家标准《工程测量基本术语标准》的公告

现批准《工程测量基本术语标准》为国家标准，编号为GB/T 50228—2011，自2012年6月1日起实施。原《工程测量基本术语标准》GB/T 50228—96同时废止。

本标准由我部标准定额研究所组织中国计划出版社出版发行。

中华人民共和国住房和城乡建设部
二〇一一年七月二十六日

前　言

根据住房和城乡建设部《关于印发〈2008年工程建设标准规范制订、修订计划（第二批）〉的通知》（建标〔2008〕105号）的要求，标准编制组经广泛调查研究，认真总结实践经验，参考有关国际标准和国外先进标准，并在广泛征求修订意见的基础上，结合工程测量实际，对国家标准《工程测量基本术语标准》GB/T 50228—96进行了修订。

本标准的主要技术内容包括：总则，通用术语，控制测量，地形测量，线路测量，地下管线测量，施工测量，地下工程测量，变形监测，工程摄影测量，工程遥感，地理信息系统，常用仪器设备。

本标准修订的主要内容是：对近10余年来工程测量采用新技术、新方法中经常使用的新术语进行了补充和释义，摒弃了过时的老术语。主要内容有：保留原标准的第1、2、3、4、5、11章的章名和顺序不变；原标准的第6章和第7章分别变为第7章和第9章，第7章章名不变，第9章章名改为"9 变形监测"；将原标准的第8、9、10章合为一章即"10 工程摄影测量"；取消原标准的第12、13、14章，将需保留的相关内容并入其他章节中；新增"6 地下管线测量"、"8 地下工程测量"、"12 地理信息系统"、"13 常用仪器设备"四章。标准中增加了与GNSS、全站仪、数字成图、数字摄影测量工作站以及GIS相关的术语，删除了与三角测量、钢尺量距、手工成图、模拟法摄影测量有关的其他术语。

本标准由住房和城乡建设部负责管理，中国有色金属工业工程建设标准规范管理处负责日常管理，中国有色金属工业西安勘察设计研究院负责具体技术内容的解释。执行过程中如有意见或建议，请寄送主编单位（地址：西安市西影路46号，邮政编码：710054）。

本标准主编单位、参编单位、主要起草人和主要审查人：

主编单位： 中国有色金属工业西安勘察设计研究院

参编单位： 深圳市勘察测绘院有限公司
西安长庆科技工程有限责任公司
长沙科创岩土工程技术开发有限公司
北京国电华北电力工程有限公司
宁波冶金勘察设计研究股份有限公司
中国有色金属工业昆明勘察设计研究院
机械工业勘察设计研究院
中国电力工程顾问集团西北电力设计院

主要起草人： 郭渭明　牛卓立　王百发　何　军　王双龙　丁晓利　康　鑫　郝宝诚　丁吉锋　王季宁　郝埃俊　史华林　陈亚明

主要审查人： 严伯铎　陆学智　王长进　王占宏　王守彬　孙现申　过静珺　裴灼炎　花向红　鹿　罡

目　次

1　总则 ………………………………………… 1—20—6
2　通用术语 ……………………………………… 1—20—6
3　控制测量 ……………………………………… 1—20—7
3.1　一般术语 …………………………………… 1—20—7
3.2　测量基准 …………………………………… 1—20—7
3.3　平面控制测量 ……………………………… 1—20—9
3.4　卫星定位测量 ……………………………… 1—20—9
3.5　导线测量 …………………………………… 1—20—11
3.6　三角形网测量 ……………………………… 1—20—12
3.7　距离测量 …………………………………… 1—20—12
3.8　角度测量 …………………………………… 1—20—13
3.9　高程控制测量 ……………………………… 1—20—13
3.10　数据处理 ………………………………… 1—20—14
4　地形测量 ……………………………………… 1—20—16
4.1　一般术语 …………………………………… 1—20—16
4.2　图根控制测量 ……………………………… 1—20—17
4.3　地形测图 …………………………………… 1—20—17
4.4　水域测量 …………………………………… 1—20—18
5　线路测量 ……………………………………… 1—20—19
5.1　一般术语 …………………………………… 1—20—19
5.2　线路测设 …………………………………… 1—20—20
6　地下管线测量 ………………………………… 1—20—21
6.1　一般术语 …………………………………… 1—20—21
6.2　管线实地调查 ……………………………… 1—20—21
6.3　地下管线探测 ……………………………… 1—20—21
6.4　地下管线成图 ……………………………… 1—20—22
7　施工测量 ……………………………………… 1—20—22
7.1　一般术语 …………………………………… 1—20—22
7.2　施工控制网 ………………………………… 1—20—22
7.3　施工放样 …………………………………… 1—20—23
7.4　竣工测量 …………………………………… 1—20—23
7.5　设备安装及工业测量 ……………………… 1—20—24
8　地下工程测量 ………………………………… 1—20—24
8.1　一般术语 …………………………………… 1—20—24
8.2　联系测量 …………………………………… 1—20—25
8.3　贯通测量 …………………………………… 1—20—25
8.4　地下施工测量 ……………………………… 1—20—25
9　变形监测 ……………………………………… 1—20—26
9.1　一般术语 …………………………………… 1—20—26
9.2　变形监测控制网 …………………………… 1—20—26
9.3　变形监测内容 ……………………………… 1—20—27
9.4　变形监测方法 ……………………………… 1—20—27
9.5　变形分析 …………………………………… 1—20—28
10　工程摄影测量 ………………………………… 1—20—29
10.1　一般术语 ………………………………… 1—20—29
10.2　航空摄影 ………………………………… 1—20—29
10.3　摄影测量外业 …………………………… 1—20—30
10.4　空中三角测量 …………………………… 1—20—31
10.5　摄影测量成图 …………………………… 1—20—32
10.6　地面摄影测量 …………………………… 1—20—33
11　工程遥感 ……………………………………… 1—20—34
11.1　一般术语 ………………………………… 1—20—34
11.2　遥感图像处理 …………………………… 1—20—34
12　地理信息系统 ………………………………… 1—20—36
12.1　一般术语 ………………………………… 1—20—36
12.2　空间数据获取 …………………………… 1—20—36
12.3　空间数据处理与管理 …………………… 1—20—37
12.4　查询与分析 ……………………………… 1—20—37
12.5　数字地面模型 …………………………… 1—20—37
12.6　空间信息的可视化 ……………………… 1—20—38
13　常用仪器设备 ………………………………… 1—20—38
13.1　方向测量类 ……………………………… 1—20—38
13.2　长度测量类 ……………………………… 1—20—38
13.3　高差测量类 ……………………………… 1—20—38
13.4　三维测量类 ……………………………… 1—20—39
13.5　探测类 …………………………………… 1—20—39
13.6　摄影测量与遥感类 ……………………… 1—20—39
13.7　输入输出类 ……………………………… 1—20—39
13.8　附件部件类 ……………………………… 1—20—40
索引 ……………………………………………… 1—20—41
中文索引 ……………………………………… 1—20—41
英文索引 ……………………………………… 1—20—51
附：条文说明 …………………………………… 1—20—65

Contents

1 General provisions ······ 1—20—6
2 General terms ······ 1—20—6
3 Control survey ······ 1—20—7
3.1 General terms ······ 1—20—7
3.2 Survey datum ······ 1—20—7
3.3 Horizontal control survey ······ 1—20—9
3.4 Satellite positioning ······ 1—20—9
3.5 Traverse survey ······ 1—20—11
3.6 Triangular control network survey ······ 1—20—12
3.7 Distance measurement ······ 1—20—12
3.8 Angle observation ······ 1—20—13
3.9 Vertical control survey ······ 1—20—13
3.10 Data processing ······ 1—20—14
4 Topographic survey ······ 1—20—16
4.1 General terms ······ 1—20—16
4.2 Mapping control survey ······ 1—20—17
4.3 Topographic survey ······ 1—20—17
4.4 Topographic survey of water area ······ 1—20—18
5 Route survey ······ 1—20—19
5.1 General terms ······ 1—20—19
5.2 Route survey ······ 1—20—20
6 Underground pipeline survey ······ 1—20—21
6.1 General terms ······ 1—20—21
6.2 Pipeline site investigation ······ 1—20—21
6.3 Underground pipeline detection ······ 1—20—21
6.4 Underground pipeline mapping ······ 1—20—22
7 Construction survey ······ 1—20—22
7.1 General terms ······ 1—20—22
7.2 Construction control network ······ 1—20—22
7.3 Construction stake out ······ 1—20—23
7.4 As-built survey ······ 1—20—23
7.5 Equipment installed and industrial measurement ······ 1—20—24
8 Underground engineering survey ······ 1—20—24
8.1 General terms ······ 1—20—24
8.2 Connection survey ······ 1—20—25
8.3 Breakthrough survey ······ 1—20—25
8.4 Underground construction survey ······ 1—20—25
9 Deformation monitoring ······ 1—20—26
9.1 General terms ······ 1—20—26
9.2 Control network for deformation monitoring ······ 1—20—26
9.3 Items of deformation monitoring ······ 1—20—27
9.4 Methods of deformation monitoring ······ 1—20—27
9.5 Deformation analysis ······ 1—20—28
10 Engineering photogrammetry ······ 1—20—29
10.1 General terms ······ 1—20—29
10.2 Aerial photography ······ 1—20—29
10.3 Fieldwork of photogrammetry ······ 1—20—30
10.4 Aerotriangulation ······ 1—20—31
10.5 Photogrammetry mapping ······ 1—20—32
10.6 Terrestrial photogrammetry ······ 1—20—33
11 Engineering remote sensing ······ 1—20—34
11.1 General terms ······ 1—20—34
11.2 Remote sensing image processing ······ 1—20—34
12 Geographic information system ······ 1—20—36
12.1 General terms ······ 1—20—36
12.2 Spatial data capture ······ 1—20—36
12.3 Spatial data processing and management ······ 1—20—37
12.4 Query and analysis ······ 1—20—37
12.5 Digital terrain model ······ 1—20—37
12.6 Visualization of spatial information ······ 1—20—38
13 General instruments and equipments ······ 1—20—38
13.1 Direction measurement group ······ 1—20—38

13.2 Distance measurement group … 1—20—38
13.3 Height measurement group …… 1—20—38
13.4 Three-dimensional measurement group …… 1—20—39
13.5 Detection group …… 1—20—39
13.6 Photogrammetry and remote sensing group …… 1—20—39
13.7 Input and output group …… 1—20—39
13.8 Accessories group …… 1—20—40
Index …… 1—20—41
Chinese index …… 1—20—41
English index …… 1—20—51
Addition: Explanation of provisions …… 1—20—65

1 总　　则

1.0.1　为统一工程测量的术语及释义，实现专业术语的标准化，以利于国内外技术交流，促进工程测量事业的发展，制定本标准。

1.0.2　本标准适用于工程测量及其有关应用领域。

1.0.3　本标准规定的是工程测量基本术语，使用中若涉及其他专业的术语，除应符合本标准外，尚应符合国家现行有关标准的规定。

2 通 用 术 语

2.0.1　测绘学　surveying and mapping，geomatics

研究与地球有关的地理空间信息的采集、处理、显示、管理、利用的科学与技术。

2.0.2　工程测量学　engineering surveying

研究工程建设和自然资源开发中各个阶段进行的控制测量、地形测绘、施工测量、竣工测量、变形监测及建立相应信息系统的理论和技术的学科。

2.0.3　工程测量　engineering survey

工程建设和资源开发的勘察设计、施工和运营管理各阶段，应用测绘学的理论和技术进行的各种测量工作。

2.0.4　2000国家大地坐标系　China Geodetic Coordinate System 2000（CGCS2000）

由国家建立的高精度、动态、实用、统一的地心大地坐标系，其原点为包括海洋和大气的整个地球的质量中心。所采用的地球椭球参数为：长半轴 $a=6378137\text{m}$，扁率 $f=1/298.257222101$，地心引力常数 $GM=3.986004418\times10^{14}\text{m}^3\cdot\text{s}^{-2}$，自转角速度 $\omega=7.292115\times10^{-5}\text{rad}\cdot\text{s}^{-1}$。

2.0.5　1980西安坐标系　Xi′an Geodetic Coordinate System 1980

采用1975国际椭球，以JYD1968.0系统为椭球定向基准，大地原点设在陕西省泾阳县永乐镇，采用多点定位所建立的大地坐标系。

2.0.6　1954北京坐标系　Beijing Geodetic Coordinate System 1954

将我国大地控制网与前苏联1942年普尔科沃大地坐标系相联结后建立的我国过渡性大地坐标系。

2.0.7　1984世界大地坐标系　World Geodetic System 1984（WGS—84）

美国军用大地坐标系统，坐标系定义和国际地球参考系统（ITRS）一致，大地测量基本常数为：$a=6378137\text{m}$，$GM=3.986004418\times10^{14}\text{m}^3\cdot\text{s}^{-2}$，$f=1/298.257223563$，$\omega=7.292115\times10^{-5}\text{rad}\cdot\text{s}^{-1}$。

2.0.8　1985国家高程基准　National Vertical Datum 1985

采用青岛水准原点和根据青岛验潮站1952年到1979年的验潮数据确定的黄海平均海水面所定义的高程基准。其水准原点起算高程为72.260m。

2.0.9　1956年黄海高程系　Huanghai Vertical Datum 1956

采用青岛水准原点和根据青岛验潮站从1950年到1956年的验潮数据确定的黄海平均海水面所定义的高程基准。

2.0.10　全球导航卫星系统　Global Navigation Satellite System（GNSS）

利用卫星信号实现全球导航定位系统的总称。

2.0.11　GPS定位系统　Global Positioning System（GPS）

美国建立的全球导航卫星定位系统。

2.0.12　GLONASS定位系统　Global Navigation Satellite System（GLONASS）

俄罗斯建立的全球导航卫星定位系统。

2.0.13　GALILEO定位系统　Galileo Positioning System

欧盟建立的全球导航卫星定位系统，简称伽利略定位系统。

2.0.14　北斗导航卫星系统　BeiDou（COMPASS）Navigation Satellite System

中国建立的全球导航卫星定位系统，简称北斗系统。

2.0.15　误差理论　theory of errors

研究测量误差的性质、传播规律、削弱误差影响，求最佳估值和计算误差影响的理论。

2.0.16　准确度　accuracy

在一定观测条件下，观测值相对其真值的偏离程度。

2.0.17　精密度　precision

在一定观测条件下，一组观测值与其数学期望值接近或离散的程度，也称内部符合精度。

2.0.18　精确度　exactness

评价观测成果优劣的准确度与精密度的总称。

2.0.19　误差　error

测量结果的偏差。

2.0.20　测量误差　observation error

测量过程中产生的各种误差总称。

2.0.21　真误差　true error

观测值与其真值之差。

2.0.22　偶然误差　accident error，random error

在一定观测条件下的一系列观测值中，其误差大小、正负号不定，但符合一定统计规律的测量误差，也称随机误差。

2.0.23　系统误差　systematic error

在一定观测条件下的一系列观测值中，其误差大小、正负号均保持不变或按一定规律变化的测量误差。

2.0.24 中误差 root mean square error (RMSE)

带权残差平方和的平均数的平方根，作为在一定的条件下衡量测量精度的一种数值指标。

2.0.25 标准差 standard deviation

真误差平方和的平均数的平方根，作为在一定条件下衡量测量精度的一种数值指标。

2.0.26 限差 tolerance

在一定观测条件下规定的测量误差的限值。

2.0.27 极限误差 limit error

在一定观测条件下测量误差的绝对值不应超过的最大值。

2.0.28 粗差 gross error

超过极限误差的测量误差。

2.0.29 绝对误差 absolute error

测量值对准确值偏离的绝对大小。

2.0.30 相对误差 relative error

测量误差的绝对值与其相应的测量值之比。

2.0.31 相对中误差 relative root mean square error

观测值中误差与相应观测值之比。

2.0.32 点位误差 position error

点的测量最或然位置与真位置之差。

2.0.33 置信度 confidence

根据来自母体的一组子样（即观测值），对表征母体的参数进行估计的统计可信程度。

2.0.34 可靠性 reliability

衡量平差系统中发现、剔除粗差的能力和方法的可靠程度。

3 控制测量

3.1 一般术语

3.1.1 控制测量 control survey

为特定目的建立区域测量控制网的技术。包括平面控制测量、高程控制测量和三维控制测量。

3.1.2 测量控制网 surveying control network

由控制点以一定几何图形所构成的具有一定可靠性的网，简称控制网。

3.1.3 自由网 free network with rank deficiency

不受起算数据误差影响的测量控制网。

3.1.4 独立网 independent control network

只有必要起算数据的测量控制网。

3.1.5 加密网 densified control network

在高等级测量控制网中，为增加控制点的密度而布设的测量控制网。

3.1.6 结点网 network with junction points

具有一个或多个结点的测量控制网。

3.1.7 控制点 control point

具有地面固定标志和坐标或高程数据且有起算功能的点。包括平面控制点和高程控制点。

3.1.8 结点 junction point

导线或水准路线相交处的控制点。

3.1.9 测量标志 surveying mark

标定地面控制点或观测目标位置，有明确中心或顶面位置的标石、觇标及其他标记的通称。

3.1.10 标石 markstone, monument

测量标志的一种。用混凝土或石料制成且顶面嵌有瓷质或金属标志，以标示控制点位置的永久性标志。

3.1.11 埋石 setting monument

将控制点的标石固定埋设在实地的过程。

3.1.12 点之记 description of station

记载控制点位置和结构等情况的资料。包括：点名、等级、点位略图及与周围固定地物的相关尺寸等。

3.1.13 多余观测 redundant observation

超过确定未知量所必需的观测数量的观测。

3.1.14 控制网优化设计 optimal design of control network

以一个或多个目标函数进行控制网择优的建网过程。

3.1.15 精度估算 precision estimation

以某一统计特征值作为尺度，对测量值、测量值的平差值、未知参数的平差值及其函数值的精度进行估计的过程和方法。

3.1.16 往返测 direct and reversed observation, forward and backward observation

在水准测量和距离测量中，由此点至彼点再由彼点至此点的测量过程。

3.1.17 照准误差 error of sighting

照准目标时所产生的误差。

3.1.18 视差 parallax

像平面与指标平面不重合所产生的读数或照准误差。

3.2 测量基准

3.2.1 铅垂线 plumb line

地球的重力方向线。

3.2.2 水准面 level surface

地球上重力位相等的曲面。

3.2.3 大地水准面 geoid

一个与静止的平均海水面密合并延伸到大陆内部的包围整个地球的封闭的重力等位面。

3.2.4 似大地水准面 quasigeoid

从地面点沿正常重力线量取正常高所得端点构成的封闭曲面。

3.2.5 测量平面直角坐标系 survey plane rectangular coordinate system

在平面上，两条相互垂直的直线组成坐标系。纵轴（即 X 轴）朝上为正向，横轴（即 Y 轴）朝右为正向。角度由纵轴起顺时针度量。

3.2.6 建筑坐标系 architecture coordinate system, building coordinate system

属测量平面直角坐标系的一种，其坐标轴与建筑物或建筑群的轴线相一致或平行。

3.2.7 假定坐标系 assumed coordinate system

属测量平面直角坐标系的一种，其纵坐标轴方向和原点值根据需要确定。

3.2.8 独立坐标系 independent coordinate system

相对独立于国家坐标系外的局部测量平面直角坐标系。

3.2.9 高斯-克吕格平面直角坐标系 Gauss-Krueger plane rectangular coordinate system

根据高斯-克吕格投影所建立的平面直角测量坐标系，各投影带的原点是该带中央子午线与赤道的交点，X 轴正方向为该带中央子午线北方向，Y 轴正方向为赤道东方向，简称高斯平面坐标系。

3.2.10 大地坐标系 geodetic coordinate system

以椭球中心为原点、起始子午面和赤道面为基准面的坐标系。包括地球坐标系、地心坐标系、地心空间直角坐标系、地心大地坐标系、参心坐标系、参心空间直角坐标系、参心大地坐标系等。

3.2.11 坐标转换 coordinate transformation

将某点的坐标从本坐标系换算到另一个坐标系的过程。

3.2.12 转换参数 conversion parameter, transformation parameter

建立不同坐标系统之间相互转换数学模型的相关参数。

3.2.13 平移参数 translation parameter

两坐标转换时，原坐标系原点在新坐标系中的坐标分量。

3.2.14 旋转参数 rotation parameter

两坐标转换时，把原坐标系中的各坐标轴左旋转到与新坐标系相应的坐标轴重合或平行时坐标系各轴依次转过的角度。

3.2.15 尺度参数 scale parameter

两坐标系转换时引入的两坐标系中长度变化参数。

3.2.16 高斯-克吕格投影 Gauss-Krueger projection

一种等角横切椭圆柱投影。其投影带中央子午线投影成直线且长度不变，赤道投影也为直线，并与中央子午线正交。

3.2.17 子午线 meridian

通过地面某点并包含地球南北极点的平面与地球椭球面的交线，也称子午圈。

3.2.18 中央子午线 central meridian

高斯投影中各投影带中央的子午线。

3.2.19 分带子午线 zone dividing meridian

分带投影中划分投影带的子午线。

3.2.20 任意中央子午线 arbitrary central meridian

选择的任意一条子午线为测区高斯投影的中央子午线。

3.2.21 高斯投影方向改正 arc-to-chord correction in Gauss projection, direction correction in Gauss projection

地球椭球面上两点间的大地线方向化算至高斯平面上相应两点间的直线方向所加的改正。

3.2.22 高斯投影距离改正 distance correction in Gauss projection

地球椭球面上两点间的大地线长度化算至高斯平面上相应两点间的直线距离所加的改正。

3.2.23 高斯投影长度变形 scale error of Gauss projection

高斯平面上无限接近的两点间之长度与相应两点在椭球面上长度之比减一。

3.2.24 高斯平面子午线收敛角 Gauss grid convergence

高斯投影平面上过一点平行于纵坐标轴的方向与过该点的大地子午线的投影曲线间的夹角。

3.2.25 高斯投影面 Gauss projection plane

按照高斯投影公式确定的地球椭球面的投影展开面。

3.2.26 测区平均高程面 mean height plane of survey area

以测区高程平均值计算的高程面。

3.2.27 抵偿高程面 compensation height plane, projection datum plane with compensation effect

为使地面点间的高斯投影长度改正与归算到基准面上的改正大致抵消而确定的长度归化高程面。

3.2.28 主施工高程面 main height plane of construction site

根据一个或多个建（构）筑物的设计标高而确定的长度归化高程面。

3.2.29 参考椭球 reference ellipsoid

一个国家或地区为处理测量成果而采用的一种与地球大小、形状最接近的地球椭球。

3.2.30 椭球长半轴 semimajor axis of ellipsoid

椭球子午椭圆的长半径，又称地球长半轴。

3.2.31 椭球短半轴 semiminor axis of ellipsoid

椭球子午椭圆的短半径，又称地球短半轴。

3.2.32 椭球扁率 flattening of ellipsoid

椭球长、短半轴之差与长半轴之比。

3.2.33 平均曲率半径 mean radius of curvature

椭球面上一点的子午圈曲率半径和卯酉圈曲率半径的几何平均值。

3.2.34 法截弧曲率半径 radius of curvature in a normal section

地球椭球体表面上某点至某一方向的法截弧在该点的曲率半径。

3.2.35 高程基准 height datum

由特定验潮站平均海水面确定的测量高程的起算面以及依据该面所决定的水准原点高程。

3.2.36 水准原点 leveling origin

国家高程控制网的起算点。

3.2.37 高程 height

地面点至高程基准面的铅垂距离。

3.2.38 假定高程 assumed height

按假设的高程起算面所确定的测区起算点高程。

3.2.39 正常高 normal height

从正常椭球面出发，沿法线方向到正常位等于地面重力位的点的距离。

3.2.40 正高 orthometric height

地面点沿该点的重力线到大地水准面的距离。

3.2.41 大地水准面高 geoidal height

大地水准面至地球椭球面的垂直距离。

3.2.42 高程异常 height anomaly

似大地水准面至地球椭球面的高度。

3.2.43 大地高 geodetic height，ellipsoidal height

一点沿椭球法线到椭球面的距离。

3.3 平面控制测量

3.3.1 平面控制测量 horizontal control survey

确定平面控制点坐标的技术。

3.3.2 平面控制网 horizontal control network

由相互联系的平面控制点所构成的测量控制网。

3.3.3 平面控制点 horizontal control point

具有平面坐标的控制点。

3.3.4 控制网选点 reconnaissance for control point selection

根据控制网设计方案和选点的技术要求，在实地选定控制点位置的过程。

3.3.5 测站 observation station

观测时安置测量仪器的位置。

3.3.6 照准点 sighting point

观测时测量仪器照准的目标点。

3.3.7 测量觇标 observation target

测量标志的一种。供观测照准目标用的设施。

3.3.8 观测墩 observation post，observation pillar

测量标志的一种。顶面有中心标志及同心装置、用作安置测量仪器或照准目标的设施。

3.3.9 强制对中 forced centring，forced centration

采用测量标志附带的一种装置，使仪器或觇牌的竖轴与点位中心位于同一铅垂线上的过程。

3.3.10 对中误差 centring error

安置仪器或觇标时，仪器中心或觇标中心与点位标志中心在水平面上投影的偏差。

3.3.11 测站归心 reduction to station center

通过量算来消除测站仪器中心与点位标志中心不在同一铅垂线上所引起的测量偏差的过程。

3.3.12 照准点归心 reduction to target center

通过量算来消除由于照准点目标中心和点位标志中心不在同一铅垂线上所引起的测量偏差的过程。

3.3.13 归心元素 element of centring

观测仪器中心或照准目标中心相对于其控制点标石中心偏差的偏心距、偏心角。

3.3.14 归心改正 reduction to centre

偏心观测时，将仪器（或觇标）中心归化至点位标志中心所进行的观测值改正。

3.3.15 测回 observation set

在外业测量时，按规定的观测方法所进行的一个完整的基本操作单元。

3.3.16 测回较差 difference between observation sets

同一测站同一观测目标的任意两个测回的观测值之差。

3.3.17 坐标增量 increment of coordinate

两点间矢量在坐标轴上的投影或两点之间的坐标值之差。

3.3.18 方位角 azimuth

通过测站的标准方向的北端与测线间顺时针方向的水平夹角。

3.3.19 坐标方位角 coordinate azimuth

坐标系的正纵轴与测线间顺时针方向的水平夹角。

3.3.20 平均边长 mean side length

平面控制网中各边长度的平均值。

3.3.21 标称精度 nominal accuracy

仪器出厂时，标明的精度指标。

3.3.22 固定误差 fixed error

与观测值大小无关，有固定数值的误差。

3.3.23 比例误差 scale error

与观测值大小成比例的误差。

3.4 卫星定位测量

3.4.1 卫星定位测量 satellite positioning

利用两台或两台以上卫星定位接收机同时接收多颗导航定位卫星信号，确定地面点相对位置的技术。

3.4.2 GPS测量 GPS survey

卫星定位测量的一种。特指利用美国全球导航卫星定位系统所进行的测量。

3.4.3 卫星定位测量控制网 satellite positioning

control network

由卫星定位测量基线组成的测量控制网。

3.4.4 GPS控制网 GPS control network

由GPS基线组成的测量控制网。

3.4.5 载波相位测量 carrier phase measurement

测定卫星发播的载波信号与由卫星定位接收机产生的本振信号之间相位差的技术和方法。

3.4.6 差分GPS differential GPS

通过在固定测站和流动测站上同步观测，利用在固定测站上所获取的定位改正数据对流动测站的观测值进行修正的定位方法。

3.4.7 绝对定位 point positioning，absolute positioning

利用单台卫星定位接收机的观测数据确定观测点位置的定位方法，又称单点定位。

3.4.8 相对定位 relative positioning

确定同步观测卫星定位接收机之间相对位置的定位方法。

3.4.9 静态相对定位 static relative positioning

通过在两个或两个以上测站上对多颗导航定位卫星进行一定时间连续同步观测的相对定位。

3.4.10 快速静态相对定位 fast static relative positioning

在已知点固定一台卫星定位接收机连续观测，另一台卫星定位接收机在待定点观测数分钟，利用快速整周模糊度解算原理的相对定位。

3.4.11 后差分动态相对定位 kinematic relative positioning

利用差分原理，事后对流动站数据进行处理，确定流动站卫星定位接收机天线实际移动轨迹的测量，简称动态定位。

3.4.12 实时动态相对定位 real time kinematic relative positioning（RTK）

根据载波相位差分原理，利用无线电通信技术将参考站差分数据传输给流动站卫星定位接收机，通过解算，确定流动站卫星定位接收机天线实时移动轨迹的相对定位，简称实时动态测量或RTK测量。

3.4.13 连续运行参考站 continuously operating reference station（CORS）

以若干卫星定位参考站组成的网络为基础，利用现代通信技术，由数据处理中心为用户提供高精度实时定位和多种信息的综合服务系统。

3.4.14 GPS信号 GPS signal

GPS导航定位卫星所发送的调制有测距码和导航电文的载波信号。

3.4.15 测距码 ranging code

用于测定从导航定位卫星到卫星定位接收机天线之间距离的信号码。

3.4.16 粗码（C/A码） coarse/acquisition code（C/A code）

用于粗略测定从GPS卫星到卫星定位接收机天线之间距离及快速捕获精码的伪随机噪声码。

3.4.17 精码 precise code（P code）

用于精确测定从GPS卫星到卫星定位接收机天线之间距离的伪随机噪声码。

3.4.18 导航电文 navigation message

调制在载波上的数据码，包括卫星星历、时钟改正、电离层时延改正、工作状态信息及测距码等。

3.4.19 卫星星历 satellite ephemeris

导航定位卫星不同时刻空间位置的信息。

3.4.20 广播星历 broadcast ephemeris

导航定位卫星发播的预报卫星星历。

3.4.21 精密星历 precise ephemeris

由若干卫星跟踪站的观测数据经事后处理所算得的星历。

3.4.22 同步观测 simultaneous observation

两台及以上卫星定位接收机同时接收相同卫星信号的过程。

3.4.23 观测时段 observation session

测站上开始接收卫星信号并记录到停止接收，连续记录的时间间隔，简称时段。

3.4.24 历元 epoch

观测数据所对应的观测时刻。

3.4.25 天线高 antenna height

观测时卫星定位接收机天线平均相位中心到设站标志中心面的距离。

3.4.26 卫星高度角 satellite elevation angle

卫星定位接收机天线和卫星连线方向与测站水平面间的垂直角。

3.4.27 截止高度角 elevation mask angle

为了减少对流层折射对定位结果的影响所设定的观测最低的卫星高度角。

3.4.28 数据采样间隔 data sampling interval，epochs interval

相邻观测历元间的时间间隔。

3.4.29 精度因子 dilution of precision（DOP）

在卫星定位中描述测站与卫星的构形对定位精度影响的参数。

3.4.30 失锁 loss of lock

由于接收的卫星信号受到干扰或卫星定位接收机本身的原因，致使卫星定位接收机不能正常接收信号或使信号跟踪测量过程产生中断的现象。

3.4.31 多路径效应 multipath effect

直接进入天线的卫星信号和经地面反射物反射间接进入天线的卫星信号相干涉所引起的时延现象。

3.4.32 多路径误差 multipath error

多路径效应所引起的观测值偏离真值的误差。

3.4.33 GPS基线 GPS baseline

GPS相对定位中的观测边。

3.4.34 独立基线 independent baseline

特指可构成异步环的基线。

3.4.35 复测基线 repeating baseline

不同时段重复观测的基线。

3.4.36 单基线解算 single baseline solution

多台卫星定位接收机同步观测，每次仅取两台卫星定位接收机的观测数据，解算两个测站间基线向量的过程。

3.4.37 多基线解算 multiple baseline solution

N台卫星定位接收机（$N\geqslant3$）同步观测，选择$N-1$条独立基线，一并构成观测方程统一解算出$N-1$条基线向量的过程。

3.4.38 单差相位观测 single difference phase observation

在卫星定位中，两站对同一卫星相位观测值之差。

3.4.39 双差相位观测 double difference phase observation

在卫星定位中，两站对两颗卫星所做的单差相位观测值之差。

3.4.40 三差相位观测 triple difference phase observation

在卫星定位中，两站对两颗卫星在相邻历元所做的双差相位观测值之差。

3.4.41 整周模糊度 phase ambiguity，ambiguity of whole cycles

接收机开始跟踪卫星时，卫星载波信号在传播路线上未知的整周波长数。

3.4.42 周跳 cycle slip

载波相位观测中，因卫星信号失锁引起整周计数发生的跳变。

3.4.43 相位整周模糊度解算 phase ambiguity resolution

载波相位观测的数据处理中，求解整周模糊度的过程。

3.4.44 电离层折射改正 ionospheric refraction correction

对电磁波通过电离层时由于传播速度的变化以及传播路线弯曲所产生的折射误差的改正。

3.4.45 对流层折射改正 tropospheric refraction correction

对电磁波通过对流层时由于传播速度的变化以及传播路线弯曲所产生的折射误差的改正。

3.4.46 双差固定解 double difference fixed solution

通过双差相位观测值基线解算模式，所获得全部模糊度参数整数解的基线解算结果。

3.4.47 双差浮点解 double difference floating solution

通过双差相位观测值基线解算模式，仅能获得双差模糊度参数实数解的基线解算结果。

3.4.48 三差解 triple difference solution

通过三差相位观测值基线解算模式所获得的基线解算结果。

3.4.49 同步环 simultaneously observed baseline loop

三台或三台以上卫星定位接收机同步观测所获得的基线向量构成的闭合环，又称同步观测环。

3.4.50 异步环 independently observed baseline loop

同步环之外的所有闭合环，又称异步观测环。

3.4.51 无约束平差 unconstraint adjustment

不受任何起算数据（坐标、边长、方位角）误差影响，完全在观测值间进行的平差方法。

3.4.52 约束平差 constraint adjustment

以某些已知坐标、边长、方位或高程等作为约束条件的平差方法。

3.5 导线测量

3.5.1 导线测量 traverse survey

在地面上选定一系列的点依相邻次序构成折线，测量各线段的长度和转折角，根据起始数据确定各点平面位置的技术。

3.5.2 导线网 traverse network

由多条导线组合而成的平面控制网。

3.5.3 闭合导线 closed traverse

起止于同一个已知点（或导线点）的环形导线。

3.5.4 附合导线 connecting traverse

起止于两个已知点间的单一导线。

3.5.5 支导线 open traverse

由已知点出发不闭合本已知点，也不附合于其他已知点的单一导线。

3.5.6 无定向导线 traverse without initial azimuth

起止于两个已知点间，无直接起算方位的单一导线。

3.5.7 导线点 traverse point

用导线测量方法测定的控制点。

3.5.8 导线边 traverse leg

导线测量的观测边。

3.5.9 导线折角 traverse angle

导线测量的观测水平角。

3.5.10 导线角度闭合差 angular closing error of traverse，angular misclosure of traverse

闭合或附合导线的水平角观测值总和与其理论值（或应有值）的差值，是衡量导线观测精度的主要指标之一。

3.5.11 导线全长闭合差 total length closing error of traverse，misclosure of traverse

由导线的起点推算至终点，终点的推算位置与原有的已知位置之差。

3.5.12 导线全长相对闭合差 relative total length closing error of traverse

导线全长闭合差与导线全长的比值，是衡量导线精度的主要指标之一。

3.5.13 导线纵向误差 longitudinal error of traverse

导线的位移误差在导线起点和终点连线方向上的分量。

3.5.14 导线横向误差 lateral error of traverse

导线的位移误差在垂直于导线起点和终点连线方向上的分量。

3.6 三角形网测量

3.6.1 三角形网测量 triangular control network survey

通过测定三角形网中各三角形的顶点水平角、边的长度，来确定控制点平面位置的技术，是三角测量、三边测量和边角网测量的统称。

3.6.2 三角形网 triangular network

由三角形相互连接的点所组成的、观测元素为水平角和距离的平面控制网。

3.6.3 三角点 triangulation point

采用三角形网测量方法测定的控制点。

3.6.4 三角形闭合差 closing error of triangle, angular misclosure of triangle

三角形三内角观测值之和与180°加球面角超之差。

3.6.5 菲列罗公式 Ferrero's formula

在三角形网测量中，通过三角形闭合差（W）估算测角中误差（m）的一种公式，即：

$$m=\pm\sqrt{\frac{[WW]}{3n}} \tag{3.6.5}$$

式中：n——三角形个数。

3.6.6 圆周角条件 condition for closing central angles

中点多边形中心点圆周角值之和等于360°的条件。

3.6.7 固定角条件 condition for fixing angle

在高等级三角点上观测低等级三角形网时，观测两个以上高等级边方向，各观测角之和等于高等级边之间固定夹角的条件。

3.6.8 方位角条件 azimuthal condition

从一边的已知方位角开始，经相关观测方向或角度推算至另一边的方位角，其推算值与相应已知值相等的条件。

3.6.9 角-极条件 angular polar condition

在多边形中以某点为极点，由任意边出发经有关的观测方向或角度推算至原出发边，其边长值相等的条件。

3.6.10 边（基线）条件 side（baseline）condition

在三角形网中由一个边开始推算至另一边时，其推算值等于已知值所产生的条件。

3.6.11 边-角条件 side-angle condition

三角形中一个角的观测值与由三个边长观测值计算得的角值应相等所产生的条件。

3.6.12 边-极条件 side polar condition

对于三边测量中的某个极点，由三个边长观测值计算得的多个角值之代数和为360°或0°的条件。

3.6.13 坐标条件 coordinate condition

从某一个已知点出发，经过有关观测值计算出另一点的坐标，其推算值等于相应点已知值的条件。

3.7 距离测量

3.7.1 距离测量 distance measurement

确定两点间长度的技术与方法。

3.7.2 电磁波测距 electromagnetic distance measurement（EDM）

以电磁波在两点间往返的传播时间确定两点间距离的测量方法。

3.7.3 相位法测距 method of distance measurement by phase

根据调制波往返于被测距离上的相位差，间接确定距离的方法。

3.7.4 脉冲法测距 method of distance measurement by impulse

根据测量脉冲时间延迟，确定距离的方法。

3.7.5 激光测距 laser distance measurement

以激光为载波，采用脉冲法或相位法确定两点间距离的方法。

3.7.6 红外测距 infrared distance measurement

以红外光为载波，以相位法或脉冲相位法确定两点间距离的方法。

3.7.7 测程 maximum range of EDMI

在规定的大气能见度和棱镜组合个数的条件下，满足仪器标称精度时电磁波测距仪所能测量的最大距离。

3.7.8 加常数 addition constant

由于发光管的发射面与仪器中心的偏差、等效反射面与反光镜中心的偏差以及内光路信号延迟产生的距离偏差，共同对距离测量值所产生的固定改正数。

3.7.9 乘常数 multiplication constant

对精测频率进行修正的距离改正因子。

3.7.10 大气改正 atmospheric correction

测距仪设计的参考气象条件下的折射率与测量时的大气折射率不等而引起的距离改正，又称气象改正。

3.7.11 钢尺量距 distance measurement with steel

tape

采用宽度（10～20）mm、厚度（0.1～0.4）mm薄钢带制成的带状尺测量距离的方法。

3.7.12 尺长改正 correction for nominal length of tape

钢尺在标准温度、标准拉力引张下的长度与标称长度的差值所引起的长度改正。

3.7.13 倾斜改正 correction for slope

将倾斜距离换算成水平距离所加的改正。

3.7.14 温度改正 correction for temperature

钢尺量距时的温度和标准温度不同引起的尺长变化所进行的距离改正。

3.7.15 测距误差 distance measurement error

距离的测量值与真值之差。

3.7.16 测距中误差 root mean square error of distance measurement

距离测量的一种精度指标，对一段距离进行多次测量，按中误差计算公式计算的距离中误差。

3.8 角度测量

3.8.1 水平角 horizontal angle

测站点至两个观测目标方向线垂直投影在水平面上的夹角。

3.8.2 方向观测法 method of direction observation

在测站上正镜对顺时针排列的1至n个观测目标逐次照准和读数，再倒镜按n至1的次序照准和读数的观测方法。

3.8.3 全圆方向法 method of direction observation in rounds

在方向观测法的基础上，正镜和倒镜观测完最后一个方向后，再次照准初始方向的观测方法。

3.8.4 分组观测 observation in groups

把测站上所有方向分成若干组且组间要联测两个以上共同方向的观测方法。

3.8.5 正镜 telescope in normal position, face left position

照准目标时，经纬仪或全站仪的竖直度盘位于望远镜左侧，也称盘左。

3.8.6 倒镜 telescope in reversed position, face right position

照准目标时，经纬仪或全站仪的竖直度盘位于望远镜右侧，也称盘右。

3.8.7 度盘 circle

装在测角仪器上，刻有标志分划用以量测角度的部件。

3.8.8 光学度盘 optical circle

由光学玻璃刻制等间隔分划而成的度盘。

3.8.9 光栅度盘 incremental circle, incremental disk

用两光栅产生的莫尔条纹的亮度变化周期数作角度计量的度盘。

3.8.10 编码度盘 binary coded circle, binary coded disk

在光学玻璃上刻制同心等间隔的透光和不透光的白区和黑区，以获得二进制数变化的光电信号作角度计量的度盘。

3.8.11 度盘配置 arrangement value on circle, setting circle

为消减度盘刻划误差，使各测回零方向均匀分布在度盘和测微器上的操作。

3.8.12 归零差 misclosure of round

全圆方向法中，半测回开始与结束两次照准起始方向，其观测值之差。

3.8.13 二倍照准差 discrepancy between twice collimation error, misclosure between face left and face right readings

方向观测时，同一水平目标正、倒镜观测值的差值与180°之差，又称2C。

3.8.14 二倍照准差互差 difference of the discrepancy between twice collimation errors, 2C mutual deviation

水平角观测时，同一测回内各方向二倍照准差的较差，又称2C互差。

3.8.15 旁折光（差） lateral refraction

在不同的大气密度条件下，光线在水平方向产生的折射。

3.8.16 测角中误差 root mean square error of angle observation

根据角条件闭合差或观测值改正数计算的角度观测值中误差，是衡量水平角或水平方向观测精度的一个重要指标。

3.9 高程控制测量

3.9.1 高程控制测量 vertical control survey

确定高程控制点高程值的技术。

3.9.2 水准测量 leveling

用水准仪和水准尺测定两点间高差的方法。

3.9.3 三角高程测量 trigonometric leveling

通过两点间的距离和垂直角（或天顶距），利用三角公式推求其高差，确定待定点高程的技术和方法。

3.9.4 电磁波测距三角高程测量 EDM-trigonometric leveling

采用电磁波测距仪直接测定两点间距离的三角高程测量。

3.9.5 GPS高程测量 GPS leveling

采用GPS测量技术确定地面点高程的方法。

3.9.6 精密水准测量 precise leveling

观测精度每千米高差全中误差小于或等于 2mm 的水准测量。

3.9.7 跨河水准测量 cross-river leveling

为跨越超过一般水准测量视线长度的江河（或湖塘、沟壑、洼地、山谷等），采用特殊的测量方法测定两端高差的水准测量。

3.9.8 高程控制网 vertical control network

由相互联系的高程控制点所构成的测量控制网。

3.9.9 水准网 leveling network

由一系列水准点组成多条水准路线而构成的带有结点的高程控制网。

3.9.10 三角高程网 trigonometric leveling network

由三角高程测量边所构成的高程控制网。

3.9.11 高程控制点 vertical control point

具有等级高程值的控制点。

3.9.12 水准点 bench mark

用水准测量方法测定的高程控制点。

3.9.13 墙水准点 benchmark built in wall

标志镶嵌在坚固建筑物外墙壁的水准点。

3.9.14 水准路线 leveling line，leveling route

水准测量外业观测所经过的路线。

3.9.15 附合水准路线 annexed leveling line

起止于两个已知水准点间的水准路线。

3.9.16 闭合水准路线 closed leveling line

起止于同一已知水准点的封闭水准路线。

3.9.17 支水准路线 open leveling line

从一已知点出发，不闭合于该已知点也不附合于另一已知点的水准路线。

3.9.18 水准测段 segment of leveling line

分段观测时，相邻两水准点间的水准路线。

3.9.19 高差 elevation difference，level difference

同一高程系统中两点间的高程之差。

3.9.20 高差全中误差 total root mean square error of elevation difference

根据环线闭合差和相应环的水准路线周长而计算的中误差，也称水准测量每千米路线的高差全中误差。其表达式为：

$$M_W = \pm\sqrt{\frac{1}{N}\cdot\left[\frac{WW}{L}\right]} \qquad (3.9.20)$$

式中：M_W——高差全中误差（mm）；

W——闭合差（mm）；

N——水准环数；

L——相应环的水准路线周长（km）。

3.9.21 高差偶然中误差 accidental root mean square error of elevation difference

根据水准路线各测段往返高差不符值和测段长度而计算的中误差。其表达式为：

$$M_\Delta = \pm\sqrt{\frac{1}{4n}\cdot\left[\frac{\Delta\Delta}{L}\right]} \qquad (3.9.21)$$

式中：M_Δ——高差偶然中误差（mm）；

Δ——测段往返高差不符值（mm）；

n——测段数；

L——测段长度（km）。

3.9.22 垂直角 vertical angle

观测目标的方向线与水平面间的夹角，又称竖直角。

3.9.23 天顶距 zenith angle，zenith distance

测站点铅垂线的天顶方向至观测方向线间的夹角。

3.9.24 竖盘指标差 index error of vertical circle，vertical collimation error

当经纬仪、全站仪置平后，竖盘读数系统零位的偏差。

3.9.25 直反觇观测 reciprocal observation

两点间垂直角观测，由此点向彼点再由彼点向此点的观测过程。

3.9.26 地球曲率与折光差改正 correction on earth curvature and refraction

在三角高程测量中，为消除地球曲率对高差的影响和减弱测线受大气折射影响而产生的高差误差而作的改正，简称两差改正。

3.9.27 垂直折光系数 vertical refraction coefficient

地球曲率半径与视线通过大气层折射形成曲线的曲率半径之比。

3.10 数据处理

3.10.1 测量平差 survey adjustment，adjustment of observations

采用某种估计理论处理各种测量数据，求得测量值和参数的最佳估值，并进行精度计算的理论和方法。

3.10.2 最小二乘法 least square method

在满足 V^TPV 为最小的条件下，解算测量估值或参数估值，并进行精度计算的方法。其中 V 为残差向量，P 为权矩阵。

3.10.3 参数平差 parameter adjustment

借助测量值与待求参数间所建立的观测方程按最小二乘法求出待求参数和测量值的最佳估值并进行精度计算的平差方法，又称间接平差。

3.10.4 附条件参数平差 parameter adjustment with conditions

列入某些待求参数间的条件方程式的参数平差方法，又称附条件间接平差。

3.10.5 条件平差 condition adjustment

借助各测量值构成的几何条件、测量值与已知值之间构成的附合条件所建立的条件方程，按最小二乘法求出测量值的最佳估值并进行精度计算的平差方法。

3.10.6 附参数条件平差 condition adjustment with parameters

在条件平差的条件方程式中包括有未知参数的条件平差方法。

3.10.7 相关平差 adjustment of correlated observation

顾及观测值相关性的最小二乘平差方法。

3.10.8 秩亏平差 rank defect adjustment

解决法方程系数矩阵秩亏问题的一种平差方法。

3.10.9 拟稳平差 quasi-stable adjustment

将平差计算中的待定点分为非稳定点和相对稳定的拟稳点两类，由拟稳点确定平差基准的平差方法。

3.10.10 严密平差 rigorous adjustment

按照最小二乘法原理对观测值误差进行分配的一种计算方法。

3.10.11 近似平差 approximate adjustment

未严格按最小二乘法的要求对观测值误差进行处理的一种简化计算方法。

3.10.12 闭合差 closing error，misclosure

一系列测量函数的计算值与应有值之差，又称绝对闭合差。

3.10.13 相对闭合差 relative closing error

绝对闭合差与产生该闭合差的观测值或其函数累计值之比。

3.10.14 先验权 priori weight

平差前对观测值设定的权。

3.10.15 先验权中误差 root mean square error with priori weight

平差前对观测值设定权以后，根据中误差计算公式计算的观测值中误差。

3.10.16 权矩阵 weight matrix

方差—协方差矩阵的逆矩阵乘以单位权方差后的矩阵。

3.10.17 权逆阵 inverse of weight matrix

权矩阵的逆矩阵。

3.10.18 权函数 weight function

在求某量的权倒数时所列出的该量与平差未知数或观测值间的函数关系式。

3.10.19 权系数 weight coefficient

参数平差中为推导未知量的权倒数而引入的一组不定系数。

3.10.20 方差—协方差阵 variance-covariance matrix

由随机变量的方差为主对角线元素，以随机变量之间的协方差为非对角元素构成的对称方阵。

3.10.21 方差—协方差传播律 variance-covariance propagation law

由观测值的方差—协方差推求观测值函数的方差—协方差的规则。

3.10.22 权 weight

表示各观测值标准偏差平方之间比例关系的数字特征，是衡量观测值和其导出值相对可靠程度的指标。

3.10.23 单位权 unit weight

数值等于1的权。

3.10.24 单位权方差 variance of unit weight

权为1的观测值的方差，又称方差因子。

3.10.25 单位权中误差 root mean square error with unit weight

权等于1的观测值中误差。

3.10.26 平差值 adjustment value

测量平差所求得的观测值及待估参数的估值。

3.10.27 边长中误差 root mean square error of side length

测量控制网平差后边长精度的一种数值指标。由边长权函数、权系数或转换系数、单位权中误差计算而得。

3.10.28 边长相对中误差 relative root mean square error of side length

边长中误差与相应边长之比。

3.10.29 相邻点间相对中误差 relative root mean square error of adjacent points

平面控制网中两个相邻控制点间相对位置的中误差。

3.10.30 方位角中误差 root mean square error of azimuth

测量控制网平差后某一边方位角精度的一种数值指标。由边方位权函数、权系数或转换系数、单位权中误差计算而得。

3.10.31 坐标中误差 root mean square error of coordinate

测量控制网平差后某一点坐标分量精度的一种数值指标。由点坐标权函数、权系数或转换系数、单位权中误差计算而得。

3.10.32 点位中误差 root mean square error of a point

测量控制网平差后某一点点位精度的一种数值指标。在坐标中误差的基础上计算而得。

3.10.33 高程中误差 root mean square error of height

测量控制网平差后某一点高程精度的一种数值指标。由点的高程权函数、权系数或转换系数、单位权中误差计算而得。

3.10.34 最弱边 weakest side

在平面控制网中，平差后网中边长相对精度最低的观测边或推算边。

3.10.35 最弱点 weakest point

经平差后的测量控制网中，相对于起算点点位中误差最大的点。

3.10.36 误差曲线 curve of error

以点位误差极大值、极小值为参数描述待定点在各方向上误差分布规律的曲线。

3.10.37 误差椭圆 error ellipse

以点位误差极大值、极小值为长、短半轴的椭圆曲线。

3.10.38 相对误差椭圆 relative error ellipse

用任意两个待定点之间相对点位误差极大值和极小值为长、短半轴的椭圆曲线。

3.10.39 起始数据 initial data

测量中已有的不能更改的坐标、高程、边长、方位角等数据。

3.10.40 起始数据误差 initial data error

作为起算数据的坐标、边长、方位角和高程等误差的统称。

3.10.41 误差检验 error test

检查测量值误差的性质和分布情况的过程。

3.10.42 统计检验法 statistical testing method

用u检验、F检验、χ^2 检验、t检验等数理统计方法检验事件发生可靠性的方法。

3.10.43 相关分析 correlation analysis

研究现象之间是否存在某种依存关系，并对具体有依存关系的现象探讨其相关方向以及相关程度，是研究随机变量之间的相关关系的一种统计方法。

4 地 形 测 量

4.1 一 般 术 语

4.1.1 地形测量 topographic survey

按照一定的作业方法，对地物、地貌及其他地理要素进行测量并综合表达的技术。包括图根控制测量和地形测图。

4.1.2 地形图 topographic map

用符号、注记及等高线表示地物、地貌及其他地理要素平面位置和高程，并按一定比例绘制的正射投影图。

4.1.3 一般地区地形测图 topographic survey in general area

除城镇建筑区、工业厂区及水域地形测量区以外的地形测图。

4.1.4 城镇建筑区地形测图 topographic survey in urban area

镇以上城区或较大面积居民区的地形测图。

4.1.5 工厂现状图测量 present state survey of industrial site，as-built survey of industrial area

为运营管理、改扩建而进行的工业厂区地物地貌现状测量。

4.1.6 水域地形测量 underwater topographic survey

对近海、湖泊、江河、水库等水域进行的水底地形测量。

4.1.7 地形图修测 topographic map revision，topographic map renewing survey

根据现势地形对原有地形图上有变动的地物、地貌及其他地理要素进行修改和补充的测量。

4.1.8 汇水面积测量 catchment area survey

为满足工程需要，标定出河流、地表汇集雨水面积大小的测量工作。

4.1.9 大比例尺地形图 large scale topographic map

通常指比例尺为 1∶500、1∶1000、1∶2000、1∶5000的地形图，简称大比例尺图。

4.1.10 数字地形图 digital topographic map

将地形信息按一定的规则和方法采用计算机生成、存储及应用的地形图。

4.1.11 纸质地形图 paper topographic map

以纸张或聚酯薄膜为载体的地形图。

4.1.12 带状地形图 strip topographic map

一般用于线路工程，测区形状为长条状的地形图。

4.1.13 地形图原图 original map of topographic

用于数字化的原纸质地形图。

4.1.14 地形图比例尺 scale of topographic map

地形图上某一线段的长度与实地相应线段水平长度之比。

4.1.15 地形图图式 specification for topographic map symbols

对地形图上表示地物、地貌及其他地理要素符号的样式、规格、颜色、注记和图廓整饰等所作的统一规定。

4.1.16 直角坐标格网 rectangular grid

按一定的坐标间距，在地形图上绘制的正方形网格。

4.1.17 地形图分幅 subdivision of topographic map

将测区的地形图划分成规定尺寸的图幅。

4.1.18 正方形分幅 square mapsheet

按正方形划分的地形图图幅，通常是指（50×50）cm的图幅。

4.1.19 矩形分幅 rectangular mapsheet

按矩形划分的地形图图幅，通常是指（40×50）cm或（50×40）cm的图幅。

4.1.20 图廓 map border，neat line

地形图分幅的范围线。

4.1.21 图幅编号 sheet designation，sheet number

每幅地形图的代号。其编号方法通常采用图幅左下角坐标千米数编号法、自然序数编号法和行列编号法。

4.1.22 地形图分幅图 subdivision map

标明测区边界及各幅地形图图幅编号、位置关系的图件。

4.1.23 图幅接边 edge matching

相邻图幅边缘地形要素的衔接过程。

4.1.24 地形图要素 elements of topographic map

构成地形图的地理要素、数学要素和整饰要素的总称。

4.1.25 地形图编绘 compilation of topographic map

根据已有的地形图及相关资料，按照成图要求编制地形图的过程。

4.1.26 地形图数据库 data base of topographic map

利用计算机存储各种地形图要素的数据及其管理软件的集合。

4.2 图根控制测量

4.2.1 图根控制测量 mapping control survey

测定图根控制点平面位置和高程的测量工作。

4.2.2 图根导线测量 mapping traverse survey

采用导线测量的方法测定图根控制点平面位置的工作。

4.2.3 图根高程测量 mapping height control survey

测定图根控制点高程的测量工作。

4.2.4 图根水准测量 mapping control leveling

采用水准测量的方法测定图根控制点高程的工作。

4.2.5 图根三角高程测量 mapping trigonometric leveling

采用三角高程测量的方法测定图根控制点高程的工作。

4.2.6 图根控制点 mapping control point

直接用于地形测图的控制点，简称图根点。

4.2.7 全站仪极坐标法 polar coordinate method with total station

在已知点上设置全站仪，观测待定点的水平方向和距离，从而确定其点位平面位置的方法。

4.2.8 交会点 intersection point

根据已知点采用交会法测定的点。

4.2.9 交会法 intersection method

根据两个以上已知点，用方向或距离交会，确定待定点坐标或高程的方法。

4.2.10 前方交会 intersection

在至少两个已知点上设站，分别对待定点进行水平角观测，确定待定点平面位置的方法。

4.2.11 后方交会 resection

在待定点上设站，对至少三个已知点进行水平角观测，确定待定点平面位置的方法。

4.2.12 侧方交会 side intersection

在一个已知点和待定点上设站，分别对另一个已知点进行水平角观测，确定待定点平面位置的方法。

4.2.13 边交会法 linear intersection

分别测量两个已知点至待定点的水平距离，确定待定点平面位置的方法。

4.2.14 边角交会法 linear-angular intersection

测量待定点与两个已知点间的夹角和其中一个已知点间的距离，确定待定点平面位置的方法。

4.3 地 形 测 图

4.3.1 全站仪测图 topographic survey with total station

使用全站仪采集地形数据信息，通过数据传输、处理、编辑，在计算机上制作数字地形图的过程。

4.3.2 GPS-RTK 测图 topographic survey with GPS-RTK

采用 GPS-RTK 技术采集地形数据信息，通过数据传输、处理、编辑，在计算机上制作数字地形图的过程。

4.3.3 平板测图 topographic survey with plane table

选用大平板仪或经纬仪视距配合展点器等仪器测绘纸质地形图的工作。

4.3.4 地形 landform，topography

地物和地貌的总称。

4.3.5 地物 ground object

地面上固定性物体的总称。包括人工建造的和自然形成的，如建筑物、构筑物、道路、江河、植被等。

4.3.6 地貌 land feature，topographic relief

地面上各种起伏形态的总称。

4.3.7 等高线 contour，contour line

地面上高程相等的相邻点所连成的闭合曲线。

4.3.8 首曲线 intermediate contour

高程值是等高距整倍数的等高线。

4.3.9 计曲线 index contour

为了便于读图，从高程基准面起，每隔四条（或三条）首曲线加粗的等高线。

4.3.10 等高距 contour interval

地形图上相邻首曲线间的高程差。

4.3.11 地性线 terrain line

地貌坡面变化的特征线。如山脊线、山谷线等。

4.3.12 示坡线 slope line

地形图中垂直于等高线且指示斜坡降落方向的短线。

4.3.13 点状符号 point symbol

用来表示可视为点的地物的符号，或不能依地形图比例尺绘示的地物的符号，也称为不依比例尺符号。

4.3.14 线状符号 line symbol

用来表示可视为线的地物的符号，符号的长度即为依地形图比例尺缩绘的地物长度，也称为半依比例尺符号。

4.3.15 面状符号 areal symbol

用来表示呈面状的地物的符号，符号的范围即为依地形图比例尺缩绘的地物轮廓，也称为依比例尺符号。

4.3.16 地形图注记 topographic map lettering

地形图上表示地物名称、意义、数量等属性的文字和数字的统称。

4.3.17 视线高程 elevation of sight on station

仪器视准轴中心的高程。即测站点的高程与仪器高度之和。

4.3.18 地形点 detail point，topographical point

地形图上被测定平面位置和高程的地物地貌点，又称为碎部点。

4.3.19 地物点 planimetric point

地形图中确定地物形状和位置的特征点。

4.3.20 地貌点 land feature point

在地貌测量时，表示地貌的特征点、变化点以及按规定间距的其他测点。

4.3.21 细部坐标点 detail point with coordinate

用解析方法测定的重要地物的特征点。

4.3.22 等高线插求点 interpolated point between contours

在地形图上，依点在两相邻等高线间的位置，按坡度比例确定其高程值的点。

4.3.23 高程注记点 elevation point with notes

地形图上标注有高程数据的地形点。

4.3.24 地形点间距 interval of topographical points

地形图测量中地形点之间的水平距离。

4.3.25 数据采集 data collection，data capture

获取地形数据信息的过程。

4.3.26 数据转换 data conversion

将数据从一种表示形式转变为另一种表示形式的过程。

4.3.27 图形元素 graphic element

数字制图中的点、线、面状要素。

4.3.28 识别码 identification code

用来识别地形图点、线、面基本元素特征的代码。

4.3.29 特征码 feature code

用来表示地形图要素的类别、级别等分类特征和其他质量、数量特征的代码。

4.3.30 数字图形处理 digital graphic processing

应用计算机对数字图形进行分析、分类、编辑、校正、更新、数据格式转换以及图形输出等工作。

4.3.31 人机交互处理 interactive processing

人通过一些控制装置，对机器输入必要的数据和命令，以对正在进行的程序或显示的图形进行操纵和控制的过程。

4.3.32 分层 layering

按照一定的规律，对地形图数据进行归类分组的过程。

4.3.33 曲线光滑 line smoothing

通过内插程序计算加密点，连接各相邻点而获得光滑曲线的过程。

4.3.34 数字化文件 digital file

特指对纸质地形图进行数字化所生成的文件。

4.3.35 扫描数字化 digitizing by scanning method

利用扫描仪将纸质地形图转换成栅格图数据的过程。

4.3.36 跟踪数字化 digitizing by tracing method

利用跟踪数字化仪或在计算机屏幕上，将纸质地形图或栅格图转换成矢量数据的方法。

4.3.37 数字线划图 digital line graphic (DLG)

用矢量数据结构表达地形要素的地形图。

4.3.38 数字栅格图 digital raster graphic (DRG)

用栅格数据结构表达地形要素的地形图。

4.3.39 数字高程模型 digital elevation model (DEM)

以规则或不规则格网点的高程值表达地表起伏的数据集。

4.3.40 数字正射影像图 digital orthophoto map (DOM)

经过正射投影改正的影像数据集。

4.3.41 数字影像地形图 digital orthophoto topographic map

以数字正射影像图（单色/彩色）为基础，叠加相关的数字地形图数据（栅格或矢量）而产生的复合数字地形图。

4.4 水 域 测 量

4.4.1 水下地形 underwater topography

海洋、湖泊、江河、港湾、水库等水体底面地形的总称。

4.4.2 水下地形测量 underwater topographic survey，bathymetric surveying

对水体覆盖下地物、地貌的测量工作。包括测深、定位、绘制地形图等。

4.4.3 等深线 depth contour，isobath

水深相等的相邻点所连成的闭合曲线。

4.4.4 等深距 isobath interval

相邻等深线间的深度差。

4.4.5 水下纵断面测量 underwater longitudinal-section survey

沿水流方向或平行于岸线测定断面上各点深度和距离的工作。

4.4.6 水下横断面测量 underwater cross-section survey

沿垂直于水流方向或岸线测定断面上各点深度和距离的工作。

4.4.7 扫测 sweeping survey

对一定水域范围内的水底地形与沉没物体或对某一深度中的障碍物进行全面探测的工作。

4.4.8 水位 water level

水域表面某一地点在某一时刻的高程。

4.4.9 验潮 tidal observation

在某一地点按一定的时间间隔对潮汐涨落所进行的观测。

4.4.10 水位曲线 curve of water level

反映水位随时间变化的曲线。

4.4.11 水尺 tide staff

测定水面涨落变化的标尺。

4.4.12 瞬时水位 instantaneous water level

测量作业时某一时刻的水面高程。

4.4.13 水深 sounding，depth of water

水底某点至水面的垂直距离。

4.4.14 水深测量 sounding，bathymetry

使用回声测深仪、测深杆、测深锤等测深仪器，测定水域中瞬时水面至水底各点的竖直距离。

4.4.15 测深精度 accuracy of sounding

水深测量的测深中误差。

4.4.16 回声测深 echo sounding

测量超声波在水体中发射和接收信号的往返时间，并根据超声波在水中的传播速度求取深度的方法。

4.4.17 测深仪回波信号 echo signal of sounder

回声测深仪记录的反映所测深度的连续信号。

4.4.18 测深点 sounding point

测定水深时所采集的具有深度和平面位置的点。

4.4.19 测深线 sounding line

测量船测深时，设计航线和实际航线的通称。

4.4.20 测深点间距 interval of sounding points，sounding point spacing

同一测线上相邻测深点之间的距离。

4.4.21 固定断面 fixed section

设定固定的断面线，在不同时期和不同水位进行重复测量的断面。

4.4.22 断面基线 baseline of section

用以布设断面的控制线，断面线一般垂直于断面基线。

4.4.23 断面间距 profile spacing

相邻断面间的距离。

4.4.24 定位标记 positioning mark

为使定位和测深同步而发送并记录在测深仪存储介质上的标记信号。

4.4.25 测深改正 correction of depth

对实测深度所进行的改正。

4.4.26 声速改正 correction of sounding velocity

水中实际声速与回声测深仪设计声速不等而引起对实测水深的改正。

4.4.27 换能器吃水改正 correction for transducer draft

换能器静态吃水和动态吃水改正的代数和。

4.4.28 动吃水改正 correction for transducer dynamic draft

对测量船在测量时因航速的变化引起船体的沉浮造成测深误差的改正。

4.4.29 测深定位 sounding positioning

采用卫星定位法、全站仪极坐标法、交会法等确定测深点平面位置的工作。

4.4.30 断面索法 section wire method，location by cross section with rope

用固定在岸边的索缆确定测深点的平面位置，同时测定水深的方法。

4.4.31 深度基准 depth datum

计算水深的起始面。

5 线路测量

5.1 一般术语

5.1.1 线路测量 route survey

为铁路、公路、渠道、输电线路、通信线路、管线及架空索道等线形工程所进行的测量。

5.1.2 铁路工程测量 railway engineering survey

为铁路工程的勘察、设计、施工、运营管理等阶段所进行的测量。

5.1.3 公路工程测量 road engineering survey

为公路工程的勘察、设计、施工、运营管理等阶段所进行的测量。

5.1.4 隧道工程测量 tunnel engineering survey

在隧道工程的勘察、设计、施工、运营管理等阶段所进行的测量。

5.1.5 桥梁工程测量 bridge engineering survey

在桥梁工程的勘察、设计、施工、运营管理等阶段所进行的测量。

5.1.6 管道工程测量 pipeline engineering survey

为各种管道工程的勘察、设计、施工、竣工验收、维修及运营管理所进行的测量。

5.1.7 架空送电线路测量 aerial power transmission route survey

为架空送电线路的勘察、设计、施工、运营管理等所进行的测量。

5.1.8 架空索道测量 aerial cableway survey

为架空索道的勘察、设计、施工、运营及维修等所进行的测量。

5.1.9 线路平面控制测量 route plane control survey

沿线路建立平面控制网的测量工作。

5.1.10 线路高程控制测量 route vertical control survey

沿线路建立高程控制网的测量工作。

5.1.11 线路水准测量 route leveling

在线路测量中，采用水准测量方法测定线路控制点高程、中桩点高程的测量工作。

5.1.12 站场现状图 present state map of station

综合反映站场工程建筑及其附属设施现状的平面图。

5.1.13 工点地形图 topographic map of construction site

为车站、修造厂、营运站、泵站、加热站、加压站、桥隧和站场等工程设计提供的局部地形图。

5.1.14 纸上定线 route location on topographic map

在地形图上确定线路中线位置的工作。

5.2 线 路 测 设

5.2.1 定线测量 alignment survey

将线路工程设计图纸上的线路位置测设于实地或在实地直接选定线路的测量工作。

5.2.2 中线测量 centerline survey

沿选定的中线测量转角，测设中桩，定出线路中线或实地选定线路中线平面位置的测量工作。

5.2.3 纵断面测量 profile survey，longitudinal section survey

测量线路中线方向地面上各点的起伏形态及平面配置的测量工作。

5.2.4 横断面测量 cross-section survey

测量中桩处垂直于线路中线方向地面上各点的起伏形态的测量工作。

5.2.5 纵断面图 profile diagram，longitudinal section profile

表示线路中线方向地面上各点的起伏形态及平面配置的剖面图。

5.2.6 横断面图 cross-section profile

表示中桩处垂直于线路中线方向的地面起伏的剖面图。

5.2.7 基平 benchmark leveling，route elevation survey

铁路工程的高程控制测量。

5.2.8 中平 centerline stake leveling

铁路中线上的百米桩、曲线桩、加桩和控制桩的高程测量，也称为中桩水准。

5.2.9 交点 intersection point

线路改变方向时，两相邻直线段的中线延长线相交的点，也称为转向点。

5.2.10 中桩 center stake

表示中线位置和线路形状，沿线路中线所设置的标有里程桩号的标志。

5.2.11 里程桩 chainage mark

用以标明线路上某点至起点距离的标志。

5.2.12 公里桩 kilometer stone

用以标明线路整千米里程的标志。

5.2.13 百米桩 hectometer stake

在公里桩之间，每隔整百米设置的桩位或标志。

5.2.14 直线桩 centerline peg on straight route

在线路的直线段，沿线路中线所设置的桩位或标志。

5.2.15 边桩 edge peg

表示边线位置，沿线路边线所设置的桩位或标志。

5.2.16 偏桩 offset peg

在线路中线两侧所设置的有累距和偏距等数据的桩位或标志。

5.2.17 断链 broken chain

因局部改线或分段测量等原因造成里程桩号不相衔接的现象。桩号重叠时称长链，桩号间断时称短链。

5.2.18 变坡点 point of change slope

在线路工程纵断面设计图上，两相邻的设计坡度线的交点。

5.2.19 平面曲线 horizontal curve

线路转向时所设置的曲线。包括圆曲线、缓和曲线和由这两种曲线组成的其他形状的平面曲线，简称平曲线。

5.2.20 缓和曲线 transition curve，easement curve

在直线与圆曲线、圆曲线与圆曲线之间设置的曲率半径连续渐变的曲线。

5.2.21 回头曲线 switch-back curve

线路在山坡上延展时采用的回转形曲线。

5.2.22 复曲线 compound curve

由两个或两个以上不同半径的同向圆曲线连接组成的曲线。

5.2.23 反向曲线 reversed curve

由两个相邻的、转向角相反的曲线连接组成的曲线。

5.2.24 竖曲线 vertical curve

在线路纵坡的变换处竖向设置的曲线。

5.2.25 曲线要素 element of curve

确定曲线形状的基本参数。

5.2.26 曲线测设 curve setting out，laying off curve

将设计线路的曲线放样于实地的工作。

5.2.27 平面曲线测设 horizontal curve setting out

将设计线路的平面曲线放样于实地的工作。

5.2.28 竖曲线测设 vertical curve setting out

将设计线路纵坡变换处的竖曲线放样于实地的工作。

5.2.29 坡度测设 grade location, setting out of grade

将线路设计坡度放样于实地的工作。

5.2.30 全站仪法测设 setting out with total station

采用全站仪极坐标法放样线路的方法。

5.2.31 GPS-RTK 法测设 setting out with GPS-RTK

采用 GPS-RTK 定位技术放样点位位置的方法。

6 地下管线测量

6.1 一般术语

6.1.1 地下管线测量 underground pipeline survey

确定已有地下管线空间位置、属性的全过程。

6.1.2 管线点 underground pipeline location mark

经地下管线探查确定的，用地面标志标示地下管线沿铅垂方向投影至地表面的点。

6.1.3 管线资料调查 underground pipeline information collecting

对已埋设的地下管线进行资料搜集，并分类整理、调绘编制现况调绘图，为野外探测作业提供参考和有关地下管线属性依据的过程。

6.1.4 地下管线信息系统 underground pipeline information system

在计算机硬件、软件、数据库和网络的支持下，利用 GIS 技术实现对地下管线及其附属设施的空间和属性信息进行输入、编辑、存储、查询统计、分析、维护更新和输出的计算机管理系统。

6.2 管线实地调查

6.2.1 管线实地调查 pipeline site investigation

实地核查地下管线及其附属设施的全过程。

6.2.2 管线特征点 special position of underground pipeline

管线起讫点、转折点、分支点、变径点、变材点、交叉点等的总称。

6.2.3 明显管线点 visible position of underground pipeline

能直接定位和量取有关数据的管线点。

6.2.4 隐蔽管线点 hidden position of underground pipeline

需采用专业仪器间接探测或直接开挖的管线点。

6.2.5 偏距 offset distance

管线点的标示点至地下管线地面投影线之间的距离。

6.2.6 地下管线附属设施 auxiliary facility of underground pipeline

与地下管线相关的各种配套设施及建（构）筑物等。

6.2.7 附属设施中心点 center of auxiliary facility

附属设施的几何中心位置。

6.2.8 起讫点 beginning and ending points

管线的起点和终点。

6.2.9 转折点 turning point

管线走向的变化点。

6.2.10 分支点 junction point

主管线与支管线的连接点。

6.2.11 变径点 diameter changed point

管线的管径变化点。

6.2.12 变材点 material changed point

管线的材质变化点。

6.2.13 交叉点 crisscross point

两条或两条以上管线空间交错位置投影在地面上的点。

6.2.14 入地点 point entered into ground

架空或地表管线进入地下的位置。

6.2.15 出地点 point emerged from ground

地下管线引出地面的位置。

6.2.16 管底标高 elevation of pipeline bottom

特指下水管道内径底部的高程。

6.2.17 管顶标高 elevation of pipeline top

地下管道外径顶部的高程。

6.2.18 管顶埋深 buried depth of pipeline top

地下管线外径顶部与地面间的垂直距离。

6.2.19 埋设年代 date of construction, date of as built

地下管线的铺设日期。

6.2.20 管线代号 symbol designating type of pipeline

代表不同种类管线的字符。

6.2.21 直埋电缆 buried cable, cut-cover cable

直接挖沟、敷设、回填埋入地下的电缆。

6.3 地下管线探测

6.3.1 建筑区管线探测 underground pipeline detection in urban

工业厂区或城镇建筑区的地下管线探测。

6.3.2 施工场地管线探测 underground pipeline detection in site before constructing

施工前期在工程施工区域内进行的地下管线探测。

6.3.3 探测仪发射功率 detecting power of detector

管线探测仪器发射机的输出功率。

6.3.4 物性差异 difference in physical properties of materials

不同物质之间物理性质的差异。

6.3.5 电磁感应法 method of electromagnetic induction

以电磁感应原理为基础的管线探测方法，简称电磁法。

6.3.6 被动源法 passive method

直接接收地下管线的感应磁场，依据电磁场的空间变化规律，确定地下金属管线位置的探测方法。

6.3.7 主动源法 active method

通过发射机发射足够强的某一频率的交变电磁场（一次场），用接收机探测被探测管线周围所产生的电磁场（二次场）来确定地下管线位置的探测方法。

6.3.8 夹钳法 clip method

利用管线仪配备的夹钳把信号直接加到管线上，用接收机接收信号进行追踪定位地下管线的探测方法。

6.3.9 电偶极感应法 electric dipole induction method

利用发射机两端接地产生的一次电磁场，探测金属管线感应产生的二次电磁场，确定金属管线位置的方法。

6.3.10 磁偶极感应法 magnetic dipole induction method

利用发射线圈产生的电磁场，在金属管线中感应电流所形成的电磁异常，通过探测仪接收进行地下管线定位的方法。

6.3.11 示踪电磁法 electromagnetic tracer method

将能发射电磁信号的示踪探头或导线送入地下非金属管道中，在地面探测非金属地下管线的走向及埋深的方法。

6.3.12 探地雷达法 ground penetrating radar method

根据高频电磁波在地下介质中的传播速度、介质对电磁波的吸收以及电磁波在介质分界面的反射等特点，利用雷达探测仪确定地下管线埋深及走向的方法。

6.4 地下管线成图

6.4.1 管线点平面位置中误差 root mean square error of pipeline horizontal position

在同一测区，复探管线点平面位置偏差的平方和与2倍复探点数之比的平方根。

6.4.2 管线点埋深探测中误差 root mean square error of pipeline depth measurement

在同一测区，复探管线点埋深较差的平方和与2倍复探点数之比的平方根。

6.4.3 综合地下管线图 comprehensive plan of underground pipeline

表示一个测区所有地下管线的位置、相对关系、高程及主要建（构）筑物的图件。

6.4.4 专业地下管线图 thematic plan of underground pipeline

表示一个类别所有地下管线及其附属设施的位置、相对关系、埋深及相关的主要建（构）筑物位置的图件。

6.4.5 管线断面图 section plan of pipeline

表示地下管线在某一截面上的分布、竖向关系以及管线与地面建（构）筑物间相互关系的辅助剖面图。

7 施工测量

7.1 一般术语

7.1.1 施工测量 construction survey

在工程施工阶段所进行的测量工作。主要包括施工控制测量、施工放样、竣工测量以及施工期间的变形监测。

7.1.2 安装测量 installation survey

为建筑构件或设备部件的安装所进行的测量工作。

7.1.3 结构安装测量 structure installation survey

为建筑工程中的结构安装所进行的测量工作。

7.1.4 建筑基础平面图 plan of construction foundation

表示建筑物的基础布置、轴线位置、基础尺寸等的设计图。

7.1.5 建筑结构平面图 plan of building structure

表示建筑物某一层墙、柱、梁、板的平面布置、轴线位置，各部分尺寸，连接方法等的设计图。

7.2 施工控制网

7.2.1 施工控制网 construction control network

为工程建设的施工而布设的测量控制网。

7.2.2 场区控制网 control network of project site

为大、中型建设项目施工区域独立布设的施工控制网。

7.2.3 建筑物施工控制网 building construction control network

为大型或重要建（构）筑物的细部放样而布设的施工控制网。

7.2.4 建筑方格网 building square grids

各边组成矩形或正方形且与拟建的建（构）筑物轴线平行的施工平面控制网。

7.2.5 建筑方格网主轴线 main axis of building

square grids

与主要建筑物轴线平行，作为建筑方格网定向及测设依据的轴线。

7.2.6 方格网点 point of building square grids

建筑方格网的各方格顶点。

7.2.7 建筑轴线测设 setting out of building axis

将设计图上表示墙或柱等位置的轴线测设到实地的工作。

7.3 施工放样

7.3.1 施工放样 setting out, staking-out

工程施工时，按照设计和施工要求，把设计的建筑物或构筑物的平面位置、高程测设到实地的测量工作。

7.3.2 建筑红线测量 property line survey, boundary survey

根据规划确定的建筑区域或建筑物的用地限制线，在实地测设并标示的测量工作。

7.3.3 面水准测量 grids leveling

为场地的平整，按网格进行的水准测量。

7.3.4 中心桩 peg of crossing centerline

建筑物放样时，表示墙、柱中心线交点位置的桩。

7.3.5 轴线控制桩 offset pegs of axis

建筑物定位后，在基槽外墙或柱列轴线延长线上，表示墙或柱列轴线位置的桩。

7.3.6 端点桩 pegs on extended centerline

建筑物柱子基础施工时，由基础中心线延长到建筑物平面控制网边上相交处所钉的桩。

7.3.7 立模测量 setted up formwork measurment

混凝土施工时，将模板分块的界限及模板位置放样到实地的测量工作。

7.3.8 填筑轮廓点测量 setting out of footing foundation peripheral points

根据设计图在实地放样填筑线位置的测量工作。

7.3.9 水库淹没线测设 marking level of reservoir flooded line

把设计淹没线的高程控制桩标定在实地的测量工作。

7.3.10 桥梁轴线测设 setting out of bridge axis

把桥梁的设计轴线（中心线）标定于实地的测量工作。

7.3.11 找平 marking level

用水准测量的方法确定某一设计标高的测量工作，又称抄平。

7.3.12 标高线 line of elevation

在建筑施工过程中，将已知高程引测到基础、柱基杯口或墙体上所作的标记线。

7.3.13 标高传递 elevation transfer

建筑施工时，根据下一层的标高值用测量仪器或钢尺测出另一层标高并作出标记的测量工作。

7.3.14 轴线投测 building axis transfer

将建（构）筑物轴线由基础引测到上层边缘或柱子上的测量工作。

7.3.15 龙门板 sight rail, batter board

在基槽外设置的表示建筑轴线位置的门形水平木板。

7.3.16 皮数杆 profile, height pole

标有砖的行数、门窗口、过梁、预留孔、木砖等的位置和尺寸的木尺。

7.3.17 垂直度测量 plumbing survey, verticality survey

确定建（构）筑物中心线偏离其铅垂线的距离及其方向的测量工作。

7.3.18 验线 checking of building line

对已测设于实地的建筑轴线的正确性及精度进行检测的过程。

7.3.19 角度交会法放点 setting out by angular intersection

根据已知角度值在至少两个已知控制点上，使用经纬仪或全站仪，将设计点位测设到实地的工作。

7.3.20 方向线交会法 method of direction line intersection

根据建筑方格网对边上两对对应截点，用经纬仪或细线交会测设所求点的定点方法。

7.3.21 自由测站法 free station

任意设站，根据边角后方交会原理，求得仪器中心的位置，进而测、设其他点位的测量方法。

7.4 竣工测量

7.4.1 竣工测量 as-built survey, acceptance survey

为获得各种建（构）筑物及地下管网等施工完成后的平面位置、高程及其他相关尺寸而进行的测量。

7.4.2 竣工总平面图 general as-built plan of project

根据竣工测量资料编绘的反映建（构）筑物、道路及管网等的实际平面位置、高程的图件。

7.4.3 专业管线图 thematic plan of pipelines

表示一个类别所有地上、地下管线及其附属设施的位置、相对关系、高程及相关的主要建（构）筑物位置的图件。

7.4.4 交通运输图 plan of transportation system

表示铁路、道路的位置、高程、附属设施及相关的主要建（构）筑物位置的图件。

7.4.5 动力管网图 plan of steam and gas piping

表示蒸气、煤气、压缩空气、氧气等管道系统的位置、高程、尺寸、管径、管材及相关的主要建（构）筑物位置的图件。

7.4.6 输电及通信线路图 plan of power transmission and telecommunication system

表示高（低）压输电线路、通信（网络）、广播、电视和控制信号线路的电杆（塔）、电缆、变电所、交换台、控制室等的位置、高程及相关的主要建（构）筑物位置的图件。

7.4.7 给排水管网图 plan of water supply and drainage piping

表示自来水管道、排水管道系统及其检查井、阀门、消火栓、水泵房、水塔、水池等的位置和高程及相关的主要建（构）筑物的图件。

7.4.8 综合管线图 comprehensive plan of pipelines

表示一个地区所有管线的位置、相对关系、高程及相关的主要建（构）筑物位置的图件。

7.4.9 检查井大样图 detailed map of manhole

表示检查井尺寸、井内管道和阀门的位置、管径、井台及井底标高的放大详图。

7.4.10 室内地坪标高 elevation of ground floor

建筑物竣工后，特指首层室内地面的高程值。

7.5 设备安装及工业测量

7.5.1 设备安装测量 equipment installation survey

为各种机械设备、机电设备、生产线等安装所进行的测量工作。

7.5.2 工业测量 industrial measurement

在工业生产和科研各环节中，应用测绘学的理论和技术为产品的设计、模拟、制造、安装、校准、质检、工作状态等进行的各种测量工作。

7.5.3 电子经纬仪工业测量系统 electronic theodolite industrial measurement system

由二台电子经纬仪、标准尺、联机作业的计算机以及相应软件组成的，对物面上的测点进行空间前方交会测量，并将数据处理后给出被测物形状、空间位置或数学模型的测量系统。

7.5.4 全站仪极坐标测量系统 total station polar coordinate measurement system

由全站仪和相应软件组成的用于精密工业测量的系统集成。

7.5.5 激光跟踪测量系统 laser tracking measurement system

由激光跟踪仪、控制器及其反射器组成的采用激光跟踪动态测量原理获取测量对象三维坐标的测量系统集成。

7.5.6 短边方位角传递 azimuth transfer by shorted sides

由测量控制网一个边的已知方位角，采用特殊的手段和方法，推求设备基准线方位角的过程。

7.5.7 角导线直瞄法 direct-sighting method of angular traverse

采用多台仪器同时作业，通过互相瞄准十字丝、内觇标或外觇标进行短边方位角传递的测量方法。

7.5.8 线条形觇标 survey target with parallel line pattern

工业测量中短边方位传递照准标志的一种，觇标图案是线条形。

7.5.9 楔形觇标 survey target with wedge shape pattern

工业测量中短边方位传递照准标志的一种，觇标图案是楔形。

7.5.10 圆形觇标 survey target with circular line pattern

工业测量中短边方位传递照准标志的一种，觇标图案是圆形。

7.5.11 互瞄内觇标法 method of mutual sighting of inner targets

工业测量中双测角装置间起始方向线的定向方法之一，即用两台电子经纬仪盘左盘右互瞄其望远镜的内觇标直接测定出定向参数的方法。

7.5.12 互瞄外觇标法 method of mutual sighting of outer targets

工业测量中双测角装置间起始方向线的定向方法之一，即用两台电子经纬仪盘左盘右互瞄其竖轴与外框交点上的外觇标直接测定出定向参数的方法。

7.5.13 系统定向 system orientation

确定两台或多台经纬仪等传感器在空间的姿态和位置关系的过程。

7.5.14 测站坐标系 station coordinate system

工业测量系统中使用的测量坐标系（精确互瞄法系统相对定向），即以某一测站为坐标系原点（0，0，0），该测站指向另一测站在水平面内的投影为 X 轴，Y 轴在水平面内垂直于 X 轴，再以右手准则确定 Z 轴。

7.5.15 设计坐标系 design coordinate system

描述工业产品上各点在设计系统中空间位置的任一三维坐标系。可根据需要而选定坐标原点和三轴系方向。

7.5.16 轴对准法生成坐标系 coordinate system defined with method of axis alignment

由空间不在一直线上的三个点 P_1（X_1，Y_1，Z_1），P_2（X_2，Y_2，Z_2），P_3（X_3，Y_3，Z_3），生成坐标 $P_1-X'Y'Z'$，使得在新坐标系中点 P_1，P_2，P_3 的坐标分别为 $P'_1(0,0,0)$，$P'_2(X'_2,0,0)$，$P'_3(X'_3,Y'_3,0)$，且 X'_2、X'_3 大于零，尺度保持不变，称为轴对准法生成坐标系。

8 地下工程测量

8.1 一般术语

8.1.1 地下工程测量 underground engineering survey

为矿山井巷、隧道、地铁、人防等地下建筑的施工、监测及运营管理所进行的测量工作。

8.1.2 矿山测量 mining survey

矿山建设时期和生产、运营管理时期的测量工作。

8.1.3 城市轨道交通工程测量 urban rail transit engineering survey

为地铁、轻轨、磁悬浮等城市轨道公共交通工程的设计、施工、监测及运营管理所进行的测量工作。

8.1.4 铺轨基标 track laying benchmark

线路轨道铺设所需的测量控制点。

8.2 联系测量

8.2.1 竖井联系测量 shaft connection survey

通过竖井将地面坐标系统和高程基准传递到地下的测量工作。

8.2.2 洞口联系测量 connection survey through tunnel entrance

通过平峒洞口将地面坐标系统和高程基准传递到地下的测量工作。

8.2.3 洞口掘进方向标定 marking direction for tunnel entrance excavation

为了隧道的掘进及洞内控制点的联测，将隧道中线方向标定在地面的工作。

8.2.4 近井点 control point near shaft

设置在井口附近，用以施测井口位置点、定向连接点以及指导井筒掘进的控制点。

8.2.5 竖井定向测量 shaft orientation survey

通过竖井将地面的平面坐标和方向传递到井下的测量。

8.2.6 定向连接点 connection point for orientation

竖井联系测量时，直接观测投点垂线的井上、井下测站点。

8.2.7 重锤投点 damping-bob for shaft plumbing

用重锤线将地面测点坐标通过竖井传递至井下定向水平面的过程。

8.2.8 激光投点 laser plumbing

用激光铅垂仪将地面测点坐标通过竖井传递至井下定向水平面的过程。

8.2.9 一井定向 one shaft orientation

通过一个竖井口进行的竖井定向测量。

8.2.10 定向连接测量 orientation connection survey

用几何图形（如直线、三角形、四边形）将投点线与地面和井下平面控制点连接起来的测量过程。

8.2.11 联系三角形法 connection triangle method

以井上、井下定向连接点和井筒内两投点线构成的上下两个三角形进行一井定向连接测量的方法。

8.2.12 瞄直法 sighting line method

在一井定向中，将井上、井下定向连接点设置在由两条投点线构成的铅垂面内的定向连接测量方法。

8.2.13 两井定向 two shafts orientation

在两个有巷道连通的竖井内各设置一条投点线，将地面控制点的坐标和方位角传递至井下的定向方法。

8.2.14 陀螺仪定向测量 gyrostatic orientation survey，gyrotheodolite orientation

用陀螺经纬仪测定某方向方位角的工作。

8.2.15 逆转点法 reversal points method，turning points method

用陀螺经纬仪跟踪观测指标线到达东西逆转点时度盘上的读数，确定陀螺子午线方向的一种定向方法。

8.2.16 陀螺方位角 gyro azimuth

从陀螺经纬仪子午线北端起顺时针至某方向线的水平夹角。

8.2.17 导入高程测量 induction height survey

将地面高程基准传递到井下水准点的测量工作。

8.3 贯通测量

8.3.1 贯通测量 breakthrough survey，holing through survey

对相向掘进隧道（井巷）或按要求掘进到一定地点与另一隧道（井巷）相连通所进行的测量工作。

8.3.2 贯通误差 error of breakthrough

隧道（井巷）贯通后，相向（或单向）掘进的施工中线在贯通面处的偏离值。包括纵向贯通误差、横向贯通误差和竖向贯通误差。

8.3.3 纵向贯通误差 longitudinal error of breakthrough

贯通误差在中线方向上的投影长度。

8.3.4 横向贯通误差 lateral error of breakthrough

贯通误差在垂直于中线的水平方向上的投影长度。

8.3.5 竖向贯通误差 vertical error of breakthrough

贯通误差在铅垂方向上的投影长度，即高程贯通误差。

8.4 地下施工测量

8.4.1 腰线测设 waist line marking，waist line survey

将平行于隧道（井巷）中线且约抬高1m的指示线，标定在两侧洞壁上的工作。

8.4.2 盾构施工测量 shield machine guidance survey

确定盾构姿态和推进方向的测量工作。

8.4.3 陀螺定向电磁波测距导线 gyrophic

EDM traverse

用陀螺经纬仪加测一部分导线边方位角的电磁波测距导线。

8.4.4 方向附合导线 direction-connecting traverse

无已知坐标附合，仅有已知方向进行附合的一种井下测量的导线。

8.4.5 顶板测点 roof station

设置在巷道顶板或巷道永久支护上部的控制点。

8.4.6 底板测点 floor station, bottom station

设置在巷道底板上的控制点。

8.4.7 点下对中 centring under point

在顶板测点下进行的测量仪器对中过程。

8.4.8 凿井施工测量 construction survey for shaft sinking

为保证竖井垂直度和断面按设计要求施工所进行的测量。

8.4.9 激光指向 laser guidance

用激光指向仪指示隧道（井巷）掘进的方向。

9 变形监测

9.1 一般术语

9.1.1 变形监测 deformation monitoring

对被监测对象的形状或位置变化进行监测，确定监测体随时间的变化特征，并进行变形分析的过程。

9.1.2 变形观测 deformation observation

对建（构）筑物和地表相对位置变化所进行的测量。

9.1.3 监测体 monitored body, deforming body

被监测对象本身（即被观测体）。

9.1.4 水平位移监测 horizontal displacement monitoring

测量监测体平面位置随时间的变化量，并结合相关影响因素进行变形分析的工作。

9.1.5 垂直位移监测 vertical displacement monitoring

测量监测体在垂直方向随时间的变化量，并结合相关影响因素进行变形分析的工作。

9.1.6 动态变形监测 dynamic deformation monitoring

对监测体在动荷载作用下产生的变形所进行的测量。

9.1.7 日照变形监测 sunshine deformation monitoring

对监测体因日光照射（或辐射）受热不均而产生的变形所进行的测量。

9.1.8 风振监测 wind loading deformation monitoring

对监测体受强风作用而产生的变形所进行的测量。

9.1.9 裂缝监测 crack monitoring, fissure monitoring

对监测体上裂缝的宽度、长度、走向及其变化等进行的测量。

9.1.10 结构健康监测 structural health monitoring

为检测建（构）筑物的结构损伤或老化等进行的测量、检测工作。

9.1.11 监测周期 monitoring period

相邻两次变形观测时间的间隔。

9.1.12 变形监测系统 deformation monitoring system

专门用于变形监测中的，具有数据采集、数据处理、数据分析、绘制相关变形曲线、生成报表等功能的硬件及软件系统。

9.2 变形监测控制网

9.2.1 变形监测基准网 deformation monitoring reference network

由基准点、校核基准点和工作基点组成的定期复测的测量控制网。

9.2.2 水平位移监测基准网 horizontal displacement monitoring reference network

为观测监测体的水平位移而建立的且按一定周期进行复测的平面控制网。

9.2.3 垂直位移监测基准网 vertical displacement monitoring reference network

为观测监测体的垂直位移而建立的且按一定周期进行复测的高程控制网。

9.2.4 变形监测网 deformation monitoring network

由基准点、工作基点、变形观测点组成的按一定周期对监测体进行重复观测而建立的观测网。

9.2.5 检测周期 observation period

对变形监测基准网复测时，相邻两次测量的时间间隔。

9.2.6 基准点 datum point

在变形测量中，作为测量工作基点及变形观测点起算依据的稳定可靠的控制点。

9.2.7 校核基准点 checking datum point

用于校核基准点或工作基点稳定性而特别建造的控制点。

9.2.8 工作基点 operating control point, working base point

作为直接测定变形观测点的比较稳定的控制点。

9.2.9 变形观测点 deformation observation point

设置在监测体上，能反映其变形特征的固定标志。

9.2.10 水平位移观测点 horizontal displacement

observation point

设置在监测体上，能反映其水平位移变化特征的固定标志。

9.2.11 沉降观测点 settlement observation point

设置在监测体上，能反映其垂直位移特征的固定标志。

9.2.12 深埋钢管标 deep buried steel-pipe bench-mark

以钢管制成，其底部埋在基岩中或稳定可靠的土层中，有保护套管与周围土层隔离的水准点。

9.2.13 深埋双金属标 deep buried bimetal bench-mark

用线膨胀系数不同的两根金属管，底部埋在基岩中或稳定可靠的土层中，用套管与周围土层隔离，能根据温度变化修正标志点高程的水准点。

9.3 变形监测内容

9.3.1 沉降观测 settlement observation

按周期对监测体上的沉降观测点的高程进行测量，以获取该点下降（或上升）变化量的测量工作。

9.3.2 建筑物沉降观测 building settlement observation

对建（构）筑物的垂直位移变化所进行周期性的观测工作。

9.3.3 场地地面沉降观测 field ground subsidence observation，field settlement observation

在建筑施工区域及其影响范围，为测定地面的下沉或隆起而进行的沉降观测。

9.3.4 分层沉降观测 stratified settlement observation

为研究、了解土体不同深度的沉降变化，在同一点位设置多层观测点，同时进行各层垂直位移测量的工作。

9.3.5 挠度测量 deflection survey

对建（构）筑物及其构件等受力后随时间产生的弯曲变形而进行的测量工作。

9.3.6 倾斜测量 oblique survey，tilt survey

对建（构）筑物中心线或其墙、柱等，在不同高度的点相对于其底部点的偏离大小、方向所进行的测量。

9.3.7 滑坡监测 landslide monitoring

对滑动的岩体或土体的位移大小、位移方向、滑动体周界等按周期进行的测量及变形分析工作。

9.3.8 土体测斜 soil body inclination check

使用测斜仪测量土（桩）体不同深度水平位移大小和方向的测量工作。

9.3.9 基坑回弹测量 rebound observation of foundation pit

在建（构）筑物的深基础开挖施工时，对基坑坑底的隆起范围和隆起量进行的测量工作。

9.3.10 边坡稳定性监测 slope deformation monitoring，slope stability monitoring

为测定各种人工和自然边坡稳定性所进行的变形监测。

9.3.11 大坝变形监测 dam deformation monitoring

对大坝的水平位移、垂直位移、挠度以及大坝结构等进行周期性测量，并进行变形分析的工作。

9.3.12 应力测量 stress measurement

在监测体内埋设应力计，获取其应力变化的测量工作。

9.3.13 地下水位观测 ground water level observation

为查明地下水表面水位高程的变化而进行的观测工作。

9.3.14 开挖沉陷观测 mining subsidence observation

对地下工程施工引起岩层移动和地表沉陷所进行的变形测量。

9.4 变形监测方法

9.4.1 小角度法 minor angle method，method of small angle measurement

在测站上测量视准线方向与位移点方向间的微小角度，以求得偏离值的一种测量方法。

9.4.2 经纬仪投点法 method of transit projection，theodolite projecting method

用经纬仪在两个正交的方向将建（构）筑物顶部的观测点投影到底部观测点的水平面上，以测定位移大小、位移方向及倾斜度的方法。

9.4.3 视准线法 collimating line method

以两固定点间经纬仪的视线作为基准线，测量变形观测点到基准线间的距离，确定偏离值的方法。

9.4.4 引张线法 method of tension wire alignment

在两固定点间，利用一根拉紧的金属丝作为基准线，测量变形观测点到基准线的距离，确定偏离值的方法。

9.4.5 正垂线法 method of direct plummet observation

在固定点下，以金属丝悬挂重锤作为竖向基准线，测量建（构）筑物不同高度处的观测点与基准线的距离，确定偏离值的方法。

9.4.6 倒垂线法 method of inverse plummet observation

以下端固定在变形体下基岩内，上端连接在油箱内的自由浮体上拉紧的金属丝作为竖向基准线，测量建（构）筑物不同高度处的观测点与基准线间的距离，确定偏离值的方法。

9.4.7 激光准直法 method of laser alignment

以激光发射系统发出的激光束作为基准线，在需要准直的点上放置激光束的接收装置，确定偏离值的方法。

9.4.8 精密准直 precise alignment

测定待测点偏离值精度达到毫米级或 10^{-5} 的一种准直测量方法。

9.4.9 精密垂准 precise plumbing

精确测定各观测点相对于铅垂线偏离值的一种垂直投影测量方法。

9.4.10 液体静力水准测量 hydrostatic leveling

用装有连通管的贮液容器，根据其液面等高原理制成的装置进行高差测量的方法。

9.4.11 卫星定位法测量 GNSS survey

利用卫星定位接收机并结合相关软件系统用快速获取监测体的变形数据的测量的方法。

9.4.12 三维激光扫描法测量 three-dimensional laser scanning survey

利用三维激光扫描仪按周期对监测体进行扫描，结合相关软件系统获取监测体的变形信息的测量的方法。

9.4.13 全站仪监测系统 total station monitoring system

采用具有智能识别功能的全站仪和专用软件，对监测体实现无人值守自动连续的进行数据采集、处理、分析、报警、图表输出等的技术系统。

9.4.14 测斜仪法 method of inclinometer

在预埋设的测斜管内，使用测斜仪按固定间隔读取数据，经数据处理获取不同深度的水平位移、方向等变形信息的方法。

9.5 变形分析

9.5.1 基准点稳定性分析 analysis of stability of datum point

对基准网点的变动量是否小于规定的稳定标准进行分析，以确定点位稳定性的过程。

9.5.2 变形分析 deformation analysis

根据变形观测资料，通过计算确定变形的大小和方向，分析变形值与变形因素的关系，找出变形规律和原因，判断变形的影响，并作出变形预报等工作。

9.5.3 变形因子 deformation factor

引起物体变形的因素，如荷载、时间等。

9.5.4 变形区 deformation area

受变形影响的范围。

9.5.5 几何物理分析 geometric and physical analysis

对变形观测结果进行变形的大小、方向、速度分析时，考虑内力、外力、地质条件、本身结构等对变形影响的综合分析。

9.5.6 变形预报 deformation forecast

根据已有观测数据建立数学模型，推算未来可能产生变形量的过程。

9.5.7 沉降量 amount of settlement, value of settlement

监测体在荷载及其他因素作用下产生的竖向位移值。

9.5.8 差异沉降 differential settlement

同一监测体上不同观测点在同一时间段的沉降量之差。

9.5.9 建筑物主体倾斜率 verticality of building main body

建筑物主体顶部观测点相对于底部观测点的偏移值与建筑物主体高度之比。

9.5.10 变形速率 deformation rate, deformation velocity

在单位时间内观测点水平或垂直位移变化的大小。

9.5.11 变形异常 abnormal deformation

观测点的变形量、变形速率、变化规律等偏离常规或与设计预期有较大差异的现象。

9.5.12 变形允许值 allowable deformation value

建（构）筑物能承受而不至于产生损害或影响正常使用的最大变形量。

9.5.13 预警值 prewarning value

在变形允许值范围内，根据监测体的变形敏感程度，以允许值一定比例计算的或直接给定的警示值。

9.5.14 位移量曲线图 chart of displacement value and time

根据变形观测结果绘制的以纵、横坐标表示位移量与时间关系的曲线图。

9.5.15 等位移量曲线图 equidisplacement value chart

根据建（构）筑物观测点的位置、点的累计变形量，用内插法绘制的具有等位移值的曲线图。

9.5.16 荷载、时间、位移量曲线图 time-load and time-displacement value chart

根据观测结果绘制的以纵、横坐标表示建（构）筑物单位面积的荷重与时间，位移量与时间关系的曲线图。

9.5.17 相邻影响曲线图 adjacent effect chart

表示建筑场地某一方向上，受建筑物垂直位移影响的不同距离与垂直位移量关系的曲线图。

9.5.18 变形观测点位置图 position chart of deformation observation points

绘有各观测点位置及被观测的建（构）筑物的大比例尺平面图。

9.5.19 开挖沉陷图 contour map of mining subsidence

以等值线形式表示因地下开挖引起地表沉陷状况

的图件。

10 工程摄影测量

10.1 一 般 术 语

10.1.1 工程摄影测量 engineering photogrammetry

工程建设领域的各种摄影测量工作。

10.1.2 航空摄影测量 aerial photogrammetry

从飞机等航空飞行器上采用航空摄影机获取地面影像所进行的摄影测量。

10.1.3 解析摄影测量 analytical photogrammetry

利用摄影与遥感手段获取像片或图像，根据像点与相应目标点间的数学关系，借助解析测图仪和计算机用数学解算方法进行的摄影测量。

10.1.4 数字摄影测量 digital photogrammetry

利用摄影与遥感手段获取数字影像或数字图形，根据像点与相应目标点间的数学关系，进行计算机处理的摄影测量。

10.1.5 大比例尺航空摄影测量 large-scale aerial photogrammetry

成图比例尺为1∶500、1∶1000、1∶2000、1∶5000的航空摄影测量。

10.1.6 近景摄影测量 close-range photogrammetry

对近距离目标物进行的摄影测量。

10.1.7 摄影测量坐标系 photogrammetric coordinate system

以某摄站为原点，横轴与航线方向一致，竖轴铅垂，向上为正，用于航空摄影测量的一种空间右手直角坐标系。

10.1.8 像平面坐标系 photo coordinate system

在像幅上，以像主点为原点，对应框标连线为X、Y轴，X轴与航线方向大体一致，用以描述像点平面位置的笛卡儿平面直角坐标系。

10.1.9 像空间坐标系 image space coordinate system

以摄影中心为原点，X、Y轴平行像平面坐标系的相应轴，Z轴与物镜主光轴重合，向上为正，用以描述像点在像方空间位置的空间右手直角坐标系。

10.1.10 物空间坐标系 object space coordinate system

描述地面点在物方空间位置的任一三维坐标系。

10.1.11 影像 image，imagery

拍摄对象留在胶片或数字存储介质上的记录和显示。

10.1.12 像点坐标 coordinate of image point

像点在像平面坐标系或像空间坐标系中的坐标。

10.1.13 同名像点 corresponding image points，homologous image points

同一目标点在不同像幅上的像点。

10.1.14 像主点 principal point of photograph

摄影物镜后节点在影像平面上的投影。

10.1.15 像底点 photo nadir point

通过摄影物镜后节点的铅垂线与影像平面的交点。

10.1.16 地底点 ground nadir point

像底点在地面上的相应点。

10.1.17 主合点 principal vanishing point

在主垂面内，由投影中心作地平面的平行线与像平面的交点。

10.1.18 几何立体模型 geometric stereo model，geometric stereoscopic model

立体观察一对重叠影像所得到被摄目标物三维形态的视模型。

10.1.19 正立体 orthostereoscopy

在满足立体观测的条件下，得出与目标物在凸凹、远近方面相同的立体视觉。

10.1.20 反立体 pseudostereoscopy

在满足立体观测的条件下，得出与目标物在凸凹、远近方面相反的立体视觉。

10.1.21 测标 measuring mark，mark

在摄影测量平台上，对像点和模型点进行观察和量测的标志。

10.2 航 空 摄 影

10.2.1 航空摄影 aerial photography

从飞机等航空飞行器上，用摄影机对地面进行的摄影，又称航摄。

10.2.2 摄影航高 flight altitude for photography，photographic flying height

飞机等航空飞行器摄影时的飞行高度，分为绝对航高和相对航高。

10.2.3 绝对航高 absolute flying height

航空摄影机物镜中心相对平均海水面为基准面的垂直距离。

10.2.4 相对航高 relative flying height

航空摄影机物镜中心相对测区某一高程面的垂直距离。

10.2.5 摄影分区 flight block

对摄影区域按航摄要求划分的单元。

10.2.6 摄影比例尺 photographic scale

摄影机焦距与相对航高之比值或像幅上两点长度与相应实地长度之比。

10.2.7 测图放大系数 magnification coefficient of mapping

成图比例尺与摄影比例尺的比值。

10.2.8 航向倾角 longitudinal tilt，pitching

航空摄影影像的摄影主光轴在xz平面上的投影

与 z 轴间的夹角，也称为纵向倾角。

10.2.9 旁向倾角 lateral tilt，rolling

航空摄影影像的摄影主光轴与其在 xz 平面上的投影的夹角，也称为横向倾角。

10.2.10 航向重叠 longitudinal overlap

航空摄影中，同一航线内相邻像幅上具有同一地面影像的部分，也称为纵向重叠。

10.2.11 旁向重叠 lateral overlap

航空摄影中，相邻航线间的相邻像幅上具有同一地面影像的部分，也称为横向重叠。

10.2.12 航线弯曲度 strip deformation

一条摄影航线内各张像幅主点至首末两张像幅主点连线的最大偏离值与航线长度之比的百分数。

10.2.13 航迹角 angle of flight path

航线在地面上的实际投影与设计航线之间的夹角。

10.2.14 像片倾角 tilt angle of photograph

航空摄影中，摄影机主光轴与铅垂线的夹角；或者在地面摄影时，摄影机主光轴对于水平面的夹角。

10.2.15 像片旋角 swing angle，yaw

一张像片的主点与相邻像片主点影像的连线和该像片框标 X 轴的夹角。

10.2.16 像片索引图 index of photography

以摄影分区或图幅为单位，按摄影航线序号和像幅号顺序重叠排列而制成的检索图。

10.2.17 摄影航线 flight line of aerial photography

航空摄影时，飞机等航空飞行器的摄影路线。

10.2.18 航摄漏洞 aerial photographic gap

航空摄影中，影像上局部没有影像或重叠度不符合要求的现象。

10.2.19 航摄绝对漏洞 absolute gap of aerial photography

航空摄影中，由于积云、烟雾、建（构）筑物、陡崖等形成的阴影，在影像上造成的无地面影像的现象。

10.2.20 航摄相对漏洞 relative gap of aerial photography

航空摄影中影像重叠度不符合要求的现象。

10.2.21 摄影基线 photographic baseline，air base

摄影时相邻摄影中心间的连线。

10.2.22 立体像对 stereopair

从摄影基线两端摄取的具有一定重叠影像的一对像幅，简称像对。

10.2.23 像片基线 photo base

立体像对上两相邻像主点间的连线。

10.2.24 基高比 base-height ratio

摄影基线长度与相对航高之比。

10.2.25 宽高比 aspect ratio

航空摄影中，飞行时像片旁向覆盖宽度与航高之比值。

10.2.26 影像分辨率 image resolution

影像对黑白相间宽度相等的线状目标影像分辨的能力，以每毫米线对数表示。

10.2.27 地面分辨率 ground resolution

影像分辨率的线对宽度所对应的地面距离。

10.2.28 角分辨率 angle resolution

镜头中心对影像分辨率线对宽度的张角。

10.2.29 人工标志 artificial target

摄影前，地面上人工设置的在影像上有明显构像的几何标志。

10.2.30 等效主距 equivalent principal distance

根据轴外平行光线在像片平面上的构像点与沿主光轴的平行光线在像片平面上的构像点的距离 γ 和入射角 β，计算求得的主距。

10.2.31 物镜前（后）节点 front（rear）nodal point of lens

从光轴外的物点发出的所有光线，经物镜产生折射，其中总有一条出射光线与其入射光线平行，此两光线延长与光轴的两个交点分别称为前节点（入射节点）和后节点（出射节点）。

10.2.32 畸变改正 distortion correction

消除由物镜畸变差所引起的像点位置误差的过程。

10.2.33 像幅 picture format，image frame

影像的构像幅画尺寸。

10.2.34 像片比例尺 photo scale

像片上某线段长度与地面相应水平长度之比。

10.2.35 像元 pixel

数字影像的基本单元，又称像素。

10.2.36 像元角 pixel angle

在数码摄影中，每个像元所对应一个小光锥的弧度值。

10.3 摄影测量外业

10.3.1 像片控制测量 control survey of photograph

为获得影像控制点的平面坐标和高程而进行的实地测量工作。

10.3.2 像片控制点 control point of photograph

直接为影像测量加密或测图需要，在实地测定坐标和高程的控制点，简称像控点。

10.3.3 像片平高控制点 horizontal and vertical control points of photograph

具有地面平面坐标和高程的像片控制点。

10.3.4 标准配置点 Gruber point

特指相对定向过程中所需要的六个定向点。其中两个点在左右主点位置，其余点分别在主点上下且位于旁向重叠中线附近的位置。

10.3.5 方位线 orienting line，heading line

立体像对上右（左）像主点在左（右）像幅上的同名点与左（右）像主点的连线。

10.3.6 航线段 segment of flight strip

航线一端像控点和另一端像控点所控制的距离。

10.3.7 航线网 network of flight strip

空中三角测量中，由单航线段作为计算单元，通过模型相对定向和模型连接建立的摄影测量网。

10.3.8 区域网 block of flight strips，block

由若干相邻航线段连成整体的摄影测量网。

10.3.9 全野外布点 full field control point distribution

以一张像幅或一个立体像对为单位布设像片控制点的方案。

10.3.10 航线网布点 control point distribution for aerial triangulation strip

以一条航线段为单位布设像片控制点的方案。

10.3.11 区域网布点 control point distribution for block aerotriangulation

以几条航线段或几幅图为一个区域布设像片控制点的方案。

10.3.12 航向控制点跨度 control points spacing along strip

同一航线段内相邻像片控制点之间跨越像片基线的数量。

10.3.13 旁向控制点跨度 control points spacing across strip

垂直于摄影航线方向，相邻像片控制点之间跨越摄影航线的数量。

10.3.14 刺点 prick point

将像片上所选的点刺以小孔，用以标明其位置的工作。

10.3.15 纠正点 control point for rectification

纠正影像用的像片控制点。

10.3.16 像主点落水 principal point of photograph in water

像主点位置或其附近一定范围的影像为水域、云影、雪影或无明显影像的现象。

10.3.17 明显地物点 outstanding point

在影像上和实地能准确辨认的地物点。

10.3.18 刺点像片 pierced photograph

具有标明像片控制点和加密点位置的刺孔、文字说明和略图的像片。

10.3.19 控制像片 photograph with all control points

标绘像片控制点和选刺加密点位的像片。

10.3.20 调绘像片 annotated photograph

经实地调查用规定符号绘示必要的地物、地貌并注记相关信息的像片。

10.3.21 像片调绘 annotation

利用像片进行判读，调查、绘注有关地理要素工作的总称。

10.3.22 判读 interpretation

从影像和图像上获取影像相应的地物类别、特性和某些要素或测算某种数据指标的基本过程，又称解译或判释。

10.4 空中三角测量

10.4.1 解析空中三角测量 analytical aerotriangulation

航空摄影测量中，根据像点和单元模型的模型点坐标同相应地面点坐标的解析关系，或每两条同名光线共面的解析关系，借助于计算机构成摄影测量网进行平差计算的空中三角测量。

10.4.2 自动空中三角测量 automatic aerotriangulation

在数字摄影测量中，利用影像匹配方法在计算机中自动选择连接点，实现自动转点和量测，进行空中三角测量的方法。

10.4.3 独立模型法空中三角测量 independent model aerotriangulation

以单模型、双模型或模型组作为单元模型，全部纳入到整体平差计算中的基本单元空中三角测量。

10.4.4 单航带空中三角测量 single-strip aerotriangulation

以一条航线或航线段为解算单元的空中三角测量。

10.4.5 区域网空中三角测量 block aerotriangulation

以几条航线或一个测区为解算单元的空中三角测量。

10.4.6 光束法空中三角测量 bundle aerotriangulation

以摄影时目标点、相应像点和摄站点三点共线条件所建立的每条空间光线作为整体平差运算中的基本单元的空中三角测量。

10.4.7 GPS辅助空中三角测量 GPS aided aerotriangulation

由设在地面和飞机上的GPS接收机进行相位差分定位来测定摄站位置和像片方位元素所进行的空中三角测量。

10.4.8 POS辅助空中三角测量 POS aided aerotriangulation

利用能实现直接获取航摄仪曝光时刻外方位元素数据的定位定姿系统所进行的空中三角测量。

10.4.9 空间前方交会 space intersection

恢复立体像对摄影瞬间的光束和建立几何模型后，从摄影基线两端用同名光线的交会，确定模型点空间位置的方法。

10.4.10 空间后方交会 space resection

根据三个以上已知控制点坐标与相应像点坐标，依共线条件方程式解算像片外方位元素的方法。

10.4.11 共面条件方程式 coplanarity condition equation

同名光线与摄影基线位于同一平面所建立的条件方程式。

10.4.12 共线条件方程式 collinearity condition equation

摄站点、地面点以及相应像点位于同一直线上（即三点共线）所建立的条件方程式。

10.4.13 框标 fiducial mark

摄影机承片框上用于标定承影面中心位置的标志。

10.4.14 像片中心 photograph center

像片上对边（或角）框标连线的交点。

10.4.15 定向点 orientation point

用于相对定向和绝对定向的像片控制点或加密控制点。

10.4.16 内定向 interior orientation

恢复像片内方位元素的作业过程。

10.4.17 相对定向 relative orientation

根据同名光线共面原理恢复或确定像对中左、右片在摄影瞬间的相对关系的过程。

10.4.18 绝对定向 absolute orientation

根据像控点确定立体模型比例尺和在地面坐标系中所处方位的过程。

10.4.19 立体量测 stereoscopic measurement

利用立体模型量测像点坐标、视差或模型坐标的工作。

10.4.20 采样 sampling

把时间域或空间域的连续量或密度值转换成离散量的过程。

10.4.21 重采样 resampling

影像灰度数据在几何变换后，重新内插像元灰度的过程。

10.4.22 影像匹配 image matching

通过对影像内容、特征、结构、关系纹理及灰度等的对应关系，相似性和一致性分析，寻求同名影像目标的方法。

10.4.23 影像相关 image correlation

探求左、右像片影像信号相似的程度，从中确定同名影像或目标的过程。

10.4.24 核线 epipolar line，epipolar ray

过摄影基线和目标点的平面（核面）与像平面的交线。

10.4.25 核线相关 epipolar correlation

利用立体像对左、右同名核线上的灰度序列进行的影像相关。

10.4.26 左右视差 horizontal parallax，x-parallax

立体像对上同名像点或投影点的横坐标之差，也称为横视差。

10.4.27 上下视差 vertical parallax，y-parallax

立体像对上同名像点或投影点的纵坐标之差，也称为纵视差。

10.4.28 左右视差较 horizontal parallax difference

立体像对上某一点的左右视差相对于起始点的左右视差之较差。

10.4.29 残余上下视差 residual vertical parallax

相对定向平差后立体像对各像点剩余的上下视差值。

10.4.30 加密控制点 densification control point

由空中三角测量测定，供立体测图和像片纠正用的控制点，又称加密点。

10.4.31 连接点 tie point

用于连接相邻模型的位于模型间的同名加密控制点。

10.4.32 检查点 checking point

用来检查地形、模型正确性的点。

10.4.33 转刺 point transfer

根据重叠影像，在航摄像片上刺出同名像片控制点或加密控制点的工作。

10.5 摄影测量成图

10.5.1 像片方位元素 photo orientation elements

像片内、外方位元素的总称。

10.5.2 内定向元素 elements of interior orientation

确定摄影中心在像空间坐标系中位置的元素，又称内方位元素。

10.5.3 外定向元素 elements of exterior orientation

确定摄影中心和像幅在物空间坐标系中位置的元素，又称外方位元素。

10.5.4 相对定向元素 elements of relative orientation

确定像对中两像幅之间相对位置所需的元素。

10.5.5 绝对定向元素 elements of absolute orientation

确定单张像片或立体模型在地面坐标系中方位和大小所需的元素。

10.5.6 像点位移 displacement of image

目标点在像片上的构像点与其正确点位坐标之差。

10.5.7 模型连接 bridging of model

利用相邻像对模型的公共连接点，将相邻两个模型的比例尺归化成一个整体模型的过程。

10.5.8 像片纠正 photo rectification

通过投影变换，把倾斜像片归化成具有规定比例尺水平像片的过程。

10.5.9 纠正起始面 datum of rectification

像片纠正时，使各点投影差改正值为最小时所选择的高程面。

10.5.10 高差位移 relied displacement，height displacement

高差所引起的像点位移，是沿像底点出发的辐射方向线上向外或向内移位，随地面点高于或低于地底点而异。

10.5.11 倾斜误差 oblique error

由像片倾斜引起的像点位移。

10.5.12 数字纠正 digital rectification

根据构像方程和已建立的数字高程模型，对数字影像进行逐像元的纠正。

10.5.13 摄影测量内插 photogrammetric interpolation

在摄影测量中，根据给定范围内数据点的已知信息，按一定的数学模型求出待定点未知信息的过程。

10.5.14 断面数据采集 profile data collecting

沿断面采集地形起伏数据的过程。

10.6 地面摄影测量

10.6.1 地面摄影测量 terrestrial photogrammetry

利用安置在地表上的专用摄影机获取影像，对目标物进行的摄影测量。

10.6.2 地面摄影测量坐标系 terrestrial photogrammetric coordinate system

以左方摄影机物镜中心为原点，摄影基线为横（X）轴，左主光轴在水平面上的投影为纵（Y）轴，竖直坐标轴与铅垂方向一致，指向天顶为正，用于地面摄影测量的一种空间右手直角坐标系。

10.6.3 静态立体摄影 static stereo photography

对静态目标进行的立体摄影。

10.6.4 动态立体摄影 dynamic stereo photography

对动态目标进行的同步立体摄影。

10.6.5 时间基线视差法 time-baseline parallax method

在同一摄站，且内外方位元素相同的情况下，对运动或变形物体前后按一定时间间隔拍摄像片组成立体像对，根据量测视差的变化规律来测量物体运动的位移或变形的方法。

10.6.6 摄影站 exposure station，camera station

摄影瞬间物镜前节点所在的空间位置，又称摄站。

10.6.7 摄影主光轴 optical axis of camera

过摄影物镜后节点垂直于像片平面的直线。

10.6.8 摄影方向 direction of optical axis

摄影主光轴所指的方向。

10.6.9 摄影机主距 principal distance of camera

摄影物镜后节点到像平面的垂直距离。

10.6.10 摄影纵距 longitudinal photographic distance

摄影机物镜前节点到目标物所选投影面的垂直距离。

10.6.11 主光轴偏角 averted angle of photographic axis

在水平面上，摄影主光轴相对基线的垂直线所偏转的角度，向右偏为正，向左偏为负。

10.6.12 主光轴倾角 tilt angle of photographic axis

摄影主光轴相对于水平面的倾斜角度，仰角为正，俯角为负。

10.6.13 交向角 convergent angle

立体摄影时，左右摄影机主光轴在水平面上投影的延长线相交所构成的角度。

10.6.14 正直摄影 normal case photography

摄影基线两端摄影机主光轴保持水平并与摄影基线正交的摄影。

10.6.15 倾斜摄影 oblique photography

摄影机主光轴偏离铅垂线或水平方向的摄影。

10.6.16 等偏摄影 parallel-averted photography

摄影基线两端摄影机主光轴保持水平，相对于摄影基线的垂线偏转同一角度的摄影，分为左偏摄影和右偏摄影。

10.6.17 交向摄影 convergent photography

摄影基线两端摄影机主光轴在物方相交成一定角度的摄影。

10.6.18 等倾摄影 equally tilted photography

摄影基线两端摄影机主光轴保持平行，且相当于水平面倾斜相同角度的摄影。

10.6.19 像场角 objective angle of image field，angular field of view

镜头像场直径对物镜后节点的张角。

10.6.20 基距比 base-distance ratio

摄影基线与摄影纵距的比值。

10.6.21 相对控制 relative control

利用位于物方空间未知点间的已知几何关系作为摄影测量控制的依据。

10.6.22 基线分量 baseline component

摄影基线在空间直角坐标系三个轴上的投影。

10.6.23 直接线性变换 direct linear transformation (DLT)

直接建立像点坐标与物方空间坐标的线性关系式的计算方法。

10.6.24 等值线 isoline

相对于某一投影面上的目标物，其投影距离相等的相邻各点连成的曲线。

10.6.25 等值距 interval of isoline

图上相邻等值线的投影距离之差。

11 工 程 遥 感

11.1 一 般 术 语

11.1.1 遥感 remote sensing

不接触物体本身，用遥感传感器收集来自物体辐射的电磁波信息，经数据处理及分析后，识别物体的性质、形状、几何尺寸和相互关系及其变化规律的技术。

11.1.2 工程遥感 engineering remote sensing

用于工程建设的各种遥感技术。

11.1.3 遥感传感器 remote sensor

远距离感测地物和环境所辐射或反射的电磁波的仪器，简称遥感器。按记录数据的不同形式可分为成像遥感器和非成像遥感器两类。

11.1.4 遥感平台 remote sensing platform

放置遥感器，并使传感器能在一定高度取得地面电磁波信息的运载工具。

11.1.5 航天遥感 space remote sensing

在大气层以外的宇宙空间，以人造卫星、宇宙飞船等航天飞行器为遥感平台的遥感，又称太空遥感。

11.1.6 航空遥感 aerial remote sensing

以飞机等航空飞行器为遥感平台的遥感。

11.1.7 地面遥感 terrestrial remote sensing

遥感平台设置在地表上的遥感。

11.1.8 多谱段遥感 multispectral remote sensing

将物体反射或辐射的电磁波分成若干波谱段进行接收和记录的遥感。

11.1.9 多时相遥感 multi-temporal remote sensing

利用不同时间所获取同一地域的遥感信息，提取目标动态变化的遥感。

11.1.10 主动式遥感 active remote sensing

由遥感器向目标物发射一定频率的电磁辐射波，然后接收从目标物返回的辐射信息进行的遥感，又称有源遥感。

11.1.11 被动式遥感 passive remote sensing

直接接收来自目标物的辐射信息的遥感，又称无源遥感。

11.1.12 电磁波谱 electromagnetic spectrum

表示电磁辐射波长或频率分布的图谱。

11.1.13 雷达干涉测量 interferometric synthetic aperture radar (InSAR) measurement, synthetic aperture radar interferometric (SARI) measurement

利用复雷达图像的相位差信息来提取地面目标三维信息的技术。

11.1.14 差分雷达干涉测量 differential interferometric synthetic aperture radar (InSAR) measurement, differential synthetic aperture radar interferometric (SARI) measurement

利用复雷达图像的相位差信息来提取地面目标微小地形变化信息的技术。

11.1.15 空间分辨率 spatial resolution

影像中可辨认的临界物体空间几何长度的最小极限，用来表征影像分辨地面目标细节能力的指标。

11.1.16 时间分辨率 temporal resolution

传感器对同一目标进行重复探测时，相邻两次探测的时间间隔。

11.1.17 波谱分辨率 spectral resolution

遥感器所能记录的电磁反射波谱中某一特定的波长范围值。

11.1.18 温度分辨率 temperature resolution

热红外传感器分辨地表热辐射温度最小差异的能力指标。

11.1.19 遥感制图 remote sensing mapping

通过对遥感图像的目视判读或利用图像处理系统对各种遥感信息增强与几何纠正并加以识别、分类和制图的过程。

11.2 遥感图像处理

11.2.1 遥感卫星轨道参数 orbital parameters of remote sensing satellite

描述遥感卫星运行的轨道在太空中的位置、形状和取向的各种参数。

11.2.2 卫星姿态 satellite attitude

卫星星体在其运行轨道上所处的空间姿势。

11.2.3 影像预处理 image preprocessing

对主要运算前的原始数据所进行的某些加工，主要包括大气校正、几何校正、辐射校正和噪声消除等内容。

11.2.4 几何校正 geometric correction, geometric rectification

为消除遥感图像的几何畸变而进行的校正工作。

11.2.5 辐射校正 radiometric correction

为消除遥感图像的辐射失真或畸变而进行的校正。

11.2.6 影像处理 image processing

利用计算机对遥感信息进行几何处理、灰度处理、特征提取、目标识别和影像解译等图像信息加工技术。

11.2.7 影像几何纠正 geometric rectification of imagery

利用控制点数据和有关参数对影像变形进行的几何改正处理。

11.2.8 影像几何配准 geometric registration of imagery

对同一地区，不同时间、不同波段、不同手段所获得的图形图像数据，经几何变换使其同名点在位置上完全叠合的处理方法。

11.2.9 灰阶 grey wedge，optical wedge

一系列由白到黑的灰块，按一定反射比值间隔排列的基准密度。

11.2.10 密度分割 density slicing

将图像的光密度或亮度值分成若干间隔或等级，每个间隔和等级赋予不同彩色色调和编码的处理方法。

11.2.11 图像变换 image transformation

按一定规则将一帧影像加工产生另一帧影像的处理过程。

11.2.12 图像增强 image enhancement

将原来不清晰的影像变得清晰或强调某些感兴趣的特征，抑制不感兴趣的特征，使之改善图像质量、丰富信息量，加强图像判读和识别效果的图像处理方法。

11.2.13 辐射变换 radial transformation

用线性、非线性增强或直方图改化等数字模型，使单波段图像在空间域中像元灰度值控制在0～256之间的灰度变换，也称灰度变换。

11.2.14 空间变换 spatial transformation

用某种数学模型对单波段图像在空间域中进行变换只和灰度级有关，与像元的坐标无关，且变换的不同单波段图像可合成一幅彩色图像的灰度变换。

11.2.15 多波段频谱变换 multi-band spectrum transformation

在光谱特征空间中利用两个以上的光谱段图像进行的联合变换。

11.2.16 图像滤波 image filtering

按照某种规则或要求，修改、抑制影像信号的频谱成分或数据的方法。

11.2.17 特征选择 feature selection

把原始多波段测量参数，经过变换重新组合，从中选定对识别分类更有效的特征参数的过程。

11.2.18 特征提取 feature extraction

通过影像分析和变换，以提取所需要影像特征的过程。

11.2.19 影像解译 image interpretation

运用解译标志和实践经验，或借助各种技术手段和方法，从影像上获取信息的基本过程。

11.2.20 解译标志 interpretation key

在遥感影像上，目标或实体被辨认出来的特征或特征的集合体。

11.2.21 直接解译标志 direct interpretation key

目标本身形状、大小及属性在像片上的直接反映。

11.2.22 间接解译标志 indirect interpretation key

根据布局、位置等其他目标影响推断目标本身属性的影像特征。

11.2.23 波谱特征空间 spectrum feature space

不同波段影像所构成的测量空间。

11.2.24 波谱集群 spectrum cluster

同一类地物，在波谱特征空间所呈现出相同影像亮度值的点群状分布。

11.2.25 波谱透射率 spectral transmissivity

透过物体的电磁波辐射通量与其入射辐射通量之比值。

11.2.26 地物波谱特性 object spectral characteristics

地物反射和辐射电磁波的强度随波长而异的特性。

11.2.27 反射波谱 reflectance spectrum

表示物体反射的电磁波能量按波长分布的规律的图表。

11.2.28 波谱反射率 spectral reflectivity

物体对某一波长电磁波的反射辐射通量与其入射辐射通量之比。

11.2.29 发射波谱 emission spectrum

表示某物体的辐射发射率随波长变化规律的曲线。

11.2.30 波谱发射率 spectral emissivity

物体辐射电磁波的能量与同温度的黑体的发射能量之比值。

11.2.31 微波谱貌 spectral dependence of microwave radiation and backscatters

在微波波段，地物的微波天然辐射随波长的变化，以及人工发射的情况下来自物体的微波后向反射随波长的变化。

11.2.32 热辐射 thermal radiation

辐射能的强弱及其随波长分布随物体温度变化的电磁辐射。

11.2.33 微波辐射 microwave radiation

物体辐射的电磁波长在（1～1000）mm范围内的电磁辐射。

11.2.34 太阳辐射波谱 solar radiation spectrum

表示太阳辐射能量按波长分布规律的图表。

11.2.35 模式识别 pattern recognition

借助计算机对图形或影像进行处理、分析和理解，用以识别各种不同模式的目标和对象的技术。

11.2.36 监督分类 supervised classification

根据已知训练区提供的样本，通过选择特征参数，建立判别函数以对各种待分类影像进行的图像分类。

11.2.37 非监督分类 unsupervised classification

以不同影像地物在特征空间中类别特征的差别为依据的一种无先验类别标准的图像分类。

11.2.38 专家系统分类 classification with expert system

某一特定领域的判读专家知识输入到计算机中，辅助人们利用计算机进行影像分类。

11.2.39 目标区 target area

在影像匹配中，立体像对左片上或右片上给定点周围像点的灰度值组成的矩阵。

11.2.40 搜索区 searching area

在影像匹配中，立体像对右片上（或左片上）与左片上（或右片上）目标区相对的预测的像点灰度值矩阵。

11.2.41 训练区 training area

通过抽样调查已认定具有代表类别属性的先验抽样区。

11.2.42 判别边界 boundary distinguishing，decision boundary

测量空间中判别区域的分界线（边界），即判别函数在测量空间的轨迹。

11.2.43 影像压缩 image compression

以尽可能少的比特数表示影像主要信息的数据压缩技术。

11.2.44 图像复原 image restoration

对遥感图像资料进行大气影响的校正、几何校正以及对由于设备原因造成的扫描线漏失、错位等的改正，将降质图像重建成接近于或完全无退化的原始理想图像的过程。

11.2.45 影像分割 image segmentation

根据需要将图像划分为有意义的若干区域或部分的图像处理技术。

11.2.46 图像镶嵌 image mosaic

多张遥感影像经纠正，按一定的精度要求，互相拼接镶嵌成整幅影像的作业过程。

11.2.47 影像融合 image fusion

用各种手段把不同时间、不同传感器系统和不同分辨率的众多影像进行复合变换，生成新的影像的技术。

11.2.48 影像金字塔 image pyramid

由原始影像按一定规则生成的由细到粗不同分辨率的影像集。

12 地理信息系统

12.1 一 般 术 语

12.1.1 地理信息 geographic information

表示与地球上位置相关的地理诸要素的数量、质量、分布特征，相互联系和变化规律的图、文、声、像等的总称。

12.1.2 地理信息系统 geographic information system（GIS）

在计算机软硬件支持下，把各种地理信息以一定格式，进行输入、存储、管理、检索、更新、显示、制图和综合分析的技术系统。

12.1.3 地理要素 geographic feature

与地球上位置相关的自然形态和人工形态的表达。

12.1.4 空间数据 spatial data

用来表示地理实体的位置、形状、大小和分布特征诸方面信息的数据。

12.1.5 实体 entity

现实世界中最基本的对象或概念单元。

12.1.6 点 point

零维几何基元。

12.1.7 线 line

一维几何基元。

12.1.8 面 face，surface

二维几何基元。

12.1.9 体 solid

三维几何基元，表达欧几里得三维空间中一个区域的连续映像。

12.1.10 元数据 metadata

数据的内容、质量、状况和其他特性的描述性数据。

12.2 空间数据获取

12.2.1 编码 encoding，coding

根据编码规则把各种信息转换成代码的过程。

12.2.2 编码规则 encoding rule，coding rule

制定编码的协议或格式。

12.2.3 地理编码 geo-coding，geocoding

在地理坐标与给定地址之间建立一种对应关系的过程。

12.2.4 采样率 sampling rate

单位时间或空间内的数据采样数。

12.2.5 地理标识符 geographic identifier

地理要素在某空间参照系位置的符号表示方式。

12.2.6 空间数据结构 spatial data structure

空间数据在计算机内的组织和编码形式。

12.2.7 空间数据交换格式 spatial data format for exchanging，spatial data format for transferring

空间数据在不同系统之间进行交换所采用的数据格式。

12.2.8 数据源 data source

任何可利用数据的出处。

12.2.9 栅格数据 raster data

将地理空间划分成按行、列规则排列的单元（栅格），且各单元带有不同“值”的数据集。

12.2.10 矢量数据 vector data

以坐标或有序坐标串表示的空间点、线、面等图形数据及其属性数据的总称。

12.2.11　数据获取　data capture，data acquisition

收集、采集、识别和选取数据的过程。

12.2.12　图形数据　graphic data

表示地理实体的位置、形态、大小和分布特征以及几何类型的数据。

12.2.13　属性数据　attribute data

描述地理实体属性特征的数据，也称非几何数据。

12.2.14　属性精度　attribute accuracy

所获取的属性值与其真实值的符合程度。

12.2.15　网格结构　grid structure

以格网单元为基础的地理空间数据组织形式。

12.2.16　数据质量　data quality

数据的可靠性和精度。

12.3　空间数据处理与管理

12.3.1　数据库　database

在计算机中集中存储和管理的数据集。

12.3.2　关系数据库　relational database

对一系列表进行逻辑关联后所形成的数据集。

12.3.3　面向对象数据库　object-oriented database

一种以对象形式存储信息的数据库。

12.3.4　数据库设计　database design

在数据库管理系统上，设计数据库结构和建立数据库的过程。

12.3.5　数据库管理系统　database management system

用于建立、使用和维护数据库的软件系统。

12.3.6　拓扑关系　topological relation

空间对象相互之间的邻接、关联和包含等相互关系。

12.3.7　拓扑对象　topological object

表达在连续变换中拓扑关系保持不变的空间对象。

12.3.8　数据层　data level，data layer

含有描述特定实例的数据的层。

12.3.9　数据集　data set

可识别的数据集合。

12.3.10　数据字典　data dictionary

描述数据库中各数据属性与组成的数据集合。

12.3.11　数字图像处理　digital image processing

用计算机对数字图像所进行的各种变换处理的技术或方法。

12.4　查询与分析

12.4.1　数据检索　data retrieval

从文件、数据库或存储装置中查找和选取所需数据的过程。

12.4.2　结构化查询语言　structured query language (SQL)

一种数据库查询语言，用于存取数据以及查询、更新和管理关系数据库系统。

12.4.3　缓冲区分析　buffer analysis

在点、线、面实体的周围建立一定宽度的区域，使空间数据在某些领域得以扩展应用的分析过程。

12.4.4　聚合分析　polymer analysis

根据空间分辨力和分类表，进行数据类型的合并或转换以实现空间地域兼并的一种分析方法。

12.4.5　叠置分析　overlay analysis

将不同层的地物要素相重叠，使得一些要素或属性相叠加，从而获取新信息的方法。包括合成叠置分析和统计叠置分析。

12.4.6　聚类分析　cluster analysis

将未知类的对象集合进行分组，形成多个类族的分析过程。

12.4.7　空间分析　spatial analysis

基于位置和形态特征，对地理对象进行空间数据分析的技术，其目的在于提取和传输空间信息。

12.4.8　空间统计分析　spatial statistical analysis

对空间数据进行相关、回归、趋势面、聚类等的统计分析。

12.4.9　流域分析　watershed analysis

通过地形特征点的识别和水流网络提取，进行流域划分和相关地形参数统计的方法。

12.4.10　趋势面分析　trend surface analysis

用一次到高次多项式或周期函数对地理要素数值与地理坐标间关系进行最优拟合的分析方法。

12.4.11　追踪分析　tracking analysis

对特定对象的栅格数据集，从某一个或多个起点，按照一定的目标函数进行跟踪，以便提取某些信息的分析方法。

12.4.12　网络分析　network analysis

对地理网络以图论为基础，取得最短路径、最小费用和最大流量等目标的分析方法。

12.4.13　可视性分析　visibility analysis

从一个或多个位置所能看到的地形范围或其他地形点之间的可见程度的分析方法。

12.5　数字地面模型

12.5.1　数字地面模型　digital terrain model (DTM)

表示地面起伏形态和地表景观的一系列离散点或规则点的坐标数值集合的总称。

12.5.2　数字表面模型　digital surface model (DSM)

物体表面形态数字表达的集合。

12.5.3　Delaunay 三角网　Delaunay triangulation

任意三角形的外接圆内不含其他三角形顶点的三角网。

12.5.4 不规则三角网　triangulated irregular network (TIN)

根据测量的离散点按建网规则组成的三角网。

12.5.5 泰森多边形　Thiessen polygons

不规则三角网中，一组由连接两邻点直线的垂直平分线围成的连续多边形。

12.5.6 数字地形分析　digital terrain analysis (DTA)

在数字高程模型上进行地形属性计算和特征提取的数字地形信息处理的理论和方法。

12.6 空间信息的可视化

12.6.1 可视化　visualization

在计算机动态、交互的图形技术与地图学方法相结合的基础上，为适应视觉感受与思维而进行的空间数据处理、分析及表示的过程。

12.6.2 地形晕渲法　hill shading

通过模拟太阳光对地面照射所产生的明暗程度，并用相应灰度色调或色彩输出，直观地表达地面起伏变化的方法。

12.6.3 空间建模　spatial modeling

建立空间分析模型的过程。包括空间分布分析模型、空间关系分析模型、空间相关分析模型、预测评价与决策模型等。

12.6.4 三维景观　three-dimensional scene

虚拟实际或设计构建的三维（立体）视觉效果模型。

12.6.5 纹理　texture

要素表面的图像表示形式。

13 常用仪器设备

13.1 方向测量类

13.1.1 经纬仪　theodolite, transit

测量水平角和竖直角的测绘仪器。

13.1.2 光学经纬仪　optical theodolite

具有光学度盘和光学读数装置的经纬仪。

13.1.3 电子经纬仪　electronic theodolite

利用编码法、增量法、动态法等光电法测角的经纬仪。

13.1.4 激光经纬仪　laser theodolite

带有激光指向装置的经纬仪。

13.1.5 陀螺经纬仪　gyrotheodolite, gyroscopic theodolite

带有陀螺装置，用来测定测线真北方位角的经纬仪。

13.1.6 矿山经纬仪　mining theodolite

适用于矿井环境条件测量的经纬仪。

13.1.7 罗盘经纬仪　compass theodolite

带有测定磁方位角罗盘的经纬仪。

13.1.8 垂准仪　plumb aligner

确定铅垂方向的仪器，又称铅垂仪。

13.1.9 激光准直仪　laser aligner

利用激光束标定直线的仪器。

13.1.10 激光导向仪　laser guidance instrument

由激光器作光源的发射系统和光电感应传感器接收系统组成的用于导向的仪器。

13.1.11 罗盘仪　compass

利用磁针确定磁方位的简便仪器。

13.2 长度测量类

13.2.1 测距仪　distance measuring instrument, rangefinder

根据光学、声学和电磁波学原理设计的，用于测量长度的仪器。

13.2.2 电磁波测距仪　electromagnetic distance measuring instrument

采用电磁波为载波测量距离的仪器。包括红外测距仪、激光测距仪和微波测距仪等。

13.2.3 红外测距仪　infrared EDM instrument

利用红外光作为载波的电磁波测距仪。

13.2.4 激光测距仪　laser ranger, laser distance measuring instrument

利用激光作为载波的电磁波测距仪。

13.2.5 伸缩仪　extensometer

测量物体直线伸缩的仪器。

13.2.6 因瓦基线尺　invar baseline wire

用镍铁合金制成的，膨胀系数小于 $0.5\times10^{-6}/℃$ 的线状尺或带状尺。

13.2.7 激光干涉仪　laser interferometer

以激光为光源，利用光干涉原理制成的精密测量长度的仪器。

13.3 高差测量类

13.3.1 水准仪　level

根据水准测量原理测量地面两点间高差的仪器。

13.3.2 自动安平水准仪　automatic level, compensator level

在一定的竖轴倾斜范围内，通过补偿器自动安平望远镜视准轴的水准仪。

13.3.3 数字水准仪　digital level

应用数字影像技术测求条码水准标尺读数的水准仪。

13.3.4 激光水准仪　laser level

带有激光指向装置的水准仪。

13.3.5 激光扫平仪　laser swinger

利用激光束绕轴旋转扫出平面的仪器，一般带有探测装置。

13.3.6　机械倾斜仪　mechanical clinometer

由高灵敏度水准管和一套精密测微器组成，用以测量微小倾斜度的装置。

13.3.7　电子倾斜仪　electronic inclinometer，tiltmeter

由电子传感器系统组成，用以直接测定被测面倾角的装置。

13.3.8　液体静力水准仪　hydrostatic level

利用连通管测定两点间高差的仪器。

13.4　三维测量类

13.4.1　GNSS测量型接收机　GNSS receiver

接收全球导航卫星系统（GNSS）卫星信号，主要用于测量地面点空间位置的仪器。

13.4.2　单频GNSS接收机　single-frequency GNSS receiver

只能接收一个（L1）载波信号，测定载波相位观测值进行定位的GNSS接收机。

13.4.3　双频GNSS接收机　double-frequency GNSS receiver

可以同时接收二个（L1、L2）载波信号的GNSS接收机。

13.4.4　全站仪　total station instrument，total station

同时具有测量水平角、竖直角、距离以及数据处理和存储等功能的测绘仪器。

13.4.5　三维激光扫描仪　three-dimensional laser scanning instrument

通过激光测距原理（包括脉冲激光和相位激光），自动快速获取目标空间信息的测量仪器。

13.5　探　测　类

13.5.1　多波束测深系统　multibeam sounding system

利用多波束原理进行水底地貌测量的宽条带回声测深系统。

13.5.2　回声测深仪　echo sounder

根据超声波能在均匀介质中匀速直线传播，遇不同介质面产生反射的原理，设计的一种测量水深的仪器。

13.5.3　测深杆　sounding pole

一般由直径（5～8）cm的竹竿和端部有一直径（10～15）cm铁盘制成，用于测量浅于5m水深的器具。

13.5.4　管线探测仪　pipeline detection instrument

利用电磁波探测地下管线平面位置、埋深等管线参数的一种探测仪器。

13.5.5　地质雷达　geological radar，ground penetrating radar

利用超高频电磁脉冲波的反射，探测地层构造和地下埋藏物体的一种物探仪器。可用于地下管线的探测工作。

13.5.6　磁力仪　magnetometer

测量磁场强度及方向的仪器，统称为磁力仪。可用于地下管线的探测工作。

13.5.7　浅层地震仪　shallow seismometer

用人工激发地震波，并记录它在地面引起的振动位移的仪器。可用于地下管线的探测工作。

13.6　摄影测量与遥感类

13.6.1　数字摄影测量工作站　digital photogrammetric station

依摄影测量原理，以影像匹配算法为核心处理立体数字影像的计算机软、硬件系统。

13.6.2　量测摄影机　metric camera

内方位元素已知，具有框标，物镜畸变控制在允许范围之内供测量用的摄影机。

13.6.3　非量测摄影机　non-metric camera

无框标及定向装置，摄影物镜光学线性误差较大，外方位元素不能设置的摄影机。

13.6.4　影像扫描仪　image scanner

利用光电技术和数字处理技术，以扫描方式将摄影负片（或正片）上的图像信息转换为数字信号的仪器，又称为底片扫描仪。

13.6.5　侧视雷达　side-looking radar

获取遥感平台一侧或两侧地带微波图像的成像雷达。

13.6.6　合成孔径雷达　synthetic aperture radar (SAR)

用一个小天线作为单个辐射单元，将此单元沿一直线不断移动，在不同位置上接收同一物理的回波信号并进行相关解调压缩处理的侧视雷达。

13.6.7　干涉雷达　interferometric SAR（InSAR）

装有两个侧视天线或采用重复轨道法，对同一地区采用干涉法记录相位和图像的回波信号，通过一系列必要的处理后，可获取地表面三维几何和物理特征的合成孔径雷达。

13.6.8　激光雷达　light detection and ranging（LIDAR）

发射激光束并接收回波获取目标三维信息的系统。

13.6.9　惯性测量系统　inertial surveying system

由加速度计和陀螺稳定平台等惯性器件组成的用于实时测定载体空间位置、姿态和重力场参数的系统。

13.7　输入输出类

13.7.1　电子手簿　data recorder

外业测量工作中，用于各种观测数据的记录、存储及预处理并将其按规定格式与计算机进行数据通信的电子装置。

13.7.2 绘图仪 plotter

将经处理和加工的信息以图解形式转换和绘制在介质上的图形输出设备。

13.7.3 激光绘图仪 laser plotter

利用经调制的激光束，将图形图像数据转绘到感光体的绘图机。

13.7.4 扫描仪 scanner

利用光电技术和数字处理技术，以扫描方式将各种介质上的图形、文本或图像信息转换为数字信号（栅格数据）的仪器。

13.7.5 数字化仪 digitizer

通过采样和量化过程，把纸介质的图形转换为矢量数据的设备。

13.7.6 求积仪 planimeter

在纸质图上量测图形面积的仪器。

13.8 附件部件类

13.8.1 水准器 bubble

由水准泡或电子倾斜传感器组成的部件。用于安平或测量微小倾角。

13.8.2 补偿器 compensator

在测量仪器中，用于补偿微小轴偏差、相位差、光程差、偏振差等的部件。

13.8.3 测微器 micrometer

将分划间距细分的装置。

13.8.4 光栅 grating

制有按一定要求或规律排列的刻槽或线条的透光或不透光（反射）的光学组件。

13.8.5 三角基座 tribrach

用于支承仪器，并可调节竖轴方向的装置。

13.8.6 光学对中器 optical plummet

使仪器中心和点位标志中心在铅垂方向对准的光学装置。

13.8.7 激光对中器 laser plummet

利用激光发射器发射的可见光束，使仪器中心和点位标志中心在铅垂方向对准的装置。

13.8.8 垂球 plumb bob

上端系有细绳的倒圆锥体金属锤，在测量工作中用于投影对点或检验物体是否铅垂的工具。

13.8.9 三脚架 tripod

带有架头和三条支撑腿，用来安置测量仪器的附件。

13.8.10 对中杆 centring rod

能按铅垂方向直接指向地面标记点的可伸缩金属杆。

13.8.11 觇牌 target

角度测量中标有水平和垂直楔形图案的照准标志。

13.8.12 反射棱镜 reflecting prism，prism

用光学玻璃制成的等腰三角锥体。三个反射面相互垂直，另一面为光线的入射面和出射面，其入射光线和反射光线平行，且具有自准直性。

13.8.13 反射片 paper prism，reflecting patch

一种由多个复合面组成的、能够通过其底面反射光线的片状测距标志。

13.8.14 标靶 target

用于三维激光扫描仪定向、点云数据拼接、坐标系统转换的特殊激光反射片。

13.8.15 水准尺 leveling staff

与水准仪配合进行水准测量的标尺。

13.8.16 因瓦水准尺 invar leveling staff

在尺身中央凹槽内安置有镍铁合金带的水准尺。

13.8.17 双面木质区格水准尺 wooden double-faced leveling staff

主面为黑色区格、辅面为红色区格、主辅面尺常数分别为两个不等数值的对尺。

13.8.18 条形码水准尺 barcode leveling staff

与数字水准仪配套使用的水准尺。

13.8.19 线纹米尺 standard meter

一米长的标准尺，又称日内瓦尺。

13.8.20 塔尺 telescopic leveling staff

由多节组成可伸缩的水准尺。

13.8.21 测杆 surveying rod

测量时标示目标的一种工具。其表面一般红白相间分段，杆底装有尖铁脚，又称花杆。

13.8.22 钢卷尺 steel tape

采用宽度（10～20）mm、厚度（0.1～0.4）mm低碳薄钢带制成的表面有刻划标记的卷式量距尺。

13.8.23 测绳 measuring rope

中心为钢丝外层为织物，每米有金属环标记的绳状量距工具。一般用于精度要求较低的距离丈量。

13.8.24 波带板 zone plate

根据物理光学衍射频谱成像原理，在光学玻璃基（或薄铜）片上绘制（或腐蚀）透明和不透明的一维或二维条带状（或同心）波带的有缝隙光学屏板。

13.8.25 立体镜 stereoscope

观察立体像对时，帮助人们获得立体效应的简易光学观察装置。

13.8.26 换能器 transducer

可把电能、机械能或声能从一种形式转换为另一种形式的装置。

13.8.27 GPS-RTK电台 GPS-RTK transceiver

在GPS-RTK测量中，用来将参考站卫星定位接收机观测信息和参考站数据实时地传输给流动站卫星定位接收机的无线数字通信设备。

13.8.28 陀螺稳定平台 gyro-stabilized platform

以陀螺仪为核心组件，使被稳定对象相对惯性空间的给定姿态保持稳定的装置，简称陀螺平台或惯性平台。

13.8.29 弯管目镜 diagonal eyepiece

带有转向棱镜以改变目视方向的目镜，用于经纬仪进行大倾角测量时的附件。

索 引

中文索引

A

安装测量 7.1.2

B

百米桩 5.2.13
1954北京坐标系 2.0.6
北斗导航卫星系统 2.0.14
被动式遥感 11.1.11
被动源法 6.3.6
比例误差 3.3.23
闭合差 3.10.12
闭合导线 3.5.3
闭合水准路线 3.9.16
编码 12.2.1
编码度盘 3.8.10
编码规则 12.2.2
边长相对中误差 3.10.28
边长中误差 3.10.27
边（基线）条件 3.6.10
边-极条件 3.6.12
边交会法 4.2.13
边角交会法 4.2.14
边-角条件 3.6.11
边坡稳定性监测 9.3.10
边桩 5.2.15
变坡点 5.2.18
变材点 6.2.12
变径点 6.2.11
变形分析 9.5.2
变形观测 9.1.2
变形观测点 9.2.9
变形观测点位置图 9.5.18
变形监测 9.1.1
变形监测基准网 9.2.1
变形监测网 9.2.4
变形监测系统 9.1.12
变形区 9.5.4
变形速率 9.5.10
变形异常 9.5.11
变形因子 9.5.3
变形预报 9.5.6
变形允许值 9.5.12
标靶 13.8.14
标高传递 7.3.13
标高线 7.3.12
标准差 2.0.25
标准配置点 10.3.4
标称精度 3.3.21
标石 3.1.10
波带板 13.8.24
波谱发射率 11.2.30
波谱反射率 11.2.28
波谱分辨率 11.1.17
波谱集群 11.2.24
波谱透射率 11.2.25
波谱特征空间 11.2.23
补偿器 13.8.2
不规则三角网 12.5.4

C

采样 10.4.20
采样率 12.2.4
参考椭球 3.2.29
参数平差 3.10.3
残余上下视差 10.4.29
测标 10.1.21
测程 3.7.7
测杆 13.8.21
测回 3.3.15
测回较差 3.3.16
测绘学 2.0.1
测角中误差 3.8.16
测距码 3.4.15
测距误差 3.7.15
测距仪 13.2.1
测距中误差 3.7.16
GPS测量 3.4.2
测量标志 3.1.9
测量觇标 3.3.7
测量控制网 3.1.2
测量平差 3.10.1
测量平面直角坐标系 3.2.5
测量误差 2.0.20
GNSS测量型接收机 13.4.1
测区平均高程面 3.2.26
测深点 4.4.18
测深点间距 4.4.20
测深定位 4.4.29

测深改正 4.4.25
测深杆 13.5.3
测深精度 4.4.15
测深线 4.4.19
测深仪回波信号 4.4.17
测绳 13.8.23
GPS-RTK 测图 4.3.2
测图放大系数 10.2.7
测微器 13.8.3
测斜仪法 9.4.14
测站 3.3.5
测站归心 3.3.11
测站坐标系 7.5.14
侧方交会 4.2.12
侧视雷达 13.6.5
差分 GPS 3.4.6
差分雷达干涉测量 11.1.14
差异沉降 9.5.8
觇牌 13.8.11
场地地面沉降观测 9.3.3
场区控制网 7.2.2
沉降观测 9.3.1
沉降观测点 9.2.11
沉降量 9.5.7
城市轨道交通工程测量 8.1.3
城镇建筑区地形测图 4.1.4
乘常数 3.7.9
尺长改正 3.7.12
尺度参数 3.2.15
重采样 10.4.21
出地点 6.2.15
垂球 13.8.8
垂直度测量 7.3.17
垂直角 3.9.22
垂直位移监测 9.1.5
垂直位移监测基准网 9.2.3
垂直折光系数 3.9.27
垂准仪 13.1.8
磁力仪 13.5.6
磁偶极感应法 6.3.10
刺点 10.3.14
刺点像片 10.3.18
粗差 2.0.28
粗码（C/A 码） 3.4.16

D

大坝变形监测 9.3.11
大比例尺地形图 4.1.9
大比例尺航空摄影测量 10.1.5
大地高 3.2.43
大地水准面 3.2.3
大地水准面高 3.2.41
大地坐标系 3.2.10
大气改正 3.7.10
带状地形图 4.1.12
单差相位观测 3.4.38
单航带空中三角测量 10.4.4
单基线解算 3.4.36
单频 GNSS 接收机 13.4.2
单位权 3.10.23
单位权方差 3.10.24
单位权中误差 3.10.25
导航电文 3.4.18
导入高程测量 8.2.17
导线边 3.5.8
导线测量 3.5.1
导线点 3.5.7
导线横向误差 3.5.14
导线角度闭合差 3.5.10
导线全长闭合差 3.5.11
导线全长相对闭合差 3.5.12
导线网 3.5.2
导线折角 3.5.9
导线纵向误差 3.5.13
倒垂线法 9.4.6
倒镜 3.8.6
等高距 4.3.10
等高线 4.3.7
等高线插求点 4.3.22
等偏摄影 10.6.16
等倾摄影 10.6.18
等深距 4.4.4
等深线 4.4.3
等位移量曲线图 9.5.15
等效主距 10.2.30
等值距 10.6.25
等值线 10.6.24
底板测点 8.4.6
抵偿高程面 3.2.27
地底点 10.1.16
地理编码 12.2.3
地理标识符 12.2.5
地理信息 12.1.1
地理信息系统 12.1.2
地理要素 12.1.3
地貌 4.3.6
地貌点 4.3.20
地面分辨率 10.2.27
地面摄影测量 10.6.1

地面摄影测量坐标系 10.6.2
地面遥感 11.1.7
地球曲率与折光差改正 3.9.26
地物 4.3.5
地物波谱特性 11.2.26
地物点 4.3.19
地下工程测量 8.1.1
地下管线测量 6.1.1
地下管线附属设施 6.2.6
地下管线信息系统 6.1.4
地下水位观测 9.3.13
地形 4.3.4
地形测量 4.1.1
地形点 4.3.18
地形点间距 4.3.24
地形图 4.1.2
地形图比例尺 4.1.14
地形图编绘 4.1.25
地形图分幅 4.1.17
地形图分幅图 4.1.22
地形图数据库 4.1.26
地形图图式 4.1.15
地形图修测 4.1.7
地形图要素 4.1.24
地形图原图 4.1.13
地形图注记 4.3.16
地形晕渲法 12.6.2
地性线 4.3.11
地质雷达 13.5.5
点 12.1.6
点位误差 2.0.32
点位中误差 3.10.32
点下对中 8.4.7
点之记 3.1.12
点状符号 4.3.13
电磁波测距 3.7.2
电磁波测距三角高程测量 3.9.4
电磁波测距仪 13.2.2
电磁波谱 11.1.12
电磁感应法 6.3.5
电偶极感应法 6.3.9
电离层折射改正 3.4.44
GPS-RTK 电台 13.8.27
电子经纬仪 13.1.3
电子经纬仪工业测量系统 7.5.3
电子倾斜仪 13.3.7
电子手簿 13.7.1
调绘像片 10.3.20
叠置分析 12.4.5
顶板测点 8.4.5
定位标记 4.4.24
GALILEO 定位系统 2.0.13
GLONASS 定位系统 2.0.12
GPS 定位系统 2.0.11
定线测量 5.2.1
定向点 10.4.15
定向连接测量 8.2.10
定向连接点 8.2.6
动吃水改正 4.4.28
动力管网图 7.4.5
动态变形监测 9.1.6
动态立体摄影 10.6.4
洞口掘进方向标定 8.2.3
洞口联系测量 8.2.2
独立基线 3.4.34
独立模型法空中三角测量 10.4.3
独立网 3.1.4
独立坐标系 3.2.8
度盘 3.8.7
度盘配置 3.8.11
端点桩 7.3.6
短边方位角传递 7.5.6
断链 5.2.17
断面基线 4.4.22
断面间距 4.4.23
断面数据采集 10.5.14
断面索法 4.4.30
对流层折射改正 3.4.45
对中杆 13.8.10
对中误差 3.3.10
盾构施工测量 8.4.2
多基线解算 3.4.37
多路径误差 3.4.32
多路径效应 3.4.31
多波段频谱变换 11.2.15
多波束测深系统 13.5.1
多谱段遥感 11.1.8
多时相遥感 11.1.9
多余观测 3.1.13

E

二倍照准差 3.8.13
二倍照准差互差 3.8.14

F

发射波谱 11.2.29
GPS-RTK 法测设 5.2.31
法截弧曲率半径 3.2.34
反立体 10.1.20
反射波谱 11.2.27

反射棱镜 13.8.12
反射片 13.8.13
反向曲线 5.2.23
方差—协方差传播律 3.10.21
方差—协方差阵 3.10.20
方格网点 7.2.6
方位角 3.3.18
方位角条件 3.6.8
方位角中误差 3.10.30
方位线 10.3.5
方向附合导线 8.4.4
方向观测法 3.8.2
方向线交会法 7.3.20
非监督分类 11.2.37
非量测摄影机 13.6.3
菲列罗公式 3.6.5
分层 4.3.32
分层沉降观测 9.3.4
分带子午线 3.2.19
分支点 6.2.10
分组观测 3.8.4
风振监测 9.1.8
辐射变换 11.2.13
辐射校正 11.2.5
GPS 辅助空中三角测量 10.4.7
POS 辅助空中三角测量 10.4.8
复测基线 3.4.35
复曲线 5.2.22
附参数条件平差 3.10.6
附合导线 3.5.4
附合水准路线 3.9.15
附属设施中心点 6.2.7
附条件参数平差 3.10.4

G

干涉雷达 13.6.7
钢尺量距 3.7.11
钢卷尺 13.8.22
高差 3.9.19
高差偶然中误差 3.9.21
高差全中误差 3.9.20
高差位移 10.5.10
高程 3.2.37
GPS 高程测量 3.9.5
高程基准 3.2.35
高程控制测量 3.9.1
高程控制点 3.9.11
高程控制网 3.9.8
高程异常 3.2.42
高程中误差 3.10.33
高程注记点 4.3.23
高斯-克吕格平面直角坐标系 3.2.9
高斯-克吕格投影 3.2.16
高斯平面子午线收敛角 3.2.24
高斯投影长度变形 3.2.23
高斯投影方向改正 3.2.21
高斯投影距离改正 3.2.22
高斯投影面 3.2.25
给排水管网图 7.4.7
跟踪数字化 4.3.36
工厂现状图测量 4.1.5
工程测量 2.0.3
工程测量学 2.0.2
工程摄影测量 10.1.1
工程遥感 11.1.2
工点地形图 5.1.13
工业测量 7.5.2
工作基点 9.2.8
公里桩 5.2.12
公路工程测量 5.1.3
共面条件方程式 10.4.11
共线条件方程式 10.4.12
固定断面 4.4.21
固定角条件 3.6.7
固定误差 3.3.22
关系数据库 12.3.2
观测墩 3.3.8
观测时段 3.4.23
管道工程测量 5.1.6
管底标高 6.2.16
管顶标高 6.2.17
管顶埋深 6.2.18
管线代号 6.2.20
管线点 6.1.2
管线点埋深探测中误差 6.4.2
管线点平面位置中误差 6.4.1
管线断面图 6.4.5
管线实地调查 6.2.1
管线探测仪 13.5.4
管线特征点 6.2.2
管线资料调查 6.1.3
贯通测量 8.3.1
贯通误差 8.3.2
惯性测量系统 13.6.9
光栅 13.8.4
光栅度盘 3.8.9
光束法空中三角测量 10.4.6
光学度盘 3.8.8
光学对中器 13.8.6

光学经纬仪 13.1.2
广播星历 3.4.20
归零差 3.8.12
归心改正 3.3.14
归心元素 3.3.13
2000 国家大地坐标系 2.0.4
1985 国家高程基准 2.0.8

H

航迹角 10.2.13
航空摄影 10.2.1
航空摄影测量 10.1.2
航空遥感 11.1.6
航摄绝对漏洞 10.2.19
航摄相对漏洞 10.2.20
航摄漏洞 10.2.18
航天遥感 11.1.5
航线段 10.3.6
航线弯曲度 10.2.12
航线网 10.3.7
航线网布点 10.3.10
航向重叠 10.2.10
航向控制点跨度 10.3.12
航向倾角 10.2.8
核线 10.4.24
核线相关 10.4.25
合成孔径雷达 13.6.6
荷载、时间、位移量曲线图 9.5.16
横断面测量 5.2.4
横断面图 5.2.6
横向贯通误差 8.3.4
红外测距 3.7.6
红外测距仪 13.2.3
后差分动态相对定位 3.4.11
后方交会 4.2.11
互瞄内觇标法 7.5.11
互瞄外觇标法 7.5.12
滑坡监测 9.3.7
缓冲区分析 12.4.3
缓和曲线 5.2.20
换能器 13.8.26
换能器吃水改正 4.4.27
灰阶 11.2.9
回声测深 4.4.16
回声测深仪 13.5.2
回头曲线 5.2.21
汇水面积测量 4.1.8
绘图仪 13.7.2

J

基高比 10.2.24
基距比 10.6.20
基坑回弹测量 9.3.9
基平 5.2.7
GPS 基线 3.4.33
基线分量 10.6.22
基准点 9.2.6
基准点稳定性分析 9.5.1
畸变改正 10.2.32
激光测距 3.7.5
激光测距仪 13.2.4
激光导向仪 13.1.10
激光对中器 13.8.7
激光干涉仪 13.2.7
激光跟踪测量系统 7.5.5
激光绘图仪 13.7.3
激光经纬仪 13.1.4
激光雷达 13.6.8
激光扫平仪 13.3.5
激光水准仪 13.3.4
激光投点 8.2.8
激光指向 8.4.9
激光准直法 9.4.7
激光准直仪 13.1.9
机械倾斜仪 13.3.6
极限误差 2.0.27
几何校正 11.2.4
几何立体模型 10.1.18
几何物理分析 9.5.5
计曲线 4.3.9
夹钳法 6.3.8
加常数 3.7.8
加密控制点 10.4.30
加密网 3.1.5
假定高程 3.2.38
假定坐标系 3.2.7
架空送电线路测量 5.1.7
架空索道测量 5.1.8
监测体 9.1.3
监测周期 9.1.11
监督分类 11.2.36
间接解译标志 11.2.22
检测周期 9.2.5
检查点 10.4.32
检查井大样图 7.4.9
建筑方格网 7.2.4
建筑方格网主轴线 7.2.5
建筑红线测量 7.3.2
建筑基础平面图 7.1.4
建筑结构平面图 7.1.5

建筑区管线探测 6.3.1
建筑物沉降观测 9.3.2
建筑物施工控制网 7.2.3
建筑物主体倾斜率 9.5.9
建筑轴线测设 7.2.7
建筑坐标系 3.2.6
交叉点 6.2.13
交点 5.2.9
交会点 4.2.8
交会法 4.2.9
交通运输图 7.4.4
交向角 10.6.13
交向摄影 10.6.17
角导线直瞄法 7.5.7
角度交会法放点 7.3.19
角分辨率 10.2.28
角-极条件 3.6.9
校核基准点 9.2.7
结点 3.1.8
结点网 3.1.6
结构安装测量 7.1.3
结构化查询语言 12.4.2
结构健康监测 9.1.10
截止高度角 3.4.27
解译标志 11.2.20
解析空中三角测量 10.4.1
解析摄影测量 10.1.3
近景摄影测量 10.1.6
近井点 8.2.4
近似平差 3.10.11
精度估算 3.1.15
精度因子 3.4.29
精码 3.4.17
精密垂准 9.4.9
精密度 2.0.17
精密水准测量 3.9.6
精密星历 3.4.21
精密准直 9.4.8
精确度 2.0.18
经纬仪 13.1.1
经纬仪投点法 9.4.2
静态立体摄影 10.6.3
静态相对定位 3.4.9
纠正点 10.3.15
纠正起始面 10.5.9
矩形分幅 4.1.19
聚合分析 12.4.4
聚类分析 12.4.6
距离测量 3.7.1
绝对定位 3.4.7
绝对定向 10.4.18
绝对定向元素 10.5.5
绝对航高 10.2.3
绝对误差 2.0.29
竣工测量 7.4.1
竣工总平面图 7.4.2

K

开挖沉陷观测 9.3.14
开挖沉陷图 9.5.19
可靠性 2.0.34
可视化 12.6.1
可视性分析 12.4.13
空间变换 11.2.14
空间分辨率 11.1.15
空间分析 12.4.7
空间后方交会 10.4.10
空间建模 12.6.3
空间前方交会 10.4.9
空间数据 12.1.4
空间数据交换格式 12.2.7
空间数据结构 12.2.6
空间统计分析 12.4.8
控制测量 3.1.1
控制点 3.1.7
GPS控制网 3.4.4
控制网选点 3.3.4
控制网优化设计 3.1.14
控制像片 10.3.19
跨河水准测量 3.9.7
快速静态相对定位 3.4.10
宽高比 10.2.25
矿山测量 8.1.2
矿山经纬仪 13.1.6
框标 10.4.13

L

雷达干涉测量 11.1.13
里程桩 5.2.11
立模测量 7.3.7
立体镜 13.8.25
立体量测 10.4.19
立体像对 10.2.22
历元 3.4.24
联系三角形法 8.2.11
连接点 10.4.31
连续运行参考站 3.4.13
量测摄影机 13.6.2
两井定向 8.2.13
裂缝监测 9.1.9

流域分析 12.4.9
龙门板 7.3.15
罗盘经纬仪 13.1.7
罗盘仪 13.1.11

M

埋设年代 6.2.19
埋石 3.1.11
脉冲法测距 3.7.4
密度分割 11.2.10
面 12.1.8
面水准测量 7.3.3
面向对象数据库 12.3.3
面状符号 4.3.15
瞄直法 8.2.12
明显地物点 10.3.17
明显管线点 6.2.3
模式识别 11.2.35
模型连接 10.5.7
目标区 11.2.39

N

挠度测量 9.3.5
内定向 10.4.16
内定向元素 10.5.2
拟稳平差 3.10.9
逆转点法 8.2.15
1956年黄海高程系 2.0.9

O

偶然误差 2.0.22

P

判别边界 11.2.42
判读 10.3.22
旁向重叠 10.2.11
旁向控制点跨度 10.3.13
旁向倾角 10.2.9
旁折光（差） 3.8.15
皮数杆 7.3.16
偏距 6.2.5
偏桩 5.2.16
平板测图 4.3.3
平差值 3.10.26
平均边长 3.3.20
平均曲率半径 3.2.33
平面控制测量 3.3.1
平面控制点 3.3.3
平面控制网 3.3.2
平面曲线 5.2.19
平面曲线测设 5.2.27
平移参数 3.2.13
坡度测设 5.2.29
铺轨基标 8.1.4

Q

起讫点 6.2.8
起始数据 3.10.39
起始数据误差 3.10.40
铅垂线 3.2.1
前方交会 4.2.10
浅层地震仪 13.5.7
墙水准点 3.9.13
强制对中 3.3.9
桥梁工程测量 5.1.5
桥梁轴线测设 7.3.10
倾斜测量 9.3.6
倾斜改正 3.7.13
倾斜摄影 10.6.15
倾斜误差 10.5.11
求积仪 13.7.6
区域网 10.3.8
区域网布点 10.3.11
区域网空中三角测量 10.4.5
曲线测设 5.2.26
曲线光滑 4.3.33
曲线要素 5.2.25
趋势面分析 12.4.10
权 3.10.22
权函数 3.10.18
权矩阵 3.10.16
权逆阵 3.10.17
权系数 3.10.19
全球导航卫星系统 2.0.10
全野外布点 10.3.9
全圆方向法 3.8.3
全站仪 13.4.4
全站仪测图 4.3.1
全站仪法测设 5.2.30
全站仪极坐标测量系统 7.5.4
全站仪监测系统 9.4.13
全站仪极坐标法 4.2.7

R

热辐射 11.2.32
人工标志 10.2.29
人机交互处理 4.3.31
任意中央子午线 3.2.20
日照变形监测 9.1.7
入地点 6.2.14

S

三差解 3.4.48
三差相位观测 3.4.40

三角点 3.6.3
三角高程测量 3.9.3
三角高程网 3.9.10
三角基座 13.8.5
三脚架 13.8.9
Delaunay 三角网 12.5.3
三角形闭合差 3.6.4
三角形网 3.6.2
三角形网测量 3.6.1
三维激光扫描仪 13.4.5
三维景观 12.6.4
三维激光扫描法测量 9.4.12
扫测 4.4.7
扫描数字化 4.3.35
扫描仪 13.7.4
栅格数据 12.2.9
上下视差 10.4.27
设备安装测量 7.5.1
设计坐标系 7.5.15
摄影比例尺 10.2.6
摄影测量内插 10.5.13
摄影测量坐标系 10.1.7
摄影方向 10.6.8
摄影分区 10.2.5
摄影航高 10.2.2
摄影航线 10.2.17
摄影基线 10.2.21
摄影机主距 10.6.9
摄影站 10.6.6
摄影主光轴 10.6.7
摄影纵距 10.6.10
深度基准 4.4.31
深埋钢管标 9.2.12
深埋双金属标 9.2.13
伸缩仪 13.2.5
声速改正 4.4.26
矢量数据 12.2.10
失锁 3.4.30
施工测量 7.1.1
施工场地管线探测 6.3.2
施工放样 7.3.1
施工控制网 7.2.1
实时动态相对定位 3.4.12
实体 12.1.5
识别码 4.3.28
时间分辨率 11.1.16
时间基线视差法 10.6.5
视差 3.1.18
视线高程 4.3.17
视准线法 9.4.3
示坡线 4.3.12
示踪电磁法 6.3.11
1984 世界大地坐标系 2.0.7
室内地坪标高 7.4.10
首曲线 4.3.8
输电及通信线路图 7.4.6
数据采集 4.3.25
数据采样间隔 3.4.28
数据层 12.3.8
数据获取 12.2.11
数据集 12.3.9
数据检索 12.4.1
数据库 12.3.1
数据库管理系统 12.3.5
数据库设计 12.3.4
数据源 12.2.8
数据质量 12.2.16
数据字典 12.3.10
数据转换 4.3.26
数字表面模型 12.5.2
数字地形图 4.1.10
数字地面模型 12.5.1
数字地形分析 12.5.6
数字高程模型 4.3.39
数字化文件 4.3.34
数字化仪 13.7.5
数字纠正 10.5.12
数字栅格图 4.3.38
数字摄影测量 10.1.4
数字摄影测量工作站 13.6.1
数字水准仪 13.3.3
数字图像处理 12.3.11
数字图形处理 4.3.30
数字线划图 4.3.37
数字影像地形图 4.3.41
数字正射影像图 4.3.40
属性精度 12.2.14
属性数据 12.2.13
竖井定向测量 8.2.5
竖井联系测量 8.2.1
竖盘指标差 3.9.24
竖曲线 5.2.24
竖曲线测设 5.2.28
竖向贯通误差 8.3.5
双差浮点解 3.4.47
双差固定解 3.4.46
双差相位观测 3.4.39
双面木质区格水准尺 13.8.17

双频GNSS接收机 13.4.3
水尺 4.4.11
水库淹没线测设 7.3.9
水平角 3.8.1
水平位移观测点 9.2.10
水平位移监测 9.1.4
水平位移监测基准网 9.2.2
水深 4.4.13
水深测量 4.4.14
水位 4.4.8
水位曲线 4.4.10
水下地形 4.4.1
水下地形测量 4.4.2
水下横断面测量 4.4.6
水下纵断面测量 4.4.5
水域地形测量 4.1.6
水准测段 3.9.18
水准测量 3.9.2
水准尺 13.8.15
水准点 3.9.12
水准路线 3.9.14
水准面 3.2.2
水准器 13.8.1
水准网 3.9.9
水准仪 13.3.1
水准原点 3.2.36
瞬时水位 4.4.12
似大地水准面 3.2.4
搜索区 11.2.40
隧道工程测量 5.1.4

T

塔尺 13.8.20
泰森多边形 12.5.5
太阳辐射波谱 11.2.34
探测仪发射功率 6.3.3
探地雷达法 6.3.12
特征码 4.3.29
特征提取 11.2.18
特征选择 11.2.17
体 12.1.9
天顶距 3.9.23
天线高 3.4.25
填筑轮廓点测量 7.3.8
条件平差 3.10.5
条形码水准尺 13.8.18
铁路工程测量 5.1.2
同步观测 3.4.22
同步环 3.4.49
同名像点 10.1.13
统计检验法 3.10.42
图幅编号 4.1.21
图幅接边 4.1.23
图根导线测量 4.2.2
图根高程测量 4.2.3
图根控制测量 4.2.1
图根控制点 4.2.6
图根三角高程测量 4.2.5
图根水准测量 4.2.4
图廓 4.1.20
图像变换 11.2.11
图像复原 11.2.44
图像滤波 11.2.16
图像镶嵌 11.2.46
图像增强 11.2.12
图形数据 12.2.12
图形元素 4.3.27
土体测斜 9.3.8
陀螺定向电磁波测距导线 8.4.3
陀螺方位角 8.2.16
陀螺经纬仪 13.1.5
陀螺稳定平台 13.8.28
陀螺仪定向测量 8.2.14
椭球扁率 3.2.32
椭球长半轴 3.2.30
椭球短半轴 3.2.31
拓扑对象 12.3.7
拓扑关系 12.3.6

W

外定向元素 10.5.3
弯管目镜 13.8.29
往返测 3.1.16
网格结构 12.2.15
网络分析 12.4.12
微波辐射 11.2.33
微波谱貌 11.2.31
位移量曲线图 9.5.14
卫星定位测量 3.4.1
卫星定位测量控制网 3.4.3
卫星定位法测量 9.4.11
卫星高度角 3.4.26
卫星星历 3.4.19
卫星姿态 11.2.2
温度分辨率 11.1.18
温度改正 3.7.14
纹理 12.6.5
无定向导线 3.5.6
无约束平差 3.4.51
误差 2.0.19

误差检验 3.10.41
误差理论 2.0.15
误差曲线 3.10.36
误差椭圆 3.10.37
物镜前（后）节点 10.2.31
物空间坐标系 10.1.10
物性差异 6.3.4

X

1980 西安坐标系 2.0.5
细部坐标点 4.3.21
系统定向 7.5.13
系统误差 2.0.23
先验权 3.10.14
先验权中误差 3.10.15
线 12.1.7
线路测量 5.1.1
线路高程控制测量 5.1.10
线路平面控制测量 5.1.9
线路水准测量 5.1.11
线条形觇标 7.5.8
线纹米尺 13.8.19
线状符号 4.3.14
限差 2.0.26
相对闭合差 3.10.13
相对定位 3.4.8
相对定向 10.4.17
相对定向元素 10.5.4
相对航高 10.2.4
相对控制 10.6.21
相对误差 2.0.30
相对误差椭圆 3.10.38
相对中误差 2.0.31
相关分析 3.10.43
相关平差 3.10.7
相邻点间相对中误差 3.10.29
相邻影响曲线图 9.5.17
相位法测距 3.7.3
相位整周模糊度解算 3.4.43
像场角 10.6.19
像底点 10.1.15
像点位移 10.5.6
像点坐标 10.1.12
像幅 10.2.33
像空间坐标系 10.1.9
像片比例尺 10.2.34
像片方位元素 10.5.1
像片调绘 10.3.21
像片基线 10.2.23
像片纠正 10.5.8
像片控制测量 10.3.1
像片控制点 10.3.2
像片平高控制点 10.3.3
像片倾角 10.2.14
像片索引图 10.2.16
像片旋角 10.2.15
像片中心 10.4.14
像平面坐标系 10.1.8
像元 10.2.35
像元角 10.2.36
像主点 10.1.14
像主点落水 10.3.16
小角度法 9.4.1
楔形觇标 7.5.9
GPS 信号 3.4.14
旋转参数 3.2.14
训练区 11.2.41

Y

严密平差 3.10.10
验潮 4.4.9
验线 7.3.18
腰线测设 8.4.1
遥感 11.1.1
遥感传感器 11.1.3
遥感平台 11.1.4
遥感卫星轨道参数 11.2.1
遥感制图 11.1.19
液体静力水准测量 9.4.10
液体静力水准仪 13.3.8
一般地区地形测图 4.1.3
一井定向 8.2.9
异步环 3.4.50
因瓦基线尺 13.2.6
因瓦水准尺 13.8.16
引张线法 9.4.4
隐蔽管线点 6.2.4
应力测量 9.3.12
影像 10.1.11
影像处理 11.2.6
影像分辨率 10.2.26
影像分割 11.2.45
影像几何纠正 11.2.7
影像几何配准 11.2.8
影像解译 11.2.19
影像金字塔 11.2.48
影像匹配 10.4.22
影像融合 11.2.47
影像扫描仪 13.6.4
影像相关 10.4.23

影像压缩 11.2.43
影像预处理 11.2.3
预警值 9.5.13
元数据 12.1.10
圆形觇标 7.5.10
圆周角条件 3.6.6
约束平差 3.4.52

Z

载波相位测量 3.4.5
凿井施工测量 8.4.8
站场现状图 5.1.12
找平 7.3.11
照准点 3.3.6
照准点归心 3.3.12
照准误差 3.1.17
真误差 2.0.21
整周模糊度 3.4.41
正常高 3.2.39
正垂线法 9.4.5
正方形分幅 4.1.18
正高 3.2.40
正镜 3.8.5
正立体 10.1.19
正直摄影 10.6.14
支导线 3.5.5
支水准路线 3.9.17
直反觇观测 3.9.25
直角坐标格网 4.1.16
直接解译标志 11.2.21
直接线性变换 10.6.23
直埋电缆 6.2.21
直线桩 5.2.14
纸上定线 5.1.14
纸质地形图 4.1.11
置信度 2.0.33
秩亏平差 3.10.8
中平 5.2.8
中误差 2.0.24
中线测量 5.2.2
中心桩 7.3.4
中央子午线 3.2.18
中桩 5.2.10
重锤投点 8.2.7
周跳 3.4.42
轴对准法生成坐标系 7.5.16
轴线控制桩 7.3.5
轴线投测 7.3.14
主动式遥感 11.1.10
主动源法 6.3.7
主光轴偏角 10.6.11
主光轴倾角 10.6.12
主合点 10.1.17
主施工高程面 3.2.28
专家系统分类 11.2.38
专业地下管线图 6.4.4
专业管线图 7.4.3
转刺 10.4.33
转换参数 3.2.12
转折点 6.2.9
追踪分析 12.4.11
准确度 2.0.16
子午线 3.2.17
自动安平水准仪 13.3.2
自动空中三角测量 10.4.2
自由测站法 7.3.21
自由网 3.1.3
综合地下管线图 6.4.3
综合管线图 7.4.8
纵断面测量 5.2.3
纵断面图 5.2.5
纵向贯通误差 8.3.3
最弱边 3.10.34
最弱点 3.10.35
最小二乘法 3.10.2
左右视差 10.4.26
左右视差较 10.4.28
坐标方位角 3.3.19
坐标条件 3.6.13
坐标增量 3.3.17
坐标中误差 3.10.31
坐标转换 3.2.11

英 文 索 引

A

abnormal deformation 9.5.11
absolute error 2.0.29
absolute flying height 10.2.3
absolute gap of aerial photography 10.2.19
absolute orientation 10.4.18
absolute positioning 3.4.7
acceptance survey 7.4.1
accident error 2.0.22
accidental root mean square error of elevation difference 3.9.21
accuracy 2.0.16
accuracy of sounding 4.4.15
active method 6.3.7
active remote sensing 11.1.10

addition constant 3.7.8
adjacent effect chart 9.5.17
adjustment of correlated observation 3.10.7
adjustment of observations 3.10.1
adjustment value 3.10.26
aerial cableway survey 5.1.8
aerial photogrammetry 10.1.2
aerial photographic gap 10.2.18
aerial photography 10.2.1
aerial power transmission route survey 5.1.7
aerial remote sensing 11.1.6
air base 10.2.21
alignment survey 5.2.1
allowable deformation value 9.5.12
ambiguity of whole cycles 3.4.41
amount of settlement 9.5.7
analysis of stability of datum point 9.5.1
analytical photogrammetry 10.1.3
angle resolution 10.2.28
angle of flight path 10.2.13
angular closing error of traverse 3.5.10
angular field of view 10.6.19
angular misclosure of traverse 3.5.10
angular misclosure of triangle 3.6.4
angular polar condition 3.6.9
analytical aerotriangulation 10.4.1
annexed leveling line 3.9.15
annotated photograph 10.3.20
annotation 10.3.21
antenna height 3.4.25
approximate adjustment 3.10.11
arbitrary central meridian 3.2.20
architecture coordinate system 3.2.6
arc-to-chord correction in Gauss projection 3.2.21
areal symbol 4.3.15
arrangement value on circle 3.8.11
artificial target 10.2.29
as-built survey 7.4.1
as-built survey of industrial area 4.1.5
aspect ratio 10.2.25
assumed coordinate system 3.2.7
assumed height 3.2.38
atmospheric correction 3.7.10
attribute accuracy 12.2.14
attribute data 12.2.13
automatic aerotriangulation 10.4.2
automatic level 13.3.2
auxiliary facility of underground pipeline 6.2.6
averted angle of photographic axis 10.6.11
azimuth 3.3.18
azimuth transfer by shorted sides 7.5.6
azimuthal condition 3.6.8

B

barcode leveling staff 13.8.18
base-distance ratio 10.6.20
base-height ratio 10.2.24
baseline component 10.6.22
baseline of section 4.4.22
bathymetry 4.4.14
bathymetric surveying 4.4.2
batter board 7.3.15
beginning and ending points 6.2.8
BeiDou (COMPASS) Navigation Satellite System 2.0.14
Beijing Geodetic Coordinate System 1954 2.0.6
bench mark 3.9.12
benchmark built in wall 3.9.13
benchmark leveling 5.2.7
binary coded circle 3.8.10
binary coded disk 3.8.10
block 10.3.8
block of flight strips 10.3.8
block aerotriangulation 10.4.5
bottom station 8.4.6
boundary distinguishing 11.2.42
boundary survey 7.3.2
breakthrough survey 8.3.1
bridge engineering survey 5.1.5
bridging of model 10.5.7
broadcast ephemeris 3.4.20
broken chain 5.2.17
bubble 13.8.1
buffer analysis 12.4.3
building axis tranfer 7.3.14
building construction control network 7.2.3
building coordinate system 3.2.6
building settlement observation 9.3.2
building square grids 7.2.4
bundle aero triangulation 10.4.6
buried cable 6.2.21
buried depth of pipeline top 6.2.18

C

2C mutual deviation 3.8.14
camera station 10.6.6
carrier phase measurement 3.4.5
catchment area survey 4.1.8
centerline peg on straight route 5.2.14
centerline stake leveling 5.2.8

centerline survey 5. 2. 2
center of auxiliary facility 6. 2. 7
center stake 5. 2. 10
centring error 3. 3. 10
centring rod 13. 8. 10
centring under point 8. 4. 7
central meridian 3. 2. 18
chainage mark 5. 2. 11
chart of displacement value and time 9. 5. 14
checking datum point 9. 2. 7
checking of building line 7. 3. 18
checking point 10. 4. 32
China Geodetic Coordinate System 2000 (CGCS2000) 2. 0. 4
circle 3. 8. 7
classification with expert system 11. 2. 38
clip method 6. 3. 8
closed leveling line 3. 9. 16
closed traverse 3. 5. 3
close-range photogrammetry 10. 1. 6
closing error 3. 10. 12
closing error of triangle 3. 6. 4
cluster analysis 12. 4. 6
coarse/acquisition code (C/A code) 3. 4. 16
coding 12. 2. 1
coding rule 12. 2. 2
collimating line method 9. 4. 3
collinearity condition equation 10. 4. 12
compass 13. 1. 11
compass theodolite 13. 1. 7
compensation height plane 3. 2. 27
compensator 13. 8. 2
compensator level 13. 3. 2
compilation of topographic map 4. 1. 25
compound curve 5. 2. 22
comprehensive plan of pipelines 7. 4. 8
comprehensive plan of underground pipeline 6. 4. 3
condition adjustment 3. 10. 5
condition adjustment with parameters 3. 10. 6
condition for closing central angles 3. 6. 6
condition for fixing angle 3. 6. 7
confidence 2. 0. 33
connecting traverse 3. 5. 4
connection point for orientation 8. 2. 6
connection survey through tunnel entrance 8. 2. 2
connection triangle method 8. 2. 11
constraint adjustment 3. 4. 52
construction control network 7. 2. 1
construction survey 7. 1. 1
construction survey for shaft sinking 8. 4. 8
continuously operating reference station (CORS) 3. 4. 13
contour 4. 3. 7
contour interval 4. 3. 10
contour line 4. 3. 7
contour map of mining subsidence 9. 5. 19
control network of project site 7. 2. 2
control point 3. 1. 7
control point distribution for block aerotriangulation 10. 3. 11
control point distribution for aerial triangulation strip 10. 3. 10
control point for rectification 10. 3. 15
control point of photograph 10. 3. 2
control point near shaft 8. 2. 4
control points spacing across strip 10. 3. 13
control points spacing along strip 10. 3. 12
control survey 3. 1. 1
control survey of photograph 10. 3. 1
convergent angle 10. 6. 13
convergent photography 10. 6. 17
conversion parameter 3. 2. 12
coordinate azimuth 3. 3. 19
coordinate condition 3. 6. 13
coordinate of image point 10. 1. 12
coordinate system defined with method of axis alignment 7. 5. 16
coordinate transformation 3. 2. 11
coplanarity condition equation 10. 4. 11
correction on earth curvature and refraction 3. 9. 26
correction for transducer dynamic draft 4. 4. 28
correction for slope 3. 7. 13
correction for temperature 3. 7. 14
correction of depth 4. 4. 25
correction of sounding velocity 4. 4. 26
correction for transducer draft 4. 4. 27
correction for nominal length of tape 3. 7. 12
correlation analysis 3. 10. 43
corresponding image points 10. 1. 13
crack monitoring 9. 1. 9
crisscross point 6. 2. 13
cross-river leveling 3. 9. 7
cross-section profile 5. 2. 6
cross-section survey 5. 2. 4
curve of error 3. 10. 36
curve of water level 4. 4. 10
curve setting out 5. 2. 26
cut-cover cable 6. 2. 21

cycle slip 3.4.42

D

dam deformation monitoring 9.3.11
damping-bob for shaft plumbing 8.2.7
data acquisition 12.2.11
database 12.3.1
database design 12.3.4
database management system 12.3.5
data base of topographic map 4.1.26
data capture 12.2.11
4.3.25
data collection 4.3.25
data conversion 4.3.26
data dictionary 12.3.10
data layer 12.3.8
data level 12.3.8
data quality 12.2.16
data recorder 13.7.1
data retrieval 12.4.1
data sampling interval 3.4.28
data set 12.3.9
data source 12.2.8
date of as built 6.2.19
date of construction 6.2.19
datum of rectification 10.5.9
datum point 9.2.6
decision boundary 11.2.42
deep buried bimetal benchmark 9.2.13
deep buried steel-pipe benchmark 9.2.12
deflection survey 9.3.5
deformation analysis 9.5.2
deformation area 9.5.4
deformation observation 9.1.2
deformation factor 9.5.3
deformation forecast 9.5.6
deformation monitoring 9.1.1
deformation monitoring network 9.2.4
deformation monitoring reference network 9.2.1
deformation monitoring system 9.1.12
deformation observation point 9.2.9
deformation rate 9.5.10
deformation velocity 9.5.10
deforming body 9.1.3
Delaunay triangulation 12.5.3
densification control point 10.4.30
densified control network 3.1.5
density slicing 11.2.10
depth contour 4.4.3
depth datum 4.4.31
depth of water 4.4.13
description of station 3.1.12
design coordinate system 7.5.15
detailed map of manhole 7.4.9
detail point 4.3.18
detail point with coordinate 4.3.21
detecting power of detector 6.3.3
diagonal eyepiece 13.8.29
diameter changed point 6.2.11
difference between observation sets 3.3.16
difference in physical properties of materials 6.3.4
difference of the discrepancy between twice collimation errors 3.8.14
differential GPS 3.4.6
differential interferometric synthetic aperture radar (InSAR) measurement 11.1.14
differential settlement 9.5.8
differentail synthetic aperture radar interferometric (SARI) measurement 11.1.14
digital elevation model (DEM) 4.3.39
digital file 4.3.34
digital graphic processing 4.3.30
digital image processing 12.3.11
digital level 13.3.3
digital line graphic (DLG) 4.3.37
digital orthophoto map (DOM) 4.3.40
digital orthophoto topographic map 4.3.41
digital photogrammetric station 13.6.1
digital photogrammetry 10.1.4
digital raster graphic (DRG) 4.3.38
digital rectification 10.5.12
digital surface model (DSM) 12.5.2
digital terrain analysis (DTA) 12.5.6
digital terrain model (DTM) 12.5.1
digital topographic map 4.1.10
digitizer 13.7.5
digitizing by scanning method 4.3.35
digitizing by tracing method 4.3.36
dilution of precision (DOP) 3.4.29
direct and reversed observation 3.1.16
direct interpretation key 11.2.21
direct linear transformation (DLT) 10.6.23
direct-sighting method of angular traverse 7.5.7
direction-connecting traverse 8.4.4
direction cor rection in Gauss projection 3.2.21
direction of optical axis 10.6.8
discrepancy between twice collimation error 3.8.13
displacement of image 10.5.6
distance correction in Gauss projection 3.2.22

distance measurement 3. 7. 1
distance measurement error 3. 7. 15
distance measurement with steel tape 3. 7. 11
distance measuring instrument 13. 2. 1
distortion correction 10. 2. 32
double difference fixed solution 3. 4. 46
double difference floating solution 3. 4. 47
double difference phase observation 3. 4. 39
double-frequency GNSS receiver 13. 4. 3
dynamic deformation monitoring 9. 1. 6
dynamic stereo photography 10. 6. 4

E

easement curve 5. 2. 20
echo signal of sounder 4. 4. 17
echo sounder 13. 5. 2
echo sounding 4. 4. 16
edge matching 4. 1. 23
edge peg 5. 2. 15
EDM-trigonometric leveling 3. 9. 4
electric dipole induction method 6. 3. 9
electromagnetic distance measurement (EDM) 3. 7. 2
electromagnetic distance measuring instrument 13. 2. 2
electromagnetic spectrum 11. 1. 12
electromagnetic tracer method 6. 3. 11
electronic inclinometer 13. 3. 7
electronic theodolite 13. 1. 3
electronic theodolite industrial measurement system 7. 5. 3
elements of absolute orientation 10. 5. 5
elements of centring 3. 3. 13
element of curve 5. 2. 25
elements of exterior orientation 10. 5. 3
elements of interior orientation 10. 5. 2
elements of relative orientation 10. 5. 4
elements of topographic map 4. 1. 24
elevation difference 3. 9. 19
elevation mask angle 3. 4. 27
elevation of ground floor 7. 4. 10
elevation of pipeline bottom 6. 2. 16
elevation of pipeline top 6. 2. 17
elevation of sight on station 4. 3. 17
elevation point with notes 4. 3. 23
elevation transfer 7. 3. 13
ellipsoidal height 3. 2. 43
emission spectrum 11. 2. 29
encoding 12. 2. 1
encoding rule 12. 2. 2
engineering photogrammetry 10. 1. 1
engineering remote sensing 11. 1. 2
engineering survey 2. 0. 3
engineering surveying 2. 0. 2
entity 12. 1. 5
epipolar correlation 10. 4. 25
epipolar line 10. 4. 24
epipolar ray 10. 4. 24
epoch 3. 4. 24
epochs interval 3. 4. 28
equally tilted photography 10. 6. 18
equidisplacement value chart 9. 5. 15
equipment installation survey 7. 5. 1
equivalent principal distance 10. 2. 30
error 2. 0. 19
error ellipse 3. 10. 37
error of breakthrough 8. 3. 2
error of sighting 3. 1. 17
error test 3. 10. 41
exactness 2. 0. 18
exposure station 10. 6. 6
extensometer 13. 2. 5

F

face 12. 1. 8
face left position 3. 8. 5
face right position 3. 8. 6
fast static relative positioning 3. 4. 10
feature code 4. 3. 29
feature extraction 11. 2. 18
feature selection 11. 2. 17
Ferrero’ s formula 3. 6. 5
fiducial mark 10. 4. 13
field ground subsidence observation 9. 3. 3
field settlement observation 9. 3. 3
fissure monitoring 9. 1. 9
fixed error 3. 3. 22
fixed section 4. 4. 21
flattening of ellipsoid 3. 2. 32
flight altitude for photography 10. 2. 2
flight block 10. 2. 5
flight line of aerial photography 10. 2. 17
floor station 8. 4. 6
forced centration 3. 3. 9
forced centring 3. 3. 9
forward and backword observation 3. 1. 16
free network with rank deficiency 3. 1. 3
free station 7. 3. 21
front (rear) nodal point of lens 10. 2. 31
full field control point distribution 10. 3. 9

G

Galileo Positioning System 2. 0. 13
Gauss grid convergence 3. 2. 24
Gauss projection plane 3. 2. 25
Gauss-Krueger plane rectangular coordinate system 3. 2. 9
Gauss-Krueger projection 3. 2. 16
general as-built plan of project 7. 4. 2
geo-coding 12. 2. 3
geocoding 12. 2. 3
geodetic coordinate system 3. 2. 10
geodetic height 3. 2. 43
geographic feature 12. 1. 3
geographic identifier 12. 2. 5
geographic information 12. 1. 1
geographic information system (GIS) 12. 1. 2
geoid 3. 2. 3
geoidal height 3. 2. 41
geological radar 13. 5. 5
geomatics 2. 0. 1
geometric and physical analysis 9. 5. 5
geometric correction 11. 2. 4
geometric rectification 11. 2. 4
geometric rectification of imagery 11. 2. 7
geometric registration of imagery 11. 2. 8
geometric stereo model 10. 1. 18
geometric stereoscopic model 10. 1. 18
Global Navigation Satellite System (GLONASS) 2. 0. 12
Global Navigation Satellite System (GNSS) 2. 0. 10
Global Positioning System (GPS) 2. 0. 11
GNSS receiver 13. 4. 1
GPS aided aerotriangulation 10. 4. 7
GPS baseline 3. 4. 33
GPS control network 3. 4. 4
GPS leveling 3. 9. 5
GPS-RTK transceiver 13. 8. 27
GPS signal 3. 4. 14
GPS survey 3. 4. 2
GNSS survey 9. 4. 11
grade location 5. 2. 29
graphic data 12. 2. 12
graphic element 4. 3. 27
grating 13. 8. 4
grey wedge 11. 2. 9
grid structure 12. 2. 15
grids leveling 7. 3. 3
gross error 2. 0. 28
ground nadir point 10. 1. 16
ground object 4. 3. 5
ground penetrating radar 13. 5. 5
ground penetrating radar method 6. 3. 12
ground resolution 10. 2. 27
ground water level observation 9. 3. 13
Gruber point 10. 3. 4
gyro azimuth 8. 2. 16
gyophic EDM traverse 8. 4. 3
gyroscopic theodolite 13. 1. 5
gyrostatic orientation survey 8. 2. 14
gyro-stabilized platform 13. 8. 28
gyrotheodolite 13. 1. 5
gyrotheodolite orientation 8. 2. 14

H

heading line 10. 3. 5
hectometer stake 5. 2. 13
height 3. 2. 37
height anomaly 3. 2. 42
height datum 3. 2. 35
height displacement 10. 5. 10
height pole 7. 3. 16
hidden position of underground pipeline 6. 2. 4
hill shading 12. 6. 2
holing through survey 8. 3. 1
homologous image points 10. 1. 13
horizontal and vertical control points of photograph 10. 3. 3
horizontal angle 3. 8. 1
horizontal control network 3. 3. 2
horizontal control point 3. 3. 3
horizontal control survey 3. 3. 1
horizontal curve 5. 2. 19
horizontal curve setting out 5. 2. 27
horizontal displacement monitoring 9. 1. 4
horizontal displacement monitoring reference network 9. 2. 2
horizontal displacement observation point 9. 2. 10
horizontal parallax 10. 4. 26
horizontal parallax difference 10. 4. 28
Huanghai Vertical Datum 1956 2. 0. 9
hydrostatic level 13. 3. 8
hydrostatic leveling 9. 4. 10

I

identification code 4. 3. 28
image 10. 1. 11
image compression 11. 2. 43
image correlation 10. 4. 23
image enhancement 11. 2. 12

image filtering 11. 2. 16
image fusion 11. 2. 47
image frame 10. 2. 33
image interpretation 11. 2. 19
image matching 10. 4. 22
image mosaic 11. 2. 46
image preprocessing 11. 2. 3
image processing 11. 2. 6
image pyramid 11. 2. 48
image resolution 10. 2. 26
image restoration 11. 2. 44
image scanner 13. 6. 4
image segmentation 11. 2. 45
image space coordinate system 10. 1. 9
image transformation 11. 2. 11
imagery 10. 1. 11
increment of coordinate 3. 3. 17
incremental circle 3. 8. 9
incremental disk 3. 8. 9
independent baseline 3. 4. 34
independent control network 3. 1. 4
independent coordinate system 3. 2. 8
independent model aerotriangulation 10. 4. 3
independently observed baseline loop 3. 4. 50
index contour 4. 3. 9
index error of vertical circle 3. 9. 24
index of photography 10. 2. 16
indirect interpretation key 11. 2. 22
induction height survey 8. 2. 17
industrial measurement 7. 5. 2
inertial surveying system 13. 6. 9
infrared EDM instrument 13. 2. 3
infrared distance measurement 3. 7. 6
initial data 3. 10. 39
initial data error 3. 10. 40
installation survey 7. 1. 2
instantaneous water level 4. 4. 12
interactive processing 4. 3. 31
interferometric synthetic aperture radar (InSAR) measurement 11. 1. 13
interior orientation 10. 4. 16
intermediate contour 4. 3. 8
interferometric SAR (InSAR) 13. 6. 7
interpolated point between contours 4. 3. 22
interpretation 10. 3. 22
interpretation key 11. 2. 20
intersection 4. 2. 10
intersection method 4. 2. 9
intersection point 5. 2. 9
interval of isoline 10. 6. 25
interval of sounding points 4. 4. 20
interval of topographical points 4. 3. 24
invar baseline wire 13. 2. 6
invar leveling staff 13. 8. 16
inverse of weight matrix 3. 10. 17
ionospheric refraction correction 3. 4. 44
isobath 4. 4. 3
isobath interval 4. 4. 4
isoline 10. 6. 24

J

junction point 3. 1. 8

K

kilometer stone 5. 2. 12
kinematic relative positioning 3. 4. 11

L

land feature 4. 3. 6
land feature point 4. 3. 20
landform 4. 3. 4
landslide monitoring 9. 3. 7
large-scale aerial photogrammetry 10. 1. 5
large scale topographic map 4. 1. 9
laser aligner 13. 1. 9
laser distance measurement 3. 7. 5
laser distance measuring instrument 13. 2. 4
laser interferometer 13. 2. 7
laser ranger 13. 2. 4
laser guidance 8. 4. 9
laser guidance instrument 13. 1. 10
laser level 13. 3. 4
laser plotter 13. 7. 3
laser plumbing 8. 2. 8
laser plummet 13. 8. 7
laser swinger 13. 3. 5
laser theodolite 13. 1. 4
laser tracking measurement system 7. 5. 5
lateral error of breakthrough 8. 3. 4
lateral error of traverse 3. 5. 14
lateral overlap 10. 2. 11
lateral refraction 3. 8. 15
lateral tilt 10. 2. 9
layering 4. 3. 32
laying off curve 5. 2. 26
least square method 3. 10. 2
level 13. 3. 1
level difference 3. 9. 19
level route 3. 9. 14
level surface 3. 2. 2

leveling 3. 9. 2
leveling line 3. 9. 14
leveling network 3. 9. 9
leveling origin 3. 2. 36
leveling staff 13. 8. 15
light detection and ranging (LIDAR) 13. 6. 8
limit error 2. 0. 27
line of elevation 7. 3. 12
line smoothing 4. 3. 33
line symbol 4. 3. 14
linear-angular intersection 4. 2. 14
linear intersection 4. 2. 13
location by cross section with rope 4. 4. 30
longitudinal error of breakthrough 8. 3. 3
longitudinal error of traverse 3. 5. 13
longitudinal photographic distance 10. 6. 10
longitudinal overlap 10. 2. 10
longitudinal tilt 10. 2. 8
longitudinal section profile 5. 2. 5
longitudinal section survey 5. 2. 3
loss of lock 3. 4. 30
line 12. 1. 7

M

magnetic dipole induction method 6. 3. 10
magnetometer 13. 5. 6
magnification coefficient of mapping 10. 2. 7
main axis of building square grids 7. 2. 5
main height plane of construction site 3. 2. 28
map border 4. 1. 20
mapping control leveling 4. 2. 4
mapping control point 4. 2. 6
mapping control survey 4. 2. 1
mapping height control survey 4. 2. 3
mapping traverse survey 4. 2. 2
mapping trigonometric leveling 4. 2. 5
mark 10. 1. 21
marking level 7. 3. 11
marking level of reservoir flooded line 7. 3. 9
marking direction for tunnel entrance excavation 8. 2. 3
markstone 3. 1. 10
material changed point 6. 2. 12
maximum range of EDMI 3. 7. 7
mean height plane of survey area 3. 2. 26
mean radius of curvature 3. 2. 33
mean side length 3. 3. 20
measuring mark 10. 1. 21
measuring rope 13. 8. 23
mechanical clinometer 13. 3. 6
meridian 3. 2. 17
metadata 12. 1. 10
method of direct plummet observation 9. 4. 5
method of direction line intersection 7. 3. 20
method of direction observation 3. 8. 2
method of direction observation in rounds 3. 8. 3
method of distance measurement by phase 3. 7. 3
method of distance measurement by impulse 3. 7. 4
method of electromagnetic induction 6. 3. 5
method of inclinometer 9. 4. 14
method of inverse plummet observation 9. 4. 6
method of laser alignment 9. 4. 7
method of mutual sighting of inner targets 7. 5. 11
method of mutual sighting of outer targets 7. 5. 12
method of small angle measurement 9. 4. 1
method of tension wire alignment 9. 4. 4
method of transit projection 9. 4. 2
metric camera 13. 6. 2
micrometer 13. 8. 3
microwave radiation 11. 2. 33
mining subsidence observation 9. 3. 14
mining survey 8. 1. 2
mining theodolite 13. 1. 6
minor angle method 9. 4. 1
misclosure 3. 10. 12
misclosure between face left and face right readings 3. 8. 13
misclosure of round 3. 8. 12
misclosure of traverse 3. 5. 11
monitored body 9. 1. 3
monitoring period 9. 1. 11
monument 3. 1. 10
multi-band spectrum transformation 11. 2. 15
multibeam sounding system 13. 5. 1
multipath effect 3. 4. 31
multipath error 3. 4. 32
multiple baseline solution 3. 4. 37
multiplication constant 3. 7. 9
multispectral remote sensing 11. 1. 8
multi-temporal remote sensing 11. 1. 9

N

National Vertical Datum 1985 2. 0. 8
navigation message 3. 4. 18
neat line 4. 1. 20
network analysis 12. 4. 12
network of flight strip 10. 3. 7
network with junction points 3. 1. 6
nominal accuracy 3. 3. 21
non-metric camera 13. 6. 3

normal case photography 10. 6. 14
normal height 3. 2. 39

O

oblique error 10. 5. 11
oblique photography 10. 6. 15
oblique survey 9. 3. 6
object-oriented database 12. 3. 3
object space coordinate system 10. 1. 10
object spectral characteristics 11. 2. 26
objective angle of image field 10. 6. 19
observation error 2. 0. 20
observation in groups 3. 8. 4
observation period 9. 2. 5
observation pillar 3. 3. 8
observation post 3. 3. 8
observation session 3. 4. 23
observation set 3. 3. 15
observation station 3. 3. 5
observation target 3. 3. 7
offset distance 6. 2. 5
offset peg 5. 2. 16
offset pegs of axis 7. 3. 5
one shaft orientation 8. 2. 9
open leveling line 3. 9. 17
open traverse 3. 5. 5
operating control point 9. 2. 8
optical axis of camera 10. 6. 7
optical circle 3. 8. 8
optical plummet 13. 8. 6
optical theodolite 13. 1. 2
optical wedge 11. 2. 9
optimal design of control network 3. 1. 14
orbital parameters of remote sensing satellite 11. 2. 1
orthostereoscopy 10. 1. 19
orientation connection survey 8. 2. 10
orientation point 10. 4. 15
orienting line 10. 3. 5
original map of topographic 4. 1. 13
orthometric height 3. 2. 40
outstanding point 10. 3. 17
overlay analysis 12. 4. 5

P

paper prism 13. 8. 13
paper topographic map 4. 1. 11
parallax 3. 1. 18
parallel-averted photography 10. 6. 16
parameter adjustment 3. 10. 3
parameter adjustment with conditions 3. 10. 4
passive method 6. 3. 6
passive remote sensing 11. 1. 11
pattern recognition 11. 2. 35
peg of crossing centerline 7. 3. 4
pegs on extended centerline 7. 3. 6
phase ambiguity 3. 4. 41
phase ambiguity resolution 3. 4. 43
photo base 10. 2. 23
photo coordinate system 10. 1. 8
photo nadir point 10. 1. 15
photo orientation elements 10. 5. 1
photo rectification 10. 5. 8
photo scale 10. 2. 34
photogrammetric coordinate system 10. 1. 7
photogrammetric interpolation 10. 5. 13
photograph center 10. 4. 14
photographic baseline 10. 2. 21
photographic flying height 10. 2. 2
photographic scale 10. 2. 6
photograph with all control points 10. 3. 19
picture format 10. 2. 33
pierced photograph 10. 3. 18
pipeline engineering survey 5. 1. 6
pipeline site investigation 6. 2. 1
pipeline detection instrument 13. 5. 4
pitching 10. 2. 8
pixel 10. 2. 35
pixel angle 10. 2. 36
plan of building structure 7. 1. 5
plan of construction foundation 7. 1. 4
plan of power transmission and telecommunication system 7. 4. 6
plan of steam and gas piping 7. 4. 5
plan of transportation system 7. 4. 4
plan of water supply and drainage piping 7. 4. 7
planimeter 13. 7. 6
planimetric point 4. 3. 19
plotter 13. 7. 2
plumb aligner 13. 1. 8
plumb bob 13. 8. 8
plumb line 3. 2. 1
plumbing survey 7. 3. 17
point 12. 1. 6
point emerged from ground 6. 2. 15
point entered into ground 6. 2. 14
point of building square grids 7. 2. 6
point of change slope 5. 2. 18
point positioning 3. 4. 7
point symbol 4. 3. 13

point transfer 10. 4. 33
polar coordinate method with total station 4. 2. 7
polymer analysis 12. 4. 4
POS aided aerotriangulation 10. 4. 8
position chart of deformation observation points 9. 5. 18
position error 2. 0. 32
positioning mark 4. 4. 24
precise alignment 9. 4. 8
precise code (P code) 3. 4. 17
precise ephemeris 3. 4. 21
precise leveling 3. 9. 6
precise plumbing 9. 4. 9
precision 2. 0. 17
precision estimation 3. 1. 15
prewarning value 9. 5. 13
present state map of station 5. 1. 12
present state survey of industrial site 4. 1. 5
prick point 10. 3. 14
principal distance of camera 10. 6. 9
principal point of photograph 10. 1. 14
principal point of photograph in water 10. 3. 16
principal vanishing point 10. 1. 17
priori weight 3. 10. 14
prism 13. 8. 12
profile 7. 3. 16
profile data collecting 10. 5. 14
profile diagram 5. 2. 5
profile spacing 4. 4. 23
profile survey 5. 2. 3
property line survey 7. 3. 2
projection datum plane with compensation effect 3. 2. 27
pseudostereoscopy 10. 1. 20

Q

quasigeoid 3. 2. 4
quasi-stable adjustment 3. 10. 9

R

radial transformation 11. 2. 13
radiometric correction 11. 2. 5
radius of curvature in a normal section 3. 2. 34
railway engineering survey 5. 1. 2
random error 2. 0. 22
rangefinder 13. 2. 1
ranging code 3. 4. 15
rank defect adjustment 3. 10. 8
raster data 12. 2. 9
rebound observation of foundation pit 9. 3. 9
real time kinematic relative positioning (PTK) 3. 4. 12
reciprocal observation 3. 9. 25
reconnaissance for control point selection 3. 3. 4
rectangular grid 4. 1. 16
rectangular mapsheet 4. 1. 19
reduction to centre 3. 3. 14
reduction to station center 3. 3. 11
reduction to target center 3. 3. 12
redundant observation 3. 1. 13
reference ellipsoid 3. 2. 29
reflectance spectrum 11. 2. 27
reflecting patch 13. 8. 13
reflecting prism 13. 8. 12
relational database 12. 3. 2
relative closing error 3. 10. 13
relative control 10. 6. 21
relative error 2. 0. 30
relative error ellipse 3. 10. 38
relative flying height 10. 2. 4
relative gap of aerial photography 10. 2. 20
relative root mean square error of side length 3. 10. 28
relative orientation 10. 4. 17
relative positioning 3. 4. 8
relative root mean square error 2. 0. 31
relative root mean square error of adjacent points 3. 10. 29
relative total length closing error of traverse 3. 5. 12
reliability 2. 0. 34
relied displacement 10. 5. 10
remote sensing 11. 1. 1
remote sensing mapping 11. 1. 19
remote sensing platform 11. 1. 4
remote sensor 11. 1. 3
repeating baseline 3. 4. 35
resampling 10. 4. 21
resection 4. 2. 11
residual vertical parallax 10. 4. 29
reversal points method 8. 2. 15
reversed curve 5. 2. 23
rigorous adjustment 3. 10. 10
road engineering survey 5. 1. 3
rolling 10. 2. 9
roof station 8. 4. 5
root mean square error (RMSE) 2. 0. 24
root mean square error of angle observation 3. 8. 16
root mean square error of azimuth 3. 10. 30
root mean square error of coordinate 3. 10. 31
root mean square error of distance

measurement 3. 7. 16
root mean square error of height 3. 10. 33
root mean square error of pipeline depth measurement 6. 4. 2
root mean square error of pipeline horizontal position 6. 4. 1
root mean square error of a point 3. 10. 32
root mean square error with priori weight 3. 10. 15
root mean square error of side length 3. 10. 27
root mean square error with unit weight 3. 10. 25
rotation parameter 3. 2. 14
route elevation survey 5. 2. 7
route leveling 5. 1. 11
route location on topographic map 5. 1. 14
route plane control survey 5. 1. 9
route survey 5. 1. 1
route vertical control survey 5. 1. 10

S

sampling 10. 4. 20
sampling rate 12. 2. 4
satellite attitude 11. 2. 2
satellite elevation angle 3. 4. 26
satellite ephemeris 3. 4. 19
satellite positioning 3. 4. 1
satellite positioning control network 3. 4. 3
scale error 3. 3. 23
scale error of Gauss projection 3. 2. 23
scale of topographic map 4. 1. 14
scale parameter 3. 2. 15
scanner 13. 7. 4
searching area 11. 2. 40
section plan of pipeline 6. 4. 5
section wire method 4. 4. 30
segment of flight strip 10. 3. 6
segment of leveling line 3. 9. 18
semimajor axis of ellipsoid 3. 2. 30
semiminor axis of ellipsoid 3. 2. 31
setted up formwork measurment 7. 3. 7
setting circle 3. 8. 11
setting out 7. 3. 1
setting out by angular intersection 7. 3. 19
setting out of bridge axis 7. 3. 10
setting out of building axis 7. 2. 7
setting out of footing foundation peripheral points 7. 3. 8
setting out of grade 5. 2. 29
setting out with GPS-RTK 5. 2. 31
setting out with total station 5. 2. 30
setting monument 3. 1. 11
settlement observation 9. 3. 1
settlement observation point 9. 2. 11
shaft connection survey 8. 2. 1
shaft orientation survey 8. 2. 5
shallow seismometer 13. 5. 7
sheet designation 4. 1. 21
sheet number 4. 1. 21
shield machine guidance survey 8. 4. 2
side-angle condition 3. 6. 11
side (baseline) condition 3. 6. 10
side intersection 4. 2. 12
side-looking radar 13. 6. 5
side polar condition 3. 6. 12
sight rail 7. 3. 15
sighting line method 8. 2. 12
sighting point 3. 3. 6
simultaneous observation 3. 4. 22
simultaneously observed baseline loop 3. 4. 49
single baseline solution 3. 4. 36
single difference phase observation 3. 4. 38
single-frequency GNSS receiver 13. 4. 2
single-strip aerotriangulation 10. 4. 4
slope deformation monitoring 9. 3. 10
slope line 4. 3. 12
slope stability monitoring 9. 3. 10
soil body inclination check 9. 3. 8
solar radiation spectrum 11. 2. 34
solid 12. 1. 9
sounding 4. 4. 13
sounding 4. 4. 14
sounding line 4. 4. 19
sounding point 4. 4. 18
sounding point spacing 4. 4. 20
sounding pole 13. 5. 3
sounding positioning 4. 4. 29
space intersection 10. 4. 9
space remote sensing 11. 1. 5
space resection 10. 4. 10
spatial analysis 12. 4. 7
spatial data 12. 1. 4
spatial data format for exchanging 12. 2. 7
spatial data format for transferring 12. 2. 7
spatial data structure 12. 2. 6
spatial modeling 12. 6. 3
spatial resolution 11. 1. 15
spatial statistical analysis 12. 4. 8
spatial transformation 11. 2. 14
special position of underground pipeline 6. 2. 2
specification for topographic map symbols 4. 1. 15

spectral dependence of microwave radiation and backscatters 11. 2. 31
spectral emissivity 11. 2. 30
spectral reflectivity 11. 2. 28
spectral resolution 11. 1. 17
spectral transmissivity 11. 2. 25
spectrum cluster 11. 2. 24
spectrum feature space 11. 2. 23
square mapsheet 4. 1. 18
staking-out 7. 3. 1
standard deviation 2. 0. 25
standard meter 13. 8. 19
static relative positioning 3. 4. 9
static stereo photography 10. 6. 3
station coordinate system 7. 5. 14
statistical testing method 3. 10. 42
steel tape 13. 8. 22
stereopair 10. 2. 22
stereoscope 13. 8. 25
stereoscopic measurement 10. 4. 19
stratified settlement observation 9. 3. 4
stress measurement 9. 3. 12
strip deformation 10. 2. 12
strip topographic map 4. 1. 12
structural health monitoring 9. 1. 10
structure installation survey 7. 1. 3
structured query language (SQL) 12. 4. 2
subdivision map 4. 1. 22
subdivision of topographic map 4. 1. 17
sunshine deformation monitoring 9. 1. 7
supervised classification 11. 2. 36
surface 12. 1. 8
survey adjustment 3. 10. 1
survey plane rectangular coordinate system 3. 2. 5
survey target with circular line pattern 7. 5. 10
survey target with parallel line pattern 7. 5. 8
survey target with wedge shape pattern 7. 5. 9
surveying and mapping 2. 0. 1
surveying control network 3. 1. 2
surveying mark 3. 1. 9
surveying rod 13. 8. 21
sweeping survey 4. 4. 7
swing angle 10. 2. 15
switch-back curve 5. 2. 21
symbol designating type of pipeline 6. 2. 20
synthetic aperture radar (SAR) 13. 6. 6
synthetic aperture radar interferometric (SARI) measurement 11. 1. 13
system orientation 7. 5. 13
systematic error 2. 0. 23

T

target 13. 8. 14
target 13. 8. 11
target area 11. 2. 39
telescope in normal position 3. 8. 5
telescope in reversed position 3. 8. 6
telescopic leveling staff 13. 8. 20
temperature resolution 11. 1. 18
temporal resolution 11. 1. 16
terrain line 4. 3. 11
terrestrial photogrammetric coordinate system 10. 6. 2
terrestrial photogrammetry 10. 6. 1
terrestrial remote sensing 11. 1. 7
texture 12. 6. 5
thematic plan of pipelines 7. 4. 3
thematic plan of underground pipeline 6. 4. 4
theodolite 13. 1. 1
theodolite projecting method 9. 4. 2
theory of errors 2. 0. 15
thermal radiation 11. 2. 32
Thiessen polygons 12. 5. 5
three-dimensional laser scanning instrument 13. 4. 5
three-dimensional laser scanning survey 9. 4. 12
three-dimensional scene 12. 6. 4
tidal observation 4. 4. 9
tide staff 4. 4. 11
tie point 10. 4. 31
tiltmeter 13. 3. 7
tilt angle of photograph 10. 2. 14
tilt angle of photographic axis 10. 6. 12
tilt survey 9. 3. 6
time-baseline parallax method 10. 6. 5
time-load and time-displacement value chart 9. 5. 16
tolerance 2. 0. 26
topographic map 4. 1. 2
topographic map lettering 4. 3. 16
topographic map of construction site 5. 1. 13
topographic map renewing survey 4. 1. 7
topographic map revision 4. 1. 7
topographic relief 4. 3. 6
topographic survey with plane table 4. 3. 3
topographic survey 4. 1. 1
topographic survey in general area 4. 1. 3
topographic survey in urban area 4. 1. 4
topographic survey with GPS-RTK 4. 3. 2
topographic survey with total station 4. 3. 1
topographical point 4. 3. 18
topography 4. 3. 4

topological object 12. 3. 7
topological relation 12. 3. 6
total length closing error of traverse 3. 5. 11
total root mean square error of elevation difference 3. 9. 20
total station 13. 4. 4
total station instrument 13. 4. 4
total station monitoring system 9. 4. 13
total station polar coordinate measurement system 7. 5. 4
track laying benchmark 8. 1. 4
tracking analysis 12. 4. 11
training area 11. 2. 41
transducer 13. 8. 26
transformation parameter 3. 2. 12
transit 13. 1. 1
transition curve 5. 2. 20
translation parameter 3. 2. 13
traverse angle 3. 5. 9
traverse leg 3. 5. 8
traverse network 3. 5. 2
traverse point 3. 5. 7
traverse survey 3. 5. 1
traverse without initial azimuth 3. 5. 6
trend surface analysis 12. 4. 10
triangular control network survey 3. 6. 1
triangular network 3. 6. 2
triangulated irregular network (TIN) 12. 5. 4
triangulation point 3. 6. 3
tribrach 13. 8. 5
trigonometric leveling 3. 9. 3
trigonometric leveling network 3. 9. 10
triple difference phase observation 3. 4. 40
triple difference solution 3. 4. 48
tripod 13. 8. 9
tropospheric refraction correction 3. 4. 45
true error 2. 0. 21
tunnel engineering survey 5. 1. 4
turning point 6. 2. 9
turning points method 8. 2. 15
two shafts orientation 8. 2. 13

U

unconstraint adjustment 3. 4. 51
underground engineering survey 8. 1. 1
underground pipeline detection in urban 6. 3. 1
underground pipeline detection in site before constructing 6. 3. 2
underground pipeline information collecting 6. 1. 3
underground pipeline information system 6. 1. 4
underground pipeline location mark 6. 1. 2
underground pipeline survey 6. 1. 1
underwater cross-section survey 4. 4. 6
underwater longitudinal-section survey 4. 4. 5
underwater topographic survey 4. 1. 6
underwater topographic survey 4. 4. 2
underwater topography 4. 4. 1
unit weight 3. 10. 23
unsupervised classification 11. 2. 37
urban rail transit engineering survey 8. 1. 3

V

value of settlement 9. 5. 7
variance-covariance matrix 3. 10. 20
variance-covariance propagation law 3. 10. 21
variance of unit weight 3. 10. 24
vector data 12. 2. 10
vertical angle 3. 9. 22
vertical collimation error 3. 9. 24
vertical control network 3. 9. 8
vertical control point 3. 9. 11
vertical control survey 3. 9. 1
vertical curve 5. 2. 24
vertical curve setting out 5. 2. 28
vertical displacement monitoring 9. 1. 5
vertical displacement monitoring reference network 9. 2. 3
vertical error of breakthrough 8. 3. 5
vertical parallax 10. 4. 27
vertical refraction coefficient 3. 9. 27
verticality of building main body 9. 5. 9
visibility analysis 12. 4. 13
verticality survey 7. 3. 17
visible position of underground pipeline 6. 2. 3
visualization 12. 6. 1

W

waist line marking 8. 4. 1
waist line survey 8. 4. 1
water level 4. 4. 8
watershed analysis 12. 4. 9
weakest point 3. 10. 35
weakest side 3. 10. 34
weight 3. 10. 22
weight coefficient 3. 10. 19
weight function 3. 10. 18
weight matrix 3. 10. 16
wind loading deformation monitoring 9. 1. 8
wooden double-faced leveling staff 13. 8. 17
working base point 9. 2. 8
World Geodetic System 1984 (WGS—84) 2. 0. 7

X

Xi′an Geodetic Coordinate System 1980 2. 0. 5
x-parallax 10. 4. 26

Y

yaw 10. 2. 15
y-parallax 10. 4. 27

Z

zenith angle 3. 9. 23
zenith distance 3. 9. 23
zone dividing meridian 3. 2. 19
zone plate 13. 8. 24

中华人民共和国国家标准

工程测量基本术语标准

GB/T 50228—2011

条 文 说 明

修 订 说 明

《工程测量基本术语标准》GB/T 50228—2011，经住房和城乡建设部2011年7月26日以第1085号公告批准发布。

本标准是在《工程测量基本术语标准》GB/T 50228—96的基础上修订而成，上一版的主编单位是中国有色金属工业西安勘察院，参编单位是煤炭部航测遥感局、中国有色金属工业昆明勘察院、首钢宁波勘察研究院、铁道部专业设计院、机械部勘察研究院、交通部第二航务工程勘察设计院，主要起草人员是孙觉民、迟自昌、赖昌意、赵培洲、翟为檀、徐介民、丁伯皋、程化迁、宋如轼。本次修订的主要技术内容是：删除原标准中陈旧、过时且已很少使用的术语，比如与三角测量、手工成图、模拟法摄影测量等相关的术语；新增了原标准未涉及而现代工程测量经常使用的术语，比如与卫星定位测量、全站仪、数字成图、数字摄影与遥感、地理信息系统（GIS）以及地下工程测量的相关术语。

本标准修订过程中，编制组进行了广泛的调查研究，总结了我国工程建设测量专业的实践经验，同时参考了国内外相关术语标准的内容与注释，确定了本标准的修订内容。

为便于广大设计、施工、科研、学校等单位有关人员在使用本标准时能正确理解和执行条文规定，《工程测量基本术语标准》编制组按章、节、条顺序编制了本标准的条文说明，对条文规定的目的、依据以及执行中需注意的有关事项进行了说明。但是本条文说明不具备与标准正文同等的法律效力，仅供使用者作为理解和把握标准规定的参考。

目　次

1　总则 ………………………… 1—20—68
2　通用术语 ………………………… 1—20—68
3　控制测量 ………………………… 1—20—70
3.1　一般术语 ………………………… 1—20—70
3.2　测量基准 ………………………… 1—20—70
3.3　平面控制测量 ………………………… 1—20—72
3.4　卫星定位测量 ………………………… 1—20—72
3.5　导线测量 ………………………… 1—20—75
3.6　三角形网测量 ………………………… 1—20—75
3.7　距离测量 ………………………… 1—20—76
3.8　角度测量 ………………………… 1—20—76
3.9　高程控制测量 ………………………… 1—20—77
3.10　数据处理 ………………………… 1—20—78
4　地形测量 ………………………… 1—20—79
4.1　一般术语 ………………………… 1—20—79
4.2　图根控制测量 ………………………… 1—20—81
4.3　地形测图 ………………………… 1—20—81
4.4　水域测量 ………………………… 1—20—83
5　线路测量 ………………………… 1—20—83
5.1　一般术语 ………………………… 1—20—83
5.2　线路测设 ………………………… 1—20—84
6　地下管线测量 ………………………… 1—20—85
6.1　一般术语 ………………………… 1—20—85
6.2　管线实地调查 ………………………… 1—20—85
6.3　地下管线探测 ………………………… 1—20—86
6.4　地下管线成图 ………………………… 1—20—87
7　施工测量 ………………………… 1—20—87
7.1　一般术语 ………………………… 1—20—87
7.2　施工控制网 ………………………… 1—20—87
7.3　施工放样 ………………………… 1—20—88
7.4　竣工测量 ………………………… 1—20—88
7.5　设备安装及工业测量 ………………………… 1—20—89
8　地下工程测量 ………………………… 1—20—90
8.1　一般术语 ………………………… 1—20—90
8.2　联系测量 ………………………… 1—20—90
8.3　贯通测量 ………………………… 1—20—91
8.4　地下施工测量 ………………………… 1—20—92
9　变形监测 ………………………… 1—20—92
9.1　一般术语 ………………………… 1—20—92
9.2　变形监测控制网 ………………………… 1—20—93
9.3　变形监测内容 ………………………… 1—20—93
9.4　变形监测方法 ………………………… 1—20—94
9.5　变形分析 ………………………… 1—20—95
10　工程摄影测量 ………………………… 1—20—96
10.1　一般术语 ………………………… 1—20—96
10.2　航空摄影 ………………………… 1—20—97
10.3　摄影测量外业 ………………………… 1—20—99
10.4　空中三角测量 ………………………… 1—20—99
10.5　摄影测量成图 ………………………… 1—20—101
10.6　地面摄影测量 ………………………… 1—20—101
11　工程遥感 ………………………… 1—20—101
11.1　一般术语 ………………………… 1—20—101
11.2　遥感图像处理 ………………………… 1—20—102
12　地理信息系统 ………………………… 1—20—104
12.1　一般术语 ………………………… 1—20—104
12.2　空间数据获取 ………………………… 1—20—105
12.3　空间数据处理与管理 ………………………… 1—20—106
12.4　查询与分析 ………………………… 1—20—107
12.5　数字地面模型 ………………………… 1—20—108
12.6　空间信息的可视化 ………………………… 1—20—109
13　常用仪器设备 ………………………… 1—20—109
13.1　方向测量类 ………………………… 1—20—109
13.2　长度测量类 ………………………… 1—20—110
13.3　高差测量类 ………………………… 1—20—110
13.4　三维测量类 ………………………… 1—20—110
13.5　探测类 ………………………… 1—20—110
13.6　摄影测量与遥感类 ………………………… 1—20—111
13.7　输入输出类 ………………………… 1—20—111
13.8　附件部件类 ………………………… 1—20—111

1 总　则

1.0.1 本条明确了本标准的宗旨。

工程测量是工程建设领域中不可缺少的组成部分，它是冶金、石油化工、工厂矿山、铁路、公路、水利、电力、航空、航天等各部门的通用性测绘工作。为了使工程测量行业实现其专业术语的标准化，促进本专业的技术交流与发展，制定本标准。以便统一工程测量基本术语及释义，使之标准化，有利于国内外的交流，促进工程测量技术的进步与发展。

1.0.2 本条规定了本标准的适用范围。

本标准是以工程测量专业的技术术语为主，并纳入一部分本专业常用的和新技术领域中的相关术语，不仅对工程建设和资源开发的测绘工作具有实用价值，且对施工、科研、教学和管理等方面都有一定的参考作用。故规定"本标准适用于工程测量及有关应用领域"。

2 通 用 术 语

2.0.1 测绘学

这条术语的释义取自全国科学技术名词审定委员会的《测绘学名词》（第三版）。按传统的学科分类，测绘学可分为大地测量学、摄影测量学、地图制图学、工程测量学及海洋测量学等。随着技术的发展，它的服务对象和范围已远远超出了传统测绘学的应用领域，扩大到国民经济和国防建设中与地理空间信息有关的各个领域。

2.0.2 工程测量学

这条术语的释义是在全国科学技术名词审定委员会的《测绘学名词》（第二版）的基础上修改而来。工程测量学是一门应用学科，它是测绘学的重要分支学科之一。

2.0.3 工程测量

工程建设和资源开发中的所有测绘工作统称为工程测量，有的国家称为实用测量或应用测量。它是直接为工程建设或资源开发项目的勘察设计、施工和营运管理等各阶段服务的测量工作。

工程测量的主要内容有：控制测量、地形测量、线路测量、施工测量、变形测量、工程摄影测量、工业测量等。

2.0.4 2000国家大地坐标系

这条术语的释义是在全国科学技术名词审定委员会的《测绘学名词》（第三版）的基础上修改而来。该坐标系是我国2008年7月1日启用的国家大地坐标系。

2.0.5 1980西安坐标系

1978年4月在西安召开了全国天文大地网平差会议，确定重新定位，建立我国新的坐标系。由于该坐标系的大地原点设在位于西安市西北方向约60km的陕西省泾阳县永乐镇，故称1980西安坐标系。1980西安坐标系的地球椭球基本几何参数为：

长半轴 $a=6378140\text{m}$

短半轴 $b=6356755.2882\text{m}$

扁　率 $\alpha=1/298.257$

第一偏心率平方 $e^2=0.00669438499959$

第二偏心率平方 $e'^2=0.00673950181947$

2.0.6 1954北京坐标系

原称1954年北京坐标系。20世纪50年代，我国采用前苏联的克拉索夫斯基椭球参数，并与前苏联1942年坐标系进行联测，通过计算建立了1954北京坐标系。因此，1954北京坐标系可以认为是前苏联1942年坐标系的延伸。1954北京坐标系的地球椭球基本几何参数为：

长半轴 $a=6378245\text{m}$

短半轴 $b=6356863.0188\text{m}$

扁　率 $\alpha=1/298.3$

第一偏心率平方 $e^2=0.006693421622966$

第二偏心率平方 $e'^2=0.006738525414683$

2.0.7 1984世界大地坐标系

这条术语的释义取自全国科学技术名词审定委员会的《测绘学名词》（第三版）。该坐标系是目前国际上统一采用的大地坐标系。1984世界大地坐标系的地球椭球基本几何参数为：

长半轴 $a=6378137\text{m}$

短半轴 $b=6356752.3142\text{m}$

扁　率 $\alpha=1/298.257223563$

第一偏心率平方 $e^2=0.00669437999013$

第二偏心率平方 $e'^2=0.006739496742227$

2.0.8 1985国家高程基准

这条术语的释义取自全国科学技术名词审定委员会的《测绘学名词》（第三版）。根据不同验潮站求得的平均海水面之间存在差异，我国历史上出现过若干个高程基准，我国曾规定青岛验潮站求得的1956年黄海平均海水面所决定的水准原点高程作为全国统一的高程基准。

1978年～1983年，通过对沿海42个验潮站进行全面勘察和历年验潮资料的分析计算，采用了青岛大港验潮站1952年～1979年的验潮资料，取19年的资料为一组，滑动步长为一年，得到10组以19年为一个周期的平均海面，然后取平均值作为全国高程基准面，求得青岛国家水准原点的高程值为72.2604m，确定了1985国家高程基准。该高程基准于1987年启用。

2.0.9 1956年黄海高程系

1956年黄海高程系，是我国首次确定的全国统一高程系统，其水准原点高程值为72.289m，与1985

国家高程基准相差0.0286m。已于1987年5月被1985年国家高程基准所取代。

2.0.10 全球导航卫星系统

是美国的GPS全球导航卫星定位系统、俄罗斯的GLONASS全球导航卫星定位系统、欧盟的GALILEO全球导航卫星定位系统以及中国的BEIDOU全球导航卫星定位系统的泛称，又称GNSS。

2.0.11 GPS定位系统

全球定位系统（GPS）是20世纪70年代由美国陆海空三军联合研制的空间卫星导航定位系统。系统由空间部分（覆盖全球的24颗卫星）、地面控制部分、用户设备部分三部分组成。可实现导航、定位、授时等功能。

2.0.12 GLONASS定位系统

GLONASS定位系统最早开发于苏联时期，后由俄罗斯于1993年开始独自建立并运营。该系统可提供类似于其他的全球导航卫星系统的服务内容，包括确定陆地、海上及空中目标的坐标及运动速度信息等。

2.0.13 GALILEO定位系统

20世纪90年代中期，欧盟开始建立GALILEO定位系统。它是世界上第一个基于民用的全球卫星导航定位系统，原计划于2007年底之前完成，2008年投入使用，但目前尚未建成。

2.0.14 北斗导航卫星系统

中国正在建设的北斗卫星导航系统，空间段由5颗静止轨道卫星和30颗非静止轨道卫星组成，提供两种服务方式，即开放服务和授权服务（属于第二代系统）。开放服务是在服务区免费提供定位、测速和授时服务，定位精度为10m，授时精度为50ns，测速精度为0.2m/s。授权服务是向授权用户提供更安全的定位、测速、授时和通信服务以及系统完好性信息。

根据系统建设总体规划，2012年左右，系统将首先具备覆盖亚太地区的定位、导航和授时以及短报文通信服务能力；2020年左右，建成覆盖全球的北斗卫星导航系统。

2.0.17 精密度

衡量观测值精度的指标之一，是指多次重复测定同一量时各测定值之间彼此相符合的程度。表征测定过程中随机误差的大小。好的精密度是保证获得良好准确度的先决条件，一般说来，测量精密度不好，就不可能有良好的准确度。反之，测量精密度好，准确度不一定好，这种情况表明测定中随机误差小，但系统误差较大。

2.0.20 测量误差

误差存在于测量的过程之中，没有误差的测量结果是不存在的。测量误差主要受仪器误差、人为误差及环境因素等的影响，是测量中经常而又普遍发生的现象。

2.0.22 偶然误差

偶然误差的特征：误差绝对值不会超过一定限值；绝对值小的误差比绝对值大的误差出现的机会多；绝对值相等的正、负误差出现机会相等；算术平均值随观测次数的无限增加而趋向于真值。观测的次数越多，偶然误差的特征越明显。

2.0.23 系统误差

产生系统误差的原因可以是已知的也可以是未知的；有些已知原因产生的系统误差，使用规定的测量方法通过计算式检定能消除它们的影响。

2.0.24 中误差

中误差用残差或改正数来计算：

$$m=\pm\sqrt{\frac{[VV]}{n-t}} \tag{1}$$

式中：n——总观测数；

t——必要观测数；

V——残差或改正数（观测值与其最或是值之差）。

2.0.25 标准差

标准差用真误差计算：

$$m=\pm\sqrt{\frac{[\Delta\Delta]}{n}} \tag{2}$$

式中：n——为观测值个数；

Δ——为真误差（观测值与其真值之差）。

2.0.27 极限误差

根据误差理论及实践证明，在大量同精度观测的一组误差中，大于3倍中误差的偶然误差出现的概率为3‰，大于3.9倍中误差的偶然误差出现的概率为0.1‰。实际测量中，通常取3倍中误差作为极限误差（即认为大于3倍中误差的偶然误差不可能出现）。超出极限误差的测量值就认为其有粗差或系统误差存在。

2.0.28 粗差

粗差产生的原因较多，主要是由于读错数字，小数点点错，数字颠倒，照错目标，选错控制点在像片上的影像等。

2.0.30 相对误差

常用于描述测量长度的精度。既要顾及其绝对误差的大小，还应考虑长度值本身的大小。通常用分子为1的分数表示。

2.0.32 点位误差

从几何意义讲世界是由无穷点组成的，测量就是在自然界识别某些有意义的点（是什么）和它们之间的关系（在哪里）。点位通常具有位置、属性、关系等特征。位置一般表示为在某一参照系里的坐标和它的误差，即点位误差。点位误差是相对于其真位置而言的，但是真位置是不知道的，因此要靠重复测量之间的差别来估计它的误差。点位误差是一个总概念，视具体问题内容有一些差别，参见点位中误差、坐标中误差、相邻点间相对中误差、最弱点、误差椭圆、误差曲线等术语。

2.0.33 置信度

置信度也称为可靠度、置信水平或置信系数。在抽样对总体参数作出估计时，由于样本的随机性，其结论总是不确定的。因此，采用一种概率的陈述方法，也就是数理统计中的区间估计法，即估计值与总体参数在一定允许的误差范围以内，其相应的概率有多大，这个相应的概率称作置信度。

2.0.34 可靠性

术语是针对测量控制网平差的可靠性分析而定义的。即可用该系统平均多余观测分量 $r_{平}$ 表征：

$$r_{平}=r/n \tag{3}$$

式中：n——观测总数；

r——平差系统中多余观测数。

经验证明，若平均多余观测分量达到 0.40 以上时，则该系统具有足够的多余观测，以致粗差能得到较好的控制。

3 控制测量

3.1 一般术语

3.1.1 控制测量

工程测量中的控制测量，是按具体工程项目的需求而进行的前期测量工作，具有明显的目的性和区域性，是工程项目实施过程中各种测量工作的基础。

3.1.2 测量控制网

1 测量控制网的特征：

1）由观测元素水平角、距离、GPS 基线或高差等组成；

2）图形延伸连接不能间断；

3）网的可靠性指标有一定的水平。

2 测量控制网的作用：

1）是进行各项测量工作的基础；

2）具有控制全局的作用；

3）具有限制测量误差的传递和积累的作用。

3.1.3 自由网

在平差计算中只顾及本身几何条件，而不考虑已知（或起算）数据影响的测量控制网。

3.1.4 独立网

对于三角网来讲，必要的一套起算数据是指：一条起算边、一个起算方位角和一个起算点的坐标；对于 GPS 网、导线网等其他平面控制网来讲，必要的一套起算数据是一个起算方位角和一个起算点的坐标。

3.1.6 结点网

测量控制网的典型布网方式之一，多用于导线测量、水准测量和三角高程测量等控制网的布设。

3.1.10 标石

有的测量标石分为柱石、盘石两部分，柱石是控制点的主体，盘石是柱石的辅助标志。为使控制点的中心位置能长期保存，将盘石埋设于柱石的下方，保持两者中心位于同一铅垂线上。

3.1.13 多余观测

在测量平差中，总观测数减去确定未知量所必需的观测数就是多余观测数。

3.1.14 控制网优化设计

工程控制网质量标准一般包括精度标准、可靠性标准、经济标准，变形监测控制网还包括灵敏度标准。控制网优化设计是指在一定的人力、物力、财力情况下设计出精度高、可靠性强、灵敏度最高、经费最省而实用的控制网布设方案。

3.1.15 精度估算

精度估算主要用于控制网的前期设计，采用一定的方法对控制网中的最弱处或者特定的位置，进行精度预期估算的过程。

3.2 测量基准

3.2.1 铅垂线

工程测量最基本的基准线之一。悬挂重物而自由下垂时的方向，即为此线方向。

3.2.2 水准面

工程测量最基本的基准面之一。即静止的水面，它是受地球重力影响而形成的，是一个处处与铅垂线垂直，且较地球自然表面规则而光滑的封闭曲面。

3.2.3 大地水准面

这条术语的释义取自全国科学技术名词审定委员会的《测绘学名词》（第三版）。例如，通过青岛验潮站所确定的平均海水面的那个水准面，就是作为我国高程基准的大地水准面。

3.2.4 似大地水准面

似大地水准面不是重力等位面，没有明确的物理意义，与大地水准面很接近，在海洋上二者是重合的，陆地上存在差异，高山地区差异较大。它是正常高的起算面。

3.2.5 测量平面直角坐标系

数学坐标系是横轴称为 X 轴指右为正向，纵轴称为 Y 轴指上为正向。角度由右起逆时针度量。

测量坐标系与数学坐标系在遵守各自规则的条件下，测量公式与数学公式在表达上是一致的。但其符号的意义不同。

两个坐标系均以 X 为第一坐标，Y 为第二坐标，亦称坐标分量。对测量坐标系而言 X 称纵坐标、Y 称横坐标；对数学坐标系而言 X 称横坐标，Y 称纵坐标。

3.2.6 建筑坐标系

本条中所称“建筑物或建筑群的轴线”的含义是广义的，它可以是城市的街道、风玫瑰的主风向、地形的主倾斜方向、主要建（构）筑物或设备的主轴方向等。如坝体的轴线、炼焦炉的轴线、飞行主跑道方向、发电机机组各单机的连线方向、火车站中的正线行车方向等。

3.2.9 高斯-克吕格平面直角坐标系

高斯-克吕格投影后的中央子午线为纵轴（X）、赤道为横轴（Y）的测量平面直角坐标系如图 1 所示。详见本标准第 3.2.16 条的条文说明。

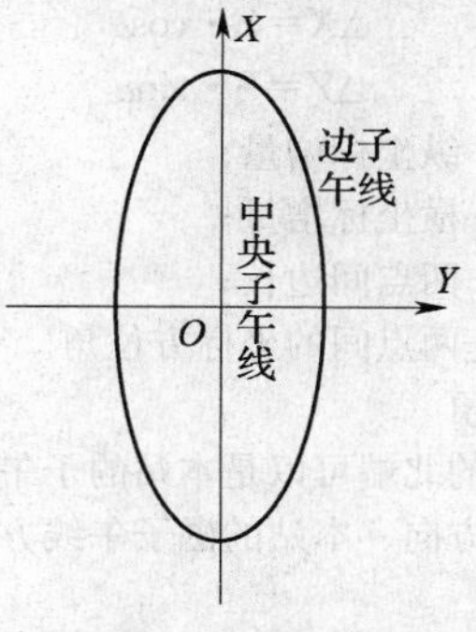

图 1　高斯平面直角坐标系示意图

3.2.12 转换参数

通常不同空间大地直角坐标系（包括参心大地直角坐标系和参心与地心大地直角坐标系之间）的换算包括三个平移参数、三个旋转参数和一个尺度参数，共七个参数。包括全部七个参数的称七参数法，当两个坐标系各轴相互平行、尺度一致，坐标原点不相一致时，称三参数法。

3.2.13 平移参数

实际上是指坐标原点平移的量。

3.2.14 旋转参数

实际上是指坐标轴的旋转角。大地坐标系之间的坐标轴旋转角常为微量，工程测量坐标系之间的坐标轴旋转角有时很大。

3.2.15 尺度参数

两坐标系转换时新坐标系中长度与原坐标系中长度之比称为尺度比。尺度比减一即为的尺度参数。尺度参数为微量。

3.2.16、3.2.18、3.2.19 高斯-克吕格投影、中央子午线、分带子午线

根据德国数学家高斯于 1882 年提出的理论，后经德国克吕格于 1912 年加以完善，故名：高斯-克吕格投影。高斯-克吕格投影属于横轴切椭圆柱正形投影。中央子午线的投影为纵坐标 X 轴，赤道的投影为横坐标 Y 轴。中央子午线与赤道的交点为原点。投影是正形的，即投影面上任一点的长度比同方位无关，中央子午线长度比等于 1。六度带投影统一自 0°子午线起每隔经差 6°自西向东分带，带号 n 依中央子午线经度 L 用 $L=6n-3$ 式计算。三度带投影统一自 1.5°子午线起每隔经差 3°自西向东分带，带号 n 依中央子午线经度 L 用 $L=3n$ 式计算。

3.2.20 任意中央子午线

由于高斯-克吕格投影对长度的影响，与测区距中央子午线的距离成平方增长，当工程中按六度或三度分带的中央子午线均不能满足规定的长度变形值时，而将自行选择的任意子午线作为其高斯投影的中央子午线。

3.2.27 抵偿高程面

高斯-克吕格投影的距离改化公式为：

$$\frac{\Delta S}{S}=\frac{Y_m^2}{2R_m^2} \tag{4}$$

式中：ΔS——距离改化值；

S——实地距离；

Y_m——边长两端点 Y 坐标的平均值；

R_m——地球平均曲率半径。

长度影响 $\Delta S/S$ 与距离中央子午线 Y_m 的数值，有以下关系（表 1）：

表 1　$\Delta S/S$ 与 Y_m 的关系

Y_m (km)	10	20	40	45	50	75	100	150
$\Delta S/S$	1/810000	1/200000	1/50000	1/40000	1/32000	1/14000	1/8100	1/3600

实地长度归算到基准面的改正公式为：

$$\frac{\Delta S}{S}=\frac{H_m}{R_m} \tag{5}$$

式中：H_m——测区高出基准面的平均高程。

长度影响 $\Delta S/S$ 与测区高出基准面高度 H_m 的数值，有以下关系（表 2）：

表 2　$\Delta S/S$ 与 H_m 的关系

H_m(m)	10	20	50	100	1000	2000	3000
$\Delta S/S$	1/637000	1/318500	1/127400	1/63700	1/6370	1/3180	1/2120

从表 1 可见其长度影响随 Y_m 的数值成平方增长，为正值。从表 2 可见海拔越高长度影响越大，为负值，使两者可互相抵偿。因此，可以人为地选择一个归化高程面使两者抵消称为抵偿高程面。

3.2.28 主施工高程面

通常根据工程项目的特点确定主施工高程面。比如：桥梁工程是以设计的平均桥面高程作为主施工高程面，隧道工程是以设计的平均洞底高程作为主施工高程面。

3.2.34 法截弧曲率半径

椭球任意法截线上一点的曲率半径（R_A），即：

$$R_A=N/(1+e^2\cos^2 A\cos^2 B) \tag{6}$$

式中：A——该法截线的方位角；

B——该点的纬度。

当 A 为 0 时为子午圈曲率半径；当 A 为 90 时为卯酉圈曲率半径。

3.3 平面控制测量

3.3.1 平面控制测量

可分为卫星定位测量、导线测量、三角形网测量。

3.3.2 平面控制网

包括 GPS 控制网、导线网、三角形网。

3.3.8 观测墩

观测墩具有强制对中的性能，一般用在重复观测次数较多且观测精度要求较高的测量项目。

3.3.11、3.3.12 测站归心、照准点归心

由于测站的通视、信号遮挡或其他原因，造成无法在控制点上设站时，通常采用偏心观测方法进行施测。测站和照准点归心就是将偏心观测所施测的观测值（包括水平角方向、距离或 GPS 基线等）归算到实际测站控制点的过程。

3.3.13 归心元素

图 2 中 Y、B、T 分别为仪器、标石、照准目标的各中心投影在水平面上的位置。$YB=e_Y$ 称为“测站点偏心距”，以 Y 为顶点由 YB 顺时针方向量至观测零方向 YP_1 的角度 Q_Y 称为“测站点偏心角”。$BT=e_T$ 称为“照准点偏心距”，以 T 为顶点由 TB 顺时针方向量至观测零方向 TP_1 的角度 Q_T 称为“照准点偏心角”。

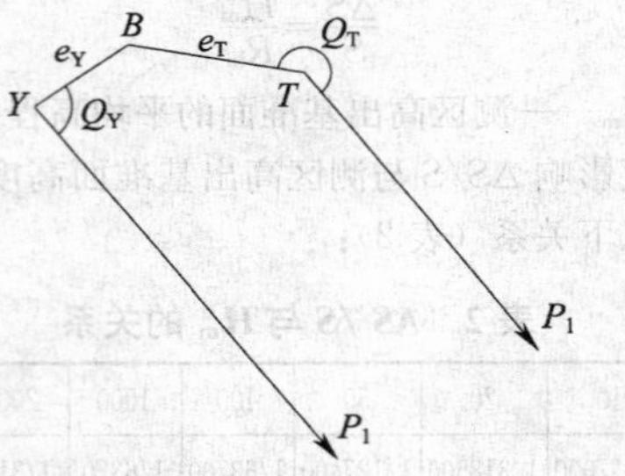

图 2 归心元素示意图

上述的归心元素是指仪器、标石、照准目标的各自中心，投影在水平面上的位置所产生的测站点和照准点归心元素，未涉及投影在竖直面的位置产生的归心等。

3.3.14 归心改正

在水平角测量中，测站点归心改正计算公式为：

$$C_i''=(e_Y/S_i)\cdot\rho''\cdot\sin(M_i+Q_Y) \tag{7}$$

照准点归心改正计算公式为：

$$r_i''=(e_T/S_i)\cdot\rho''\cdot\sin(M_i+Q_T) \tag{8}$$

式中：C''——测站点归心改正数；

r''——照准点归心改正数；

S_i——测站点至照准点间的距离；

M_i——第 i 个目标的观测方向值。

在距离测量中，测站点的归心改正与此类似。

3.3.15 测回

一测回包含一次观测的全过程，如角度观测由盘左半测回、盘右半测回组成；钢尺边长丈量由往、返两个单程组成；电磁波测距由一次照准四次读数组成；RTK 测量一测回包括初始化、得到固定解并观测若干观测值等。

3.3.17 坐标增量

根据两点间的已知边长及坐标方位角，按下列公式计算：

$$\Delta X=S\cdot\cos\alpha \tag{9}$$

$$\Delta Y=S\cdot\sin\alpha \tag{10}$$

式中：ΔX——纵坐标增量；

ΔY——横坐标增量；

S——两点间边长；

α——两点间的坐标方位角。

3.3.18 方位角

标准方向的北端可以是本站的子午线方向、本带的中央子午线方向、本站的磁子午线方向、坐标系的纵轴方向等。

3.3.20 平均边长

布设平面控制网的主要技术指标之一，它在一定程度上反映了控制网的精度等级、控制点的分布和密度等技术性能。

3.3.22、3.3.23 固定误差、比例误差

例如，电磁波测距误差表达式为：

$$m_d^2=[(m_{co}/c_o)^2+(m_{ng}/n_g)^2+(m_f/f)^2]\cdot D^2+[(\lambda/4\pi)^2\cdot m_{\Delta\varphi}^2+m_c^2+m_A^2+m_g^2+\cdots] \tag{11}$$

式中：m_{co}——真空光速值测定误差；

c_o——真空光速值；

m_{ng}——大气折射率的测定误差；

n_g——大气折射率；

m_f——调制频率的测定误差；

f——调制频率；

λ——调制频率的波长；

$m_{\Delta\varphi}$——相位测定误差；

m_c——加常数测定误差；

m_A——周期误差；

m_g——对中误差；

D——所测距离。

从式 11 看出测距误差可分为两部分：一部分具有一定数值，与所测距离长短无关，包括：加常数的测定误差，对中误差，测相误差，幅相误差等；另一部分是与所测距离长短成比例的误差，包括：光速值测定误差，大气折射率误差，频率误差等。

3.4 卫星定位测量

3.4.5 载波相位测量

载波相位测量是利用接收机测定载波相位观测值或其差分观测值，经基线向量解算以获得两个同步观测站之间的基线向量坐标差的技术和方法。其优点是精度高，理论上测距精度可达0.1mm。技术难点是重建载波，解决整周模糊度（整周未知数）的问题。

3.4.6 差分 GPS

根据差分的服务规模，可分为局域差分（Local Area Differential GPS，LADGPS）和广域差分（Wide Area DGPS，WADGPS）两种类型；根据差分基准站发送的信息方式可分为三类，即：位置差分、伪距差分和相位差分。

工程测量常用的是静态相对定位和实时载波相位差分技术。

3.4.7 绝对定位

对于 GPS 定位系统而言，绝对定位就是利用导航定位卫星和接收机之间的距离观测值直接确定接收机天线在 WGS－84 坐标系中的坐标。

单台接收机在静止状态下，确定测站坐标的方法叫静态绝对定位；单台接收机安置于运动载体上并在运动中瞬时确定测站坐标的方法叫动态绝对定位。由于受到各种误差的影响，静态绝对定位的精度为米级，动态绝对定位的精度在（10～40）m。

3.4.8 相对定位

相对定位又称为差分定位，这种定位模式采用两台以上的接收机，同时对一组相同的卫星进行观测，以确定接收机天线间的相互位置关系。相对定位可分为静态相对定位和动态相对定位两种模式。

3.4.9 静态相对定位

卫星定位测量基本作业模式之一，是其中精度最高的作业模式。该作业模式要求有效观测卫星数不少于 4 颗，基线长度可达几十公里或上百公里，观测时间相对较长。

3.4.10 快速静态相对定位

卫星定位测量基本作业模式之一，是其中精度较高的作业模式。该作业模式要求同步观测的有效观测卫星数不少于 5 颗，基线长度不超过 15km，流动站移动时不必保持对所测卫星的连续跟踪，测站观测时间相对较短。由于直接观测基线边不构成闭合图形，因而可靠性较差。

3.4.11 后差分动态相对定位

后差分动态是指外业采用动态模式连续测量、内业进行差分处理的作业模式。

3.4.12 实时动态相对定位

实时动态定位测量的基本原理是：参考站实时地将测量的载波相位观测值、伪距观测值、参考站坐标等用无线电台等手段实时传送给流动站，流动站实时将载波相位观测值进行差分处理，获取参考站和流动站间的基线向量（ΔX，ΔY，ΔZ），基线向量加上参考站坐标即为流动站的 WGS－84 系坐标值，经坐标转换获得流动站在地方坐标系的坐标和高程值。

3.4.13 连续运行参考站

在 20 世纪 90 年代，随着美国 GPS 卫星导航定位系统建成与应用，为实现快速高精度定位，出现了连续运行卫星跟踪站（Continuously Operating Reference Stations，CORS），是作为卫星定位的地面基准点（或起算点）。这是 CORS 产生的最初目的。

随着 GPS 差分技术的研究与应用，出现了依靠无线电波进行差分改正信息发布的永久性参考站（RTK 单参考站），能够在近距离范围内为用户提供 RTD 伪距相位差分服务和 RTK 载波相位差分服务，可称为 CORS 的初期应用模式。该模式的特点是：参考站间相互独立，无数据交换，仅为流动站提供单向通信的实时差分数据服务。

网络技术的应用，进一步推动了 CORS 的技术进步，通过网络将各个参考站连为一体，并采用数据中心统一进行数据解算和数据发送服务。CORS 的概念已拓展为以参考站为基本节点的系统，英文名称为 Continuously Operating Reference System，即连续运行参考站系统。

CORS 的终极目标是以若干 GPS 参考站组成的网络为基础，以数据中心为核心，除提供高精度实时位置服务外，还可提供与其相关的多种综合服务。其含义将由连续运行参考站系统进一步拓展为连续运行卫星定位综合服务系统（Continuously Operating Reference Service）。

3.4.15 测距码

卫星中所用的测距码从性质上讲属于伪随机噪声码。根据其性质和用途的不同，测距码可分为粗码和精码两类，每个卫星所用的测距码互不相同且相互正交。

3.4.16 粗码（C/A 码）

粗码（C/A 码），又称为粗捕获码，它被调制在 L_1 载波上，是 1MHz 的伪随机噪声码（PRN 码），其码长为 1023 位（周期为 1ms）。由于每颗卫星的 C/A 码都不一样，因此，经常用它们的 PRN 码来区分它们。C/A 码是普通用户用以测定测站到卫星间的距离的一种主要信号。

3.4.17 精码

精码又称为 P（Y）码，它被调制在 L_1 和 L_2 载波上，是 10MHz 的伪随机噪声码，其周期为 7d。在实施 AS 时，P 码与 W 码进行模二相加生成保密的 Y 码，此时，一些用户无法利用 P 码来进行导航定位。

3.4.18 导航电文

卫星向用户播发的一组反映卫星在空间的位置、卫星的工作状态、卫星钟的修正参数，电离层延迟修正参数等重要数据的二进制代码，又称数据码。

3.4.19 卫星星历

卫星不同时刻空间位置信息，视不同系统有的给出轨道参数和摄动力影响参数，有的直接给出卫星的瞬时位置。

3.4.20 广播星历

是主控站利用跟踪站收集的观测资料推算出未来两周的星历，然后注入到GPS卫星，形成导航电文供用户使用，因此这种星历属于预报性质的。

3.4.21 精密星历

精密星历（事后处理星历），为改善和提高地面定位精度，许多国家和研究机构都在研制GPS使用的精密星历。无论是在全球范围或局部区域范围内布设跟踪站，收集观测资料都是可行的。这些跟踪站选择在地心坐标精确的已知点上，如VLBI和SLR测站，这些站称为基准站。它们大多数备有精密的原子钟（如氢钟）和水蒸气辐射计。如果在全球范围布设跟踪站，并对若干周期的观测资料进行处理，那么这种长弧计算的结果，外推若干时间仍能具有足够的精度来描述卫星轨道。如果在局部区域以短弧方式将测站坐标与卫星坐标同时解算，得到的星历将是该观测段内卫星轨道较好的描述，而不可能对观测段外进行外推，否则其精度将迅速降低。

3.4.27 截止高度角

作业时要求卫星的高度角（即截止高度角）一般不小于15°，低于此角度的卫星接收机将不予跟踪。

3.4.29 精度因子

精度因子主要包括：平面位置精度因子HDOP、高程精度因子VDOP、空间位置精度因子PDOP、接收机钟差精度因子TDOP、几何精度因子GDOP。

3.4.31、3.4.32 多路径效应、多路径误差

测站附近的物体对导航卫星信号产生反射，从而再一次被接收机天线接收（反射波），其与直接接收的同一信号（直射波）产生干涉，使得观测值偏离了真值。多路径误差与测站环境、反射体的性质和接收机的性能及结构有关。多路径效应是影响定位精度的一项主要误差来源。

3.4.34 独立基线

用N台卫星定位接收机进行同步观测，可获得$N\times(N-1)/2$条同步观测基线，但其中仅有$N-1$条是独立基线。异步环是由独立观测基线构成的闭合环。

3.4.36 单基线解算

单基线解算模式没有顾及同步观测图形中独立基线之间的误差相关性。大多数随机软件的基线解算也只提供单基线解算模式，通常在精度上也能满足工程控制网的要求。

3.4.37 多基线解算

多基线解算模式顾及了同步观测图形中独立基线之间的误差相关性，解算精度较高。

3.4.38 单差相位观测

在多个测站对同一组卫星进行同步观测，卫星的轨道误差、卫星钟差、接收机钟差以及电离层和对流层对卫星信号的折射误差等，这些误差对观测值的影响有一定的相关性。利用这些观测值的不同组合进行求差，构成差分相位观测值，再进行解算，就可以有效的消除或减弱相关误差的影响，从而提高相对定位精度。

把两测站对同一颗卫星在同一时刻的相位观测值直接相减，其差值称为单差相位观测值（一次求差）。单差相位观测值可以消除与卫星有关的载波相位及其钟差项。

3.4.39 双差相位观测

双差是对单差相位观测值继续求差。通常指在站间差分一次后、在星间再求一次差得到双差相位观测值。双差相位观测值可以消除与接收机有关的载波相位及其钟差项。双差相位观测值是大多数基线向量处理软件包的基本模型。

3.4.40 三差相位观测

三差是对双差相位观测值继续求差。在站间、星间求差后再在历元间求一次差得到三差相位观测值。三差相位观测值可以消除与卫星和接收机有关的初始整周模糊度项。

3.4.42 周跳

在接收机对卫星信号进行连续跟踪时，其整周模糊度保持不变，整周连续计数。如果卫星失锁到重新锁定，则整周模糊度将发生变化，整周计数也不连续，这种现象称为整周跳变，简称周跳。

3.4.44 电离层折射改正

电离层是指地球上空距地面高度在（50～1000）km的大气层。电离层中的气体分子由于受到太阳等天体各种射线辐射，产生强烈的电离，形成大量的自由电子和正离子。电离层属于色散介质，其对不同频率的信号所产生的折射效应不同。

电离层误差主要有电离层折射误差和电离层延迟误差组成。其引起的误差垂直方向可以达到50m左右，水平方向可以达到150m左右。目前，还无法用一个严格的数学模型来描述电子密度的大小和变化规律，因此，消除电离层误差采用电离层改正模型或双频观测加以修正。

3.4.45 对流层折射改正

对流层是指从地面向上约40km范围内的大气底层，占整个大气质量的99%。其大气密度比电离层更大，大气状态也更复杂。对流层与地面接触，从地面得到辐射热能，温度随高度的上升而降低。对流层属于非色散介质，其对不同频率的信号所产生的折射效应相同。

对流层折射包括两部分：一是由于电磁波的传播速度或光速在大气中变慢造成路径延迟，这是主要部分；二是由于GPS卫星信号通过对流层时，也使传播的路径发生弯曲，从而使测量距离产生偏差。在垂

直方向可达到 2.5m，水平方向可达到 20m。对流层误差同样通过经验模型来进行修正。

3.4.46 双差固定解

基于对工程控制网质量和可靠性的要求，工程测量规范规定基线解算结果应采用双差固定解。

3.4.48 三差解

对于长度超过 30km 的基线，要解算出整周模糊度参数的整数解是很困难的，通常采用三差相位观测值基线解算模式进行基线解算。

3.4.50 异步环

构成异步环的所有基线中至少应有一条基线为非同步观测基线，或者说其中至少有一条基线为不同时段的观测值。异步环又称为独立观测环。

3.4.51 无约束平差

无约束平差是在 WGS－84 坐标系中进行，其目的是为了检验 GPS 网本身的精度及基线向量之间有无明显的系统误差和粗差。

3.4.52 约束平差

对已知条件的约束，有三维约束和二维约束两种模式。三维约束平差的约束条件是控制点的三维大地坐标或三维直角坐标、空间边长、大地方位角；二维约束平差的约束条件是控制点的平面坐标、水平距离和坐标方位角。约束平差还可分为强制约束平差和加权约束平差。

3.5 导 线 测 量

3.5.1 导线测量

通常导线测量两端起闭于已知点和已知方向，通过坐标传递求得待定点的平面位置。在测距技术普及后，导线测量已成为控制测量的主要方法之一。

3.5.2 导线网

已知点至结点或结点至结点之间的导线称为导线段，导线网由多条导线段连接而成。

3.5.7～3.5.9 导线点、导线边、导线折角

导线点、导线边和导线折角是构成导线测量的三个最基本元素。其中导线测量中构成导线的各转折点和导线的端点均为导线点；起算点与导线点或相邻两导线点间的连线称为导线边；起算方向和导线边或相邻两导线边构成的水平角即为导线折角。

3.5.11 导线全长闭合差

导线全长闭合差是由测角和量距误差所引起，导线越长其全长闭合差也越大。根据导线的坐标增量闭合差按下列公式计算而得：

$$f_s = \sqrt{f_x^2 + f_y^2} \qquad (12)$$

式中：f_s——导线全长闭合差；

f_x——x 坐标增量闭合差；

f_y——y 坐标增量闭合差。

3.5.13、3.5.14 导线纵向误差、导线横向误差

导线的纵、横向误差受边长、水平角测量误差和起始数据误差的影响。对于直伸形导线，纵向误差主要受到边长测量误差的影响；而横向误差主要受到水平角测量误差的影响。

3.6 三角形网测量

3.6.1、3.6.2 三角形网测量、三角形网

三角测量是建立平面控制网的传统方法之一，现代工程测量已很少应用。现行国家标准《工程测量规范》GB 50026－2007 首次引入了三角形网的概念，将传统的三角网、三边网和边角网概念进行了综合。其特点是边长、水平角等观测元素均作为观测值参加平差。

3.6.4 三角形闭合差

平面上三角形三内角之和为 180°，球面上三角形三内角之和大于 180°，超出部分称球面角超。球面角超根据三角形面积和地球曲率半径计算。

3.6.5 菲列罗公式

由菲列罗公式计算的 m 实际上是中误差的估算值，当 n 的数量较少时，这个估值表现出一定的随机性，这样求得的中误差不能真正反映实际观测精度。当 n 的数量增多（$n>20$）时，则 W 出现的统计概率逐步趋近它的概率，而 m^2 的也就呈现出稳定性，这样按由菲列罗公式计算的中误差才比较可靠。

3.6.9 角-极条件

三角网按条件平差时的一种条件。在中点多边形和大地四边形中，以某点为极由任一边出发，围绕极点，经过有关观测角度推算各边，然后又回到原来那条边，推算的边长值应等于原来的边长值的条件。如图 3 所示的中点多边形，若以中点为极，其条件方程的一般形式为：

$$\frac{\sin A_1 \cdot \sin A_2 \cdot \sin A_3}{\sin B_1 \cdot \sin B_2 \cdot \sin B_3} = 1 \qquad (13)$$

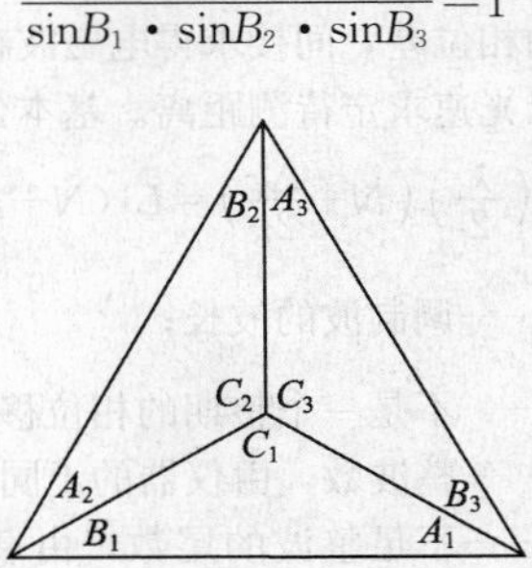

图 3 角-极条件

3.6.10 边（基线）条件

三角网（锁）按条件平差时的一种条件。如图 4 所示的三角锁，由已知边 AB 开始，经图中的各观测水平角，推算至另一已知边 CD，推算值应等于已知值的条件。其条件方程的一般形式为：

$$\frac{\sin A_1}{\sin B_1} \cdot \frac{\sin A_2}{\sin B_2} \cdot \frac{\sin A_3}{\sin B_3} \cdot \frac{\sin A_4}{\sin B_4} = \frac{CD}{AB} \qquad (14)$$

3.6.13 坐标条件

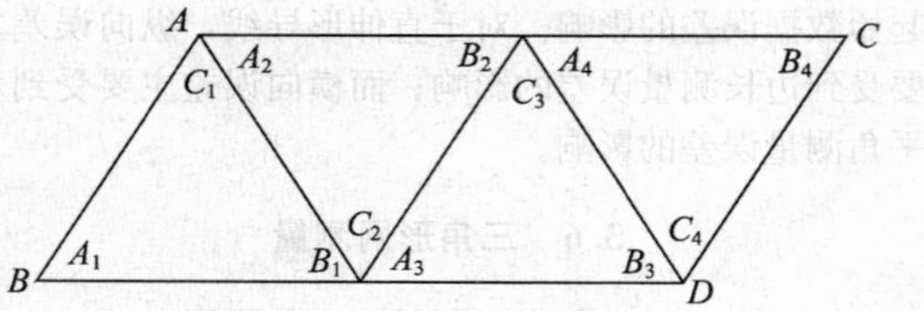

图4　边（基线）条件

三角网（锁）按条件平差时的一种条件。在三角网中，有两个或两个以上没有被固定边相连接的已知点或已知点组，从某一端的已知点或已知点组，经过相关观测方向值（或水平角）推算至另一端已知点或已知点组的坐标，推算坐标应等于已知坐标的条件。这种关系的满足称为坐标条件。

坐标条件分为纵坐标条件和横坐标条件两种。

3.7　距离测量

3.7.1　距离测量

距离测量包括量距、视距、视差法测距、电磁波测距和GPS测距等方法，其中量距包括测绳、木尺、皮尺、钢尺和精密量距的因瓦基线尺等。可根据被测量目标的性质、精度要求和其他条件进行选择。

3.7.2、3.7.5、3.7.6　电磁波测距、激光测距、红外测距

光电测距、红外测距、激光测距、微波测距都是以其载波命名的，这些载波均为电磁波，所以定名为电磁波测距。其测距原理是以电磁波为载波，经调制后由测线一端发射出去，由另一端反射或转送回来，测定发射波的频率或测定发射波与回波的相位差或相隔的时间，以测定两点间距离。

3.7.3　相位法测距

相位法测距的基本原理是直接测定连续测距信号发射和回波的相位差，间接求得电磁波在两点间的传播时间，乘以光速求定待测距离。基本公式为：

$$D=\left(\frac{\lambda}{2}\right)\left(N+\frac{\Delta\varphi}{2\pi}\right)=L\ (N+\Delta N) \tag{15}$$

式中：$\lambda=\frac{c}{f}$——调制波的波长；

$\Delta\varphi$——不是一个整期的相位移尾数；

N——整波数，由仪器的不同测尺解算；

ΔN——不足整波的尾数，由载波相位测量求得；

$L=\frac{\lambda}{2}$——测尺长度。

3.7.4　脉冲法测距

脉冲测距法。由测线一端的仪器发射光脉冲，一小部分直接由仪器内部进入接收光电器件，作为参考脉冲，其余部分发射出去，经过测线另一端反射回来，也进入接收光电器件，测量参考脉冲同反射脉冲相隔的时间，可求出距离。

3.7.7　测程

英文对照词EDMI是electromagneic distance measurement instrument的缩写词，指的是电磁波测距仪。

3.7.8　加常数

由于各厂家的仪器性能和制造工艺不同，对加常数处理亦会有所不同，使用前应查看仪器使用说明书，并进行比对验证。

3.7.10　大气改正

大气折射率随温度、湿度和气压的变化而变，因而使光在大气中的传播速度发生变化，致使所测距离发生变化。生产厂对每种型号的仪器选择了固有的载波波长，并选择了一定的温度、湿度和气压作为折射率的起算数据，即气象参考点，实际作业时的气象参数一般都偏离气象参考点，因此需对所测距离进行改正。

3.7.13　倾斜改正

测距仪测得的、带尺丈量得的一般都为斜距，将其变为水平距离时都应进行倾斜改正。

3.7.14　温度改正

本条特指钢尺量距时所加的一种改正，电磁波测距的温度改正已包含在大气改正中。

3.8　角度测量

3.8.1　水平角

水平角是在水平面上由0°～360°的范围内，按顺时针方向计取。是测绘工作中推算边长、方位和坐标的主要元素之一。

3.8.2　方向观测法

方向观测法是把多个方向依次进行观测的方法，该法观测程序简便、计算简单，是工程测量最常用的水平角观测方法之一，简称方向法。

3.8.3　全圆方向法

全圆方向法是方向法的一种特例，当一测站的待测方向数超过3个时采用此法，与方向法的区别在于水平角观测要归零。

3.8.4　分组观测

当一测站的待测方向数超过6个时，可将其分为方向数不超过6个的若干组，分别按方向法或全圆方向法进行观测，即称为分组方向观测法。但各组之间必须有两个共同的方向，其中一个方向通常为共同的零方向，另一个为任意方向，且在各分组观测结束后需进行测站平差，以便获得全站统一的归零方向值。

3.8.5、3.8.6　正镜、倒镜

当竖直度盘位于望远镜右侧时，照准部绕竖轴、望远镜绕横轴均已旋转了180°。用正镜、倒镜观测同一水平角取其中数，可以消除视准轴不垂直于横轴的误差、横轴倾斜误差及照准部偏心差等影响。

3.8.9　光栅度盘

在度盘上制成密集的径向光栅，在度盘光栅安置指标光栅，当度盘照准部转动时，两光栅产生的莫尔条纹的亮度就会变化若干个周期，用于角度的计数。

3.8.10 编码度盘

在玻璃度盘的同心圆上设置等间隔的透光和不透光的黑区和白区，设透光为1，不透光为0，则可获得二进制数变化的光电信号，以用于角度计量。

3.8.15 旁折光（差）

视线折光角的水平分量，它是由于视线两侧的空气密度不同所致，使光线在水平方向上发生弯曲。消除或减弱旁折光差的影响有两种办法：一是避免视线从贴近山坡、大型建筑物（特别是烟囱）的旁边以及近水面的上空通过；二是选择合适的观测时间，在温度梯度接近零时（即日出或日落前后），观测效果最好。

3.8.16 测角中误差

评定三角测量和导线测量中水平角观测精度的一种标准。

三角网平差前，一般是根据三角形闭合差，按菲列罗公式（详见第3.6.5条）计算测角中误差，初步评定三角网的观测精度。三角网平差后，是根据观测值的平差改正数，按第2.0.24条的条文说明公式（1）计算测角中误差，最终评定三角网的观测精度。

导线网平差前，是根据导线环水平角闭合差按公式（16）计算测角中误差，初步评定导线网水平角的观测精度。导线网平差后，也按第2.0.24条的条文说明公式（1）计算测角中误差。

$$m=\pm\sqrt{\frac{1}{N}\cdot\left[\frac{f\cdot f}{n}\right]} \tag{16}$$

式中：f——导线网中各环的闭合差；

n——计算 f 所参与的水平角个数；

N——导线网中闭合环的个数。

3.9 高程控制测量

3.9.1 高程控制测量

高程测量的方法包括水准测量、三角高程测量、电磁波测距三角高程测量、流体静力水准测量、气压高程测量、GPS高程测量等。当前最常用的高程控制测量方法有水准测量、电磁波测距三角高程测量及GPS拟合高程测量等。

3.9.2 水准测量

根据水准仪提供的水平面，在距水准仪相等的两立尺点上，沿铅垂线所截取的长度之差，即为该两点间的高差。

水准测量是高程测量的主要方法。主要用于建立各等级的高程控制网、建（构）筑物或地面的沉降观测以及施工测量等工作。

3.9.3 三角高程测量

三角高程测量包括经纬仪三角高程测量和电磁波测距三角高程测量两种，此方法适宜在山区和丘陵地区应用。目前经纬仪三角高程测量方法已很少使用。

3.9.4 电磁波测距三角高程测量

在电磁波测距仪出现之后确定地面点高程的一种方法，和传统的经纬仪三角高程测量的主要区别之一是直接测定了两点间的距离。分为中点单觇法和直反觇法两种，中点单觇法在削弱大气垂直折光影响有显著的优势。

3.9.7 跨河水准测量

跨河水准测量常用的特殊方法有：倾斜螺旋法、经纬仪倾角法、光学测微法等，有时需要在标尺上配置特制的觇板。

3.9.8 高程控制网

高程控制网是工程控制网的一部分。高等级高程控制网主要采用水准测量方法建立，四等以下控制网也可以采用电磁波测距三角高程测量方法建立；GPS拟合高程测量适合建立五等以下高程控制网。

3.9.9 水准网

常见的水准网布设形式有单结点水准网、双结点（或多结点）水准网和多边形环形水准网等。

3.9.10 三角高程网

三角高程网分为电磁波测距三角高程网和经纬仪三角高程网两种。电磁波测距三角高程的布网等级分为四等和五等；经纬仪三角高程的布网等级分为一级和二级。

3.9.11 高程控制点

包括水准测量、电磁波测距三角高程测量、经纬仪三角高程测量、GPS高程测量等各种方法所测得的具有等级高程值的控制点的总称。现在大多与平面控制点集于一体。

3.9.17 支水准路线

水准路线的一种布设形式，常用于已知高程的引测或困难测区高程的传递。由于支水准路线既不符合又不闭合，没有任何检核条件，所以通常要求进行往返观测。

3.9.18 水准测段

工程测量中将起算高程点与待定高程点间、相邻待定高程点间的水准路线均称为水准测段。

3.9.20 高差全中误差

水准测量的高差全中误差的理论计算公式：

$$m_{\mathrm{L}}=\sqrt{\eta^2\cdot L+\delta^2\cdot L^2} \tag{17}$$

式中：m_{L}——高差全中误差（mm）；

η——水准路线每千米的高差偶然中误差（mm）；

δ——系统中误差（mm）；

L——路线长度（km）。

由于工程测量中水准测量路线长度一般不很长，计算 η、δ 的结果带有一定的任意性，尤其是对 δ 的计算更是如此，因此，采用术语正文中的高差全中误差的计算公式进行评定。

3.9.21 高差偶然中误差

由于工程测量中水准路线较短，一条水准路线分几个测段，然后分段进行往返观测，实际工作中很少这样做或不这样做，致使高差偶然中误差的计算无法进行。水准测量中每千米水准路线的高差中误差，常用水准测量往返测不符值推求。

3.9.22、3.9.23 垂直角、天顶距

天顶距和地平高度（垂直角）互为余角，既一个测站同一方向的垂直角与天顶距之和为90°。

3.9.24 竖盘指标差

当指标水准气泡居中时，指标线偏离正确位置的角度值即为竖盘指标差。现代仪器多附有水平或垂直补偿装置，但补偿后的剩余误差以及视准轴和度盘安置误差等综合形成为竖盘指标差。竖盘指标差可采用正倒镜观测方法消除，不影响观测结果。竖盘指标差在短时间内变化不大，其变动范围是衡量测站作业的技术指标之一。

3.9.25 直反觇观测

在电磁波测距三角高程测量和经纬仪三角高程测量作业中，为消除地球曲率对所求高差的影响和减弱大气折光产生的高程测量误差而采用的一种作业方式。

3.9.26 地球曲率与折光差改正

在竖直面内，过仪器横轴的水平面和其水准面与过照准点铅垂线相交，所截取的距离称为由地球曲率所产生的高程误差。

由于大气折光的缘故，目标点是经由弧线进入仪器望远镜的，此弧线在仪器横轴处与视线（即曲线在该点的切线）的夹角称为垂直折光差，而其在过照准点铅垂线上所截取的距离称为由大气折光所产生的高程误差。

对以上两项高程误差所进行的改正称为地球曲率与折光差改正，简称两差改正。

3.9.27 垂直折光系数

地球曲率半径可由地球椭球参数算得，视线通过大气层折射形成曲线的曲率半径无法直接获得。垂直折光系数，可用不受地球曲率与折光差影响的高差和受地球曲率与折光差影响的高差之间的比较求出，或用专门的气象计算公式求出。

3.10 数据处理

3.10.1 测量平差

定义中所指的测量数据均带有观测误差，对这些观测数据一方面要估计它们的可靠程度作出合理解释，这涉及有关观测误差性质，另一方面还要对这些测量数据作适当处理，这涉及推求未知量最佳估值的准则、数据处理的基本方法及它们的函数模型等。

3.10.2 最小二乘法

测量平差的一种基本方法，并广泛应用于自然科学的各个领域。条文中的残差 V 为观测值 L 与对应函数 $Y=f(x)$ 的差值。

3.10.3 参数平差

选择的未知数 x 的个数等于必要观测个数 t，所选的未知数之间相互独立，平差结束时，在求出未知数 x 后，再求出平差值 L。

3.10.4 附条件参数平差

在参数平差中，有时参数或未知量之间存在某些条件，将这种条件方程式连同观测方程一起按最小二乘法原理求解，称为附条件参数平差。

3.10.5 条件平差

在测量中观测值和多余观测值均有误差，各种几何关系不能得到满足而产生闭合差。条件平差就是根据各观测元素间所构成的几何条件以及起始数据间的强制条件，按最小二乘法的原理求得各观测值的最或然值，以消除由于多次观测所产生矛盾的平差方法。

3.10.6 附参数条件平差

在条件平差中，有时条件方程式包含某些参数或未知量，这种按最小二乘法的原理求得各观测值的改正数和某些参数或未知量的最或然值的方法，称为附参数条件平差。

3.10.7 相关平差

平差即由直接观测值求定相关观测值。当相关观测值彼此不存在条件方程，则相关观测值就是平差值；若相关观测值互相存在条件，则再进行相关平差可求得平差值。相关平差也分为条件平差和参数平差两类。相关平差中相关观测值的权矩阵是非对角矩阵，其数学模型和计算公式均与参数平差或条件平差者相同。

3.10.8 秩亏平差

控制网中不设固定起始数据，而又以点的高程或坐标作为平差的未知参数，按最小二乘法原理进行平差的方法。

3.10.9 拟稳平差

假定有一部分点对于另一部分是相对稳定的，以网中控制点的高程或坐标作为未知数，就有稳定未知数和不稳定未知数两类。按照最小二乘法原则及最小范数条件进行平差，是拟稳平差的基本思路。

3.10.10 严密平差

由于偶然误差服从二维正态分布，所以在误差分析中，是利用最小二乘法原理进行平差计算，并求得最或是值的。

3.10.11 近似平差

为计算简便而去掉某种复杂的几何条件，或者将部分几何条件所产生的闭合差分别处理，使平差后各观测值之间的矛值得到较合理解决的平差方法。

3.10.12 闭合差

某个量的观测结果与其应有值之间的差值。在某几个量构成几何条件的情况下，由于这些量的观测值中包含有误差，不能满足几何条件而产生一定的差值，称此差值为闭合差。

3.10.14　先验权

控制网平差时，必须估算角度及边长先验中误差的值，并用于计算其先验权的值。根据实践经验，采用经典的计算公式和数理统计的经验公式，经过计算，反复迭代完成，但最终结果一样，都是可行的办法。

3.10.18　权函数

拟计算某量平差后的中误差时，应将某量表示为平差未知数（参数平差）或观测值（条件平差）的函数，再按规定公式计算其中误差。这种函数关系的线性表达式称为权函数式。

3.10.19　权系数

参数平差时，法方程式系数矩阵的逆矩阵就是权系数矩阵。

3.10.20　方差—协方差阵

参数平差的法方程式系数矩阵乘以某个常数就是方差—协方差阵。

3.10.22　权

根据定义，观测值权之比等于相应标准差平方的倒数之比，即：

$$P_1 : P_2 : P_3 = \left(\frac{\mu^2}{m_1^2}\right) : \left(\frac{\mu^2}{m_2^2}\right) : \left(\frac{\mu^2}{m_3^2}\right) \tag{18}$$

式中：P——权；

m——中误差；

μ——任意值。

3.10.23～3.10.25　单位权、单位权方差、单位权中误差

在第3.10.22条的条文说明中，当 $\mu^2 = m_1^2$ 时，公式（18）中的 P_1 即为单位权（$P_1=1$）、μ^2 即为单位权方差、μ 即为单位权中误差。

3.10.26　平差值

在参数平差、条件平差、相关平差、秩亏平差、拟稳平差、严密平差、近似平差中，平差值等于观测值与改正数之和。

3.10.27　边长中误差

平面控制网中某一边长的中误差。一般由平差求出。外业施测的边也可按施测过程估算其中误差。

3.10.28　边长相对中误差

边长可以是推算的，也可是测距仪或其他丈量工具测得的。用测距方法求得的边长相对中误差，通常称为测距边相对中误差。

3.10.29　相邻点间相对中误差

可分为沿两点连线方向的纵向中误差（边长中误差）和与两点连线方向垂直的横向中误差（方向中误差）。

3.10.30　方位角中误差

目前工程测量作业一般不直接施测边的方位角。某边的方位角中误差通常由平差求出。

3.10.31　坐标中误差

平面控制网平差后某点坐标分量的中误差。

3.10.32　点位中误差

通常由单位权中误差及矩阵的迹（Helmert点位误差），或矩阵行列式的值（Werkmeist点位误差），或矩阵的最大特征值（即误差椭圆的长半轴）计算而得。

3.10.34　最弱边

衡量平面控制网最基本的精度指标之一，规范一般都有明确规定。

3.10.35　最弱点

衡量平面控制网的精度指标之一，通常多以5cm或10cm作为限差。

3.10.36、3.10.37　误差曲线、误差椭圆

误差曲线是误差椭圆曲线的垂足曲线。误差曲线上的点至原点的距离就是该方向的位差。而求误差椭圆某一方向上的位差，必须在该方向线上向误差椭圆作切线，垂足至原点的距离就是该方向的位差或称纵向误差，切线长就是横向误差。

3.10.38　相对误差椭圆

一般说误差椭圆（3.10.37）是指某点相对于起算点的，相对误差椭圆是指任意两点之间的。

3.10.41　误差检验

误差检验的目的是检验一个观测列的误差是否符合偶然误差特性或是否存在系统误差。误差检验的内容有：误差的正负号个数、误差正负号出现的次序、正负误差的总和、周期性系统误差的检验、是否符合正态分布的检验等。

3.10.42　统计检验法

主要是检验测量误差是否符合正态分布。除正文所述方法外还有直方图、累积频数曲线、分位图等。

3.10.43　相关分析

现实世界中有许多现象之间是有一定联系的。按数理统计方法建立两个或多个随机变量之间的联系，称为近似关系或相关关系。把对这种关系的分析和建立称为相关分析。例如，观测值中的偶然误差是要求相互独立的，而严格独立的观测值是很少的，它们之间或多或少存在着剩余的系统误差，所以形成一组相关的观测值，研究和建立这种相关关系的工作就是相关分析。

4 地 形 测 量

4.1 一 般 术 语

4.1.1　地形测量

测绘地形图的过程。使用测量仪器，按一定的程序和方法，根据地形图图式规定的符号，将地物地貌测绘在图纸上的过程。传统的测图方法有：大平板测绘法、经纬仪加小平板测绘法、摄影测量法等；现在除摄影测量外应用较多的有全站仪内外业一体化测图法、GPS-RTK 野外采点数字成图法等。

4.1.2 地形图

地表起伏形态和地物位置、形状在水平面上的正射投影图，含有一定的比例尺。地物按图式符号加注记表示，地貌一般用等高线表示。可分为纸质地形图和数字地形图。

4.1.3～4.1.6 一般地区地形测图、城镇建筑区地形测图、工厂现状图测量、水域地形测量

工程测量规范中的地形测量部分，将测区类型分为一般地区、城镇建筑区、工矿区和水域测量四种。由于不同测区类型所包含的测量对象、精度要求、作业方法均有所不同，所以将地形测图分为一般地区地形测图、城镇建筑区地形测图、工厂现状图测量、水域地形测量等。

工厂现状图测量的显著特征是包含主要地物的解析坐标（细部坐标点）测量。

水域地形测量的直观性很差，基本是以断面的形式进行，并通常采用等深线表示水域地形状况。

4.1.7 地形图修测

主要是为了保证地形图的现势性，在已有的地形图上，按照统一的技术要求，对地面变化了的地理要素进行修改和补充。在地形图修测之前，应首先分析原图的精度是否符合现行规范的要求，比较图内地形要素变化的程度，从而确定地形图修测的内容和方法。

4.1.8 汇水面积测量

在水力径流计算中，常需给出对某一断面而言所能汇集降水的总面积数据。此数据常从小比例尺地形图上量取，或采用实地测量方法获得。

4.1.9 大比例尺地形图

本术语的定义主要是从工程建设服务的需要，以满足使用的角度来确定大比例尺地形图的一定范围。

1：500、1：1000 地形图常用于初步设计、施工图设计；城镇、工矿总图管理；竣工验收等。

1：2000 地形图常用于可行性研究、初步设计、矿山总图管理、城镇详细规划等。

1：5000 地形图常用于可行性研究、总体规划、厂址选择、初步设计等。

4.1.10 数字地形图

地形图信息主要是以数据的形式存在，属于地形图的一种表示形式。与通常我们所看到的以纸张、布或其他可见真实大小的实物为载体的地形图相比，数字地形图上可以表示的信息量可以更大，且根据用户需要，可将本身或其他数据文件进行有限的要素组合、拼接，形成新的数字地形图。

4.1.11 纸质地形图

这里纸质一词的含义较广，不仅只包括纸张或聚酯薄膜，应该是指除数字（电子）地形图以外，绘制在有形实物介质上的所有地形图。

4.1.12 带状地形图

线路狭长地带的地形图。常用于铁路、公路、河道、管线等线形工程的图上定线和初步设计，一般工程的带状地形图比例尺通常采用 1：2000。

4.1.13 地形图原图

本术语的原含义是指经过实地测量并进行整饰的初始地形图，早期的清绘图就是地形图原图；在实测地形图上采用聚酯薄膜蒙描的地形图也称为原图。数字地形图产生后，用来作为数字化基础的纸质地形图称为地形图原图。

4.1.14 地形图比例尺

亦称为测图比例尺、成图比例尺。若用符号表示比例尺的公式为：1：M 或 $1/M$，M 为比例尺的分母，M 越大表示比例尺越小。

4.1.15 地形图图式

工程测量常用的地形图图式有现行国家标准《国家基本比例尺地图图式　第 1 部分：1：500，1：1000，1：2000 地形图图式》GB/T 20257.1 和《国家基本比例尺地图图式　第 2 部分：1：5000，1：10000 地形图图式》GB/T 20257.2。

4.1.17～4.1.19 地形图分幅、正方形分幅、矩形分幅

大比例尺地形图的分幅按统一的直角坐标网格线划分，采用正方形分幅（50cm×50cm 或 40cm×40cm）或矩形分幅（40cm×50cm 或 50cm×40cm）。除按规定的分幅以外，有些地形图的分幅还可采用其他尺寸进行任意分幅，但也是按统一的直角坐标网格线划分，带状地形图的分幅大部分是沿带状走向采用任意分幅的形式。

大比例尺地形图分幅一般采用的图幅大小见表 3：

表 3　地形图分幅

比例尺	图幅大小（cm^2）	比例尺	图幅大小（cm^2）
1：200	50×50	1：2000	50×50
1：500	50×50，40×50	1：5000	40×40
1：1000	50×50	—	—

4.1.20 图廓

大比例尺地形图的图廓通常由内图廓和外图廓组成。内图廓是图幅面积和坐标的实际控制线，外图廓仅起图幅的整饰作用。

4.1.21 图幅编号

为了便于储存、检索和使用系列地形图而给予各分幅地形图的代号。地形图的编号方法很多，工程测量常用的有行列编号法、顺序编号法和图幅左下角坐

标千米数编号法等。

4.1.22 地形图分幅图

通常亦称为地形图图幅接合表、地形图索引图。标明某地区地形图关系位置的略图，也是地形图分幅编号的图解形式。一般依较小比例尺按各图幅的相应位置划分成适当网格，每一网格代表一幅地形图，并注记上相应的图幅号。通常在分幅图上还要标出测区的边界、居民点、主要道路或其他标志性的地物。

4.1.23 图幅接边

地形图经分幅后形成相对独立的一幅图或分区测绘后需要将相邻区域的地形图进行整合，通过接边过程，一是消除结合误差，二是消除地物、地貌或其他地理要素的图形以及属性的丢失和错误。

数字地形图测图常按明显地物（如道路、河道）分区。

4.1.24 地形图要素

本定义的地理要素也称为图形要素，是指地物符号、地貌符号和各种注记；数学要素是指测图比例尺、图幅的坐标系统和高程系统、控制点；整饰要素也称为辅助要素，就是地形图的分幅、地形图编号、图例，测制单位、时间等主要过程及参数。

4.1.25 地形图编绘

编绘地形图主要是基于经济合理的考虑，将不同时期、不同比例尺的地形图、专业图和综合图进行统一编绘，生成新的满足用户需求的产品。

4.1.26 地形图数据库

以数字化地形图为基础的数据库，是存储在计算机中的地形图各要素（如地物、地貌、注记、控制点、坐标高程系统、比例尺等）的数字信息文件、数据库管理系统及其他软件和硬件的集合。地形图数据库的建立有利于地形图数据的保存、查询、增加、删除、更改和检索。

4.2 图根控制测量

4.2.1 图根控制测量

图根控制测量又称地形控制测量，是直接为地形测图而建立的平面控制和高程控制。即在等级控制点间进一步加密控制点，以满足测图的需要。

平面图根控制测量目前采用的主要方法有图根导线法、GPS-RTK差分法、极坐标法和各种交会方法等；高程图根控制测量通常采用图根水准测量、三角高程测量和GPS-RTK差分测量等方法进行。

4.2.2 图根导线测量

图根控制点测量的一种方法，主要是通过测边和测角推算出图根控制点平面坐标的方法。图根导线的布网形式主要有导线网、附合导线、闭合导线、支导线、无定向导线等。

4.2.3 图根高程测量

图根高程测量目前采用的主要方法有图根水准测量、三角高程测量和GPS-RTK差分方法。

4.2.4 图根水准测量

图根高程测量的一种方法，主要用于平坦地区的地形测量之中。

4.2.5 图根三角高程测量

图根高程测量的一种方法，主要用于丘陵、山地及地形复杂地区的地形测量之中。分为图根经纬仪三角高程测量和图根电磁波测距三角高程测量。

4.2.7 全站仪极坐标法

目前是应用最多的图根点布设方法之一。通过全站仪在已知点上的设站，直接测定图根点的平面坐标和高程。该法在工程测量其他分支中也有广泛应用。

4.2.10～4.2.14 前方交会、后方交会、侧方交会、边交会法、边角交会法

这几个词不限于在图根控制中应用。在工程测量其他分支中也有广泛应用。

4.3 地 形 测 图

4.3.1、4.3.2 全站仪测图、GPS-RTK测图

工程测量规范将大比例尺地形图分为纸质地形图和数字地形图两类。数字地形图成图主要过程为野外数据采集和计算机处理。野外数据采集由于采用仪器设备的不同，主要分为全站仪测图和GPS-RTK测图两类，计算机图形处理过程两者是一致的。这两类方法是目前地形测图最常用的方法。

4.3.3 平板测图

平板测图的概念，是指传统意义上的手工成图法，即采用经纬仪或平板仪确定方向和视距、在平板上展绘成图。常用的方法有：经纬仪配合量角器测绘法、大平板仪测绘法、经纬仪（或水准仪）配合小平板测绘法等。该法目前已很少有人使用。

4.3.7 等高线

本术语的释义给出了等高线的内涵。等高线按其作用的不同，分为首曲线、计曲线、间曲线与助曲线四种，其中首曲线和计曲线另有定义。间曲线和助曲线用于首曲线不能表示的细部地貌，在工程测量的地形测图中很少应用。

4.3.8 首曲线

不同等高距所对应的首曲线高程值尾数见表4。

表4 不同等高距首曲线高程值尾数

等高距（m）	首曲线高程值尾数
0.2	*.0、*.2、*.4、*.6、*.8
0.5	*.5、*.0
1	0、1、2、3、4、5、6、7、8、9
2	0、2、4、6、8
2.5	0.0、2.5、5.0、7.5
5	*0、*5

注：表中*是指自然数。

4.3.9 计曲线

不同等高距所对应的计曲线高程值尾数见表5。

表5 不同等高距计曲线高程值尾数

等高距（m）	计曲线高程值尾数	
	每隔四条	每隔三条
0.2	*.0	—
0.5	0.0、2.5、5.0、7.5	2、4、6、8、0
1	0、5	—
2	*0	—
2.5	—	*0
5	25、50、75、00	—

注：表中*是指自然数。

4.3.10 等高距

大比例尺测图常用的等高距有0.2、0.5、1、2、2.5、5m几种。

4.3.11 地性线

又称地貌结构线，即地貌起伏形态变化的棱线。若地貌表面是各种坡面组成的形态，这些坡面的交线即为地性线。主要有山脊线（凸棱）、山谷线（凹棱）、坡面倾斜的变化线等。

4.3.12 示坡线

示坡线通常绘在山顶、洼底、山脊和山谷处，其方向与山脊线或山谷线一致，它总是指向高程较低的方向，有时也叫做降坡线。

比如山丘和洼地的等高线都是一组闭合曲线，在地形图上区分山丘或洼地的方法是：凡是内圈等高线的高程注记大于外圈者为山丘，小于外圈者为洼地。如果等高线上没有高程注记，则用示坡线来表示，示坡线从内圈指向外圈，表示中间高，四周低，为山丘；示坡线从外圈指向内圈，表示四周高，中间低，为洼地。

4.3.13～4.3.15 点状符号、线状符号、面状符号

实际地物是按比例尺缩小后绘于地形图上的，点状符号的大小与地图比例尺无关但具有定位特征；线状符号沿走向延伸其长度与比例尺有关；面状符号代表了地物的实际形状和面积。

4.3.16 地形图注记

注记常和符号相配合，表示名称、位置、范围、意义和数量等。注记可分为名称注记（如居民地、湖泊、河川、山脉的名称）、说明注记（如植被种类、路面材料、房屋结构）、数字注记（坐标高程注记、楼层）等。

4.3.18～4.3.20 地形点、地物点、地貌点

地形点是地物点和地貌点的总称；地物点是确定地物形状的测点，包括地物形状的特征点和轮廓线上的测量点；地貌点是描述地貌起伏形态的测点，包括地貌的特征点、地性线的测点、地貌在水平和垂直方向的变化点以及按规定地形点间距的其他测量点。

为了统一大比例尺地形图测量对测点的称谓，正确理解地形点、地物点和地貌点的真实含义，本标准增加“地貌点”一词条。

4.3.21 细部坐标点

工厂现状图测量的显著特征是包含主要地物的解析坐标即细部坐标点测量。细部坐标点的点位精度要求比一般地形点高。随着全站仪和数字地形图的普及应用，细部坐标点已很少单独施测和提出。

4.3.22 等高线插求点

即相邻等高线间任意点位高程值的求算点。其计算是根据相邻等高线间的坡度比例和插求点的位置确定的。从测量地形点的位置和高程到勾绘等高线再到求出插求点的高程，这个插求高程值的误差代表了地形图的精度，因此，等高线插求点的高程中误差常作为大比例尺地形图的主要技术指标之一。

4.3.24 地形点间距

由于工程用图不但要使用等高线而且还要使用施测的地形点，所以将地形点间距的最大值作为大比例尺地形图的一项技术指标。

4.3.25 数据采集

包括在野外实地的数据采集、在影像或相片上的数据采集、对数字化对象的数据采集等。

4.3.26 数据转换

不同软件相对应的数据库构架和数据的存储形式不同，在数据相互利用时就需要进行数据转换。比如使用不同测量仪器所采集的数据格式可能不同，在数据处理时就需要将数据转换成统一的格式。

4.3.29 特征码

特征码是由一串文字数字型代码组成，是构成地形图数据处理或地形图数据库的基本内容，计算机通过对特征码可读形式的处理，可对各种地形图要素的属性及其分级分类状况进行转换和处理。

4.3.32 分层

数字地形图中出现的一种数据分组管理办法，一般采用同层同色的设定，线型类型可以不一致。

4.3.34 数字化文件

主要是把非数据形式的地形图通过一定的方法转换成数字形式，数字化文件有栅格数据和矢量数据两种格式。

4.3.37 数字线划图

数字线划图是与传统线划图基本一致的各地形图要素的矢量数据集，且保存各要素间的空间关系和相关的属性信息。它是一种更为方便的放大、漫游、查询、检查、量测、叠加的地形图，其数据量小，便于分层，图形缩放不变形，输出为矢量格式。

4.3.38 数字栅格图

数字栅格图是根据纸质地形图经扫描和几何纠正及色彩校正后，形成在内容、几何精度和色彩上与地

形图保持一致的栅格数据集。

4.3.39 数字高程模型

数字高程模型描述的是地面高程信息，是数字地面模型（Digital Terrain Model，DTM）的一个分支。建立数字高程模型的方法有多种，从数据源及采集方式分为：直接地面测量、摄影测量、从已有地形图上采集等。

4.3.40 数字正射影像图

数字正射影像图是对航摄影像进行数字纠正和镶嵌，按一定图幅范围裁剪生成的数字正射影像集。它是同时具有地形图几何精度和影像特征的图像。

4.3.41 数字影像地形图

数字影像地形图作为"4D"的派生产品，于2000年初已被国家测绘局列为"基础地理信息数字产品"之一进行研究。

4.4 水域测量

4.4.1 水下地形

水下地形是水下地物、地貌的总称，和陆地地形没有本质区别，同样有凹凸起伏形态变化。

4.4.2 水下地形测量

测量江河、湖、库、海水底地形点的高程及其平面位置，以绘制水下地形图的作业。水下地形测量与陆地上地形测量有所不同，陆地地貌明显可见，而水下地形由于水体覆盖，其测点通常采用断面方式布设，其工作内容需增加水深测量和水位测量。

4.4.3 等深线

连接水域深度相等各点的平滑曲线，用以反映水域底部地形的起伏形态。大比例尺地形图上的等深线一般以虚线形式表示居多。

4.4.7 扫测

扫测是在一定水域内进行面的探测，以查明该水域内所规定的深度上是否存在影响工程建设和航行障碍物的工作。具体任务是：探测个别障碍物，确定其准确位置、深度和性质。

4.4.9 验潮

验潮是为水下地形测量所进行的同步测定水位变化的工作，即在岸边专门设立的水尺上，连续读记某一时刻的水面数值，并将水尺零点与已知水准点进行联测，以推求水位值的过程。

要求所设立的水尺点（临时验潮点）能代表或能涵盖整个测量区域的水位变化。如果多点设立验潮站，应进行同步的观测。目前水下地形测量工作多数采用无验潮方法。

4.4.10 水位曲线

水位曲线也称作水位过程线，是反映某一水域水位随时间变化的曲线。以纵坐标表示水位，横坐标表示时间，将按一定时间间隔的水位点连成光滑曲线。其比例尺应视水位涨落的快慢而定。

4.4.11 水尺

水尺是直接观读江河、湖泊、水库、灌渠等水位的标尺。这种标尺可以用木质或铝合金材料制成，有的也可以直接标定在水中的建（构）筑物或岩石上。水尺的设置范围应高于高水位，低于低水位。

4.4.13 水深

工程测量水深的概念与水上航行水深的概念不同。航行水深是指深度基准面至水底的垂直距离，而不是通常说的水面到水底的垂直距离。

4.4.15 测深精度

本术语涵盖的不仅是水深测量的深度误差，还应包括测深定位点的点位误差。在探测工作结束后，应对测深断面进行检查。检查断面与测深断面宜垂直相交，检查点数不应少于一定数量。检查断面与测深横断面相交处，图上1mm范围内水深点的深度较差。

4.4.16 回声测深

回声测深是根据超声波在均匀介质中匀速直线传播和在不同介质界面上产生反射的原理，选择对水的穿透能力最佳、频率在1500Hz附近的超声波，垂直地向水底发射声信号，并记录从声波发射至信号由水底返回的时间间隔，从而确定水深的技术。

4.4.17 测深仪回波信号

连续的测深仪回波信号在介质上形成测深曲线。测船因风浪造成的摇动大小，取决于风浪的强弱及测船的抗风性能，而测深仪记录纸上回声线的起伏变化可反映出其对测深的影响。当起伏变化不大时，风浪对测深精度影响不大，可正常作业。如记录纸上出现有（0.4～0.5）m的锯齿形变化时，实际水面浪高一般将超出其值（1～2）倍，此时船身大幅度摇动，直接造成换能器入水深度变化较大，引起测深误差较大。据此作业时规定了内陆水域和海域不同的回声线波形起伏限值。

4.4.18～4.4.20 测深点、测深线、测深点间距

水下地形就是以测深点为主要形式表现出来的，测船常按断面行驶进行测深，断面间距、断面内的测点间距规范都有规定。

4.4.25～4.4.28 测深改正、声速改正、换能器吃水改正、动吃水改正

测深改正包括测深仪的声速改正、换能器的吃水改正以及测深时的动吃水改正。声速改正是由于水体温度、含盐度的变化而引起声速改变而对水深施加的改正；换能器吃水改正是静态和动态吃水改正的代数和；动态吃水改正主要与测量船的行驶速度有关。

5 线路测量

5.1 一般术语

5.1.1 线路测量

铁路、公路、渠道、输电线路、架空索道、输油管线及各种管线等均为线形工程，为这些工程建设的各阶段所进行的测量工作统称为线路测量。

5.1.2 铁路工程测量

铁路工程测量包括新建铁路、既有铁路改建、第二线设计及养护中所进行的测量工作。新建铁路的测量工作分为勘测和施工两个阶段，勘测一般又分为初测和定测两个阶段，其目的是为铁路各阶段设计提供详细资料；施工阶段是为了恢复设计线路中线、测设边坡，桥梁、涵洞以及其他建（构）筑物的放样等。既有铁路的测量工作，主要是对既有铁路、桥涵及其附属的其他建（构）筑物现状所进行的详细的测量工作，其目的是对既有铁路的运营、改扩建、增建第二线和日常维护等工作提供测量资料。运营养护阶段的测量工作主要包括对已有铁路线形和坡度的定期复测，大型边坡和重要建（构）筑物的变形监测等工作。

5.1.3 公路工程测量

公路工程测量是公路建设中所进行的测量工作，分为勘测、施工和运营管理三个阶段。勘测阶段的主要测量工作有：线路控制测量、中线测量，水准测量，纵、横断面测量等，其目的是为公路各阶段设计提供基础资料；施工阶段的主要测量工作有：恢复中线，测设边坡，桥梁、涵洞以及其他建（构）筑物的放样等；运营管理阶段的主要测量工作有：桥梁、特殊填方路基、高边坡等建（构）筑物的变形监测。

5.1.4 隧道工程测量

隧道工程测量包括隧道勘察设计、施工和运营管理各阶段的测量工作。勘察设计阶段主要是测绘大比例尺地形图。施工阶段的主要测量工作有：地表平面和高程控制测量、地下导线和地下水准测量、地面与地下的联系测量、洞口建（构）筑物的施工放样、隧道掘进中的方向和坡度放样、隧道断面测量、隧道内建（构）筑物的施工放样、隧道竣工测量以及施工期间的变形监测等，施工阶段测量工作的重要任务在于保证不同施工工作面之间，能够以预定的精度进行贯通。运营管理阶段的主要测量工作为隧道洞体的变形监测。

5.1.5 桥梁工程测量

桥梁工程测量即为桥梁建设中所进行的测量工作，包括勘察设计、施工和运营管理三个阶段。勘测阶段的主要测量工作为施测桥址大比例尺地形图。施工阶段的主要测量工作有：建立平面和高程施工控制网、跨河水准测量、放样桥台、桥墩、上部构造安装以及测设桥梁中线等。运营阶段的测量工作主要是桥梁的变形监测。

5.1.6 管道工程测量

管道工程包括给水、排水、暖气、煤气、天然气、灌溉、输油、输气等，管道分为压力管道和自流管道。管道工程测量的内容包括选线、带状地形图、工点图、纵横断面图、管道中线测设和施工放样等工作。

5.1.7 架空送电线路测量

架空送电线路测量分为两个阶段，即踏勘和终勘定位阶段，踏勘主要是为室内选线收集资料，这时以调查为主。终勘定位系根据初步设计提出的初步方案，在实地选线、定线及杆塔定位等测量工作。

5.1.8 架空索道测量

架空索道是山区运送木材、矿物等的一种专用运输设备，现在架空索道也较广泛地用于为旅游服务的载人缆车。主要由高架、钢缆和运输斗车组成。架空索道的测量工作有些特殊要求，主要是索道的控制测量，起点、终点和转点的测设，断面图的测量等。

5.1.9 线路平面控制测量

线路平面控制网的建立以卫星定位测量或导线测量方法为主。

5.1.10 线路高程控制测量

线路高程控制网的建立以水准测量、三角高程测量或GPS高程测量方法为主。

5.1.13 工点地形图

它是铁路、石油系统中习惯使用的术语（工点又称站场）。其内涵是为线路工程的车站、泵房、加热站、加压站、变电站、桥涵、隧道等站场的需要而测绘的小范围大比例尺地形图。

5.2 线路测设

5.2.1、5.2.2 定线测量、中线测量

定线测量和中线测量的内容是相近的，在交通工程中习惯称中线测量，在其他线路测量中有的称定线测量，有的称中线测量。本标准并列保留两词。

5.2.7 基平

基平测量是建立线路的高程控制，作为中平测量和施工测量的起算依据。基平测量的主要任务是沿线路一定间隔设置水准点，并测定其高程。

5.2.8 中平

在铁路系统中把线路的普通水准测量称为中平，其测绘成果绘制成纵断面图，供设计线路纵坡用。施测时采用单程水准测量附和在基平点上。

5.2.19 平面曲线

当线路改变方向时相邻两直线之间要用曲线连接，因此线路的平面形状总是由直线和曲线组成，线路的曲线通常包括圆曲线和缓和曲线。

5.2.21 回头曲线

回头曲线主要用于山区低等级公路的线路设计，当跨越山岭时，为了克服距离短，高差大的展线困难，或者需要跨越深沟时，路线方向需要做较大的转折，需要设置回头曲线。回头曲线一般由主曲线和两个副曲线组成。

5.2.22 复曲线

在线路转向设计时，在水平方向上受地形限制，为此在相邻直线方向间需设置两个或两个以上不同半径的同向圆曲线。

5.2.23 反向曲线

为了行车安全，一般反向曲线间由一定长度的直线或缓和曲线连接。

5.2.24 竖曲线

线路的设计纵坡由不同数值的坡度线相连接，为了行车安全，当相邻坡度值的代数差超过一定数值时，必须以竖曲线连接使坡度逐渐改变。

5.2.25 曲线要素

曲线要素通常包括：转向角 α、圆曲线半径 R、切线长 T、曲线长 L、缓和曲线长 l_0、外矢距 E 等。

5.2.30、5.2.31 全站仪法测设、GPS-RTK 法测设

全站仪法测设和 GPS-RTK 法测设是近年来进行曲线测设最常用的方法。

6 地下管线测量

6.1 一 般 术 语

6.1.1 地下管线测量

地下管线测量包括地下管线调查和地下管线测绘两个基本内容。地下管线调查包括三项内容：

1 根据已有资料查找管线的外露点即明显管线点；

2 用仪器探查隐蔽管线点；

3 开挖（用于仪器探查不到的隐蔽管线点和对已探查到的隐蔽管线点进行验证）。

地下管线测绘是对已查明的地下管线位置即管线点的平面位置和高程进行测量，并绘制地下管线图；也包括对新建管线的施工测量和竣工测量。

管线调查有时也称为管线探查。

6.1.2 管线点

为了正确地表示地下管线调查结果，便于地下管线测绘工作的进行，在调查过程中设立的测点，统称为管线点，分为明显管线点和隐蔽管线点。明显管线点的点位和埋深可以通过实地调查进行测量；隐蔽管线点的点位和埋深必须利用仪器设备探查来确定。

6.1.3 管线资料调查

对已埋设的地下管线进行资料收集，并分类整理，调绘编制现状调绘图，这整个过程统称为管线资料调查，它是地下管线测量的前期工作之一。

6.2 管线实地调查

6.2.1 管线实地调查

实地调查的任务是在明显管线点上对所出露的地下管线及其附属设施做详细调查、记录和量测，查清每条管线的情况，包括管线的性质、类型、埋深、偏距和断面尺寸等，并填写调查表。对于缺乏明显管线点，而不能查明但必须查明的部位，应实地开挖调查。

6.2.2 管线特征点

地下管线调查中管线点的设置应尽量置于管线的特征点或其地面投影位置上。管线特征点包括起讫点、转折点、分支点、变径点、变材点、交叉点、入地点、出地点以及与地下管线相关的各种配套设施的几何中心点等。如果管线坡度或直径是渐变的，则可将特征点设在变化最大的地方或变化段的中点。

6.2.3 明显管线点

明显管线点是指能用简单技术手段直接定位和量取有关数据的管线点或其附属设施上所设置的测点，如窨井、消火栓、人孔及其他地下管线出露点。

6.2.5 偏距

在管线探测过程中，由于地形、地物等因素的影响，在管线调查时设立的管线点位与管线中心线在地面的投影位置不一致时，必须量出标示点至管线地面投影线之间的垂直距离即偏距，并注明偏离方向。

6.2.6 地下管线附属设施

为了保证地下管网的正常运行和安全以及消防和维护管理，各种管网都需设置相应的附属设施。下面列出几种管道常见的附属设施：

给水管线的附属设施有：阀门、排气阀、排水阀、测流测压装置、消防栓、水表组检查井、管道挡墩等；

排水管网的附属设施有：雨水进水井、检查井、接户井和出水井等；

煤气管道的附属设施有：阀门、凝水缸（排水器）、地下调压站（井）等；

电信电缆沿管道敷设在地下，在引出、引入地面与电缆交接箱相接，出地点及分叉拐弯时，为便于施工和维修等，需设置人孔和手孔等；

电缆交接箱是电信电缆的中间或末端的接续设备，电信电缆利用交接箱连接主干电缆、配线电缆、其他线路或用户等；

电力管道的附属设施有：过渡井、中间接头井、变压设施等。

6.2.20 管线代号

管线代号一般是管线名称前 1 位～2 位汉字拼音首位字母的缩写。不同行业对同一种管道有不同的称谓，其管线代号也不同。如现行行业标准《城市地下管线探测技术规程》CJJ 61 中的“给水”管道代号为 JS、“排水”管道代号为 PS 等；现行行业标准《工厂竣工现状总图编绘与实测规程》JBJ 21 中将“给水”称为“上水”，管线代号为 S、将“排水”称为“下水”，管线代号为 X 等。

对于大型工业厂区或其他相对独立的测区，也可

延用已有的代号或总图设计给定的代号。

6.2.21 直埋电缆

直埋电缆是指不设管沟或管块，直接挖沟、敷设、回填埋入地下的电缆。直埋深度一般要求在冻土线以下，通过道路时通常要设保护管。

6.3 地下管线探测

6.3.4 物性差异

在应用地球物理学中，广泛利用的岩、矿石物理性质或物性参数主要有六种：密度、磁性（磁导率、磁化率、剩余磁性）、电性（导电率、极化率、介电常数）、放射性、导热性、弹性（弹性波速）。

目前以每种岩石、矿石的物性参数为基础，建立了相应的六种物探方法：重力勘探（简称重力法）、磁性勘探（简称磁法）、电法勘探（简称电法或电探）、放射性勘探（或放射性测量法，简称核法）、地热测量法（简称地热法）、地震勘探（简称地震法）。

6.3.5 电磁感应法

电磁感应法既可以利用各种形式的人工交变电磁场也可以利用天然电磁场作为场源，野外工作时既可以观测电场又能观测磁场，并能观测和研究场的不同分量和参数，从而形成了多种多样的电磁法变种。此外，电磁法既能研究不同频率的谐变电磁场又能利用不同形式的周期性脉冲电磁场以解决各种地下管线问题，前者称为频率域电磁法，后者称为时间电磁法。上述两种方法皆遵循电磁感应原理，工作原理和方法基本相同，但解决地下管线问题的能力和特点不同。电磁感应法可分为磁偶极感应法和电偶极感应法；按场源分有主动源法和被动源法。

6.3.6 被动源法

带电的动力电缆，由于它本身在传输50Hz交流电，在地表可直接探测到这种50Hz工频场的分布规律；甚低频（VLF）电台发射的电磁波如日本17.4kHz台、澳大利亚22.3kHz台、国内导航台等，对埋设在地下的导电或磁体均会被极化而产生二次感应场，这种二次场与一次场合成会引起一次畸变。当地下有金属管道存在时，也会引起这种畸变。因此无需发射供电，就可在地表直接接收探测电磁场的空间变化规律，再根据这种变化规律来确定地下金属管道的位置。

被动源法不需要发射装置，既可节省人力、物力，又可提高探测速度，因此它是一种经济、快速而简便的方法，但它只能探测传输50Hz的动力电缆和能够被甚低频台场极化而产生二次场的地下管线位置，当有多条此类管线存在时，有时很难加以区分，还必须配合主动源来精确定位，故被动源一般用的较少。被动源有两种方法，即工频法和甚低频法。

6.3.7 主动源法

主动源是指可受人工控制的场源，探查工作人员可通过发射机向被探测的管线发射足够强的某一频率的交变电磁场（一次场），使被探测管线受激发而产生感应电流，此时在被探测管线周围产生二次场。根据给地下管线施加交变电磁场的方式不同，又可分为直接法、夹钳法、感应法、示踪法、电磁波（地质雷达）法。

6.3.8 夹钳法

利用管线仪配备的夹钳（偶合环），夹在金属管线上，通过夹钳把信号加到管线上。该法信号强，定位、定深精度高，易分辨临近管线，方法简便，但管线必须有出露点，被查管线的直径受夹钳大小的限制，适用于管线管径较小且不宜使用直接法的金属管线或电缆。探测前先将夹钳与发射机输出端相连，套在管线上，然后用地面接收仪器对管线追踪定位。

6.3.9 电偶极感应法

电偶极感应法信号强，不需管线出露点，但必须有良好的接地条件。在具备接地条件的地区，可用来搜索追踪金属管线。工作时用长导线连接发射机两端，分别接地，且保证接地良好。使发射机、导线、大地形成回路，建立地下电磁场，激发金属管线在其周围形成电磁场。采用该方法，需具有良好的接地点，接地导线尽量与地下金属管线平行，且相距适当距离，避免接收信号受接地导线电磁信号的影响。

6.3.10 磁偶极感应法

采用磁偶极感应法，发射和接收均不需接地，操作灵活、方便、效率高、效果好，可用于搜索金属管线，也可用于地下管线定位、定深或追踪地下管线。固定源感应法包括环形法、非同步法和同步法。

利用磁偶极感应法探测地下金属管线时，发射线圈一般有水平磁偶极子和垂直磁偶极子两种方式。

水平磁偶极子：发射机呈直立状态发射，发射线圈面垂直地面，这时发射线圈与管线的耦合最强，可有效地突出地下管线的异常，并可压制临近管线的干扰。

垂直磁偶极子：发射机的发射线圈在管线正上方呈平卧状态，发射线圈面水平，这时发射线圈与管线不产生耦合，被压管线不产生异常，可压制相临管线的干扰，有效地区分平行管线。

6.3.11 示踪电磁法

为了解决非金属管道埋地后能够在地面探测到其位置和埋深的问题，将能发射电磁信号的示踪探头或导线送入地下非金属管道中，或在铺设管道施工中与非金属管道一起埋入一条导电线（简称示踪线），为日后探测该管道所用。

6.3.12 探地雷达法

地质雷达可探测地下的金属和非金属目标。目前应用的地质雷达大多使用脉冲调幅电磁波，发射、接收装置采用半波偶极天线，雷达脉冲波的中心频率为数十至数百兆赫甚至千兆赫。

由于地下不同的介质往往具有不同的物理特性（介电性、导电性、导磁性差异），对电磁波具有不同的波阻抗，进入地下的电磁波在穿过地下各层或某一目标体时，由于界面两侧的波阻抗不同，电磁波在介质的界面上会发生反射和折射，反射回地面的电磁波脉冲，其传播路径、电磁场强度与波形将随所通过介质的电性及几何形态而变化，因此，从接收到雷达反射回波走时、幅度及波形资料，可推断地下介质结构。

当地层倾角不大时，反射波的路径几乎与地面垂直。因此，雷达探测剖面各测点上反射波走时的变化就反映了地下地层的构造形态。

6.4 地下管线成图

6.4.1、6.4.2 管线点平面位置中误差、管线点埋深探测中误差

复探就是使用同类仪器、同一方法对同一管线点在不同时间进行重复探查。复探量不少于全区总点数的5%，然后统计计算隐蔽管线点点位中误差 m_{ts} 和埋深中误差 m_{th}。统计公式分别为：

$$m_{ts}=\sqrt{\frac{\sum \Delta S_{ti}^2}{2n}} \quad (19)$$

$$m_{th}=\sqrt{\frac{\sum \Delta h_{ti}^2}{2n}} \quad (20)$$

式中：ΔS_{ti}——隐蔽管线点的点位偏差；

Δh_{ti}——隐蔽管线点的埋深偏差；

n——隐蔽管线点检查点数。

6.4.3 综合地下管线图

综合地下管线图是地下管线测量的成果之一，是在一幅图上表示测区内所有管线、附属设施以及地物、地貌的综合图，它不但能表达各专业地下管线本系统的情况，而且能表达各种地下管线相互间的关系，以及与地上地下建（构）筑物和主要地貌的关系。综合管线图编绘前应取得测区地形图或数字化地形图、检查合格的已有地下管线图和管线成果表。综合地下管线图是最常用的形式，它是规划、设计、施工和管理的重要图件。

6.4.4 专业地下管线图

常见的专业地下管线图有：给水、排水、动力、工艺、电力、通信、热力、燃气等专业地下管线图。

6.4.5 管线断面图

为满足地下管线改、扩建施工图设计的要求，除需要提供综合管线图外，有时还需提供某个地段的地下管线断面图，以保证竖向设计的精度要求。

7 施工测量

7.1 一般术语

7.1.1 施工测量

施工测量一般包括：建立施工控制网、施工放样、施工质量检验、竣工测量以及施工期间和建（构）筑物使用初期的变形监测等工作。

7.1.3 结构安装测量

为保证各种预制构件或钢构件安装后的位置、尺寸、标高符合设计要求及施工验收规范的规定，在安装过程中要进行平面、高程、尺寸、垂直度等的测量，求出偏差值，以指导安装工作。

结构包括：柱子、桁架、梁、板、墙体、基础等。

7.2 施工控制网

7.2.1 施工控制网

按布网方法分类，施工控制网可分为：施工轴线、施工方格网、三角形网、导线网和GPS网等；若按控制网的功能分类，施工控制网可分为：场区控制网和建筑物施工控制网。

施工控制网的精度分为两类，第一类精度是指一个建筑区内各建筑物相对定位、定向的精度，满足这一类精度的施工控制网称为场区控制网（或施工控制网）；第二类精度是指一座建筑物本身各个细部的定位精度，满足这一类精度的施工控制网称为建筑物施工控制网。

7.2.2 场区控制网

场区控制网应根据工程规模和工程需要分级布设。对于建筑场地大于1km² 的工程项目或重要工业区，应建立一级或一级以上的平面控制网；对于建筑场地小于1km² 的工程项目或一般性建筑区，可建立二级精度的平面控制网。

7.2.3 建筑物施工控制网

建筑物施工控制网通常布设成矩形，各边距建筑物的外墙不小于基础深度的1.5倍，网的精度根据建筑物结构、机械设备传动性能及生产工艺连续程度分别布设一级或二级网，一级网的边长相对中误差为1/30000；二级网为1/15000。建筑物施工控制网根据测区内的平面控制网（如场区控制网）定位及定向。

7.2.4 建筑方格网

在建筑场地平坦、建（构）筑物布置较规律情况下施工控制网的一种布网方式，虽然使用方便，但测设工作量很大。随着精密测角、测距仪器和全球卫星定位技术的日益普及，建筑方格网逐渐被导线网和卫星定位控制网所取代。

7.2.5 建筑方格网主轴线

由一条直线或相互垂直的二、三条直线组成的作为场区施工测量依据的控制网点。主轴线至少由三个点组成，一般构成一、L、十、十十等图形，是一般建筑区常用的形式。

7.2.7 建筑轴线测设

建筑轴线是用来确定建筑物主要结构或构件（如基础、墙、柱、墩、台等）位置及其标志尺寸的线，在建筑工程图纸中主要起定位作用。

建筑轴线分为横向轴线和纵向轴线。沿建筑物宽度方向设置的轴线叫横向轴线，其编号方法采用大写英文字母从上至下编写在轴线圆圈内，顺序为A、B、C…，其中字母I、O、Z不能使用；沿建筑物长度方向设置的轴线叫纵向轴线，其编号方法采用阿拉伯数字从左至右编写在轴线圆圈内，顺序为1、2、3…。

7.3 施 工 放 样

7.3.1 施工放样

施工放样应根据建（构）筑物特征、高度和跨度的不同而采用不同的放样精度，以满足工程施工及验收规定的建筑限差和设计特殊要求的允许偏差。

7.3.2 建筑红线测量

建筑红线又称为建筑控制线，是建筑物基底位置的控制线。指城市规划管理中，控制城区拟建建（构）筑物（如外墙、台阶等）平面位置的界线。任何建（构）筑物都不得超越给定的建筑红线。

7.3.3 面水准测量

面水准测量是在建筑场地布设边长为（10～20）m的方格网，并测出各网点地面高程的测量工作。常用于场地平整中，其结果可作为控制挖或填土石方的依据。

7.3.4～7.3.6 中心桩、轴线控制桩、端点桩

中心桩是标示建筑物结构轴线实地位置的点，施工时不能保存。轴线控制桩和端点桩是中心桩的引测桩，通常设置在轴线延长线上基槽以外的位置，其作用是恢复中心桩位置。

7.3.7 立模测量

立模测量是指采用现浇混凝土施工工艺浇筑建筑体时，竖立混凝土模板工序的测量工作。其主要任务是根据浇筑体的设计位置和尺寸，放样模板内侧的底角线、模板的倾角以及混凝土浇筑高度的水平线等。

7.3.8 填筑轮廓点测量

一般多用于坝体填筑施工或公（铁）路填方路基施工填土边界的放样工作。其放样的特点是：根据设计的填筑坡度和实测的地面高程，采用试算、放样、实测，再试算、再放样、再实测逐渐逼近和直线插值的放样方法。

7.3.9 水库淹没线测设

水库淹没线是指水库建成后，设计最高水位的回水水面与库区边围的交线。测设淹没线的目的在于确定库区移民、土地利用、边坡防护和库区清理等工作的界限。

7.3.11 找平

本术语是在施工测量工作中，对"采用水准仪放样某一设计标高水平面"这一测量工作的通俗用语。

7.3.13 标高传递

多层或高层建筑施工时，必须测得各层楼板的标高，以便使楼板、门窗口、室内装修等工程的标高符合设计要求。标高传递一般采用皮数杆法、钢尺直接丈量法、吊钢尺法等测量方法。

7.3.14 轴线投测

多层或高层建筑施工时，为保证各层建筑轴线位置的正确，必须将轴线的位置逐层传递上去，一般用全站仪（经纬仪）或垂准仪进行。

7.3.15 龙门板

龙门板是早期小型建筑物放样的一种简易装置。在两根木桩上部横钉一块不太宽的条形木板，呈门形，高度距地面（50～60）cm，作用是标记外墙轴线的。即在建筑物基槽开挖前，为了标记墙的轴线位置，在墙轴线两端延长线上不影响基槽开挖的位置分别设立龙门板，并在龙门板上钉铁钉以标记墙的轴线位置。当基槽挖好后可用龙门板上两铁钉间的连线确定基础和墙身的轴线。

7.3.16 皮数杆

皮数杆通常用方木、铝合金杆或角钢制作而成，长度一般为一个层高，并根据设计要求将砖的规格和灰缝厚度（皮数）及竖向结构的变化部位在皮数杆上标明。皮数杆是砌墙时掌握标高和应砌砖的行数及砖缝厚度的工具。一般立在建筑物的拐角和隔墙处。

7.3.18 验线

验线是工程验线的简称，特指经城市规划部门批准的建筑设计方案，在实地放线定位以后的复核工作。验线时主要检查建筑物定位是否与批准的建筑设计图相符，检查建筑物退红线是否符合规划设计要点要求。

7.3.20 方向线交会法

利用两条相互垂直的方向线相交，来定出放样点平面位置的一种放样方法。采用此方法放样时，需要有矩形建筑方格网。

7.3.21 自由测站法

任意设站的位置是未知的。方法包括后方交会（4.2.11）、边交会法（4.2.13）、边角交会法（4.2.14）及其组合。

7.4 竣 工 测 量

7.4.1 竣工测量

各种建（构）筑物及地下管网在竣工验收时所进行的测量工作。施测的内容包括：主要建（构）筑物

的墙角、地下管线的转折点、窨井中心、道路交叉点等重要地物的平面坐标；对于主要建（构）筑物的室内地坪、上水道管顶、下水道管底、道路变坡点等，用水准仪测量其高程；一般地物、地貌按地形测图的要求进行测绘。竣工测量的主要成果有竣工总平面图、分类图、断面图等，它们是竣工项目日后改建、扩建和管理维护所必需的资料。

7.4.2 竣工总平面图

竣工总平面图是综合反映某个工程建设项目整体竣工后主体工程和附属设施的总平面图。竣工总平面图主要采用各分部或分项竣工图在室内汇编，并结合实地测绘的方法进行绘制。其各项技术要求如坐标系统、比例尺、图例符号等一般应与设计总平面图相同。

简单项目绘制一个竣工总平面图，复杂项目根据情况绘制一种或多种专业分类图。

7.4.3～7.4.7 专业管线图、交通运输图、动力管网图、输电及通信线路图、给排水管网图

复杂项目除绘制竣工总平面图外，根据情况绘制一种或多种专业分图，包括专业管线图、交通运输图、动力管网图、输电及通信线路图、给排水管网图等。在管网比较密集的地区，给排水管网图还可以分成给水管网图和排水管网图两种；在大型工业厂区动力管网图也可根据实际需要再细分为多种专业分图，比如煤气管网图、蒸气管网图等。

7.4.8 综合管线图

综合管线图一般根据各专业的管线图编制，其内容及表示方法与设计的综合管线图相同，目的是了解不同专业管线之间的相对关系。

7.4.9 检查井大样图

一般为井的纵剖面图或平面图，又称窨井大样图。

7.4.10 室内地坪标高

建筑设计中，为方便设计工作，建筑物的标高一般以一层室内地面的标高作为±0.000，其他各层的标高均为相对于±0.000的值，±0.000标高的设计高程值称为设计室内地坪标高。

7.5 设备安装及工业测量

7.5.1 设备安装测量

根据设备安装的设计图纸和厂房的测量基准，使用测量仪器测定设备安装的标高基准面（点）和中心线，并在安装过程中检测和复验在装设备的偏差和精度，保证将设备安装在正确位置上的工作。

7.5.2 工业测量

工业测量目标品种繁多，可按目标尺寸、精度要求、目标表面质地、测量速度（如周期、频率）要求、目标所处环境、目标运动状态等多项指标分类。与常规工程测量的显著区别是：工业测量主要以车间或实验室内的模型、工业产品或其零部件的几何量或其他物理量为测量目的，具有测量理论、方法和设备繁多，几何点位精度高、作业距离较短、目标几何尺寸较小、测量频率较高等特点。

7.5.4 全站仪极坐标测量系统

全站仪极坐标测量系统的硬件主要有全站仪、高稳定度脚架、计算机、通信和供电装置、测量目标（反射器）以及与目标配合的工艺装备等附件；全站仪极坐标测量系统的软件一般分为数据管理（处理模块）和全站仪控制（测量模块）两部分。

7.5.5 激光跟踪测量系统

和传统的坐标测量仪器如全站仪、断面仪等一样，采用的是接触式的测量方式，因此测量速度不可能很快，不能满足高密度三维坐标采集和“逆向工程”的需要。

7.5.6 短边方位角传递

为了减小对中误差和调焦误差的影响，短边方位角传递一般采用三台仪器同时作业的角导线互瞄法。观测时可以互瞄十字丝或互瞄内觇标等。

7.5.8～7.5.10 线条形觇标、楔形觇标、圆形觇标

线条形、楔形、圆形觇标的一般图案见图5。

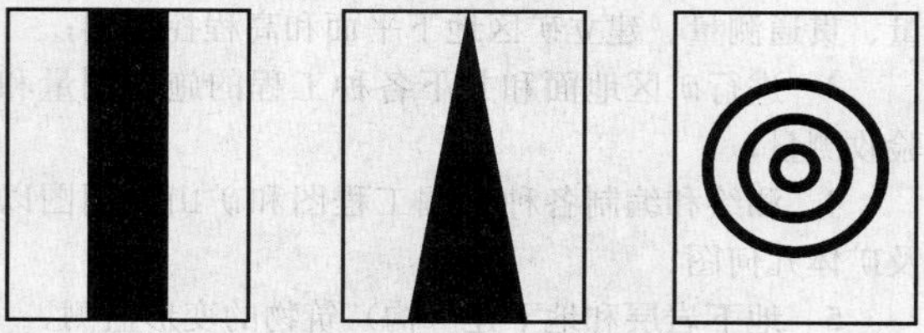

图5 线条形、楔形、圆形觇标的一般图案

7.5.11 互瞄内觇标法

互瞄内觇标法测量的是仪器的中心，因此需要调焦观测，在测站设计时应尽量使各测站之间的距离相等，从而减小调焦误差的影响。

7.5.12 互瞄外觇标法

外觇标一般精确添加在电子经纬仪或全站仪的竖轴与外框的交点上，常见的外觇标图案见图6。

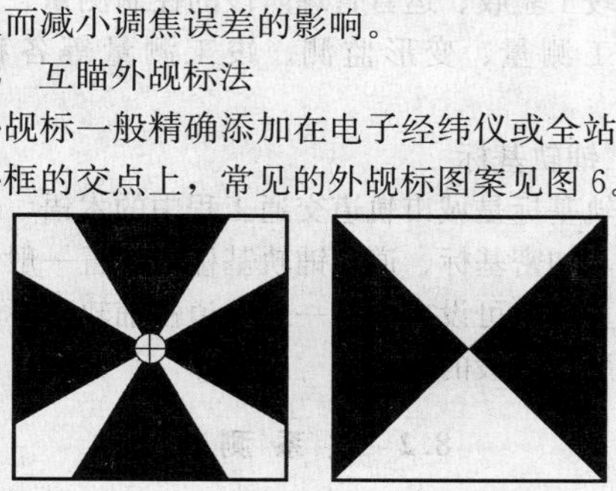

图6 常见的外觇标图案

7.5.13 系统定向

系统定向是经纬仪交会测量系统的关键，它的精度直接影响到坐标测量的精度。系统定向有两种方法：一是采用基于大地测量控制网平差的互瞄法；二是基于摄影测量的光束法平差技术。

7.5.16 轴对准法生成坐标系

轴对准法是工业测量中经常使用的生成坐标系的方法之一，除了平移、旋转、缩放生成一个新坐标系外，在工业测量中经常使用的方法还有最小二乘转换法。

8 地下工程测量

8.1 一 般 术 语

8.1.1 地下工程测量

地下工程测量是测绘学科在地下工程建设中的应用。地下工程测量的主要任务包括地面控制和地形测量、地下起始数据的传递、地下控制测量、贯通测量、地下工程施工测量、地下岩层和地下建（构）筑物的变形监测等工作。

8.1.2 矿山测量

矿山测量是测绘学科在矿山建设和生产中的应用。矿山测量的主要任务包括以下几点：

1 建立矿区地面上的平面和高程控制网、测绘矿区大比例尺地形图；

2 地下井巷的掘进测量、地面与井下的联系测量、贯通测量、建立矿区地下平面和高程控制网；

3 进行矿区地面和井下各种工程的施工测量和验收测量；

4 测绘和编制各种采掘工程图和矿山专用图以及矿体几何图；

5 地下岩层和地下建（构）筑物的变形监测。

8.1.3 城市轨道交通工程测量

城市轨道交通工程测量是指在城市建设中的地铁、轻轨、磁悬浮等城市轨道公共交通工程中，所进行的所有测量工作，包括可研阶段、设计阶段、施工阶段、竣工验收、运营管理阶段的控制测量、地形测量、施工测量、变形监测、竣工测量等各种相关测量。

8.1.4 铺轨基标

铺轨基标是城市轨道交通工程中的术语，包含控制基标、加密基标、道岔铺轨基标，位置一般设在线路中线上，也可设在中线一侧，道岔铺轨基标一般设置在直股和曲股的外侧。

8.2 联 系 测 量

8.2.1 竖井联系测量

在地下工程施工中，为了保证将地面控制点的平面坐标、方位角和高程准确传递到地下，建立地面和地下统一的坐标高程系统，往往通过竖井、平峒或斜井将地面坐标系统和高程基准传递到地下。竖井联系测量是最常用的方法之一，通常采用一井定向或两井定向。

8.2.2 洞口联系测量

洞口联系测量是地下工程联系测量中最常用的方法之一，主要应用于各种隧道工程和矿山平峒。即通过隧道的进出洞口、矿山的运输平峒或斜井，将地面坐标系统和高程基准传递到地下的测量工作。

8.2.3 洞口掘进方向标定

隧道贯通的横向误差主要由隧道中线方向的测设精度所决定，而进洞时的初始方向尤为重要。因此，在隧道洞口，要埋设至少3个以上测量控制点，将中线方向标定于地面，作为开始掘进及以后与洞内控制点联测的依据。

8.2.4 近井点

近井点中的“井”字含义较广，其不单指竖井，也包括斜井、隧道洞口、矿山平峒口等。近井点的主要作用是测设井口位置、标定洞口掘进方向，是进行联系测量的关键连接点。设立近井点时应便于观测、保存，不受地面、地下施工的干扰和影响。

8.2.5 竖井定向测量

竖井定向测量简称竖井定向。通过竖井将地面的坐标和方位角传递至地下坑道，作为地下测量控制网的起算方位。

8.2.6 定向连接点

如图7中所示 C、C' 点。

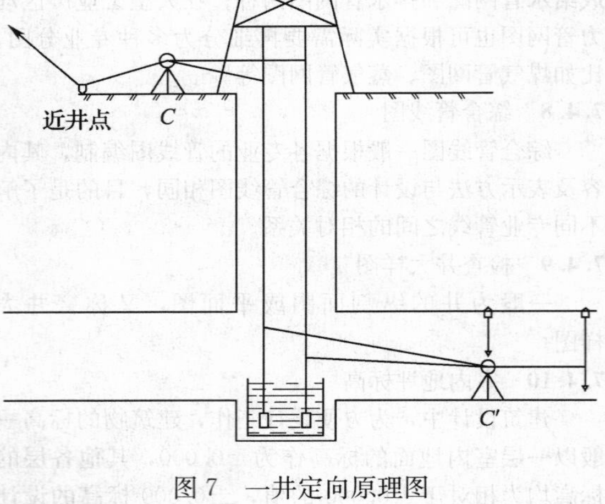

图7 一井定向原理图

8.2.7 重锤投点

重锤投点是常用的竖井投点方法之一，一般多采用单锤投点。单锤投点又分为单锤稳定投点和单锤摆动投点。单锤稳定投点是将垂球放在比重较大的液体中，使其基本上处于静止状态，在定向水平测角、量边时均与静止的垂球线进行连接。单锤摆动投点是让垂球线自由摆动，用专门的设备观测垂球线的摆动，求出它的静止位置并加以固定，在定向水平上连接时，按固定的垂球线位置进行观测。

8.2.8 激光投点

激光投点是常用的竖井投点方法之一，激光投点包含水平、铅垂两个方面，此处所属激光投点仅为使用激光铅垂仪在铅垂方向的投点。

8.2.9 一井定向

竖井定向测量的一种方法。在井筒中，从地面到地下坑道自由悬挂两根吊垂线，用联系三角形法或瞄直法或联系四边形法等方法，将地面、地下控制点与两根吊垂线进行联测。根据地面控制网可以求算得地下坑道内一个控制点的坐标和一条边的方位角（如图7所示）。

8.2.11 联系三角形法

如图8所示，在竖井的井口附近和井下某水平巷道的井筒附近，分别选定连接C点和C'，形成以两垂球线连线AB为公共边的两个三角形ABC和ABC'。同时在井上下进行水平角测量，井上测出δ、φ、γ角，井下测出δ'、φ'、γ'角；井上量出边长AB、BC、AC，井下量出边长$A'B'$、$B'C'$、$A'C'$。分别解算井上、井下两三角形，再按一般导线的计算方法推求出井下导线起始边的方位角$\alpha_{D'E'}$和起始点的坐标$x_{D'}$、$y_{D'}$。

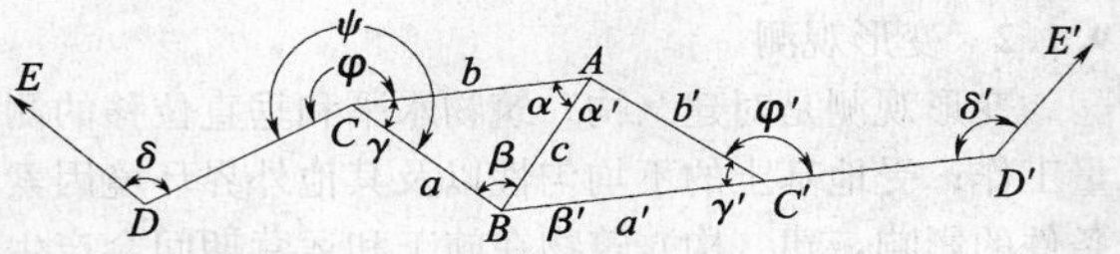

图8 联系三角形法原理

8.2.12 瞄直法

如图8所示，在连接三角形中，如使连接点C和C'位于AB延长线上，即成瞄直法。这时的观测和解算工作就要简单得多，但实际上把连接点C和C'精确地测设在AB的延长线上是非常困难的。因此，该方法只适用于精度要求不高的井巷定向。

8.2.13 两井定向

竖井定向测量的一种方法。在两个有坑道相通的井筒中各悬挂一根吊垂线，根据地面控制点测定两个吊垂线的平面坐标，在地下坑道内的两吊垂线间，用导线测量方法进行联测。采用无定向导线的平差方法可计算出井下导线点的坐标和导线边的方位角。

8.2.14 陀螺仪定向测量

陀螺仪是根据自由陀螺的定轴性和进动性两个基本特征，并考虑到陀螺仪对地球自转的相对运动，使陀螺轴在测站子午线附近作简谐摆动的原理而制成的。陀螺经纬仪则是由陀螺仪和经纬仪结合而成的定向仪器。它通过陀螺仪测定出子午线方向；用经纬仪测出定向边与子午线方向的夹角，就可以根据天文方位角和子午线收敛角求得地面或井下任意定向边的大地方位角。

8.2.15 逆转点法

用陀螺经纬仪确定测站点子午线方向的一种定向方法。高速旋转的陀螺轴，向子午面两侧不断地做衰减往复摆动；连续跟踪和读取摆动的指标线到达东、西两端转向点（逆转点）时的水平方向值n_1、n_2、n_3…，按每三个连续的方向值计算出中点位置N_1、N_2、N_3…，即：

$$N_i=\frac{1}{2}\left(\frac{n_i+n_{i+2}}{2}+n_{i+1}\right) \tag{21}$$

式中$i=1$，2，3…，取N_1、N_2、N_3…的平均值为N_0，加上陀螺轴摆动的零位改正α_0和仪器常数Δ，即得到测站的真北方向。

8.2.16 陀螺方位角

陀螺方位角就是设站点到任意一点连线方向与过该站点的陀螺仪子午线方向即真北方向之间的夹角，在地球上纬度75°以下的任何地方都可以用陀螺经纬仪测出。在实际应用中应注意与当地控制网方位的偏差。

8.2.17 导入高程测量

导入高程测量其目的是建立井上、井下统一的高程基准，其任务就是将地面水准点的高程传递到井下高程测量的起始点上，确定井下水准基点的高程。

8.3 贯 通 测 量

8.3.1 贯通测量

根据工作面掘进方向间的相互关系，贯通可分为相向贯通、单向贯通；根据井巷的种类，可分为水平巷道贯通、倾斜巷道贯通、竖井贯通；根据导向条件又可分为自动导向、人工导向。为了保证井巷的贯通所做的全部测量工作，都属于贯通测量。

8.3.2 贯通误差

由于测量过程中不可避免地带有误差，因此贯通实际上总是存在偏差的。隧道贯通接合处的偏差可能发生在空间的三个方向中，即沿隧道中心线的长度偏差，垂直于隧道中心线的左右偏差（水平面内）和上下的偏差（竖直面内）。第一种偏差只对贯通在距离上有影响，对隧道的质量没有影响，而后两种方向上的偏差对隧道质量有着直接影响，所以后两种方向上的偏差又称为贯通重要方向的偏差。贯通的容许偏差是针对重要方向而言的。贯通误差是指以上三种偏差的总称。

8.3.3 纵向贯通误差

纵向贯通误差即沿隧道（井巷）中线的长度偏差，对贯通质量没有实质的影响，所以在贯通误差的分析和估算方面一般很少考虑。

8.3.4 横向贯通误差

横向贯通误差即垂直于隧道（井巷）中线水平（左右）方向上的偏差，其大小直接影响着贯通的质量，是贯通误差分析和估算的最重要指标，所以通常所讲的贯通误差容许值就是指横向贯通误差限差。

8.3.5 竖向贯通误差

竖向贯通误差即垂直于隧道（井巷）中线铅垂（上下）方向上的偏差，其实质就是高程测量的贯通误差。竖向贯通误差的大小直接影响着贯通的质量，是贯通误差分析和估算的重要指标之一。

8.4 地下施工测量

8.4.1 腰线测设

在隧道施工中，为了控制施工的标高和隧道横断面的放样，在隧道侧壁上，每隔一定距离（5～10）m测设出比洞底设计地坪高出1m的标高线，称为腰线。腰线的高程由引入洞内的施工水准点进行测设。由于隧道底面设计有一定的纵坡，因此，腰线的高程按设计坡度随中线的里程而变化，它与隧道的设计地坪高程线是平行的。

8.4.2 盾构施工测量

盾构法施工是用盾构作为施工机具修建地下坑道的一种方法。盾构是一种掘进机械，外壳呈圆筒形的金属结构，它将定向、掘进、运输、衬砌、安装等各工种组合成一体的施工方法。其工作深度可以很深，不受地面建筑和交通的影响，机械化和自动化程度很高，是一种先进的土层隧道施工方法，广泛应用于城市地下铁道、越江隧道等地下工程的施工中。盾构施工测量的主要任务，是控制盾构的位置、推进方向以及盾构的运动姿态。

8.4.3 陀螺定向电磁波测距导线

在地下导线测量中，为了限制测角误差的积累，提高横向精度，通常采用陀螺经纬仪加测一定数量的导线边方位角，可以大大提高导线的整体精度。把陀螺仪和电磁波测距仪联合作业所布设的导线叫做陀螺定向电磁波测距导线。

8.4.4 方向附合导线

地下导线加测了陀螺定向边后既形成方向附合导线。由于陀螺定向确定了加测边的方位角（已知方位角），由两个或多个已知方位角构成单个或多段方向附合导线。

8.4.5、8.4.6 顶板测点、底板测点

在地下巷道布设测量控制网时，通常把控制点设置在巷道上部的顶板上。由于坑道底部经常会受到行车、行人、排污、积水以及其他施工影响，控制点若埋设在坑道底板，容易损坏且使用不便。

8.4.7 点下对中

在井巷中进行测量时，有些控制点设置在顶板，为了使测量仪器中心对准此类控制点的过程。

8.4.9 激光指向

采用激光指向仪产生的光束进行指向，进行地下巷道或竖井的掘进作业。

9 变形监测

9.1 一般术语

9.1.1 变形监测

变形监测一词应用越来越广泛，它包含了“变形测量”的所有内容，本标准取代了原标准中的“变形测量”，主要基于以下考虑：

1 变形监测的应用领域更加广泛，采用的技术方法、获取数据的途径、数据处理的内容更多样化。

2 监测是在一定时期内，按设计、方案要求和一定周期进行的多次重复测量、检测，对每次测量的成果进行整理分析的过程，注重的是运用的观测成果对位移量、位移速率及变形趋势的分析。

3 变形监测位于测绘学科与土木工程学科的边缘，对技术人员的素质要求较高。从事变形监测的关键技术人员除具有工程测量专业知识以外，还应了解设计、施工、岩土、测试等专业的相关知识。

4 随着我国大型建设项目的不断增加，如高速铁路、高速公路、地下轨道交通、大型桥梁、大坝等的建设，对变形监测的内容、方法以及监测新技术的应用都有了更多的要求，“变形监测”也承载着更多的内涵。

9.1.2 变形观测

变形观测是对建（构）筑物水平和垂直位移的测量工作；受地基土的不均匀性以及其他外界环境因素条件的影响，建（构）筑物在施工和运营期间会产生一定程度的不均匀沉降，从而导致形状变化，产生倾斜、裂缝甚至破坏。为及时掌握其变形情况，在施工开始前就应进行变形观测。

9.1.3 监测体

这里特指被监测物体本身，简称监测体。

9.1.4 水平位移监测

测定监测体的平面位置随时间而产生的位移大小、位移方向，并为工程设计、施工、运行等环节提供变形趋势及稳定预报而进行的测量工作。通常采用小角度法、视准线线、极坐标法、测角交会法、测边交会法、方向线偏移法、GPS法、高精度全站仪自动观测等方法进行测量。近年来有采用位移计、裂缝计、测斜仪、电子感应、光栅光纤传感器等方法观测水平位移，并形成自动化监测系统。

9.1.5 垂直位移监测

测定监测体的高程（高差）随时间而产生的位移大小、位移方向，并为工程设计、施工、运行等环节提供变形趋势及稳定预报而进行的监测工作。垂直位移监测的方法有很多，如采用水准仪、全站仪、GPS等常规测量方法，还有采用单点（多点）沉降计、流体静力水准、位移计、应力计等方法。

9.1.6 动态变形监测

这里特别强调是在动荷载作用下，对监测体变形所进行的测量，比如：大桥在车辆通过时的变形情况、水库大坝在不同储水位的变形情况、高耸建（构）筑物受风力作用的变形情况等。本术语与当前应用较多的“实时动态监测”称谓有所不同，前者测量的是物体在动荷载作用下的变形情况，后者则强调

的是变形观测数据的获取方式是实时动态的。

9.1.10 结构健康监测

通过安置在监测体表面或预埋设在监测体内的传感器，应用传感测试技术，来获取监测体形变或应力应变的相关数据，从而对其结构的可靠性与疲劳寿命进行评估。根据监测体的主要性能指标，结合无损检测和结构特性分析，从运营状态的结构中获取数据并进行处理，来诊断监测体结构中是否有损伤发生，判定损伤的位置，估计损伤的程度以及预测损伤对结构将要造成的后果。通过对监测体结构状态的监测与评估，为在非凡气候和运营状况严重异常时触发预警信号，为监测体维护、维修与治理决策提供依据和指导。

9.1.11 监测周期

监测周期是指对监测体进行变形观测时，相邻两次变形观测时间的间隔；而检测周期是特指变形监测基准网相邻两次复测时间的间隔。

9.1.12 变形监测系统

变形监测系统的主要特点是实现变形监测的自动化和智能化。即安装专用监测设备，自动完成外业观测数据的采集、通信（传输）和处理；采用专用的智能计算机软件，对经过处理后的数据进行快速分析和再处理，实现对监测体的实时动态监测，准确定位发生异常变化点的位置，并能及时提供报警信号。同时系统还具有预测和预报监测体未来形变趋势的功能。

9.2 变形监测控制网

9.2.1～9.2.4 变形监测基准网、水平位移监测基准网、垂直位移监测基准网、变形监测网

变形监测控制网与普通测量控制网比较，除建网目的和精度等级划分不同外，其最大特点是需要按一定周期进行复测。基准网是变形监测的首级控制网，又分为水平和垂直位移监测基准网两种，通常应有3个以上可靠的基准点作为参考依据；水平位移监测基准网多采用高精度GPS网或精密导线网进行布设；垂直位移监测基准网一般均采用精密水准仪布设高等级的水准网；变形监测网是以基准点为起算由工作基点和变形观测点组成的观测网。

9.2.7 校核基准点

在工程实践中，基准点的选定是一个难点，首先，基准点距离变形体不能太远，否则会影响测量精度；其次，基准点距离变形体也不能太近，否则其稳定性将难以保证。基准网的稳定性是一个相对的概念，由于受到周围环境的影响，基准点有时也会产生位移。因此，对于一些特殊工程项目，通过建立校核基准点对基准点进行定期校核和稳定性评价，是变形测量中不可忽视的重要环节之一。

9.2.8 工作基点

在大型变形监测工程中，由于基准点距离变形观测点较远，需要在变形体附近埋设工作基点。通常工作基点布设在基准点和变形体之间比较稳固的地方，直接用以测定变形体上变形点的观测数据。

9.2.9 变形观测点

变形观测点是直接埋设在变形体上并能反映其变形特征的测量点，简称观测点。变形观测点分为水平位移观测点和沉降观测点，它可以是测量标志，也可以是传感器元器件。

9.2.12 深埋钢管标

深埋水准点的一种，用于变形监测。埋设在上部土层较深的岩石中，钢管中可放入电阻温度计，用以计算改正数。

9.2.13 深埋双金属标

由膨胀系数不同的两根金属管组成的深埋水准点标志。利用两根管子顶部的读数设备，可以得出由于温度变化所引出的两管长度变化的差数，计算出金属管长度相对于初始状态的变化，从而修正标顶的高程。一般埋设在常年温度变化幅度较大和基岩上部土层较厚的地方。

9.3 变形监测内容

9.3.1 沉降观测

变形监测的一种。人们在利用和改造自然环境的同时，会改变或打破长期以来地面原有的平衡状态，就必然会引起其周围地层的形变。由于地球重力的作用，垂直位移是最为常见的变形之一。沉降观测就是人们采用各种工具和方法（比如水准测量）监测变形体在垂直方向的变化情况。

9.3.2 建筑物沉降观测

建筑物的沉降变形形式分为两类，一类是新建建（构）筑物的沉降变形，其二是旧有建（构）筑物受周围环境的变化或外力的作用而产生的沉降变形。前者是由于地面载荷的不断增加，建筑体对地基施加了一定的压力，就必然会引起地基土的压缩变形，使建筑体产生沉降位移。后者是由于受到周围环境的变化，比如地下水的变化或矿山采空区上的建筑等。不同的建筑物沉降变形类型，对应着不同的沉降观测方案。

9.3.3 场地地面沉降观测

对于工程测量而言，本术语中的“场地”是指某建设用地。对于大面积的填土用地，可能会因为地面载荷和地下松散地层的固结压缩产生地面沉降变形。另外对于大面积深基坑开挖工程，由于地面负荷卸载，可能会引起基坑底面的隆起（回弹）变形。

9.3.5 挠度测量

对于水平构件，一般在构件平面上设置三个以上的观测点（如图9所示）进行垂直位移观测，设初始位置为A、B、C，第二次观测位置为A'、B'、C'，其沉降分别为S_A、S_B、S_C，则挠度为：

$$\tau=\frac{F_e}{L_{AB}+L_{BC}} \tag{22}$$

$$F_e=(S_B-S_A)-\frac{L_{AB}}{L_{AB}+L_{BC}}\cdot(S_C-S_A) \tag{23}$$

式中：τ——挠度；

L——构件长度。

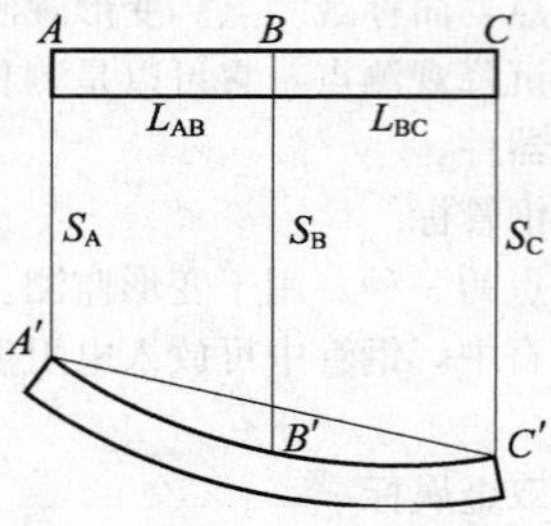

图9 挠度示意图

对于竖向构件，在构件同一竖直线的底点及不同高度设置多个观测点，用经纬仪在地面测出各点坐标，计算各点与地面点的坐标差、位移量及位移平均方向，再计算各点的位移量在位移平均方向垂直面上的分量即为各点的挠度。

9.3.6 倾斜测量

建（构）筑物及其构件的倾斜观测，一般是在其顶部及相对应的底部分别设置观测标志，用前方交会法、极坐标法或GPS等观测方法测出标志的坐标，计算出上下对应点之间的坐标差 ΔX、ΔY，设其高差为 h，则：

$$i=\sqrt{\Delta X^2+\Delta Y^2}/h \tag{24}$$

$$\alpha=\arctan(\Delta Y/\Delta X) \tag{25}$$

式中：i——倾斜度；

α——倾斜方向；

ΔX——横坐标差；

ΔY——纵坐标差。

9.3.7 滑坡监测

滑坡是指斜坡上的土体或者岩体，受河流冲刷、地下水活动、地震及人工切坡等因素影响，在重力作用下，沿着一定的软弱面或者软弱带，整体地或者分散地顺坡向下滑动的自然现象。滑坡是斜坡岩土体沿着贯通的剪切破坏面所发生的滑移现象，滑坡的机理是某一滑移面上剪应力超过了该面的抗剪强度所致。滑坡监测的目的主要是弄清滑动土体的周界、滑动位移量、位移方向及速度等，为滑坡灾害的预报、治理提供资料。

9.3.8 土体测斜

使用测斜仪观测土壤、岩石或人工建筑物内部不同深度水平位移的大小和方向。常用于滑面不明、滑带较厚的斜坡监测，填土下软土变形监测，深基坑、井筒边坡监测，混凝土桩、墩、墙等结构的监测等。

测斜仪分为滑动测斜和固定测斜两种形式。滑动测斜仪的原理是将一个内部装有测斜传感器的探头，下到监测体中预埋设的带槽导管中往返移动，分段（连续）测出导管轴线相对于铅垂线的倾斜角度，根据分段长度和倾斜角度可以计算每段水平位移值及方向。固定测斜仪用于自动化监测，是将数个测斜仪分段固定在监测体的预埋管中，定时获取每个测斜仪的数据，根据各个测斜仪埋设深度计算出不同深度的水平位移值及方向。

9.3.9 基坑回弹测量

建（构）筑物深基坑施工时一般要进行基坑回弹观测，其目的是通过测出的回弹量进一步了解地基土的物理性质，验证地基设计的合理性，为以后同类设计提供参考依据。

9.3.12 应力测量

应力测量是变形监测的物理方法之一，是采用专门仪器现场测量监测体内的应力状态，以揭示监测体的受力状况，并为其稳定性的评价提供依据。进行监测体应力测量的仪器主要有电阻应变仪、电感测压仪和光弹仪等。

9.3.13 地下水位观测

地下水位的变化对地面垂直位移有着重要的影响，所以地下水位观测也是地面沉降测量的主要内容之一。地下水位观测的内容主要是测量水位面的高程变化，当需要时还应观测地下水的流势、流向、水温和影响水位变化的其他因素等。

9.3.14 开挖沉陷观测

区域性的沉陷变形观测。当地下工程开挖施工时，会使其周围岩层向挖空区移动，而引起区域地表沉陷，造成地面沉降、裂缝及建（构）筑物变形。常见于矿山采空区和地下工程挖空区的上方地表。

9.4 变形监测方法

9.4.1 小角度法

小角度法是单一方向水平位移的测量方法之一，即监测体的一端安置精密经纬仪，精确地测出基准线方向与变形观测点方向之间所夹的小角，从而计算出观测点相对于基准线的偏离值。不同时期的偏离值之差，即为各相应变形观测点在垂直于基准线方向上的水平位移值。

9.4.3 视准线法

视准线法是单一方向水平位移的测量方法之一，即以经纬仪望远镜的视准轴为基准线测定变形体水平位移的工作。在变形体的一端安置经纬仪，另一端设置固定的照准标志，沿仪器中心与照准标志中心的连线方向在变形体上埋设若干观测点，定期观测这些点偏离基准线的距离，求出各点在不同时期的偏离值之差，即为相应各点在垂直于视准线方向上的水平位移值。

9.4.4 引张线法

引张线法是单一方向水平位移的测量方法之一，

一般多用于大坝的变形监测。金属丝水平放置，在两个固定端点通过滑轮悬挂重锤，使金属丝引张，在水平面上投影为一直线。为了减小金属丝在竖直面的下垂，在引张线中间的每个观测墩上设置浮托，并在墩上安装垂直于引张线的小钢尺显微读数装置，以测定每个观测点相对于引张线的位移。

9.4.5 正垂线法

正垂线一般设置在建（构）筑物的竖直通道内或专用套管中。上端固定金属丝，下端挂重锤，使其自由悬挂成一铅垂线，中间用固连在建（构）筑物上的垂线观测坐标仪测定其相对于铅垂线的位移。根据不同高度处的观测，可以计算出建（构）筑物的倾斜或挠度。

9.4.6 倒垂线法

利用浮体的浮力使金属丝处于铅垂位置，以测定建（构）筑物水平位移的一种装置。倒垂线的结构是将一金属丝的下端固定在建（构）筑物基础下的基岩上，通过垂直放置的管道引入建（构）筑物内，金属丝上端与一油箱中的浮体相连接。浮力使金属丝拉紧而处于铅垂状态。利用固连在建（构）筑物上的垂线观测坐标仪定期观测倒垂线的中心位置，可以得到监测体相对于基岩的水平位移值。也可在金属丝的不同高度处设站观测，以计算出建（构）筑物的倾斜或挠度。

9.4.7 激光准直法

激光准直法是单一方向水平位移的测量方法之一，即用激光准直仪发出的激光束作为基准线的准直方法。利用激光的方向性好、发散角小、亮度高等特点，通过望远镜作定向发射。在需要准直的点上，用目视的接收屏或光电接收靶观测光斑的能量中心，以测定各点偏离基准线的差值。

9.4.10 液体静力水准测量

利用连通水管测定两点之间微小高差的仪器。主要由主体和连通管两部分组成。主体是多个相同的圆柱形贮液（水）器，分别安置于测定高差的点上。每个贮液器上均设有高精度的液面读数装置。人工读数的主体上部都有两个对称的玻璃窗口，一个为进光口，从另一个窗口中可利用指针及测微装置观测水位。自动化读数的主体内部安装有液体传感器，可以精确监测出液面高程变化及温度修正，并将数据通过电缆（光缆）传送到监控台。连通管有两条：一条为通液管连通主体中的液体，使液面具有相同的高度；另一条为通气管连通主体顶部的空气，使其具有相同的气压。

流体静力水准测量不要求两点通视，用在特殊要求下精密高程测量，如人不能达到、爆炸危险、工程的内部、通道窄小、光线昏暗、严重污染、超量辐射的地方，用流体静力水准测量比较有利。

9.4.11 卫星定位法测量

卫星定位（GNSS）用于变形监测的作业方式可分为周期性和连续性两种模式。周期性变形监测与传统的变形监测没有多大区别，即采用相对定位方法定期观测，定期进行数据处理与分析。连续性变形监测是将卫星接收天线固定在基准点和监测体上的变形观测点上，长时间不间断的进行数据采集，并实时的将观测数据传输至计算机，自动进行观测数据的处理和分析以及变形预警。与传统的变形监测方法相比，卫星定位（GNSS）法的应用，在连续性、实时性和自动化程度等方面优势明显。

9.4.12 三维激光扫描法测量

三维激光扫描仪可以快速获取监测体表面点的三维坐标，并以“点云”的数据形式存储到计算机中，可快速建立监测体的三维模型，实现“实景复制”。这些点云所生成的模型还原了实体的表面，从而可以在这个表面上进行量测。

在变形监测时，经过每一次的数据采集和数据处理，可以得到监测体每次的三维模型，通过对两个模型之间的比对，形状改变分析，以及变形长度及位移距离分析，可实现对监测体的变形监测。

9.4.13 全站仪监测系统

建立全站仪监测系统是以高精度的智能型全站仪（测量机器人）和专用的反射镜为基本设备，采用极坐标、后方交会等方法，对监测体进行自动连续测量，并将监测点的三维（或二维）数据直接传输至相关监测数据处理分析软件系统中，获取监测体的变形信息。

由于全站仪测量精度受距离的影响较大，当监测范围较大时，通常采用多台仪器分区测量。各全站仪由系统统一控制，测量数据连接到数据处理中心，进行统一处理。

全站仪监测系统可实现实时监测，具有精度高、设备稳定可靠、适应范围广、数据反馈及时等特点。

9.4.14 测斜仪法

测斜仪是一个力平衡式的伺服系统，以倾角传感器作为敏感元件，当传感器敏感元件相对于铅垂方向产生一个角度时，通过高灵敏的微电子换能器将此角度转换成信号，经过分析处理，可直接在接收器上显示测斜仪所在测点的水平位移值。

在进行测量时，以测斜管底部为稳定点，从测斜管底部开始测量，向上每 0.5m（或 1.0m）标准间隔测一个点，正反方向各测一次，获得连续的测量值。

将初次测量的位移数据为初始值，以后每期复测的数据与初始值的差，即为该点的土体水平位移值。

9.5 变 形 分 析

9.5.1 基准点稳定性分析

对于一个监测项目一般要求设置至少 3 个以上基准点，最小二乘测量平差检验法是点位稳定性检验的常用方法。当基准点的数量较少时，可以采用简单的方法判定基准点的稳定性，比如两期观测数据之间的差值通过组合比较，分析是否存在变动较显著的点。当基准点较多时，可根据项目特点、基准网条件选择其他更好的、更可靠的统计检验方法。

9.5.2、9.5.3、9.5.6 变形分析、变形因子、变形预报

变形分析是一个复杂的过程，当变形观测资料积累到一定次数时，根据需要，建立能反映变形量与变性因子关系的数学模型，绘制变形曲线图。如果将变形观测数据与影响因子进行多元回归分析和逐步回归计算，可得到变形与显著性因子间的相关关系，除作物理解释外，也可用于变形预报。

监测数据是变形的表现，依靠监测数据建模是变形几何分析方法，是变形监测的主要任务之一。建模的方法很多，如双曲线法、指数法、对数法、抛物线法、星野法、泊松曲线法、Asaoka 法、灰色理论等。建模时应充分考虑相关系数，选择合适的方法。

变形分析与预报在数学模型计算的基础上，必须结合场地岩土、水文地质条件、设计参数、施工状况、环境影响等因素，分析变形规律和原因，判断变形的影响，并作出变形预测或预报。

9.5.7 沉降量

沉降量是沉降观测中衡量监测体竖向位移的最重要指标之一，可分为绝对沉降量和相对沉降量。每次测量的观测点高程与该观测点第一次测量的高程值之差，称为该点在这个时段的绝对沉降量；每次测量的观测点高程与该观测点上一次相邻的测量高程值之差，称为该点当期的相对沉降量。

9.5.8 差异沉降

差异沉降是沉降观测中衡量监测体竖向位移情况的最重要指标之一，是评价监测体基础稳定性的关键数据。这里强调应是同一监测体上各观测点的高程比较，比如有沉降缝隔开的一栋大楼，不能认为它是一个整体的监测体，在进行差异沉降计算时应分别计算。

9.5.10 变形速率

变形速率是变形监测中衡量监测体稳定性的最重要指标之一，主要用于评价监测体的变形快慢。

9.5.12、9.5.13 变形允许值、预警值

预警值是变形监测的关键数据，它与变形允许值有不可分割的关系，当前对预警值与允许值的比例关系没有明确规定，按经验一般取变形允许值的 60%～80%作为变形预警值。

10 工程摄影测量

10.1 一 般 术 语

10.1.1 工程摄影测量

摄影测量是通过摄影影像研究信息的获取、处理、提取和成果表达的一门信息科学。根据摄影时摄影机所处的位置的不同，摄影测量学可分为地面摄影测量、航空摄影测量和航天摄影测量；根据应用领域的不同，摄影测量学又可分为地形摄影测量与非地形摄影测量；根据技术处理手段的不同（也是摄影测量发展历史阶段的不同），摄影测量学又可分为模拟摄影测量、解析摄影测量和数字摄影测量。

工程摄影测量主要是指工程建设的勘察设计和运营管理阶段的各种摄影测量工作。利用摄影测量方法进行工业设备或产品的研究、设计、制造和维修等工作，也属于工程摄影测量的范畴。

10.1.2 航空摄影测量

航空摄影测量是摄影测量的一种。是在飞机或其他航空飞行器上采用航摄仪器对地面连续摄取像片，结合航测外业的地面控制点联测和调绘、航测内业的数字成图技术，进行各种比例尺地形图测绘的工作。所得成果包括数字线划图、正射影像图和数字高程模型等。

10.1.3 解析摄影测量

20 世纪 30 年代至 70 年代摄影测量基本上都是采用光学机械仪器的模拟式成图方法。随着电子计算机的问世，50 年代末研制出解析测图仪和计算机控制的正射投影仪，20 世纪 70 年代至 90 年代逐渐进入实用阶段；目前摄影测量已全面进入数字摄影测量年代。

解析摄影测量是用解析法处理摄影构像所形成的中心投影，需要用公式表达像点与相应地面点的数学关系，并借助计算机用数学解算方法进行空间数字信息的转换。

10.1.4 数字摄影测量

数字摄影测量是以数字影像为基础，通过计算机分析和处理，获取数字图形和数字影像信息的摄影测量技术。具体地说，它是将摄影测量的基本原理与计算机视觉相结合，以立体数字影像为基础，由计算机进行影像处理和影像匹配，用计算机视觉代替人的立体观测，从立体数字影像中自动或半自动提取所摄对象的三维坐标，输出数字高程模型、数字正射影像图或数字线划图等数字产品的摄影测量技术。

10.1.6 近景摄影测量

对于非地形目标进行近距离摄影，并确定其外形、状态和几何位置的技术。内容包括不规则物体的外形测量、动态目标的轨迹测量以及燃烧爆炸与晶体生长等不可接触物体的测量。广泛应用于建筑工程、地质、考古、医学、生物、机械制造、采矿、冶金、船舶制造、结构变形、粒子运动和航天技术等各个方面。

10.1.7 摄影测量坐标系

摄影测量坐标系是一种过渡性质的坐标系，用来

描述摄影测量过程中模型点坐标的坐标系。在航空摄影测量中，通常以地面上某点为坐标原点，而它的坐标轴与像空间辅助坐标轴平行。

10.1.8 像平面坐标系

像平面坐标系是影像平面内的直角坐标系，用以表示像点在像平面上的位置。常用以框标标志连线交点（像主点）为坐标原点，框标连线为坐标轴，如图10所示，因此通常又称为像框标坐标系，一般用$O-XY$表示。另外，根据不同情况像平面坐标系还可采用“辅助点坐标系”、“方位线坐标”和“主纵线坐标系”等，但后面的这些坐标系应用很少。

数字影像原点在像幅的左上角，像平面坐标以像素在列或行的排列次序计算。

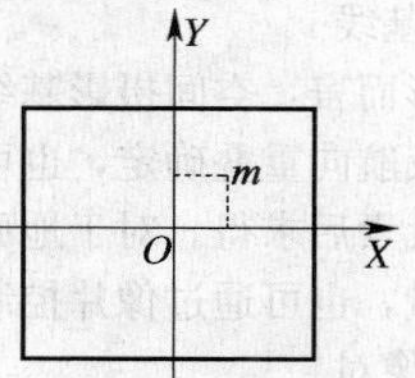

图10 像平面坐标系示意图

10.1.9 像空间坐标系

该坐标系是一种过渡坐标系，用以描述单张像片像点的空间位置，采用空间右手直角坐标系，一般用$S-XY$表示，如图11所示。通常取正片位置确定像点坐标，此时$Z=-f$，f为像片主距。

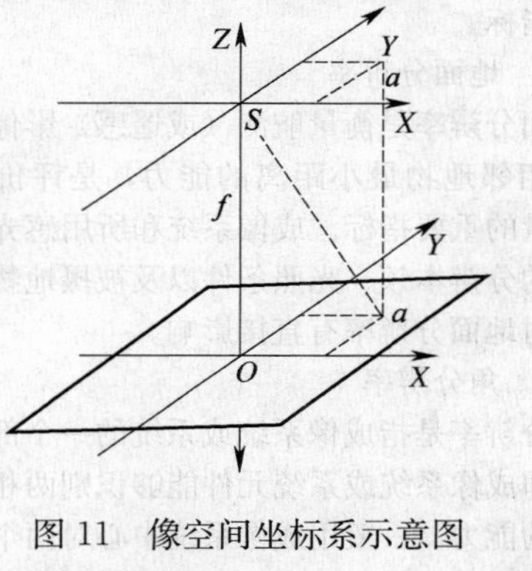

图11 像空间坐标系示意图

10.1.10 物空间坐标系

物空间坐标系是被摄物体所在的空间直角坐标系。通常用于近景摄影测量中，其本质属于独立坐标系，一般用$A-uvw$表示。对航测而言，则是大地坐标系。必要时，独立坐标可以换算成大地坐标。

10.1.11 影像

影像包括传统的胶卷正、负片影像和现代的数字影像。胶卷正、负片通过数字化扫描仪可以生成其数字影像，数字影像可通过打印机或绘图仪输出纸质影像。

10.1.14 像主点

像主点简称主点。对可量测摄影机而言，像主点在框标坐标系中的坐标X_0Y_0为已知值，理论上像主点与像框标坐标系原点重合。实际上由于摄影机的安装误差，X_0Y_0有微小差值，可通过专门检定获取，在要求精度不高时，可近似地认为像框标坐标原点就是像主点。X_0Y_0属像片内方位元素。

10.1.15 像底点

像底点简称底点。地形起伏在像片上的投影差均朝向或离向像底点方向移位；在像片上以像底点为顶点做出的方向线不会因地形起伏引起方向偏差；在水平像片上像底点与像主点重合。

10.1.17 主合点

图12像平面P与地面基准面E交线TT为迹线，过摄影中心S垂直于迹线的面为主垂面，主垂面与像平面交线为主纵线V_0i，过S点作基准面主纵线VV的平行线，S_i交于像平面i点，即为主合点，又称为主灭点。h_ih_i为真水平线，为所有不垂直于主纵线的平行线在倾斜像片上面的灭点轨迹。

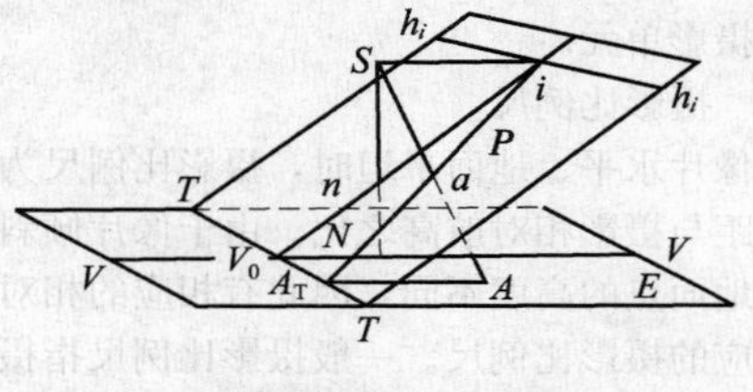

图12 合点轨迹图

10.1.18 几何立体模型

恢复立体像对方位元素，使同名光线成对相交所构成的与实地相似的模型。在这种立体的环境下表现观测对象要素的空间展布，直观地表示其三维空间的特征。

10.1.21 测标

在全数字摄影测量平台上，测标的外设主要有手轮脚盘或三维鼠标，以及编码盒组成。作业方式为测标固定而影像游动或测标移动影像固定等模式。

10.2 航空摄影

10.2.1 航空摄影

用于航空摄影测量的航空摄影，一般具有以下特征：

1 摄影方式为倾角小于3°的垂直摄影。

2 按摄影像片间的关系，可分为单片摄影、航线摄影和面积摄影。

单片摄影：为拍摄单独小面积目标而进行的，一般只摄取一张（或一对）像片。

航线摄影：沿一条航线，对地面狭长地区或沿线状地物（铁路、公路等）进行的连续摄影。要求相邻像片有一定的重叠。

面积摄影：对较大区域进行数条航线排列的连续摄影，称为面积摄影（或区域摄影）。要求相邻航线所拍像片也有一定的重叠。

3　采用专门的胶片航空摄影机或数码航空摄影机，可获得全色黑白、黑白红外、彩色、彩色红外和多光谱影像或像片。

4　运载平台可以是低空飞机、直升机、无人机、气球、飞艇等。

5　摄影时可与GPS/IMU等定位定姿系统配合，获得高精度的姿态、位置和速度信息。

10.2.3　绝对航高

绝对航高与所摄影地面高程起伏无关，它减去测区某点的高程即为某点的相对航高。

10.2.4　相对航高

相对航高可按选定的像片比例尺$1:m$和航摄仪焦距f来确定，即$H=f \cdot m$。航摄飞行中只有按照确定的相对航高飞行，才能得到符合摄影比例尺要求的航摄像片。

10.2.5　摄影分区

摄影分区是因地面高差过大或航摄的不同要求而划分的摄影单元。

10.2.6　摄影比例尺

当像片水平、地面平坦时，摄影比例尺为航空摄影机焦距与摄影相对航高之比。由于像片倾斜和地形起伏，地面点的高度不同，因此有相应的相对航高也就有相应的摄影比例尺。一般摄影比例尺指摄影机焦距与测区平均相对航高之比。

10.2.8　航向倾角

航向倾角是指像片倾斜角在航线方向上的分量，是航摄像片的外方位元素之一。

10.2.9　旁向倾角

旁向倾角是指像片倾斜角在垂直于航线方向上的分量，是航摄像片的外方位元素之一。

10.2.10　航向重叠

航空像片的航向重叠部分的长度与像幅长度之比，称为航向重叠度。为满足航测成图的要求，一般要求航向重叠度不小于60%～65%。

10.2.11　旁向重叠

航摄像片的旁向重叠部分的长度与像幅长度之比，称为旁向重叠度。为满足航测成图的要求，通常规定旁向重叠不小于30%。

10.2.12　航线弯曲度

航线弯曲度是指航线上最大弯曲矢距与航线长度的比值，一般要求其最大不超过3%。

10.2.13　航迹角

一般要求航迹应与图幅上下两侧的图廓线平行，但实际飞行结果，航迹往往与图廓线形成一夹角就是航迹角。航迹角应尽可能小，若过大，不但会增加航摄工作量，而且也会给航测作业增加困难。

10.2.14　像片倾角

在航空摄影测量中，像片倾角过大，会影响到成图精度，同时还会影响到像片的重叠度。

10.2.15　像片旋角

在影像平面内，像幅坐标轴绕主光轴旋转的角度，其大小会影响到像片的重叠度。为航摄像片的外方位元素之一。

10.2.16　像片索引图

将航空摄影像片按重叠地物影像拼叠起来，依航线像片编号顺序和航线编号顺序，按摄影分区缩小、复制成的图片称像片索引图。同时还需要标明分区界线及航摄比例尺。

10.2.17　摄影航线

航线设计一般为东西向或南北向，基本上与图廓线平行，根据工程条件不同，也可设计成斜方向或沿线路方向。带状测区通常与其走向相同。

10.2.21　摄影基线

对航空摄影而言，空间摄影基线是未知的，可根据航高、焦距及航向重叠确定，也可通过像片控制点反求像片方位元素后求得。对于地面摄影，摄影基线可野外直接丈量，也可通过像片控制点反求。

10.2.22　立体像对

按人造立体效应要求，用肉眼或借助仪器观察就能看出影像重叠部分的视模型。

10.2.24　基高比

基高比决定了立体量测的精度，是摄影测量精度的一项主要指标。

10.2.25　宽高比

宽高比越大覆盖能力越大，是摄影测量精度的一项主要指标。

10.2.27　地面分辨率

地面分辨率是衡量航测（或遥感）影像能够识别的两个相邻地物最小距离的能力，是评价图像（影像）质量的重要指标。成像系统和所用感光材料（或元件）的分辨本领、光照条件以及被摄地物的形态等因素都对地面分辨率有直接影响。

10.2.28　角分辨率

角分辨率是指成像系统或系统的一个部件的分辨能力，即成像系统或系统元件能够识别两相邻物体最小间距的能力。一般用成像系统中心对两个最小可辨目标之间所张角度的大小来描述，通常用弧度表示，又称角分辨本领。

10.2.29　人工标志

人工制作的标志通常有“十”形、“Y”形、圆形或球形等，并涂有强反差颜色。为了提高量测精度，标志尺寸必须考虑摄影测量内业仪器测标直径和采用的摄影比例尺。航空摄影测量地面人工标志往往用于区域网加密周边布点。而对于地面摄影测量或近景摄影测量则用于像控点。

10.2.31　物镜前（后）节点

物镜前（后）节点指透镜或透镜系统光轴上的一对共轭点，其角放大率等于1。当入射光线和出射手光线处于同一介质中时，节点与主点重合。

10.2.32 畸变改正

物镜畸变差是指光线通过物镜的入射角与出射角不能严格相等时出现的像差。因为不能保证物与像之间的几何相似关系，所以对摄影测量的作业精度就产生了影响。这种像差只能尽力减小，不能完全消除，可以通过改正使像场中的畸变差为最小。

10.2.35 像元

像元是组成数字化影像的最小单元。我们通常所见到的数字影像是具有连续性的浓淡阶调，若把影像不断放大，会发现这些连续色调其实是由许多色彩相近的小方点所组成，这些小方点就是构成影像的最小单位“像元”或“像素”。像元的大小决定数字影像的分辨率和信息量，像元越小，影像分辨率就越高，信息量就越大。

10.3 摄影测量外业

10.3.1 像片控制测量

用于解析空中三角测量定向点或直接测图定向点，根据成图精度可采用单双模型全野外布点、单航线六点法以及区域网布点。也就是采用控制测量方法进行像片控制点的布设和实地测量的工作，又称为像片控制点联测。

10.3.2 像片控制点

像控点分为平面控制点、高程控制点、平高控制点三种，根据摄影测量的要求，像控点的布设有规定的密度、位置和范围。由于刺点是内、外业的联系枢纽，要求提高辨认精度和刺点精度。

10.3.4 标准配置点

为了简化计算和提高平差精度，应按规定的范围选点。

10.3.14 刺点

刺孔应刺透像片，且孔径不大于0.1mm，在野外作像控点时，应实地辨认，借助放大镜和立体镜刺点。当采用数字影像图进行像控点标示时，刺点的含义已有所拓展，即主要着重于对像控点外业标示位置的文字描述，实际上已没有刺点的动作。

10.3.15 纠正点

在一张像片上布设四个纠正点，分别布设在像片角隅。纠正点可用解析空中三角测量加密或野外直接测定。

10.3.18 刺点像片

刺点像片主要用于室内解析空中三角测量，以求出内业加密点的平面坐标和高程，进而再进行测图或建立地形图数据库，因此控制点、内业加密点的点位必须精确辨认和高精度转刺。

10.3.19 控制像片

控制像片上标有摄影分区号、航线号、像片号组成的控制片编号。正反面按规定整饰：正面以5mm直径的红圆整饰直接刺点的点位，右侧以分式表示，分子为点的编号，分母为点的高程；以10mm直径红圆整饰表示转刺点的点位，说明该转刺点所在的控制片编号。反面，直接在刺点点位绘示意图，说明点的精确位置，与有关地物点的关系，并有刺点者、检查者的签名及日期。

10.3.20、10.3.21 调绘像片、像片调绘

像片调绘是指航摄影像调绘的全部过程，它需要在外业对照像片进行实地判读、调查、补测和标绘等工作。调绘像片是经过调绘后的航摄影像调绘成果，是航测内业成图的重要资料之一。

10.4 空中三角测量

10.4.1 解析空中三角测量

解析空中三角测量是指用摄影测量解析法，确定区域内所有影像的外方位元素。其目的：一是用于地形测图的摄影测量加密，二是用于各种不同用途的高精度摄影测量加密。解析空中三角测量常用的方法是区域网平差，按照其构网和平差单元的划分，采用的基本方法有：独立模型法、航带法和光束法。

10.4.2 自动空中三角测量

自动空中三角测量就是利用模式识别技术和影像匹配等方法代替人工在影像上自动选点与转点，同时自动获取像点坐标，提供给区域网平差程序解算，以确定加密点在选定坐标系中的空间位置和影像的定向参数。

10.4.3 独立模型法空中三角测量

以单模型或双模型作为平差计算单元，主要是为了避免误差累计。虽然由一个个相互连接的单模型可以构成一条航带，或者组成一个区域网，但在构网过程中的误差却限制在单个模型范围之内，而不会产生传递累积，有利于加密精度的提高。

10.4.4 单航带空中三角测量

单航带空中三角测量是将一条航带的模型作为一个单元模型进行解析处理的方法，由于各单个模型在连成航带模型的过程中，各单个模型中的偶然误差和残余的系统误差将传递到下一个模型中，这些误差的传递累积会使航带模型产生扭曲变形，所以航带模型经绝对定向后还需要做模型的非线性改正，才能达到较满意的结果。

10.4.5 区域网空中三角测量

区域网空中三角测量是把一个单元模型（可以由一个像对、两个像对或者三个像对组成）视为刚体，利用各个模型彼此间的公共点连成一个区域，在连接过程中，每个单元模型是在空间相似变换下做平移、缩放和旋转。

10.4.6 光束法空中三角测量

光束法空中三角测量是以一幅影像所组成的一束光线作为平差的基本单元，以中心投影的共线方程作

为平差的基础方程。通过各个光线束在空间的旋转和平移，使模型之间公共点的光线实现最佳地交会，并使整个区域最佳地纳入到已知控制点坐标系统中。

10.4.7 GPS辅助空中三角测量

GPS辅助空中三角测量就是利用相位差分GPS定位技术精确测定摄影中心的三维坐标，将它们作为辅助数据参加观测值联合平差。实现用GPS摄站作为空中控制，从而减少平差所需地面控制点的数量。

10.4.8 POS辅助空中三角测量

POS（Position and Orientation System）即机载定位与定姿系统，是基于全球定位系统（GPS）和惯性测量装置（IMU），直接测定影像外方外元素的现代航空摄影导航系统，可用于在无地面控制或仅有少量地面控制点情况下的航空遥感对地定位和影像获取。

10.4.9 空间前方交会

空间前方交会除在测图中使用外，也是解析空中三角测量中用于加密像控点的基本方法。

10.4.11 共面条件方程式

共面条件方程式用于像对中相对定向的解算，由于两张像片的相对方位可以通过同名光线对对相交的条件确定，故相对定向与有无像控点无关，其方程如式（26）。

设同名光线的向量 R_1、R_2，摄影基线向量 B，其三个向量共面的条件为：

$$B\cdot(R_1\times R_2)=0 \tag{26}$$

式中：B——摄影基线向量；

R_1、R_2——同名光线的向量。

10.4.12 共线条件方程式

共线条件方程式应用甚广，在非地形摄影测量中，可用作建立模型和进行各种运算的基本公式。

10.4.13 框标

通常在承片框上摄有表示框标位置的标志，有的摄影仪框标位置在像片边线中部，而有的摄影仪则设置在像片角隅。框标除标定承片框中心位置外，同时也用于测定像片的变形。

10.4.15 定向点

定向点指像控点或位于标准位置的加密控制点，对于测图而言该点已具备坐标与高程，主要供绝对定向使用但也可用于相对定向。

10.4.20 采样

在数字影像中，不可能对理论上的每一个点都获取其灰度值，而只能将实际的灰度函数离散化。这种对实际连续函数模型离散化的量测过程就是采样。

10.4.21 重采样

在原采样基础上再一次采样就是重采样。数字影像是观测排列的灰度格网序列，对数字影像进行旋转、核线排列与数字纠正等几何处理时，由于所求得的像点不一定恰好落在像片上像元素的中心，要获得该像的灰度值，就需要在原采样的基础上再一次采样。

10.4.22 影像匹配

影像匹配的实质就是利用相关技术实现同名像点的自动确定，在两幅或多幅影像之间识别同名点。

10.4.23 影像相关

影像相关就是利用互相关函数，评价两块影像的相似性以确定同名点，根据影像灰度信息转换成不同的信号形式，可分为电子相关、光学相关、核线相关、数字相关等。

10.4.24 核线

核线是摄影测量的一个基本概念，确定核线的方法主要有两类：一是基于数字影像的几何纠正；二是基于共面条件。

10.4.25 核线相关

由核线的几何定义可以知道，同名像点必然位于同名核线上，因此在摄影测量中就可以实现在同名核线上自动搜索同名像点。

10.4.26 左右视差

根据本术语的定义，一般以下式表示：

$$p=x_1-x_2 \tag{27}$$

式中：p——左右视差；

x_1、x_2——同名像点在左、右像片上的横坐标。

左右视差 p 可以理解为：以某点的摄影比例尺缩小后的摄影基线。

10.4.27 上下视差

根据本术语的定义，一般以下式表示：

$$q=y_1-y_2 \tag{28}$$

式中：q——上下视差；

y_1、y_2——同名像点在左、右像片上的纵坐标。

式（28）说明，在标准式像对内的相应像点的 y 坐标相等，即 $y_1=y_2$ 或 $q=0$。在一般立体像对内，则其各相应像点的上下视差将是相对定向元素的函数。

10.4.29 残余上下视差

相对定向有五个元素，只要测定五个同名像点，就可以解求像对的五个定向参数。为了提高相对定向精度，便于发现观测值中有无错误存在，观测同名点的个数一般均多于五个，这就产生了多余观测，因此需要用测量平差法求得观测量的最可靠结果，于是观测值与最可靠结果之间的差数称为残差，亦可称为观测值的改正数。相对定向中观测值为上下视差，此时观测值的残差即为上下残余视差。

10.4.30 加密控制点

根据不同比例尺的成图需要，为减少野外工作量，当精度满足需要时尽可能采用解析空中三角测量的方法，以增加控制点的密度。

10.4.33 转刺

一般用于航测分区的接边和解析空中三角测量中

像控点及航带间加密点的转刺。目前，摄影测量作业中，人工转刺和仪器转刺的方法已经几乎不再使用，普遍采用数字影像匹配转点，即用数字影像匹配方法寻找左右影像的同名像点。

10.5 摄影测量成图

10.5.1 像片方位元素

确定摄影物镜相对于像片平面的关系以及摄影时摄影机与地面之间关系的一些元素。分为像片内方位元素和像片外方位元素两种。

10.5.2 内定向元素

内定向元素是确定物镜后节点相对于像片面的数据，包括像主点在框标坐标系中的坐标值（x_0，y_0）和像片主距（f）。

10.5.3 外定向元素

在立体摄影测量中有12个外定向元素：Xs_1、Ys_1、Zs_1；Xs_2、Ys_2、Zs_2为左右摄影中心在地面坐标系中的直角坐标值。φ_1、ω_1、κ_1、φ_2、ω_2、κ_2为摄影光束在空间的角元素。其中φ为像片航向倾角；ω为像片旁向倾角；κ为像片旋角。

10.5.4 相对定向元素

相对定向元素分为：

独立像对相对定向元素：$d\kappa_1$、$d\kappa_2$、$d\varphi_1$、$d\varphi_2$、$d\omega_2$。

连续像对相对定向元素：dby_2、dbz_2、$d\kappa_2$、$d\varphi_2$、$d\omega_2$。

10.5.5 绝对定向元素

绝对定向元素：ΔX、ΔY、ΔZ、$d\Phi$、$d\Omega$、dK。

10.5.6 像点位移

造成像点位移的原因有：像片倾斜、高差位移、摄影材料变形、物镜畸变、大气折光及地球曲率等。

10.5.8 像片纠正

像片纠正时，一般可消除倾角对像点位移的影响，但地形起伏产生的误差不能全部消除，故限制纠正误差在0.4mm以内，对高差大的地区可采用分带或微分纠正。

10.5.10 高差位移

本术语取自全国科学技术名词审定委员会的《测绘学名词》(第三版)，过去通常称为"投影差"。当地面起伏时，高于或低于所取基准面的地面点和该点在基准面上正射投影点在像片上构像间的点位差。

10.6 地面摄影测量

10.6.1 地面摄影测量

地面摄影测量是把摄站安置在地表获取测区影像信息，并进行地面控制点测量和实地调绘，再利用内业仪器和方法进行影像测绘的技术，一般情况下，其外方位元素已知，主要原理是中心投影和正射投影的变换。

10.6.4 动态立体摄影

动态立体摄影时，应设法获取两张或多张像片，以构成摄影瞬间被摄物体的立体模型。由于目标物的移动速度不同，时间间隔的差异很大。如同属动态目标测量的冰川进退预报与爆破物的轨迹测量，前者不需要特殊的同步摄影装置，后者就要求更高的同步精度。

10.6.7 摄影主光轴

对测量用摄影机而言，要求物镜平面与像片平面平行，即物镜光轴与摄影主光轴重合。

10.6.13 交向角

正向延长相交的称收敛交向角，负向延长相交的称发散交向角。

10.6.15 倾斜摄影

在近景和地面立体摄影测量中指的是摄影主光轴与水平方向构成一定倾角的摄影。在航空摄影中指的是摄影主光轴偏离铅垂线3°以上的航空摄影。

10.6.21 相对控制

例如，物方某些未知点间的已知距离、方位、高差、垂线等。

10.6.23 直接线性变换

直接线性变换是非地形摄影测量中进行像片数学处理的一种方法，一般用于处理各类非测量用摄影机所摄的未知内方位元素的像片。

10.6.24 等值线

这里的投影面通常为竖直面，也可以是水平面，或者是与水平面有一定倾角的斜面。如果投影面是大地水准面，那么等值线就成了等高线。等值线具有等高线的特性。

11 工 程 遥 感

11.1 一 般 术 语

11.1.1 遥感

遥感是指从远距离、高空至外层空间的平台上，利用探测仪器，根据物体对电磁波的反射和辐射特性，通过摄影、扫描、信息感应、传输和处理从而识别地面物体的性质和运动状态的技术系统。

11.1.2 工程遥感

遥感可为工程建设的勘测设计提供多时相、多波段、多品种的图像信息，定性的评价、定量数据的分析等基础资料，为工程建设的各阶段服务。

11.1.4 遥感平台

遥感平台的种类很多，如地面遥感器所放置的高地、塔顶、人工塔架，航空遥感器所乘用的飞机、飞艇、气球，以及航天遥感器所搭载的人造地球卫星、宇宙飞船、空间站等。遥感平台还具有姿态控制、温度控制、遥测、遥控、信息传输和为传感器提供能源等功能。

11.1.8 多谱段遥感

多谱段遥感是根据物体对不同波谱段的反射率存在差异这一原理，进行多波段同目标扫描，可以获得相同目标不同波段的大量信息，以提高分析和识别目标的能力。

11.1.9 多时相遥感

多时相通常指反映一组遥感影像在时间系列上具有的特征。广义地讲，凡是在不同时间获取的同一地域的一组影像或其他遥感信息，都可视为“多时相”的数据。遥感技术特别是卫星遥感具有按固定周期实现对地球重复覆盖的能力，能提供各种时间分辨率的多时相遥感影像，满足动态分析的要求。

11.1.10 主动式遥感

主动式遥感是通过分析回波的性质、特征及其变化来识别物体的。应用的遥感仪器有激光雷达、侧视雷达、微波散射计等。

11.1.11 被动式遥感

被动式遥感是通过分析物体对电磁波辐射的反射、发射和吸收的特征来识别物体的。常用的遥感仪器有：各种类型的航摄仪、多光谱照相机、红外和多光谱扫描仪、微波辐射计等。

11.1.12 电磁波谱

在空间传播着的交变电磁场，即电磁波。电磁波包括的范围很广，为了对各种电磁波有个全面的了解，人们按照波长或频率的顺序把这些电磁波排列起来，这就是电磁波谱。遥感技术常用的电磁波范围主要是紫外波段、可见光波段、红外波段和微波波段等。

11.1.13 雷达干涉测量

雷达干涉测量简称 InSAR，其基本原理是：利用两副天线同时成像或一副天线相隔一定时间重复成像，获取同一区域复雷达图像对，由于两副天线与地面某一目标的距离不等，使得在复雷达图像对同名像点之间产生相位差，形成干涉纹图。干涉纹图中的相位值即为两次成像的相位差测量值，根据两次成像的相位差与地面目标的空间几何关系以及飞行轨道参数，即可测定地面目标的三维坐标。

11.1.17 波谱分辨率

波谱分辨率是评价遥感传感器探测能力和遥感信息容量的重要指标之一。提高波谱分辨率，有利于选择最佳波段或波段组合来获取有效的遥感信息，以提高判读效果。

11.1.18 温度分辨率

温度分辨率是遥感器的一项技术指标。在热红外遥感影像上，以灰度差别的等级来代表温度差别的程度，即能分辨的最小温度差。

11.1.19 遥感制图

以遥感信息和统一的地理底图为基础，按照各专业和各阶段的要求分别对遥感图像进行解译，提出所需信息制成以有关要素为主题的系列图件。如地质图、土地利用图、城市建筑设计现状图等，其特点是一次遥感可编制多种图件。

11.2 遥感图像处理

11.2.1 遥感卫星轨道参数

卫星的轨道参数主要有长半轴、偏心率、轨道倾角、升交点赤经、近地点幅角和卫星通过近地点的时刻六个参数。

11.2.2 卫星姿态

卫星姿态参数主要有卫星在运行方向上的俯仰角、卫星在垂直于轨道方向上的倾斜角和卫星垂直于地面方向上的转动角三个参数。

11.2.4 几何校正

遥感成像的时候，由于飞行器的姿态、高度、速度以及地球自转等因素的影响，造成图像相对于地面目标发生几何畸变，这种畸变表现为像元相对于地面目标的实际位置发生挤压、扭曲、拉伸和偏移等，针对几何畸变进行的误差校正即为几何校正。

11.2.5 辐射校正

辐射校正实际上是影像恢复（或称复原）的一个内容。校正方式有两类：分别为传感器辐射校正和影像辐射畸变校正。前者通常是采用内部校准光源和校准楔来实现的；后者通常是采用物理或数学（校正曲线或各种算法）方法，校正各种灰度失真及疵点、灰点、条纹、信号缺失等分布在整个影像上的离散形式的辐射误差。

11.2.6 影像处理

对遥感影像进行一系列处理的操作，包括对遥感影像目视判读或利用图像处理系统对各种遥感信息进行增强与几何纠正、识别、分类和制图等过程。

11.2.7 影像几何纠正

影像几何纠正通常是以经影像预处理后的遥感影像为对象，输入输出的影像均为以像元为单位的数字式影像。其基本原理是按一定的数学模型控制点，对原始影像与纠正后影像之间的几何关系进行解算，即通过计算机对离散结构数字影像中的每个像元进行解析纠正处理。

11.2.8 影像几何配准

影像几何配准就是将不同时间、不同波段、不同遥感器或不同拍摄条件下（气候、照度、摄像位置和角度等）获取的两幅或多幅图像，进行分析、比较、匹配并经几何变换使同名像点在位置和方位上完全叠合的过程。

11.2.9 灰阶

灰阶是遥感影像目视判读的重要标志和基础，是用来帮助人眼辨别影像的灰度变化。在目视判读时，灰阶可粗略地划分成七级，即白、灰白、浅灰、灰、深灰、浅黑、黑。

11.2.11 图像变换

图像变换可分为点变换、频谱变换或空间变换，通过变换使得图像便于识别或有助于进一步处理。图像变换的目的在于使运算简便，或者选择适当方法突出影像的某些特征；或者使影像信息经变换后，可以更有效地从另一角度来研究问题。图像变换应用于图像增强、图像复原、数据压缩以及影像分类、识别等。

11.2.12 图像增强

图像增强的目的是改善图像的视觉效果，针对给定图像的应用场合，有目的地强调图像的整体或局部特性，扩大图像中不同物体特征之间的差别，满足某些特殊分析的需要。其方法是通过一定手段对原图像附加一些信息或变换数据，有选择地突出图像中感兴趣的特征或者抑制（掩盖）图像中某些不需要的特征，使图像与视觉响应特性相匹配。在图像增强过程中，不分析图像降质的原因，处理后的图像不一定逼近原始图像。图像增强技术根据增强处理过程所在的空间不同，可分为基于空域的算法和基于频域的算法两大类。基于空域的算法处理时直接对图像灰度级做运算；基于频域的算法是在图像的某种变换域内对图像的变换系数值进行某种修正，是一种间接增强的算法。

11.2.14 空间变换

空间变换主要是用来保持图像的连续性和物体的连通性，通常都是采用数学函数形式来描述输入输出图像相应像素间的空间关系。

11.2.16 图像滤波

图像滤波是图像预处理中不可缺少的操作，即在尽量保留图像细节特征的条件下对目标图像的噪声进行抑制，其处理效果的好坏将直接影响到后续图像处理和分析的有效性和可靠性。

11.2.18 特征提取

广义的特征提取有两个：一是对某一模式的组测量值进行变换，以突出该模式具有代表性特征的一种方法；二是通过影像分析和变换，以提取所需特征的方法。

11.2.19 影像解译

影像解译是对遥感图像上的各种特征进行综合分析、比较、推理和判断，最后提取出各种地物目标信息的过程，包括目视解译、人机交互解译、影像智能解译（自动解译）等。

11.2.20～11.2.22 解译标志、直接解译标志、间接解译标志

解译标志也称为遥感影像的判读要素，它能直接或间接的反映地物信息的影像特征，解译者利用这些特征在图像上判读和识别地物或现象的性质、类型或状况。

解译标志分为直接解译标志和间接解译标志。直接解译标志包括：形状、大小、颜色和色调、阴影、位置、结构（图案）、纹理、分辨率、立体外貌等；间接解译标志包括：水系、地貌、土质、植被、气候、人文活动等。

11.2.26 地物波谱特性

不同的物质反射、透射、吸收、散射和发射电磁波的能量是不同的，它们都具有本身特有的变化规律，表现为地物波谱随波长而变化的特性，这些特性就叫作地物波谱特性，它是遥感识别地物的基础。

11.2.27 反射波谱

地物的反射波谱是研究地面物体反射率随波长的变化规律，通常用二维几何空间内的曲线表示，横坐标为波长，纵坐标为反射率，此曲线称为该物体的反射波谱。不同地物反射曲线的形状，表明反射率随波长变化的规律不同，然而同种地物在不同的内部和外部条件下反射率也不同。根据这些变化规律可以为遥感影像的判读提供依据。

11.2.29 发射波谱

地物的发射波谱是研究地面物体辐射率随波长的变化规律，通常用二维几何空间内的曲线表示，横坐标为波长，纵坐标为发射率，此曲线称为该物体的发射波谱。目前对物体发射波谱的研究主要集中在（3～5）μm 和（8～14）μm 波段。

11.2.32 热辐射

热辐射是由于热的原因所产生的辐射。一切温度高于绝对零度的物体都能产生热辐射，温度愈高，辐射出的总能量就愈大，短波成分也愈多。波长范围为（0.1～100）μm。

11.2.33 微波辐射

根据普朗克定律，具有一定温度的物体不仅在可见光波段和红外波段发射辐射能，同时在微波波段（通常在波长 1mm～1000mm）也能发射辐射能，这种辐射称为微波辐射。微波辐射有如下特点：

1 微波辐射是物体低温条件下的重要辐射特性，温度越低，微波辐射越强；

2 微波辐射的强度比红外辐射的强度弱得多，需要经过处理才能够使用接收器接收；

3 在遥感技术运用中，不同地物间的微波辐射差异较红外辐射差异更大，因此微波可以帮助识别在可见光与红外波段难以识别的地物。

11.2.35 模式识别

模式识别是利用计算机对某些物理现象进行分类，在错误概率最小的条件下，使识别的结果尽量与事物相符。模式识别的原理和方法在很多领域应用十分广泛，比如：采用计算机进行人面识别、文字识别、语音识别、指纹识别等。而遥感图像识别也已广泛用于资源勘察、气象预报、农作物估产和军事侦察等。

11.2.36 监督分类

监督分类又称训练场地法，是以建立统计识别函数为理论基础，依据典型样本训练方法进行分类的技术。即根据已知训练区提供的样本，通过选择特征参数，求出特征参数作为决策规则，建立判别函数以对各待分类影像进行的图像分类，是模式识别的一种方法。要求训练区域具有典型性和代表性。判别准则若满足分类精度要求，则此准则成立；反之，需重新建立分类的决策规则，直至满足分类精度要求为止。常用算法有：判别分析、最大似然分析、特征分析、序贯分析和图形识别等。

11.2.37 非监督分类

非监督分类是以不同影像地物在特征空间中类别特征的差别为依据的一种无先验（已知）类别标准的图像分类，是以集群为理论基础，通过计算机对图像进行集聚统计分析的方法。根据待分类样本特征参数的统计特征，建立决策规则来进行分类，而不需事先知道类别特征。把各样本的空间分布按其相似性分割或合并成一群集，每一群集代表的地物类别，需经实地调查或与已知类型的地物加以比较才能确定。非监督分类是模式识别的一种方法。一般算法有：回归分析、趋势分析、等混合距离法、集群分析、主成分分析和图形识别等。

11.2.38 专家系统分类

专家系统是一种智能计算机应用系统，其内部存储有大量的某个领域专家级水平的知识和经验，并能模拟人类专家的决策过程，进行推理和判断，辅助人们解决和处理该领域问题。利用这样的系统就可以把判读专家的经验性综合起来进行分类。

11.2.39、11.2.40 目标区、搜索区

用互相关法（也称模板匹配法）寻求左右像片的同名点时，常在左片上以某特定点为中心取其周围各像点的灰度值组成一个目标区，并在右片上取一定范围内的像点灰度值组成一个相应的矩阵。当这两组灰度值间的相关系数为最大时，就认为右片数组的中心点就是左片上特定点的同名点。右片上所取的数组称为预测区，预测区移动的范围称为搜索区。

11.2.43 影像压缩

影像压缩是对影像数据按照一定的规则进行变换和组合，用尽可能少的数据量来表示影像，形象地说，就是对影像数据“瘦身”。在数字影像压缩中，有三种基本的数据冗余：像素相关冗余，编码冗余，心理视觉冗余。如果能减少或者消除其中的一种或多种冗余，就能取得数据压缩的效果。

11.2.44 图像复原

图像复原是通过计算机处理，对质量下降的图像加以重建或恢复的处理过程。因摄像机与物体相对运动、系统误差、畸变、噪声等因素的影响，使图像往往不是真实景物的完善映像。在图像恢复中，需建立造成图像质量下降的退化模型，然后运用相反过程来恢复原来图像，并运用一定准则来判定是否得到图像的最佳恢复。在遥感图像处理中，为消除遥感图像的失真、畸变，恢复目标的反射波谱特性和正确的几何位置，通常需要对图像进行恢复处理，包括辐射校正、大气校正、条带噪声消除、几何校正等内容。

11.2.45 影像分割

影像分割的算法一般是基于亮度值的两个基本特性：一是不连续性，基于亮度的不连续变化分割影像；二是相似性，依据事先制订的准则将影像分割为相似的区域。

11.2.46 图像镶嵌

镶嵌的影像必须包含地图投影信息，或者必须经过几何校正处理或进行过校正标定，可以是不同的投影类型、不同的像元大小，但要求具有相同的波段数。同时，图像镶嵌时，需要确定参考影像作为镶嵌拼接的基准，其决定着拼接影像的对比度匹配，以及影像的地图投影、像元大小和数据类型。

11.2.47 影像融合

影像融合是一种通过高级图像处理技术来复合多源遥感图像的技术，目的是将单一传感器的多波段信息或不同类型传感器所提供的信息加以综合，消除多传感器信息之间可能存在的冗余与矛盾，加以互补，降低其不确定性，减少模糊度，以增强影像中信息透明度，改善解译的精度、可靠性以及使用率，以形成对目标的完整一致性的信息描述。遥感影像数据融合可分为像元级、特征级和符号级三个层次。

11.2.48 影像金字塔

影像按分辨率分级存储，最底层的分辨率最高，数据量最大，越往上分辨率越低，数据量越小，形成一个“金字塔”，因此称为影像金字塔。

12 地理信息系统

12.1 一 般 术 语

12.1.1 地理信息

从地理实体到地理数据，再到地理信息的发展，反映了人类认识的巨大飞跃。

地理信息具有以下特征：

1 区域性特征：地理信息位置的识别是由数据实现的，这种位置数据是依赖公共地理基础的，即一个地理信息系统要在一个统一的坐标系统中表达各自地理信息的位置。

2 多维结构特征：在同一 *XY* 位置上具有多个专题和属性的信息结构。例如，在一个地面点位上，可取得高度、噪声、污染、交通等多种信息。

3 时序特征：即动态变化的特征，这就要求及时采集和更新它们。

12.1.2　地理信息系统

地理信息系统是集计算机科学、空间科学、信息科学、测绘遥感科学、环境科学和管理科学等学科为一体的新兴边缘学科。

从技术的角度看，GIS包括硬软件条件、GIS数据、GIS基础支持（技术人员、资金等）。GIS通常由数据采集子系统、标准与规范、数据输入子系统、数据库和数据管理系统、数据应用子系统等部分组成。

12.1.3　地理要素

地球表面自然形态所包含的要素，如地貌、水系、植被和土壤等自然地理要素；人工形态是指人类在生产活动中改造自然界所形成的要素，如居民地、道路网、通信设备、工农业设施、经济文化和行政标志等社会经济要素。

12.1.4　空间数据

地理实体的位置、形状、大小和分布特征诸方面信息，用一系列数据表达以便计算机存储和处理，这就是空间数据。

空间数据具有属性（是什么）、空间（地理位置）、时间（随时间的变化）等特征。可分为属性数据、几何数据、关系数据、元数据等类型。

一般来说，属性数据常用二维关系表格形式存储。元数据以特定的空间元数据格式存储，而描述地理位置及其空间关系的空间特征数据是地理信息系统所特有的数据类型，主要以矢量数据结构、栅格数据结构、矢量—栅格数据结构等形式存储。

12.1.5　实体

将复杂的地理现象进行抽象，得到的地理对象称为地理实体或空间实体、空间目标，简称实体。实体是客观世界中存在的且可互相区分的事物、人、实物、抽象概念等。

12.1.10　元数据

元数据对地理空间数据的内容、质量、条件和其他特征进行描述与说明。

空间元数据标准内容分两个层次。第一层是目录信息，主要用于对数据集信息进行宏观描述。第二层是详细信息，用来详细或全面描述地理空间信息的空间元数据标准内容，是数据集生产者在提供空间数据集时必须要提供的信息，一般由八个基本内容部分和四个引用部分组成。基本内容部分包括标识信息、数据质量信息、数据集继承信息、空间数据表示信息、空间参考系信息、实体和属性信息、发行信息、空间元数据参考信息等。引用部分包括引用信息、时间范围信息、联系信息以及地址信息等。

12.2　空间数据获取

12.2.1　编码

地理实体数据的编码指的是地理实体中属性数据的编码。属性数据是描述实体数据的属性特征的数据。例如，地理要素的编码和地址编码如表6和表7所示。

表6　地理要素编码表

编码	名称	1∶500、1∶1000、1∶2000	1∶5000～1∶10000	1∶25000～1∶1000000
A	基础地理信息	√	√	√
A200000	水系	√	√	√
A210000	河流	√	√	√
A210100	常年河	√	√	√
A210101	地面河流	√	√	√
A210102	地下河段	√	√	√
A210103	地下河段出入口	√	√	√
A210104	消失河段	√	√	√
A210200	时令河	√	√	√
A210300	干涸河（干河床）	√	√	√

表7　地址编码表

序号	门牌地址编码	街路巷编码	街路巷名	门牌号
1	337920	4401030024132	平东一巷	4号
2	337914	4401030024132	平东一巷	5号
3	337915	4401030024132	平东一巷	7号
4	337916	4401030024132	平东一巷	9号
5	337911	4401030024132	平东一巷	13号
6	337898	4401030024133	平东二巷	6号
7	337895	4401030024133	平东二巷	7号

12.2.2　编码规则

例如，警用地理信息编码规则：

警用地理信息编码由1位大写英文字母和6位数字组成7位代码结构。第一位表示门类，用一位大写字母标识，如表8所示。

表8　警用地理信息第一位编码

A	B	C	D	E
基础地理信息	警用公共地理信息	业务专用地理信息	标准地址信息	业务地理关联信息

基础地理信息，应用以下方法进行编码：

其结构如图13所示。

第一位表示门类，用大写字母A标识，代表基础地理信息；

第二到七位，直接采用现行国家标准《基础地理信息要素分类与代码》GB/T 13923的6位数字代码。

例如，基础地理信息中的常年河，国土码为

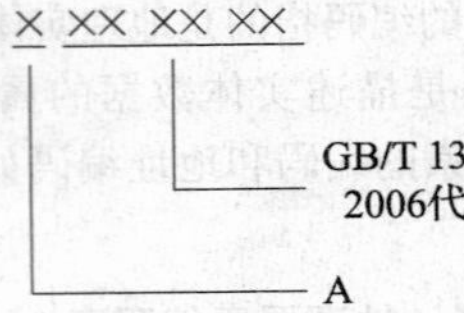

图 13 基础地理信息编码结构

210100，在现行国家标准《基础地理信息要素分类与代码》GB/T 13923 中的编码为 A210100。

12.2.3 地理编码

地理编码是为识别点、线、面的位置和属性而设置的编码，它将全部实体按照预先拟定的分类系统，选择适宜的量化方法，按实体的属性特征和集合坐标的数据结构记录在计算机的储存设备上。

12.2.5 地理标识符

例如，地理标识符 J－51－5－（24）－b 表示为：纬度 39°53′45″～39°55′00″；经度为：122°28′07.5″～122°30′00.0″区域的一幅 1：5000 地形图；地理标识符 G101 表示国道北京—沈阳全线长 909km 及其他数据库可查到的资料。

12.2.6 空间数据结构

用来表示地理实体的位置、形状、大小和分布特征诸方面信息的空间数据组织形式。详见条文说明第 12.1.4 条。

12.2.8 数据源

指建立的地理数据库所需的各种数据的来源，主要包括地图、遥感图像、文本资料、统计资料、实测数据、多媒体数据、已有系统的数据等。

12.2.9 栅格数据

栅格数据结构就像数字摄影的像元阵列，用每个像元的行列号确定位置，用每个像元的值表示实体的等级、类型等的属性编码。

12.2.10 矢量数据

矢量数据是一种面向目标的数据组织形式。它将地理现象或事物抽象为点、线、面实体。

点实体：记录点坐标和属性代码；

线实体：记录两个或一系列采样点的坐标，并加属性代码；

面实体：记录边界上一系列采样点的坐标，由于多边形封闭，边界为闭合环，加面域属性代码。

12.2.12 图形数据

图形数据是描述空间数据的空间特征的数据，亦称为位置数据、定位数据，即说明“在哪里”，如用 *X*、*Y* 坐标来表示。图形数据也叫几何数据。

12.2.13 属性数据

属性数据是描述空间数据的属性特征的数据，又称非几何数据。即说明“是什么”，如类型、等级、名称、状态等。

12.2.14 属性精度

属性精度通常取决于数据的类型，且常常与位置精度有关，包括要素分类与代码的正确性、要素属性值的准确性及名称的准确性等。

12.2.16 数据质量

关于数据质量的好坏，人们常常使用误差或不确定性的概念，数据质量问题在很大程度上可以看作数据误差问题，而描述误差最常用的概念是准确度和精密度。GIS 的数据质量主要包括以下七个方面的内容：数据情况说明、位置精度、属性精度、逻辑一致性、数据完整性、时间精度、表达形式的合理性。

12.3 空间数据处理与管理

12.3.1 数据库

数据库技术是指对数据的组织、存储、检索和维护的管理技术。数据库由数据集、物理存储介质、数据库软件构成。

12.3.2 关系数据库

关系数据库的基础是一个数据的逻辑结构满足一定条件的二维表：

1 具有固定的列数和任意的行数，在数学上称为“关系”；

2 是同类实体的各种属性的集合，每个实体对应于表中的一行，在关系中称为元组；

3 表中的列表示属性称为域，每列相当一个数据项。若二维表中有 n 个域，则每一行叫作一个 n 元组，这样的关系称为 n 度（元）关系。一系列表组成了关系数据库。

12.3.3 面向对象数据库

面向对象是一种认识方法学，也是一种新的程序设计方法学。把面向对象的方法和数据库技术结合起来可以使数据库系统的分析、设计最大程度地与人们对客观世界的认识相一致。面向对象数据库系统是为了满足新的数据库应用需要而产生的新一代数据库系统。

12.3.4 数据库设计

数据库设计是指对于一个给定的应用环境，提供一个确定的最优数据模型与处理模式的逻辑设计，以及一个确定数据存储结构与存取方法的物理设计，建立能反映现实世界信息和信息联系，满足用户要求，又能被某个 DBMS 所接受，同时能实现系统目标并有效存取数据的数据库。简言之，数据库设计就是把现实世界中一定范围内存在的应用处理和数据抽象成一个数据库的具体结构的过程。

12.3.5 数据库管理系统

数据库由数据集、物理存储介质、数据库软件构成。其中：

1 物理存储介质，指计算机的外存储器和内存储器。前者存储数据；后者存储操作系统和数据库管理系统。

2　数据库软件，其核心是数据库管理系统(DBMS)。主要任务是对数据库进行管理和维护。

主要功能包括：数据定义功能，数据操作功能，数据库运行管理功能，数据库建立和维护功能，数据字典功能和数据通信功能。

12.3.6　拓扑关系

简单地说，拓扑就是研究有形的物体在连续变换下，怎样还能保持性质不变。拓扑关系是一种对空间结构关系进行明确定义的数学方法。是指图形在保持连续状态下变形，但图形关系不变的性质。可以假设图形绘在一张高质量的橡皮平面上，将橡皮任意拉伸和压缩，但不能扭转或折叠，这时原来图形的有些属性保留，有些属性发生改变，前者称为拓扑属性，后者称为非拓扑属性或几何属性。这种变换称为拓扑变换或橡皮变换。

12.3.8　数据层

GIS的数据可以按照空间数据的逻辑类型和关系或专业属性分为各种逻辑数据层或专业数据层，原理上类似于图片的叠置。例如，地形图数据可分为地貌、水系、道路、植被、控制点、居民地等诸层分别存储，将各层叠加起来就合成了地形图的数据。在进行空间分析、数据处理、图形显示时，往往只需要若干相应图层的数据。

数据层的设置一般是按照数据的专业内容和类型进行的。

12.3.10　数据字典

地理数据字典是关于地理实体数据描述信息的集合，是数据库系统中用来保存非数据信息的数据库，它承担着管理数据资源、数据标准化等功能，以其重要性被称为“数据库的数据库”。针对不同用途数据或者不同国家其数据字典不完全一致，如GIS房产数据字典、矢量地形图数据字典等。

12.4　查询与分析

12.4.1　数据检索

通常包括属性检索、空间检索、拓扑检索、组合检索等。

12.4.2　结构化查询语言

结构化查询语言（SQL）的主要功能就是同各种数据库建立联系，进行沟通。按照ANSI（美国国家标准协会）的规定，SQL被作为关系型数据库管理系统的标准语言。SQL语句可以用来执行各种各样的操作，例如，更新数据库中的数据，从数据库中提取数据等。目前，绝大多数流行的关系型数据库管理系统，如Oracle，Sybase，Microsoft SQL Server，Access等都采用了SQL语言标准。虽然很多数据库都对SQL语句进行了再开发和扩展，但是包括Select，Insert，Update，Delete，Create，以及Drop在内的标准的SQL命令仍然可以被用来完成几乎所有的数据库操作。

12.4.3　缓冲区分析

缓冲区建立的形态多种多样，它由缓冲区建立的条件确定。例如，某地区有危险品仓库，要分析一旦仓库爆炸所涉及的范围，这就需要进行点缓冲区分析；如果要分析因道路拓宽而需拆除的建筑物和需搬迁的居民，则需进行线缓冲区分析；在对野生动物栖息地的评价中，动物的活动区域往往是在距它们生存所需的水源或栖息地一定距离的范围内，为此可用面缓冲区进行分析等。

12.4.4　聚合分析

空间聚合分析的结果是将复杂的属性类别转换为简单的属性类别，并以更小比例尺输出专题地图。空间聚合包括分类等级的粗化、数据容差的扩大和细部合并等过程。因此，在某种意义上说，空间聚合类似于地图综合，也可以说是地图综合技术在GIS空间统计分析中的应用扩展。如一幅按人口密度100人/km^2为间距的1∶5000的乡村级人口统计分区图，若按人口密度200人/km^2为间距，可通过空间聚合分析转化为1∶25000的县市级人口统计分区图。

12.4.6　聚类分析

聚类分析是空间分布分析的一种，它反映分布的多中心特征并确定这些中心的地理位置。空间分布分析是从统计学的分布密度和均值、分布中心、离散度等特征数来分析某些地理属性的分布特性。

聚类分析又称群分析，它是研究（样品或指标）分类问题的一种统计分析方法。聚类分析起源于分类学，在古老的分类学中，人们主要依靠经验和专业知识来实现分类，很少利用数学工具进行定量的分类。随着人类科学技术的发展，对分类的要求越来越高，以致有时仅凭经验和专业知识难以确切地进行分类，于是人们逐渐地把数学工具引用到了分类学中，形成了数值分类学，之后又将多元分析的技术引入到数值分类学形成了聚类分析。

12.4.7　空间分析

空间分析就是利用计算机对数字地图进行分析，从而获取和传输空间信息。但是长期以来，空间分析的各种模型和方法没有形成一个统一的体系结构，甚至对空间分析的基本内容也没有形成普遍认同的界定，这一状况对空间分析的理论和方法的发展，对空间分析与GIS的集成都不利的。一般认为空间分析包括：空间分布分析、空间关系分析、空间相关分析等。

12.4.10　趋势面分析

趋势面分析是空间分布分析的一种，反映地理现象的空间分布趋势。具体的方法就是用数学方法计算出一个数学曲面来拟合数据中的区域性变化的“趋势”，这个数学面叫作趋势面，该方法的应用过程叫作趋势面分析。

12.4.12　网络分析

对地理网络（如交通网络）、城市基础设施网络（如各种网线、电力线、电话线、供排水管线等）进行地理分析和模型化，是地理信息系统中网络分析功能的主要目的。网络分析是运筹学模型中的一个基本模型，它的根本目的是研究、筹划一项网络工程如何安排，并使其运行效果最好，如一定资源的最佳分配，从一地到另一地的运输费用最低等。其基本思想则在于人类活动总是趋向于按一定目标选择达到最佳效果的空间位置。这类问题在生产、社会、经济活动中不胜枚举，因此研究此类问题具有重大意义。

12.4.13　可视性分析

可视性分析是空间关系分析的一种，是数字地形分析的重要组成部分。地形可视性又称为地形通视性，通常意义上是指从一个或多个位置所能看到的地形范围或与其他地形点之间可见程度。地形可视性分析主要包括通视性分析、可视域计算等方面。

12.5　数字地面模型

12.5.1　数字地面模型

数字地面模型中所包含的地面特性信息类型一般可分为下列四组：

1　地貌信息：高程、坡度、坡向、坡面形态及描述地表起伏情况的更为复杂的地貌因子；

2　基本地物信息：水系、交通网、居民点和工矿企业及境界线；

3　主要的自然资源和环境信息：土壤、植被、地质、气候；

4　主要的社会经济信息：人口、工农业产值、经济活动等。

12.5.2　数字表面模型

数字表面模型包含了地表的建（构）筑物和植被等高出地面的非地形要素的数字地面高程模型。

12.5.3　Delaunay 三角网

Delaunay 三角网的构建也称为不规则三角网的构建，就是由离散数据点构建三角网，见图 14，即确定哪三个数据点构成一个三角形，也称为自动连接三角网。即对于平面上 n 个离散点，其平面坐标为（x_i，y_i），$i=1$，$2\cdots n$，将其中相近的三点构成最佳三角形，使每个离散点都成为三角形的顶点。

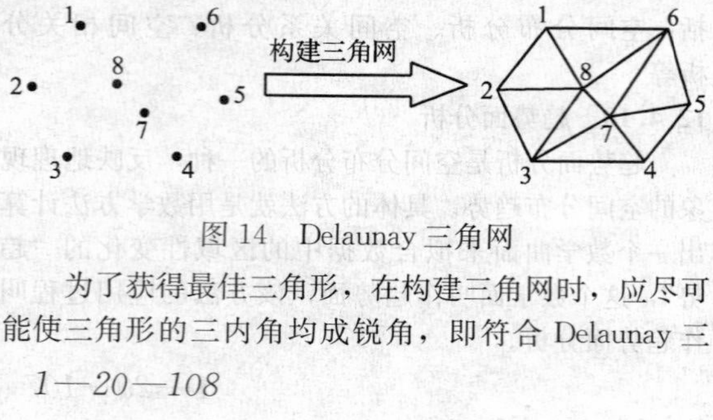

图 14　Delaunay 三角网

为了获得最佳三角形，在构建三角网时，应尽可能使三角形的三内角均成锐角，即符合 Delaunay 三角形产生的准则：

1　任何一个 Delaunay 三角形的外接圆内不能包含任何其他离散点。

2　相邻两个 Delaunay 三角形构成凸四边形，在交换凸四边形的对角线之后，六个内角的最小者不再增大。该性质即为最小角最大准则。

12.5.4　不规则三角网

不规则三角网是把一表面表示成一系列相连接的三角形，这些三角形是在一组结点（Nodes）之中，按照一定规则连接相邻结点形成的边（Edges）组成的。

12.5.5　泰森多边形

荷兰气候学家 A·H·Thiessen 提出了一种根据离散分布的气象站的降雨量来计算平均降雨量的方法，即将所有相邻气象站连成三角形，作这些三角形各边的垂直平分线，于是每个气象站周围的若干垂直平分线便围成一个多边形。用这个多边形内所包含的一个唯一气象站的降雨强度来表示这个多边形区域内的降雨强度，并称这个多边形为泰森多边形。泰森多边形的特性是：

1　每个泰森多边形内仅含有一个离散点数据；

2　泰森多边形内的点到相应离散点的距离最近；

3　位于泰森多边形边上的点到其两边的离散点的距离相等。

泰森多边形可用于定性分析、统计分析、邻近分析等。例如，可以用离散点的性质来描述泰森多边形区域的性质；可用离散点的数据来计算泰森多边形区域的数据；判断一个离散点与其他哪些离散点相邻时，可根据泰森多边形直接得出，且若泰森多边形是 n 边形，则就与 n 个离散点相邻；当某一数据点落入某一泰森多边形中时，它与相应的离散点最邻近，无需计算距离。

在泰森多边形的构建中，首先要将离散点构成三角网。这种三角网称为 Delaunay 三角网。泰森多边形每个顶点是每个三角形的外接圆圆心。如图 15 所示，其中虚线构成的多边形就是泰森多边形。

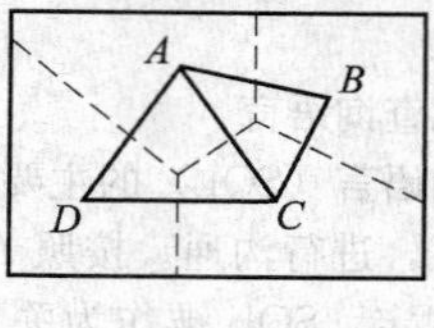

图 15　泰森多边形

12.5.6　数字地形分析

数字地形分析是随着数字高程模型的发展而出现的地形分析方法。在复杂的现实世界地理过程中各影响因子和简单、高效、精确和易于理解的抽象和计算机实现中找到平衡，是数字地形分析的核心任务。数字地形分析（Digital Terrain Analysis，DTA）是在数字高程模型上进行地形属性计算和特征提取的数字信息处理技术。

12.6 空间信息的可视化

12.6.1 可视化

可视化是指在人脑中形成对某物（某人）的图像，是一个心理处理过程，促使对事物的观察力及建立概念等。海量的数据通过可视化变成形象，从而更好地激发人的形象思维，帮助人们从表面上看来是杂乱无章的海量数据中，找出其中隐藏的规律，为科学发现、工程开发、医疗诊断和业务决策等提供依据。我们可以通过数据可视化技术，发现大量金融、通信和商业数据中隐含的规律，从而为决策提供依据。这已成为数据可视化技术中新的热点。数据可视化的应用十分广泛，几乎可以应用于自然科学、工程技术、金融、通信和商业等各种领域。

12.6.4 三维景观

三维景观是根据一些实际数据虚拟构建出来的具有逼真效果的立体模型，可以帮助人们对现场实际情况作出一定的判断，提取出更多的信息。例如，利用城市防震减灾系统，一旦发生地震，就可以立即在地震灾区进行航空或卫星遥感观测，对遥感信息进行处理可获得地震区地震破坏后的信息，由地震前后的综合信息可生成地震区地震前后的三维景观图，对比地震前后的三维景观图，还可以得到一些重点建筑物破坏情况的各种数据，这不仅对制订抗震救灾计划十分有用，而且能够科学指导人员抢救工作，指导电力网、给水排水网、油气输送管网、通信网的恢复与重建工作，以及科学制订地震区恢复重建方案和发展规划。

12.6.5 纹理

早期的计算机生成的3D图像，它们的表面看起来就像是一个发亮的塑料表面。它们总是缺少一些能使物体看起来更加真实的东西，如表面的磨损、裂纹、人手的印记或是一些污点等。近几年来，纹理的使用使得计算机三维图像具有了更好的真实感。

一个纹理实际上就是一个位图。从这个意义上来讲，当纹理一词被用于计算机图形学时，它就有了一个明确的定义。从语义学角度来讲，纹理一词既是指一个物体上颜色的模式，又是指物体表面是粗糙的还是光滑的。

13 常用仪器设备

13.1 方向测量类

13.1.1 经纬仪

测量工作中的测角仪器，包括基座、水平度盘和照准部三个部分。基座用来支撑整个仪器，水平度盘用来计量角度，照准部由望远镜、竖直度盘、水准管以及读数装置等组成。

国产经纬仪系列标准有DJ07、DJ1、DJ2、DJ6、DJ15和DJ60六个型号。其中字母D、J分别为“大地测量”和“经纬仪”的汉语拼音第一个字母，数字07、1、2、6、15、60分别为该类仪器以秒表示的一测回水平方向的中误差。

13.1.2 光学经纬仪

光学经纬仪是经纬仪的一种。其水平度盘和竖直度盘均为光学玻璃制成。读数装置为比较复杂的光学系统，通过该系统，把度盘的两个分划影像或度盘对径的分划影像呈映在同一个读数显微镜内。

13.1.3 电子经纬仪

电子经纬仪是经纬仪的一种，是利用光电技术计量角度，带有角度数字显示和进行数据自动归算及存储装置的经纬仪。

13.1.4 激光经纬仪

将激光器发射的激光束导入经纬仪的望远镜筒内，使其沿视准轴方向射出，可以此激光束为准进行定线、定位和测设角度、坡度，以及大型构件装配的划线放样等。

13.1.5 陀螺经纬仪

陀螺经纬仪是将陀螺仪和经纬仪组合在一起，用以测定真方位角的仪器。陀螺高速旋转时，由于受地球自转影响，其轴向子午面两侧往复摆动，通过观测，可定出真北方向。陀螺经纬仪主要用于矿山和隧道地下导线测量的定向工作。

13.1.6 矿山经纬仪

矿山经纬仪是用于矿山测量的经纬仪，其主要特点是能测大倾角，望远镜有短的明视距离、能镜上对中、有读数照明设备、防潮、防尘、防爆、轻便易带等。

13.1.9 激光准直仪

激光准直仪装有激光发射器，利用激光束方向性好、发散角小、亮度高、红色可见等优点，形成一条鲜明的准直线，作为定向定位的依据。主要用于建筑物、矿井、电梯竖井等的准直测量。

13.1.10 激光导向仪

以激光光束作为准线控制施工机械（如掘进机）前进方向的仪器。由激光发射系统和光电接收靶组成。作业时在施工中线或其平行线上安装激光导向仪，在施工机械上安装光电接收靶，当其运动偏离激光准线时，该接收靶能够自动跟踪、校正施工机械的运动方向，并使其沿着激光束准线的方向前进。

13.1.11 罗盘仪

罗盘仪主要由磁针、刻度盘、水准器和照准器等部件组成，构造简单，使用方便。常用于测定独立测区的近似起始方向，非铁矿区的井下测量，以及线路勘测、地质普查、森林普查中的测量工作。

13.2 长度测量类

13.2.1 测距仪

相对带尺而言直接测量距离的仪器统称测距仪。如早期的视距经纬仪、视差法测距仪（尺），现代的电磁波测距仪都是测距仪。

13.2.2 电磁波测距仪

采用电磁波为载波的测量距离的仪器。按测距原理可分为脉冲法测距仪和相位法测距仪。采用相位法测距的仪器测程短、精度高，常用于工程测量。

13.2.3 红外测距仪

短程测距仪大部分以砷化镓半导体发光二极管所发红外荧光作光源（光载波），通常称为红外测距仪。

13.2.4 激光测距仪

通常特指以连续波激光为载波的相位式精密测距仪。激光工作于脉冲状态的测距仪，亦称为激光测距仪，属于脉冲测距法。

13.2.5 伸缩仪

主要用于固体潮、地震预测中的地壳形变和某些工程中水平距离相对变化的观测。一般分为棒状伸缩仪、弦线伸缩仪和激光干涉伸缩仪三类。

13.2.7 激光干涉仪

激光干涉仪是以气体激光器的工作波长作为长度基准（尺子），按光的干涉原理，用相位的变化度量长度和位移。

13.3 高差测量类

13.3.1 水准仪

测量两点间高差的仪器，主要由望远镜、水准器（或补偿器）和基座等部件组成。水准仪广泛应用于控制、地形和施工放样等测量工作。国产水准仪的系列标准有DS05、DS1、DS3、DS10、DS20五个型号。其中DS表示“大地测量水准仪”，数字05、1、3、10、20分别为该类仪器以mm为单位表示的每千米水准测量高差中数的偶然中误差。

13.3.2 自动安平水准仪

自动安平水准仪与普通水准仪在结构上多了一个补偿器和阻尼器。普通水准仪观测时，在圆水准气泡居中（粗平）后，还要用微倾螺旋使水准管气泡居中（精平），以便获得水平视线来截取标尺读数。而在自动安平水准仪观测时，这项使水准管气泡居中的工作，是通过补偿器来自动完成的。这不仅加快了作业速度，而且提高了读数的精度。

13.3.3 数字水准仪

数字水准仪集光机电、计算机和图像处理等技术为一体，配有专用的条码标尺。观测时只需照准专用的条码标尺，便可进行自动读数和测量，并自动记录和存储数据。

13.3.4 激光水准仪

将激光器发射的激光束，导入水准仪的望远镜筒内，使其沿视准轴方向射出。在施工测量和设备安装及工业测量中，可以此激光束为准进行水平面和水平线的放样工作。

13.3.5 激光扫平仪

激光扫平仪是一种用于建筑施工的多功能激光测量仪器，其铅直光束通过五棱镜转为水平光束，微电机带动五棱镜旋转，水平光束扫描，给出激光水平面。适用于提升施工的滑模平台、网形屋架的水平控制和大面积混凝土楼板支模、灌筑及抄平工作，精确方便、省力省工。

13.3.6、13.3.7 机械倾斜仪、电子倾斜仪

倾斜仪是用来测量被观测体随时间的倾斜变化及铅垂线随时间变化的仪器。仪器中感应倾斜变量的检测器是摆，有铅垂摆、水平摆、交叉摆及水准器、连通管等多种形式。摆分为摆基座和摆体两部分，一旦摆基座出现倾斜，或铅垂线发生变化，就会引起摆体的角位移，仪器的量测系统就将这一角位移检测和记录下来。

13.4 三维测量类

13.4.1 GNSS测量型接收机

GNSS是“全球导航卫星系统”英文名称（Global Navigation Satellite System）的缩写，是对所有全球导航卫星系统的统称。即包括：美国的GPS、俄罗斯的GLONASS、欧洲的GALILEO和中国的北斗BeiDou（COMPASS）等卫星导航定位系统。

13.4.2、13.4.3 单频GNSS接收机、双频GNSS接收机

卫星信号通常配有两种载频，目的在于测量出或消除由于电离层效应而引起的延时误差。单频接收机只接收一种信号，采用的是相对定位，所以不能消除电离层的延时误差。双频接收机可同时接收两种信号，能消除电离层的延时误差。

13.4.4 全站仪

全站仪即全站型电子速测仪的简称，主要由电子测角系统、电子测距系统、数据存储系统、自动补偿设备以及进行计算、产生指令的微处理机等组成。测量结果能自动显示，并能与外围设备交换信息的多功能三维坐标测量仪器。目前商家推出各种类型的全站仪较多，新型的全站仪正向智能化方向发展。

13.4.5 三维激光扫描仪

三维激光扫描仪能够同时直接获取目标表面点的三维空间坐标、表面法线分量、激光反射强度以及目标表面彩色信息。

13.5 探 测 类

13.5.1 多波束测深系统

同时获得数十个相邻窄波束的回声测深系统。一

般由窄波束回声测深设备（换能器、测量船摇摆的传感装置、收发机等）和回声处理设备（计算机、数字磁带机、数字打印机、横向深度剖面显示器、实时等深线数字绘图仪、系统控制键盘等）两大部分组成。

13.5.2 回声测深仪

回声测深仪的工作原理是利用换能器在水中发出超声波，当超声波遇到障碍物而反射回换能器时，根据超声波往返的时间和所测水域中超声波传播的速度，就可以求得障碍物与换能器之间的距离。

回声测深仪类型很多，可分为记录式和数字式两类。通常都由振荡器、发射换能器、接收换能器、放大器、显示和记录部分所组成。

13.5.4 管线探测仪

主要用于在非开挖的情况下探测地下管线的走向与埋深。一般由发射机和接收机两大部分组成，发射机给被测管线施加一个特殊频率的信号电流，而接收机通过内置感应线圈，接收管道的磁场信号，线圈产生感应电流，从而计算管道的走向和路径。

13.5.5 地质雷达

地质雷达的基本原理是：发射机通过天线发射中心频率为（12.5～1200）MHz、脉冲宽度为0.1ns的脉冲电磁波讯号，当这一讯号在岩层中遇到探测目标时，会产生一个反射讯号。直达讯号和反射讯号通过接收天线输入到接收机，放大后由示波器显示出来。根据示波器有无反射讯号，可以判断有无被测目标；根据反射讯号到达滞后时间及目标物体平均反射波速，可以大致计算出探测目标的距离。

13.6 摄影测量与遥感类

13.6.1 数字摄影测量工作站

数字摄影测量是指基于数字影像与摄影测量的基本原理，应用计算机技术、数字影像处理、影像匹配、模式识别等多学科的理论与方法，提取所摄对象用数字方式表达的几何与物理信息的方法。数字摄影测量的核心技术之一是影像匹配算法。数字摄影测量工作站目前主要有两种形式：一种是硬件、软件一体化的数字摄影测量工作站；另一种是独立的软件系统，它可以安装在多种计算机硬件平台上。

13.6.2 量测摄影机

量测摄影机按结构可分为单个使用的摄影机和具有定长基线的立体摄影机。其物镜畸变一般控制在数微米内，并能准确记载内方位元素。有些量测摄影机还备有外部定向设备、同步摄影设备以及连续摄影设备等。

13.6.3 非量测摄影机

非量测用摄影机包括普通照像机、电影摄影机和一般高速摄影机等。这类摄影机一般成像质量不高，内方位元素未知，没有外部定向设备。用于测量目标时，定向、定位主要是依靠数量较多、分布较好的控制点，或视情况预先进行必要的检定。

13.6.4 影像扫描仪

影像扫描仪是专业型的大幅面高精度胶片影像数字化仪，其主要用途是为数字摄影测量扫描黑白、彩色、正负航摄胶片。

13.6.5 侧视雷达

雷达的探测方向和其所搭载飞行器的前进方向垂直，用来探测飞行器一侧或两侧地带的合成孔径雷达。

13.6.6 合成孔径雷达

合成孔径雷达就是利用雷达与目标的相对运动，把尺寸较小的真实天线孔径用数据处理的方法，合成一较大的等效天线孔径的雷达。合成孔径雷达的特点是分辨率高，能全天候工作，能有效地识别伪装和穿透掩盖物。

13.6.9 惯性测量系统

利用陀螺仪、加速度计等惯性敏感元件，实时测量运载体相对于地面运动的加速度，以确定运载体的位置和地球重力场参数的组合仪器。

13.7 输入输出类

13.7.1 电子手簿

电子手簿包括代替传统野外记录手簿的电子记录器，以及与其他测量仪器配合使用的观测数据记录器，比如最常用的有GPS-RTK电子手簿等。电子手簿有按键式和触屏式，其主要用途是记录、存储和通信观测数据，输入放样数据和设置仪器参数等工作。

13.7.2 绘图仪

绘图仪是一种计算机外部仪器设备。可将计算机的数据以图形的形式输出。绘图机品种很多，常见的有滚筒式、带台式、平台式等。按绘图方式可分为跟踪式绘图机（如笔式绘图机）和扫描式绘图机（如静电扫描绘图机、激光扫描绘图机、喷墨式扫描绘图机）等。

13.7.4 扫描仪

扫描仪是一种计算机外部仪器设备，通过捕获实物影像并将之转换成计算机可以显示、编辑、存储和输出的数字图形文件。图纸、文本页面、照片、照相底片，甚至纺织品、标牌面板、各种印刷品等都可作为扫描对象。

13.7.5 数字化仪

数字化仪是将图像（胶片或像片）或图形（包括各种地图）的连续模拟量转换为离散的数字量的装置，主要由电磁感应板、游标和相应的电子电路组成。

13.8 附件部件类

13.8.1 水准器

水准器有管水准器和圆水准器两种，通常管水准器比圆水准器的安平精度要高。比如在光学经纬仪上，圆水准器用作初步整平，管水准器用脚螺旋调节进行精确整平。

13.8.2 补偿器

自动安平水准仪就是利用自动安平补偿器代替水准器，自动获得水平的视准轴。补偿微小的轴偏差、相位差、光程差、偏振差等部件，在精密全站仪中均有应用。

13.8.3 测微器

测微器是精密光学经纬仪和精密光学水准仪的一个部件，是用来量测微小分格值的工具。其作用是借助显微镜将分划影像放大，并精确读出不满一基本分划的零数。

13.8.4 光栅

能产生衍射现象的光学元件，光透过它或被它反射时就形成光谱带，一般用玻璃或金属制成，上面刻有很密明暗相间的纹条。

13.8.13 反射片

代替反射棱镜作为全站仪的光反射目标，可短时期多次使用。常应用于建（构）筑物或边坡的水平位移监测。

13.8.14 标靶

在地面三维激光扫描中，标靶的主要作用是在点云拼接中起连接点的作用，在坐标转换中起控制点的作用。平面型标靶获取精度与扫描角度和扫描距离有关。

13.8.16 因瓦水准尺

因瓦水准尺是一种精密水准尺，其分划是在镍铁合金带上，分划的偶然中误差一般在（8～11）μm，镍铁合金带则以一定的拉力引张在木质尺身的沟槽中，这样镍铁合金带的长度不会受木质尺身伸缩变形影响。因瓦水准尺分划的数字是注记在镍铁合金带两旁的木质尺身上。

13.8.18 条形码水准尺

条形码水准尺与数字水准仪配套使用。通过数字水准仪的探测器来识别水准尺上的条形码，再经过数字影像处理，给出水准尺上的读数，取代了在水准尺上的目视读数。

13.8.19 线纹米尺

线纹米尺俗称日内瓦尺。温度膨胀系数极小的合金制作的用于精确量测和检验直线长度的直尺。长度由国家认定的部门定期检定，尺身上附有温度计和两个可滑动的放大镜。其量测范围为（0～1000）mm，最小分划值为 0.2mm。常用于检验精密水准尺的分划长度和坐标格网、图廓点及控制点的展绘精度。

13.8.24 波带板

具有使点光源或不大的物体成实像的作用，且对于所考察的点，只让奇数或偶数半波带通过，使得波阵面在所考察点产生合成振动的振幅为相应各半波带所生振动振幅之和。

在直线的两端分别安置激光器点光源和接收器，在中间需要准直的点安置波带板装置，激光器点光源射出一束激光，照满波带板，在接受处由于光干涉原理形成亮点或亮十字丝。根据光的衍射原理，发光点的中心、波带板对称中心及接收靶上光点在一直线上。利用这个特点作为工程测量中的准直方法。

13.8.26 换能器

在水深测量中，换能器与测深仪器配套使用，测深时需将换能器置于水面或水中一定位置。

13.8.28 陀螺稳定平台

陀螺稳定平台是利用陀螺仪特性保持平台台体方位稳定的装置。用来测量运动载体姿态，并为测量载体线加速度建立参考坐标系，或用于稳定载体上的某些设备。

中华人民共和国国家标准

现场设备、工业管道焊接工程施工规范

Code for construction of field equipment, industrial pipe welding engineering

GB 50236—2011

主编部门：中国工程建设标准化协会化工分会
批准部门：中华人民共和国住房和城乡建设部
施行日期：2 0 1 1 年 1 0 月 1 日

中华人民共和国住房和城乡建设部
公　告

第942号

关于发布国家标准《现场设备、工业管道焊接工程施工规范》的公告

现批准《现场设备、工业管道焊接工程施工规范》为国家标准，编号为GB 50236—2011，自2011年10月1日起实施。其中，第5.0.1条为强制性条文，必须严格执行。原《现场设备、工业管道焊接工程施工及验收规范》GB 50236—98同时废止。

本规范由我部标准定额研究所组织中国计划出版社出版发行。

中华人民共和国住房和城乡建设部

二〇一一年二月十八日

前　言

本规范是根据原建设部《关于印发〈2007年工程建设标准规范制订、修订计划（第二批）〉的通知》（建标〔2007〕126号）的要求，由中国石油和化工勘察设计协会、中油吉林化建工程股份有限公司为主编单位，会同有关单位在《现场设备、工业管道焊接工程施工及验收规范》GB 50236—98的基础上进行修编，修订后名称更改为《现场设备、工业管道焊接工程施工规范》。

本规范在修订过程中，规范编制组经广泛的调查研究，认真总结实践经验，参考有关国际标准和国外先进标准，并在广泛征求意见的基础上，修订本规范，最后经审查定稿。

本规范共分13章和4个附录。主要技术内容是：总则、术语、基本规定、材料、焊接工艺评定、焊接技能评定、碳素钢及合金钢的焊接、铝及铝合金的焊接、铜及铜合金的焊接、钛及钛合金的焊接、镍及镍合金的焊接、锆及锆合金的焊接、焊接检验及焊接工程交接等。

本规范修订的主要技术内容是：

1. 修改了适用范围，增加了钛合金（低合金钛）、锆及锆合金等金属材料和气电立焊、螺柱焊等焊接方法。

2. 删除了不适用范围。

3. 增加了术语一章。

4. 补充了焊接材料的检验、保管和使用等相关规定。

5. 依据现行相关标准，修改和调整了焊接工艺评定和焊接技能评定的内容。

6. 增补了碳素钢及合金钢的气电立焊、螺柱焊、双相钢焊接等焊接新技术、新工艺及质量要求。修改了焊前预热及焊后热处理工艺条件的规定。

7. 增补了黄铜钨极惰性气体保护电弧焊的工艺要求。

8. 增加了钛及钛合金设备的焊接工艺及质量要求。

9. 增加了镍及镍合金熔化极气体保护焊及埋弧焊、镍及镍合金设备的焊接工艺和质量要求。

10. 增加了锆及锆合金管道的钨极惰性气体保护电弧焊的焊接工艺和质量要求。

本规范中以黑体字标志的条文为强制性条文，必须严格执行。

本规范由住房和城乡建设部负责管理和对强制性条文的解释，由中国工程建设标准化协会化工分会负责日常管理，由全国化工施工标准化管理中心站负责具体技术内容的解释。本规范执行过程中如有意见或建议，请寄送全国化工施工标准化管理中心站（地址：河北省石家庄市桥东区槐安东路28号仁和商务1-1-1107室，邮政编码：050020），以便今后修订时参考。

本规范主编单位、参编单位、主要起草人和主要审查人：

主 编 单 位：中国石油和化工勘察设计协会
中油吉林化建工程股份有限公司

参 编 单 位：中国化学工程第三建设有限公司
中国石化集团第十建设公司
上海宝冶集团有限公司
北京电力建设公司
中国机械工业建设总公司

哈尔滨焊接研究所
中国核工业二三建设有限公司
十一冶建设集团有限责任公司
惠生工程（中国）有限公司
阿美科工程咨询（上海）有限公司
中冶集团建筑研究总院
北京燕华建筑安装工程有限责任公司
全国化工施工标准化管理中心站

主要起草人：夏节文　关一卓　赵喜平　卢立香　任永宁　王丽鹏　朴东光　邵　刚　张　勇　孙忠亮　杨　惠　段　斌　杨　雷　芦　天　颜祖清

主要审查人：吉章红　戈兆文　纪方奇　王明涛　李晓松　袁转东　李志远　郭　军　乔亚霞　石学军　张西民　周武强　蒋桂英　李晓琼

目　次

1　总则 …………………………… 1—21—6
2　术语 …………………………… 1—21—6
3　基本规定 ………………………… 1—21—6
4　材料 …………………………… 1—21—7
5　焊接工艺评定 …………………… 1—21—8
6　焊接技能评定 …………………… 1—21—8
7　碳素钢及合金钢的焊接 ………… 1—21—10
7.1　一般规定 ………………………… 1—21—10
7.2　焊前准备 ………………………… 1—21—10
7.3　焊接工艺要求 …………………… 1—21—11
7.4　焊前预热及焊后热处理 ………… 1—21—12
8　铝及铝合金的焊接………………… 1—21—13
8.1　一般规定 ………………………… 1—21—13
8.2　焊前准备 ………………………… 1—21—13
8.3　焊接工艺要求 …………………… 1—21—14
9　铜及铜合金的焊接………………… 1—21—14
9.1　一般规定 ………………………… 1—21—14
9.2　焊前准备 ………………………… 1—21—15
9.3　焊接工艺要求 …………………… 1—21—15
10　钛及钛合金的焊接 ……………… 1—21—15
10.1　一般规定………………………… 1—21—15
10.2　焊前准备………………………… 1—21—16
10.3　焊接工艺要求…………………… 1—21—16
11　镍及镍合金的焊接 ……………… 1—21—17
11.1　一般规定………………………… 1—21—17
11.2　焊前准备………………………… 1—21—17
11.3　焊接工艺要求…………………… 1—21—17
12　锆及锆合金的焊接 ……………… 1—21—18
12.1　一般规定………………………… 1—21—18
12.2　焊前准备………………………… 1—21—18
12.3　焊接工艺要求…………………… 1—21—18
13　焊接检验及焊接工程交接 ……… 1—21—18
13.1　焊接前检查……………………… 1—21—18
13.2　焊接中间检查…………………… 1—21—19
13.3　焊接后检查……………………… 1—21—19
13.4　焊接工程交接…………………… 1—21—20
附录A　焊接工艺规程的格式 …… 1—21—20
附录B　焊接技能评定记录、焊接技能评定结果登记表及焊接技能评定合格证的格式……… 1—21—22
附录C　常用焊接坡口形式和尺寸……………… 1—21—25
附录D　焊接材料的选用 ………… 1—21—32
本规范用词说明 ………………… 1—21—35
引用标准名录…………………… 1—21—36
附：条文说明…………………… 1—21—37

Contents

1 General provisions ········ 1—21—6
2 Terms ········ 1—21—6
3 Basic requirement ········ 1—21—6
4 Material ········ 1—21—7
5 Welding procedure qualification ········ 1—21—8
6 Welding skill qualifiction ········ 1—21—8
7 Welding of carbon steel and alloy steel ········ 1—21—10
7.1 General requirement ········ 1—21—10
7.2 Preparation before welding ········ 1—21—10
7.3 Requirement of welding procedure ········ 1—21—11
7.4 Preheat before welding and heat treatment after welding ········ 1—21—12
8 Welding of aluminium and aluminium alloy ········ 1—21—13
8.1 General requirement ········ 1—21—13
8.2 Preparation before welding ········ 1—21—13
8.3 Requirement of welding procedure ········ 1—21—14
9 Welding of copper and copper alloy ········ 1—21—14
9.1 General requirement ········ 1—21—14
9.2 Preparation before welding ········ 1—21—15
9.3 Requirement of welding procedure ········ 1—21—15
10 Welding of titanium and titanium alloy ········ 1—21—15
10.1 General requirement ········ 1—21—15
10.2 Preparation before welding ········ 1—21—16
10.3 Requirement of welding procedure ········ 1—21—16
11 Welding of nickel and nickel alloy ········ 1—21—17
11.1 General requirement ········ 1—21—17
11.2 Preparation before welding ········ 1—21—17
11.3 Requirement of welding procedure ········ 1—21—17
12 Welding of zirconium and zirconium alloy ········ 1—21—18
12.1 General requirement ········ 1—21—18
12.2 Preparation before welding ········ 1—21—18
12.3 Requirement of welding procedure ········ 1—21—18
13 Welding inspection and hand over of welding engineering ········ 1—21—18
13.1 Inspection before welding ········ 1—21—18
13.2 Inspection in the mid of welding ········ 1—21—19
13.3 Inspection after welding ········ 1—21—19
13.4 Hand over of welding engineering ········ 1—21—20
Appendix A Recommended format of welding procedure specification ········ 1—21—20
Appendix B Qualification record of welding skill, registration list for result in qualification of welding skill and format for qualified certificate of welding skill ········ 1—21—22
Appendix C Styles of grooves and sizes for welding piece ········ 1—21—25
Appendix D Selection of welding materials ········ 1—21—32
Explanation of wording in this code ········ 1—21—35
List of quoted standards ········ 1—21—36
Addition: Explanation of provisions ········ 1—21—37

记录焊接工艺评定过程中有关试验数据及结果的文件。

2.0.7 焊接技能评定 welding skill qualification

对焊接作业人员的操作技能进行评估考核的过程。

2.0.8 道间温度 interpass temperature

多道焊缝及相邻母材在施焊下一焊道之前的瞬时温度。

1 总 则

1.0.1 为提高工程建设施工现场设备和工业金属管道焊接工程的施工水平，加强焊接工程施工过程的质量控制，保证工程质量和安全，制定本规范。

1.0.2 本规范适用于碳素钢、合金钢、铝及铝合金、铜及铜合金、钛及钛合金（低合金钛）、镍及镍合金、锆及锆合金材料的焊接工程的施工。

1.0.3 本规范适用的焊接方法包括气焊、焊条电弧焊、埋弧焊、钨极惰性气体保护电弧焊、熔化极气体保护电弧焊、自保护药芯焊丝电弧焊、气电立焊和螺柱焊。

1.0.4 焊接工程的施工，应按设计文件及本规范的规定执行。

1.0.5 当需要修改设计文件及材料代用时，必须经原设计单位同意，并出具书面文件。

1.0.6 本规范应与现行国家标准《现场设备、工业管道焊接工程施工质量验收规范》GB 50683 配合使用。

1.0.7 焊接工程的施工应符合国家现行的节能减排、环境保护、安全技术和劳动保护等有关规定。

1.0.8 现场设备、工业管道焊接工程的施工除应符合本规范外，尚应符合国家现行有关标准的规定。

2 术 语

2.0.1 现场设备 field equipment

在工程建设施工现场制造或安装的设备。

2.0.2 焊接责任人员 welding responsible personnel

通过培训、教育或实践获得一定焊接专业知识，其能力得到认可并被指定对焊接及相关制造活动负有责任的人员。

2.0.3 焊接工艺规程 welding procedure specification

根据焊接工艺评定报告，并结合实践经验而制定的直接指导焊接生产的技术细则文件，它包括对焊接接头、母材、焊接材料、焊接位置、预热、电特性、操作技术等内容进行详细的规定，以保证焊接质量的再现性。

2.0.4 焊接工艺预规程 welding procedure prespecification

待评定的焊接工艺规程。

2.0.5 焊接工艺评定 welding procedure qualification

按照焊接工艺预规程的规定，制备试件和试样，并进行试验及结果评价的过程。

2.0.6 焊接工艺评定报告 welding procedure qualification report

3 基 本 规 定

3.0.1 设计文件应对焊接技术条件提出要求。

3.0.2 焊接责任人员和作业人员的资格及其职责应符合下列规定：

1 焊接技术人员应由中专及以上专业学历，并有一年以上焊接生产实践的人员担任。焊接技术人员应负责焊接工艺评定，编制焊接工艺规程和焊接技术措施，进行焊接技术和安全交底，指导焊接作业，参与焊接质量管理，处理焊接技术问题，整理焊接技术资料。

2 焊接检查人员应由相当于中专及以上焊接理论知识水平，并有一定的焊接经验的人员担任。焊接检查人员应对现场焊接作业进行全面检查和控制，负责确定焊缝检测部位、评定焊接质量、签发检查文件、参与焊接技术措施的审定。

3 焊接材料管理人员应具备相关焊接材料的基本知识，并应负责焊接材料的入库验收、保管、烘干、发放、回收等工作。

4 无损检测人员应由国家授权的专业考核机构考核合格的人员担任，并应按考核合格项目及权限从事检测和审核工作。无损检测人员应根据焊接质检人员确定的受检部位进行检验、评定焊缝质量、签发检测报告，当焊缝外观不符合检验要求时应拒绝检测。

5 焊工应持有符合本规范第 6 章规定的相应项目焊接技能评定合格证，且具备相应的能力。焊工应按规定的焊接工艺规程及焊接技术措施进行施焊，当工况条件不符合焊接工艺规程和焊接技术措施的要求时，应拒绝施焊。

6 焊接热处理人员应经专业培训。焊接热处理人员应按标准规范、热处理作业指导书及设计文件中的有关规定进行焊缝热处理工作。

3.0.3 监理单位和总承包单位应配备有焊接责任人员。

3.0.4 施工单位应具备下列条件：

1 施工单位应建立焊接质量管理体系，对焊接活动进行控制，并应有符合本规范第 3.0.2 条规定的相关人员。

2 施工单位的焊接工装设备、焊接热处理设备和检验试验手段，应满足相应焊接工程项目的技术要求。

3 在焊接技能评定和工程施焊前，施工单位应具有相应项目的焊接工艺评定。

3.0.5 施焊环境应符合下列规定：

1 焊接的环境温度应符合焊件焊接所需的温度，并不得影响焊工的操作技能。

2 焊接时的风速应符合下列规定：

1）焊条电弧焊、自保护药芯焊丝电弧焊和气焊不应大于8m/s。

2）钨极惰性气体保护电弧焊和熔化极气体保护电弧焊不应大于2m/s。

3 焊接电弧1m范围内的相对湿度应符合下列规定：

1）铝及铝合金的焊接不得大于80%。

2）其他材料的焊接不得大于90%。

4 在雨、雪天气施焊时，应采取防护措施。

3.0.6 不合格焊缝的返修应符合下列规定：

1 对需要焊接返修的焊缝，应分析缺陷产生原因，编制焊接返修工艺文件。

2 返修前应将缺陷清除干净，必要时可采用无损检测方法确认。

3 补焊部位的坡口形状和尺寸应防止产生焊接缺陷和便于焊接操作。

4 当需预热时，预热温度应比原焊缝适当提高。

5 焊缝同一部位的返修次数不宜超过两次。

3.0.7 工程施焊前，应对焊接和热处理工装设备进行检查、校准，并确认其工作性能稳定可靠。计量器具和检测试验设备应在检定或校准的有效期内。

3.0.8 不锈钢和有色金属的焊接，应设置专用的场地和专用组焊工装，不得与黑色金属等其他产品混杂。不锈钢和有色金属焊接工作场所应保持洁净、干燥、无污染。

4 材料

4.0.1 焊接工程所采用的母材，应具有制造厂的质量证明文件，并应符合国家现行标准和设计文件的规定。

4.0.2 母材使用前，应按国家现行有关标准和设计文件的规定进行检查和验收，材料标识应清晰完整，并应能够追溯到产品质量证明文件。

4.0.3 焊接材料应符合设计文件和下列规定：

1 焊接材料应具有制造厂的质量证明文件。

2 碳素钢及合金钢焊条、焊丝和焊剂，应分别符合国家现行标准《碳钢焊条》GB/T 5117、《低合金钢焊条》GB/T 5118、《不锈钢焊条》GB/T 983、《焊接用钢盘条》GB/T 3429、《焊接用不锈钢盘条》GB/T 4241、《熔化焊用钢丝》GB/T 14957、《气体保护电弧焊用碳钢、低合金钢焊丝》GB/T 8110、《惰性气体保护焊接用不锈钢棒及钢丝》YB/T 5091、《埋弧焊用碳钢焊丝和焊剂》GB/T 5293、《埋弧焊用低合金钢焊丝和焊剂》GB/T 12470、《埋弧焊用不锈钢焊丝和焊剂》GB/T 17854、《碳钢药芯焊丝》GB/T 10045、《低合金钢药芯焊丝》GB/T 17493、《不锈钢药芯焊丝》GB/T 17853 等的规定。

3 铝及铝合金焊丝应符合现行国家标准《铝及铝合金焊丝》GB/T 10858 的规定。

4 铜及铜合金焊丝应符合现行国家标准《铜及铜合金焊丝》GB/T 9460 的规定。

5 钛及钛合金焊丝应符合国家现行标准《钛及钛合金丝》GB/T 3623 和《承压设备用焊接材料订货技术条件　第7部分：钛及钛合金焊丝和填充丝》NB/T 47018.7 的规定。

6 镍及镍合金焊条、焊丝应分别符合现行国家标准《镍及镍合金焊条》GB/T 13814、《镍及镍合金焊丝》GB/T 15620 的规定。

7 栓钉和瓷环应符合现行国家标准《电弧螺柱焊用圆柱头焊钉》GB/T 10433 的规定。

8 焊接用气体的使用应符合下列规定：

1）焊接用氩气应符合现行国家标准《氩》GB/T 4842 的规定，锆及锆合金焊接时的氩气纯度不应低于99.998%，其他材料焊接时的氩气纯度不应低于99.99%。当瓶装氩气的压力低于0.5MPa时，应停止使用。焊接铝、铜、钛、镍、锆及其合金时，氩的露点不应高于−50℃。

2）焊接用二氧化碳气体应符合现行行业标准《焊接用二氧化碳》HG/T 2537 的规定，二氧化碳气体纯度不应低于99.9%，含水量不应大于0.005%，使用前应预热和干燥。当瓶内气体压力低于0.98MPa时，应停止使用。

3）焊接用氧气纯度不应低于99.5%；乙炔气应符合现行国家标准《溶解乙炔》GB/T 6819 的规定，乙炔气的纯度不应低于98%。气瓶中的剩余压力低于0.05MPa时，应停止使用。

4）焊接用氮气应符合现行国家标准《纯氮、高纯氮和超纯氮》GB/T 8979 的规定，氮气纯度应大于99.99%，含氧量不应大于 50×10^{-6}。

5）焊接用氦气应符合现行国家标准《纯氦》GB/T 4844.2 的规定，氦气纯度不应低于99.99%。当瓶装氦气的压力低于0.5MPa时，应停止使用。

9 钨极惰性气体保护电弧焊宜采用铈钨极。

4.0.4 焊接材料使用前应按设计文件和国家现行有关标准的规定进行检查和验收，并应符合下列规定：

1　应检查焊接材料的包装和包装标记。包装应完好，无破损、受潮现象。包装标记应完整、清晰。

2　应核对焊接材料质量证明文件所提供的数据是否齐全并符合要求。

3　应检查焊接材料的外观质量，焊丝使用前应按规定进行除油、除锈及清洗处理。焊接材料表面不应受潮（必要时按说明书的要求进行烘干）、污染、存在药皮破损以及储存过程中产生影响焊接质量的缺陷，焊丝表面应光滑、整洁。焊接材料的识别标志应清晰、牢固，并应与产品实物相符。

4　应根据有关标准或供货协议的要求进行相应的焊接材料试验或复验。

4.0.5　施工现场应建立焊接材料的保管、烘干、清洗、发放、使用和回收制度。焊接材料的储存场所和烘干、去污设施以及焊接材料的库存保管和使用过程中的管理，应符合现行行业标准《焊接材料质量管理规程》JB/T 3223 的规定。

5　焊接工艺评定

5.0.1　在掌握材料的焊接性能后，必须在工程焊接前进行焊接工艺评定。

5.0.2　焊接工艺评定应按现行行业标准《承压设备焊接工艺评定》NB/T 47014 的规定进行。

5.0.3　焊接工艺评定前，应根据金属材料的焊接性能，按照设计文件和制造安装工艺拟定焊接工艺预规程。

5.0.4　焊接工艺评定使用的材料应符合本规范第 4 章的规定。

5.0.5　焊接工艺评定试件的坡口加工、组对及清理等工艺措施应符合本规范有关章节的规定。

5.0.6　焊接工艺评定所用设备、仪表的性能应处于正常工作状态，且符合本规范第 3.0.7 条的规定。

5.0.7　焊接工艺评定应在本单位进行。焊接工艺评定试件应由本单位技能熟练的焊接人员施焊。检测试验工作可委托有相应资质的检测试验单位进行。

5.0.8　焊接工艺评定过程中应做好记录，评定完成后应提出焊接工艺评定报告，焊接工艺评定报告应由焊接技术负责人审核。

5.0.9　焊接工艺预规程、焊接工艺评定报告、检测试验报告、评定试样等应进行归档保存。

5.0.10　工程产品施焊前，应根据焊接工艺评定报告编制焊接工艺规程，用于指导焊工施焊和焊后热处理工作。一个焊接工艺规程可依据一个或多个焊接工艺评定报告编制，一个焊接工艺评定报告可用于编制多个焊接工艺规程。焊接工艺规程宜采用本规范附录 A 中表 A 规定的格式。

6　焊接技能评定

6.0.1　焊接技能评定应由企业焊接技能评定委员会组织和实施。不具备成立焊接技能评定委员会的企业，应委托已具备条件的企业焊接技能评定委员会组织考试。

6.0.2　企业焊接技能评定委员会应具备下列条件：

1　焊接技能评定委员会的组成人员中应有焊接工程师、射线检测人员和焊接技师。

2　企业应具有管理不少于 50 名焊工的能力。

3　应具有相应的焊接设备、场地、试件及试样加工设备、试验及检测手段。

4　应具有适用于不同焊接方法、不同材料种类的理论知识考试题库，有满足焊接技能评定要求的焊接工艺评定。

5　应具有健全的考场纪律、监考考评人员守则、保密制度、考试管理、档案管理、应急预案等各项规章制度。

6.0.3　企业焊接技能评定委员会应负责审查焊工的技能评定资格，编制焊工的技能评定计划，提供焊接工艺规程，监督技能评定，评定考试结果，签发合格证，建立焊工档案，审批焊工免试资格。

6.0.4　申请参加焊接技能评定的焊工应有初中及以上学历，身体状况能够适应所申请考核作业项目的需要，经安全教育和专业培训，能独立担任焊接工作，并经焊接技能评定委员会批准后参加考试。

6.0.5　焊接技能评定应包括基本知识考试和操作技能评定两部分，考试内容应与焊工所从事的焊接工作范围相适应。基本知识考试合格后，方可参加操作技能评定。

6.0.6　基本知识考试应包括下列内容：

1　焊接设备和工具的使用及维护。

2　金属材料、焊接材料的一般知识与使用规则。

3　焊接操作工艺，包括焊接方法及其特点、工艺参数、焊接线能量、熔渣流动性、保护气体的影响、操作方法、焊接顺序、预热、后热等知识。

4　焊接缺陷的种类、避免与消除、焊接变形的预防与处理的一般知识。

5　现场焊接的准备工作，工作范围内的焊接符号及其识别。

6　安全防护技术和安全操作知识。

6.0.7　持证的焊工增考同一焊接方法的项目时，可不再进行基本知识考试。当增考项目的材料类别、焊接方法改变时，应增考相应材料类别、焊接方法的基本知识。参加工艺评定试件焊接的焊工，焊接工艺评定合格后可免予参加相应项目的基本知识考试及操作技能评定。

6.0.8　焊接操作技能评定的焊接工艺应符合焊接工

艺规程的要求。

6.0.9 焊接操作技能评定的范围、内容、方法和结果评定应符合国家质检总局特种设备安全技术规范《特种设备焊接操作人员考核细则》TSG Z6002的有关规定，并应符合下列要求：

1 锆及锆合金的焊接操作技能评定应按每个母材牌号分别进行，焊缝表面应为银白色，弯曲检验参数应与国家质检总局特种设备安全技术规范《特种设备焊接操作人员考核细则》TSG Z6002中母材类别代号TiⅡ相同。

2 一名焊工可以在同一个公称尺寸大于或等于200mm管状试件上考核水平固定及垂直固定两个位置的焊接，并应符合图6.0.9的规定，两位置的接头部位应列入技能评定范围。当接头部位检验不合格时，应判定两个位置均不合格。

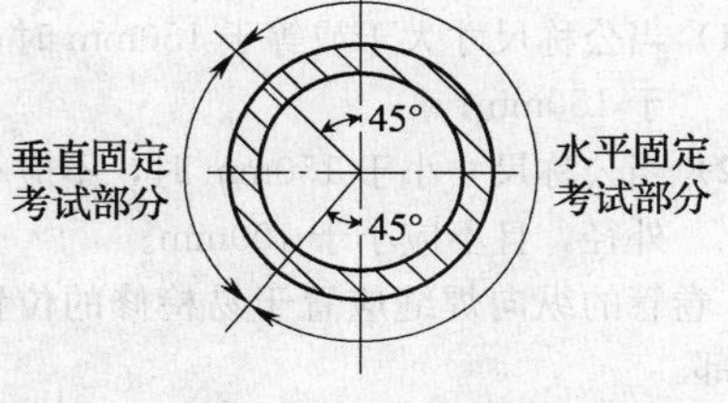

图6.0.9 同一管状试件上考核垂直固定和水平固定两个位置

3 当有下列情况之一时，可不进行国家质检总局特种设备安全技术规范《特种设备焊接操作人员考核细则》TSG Z6002规定的弯曲性能检验：

1）采用焊条电弧焊、钨极惰性气体保护电弧焊、非短路过渡的熔化极气体保护电弧焊、埋弧焊方法或这些方法的组合，焊接除铝及铝合金、钛及钛合金、锆及锆合金以外的母材；

2）采用钨极惰性气体保护电弧焊方法焊接铝及铝合金、钛及钛合金。

4 不进行国家质检总局特种设备安全技术规范《特种设备焊接操作人员考核细则》TSG Z6002规定的弯曲性能检验时，技能评定试件母材的代用可按表6.0.9的规定执行，但其焊接材料应与原规定的技能评定试件母材相匹配。

表6.0.9 考试试件母材的代用

原规定的试件母材	试件代用母材
低合金结构钢	碳素钢
Cr-Mo系列耐热钢	碳素钢、低合金结构钢
奥氏体不锈钢	碳素钢、低合金钢
镍及镍基合金	奥氏体不锈钢

5 当对焊接操作技能评定提出其他力学性能、耐腐蚀性能以及金相组织等试验要求时，应对技能评定试件进行相应项目的试验，其合格指标应符合设计文件的规定。

6 国家质检总局特种设备安全技术规范《特种设备焊接操作人员考核细则》TSG Z6002规定以外的焊接方法、母材、填充材料、特殊焊缝（耐磨层堆焊、端接焊缝和塞焊缝等）和特殊条件的焊接操作技能评定，其内容、方法和评定标准，由企业焊接技能评定委员会按照有关设计文件和焊接技术条件，参照国家现行有关标准制订，并应经建设单位（监理）审查认可。

6.0.10 基本知识考试或操作技能评定结果不合格的焊工，允许在3个月内补考一次。其中弯曲试验，若有一个试样不合格，则不允许复做，本次补考评为不合格。补考仍然不合格者，应经再次培训后方可重新考试。

6.0.11 焊工考试合格项目的有效期限为3年，并应符合下列规定：

1 企业应建立焊工焊接档案，内容应包括焊工焊绩、焊缝质量检验结果、焊接质量事故等，作为对焊工考核的证明资料。

2 连续6个月以上中断焊接作业的焊工，当能满足下列规定之一时，可重新担任原合格项目的焊接作业。

1）重新进行该项目的操作技能评定合格；

2）现场焊接相应项目长度不应小于300mm的板状对接焊缝；或焊接相应项目的管状对接焊缝，且不得少于1个焊口，累计周长不得小于360mm。经射线检测应全部合格。

3 焊工在合格项目的有效期内，焊缝射线检测一次合格率（累计底片张数）应为90%以上；或超声检测一次合格率（累计焊缝延长米）应为99%以上，企业质检部门应提供该焊工的焊绩证明资料，可由焊接技能评定委员会办理延长该合格项目有效期3年。

4 现场焊接质量低劣的焊工，由企业质检部门提出，经企业焊接技能评定委员会核准后，可注销其合格签证。该焊工应经培训后方可重新进行考试。

6.0.12 按其他相关标准进行焊接技能评定合格的焊工，应经建设单位（或监理）的焊接责任工程师认可后，方可从事本规范适用范围的焊接工作，认可项目应符合本章规定。

6.0.13 焊接技能评定记录、焊接技能评定结果登记表及合格证书宜采用本规范附录B规定的格式。焊接操作技能评定项目应采用代号表示，代号的表示方法应符合国家质检总局特种设备安全技术规范《特种设备焊接操作人员考核细则》TSG Z6002的规定。

7 碳素钢及合金钢的焊接

7.1 一般规定

7.1.1 本章适用于含碳量小于或等于0.30%的碳素钢及合金钢现场设备和管道的焊接施工。

7.1.2 本章适用于焊条电弧焊、钨极惰性气体保护电弧焊、熔化极气体保护电弧焊、自保护药芯焊丝电弧焊、埋弧焊、气电立焊、螺柱焊和气焊方法。

7.2 焊前准备

7.2.1 焊件的切割和坡口加工应符合下列规定：

1 碳钢及碳锰钢坡口加工可采用机械方法或火焰切割方法。

2 低温镍钢和合金钢坡口加工宜采用机械加工方法。

3 不锈钢坡口加工应采用机械加工或等离子切割方法。

4 采用等离子弧、氧乙炔焰等热加工方法加工坡口后，应除去坡口表面的氧化皮、熔渣及影响接头质量的表面层，并应将凹凸不平处打磨平整。

5 不锈钢复合钢的切割和坡口加工宜采用机械加工法。若用热加工方法时，宜采用等离子切割方法。热加工切割和加工坡口时的熔渣不得溅落在复层表面上。

7.2.2 焊件组对前及焊接前，应将坡口及内外侧表面不小于20mm范围内的杂质、污物、毛刺和镀锌层等清理干净，并不得有裂纹、夹层等缺陷。

7.2.3 除设计规定需进行冷拉伸或冷压缩的管道外，焊件不得进行强行组对。

7.2.4 管子或管件对接焊缝组对时，内壁错边量不应超过母材厚度的10%，且不应大于2mm。

7.2.5 设备、卷管对接焊缝组对时，错边量应符合表7.2.5及下列规定：

1 只能从单面焊接的纵向和环向焊缝，其内壁错边量不应大于壁厚的25%，且不应超过2mm。

2 当采用气电立焊时，错边量不应大于母材厚度的10%，且不大于3mm。

3 复合钢板组对时，应以复层表面为基准，错边量不应大于钢板复层厚度的50%，且不大于1mm。

表7.2.5 设备、卷管对接焊缝组对时的错边量（mm）

焊件接头的母材厚度 T	错边量	
	纵向焊缝	环向焊缝
$T \leqslant 12$	$\leqslant T/4$	$\leqslant T/4$
$12 < T \leqslant 20$	$\leqslant 3$	$\leqslant T/4$
$20 < T \leqslant 40$	$\leqslant 3$	$\leqslant 5$
$40 < T \leqslant 50$	$\leqslant 3$	$\leqslant T/8$
$T > 50$	$\leqslant T/16$，且$\leqslant 10$	$\leqslant T/8$，且$\leqslant 20$

7.2.6 焊缝不得设置在应力集中区，应便于焊接和热处理，并应符合下列规定：

1 钢板卷管或设备的筒节与筒节、筒节与封头组对时，相邻两节间纵向焊缝间距应大于壁厚的3倍，且不应小于100mm；同一筒节上两相邻纵缝间的距离不应小于200mm。

2 管道同一直管段上两对接焊缝中心间的距离应符合下列规定：

1）当公称尺寸大于或等于150mm时，不应小于150mm；

2）当公称尺寸小于150mm时，不应小于管子外径，且不应小于100mm。

3 卷管的纵向焊缝应置于易检修的位置，且不宜在底部。

4 有加固环、板的卷管，加固环、板的对接焊缝应与管子纵向焊缝错开，其间距不应小于100mm。加固环、板距卷管的环焊缝不应小于50mm。

5 加热炉受热面管子的焊缝与管子起弯点、联箱外壁及支、吊架边缘的距离不应小于70mm；同一直管段上两对接焊缝中心间的距离不应小于150mm。

6 除采用定型弯头外，管道对接环焊缝中心与弯管起弯点的距离不应小于管子外径，且不应小于100mm。管道对接环焊缝距支、吊架边缘之间的距离不应小于50mm；需进行热处理的焊缝距支、吊架边缘之间的距离不应小于焊缝宽度的5倍，且不应小于100mm。

7 不宜在焊缝及其边缘上开孔。当必须在焊缝上开孔或开孔补强时，应符合本规范第13.3.6条的规定。

7.2.7 坡口形式和尺寸宜符合本规范附录C表C.0.1-1、表C.0.1-2和现行国家标准《气焊、焊条电弧焊、气体保护焊和高能束焊的推荐坡口》GB/T 985.1、《埋弧焊的推荐坡口》GB/T 985.2、《复合钢的推荐坡口》GB/T 985.4的规定。

7.2.8 不等厚对接焊件组对时，薄件端面应位于厚件端面之内。当内壁错边量大于本规范第7.2.4条、第7.2.5条规定或外壁错边量大于3mm时，应按图7.2.8进行加工修整。

7.2.9 当焊件组对的局部间隙过大时，应修整到规定尺寸，并不得在间隙内添加填塞物。

7.2.10 焊件组对时应垫置牢固，并应采取措施防止焊接和热处理过程中产生附加应力和变形。

7.2.11 背面带钢垫板的对接坡口焊缝，垫板与母材之间应贴紧。

7.2.12 纵向对接焊缝两端部宜设置引弧板和引出板，其材质宜与母材相同或为同一类别。

7.2.13 不锈钢焊件坡口两侧各 100mm 范围内，在施焊前应采取防止焊接飞溅物沾污焊件表面的措施。

7.2.14 螺柱焊的电源应单独设置，工作区应远离磁场或采取措施防止磁场对焊接的影响；施焊构件宜水平放置。

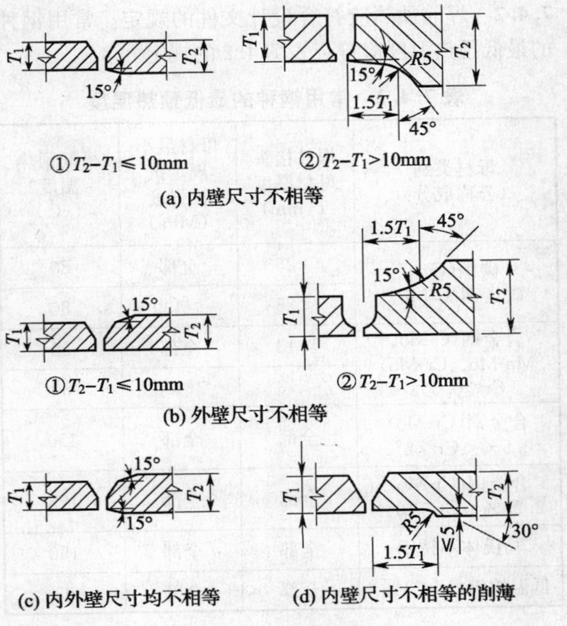

图 7.2.8 不等厚对接焊件坡口加工

T_1—不等厚焊件接头的薄件母材厚度；

T_2—不等厚焊件接头的厚件母材厚度

注：用于管件时，如受长度条件限制，图（a）①、图（b）①和图（c）中的 15°角可改用 30°角。

7.3 焊接工艺要求

7.3.1 焊接材料的选用应按照母材的化学成分、力学性能、焊接性能、焊前预热、焊后热处理、使用条件及施工条件等因素综合确定，并应符合下列规定：

1 焊接材料的焊接工艺性能应良好。

2 焊缝的使用性能应符合国家现行有关标准和设计文件的规定。

3 同种钢焊接时，应符合下列规定：

1）焊缝金属的力学性能应高于或等于相应母材标准规定的下限值。

2）铬、钼耐热钢应选用与母材化学成分相当的焊接材料。焊缝金属的铬、钼含量不应低于相应母材标准规定的下限值。

3）低温钢应选用与母材的使用温度相适应的焊接材料。含镍低温钢焊缝金属的含镍量应与母材相近或稍高。

4）高合金钢宜选用与母材合金系统相同的焊接材料。耐热耐蚀高合金钢可选用镍基焊接材料。

5）用生成奥氏体焊缝金属的焊接材料焊接非奥氏体母材时，应考虑母材与焊缝金属膨胀系数不同而产生的应力作用。

4 异种钢焊接时，应符合下列规定：

1）当两侧母材均为非奥氏体钢或均为奥氏体钢时，可根据强度级别较低或合金含量较低一侧母材或介于两者之间选用焊接材料。

2）当两侧母材之一为奥氏体钢时，应选用 25Cr-13Ni 型或含镍量更高的焊接材料。当设计温度高于 425℃时，宜选用镍基焊接材料。

5 复合钢焊接时，基层和复层应分别按照基层和复层母材选用相应的焊接材料，过渡层应选用 25Cr-13Ni 型或含镍量更高的焊接材料。

6 常用碳素钢及合金钢焊接材料和异种钢焊接材料可按本规范附录 D 表 D.0.1-1 和表 D.0.1-2 选用。

7 埋弧焊时，选用的焊剂应与母材和焊丝相匹配。

7.3.2 定位焊缝应符合下列规定：

1 定位焊缝应由持相应合格项目的焊工施焊。

2 定位焊缝焊接时，应采用与工程正式焊接相同的焊接工艺。

3 定位焊缝的长度、厚度和间距的确定，应能保证焊缝在正式焊接过程中不开裂。

4 在根部焊道焊接前，应对定位焊缝进行检查，当发现缺陷时，应处理后方可施焊。

5 与母材焊接的工卡具其材质宜与母材相同或为同一类别号，其焊接材料宜采用与母材相同或为同一类别号。拆除工卡具时不应损伤母材。拆除后应确认无裂纹并将残留焊疤打磨修整至与母材表面齐平。

6 复合钢定位焊时，定位焊缝宜焊在基层母材坡口内，且采用与焊接基层金属相同的焊接材料。

7.3.3 不得在坡口之外的母材表面引弧和试验电流，并应防止电弧擦伤母材。

7.3.4 对含铬量大于或等于 3%或合金元素总含量大于 5%的焊件，采用钨极惰性气体保护电弧焊或熔化极气体保护电弧焊进行根部焊接时，焊缝背面应充氩气或其他保护气体，或应采取其他防止背面焊缝金属被氧化的措施。

7.3.5 焊接时应采取合理的施焊方法和施焊顺序。

7.3.6 焊接过程中应保证起弧和收弧处的质量，收弧时应将弧坑填满。多层多道焊接头应错开。

7.3.7 管子焊接时，管内应防止穿堂风。

7.3.8 除工艺或检验要求需分次焊接外，每条焊缝宜一次连续焊完。当因故中断焊接时，应根据工艺要求采取保温缓冷或后热等防止产生裂纹的措施。再次焊接前应检查焊道表面，确认无裂纹后，方可按原工艺要求继续施焊。

7.3.9 需预拉伸或预压缩的管道焊缝，组对时所使用的工卡具应在整个焊缝焊接及热处理完毕并经检验合格后方可卸载。

7.3.10 第一层焊缝和盖面层焊缝不宜采用锤击消除残余应力。

7.3.11 对进行双面焊的焊件，应清理焊根，并应显露出正面打底的焊缝金属。清根后的坡口形状，应宽窄一致。

7.3.12 低温钢、奥氏体不锈钢、双相不锈钢、耐热耐蚀高合金钢以及奥氏体与非奥氏体异种钢接头焊接时应符合下列规定：

1 应在焊接工艺文件规定的范围内，在保证焊透和熔合良好的条件下，采用小电流、短电弧、快焊速和多层多道焊工艺，并应控制道间温度。

2 对抗腐蚀性能要求高的双面焊焊缝，除双相不锈钢焊缝外，与腐蚀介质接触的焊层应最后施焊。

3 22Cr-5Ni-3Mo、25Cr-7Ni-4Mo 型双相不锈钢采用钨极惰性气体保护电弧焊时，宜采用 98%Ar+2%N_2 的混合保护气体。

7.3.13 奥氏体钢与非奥氏体钢的焊接，当焊件厚度较大时，可采用堆焊隔离层的方法，隔离层的厚度应不小于 4mm。

7.3.14 复合钢焊接应符合下列规定：

1 复合钢的焊接宜按基层焊缝、过渡层焊缝、复层焊缝的焊接顺序进行。

2 不得采用碳钢和低合金钢焊接材料在复层母材、过渡层焊缝和复层焊缝上施焊。

3 焊接过渡层时，宜选用小的焊接线能量。

4 在焊接复层前，应将落在复层坡口表面上的飞溅物清理干净。

7.3.15 对奥氏体不锈钢、双相不锈钢焊缝及其附近表面应按设计规定进行酸洗、钝化处理。

7.3.16 螺柱焊的焊接应符合下列规定：

1 焊接工艺参数应根据焊接工艺评定确定，不得任意调节。

2 每个工作日（班）施工作业前，应在厚度和性能与构件相近的试件上先试焊 2 个焊钉，并应进行外观检验和弯曲试验，合格后再进行正式焊接。

3 螺柱焊施焊完毕，应将焊钉焊缝上的焊渣或剩余瓷环全部清除。

7.3.17 公称尺寸大于或等于 600mm 的管道和设备，宜在内侧进行根部封底焊。

7.3.18 当有下列情况之一时，管道或设备的焊缝底层应采用钨极惰性气体保护电弧焊或能保证底部焊接质量的其他焊接方法或工艺：

1 公称尺寸小于 600mm，且设计压力大于或等于 10MPa、或设计温度低于−20℃的管道。

2 对内部清洁度要求较高及焊接后不易清理的管道或设备。

7.4 焊前预热及焊后热处理

7.4.1 焊前预热及焊后热处理应根据钢材的淬硬性、焊件厚度、结构刚性、焊接方法、焊接环境及使用条件等因素综合确定。焊前预热及焊后热处理要求应在焊接工艺文件中规定，并应经焊接工艺评定验证。

7.4.2 焊前预热应符合设计文件的规定。常用钢种的最低预热温度应符合表 7.4.2 的规定。

表 7.4.2 常用钢种的最低预热温度

母材类别（公称成分）	焊件接头母材厚度 T(mm)	母材最小规定抗拉强度 (MPa)	最低预热温度 (℃)
碳钢(C)、碳锰钢(C-Mn)	≥25	全部	80
	<25	>490	80
合金钢(C-Mo、Mn-Mo、Cr-Mo) Cr≤0.5%	≥13	全部	80
	<13	>490	80
合金钢(Cr-Mo) 0.5%<Cr≤2%	全部	全部	150
合金钢(Cr-Mo) 2.25%≤Cr≤10%	全部	全部	175
马氏体不锈钢	全部	全部	150
低温镍钢(Ni≤4%)	全部	全部	95

7.4.3 当焊件温度低于 0℃时，所有钢材的焊缝应在始焊处 100mm 范围内预热至 15℃以上。

7.4.4 焊前预热的加热范围应以焊缝中心为基准，每侧不应小于焊件厚度的 3 倍，且不应小于 100mm。

7.4.5 要求焊前预热的焊件，其道间温度应在规定的预热温度范围内。碳钢和低合金钢的最高预热温度和道间温度不宜大于 250℃，奥氏体不锈钢的道间温度不宜大于 150℃。

7.4.6 焊后热处理应符合设计文件的规定。当无规定时，管道的焊后热处理应符合现行国家标准《工业金属管道工程施工规范》GB 50235 中的有关规定；设备的焊后热处理应符合现行行业标准《压力容器焊接规程》NB/T 47015 的有关规定。

7.4.7 对有抗应力腐蚀要求的焊缝，应进行焊后热处理。

7.4.8 非奥氏体异种钢焊接时，应按焊接性较差的一侧钢材选定焊前预热和焊后热处理温度，但焊后热处理温度不应超过另一侧钢材的下临界点。调质钢焊缝的焊后热处理温度应低于其回火温度。

7.4.9 焊后热处理的方式应符合下列规定：

1 现场设备的焊后整体热处理宜采用炉内整体

加热、炉内分段加热、炉外整体和分段加热等方法；现场设备分段组焊的环缝、管道焊缝以及焊接返修后的热处理，宜采用局部加热方法。

2 炉内分段加热时，加热各段重叠部分长度不应少于1500mm。炉外部分的设备应采取防止产生有害温度梯度的保温措施。

3 采用局部加热热处理时，加热带应包括焊缝、热影响区及其相邻母材。焊缝每侧加热范围不应小于焊缝宽度的3倍，加热带以外100mm的范围应进行保温。

7.4.10 炉外整体热处理和局部加热热处理的保温材料和保温层厚度应符合设计文件、相关标准和热处理工艺文件的规定。保温层应紧贴焊件表面，接缝应严密。多层保温时，各层接缝应错开。在热处理过程中，保温层不得松动、脱落。

7.4.11 焊前预热及焊后热处理过程中，焊件内外壁温度应均匀。管道后热及焊后热处理宜采用电加热法。

7.4.12 焊前预热及焊后热处理时，应测量和记录其温度，测温点的部位和数量应合理，测温仪表应经检定合格。

7.4.13 热处理温度在整个热处理过程中应连续自动记录，记录图表上应能区分每个测温点的数值。热处理过程中应防止热电偶与焊件接触松动。

7.4.14 对易产生焊接延迟裂纹的钢材，焊后应立即进行焊后热处理。当不能立即进行焊后热处理时，应在焊后立即均匀加热至200℃～350℃，并进行保温缓冷。保温时间应根据后热温度和焊缝金属的厚度确定，不应小于30min。其加热范围不应小于焊前预热的范围。

7.4.15 焊后热处理的加热速度及冷却速度应符合下列规定：

1 当加热温度升至400℃时，加热速度不应大于（$205\times25/t$）℃/h（t为焊件焊后热处理的厚度，下同），且不得大于205℃/h。

2 恒温期间最高与最低温差应小于65℃。

3 恒温后的冷却速度不应超过（$260\times25/t$）℃/h，且不得大于260℃/h，400℃以下可自然冷却。

7.4.16 奥氏体不锈钢复合钢不宜进行焊后热处理。对耐晶间腐蚀要求较高的设备，当基层需要热处理时，宜在热处理后再焊接复层焊缝。

8 铝及铝合金的焊接

8.1 一般规定

8.1.1 本章适用于工业纯铝及铝合金现场设备和管道的焊接施工。

8.1.2 本章适用于钨极惰性气体保护电弧焊和熔化极惰性气体保护电弧焊。

8.2 焊前准备

8.2.1 焊丝的选用应综合考虑母材的化学成分、力学性能和使用条件等因素，并应符合下列规定：

1 焊接工艺性能应良好。

2 焊缝金属的力学性能不应低于相应母材标准规定的下限值，焊缝的使用性能应符合国家现行有关标准和设计文件的规定。

3 纯铝焊接时，应选用纯度不低于母材的焊丝。

4 铝镁合金焊接时，应选用含镁量不低于母材的焊丝。

5 铝锰合金焊接时，应选用与母材成分相近的焊丝或铝硅合金焊丝。

6 异种铝合金焊接时，应按耐蚀较高、强度高的母材选择焊丝。

7 常用铝及铝合金焊丝可按本规范附录D表D.0.2-1和表D.0.2-2选用。

8 保护气体应选用氩气、氦气或氩和氦的混合气。

8.2.2 焊件坡口制备应符合下列规定：

1 坡口形式和尺寸宜符合本规范附录C表C.0.2或现行国家标准《铝及铝合金气体保护焊的推荐坡口》GB/T 985.3的规定。

2 坡口加工应采用机械方法或等离子弧切割。切割后的坡口表面应进行清理，表面应平整光滑并应无毛刺和飞边。

8.2.3 焊前清理应符合下列规定：

1 焊件组对和施焊前应对焊件坡口、垫板及焊丝进行清理。两侧坡口的清理范围不应小于50mm。应先用丙酮等有机溶剂去除表面的油污，再用机械法或化学法清除表面氧化膜。

1）机械法清理：坡口及两侧表面应采用刮削、锉削或铣削，也可采用不锈钢丝刷（轮）清理，并应露出金属光泽。焊丝表面应用不锈钢丝刷或干净的油砂纸擦洗。钢丝刷应定期进行脱脂处理。

2）化学法清理：应采用5%～10%的氢氧化钠溶液，在温度为70℃下浸泡30s～60s，然后水洗，再用15%左右的硝酸在常温下浸泡2min，然后用温水洗净，并使其干燥。

2 清理好的焊件和焊丝应保持干燥和加以保护，并及时施焊，不得有水迹、碱迹或被沾污。

3 当焊件和焊丝清理后超过8h未焊时，且无有效的保护措施，则焊接前应重新清理。

8.2.4 焊件组对应符合下列规定：

1 焊接定位焊缝时，应采用与正式焊接相同的焊丝和评定合格的焊接工艺，并应由合格焊工施焊。

2 设备定位焊缝的长度、间距和高度宜符合表8.2.4-1的规定，管道定位焊缝尺寸应符合表8.2.4-2的规定。

表 8.2.4-1 设备定位焊缝尺寸（mm）

板厚	间距	焊缝高度	长度	
			纵缝	环缝
1～3	20～60	1～3	5～15	10～20
3～8	60～180	3～4	15～25	20～30
8～14	180～250	3～6	20～30	30～40
>14	250～350	4～6	30～50	40～70

表 8.2.4-2 管道定位焊缝尺寸（mm）

公称尺寸	位置与数量	焊缝高度	长度
≤50	对称 2 点	根据焊件厚度确定	5～10
>50，≤150	均布 2 点～3 点		5～10
>150，≤200	均布 3 点～4 点		10～20

3 正式焊接前应对定位焊缝进行检查，当发现缺陷时，应及时处理。定位焊缝表面的氧化膜应清理干净，并应将其两端修整成缓坡形。

4 拆除定位板时不应损伤母材，拆除后残留的焊疤应打磨至与母材表面齐平。

5 焊件不得强行组对，组对后的接头应经检验合格方可施焊。

8.2.5 当焊缝背面需加设永久性垫板时，垫板材质应符合设计规定；当设计无规定时，垫板材质应与母材相同，垫板上应开有容纳焊缝根部的沟槽。当焊缝背面需加设临时垫板时，垫板应采用对焊缝质量无不良影响的材质。

8.2.6 管道对接焊缝组对时，内壁错边量应符合下列规定：

1 当母材厚度小于或等于 5mm 时，内壁错边量不应大于0.5mm。

2 当母材厚度大于 5mm 时，内壁错边量不应大于母材厚度的10%，且不应大于 2mm。

8.2.7 设备对接焊缝的错边量应符合下列规定：

1 当母材厚度小于或等于 12mm 时，纵缝、环缝错边量均不应大于 1/5 母材厚度。

2 当母材厚度大于 12mm 时，纵缝错边量不应大于 2.5mm，环缝错边量不应大于 1/5 母材厚度且不应大于 5mm。

8.2.8 不等厚对接焊件组对时，薄件端面应位于厚件端面之内。当外壁错边量大于 3mm 或内壁错边量大于本规范第 8.2.6 条、第 8.2.7 条规定时，应按本规范第 7.2.8 条的规定对焊件进行加工。

8.3 焊接工艺要求

8.3.1 钨极惰性气体保护电弧焊应采用交流电源，熔化极惰性气体保护电弧焊应采用直流电源，焊丝接正极。

8.3.2 焊接前应在试板上试焊，调整好工艺参数并确认无气孔后再进行正式焊接。

8.3.3 当采用钨极惰性气体保护电弧焊方法焊接厚度大于 10mm 的焊件，以及采用熔化极惰性气体保护电弧焊方法焊接厚度大于 15mm 的焊件时，焊前宜对焊件进行预热，预热温度宜为 100℃～150℃。

8.3.4 当焊件温度低于 5℃时，应在施焊处 100mm 范围内预热至 15℃以上。

8.3.5 焊接过程中应清除焊层焊道间的氧化物夹杂等缺陷。双面焊应清理焊根，显露出正面打底的焊缝金属。

8.3.6 宜采用大电流快速施焊法，焊丝的横向摆动不宜超过其直径的 3 倍。弧坑应填满，接弧处应熔合焊透。

8.3.7 引弧板和熄弧板的材质应与母材相同。

8.3.8 钨极惰性气体保护电弧焊的焊丝端部不应离开氩气保护区，焊丝与焊缝表面的夹角宜为 15°，焊枪与焊缝表面的夹角宜为 80°～90°。

8.3.9 多层焊时宜减少焊接层数，道间温度不应高于 150℃。

8.3.10 对于公称尺寸大于或等于 600mm 的管道和设备，宜采用两人双面同步氩弧焊工艺。

8.3.11 当钨极惰性气体保护电弧焊的钨极前端出现污染或形状不规则时，应进行修正或更换钨极。当焊缝出现触钨现象时，应将钨极、焊丝、熔池处理干净后再继续施焊。

8.3.12 当熔化极惰性气体保护电弧焊发生导电嘴、喷嘴熔入焊缝时，应将该部位焊缝全部铲除，更换导电嘴和喷嘴后方可继续施焊。

8.3.13 焊件应采用下列防止变形措施：

1 焊接顺序应对称进行，当从中心向外进行焊接时，具有大收缩量的焊缝宜先施焊，整条焊道应连续焊完。

2 不等厚对接焊件焊接时，应采取加强拘束措施，防止对应于焊缝中心线的应力不均匀。

3 焊件宜进行刚性固定或采取反变形方法，并应留有收缩余量。

9 铜及铜合金的焊接

9.1 一 般 规 定

9.1.1 本章适用于纯铜及黄铜设备和管道的焊接施工。

9.1.2 本章适用于纯铜和黄铜的钨极惰性气体保护电弧焊，以及黄铜的氧乙炔焊方法。

9.2 焊前准备

9.2.1 焊接材料的选用应符合下列规定：

1 焊缝金属的力学性能不应低于相应母材退火状态标准规定的下限值，焊接工艺性能应良好，焊缝的使用性能应符合国家现行有关标准和设计文件的规定。

2 纯铜焊接应选用含有脱氧元素、抗裂性好的焊丝。

3 黄铜焊接应选用含锌量少、抗裂性好的焊丝。

4 铜及铜合金焊丝及焊剂可按本规范附录D表D.0.3选用。

5 钨极惰性气体保护电弧焊所采用的保护气体应选用氩气、氦气或氩和氦的混合气。

9.2.2 焊件坡口制备应符合下列规定：

1 坡口形式和尺寸可根据不同焊接方法和焊接工艺参数确定，应采用坡口角度大、根部间隙宽的形式。

2 焊件的坡口形式和尺寸宜符合本规范附录C表C.0.3-1和表C.0.3-2的规定。

3 纯铜及黄铜的切割和坡口加工应采用机械或等离子弧切割方法。

9.2.3 焊件组对和施焊前，坡口及两侧不小于20mm范围内的表面及焊丝，应采用丙酮等有机溶剂除去油污，并应采用机械方法或化学方法清除氧化膜等污物，使之露出金属光泽；当采用化学方法时，可用30%硝酸溶液浸蚀2min～3min，用水洗净并干燥。

9.2.4 管道对接焊缝组对时，内壁错边量不应超过母材厚度的10%，且不大于1mm。不宜在焊缝及其边缘开孔，如必须开孔时，应符合本规范第13.3.6条的规定。

9.2.5 设备对接焊缝错边量应符合本规范第8.2.7条规定。

9.2.6 不等厚对接焊件的组对，当内壁错边量超过本规范第9.2.4条和第9.2.5条规定或外壁错边量大于3mm时，应按本规范第7.2.8条的规定对焊件进行加工。

9.2.7 设备、容器相邻筒体或封头与筒体组对时，纵缝之间的距离不应小于100mm。

9.3 焊接工艺要求

9.3.1 焊接定位焊缝时，应采用与正式焊接要求相同的焊接材料及焊接工艺，并应由合格焊工施焊。当发现定位焊缝有裂纹、气孔等缺陷时应清除重焊。

9.3.2 采用单面焊接接头时，应采取在背面加垫板等措施。

9.3.3 铜管焊接位置宜采用转动焊，铜板焊接位置宜采用平焊。

9.3.4 每条焊缝宜一次连续焊完。

9.3.5 纯铜及黄铜的钨极惰性气体保护电弧焊应符合下列规定：

1 焊接时应采用直流电源，母材接正极。

2 焊接前应检查坡口的质量，不应有裂纹、分层、夹渣等缺陷。当发现缺陷时，应修磨或重新加工。

3 当焊件壁厚大于或等于4mm时，焊前应对坡口两侧150mm范围内进行均匀预热，纯铜预热温度应为300℃～500℃，黄铜预热温度应为100℃～300℃。焊缝道间温度不应低于预热温度。

4 焊接过程中发生触钨时，应将钨极、焊丝和熔池处理干净方可继续施焊。

5 进行预热或多层多道焊时，应及时去除焊件表面及焊道间的氧化层。

9.3.6 黄铜氧乙炔焊应符合下列规定：

1 宜采用微氧化焰和左焊法施焊。

2 施焊前应对坡口两侧150mm范围内进行均匀预热。当板厚为5mm～15mm时，预热温度应为400℃～500℃；当板厚大于15mm时，预热温度应为500℃～550℃。

3 焊前应将焊剂用无水酒精调成糊状涂敷在坡口或焊丝表面；也可在施焊前将焊丝加热后蘸上焊剂。

4 宜采用单层单道焊。当采用多层多道焊时，底层焊道应采用细焊丝，其他各层宜采用较粗焊丝。各层焊道表面熔渣应清除干净，接头应错开。

5 异种黄铜焊接时，火焰应偏向熔点较高的母材侧。

9.3.7 应采取防止焊接变形、降低焊接残余应力的措施。焊后可对焊缝和热影响区进行热态或冷态锤击。

9.3.8 黄铜焊后热处理应符合下列规定：

1 黄铜焊后应进行热处理，热处理前应对焊件采取防变形的措施。热处理加热范围以焊缝中心为基准，每侧不应小于焊缝宽度的3倍。

2 热处理温度应符合设计文件的规定。当设计无规定时，可按下列热处理温度进行：

1）消除焊接应力热处理温度应为400℃～450℃；

2）退火热处理温度应为500℃～600℃。

3 对热处理后进行返修的焊缝，返修后应重新进行热处理。

10 钛及钛合金的焊接

10.1 一般规定

10.1.1 本章适用于钛及钛合金（低合金钛，下同）设备和管道的焊接施工。

10.1.2 本章适用于钨极惰性气体保护电弧焊方法。

10.2 焊前准备

10.2.1 焊接材料的选用应符合下列规定：

1 焊缝金属的力学性能不应低于相应母材退火状态标准规定的下限值，焊接工艺性能应良好，焊缝的使用性能应符合国家现行有关标准和设计文件的规定。

2 焊丝的化学成分应与母材相当。

3 当对焊缝有较高塑性要求时，应采用纯度比母材高的焊丝。

4 不同牌号的钛材焊接时，应按耐蚀性能较好或强度级别较低的母材选择焊丝。

5 不得从所焊母材上裁条充当焊丝。

6 保护气体应选用氩气、氦气或氩和氦的混合气。

10.2.2 钨极直流氩弧焊时，钨极直径应按所使用的焊接电流大小进行选择，其端部应修磨成圆锥形（图10.2.2）。在焊接过程中，钨极的端部应始终保持圆锥状。

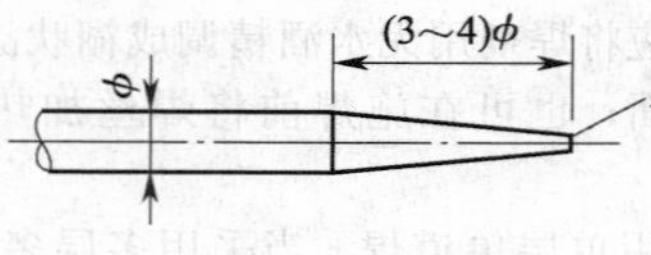

图 10.2.2 钨极端部形状和尺寸

10.2.3 坡口形式和尺寸宜符合本规范附录C表C.0.4规定。

10.2.4 坡口加工应采用机械加工的方法。加工后的坡口表面应平整、光滑，不得有裂纹、分层、夹杂、毛刺、飞边和氧化色。坡口表面应呈银白色金属光泽。

10.2.5 焊件组对和施焊前，坡口及焊丝的清洗应符合下列规定：

1 可根据表面污染程度选用脱脂、机械清理或化学清洗法。

2 当进行机械清理时，应清除坡口及其两侧20mm范围内的内外表面及焊丝表面的油污，并应用奥氏体不锈钢细锉、丝刷、硬质合金铰刀等机械方法清除氧化膜、毛刺或表面缺陷。清理工具应专用，并应保持清洁。

经机械清理后的表面，焊接前应使用不含硫的丙酮或乙醇进行脱脂处理，不得使用三氯乙烯、四氯化碳等氯化物溶剂。不得将棉质纤维附于坡口表面。

3 当采用酸洗溶液清除焊接坡口表面的氧化膜时，酸洗后，应用清水冲洗并用丝布擦干；酸洗后的焊接坡口表面应呈现银白色。

4 焊丝应保持清洁、干燥，施焊前应切除端部已被氧化的部分。当焊丝表面出现氧化现象时，应进行化学清洗。

5 清理干净的焊丝和焊件应保持干燥并加以保护，焊前不得沾污，不得用手触摸焊接部位，否则应重新进行清理。

6 坡口及焊丝清理后应及时焊接。当清理后4h仍未焊接时，焊前应重新进行清理。

10.2.6 管道对接焊缝组对时，内壁错边量不应超过母材厚度的10%，且不应大于1mm。

10.2.7 设备对接焊缝的错边量应符合本规范第8.2.7条规定。

10.2.8 不等厚对接焊件组对时，薄件端面应位于厚件端面之内。当内壁错边量大于本规范第10.2.6条、第10.2.7条的规定或外壁错边量大于3mm时，应按本规范第7.2.8条的规定进行加工。

10.2.9 当采用钢质工装器具组对时，应采取防止铁离子对钛材污染的措施。

10.2.10 定位焊缝应采用评定合格的焊接工艺，应由合格焊工施焊，焊缝长度宜为10mm～15mm，高度不应超过壁厚的2/3，定位焊间距应根据焊件尺寸和壁厚确定。定位焊缝不得有裂纹、气孔、夹渣及氧化变色等缺陷，当发现缺陷时应及时消除。

10.3 焊接工艺要求

10.3.1 钛及钛合金钨极惰性气体保护电弧焊应采用直流电源、正接法。

10.3.2 管道焊接位置宜采用水平转动平焊。

10.3.3 钛及钛合金的焊接不宜进行焊前预热。多层焊缝道间温度应低于100℃。必要时可采用铜垫板冷却。

10.3.4 在保证熔透及成形良好的条件下，应选用小线能量焊接。

10.3.5 焊接熔池及焊接接头的内外表面焊接区域，应采取下列保护措施：

1 应采用焊炬喷嘴保护熔池，喷出的氩气应保持稳定的层流状态。

2 应采用焊炬拖罩或全罩保护热态焊缝及其热影响区，焊炬拖罩的形式应根据焊件形状和尺寸确定。公称尺寸小于或等于50mm的管道，宜采用全罩保护。

3 应采用保护气体或铜垫板保护焊缝及近缝区的背面。当采用气体保护时，保护区域应提前充气，排净空气，并应保持微弱的正压和呈流动状态。

10.3.6 焊接时应采用高频引弧，焊炬应提前送气；熄弧时应采用电流衰减装置和气体延时保护装置。弧坑应填满，并应防止大气污染。

10.3.7 焊接过程中，焊丝的加热端应处于保护气体的保护之中，熄弧后焊丝不应立即暴露在大气中，应在焊缝脱离保护时同时取出；当焊丝被污染或氧化变色时，其污染或氧化变色的部分应予切除。

10.3.8 一条焊缝应一次焊完，当中途停焊后重新焊接时，应重叠10mm～20mm。弧坑应填满，接弧处应熔合焊透。

10.3.9 焊接过程中电弧应保持稳定。当多层焊过程中产生的夹钨或超标氧化、裂纹等缺陷时，应按本规范第10.2.5条的要求清理干净后，再继续施焊。

10.3.10 焊接时不得采用对已污染的焊缝重新熔化焊接来改善焊缝外观的方法消除氧化色。

10.3.11 钛及钛合金不宜进行焊后热处理。当设计文件有热处理要求时，应在焊缝检验合格后进行。

10.3.12 焊接时应采用合理的焊接顺序、施焊方法或刚性固定，并应减少焊接变形和应力。

11 镍及镍合金的焊接

11.1 一般规定

11.1.1 本章适用于镍及镍合金现场设备和管道的焊接施工。

11.1.2 本章适用于焊条电弧焊、钨极惰性气体保护电弧焊、熔化极惰性气体保护电弧焊和埋弧焊方法。

11.2 焊前准备

11.2.1 镍及镍合金焊接材料的选用应符合下列规定：

1 焊缝金属的力学性能不应低于相应母材退火状态或固溶状态标准规定的下限值，焊接工艺性能应良好，焊缝的使用性能应符合国家现行有关标准和设计文件的规定。

2 同种镍材的焊接，应选用和母材合金系列相同的焊接材料。

3 异种镍材及镍材与奥氏体钢之间的焊接，应按耐蚀性能较好的母材以及线膨胀系数与母材相近的原则选用焊接材料。

4 镍及镍合金焊接材料宜按本规范附录D表D.0.4-1和表D.0.4-2选用。

5 惰性气体保护电弧焊时，保护气体应选用氩气、氦气或氩和氦的混合气。

11.2.2 坡口加工应符合下列规定：

1 坡口应选用大角度和小钝边的形式，坡口形式和尺寸宜符合本规范附录C表C.0.5的规定。

2 焊件切割及坡口加工宜采用机械方法，当采用等离子切割时，应清理其加工表面。

11.2.3 焊件组对和施焊前，应对坡口两侧各20mm范围内进行清理。油污可用蒸汽脱脂；对不溶于脱脂剂的油漆和其他杂物，可用氯甲烷、碱等清洗剂清洗；标记墨水可用甲醇清除；被压入焊件表面的杂物可用磨削、喷丸或10%盐酸溶液清洗。清理完后，应用水冲净，干燥后方能焊接。

11.2.4 管道对接焊缝组对时，内壁错边量不应大于0.5mm。

11.2.5 设备对接焊缝的错边量应符合本规范第8.2.7条规定。

11.2.6 不等厚对接焊件组对时，薄件端面应位于厚件端面之内。当内壁错边量大于本规范第11.2.4条和第11.2.5条的规定或外壁错边量大于3mm时，应按本规范第7.2.8条的规定进行加工。

11.2.7 定位焊缝应符合下列规定：

1 定位焊应采用经评定合格的焊接工艺，并应由合格焊工施焊。

2 采用钨极惰性气体保护电弧焊进行定位焊时，焊缝背面应进行充氩气或其他气体保护。

3 管道对接定位焊缝的长度宜为10mm～15mm，厚度不应超过壁厚的2/3；设备定位焊缝尺寸应符合表11.2.7的规定。

表11.2.7 设备定位焊缝尺寸(mm)

焊件厚度 T	焊缝厚度	焊缝长度	间距
≤20	≤0.70T，且不小于6	>20	≤500
>20	≥8	>30	

4 定位焊缝应焊透及熔合良好，并应无气孔、夹渣等缺陷。

5 定位焊缝应平滑过渡到母材，并应将焊缝两端磨削成斜坡。

6 定位焊缝应均匀分布。正式焊接时，起焊点应在两定位焊缝之间。

11.3 焊接工艺要求

11.3.1 镍及镍合金管的底层焊道焊接时，宜采用钨极惰性气体保护电弧焊方法。当含铬或含钼的镍合金焊接接头要求有良好的耐晶间腐蚀性能时，应采用钨极惰性气体保护电弧焊、熔化极惰性气体保护电弧焊或焊条电弧焊方法。

11.3.2 焊接应采用小线能量、窄焊道和保持电弧电压的稳定，并应采用短弧不摆动或小摆动的操作方法。

11.3.3 焊缝多层焊时，宜采用多道焊。底层焊道完成后，应采用放大镜检查焊道表面。每一焊道完成后均应彻底清除焊道表面的熔渣，并应消除各种表面缺陷。各层焊道的接头应错开。

11.3.4 当焊件温度低于15℃时，应对焊缝两侧各300mm范围内加热至15℃～20℃，并应热透。对拘束度大的厚壁焊件，宜采取预热措施。道间温度应小于100℃。

11.3.5 当采用钨极惰性气体保护电弧焊方法焊接底层焊道时，焊缝背面应采取充氩气或其他气体保护措施。焊接过程中，焊丝的加热端应置于保护气体中。

11.3.6 焊件表面不得有电弧擦伤，并不得在焊件表面引弧和熄弧。当焊接熄弧时应填满弧坑，并应磨去弧坑缺陷。

11.3.7 当焊接小直径管子时，宜采取在焊缝两侧加装冷却铜块或用湿布擦拭焊缝两侧等冷却措施。

11.3.8 双面焊时，背面清根应采用机械方法。

11.3.9 焊接完毕后，应及时将焊缝表面的熔渣及表面飞溅物清理干净。

11.3.10 镍及镍合金不宜进行焊后热处理。当设计文件要求进行焊后热处理时，应在焊缝检验合格后进行。

12 锆及锆合金的焊接

12.1 一 般 规 定

12.1.1 本章适用于锆及锆合金管道的焊接施工。

12.1.2 本章适用于钨极惰性气体保护电弧焊方法。

12.2 焊 前 准 备

12.2.1 焊接材料的选用应符合下列要求：

1 焊缝金属的力学性能不应小于相应母材退火状态标准规定的下限值，焊接工艺性能应良好，焊缝的使用性能应符合国家现行有关标准和设计文件的规定。

2 选用的焊丝其化学成分应与母材相同。常用锆及锆合金的焊丝可按本规范附录D表D.0.5选用。

3 保护气体应选用氩气、氦气或氩和氦的混合气。

12.2.2 焊件坡口制备应符合下列规定：

1 管子和管件的坡口形式和尺寸宜符合本规范附录C表C.0.6的规定。

2 焊件切割及坡口加工应采用机械方法，加工速度应适当，应防止过热氧化。当采用等离子切割管子时，应采取防止管子内外表面被污染的措施，并应采用机械方法去除污染层。

3 对坡口及其边缘20mm范围内的金属表面应进行机械清理，并应使其露出金属光泽。

4 坡口表面及两侧20mm范围内外表面及焊丝表面应采用无水酒精或丙酮等溶剂清除油脂、水分、灰尘等杂物，不得采用含氯的溶剂清洗焊件。

5 清理好的焊件应立即施焊。当清理超过4h未焊时，且无有效的保护措施，则焊接前应重新清理。

12.2.3 管道对接焊缝组对时，内壁错边量不应大于母材厚度的10%，且不应大于1mm。

12.2.4 不等厚对接焊件组对时，薄件端面应位于厚件端面之内。当内壁错边量大于本规范第12.2.3条规定或外壁错边量大于3mm时，应按本规范第7.2.8条的规定进行加工。

12.2.5 定位焊缝应符合下列规定：

1 定位焊缝的焊接工艺应与正式焊接相同，并应由合格焊工施焊。

2 定位焊缝应均匀分布，焊缝高度不得超过管壁厚的2/3。

3 定位焊缝不得有裂纹、气孔或不允许存在的氧化变色等缺陷。

12.3 焊接工艺要求

12.3.1 锆及锆合金焊接应采用直流电源、正接法。焊接位置宜采用转动平焊。

12.3.2 锆及锆合金焊接宜选用偏大的焊接电流和较快的焊接速度，焊接过程中应采取冷却措施，道间温度应低于100℃。

12.3.3 锆及锆合金内外表面的焊接区域均应采取有效的气体保护措施，且应符合下列规定：

1 应采用大直径的焊炬喷嘴保护熔池，焊炬喷嘴直径宜为12mm～20mm，喷出的氩气应保持稳定的层流状态。

2 应采用焊炬拖罩或全罩保护热态焊缝和热影响区的外表面，焊炬拖罩的形状和尺寸应根据焊件尺寸和接头型式确定，应采用导热性能较好的材料制作。

3 应采用管内充氩气或其他保护气体保护焊缝及热影响区的内表面，并保持微弱的正压和呈流动状态。

4 应用独立的气路提供各区域的保护气体，输送时应保持均匀，且互不干扰。气路中不允许残留水分和任何泄漏，气路应采用塑料软管，不允许采用橡胶管或其他吸潮材料。

5 喷嘴及正、反面气体保护装置均应提前送气，应排除气路及保护装置内的空气和吸附的潮气。焊接熄弧后应继续送气，直到焊缝和热影响区冷却至300℃为止。

12.3.4 焊接过程中，焊丝应始终处于保护气体的保护区内，当接触到空气时，应立即停止焊接，并应切除焊丝端部25mm，再继续施焊。

12.3.5 当焊接过程中发生钨极碰触焊丝或熔池时，应停止焊接，去除被污染的焊缝，并应进行修磨或更换电极。

12.3.6 当焊道表面出现变色时，应立即停止焊接，查明原因并应采取措施，经检验合格后再进行焊接。

13 焊接检验及焊接工程交接

13.1 焊接前检查

13.1.1 工程使用的母材及焊接材料，使用前应按本规范第4章的规定进行检查和验收。

13.1.2 焊接前应对焊接、热处理和工装设备进行检查、校准，并应符合本规范第3.0.7条的规定。

13.1.3 焊接前应检查焊接工艺文件，并应符合本规范第5章的有关规定。

13.1.4 焊接前应检查焊工资格，并应符合本规范第6章的有关规定。

13.1.5 焊接前应对焊接环境进行监控，并应符合本规范第3.0.5和第3.0.8条的有关规定。

13.1.6 组对前应对焊件的主要结构尺寸与形状、坡口形式和尺寸、坡口表面进行检查，其质量应符合设计文件、焊接工艺文件及本规范的有关规定。当设计文件、相关规定对坡口表面要求进行无损检测时，检测及对缺陷的处理应在施焊前完成。

13.1.7 组对后应检查组对构件焊缝的形状、位置、错边量、角变形、组对间隙、搭接接头的搭接量和贴合、带垫板对接接头的贴合等，其质量应符合设计文件、焊接工艺文件及本规范的有关规定。

13.1.8 焊接前应检查坡口及坡口两侧的清理质量。清理宽度及清理后的表面质量应符合本规范及焊接工艺文件的规定。

13.1.9 焊接前应检查焊接材料的干燥及清洗质量，其质量应符合本规范第4章及焊接工艺文件的规定。

13.1.10 对有焊前预热规定的焊件，焊接前应检查预热温度并记录，预热温度及预热区域宽度应符合设计文件、焊接工艺文件及本规范的有关规定。

13.1.11 当本规范第13.1节规定的检查结果不符合要求时，不得施焊。

13.2 焊接中间检查

13.2.1 定位焊缝焊完后，应清除渣皮进行检查，其质量应符合本规范及焊接工艺文件的规定。对发现的缺陷清除后，再进行焊接。

13.2.2 对有冲击韧性要求的焊缝，施焊时应测量焊接线能量并记录，焊接线能量应符合设计文件和焊接工艺文件的规定。

13.2.3 多层焊每层焊完后，应立即对层间进行清理，并应进行外观检查，清除缺陷后，再进行下一层的焊接。

13.2.4 对规定进行层间无损检测的焊缝，无损检测应在外观检查合格后进行。表面无损检测应在射线检测及超声检测前进行。经检验的焊缝在评定合格后，再继续进行焊接。

13.2.5 对道间温度有明确规定的焊缝，应检查记录道间温度，道间温度应符合焊接工艺文件的规定。

13.2.6 对中断焊接的焊缝，继续焊接前应进行清理、检查，对发现的缺陷应进行清除，并应符合规定的预热温度后方可施焊。

13.2.7 焊接双面焊件时应清理并检查焊缝根部的背面，清除缺陷后方可施焊背面焊缝。规定清根的焊缝，应在清根后进行外观检查及规定的无损检测，清除缺陷后方可施焊。

13.2.8 对规定进行后热的焊缝，应检查后热温度和后热时间。后热温度、后热时间和加热区域范围应符合本规范有关规定和焊接工艺文件的规定。

13.2.9 设计文件或相关标准规定制作产品焊接检查试件时，产品焊接检查试件的准备、焊接、试样制备和检查方法应符合设计文件和国家现行有关标准的规定。

13.3 焊接后检查

13.3.1 除设计文件和焊接工艺文件有特殊要求的焊缝外，焊缝应在焊完后立即去除渣皮、飞溅物，清理干净焊缝表面，并应进行焊缝外观检查。

13.3.2 除设计文件和焊接工艺文件另有规定外，焊缝无损检测应在该焊缝焊接完成并经外观检查合格后进行。对有延迟裂纹倾向的材料，无损检测应在焊接完成24h后进行。对有再热裂纹倾向的接头，无损检测应在热处理后进行。

13.3.3 应按设计文件和国家现行有关标准的规定对焊缝进行表面无损检测。磁粉检测和渗透检测应按现行行业标准《承压设备无损检测》JB/T 4730的规定进行。

13.3.4 焊缝的内部质量应按设计文件和国家现行有关标准的规定进行射线检测或超声检测，并应符合下列规定：

1 焊缝的射线检测和超声检测应符合现行行业标准《承压设备无损检测》JB/T 4730的规定。

2 射线检测和超声检测的技术等级应符合工程设计文件和国家现行有关标准的规定。射线检测不得低于AB级，超声检测不得低于B级。

3 当现场进行射线检测时，应按有关规定划定控制区和监督区，设置警告标志。操作人员应按规定进行安全操作防护。

4 射线检测或超声检测应在被检验的焊缝覆盖前或影响检验作业的工序前进行。

13.3.5 对焊缝无损检测时发现的不允许缺陷，应消除后进行补焊，并应对补焊处采用原规定的方法进行检验，直至合格。对规定进行抽样或局部无损检验的焊缝，当发现不允许缺陷时，应采用原规定的方法进行扩大检验。

13.3.6 当必须在焊缝上开孔或开孔补强时，应对开孔直径1.5倍或开孔补强板直径范围内的焊缝进行射线或超声检测，确认焊缝合格后，方可进行开孔。被补强板覆盖的焊缝应磨平，管孔边缘不应存在焊接缺陷。

13.3.7 设计文件没有规定进行射线照相检测或超声检测的焊缝，焊接检查人员应对全部焊缝的可见部分进行外观检查，当焊接检查人员对焊缝不可见部分的外观质量有怀疑时，应做进一步检验。

13.3.8 焊缝焊后热处理检查应符合下列规定：

1 对炉内进行整体热处理的焊缝以及炉内分段局部热处理的焊缝，应检查并记录进出炉温度、升温速度、降温速度、恒温温度和恒温时间、有效加热区内最大温差、任意两测温点间的温差等参数。热处理相关参数应符合设计文件、热处理工艺文件和本规范的规定。

2 对炉外进行整体热处理的焊缝，应检查并记录升温速度、降温速度、恒温温度和恒温时间、任意两测温点间的温差等参数、测温点数量和位置。热处理相关参数应符合设计文件、热处理工艺文件和本规范的规定。

3 对进行局部加热热处理的焊缝，应检查和记录升温速度、降温速度、恒温温度和恒温时间、任意两测温点间的温差等参数和加热区域宽度。热处理参数及加热区域宽度应符合设计文件、热处理工艺文件和本规范的有关规定。

4 焊缝热处理效果应根据设计文件或国家现行有关标准规定的检查方法进行检查。炉内整体热处理的焊缝、炉内分段局部热处理的焊缝、炉外整体热处理的焊缝，应通过在相同环境条件下加热的产品焊接检查试件进行检查。局部加热热处理的焊缝应进行硬度检验。

5 当热处理效果检查不合格或热处理记录曲线存在异常时，宜通过其他检测方法进行复查与评估。

13.3.9 当焊缝及附近表面进行酸洗、钝化处理时，其质量应符合设计文件和国家现行有关标准的规定。

13.3.10 当对焊缝进行化学成分分析、焊缝铁素体含量测定、焊接接头金相检验、产品试件力学性能等检验时，其检验结果应符合设计文件和国家现行有关标准的规定。

13.3.11 焊缝的强度试验及严密度试验应在射线检测或超声检测以及焊缝热处理后进行。焊缝的强度试验及严密度试验方法及要求应符合设计文件和国家现行有关标准的规定。

13.3.12 焊缝焊完后应在焊缝附近做焊工标记及其他规定的标记。标记方法不得对材料表面构成损害或污染。低温用钢、不锈钢及有色金属不得使用硬印标记。当不锈钢和有色金属材料采用色码标记时，印色不应含有对材料产生损害的物质。

13.4 焊接工程交接

13.4.1 施工单位按合同规定的范围完成全部焊接工程项目后，应及时与建设单位或总承包单位办理交接手续。

13.4.2 焊接工程交接前，建设单位或总承包单位应对其进行检查和验收，并应确认下列内容：

1 施工范围和内容符合合同规定。

2 工程质量符合设计文件及本规范的规定。

13.4.3 焊接工程交接时，施工单位应向建设单位或总承包单位提交下列文件：

1 母材和焊接材料的质量证明文件或复验、试验报告。

2 焊接施工检查记录和试验报告应包括下列内容，且应符合国家现行有关标准的规定：

1）焊工资格认可记录；

2）焊接检查记录；

3）焊缝返修检查记录；

4）焊缝热处理报告（含热处理记录曲线）；

5）无损检测报告（射线检测、超声波检测、磁粉检测、渗透检测等）；

6）硬度检验、光谱分析或其他试验报告。

3 设备排版图或管道轴测图、设计变更和材料代用单。

13.4.4 要求无损检测和焊后热处理的焊缝，应在设备排版图或管道轴测图上标明焊缝位置、焊缝编号、焊工代号、无损检测方法、无损检测焊缝位置、焊缝补焊位置、热处理和硬度检验的焊缝位置。不要求无损检测的焊缝，可采用焊缝标识图对焊缝进行标识。

附录A 焊接工艺规程的格式

表A 焊接工艺规程的格式

焊接工艺规程编号		页数	
工程名称＿＿＿＿＿＿ 工程编号＿＿＿＿＿＿ 产品名称（施焊部位）＿＿＿＿＿＿ 产品编号（设备编号、管线号或焊缝编号）＿＿＿＿＿＿			
焊接工艺评定报告（PQR）编号＿＿＿＿＿＿ 焊接施工执行标准＿＿＿＿＿＿ 焊接方法＿＿＿＿＿＿操作类型（手工，自动，半自动）			

续表 A

焊接工艺规程编号		页数	

焊接接头：

坡口形式________ 衬垫（材料及规格）________

简图（接头型式、坡口形式和尺寸、焊层/焊道布置及顺序示意图）：

接头制备要求：

母材：

材料标准号________型号或牌号与

材料标准号________型号或牌号相焊

厚度范围：坡口焊________角焊________

管道直径范围：坡口焊________角焊________

其他________

填充金属

焊接材料标准号			
型号			
牌号			
尺寸			
烘干温度（℃）/时间（h）			
焊缝熔敷金属厚度			
其他			

焊接位置：

坡口对接焊缝位置________

角焊缝位置________

焊接方向（向上、向下）________

其他________

预热：

预热温度（℃）________

层间温度（℃）________

后热温度（℃）和时间（h）________

加热方式及其他________

焊后热处理：

温度（℃）________

时间（h）________

升温速度________

降温速度________

其他________

气体：

	种类（成分）	混合配比（纯度）	流量（L/min）
保护气体			
尾部气			
背部气			

其他________

电特性：

电流种类________ 极性________ 电流范围（A）________ 电弧电压（V）________

送丝速度________ 熔滴过渡形式________

钨极类型及尺寸________

其他________

续表 A

焊接工艺规程编号				页数				
焊层/焊道	焊接方法	填充金属		焊接电流		电弧电压（V）	焊接速度（cm/min）	线能量（kJ/cm）
		牌号	直径（mm）	类型/极性	安培（A）			

技术措施：
摆动焊或不摆动焊道＿＿＿＿＿＿ 摆动参数＿＿＿＿＿＿
焊前清理或层间清理＿＿＿＿＿＿
背面清根＿＿＿＿＿＿
导电嘴至工件距离＿＿＿＿＿＿钨极伸出长度＿＿＿＿＿＿
焊炬、电极（焊丝、焊条）角度＿＿＿＿＿＿
喷嘴尺寸＿＿＿＿＿＿ 单道焊或多道焊（每侧）＿＿＿＿＿＿ 单丝焊或多丝焊＿＿＿＿＿＿
锤击＿＿＿＿＿＿
其他：

编制		审核		批准	
日期		日期		日期	

附录 B 焊接技能评定记录、焊接技能评定结果登记表及焊接技能评定合格证的格式

B.0.1 焊接技能评定记录的格式宜符合表 B.0.1 的规定。

表 B.0.1 焊接技能评定记录

试件编号		姓名		试件位置		
母材牌号			焊条牌号及直径			
板材厚度			焊丝牌号及直径			
管材外径和壁厚			焊剂牌号			
焊接方法			钨极牌号及直径			
试件形式			保护气体			
外观检查	检查结果：					
	外观检查质量评定					
	检查人			检查日期		
射线检验	照相质量等级	焊缝质量等级		检验报告编号		检验日期
断口检验	检验结果			检验报告编号		检验日期

续表 B.0.1

试件编号		姓名		试件位置		
弯曲性能检验	面弯	背弯	侧弯	检验报告编号	检验日期	
宏观金相检验	检验结果			检验报告编号	检验日期	
	检验结果			检验报告编号	检验日期	
	检验结果			检验报告编号	检验日期	
审核：　　记录：					年　月　日	

B.0.2 焊接技能评定结果登记表的格式宜符合表 B.0.2 的规定。

表 B.0.2 焊接技能评定结果登记表

考试编号：

姓名			性别		焊工钢印	
出生年月			文化程度		焊接工龄	
基本知识考试	考试日期		试卷编号	考试成绩	主考人签章	
焊接操作技能评定	考试日期	试件编号	操作技能评定项目（代号）		考试结果	主考人签章
结论	允许担任的焊接项目： 焊接技能评定委员会主任委员　　年　月　日					

B.0.3 焊接技能评定合格证的格式宜符合表 B.0.3 的规定。

表 B.0.3 焊接技能评定合格证

（塑料封面）

现场设备、工业管道焊接工程

焊接技能评定合格证

__________焊接技能评定委员会

（封面里）

姓　　名 __________

性　　别 __________

焊工钢印 __________

照片

（焊接技能评定委员会公章压照片）

合格证编号 __________

（第 1～5 页）

技能评定合格项目（代号）	主任委员签章	签证日期

（第 6～10 页）

免试项目（代号）	主任委员签章	签证日期

（第11～12页）

焊接质量事故记录			
日期	质量事故内容	记录单位	质检负责人签字

（封底里）

注 意 事 项

1. 此证应妥善保存，不得转借他人。
2. 此证记载各项，不得私自涂改。
3. 合格项目，自签证之日起有效期三年。

附录C 常用焊接坡口形式和尺寸

C.0.1 碳素钢和合金钢的焊接坡口形式和尺寸宜符合表C.0.1-1和表C.0.1-2的规定。

表C.0.1-1 碳素钢和合金钢焊条电弧焊、气体保护电弧焊、自保护药芯焊丝电弧焊和气焊的坡口形式与尺寸

序号	厚度 δ (mm)	坡口名称	坡口形式	坡口尺寸 间隙 c (mm)	钝边 p (mm)	坡口角度 α (β) (°)	备注
1	1～3	I形坡口	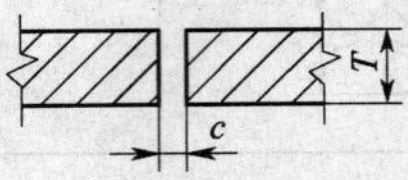	0～1.5	—	—	单面焊
	3～6			0～2.5			双面焊
2	3～9	V形坡口	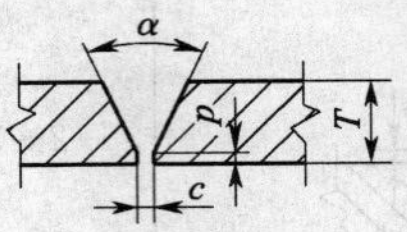	0～2	0～2	60～65	—
	9～26			0～3	0～3	55～60	
3	6～9	带垫板V形坡口	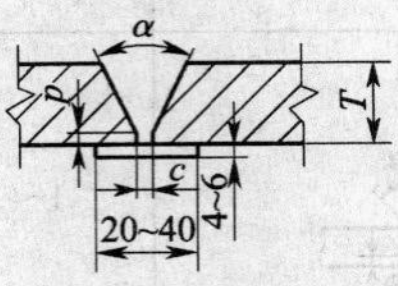	3～5	0～2	40～50	—
	9～26			4～6	0～2		
4	12～60	X形坡口	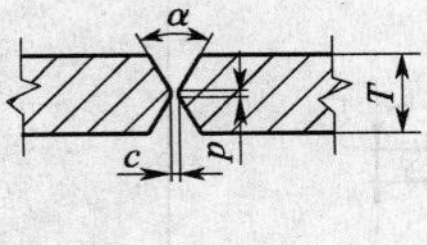	0～3	0～2	55～65	—

续表 C.0.1-1

序号	厚度 δ（mm）	坡口名称	坡口形式	坡口尺寸 间隙 c（mm）	坡口尺寸 钝边 p（mm）	坡口尺寸 坡口角度 α（β）（°）	备注
5	20～60	双V形坡口	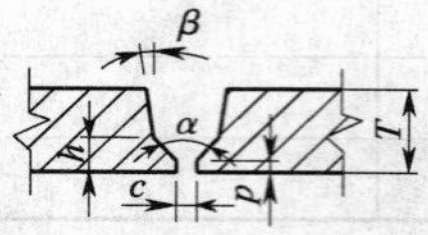	0～3	1～3	65～75（10～15）	h=8～12
6	20～60	U形坡口	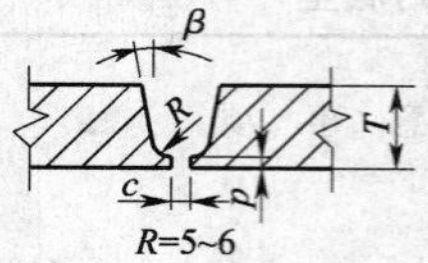	0～3	1～3	（8～12）	R=5～6
7	2～30	T形接头I形坡口	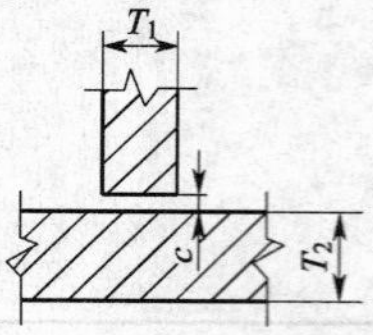	0～2	—	—	—
8	6～10	T形接头单边V形坡口	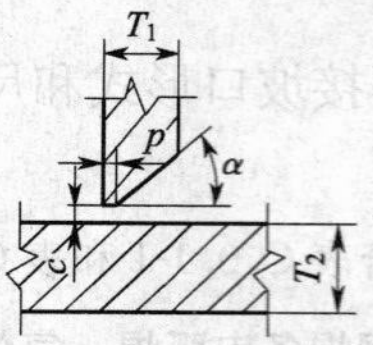	0～2	0～2	40～50	—
	10～17			0～3	0～3		
	17～30			0～4	0～4		
9	20～40	T形接头K形坡口	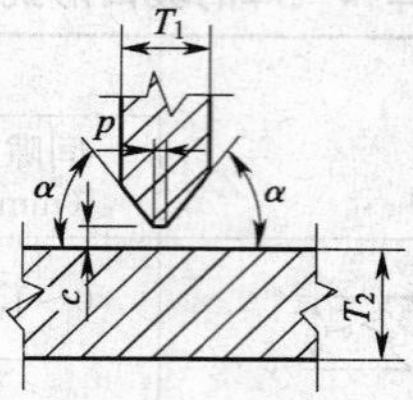	0～3	2～3	40～50	—
10		安放式焊接支管坡口	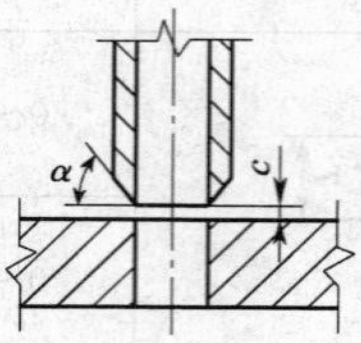	2～3	0～2	45～60	—
11	3～26	插入式焊接支管坡口	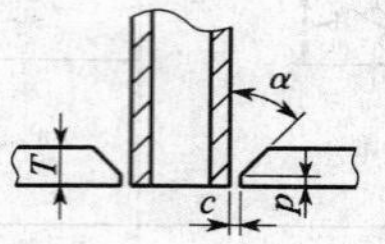	1～3	0～2	45～60	—
12		平焊法兰与管子接头	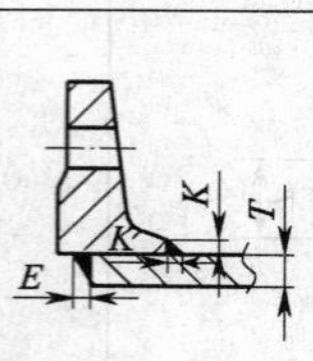	—	—	—	E=T，且不大于6

续表 C.0.1-1

序号	厚度 δ (mm)	坡口名称	坡口形式	坡口尺寸 间隙 c (mm)	钝边 p (mm)	坡口角度 α (β) (°)	备注
13		承插焊法兰与管子接头	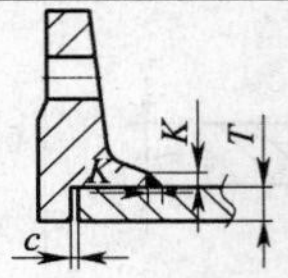	1.5	—	—	—
14		承插焊管件与管子接头	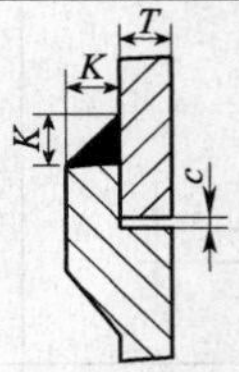	1.5	—	—	—

表 C.0.1-2　碳素钢和合金钢气电立焊的坡口形式和尺寸

序号	厚度 T (mm)	坡口名称	坡口形式	坡口尺寸 间隙 c (mm)	钝边 p (mm)	坡口角度 α (β) (°)	备注
1	12～36	V形坡口	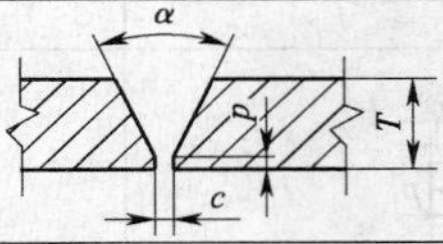	6～8	0～2	20～35	—
2	25～70	X形坡口	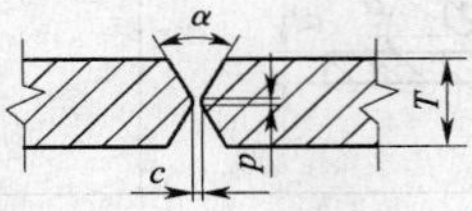	6～8	0～2	20～35	—

C.0.2　铝及铝合金的焊接坡口形式和尺寸宜符合表 C.0.2 的规定。

表 C.0.2　铝和铝合金焊缝的坡口形式和尺寸

焊接方法	项次	厚度 T (mm)	坡口名称	坡口形式	坡口尺寸 间隙 c (mm)	钝边 p (mm)	坡口角度 α(β)(°)	备注
钨极惰性气体保护电弧焊	1	1～2	卷边	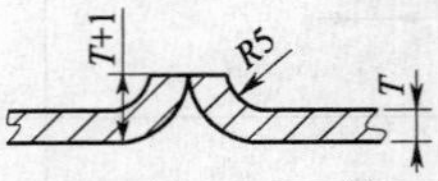	—	—	—	卷边高度 T+1 不填加焊丝
	2	<3	I形坡口	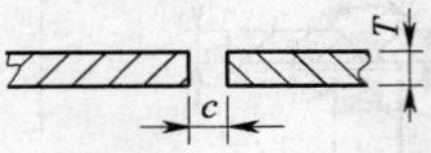	0～1.5		—	单面焊
		3～5			0.5～2.5			双面焊
	3	3～5	V形坡口	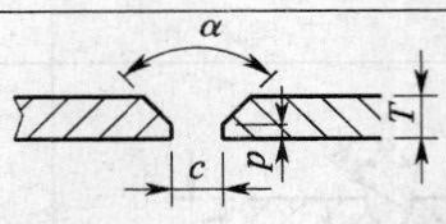	0～0.25	1～1.5	70～80	①横焊位置坡口角度上半边 40°～50°，下半边 20°～30°；②单面焊坡口根部内侧最好倒棱；③U形坡口根部圆角半径为 6mm～8mm
		5～12			2～4	1～2	60～70	
	4	4～12	带垫板V形坡口	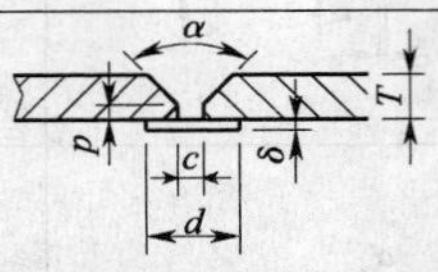	3～6	—	50～60	
	5	>8	U形坡口	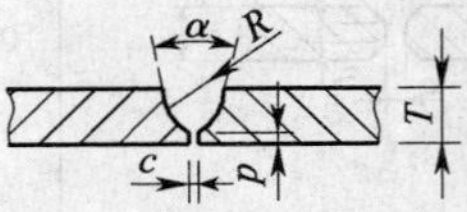	0～2.5	1.5～2.5	55～65	—

续表 C.0.2

焊接方法	项次	厚度 T (mm)	坡口名称	坡口形式	坡口尺寸 间隙 c (mm)	钝边 p (mm)	坡口角度 $\alpha(\beta)$ (°)	备注
钨极惰性气体保护电弧焊	6	>12	X形坡口	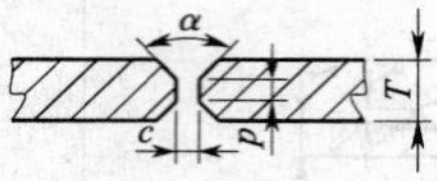	0～2.5	2～3	60～80	—
	7	≤6	不开坡口T形接头	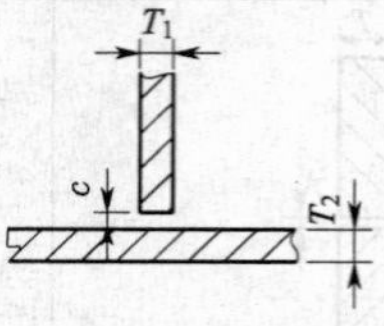	0.5～1.5	—	—	—
	8	6～10	T形接头单边V形坡口	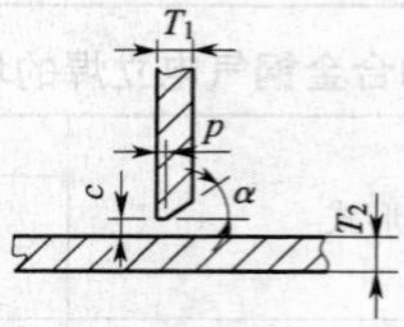	0.5～2	≤2	50～55	—
	9	>8	T形接头K形坡口	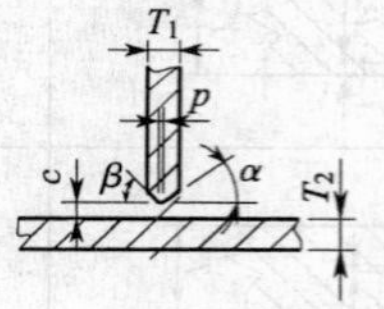	0～2	≤2	50～55	—
熔化极惰性气体保护电弧焊	10	≤6	I形坡口	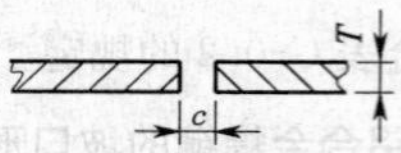	0～3	—	—	—
	11	6～20	V形坡口	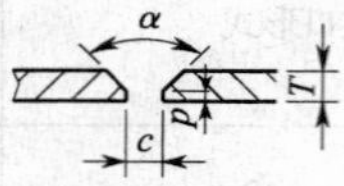	0～3	3～4	60～70	—
	12	6～25	带垫板V形坡口	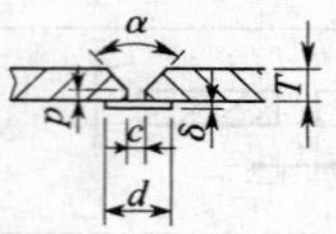	3～6	—	50～60	—
	13	>20	U形坡口	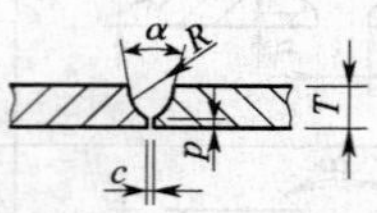	0～3	3～5	40～50	—
	14	>8	X形坡口	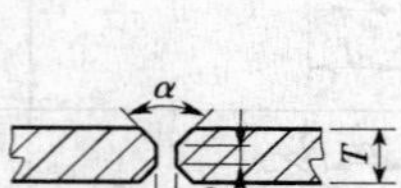	0～3	3～6	70～80	—
		>26				5～8	60～70	—

C.0.3 铜及铜合金的焊接坡口形式及尺寸应分别符合表 C.0.3-1 及表 C.0.3-2 的规定。

表 C.0.3-1 纯铜和黄铜钨极惰性气体保护电弧焊的坡口形式及尺寸

项次	厚度 T（mm）	坡口名称	坡口形式	坡口尺寸			备注
				间隙 c（mm）	钝边 p（mm）	坡口角度 α（β）（°）	
1	≤2	I形坡口	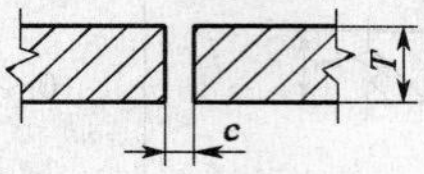	0	—	—	—
2	3～4	V形坡口	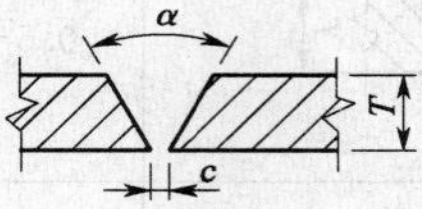	0	—	60～70	—
3	5～8	V形坡口	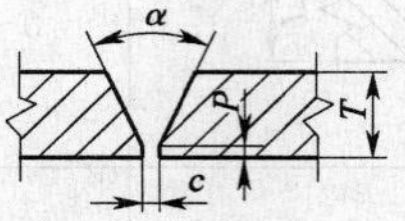	0	1～2	60～70	—
4	10～14	X形坡口	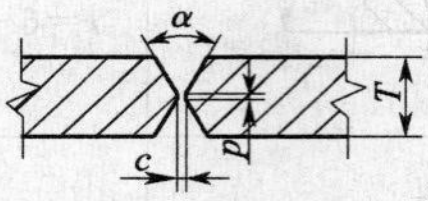	0	—	60～70	—

表 C.0.3-2 黄铜氧乙炔焊的坡口形式及尺寸

项次	厚度 T（mm）	坡口名称	坡口形式	坡口尺寸			备注
				间隙 c（mm）	钝边 p（mm）	坡口角度 α（β）（°）	
1	≤2	卷边	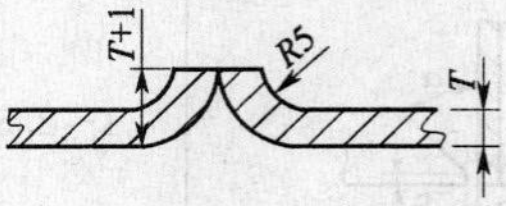	—	—	—	不加填充金属
2	≤3	I形坡口	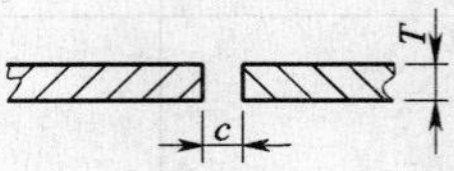	0～4	—	—	单面焊
	3～6			3～5	—	—	双面焊，但不能两侧同时焊
3	3～12	V形坡口	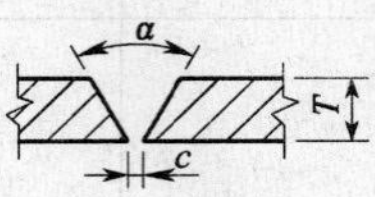	3～6	0	60～70	—
4	>6	V形坡口	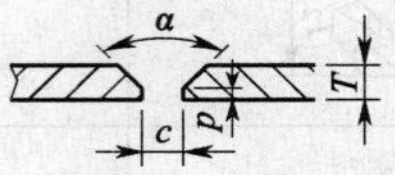	3～6	0～3	60～70	—
5	>8	X形坡口	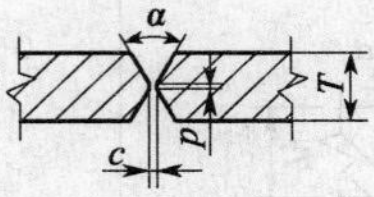	3～6	0～4	60～70	—

C.0.4 钛及钛合金的焊接坡口形式及尺寸宜符合表C.0.4的规定。

表C.0.4 钛及钛合金的焊接坡口形式及尺寸

项次	厚度 T（mm）	坡口名称	坡口形式	坡口尺寸 间隙 c（mm）	坡口尺寸 钝边 p（mm）	坡口尺寸 坡口角度 α（°）	备注
1	1～2	I形坡口	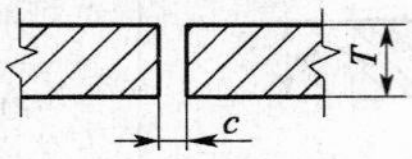	0～1	—	—	—
2	2～16	V形坡口	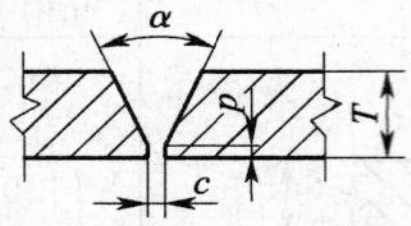	0.5～2	0.5～1.5	55～65	—
3	12～38	X形坡口	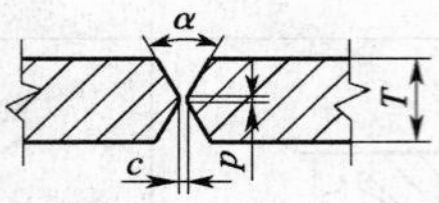	0～2	1～1.5	55～65	—
4	12～38	U形坡口	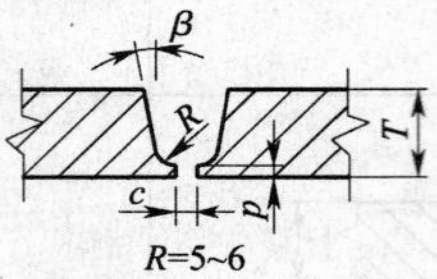	0～2 r=6～10	1～1.5	15～30	—
5		安放式焊接支管坡口	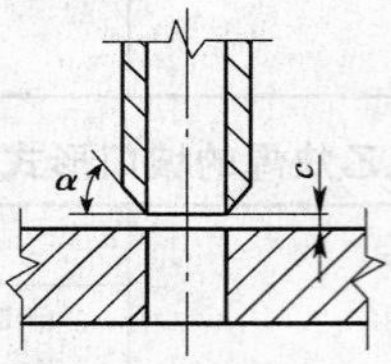	1～2.5	1～1.5	40～50	—
7	2～16	插入式焊接支管坡口	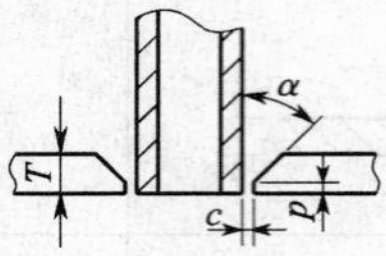	1～2.5	1～1.5	40～50	—
8	1～6	T形接头	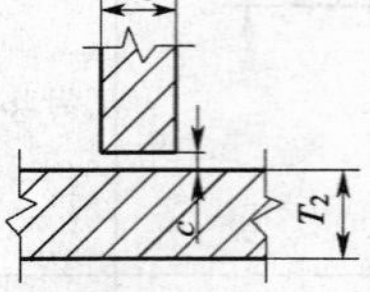	0～2	—	—	—
9	4～12	单边V形坡口	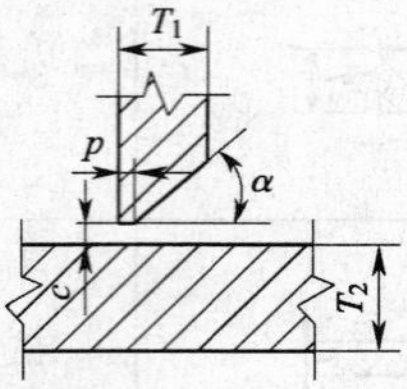	0～2	1～1.5	40～50	—
10	10～38	K形坡口	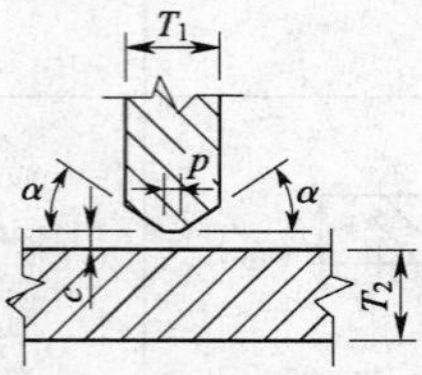	0～2	1～1.5	40～50	—

C.0.5 镍及镍合金的焊条电弧焊和惰性气体保护电弧焊坡口形式及尺寸宜符合表 C.0.5 的规定。

表 C.0.5 镍及镍合金的焊条电弧焊和惰性气体保护电弧焊坡口形式及尺寸

序号	厚度 δ（mm）	坡口名称	坡口形式	坡口尺寸 间隙 c（mm）	钝边 p（mm）	坡口角度 α（β）（°）	备注
1	1～3	I 形坡口	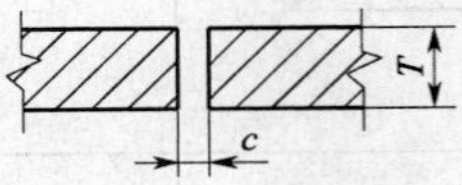	1.0～2.0	—	—	单面焊
	3～6			1.0～2.5			双面焊
2	≤8	V 形坡口	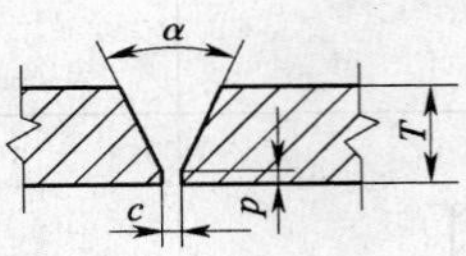	2～3	0.5～1.5	70～80	—
	＞8			2～3	0.5～1.5	65～75	
3	12～32	X 形坡口	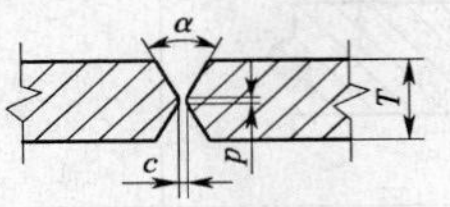	0～3	0～2.5	65～80	—
4	≥17	双 V 形坡口	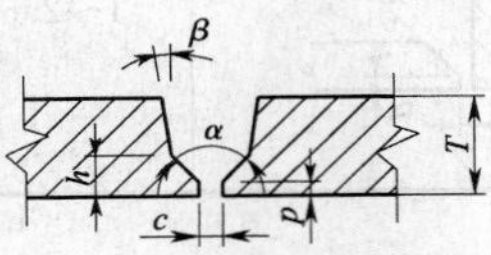	2～3	1～2	70～80（25～27.5）	$h=T/3$
5	≥17	U 形坡口	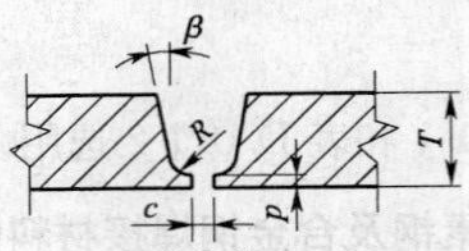	2.5～3.5	1～2	（15～20）	$R=5\sim6$
6		安放式焊接支管坡口	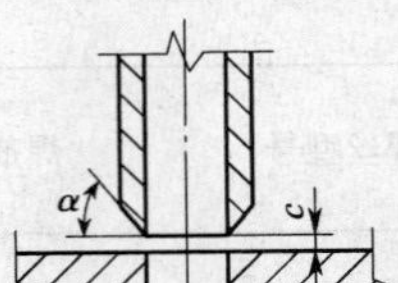	2～3	0～2	55～65	—
7	2～10	插入式焊接支管坡口	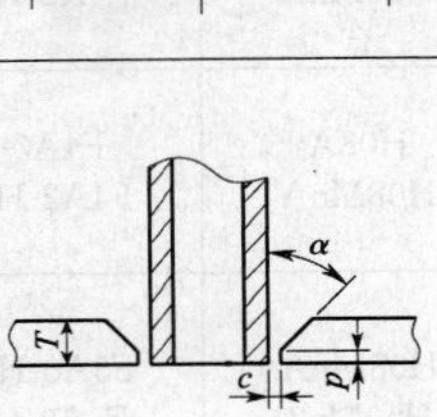	2～3	0～2	50～60	—

C.0.6 锆及锆合金的焊接坡口形式及尺寸宜符合表 C.0.6 的规定。

表 C.0.6 锆及锆合金的焊接坡口形式及尺寸

项次	厚度 T（mm）	坡口名称	坡口形式	坡口尺寸			备注
				间隙 c（mm）	钝边 p（mm）	坡口角度 α（°）	
1	1～2	I形坡口	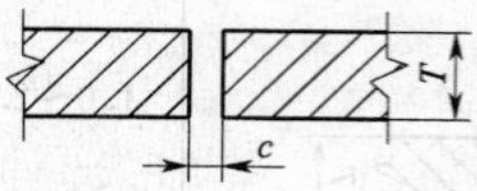	0～1	—	—	—
2	2～10	V形坡口	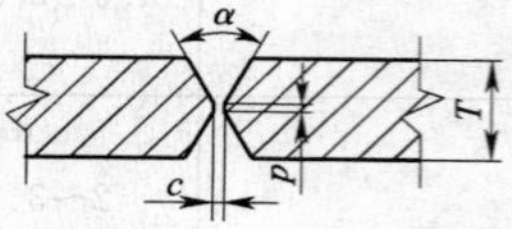	0.5～2	0.5～1.5	55～65	—
3		安放式焊接支管坡口	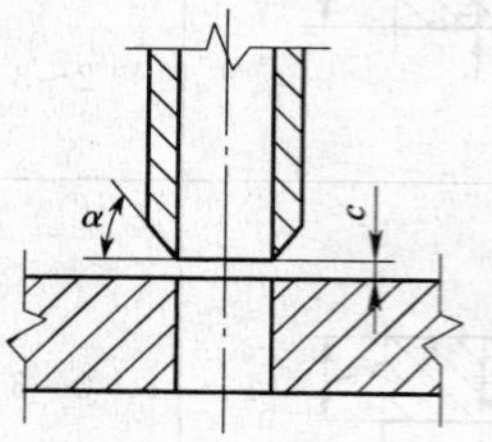	1～2.5	1～1.5	40～50	—
4	2～10	插入式焊接支管坡口	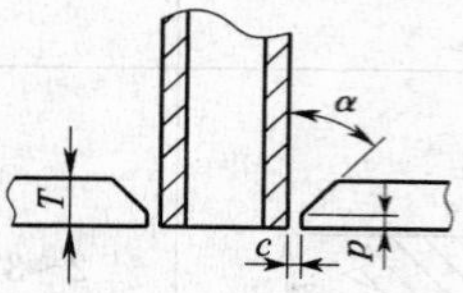	1～2.5	1～1.5	40～50	—

附录 D 焊接材料的选用

D.0.1 常用碳素钢及合金钢焊接材料可按表 D.0.1-1 和表 D.0.1-2 选用。

表 D.0.1-1 常用碳素钢及合金钢焊接材料的选用

母材牌号		焊条电弧焊		埋弧焊		熔化极气体保护电弧焊（实芯）	惰性气体保护电弧焊（Ar、实芯）
新牌号	旧牌号	焊条		焊丝型号	焊剂型号	焊丝型号	焊丝型号
		型号	牌号示例				
Q235A、10、20	—	E4303 E4315	J422 J427	H08A H08MnA	F4A0-H08A F4A2-H08MnA	ER49-1 ER50-6 H08Mn2SiA	ER49-1 ER50-6 H08Mn2SiA
Q235B、Q235C、Q235D、Q245R	—	E4315 E4316	J427 J426	H08A H08MnA	F4A0-H08A F4A2-H08MnA	ER50-6 H08Mn2SiA	ER50-6 H08Mn2SiA
Q345A	—	E5003 E5015 E5016	J502 J507 J506	H08MnA H10Mn2	F5A0-H08MnA F5A0-H10Mn2	ER49-1 ER50-6 H08Mn2Si	ER49-1 H08Mn2Si

续表 D.0.1-1

母材牌号		焊条电弧焊		埋弧焊		熔化极气体保护电弧焊（实芯）	惰性气体保护电弧焊（Ar、实芯）
新牌号	旧牌号	焊条		焊丝型号	焊剂型号	焊丝型号	焊丝型号
		型号	牌号示例				
Q345B、Q345C、Q345D、Q345R、16Mn	—	E5015 E5016	J507 J506	H08MnA H10Mn2	F5A2-H08MnA F5A2-H10Mn2	ER50-2 ER50-3 ER50-6 H08Mn2SiA	ER50-2 ER50-3 ER50-6 H08Mn2SiA
16MnDR、Q345E、16MnD	—	E5015-G E5016-G	J507RH J506RH	—	—	—	ER55-Ni1
09MnNiDR、09MnNiD	—	E5515-C1L	—	—	—	—	ER55-Ni3
18MnMoNbR	—	E6015-D1	J607	H08Mn2MoA	F62A2-H08Mn2MoA	—	—
12CrMo、12CrMoG	—	E5515-B1	R207	H13CrMoA	F48A0-H13CrMoA	—	ER55-B2 H13CrMoA
15CrMo、15CrMoG、15CrMoR	—	E5515-B2	R307	H13CrMoA	F48A0-H13CrMoA	—	ER55-B2 H13CrMoA
12Cr1MoV、12Cr1MoVG 12Cr1MoVR	—	E5515-B2-V	R317	H08CrMoVA	F48A0-H08CrMoVA	—	ER55-B2-MnV H08CrMoVA
12Cr2Mo、12Cr2MoG、12Cr2MoR	—	E6015-B3	R407	H05SiCr2MoA	F48A0-H05SiCr2MoA	—	ER62-B3
1Cr5Mo	—	E5MoV-15	R507	—	—	—	H1Cr5Mo
12Cr18Ni9 06Cr19Ni10	1Cr18Ni9 0Cr18Ni9	E308-16 E308-15	A102 A107	H0Cr21Ni10	F308-H0Cr21Ni10	—	H0Cr21Ni10
06Cr18Ni11Ti 07Cr19Ni11Ti	0Cr18Ni10Ti 1Cr18Ni11Ti	E347-16 E347-15	A132 A137	H0Cr20Ni10Nb	F347-H0Cr20Ni10Nb	—	H0Cr20Ni10Nb
022Cr19Ni10	00Cr19Ni10	E308L-16	A002	H00Cr21Ni10	F308L-H00Cr21Ni10	—	H00Cr21Ni10
06Cr17Ni12Mo2	0Cr17Ni12Mo2	E316-16 E316-15	A202 A207	H0Cr19Ni12Mo2	F316-H0Cr19Ni12Mo2	—	H0Cr19Ni12Mo2
06Cr17Ni12Mo2Ti	0Cr18Ni12Mo2Ti	E316L-16 E318-16	A022 A212	H0Cr19Ni12Mo2	F316-H0Cr19Ni12Mo2	—	H0Cr19Ni12Mo2
06Cr19Ni13Mo3	0Cr19Ni13Mo3	E317-16	A242	H0Cr19Ni14Mo3	F317-H0Cr19Ni14Mo3	—	H0Cr19Ni14Mo3
022Cr17Ni14Mo2	00Cr17Ni14Mo2	E316L-16	A022	H0Cr19Ni14Mo3	F316L-H00Cr19Ni12Mo2	—	H00Cr19Ni12Mo2
022Cr19Ni13Mo3	00Cr19Ni13Mo3	E317L-16	A022Mo	—	—	—	—
06Cr23Ni13	0Cr23Ni13	E309-16 E309-15	A302 A307	H1Cr24Ni13	F309-H1Cr24Ni13	—	H1Cr24Ni13
06Cr25Ni20	0Cr25Ni20	E310-16 E310-15	A402 A407	H1Cr26Ni21	F310-H1Cr26Ni21	—	H1Cr26Ni21

表 D. 0. 1-2　常用异种碳素钢及合金钢焊接材料的选用

被焊钢材种类	母材牌号举例	焊条电弧焊		埋弧焊		熔化极气体保护电弧焊（CO_2、实芯）	惰性气体保护电弧焊（Ar、实芯）
		焊条		焊丝型号	焊剂型号	焊丝型号	焊丝型号
		型号	牌号示例				
碳素钢与强度型低合金钢焊接	20、Q235、Q245R ＋ Q345、Q345R	E4303 E4315 E4316 E5015 E5016	J422 J427 J426 J507 J506	H08A H08MnA H10Mn2	F4A0-H08A F4A2-H08MnA F5A2-H10Mn2	ER49-1 ER50-6 H08Mn2SiA	ER49-1 ER50-6 H08Mn2SiA
碳素钢与耐热型低合金钢焊接	Q235、20＋12CrMo、15CrMo、12Cr1MoV、12Cr2Mo、1Cr5Mo	E4315 E4316	J427 J426	H08A H08MnA	F4A0-H08A F4A0-H08MnA	ER49-1 ER50-6 H08Mn2SiA	ER49-1 ER50-6 H08Mn2SiA
强度型低合金钢与耐热型低合金钢焊接	Q345R ＋ 12CrMo、15CrMo、12Cr1MoV、12Cr2Mo、1Cr5Mo	E5015 E5016	J507 J506	H08MnA H10Mn2	F5A0-H08MnA F5A0-H10Mn2	ER49-1 ER50-6 H08Mn2SiA	ER49-1 ER50-6 H08Mn2SiA
耐热型低合金钢之间焊接	12CrMo ＋ 15CrMo、12Cr1MoV、12Cr2Mo、1Cr5Mo	E5515-B1	R207	H13CrMoA	F48A0-H13CrMoA	—	H13CrMoA
	15CrMo＋12Cr1MoV、12Cr2Mo、1Cr5Mo	E5515-B2	R307	H13CrMoA	F48A0-H13CrMoA	—	ER55-B2 H13CrMoA
	12Cr1MoV＋12Cr2Mo、1Cr5Mo	E5515-B2-V	R317	H08CrMoVA	F48A0-H08CrMoVA	—	ER55-B2-MnV H08CrMoVA
	12Cr2Mo＋1Cr5Mo	E6015-B3	R407	H05SiCr2MoA	F48A0-H05SiCr2MoA	—	ER62-B3
非奥氏体钢与奥氏体钢焊接	20、Q345R、15CrMo 等＋06Cr19Ni10、06Cr17Ni12Mo2 等	E309-15 E309-16 E310-16 E310-15	A307 A302 A402 A407	H1Cr24Ni13 H1Cr26Ni21	F309-H1Cr24Ni13 F310-H1Cr26Ni21	—	H1Cr24Ni13 H1Cr26Ni21

D. 0. 2　铝及铝合金焊接材料的选用宜符合表 D. 0. 2-1 和表D. 0. 2-2的规定。

表 D. 0. 2-1　同牌号铝及铝合金焊接用焊丝的选用

母材种类	母 材 牌 号	焊 丝 型 号
纯铝	1060、1050A	SAl 1450
	1200	SAl 1200
铝锰合金	3003、3004	SAl 3103
铝镁合金	5052、5A02	SAl 5554
	5A03	SAl 5654
	5083	SAl 5183
	5A05	SAl 5556

表 D. 0. 2-2　异种铝及铝合金焊接用焊丝的选用

异 种 母 材	焊 丝 型 号
纯铝＋铝锰合金	SAl 3103
纯铝、铝锰合金＋5052、5A02	SAl 5554、SAl 5556
纯铝、铝锰合金＋5A03	SAl 5654
纯铝、铝锰合金＋5083、5086	SAl 5183
纯铝、铝锰合金＋5A06、5A05	SAl 5556

D. 0. 3　铜及铜合金焊接材料的选用宜符合表 D. 0. 3

的规定。

表 D.0.3 铜及铜合金焊接材料的选用

母材		焊丝型号	焊剂	备注
类别	牌号			
纯铜	T2、T3、TU2	SCu1898	—	—
黄铜	H62、H68	SCu6560	—	钨极惰性气体保护电弧焊
		SCu6810A	CJ301	氧乙炔焊

D.0.4 镍及镍合金焊条和焊丝的选用宜符合表 D.0.4-1 和表 D.0.4-2 的规定。

表 D.0.4-1 常用镍及镍合金焊接材料的选用

母材类别	焊条型号	焊丝型号
Nickel 200	ENi 2061(ENi-1)	SNi 2061(ERNi-1)
Monel 400	ENi 4060(ENiCu-7)	SNi 4060(ERNiCu-7)
Inconel 600	ENi 6062(ENiCrFe-1) ENi 6182(ENiCrFe-3)	SNi 6062(ERNiCrFe-5) SNi 6082(ERNiCr-3)
Inconel 625	ENi 6625(ENiCrMo-3)	SNi 6625(ERNiCrMo-3)
Incoloy 800	ENi 6133(ENiCrFe-2) ENi 6182(ENiCrFe-3)	SNi 6082(ERNiCr-3)
Incoloy 825		SNi 8065(ERNiFeCr-1)
Hastelloy B	ENi 1001(ENiMo-1)	SNi 1001(ERNiMo-1)
Hastelloy B2	ENi 1066(ENiMo-7)	SNi 1066(ERNiMo-7)
Hastelloy C276	ENi 6276(ENiCrMo-4)	SNi 6276(ERNiCrMo-4)
Hastelloy C4	ENi 6455(ENiCrMo-7)	SNi 6455(ERNiCrMo-7)

注：括号内型号为被替代标准《镍及镍合金焊条 》GB/T 13814—1992 的焊条型号和《镍及镍合金焊丝》GB/T 15620—1995 中的焊丝型号。

表 D.0.4-2 常用异种镍及镍合金焊接材料的选用

母材类别		焊条型号	焊丝型号
Nickel 200	Monel 400	ENi 2061 (ENi-1) ENi 4060 (ENiCu-7)	SNi 2061 (ERNi-1) SNi 4060 (ERNiCu-7)
	Inconel 600 Incoloy 800	ENi 2061 (ENi-1) ENi 6062 (ENiCrFe-3) ENi 6133 (ENiCrFe-2)	SNi 2061 (ERNi-1) SNi 6082 (ERNiCr-3)
	Hastelloy B Hastelloy B2 Hastelloy C	ENi 6062 (ENiCrFe-3) ENi 6133 (ENiCrFe-2)	SNi 6082 (ERNiCr-3) SNi 7092 (ERNiCrFe-6)

续表 D.0.4-2

母材类别		焊条型号	焊丝型号
Monel 400	Inconel 600 Incoloy 800	ENi 6062 (ENiCrFe-3) ENi 6133 (ENiCrFe-2)	SNi 6082 (ERNiCr-3) SNi 7092 (ERNiCrFe-6)
	Hastelloy B Hastelloy B2	ENi 4060 (ENiCu-7)	SNi 4060 (ERNiCu-7)
	Hastelloy C	ENi 6133 (ENiCrFe-2) ENi 6062 (ENiCrFe-3)	SNi 6082 (ERNiCr-3) SNi 7092 (ERNiCrFe-6)
Inconel 600 Incoloy 800	Hastelloy B Hastelloy B2 Hastelloy C	ENi 6062 (ENiCrFe-3) ENi 6133 (ENiCrFe-2)	SNi 6082 (ERNiCr-3) SNi 7092 (ERNiCrFe-6)
	Hastelloy C276 Hastelloy C4	ENi 1004 (ENiMo-3)	SNi 1004 (ERNiMo-3)
Hastelloy B	Hastelloy C	ENi 1004 (ENiMo-3)	SNi 1004 (ERNiMo-3)

注：括号内型号为被替代标准《镍及镍合金焊条》GB/T 13814—1992 的焊条型号和《镍及镍合金焊丝》GB/T 15620—1995 中的焊丝型号。

D.0.5 锆及锆合金焊丝的选用宜符合表 D.0.5 的规定。

表 D.0.5 锆及锆合金焊丝选用表

母材种类	母材牌号举例	焊丝型号 (AWS A5.24)
工业纯锆	ASME SB523、 SB658 R60702	ERZr2
Zr-1.5Sn 合金	ASME SB523、 SB658 R60704	ERZr3
Zr-2.5Nb 合金	ASME SB523、 SB658 R60705	ERZr4

本规范用词说明

1 为便于在执行本规范条文时区别对待，对要求严格程度不同的用词说明如下：

1） 表示很严格，非这样做不可的：
正面词采用“必须”，反面词采用“严禁”；

2） 表示严格，在正常情况下均应这样做的：
正面词采用“应”，反面词采用“不应”或“不得”；

3） 表示允许稍有选择，在条件许可时首先应这样做的：

正面词采用“宜”，反面词采用“不宜”；

4）表示有选择，在一定条件下可以这样做的，采用“可”。

2 条文中指明应按其他有关标准执行的写法为：“应符合……的规定”或“应按……执行”。

引用标准名录

《工业金属管道工程施工规范》GB 50235

《现场设备、工业管道焊接工程施工质量验收规范》GB 50683

《不锈钢焊条》GB/T 983

《气焊、焊条电弧焊、气体保护焊和高能束焊的推荐坡口》GB/T 985.1

《埋弧焊的推荐坡口》GB/T 985.2

《铝及铝合金气体保护焊的推荐坡口》GB/T 985.3

《复合钢的推荐坡口》GB/T 985.4

《焊接用钢盘条》GB/T 3429

《钛及钛合金丝》GB/T 3623

《焊接用不锈钢盘条》GB/T 4241

《氩》GB/T 4842

《纯氮》GB/T 4844.2

《碳钢焊条》GB/T 5117

《低合金钢焊条》GB/T 5118

《埋弧焊用碳钢焊丝和焊剂》GB/T 5293

《溶解乙炔》GB/T 6819

《气体保护电弧焊用碳钢、低合金钢焊丝》GB/T 8110

《纯氮、高纯氮和超纯氮》GB/T 8979

《铜及铜合金焊丝》GB/T 9460

《碳钢药芯焊丝》GB/T 10045

《电弧螺柱焊用圆柱头焊钉》GB/T 10433

《铝及铝合金焊丝》GB/T 10858

《埋弧焊用低合金钢焊丝和焊剂》GB/T 12470

《镍及镍合金焊条》GB/T 13814

《熔化焊用钢丝》GB/T 14957

《镍及镍合金焊丝》GB/T 15620

《低合金钢药芯焊丝》GB/T 17493

《不锈钢药芯焊丝》GB/T 17853

《埋弧焊用不锈钢焊丝和焊剂》GB/T 17854

《特种设备焊接操作人员考核细则》TGS Z6002

《焊接用二氧化碳》HG/T 2537

《焊接材料质量管理规程》JB/T 3223

《承压设备无损检测》JB/T 4730

《承压设备焊接工艺评定》NB/T 47014

《压力容器焊接规程》NB/T 47015

《承压设备用焊接材料订货技术条件 第7部分：钛及钛合金焊丝和填充丝》NB/T 47018.7

《惰性气体保护焊接用不锈钢棒及钢丝》YB/T 5091

中华人民共和国国家标准

现场设备、工业管道焊接工程施工规范

GB 50236—2011

条 文 说 明

修 订 说 明

《现场设备、工业管道焊接工程施工规范》GB 50236—2011，经住房和城乡建设部2011年2月18日以第942号公告批准发布。

本规范是在《现场设备、工业管道焊接工程施工及验收规范》GB 50236—98的基础上修订而成，上一版的主编单位是中国化学工程第三建设公司，参编单位是哈尔滨焊接研究所、原化工部管理干部学院、原化工部施工标准化管理中心站、中国化学工程第十三建设公司、原电力部安徽省第二建设公司、中国石化总公司燕山石化建设公司。主要起草人是鲁爰琴、张正先、宋胜英、程训义、夏节文、梁永利、涂乃明、田淑珍、廖传庆。

本规范依据建设部标准定额司要求"验评分离、强化验收、完善手段、过程控制"的原则进行修订。据此，修编组进行了广泛的调查研究，总结了我国焊接工程施工的技术水平和实践经验，同时参考了国外先进技术法规、技术标准。

按"验评分离"原则修订后，本规范更名为《现场设备、工业管道焊接工程施工规范》。本规范修改的主要技术内容已在前言中表述。

为便于广大设计、施工、科研、学校等单位有关人员在使用本规范时能正确理解和执行条文规定，《现场设备、工业管道焊接工程施工规范》修编组按章、节、条顺序编制了本规范的条文说明，对条文规定的目的、依据以及执行中需注意的有关事项进行了说明，还着重对强制性条文的强制性理由做了解释。但是，本条文说明不具备与标准正文同等的法律效力，仅供使用者作为理解和把握标准规定的参考。

目 次

1 总则 ………………………………… 1—21—40
2 术语 ………………………………… 1—21—40
3 基本规定 …………………………… 1—21—40
4 材料 ………………………………… 1—21—41
5 焊接工艺评定 ……………………… 1—21—41
6 焊接技能评定 ……………………… 1—21—43
7 碳素钢及合金钢的焊接 …………… 1—21—44
7.1 一般规定 ……………………………… 1—21—44
7.2 焊前准备 ……………………………… 1—21—44
7.3 焊接工艺要求 ………………………… 1—21—44
7.4 焊前预热及焊后热处理 ……………… 1—21—46
8 铝及铝合金的焊接………………… 1—21—47
8.1 一般规定 ……………………………… 1—21—47
8.2 焊前准备 ……………………………… 1—21—47
8.3 焊接工艺要求 ………………………… 1—21—47
9 铜及铜合金的焊接………………… 1—21—48
9.1 一般规定 ……………………………… 1—21—48
9.2 焊前准备 ……………………………… 1—21—48
9.3 焊接工艺要求 ………………………… 1—21—48
10 钛及钛合金的焊接 ……………… 1—21—49
10.1 一般规定…………………………… 1—21—49
10.2 焊前准备…………………………… 1—21—49
10.3 焊接工艺要求……………………… 1—21—49
11 镍及镍合金的焊接 ……………… 1—21—50
11.1 一般规定…………………………… 1—21—50
11.2 焊前准备…………………………… 1—21—50
11.3 焊接工艺要求……………………… 1—21—50
12 锆及锆合金的焊接 ……………… 1—21—51
12.1 一般规定…………………………… 1—21—51
12.2 焊前准备…………………………… 1—21—51
12.3 焊接工艺要求……………………… 1—21—51
13 焊接检验及焊接工程交接 ………………………………… 1—21—51
13.1 焊接前检查………………………… 1—21—51
13.2 焊接中间检查……………………… 1—21—52
13.3 焊接后检查………………………… 1—21—52
13.4 焊接工程交接……………………… 1—21—53

1 总 则

1.0.2 明确本规范的适用范围是金属材料，而不适用于非金属材料。现场设备和工业管道的常用金属材料的范围：碳素钢系指含 C≤0.30%；合金钢包括低合金结构钢、低温钢、耐热钢、不锈钢、耐热耐蚀高合金钢等；在铝及铝合金材料中，由于现场设备和管道工程主要使用工业纯铝和防锈铝合金（铝镁合金和铝锰合金），而其他铝合金因其可焊性差很少被工程所采用，故本规范适用于工业纯铝及防锈铝合金材料的焊接。同样，在设备和管道工程中所采用的铜及铜合金主要是纯铜和黄铜，所以本规范仅包括纯铜和黄铜的焊接。钛及钛合金包括工业纯钛和低合金钛；镍及镍合金包括工业纯镍、镍基合金和铁镍基合金；锆及锆合金在冶金、石油化工等方面主要用作耐腐蚀材料，在这里系指核工业以外的锆及锆合金，如美国的工业锆 ASTM R60702 和 ASTM R60705 等。

1.0.3 本规范适用的焊接方法仅是熔化焊部分，本次修订增加了自保护药芯焊丝电弧焊、气电立焊和螺柱焊方法。根据现行国家标准《焊接及相关工艺方法代号》GB/T 5185—2005 的分类，焊条电弧焊、埋弧焊、钨极惰性气体保护电弧焊（TIG，如钨极氩弧焊）、熔化极气体保护电弧焊、自保护药芯焊丝电弧焊均属于电弧焊的范畴。熔化极气体保护电弧焊包括熔化极惰性气体保护电弧焊（MIG，如熔化极氩弧焊）、熔化极非惰性气体保护电弧焊（MAG，如二氧化碳气体保护焊）、非惰性气体保护的药芯焊丝电弧焊和惰性气体保护的药芯焊丝电弧焊四种。气电立焊主要用于现场大型金属储罐的纵缝焊接，近几年来在国内应用发展较快。自保护药芯焊丝电弧焊与焊条电弧焊同属于金属电弧焊的范畴，近年来自保护药芯焊丝电弧焊在现场设备和管道工程中得到推广应用。螺柱焊主要用于现场设备的栓钉（保温钉）焊接，在国内已逐步取代栓钉的手工电弧焊方法。气焊方法仅限于焊接黄铜，它在工程建设现场的小口径低碳钢管道上的应用已被钨极氩弧焊所取代。对于钎焊，在现场设备和管道工程中应用极少，故未列入。

1.0.5 设计文件是管道工程施工的基本依据，按图施工是国务院令第 279 号发布的《建设工程质量管理条例》第 28 条和第 29 条的规定，应严格执行。实际施工过程中，施工单位经常会发现设计不合理或不符合实际之处；现场也会出现材料采购困难或引进新材料的情况，需要通过材料代用来保证施工有序进行。此时，施工单位可对设计文件修改或材料代用提出建议，经原设计单位研究决定后作出设计变更，签署意见并盖章后，方可按变更后的设计要求进行施工。

1.0.8 由于本规范是指导基本建设施工现场焊接的综合性规范，是对现场设备、工业管道焊接施工提出的基本要求。考虑到各行业施工的特殊性，本规范只对各行业焊接施工质量控制的共性内容提出要求，而把各行业焊接施工的特殊性交由相关行业标准和专业标准来处理。因此，现场焊接工程施工除应执行本规范的规定外，尚应按国家现行有关标准执行。

2 术 语

2.0.2 该术语参照了现行国家标准《焊接管理任务与职责》GB/T 19419—2003 关于焊接管理人员的定义，专指那些通过培训、教育或实践获得一定焊接专业知识，其能力得到认可并被指定对焊接及相关制造活动负有责任的人员。

2.0.3 国内有些标准和规程采用的术语不统一，如焊接工艺指导书、焊接作业指导书等。本规范综合了现行国家标准《焊接术语》GB/T 3375—1994、行业标准《钢制压力容器焊接工艺评定》JB 4708—2000 和《焊接词典》的定义。

2.0.4 该术语根据现行国家标准《焊接工艺规程及评定的一般规则》GB/T 19866—2005，定义为“待评定的焊接工艺规程”。

2.0.7 采用了现行国家标准《钢熔化焊焊工技能评定》GB/T 15169—2003 的术语，将其定义为“对焊接作业人员的操作技能进行评估考核的过程”。

3 基本规定

3.0.1 本条强调设计文件中焊接技术条件的重要性，是要求设计人员保证设计文件的完整性和可操作性，使施工少走弯路。原规范对设计文件的内容要求很具体，设计一般很难做到，实际工作中此条变成了空话。本次修订为原则性的要求，对具体内容不作规定，由设计按照工程实际需要提出焊接技术条件。

3.0.2 焊接人员包括焊接责任人员和作业人员。焊接责任人员包括焊接技术人员、焊接检查人员、焊接材料管理人员、焊缝无损检测人员等；焊接作业人员包括焊工、焊接热处理工以及与焊接工作相关的辅助人员（如管工、铆工、电工等）。焊接人员的素质是保证焊接工程质量的前提条件，本条是对焊接责任人员及作业人员最基本的要求。

3.0.4 本条强调施工单位应具备的焊接条件，包括焊接技术能力、焊接人员和装备等资源能力、建立质量管理体系的运行水平，是保证工程焊接质量的基本条件。施工单位的焊接技术能力水平，一般通过焊接工艺评定来体现。

3.0.5 本条对施焊环境提出了基本要求。关于“焊接环境温度”的规定，国内不少标准提出允许焊接的最低环境温度值，但规定的温度值不尽一致。实际上，在整个焊接过程中，只要能保证被焊区域的足够温度（包括在必要时采取的预热、中间加热、缓冷等手段）就可顺利地进行焊接，获得合格接头。所以对环境温度值给予限制不是充分必要的，目前又尚无为大家所接受的公认合理的限制环境温度标准。故本条提出在采取措施，能保证被焊区域所需足够温度和焊工技术不受影响的情况下，对环境温度值不作强制性规定。

3.0.6 焊接施工中超过两次返修的焊缝是不断存在的。实践已证明，只要在焊缝返修时的焊接工艺措施得当，超过两次返修的焊缝其使用性能不会受到影响。相反，对钢而言，多次返修后对热影响区的多次回火作用有利于改善力学性能。若措施不当，只会使新老缺陷问题更加严重。如：铝材随着焊接返修次数的增加，焊缝成形就越来越困难。本规范提出限制返修次数不是从技术角度出发，主要是从焊接质量管理角度考虑的。返修两次仍不合格，说明这位焊工连续三次都不能焊好，应该采取管理措施，如：更换焊工；及时、准确地分析缺陷产生的原因；重新制定返修措施、调整焊接工艺（无须重新评定焊接工艺），防止缺陷的进一步扩大；修正奖惩政策；加强对返修质量的监控等，这些都要通过施焊单位采取管理手段来完成。

3.0.8 不锈钢和有色金属管道大多用于各种耐腐蚀性介质或在高温、低温等特殊条件下使用，如钛的耐蚀性主要依靠表面形成致密的氧化膜来达到。因而它们在焊接生产过程中，应考虑如何保护其管道表面在搬运、存放、切割加工、焊接和安装过程中不造成机械损伤和被污染（如铁离子或氯离子等杂质污染），以免影响其使用性能。

4 材 料

4.0.1 用于焊接工程的所有材料都应有制造厂的质量证明书。对无质量证明书的材料应按材料标准规定补作试验，证明材料合格后方可使用。

4.0.2 检查并确认母材是否无差错地用在设计所规定的部位上，乃是焊接之前一个极其重要的工作，也是保证焊接质量的前提。所以本条提出：母材使用前应按国家现行标准和设计文件的规定进行检查和验收，确保投入使用的母材是合格产品。实行产品质量终身制要求无论是在施工过程中还是在施工结束后材料都要有可追溯性。

4.0.3 本条所述焊接材料包含了非承压和承压的设备和管道用焊接材料。焊接材料质量是保证焊缝质量的关键，故对不同母材用焊接材料的生产标准进行了详细规定。

根据现行国家标准《氩》GB/T 4842—2006 的规定，纯氩合格品的纯度指标不应低于 99.998%，故对原规范的氩气纯度指标进行了修改。

原规范二氧化碳气体纯度为不应低于 99.5%。现依据现行行业标准《焊接用二氧化碳》HG/T 2537—1993 的规定，含水量不应大于 0.005%，二氧化碳气体纯度不应低于 99.9%进行了修改。

原规范氧气的纯度为 98.5%。现在焊接用氧气的生产技术规定氧气的纯度为 99.5%（见《工业氧》GB/T 3863—2008）。氧气的纯度对气焊、切割的效率和质量有很大影响，用于气焊和切割的氧气纯度越高越好，尤其是切割时，为实现切口下缘无粘渣。现在施工中已没有用电石自制乙炔气体，所以将原规范的有关要求删除。

铈钨电极电子逸出功低，化学稳定性高，允许电流密度大，无放射性，性能优于纯钨极，是目前普遍采用的钨极。钍钨极电子发射能力强，允许电流密度大，电弧燃烧较稳定，但钍元素具有一定的放射性。故本规范推荐采用铈钨极，而不推荐采用钍钨极。

4.0.4 为新增条文。条文中第 4 款“焊接材料试验或复验”在设计技术文件或供货协议有要求时才进行。

5 焊接工艺评定

5.0.1 焊接工艺能否保证工程焊接质量很关键。焊接工艺正确与否，需要通过焊接工艺评定进行验证。焊接工艺评定一是为验证所拟定的焊件焊接工艺的正确性，二是评价施焊单位施焊焊缝的使用性能符合设计要求的能力。所以焊接工艺评定很重要，必须在工程焊接前完成。

焊接工艺评定与焊接性能试验是两个相互关联、又有所区别的概念。焊接性能试验主要解决材料如何焊接问题，但不能回答在具体工艺条件下焊接接头的使用性能是否满足要求这个实际问题，只有依靠焊接工艺评定来完成。钢材的焊接性能是焊接工艺评定的基础、前提。没有充分掌握钢材的焊接性能就很难拟定出完整的焊接工艺进行评定。钢材的焊接性能可以通过调研、查找资料、咨询及必要的试验获得，但真实性必须可靠。本条只要求在焊接工艺评定前应掌握材料的焊接性能，没有要求每次评定前都要进行一次焊接性能试验。

5.0.2 原规范第 4 章“焊接工艺评定”的内容主要依据美国机械工程师协会 ASME 第Ⅸ卷《焊接和钎焊评定》，并结合国内情况编写的，这与《钢制压力容器焊接工艺评定》JB 4708—2000 观点是一致的。最近 JB 4708—2000 已修订为《承压设备焊接工艺评定》NB/T 47014—2011，适用范围扩大到锅炉、压力容器、压力管道、气瓶等特种设备，仍然保留了 ASME-Ⅸ的观点。为避免目前国内同一种产品的焊接工艺评定标准较多，给企业带来重复做焊接工艺评定的麻烦，本次修订直接引用《承压设备焊接工艺评定》NB/T 47014—2011标准。

5.0.3～5.0.9 焊接工艺评定的一般过程是：根据金属材料的焊接性能，按照设计技术条件和制作安装工艺拟定焊接工艺预规程；施焊试件和制取试样；检验试件和试样，测定焊接接头是否具有标准规定的技术要求；提出焊接工艺评定报告，判定焊接工艺评定的结果。

如何判断一项焊接工艺评定结果是否合格，并能应用于本规范适用范围内的焊接工程上，首先应确定该项评定的试验程序、试验方法和评定合格标准是否符合《承压设备焊接工艺评定》NB/T 47014的规定。然后根据《承压设备焊接工艺评定》NB/T 47014规定的重要因素和补加重要因素（有冲击韧性要求时）核定其适用的范围。对其中的不符合项应采取追加试验和评定的方法，或重新进行焊接工艺评定。

在已有焊接工艺评定的基础上因评定条件改变而增加检验和试验内容，或者标准改版时，还会遇到焊接工艺评定报告的变更问题。按照本规范的观点，除允许对焊接工艺评定报告进行编辑上的更改或补充外，一般焊接工艺评定报告是不允许变更的，因为焊接工艺评定报告是进行特定焊接试验时发生事件的记录。“编辑上的更改”是指诸如母材或填充金属分类号的误用。“补充”是指诸如由于标准的修改而引起的变化。在焊接工艺评定报告中可以附加补充文件，只要这些补充文件被试验记录或类似数据证实是原来评定条件的一部分。但是对焊接工艺评定报告的所有变更（包括日期）都必须进行再确认。

焊接工艺评定验证施焊单位拟定焊接工艺的正确性，并评定施焊单位在限制条件下焊成合格接头的能力。所以焊接工艺评定的基本原则是：

1 应以金属材料的焊接性能为基础，并在产品焊接前完成。

2 应在一个单位所建立的焊接质量管理体系内完成（见本规范第3.0.4条）。换言之，每个施焊单位应自行组织并完成焊接工艺评定工作。任何施焊单位不允许将焊接工艺评定的关键工作（如焊接工艺预规程的编制、试件焊接等）委托另一个单位完成。试件和试样的加工、无损检测和理化性能试验等可委托其他检测试验机构完成，但施焊单位应对整个工艺评定工作及试验结果负全部责任。

3 评定试件由本单位技能熟练的焊工使用本单位的焊接设备施焊，既可证明施焊单位的焊接技术能力和工装水平，又能排除焊工技能因素的影响。

4 不允许“照抄”或“输入”外单位的焊接工艺评定。

5 焊接工艺预规程应由具有一定专业知识和相当实践经验的焊接技术人员拟定。

5.0.10 本规范将“焊接工艺文件”摆到一个很重要的位置，在后面各章里对焊接坡口制备、焊接过程控制参数、预热和热处理控制参数等均要求“符合焊接工艺文件的规定”。焊接工艺文件包括焊接工艺评定资料（焊接工艺评定报告、焊接工艺预规程、检测试验报告等）、焊接工艺规程、焊接施工方案（措施）等。焊接工艺规程是指导焊工和热处理工按相应技术法规或标准要求焊制产品的重要工艺文件，也是证明施焊单位具有按国家法规或标准制造、安装合格产品能力的主要文件之一，同时还是参与工程焊接管理的各方和相关部门检查焊接工艺纪律执行情况的重要检查依据。在实际工作中，很多施焊单位和焊接工程技术人员都常常忽视焊接工艺评定和焊接工艺规程的作用。本条的提出就是要求施焊单位和焊接工程技术人员在编制焊接工艺规程时应重视焊接工艺评定报告，重视焊接工艺规程的内容和编制质量。编制焊接工艺规程的基本要求是：

1 焊接工艺规程必须由施焊单位自行编制，不得沿用其他企业的焊接工艺规程，也不得委托其他单位编制用以指导本单位焊接施工的焊接工艺规程。

2 现场编制焊接工艺规程时，应以焊接工艺评定报告为依据，还要综合考虑设计文件和相关标准要求、产品使用和施工条件等情况。本条规定：

1） 一个焊接工艺规程可依据一个或多个焊接工艺评定报告进行编制。例如：手工钨极氩弧焊＋手工电弧焊的组合焊工艺，可分别依据手工钨极氩弧焊方法的焊接工艺评定报告和手工电弧焊方法的焊接工艺评定报告进行编制。

2） 一个焊接工艺评定报告可用于编制多个焊接工艺规程。例如：已知立向上焊位置的焊接工艺评定报告，可用于编制平焊、横焊、仰焊等各种不同位置的焊接工艺规程。

3 焊接工艺规程不能完全等同于“焊接工艺预规程”。即使焊接工艺因素（重要因素、补加重要因素和次要因素）未超出“焊接工艺预规程”所适用的范围，也必须另行编制焊接工艺规程。

4 一份完整的焊接工艺规程应当列出为完成符合质量要求的焊缝所必需的全部焊接工艺参数（工艺因素），除了规定直接影响焊缝力学性能的重要工艺参数（重要因素和补加重要因素）以外，还应规定可能影响焊缝质量和外形的次要工艺参数（次要因素）。

5 当某个焊接工艺因素（重要因素、补加重要因素和次要因素中的任何一个因素）的变化超出标准规定的评定范围时，均需重新编制焊接工艺规程，并应有相对应的焊接工艺评定报告作为支持性文件。

6 焊接工艺规程应由具有一定专业知识和相当实践经验的焊接技术人员编制，焊接技术负责人审批。只有经过审批的焊接工艺规程才可用于指导焊工施焊和焊后热处理工作。

6 焊接技能评定

6.0.1 本条规定了焊接技能评定的组织和实施机构是企业焊接技能评定委员会。企业焊接技能评定委员会必须在企业中产生，按照企业质量管理体系的要求建立与运行，不强调有关主管部门的审批程序。未设立焊接技能评定委员会的单位，其焊工的焊接档案可委托由承担其焊接技能评定的企业负责管理。

6.0.2 本条规定的企业焊接技能评定委员会应具备的条件必须是本单位具备的，主要包括人员、场地、设备、工艺文件等。一般不得外借设备、外借人员和租用场地作为焊接技能评定的场地。焊接技能评定委员会必须有的基本人员包括承担考试技术责任的焊接工程师、具有较高理论和实际水平的射线照相检验人员以及具有监督焊工技能考试和执行工艺指令能力的焊接技师，其中射线检测人员应取得国家有关部门至少射线检测Ⅱ级资格。对考试的场地、工装设备、检测手段等提出要求，目的是保证焊工考试工作的顺利进行，也是成立焊工考试机构的必备条件。本条规定企业具有管理不少于 50 名焊工的能力，是指与本企业签订有劳动合同的焊工。

6.0.4 基于我国的国情，对焊工的文化程度加以规定是有必要的。为避免考试成绩低劣，致使大量焊接技能评定不能通过，故规定参加考试的焊工应有一定基础并要通过焊接技能评定委员会的审查批准。

6.0.5 基本知识考试是参加技能考试的前提，因为技能水平的提高是建立在理论水平的基础上，为督促焊工学习基本知识，提高理论水平，规定基本知识考试合格后方能参加操作技能考试。

6.0.6 本条规定的焊工基本知识考试的内容包括焊工为合理施焊和安全操作所必备的基本知识。这样规定比国内其他考试规则的内容范围窄，但针对性强，符合焊工的基本条件和满足现场焊接工作的需要。

6.0.7 规定了焊工在何时何种情况下可以免除基本知识考试，但材料类别或焊接方法有改变时，需重新增加相应材料类别、焊接方法的考试。因为不同种类的材料其焊接特点有一定差别，对焊接技能的要求就不一样；不同的焊接方法其焊接基本原理大不相同。焊工必须经过对该种类材料或焊接方法的基本知识进行系统的学习，方能正确掌握和提高。

6.0.8 强调了焊工应严格按照焊接工艺规程的要求进行技能评定，其目的是：一方面保证焊接技能评定不受不良的焊接工艺因素影响，另一方面考核焊工执行焊接工艺指令的能力。

6.0.9 原规范第 5 章关于“焊接操作技能评定的范围、内容、方法和结果评定”的内容主要依据美国机械工程师协会 ASME 第Ⅸ卷《焊接和钎焊评定》并结合国情编写的，这与《锅炉压力容器压力管道焊工考试与管理规则》（国质检锅〔2002〕109 号）是一致的。《锅炉压力容器压力管道焊工考试与管理规则》现已修订为《特种设备焊接操作人员考核细则》TSG Z 6002—2010，而且保留了 ASME 第Ⅸ卷的一些观点。为简化规范条文的叙述，也为协调好本规范与国家质检总局特种设备安全技术规范《特种设备焊接人员操作考核细则》TSG Z 6002—2010 的关系，避免重复性的工作，本次修订对原规范中涉及焊接操作技能评定的相关内容与《特种设备焊接操作人员考核细则》基本一致的部分直接采用。

《特种设备焊接操作人员考核细则》中不涉及锆及锆合金材料，故对其作补充要求。

原规范提出了同一管状试件上同时进行水平固定及垂直固定两位置的考试，实践表明这是一种行之有效且经济合理的办法。本次修订予以保留，并对管径进行了限制。

本条第 3 款依据 ASME 第Ⅸ卷对部分材料的部分焊接方法免去了弯曲性能检验的要求。

依据 ASME 第Ⅸ卷，结合我国施工现场工件材质多，用于考试的材料供应不足的实际情况，在焊接材料与原规定不变的前提下，考试试件的母材采用低合金系列材料代替高合金材料是可行的。当考试试件母材按本规范表 6.0.9 代用时，焊接材料必须与原规定的考试试件母材相匹配。本规定适用于只进行射线检测的试件，如果有弯曲性能检验要求时，则不适合。

6.0.10 焊接技能评定不合格的原因可能有技能以外因素的影响，所以应给予补考的机会，补考仍不合格，可对其技能作出判断，需经一段时间的培训和学习，方能再次申请考试。对于补考仍不合格者，应经过多长时间的培训和学习，才能再次申请补考呢？国内标准规定为 3 个月，国外规范无时间规定。我们认为应根据焊工培训进步情况决定，在时间上以不作硬性规定为宜。

6.0.11 对连续中断 6 个月焊接作业需要再参加焊接工作的焊工，国内一些考试规则规定的办法是“重新考试”。但完全依靠重新考试会给企业带来繁重的工作量和经济负担。本条增加“现场考核”的办法，同样能考查焊工在中断 6 个月后技能有无退步。“现场考核”的办法及考核焊缝的长度规定主要依据 ASME 第Ⅸ卷。

由于各企业内部的质量管理指标和考核办法不尽相同，对焊工技能等级的要求也不尽一致，质量低劣注销合格证的条件由企业质检部门确定。

6.0.12 在施工现场往往一名焊工除承担本规范适用范围内的焊接工作外，还同时从事锅炉、压力容器、钢结构构件等的焊接工作，相应的规范又规定必须符合各自考规的要求，所以，作为企业和焊工都希望能建立起各考规之间的联系“桥梁”，以避免重复考核。

本条提出：若焊工按其他标准考核合格，承担本规范适用范围的焊接作业时，应取得建设单位（或监理）的焊接责任工程师认可，条件是认可的项目应符合本章规定。

7 碳素钢及合金钢的焊接

7.1 一般规定

7.1.1 本条是对碳素钢和合金钢现场设备和管道焊接施工适用材料范围的规定。合金钢主要包括低合金结构钢、低温钢、耐热钢、不锈钢（含铁素体不锈钢、马氏体不锈钢、奥氏体不锈钢、双相不锈钢等）、耐热耐蚀高合金钢等。

7.1.2 本条是对适用焊接方法的规定。与原规范相比，增加了自保护药芯焊丝电弧焊、气电立焊、螺柱焊，这都是目前工程现场已采用且技术成熟的方法。随着钨极惰性气体保护电弧焊（钨极氩弧焊）方法的普及，气焊方法对于碳钢和合金钢而言已很少采用，面临淘汰，但本次修订仍保留，理由是对于普通低碳钢的焊接不失为一种成本低、又能满足使用要求的焊接方法。工程现场设备和管道常用的合金钢主要包括低合金结构钢、低温钢、耐热钢、不锈钢（含双相不锈钢）、耐热耐蚀高合金钢等。

7.2 焊前准备

7.2.1 机械加工即冷加工，主要包括车、刨、砂轮切割、坡口机加工等，适用于所有的材料。但不锈钢、有色金属等材料用砂轮切割与修磨坡口时，应使用专用砂轮，不得使用切割碳素钢管的砂轮，以免受污染而影响不锈钢和有色金属的质量。等离子弧或氧乙炔火焰加工即热加工，等离子弧切割主要用于高合金钢和有色金属材料，但氧乙炔火焰切割主要适用于碳素钢和低合金钢。对淬硬倾向大的合金钢，热加工切割容易产生表面淬硬层。表面淬硬层的厚度与切割方法、切割速度、工件材质、结构状况及环境条件有关。因此，对不同的材料应正确选用合适的热切割加工方法和采取相应的措施，减少淬硬层的厚度，否则应采用机械方法加工处理。

7.2.2 焊件坡口及内外侧表面的油、漆、锈、毛刺、镀锌层等污物和有色金属表面氧化膜的存在，对焊接质量影响很大。尽管组对前对其进行过清理，但由于焊件组对过程或组对清理后的待焊过程中，坡口表面仍可能被氧化或被污染。焊丝也会由于其表面的油污、锈蚀等对焊接质量造成不良影响。在组对前应对坡口及坡口两侧内外表面进行清理，在施焊开始之前还应对坡口及坡口两侧和焊丝进行清理和检查。由于不同材料的焊接特性不同，坡口两侧的清理对象、清理范围和清理方法等要求也不同（见本规范第7章～第12章相关条款）。

7.2.4 焊件组对错边量的大小直接影响到根部焊道质量，尤其是单面焊焊缝，如局部错边量过大，易导致焊缝根部产生未熔合缺陷和造成应力集中。有些设备和管道还会因错边产生冲刷腐蚀。

7.2.5 本条对错边量的规定主要是从能否保证焊接质量来考虑，同时也考虑了材料制造本身允许的壁厚误差。设备对接焊缝错边量的规定是参照ASME第Ⅷ卷《压力容器第一册》和现行国家标准《钢制压力容器》GB 150—98制定的。

7.2.6 本条对焊缝位置的规定主要是防止焊缝过于集中形成应力叠加，以免造成焊接接头破坏的隐患，并考虑因位置障碍影响焊工施焊和热处理工作的进行。在焊缝上开孔会使焊缝应力状态恶化，所以不宜在焊缝及其边缘上开孔。当无法避免在焊缝及其边缘上开孔或开孔补强时，开孔边缘应避开焊缝缺陷位置，并对开孔附近的焊缝进行检测。

7.2.7 焊接坡口的根本目的是确保接头根部焊透，并使两侧的坡口面熔合良好。设计焊接坡口既要符合设计文件的要求，还要考虑母材的焊接性、结构的刚性、焊接应力、焊接方法的特点及其熔深等。对于奥氏体不锈钢的焊接，还要注意坡口形式和尺寸对抗腐蚀性能的影响。所以焊缝的坡口形式和尺寸应按照能保证焊接质量、焊缝填充金属尽量少、避免产生缺陷、减少焊接残余应力和变形、减少异种金属焊缝的稀释率、有利于焊接防护、使焊工操作方便、适应无损检测要求等原则，并根据接头形式、母材厚度、焊接位置、焊接方法、有无衬垫及使用条件等确定。本条推荐的标准坡口供现场编制焊接工艺规程时参考。

7.2.8 对不等厚焊件组对时错边量的处理要求既从保证焊接质量出发，又考虑了使用条件、应力集中因素和焊件的外观质量。

7.2.13 不锈钢焊件焊接时，如飞溅物落到坡口两侧，易在沾污处引起腐蚀，从而影响焊件的使用性能。防止措施：坡口两侧涂加粘结剂的白垩粉、专用的防飞溅涂剂。此条要求主要针对焊条电弧焊、熔化极气体保护电弧焊等飞溅大的焊接方法而言，钨极惰性气体保护电弧焊就不存在飞溅问题。

7.2.14 螺柱焊的瞬间电流大，网压的波动、电源的稳定对焊接质量影响较大。

7.3 焊接工艺要求

7.3.1 正确选择焊接材料是保证焊接质量最重要的也是基本的条件。本条对焊条、焊丝的选择作了原则规定。焊接材料原则上应由设计文件提出，并通过焊接工艺评定验证后才能用于焊接工程。

1 焊接材料选用的基本原则：

1）应考虑焊接材料的工艺性能。工艺性能若不好，则电弧燃烧不稳定，不易脱渣，飞溅大，焊缝易出现气孔，容易产生焊接缺陷。所以工艺性能是否良好是选择焊材时应考虑的一项重要条件。

2）应考虑焊材与母材的相匹配性，保证焊接接头的使用性能，即按照母材的化学成分、力学性能、焊接性能、焊前预热、焊后热处理和使用条件等因素综合考虑，必要时通过试验确定。

2 同种钢材的焊接，首先要保证焊缝金属的使用性能（包括力学性能，耐热耐腐蚀及低温性能等）与母材相当。为此：

1）碳素钢、低合金强度钢应保证焊缝的力学性能高于或等于相应母材标准规定下限值。

2）铬钼耐热钢应保证焊缝的力学性能和化学成分均高于或等于相应母材标准规定下限值。通常情况下都是根据其合金元素含量选择相应化学成分的焊材。

3）低合金低温钢应保证焊缝的力学性能高于或等于相应母材标准规定下限值，选用与母材使用温度相适应的焊材。就低温钢的焊接性而言，主要矛盾是保证接头的低温韧性要求，防止接头在使用中产生脆性断裂，其强度通常均能满足要求。

4）高合金钢应保证焊缝金属的力学性能和耐腐蚀性能均高于或等于相应母材标准规定下限值。也可选用镍基焊材。

5）当用奥氏体焊接材料焊接非奥氏体母材时，应慎重考虑母材与焊缝金属膨胀系数不同而产生的应力作用。

3 异种钢结构能充分利用材料各自的优点，节省大量的贵重材料，并能更好地满足使用要求，在工程建设施工中，不可避免地会遇到异种钢材的焊接问题。

1）金相组织基本相同而钢种不同的异种钢焊接时，因其热物理性能彼此差异不大，可不考虑因组织差异对焊接质量所带来的问题。一般情况下根据合金含量较低一侧或介于两者之间的钢材选择焊材，既可满足对接头的使用要求，而且焊材的焊接性也较好。

2）奥氏体钢与珠光体钢焊接时，为避免焊缝中产生脆性的马氏体组织，用含镍量高的焊接材料是目前改善此类异种钢焊接接头中熔合区质量的主要手段。含镍量越高，脆性层宽度越小，当使用镍基焊材时，脆性层会完全消失。

对于“设计温度高于 425℃时，宜选用镍基焊接材料”的规定，主要参考电力行业和石化行业的通行做法（见现行行业标准《石油化工异种钢焊接规程》SH/T 3526—2004 和《火力发电厂焊接技术规程》DL/T 869—2004 的相关规定）。

4 复合钢基层多半由碳素钢或低合金钢组成，以满足设备在使用中的强度和刚度要求；不锈钢部分称为复层，主要用来满足耐腐蚀性能要求，其厚度通常占总厚度的 10%～20%。复合钢板基层与复层过渡的焊接，实际上即为奥氏体钢与珠光体钢之间异种钢的焊接，需采用 25Cr-13Ni 或含镍量更高的焊材。

7.3.2 定位焊缝承受组对应力。定位焊缝过短、过薄，易撕裂，存在缺陷的可能性大。这些缺陷在焊接过程中常常不能全部熔化，而保留在新的焊道中，形成根部缺陷。因此，对定位焊缝应进行清理检查，对发现的缺陷进行打磨处理和修整。

对定位焊缝的焊接要求与正式焊缝同样对待（合格焊工，相同焊材、预热条件和焊接工艺）。

由于工夹具焊缝短，受热影响硬而脆，容易产生焊接缺陷，所以除通过组装方法和工夹具设计的改进使得工夹具焊点数最少外，最好工夹具材质与母材相同或同一类别号，工夹具焊接（焊材和工艺）也要求与正式焊接相同。

7.3.4 对合金元素含量较多的钢种，在钨极惰性气体保护电弧焊（如氩弧焊）打底时焊缝背面应充保护气体加以保护，否则焊缝背面将会被严重氧化，甚至形成疏松组织而无法成形，严重影响焊缝质量。但对合金元素含量较少的钢种，内侧是否充保护气体对焊缝成形和焊接质量并无明显影响，在此情况下则没有必要对焊缝背面金属进行保护。保护气体普遍采用氩气。国外及国内有些单位采用氮气或氩气＋氢气等其他气体成分作为背面保护取得了成功经验。所以本条对焊缝背面保护方法和保护气体的种类未予限制。

根据多年来的施工经验保留原规范将钨极惰性气体保护电弧焊或熔化极气体保护电弧焊时，焊缝背面应进行保护的合金钢化学成分限定在 Cr≥3%或合金元素总含量大于 5%。

7.3.8 中断焊接是指一条焊缝因某种原因未能完成而中断，焊缝要在完全冷却后重新开始焊接。每条焊缝连续焊完，可使焊缝在整个焊接过程中少受外界不利因素影响，因此强调：除工艺或检验要求需分次焊接外，每条焊缝宜一次连续焊完。考虑到某些焊缝要进行中间检验、或工艺要求、或其他缘故而中断焊接时，应根据工艺要求采取保温缓冷或后热等防止产生裂纹的措施。再次焊接前应清理并检查焊层表面。

7.3.9 需预拉伸或预压缩的管道焊缝组对时的附加应力由工夹具所承受，在焊接过程中和热处理前如将工夹具拆除，则这部分附加应力将叠加到焊缝上，易导致焊缝产生裂纹。为防止该附加应力在工夹具拆除后叠加到焊缝上，在焊完及热处理完毕焊缝已达到足够的强度和塑性，并经检验合格后方可拆除工夹具。

7.3.12 对低温钢、奥氏体不锈钢、双相不锈钢、耐热耐蚀高合金钢以及奥氏体与非奥氏体异种钢接头，为保证其焊接质量，除应选择正确的焊接方法和焊接材料外，需采用的焊接工艺的共同特点就是选用较小的焊接线能量施焊，并尽量降低道间温度。

焊接低温钢时，控制焊接线能量，可防止因焊缝过热出现粗大的铁素体或粗大的马氏体组织。试验证明，增大焊接线能量时，焊缝和热影响区的韧性都随之下降。

奥氏体不锈钢采用小的焊接工艺参数焊接，可有效地防止合金元素的烧损，降低焊接残余应力，减少熔池在敏化温度区的停留时间，避免产生晶间腐蚀，同时也可防止热裂纹的产生。

双相不锈钢既要控制焊接线能量的上限，也要控制其下限。这是因为当线能量太低可导致母材熔合区和热影响区铁素体含量过高，从而降低韧性和耐蚀性，而太高的线能量可导致金属间沉淀相的形成，而铁素体对形成金属间相敏感。

双相不锈钢进行多层多道焊时，后续焊道对前层焊道有热处理作用，焊缝和热影响区的奥氏体相组织增多，成为奥氏体占优势的两相组织，从而使整个焊接接头的组织和性能显著改善。所以双相钢接触腐蚀介质一面的焊缝先焊比后焊要好，这恰与奥氏体不锈钢焊缝相反。

22Cr-5Ni-3Mo（2205 型）、25Cr-7Ni-4Mo（2507 普通型和超级型）双相不锈钢焊接采用氩＋氮混合保护气，对焊缝的双相比是有好处的。因为双相不锈钢（如 2205 型、2507 型）均是氮合金化的，在距焊缝表面的一定范围内氮的损失是难免的，如果氮的损失过多，则焊缝区的奥氏体相比例将会大大减少，铁素体相偏高，冲击韧性下降，耐腐蚀性能也会减弱。因此保护气体中保持一定量的氮气可以补充焊接过程中金属本身氮的损失，但如果补充量太大，焊缝易产生气孔，焊缝的冲击值也会下降。一般推荐采用 98% Ar＋2% N_2 比较合适。

耐热耐蚀高合金钢采用较小的焊接线能量焊接，可减小合金元素烧损和熔池过热而形成粗晶组织，获得较好“等强度”的接头。粗晶组织虽然对高温瞬时强度和持久强度有一定好处，但严重降低高温塑性和疲劳强度，并易引起热裂纹，过热区越宽，影响越严重。

非奥氏体与奥氏体异种钢接头的焊接，选用小电流、短电弧、快焊速工艺可有效降低熔合比，避免接头一侧产生淬硬组织，防止扩散层。如果淬硬倾向较大，焊前应对其预热，其预热温度比单独焊接时要低一些。

7.3.15 酸洗、钝化的目的是为了使不锈钢表面生成一层无色致密的氧化薄膜，起耐腐蚀作用。奥氏体不锈钢焊缝及其附近表面是否必须进行酸洗、钝化处理，应由设计根据使用条件确定。酸洗、钝化液的配方也应由设计或相关标准给定。

7.3.16 螺柱焊每个工作日前的焊接试验是对当天焊接人员、设备及作业条件的检验，有利于确保焊接质量。

7.4 焊前预热及焊后热处理

7.4.1 焊前预热和焊后热处理，是降低焊接接头的残余应力，防止产生裂纹，改善焊缝与近缝区金属组织与性能的有效方法。是否进行预热及热处理不仅要考虑钢材的淬硬性和焊件厚度，还应考虑结构刚性、介质、母材的供货状态、焊接方法及环境温度等条件。

7.4.2 预热的主要目的是为了降低钢材的淬硬程度，延缓焊缝的冷却速度，以利于氢的逸出和改善应力条件，从而降低接头的延迟裂纹倾向。提高预热温度常常会恶化劳动条件，使生产工艺复杂化。过高的预热还会降低接头韧性。因此焊前是否需要预热和预热温度如何确定要认真考虑。影响预热温度的因素很多。本条依据 ASME B31.3《压力管道规范　工艺管道》提出的表 7.4.2 是对常用钢种的最低预热温度值要求，只考虑了材质和厚度两个因素。实际焊件预热时，不仅要考虑材料的淬硬性和焊件厚度，还应考虑结构刚性、焊接方法和环境温度等因素，当遇有拘束度较大或环境温度低等情况时应适当增加预热温度。

7.4.4 预热区域范围并非仅是焊缝和热影响区，还要考虑焊件的散热问题，以保证焊件焊接时的焊缝和热影响区温度（含壁厚方向的温度梯度）符合要求。而焊件的散热程度与焊件材质和尺寸（表面积和壁厚）有关。本条规定的预热区域范围是最低要求，实际预热的加热范围要结合焊件的实际情况确定。

7.4.5 控制道间温度的目的在于：一方面维持一定的道间温度（一般不低于预热温度），以防止焊接接头产生淬硬组织；另一方面限制道间温度不能太高，以提高接头冲击性能和耐腐蚀性能。如果道间温度不足，就相当于预热温度偏低而达不到预热的目的；但若道间温度过高，说明道间的预热温度过高，无形中增大了焊接线能量，易引起过热或产生接头塑性和冲击功的下降。对铬钼合金钢还可能在热影响区形成“软化区”，导致热强性明显下降。奥氏体不锈钢控制道间温度是为防止焊缝过热影响耐腐蚀性能。

7.4.6 本规范所叙及的焊后热处理是指“将焊接区或其在金属的相变点以下均匀加热到足够高的温度，并保持一定时间，然后均匀冷却的过程”，即对接头进行高温回火，主要作用是降低接头残余应力，不包括其他各种形式的热处理，如固溶处理、调质及正火处理等。

通过焊后热处理可以松弛焊接残余应力，软化淬硬区，改善组织，减少含氢量，提高耐蚀性，尤其是提高某些材料的冲击韧性，改善力学性能及蠕变性能。但是焊后热处理的温度过高，或者保温时间过长，反而会使焊缝金属结晶粗化，碳化物聚集或脱碳层厚度增加，从而造成力学性能、蠕变强度及缺口韧性下降。因此焊后热处理的关键参数是热处理温度和保温时间。

国家现行标准《工业金属管道工程施工规范》GB 50235 和《压力容器焊接规程》NB/T 47015 均分

别对设备和管道的焊后热处理条件和工艺参数有规定，本规范直接引用。

7.4.7 苛性纳、硝酸盐、含氢化氰的溶液、氰化物溶液等介质都会使焊缝产生应力腐蚀。产生应力腐蚀的条件不仅与介质的种类有关，也与介质的浓度、温度和压力有关，所以哪些焊缝会产生应力腐蚀，应进行焊后热处理消除残余应力，应由设计单位在设计文件中予以规定。

7.4.8 非奥氏体钢之间的异种钢焊接接头的焊后热处理温度如超过合金成分较低一侧钢材的下临界点 A_{c1}，则会使焊缝或靠近接头的该侧母材发生奥氏体转变，在热处理条件下形成粗晶组织而降低接头的性能。当合金成分高侧（焊接性较差侧）钢材的热处理需要温度超过低侧钢材的下临界点 A_{c1} 时，可在较 A_{c1} 低的温度下通过延长热处理恒温时间满足对整个接头的热处理要求。

为了保证调质钢的材料强度，消除应力处理的温度应比钢材原来的回火温度低 30℃左右。

7.4.14 有延迟裂纹倾向的钢材，一般要求焊后及时热处理，以防止延迟裂纹的产生。焊后若不能及时热处理（如在热处理前进行无损检测），则应在焊后立即后热 200℃～350℃保温缓冷。这样做既可减少焊缝中氢气的有害影响，降低焊接残余应力，避免焊接接头中出现马氏体组织，从而防止氢致裂纹的产生；又可在热处理前对焊缝进行无损检测，对超标缺陷进行返修，防止热处理后因返修而重新进行热处理。

8 铝及铝合金的焊接

8.1 一 般 规 定

8.1.1、8.1.2 管道工程中使用的铝及铝合金主要是工业纯铝和防锈铝合金（铝镁合金、铝锰合金）。因铝及铝合金的导热系数大，比热是铁的 1 倍多，要求焊接时必须用大功率或能量集中的焊接电源。无论是焊接质量还是生产效率，惰性气体保护电弧焊（钨极氩弧焊、熔化极氩弧焊）方法都是最佳的，已被我国施工行业广泛应用。而氧乙炔焊和焊条电弧焊很难保证铝的焊接质量，已被氩弧焊所取代。

8.2 焊 前 准 备

8.2.1 附录 D 表 D.0.2-1 和表 D.0.2-2 中的焊丝型号为现行国家标准《铝及铝合金焊丝》GB/T 10858—2008 中的型号。

8.2.2 原规范中规定坡口制备的原则、方法以及推荐的坡口形式和尺寸仍被广泛使用，本次修订除保留外，另推荐采用现行国家标准《铝及铝合金气体保护焊的推荐坡口》GB/T 985.3—2008。

8.2.3 在工件尺寸较大、生产周期较长、多层焊或化学清洗后又沾污时，常采用机械清理。先用丙酮、汽油等有机溶剂擦拭表面以去油，随后直接用直径 0.2mm 的铜丝刷或不锈钢丝刷子刷，刷到露出金属光泽为止。一般不宜用砂轮或普通砂纸打磨，以免砂粒留在金属表面，焊接时进入熔池产生夹渣等缺陷。另外也可用刮刀、锉刀等清理待焊表面。

化学清洗效率高，质量稳定，适用于清理焊丝及尺寸不大、成批生产的工件。可用浸洗法和擦洗法两种。

工件和焊丝经过清洗和清理后，在存放过程中会重新产生氧化膜，特别是在潮湿环境到焊接前的存放时间应尽量缩短，在气候潮湿的情况下，一般应在清理后 4h 内施焊。清理后如存放时间过长（超过 8h）应重新处理。

8.2.5 铝材在高温时强度很低，液态铝的流动性能好，在焊接时焊缝金属容易产生下塌现象。为了保证焊透而又不致塌陷，焊接时常采用垫环来托住熔池及附近金属。尤其是当管道固定环焊缝的焊接位置操作难度大、组装条件差时，应尽量采用不锈钢衬环（临时或永久）、铝衬环、嵌入式不锈钢衬环焊（托板为铝）。

8.2.7 铝及铝合金设备对接焊缝的错边量参照 ASME 第Ⅷ卷《压力容器　第一册》和现行行业标准《铝制焊接容器》JB/T 4734—2002 的规定进行了修改。

8.3 焊接工艺要求

8.3.1 规定钨极惰性气体保护电弧焊采用交流电源。如果采用直流电源，当钨极接正极时，电弧穿透力极差，不能保证熔深；而当钨极接负极时，虽然电弧穿透力足够，但电弧对铝材表面却失去了清洗作用，另产生水气。所以只有用交流电源，钨极惰性气体保护电弧焊才能兼顾两者的优点。

规定熔化极惰性气体保护电弧焊采用直流电，焊丝接正极。因熔化极惰性气体保护电弧焊特别当电流达到射流过渡时，电弧有很强的穿透作用，当焊丝接正极时，电弧对母材表面同时兼有清洗作用，氩弧对清除氧化膜最为有效。

8.3.3、8.3.4 铝及铝合金焊件一般不预热，仅当焊件较厚，通过适当加大焊接电流仍不能使焊接正常进行时，可考虑预热，以减小焊接变形。或者当焊件表面有潮气时，为防止气孔需采取预热措施。

8.3.8 焊枪、焊丝和工件的相互位置应既便于操作，又能良好地保护焊接熔池。焊丝倾角小些为好，倾角太大容易扰乱电弧及气流的稳定性。

8.3.9 铝材焊接应尽量减少层道数，以避免母材反复受热。多层焊时的道间温度应严格控制，道间温度过高，接头强度和塑性都降低，易产生微裂纹。本条是参照现行行业标准《铝制焊接容器》JB/T 4734—

2002 制定的，多层焊的道间温度应尽可能低。

8.3.10 设备和大口径铝管采用双面同步氩弧焊工艺是目前施工现场提高焊接质量的最有效措施之一。该方法的特点是：

1 可较充分地利用电弧热量，从而降低能源。

2 熔池始终处于氩气的保护之下，两侧电弧对熔池都有搅拌作用，有利于夹杂物气体的逸出，焊缝质量高。

3 能实现单面填丝焊接、双面成型，焊后不用清根，生产效率高，焊件变形小。

8.3.13 本条规定是为防止焊件变形。因铝材在受热时线膨胀系数比铁大近1倍，凝固时的收缩率又比铁大2倍，故铝材焊接时的变形量很大。如果措施不当，常出现变形，或因此产生开裂，应引起极大重视。

9 铜及铜合金的焊接

9.1 一般规定

9.1.1 现场设备和管道工程中常用的铜及铜合金主要是纯铜和黄铜。

纯铜的导热系数很高，是钢的6倍～8倍，是铝的1.5倍，且其热容量大，焊接时热量从焊接区迅速大量地传至周围母材，尤其是厚壁管道焊接更为严重，以致造成未焊透或未熔合。所以焊接纯铜管必须采用能量集中的强热源，以保证焊接区尽快达到焊接紫铜的理想温度。

黄铜即铜锌合金。当含锌量高于0.15时，铜合金的导热率随合金成分的增加而降低。焊接时，焊接区因传导而损失的热量比纯铜少，由于锌的沸点低，在焊接过程中很容易蒸发，使焊缝产生气孔，并降低焊缝的力学性能和耐腐蚀性能。同时蒸发的锌与氧结合成氧化锌，对人体危害极大。因此焊接黄铜时，能量应比焊接纯铜时要低。

9.1.2 钨极惰性气体保护电弧焊具有电弧稳定、能量集中、保护效果好、操作灵活、焊接质量高的优点。它已逐渐取代了气焊和焊条手工焊而成为铜及铜合金焊接方法中应用最广泛的焊接方法，几乎所有的铜及铜合金均宜采用此种焊接方法。由于现场铜制设备和管道大部分焊件的厚度不超过12mm，钨极惰性气体保护电弧焊的焊接质量高，所需预热温度较低，因此现场的铜及铜合金实际上多采用钨极惰性气体保护电弧焊。

氧乙炔焊工艺简单、使用灵活、焊接温度低、可减少黄铜中锌的蒸发，所以氧乙炔焊适合于黄铜焊接。但氧乙炔焊易变形、成形不好，目前在现场应用较少，作为传统焊接方法，本次修订仍予以保留。

9.2 焊前准备

9.2.1 铜及铜合金焊接时焊缝成形差、热裂纹倾向大、气孔倾向严重，从而造成接头性能下降。这些问题的存在，主要是因为铜及铜合金的导热系数大，熔化时表面张力小，流动性大，氢及氧反应后生成水及二氧化碳又不溶解于铜及其合金中，熔焊过程中晶粒长大。

焊接铜及铜合金的焊丝除了要满足对焊丝的一般工艺、冶金要求外，最重要的是控制其中杂质含量和提高其脱氧能力，以避免热裂纹和气孔的出现。因此纯铜的焊接应选择脱氧能力强的焊丝（如含硅、锰、磷等合金）及双相组织的焊丝。焊接黄铜时，为了抑制锌的蒸发烧损及其造成的气氛污染和对电弧燃烧稳定性产生影响，故采用含锌量少或最好不含锌的焊丝。铜锌合金的焊丝一般不适用于钨极惰性气体保护电弧焊，只适用于气焊。

铜及铜合金一般情况下保护气体采用氩气，在有些情况下，如焊接纯铜而又不允许预热时，采用70%氩+30%氦或氮的混合气体保护，可获得较大的熔深。但使用氮气易生气孔，使用氦气成本较高，一般并不常用。

9.2.5 铜及铜合金设备对接焊缝的错边量参照ASME第Ⅷ卷《压力容器　第一册》和现行行业标准《铜制压力容器》JB 4755—2006的规定进行了修改。

9.3 焊接工艺要求

9.3.3 因铜及铜合金的流动性好，故应尽可能采用平焊位置。如果采用其他位置焊接，应采用小直径电极、填充丝和小电流，也可以采用脉冲电流来控制金属的流动。

9.3.5 铜的热导率高造成焊接区的热量快速传导，应采用预热来减少这种热量损失。否则，所焊接头可能未熔合、接头未熔透，或这两种情况均存在。关于纯铜的钨极惰性气体保护电弧焊应在什么厚度下预热的问题，中国机械工程学会焊接学会编著的《焊接手册》（第2版）第2卷“材料的焊接”中指出：纯铜钨极氩弧焊时，工件厚度在4mm以下可以不预热，4mm～12mm的纯铜需预热至200℃～450℃。现行行业标准《铜制压力容器》JB/T 4755—2006也规定：焊件厚度超过4mm的纯铜、黄铜焊前一般应预热。焊件厚度和尺寸、保护气体的种类不同，则预热温度不同。美国焊接学会主编的《焊接手册》中推荐黄铜的预热温度为93℃～316℃。

9.3.6 黄铜采用氧乙炔焊，由于氧乙炔焰的温度较低，故其预热温度略高于纯铜。为防止熔池金属氧化和其他气体侵入熔池，并改善液体金属的流动性，氧乙炔焊应使用焊剂。

9.3.7 为改善焊缝的性能，减小焊接应力，焊后对焊缝进行热态或冷态锤击是必要的。

9.3.8 黄铜焊后是否需要热处理取决于母材的成分及焊件的用途。高锌（≤0.20）黄铜合金在焊接过程中产生的应力，在某些介质中能导致应力腐蚀，以致引起产品过早破坏，且焊缝区的硬度将随焊接热所引起的时效结果而变化，因此黄铜焊后都要进行热处理以消除应力。

对于可淬硬合金焊件采用退火处理和均质化处理，以产生令人满意的金相组织，退火温度必须高于消除应力的热处理温度。美国焊接学会主编的《焊接手册》中推荐的黄铜退火温度范围为427℃～593℃。

10　钛及钛合金的焊接

10.1　一般规定

10.1.1、10.1.2 钛的熔点高、导热性差、热容量小、电阻系数大，因而与钢、铜、铝等的焊接相比，钛的焊接熔池积累的热量多、尺寸大、高温停留时间长、冷却速度慢。在正常焊接工艺条件下，刚焊完的焊缝在长度方向上超过600℃的区域比不锈钢约大1.5倍，比碳素钢大2.3倍，比铝大16倍，比铜大23倍。因而焊钛时不但熔池区域和焊接接头的背面要保护，焊后正在冷却中的焊接接头正面也要保护。所以钛的焊接不能采用一般的焊条电弧焊、气焊等，国内也不用埋弧焊，一般采用惰性气体保护下的钨极惰性气体保护电弧焊、熔化极惰性气体保护电弧焊等。现场设备和管道焊接通常采用钨极惰性气体保护电弧焊。

由于现场存在钛材设备焊接工作，因此本次修订增加了钛材设备焊接要求。同时，工艺设备及管道中使用的钛材多为工业纯钛及低合金钛，因此本次修订限定了本规范的使用范围为工业纯钛及低合金钛。

10.2　焊前准备

10.2.1 本条规定了焊接材料选用原则，主要依据中国机械工程学会焊接学会编写的《焊接手册》。对于钛焊丝的杂质成分而言，基本上将碳、氮和氢的含量都同样控制在尽可能低的水平。

原规范中规定的“焊丝的化学成分和力学性能应相当”不够明确和合理，故做了相应改动。

保护气体使用时要将保护气系统如输气软管、焊炬、拖罩中的空气置换干净。保护气应选用氩气、氦气或氩氦混合气。

10.2.2 钨极的形状和尺寸直接影响着焊接电弧的稳定和钨极的烧损程度，从而直接影响焊接质量。

10.2.5 本条是根据钛材的化学活性及一些有害杂质对焊缝性能的恶劣影响，使钛焊缝对坡口及焊丝表面的污物十分敏感的情况而制定的。很多国内外相应的标准规范及有关资料都对坡口及焊丝的清洗提出严格的要求。

在钛材焊接时，焊接接头表面以及接头两侧长度至少为20mm，母材表面上的一切鳞片、漆层、残留的污物、金属碎屑、磨料粉尘和可能与钛材发生化学作用的其他杂质，均应使用奥氏体不锈钢丝刷清除干净，粗切的坡口表面、毛刺以及其他表面缺陷均应使用细齿锉磨光，所有清理工具只能用在钛焊件上，且应在使用之前予以彻底清洁。在上述机械方法清刷洁净之后，并在将要焊接之前使用不含硫的乙醇或丙酮彻底清洗，以去除油脂。清洗是保证焊接质量的主要环节之一，否则将导致铁、氢污染或形成气孔等焊接缺陷。

推荐的酸洗溶液配方和酸洗规程见表1。

表1　酸洗溶液配方及酸洗规程

序号	酸洗溶液配方	酸洗温度（℃）	酸洗时间（min）
1	盐酸250mL/L，氯化钠50g/L	25～30	10～15
2	氢氟酸2%，硫酸30%，其余为水	25～30	5～10
3	氢氟酸2%～4%，硝酸30%～40%，其余为水	≤60	2～3

注：酸洗时间取决于氧化层厚度，酸洗后应立即用清水冲洗干净并晾干。

10.2.7 钛及钛合金设备对接焊缝的错边量是参照ASME第Ⅷ卷《压力容器　第一册》和现行行业标准《钛制焊接容器》JB 4745—2002的规定进行了修改。

10.3　焊接工艺要求

10.3.1 采用直流正接氩弧焊时，钨极因发热量小不易过热，同样直径的钨极可采用较大电流，工件发热量大，熔深大，所以生产率高，且钨极为负极，热电子发射能力强，电弧稳定而集中，有利于钛的焊接。

10.3.2 目前钛管对接焊口都是采用水平转动位置进行预制的，有利于保证管道的焊接质量。焊接固定焊缝也是可行的，只是对焊工技能要求较高，高空作业实现各部分良好的保护较麻烦，操作不方便。另外对焊接时的环境条件、要求防尘、防铁离子污染等都要采取一些必要的措施。所以在施工中尽量减少固定的安装焊口。

10.3.4 由于钛材熔点高，热容量大，导热差，焊缝和热影响区在焊接热循环的作用下晶粒易长大，从而使焊接接头塑性和韧性下降。如果使用大的工艺参数会使晶粒更加粗大，同时也使焊缝高温停留时间长，这样焊后氩气的保护时间也长，会降低工效，所以应采用小的工艺参数焊接，并应控制道间温度。必要时还应采取强制冷却措施。

10.3.5 由于钛是一种活性极强的金属，在高温下和空气中氧亲和力非常强，焊接过程中极易吸收氧、氩、氮等，致使其塑性下降，因此焊缝保护是钛焊接的重要措施。钛在400℃以上的区域必须采用严格的惰性气体保护，以避免氧化。使用保护拖罩是钛焊接的特点。

保护区分为三个部分同时进行，缺一不可。

1 利用焊炬喷嘴，保护焊后温度高于400℃的焊缝和焊丝；

2 利用焊炬后拖罩，保护焊后温度高于400℃的焊缝和热影响区外表面；

3 利用管内局部充氩，保护焊缝及热影响区的内表面。

对于设备焊缝，可用铜板垫在焊缝背面，加强焊接区的冷却并隔绝空气。也可用吹送氩气的铜垫板保护焊接区的背面。焊角焊缝时可在焊缝背面放一根一侧钻有小孔的铜管吹氩保护背面。

10.3.6 本条对引弧和熄弧提出了具体要求。采用高频引弧，是避免产生焊缝夹钨的重要手段。熄弧使用电流衰减装置的目的是填满弧坑。气体的延时保护是避免焊缝在高温下被大气污染，使焊缝成为合格颜色。

10.3.7 焊丝同钛焊缝一样，高温下暴露在空气中会被大气污染，使用污染了的焊丝焊接会造成焊缝的污染，所以保护焊丝和保护焊缝同样重要，一旦发生了污染应立即消除。

10.3.11 钛及钛合金焊后一般不进行焊后热处理。只有当焊件需进行成形而焊缝塑性又偏低时，或钛设备用于存在应力腐蚀开裂敏感性的介质等情况下，并且设计有要求时，才进行焊后热处理。

10.3.12 不但钛的焊接热量多，而且钛的弹性模量仅为碳素钢的一半，在同样的焊接应力下，钛的焊接变形量会比碳素钢大1倍。因此焊接钛时，一般应用垫板及压板压紧工件等刚性固定措施，以减小焊接变形量。

11 镍及镍合金的焊接

11.1 一般规定

11.1.1、11.1.2 镍及镍合金设备和管道焊接时的主要问题是热裂纹；其次是由于其液态焊缝金属流动性和润湿性差，穿透力小，熔深浅，容易产生未焊透、夹渣、未熔合等缺陷。适用于镍及镍合金的焊接方法有焊条电弧焊、钨极惰性气体保护电弧焊、熔化极惰性气体保护电弧焊、埋弧焊等。埋弧焊只宜用于不要求耐晶间腐蚀性能的镍及镍合金的场合。含铬和/或钼的镍合金要求焊接接头在焊后状态有良好的耐晶间腐蚀性能时，可尽量采用钨极气体保护电弧焊、熔化极气体保护电弧焊，也可采用焊条电弧焊。

11.2 焊前准备

11.2.1 镍及镍合金具有较高的热裂纹敏感性，选用焊丝应与母材相当。

在采用镍合金焊丝时应注意某些焊丝（如镍钼合金、部分镍铬钼合金）不适用于埋弧焊。

在采用镍及镍合金焊条时，应注意某些焊条（如镍钼合金、部分镍铬钼合金）仅适用于平焊；某些焊条（如纯镍、镍钼合金、镍铬合金等），只有较细的焊条（如直径小于或等于3.2mm）才宜全位置焊，较粗的焊条（如直径大于3.2mm）仅宜平焊和横焊。

11.2.2 镍及镍合金焊接时熔池金属的流动性差，焊接时的熔透深度一般只有碳钢的50%左右，为使熔合良好且有一定熔深，坡口设计应与结构钢有所区别，坡口角度应适当增大，根部钝边应适当减小。

11.2.3 本条规定了坡口及边缘内外侧的清理要求。由于镍及镍基合金表面存在难熔的氧化膜，如氧化镍，它的熔点为2090℃，而镍的熔点只有1446℃，如果焊前不采用适当的方法除去表面氧化膜，焊接时易使它成为焊缝的夹杂物，甚至影响焊接正常进行。另外，工件表面沾污的物质（油脂、油漆）也会带入熔池一些有害元素，如铅、磷、硫等，以致产生裂纹，所以焊前必须彻底清理干净。

11.2.4 对于镍及镍合金管道特别要防止出现不稳定的熔透，以免产生裂纹与气孔，所以其对口错边量要求较其他金属严格。

11.2.5 镍及镍合金设备对接焊缝的错边量参照ASME第Ⅷ卷《压力容器 第一册》和现行行业标准《镍及镍合金制压力容器》JB 4756—2006的规定进行了修改。

11.3 焊接工艺要求

11.3.2 为防止热裂纹，应采用小线能量焊接，尽量采用短电弧不摆动或小摆动的多层多道焊，可减少焊道氧化的程度。

11.3.4 对温度低于15℃的焊件加热，避免湿气冷凝导致焊缝产生气孔。低的道间温度有利于控制热裂纹。

11.3.5 底层焊时，背面充氩等保护气体，是为了防止背面氧化。如果底层焊道较薄，焊接第二层时，焊缝背面亦应充氩保护。管内充氩时应注意：开始时流量可适当加大，确保管内空气完全排除后方可施焊；焊接时氩气流量应适当降低，以避免焊缝背面因氩气吹托在成形时出现凹陷。

11.3.7 根据施工经验，管径较小时，加热集中、散热缓慢，从而造成晶粒严重长大，热裂倾向加大。因此可以考虑在焊接小管径管子时，采用在焊缝两侧装冷却铜块或用湿布擦拭焊缝两侧等强迫冷却的措施，但要注意不可直接在焊缝上进行。

11.3.9 焊接完毕后，清理焊缝及两侧对镍焊接特别重要。根据美国《焊接手册》介绍，对用于高温的焊接接头，熔渣和飞溅的去除尤其重要，因为在高温下硫将在熔渣中迅速积聚而造成脆化。此外在氧化环境中，在达到或接近熔渣的熔点时，熔渣中其他一些元素还将会造成化学腐蚀破坏。所以本条要求焊接完成后，应将焊缝表面及周围的熔渣和飞溅物清除干净。

12 锆及锆合金的焊接

12.1 一 般 规 定

12.1.1、12.1.2 锆及锆合金具有优良的核性能和耐酸、碱和其他流体介质的腐蚀能力，因其耐腐蚀能力比钛材高，能在钛所不能耐受的腐蚀介质中工作，所以它在化工、农药等行业中的应用越来越多。施工现场遇到的锆材焊接工作主要是工艺管道。由于锆焊接比钛有更强的活性特点，所适用的焊接方法主要是钨极惰性气体保护电弧焊和电子束焊等，而采用钨极惰性气体保护电弧焊具有成本较低、简单易行等特点。锆的焊接工艺接近钛，但在焊接过程中对焊接区的保护要求要高于钛，焊接措施要严于钛。

12.2 焊 前 准 备

12.2.1 锆及锆合金焊接对焊丝质量的要求较为严格，一般均严于钛。焊丝的成分要与母村成分相同，并严格控制杂质含量不超过标准的上限。如果杂质含量增多，将会以间隙式或置换式固溶混入焊缝金属，使焊接接头性能受到影响。目前国内工业使用的锆材为国外引进，故本规范表 D.0.5 推荐采用美国焊接学会标准 AWS A5.24 中规定的三种焊丝与之相匹配：ERZr2 型焊丝用于工业纯锆（R60702），ERZr3 型焊丝用于 Zr-1.5Sn 合金（R60704），ERZr4 型焊丝用于 Zr-2.5Nb 合金（R60705）。

12.2.2 本条对锆管的坡口形式与尺寸、坡口加工和焊前清理的要求，基本与钛管相同。锆材的表面上氧化膜（ZrO）较为致密稳定，焊前表面清理得好坏直接影响到焊缝质量。锆材表面除清除氧化膜外，还得清除油脂及其污垢。施工中一般采用机械法对焊接坡口及其边缘表面进行机械加工（如锉刀、钢丝刷等）清除氧化膜，然后再用丙酮或无水酒精擦洗脱脂。也可采用 10%的氢氧化钠溶液擦洗或浸渍焊件和焊丝。在临施焊之前最好再用丙酮或无水酒精清洗一遍。另外，酸洗也是有效的清理方法。

12.3 焊接工艺要求

12.3.1 锆材焊接时，焊接电源用直流正接法，焊接过程比较稳定，形成的焊缝比较窄，接头质量好。锆管焊接宜采用转动平焊，主要是考虑方便使用保护拖罩，其他位置应增加辅助人员或者采取措施保证焊枪和保护拖罩随焊接位置灵活移动，并保证保护效果良好。

12.3.2 锆的熔点比钛高出 185℃，热导率也高出 10%，所以选择的焊接电流要比焊钛时大，一般采用偏大一些的焊接电流和较快的焊接速度施焊，同时采取加强冷却措施，这样可使锆材热影响区在高温停留时间减少，有利于防止过热和产生脆性相。

12.3.3 锆材的活性比钛材高，因而焊接保护要求比钛材严格，锆材焊接的保护区域是焊缝、温度高于 300℃的热影响区和管道内侧。焊炬喷嘴直径应根据实际情况适当选择得大一些。采用的拖罩保护主要是保护热态焊缝和 300℃以上的热影响区外表面。拖罩形状宜与焊件边缘相似，能够贴近焊件表面，才有利于保护。而且在拖罩内多加细丝网，增强气筛的作用，保证保护气体均匀分布，不紊乱不带入空气。要求主喷嘴与拖罩的气体流量不能相互干扰，以避免产生紊流导致保护效果变差，所以采用独立的气路提供各区域的保护气体，且容易调节各路气体流量。锆管内部的保护措施与钛管相同。采用塑料软管主要是考虑减少气管内壁上吸附的潮气。

12.3.4 焊接操作时，要注意送丝的方式，焊丝应在保护气体中加热和送进，不得外移。如果焊丝端头被空气所污染时，应将受污染的端头部位切掉，否则将空气带入熔池，影响整个焊接接头质量。

12.3.6 焊接过程中如果焊缝和热影响区保护得很好，则锆焊缝表面呈银白色。随着焊缝污染程度的增加，焊缝表面的颜色由银白色逐渐成为微黄色、褐色、蓝色、黑灰色，最严重的可呈灰色。所以当焊道表面出现变色（非银白色）时，应立即停止焊接，查明原因并采取措施。

13 焊接检验及焊接工程交接

13.1 焊接前检查

13.1.1 对所有工程使用的母材和焊接材料在使用前都应进行检查验收，主要是防止不合格产品用到工程上影响工程质量。

13.1.6 焊件组对前应检查各零部件的主要结构尺寸，包括主要结构尺寸的校核性检查，以保证由零部件组焊成构件的几何精度。

13.1.7 焊件组对是焊前准备工作的一个极其重要的环节，即使坡口的加工精度处于允许范围之内，若组对不当也会给焊接质量带来不良的影响。本条明确规定组对后应检查组对构件焊缝的形状及位置，对接接头错边量，角变形，组对间隙，搭接接头的搭接量及贴合质量，带垫板对接接头的贴合质量。

13.1.8 焊前检查坡口及坡口两侧，此处指的是在施焊开始之前进行的清理检查。由于组装过程或组装、清理后待焊过程，坡口表面仍可能被氧化或被污染，所以在施焊前应做清理检查。

13.1.11 在全部焊前准备工作都已做完，经检查符合规定要求时，方可开始焊接工作。焊工和焊接检查人员，对于不符合规定的接头有拒绝施焊的权利，但有义务确认焊接准备的工作质量，不能马虎了事。这就是通常把"组对后、焊接前检查"确定为质量控制点的理由。

13.2 焊接中间检查

13.2.1 定位焊缝过短、过薄，使定位焊缝在焊接过程中易被撕裂，定位焊道上存在缺陷可能性较大，这些缺陷在焊接过程中常常是不能全部熔化，而保留在新的焊道中形成根部缺陷，因此对定位焊应清除渣皮进行检查。

13.2.2 对某些材料的焊接，为保证其焊接质量，除应选择正确的焊接方法和焊接材料外，还应控制焊接线能量。控制焊接线能量的目的是：提高接头性能，如冲击、耐腐蚀等；减小接头应力；防止热影响区和焊缝产生淬硬组织。本条主要强调对有冲击韧性要求时的焊接线能量检查要求，其他情况的线能量控制要求由设计文件和焊接工艺文件确定。

焊接线能量的控制测量方法：

1 由电流表、电压表读数和测量单位时间熔敷焊道的长度计算线能量。缺点是太繁琐，焊工不便于直接观察，且电力网络波动影响数据准确；

2 由规定的线能量范围推算出每根焊条的燃烧时间和每根焊条的熔敷长度（极限范围），焊接时测量每根焊条的燃烧时间和每根焊条的熔敷长度，检查其是否在极限范围内。

与焊接线能量有关的变素包括预热温度、层间温度、焊接电流、电弧电压、焊接速度、焊接位置和焊条直径等。而与焊接线能量直接有关的因素是焊接电流、电弧电压和焊接速度，当电流、电压最大而速度最小时，线能量最大。

13.2.3 多层焊接产生的内部缺陷，检查发现和消除打磨、修补，都较表面缺陷复杂得多、困难得多。所以要及时清理、检查并消除，避免残留于层间的表面缺陷，在下一层的焊接中成为内部缺陷。

13.2.4 规定无损检测应在外观检查合格后进行，表面无损检测应在射线检测及超声检测前进行，是为防止焊缝表面缺陷的存在影响焊缝内部缺陷的检测精度。

13.2.6 中断焊接是指一条焊缝，因某种原因未能完成而中断，焊缝要在完全冷却后重新开始焊接。因此消除中断处焊缝缺陷，并重新预热至规定预热温度再进行焊接是十分必要的。

13.2.7 清根的目的是为了消除第一道不符合质量要求的焊缝，而且在被清除的部分更易发生缺陷，和层间缺陷有相同的后果，应及时检查和清除。

13.2.9 制作产品焊接检查试件是复验性质，是检验和保证工程质量可靠性的一种手段。是否需要做焊接检查试件，由设计文件、相关标准规定。

13.3 焊接后检查

13.3.1 设计文件和焊接工艺文件有特殊要求的焊缝，主要是指要求焊后减低冷却速度缓冷的焊缝。焊工在焊缝完成后不去除药皮进行表面外观检查，甚至在交工工程的焊缝上仍有药皮保留是经常发生的。为了纠正这一劣习，应在焊完后立即去除渣皮、飞溅物，清理干净焊缝表面后，进行焊缝外观检查。

焊缝的外观检查，发现缺陷应消除、修补。现场强度及严密性试验不合格，有相当部分是焊缝表面缺陷未能及时发现、消除而造成的。

13.3.2 焊缝在进行无损检测之前，焊缝及其附近的表面应经外观质量检查合格，否则会影响无损检测结果的正确性和完整性，造成漏检，或给评定带来困难。如射线检测，焊缝的表面缺陷将直接反映在底片上，会掩盖或干扰焊缝内部缺陷的影像，造成焊缝内部缺陷漏检，或形成伪缺陷，给缺陷的评定和返修带来困难，必要时应进行适当的表面修整。

对于有延迟裂纹倾向的接头，如低合金高强钢、铬钼合金钢，焊后容易产生延迟冷裂纹，该延迟裂纹不是焊后立即产生，而是在焊后几小时至十几小时或几天后才出现。若无损检测安排在焊后立即进行，就有可能使容易产生延迟裂纹材料的焊缝检测变得毫无意义。因此，本条规定：对有延迟裂纹倾向的接头，无损检测应在焊接完成24h后进行。

对有再热裂纹倾向的接头（诸如铬钼中、高合金钢），在焊接和热处理之后都有出现再热裂纹的可能，无损检测应在热处理后进行。

13.3.3 表面无损检测方法通常是指磁粉检测和渗透检测。磁粉检测主要用于铁磁性材料表面和近表面缺陷的检测；渗透检测主要用于非多孔性金属材料和非金属材料表面开口缺陷的检测。

13.3.4 关于焊缝无损检测的执行标准问题，原规范规定射线检测为《钢熔化焊对接接头射线照相和质量分级》GB 3323、超声检测为《钢焊缝手工超声波探伤方法和探伤结果分级》GB 11345，考虑目前国内压力容器和压力管道已经统一执行现行行业标准《承压设备无损检测》JB/T 4730 标准，本规范涉及的压力容器和压力管道，做了相应的变动，以保持与特种设备安全技术规范的一致性。《承压设备无损检测》JB/T 4730 对不同类型的材料和焊缝（环缝、纵缝）提出的质量等级评定依据，更具有可操作性。

关于射线检测和超声检测的技术等级，《承压设备无损检测》JB/T 4730—2005 规定：射线检测技术等级分为 A、AB、B 三个级别，其中 A 级最低，B 级最高。超声检测的技术等级分为 A、B、C 三个级别，其中 A 级最低，C 级最高。射线检测和超声检测技术等级的选择应根据设备或管道的重要程度，由相关标准及设计文件规定。

各类射线对人体有害，对环境也有一定的污染作用。因此操作人员应按规定进行安全操作防护。

13.3.7 对于设计没有规定进行射线检测或超声检测的焊缝，焊接检查人员应对全部焊缝的可见部分进行外观检查，根据现场实际施工情况，对焊缝内部质量有怀疑时，应提出使用射线检测或超声检测方法对焊缝做进一步检验。

13.3.8 现场设备和管道的焊后热处理效果检查虽然有较多的方法可以选择，但检查效果并不很理想，既有技术问题，也与检测成本有关。本条规定了产品焊接检查试件和硬度检验方法，但这对于局部焊缝的热处理效果有较好的代表性，但对于整个结构热处理后应力状态的改善并不具有很好的代表性。如果要求确认整体结构应力状态的变化则需进行专门的检测分析研究。

对于热处理的焊缝，当检查发现热处理温度自动记录曲线存在异常，或热处理效果检查不合格时，应进一步查明原因，确定是否需要重新进行热处理。一般要考虑下面两种情况：

1 当热处理记录曲线异常和热处理效果检查均不合格时，应重新进行热处理。

2 如果热处理记录曲线正常而热处理效果检查不合格，或热处理效果检查虽合格但热处理记录曲线异常，或重新热处理后的效果检查仍不合格时，可进一步通过金相分析或残余应力测试等其他检测手段进行复查与评估，以确定是否需要重新进行热处理。

13.4 焊接工程交接

13.4.1～13.4.4 焊接工程是现场管道及设备工程中的组成部分，焊接不单独交工，对交工各项记录应符合相关标准的规定。对有无损检测要求的焊缝，应做相应记录，以便进行质量追踪检查。

中华人民共和国国家标准

砌体工程现场检测技术标准

Technical standard for site testing of masonry engineering

GB/T 50315—2011

主编部门：四川省住房和城乡建设厅
批准部门：中华人民共和国住房和城乡建设部
施行日期：2012年3月1日

中华人民共和国住房和城乡建设部
公　告

第1108号

关于发布国家标准《砌体工程现场检测技术标准》的公告

现批准《砌体工程现场检测技术标准》为国家标准，编号为GB/T 50315-2011，自2012年3月1日起实施。原《砌体工程现场检测技术标准》GB/T 50315-2000同时废止。

本标准由我部标准定额研究所组织中国建筑工业出版社出版发行。

中华人民共和国住房和城乡建设部

2011年7月29日

前　言

本标准是根据住房和城乡建设部《关于印发〈2009年工程建设标准规范制订、修订计划〉的通知》（建标［2009］88号）的要求，由四川省建筑科学研究院和成都建筑工程集团总公司会同有关单位共同对原国家标准《砌体工程现场检测技术标准》GB/T 50315-2000进行修订而成的。

本标准在修订过程中，修订组经广泛调查研究，认真总结实践经验，采纳了砌体工程现场检测技术的最新成果；开展了砌体工程现场检测方法的专题研究；对各项检测方法进行了推广至烧结多孔砖砌体的验证性试验；参考有关国际标准和国外先进标准，并在征求意见的基础上，修订本标准，最后经审查定稿。

本标准共分15章，主要内容包括：总则、术语和符号、基本规定、原位轴压法、扁顶法、切制抗压试件法、原位单剪法、原位双剪法、推出法、筒压法、砂浆片剪切法、砂浆回弹法、点荷法、烧结砖回弹法、强度推定。

本次修订的主要技术内容是：

1. 将标准的适用范围从主要适用于烧结普通砖砌体扩大至烧结多孔砖砌体；

2. 新增了切制抗压试件法、原位双砖双剪法、砂浆片局压法、烧结砖回弹法、特细砂砂浆筒压法等检测方法；

3. 取消了未能广泛推广的砂浆射钉法；

4. 统一了原位轴压法和扁顶法的砌体抗压强度计算公式；

5. 为适应《砌体结构工程施工质量验收规范》GB 50203关于砌筑砂浆强度等级评定标准的变化，对检测的砂浆强度推定方法作了调整；

6. 进一步明确了各检测方法的特点、用途和限制条件。

本标准由住房和城乡建设部负责管理，由四川省建筑科学研究院负责具体技术内容的解释。在执行过程中，请各单位结合砌体工程现场检测工作的实施，注意总结经验，积累检测数据、资料、检测方法的创新做法，如有意见和建议，请寄送四川省建筑科学研究院（成都市一环路北三段55号；邮编：610081；网址：www.scjky.com.cn），以供今后修订时参考。

本标准主编单位：四川省建筑科学研究院
成都建筑工程集团总公司

本标准参编单位：西安建筑科技大学
湖南大学
重庆市建筑科学研究院
陕西省建筑科学研究院
河南省建筑科学研究院有限公司
江苏省建筑科学研究院有限公司
山西四建集团有限公司科研所
南充市建设工程质量检测中心
山东省建筑科学研究院
上海市建筑科学研究院（集团）有限公司

宁夏回族自治区建筑科学研究院
本标准主要起草人员：吴　体　张　静　王永维　王庆霖　施楚贤　侯汝欣　林文修　雷　波　李双珠　周国民　顾瑞南　崔士起　陈大川　曾　伟　张　涛　甘立刚　李　峰　蒋利学　唐　军　凌程建　肖承波　高永昭　梁　爽　王耀南　孔旭文　王　枫　颜丙山　赵歆冬
本标准主要审查人员：邸小坛　严家熺　张昌叙　刘立新　程才渊　苑振芳　向　学　张　扬　韩　放　张国堂　王增培

目　次

1　总则……………………………………… 1—22—7
2　术语和符号…………………………………… 1—22—7
2.1　术语……………………………………… 1—22—7
2.2　符号……………………………………… 1—22—7
3　基本规定……………………………………… 1—22—8
3.1　适用条件………………………………… 1—22—8
3.2　检测程序及工作内容…………………… 1—22—8
3.3　检测单元、测区和测点………………… 1—22—9
3.4　检测方法分类及其选用原则…………… 1—22—9
4　原位轴压法…………………………………… 1—22—10
4.1　一般规定………………………………… 1—22—10
4.2　测试设备的技术指标…………………… 1—22—11
4.3　测试步骤………………………………… 1—22—11
4.4　数据分析………………………………… 1—22—11
5　扁顶法………………………………………… 1—22—12
5.1　一般规定………………………………… 1—22—12
5.2　测试设备的技术指标…………………… 1—22—12
5.3　测试步骤………………………………… 1—22—12
5.4　数据分析………………………………… 1—22—13
6　切制抗压试件法……………………………… 1—22—13
6.1　一般规定………………………………… 1—22—13
6.2　测试设备的技术指标…………………… 1—22—13
6.3　测试步骤………………………………… 1—22—14
6.4　数据分析………………………………… 1—22—14
7　原位单剪法…………………………………… 1—22—14
7.1　一般规定………………………………… 1—22—14
7.2　测试设备的技术指标…………………… 1—22—14
7.3　测试步骤………………………………… 1—22—15
7.4　数据分析………………………………… 1—22—15
8　原位双剪法…………………………………… 1—22—15
8.1　一般规定………………………………… 1—22—15
8.2　测试设备的技术指标…………………… 1—22—15
8.3　测试步骤………………………………… 1—22—16
8.4　数据分析………………………………… 1—22—16
9　推出法………………………………………… 1—22—16
9.1　一般规定………………………………… 1—22—16
9.2　测试设备的技术指标…………………… 1—22—17
9.3　测试步骤………………………………… 1—22—17
9.4　数据分析………………………………… 1—22—17
10　筒压法……………………………………… 1—22—18
10.1　一般规定……………………………… 1—22—18
10.2　测试设备的技术指标………………… 1—22—18
10.3　测试步骤……………………………… 1—22—18
10.4　数据分析……………………………… 1—22—18
11　砂浆片剪切法……………………………… 1—22—19
11.1　一般规定……………………………… 1—22—19
11.2　测试设备的技术指标………………… 1—22—19
11.3　测试步骤……………………………… 1—22—19
11.4　数据分析……………………………… 1—22—20
12　砂浆回弹法………………………………… 1—22—20
12.1　一般规定……………………………… 1—22—20
12.2　测试设备的技术指标………………… 1—22—20
12.3　测试步骤……………………………… 1—22—20
12.4　数据分析……………………………… 1—22—20
13　点荷法……………………………………… 1—22—21
13.1　一般规定……………………………… 1—22—21
13.2　测试设备的技术指标………………… 1—22—21
13.3　测试步骤……………………………… 1—22—21
13.4　数据分析……………………………… 1—22—21
14　烧结砖回弹法……………………………… 1—22—21
14.1　一般规定……………………………… 1—22—21
14.2　测试设备的技术指标………………… 1—22—22
14.3　测试步骤……………………………… 1—22—22
14.4　数据分析……………………………… 1—22—22
15　强度推定…………………………………… 1—22—22
本标准用词说明……………………………… 1—22—24
引用标准名录………………………………… 1—22—24
附：条文说明………………………………… 1—22—25

Contents

1 General Provisions ········ 1—22—7

2 Terms and Symbols ········ 1—22—7

2.1 Terms ········ 1—22—7

2.2 Symbols ········ 1—22—7

3 Basic Requirement ········ 1—22—8

3.1 Scope of Application ········ 1—22—8

3.2 Test Procedures and Work Contents ········ 1—22—8

3.3 Test Unit , Test Zone and Test Point ········ 1—22—9

3.4 Classification and Selection Principle of Test Method ········ 1—22—9

4 The Method of Axial Compression in Situ ········ 1—22—10

4.1 General Requirement ········ 1—22—10

4.2 Technical Indexes of the Test Apparatus ········ 1—22—11

4.3 Test Procedures ········ 1—22—11

4.4 Data Analysis ········ 1—22—11

5 The Method of Flat Jack in Situ ········ 1—22—12

5.1 General Requirement ········ 1—22—12

5.2 Technical Indexes of the Test Apparatus ········ 1—22—12

5.3 Test Procedures ········ 1—22—12

5.4 Data Analysis ········ 1—22—13

6 The Method of Test on Specimen Cut from Wall ········ 1—22—13

6.1 General Requirement ········ 1—22—13

6.2 Technical Indexes of the Test Apparatus ········ 1—22—13

6.3 Test Procedures ········ 1—22—14

6.4 Data Analysis ········ 1—22—14

7 The Method of Shear along One Horizontal Mortar Joint in Situ ········ 1—22—14

7.1 General Requirement ········ 1—22—14

7.2 Technical Indexes of the Test Apparatus ········ 1—22—14

7.3 Test Procedures ········ 1—22—15

7.4 Data Analysis ········ 1—22—15

8 The Method of Shear along Two Horizontal Mortar Joint in Situ ········ 1—22—15

8.1 General Requirement ········ 1—22—15

8.2 Technical Indexes of the Test Apparatus ········ 1—22—15

8.3 Test Procedures ········ 1—22—16

8.4 Data Analysis ········ 1—22—16

9 The Method of Push Out ········ 1—22—16

9.1 General Requirement ········ 1—22—16

9.2 Technical Indexes of the Test Apparatus ········ 1—22—17

9.3 Test Procedures ········ 1—22—17

9.4 Data Analysis ········ 1—22—17

10 The Method of Compression in Cylinder ········ 1—22—18

10.1 General Requirement ········ 1—22—18

10.2 Technical Indexes of the Test Apparatus ········ 1—22—18

10.3 Test Procedures ········ 1—22—18

10.4 Data Analysis ········ 1—22—18

11 The Method of Shear on Mortar Flake ········ 1—22—19

11.1 General Requirement ········ 1—22—19

11.2 Technical Indexes of the Test Apparatus ········ 1—22—19

11.3 Test Procedures ········ 1—22—19

11.4 Data Analysis ········ 1—22—20

12 The Method of Mortar Rebound ········ 1—22—20

12.1 General Requirement ········ 1—22—20

12.2 Technical Indexes of the Test Apparatus ········ 1—22—20

12.3 Test Procedures ········ 1—22—20

12.4 Data Analysis ········ 1—22—20

13 The Method of Point Load ········ 1—22—21

13.1 General Requirement ········ 1—22—21

13.2 Technical Indexes of the Test Apparatus ························ 1—22—21
13.3 Test Procedures ····················· 1—22—21
13.4 Data Analysis ························· 1—22—21
14 The Method of Fired Brick Rebound ······························ 1—22—21
14.1 General Requirement ·············· 1—22—21
14.2 Technical Indexes of the Test Apparatus ······················ 1—22—22
14.3 Test Procedures ····················· 1—22—22
14.4 Data Analysis ························ 1—22—22
15 Determination of Strength ······ 1—22—22
Explanation of Wording in This Standard ···································· 1—22—24
List of Quoted Standards ·············· 1—22—24
Addition: Explanation of Provisions ······················ 1—22—25

1 总 则

1.0.1 为在砌体工程现场检测中，贯彻执行国家技术政策，做到技术先进、数据准确、安全可靠，制定本标准。

1.0.2 本标准适用于砌体工程中砖砌体、砌筑砂浆和砌筑块体的现场检测和强度推定。

1.0.3 砌体工程的现场检测，除应符合本标准外，尚应符合国家现行有关标准的规定。

2 术语和符号

2.1 术 语

2.1.1 检测单元 test unit

每一楼层且总量不大于 $250m^3$ 的材料品种和设计强度等级均相同的砌体。

2.1.2 测区 test zone

在一个检测单元内，随机布置的一个或若干个检测区域。

2.1.3 测点 test point

在一个测区内，按检测方法的要求，随机布置的一个或若干个检测点。

2.1.4 原位轴压法 the method of axial compression in situ

采用原位压力机在墙体上进行抗压测试，检测砌体抗压强度的方法。

2.1.5 扁式液压顶法 the method of flat jack in situ

采用扁式液压千斤顶在墙体上进行抗压测试，检测砌体的受压应力、弹性模量、抗压强度的方法，简称扁顶法。

2.1.6 切制抗压试件法 the method of test on specimen cut from wall

从墙体上切割、取出外形几何尺寸为标准抗压砌体试件，运至试验室进行抗压测试的方法。

2.1.7 原位砌体通缝单剪法 the method of shear along one horizontal mortar joint in situ

在墙体上沿单个水平灰缝进行抗剪测试，检测砌体抗剪强度的方法，简称原位单剪法。

2.1.8 原位双剪法 the method of shear along two horizontal mortar joint in situ

采用原位剪切仪在墙体上对单块或双块顺砖进行双面抗剪测试，检测砌体抗剪强度的方法。

2.1.9 推出法 the method of push out

采用推出仪从墙体上水平推出单块丁砖，测得水平推力及推出砖下的砂浆饱满度，以此推定砌筑砂浆抗压强度的方法。

2.1.10 筒压法 the method of compression in cylinder

将取样砂浆破碎、烘干并筛分成符合一定级配要求的颗粒，装入承压筒并施加筒压荷载，检测其破损程度（筒压比），根据筒压比推定砌筑砂浆抗压强度的方法。

2.1.11 砂浆片剪切法 the method of shear on mortar flake

采用砂浆测强仪检测砂浆片的抗剪强度，以此推定砌筑砂浆抗压强度的方法。

2.1.12 砂浆回弹法 the method of mortar rebound

采用砂浆回弹仪检测墙体、柱中砂浆表面的硬度，根据回弹值和碳化深度推定其强度的方法。

2.1.13 点荷法 the method of point load

在砂浆片的大面上施加点荷载，推定砌筑砂浆抗压强度的方法。

2.1.14 砂浆片局压法 the method of local compression on mortar flake

采用局压仪对砂浆片试件进行局部抗压测试，根据局部抗压荷载值推定砌筑砂浆抗压强度的方法。

2.1.15 烧结砖回弹法 the method of fired brick rebound

采用专用回弹仪检测烧结普通砖或烧结多孔砖表面的硬度，根据回弹值推定其抗压强度的方法。

2.1.16 槽间砌体 masonry between two channels

采用原位轴压法和扁顶法在砖墙上检测砌体的抗压强度时，开凿的两个水平槽之间的砌体。

2.1.17 筒压比 cylindrical compressive ratio

采用筒压法检测砂浆强度时，砂浆试样经筒压测试并筛分后，留在孔径 5mm 筛以上的累计筛余量与该试样总量的比值，简称筒压比。

2.2 符 号

2.2.1 几何参数

A——构件或试件的截面面积；

b——宽度；试件截面边长；

h——高度；试件截面高度；测点间的距离；

l——长度；

d——砂浆碳化深度；

r——半径；点荷法的作用半径；

t——厚度；试件厚度；

H——砌体抗压试件的高度。

2.2.2 作用、效应与抗力、计算指标

N——实测破坏荷载值；

f_m——砌体抗压强度平均值；

$f_{v,m}$——砌体抗剪强度平均值；

τ——砂浆片的抗剪强度；

f_1——砖的抗压强度值；

f_2——砌筑砂浆抗压强度值；

f'_2——砌筑砂浆抗压强度推定值；

σ_0——测点上部墙体的平均压应力。

2.2.3 系数

ξ_1——原位轴压法、扁顶法测定砌体抗压强度的换算系数；

ξ_2——推出法的砖品种修正系数；

ξ_3——推出法的砂浆饱满度修正系数；

ξ_4——点荷法的荷载作用半径修正系数；

ξ_5——点荷法的试件厚度修正系数。

2.2.4 其他

B——水平灰缝的砂浆饱满度；

η——筒压法中的筒压比；

R——砖或砂浆的回弹值；

n_1——同一测区的测点（测位）数；

n_2——同一检测单元的测区数。

3 基本规定

3.1 适用条件

3.1.1 对新建砌体工程，检验和评定砌筑砂浆或砖、砖砌体的强度，应按现行国家标准《砌体结构设计规范》GB 50003、《砌体结构工程施工质量验收规范》GB 50203、《建筑工程施工质量验收统一标准》GB 50300、《砌体基本力学性能试验方法标准》GB/T 50129等的有关规定执行；当遇到下列情况之一时，应按本标准检测和推定砌筑砂浆或砖、砖砌体的强度：

1 砂浆试块缺乏代表性或试块数量不足。

2 对砖强度或砂浆试块的检验结果有怀疑或争议，需要确定实际的砌体抗压、抗剪强度。

3 发生工程事故或对施工质量有怀疑和争议，需要进一步分析砖、砂浆和砌体的强度。

3.1.2 对既有砌体工程，在进行下列鉴定时，应按本标准检测和推定砂浆强度、砖的强度或砌体的工作应力、弹性模量和强度：

1 安全鉴定、危房鉴定及其他应急鉴定。

2 抗震鉴定。

3 大修前的可靠性鉴定。

4 房屋改变用途、改建、加层或扩建前的专门鉴定。

3.1.3 各种检测方法的选用应按本标准第3.4节的规定执行。

3.2 检测程序及工作内容

3.2.1 现场检测工作应按规定的程序进行（图3.2.1）。

3.2.2 调查阶段应包括下列工作内容：

1 收集被检测工程的图纸、施工验收资料、砖与砂浆的品种及有关原材料的测试资料。

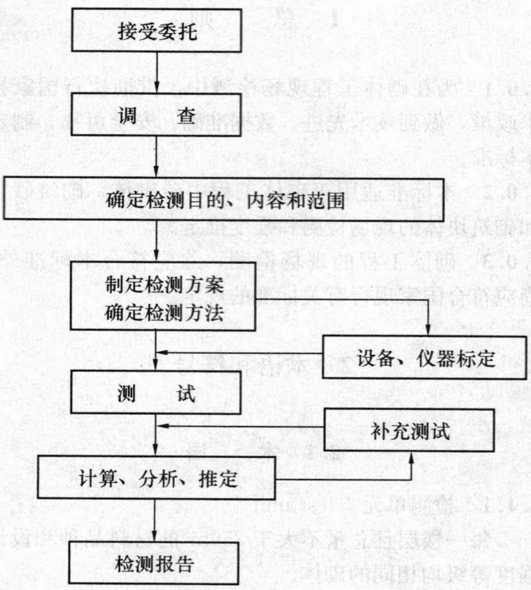

图3.2.1 现场检测程序

2 现场调查工程的结构形式、环境条件、砌体质量及其存在问题，对既有砌体工程，尚应调查使用期间的变更情况。

3 工程建设时间。

4 进一步明确检测原因和委托方的具体要求。

5 以往工程质量检测情况。

3.2.3 检测方案应根据调查结果和检测目的、内容和范围制定，应选择一种或数种检测方法，必要时应征求委托方意见并认可。对被检测工程应划分检测单元，并应确定测区和测点数。

3.2.4 测试设备、仪器应按相应标准和产品说明书规定进行保养和校准，必要时尚应按使用频率、检测对象的重要性适当增加校准次数。

3.2.5 计算、分析和强度推定过程中，出现异常情况或测试数据不足时，应及时补充测试。

3.2.6 检测工作完毕，应及时出具符合检测目的的检测报告。

3.2.7 现场测试结束时，砌体如因检测造成局部损伤，应及时修补砌体局部损伤部位。修补后的砌体，应满足原构件承载能力和正常使用的要求。

3.2.8 从事测试和强度推定的人员，应经专门培训合格后，再参加测试和撰写报告。

3.2.9 现场检测工作，应采取确保人身安全和防止仪器损坏的安全措施，并应采取避免或减小污染环境的措施。

3.2.10 现场检测和抽样检测，环境温度和试件（试样）温度均应高于0℃。

3.3 检测单元、测区和测点

3.3.1 当检测对象为整栋建筑物或建筑物的一部分时，应将其划分为一个或若干个可以独立进行分析的结构单元，每一结构单元应划分为若干个检测单元。

3.3.2 每一检测单元内，不宜少于6个测区，应将单个构件（单片墙体、柱）作为一个测区。当一个检测单元不足6个构件时，应将每个构件作为一个测区。

采用原位轴压法、扁顶法、切制抗压试件法检测，当选择6个测区确有困难时，可选取不少于3个测区测试，但宜结合其他非破损检测方法综合进行强度推定。

3.3.3 每一测区应随机布置若干测点。各种检测方法的测点数，应符合下列要求：

1 原位轴压法、扁顶法、切制抗压试件法、原位单剪法、筒压法，测点数不应少于1个。

2 原位双剪法、推出法，测点数不应少于3个。

3 砂浆片剪切法、砂浆回弹法、点荷法、砂浆片局压法、烧结砖回弹法，测点数不应少于5个。

注：回弹法的测位，相当于其他检测方法的测点。

3.3.4 对既有建筑物或应委托方要求仅对建筑物的部分或个别部位检测时，测区和测点数可减少，但一个检测单元的测区数不宜少于3个。

3.3.5 测点布置应能使测试结果全面、合理反映检测单元的施工质量或其受力性能。

3.4 检测方法分类及其选用原则

3.4.1 砌体工程的现场检测方法，可按对砌体结构的损伤程度，分为下列几类：

1 非破损检测方法，在检测过程中，对砌体结构的既有力学性能没有影响。

2 局部破损检测方法，在检测过程中，对砌体结构的既有力学性能有局部的、暂时的影响，但可修复。

3.4.2 砌体工程的现场检测方法，可按测试内容分为下列几类：

1 检测砌体抗压强度可采用原位轴压法、扁顶法、切制抗压试件法。

2 检测砌体工作应力、弹性模量可采用扁顶法。

3 检测砌体抗剪强度可采用原位单剪法、原位双剪法。

4 检测砌筑砂浆强度可采用推出法、筒压法、砂浆片剪切法、砂浆回弹法、点荷法、砂浆片局压法。

5 检测砌筑块体抗压强度可采用烧结砖回弹法、取样法。

3.4.3 检测方法可按表3.4.3选择。

表 3.4.3 检测方法

序号	检测方法	特 点	用 途	限制条件
1	原位轴压法	1. 属原位检测，直接在墙体上测试，检测结果综合反映了材料质量和施工质量； 2. 直观性、可比性较强； 3. 设备较重； 4. 检测部位有较大局部破损	1. 检测普通砖和多孔砖砌体的抗压强度； 2. 火灾、环境侵蚀后的砌体剩余抗压强度	1. 槽间砌体每侧的墙体宽度不应小于1.5m；测点宜选在墙体长度方向的中部； 2. 限用于240mm厚砖墙
2	扁顶法	1. 属原位检测，直接在墙体上测试，检测结果综合反映了材料质量和施工质量； 2. 直观性、可比性较强； 3. 扁顶重复使用率较低； 4. 砌体强度较高或轴向变形较大时，难以测出抗压强度； 5. 设备较轻； 6. 检测部位有较大局部破损	1. 检测普通砖和多孔砖砌体的抗压强度； 2. 检测古建筑和重要建筑的受压工作应力； 3. 检测砌体弹性模量； 4. 火灾、环境侵蚀后的砌体剩余抗压强度	1. 槽间砌体每侧的墙体宽度不应小于1.5m；测点宜选在墙体长度方向的中部； 2. 不适用于测试墙体破坏荷载大于400kN的墙体
3	切制抗压试件法	1. 属取样检测，检测结果综合反映了材料质量和施工质量； 2. 试件尺寸与标准抗压试件相同；直观性、可比性较强； 3. 设备较重，现场取样时有水污染； 4. 取样部位有较大局部破损；需切割、搬运试件； 5. 检测结果不需换算	1. 检测普通砖和多孔砖砌体的抗压强度； 2. 火灾、环境侵蚀后的砌体剩余抗压强度	取样部位每侧的墙体宽度不应小于1.5m，且应为墙体长度方向的中部或受力较小处
4	原位单剪法	1. 属原位检测，直接在墙体上测试，检测结果综合反映了材料质量和施工质量； 2. 直观性强； 3. 检测部位有较大局部破损	检测各种砖砌体的抗剪强度	测点选在窗下墙部位，且承受反作用力的墙体应有足够长度

续表 3.4.3

序号	检测方法	特点	用途	限制条件
5	原位双剪法	1. 属原位检测，直接在墙体上测试，检测结果综合反映了材料质量和施工质量； 2. 直观性较强； 3. 设备较轻便； 4. 检测部位局部破损	检测烧结普通砖和烧结多孔砖砌体的抗剪强度	—
6	推出法	1. 属原位检测，直接在墙体上测试，检测结果综合反映了材料质量和施工质量； 2. 设备较轻便； 3. 检测部位局部破损	检测烧结普通砖、烧结多孔砖、蒸压灰砂砖或蒸压粉煤灰砖墙体的砂浆强度	当水平灰缝的砂浆饱满度低于65%时，不宜选用
7	筒压法	1. 属取样检测； 2. 仅需利用一般混凝土试验室的常用设备； 3. 取样部位局部损伤	检测烧结普通砖和烧结多孔砖墙体中的砂浆强度	—
8	砂浆片剪切法	1. 属取样检测； 2. 专用的砂浆测强仪及其标定仪，较为轻便； 3. 测试工作较简便； 4. 取样部位局部损伤	检测烧结普通砖和烧结多孔砖墙体中的砂浆强度	—
9	砂浆回弹法	1. 属原位无损检测，测区选择不受限制； 2. 回弹仪有定型产品，性能较稳定，操作简便； 3. 检测部位的装修面层仅局部损伤	1. 检测烧结普通砖和烧结多孔砖墙体中的砂浆强度； 2. 主要用于砂浆强度均质性检查	1. 不适用于砂浆强度小于2MPa的墙体； 2. 水平灰缝表面粗糙且难以磨平时，不得采用
10	点荷法	1. 属取样检测； 2. 测试工作较简便； 3. 取样部位局部损伤	检测烧结普通砖和烧结多孔砖墙体中的砂浆强度	不适用于砂浆强度小于2MPa的墙体

续表 3.4.3

序号	检测方法	特点	用途	限制条件
11	砂浆片局压法	1. 属取样检测； 2. 局压仪有定型产品，性能较稳定，操作简便； 3. 取样部位局部损伤	检测烧结普通砖和烧结多孔砖墙体中的砂浆强度	适用范围限于： 1. 水泥石灰砂浆强度：1MPa～10MPa； 2. 水泥砂浆强度：1MPa～20MPa
12	烧结砖回弹法	1. 属原位无损检测，测区选择不受限制； 2. 回弹仪有定型产品，性能较稳定，操作简便； 3. 检测部位的装修面层仅局部损伤	检测烧结普通砖和烧结多孔砖墙体中的砖强度	适用范围限于：6MPa～30MPa

3.4.4 选用检测方法和在墙体上选定测点，尚应符合下列要求：

1 除原位单剪法外，测点不应位于门窗洞口处。

2 所有方法的测点不应位于补砌的临时施工洞口附近。

3 应力集中部位的墙体以及墙梁的墙体计算高度范围内，不应选用有较大局部破损的检测方法。

4 砖柱和宽度小于3.6m的承重墙，不应选用有较大局部破损的检测方法。

3.4.5 现场检测或取样检测时，砌筑砂浆的龄期不应低于28d。

3.4.6 检测砌筑砂浆强度时，取样砂浆试件或原位检测的水平灰缝应处于干燥状态。

3.4.7 各类砖的取样检测，每一检测单元不应少于一组；应按相应的产品标准，进行砖的抗压强度试验和强度等级评定。

3.4.8 采用砂浆片局压法取样检测砌筑砂浆强度时，检测单元、测区的确定，以及强度推定，应按本标准的有关规定执行；测试设备、测试步骤、数据分析应按现行行业标准《择压法检测砌筑砂浆抗压强度技术规程》JGJ/T 234的有关规定执行。

4 原位轴压法

4.1 一 般 规 定

4.1.1 原位轴压法（图4.1.1）适用于推定240mm厚普通砖砌体或多孔砖砌体的抗压强度。

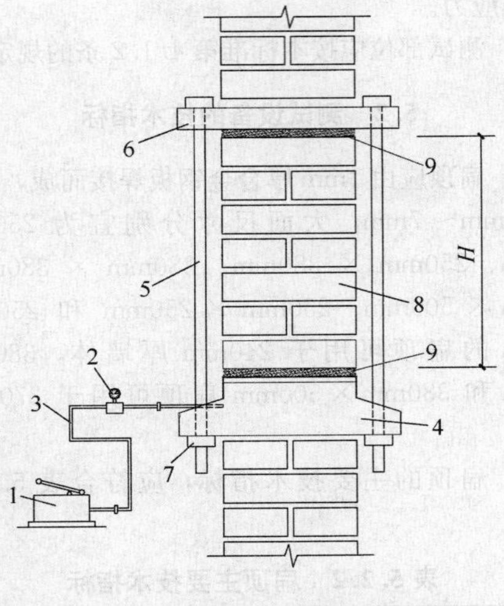

图 4.1.1 原位轴压法测试装置

1—手动油泵；2—压力表；3—高压油管；4—扁式千斤顶；5—钢拉杆（共 4 根）；6—反力板；7—螺母；8—槽间砌体；9—砂垫层；H—槽间砌体高度

4.1.2 测试部位应具有代表性，并应符合下列要求：

1 测试部位宜选在墙体中部距楼、地面 1m 左右的高度处；槽间砌体每侧的墙体宽度不应小于 1.5m。

2 同一墙体上，测点不宜多于 1 个，且宜选在沿墙体长度的中间部位；多于 1 个时，其水平净距不得小于 2.0m。

3 测试部位不得选在挑梁下、应力集中部位以及墙梁的墙体计算高度范围内。

4.2 测试设备的技术指标

4.2.1 原位压力机主要技术指标，应符合表 4.2.1 的要求。

表 4.2.1 原位压力机主要技术指标

项　目	指　标		
	450 型	600 型	800 型
额定压力（kN）	400	550	750
极限压力（kN）	450	600	800
额定行程（mm）	15	15	15
极限行程（mm）	20	20	20
示值相对误差（%）	±3	±3	±3

4.2.2 原位压力机的力值，应每半年校验一次。

4.3 测 试 步 骤

4.3.1 在测点上开凿水平槽孔时，应符合下列要求：

1 上、下水平槽的尺寸应符合表 4.3.1 的要求。

表 4.3.1 水平槽尺寸

名　称	长度(mm)	厚度(mm)	高度(mm)
上水平槽	250	240	70
下水平槽	250	240	≥110

2 上、下水平槽孔应对齐。普通砖砌体，槽间砌体高度应为 7 皮砖；多孔砖砌体，槽间砌体高度应为 5 皮砖。

3 开槽时，应避免扰动四周的砌体；槽间砌体的承压面应修平整。

4.3.2 在槽孔间安放原位压力机（图 4.1.1）时，应符合下列要求：

1 在上槽内的下表面和扁式千斤顶的顶面，应分别均匀铺设湿细砂或石膏等材料的垫层，垫层厚度可取 10mm。

2 应将反力板置于上槽孔，扁式千斤顶置于下槽孔，应安放四根钢拉杆，并应使两个承压板上下对齐后，应沿对角两两均匀拧紧螺母并调整其平行度；四根钢拉杆的上下螺母间的净距误差不应大于 2mm。

3 正式测试前，应进行试加荷载测试，试加荷载值可取预估破坏荷载的 10%。应检查测试系统的灵活性和可靠性，以及上下压板和砌体受压面接触是否均匀密实。经试加荷载，测试系统正常后应卸荷，并应开始正式测试。

4.3.3 正式测试时，应分级加荷。每级荷载可取预估破坏荷载的 10%，并应在 1min～1.5min 内均匀加完，然后恒载 2min。加荷至预估破坏荷载的 80%后，应按原定加荷速度连续加荷，直至槽间砌体破坏。当槽间砌体裂缝急剧扩展和增多，油压表的指针明显回退时，槽间砌体达到极限状态。

4.3.4 测试过程中，发现上下压板与砌体承压面因接触不良，致使槽间砌体呈局部受压或偏心受压状态时，应停止测试，并应调整测试装置，重新测试，无法调整时应更换测点。

4.3.5 测试过程中，应仔细观察槽间砌体初裂裂缝与裂缝开展情况，并应记录逐级荷载下的油压表读数、测点位置、裂缝随荷载变化情况简图等。

4.4 数 据 分 析

4.4.1 根据槽间砌体初裂和破坏时的油压表读数，应分别减去油压表的初始读数，并应按原位压力机的校验结果，计算槽间砌体的初裂荷载值和破坏荷载值。

4.4.2 槽间砌体的抗压强度，应按下式计算：

$$f_{uij} = \frac{N_{uij}}{A_{ij}} \qquad (4.4.2)$$

式中：f_{uij}——第 i 个测区第 j 个测点槽间砌体的抗压强度（MPa）；

N_{uij}——第 i 个测区第 j 个测点槽间砌体的受压破坏荷载值（N）；

A_{ij}——第 i 个测区第 j 个测点槽间砌体的受压面积（mm^2）。

4.4.3 槽间砌体抗压强度换算为标准砌体的抗压强度，应按下列公式计算：

$$f_{mij}=\frac{f_{uij}}{\xi_{1ij}} \qquad (4.4.3\text{-}1)$$

$$\xi_{1ij}=1.25+0.60\sigma_{0ij} \qquad (4.4.3\text{-}2)$$

式中：f_{mij}——第 i 个测区第 j 个测点的标准砌体抗压强度换算值（MPa）；

ξ_{1ij}——原位轴压法的无量纲的强度换算系数；

σ_{0ij}——该测点上部墙体的压应力（MPa），其值可按墙体实际所承受的荷载标准值计算。

4.4.4 测区的砌体抗压强度平均值，应按下式计算：

$$f_{mi}=\frac{1}{n_1}\sum_{j=1}^{n_1}f_{mij} \qquad (4.4.4)$$

式中：f_{mi}——第 i 个测区的砌体抗压强度平均值（MPa）；

n_1——第 i 个测区的测点数。

5 扁顶法

5.1 一般规定

5.1.1 扁顶法（图 5.1.1）适用于推定普通砖砌体或多孔砖砌体的受压弹性模量、抗压强度或墙体的受压工作应力。

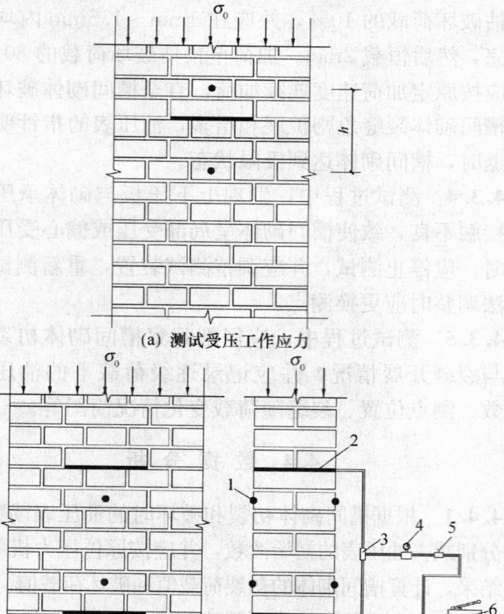

图 5.1.1 扁顶法测试装置与变形测点布置

1—变形测量脚标（两对）；2—扁式液压千斤顶；3—三通接头；4—压力表；5—溢流阀；6—手动油泵；H—槽间砌体高度；h—脚标之间的距离

5.1.2 测试部位应按本标准第 4.1.2 条的规定执行。

5.2 测试设备的技术指标

5.2.1 扁顶应由 1mm 厚合金钢板焊接而成，总厚度宜为 5mm～7mm，大面尺寸分别宜为 250mm × 250mm、250mm × 380mm、380mm × 380mm 和 380mm × 500mm。250mm × 250mm 和 250mm × 380mm 的扁顶可用于 240mm 厚墙体，380mm × 380mm 和 380mm × 500mm 扁顶可用于 370mm 厚墙体。

5.2.2 扁顶的主要技术指标，应符合表 5.2.2 的要求。

表 5.2.2 扁顶主要技术指标

项 目	指 标
额定压力（kN）	400
极限压力（kN）	480
额定行程（mm）	10
极限行程（mm）	15
示值相对误差（%）	±3

5.2.3 每次使用前，应校验扁顶的力值。

5.2.4 手持式应变仪和千分表的主要技术指标，应符合表 5.2.4 的要求。

表 5.2.4 手持式应变仪和千分表的主要技术指标

项 目	指 标
行程（mm）	1～3
分辨率（mm）	0.001

5.3 测试步骤

5.3.1 测试墙体的受压工作应力时，应符合下列要求：

1 在选定的墙体上，应标出水平槽的位置，并应牢固粘贴两对变形测量的脚标[图 5.1.1(a)]。脚标应位于水平槽正中并跨越该槽；普通砖砌体脚标之间的距离应相隔 4 条水平灰缝，宜取 250mm；多孔砖砌体脚标之间的距离应相隔 3 条水平灰缝，宜取 270mm～300mm。

2 使用手持应变仪或千分表在脚标上测量砌体变形的初读数时，应测量 3 次，并应取其平均值。

3 在标出水平槽位置处，应剔除水平灰缝内的砂浆。水平槽的尺寸应略大于扁顶尺寸。开凿时不应损伤测点部位的墙体及变形测量脚标。槽的四周应清理平整，并应除去灰渣。

4 使用手持式应变仪或千分表在脚标上测量开槽后的砌体变形值时，应待读数稳定后再进行下一步测试工作。

5 在槽内安装扁顶，扁顶上下两面宜垫尺寸相同的钢垫板，并应连接测试设备的油路（图5.1.1）。

6 正式测试前的试加荷载测试，应符合本标准第4.3.2条第3款的规定。

7 正式测试时，应分级加荷。每级荷载应为预估破坏荷载值的5%，并应在1.5min～2min内均匀加完，恒载2min后应测读变形值。当变形值接近开槽前的读数时，应适当减小加荷级差，并应直至实测变形值达到开槽前的读数，然后卸荷。

5.3.2 实测墙体的砌体抗压强度或受压弹性模量时，应符合下列要求：

1 在完成墙体的受压工作应力测试后，应开凿第二条水平槽，上下槽应互相平行、对齐。当选用250mm×250mm扁顶时，普通砖砌体两槽之间的距离应相隔7皮砖；多孔砖砌体两槽之间的距离应相隔5皮砖。当选用250mm×380mm扁顶时，普通砖砌体两槽之间的距离应相隔8皮砖；多孔砖砌体两槽之间的距离应相隔6皮砖。遇有灰缝不规则或砂浆强度较高而难以凿槽时，可在槽孔处取出1皮砖，安装扁顶时应采用钢制楔形垫块调整其间隙。

2 应按本标准第5.3.1条第5款的规定在上下槽内安装扁顶。

3 试加荷载，应符合本标准第4.3.2条第3款的规定。

4 正式测试时，加荷方法应符合本标准第4.3.3条的规定。

5 当槽间砌体上部压应力小于0.2MPa时，应加设反力平衡架后再进行测试。当槽间砌体上部压应力不小于0.2MPa时，也宜加设反力平衡架后再进行测试。反力平衡架可由两块反力板和四根钢拉杆组成。

5.3.3 当测试砌体受压弹性模量时，尚应符合下列要求：

1 应在槽间砌体两侧各粘贴一对变形测量脚标[图5.1.1(b)]，脚标应位于槽间砌体的中部。普通砖砌体脚标之间的距离应相隔4条水平灰缝，宜取250mm；多孔砖砌体脚标之间的距离应相隔3条水平灰缝，宜取270mm～300mm。测试前应记录标距值，并应精确至0.1mm。

2 正式测试前，应反复施加10%的预估破坏荷载，其次数不宜少于3次。

3 测试时，加荷方法应符合本标准第4.3.3条的要求，并应测记逐级荷载下的变形值。

4 累计加荷的应力上限不宜大于槽间砌体极限抗压强度的50%。

5.3.4 当仅测定砌体抗压强度时，应同时开凿两条水平槽，并应按本标准第5.3.2条的要求进行测试。

5.3.5 测试记录内容应包括描绘测点布置图、墙体砌筑方式、扁顶位置、脚标位置、轴向变形值、逐级荷载下的油压表读数、裂缝随荷载变化情况简图等。

5.4 数据分析

5.4.1 数据分析时，应根据扁顶力值的校验结果，将油压表读数换算为测试荷载值。

5.4.2 墙体的受压工作应力，应等于按本标准第5.3.1条规定实测变形值达到开凿前的读数时所对应的应力值。

5.4.3 砌体在有侧向约束情况下的受压弹性模量，应按现行国家标准《砌体基本力学性能试验方法标准》GB/T 50129的有关规定计算；当换算为标准砌体的受压弹性模量时，计算结果应乘以换算系数0.85。

5.4.4 槽间砌体的抗压强度，应按本标准式(4.4.2)计算。

5.4.5 槽间砌体抗压强度换算为标准砌体的抗压强度，应按本标准式(4.4.3-1)和式(4.4.3-2)计算。

5.4.6 测区的砌体抗压强度平均值，应按本标准式(4.4.4)计算。

6 切制抗压试件法

6.1 一般规定

6.1.1 切制抗压试件法适用于推定普通砖砌体和多孔砖砌体的抗压强度。检测时，应使用电动切割机，在砖墙上切割两条竖缝，竖缝间距可取370mm或490mm，应人工取出与标准砌体抗压试件尺寸相同的试件，并应运至试验室，砌体抗压测试应按现行国家标准《砌体基本力学性能试验方法标准》GB/T 50129的有关规定执行。

6.1.2 在砖墙上选择切制试件的部位，应符合本标准第4.1.2条的要求。

6.1.3 当宏观检查墙体的砌筑质量差或砌筑砂浆强度等级低于M2.5（含M2.5）时，不宜选用切制抗压试件法。

6.2 测试设备的技术指标

6.2.1 切割墙体竖向通缝的切割机，应符合下列要求：

1 机架应有足够的强度、刚度、稳定性。

2 切割机应操作灵活，并应固定和移动方便。

3 切割机的锯切深度不应小于240mm。

4 切割机上的电动机、导线及其连接的接点应具有良好的防潮性能。

5 切割机宜配备水冷却系统。

6.2.2 测试设备应选择适宜吨位的长柱压力试验机，其精度（示值的相对误差）不应大于2%。预估抗压试件的破坏荷载值，应为压力试验机额定压力的20%～80%。

6.3 测试步骤

6.3.1 选取切制试件的部位后，应按现行国家标准《砌体基本力学性能试验方法标准》GB/T 50129的有关规定，确定试件高度 H 和试件宽度 b（图6.3.1），并应标出切割线。在选择切割线时，宜选取竖向灰缝上、下对齐的部位。

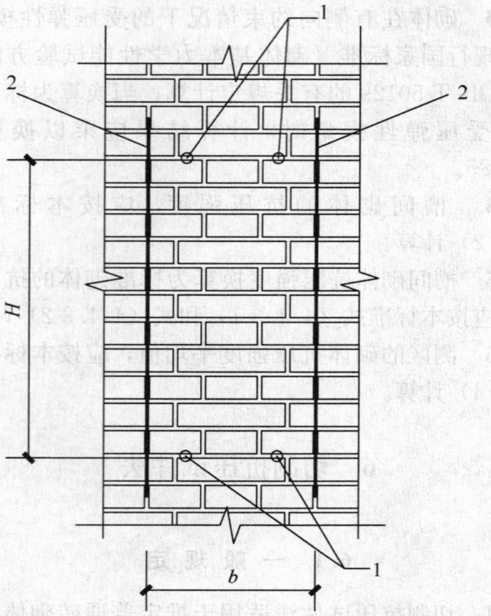

图6.3.1 切制普通砖砌体抗压试件

1—钻孔；2—切割线；H—试件高度；b—试件宽度

6.3.2 应在拟切制试件上、下两端各钻2个孔，并应将拟切制试件捆绑牢固，也可采用其他适宜的临时固定方法。

6.3.3 应将切割机的锯片（锯条）对准切割线，并垂直于墙面，然后应启动切割机，并应在砖墙上切出两条竖缝。切割过程中，切割机不得偏转和移位，并应使锯片（锯条）处于连续水冷却状态。

6.3.4 应凿掉切制试件顶部一皮砖；应适当凿取试件底部砂浆，并应伸进撬棍，应将水平灰缝撬松动，然后应小心抬出试件。

6.3.5 试件搬运过程中，应防止碰撞，并应采取减小振动的措施。需要长距离运输试件时，宜用草绳等材料紧密捆绑试件。

6.3.6 试件运至试验室后，应将试件上下表面大致修理平整；应在预先找平的钢垫板上坐浆，然后应将试件放在钢垫板上；试件顶面应用1：3水泥砂浆找平。试件上、下表面的砂浆应在自然养护3d后，再进行抗压测试。测量试件受压变形值时，应在宽侧面上粘贴安装百分表的表座。

6.3.7 量测试件截面尺寸时，除应符合现行国家标准《砌体基本力学性能试验方法标准》GB/T 50129的有关规定外，在量测长边尺寸时，尚应除去长边两端残留的竖缝砂浆。

6.3.8 切制试件的抗压试验步骤，应包括试件在试验机底板上的对中方法、试件顶面找平方法、加荷制度、裂缝观察、初裂荷载及破坏荷载等检测及测试事项，均应符合现行国家标准《砌体基本力学性能试验方法标准》GB/T 50129的有关规定。

6.4 数据分析

6.4.1 单个切制试件的抗压强度，应按本标准式（4.4.2）计算。

6.4.2 测区的砌体抗压强度平均值，应按本标准式（4.4.4）计算。

6.4.3 计算结果表示被测墙体的实际抗压强度值，不应乘以强度调整系数。

7 原位单剪法

7.1 一般规定

7.1.1 原位单剪法适用于推定砖砌体沿通缝截面的抗剪强度。检测时，测试部位宜选在窗洞口或其他洞口下三皮砖范围内，试件具体尺寸应符合图7.1.1的规定。

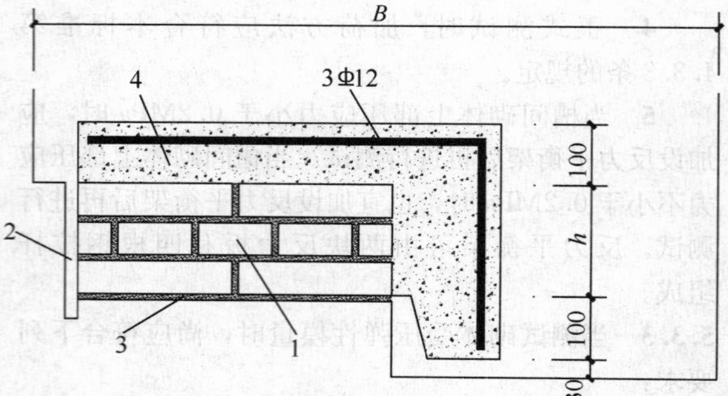

图7.1.1 原位单剪试件大样

1—被测砌体；2—切口；3—受剪灰缝；4—现浇混凝土传力件；h—三皮砖的高度；B—洞口宽度；L_1—剪切面长度；L_2—设备长度预留空间

7.1.2 试件的加工过程中，应避免扰动被测灰缝。

7.1.3 测试部位不应选在后砌窗下墙处，且其施工质量应具有代表性。

7.2 测试设备的技术指标

7.2.1 测试设备应包括螺旋千斤顶或卧式液压千斤顶、荷载传感器及数字荷载表等。试件的预估破坏荷载值应为千斤顶、传感器最大测量值的20%～80%。

7.2.2 检测前，应标定荷载传感器及数字荷载表，其示值相对误差不应大于2%。

7.3 测试步骤

7.3.1 在选定的墙体上，应采用振动较小的工具加工切口，现浇钢筋混凝土传力件（图7.3.1）的混凝土强度等级不应低于C15。

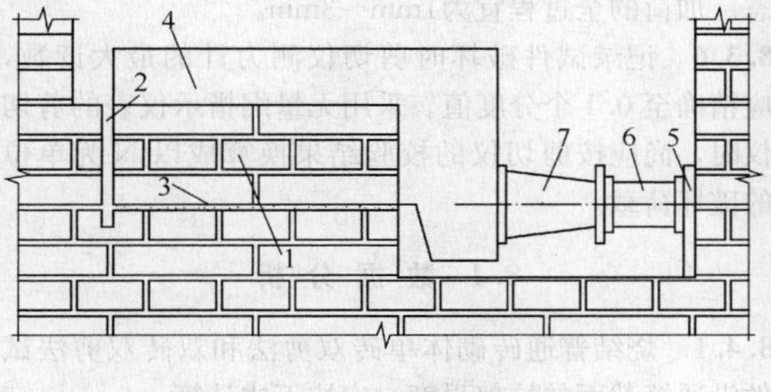

图7.3.1 原位单剪法测试装置

1—被测砌体；2—切口；3—受剪灰缝；4—现浇混凝土传力件；5—垫板；6—传感器；7—千斤顶

7.3.2 测量被测灰缝的受剪面尺寸，应精确至1mm。

7.3.3 安装千斤顶及测试仪表，千斤顶的加力轴线与被测灰缝顶面应对齐（图7.3.1）。

7.3.4 加荷时应匀速施加水平荷载，并应控制试件在2min～5min内破坏。当试件沿受剪面滑动、千斤顶开始卸荷时，应判定试件达到破坏状态；应记录破坏荷载值，并应结束测试；应在预定剪切面（灰缝）破坏，测试有效。

7.3.5 加荷测试结束后，应翻转已破坏的试件，检查剪切面破坏特征及砌体砌筑质量，并应详细记录。

7.4 数据分析

7.4.1 数据分析时，应根据测试仪表的校验结果，进行荷载换算，并应精确至10N。

7.4.2 砌体的沿通缝截面抗剪强度应按下式计算：

$$f_{vij}=\frac{N_{vij}}{A_{vij}} \qquad (7.4.2)$$

式中：f_{vij}——第 i 个测区第 j 个测点的砌体沿通缝截面抗剪强度（MPa）；

N_{vij}——第 i 个测区第 j 个测点的抗剪破坏荷载（N）；

A_{vij}——第 i 个测区第 j 个测点的受剪面积（mm^2）。

7.4.3 测区的砌体沿通缝截面抗剪强度平均值，应按下式计算：

$$f_{vi}=\frac{1}{n_1}\sum_{j=1}^{n_1}f_{vij} \qquad (7.4.3)$$

式中：f_{vi}——第 i 个测区的砌体沿通缝截面抗剪强度平均值（MPa）。

8 原位双剪法

8.1 一般规定

8.1.1 原位双剪法（图8.1.1）应包括原位单砖双剪法和原位双砖双剪法。原位单砖双剪法适用于推定各类墙厚的烧结普通砖或烧结多孔砖砌体的抗剪强度，原位双砖双剪法仅适用于推定240mm厚墙的烧结普通砖或烧结多孔砖砌体的抗剪强度。检测时，应将原位剪切仪的主机安放在墙体的槽孔内，并应以一块或两块并列完整的顺砖及其上下两条水平灰缝作为一个测点（试件）。

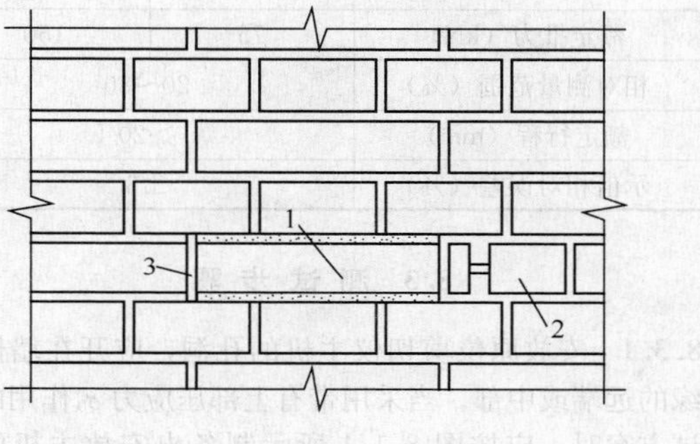

图8.1.1 原位双剪法测试示意

1—剪切试件；2—剪切仪主机；3—掏空的竖缝

8.1.2 原位双剪法宜选用释放或可忽略受剪面上部压应力 σ_0 作用的测试方案；当上部压应力 σ_0 较大且可较准确计算时，也可选用在上部压应力 σ_0 作用下的测试方案。

8.1.3 在测区内选择测点，应符合下列要求：

1 测区应随机布置 n_1 个测点，对原位单砖双剪法，在墙体两面的测点数量宜接近或相等。

2 试件两个受剪面的水平灰缝厚度应为8mm～12mm。

3 下列部位不应布设测点：

1）门、窗洞口侧边120mm范围内；

2）后补的施工洞口和经修补的砌体；

3）独立砖柱。

4 同一墙体的各测点之间，水平方向净距不应小于1.5m，垂直方向净距不应小于0.5m，且不应在同一水平位置或纵向位置。

8.2 测试设备的技术指标

8.2.1 原位剪切仪的主机应为一个附有活动承压钢板的小型千斤顶。其成套设备如图8.2.1所示。

8.2.2 原位剪切仪的主要技术指标应符合表8.2.2的规定。

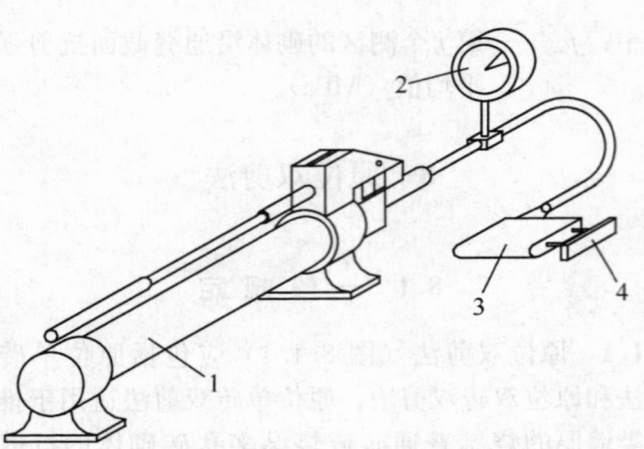

图 8.2.1　成套原位剪切仪示意

1—油泵；2—压力表；3—剪切仪主机；4—承压钢板

表 8.2.2　原位剪切仪主要技术指标

项　目	指　标	
	75 型	150 型
额定推力（kN）	75	150
相对测量范围（%）	20～80	
额定行程（mm）	＞20	
示值相对误差（%）	±3	

8.3　测 试 步 骤

8.3.1　安放原位剪切仪主机的孔洞，应开在墙体边缘的远端或中部。当采用带有上部压应力 σ_0 作用的测试方案时，应按图 8.1.1 所示制备出安放主机的孔洞，并应清除四周的灰缝。原位单砖双剪试件的孔洞截面尺寸，普通砖砌体不得小于 115mm×65mm；多孔砖砌体不得小于 115mm×110mm。原位双砖双剪试件的孔洞截面尺寸，普通砖砌体不得小于 240mm×65mm；多孔砖砌体不得小于 240mm×110mm；应掏空、清除剪切试件另一端的竖缝。

8.3.2　当采用释放试件上部压应力 σ_0 的测试方案时，尚应按图 8.3.2 所示，掏空试件顶部两皮砖之上的一条水平灰缝，掏空范围，应由剪切试件的两端向上按 45°角扩散至灰缝 4，掏空长度应大于 620mm，深度应大于 240mm。

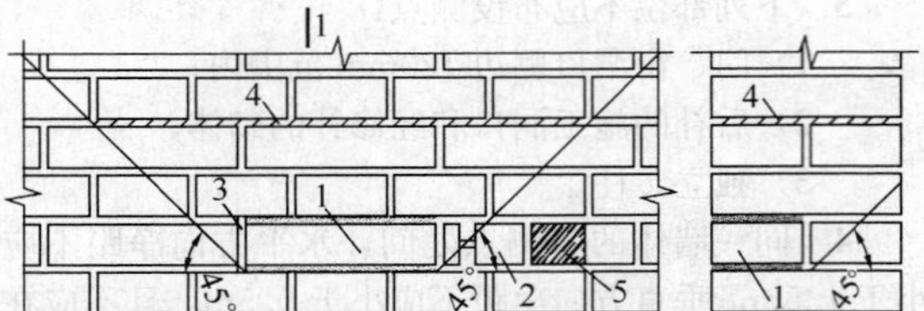

图 8.3.2　释放 σ_0 方案示意

1—试样；2—剪切仪主机；3—掏空竖缝；4—掏空水平缝；5—垫块

8.3.3　试件两端的灰缝应清理干净。开凿清理过程中，严禁扰动试件；发现被推砖块有明显缺棱掉角或上、下灰缝有松动现象时，应舍去该试件。被推砖的承压面应平整，不平时应用扁砂轮等工具磨平。

8.3.4　测试时，应将剪切仪主机放入开凿好的孔洞中（图 8.3.2），并应使仪器的承压板与试件的砖块顶面重合，仪器轴线与砖块轴线应吻合。开凿孔洞过长时，在仪器尾部应另加垫块。

8.3.5　操作剪切仪，应匀速施加水平荷载，并应直至试件和砌体之间产生相对位移，试件达到破坏状态。加荷的全过程宜为1min～3min。

8.3.6　记录试件破坏时剪切仪测力计的最大读数，应精确至 0.1 个分度值。采用无量纲指示仪表的剪切仪时，尚应按剪切仪的校验结果换算成以 N 为单位的破坏荷载。

8.4　数 据 分 析

8.4.1　烧结普通砖砌体单砖双剪法和双砖双剪法试件沿通缝截面的抗剪强度，应按下式计算：

$$f_{vij}=\frac{0.32N_{vij}}{A_{vij}}-0.70\sigma_{0ij} \qquad (8.4.1)$$

式中：A_{vij}——第 i 个测区第 j 个测点单个灰缝受剪截面的面积（mm^2）；

σ_{0ij}——该测点上部墙体的压应力（MPa），当忽略上部压应力作用或释放上部压应力时，取为 0。

8.4.2　烧结多孔砖砌体单砖双剪法和双砖双剪法试件沿通缝截面的抗剪强度，应按下式计算：

$$f_{vij}=\frac{0.29N_{vij}}{A_{vij}}-0.70\sigma_{0ij} \qquad (8.4.2)$$

式中：A_{vij}——第 i 个测区第 j 个测点单个灰缝受剪截面的面积（mm^2）；

σ_{0ij}——该测点上部墙体的压应力（MPa），当忽略上部压应力作用或释放上部压应力时，取为 0。

8.4.3　测区的砌体沿通缝截面抗剪强度平均值，应按本标准式（7.4.3）计算。

9　推　出　法

9.1　一 般 规 定

9.1.1　推出法（图 9.1.1）适用于推定 240mm 厚烧结普通砖、烧结多孔砖、蒸压灰砂砖或蒸压粉煤灰砖墙体中的砌筑砂浆强度，所测砂浆的强度宜为 1MPa～15MPa。检测时，应将推出仪安放在墙体的孔洞内。推出仪应由钢制部件、传感器、推出力峰值测定仪等组成。

9.1.2　选择测点应符合下列要求：

1　测点宜均匀布置在墙上，并应避开施工中的预留洞口。

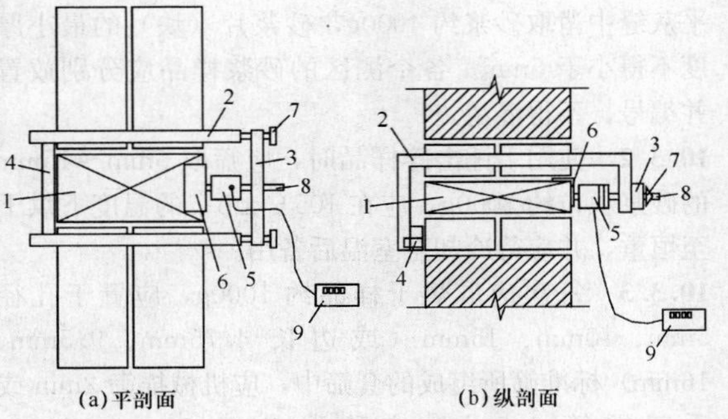

图 9.1.1 推出仪及测试安装示意

1—被推出丁砖；2—支架；3—前梁；4—后梁；5—传感器；6—垫片；7—调平螺钉；8—加荷螺杆；9—推出力峰值测定仪

2 被推丁砖的承压面可采用砂轮磨平，并应清理干净。

3 被推丁砖下的水平灰缝厚度应为 8mm～12mm。

4 测试前，被推丁砖应编号，并应详细记录墙体的外观情况。

9.2 测试设备的技术指标

9.2.1 推出仪的主要技术指标应符合表 9.2.1 的要求。

表 9.2.1 推出仪的主要技术指标

项　目	指　标
额定推力（kN）	30
相对测量范围（%）	20～80
额定行程（mm）	80
示值相对误差（%）	±3

9.2.2 力值显示仪器或仪表应符合下列要求：

1 最小分辨值应为 0.05kN，力值范围应为 0kN～30kN。

2 应具有测力峰值保持功能。

3 仪器读数显示应稳定，在 4h 内的读数漂移应小于 0.05kN。

9.3 测 试 步 骤

9.3.1 取出被推丁砖上部的两块顺砖（图 9.3.1），应符合下列要求：

1 应使用冲击钻在图 9.3.1 所示 A 点打出约 40mm 的孔洞。

2 应使用锯条自 A 至 B 点锯开灰缝。

3 应将扁铲打入上一层灰缝，并应取出两块顺砖。

4 应使用锯条锯切被推丁砖两侧的竖向灰缝，并应直至下皮砖顶面。

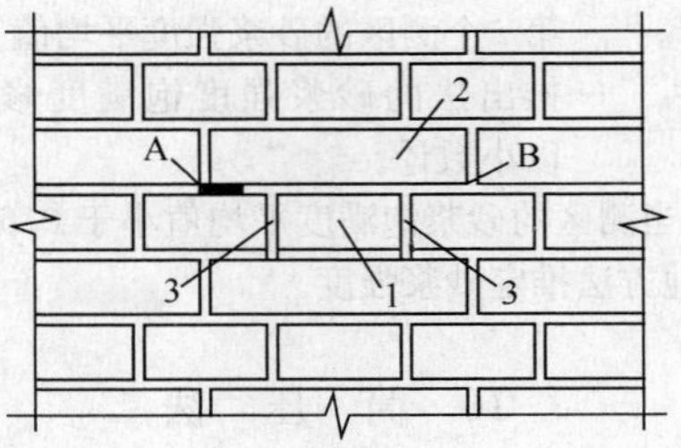

图 9.3.1 试件加工步骤示意

1—被推丁砖；2—被取出的两块顺砖；3—掏空的竖缝

5 开洞及清缝时，不得扰动被推丁砖。

9.3.2 安装推出仪（图 9.1.1），应使用钢尺测量前梁两端与墙面距离，误差应小于 3mm。传感器的作用点，在水平方向应位于被推丁砖中间；铅垂方向距被推丁砖下表面之上的距离，普通砖应为 15mm，多孔砖应为 40mm。

9.3.3 旋转加荷螺杆对试件施加荷载时，加荷速度宜控制在 5kN/min。当被推丁砖和砌体之间发生相对位移时，应认定试件达到破坏状态，并应记录推出力 N_{ij}。

9.3.4 取下被推丁砖时，应使用百格网测试砂浆饱满度 B_{ij}。

9.4 数 据 分 析

9.4.1 单个测区的推出力平均值，应按下式计算：

$$N_i = \xi_{2i} \frac{1}{n_1} \sum_{j=1}^{n_1} N_{ij} \qquad (9.4.1)$$

式中：N_i——第 i 个测区的推出力平均值（kN），精确至 0.01kN；

N_{ij}——第 i 个测区第 j 块测试砖的推出力峰值（kN）；

ξ_{2i}——砖品种的修正系数，对烧结普通砖和烧结多孔砖，取 1.00，对蒸压灰砂砖或蒸压粉煤灰砖，取 1.14。

9.4.2 测区的砂浆饱满度平均值，应按下式计算：

$$B_i = \frac{1}{n_1} \sum_{j=1}^{n_1} B_{ij} \qquad (9.4.2)$$

式中：B_i——第 i 个测区的砂浆饱满度平均值，以小数计；

B_{ij}——第 i 个测区第 j 块测试砖下的砂浆饱满度实测值，以小数计。

9.4.3 当测区的砂浆饱满度平均值不小于 0.65 时，测区的砂浆强度平均值，应按下列公式计算：

$$f_{2i} = 0.30 \left(\frac{N_i}{\xi_{3i}} \right)^{1.19} \qquad (9.4.3\text{-}1)$$

$$\xi_{3i} = 0.45 B_i^2 + 0.90 B_i \qquad (9.4.3\text{-}2)$$

式中：f_{2i}——第 i 个测区的砂浆强度平均值（MPa）；
ξ_{3i}——推出法的砂浆强度饱满度修正系数，以小数计。

9.4.4 当测区的砂浆饱满度平均值小于 0.65 时，宜选用其他方法推定砂浆强度。

10 筒 压 法

10.1 一 般 规 定

10.1.1 筒压法适用于推定烧结普通砖或烧结多孔砖砌体中砌筑砂浆的强度，不适用于推定高温、长期浸水、遭受火灾、环境侵蚀等砌筑砂浆的强度。检测时，应从砖墙中抽取砂浆试样，并应在试验室内进行筒压荷载测试，应测试筒压比，然后换算为砂浆强度。

10.1.2 筒压法所测试的砂浆品种及其强度范围，应符合下列要求：

1 砂浆品种应包括中砂、细砂配制的水泥砂浆，特细砂配制的水泥砂浆，中砂、细砂配制的水泥石灰混合砂浆，中砂、细砂配制的水泥粉煤灰砂浆，石灰石质石粉砂与中砂、细砂混合配制的水泥石灰混合砂浆和水泥砂浆。

2 砂浆强度范围应为 2.5MPa～20MPa。

10.2 测试设备的技术指标

10.2.1 承压筒（图 10.2.1）可用普通碳素钢或合金钢制作，也可用测定轻骨料筒压强度的承压筒代替。

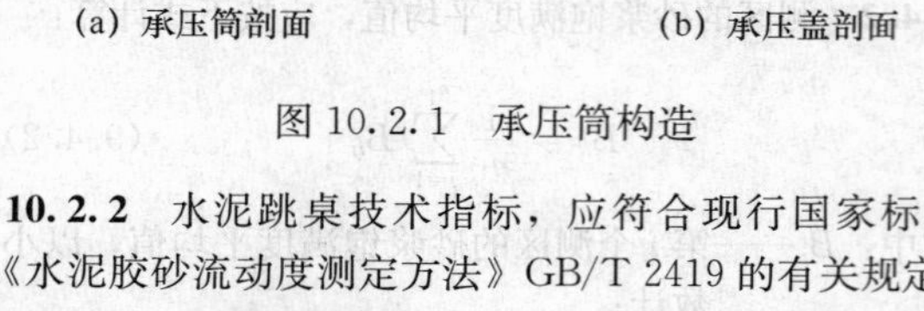

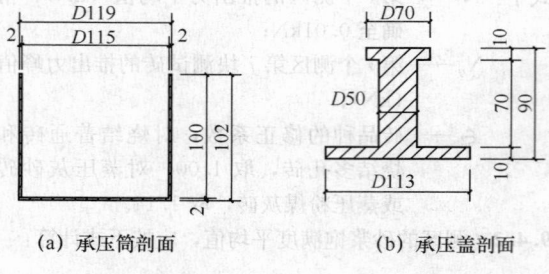

(a) 承压筒剖面　(b) 承压盖剖面

图 10.2.1 承压筒构造

10.2.2 水泥跳桌技术指标，应符合现行国家标准《水泥胶砂流动度测定方法》GB/T 2419 的有关规定。

10.2.3 其他设备和仪器应包括 50kN～100kN 压力试验机或万能试验机；砂摇筛机；干燥箱；孔径为 5mm、10mm、15mm（或边长为 4.75mm、9.5mm、16mm）的标准砂石筛（包括筛盖和底盘）；称量为 1000g、感量为 0.1g 的托盘天平。

10.3 测 试 步 骤

10.3.1 在每一测区，应从距墙表面 20mm 以里的水平灰缝中凿取砂浆约 4000g，砂浆片（块）的最小厚度不得小于 5mm。各个测区的砂浆样品应分别放置并编号，不得混淆。

10.3.2 使用手锤击碎样品时，应筛取 5mm～15mm 的砂浆颗粒约 3000g，应在 105℃±5℃的温度下烘干至恒重，并应待冷却至室温后备用。

10.3.3 每次应取烘干样品约 1000g，应置于孔径 5mm、10mm、15mm（或边长 4.75mm、9.5mm、16mm）标准筛所组成的套筛中，应机械摇筛 2min 或手工摇筛 1.5min；应称取粒级 5mm～10mm（4.75mm～9.5mm）和 10mm～15mm（9.5mm～16mm）的砂浆颗粒各 250g，混合均匀后作为一个试样；应制备三个试样。

10.3.4 每个试样应分两次装入承压筒。每次宜装 1/2，应在水泥跳桌上跳振 5 次。第二次装料并跳振后，应整平表面。

无水泥跳桌时，可按砂、石紧密体积密度的测试方法颠击密实。

10.3.5 将装试样的承压筒置于试验机上时，应再次检查承压筒内的砂浆试样表面是否平整，稍有不平时，应整平；应盖上承压盖，并应按 0.5kN/s～1.0kN/s 加荷速度或 20s～40s 内均匀加荷至规定的筒压荷载值后，立即卸荷。不同品种砂浆的筒压荷载值，应符合下列要求：

1 水泥砂浆、石粉砂浆应为 20kN。

2 特细砂水泥砂浆应为 10kN。

3 水泥石灰混合砂浆、粉煤灰砂浆应为 10kN。

10.3.6 施加荷载过程中，出现承压盖倾斜状况时，应立即停止测试，并应检查承压盖是否受损（变形），以及承压筒内砂浆试样表面是否平整。出现承压盖受损（变形）情况时，应更换承压盖，并应重新制备试样。

10.3.7 将施压后的试样倒入由孔径 5（4.75）mm 和 10（9.5）mm 标准筛组成的套筛中时，应装入摇筛机摇筛 2min 或人工摇筛 1.5min，并应筛至每隔 5s 的筛出量基本相符。

10.3.8 应称量各筛筛余试样的重量，并应精确至 0.1g，各筛的分计筛余量和底盘剩余量的总和，与筛分前的试样重量相比，相对差值不得超过试样重量的 0.5%；当超过时，应重新进行测试。

10.4 数 据 分 析

10.4.1 标准试样的筒压比，应按下式计算：

$$\eta_{ij}=\frac{t_1+t_2}{t_1+t_2+t_3} \tag{10.4.1}$$

式中：η_{ij}——第 i 个测区中第 j 个试样的筒压比，以小数计；
t_1、t_2、t_3——分别为孔径 5（4.75）mm、10（9.5）mm 筛的分计筛余量和底盘中剩余量

(g)。

10.4.2 测区的砂浆筒压比，应按下式计算：

$$\eta_i = \frac{1}{3}(\eta_{i1} + \eta_{i2} + \eta_{i3}) \qquad (10.4.2)$$

式中： η_i——第 i 个测区的砂浆筒压比平均值，以小数计，精确至 0.01；

η_{i1}、η_{i2}、η_{i3}——分别为第 i 个测区三个标准砂浆试样的筒压比。

10.4.3 测区的砂浆强度平均值应按下列公式计算：

水泥砂浆：

$$f_{2i} = 34.58(\eta_i)^{2.06} \qquad (10.4.3\text{-}1)$$

特细砂水泥砂浆：

$$f_{2i} = 21.36(\eta_i)^{3.07} \qquad (10.4.3\text{-}2)$$

水泥石灰混合砂浆：

$$f_{2i} = 6.10(\eta_i) + 11.0(\eta_i)^{2.0} \quad (10.4.3\text{-}3)$$

粉煤灰砂浆：

$$f_{2i} = 2.52 - 9.40(\eta_i) + 32.80(\eta_i)^{2.0} \qquad (10.4.3\text{-}4)$$

石粉砂浆：

$$f_{2i} = 2.70 - 13.90(\eta_i) + 44.90(\eta_i)^{2.0} \qquad (10.4.3\text{-}5)$$

11 砂浆片剪切法

11.1 一 般 规 定

11.1.1 砂浆片剪切法（图 11.1.1）适用于推定烧结普通砖或烧结多孔砖砌体中的砌筑砂浆强度。检测时，应从砖墙中抽取砂浆片试样，并应采用砂浆测强仪测试其抗剪强度，然后换算为砂浆强度。

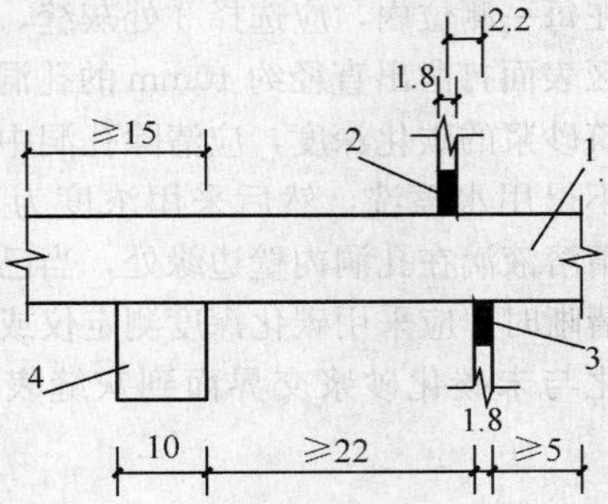

图 11.1.1 砂浆测强仪工作原理

1—砂浆片；2—上刀片；3—下刀片；4—条钢块

11.1.2 从每个测点处，宜取出两个砂浆片，应一片用于检测、一片备用。

11.2 测试设备的技术指标

11.2.1 砂浆测强仪的主要技术指标应符合表 11.2.1 的要求。

表 11.2.1 砂浆测强仪主要技术指标

项 目		指 标
上下刀片刃口厚度(mm)		1.8±0.02
上下刀片中心间距(mm)		2.2±0.05
测试荷载 N_v 范围(N)		40～1400
示值相对误差(%)		±3
刀片行程	上刀片(mm)	>30
	下刀片(mm)	>3
刀片刃口面平面度(mm)		0.02
刀片刃口棱角线直线度(mm)		0.02
刀片刃口棱角垂直度(mm)		0.02
刀片刃口硬度(HRC)		55～58

11.2.2 砂浆测强标定仪的主要技术指标应符合表 11.2.2 的要求。

表 11.2.2 砂浆测强标定仪主要技术指标

项 目	指 标
标定荷载 N_b 范围（N）	40～1400
示值相对误差（%）	±1
N_b 作用点偏离下刀片中心线距离（mm）	±0.2

11.3 测 试 步 骤

11.3.1 制备砂浆片试件，应符合下列要求：

1 从测点处的单块砖大面上取下的原状砂浆大片，应编号，并应分别放入密封袋内。

2 一个测区的墙面尺寸宜为 0.5m×0.5m。同一个测区的砂浆片，应加工成尺寸接近的片状体，大面、条面应均匀平整，单个试件的各向尺寸，厚度应为 7mm～15mm，宽度应为15mm～50mm，长度应按净跨度不小于 22mm 确定（图 11.1.1）。

3 试件加工完毕，应放入密封袋内。

11.3.2 砂浆试件含水率，应与砌体正常工作时的含水率基本一致。试件呈冻结状态时，应缓慢升温解冻。

11.3.3 砂浆片试件的剪切测试，应符合下列程序：

1 应调平砂浆测强仪，并应使水准泡居中；

2 应将砂浆片试件置于砂浆测强仪内（图 11.1.1），并应用上刀片压紧；

3 应开动砂浆测强仪，并应对试件匀速连续施加荷载，加荷速度不宜大于 10N/s，直至试件破坏。

11.3.4 试件未沿刀片刃口破坏时，此次测试应作废，应取备用试件补测。

11.3.5 试件破坏后，应记读压力表指针读数，并应换算成剪切荷载值。

11.3.6 用游标卡尺或最小刻度为0.5mm的钢板尺量测试件破坏截面尺寸时，应每个方向量测两次，并应分别取平均值。

11.4 数据分析

11.4.1 砂浆片试件的抗剪强度，应按下式计算：

$$\tau_{ij} = 0.95\frac{V_{ij}}{A_{ij}} \tag{11.4.1}$$

式中：τ_{ij}——第 i 个测区第 j 个砂浆片试件的抗剪强度（MPa）；

V_{ij}——试件的抗剪荷载值（N）；

A_{ij}——试件破坏截面面积（mm^2）。

11.4.2 测区的砂浆片抗剪强度平均值，应按下式计算：

$$\tau_i = \frac{1}{n_1}\sum_{j=1}^{n_1}\tau_{ij} \tag{11.4.2}$$

式中：τ_i——第 i 个测区的砂浆片抗剪强度平均值（MPa）。

11.4.3 测区的砂浆抗压强度平均值，应按下式计算：

$$f_{2i} = 7.17\tau_i \tag{11.4.3}$$

11.4.4 当测区的砂浆抗剪强度低于0.3MPa时，应对本标准式（11.4.3）的计算结果乘以表11.4.4的修正系数。

表11.4.4 低强砂浆的修正系数

τ_i（MPa）	>0.30	0.25	0.20	<0.15
修正系数	1.00	0.86	0.75	0.35

12 砂浆回弹法

12.1 一般规定

12.1.1 砂浆回弹法适用于推定烧结普通砖或烧结多孔砖砌体中砌筑砂浆的强度，不适用于推定高温、长期浸水、遭受火灾、环境侵蚀等砌筑砂浆的强度。检测时，应用回弹仪测试砂浆表面硬度，并应用浓度为1%～2%的酚酞酒精溶液测试砂浆碳化深度，应以回弹值和碳化深度两项指标换算为砂浆强度。

12.1.2 检测前，应宏观检查砌筑砂浆质量，水平灰缝内部的砂浆与其表面的砂浆质量应基本一致。

12.1.3 测位宜选在承重墙的可测面上，并应避开门窗洞口及预埋件等附近的墙体。墙面上每个测位的面积宜大于$0.3m^2$。

12.1.4 墙体水平灰缝砌筑不饱满或表面粗糙且无法磨平时，不得采用砂浆回弹法检测砂浆强度。

12.2 测试设备的技术指标

12.2.1 砂浆回弹仪的主要技术性能指标应符合表12.2.1的要求，其示值系统宜为指针直读式。

表12.2.1 砂浆回弹仪主要技术性能指标

项目	指标
标称动能(J)	0.196
指针摩擦力(N)	0.5±0.1
弹击杆端部球面半径(mm)	25±1.0
钢砧率定值(R)	74±2

12.2.2 砂浆回弹仪的检定和保养，应按国家现行有关回弹仪的检定标准执行。

12.2.3 砂浆回弹仪在工程检测前后，均应在钢砧上进行率定测试。

12.3 测试步骤

12.3.1 测位处应按下列要求进行处理：

1 粉刷层、勾缝砂浆、污物等应清除干净。

2 弹击点处的砂浆表面，应仔细打磨平整，并应除去浮灰。

3 磨掉表面砂浆的深度应为5mm～10mm，且不应小于5mm。

12.3.2 每个测位内应均匀布置12个弹击点。选定弹击点应避开砖的边缘、灰缝中的气孔或松动的砂浆。相邻两弹击点的间距不应小于20mm。

12.3.3 在每个弹击点上，应使用回弹仪连续弹击3次，第1、2次不应读数，应仅记读第3次回弹值，回弹值读数应估读至1。测试过程中，回弹仪应始终处于水平状态，其轴线应垂直于砂浆表面，且不得移位。

12.3.4 在每一测位内，应选择3处灰缝，并应采用工具在测区表面打凿出直径约10mm的孔洞，其深度应大于砌筑砂浆的碳化深度，应清除孔洞中的粉末和碎屑，且不得用水擦洗，然后采用浓度为1%～2%的酚酞酒精溶液滴在孔洞内壁边缘处，当已碳化与未碳化界限清晰时，应采用碳化深度测定仪或游标卡尺测量已碳化与未碳化砂浆交界面到灰缝表面的垂直距离。

12.4 数据分析

12.4.1 从每个测位的12个回弹值中，应分别剔除最大值、最小值，将余下的10个回弹值计算算术平均值，应以 R 表示，并应精确至0.1。

12.4.2 每个测位的平均碳化深度，应取该测位各次测量值的算术平均值，应以 d 表示，并应精确至0.5mm。

12.4.3 第 i 个测区第 j 个测位的砂浆强度换算值，

应根据该测位的平均回弹值和平均碳化深度值，分别按下列公式计算：

$d \leqslant 1.0$mm 时：

$$f_{2ij} = 13.97 \times 10^{-5} R^{3.57} \quad (12.4.3\text{-}1)$$

1.0mm$< d <$3.0mm 时：

$$f_{2ij} = 4.85 \times 10^{-4} R^{3.04} \quad (12.4.3\text{-}2)$$

$d \geqslant 3.0$mm 时：

$$f_{2ij} = 6.34 \times 10^{-5} R^{3.60} \quad (12.4.3\text{-}3)$$

式中：f_{2ij}——第 i 个测区第 j 个测位的砂浆强度值（MPa）；

d——第 i 个测区第 j 个测位的平均碳化深度（mm）；

R——第 i 个测区第 j 个测位的平均回弹值。

12.4.4 测区的砂浆抗压强度平均值，应按下式计算：

$$f_{2i} = \frac{1}{n_1} \sum_{j=1}^{n_1} f_{2ij} \quad (12.4.4)$$

13 点 荷 法

13.1 一 般 规 定

13.1.1 点荷法适用于推定烧结普通砖或烧结多孔砖砌体中的砌筑砂浆强度。检测时，应从砖墙中抽取砂浆片试样，并应采用试验机或专用仪器测试其点荷载值，然后换算为砂浆强度。

13.1.2 从每个测点处，宜取出两个砂浆大片，应一片用于检测、一片备用。

13.2 测试设备的技术指标

13.2.1 测试设备应采用额定压力较小的压力试验机，最小读数盘宜为 50kN 以内。

13.2.2 压力试验机的加荷附件，应符合下列要求：

1 钢质加荷头应为内角为 60°的圆锥体，锥底直径应为 40mm，锥体高度应为 30mm；锥体的头部应为半径为 5mm 的截球体，锥球高度应为 3mm（图 13.2.2）；其他尺寸可自定。加荷头应为 2 个。

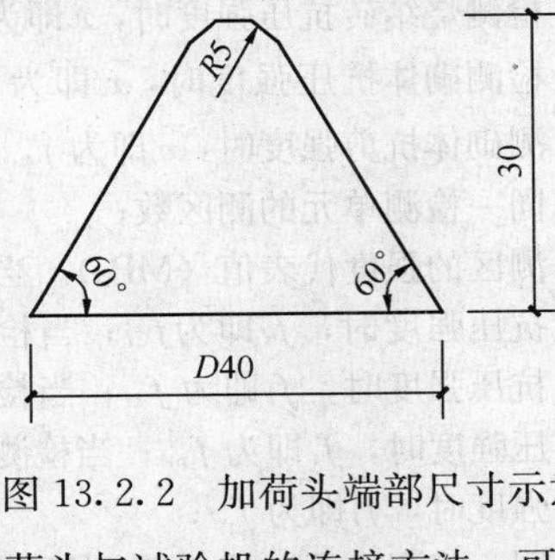

图 13.2.2 加荷头端部尺寸示意

2 加荷头与试验机的连接方法，可根据试验机的具体情况确定，宜将连接件与加荷头设计为一个整体附件。

13.2.3 在符合本标准第 13.2.2 条要求的前提下，也可采用其他专用加荷附件或专用仪器。

13.3 测 试 步 骤

13.3.1 制备试件，应符合下列要求：

1 从每个测点处剥离出砂浆大片。

2 加工或选取的砂浆试件应符合下列要求：

1）厚度为 5mm～12mm；

2）预估荷载作用半径为 15mm～25mm；

3）大面应平整，但其边缘可不要求非常规则。

3 在砂浆试件上应画出作用点，并应量测其厚度，应精确至 0.1mm。

13.3.2 在小吨位压力试验机上、下压板上应分别安装上、下加荷头，两个加荷头应对齐。

13.3.3 将砂浆试件水平放置在下加荷头上时，上、下加荷头应对准预先画好的作用点，并应使上加荷头轻轻压紧试件，然后应缓慢匀速施加荷载至试件破坏。加荷速度宜控制试件在 1min 左右破坏，应记录荷载值，并应精确至 0.1kN。

13.3.4 应将破坏后的试件拼接成原样，测量荷载实际作用点中心到试件破坏线边缘的最短距离，即荷载作用半径，应精确至 0.1mm。

13.4 数 据 分 析

13.4.1 砂浆试件的抗压强度换算值，应按下列公式计算：

$$f_{2ij} = (33.30 \xi_{4ij} \xi_{5ij} N_{ij} - 1.10)^{1.09} \quad (13.4.1\text{-}1)$$

$$\xi_{4ij} = \frac{1}{0.05 r_{ij} + 1} \quad (13.4.1\text{-}2)$$

$$\xi_{5ij} = \frac{1}{0.03 t_{ij} (0.10 t_{ij} + 1) + 0.40} \quad (13.4.1\text{-}3)$$

式中：N_{ij}——点荷载值（kN）；

ξ_{4ij}——荷载作用半径修正系数；

ξ_{5ij}——试件厚度修正系数；

r_{ij}——荷载作用半径（mm）；

t_{ij}——试件厚度（mm）。

13.4.2 测区的砂浆抗压强度平均值，应按本标准式（12.4.4）计算。

14 烧结砖回弹法

14.1 一 般 规 定

14.1.1 烧结砖回弹法适用于推定烧结普通砖砌体或烧结多孔砖砌体中砖的抗压强度，不适用于推定表面已风化或遭受冻害、环境侵蚀的烧结普通砖砌体或烧结多孔砖砌体中砖的抗压强度。检测时，应用回弹仪测试砖表面硬度，并应将砖回弹值换算成砖抗压强度。

14.1.2 每个检测单元中应随机选择10个测区。每个测区的面积不宜小于$1.0m^2$，应在其中随机选择10块条面向外的砖作为10个测位供回弹测试。选择的砖与砖墙边缘的距离应大于250mm。

14.2 测试设备的技术指标

14.2.1 烧结砖回弹法的测试设备，宜采用示值系统为指针直读式的砖回弹仪。

14.2.2 砖回弹仪的主要技术性能指标，应符合表14.2.2的要求。

表14.2.2 砖回弹仪主要技术性能指标

项目	指标
标称动能（J）	0.735
指针摩擦力（N）	0.5±0.1
弹击杆端部球面半径（mm）	25±1.0
钢砧率定值（R）	74±2

14.2.3 砖回弹仪的检定和保养，应按国家现行有关回弹仪的检定标准执行。

14.2.4 砖回弹仪在工程检测前后，均应在钢砧上进行率定测试。

14.3 测试步骤

14.3.1 被检测砖应为外观质量合格的完整砖。砖的条面应干燥、清洁、平整，不应有饰面层、粉刷层，必要时可用砂轮清除表面的杂物，并应磨平测面，同时应用毛刷刷去粉尘。

14.3.2 在每块砖的测面上应均匀布置5个弹击点。选定弹击点时应避开砖表面的缺陷。相邻两弹击点的间距不应小于20mm，弹击点离砖边缘不应小于20mm，每一弹击点应只能弹击一次，回弹值读数应估读至1。测试时，回弹仪应处于水平状态，其轴线应垂直于砖的测面。

14.4 数据分析

14.4.1 单个测位的回弹值，应取5个弹击点回弹值的平均值。

14.4.2 第i测区第j个测位的抗压强度换算值，应按下列公式计算：

1 烧结普通砖：

$$f_{1ij}=2\times10^{-2}R^2-0.45R+1.25 \quad (14.4.2\text{-}1)$$

2 烧结多孔砖：

$$f_{1ij}=1.70\times10^{-3}R^{2.48} \quad (14.4.2\text{-}2)$$

式中：f_{1ij}——第i测区第j个测位的抗压强度换算值（MPa）；

R——第i测区第j个测位的平均回弹值。

14.4.3 测区的砖抗压强度平均值，应按下式计算：

$$f_{1i}=\frac{1}{10}\sum_{j=1}^{n_1}f_{1ij} \quad (14.4.3)$$

14.4.4 本标准所给出的全国统一测强曲线可用于强度为6MPa～30MPa的烧结普通砖和烧结多孔砖的检测。当超出本标准全国统一测强曲线的测强范围时，应进行验证后使用，或制定专用曲线。

15 强度推定

15.0.1 检测数据中的歧离值和统计离群值，应按现行国家标准《数据的统计处理和解释 正态样本离群值的判断和处理》GB/T 4883中有关格拉布斯检验法或狄克逊检验法检出和剔除。检出水平α应取0.05，剔除水平α应取0.01；不得随意舍去歧离值，从技术或物理上找到产生离群原因时，应予剔除；未找到技术或物理上的原因时，则不应剔除。

15.0.2 本标准的各种检测方法，应给出每个测点的检测强度值f_{ij}，以及每一测区的强度平均值f_i，并应以测区强度平均值f_i作为代表值。

15.0.3 每一检测单元的强度平均值、标准差和变异系数，应按下列公式计算：

$$\bar{x}=\frac{1}{n_2}\sum_{i=1}^{n_2}f_i \quad (15.0.3\text{-}1)$$

$$s=\sqrt{\frac{\sum_{i=1}^{n_2}(\bar{x}-f_i)^2}{n_2-1}} \quad (15.0.3\text{-}2)$$

$$\delta=\frac{s}{\bar{x}} \quad (15.0.3\text{-}3)$$

式中：$\bar{x}$——同一检测单元的强度平均值（MPa）。当检测砂浆抗压强度时，$\bar{x}$即为$f_{2,m}$；当检测烧结砖抗压强度时，$\bar{x}$即为$f_{1,m}$；当检测砌体抗压强度时，$\bar{x}$即为f_m；当检测砌体抗剪强度时，$\bar{x}$即为$f_{v,m}$；

n_2——同一检测单元的测区数；

f_i——测区的强度代表值（MPa）。当检测砂浆抗压强度时，f_i即为f_{2i}；当检测烧结砖抗压强度时，f_i即为f_{1i}；当检测砌体抗压强度时，f_i即为f_{mi}；当检测砌体抗剪强度时，f_i即为f_{vi}；

s——同一检测单元，按n_2个测区计算的强度标准差（MPa）；

δ——同一检测单元的强度变异系数。

15.0.4 对在建或新建砌体工程，当需推定砌筑砂浆抗压强度值时，可按下列公式计算：

1 当测区数 n_2 不小于 6 时，应取下列公式中的较小值：

$$f'_2 = 0.91 f_{2,m} \quad (15.0.4\text{-}1)$$

$$f'_2 = 1.18 f_{2,min} \quad (15.0.4\text{-}2)$$

式中：f'_2——砌筑砂浆抗压强度推定值（MPa）；

$f_{2,min}$——同一检测单元，测区砂浆抗压强度的最小值（MPa）。

2 当测区数 n_2 小于 6 时，可按下式计算：

$$f'_2 = f_{2,min} \quad (15.0.4\text{-}3)$$

15.0.5 对既有砌体工程，当需推定砌筑砂浆抗压强度值时，应符合下列要求：

1 按国家标准《砌体工程施工质量验收规范》GB 50203－2002 及之前实施的砌体工程施工质量验收规范的有关规定修建时，应按下列公式计算：

1）当测区数 n_2 不小于 6 时，应取下列公式中的较小值：

$$f'_2 = f_{2,m} \quad (15.0.5\text{-}1)$$

$$f'_2 = 1.33 f_{2,min} \quad (15.0.5\text{-}2)$$

2）当测区数 n_2 小于 6 时，可按下式计算：

$$f'_2 = f_{2,min} \quad (15.0.5\text{-}3)$$

2 按《砌体结构工程施工质量验收规范》GB 50203－2011 的有关规定修建时，可按本标准第 15.0.4 条的规定推定砌筑砂浆强度值。

15.0.6 当砌筑砂浆强度检测结果小于 2.0MPa 或大于 15MPa 时，不宜给出具体检测值，可仅给出检测值范围 f_2＜2.0MPa 或 f_2＞15MPa。

15.0.7 砌筑砂浆强度的推定值，宜相当于被测墙体所用块体作底模的同龄期、同条件养护的砂浆试块强度。

15.0.8 当需要推定每一检测单元的砌体抗压强度标准值或砌体沿通缝截面的抗剪强度标准值时，应分别按下列要求进行推定：

1 当测区数 n_2 不小于 6 时，可按下列公式推定：

$$f_k = f_m - k \cdot s \quad (15.0.8\text{-}1)$$

$$f_{v,k} = f_{v,m} - k \cdot s \quad (15.0.8\text{-}2)$$

式中：f_k——砌体抗压强度标准值（MPa）；

f_m——同一检测单元的砌体抗压强度平均值（MPa）；

$f_{v,k}$——砌体抗剪强度标准值（MPa）；

$f_{v,m}$——同一检测单元的砌体沿通缝截面的抗剪强度平均值（MPa）；

k——与 α、C、n_2 有关的强度标准值计算系数，应按表 15.0.8 取值；

α——确定强度标准值所取的概率分布下分位数，取 0.05；

C——置信水平，取 0.60。

表 15.0.8 计算系数

n_2	6	7	8	9	10	12	15	18
k	1.947	1.908	1.880	1.858	1.841	1.816	1.790	1.773
n_2	20	25	30	35	40	45	50	
k	1.764	1.748	1.736	1.728	1.721	1.716	1.712	

2 当测区数 n_2 小于 6 时，可按下列公式推定：

$$f_k = f_{mi,min} \quad (15.0.8\text{-}3)$$

$$f_{v,k} = f_{vi,min} \quad (15.0.8\text{-}4)$$

式中：$f_{mi,min}$——同一检测单元中，测区砌体抗压强度的最小值（MPa）；

$f_{vi,min}$——同一检测单元中，测区砌体抗剪强度的最小值（MPa）。

3 每一检测单元的砌体抗压强度或抗剪强度，当检测结果的变异系数 δ 分别大于 0.2 或 0.25 时，不宜直接按式（15.0.8-1）或式（15.0.8-2）计算，应检查检测结果离散性较大的原因，若查明系混入不同母体所致，宜分别进行统计，并应分别按式（15.0.8-1）～式（15.0.8-4）确定本标准值。如确系变异系数过大，则应按式（15.0.8-3）和式（15.0.8-4）确定本标准值。

15.0.9 既有砌体工程，当采用回弹法检测烧结砖抗压强度时，每一检测单元的砖抗压强度等级，应符合下列要求：

1 当变异系数 $\delta \leqslant 0.21$ 时，应按表 15.0.9-1、表 15.0.9-2 中抗压强度平均值 $f_{1,m}$、抗压强度标准值 f_{1k} 推定每一检测单元的砖抗压强度等级。每一检测单元的砖抗压强度标准值，应按下式计算：

$$f_{1k} = f_{1,m} - 1.8s \quad (15.0.9)$$

式中：f_{1k}——同一检测单元的砖抗压强度标准值（MPa）。

表 15.0.9-1 烧结普通砖抗压强度等级的推定

抗压强度推定等级	抗压强度平均值 $f_{1,m} \geqslant$	变异系数 $\delta \leqslant 0.21$	变异系数 $\delta > 0.21$
		抗压强度标准值 $f_{1k} \geqslant$	抗压强度的最小值 $f_{1,min} \geqslant$
MU25	25.0	18.0	22.0
MU20	20.0	14.0	16.0
MU15	15.0	10.0	12.0
MU10	10.0	6.5	7.5
MU7.5	7.5	5.0	5.5

表 15.0.9-2 烧结多孔砖抗压强度等级的推定

抗压强度推定等级	抗压强度平均值 $f_{1,m}\geqslant$	变异系数 $\delta\leqslant0.21$ 抗压强度标准值 $f_{1k}\geqslant$	变异系数 $\delta>0.21$ 抗压强度的最小值 $f_{1,min}\geqslant$
MU30	30.0	22.0	25.0
MU25	25.0	18.0	22.0
MU20	20.0	14.0	16.0
MU15	15.0	10.0	12.0
MU10	10.0	6.5	7.5

2 当变异系数 $\delta>0.21$ 时，应按表 15.0.9-1、表 15.0.9-2 中抗压强度平均值 $f_{1,m}$、以测区为单位统计的抗压强度最小值 $f_{1i,min}$ 推定每一测区的砖抗压强度等级。

15.0.10 各种检测强度的最终计算或推定结果，砌体的抗压强度和抗剪强度均应精确至 0.01MPa，砌筑砂浆强度应精确至 0.1MPa。

本标准用词说明

1 为了便于在执行本标准条文时区别对待，对要求严格程度不同的用词说明如下：

1）表示很严格，非这样做不可的用词：

正面词采用“必须”，反面词采用“严禁”；

2）表示严格，在正常情况下均应这样做的用词：

正面词采用“应”，反面词采用“不应”或“不得”；

3）表示允许稍有选择，在条件许可时首先这样做的用词：

正面词采用“宜”，反面词采用“不宜”；

4）表示有选择，在一定条件下可以这样做的用词，采用“可”。

2 条文中指明应按其他有关标准、规范执行时，写法为：“应符合……的规定”或“应按……执行”。

引用标准名录

1 《砌体结构设计规范》GB 50003

2 《砌体基本力学性能试验方法标准》GB/T 50129

3 《砌体工程施工质量验收规范》GB 50203—2002

4 《砌体结构工程施工质量验收规范》GB 50203—2011

5 《建筑工程施工质量验收统一标准》GB 50300

6 《水泥胶砂流动度测定方法》GB/T 2419

7 《数据的统计处理和解释 正态样本离群值的判断和处理》GB/T 4883

8 《择压法检测砌筑砂浆抗压强度技术规程》JGJ/T 234

中华人民共和国国家标准

砌体工程现场检测技术标准

GB/T 50315—2011

条 文 说 明

修 订 说 明

《砌体工程现场检测技术标准》GB/T 50315－2011，经住房和城乡建设部 2011 年 7 月 29 日以第 1108 号公告批准、发布。

本标准是在《砌体工程现场检测技术标准》GB/T 50315－2000 的基础上修订而成，上一版的主编单位是四川省建筑科学研究院，参编单位是西安建筑科技大学、陕西省建筑科学研究院、河南省建筑科学研究院、宁夏回族自治区建筑工程研究所、湖南大学，主要起草人员是王永维、侯汝欣、王秀逸、雷波、李双珠、周国民、施楚贤、王庆霖、梁爽、杨亚青、郭起坤。

本次修订的主要技术内容是：1. 将标准的适用范围从主要适用于烧结普通砖砌体扩大至烧结多孔砖砌体；2. 新增了切制抗压试件法、原位双砖双剪法、砂浆片局压法、烧结砖回弹法、特细砂砂浆筒压法等检测方法；3. 取消了未能广泛推广的砂浆射钉法；4. 统一了原位轴压法和扁顶法的砌体抗压强度计算公式；5. 为适应新的《砌体结构工程施工质量验收规范》GB 50203 关于砌筑砂浆强度等级评定标准的变化，对检测的砂浆强度推定方法作了调整；6. 进一步明确了各检测方法的特点、用途和限制条件。

本标准在修订过程中，编制组进行了深入广泛的调查研究，总结了我国在砌体工程现场检测领域自上一版标准颁布实施以来在研究、施工、检测等方面工作的实践经验，同时参考了国内外先进技术法规、技术标准，并对切制抗压试件法、原位双砖双剪法、筒压法检测特细砂砂浆、烧结砖回弹法等进行了试验研究，同时也对部分检测方法用于多孔砖砌体的现场检测进行了研究或验证性试验。

为便于广大设计、施工、科研、检测、学校等单位有关人员在使用本标准时能正确理解和执行条文规定，《砌体工程现场检测技术标准》编制组按章、节、条顺序编制了本标准的条文说明，对条文规定的目的、依据以及执行中需注意的有关事项进行了说明。但是，本条文说明不具备与标准正文同等的法律效力，仅供使用者作为理解和把握标准规定的参考。

目　次

1　总则 ………………………………………… 1—22—28
3　基本规定 ………………………………… 1—22—28
3.1　适用条件 ………………………………… 1—22—28
3.2　检测程序及工作内容 ………………… 1—22—28
3.3　检测单元、测区和测点 ……………… 1—22—28
3.4　检测方法分类及其选用原则 ………… 1—22—28
4　原位轴压法 ……………………………… 1—22—29
4.1　一般规定 ……………………………… 1—22—29
4.2　测试设备的技术指标 ………………… 1—22—30
4.3　测试步骤 ……………………………… 1—22—30
4.4　数据分析 ……………………………… 1—22—30
5　扁顶法 …………………………………… 1—22—31
5.1　一般规定 ……………………………… 1—22—31
5.2　测试设备的技术指标 ………………… 1—22—32
5.3　测试步骤 ……………………………… 1—22—32
5.4　数据分析 ……………………………… 1—22—32
6　切制抗压试件法 ………………………… 1—22—32
6.1　一般规定 ……………………………… 1—22—32
6.2　测试设备的技术指标 ………………… 1—22—32
6.3　测试步骤 ……………………………… 1—22—33
6.4　数据分析 ……………………………… 1—22—33
7　原位单剪法 ……………………………… 1—22—33
7.1　一般规定 ……………………………… 1—22—33
7.2　测试设备的技术指标 ………………… 1—22—33
7.3　测试步骤 ……………………………… 1—22—33
7.4　数据分析 ……………………………… 1—22—33
8　原位双剪法 ……………………………… 1—22—33
8.1　一般规定 ……………………………… 1—22—33
8.2　测试设备的技术指标 ………………… 1—22—34
8.3　测试步骤 ……………………………… 1—22—34
8.4　数据分析 ……………………………… 1—22—34
9　推出法 …………………………………… 1—22—35
9.1　一般规定 ……………………………… 1—22—35
9.2　测试设备的技术指标 ………………… 1—22—35
9.3　测试步骤 ……………………………… 1—22—35
9.4　数据分析 ……………………………… 1—22—35
10　筒压法 ………………………………… 1—22—35
10.1　一般规定 …………………………… 1—22—35
10.2　测试设备的技术指标 ……………… 1—22—36
10.3　测试步骤 …………………………… 1—22—36
10.4　数据分析 …………………………… 1—22—36
11　砂浆片剪切法 ………………………… 1—22—36
11.1　一般规定 …………………………… 1—22—36
11.2　测试设备的技术指标 ……………… 1—22—36
11.3　测试步骤 …………………………… 1—22—36
11.4　数据分析 …………………………… 1—22—37
12　砂浆回弹法 …………………………… 1—22—37
12.1　一般规定 …………………………… 1—22—37
12.2　测试设备的技术指标 ……………… 1—22—37
12.3　测试步骤 …………………………… 1—22—37
12.4　数据分析 …………………………… 1—22—38
13　点荷法 ………………………………… 1—22—38
13.1　一般规定 …………………………… 1—22—38
13.2　测试设备的技术指标 ……………… 1—22—38
13.3　测试步骤 …………………………… 1—22—38
13.4　数据分析 …………………………… 1—22—38
14　烧结砖回弹法 ………………………… 1—22—38
14.1　一般规定 …………………………… 1—22—38
14.2　测试设备的技术指标 ……………… 1—22—38
14.3　测试步骤 …………………………… 1—22—39
14.4　数据分析 …………………………… 1—22—39
15　强度推定 ……………………………… 1—22—39

1 总 则

1.0.1 砌体工程的现场检测是进行可靠性鉴定的基础。我国从20世纪60年代开始不断地进行广泛研究，积累了丰硕的成果，为了筛选出其中技术先进、数据可靠、经济合理的检测方法来满足量大面广的建筑物鉴定加固的需要，原国家计委和建设部在20世纪90年代初下达了制定《砌体工程现场检测技术标准》的任务，上一版的《砌体工程现场检测技术标准》GB/T 50315－2000（以下简称原标准）于2000年发布实施。本次修订对上一版标准颁布实施以来各科研、施工、检测等单位使用本标准的经验进行总结，并结合检测技术的最新进展，调整部分检测方法的适用范围，增加了部分检测方法。

1.0.2 本标准所列方法主要是为已有建筑物和一般构筑物进行可靠性鉴定时，采集现场砌体强度参数而制定的方法，在某些具体情况下亦可用于建筑物施工验收阶段。

3 基本规定

3.1 适用条件

3.1.1、3.1.2 本条文是对原标准第1.0.2条的适用范围进一步明确，特别强调对新建工程、改建和扩建工程中的新建部分，不能替代现行国家标准《砌体结构设计规范》GB 50003、《砌体结构工程施工质量验收规范》GB 50203、《建筑工程施工质量验收统一标准》GB 50300、《砌体基本力学性能试验方法标准》GB/T 50129的规定。仅是在出现本节所述情况时，可用本标准所列方法进行现场检测，综合考虑砂浆、砖和砌筑质量对砌体各项强度的影响，作为工程是否验收还是应作处理的依据。还应特别指出的是，本标准检测和推定的砂浆强度是以同类块材为砂浆试块底模、自然养护、同龄期的砂浆强度。

3.2 检测程序及工作内容

3.2.1 本条给出一般检测程序的框图，当有特殊需要时，亦可按鉴定需要进行检测。有些方法的复合使用，本标准未作详细规定（如有的先用一种非破损方法大面积普查，根据普查结果再用其他方法在重点部位和发现问题处重点检测），由检测人员综合各方法特点调整检测程序。本次修订增加了制定检测方案、确定检测方法的内容，应在检测工作开始前，根据委托要求、检测目的、检测内容和范围等制定检测方案（包括抽样方案、部位等），确定检测方法。

3.2.2 调查阶段是重要的阶段，应尽可能了解和搜集有关资料，不少情况下，委托方提不出足够的原始资料，还需要检测人员到现场收集；对重要的检测，可先行初检，根据初检结果进行分析，进一步收集资料。

关于砌筑质量，因为砌体工程系操作工人手工操作，即使同一栋工程也可能存在较大差异；材料质量如块材、砌筑砂浆强度，也可能存在较大差异。在编制检测方案和确定测区、测点时，均应考虑这些重要因素。

3.2.4 设备仪器的校验非常重要，有的方法还有特殊的规定。每次试验时，试验人员应对设备的可用性作出判定并记录在案。对一些重要或特殊工程（如重大事故检测鉴定），宜在检测工作开始前和检测工作结束后对检测设备进行检定，以对设备性能进行确认。

3.2.10 规定环境温度和试件（试样）温度均应高于0℃，是避免试件（试样）中的水结冰，引起检测结果失真。

3.3 检测单元、测区和测点

3.3.1 明确提出了检测单元的概念及确定方法，检测单元是根据下列几项因素规定的：(1) 检测是为鉴定采集基础数据，对建筑物鉴定时，首先应根据被鉴定建筑物的结构特点和承重体系的种类，将该建筑物划分为一个或若干个可以独立进行分析（鉴定）的结构单元，故检测时应根据鉴定要求，将建筑物划分成同样的结构单元；(2) 在每一个结构单元，采用对新施工建筑同样的规定，将同一材料品种、同一等级$250m^3$砌体作为一个母体，进行测区和测点的布置，我们将此母体称作为“检测单元”；故一个结构单元可以划分为一个或数个检测单元；(3) 当仅仅对单个构件（墙片、柱）或不超过$250m^3$的同一材料、同一等级的砌体进行检测时，亦将此作为一个检测单元。

3.3.2、3.3.3 测区和测点的数量，主要依据砌体工程质量的检测需要，检测成本（工作量），与现有检验与验收标准的衔接，以及各检测方法的科研工作基础，运用数理统计理论，作出的统一规定。原标准规定，每一检测单元为6个测区，此次修订改为不宜少于6个测区。被测工程情况复杂时，宜增加测区数。

3.3.4 本条为新增加条文。总结近年来检测工作实践经验，增加此条文。有时委托方仅要求检测建筑物的某一部分或个别部位时，可根据具体情况减少测区数。但为了便于统计分析，准确反映工程质量状况，规定不宜少于3个测区。

3.3.5 本条为新增加条文。砌体工程的施工质量差异往往较大，块体、砂浆的离散性也较大，布置测点时应考虑这些因素。

3.4 检测方法分类及其选用原则

3.4.1 现场检测一般都是在建筑物建成后，根据第

3.1.1条和第3.1.2条所述原因进行检测，大量的检测是在建筑物使用过程中的检测，砌体均进入了工作状态。一个好的现场检测方法是既能取得所需的信息，又在检测过程中和检测后对砌体既有性能不造成负影响。但这两者有一定矛盾，有时一些局部破损方法能提供更多更准确的信息，提高检测精度。鉴于砌体结构的特点，一般情况下局部的破损易于修复，修复后对砌体的既有性能无影响或影响甚微。故本标准除纳入非破损检测方法外，还纳入了局部破损检测法，供使用者根据构件允许的破损程度进行选择。

3.4.2、3.4.3 现在的现场检测，主要是根据不同目的获得砌体抗压强度、砌体抗剪强度、砌筑砂浆强度、砌筑块材强度，本标准分别推荐了几种方法。对同一目的，本标准推荐了多种检测方法，这里存在一个选择的问题。首先，这些方法均通过标准编制组的统一考核评估，误差均在可接受的范围，方法之间的误差亦在可接受范围。方法的选择除充分考虑各种方法的特点、用途和限制条件外，使用者应优先选择本地区常用方法，尤其是本地区检测人员熟悉的方法。因为方法之间的误差与检测人员对其熟悉掌握的程度密切相关。同时，本标准为推荐性国家标准，方法的选择还宜与委托方共同确定，并在合同中加以确认，以避免不同检测方法由于诸多影响因素造成结果差异可能引起的争议。

本标准的检测方法均进行过专门的研究，研究成果通过鉴定并取得试用经验，有的还制订了地方标准。在本标准编制过程中，专门进行了较大规模的验证性考核试验，编制组全体成员参加和监督了考核全过程，通过这些材料和实践的认真分析，编制组讨论了各种方法的特点，适用范围和应用的局限性，并汇总于表3.4.3中。

本标准此次修订过程中，为扩大应用范围和纳入新的检测方法，再次进行较大规模考核性试验，并吸取了各参编单位和国内近十年来的砌体现场检测科研成果，决定将各种检测方法的应用范围扩充至烧结多孔砖砌体及其块体、砂浆的强度检测，增加了切制抗压试件法、原位双砖双剪法、特细砂砂浆筒压法、砂浆片局压法、烧结砖回弹法。

根据本标准近十年来的应用经验和科研成果，对检测方法的特点、用途、限制条件作了适当调整，如：

(1) 对原位轴压法、扁顶法、切制抗压试件法、原位单剪法，明确适用于普通砖砌体和多孔砖砌体；

(2) 原位轴压法、扁顶法、切制抗压试件法可用于“火灾、环境侵蚀后的砌体剩余抗压强度”，这为火灾、环境侵蚀后的砌体工程检测工作，提供了重要技术依据；

(3) 对原位轴压法、扁顶法的限制条件，增加了“测点宜选在墙体长度方向的中部”；

(4) 原位单砖双剪法改为原位双剪法；

(5) 各种砂浆检测方法，明确可用于烧结多孔砖砌体；

(6) 对砂浆回弹法，明确“主要用于砂浆强度均质性检查”。

3.4.4 同原标准相比，本条新增加了第1、2、3三款。其中第1、2款主要是考虑检测部位应有代表性；第3款是从安全考虑，对局部破损方法的一个限制，这些墙体最好用非破损方法检测，或宏观检查和经验判断基础上，在相邻部位具体检测，综合推定其强度。

原标准规定“小于2.5m的墙体，不宜选用有局部破损的检测方法”。本次修订修改为“小于3.6m的承重墙体，不应选用有较大局部破损的检测方法”。主要是考虑原位轴压法、扁顶法、切制抗压试件法试件两侧墙体宽度不应小于1.5m，测点宽度为0.24m或0.37m，综合考虑后要求墙体的宽度不应小于3.6m。此外，承重墙的局部破损对其承载力的影响大于自承重墙体，故此次修订特别强调的是对承重墙体的限制条件，对自承重墙体长度，检测人员可根据墙体在砌体结构中的重要性，适当予以放宽。

3.4.5、3.4.6 此两条均为新增加条文。对砌筑砂浆强度的检测，提出两项限制条件。

3.4.7 本条为新增加条文。从砖墙中凿取完整砖块，进行强度检测，属于砖的取样检测方法。一栋房屋或一个结构单元可能划分成数个检测单元，每一检测单元抽取砖块组数不应少于1组，其抽检组数多于现行国家标准《砌体结构工程施工质量验收规范》GB 50203的规定，为真实、全面反应一栋工程或一个结构单元的用砖质量，适当增加抽样组数是必要的。四川省建筑科学研究院和重庆市建筑科学研究院曾分别做过多次检测，对一批烧结普通砖，数次抽样检测，其强度等级可能相差1级～2级。

3.4.8 砂浆片局压法即现行推荐性行业标准《择压法检测砌筑砂浆抗压强度技术规程》JGJ/T 234中的择压法。该规程是一本新编检测规程，配套检测设备已批量生产。江苏省建筑科学研究院等单位进行了系统试验研究，以及验证性试验和较长时间的试点应用。在此基础上，编制了行业标准。为利于推广该方法，将该方法纳入本标准。考虑到检测的砂浆片是承受局部抗压荷载，故将该方法的名称改为“砂浆片局压法”。此外，为避免重复，本标准未列砂浆片局压法条文。

4 原位轴压法

4.1 一般规定

4.1.1 原位轴压法是西安建筑科技大学在扁顶法基

础上提出的，具有设备使用时间长、变形适应能力强、操作简便的优点。对砂浆强度低、砌体压缩变形较大或砌体强度较高的墙体均可应用。其缺点是原位压力机较重，其中油缸式液压扁顶重约25kg，搬运比较费力。重庆市建筑科学研究院也对原位轴压法进行了较多的试验和试点应用工作，试验用砖有页岩砖、蒸压灰砂砖、煤渣砖，证明砖的品种对试验结果无影响。重庆市建筑科学研究院主编了四川省地方标准《原位轴压法测定砌体抗压强度技术规程》DB 51/5007-94。在上述工作基础上，本标准编制组又组织了两次验证性考核，决定将原位轴压法纳入本标准。

原位轴压法属原位测试砌体抗压强度的方法，与测试砖及砂浆的强度间接推算砌体抗压强度相比，更为直观和可靠。测试结果除能反映砖和砂浆的强度外，还反映了砌筑质量对砌体抗压强度的影响，一些工程事故分析和科研单位对比砌体抗压试验资料表明，砌体的原材料强度指标相同，由于砌筑质量不同，砌体抗压强度可相差一倍以上。因而这是原位轴压法的优点。

本标准2000年颁布时仅适用于240mm厚的普通砖砌体，近年来西安建筑科技大学、重庆市建筑科学研究院、上海市建筑科学研究院等单位进行了一系列多孔砖砌体的对比试验，表明原位轴压法亦可应用于多孔砖砌体的原位砌体抗压强度测试，因此本标准修订时扩大了原位轴压法的应用范围。

4.1.2 本条对测试部位作了规定。本条是在试验和使用经验的基础上，为满足测试数据可靠、操作简便、保证房屋安全等要求而规定的。

测试部位要求离楼、地面1m高度，是考虑压力机和手动油泵之间连接的高压油管一般长约2m，这样在试验过程中，手动泵、油压表放在楼、地面上即可。同时此高度对人工搬运压力机也较为省力。两侧约束墙体的宽度不小于1.5m；同一墙体上多于1个测点时，水平净距不得小于2.0m，这两项规定都是为了保证槽间砌体有足够的约束墙体，防止因约束不足出现的约束墙体剪切破坏，从而准确地测定砌体抗压强度。在横墙上试验时，一般使两侧约束墙肢宽度相近，测点取在横墙中间。

规定"测试部位不得选在挑梁下，应力集中部位以及墙梁的墙体计算高度范围内"，一是为了确保结构安全，这些部位承受的荷载较大，测试时墙体的较大局部破损对其正常受力不利；二是这些墙体上的应力分布较为复杂，计算分析时不宜准确计算测点上的压应力。

4.2 测试设备的技术指标

4.2.1 原位压力机是1987年由西安建筑科技大学研制的，在研制过程中，必须解决两个关键问题：一个是在扁顶高度尺寸受限制的条件下，当扁顶工作压力高达20MPa以上时，保证严格的密封和防尘；另一个是当油缸遇到偏心荷载作用时，防止油缸内腔和柱塞的同心受到破坏而造成油缸泄漏和缩短寿命。对此采用了内腔特殊油路、柱塞上加设球铰调整偏心等方法，以合理解决两者之间相互制约的矛盾。各单位研制更大吨位或其他新型的原位压力机，亦应遵守本标准的规定。

同原标准相比，增加了近年研制的800型原位压力机的技术指标。该机可满足较高砌体强度检测工作的需要。

4.3 测试步骤

4.3.1 试验时，上水平槽内放置反力板，下水平槽内放置液压扁顶。

试验表明，对240mm厚的墙体，两槽之间的净距为450mm～500mm（普通砖两槽之间7皮砖，90mm高的多孔砖5皮砖）是最佳距离。两槽相隔较大时，槽间砌体强度将趋向砌体的局部受压强度；两槽间距过小时，水平灰缝过少，砌体强度将接近块体强度。一般情况下，两槽相隔450mm～500mm时，可获得槽间砌体的最低强度。

4.3.2 考虑到目前国内砌体砌筑水平和块体上下大面的平整度，为保证槽间砌体均匀受压，在扁式千斤顶及反力板与块体的接触面上需加设垫层，如铺设快硬石膏浆或均匀铺设湿细砂。

放置反力板和扁式千斤顶时，应使上、下两个承压板对齐，并用四根钢拉杆的螺母调整其平整度，使两个承压板间四根钢拉杆的长度误差不超过2mm，再由扁式千斤顶的球铰进一步调整，以保证槽间砌体均匀受压。

4.3.3～4.3.5 参照现行国家标准《砌体基本力学性能试验方法标准》GB/T 50129作出这三条的规定。

由于试验人员对原位压力机操作熟练程度存在差异等原因，试验过程中，槽间砌体可能出现局部受压或偏心受压的情况，使试验结果偏低，此时应中止试验。并视槽间砌体状况，调整试验装置、垫平承压板与砌体的接触面，重新试验或更换测点。

4.4 数据分析

4.4.1～4.4.4 槽间砌体抗压强度值，是在有侧向约束条件下测得的，其强度值高于现行国家标准《砌体基本力学性能试验方法标准》GB/T 50129规定的在无侧向约束条件下测得的标准试件的抗压强度。为了便于与现行国家标准《砌体结构设计规范》GB 50003对比和使用，应将槽间砌体抗压强度换算为相应标准试件的抗压强度，即将槽间砌体抗压强度除以强度换算系数ξ_{1ij}，该系数是通过墙体中槽间砌体抗压强度和同条件下标准试件抗压强度对比试验确定的。

有限元分析和试验均表明，槽间砌体两侧的约束墙肢宽度和约束墙肢上的压应力 σ_{0ij} 是影响其大小的主要因素，当约束墙肢宽度达到 1.0m 以上时，即可提供足够的约束而可不考虑约束墙肢宽度的影响，因此本标准第 4.1.2 条规定，测点两侧均应有 1.5m 宽的墙体。在确定强度换算系数 ξ_{1ij} 时可仅考虑 σ_{0ij} 影响，σ_{0ij} 越大，槽间砌体强度越高，ξ_{1ij} 也越大。

西安建筑科技大学、重庆市建筑科学研究院、上海市建筑科学研究院共完成实心砖砌体原位轴压法试验 37 组(每组 2 个～3 个测点)，标准试件砌体抗压强度为(1.88～10.36)MPa，σ_0 为(0～1.19)MPa。采用线性回归，回归方程为 $\xi=1.34+0.555\sigma_0$。西安建筑科技大学、重庆市建筑科学研究院、上海市建筑科学研究院进行的 59 个多孔砖砌体对比试验，标准试件砌体抗压强度为(2.0～5.26)MPa，σ_0 为(0～0.69)MPa，回归方程为 $\xi=1.25+0.77\sigma_0$。两类砌体分别按各自回归公式计算 ξ 值，比较结果见表 1：

表 1 实心砖砌体与多孔砖砌体 ξ 计算值比较

σ_0(MPa)	0	0.1	0.2	0.3	0.4	0.5	0.6	0.7
实心砖砌体	1.34	1.396	1.451	1.507	1.562	1.618	1.673	1.729
多孔砖砌体	1.25	1.327	1.404	1.481	1.558	1.635	1.712	1.789
差值	0.09	0.069	0.047	0.023	0.004	−0.017	−0.039	−0.06
相对差值(%)	6.7	4.9	3.2	1.52	0.25	−1	−2.3	−3.5

由表 1 可见，以 σ_0 为参数两种砌体的 ξ 计算值相差很小，仅 σ_0 为零时，两者相差 6.7%，多数情况相差均在 4%以内。表明两类砌体约束性能没有显著差异，可以采用统一的强度换算系数表达式。不分砌体类别，按全部试验数据进行回归统计，回归方程为：

$$\xi_{1ij}=1.275+0.625\sigma_{0ij} \quad (1)$$

回归方程相关系数 0.683，为公式简化，并与扁顶法协调，本次修订采用式（2）

$$\xi_{1ij}=1.25+0.6\sigma_{0ij} \quad (2)$$

试验值与式（2）计算值平均比值 $\mu=1.033$，变异系数 $\delta=0.143$。

试验表明，当 $\sigma_{0ij}/f_m>0.4$ 时（f_m 为砌体抗压强度），ξ_{1ij} 将不再随 σ_{0ij} 线性增长，考虑到在实际工程中 σ_{0ij} 一般均在 $0.4f_m$ 以下，故采用了运算简便的线性表达式。

可按两种方法取用 σ_{0ij}：第一，一般情况下，用理论方法计算，即计算传至该槽间砌体以上的所有墙体及楼屋盖荷载标准值，楼层上的可变荷载标准值可根据实际情况确定，然后换算为压应力值。在此需要特别指出的是，可变荷载应按实际调查情况确定，而不是选用现行国家标准《建筑结构荷载规范》GB 50009 的规定值；计算时是取荷载标准值，而不是荷载设计值，即不考虑永久荷载和可变荷载的分项系数。第二，对于重要的鉴定性试验，宜采用实测压应力值。

5 扁 顶 法

5.1 一 般 规 定

5.1.1 扁顶法是湖南大学研究的检测原位砌体承载力和砌体受压性能的一项检测技术。在砖墙内开凿水平灰缝槽，此时应力释放，在槽内装入扁式液压千斤顶（简称扁顶）后进行应力恢复，从而直接测得墙体的受压工作应力，并通过测定槽间砌体的抗压强度和轴向变形值确定其标准砌体抗压强度和弹性模量。

本方法设备较轻便、易于操作、直观可靠，并可使测定墙体受压工作应力、砌体弹性模量和砌体抗压强度一次完成。

扁顶法是在试验墙体上部所承受的均匀压应力为（0～1.37）MPa，标准砌体抗压强度最大为 3.04MPa 的情况下，为试验结果和理论分析所证实。对于 8 层及 8 层以下的民用房屋，采用本方法确定砖墙中砌体抗压强度有足够的准确性。

因墙体所承受的主应力方向已定，且垂直方向的主压应力是主要控制应力，当沿水平灰缝开凿一条应力解除槽［图 5.1.1（a)］，槽周围的墙体应力得到部分解除，应力重新分布。在槽的上下设置变形测量点，可直接观测到因开槽而带来的相对变形变化，即因应力解除而产生的变形释放。将扁顶装入恢复槽内，向其供油压，当扁顶内压力平衡了预先存在的垂直于灰缝槽口面的静态应力时，即应力状态完全恢复，所求墙体受压工作应力即由扁顶内的压力表显示。分析表明，当扁顶施压面积与开槽面积之比等于或大于 0.8 时，用变形恢复来控制应力恢复相当准确。

在墙体内开凿两条水平灰缝槽［图 5.1.1（b)］并装入扁顶，则扁顶间所限定的砌体（槽间砌体），相当于试验一个原位标准砌体试件。对上下两个扁顶供油压，便可测得砌体的变形特征（如砌体弹性模量）和砌体的极限抗压强度。

湖南大学补充研究了扁顶法在烧结多孔砖砌体中的应用。经过本标准编制组统一组织的验证性考核试验，证明该方法用于烧结普通砖砌体和烧结多孔砖砌体，具有较高的精度。对于其他各种砖砌体，其受力性能与上述两种砖砌体没有明显差异，扁顶的工作原理也相同。因此，扁顶法可用于检测各种砖砌体的弹性模量和抗压强度。

5.1.2 本条为对测试部位的规定。

5.2 测试设备的技术指标

5.2.1～5.2.3 在扁顶法中，扁式液压千斤顶既是出力元件又是测力元件，要求扁顶的厚度小于水平灰缝厚度，且具有较大的垂直变形能力，一般需采用1Cr18Ni9Ti等优质合金钢薄板制成。当扁顶的顶升变形小于10mm，或取出一皮砖安设扁顶试验时，应增设钢制可调楔形垫块，以确保扁顶可靠的工作。扁顶的定型尺寸有250mm×250mm×5mm和250mm×380mm×5mm等，可视被测墙体的厚度加以选用。

5.3 测试步骤

5.3.1～5.3.3 应用扁顶法，须根据测试目的采用不同的试验步骤，主要应注意下列四点：

1 仅测定墙体的受压工作应力，在测点只开凿一条水平灰缝槽，使用1个扁顶。

2 测定墙体受压工作应力和砌体抗压强度：在测点先开凿一条水平槽，使用一个扁顶测定墙体受压工作应力；然后开凿第二条水平槽，使用两个扁顶测定砌体弹性模量和砌体抗压强度。

3 仅测定墙内砌体抗压强度，同时开凿两条水平槽，使用两个扁顶。

4 测试砌体抗压强度和弹性模量时，不论σ_0大小，均宜加设反力平衡架。

5.4 数据分析

5.4.1～5.4.5 扁顶法、原位轴压法中，槽间砌体的受力状态与标准砌体的受力状态有较大的差异，为了研究槽间砌体的上部垂直压应力（σ_{0ij}）和两侧墙肢约束的影响，运用4节点平面矩形单元，对墙体应力进行了有限元分析。在此基础上，考虑到砌体的塑性变形性能，建立了两槽间砌体的计算受力图形。根据Alexander垂直于扁顶的岩石应力公式，推导得到槽间砌体的极限状态方程为

$$(a+k\sigma_{0ij})f_{uij}=(b+m\sigma_{0ij})f_{m,ij} \tag{3}$$

式（3）表明，σ_{0ij}是强度换算系数的重要因素：上部垂直压应力σ_{0ij}一方面使槽间砌体所承受的垂直荷载增大即产生不利影响；另一方面σ_{0ij}又对该砌体起侧向约束作用，使槽间砌体抗压强度提高，即产生有利影响。

湖南大学的试验研究表明：扁顶法用于多孔砖砌体时，多孔砖砌体槽间砌体的破坏形态及两侧墙体的约束性能，与普通砖砌体没有明显的差异。对于普通砖砌体和多孔砖砌体，可以采用统一的强度换算系数。

试验结果分析表明，当$\sigma_{0ij}/f_m<0.4$时，ξ_{1ij}与σ_{0ij}基本符合线性增长关系，而在实际工程中，σ_{0ij}一般在$0.4f_m$以下。因此，扁顶法和原位轴压法中的强度换算系数ξ_{1ij}，可以统一采用以σ_{0ij}为参数的线性表达式。

对湖南大学的14组扁顶法试验数据和西安建筑科技大学、重庆市建筑科学研究院、上海市建筑科学研究院的97组原位轴压法试验数据，按照最小二乘法进行回归分析，得到ξ_{ij}的线性表达式，为

$$\xi_{1ij}=1.27+0.61\sigma_{0ij} \tag{4}$$

为应用简便，本方法建议按式（5）计算：

$$\xi_{1ij}=1.25+0.60\sigma_{0ij} \tag{5}$$

其相关系数为0.73。对本标准编制组统一组织的扁顶法验证性考核试验数据，按照上式计算得到理论强度换算系数ξ_{1ij}，与实测强度换算系数ξ'_{1ij}相比，其平均相对误差为21.8%。

自1985年至今，仅湖南大学土木系采用扁顶法已在百余幢房屋的测定中应用，其中新建房屋墙体承载力测定占80%，工程事故原因分析试验占8%，旧房加层或改造对旧房的可靠性测定占12%。

6 切制抗压试件法

6.1 一般规定

6.1.1 本方法属取样测试砌体抗压强度的方法。以往一些科研或检测单位采用人工打凿制取试件的方法，进行过该项测试工作，本标准吸取了这些单位取样试验的经验。江苏省建筑科学研究院研制了金刚砂轮切割机，使用该机器从砖墙上锯切出的抗压试件，几何尺寸较为规整，切割过程中对试件扰动相对较小，优于人工打凿制取的试件。江苏省建筑科学研究院和四川省建筑科学研究院对切制抗压试件和人工砌筑的标准砌体抗压试件进行了对比试验，总结出一套较成熟的取样试验方法。本次修订将这一方法纳入本标准。

6.1.2 对在砖墙上选取试件部位提出限制条件。从砖墙上切割、取出砌体抗压试件，对墙体正常受力性能产生一定的不利影响，因此对取样部位必须予以限制。具体限制部位与原位轴压法相同。

6.1.3 针对被测工程的具体情况，对本方法的适用性提出限制条件。如：施工质量较差或砌筑砂浆强度较低的工程，装修较豪华的工程，均不宜采用本方法。切割墙体过程中，难以避免的振动可能会对低强度砂浆的砌体试件产生不利影响；搬运过程中，亦可能扰动试件；冷却用水对取样现场造成较大的临时污染。选用本方法应综合考虑以上诸多不利因素。

6.2 测试设备的技术指标

6.2.1 考虑到切制试件时，一方面要尽量减小对试件和原墙体的扰动和影响，另一方面切制的试件尺寸要满足要求，同时要便于操作，结合江苏省建筑科学研究院研制的电动切割机及其使用情况，提出切割机

的技术指标和原则要求。满足本条要求的其他切割机具亦可使用。

6.3 测 试 步 骤

6.3.1 竖向切割线选在竖向灰缝上、下对齐的部位，可增加试件中整块砖的数量，使之尽量接近人工砌筑的标准抗压试件。

6.3.2～6.3.5 一般情况下，可采用8号钢丝事先捆绑试件，是预防切割过程中或从墙中取出试件时，试件松动或断成两截。当砌筑砂浆强度较高时，如大于M7.5，也可省略此步骤。

以往切割试件时，曾发生下述情况：由于切割机的锯片没有始终垂直于墙面，切制试件的两个窄侧面与两个宽侧面不垂直，分别大于或小于90°角；或留有错动的切割线，窄侧面不是一个光滑平面。这给准确量测受压截面尺寸带来困难，影响测试结果。因此，要求切割过程中，锯片应始终垂直于墙面，且不得移位。

6.4 数 据 分 析

6.4.1～6.4.3 对比试验结果表明，从砖墙上切制出的砌体抗压试件，其抗压强度低于人工砌筑的标准砌体抗压试件，造成这一差异的主要原因是：标准试件每皮为3块整砖（240mm×370mm），且水平灰缝厚度、砂浆饱满度、砖块横平竖直的程度等施工因素均优于大墙墙体；切制试件多了一条竖向灰缝（见本标准图6.3.1），每皮均有半块砖或少半块砖。但同现行国家标准《砌体结构设计规范》GB 50003的砌体抗压强度平均值公式的计算值相比，两者基本相当。从偏于安全方面考虑，对测试结果不再乘以大于1.0的修正系数。

7 原位单剪法

7.1 一 般 规 定

7.1.1 原位砌体通缝单剪法主要是依据国内以往砖砌体单剪试验方法并参照原苏联的砌体抗剪试验方法编制的。现行国家标准《砌体基本力学性能试验方法标准》GB/T 50129已将砌体单剪试验方法改为双剪试验方法，但单剪、双剪两种方法的对比试验结果通过t检验，没有显著性差异，只是前者的变异系数略大，作为一种长期使用过的经验方法，仍有其实用性。

测点选在窗洞口下部，对墙体损伤较小，便于安放检测设备，且没有上部压应力等因素的影响，测试结果直接、准确。

7.1.3 加工、制备试件过程中，被测灰缝如发生明显的扰动，应舍去此试件。

7.2 测试设备的技术指标

7.2.1 试件的预估破坏荷载值，可按试探性试验确定，也可按现行国家标准《砌体结构设计规范》GB 50003的公式计算。

7.2.2 本方法所用检测仪表，使用频率往往较低，经常是放置一段较长时间后再次使用，故要求每次进行工程检测前，应进行标定。

7.3 测 试 步 骤

7.3.1 使用手提切片砂轮或木工锯在墙体上开凿切口，对墙体扰动很小，可不考虑其不利影响。

7.3.2、7.3.3 谨慎地作好施加荷载前的各项工作，尤其是正确地安装加荷系统及测试仪表，是获得准确测试结果的必要保证。千斤顶加力轴线严格对准被测灰缝的上表面，可减小附加弯矩和撕拉应力，或避免灰缝处于压应力状态。

7.3.4 编写本条系参照现行国家标准《砌体基本力学性能试验方法标准》GB/T 50129的规定。

7.3.5 检查剪切面破坏特征及砌体砌筑质量，有利于对试验结果进行分析。

7.4 数 据 分 析

7.4.1～7.4.3 根据试验结果所进行的抗剪强度计算属常规计算。

8 原位双剪法

8.1 一 般 规 定

8.1.1 原位单砖双剪法是陕西省建筑科学研究院研究的砌体抗剪强度检测方法，原位双砖双剪法是西安建筑科技大学、陕西省建筑科学研究院、上海市建筑科学研究院共同研究的砌体抗剪强度检测方法。

本标准2000年颁布时仅适用于烧结普通砖砌体，标准颁布以来在烧结普通砖砌体上已经取得较好的效果。近年来西安建筑科技大学、重庆市建筑科学研究院、上海市建筑科学研究院等单位进行了一系列多孔砖砌体的对比试验，表明原位双剪法亦可应用于多孔砖砌体的原位抗剪强度测试，因此本标准修订时扩大了原位双剪法的应用范围。对于其他各种块材的同尺寸规格的普通砖和多孔砖砌体，有待补充一些基本试验数据，才可应用。但就其原理而言，它也是适用的。

与测试砂浆的强度间接推算砌体抗剪强度相比，测试结果除能反映砂浆强度对砌体抗剪强度的影响外，还反映了砌筑质量对砌体抗剪强度的影响，这是原位双剪法的优点。

8.1.2 应用原位双剪法时，如条件允许，宜优先采

用释放上部压应力 σ_0 或布点时受剪试件上部砖皮数较少、σ_0 可忽略的试验方案，该试验方案可避免由于 σ_0 引起的附加误差，但释放应力时，对砌体损伤稍大。当采用有上部压应力 σ_0 作用下的试验方案时，可按理论计算 σ_0 值。

8.1.3 墙体的正、反手砌筑面，施工质量多有差异，故规定正反手砌筑面的测点数量宜相近或相等。

为保证墙体能够提供足够的反力和约束，对洞口边试件的布设作了限制。为确保结构安全，严禁在独立砖柱和窗间墙上设置测点。后补的施工洞口和经修补的砌体无代表性，故规定不应在其上设置测点。

同原标准相比，同一墙体的各测点水平方向的净距由 0.62m 改为 1.5m，且各测点不应在同一水平位置或轴向位置。这些规定主要是为原位剪切仪提供足够的支座反力，避免支座处的砌体先于试件破坏，以及测点太密对墙体造成较大损伤。

8.2 测试设备的技术指标

8.2.1 原位剪切仪的主机是一个便携式千斤顶，其他（如油泵、压力表、油管）则为商品部件，易于拆卸和组装，便于运输、保管和使用。

8.2.2 对于现场检测仪器，示值相对误差为±3%是一个比较实用的指标。砌体结构工程的抗剪强度变异系数一般较大，在这种情况下，仪器的测量能力指数有时可达 10：1，富余量偏大，但考虑到测量过程中的其他因素（如块材尺寸、上部垂直压力等）这个富余也是必要的。

原位剪切仪已由陕西省建筑科学研究院研制成功并可批量生产，但其应有的计量校准周期尚无确切资料。参考一般同类仪器，可暂定半年为其检验周期。

8.3 测试步骤

8.3.1 本条要求放置主机的孔洞应开在离砌体边缘远端，其目的是要保证墙体提供足够的反力和约束。孔洞尺寸以能安放原位剪切仪主机及其附件为准。

8.3.2 掏空的灰缝 4（图 8.3.2），必须满足完全释放上部压应力的需要，以确保测试精度。

8.3.3 试件块材的完整性及上、下灰缝质量是影响测试结果的主要因素，为了减小测试附加误差，必须严加控制这两个因素。

8.3.4 原位剪切仪主机轴线与被推砖轴线的吻合程度，对试验结果将产生较大影响，故要求两者轴线重合。

8.3.5 原位双剪法的加荷速度，是引自现行国家标准《砌体基本力学性能试验方法标准》GB/T 50129 中的砌体通缝抗剪强度试验方法。

8.4 数据分析

8.4.1～8.4.3 按照原位单砖双剪法的试验模式，当进行试验的墙体厚度大于砖宽时，参加工作的剪切面除试件的上、下水平灰缝外，尚有：沿砌体厚度方向相邻竖向灰缝作为第三个剪切面参加工作；在不释放试件上部垂直压应力时，上部垂直压应力对测试结果的影响；原位单砖双剪法试件尺寸为《砌体基本力学性能试验方法标准》GB/T 50129 试件的 1/3，因此其结果含有尺寸效应的影响，且其受力模式与标准试件也有所不同。为此，开展了一系列的对比试验，以确定它们各自的修正系数。

根据陕西省建筑科学研究院的研究成果，当有上部压应力作用时，按剪摩擦破坏模式考虑正应力对抗剪强度的影响，由此得到正文烧结普通砖砌体的推定公式（8.4.1）。式（8.4.1）中，上部压应力作用下的摩擦系数 0.70 是按现行《砌体结构设计规范》GB 50003及相关砌体抗剪试验资料取用的。

采用原位双砖双剪法的试验时，参加工作的剪切面除试件的上、下水平灰缝外，尚有：在不释放试件上部垂直压应力时，上部垂直压应力对测试结果的影响；原位双砖双剪法试件尺寸为《砌体基本力学性能试验方法标准》GB/T 50129 试件的 2/3，因此其结果含有尺寸效应的影响，且其受力模式与标准试件也有所不同。采用双砖双剪测试可以排除两个顺砖间竖向灰缝砂浆的作用，但由于竖缝砂浆多不饱满且因砂浆的收缩，其对抗剪强度的影响有限，根据陕西省建筑科学研究院的研究成果，试件顺砖竖缝的影响在5%之内，该误差在砌体抗剪强度的离散范围之内，因此，根据西安建筑科技大学、上海市建筑科学研究院和陕西省建筑科学研究院的试验研究成果，并偏于安全，确定对烧结普通砖砌体仍可采用正文中式(8.4.1) 计算。

对烧结多孔砖砌体，依据陕西省建科院近年进行的烧结多孔砖砌体单砖双剪法对比试验，没有上部压应力时，抗剪强度推定公式为：$f_{vij}=\dfrac{0.313N_{vij}}{A_{vij}}$，双砖双剪法为：$f_{vij}=\dfrac{0.33N_{vij}}{A_{vij}}$。鉴于修正系数系与多孔砖砌体标准试件的通缝抗剪强度比较得到，其修正系数与普通砖砌体十分接近，说明尺寸效应与受力模式对抗剪强度的影响，两种砌体没有显著差异。但对多孔砖砌体，推定的抗剪强度包含孔洞中砂浆的销键作用，考虑到我国规范对普通砖砌体和多孔砖砌体采用相同抗剪强度计算公式，根据试验结果，多孔砖砌体的通缝抗剪强度大约是普通砖砌体的（1.1～1.2）倍，为与我国规范一致，也偏于安全，并与普通砖砌体一样，不区分单砖双剪和双砖双剪法，试验数据统一分析，修正系数为 0.326，将修正系数除以 1.12，以使推定的抗剪强度与普通砖砌体大致相当，由此得到正文烧结多孔砖砌体的推定公式(8.4.2)。

9 推出法

9.1 一般规定

9.1.1 本条所定义的推出法，主要测定推出力和砂浆饱满度两项参数，据此推定砌筑砂浆抗压强度，它综合反映了砌筑砂浆的质量状况和施工质量水平，与我国现行的施工规范及工程质量评定标准相结合，较为适合我国国情。该方法是河南省建筑科学研究院研究的，并编制了河南省地方标准，在此基础上，经过验证性考核试验，纳入了本标准。

建立推出法测强曲线时，选用了烧结普通砖和灰砂砖，故对其他砖尚需通过试验验证。本条规定砂浆测强范围为1.0MPa～15MPa，超过此范围时，绝对误差较大。

9.1.2 在建立测强曲线时，灰缝厚度按现行国家标准《砌体结构工程施工质量验收规范》GB 50203的规定，控制在8mm～12mm之间进行对比试验。据有关资料介绍，不同灰缝厚度对推出力有影响。因此本条规定，现场测试时，所选推出砖下的灰缝厚度应在8mm～12mm之间。

9.2 测试设备的技术指标

9.2.1 砂浆强度在15MPa以下时，最大推出力一般均小于30kN，研制该套测试设备时，按极限推力为35kN进行设计；为安全起见，规定加荷螺杆施加的额定推力为30kN。

推出被测丁砖时，位移是很小的，规定加荷螺杆行程不小于80mm，主要是考虑测试时，现场安装方便。

9.2.2 仪器的峰值保持功能，可使抗剪破坏时的最大推力保持下来，从而提高测试精度，减少人为读数误差。

仪器性能稳定性是准确测量数据的基础，一般要求能连续工作4h以上。校验推出力峰值测定仪时，在4h内读数漂移小于0.05kN，即可认为仪器的稳定性能良好。

9.3 测试步骤

9.3.1 推出法推定砌筑砂浆抗压强度是一种在墙上直接测试的原位检测技术，本条对加力测试前的准备工作步骤作了较详细而明确的规定。

9.3.2 传感器作用点的位置直接影响被推出砖下灰缝的受力状况，本方法在试验研究时，均是使传感器的作用点水平方向位于被推出砖中间，铅垂方向位于被推出砖下表面之上15mm处进行推出试验，故在现场测试时应与此要求保持一致，横梁两端和墙之间的距离可通过挂钩上的调整螺钉进行调整。

9.3.3 试验表明，加荷速度过快会使试验数据偏高，因此规定加荷速度控制在5kN/min左右，以提高测试数据的准确性。

9.3.4 本条规定的推出砖下砂浆饱满度的测试方法及所用的工具，按现行国家标准《砌体结构工程施工质量验收规范》GB 50203的有关规定执行。

9.4 数据分析

9.4.1、9.4.2 在建立推出法测强曲线时，是以测区的推出力均值 N_i 及砂浆饱满度均值 B_i 进行统计分析的，这两条的规定主要是为了和建立曲线时的试验协调一致。

目前我国建筑工程所用的普通砖主要为烧结砖和蒸压砖两大类，常见的烧结砖为机制黏土砖，蒸压砖为蒸压灰砂砖和蒸压粉煤灰砖。对比试验结果表明，蒸压砖的"f_2-N"曲线和黏土砖"f_2-N"曲线存在显著差异，本标准第9.4.3条中的计算公式是以黏土砖为基准建立起来的，对蒸压砖 N_i 值尚应乘以修正系数后，方可代入式（9.4.3-1）进行计算。

9.4.3 在测试技术和数据处理方法基本一致的条件下，通过试验室对比试验及现场对比试验，共计198组试验数据，经统计分析而得出曲线，最后归纳为式（9.4.3-1），该式的相对标准差 $s_r=20.9\%$，平均相对误差 $s_r=16.7\%$。

采用推出法测试普通砖砌体和多孔砖砌体时，系采用同一种推出仪，因多孔砖块体较厚，推出仪的荷载作用线上移，增加了被测砖块的上翘分力，导致推出力值降低。对比试验表明，多孔砖砌体的砂浆销键作用不明显。因此，推出法测试烧结普通砖砌体和烧结多孔砖砌体，采用同一计算公式。

10 筒压法

10.1 一般规定

10.1.1 筒压法是由山西四建集团有限公司等十个单位试验研究成功的测试砂浆强度方法，并编制了山西省地方标准。在此基础上，经过验证性考核试验，纳入了本标准。

山西省建四公司和重庆市建筑科学研究院对筒压法是否适用于烧结多孔砖砌体中的砌筑砂浆检测问题，分别进行了对比试验，结果证明，筒压法现有计算公式同样适用。为此，将筒压法的适用范围扩大至烧结多孔砖砌体。

本方法对遭受火灾、环境侵蚀的砌筑砂浆未进行试验研究，故规定不得在这些条件下应用。

10.1.2 本条明确规定了筒压法的适用范围，应用本方法时，使用范围不得外延。当超过此范围时，筒压法的测试误差较大。

10.2 测试设备的技术指标

10.2.1～10.2.3 本方法所用的设备、仪器、工具，一般建材试验室均已具备。其中的承压筒，可参照正文中的图10.2.1，自行加工。以往测试时，曾出现过承压盖受力变形的问题，此次修订，适当增大了承压盖的截面尺寸，提高了其刚度和整体牢固性。

10.3 测试步骤

10.3.1 为保证所取砂浆试样的质量较为稳定，避免外部环境及碳化等因素的影响，提高制备粒径大于5mm试样的成品率，规定只取距墙面20mm以里的水平灰缝的砂浆，且砂浆片厚度不得小于5mm。取样的具体数量，可视砂浆强度而定，高者可少取，低者宜多取，以足够制备3个标准试样并略有富余为准。

10.3.2 对样品进行烘干，是为消除砂浆湿度对强度的影响，亦利于筛分。

10.3.3 为便于筛分，每次取烘干试样1kg。筛分分为：本条中筒压试验前的分级筛分和本标准第10.3.6条筒压试验后的分级筛分。每次筛分的时间对测定筒压比值均有影响。筛分时间应取不同品种、不同强度的砂浆筛分时，均能较快稳定下来的时间。经测定，用YS-2型摇摆式筛分机需120s，人工摇筛需90s。为简化操作，增强可比性，将上述两类筛分时间予以统一，取同一值，但人工筛分，人为影响因素较大，尤其对低强砂浆，应注意摇筛强度保持一致。具备摇筛机的试验室，应选用机械摇筛。

承压筒内装入的试样数量，对测试筒压比值有一定影响，经对比试验分析，确定每个标准试样数量500g。

每个测区取3个有效标准试样，可避免测试值的单向偏移，并减小抽样总体的变异系数。

山西四建集团有限公司使用圆孔筛和方孔筛对筒压试验进行了对比试验，结果证明无显著区别。此次修订增加了可使用方孔标准筛的规定。

10.3.4 为减小装料和施压前的搬运对装料密实程度的影响，制定了两次装料，两次振动的程序，使承压前的筒内试样的紧密程度基本一致。

10.3.5 筒压荷载较低时，砂浆强度越高则筒压比值越拉不开档次；筒压荷载较高时，砂浆强度越低，则筒压比值越拉不开档次。经过试验值的统计分析，对不同品种砂浆分别选用了不同的筒压荷载值。本条所定的筒压荷载值，在常用砂浆强度范围内，是合适的。

关于加荷速度，经检测，在20s～70s内加荷至规定的筒压荷载时，对筒压比值的影响并不显著；恒荷时间，在0s～60s范围内，对筒压比值亦无显著性影响。本条关于加荷制度的规定，是基于这两方面的试验结果。

10.3.7 人工摇筛的人为影响因素较大，亦如前述，对低强砂浆，在筛分过程中，由于颗粒之间及颗粒与筛具之间的摩擦碰撞，不断产生粒径小于5mm的颗粒，不能像砂石筛分那样精确定量。

10.3.8 筛分前后，试样量的相对差值若超过0.5%，则试验工作可能有误，对检测结果（筒压比）有影响。

10.4 数据分析

10.4.1、10.4.2 筒压比以5mm筛的累计筛余比值表示，可较为准确地反映砂浆颗粒的破损程度，据此推定砂浆强度。破损程度大，砂浆强度低；破损程度小，砂浆强度高。

10.4.3 本条原所列式（10.4.3-1）、式（10.4.3-3）、式（10.4.3-4）、式（10.4.3-5）四个公式，系根据试验结果，经1861个不同条件组合的回归优选确定的，相关指数均在0.85以上。

依据南充市建设工程质量检测中心和重庆市建筑科学研究院分别进行的试验研究，共同进行归纳分析，得出筒压法检测特细砂水泥砂浆强度的计算式（10.4.3-2），本次修订纳入了该公式。

11 砂浆片剪切法

11.1 一般规定

11.1.1、11.1.2 砂浆片剪切法是宁夏回族自治区建筑科学研究院研究的一种取样测试方法，通过测试砂浆片的抗剪强度，换算为相当于标准砂浆试块的抗压强度。

试验研究表明，砂浆品种、砂子粒径、龄期等因素对本方法的测试无显著影响。据此规定了本方法的适用范围。

11.2 测试设备的技术指标

11.2.1、11.2.2 砂浆片属小试件，破坏荷载较小，对力值精度、刀片定位精度要求较高，为此宁夏回族自治区建筑科学研究院研制了定型仪器。

砌筑砂浆测强仪采用液压系统施加试验荷载，示值系统为量程0MPa～0.16MPa、0MPa～1MPa的带有被动针的0.4级压力表，该仪器重量轻、体积小，测强范围广，测试方便，可携带至现场检测，使砂浆片剪切法具有现场检测与取样检测两方面的优点。

砌筑砂浆测强标定仪系砌筑砂浆测强仪出厂标定、使用中定期校验的专用仪器；其计量标准器系三等标准测力计（压力环），需经计量部门定期检验。

11.3 测试步骤

11.3.1、11.3.2 将砂浆片的大面、条面加工成规则形状，有利于试件正常受力，且便于在条形钢块与下刀片刃口面上平稳放置，以及试件与上下刀片刃口面良好的接触。

建筑物基础与上部结构两部分比较，砌体内砂浆的含水率往往有较大差异。中、低强度的砂浆，软化系数较大且非定值。为了准确测试砂浆在结构部位受力时的实际强度，应考虑含水率这一影响因素。砂浆试件存于密封袋内，避免水分散失，使其含水率接近工程实际情况。对于±0.000以上主体结构的砌筑砂浆片试件，一般可不考虑含水率这一影响因素。

砂浆片试件尺寸在本条规定的范围内，其宽度和厚度（即受剪面积）对试验结果没有不良的影响。

11.3.3 加荷速度过快，可能造成试件被冲击破坏，测试结果失真。低强砂浆可选用较小的加荷速度，高强砂浆的加荷速度亦不宜大于10N/s。

11.4 数据分析

11.4.1 一次连续砌墙高度对灰缝中的砂浆紧密程度有一定影响，即初始压应力对砂浆片强度有影响。但在工程的检测工作中，多数情况无法准确判定压砖皮数。这时，施工时砌体的初始压力修正系数可取0.95。该值大体对应砂浆试件在砌体中承受6皮砖的初始压力。工程中的多数灰缝如此。

11.4.2～11.4.4 按照本方法所限定的试验条件，对比试验表明，砂浆试块强度与砂浆片抗剪值之间具有较好的线性相关关系，经回归分析并简化后，即为式(11.4.3)。

12 砂浆回弹法

12.1 一般规定

12.1.1 砂浆回弹法是四川省建筑科学研究院研究的砂浆强度无损检测方法，并编制了四川省地方标准。通过试验研究和验证性考核试验，证明砂浆回弹值同砂浆强度及碳化深度有较好的相关性，故将此方法纳入本标准。

原标准颁布施行后，重庆市建筑科学研究院、山东省建筑科学研究院均开展了回弹法检测多孔砖砌体中的砂浆强度的研究，山东省建筑科学研究院、四川省建筑科学研究院还分别在四川省建筑科学研究院进行了验证性试验。根据以上试验资料综合分析，回弹法检测烧结多孔砖砌体中的砂浆强度，同检测烧结普通砖砌体中的砂浆强度，无显著性区别，故将该法的应用范围扩大至烧结多孔砖砌体。

本方法对经受高温、长期浸水、冰冻、化学侵蚀、火灾等情况的砖砌体，以及其他块材的砌体，未进行专门研究，故不适用。

12.1.3 测位是回弹测强中的最小测量单位，相当于其他检测方法中的测点，类似于现行行业标准《回弹法检测混凝土抗压强度技术规程》JGJ/T 23的测区。

墙面上的部分灰缝，由于灰缝较薄或不够饱满等原因，不适宜于布置弹击点，因此一个测位的墙面面积宜大于0.3m^2。

12.2 测试设备的技术指标

12.2.1～12.2.3 四川省建筑科学研究院与有关建筑仪器生产厂合作，研制出适宜于砂浆测强用的专用回弹仪，其结构合理，性能稳定可靠，符合现行国家标准《回弹仪》GB /T 9138的规定，已经批量生产，投放市场。

回弹仪的技术性能是否稳定可靠，是影响砂浆回弹测强准确性的关键因素之一，因此，回弹仪必须符合产品质量要求，并获得专业质检机构检验合格后方可使用；使用过程中，应定期检验、维修与保养。

12.3 测试步骤

12.3.1 砌体灰缝被测处平整与否，对回弹值有较大的影响，故要求用扁砂轮或其他工具进行仔细打磨至平整。此外，墙体表面的砂浆往往失水较快，强度低，磨掉表面约5mm～10mm后，能够检测出接近墙体核心区的砂浆强度，也减小了碳化因素对砂浆强度的影响。

12.3.2 经对比试验，每个测位分别使用回弹仪弹击10点、12点、16点，回弹均值的波动性小，变异系数均小于0.15。为便于计算和排除测试中视觉、听觉等人为误差，经异常数据分析后，决定每一测位弹击12点，计算时采用稳健统计，去掉一个最大值，一个最小值，以10个弹击点的算术平均值作为该测位的有效回弹测试值。

12.3.3 在常用砂浆的强度范围内，每个弹击点的回弹值随着连续弹击次数的增加而逐步提高，经第三次弹击后，其提高幅度趋于稳定。如果仅弹击一次，读数不稳，且对低强砂浆，回弹仪往往不起跳；弹击3次与5次相比，回弹值约低5%。由此选定：每个弹击点连续弹击3次，仅读记第3次的回弹值。测强回归公式亦按此确定。

正确地操作回弹仪，可获得准确而稳定的回弹值，故要求操作回弹仪时，使之始终处于水平状态，其轴线垂直于砂浆表面，且不得移位。

12.3.4 同混凝土相比，砂浆的强度低，密实度较差，又因掺加了混合材料，所以碳化速度较快。碳化增加了砂浆表面硬度，从而使回弹值增大。砂浆的碳化深度和速度，同龄期、密实性、强度等级、品种及砌体所处环境条件均有关系，因而碳化值的离散性较大。为保证推定砂浆强度值的准确性，一定要求对每一测位都要准确地测量碳化深度值。

12.4 数据分析

12.4.3、12.4.4 本方法研究过程中，曾根据原材料、砂浆品种、碳化深度、干湿程度等建立了16条测强曲线，经化简合并，剔除次要因素，按碳化深度整理而成本条中的三个计算公式。公式的相关系数均在0.85以上，满足精度要求。由于现场情况的复杂性和人为操作误差，回弹强度与标准立方体砂浆试块抗压强度比较，有时相对误差略大，故本标准表3.4.3关于砂浆回弹法“用途”一栏中指出是“主要用于砂浆强度均质性检查”，请使用者注意这一规定。

13 点荷法

13.1 一般规定

13.1.1、13.1.2 点荷法属取样测试方法，由中国建筑科学研究院研究成功并提供给本标准。经本标准编制组对烧结普通砖砌体和烧结多孔砖砌体中的砌筑砂浆统一组织的两次验证性考核试验，其测试结果与标准砂浆试块强度吻合性较好。

对于其他块材砌体中的砂浆强度，本方法未进行专门试验，所以仅限于推定烧结砖砌体中的砌筑砂浆强度。

13.2 测试设备的技术指标

13.2.1 试样的点荷值较低，为保证测试精度，规定选用读数精度较高的小吨位压力试验机。

13.2.2 制作加荷头的关键是确保其端部截球体的尺寸。截球体尺寸与一般试验机上的布式硬度测头一致。

13.3 测试步骤

13.3.1 从砖砌体中取出砂浆薄片的方法，可采用手工方法，也可采用机械取样方法，如可用混凝土取芯机钻取带灰缝的芯样，用小锤敲击芯样，剥离出砂浆片。后者适用于砂浆强度较高的砖砌体，且备有钻机的单位。

砂浆薄片过厚或过薄，将增大测试值的离散性，最大厚度波动范围不应超过5mm～20mm，宜为10mm～15mm。现行国家标准《砌体结构工程施工质量验收规范》GB 50203规定灰缝厚度为(10±2)mm，所以选取适宜厚度的砂浆薄片并不困难。作用半径即荷载作用点至试样破坏线边缘的最小距离，其波动范围宜取15mm～25mm。

13.3.2～13.3.4 试验过程中，应使上、下加荷头对准，两轴线重合并处于铅垂线方向；砂浆试样保持水平。否则，将增大测试误差。

一个试样破坏后，可能分成几个小块。应将试样拼合成原样，以荷载作用点的中心为起点，量测最小破坏线直线的长度即作用半径，以及实际厚度。

13.4 数据分析

13.4.1、13.4.2 式(13.4.1-1)～式(13.4.1-3)是中国建筑科学研究院在经验回归公式的基础上略作简化处理而得到的。经在实际工程中应用的效果检验，和本标准编制组统一组织的验证试验，准确性较好。

14 烧结砖回弹法

14.1 一般规定

14.1.1 湖南大学对回弹法检测砌体中烧结普通砖和烧结多孔砖的抗压强度进行了较系统的研究，回弹法具有非破损性、检测面广和测试简便迅速的优点，在实际工程的检测中应用较广。

目前，我国已有多家单位对砌体中烧结普通砖的回弹法进行了研究，并制定了相应的国家标准和地方标准。这些标准的测强公式存在一定的差异。另外，烧结多孔砖的应用日趋广泛，但对砌体中多孔砖的回弹法没有相应的检测标准。基于上述原因，有必要在全国范围内对烧结普通砖和烧结多孔砖的回弹法作出统一规定。湖南大学依据试验研究、与现有标准的对比和回归分析，建立了砌体中烧结普通砖和烧结多孔砖的统一回弹测强曲线，并经本标准编制组统一组织的验证性考核试验，证明统一回弹测强曲线具有较好的检测精度，成为新纳入本标准的方法。

本方法对表面已风化或遭受冻害、化学侵蚀的砖，未进行专门研究，故不适用。

14.1.2 《烧结普通砖》GB 5101和《烧结多孔砖和多孔砌块》GB 13544规定进行砖的强度试验时，试样的数量为10块砖，由10块砖的抗压强度平均值、强度标准值、变异系数或单块砖最小抗压强度值来评定砖的抗压强度等级。因此，规定每一检测单元中回弹测区数应为10个，且每个测区中测位数应为10个。

14.2 测试设备的技术指标

14.2.1 指针直读式砖回弹仪性能稳定，示值准确，应用方便、可靠。

14.2.2 回弹仪的技术性能是影响回弹法测试精度的重要因素。符合表14.2.2的回弹仪，可消除或减小因仪器因素导致的误差，提高检测精度。

14.2.3、14.2.4 回弹仪在使用过程中，因检修、零件松动、拉簧疲劳、遭受撞击等都可能改变其标准状态，因而应按本条要求由专业检定单位对仪器进行检定。

14.3 测试步骤

14.3.1 对受潮或被雨淋湿后的砖进行回弹，回弹值会降低，因此被检测砖表面应为自然干燥状态。被检测砖平整、清洁与否，对回弹值亦有较大的影响，故要求用砂轮将被检测砖表面打磨至平整，并用毛刷刷去粉尘。

14.3.2 参考行业标准《回弹仪评定烧结普通砖强度等级的方法》JC/T 796、国家标准《建筑结构检测技术标准》GB/T 50344及其他相关地方标准的规定，每块砖在测面上均匀布置5个弹击点，取其平均值。为保证操作规范，避免检测过程中的异常误差，规定检测时回弹仪应始终处于水平状态，其轴线应始终垂直于砖的测面。

14.4 数据分析

14.4.1 根据湖南大学在实际工程中的检测结果，选取回弹值在30～48之间的37组数据，并按照四川省、安徽省和福建省的三部地方标准中给出的回弹测强公式，经计算得到相应的换算抗压强度值，共计111组数据。最后，采用抛物线函数式按照最小二乘法进行回归分析，建立了适用于烧结普通砖的回弹测强公式：

$$f_{1ij}=0.02R^2-0.45R+1.25 \tag{6}$$

其相关系数为0.97，与本标准编制组统一组织的验证性考核试验结果相比较，其相对误差为17.0%，满足精度要求。

对于烧结多孔砖的回弹测强关系，湖南大学制作了施加一定竖向压力的多孔砖砌体，对砌体中的砖进行回弹测试，并作了砖的抗压强度试验，得到209组实测回弹值-抗压强度数据，将209组数据分别以回弹值相近（回弹值极差不大于0.5）的为一组，得到23组多孔砖试件回弹平均值与抗压强度平均值，并与河南省建筑科学研究院通过试验得到的10组数据共33组回弹值-抗压强度数据按最小二乘法进行回归分析，建立了适用于烧结多孔砖的回弹测强公式，为

$$f_{1ij}=0.0017R^{2.48} \tag{7}$$

其相关系数为0.70，与本标准编制组统一组织的验证性考核试验结果相比较，其相对误差为20.5%。

15 强度推定

15.0.1 异常值的检出和剔除，宜以测区为单位，对其中的n_1个测点的检测值进行统计分析。一般情况下，n_1值较小，也可以检测单元为单位，以单元的所有测点为对象，合并进行统计分析。

当检出歧离值后（特别是对砌体抗压或抗剪强度进行分析时），需首先检查产生歧离值的技术上的或物理上的原因，如砌体所用材料和施工质量可能与其他测点的墙片不同，检测人员读数和记录是否有错等。当这些物理因素一一排除后，方可进行是否剔除的计算，即判断是否为统计离群值。

对于一项具体工程，其某项强度值的总体标准差是未知的，格拉布斯检验法和狄克逊检验法适用于这种情况；这两种检验法也是土木工程技术人员常用的方法。所以，本标准决定采用这两种方法。

15.0.2、15.0.3 各种方法每个测点的检验强度值，是根据检测结果按相应公式计算后得出的。其中，推出法、筒压法仅需给出测区的检测强度值。

15.0.4、15.0.5 为了与新颁布的《砌体结构工程施工质量验收规范》GB 50203－2011保持协调，本标准对按照不同施工验收规范施工的砌体工程采用不同的砂浆强度推定方法。其中式（15.0.4-1）、式（15.0.4-2）和式（15.0.5-1）、式（15.0.5-2），分别与国家标准《砌体结构工程施工质量验收规范》GB 50203－2011和原国家标准《砌体工程施工质量验收规范》GB 50203－2002一致。在推定砌筑砂浆抗压强度时，对按照《砌体结构工程施工质量验收规范》GB 50203－2011施工的砌体工程，采用式（15.0.4-1）、式（15.0.4-2）和式（15.0.4-3）；对按照《砌体工程施工质量验收规范》GB 50203－2002及之前颁布实施的砌体施工质量验收规范施工的砌体工程，采用式（15.0.5-1）、式（15.0.5-2）和式（15.0.5-3）。当测区数少于6个时，本标准从严控制，规定以测区的最小检测值作为砂浆强度推定值，即式（15.0.4-3）、式（15.0.5-3）。

15.0.8 本条提出了根据砌体抗压强度或抗剪强度的检测平均值分别计算强度标准值的4个公式。它们不同于现行国家标准《砌体结构设计规范》GB 50003确定标准值的方法。砌体结构设计规范是依据全国范围内众多试验资料确定标准值；本标准的检测对象是具体的单项工程，两者是有区别的。本标准采用了现行国家标准《民用建筑可靠性鉴定标准》GB 50292确定强度标准值的方法，即式（15.0.8-1）～式（15.0.8-4）。

15.0.9 参照产品标准《烧结普通砖》GB 5101、《烧结多孔砖和多孔砌块》GB 13544推定回弹法检测烧结砖的强度等级。本条所列公式和表格，与上述产品标准一致。

中华人民共和国国家标准

粮食钢板筒仓设计规范

Code for design of grain steel silos

GB 50322—2011

主编部门：国　　家　　粮　　食　　局

批准部门：中华人民共和国住房和城乡建设部

施行日期：2　0　1　2　年　6　月　1　日

中华人民共和国住房和城乡建设部
公　告

第 1097 号
关于发布国家标准
《粮食钢板筒仓设计规范》的公告

现批准《粮食钢板筒仓设计规范》为国家标准，编号为GB 50322—2011，自 2012 年 6 月 1 日起实施。其中，第 4.1.1、4.2.3、5.1.2、5.5.3（3）、6.4.2、8.1.2、8.6.1 条（款）为强制性条文，必须严格执行。原《粮食钢板筒仓设计规范》GB 50322—2001 同时废止。

本规范由我部标准定额研究所组织中国计划出版社出版发行。

中华人民共和国住房和城乡建设部

二〇一一年七月二十六日

前　言

本规范是根据住房和城乡建设部《关于印发〈2009 年工程建设标准规范制订、修订计划〉的通知》（建标〔2009〕88 号）的要求，由郑州粮油食品工程建筑设计院和郑州市第一建筑工程集团有限公司会同有关单位在原《粮食钢板筒仓设计规范》GB 50322—2001 的基础上修订而成的。

本规范在编制过程中，编制组经广泛调查研究，认真总结实践经验，参考有关标准，并在广泛征求意见的基础上，最后经审查定稿。

本规范共分 9 章和 6 个附录，主要技术内容包括：总则、术语和符号、基本规定、荷载与荷载效应组合、结构设计、构造、工艺设计、电气、消防。

本规范修订的主要技术内容是：增加了肋型粮食钢板筒仓、保温粮食钢板筒仓两种仓型；修订了粮食荷载与仓壁稳定计算的相关参数，完善了筒仓荷载计算方法的相关规定；增加了新材料、新构造的规定；修订了仓体工艺电气设备配置要求等内容。

本规范中以黑体字标志的条文为强制性条文，必须严格执行。

本规范由住房和城乡建设部负责管理和对强制性条文的解释，由国家粮食局负责日常管理，由郑州粮油食品工程建筑设计院负责具体技术内容的解释。本条文在执行过程中如有意见或建议，请寄送郑州粮油食品工程建筑设计院（地址：郑州高新技术产业开发区莲花街，邮政编码：450001）。

本规范主编单位、参编单位、主要起草人和主要审查人：

主 编 单 位： 郑州粮油食品工程建筑设计院
郑州市第一建筑工程集团有限公司

参 编 单 位： 河南工业大学
国贸工程设计院
中煤国际工程集团北京华宇工程有限公司
中冶长天国际工程有限责任公司
江苏正昌粮机股份有限公司
江苏牧羊集团有限公司
哈尔滨北仓粮食仓储工程设备有限公司

主要起草人： 袁海龙　郭呈周　雷　霆
李　遐　侯业茂　马志强
李江华　梁彩虹　刘海燕
郭金勇　吴　强　肖玉银
汪红卫　郝卫红　陈华定
郑　捷　光迪和　郝　波
刘廷瑜　高晓青　朱贤平
钱杭松　何　宇

主要审查人： 崔元瑞　张振镕　赵锡强
朱同顺　刘继辉　朱文宇
张义才　徐玉斌　刘勇献
丁保华

目次

1 总则 ………………………………… 1—23—5
2 术语和符号 ………………………… 1—23—5
2.1 术语 ……………………………… 1—23—5
2.2 符号 ……………………………… 1—23—5
3 基本规定 …………………………… 1—23—6
3.1 布置原则 ………………………… 1—23—6
3.2 结构选型 ………………………… 1—23—6
4 荷载与荷载效应组合 ……………… 1—23—7
4.1 基本规定 ………………………… 1—23—7
4.2 储粮荷载 ………………………… 1—23—7
4.3 地震作用 ………………………… 1—23—8
4.4 荷载效应组合 …………………… 1—23—9
5 结构设计 …………………………… 1—23—9
5.1 基本规定 ………………………… 1—23—9
5.2 仓顶 ……………………………… 1—23—10
5.3 仓壁 ……………………………… 1—23—10
5.4 仓底 ……………………………… 1—23—12
5.5 支承结构与基础 ………………… 1—23—13
6 构造 ………………………………… 1—23—14
6.1 仓顶 ……………………………… 1—23—14
6.2 仓壁 ……………………………… 1—23—14
6.3 仓底 ……………………………… 1—23—14
6.4 支承结构 ………………………… 1—23—15
6.5 抗震构造措施 …………………… 1—23—15
7 工艺设计 …………………………… 1—23—15
7.1 一般规定 ………………………… 1—23—15
7.2 粮食接收与发放 ………………… 1—23—15
7.3 安全储粮 ………………………… 1—23—16
7.4 环境保护与安全生产 …………… 1—23—16
8 电气 ………………………………… 1—23—17
8.1 一般规定 ………………………… 1—23—17
8.2 配电线路 ………………………… 1—23—17
8.3 照明系统 ………………………… 1—23—17
8.4 电气控制系统 …………………… 1—23—17
8.5 粮情测控系统 …………………… 1—23—17
8.6 防雷及接地 ……………………… 1—23—18
9 消防 ………………………………… 1—23—18
附录A 筒仓沉降观测及试装粮压仓 ……………………………… 1—23—18
附录B 焊接粮食钢板筒仓仓壁洞口应力计算 ……………………… 1—23—19
附录C 主要粮食散料的物理特性参数 ……………………………… 1—23—19
附录D 储粮荷载计算系数 ………… 1—23—20
附录E 旋转壳体在对称荷载下的薄膜内力 ……………………… 1—23—21
附录F 照度推荐值 ………………… 1—23—23
本规范用词说明 ……………………… 1—23—23
引用标准名录 ………………………… 1—23—23
附：条文说明 ………………………… 1—23—24

Contents

1 General provisions …… 1—23—5
2 Terms and symbols …… 1—23—5
2.1 Terms …… 1—23—5
2.2 Symbols …… 1—23—5
3 General requirement …… 1—23—6
3.1 Layout principle …… 1—23—6
3.2 Structure selection …… 1—23—6
4 Load and load effect combination …… 1—23—7
4.1 Basic requirement …… 1—23—7
4.2 Grain loading …… 1—23—7
4.3 Earthquake action …… 1—23—8
4.4 Load effect combination …… 1—23—9
5 Structural design …… 1—23—9
5.1 Basic requirement …… 1—23—9
5.2 Steel silo roof …… 1—23—10
5.3 Steel silo wall …… 1—23—10
5.4 Steel silo hopper …… 1—23—12
5.5 Structural support and foundation …… 1—23—13
6 Constructional detail …… 1—23—14
6.1 Steel silo roof …… 1—23—14
6.2 Steel silo wall …… 1—23—14
6.3 Steel silo hopper …… 1—23—14
6.4 Structural support …… 1—23—15
6.5 Earthquake-proof constructional measure …… 1—23—15
7 Process flow project …… 1—23—15
7.1 General requirement …… 1—23—15
7.2 Receiver and releaser …… 1—23—15
7.3 Safe storage …… 1—23—16
7.4 Environment protection and safety in production …… 1—23—16
8 Electricity …… 1—23—17
8.1 General requirement …… 1—23—17
8.2 Distribution line …… 1—23—17
8.3 Lighting system …… 1—23—17
8.4 Electric control system …… 1—23—17
8.5 Grain detection and control system …… 1—23—17
8.6 Lightening protection and grounding …… 1—23—18
9 Fire control …… 1—23—18
Appendix A Settlement observation of steel silo and pre-loaded with grain test …… 1—23—18
Appendix B Stress calculation of welding grain steel silo wall opening …… 1—23—19
Appendix C Main grain granular physical characteristics …… 1—23—19
Appendix D Load coefficient …… 1—23—20
Appendix E Film internal force of rotatory shell in symmetrical loading …… 1—23—21
Appendix F Recommended illuminance values …… 1—23—23
Explanation of Wording in this code …… 1—23—23
List of quoted standards …… 1—23—23
Addition: Explanation of provisions …… 1—23—24

1 总则

1.0.1 为总结我国粮食钢板筒仓建设经验，使粮食钢板筒仓设计做到安全可靠、技术先进、经济合理，制定本规范。

1.0.2 本规范适用于平面形状为圆形，中心装、卸料的粮食钢板筒仓的设计。

1.0.3 粮食钢板筒仓的设计使用年限不应少于25年。

1.0.4 粮食钢板筒仓结构的安全等级应为二级，抗震设防类别应为丙类，耐火等级可为二级。

1.0.5 粮食钢板筒仓应由具有相关设计资质的单位进行设计。

1.0.6 粮食钢板筒仓设计除应符合本规范外，尚应符合国家现行有关标准的规定。

2 术语和符号

2.1 术语

2.1.1 粮食钢板筒仓 grain steel silo

储存粮食散料的钢结构直立容器，平面以圆形为主。主要形式有焊接钢板、螺旋卷边钢板、螺栓装配波纹钢板、螺栓装配肋型钢板、螺栓装配肋型双壁及装配钢结构框架式等。

2.1.2 粮食散料 grain granular material

小麦、玉米、稻谷、豆类以及物理特性参数与之相近的谷物散料。

2.1.3 仓体 bulk solids

钢板筒仓容纳粮食散料的部分。

2.1.4 仓顶 top of silo

封闭仓体顶面的结构。

2.1.5 仓上建筑 building above top of silo

按工艺要求建在仓顶上的建筑。

2.1.6 仓壁 wall of silo

与粮食散料直接接触且承受粮食散料侧压力的仓体竖壁。

2.1.7 筒壁 supporting wall

支撑仓体的竖壁。

2.1.8 仓下支承结构 supporting structure of silo bottom

基础以上，仓体以下的支承结构，包括筒壁、柱、扶壁柱等。

2.1.9 漏斗 hopper

筒仓下部卸出粮食散料的结构容器。

2.1.10 深仓 deep bin

储粮计算高度 h_n 与仓内径 d_n 比值大于或等于1.5的筒仓。

2.1.11 浅仓 shallow bin

储粮计算高度 h_n 与仓内径 d_n 比值小于1.5的筒仓。

2.1.12 单仓 single silo

不与其他建（构）筑物联成整体的单体筒仓。

2.1.13 仓群 group silos

多个且成组布置的筒仓群。

2.1.14 填料 filler

仓底构成卸料填坡的填充材料。

2.1.15 整体流动 mass flow

卸粮过程中，仓内粮食散料的水平截面呈平面状态向下的流动。

2.1.16 管状流动 funnel flow

卸粮过程中，仓内粮食散料的表面呈漏斗状向下的流动。

2.1.17 中心卸粮 concentric discharge

卸粮过程中，仓内粮食散料沿仓体几何中心对称向下的流动。

2.1.18 偏心卸粮 eccentric discharge

卸粮过程中，仓内粮食散料沿仓体几何中心不对称向下的流动。

2.1.19 工作塔 work tower

进行粮食输送、计量、清理等工作的场所。

2.1.20 地道 underpass

连接筒仓与筒仓、筒仓与工作塔之间的地下通道。

2.2 符号

2.2.1 几何参数

h——地面至仓壁顶的高度；

h_n——储粮的计算高度；

h_h——漏斗顶面至计算截面的高度；

S——计算深度，由仓顶或储粮锥体重心至计算截面的距离；

d_n——筒仓内径；

R——筒仓半径；

t——筒仓仓壁厚度或仓壁计算厚度，钢板厚度；

e——自然对数的底；

α——漏斗壁与水平面的夹角。

2.2.2 计算系数

k——储粮侧压力系数；

k_p——仓壁竖向受压稳定系数；

ρ——筒仓水平净截面水力半径；

C_h——深仓储粮动态水平压力修正系数；

C_v——深仓储粮动态竖向压力修正系数；

C_f——深仓储粮动态摩擦力修正系数。

2.2.3 粮食散料的物理特性参数

γ——重力密度；

ρ_0——粮食的质量密度；

μ ——储粮对仓壁的摩擦系数；

ϕ ——储粮的内摩擦角。

2.2.4 钢材性能及抗力

E ——钢材的弹性模量；

f ——钢材抗拉、抗压强度设计值；

f_t^w ——对接焊缝抗拉强度设计值；

f_c^w ——对接焊缝抗压强度设计值；

f_f^w ——角焊缝抗拉、抗压和抗剪强度设计值；

σ_{cr} ——受压构件临界应力。

2.2.5 作用和作用效应

P_{hk} ——储粮作用于仓壁单位面积上的水平压力标准值；

P_{vk} ——储粮作用于单位水平面积上的竖向压力标准值；

P_{fk} ——储粮作用于仓壁单位面积上的竖向摩擦力标准值；

P_{nk} ——储粮作用于漏斗斜面单位面积上的法向压力标准值；

P_{tk} ——储粮作用于漏斗斜面单位面积上的切向压力标准值；

M ——弯矩设计值，有下标者，见应用处说明；

N ——拉力或压力设计值，有下标者，见应用处说明；

σ ——拉应力或压应力，有下标者，见应用处说明。

3 基本规定

3.1 布置原则

3.1.1 粮食钢板筒仓的平面及竖向布置应根据工艺、地形、工程地质及施工条件等，经技术经济比较后确定。

3.1.2 仓群宜选用单排或多排行列式平面布置（图3.1.2）。

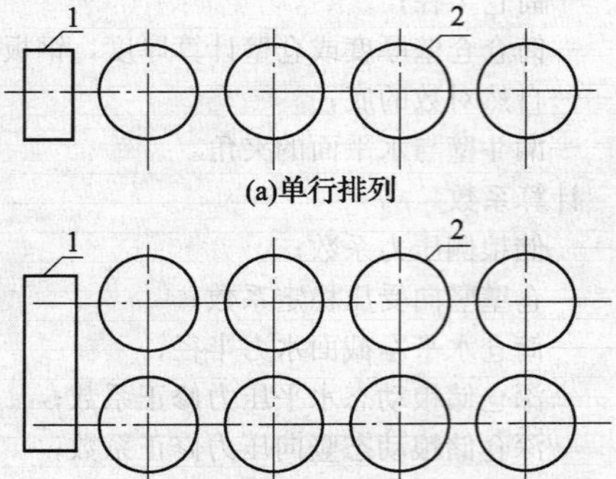

图 3.1.2 仓群平面布置示意图

1—工作塔；2—筒仓

筒仓净间距应按以下原则确定：

1 不应小于 500mm；

2 当采用独立基础时，还应满足基础设计的要求；

3 落地式平底仓，应根据清仓设备所需距离确定。

3.1.3 筒仓与筒仓、筒仓与工作塔之间的地道应设置沉降缝。

3.1.4 筒仓与筒仓、筒仓与工作塔之间的栈桥，应考虑相邻构筑物由于地基变形引起的相对位移。当满足本规范第 5.5.3 条要求时，相对水平位移值可按下式确定：

$$\Delta\mu \geqslant \frac{h}{400} \tag{3.1.4}$$

式中：$\Delta\mu$ ——相对水平位移值；

h ——室外地面至仓壁顶的高度。

3.1.5 粮食钢板筒仓施工图设计文件中，应对首次装卸粮、沉降观测、水准基点及沉降观测点设置要求等予以说明，并应符合本规范附录 A 的规定。

3.2 结构选型

3.2.1 粮食钢板筒仓结构（图 3.2.1）可分为仓上建筑、仓顶、仓壁、仓底、仓下支承结构及基础六个基本部分。

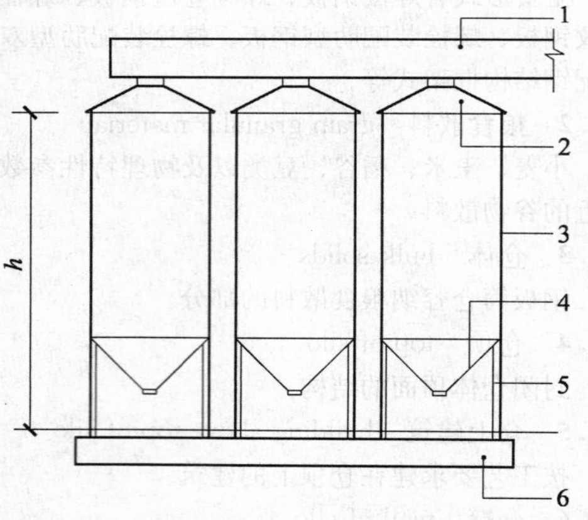

图 3.2.1 钢板筒仓结构组成示意

1—仓上建筑；2—仓顶；3—仓壁；4—仓底；5—支承结构；6—基础

3.2.2 仓上设置的工艺输送设备通道及操作检修平台宜采用敞开式钢结构。当有特殊使用要求时，也可采用封闭式。

3.2.3 粮食钢板筒仓仓顶宜采用带上、下环梁的正截锥仓顶，其结构型式应根据计算确定。

3.2.4 粮食钢板筒仓仓壁为波纹板、螺旋卷边板、肋型钢板时，应采用热镀锌或合金钢板。

3.2.5 粮食钢板筒仓可采用钢或钢筋混凝土仓底及仓下支承结构。直径 12m 以下时，宜采用由柱或筒壁支承的架空式仓下支承结构及漏斗仓底；直径 15m

及以上时，宜采用落地式平底仓，地道式出料通道（图3.2.5）。

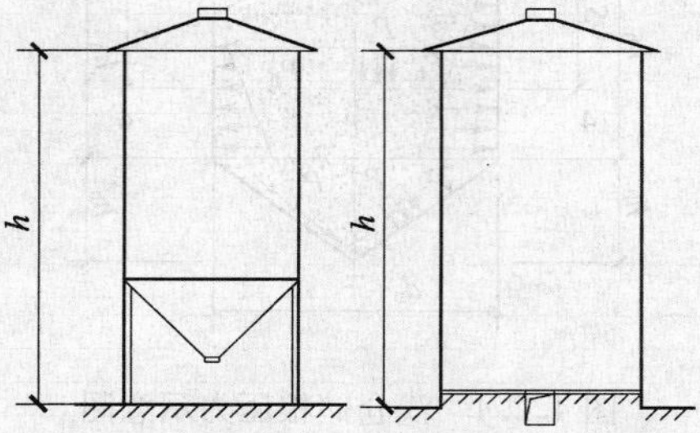

(a)锥斗仓底　(b)落地筒仓平板仓底

图3.2.5　钢板筒仓仓底示意

4　荷载与荷载效应组合

4.1　基 本 规 定

4.1.1　粮食钢板筒仓的结构设计，应计算以下荷载：

1　永久荷载：结构自重、固定设备重、仓内吊挂电缆自重等；

2　可变荷载：仓顶及仓上建筑活荷载、雪荷载、风荷载等；

3　储粮荷载：储粮对筒仓的作用，储粮对仓内吊挂电缆的作用等；

4　地震作用。

4.1.2　各种荷载的取值，除本规范规定外，均应按现行国家标准《建筑结构荷载规范（2006版）》GB 50009的有关规定执行。

4.1.3　储粮的物理特性参数，应由工艺专业通过试验分析确定。当无试验资料时，可按本规范附录C所列数据确定。

4.1.4　计算储粮荷载时，应采用对结构产生最不利作用的储粮品种的参数。计算储粮对波纹钢板仓壁的摩擦作用时，应取储粮的内摩擦角。计算储粮对肋型钢板仓壁的摩擦作用时，可分段取储粮的内摩擦角和储粮对钢板的外摩擦角。

4.1.5　储粮计算高度 h_n 与水平净截面水力半径 ρ，应按下列规定确定：

1　水力半径 ρ 按下式计算：

$$\rho=\frac{d_n}{4} \qquad (4.1.5)$$

式中：h_n——储粮计算高度；

ρ——筒仓净截面的水力半径；

d_n——筒仓内径。

2　储粮计算高度 h_n 按下列规定确定：

1）上端：储粮顶面为水平时，取至储粮顶面；储粮顶面为斜面时，取至储粮锥体的重心；

2）下端：仓底为锥形漏斗时，取至漏斗顶面；仓底为平底时，取至仓底顶面；仓底为填料填成漏斗时，取至填料表面与仓壁内表面交线的最低点。

4.1.6　粮食钢板筒仓的风载体型系数按下列规定取值：

1　仓壁稳定计算时：取1.0；

2　筒仓整体计算时：对单独筒仓，取0.8；对仓群，取1.3。

4.2　储 粮 荷 载

4.2.1　计算粮食对筒仓的作用时，应包括以下4种力：

1　作用于筒仓仓壁的水平压力；

2　作用于筒仓仓壁的竖向摩擦力；

3　作用于筒仓仓底的竖向压力；

4　作用于筒仓仓顶的吊挂电缆拉力。

4.2.2　深仓储粮静态压力（图4.2.2）的标准值，应按下列公式计算。

1　计算深度 S 处，储粮作用于仓壁单位面积上的水平压力标准值 P_{hk} 按下式计算：

$$P_{hk}=\frac{\gamma\cdot\rho}{\mu}\left(1-e^{-\mu ks/\rho}\right) \qquad (4.2.2\text{-}1)$$

2　计算深度 S 处，储粮作用于单位水平面积上的竖向压力标准值 P_{vk} 按下式计算：

$$P_{vk}=\frac{\gamma\cdot\rho}{\mu\cdot k}\left(1-e^{-\mu ks/\rho}\right) \qquad (4.2.2\text{-}2)$$

3　计算深度 S 处，储粮作用于仓壁单位面积上的竖向摩擦力标准值 P_{fk} 按下式计算：

$$P_{fk}=\mu\cdot P_{hk} \qquad (4.2.2\text{-}3)$$

4　计算深度 S 处，储粮作用于仓壁单位周长上的总竖向摩擦力标准值 q_{fk} 按下式计算：

$$q_{fk}=\rho\cdot(\gamma\cdot S-P_{vk}) \qquad (4.2.2\text{-}4)$$

式中：P_{hk}——储粮作用于仓壁单位面积上的水平压力标准值；

γ——储粮的重力密度；

ρ——筒仓净截面的水力半径；

μ——储粮对仓壁的摩擦系数；

e——自然对数的底；

k——储粮侧压力系数，按附录D表D.1取值；

S——储粮顶面或储粮锥体重心至所计算截面的距离；

P_{vk}——储粮作用于单位水平面积上的竖向压力标准值；

P_{fk}——储粮作用于仓壁单位面积上的竖向摩擦力标准值；

q_{fk}——储粮作用于仓壁单位周长上的总竖向摩擦力标准值。

4.2.3　在深仓卸粮过程中，储粮作用于筒仓仓壁的

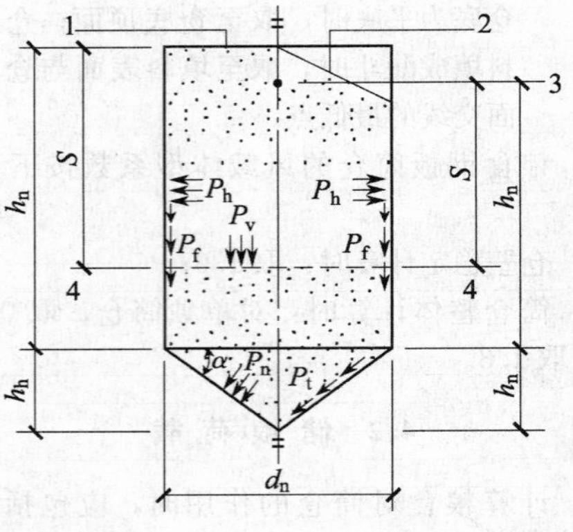

图 4.2.2 深仓储粮压力示意图

1—储料顶为平面；2—储料顶为斜面；
3—储料锥体重心；4—计算截面

动态压力标准值，应以其静态压力标准值乘以动态压力修正系数。深仓储粮动态压力修正系数应按表4.2.3取值。

表 4.2.3 深仓储粮动态压力修正系数

深仓部位	系数名称	动态压力修正系数值	
仓壁	水平压力修正系数 C_h	$S \leqslant h_n/3$	$1+3 \cdot S/h_n$
		$S > h_n/3$	2.0
	摩擦压力修正系数 C_f	—	1.1
仓底	竖向压力修正系数 C_v	钢漏斗	1.3
		混凝土漏斗	1.0
		平板	1.0

注：$h_n/d_n \geqslant 3$ 时，表中 C_h 值应乘以1.1。

4.2.4 浅仓储粮压力（图 4.2.4）的标准值应按下列公式计算：

1 计算深度 S 处，作用于仓壁单位面积上的水平压力标准值 P_{hk} 按式（4.2.4-1）计算，当储粮计算高度 h_n 大于或等于 15m，且筒仓内径 d_n 大于或等于 10m 时，储粮作用于仓壁的水平压力除按上式计算外，尚应按式（4.2.2-1）计算，二者计算结果取大值。

$$P_{hk}=k \cdot \gamma \cdot S \quad (4.2.4\text{-}1)$$

2 计算深度 S 处，作用于单位水平面积上的竖向压力标准值 P_{vk} 按下式计算：

$$P_{vk}=\gamma \cdot S \quad (4.2.4\text{-}2)$$

3 计算深度 S 处，储粮作用于仓壁单位面积上的竖向摩擦力标准值 P_{fk} 按下式计算：

$$P_{fk}=\mu \cdot k \cdot \gamma \cdot S \quad (4.2.4\text{-}3)$$

4 计算深度 S 处，储粮作用于仓壁单位周长上的总竖向摩擦力标准值 q_{fk} 按下式计算：

$$q_{fk}=\frac{1}{2} \cdot k \cdot \mu \cdot \gamma \cdot S^2 \quad (4.2.4\text{-}4)$$

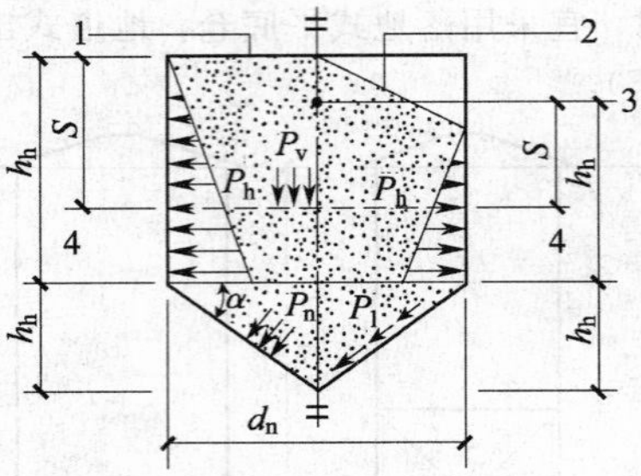

图 4.2.4 浅仓储粮压力示意图

1—储料顶为平面；2—储料顶为斜面；
3—储料锥体重心；4—计算截面

4.2.5 作用于圆形漏斗壁上的储粮压力标准值按下列公式计算：

1 漏斗壁单位面积上的法向压力标准值 P_{nk} 为：

深仓：$P_{nk}=C_v \cdot P_{vk} \cdot (\cos^2\alpha+k\sin^2\alpha)$ （4.2.5-1）

浅仓：$P_{nk}=P_{vk} \cdot (\cos^2\alpha+k\sin^2\alpha)$ （4.2.5-2）

2 漏斗壁单位面积上的切向压力标准值 P_{tk} 为：

深仓：$P_{tk}=C_v \cdot P_{vk}(1-k)\sin\alpha \cdot \cos\alpha$ （4.2.5-3）

浅仓：$P_{tk}=P_{vk}(1-k)\sin\alpha \cdot \cos\alpha$ （4.2.5-4）

式中：P_{vk}——储粮作用于单位水平面积上的竖向压力标准值。深仓可取漏斗顶面值，浅仓可取漏斗顶面与底面的平均值；

α——漏斗壁与水平面的夹角。

4.2.6 作用于筒仓仓顶的吊挂电缆拉力，包括电缆自重、储粮对电缆的摩擦力及电缆突出物对储粮阻滞而产生的作用力。当电缆为圆截面，且直径无变化，表面无突出物时，储粮对电缆的摩擦力标准值，应按下列公式计算：

深仓：$N_k=k_d \cdot \pi \cdot d \cdot \rho \cdot \frac{\mu_0}{\mu} \cdot (\gamma \cdot h_d-P_{vk})$ （4.2.6-1）

浅仓：$N_k=\frac{\pi}{2} \cdot k_d \cdot d \cdot \mu_0 \cdot k \cdot \gamma \cdot h_d^2$ （4.2.6-2）

式中：N_k——储粮对电缆的摩擦力标准值；

k_d——计算系数 1.5～2.0；浅仓取小值，深仓取大值；

d——电缆直径；

h_d——电缆在储粮中的长度；

μ_0——储粮对电缆表面的摩擦系数；

P_{vk}——电缆最下端处，储粮作用于单位水平面积上的竖向压力标准值。

4.3 地震作用

4.3.1 粮食钢板筒仓可按单仓计算地震作用，并应符合下列规定：

1 可不考虑粮食对于仓壁的局部作用；

2 落地式平底粮食钢板筒仓可不考虑竖向地震作用。

4.3.2 在计算粮食钢板筒仓的水平地震作用时，重力荷载代表值应取储粮总重的80%，重心应取储粮总重的重心。

4.3.3 粮食钢板筒仓的水平地震作用，可采用底部剪力法或振型分解反应谱法进行计算。

4.3.4 柱子支承的粮食钢板筒仓，采用底部剪力法计算水平地震作用时可采用单质点体系模型，并符合下列规定：

1 单质点位置可设于柱顶；

2 仓下支承结构的自重按30%采用；

3 水平地震作用的作用点，位于仓体和储料的质心处；

4 仓上建筑的水平地震作用，可按刚性地面上的单质点或多质点体系模型计算，计算结果应乘以增大系数3，但增大的地震作用效应不应向下部结构传递。

4.3.5 落地式平底粮食钢板筒仓的水平地震作用，可采用振型分解反应谱法，也可采用下述简化方法进行计算：

1 筒仓底部的水平地震作用标准值可按下式计算：

$$F_{Ek}=\alpha_{max}\cdot(G_{sk}+G_{mk}) \quad (4.3.5\text{-}1)$$

2 水平地震作用对筒仓底部产生的弯矩标准值可按下式计算：

$$M_{Ek}=\alpha_{max}\cdot(G_{sk}\cdot h_s+G_{mk}\cdot h_m) \quad (4.3.5\text{-}2)$$

3 沿筒仓高度第i质点分配的水平地震作用标准值可按下式计算：

$$F_{ik}=F_{Ek}\cdot\frac{G_{ik}\cdot h_i}{\sum_{i=1}^{n}G_{ik}\cdot h_i} \quad (4.3.5\text{-}3)$$

式中：F_{Ek}——筒仓底部的水平地震作用标准值；

α_{max}——水平地震影响系数最大值，按现行国家标准《建筑抗震设计规范》GB 50011的有关规定进行取值；

G_{sk}——筒仓自重（包括仓上建筑）的重力荷载代表值；

G_{mk}——储粮的重力荷载代表值；

M_{Ek}——水平地震作用对筒仓底部产生的弯矩标准值；

h_s——筒仓自重（包括仓上建筑）的重心高度；

h_m——储粮总重的重心高度；

F_{ik}——沿筒仓高度第i质点分配的水平地震作用标准值；

G_{ik}——集中于第i质点的重力荷载代表值；

h_i——第i质点的重心高度。

4.3.6 抗震设防烈度为8度和9度时，仓下漏斗与仓壁的连接焊缝或螺栓，应进行竖向地震作用计算，竖向地震作用系数可分别采用0.1和0.2。

4.3.7 粮食钢板筒仓仓体可不进行抗震验算，但应采取抗震构造措施。

4.3.8 抗震烈度为7度及以下时，仓下支承结构与仓上建筑，可不进行抗震验算，但应满足抗震构造措施要求。

4.4 荷载效应组合

4.4.1 粮食钢板筒仓结构设计应根据使用过程中在结构上可能出现的荷载，按承载能力极限状态和正常使用极限状态分别进行荷载效应组合，并取各自的最不利组合进行设计。

4.4.2 粮食钢板筒仓按承载能力极限状态设计时，应采用荷载效应的基本组合，荷载分项系数应按下列规定取值：

1 永久荷载分项系数：对结构不利时，取1.2；对结构有利时，取1.0；筒仓抗倾覆计算，取0.9；

2 储粮荷载分项系数，取1.3；

3 地震作用分项系数，取1.3；

4 其他可变荷载分项系数，取1.4。

4.4.3 粮食钢板筒仓按正常使用极限状态设计时，应采用荷载效应短期组合，荷载分项系数均取1.0。

4.4.4 粮食钢板筒仓按承载能力极限状态设计时，荷载组合系数应按下列规定取用：

1 无风荷载参与组合时：取1.0。

2 有风荷载参与组合时：

1）储粮荷载，取1.0；

2）风荷载，取1.0；

3）其他可变荷载，取0.6；

4）地震作用不计。

3 有地震作用参与组合时：

1）储粮荷载，取0.9；

2）地震作用，取1.0；

3）雪荷载，取0.5；

4）风荷载不计；

5）其他可变荷载：按实际情况考虑时，取1.0；按等效均布荷载时，取0.6。

5 结构设计

5.1 基本规定

5.1.1 粮食钢板筒仓结构应分别按承载能力极限状态和正常使用极限状态进行设计。

5.1.2 粮食钢板筒仓结构按承载能力极限状态进行设计时，计算内容应包括：

1 所有结构构件及连接的强度、稳定性计算；

2 筒仓整体抗倾覆计算；

3 筒仓与基础的锚固计算。

5.1.3 粮食钢板筒仓结构按正常使用极限状态进行设计时，应根据使用要求对结构构件进行变形验算。

5.1.4 粮食钢板筒仓结构及连接材料的选用及设计指标，应按现行国家标准《钢结构设计规范》GB 50017 和《冷弯薄壁型钢结构技术规范》GB 50018 有关规定执行。

5.2 仓　顶

5.2.1 正截锥壳钢板仓顶，可按薄壁结构进行强度及稳定计算。

5.2.2 由斜梁，上、下环梁及钢板组成的正截锥壳仓顶（图 5.2.2），不计钢板的蒙皮作用，应设置支撑或采取其他措施，保证仓顶结构的空间稳定性。仓顶构件内力可按空间杆系计算。在对称竖向荷载作用下，仓顶构件内力可按下述简化方法计算：

1 斜梁按简支计算，其支座反力分别由上、下环梁承担，上、下环梁按第 5.2.3 条计算；

2 作用于上环梁的竖向荷载由斜梁平均承担；

3 作用于斜梁的测温电缆吊挂荷载，由直接吊挂电缆的斜梁承担。

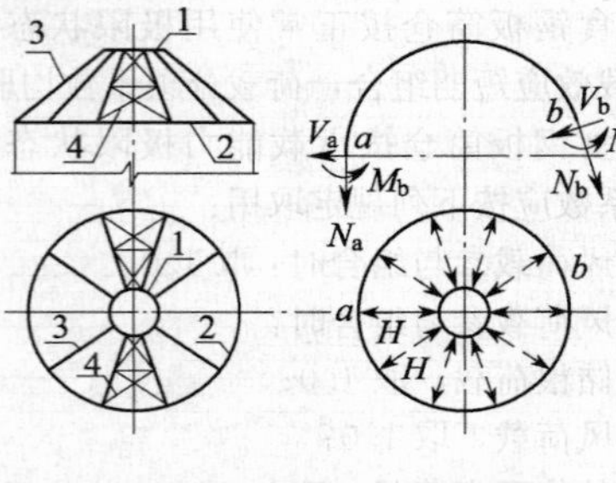

图 5.2.2　正截锥壳仓顶及环梁内力示意图

1—上环梁；2—下环梁；3—斜梁；4—支撑构件

5.2.3 正截锥壳仓顶的上、下环梁应按以下规定计算：

1 上环梁应按压、弯、扭构件进行强度和稳定计算。在径向水平推力作用下，上环梁稳定计算可按本规范第 5.4.4 条第 1 款规定执行。

2 下环梁应按拉、弯、扭构件进行强度计算。

3 下环梁计算可不考虑与其相连的仓壁共同工作。

5.2.4 斜梁传给下环梁的竖向力，由下环梁均匀传给下部结构。

5.3 仓　壁

5.3.1 深仓仓壁按承载能力极限状态设计时，应计算以下荷载组合：

1 作用于仓壁单位面积上的水平压力的基本组合（设计值）：

$$P_h = 1.3 \cdot C_h \cdot P_{hk} \quad (5.3.1\text{-}1)$$

2 作用于仓壁单位周长的竖向压力的基本组合（设计值）：

无风荷载参与组合时：

$$q_v = 1.2 \cdot q_{gk} + 1.3 \cdot C_f \cdot q_{fk} + 1.4 \cdot \sum \psi_i \cdot q_{Qik} \quad (5.3.1\text{-}2)$$

有风荷载参与组合时：

$$q_v = 1.2 \cdot q_{gk} + 1.3 \cdot C_f \cdot q_{fk} + 1.4 \times 0.6 \cdot \sum (q_{wk} + q_{Qik}) \quad (5.3.1\text{-}3)$$

有地震作用参与组合时：

$$q_v = 1.2 \cdot q_{gk} + 1.3 \times 0.8 \cdot C_f \cdot q_{fk} + 1.3 \cdot q_{Ek} + 1.4 \cdot \sum \psi_i \cdot q_{Qik} \quad (5.3.1\text{-}4)$$

式中：P_h——作用于仓壁单位面积上的水平压力的基本组合（设计值）；

q_v——作用于仓壁单位周长上的竖向压力的基本组合（设计值）；

q_{gk}——仓顶及仓上建筑永久荷载作用于仓壁单位周长上的竖向压力标准值；

q_{fk}——储粮作用于仓壁单位周长上总竖向摩擦力标准值；

q_{wk}——风荷载作用于仓壁单位周长上的竖向压力标准值；

q_{Ek}——地震作用于仓壁单位周长上的竖向压力标准值；

q_{Qik}——仓顶及仓上建筑可变荷载作用于仓壁单位周长上的竖向压力标准值；

ψ_i——可变荷载的组合系数，按本规范第 4.4.4 条规定取值。

5.3.2 浅仓仓壁按承载能力极限状态设计时，荷载组合可按本规范第 5.3.1 条规定执行，C_f 取 1.0。

5.3.3 粮食钢板筒仓仓壁无加劲肋时，可按薄膜理论计算其内力，旋转壳体在对称荷载下的薄膜内力参见附录 E；有加劲肋时，可选择下述方法之一进行计算：

1 按带肋壳壁结构，采用有限元方法进行计算；

2 加劲肋间距不大于 1.2m 时，采用折算厚度按薄膜理论进行计算；

3 按本规范第 5.3.5 条规定的简化方法进行计算。

5.3.4 焊接粮食钢板筒仓、螺旋卷边粮食钢板筒仓与肋型双壁粮食钢板筒仓，不设加劲肋时，仓壁可按以下规定进行强度计算：

1 在储粮水平压力作用下，按轴心受拉构件进行计算：

$$\sigma_t = \frac{P_h \cdot d_n}{2 \cdot t} \leqslant f \quad (5.3.4\text{-}1)$$

2 在竖向压力作用下，按轴心受压构件进行计算：

$$\sigma_c = \frac{q_v}{t} \leqslant f \quad (5.3.4\text{-}2)$$

式中：σ_t——仓壁环向拉应力设计值；

σ_c——仓壁竖向压应力设计值；

t——被连接钢板的较小厚度；

f——钢材抗拉或抗压强度设计值。

3　在水平压力及竖向压力共同作用下，按下式进行折算应力计算：

$$\sigma_{zs}=\sqrt{\sigma_t^2+\sigma_c^2-\sigma_t\sigma_c}\leqslant f \qquad (5.3.4\text{-}3)$$

式中：σ_{zs}——仓壁折算应力设计值。

σ_c 与 σ_t 取拉应力为正值，压应力为负值。

4　仓壁钢板采用对接焊缝拼接时，对接焊缝按下式进行计算：

$$\sigma=\frac{N}{L_w\cdot t}\leqslant f_t^w \text{ 或 } f_c^w \qquad (5.3.4\text{-}4)$$

式中：N——垂直于焊缝长度方向的拉力或压力设计值；

L_w——对接焊缝的计算长度；

t——被连接仓壁的较小厚度；

f_t^w——对接焊缝抗拉强度设计值；

f_c^w——对接焊缝抗压强度设计值。

5.3.5　粮食钢板筒仓设置加劲肋时，可按下述简化方法进行强度计算：

1　仓壁或钢结构框架式筒仓的钢带水平方向抗拉强度按本规范（5.3.4-1）式计算。

2　仓壁为波纹钢板、肋型钢板和钢结构框架式筒仓的保温壁板时，不计算仓壁承担的竖向压力，全部竖向压力由加劲肋或T形立柱承担；仓壁为焊接平钢板或螺旋卷边钢板时，取宽为 $2b_e$ 的仓壁与加劲肋构成组合构件（图5.3.5），承担竖向压力。

3　加劲肋或加劲肋与仓壁构成的组合构件，按下列公式进行截面强度计算：

$$N=q_v\cdot b \qquad (5.3.5\text{-}1)$$

$$\sigma=\frac{N}{A_n}\pm\frac{M}{W_n}\leqslant f \qquad (5.3.5\text{-}2)$$

式中：N——加劲肋或组合构件承担的压力设计值；

q_v——仓壁单位周长上的竖向压力；

b——加劲肋中距（弧长）；

σ——加劲肋或组合构件截面拉、压应力设计值；

A_n——加劲肋或组合构件折算面积；

M——竖向压力 N 对加劲肋或组合构件截面形心的弯矩设计值；

W_n——加劲肋或组合构件折算弹性抵抗矩；

f——钢材抗拉、抗压强度设计值。

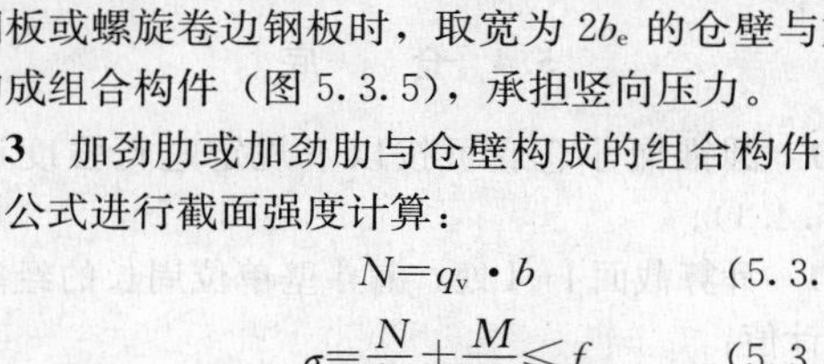

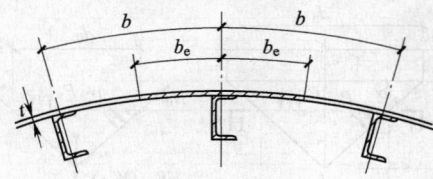

图5.3.5　组合构件截面示意

$b_e\leqslant 15t$ 且 $b_e\leqslant b/2$

5.3.6　加劲肋与仓壁的连接，应按以下规定进行强度计算：

1　单位高度仓壁传给加劲肋的竖向力设计值按下式计算：

$$V=[1.2\cdot P_{gk}+1.3\cdot C_f\cdot P_{fk}+(1.2\cdot q_{gk}+1.4\cdot\sum q_{Qik})/h_i]\cdot b \qquad (5.3.6\text{-}1)$$

式中：V——单位高度仓壁传给加劲肋的竖向力设计值；

P_{gk}——仓壁单位面积重力标准值；

q_{gk}——仓顶与仓上建筑永久荷载作用于仓壁单位周长上的竖向压力标准值；

h_i——计算区段仓壁的高度。

2　当采用角焊缝连接时，按下式计算：

$$\tau_f=\frac{V}{h_e\cdot L_w}\leqslant f_f^w \qquad (5.3.6\text{-}2)$$

式中：τ_f——按焊缝有效截面计算，沿焊缝长度方向的平均剪应力；

h_e——角焊缝有效厚度；

L_w——仓壁单位高度内，角焊缝的计算长度；

f_f^w——角焊缝抗拉、抗压或抗剪强度设计值。

3　当采用普通螺栓或高强螺栓连接时，按现行国家标准《钢结构设计规范》GB 50017的有关规定进行计算。

5.3.7　粮食钢板筒仓和肋型双壁筒仓在竖向荷载作用下，仓壁或大波纹内壁应按薄壳弹性稳定理论或下述方法进行稳定计算：

1　在竖向轴压力作用下，按下列公式计算：

$$\sigma_c\leqslant\sigma_{cr}=k_p\frac{E\cdot t}{R} \qquad (5.3.7\text{-}1)$$

$$k_p=\frac{1}{2\cdot\pi}\cdot\left(\frac{100\cdot t}{R}\right)^{\frac{3}{8}} \qquad (5.3.7\text{-}2)$$

式中：σ_c（σ）——仓壁压应力设计值；

σ_{cr}——受压仓壁的临界应力；

E——钢材的弹性模量，取 $2.06\times10^5\text{N/mm}^2$；

t——仓壁的计算厚度，有加劲肋且间距不大于1.2m时，可取仓壁的折算厚度，其他情况取仓壁厚度；

R——筒仓半径；

k_p——仓壁竖向受压稳定系数。

2　在竖向压力及储粮水平压力共同作用下，按下列公式计算：

$$\sigma_c\leqslant\sigma_{cr}=k'_p\cdot\frac{E\cdot t}{R} \qquad (5.3.7\text{-}3)$$

$$k'_p=k_p+0.265\cdot\frac{R}{t}\cdot\sqrt{\frac{P_{hk}}{E}} \qquad (5.3.7\text{-}4)$$

式中：k'_p——有内压时仓壁的稳定系数，当 k_p' 大于0.5时，取 $k'_p=0.5$。

3　仓壁局部承受竖向集中力时，应在集中力作用处设置加劲肋，集中力的扩散角可取30°（图

5.3.7)，并按下式验算仓壁的局部稳定：

$$\sigma_c \leqslant \sigma_{cr} = k_p \frac{E \cdot t}{R} \qquad (5.3.7\text{-}5)$$

式中：σ_c——仓壁压应力设计值。

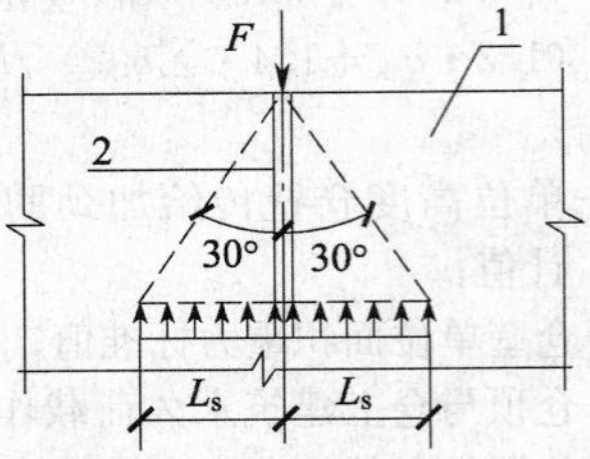

图 5.3.7　仓壁集中力示意图

1—仓壁；2—加劲肋

5.3.8　无加劲肋的仓壁或仓壁区段（图 5.3.8），在水平风荷载的作用下，可按下列公式验算空仓仓壁的稳定性：

$$P_{w1} \leqslant p_{cr} = 0.368 \cdot \eta \cdot E \cdot \left(\frac{t}{R}\right)^{\frac{3}{2}} \cdot \frac{t}{h_w} \qquad (5.3.8\text{-}1)$$

$$\eta = \frac{2 \cdot P_{w1}}{P_{w1} + P_{w2}} \qquad (5.3.8\text{-}2)$$

式中：P_{w1}——所验算仓壁或仓壁区段内的最大风压设计值；

P_{w2}——所验算仓壁或仓壁区段内的最小风压设计值；

h_w——所验算仓壁或仓壁区段高度；

t——仓壁厚度，当所验算仓壁或仓壁区段范围内仓壁厚度变化时，应取最小值；

p_{cr}——筒仓临界压力值；

E——钢材的弹性模量；

η——计算系数。

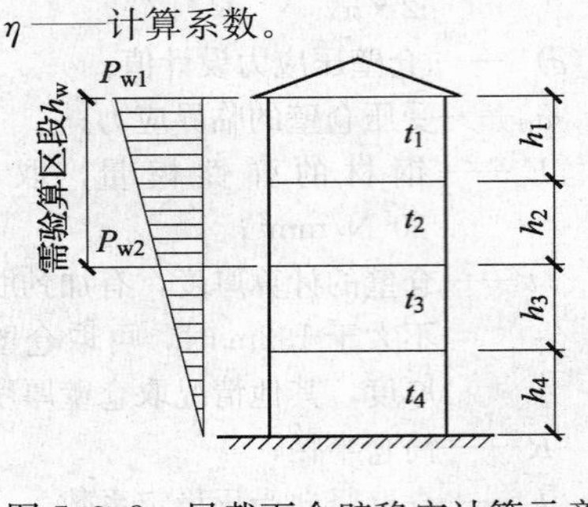

图 5.3.8　风载下仓壁稳定计算示意

注：$t_1 \sim t_4$ 为所验算仓壁或仓壁区段内仓壁厚度；$h_1 \sim h_4$ 为所验算仓壁或仓壁区段高度。

5.3.9　无加劲肋的螺旋卷边粮食钢板筒仓，仓壁弯卷（图 5.3.9）处可按下式进行抗弯强度计算：

$$\sigma = 6a\ (q_w - q_g)\ /t \leqslant f \qquad (5.3.9)$$

式中：q_w——水平风荷载作用于仓壁单位周长上的竖向拉力设计值；

q_g——永久荷载作用于仓壁单位周长上的竖向压力设计值，分项系数取 1.0；

a——卷边的外伸长度；

t——仓壁厚度。

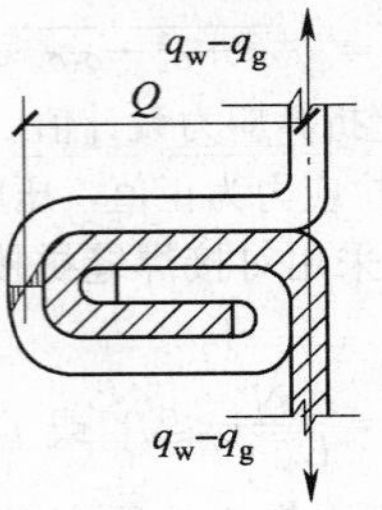

图 5.3.9　仓壁弯卷图

5.3.10　仓壁洞口应进行强度计算，洞口应力可采用有限元法计算，或按下述方法简化计算。

1　焊接粮食钢板筒仓仓壁洞口在拉、压力作用下，正方形、矩形洞口应力可参考附录 B 给出的数据；

2　装配式粮食钢板筒仓仓壁洞口加强框在拉、压力作用下，可简化成闭合框架进行内力分析。

5.3.11　焊接粮食钢板筒仓仓壁洞口除应计算洞口边缘的应力外还必须验算矩形洞口角点的集中应力，无特殊载荷时，集中应力可近似取洞口边缘应力的 3 倍～4 倍。

5.4　仓　底

5.4.1　圆锥漏斗仓底可按以下规定进行强度计算（图 5.4.1）。

1　计算截面 I—I 处，漏斗壁单位周长的经向拉力设计值：

$$N_m = 1.3 \cdot \left(\frac{C_v \cdot P_{vk} \cdot d_0}{4\sin\alpha} + \frac{W_{mk}}{\pi \cdot d_0 \sin\alpha}\right) + \frac{1.2 \cdot W_{gk}}{\pi \cdot d_0 \sin\alpha} \qquad (5.4.1\text{-}1)$$

式中：P_{vk}——计算截面处储粮竖向压力标准值；

W_{mk}——计算截面以下漏斗内储粮重力标准值；

W_{gk}——计算截面以下漏斗壁重力标准值；

d_0——计算截面处，漏斗的水平直径；

α——漏斗壁与水平面的夹角；

C_v——深仓储粮动态竖向压力修正系数；

N_m——漏斗壁经向拉力设计值。

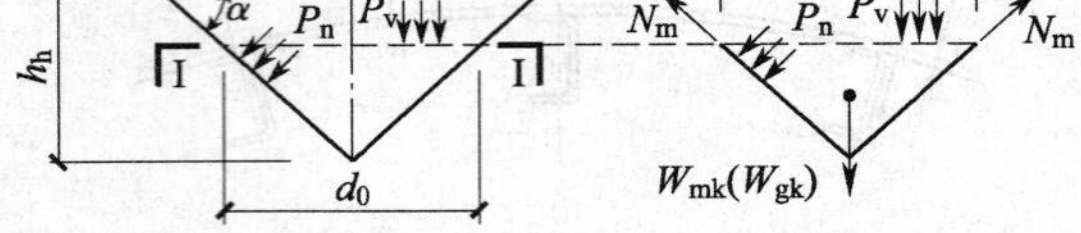

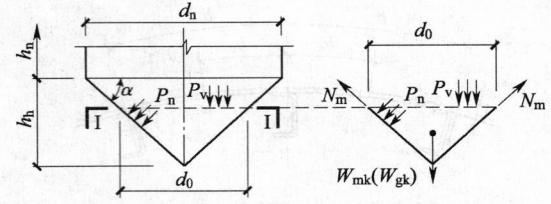

图 5.4.1　圆锥漏斗内力计算示意图

2　计算截面 I—I 处，漏斗壁单位宽度内的环向拉力设计值应按下式进行计算。

$$N_t=\frac{1.3\cdot P_{nk}\cdot d_0}{2\sin\alpha} \qquad (5.4.1\text{-}2)$$

式中：P_{nk}——储粮作用于漏斗壁单位面积上的法向压力标准值；

N_t——漏斗壁环向拉力设计值。

3 漏斗壁应按下列公式进行强度计算：

1）单向抗拉强度：

经向 $$\sigma_m=\frac{N_m}{t}\leqslant f \qquad (5.4.1\text{-}3)$$

环向 $$\sigma_t=\frac{N_t}{t}\leqslant f \qquad (5.4.1\text{-}4)$$

2）折算应力：

$$\sigma_{zs}=\sqrt{\sigma_t^2+\sigma_m^2-\sigma_t\sigma_m}\leqslant f \qquad (5.4.1\text{-}5)$$

式中：σ_{zs}——折算应力；

σ_t——漏斗壁环向拉应力；

σ_m——漏斗壁经向拉应力；

t——漏斗壁钢板厚度。

5.4.2 圆锥漏斗仓底与仓壁相交处，应设置环梁（图 5.4.2）。环梁与仓壁及漏斗壁的连接应符合下列规定：

1 可采用焊接或螺栓连接；

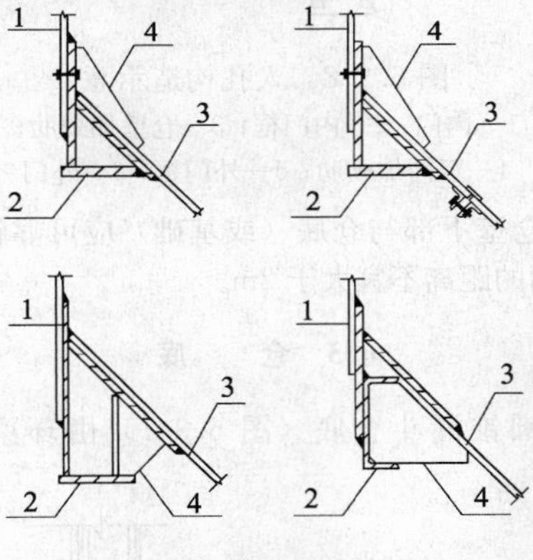

图 5.4.2 漏斗环梁示意图

1—仓壁；2—环梁；3—斗壁；4—加劲肋

2 当环梁与仓壁及漏斗壁采用螺栓连接时，环梁计算不考虑与之相连的仓壁及漏斗壁参与工作；

3 当环梁与仓壁及漏斗壁采用焊接连接时，环梁计算可考虑与之相连的部分壁板参与工作，共同工作的壁板范围按下列规定取值。

1）共同工作的仓壁范围，取 $0.5\sqrt{r_c\cdot t_c}$，但不大于 $15t_c$；

2）共同工作的漏斗壁范围，取 $0.5\sqrt{r_h\cdot t_h}$，但不大于 $15t_h$；

其中：t_c、r_c——分别为仓壁与环梁相连处的厚度和曲率半径；

t_h、r_h——分别为漏斗壁与环梁相连处的厚度和曲率半径。

5.4.3 环梁上的荷载（图 5.4.3），可按下列规定确定：

1 由仓壁传来的竖向压力 q_v 及其偏心产生的扭矩 $q_v\cdot e_v$；

2 由漏斗壁传来的经向拉力 N_m 及其偏心产生的扭矩 $N_m\cdot e_m$（N_m 按本规范第 5.4.1 条确定）。N_m 可分解为水平分量 $N_m\cdot\cos\alpha$ 及垂直分量 $N_m\cdot\sin\alpha$（图 5.4.3b）；

3 在环梁高度范围内作用的储粮水平压力 P_h 可忽略不计。

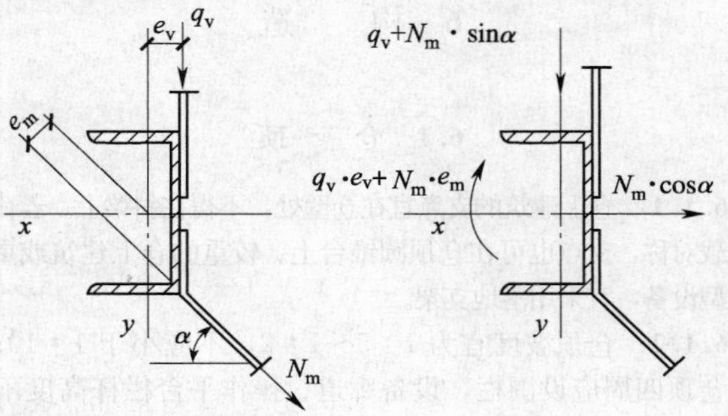

(a)环梁荷载　　(b)荷载简化

图 5.4.3 环梁荷载及简化图

5.4.4 环梁按承载能力极限状态设计时，可按以下规定进行计算：

1 在水平荷载 $N_m\cdot\cos\alpha$ 作用下环梁的稳定计算：

$$N_m\cdot\cos\alpha\leqslant N_{cr} \qquad (5.4.4\text{-}1)$$

$$N_{cr}=0.6\frac{E\cdot I_y}{r^3} \qquad (5.4.4\text{-}2)$$

式中：I_y——环梁截面惯性矩；

r——环梁的半径；

N_{cr}——单位长度环梁的临界经向压力值；

N_m——漏斗壁单位周长的经向拉力设计值；

α——漏斗壁倾角；

E——钢材的弹性模量。

2 环梁截面的抗弯、抗扭及抗剪强度计算。

3 环梁与仓壁及漏斗壁的连接强度计算。

5.5 支承结构与基础

5.5.1 仓下支承结构为钢柱时，柱与环梁应按空间框架进行分析。

5.5.2 仓壁应锚固在下部构件上。采用锚栓锚固时，间距可取 1m～2m，锚栓的拉力应按下式计算：

$$T=\frac{6M}{n\cdot d}-\frac{W}{n} \qquad (5.5.2)$$

式中：T——每个锚栓的拉力设计值；

M——风荷载或地震荷载作用于下部构件顶面的弯矩设计值；

d——筒仓直径；

W——筒仓竖向永久荷载设计值，分项系数 0.9；

n——锚栓总数，不应少于 6。

5.5.3 基础计算应符合下列规定：

1 仓群下的整体基础，应确定空仓、满仓的最不利组合；

2 基础边缘处的地基应力不应出现拉应力；

3 基础倾斜率不应大于 0.002，平均沉降量不应大于 200mm。

6 构 造

6.1 仓 顶

6.1.1 仓上建筑的支点宜在仓壁处，不得在斜梁上。若荷载对称，支点也可在仓顶圆锥台上。较重的仓上建筑或重型设备，宜采用落地支架。

6.1.2 仓顶坡度宜为 1∶5～1∶2，不应小于 1∶10；仓顶四周应设围栏，设备廊道、操作平台栏杆高度不应小于 1200mm。

6.1.3 测温电缆应吊挂于钢梁上，不得直接吊挂于仓顶板上。仓顶吊挂设施宜对称布置。

6.1.4 仓顶出檐不得小于 100mm，且应设垂直滴水，其高度不应小于 50mm。仓檐处仓顶板与仓壁板间应设密封条。有台风影响地区，应采取措施防止雨水倒灌。仓顶板与檩条不得采用外露螺栓连接。

6.2 仓 壁

6.2.1 仓壁为波纹钢板、肋型钢板、焊接钢板时，相邻上下两层壁板的竖向接缝应错开布置。焊接钢板错开距离不应小于 250mm。

6.2.2 波纹钢板和肋型钢板仓壁的搭接缝及连接螺栓孔，均应设密封条、密封圈。

6.2.3 筒仓仓壁设计除满足结构计算要求外，尚应考虑外部环境对钢板的腐蚀及储粮对仓壁的磨损，并采取相应措施。

6.2.4 竖向加劲肋接头应采用等强度连接。相邻两加劲肋的接头不宜在同一水平高度上。通至仓顶的加劲肋数量不应少于总数的 25%。

6.2.5 竖向加劲肋与仓壁的连接应符合下列规定：

1 波纹钢板仓和肋型钢板仓宜采用镀锌螺栓连接；

2 螺旋卷边仓宜采用高频焊接螺栓连接；

3 螺栓直径与数量应经计算确定，直径不宜小于 8mm，间距不宜大于 200mm；

4 焊接连接时，焊缝高度取被焊仓壁较薄钢板的厚度；螺旋卷边仓咬口上下焊缝长度均不应小于 50mm。施焊仓壁外表面的焊痕必须进行防腐处理。

6.2.6 螺旋卷边仓壁的竖向加劲肋应放在仓壁内侧，其他仓壁的竖向加劲肋宜放在仓壁外侧。加劲肋下部与仓底预埋件应可靠连接。

6.2.7 仓壁内不应设水平支撑、爬梯等附壁装置。

6.2.8 仓壁下部人孔（图 6.2.8）宜设在同一块壁板上，洞口尺寸不宜小于 600mm。人孔门应设内、外两层，分别向仓内、外开启。门框应做成整体式，截面应计算确定。门框与仓壁、门扇的连接，均应采取密封措施。

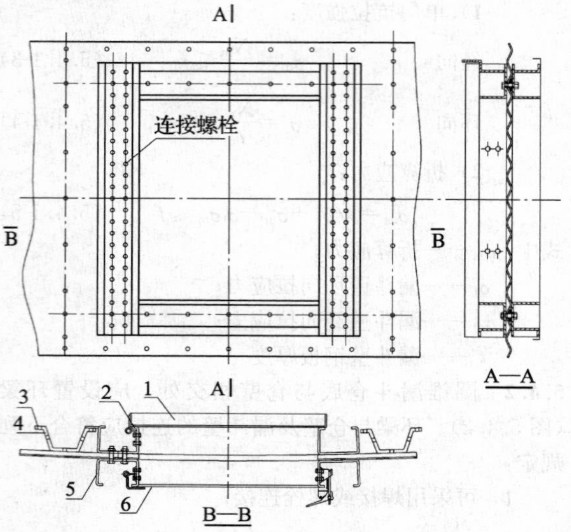

图 6.2.8 人孔构造示意

1—内门；2—内门框；3—仓壁加劲肋；4—竖向加劲肋；5—外门框；6—外门

6.2.9 仓壁下部与仓底（或基础）应可靠锚固，锚固点之间的距离不宜大于 2m。

6.3 仓 底

6.3.1 圆锥漏斗仓底（图 6.3.1）由环梁和斗壁组成。

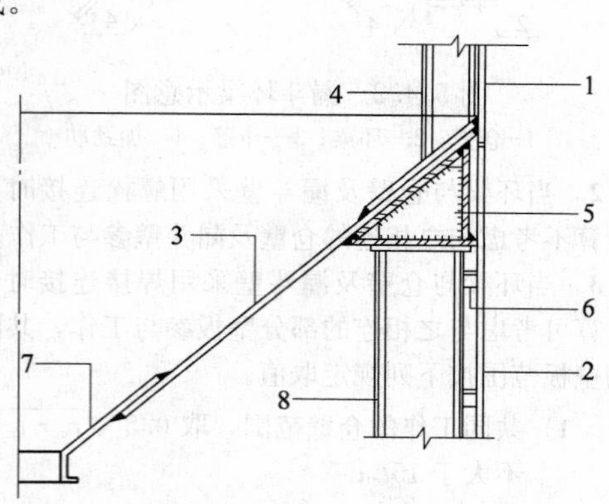

图 6.3.1 圆锥漏斗仓底示意图

1—仓壁；2—筒壁；3—斗壁；4—加劲肋；5—环梁；6—缀板；7—斗口；8—支承柱

6.3.2 斗壁可由径向划分的梯形板块组成，每块板在漏斗上口处的长度宜为 1.0m。

6.3.3 斗口宜设计为焊接整体结构，其上口直径不宜大于 2.0m；下口尺寸应满足工艺要求。

6.3.4 仓底在装配后内表面应光滑，不得滞留储粮。

6.3.5 当采用流化仓底出粮或选用平底仓时，其仓底应按工艺要求设计。

6.4 支承结构

6.4.1 仓下钢支柱截面及间距应由计算确定。支柱与筒壁宜采用缀板连接（图6.3.1）；缀板间距不宜大于1.0m。

6.4.2 钢支柱应设柱间支撑，每个筒仓下不应少于三道且应均匀间隔布置。当柱间支撑上下两段设置时，应设柱间水平系杆。

6.4.3 仓壁与基础顶面接触处应设泛水板或泛水坡，防止雨水进入仓内（图6.4.3）。

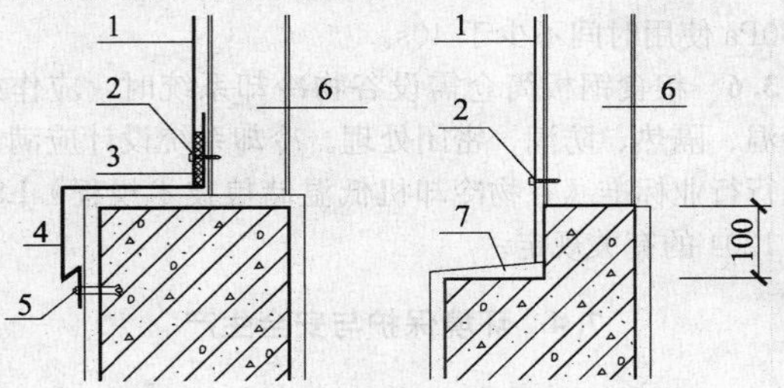

图6.4.3 泛水示意图

1—仓壁钢板；2—自攻螺钉；3—防水胶垫；4—泛水板；5—膨胀螺栓；6—竖向加劲肋；7—砂浆抹坡

6.5 抗震构造措施

6.5.1 当粮食钢板筒仓处于抗震设防地区时，柱间支撑开间的钢柱柱脚，应设置抗剪钢板。

6.5.2 地脚螺栓宜采用有刚性锚板或锚梁的双帽螺栓，受拉、受剪螺栓锚固长度应满足现行国家标准《混凝土结构设计规范》GB 50010的有关规定。

7 工艺设计

7.1 一般规定

7.1.1 工艺设计方案应根据储存粮食的特性、使用功能、作业要求、粮食钢板筒仓总容量等条件，经技术经济比较后确定。

7.1.2 粮食钢板筒仓工艺设计内容应包括粮食接收与发放、安全储粮、环境保护与安全生产等。

7.1.3 粮食钢板筒仓数量较多且作业复杂时应设置工作塔，粮食钢板筒仓数量少且作业简单时，可不设工作塔，采用提升塔架。

7.1.4 工艺设备应具备安全适用、高效低耗、操作方便、密闭、低破碎、对粮食无污染等性能。

7.1.5 工艺设备布置应满足安装、操作及维修空间要求。

7.1.6 粮食钢板筒仓底部或仓壁宜开进人孔。

7.1.7 粮食钢板筒仓单仓容量按下式进行计算：

$$G=V\rho_0 \tag{7.1.7}$$

式中：G——粮食钢板筒仓单仓容量；

V——单仓有效装粮体积；

ρ_0——粮食的质量密度，应按本规范附录C进行取值。

7.2 粮食接收与发放

7.2.1 粮食接收与发放工艺宜包括以下内容：

1 粮食接收包括接卸、输送、磁选、初清、取样、计量、入仓等。

2 粮食发放包括出仓、取样、计量、输送等。

7.2.2 主要设备应根据作业要求选择配置输送设备、防分级和降破碎设备、清仓设备、密闭设备、出仓流量控制设备等。

7.2.3 粮食钢板筒仓进出粮设备的生产能力应根据作业量、作业时间等因素计算确定。

7.2.4 设备选用宜符合额定生产能力模数，额定模数由50、100、200、300、400、600、800、1000、1200、1600、2000t/h等组成（按粮食质量密度0.75t/m³计）。

7.2.5 溜管设计应满足下列要求：

1 溜管材料宜采用3mm～4mm钢板；

2 溜管内壁与物料接触面宜设可拆换的耐磨衬板；

3 每节溜管长度不宜超过2m，溜管垂直段长度超过4m时宜设缓冲装置；

4 溜管的有效截面尺寸，应根据流量计算确定。常用溜管可按照表7.2.5选用；

表7.2.5 溜管有效截面尺寸选用表

流量/（t/h）	50	100	200	300	400	600
截面尺寸（mm×mm）	200×200	250×250	350×350	400×400	450×450	500×500

流量/（t/h）	800	1000	1200	1600	2000
截面尺寸（mm×mm）	600×600	700×700	800×800	900×900	1000×1000

注：1 截面尺寸为管内净尺寸；圆截面溜管可按相等截面积参照使用。

2 溜管内粮食质量密度按照0.75t/m³计。

5 溜管倾角应符合下列规定：

1）小麦、大豆、玉米，不小于36°；

2）稻谷，不小于45°；

3）杂质、灰尘，不小于60°。

7.2.6 仓底出粮口设计应符合下列规定：

1 出粮孔尺寸应根据出仓流量等因素计算确定；

2 出粮孔采用气动或电动闸门时，同时设手动闸门。

7.2.7 平底粮食钢板筒仓应配置清仓设备。进出仓作业频繁时，清仓设备宜为固定式。

7.2.8 直径12m以下粮食钢板筒仓宜采用自流出粮方式。储粮为小麦、大豆、玉米时，仓底倾角不宜小于40°；储粮为稻谷时，仓底倾角不应小于45°。

7.3 安全储粮

7.3.1 根据使用功能，粮食钢板筒仓可设机械通风。

7.3.2 机械通风系统应包括仓顶、仓底通风机、通风口、通风道等构成。

7.3.3 机械通风系统应满足下列要求：

1 仓顶通风机宜选轴流风机，应配置防雨、防雀、防空气回流装置；

2 仓下通风机宜采用移动式通风机；

3 通风系统的排风能力不小于进风能力；

4 仓内风道应布置合理，空气途径比小于1.3；

5 空气分配器孔板开孔率宜取25%～35%。孔形状及尺寸应防止粮食颗粒漏入风道；

6 仓内通风道（空气分配器）等要能承受粮食或机械设备荷载。

7.3.4 通风系统主要技术参数可按下列要求确定：

1 单仓通风量可按下式计算：

$$Q_z = V\rho_0 q \tag{7.3.4-1}$$

式中：Q_z——单仓通风量（m^3/h）；

q——每小时每吨粮食的通风体积量简称单位通风量，可取$4m^3/h \cdot t$～$10m^3/h \cdot t$；

V——粮堆体积；

ρ_0——粮堆质量密度。

2 风道风速按下式计算：

$$v_F = \frac{Q_F}{3600F_F} \tag{7.3.4-2}$$

式中：v_F——风道风速（m/s）；主风道风速宜为7m/s～15m/s，支风道风速宜为4m/s～9m/s；

Q_F——风道通风量（m^3/s）；

F_F——风道的横截面积（m^2）。

3 空气分配器的表观风速按下式计算：

$$v_b = \frac{Q_b}{3600F_b} \tag{7.3.4-3}$$

式中：v_b——表观风速（m/s）；建议控制在0.2m/s～0.5m/s范围；

Q_b——通过空气分配器的风量（m^3/h）；

F_b——空气分配器开孔面的表面积（m^2）。

4 通风机的风量按下式计算：

$$Q_T = K_1\frac{Q_z}{n} \tag{7.3.4-4}$$

式中：Q_T——通风机通风量（m^3/h）；

K_1——风量系数，取1.10～1.16；

n——单个筒仓内风机数量。

5 通风机的阻力按下式计算：

$$H_F = K_2(H_1 + H_2) \tag{7.3.4-5}$$

式中：H_F——通风系统总阻力；

K_2——风压系数，取1.10～1.20；

H_1——气流穿过粮层时的阻力；

H_2——除粮层阻力外，整个通风系统的其他阻力。

7.3.5 粮食钢板筒仓设置熏蒸系统时应满足下列要求：

1 熏蒸系统宜采用环流形式；

2 采用磷化氢熏蒸时，熏蒸系统应符合现行行业标准《磷化氢环流熏蒸技术规程》LS/T 1201的有关要求；

3 粮食钢板筒仓仓体、进出粮口、通风口等应采取密封措施；

4 仓体气密性满足仓内气压从500Pa降至250Pa使用时间不少于40s。

7.3.6 粮食钢板筒仓需设谷物冷却系统时，应作好保温、隔热、防潮、密闭处理。冷却系统设计应满足现行行业标准《谷物冷却机低温储粮技术规程》LS/T 1204的有关规定。

7.4 环境保护与安全生产

7.4.1 粮食钢板筒仓环境保护设计为粉尘控制、噪声控制、有害气体控制。安全生产设计为防粉尘爆炸、作业场所安全等内容。

7.4.2 粉尘控制设计应满足下列要求：

1 粉尘控制宜采用集中风网和单点除尘设备结合形式；

2 应按照使用功能、作业要求进行风网合理组合，风网应进行详细计算；

3 输送机的进料口、抛料口等易扬尘的部位均应设吸风口，需要调节风量及平衡系统压力的吸风口处应设置蝶阀；

4 吸风口风速宜取3m/s～5m/s，风管内风速宜取14m/s～18m/s；

5 较长水平风管应分段设置观察孔及清灰孔，末端装补风门，清灰孔的孔盖应易启闭；

6 风管弯头的曲率半径宜为风管直径的1倍～2倍，大管径取小值，小管径取大值；

7 风管宜采用机加工制品，风管连接处应加密封垫，直径大于200mm的风管宜采用法兰连接；

8 风网散风口应设防风雨、防雀装置；

9 粉尘控制系统应与相关设备联锁，作业设备启动前，粉尘控制系统提前5min启动；作业设备停机后，粉尘控制系统延迟10min停机；

10 清除地面、设备和管道上的集尘，可设置真空清扫系统。

7.4.3 振动及噪声较大的设备宜集中布置，并采取减震、隔音、消声措施。

7.4.4 粮食钢板筒仓安全生产设计应符合下列规定：

1 粮食接收流程前端应设置磁选设备；

2　输送设备宜设置跑偏、堵料、失速等检测报警装置；

3　全封闭设备应设置泄压口；

4　设备上外露的传动件，应加设安全防护罩；

5　粮食钢板筒仓进出粮作业时，仓顶通风口应开启，保持仓内外气压平衡；

6　粮食钢板筒仓气密试验应采用仓内正压作业模式；

7　作业场所、安全通道的设置，应符合现行行业标准《粮食仓库安全操作规程》LS 1206 的有关规定；

8　粮食钢板筒仓设计文件中，应对安全生产、技术管理等相关内容作必要说明。

8　电　　气

8.1　一 般 规 定

8.1.1　粮食钢板筒仓电力负荷宜为三级负荷。对于中转任务繁重的港口库和重要的中转库，可按二级负荷设计。

8.1.2　粮食钢板筒仓粉尘爆炸性危险区域划分、电气设备选择、配电线路防护要求均应符合现行国家标准《爆炸和火灾危险环境电力装置设计规范》GB 50058 和《粮食加工、储运系统粉尘防爆安全规程》GB 17440 的有关规定。

8.1.3　电气设备、配电线路宜在非爆炸危险区或爆炸危险性较小的环境设置和敷设，且应采取防尘、防鼠害及安全防护等措施。

8.1.4　粮食钢板筒仓设置熏蒸系统时，仓内电气设备应采取防熏蒸腐蚀措施。

8.2　配 电 线 路

8.2.1　配电线路的选择应符合下列规定：

1　配电线路应选用铜芯绝缘导线或铜芯电缆，其额定电压不应低于线路的工作电压，且导线不应低于 0.45/0.75kV，电缆不应低于 0.6/1kV；

2　非粉尘爆炸性危险区域内配电线路最小截面：电力、照明线路不应小于 $1.5mm^2$，控制线路不应小于 $1.0mm^2$；

3　粉尘爆炸性危险区域内配电线路的选择应符合现行国家标准《爆炸和火灾危险环境电力装置设计规范》GB 50058 的有关规定；

4　采用电缆桥架敷设时宜采用阻燃电缆，移动式电气设备线路应采用 YC 或 YCW 橡套电缆。

8.2.2　配电线路的保护应符合下列规定：

1　应根据具体工程要求装设短路保护、过负荷保护、接地故障保护、过电压及欠电压保护，用于切断供电电源或发出报警信号；

2　上下级保护电器的动作应具有选择性，各级之间应能协调配合；

3　对电动机、电梯等用电设备配电线路的保护，除应符合本章要求外，尚应符合现行国家标准《通用用电设备配电设计规范》GB 50055 的规定。

8.2.3　配电线路应采用下列敷设方式：

1　电缆宜采用电缆桥架敷设；

2　穿管敷设时，保护管应采用低压流体输送用焊接钢管；

3　电气线路在穿越不同防爆或防火分区之间的墙体及楼板时，应采用非可燃性填料严密堵塞。

8.3　照 明 系 统

8.3.1　粮食钢板筒仓的照明设计应符合现行国家标准《建筑照明设计标准》GB 50034 的有关规定。照度推荐值应符合本规范附录 F 的规定。

8.3.2　粮食钢板筒仓照明应采用高效、节能光源和高效灯具。粉尘爆炸性危险区域应采用粉尘防爆照明灯具。

8.3.3　粮食钢板筒仓应急照明的设置应符合现行国家标准《建筑设计防火规范》GB 50016 的有关规定。

8.3.4　工作塔各层、仓上、仓下等照明宜分别采用集中控制方式，并按使用条件和天然采光状况采取分区、分组控制措施。

8.4　电气控制系统

8.4.1　粮食钢板筒仓可根据需要设电气控制系统。

8.4.2　电气控制系统应满足工艺作业要求，根据作业特点确定技术方案及设备选型。

8.4.3　电气控制系统应具备以下功能：

1　对用电设备提供安全保护；

2　用电设备及生产作业线的联锁；

3　紧急停止和故障报警；

4　现场手动操作；

5　显示工艺流程状况、设备运行状态及运行参数。

8.4.4　粮食钢板筒仓应设料位传感器，工艺设备应设安全检测传感器件。

8.5　粮情测控系统

8.5.1　粮食钢板筒仓可根据储粮需要设置粮情测控系统。粮情测控系统应符合现行行业标准《粮情测控系统》LS/T 1203 的有关规定。

8.5.2　粮情测控系统应符合下列要求：

1　测温范围：$-40℃\sim60℃$；测温精度：$\pm1℃$；

2　测湿范围：$10\%RH\sim99\%RH$；测湿精度：$\pm3\%RH$；

3　自动巡回检测、手动定仓定点检测、超限报警等，且能自动控制通风及相关设备；

4 具备中文打印、制表功能；

5 防水、防尘、仓内装置防磷化氢腐蚀；

6 有效的防雷击措施。

8.5.3 测温电缆宜对称布置，测温电缆水平间距不宜大于5.0m；测温点宜垂直方向等距布置，间距宜为1.5m～3.0m；测温电缆与仓内壁间距0.3m～0.5m。

8.5.4 仓内吊装的电缆及吊挂装置应能承受出仓时粮食流动所产生的拉力。

8.6 防雷及接地

8.6.1 粮食钢板筒仓防雷设计应符合现行国家标准《建筑物防雷设计规范》GB 50057中第二类防雷建筑物的防雷要求。

8.6.2 粮食钢板筒仓宜利用仓顶金属围栏与仓上通廊作接闪器。不在接闪器保护范围内的仓顶工艺设备应设置避雷针保护，且设备外露金属部分应与仓顶防雷装置电气连接。

8.6.3 粮食钢板筒仓可采用镀锌圆钢或扁钢专设引下线。圆钢直径不应小于8mm。扁钢截面不应小于48mm²，厚度不应小于4mm。每个筒仓引下线不应少于2根，间距不应大于18m，且应对称布置。

8.6.4 粮食钢板筒仓宜利用基础钢筋作为接地装置。

8.6.5 所有进入建筑物的外来导电物应在防雷界面处做等电位连接。电气系统和电子信息系统由室外引来的电缆线路宜设置适配的电涌保护器。

8.6.6 建筑物内电气装置外露可导电部分应分别做保护接地。粉尘爆炸危险区域内设备、金属构架、管道应做防静电接地。

8.6.7 防直击雷接地宜和防雷电感应、防静电、电气设备、信息系统等接地共用接地装置，其接地电阻应满足其中最小值的要求。

9 消 防

9.0.1 粮食钢板筒仓仓内、仓上栈桥、仓下地道内不宜设消防灭火设施。

9.0.2 封闭工作塔各层应设室内消火栓，消防给水宜采用临时高压给水系统，室内消防用水量可按10L/s计。

9.0.3 粮食钢板筒仓工作塔各层、筒下层应按现行国家标准《建筑灭火器配置设计规范》GB 50140的有关规定配置灭火器。

9.0.4 严寒地区的室内消防给水系统可采用干式系统，系统最高点应设自动排气装置，并应有快速启动消防设备的措施。

9.0.5 粮食钢板筒仓的消防设计除应符合本规范的规定外，尚应符合现行国家标准《建筑设计防火规范》GB 50016的有关规定。

附录A 筒仓沉降观测及试装粮压仓

A.1 沉降观测

A.1.1 粮食钢板筒仓是具有巨大可变荷载的构筑物，在施工及使用过程中，必须进行沉降观测，严格控制其沉降量。筒仓的沉降观测应按下述要求进行：

1 设置水准基点：在筒仓周围20m以外选择地基可靠（不是回填土、不靠近树木或新建筑物、不受车辆扰动）透视良好的地点，按图A.1.1所示做水准基点。若库区内有固定的市政建设测量水准点，可只设一个水准基点，否则应设三个水准基点，自成体系，以便校核。

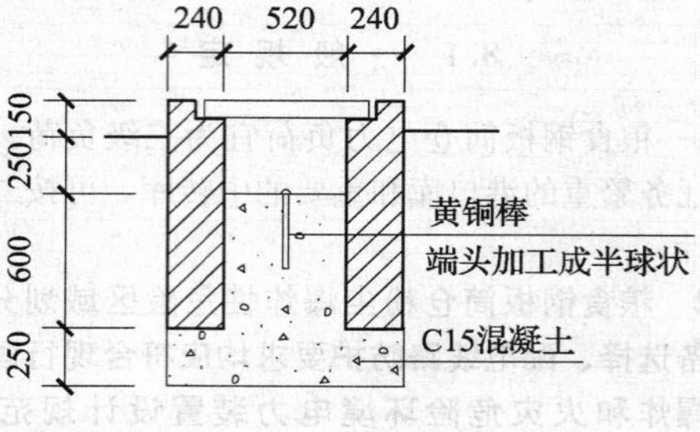

图A.1.1 水准基点示意图

2 设置沉降观测点：观测点可用ϕ16钢筋头，在勒脚部位焊接于钢柱或筒壁上，观测点的数量及平面布置，应能够全面反映筒仓的沉降情况。

A.1.2 施工阶段沉降观测：在所有沉降观测点安设牢固后，即应进行第一次沉降观测并记录，施工完成后进行第二次观测记录。所有沉降观测记录资料必须妥善保存。

A.2 试 装 粮

A.2.1 粮食钢板筒仓设计，应根据筒仓装粮高度及地基基础情况，提出合理的试装粮要求。筒仓的试装粮可参照下列要求进行：

1 试装粮顺序：试装粮可分为四或三个阶段进行，每阶段应按均匀对称的原则各仓依次装粮，见图A.2.1。各仓全部装载完毕为完成一阶段装粮。

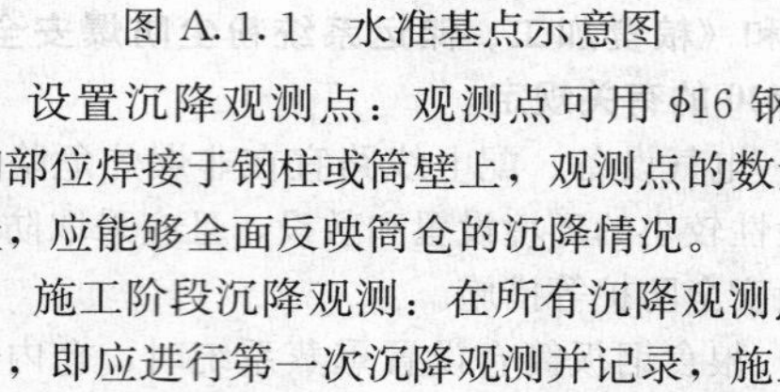

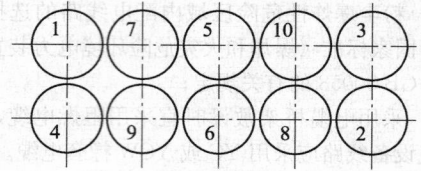

图A.2.1 试装粮顺序示意图

2 试装粮数量：试装粮分四个阶段装满时，各阶段装粮数量宜依次为50%、20%、20%及10%。

试装粮分三个阶段装满时，各阶段装粮数量宜依次为60%、30%及10%。

3　装粮静置时间：每阶段装粮完成后，应静置一定时间，前两个阶段装粮后静置时间不少于1个月，最后一阶段装粮后静置时间不少于2个月。

4　沉降观测：在试装粮前，首先应将各沉降观测点全部观测一次并记录。在每阶段装粮前，也应将各沉降观测点全部观测一次，装粮完成后，再观测一次。在静置期间，每5天进行一次沉降观测，当观测结果符合下列要求时，方可进行下一阶段操作。

1）最后10d沉降量不大于3mm，否则应延长静置时间至满足要求为止。

2）沿构筑物长、宽两个方向由于不均匀沉降所产生的倾斜度不大于2‰，否则应用控制荷载的方法加以纠正。

3）观察筒库的敏感部位（筒上层、筒下层、门窗洞口、连接节点等）有无出现不允许的变形等异常情况，应有专人负责观测并记录。

5　试装粮装满并满足本条第3款和第4款的要求后，可进行出粮卸载，出粮应按与装粮相反步骤进行。

6　试装粮满后，应将全部观测记录资料提交给设计单位，以确认可否正式投产。

A.3　筒仓正式投产后注意事项

A.3.1　筒库正式投产后，原则上应对称、平衡，均匀装卸粮，避免长期单侧满载。在开始使用两年内，应每隔三至六个月进行一次沉降观测。

A.3.2　沉降观测记录列表格式可按表A.3.2进行填写。

表A.3.2　沉降观测记录表

日期	观测点编号	原始标高	前期标高	本期标高	本期沉降	累计沉降	与前期相距天数	装卸粮变化记录	观测人签名

附录B　焊接粮食钢板筒仓仓壁洞口应力计算

B.0.1　焊接粮食钢板筒仓仓壁洞口形状为正方形或矩形，正方形、矩形洞口周边在拉、压力作用下应力参数（图B.0.1）应符合表B.0.1-1～表B.0.1-3的规定。

α——作用力p与洞口中心水平轴的夹角；

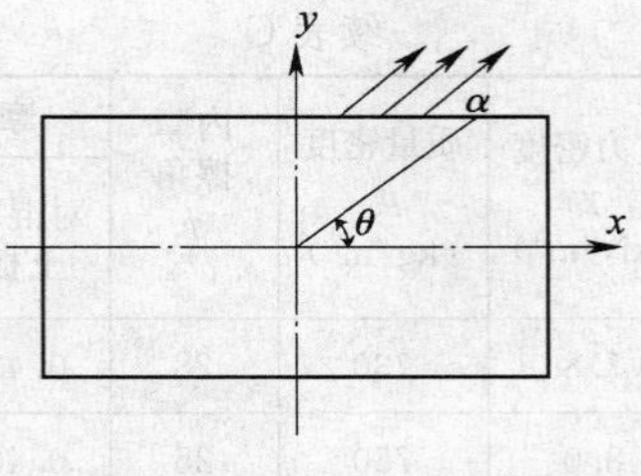

图B.0.1　洞口应力参数示意图

θ——洞口周边各点与洞口中心水平轴的夹角：

σ_θ——与洞口周边法线正交的洞边应力。

表B.0.1-1　当$\alpha=\pi/2$时正方形洞口的σ_θ/p值

θ	σ_θ/p	θ	σ_θ/p
0	1.616	50	0.265
15	1.802	60	−0.702
30	1.932	75	−0.901
40	4.230	90	−0.871
45	5.763		

表B.0.1-2　在边比$a/b=5$的矩形洞口条件下σ_θ/p值

θ	$\alpha=0$	$\alpha=90°$	θ	$\alpha=0$	$\alpha=90°$
0	−0.768	2.420	90	1.192	−0.940
20	−0.152	8.050	140	1.558	−0.644
25	2.692	7.030	150	2.812	1.344
30	2.812	1.344	160	−0.152	8.050
40	1.558	−0.644	180	−0.768	2.420

表B.0.1-3　在边比$a/b\cong 3.2$的矩形洞口条件下σ_θ/p值

θ	$\alpha=0$	$\alpha=90°$	θ	$\alpha=0$	$\alpha=90°$
0	−0.770	2.152	30	2.610	5.512
10	−0.807	2.520	35	3.181	
20	−0.686	4.257	40	2.892	−0.198
25		6.204	90	1.342	−0.980

注：该表适用于仓径大于15m的仓壁落地的筒仓仓壁上的洞口。

附录C　主要粮食散料的物理特性参数

表C　主要粮食散料的物理特性参数

散料名称	重力密度 γ (kN/m³)	质量密度 ρ_0 (kg/m³)	内摩擦角 ϕ (°)	摩擦系数μ 对混凝土板	摩擦系数μ 对钢板
稻谷	6.0	550	35	0.50	0.35
大米	8.5	790	30	0.42	0.30

续表 C

散料名称	重力密度 γ （kN/m³）	质量密度 ρ_0 （kg/m³）	内摩擦角 ϕ （°）	摩擦系数 μ	
				对混凝土板	对钢板
玉米	7. 8	730	28	0. 42	0. 32
小麦	8. 0	750	25	0. 40	0. 30
大豆	7. 5	710	25	0. 40	0. 30
面粉	6. 0	600	40	0. 40	0. 30
葵花籽	5. 5	—	30	0. 40	0. 30
大麦	6. 5	—	27	0. 40	0. 40
麸皮	4. 0	—	40	0. 30	0. 30

注：质量密度用于仓容计算。

附录 D 储粮荷载计算系数

D. 0. 1 储粮荷载计算系数 $\zeta=\cos^2\alpha+k\sin^2\alpha$、$k=\tan^2(45°-\phi/2)$ 和 $\lambda=(1-e^{-\mu ks/\rho})$ 取值表 D. 0. 1-1 ～D. 0. 1-2。

表 D. 0. 1-1 $\zeta=\cos^2\alpha+k\sin^2\alpha$，$k=\tan^2(45°-\phi/2)$ 值表

α （°）	ϕ 值（°）						
	20	25	30	35	40	45	50
	$k=\tan^2(45°-\phi/2)$ 的值						
	0. 490	0. 406	0. 333	0. 271	0. 217	0. 172	0. 132
25	0. 909	0. 893	0. 881	0. 869	0. 850	0. 852	0. 845
30	0. 872	0. 852	0. 833	0. 818	0. 804	0. 793	0. 783
35	0. 832	0. 805	0. 781	0. 760	0. 742	0. 727	0. 715
40	0. 789	0. 755	0. 725	0. 699	0. 677	0. 657	0. 642
42	0. 772	0. 734	0. 701	0. 673	0. 650	0. 629	0. 612
44	0. 754	0. 713	0. 678	0. 648	0. 622	0. 600	0. 581
45	0. 745	0. 703	0. 667	0. 636	0. 609	0. 586	0. 566
46	0. 736	0. 698	0. 655	0. 623	0. 595	0. 571	0. 551
48	0. 719	0. 672	0. 632	0. 598	0. 568	0. 543	0. 521
50	0. 701	0. 651	0. 608	0. 572	0. 540	0. 513	0. 491
52	0. 684	0. 631	0. 586	0. 547	0. 514	0. 486	0. 461
54	0. 666	0. 611	0. 563	0. 523	0. 487	0. 457	0. 432
55	0. 658	0. 601	0. 552	0. 511	0. 475	0. 444	0. 418
56	0. 649	0. 592	0. 542	0. 499	0. 462	0. 430	0. 404
58	0. 633	0. 573	0. 520	0. 476	0. 437	0. 404	0. 376
60	0. 617	0. 555	0. 500	0. 453	0. 413	0. 378	0. 349
62	0. 602	0. 537	0. 480	0. 431	0. 389	0. 354	0. 324
64	0. 588	0. 520	0. 461	0. 411	0. 367	0. 380	0. 299
65	0. 581	0. 512	0. 452	0. 401	0. 357	0. 320	0. 287
66	0. 574	0. 504	0. 443	0. 391	0. 346	0. 308	0. 276
68	0. 561	0. 490	0. 426	0. 373	0. 327	0. 287	0. 254
70	0. 550	0. 476	0. 412	0. 356	0. 309	0. 268	0. 234

表 D. 0. 1-2 $\lambda=(1-e^{-\mu ks/\rho})$ 值表

$\mu ks/\rho$	λ	$\mu ks/\rho$	λ	$\mu ks/\rho$	λ	$\mu ks/\rho$	λ
0. 01	0. 010	0. 36	0. 302	0. 71	0. 508	1. 12	0. 674
0. 02	0. 020	0. 37	0. 399	0. 72	0. 513	1. 14	0. 680
0. 03	0. 030	0. 38	0. 316	0. 73	0. 518	1. 16	0. 687
0. 04	0. 039	0. 39	0. 323	0. 74	0. 523	1. 18	0. 693
0. 05	0. 049	0. 40	0. 330	0. 75	0. 528	1. 20	0. 699
0. 06	0. 053	0. 41	0. 336	0. 76	0. 532	1. 22	0. 705
0. 07	0. 063	0. 42	0. 343	0. 77	0. 537	1. 24	0. 711
0. 08	0. 077	0. 43	0. 349	0. 78	0. 542	1. 26	0. 716
0. 09	0. 086	0. 44	0. 356	0. 79	0. 546	1. 28	0. 722
0. 10	0. 095	0. 45	0. 362	0. 80	0. 551	1. 30	0. 727
0. 11	0. 104	0. 46	0. 369	0. 81	0. 555	1. 32	0. 733
0. 12	0. 113	0. 47	0. 375	0. 82	0. 559	1. 34	0. 738
0. 13	0. 122	0. 48	0. 381	0. 83	0. 561	1. 36	0. 743
0. 14	0. 131	0. 49	0. 387	0. 84	0. 568	1. 38	0. 748
0. 15	0. 139	0. 50	0. 393	0. 85	0. 573	1. 40	0. 753
0. 16	0. 148	0. 51	0. 399	0. 86	0. 577	1. 42	0. 758
0. 17	0. 156	0. 52	0. 405	0. 87	0. 581	1. 44	0. 763
0. 18	0. 165	0. 53	0. 411	0. 88	0. 585	1. 46	0. 768
0. 19	0. 173	0. 54	0. 417	0. 89	0. 589	1. 48	0. 772
0. 20	0. 181	0. 55	0. 423	0. 90	0. 593	1. 50	0. 777
0. 21	0. 189	0. 56	0. 429	0. 91	0. 597	1. 52	0. 781
0. 22	0. 197	0. 57	0. 434	0. 92	0. 601	1. 54	0. 786
0. 23	0. 205	0. 58	0. 440	0. 93	0. 605	1. 56	0. 790
0. 24	0. 213	0. 59	0. 446	0. 94	0. 699	1. 58	0. 794
0. 25	0. 221	0. 60	0. 451	0. 95	0. 613	1. 60	0. 798
0. 26	0. 229	0. 61	0. 457	0. 96	0. 617	1. 62	0. 802
0. 27	0. 237	0. 62	0. 462	0. 97	0. 621	1. 64	0. 806
0. 28	0. 244	0. 63	0. 467	0. 98	0. 625	1. 66	0. 810
0. 29	0. 252	0. 64	0. 473	0. 99	0. 628	1. 68	0. 814
0. 30	0. 259	0. 65	0. 478	1. 00	0. 632	1. 70	0. 817
0. 31	0. 267	0. 65	0. 483	1. 02	0. 639	1. 72	0. 821
0. 32	0. 274	0. 67	0. 488	1. 04	0. 647	1. 74	0. 824
0. 33	0. 281	0. 68	0. 498	1. 06	0. 654	1. 76	0. 828
0. 34	0. 288	0. 69	0. 498	1. 08	0. 660	1. 78	0. 831
0. 35	0. 295	0. 70	0. 593	1. 10	0. 667	1. 80	0. 835

续表 D.0.1-2

$\mu ks/\rho$	λ	$\mu ks/\rho$	λ	$\mu ks/\rho$	λ	$\mu ks/\rho$	λ
1.82	0.838	2.20	0.889	2.85	0.942	4.00	0.982
1.84	0.841	2.25	0.895	2.90	0.945	5.00	0.993
1.86	0.844	2.30	0.900	2.95	0.948	6.00	0.998
1.88	0.847	2.35	0.905	3.00	0.950	7.00	0.999
1.90	0.850	2.40	0.909	3.10	0.955	8.00	1.000
1.92	0.853	2.45	0.914	3.20	0.959		
1.94	0.856	2.50	0.918	3.30	0.963		
1.96	0.859	2.55	0.922	3.40	0.967		
1.98	0.862	2.60	0.926	3.50	0.970		
2.00	0.865	2.65	0.929	3.60	0.973		
2.05	0.871	2.70	0.933	3.70	0.975		
2.10	0.878	2.75	0.939	3.80	0.978		
2.15	0.884	2.80	0.942	3.90	0.980		

附录 E　旋转壳体在对称荷载下的薄膜内力

表 E　旋转壳体在对称荷载下的薄膜内力

荷载类型	环向力 N_p（受拉为正）	经向力 N_m（受拉为正）
自重 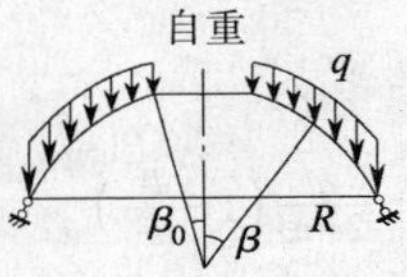	$qR\left(\frac{\cos\beta_0-\cos\beta}{\sin^2\beta}-\cos\beta\right)$	$-qR\left(\frac{\cos\beta_0-\cos\beta}{\sin^2\beta}\right)$
雪荷载 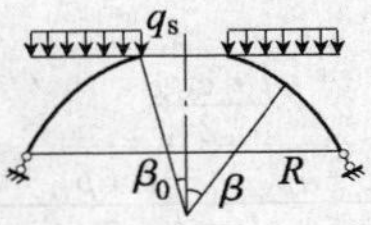	$\frac{qR}{2}\left(1-\frac{\sin\beta_0}{\sin^2\beta}-2\cos^2\beta\right)$	$-\frac{qR}{2}\left(1-\frac{\sin\beta_0}{\sin^2\beta}\right)$
线荷载 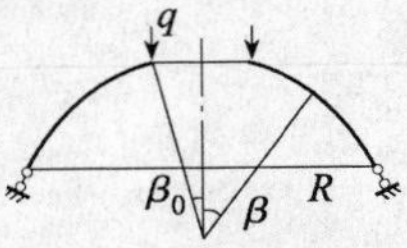	$q\frac{\sin\beta_0}{\sin^2\beta}$	$-q\frac{\sin\beta_0}{\sin^2\beta}$
自重 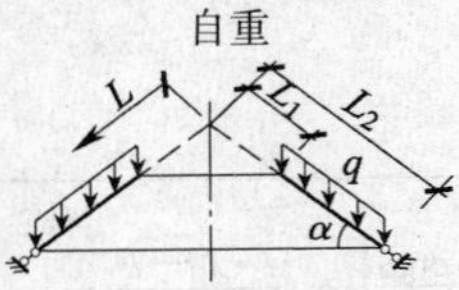	$-q\cdot l\cdot\cos\alpha\mathrm{ctg}\alpha$	$-\frac{ql}{2\sin\alpha}\left(1-\frac{l_1^2}{l^2}\right)$
雪荷载 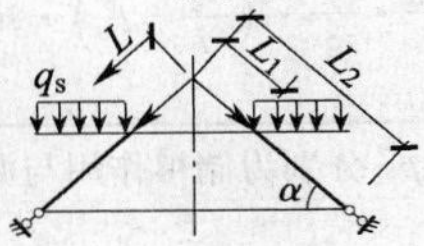	$-q_s/\cos^2\alpha\mathrm{ctg}\alpha$	$-\frac{1}{2}q_s l\left(1-\frac{l_1^2}{l^2}\right)\mathrm{ctg}\alpha$

续表 E

荷载类型	环向力 N_p（受拉为正）	经向力 N_m（受拉为正）
线荷载 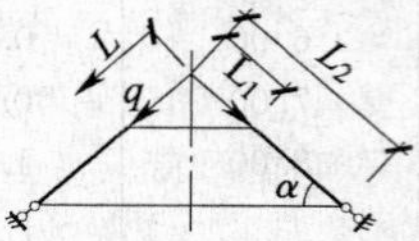	0	$-\frac{ql_1}{l}$
浅仓储料荷载 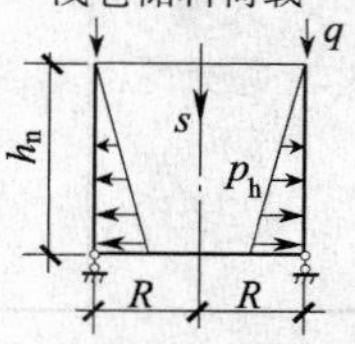	p_hR	$-q-\gamma_c st$
深仓储料荷载 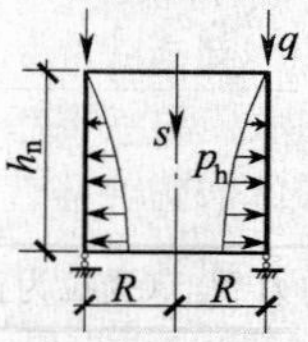	p_hR	$-q-p_f-\gamma_c st$
自重荷载 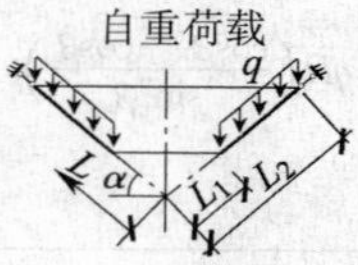	$ql\cos\alpha\cdot ctg\alpha$	$\frac{ql}{2\sin\alpha}\left(1-\frac{l_1^2}{l^2}\right)$
储料压力 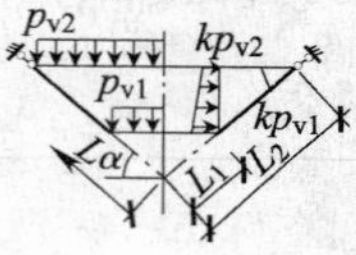	$\frac{\xi\cdot ctg\alpha}{1-n}\left[(p_{v2}-p_{v1})\frac{l^2}{l_2}+(p_{v1}-np_{v2})l\right]$	$\frac{l\cdot ctg\alpha}{2}\left[\frac{l_2(p_{v1}-np_{v2})-l(p_{v1}-p_{v2})}{l_2-l_1}\right]+\frac{l\cdot ctg\alpha}{2}\cdot\frac{\gamma\sin\alpha}{3}\left(l-\frac{l_1^3}{l^2}\right)$
自重 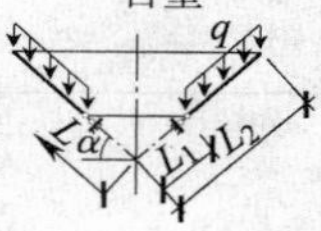	$ql\cos\alpha\cdot ctg\alpha$	$\frac{ql}{2\sin\alpha}\left(1-\frac{l_2^2}{l^2}\right)$
储料压力 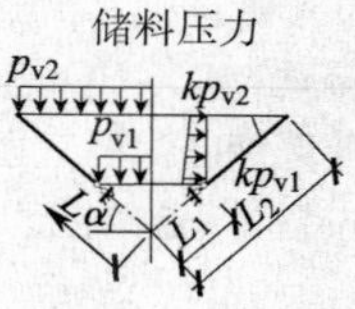	$\frac{\xi\cdot ctg\alpha}{1-n}\left[(p_{v2}-p_{v1})\frac{l^2}{l_2}+(p_{v1}-np_{v2})l\right]$	$\frac{ctg\alpha}{2}\left[p_{v1}\frac{l\cdot l_2-l^2}{(1-n)l_2}-p_{v2}\left(\frac{l_2^2}{l}-\frac{l^2-n\cdot l\cdot l_2}{(1-n)l_2}\right)\right]-\frac{ctg\alpha}{2}\cdot\frac{\gamma}{3}\cdot\left(\frac{l_2^3}{l}-l^2\right)\cdot\sin\alpha$

注：1　γ_c 为仓壁材料重力密度；ξ 为系数，$\xi=\cos^2\alpha+k\sin^2\alpha$；$n$ 为系数，$n=l_1/l_2$；p_{v1}、p_{v2} 分别为储粮作用与漏斗底部及顶部单位面积上的竖向压力；t 为旋转壳的厚度。

2　各项荷载均以图示方向为正。

附录F 照度推荐值

表F 照度推荐值

场所名称	参考平面及其高度	照度（lx）	备 注
封闭式仓上建筑	地面	30～75	
开敞式仓上建筑	地面	5～15	
筒下层	地面	30～75	
工作塔	地面	30～75	
楼梯间	地面	30	
控制室	0.75m水平面	300～500	
配电室	0.75m水平面	200	

本规范用词说明

1 为便于在执行本规范条文时区别对待，对要求严格程度不同的用词说明如下：

1）表示很严格，非这样做不可的：
正面词采用“必须”，反面词采用“严禁”；

2）表示严格，在正常情况下均应这样做的：
正面词采用“应”，反面词采用“不应”或“不得”；

3）表示允许稍有选择，在条件许可时首先应这样做的：
正面词采用“宜”，反面词采用“不宜”；

4）表示有选择，在一定条件下可以这样做的，采用“可”。

2 条文中指明应按其他有关标准执行的写法为“应符合……规定”或“应按……执行”。

引用标准名录

《建筑结构荷载规范（2006版）》GB 50009
《混凝土结构设计规范》GB 50010
《建筑抗震设计规范》GB 50011
《建筑设计防火规范》GB 50016
《钢结构设计规范》GB 50017
《冷弯薄壁型钢结构技术规范》GB 50018
《建筑照明设计标准》GB 50034
《通用用电设备配电设计规范》GB 50055
《建筑物防雷设计规范》GB 50057
《爆炸和火灾危险环境电力装置设计规范》GB 50058
《建筑灭火器配置设计规范》GB 50140
《粮食加工、储运系统粉尘防爆安全规程》GB 17440
《磷化氢环流熏蒸技术规程》LS/T 1201
《谷物冷却机低温储粮技术规程》LS/T 1204
《粮食仓库安全操作规程》LS 1206
《粮情测控系统》LS/T 1203

中华人民共和国国家标准

粮食钢板筒仓设计规范

GB 50322—2011

条 文 说 明

修 订 说 明

《粮食钢板筒仓设计规范》GB 50322—2011，经住房和城乡建设部2011年7月26日以第1097号公告批准发布。

为便于广大设计、施工、科研、学校等单位有关人员在使用本规范时能正确理解和执行条文规定，《粮食钢板筒仓设计规范》编制组按章、节、条顺序编制了本规范的条文说明，对条文规定的目的、依据以及执行中需要注意的有关事项进行了说明。但是，本条文说明不具备与标准正文同等的法律效力，仅供使用者作为理解和把握标准规定的参考。

目　次

1　总则 ………………………………… 1—23—27
3　基本规定 …………………………… 1—23—27
3.1　布置原则 ………………………… 1—23—27
3.2　结构选型 ………………………… 1—23—28
4　荷载与荷载效应组合 ……………… 1—23—28
4.1　基本规定 ………………………… 1—23—28
4.2　储粮荷载 ………………………… 1—23—28
4.3　地震作用 ………………………… 1—23—29
4.4　荷载效应组合 …………………… 1—23—29
5　结构设计 …………………………… 1—23—29
5.1　基本规定 ………………………… 1—23—29
5.2　仓顶 ……………………………… 1—23—30
5.3　仓壁 ……………………………… 1—23—30
5.4　仓底 ……………………………… 1—23—31
5.5　支承结构与基础 ………………… 1—23—32
6　构造 ………………………………… 1—23—32
6.1　仓顶 ……………………………… 1—23—32
6.2　仓壁 ……………………………… 1—23—32
6.3　仓底 ……………………………… 1—23—32
6.4　支承结构 ………………………… 1—23—32
6.5　抗震构造措施 …………………… 1—23—33
7　工艺设计 …………………………… 1—23—33
7.1　一般规定 ………………………… 1—23—33
7.2　粮食接收与发放 ………………… 1—23—33
7.3　安全储粮 ………………………… 1—23—33
7.4　环境保护与安全生产 …………… 1—23—33
8　电气 ………………………………… 1—23—34
8.1　一般规定 ………………………… 1—23—34
8.2　配电线路 ………………………… 1—23—34
8.3　照明系统 ………………………… 1—23—34
8.4　电气控制系统 …………………… 1—23—34
8.5　粮情测控系统 …………………… 1—23—35
8.6　防雷及接地 ……………………… 1—23—35

1 总 则

1.0.1 在我国用薄钢板装配或卷制而成的粮食钢板筒仓，是近二十多年引进、发展起来的新技术。粮食钢板筒仓具有自重轻、建设工期短、便于机械化生产等优点，在粮食、食品、饲料、轻工等行业已广泛使用。

2000年首次编制了《粮食钢板筒仓设计规范》GB 50322—2001，在使用过程中，发生过粮食钢板筒仓变形、开裂、倒塌等事故。为使粮食钢板筒仓技术健康发展，做到安全可靠、技术先进、经济合理，在总结十多年粮食钢板筒仓的建仓实践和建设经验，参考国外有关标准、规范和技术资料，在原规范基础上特修订本规范。

1.0.2 本条说明本规范的适用范围，适用于平面形状为圆形且中心装、卸料的粮食钢板筒仓设计，包括粮食钢板筒仓的建筑、结构设计、粮食进出仓工艺、储粮工艺、电气及粮情测控等相关专业的设计。

粮食钢板筒仓为薄壁结构，径厚比大，稳定性差，在工程实践中已经发生过由于偏心卸粮，在粮食流动过程中，产生偏心荷载，造成仓体失稳倒塌事故。偏心卸料对筒仓的偏心荷载，目前还没有比较成熟的计算方法。工艺要求必须设置多点进、出料口时，应特别注意对称、等流量布置，并采取措施防止有的料口畅通、有的料口堵塞，形成偏心进、出料，致使仓壁偏心受载。

1.0.3 影响粮食钢板筒仓使用寿命的因素很多。为了对粮食钢板筒仓的设计、制作和使用有一个基本质量要求，在项目可研阶段，对粮食钢板筒仓进行评估、经济分析时有所依据，本条提出的正常维护条件下，粮食钢板筒仓的工作寿命不少于25年。理由如下：①根据美国金属学会《金属手册》所提供的资料进行计算；②经过对国内不同地区的99个粮食钢板筒仓的调研；③对国外一些粮食钢板筒仓的调查资料分析统计后得出的。我国在1982年间建造的一批装配式波纹粮食钢板筒仓，从目前的使用状况分析，其使用寿命不止25年，本条提出的年限是应该达到的。

在现行国家标准《建筑结构可靠度设计统一标准》GB 50068中，对普通房屋建筑和构筑物规定结构的设计工作寿命为50年。目前我国粮食钢板筒仓使用时间最长的还不到30年，为节省一次性投资，这种薄壁钢板一般未增加防腐蚀和摩擦损耗厚度（螺旋卷边机可成型的最大钢板厚度为4mm），其工作寿命不能贸然定为50年。粮食钢板筒仓可局部拆换和补焊，因此提出粮食钢板筒仓工作寿命不少于25年，符合现行国家标准《建筑结构可靠度设计统一标准》GB 50068中“易于替换的结构构件的设计工作寿命为25年”的规定。

1.0.4 粮食钢板筒仓结构的安全等级、抗震设防类别、耐火等级是根据现行国家标准《建筑结构可靠度设计统一标准》GB 50068、《建筑工程抗震设防分类标准》GB 50223和《建筑设计防火规范》GB 50016确定的。

1.0.5 粮食钢板筒仓虽然可在工厂制作构件，现场组装，但不同地点建设的粮食钢板筒仓具有明显个别差异特征，是构筑物，也是建设工程，不是工业产品（各产品具有统一品质特征）。目前存在一些无相关设计资质的企业既设计又制作、安装的现象，不符合我国基本建设程序规定，也为粮食钢板筒仓工程留下安全隐患。

3 基 本 规 定

3.1 布 置 原 则

3.1.2 无论哪种方法制作的粮食钢板筒仓，在施工时都需有施工机具及操作必需的工作面，因此钢板群仓的单仓之间应留有间距，一般为500mm左右，另外钢板群仓的单仓之间要满足使用过程中维修通道要求，不应小于500mm。

当筒仓采用独立基础时，间距应满足基础宽度要求。如受场地限制，基础设计也可采取措施，压缩仓间间距。

落地式平底仓，一般由中部地道自流出粮，沿地道出粮口与仓壁间积存粮食，需要用大型机械清仓设备入仓作业。清仓设备入仓时需要足够的间隙或转弯半径。地下出粮输送设备产量较大，工艺设计常采用装载机入仓进行清仓作业，此时要求沿地道方向间距7m。当场地受限制，沿地道方向的两个门不能同时满足设备进仓作业时，必须保证一个门前有足够的距离。根据使用情况的调查，业主认为装载机不宜入仓作业，应选用可拆卸的旋转刮板机、绞龙或其他清仓设备。不同的设备入仓所需的距离不同，仓间净距应满足所采用的清仓设备操作要求。

3.1.3、3.1.4 粮食钢板筒仓的自重相对较轻，粮食荷载占主导地位。由于粮食的空、满仓荷载变化将引起地基变形，导致各单体构筑物的相对位移。因此设计各单体构筑物之间连接栈桥、连廊、输送地道时，应考虑因地基变形引起各单体构筑物之间的相对位移。输送地道应设置沉降缝；连接单体构筑物的架空栈桥、连廊的支承处，还应考虑相对水平位移。相对水平位移值 $\Delta\mu$ 定为不小于单体构筑物高度的四百分之一，是与基础倾斜率不大于0.002相协调的。

3.1.5 由于粮食荷载自重很大，除建在基岩上的粮食钢板筒仓外，地基都会因装、卸粮食产生变形，为避免首次装粮时地基产生过大的压缩变形，在设计文件中应根据筒仓容量和地基条件提出首次装卸粮的要求，如分次装粮，每次装粮后的允许沉降量、下次装粮条件等。控制每次地基沉降量，确保使用安全。总结筒仓首次装粮过程中所发生的事故，往往是在装粮最后阶段出现。这主要因为在最后阶段地基接近满载时，可能出现较大的变形所致。因此“筒仓沉降观测及试装粮压仓”中强调了最后阶段装粮应控制在10%；特别是软弱土质地区更应密切观察，以免发生事故。为了缩短试装粮时间，可根据筒仓装粮高度及地基基础情况，减少装粮次数，这时可增加第一次装粮数量；但是应当注意，就在这一阶段内装粮，各个筒仓也应按顺序逐步循环装粮，以免一个仓一次受载过大。

3.2 结构选型

3.2.2 粮食钢板筒仓为薄壁结构，尽可能减少仓上建筑作用于筒仓的各种荷载。仓上设备及操作检修平台应优先考虑采用敞开的轻钢结构，以减少仓上结构自重及风荷载。

3.2.3 直径不大于6m的筒仓仓顶，无较大荷载时，可直接采用钢板支承于仓顶的上下环梁上，形成正截锥壳仓顶。直径大于6m的筒仓仓顶，荷载较大，若采用正截锥壳仓顶，会使钢板过厚而不经济，故宜设置斜梁支承于仓顶的上下环梁上，形成正截锥空间杆系仓顶结构。

3.2.4 筒仓仓壁为波纹钢板、螺旋卷边钢板、肋型钢板时，涂漆困难，应采用热镀锌钢板或合金钢板，以保证筒仓的工作寿命。根据目前我国粮食钢板筒仓的实际建设及钢板生产供应情况，当有可靠技术参数时，也可采用其他类型钢板。

3.2.5 直径12m以下的粮食钢板筒仓，采用架空的平底填坡或锥斗仓底，有利于出粮的机械化操作；直径15m以上的粮食钢板筒仓，采用落地式平底仓，利用地基承担大部分粮食自重，更经济合理。12m～15m之间，可按实际情况由设计人员自行比较确定。

4 荷载与荷载效应组合

4.1 基本规定

4.1.1 粮食钢板筒仓为特种结构，使用过程中除承受永久荷载、可变荷载、地震作用等荷载作用外，还要承受储粮对筒仓的作用。储粮对筒仓的作用效果较大，作用时间长，且随时间变化，是影响筒仓结构安全度的主要因素。所以，本条为强制性条文，将粮食荷载单列以引起重视。

4.1.3 粮食散料的物理特性参数（重力密度、内摩擦角、与仓壁之间的摩擦系数等）的取值，对储料荷载的计算结果有很大的影响，影响粮食散料物理特性参数的因素很多，不同的物料状态（颗粒形状、含水量）、含杂粮、装卸条件、外界温度、储存时间等都会使散料的物理特性参数发生变化，因此设计中选用各种参数时必须慎重。

粮食散料的物理特性参数一般应通过试验，并综合考虑各种变化因素。附录C所列粮食散料的物理特性参数，是我国粮食筒仓设计的经验数据，采用时应根据实际粮食散料的来源、品种等进行选择。

4.1.4 波纹粮食钢板筒仓卸料时，粮食与仓壁间的相对滑移面并不完全是沿波纹钢板表面，位于钢板外凸波内的粮食与仓内流动区内的粮食之间也发生相对滑移，故在考虑粮食对仓壁的摩擦作用时，偏于安全的取粮食的内摩擦角取代粮食对平钢板的外摩擦角。

4.1.5 储粮计算高度的取值，对储料压力的计算结果有很大影响。特别是对于大直径筒仓储料顶面为斜面时，确定其计算高度，应考虑储料斜面可能会超出仓壁高度形成的上部锥体或储料斜面可能会低于仓壁高度产生的无效仓容，故计算高度上端算至储料锥体的重心，否则会产生较大误差。筒仓下部为填料时，由于填料有一定的强度，能够承受储料压力，故应考虑填料的有利影响，将计算高度算至填料的表面。

4.1.6 在对筒仓仓壁进行风压下的稳定验算时，一般由局部承压稳定起控制作用，应考虑仓壁局部表面承受的最大风压值，参照现行国家标准《建筑结构荷载规范（2006版）》GB 50009对圆形构筑物风载体型系数的有关规定，按局部计算考虑取值为1.0。筒仓整体计算时，对单独筒仓，风载体型系数取0.8，对仓间距较小的群仓，近似按矩形建筑物风载体型系数，取1.3。

4.2 储粮荷载

4.2.2 筒仓储粮对仓壁的压力，国内外已进行了长期和大量的研究，提出有不同的计算方法，但多数是以杨森（Janssen）公式作为计算筒仓储粮静态压力的基础。尽管该公式本身有一定的缺陷，但其计算结果基本能符合粮食静态压力的实际情况，误差并不大。故本规范仍采用杨森（Janssen）公式作为计算筒仓储粮静态压力的基本公式。

4.2.3 本条为强制性条文。深仓卸料时储粮的动态压力涉及因素比较多，对粮食动态压力的机理、分布及定量分析尚无较一致的认识，属尚未彻底解决的研究课题，但筒仓内储料处于流动状态时对仓壁压力增大且沿仓壁高度与水平截面圆周呈不均匀分布的事实，已被大家所公认。目前国外筒仓设计规范对储料动态压力的计算亦各不相同，有采用单一的修正系数，有按不同储料品种及筒仓的几何尺寸给出不同的计算参数，也有按卸料时不同的储料流动状态分别计算。

本规范中选用的深仓储料动压力修正系数主要依据我国多年来的筒仓设计实践并参考了国外有关国家

（德国、美国、法国、澳大利亚等）的筒仓设计规范。储料的水平与竖向动态压力修正系数 C_h、C_v 与现行国家标准《钢筋混凝土筒仓设计规范》GB 50077 取值相同，另外考虑到粮食钢板筒仓的径厚比较大，稳定性较差，粮食钢板筒仓工程事故多是由于卸料时仓壁屈曲而引起。参考国外有关国家筒仓设计规范，对储料作用于仓壁的竖向摩擦力也引入了动力修正系数 C_f。

4.2.4 浅仓储粮对仓壁的水平压力，是按库仑理论作为计算的基本公式。但对装粮高度较大的大直径浅仓，粮食对仓壁也会产生较大摩擦力，所以对 $h_n \geqslant$ 15m 且 $d_n \geqslant$ 10m 的浅仓，仍要求按深仓计算储粮对仓壁的水平压力，同时还应考虑储料摩擦荷载，以保证仓壁的安全可靠。

4.2.6 粮食对电缆的总摩擦力计算公式（4.2.6）是按杨森(Janssen)理论推导并考虑了动态压力修正系数，适用于圆截面且直径无变化的电缆等类似吊挂构件。对于深仓，动态压力修正系数为 2，与实测值能较好的吻合；对于浅仓，由于卸料时仓内粮食多为漏斗状流动，此时在吊挂电缆长度范围内只有部分储粮处于流动状态，其动态压力修正系数可适当减小，但不应小于 1.5。

4.3 地 震 作 用

4.3.1 钢板群仓，由于施工、维修等操作要求，筒与筒之间需留一定间隙，故地震作用可按单仓来计算。

地震时仓内储粮并非完全作为荷载作用于仓壁，而是在一定程度上衰减地震能量并能对仓壁起一定的支承作用。但储粮与仓壁之间的相互作用机理目前还不清楚。参照现行国家标准《构筑物抗震设计规范》GB 50191 的相关规定，可不考虑地震时储粮对仓壁的局部作用。

落地式平底粮食钢板筒仓，储粮竖向压力完全由仓内地面承担，不必计算竖向地震作用。

4.3.2 由于粮食为散粒体，地震时，散体颗粒与颗粒之间的相互运动摩擦会引起地震能量的衰减，但目前还不能得出定量的分析方法。为设计使用上的方便，参考现行国家标准《钢筋混凝土筒仓设计规范》GB 50077 和《构筑物抗震设计规范》GB 50191 的有关规定，取满仓粮食总重量的 80%作为其计算地震作用时的重力荷载代表值。

4.3.3 落地式平底粮食钢板筒仓，相当于下端固定于地面，沿高度质量基本均匀分布的悬臂构件。由于粮食钢板筒仓高径比一般不大，故按整体考虑时，具有较大的抗侧刚度，且筒仓装满粮食后，其实际刚度要比仅考虑筒仓壁计算的刚度大得多。因此在地震过程中可以把落地式平底粮食钢板筒仓近似看作一刚性柱体，而随地面一起振动。实际设计时，为简化计算，在采用底部剪力法计算落地式平底粮食钢板筒仓的水平地震作用时，地震影响系数偏于安全地按现行国家标准《建筑抗震设计规范》GB 50011 规定的最大值直接取用。

柱子支承或柱与筒壁共同支承的筒仓装满粮食时，仓体部分可以看作为支承于柱顶（筒壁）的刚性整体。若无仓上建筑或仓上建筑重力荷载很小，则可按单质点模型分析；若仓上建筑重力荷载较大，则应按多质点模型分析。

仓上建筑的抗侧移刚度远小于下部粮食钢板筒仓的抗侧移刚度，在地震作用下会产生较大的鞭鞘作用，参照现行国家标准《构筑物抗震设计规范》GB 50191 的有关规定，取仓上建筑的水平地震作用增大系数为 3。

4.4 荷载效应组合

4.4.2 粮食钢板筒仓是以粮食荷载为主的特种结构，粮食荷载同一般的可变荷载相比，数值较大，但变异系数一般较小，特别是长期储粮时，其荷载性质更接近于永久荷载，故取其分项系数为1.3。其他可变荷载的分项系数，是按现行国家标准《建筑结构荷载规范（2006 版）》GB 50009 和《建筑抗震设计规范》GB 50011 的有关规定取用。

4.4.3 根据钢材的力学性能特点，钢结构在长期荷载作用下其力学性能并不发生较大变化，并参照现行国家标准《钢结构设计规范》GB 50017 及《冷弯薄壁型钢结构技术规范》GB 50018 的有关规定，钢结构按正常使用极限状态设计时，可只考虑荷载效应的短期组合。

4.4.4 粮食钢板筒仓设计进行荷载组合时，若有风荷载参与组合，可认为粮食荷载是效应最大的一项可变荷载，根据现行国家标准《建筑结构荷载规范（2006 版）》GB 50009 中荷载组合的要求，取其组合系数为 1.0，其他可变荷载，按荷载组合的原则取组合系数为 0.6。

当地震作用参与组合时，考虑筒仓未必满载，故取储料荷载组合系数为 0.9。其他可变荷载组合系数，按现行国家标准《建筑抗震设计规范》GB 50011 规定取用。

5 结 构 设 计

5.1 基 本 规 定

5.1.1、5.1.2 根据现行国家标准《建筑结构可靠度设计统一标准》GB 50068 的要求，粮食钢板筒仓结构设计应采用以概率理论为基础的极限状态设计方法。

承载能力极限状态是指结构或构件发挥允许的最

大承载能力的状态。结构或构件由于塑性变形而使其几何形状发生显著改变，虽未达到最大承载能力，但已彻底不能使用，也属达到承载能力极限状态。

正常使用极限状态可理解为结构或构件达到使用功能上所允许的某个限值的状态。例如，某些构件必须控制其变形，因变形过大会影响正常使用，也会使人们的心理上产生不安全的感觉。

5.1.3 所有的结构构件及连接都必须按承载能力极限状态进行设计，包括强度、稳定、倾覆、锚固等计算。本规范中有规定的，按本规范进行计算；本规范中未规定的，按国家其他相应规范进行计算。

5.2 仓 顶

5.2.1 由上下环梁及钢板组成的正截锥壳仓顶，按薄壳结构进行分析计算时，考虑到仓顶一般是用扇形板块在现场拼装而成，不可避免会有较大缺陷，此缺陷会使锥壳的稳定性较大幅度下降，当缺陷达到超出薄壳厚度时，下降幅度可能会达到50%。

5.2.2 由斜梁、上下环梁及钢板组成的正截锥壳仓顶结构，在实际工程中很难保证斜梁与仓顶钢板（特别是薄钢板）连接的可靠传力，故设计时不考虑仓顶钢板的蒙皮效应，此时仓顶空间杆系成为一个空间瞬变体系，必须设支撑杆件或采取其他措施保证仓顶空间稳定性。

当仓顶设有可靠支撑时，本条提出的仓顶空间杆系结构，在竖向对称荷载作用下的内力简化分析方法，能够满足工程要求。

5.2.3 上环梁承受斜梁传来的径向水平压力，若与斜梁偏心连接，径向水平压力会对上环梁产生扭转作用，故应按压、弯、扭构件进行计算。下环梁承受斜梁传来的径向水平拉力，若与斜梁偏心连接，径向水平拉力会对下环梁产生扭转作用，故应按拉、弯、扭构件进行计算。与下环梁相连的仓壁一般较薄，在平面外刚度很小，故下环梁环截面计算时，不再考虑仓壁与下环梁的共同工作。

5.2.4 由于粮食钢板筒仓仓顶多为轻钢结构，故斜梁传给下环梁的竖向荷载较小，而下环梁在竖向一般具有较大的抗弯刚度，下部又与仓壁整体相连，斜梁传给下环梁的竖向力，可认为由下环梁均匀传给下部结构。

5.3 仓 壁

5.3.1 本条分别给出了深仓仓壁在水平及竖直方向上，应考虑的荷载基本组合，设计中应从中选取相应最不利的组合，进行仓壁的强度、稳定及连接的计算。

5.3.2 浅仓仓壁在水平及竖直方向上，应考虑的荷载基本组合与深仓基本一致，但组合时不再计取储粮动态压力修正系数。

5.3.3 加劲肋间距不大于1.2m的粮食钢板筒仓，将加劲肋折算成所加强方向的壳壁截面，可按“等效强度”或“等效刚度”的原则进行，折算后的壳壁厚度按下列规定取值：

1 按抗拉强度相等原则折算时：

折算厚度：
$$t_s = t + \frac{A_s}{b} \tag{1}$$

2 按抗弯刚度相等原则折算时：

折算厚度：
$$t_s = \sqrt[3]{12}\left(\frac{I_s}{b} + \frac{A_s t e_s^2}{bt + A_s} + \frac{t^3}{12}\right)^{1/3} \tag{2}$$

式中：t_s——折算厚度；

t——仓壁厚度；

A_s——加劲肋的横截面面积；

b——加劲肋间距（弧长）；

I_s——加劲肋截面对平行于仓壁的本身截面形心轴的惯性矩；

e_s——加劲肋截面形心距仓壁中心线的距离。

折算后的壳壁，在加劲肋加强方向上进行壳壁的抗拉、抗压强度计算时，应采用按抗拉强度相等的原则确定折算厚度；抗弯和稳定验算时，应采用按抗弯刚度相等的原则确定折算厚度。

5.3.4 计算折算应力的公式（5.3.4-3），是根据能量强度理论，保证钢材在复杂应力状态下处于弹性状态的条件。由于粮食钢板筒仓属于薄壁结构，在仓壁厚度方向上应力一般较小，故按双向应力状态进行计算。其余计算公式是根据现行国家标准《钢结构设计规范》GB 50017的有关规定。

5.3.5 有加劲肋的粮食钢板筒仓按简化方法进行强度计算时，加劲肋与仓壁的组合构件，在竖向荷载作用下截面实际受力较为复杂，且卸料时还有动载影响，宜完全按弹性进行强度计算，不允许截面有塑性开展。加劲肋为薄壁型钢时，其截面尺寸取值尚应符合现行国家标准《冷弯薄壁型钢结构技术规范》GB 50018的有关规定。

5.3.6 筒仓仓壁为波纹钢板时，仓壁的竖向荷载将全部经连接传给加劲肋；仓壁为平钢板或螺旋卷边钢板时，仓壁的竖向荷载仅有部分经连接传给加劲肋。为简化计算，在设计仓壁与加劲肋的连接时，不分仓壁钢板类型，偏于安全地按仓壁的竖向荷载全部经连接传给加劲肋来考虑。连接强度计算公式是根据现行国家标准《钢结构设计规范》GB 50017的有关规定给出的。

5.3.7 筒仓仓壁在竖向荷载作用下的稳定计算，包括空仓时仅竖向荷载作用下、满仓时竖向荷载与粮食水平压力共同作用下及局部集中荷载作用下仓壁的稳定计算：

1 按弹性稳定理论分析，理想中长圆筒壳在轴压下的稳定临界应力为$\sigma_{cr} = 0.605E \cdot \frac{t}{R}$，但大量的试验证明，实际圆筒壳的临界应力比理想圆筒壳的理论计算值要少 1/2～2/3，失稳破坏时的稳定系数仅为 0.15～0.30，而不是 0.605。圆筒壳的轴压临界应力在很大程度上取决于初始形状缺陷，随着初始形状缺陷的增大，临界应力明显下降，下降幅度可能会达到 50%之多。经过对国内外有关试验资料及分析结果相比较，同时考虑设计计算的方便，采用了前苏联 B. T. 利律等提出的稳定系数表达式 $k_{\mathrm{p}}=\frac{1}{\pi}\cdot\left(\frac{100t}{R}\right)^{\frac{3}{8}}$ 作为在空仓时验算仓壁的稳定系数。当仓壁半径与厚度之比 R/t 在 1500 以下时，此式计算结果和大量的试验结果能很好地相符合，当 R/t 在 2000～2500 时，按此式计算结果比试验分析结果略大（约 10%）。另考虑到粮食钢板筒仓一般为现场组装，与试验条件会有较大的差异，取初始形状缺陷影响系数 0.5，则得到空仓时验算仓壁的稳定系数计算公式（5.3.7-2）。

筒仓在竖向荷载作用下进行稳定验算时，仓壁的竖向压应力应参照本规范第 5.3.1 条、第 5.3.2 条规定，按可能出现的最不利荷载组合进行计算。

2 粮食钢板筒仓在满仓时，仓壁受到竖向压力及内部水平压力的共同作用，内压的存在，可以减少筒壳初始缺陷的影响而使稳定临界应力有所提高。衡量内压影响的大小，参考国外有关资料，采用无量纲参数 $\bar{P}=\frac{P}{E}\cdot\left(\frac{R}{t}\right)^{2}$。在内压 P 作用下，筒壳稳定临界力的提高程度与参数 $\bar{P}$ 有关。经对美国、前苏联等国外有关试验结果及经验公式的对比计算，采用了前苏联 B. T. 利律等提出的算式，即：$k'_{\mathrm{p}}=k_{\mathrm{p}}+0.265\sqrt{\bar{P}}$。由于筒仓在卸料时，粮食压力可能会不均匀分布，在计算参数 $\bar{P}$ 时不考虑粮食压力动力修正系数，同时因内压 P 对仓壁整体稳定起有利作用，取其分项系数为 1.0，故取粮食对仓壁的静态水平压力标准值来计算参数 $\bar{P}$。经整理即为筒仓在满仓时仓壁的稳定系数计算公式（5.3.7-4）。

3 仓上建筑支承于筒仓壁顶端时，仓壁将局部承受竖向集中荷载，为防止仓壁局部应力过大而导致局部失稳，应在局部竖向集中荷载作用处设置加劲肋。假定竖向集中荷载经加劲肋向仓壁传递的扩散角为 30°，并且考虑到筒仓顶端区段内压较小，在公式（5.3.7-3）中，仓壁临界应力的计算不再考虑内压的影响，总体来讲是偏于安全的。

5.3.8 风荷载对仓壁表面产生不均匀的经向压力，使仓壁整体弯曲而产生的竖向压应力、仓壁整体剪切而产生水平剪应力，都可能引起筒仓仓壁失稳破坏。

风荷载使仓壁整体弯曲而产生的竖向压应力，应与可能同时出现的其他荷载产生的竖向压应力进行组合，并按第 5.3.7 条进行竖向荷载下仓壁的稳定验算。在常用的筒仓高度范围（35m 以下），风荷载使仓壁整体剪切而产生水平剪应力，对仓壁稳定一般不起控制作用。

风荷载对仓壁表面产生不均匀的经向压力，假定在筒仓的整个高度上均匀分布而沿周向不均匀分布的压力，按有关理论分析研究，中长筒壳（$h\geqslant25\sqrt{Rt}$）在筒壁失稳时的临界荷载相当于轴对称加载时的临界荷载，相应计算公式可写为 $p_{\mathrm{cr}}=0.92k\cdot E\cdot\left(\frac{t}{R}\right)^{\frac{3}{2}}\cdot\frac{t}{h}$。式中 k 为筒壳的初始形状缺陷影响系数，其值随 R/t 增大而减小。参考前苏联 B. T. 利律等的试验分析结果，取初始形状缺陷影响系数 $k=0.4$，则筒仓的临界荷载为：$p_{\mathrm{cr}}=0.368k\cdot E\cdot\left(\frac{t}{R}\right)^{\frac{3}{2}}\cdot\frac{t}{h}$。

实际风载沿筒仓高度是三角形分布，其临界荷载要高于上式计算结果，参考有关资料引入增大系数 η，即公式（5.3.8-1）。

上述分析没有考虑仓内压力影响，故公式（5.3.8-1）只作为空仓时仓壁在风载下的稳定验算公式。

5.4 仓 底

5.4.1 由于在圆锥漏斗仓底与仓壁的连接处设置有环梁，漏斗壁的计算不必再考虑连接处，由于曲率的变化而引起附加内力的影响，漏斗壁的经向、环向均按轴向受力进行强度计算。

5.4.2 仓底环梁与仓壁及漏斗采用连续焊接连接时，则成为一个整体，可考虑部分壁板与环梁共同工作。

不同曲率的壳体相连处，曲率剧烈变化，由于壳壁经向力的作用将在壳体相连处产生附加环向力，能够有效的承受这种附加环向力的壳体宽度范围，按理论分析为 $k\sqrt{r\cdot t}$（r 为曲率半径）。而圆筒壳与锥壳相连，当锥壳倾角为 30°～60°时，$k=0.6$。所以本条规定与环梁共同工作的壁板有效范围采用 $0.5\sqrt{r\cdot t}$，同时考虑此范围若过大，会由于壁板中应力的不均匀而使此范围壁板不能充分发挥作用，参照现行国家标准《钢结构设计规范》GB 50017，受压板件宽厚比限值的有关规定，限制此范围亦不能大于 $15t$。

5.4.3 仓底环梁的荷载，应考虑仓壁传来的竖向力、漏斗壁传来的斜向拉力及荷载偏心引起的扭矩。在环梁高度范围内的粮食水平压力，由于数据较小且对环梁的经向受压稳定起有利作用，故偏于安全的不计其影响。

5.4.4 仓底环梁是分段制作、安装，环梁段在经向压力作用下的稳定计算可按圆弧拱进行分析，其平面内与平面外的临界荷载的计算公式均可用 $N_{\mathrm{cr}}=k$

$\frac{E \cdot I}{r^3}$来表示，且随圆弧角度的增大，平面内、外的稳定系数 k 值均减小，当圆弧角度为 2π 时，稳定系数最小值 $k=0.6$，即公式（5.4.4-1）。

5.5 支承结构与基础

5.5.1 当仓下采用钢柱支撑时，由于围护筒壁较薄且与钢柱多为构造连接，不能保证可靠传力。故不再考虑钢柱与围护筒壁共同工作，柱与环梁按空间框架进行分析计算。

5.5.2 为防止在水平荷载下筒仓的倾覆，筒仓仓壁与下部构件必须有可靠锚固。在倾覆力矩 M 作用下，锚栓张力按梁理论求得为 $4M/nd$（M 为筒仓承受的倾覆力矩，n 为锚栓数量，d 为筒仓直径），考虑到锚栓同时受剪及梁理论与实际锚栓群受力的误差，如栓群转动轴可能不是筒仓中心线。故将按梁理论计算的结果乘以 1.5 系数予以修正。由于筒仓竖向永久荷载对抗倾覆起有利作用，其分项系数应为 0.9。

5.5.3 粮食钢板筒仓仓壁是薄壁结构，直接承受储粮的各种荷载。基础的倾斜变形过大，使筒仓在粮食荷载下偏心受压，会大大减低筒仓仓壁的稳定性能，同时也会使仓上建筑发生较大水平位移而影响正常使用。我国以往粮食钢板筒仓设计，多是参照现行国家标准《钢筋混凝土筒仓设计规范》GB 50077 的相应规定，基础的倾斜率控制在 0.004 以内；基础的平均沉降量控制在 400mm 内，同时规定了严格的试装粮压仓程序。考虑到试装粮压仓需要较长的时间，会影响筒仓的及时投入正式使用，不能满足现在经济建设的要求，故参考法国等国家的有关规范，本条第 3 款作为强制性条款限制筒仓基础的倾斜率不超出 0.002，同时对试装粮压仓程序也作了适当简化。

由于试装粮压仓程序简化，每阶段装粮比例增大，间隔时间缩短，可能会在前一阶段装粮后，地基沉降还未稳定即进入下一阶段装粮。群仓在各仓依次装粮时不易观察控制基础的倾斜。所以本条第 3 款作为强制性条款要求将基础平均沉降量控制在 200mm 以内。同时也防止筒仓下通廊室内地面不会下沉至室外地面以下，保证筒仓的正常使用。

6 构 造

6.1 仓 顶

6.1.1 最常见的仓上建筑为输送廊道，用于安装输送设备并有操作荷载。本条强调仓上建筑的支架要支搁在下张力环或上张力环上，使仓顶结构整体承受仓上部建筑的荷载，并应注意防止仓顶结构偏心受力。对于装有清理、计量等设备的仓上建筑，需用落地支架，独立承担仓上建筑的荷载。

6.1.2 仓顶、廊道和操作平台距地面高度较大，故取其栏杆高度不小于 1200mm，给操作人员足够的安全感。

6.1.3 仓顶板为薄钢板，难以承担吊挂荷载。测温电缆可吊挂在加强的斜梁上，或做成吊挂支架，支架固定于两相邻的斜梁上。考虑到卸料时粮食对吊挂设施的作用力对仓顶的影响比较大，因此要求仓顶吊挂设施尽量对称布置。

6.1.4 根据对粮食钢板筒仓使用情况调查，仓顶板与斜梁采用外露螺栓连接时，极易在连接处出现锈蚀和渗水而影响筒仓安全储粮。

6.2 仓 壁

6.2.4、6.2.5 卸料时，粮食与仓壁的摩擦产生的竖向压力，使仓壁承受竖向压应力，此时仓壁与竖向加劲肋共同工作。因此，竖向加劲肋的长度与仓壁的连接对仓壁稳定、安全使用至关重要。根据对一些发生事故的粮食钢板筒仓的调查分析，有些焊接连接的加劲肋与仓壁未能焊实或焊缝长度不够；螺栓连接的螺栓脱落或剪断，致使筒仓破坏。因此这两条提出加劲肋与仓壁的连接必须可靠，保证仓壁与加劲肋共同受力；加劲肋接长采用等强度连接。除根据计算设置加劲肋外，其接头错开布置，以保证内力均匀传递。

6.2.7 根据试验表明，卸料流动时，突出筒仓内壁的附壁设施受到的竖向压力会成倍增长，同时，在一些工程实践中，曾经发生粮食钢板筒仓在卸料时，由于粮食流动产生的竖向力，将加劲肋间的支撑、系杆或钢爬梯拉断、脱落物堵塞出料口的事故。因此，强调粮食钢板筒仓内不应设置阻碍粮食流动的构件，保证卸料畅通。

6.2.9 仓壁下部与仓底（或基础）的可靠锚固对粮食钢板筒仓的整体稳定也起着至关重要的作用，因此，这条给出了锚固点之间的限制距离。

6.3 仓 底

粮食钢板筒仓的仓底可用不同材料制作，有不同的构造形式。为与钢板筒体用材一致，本节着重规定了圆形钢锥斗和锥斗环梁的构造。其他材料建造的仓底，可参照相应的规范设计。

6.4 支承结构

仓下支承结构有钢、钢筋混凝土和砌体结构等多种形式。目前常用的有钢、钢筋混凝土支承结构。本节主要对钢结构仓下支承结构的构造提出要求，其他支承结构可按相应规范规定处理。

6.4.2 本条为强制性条文。钢柱一般断面较小，考虑到仓下支承结构体系的整体稳定，提出仓下支承钢柱应设柱间支撑。这是常规钢结构除设计计算外保证结构整体稳定的有效构造措施。

6.5 抗震构造措施

6.5.1 处于抗震设防地区时，考虑到粮食钢板筒仓的上刚下柔体系在地震荷载作用下柱底产生的较大剪力，仅仅依靠地脚螺栓来抵抗剪力不够安全；增设抗剪钢板是成熟有效的措施。

6.5.2 考虑到在风荷载及地震荷载下，钢柱下的地脚螺栓可能会处于既受拉又受剪的状态，因此，地脚螺栓的锚固长度应符合现行国家标准《混凝土结构设计规范》GB 50010 对地脚螺栓的规定。

7 工艺设计

7.1 一般规定

7.1.1 工艺设计是系统设计，在整体工程设计中尤为重要。设计时，应充分了解粮食的流动特性、质量密度、使用功能、作业要求等条件，进行工艺流程、设备布置、设备选型等设计；应充分利用粮食自流，减少粮食平运及提升次数，提高工艺灵活性和设备利用率。

7.1.3 设备较少的粮食钢板筒仓，一般不设工作塔，可设置简易的钢架或罩棚。敞开式工作塔内的部分设备（如自动秤）应考虑必要的挡雨设施。对筒仓数量较少时，可采用提升机塔架，利用溜管直接入仓形式。

7.2 粮食接收与发放

7.2.1 本条仅列出粮食进出钢板筒仓工艺流程中应具有的必须工序。具体工艺流程中工序位置的设置应根据作业的接卸方式、功能要求、工艺设备布置等因素确定。

7.2.2 本条文仅列出与粮食钢板筒仓进出仓直接相连接的设备。整个工艺流程中其他设备，可根据工艺作业要求进行配置。

在粮食钢板筒仓进出仓设备选择配置时，根据使用原料特性、使用功能作业要求等进行具体配置。

7.2.3 系统设备的生产能力是根据系统全年作业量、接收发放设施的集中作业量、作业时间、仓容量及运输工具等因素确定。

单个粮食钢板筒仓进出仓设备能力还与工艺流程设计相关，一般宜采用与系统相同的设备能力。如采用多条作业线同时进或出仓时，其多条作业线的综合生产能力应大于系统的生产能力。

7.2.4 设备的额定生产能力按照粮食的质量密度（$0.75t/m^3$）标准确定，当输送其他品种粮食时按其质量密度换算。输送设备的能力宜选用模数系列。非模数设备应根据条件进行计算确定。

7.2.8 根据目前国内设计粮食钢板筒仓的使用状况，直径小于 12m 粮食钢板筒仓采用锥底技术非常普遍，故将原规范 10m 修订为 12m。

7.3 安全储粮

7.3.1 粮食钢板筒仓多用于粮食中转和粮油饲料加工原粮储存，配备通风系统，可提高粮食钢板筒仓使用的灵活性。对加工厂车间粮食钢板筒仓可不设机械通风系统。

7.3.3 通风机采用移动式投资少，工人工作量大。设计时可根据具体项目功能要求、投资等因素确定。如港口库为保证生产安全，提高作业效率，提高管理水平，减少人为影响可采用固定式；用于长期储备的内陆库可采用移动风机。

粮食钢板筒仓仓上通风口包括仓顶轴流风机和自然通风口，其排风能力大于仓底通风进风的能力，可减少通风系统的阻力，排风气流顺畅。

当仓顶通风机用于仓空间通风换气时，其通风量以不小于仓内空间体积的 3 倍考虑为宜。

7.3.5 根据储备要求，用于储备的粮食钢板筒仓，应配置熏蒸系统。由于我国地域辽阔，储备条件差异大，各地区采用熏蒸措施方法不同。可根据实际情况，配置相应的通风、熏蒸等设施。

熏蒸用的粮食钢板筒仓应进行密闭处理。熏蒸前，粮食钢板筒仓应进行气密测试。

根据国内粮食钢板筒仓使用情况，参照现行行业标准《磷化氢环流熏蒸技术规程》LS/T 1201 中第 5.3.2 条的气密指标，确定熏蒸粮食钢板筒仓气密指标中的使用时间为不少于 40s。

7.3.6 为保证谷物冷却系统使用效果，防止作业过程中粮食结露，保证储粮安全，粮食钢板筒仓应进行保温、隔热、密闭处理，并满足谷物冷却系统使用要求。

7.4 环境保护与安全生产

7.4.1 粮食钢板筒仓的有害气体控制主要指熏蒸杀虫过程产生的有害气体。其排放满足现行国家标准《大气污染物综合排放标准》GB 16297 的要求。

7.4.2 粮食钢板筒仓粉尘控制主要对接卸设施、物料输送过程的连接、作业设备内部、仓体内等产生粉尘的位置进行粉尘控制，防止灰尘外溢。

风网应按系统工艺流程路线、除尘系统灰尘处理方式、粉尘控制点布置及作业管理等相关条件进行组合设计。一般采用集中风网控制，对于独立单点或不宜组合的风尘控制点宜采用单机除尘控制。

对中转粮食钢板筒仓粉尘控制系统的粉尘一般采用回流处理。储备粮食钢板筒仓一般采用集中收集和回流处理模式。

在系统设计时，应进行系统阻力平衡计算，确定管道直径、除尘设备及除尘通风机的选择。

7.4.3 系统设计时，振动和噪声较大的通风机应进行减震、降噪处理，管道和风机的连接宜采用软连，有条件时集中布置。对空压机采用消声、隔音、减震的综合措施。空压机房设计符合现行国家标准《压缩空气站设计规范》GB 50029 的规定。

7.4.4 为保证粮食进出仓顺畅，以及粮食钢板筒仓的安全特规定本条。

8 电 气

8.1 一般规定

本章内容只涉及有关粮食钢板筒仓电气设计中主要内容。对于诸如：负荷计算、高低压配电系统、变配电所平面布置、通信等本规范没有涉及的内容，请参照国家现行有关规范执行。

8.1.1 粮食钢板筒仓仓群供电负荷等级与其重要性和使用要求有关，一般为三级。对于中转任务繁重的港口库和重要的中转库和储备库，可按二级负荷设计，以保证生产、紧急调运，以减少压船、压港时间。

8.1.2 本条为强制性条文。按现行国家标准《爆炸和火灾危险环境电力装置设计规范》GB 50058 和《粮食加工、储运系统粉尘防爆安全规程》GB 17440 的要求，除筒仓、料仓、封闭式设备内部等属 20 区外，其余均属 21 和 22 区或非危险区。配电线路的设计、电气设备选择，要根据具体情况考虑粉尘防爆要求，并按相应的施工规范施工。

8.1.3 配电箱、开关等电气设备及线路应尽量在非粉尘爆炸危险区设置和敷设，有困难时，对设置在粉尘爆炸危险区电气设备及线路应根据所在区域的危险等级来选型。粮食钢板筒仓属多尘环境，且粮仓易发生鼠害。电气设备及线路应有防尘、防鼠害的保护措施。

8.1.4 目前粮食仓库主要采用磷化氢气体熏蒸来杀虫，但磷化氢气体对铜有较强的腐蚀作用，故仓内电气设备应采取防磷化氢腐蚀措施。

8.2 配电线路

8.2.1 对粉尘爆炸危险区域的电气线路来说，选用铜芯导线或电缆，在机械强度上比铝芯高，不易造成断线，减少产生火花的可能性；在电火花的点燃能力上铜芯较铝芯低。故从安全角度出发，在爆炸性粉尘环境内的电气线路采用铜芯导线或电缆是合适的。另外，从可靠方面来讲，也是必要的。

根据现行国家标准《爆炸和火灾危险环境电力装置设计规范》GB 50058、《粮食加工、储运系统粉尘防爆安全规程》GB 17440 的规定，室内铜芯导线及电缆的最小截面可为 $1.5mm^2$，但对于粉尘爆炸危险 20 区，电缆和绝缘导线的截面不应小于 $2.5mm^2$。

8.2.2 配电线路采用的上下级保护电器应具有选择性动作。随着我国保护电器的性能不断提高，实现保护电器的上下级动作配合已具备一定条件。

供给电动机、电梯等用电设备线路，除符合一般要求外，尚有用电设备的特殊保护要求，应符合现行国家标准《通用用电设备配电设计规范》GB 50055 的规定。

8.2.3 照明线路和动力线路敷设特别是动力线路，推荐采用电缆桥架敷设及明敷，方便施工和检修，便于管理和维护，并要求短捷、顺畅、美观，尽量减少重叠交叉。

8.3 照明系统

8.3.1 根据现行国家标准《建筑照明设计标准》GB 50034 规定，人们随着社会发展和物质条件的改善，对照度的要求相应也要提高，所以照度推荐值比以往粮库照明设计中照度值有所提高，供选择时参考。

8.3.2 常用灯具的最低效率值按照现行国家标准《建筑照明设计标准》GB 50034 确定。粉尘防爆照明灯具防护等级应按照现行国家标准《粮食加工、储运系统粉尘防爆安全规程》GB 17440 确定。

8.3.3 应急照明是在正常照明因故障熄灭后，为了避免发生意外事故，而需要对人员进行安全疏散时，在出口和通道设置的指示出口位置及方向的疏散标志灯和照亮疏散通道而设置的照明。设置消防应急照明的部位应参照现行国家标准《建筑设计防火规范》GB 50016 的规定。

8.3.4 在白天自然光较强，或在深夜人员很少时，可以方便地用手动或自动方式关闭一部分或大部分照明，有利于节电。分组控制的目的，是为了将天然采光充足或不充足的场所分别开关。

8.4 电气控制系统

8.4.1、8.4.2 自动控制系统的具体组成要根据粮食钢板筒仓的使用性质、规模、投资、技术要求等因素综合考虑确定。中转量大或较大规模的粮食钢板筒仓，应设自动控制系统，自动控制系统一般由 PLC 和上位机组成。粮食钢板筒仓中转量或规模较少时，应以实用性和可靠性设计控制系统，可采用集中手动控制方式，满足主要输送设备间连锁的基本控制要求。

8.4.4 筒仓料位器设置可参考表 1，对于重要工艺设备的安全检测传感器的设置，可参考表 2 选择。

表 1 筒仓料位器设置表

名称	数量	安装位置	备 注
上料位器	1	进料口附近	
下料位器	1	出料口附近	

表 2 重要工艺设备安全检测传感器配置一览表

设备名称	跑偏开关	失速开关	拉绳开关	防堵开关	断链开关
斗式提升机	√	√	—	√	—
埋刮板输送机	—	—	—	√	√
气垫、带式输送机	√	√	√	√	—
备注	—	—	40m以上	出料口	—

8.5 粮情测控系统

8.5.1 粮食钢板筒仓是否设粮情测控系统，应根据其使用要求及储粮时间长短确定。

8.5.2 测温电缆长期埋在粮堆中，除有防霉的要求外，还应有防磷化氢等药物熏蒸的能力，且分支器等仓内器件也应满足密闭防腐要求。

8.5.3 粮食测温只是粮食安全保管的手段之一。由于粮食热传导性能差，所以在测温电缆的布置方面，没有一个成熟并行之有效的计算方法。根据粮食行业使用情况和多年来设计部门积累的经验，对于筒仓（含粮食钢板筒仓、钢筋混凝土筒仓、浅圆仓）测温电缆布置方式可参考表 3 及图 1。

表 3 粮食钢板筒仓测温电缆布置数量及布置方式

粮仓直径(m)	测温电缆总数(根)	位于仓中心根数(根)	位于半径A上根数			位于半径B上根数		
			自中心矩	根数	夹角	自中心矩	根数	夹角
8	5	0	3.5	5	72°	—	—	—
10	7	1	4.5	6	60°	—	—	—
12	9	1	3.5	4	90°	5.5	4	90°
14	9	1	4	4	90°	5.5	4	90°
16	11	1	4.5	4	90°	7.5	6	90°
18	11	1	5	4	90°	8.5	6	90°

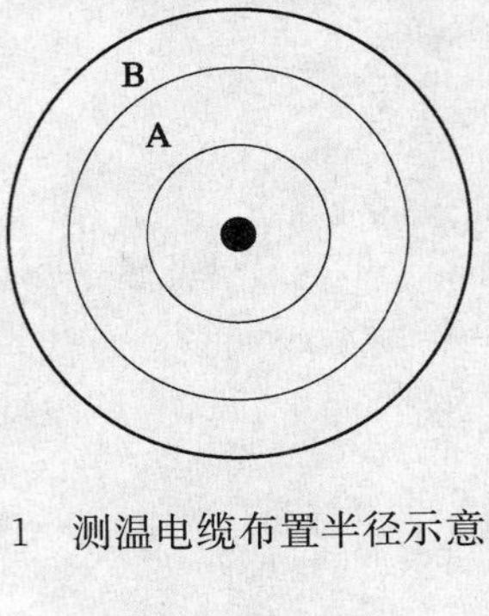

图 1 测温电缆布置半径示意图

8.5.4 粮食钢板筒仓在出粮时，通过测温电缆对仓顶所产生的拉力不容忽视。为此，除测温电缆及吊挂装置必须满足拉力要求外，其下端应该用重锤或采取其他措施相对固定其应有位置，以防进粮时料流将其冲离原有位置。但下端固定不能太牢固，以免拉断电缆及仓顶受力增大。

8.6 防雷及接地

8.6.1 本条为强制性条文。粮食钢板筒仓部分区域属粉尘爆炸危险场所，根据现行国家标准《建筑物防雷设计规范》GB 50057 应为第二类防雷建筑物。

8.6.2 粮食钢板筒仓顶利用金属围栏及仓上通廊作接闪器时，金属围栏和通廊金属屋面板的要求应符合现行国家标准《建筑物防雷设计规范》GB 50057 的规定。斗式提升机筒、刮板机、皮带机等封闭散粮输送设备内部为粉尘爆炸危险场所 20 区，当其露天设置高出屋顶不在接闪器保护范围之内时，其本身机架不得作为接闪器，需在仓顶局部另立避雷针保护，避雷针高度用滚球法确定。

8.6.3 粮食钢板筒仓仓壁钢板的厚度和连接方式，一般不能满足避雷引下线的要求，故要求另加镀锌扁钢作为避雷引下线；当粮食钢板筒仓的加劲肋截面及厚度不小于本条规定的扁钢参数，且加劲肋上下电气贯通并到达仓顶上环梁时，也可利用加劲肋作为避雷引下线。

8.6.4 接地装置利用基础钢筋时一般能满足其对接地电阻值的要求。基础纵横钢筋需焊接成闭合电气通路。有桩基础时，桩基础主钢筋也应与接地装置连接，以增大接地面积，减少接地电阻。上述做法如不能满足其对接地电阻值的要求，需另作人工接地极。

8.6.5 等电位连接的目的在于减小需要防雷的空间内各金属物与各系统之间的电位差。线路安装电涌保护器的性能应符合传输线路的性质和要求。

8.6.6 建筑物内每层均应预留有与引下线相连的等电位联结端子或联结箱，供工艺设备接地用。建筑物内各设备应分别与接地体或者接地母线相连，以保证能防雷。

8.6.7 粮食钢板筒仓电气工程中的接地系统类型较多，且比较集中，分别设置接地系统比较困难，其间距不易保证，因此宜将各接地系统共用接地装置。

中华人民共和国国家标准

生物安全实验室建筑技术规范

Architectural and technical code for biosafety laboratories

GB 50346—2011

主编部门：中华人民共和国住房和城乡建设部
批准部门：中华人民共和国住房和城乡建设部
施行日期：2 0 1 2 年 5 月 1 日

中华人民共和国住房和城乡建设部
公　　告

第 1214 号

关于发布国家标准《生物安全实验室建筑技术规范》的公告

现批准《生物安全实验室建筑技术规范》为国家标准，编号为 GB 50346－2011，自 2012 年 5 月 1 日起实施。其中，第 4.2.4、4.2.7、5.1.6、5.1.9、5.2.4、5.3.1（3）、5.3.2、5.3.5、6.2.1、6.3.2、6.3.3、7.1.2、7.1.3、7.3.3、7.4.3、8.0.2、8.0.3、8.0.5 条（款）为强制性条文，必须严格执行。原《生物安全实验室建筑技术规范》GB 50346－2004 同时废止。

本规范由我部标准定额研究所组织中国建筑工业出版社出版发行。

中华人民共和国住房和城乡建设部

2011 年 12 月 5 日

前　　言

本规范是根据住房和城乡建设部《关于印发〈2010 年工程建设标准规范制订、修订计划〉的通知》（建标［2010］43 号）的要求，由中国建筑科学研究院和江苏双楼建设集团有限公司会同有关单位，在原国家标准《生物安全实验室建筑技术规范》GB 50346－2004 的基础上修订而成。

在本规范修订过程中，修订组经广泛调查研究，认真总结实践经验，吸取了近年来有关的科研成果，借鉴了有关国际标准和国外先进标准，对其中一些重要问题开展了专题研究，对具体内容进行了反复讨论，并在广泛征求意见的基础上，最后经审查定稿。

本规范共分 10 章和 4 个附录，主要技术内容是：总则；术语；生物安全实验室的分级、分类和技术指标；建筑、装修和结构；空调、通风和净化；给水排水与气体供应；电气；消防；施工要求；检测和验收。

本规范修订的主要技术内容有：1. 增加了生物安全实验室的分类：a 类指操作非经空气传播生物因子的实验室，b 类指操作经空气传播生物因子的实验室；2. 增加了 ABSL-2 中的 b2 类主实验室的技术指标；3. 三级生物安全实验室的选址和建筑间距修订为满足排风间距要求；4. 增加了三级和四级生物安全实验室防护区应能对排风高效空气过滤器进行原位消毒和检漏；5. 增加了四级生物安全实验室防护区应能对送风高效空气过滤器进行原位消毒和检漏；6. 增加了三级和四级生物安全实验室防护区设置存水弯和地漏的水封深度的要求；7. 将 ABSL-3 中的 b2 类实验室的供电提高到必须按一级负荷供电；8. 增加了三级和四级生物安全实验室吊顶材料的燃烧性能和耐火极限不应低于所在区域隔墙的要求；9. 增加了独立于其他建筑的三级和四级生物安全实验室的送排风系统可不设置防火阀；10. 增加了三级和四级生物安全实验室的围护结构的严密性检测；11. 增加了活毒废水处理设备、高压灭菌锅、动物尸体处理设备等带有高效过滤器的设备应进行高效过滤器的检漏；12. 增加了活毒废水处理设备、动物尸体处理设备等进行污染物消毒灭菌效果的验证。

本规范中以黑体字标志的条文为强制性条文，必须严格执行。

本规范由住房和城乡建设部负责管理和对强制性条文的解释，由中国建筑科学研究院负责具体技术内容的解释。本规范在执行过程中如有意见或建议，请寄送中国建筑科学研究院（地址：北京市北三环东路 30 号，邮编：100013）。

本规范主编单位：中国建筑科学研究院
江苏双楼建设集团有限公司

本规范参编单位：中国医学科学院
中国疾病预防控制中心
中国合格评定国家认可中心
农业部兽医局

中国建筑技术集团有限公司
中国中元国际工程公司
中国农业科学院哈尔滨兽医研究所
中国科学院武汉病毒研究所
北京瑞事达科技发展中心有限责任公司

本规范主要起草人员：王清勤　赵　力　郭文山
许钟麟　秦　川　卢金星
王　荣　张彦国　陈国胜
邓曙光　王　虹　张亦静
吴新洲　汤　斌　张益昭
曹国庆　李宏文　刘建华
曾　宇　张　明　俞詠霆
袁志明　于　鑫　宋冬林
葛家君　陈乐端

本规范主要审查人员：吴德绳　许文发　田克恭
关文吉　任元会　张道茹
车　伍　张　冰　王贵杰
李根平　魏　强

目　次

1　总则 …… 1—24—6
2　术语 …… 1—24—6
3　生物安全实验室的分级、分类和技术指标 …… 1—24—6
3.1　生物安全实验室的分级 …… 1—24—6
3.2　生物安全实验室的分类 …… 1—24—7
3.3　生物安全实验室的技术指标 …… 1—24—7
4　建筑、装修和结构 …… 1—24—8
4.1　建筑要求 …… 1—24—8
4.2　装修要求 …… 1—24—9
4.3　结构要求 …… 1—24—9
5　空调、通风和净化 …… 1—24—9
5.1　一般规定 …… 1—24—9
5.2　送风系统 …… 1—24—10
5.3　排风系统 …… 1—24—10
5.4　气流组织 …… 1—24—11
5.5　空调净化系统的部件与材料 …… 1—24—11
6　给水排水与气体供应 …… 1—24—11
6.1　一般规定 …… 1—24—11
6.2　给水 …… 1—24—11
6.3　排水 …… 1—24—11
6.4　气体供应 …… 1—24—12
7　电气 …… 1—24—12
7.1　配电 …… 1—24—12
7.2　照明 …… 1—24—12
7.3　自动控制 …… 1—24—12
7.4　安全防范 …… 1—24—13
7.5　通信 …… 1—24—13
8　消防 …… 1—24—13
9　施工要求 …… 1—24—13
9.1　一般规定 …… 1—24—13
9.2　建筑装修 …… 1—24—14
9.3　空调净化 …… 1—24—14
9.4　实验室设备 …… 1—24—14
10　检测和验收 …… 1—24—14
10.1　工程检测 …… 1—24—14
10.2　生物安全设备的现场检测 …… 1—24—16
10.3　工程验收 …… 1—24—17
附录A　生物安全实验室检测记录用表 …… 1—24—17
附录B　生物安全设备现场检测记录用表 …… 1—24—23
附录C　生物安全实验室工程验收评价项目 …… 1—24—29
附录D　高效过滤器现场效率法检漏 …… 1—24—39
本规范用词说明 …… 1—24—41
引用标准名录 …… 1—24—41
附：条文说明 …… 1—24—42

Contents

1 General Provisions …… 1—24—6
2 Terms …… 1—24—6
3 Classification, Type and Technical Specifications of Biosafety Laboratories …… 1—24—6
3.1 Classification of Biosafety Laboratories …… 1—24—6
3.2 Type of Biosafety Laboratories …… 1—24—7
3.3 Specifications for Biosafety Laboratories …… 1—24—7
4 Architecture, Decoration and Structure …… 1—24—8
4.1 Architecture Requirements …… 1—24—8
4.2 Decoration Requirements …… 1—24—9
4.3 Structure Requirements …… 1—24—9
5 Air Conditioning, Ventilating and Air Cleaning …… 1—24—9
5.1 General Requirements …… 1—24—9
5.2 Air Supply System …… 1—24—10
5.3 Air Exhaust System …… 1—24—10
5.4 Air-flow Distribution …… 1—24—11
5.5 Components and Materials of Air Cleaning System …… 1—24—11
6 Water Supply, Drainage and Gas Supply …… 1—24—11
6.1 General Requirements …… 1—24—11
6.2 Water Supply …… 1—24—11
6.3 Drainage …… 1—24—11
6.4 Gas Supply …… 1—24—12
7 Electrical System …… 1—24—12
7.1 Power Distribution …… 1—24—12
7.2 Lighting …… 1—24—12
7.3 Automatic Control …… 1—24—12
7.4 Security System …… 1—24—13
7.5 Communications …… 1—24—13
8 Fire Prevention …… 1—24—13
9 Construction and Installation …… 1—24—13
9.1 General Requirements …… 1—24—13
9.2 Architecture and Decoration …… 1—24—14
9.3 Air Conditioning and Cleaning …… 1—24—14
9.4 Laboratory Equipment …… 1—24—14
10 Inspection and Acceptance …… 1—24—14
10.1 Inspection of Project …… 1—24—14
10.2 On-site Inspections of Biosafety Equipment …… 1—24—16
10.3 Acceptance of Project …… 1—24—17
Appendix A Record Chart for Biosafety Laboratory Test …… 1—24—17
Appendix B Record Chart for Biosafety Equipment On-Site Inspection …… 1—24—23
Appendix C Evaluation Items for Acceptance of Biosafety Laboratory Project …… 1—24—29
Appendix D On-site Leakage Test for HEPA Filter by Efficiency Method …… 1—24—39
Explanation of Wording in This Code …… 1—24—41
List of Quoted Standards …… 1—24—41
Addition: Explanation of Provisions …… 1—24—42

1 总　　则

1.0.1 为使生物安全实验室在设计、施工和验收方面满足实验室生物安全防护要求，制定本规范。

1.0.2 本规范适用于新建、改建和扩建的生物安全实验室的设计、施工和验收。

1.0.3 生物安全实验室的建设应切实遵循物理隔离的建筑技术原则，以生物安全为核心，确保实验人员的安全和实验室周围环境的安全，并应满足实验对象对环境的要求，做到实用、经济。生物安全实验室所用设备和材料应有符合要求的合格证、检验报告，并在有效期之内。属于新开发的产品、工艺，应有鉴定证书或试验证明材料。

1.0.4 生物安全实验室的设计、施工和验收除应执行本规范的规定外，尚应符合国家现行有关标准的规定。

2 术　语

2.0.1 一级屏障　primary barrier

操作者和被操作对象之间的隔离，也称一级隔离。

2.0.2 二级屏障　secondary barrier

生物安全实验室和外部环境的隔离，也称二级隔离。

2.0.3 生物安全实验室　biosafety laboratory

通过防护屏障和管理措施，达到生物安全要求的微生物实验室和动物实验室。包括主实验室及其辅助用房。

2.0.4 实验室防护区　laboratory containment area

是指生物风险相对较大的区域，对围护结构的严密性、气流流向等有要求的区域。

2.0.5 实验室辅助工作区　non-contamination zone

实验室辅助工作区指生物风险相对较小的区域，也指生物安全实验室中防护区以外的区域。

2.0.6 主实验室　main room

是生物安全实验室中污染风险最高的房间，包括实验操作间、动物饲养间、动物解剖间等，主实验室也称核心工作间。

2.0.7 缓冲间　buffer room

设置在被污染概率不同的实验室区域间的密闭室。需要时，可设置机械通风系统，其门具有互锁功能，不能同时处于开启状态。

2.0.8 独立通风笼具　individually ventilated cage (IVC)

一种以饲养盒为单位的独立通风的屏障设备，洁净空气分别送入各独立笼盒使饲养环境保持一定压力和洁净度，用以避免环境污染动物（正压）或动物污染环境（负压），一切实验操作均需要在生物安全柜等设备中进行。该设备用于饲养清洁、无特定病原体或感染（负压）动物。

2.0.9 动物隔离设备　animal isolated equipment

是指动物生物安全实验室内饲育动物采用的隔离装置的统称。该设备的动物饲育内环境为负压和单向气流，以防止病原体外泄至环境并能有效防止动物逃逸。常用的动物隔离设备有隔离器、层流柜等。

2.0.10 气密门　airtight door

气密门为密闭门的一种，气密门通常具有一体化的门扇和门框，采用机械压紧装置或充气密封圈等方法密闭缝隙。

2.0.11 活毒废水　waste water of biohazard

被有害生物因子污染了的有害废水。

2.0.12 洁净度7级　cleanliness class 7

空气中大于等于0.5μm的尘粒数大于35200粒/m^3到小于等于352000粒/m^3，大于等于1μm的尘粒数大于8320粒/m^3到小于等于83200粒/m^3，大于等于5μm的尘粒数大于293粒/m^3到小于等于2930粒/m^3。

2.0.13 洁净度8级　cleanliness Class 8

空气中大于等于0.5μm的尘粒数大于352000粒/m^3到小于等于3520000粒/m^3，大于等于1μm的尘粒数大于83200粒/m^3到小于等于832000粒/m^3，大于等于5μm的尘粒数大于2930粒/m^3到小于等于29300粒/m^3。

2.0.14 静态　at-rest

实验室内的设施已经建成，工艺设备已经安装，通风空调系统和设备正常运行，但无工作人员操作且实验对象尚未进入时的状态。

2.0.15 综合性能评定　comprehensive performance judgment

对已竣工验收的生物安全实验室的工程技术指标进行综合检测和评定。

3 生物安全实验室的分级、分类和技术指标

3.1 生物安全实验室的分级

3.1.1 生物安全实验室可由防护区和辅助工作区组成。

3.1.2 根据实验室所处理对象的生物危害程度和采取的防护措施，生物安全实验室分为四级。微生物生物安全实验室可采用BSL-1、BSL-2、BSL-3、BSL-4表示相应级别的实验室；动物生物安全实验室可采用ABSL-1、ABSL-2、ABSL-3、ABSL-4表示相应级别的实验室。生物安全实验室应按表3.1.1进行分级。

表 3.1.1 生物安全实验室的分级

分级	生物危害程度	操作对象
一级	低个体危害，低群体危害	对人体、动植物或环境危害较低，不具有对健康成人、动植物致病的致病因子
二级	中等个体危害，有限群体危害	对人体、动植物或环境具有中等危害或具有潜在危险的致病因子，对健康成人、动物和环境不会造成严重危害。有效的预防和治疗措施
三级	高个体危害，低群体危害	对人体、动植物或环境具有高度危害性，通过直接接触或气溶胶使人传染上严重的甚至是致命疾病，或对动植物和环境具有高度危害的致病因子。通常有预防和治疗措施
四级	高个体危害，高群体危害	对人体、动植物或环境具有高度危害性，通过气溶胶途径传播或传播途径不明，或未知的、高度危险的致病因子。没有预防和治疗措施

3.2 生物安全实验室的分类

3.2.1 生物安全实验室根据所操作致病性生物因子的传播途径可分为 a 类和 b 类。a 类指操作非经空气传播生物因子的实验室；b 类指操作经空气传播生物因子的实验室。b1 类生物安全实验室指可有效利用安全隔离装置进行操作的实验室；b2 类生物安全实验室指不能有效利用安全隔离装置进行操作的实验室。

3.2.2 四级生物安全实验室根据使用生物安全柜的类型和穿着防护服的不同，可分为生物安全柜型和正压服型两类，并可符合表 3.2.2 的规定。

表 3.2.2 四级生物安全实验室的分类

类　型	特　点
生物安全柜型	使用Ⅲ级生物安全柜
正压服型	使用Ⅱ级生物安全柜和具有生命支持供气系统的正压防护服

3.3 生物安全实验室的技术指标

3.3.1 二级生物安全实验室宜实施一级屏障和二级屏障，三级、四级生物安全实验室应实施一级屏障和二级屏障。

3.3.2 生物安全主实验室二级屏障的主要技术指标应符合表 3.3.2 的规定。

3.3.3 三级和四级生物安全实验室其他房间的主要技术指标应符合表 3.3.3 的规定。

3.3.4 当房间处于值班运行时，在各房间压差保持不变的前提下，值班换气次数可低于本规范表 3.3.2 和表 3.3.3 中规定的数值。

表 3.3.2 生物安全主实验室二级屏障的主要技术指标

级　别	相对于大气的最小负压	与室外方向上相邻相通房间的最小负压差（Pa）	洁净度级别	最小换气次数（次/h）	温度（℃）	相对湿度（%）	噪声［dB(A)］	平均照度（lx）	围护结构严密性（包括主实验室及相邻缓冲间）
BSL-1/ABSL-1	—	—	—	可开窗	18～28	≤70	≤60	200	—
BSL-2/ABSL-2 中的 a 类和 b1 类	—	—	—	可开窗	18～27	30～70	≤60	300	—
ABSL-2 中的 b2 类	−30	−10	8	12	18～27	30～70	≤60	300	—
BSL-3 中的 a 类	−30	−10	7 或 8	15 或 12	18～25	30～70	≤60	300	所有缝隙应无可见泄漏
BSL-3 中的 b1 类	−40	−15							
ABSL-3 中的 a 类和 b1 类	−60	−15							
ABSL-3 中的 b2 类	−80	−25							房间相对负压值维持在−250Pa时，房间内每小时泄漏的空气量不应超过受测房间净容积的 10%
BSL-4	−60	−25							房间相对负压值达到−500Pa，经 20min 自然衰减后，其相对负压值不应高于−250Pa
ABSL-4	−100	−25							

注：1 三级和四级动物生物安全实验室的解剖间应比主实验室低 10Pa。
2 本表中的噪声不包括生物安全柜、动物隔离设备等的噪声，当包括生物安全柜、动物隔离设备的噪声时，最大不应超过 68dB(A)。
3 动物生物安全实验室内的参数尚应符合现行国家标准《实验动物设施建筑技术规范》GB 50447 的有关规定。

3.3.5 对有特殊要求的生物安全实验室，空气洁净度级别可高于本规范表3.3.2和表3.3.3的规定，换气次数也应随之提高。

表3.3.3 三级和四级生物安全实验室其他房间的主要技术指标

房间名称	洁净度级别	最小换气次数(次/h)	与室外方向上相邻相通房间的最小负压差(Pa)	温度(℃)	相对湿度(%)	噪声[dB(A)]	平均照度(lx)
主实验室的缓冲间	7或8	15或12	−10	18～27	30～70	≤60	200
隔离走廊	7或8	15或12	−10	18～27	30～70	≤60	200
准备间	7或8	15或12	−10	18～27	30～70	≤60	200
防护服更换间	8	10	−10	18～26	—	≤60	200
防护区内的淋浴间	—	10	−10	18～26	—	≤60	150
非防护区内的淋浴间	—	—	—	18～26	—	≤60	75
化学淋浴间	—	4	−10	18～28	—	≤60	150
ABSL-4的动物尸体处理设备间和防护区污水处理设备间	—	4	−10	18～28	—	—	200
清洁衣物更换间	—	—	—	18～26	—	≤60	150

注：当在准备间安装生物安全柜时，最大噪声不应超过68dB(A)。

4 建筑、装修和结构

4.1 建筑要求

4.1.1 生物安全实验室的位置要求应符合表4.1.1的规定。

表4.1.1 生物安全实验室的位置要求

实验室级别	平面位置	选址和建筑间距
一级	可共用建筑物，实验室有可控制进出的门	无要求
二级	可共用建筑物，与建筑物其他部分可相通，但应设可自动关闭的带锁的门	无要求
三级	与其他实验室可共用建筑物，但应自成一区，宜设在其一端或一侧	满足排风间距要求
四级	独立建筑物，或与其他级别的生物安全实验室共用建筑物，但应在建筑物中独立的隔离区域内	宜远离市区。主实验室所在建筑物离相邻建筑物或构筑物的距离不应小于相邻建筑物或构筑物高度的1.5倍

4.1.2 生物安全实验室应在入口处设置更衣室或更衣柜。

4.1.3 BSL-3中a类实验室防护区应包括主实验室、缓冲间等，缓冲间可兼作防护服更换间；辅助工作区应包括清洁衣物更换间、监控室、洗消间、淋浴间等；BSL-3中b1类实验室防护区应包括主实验室、缓冲间、防护服更换间等。辅助工作区应包括清洁衣物更换间、监控室、洗消间、淋浴间等。主实验室不宜直接与其他公共区域相邻。

4.1.4 ABSL-3实验室防护区应包括主实验室、缓冲间、防护服更换间等，辅助工作区应包括清洁衣物更换间、监控室、洗消间等。

4.1.5 四级生物安全实验室防护区应包括主实验室、缓冲间、外防护服更换间等，辅助工作区应包括监控室、清洁衣物更换间等；设有生命支持系统四级生物安全实验室的防护区应包括主实验室、化学淋浴间、外防护服更换间等，化学淋浴间可兼作缓冲间。

4.1.6 ABSL-3中的b2类实验室和四级生物安全实验室宜独立于其他建筑。

4.1.7 三级和四级生物安全实验室的室内净高不宜低于2.6m。三级和四级生物安全实验室设备层净高不宜低于2.2m。

4.1.8 三级和四级生物安全实验室人流路线的设置，应符合空气洁净技术关于污染控制和物理隔离的原则。

4.1.9 ABSL-4的动物尸体处理设备间和防护区污水处理设备间应设缓冲间。

4.1.10 设置生命支持系统的生物安全实验室，应紧邻主实验室设化学淋浴间。

4.1.11 三级和四级生物安全实验室的防护区应设置安全通道和紧急出口，并有明显的标志。

4.1.12 三级和四级生物安全实验室防护区的围护结构宜远离建筑外墙；主实验室宜设置在防护区的中部。四级生物安全实验室建筑外墙不宜作为主实验室的围护结构。

4.1.13 三级和四级生物安全实验室相邻区域和相邻房间之间应根据需要设置传递窗，传递窗两门应互锁，并应设有消毒灭菌装置，其结构承压力及严密性应符合所在区域的要求；当传递不能灭活的样本出防护区时，应采用具有熏蒸消毒功能的传递窗或药液传递箱。

4.1.14 二级生物安全实验室应在实验室或实验室所在建筑内配备高压灭菌器或其他消毒灭菌设备；三级生物安全实验室应在防护区内设置生物安全型双扉高压灭菌器，主体一侧应有维护空间；四级生物安全实验室主实验室应设置生物安全型双扉高压灭菌器，主体所在房间应为负压。

4.1.15 三级和四级生物安全实验室的生物安全柜和负压解剖台应布置于排风口附近，并应远离房间门。

4.1.16 ABSL-3、ABSL-4产生大动物尸体或数量较多的小动物尸体时，宜设置动物尸体处理设备。动物尸体处理设备的投放口宜设置在产生动物尸体的区域。动物尸体处理设备的投放口宜高出地面或设置防护栏杆。

4.2 装 修 要 求

4.2.1 三级和四级生物安全实验室应采用无缝的防滑耐腐蚀地面，踢脚宜与墙面齐平或略缩进不大于2mm～3mm。地面与墙面的相交位置及其他围护结构的相交位置，宜作半径不小于30mm的圆弧处理。

4.2.2 三级和四级生物安全实验室墙面、顶棚的材料应易于清洁消毒、耐腐蚀、不起尘、不开裂、光滑防水，表面涂层宜具有抗静电性能。

4.2.3 一级生物安全实验室可设带纱窗的外窗；没有机械通风系统时，ABSL-2中的a类、b1类和BSL-2生物安全实验室可设外窗进行自然通风，且外窗应设置防虫纱窗；ABSL-2中b2类、三级和四级生物安全实验室的防护区不应设外窗，但可在内墙上设密闭观察窗，观察窗应采用安全的材料制作。

4.2.4 生物安全实验室应有防止节肢动物和啮齿动物进入和外逃的措施。

4.2.5 二级、三级、四级生物安全实验室主入口的门和动物饲养间的门、放置生物安全柜实验间的门应能自动关闭，实验室门应设置观察窗，并应设置门锁。当实验室有压力要求时，实验室的门宜开向相对压力要求高的房间侧。缓冲间的门应能单向锁定。ABSL-3中b2类主实验室及其缓冲间和四级生物安全实验室主实验室及其缓冲间应采用气密门。

4.2.6 生物安全实验室的设计应充分考虑生物安全柜、动物隔离设备、高压灭菌器、动物尸体处理设备、污水处理设备等设备的尺寸和要求，必要时应留有足够的搬运孔洞，以及设置局部隔离、防振、排热、排湿设施。

4.2.7 三级和四级生物安全实验室防护区内的顶棚上不得设置检修口。

4.2.8 二级、三级、四级生物安全实验室的入口，应明确标示出生物防护级别、操作的致病性生物因子、实验室负责人姓名、紧急联络方式等，并应标示出国际通用生物危险符号（图4.2.8）。生物危险符号应按图4.2.8绘制，颜色应为黑色，背景为黄色。

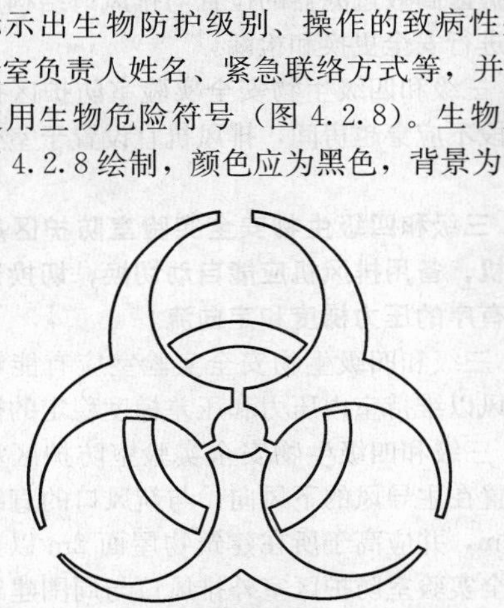

图4.2.8 国际通用生物危险符号

4.3 结 构 要 求

4.3.1 生物安全实验室的结构设计应符合现行国家标准《建筑结构可靠度设计统一标准》GB 50068的有关规定。三级生物安全实验室的结构安全等级不宜低于一级，四级生物安全实验室的结构安全等级不应低于一级。

4.3.2 生物安全实验室的抗震设计应符合现行国家标准《建筑抗震设防分类标准》GB 50223的有关规定。三级生物安全实验室抗震设防类别宜按特殊设防类，四级生物安全实验室抗震设防类别应按特殊设防类。

4.3.3 生物安全实验室的地基基础设计应符合现行国家标准《建筑地基基础设计规范》GB 50007的有关规定。三级生物安全实验室的地基基础宜按甲级设计，四级生物安全实验室的地基基础应按甲级设计。

4.3.4 三级和四级生物安全实验室的主体结构宜采用混凝土结构或砌体结构体系。

4.3.5 三级和四级生物安全实验室的吊顶作为技术维修夹层时，其吊顶的活荷载不应小于0.75kN/m²，对于吊顶内特别重要的设备宜做单独的维修通道。

5 空调、通风和净化

5.1 一 般 规 定

5.1.1 生物安全实验室空调净化系统的划分应根据操作对象的危害程度、平面布置等情况经技术经济比较后确定，并应采取有效措施避免污染和交叉污染。空调净化系统的划分应有利于实验室消毒灭菌、自动控制系统的设置和节能运行。

5.1.2 生物安全实验室空调净化系统的设计应考虑各种设备的热湿负荷。

5.1.3 生物安全实验室送、排风系统的设计应考虑所用生物安全柜、动物隔离设备等的使用条件。

5.1.4 生物安全实验室可按表5.1.4的原则选用生物安全柜。

表5.1.4 生物安全实验室选用生物安全柜的原则

防护类型	选用生物安全柜类型
保护人员，一级、二级、三级生物安全防护水平	Ⅰ级、Ⅱ级、Ⅲ级
保护人员，四级生物安全防护水平，生物安全柜型	Ⅲ级
保护人员，四级生物安全防护水平，正压服型	Ⅱ级
保护实验对象	Ⅱ级、带层流的Ⅲ级
少量的、挥发性的放射和化学防护	Ⅱ级B1，排风到室外的Ⅱ级A2
挥发性的放射和化学防护	Ⅰ级、Ⅱ级B2、Ⅲ级

5.1.5 二级生物安全实验室中的a类和b1类实验室可采用带循环风的空调系统。二级生物安全实验室中的b2类实验室宜采用全新风系统，防护区的排风应根据风险评估来确定是否需经高效空气过滤器过滤后排出。

5.1.6 三级和四级生物安全实验室应采用全新风系统。

5.1.7 三级和四级生物安全实验室主实验室的送风、排风支管和排风机前应安装耐腐蚀的密闭阀，阀门严密性应与所在管道严密性要求相适应。

5.1.8 三级和四级生物安全实验室防护区内不应安装普通的风机盘管机组或房间空调器。

5.1.9 三级和四级生物安全实验室防护区应能对排风高效空气过滤器进行原位消毒和检漏。四级生物安全实验室防护区应能对送风高效空气过滤器进行原位消毒和检漏。

5.1.10 生物安全实验室的防护区宜临近空调机房。

5.1.11 生物安全实验室空调净化系统和高效排风系统所用风机应选用风压变化较大时风量变化较小的类型。

5.2 送风系统

5.2.1 空气净化系统至少应设置粗、中、高三级空气过滤，并应符合下列规定：

1 第一级是粗效过滤器，全新风系统的粗效过滤器可设在空调箱内；对于带回风的空调系统，粗效过滤器宜设置在新风口或紧靠新风口处。

2 第二级是中效过滤器，宜设置在空气处理机组的正压段。

3 第三级是高效过滤器，应设置在系统的末端或紧靠末端，不应设在空调箱内。

4 全新风系统宜在表冷器前设置一道保护用的中效过滤器。

5.2.2 送风系统新风口的设置应符合下列规定：

1 新风口应采取有效的防雨措施。

2 新风口处应安装防鼠、防昆虫、阻挡绒毛等的保护网，且易于拆装。

3 新风口应高于室外地面2.5m以上，并应远离污染源。

5.2.3 BSL-3实验室宜设置备用送风机。

5.2.4 ABSL-3实验室和四级生物安全实验室应设置备用送风机。

5.3 排风系统

5.3.1 三级和四级生物安全实验室排风系统的设置应符合下列规定：

1 排风必须与送风连锁，排风先于送风开启，后于送风关闭。

2 主实验室必须设置室内排风口，不得只利用生物安全柜或其他负压隔离装置作为房间排风出口。

3 b1类实验室中可能产生污染物外泄的设备必须设置带高效空气过滤器的局部负压排风装置，负压排风装置应具有原位检漏功能。

4 不同级别、种类生物安全柜与排风系统的连接方式应按表5.3.1选用。

表5.3.1 不同级别、种类生物安全柜与排风系统的连接方式

生物安全柜级别		工作口平均进风速度(m/s)	循环风比例(%)	排风比例(%)	连接方式
Ⅰ级		0.38	0	100	密闭连接
Ⅱ级	A1	0.38～0.50	70	30	可排到房间或套管连接
	A2	0.50	70	30	可排到房间或套管连接或密闭连接
	B1	0.50	30	70	密闭连接
	B2	0.50	0	100	密闭连接
Ⅲ级		—	0	100	密闭连接

5 动物隔离设备与排风系统的连接应采用密闭连接或设置局部排风罩。

6 排风机应设平衡基座，并应采取有效的减振降噪措施。

5.3.2 三级和四级生物安全实验室防护区的排风必须经过高效过滤器过滤后排放。

5.3.3 三级和四级生物安全实验室排风高效过滤器宜设置在室内排风口处或紧邻排风口处，三级生物安全实验室防护区有特殊要求时可设两道高效过滤器。四级生物安全实验室防护区除在室内排风口处设第一道高效过滤器外，还应在其后串联第二道高效过滤器。防护区高效过滤器的位置与排风口结构应易于对过滤器进行安全更换和检漏。

5.3.4 三级和四级生物安全实验室防护区排风管道的正压段不应穿越房间，排风机宜设置于室外排风口附近。

5.3.5 三级和四级生物安全实验室防护区应设置备用排风机，备用排风机应能自动切换，切换过程中应能保持有序的压力梯度和定向流。

5.3.6 三级和四级生物安全实验室应有能够调节排风或送风以维持室内压力和压差梯度稳定的措施。

5.3.7 三级和四级生物安全实验室防护区室外排风口应设置在主导风的下风向，与新风口的直线距离应大于12m，并应高于所在建筑物屋面2m以上。三级生物安全实验室防护区室外排风口与周围建筑的水平距离不应小于20m。

5.3.8 ABSL-4的动物尸体处理设备间和防护区污水处理设备间的排风应经过高效过滤器过滤。

5.4 气流组织

5.4.1 三级和四级生物安全实验室各区之间的气流方向应保证由辅助工作区流向防护区，辅助工作区与室外之间宜设一间正压缓冲室。

5.4.2 三级和四级生物安全实验室内各种设备的位置应有利于气流由被污染风险低的空间向被污染风险高的空间流动，最大限度减少室内回流与涡流。

5.4.3 生物安全实验室气流组织宜采用上送下排方式，送风口和排风口布置应有利于室内可能被污染空气的排出。饲养大动物生物安全实验室的气流组织可采用上送上排方式。

5.4.4 在生物安全柜操作面或其他有气溶胶产生地点的上方附近不应设送风口。

5.4.5 高效过滤器排风口应设在室内被污染风险最高的区域，不应有障碍。

5.4.6 气流组织上送下排时，高效过滤器排风口下边沿离地面不宜低于0.1m，且不宜高于0.15m；上边沿高度不宜超过地面之上0.6m。排风口排风速度不宜大于1m/s。

5.5 空调净化系统的部件与材料

5.5.1 送、排风高效过滤器均不得使用木制框架。三级和四级生物安全实验室防护区的高效过滤器应耐消毒气体的侵蚀，防护区内淋浴间、化学淋浴间的高效过滤器应防潮。三级和四级生物安全实验室高效过滤器的效率不应低于现行国家标准《高效空气过滤器》GB/T 13554中的B类。

5.5.2 需要消毒的通风管道应采用耐腐蚀、耐老化、不吸水、易消毒灭菌的材料制作，并应为整体焊接。

5.5.3 排风机外侧的排风管上室外排风口处应安装保护网和防雨罩。

5.5.4 空调设备的选用应满足下列要求：

1 不应采用淋水式空气处理机组。当采用表面冷却器时，通过盘管所在截面的气流速度不宜大于2.0m/s。

2 各级空气过滤器前后应安装压差计，测量接管应通畅，安装严密。

3 宜选用干蒸汽加湿器。

4 加湿设备与其后的过滤段之间应有足够的距离。

5 在空调机组内保持1000Pa的静压值时，箱体漏风率不应大于2%。

6 消声器或消声部件的材料应能耐腐蚀、不产尘和不易附着灰尘。

7 送、排风系统中的中效、高效过滤器不应重复使用。

6 给水排水与气体供应

6.1 一般规定

6.1.1 生物安全实验室的给水排水干管、气体管道的干管，应敷设在技术夹层内。生物安全实验室防护区应少敷设管道，与本区域无关管道不应穿越。引入三级和四级生物安全实验室防护区内的管道宜明敷。

6.1.2 给水排水管道穿越生物安全实验室防护区围护结构处应设可靠的密封装置，密封装置的严密性应能满足所在区域的严密性要求。

6.1.3 进出生物安全实验室防护区的给水排水和气体管道系统应不渗漏、耐压、耐温、耐腐蚀。实验室内应有足够的清洁、维护和维修明露管道的空间。

6.1.4 生物安全实验室使用的高压气体或可燃气体，应有相应的安全措施。

6.1.5 化学淋浴系统中的化学药剂加压泵应一用一备，并应设置紧急化学淋浴设备，在紧急情况下或设备发生故障时使用。

6.2 给水

6.2.1 生物安全实验室防护区的给水管道应采取设置倒流防止器或其他有效的防止回流污染的装置，并且这些装置应设置在辅助工作区。

6.2.2 ABSL-3和四级生物安全实验室宜设置断流水箱，水箱容积宜按一天的用水量进行计算。

6.2.3 三级和四级生物安全实验室防护区的给水管路应以主实验室为单元设置检修阀门和止回阀。

6.2.4 一级和二级生物安全实验室应设洗手装置，并宜设置在靠近实验室的出口处。三级和四级生物安全实验室的洗手装置应设置在主实验室出口处，对于用水的洗手装置的供水应采用非手动开关。

6.2.5 二级、三级和四级生物安全实验室应设紧急冲眼装置。一级生物安全实验室内操作刺激或腐蚀性物质时，应在30m内设紧急冲眼装置，必要时应设紧急淋浴装置。

6.2.6 ABSL-3和四级生物安全实验室防护区的淋浴间应根据工艺要求设置强制淋浴装置。

6.2.7 大动物生物安全实验室和需要对笼具、架进行冲洗的动物实验室应设必要的冲洗设备。

6.2.8 三级和四级生物安全实验室的给水管路应涂上区别于一般水管的醒目的颜色。

6.2.9 室内给水管材宜采用不锈钢管、铜管或无毒塑料管等，管道应可靠连接。

6.3 排水

6.3.1 三级和四级生物安全实验室可在防护区内有排水功能要求的地面设置地漏，其他地方不宜设地漏。大动物房和解剖间等处的密闭型地漏内应带活动网框，活动网框应易于取放及清理。

6.3.2 三级和四级生物安全实验室防护区应根据压差要求设置存水弯和地漏的水封深度；构造内无存水弯的卫生器具与排水管道连接时，必须在排水口以下设存水弯；排水管道水封处必须保证充满水或消毒液。

6.3.3 三级和四级生物安全实验室防护区的排水应进行消毒灭菌处理。

6.3.4 三级和四级生物安全实验室的主实验室应设独立的排水支管，并应安装阀门。

6.3.5 活毒废水处理设备宜设在最低处，便于污水收集和检修。

6.3.6 ABSL-2 防护区污水的处理装置可采用化学消毒或高温灭菌方式。三级和四级生物安全实验室防护区活毒废水的处理装置应采用高温灭菌方式。应在适当位置预留采样口和采样操作空间。

6.3.7 生物安全实验室防护区排水系统上的通气管口应单独设置，不应接入空调通风系统的排风管道。三级和四级生物安全实验室防护区通气管口应设高效过滤器或其他可靠的消毒装置，同时应使通气管口四周的通风良好。

6.3.8 三级和四级生物安全实验室辅助工作区的排水，应进行监测，并应采取适当处理措施，以确保排放到市政管网之前达到排放要求。

6.3.9 三级和四级生物安全实验室防护区排水管线宜明设，并与墙壁保持一定距离便于检查维修。

6.3.10 三级和四级生物安全实验室防护区的排水管道宜采用不锈钢或其他合适的管材、管件。排水管材、管件应满足强度、温度、耐腐蚀等性能要求。

6.3.11 四级生物安全实验室双扉高压灭菌器的排水应接入防护区废水排放系统。

6.4 气体供应

6.4.1 生物安全实验室的专用气体宜由高压气瓶供给，气瓶宜设置于辅助工作区，通过管道输送到各个用气点，并应对供气系统进行监测。

6.4.2 所有供气管穿越防护区处应安装防回流装置，用气点应根据工艺要求设置过滤器。

6.4.3 三级和四级生物安全实验室防护区设置的真空装置，应有防止真空装置内部被污染的措施；应将真空装置安装在实验室内。

6.4.4 正压服型生物安全实验室应同时配备紧急支援气罐，紧急支援气罐的供气时间不应少于 60 min/人。

6.4.5 供操作人员呼吸使用的气体的压力、流量、含氧量、温度、湿度、有害物质的含量等应符合职业安全的要求。

6.4.6 充气式气密门的压缩空气供应系统的压缩机应备用，并应保证供气压力和稳定性符合气密门供气要求。

7 电 气

7.1 配 电

7.1.1 生物安全实验室应保证用电的可靠性。二级生物安全实验室的用电负荷不宜低于二级。

7.1.2 BSL-3 实验室和 ABSL-3 中的 a 类和 b1 类实验室应按一级负荷供电，当按一级负荷供电有困难时，应采用一个独立供电电源，且特别重要负荷应设置应急电源；应急电源采用不间断电源的方式时，不间断电源的供电时间不应小于 30min；应急电源采用不间断电源加自备发电机的方式时，不间断电源应能确保自备发电设备启动前的电力供应。

7.1.3 ABSL-3 中的 b2 类实验室和四级生物安全实验室必须按一级负荷供电，特别重要负荷应同时设置不间断电源和自备发电设备作为应急电源，不间断电源应能确保自备发电设备启动前的电力供应。

7.1.4 生物安全实验室应设专用配电箱。三级和四级生物安全实验室的专用配电箱应设在该实验室的防护区外。

7.1.5 生物安全实验室内应设置足够数量的固定电源插座，重要设备应单独回路配电，且应设置漏电保护装置。

7.1.6 管线密封措施应满足生物安全实验室严密性要求。三级和四级生物安全实验室配电管线应采用金属管敷设，穿过墙和楼板的电线管应加套管或采用专用电缆穿墙装置，套管内用不收缩、不燃材料密封。

7.2 照 明

7.2.1 三级和四级生物安全实验室室内照明灯具宜采用吸顶式密闭洁净灯，并宜具有防水功能。

7.2.2 三级和四级生物安全实验室应设置不少于 30min 的应急照明及紧急发光疏散指示标志。

7.2.3 三级和四级生物安全实验室的入口和主实验室缓冲间入口处应设置主实验室工作状态的显示装置。

7.3 自动控制

7.3.1 空调净化自动控制系统应能保证各房间之间定向流方向的正确及压差的稳定。

7.3.2 三级和四级生物安全实验室的自控系统应具有压力梯度、温湿度、连锁控制、报警等参数的历史数据存储显示功能，自控系统控制箱应设于防护区外。

7.3.3 三级和四级生物安全实验室自控系统报警信号应分为重要参数报警和一般参数报警。重要参数报警应为声光报警和显示报警，一般参数报警应为显示

报警。三级和四级生物安全实验室应在主实验室内设置紧急报警按钮。

7.3.4 三级和四级生物安全实验室应在有负压控制要求的房间入口的显著位置，安装显示房间负压状况的压力显示装置。

7.3.5 自控系统应预留接口。

7.3.6 三级和四级生物安全实验室空调净化系统启动和停机过程应采取措施防止实验室内负压值超出围护结构和有关设备的安全范围。

7.3.7 三级和四级生物安全实验室防护区的送风机和排风机应设置保护装置，并应将保护装置报警信号接入控制系统。

7.3.8 三级和四级生物安全实验室防护区的送风机和排风机宜设置风压差检测装置，当压差低于正常值时发出声光报警。

7.3.9 三级和四级生物安全实验室防护区应设送排风系统正常运转的标志，当排风系统运转不正常时应能报警。备用排风机组应能自动投入运行，同时应发出报警信号。

7.3.10 三级和四级生物安全实验室防护区的送风和排风系统必须可靠连锁，空调通风系统开机顺序应符合本规范第5.3.1条的要求。

7.3.11 当空调机组设置电加热装置时应设置送风机有风检测装置，并在电加热段设置监测温度的传感器，有风信号及温度信号应与电加热连锁。

7.3.12 三级和四级生物安全实验室的空调通风设备应能自动和手动控制，应急手动应有优先控制权，且应具备硬件连锁功能。

7.3.13 四级生物安全实验室防护区室内外压差传感器采样管应配备与排风高效过滤器过滤效率相当的过滤装置。

7.3.14 三级和四级生物安全实验室应设置监测送风、排风高效过滤器阻力的压差传感器。

7.3.15 在空调通风系统未运行时，防护区送风、排风管上的密闭阀应处于常闭状态。

7.4 安全防范

7.4.1 四级生物安全实验室的建筑周围应设置安防系统。三级和四级生物安全实验室应设门禁控制系统。

7.4.2 三级和四级生物安全实验室防护区内的缓冲间、化学淋浴间等房间的门应采取互锁措施。

7.4.3 三级和四级生物安全实验室应在互锁门附近设置紧急手动解除互锁开关。中控系统应具有解除所有门或指定门互锁的功能。

7.4.4 三级和四级生物安全实验室应设闭路电视监视系统。

7.4.5 生物安全实验室的关键部位应设置监视器，需要时，可实时监视并录制生物安全实验室活动情况和生物安全实验室周围情况。监视设备应有足够的分辨率，影像存储介质应有足够的数据存储容量。

7.5 通　信

7.5.1 三级和四级生物安全实验室防护区内应设置必要的通信设备。

7.5.2 三级和四级生物安全实验室内与实验室外应有内部电话或对讲系统。安装对讲系统时，宜采用向内通话受控、向外通话非受控的选择性通话方式。

8 消　防

8.0.1 二级生物安全实验室的耐火等级不宜低于二级。

8.0.2 三级生物安全实验室的耐火等级不应低于二级。四级生物安全实验室的耐火等级应为一级。

8.0.3 四级生物安全实验室应为独立防火分区。三级和四级生物安全实验室共用一个防火分区时，其耐火等级应为一级。

8.0.4 生物安全实验室的所有疏散出口都应有消防疏散指示标志和消防应急照明措施。

8.0.5 三级和四级生物安全实验室吊顶材料的燃烧性能和耐火极限不应低于所在区域隔墙的要求。三级和四级生物安全实验室与其他部位隔开的防火门应为甲级防火门。

8.0.6 生物安全实验室应设置火灾自动报警装置和合适的灭火器材。

8.0.7 三级和四级生物安全实验室防护区不应设置自动喷水灭火系统和机械排烟系统，但应根据需要采取其他灭火措施。

8.0.8 独立于其他建筑的三级和四级生物安全实验室的送风、排风系统可不设置防火阀。

8.0.9 三级和四级生物安全实验室的防火设计应以保证人员能尽快安全疏散、防止病原微生物扩散为原则，火灾必须能从实验室的外部进行控制，使之不会蔓延。

9 施工要求

9.1 一般规定

9.1.1 生物安全实验室的施工应以生物安全防护为核心。三级和四级生物安全实验室施工应同时满足洁净室施工要求。

9.1.2 生物安全实验室施工应编制施工方案。

9.1.3 各道施工程序均应进行记录，验收合格后方可进行下道工序施工。

9.1.4 施工安装完成后，应进行单机试运转和系统的联合试运转及调试，作好调试记录，并应编写调试报告。

9.2 建筑装修

9.2.1 建筑装修施工应做到墙面平滑、地面平整、不易附着灰尘。

9.2.2 三级和四级生物安全实验室围护结构表面的所有缝隙应采取可靠的措施密封。

9.2.3 三级和四级生物安全实验室有压差梯度要求的房间应在合适位置设测压孔，平时应有密封措施。

9.2.4 生物安全实验室中各种台、架、设备应采取防倾倒措施，相互之间应保持一定距离。当靠地靠墙放置时，应用密封胶将靠地靠墙的边缝密封。

9.2.5 气密门宜直接与土建墙连接固定，与强度较差的围护结构连接固定时，应在围护结构上安装加强构件。

9.2.6 气密门两侧、顶部与围护结构的距离不宜小于200mm。

9.2.7 气密门门体和门框宜采用整体焊接结构，门体开闭机构宜设置有可调的铰链和锁扣。

9.3 空调净化

9.3.1 空调机组的基础对地面的高度不宜低于200mm。

9.3.2 空调机组安装时应调平，并作减振处理。各检查门应平整，密封条应严密。正压段的门宜向内开，负压段的门宜向外开。表冷段的冷凝水排水管上应设置水封和阀门。

9.3.3 送、排风管道的材料应符合设计要求，加工前应进行清洁处理，去掉表面油污和灰尘。

9.3.4 风管加工完毕后，应擦拭干净，并应采用薄膜把两端封住，安装前不得去掉或损坏。

9.3.5 技术夹层里的任何管道和设备穿过防护区时，贯穿部位应可靠密封。灯具箱与吊顶之间的孔洞应密封不漏。

9.3.6 送、排风管道宜隐蔽安装。

9.3.7 送、排风管道咬口连接的咬口缝均应用胶密封。

9.3.8 各类调节装置应严密，调节灵活，操作方便。

9.3.9 三级和四级生物安全实验室的排风高效过滤装置，应符合国家现行有关标准的规定，直到现场安装时方可打开包装。排风高效过滤装置的室内侧应有保护高效过滤器的措施。

9.4 实验室设备

9.4.1 生物安全柜、负压解剖台等设备在搬运过程中，不应横倒放置和拆卸，宜在搬入安装现场后拆开包装。

9.4.2 生物安全柜和负压解剖台背面、侧面与墙的距离不宜小于300mm，顶部与吊顶的距离不应小于300mm。

9.4.3 传递窗、双扉高压灭菌器、化学淋浴间等设施与实验室围护结构连接时，应保证箱体的严密性。

9.4.4 传递窗、双扉高压灭菌器等设备与轻体墙连接时，应在连接部位采取加固措施。

9.4.5 三级和四级生物安全实验室防护区内的传递窗和药液传递箱的腔体或门扇应整体焊接成型。

9.4.6 具有熏蒸消毒功能的传递窗和药液传递箱的内表面不应使用有机材料。

9.4.7 生物安全实验室内配备的实验台面应光滑、不透水、耐腐蚀、耐热和易于清洗。

9.4.8 生物安全实验室的实验台、架、设备的边角应以圆弧过渡，不应有突出的尖角、锐边、沟槽。

10 检测和验收

10.1 工程检测

10.1.1 三级和四级生物安全实验室工程应进行工程综合性能全面检测和评定，并应在施工单位对整个工程进行调整和测试后进行。对于压差、洁净度等环境参数有严格要求的二级生物安全实验室也应进行综合性能全面检测和评定。

10.1.2 有下列情况之一时，应对生物安全实验室进行综合性能全面检测并按本规范附录A进行记录：

1 竣工后，投入使用前。

2 停止使用半年以上重新投入使用。

3 进行大修或更换高效过滤器后。

4 一年一度的常规检测。

10.1.3 有生物安全柜、隔离设备等的实验室，首先应进行生物安全柜、动物隔离设备等的现场检测，确认性能符合要求后方可进行实验室性能的检测。

10.1.4 检测前应对全部送、排风管道的严密性进行确认。对于b2类的三级生物安全实验室和四级生物安全实验室的通风空调系统，应根据对不同管段和设备的要求，按现行国家标准《洁净室施工及验收规范》GB 50591的方法和规定进行严密性试验。

10.1.5 三级和四级生物安全实验室工程静态检测的必测项目应按表10.1.5的规定进行。

表10.1.5 三级和四级生物安全实验室工程静态检测的必测项目

项目	工况	执行条款
围护结构的严密性	送风、排风系统正常运行或将被测房间封闭	本规范第10.1.6条
防护区排风高效过滤器原位检漏——全检	大气尘或发人工尘	本规范第10.1.7条

续表 10.1.5

项　目	工　况	执行条款
送风高效过滤器检漏	送风、排风系统正常运行（包括生物安全柜）	本规范第10.1.8条
静压差	所有房门关闭，送风、排风系统正常运行	本规范第3.3.2、3.3.3和10.1.10条
气流流向	所有房门关闭，送风、排风系统正常运行	本规范第5.4.2和10.1.9条
室内送风量	所有房门关闭，送风、排风系统正常运行	本规范第3.3.2、3.3.3和10.1.10条
洁净度级别	所有房门关闭，送风、排风系统正常运行	本规范第3.3.2、3.3.3和10.1.10条
温度	所有房门关闭，送风、排风系统正常运行	本规范第3.3.2、3.3.3和10.1.10条
相对湿度	所有房门关闭，送风、排风系统正常运行	本规范第3.3.2、3.3.3和10.1.10条
噪声	所有房门关闭，送风、排风系统正常运行	本规范第3.3.2、3.3.3和10.1.10条
照度	无自然光下	本规范第3.3.2、3.3.3和10.1.10条
应用于防护区外的排风高效过滤器单元严密性	关闭高效过滤器单元所有通路并维持测试环境温度稳定	本规范第10.1.11条
工况验证	工况转换、系统启停、备用机组切换、备用电源切换以及电气、自控和故障报警系统的可靠性	本规范第10.1.12条

10.1.6 围护结构的严密性检测和评价应符合下列规定：

1 围护结构严密性检测方法应按现行国家标准《洁净室施工及验收规范》GB 50591和《实验室　生物安全通用要求》GB 19489的有关规定进行，围护结构的严密性应符合本规范表3.3.2的要求。

2 ABSL-3中b2类的主实验室应采用恒压法检测。

3 四级生物安全实验室的主实验室应采用压力衰减法检测，有条件的进行正、负压两种工况的检测。

4 对于BSL-3和ABSL-3中a类、b1类实验室可采用目测及烟雾法检测。

10.1.7 排风高效过滤器检漏的检测和评价应符合下列规定：

1 对于三级和四级生物安全实验室防护区内使用的所有排风高效过滤器应进行原位扫描法检漏。检漏用气溶胶可采用大气尘或人工尘，检漏采用的仪器包括粒子计数器或光度计。

2 对于既有实验室以及异型高效过滤器，现场确实无法扫描时，可进行高效过滤器效率法检漏。

3 检漏时应同时检测并记录过滤器风量，风量不应低于实际正常运行工况下的风量。

4 采用大气尘以及粒子计数器对排风过滤器直接扫描检漏时，过滤器上游粒径大于或等于0.5μm的含尘浓度不应小于4000pc/L，可采用的方法包括开启实验室各房门，保证实验室与室外相通，并关闭送风，只开排风；或关闭送排风系统，局部采用正压检漏风机。此时对于第一道过滤器，超过3pc/L，即判断为泄漏。具体方法应符合现行国家标准《洁净室施工及验收规范》GB 50591的有关规定。

5 当大气尘浓度不能满足要求时，可采用人工尘，过滤器上游采用人工尘作为检漏气溶胶时，应采取措施保证过滤器上游人工尘气溶胶的均匀和稳定，并应进行验证，具体验证方法应符合本规范附录D的规定。

6 采用人工尘光度计扫描法检漏时，应按现行国家标准《洁净室施工及验收规范》GB 50591的有关规定执行。且当采样探头对准被测过滤器出风面某一点静止检测时，测得透过率高于0.01%，即认为该点为漏点。

7 进行高效过滤器效率法检漏时，在过滤器上游引入人工尘，在下游进行测试，过滤器下游采样点所处断面应实现气溶胶均匀混合，过滤效率不应低于99.99%。具体方法应符合本规范附录D的规定。

10.1.8 送风高效过滤器检漏的检测和评价应符合下列规定：

1 三级生物安全实验中的b2类实验室和四级生物安全实验室所有防护区内使用的送风高效过滤器应

进行原位检漏，其余类型实验室的送风高效过滤器采用抽检。

2 检漏方法和评价标准应符合现行国家标准《洁净室施工及验收规范》GB 50591的有关规定，并宜采用大气尘和粒子计数器直接扫描法。

10.1.9 气流方向检测和评价应符合下列规定：

1 可采用目测法，在关键位置采用单丝线或用发烟装置测定气流流向。

2 评价标准：气流流向应符合本规范第5.4.2条的要求。

10.1.10 静压差、送风量、洁净度级别、温度、相对湿度、噪声、照度等室内环境参数的检测方法和要求应符合现行国家标准《洁净室施工及验收规范》GB 50591的有关规定。

10.1.11 在生物安全实验室防护区使用的排风高效过滤器单元的严密性应符合现行国家标准《实验室生物安全通用要求》GB 19489的有关规定，并应采用压力衰减法进行检测。

10.1.12 生物安全实验室应进行工况验证检测，有多个运行工况时，应分别对每个工况进行工程检测，并应验证工况转换时系统的安全性，除此之外还包括系统启停、备用机组切换、备用电源切换以及电气、自控和故障报警系统的可靠性验证。

10.1.13 竣工验收的检测可由施工单位完成，但不得以竣工验收阶段的调整测试结果代替综合性能全面评定。

10.1.14 三级和四级生物安全实验室投入使用后，应按本章要求进行每年例行的常规检测。

10.2 生物安全设备的现场检测

10.2.1 需要现场进行安装调试的生物安全设备包括生物安全柜、动物隔离设备、IVC、负压解剖台等。有下列情况之一时，应对该设备进行现场检测并按本规范附录B进行记录：

1 生物安全实验室竣工后，投入使用前，生物安全柜、动物隔离设备等已安装完毕。

2 生物安全柜、动物隔离设备等被移动位置后。

3 生物安全柜、动物隔离设备等进行检修后。

4 生物安全柜、动物隔离设备等更换高效过滤器后。

5 生物安全柜、动物隔离设备等一年一度的常规检测。

10.2.2 新安装的生物安全柜、动物隔离设备等，应具有合格的出厂检测报告，并应现场检测合格且出具检测报告后才可使用。

10.2.3 生物安全柜、动物隔离设备等的现场检测项目应符合表10.2.3的要求，其中第1项～5项中有一项不合格的不应使用。对现场具备检测条件的、从事高风险操作的生物安全柜和动物隔离设备应进行高效过滤器的检漏，检漏方法应按生物安全实验室高效过滤器的检漏方法执行。

表10.2.3 生物安全柜、动物隔离设备等的现场检测项目

项 目	工 况	执行条款	适用范围
垂直气流平均速度	正常运转状态	本规范第10.2.4条	Ⅱ级生物安全柜、单向流解剖台
工作窗口气流流向		本规范第10.2.5条	Ⅰ、Ⅱ级生物安全柜、开敞式解剖台
工作窗口气流平均速度		本规范第10.2.6条	
工作区洁净度		本规范第10.2.7条	Ⅱ级和Ⅲ级生物安全柜、动物隔离设备、解剖台
高效过滤器的检漏		本规范第10.2.10条	三级和四级生物安全实验室内使用的各级生物安全柜、动物隔离设备等必检，其余建议检测
噪声		本规范第10.2.8条	各类生物安全柜、动物隔离设备等
照度		本规范第10.2.9条	
箱体送风量		本规范第10.2.11条	Ⅲ级生物安全柜、动物隔离设备、IVC、手套箱式解剖台
箱体静压差		本规范第10.2.12条	Ⅲ级生物安全柜和动物隔离设备
箱体严密性		本规范第10.2.13条	Ⅲ级生物安全柜、动物隔离设备、手套箱式解剖台
手套口风速	人为摘除一只手套	本规范第10.2.14条	

10.2.4 垂直气流平均风速检测应符合下列规定：

检测方法：对于Ⅱ级生物安全柜等具备单向流的设备，在送风高效过滤器以下0.15m处的截面上，采用风速仪均匀布点测量截面风速。测点间距不大于0.15m，侧面距离侧壁不大于0.1m，每列至少测量3点，每行至少测量5点。

评价标准：平均风速不低于产品标准要求。

10.2.5 工作窗口的气流流向检测应符合下列规定：

检测方法：可采用发烟法或丝线法在工作窗口断面检测，检测位置包括工作窗口的四周边缘和中间区域。

评价标准：工作窗口断面所有位置的气流均明显向内，无外逸，且从工作窗口吸入的气流应直接吸入窗口外侧下部的导流格栅内，无气流穿越工作区。

10.2.6 工作窗口的气流平均风速检测应符合下列规定：

检测方法：1 风量罩直接检测法：采用风量罩测出工作窗口风量，再计算出气流平均风速。2 风速仪直接检测法：宜在工作窗口外接等尺寸辅助风管，用风速仪测量辅助风管断面风速，或采用风速仪直接测量工作窗口断面风速，采用风速仪直接测量时，每列至少测量3点，至少测量5列，每列间距不大于0.15m。3 风速仪间接检测法：将工作窗口高度调整为8cm高，在窗口中间高度均匀布点，每点间距不大于0.15m，计算工作窗口风量，计算出工作窗口正常高度（通常为 20cm 或 25cm）下的平均风速。

评价标准：工作窗口断面上的平均风速值不低于产品标准要求。

10.2.7 工作区洁净度检测应符合下列规定：

检测方法：采用粒子计数器在工作区检测。粒子计数器的采样口置于工作台面向上 0.2m 高度位置对角线布置，至少测量 5 点。

评价标准：工作区洁净度应达到 5 级。

10.2.8 噪声检测应符合下列规定：

检测方法：对于生物安全柜、动物隔离设备等应在前面板中心向外 0.3m，地面以上 1.1m 处用声级计测量噪声。对于必须和实验室通风系统同时开启的生物安全柜和动物隔离设备等，有条件的，应检测实验室通风系统的背景噪声，必要时进行检测值修正。

评价标准：噪声不应高于产品标准要求。

10.2.9 照度检测应符合下列规定：

检测方法：沿工作台面长度方向中心线每隔 0.3m 设置一个测量点。与内壁表面距离小于 0.15m 时，不再设置测点。

评价标准：平均照度不低于产品标准要求。

10.2.10 高效过滤器的检漏应符合下列规定：

检测方法：在高效过滤器上游引入大气尘或发人工尘，在过滤器下游采用光度计或粒子计数器进行检漏，具备扫描检漏条件的，应进行扫描检漏，无法扫描检漏的，应检测高效过滤器效率。

评价标准：对于采用扫描检漏高效过滤器的评价标准同生物安全实验室高效过滤器的检漏；对于不能进行扫描检漏，而采用检测高效过滤器过滤效率的，其整体透过率不应超过 0.005%。

10.2.11 Ⅲ级生物安全柜和动物隔离设备等非单向流送风设备的送风量检测应符合下列规定：

检测方法：在送风高效过滤器出风面 10cm～15cm 处或在进风口处测风速，计算风量。

评价标准：不低于产品设计值。

10.2.12 Ⅲ级生物安全柜和动物隔离设备箱体静压差检测应符合下列规定：

检测方法：测量正常运转状态下，箱体对所在实验室的相对负压。

评价标准：不低于产品设计值。

10.2.13 Ⅲ级生物安全柜和动物隔离设备严密性检测应符合下列规定：

检测方法：采用压力衰减法，将箱体抽真空或打正压，观察一定时间内的压差衰减，记录温度和大气压变化，计算衰减率。

评价标准：严密性不低于产品设计值。

10.2.14 Ⅲ级生物安全柜、动物隔离设备、手套箱式解剖台的手套口风速检测应符合下列规定：

检测方法：人为摘除一只手套，在手套口中心检测风速。

评价标准：手套口中心风速不低于 0.7m/s。

10.2.15 生物安全柜在有条件时，宜在现场进行箱体的漏泄检测，生物安全柜漏电检测，接地电阻检测。

10.2.16 生物安全柜的安装位置应符合本规范第 9.4.2 条中的相关要求。

10.2.17 有下列情况之一时，需要对活毒废水处理设备、高压灭菌锅、动物尸体处理设备等进行检测。

1 实验室竣工后，投入使用前，设备安装完毕。

2 设备经过检修后。

3 设备更换阀门、安全阀后。

4 设备年度常规检测。

10.2.18 活毒废水处理设备、高压灭菌锅、动物尸体处理设备等带有高效过滤器的设备应进行高效过滤器的检漏，且检测方法应符合本规范第 10.1.7 条的规定。

10.2.19 活毒废水处理设备、动物尸体处理设备等产生活毒废水的设备应进行活毒废水消毒灭菌效果的验证。

10.2.20 活毒废水处理设备、高压灭菌锅、动物尸体处理设备等产生固体污染物的设备应进行固体污染物消毒灭菌效果的验证。

10.3 工程验收

10.3.1 生物安全实验室的工程验收是实验室启用验收的基础，根据国家相关规定，生物安全实验室须由建筑主管部门进行工程验收合格，再进行实验室认可验收，生物安全实验室工程验收评价项目应符合附录 C 的规定。

10.3.2 工程验收的内容应包括建设与设计文件、施工文件和综合性能的评定文件等。

10.3.3 在工程验收前，应首先委托有资质的工程质检部门进行工程检测。

10.3.4 工程验收应出具工程验收报告。生物安全实验室应按本规范附录 C 规定的验收项目逐项验收，并应根据下列规定作出验收结论：

1 对于符合规范要求的，判定为合格；

2 对于存在问题，但经过整改后能符合规范要求的，判定为限期整改；

3 对于不符合规范要求，又不具备整改条件的，判定为不合格。

附录 A 生物安全实验室检测记录用表

A.0.1 生物安全实验室施工方自检情况、施工文件检查情况、生物安全柜检测情况、围护结构严密性检测情况应按表 A.0.1 进行记录。

A.0.2 生物安全实验室送风、排风高效过滤器检漏情况应按表 A.0.2 进行记录。

A.0.3 生物安全实验室房间静压差和气流流向的检测应按表 A.0.3 进行记录。

A.0.4 生物安全实验室风口风速或风量的检测应按表 A.0.4 进行记录。

A.0.5 生物安全实验室房间含尘浓度的检测应按表 A.0.5 进行记录。

A.0.6 生物安全实验室房间温度、相对湿度的检测应按表 A.0.6 进行记录。

A.0.7 生物安全实验室房间噪声的检测应按表 A.0.7 进行记录。

A.0.8 生物安全实验室房间照度的检测应按表 A.0.8 进行记录。

A.0.9 生物安全实验室配电和自控系统的检测应按表 A.0.9 进行记录。

表 A.0.1 生物安全实验室检测记录（一）

第 页 共 页

委托单位					
实验室名称					
施工单位					
监理单位					
检测单位					
检测日期		记录编号		检测状态	
检测依据					
施工单位自检情况					
施工文件检查情况					
生物安全设备检测情况					
三级和四级生物安全实验室围护结构严密性检查情况					

校核　　　　记录　　　　检验

表 A.0.2 生物安全实验室检测记录（二）

第 页 共 页

高效过滤器的检漏					
检测仪器名称		规格型号		编号	
检测前设备状况			检测后设备状况		
送风高效过滤器的检漏					
排风高效过滤器的检漏					

校核　　　　记录　　　　检验

表 A.0.3 生物安全实验室检测记录(三)

第 页 共 页

静压差检测					
检测仪器名称		规格型号		编号	
检测前设备状况	正常（ ） 不正常（ ）		检测后设备状况	正常（ ） 不正常（ ）	
检测位置			压差值(Pa)		备 注
气流流向检测					
方法					

校核　　　　记录　　　　检验

表 A.0.4 生物安全实验室检测记录（四）

第 页 共 页

<table>
<tr><td colspan="6">风口风速或风量</td></tr>
<tr><td>检测仪器名称</td><td></td><td>规格型号</td><td></td><td>编号</td><td></td></tr>
<tr><td>检测前设备状况</td><td colspan="2">正常（ ）不正常（ ）</td><td>检测后设备状况</td><td colspan="2">正常（ ）不正常（ ）</td></tr>
<tr><td>位置</td><td>风口</td><td>测点</td><td colspan="2">风速(m/s)或风量(m³/h)</td><td>备注</td></tr>
<tr><td></td><td></td><td></td><td colspan="2"></td><td></td></tr>
</table>

校核　　　　记录　　　　检验

表 A.0.5 生物安全实验室检测记录（五）

第 页 共 页

<table>
<tr><td colspan="6">含尘浓度</td></tr>
<tr><td>检测仪器名称</td><td></td><td>规格型号</td><td></td><td>编号</td><td></td></tr>
<tr><td>检测前设备状况</td><td colspan="2">正常（ ）不正常（ ）</td><td>检测后设备状况</td><td colspan="2">正常（ ）不正常（ ）</td></tr>
<tr><td>位置</td><td>测点</td><td>粒径</td><td colspan="2">含尘浓度(pc/　　)</td><td>备注</td></tr>
<tr><td></td><td></td><td></td><td colspan="2"></td><td></td></tr>
</table>

校核　　　　记录　　　　检验

表 A.0.6 生物安全实验室检测记录（六）

第 页 共 页

温度、相对湿度					
检测仪器名称		规格型号		编号	
检测前设备状况	正常（ ）不正常（ ）		检测后设备状况	正常（ ）不正常（ ）	

房间名称	温度(℃)	相对湿度(%)	备注
室外			

校核 记录 检验

表 A.0.7 生物安全实验室检测记录（七）

第 页 共 页

噪 声					
检测仪器名称		规格型号		编号	
检测前设备状况	正常（ ）不正常（ ）		检测后设备状况	正常（ ）不正常（ ）	

房间名称	测点	噪声［dB（A）］	备注

校核 记录 检验

表 A.0.8 生物安全实验室检测记录（八）

第 页 共 页

<table>
<tr><td colspan="6">照 度</td></tr>
<tr><td>检测仪器名称</td><td></td><td>规格型号</td><td></td><td>编号</td><td></td></tr>
<tr><td>检测前设备状况</td><td colspan="2">正常（ ）不正常（ ）</td><td>检测后设备状况</td><td colspan="2">正常（ ）不正常（ ）</td></tr>
<tr><td>房间名称</td><td>测点</td><td colspan="2">照度（lx）</td><td colspan="2">备注</td></tr>
<tr><td></td><td></td><td colspan="2"></td><td colspan="2"></td></tr>
</table>

校核　　记录　　检验

表 A.0.9 生物安全实验室检测记录（九）

第 页 共 页

不同工况转换时系统安全性验证
备用电源可靠性验证
压差报警系统可靠性验证
送、排风系统连锁可靠性验证
备用排风系统自动切换可靠性验证

校核　　记录　　检验

附录B 生物安全设备现场检测记录用表

B.0.1 厂家自检情况、安装情况的检测应按表B.0.1进行记录。

B.0.2 工作窗口气流流向情况、风速（或风量）的检测应按表B.0.2进行记录。

B.0.3 工作区含尘浓度、噪声、照度的检测应按表B.0.3进行记录。

B.0.4 排风高效过滤器的检漏、生物安全柜箱体的检漏、生物安全柜漏电检测、接地电阻检测等的检测应按表B.0.4进行记录。

B.0.5 Ⅲ级生物安全柜或动物隔离设备的压差、风量、手套口风速的检测应按表B.0.5进行记录。

B.0.6 Ⅲ级生物安全柜或动物隔离设备箱体密封性的检测应按表B.0.6进行记录。

表B.0.1 设备现场检测记录（一）

第 页 共 页

委托单位			
实验室名称			
检测单位			
检测日期		记录编号	
设备位置		生产厂家	
级别		型号	
出厂日期		序列号	
检测依据			
生产厂家自检情况			
安装情况			

校核　　　　记录　　　　检验

表 B.0.2 设备现场检测记录（二）

第 页 共 页

工作窗口气流流向										
检测方法										
风速（ ）风量（ ）										
检测仪器名称		规格型号				编号				
检测前设备状况	正常（ ）不正常（ ）			检测后设备状况			正常（ ）不正常（ ）			
工作窗口气流平均风速										
窗口上沿										
测点	1	4	7	10	13	16	19	22	25	28
风速（m/s）										
测点	2	5	8	11	14	17	20	23	26	29
风速（m/s）										
测点	3	6	9	12	15	18	21	24	27	30
风速（m/s）										
窗口下沿										
工作窗口风量				工作窗口尺寸						
工作区垂直气流平均风速										
工作区里侧										
测点	1	4	7	10	13	16	19	22	25	28
风速（m/s）										
测点	2	5	8	11	14	17	20	23	26	29
风速（m/s）										
测点	3	6	9	12	15	18	21	24	27	30
风速（m/s）										
工作区外侧										

校核　　　　　　　　记录　　　　　　　　检验

表 B.0.3 设备现场检测记录（三）

第 页 共 页

工作区含尘浓度					
检测仪器名称		规格型号		编号	
检测前设备状况	正常（ ）不正常（ ）	检测后设备状况		正常（ ）不正常（ ）	

测点	粒径	含尘浓度（pc/ ）	备注
1	≥0.5μm		
	≥5μm		
2	≥0.5μm		
	≥5μm		
3	≥0.5μm		
	≥5μm		
4	≥0.5μm		
	≥5μm		
5	≥0.5μm		
	≥5μm		

噪 声					
检测仪器名称		规格型号		编号	
检测前设备状况	正常（ ）不正常（ ）	检测后设备状况		正常（ ）不正常（ ）	
噪声［dB（A）］		背景噪声［dB（A）］			

照 度						
检测仪器名称		规格型号			编号	
检测前设备状况			检测后设备状况			
测点	1	2	3	4	5	6
照度（lx）						

校核　　　　　　　　　　　　　　记录　　　　　　　　　　　　　　检验

表 B.0.4 设备现场检测记录（四）

第 页 共 页

高效过滤器和箱体的检漏
漏电检测
接地电阻检测
其他

校核 记录 检验

表 B.0.5 设备现场检测记录（五）

第　页共　页

Ⅲ级生物安全柜或动物隔离设备压差					
检测仪器名称		规格型号		编号	
检测前设备状况	正常（ ）不正常（ ）		检测后设备状况	正常（ ）不正常（ ）	
压差值					

Ⅲ级生物安全柜或动物隔离设备风量										
检测仪器名称			规格型号				编号			
检测前设备状况	正常（ ）不正常（ ）				检测后设备状况			正常（ ）不正常（ ）		
送风过滤器平均风速										
测点	1	2	3	4	5	6	7	8	9	10
风速（m/s）										
测点	11	12	13	14	15	16	17	18	19	20
风速（m/s）										
过滤器尺寸				风量						
箱体尺寸				换气次数						

Ⅲ级生物安全柜或动物隔离设备手套口风速					
检测仪器名称		规格型号		编号	
检测前设备状况	正常（ ）不正常（ ）		检测后设备状况	正常（ ）不正常（ ）	
手套口位置					
中心风速（m/s）					

校核　　　　　　　　　　记录　　　　　　　　　　检验

表 B.0.6 设备现场检测记录（六）

第 页 共 页

Ⅲ级生物安全柜或动物隔离设备箱体严密性：压力衰减法								
检测仪器名称			规格型号			编号		
检测前设备状况	正常（ ）不正常（ ）			检测后设备状况		正常（ ）不正常（ ）		
测点	1	2	3	4	5	6	7	8
时间								
压力（Pa）								
大气压								
温度								
测点	9	10	11	12	13	14	15	16
时间								
压力（Pa）								
大气压								
温度								
测点	17	18	19	20	21	22	23	24
时间								
压力（Pa）								
大气压								
温度								
测点	25	26	27	28	29	30	31	32
时间								
压力（Pa）								
大气压								
温度								
泄漏率计算								

校核　　　　　　　　　　记录　　　　　　　　　　检验

附录C 生物安全实验室工程验收评价项目

C.0.1 生物安全实验室建成后，必须由工程验收专家组到现场验收，并应按本规范列出的验收项目，逐项验收。

C.0.2 生物安全实验室工程验收评价标准应符合表C.0.2的规定。

表C.0.2 生物安全实验室工程验收评价标准

标准类别	严重缺陷数	一般缺陷数
合格	0	<20%
限期整改	1～3	<20%
	0	≥20%
不合格	>3	0
	一次整改后仍未通过者	

注：表中的百分数是缺陷数相对于应被检查项目总数的比例。

C.0.3 生物安全实验室工程现场检查项目应符合表C.0.3的规定。

表C.0.3 生物安全实验室工程现场检查项目

章	序号	检查出的问题	评价		适用范围		
			严重缺陷	一般缺陷	二级	三级	四级
建筑、装修和结构	1	与建筑物其他部分相通，但未设可自动关闭的带锁的门		√	√		
	2	不满足排风间距要求：防护区室外排风口与周围建筑的水平距离小于20m	√			√	
	3	未在建筑物中独立的隔离区域内	√				√
	4	未远离市区		√			√
	5	主实验室所在建筑物离相邻建筑物或构筑物的距离小于相邻建筑物或构筑物高度的1.5倍		√			√
	6	未在入口处设置更衣室或更衣柜		√	√	√	√
	7	防护区的房间设置不满足工艺要求	√		√	√	√
	8	辅助区的房间设置不满足工艺要求		√	√	√	√
	9	ABSL-3中的b2类实验室和四级生物安全实验室未独立于其他建筑		√		√	√
	10	室内净高低于2.6m或设备层净高低于2.2m		√		√	√
	11	ABSL-4的动物尸体处理设备间和防护区污水处理设备间未设缓冲间		√			√
	12	设置生命支持系统的生物安全实验室，紧邻主实验室未设化学淋浴间	√			√	√
	13	防护区未设置安全通道和紧急出口或没有明显的标志	√			√	√
	14	防护区的围护结构未远离建筑外墙或主实验室未设置在防护区的中部		√		√	√
	15	建筑外墙作为主实验室的围护结构		√			√
	16	相邻区域和相邻房间之间未根据需要设置传递窗；传递窗两门未互锁或未设有消毒灭菌装置；其结构承压力及严密性不符合所在区域的要求；传递不能灭活的样本出防护区时，未采用具有熏蒸消毒功能的传递窗或药液传递箱	√			√	√

续表 C.0.3

章	序号	检查出的问题	评价		适用范围		
			严重缺陷	一般缺陷	二级	三级	四级
建筑、装修和结构	17	未在实验室或实验室所在建筑内配备高压灭菌器或其他消毒灭菌设备	√		√		
	18	防护区内未设置生物安全型双扉高压灭菌器	√			√	√
	19	生物安全型双扉高压灭菌器未考虑主体一侧的维护空间		√		√	√
	20	生物安全型双扉高压灭菌器主体所在房间为非负压		√			√
	21	生物安全柜和负压解剖台未布置于排风口附近或未远离房间门		√		√	√
	22	产生大动物尸体或数量较多的小动物尸体时，未设置动物尸体处理设备。动物尸体处理设备的投放口未设置在产生动物尸体的区域；动物尸体处理设备的投放口未高出地面或未设置防护栏杆		√		√	√
	23	未采用无缝的防滑耐腐蚀地面；踢脚未与墙面齐平或略缩进大于 2 mm～3mm；地面与墙面的相交位置及其他围护结构的相交位置，未作半径不小于 30mm 的圆弧处理		√		√	√
	24	墙面、顶棚的材料不易于清洁消毒、不耐腐蚀、起尘、开裂、不光滑防水，表面涂层不具有抗静电性能		√		√	√
	25	没有机械通风系统时，ABSL-2 中的 a 类、b1 类和 BSL-2 生物安全实验室未设置外窗进行自然通风或外窗未设置防虫纱窗；ABSL-2 中 b2 类实验室设外窗或观察窗未采用安全的材料制作		√	√		
	26	防护区设外窗或观察窗未采用安全的材料制作	√			√	√
	27	没有防止节肢动物和啮齿动物进入和外逃的措施	√		√	√	√
	28	ABSL-3 中 b2 类主实验室及其缓冲间和四级生物安全实验室主实验室及其缓冲间应采用气密门	√			√	√
	29	防护区内的顶棚上设置检修口	√			√	√
	30	实验室的入口，未明确标示出生物防护级别、操作的致病性生物因子等标识		√	√	√	√
	31	结构安全等级低于一级		√		√	
	32	结构安全等级低于一级	√				√
	33	抗震设防类别未按特殊设防类		√		√	
	34	抗震设防类别未按特殊设防类	√				√

续表 C.0.3

章	序号	检查出的问题	评价		适用范围		
			严重缺陷	一般缺陷	二级	三级	四级
建筑、装修和结构	35	地基基础未按甲级设计		√		√	
	36	地基基础未按甲级设计	√				√
	37	主体结构未采用混凝土结构或砌体结构体系		√		√	√
	38	吊顶作为技术维修夹层时，其吊顶的活荷载小于 0.75kN/m²	√			√	√
	39	对于吊顶内特别重要的设备未作单独的维修通道		√		√	√
空调、通风和净化	40	空调净化系统的划分不利于实验室消毒灭菌、自动控制系统的设置和节能运行		√	√	√	√
	41	空调净化系统的设计未考虑各种设备的热湿负荷		√	√	√	√
	42	送、排风系统的设计未考虑所用生物安全柜、动物隔离设备等的使用条件	√		√	√	√
	43	选用生物安全柜不符合要求	√		√	√	√
	44	b2 类实验室未采用全新风系统		√	√		
	45	未采用全新风系统	√			√	√
	46	主实验室的送、排风支管或排风机前未安装耐腐蚀的密闭阀或阀门严密性与所在管道严密性要求不相适应	√			√	√
	47	防护区内安装普通的风机盘管机组或房间空调器	√			√	√
	48	防护区不能对排风高效空气过滤器进行原位消毒和检漏	√			√	√
	49	防护区不能对送风高效空气过滤器进行原位消毒和检漏	√				√
	50	防护区远离空调机房		√	√	√	√
	51	空调净化系统和高效排风系统所用风机未选用风压变化较大时风量变化较小的类型		√	√	√	√
	52	空气净化系统送风过滤器的设置不符合本规范第 5.2.1 条的要求		√	√	√	√
	53	送风系统新风口的设置不符合本规范第 5.2.2 条的要求		√	√	√	√
	54	BSL-3 实验室未设置备用送风机		√		√	
	55	ABSL-3 实验室和四级生物安全实验室未设置备用送风机	√			√	√
	56	排风系统的设置不符合本规范第 5.3.1 条中第 1 款～第 5 款的规定	√			√	√
	57	排风未经过高效过滤器过滤后排放	√			√	√

续表 C.0.3

章	序号	检查出的问题	评价		适用范围		
			严重缺陷	一般缺陷	二级	三级	四级
	58	排风高效过滤器未设在室内排风口处或紧邻排风口处；排风高效过滤器的位置与排风口结构不易于对过滤器进行安全更换和检漏		✓		✓	✓
	59	防护区除在室内排风口处设第一道高效过滤器外，未在其后串联第二道高效过滤器	✓				✓
	60	防护区排风管道的正压段穿越房间或排风机未设于室外排风口附近		✓		✓	✓
	61	防护区未设置备用排风机或备用排风机不能自动切换或切换过程中不能保持有序的压力梯度和定向流	✓			✓	✓
	62	排风口未设置在主导风的下风向		✓		✓	✓
	63	排风口与新风口的直线距离不大于 12m；排风口不高于所在建筑物屋面 2m 以上	✓			✓	✓
	64	ABSL-4 的动物尸体处理设备间和防护区污水处理设备间的排风未经过高效过滤器过滤		✓			✓
	65	辅助工作区与室外之间未设一间正压缓冲室		✓		✓	✓
空调、通风和净化	66	实验室内各种设备的位置不利于气流由被污染风险低的空间向被污染风险高的空间流动，不利于最大限度减少室内回流与涡流	✓			✓	✓
	67	送风口和排风口布置不利于室内可能被污染空气的排出		✓	✓	✓	✓
	68	在生物安全柜操作面或其他有气溶胶产生地点的上方附近设送风口	✓		✓	✓	✓
	69	气流组织上送下排时，高效过滤器排风口下边沿离地面低于 0.1m 或高于 0.15m 或上边沿高度超过地面之上 0.6m；排风口排风速度大于 1m/s		✓	✓	✓	✓
	70	送、排风高效过滤器使用木制框架	✓		✓	✓	✓
	71	高效过滤器不耐消毒气体的侵蚀，防护区内淋浴间、化学淋浴间的高效过滤器不防潮；高效过滤器的效率低于现行国家标准《高效空气过滤器》GB/T 13554 中的 B 类	✓			✓	✓
	72	需要消毒的通风管道未采用耐腐蚀、耐老化、不吸水、易消毒灭菌的材料制作，未整体焊接	✓			✓	✓
	73	排风密闭阀未设置在排风高效过滤器和排风机之间；排风机外侧的排风管上室外排风口处未安装保护网和防雨罩		✓	✓	✓	✓
	74	空调设备的选用不满足本规范第 5.5.4 条的要求		✓	✓	✓	✓

续表 C.0.3

章	序号	检查出的问题	评价		适用范围		
			严重缺陷	一般缺陷	二级	三级	四级
给水排水与气体供给	75	给水、排水干管、气体管道的干管，未敷设在技术夹层内；防护区内与本区域无关管道穿越防护区		✓	✓	✓	✓
	76	引入防护区内的管道未明敷		✓		✓	✓
	77	防护区给水排水管道穿越生物安全实验室围护结构处未设可靠的密封装置或密封装置的严密性不能满足所在区域的严密性要求	✓		✓	✓	✓
	78	防护区管道系统渗漏、不耐压、不耐温、不耐腐蚀；实验室内没有足够的清洁、维护和维修明露管道的空间	✓		✓	✓	✓
	79	使用的高压气体或可燃气体，没有相应的安全措施	✓		✓	✓	✓
	80	防护区给水管道未采取设置倒流防止器或其他有效的防止回流污染的装置或这些装置未设置在辅助工作区	✓		✓	✓	✓
	81	ABSL-3 和四级生物安全实验室未设置断流水箱		✓		✓	✓
	82	化学淋浴系统中的化学药剂加压泵未设置备用泵或未设置紧急化学淋浴设备	✓			✓	✓
	83	防护区的给水管路未以主实验室为单元设置检修阀门和止回阀		✓		✓	✓
	84	实验室未设洗手装置或洗手装置未设置在靠近实验室的出口处		✓	✓		
	85	洗手装置未设在主实验室出口处或对于用水的洗手装置的供水未采用非手动开关		✓		✓	✓
	86	未设紧急冲眼装置	✓		✓	✓	✓
	87	ABSL-3 和四级生物安全实验室防护区的淋浴间未根据工艺要求设置强制淋浴装置	✓			✓	✓
	88	大动物生物安全实验室和需要对笼具、架进行冲洗的动物实验室未设必要的冲洗设备		✓	✓	✓	✓
	89	给水管路未涂上区别于一般水管的醒目的颜色		✓		✓	✓
	90	室内给水管材未采用不锈钢管、铜管或无毒塑料管等材料或管道未采用可靠的方式连接		✓	✓	✓	✓
	91	大动物房和解剖间等处的密闭型地漏不带活动网框或活动网框不易于取放及清理		✓		✓	✓
	92	防护区未根据压差要求设置存水弯和地漏的水封深度；构造内无存水弯的卫生器具与排水管道连接时，未在排水口以下设存水弯；排水管道水封处不能保证充满水或消毒液	✓			✓	✓

续表 C.0.3

章	序号	检查出的问题	评价		适用范围		
			严重缺陷	一般缺陷	二级	三级	四级
给水排水与气体供给	93	防护区的排水未进行消毒灭菌处理	✓			✓	✓
	94	主实验室未设独立的排水支管或独立的排水支管上未安装阀门		✓		✓	✓
	95	活毒废水处理设备未设在最低处		✓		✓	✓
	96	ABSL-2 防护区污水的灭菌装置未采用化学消毒或高温灭菌方式		✓	✓		
	97	防护区活毒废水的灭菌装置未采用高温灭菌方式；未在适当位置预留采样口和采样操作空间	✓			✓	✓
	98	防护区排水系统上的通气管口未单独设置或接入空调通风系统的排风管道	✓			✓	✓
	99	通气管口未设高效过滤器或其他可靠的消毒装置	✓			✓	✓
	100	辅助工作区的排水，未进行监测，未采取适当处理装置		✓		✓	✓
	101	防护区内排水管线未明设，未与墙壁保持一定距离		✓		✓	✓
	102	防护区排水管道未采用不锈钢或其他合适的管材、管件；排水管材、管件不满足强度、温度、耐腐蚀等性能要求	✓			✓	✓
	103	双扉高压灭菌器的排水未接入防护区废水排放系统	✓				✓
	104	气瓶未设在辅助工作区；未对供气系统进行监测		✓	✓	✓	✓
	105	所有供气管穿越防护区处未安装防回流装置，未根据工艺要求设置过滤器	✓		✓	✓	✓
	106	防护区设置的真空装置，没有防止真空装置内部被污染的措施；未将真空装置安装在实验室内	✓			✓	✓
	107	正压服型生物安全实验室未同时配备紧急支援气罐或紧急支援气罐的供气时间少于 60 min/人	✓			✓	✓
	108	供操作人员呼吸使用的气体的压力、流量、含氧量、温度、湿度、有害物质的含量等不符合职业安全的要求	✓		✓	✓	✓
	109	充气式气密门的压缩空气供应系统的压缩机未备用或供气压力和稳定性不符合气密门的供气要求	✓			✓	✓

续表 C.0.3

章	序号	检查出的问题	评价		适用范围		
			严重缺陷	一般缺陷	二级	三级	四级
电气	110	用电负荷低于二级		√	√		
	111	BSL-3实验室和ABSL-3中的a类和b1类实验室未按一级负荷供电时，未采用一个独立供电电源；特别重要负荷未设置应急电源；应急电源采用不间断电源的方式时，不间断电源的供电时间小于30min；应急电源采用不间断电源加自备发电机的方式时，不间断电源不能确保自备发电设备启动前的电力供应	√			√	
	112	ABSL-3中的b2类实验室和四级生物安全实验室未按一级负荷供电；特别重要负荷未同时设置不间断电源和自备发电设备作为应急电源；不间断电源不能确保自备发电设备启动前的电力供应	√			√	√
	113	未设有专用配电箱		√		√	√
	114	专用配电箱未设在该实验室的防护区外		√		√	√
	115	未设置足够数量的固定电源插座；重要设备未单独回路配电，未设置漏电保护装置		√	√	√	√
	116	配电管线未采用金属管敷设；穿过墙和楼板的电线管未加套管且未采用专用电缆穿墙装置；套管内未用不收缩、不燃材料密封		√		√	√
	117	室内照明灯具未采用吸顶式密闭洁净灯；灯具不具有防水功能		√		√	√
	118	未设置不少于30min的应急照明及紧急发光疏散指示标志	√			√	√
	119	实验室的入口和主实验室缓冲间入口处未设置主实验室工作状态的显示装置		√		√	√
	120	空调净化自动控制系统不能保证各房间之间定向流方向的正确及压差的稳定	√			√	√
	121	自控系统不具有压力梯度、温湿度、连锁控制、报警等参数的历史数据存储显示功能；自控系统控制箱未设于防护区外		√		√	√
	122	自控系统报警信号未分为重要参数报警和一般参数报警。重要参数报警为非声光报警和显示报警，一般参数报警为非显示报警。未在主实验室内设置紧急报警按钮	√			√	√
	123	有负压控制要求的房间入口位置，未安装显示房间负压状况的压力显示装置		√		√	√
	124	自控系统未预留接口		√	√	√	√

续表 C.0.3

章	序号	检查出的问题	评价		适用范围		
			严重缺陷	一般缺陷	二级	三级	四级
电气	125	空调净化系统启动和停机过程未采取措施防止实验室内负压值超出围护结构和有关设备的安全范围	√			√	√
	126	送风机和排风机未设置保护装置；送风机和排风机保护装置未将报警信号接入控制系统		√		√	√
	127	送风机和排风机未设置风压差检测装置；当压差低于正常值时不能发出声光报警		√		√	√
	128	防护区未设送风、排风系统正常运转的标志；当排风系统运转不正常时不能报警；备用排风机组不能自动投入运行，不能发出报警信号	√			√	√
	129	送风和排风系统未可靠连锁，空调通风系统开机顺序不符合第 5.3.1 条的要求	√			√	√
	130	当空调机组设置电加热装置时未设置送风机有风检测装置；在电加热段未设置监测温度的传感器；有风信号及温度信号未与电加热连锁	√		√	√	√
	131	空调通风设备不能自动和手动控制，应急手动没有优先控制权，不具备硬件连锁功能		√		√	√
	132	防护区室内外压差传感器采样管未配备与排风高效过滤器过滤效率相当的过滤装置		√			√
	133	未设置监测送风、排风高效过滤器阻力的压差传感器		√		√	√
	134	在空调通风系统未运行时，防护区送、排风管上的密闭阀未处于常闭状态		√		√	√
	135	实验室的建筑周围未设置安防系统		√			√
	136	未设门禁控制系统	√			√	√
	137	防护区内的缓冲间、化学淋浴间等房间的门未采取互锁措施	√			√	√
	138	在互锁门附近未设置紧急手动解除互锁开关。中控系统不具有解除所有门或指定门互锁的功能	√			√	√
	139	未设闭路电视监视系统		√		√	√
	140	未在生物安全实验室的关键部位设置监视器		√		√	√
	141	防护区内未设置必要的通信设备		√		√	√
	142	实验室内与实验室外没有内部电话或对讲系统		√		√	√

续表 C.0.3

章	序号	检查出的问题	评价		适用范围		
			严重缺陷	一般缺陷	二级	三级	四级
消防	143	耐火等级低于二级		√	√		
	144	耐火等级低于二级	√			√	
	145	耐火等级不为一级	√				√
	146	不是独立防火分区；三级和四级生物安全实验室共用一个防火分区，其耐火等级不为一级	√				√
	147	疏散出口没有消防疏散指示标志和消防应急照明措施		√	√	√	√
	148	吊顶材料的燃烧性能和耐火极限应低于所在区域隔墙的要求；与其他部位隔开的防火门不是甲级防火门	√			√	√
	149	生物安全实验室未设置火灾自动报警装置和合适的灭火器材	√			√	√
	150	防护区设置自动喷水灭火系统和机械排烟系统；未根据需要采取其他灭火措施	√			√	√
施工要求	151	围护结构表面的所有缝隙未采取可靠的措施密封	√			√	√
	152	有压差梯度要求的房间未在合适位置设测压孔；测压孔平时没有密封措施		√		√	√
	153	各种台、架、设备未采取防倾倒措施。当靠地靠墙放置时，未用密封胶将靠地靠墙的边缝密封		√	√	√	√
	154	与强度较差的围护结构连接固定时，未在围护结构上安装加强构件		√		√	√
	155	气密门两侧、顶部与围护结构的距离小于 200mm		√		√	√
	156	气密门门体和门框未采用整体焊接结构，门体开闭机构没有可调的铰链和锁扣		√		√	√
	157	空调机组的基础对地面的高度低于 200mm		√		√	√
	158	空调机组安装时未调平，未作减振处理；各检查门不平整，密封条不严密；正压段的门未向内开，负压段的门未向外开；表冷段的冷凝水排水管上未设置水封和阀门		√	√	√	√
	159	送风、排风管道的材料不符合设计要求，加工前未进行清洁处理，未去掉表面油污和灰尘		√	√	√	√
	160	风管加工完毕后，未擦拭干净，未用薄膜把两端封住，安装前去掉或损坏		√	√	√	√
	161	技术夹层里的任何管道和设备穿过防护区时，贯穿部位未可靠密封。灯具箱与吊顶之间的孔洞未密封不漏		√	√	√	√

续表 C.0.3

章	序号	检查出的问题	评价		适用范围		
			严重缺陷	一般缺陷	二级	三级	四级
施工要求	162	送、排风管道未隐蔽安装		√	√	√	√
	163	送、排风管道咬口连接的咬口缝未用胶密封		√		√	√
	164	各类调节装置不严密，调节不灵活，操作不方便		√	√	√	√
	165	排风高效过滤装置，不符合国家现行有关标准的规定。排风高效过滤装置的室内侧没有保护高效过滤器的措施	√			√	√
	166	生物安全柜、负压解剖台等设备在搬运过程中，横倒放置和拆卸		√	√	√	√
	167	生物安全柜和负压解剖台背面、侧面与墙的距离小于 300mm，顶部与吊顶的距离小于 300mm		√	√	√	√
	168	传递窗、双扉高压灭菌器、化学淋浴间等设施与实验室围护结构连接时，未保证箱体的严密性	√		√	√	√
	169	传递窗、双扉高压灭菌器等设备与轻体墙连接时，未在连接部位采取加固措施		√	√	√	√
	170	防护区内的传递窗和药液传递箱的腔体或门扇未整体焊接成型		√		√	√
	171	具有熏蒸消毒功能的传递窗和药液传递箱的内表面使用有机材料		√	√	√	√
	172	实验台面不光滑、透水、不耐腐蚀、不耐热和不易于清洗	√		√	√	√
	173	防护区配备的实验台未采用整体台面		√		√	√
	174	实验台、架、设备的边角未以圆弧过渡，有突出的尖角、锐边、沟槽		√	√	√	√
工程检测	175	围护结构的严密性不符合要求	√			√	√
	176	防护区排风高效过滤器原位检漏不符合要求	√			√	√
	177	送风高效过滤器检漏不符合要求		√		√	√
	178	静压差不符合要求	√			√	√
	179	气流流向不符合要求	√			√	√
	180	室内送风量不符合要求		√		√	√
	181	洁净度级别不符合要求		√		√	√

续表 C. 0. 3

章	序号	检查出的问题	评价		适用范围		
			严重缺陷	一般缺陷	二级	三级	四级
工程检测	182	温度不符合要求		✓		✓	✓
	183	相对湿度不符合要求		✓		✓	✓
	184	噪声不符合要求		✓		✓	✓
	185	照度不符合要求		✓		✓	✓
	186	应用于防护区外的排风高效过滤器单元严密性不符合要求	✓			✓	✓
	187	工况验证不符合要求	✓			✓	✓
	188	生物安全柜、动物隔离设备、IVC、负压解剖台等的检测不符合要求	✓			✓	✓
	189	活毒废水处理设备、高压灭菌锅、动物尸体处理设备等检测不符合要求	✓			✓	✓

附录 D　高效过滤器现场效率法检漏

D. 1　所需仪器、条件及要求

D. 1. 1　测试仪器应采用气溶胶光度计或最小检测粒径为 0. 3μm 的激光粒子计数器。

D. 1. 2　测试气溶胶应采用邻苯二甲酸二辛酯（DOP）、癸二酸二辛酯（DOS）、聚 α 烯烃（PAO）油性气溶胶物质等。

D. 1. 3　测试气溶胶发生器应采用单个或多个 Laskin（拉斯金）喷嘴压缩空气加压喷雾形式。

D. 2　上游气溶胶验证

D. 2. 1　上游气溶胶均匀性验证应符合下列要求：

1　应在过滤器上游测试段内，距过滤上游端面 30cm 距离内选择一断面，并在该断面上平均布置 9 个测试点（图 D. 2. 1）；

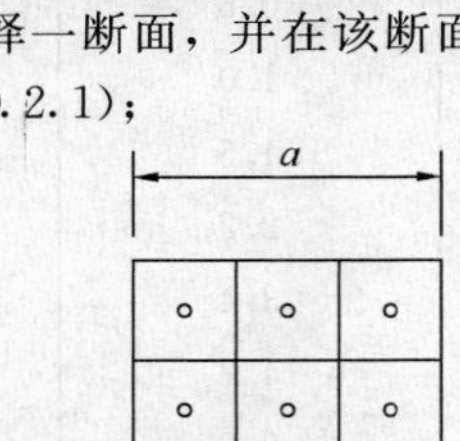

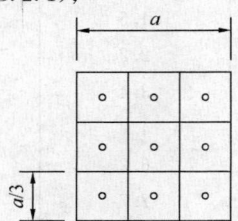

图 D. 2. 1　上游气溶胶均匀性测点布置图

2　应在气溶胶发生器稳定工作后，对每个测点依次进行至少连续 3 次采样，每次采样时间不应低于 1min，并应取三次采样的平均值作为该点的气溶胶浓度检测结果；

3　当所有 9 个测点的气溶胶浓度测试结果与各测点测试结果算术平均值偏差均小于±20%时，可判定过滤器上游气溶胶浓度均匀性满足测试需要。

D. 2. 2　上游气溶胶浓度测点应布置在浓度均匀性满足上述要求断面的中心点。

D. 2. 3　在上游气溶胶测试段中心点，连续进行 5 次，每次 1min 的上游测试气溶胶浓度采样，所有 5 个测试结果与算术平均值的偏差不超过 10%时，可判定上游气溶胶浓度稳定性合格。

D. 3　下游气溶胶均匀性验证

D. 3. 1　下游气溶胶均匀性验证可按下列两种方法之一进行：

1　可在过滤器背风面尽量接近过滤器处预留至少 4 个大小相同的发尘管，发尘管为直径不大于 10mm 的刚性金属管，孔口开向应与气流方向一致，发尘管的位置应位于过滤器边角处。应使用稳定工作的气溶胶发生器，分别依次对各发尘管注入气溶胶，而后在下游测试孔位置进行测试。所有 4 次测试结果均不超过 4 次测定结果算术平均值的±20%时，可认定过滤器下游气溶胶浓度均匀性满足测试需要。

2　可在过滤器下游（或混匀装置下游）适当距离处，选择一断面，在该断面上至少布置 9 个采样管，采样管为开口迎向气流流动方向的刚性金属管，管径应尽量符合常规采样仪器的等动力采样要求，其中 5 个采样管在中心和对角线上均匀布置，4 个采样管分别布置于矩形风道各边中心、距风道壁面 25mm 处（图 D.3.1a）。圆形风道采样管布置采用类似原则进行（图 D.3.1b）。应在气溶胶发生器稳定工作后（此时被测过滤器上游气溶胶浓度至少应为进行效率测试试验时下限浓度的 2 倍以上），对每个测点依次进行至少连续 3 次采样，每次采样时间不应少于 1min，并取其平均值作为该点的气溶胶浓度检测结果。当所有 9 个测点的气溶胶浓度测试结果与各测点测试结果算术平均值偏差均小于±20%时，可认为过滤器下游气溶胶浓度均匀性满足测试需要。

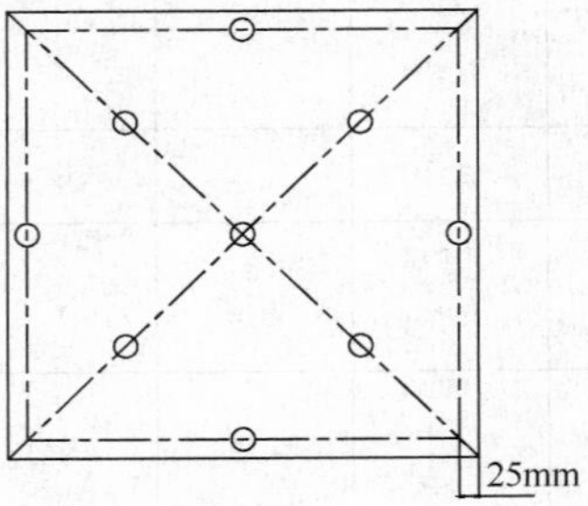

(a)矩形风道

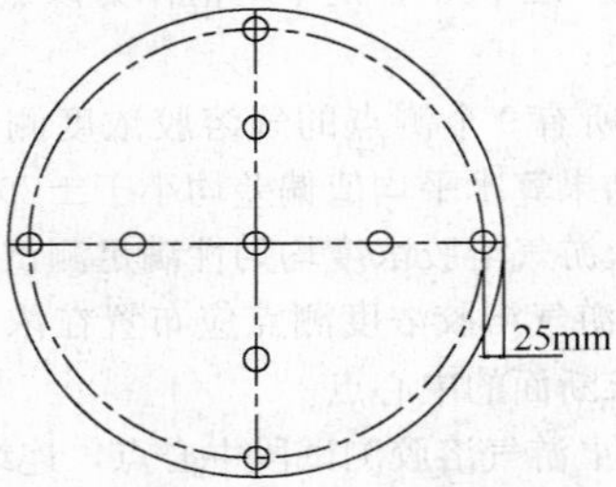

(b)圆形风道

图 D.3.1　下游气溶胶均匀性测点布置图

D.4　采用粒子计数器检测高效过滤器效率

D.4.1　应采用粒径为 0.3μm～0.5μm 的测试粒子。

D.4.2　测试过程应保证足够的下游气溶胶测试计数。下游气溶胶测试计数不宜小于 20 粒。上游气溶胶最小测试浓度应根据预先确认的下游最小气溶胶浓度和过滤器最大允许透过率计算得出，且上游气溶胶最小测试计数不宜低于 200000 粒。

D.4.3　采用粒子计数器检测高效过滤器效率可按下列步骤进行测试：

1　连接系统并运行：应将测试段严密连接至被测排风高效过滤风口，将气溶胶发生器及激光粒子计数器分别连接至相应的气溶胶注入口及采样口，但不开启。然后开启排风系统风机，调整并测试确认被测过滤器风量，使其风量在正常运行状态下且不得超过其额定风量，稳定运行一段时间。

2　背景浓度测试：不得开启气溶胶发生器，应采用激光粒子计数器测量此时过滤器下游背景浓度。背景浓度超过 35 粒/L 时，则应检查管道密封性，直至背景浓度满足要求。

3　上下游气溶胶浓度测试：应开启气溶胶发生器，采用激光粒子计数器分别测量此时过滤器上游气溶胶浓度 C_u 及下游气溶胶浓度 C_d，并应至少检测 3 次。

D.4.4　试验数据处理应符合下列规定：

1　过滤效率测试结果的平均值应根据 3 次实测结果按下式计算：

$$\overline{E}=\left(1-\frac{\overline{C_d}}{\overline{C_u}}\right)\times 100\% \qquad (D.4.4\text{-}1)$$

式中：$\overline{E}$——过滤效率测试结果的平均值；

$\overline{C_u}$——上游浓度的平均值；

$\overline{C_d}$——下游浓度平均值。

2　置信度为 95%的过滤效率下限值 $\overline{E}_{95\%min}$ 可按下式计算：

$$\overline{E}_{95\%min}=\left(1-\frac{\overline{C}_{d,95\%max}}{\overline{C}_{u,95\%min}}\right)\times 100\% \qquad (D.4.4\text{-}2)$$

式中：$\overline{E}_{95\%min}$——置信度为 95%的过滤效率下限值；

$\overline{C}_{u,95\%min}$——上游平均浓度 95%置信下限，可根据上游浓度的平均值 $\overline{C_u}$ 查表 D.4.4 取值，也可计算得出；

$\overline{C}_{d,95\%max}$——下游平均浓度 95%置信上限，可根据下游浓度平均值 $\overline{C_d}$，查表 D.4.4 取值，也可计算得出。

表 D.4.4　置信度为 95%的粒子计数置信区间

粒子数（浓度） C	置信下限 95%min	置信上限 95%max
0	0.0	3.7
1	0.1	5.6
2	0.2	7.2
3	0.6	8.8
4	1.0	10.2
5	1.6	11.7
6	2.2	13.1
8	3.4	15.8
10	4.7	18.4
12	6.2	21.0
14	7.7	23.5
16	9.4	26.0
18	10.7	28.4
20	12.2	30.8
25	16.2	36.8
30	20.2	42.8

续表 D.4.4

粒子数（浓度） C	置信下限 95%min	置信上限 95%max
35	24.4	48.7
40	28.6	54.5
45	32.8	60.2
50	37.1	65.9
55	41.4	71.6
60	45.8	77.2
65	50.2	82.9
70	54.6	88.4
75	59.0	94.0
80	63.4	99.6
85	67.9	105.1
90	72.4	110.6
95	76.9	116.1
100	81.4	121.6
n（$n>100$）	$n-1.96\sqrt{n}$	$n+1.96\sqrt{n}$

注：本表为依据泊松分布，置信度为95%的粒子计数置信区间。

D.4.5 被测高效空气过滤器在 0.3μm～0.5μm 间实测计数效率的平均值 $\overline{E}$ 以及置信度为 95%的下限效率 $\overline{E}_{95\%min}$ 均不低于 99.99%时，应评定为符合标准。

D.4.6 过滤器下游浓度无法达到 20 粒时，可采用下列方法：

1 首先应测试过滤器上游气溶胶浓度 C_u，并应根据表 D.4.4 计算上游 95%置信下限的粒子浓度 $C_{u,95\%min}$。

2 应根据上游 95%置信下限的粒子浓度 $C_{u,95\%min}$和过滤器最大允许透过率（0.01%），计算下游允许最大浓度，再根据表 D.4.4 查得或计算下游允许最大浓度的 95%置信下限浓度 $C_{d,95\%min}$。

3 测试过滤器下游气溶胶浓度 C_d 时，可适当延长采样时间，并应至少检测 3 次，计算平均值 $\overline{C_d}$。

4 $\overline{C_d} < C_{d,95\%min}$ 时，则应认为过滤器无泄漏，符合要求，反之则不符合要求。

D.5 采用光度计检测高效过滤器效率

D.5.1 上游气溶胶应符合下列要求：

1 上游气溶胶喷雾量不应低于 50mg/min；

2 计数中值粒径可为约 0.4μm，质量中值粒径可为 0.7μm，浓度可为 10μg/L～90μg/L。

D.5.2 采用光度计检测高效过滤器效率可按下列步骤进行测试：

1 连接系统并运行：应将测试段严密连接至被测排风高效过滤风口，将气溶胶发生器及光度计分别连接至相应的气溶胶注入口及采样口，但不开启。然后开启排风系统风机，调整并测试确认被测过滤器风量，使其风量在正常运行状态下且不得超过其额定风量，稳定运行一段时间。

2 上、下游气溶胶浓度测试：应开启气溶胶发生器，测定此时的上游气溶胶浓度，气溶胶浓度满足测试需要时，则应将此时的气溶胶浓度设定为100%，测量此时过滤器下游与上游气溶胶浓度之比。应至少检测 3min，读取每分钟内的平均读数。

D.5.3 应将下游各测点实测过滤效率计算平均值，作为被测过滤器的过滤效率测试结果。

D.5.4 被测高效空气过滤器实测光度计法过滤效率不低于 99.99%时，应评定为符合标准。

本规范用词说明

1 为便于在执行本规范条文时区别对待，对要求严格程度不同的用词说明如下：

1）表示很严格，非这样做不可的：
正面词采用“必须”，反面词采用“严禁”；

2）表示严格，在正常情况下均应这样做的：
正面词采用“应”，反面词采用“不应”或“不得”；

3）表示允许稍有选择，在条件许可时首先应这样做的：
正面词采用“宜”，反面词采用“不宜”；

4）表示有选择，在一定条件下可以这样做的，采用“可”。

2 条文中指明应按其他有关标准执行的写法为：“应符合……的规定”或“应按……执行”。

引用标准名录

1 《建筑地基基础设计规范》GB 50007
2 《建筑结构可靠度设计统一标准》GB 50068
3 《建筑抗震设防分类标准》GB 50223
4 《实验动物设施建筑技术规范》GB 50447
5 《洁净室施工及验收规范》GB 50591
6 《高效空气过滤器》GB/T 13554
7 《实验室　生物安全通用要求》GB 19489

中华人民共和国国家标准

生物安全实验室建筑技术规范

GB 50346—2011

条 文 说 明

修 订 说 明

《生物安全实验室建筑技术规范》GB 50346－2011经住房和城乡建设部2011年12月5日以第1214号公告批准、发布。

本规范是在原国家标准《生物安全实验室建筑技术规范》GB 50346－2004的基础上修订而成的，上一版的主编单位是中国建筑科学研究院，参编单位是中国疾病预防控制中心、中国医学科学院、农业部全国畜牧兽医总站、中国建筑技术集团有限公司、北京市环境保护科学研究院、同济大学、公安部天津消防科学研究所、上海特莱仕千思板制造有限公司，主要起草人员是王清勤、许钟麟、卢金星、秦川、陈国胜、张益昭、张彦国、蒋岩、何星海、邓曙光、沈晋明、余詠霆、倪照鹏、姚伟毅。本次修订的主要技术内容是：1. 增加了生物安全实验室的分类：a类指操作非经空气传播生物因子的实验室，b类指操作经空气传播生物因子的实验室；2. 增加了ABSL-2中的b2类主实验室的技术指标；3. 三级生物安全实验室的选址和建筑间距修订为满足排风间距要求；4. 增加了三级和四级生物安全实验室防护区应能对排风高效空气过滤器进行原位消毒和检漏；5. 增加了四级生物安全实验室防护区应能对送风高效空气过滤器进行原位消毒和检漏；6. 增加了三级和四级生物安全实验室防护区设置存水弯和地漏的水封深度的要求；7. 将ABSL-3中的b2类实验室的供电提高到必须按一级负荷供电；8. 增加了三级和四级生物安全实验室吊顶材料的燃烧性能和耐火极限不应低于所在区域隔墙的要求；9. 增加了独立于其他建筑的三级和四级生物安全实验室的送排风系统可不设置防火阀；10. 增加了三级和四级生物安全实验室的围护结构的严密性检测；11. 增加了活毒废水处理设备、高压灭菌锅、动物尸体处理设备等带有高效过滤器的设备应进行高效过滤器的检漏；12. 增加了活毒废水处理设备、动物尸体处理设备等进行污染物消毒灭菌效果的验证。

本规范修订过程中，编制组进行了广泛的调查研究，总结了生物安全实验室工程建设的实践经验，同时参考了国外先进技术法规、技术标准，通过试验取得了重要技术参数。

为便于广大设计、施工、科研、学校等单位有关人员在使用本规范时能正确理解和执行条文规定，《生物安全实验室建筑技术规范》编制组按章、节、条顺序编制了本规范的条文说明，对条文规定的目的、依据以及执行中需注意的有关事项进行了说明，还着重对强制性条文的强制性理由作了解释。但是，本条文说明不具备与规范正文同等的法律效力，仅供使用者作为理解和把握规范规定的参考。

目　次

1　总则 …………………………… 1—24—45
2　术语 …………………………… 1—24—45
3　生物安全实验室的分级、分类和技术指标 …………………………… 1—24—46
3.1　生物安全实验室的分级 ……… 1—24—46
3.2　生物安全实验室的分类 ……… 1—24—46
3.3　生物安全实验室的技术指标 …… 1—24—46
4　建筑、装修和结构 ……………… 1—24—46
4.1　建筑要求 …………………… 1—24—46
4.2　装修要求 …………………… 1—24—47
4.3　结构要求 …………………… 1—24—48
5　空调、通风和净化 ……………… 1—24—48
5.1　一般规定 …………………… 1—24—48
5.2　送风系统 …………………… 1—24—49
5.3　排风系统 …………………… 1—24—49
5.4　气流组织 …………………… 1—24—50
5.5　空调净化系统的部件与材料 …… 1—24—50
6　给水排水与气体供应 …………… 1—24—51
6.1　一般规定 …………………… 1—24—51
6.2　给水 ……………………… 1—24—51
6.3　排水 ……………………… 1—24—52
6.4　气体供应 …………………… 1—24—53
7　电气 ………………………… 1—24—53
7.1　配电 ……………………… 1—24—53
7.2　照明 ……………………… 1—24—53
7.3　自动控制 …………………… 1—24—54
7.4　安全防范 …………………… 1—24—55
7.5　通信 ……………………… 1—24—55
8　消防 ………………………… 1—24—55
9　施工要求 ……………………… 1—24—56
9.1　一般规定 …………………… 1—24—56
9.2　建筑装修 …………………… 1—24—56
9.3　空调净化 …………………… 1—24—57
9.4　实验室设备 ………………… 1—24—57
10　检测和验收 …………………… 1—24—57
10.1　工程检测 ………………… 1—24—57
10.2　生物安全设备的现场检测 …… 1—24—58
10.3　工程验收 ………………… 1—24—59

1 总 则

1.0.1 《生物安全实验室建筑技术规范》GB 50346自2004年发布以来，对于我国生物安全实验室的建设起到了重大的推动作用。经过几年的发展，我国在生物安全实验室建设方面已取得很多自己的科技成果，因此，如何参照国外先进标准，结合国内外先进经验和理论成果，使我国的生物安全实验室建设符合我国的实际情况，真正做到安全、规范、经济、实用，是制定和修订本规范的根本目的。

1.0.2 本条规定了本规范的适用范围。对于进行放射性和化学实验的生物安全实验室的建设还应遵循相应规范的规定。

1.0.3 设计和建设生物安全实验室，既要考虑初投资，也要考虑运行费用。针对具体项目，应进行详细的技术经济分析。生物安全实验室保护对象，包括实验人员、周围环境和操作对象三个方面。目前国内已建成的生物安全实验室中，出现施工方现场制作的不合格产品、采用无质量合格证的风机、高效过滤器也有采用非正规厂家生产的产品等，生物安全难以保证。因此，对生物安全实验室中采用的设备、材料必须严格把关，不得迁就，必须采用绝对可靠的设备、材料和施工工艺。

本规范的规定是生物安全实验室设计、施工和检测的最低标准。实际工程各项指标可高于本规范要求，但不得低于本规范要求。

1.0.4 生物安全实验室工程建筑条件复杂，综合性强，涉及面广。由于国家有关部门对工程施工和验收制定了很多国家和行业标准，本规范不可能包括所有的规定。因此在进行生物安全实验室建设时，要将本规范和其他有关现行国家和行业标准配合使用。例如：

《实验动物设施建筑技术规范》GB 50447

《实验动物 环境与设施》GB 14925

《洁净室施工及验收规范》GB 50591

《大气污染物综合排放标准》GB 16297

《建筑工程施工质量验收统一标准》GB 50300

《建筑装饰装修工程质量验收规范》GB 50210

《洁净厂房设计规范》GB 50073

《公共建筑节能设计标准》GB 50189

《建筑节能工程施工质量验收规范》GB 50411

《医院洁净手术部建筑技术规范》GB 50333

《医院消毒卫生标准》GB 15982

《建筑结构可靠度设计统一标准》GB 50068

《建筑抗震设防分类标准》GB 50223

《建筑地基基础设计规范》GB 50007

《建筑给水排水设计规范》GB 50015

《建筑给水排水及采暖工程施工质量验收规范》GB 50242

《污水综合排放标准》GB 8978

《医院消毒卫生标准》GB 15982

《医疗机构水污染物排放要求》GB 18466

《压缩空气站设计规范》GB 50029

《通风与空调工程施工质量验收规范》GB 50243

《采暖通风与空气调节设计规范》GB 50019

《民用建筑工程室内环境污染控制规范》GB 50325

《建筑电气工程施工质量验收规范》GB 50303

《供配电系统设计规范》GB 50052

《低压配电设计规范》GB 50054

《建筑照明设计标准》GB 50034

《智能建筑工程质量验收规范》GB 50339

《建筑内部装修设计防火规范》GB 50222

《高层民用建筑设计防火规范》GB 50045

《建筑设计防火规范》GB 50016

《火灾自动报警系统设计规范》GB 50116

《建筑灭火器配置设计规范》GB 50140

《实验室 生物安全通用要求》GB 19489

《高效空气过滤器性能实验方法 效率和阻力》GB/T 6165

《高效空气过滤器》GB/T 13554

《空气过滤器》GB/T 14295

《民用建筑电气设计规范》JGJ 16

《医院中心吸引系统通用技术条件》YY/T 0186

《生物安全柜》JG 170

2 术 语

2.0.1 一级屏障主要包括各级生物安全柜、动物隔离设备和个人防护装备等。

2.0.2 二级屏障主要包括建筑结构、通风空调、给水排水、电气和控制系统。

2.0.3 辅助用房包括空调机房、洗消间、更衣间、淋浴间、走廊、缓冲间等。

2.0.6 实验操作间通常有生物安全柜、IVC、动物隔离设备、解剖台等。主实验室的概念是为了区别经常提到的“生物安全实验室”、“P3实验室”等。本规范中提到的“生物安全实验室”是包含主实验室及其必需的辅助用房的总称。主实验室在《实验室 生物安全通用要求》GB 19489标准中也称核心工作间。

2.0.7 三级和四级生物安全实验室防护区的缓冲间一般设置空调净化系统，一级和二级生物安全实验室根据工艺需求来确定，不一定设置空调净化系统。

2.0.10 对于三级和四级生物安全实验室对于围护结构严密性需要打压的房间一般采用气密门，防护区内的其他房间可采用密封要求相对低的密闭门。

2.0.11 生物安全实验室一般包括防护区内的排水。

2.0.12、2.0.13 关于空气洁净度等级的规定采用与国际接轨的命名方式，7 级相当于 1 万级，8 级相当于 10 万级。根据《洁净厂房设计规范》GB 50073 的规定，洁净度等级可选择两种控制粒径。对于生物安全实验室，应选择 0.5μm 和 5μm 作为控制粒径。

2.0.14 生物安全实验室在进行设计建造时，根据不同的使用需要，会有不同设计的运行状态，如生物安全柜、动物隔离设备等常开或间歇运行，多台设备随机启停等。实验对象包括实验动物、实验微生物样本等。

3 生物安全实验室的分级、分类和技术指标

3.1 生物安全实验室的分级

3.1.1 生物安全实验室区域划分由本规范 2004 版的三个区域（清洁区、半污染区和污染区）改为两个区（防护区和辅助工作区），本版中的防护区相当于本规范 2004 版的污染区和半污染区；辅助工作区基本等同于清洁区。本规范的主实验室相当于《实验室　生物安全通用要求》GB 19489－2008 的核心工作间。防护区包括主实验室、主实验室的缓冲间等；辅助工作区包括自控室、洗消间、洁净衣物更换间等。

3.1.2 参照世界卫生组织的规定以及其他国内外的有关规定，同时结合我国的实际情况，把生物安全实验室分为四级。为了表示方便，以 BSL（英文 Biosafety Level 的缩写）表示生物安全等级；以 ABSL（A 是 Animal 的缩写）表示动物生物安全等级。一级生物安全实验室对生物安全防护的要求最低，四级生物安全实验室对生物安全防护的要求最高。

3.2 生物安全实验室的分类

3.2.1 生物安全实验室分类是本次修订的重要内容。针对实验活动差异、采用的个体防护装备和基础隔离设施不同，对实验室加以分类，使实验室的分类更加清晰。

a 类型实验室相当于《实验室　生物安全通用要求》GB 19489－2008 中 4.4.1 规定的类型；b1 相当于《实验室　生物安全通用要求》GB 19489－2008 中 4.4.2 规定的类型；b2 相当于《实验室　生物安全通用要求》GB 19489－2008 中 4.4.3 规定的类型。《实验室　生物安全通用要求》GB 19489－2008 中 4.4.4 类型为使用生命支持系统的正压服操作常规量经空气传播致病性生物因子的实验室，在 b1 类或 b2 类型实验室中均有可能使用到，本规范中没有作为一类单独列出。

3.2.2 本条对四级生物安全实验室又进行了详细划分，即细分为生物安全柜型、正压服型两种，对每种的特点进行了描述。

3.3 生物安全实验室的技术指标

3.3.2 本条规定了生物安全主实验室二级屏障的主要技术指标。由于动物实验产生致病因子更多，故对压差的要求也高于微生物实验室。对于三级和四级生物安全实验室，由于工作人员身穿防护服，夏季室内设计温度不宜太高。

表 3.3.2 和表 3.3.3 中的负压值、围护结构严密性参数要求指实际运行的最低值，设计或调试时应考虑余量。

表中对温度的要求为夏季不超过高限，冬季不低于低限。

另外对于二级生物安全实验室，为保护实验环境，延长生物安全柜的使用寿命，可采用机械通风，并加装过滤装置的方式。二级生物安全实验室如果采用机械通风系统，应保证主实验室及其缓冲间相对大气为负压，并保证气流从辅助区流向防护区，主实验室相对大气压力最低。

本条款中主实验室的主要技术指标增加了围护结构严密性要求，这主要来源于《实验室　生物安全通用要求》GB 19489－2008。

3.3.3 本条规定了三级和四级生物安全实验室其他房间的主要技术指标。三级和四级生物安全实验室，从防护区到辅助工作区每相邻房间或区域的压力梯度应达到规范要求，主要是为了保证不同区域之间的气流流向。

3.3.4 本条主要针对动物生物安全实验室，为了节约运行费用，设计时一般应考虑值班运行状态。值班运行状态也应保证各房间之间的压差数值和梯度保持不变。值班换气次数可以低于表 3.3.2 和表 3.3.3 中规定的数值，但应通过计算确定。

3.3.5 有些生物安全实验室，根据操作对象和实验工艺的要求，对空气洁净度级别会有特殊要求，相应地空气换气次数也应随之变化。

4 建筑、装修和结构

4.1 建筑要求

4.1.1 本条对生物安全实验室的平面位置和选址作出了规定。

三级生物安全实验室与公共场所和居住建筑距离的确定，是根据污染物扩散并稀释的距离计算得来。本条款对三级生物安全实验室具体要求由原规范“距离公共场所和居住建筑至少 20m”改为本规范“防护区室外排风口与公共场所和居住建筑的水平距离不应小于 20m”，即满足了生物安全的要求，便于一些改造项目的实施。

为防止相邻建筑物或构筑物倒塌、火灾或其他意

外对生物安全实验室造成威胁，或妨碍实施保护、救援等作业，故要求四级生物安全实验室需要与相邻建筑物或构筑物保持一定距离。

4.1.2 生物安全实验室应在入口处设置更衣室或更衣柜是为了便于将个人服装和实验室工作服分开。三、四级生物实验室通常在清洁衣物更换间内设置更衣柜，放置个人衣服。

4.1.3 BSL-3 中 a 类实验室是操作非经气溶胶传染的微生物实验，相对 b1 类实验室风险较低。所以对 BSL-3 中 a 类实验室中主实验室的缓冲间和防护服更换间可共用。

4.1.4 ABSL-3 实验室还要考虑动物、饲料垫料等物品的进出。

如果动物饲养间同时设置进口和出口，应分别设置缓冲间。动物入口根据需要可在辅助工作间设置动物检疫隔离室，用于对进入防护区前动物的检疫隔离。洁净物品入口的高压灭菌器可以不单独设置，和污物出口的共用，根据实验室管理和经济条件设置。污物暂存间根据工艺要求可不设置。

4.1.5 四级实验室是生物风险级别最高的实验室，对二级屏障要求最严格。

4.1.6 本条是考虑使用的安全性和使用功能的要求。与 ABSL-3 中的 b2 类实验室和四级生物安全可以与二级、三级生物安全实验室等直接相关用房设在同一建筑内，但不应和其他功能的房间合在一个建筑中。

4.1.7 三级和四级生物安全实验室的室内净高规定是为了满足生物安全柜等设备的安装高度和检测、检修要求，以及已经发生的因层高不够而卸掉设备脚轮的情况，对实验室高度作出了规定。

三级和四级生物安全实验室应考虑各种通风空调管道、污水管道、空调机房、污水处理设备间的空间和高度，实验室上、下设备层层高规定不宜低于 2.2m。目前国外大部分三、四级实验室都是设计为“三层”结构，即实验室上层设备层包括通风空调管道、通风空调设备、空调机房等，下层设备层包括污水管道、污水处理设备间等。国内已建成的三级实验室中大多没有考虑设备层空间，一方面是利用旧建筑改造没有条件；另一方面由于层高超过 2.2m 的设备层计入建筑面积，部分实验室设备层低于 2.2m，导致目前国内已建成实验室设备维护和管理困难的局面。所以，在本规范中增加本条，希望建筑主管部门审批生物安全实验室这种特殊建筑时，可以进行特殊考虑。

4.1.8 本条款规定了三级和四级生物安全实验室人流路线的设置的原则。例如：不同区域（防护区或辅助工作区）的淋浴间的压力要求和排水处理要求不同。BSL-3 实验室淋浴间属于辅助工作区。

4.1.9 ABSL-4 的动物尸体处理设备间和防护区污水处理设备间在正常使用情况下是安全的，但设备间排水管道和阀门较多，出现故障泄漏的可能性加大，加上 ABSL-4 的高危险性，所以要求设置缓冲间。

4.1.10 设置生命支持系统的生物安全实验室，操作人员工作时穿着正压防护服。设置化学淋浴间是为了操作人员离开时，对正压防护服表面进行消毒，消毒后才能脱去。

4.1.13 药液传递箱俗称渡槽。本条对传递窗性能作出了要求，但对是否设置传递窗不作强制要求。三级和四级生物安全实验室的双扉高压灭菌器对活体组织、微生物和某些材料制造的物品具有灭活或破坏作用，在这种情况下就只能使用具有熏蒸消毒功能的传递窗或者带有药液传递箱来传递。带有消毒功能的传递窗需要连接消毒设备，在对实验室整体设计时，应考虑到消毒设备的空间要求。药液传递箱要考虑消毒剂更换的操作空间要求。

4.1.14 本条解释了生物安全实验室配备高压灭菌器的原则。三级生物安全实验室防护区内设置的生物安全型双扉高压灭菌器，其主体所在房间一般位于为清洁区。四级生物安全实验室主实验室内设置生物安全型高压灭菌器，主体置于污染风险较低的一侧。

4.1.15 三级和四级生物安全实验室的生物安全柜和负压解剖台布置于排风口附近即室内空气气流方向的下游，有利于室内污染物的排除。不布置在房间门附近是为了减少开关门和人员走动对气流的影响。

4.1.16 双扉高压灭菌器等消毒灭菌设备并非为处理大量动物尸体而设计，除了处理能力有限外，处理后的动物尸体的体积、重量没有缩减，后续的处理工作仍非常不便。当实验室日常活动产生较多数量的带有病原微生物的动物尸体时，应考虑设置专用的动物尸体处理设备。

动物尸体处理设备一般具有消毒灭菌措施、清洗消毒措施、减量排放和密闭隔离功能。动物尸体处理设备最重要的功能是能够对动物尸体消毒灭菌，采用的方式有焚烧、湿热灭菌等。设备应尽量避免固液混合排放，以减轻动物尸体残渣二次处理的难度。设备应具有清洗消毒功能，以便在设备维护或故障时，对设备本身进行无害化处理。

解剖后的动物尸体带有血液、暴露组织、器官等污染源，具有很高的生物危险物质扩散风险，因此将动物尸体处理设备的投放口直接设置在产生动物尸体的区域（如解剖间），对防止生物危险物质的传播、扩散具有重要作用。

动物尸体处理设备的投放口通常有较大的开口尺寸，在进行投料操作时为防止人员或者实验动物意外跌落，投放口宜高出地面一定高度，或者在投放口区域设置防护栏杆，栏杆高度不应低于 1.05m。

4.2 装修要求

4.2.1 三级和四级生物安全实验室属于高危险实验

室，地面应采用无缝的防滑耐腐蚀材料，保证人员不被滑倒。踢脚宜与墙面齐平或略缩进，围护结构的相交位置采取圆弧处理，减少卫生死角，便于清洁和消毒处理。

4.2.2 墙面、顶棚常用的材料有彩钢板、钢板、铝板、各种非金属板等。为保证生物安全实验室地面防滑、无缝隙、耐压、易清洁，常用的材料有：PVC卷材、环氧自流坪、水磨石现浇等，也可用环氧树脂涂层。

4.2.3 本条规定了生物安全实验室窗的设置原则。对于二级生物安全实验室，如果有条件，宜设置机械通风系统，并保持一定的负压。三级和四级生物安全实验室的观察窗应采用安全的材料制作，防止因意外破碎而造成安全事故。

4.2.4 昆虫、鼠等动物身上极易沾染和携带致病因子，应采取防护措施，如窗户应设置纱窗，新风口、排风口处应设置保护网，门口处也应采取措施。

4.2.5 生物安全实验室的门上应有可视窗，不必进入室内便可方便地对实验进行观察。由于生物安全实验室非常封闭，风险大、安全性要求高，设置可视窗可便于外界随时了解室内各种情况，同时也有助于提高实验操作人员的心理安全感。本条款还规定了门开启的方向，主要考虑了工艺的要求。

4.2.6 本条主要提醒设计人员要充分考虑实验室内体积比较大的设备的安装尺寸。

4.2.7 人孔、管道检修口等不易密封，所以不应设在三级和四级生物安全实验室的防护区。

4.2.8 二级、三级、四级生物安全实验室的操作对象都不同程度地对人员和环境有危害性，因此根据国际相关标准，生物安全实验室入口处必须明确标示出国际通用生物危险符号。生物危险符号可参照图1绘制。在生物危险符号的下方应同时标明实验室名称、预防措施负责人、紧急联络方式等有关信息，可参照图2。

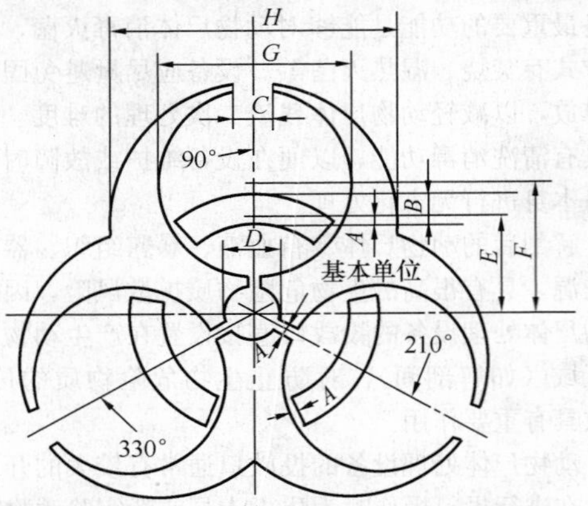

图中尺寸	A	B	C	D	E	F	G	H
以A为基准的长度	1	3½	4	6	11	15	21	30

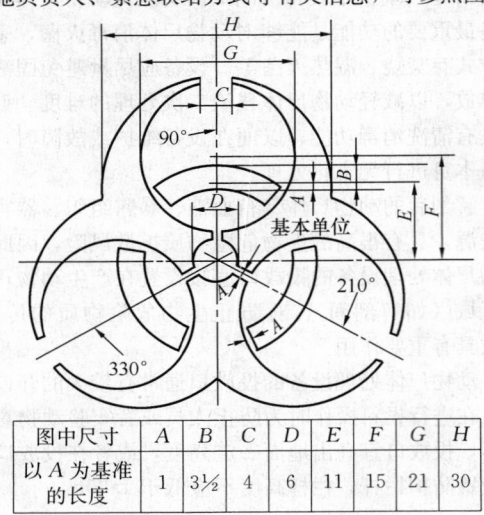

图1 生物危险符号的绘制方法

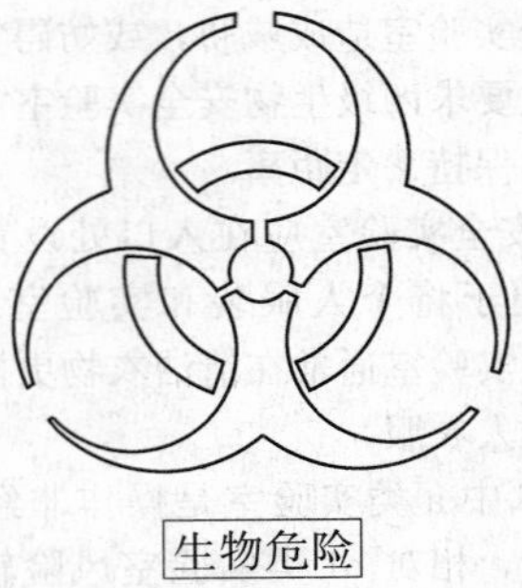

非工作人员严禁入内

实验室名称			
病原体名称		预防措施负责人	
生物危害等级		紧急联络方式	

图2 生物危险符号及实验室相关信息

4.3 结构要求

4.3.1 我国三级生物安全实验室很多是在既有建筑物的基础上改建而成的，而我国大量的建筑物结构安全等级为二级；根据具体情况，可对改建成三级生物安全实验室的局部建筑结构进行加固。对新建的三级生物安全实验室，其结构安全等级应尽可能采用一级。

4.3.2 根据《建筑抗震设防分类标准》GB 50223的规定，研究、中试生产和存放剧毒生物制品和天然人工细菌与病毒的建筑，其抗震设防类别应按特殊设防类。因此，在条件允许的情况下，新建的三级生物安全实验室抗震设防类别按特殊设防类，既有建筑物改建为三级生物安全实验室，必要时应进行抗震加固。

4.3.3 既有建筑物改建为三级生物安全实验室时，根据地基基础核算结果及实际情况，确定是否需要加固处理。新建的三级生物安全实验室，其地基基础设计等级应为甲级。

4.3.5 三级和四级生物安全实验室技术维修夹层的设备、管线较多，维修的工作量大，故对吊顶规定必要的荷载要求，当实际施工或检修荷载较大时，应参照《建筑结构荷载规范》GB 50009进行取值。吊顶内特别重要的设备指风机、排风高效过滤装置等。

5 空调、通风和净化

5.1 一般规定

5.1.1 空调净化系统的划分要考虑多方面的因素，如实验对象的危害程度、自动控制系统的可靠性、系统的节能运行、防止各个房间交叉污染、实验室密闭消毒等问题。

5.1.2 生物安全实验室设备较多，包括生物安全柜、离心机、CO_2培养箱、摇床、冰箱、高压灭菌器、真空泵等，在设计时要考虑各种设备的负荷。

5.1.3 生物安全实验室的排风量应进行详细的设计计算。总排风量应包括房间排风量、围护结构漏风量、生物安全柜、离心机和真空泵等设备的排风量等。传递窗如果带送排风或自净化功能，排风应经过高效过滤器过滤后排出。

5.1.4 本条规定的生物安全柜选用原则是最低要求，各使用单位可根据自己的实际使用情况选用适用的生物安全柜。对于放射性的防护，由于可能有累积作用，即使是少量的，建议也采用全排型生物安全柜。

5.1.5 二级生物安全实验室可采用自然通风、空调通风系统，也可根据需要设置空调净化系统。当操作涉及有毒有害溶媒等强刺激性、强致敏性材料的操作时，一般应在通风橱、生物安全柜等能有效控制气体外泄的设备中进行，否则应采用全新风系统。二级生物安全实验室中的b2类实验室防护区的排风应分析所操作对象的危害程度，经过风险评估来确定是否需经高效空气过滤器过滤后排出。

5.1.6 对于三级和四级生物安全实验室，为了保证安全，而采用全新风系统，不能使用循环风。

5.1.7 三、四级生物安全实验室的主实验室需要进行单独消毒，因此在主实验室风管的支管上安装密闭阀。由于三级和四级生物安全实验室围护结构有严密性要求，尤其是ABSL-3及四级生物安全实验室的主实验室应进行围护结构的严密性实验，故对风管支管上密闭阀的严密性要求与所在风管的严密性要求一致。三级和四级生物安全实验室排风机前、紧邻排风机上的密闭阀是备用风机切换之用。

5.1.8 由于普通风机盘管或空调器的进、出风口没有高效过滤器，当室内空气含有致病因子时，极易进入其内部，而其内部在夏季停机期间，温湿度均升高，适合微生物繁殖，当再次开机时会造成污染，所以不应在防护区内使用。

5.1.9 对高效过滤器进行原位消毒可以通过高效过滤单元产品本身实现，也可以通过对送排风系统增加消毒回路设计来实现。

原位检漏指排风高效过滤器在安装后具有检漏条件。检漏方式尽量采用扫描检漏，如果没有扫描检漏条件，可以采用全效率检漏方法进行排风高效过滤器完整性验证。排风高效过滤器新安装后或者更换后需要进行现场检漏，检漏范围应该包括高效过滤器及其安装边框。

5.1.10 生物安全实验室的防护区临近空调机房会缩短送、排风管道，降低初投资和运行费用，减少污染风险。

5.1.11 生物安全实验室空调净化系统和高效排风系统的过滤器的阻力变化较大，所需风机的风压变化也较大。为了保持风量的相对稳定，所以选用风压变化较大时风量变化较小的风机，即风机性能曲线陡的风机。

5.2 送风系统

5.2.1 空气净化系统设置三级过滤，末端设高效过滤器，这是空调净化系统的通用要求。粗效和中效过滤器起到预过滤的作用，从而延长高效过滤器的使用寿命。粗效过滤器设置在新风口或紧靠新风口处是为了尽量减少新风污染风管的长度。中效过滤器设置在空气处理机组的正压段是为了防止经过中效过滤器的送风再受到污染。高效过滤器设置在系统的末端或紧靠末端是为了防止经过高效过滤器的送风再被污染。在表冷器前加一道中效预过滤，可有效防止表冷器在夏季时孳生细菌和延长表冷器的使用寿命。

5.2.2 空调系统的新风口要采取必要的防雨、防杂物、防昆虫及其他动物的措施。此外还应远离污染源，包括远离排风口。新风口高于地面2.5m以上是为了防止室外地面的灰尘进入系统，延长过滤器使用寿命。

5.2.3 对于BSL-3实验室的送风机没有要求一定设置备用送风机，主要是考虑在送风机出现故障时，排风机已经备用了，可以维持相对压力梯度和定向流，从而有时间进行致病因子的处理。

5.2.4 对于ABSL-3实验室和四级生物安全实验室应设置备用送风机，主要是考虑致病因子的危险性和动物实验室的长期运行要求。

5.3 排风系统

5.3.1 对本条说明如下：

1 为了保证实验室要求的负压，排风和送风系统必须可靠连锁，通过“排风先于送风开启，后于送风关闭”，力求始终保证排风量大于送风量，维持室内负压状态。

2 房间排风口是房间内安全的保障，如房间不设独立排风口，而是利用室内生物安全柜、通风柜之类的排风代替室内排风口，则由于这些“柜”类设备操作不当、发生故障等情况下，房间正压或气流逆转，是非常危险的。

3 操作过程中可能产生污染的设备包括离心机、真空泵等。

4 不同类型生物安全柜的结构不同，连接方式要求也不同，本条对此作了规定。

5.3.2 三级生物安全实验室防护区的排风至少需要一道高效过滤器过滤，四级生物安全实验室防护区的排风至少需要两道高效过滤器过滤，国外相关标准也都有此要求。

5.3.3 当室内有致病因子泄漏时，排风口是污染最集中的地区，所以为了把排风口处污染降至最低，尽量减少污染管壁等其他地方，排风高效过滤器应就近安装在排风口处，不应安装在墙内或管道内很深的地方，以免对管道内部等不易消毒的部位造成污染。此外，过滤器的安装结构要便于对过滤器进行消毒和密闭更换。国外有的规范中推荐可用高温空气灭菌装置代替第二道高效过滤器，但考虑到高温空气灭菌装置能耗高、价格贵，同时存在消防隐患，因此本规范没有采用。

5.3.4 为了使排风管道保持负压状态，排风机宜设置于最靠近室外排风口的地方，万一泄漏不致污染房间。

5.3.5 生物安全实验室安全的核心措施，是通过排风保持负压，所以排风机是最关键的设备之一，应有备用。为了保证正在工作的排风机出故障时，室内负压状态不被破坏，备用排风机应能自动启动，使系统不间断正常运行。保持有序的压力梯度和定向流是指整个切换过程气流从辅助工作区至防护区，由外向内保持定向流动，并且整个防护区对大气不能出现正压。

5.3.6 生物安全柜等设备的启停、过滤器阻力的变化等运行工况的改变都有可能对空调通风系统的平衡造成影响。因此，系统设计时应考虑相应的措施来保证压力稳定。保持系统压力稳定的方法可以调节送风也可以调节排风，在某些情况下，调节送风更快捷，在设计时要充分考虑。

5.3.7 排风口设置在主导风的下风向有利于排风的排出。与新风口的直线距离要求，是为了避免排风污染新风。排风口高出所在建筑的屋面一定距离，可使排风尽快在大气中扩散稀释。

5.3.8 ABSL-4的动物尸体处理设备间和防护区污水处理设备间的管道和阀门较多，在出现事故时防止病原微生物泄漏到大气中。

5.4 气流组织

5.4.1 生物安全实验室需要适度洁净，这主要考虑对实验对象的保护、过滤器寿命的延长、对精密仪器的保护等，特别是针对我国大气尘浓度比发达国家高的情况，所以本规范对生物安全实验室有洁净度级别要求。但是在我国大气尘浓度条件下，当由室外向内一路负压时，实践已证明很难保证内部需要的洁净度。即使对于一般实验室来说，也很难保证内部的清洁，特别是在多风季节或交通频繁的地区。如果在辅助工作区与室外之间设一间正压洁净房间，就可以花不多的投资而解决上述问题，既降低了系统的造价，又能节约运行费用。该正压洁净房间可以是辅助区的更衣室、换鞋室或其他房间，如果有条件，也可单独设正压洁净缓冲室。正压洁净房间由于是在辅助工作区，不会造成污染物外流。正压洁净室的压力只要对外保持微正压即可。

5.4.2 生物安全实验室内的"污染"空间，主要在生物安全柜、动物隔离设备等操作位置，而"清洁"空间主要在靠门一侧。一般把房间的排风口布置在生物安全柜及其他排风设备同一侧。

5.4.3 本规范对生物安全实验室上送下排的气流组织形式的要求由"应"改为"宜"，这主要是考虑一些大动物实验室，房间下部卫生条件较差，需要经常清洗，不具备下排风的条件，并不是说上送下排这种气流组织形式不好，理论及实验研究结果均表明上送下排气流组织对污染物的控制远优于上送上排气流组织形式，因此在进行高级别生物安全实验室防护区气流组织设计时仍应优先采用上送下排方式，当不具备条件时可采用上送上排。在进行通风空调系统设计时，对送风口和排风口的位置要精心布置，使室内气流合理，有利于室内可能被污染空气的排出。

5.4.4 送风口有一定的送风速度，如果直接吹向生物安全柜或其他可能产生气溶胶的操作地点上方，有可能破坏生物安全柜工作面的进风气流，或把带有致病因子的气溶胶吹散到其他地方而造成污染。送风口的布置应避开这些地点。

5.4.5 排风口布置主要是为了满足生物安全实验室内气流由"清洁"空间流向"污染"空间的要求。

5.4.6 室内排风口高度低于工作面，这是一般洁净室的通用要求，如洁净手术室即要求回风口上侧离地不超过0.5m，为的是不使污染的回（排）风气流从工作面上（手术台上）通过。考虑到生物安全实验室排风量大，而且工作面也仅在排风口一侧，所以排风口上边的高度放松到距地0.6m。

5.5 空调净化系统的部件与材料

5.5.1 凡是生物洁净室都不允许用木框过滤器，是为了防止长霉菌，生物安全实验室也应如此。三级和四级生物安全实验室防护区经常消毒，故高效过滤器应耐消毒气体的侵蚀，高效过滤器的外框及其紧固件均应耐消毒气体侵蚀。化学淋浴间内部经常处于高湿状态，并且消毒药剂也具有一定的腐蚀性，故与化学淋浴间相连接的送排风高效过滤器应防潮、耐腐蚀。

5.5.2 排风管道是负压管道，有可能被致病因子污染，需要定期进行消毒处理，室内也要常消毒排风，因此需要具有耐腐蚀、耐老化、不吸水特性。对强度也应有一定要求。

5.5.3 为了保护排风管道和排风机，要求排风机外侧还应设防护网和防雨罩。

5.5.4 本条对生物安全实验室空调设备的选用作了规定。

1 淋水式空气处理因其有繁殖微生物的条件，不能用在生物洁净室系统，生物安全实验室更是如此。由于盘管表面有水滴，风速太大易使气流带水。

2 为了随时监测过滤器阻力，应设压差计。

3 从湿度控制和不给微生物创造孳生的条件方

面考虑，如果有条件，推荐使用干蒸汽加湿装置加湿，如干蒸汽加湿器、电极式加湿器、电热式加湿器等。

4 为防止过滤器受潮而有细菌繁殖，并保证加湿效果，加湿设备应和过滤段保持足够距离。

5 由于清洗、再生会影响过滤器的阻力和过滤效率，所以对于生物安全实验室的空调通风系统送风用过滤器用完后不应清洗、再生和再用，而应按有关规定直接处理。对于北方地区，春天飞絮很多，考虑到实际的使用，对于新风口处设置的新风过滤网采用可清洗材料时除外。

6 给水排水与气体供应

6.1 一般规定

6.1.1 生物安全实验室的楼层布置通常由下至上可分为下设备层、下技术夹层、实验室工作层、上技术夹层、上设备层。为了便于维护管理、检修，干管应敷设在上下技术夹层内，同时最大限度地减少生物安全实验室防护区内的管道。为了便于对三级和四级生物安全实验室内的给水排水和气体管道进行清洁、维护和维修，引入三级和四级生物安全实验室防护区内的管道宜明敷。一级和二级生物安全实验室摆放的实验室台柜较多，水平管道可敷设在实验台柜内，立管可暗装布置在墙板、管槽、壁柜或管道井内。暗装敷设管道可使实验室使用方便、清洁美观。

6.1.2 给水排水管道穿越生物安全实验室防护区的密封装置是保证实验室达到生物安全要求的重要措施，本条主要是指通过采用可靠密封装置的措施保证围护结构的严密性，即维护实验室正常负压、定向气流和洁净度，防止气溶胶向外扩散。如：1 防止化学熏蒸时未灭活的气溶胶和化学气体泄漏，并保证气体浓度不因气体逸出而降低。2 异常状态下防止气溶胶泄漏。实践证明三级、四级生物安全实验室采用密封元件或套管等方式是行之有效的。

6.1.3 管道泄漏是生物安全实验室最可能发生的风险之一，须特别重视。管道材料可分为金属和非金属两类。常用的非金属管道包括无规共聚聚丙烯（PP-R）、耐冲击共聚聚丙烯（PP-B）、氯化聚氯乙烯（CPVC）等，非金属管道一般可以耐消毒剂的腐蚀，但其耐热性不如金属管道。常用的金属管道包括 304 不锈钢管，316L 不锈钢管道等，304 不锈钢管不耐氯和腐蚀性消毒剂，316L 不锈钢的耐腐蚀能力较强。管道的类型包括单层和双层，如输送液氮等低温液体的管道为真空套管式。真空套管为双层结构，两层管道之间保持真空状态，以提供良好的隔热性能。

6.1.4 本条要求使用高压气体或可燃气体的实验室应有相应的安全保障措施。可燃气体易燃易爆，危害性大，可能发生燃烧爆炸事故，且发生事故时波及面广，危害性大，造成的损失严重。为此根据实验室的工艺要求，设置高压气体或可燃气体时，必须满足国家、地方的相关规定。

例如，应满足《深度冷冻法生产氧气及相关气体安全技术规程》GB 16912、《气瓶安全监察规定》（国家质量监督检验检疫总局令第 46 号）等标准和法规的要求。高压气体和可燃气体钢瓶的安全使用要求主要有以下几点：1 应该安全地固定在墙上或坚固的实验台上，以确保钢瓶不会因为自然灾害而移动。2 运输时必须戴好安全帽，并用手推车运送。3 大储量钢瓶应存放在与实验室有一定距离的适当设施内，存放地点应上锁并适当标识；在存放可燃气体的地方，电气设备、灯具、开关等均应符合防爆要求。4 不应放置在散热器、明火或其他热源或会产生电火花的电器附近，也不应置于阳光下直晒。5 气瓶必须连接压力调节器，经降压后，再流出使用，不要直接连接气瓶阀门使用气体。6 易燃气体气瓶，经压力调节后，应装单向阀门，防止回火。7 每瓶气体在使用到尾气时，应保留瓶内余压在 0.5MPa，最小不得低于 0.25MPa 余压，应将瓶阀关闭，以保证气体质量和使用安全。应尽量使用专用的气瓶安全柜和固定的送气管道。需要时，应安装气体浓度监测和报警装置。

6.1.5 化学淋浴是人员安全离开防护区和避免生物危险物质外泄的重要屏障，因此化学淋浴要求具有较高的可靠性，在化学淋浴系统中将化学药剂加压泵设计为一用一备是被广泛采用的提高系统可靠性的有效手段。在紧急情况下（包括化学淋浴系统失去电力供应的情况下），可能来不及按标准程序进行化学淋浴或者化学淋浴发生严重故障丧失功能，因此要求设置紧急化学淋浴设备，这一系统应尽量简单可靠，在极端情况下能够满足正压服表面消毒的最低要求。

6.2 给 水

6.2.1 本条是为了防止生物安全实验室在给水供应时可能对其他区域造成回流污染。防回流装置是在给水、热水、纯水供水系统中能自动防止因背压回流或虹吸回流而产生的不期望的水流倒流的装置。防回流污染产生的技术措施一般可采用空气隔断、倒流防止器、真空破坏器等措施和装置。

6.2.2 一级、二级和 BSL-3 实验室工作人员在停水的情况下可完成实验安全退出，故不考虑市政停水对实验室的影响。对于 ABSL-3 实验室和四级生物安全实验室，在城市供水可靠性不高、市政供水管网检修等情况下，设置断流水箱储存一定容积的实验区用水可满足实验人员和实验动物用水，同时断流水箱的空气隔断也能防止对其他区域造成回流污染。

6.2.3 以主实验室为单元设置检修阀门，是为了满足检修时不影响其他实验室的正常使用。因为三级和四级生物安全实验室防护区内的各实验室实验性质和实验周期不同，为防止各实验室给水管道之间串流，应以主实验室为单元设置止回阀。

6.2.4 实验人员在离开实验室前应洗手，从合理布局的角度考虑，宜将洗手设施设置在实验室的出口处。如有条件尽可能采用流动水洗手，洗手装置应采用非手动开关，如：感应式、肘开式或脚踏式，这样可使实验人员不和水龙头直接接触。洗手池的排水与主实验室的其他排水通过专用管道收集至污水处理设备，集中消毒灭菌达标后排放。如实验室不具备供水条件，可用免接触感应式手消毒器作为替代的装置。

6.2.5 本条是考虑到二级、三级和四级生物安全实验室中有酸、苛性碱、腐蚀性、刺激性等危险化学品溅到眼中的可能性，如发生意外能就近、及时进行紧急救治，故在以上区域的实验室内应设紧急冲眼装置。冲眼装置应是符合要求的固定设施或是有软管连接于给水管道的简易装置。在特定条件下，如实验仅使用刺激较小的物质，洗眼瓶也是可接受的替代装置。

一级生物安全实验室应保证每个使用危险化学品地点的30m内有可供使用的紧急冲眼装置。是否需要设紧急淋浴装置应根据风险评估的结果确定。

6.2.6 本条是为了保证实验人员的职业安全，同时也保护实验室外环境的安全。设计时，根据风险评估和工艺要求，确定是否需设置强制淋浴。该强制淋浴装置设置在靠近主实验室的外防护服更换间和内防护服更换间之间的淋浴间内，由自控软件实现其强制要求。

6.2.7 如牛、马等动物是开放饲养在大动物实验室内的，故需要对实验室的墙壁及地面进行清洁。对于中、小动物实验室，应有装置和技术对动物的笼具、架及地面进行清洁。采用高压冲洗水枪及卷盘是清洁动物实验室有效的冲洗设备，国外的动物实验室通常都配备。但设计中应考虑使用高压冲洗水枪存在虹吸回流的可能，可设真空破坏器避免回流污染。

6.2.8 为了防止与其他管道混淆，除了管道上涂醒目的颜色外，还可以同时采用挂牌的做法，注明管道内流体的种类、用途、流向等。

6.2.9 本条对室内给水管的材质提出了要求。管道泄漏是生物安全实验室最可能出现的问题之一，应特别重视。管道材料可分为金属和非金属两类，设计时需要特别注意管材的壁厚、承压能力、工作温度、膨胀系数、耐腐蚀性等参数。从生物安全的角度考虑，对管道连接有更高的要求，除了要求连接方便，还应该要求连接的严密性和耐久性。

6.3 排 水

6.3.1 三级和四级生物安全实验室防护区内有排水功能要求的地面如：淋浴间、动物房、解剖间、大动物停留的走廊处可设置地漏。

密闭型地漏带有密闭盖板，排水时其盖板可人工打开，不排水时可密闭，可以内部不带水封而在地漏下设存水弯。当排水中挟有易于堵塞的杂物时，如大动物房、解剖间的排水，应采用内部带有活动网框的密闭型地漏拦截杂物，排水完毕后取出网框清理。

6.3.2 本条规定是对生物安全的重要保证，必须严格执行。存水弯、水封盒等能有效地隔断排水管道内的有毒有害气体外窜，从而保证了实验室的生物安全。存水弯水封必须保证一定深度，考虑到实验室压差要求、水封蒸发损失、自虹吸损失以及管道内气压变化等因素，国外规范推荐水封深度为150mm。严禁采用活动机械密封代替水封。实验室后勤人员需要根据使用地漏排水和不使用地漏排水的时间间隔和当地气候条件，主要是根据空气干湿度、水封深度确定水封蒸发量是否使存水弯水封干涸，定期对存水弯进行补水或补消毒液。

6.3.3 三级和四级生物安全实验室防护区废水的污染风险是最高的，故必须集中收集进行有效的消毒灭菌处理。

6.3.4 每个主实验室进行的实验性质不同，实验周期不一致，按主实验室设置排水支管及阀门可保证在某一主实验室进行维修和清洁时，其他主实验室可正常使用。安装阀门可隔离需要消毒的管道以便实现原位消毒，其管道、阀门应耐热和耐化学消毒剂腐蚀。

6.3.5 本条是关于活毒废水处理设备安装位置的要求。目的在于防护区活毒废水能通过重力自流排至实验建筑的最低处，同时尽可能减少废水管道的长度。

6.3.6 本条是对生物安全实验室排水处理的要求。生物安全实验室应以风险评估为依据，确定实验室排水的处理方法。应对处理效果进行监测并保存记录，确保每次处理安全可靠。处理后的污水排放应达到环保的要求，需要监测相关的排放指标，如化学污染物、有机物含量等。

6.3.7 本条是为了防止排水系统和空调通风系统互相影响。排风系统的负压会破坏排水系统的水封，排水系统的气体也有可能污染排风系统。通气管应配备与排风高效过滤器相当的高效过滤器，且耐水性能好。高效过滤器可实现原位消毒，其设置位置应便于操作及检修，宜与管道垂直对接，便于冷凝液回流。

6.3.8 本条是关于生物安全实验室辅助工作区排水的要求。辅助区虽属于相对清洁区，但仍需在风险评估的基础上确定是否需要进行处理。通常这类水可归为普通污废水，可直接排入室外，进综合污水处理站处理。综合污水处理站的处理工艺可根据源水的水质不同采用不同的处理方式，但必须有化学消毒的设施，消毒剂宜采用次氯酸钠、二氧化氯、二氯异氰尿酸钠或其他消毒剂。当处理站规模较大并采取严格的安全措施时，可采用液氯作为消毒剂，但必须使用加氯机。

综合污水处理主要是控制理化和病原微生物指标达到排放标准的要求，生物安全实验室应监测相关指标。

6.3.9 排水管道明设或设透明套管，是为了更容易发现泄漏等问题。

6.3.11 对于四级生物安全实验室，为防范意外事故时的排水带菌、病毒的风险，要求将其排水按防护区废水排放要求管理，接入防护区废水管道经高温高压灭菌后排放。对于三级生物安全实验室，考虑到现有的一些实验室防护区内没有排水，仅因为双扉高压灭菌器而设置污水处理设备没有必要，而本规范规定采用生物安全型双扉高压灭菌器，基本上满足了生物安全要求。

6.4 气体供应

6.4.1 气瓶设置于辅助工作区便于维护管理，避免了放在防护区搬出时要消毒的麻烦。

6.4.2 本条是为了防止气体管路被污染，同时也使供气洁净度达到一定要求。

6.4.3 本条是关于防止真空装置内部污染和安装位置的要求。真空装置是实验室常用的设备，当用于三级、四级生物安全实验室时，应采取措施防止真空装置的内部被污染，如在真空管道上安装相当于高效过滤器效率的过滤装置，防止气体污染；加装缓冲瓶防止液体污染。要求将真空装置安装在从事实验活动的房间内，是为了避免将可能的污染物抽出实验区域外。

6.4.4 具有生命支持系统的正压服是一套高度复杂和要求极为严格的系统装置，如果安装和使用不当，存在着使人窒息等重大危险。为防意外，实验室还应配备紧急支援气罐，作为生命支持供气系统发生故障时的备用气源，供气时间不少于60min/人。实验室需要通过评估确定总备用量，通常可按实验室发生紧急情况时可能涉及的人数进行设计。

6.4.5 本条是为了保证操作人员的职业安全。

6.4.6 充气式气密门的工作原理是向空心的密封圈中充入一定压强的压缩空气使密封圈膨胀密闭门缝，为此实验室应提供压力和稳定性符合要求的压缩空气源，适用时还需在供气管路上设置高效空气过滤器，以防生物危险物质外泄。

7 电 气

7.1 配 电

7.1.1 生物安全实验室保证用电的可靠性对防止致病因子的扩散具有至关重要的作用。二级生物安全实验室供电的情况较多，应根据实际情况确定用电负荷，本条未作出太严格的要求。

7.1.2 四级生物安全实验室一般是独立建筑，而三级生物安全实验室可能不是独立建筑。无论实验室是独立建筑还是非独立建筑，因为建筑中的生物安全实验室的存在，这类建筑均要求按生物安全实验室的负荷等级供电。

BSL-3实验室和ABSL-3中的b1类实验室特别重要负荷包括防护区的送风机、排风机、生物安全柜、动物隔离设备、照明系统、自控系统、监视和报警系统等供电。

7.1.3 一级负荷供电要求由两个电源供电，当一个电源发生故障时，另一个电源不应同时受到破坏，同时特别重要负荷应设置应急电源。两个电源可以采用不同变电所引来的两路电源，虽然它不是严格意义上的独立电源，但长期的运行经验表明，一个电源发生故障或检修的同时另一电源又同时发生事故的情况较少，且这种事故多数是由于误操作造成的，可以通过增设应急电源、加强维护管理、健全必要的规章制度来保证用电可靠性。

ABSL-3中的b2类实验室考虑到其风险性，将其供电标准提高。ABSL-3中的b2类实验室和四级生物安全实验室，考虑到对安全要求更高，强调必须按一级负荷供电，并要求特别重要负荷同时设置不间断电源和备用发电设备。ABSL-3中的b2类实验室和四级生物安全实验室特别重要负荷包括防护区的生命支持系统、化学淋浴系统、气密门充气系统、生物安全柜、动物隔离设备、送风机、排风机、照明系统、自控系统、监视和报警系统等供电。

7.1.4 配电箱是电力供应系统的关键节点，对保障电力供应的安全至关重要。实验室的配电箱应专用，应设置在实验室防护区外，其放置位置应考虑人员误操作的风险、恶意破坏的风险及受潮湿、水灾侵害等的风险，可参照《供配电系统设计规范》GB 50052的相关要求。

7.1.5 生物安全实验室内固定电源插座数量一定要多于使用设备，避免多台设备共用1个电源插座。

7.1.6 施工要求，密封是为了保证穿墙电线管与实验室以外区域物理隔离，实验室内有压力要求的区域不会因为电线管的穿过造成致病因子的泄漏。

7.2 照 明

7.2.1 为了满足工作的需要，实验室应具备适宜的照度。吸顶式防水洁净照明灯表面光洁、不易积尘、耐消毒，适于在生物安全实验室中使用。

7.2.2 为了满足应急之需应设置应急照明系统，紧急情况发生时工作人员需要对未完成的实验进行处理，需要维持一定时间正常工作照明。当处理工作完成后，人员需要安全撤离，其出口、通道应设置疏散照明。

7.2.3 在进入实验室的入口和主实验室缓冲间入口的显示装置可以采用文字显示或指示灯。

7.3 自动控制

7.3.1 自动控制系统最根本的任务就是需要任何时刻均能自动调节以保证生物安全实验室关键参数的正确性，生物安全实验室进行的实验都有危险，因此无论控制系统采用何种设备，何种控制方式，前提是要保证实验环境不会威胁到实验人员，不会将病原微生物泄漏到外部环境中。

7.3.2 本条是为了保证各个区域在不同工况时的压差及压力梯度稳定，方便管理人员随时查看实验室参数历史数据。

7.3.3 报警方案的设计异常重要，原则是不漏报、不误报、分轻重缓急、传达到位。人员正常进出实验室导致的压力波动等不应立即报警，可将此报警响应时间延迟（人员开门、关门通过所需的时间），延迟后压力梯度持续丧失才应判断为故障而报警。一般参数报警指暂时不影响安全，实验活动可持续进行的报警，如过滤器阻力的增大、风机正常切换、温湿度偏离正常值等；重要参数报警指对安全有影响，需要考虑是否让实验活动终止的报警，如实验室出现正压、压力梯度持续丧失、风机切换失败、停电、火灾等。

出现无论何种异常，中控系统应有即时提醒，不同级别的报警信号要易区分。紧急报警应设置为声光报警，声光报警为声音和警示灯闪烁相结合的报警方式。报警声音信号不宜过响，以能提醒工作人员而又不惊扰工作人员为宜。监控室和主实验室内应安装声光报警装置，报警显示应始终处于监控人员可见和易见的状态。主实验室内应设置紧急报警按钮，以便需要时实验人员可向监控室发出紧急报警。

7.3.4 应在有负压控制要求的房间入口的显著位置，安装压力显示装置，如液柱式压差计等，既直观又可靠，目的是使人员在进入房间前再次确认房间之间的压差情况，做好思想准备和执行相应的方案。

7.3.5 自控系统预留的接口包括安全防范系统、火灾报警系统、机电设备自备的控制系统（如空调机组）等的接口。因为一旦其他弱电系统发生报警如入侵报警、火灾报警等，自控系统能及时有效地将此信息通知设备管理人员，及时采取有效措施。

7.3.6 实验室排风系统是维持室内负压的关键环节，其运行要可靠。空调净化系统在启动备用风机的过程中，应可保持实验室的压力梯度有序，不影响定向气流。

当送风系统出现故障时，如无避免实验室负压值过大的措施，实验室的负压值将显著增大，甚至会使围护结构开裂，破坏围护结构的完整性，所以需控制实验室内的负压程度。

实验室应识别哪些设备或装置的启停、运行等会造成实验室压力波动，设计时应予以考虑。

7.3.7 由于三级和四级生物安全实验室防护区要求使得送风机和排风机需要稳定运行，以保障实验室的压力梯度要求，因此当送风、排风机设置的保护装置，如运行电流超出热保护继电器设定值时，热保护继电器会动作等，常规做法是将此动作用于切断风机电源使之停转，但如果有很严格的压力要求时，风机停转会造成很严重的后果。

热保护继电器、变频器等报警信号接入自控系统后，发生故障后自控系统应自动转入相应处理程序。转入保护程序后应立即发出声光报警，提示实验人员安全撤离。

7.3.8 在空调机组的送风段及排风箱的排风段设置压差传感器，设置压差报警是为了实时监测风机是否正常运转，有时风机皮带轮长期磨损造成风机丢转现象，虽然风机没有停转但送风、排风量已不足，风压不稳直接导致房间压力梯度震荡，监视风机压差能有效防止故障的发生。

7.3.9 送风、排风系统正常运转标志可以在送排风机控制柜上设置指示灯及在中控室监视计算机上设置显示灯，当其运行不正常时应能发出声光报警，在中控室的设备管理人员能及时得到报警。

7.3.10 实验室出现正压和气流反向是严重的故障，可能导致实验室内有害气溶胶的外溢，危害人员健康及环境。实验室应建立有效的控制机制，合理安排送风、排风机启动和关闭时的顺序和时差，同时考虑生物安全柜等安全隔离装置及密闭阀的启、关顺序，有效避免实验室和安全隔离装置内出现正压和倒流的情况发生。为避免人员误操作，应建立自动连锁控制机制，尽量避免完全采取手动方式操作。

7.3.11 本条要求是对使用电加热的双重保护，当送风机无风时或温度超出设定值时均应立即切断电加热电源，保证设备安全性。

7.3.12 应急手动是用于立即停止空调通风系统的，应由监控系统的管理人员操作，因此宜设置在中控室，当发生紧急情况时，管理人员可以根据情况判断是否立即停止系统运行。

7.3.13 压差传感器测管之间一般是不会相通的，高效过滤器是以防万一。

7.3.14 高效过滤器是生物安全实验室最重要的二级防护设备，阻止致病因子进入环境，应保证其性能正常。通过连续监测送排风系统高效过滤器的阻力，可实时观察高效过滤器阻力的变化情况，便于及时更换高效过滤器。当过滤器的阻力显著下降时，应考虑高效过滤器破损的可能。对于实验室设计者而言，重点需要考虑的是阻力监测方案，因为每个实验室高效过滤器的安装方案不同。例如在主实验室挑选一组送排风高效过滤器安装压差传感器，其信号接入自控系统，或采用安装带有指示的压差仪表，人工巡视监视等，不管采用何种监视方案，其压差监视应能反应高效过滤器阻力的变化。

7.3.15 未运行时要求密闭阀处于关闭状态时为了保持房间的洁净以及方便房间的消毒作业。

7.4 安全防范

7.4.1 无论四级生物安全实验室是独立建筑还是建在建筑之中，其重要性使得其建筑周围都设有安防系统，防止有意或无意接近建筑。生物安全实验室门禁指生物安全实验室的总入口处，对一些功能复杂的生物安全实验室，也可根据需要安装二级门禁系统。常用的门禁有电子信息识别、数码识别、指纹识别和虹膜识别等方式，生物安全实验室应选用安全可靠、不易破解、信息不易泄露的门禁系统，保证只有获得授权的人员才能进入生物安全实验室。门禁系统应可记录进出人员的信息和出入时间等。

7.4.2 互锁是为了减少污染物的外泄、保持压力梯度和要求实验人员需完成某项工作而设置的。缓冲间互锁是为了减少污染物的外泄、保持压力梯度，互锁后能够保证不同压力房间的门不同时打开，保护压力梯度从而使气流不会相互影响。化学淋浴间的互锁还有保证实验人员必须进行化学淋浴才能离开的作用。

7.4.3 生物安全实验室互锁的门会影响人员的通过速度，应有解除互锁的控制机制。当人员需要紧急撤离时，可通过中控系统解除所有门或指定门的互锁。此外，还应在每扇互锁门的附近设置紧急手动解除互锁开关，使工作人员可以手动解除互锁。

7.4.4 由于生物安全实验室的特殊性，对实验室内和实验室周边均有安全监视的需要。一是应监视实验室活动情况，包括所有风险较大的、关键的实验室活动；二是应监视实验室周围情况，这是实验室生物安保的需要，应根据实验室的地理位置和周边情况按需要设置。

7.4.5 我国《病原微生物实验室生物安全管理条例》规定，实验室从事高致病性病原微生物相关实验活动的实验档案保存期不得少于20年。实验室活动的数据及影像资料是实验室的重要档案资料，实验室应及时转存、分析和整理录制的实验室活动的数据及影像资料，并归档保存。监视设备的性能和数据存储容量应满足要求。

7.5 通　　信

7.5.1 生物安全实验室通信系统的形式包括语音通信、视频通信和数据通信等，目的主要有两个：安全方面的信息交流和实验室数据传输。

为避免污染扩散的风险，应通过在生物安全实验室防护区内（通常为主实验室）设置的传真机或计算机网络系统，将实验数据、实验报告、数码照片等资料和数据向实验室外传递。

适用的通信设备设施包括电话、传真机、对讲机、选择性通话系统、计算机网络系统、视频系统等，应根据生物安全实验室的规模和复杂程度选配以上通信设备设施，并合理设置通信点的位置和数量。

7.5.2 在实验室内从事的高致病性病原微生物相关的实验活动，是一项复杂、精细、高风险和高压力的活动，需要工作人员高度集中精神，始终处于紧张状态。为尽量减少外部因素对实验室内工作人员的影响，监控室内的通话器宜为开关式。在实验间内宜采用免接触式通话器，使实验操作人员随时可方便地与监控室人员通话。

8 消　　防

8.0.2 我国现行的《建筑设计防火规范》GB 50016只提到厂房、仓库和民用建筑的防火设计，没有提到生物安全建筑的耐火等级问题。生物安全实验室内的设备、仪器一般比较贵重，但生物安全实验室不仅仅是考虑仪器的问题，更重要的是保护实验人员免受感染和防止致病因子的外泄。本条根据生物安全实验室致病因子的危害程度，同时考虑实验设备的贵重程度，作了规定。

8.0.3 四级生物安全实验室实验的对象是危害性大的致病因子，采用独立的防火分区主要是为了防止危害性大的致病因子扩散到其他区域，将火灾控制在一定范围内。由于一些工艺上的要求，三级和四级生物安全实验室有时置于一个防火分区，但为了同时满足防火要求，此种情况三级生物安全实验室的耐火等级应等同于四级生物安全实验室。

8.0.5 我国现行的《建筑设计防火规范》GB 50016对吊顶材料的燃烧性能和耐火极限要求比较低，这主要是考虑人员疏散，而三级和四级生物安全实验室不仅仅是考虑人员的疏散问题，更要考虑防止危害性大的致病因子的外泄。为了有更多的时间进行火灾初期的灭火和尽可能地将火灾控制在一定的范围内，故规定吊顶材料的燃烧性能和耐火极限不应低于所在区域墙体的要求。

8.0.6 本条中所称的合适的灭火器材，是指对生物安全实验室不会造成大的损坏，不会导致致病因子扩散的灭火器材，如气体灭火装置等。

8.0.7 如果自动喷水灭火系统在三级和四级生物安全实验室中启动，极有可能造成有害因子泄漏。规模较小的生物安全实验室，建议设置手提灭火器等简便灵活的消防用具。

8.0.8 三级和四级生物安全实验室的送排风系统如设置防火阀，其误操作容易引起实验室压力梯度和定向气流的破坏，从而造成致病因子泄漏的风险加大。单体建筑三级和四级生物安全实验室，考虑到主体建筑为单体建筑，并且外围护结构具有很高的耐火要求，可以把单体建筑的生物安全实验室和上、下设备层看成一个整体的防火分区，实验室的送排风系统可以不设置防火阀。

8.0.9 三级和四级生物安全实验室的消防设计原则与一般建筑物有所不同，尤其是四级生物安全实验室，除了首先考虑人员安全外，必须还要考虑尽可能防止有害致病因子外泄。因此，首先强调的是火灾的控制。除了合理的消防设计外，在实验室操作规程中，建立一套完善严格的应急事件处理程序，对处理火灾等突发事件，减少人员伤亡和污染物外泄是十分重要的。

9 施 工 要 求

9.1 一 般 规 定

9.1.1 三级和四级生物安全实验室是有负压要求的洁净室，除了在结构上要比一般洁净室更坚固、更严密外，在施工方面，其他要求与空调净化工程是基本一致的，为达到安全防护的要求，施工时一定要严格按照洁净室施工程序进行，洁净室主要施工程序参考图3。

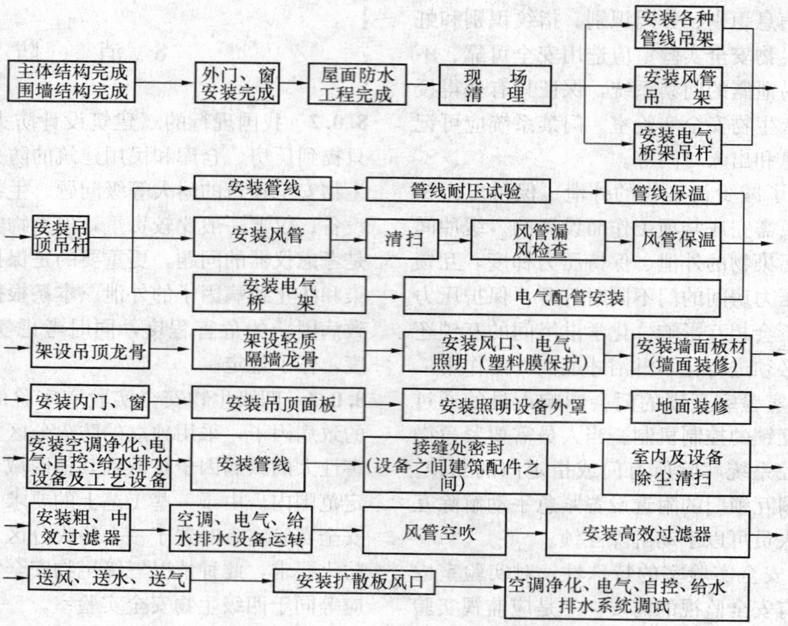

图3 洁净室主要施工程序

9.1.2 生物安全实验室施工应根据不同的专业编制详细的施工方案，特别注意生物安全的特殊要求，如活毒废水处理设备、高压灭菌锅、排风高效过滤器、气密门、化学淋浴设备等涉及生物安全的施工方案。

9.1.3 各道施工程序均进行记录并验收合格后再进行下道工序施工，可有效地保证整体工程的质量。如出现问题，也便于查找原因。

9.1.4 生物安全实验室活毒废水处理设备、高压灭菌锅、排风高效过滤器、气密门、化学淋浴等设备的特殊性决定了各种设备单机试运转和系统的联合试运转及调试的重要性。

9.2 建 筑 装 修

9.2.1 应以严密、易于清洁为主要目的。采用水磨石现浇地面时，应严格遵守《洁净室施工及验收规范》GB 50591 中的施工规定。

9.2.2 生物安全实验室围护结构表面的所有缝隙（拼接缝、传线孔、配管穿墙处、钉孔以及其他所有开口处密封盖边缘）都需要填实和密封。由于是负压房间，同时又有洁净度要求，对缝隙的严密性要求远远高于正压房间，必须高度重视。应特别提醒注意的是：插座、开关穿过隔墙安装时，线孔一定要严格密封，应用软性不易老化的材料，将线孔堵严。

9.2.3 除可设压差计外，还设测压孔是为了方便抽检、年检和校验检测，平时应有密封措施保证房间的密闭。

9.2.4 靠地靠墙放置时，用密封胶将靠地靠墙的边缝密封可有效防止边缝处不能清洁消毒。

9.2.5 气密门主体采用较厚的金属材料制造，质量较大，在生 物安全实验室压差梯度的作用下其开闭阻力也往往较高，如果围护结构采用洁净彩板等轻体材料制造可能难以承受气密门的质量负荷和气密门开闭时的运动负荷，造成连接结构损坏或者密闭结构损坏。在与混凝土墙连接时，可以采用预留门洞的方式，将门框与混凝土墙固定后再作密封处理，如果与轻体材料制造的围护结构连接，应适当地加强围护结构的局部强度（如采用预埋子门框）。

9.2.6 气密门安装后需进行泄漏检测（如示踪气体法、超声波穿透法等），检测仪器有一定的操作空间要求，为此提出气密门与围护结构的距离要求。

9.2.7 气密门门体和门框建议选用整体焊接结构形式，拼接结构形式的门体和门框需要大量使用密封材料，耐化学消毒剂腐蚀性和耐老化性能不理想；为克服建筑施工误差和气密门安装误差以及长时间使用后气密门运动机构间隙变化等问题，宜设置可调整的铰链和锁扣，以便适时对气密门进行调整，保证生物安全实验室具有优良的严密性。

9.3 空调净化

9.3.1 空调机组内外的压差可达到 1000Pa～1600Pa，基础对地面的高度最低要不低于 200mm，以保证冷凝水管所需要的存水弯高度，防止空调机组内空气泄漏。

9.3.2 正压段的门宜向内开，负压段的门宜向外开，压差越大，严密性越好。表冷段的冷凝水排水管上设置水封和阀门，夏季用水封密封，冬季阀门关闭，保证空调机组内空气不泄漏。

9.3.4 对加工完毕的风管进行清洁处理和保护，是对系统正常运行的保证。

9.3.5 管道穿过顶棚和灯具箱与吊顶之间的缝隙是容易产生泄漏的地方，对负压房间，泄漏是对保持负压的重大威胁，在此加以强调。

9.3.6 送风、排风管道隐蔽安装，既为了管道的安全也有利于整洁，送风、排风管道一般暗装。对于生物安全室内的设备排风管道、阀门，为了检修的方便可采用明装。

9.3.9 三级和四级生物安全实验室防护区的排风高效过滤装置，要求具有原位检漏的功能，对于防止病原微生物的外泄具有至关重要的作用。排风高效过滤装置的室内侧应有措施，防止高效过滤器损坏。

9.4 实验室设备

9.4.1 生物安全柜、负压解剖台等设备在出厂前都经过了严格的检测，在搬运过程中不应拆卸。生物安全柜本身带有高效过滤器，要求放在清洁环境中，所以应在搬入安装现场后拆开包装，尽可能减少污染。

9.4.2 生物安全柜和负压解剖台背面、侧面与墙体表面之间应有一定的检修距离，顶部与吊顶之间也应有检测和检修空间，这样也有利于卫生清洁工作。

9.4.3 传递窗、双扉高压灭菌器、化学淋浴间等设施应按照厂家提供的安装方法操作。不宜有在设备箱体上钻孔等破坏箱体结构的操作，当必须进行钻孔等操作时，对操作的部位应采取可靠的措施进行密封。化学淋浴通常以成套设备的形式提供给用户，需要现场组装，装配时应考虑化学淋浴间与墙体、地面、顶棚的配合关系，特别要注意严密性、水密性要求，尽量避免在化学淋浴间箱体上开孔，防止破坏化学淋浴间的密闭层和水密层。

9.4.4 传递窗、双扉高压灭菌器等设备与轻体墙连接时，在轻体墙上开洞较大，一般可采用加方钢或加铝型材等措施。

9.4.5 三级和四级生物安全实验室防护区内的传递窗和药液传递箱的腔体或门扇应整体焊接成型是为了保证设备的严密性和使用的耐久性。三级和四级生物安全实验室的传递窗安装后，与其他设施和围护结构共同构成防护区密闭壳体，为保证传递窗自身的严密性和密封结构的耐久性，应采用整体焊接结构，这一要求在工艺上也是不难实现的。

9.4.6 具有熏蒸消毒功能的传递窗和药液传递箱的内表面，经常要接触消毒剂，这些消毒剂会加快有机密封材料的老化，因此传递窗的内表面应尽量避免使用有机密封材料。

9.4.7 三级和四级生物安全实验室防护区配备实验台的要求是为了满足消毒和清洁要求。

9.4.8 本条的要求是为了防止意外危害实验人员的防护装备。

10 检测和验收

10.1 工程检测

10.1.1 生物安全实验室在投入使用之前，必须进行综合性能全面检测和评定，应由建设方组织委托，施工方配合。检测前，施工方应提供合格的竣工调试报告。

10.1.2 在《洁净室及相关受控环境》ISO 14644 中，对于 7 级、8 级洁净室的洁净度、风量、压差的最长检测时间间隔为 12 个月，对于生物安全实验室，除日常检测外，每年至少进行一次各项综合性能的全面检测是有必要的。另外，更换了送风、排风高效过滤器后，由于系统阻力的变化，会对房间风量、压差产生影响，必须重新进行调整，经检测确认符合要求后，方可使用。

10.1.3 生物安全柜、动物隔离设备、IVC、解剖台等设备是保证生物安全的一级屏障，因此十分关键，其安全作用高于生物安全实验室建筑的二级屏障，应首先检测，严格对待。另外其运行状态也会影响实验室通风系统，因此应首先确认其运行状态符合要求后，再进行实验室系统的检测。

10.1.4 施工单位在管道安装前应对全部送风、排风管道的严密性进行检测确认，并要求有监理单位或建设单位签署的管道严密性自检报告，尤其是三级和四级生物安全实验室的送风、排风系统密闭阀与生物安全实验室防护区相通的送风、排风管道的严密性。

生物安全实验室排风管道如果密闭不严，会增加污染因子泄漏风险，此外由于实验室要进行密闭消毒等操作，因此要保证整个系统的严密性。管道严密性的验证属于施工过程中的一道程序，应在管道安装前进行。对于安装好的管道，其严密性检测有一定难度。

10.1.5 本次修订增加了两项必测内容，即应用于防护区外的排风高效过滤器单元严密性和实验室工况验证。一些生物安全实验室采用在防护区外设置排风高效过滤单元，因此除实验室和送排风管道的严密性需要验证外，还需进行高效过滤单元的严密性验证。此外，实验室各工况的平稳安全是实验室安全性的组成部分，应作为必检项目进行验证。

10.1.6 由于温度变化对压力的影响，采用恒压法和压力衰减法进行检测时，要注意保持实验室及环境的温度稳定，并随时检测记录大气的绝对压力、环境温度、实验室温度，进行结果计算时，应根据温度和大气压力的变化进行修正。

10.1.7 高效过滤器检漏最直接、精准的方法是进行逐点扫描，光度计和计数器均可，在保证安全的前提下，扫描检漏有几个基本原则：首先应保证过滤器上游有均匀稳定且能达到一定浓度的气溶胶，再就是下游气流稳定且能排除外界干扰。优先使用大气尘和计数器，具有污染小、简便易行的优点。早先一些资料推荐采用人工尘、光度计进行效率法检漏，其中一个主要原因是某些现场无法引入具有一定浓度的大气尘，如高级别电子厂房的吊顶内等。

对于使用过的生物安全实验室、生物安全柜的排风高效过滤器的检漏，人工扫描操作可能会增加操作人员的风险，因此应首选机械扫描装置，进行逐点扫描检漏。如果无法安装机械扫描装置，可采用人工扫描检漏，但须注意安全防护。如果早期建造的生物安全实验室空间有限，确实无法设置机械扫描装置且无法实现人工扫描操作的，可在过滤器上游预留发尘位置，在过滤器下游预留测浓度的检漏位置，进行过滤器效率法检漏。

采用计数器或光度计进行效率法检漏的评价依据，在《洁净室及相关受控环境——第三部分　测试方法》ISO 14644-3 的 B.6.4 中，当采用粒子计数器进行测试时，所得效率不应超过过滤器标示的最易穿透粒径效率的 5 倍，当采用光度计进行测试时，整体透过率不应超过 0.01%，本规范均采用效率不低于 99.99%的统一标准。

10.1.9 气流流向的概念有两种：首先是指在不同房间之间因压差的不同，只能产生单一方向的气流流动，另一方面是指同一房间之内，由于送、排风口位置的不同，总体上有一定的方向性。事实上对于第一方面，主要是检测各房间的压差，对于第二方面，尤其对于较大的乱流房间，送排（回）风口之间通常没有明显的有规律性的气流，定向流的作用不明显，检测时主要是注意生物安全实验室的整体布局、生物安全柜及风口位置等是否符合规律，关键位置，如生物安全柜窗口等处，有无干扰气流等。

10.1.10 《洁净室施工及验收规范》GB 50591 中，对洁净室的各项参数的检测方法和要求作了详细的规定，其 2010 版的修订，来源于课题实验、大量的检测实践以及最新的国际相关标准。

10.1.11 在《实验室　生物安全通用要求》GB 19489－2008 中的 6.3.3.9 条，对防护区使用的高效过滤单元的严密性提出了要求，此类的单元一般指排风处理用的专业产品，如“袋进袋出”（Bagin Bagout）装置等。

10.1.12 生物安全实验室为了节能，可采用分区运行、值班风机、生物安全柜分时运行等方式，除在各个运行方式下应保证系统运行符合要求外，还应最大程度地保证各工况切换过程中防护区房间不出现正压，房间间气流流向无逆转。

10.2 生物安全设备的现场检测

10.2.1 生物安全柜、动物隔离设备、IVC、负压解剖台等设备的运行通常与生物安全实验室的系统相关联，是第一道、也是最关键的安全屏障，这些设备的各项参数都是需要安装后进行现场调整的，因此，当出现可能影响其性能的情况后，一定要对其性能进行检测验证。

10.2.2 除必须进行出厂前的合格检测以外，还要在现场安装完毕后，进行调试和检测，并提供现场检测合格报告。

10.2.3 对于生物安全柜的检测，本次修订增加了高效过滤器的检漏以及适用于Ⅲ级生物安全柜、动物隔离设备等的部分项目。在生物安全实验室建设工作中，应重视生物安全柜的检测，生物安全柜高效过滤器的检漏包括送风、排风高效过滤器。

10.2.4 一般生物安全柜、单向流解剖台的垂直气流平均风速不应低于 0.25m/s，风速过高可能会对实验室操作产生影响，也不适宜。上一版的规范中规定检测点间距不大于 0.2m，根据大量检测实践证明，生物安全柜的风速大体规律、均匀，因此，0.2m 间距应足以达到测点要求，但一些相关标准和厂家的检测要求中，规定间距为 0.15m，因此，本次修订时将要求统一。

10.2.5 工作窗口的气流，最容易发生外逸的位置是窗口两侧和上沿，应重点检查。

10.2.6 采用风速仪直接测量时，通常窗口上沿风速很低，小于 0.2m/s，中间位置大约 0.5m/s，窗口下沿风速最高，大约 1m/s，窗口平均风速大于 0.5m/

s，经过大量实践，虽然窗口风速差异大，但同样可以准确得出检测结果，且检测效率高于其他方法。在风速仪间接检测法中，通过实验确认，将生物安全柜窗口降低到 8cm 左右时，窗口风速的均匀性增加，其中心位置的风速近似等于平均风速。因阻力变化引起的风量变化忽略不计。

10.2.7 检测工作区洁净度时，对于开敞式的生物安全柜或动物隔离设备等，靠近窗口的测点不宜太向外，以避免吸入气流对洁净度检测的影响，对于封闭式的设备，应将检验仪器置于被测设备内，将检测仪器设为自动状态，封闭设备后，进行检测。

10.2.8 噪声检测位置，是人员坐着操作时耳朵的位置。噪声检测时应保持检测环境安静，对于背景噪声的修正方法可参考《洁净室施工及验收规范》GB 50591。

10.2.9 对于生物安全柜通常要求平均照度不低于 650lx，检测时应注意规避日光或实验室照明的影响。

10.2.10 部分生物安全柜和动物隔离设备已经预留了发尘和检测位置，对于没有预留位置的生物安全柜和动物隔离设备，可在操作区发人工尘，在排风过滤器出风面检漏，或在排风管开孔，进行检漏。

10.2.11 检测时应将风速仪置于生物安全柜或动物隔离设备内，重新封闭生物安全柜或动物隔离设备，利用操作手套进行检测。

10.2.12 通常利用设备本身压差显示装置的测孔进行检测。

10.2.13 由于生物安全柜和动物隔离设备的体积小，温度波动引起的压力变化更加明显，因此检测过程中必须同时精确测量设备内部和环境的温度，以便修正。通常测试周期（1h 内），箱体内的温度变化不得超过 0.3℃，环境温度不超过 1℃，大气压变化不超过 100Pa。检测压力通常设备验收时采用 1000Pa，运行检查验收采用 250Pa，或根据需要和委托方协商确定。

10.2.14 手套口风速的检测目的是防止万一手套脱落时，设备内的空气不会外逸。

10.2.15 生物安全柜箱体漏泄检测、漏电检测、接地电阻检测的方法可参照《生物安全柜》JG 170 的规定。

10.2.16 对于一些建造时间较早的实验室，由于条件所限，生物安全柜的安装通常达不到要求，生物安全柜安装过于紧凑，会造成生物安全柜维护的不便。

10.2.17 活毒废水处理设备一般具有固液分离装置、过压保护装置、清洗消毒装置、冷却装置等功能。活毒废水处理设备、高压灭菌器、动物尸体处理设备等需验证温度、压力、时间等运行参数对灭活微生物的有效性。高温灭菌是处理生物安全实验室活毒废水最常用到的方法之一，固液分离装置可以避免固体渣滓进入到设备中引起堵塞以保证设备连续正常运行；选用过压保护装置时应采取措施避免排放气体可能引起的生物危险物质外泄；当设备处于检修或故障状态时如果需要拆卸污染部位，应先对系统进行清洗和消毒；灭菌后的废水处于高温状态，排放前要先冷却。灭菌效果与温度、压力、时间等参数有关，应采取措施（如在设备上设置孢子检测口）对参数适用性进行验证。在管路连接与阀门布局上要考虑到废水能有效自流收集到灭活罐中，并且要采取必要措施保证罐体内的废水在灭菌时温度梯度均匀，严防未经灭菌或灭菌不彻底的废水排放到市政污水管网中。

10.2.18 活毒废水处理设备、高压灭菌锅、动物尸体处理设备等的高效过滤器在设备上是很难检测的，可将高效过滤器检测不漏后再进行安装。

10.2.19 活毒废水处理设备、高压灭菌锅、动物尸体处理设备等产生固体污染物的设备一般在设备上预留了检测口，可进行现场检测。

10.2.20 活毒废水处理设备、高压灭菌锅、动物尸体处理设备等产生固体污染物的设备一般设备上预留了检测口，可进行现场检测。

10.3 工程验收

10.3.1 根据《病原微生物实验室生物安全管理条例》（国务院 424 号令）中的十九、二十、二十一条规定："新建、改建、扩建三级、四级生物安全实验室或者生产、进口移动式三级、四级生物安全实验室"应"符合国家生物安全实验室建筑技术规范"，"三级、四级实验室应当通过实验室国家认可。""三级、四级生物安全实验室从事高致病性病原微生物实验活动"，"工程质量经建筑主管部门依法检测验收合格"。国家相关主管部门对生物安全实验室的建造、验收和启用都作了严格的规定，必须严格执行。

10.3.2 工程验收涉及的内容广泛，应包括各个专业，综合性能的检测仅是其中的一部分内容，此外还包括工程前期、施工过程中的相关文件和过程的审核验收。

10.3.3 工程检测必须由具有资质的质检部门进行，无资质认可的部门出具的报告不具备任何效力。

10.3.4 工程验收的结论应由验收小组得出，验收小组的组成应包括涉及生物安全实验室建设的各个技术专业。

中华人民共和国国家标准

电力系统继电保护及自动化设备柜（屏）工程技术规范

Technical code of cabinet(panel) for protection and automation equipments of electric power system

GB/T 50479—2011

主编部门：中 国 电 力 企 业 联 合 会

批准部门：中华人民共和国住房和城乡建设部

施行日期：2 0 1 2 年 6 月 1 日

中华人民共和国住房和城乡建设部
公　告

第1092号
关于发布国家标准
《电力系统继电保护及自动化设备柜（屏）工程技术规范》的公告

现批准《电力系统继电保护及自动化设备柜（屏）工程技术规范》为国家标准，编号为GB/T 50479—2011，自2012年6月1日起实施。

本规范由我部标准定额研究所组织中国计划出版社出版发行。

中华人民共和国住房和城乡建设部

二〇一一年七月二十六日

前　言

本规范是根据原建设部《关于印发〈2005年工程建设标准规范制订、修订计划（第二批）〉的通知》（建标函〔2005〕124号）的要求，由国电南京自动化股份有限公司会同国网电力科学研究院、南京南瑞继保电气有限公司、北京四方继保自动化股份有限公司、中国电力科学研究院共同编制完成的。

本规范在编制过程中，编制组对我国电力系统继电保护及自动化设备柜（屏）的生产、使用情况进行了调查研究，并与有关国际标准和国外技术标准进行了对比，在广泛征求意见的基础上，通过反复讨论、修改和完善，最后经审查定稿。

本规范共分4章。主要内容包括：总则、一般规定、组装和安装、工程交接验收。

本规范由住房和城乡建设部负责管理和解释，由中国电力企业联合会标准化中心负责日常管理，由国电南京自动化股份有限公司负责具体技术内容的解释。本规范在执行过程中，请各单位结合工程实践，认真总结经验，注意积累资料，随时将意见和建议反馈给国电南京自动化股份有限公司（地址：江苏南京市新模范马路38号；邮政编码：210003），以便今后修改时参考。

本规范主编单位、参编单位、主要起草人和主要审查人：

主 编 单 位： 国电南京自动化股份有限公司

参 编 单 位： 国网电力科学研究院
南京南瑞继保电气有限公司
北京四方继保自动化股份有限公司
中国电力科学研究院

主要起草人： 钟泽章　陈云仑　张　钰　尹东海　张开国　田　蘅　陈发宇

主要审查人： 吴济安　郑玉平　张　涛　赵曼勇　刘天斌　张建康　张洪起　黄明辉　李天华　孟志宏　高　翔　王　颖　佘小平　杨　明　吴利军　王向平　覃昌荣　夏期玉　郭效军　张开国　沈晓凡　郭彦东　陈云仑　孙关福　尹东海　吴　蓓　孙光辉　周栋骥　李群炬

目　次

1　总则 ………………………………… 1—25—5
2　一般规定 ……………………………… 1—25—5
2.1　环境条件 ……………………………… 1—25—5
2.2　电气参数 ……………………………… 1—25—5
2.3　安全要求 ……………………………… 1—25—5
3　组装和安装 …………………………… 1—25—5
3.1　组装要求 ……………………………… 1—25—5
3.2　检验 …………………………………… 1—25—7
3.3　柜（屏）存放和安装条件 …………… 1—25—8
3.4　施工安装 ……………………………… 1—25—9
3.5　现场调整试验 ………………………… 1—25—9
4　工程交接验收 ………………………… 1—25—9
本规范用词说明 ………………………… 1—25—10
引用标准名录 …………………………… 1—25—10
附：条文说明 …………………………… 1—25—11

Contents

1 General provisions ······ 1—25—5

2 General requirement ······ 1—25—5

2.1 Environmental condition ······ 1—25—5

2.2 Electrical ratings ······ 1—25—5

2.3 Safety requirement ······ 1—25—5

3 Assembly and installations ······ 1—25—5

3.1 Assembly requirement ······ 1—25—5

3.2 Test ······ 1—25—7

3.3 Storage and installation conditions of the cabinet or panel ······ 1—25—8

3.4 Installations ······ 1—25—9

3.5 Site adjustment test ······ 1—25—9

4 Acceptance test ······ 1—25—9

Explanation of wording in this code ······ 1—25—10

List of quoted standards ······ 1—25—10

Addition: Explanation of provisions ······ 1—25—11

1 总 则

1.0.1 为统一电力系统继电保护及自动化设备柜（屏）[以下简称柜（屏）]的技术管理，规范设计、安装、调试和验收要求，提高继电保护及自动化设备柜（屏）的安装、调试质量和运行水平，制定本规范。

1.0.2 本规范适用于电力系统继电保护及自动化设备柜（屏）的选型、安装、试验和验收。

1.0.3 电力系统继电保护及自动化设备柜（屏）的选型、安装、试验和验收，除应符合本规范外，尚应符合国家现行有关标准的规定。

2 一 般 规 定

2.1 环 境 条 件

2.1.1 柜（屏）的正常工作大气条件应符合下列规定：

1 环境温度应符合下列规定：

1）户内为−5℃～+40℃或−10℃～+55℃；

2）户外为−25℃～+55℃；

2 相对湿度应为5%～95%；

3 大气压力应为70kPa～110kPa。

2.1.2 安装地点的机械振动不应超过现行国家标准《电气继电器 第21部分：量度继电器和保护装置的振动、冲击、碰撞和地震试验 第1篇：振动试验（正弦）》GB/T 11287规定的严酷等级为1级的机械振动，并不应超过现行国家标准《量度继电器和保护装置的冲击与碰撞试验》GB/T 14537规定的严酷等级为1级的冲击与碰撞。

2.1.3 安装地点的接地电阻应符合现行国家标准《电子计算机场地通用规范》GB/T 2887的有关规定，并应符合现行行业标准《电子设备防雷技术导则》DL/T 381的有关规定。

2.1.4 安装场地应符合现行国家标准《计算站场地安全要求》GB 9361中有关B类安全的规定。

2.2 电 气 参 数

2.2.1 交流回路的额定值可在下列数值中选取：

1 交流电压可为$100/\sqrt{3}$V、100V；

2 交流电流可为1A、5A；

3 额定频率可为50Hz。

2.2.2 工作电源额定值可在下列数值中选取：

1 直流电源电压可为48V、110V、220V；

2 交流电源电压可为220V。

2.3 安 全 要 求

2.3.1 机械安全应符合下列规定：

1 柜体和机壳不应有可能对人体造成伤害的锐边、毛刺等缺陷；

2 柜体和机壳应能防止未经允许使用的工具进入内部；

3 使用于户外的柜（屏）应具有良好的抗破坏性能，并应采用防撬结构。

2.3.2 行线槽和导线绝缘保护等非金属材料的阻燃性能，应符合现行国家标准《塑料 燃烧性能的测定 水平法和垂直法》GB/T 2408中有关FV-2的规定。

2.3.3 电气间隙和爬电距离应符合现行国家标准《量度继电器和保护装置 第27部分：产品安全要求》GB 14598.27—2008中第5.1.9条的规定。

2.3.4 安全标识应符合现行国家标准《量度继电器和保护装置 第27部分：产品安全要求》GB 14598.27—2008中第9.1节的规定。

3 组装和安装

3.1 组 装 要 求

3.1.1 柜（屏）组装时，表面涂覆和外观应符合下列规定：

1 结构件的表面不应有影响质量和外观的擦伤、碰伤、沟痕、锈蚀等缺陷。焊缝的外表应平整。

2 框架、面板、门板等表面均应涂覆良好，涂覆层应完整、均匀一致，不应存在明显的起皱、流涎、斑点、气泡等缺陷。

3 涂覆层应有良好的附着力，宜达到现行国家标准《漆膜附着力测定法》GB/T 1720规定的2级性能。不应产生涂层脱落的现象。

4 涂覆层色泽不应有明显的差异。不应有炫目、反光等现象存在。

5 户外机柜的涂覆层应有良好的抗日晒和抗气候性，宜能经受现行国家标准《电子设备机械结构 户外机壳 第3部分：机柜和箱体的气候、机械试验及安全要求》GB/T 19183.5规定的抗化学活性物质试验。

6 紧固件应具有防腐蚀镀层和涂层，既作连接又作导电的零件应采用铜质材料。

7 各金属零部件应有相应的防腐蚀涂镀层。当使用于海洋性气候时，应符合现行国家标准《电工电子产品环境试验 第2部分：试验方法 试验Ka：盐雾》GB/T 2423.17有关盐雾试验的规定，试验时间应为2d。

3.1.2 柜（屏）配置应符合下列规定：

1 机柜门开启、关闭应灵活自如，锁紧应可靠。机柜门开启宜采用门轴在右开门拉手在左的方式，门的开启角应大于120°，并宜设柜门的限位机构。

2　可运动部件应按设计要求活动自如、可靠，不得有影响运动性能的松动。在规定运动范围内不应与其他零件碰撞或摩擦。

3　端子排距机柜后框架外侧的距离不宜小于150mm；端子排至地面的距离不宜小于250mm，至柜（屏）顶面的距离不宜小于200mm。

4　柜（屏）的一侧不宜安装两列端子排。当用户要求同一侧安装两列端子时，宜采用深度为800mm的柜（屏），两列端子排间距（空间间隙）不宜小于100mm，靠后的端子排与机柜后表面外侧的距离不宜小于75mm；不宜装设横排端子。

5　侧板上可设穿线孔，其位置和直径应由下一级标准规定。

6　机柜可根据需要在前面板下部设穿线孔，可用铭牌或其他装饰盖板覆盖，穿线孔的直径和位置应由下一级标准规定，其直径宜为40mm。

7　柜屏下部应设有截面不小于$100mm^2$的接地铜排。

8　机柜的顶部宜设置供运输使用的起吊装置和小母线的防尘盖板。

3.1.3　柜（屏）内选用的连接导线截面面积，应符合下列规定：

1　信号回路应符合下列规定：

1）使用多股铜质导线时，截面积不应小于$0.5mm^2$；

2）使用单股铜质导线时，截面积不应小于$1.0mm^2$。

2　电压回路应符合下列规定：

1）使用多股铜质导线，截面积不应小于$1.0mm^2$；

2）使用单股铜质导线时，截面积不应小于$1.5mm^2$。

3　电流回路应符合下列规定：

1）使用多股铜质导线时，截面积不应小于$1.5mm^2$；

2）使用单股铜质导线时，截面积不应小于$2.5mm^2$。

4　通信信号、高频信号等回路使用导线的规格，应符合现行国家标准《继电保护和安全自动装置技术规程》GB/T 14285的有关规定。

3.1.4　柜（屏）内导线的排列与布置，应符合下列规定：

1　柜（屏）内导线的排列应布置合理、整齐美观，宜采用行线槽的配线方式；采用行线槽配线时，行线槽的配置应合理、固定可靠、线槽盖启闭性好。

2　捆扎线束的夹具应结实可靠，不应损伤导线的外绝缘；严禁使用易破坏绝缘的材料捆扎线束。柜（屏）内应安装用于固定线束的支架或线夹。

3　元器件与端子、端子与端子之间的连接用多股导线，应采用冷压接端头；冷压连接应牢靠、接触良好。导线的接线端应有识别标记，导线标记应符合现行国家标准《绝缘导线的标记》GB 4884的有关规定，并宜采用双重标记；采用单股线行线时，导线接线端应制作缓冲环。

4　柜（屏）内可运动的布线，应采用多股铜芯导线，并应留有一定长度裕量，同时应采用缠绕带等予以保护，还应采取固定线束的措施。

5　柜（屏）内连接导线的中间不应有接头。每一个端子的一个连接点上不应连接超过2根的导线，并应采取保证连接可靠的措施。

6　电流回路端子严禁压2根导线，也不应将2根导线压在一个压接头再接至一个端子；电压回路端子不应压2根导线，但可将2根导线压在一个压接头再接至一个端子。

7　柜（屏）内导线束不宜直接紧贴金属结构件敷设。穿越金属构件时，应有保护导线绝缘不受损伤的措施。

8　柜（屏）内导线不应承受造成其正常使用寿命减少的外力。

9　行线槽和导线用的绝缘材料等非金属制品的阻燃性能，应达到现行国家标准《塑料　燃烧性能的测定　水平法和垂直法》GB/T 2408有关FV-2的规定。

10　打印机的电源线不应与继电保护和自动化设备的信号线布置在同一电缆束中。

3.1.5　电磁兼容性配线应符合下列规定：

1　大电流的电源线不应与低频的信号线捆扎；

2　高电平与低电平的信号线不宜捆扎；

3　高频的信号输入线不应与输出线捆扎，也不应与其他用途的导线捆扎；

4　没有屏蔽的高频线不应与其他导线捆扎；

5　导线的敷设方式和布置应有利于避免电磁兼容和高频骚扰的影响，电缆和导线的布线应符合现行国家标准《继电保护和安全自动装置技术规程》GB/T 14285的有关规定；

6　柜（屏）上装置的接地端子应用截面不小于$4mm^2$的多股铜线和接地铜排相连。

3.1.6　导线连接后的抗拉强度要求应符合表3.1.6的规定。

表3.1.6　导线连接后的抗拉强度

导线截面积		拉力（N）
ISO标称截面积（mm^2）	美国线规（AWG/Mcm）	
0.2	24	10
—	22	20
0.5	20	30
0.75	18	30

续表 3.1.6

导线截面积		拉力（N）
ISO 标称截面积（mm^2）	美国线规（AWG/Mcm）	
1.0	—	35
1.5	16	40
2.5	14	50
4.0	12	60
6.0	10	80
10	8	90

3.1.7 冷压接端头压接后的抗拉强度要求应符合表 3.1.7 的规定。

表 3.1.7 端头压接后的抗拉强度

序号	导线截面积（mm^2）	拉力（N）
1	0.5	60
2	1.0	108
3	1.5	150
4	2.5	230

3.1.8 柜（屏）内接线应符合现行行业标准《电气装置安装工程质量检验及评定规程 第 8 部分：盘、柜及二次回路接线施工质量检验》DL/T 5161.8 的有关规定。

3.1.9 柜（屏）内的交流供电电源的中性线（零线）不应接入柜（屏）的接地铜牌。

3.2 检 验

3.2.1 柜（屏）安装前，应按本规范第 3.2.2 条～第 3.2.5 条的要求对组装好的柜（屏）进行检验。

3.2.2 结构和外观检查应符合下列规定：

1 在柜（屏）上没有安装元器件时，应使用钢板尺或钢卷尺测量柜（屏）架的外形尺寸、垂直度、平行度、平面度、孔的位置度。机柜和机架的结构尺寸应符合现行国家标准《电子设备机械结构 482.6mm（19 in）系列机械结构尺寸 第 1 部分：面板和机架》GB/T 19520.1、《电子设备机械结构 482.6mm（19 in）系列机械结构尺寸 第 2 部分：机柜和机架结构的格距》GB/T 19520.2 或《电力系统二次回路控制、保护屏及柜基本尺寸系列》GB/T 7267 的有关规定；户外机柜和箱体的尺寸应符合现行国家标准《电子设备机械结构 户外机壳 第 2 部分：箱体和机柜的协调尺寸》GB/T 19183.2、《电子设备机械结构 户外机壳 第 2－1 部分：机柜尺寸》GB/T 19183.3 和《电子设备机械结构 户外机壳 第 2－2 部分：箱体尺寸》GB/T 19183.4 的有关规定。

2 柜（屏）应具有足够的机械强度和良好的刚性，其上安装好所有的元器件后，检查柜（屏），应无开裂和变形现象；在进行试验和操作时不应有晃动，并应保持电气间隙和爬电距离不变。

3 外观检查应符合下列规定：

1）组装好的柜（屏）应整洁、牢固。焊接组装的柜（屏），其各焊接处焊缝应无焊穿、裂缝、夹渣或气孔等现象，药皮和溅渣应清洗干净。构件组装的柜（屏），其连接部位应牢固，且有防松动措施；

2）组装好的柜（屏）底脚应平稳，无明显的歪斜现象；

3）各安装孔边缘应平整，无毛刺和裂口；

4）柜（屏）应提供紧固安装设施和安全接地设施；安全标志应明显，且符合国家现行有关标准的规定；

5）有穿线孔的柜（屏），检查穿线孔的位置和尺寸，应符合设计图纸的要求；

6）柜（屏）的铭牌、符号及安全设计标志应正确、清晰、齐全，应易于辨别，并符合产品图样的规定。

3.2.3 表面涂覆层检查应符合下列规定：

1 应按本规范第 3.1.1 条的要求进行。检查涂覆层质量应在光照度相当于一般晴朗日、采光较好的条件下进行，并应在离被检面 0.5m～1m 处进行观察。

2 检查涂覆层的颜色应均匀、一致，不应有明显的色差和眩光，不应有砂粒、起皱、流痕、斑点、气泡、手印和粘附物等缺陷。

3 涂覆层应牢固、均匀，不应有露底的现象。

3.2.4 母线、连接导线和绝缘导线检查，应符合下列规定：

1 导线的颜色应符合本规范第 3.1.3 条的要求，线径应符合现行行业标准《电力系统继电保护柜、屏通用技术条件》DL/T 720 的有关规定；

2 线束布置应符合本规范第 3.1.4 条和第 3.1.5 条的要求；

3 用行线槽配线的柜（屏）检查行线槽，行线槽应固紧，其出线口应光滑、无尖棱；用绑线法配线的柜（屏）检查线束内导线，数量不应超过规定，配置应整齐美观，捆绑处不应有损坏导线绝缘层的现象；

4 检查每根导线的端头应有号牌，其标志与柜（屏）的安装接线图应一致；

5 检查接线端连接导线的数量，每个接线端可连接 1 根导线，最多 2 根，并应检查连接端接触的可靠性与松动情况；

6 用万用表或接通指示器检查导线连接，其连接应符合柜（屏）接线图的要求。

3.2.5 电气性能试验应符合下列规定：

1 柜（屏）内安装的设备及附件应进行电气性能试验，并应符合下列规定：

1）成套继电保护装置及自动化设备的检查按现行国家标准《静态继电保护及安全自动装置通用技术条件》DL/T 478等的有关规定执行；

2）各类基础继电器、显示器及成套设备的检查按相应的产品标准和技术文件规定的方法进行；

3）辅助元器件的检查按元器件有关标准规定的方法进行。

2 应检查柜（屏）的配置和接线，并应对柜（屏）整体性能进行试验，应符合柜（屏）原理接线图的要求。

3.2.6 功率消耗测试应符合下列规定：

1 交流电流回路应符合下列规定：

1）通入电流回路的电流为额定值；

2）分别测量各相电流回路的电压降；

3）计算功率消耗，应符合现行行业标准《电力系统继电保护柜、屏通用技术条件》DL/T 720的有关规定。

2 交流电压回路应符合下列规定：

1）通入电压回路的电压值为额定值；

2）分别测量各相电压回路的电流；

3）计算功率消耗，应符合现行行业标准《电力系统继电保护柜、屏通用技术条件》的DL/T 720有关规定。

3 直流回路应符合下列规定：

1）通入直流回路电压为额定值；

2）测量直流回路的总电流；

3）计算功率消耗，应符合现行行业标准《电力系统继电保护柜、屏通用技术条件》DL/T 720的有关规定。

3.3 柜（屏）存放和安装条件

3.3.1 柜（屏）的存放场所，应符合现行行业标准《电力系统继电保护柜、屏通用技术条件》DL/T 720的有关规定，其堆放层数应符合包装箱的要求。

3.3.2 柜（屏）的安装场所和使用地点，不应超过国家标准《电气继电器 第21部分：量度继电器和保护装置的振动、冲击、碰撞和地震试验 第1篇：振动试验（正弦）》GB/T 11287有关严酷等级为1级的机械振动的规定，以及《量度继电器和保护装置的冲击与碰撞试验》GB/T 14537有关严酷等级为1级的冲击和碰撞的规定，并应符合国家现行标准《继电保护和安全自动装置技术规程》GB/T 14285和《电力系统继电保护柜、屏通用技术条件》DL/T 720的有关规定。

3.3.3 柜（屏）运达现场后，应在规定的期限内进行验收检查，并应符合下列规定：

1 包装及密封应良好；

2 型号规格应符合设计要求，设备应无损伤，附件、备件应齐全；

3 技术文件应齐全；

4 外观检查应合格。

3.3.4 安装场所的接地网宜敷设与厂、站主接地网紧密连接的等电位接地网。具有优质材料、接地良好的主接地网的厂站，等电位网的敷设可适当简化。等电位接地网应符合下列规定：

1 应在主控室、保护室、敷设二次电缆的沟道、开关场的就地端子箱及保护用结合滤波器等处，使用截面不小于100 mm^2的裸铜排（缆）敷设与主接地网紧密连接的等电位接地网。

2 在主控室、保护室柜（屏）下层的电缆室内，应按柜（屏）布置的方向敷设100 mm^2的专用铜排（缆），专用铜排（缆）应首末端连接。保护室内的等电位接地网应使用不少于4根、截面不小于50mm^2的铜排（缆）与厂、站的主接地网在电缆竖井处可靠连接。

3 静态保护和控制装置的柜（屏）下部应设有截面不小于100mm^2的接地铜排。柜（屏）上装置的接地端子应使用截面不小于4mm^2的多股铜线和接地铜排相连。接地铜排应使用截面不小于50mm^2的铜排与地面下的等电位接地母线相连。

4 沿二次电缆的沟道应使用截面不小于100 mm^2的裸铜排（缆）。

5 分散布置的保护就地站、通信室与集控室之间，应使用截面不小于100 mm^2的铜排（缆）将保护就地站与集控室的等电位接地网可靠连接，该铜排（缆）应紧密与厂、站主接地网相连接。

6 开关场的就地端子箱内应使用截面不小于100 mm^2的裸铜排，并应使用截面不小于100 mm^2的铜缆与电缆沟道内的等电位接地网连接。

3.3.5 与柜（屏）安装有关的建筑工程的施工，应符合下列规定：

1 屋顶、楼板施工完毕，不得渗漏；

2 屋内沟道应无积水、杂物；

3 预埋件和预留孔应符合设计要求，预埋件应牢固；

4 接地实施应符合现行国家标准《计算站场地安全要求》GB 9361和《电子计算机场地通用规范》GB/T 2887的有关规定；

5 安装的基础型钢应符合现行国家标准《电气装置安装工程 盘、柜及二次回路结线施工及验收规范》GB 50171的有关规定。

3.3.6 验收和安装的期限应按下级标准或合同（协议）规定执行。

3.4 施 工 安 装

3.4.1 柜（屏）内设备与构件的连接应牢固，柜（屏）应牢固安装在基础型钢上，但不宜与基础型钢焊死。

3.4.2 柜（屏）单独安装或成列安装时，其垂直度、水平偏差、柜（屏）面偏差以及柜（屏）的接缝的允许偏差，应符合表 3.4.2 的规定。

表 3.4.2 柜（屏）安装的允许偏差

项目		允许偏差(mm)
垂直度(1m)		<1.5
水平偏差	相邻两柜(屏)顶部	<2
	成列柜(屏)顶部	<5
柜(屏)面偏差	相邻两柜(屏)边	<1
	成列柜(屏)面	<5
柜(屏)间接缝		<2

3.4.3 柜(屏)的柜体接地应牢固、可靠。

3.4.4 柜(屏)安装时，应避免外部条件对柜(屏)涂覆层的损伤。

3.4.5 引入柜(屏)的电缆和芯线，应符合下列规定：

1 微机型继电保护装置所有二次回路的电缆均应使用屏蔽电缆。

2 使用屏蔽电缆时，其屏蔽层应可靠接地，严禁使用电缆内的空线替代屏蔽层接地。

3 电缆应排列整齐、避免交叉，并应固定牢固，不得使所接的端子排受到机械应力。

4 电缆芯线应按垂直方向或水平方向有规律地配置，不得任意歪斜或交叉连接，备用芯线长度应留有一定的裕量。

5 强、弱电回路不得使用同一根电缆的芯线，并应分别成束、分开排列。

6 应合理规划二次电缆的路径，宜离开高压母线、避雷器和避雷针的接地点、并联电容器、电容式电压互感器、结合电容及电容式套管等设备，并应避免和减少迂回、缩短二次电缆的长度，与运行设备无关的电缆应拆除。

7 交流电流和交流电压回路、交流和直流回路、强电和弱电回路，以及来自开关场电压互感器二次的四根引入线和电压互感器开口三角绕组的两根引入线，均应使用各自独立的电缆。

8 双重化配置的保护装置、母差和断路器失灵等重要保护的启动和跳闸回路，均应使用各自独立的电缆。

9 公用电压互感器的二次回路应只在控制室内有一点接地。

10 公用电流互感器二次绕组二次回路应只在相关保护柜(屏)内一点接地。独立、与其他电压互感器和电流互感器的二次回路及没有电气联系的二次回路，宜在开关场实现一点接地，也可在控制室内一点接地。

11 柜屏内的交流供电电源的中性线(零线)不应接入等电位接地网。

12 在油污环境，应使用耐油的电缆或绝缘导线；在日光直射的环境应采取防护措施。

3.4.6 二次回路接线应符合下列规定：

1 应按图施工，接线应正确；

2 导线与电气元件间宜采用螺栓连接，连接应牢固、可靠；

3 连接导线中间不应有接头；

4 电缆芯线和配线的端部均应标明回路编号，编号应正确、字迹清楚、不易脱色；

5 配线应整齐、清晰、美观，导线的绝缘应良好、无损伤；

6 每个接线端子每侧的接线宜为 1 根，不得超过 2 根；插接式端子，不应将 2 根不同截面积的导线接于同一个端子；螺栓连接的端子，当接两根导线时，两根导线之间应加平垫圈；

7 二次回路接地应设专用螺栓。

3.5 现场调整试验

3.5.1 检查柜(屏)的配置、安装和接线，应符合设计图纸要求。

3.5.2 安装在柜(屏)上的继电保护和自动化装置，应按现场调试规程和产品调试大纲规定的要求和方法分别进行试验。

3.5.3 现场调整试验人员应检查安装在柜(屏)上的空气开关、操作开关、按钮及连接片的性能，并应进行必要的试验，其功能和性能应符合相应的产品文件的规定。

3.5.4 整组试验应符合下列规定：

1 应按柜(屏)设计图纸的要求，从柜(屏)的输入端子加入直流电源、交流电压、交流电流及需要的输入量，各装置的规定功能、动作及相互配合，应符合设计要求；

2 柜(屏)的全部设备和接线应处于正常运行状态，并应与相关的外部设备相连，同时应进行联动试验，应符合设计要求。

4 工程交接验收

4.0.1 工程交接应按下列规定进行验收检查：

1 柜(屏)的固定及接地应牢固、可靠、整齐，涂覆层应完好、清洁；

2 柜(屏)所安装设备或附件应齐全完好、位置正确、固定牢固；

3 二次回路接线应正确、连接可靠，标志应齐全清晰，绝缘性能应符合要求；

4 前、后门及侧板应完整，开、关应灵活，门锁应可靠；

5 各套装置和设备的整组试验应符合现行行业标准《静态继电保护及安全自动装置通用技术条件》DL/T 478、《电力系统继电保护柜、屏通用技术条件》DL/T 720 等和设计文件要求；

6 各操作部件应操作灵活、动作关系正确；

7 操作及整组联动试验应符合设计要求。

4.0.2 交接验收时应提供下列资料和文件：

1 工程设计图；

2 设计变更时，应提供变更设计的说明文件；

3 产品说明书、调试大纲或检测大纲、调试记录、合格证等技术文件；

4 根据合同所要求的备品备件清单；

5 安装技术记录；

6 调整试验记录。

4.0.3 备品备件应符合制造厂备品备件清单的要求。

本规范用词说明

1 为便于在执行本规范条文时区别对待，对要求严格程度不同的用词说明如下：

1)表示很严格，非这样做不可的：

正面词采用“必须”，反面词采用“严禁”；

2)表示严格，在正常情况下均应这样做的：

正面词采用“应”，反面词采用“不应”或“不得”；

3)表示允许稍有选择，在条件许可时首先应这样做的：

正面词采用“宜”，反面词采用“不宜”；

4)表示有选择，在一定条件下可以这样做的，采用“可”。

2 条文中指明应按其他有关标准执行的写法为：“应符合……的规定”或“应按……执行”。

引用标准名录

《电气装置安装工程　盘、柜及二次回路结线施工及验收规范》GB 50171

《漆膜附着力测定法》GB/T 1720

《塑料　燃烧性能的测定　水平法和垂直法》GB/T 2408

《电工电子产品环境试验　第 2 部分：试验方法　试验 Ka：盐雾》GB/T 2423.17

《电子计算机场地通用规范》GB/T 2887

《绝缘导线的标记》GB 4884

《电力系统二次回路控制、保护屏及柜基本尺寸系列》GB/T 7267

《计算站场地安全要求》GB 9361

《电气继电器　第 21 部分：量度继电器和保护装置的振动、冲击、碰撞和地震试验　第 1 篇：振动试验(正弦)》GB/T 11287

《继电保护和安全自动装置技术规程》GB/T 14285

《量度继电器和保护装置的冲击与碰撞试验》GB/T 14537

《量度继电器和保护装置　第 27 部分：产品安全要求》GB 14598.27

《电子设备机械结构　户外机壳　第 2 部分：箱体和机柜的协调尺寸》GB/T 19183.2

《电子设备机械结构　户外机壳　第 2—1 部分：机柜尺寸》GB/T 19183.3

《电子设备机械结构　户外机壳　第 2—2 部分：箱体尺寸》GB/T 19183.4

《电子设备机械结构　户外机壳　第 3 部分：机柜和箱体的气候、机械试验及安全要求》GB/T 19183.5

《电子设备机械结构 482.6mm(19 in)系列机械结构尺寸　第 1 部分：面板和机架》GB/T 19520.1

《电子设备机械结构 482.6mm(19 in)系列机械结构尺寸　第 2 部分：机柜和机架结构的格距》GB/T 19520.2

《电子设备防雷技术导则》DL/T 381

《静态继电保护及安全自动装置通用技术条件》DL/T 478

《电力系统继电保护柜、屏通用技术条件》DL/T 720

《电气装置安装工程质量检验及评定规程　第 8 部分：盘、柜及二次回路接线施工质量检验》DL/T 5161.8

中华人民共和国国家标准

电力系统继电保护及自动化设备柜（屏）工程技术规范

GB/T 50479—2011

条 文 说 明

制 定 说 明

《电力系统继电保护及自动化设备柜(屏)工程技术规范》GB/T 50479—2011，经住房和城乡建设部2011年7月26日以第1092号公告批准发布。

1　编制目的和遵循的主要原则

本规范涉及的电力系统继电保护及自动化设备柜(屏)是由机柜和安装在机柜上的继电保护装置、自动化设备及其配套设备和辅助元器件组合而成的，能够实现独立功能的设备组合。在电力工程建设中，由于柜(屏)的设计、安装涉及二次设备的布置、与相关一次设备的连接、与系统接地网的连接等问题，所以其设计、安装是变电站设计、施工的一部分，需结合系统的整体要求考虑。制定本规范的目的主要是规范柜(屏)的工程设计、现场安装、验收检验等方面的技术要求。对于涉及从工程角度对继电保护和自动化设备柜(屏)及相关产品的技术要求，由于目前尚没有规定这些技术要求的国家标准，因此在本规范编写时，工作组采取了将这些技术要求作为本规范部分内容的办法。

2　编制工作概况

本规范由国电南京自动化股份有限公司会同国网电力科学研究院、南京南瑞继保电气有限公司、北京四方继保自动化股份有限公司、中国电力科学研究院等单位共同编制。经协商，各参加起草单位确定了规范编写工作组成员，组成规范编写工作组。

工作组于2005年3月在南京召开第一次规范编写工作组会议，讨论规范初稿、工作分工，并安排下一阶段编写工作。

规范编写人员按第一次工作组讨论意见对规范草稿进行修改，工作组于2005年5月在南京召开第二次规范编写工作组会议，讨论规范修改稿，并决定按会议意见修改形成规范的“征求意见稿初稿”。

工作组于2005年8月在江苏召开规范编写工作组扩大会议，对规范修改“征求意见稿初稿”进行讨论。会议决定：按本次规范编写工作组扩大会议的意见对“征求意见稿初稿”修改后，形成规范的“征求意见稿”，提交全国静态继电保护装置标准化技术委员会秘书处，并寄发给全国静态继电保护装置标准化技术委员会各委员征求意见并进行审查。

2005年12月在全国静态继电保护装置标准化技术委员会全体会议上审查并通过，并提出了一些修改意见，要求规范编写工作组按审查会议意见修改后，交标委会秘书处按规定报批。

本规范在报批过程中，按住房和城乡建设部的有关规定进行了多次修改。

3　有关规范内容的说明

本规范的主要内容包括电力系统继电保护及自动化设备柜(屏)的技术要求、安装调试、工程交接验收等。

本规范不涉及柜(屏)中安装的成套继电保护装置的具体要求，柜(屏)中安装的成套继电保护的性能应符合其相应的标准。

为便于广大设计、施工、科研、学校等单位有关人员在使用本规范时能正确理解执行条文规定，按照《工程建设标准编写规定》的要求，编制组编写了本规范条文说明。本条文说明的内容均为解释性内容，不应作为规范规定使用。

目　次

1　总则 ………………………………… 1—25—14
3　组装和安装 ……………………… 1—25—14
　3.1　组装要求 ……………………… 1—25—14
　3.4　施工安装 ……………………… 1—25—14
4　工程交接验收 ……………………… 1—25—14

调器等设备的交流供电电源。

1 总　　则

1.0.2 继电保护及自动化设备柜（屏）是指由机柜（或屏）和安装在机柜（或屏）上的继电保护装置、自动化装置、配套设备、辅助元器件端子排、照明设备及配线等组合而成，能够实现规定功能的成套设备的组合。

3 组装和安装

3.1 组 装 要 求

3.1.3 本条规定了柜（屏）中使用的连接导线的要求。从机械强度、电气热稳定性能等方面的要求出发，考虑目前大多数电力工程的柜（屏）中连接导线的使用情况，给出了满足要求的最小截面积。在实际工程中，对于高出本规范的要求，可按技术合同或协议中的规定进行设计、安装和验收。

3.1.9 这里主要指用于照明、打印和通信用调制解调器等设备的交流供电电源。

3.4 施 工 安 装

3.4.1 条文所述构件包括与地基固定的连接构件、并柜用的构件以及用于运输装卸的构件等。

3.4.5 引入柜（屏）的电缆和芯线应符合下列规定：

9 各电压互感器的中性线不得接有可能断开的开关或熔断器等；已在控制室一点接地的电压互感器二次线圈，如果要在开关场再接地，则应将电压互感器二次线圈中性点经放电间隙或氧化锌阀片接地，其击穿电压峰值应大于 $30I_{max}$ V；应定期检查放电间隙或氧化锌阀片。

11 这里主要指用于照明、打印和通信用调制解调器等设备的交流供电电源。

4 工程交接验收

4.0.1 装置和设备指完成所要求的功能的元件或元件组合。在本规范中指微机继电保护、自动化、远动、测量控制等智能电子设备。

中华人民共和国国家标准

房屋建筑和市政基础设施工程质量检测技术管理规范

Testing technology management code for building and municipal infrastructure engineering quality

GB 50618—2011

主编部门：中华人民共和国住房和城乡建设部
批准部门：中华人民共和国住房和城乡建设部
施行日期：2 0 1 2 年 1 0 月 1 日

中华人民共和国住房和城乡建设部
公　　告

第973号

关于发布国家标准《房屋建筑和市政基础设施工程质量检测技术管理规范》的公告

现批准《房屋建筑和市政基础设施工程质量检测技术管理规范》为国家标准，编号为GB 50618－2011，自2012年10月1日起实施。其中，第3.0.3、3.0.4、3.0.10、3.0.13、4.1.1、4.2.1、4.4.10、5.4.1条为强制性条文，必须严格执行。

本规范由我部标准定额研究所组织中国建筑工业出版社出版发行。

中华人民共和国住房和城乡建设部

2011年4月2日

前　　言

本规范是根据住房和城乡建设部《关于印发〈2008年工程建设标准制订、修订计划（第一批）〉的通知》（建标〔2008〕102号）的要求，由中国建筑业协会工程建设质量监督分会和福建省九龙建设集团有限公司会同有关单位共同编制完成的。

本规范以工程建设的全过程和工程使用期间的工程质量检测工作为对象，编制组经过大量的调查研究，总结了近年来的实践经验，按照规范编制程序，对主要问题进行了充分讨论，在全国范围内广泛吸收了有关方面的建议，并与有关工程施工质量验收、工程结构检测、鉴定标准等相协调，最后经审查定稿。

本规范共分6章和5个附录，主要内容包括：总则、术语、基本规定、检测机构能力、检测程序、检测档案等。

本规范由住房和城乡建设部负责管理和对强制性条文的解释，由中国建筑业协会工程建设质量监督分会负责具体技术内容的解释。请各单位在执行本规范的过程中，随时将有关意见和建议寄中国建筑业协会工程建设质量监督分会（地址：北京市海淀区三里河路9号，邮编：100835，E-mail：jdfh@fyi.net.cn，传真：010-58934104），以供今后修订时参考。

本规范主编单位、参编单位、主要起草人员和主要审查人员：

主 编 单 位：中国建筑业协会工程建设质量监督分会
福建省九龙建设集团有限公司

参 编 单 位：上海市建设工程安全质量监督总站
北京市建设工程质量检测中心
江苏省建设工程质量监督总站
上海市建设工程检测行业协会
广东省建设工程质量安全监督检测总站
宁波三江检测有限公司
山东省建设工程质量监督总站
深圳市建设工程质量检测中心
浙江大东吴集团建设有限公司
北京中集信达建筑工程有限公司
海口市建筑工程质量安全监督站
广州粤建三和软件有限公司
昆山市建设工程质量检测中心

主要起草人员：吴松勤　林海洋　杨玉江　林爱花　潘延平　张大春　艾毅然　韩跃红　袁庆华　刘南渊　蒋屹军　张　爽　姚新良　张党生　乐嘉鲁　吴忠民　罗宗标　黄　俭　蒋荣夫　叶保群　沈舜民　梁世杰　金　元　姚建强　孙和生

主要审查人员：金德钧　张昌叙　姜　红　白玉渊　张元勃　徐天平　唐　民　陈明珠　陈　飚

目　次

1　总则 ………………………………… 1—26—5
2　术语 ………………………………… 1—26—5
3　基本规定 …………………………… 1—26—5
4　检测机构能力 ……………………… 1—26—5
4.1　检测人员 ………………………… 1—26—5
4.2　检测设备 ………………………… 1—26—6
4.3　检测场所 ………………………… 1—26—6
4.4　检测管理 ………………………… 1—26—7
5　检测程序 …………………………… 1—26—7
5.1　检测委托 ………………………… 1—26—7
5.2　取样送检 ………………………… 1—26—7
5.3　检测准备 ………………………… 1—26—8
5.4　检测操作 ………………………… 1—26—8
5.5　检测报告 ………………………… 1—26—8
5.6　检测数据的积累利用 …………… 1—26—9
6　检测档案 …………………………… 1—26—9
附录A　检测项目、检测设备及技术人员配备表 ………………… 1—26—9
附录B　检测机构技术能力、基本岗位及职责 ………………… 1—26—13
附录C　常用检测设备管理分类 … 1—26—14
附录D　检测合同的主要内容……… 1—26—15
附录E　检测原始记录、检测报告的主要内容 ………………… 1—26—15
本规范用词说明 ……………………… 1—26—16
附：条文说明 ………………………… 1—26—17

Contents

1 General Provisions ………………… 1—26—5
2 Terms ……………………………… 1—26—5
3 Basic Requirements …………… 1—26—5
4 Testing Services Competence ….. 1—26—5
4.1 Testing Personnel ……………… 1—26—5
4.2 Testing Equipment …………… 1—26—6
4.3 Testing Place ………………… 1—26—6
4.4 Testing Information Management ……………… 1—26—7
5 Testing Procedures …………… 1—26—7
5.1 Services Contract ……………… 1—26—7
5.2 Sample Delivery ……………… 1—26—7
5.3 Preparation …………………… 1—26—8
5.4 Operation ……………………… 1—26—8
5.5 Report …………………………… 1—26—8
5.6 Data Management ……………… 1—26—9
6 Testing Files Management …….. 1—26—9
Appendix A Table of Tested Items, Testing Equipment and Personnel ……………… 1—26—9
Appendix B Testing Services Competence: Basic Position and Responsi bilities … 1—26—13
Appendix C Classification of Equipment Management ……… 1—26—14
Appendix D Main Contents of Services Contract …… 1—26—15
Appendix E Main Contents of Original Record and Report …………… 1—26—15
Explanation of Wording in This Code …………………………… 1—26—16
Addition: Explanation of Provisions ………………… 1—26—17

1 总 则

1.0.1 为加强建设工程质量检测管理，规范建设工程质量检测技术活动，保证检测工作质量，制定本规范。

1.0.2 本规范适用于房屋建筑工程和市政基础设施工程有关建筑材料、工程实体质量检测活动的技术管理。

1.0.3 建设工程质量检测技术管理除应符合本规范外，尚应符合国家现行有关标准的规定。

2 术 语

2.0.1 工程质量检测 testing for quality of construction engineering

按照相关规定的要求，采用试验、测试等技术手段确定建设工程的建筑材料、工程实体质量特性的活动。

2.0.2 工程质量检测机构 testing services for quality of construction engineering

具有法人资格，并取得相应资质，对社会出具工程质量检测数据或检测结论的机构。

2.0.3 检测人员 testing personnel

经建设主管部门或其委托有关机构的考核，从事检测技术管理和检测操作人员的总称。

2.0.4 检测设备 testing equipment

在检测工作中使用的、影响对检测结果作出判断的计量器具、标准物质以及辅助仪器设备的总称。

2.0.5 见证人员 witnesses

具备相关检测专业知识，受建设单位或监理单位委派，对检测试件的取样、制作、送检及现场工程实体检测过程真实性、规范性见证的技术人员。

2.0.6 见证取样 witness sampling

在见证人员见证下，由取样单位的取样人员，对工程中涉及结构安全的试块、试件和建筑材料在现场取样、制作，并送至有资格的检测单位进行检测的活动。

2.0.7 见证检测 witness test

在见证人员见证下，检测机构现场测试的活动。

2.0.8 鉴定检测 appraisal test

为建设工程结构性能可靠性鉴定（包括安全性鉴定和正常使用性鉴定）提供技术评估依据进行测试的活动。

2.0.9 工程检测管理信息系统 information management system of testing for construction engineering

利用计算机技术、网络通信技术等信息化手段，对工程质量检测信息进行采集、处理、存储、传输的管理系统。

3 基本规定

3.0.1 建设工程质量检测应执行国家现行有关技术标准。

3.0.2 建设工程质量检测机构（以下简称检测机构）应取得建设主管部门颁发的相应资质证书。

3.0.3 检测机构必须在技术能力和资质规定范围内开展检测工作。

3.0.4 检测机构应对出具的检测报告的真实性、准确性负责。

3.0.5 对实行见证取样和见证检测的项目，不符合见证要求的，检测机构不得进行检测。

3.0.6 检测机构应建立完善的管理体系，并增强纠错能力和持续改进能力。

3.0.7 检测机构的技术能力（检测设备及技术人员配备）应符合本规范附录A中各相应专业检测项目的配备要求。

3.0.8 检测机构应采用工程检测管理信息系统，提高检测管理效果和检测工作水平。

3.0.9 检测机构应建立检测档案及日常检测资料管理制度。

3.0.10 检测应按有关标准的规定留置已检试件。有关标准留置时间无明确要求的，留置时间不应少于72h。

3.0.11 建设工程质量检测应委托具有相应资质的检测机构进行检测。

3.0.12 施工单位应根据工程施工质量验收规范和检测标准的要求编制检测计划，并应做好检测取样、试件制作、养护和送检等工作。

3.0.13 检测试件的提供方应对试件取样的规范性、真实性负责。

4 检测机构能力

4.1 检 测 人 员

4.1.1 检测机构应配备能满足所开展检测项目要求的检测人员。

4.1.2 检测机构检测项目的检测技术人员配备应符合本规范附录A的规定，并宜按附录B的要求设立相应的技术岗位。

4.1.3 检测机构的技术负责人、质量负责人、检测项目负责人应具有工程类专业中级及其以上技术职称，掌握相关领域知识，具有规定的工作经历和检测工作经验。检测报告批准人、检测报告审核人应经检测机构技术负责人授权，掌握相关领域知识，并具有规定的工作经历和检测工作经验。

4.1.4 检测机构室内检测项目持有岗位证书的操作

人员不得少于2人；现场检测项目持有岗位证书的操作人员不得少于3人。

4.1.5 检测操作人员应经技术培训、通过建设主管部门或委托有关机构的考核，方可从事检测工作。

4.1.6 检测人员应及时更新知识，按规定参加本岗位的继续教育。继续教育的学时应符合国家相关要求。

4.1.7 检测人员岗位能力应按规定定期进行确认。

4.2 检 测 设 备

4.2.1 检测机构应配备能满足所开展检测项目要求的检测设备。

4.2.2 检测机构检测项目的检测设备配备应符合本规范附录A的规定，并宜分为A、B、C三类，分类管理。具体分类宜符合本规范附录C的要求。

4.2.3 A类检测设备的范围宜符合本规范附录C第C.0.1条的规定，并应符合下列规定：

1 本单位的标准物质（如果有时）；

2 精密度高或用途重要的检测设备；

3 使用频繁，稳定性差，使用环境恶劣的检测设备。

4.2.4 B类检测设备的范围宜符合本规范附录C第C.0.2条的规定，并应符合下列要求：

1 对测量准确度有一定的要求，但寿命较长、可靠性较好的检测设备；

2 使用不频繁，稳定性比较好，使用环境较好的检测设备。

4.2.5 C类检测设备的范围宜符合本规范附录C第C.0.3条的规定，并应符合下列要求：

1 只用作一般指标，不影响试验检测结果的检测设备；

2 准确度等级较低的工作测量器具。

4.2.6 A类、B类检测设备在启用前应进行首次校准或检测。

4.2.7 检测设备的校准或检测应送至具有校准或检测资格的实验室进行校准或检测。

4.2.8 A类检测设备的校准或检测周期应根据相关技术标准和规范的要求，检测设备出厂技术说明书等，并结合检测机构实际情况确定。

4.2.9 B类检测设备的校准或检测周期应根据检测设备使用频次、环境条件、所需的测量准确度，以及由于检测设备发生故障所造成的危害程度等因素确定。

4.2.10 检测机构应制定A类和B类检测设备的周期校准或检测计划，并按计划执行。

4.2.11 C类检测设备首次使用前应进行校准或检测，经技术负责人确认，可使用至报废。

4.2.12 检测设备的校准或检测结果应由检测项目负责人进行管理。

4.2.13 检测机构自行研制的检测设备应经过检测验收，并委托校准单位进行相关参数的校准，符合要求后方可使用。

4.2.14 检测机构的所有设备均应标有统一的标识，在用的检测设备均应标有校准或检测有效期的状态标识。

4.2.15 检测机构应建立检测设备校准或检测周期台账，并建立设备档案，记录检测设备技术条件及使用过程的相关信息。

4.2.16 检测机构对大型的、复杂的、精密的检测设备应编制使用操作规程。

4.2.17 检测机构应对主要检测设备作好使用记录，用于现场检测的设备还应记录领用、归还情况。

4.2.18 检测机构应建立检测设备的维护保养、日常检查制度，并作好相应记录。

4.2.19 当检测设备出现下列情况之一时，应进行校准或检测：

1 可能对检测结果有影响的改装、移动、修复和维修后；

2 停用超过校准或检测有效期后再次投入使用；

3 检测设备出现不正常工作情况；

4 使用频繁或经常携带运输到现场的，以及在恶劣环境下使用的检测设备。

4.2.20 当检测设备出现下列情况之一时，不得继续使用：

1 当设备指示装置损坏、刻度不清或其他影响测量精度时；

2 仪器设备的性能不稳定，漂移率偏大时；

3 当检测设备出现显示缺损或按键不灵敏等故障时；

4 其他影响检测结果的情况。

4.3 检 测 场 所

4.3.1 检测机构应具备所开展检测项目相适应的场所。房屋建筑面积和工作场地均应满足检测工作需要，并应满足检测设备布局及检测流程合理的要求。

4.3.2 检测场所的环境条件等应符合国家现行有关标准的要求，并应满足检测工作及保证工作人员身心健康的要求。对有环境要求的场所应配备相应的监控设备，记录环境条件。

4.3.3 检测场所应合理存放有关材料、物质，确保化学危险品、有毒物品、易燃易爆等物品安全存放；对检测工作过程中产生的废弃物、影响环境条件及有毒物质等的处置，应符合环境保护和人身健康、安全等方面的相关规定，并应有相应的应急处理措施。

4.3.4 检测工作场所应有明显标识，与检测工作无关的人员和物品不得进入检测工作场所。

4.3.5 检测工作场所应有安全作业措施和安全预案，确保人员、设备及被检测试件的安全。

4.3.6 检测工作场所应配备必要的消防器材，存放于明显和便于取用的位置，并应有专人负责管理。

4.4 检测管理

4.4.1 检测机构应执行国家现行有关管理制度和技术标准，建立检测技术管理体系，并按管理体系运行。

4.4.2 检测机构应建立内部审核制度，发现技术管理中的不足并进行改正。

4.4.3 检测机构的检测管理信息系统，应能对工程检测活动各阶段中产生的信息进行采集、加工、储存、维护和使用。

4.4.4 检测管理信息系统宜覆盖全部检测项目的检测业务流程，并宜在网络环境下运行。

4.4.5 检测机构管理信息系统的数据管理应采用数据库管理系统，应确保数据存储与传输安全、可靠；并应设置必要的数据接口，确保系统与检测设备或检测设备与有关信息网络系统的互联互通。

4.4.6 应用软件应符合软件工程的基本要求，应经过相关机构的评审鉴定，满足检测功能要求，具备相应的功能模块，并应定期进行论证。

4.4.7 检测机构应设专人负责信息化管理工作，管理信息系统软件功能应满足相关检测项目所涉及工程技术规范的要求，技术规范更新时，系统应及时升级更新。

4.4.8 检测机构宜按规定定期向建设主管部门报告以下主要技术工作：

1 按检测业务范围进行检测的情况；

2 遵守检测技术条件（包括实验室技术能力和检测程序等）的情况；

3 执行检测法规及技术标准的情况；

4 检测机构的检测活动，包括工作行为、人员资格、检测设备及其状态、设施及环境条件、检测程序、检测数据、检测报告等；

5 按规定报送统计报表和有关事项。

4.4.9 检测机构应定期作比对试验，当地管理部门有要求的，并应按要求参加本地区组织的能力验证。

4.4.10 检测机构严禁出具虚假检测报告。凡出现下列情况之一的应判定为虚假检测报告：

1 不按规定的检测程序及方法进行检测出具的检测报告；

2 检测报告中数据、结论等实质性内容被更改的检测报告；

3 未经检测就出具的检测报告；

4 超出技术能力和资质规定范围出具的检测报告。

5 检测程序

5.1 检测委托

5.1.1 建设工程质量检测应以工程项目施工进度或工程实际需要进行委托，并应选择具有相应检测资质的检测机构。

5.1.2 检测机构应与委托方签订检测书面合同，检测合同应注明检测项目及相关要求。需要见证的检测项目应确定见证人员。检测合同主要内容宜符合本规范附录D的规定。

5.1.3 检测项目需采用非标准方法检测时，检测机构应编制相应的检测作业指导书，并应在检测委托合同中说明。

5.1.4 检测机构对现场工程实体检测应事前编制检测方案，经技术负责人批准；对鉴定检测、危房检测，以及重大、重要检测项目和为有争议事项提供检测数据的检测方案应取得委托方的同意。

5.2 取样送检

5.2.1 建筑材料的检测取样应由施工单位、见证单位和供应单位根据采购合同或有关技术标准的要求共同对样品的取样、制样过程、样品的留置、养护情况等进行确认，并应做好试件标识。

5.2.2 建筑材料本身带有标识的，抽取的试件应选择有标识的部分。

5.2.3 检测试件应有清晰的、不易脱落的唯一性标识。标识应包括制作日期、工程部位、设计要求和组号等信息。

5.2.4 施工过程有关建筑材料、工程实体检测的抽样方法、检测程序及要求等应符合国家现行有关工程质量验收规范的规定。

5.2.5 既有房屋、市政基础设施现场工程实体检测的抽样方法、检测程序及要求等应符合国家现行有关标准的规定。

5.2.6 现场工程实体检测的构件、部位、检测点确定后，应绘制测点图，并应经技术负责人批准。

5.2.7 实行见证取样的检测项目，建设单位或监理单位确定的见证人员每个工程项目不得少于2人，并应按规定通知检测机构。

5.2.8 见证人员应对取样的过程进行旁站见证，作好见证记录。见证记录应包括下列主要内容：

1 取样人员持证上岗情况；

2 取样用的方法及工具模具情况；

3 取样、试件制作操作的情况；

4 取样各方对样品的确认情况及送检情况；

5 施工单位养护室的建立和管理情况；

6 检测试件标识情况。

5.2.9 检测收样人员应对检测委托单的填写内容、试件的状况以及封样、标识等情况进行检查，确认无误后，在检测委托单上签收。

5.2.10 试件接受应按年度建立台账，试件流转单应采取盲样形式，有条件的可使用条形码技术等。

5.2.11 检测机构自行取样的检测项目应作好取样记录。

5.2.12 检测机构对接收的检测试件应有符合条件的存放设施，确保样品的正确存放、养护。

5.2.13 需要现场养护的试件，施工单位应建立相应的管理制度，配备取样、制样人员，及取样、制样设备及养护设施。

5.3 检测准备

5.3.1 检测机构的收样及检测试件管理人员不得同时从事检测工作，并不得将试件的信息泄露给检测人员。

5.3.2 检测人员应校对试件编号和任务流转单的一致性，保证与委托单编号、原始记录和检测报告相关联。

5.3.3 检测人员在检测前应对检测设备进行核查，确认其运作正常。数据显示器需要归零的应在归零状态。

5.3.4 试件对贮存条件有要求时，检测人员应检查试件在贮存期间的环境条件符合要求。

5.3.5 对首次使用的检测设备或新开展的检测项目以及检测标准变更的情况，检测机构应对人员技能、检测设备、环境条件等进行确认。

5.3.6 检测前应确认检测人员的岗位资格，检测操作人员应熟识相应的检测操作规程和检测设备使用、维护技术手册等。

5.3.7 检测前应确认检测依据、相关标准条文和检测环境要求，并将环境条件调整到操作要求的状况。

5.3.8 现场工程实体检测应有完善的安全措施。检测危险房屋时还应对检测对象先进行勘察，必要时应先进行加固。

5.3.9 检测人员应熟悉检测异常情况处理预案。

5.3.10 检测前应确认检测方法标准，确认原则应符合下列规定：

1 有多种检测方法标准可用时，应在合同中明确选用的检测方法标准；

2 对于一些没有明确的检测方法标准或有地区特点的检测项目，其检测方法标准应由委托双方协商确定。

5.3.11 检测委托方应配合检测机构做好检测准备，并提供必要的条件。按时提供检测试件，提供合理的检测时间，现场工程实体检测还应提供相应的配合等。

5.4 检测操作

5.4.1 检测应严格按照经确认的检测方法标准和现场工程实体检测方案进行。

5.4.2 检测操作应由不少于2名持证检测人员进行。

5.4.3 检测原始记录应在检测操作过程中及时真实记录，检测原始记录应采用统一的格式。原始记录的内容应符合下列规定：

1 试验室检测原始记录内容宜符合本规范附录E第E.0.1条的规定；

2 现场工程实体检测原始记录内容宜符合本规范附录E第E.0.2条的规定。

5.4.4 检测原始记录笔误需要更正时，应由原记录人进行杠改，并在杠改处由原记录人签名或加盖印章。

5.4.5 自动采集的原始数据当因检测设备故障导致原始数据异常时，应予以记录，并应由检测人员作出书面说明，由检测机构技术负责人批准，方可进行更改。

5.4.6 检测完成后应及时进行数据整理和出具检测报告，并应做好设备使用记录及环境、检测设备的清洁保养工作。对已检试件的留置处理除应符合本规范第3.0.10条的规定外尚应符合下列规定：

1 已检试件留置应与其他试件有明显的隔离和标识；

2 已检试件留置应有唯一性标识，其封存和保管应由专人负责；

3 已检试件留置应有完整的封存试件记录，并分类、分品种有序摆放，以便于查找。

5.4.7 见证人员对现场工程实体检测进行见证时，应对检测的关键环节进行旁站见证，现场工程实体检测见证记录内容应包括下列主要内容：

1 检测机构名称、检测内容、部位及数量；

2 检测日期、检测开始、结束时间及检测期间天气情况；

3 检测人员姓名及证书编号；

4 主要检测设备的种类、数量及编号；

5 检测中异常情况的描述记录；

6 现场工程检测的影像资料；

7 见证人员、检测人员签名。

5.4.8 现场工程实体检测活动应遵守现场的安全制度，必要时应采取相应的安全措施。

5.4.9 现场工程实体检测时应有环保措施，对环境有污染的试剂、试材等应有预防撒漏措施，检测完成后应及时清理现场并将有关用后的残剩试剂、试材、垃圾等带走。

5.5 检测报告

5.5.1 检测项目的检测周期应对外公示，检测工作完成后，应及时出具检测报告。

5.5.2 检测报告宜采用统一的格式；检测管理信息系统管理的检测项目，应通过系统出具检测报告。检测报告内容应符合检测委托的要求，并宜符合本规范附录E第E.0.3、第E.0.4条的规定。

5.5.3 检测报告编号应按年度编号，编号应连续，不得重复和空号。

5.5.4 检测报告至少应由检测操作人签字、检测报告审核人签字、检测报告批准人签发，并加盖检测专用章，多页检测报告还应加盖骑缝章。

5.5.5 检测报告应登记后发放。登记应记录报告编号、份数、领取日期及领取人等。

5.5.6 检测报告结论应符合下列规定：

1 材料的试验报告结论应按相关材料、质量标准给出明确的判定；

2 当仅有材料试验方法而无质量标准，材料的试验报告结论应按设计要求或委托方要求给出明确的判定；

3 现场工程实体的检测报告结论应根据设计及鉴定委托要求给出明确的判定。

5.5.7 检测机构应建立检测结果不合格项目台账，并应对涉及结构安全、重要使用功能的不合格项目按规定报送时间报告工程项目所在地建设主管部门。

5.6 检测数据的积累利用

5.6.1 检测机构应对日常检测取得的数据进行积累整理。

5.6.2 检测机构应定期对检测数据统计分析。

5.6.3 检测机构应按规定向工程建设主管部门提供有关检测数据。

6 检测档案

6.0.1 检测机构应建立检测资料档案管理制度，并做好检测档案的收集、整理、归档、分类编目和利用工作。

6.0.2 检测机构应建立检测资料档案室，档案室的条件应能满足纸质文件和电子文件的长期存放。

6.0.3 检测资料档案应包含检测委托合同、委托单、检测原始记录、检测报告和检测台账、检测结果不合格项目台账、检测设备档案、检测方案、其他与检测相关的重要文件等。

6.0.4 检测机构检测档案管理应由技术负责人负责，并由专（兼）职档案员管理。

6.0.5 检测资料档案保管期限，检测机构自身的资料保管期限应分为5年和20年两种。涉及结构安全的试块、试件及结构建筑材料的检测资料汇总表和有关地基基础、主体结构、钢结构、市政基础设施主体结构的检测档案等宜为20年；其他检测资料档案保管期限宜为5年。

6.0.6 检测档案可是纸质文件或电子文件。电子文件应与相应的纸质文件材料一并归档保存。

6.0.7 保管期限到期的检测资料档案销毁应进行登记、造册后经技术负责人批准。销毁登记册保管期限不应少于5年。

附录A 检测项目、检测设备及技术人员配备表

表A 检测项目、检测设备及技术人员配备表

序号	专业	检测项目（参数）	主要设备	检测人员
1	建筑材料	①水泥、粉煤灰的物理力学性能和化学分析	①水泥检验设备。含胶砂搅拌机、净浆搅拌机、胶砂振实台、胶砂跳桌、稠度测定仪、安定性沸煮箱、雷氏夹测定仪、细度负压筛、抗折试验机、恒应力压力试验机和标准养护设备、凝结时间测定仪等	建筑材料专业或相关专业，大专及以上学历，达到规定的检测工作经历及检测工作经验的工程师及以上人员不少于1人；化学专业，大专及以上学历，达到规定的化学分析工作经验的工程师及以上人员不少于1人；经考核持有效上岗证的检测人员不少于8人；检测项目（参数）较少的，可适当降低检测人员的数量，但不应少于5人
		②建筑钢材、钢绞线锚夹具力学工艺性能和化学分析	②300kN、600kN、1000kN拉力试验机（或液压式万能试验机）、弯曲试验机、钢绞线专用夹具、洛氏硬度仪、钢材化学成分分析设备	
		③混凝土用骨料物理性能和有害物质检测	③砂、石试验用电热鼓风干燥箱、砂石筛、振筛机、压碎指标测定仪、针片状规准仪、天平、台秤、量瓶、量桶等	
		④砂浆、混凝土及外加剂的物理力学性能和耐久性检测	④混凝土搅拌机、振动台、坍落度筒、混凝土拌合物凝结时间测定仪、含气量测定仪、压力泌水率测定仪、混凝土收缩测长仪、砂浆搅拌机、混凝土抗渗仪、砂浆抗渗仪、混凝土标准养护室（湿度95%以上）、混凝土收缩养护室（湿度60±5%）、1000kN、2000kN、3000kN压力试验机、分析天平、可见光光度计、火焰光度计、酸度计、高温炉、碳硫联合分析仪、化学实验室用通风橱、洗眼器、常用玻璃器皿试剂、化学标准物质等	

续表 A

序号	专业	检测项目（参数）	主要设备	检测人员
1	建筑材料	⑤砖、砌块的物理力学性能检测	⑤带大变形检测的电子万能试验机、低温试验箱、低温弯折仪、抗穿孔仪、动态抗干不透水仪、邵氏硬度计、天平、大烘箱、实验室温湿度监控设备	建筑材料专业或相关专业，大专及以上学历，达到规定的检测工作经历及检测工作经验的工程师及以上人员不少于1人；化学专业，大专及以上学历，达到规定的化学分析工作经验的工程师及以上人员不少于1人；经考核持有效上岗证的检测人员不少于8人；检测项目（参数）较少的，可适当降低检测人员的数量，但不应少于5人
		⑥沥青及沥青混合料的物理力学性能及有害物含量检测；防水卷材、涂料物理力学性能检测	⑥沥青延度仪、针入度仪、软化点仪、旋转薄膜烘箱、闪点仪、蜡含量测定仪、马歇尔测定仪、马歇尔电动击实仪、沥青混合搅拌机、恒温水浴箱、天平、卡尺、离心抽提仪（四流抽提仪）或燃烧炉、车辙试样成型机、自动车辙试验仪、鼓风干燥箱、100kN压力机、游标卡尺、钢直尺等	
2	地基基础	①土工试验	电子秤、烘箱、环刀、标准击实仪、千斤顶、300kN压力机、密度测量器等	注册岩土工程师1人；达到规定检测工作经历及检测工作经验的工程师不少于2人；每个检测项目经考核持有效上岗证的人员不少于3人
		②土工布、土工膜、排水板（带）等土工合成材料的物理力学性能检测	分析天平、游标卡尺、土工布厚度仪、等效孔径试验仪、动态穿孔试验仪、电子万能试验机、CBR顶破装置、土工合成材料渗透仪、低温试验箱、空气热老化试验箱、排水板通水量仪等	
		③桩（完整性、承载力、强度）、地基、成孔、基础施工监测	静载反力系统（钢梁、千斤顶、配重等），加载能力均不低于10000kN；100t、200t、300t、500t千斤顶； 高应变动测仪、不低于8t的重锤和锤架、精密水准仪、拟合法软件；低应变动测仪、不同锤重的激振锤；具有波列储存功能的非金属超声仪、两种频率的换能器；高速液压钻机、测斜仪、标准贯入试验设备及地基承载力试验设备、复合地基检测设备；张拉千斤顶；精密水准仪、经纬仪、全站仪、测斜仪、钢弦频率仪、静态电阻应变仪、孔压计、水位计等	
3	混凝土结构	回弹法检测强度、钻芯法检测强度、超声法检测缺陷、钢筋保护层厚度检测、后锚固件拉拔试验、碳纤维片正拉粘结强度试验	回弹仪、钻芯机、钢筋位置测试仪、600kN拉力试验机、1000kN压力试验机、后锚固件拉拔仪、碳纤维片拉拔仪、结构构件变形测量仪等	达到规定检测工作经历及检测工作经验的工程师及以上技术人员不少于4人，其中1人应当具备一级注册结构工程师；每个检测项目经考核持有效上岗证的检测人员不少于3人； 报告审核人、批准人为工程类相关专业工程师及以上技术人员。经考核持有效钢结构无损探伤资质证书的检测人员不少于2人
4	砌体结构	回弹法检测砌筑砂浆强度、贯入法检测砌筑砂浆强度、回弹法检测烧结普通砖强度	砂浆回弹仪、砂浆贯入仪、砖回弹仪等	
5	钢结构	无损检测（超声、射线、磁粉）、防火和防腐涂层厚度检测、节点、螺栓等连接件力学性能检测、钢结构变形测量、化学成分分析	超声探伤仪、射线探伤仪、磁粉探伤仪、600kN、1000kN拉力试验机、涡流测厚仪、电磁测厚仪、结构变形测量仪器、钢材化学成分分析设备等	

续表 A

序号	专业	检测项目（参数）	主要设备	检测人员
6	室内环境	空气中氡、甲醛、苯、TVOC、氨的检测、装饰有害物质含量的检测、土壤中氡浓度检测	气相色谱仪（其中应有直接进样），空气采样器，空气流量计、气压计、土壤测氡仪、紫外可见分光光度计、粒料粉磨机、低本底能谱仪，具备化学实验室的设施环境，常用器皿，常用试剂等	化学专业、本科及以上学历，工程师及以上技术人员不少于 1 人，经考核持有效上岗证的检测人员不少于 3 人
7	结构鉴定	各种结构、地基基础检测项目、建筑物变形测量、结构荷载试验	各种结构、地基基础检测项目仪器、建筑变形测量仪器、位移计、万能试验机、结构计算软件等	检测人员经考核持有效上岗证每一检测项目不少于 3 人；报告编写人员具备工程师及以上技术职称； 报告审核、批准人均具备高级工程师，其中 1 人具备一级注册结构工程师
8	建筑节能	①保温材料导热系数、密度、抗压强度或压缩强度、燃烧性能（限有机保温材料），保温绝热材料的检测	量程不小于 20kN 电子万能试验机、导热分散测定仪、分析天平、砂浆搅拌机、分层度仪、收缩仪、标准养护箱、300kN 压力试验机、低温试验箱、高温炉、漆膜冲击仪、吸水率检测用真空装置、电位滴定仪、围护结构稳态热传递检测系统、导热系数测定仪、钻芯机、电线电缆导体电阻测试仪、含（0～3300）mm 全波段分光光度仪、（2500～25000）mm 红外光谱仪、燃烧性能试验室等	工程师及以上技术人员 1 人； 经考核持有效上岗证的检测人员不少于 3 人
		②外墙外保温系统及其构造材料的物理力学性能检测；墙体砌块（砖）材料密度、抗压强度、构造的热阻或传热系数测定；墙体、屋面的浅色饰面材料的太阳辐射吸收系数，遮阳材料太阳光透射比、太阳光反射比检测		
		③围护结构实体构造的现场检测		
9	建筑幕墙、门窗及外墙面砖	①幕墙门窗的“三性”检测、现场抽样玻璃的遮阳系数、可见光透射比、传热系数、中空玻璃露点检测、门窗保温性能检测、隔热型材的抗拉强度、抗剪强度检测等	幕墙“三性”测试系统（箱体高度≥16m，宽度≥10m，压力≥12kPa）、门窗“三性”测试系统（压力≥5.0kPa）、型材镀（涂）测厚仪、焊角测试仪、幕墙门窗玻璃光学性能测试设备［含（0～3300）mm 全波段分光光度计、红外分光光度计、中空玻璃露点测试仪］、电子万能试验机（附−60℃和 300℃下的拉伸附件）、硅酮结构胶相容性试验箱等、饰面砖粘结强度检测仪等	工程师及以上技术人员 1 人； 经考核持有效上岗证的检测人员不少于 3 人
		②幕墙门窗用型材的镀（涂）层厚度检测		
		③塑料门窗的焊角（可焊性）检测		
		④硅酮结构胶的相容性试验		
		⑤饰面砖粘结强度检测		

续表 A

序号	专业	检测项目（参数）	主要设备	检测人员
10	建筑电气	①电线电缆的电性能、机械性能、结构尺寸和燃烧性能的检测、电线电缆截面、芯导体电阻值 ②变配电室的电源质量分析 ③典型功能区的平均照度、接地电阻值、防雷检测和功率密度检测	电子万能试验机、导体电阻测试仪、绝缘电阻测试仪、闪络击穿试验装置、燃烧试验装置、低倍投影仪、电能质量分析仪、照度计、接地电阻测量仪、防雷检测设备等	电气专业大专及以上学历，达到规定检测工作经历及检测工作经验的工程师及以上技术人员1人，经考核持有效上岗证的检测人员不少于3人
11	建筑给排水及采暖	管道、管件强度及严密性检测、管道保温、焊缝检测、水温、水压	水泵、各式压力表、温度仪、焊缝检测设备等	焊接专业工程师1人，经考核持有效上岗证的检测人员不少于3人
12	通风与空调	①风管和风管系统的漏风量、系统总风量和风口风量、空调机组水流量、系统冷热水、冷却水流量的检测；制冷机性能系数，水泵能效系数检测，室内空气温湿度检测、全空气空调系统送、排风风机的风量、风压及单位风量耗功率、风量平衡、空调机组冷冻水供回温差、冷水系统水力平衡、冷却塔效率、循环水泵流量、杨程、电机功率及输送能效(ER)，冷却塔热力性能、流量、电机功率、冷热源设备的制冷、制风量、输入功率性能系数（COP）现场检测 ②空调系统风机盘管机组的供冷量、供热量、风量、出口静压和噪声检测	风管漏风量测装置、风量罩、超声波流量计、电力质量分析仪、数字温湿度计，温湿度自动采集仪、压力传感器、数据采集仪、皮托管、温湿度传感器压计；风机盘管机组焓差试验装置、噪声测试系统等	暖通专业大专及以上学历，达到规定检测工作经历及检测工作经验的工程师及以上技术人员1人，经考核持有效上岗证的检测人员不少于3人
13	建筑电梯运行	各种电梯性能检测	电梯性能检测系统设备、电气检测设备及有关材料性能检测设备等	电气专业、机械专业工程师及以上技术人员各1人，经考核持有效上岗证的检测人员不少于3人
14	建筑智能	各系统性能测试	各系统性能的各种测试设备，能形成综合调试检测成果，电气检测设备等	计算机专业工程师及以上技术人员2人，经考核持有效上岗证的检测人员不少于3人
15	燃气管道工程	管道强度严密性等项目；燃气器具检测	项目相应的设备、仪器等。同管道专业	同建筑给排水及采暖

续表 A

序号	专业	检测项目（参数）	主要设备	检测人员
16	市政道路	厚度、压实度、承载能力（弯沉试验）、抗滑性能	路面回弹弯沉值测定仪、多功能电动击实仪、标准土壤筛、标准振筛机、摩擦系数测定仪、含水率测定仪等	达到规定检测工作经历及检测工作经验的工程师及以上技术人员 1 人；经考核持有效上岗证的检测人员不少于 3 人
17	市政桥梁	桥梁动载试验、桥梁静载试验。桥体及基础结构性能	桥梁挠度检测仪 1 套、静态电阻应变测试系统 1 套、动态应变采集系统 1 套、钢弦频率仪 2 台、震动测试仪 2 套、激光测距仪 2 台。桥体及基础结构性能检测同结构鉴定	达到规定检测工作经历及检测工作经验的道桥专业高级工程师 1 人；达到规定检测工作经历及检测工作经验的工程师 2 人；经考核持有效上岗证的检测人员不少于 3 人
18	其他	①施工升降机及作业平台 ②建筑机械检测 ③安全器具及设备检测	建筑机械检测设备、建筑电梯检测设备、脚手架扣件测定仪、安全帽检测设备、安全带及安全网检测设备等	机械专业大专及以上学历，达到规定检测工作经历及检测工作经验的工程师及以上技术人员 1 人；经考核持有效上岗证的检测人员不少于 3 人

注：1 本表列出的各专业检测项目（参数）是检测机构应具备的最基本的检测项目（参数）。
2 为保证检测项目（参数）的结果正确，规定了检测项目应配备的设备、技术人员。
3 拥有建筑材料，施工过程的有关检测项目及其他专项检测中的五项及以上检测项目（参数）的检测机构，多项目综合检测机构的人员、设备配备可适当调整。

附录 B 检测机构技术能力、基本岗位及职责

B. 0. 1 技术负责人。应具有相应专业的中级、高级技术职称，连续从事工程检测工作的年限符合相关规定，全面负责检测机构的技术工作，其岗位职责如下：

1 确定技术管理层的人员及其职责，确定各检测项目的负责人；

2 主持制定并签发检测人员培训计划，并监督培训计划的实施；

3 主持对检测质量有影响的产品供应方的评价，并签发合格供应方名单；

4 主持收集使用标准的最新有效版本，组织检测方法的确认及检测资源的配置；

5 主持检测结果不确定度的评定；

6 主持检测信息及检测档案管理工作；

7 按照技术管理层的分工批准或授权有相应资格的人批准和审核相应的检测报告；

8 主持合同评审，对检测合作单位进行能力确认；

9 检查和监督安全作业和环境保护工作；

10 批准作业指导书、检测方案等技术文件；

11 批准检测设备的分类，批准检测设备的周期校准或周期检测计划并监督执行；

12 批准实验比对计划和参加本地区组织的能力验证，并对其结果的有效性组织评价。

B. 0. 2 质量负责人。应具有相应专业的中级或高级技术职称，连续从事工程检测工作的年限符合相关规定，负责检测机构的质量体系管理，其岗位职责如下：

1 主持管理（质量）手册和程序文件的编写、修订，并组织实施；

2 对管理体系的运行进行全面监督，主持制定预防措施、纠正措施，对纠正措施执行情况组织跟踪验证，持续改进管理体系；

3 主持对检测的申诉和投诉的处理，代表检测机构参与检测争议的处理；

4 编制内部质量体系审核计划，主持内部审核工作的实施，签发内部审核报告；

5 编制管理评审计划，协助最高管理者做好管理评审工作，组织起草管理评审报告；

6 负责检测人员培训计划的落实工作；

7 主持检测质量事故的调查和处理，组织编写并签发事故调查报告。

B. 0. 3 检测项目负责人。应具有相应专业的中级技术职称，从事工程检测工作的年限符合相关规定，负责本检测项目的日常技术、质量管理工作，其岗位职责如下：

1 编制本项目作业指导书、检测方案等技术文件；

2 负责本项目检测工作的具体实施，组织、指导、检查和监督本项目检测人员的工作；

3 负责做好本项目环境设施、检测设备的维护、保养工作；

4 负责本项目检测设备的校准或检测工作，负责确定本项目检测设备的计量特性、分类、校准或检测周期，并对校准结果进行适用性判定；

5 组织编写本项目的检测报告，并对检测报告进行审核；

6 负责本项目检测资料的收集、汇总及整理。

B.0.4 设备管理员。应具有检测设备管理的基本知识和工程检测工作的基本知识，从事工程检测工作的年限符合相关规定，负责检测设备的日常管理工作，其职责如下：

1 协助检测项目负责人确定检测设备计量特性、规格型号，参与检测设备的采购安装；

2 协助检测项目负责人对检测设备进行分类；

3 建立和维护检测设备管理台账和档案；

4 对检测设备进行标识，对标识进行维护更新；

5 协助检测项目负责人确定检测设备的校准或检测周期，编制检测设备的周期校准或检测计划；

6 提出校准或检测单位，执行周期校准或检测计划；

7 对设备的状况进行定期、不定期的检查，督促检测人员按操作规程操作，并做好维护保养工作；

8 指导、检查法定计量单位的使用。

B.0.5 检测信息管理员。具有一级及以上计算机证书，负责本机构信息化工作、局域网及信息上传工作，其职责如下：

1 建立和维护计算机本系统、局域网，作好网络设备、计算机系统软、硬件的维护管理；

2 负责本系统、局域网与本地区信息管理系统控制中心连接的管理工作，确保网络正常连接，准确、及时地上传检测信息；

3 作好检测数据的积累整理；

4 作好检测信息统计及上报工作。

B.0.6 档案管理员。应具有相应的文秘基本知识，负责档案管理的具体工作，其职责如下：

1 指导、督促有关部门或人员作好检测资料的填写、收集、整理、保管，保质保量按期移交档案资料；

2 负责档案资料的收集、整理、立卷、编目、归档、借阅等工作；

3 负责有效文件的发放和登记，并及时回收失效文件；

4 负责档案的保管工作，维护档案的完整与安全；

5 负责电子文件档案的内容应与纸质文件一致，一起归档；

6 参与对已超过保管期限档案的鉴定，提出档案存毁建议，编制销毁清单。

B.0.7 检测操作人员岗位。应经过相应各种检测项目的技术培训，经考核合格，取得岗位证书，其职责如下：

1 掌握所用仪器设备性能、维护知识和正确保管使用；

2 掌握所在检测项目的检测规程和操作程序；

3 按规定的检测方法进行检测，坚持检测程序；

4 作好检测原始记录；

5 对检测结果在检测报告上签字确认；

6 负责所用仪器、设备的日常保管及维护清洁工作；

7 负责所用仪器、设备使用登记台账；

8 负责检测项目工作区的环境卫生工作等。

附录C 常用检测设备管理分类

C.0.1 A类检测设备主要设备宜符合表C.0.1的规定：

表C.0.1 A类检测设备主要设备表

分类 \ 设备名称	主要检测设备名称
A类	＊压力试验机、＊拉力试验机、＊抗折试验机、＊万能材料试验机、＊非金属超声波检测仪、台称、案称、混凝土含气量测定仪、混凝土凝结时间测定仪、砝码、游标卡尺、恒温恒湿箱（室）、干湿温度计、冷冻箱、试验筛（金属丝）、＊全站仪、＊测距仪、＊经纬仪、＊水准仪、天平、热变形仪、＊测厚仪、千分表、百分表、＊分光光度计、＊原子吸收分光光度计、＊气相色谱仪、酸度计（室内环境检测用）、低本底多道γ能谱仪、氡气测定仪、＊各类冲击试验机、兆欧表、＊塑料管材耐压测试仪、＊声级校准器、火焰光度计、＊耐压测试仪、声级计、光谱分析仪、引伸仪、力传感器、工作测力环、碳硫分析仪、＊螺栓轴向力测试仪、扭矩校准仪、＊X射线探伤仪、射线黑白密度计、基桩动测仪、基桩静载仪、＊回弹仪、预应力张拉设备、钢筋保护层厚度测定仪、拉拔仪、贯入式砂浆强度检测仪、沥青针入度仪、沥青延度仪、沥青混合料马歇尔试验仪、粘结强度检测仪、贝克曼梁路面弯沉仪、平整度仪、摆式摩擦系数测定仪、沥青软化点测试仪、弹性模量测试仪、保护热平板导热仪、＊单平板高温导热仪、＊双平板导热仪、抗拉拔/抗剪试验装置、轴力试验装置、各类硬度计、测斜仪、频率计、应变计

注：带“＊”的设备为应编制使用操作规程和做好使用记录的设备。

C.0.2 B类检测设备主要设备宜符合表C.0.2的规定：

表C.0.2 B类检测设备主要设备表

分类＼设备名称	主要检测设备名称
B类	抗渗仪、振实台、雷氏夹、液塑限测定仪、环境测试舱、磁粉探伤仪、透气法比表面积仪、砝码、游标卡尺、高精密玻璃水银温度计、电导率仪、自动电位滴定仪、酸度计（非环境检测用）、旋转式黏度计、氧指数测定仪、白度仪、水平仪、角度仪、数显光泽度仪、巡回数字温度记录仪（包括传感器）、表面张力仪、漆膜附着力测定仪、漆膜冲击试验器、电位差计、数字式木材测湿仪、初期干燥抗裂性试验仪、刮板细度计、*幕墙空气流量测试系统、*门窗空气流量测试系统、拉力计、物镜测微尺、*砂石碱活性快速测定仪、扭转试验机、比重计、测量显微镜、土壤密度计、钢直尺、泥浆比重计、分层沉降仪、水位计、盐雾试验箱、耐磨试验机、紫外老化箱、维勃稠度仪、低温试验箱。 水泥净浆标准稠度与凝结时间测定仪、水泥净浆搅拌机、水泥胶砂搅拌机、水泥流动度仪、砂浆稠度仪、混凝土标准振动台、水泥抗压夹具、胶砂试体成型、击实仪、干燥箱、试模、连续式钢筋标点机。 水泥细度负压筛析仪、压力泌水仪、贯入阻力仪、（穿孔板）试验筛、高温炉测温系统

注：带“*”的设备为应编制使用操作规程和做好使用记录的设备。

C.0.3 C类检测设备主要设备宜符合表C.0.3的规定：

表C.0.3 C类检测设备主要设备表

分类＼设备名称	主要检测设备名称
C类	钢卷尺、寒暑表、低准确度玻璃量器、普通水银温度计、水平尺、环刀、金属容量筒、雷氏夹膨胀值测定仪、沸煮箱、针片状规准仪、跌落试验架、憎水测定仪、折弯试验机、振筛机、砂浆搅拌机、混凝土搅拌机、压碎指标值测定仪、砂浆分层度仪、坍落度筒、弯芯、反复弯曲试验机、路面渗水试验仪、路面构造深度试验仪

附录D 检测合同的主要内容

D.0.1 检测合同可包括检测合同、检测委托单、检测协议书等委托文件。

D.0.2 检测合同应明确如下主要内容：

1 合同委托双方单位名称、地址、联系人及联系方式。

2 工程概况。

3 检测项目及检测结论。接受委托的工程检测项目应逐项填写，提出实验室检测、现场工程实体检测项目及要求，并附委托检测项目标准名称及收费一览表。

4 检测标准，并附标准名称表。

5 检测费用的核算与支付：

1）确定各检测项目单价清单，并附表；

2）明确结算付款方式；

3）规定检测项目费用有异议时的解决方式。

6 检测报告的交付：

1）乙方交付检测报告时间的约定，各项目应附表，检测报告份数；

2）双方约定检测报告交付方式。

7 检测样品的取样、制样、包装、运输：

1）双方约定检测试件的交付方式，双方的工作内容及责任。乙方按有关规定对检测后的试件进行留样及特殊要求。有特殊要求的应在合同中说明；

2）检测样品运输费用的承担。

8 甲方的权利义务。

9 乙方的权利义务。

10 对检测结论异议的处理。甲方对检测结论有异议的，可由双方共同认可的检测机构复检。复检结论与原检测结论相同，由甲方支付复检费用；反之，则由乙方承担复检费用。若对复检结论仍有异议的，可向建设主管部门申请专家论证解决。

11 违约责任。

12 其他约定事项。

13 争议的解决方式。

14 合同生效、双方签约及双方基本信息。

15 其他事项。

附录E 检测原始记录、检测报告的主要内容

E.0.1 试验室检测原始记录应包括下列内容：

1 试样名称、试样编号、委托合同编号；

2 检测日期、检测开始及结束的时间；

3 使用的主要检测设备名称和编号；
4 试样状态描述；
5 检测的依据；
6 检测环境记录数据（如有要求）；
7 检测数据或观察结果；
8 计算公式、图表、计算结果（如有要求）；
9 检测方法要求记录的其他内容；
10 检测人、复核人签名。

E.0.2 现场工程实体检测原始记录应包括下列内容：

1 委托单位名称、工程名称、工程地点；
2 检测工程概况，检测鉴定种类及检测要求；
3 委托合同编号；
4 检测地点、检测部位；
5 检测日期、检测开始及结束的时间；
6 使用的主要检测设备名称和编号；
7 检测的依据；
8 检测对象的状态描述；
9 检测环境数据（如有要求）；
10 检测数据或观察结果；
11 计算公式、图表、计算结果（如有要求）；
12 检测中异常情况的描述记录；
13 检测、复核人员签名，有见证要求的见证人员签名。

E.0.3 试验室检测报告应包括下列内容：

1 检测报告名称；
2 委托单位名称、工程名称、工程地点；
3 报告的编号和每页及总页数的标识；
4 试样接收日期、检测日期及报告日期；
5 试样名称、生产单位、规格型号、代表批量；
6 试样的说明和标识等；
7 试样的特性和状态描述；
8 检测依据及执行标准；
9 检测数据及结论；
10 必要的检测说明和声明等；
11 检测、审核、批准人（授权签字人）不少于三级人员的签名；
12 取样单位的名称和取样人员的姓名、证书编号；
13 对见证试验，见证单位和见证人员的姓名、证书编号；
14 检测机构的名称、地址及通信信息。

E.0.4 现场工程实体检测报告应包括下列内容：

1 委托单位名称；
2 委托单位委托检测的主要目的及要求；
3 工程概况，包括工程名称、结构类型、规模、施工日期、竣工日期及现状等；
4 工程的设计单位、施工单位及监理单位名称；
5 被检工程以往检测情况概述；
6 检测项目、检测方法及依据的标准；
7 抽样方案及数量（附测点图）；
8 检测日期，报告完成日期；
9 检测项目的主要分类检测数据和汇总结果；检测结果、检测结论；
10 主要检测人、审核和批准人的签名；
11 对见证检测项目，应有见证单位、见证人员姓名、证书编号；
12 检测机构的名称、地址和通信信息；
13 报告的编号和每页及总页数的标识。

本规范用词说明

1 为便于在执行本规范条文区别对待，对要求严格程度不同的用词说明如下：

1）表示很严格，非这样做不可的用词：
正面词采用“必须”，反面词采用“严禁”；

2）表示严格，在正常情况下均应这样做的用词：
正面词采用“应”，反面词采用“不应”或“不得”；

3）表示允许稍有选择，在条件许可时首先这样做的词：
正面词采用“宜”，反面词采用“不宜”；

4）表示有选择，在一定条件下可以这样做的，采用“可”。

2 本规范中指明应按其他有关标准、规范执行的，写法为“应符合……的规定”或“应按……执行”。

中华人民共和国国家标准

房屋建筑和市政基础设施工程质量检测技术管理规范

GB 50618—2011

条 文 说 明

制 定 说 明

《房屋建筑和市政基础设施工程质量检测技术管理规范》GB 50618－2011 经住房和城乡建设部 2011 年 4 月 2 日以第 973 号公告批准、发布。

本规范制定过程中，编制组对国内建筑工程和市政基础设施工程建设过程工程质量控制检测及其使用过程管理检测的情况进行了广泛的调查研究，总结了多年来的实践经验，为保证工程检测的客观性和科学性，将工程全过程质量检测的技术管理提出了要求。

为便于广大建设、监理、设计、施工、房屋业主和市政基础设计管理部门有关人员在使用本规范时，能正确理解和执行条文规定。《房屋建筑和市政基础设施工程质量检测技术管理规范》编制组按章、节、条顺序编制了本规范的条文说明，对条文规定的目的、依据以及执行中需注意的有关事项进行了说明。但是，本条文说明不具备与标准正文同等的效力，仅供使用者作为理解和把握规范规定的参考。

目　次

1　总则 ………………………………… 1—26—20
2　术语 ………………………………… 1—26—20
3　基本规定 …………………………… 1—26—20
4　检测机构能力 ……………………… 1—26—20
4.1　检测人员 ………………………… 1—26—20
4.2　检测设备 ………………………… 1—26—21
4.3　检测场所 ………………………… 1—26—22
4.4　检测管理 ………………………… 1—26—22
5　检测程序 …………………………… 1—26—23
5.1　检测委托 ………………………… 1—26—23
5.2　取样送检 ………………………… 1—26—23
5.3　检测准备 ………………………… 1—26—24
5.4　检测操作 ………………………… 1—26—24
5.5　检测报告 ………………………… 1—26—25
5.6　检测数据的积累利用 …………… 1—26—25
6　检测档案 …………………………… 1—26—25

1 总 则

1.0.1 本条是本规范编制的依据、宗旨、目的。本规范依据国家《建设工程质量管理条例》及有关国家现行的工程建设管理法规编制，编制目的是为了保证房屋建筑工程和市政基础设施工程的质量，突出检测工作的重要性，工程检测活动是工程建设过程质量控制、竣工验收和建成后房屋建筑工程、市政基础设施的使用过程管理的主要手段。

1.0.2 本规范适用于建设工程施工过程及使用过程的有关建筑材料、工程实体质量（功能质量、结构性能、结构构件）等检测。本规范是规范工程检测工作及检测成果、数据的依据，也可作为考核检测机构及其技术管理工作的依据。

1.0.3 工程检测技术管理除执行本规范外，还应遵守国家现行有关标准的规定。

2 术 语

本章列出9个常用术语，以简化和规范本规范条文，使用更方便、精练、表达意思更一致。这些术语是针对本规范定义的，其他地方使用仅供参考。

3 基 本 规 定

3.0.1 本条对检测工作提出基本原则要求，应正确执行国家现行有关检测的技术标准。主要有工程质量验收规范、建筑材料标准、试验方法标准，以及工程结构检测鉴定、危险房屋检测鉴定等标准。

3.0.2 本条规定了检测机构应具备的资质。因为检测数据直接关系工程质量、安全。强调检测机构的资质应是建设主管部门考核认定发给相应的资质证书。

3.0.3 本条为强制性条文。因检测的数据和结论是判定工程质量的重要依据，为保证工程安全和人民生命安全，规定了检测机构应在其认定的技术能力和资质规定的工作范围内开展检测工作，是保证检测质量的重要措施。

3.0.4 本条为强制性条文。规定了检测机构对出具的检测报告负责，明确了检测机构的法律责任。强调了检测报告的重要性，必须达到真实、准确、科学、规范。

3.0.5 本条规定了检测机构应认真执行见证取样、送检和现场工程实体见证检测的规定，实行见证取样送检的试件，无见证人员或无见证封样措施的不得接受检测；对要求现场实体检测的见证检测项目，无见证人员到场不得进行检测。

3.0.6 本条规定检测机构应建立技术管理体系，在检测过程中，当检测工作出现不符合规范的问题时，能自行发现改正，这是一个单位管理制度完善的体现，也是及时纠正不足和持续改进完善技术管理的体现。

3.0.7 本条规定检测机构的检测技术能力应有一个基本的技术要求，开展检测项目应具备的基本仪器设备和人员配备等基本技术要素，即附录A中列出的项目，这样才能有利检测的技术管理。

3.0.8 本条要求检测机构应采用计算机、网络技术等手段，建立工程检测管理信息系统，实施检测数据自动采集、整理、分析、传输及信息共享等，提高检测工作科学性、规范性及工作效率。

3.0.9 本条要求检测机构建立检测档案管理制度及日常检测资料管理制度，包括检测原始资料台账，特别是检测不合格项目的处理记录等，以便不断改进检测管理水平。

3.0.10 本条是强制性条文，要求检测单位作好已检试件的留置和保管，这样做是便于做到检测数据有可追溯性，当检测报告发现问题时，便于检查和验证。经过多方征求意见，留置时间不宜过长，不然场地占用太多，太短又起不到追溯的作用，权衡之后定为72h。

3.0.11 本条规定了工程检测的委托，明确提出应委托有相应资质的检测单位。通常施工期间由建设单位或施工单位来委托；使用期间由既有房屋业主、市政基础设施管理单位来委托。由于检测报告、检测的数据、结论是工程质量责任主体范围，由其委托更有可靠性。

另外，见证检测、鉴定检测等宜委托主管部门指定或授权的检测机构。

3.0.12 本条规定了施工单位要按工程项目施工进度编制检测计划，配备相应的人员作好检测取样、试件制备、试件现场养护及现场检测的抽取检测部位及检测点的工作，而且应满足施工质量验收规范、有关规范和检测标准的规定。

3.0.13 本条为强制性条文。工程检测是确保工程质量和安全重要的环节，而检测试样的真实性又是检测的关键前提，任何弄虚作假的行为都会给工程质量和人民群众生命财产的安全留下巨大隐患，是不能容忍的。提供试样的相关机构和人员应为试样的真实性、规范性承担法律责任，包括送样及取样。

4 检测机构能力

4.1 检 测 人 员

4.1.1 本条是强制性条文。强调检测人员是检测工作的基本技术能力要素之一，没有符合要求的技术人员，就做不好相应的检测工作。所以要求检测机构按照所开展的检测项目配备相应数量、符合技术能力要求的检测人员。

4.1.2 本条规定了每个检测项目中检测人员具体配备的要求，其配备在本规范附录A中作了规定，可以参照执行；并提出检测机构应设置的技术岗位，可以参照本规范附录B执行，这是检测技术管理的一个重点。

4.1.3 本条对检测机构的技术负责人、质量负责人、检测报告批准人提出了要求。要具有工程技术专业类工程师及以上技术职称，包括一级注册结构工程师，有规定的检测工作经历及检测工作经验。检测报告批准人由检测机构最高管理者授权。同时，对检测报告审核人也作出了规定，应由检测机构技术负责人授权，掌握相关领域知识，有规定的检测工作经历及检测工作经验。这是因为他们是检测机构的技术力量、核心力量，技术把关人员，不然检测工作就很难做好。

4.1.4 本条规定检测机构持证检测操作人员的人数，室内检测项目每个项目持证操作人员不少于2人；现场检测项目每个项目持证操作人员不少于3人。同时，在附录A的说明中注明在综合检测机构检测项目多时，每个检测操作人员可以适当兼职，但兼职不宜过多。

4.1.5 本条规定了检测操作人员应经技术培训，通过省级住房和城乡建设主管部门或委托有关机构考核合格才能从事检测工作，给人员配备设置了门槛。本条是保证检测操作质量的重要措施。

4.1.6 本条要求检测机构的检测人员每年应进行脱产继续教育学习，以保证检测技术知识及时更新，每个检测人员每年学习时间应按当地及行业要求执行。有些地方及部门规定专业技术岗位的每年的继续教育时间不少于72学时，可参考。

4.1.7 本条规定了检测人员的岗位证书应定期进行确认，一般每3年审核一次，以保证检测工作跟上科技进步。

4.2 检测设备

4.2.1 本条是强制性条文。强调检测设备是检测工作的基本技术能力要素之一，没有符合要求的检测设备，就做不好检测工作。所以，规定检测机构应根据所开展检测项目范围，配备相应的、符合规范要求性能的、必要数量的、相应规格、品种及精度的检测设备，来满足检测工作的开展。同时，检测设备要经常保持其在有效期内及良好状态，检测的数据才有科学性、规范性和可比性，才能正确反映工程的质量状况。检测机构应有所开展检测项目需要的全部检测设备，并保持其精确度及有效性，才能发挥其应有作用。每项检测项目的检测设备配置本规范附录A作出了规定，可参照执行。这也是检测技术管理的一个重点方面。

4.2.2 本条为加强检测设备的配备及管理，检测设备配备应符合本规范附录A的规定；其管理宜分为A、B、C三类来分别管理，三类设备仪器的划分可根据检测机构的具体情况，参照本规范附录C的要求。这样分别管理可突出重点，提高效率。重要的严格管理，比较重要的一般管理，一般的能保证使用精度就可由技术负责人批准的办法管理就行了。

4.2.3 本条列出了A类检测设备的主要设备及条件。

4.2.4 本条列出了B类检测设备的主要设备及条件。

4.2.5 本条列出了C类检测设备的主要设备及条件。

4.2.6 本条规定A类、B类为重点管理的检测设备。按规定开展检测使用前应进行首次校准或检测。放置在规定的环境内，保持其精度。维修后使用，或搁置时间较长时间后使用，应重新进行校准或检测。

目前国家对检测设备有检定、校准、检测或测试的要求。检定主要是对精密计量器具。工程检测机构的检测设备绝大多数是校准、检测或测试级别的，所以没列出检定档次的，如有的检测机构有精密计量器具应按规定进行检定。

4.2.7 本条规定检测设备的校准或检测应到有资格的单位进行。

4.2.8 本条规定A类检测设备除首次校准或检测外，还应定期校准或检测，其校准或检测周期应按有关标准规定、检测设备出厂技术说明或校准单位建议周期来校准或检测。其检测设备范围见本规范附录C第C.0.1条的规定。

4.2.9 本条规定B类检测设备校准或检测周期，根据其设备的性能特点，结合实际使用情况，在能保证其检测量值准确可靠的原则下，来确定B类设备的校准或检测周期。其检测设备范围见本规范附录C第C.0.2条的规定。

4.2.10 本条规定A类、B类检测设备应有周期校准或检测计划，并按计划进行管理。

4.2.11 C类检测设备主要是一些常用的精度要求不高的检测设备，设备的校准或检测周期，通常是在设备首次使用前校准或检测一次，直到报废或可由技术负责人根据本单位及工程的实际情况来确定。

4.2.12 本条规定检测设备的校准或检测结果由检测项目负责人负责管理，确认校准或检测结果后才能投入使用；并进行动态管理。要求在每个项目检测前应核对设备的状态，符合检测项目要求才能正式开展检测工作，以便达到预期的检测效果。

4.2.13 本条对检测机构自制的、改装的检测设备提出要求，首先应经过检测验收符合研制目标，然后应委托校准单位对设备进行校准，精度达到要求才能投入检测工作。

4.2.14 本条规定放置在检测场所的所有检测设备都应有统一的编号管理。在用的检测设备还必须标出设备校准或检测的有效期，符合精度要求的状态标识，才能使用，这是设备管理基本内容之一。

4.2.15 本条要求检测机构应建立检测设备的校准或检测周期台账。建立设备台账，记录和保存检测设备的信息，包括设备进场登记、各次校准或检测记录，保养、维护记录，使用记录等。

4.2.16 本条要求检测机构对大型的、复杂的、精密的检测设备，主要是在本规范附录C中用*号标出的设备，应逐项根据其技术条件和工作环境等编制操作规程，并按规程操作。

4.2.17 本条规定每次检测时使用的主要检测设备，主要是在本规范附录C中用*号标出的设备，使用时应有使用记录，并记入检测设备档案。使用记录主要对使用频次、时间及检测结果等情况进行记录，以了解该设备的使用情况。对现场工程实体检测使用的主要设备还应记录领用、归还情况。使用记录主要应包括下列内容：

1 设备的名称、管理编号；

2 试样名称、编号、数量；每组试验开始和结束时间；

3 操作过程中设备的异常情况及处理措施；

4 现场工程实体检测设备应有领用日期、归还日期、领用人、检测项目及归还设备的检查情况等；

5 使用人签名。

4.2.18 本条规定了检测设备的日常维护、保养是设备保持良好技术状态的保证。检测机构应制订检测设备的维护保养制度，并按规定进行维护保养，并作好相应记录。

4.2.19 本条规定为保证检测数据的正确，当出现有可能影响检测数据正确的情况时，检测设备应及时进行校准或检测，并列出应及时进行校准或检测的四种情况。

4.2.20 本条规定当检测设备出现不正常情况时，为保证检测数据的正确，应停止使用，并列出了常见的四种不得继续使用的情况。

4.3 检测场所

4.3.1 本条规定检测场所也是保证检测工作正常开展的必要的基本技术能力之一，包括房屋、场地条件等；而且房屋、工作场地还要满足检测设备合理布局及检测流程的要求，才能保证检测数据的正确。

4.3.2 本条规定了检测场所的环境条件要求，要求保证满足检测工作正常开展和工作人员正常工作的条件，以免对检测结果造成影响；并在检测过程记录环境条件，以证明对检测结果的正确、规范。

4.3.3 本条列出了检测场所的环境条件，除客观条件还包括检测场所本身的环境条件，如检测使用的化学试剂等；检测场所在检测过程中产生的有害废弃物；各项目的互相影响、工作安全以及振动、温度、湿度、噪声、洁净度等环境因素。所有这些都应采取有效的防治措施，以证明检测环境符合有关规定，并有防止上述因素造成影响的应急处置措施。

4.3.4 本条规定为保证检测工作区域的环境，应设置标识。无关人员及物品不得进入检测区。

4.3.5 本条规定了检测区应建立安全工作制度，保证人员、设备及被检试件的安全；并应有安全预案，一旦出了情况，可以有准备的应对。

4.3.6 本条规定了消防的要求。检测场所应配备必要的消防器材，合理放置，以备使用，并应有专人管理。

4.4 检测管理

4.4.1 本条规定了检测机构具备了相应专业检测机构的检测技术能力的硬件条件，还应执行国家有关管理制度和技术标准，建立检测技术管理体系，并能有效运行，才能保证技术能力发挥作用。做到方法正确、操作规范、记录真实、数据结论准确，保证提供正确的检测结果。

4.4.2 本条规定检测机构要有自身的监督检查审核制度，保证制度的执行落实，凭自身能力能发现问题并及时纠正，不断改进完善管理制度和保证能力。

4.4.3 本条规定检测机构建立建设工程检测管理信息系统，是保证检测工作的科学管理的重要手段。检测机构建立有效的、完善的管理制度是保证检测工作有效正确开展的基本条件。包括检测全部过程中产生的信息采集、传递、储存、加工、维护等，以及人员、设备的管理制度、工作制度、岗位责任制度，工作程序、检测数据的管理，信息档案的管理等。这些工作使用管理信息系统管理就能提高管理水平和工作效率。

4.4.4 本条规定检测机构要充分利用检测管理信息系统的科学管理手段，有条件的检测机构要使系统覆盖到检测业务的全部流程及各检测项目上，在网络环境下运行。用管理程序来保证检测工作质量及检测数据的质量，提高检测工作的科学化管理。

4.4.5 本条规定管理信息系统应采用数据库管理系统，以保证系统管理的规范化，保证数据的传输安全、可靠，设置必要的数据接口，使系统与检测设备、设备与有关信息网络系统的互联互通。

4.4.6 本条规定信息系统软件的要求，应用软件要符合软件工程的基本要求，要通过相关部门的评审鉴定，满足功能要求，并定期进行论证。建设工程检测管理信息系统要尽可能包括检测管理的全部内容，如：合同管理、收样管理、试验管理、试验报告管理、检测数据分析管理及收费、人员、档案管理，以及系统维护管理等内容。

4.4.7 本条规定检测机构要有专人负责信息化管理工作，使管理信息系统随时符合有关技术规范要求。

当技术规范更新时，系统应及时更新应用软件。管理信息系统要达到三级安全保护能力要求，并保证正常有效运行，作好运行记录。

4.4.8 本条规定检测机构宜按规定定期报告主要技术工作。

4.4.9 本条规定检测机构为提高检测的规范性和科学性，应定期进行比对试验，并应积极参与当地组织的能力验证活动。

4.4.10 本条是强制性条文。规定检测机构出具的检测报告要科学、规范、真实，严禁出具虚假报告，这是保证检测报告有效的重要措施；并列出了虚假报告的主要情形。

5 检 测 程 序

5.1 检 测 委 托

5.1.1 本条规定检测委托的情况。施工过程的检测应以工程项目施工进度的情况来委托；工程实体检测应根据实际情况来委托；并委托有相应资质的检测机构，目的是保证检测数据和结果的客观、真实、规范等。

5.1.2 本条规定委托应签订书面检测合同。检测合同中要明确检测项目等要求，并注明见证检测项目。检测合同主要内容宜参照本规范附录D的规定。

5.1.3 本条规定检测项目的检测方法应遵守有关的检测方法标准。这些在材料、设备产品标准中和工程质量验收规范、设计文件中及专门的工程检测方法标准中都作了规定。检测机构应根据规定的方法进行检测。当检测项目无标准的检测方法或需要采用非标准检测方法时，委托合同中要给予说明。检测机构应事先编制检测作业指导书或非标准方法检测方案，并征得委托方的同意。

5.1.4 本条规定检测机构对现场工程实体检测的检测均要事前编制检测方案，经技术负责人批准。对鉴定检测、危房检测及重大、重要检测项目，以及为有争议事项提供检测数据的检测方案，还应取得委托方的同意。

5.2 取 样 送 检

5.2.1 本条规定了建筑材料的检测取样，要建立取样人、见证人和供应商代表三方共同取样制度，这是为了保证取样的规范和真实，以防弄虚作假。取样要按有关标准规定选取。供应商参加见证的情况：一是采购合同中及有关标准中规定了的，供应商应参加。二是供应商要求参加的。否则供应商可以不参加，在采购合同中就要明确。取样人员按规定取样，做好试件标识，并记录有关情况，见证人、取样人及供应单位确认人签字，以示负责。

5.2.2 本条对取样作了规定。检测取样是正确检测的关键，先决条件，取样一定要正确规范，符合产品标准、施工质量验收规范以及相关标准规定的方法或设计要求的方法。建筑材料、制品本身带有标识的，应在有标识的部分取样，目的是为保证取样有代表性。如这些标准、规定都不适合取样时，可按照现行国家标准《随机数的产生及其在产品质量抽样检验中的应用程序》GB/T 10111 的规定随机取样。

5.2.3 本条规定了取样试件的标识，要有唯一性。制备的试件除符合取样制备规定外，还应将试件的制作日期、代表工程部位、组的编号，以及设计要求等信息标在试件上，不得产生异议，并保证在养护、试验的流转过程中，不得脱落、变得模糊不清等。

5.2.4 本条规定施工过程中，建筑材料、工程实体等的抽样方法、检测程序等要依据有关建筑材料的产品标准，施工现场工程实体的检测要依据工程质量验收规范以及相应检测标准的规定。

5.2.5 本条规定了既有房屋、市政基础设施实体检测的抽样方法、检测程序及要求要按有关国家现行的规范、标准进行。包括桩基、现场工程实体检测、鉴定检测等。

建筑基桩承载力和桩身完整性检测的技术要求。基桩检测虽是施工过程工程实体检测，但其有很大的独立性，施工多数由专业队伍进行，故单独列出。其方法、程序、抽样方法及数量、评价方法等应符合建筑基桩检测的有关标准。检测结果应给出基桩检测报告，给出单桩承载力能否满足设计要求、桩身完整性类别。

现场工程实体检测的技术要求。主要包括结构可靠性鉴定检测、危险房屋鉴定检测以及为有质量争议提供判定依据的检测等。包括既有房屋、市政基础设施在设计寿命使用期内，以及超过设计寿命使用期的检测。使用过程中的检测，以保证既有房屋、市政基础设施使用过程安全管理，这是工程质量管理重要阶段。

现场工程实体检测，在《民用建筑可靠性鉴定标准》GB 50292、《建筑结构检测技术标准》GB/T 50344 中，对检查、鉴定已作了规定。这些检查、鉴定的检测是工程检测必不可少的部分，而且越来越重要。这些包括安全鉴定（包括危险房屋鉴定及其他应急鉴定）、使用功能鉴定及日常维护检查、改变用途、改变使用条件和改造前的专门鉴定等；也可分为可靠性鉴定、安全性鉴定和正常使用鉴定。工程检测都是为其安全、合理使用提供可靠的技术管理。

现场工程实体检测进行鉴定取样选点时，通常应优先考虑下列部位为检测重点：

1 出现渗漏水部位的构件；

2 受到较大反复荷载或重力荷载作用的构件；

3 暴露在环境外的构件；

4 受到腐蚀的构件；
5 受到环境等污染的构件；
6 受到冻害的构件；
7 常年接触土壤、水的构件；
8 委托方提出的怀疑构件；
9 容易受到磨损、损伤的构件等。

危险房屋鉴定检测通常分三个层次进行，构件危险性鉴定、结构危险性鉴定和房屋、设施危险性鉴定。

5.2.6 本条规定现场工程实体检测的检测点选定后，应绘制检测点图，并经技术负责人批准。

5.2.7 本条规定了实行见证取样的检测项目，建设单位或监理单位应确定取样见证人员，每个工程项目应不少于2人，并事前通知检测机构。如果见证人员变动，应重新通知。

5.2.8 本条规定了对见证人员见证的要求，并列出了见证记录的主要内容。

5.2.9 本条规定了检测机构的收样员接受"送检"试件时，应对检测委托单位填写的内容进行详细检查外，还应对"取样试件"的状况详细检查，确认无误后，在检测委托单上签收。检测委托单应由送样单位填写好，检测机构接收试件检查情况应作出记录，并标明试件状态。

5.2.10 本条规定了试件接受时，要按年度建立收样台账、建立收样管理制度，并开具检测流转单。流转单上不得有委托方信息，以便保证检测的公正性。流转单可采用盲样、条形码技术等。

5.2.11 本条规定了检测机构自行取样时应做好试件抽取记录。取样记录主要内容：抽样方法、抽样人、环境条件、抽样位置，及样品的状态，包括正常规定条件下的偏离情况等。如有情况应告知相关人员，并在检测报告中说明。

5.2.12 本条规定了检测机构接受试件后，应将试件存放在符合条件的地点，确保试件正确存放、养护。

5.2.13 本条规定了对现场取样、制样需养护的试件，提出施工单位要建立现场试验管理制度。根据需要配备相应的取样、制样人员，制样设备及养护设施等，包括混凝土试件、砂浆试件、保温材料试件以及制样设备、标准养护室（箱）等。

5.3 检测准备

5.3.1 本条规定了检测机构在检测工作开始前的工作要求，首先是要落实试件的管理，除了制样、收样要按相关规定进行外，还应落实检测的保密工作。对作为质量证明的检测试件，检测收样人员、制样人员不得同时进行检测工作，并不得将委托方及试件的情况透露给检测人员，以防试件的数据等出现不公正。

5.3.2 本条规定检测前检测人员应核对试件编号与检测流转单一致，以保证与委托单、原始记录、检测报告相联系。

5.3.3 本条规定检测前应对所用设备的状态进行全面了解，以保证检测工作的正确进行。设备状态应符合使用规定，处于归零状态；自动采集数据的检测项目对设备及传感系统的配合进行检查，确认无误，再开始检测。

5.3.4 本条规定检测前要检查试件的贮存的环境条件、外观等情况，符合要求再进行检测。

5.3.5 本条规定首次使用的检测设备，首次开展检测项目及检测依据、环境条件发生变化时的检测项目，要对检测人员的资格、检测设备、环境条件等进行确认。

5.3.6 本条规定各项检测设备应由经考核取得上岗证书的专人使用。检查使用设备人员的上岗证书，检测操作人员应熟识有关设备的使用技术手册、操作规程和维护技术手册等。

5.3.7 本条规定检测工作开展前要列出检测依据的相关规范标准条文，进行熟识；并于检测前将检测环境按相关规范的要求，调整到其要求的状态。

5.3.8 本条规定现场工程实体检测前要制订有关安全措施；危险房屋检测还要先进行勘察，必要时按规定进行加固处理，以保证检测安全。

5.3.9 本条规定检测前要再次熟悉异常情况处理预案，以保证出现异常情况时，及时有针对性的采取措施。

5.3.10 本条规定检测前应核对各项检测所选用的检测方法、标准，能满足检测的要求。并列出了两项主要原则。

5.3.11 本条规定检测委托方应为检测工作正常进行提供必要的条件。如提供试件、试件正确；检测时间合理、充裕；现场工程实体检测还得提供相应条件进行配合等。

5.4 检测操作

5.4.1 本条为强制性条文。规定了检测采用的方法标准要是经双方确认的和检测方案中明确的。因为检测方法标准是检测结果的重要保证。

5.4.2 本条规定室内检测、现场工程实体检测都应由2名及其以上持证操作人员进行。目的是保证检测工作操作规范和防止出现差错。

5.4.3 本条规定检测原始记录应在检测过程中及时记录，试验室检测原始记录主要内容可参照本规范附录E第E.0.1条的规定。现场工程实体检测原始记录主要内容可参照本规范附录E第E.0.2条的规定。

5.4.4 本条规定原始记录更正用杠改，在原数据、文字处画杠，画杠后原数据等应清晰可见，并在杠改处旁边写上改后的数字、文字。应由原记录人签名或加盖原记录人印章，这样做便于追查。

5.4.5 本条规定对自动采集数据因检测设备故障引

起的更改，规定了更改程序。

5.4.6 本条规定了检测工作完成后的后续工作，包括检测报告自动生成的或手工生成的工作内容。有检测报告、检测数据的整理、检测设备的使用记录、检测环境记录，并作好检测设备清洁保养，检测环境的清洁工作。本条还规定了已检试件留置处理的补充要求。

5.4.7 本条规定了现场工程实体检测过程的见证工作要求，并列出了见证记录的主要内容。

5.4.8 本条规定了要做好工程现场检测安全工作，应遵守现场的安全制度，必要时应采取相应的安全措施。

5.4.9 本条规定工程实体检测场所检测后的环境保护工作。

5.5 检测报告

5.5.1 本条规定检测机构应公示检测项目的检测周期，检测完成后应及时出具检测报告。

5.5.2 本条规定出具的检测报告应统一格式。A4 纸打印，检测报告纸张不宜小于 70g，页边距宜为上、下为 25mm、左 30mm、右 20mm，多页的应有封面和封底。室内检测报告的内容可参照本规范附录 E 第 E.0.3 条的规定。现场工程实体检测报告的内容可参照本规范附录 E 第 E.0.4 条的规定。

5.5.3 本条规定检测报告应按规定编号，按年度、工程项目连续编号，每年中不得空号、重号，不得有改动等。

5.5.4 本条规定了检测报告出报告的程序。要有检测人签字、检测审核人签字、检测报告批准人签字，加盖检测专用章、“CMA”等标识章。多页报告还应加盖骑缝章，表示检测报告的严肃性和规范性。

5.5.5 本条规定了检测报告的发放登记、份数、领取人签名的事项，表示检测报告工作的严密性。

5.5.6 本条规定了检测报告结论的具体要求。

5.5.7 本条规定了检测不合格项的处理要求。

5.6 检测数据的积累利用

5.6.1 本条规定了检测机构应将日常检测得到的数据分别进行积累整理。

5.6.2 本条规定了检测机构定期分析已得到的检测数据，以改进自身检测管理工作等。

5.6.3 本条规定检测数据是宝贵的资源，检测机构应按规定向相关部门提供检测数据，以便充分利用。

检测数据的积累利用主要有两个方面。一是利用现有的检测数据，分析研究一些质量发展趋势和标准规范的执行情况，及了解工程质量，建筑材料等质量趋势；二是在此基础上再有计划地增测一些数据，进行分析比较，来验证和建立本地区的一些工程技术参数。

目前，在已有检测数据基础上的分析项目有：

1 工程质量合格率、优良率升降的对比分析；

2 有关材料、产品质量情况的对比分析，合格率及其分布情况；

3 施工控制有效性的对比分析；

4 有关工程质量、控制措施、效果等对比分析；

5 一些试件检测值的平均值、离散性、均方差的统计分析；

6 一些技术标准、规范执行情况的对比分析；

7 其他变化趋势、性能变化原因分析等。

目前检测项目再适当做些补充检测数据，完成一些本地方的工程技术参数修订值的项目有：

1 混凝土强度配合比试配的均方差值的调整值；包括地区、施工单位、混凝土生产单位的混凝土强度配合比试配均方差值等；

2 混凝土结构同条件养护试块判定参数，600 度天及 1.1 系数的本地区调整值；

3 回弹法推定混凝土强度值参数本地区调整值；

4 其他。

6 检测档案

6.0.1 本条规定检测机构应建立检测资料档案管理制度，做好检测档案的收集、整理。这是研究改进检测工作的重要依据，也是保证检测结果追溯的重要措施。本条还对资料管理提出了具体要求。

6.0.2 本条规定检测机构应建立档案室，并提出档案室的环境要求。

6.0.3 本条规定检测档案管理的主要内容。

6.0.4 本条规定检测机构档案管理的主要负责人，是与检测技术管理工作一致的，并应有专人具体管理。

6.0.5 本条规定资料档案保管期限，工程资料保管期限，工程完工后，由建设单位交城建档案馆的检测资料应按城建档案的要求备送。检测机构自身的检测资料保管期限分别为 5 年和 20 年。并作了具体划分。

6.0.6 本条规定检测资料可为纸质文档和电子文档，提倡电子文档，保管期限一致。

6.0.7 本条规定达到保管期限文件的销毁规定，销毁文件要登记造册，技术负责人批准后销毁。销毁登记册保留期限不应少于 5 年。

中华人民共和国国家标准

无障碍设施施工验收及维护规范

Construction acceptance and maintenance standards of the barrier-free facilities

GB 50642—2011

主编部门：江 苏 省 住 房 和 城 乡 建 设 厅
批准部门：中华人民共和国住房和城乡建设部
施行日期：2 0 1 1 年 6 月 1 日

中华人民共和国住房和城乡建设部
公　告

第 886 号
关于发布国家标准
《无障碍设施施工验收及维护规范》的公告

现批准《无障碍设施施工验收及维护规范》为国家标准，编号为GB 50642—2011，自 2011 年 6 月 1 日起实施。其中，第 3.1.12、3.1.14、3.14.8、3.15.8 条为强制性条文，必须严格执行。

本规范由我部标准定额研究所组织中国计划出版社出版发行。

中华人民共和国住房和城乡建设部

二〇一〇年十二月二十四日

前　言

本规范是根据住房和城乡建设部《关于印发〈2008 年工程建设标准规范制订、修订计划（第一批）〉的通知》（建标〔2008〕102 号）的要求，由南京建工集团有限公司和江苏省金陵建工集团有限公司会同有关单位共同编制完成的。

本规范在编制过程中，编制组进行了广泛的调查研究，分赴我国华南、西南、东北、华东等地区进行考察和调研，并充分地征求全国无障碍建设专家的意见，对主要问题进行了反复论证，最后经审查定稿。

本规范共分 4 章和 7 个附录，主要技术内容包括：总则、术语、无障碍设施的施工验收、无障碍设施的维护。

本规范中以黑体字标志的条文为强制性条文，必须严格执行。

本规范由住房和城乡建设部负责管理和对强制性条文的解释，江苏省住房和城乡建设厅负责日常管理，由南京建工集团有限公司和江苏省金陵建工集团有限公司负责具体技术内容的解释。在执行过程中，请各单位结合无障碍城市的建设，认真总结经验，如发现需要修改和补充之处，请将意见和建议寄至南京建工集团有限公司无障碍施工管理组（地址：南京市阅城大道 26 号，邮政编码：210012），以供今后修订时参考。

本规范主编单位、参编单位、主要起草人和主要审查人：

主 编 单 位： 南京建工集团有限公司
江苏省金陵建工集团有限公司

参 编 单 位： 江苏中兴建设有限公司
南京市住房和城乡建设委员会
南京市城市管理局
南京市残疾人联合会
上海市政工程设计研究总院
南京市市政设计研究院有限责任公司
上海崇海建设发展有限公司
南京嘉盛建设集团有限公司
南京万科物业管理有限公司
南京市雨花台区建筑安装工程质量监督站
南京市第四建筑工程有限公司

主要起草人： 汪志群　周序洋　钱艺柏
鲁开明　吕　斌　张　怡
吴　迪　张卫东　张步宏
张殿齐　杜　军　吴　立
徐　健　王　斌　夏永锋
丁新伟　葛新明　管　平
吴纪宁

主要审查人： 周文麟　祝长康　吴松勤
孟小平　孙　蕾　陈育军
王奎宝　陈国本　胡云林
梁晓农　赵建设　曾　虹
郑祥斌　郭　健　邓晓梅

目次

1 总则 ……………………………………… 1—27—5
2 术语 ……………………………………… 1—27—5
3 无障碍设施的施工验收 ……………… 1—27—5
3.1 一般规定 ………………………………… 1—27—5
3.2 缘石坡道 ………………………………… 1—27—6
3.3 盲道……………………………………… 1—27—7
3.4 轮椅坡道 ………………………………… 1—27—10
3.5 无障碍通道 ……………………………… 1—27—10
3.6 无障碍停车位 …………………………… 1—27—11
3.7 无障碍出入口 …………………………… 1—27—12
3.8 低位服务设施 …………………………… 1—27—12
3.9 扶手 ……………………………………… 1—27—12
3.10 门……………………………………… 1—27—13
3.11 无障碍电梯和升降平台 ……………… 1—27—13
3.12 楼梯和台阶…………………………… 1—27—14
3.13 轮椅席位……………………………… 1—27—15
3.14 无障碍厕所和无障碍厕位 …………… 1—27—15
3.15 无障碍浴室…………………………… 1—27—16
3.16 无障碍住房和无障碍客房…………… 1—27—17
3.17 过街音响信号装置…………………… 1—27—18
3.18 无障碍标志和盲文标志……………… 1—27—18
4 无障碍设施的维护……………………… 1—27—18
4.1 一般规定 ……………………………… 1—27—18
4.2 无障碍设施的缺损类别和缺损情况 ……………………………… 1—27—19
4.3 无障碍设施的检查 …………………… 1—27—19
4.4 无障碍设施的维护 …………………… 1—27—19
附录A 无障碍设施分项工程与相关分部（子分部）工程对应表 ……………………………… 1—27—21
附录B 无障碍设施隐蔽工程验收记录 ………………………… 1—27—22
附录C 无障碍设施地面抗滑性能检查记录表及检测方法 ……………………………… 1—27—22
附录D 无障碍设施分项工程检验批质量验收记录表………… 1—27—25
附录E 无障碍设施维护人维护范围 ……………………………… 1—27—35
附录F 无障碍设施检查记录表……………………………… 1—27—35
附录G 无障碍设施维护记录表……………………………… 1—27—36
本规范用词说明 ………………………… 1—27—36
引用标准名录……………………………… 1—27—36
附：条文说明……………………………… 1—27—37

Contents

1 General provisions ······ 1—27—5
2 Terms ······ 1—27—5
3 Construction acceptance of barrier-free facilities ······ 1—27—5
3.1 General requirements ······ 1—27—5
3.2 Curb ramp ······ 1—27—6
3.3 Sidewalk for the blind ······ 1—27—7
3.4 Ramp for the wheelchair ······ 1—27—10
3.5 Barrier-free path ······ 1—27—10
3.6 Barrier-free parking space ······ 1—27—11
3.7 Barrier-free entrance ······ 1—27—12
3.8 Low-level service facilities ······ 1—27—12
3.9 Handrail ······ 1—27—12
3.10 Door ······ 1—27—13
3.11 Barrier-free lift and lift platform ······ 1—27—13
3.12 Stairs and steps ······ 1—27—14
3.13 Seat for wheelchair ······ 1—27—15
3.14 Barrier-free lavatory and barrier-free toilet cubicel ······ 1—27—15
3.15 Barrier-free bath room ······ 1—27—16
3.16 Barrier-free residence and barrier-free guestroom ······ 1—27—17
3.17 Accessible pedestrian alarm signal device ······ 1—27—18
3.18 Barrier-free sign and braille sign ······ 1—27—18
4 Maintenance of the barrier-free facilities ······ 1—27—18
4.1 General requirements ······ 1—27—18
4.2 Damage types and damage situations of the barrier-free facilities ······ 1—27—19
4.3 Check of the barrier-free facilities ······ 1—27—19
4.4 Maintenance of barrier-free facilities ······ 1—27—19
Appendix A Corresponding table of the sector works correlated with division works (sub-division works) ······ 1—27—21
Appendix B Acceptance form of the concealed works of the barrier-free facilities ······ 1—27—22
Appendix C Acceptance form and measure method for ground slip-resistance ······ 1—27—22
Appendix D Acceptance form of the inspection lot of the barrier-free facilities ······ 1—27—25
Appendix E Duty of the barrier-free facilities maintainers ······ 1—27—35
Appendix F inspection forms of the barrier-free facilities ······ 1—27—35
Appendix G Maintenance form of the barrier-free facilities ······ 1—27—36
Explanation of wording in this code ······ 1—27—36
List of quoted standards ······ 1—27—36
Addition: Explanation of provisions ······ 1—27—37

1 总 则

1.0.1 为贯彻落实《残疾人保障法》，方便残疾人、老年人等社会特殊群体以及全体社会成员出行和参与社会活动，加强无障碍物质环境的建设，规范无障碍设施施工和维护活动，统一施工阶段的验收要求和使用阶段的维护要求，制定本规范。

1.0.2 本规范适用于新建、改建和扩建的城市道路、建筑物、居住区、公园等场所的无障碍设施的施工验收和维护。

1.0.3 无障碍设施的施工和维护应确保安全和适用。

1.0.4 无障碍设施的施工和交付应与建设工程的施工和交付相结合，同步进行。无障碍设施施工应进行专项的施工策划和验收；无障碍设施应做到定期检查维护，消除隐患，确保其安全和正常使用。

1.0.5 无障碍设施施工验收及维护除应符合本规范的规定外，尚应符合国家现行有关标准的规定。

2 术 语

2.0.1 无障碍设施 barrier-free facilities

为残疾人、老年人等社会特殊群体自主、平等、方便地出行和参与社会活动而设置的进出道路、建筑物、交通工具、公共服务机构的设施以及通信服务等设施。

2.0.2 家庭无障碍 barrier-free transform in residence

为适应残疾人、老年人等社会特殊群体需要，对其住宅设置无障碍设施的活动。

2.0.3 抗滑系数 coefficient of slip-resistance

物体克服最大静摩擦力，开始产生滑动时的切向力与垂直力的比值。

2.0.4 抗滑摆值 british pendulum number

采用摆式摩擦系数测定仪测定的道路表面的抗滑能力的表征值。

2.0.5 盲文标志 braille sign

采用盲文标识，使视力残疾者通过手的触摸，了解所处位置、指示方向的标志。包括盲文地图、盲文铭牌和盲文站牌。

2.0.6 盲文铭牌 braille board

在无障碍设施或附近的固定部位上设置的采用盲文标识告知信息的铭牌。

2.0.7 求助呼叫按钮 emergency button

设置在无障碍厕所、浴室、客房、公寓和居住建筑内，在紧急情况下用于求助呼叫的装置。

2.0.8 护壁（门）板 baseboard

在墙体和门扇下部，为防止轮椅脚踏碰撞设置的挡板。

2.0.9 观察窗 viewing-window

为方便残疾人、老年人等社会特殊群体通行，在视线障碍处（如不透明门、转弯墙）设置的供观察人员动态的窗口。

2.0.10 无障碍设施施工 barrier-free facilities construction

为实现无障碍设施的设计要求，有组织地对无障碍设施进行策划、实施、检验、验收和交付的活动。

2.0.11 无障碍设施维护人 barrier-free facilities maintainer

无障碍设施维护的责任人和承担者，一般指设施的产权所有人或其委托的管理人。

2.0.12 无障碍设施维护 barrier-free facilities maintenance

为保证无障碍设施在正常条件下正常使用，对无障碍设施进行检查、维修和日常养护的活动。无障碍设施的维护分为系统性维护、功能性维护和一般性维护。

2.0.13 无障碍设施的系统性维护 systematic maintenance of barrier-free facilities

对新建、改建和扩建造成的无障碍设施出现的系统性缺损所进行维护的活动。

2.0.14 无障碍设施的功能性维护 functional maintenance of barrier-free facilities

对无障碍设施的局部出现裂缝、变形和破损，松动、脱落和缺失，故障、磨损、褪色和防滑性能下降等功能性缺损所进行维护的活动。

2.0.15 无障碍设施的一般性维护 general maintenance of barrier-free facilities

对无障碍设施被临时占用或被污染等一般性缺损所进行维护的活动。

3 无障碍设施的施工验收

3.1 一 般 规 定

3.1.1 设计单位就审查合格的施工图设计文件向施工单位进行技术交底时，应对该工程项目包含的无障碍设施作出专项的说明。

3.1.2 无障碍设施的施工应由具有相关工程施工资质的单位承担。

3.1.3 实行监理的建设工程项目，项目监理部应对该工程项目包含的无障碍设施编制监理实施细则。

3.1.4 施工单位应按审查合格的施工图设计文件和施工技术标准进行无障碍设施的施工。

3.1.5 单位工程的施工组织设计中应包括无障碍设施施工的内容。

3.1.6 无障碍设施施工现场应在质量管理体系中包含相关内容，制定相关的施工质量控制和检验制度。

3.1.7 无障碍设施施工应建立安全技术交底制度，并对作业人员进行相关的安全技术教育与培训。作业前，施工技术人员应向作业人员进行详尽的安全技术交底。

3.1.8 无障碍设施疏散通道及疏散指示标识、避难空间、具有声光报警功能的报警装置应符合国家现行消防工程施工及验收标准的有关规定。

3.1.9 无障碍设施使用的原材料、半成品及成品的质量标准，应符合设计文件要求及国家现行建筑材料检测标准的有关规定。室内无障碍设施使用的材料应符合国家现行环保标准的要求；并应具备产品合格证书、中文说明书和相关性能的检测报告。进场前应对其品种、规格、型号和外观进行验收。需要复检的，应按设计要求和国家现行有关标准的规定进行取样和检测。必要时应划分单独的检验批进行检验。

3.1.10 缘石坡道、盲道、轮椅坡道、无障碍出入口、无障碍通道、楼梯和台阶、无障碍停车位、轮椅席位等地面面层抗滑性能应符合标准、规范和设计要求。

3.1.11 无障碍设施施工及质量验收应符合下列规定：

1 无障碍设施的施工及质量验收应符合国家现行标准《城镇道路工程施工与质量验收规范》CJJ 1和《建筑工程施工质量验收统一标准》GB 50300 的有关规定。

2 无障碍设施的施工及质量验收应按设计要求进行；当设计无要求时，应按国家现行工程质量验收标准的有关规定验收；当没有明确的国家现行验收标准要求时，应由设计单位、监理单位和施工单位按照确保无障碍设施的安全和使用功能的原则共同制定验收标准，并按验收标准进行验收。

3 无障碍设施的施工及质量验收应与单位工程的相关分部工程相对应，划分为分项工程和检验批。无障碍设施按本规范附录 A 进行分项工程划分并与相关分部工程对应。

4 无障碍设施的施工及质量验收应由监理工程师（建设单位项目技术负责人）组织无障碍设施施工单位项目质量负责人等进行。

5 无障碍设施涉及的隐蔽工程在隐蔽前应由施工单位通知监理单位进行验收，并按本规范附录B的格式记录，形成验收文件。

6 检验批的质量验收应按本规范附录 D 的格式记录。检验批质量验收合格应符合下列规定：

1）主控项目的质量应经抽样检验合格。

2）一般项目的质量应经抽样检验合格；当采用计数检验时，一般项目的合格点率应达到 80%及以上，且不合格点的最大偏差不得大于本规范规定允许偏差的1.5倍。

3）具有完整的施工原始资料和质量检查记录。

7 分项工程的质量验收应按本规范附录 D 的格式记录，分项工程质量验收合格应符合下列规定：

1）分项工程所含检验批均应符合质量合格的规定。

2）分项工程所含检验批的质量验收记录应完整。

8 当无障碍设施施工质量不符合要求时，应按下列规定进行处理：

1）经返工或更换器具、设备的检验批，应重新进行验收。

2）经返修的分项工程，虽然改变外形尺寸但仍能满足安全使用要求，应按技术处理方案和协商文件进行验收。

3）因主体结构、分部工程原因造成的拆除重做或采取其他技术方案处理的，应重新进行验收或按技术方案验收。

9 无障碍通道的地面面层和盲道面层应坚实、平整、抗滑、无倒坡、不积水。其抗滑性能应由施工单位通知监理单位进行验收。面层的抗滑性能采用抗滑系数和抗滑摆值进行控制；抗滑系数和抗滑摆值的检测方法应符合本规范第 C.0.2 条和第 C.0.3 条的规定。验收记录应按本规范表 C.0.1 的格式记录，形成验收文件。

10 无障碍设施地面基层的强度、厚度及构造做法应符合设计要求。其基层的质量验收，与相应地面基层的施工工序同时验收。基层验收合格后，方可进行面层的施工。

11 地面面层施工后应及时进行养护，达到设计要求后，方可正常使用。

3.1.12 安全抓杆预埋件应进行验收。

3.1.13 安全抓杆预埋件验收时，应由施工单位通知监理单位按本规范附录 B 的格式记录，形成验收文件。

3.1.14 通过返修或加固处理仍不能满足安全和使用要求的无障碍设施分项工程，不得验收。

3.1.15 未经验收或验收不合格的无障碍设施，不得使用。

3.2 缘石坡道

3.2.1 本节适用于整体面层和板块面层缘石坡道的施工验收。

Ⅰ 整体面层验收的主控项目

3.2.2 缘石坡道面层材料抗压强度应符合设计要求。

检验方法：查抗压强度试验报告。

3.2.3 缘石坡道坡度应符合设计要求。

检查数量：每 40 条查 5 点。

检验方法：用坡度尺量测检查。

3.2.4 缘石坡道宽度应符合设计要求。

检查数量：每 40 条查 5 点。

检验方法：用钢尺量测检查。

3.2.5 缘石坡道下口与缓冲地带地面的高差应符合设计要求。

检查数量：每 40 条查 5 点。

检验方法：用钢尺量测检查。

Ⅱ 整体面层验收的一般项目

3.2.6 混凝土面层表面应平整、无裂缝。

检查数量：每 40 条查 5 条。

检验方法：观察检查。

3.2.7 沥青混合料面层压实度应符合设计要求。

检查数量：每 50 条查 2 点。

检验方法：查试验记录（马歇尔击实试件密度，试验室标准密度）。

3.2.8 沥青混合料面层表面应平整、无裂缝、烂边、掉渣、推挤现象，接茬应平顺，烫边无枯焦现象。

检查数量：每 40 条查 5 条。

检验方法：观察检查。

3.2.9 整体面层的允许偏差应符合表 3.2.9 的规定。

表 3.2.9 整体面层允许偏差

项 目		允许偏差（mm）	检验频率		检 验 方 法
			范围	点数	
平整度	水泥混凝土	3	每条	2	2m 靠尺和塞尺量取最大值
	沥青混凝土	3			
	其他沥青混合料	4			
厚度		±5	每 50 条	2	钢尺量测
井框与路面高差	水泥混凝土	3	每座	1	十字法，钢板尺和塞尺量取最大值
	沥青混凝土	5			

Ⅲ 板块面层验收的主控项目

3.2.10 板块面层所用的预制砌块、陶瓷类地砖、石板材和块石的品种、质量应符合设计要求。

检验方法：观察检查和检查材质合格证明文件及检验报告。

3.2.11 结合层、块料填缝材料的强度、厚度应符合设计要求。

检验方法：查验收记录、材质合格证明文件及抗压强度试验报告。

3.2.12 缘石坡道坡度应符合设计要求。

检查数量：每 40 条查 5 点。

检验方法：用坡度尺量测检查。

3.2.13 缘石坡道宽度应符合设计要求。

检查数量：每 40 条查 5 点。

检验方法：用钢尺量测检查。

3.2.14 缘石坡道下口与缓冲地带地面的高差应符合设计要求。

检查数量：每 40 条查 5 点。

检验方法：用钢尺量测检查。

3.2.15 缘石坡道面层与基层应结合牢固、无空鼓。

检验方法：用小锤轻击检查。

注：凡单块砖边角有局部空鼓，且每检验批不超过总数 5%可不计。

Ⅳ 板块面层验收的一般项目

3.2.16 地砖、石板材外观不应有裂缝、掉角、缺楞和翘曲等缺陷，表面应洁净、图案清晰、色泽一致，周边顺直。

检验方法：观察检查。

3.2.17 块石面层应组砌合理，无十字缝；当设计未要求时，块石面层石料缝隙应相互错开、通缝不超过两块石料。

检验方法：观察检查。

3.2.18 板块面层的允许偏差应符合设计规范的要求和表3.2.18的规定。

表 3.2.18 板块面层允许偏差

项 目	允许偏差（mm）				检验频率		检验方法
	预制砌块	陶瓷类地砖	石板材	块石	范围	点数	
平整度	5	2	1	3	每条	2	2m 靠尺和塞尺量取最大值
相邻块高差	3	0.5	0.5	2	每条	2	钢板尺和塞尺量取最大值
井框与路面高差	3		3		每座	1	十字法，钢板尺和塞尺量取最大值

3.3 盲 道

3.3.1 本节适用于预制盲道砖（板）盲道和其他型材盲道的施工验收。

3.3.2 盲道在施工前应对设计图纸进行会审，根据现场情况，与其他设计工种协调，不宜出现为避让树木、电线杆、拉线等障碍物而使行进盲道多处转折的现象。

3.3.3 当利用检查井盖上设置的触感条作为行进盲道的一部分时，应衔接顺直、平整。

3.3.4 盲道铺砌和镶贴时，行进盲道砌块与提示盲道砌块不得替代使用或混用。

Ⅰ 预制盲道砖（板）盲道验收的主控项目

3.3.5 预制盲道砖（板）的规格、颜色、强度应符合设计要求。行进盲道触感条和提示盲道触感圆点凸面高度、形状和中心距允许偏差应符合表 3.3.5-1、表 3.3.5-2 的规定。

表 3.3.5-1 行进盲道触感条凸面高度、形状和中心距允许偏差

部 位	规定值(mm)	允许偏差(mm)
面宽	25	±1
底宽	35	±1
凸面高度	4	+1
中心距	62～75	±1

表 3.3.5-2 提示盲道触感圆点凸面高度、形状和中心距允许偏差

部 位	规定值(mm)	允许偏差(mm)
表面直径	25	±1
底面直径	35	±1
凸面高度	4	+1
圆点中心距	50	±1

检查数量：同一规格、同一颜色、同一强度的预制盲道砖（板）材料，应以 $100m^2$ 为一验收批；不足 $100m^2$ 按一验收批计，每验收批取 5 块试件进行检查。

检验方法：查材质合格证明文件、出厂检验报告、用钢尺量测检查。

3.3.6 结合层、盲道砖（板）填缝材料的强度、厚度应符合设计要求。

检验方法：查验收记录、材质合格证明文件及抗压强度试验报告。

3.3.7 盲道的宽度，提示盲道和行进盲道设置的部位、走向应符合设计要求。

检查数量：全数检查。

检验方法：观察和用钢尺量测检查。

3.3.8 盲道与障碍物的距离应符合设计要求。

检查数量：全数检查。

检验方法：用钢尺量测检查。

Ⅱ 预制盲道砖（板）盲道验收的一般项目

3.3.9 人行道范围内各类管线、树池及检查井等构筑物，应在人行道面层施工前全部完成。外露的井盖高程应调整至设计高程。

检查数量：全数检查。

检验方法：用水准仪、靠尺量测检查。

3.3.10 盲道砖（板）的铺砌和镶贴应牢固、表面平整，缝线顺直、缝宽均匀、灌缝饱满、无翘边、翘角，不积水。其触感条和触感圆点的凸面应高出相邻地面。

检查数量：全数检查。

检验方法：观察检查。

3.3.11 预制盲道砖（板）外观允许偏差应符合表 3.3.11 的规定。

表 3.3.11 预制盲道砖（板）外观允许偏差

项 目	允许偏差(mm)	检查频率		检验方法
		范围(m)	块数	
边长	2	500	20	钢尺量测
对角线长度	3			钢尺量测
裂缝、表面起皮	不允许出现			观察

3.3.12 预制盲道砖（板）面层允许偏差应符合表 3.3.12 的规定。

表 3.3.12 预制盲道砖（板）面层允许偏差

项目名称	允许偏差(mm)			检查频率		检验方法
	预制盲道块	石材类盲道板	陶瓷类盲道板	范围(m)	点数	
平整度	3	1	2	20	1	2m 靠尺和塞尺量取最大值
相邻块高差	3	0.5	0.5	20	1	钢板尺和塞尺量测
接缝宽度	+3；−2	1	2	50	1	钢尺量测
纵缝顺直	5	—	—	50	1	拉 20m 线钢尺量测
	—	2	3	50	1	拉 5m 线钢尺量测
横缝顺直	2	1	1	50	1	按盲道宽度拉线钢尺量测

Ⅲ 橡塑类盲道验收的主控项目

3.3.13 橡塑类盲道应由基层、粘结层和盲道板三部分组成。基层材料宜由混凝土（水泥砂浆）、天然石材、钢质或木质等材料组成。

3.3.14 采用橡胶地板材料制成的盲道板的性能指标应符合现行行业标准《橡塑铺地材料 第 1 部分 橡胶地板》HG/T 3747.1 的有关规定。

检验方法：查材质合格证明文件、出厂检验报告。

3.3.15 采用橡胶地砖材料制成的盲道板的性能指标应符合现行行业标准《橡塑铺地材料 第 2 部分 橡胶地砖》HG/T 3747.2 的有关规定。

检验方法：查材质合格证明文件、出厂检验报告。

3.3.16 聚氯乙烯盲道型材的性能指标应符合现行行业标准《橡塑铺地材料 第 3 部分 阻燃聚氯乙烯地

板》HG/T 3747.3的有关规定。

检验方法：查材质合格证明文件、出厂检验报告。

3.3.17 橡塑类盲道板的厚度应符合设计要求。其最小厚度不应小于30mm，最大厚度不应大于50mm。厚度的允许偏差应为±0.2mm。触感条和触感圆点凸面高度、形状应符合本规范表3.3.5-1、表3.3.5-2的规定。

检验方法：查出厂检验报告、用游标卡尺量测。

3.3.18 粘合剂的品种、强度、厚度应符合设计和相关规范要求。面层与基层应粘结牢固、不空鼓。

检验方法：查材质合格证明文件、出厂检验报告，小锤轻击检查。

3.3.19 橡塑类盲道的宽度，提示盲道和行进盲道设置的部位、走向应符合设计要求。

检查数量：全数检查。

检验方法：观察检查和用钢尺量测检查。

3.3.20 橡塑类盲道与障碍物的距离应符合设计要求。

检查数量：全数检查。

检验方法：钢尺量测检查。

Ⅳ 橡塑类盲道验收的一般项目

3.3.21 橡塑类盲道板的尺寸应符合设计要求。其允许偏差应符合表3.3.21的规定。

表3.3.21 橡塑类盲道板尺寸允许偏差

规格	长度	宽度	厚度（mm）	耐磨层厚度（mm）
块材	±0.15%	±0.15%	±0.20	±0.15
卷材	不低于名义值	不低于名义值	±0.20	±0.15

3.3.22 橡塑类盲道板外观不应有污染、翘边、缺角及断裂等缺陷。

检验方法：观察检查。

3.3.23 橡胶地板材料和橡胶地砖材料制成的盲道板的外观质量应符合表3.3.23的规定。

检验方法：观察检查。

表3.3.23 橡胶地板材料和橡胶地砖材料制成的盲道板外观质量

缺陷名称	外观质量要求
表面污染、杂质、缺口、裂纹	不允许
表面缺胶	块材：面积小于5mm²，深度小于0.2mm的缺胶不得超过3处； 卷材：每平方米面积小于5mm²，深度小于0.2mm的缺胶不得超过3处

续表3.3.23

缺陷名称	外观质量要求
表面气泡	块材：面积小于5mm²的气泡不得超过2处； 卷材：面积小于5mm²的气泡，每平方米不得超过2处
色差	单块、单卷不允许有；批次间不允许有明显色差

3.3.24 聚氯乙烯盲道型材的外观质量应符合表3.3.24的规定。

检验方法：观察检查。

表3.3.24 聚氯乙烯盲道型材外观质量

缺陷名称	外观质量要求
气泡、海绵状	表面不允许
褶皱、水纹、疤痕及凹凸不平	不允许
表面污染、杂质	聚氯乙烯块材：不允许； 聚氯乙烯卷材：面积小于5mm²，深度小于0.15mm的缺陷，每平方米不得超过3处
色差、表面撒花密度不均	单块不允许有；批次间不允许有明显色差

Ⅴ 不锈钢盲道验收的主控项目

3.3.25 不锈钢盲道应由基层、粘结层和盲道型材三部分组成。基层宜分为混凝土（水泥砂浆）、天然石材、钢质和木质的建筑完成面。

3.3.26 不锈钢盲道型材的物理力学性能应符合不锈钢06Cr19Ni10的性能要求。

3.3.27 不锈钢盲道型材的厚度应符合设计要求。厚度的允许偏差应为±0.2mm。触感条和触感圆点凸面高度、形状应符合本规范表3.3.5-1、表3.3.5-2的规定。

检验方法：查出厂检验报告、用游标卡尺量测。

3.3.28 粘合剂的品种、强度、厚度应符合设计要求。面层与基层应粘结牢固、不空鼓。

检验方法：查材质合格证明文件、出厂检验报告，用小锤轻击检查。

3.3.29 不锈钢盲道设置的宽度，提示盲道和行进盲道设置的部位、走向应符合设计要求。

检查数量：全数检查。

检验方法：观察检查和用钢尺量测检查。

3.3.30 不锈钢盲道与障碍物的距离应符合设计要求。

检查数量：全数检查。

检验方法：用钢尺量测检查。

Ⅵ 不锈钢盲道验收的一般项目

3.3.31 不锈钢盲道型材的尺寸应符合设计要求。

3.3.32 不锈钢盲道面层外观不应有污染、翘边、缺角及断裂等缺陷。

检验方法：观察检查。

3.3.33 不锈钢盲道型材的外观质量应符合表3.3.33的规定。

检验方法：观察检查。

表 3.3.33 不锈钢盲道型材外观质量

缺陷名称	外观质量要求
表面污染、杂质、缺口、裂纹	不允许
表面凹坑	面积小于 $5mm^2$ 的凹坑每平方米不得超过2处

3.4 轮椅坡道

3.4.1 本节适用于整体面层和板块面层轮椅坡道的施工验收。

3.4.2 设置轮椅坡道处应避开雨水井和排水沟。当需要设置雨水井和排水沟时，雨水井和排水沟的雨水箅网眼尺寸应符合设计和相关规范要求，且不应大于15mm。

3.4.3 轮椅坡道铺面的变形缝应按设计和相关规范要求设置，并应符合下列规定：

1 轮椅坡道的变形缝，应与结构缝相应的位置一致，且应贯通轮椅坡道面的构造层。

2 变形缝的构造做法应符合设计和相关规范要求。缝内应清理干净，以柔性密封材料填嵌后用板封盖。变形缝封盖板应与面层齐平。

3.4.4 轮椅坡道顶端轮椅通行平台与地面的高差不应大于10mm，并应以斜面过渡。

3.4.5 轮椅坡道临空侧面的安全挡台高度、不同位置的坡道坡度和宽度及不同坡度的高度和水平长度应符合设计要求。

3.4.6 轮椅坡道扶手的施工应符合本规范第3.9节的有关规定。

Ⅰ 主控项目

3.4.7 面层材料应符合设计要求。

检验方法：查材质合格证明文件、出厂检验报告。

3.4.8 板块面层与基层应结合牢固、无空鼓。

检验方法：用小锤轻击检查。

3.4.9 坡度应符合设计要求。

检查数量：全数检查。

检验方法：用坡度尺量测检查。

3.4.10 宽度应符合设计要求。

检查数量：全数检查。

检验方法：用钢尺量测检查。

3.4.11 轮椅坡道下口与缓冲地带地面或休息平台的高差应符合设计要求。

检查数量：全数检查。

检验方法：用钢尺量测检查。

3.4.12 安全挡台高度应符合设计要求。

检查数量：全数检查。

检验方法：用钢尺量测检查。

3.4.13 轮椅坡道起点、终点缓冲地带和中间休息平台的长度应符合设计要求。

检查数量：全数检查。

检验方法：用钢尺量测检查。

3.4.14 雨水井和排水沟的雨水箅网眼尺寸应符合设计要求。

检查数量：全数检查。

检验方法：用钢尺量测检查。

Ⅱ 一般项目

3.4.15 轮椅坡道外观不应有裂纹、麻面等缺陷。

检验方法：观察检查。

3.4.16 轮椅坡道地面面层允许偏差应符合本规范表3.5.15的规定。轮椅坡道整体面层允许偏差应符合本规范表3.2.9的规定。轮椅坡道板块面层允许偏差应符合本规范表3.2.18的规定。

3.5 无障碍通道

3.5.1 本节适用于整体面层和板块面层无障碍通道的施工及质量验收。

3.5.2 无障碍通道内盲道的施工应符合本规范第3.3节的有关规定。

3.5.3 无障碍通道内扶手的施工应符合本规范第3.9节的有关规定。

Ⅰ 主控项目

3.5.4 无障碍通道地面面层材料应符合设计要求。

检验方法：查材质合格证明文件、出厂检验报告。

3.5.5 无障碍通道地面面层与基层应结合牢固、无空鼓。

检验方法：用小锤轻击检查。

3.5.6 无障碍通道的宽度应符合设计要求，无障碍物。

检验方法：观察和用钢尺量测检查。

3.5.7 从墙面伸入无障碍通道凸出物的尺寸和高度应符合设计要求。园林道路的树木凸入无障碍通道内的高度应符合现行行业标准《公园设计规范》CJJ 48—92第6.2.7条的规定。

检查数量：全数检查。

检验方法：观察和用钢尺量测检查。

3.5.8 无障碍通道内雨水井和排水沟的雨水箅网眼尺寸应符合设计要求，且不应大于15mm。

检查数量：全数检查。

检验方法：用钢尺量测检查。

3.5.9 门扇向无障碍通道内开启时设置的凹室尺寸应符合设计要求。

检查数量：全数检查。

检验方法：用钢尺量测检查。

3.5.10 无障碍通道一侧或尽端与其他地坪有高差时，设置的栏杆或栏板等安全设施应符合设计要求。

检查数量：全数检查。

检验方法：观察和用钢尺量测检查。

3.5.11 无障碍通道内的光照度应符合设计要求。

检查数量：全数检查。

检验方法：查检测报告。

Ⅱ 一 般 项 目

3.5.12 无障碍通道内的雨水箅应安装平整。

检验方法：用钢板尺和塞尺量测检查。

3.5.13 无障碍通道的护壁板的高度应符合设计要求。

检查数量：每条通道和走道查2点。

检验方法：用钢尺量测检查。

3.5.14 无障碍通道转角处墙体的倒角或圆弧尺寸应符合设计的要求。

检查数量：每条通道和走道查2点。

检验方法：用钢尺量测检查。

3.5.15 无障碍通道地面面层允许偏差应符合表3.5.15的规定。坡道整体面层允许偏差应符合本规范表3.2.9的规定。坡道板块面层允许偏差应符合本规范表3.2.18的规定。

表 3.5.15 无障碍通道地面面层允许偏差

项目		允许偏差（mm）	检验频率		检验方法
			范围	点数	
平整度	水泥砂浆	2	每条	2	2m靠尺和塞尺量取最大值
	细石混凝土、橡胶弹性面层	3			
	沥青混合料	4			
	水泥花砖	2			
	陶瓷类地砖	2			
	石板材	1			
整体面层厚度		±5	每条	2	钢尺量测或现场钻孔
相邻块高差		0.5	每条	2	钢板尺和塞尺量取最大值

3.5.16 无障碍通道的雨水箅和护墙板允许偏差应符合表3.5.16的规定。

表 3.5.16 雨水箅和护墙板允许偏差

项目	允许偏差（mm）	检验频率		检验方法
		范围	点数	
地面与雨水箅高差	−3；0	每条	2	钢板尺和塞尺量取最大值
护墙板高度	+3；0	每条	2	钢尺量测

3.6 无障碍停车位

3.6.1 本节适用于室外停车场、建筑物室内停车场中无障碍停车位的施工验收。

3.6.2 通往无障碍停车位的轮椅坡道和无障碍通道应分别符合本规范第3.4节和第3.5节的规定。

3.6.3 无障碍停车位的停车线、轮椅通道线的标划应符合现行国家标准《道路交通标志和标线》GB 5768的有关规定。

Ⅰ 主 控 项 目

3.6.4 无障碍停车位设置的位置和数量应符合设计要求。

检验方法：观察检查。

3.6.5 无障碍停车位一侧的轮椅通道宽度应符合设计要求。

检查数量：全数检查。

检验方法：用钢尺量测检查。

3.6.6 无障碍停车位的地面漆画的停车线、轮椅通道线和无障碍标志应符合设计要求。

检查数量：全数检查。

检验方法：观察检查。

Ⅱ 一 般 项 目

3.6.7 无障碍停车位地面面层允许偏差应符合本规范表3.5.15的规定。坡道整体面层允许偏差应符合本规范表3.2.9的规定。坡道板块面层允许偏差应符合本规范表3.2.18的规定。

3.6.8 无障碍停车位地面的坡度应符合设计要求。

检验方法：观察和用坡度尺量测检查。

3.6.9 无障碍停车位地面坡度允许偏差应符合表3.6.9的规定。

表 3.6.9 无障碍停车位地面坡度允许偏差

项目	允许偏差	检验频率		检验方法
		范围	点数	
坡度	±0.3%	每条	2	坡度尺量测

3.7 无障碍出入口

3.7.1 本节适用于无障碍出入口的施工验收。

3.7.2 无障碍出入口处设置的提示闪烁灯应符合设计要求。

3.7.3 无障碍出入口处的盲道施工应符合本规范第3.3节的有关规定。

3.7.4 无障碍出入口处的坡道施工应符合本规范第3.4节的有关规定。

3.7.5 无障碍出入口处的扶手施工应符合本规范第3.9节的有关规定。

Ⅰ 主 控 项 目

3.7.6 采用无台阶的无障碍出入口室外地面的坡度应符合设计要求。

检查数量：全数检查。

检验方法：用坡度尺量测检查。

3.7.7 无障碍出入口平台的宽度、平台上方设置的雨篷应符合设计要求。

检查数量：全数检查。

检验方法：用钢尺量测检查。

3.7.8 无障碍出入口门厅、过厅设两道门时，门扇同时开启的距离应符合设计要求。

检查数量：全数检查。

检验方法：用钢尺量测检查。

3.7.9 无障碍出入口处的雨水箅网眼尺寸应符合设计要求，且不应大于15mm。

检查数量：全数检查。

检验方法：用钢尺量测检查。

Ⅱ 一 般 项 目

3.7.10 无障碍出入口处地面面层允许偏差应符合本规范表3.5.15的规定。坡道整体面层允许偏差应符合本规范表3.2.9的规定。坡道板块面层允许偏差应符合本规范表3.2.18的规定。

3.8 低位服务设施

3.8.1 本节适用于无障碍低位服务设施，包括问询台、服务台、售票窗口、电话台、安检验证台、行李托运台、借阅台、各种业务台、饮水机等的施工验收。

3.8.2 通往低位服务设施的坡道和无障碍通道应符合本规范第3.4节和第3.5节的规定。

Ⅰ 主 控 项 目

3.8.3 低位服务设施设置的部位和数量应符合设计要求。

检查数量：全数检查。

检验方法：观察检查。

3.8.4 低位服务设施的高度、宽度、深度、电话台和饮水口的高度应符合设计要求。

检查数量：全数检查。

检验方法：观察和用钢尺量测检查。

3.8.5 低位服务设施下方的净空尺寸应符合设计要求。

检查数量：全数检查。

检验方法：用钢尺量测检查。

3.8.6 低位服务设施前的轮椅回转空间尺寸应符合设计要求。

检查数量：全数检查。

检验方法：用钢尺量测检查。

3.8.7 低位服务设施处的开关的选型应符合设计要求。

检查数量：全数检查。

检验方法：查产品合格证明文件。

Ⅱ 一 般 项 目

3.8.8 低位服务设施处地面面层允许偏差应符合本规范表3.5.15的规定。坡道整体面层允许偏差应符合本规范表3.2.9的规定。坡道板块面层允许偏差应符合本规范表3.2.18的规定。

3.9 扶 手

3.9.1 本节适用于人行天桥、人行地道、无障碍通道、无障碍停车位、轮椅坡道、楼梯和台阶的扶手；无障碍电梯和升降平台的扶手；轮椅席位处的扶手的施工验收。

Ⅰ 主 控 项 目

3.9.2 扶手所使用材料的材质、扶手的截面形状、尺寸应符合设计要求。

检验方法：查产品合格证明文件、出厂检验报告和用钢尺量测检查。

3.9.3 扶手的立柱和托架与主体结构的连接应经隐蔽工程验收合格后，方可进行下道工序的施工。扶手的强度及扶手立柱和托架与主体的连接强度应符合设计要求。

检验方法：查隐蔽工程验收记录和用手扳检查；必要时可进行拉拔试验。

3.9.4 扶手设置的部位、安装高度、其内侧与墙面的距离应符合设计要求。

检查数量：全数检查。

检验方法：观察和用钢尺量测检查。

3.9.5 扶手的连贯情况，起点和终点的延伸方向和长度应符合设计要求。

检查数量：全数检查。

检验方法：观察和用钢尺量测检查。

3.9.6 对有安装盲文铭牌要求的扶手，盲文铭牌的数量和安装位置应符合设计要求。

检查数量：全数检查。

检验方法：观察检查。

Ⅱ 一 般 项 目

3.9.7 扶手转角弧度应符合设计要求，接缝应严密，表面应光滑，色泽应一致，不得有裂缝、翘曲及损坏。

检验方法：观察检查。

3.9.8 钢构件扶手表面应做防腐处理，其连接处的焊缝应锉平磨光。

检验方法：观察和手摸检查。

3.9.9 扶手允许偏差应符合表 3.9.9 的规定。

表 3.9.9 扶手允许偏差

<table>
<tr><th rowspan="2">项 目</th><th rowspan="2">允许偏差
(mm)</th><th colspan="2">检验频率</th><th rowspan="2">检 验 方 法</th></tr>
<tr><th>范围</th><th>点数</th></tr>
<tr><td>立柱和托架间距</td><td>3</td><td>每条</td><td>2</td><td>钢尺量测</td></tr>
<tr><td>立柱垂直度</td><td>3</td><td>每条</td><td>2</td><td>1m 垂直检测尺量测</td></tr>
<tr><td>扶手直线度</td><td>4</td><td>每条</td><td>1</td><td>拉 5m 线、钢尺量测</td></tr>
</table>

3.10 门

3.10.1 本节适用于公共建筑、无障碍厕所和无障碍厕位、无障碍客房和无障碍住房以及家庭无障碍改造中涉及残疾人、老年人等社会特殊群体通行的门的施工验收。

3.10.2 采用玻璃门时，其形式和玻璃的种类应符合设计和规范要求。

3.10.3 门与相邻墙壁的亮度对比应符合设计和规范要求。

Ⅰ 主 控 项 目

3.10.4 门的选型、材质、平开门的开启方向应符合设计要求。

检查数量：全数检查。

检验方法：查产品合格证明文件，观察检查。

3.10.5 门开启后的净宽应符合设计要求。

检查数量：全数检查。

检验方法：用钢尺量测检查。

3.10.6 推拉门、平开门把手一侧的墙面宽度应符合设计要求。

检查数量：全数检查。

检验方法：用钢尺量测检查。

3.10.7 门扇上安装的把手、关门拉手和闭门器应符合设计要求。

检查数量：全数检查。

检验方法：查产品合格证明文件、手扳检查、开闭测试。

3.10.8 平开门门扇上观察窗的尺寸和安装高度应符合设计要求。

检查数量：全数检查。

检验方法：观察和用钢尺量测检查。

3.10.9 门内外的高差及斜面的处理应符合设计要求。

检查数量：全数检查。

检验方法：观察和用钢尺量测检查。

Ⅱ 一 般 项 目

3.10.10 门表面应洁净、平整、光滑、色泽一致。

检查数量：每 10 樘抽查 2 樘。

3.10.11 门允许偏差应符合表 3.10.11 的规定。

表 3.10.11 门允许偏差表

<table>
<tr><th colspan="3" rowspan="2">项 目</th><th rowspan="2">允许偏差
(mm)</th><th colspan="2">检验频率</th><th rowspan="2">检验方法</th></tr>
<tr><th>范围</th><th>点数</th></tr>
<tr><td rowspan="4">门框正、侧面垂直度</td><td rowspan="2">木门</td><td>普通</td><td>2</td><td rowspan="4">每 10 樘</td><td rowspan="4">2</td><td rowspan="4">钢尺量测</td></tr>
<tr><td>高级</td><td>1</td></tr>
<tr><td colspan="2">钢门</td><td>3</td></tr>
<tr><td colspan="2">铝合金门</td><td>2.5</td></tr>
<tr><td colspan="3">门横框水平度</td><td>3</td><td>每 10 樘</td><td>2</td><td>水平尺和塞尺量测</td></tr>
<tr><td colspan="3">平开门护门板高度</td><td>+3；0</td><td>每 10 樘</td><td>2</td><td>钢尺量测</td></tr>
</table>

3.11 无障碍电梯和升降平台

3.11.1 本节适用于无障碍电梯、自动扶梯、升降平台安装工程的施工验收。

3.11.2 通往无障碍电梯和升降平台的盲道、轮椅坡道、无障碍通道、楼梯和台阶应分别符合本规范第 3.3 节、第 3.4 节、第 3.5 节、第 3.12 节的规定。

3.11.3 无障碍电梯轿厢内和升降平台的扶手应符合本规范第 3.9 节的规定。

Ⅰ 主 控 项 目

3.11.4 无障碍电梯和升降平台的类型、设置的位置和数量应符合设计要求。

检查数量：全数检查。

检验方法：观察检查，查产品合格证明文件。

3.11.5 候梯厅宽度应符合设计要求。

检查数量：全数检查。

检验方法：用钢尺量测检查。

3.11.6 专用选层按钮选型、按钮高度应符合设计要求。

检查数量：全数检查。

检验方法：观察和用钢尺量测检查。

3.11.7 无障碍电梯门洞净宽度应符合设计要求。

检查数量：全数检查。

检验方法：用钢尺量测检查。

3.11.8 无障碍电梯轿厢内的楼层显示装置和音响报层装置应符合设计要求。

检查数量：全数检查。

检验方法：现场测试。

3.11.9 轿厢的规格及轿厢门开启后的净宽度应符合设计要求。

检查数量：全数检查。

检验方法：查产品合格证明文件，用钢尺量测检查。

3.11.10 门扇关闭的光幕感应和门开闭的时间间隔应符合设计要求。

检查数量：全数检查。

检验方法：现场测试。

3.11.11 镜子或不锈钢镜面的安装应符合设计要求。

检查数量：全数检查。

检验方法：观察和用钢尺量测检查。

3.11.12 升降平台的净宽和净深、挡板的设置应符合设计要求。

检查数量：全数检查。

检验方法：查产品合格证明文件，用钢尺量测检查。

3.11.13 升降平台的呼叫和控制按钮的高度应符合设计要求。

检查数量：全数检查。

检验方法：用钢尺量测检查。

Ⅱ 一般项目

3.11.14 护壁板安装位置和高度应符合设计要求，护壁板高度允许偏差应符合表3.11.14的规定。

表3.11.14 护壁板高度允许偏差

项目	允许偏差（mm）	检验频率		检验方法
		范围	点数	
护壁板高度	+3；0	每个轿厢	3	钢尺量测

3.12 楼梯和台阶

3.12.1 本节适用于整体面层和板块面层的楼梯和台阶的施工验收。

3.12.2 台阶应避开雨水井和排水沟。当需要设置雨水井和排水沟时，雨水井和排水沟的雨水箅网眼尺寸不应大于15mm。

3.12.3 楼梯和台阶面层的变形缝应按设计要求设置，并应符合下列规定：

1 面层的变形缝，应与结构相应缝的位置一致，且应贯通面层的构造层。

2 变形缝的构造做法应符合设计和相关规范要求。缝内应清理干净，以柔性密封材料填嵌后用板封盖。变形缝封盖板应与面层齐平。

3.12.4 楼梯和台阶上盲道的施工应符合本规范第3.3节的有关规定。

3.12.5 楼梯和台阶上扶手的施工应符合本规范第3.9节的有关规定。

Ⅰ 主控项目

3.12.6 楼梯和台阶面层材料应符合设计要求。

检验方法：查材质合格证明文件、出厂检验报告。

3.12.7 楼梯和台阶面层与基层应结合牢固、无空鼓。

检验方法：用小锤轻击检查。

3.12.8 楼梯的净空高度、楼梯和台阶的宽度应符合设计要求。

检查数量：全数检查。

检验方法：用钢尺量测检查。

3.12.9 踏步的宽度和高度应符合设计要求，其允许偏差应符合表3.12.9的规定。

表3.12.9 踏步宽度和高度允许偏差

项目	允许偏差（mm）	检验频率		检验方法
		范围	点数	
踏步高度	−3；0	每梯段	2	钢尺量测
踏步宽度	+2；0	每梯段	2	钢尺量测

3.12.10 安全挡台高度应符合设计要求。

检查数量：全数检查。

检验方法：用钢尺量测检查。

3.12.11 踢面应完整。踏面凸缘的形状和尺寸、踢面和踏面颜色应符合设计要求。

检查数量：全数检查。

检验方法：观察和用钢尺量测检查。

3.12.12 雨水井和排水沟的雨水箅网眼尺寸应符合设计要求，且不应大于15mm。

检查数量：全数检查。

检验方法：观察和钢尺量测检查。

Ⅱ 一般项目

3.12.13 面层外观不应有裂纹、麻面等缺陷。

检验方法：观察检查。

3.12.14 踏面面层应表面平整，板块面层应无翘边、翘角现象。面层质量允许偏差应符合表3.12.14的规定。

表 3.12.14 面层质量允许偏差

项 目		允许偏差（mm）	检验频率		检验方法
			范围	点数	
平整度	水泥砂浆、水磨石	2	每梯段	2	2m靠尺和塞尺量取最大值
	细石混凝土、橡胶弹性面层	3			
	水泥花砖	3			
	陶瓷类地砖	2			
	石板材	1			
相邻块高差		0.5	每梯段	2	钢板尺和塞尺量取最大值

3.13 轮椅席位

3.13.1 本节适用于公共建筑和居住区中轮椅席位的施工验收。

3.13.2 通往轮椅席位的轮椅坡道和无障碍通道应分别符合本规范第3.4节和第3.5节的规定。

Ⅰ 主 控 项 目

3.13.3 轮椅席位设置的部位和数量应符合设计要求。

检查数量：全数检查。

检验方法：观察检查。

3.13.4 轮椅席位的面积应符合设计要求，且不应小于1.10m×0.8m。

检查数量：全数检查。

检验方法：用钢尺量测检查。

3.13.5 轮椅席位边缘处安装的栏杆或栏板应符合设计要求。

检查数量：全数检查。

检验方法：观察和用钢尺量测检查。

3.13.6 轮椅席位地面涂画的范围线和无障碍标志应符合设计要求。

检查数量：全数检查。

检验方法：观察检查。

Ⅱ 一 般 项 目

3.13.7 陪同者席位的设置应符合设计要求。

检验方法：观察检查。

3.13.8 轮椅席位地面面层允许偏差应符合本规范表3.5.15的规定。

3.14 无障碍厕所和无障碍厕位

3.14.1 本节适用于无障碍厕所、公共厕所内无障碍厕位的施工验收。

3.14.2 通往无障碍厕所和无障碍厕位的轮椅坡道和无障碍通道应分别符合本规范第3.4节和第3.5节的规定。

3.14.3 无障碍厕所和无障碍厕位的门应符合本规范第3.10节的规定。

Ⅰ 主 控 项 目

3.14.4 无障碍厕所和无障碍厕位的面积和平面尺寸应符合设计要求。

检查数量：全数检查。

检验方法：观察和用钢尺量测检查。

3.14.5 无障碍厕位设置的位置和数量应符合设计要求。

检查数量：全数检查。

检验方法：观察检查。

3.14.6 坐便器、小便器、低位小便器、洗手盆、镜子等卫生洁具和配件选用型号、安装高度应符合设计要求。

检查数量：全数检查。

检验方法：查产品合格证明文件和用钢尺量测检查。

3.14.7 安全抓杆选用的材质、形状、截面尺寸、安装位置应符合设计要求。

检查数量：全数检查。

检验方法：查产品合格证明文件，观察和用钢尺量测检查。

3.14.8 厕所和厕位的安全抓杆应安装牢固，支撑力应符合设计要求。

检查数量：全数检查。

检验方法：查产品合格证明文件、隐蔽验收记录、支撑力测试报告。

3.14.9 供轮椅乘用者使用的无障碍厕所和无障碍厕位内轮椅的回转空间应符合设计要求。

检查数量：全数检查。

检验方法：用钢尺量测检查。

3.14.10 求助呼叫按钮的安装部位和高度应符合设计要求。报警信息传输、显示可靠。

检查数量：全数检查。

检验方法：查产品合格证明文件，观察和用钢尺量测检查，现场测试。

3.14.11 洗手盆设置的高度及下方的净空尺寸应符合设计要求。

检查数量：全数检查。

检验方法：用钢尺量测检查。

Ⅱ 一 般 项 目

3.14.12 放物台的材质、平面尺寸、高度应符合设计要求。

检验方法：查产品合格证明文件，用钢尺量测检查。

3.14.13 挂衣钩安装的部位和高度应符合设计要求。挂衣钩的安装应牢固，强度满足悬挂重物的要求。

检验方法：观察和用钢尺量测检查，手扳检查。

3.14.14 安全抓杆安装应横平竖直，转角弧度应符合设计要求，接缝应严密满焊、表面应光滑，色泽应一致，不得有裂缝、翘曲及损坏。

检验方法：观察和手摸检查。

3.14.15 照明开关的选型和安装的高度应符合设计要求。

检查数量：全数检查。

检验方法：查产品合格证明文件，用钢尺量测检查。

3.14.16 灯具的型号和照度应符合设计要求。

检查数量：全数检查。

检验方法：查产品合格证明文件、照度检测报告。

3.14.17 无障碍厕所和无障碍厕位地面面层允许偏差应符合本规范表3.5.15的规定。

3.14.18 放物台、挂衣钩和安全抓杆允许偏差应符合表3.14.18的规定。

表3.14.18 放物台、挂衣钩和安全抓杆允许偏差

项目		允许偏差（mm）	检验频率		检验方法
			范围	点数	
放物台	平面尺寸	±10	每个	2	钢尺量测
	高度	−10；0			
挂衣钩高度		−10；0	每座厕所	2	钢尺量测
安全抓杆的垂直度		2	每4个	2	垂直检测尺量测
安全抓杆的水平度		3	每4个	2	水平尺量测

3.15 无障碍浴室

3.15.1 本节适用于公共浴室内无障碍盆浴间和无障碍淋浴间的施工验收。

3.15.2 通往无障碍浴室的轮椅坡道和无障碍通道应分别符合本规范第3.4节和第3.5节的规定。

3.15.3 无障碍浴室的门应符合本规范第3.10节的规定。

Ⅰ 主控项目

3.15.4 无障碍盆浴间和无障碍淋浴间的面积和平面尺寸应符合设计的要求。

检查数量：全数检查。

检验方法：用钢尺量测检查。

3.15.5 无障碍浴室内轮椅的回转空间应符合设计要求。

检查数量：全数检查。

检验方法：用钢尺量测检查。

3.15.6 无障碍淋浴间的座椅和安全抓杆配置、安装高度和深度应符合设计要求。

检查数量：全数检查。

检验方法：查产品合格证明文件，用钢尺量测检查。

3.15.7 无障碍盆浴间的浴盆、洗浴坐台和安全抓杆的配置、安装高度和深度应符合设计要求。

检查数量：全数检查。

检验方法：查产品合格证明文件，用钢尺量测检查。

3.15.8 浴室的安全抓杆应安装坚固，支撑力应符合设计要求。

检查数量：全数检查。

检验方法：查产品合格证明文件、隐蔽验收记录、支撑力测试报告。

3.15.9 求助呼叫按钮的安装部位和高度应符合设计要求。报警信息传输、显示可靠。

检查数量：全数检查。

检验方法：查产品合格证明文件，用钢尺量测检查，现场测试。

3.15.10 更衣台、洗手盆和镜子安装的高度、深度；洗手盆下方的净空尺寸应符合设计要求。

检查数量：全数检查。

检验方法：用钢尺量测检查。

Ⅱ 一般项目

3.15.11 浴帘、毛巾架和淋浴器喷头的安装高度符合设计要求。

检验方法：用钢尺量测检查。

3.15.12 安全抓杆安装应横平竖直，转角弧度应符合设计要求，接缝应严密满焊、表面应光滑，色泽应一致，不得有裂缝、翘曲及损坏。

检验方法：观察和手摸检查。

3.15.13 照明开关的选型和安装的高度应符合设计要求。

检查数量：全数检查。

检验方法：查产品合格证明文件，用钢尺量测检查。

3.15.14 灯具的型号和照度应符合设计要求。

检查数量：全数检查。

检验方法：查产品合格证明文件、照度检测报告。

3.15.15 无障碍盆浴间和无障碍淋浴间地面允许偏差应符合本规范表3.5.15的规定。

3.15.16 浴帘、毛巾架、淋浴器喷头、更衣台、挂衣钩和安全抓杆允许偏差应符合表 3.15.16 的规定。

表 3.15.16 浴帘、毛巾架、淋浴器喷头、更衣台、挂衣钩和安全抓杆允许偏差

<table>
<tr><th colspan="2" rowspan="2">项 目</th><th rowspan="2">允许偏差（mm）</th><th colspan="2">检验频率</th><th rowspan="2">检验方法</th></tr>
<tr><th>范围</th><th>点数</th></tr>
<tr><td colspan="2">浴帘、毛巾架、挂衣钩高度</td><td>−10；0</td><td>每个</td><td>1</td><td>钢尺量测</td></tr>
<tr><td colspan="2">淋浴器喷头高度</td><td>−15；0</td><td>每个</td><td>1</td><td>钢尺量测</td></tr>
<tr><td rowspan="2">更衣台、洗手盆</td><td>平面尺寸</td><td>±10</td><td rowspan="2">每个</td><td rowspan="2">2</td><td rowspan="2">钢尺量测</td></tr>
<tr><td>高度</td><td>−10；0</td></tr>
<tr><td colspan="2">安全抓杆的垂直度</td><td>2</td><td>每4个</td><td>2</td><td>垂直检测尺量测</td></tr>
<tr><td colspan="2">安全抓杆的水平度</td><td>3</td><td>每4个</td><td>2</td><td>水平尺量测</td></tr>
</table>

3.16 无障碍住房和无障碍客房

3.16.1 本节适用于无障碍住房和公共建筑的无障碍客房的施工验收。

3.16.2 无障碍住房的吊柜、壁柜、厨房操作台安装预埋件或后置预埋件的数量、规格、位置应符合设计和相关规范要求。必须经隐蔽工程验收合格后，方可进行下道工序的施工。

3.16.3 通往无障碍住房和无障碍客房的轮椅坡道、无障碍通道、无障碍电梯和升降平台、楼梯和台阶应分别符合本规范第 3.4 节、第 3.5 节、第 3.11 节、第 3.12 节的规定。

3.16.4 无障碍住房和无障碍客房的门应符合本规范第 3.10 节的规定。

3.16.5 无障碍住房和无障碍客房的卫生间应符合本规范第3.14节的规定。

3.16.6 无障碍住房和无障碍客房的浴室应符合本规范第 3.15 节的规定。

Ⅰ 主 控 项 目

3.16.7 无障碍住房和无障碍客房的套型布置。无障碍客房内的过道、卫生间，无障碍住房卧室、起居室、厨房、卫生间、过道和阳台等基本使用空间的面积应符合设计要求。

检查数量：全数检查。

检验方法：用钢尺量测检查。

3.16.8 无障碍客房设置的位置和数量应符合设计要求。

检查数量：全数检查。

检验方法：观察检查。

3.16.9 无障碍住房和无障碍客房所设置的求助呼叫按钮和报警灯的安装部位和高度应符合设计要求。报警信息显示、传输可靠。

检查数量：全数检查。

检验方法：查产品合格证明文件，用钢尺量测检查，现场测试。

3.16.10 无障碍住房和无障碍客房设置的家具和电器的摆放位置和高度应符合设计要求。

检查数量：全数检查。

检验方法：用钢尺量测检查。

3.16.11 无障碍住房和无障碍客房的地面、墙面及轮椅回转空间应符合设计要求。

检查数量：全数检查。

检验方法：观察和用钢尺量测检查。

3.16.12 无障碍住房的厨房操作台、吊柜、壁柜必须安装牢固。厨房操作台的高度、深度及台下的净空尺寸、厨房吊柜的高度和深度应符合设计要求。

检查数量：全数检查。

检验方法：手扳检查，用钢尺量测检查。

3.16.13 橱柜的高度和深度、挂衣杆的高度应符合设计要求。

检查数量：全数检查。

检验方法：用钢尺量测检查。

3.16.14 无障碍住房的阳台进深应符合设计要求。

检验方法：用钢尺量测检查。

3.16.15 晾晒设施应符合设计要求。

检验方法：观察检查。

3.16.16 开关、插座的选型、位置和安装高度应符合设计要求。

检验方法：查产品合格证明文件，用钢尺量测检查。

3.16.17 无障碍住房设置的通讯设施应符合设计要求。

检验方法：观察检查，现场测试。

Ⅱ 一 般 项 目

3.16.18 无障碍住房和无障碍客房的地面允许偏差应符合本规范表 3.5.15 的规定。

3.16.19 无障碍住房厨房操作台、吊柜、壁柜，表面应平整、洁净、色泽应一致，不得有裂缝、翘曲及损坏。

检验方法：观察检查。

3.16.20 无障碍住房的厨房操作台、吊柜、壁柜的抽屉和柜门应开关灵活，回位正确。

检验方法：观察检查，开启和关闭检查。

3.16.21 无障碍住房的橱柜、厨房操作台、吊柜、壁柜的允许偏差应符合表 3.16.21 的规定。

表 3.16.21 橱柜、厨房操作台、吊柜、壁柜允许偏差

项 目	允许偏差 (mm)	检验方法
外形尺寸	3	钢尺量测
立面垂直度	2	垂直检测尺量测
门与框架的直线度	2	拉通线，钢尺量测

3.17 过街音响信号装置

3.17.1 本节适用于城市道路人行横道口过街音响信号装置的施工验收。

3.17.2 过街音响信号装置的选型、设置和安装应符合现行国家标准《道路交通信号灯》GB 14887 和《道路交通信号灯设置与安装规范》GB 14886 的有关规定。

Ⅰ 主 控 项 目

3.17.3 装置应安装牢固，立杆与基础有可靠的连接。

检查数量：全数检查。

检验方法：查安装施工记录、隐蔽工程验收记录。

3.17.4 装置设置的位置、高度应符合设计要求。

检查数量：全数检查。

检验方法：观察和用钢尺量测检查。

3.17.5 装置音响的间隔时间、声压级符合设计要求。音响信号装置应具有根据要求开关的功能。

检查数量：全数检查。

检验方法：查产品合格证明文件，现场测试。

Ⅱ 一 般 项 目

3.17.6 过街音响信号装置的立杆应安装垂直。垂直度允许偏差为柱高的 1/1000。

检查数量：每 4 组抽查 2 根。

检验方法：线锤和直尺量测检查。

3.17.7 信号灯的轴线与过街人行横道的方向应一致，夹角不应大于 5°。

检查数量：每 4 组抽查 2 根。

检验方法：拉线量测检查。

3.18 无障碍标志和盲文标志

3.18.1 本节适用于国际通用无障碍标志、无障碍设施标志牌、带指示方向的无障碍标志牌和盲文标志牌的施工验收。

Ⅰ 主 控 项 目

3.18.2 无障碍标志和盲文标志的材质应符合设计要求。

检验方法：查产品合格证明文件。

3.18.3 无障碍标志和盲文标志设置的部位、规格和高度应符合设计要求。

检验方法：观察和用钢尺量测检查。

3.18.4 无障碍标志和盲文标志及图形的尺寸和颜色应符合国际通用无障碍标志的要求。

检验方法：观察和用钢尺量测检查。

3.18.5 对有盲文铭牌要求的设施，盲文铭牌设置的部位、规格和高度应符合设计要求。

检验方法：观察和用钢尺量测检查。

3.18.6 盲文铭牌的尺寸和盲文内容应符合设计要求。盲文制作应符合现行国家标准《中国盲文》GB/T 15720 的有关要求。

检验方法：用钢尺量测检查，手摸检查。

3.18.7 盲文地图和触摸式发声地图的设置部位、规格和高度应符合设计要求。

检验方法：观察和用钢尺量测检查。

Ⅱ 一 般 项 目

3.18.8 无障碍标志牌和盲文标志牌应安装牢固、平正。

检验方法：观察检查。

3.18.9 盲文铭牌和盲文地图表面应洁净、光滑、无裂纹、无毛刺。

检验方法：观察和手摸检查。

3.18.10 发光标志的照度应符合设计要求。

检验方法：查产品合格证明文件。

4 无障碍设施的维护

4.1 一 般 规 定

4.1.1 本章适用于城市道路、建筑物、居住区、公园等场所无障碍设施的检查和维护。

4.1.2 无障碍设施竣工验收后，应明确无障碍设施维护人。可按本规范表 E 划分维护范围。

4.1.3 无障碍设施维护人应配备相应的维护人员，组织、实施维护工作。

4.1.4 无障碍设施维护人应建立维护制度。包括计划、检查、维护、验收和技术档案建立等内容。

4.1.5 无障碍设施维护人应根据检查情况，分析原因，制订维护方案。

4.1.6 无障碍设施维护分为系统性维护、功能性维护和一般性维护。维护情况可按本规范附录 G 表格记录。

4.1.7 人行道盲道和缘石坡道的维护尚应符合现行行业标准《城镇道路养护技术规范》CJJ 36—2006 第 9.1 节～第 9.4 节的有关规定。

4.1.8 涉及人身安全的无障碍设施的缺损必须采取应急维护措施，及时修复。

4.1.9 无障碍通道地面面层的维修，宜采用与原面层材质、规格相同的材料进行。

4.1.10 无障碍设施的维修施工和验收应符合本规范第3章相对应设施的规定。

4.1.11 在降雪地区，冬季维护的重点为除雪防滑，无障碍设施维护人应组织除雪作业。

4.1.12 无障碍设施维护人应根据维护制度，保存维护人员档案和培训记录、无障碍设施的检查记录、维修计划和维修方案和施工、验收记录。

4.2 无障碍设施的缺损类别和缺损情况

4.2.1 根据无障碍设施缺损所产生的影响以及检查范围的不同，无障碍设施缺损可分为系统性缺损、功能性缺损和一般性缺损。

4.2.2 无障碍设施缺损情况可按表4.2.2进行分类。

表 4.2.2 无障碍设施缺损情况

缺损类别		缺损情况
系统性缺损		新建、扩建和改建，各单位工程中的缘石坡道、盲道、无障碍出入口、轮椅坡道、无障碍通道、楼梯和台阶、无障碍电梯和升降平台、过街音响信号装置、无障碍标志和盲文标志等无障碍设施出现的缺损，不同单位的工程项目之间无障碍通道接口、行走路线发生改变或出现阻断、永久性的占用，出现区域内无障碍设施总体系统丧失使用功能
功能性缺损	裂缝、变形和破损	人为或自然的原因造成地基或基层发生变形，出现缘石坡道、盲道、无障碍出入口、轮椅坡道、无障碍通道、楼梯和台阶、无障碍停车位的面层开裂、沉陷和隆起。门扇的裂缝、下垂和翘曲。除地面以外其他设施的破损
	松动、脱落和缺失	裂缝和变形，出现缘石坡道、盲道、无障碍出入口、轮椅坡道、无障碍通道、楼梯和台阶、无障碍电梯和升降平台、无障碍停车位的面层和粘结层或基层的脱离，面层裂缝，块体或板块面层单个块体的松动、脱落和缺失； 盲道触感条和触感圆点和基层的脱离，出现的脱落和缺失； 连接松动，出现门、扶手、安全抓杆、无障碍厕所和无障碍厕位、无障碍浴室、无障碍选层按钮、求助呼叫装置、无障碍住房中设施、低位服务设施、无障碍标志和盲文标志出现脱落和缺失
	故障	照明装置、无障碍电梯和升降平台楼层显示和语音报层装置、无障碍电梯和升降平台门开闭装置、求助呼叫装置、过街音响信号装置、通讯设施、服务设施的设备故障

续表 4.2.2

缺损类别		缺损情况
功能性缺损	磨损	盲道触感条和触感圆点、无障碍选层按钮、盲文铭牌和盲文地图触点的磨损；轮椅席位、无障碍停车位地面标线的磨损
	褪色	盲道、无障碍标志和盲文标志与新建设施颜色出现明显色差；门与相邻设施对比度明显下降。轮椅席位、无障碍停车位地面标线的褪色
	抗滑性能下降	缘石坡道、盲道、无障碍出入口、轮椅坡道、无障碍通道、楼梯和台阶的地面由于使用磨损或污染造成的抗滑性能下降
一般性缺损		涉及通行的缘石坡道、盲道、无障碍出入口、轮椅坡道、无障碍通道、楼梯和台阶、被临时性占用；扶手、门、无障碍电梯和升降平台、低位服务设施、过街音响信号装置、无障碍标志和盲文标志设施表面污染

4.3 无障碍设施的检查

4.3.1 无障碍设施检查的频次应符合表4.3.1的规定。检查情况可按本规范附录F表格记录。

表 4.3.1 无障碍设施检查频次

检查类别	系统性检查	功能性检查	一般性检查
检查频次	每年1次	每季度1次	每月1次

4.3.2 无障碍设施的检查内容应符合下列规定：

1 系统性检查：检查城市道路、城市绿地、居住区、建筑物、历史文物保护建筑无障碍设施因新建、改建和扩建造成的各单位工程接口之间缘石坡道、盲道、无障碍出入口、轮椅坡道、无障碍通道、楼梯和台阶、无障碍电梯和升降平台、过街音响信号装置、无障碍标志和盲文标志等无障碍设施系统性的破坏状况。

2 功能性检查：检查无障碍设施的局部损坏、缺失等不能满足使用功能的状况。

3 一般性检查：检查无障碍设施被占用和污染的状况。

4.4 无障碍设施的维护

4.4.1 系统性维护应符合下列规定：

1 对新建、改建和扩建的工程项目造成区域内无障碍设施缺损，系统性丧失使用功能的情况，无障碍设施维护人应编制维护方案。维护方案至少应包括下列内容：

1）新建、扩建和改建前，城市道路、建筑物、居住区、公园等场所的无障碍通道与周边通道的连接情况。

2）新建、扩建和改建过程中对原有无障碍设施产生的影响和临时性改造措施。

3）新建、扩建和改建后，城市道路、建筑物、居住区、公园等场所之间的无障碍通道与周边通道的连接的修复，完成后各类设施布置的规划。

2 由于新建、改建和扩建，各单位工程之间无障碍通道接口、行走路线被永久性的占用，应重新规划和设计被占用的设施，保证无障碍设施的正常使用。

4.4.2 功能性维护应符合下列规定：

1 地面的裂缝、变形和破损的维护应符合下列规定：

1）对面层裂缝、变形和破损的维护，所使用的面层材料的材质应与原材质相同，所使用的板块材料的规格、尺寸和颜色宜与原板块材料相同。

2）对整体面层局部轻微裂缝，可采用直接灌浆法处治。对贯穿板厚的中等裂缝，可用扩缝补块的方法处治。对于严重裂缝可用挖补方法全深度补块。整体面层大面积开裂、空鼓的应凿除重做。

3）对板块面层局部出现裂缝的，可采取更换板块材料的方法处治。板块面层大面积开裂、空鼓的应凿除重做。

4）对地基或基层沉陷导致面层沉陷维护，应首先处理地基和基层，地基和基层处理达到设计和相关规范要求并验收合格后，再处理面层。

5）对树木根部的生长造成的隆起，应首先处理基层，基层处理达到设计和相关规范要求并验收合格后，再处理面层。

6）检查井沉陷应重新安装检查井框。

7）维护面层的范围应大于沉陷部位的面积，每边不应小于 300mm 或 1 倍板块材料的宽度。

8）对单块盲道板触感条和触感圆点破损超过 25%的，盲道板有开裂、翘边、破损等，应用更换方法处治。一条盲道整体触感条和触感圆点破损超过 20%的，应重新铺贴。

2 其他设施及组件的裂缝、变形和破损的维护应符合下列规定：

1）扶手的开裂、变形和破损，应用修补或更换方法处治。

2）安全抓杆的变形，应用更换的方法处治。

3）门扇下垂、变形和破损影响使用的应用更换的方法处治。

4）观察窗玻璃开裂、破损，应用更换的方法处治。

5）门把手、关门拉手和闭合器破损，应用更换的方法处治。

6）无障碍通道的护壁板、门的护门板翘边、破损，应用修补或更换的方法处治。

7）无障碍厕所和无障碍厕位、无障碍浴室中的洁具、配件破损，应用更换的方法处治。

8）求助呼叫按钮装置破损，应用更换的方法处治。

9）放物台、更衣台、洗手盆、浴帘、毛巾架、挂衣钩破损，应用修补或更换的方法处治。

10）过街音响信号装置立杆、信号灯变形和破损，应用更换的方法处治。

11）无障碍电梯和升降平台的无障碍选层按钮破损，应用更换的方法处治。

12）镜子的破损，应用更换的方法处治。

13）盲文地图破损，应用修补或更换的方法处治。

3 松动、脱落和缺失的维护应符合下列规定：

1）面层的局部松动、脱落，应用修补和更换的方法处治。脱落面积超过 20%的，应整体凿除重做。

2）局部盲道板松动、脱落和缺失，应重新固定、补齐。

3）缺失的检查井盖板和雨水箅应补齐。

4）无障碍通道、走道的护墙板和门的护门板松动、缺失，应紧固、补齐。

5）扶手、安全抓杆松动、脱落和缺失，应紧固、补齐。

6）栏杆、栏板松动和缺失，应首先采取可靠的临时围挡措施，然后按原设计修复。

7）门把手、关门拉手和闭合器松动、脱落和缺失，应紧固、补齐。

8）无障碍厕所和无障碍厕位、无障碍浴室中的洁具、配件松动、脱落和缺失，应紧固、补齐。

9）求助呼叫按钮装置松动、脱落和缺失，应紧固、补齐。

10）放物台、更衣台、洗手盆、浴帘、毛巾架、挂衣钩松动、脱落和缺失，应紧固、补齐。

11）过街音响信号装置立杆、信号灯松动，应紧固。

12）厨房的操作台、吊柜、壁柜和卧室、客房的橱柜及其五金配件、挂衣杆松动、脱落和缺失，应用紧固、补齐。

13）无障碍电梯和升降平台的无障碍选层按钮松动、脱落和缺失，应紧固、补齐。

14）无障碍标志和盲文标志松动、脱落和缺失，应紧固、补齐。

4 故障的维护应符合下列规定：

1）求助呼叫装置和报警装置故障，应排除、修复。

2）过街音响信号装置的灯光和音响故障，应排除、修复。

3）居室内设置的通讯设备故障，应排除、修复。

4）服务设施的设备故障，应排除、修复。

5）无障碍电梯和升降平台的运行楼层显示装置和音响报层装置、平层装置、梯门开闭装置故障，应排除、修复。

5 磨损的维护应符合下列规定：

1）盲道触感条和触感圆点因磨损高度不符合设计和相关规范要求，应更换盲道板。

2）无障碍电梯和升降平台的无障碍选层按钮、盲文铭牌和盲文地图的触点因磨损，不能正常使用，应更换。

3）轮椅席位、无障碍停车位地面标线磨损，应重画。

6 褪色的维护应符合下列规定：

1）盲道板明显褪色，应更换。

2）门明显褪色，降低门与墙面的对比度下降，应重新涂装。

3）无障碍标志和盲文标志明显褪色，应更换。

4.4.3 一般性维护应符合下列规定：

1 临时性占用的维护应符合下列规定：

1）涉及通行的缘石坡道、盲道、无障碍出入口、轮椅坡道、无障碍通道、楼梯和台阶被临时性占用。占用的活动设施和物品应移除，占用的固定设施应拆除。

2）无障碍厕所和无障碍厕位、无障碍浴室、无障碍住房、无障碍客房、低位服务设施、轮椅席位、无障碍电梯和升降平台中的轮椅回转空间被临时性占用。占用的活动设施和物品应移除，占用的固定设施应拆除。

2 积水、腐蚀和污染的维护应符合下列规定：

1）涉及通行的地面面层积水，应及时清除。

2）盲道、扶手、安全抓杆、门、无障碍厕所和无障碍厕位、无障碍浴室、无障碍住房、无障碍客房、无障碍电梯和升降平台、过街音响信号装置、无障碍标志和盲文标志及配件的表面和出现腐蚀、锈蚀、油漆脱落，应重新涂装或更换。

3）设施表面污染应清洗达到洁净的标准。

4.4.4 抗滑性能下降的维护应符合下列规定：

1 对地面磨损，造成抗滑性能下降，不能达到设计要求的，应对面层进行处理。

2 设计为干燥地面，出现潮湿或积水情况，造成抗滑性能下降，不能满足安全使用要求的，应对面层进行处理。

3 对污染所造成的抗滑性能下降，不能达到设计要求的，应对面层进行处理。

附录A 无障碍设施分项工程与相关分部（子分部）工程对应表

表A 无障碍设施分项工程划分及与相关分部（子分部）工程对应表

序号	分部工程	子分部	无障碍设施分项工程
1	人行道 道路		缘石坡道
2	人行道 建筑装饰装修 道路	 地面 	盲道
3	建筑装饰装修	地面、门窗	无障碍出入口
4	面层 建筑装饰装修 道路	 地面 	轮椅坡道
5	面层 建筑装饰装修 道路	 地面 	无障碍通道
6	面层 建筑装饰装修	 地面	楼梯和台阶
7	建筑装饰装修	细部	扶手
8	电梯		无障碍电梯与升降平台
9	建筑装饰装修	门窗	门
10	建筑装饰装修 建筑电气 建筑给水排水及采暖 智能建筑	地面 	无障碍厕所和无障碍厕位
11	建筑装饰装修 建筑电气 建筑给水排水及采暖 智能建筑	地面 	无障碍浴室
12	建筑装饰装修	地面、细部	轮椅席位

续表 A

序号	分部工程	子分部	无障碍设施分项工程
13	建筑装饰装修	地面、细部	无障碍住房和无障碍客房
	建筑电气		
	建筑给水排水及采暖		
	智能建筑		
14	广场与停车场		无障碍停车位
	建筑装饰装修		
15	建筑装饰装修		低位服务设施
16	建筑装饰装修	细部	无障碍标志和盲文标志

注：1 表中人行道、面层和广场与停车场三个分部工程应按现行行业标准《城镇道路工程施工与质量验收规范》CJJ 1 的有关规定进行验收。

2 道路、建筑装饰装修、电梯、智能建筑、建筑电气和建筑给水排水及采暖六个分部工程应按现行国家标准《建筑工程施工质量验收统一标准》GB 50300 的有关规定进行验收。

3 过街音响信号装置应按现行国家标准《道路交通信号灯设置与安装规范》GB 14886 的有关规定进行验收。

附录 B 无障碍设施隐蔽工程验收记录

表 B 无障碍设施隐蔽工程验收记录

工程名称		施工单位	
分项工程名称		项目经理	
隐蔽工程项目		专业技术负责人	
施工标准名称及编号			
施工图名称及编号			
隐蔽工程部位	质量要求	施工单位自查记录	监理(建设)单位验收记录
施工单位自查结论	施工单位项目技术负责人： 年 月 日		
监理(建设)单位验收结论	监理工程师(建设单位项目负责人)： 年 月 日		

附录 C 无障碍设施地面抗滑性能检查记录表及检测方法

C.0.1 无障碍设施地面抗滑性能检查可按表 C.0.1 进行记录。

表 C.0.1 无障碍设施地面抗滑性能检查记录

工程名称		施工单位			
分部工程名称		项目经理			
分项工程名称		专业技术负责人			
施工标准名称及编号					
施工图名称及编号					
检测部位及平、坡面	实测值		允许值		检测结论
	抗滑系数	抗滑摆值	抗滑系数	抗滑摆值	
施工单位自查结论	施工单位项目技术负责人： 年 月 日				
监理（建设）单位验收结论	监理工程师（建设单位项目负责人）： 年 月 日				

C.0.2 无障碍设施面层抗滑系数测定应按下列方法进行：

1 本测定方法适用于无障碍设施地面抗滑的现场测试和地面铺贴块材的实验室测试，进行抗滑处理后的块材也可根据实际情况执行。不适用于被污染的区域。

2 测定区域及样品应符合下列规定：

1） 测定区域或样品不应小于 100mm×100mm。每次测定前样品表面应保持清洁。

2） 测定样品或区域应分别进行湿态和干态测定，每组测定至少进行 3 个测定样品的测试。

3） 现场定测时，同一个地面，同种块材，同种块材加工饰面应进行一组测试。

3　测定使用的仪器和材料应包括：

1）水平拉力计，最小分度应为 0.1N。

2）一个 50N 的重块。

3）聚氨酯耐磨合成橡胶，IRD 硬度应为 90±2。

4）400 号碳化硅耐水砂纸，应符合现行行业标准《涂附磨具 耐水砂纸》JB/T 7499—2006 标准要求。

5）软毛刷。

6）P220 号碳化硅砂，应符合现行国家标准《涂附磨具用磨料　粒度分析　第 2 部分：粗磨粒 P12～P220 粒度组成的测定》GB/T 9258.2—2008 标准要求。

7）一块 150mm×150mm×5mm 和一块 100mm×100mm×5mm 的浮法玻璃板。

8）蒸馏水。

4　测定应遵循下列步骤：

1）制作滑块：将一块 75mm×75mm×3mm 的聚氨酯耐磨合成橡胶（IRD 硬度为 90±2）粘在一块 200mm×200mm×20mm 的木块中央位置，组成滑块组件，木块侧面中心位置固定一个环首螺钉，用于与拉力计连接。

2）对滑块进行处理：把一张 400 号碳化硅砂纸平铺在工作平台上，沿水平方向拉动滑块组件直至橡胶表面失去光泽，用软毛刷刷去碎屑。

3）校正：将 150mm×150mm×5mm 的玻璃板放在工作平台上，在其表面撒上少量碳化硅砂并滴几滴水，用 100mm×100mm×5mm 的玻璃板为研磨工具，以圆周运动进行研磨至大玻璃板表面完全变成半透明状态。

用清水洗净大玻璃板表面，擦净，在空气中干燥，作为校正板备用。

将准备好的校正板放在一个水平的工作台上，将滑块组件放在糙面上，水平拉力计挂钩挂在滑块组件的环首螺钉上，在滑块组件上面的中心位置放置一个 50N 的重块，固定校正板，使拉力计的拉杆和环首螺钉保持在同一水平线上，立即缓慢拉动拉力计至滑块组件恰好发生移动，记录下此时的拉力值，精确至 0.1N。总共拉动 4 次，每次与上次拉动方向在水平面上呈 90°角。

抗滑系数校正值应按下式计算：

$$C=R_d/nG \tag{C.0.2-1}$$

式中：C——抗滑系数校正值；

R_d——4 次拉力读数之和（N）；

n——拉动次数，应取 4；

G——滑块组件加上 50N 重块的总重力（N）。

如果橡胶面打磨均匀，4 个拉力读数应该基本一致，且校正值应在 0.75±0.05 范围内。在测试 3 个样品之前和之后均应重复校正过程并记录结果。如果前后的校正值不符合 0.75±0.05，应重新测试。

4）测试干态表面：

①将测试表面擦拭干净，必要时用清水洗净并干燥。

②将测试样品放在一个水平的工作工作台上，将滑块组件放在测试面上，水平拉力计挂钩挂在滑块组件的环首螺钉上，在滑块组件上面的中心位置放置一个 50N 的重块，固定测试样品，使拉力计的拉杆和环首螺钉保持在同一条水平线上，3 秒钟内立即缓慢拉动拉力计至滑块组件恰好发生移动，记录下此时的拉力值，精确至 0.1N。一个测试面上要拉动 4 次组件，每次与上次方向在水平面上呈 90°角，每进行一次拉动前就要用 400 号砂纸对耐磨合成橡胶表面进行一次打磨并保持表面平整。记录所有读数。

5）测试湿态表面：

用蒸馏水将测试面和耐磨合成橡胶表面打湿，重复测试干态表面的步骤 2。

5　单个测试面或试验样品的平均抗滑系数计算应按下列公式计算：

1）干态表面测试：

$$C_d=R_d/nG \tag{C.0.2-2}$$

2）湿态表面测试：

$$C_w=R_w/nG \tag{C.0.2-3}$$

式中：C_d——干态表面测试的抗滑系数值；

C_w——湿态表面测试的抗滑系数值；

R_d——干态表面测试 4 次拉力读数之和（N）；

R_w——湿态表面测试 4 次拉力读数之和（N）；

n——拉动次数（4 次）；

G——滑块组件加上 50N 重块的总重力（N）。

以一组试验的平均值作为测定结果，保留两位有效数字。

6　测定报告应包括下列内容：

1）样品名称、尺寸、数量、种类。

2）干态和湿态的单个测试面的抗滑系数和一组试验的平均抗滑系数。

3）判断本标准的极限值时，采用修约值比较法。

C.0.3　无障碍设施面层抗滑摆值（F_B）的测定应按下列方法进行：

1　本测定方法适用于以摆式摩擦系数测定仪（摆式仪）测定无障碍设施面层的抗滑值，用以评定无障碍设施面层的抗滑性能。

2　测定仪具与材料应包括：

1）摆式仪：摆及摆的连接部分总质量应为（1500±30）g，摆动中心至摆的重心距离应为（410±5）mm，测定时摆在面层上滑动长度应为（126±1）mm，摆上橡胶片端部距摆动中心的距离应为 508mm，橡胶片对面层的正向静压力应为（22.2±0.5）N。摆式仪结构见示意图 C.0.3。

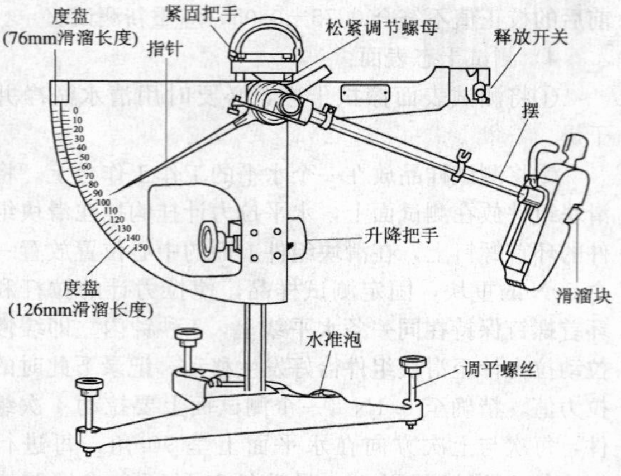

图 C.0.3 摆式仪结构示意图

2）橡胶片：用于测定面层抗滑值时的尺寸应为(6.35±1) mm×（25.4±1）mm×（76.2±1）mm，橡胶片应为（90±1）邵尔应硬度的4S橡胶。当橡胶片使用后，端部在长度方向上磨损超过1.6mm或边缘在宽度方向上磨耗超过3.2mm，或有油污染时，应更换新橡胶片；新橡胶片应先在干燥路面上测10次后再用于测试。橡胶片的有效使用期应为1年。

3）标准量尺：长度应为126mm。

4）洒水壶。

5）橡胶刮板。

6）地面温度计：分度不应大于1℃。

7）其他：皮尺式钢卷尺、扫帚、粉笔等。

3 测定应遵循下列步骤：

1）进行准备工作，应包括下列内容：

①检查摆式仪的调零灵敏情况，并应定期进行仪器的标定。当用于无障碍设施面层工程检查验收时，仪器应重新标定。

②对测试同一材料的面层，应按随机取样方法，决定测点所在位置。测点应干燥清洁。无灰尘杂物、油污等。

2）进行测试：

①调平仪器：将仪器置于面层测点上，转动底座上的调平螺栓，使水准泡居中。

②调零：

a. 放松上、下两个紧固把手，转动升降把手，使摆升高并能自由摆动，然后旋紧紧固把手。

b. 将摆抬起，使卡环卡在释放开关上，此时摆处于水平释放位置，把指针转至与摆杆平行。

c. 按下释放开关，摆带动指针摆动向另一边，当摆达到另一边最高位置后下落时，用手将摆杆接住，此时指针应指向零。若不指零时，可稍旋紧或放松摆的调节螺母，重复本项操作，直至指针指零。调零允许误差为±1BPN。

③校核滑动长度：

a. 让摆自由悬挂，提起摆头上的举升柄，将底座上垫块置于定位螺丝下面，使摆头上的滑溜块升高，放松紧固把手，转动立柱上升降把手，使摆缓缓下降。当滑块上的橡胶片刚刚接触路面时，即将紧固把手旋紧，使摆头固定。

b. 提起举升柄，取下垫块，使摆向右运动。然后，手提举升柄使摆慢慢向另一边运动，直至橡胶片的边缘刚刚接触面层。在橡胶片的外边摆动方向设置标准量尺，尺的一端正对准该点。再用手提起举升柄，使滑溜块向上抬起，并使摆继续运动至另一边，使橡胶片返回落下再一次接触面层，橡胶片两次同路面接触点的距离应在126mm（即滑动长度）左右。若滑动长度不符合标准时，则升高或降低仪器底正面的调平螺丝来校正，但需调平水准泡，重复此项校核直至滑动长度符合要求，而后，将摆和指针置于水平释放位置。

校核滑动长度时应以橡胶片长边刚刚接触路面为准，不得借摆力量向前滑动，以免标定的滑动长度过长。

④ 测试：

将摆抬至待释放位置，并使指针和摆杆平行，按下释放开关，使摆在面层上滑过，指针即可指示出面层的摆值。在摆杆回落时，应用左手接住摆，以避免摆在回摆过程中接触面层。第一次值应舍去。

重复以上操作测定5次，并读记每次测定的摆值，即BPN，5次数值中最大值与最小值的差值不得大于3BPN。如差数大于3BPN时，应检查产生的原因，并再次重复上述各项操作，至符合规定为止。取5次测定的平均值作为每个测点面层的抗滑摆值（即摆值 F_B），取整数，以BPN表示。

⑤测试潮湿地面：

若要测试潮湿地面的抗滑摆值，应用喷壶将水浇在待测面层处，5min后用橡胶刮板刮除多余的水分，然后再进行测试。

⑥对抗滑摆值进行温度修正：

在测点位置上用地面温度计测记面层的温度，精确至1℃。当路面温度为 T 时测得的值为 F_{BT}，应换算成标准温度20℃的摆值 F_{B20}。温度修正值见表C.0.3。

表 C.0.3 温度修正值

温度（℃）	0	5	10	15	20	25	30	35	40
温度修正值（ΔBPN）	−6	−4	−2	−1	0	+2	+3	+5	+7

⑦确定测定结果：

在3个不同测点进行测试，取3个测点抗滑摆值的平均值作为试验结果，精确至 1BPN。

4 检测报告应包括下列内容：

1） 测试日期、测点位置、天气情况、面层温度，并描述面层外观、材质、表面养护情况等。

2） 单点抗滑摆值：各点面层抗滑摆值的测定值 F_{BT}、经温度修正后的 F_{B20}。

3） 各点抗滑摆值的测定值及 3 次测定值的平均值、标准差、变异系数。

4） 精密度与允许差：同一个测点；重复 5 次测定的差值不大于 3BPN。

附录 D 无障碍设施分项工程检验批质量验收记录表

D.0.1 缘石坡道分项工程应按表 D.0.1 进行记录。

表 D.0.1 缘石坡道分项工程检验批质量验收记录

工程名称			分项工程名称		验收部位	
施工单位			专业工长		项目经理	
施工执行标准名称及编号						
分包单位			分包项目经理		施工班组长	
主控项目		施工质量验收标准的规定	施工单位检查评定记录		监理(建设)单位验收记录	
1	面层材质	品种、质量、抗压强度应符合设计要求				
2	结合层的施工	应结合牢固、无空鼓				
3	坡度	应符合设计要求				
4	宽度	应符合设计要求				
5	高差	应符合设计要求				
6	板块空鼓	每检验批单块砖边角局部空鼓不超过总数的 5%				
一般项目		施工质量验收标准的规定	施工单位检查评定记录		监理(建设)单位验收记录	
1	外观质量	表面应平整、无裂缝、掉角、缺楞和翘曲				
2	面层压实度	应符合设计要求				
	项目	允许偏差(mm)				
3 平整度	水泥混凝土	3				
	沥青混凝土	3				
	其他混合料	4				
	预制砌块	5				
	陶瓷类地砖	2				
	石板材	1				
	块石	3				

续表 D.0.1

一般项目		施工质量验收标准的规定	施工单位检查评定记录	监理(建设)单位验收记录
	项目	允许偏差(mm)		
4 相邻块高差	预制砌块	3		
	陶瓷类地砖	0.5		
	石板材	0.5		
	块石	2		
5 井框与路面高差	水泥混凝土	3		
	沥青混凝土	5		
	预制砌块	4		
	陶瓷类地砖			
	石板材	3		
	块石			
6	厚度	±5		
施工单位检查评定结果	项目专业质量检查员： 年 月 日			
监理（建设）单位验收结论	监理工程师(建设单位项目专业技术负责人)： 年 月 日			

D.0.2 盲道分项工程应按表 D.0.2 进行记录。

表 D.0.2 盲道分项工程检验批质量验收记录

工程名称			分项工程名称		验收部位	
施工单位			专业工长		项目经理	
施工执行标准名称及编号						
分包单位			分包项目经理		施工班组长	
主控项目		施工质量验收标准的规定	施工单位检查评定记录		监理(建设)单位验收记录	
1	盲道材质	规格、颜色、强度应符合设计要求				
2	盲道型材厚度，凸面高度、形状	应符合设计要求				
3	结合层质量	应符合设计要求				
4	宽度、设置部位和走向	应符合设计要求				
5	盲道与障碍物距离	应符合设计要求				

续表 D.0.2

一般项目			施工质量验收标准的规定	施工单位检查评定记录	监理(建设)单位验收记录
1	外观质量		应牢固、表面平整，缝线顺直、缝宽均匀、灌缝饱满、无翘边、翘角，不积水		
2	型材尺寸		应符合设计要求		
	项目		允许偏差(mm)		
3	平整度	预制盲道块	3		
		石材类盲道板	1		
		陶瓷类盲道板	2		
4	相邻块高差	预制盲道块	3		
		石材类盲道板	0.5		
		陶瓷类盲道板	0.5		
5	接缝宽度	预制盲道块	+3;−2		
		石材类盲道板	1		
		陶瓷类盲道板	2		
6	纵缝顺直	预制盲道块	5		
		石材类盲道板	2		
		陶瓷类盲道板	3		
7	横缝顺直	预制盲道块	2		
		石材类盲道板	1		
		陶瓷类盲道板	1		
施工单位检查评定结果			项目专业质量检查员：　　年　月　日		
监理(建设)单位验收结论			监理工程师(建设单位项目专业技术负责人)：　　年　月　日		

D.0.3 轮椅坡道分项工程应按表D.0.3进行记录。

表 D.0.3 轮椅坡道分项工程检验批质量验收记录

工程名称			分项工程名称		验收部位	
施工单位			专业工长		项目经理	
施工执行标准名称及编号						
分包单位			分包项目经理		施工班组长	
主控项目			施工质量验收标准的规定	施工单位检查评定记录	监理(建设)单位验收记录	
1	面层材质		应符合设计要求			
2	结合层质量		应结合牢固、无空鼓			
3	坡度		应符合设计要求			
4	宽度		应符合设计要求			
5	高差		应符合设计要求			
6	安全挡台高度		应符合设计要求			
7	缓冲地带和休息平台长度		应符合设计要求			
8	雨水箅网眼尺寸		应符合设计要求			
一般项目			施工质量验收标准的规定	施工单位检查评定记录	监理(建设)单位验收记录	
1	外观质量		不应有裂纹、麻面等缺陷			
	项目		允许偏差(mm)			
2	平整度	水泥砂浆	2			
		细石混凝土	3			
		沥青混合料	4			
		水泥花砖	2			
		陶瓷类地砖	2			
		石板材	1			
3	整体面层厚度		±5			
4	相邻块高差		0.5			
施工单位检查评定结果			项目专业质量检查员：　　年　月　日			
监理(建设)单位验收结论			监理工程师(建设单位项目专业技术负责人)：　　年　月　日			

D.0.4 无障碍通道分项工程应按表 D.0.4 进行记录。

表 D.0.4 无障碍通道分项工程检验批质量验收记录

工程名称		分项工程名称		验收部位	
施工单位		专业工长		项目经理	
施工执行标准名称及编号					
分包单位		分包项目经理		施工班组长	
主控项目		施工质量验收标准的规定	施工单位检查评定记录	监理（建设）单位验收记录	
1	面层材质	应符合设计要求			
2	结合层质量	应符合设计要求			
3	宽度	应符合设计要求			
4	突出物尺寸和高度	应符合设计要求			
5	雨水箅网眼尺寸	应符合设计要求			
6	凹室尺寸	应符合设计要求			
7	安全设施设置	应符合设计要求			
一般项目		施工质量验收标准的规定	施工单位检查评定记录	监理（建设）单位验收记录	
1	雨水箅	应安装平整			
2	护壁（门）板高度	应符合设计要求			
3	通道转角处墙体的倒角或圆弧尺寸	应符合设计要求			
	项目	允许偏差（mm）			
4 平整度	整体面层 水泥混凝土	3			
	整体面层 沥青混凝土	3			
	整体面层 其他沥青混合料	4			
	板块面层 预制砌块	5			
	板块面层 陶瓷类地砖	2			
	板块面层 石板材	1			
	板块面层 块石	3			

续表 D.0.4

一般项目		施工质量验收标准的规定	施工单位检查评定记录	监理（建设）单位验收记录
	项目	允许偏差（mm）		
4 平整度	坡道面层 水泥砂浆	2		
	坡道面层 细石混凝土、橡胶弹性面层	3		
	坡道面层 沥青混合料	4		
	坡道面层 水泥花砖	2		
	坡道面层 陶瓷类地砖	2		
	坡道面层 石板材	1		
5	地面与雨水箅高差	−3；0		
6	护墙板高度	＋3；0		
施工单位检查评定结果	项目专业质量检查员： 年 月 日			
监理（建设）单位验收结论	监理工程师（建设单位项目专业技术负责人）： 年 月 日			

D.0.5 无障碍停车位分项工程应按表 D.0.5 进行记录。

表 D.0.5 无障碍停车位分项工程检验批质量验收记录

工程名称		分项工程名称		验收部位	
施工单位		专业工长		项目经理	
施工执行标准名称及编号					
分包单位		分包项目经理		施工班组长	
主控项目		施工质量验收标准的规定	施工单位检查评定记录	监理（建设）单位验收记录	
1	位置和数量	应符合设计要求			
2	一侧通道宽度	应符合设计要求			
3	涂画和标志	应符合设计和相关规范要求			

续表 D.0.5

一般项目				施工质量验收标准的规定	施工单位检查评定记录	监理(建设)单位验收记录
1	地面坡度			应符合设计要求		
	项目			允许偏差(mm)		
2	平整度	整体面层	水泥混凝土	3		
			沥青混凝土	3		
			其他沥青混合料	4		
		板块面层	预制砌块	5		
			陶瓷类地砖	2		
			石板材	1		
			块石	3		
3	相邻块高差			0.5		
4	地面坡度			±0.3%		
施工单位检查评定结果				项目专业质量检查员： 年 月 日		
监理(建设)单位验收结论				监理工程师(建设单位项目专业技术负责人)： 年 月 日		

D.0.6 无障碍出入口分项工程应按表 D.0.6 进行记录。

表 D.0.6 无障碍出入口分项工程检验批质量验收记录

工程名称					分项工程名称		验收部位	
施工单位					专业工长		项目经理	
施工执行标准名称及编号								
分包单位					分包项目经理		施工班组长	
主控项目				施工质量验收标准的规定	施工单位检查评定记录		监理(建设)单位验收记录	
1	出入口外地面坡度			应符合设计要求				
2	平台宽度、雨篷尺寸			应符合设计要求				
3	门扇开启距离			应符合设计要求				
4	雨水箅网眼尺寸			应符合设计要求，且不大于 15mm				
一般项目				施工质量验收标准的规定	施工单位检查评定记录		监理(建设)单位验收记录	
1	出入口处地面外观质量			应符合设计要求				
	项目			允许偏差(mm)				
2	平整度	整体面层	水泥混凝土	3				
			沥青混凝土	3				
			其他沥青混合料	4				
		板块面层	预制砌块	5				
			陶瓷类地砖	2				
			石板材	1				
			块石	3				
		坡道面层	水泥砂浆	2				
			细石混凝土、橡胶弹性面层	3				
			沥青混合料	4				
			水泥花砖	2				
			陶瓷类地砖	2				
			石板材	1				
施工单位检查评定结果				项目专业质量检查员： 年 月 日				
监理(建设)单位验收结论				监理工程师(建设单位项目专业技术负责人)： 年 月 日				

D.0.7 低位服务设施分项工程应按表 D.0.7 进行记录。

表 D.0.7 低位服务设施分项工程检验批质量验收记录

工程名称				分项工程名称		验收部位
施工单位				专业工长		项目经理
施工执行标准名称及编号						
分包单位				分包项目经理		施工班组长
主控项目			施工质量验收标准的规定	施工单位检查评定记录		监理(建设)单位验收记录
1	位置和数量		应符合设计要求			
2	设施高度、宽度和进深		应符合设计要求			
3	下方净空尺寸		应符合设计要求			
4	轮椅回转空间		应符合设计要求			
5	灯具和开关		应符合设计要求			
一般项目			施工质量验收标准的规定	施工单位检查评定记录		监理(建设)单位验收记录
1	平整度	项目	允许偏差(mm)			
		水泥砂浆、水磨石	2			
		细石混凝土、橡胶弹性面层	3			
		水泥花砖	3			
		陶瓷类地砖	2			
		石板材	1			
2	相邻块高差		0.5			
施工单位检查评定结果	项目专业质量检查员： 年 月 日					
监理(建设)单位验收结论	监理工程师(建设单位项目专业技术负责人)： 年 月 日					

D.0.8 扶手分项工程应按表 D.0.8 进行记录。

表 D.0.8 扶手分项工程检验批质量验收记录

工程名称			分项工程名称		验收部位
施工单位			专业工长		项目经理
施工执行标准名称及编号					
分包单位			分包项目经理		施工班组长
主控项目		施工质量验收标准的规定	施工单位检查评定记录		监理(建设)单位验收记录
1	材质	应符合设计要求			
2	连接质量	应符合设计要求			
3	扶手截面及安装质量	应符合设计要求			
4	栏杆质量	应符合设计要求			
5	扶手盲文标志	应符合设计要求			
一般项目		施工质量验收标准的规定	施工单位检查评定记录		监理(建设)单位验收记录
1	外观质量	接缝严密，表面光滑，色泽一致，不得有裂缝、翘曲及损坏			
2	钢构件扶手	表面应做防腐处理，其连接处的焊缝应锉平磨光			
3	项目	允许偏差(mm)			
	立柱和托架间距	3			
4	立柱垂直度	3			
5	扶手直线度	4			
施工单位检查评定结果	项目专业质量检查员： 年 月 日				
监理(建设)单位验收结论	监理工程师(建设单位项目专业技术负责人)： 年 月 日				

D.0.9 门分项工程应按表D.0.9进行记录。

表 D.0.9 门分项工程检验批质量验收记录

工程名称		分项工程名称		验收部位	
施工单位		专业工长		项目经理	
施工执行标准名称及编号					
分包单位		分包项目经理		施工班组长	
主控项目		施工质量验收标准的规定	施工单位检查评定记录		监理（建设）单位验收记录
1	选型、材质、开启方向	应符合设计要求			
2	开启后净宽	应符合设计要求			
3	把手一侧墙面宽度	应符合设计要求			
4	把手、关门拉手和闭合器	应符合设计要求			
5	观察窗	应符合设计要求			
6	门内外高差	应符合设计要求			
一般项目		施工质量验收标准的规定	施工单位检查评定记录		监理（建设）单位验收记录
1	外观质量	应洁净、平整、光滑、色泽一致			
	项目	允许偏差（mm）			
2	门框正、侧面垂直度 木门 普通	2			
	门框正、侧面垂直度 木门 高级	1			
	门框正、侧面垂直度 钢门	3			
	门框正、侧面垂直度 铝合金门	2.5			
3	门横框水平度	3			
4	护门板高度	+3;0			
施工单位检查评定结果	项目专业质量检查员： 年 月 日				
监理（建设）单位验收结论	监理工程师（建设单位项目专业技术负责人）： 年 月 日				

D.0.10 无障碍电梯和升降平台分项工程应按表D.0.10进行记录。

表 D.0.10 无障碍电梯和升降平台分项工程检验批质量验收记录

工程名称		分项工程名称		验收部位	
施工单位		专业工长		项目经理	
施工执行标准名称及编号					
分包单位		分包项目经理		施工班组长	
主控项目		施工质量验收标准的规定	施工单位检查评定记录		监理（建设）单位验收记录
1	设备类型，设置位置和数量	应符合设计要求			
2	电梯厅宽度	应符合设计要求			
3	专用选层按钮	应符合设计要求			
4	电梯门洞外口宽度	应符合设计要求			
5	运行显示和提示音响信号装置	应符合设计要求			
6	轿厢规格和门净宽度	应符合设计要求			
7	门光幕感应和门全开闭间隔时间	应符合设计要求			
8	轿厢平台与楼层平层和水平间距	应符合设计要求			
9	镜子设置	应符合设计要求			
10	平台尺寸和栏杆	应符合设计要求			
11	平台按钮高度	应符合设计要求			
一般项目		施工质量验收标准的规定	施工单位检查评定记录		监理（建设）单位验收记录
护壁板高度		允许偏差（mm） +3;0			
施工单位检查评定结果	项目专业质量检查员： 年 月 日				
监理（建设）单位验收结论	监理工程师（建设单位项目专业技术负责人）： 年 月 日				

D.0.11 楼梯和台阶分项工程应按表 D.0.11 进行记录。

表 D.0.11 楼梯和台阶分项工程检验批质量验收记录

工程名称				分项工程名称		验收部位	
施工单位				专业工长		项目经理	
施工执行标准名称及编号							
分包单位				分包项目经理		施工班组长	
主控项目			施工质量验收标准的规定	施工单位检查评定记录		监理（建设）单位验收记录	
1	面层材质		应符合设计要求				
2	结合层质量		应结合牢固、无空鼓				
3	楼梯的净空高度、楼梯和台阶的宽度		应符合设计要求				
4	安全挡台高度		应符合设计要求				
5	踏面凸缘的形状和尺寸		应符合设计要求				
6	雨水箅网眼尺寸		踏面凸缘的形状和尺寸				
一般项目			施工质量验收标准的规定	施工单位检查评定记录		监理（建设）单位验收记录	
1	外观质量		不应有裂纹、麻面等缺陷				
2	项目		允许偏差(mm)				
2	踏步高度		−3;0				
2	踏步宽度		+2;0				
2	平整度	水泥砂浆、水磨石	2				
2	平整度	细石混凝土、橡胶弹性面层	3				
2	平整度	水泥花砖	3				
2	平整度	陶瓷类地砖	2				
2	平整度	石板材	1				
3	相邻块高差		0.5				
施工单位检查评定结果	项目专业质量检查员：　　年　月　日						
监理（建设）单位验收结论	监理工程师（建设单位项目专业技术负责人）：　　年　月　日						

D.0.12 轮椅席位分项工程应按表 D.0.12 进行记录。

表 D.0.12 轮椅席位分项工程检验批质量验收记录

工程名称				分项工程名称		验收部位	
施工单位				专业工长		项目经理	
施工执行标准名称及编号							
分包单位				分包项目经理		施工班组长	
主控项目			施工质量验收标准的规定	施工单位检查评定记录		监理（建设）单位验收记录	
1	位置和数量		应符合设计要求				
2	面积		应符合设计要求，且不小于 1.10m×0.8m				
3	栏杆或栏板		应符合设计要求				
4	涂画和标志		应符合设计要求				
一般项目			施工质量验收标准的规定	施工单位检查评定记录		监理（建设）单位验收记录	
1	陪同者席位		应符合设计要求				
2	项目		允许偏差(mm)				
2	平整度	水泥砂浆、水磨石	2				
2	平整度	细石混凝土、橡胶弹性面层	3				
2	平整度	水泥花砖	3				
2	平整度	陶瓷类地砖	2				
2	平整度	石板材	1				
3	相邻块高差		0.5				
施工单位检查评定结果	项目专业质量检查员：　　年　月　日						
监理（建设）单位验收结论	监理工程师（建设单位项目专业技术负责人）：　　年　月　日						

D.0.13 无障碍厕所和无障碍厕位分项工程应按表D.0.13进行记录。

表 D.0.13 无障碍厕所和无障碍厕位分项工程检验批质量验收记录

工程名称		分项工程名称		验收部位
施工单位		专业工长		项目经理
施工执行标准名称及编号				
分包单位		分包项目经理		施工班组长
主控项目		施工质量验收标准的规定	施工单位检查评定记录	监理(建设)单位验收记录
1	面积和平面尺寸	应符合设计要求		
2	位置和数量	应符合设计要求		
3	洁具	应符合设计要求		
4	安全抓杆支撑力	应符合设计要求		
5	安全抓杆选型、安装位置	应符合设计要求		
6	轮椅回转空间	应符合设计要求		
7	求助呼叫系统	应符合设计要求		
8	洗手盆高度及净空尺寸	应符合设计要求		
一般项目		施工质量验收标准的规定	施工单位检查评定记录	监理(建设)单位验收记录
1	放物台材质、尺寸及高度	应符合设计要求		
2	挂衣钩安装部位及高度	应符合设计要求		
3	安全抓杆	应横平竖直,转角弧度应符合设计要求		
4	照明开关选型及安装高度	应符合设计要求		
5	灯具型号及照度	应符合设计要求		
	项目	允许偏差(mm)		
6	放物台 平面尺寸	+10		
	放物台 高度	−10;0		
7	挂衣钩高度	−10;0		
8	安全抓杆垂直度	2		
9	安全抓杆水平度	3		
施工单位检查评定结果		项目专业质量检查员: 年 月 日		
监理(建设)单位验收结论		监理工程师(建设单位项目专业技术负责人): 年 月 日		

D.0.14 无障碍浴室分项工程应按表D.0.14进行记录。

表 D.0.14 无障碍浴室分项工程检验批质量验收记录

工程名称		分项工程名称		验收部位
施工单位		专业工长		项目经理
施工执行标准名称及编号				
分包单位		分包项目经理		施工班组长
主控项目		施工质量验收标准的规定	施工单位检查评定记录	监理(建设)单位验收记录
1	面积和平面尺寸	应符合设计要求		
2	轮椅回转空间	应符合设计要求		
3	无障碍淋浴间座椅和安全抓杆	应符合设计要求		
4	无障碍盆浴间浴盆、洗浴坐台、安全抓杆	应符合设计要求		
5	安全抓杆支撑力	应符合设计要求		
6	求助呼叫系统	应符合设计要求		
7	洗手盆	应符合设计要求		
一般项目		施工质量验收标准的规定	施工单位检查评定记录	监理(建设)单位验收记录
1	浴帘、毛巾架、淋浴器喷头安装高度	应符合设计要求		
2	安全抓杆	应横平竖直,转角弧度应符合设计要求		
3	照明开关选型及安装高度	应符合设计要求		
4	灯具型号及照度	应符合设计要求		

续表 D.0.14

一般项目			施工质量验收标准的规定	施工单位检查评定记录	监理(建设)单位验收记录
	项目		允许偏差(mm)		
5	平整度	水泥砂浆、水磨石	2		
		细石混凝土、橡胶弹性面层	3		
		水泥花砖	3		
		陶瓷类地砖	2		
		石板材	1		
6	相邻块高差		0.5		
7	浴帘、毛巾架、挂衣钩高度		−10;0		
8	淋浴器喷头高度		−15;0		
9	更衣台、洗手盆	平面尺寸	+10		
		高度	−10;0		
10	安全抓杆的垂直度		2		
11	安全抓杆的水平度		3		
施工单位检查评定结果			项目专业质量检查员： 年 月 日		
监理(建设)单位验收结论			监理工程师(建设单位项目专业技术负责人)： 年 月 日		

D.0.15 无障碍住房和无障碍客房分项工程应按表D.0.15进行记录。

表 D.0.15 无障碍住房和无障碍客房分项工程检验批质量验收记录

工程名称			分项工程名称		验收部位	
施工单位			专业工长		项目经理	
施工执行标准名称及编号						
分包单位			分包项目经理		施工班组长	
主控项目			施工质量验收标准的规定	施工单位检查评定记录	监理(建设)单位验收记录	
1	平面布置和面积		应符合设计要求			
2	无障碍客房位置和数量		应符合设计要求			
3	求助呼叫系统		应符合设计要求			
4	家具和电器		应符合设计要求			
5	地面、墙面和轮椅回转空间		应符合设计要求			
6	操作台、吊柜、壁柜		应符合设计要求			
7	橱柜和挂衣杆		应符合设计要求			
8	阳台进深		应符合设计要求			
9	晾晒设施		应符合设计要求			
10	开关、插座		应符合设计要求			
11	通讯设施		应符合设计要求			
一般项目			施工质量验收标准的规定	施工单位检查评定记录	监理(建设)单位验收记录	
1	抽屉和柜门		应开关灵活，回位正确			
	项目		允许偏差(mm)			
2	地面平整度	水泥砂浆、水磨石	2			
		细石混凝土、橡胶弹性面层	3			
		水泥花砖	3			
		陶瓷类地砖	2			
		石板材	1			
3	台柜	外形尺寸	3			
		立面垂直度	2			
		门直线度	2			
施工单位检查评定结果			项目专业质量检查员： 年 月 日			
监理(建设)单位验收结论			监理工程师(建设单位项目专业技术负责人)： 年 月 日			

D.0.16 过街音响信号装置分项工程应按表D.0.16进行记录。

表D.0.16 过街音响信号装置分项工程检验批质量验收记录

工程名称			分项工程名称		验收部位	
施工单位			专业工长		项目经理	
施工执行标准名称及编号						
分包单位			分包项目经理		施工班组长	
主控项目		施工质量验收标准的规定	施工单位检查评定记录		监理（建设）单位验收记录	
1	装置安装	立杆与基础有可靠的连接				
2	位置和高度	应符合设计要求				
3	音响间隔时间和声压级	应符合设计要求				
一般项目		施工质量验收标准的规定	施工单位检查评定记录		监理（建设）单位验收记录	
1	立杆垂直度	不大于柱高的1/1000				
2	信号灯轴线	轴线与过街人行横道的方向应一致，夹角小于或等于5°				
施工单位检查评定结果		项目专业质量检查员： 年 月 日				
监理（建设）单位验收结论		监理工程师（建设单位项目专业技术负责人）： 年 月 日				

D.0.17 无障碍标志和盲文标志分项工程应按表D.0.17进行记录。

表D.0.17 无障碍标志和盲文标志分项工程检验批质量验收记录

工程名称			分项工程名称		验收部位	
施工单位			专业工长		项目经理	
施工执行标准名称及编号						
分包单位			分包项目经理		施工班组长	
主控项目		施工质量验收标准的规定	施工单位检查评定记录		监理（建设）单位验收记录	
1	材质	应符合设计要求				
2	标志牌位置、规格和高度	应符合设计要求				
3	图形尺寸和颜色	应符合国际通用无障碍标志的要求				
4	盲文铭牌位置、规格和高度	应符合设计要求				
5	盲文铭牌制作	应符合设计和国际通用无障碍标志的要求				
6	盲文地图位置、规格和高度	应符合设计要求				
一般项目		施工质量验收标准的规定	施工单位检查评定记录		监理（建设）单位验收记录	
1	标志牌安装	应安装牢固、平正				
2	盲文铭牌和地图	表面应洁净、光滑、无裂纹、无毛刺				
3	发光标志	应符合设计要求				
施工单位检查评定结果		项目专业质量检查员： 年 月 日				
监理（建设）单位验收结论		监理工程师（建设单位项目专业技术负责人）： 年 月 日				

附录E 无障碍设施维护人维护范围

表E 无障碍设施维护人维护范围

工程类别	无障碍设施维护人	设施类别
道路城市广场城市园林	市政设施维护单位、市容管理单位、园林设施维护单位、环卫设施维护单位	缘石坡道
		盲道
		轮椅坡道
		无障碍通道
		无障碍出入口
		扶手
		人行天桥和人行地道的无障碍电梯和升降平台
		楼梯和台阶
		公共厕所
		无障碍标志和盲文标志
	交通设施维护单位	无障碍停车位
		过街音响信号装置
建筑物住宅区	产权所有人或其委托的物业管理单位	盲道
		轮椅坡道
		无障碍通道
		无障碍停车位
		无障碍出入口
		低位服务设施
		扶手
		门
		无障碍电梯和升降平台
		楼梯和台阶
		轮椅席位
		无障碍厕所和无障碍厕位
		无障碍浴室
		无障碍住房和无障碍客房
		无障碍标志和盲文标志

附录F 无障碍设施检查记录表

F.0.1 无障碍设施系统性检查按表F.0.1进行记录。

表F.0.1 无障碍设施系统性检查记录表

编号：

单位工程名称		检查范围	
系统性缺损类别		缺损情况	备注
由于新建、扩建和改建，各单位工程包含的缘石坡道、盲道、无障碍出入口、轮椅坡道、无障碍通道、楼梯和台阶、无障碍电梯和升降平台、过街音响信号装置、无障碍标志和盲文标志等无障碍设施出现缺损			
单位工程之间无障碍通道接口、行走路线发生改变或出现阻断、永久性的占用			
无障碍设施系统性评价			

检查人： 检查日期： 年 月 日

F.0.2 无障碍设施功能性检查按表F.0.2进行记录。

表F.0.2 无障碍设施功能性检查记录表

编号：

单位工程名称		检查部位	
功能性缺损类别		缺损情况	备注
裂缝、变形和破损			
松动、脱落和缺失			
故障			
磨损			
褪色			
抗滑性能下降			
单位工程无障碍设施功能性评价			

检查人： 检查日期： 年 月 日

F.0.3 无障碍设施一般性检查应按表 F.0.3 进行记录。

表 F.0.3 无障碍设施一般性检查记录表

编号：

单位工程名称		检查范围	
无障碍设施的位置或部位		占用或者污染情况	备注
单位工程无障碍设施一般性评价			

检查人： 检查日期： 年 月 日

附录 G 无障碍设施维护记录表

表 G 无障碍设施维护记录表

编号：

单位工程名称		维护部位	
对应检查表单号		维护类型	□系统性 □功能性 □一般性
维护情况	维护人员：	维护日期：年 月 日	
验收情况	验收人员：	验收日期：年 月 日	

本规范用词说明

1 为便于在执行本规范条文时区别对待，对要求严格程度不同的用词说明如下：

1）表示很严格，非这样做不可的：

正面词采用"必须"，反面词采用"严禁"；

2）表示严格，在正常情况下均应这样做的：

正面词采用"应"，反面词采用"不应"或"不得"；

3）表示允许稍有选择，在条件许可时首先应这样做的：

正面词采用"宜"，反面词采用"不宜"；

4）表示有选择，在一定条件下可以这样做的，采用"可"。

2 条文中指明应按其他有关标准执行的写法为："应符合……的规定"或"应按……执行"。

引用标准名录

《建筑工程施工质量验收统一标准》GB 50300

《道路交通信号灯设置与安装规范》GB 14886

《道路交通信号灯》GB 14887

《中国盲文》GB/T 15720

《道路交通标志和标线》GB 5768

《涂附磨具用磨料 粒度分析 第 2 部分：粗磨粒 P12～P220 粒度组成的测定》GB/T 9258.2

《城镇道路工程施工与质量验收规范》CJJ 1

《城镇道路养护技术规范》CJJ 36

《公园设计规范》CJJ 48

《橡塑铺地材料 第 1 部分 橡胶地板》HG/T 3747.1

《橡塑铺地材料 第 2 部分 橡胶地砖》HG/T 3747.2

《橡塑铺地材料 第 3 部分 阻燃聚氯乙烯地板》HG/T 3747.3

《涂附磨具 耐水砂纸》JB/T 7499

中华人民共和国国家标准

无障碍设施施工验收及维护规范

GB 50642—2011

条 文 说 明

制 定 说 明

《无障碍设施施工验收及维护规范》GB 50642—2011，经住房和城乡建设部2010年12月24日以第886号公告批准发布。

为便于广大建设、设计、监理、施工、科研、学校等单位以及无障碍设施维护单位有关人员在使用本标准时能正确理解和执行条文规定，《无障碍设施施工验收及维护规范》编制组按章、节、条顺序编制了本标准的条文说明，对条文规定的目的、依据以及执行中需注意的有关事项进行了说明。但是，本条文说明不具备与标准正文同等的法律效力，仅供使用者作为理解和把握标准规定的参考。

目　次

1　总则 ……………………………… 1—27—40
2　术语 ……………………………… 1—27—40
3　无障碍设施的施工验收 ………… 1—27—41
3.1　一般规定 ……………………… 1—27—41
3.2　缘石坡道 ……………………… 1—27—42
3.3　盲道 …………………………… 1—27—42
3.4　轮椅坡道 ……………………… 1—27—44
3.5　无障碍通道 …………………… 1—27—44
3.6　无障碍停车位 ………………… 1—27—45
3.7　无障碍出入口 ………………… 1—27—45
3.8　低位服务设施 ………………… 1—27—45
3.9　扶手 …………………………… 1—27—45
3.10　门……………………………… 1—27—46
3.11　无障碍电梯和升降平台……… 1—27—46
3.12　楼梯和台阶 ………………… 1—27—47
3.13　轮椅席位…………………… 1—27—47
3.14　无障碍厕所和无障碍厕位……… 1—27—47
3.15　无障碍浴室………………… 1—27—48
3.16　无障碍住房和无障碍客房……… 1—27—48
3.17　过街音响信号装置………… 1—27—49
4　无障碍设施的维护……………… 1—27—49
4.1　一般规定 ……………………… 1—27—49
4.2　无障碍设施的缺损类别和缺损情况 …………………… 1—27—50
4.3　无障碍设施的检查 …………… 1—27—50
4.4　无障碍设施的维护 …………… 1—27—50
附录C　无障碍设施地面抗滑性能检查记录表及检测方法 ………………… 1—27—50

1 总 则

1.0.1、1.0.2 我国无障碍设施的建设首先是从无障碍设计规范的提出和制定开始的。20多年来，经过修订和配套，设计规范体系基本上建立起来。在施工和维护方面虽然不少地方出台了相关的管理办法、施工标准图集和技术规程，但一直没有一部全国性的施工验收和维护标准。为此，有必要编制无障碍设施的施工验收阶段的验收规范和使用阶段的检查维护规范。在施工阶段将无障碍设施在建设项目工程中单独作为分项工程或检验批组织质量验收，并在使用阶段将无障碍设施按照一定的期限进行系统性、功能性和一般性检查，根据检查情况进行系统性、功能性和一般性维护。以保证无障碍设施施工质量、安全要求和使用功能，这在全国尚属首创。本规范的制定对加强全国无障碍设施的建设和管理将具有积极的推动作用。

对于新建的项目，各地的管理规定要求无障碍设施与建设项目同步设计、同步施工、同步验收。设计和验收是无障碍建设的两个关键的控制环节。设计图纸通过严格的施工图审查可以达到要求。但新建的项目中仍然存在无障碍设施不规范、不系统的问题，很重要的一个原因是在工程竣工验收时，对无障碍设施的验收没有得到足够的重视，另外也没有专门的施工验收标准作为依据。2008年住房和城乡建设部以“关于印发《2008年工程建设标准规范制定、修订计划（第一批）》的通知”（建标〔2008〕102号）正式下达了制定计划。2008年11月15日，编制工作首次会议将这部规范定名为《无障碍设施施工维护规范》（下称本规范），要求编制内容主要为无障碍设施的施工验收标准和维护标准。2009年8月6日，主编单位在北京召开本规范的专家征求意见座谈会，经征求全国部分无障碍建设专家的意见，将规范改名为《无障碍设施施工验收及维护规范》。由于信息无障碍建设的历史相对比较短，建设方面的经验尚需进一步积累，因此本规范没有涉及。本规范采取以无障碍建设要素分类方式叙述施工和验收的要求。分类系参照现行行业标准《城市道路和建筑物无障碍设计规范》JGJ 50（下文中简称设计规范）以及正在修改的设计规范的初步分类，还参考了《无障碍建设指南》和其他地方规程的分类方式，本规范将部分要素进行了合并，分为17类。基本涵盖了目前无障碍设施建设的内容。对于无障碍设施的维护，本规范按照检查的频次和设施损坏的类别叙述维护要求。

适用对象方面，按照最新的无障碍设施建设“以人为本，全民共享”的理念，强调公共设施应该为全社会成员服务的思想。采用“残疾人、老年人等社会特殊群体”来反映主要适用对象的特征。

适用范围方面，考虑到原设计规范中未包含公园等场所，而这些场所又是人群密集区域，因此根据专家意见和正在修改的设计规范，将适用范围修改为城市道路、建筑物、居住区、公园等场所的无障碍设施的施工验收和维护管理。

1.0.3 本条说明了无障碍设施施工和维护所应该遵循的原则。

1.0.4 各地条例、管理办法对无障碍设施的建设均要求做到“三同时”，即无障碍设施必须与主体工程同步设计、同步实施、同步投入使用，因此本规范对施工和交付阶段提出同步要求。由于无障碍设施在建筑工程中处于从属地位，不少设施在工程交付后或二次装修阶段另行施工，这样极不利于施工过程的控制，设施配套的时间和质量往往都不能满足使用要求。

无障碍设施的设计虽然已经作为城市道路和建筑设计的重要组成部分，但无障碍设施的施工和维护要求体现在城市道路和建筑物施工验收和养护规范的各分部、分项工程中，这样既不利于无障碍设施的系统性建设，还往往使无障碍设施在工程验收中得不到应有的重视。本条旨在通过对设施施工和维护工作的独立性的强调，加强对无障碍设施的施工和维护管理。

1.0.5 本条阐明了本规范与其他标准、规范的关系。属于城市道路和建筑物一般工程施工的质量应按照相关规范验收。属于城市道路一般养护应按照相关技术规范执行。本规范着重规定属于无障碍设施要素特殊要求的施工验收和维护要求。

2 术 语

本章给出的术语，是本规范有关章节中所引用的。术语是从本规范的角度赋予含义的，不一定是术语的定义。同时还分别给出了相应的推荐性英文。为了使用方便，在国家或行业相关规范中已经明确的术语没有列出，例如缘石坡道、盲道、无障碍出入口、无障碍厕所等；检验批、主控项目、一般项目等与验收相关的重要术语已在验收统一标准中明确，本章没有列出。

2.0.3 参照现行行业标准《地面石材防滑性能等级划分及试验方法》JC/T 1050—2007制定。

2.0.4 参照现行行业标准《公路路基路面现场测试规程》JTGE 60—2008和北京地方标准《建筑装饰工程石材应用技术规程》DB11/T 512—2007制定。

2.0.6 “盲文标志”参照《无障碍建设指南》采用。《无障碍建设指南》将盲文标志分为盲文地图、盲文铭牌和盲文站牌三种。现行行业标准《城市道路和建筑物无障碍设计规范》JGJ 50中第7.6.3条称为“盲文说明牌”。本规范采用指南初稿的用词。根据现行国家标准《中国盲文》GB/T 15720，盲字亦称点字，是以六个凸点为基本结构，按一定规则排列，靠触感感受的文字。根据《现代汉语词典》铭牌的定义为："装在机器、仪表、机动车等上面的金属牌子。"可以认为"盲文铭牌"是一个新的组合词。

2.0.7 根据目前设计规范要求，求助呼叫按钮主要设置在无障碍厕所、无障碍厕位、无障碍盆浴间、无障碍淋浴间、无障碍住房和无障碍客房内。厕所或浴室的按钮应设在方便残疾人、老年人等社会特殊人群坐在便器上伸手能操作，或是摔倒在地面上也能操作的位置。卧室内一般设置在床边，方便残疾人、老年人等社会特殊人群躺在床上伸手能够操作的位置。

3 无障碍设施的施工验收

3.1 一般规定

3.1.1 本规范适用于施工阶段，是以符合国家相关法规、规范和标准的设计图纸完成为起点的。本条根据《建设工程质量管理条例》第二十三条："设计单位应当就审查合格的施工图设计文件向施工单位作出详细说明"，对无障碍设计部分提出专门交底的要求。建设单位、设计单位、检测单位、施工图审查单位、政府工程质量监督单位在建设和设计过程中，对于无障碍设施建设和设计所应该承担的职责由相关的管理办法、条例和设计规范规定。

3.1.2 本条是对无障碍设施施工单位的基本资质和能力提出要求。施工企业应按《施工企业资质管理规定》承接相应的工程。

3.1.3 监理实施细则一般结合工程项目的专业特点由专业监理工程师编制。无障碍设施的要素散布在从工程主体、装饰装修到设备安装的各专业中，通常在整个专业工程中所占的份额非常小，极易被忽视。但是如果不进行必要的事前控制和过程监督，在设施完工时，有些问题的整改已不可能或者非常不经济。本条根据现行国家标准《建设工程监理规范》GB 50319—2000，对无障碍设施的监理提出专项监理的要求。

3.1.4 根据对各地调研发现，存在施工单位按照未通过施工图审查的图纸和未通过设计方认可的变更、洽商施工，造成工程竣工时，无障碍设施不符合规范要求的情况。制定本条旨在从施工这个环节上来控制设计变更和洽商对无障碍设施建设的影响，当变更和洽商有悖于规范要求时，施工单位可以依据《建设工程质量管理条例》第二十八条提出意见和建议。

3.1.5 长期以来，施工方案编制的施工方法和技术措施一般是围绕着分部工程进行的。而无障碍设施与各分部工程之间存在着复合性和从属性，在分部工程中往往被忽视。在方案中，施工单位不会对无障碍设施的施工进行专门的阐述，无障碍设施施工的要求也不明晰，从而施工中得不到应有的重视。因此，有必要在施工之前对单位工程的全部无障碍设施的施工进行统一的策划和安排。

3.1.6、3.1.7 这两条规定是为保证施工方案和技术措施能够得到贯彻的条件。安全、技术交底包含了安全生产、技术和质量交底的内容。

3.1.8 本条反映了国家、行业相关规范中无障碍设施消防方面的要求。由于残疾人、老年人等社会特殊人群是弱势群体。因此，消防设施完善更为重要。

3.1.10 随着装修装饰档次的提高，地面大量采用光面材料施工，致使人员滑倒的隐患日益增加，防滑要求成为无障碍设施最重要指标之一。

由于目前国内缺乏对于地面防滑要求的标准，本规范考虑可以从抗滑系数和抗滑摆值两个参数来测定地面的抗滑性能。

参照国家现行标准《地面石材防滑性能等级划分及试验方法》JC/T 1050—2007和《体育场所开放条件与技术要求　第1部分：游泳场所》GB 19079.1—2003和《城市道路设计规范》CJJ 37—90、《公路养护技术规范》JTJ 073—96以及北京地方标准《建筑装饰工程石材应用技术规程》DB11/T 512—2007，根据不同地面环境、坡度和干湿情况本规范分别给出的定量标准参考值如下：缘石坡道、盲道、坡道、无障碍出入口、无障碍通道、楼梯和台阶踏面等涉及通行的面层抗滑性能应符合设计和相关规范要求。其面层的抗滑系数不小于0.5。面层抗滑指标应符合表1的规定。

表1　面层表面抗滑指标表

抗滑摆值	室外		室内		
	缘石坡道、盲道、无障碍出入口、无障碍通道、楼梯和台阶、无障碍停车位		无障碍出入口、无障碍通道、楼梯和台阶、轮椅席位		
			厕所、浴间、饮水机处等易浸水地面		干燥地面
	坡面	平面	坡面	平面	
F_B (BPN)	$F_B \geqslant 55$	$F_B \geqslant 45$	$F_B \geqslant 55$	$F_B \geqslant 45$	$F_B \geqslant 35$

3.1.11 本条第1款是考虑到无障碍各分项工程验收均纳入到这两项国家标准的分部工程之中而制定的。

第2款为设计和相关规范要求之间的协调原则。当施工单位发现设计和相关规范要求与相关规范抵触时，应及时通过图纸会审、洽商等方式提出意见和建议。

第3款～第8款，无障碍设施的验收思路是：根据工程规模的大小和使用功能，将单位工程中包含的无障碍设施，定位为对应于各分部工程的分项工程。分项工程划分为若干检验验收批，将无障碍设施的基本要求设定为分项工程的主控项目和一般项目。通过对分项工程检验验收批的主控项目和一般项目进行验收，来验收分项工程；分项工程验收后，后续分部工程和单位工程的验收可以根据国家现行验收规范进行。

无障碍设施按照要素分为17个分项工程，主要对应于国家现行标准《城市道路工程施工与质量验收规范》CJJ 1—2008中面层、人行道和广场与停车场3个分部工程，以及《建筑工程施工质量验收统一标准》GB 50300—2001中建筑装饰装修、道路、无障碍电梯和升降平台、建筑电气、建筑给水排水及采暖和智能建筑6个分部工程。

例如：某工程是一个综合性的大型医院。无障碍设施至少包含盲道、无障碍出入口、轮椅坡道、无障碍通道、楼梯和台阶、扶手、无障碍电梯和升降平台、门、无障碍厕所和无障碍厕位、无障碍浴室、无障碍停车位、低位服务设施以及无障碍标志和盲文标志13个分项工程。而低位服务设施又应该包括服务台、挂号和交费处、取药处、低位电话、查询台和饮水器等检验批。在施工之前施工单位进行专题策划，编制相应的无障碍设施施工方案，方案中应针对不同工程对分项工程和检验批进行划分。

其中第4款对验收组织者的要求是：实行监理的工程时，由监理工程师组织；未实行监理的工程由建设单位项目技术负责人组织。

第9款～第11款，这三款是对涉及通行地面施工和验收的基本要求。

3.1.12 安全抓杆对残疾人、老年人等社会特殊群体的人身安全有重要意义，因此本条设为强制性条文，必须严格执行。

3.1.14 本条规定不能满足安全和使用要求的无障碍设施不能验收，对已经完工且无法更改的情况，应采取替代方案，以确保通过竣工验收的工程，其包含的无障碍设施满足功能性要求。本条为强制性条文，必须严格执行。

3.1.15 不合格的无障碍设施有时本身是一种障碍，并且可能对使用者造成伤害。

3.2 缘石坡道

3.2.1 本条所指的整体面层是用水泥混凝土、沥青混合料材料整体现浇而成的面层。而板块面层是指用预制砌块、陶瓷类地砖、石板材、块石等板材、块材铺砌而成的面层。缘石坡道变坡分界线应准确放样，其坡度、宽度及坡道下口与缓冲地带地面的高差应符合设计和相关规范要求及表2的规定。

表2 缘石坡道坡度、宽度及高差限值

项目		限值
坡度	三面坡缘石坡道正面及侧面	≤1:12
	其他形式的缘石坡道	≤1:20

续表2

项目		限值
宽度	三面坡缘石坡道的正面坡道	≥1.2m
	扇面式缘石坡道下口宽度	≥1.5m
	转角处缘石坡道上口宽度	≥2.0m
	其他形式的缘石坡道	≥1.2m
坡道下口与车行道地面的高差 S（mm）		$0\leqslant S\leqslant 10$mm

根据设计规范的要求，单面坡缘石坡道的坡度、宽度及坡道下口与缓冲地带地面的高差如图1所示；其他形式的缘石坡道见设计规范。

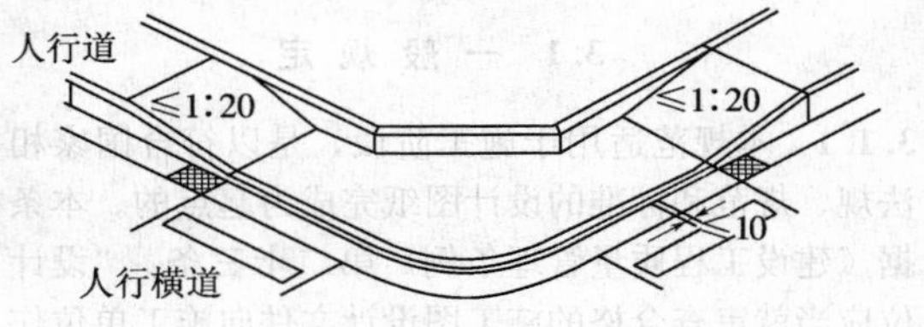

图1 单面坡缘石坡道（mm）

Ⅱ 整体面层验收的一般项目

3.2.7 压实度指标是参照现行行业标准《城镇道路工程施工与质量验收规范》CJJ 1给出的，主要适用于和人行道同时铺筑和碾压的全宽式单面缘石坡道。对于宽度不足以采用机械碾压的坡道面层，其压实度应符合设计要求。

3.2.9 平整度指标系由《城镇道路工程施工与质量验收规范》CJJ 1中对应采用3m靠尺量测指标换算而来。井框与路面高差，对于混凝土面层，《城镇道路工程施工与验收规范》CJJ 1中表10.8.1的允许偏差值为≤3mm；对于沥青混合料面层，《城镇道路工程施工与验收规范》CJJ 1中表13.4.3的允许偏差值为≤5mm，给排水验收规范GB 50268中的允许偏差值为（−5，0）mm。考虑到有利于包括残疾人、老年人等社会特殊人群的行走，分别采用≤3mm和（−5，0）mm。

Ⅳ 板块面层验收的一般项目

3.2.18 板块面层的质量验收指标较多，本条列出的是与无障碍设施有关的3项指标。

3.3 盲道

3.3.1 本节中的预制盲道砖（板）是指预制混凝土盲道砖、石材类盲道板、陶瓷类盲道板，其他型材的盲道板是指常用的聚氯乙烯、不锈钢型材盲道（下同）。盲道采用的材料很多，包括本规范规定的一些，另外还有铜质类、磁面类、复合材料类等，不能一一规定。型材的规格，除盲道板和盲道片外，也有将触感条和触感圆点直接固定于地面装饰完成面之上的。但盲道材料应符合国家和行业现行相关建筑用材料的标准，触感盲条和盲点的规格应符合本规范第 3.3.5 条的规定。

3.3.2 强调盲道建设的系统性，特别是不同建设单位工程项目之间的衔接部位，易为各自的设计和施工单位所忽视，造成盲道的不通畅。根据调研发现，按照设计要求避免盲道通过检查井，致使盲道多处出现转折或S形弯折，极不利于视力残疾者使用。但我国各种管线、杆线、树池或人行道上的设施建设分属不同部门管理，且在施工程序上也有先后交错。市政工程建设很难为盲道的顺直将各专业统一到同一设计图纸上。因此建设单位、负责路面设计的单位、监理单位和总承包施工单位，应在施工前综合考虑选择设置盲道的位置。

盲道的调整应根据实际要求以及道路状况慎重进行，宜多设提示盲道，严格控制行进盲道的设置。行进盲道的调整应考虑到人行道的人行净宽度、障碍物和检查井分布等情况对视障者安全行进的影响和带来的安全隐患。不少专家倾向于，当人行道宽度较小（如≤3m）和行走净宽度较小（如≤1.5m），或者在人行道外侧有连续绿化带、立缘石的情况下，可以不设行进盲道。一般在这种情况下，视障者是可以按照原有的行走方式，通过盲杖的协助顺利通行的。

3.3.3 由于人行道上管线井盖难以避让，各地的设计人员对将盲道和井盖结合设计进行了有益的尝试，如设置触感条作为行进盲道的一部分。

Ⅰ 预制盲道砖（板）盲道验收的主控项目

3.3.5 根据设计规范，“盲道的颜色宜为中黄色”。

本条中行进盲道规格如图 2 所示；提示盲道规格如图 3 所示。

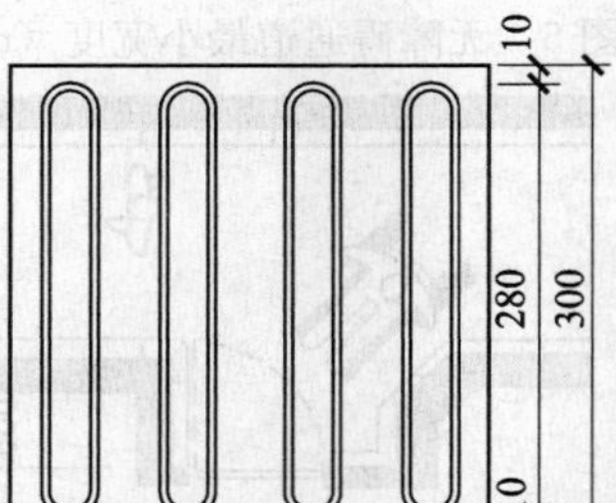

图 2 行进盲道规格（mm）

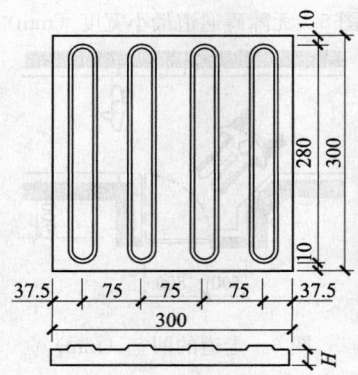

3.3.7 根据设计规范要求，行进盲道和提示盲道的宽度宜为0.30m～0.60m；行进盲道的起点、终点及转弯处设置的提示盲道的长度应大于行进盲道的宽度。

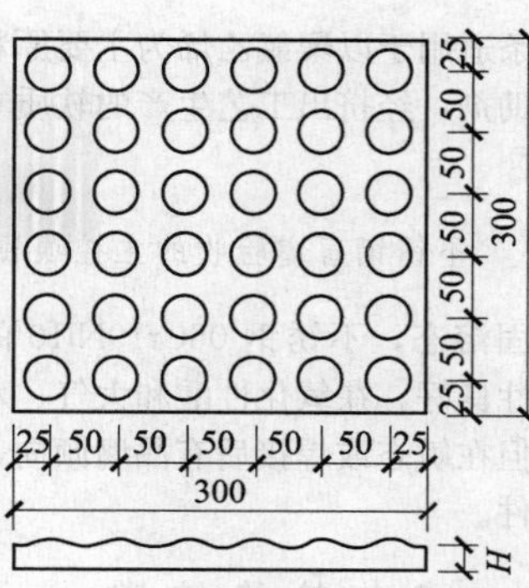

图 3 提示盲道规格（mm）

行进盲道和提示盲道改变走向时的几种布置形式如图 4 所示。

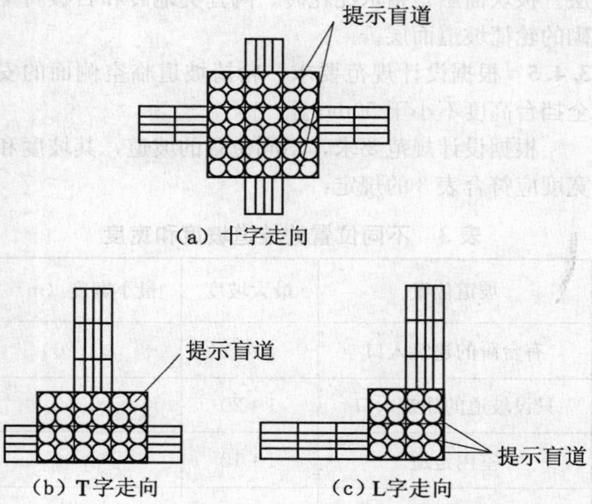

图 4 行进盲道和提示盲道改变走向时的几种布置形式

3.3.8 根据设计规范要求，行进盲道与障碍物的距离应为 0.25m～0.50m。

Ⅱ 预制盲道砖（板）盲道验收的一般项目

3.3.12 纵缝顺直分别根据国家现行标准《城镇道路工程施工与质量验收规范》CJJ 1 和《建筑地面工程施工质量验收规范》GB 50209 对室内外不同的地面面层，采用不同的检验方法。

Ⅲ 橡塑类盲道验收的主控项目

3.3.14 本条适用于以橡胶为主要原料生产的均质和非均质的盲道片。均质盲道片是以天然橡胶或合成橡胶为基础，颜色、组成一致的单层或多层结构硫化而成的；非均质盲道片是以天然橡胶或合成橡胶为基础，由一层耐磨层以及其他组成和（或）设计上不同的、包含骨架层的压实层构成的块料。

3.3.15 本条适用于由橡胶颗粒经处理着色后采用胶粘剂包覆混合，再压制而成的盲道片。

3.3.16 本条适用于以聚氯乙烯为主要原料，加入增塑剂和其他助剂，经挤出工艺生产的软质非发泡阻燃盲道片。

V 不锈钢盲道验收的主控项目

3.3.26 在固溶态，不锈钢 06Cr19Ni10 的塑性、韧性、冷加工性良好，在氧化性酸和大气、水等介质中耐蚀性好，但在敏态或焊接后有晶腐倾向，适于制造深冲成型部件。

3.4 轮 椅 坡 道

3.4.1 本节中整体面层是指细石混凝土、水泥砂浆、橡胶弹性面层和沥青混合料整体浇筑的轮椅坡道面层。板块面层是指水泥花砖、陶瓷类地砖和石板材铺砌的轮椅坡道面层。

3.4.5 根据设计规范要求，轮椅坡道临空侧面的安全挡台高度不小于 50mm。

根据设计规范要求，不同位置的坡道，其坡度和宽度应符合表 3 的规定：

表 3 不同位置的坡道坡度和宽度

坡道位置	最大坡度	最小宽度（m）
有台阶的建筑入口	1∶12	≥1.20
只设坡道的建筑入口	1∶20	≥1.50
室内走道	1∶12	≥1.00
室外通道	1∶20	≥1.50

根据设计规范要求，轮椅坡道在不同坡度的情况下，坡道高度和水平长度应符合表 4 的规定：

表 4 不同坡度高度和水平长度

坡度	1∶20	1∶16	1∶12
最大高度（m）	1.50	1.00	0.75
水平长度（m）	30.00	16.00	9.00

3.5 无障碍通道

3.5.1 本节所述的整体面层指水泥混凝土、水泥砂浆、水磨石、沥青混合料、橡胶弹性等材料一次性浇注的面层；板块面层是指用预制砌块、水泥花砖、陶瓷类地砖、石板材、块石等块料铺砌的面层。

I 主 控 项 目

3.5.6 根据设计规范要求，无障碍通道和走道的宽度应按表 5 的规定。无障碍通道的最小宽度如图 5 所示。

表 5 轮椅通行最小宽度

建筑类别	最小宽度（m）
大中型公共建筑走道	≥1.80
中小型公共建筑走道	≥1.50
检票口、结算口轮椅通道	≥0.90
居住建筑走廊	≥1.20
建筑基地人行通道	≥1.50

3.5.7 根据设计规范要求，从墙面伸入走道的突出物不应大于 0.10m，距地面高度应小于 0.60m；园路边缘种植不宜选用硬质叶片的丛生型植物；路面范围内的乔、灌木枝下净空不得低于2.2m；乔木种植点距路缘应大于 0.5m。

3.5.9 根据设计规范要求，门扇向走道内开启时应设凹室，凹室面积不应小于 1.30m×0.90m。通道的凹室如图 6 所示。

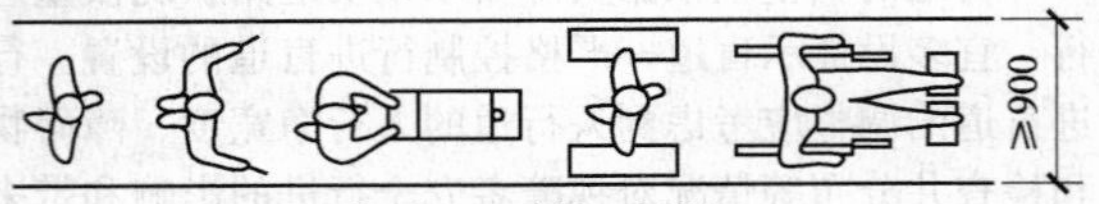

(a) 检票口、结算口通道

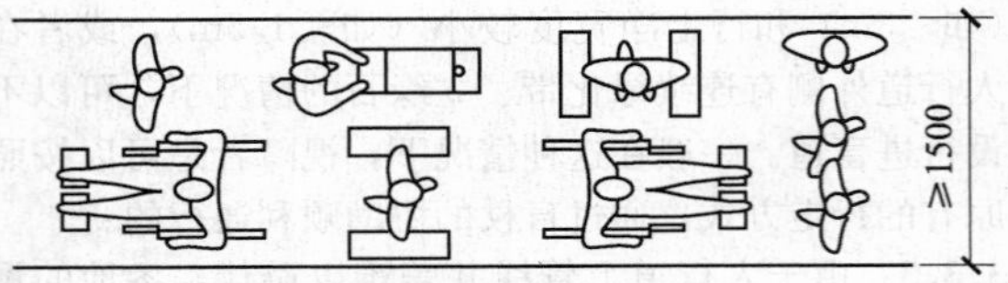

(b) 中型、小型公建走道

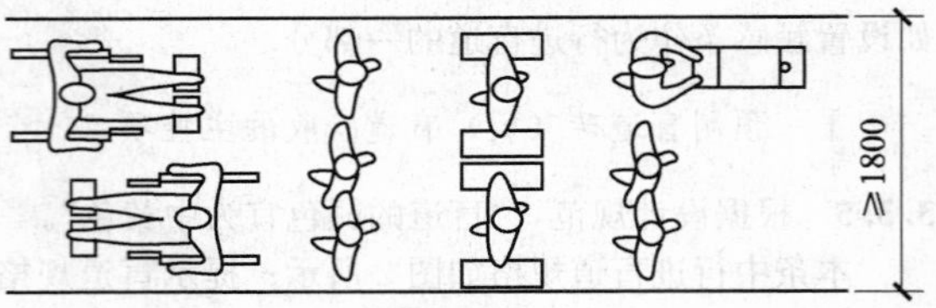

(c) 大型公建走道

图 5 无障碍通道最小宽度（mm）

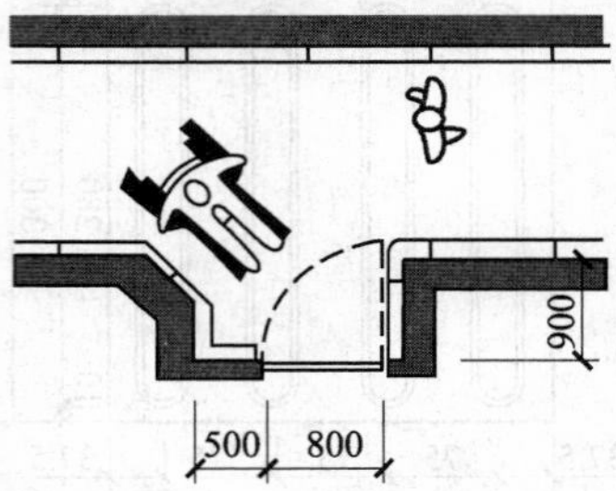

图 6 走道的凹室（mm）

3.5.11 根据设计规范要求，通道内光照度不应小于 120lx。

Ⅱ 一 般 项 目

3.5.13 根据设计规范要求，护墙板高度为 0.35m。

3.6 无障碍停车位

Ⅰ 主控项目

3.6.4 根据设计规范要求，距建筑入口及车库最近的停车位置，应划为无障碍停车车位。

3.6.5 根据设计规范要求，无障碍停车位一侧应设宽度大于或等于1.20m的轮椅通道。无障碍停车位及轮椅通道如图7所示。

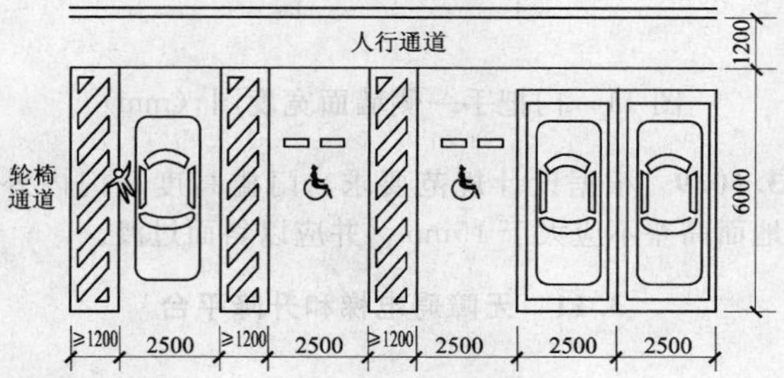

图7 无障碍停车位及轮椅通道（mm）

3.6.6 根据设计规范要求，无障碍停车位的地面应漆画停车线、轮椅通道线和无障碍标志，在无障碍停车位的尽端宜设无障碍标志牌。

Ⅱ 一般项目

3.6.7 根据设计规范要求，无障碍停车位地面坡度不应大于1∶50。

3.7 无障碍出入口

Ⅰ 主控项目

3.7.7 根据设计规范的要求，无障碍出入口平台宽度应符合表6的规定。

表6 无障碍出入口平台宽度表

建筑类别	无障碍出入口平台最小宽度（m）
大中型公共建筑	≥2.00
小型公共建筑	≥1.50
中高层建筑、公寓建筑	≥2.00
多低层无障碍建筑、公寓建筑	≥1.50
无障碍宿舍建筑	≥1.50

3.7.8 根据设计规范的要求，无障碍出入口门厅、过厅设两道门时，门扇同时开启最小间距，应符合表7的规定。小型公建门厅门扇间距如图8所示；大中型公建门厅门扇间距如图9所示。

表7 门扇开启最小间距表

建筑类别	门扇开启后的最小间距（m）
大中型公共建筑	≥1.50
小型公共建筑	≥1.20
中、高层建筑、公寓建筑	≥1.50
多、低层无障碍住宅、公寓建筑	≥1.20

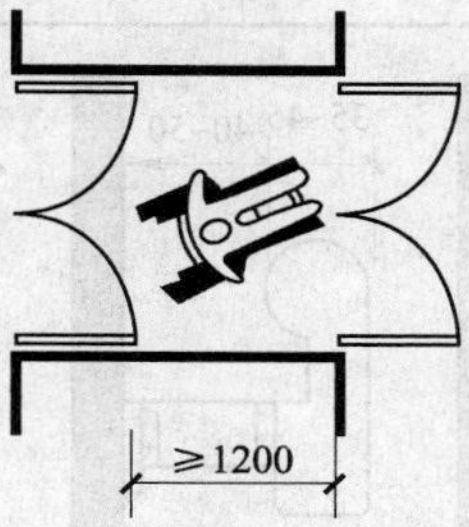

图8 小型公建门厅门扇间距（mm）

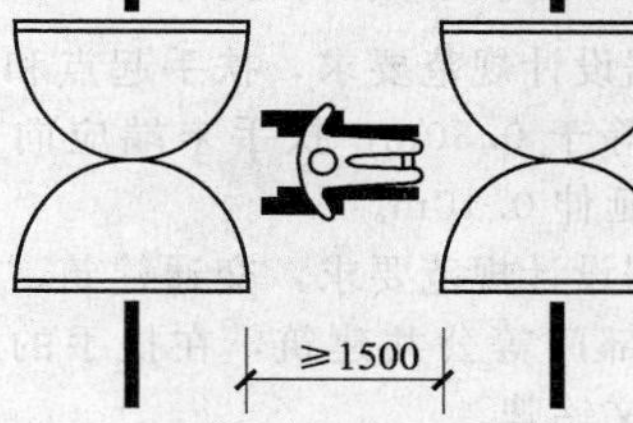

图9 大中型公建门厅门扇间距（mm）

3.8 低位服务设施

Ⅰ 主控项目

3.8.4 根据《无障碍建设指南》要求，服务设施离地面高度宜为0.70m～0.80m，宽度不宜小于1.00m。

3.8.5 根据《无障碍建设指南》要求，服务设施下方净高不应小于0.65m，净深不应小于0.45m。

3.9 扶　手

Ⅰ 主控项目

3.9.3 扶手对于残疾人、老年人等社会特殊群体的人士上下楼梯、台阶和行走有重要的作用。工程施工中，扶手分项工程可能由专业的队伍来制作和安装，也可能在工程竣工后由其他单位安装。不少地方的扶手强度、刚度不能满足要求，特别是安装不牢固，给使用者带来不便甚至危险。本条旨在强调对二次施工阶段的质量控制。

3.9.4 根据设计规范要求，扶手高度为0.85m；设双层扶手时，上层扶手高度为0.85m；下层扶手高应为0.65m。扶手内侧与墙面的距离应为40mm～50mm。根据设计规范，扶手截面尺寸应符合表8的要求。扶手截面及托件的形状、尺寸如图10所示。

表8 扶手截面尺寸

类　别	截面尺寸（mm）
圆形扶手	35～45（直径）
矩形扶手	35～45（宽度）

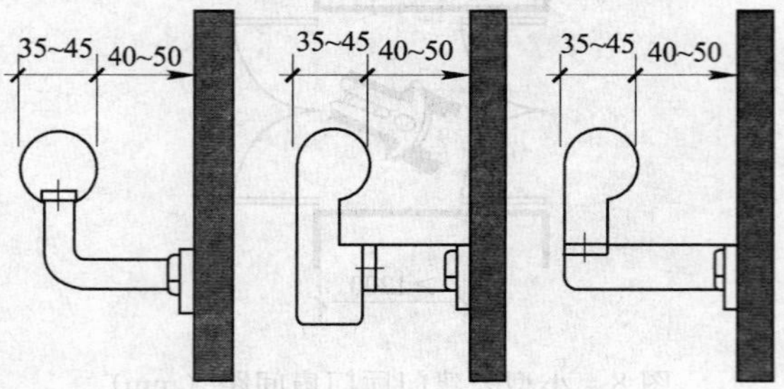

图10 扶手截面及托件（mm）

3.9.5 根据设计规范要求，扶手起点和终点处延伸应大于或等于0.30m，扶手末端应向内拐到墙面，或向下延伸0.10m。

3.9.6 根据设计规范要求，交通建筑、医疗建筑和政府接待部门等公共建筑，在扶手的起点和终点处应设盲文铭牌。

3.10 门

Ⅰ 主控项目

3.10.4 根据设计规范要求，门的选型应符合下列规定：

1 应采用自动门，也可采用推拉门、折叠门或平开门，不应采用力度大的弹簧门。

2 在旋转门一侧应另设包括残疾人、老年人等社会特殊人群使用的门。

3 无障碍厕所和无障碍浴室应采用门外可应急开启的门插销。

4 无障碍厕位门扇向外开启后，入口净宽不应小于0.8m，门扇内侧应设关门拉手。

3.10.5 根据设计规范要求，门的净宽应符合表9的规定。

表9 门的净宽

类　别	净宽（m）
自动门	≥1.00
推拉门、折叠门	≥0.80
平开门	≥0.80
弹簧门（小力度）	≥0.80

3.10.6 根据设计规范要求，推拉门、平开门把手一侧的墙面，应留有不小于0.5m的墙面宽度。如图11所示。

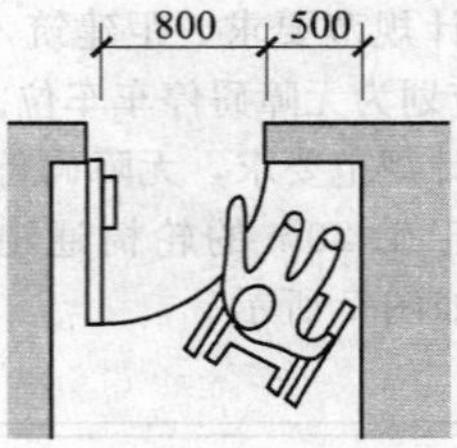

图11 门把手一侧墙面宽度图（mm）

3.10.9 根据设计规范要求，门槛高度及门内外地面高差不应大于15mm，并应以斜面过渡。

3.11 无障碍电梯和升降平台

Ⅰ 主控项目

3.11.5 根据设计规范要求，无障碍电梯厅宽度不宜小于1.80m。无障碍电梯的候梯厅如图12所示。

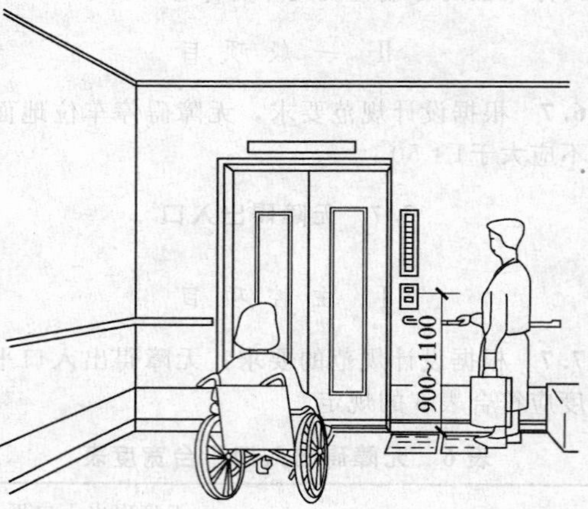

图12 无障碍电梯候梯厅（mm）

3.11.6 根据设计规范要求，专用选层按钮高度宜为0.90m～1.10m。轿厢侧面选层按钮应带有盲文。无障碍电梯的轿厢如图13所示。

3.11.7 根据设计规范要求，无障碍电梯门洞净宽度不宜小于0.90m。

3.11.8 根据设计规范要求，无障碍电梯厅和轿厢内应有清晰显示轿厢上、下运行方向和层数位置及无障碍电梯提示音响。

3.11.9 根据设计规范要求，轿厢深度大于或等于1.40m。轿厢宽度大于或等于1.10m。无障碍电梯门开启净宽度大于或等于0.80m。

图 13　无障碍电梯轿厢

3.11.10　根据《无障碍建设指南》要求，门扇关闭时应有光幕感应安全措施，门开闭的时间间隔不应小于 15s。

3.11.11　根据设计规范要求，轿厢正面高 0.90m 处至顶部应安装镜子或不锈钢镜面。

3.11.12　根据设计规范要求，升降平台的面积不应小于 1.20m×0.90m。

Ⅱ　一 般 项 目

3.11.14　轿厢内壁下部宜设高度不小于 350mm 的护壁板。

3.12　楼梯和台阶

3.12.1　本节中的整体面层是指细石混凝土、水泥砂浆现浇的面层或水磨石、橡胶弹性的楼梯和台阶面层。板块面层是指水泥花砖、陶瓷类地砖、石板材铺砌的楼梯和台阶的面层。

Ⅰ　主 控 项 目

3.12.9　根据设计规范要求，楼梯和台阶踏步的宽度和高度应符合表 10 的规定：

表 10　楼梯和台阶踏步的宽度和高度

建筑类别	最小宽度(m)	最大高度(m)
公共建筑楼梯	0.28	0.15
住宅、公寓建筑公用楼梯	0.26	0.16
幼儿园、小学校楼梯	0.26	0.14
室外台阶	0.30	0.14

3.12.11　根据设计规范要求，楼梯和台阶的踏步面不应采用无踢面和凸缘为直角形的踏步面。当采用圆形凸缘时，凸缘的突出长度不应大于 10mm。如图 14 所示。

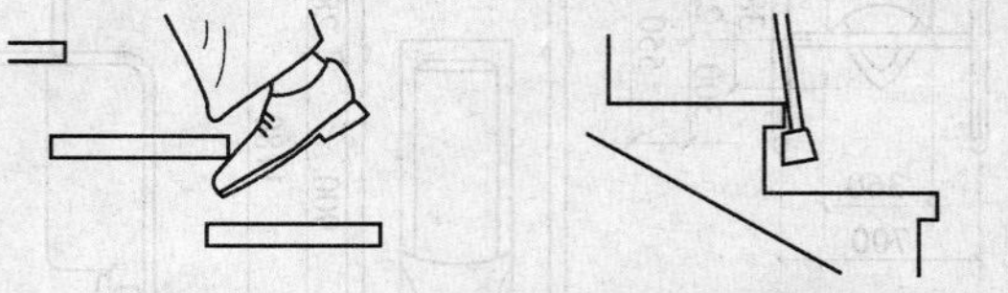

(a) 无踢面的踏步　　(b) 凸缘为直角形的踏步

图 14　无踢面踏步和凸缘为直角形的踏步

3.13　轮 椅 席 位

Ⅰ　主 控 项 目

3.13.4　根据设计规范的要求，轮椅席位的设置位置和面积如图 15 所示。

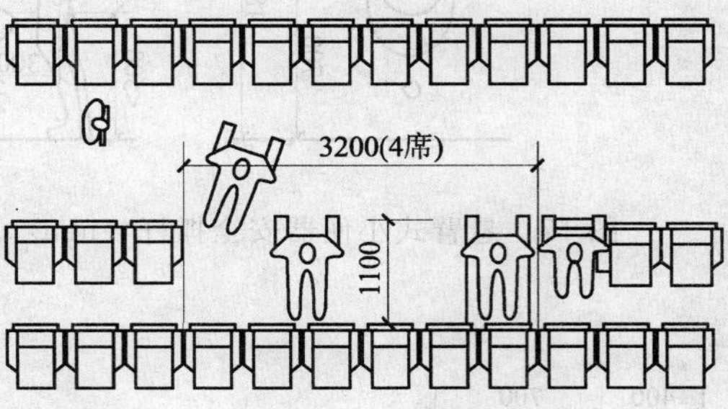

图 15　轮椅席位位置和面积（mm）

Ⅱ　一 般 项 目

3.13.7　根据《无障碍建设指南》要求，轮椅席位旁宜设置不少于 1 席供陪同者使用的座位。

3.14　无障碍厕所和无障碍厕位

Ⅰ　主 控 项 目

3.14.4　根据设计规范要求，无障碍专用厕所面积应大于或等于2.00m×2.00m；新建无障碍厕位面积不应小于 1.80m×1.40m，改建无障碍厕位面积不应小于 2.00m×1.00m。

3.14.5　根据设计规范要求，男、女公厕内应各设一个无障碍厕位；政府机关和大型公共建筑及城市主要地段，应设无障碍厕所。

3.14.6　根据设计规范要求，无障碍厕所的坐便器高为 0.45m。

3.14.7　根据设计规范要求，安全抓杆直径应为 30mm～40mm。其内侧应距墙面 40mm。安装位置如图 16、图 17 和图 18 所示。

3.14.8　安全抓杆的支撑力应不小于 100kg。安全抓杆是残疾人、老年人保持身体平衡和进行转移

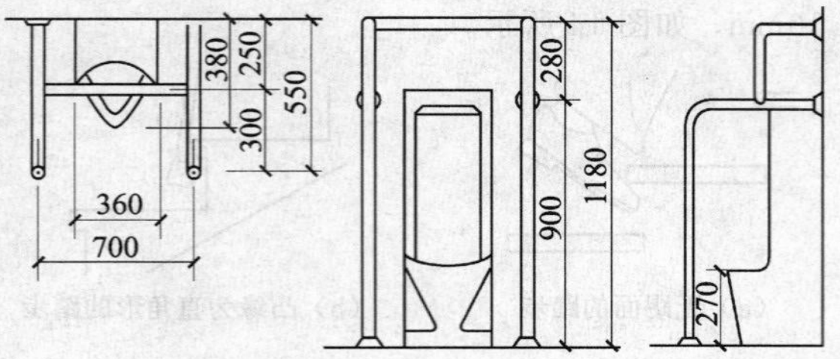

图16　落地式小便器安全抓杆（mm）

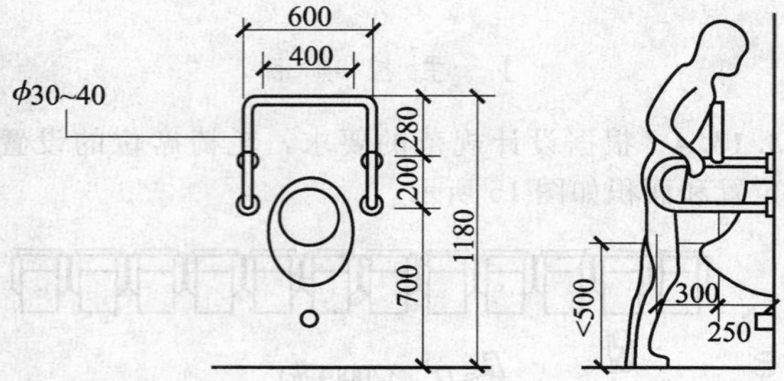

图17　悬臂式小便器安全抓杆（mm）

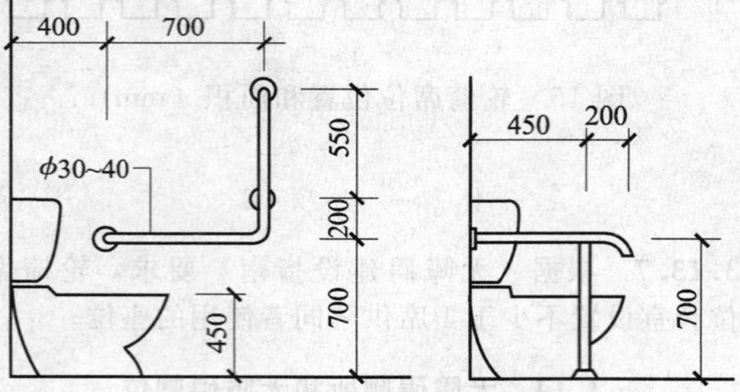

图18　坐便器两侧固定式安全抓杆（mm）

不可缺少的安全和保护措施。支撑力的不足可能对使用者造成伤害或安全事故，故设本条为强制性条文，必须严格执行。

3.14.10　根据设计规范要求，距地面高0.40m～0.50m处应设求助呼叫按钮。

3.14.11　根据设计规范要求，台式洗手盆下方的净空尺寸高、宽、深应不小于0.65m×0.70m×0.45m。

Ⅱ　一 般 项 目

3.14.12　根据设计规范要求，放物台面长、宽、高为0.80m×0.50m×0.60m，台面宜采用木制品或革制品。

3.14.13　根据设计规范要求，挂衣钩高为1.20m。

3.14.15　根据设计规范要求，电器照明开关应选用搬把式，高度应为0.90m～1.10m。

3.15　无障碍浴室

Ⅰ　主 控 项 目

3.15.4　根据设计规范要求，在门扇向外开启时，无障碍淋浴间不应小于3.5m²，浴间短边净宽度不应小于1.50m；无障碍盆浴间不应小于4.5m²，浴间短边净宽度不应小于2.00m。

3.15.6　根据设计规范要求，无障碍淋浴间应设高0.45m的洗浴座椅。应设高0.70m的水平抓杆和高1.40m的垂直抓杆。

3.15.7　根据设计规范要求，浴盆一端设深度不应小于0.40m的洗浴坐台。浴盆内侧应设高0.60m和0.90m的水平抓杆，水平抓杆的长度应大于或等于0.80m。

3.15.8　由于浴室环境湿滑，同时洗浴会导致残疾人、老年人体力下降。因此本条设为强制性条文，要求与3.14.8条说明相同。

3.16　无障碍住房和无障碍客房

Ⅰ　主 控 项 目

3.16.7　根据设计规范要求，无障碍住房和无障碍客房的设计要求应符合表11的规定。无障碍客房的平面布置如图19所示。

表11　无障碍居室的设计要求

名称	设计要求
卧室	1. 单人卧室，应大于或等于7.00m²； 2. 双人卧室，应大于或等于10.50m²； 3. 兼做起居室的卧室，应大于或等于16.00m²； 4. 橱柜挂衣杆高度，应小于或等于1.40m；其深度应小于或等于0.60m； 5. 应有直接采光和自然通风
起居室（厅）	1. 起居室应大于或等于14.00m²； 2. 墙面、门洞及家具位置，应符合轮椅通行、停留及回转的使用要求； 3. 橱柜高度，应小于或等于1.20m；深度应小于或等于0.40m； 4. 应有良好的朝向和视野

根据设计规范要求，无障碍厨房的设计要求应符合表12的规定：

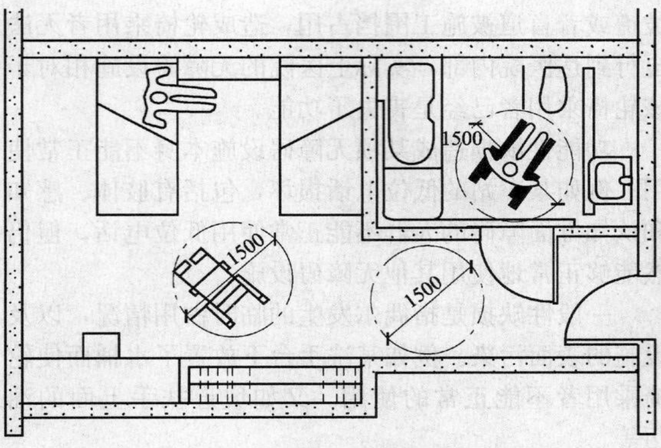

图 19　无障碍客房平面布置图（mm）

表 12　无障碍厨房设计表

部位	设计要求（使用面积）
位置	厨房应布置在门口附近，以方便轮椅进出，要有直接采光和自然通风
面积	1. 一类和二类住宅厨房，应大于或等于 6.00m²； 2. 三类和四类住宅厨房，应大于或等于 7.00m²； 3. 应设冰箱位置和二人就餐位置
宽度	1. 厨房净宽应大于或等于 2.00m； 2. 双排布置设备的厨房通道净宽应大于或等于 1.50m
操作台	1. 高度宜为 0.75m～0.80m； 2. 深度宜为 0.50m～0.55m； 3. 台面下方净宽度应大于或等于 0.60m；高度应大于或等于 0.60m；深度应大于或等于 0.25m； 4. 吊柜柜底高度，应小于或等于 1.20m；深度应小于或等于 0.25m
其他	1. 燃气门及热水器方便轮椅靠近，阀门及观察孔的高度，应小于或等于 1.10m； 2. 应设排烟及拉线式机械排油烟装置； 3. 炉灶应设安全防火、自动灭火及燃气泄漏报警装置

3.16.8　根据设计规范要求，无障碍客房位置应便于到达、疏散和进出方便；餐厅、购物和康乐等设施的公共通道应方便轮椅到达。

3.16.10　本条指的家具是随建筑装修设置的固定家具。电器一般都是活动的，但往往建筑预留给电器的位置，决定了最终电器设置的高度和位置，所以列出，以使各相关单位能在施工前考虑到这种情况。

3.16.12　根据设计规范要求，操作台高度宜为 0.75m～0.80m；深度宜为 0.50m～0.55m。台面下方净宽、高、深应大于或等于 0.60m × 0.60m × 0.25m。吊柜柜底高度应小于或等于 1.20m；深度应小于或等于 0.25m。

3.16.13　根据设计规范要求，橱柜高度应小于或等于 1.20m，深度应小于或等于 0.40m。挂衣杆高度应小于或等于 1.40m。

3.16.14　根据设计规范要求，阳台深度不应小于 1.50m。

3.16.15　根据设计规范要求，阳台应设可升降的晾晒衣物设施。

3.16.17　电话应设在卧床者伸手可及处。根据设计规范要求，对讲机按钮和通话器高度应为 1.00m。

3.17　过街音响信号装置

Ⅰ　主 控 项 目

3.17.5　根据现行国家标准《道路交通信号灯》第一号修改单 GB 14887—2003/XG1—2006 第 5.28 条要求：盲人过街声响提示装置应能在人行横道信号灯的绿灯时间内发出过街提示声音，声音基本波形为正弦波，音响频率为 700Hz±50Hz，持续时间 0.2s，周期为 1s，白天声压级应不超过 65dB（A 计权），夜间声压级应不超过 45dB（A 计权）。该标准第 6.27 条要求：用数字存储示波器、频谱分析仪、声级计测量盲人过街声响提示装置的波形、音响频率、周期、声压级，应符合第 5.28 条要求。

根据各地使用过街音响信号装置的经验，临近居住区的装置在夜晚安静的环境中会影响到居民休息，因此制定本条要求装置可以根据情况开启和关闭。

Ⅱ　一 般 项 目

3.17.6　采用现行国家标准《钢结构工程施工质量验收规范》GB 50205—2001 中的第 E.0.1 条单层柱高度≤10m 的允许偏差值。

4　无障碍设施的维护

4.1　一 般 规 定

4.1.1　无障碍设施的维护工作一直是无障碍设施建设的薄弱环节。市政道路和公路的养护技术规范中有一套科学并行之有效的质量评价方法。但无障碍设施总体的样本量较少且分散，评价指标的建立也没有先例，尚需积累相关的数据。目前只能先做定性的要求。

本规范给出的是无障碍设施满足使用的基本要求，各地可以根据自身的气候环境特点再制定相应的地方性规程。

4.1.2　无障碍设施的维护工作随其城市道路、城市绿地、居住区、建筑物和历史文物保护建筑分布在各个单位的管理范围内的，明确维护责任单位的问题一直没有得到很好的解决。除市政养护工作早有规范规定外，道路上占用无障碍设施和建筑物无障碍设施维护等问题，落实责任单位及其维护范围工作一直没有明确的规定。通过广泛调研，本条提出：公共建筑、居住建筑由产权单位来负责无障碍设施的维护。公共设施则由政府管理部门明确的维护单位来负责。鉴于不少产权单位将建筑物委托给有资质的物业管理公司管理（尤其是商务办公用房、居住小区），也规定了物业公司可以作为维护单位。无障碍设施的维护涉及的单位比较多，全国各地对市政道路、公共设施和公共建筑的管理关系不完全统一，对无障碍设施的维护职责和范围由各地方政府制定相应的管理规定和条例更为妥当。

4.1.3 对维护人员配备的要求。有条件的地区可以进一步提出岗位资质的要求。例如土建和设备安装工程师。此类人员如果能够参加相应的无障碍设施维护方面的培训，对维护工作更为有利。

4.1.8 某些设施的缺损（例如路面检查井盖的缺失，栏杆的缺失）直接关系到使用者的人身安全，必须立即采取应急措施和及时维修。

4.1.9 本条要求使用相同的材料，旨在保证维修后面层的质量和观感一致。现实中，特别是对老工程的改造，往往难于采购到与原规格相同的材料，此时应对维修和改造方案整体考虑，避免改造后新旧设施的不协调。

4.1.10 对维修部位完成后的验收，仍然采用本规范第3章对应设施的验收规定。

4.1.11 因为防滑是无障碍设施地面的一项重要指标，因此有必要将除雪防滑的职责落实到设施维护人。对于因没有及时进行除雪作业的设施，而造成冰冻等防滑性能不能满足要求的，甚至危及使用人员安全的，应按本规范第4.1.8条执行。

4.2 无障碍设施的缺损类别和缺损情况

4.2.1 现实中缺损是无障碍设施不能正常使用的重要原因，参照现行行业标准《城镇道路养护技术规范》CJJ 36—2006、《公路养护技术规范》JTJ 073—96列出缺损情况有利于维护单位对照和识别。

系统性缺损造成整条道路或整栋建筑物的无障碍设施无法使用。例如从某住宅小区去附近医院的缘石坡道或者盲道被施工围挡占用，造成轮椅乘用者无法自行到达医院内部，实际上医院的无障碍设施相对于该轮椅乘用者已经是丧失了功能。

功能性缺损造成某项无障碍设施本身不能正常使用。例如某车站的低位电话损坏，包括有肢体、感知和认知方面障碍的人群不能正常使用低位电话，但仍然能够正常地使用其他无障碍设施。

一般性缺损是指偶尔发生的临时占用情况，以及设施的表面污染。例如某洗手台下放置了水桶而使轮椅乘用者不能正常的使用。又如坡道扶手上面的油污等。

4.2.2 无障碍设施出现的问题很多，不可能一一列举。因为之前没有相关的标准涉及无障碍设施的缺损问题，表4.2.2按第4.2.1条的分类列举了主要问题，使整个检查和维护工作能够更加具有系统性和可操作性。

4.3 无障碍设施的检查

4.3.1 除本条要求的三类检查之外，维护单位还可以根据实际情况增加不定期的巡检。

4.4 无障碍设施的维护

4.4.1 无障碍设施被占用的情况时常发生，施工占用的周期短则数月，长则数年。本条旨在要求施工期间占用无障碍设施的应设计临时性无障碍设施，以保证在施工占用期间无障碍设施的正常使用，方便包括残疾人、老年人等社会特殊群体在内的全体社会成员的出行和活动。

4.4.4 抗滑性能的下降直接影响使用者特别是残疾人、老年人等社会特殊人群的安全，在不能立即修复时，应按本规范第4.1.8条执行。

附录C 无障碍设施地面抗滑性能检查记录表及检测方法

C.0.2 本测定方法参照现行行业标准《地面石材防滑等级划分及试验方法》JC/T 1050—2007。

中华人民共和国国家标准

油气管道工程建设项目设计文件编制标准

Standard for compiling the design documents of oil and gas pipeline projects

GB/T 50644—2011

主编部门：中 国 石 油 天 然 气 集 团 公 司
批准部门：中华人民共和国住房和城乡建设部
施行日期：2 0 1 1 年 1 0 月 1 日

中华人民共和国住房和城乡建设部
公　告

第 933 号
关于发布国家标准《油气管道工程建设项目设计文件编制标准》的公告

现批准《油气管道工程建设项目设计文件编制标准》为国家标准，编号为 GB/T 50644—2011，自 2011 年 10 月 1 日起实施。

本规范由我部标准定额研究所组织中国计划出版社出版发行。

中华人民共和国住房和城乡建设部

二〇一一年二月十八日

前　言

根据住房和城乡建设部《关于印发〈2008 年工程建设标准规范制订、修订计划（第二批）〉的通知》（建标〔2008〕105 号）的要求，由中国石油天然气管道工程有限公司和中国石油集团工程设计有限责任公司西南分公司会同有关单位共同编制完成。

本标准在编制过程中，编制组经调查研究，总结并吸收了多年油气管道工程建设和生产管理经验，借鉴了国内已有的相关国家标准、行业标准，并在广泛征求意见的基础上，最后经审查定稿。

本标准共分 5 章，主要技术内容是：总则、基本规定、设计说明及图表、专篇、概算。

本标准由住房和城乡建设部负责管理，石油工程建设专业标准化委员会负责日常管理，中国石油天然气管道工程有限公司负责具体技术内容的解释。执行过程中如有意见或建议，请寄送中国石油天然气管道工程有限公司（地址：河北省廊坊市和平路 146 号；邮政编码：065000），以供今后修订时参考。

本标准主编单位、参编单位、主要起草人和主要审查人：

主 编 单 位： 中国石油天然气管道工程有限公司
中国石油集团工程设计有限责任公司西南分公司

参 编 单 位： 大庆油田工程有限公司

主要起草人： 朱坤锋　张文伟　谌贵宇　向　波　王　彦　付　明　杨　帆　张振永　毛　敏　俞彦英　李　巧　梅　斌　张永红　马红昕　吴克信　王　红　王晓峰　刘桂志　沈泽民　尹晔昕　赵华田　张春杰　胡道华　陈丽贤　杨成贵　赵砚仑　周　丁　王育军　陈　杰　杜庆山　高　红　周长才　雒定明　杨春明　王朝霞　罗星环　黄子忠　徐继利　张晓东　刘俊杰　邱鑫鹏　陈　枫　陈慧义

主要审查人： 叶学礼　卜祥军　沈珏新　欧　莉　史海平　张　帆　刘偌伍　周　云　唐兴华　张庆刚　王　宏　李晓力　胡凤杰　于景龙　王小林

目　次

1　总则 …………………………………… 1—28—5
2　基本规定……………………………… 1—28—5
3　设计说明及图表 ……………………… 1—28—5
3.1　总说明……………………………… 1—28—5
3.2　线路工程…………………………… 1—28—7
3.3　穿（跨）越工程 …………………… 1—28—10
3.4　油气输送工艺 ……………………… 1—28—12
3.5　站场工艺 …………………………… 1—28—14
3.6　防腐保温及阴极保护 ……………… 1—28—14
3.7　自动控制与仪表 …………………… 1—28—15
3.8　通信 ………………………………… 1—28—16
3.9　供配电 ……………………………… 1—28—17
3.10　总图及运输………………………… 1—28—18
3.11　建筑………………………………… 1—28—18
3.12　结构………………………………… 1—28—18
3.13　给排水……………………………… 1—28—19
3.14　消防………………………………… 1—28—19
3.15　供热………………………………… 1—28—20
3.16　采暖通风与空气调节……………… 1—28—20
3.17　机械………………………………… 1—28—21
3.18　伴行道路…………………………… 1—28—21
3.19　维修与抢修………………………… 1—28—23
3.20　分析化验…………………………… 1—28—23
3.21　组织机构、定员及车辆配置……… 1—28—23
3.22　工程项目实施进度安排…………… 1—28—23
4　专篇 ………………………………… 1—28—23
4.1　环境保护专篇 ……………………… 1—28—23
4.2　安全设施设计专篇 ………………… 1—28—24
4.3　消防专篇 …………………………… 1—28—24
4.4　职业卫生专篇 ……………………… 1—28—25
4.5　节能专篇 …………………………… 1—28—26
5　概算 ………………………………… 1—28—26
本标准用词说明 ………………………… 1—28—27
附：条文说明…………………………… 1—28—28

Contents

1 General provisions ······ 1—28—5
2 Basic requirement ······ 1—28—5
3 Design documents, drawing and form ······ 1—28—5
3.1 Chief introduction ······ 1—28—5
3.2 Pipeline route ······ 1—28—7
3.3 Pipeline underground/aerial crossing ······ 1—28—10
3.4 Oil and gas transportation process ······ 1—28—12
3.5 Station process ······ 1—28—14
3.6 Corrosion control, thermal insulation and cathodic protection ······ 1—28—14
3.7 Control and instrument ······ 1—28—15
3.8 Telecommunication ······ 1—28—16
3.9 Power supply and distribution ······ 1—28—17
3.10 Plot plan ······ 1—28—18
3.11 Architecture ······ 1—28—18
3.12 Structure ······ 1—28—18
3.13 Water supply and drainage ······ 1—28—19
3.14 Fire fighting ······ 1—28—19
3.15 Heat-supply ······ 1—28—20
3.16 Heating, ventilation and air conditioning ······ 1—28—20
3.17 Mechanical ······ 1—28—21
3.18 Pipeline road ······ 1—28—21
3.19 Maintenance repair, and trouble shooting ······ 1—28—23
3.20 Chemical analysis ······ 1—28—23
3.21 Organization ······ 1—28—23
3.22 Execution plan ······ 1—28—23
4 Specialties ······ 1—28—23
4.1 Environmental protection ······ 1—28—23
4.2 Design of facility for safety ······ 1—28—24
4.3 Fire protection ······ 1—28—24
4.4 Occupational health ······ 1—28—25
4.5 Energy saving ······ 1—28—26
5 Budgetary estimation ······ 1—28—26
Explanation of wording in this standard ······ 1—28—27
Addition: Explanation of provisions ······ 1—28—28

1 总 则

1.0.1 为适应油气管道工程建设的需要，加强对油气管道工程建设项目初步设计文件编制工作的管理，保证初步设计文件编制的质量和完整性，制定本标准。

1.0.2 本标准适用于陆上新建、改建和扩建油气管道工程建设项目初步设计文件的编制。

1.0.3 油气管道工程建设项目初步设计文件的编制，除应符合本标准外，尚应符合国家现行有关标准的规定。

2 基 本 规 定

2.0.1 油气管道工程建设项目初步设计文件应依据合同（或设计委托）、批准的可行性研究报告、批复的各种专项评价报告、地方政府主管部门对管道路由和站场选址的批复意见及设计基础资料进行编制。

2.0.2 初步设计的主要技术方案及主要设备材料选型应在可行性研究的基础上进行优化和确认。初步设计深度应满足下列要求：

1 指导施工图（详细）设计。

2 满足工程总承包招标文件的编制。

3 确定土地征用和建（构）筑物搬迁范围。

4 满足长周期采购设备和材料的订货。

5 进行工程项目施工准备工作。

6 进行生产准备和人员培训工作。

7 编制项目建设计划。

2.0.3 初步设计文件应包括下列内容：

1 设计说明及图表，包括设计说明书、设备汇总表、材料汇总表、设计图纸，其中设计说明书应由总说明、各专业设计说明组成。

2 专篇，包括环境保护专篇、安全设施设计专篇、消防专篇、职业卫生专篇、节能专篇，编制内容、深度和格式应符合国家或主管部门的相关规定。

3 概算文件。

4 合同条款中要求的其他技术文件。

3 设计说明及图表

3.1 总 说 明

3.1.1 总说明应包括概述、工程概况、总体技术水平、主要工程量、主要技术经济指标、对可行性研究的变化情况、问题与建议及设计图纸。

3.1.2 概述应包括下列内容：

1 工程项目建设的背景、目的、意义和必要性，并简述工程项目的资源和市场。

2 工程项目的设计依据，列出各设计依据的发文（或签订）单位名称、文件号、文件名称和发文（或签订）日期，具体文件作为附件列出，主要设计依据应包括下列内容：

1）设计委托书或设计合同；

2）可行性研究报告及批复文件；

3）资源评价报告及批复文件；

4）项目申请报告及核准意见；

5）环境影响评价报告及批复文件；

6）职业病危害评价报告及批复文件；

7）安全预评价报告及备案表；

8）地震安全性预评价报告及批复文件；

9）地质灾害危险性预评价报告及批复文件；

10）水土保持方案预评价报告及批复文件；

11）压覆矿产资源评估报告及批复文件；

12）文物考古评价及批复文件；

13）河流大型穿（跨）越工程防洪评价报告及批复意见；

14）勘察测量文件；

15）技术引进合同；

16）线路路由及站场选址批复文件；

17）通信、供电、供水、交通运输及建设用地等协议或意向文件；

18）有关的项目设计要求或会议纪要及其他有关重要文件。

3 应根据国家、行业有关方针、政策和要求，并结合工程项目的具体情况，说明工程项目设计所遵循的原则。

4 设计中遵循的法律、法规，采用的标准名称、标准号、年号及版次，以及参照的国际标准和国外先进标准。

5 设计范围和项目构成，当有协作设计时，应说明设计分工的内容及界面划分情况。

6 初步设计文件构成。

3.1.3 工程概况宜简要说明下列内容：

1 工程项目的建设地点、设计输送能力、输送工艺、设计压力、管道的外径及长度、站场设置。有分期建设的项目应说明分期建设规模及设计输量。

2 推荐的线路走向、线路用管、线路阀室数量及形式、管道敷设方式、管道防腐形式、阴极保护方式及阴极保护站数量、水域大中型穿（跨）越的方式和数量、山岭隧道的数量和长度、线路永久和临时征（占）地面积、伴行道路长度等内容。

3 站场名称、类型、功能和数量。

4 站场的建筑面积、征地面积、所占用土地类型及面积、需要搬迁的情况。

5 自动化系统设置情况。

6 通信方式及容量、通信站的设置情况。

7 电源类型及负荷容量情况。

8 消防设施设置情况。

9 水、气（汽）、燃料等的需求及来源，站内公用工程设施情况。

10 组织机构设置情况。

11 引进设备或技术情况，并阐述引进的理由。

12 工程项目总体进度计划。

3.1.4 总体技术水平宜包括下列内容：

1 输送工艺及自动控制管理水平。

2 新工艺、新技术、新设备、新材料的采用情况。

3 专有技术和专利技术的应用以及自主创新情况。

3.1.5 主要工程量应包括线路工程、站场工程、通信工程、输电线路及其他，并应列表给出工程建设项目的主要工程量，内容和格式应符合表3.1.5的规定，分期建设项目应分期开列。

表3.1.5 主要工程量

序号	项目	单位	数量	备注
1	线路工程			
1.1	线路长度（外径、钢级）	km		含穿（跨）越
1.2	管道防腐（类型）	m^2		含穿（跨）越
1.3	水域大（中）型穿、跨越	m/处		
1.4	山岭隧道	m/处		
1.5	阴极保护站	座		含站场区域保护
1.6	线路阀室	座		
1.7	土石方	m^3		
1.8	水工保护及水土保持	m^3		
1.9	伴行道路	km		包括新建及整修伴行道路
2	站场工程			
2.1	首站	座		
2.2	中间站	座		
2.3	末站	座		
3	通信工程			
3.1	通信线路	km		
3.2	通信站	座		
4	输电线路	km		
5	其他			
……				
注：				

3.1.6 引进设备、材料的名称、规格、数量应列表说明。

3.1.7 主要技术经济指标应包括输油（气）规模、钢材用量、主要消耗指标、总建筑面积、用地面积、定员及工程建设总投资，并应列表给出工程建设项目的主要技术经济指标，内容及格式应符合表3.1.7的规定。

表3.1.7 主要技术经济指标

序号	项目	单位	数量	备注
1	输油（气）规模			
1.1	设计输量	10^4 t/a（$10^8 m^3$/a）*		
1.2	设计压力	MPa		
2	钢材用量	10^4 t		其中：管材 t
3	主要消耗指标			
3.1	电	10^4 kW·h/a		
3.2	燃料（油、气、煤）	m^3/a（t/a）		
3.3	水	t		
3.4	单位能耗	MJ/（$10^4 m^3$·km） MJ/（t·km）		
4	总建筑面积	m^2		
5	用地面积			
5.1	永久征地	ha		
5.2	临时占地	ha		
6	定员	人		
7	工程建设总投资	万元		其中外汇（美元）
7.1	建设投资	万元		
7.2	建设期利息	万元		
7.3	流动资金	万元		
……				

注：括号内为输气管道设计输量用单位。

3.1.8 可行性研究的变化情况应包括下列内容：

1 当技术方案与可行性研究有较大变化时，应说明技术方案变化情况及主要原因。

2 当工程建设总投资与可行性研究估算有较大变化时，应说明投资变化情况及主要原因。

3.1.9 在总说明中应提出工程建设项目中存在的未能解决或影响下一阶段工作的问题，并对存在的问题提出合理化建议。

3.1.10 总说明应附线路总体走向图，线路走向图包括管道起终点、中间站场、阀室、沿线经过的省、市、县地名、大型穿（跨）越位置、地貌特征点及主要参照物。

3.2 线路工程

3.2.1 线路工程设计说明及图表应包括概述、线路走向方案优化、推荐线路走向描述、沿线地区等级划分及管道强度系数确定、线路用管及管材、管道敷设、线路附属设施、管道焊接与检验、对专项评价报告的响应情况、管道施工技术要求、主要工程量和设计图纸。

3.2.2 概述应说明线路的起止点、途经行政区划、线路长度、所经主要地貌单元以及管径和设计压力，并说明线路工程的设计范围和设计内容。

3.2.3 线路走向方案优化应包括下列内容：

1 线路选线原则，说明线路选线执行设计标准、规范和规定的原则，结合管道管径和设计压力、沿线地形地貌、工程地质、专项评价报告、当地规划、施工条件和运行管理等，提出不同地形地貌段的具体选线原则。

2 线路走向方案优化应在可行性研究推荐的线路总体走向基础上，对局部线路走向方案进行优化。并应符合下列规定：

1) 简要描述可行性研究推荐的线路总体走向方案，包括线路的起点、终点、沿线主要地名和线路长度；当管道系统含有支线时，应说明支线与干线的接点位置；

2) 描述局部线路路由比选方案的路由，包括线路方案的起止点、长度、沿线地形、地貌、地质、植被、交通依托、路由许可情况、穿（跨）越及存在的特殊地段情况等；

3) 应对各局部路由走向方案进行主要工程量及投资比较，内容及格式应符合表 3.2.3 的规定；

表 3.2.3 线路各走向方案主要工程量及投资比较

序号	项目			单位	方案 1	方案 2	……
1	管道长度	干线		km			
		支线		km			
		按地貌划分	平原	km			
			丘陵	km			
			山区	km			
			……				
2	穿跨越	铁路		m/处			
		高等级公路		m/处			
		河流大中型		m/处			
3	特殊地段长度			km			
4	通过地震活动断裂带			处			
5	修建伴行路			km			

续表 3.2.3

序号	项目		单位	方案 1	方案 2	……
6	土石方	土方量	m^3			
		石方量	m^3			
		回填土方	m^3			
7	水工保护（按保护方式划分）	砌石保护	m^3			
		……				
8	征（占）地	永久征地	m^2			
		临时占地	m^2			
9	重要赔偿（按赔偿种类式划分）	搬迁赔偿				
		青苗赔偿				
		果树赔偿				
		……				
10	工程投资		万元			

4) 应对各局部路由走向方案的优缺点进行比较；

5) 提出线路走向推荐方案，并应说明推荐理由。

3 说明初步设计与可行性研究的线路走向差异，以及线路比选优化方案的处数、地理位置和比选段线路长度。

3.2.4 推荐线路走向描述应包括下列内容：

1 线路走向起止点的地名、坐标及所经地区的地理位置，以及沿线经过的省、市（地区）、县、主要乡镇、河流、道路、站场等情况。

2 沿线行政区划及各区划内管道长度。

3 沿线地形、地貌情况及地表植被分布情况。

4 沿线气象情况。

5 沿线工程地质及水文地质情况。

6 沿线土壤腐蚀情况。

7 沿线地质灾害类型及分布情况、沿线地震动参数及断裂带分布情况。

8 沿线交通和社会依托情况。

9 沿线城镇规划区、环境敏感区、军事管理区、压覆矿产及采空区分布情况。

10 沿线困难段和道路修筑情况。

11 管道永久征地和临时占地情况，并分类说明。

3.2.5 沿线地区等级划分及管道强度系数确定应包括下列内容：

1 列出管道强度计算公式，以及公式中各项参数的意义及取值。

2 输油管道工程应按照一般线路地段管道和特

殊地段管道分别确定管道强度系数。

3 液态液化石油气管道工程和输气管道工程应说明地区等级划分的原则并进行地区等级划分，并按照划分的地区等级确定管道强度系数。

3.2.6 线路用管及管材应包括下列内容：

1 说明管道直径、输送介质、输送压力、输送温度等管道设计的基本参数，以及工程可行性研究报告推荐的管材钢级及钢管类型。

2 每种管径选用两种或两种以上的钢级，根据管道设计压力，分别计算直管段壁厚并统计管材用量。

3 管材及钢管类型选择应包括下列内容：

1）根据各钢种等级的机械性能、可焊性、用量、费用、输送压力、管材强度匹配以及工程适用性等进行综合技术经济比较，提出推荐选用的钢种等级和管道壁厚，并应说明推荐理由；

2）说明可供选择的钢管类型及其优缺点；

3）结合可行性研究的推荐方案和工程实际，对各类钢管的质量水平、生产能力、供货能力和市场价格等进行综合分析比较，提出推荐选用的钢管类型和采用的制管标准，并说明推荐理由。

4 线路用钢管规格及用量统计应包括下列内容：

1）不同地区等级的一般线路地段用管管型、壁厚及钢种等级；

2）重要设施附近及人群聚集地、环境敏感地段等特殊地段用管管型、壁厚及钢种等级；

3）管道通过活动地震断裂带用管管型、壁厚及钢种等级；

4）站场及阀室上、下游管道用管的管型、壁厚、钢种等级及长度要求；

5）列表说明推荐管材的机械性能；

6）列表统计各种规格的用管的长度和重量。

5 线路用弯管应包括下列内容：

1）结合选定的线路用管，确定热煨弯管用钢管管型及钢级；计算热煨弯管壁厚，确定制作热煨弯管用的母管壁厚，并说明热煨弯管曲率半径和基本技术要求；

2）根据线路用管管径，说明线路用冷弯管曲率半径要求；应说明冷弯弯管用管型要求；说明冷弯管两端直管段长度要求和弯曲度数要求。

6 管道强度和稳定性校核应列出主要计算公式，并说明公式中各项参数的意义及取值，强度和稳定性校核宜包括下列内容：

1）直管段的强度和稳定性校核；

2）热煨弯头和冷弯弯管的强度和稳定性校核；

3）管道径向变形校核；

4）管道抗震校核；

5）大埋深管段的管道变形校核；

6）管道通过特殊地段时，应作管道应力与应变设计分析和计算。

3.2.7 管道焊接与检验应包括下列内容：

1 说明推荐采用的管道焊接方法，以及对于不同焊接方法推荐选用的焊接材料及型号。

2 说明现场管道焊缝焊接采用的无损探伤方法、检查比例和无损探伤执行的标准及质量合格标准。

3.2.8 管道敷设应包括下列内容：

1 一般地段管道的敷设方式、管道埋深、管沟开挖及施工作业带的要求。

2 特殊地段管道敷设应包括下列内容：

1）丘陵、山区、水网地区管道敷设方法及处理措施；

2）地震断裂带及高强地震区的管道敷设方法及防范措施；

3）与高压输电线路并行段的管道敷设方法、敷设要求及处理措施；

4）规划区、水源地、文物保护区、野生动物保护区的管道敷设方法、敷设要求及处理措施；

5）灾害性地质段、特殊地形段、特殊地区管道敷设方法及处理措施；

6）管道与已建油气管道并行敷设的间距要求及处理措施；

7）同沟（并行）敷设管道的间距要求及处理措施。

3 管道转角处理方法、处理原则、弹性敷设要求及冷弯弯管和热煨弯管设置原则。

4 管道与其他地下构筑物如已建埋地管道、埋地电（光）缆交叉时应按有关规范提出穿越的技术要求。

3.2.9 线路附属设施应包括下列内容：

1 线路标志桩的种类和设置原则。

2 锚固墩设置原则、数量及结构形式。

3 线路截断阀设置原则、阀室数量、分布和类型等。

4 维修已有道路和新建施工便道的地段和长度。

5 确定管道水工保护及水土保持设计的原则，说明不同地形地貌、不同工程地质段水工保护设计方案及水土保持工程措施和要求。

3.2.10 设计应对各项评价报告提出的意见和建议采取的处理方式和措施进行说明，并统计其相应工程量。

3.2.11 管道施工技术要求应包括下列内容：

1 不同地形地貌、不同工程地质段管道下沟与管沟回填要求。

2 清管、试压、干燥、置换技术要求。

3.2.12 列表统计线路工程主要工程量，内容及格式应符合表3.2.12的规定。

表 3.2.12 主要工程量

序号	项目	单位	数量	备注
一	线路实长	km		
1	一般线路段管道实长	km		
2	水域大中型穿(跨)越实长	km		
3	山岭隧道管道实长	km		
……				
二	地形地貌			
1	平原	km		
2	丘陵	km		
3	中、低山	km		
4	黄土梁峁沟壑	km		
5	水网地区	km		
……				
三	地区等级长度			适用于输气管道
1	一级地区	km		
2	二级地区	km		
3	三级地区	km		
4	四级地区	km		
……				
四	管道组装焊接及检验			按不同规格单列
1	D外径×壁厚 钢级 管型	km		
2	D外径×壁厚 钢级 管型	km		
……				
五	热煨弯管			按不同规格单列
1	D外径×壁厚 钢级	个		
2	D外径×壁厚 钢级	个		
……				
六	冷弯弯管			按不同规格单列
1	D外径×壁厚 钢级 管型	个		
2	D外径×壁厚 钢级 管型	个		
……				
七	管道防腐及内涂层			
1	钢管防腐	km		按不同规格开列
2	管道补口	个		
3	热煨弯管防腐	个		
4	内涂层	m^2		
……				

续表 3.2.12

序号	项目	单位	数量	备注
八	管材量			按不同规格、管型开列
1	D外径×壁厚 钢级 管型	km		
2	D外径×壁厚 钢级 管型	km		
……				
九	管道小型穿(跨)越			
1	顶管穿越高速公路	m/处		
2	顶管穿越高等级公路	m/处		
3	穿越三级以下公路	m/处		按穿越方案统计
4	预埋套管穿越在建或规划道路	m/处		
5	顶进箱涵穿越铁路	m/处		
6	穿越地下管线	处		
7	穿越地下光缆	处		
8	穿越地下电缆	处		
9	穿越小河、水渠、鱼塘	m/处		按穿越方式统计
……				
十	线路附属工程			
1	线路阀室	座		
	其中:监控阀室	座		
	其中:普通阀室	座		
	……			
2	水工保护			按类型开列
1)	浆砌石构筑物	m^3		
2)	干砌石构筑物	m^3		
3)	素土草袋	m^3		
4)	混凝土浇筑	m^3		
5)	钢筋混凝土压重块	块		
……				
3	耕植土层及植被恢复	m^3		
4	水网地段措施工程			按不同措施统计
5	线路标志桩	个		
6	警示牌	个		
7	警示带	km		
……				
十一	土石方量			
1	施工作业带土、石方量	$10^4 m^3$		
	其中:施工作业带土方量	$10^4 m^3$		
	其中:施工作业带石方量	$10^4 m^3$		
2	管沟土、石方量	$10^4 m^3$		
	其中:管沟土方量	$10^4 m^3$		
	其中:管沟石方量	$10^4 m^3$		
	其中:管沟细土回填	$10^4 m^3$		
3	道路工程土、石方量	$10^4 m^3$		按道路性质统计
4	施工弃土、弃渣外运量	$10^4 m^3$		

续表 3.2.12

序号	项目	单位	数量	备注
十二	施工便道			
1	新修施工便道	km		
2	整修地方道路	km		
3	施工便桥	处		
十三	伴行道路			
1	新修伴行道路	km		
2	伴行道路桥梁加固	处		
3	永久征地	hm^2		含伴行道路及弃渣场征地
4	伴行路标识牌	个		
十四	管道占地			
1	永久征地	hm^2		
2	临时占地	hm^2		
十五	植被、经济作物等赔偿			
1	耕地	hm^2		
2	林地	hm^2		
3	鱼塘、藕塘、水库、水利设施	hm^2		
4	花卉、苗圃	hm^2		
5	果园	hm^2		
6	菜园	hm^2		
7	草原	hm^2		
8	环境敏感、生态脆弱地区	km		
9	各级风景区	km		
10	自然保护区	km		
11	文物保护区	km		
12	各类矿区	km		按分类统计
13	水源地保护区	km		
十六	清管及试压			
1	一般线路段清管、试压、扫线、测径	km		
2	管道穿越段单独试压	km/处		
3	管道干燥	km		
4	置换	km		
十七	搬迁及其他			
1	楼房、厂房、养殖场	m^2		
2	民屋、茅屋、窑洞、临建	m^2		
3	蔬菜(药材)大棚及其他临时设施	m^2		
4	高、低压电杆、通讯杆拆移	处		
5	作业带内坟地搬迁	处		
6	通过权补偿*	处		按分类统计

注:* 通过权指管道通过矿产、规划区、环境敏感区等获得的通过许可。

3.2.13 设计图纸应包括比例不小于 1∶50000 的线路走向图、线路局部走向方案比选图和典型图，典型图应包括下列内容：

1 管道施工作业带布置典型图。

2 管沟横断面典型图。

3 管道锚固墩典型图。

4 管道标志桩、警示牌典型图。

5 管道与其他地下管道交叉典型图。

6 管道与埋地光（电）缆交叉典型图。

7 特殊地段管道敷设典型图。

8 水工保护典型图。

3.2.14 表格应包括材料汇总表。

3.3 穿（跨）越工程

3.3.1 管道穿（跨）越设计说明及图表应包括概述、水域大中型穿（跨）越设计、水域小型穿（跨）越设计、山岭隧道穿越设计、公路及铁路穿越设计、主要工程量、设计图纸及表格。

3.3.2 概述应包括下列内容：

1 说明管道沿线经过的主要山脉、水系、等级公路、铁路的分布情况。

2 列表统计水域大中型穿（跨）越、山岭隧道穿越及等级公路、铁路穿越，并应符合下列规定：

1）水域大中型穿（跨）越统计内容应包括穿（跨）越位置、穿（跨）越设计范围、穿（跨）越方式、穿（跨）越长度等；

2）山岭隧道穿越统计内容应包括隧道穿越位置、隧道穿越设计范围、山体类别、隧道长度等；

3）等级公路、铁路穿越统计内容应包括路面宽度、公路路面结构、铁路单双轨、穿越方式及穿越处公路、铁路里程等，对于近期规划的等级公路、铁路，也宜列入等级公路、铁路穿越统计表中，并应说明管道通过处预留的相应防护措施。

3.3.3 水域大中型穿（跨）越设计应包括下列内容：

1 水域穿（跨）越设计范围、设计内容、与线路连接点桩号及穿（跨）越段和一般线路段的水平长度。

2 穿（跨）越位置选择，应说明穿（跨）越位置选择原则，并根据线路总体走向、两岸地形地貌及河势情况，选择两个或两个以上可行的穿（跨）越位置，描述其两岸的行政区划、交通条件、穿越断面情况及上下游桥梁和其他水上水下构筑物、水利设施情况等。

3 穿（跨）越场区的地形地貌、气象、河流概况、水文参数、河势分析、冲刷深度等自然地理条件。

4 穿（跨）越场区地下水类型及补给情况、地下水腐蚀性评价等水文地质条件。水下隧道穿越尚应描述围岩富水性、不同地层的渗透系数、水压力推荐值及涌水量评价等。

5　穿（跨）越场区的区域地质概况以及地层岩性、岩土物理力学性能、不良地质和特殊地质评价、场地土腐蚀性评价、河床和岸坡稳定性评价、场地地震效应分析等工程地质条件。水下隧道穿越尚应描述岩石的围岩级别、特殊性岩体和放射性矿（气）体等情况。

6　穿（跨）越方案比选应包括下列内容：

1）对各穿（跨）越位置进行穿（跨）越方案技术可行性分析；

2）对各穿（跨）越位置的穿（跨）越方案进行技术经济比较，提出推荐的穿（跨）越位置和穿（跨）越方式，并说明推荐理由。

7　推荐穿（跨）越方案的穿（跨）越工程等级及相应的设计洪水频率。

8　挖沟法穿越设计应说明穿越长度、管道埋深、管沟开挖及回填方法、稳管计算及稳管方式、护岸方式及范围、施工方法及措施等。

9　定向钻穿越应说明穿越长度、穿越地层、管道埋深、入出土点及其角度、穿越曲线曲率半径、回拖力计算及钻机选型、两岸卵（砾）石层处理方法等。

10　水下隧道穿越设计应包括隧道总体布置、竖井（斜井）设计、平巷道设计、隧道防排水设计、渣场设计及管道安装方案设计等内容，并应满足下列要求：

1）隧道总体布置应说明竖井（斜井）井口位置选择、隧道长度、埋深、坡度及竖井深度；

2）竖井（斜井）设计应说明竖井（斜井）断面（形式、净尺寸）选择、竖井施工工艺、井筒或支护设计等；

3）矿山法隧道平巷道设计应说明平巷道断面（形式、净尺寸）选择、施工支护（超前支护、初期支护）设计、永久衬砌设计等内容；

4）盾构法隧道平巷道设计应说明平巷道断面净尺寸选择、盾构机选型要求、环片设计及进出洞止水和地基改良设计等内容；

5）顶管法隧道平巷道设计应说明平巷道断面净尺寸选择、顶管机选型要求、中继站设置原则、套管设计及进出洞止水和地基改良设计等内容；

6）隧道防排水设计应说明隧道内排水方案、隧道防水等级；

7）渣场设计应说明隧道渣场位置选择、渣场防护措施（挡墙）及渣场绿化。渣场如占用耕地时，宜说明复耕措施；

8）管道安装方案设计应说明竖井内、隧道内管道安装方式、管道支架和管墩（或支座）形式及间距、管道补偿设计、锚固墩设置及管道碰口环境温度要求等；

9）对隧道施工方法、防水治水措施、超前地质预探、施工地质勘察等方面应提出合理的施工技术建议和要求；

10）对存在潜在溶洞、活动断裂带等不良地质条件的隧道设计，应提出存在问题及进一步的工作建议。

11　跨越结构方案设计应包括下列内容：

1）跨越的结构形式、跨度、净空高度、总体布置、管道补偿设计及锚固墩设置；

2）管桥所受主要荷载及各工况荷载效应组合；

3）跨越结构抗震设防标准及相应的抗震作用计算、抗震措施；

4）上部结构形式、几何尺寸、工程做法及主要受力构件的选型；

5）基础和锚固墩的结构形式、材料及构造措施；对于建在不良地质上的基础和锚固墩，应说明采取的整治措施或地基处理方案；

6）钢构件和钢缆采用的防腐材料、防腐层结构及技术要求。

12　水域大中型穿（跨）越管道安装设计应包括下列内容：

1）钢管、热煨弯管选用的钢管类型、钢级及制管执行标准；

2）钢管及热煨弯管壁厚计算、选取及钢管刚度校核，定向钻穿越管段应进行径向屈曲稳定性校核；

3）水下隧道管道安装设计应说明隧道内管道安装方式、管墩（或支座）形式及间距、管道补偿设计及锚固墩设置等；

4）穿（跨）越段管道抗震设防标准及相应的抗震计算以及采取的抗震措施；

5）钢管、热煨弯管的外防腐方案、补口方式、内涂层及其技术要求；

6）对需作保温的管段应说明保温层材料、厚度及外保护层；

7）管道焊接方式、焊接材料、焊缝检验方法和质量验收标准；

8）清管、试压和干燥要求。

13　列表给出水域大中型穿（跨）越主要工程量。

3.3.4　水域小型穿越设计应说明穿越方式及敷设要求，水域小型跨越设计应说明跨越的结构形式、跨度、结构尺寸、主要受力构件选型及跨越管道安装敷设要求。

3.3.5　山岭隧道穿越设计应包括下列内容：

1　隧道穿越设计范围、设计内容、与线路连接点桩号及隧道穿越段和一般线路段的水平长度。

2 隧道方案选择理由和隧道位置（轴线、洞口）选择原则。

3 隧道进出洞口位置和隧道水平长度，并阐述选择理由。

4 场区地形地貌、气象、交通等自然地理条件。

5 场区地下水类型、补给情况、围岩富水性、涌水量评价、地下水腐蚀性评价等水文地质条件。

6 场区区域地质、地层岩性及物理力学性能、围岩级别、特殊性岩体和放射性矿（气）体、不良地质与特殊地质评价、进出洞口边坡稳定性情况、场地地震地质等工程地质条件。

7 隧道设计应包括下列内容：

1）隧道断面形式、净断面尺寸、洞门结构形式及不同围岩级别支护、衬砌设计；

2）隧道防排水原则及措施；

3）隧道掘进、除渣方式；

4）渣场位置选择及相关设计；

5）隧道内和进出洞口处管道安装方式、管墩（或支座）形式及间距、管道补偿设计、锚固墩设置及管道碰口环境温度要求等；

6）隧道施工方法、防水治水措施、超前地质预探、施工地质勘察等方面合理的施工技术建议和要求。

8 隧道穿越设计范围内管道设计内容要求应符合本标准第3.3.3条第12款的规定。

9 列表统计山岭隧道穿越主要工程量。

3.3.6 公路及铁路穿越设计应结合公路、铁路部门的意见和要求，根据相关规范和有关规定，提出穿越方式和技术要求，说明穿越用管管型及钢级。对于近期规划的等级公路、铁路，应说明管道通过处预留的相应防护措施。

3.3.7 设计图纸应包括下列内容：

1 水域挖沟穿越、定向钻穿越设计图纸应包括平面图和带地质剖面的纵断面图。

2 水域矿山法、盾构法、顶管法隧道穿越设计应包括下列图纸：

1）平面图；

2）带地质剖面的纵断面图；

3）两岸竖井结构方案图；

4）竖井地基加固方案图；

5）需要进行地基处理的盾构、顶管进出洞地基加固方案图；

6）矿山法隧道穿越的隧道断面支护、衬砌结构方案图；

7）管道安装方案图。

3 水域大中型跨越设计应包括下列图纸：

1）跨越总体布置图，包括平面图、立面图；

2）桥面结构及管道安装方案图；

3）桁架梁式跨越的桁架结构方案图；

4）桩基础的墩台、桩基结构方案图。

4 山岭隧道穿越设计应包括下列图纸：

1）平面图；

2）带地质剖面的纵断面图；

3）隧道断面支护、衬砌结构方案图；

4）管道安装方案图。

5 典型图设计应包括下列图纸：

1）水域小型穿越典型图；

2）水域小型跨越典型图；

3）公路穿越典型图；

4）铁路穿越典型图；

5）水域稳管典型图；

6）护坡（岸）典型图。

3.3.8 表格应包括材料汇总表。

3.4 油气输送工艺

3.4.1 油气输送工艺设计说明及图表应包括概述、主要工艺设计参数、输送工艺、工艺系统计算及分析、设计图纸及表格。

3.4.2 概述应包括下列内容：

1 工程建设地点、建设规模、管道长度、各类站场的设置情况及采取的输送工艺。

2 输送工艺设计的范围及内容及设计原则。

3.4.3 主要工艺设计参数应包括下列内容：

1 管道设计计算工作天数。

2 管道输量应符合下列规定：

1）输油管道输量包括设计输量及输量台阶，进油点、分输点的位置及输量，管道的资源组成和比例，采用顺序输送工艺的管道应包括各种油品的比例；

2）输气管道输量包括设计输量及台阶输量，进气点位置、输量、压力、温度，沿线各用户位置、用气量及用气压力、用气特点及不均匀系数。

3 输送介质物性应符合下列规定：

1）原油物性应包括密度、凝固点（或倾点）、闪点、初馏点、饱和蒸气压、黏度、比热容及流变性参数，给出原油黏度、比热容与温度的对应关系表或曲线；流变性参数应包括析蜡点、反常点、黏度、剪切速率、流变指数、稠度系数、表观黏度、屈服值；当采取加剂、加热处理或加剂综合热处理工艺时，应取得处理后的原油物性实验分析参数，当存在输送过程中处理效果失效情况，还应取得输送过程模拟实验数据。

2）成品油物性应包括密度、凝固点、闪点、初馏点、饱和蒸气压、黏度、比热容等，给出成品油黏度、比热容与温度的对应关系表或曲线；

3）液态液化石油气物性应包括密度、组分、蒸气压、沸点、临界压力、爆炸极限、液相比热、气相热值、净发热值及黏度，给出黏度与温度的对应关系表或曲线；

4）天然气物性应包括气体类别、组分、密度、烃（水）露点、高（低）热值。

4 管道沿线管顶覆土深度，及管道中心线埋深处地温，应包括年平均地温、最冷月和最热月平均地温。

5 气象参数应包括各站场年均气温、最冷月和最热月份平均温度、极端最高和极端最低环境温度、最大风速及风向、年平均大气压力。

6 管道沿线土壤类型及含水率、土壤导热系数或总传热系数。

7 线路保温材料的类型和导热系数。

8 管道沿线里程、高程。

9 管道内壁绝对粗糙度。

10 气体标准状态说明。

3.4.4 输送工艺应包括下列内容：

1 简述可行性研究推荐的输送工艺方案。

2 分析输送介质物性，论证可行性研究推荐的输送工艺的可行性。

3 原油管道输送工艺应包括下列内容：

1）确定加热输送原油管道输送温度范围，包括确定最低进站温度及最高出站温度，并说明理由；

2）分析加热输送管道是否设反输工艺；

3）通过技术经济比较，论证加热输送管道线路采用保温措施的可行性。

4 当管道采用顺序输送工艺时，应通过技术经济比选确定合理的输送次序、输油批次及批量；确定油品分输和注入的方式及原则，制订各输量台阶下各分输点的分输计划，包括分输时间、分输批量和分输流量，说明混油界面检测方式、混油切割方式，分析确定混油处理方案并进行混油处理设施设计，说明工艺设计中采取的减少混油产生的措施。

3.4.5 工艺系统计算及分析应包括下列内容：

1 简要介绍工艺计算及分析采用的计算软件，包括名称、功能、版本号及应用情况。

2 列出主要计算公式、计算参数。

3 根据工艺设计参数对可行性研究中推荐的管径方案及站场设置进行水力、热力及强度核算；当工艺参数发生变化时，应分析由此引起的设计方案变化情况。

4 输油管道工艺系统计算及分析应包括下列内容：

1）进行不同环境温度下各输量台阶的稳态水力计算和热力计算，进行泵站和加热站布站方案的优化，确定管道沿线的站场数量、类型。列表给出各种工况下全线的水力坡降、各站场的进出站压力和温度、输油泵扬程和轴功率、热负荷、燃料耗量、耗电量；

2）加热输送管道应计算确定管道的最小安全启输量、允许的安全停输时间及停输再启动压力；

3）当管道设置反输工艺时，应进行反输量、反输压力、反输温度及反输时间的工艺计算和分析；

4）当管道采用顺序输送工艺时，应进行各输量台阶下混油段长度、混油量的计算；

5）全线各站场总罐容及单罐罐容的计算和确定；

6）输油管道应进行水击分析，对管道可能发生的各种事故工况进行计算分析，并对分析结果进行必要的说明；

7）采用顺序输送工艺的管道宜进行顺序输送模拟计算，确定管道沿线各分输点的油品分输量和分输时间，验证管道系统是否存在局部超压；

8）输油管道适应性分析应包括管道在各种输送条件下及管道沿线不同季节环境温度下的适应性分析；管道经济合理的启输量，允许的最大、最小输送量（以日输量表示）分析；管道近、远增输的适应性分析。

5 输气管道工艺系统计算及分析应包括下列内容：

1）进行不同输量、不同环境温度下的稳态工艺计算，优化压气站布站方案，确定合理的压气站压比，列表给出各站压力、温度、流量、压缩机轴功率及耗能量；

2）计算分输降压后气体温度变化，确定是否需要对气体采取加热措施；

3）放空立管及放空火炬口径、高度计算，并计算管道安全放空时间；

4）进行压气站单台机组失效、压气站失效、管道沿线事故等工况分析，提出管道自救时间或事故状态下的保安供气方案，输气管网工程需对管网调气能力进行分析；

5）管道输气调峰分析，构造调峰分析数据，进行设计输量下的调峰工况计算，确定调峰方案及调峰能力，及对储气设施的注采压力和流量要求；

6）输气管道的适应性分析应包括管道在各种输送条件下的最大输送能力分析；近、远期增输工况的适应性分析。

3.4.6 设计图纸应包括下列内容：

1 管道系统工艺流程图应包括各类站场名称、

里程、高程，进出站设计压力、温度、流量、各类阀室及阴极保护站、管道穿（跨）越、管径等有关数据。

2 不同输量下全线水力坡降图、沿线压力分布图，管道沿线温降图。

3.5 站场工艺

3.5.1 站场工艺设计说明及图表应包括概述、站场工艺流程、控制原则、设备选型、站场工艺管道设计、主要工程量、设计图纸及表格。

3.5.2 概述应包括下列内容：

1 列表统计各类工艺站场名称、站址、线路里程、站间距。

2 说明站场功能、建设规模、设计原则及可利用已有设施情况。

3.5.3 站场工艺流程应对各类站场主要工艺流程进行说明，包括工艺站场的特点、自动化水平、主要工艺流程、站内污油系统、残液系统、放空系统的组成及处理措施。

3.5.4 控制原则宜包括下列内容：

1 管道系统及站场工艺设备的控制水平、控制原则、控制方式及安全保护措施。

2 主要工艺设备控制检测参数要求以及所要求达到的控制水平，主要工艺设备包括泵机组、压缩机组、阀门、储罐、混油处理设备、加热炉、过滤/分离器、压力调节系统、流量计量系统、气质分析、油品特性检测等。

3 管道安全保护系统，包括报警系统、紧急停车系统、超压安全保护系统、主要设备的连锁保护系统及管道的水击保护系统。

4 站场工艺操作，包括各站场主要设备连锁保护及控制要求、主要工艺保护参数，各站场主要工艺操作的原则、要求及注意事项，阀室操作和控制原则、操作要求。

5 全线运行操作，包括管道启输、管道增输或减输、管道正常停输，各类操作应包括执行条件和操作顺序。

6 管道应急工况分析及保护措施，应急工况应包括泵/压缩机停机、加热炉停炉、站场阀门关断事故、线路阀门关断事故。

3.5.5 设备选型应包括主要设备的选型设计原则、方案对比，对于泵机组、压缩机组、泄压阀、调节阀、加热设施应通过计算确定选型，主要设备选型宜包括下列内容：

1 压缩机组的选择应依据压缩机的不同性能、技术参数及不同驱动方式的匹配情况，进行技术经济方案的比选，确定所用压缩机组及驱动设备，进行压缩机组配置及备用方式比选。

2 泵机组的选择应依据输油泵的不同性能、技术参数及不同驱动方式的匹配情况，进行技术经济方案的比选，确定所用泵及驱动设备，进行泵机组配置及备用方式比选。

3 说明工艺阀门及执行机构选型原则，确定选型参数及规格。

4 说明调节阀、泄压阀和安全阀等的选型原则，根据计算确定选型参数及规格。

5 根据计算的热负荷进行加热方式比选及加热设备选型方案比较，确定加热设备参数及规格。

6 说明换热器的选型原则及配置方案，并根据计算的热负荷确定换热面积及其他有关参数。

7 说明空冷器的选型原则及配置方案，确定选型参数及规格。

8 主要非标设备选型应包括下列内容：

1）过滤器、消气器、消气过滤器的选型参数及数量；

2）旋风分离器、过滤分离器及组合式过滤分离器的选型参数及数量；

3）清管器及收发装置、转发装置的选型及其功能、参数；

4）火炬及放空立管的选型及其功能、参数；

5）绝缘接头（法兰）的选型及参数；

6）非标管件的选用原则。

9 储罐选型应包括下列内容：

1）储罐选型的原则、依据及用途；

2）单罐容量及数量的比选；

3）储罐的类型及外形尺寸；

4）储罐加热负荷及维温（或加热）方式的确定。

3.5.6 站场工艺管道设计应包括下列内容：

1 工艺管道选用原则。

2 选择钢管钢种等级、管型，计算不同管径及不同钢级的壁厚，并列表说明。

3 工艺管道敷设的方式及要求。

4 工艺管道的热补偿方式及安装要求。

5 工艺管道防腐、保温、伴热方案和技术要求。

6 工艺管道的安全排放、防静电、防冻、防凝技术措施及要求。

3.5.7 各工艺站场主要工程量应列表说明，并应包括储罐、泵机组（压缩机组）、加热设施、非标设备、主要阀门、主要管线等主要设备、材料的名称、规格、数量及技术参数。

3.5.8 设计图纸应包括站场及阀室工艺流程图、主要单体设备及管线平面布置图、站内工艺管网布置图。

3.5.9 表格应包括设备汇总表和材料汇总表。

3.6 防腐保温及阴极保护

3.6.1 防腐保温及阴极保护设计说明及图表应包括

概述、防腐设计、保温设计、阴极保护设计、设计图纸及表格。

3.6.2 概述应包括下列内容：

1 防腐保护的项目范围、工作内容、技术要求和设计水平。

2 基础资料，包括与防腐保温有关的地质、气象及环境条件、站场及阀室设置、输送介质工艺参数、储罐的规格、管道规格及敷设方式。

3.6.3 防腐设计应包括下列内容：

1 站外管线、站场和阀室直管段、补口、热煨弯管的防腐方案。

1）防腐层功能要求及选用技术原则；

2）防腐层技术性能比选及推荐方案；

3）防腐层采购、保存、运输及施工作业的技术要求；

4）防腐层施工质量控制及检验要求。

2 储罐防腐设计应说明下列内容：

1）储罐类型、罐容规模以及库区罐群布置情况；

2）储罐防腐区域划分、防腐层功能要求；

3）选定防腐材料及其结构形式；

4）防腐层施工质量控制及检验要求。

3 设备、阀门、弯管（头）、异型管件的防腐应说明下列内容：

1）防腐结构的类型及施工作业方法；

2）选定的防腐材料及其结构形式；

3）防腐层施工质量控制及检验要求。

4 说明输气管道内减阻涂层的材料、结构选择及技术质量控制和检验要求。

3.6.4 保温设计应包括下列内容：

1 站外管线、站场和阀室直管段、补口、热煨弯管的保温方案论述应包括下列内容：

1）保温层功能要求及选用技术原则；

2）保温层技术性能比选及推荐方案；

3）保温层采购、保存、运输及施工作业的技术要求；

4）保温层施工质量控制及检验要求。

2 储罐保温设计应包括下列内容：

1）储罐类型、罐容规模以及罐群布置情况；

2）选定保温材料及其结构形式；

3）保温层施工质量控制及检验要求。

3 设备、阀门、弯管（头）、异型管件的保温应包括下列内容：

1）保温结构的类型及施工作业方法；

2）选定的保温材料及其结构形式；

3）保温层施工质量控制及检验要求。

3.6.5 阴极保护设计应包括下列内容：

1 管道干线及站场埋地管道阴极保护技术方案应包括下列内容：

1）阴极保护的范围和内容；

2）管道、站场埋地管网及储罐保护方案比选及技术要求的综合描述；

3）推荐方案，包括阴极保护类型、阳极地床类型、阳极类型等；

4）站场、阀室的电绝缘要求；

5）系统保护效果判别准则。

2 阴极保护系统构成应包括下列内容：

1）系统的构成、功能；

2）联合保护的组成、相互关系；

3）系统的调试、数据检测及传输、运行管理、维护的技术要求。

3 阴极保护系统设计计算应包括下列内容：

1）说明基本设计参数和计算方法；

2）对阴极保护站或牺牲阳极组的保护范围、保护电流、接地电阻进行计算，核算阴极保护站设备规格。

4 储罐阴极保护设计应包括下列内容：

1）保护范围、设计条件及基本参数；

2）储罐内、外壁阴极保护方式及阳极地床形式；

3）保护电流、工作寿命计算。

5 阴极保护系统交、直流干扰及防护设计应包括下列内容：

1）说明干扰源的性质及类型；

2）说明干扰源基本参数；

3）分析干扰影响的范围，说明与管道的相互位置关系；

4）确定排流保护方案或技术措施，并提出干扰影响检测、排流效果评估的方法及要求。

3.6.6 防腐、保温及阴极保护的主要工程量应列表统计。

3.6.7 设计图纸应包括阴极保护原理图、阴极保护站分布图、阴极保护系统图、阴极保护系统安装典型图。

3.6.8 表格应包括设备汇总表、材料汇总表。

3.7 自动控制与仪表

3.7.1 自动控制与仪表设计说明及图表应包括概述、控制系统设计、现场仪表及其他、主要工程量、设计图纸及表格。

3.7.2 概述应包括如下内容：

1 设计范围。

2 所要达到的控制、管理水平。

3 总体控制方案和管道的基本操作方式。

4 控制系统和检测仪表的设计原则。

3.7.3 控制系统设计应包括下列内容：

1 计算机控制系统应包括下列内容：

1）系统功能；

2）系统操作模式和方式；

3）系统软硬件选择的基本要求；

4）系统软硬件构成；

5）系统之间的通信方式；

6）系统信息安全；

7）控制系统和其他智能设备的通信；

8）控制系统的主要控制回路；

9）控制系统采集和控制信号的类型。

2 安全仪表系统应包括下列内容：

1）系统设置原则；

2）系统构成；

3）系统功能要求，应包括全线紧急停车、站场紧急停车的要求、安全连锁保护的控制回路及要求、消防系统、火灾（可燃）检测系统的设置及要求、安全仪表系统采集和控制信号的类型、仪表安全系统的通信方式。

3 数据通信系统的基本要求、特点和功能。

3.7.4 现场仪表应包括下列内容：

1 现场仪表选型原则和选型要求。

2 计量系统的设置和方案比选。

3 调节系统的设置和方案比选。

4 泄漏检测系统的设置和方案比选、软件选用。

5 供配电系统的数据采集与控制。

6 阴极保护系统的数据采集与控制。

3.7.5 其他说明的内容应包括下列内容：

1 站场的爆炸危险场所等级，选用电动仪表的防爆级别。

2 相关仪表设备房间的功能、面积及相关要求。

3 仪表管阀件的选择及安装说明。

4 现场仪表的供电要求。

5 气源压力、质量要求。

6 接地系统的设置。

7 防雷系统的设置。

8 仪表的防冻、防凝、防腐蚀、防振及防静电接地措施及要求。

9 电缆、电线的选型及敷设方式。

3.7.6 自动控制与仪表工程的主要工程量应分项列表说明，并应包括主要设备、材料的名称、规格、数量及技术参数。

3.7.7 设计图纸应包括工艺及仪表控制流程图、计算机控制系统框图、计算机控制系统配置图、控制室平面布置图、因果图、主要控制及保护系统的逻辑图。

3.7.8 表格应包括设备汇总表、材料汇总表和I/O汇总表。

3.8 通 信

3.8.1 通信设计说明及图表应包括概述、通信系统设计、主要工程量、设计图纸及表格。

3.8.2 概述应包括下列内容：

1 通信系统的设计范围和设计分工。

2 通信系统的设计原则及设计内容。

3.8.3 通信系统设计应包括下列内容：

1 与工程相关的沿线通信现状说明，包括管道沿线现有通信公网和专网的通信设施制式、容量及使用情况、公网移动通信覆盖情况。

2 通信业务需求，包括通信业务要求和带宽需求。

3 进行通信方式的技术经济比选，确定主用通信方式，并说明理由。

4 根据主用通信方式不同，分别进行相关通信系统设计，并应符合下列规定：

1）光（电）缆通信系统设计包括系统技术制式、规模容量、通路组织、再生中继段计算、网络管理与监控及接口、传输质量、同步方式；

2）卫星通信系统设计包括系统组成及各站信道配置数量、多址分配方式、网络结构、工程可采用卫星转发器主要参数及卫星带宽和电路计算，信道质量、信道传输、信道接口要求；

3）数字微波通信系统设计包括系统技术制式、规模容量、工作频段、站址设置与站型、传输质量、传输系统通路组织、网络管理与监控及接口要求、传输计算。

5 备用通信设计。

6 话音通信系统设计，包括调度电话通信和行政话音通信。调度电话通信包括调度电话通信实现方式及调度交换机的功能、容量及组网和设备选型，行政话音通信包括行政话音通信的实现方式及系统功能、局站设置、规模、网络结构、中继信令方式、编号方案、接口要求和设备选型。

7 数据网络系统的结构、组成、设备选型及与现有网络的联网方式。

8 工业电视监控系统、会议电话系统、会议电视系统、卫星（电缆）电视系统、站场安全防范系统、站场配线网络系统的设置地点、组网方式、传输方式、功能、容量、设备配置及线缆敷设方式。

9 应急通信方式及设备配置。

10 管道巡线通信方式及主要配置。

11 通信设备的供电要求及电源设备选型。

12 通信设备的防雷、接地要求。

13 通信机房的环境及防静电要求。

14 光（电）缆线路部分应包括下列内容：

1）光（电）缆敷设方式，宜根据沿线地形地貌分段进行技术经济论证；

2）光（电）缆、光纤类型及容量，线路长度、敷设方式、主要穿（跨）越通过方式及防雷、防洪、防鼠害措施；

3）光（电）缆单独敷设段的路由、沿线地形地貌、水文、气象及主要穿（跨）越。

3.8.4 通信专业主要工程量应列表说明，并应包括主通信系统、备用通信系统、语音交换系统、工业电视系统、会议电视系统、电视接收系统、应急、巡线、检修通信、备用数据通信、其他通信系统的主要设备、材料的名称、规格、数量。

3.8.5 设计图纸宜包括通信系统图、通路组织图、交换系统中继方式图、通信设备平面布置图、通信线路路由图及光（电）缆敷设典型图。

3.8.6 表格应包括设备汇总表和材料汇总表。

3.9 供 配 电

3.9.1 供配电设计说明及图表应包括概述、用电负荷、供电设计、变配电设计、防雷防静电、接地、主要工程量、设计图纸及表格。

3.9.2 概述应包括下列内容：

1 供配电工程的设计范围及设计原则。

2 供电系统的社会依托条件。

3.9.3 用电负荷应包括下列内容：

1 用电设备、负荷等级、负荷容量、总负荷容量和年用电量及相应供电要求。

2 用电负荷统计应采用表格形式，包括不同电压等级用电负荷的设备运行及备用台数、单台运行容量、总运行容量、功率因数、计算系数、有功功率、无功功率、视在功率、年用电量，应急负荷应单独列表。

3.9.4 供电设计应包括下列内容：

1 供电电源：

1）外部供电电源位置、电压等级、供电能力、近中期发展规划、线路长度及导线规格、系统最大、最小运行方式下的短路容量、电源质量、性质及可靠性；

2）自备电站装机容量、台数、运行方式、并网方式；

3）供电方式。

2 当存在多个供电方案时，应对供电方案进行优化比选，方案比选宜包括下列内容：

1）供电可靠性；

2）供电质量；

3）运行、维护管理条件；

4）变电所和外电源线路走廊占地情况；

5）施工条件、建设周期；

6）扩建余地；

7）影响方案确定的其他技术条件；

8）经济性。

3 推荐方案应包括下列内容：

1）推荐供电方案；

2）电力线路出线变电所容量、电压、供电能力；

3）电力线路电压等级、起止点、长度、回路数、导线的型号规格。

3.9.5 送电线路的设计内容及深度应满足国家或地方供电部门关于送电线路初步设计内容及深度的相关规定。

3.9.6 变配电设计应包括下列内容：

1 变电所和配电所设计应包括下列内容：

1）变、配电所的数量、位置、容量、接线方式、运行方式，变配电装置及其布置方式；

2）变压器、高低压设备、补偿装置的选择；

3）操作电源的选择；

4）继电保护配置和自动装置及远动装置的设置；

5）短路电流计算及设备动、热稳定校验；

6）电能计量方式及设置点的确定；

7）电力调度与区域变电所、电网系统电力调度之间的通信方式、联网方式、数据采集及传输；

8）电力系统数据采集及与自动化控制系统之间的传输。

2 配电设计应包括下列内容：

1）确定爆炸和火灾危险环境的区域划分和该环境内的设计要求；

2）配电方式；

3）控制、连锁方式；

4）应急电源装置的设置；

5）不间断电源形式及容量的设置；

6）配电线路的敷设方式；

7）节能措施和安全措施。

3 电动机启动、调速方案应包括下列内容：

1）进行电动机启动计算，并说明启动方式；

2）说明电动机调速的技术要求及电动机的基础数据；

3）进行电动机调速方案的技术经济比较；

4）进行谐波分析，并说明谐波治理措施；

5）提出推荐的调速方案及设备选型。

4 照明设计应包括下列内容：

1）照明设置场所、照度标准、照明方式、照明电压、照明控制方式；

2）光源选择、灯具选型和线路敷设方式。

3.9.7 防雷、防静电、接地应包括下列内容：

1 主要建（构）物的防雷类别及防护措施，电气系统防雷击电磁脉冲保护措施和静电防护措施。

2 接地系统、接地电阻值、材料选择及低压配电系统的接地形式。

3.9.8 供配电设计的主要工程量应列表说明，并应包括主要设备、材料的名称、规格、数量及技术参数。

3.9.9 设计图纸应包括变配电系统电气接线图、变（配）电所设备平面布置图、自动装置及继电保护配置图、电气总平面图、爆炸和火灾危险场所区域划分示意图。

3.9.10 表格应包括设备汇总表和材料汇总表。

3.10 总图及运输

3.10.1 总图及运输设计说明及图表应包括概述、站址选择、总平面设计、竖向设计、总图构筑物、管线综合、主要工程量及设计图纸。

3.10.2 概述应包括下列内容：

1 总图及运输设计范围及设计原则。

2 站场、阀室类别、数量及等级。

3.10.3 站址选择应包括下列内容：

1 站址选择的原则。

2 站址描述，应包括下列内容：

1）站址所在地的行政区划；

2）站址所在区域的地形地貌；

3）站址周边环境、道路、铁路、市政基础设施与公共服务设施配套、依托情况；

4）站址四周已有的和规划的重要建（构）筑物的情况；

5）站址内原有地表植被情况及建（构）筑物的拆除（迁）情况；

6）影响总平面布置的主要外界因素；

7）地方主管部门的选址意见。

3.10.4 总平面设计应包括下列内容：

1 总平面布置方案比选及推荐方案。

2 总平面布置情况、功能分区。

3 总平面布置与风向的关系。

4 人流和车流的组织、出入口和停车场（库）的布置及停车数量。

5 消防车道布置情况。

6 远、近期规划及用地预留。

7 噪音防治措施。

8 绿化设计。

3.10.5 竖向设计应包括下列内容：

1 竖向布置的原则。

2 竖向布置方式。

3 雨水的排放方式。

4 土（石）方平衡计算，说明初平填挖土（石）方工程量及余、缺土（石）方的处理措施。

5 进站及站内道路的主要技术条件。

6 不良地质条件下的场地处理方式。

7 防灾措施。

3.10.6 总图构筑物应包括总图主要构筑物结构形式及做法说明。

3.10.7 管线综合应包括站内管线和电缆的布置原则、排列顺序及路由、敷设位置、敷设方式、间距及规划要求。

3.10.8 总图主要技术指标、工程量应列表说明。

1 主要技术指标表宜包括征地面积、总用地面积、建（构）筑物总用地面积、道路及场地总用地面积、绿地总用地面积、土地利用率、绿地率的技术指标。

2 主要工程量表宜包括围墙、道路、防火堤、挡土墙、大门、桥涵、排水沟、场地、土石方挖（填）方、余缺土的工程量。

3.10.9 设计图纸应包括站场区域位置图、总平面布置图、竖向布置图、土方计算图及线路阀室典型平面布置图。

3.11 建　　筑

3.11.1 建筑设计说明及图表包括概述、建筑设计方案比选、建筑设计、建筑物一览表及设计图纸。

3.11.2 概述应包括下列内容：

1 建筑设计的范围及设计原则。

2 建筑所处的自然环境、气候条件及人文状况简述。

3.11.3 建筑设计方案比选应包括下列内容：

1 需要比选的建筑方案情况及比选内容要求。

2 从安全性、适用性、经济性、统一性等方面进行建筑方案比选，提出推荐的建筑方案。

3.11.4 建筑设计应包括下列内容：

1 各站场建筑组成及主要技术指标。主要技术指标包括建筑面积、层数、火灾危险性分类、耐火等级、抗震设防烈度、结构形式、设计使用年限、屋面防水等级等。

2 各站场主要建筑的使用功能、工艺要求和平面布局、立面造型及与周围环境的关系。

3 所采用的建筑构造、室内外装修标准及做法。

4 建筑防火设计内容。

5 建筑节能设计内容。

6 特殊要求建筑或房间的处理措施。

7 建筑防爆、防腐、隔振、隔声特殊要求。

3.11.5 建筑物一览表内容应包括站场名称、单体名称、建筑面积、结构形式、耐火等级、层数、火灾危险性分类。

3.11.6 设计图纸应包括主要建筑单体的平面图、立面图、剖面图以及主要建筑复杂节点大样图。

3.12 结　　构

3.12.1 结构设计说明及图表包括概述、结构设计、建（构）筑物一览表及设计图纸。

3.12.2 概述应包括下列内容：

1 结构设计的范围及设计原则。

2 主要建（构）筑物的设计使用年限。

3 自然条件情况，包括基本风压、基本雪压、气象条件、抗震设防烈度。

4 工程地质情况。

3.12.3 结构设计应包括下列内容：

1 建（构）筑物的抗震设计。

2 建（构）筑物的结构形式、结构布置方案。

3 建（构）筑物的地基基础设计等级、基础形式。

4 建（构）筑物的耐久性和防腐措施。

5 重要建（构）筑物应进行结构设计技术经济比选。

6 对需要地基处理的场区，应说明地基处理方案。

3.12.4 建（构）筑物一览表内容应包括站场名称、单体名称、建筑面积、结构形式、基础形式、抗震设防烈度、抗震设防分类、基本风压、基本雪压。

3.12.5 设计图纸应包括重要建（构）筑物的基础平面图、结构布置图及地基处理图。

3.13 给 排 水

3.13.1 给排水设计说明及图表包括概述、给水设计、排水设计、循环冷却水系统设计、主要工程量、设计图纸及表格。

3.13.2 概述应包括设计原则、设计范围。

3.13.3 给水设计应包括下列内容：

1 主要给水对象的用水量和水质、水压要求。

2 给水水源的社会依托条件、水源种类、水源位置、水源状况、取水方式、取水工艺，并说明主要设备的选择。

3 给水系统的划分、各系统组成及供水方案。

4 净水处理规模、原水及净化水质分析对比、净水处理工艺方案确定，说明主要设备的选型及主要处理构筑物。

5 输水方案、输水管道路由及输水距离。

6 输水管道的管材规格、材质以及敷设、防腐、保温、连接方式。

7 储水构筑物的形式、规格及有效容积。

3.13.4 排水设计应包括下列内容：

1 站场排放污水的类别、排水量、污水水质和排水规律。

2 站场雨水处置。

3 排水系统的依托条件、排水系统的划分、各系统构成、污水的排放方式。

4 各种污（废）水的处置方式、排放方向、排放污水水质标准及回用情况。

5 污水处理包括下列内容：

1）污水处理规模；

2）排放污水处理前水质指标和处理后排放水质标准；

3）污水处理工艺选择、工艺流程说明、污泥处置采用的方式；

4）说明主要设备的选型及主要处理构筑物。

6 排水工程应用的管材规格、材质以及敷设、防腐、连接方式。

7 污（废）水质检测化验与分析，包括需要进行的常规或必要的水质检验项目的检测化验、分析。

3.13.5 循环冷却水系统设计应包括下列内容：

1 设计基础资料：

1）工艺装置循环冷却水用量、冷却前后温度要求、冷换设备供、回水水压、水质要求等；

2）循环冷却水补充水的物理化学及微生物等基本参数；

3）气象资料：当地的大气干球温度、湿球温度、最高月平均温度、相对湿度、大气压、风向、风力等参数。

2 循环冷却水系统规模、水质、水温和水压。

3 循环冷却水系统方式、组成和工艺。

4 主要冷却设备的选型和主要构筑物。

5 循环冷却水水质处理和水质稳定的措施。

6 为防止循环冷却水系统内管道和设备的腐蚀、结垢和微生物繁殖等而采取的水处理措施，选择循环冷却水处理方法及工艺流程，并对主要设备的选型进行说明。

7 循环冷却水系统的管材和管径，管道的敷设及防腐、保温、连接要求。

8 循环冷却水系统水量、水压、水温等的监测及控制。

9 需要进行的常规或必要的水质检验项目的检测化验、分析。

3.13.6 给排水的主要工程量应列表说明，并应包括单项工程的规模、数量和主要设备材料。

3.13.7 设计图纸应包括给排水系统工艺流程图、给排水管道总平面布置图和给排水系统主要工艺设备平面布置图。

3.13.8 表格应包括设备汇总表和材料汇总表。

3.14 消 防

3.14.1 消防设计说明及图表应包括概述、消防依托、消防方案及设施、主要工程量、设计图纸及表格。

3.14.2 概述应包括下列内容：

1 工程概况，包括站场规模、主要生产工艺、工艺装置组成、生产及储备物品的火灾危险性分类等情况。

2 消防设计的范围、内容及设计原则。

3.14.3 消防依托应包括下列内容：

1 依托消防站（队）消防设施配置状况。

2 依托消防站（队）距工程地距离及消防车到达时间。

3 分析说明消防站依托的可靠性。

3.14.4 消防方案及设施应包括下列内容：

1 对各类防护区分别说明采用的消防方案及相应的消防工艺流程。

2 确定消防计算定额，计算各消防系统消防规模以及主要消防设施参数。

3 消防系统的划分、系统构成、系统控制方式。

4 说明消防系统参数的监测与控制。

3.14.5 主要工程量应列表说明，并应包括消防工程及与消防工程相关的建、构筑物规模、数量；主要消防系统设备、材料的技术参数、规格、数量等。

3.14.6 设计图纸应包括消防系统工艺流程图、站场消防平面布置图、主要建筑物消防平面布置图和消防设备平面布置图。

3.14.7 表格应包括设备汇总表和材料汇总表。

3.15 供 热

3.15.1 供热设计说明及图表应包括概述、设计基础资料、供热设计、主要工程量、设计图纸及表格。

3.15.2 概述应包括下列内容：

1 供热设计的范围、设计内容及设计原则。

2 供热和供气的协作关系、计量方式。

3.15.3 设计基础资料，应列出与本专业有关到依据性资料。

3.15.4 供热设计应包括下列内容：

1 供热方案，应进行技术经济比选，提出推荐方案。

2 锅炉房设计宜包括：

1）计算热负荷；

2）锅炉房的建设规模；

3）热媒参数、供热方式及凝结水回收方式；

4）锅炉和辅机等设备形式、规格、台数，并说明备用情况及冬夏季运行台数；

5）燃料消耗量、燃料来源；

6）锅炉房系统组成；

7）水处理方案及水处理系统的主要设备和材料选型；

8）锅炉房运行的控制方式及自动化水平；

9）锅炉房及附属房间的组成。

3 换热站设计应包括换热站加热、被加热介质及其参数说明、供热负荷、热力系统组成、换热器及配套辅助设备选型。

4 热力管网应包括下列内容：

1）热媒种类及温度、压力参数；

2）各单体热负荷及管径选择；

3）管网敷设方式，管线防腐、保温材料及其结构形式的选择；

4）热力管道的补偿方式；

5）设备和主要材料的选择。

5 余热利用及其他节能措施。

3.15.5 应列表说明主要工程量，包括主要供热设备、材料的名称、技术参数、规格、数量。

3.15.6 设计图纸应包括锅炉房系统流程图、室外热力管道平面布置图和锅炉房/换热站设备平面布置图。

3.15.7 表格应包括设备汇总表和材料汇总表。

3.16 采暖通风与空气调节

3.16.1 采暖通风与空气调节设计说明及图表应包括概述、设计计算参数、采暖设计、空气调节设计、通风设计、防烟、排烟设计、主要工程量、设计图纸及表格。

3.16.2 概述应包括设计范围、设计内容及设计原则。

3.16.3 设计计算参数包括室外空气计算参数和室内空气设计参数。

3.16.4 采暖设计应包括下列内容：

1 采暖热负荷。

2 热源状况、热媒种类和参数及系统定压方式。

3 采暖系统形式及管道敷设方式。

4 采暖设备、散热器类型、管道材料及保温材料的选择。

3.16.5 空气调节设计应包括下列内容：

1 空调冷、热负荷。

2 空调系统冷源及冷媒选择；冷水及冷却水的参数。

3 空调系统热源供给方式及参数。

4 空调风、水系统简述，必要的气流组织说明。

5 空调系统运行控制与监测方式。

6 空调系统的防火技术措施。

7 主要设备、管道材料及保温材料的选择。

3.16.6 通风设计应包括下列内容：

1 通风量或换气次数。

2 通风系统形式及划分，气流组织及控制方法。

3 通风系统消声及隔震措施。

4 通风系统的防火技术措施。

5 主要设备、风道材料及保温材料的选择。

3.16.7 防烟、排烟设计应包括下列内容：

1 防烟及排烟系统的设置原则及部位。

2 防烟楼梯间及前室、消防电梯前室或合用前室及封闭式避难层（间）的防烟设施和设备选择。

3 需要排烟房间的排烟设置和设备选择。

4 防烟、排烟系统风量及控制程序。

3.16.8 应列表统计主要工程量。包括主要设备、材料的名称、技术参数、规格、数量。

3.16.9 设计图纸应包括采暖平面图、通风、空调、防排烟平面图，通风机房、空调冷（热）源机房平面图，空调风路系统原理图，空调水路系统流程及控制图。

3.16.10 表格应包括设备汇总表和材料汇总表。

3.17 机 械

3.17.1 机械设计宜包括概述、储罐设计、加热炉设计、非标设备设计、管件及管道附件设计。

3.17.2 概述应包括设计范围、设计内容及主要设备的设计原则。

3.17.3 储罐设计应包括下列内容：

1 储罐的种类、数量、结构形式及设计基础参数。

2 明确材质选用原则，进行不同材料方案的技术经济比选，确定材料的牌号或钢级。

3 储罐主体结构设计，进行强度、刚度、抗震计算和分析，确定储罐设计模数。

4 储罐附件设计，主要附件类型及规格说明。

5 编制储罐参数表。

6 说明制造、施工、检验和验收规范及其他相关技术要求。

7 绘制储罐简化总图。

3.17.4 加热炉设计应包括下列内容：

1 加热炉的种类、数量、形式、设计基础参数，以及环境保护、安全、职业卫生及其他要求。

2 主要工艺参数，包括被加热介质的流量、气化率、进出口处的操作温度、操作压力和允许压力降。

3 简述加热炉的组成，包括炉本体、燃烧器及燃料油系统、鼓风系统、吹灰系统、灭火系统、仪表和自动控制系统。

4 加热炉设计，包括工艺设计、燃烧设计、构造机械设计及热力计算，进行材料选择、燃烧器和吹灰器选型，并说明自动控制水平及方式、燃烧系统的安全措施。

5 编制加热炉技术指标数据表。

6 说明制造、安装、检验和验收规范及其他相关技术要求。

7 绘制加热炉简化总图。

3.17.5 非标设备设计应包括下列内容：

1 非标设备的种类、数量、工况特点、结构形式及设计基础参数。

2 明确材质选用原则，进行不同材料方案的技术经济比选，确定材料的牌号或钢级。

3 设备结构设计，进行设备的强度、刚度计算和分析。

4 说明制造、安装、检验和验收规范及其他相关技术要求。

5 绘制非标设备的简化总图。

3.17.6 管件及管道附件设计应包括下列内容：

1 管件及管道附件的种类、规格和数量及设计基础参数。

2 明确材质选用原则，进行不同材料方案的技术经济比选，确定材料的牌号或钢级。

3 管件及管道附件的结构设计，进行设备的强度、刚度计算和分析。

4 说明制造、安装、检验和验收规范及其他相关技术要求。

5 绘制管件及管道附件的简化总图。

3.18 伴 行 道 路

3.18.1 伴行道路设计说明及图表应包括概述、道路路线选择、道路等级及技术指标、路基、路面设计、道路防护和排水设计、桥涵设计、路线交叉及附属设施设计、主要工程量、设计图纸及表格。

3.18.2 概述应包括设计范围、设计内容及设计原则。

3.18.3 道路路线选择包括下列内容：

1 道路的选线原则。

2 管道沿线交通依托情况，地形，沿线经过村镇，与文物、环保、征地搬迁、公路、铁路、管线、农田水利的协调情况，与当地道路接线关系。

3 伴行道路的分布情况。

3.18.4 道路等级及技术指标应包括下列内容：

1 道路设计标准。

2 根据工程规模同时结合周边路网的情况，说明各段道路的等级。

3 道路的技术指标。

3.18.5 路基、路面设计应包括下列内容：

1 路基设计，包括一般路基的压实度标准、边坡坡度、超高加宽设置、取弃土场分布及取弃土方案，并说明对于不良地质段采取的措施。

2 路面结构。

3 主要料场分布情况、供应能力及运距。

3.18.6 道路防护和排水设计应包括下列内容：

1 道路防护分布情况及采取的主要防护措施。

2 道路排水分布情况及采取的主要排水措施。

3.18.7 桥涵设计应包括下列内容：

1 伴行道路桥梁、涵洞的设计原则及采用的荷载标准。

2 伴行道路桥梁、涵洞的分布情况。

3 桥梁、涵洞的结构形式、跨径、孔径，并说明桥梁抗震、耐久性设计及采取的措施。

4 过水路面、漫水桥的设置情况。

3.18.8 路线交叉及附属设施设计应包括下列内容：

1 伴行道路沿线与公路的交叉情况及衔接处的处理措施。

2 伴行道路附属设施设计内容。

3.18.9 应说明主要材料的采购及运输情况。

3.18.10 应说明路线、路基、路面、小桥涵、道路防护和排水的施工注意事项及对施工方法的建议。

3.18.11 列出环境保护和水土保持敏感点，说明采取的保护措施，并针对不同的地形、地貌说明水土保持措施。

3.18.12 列表统计线路工程主要工程量，内容及格式应符合表3.18.12的规定。

表3.18.12 伴行道路主要工程量

序号	项目	单位	数量	备注
一	道路长度	km		
1	新建伴行道路长度	km		
2	整修伴行道路长度	km		
……				
二	道路路面			
1	新建伴行道路路面	m^2		
2	整修伴行道路路面	m^2		
……				
三	道路防护			
1	水泥混凝土	m^3		
2	浆砌片石	m^3		
……				
四	道路排水			
1	水泥混凝土	m^3		
2	浆砌片石	m^3		
……				
五	道路土石方			
1	新建道路填土方	m^3		
2	新建道路填石方	m^3		
3	新建道路挖土方	m^3		
4	新建道路挖石方	m^3		
5	修整道路填土方	m^3		
6	修整道路填石方	m^3		
7	修整道路挖土方	m^3		
8	修整道路挖石方	m^3		
9	施工便道填、挖土石方	m^3		
……				
六	道路桥涵			
1	中桥	m/座		
2	小桥	m/座		
3	涵洞	道		
4	桥梁加固	m/座		
5	过水路面	m/处		
……				
七	路线交叉			
1	与公路交叉	处		
2	与铁路交叉	处		
3	与管道交叉	处		
……				
八	安全设施			
1	标志牌	块		
2	标志桩	根		
3	防撞墩	m		
……				
九	道路占地			
1	临时占地	公顷		
2	永久征地	公顷		
……				
十	青苗赔偿			
1	耕地	公顷		
2	林地	公顷		
……				
十一	搬迁赔偿			
1	民屋、茅屋、窑洞、临建	m^2		
2	坟地	m^2		
3	蔬菜大棚及其他临时设施	m^2		
4	电力、通信线	m		
……				
十二	环境绿化			
1	植树	m^2		
2	植草	m^2		
3	取土坑、弃土堆	处		
……				

3.18.13 设计图纸应包括全线平面缩图、比例不小于1：50000的路线平面图、路基标准横断面典型图、路面结构典型图、路基防护典型图、路基、路面排水典型图、桥涵设计典型图、标志桩典型图、标志牌典型图。

3.18.14 表格应包括材料汇总表。

3.19 维修与抢修

3.19.1 维修与抢修设计说明及图表应包括概述、维修与抢修设计、维修与抢修的实施方案、主要工程量及表格。

3.19.2 概述应说明维修与抢修设计的范围内容及设计原则。

3.19.3 维修与抢修设计应包括下列内容：

1 维抢修队伍的管理机构及归属关系，绘制维抢修组织机构图。

2 应进行维抢修队伍、位置设置方案的比选，给出每个维抢修队伍管辖的线路区段长度、站场的名称和数量。

3 新建维抢修队伍的人员编制、岗位职责及设备机具配置方案，设备机具配置方案包括设备名称、规格型号和数量，以及车辆配备等。

4 依托维抢修队伍的人员及设备机具配置情况。

5 说明维抢修专业人员的培训要求。

3.19.4 维修与抢修的实施方案应包括下列内容：

1 站场设备的维护维修内容。

2 管道的维修抢修内容。

3 其他维修抢修要求，包括电气、仪表和通信等设备维修与抢修要求。

3.19.5 维修与抢修的主要工程量应列表统计。

3.19.6 表格应包括设备汇总表和材料汇总表。

3.20 分析化验

3.20.1 分析化验设计说明及图表应包括概述、分析化验设计及主要工程量。

3.20.2 概述应包括分析化验的设计范围、设计内容及设计原则。

3.20.3 分析化验设计应包括下列内容：

1 分析化验设施设置的地点及分析化验的项目。

2 分析化验的技术方案。

3 配备的分析化验设备及对分析化验室的要求。

3.20.4 分析化验的主要工程量应列表统计。

3.21 组织机构、定员及车辆配置

3.21.1 组织机构、定员及车辆配置应包括概述、组织机构、定员、培训及车辆配置。

3.21.2 概述应包括企业的性质、隶属关系、管理模式及所要达到的管理水平。

3.21.3 组织机构应包括组织机构的组成和生产运营的管理模式，说明组织机构设置原则，并应绘制组织机构图。

3.21.4 定员应包括下列内容：

1 确定管理人员、直接生产人员和辅助生产人员的定员。

2 说明岗位、定员、工种、专业、学历要求。

3 说明作业班次要求。

3.21.5 培训应包括下列内容：

1 培训的目的、专业及人数。

2 培训内容。

3 培训计划安排。

3.21.6 应说明企业生产和生活用车的配备情况。

3.22 工程项目实施进度安排

3.22.1 说明工程项目总体进度计划，包括初步设计、施工图设计的起止时间点、控制性工程开工和完工时间、长周期设备采办时间、项目机械完工时间、项目试运行和投产时间等。

3.22.2 绘制项目执行计划横道图。

4 专　　篇

4.1 环境保护专篇

4.1.1 环境保护专篇应包括概述、建设项目所在地区的环境现状、主要污染源和污染物、环境保护措施、环境管理及监测机构、环境保护投资概算、相关表格及图纸。

4.1.2 概述包括编制依据、编制原则、设计遵循的规范和标准和工程概况。

1 编制依据应包括下列内容：

1）设计任务书或设计合同；

2）环境影响报告书（表）或环境影响登记表及审批意见；

3）环保部门对可行性研究中环保评价的意见。

2 编制原则应从安全性、经济性、技术先进、可行性等方面对环境保护设计提出目标要求。

3 遵循的法律、法规、标准及规范应包括下列内容：

1）设计中应遵循的规范、标准；

2）国家、行业及管道沿线途径地区主管部门制定的环境保护标准和规定；

3）环境保护标准和污染物排放标准。

4 工程概况应包括下列内容：

1）说明工程项目的性质和规模、工程建设地点；

2）说明线路工程、站场设置、公用工程设置情况；

3）说明主要原料、燃料的性质、来源及消

耗量。

4.1.3 建设项目所在地区的环境现状应包括下列内容：

1 沿线地形地貌、植被情况、水文、气象条件、土壤、大气、水、噪声，重点描述环境敏感点。

2 社会经济情况。

4.1.4 主要污染源和污染物应包括下列内容：

1 主要污染源的类型，包括点源、面源和无组织排放源。

2 各主要污染物的名称、种类、数量、排放方式、噪声污染情况及对生态环境要素的影响。

4.1.5 环境保护措施应包括下列内容：

1 环境敏感区的工程保护措施。

2 生态恢复与水土保持措施。

3 污染处理、治理措施及污染处理设施的工艺参数和工艺流程。

4 环境风险应急措施。

5 场站绿化设计，包括绿化覆盖率、绿化布置、绿化树种及植物的选择。

6 环境影响评价报告提出的环保对策措施的采纳情况。

4.1.6 环境管理及监测机构应包括下列内容：

1 项目环境管理机构及环境保护人员的设置情况。

2 项目运行期污染源及污染治理设施的监测措施、施工期环境监理的单位及人员。

3 监测布点及仪器设备的配置情况。

4.1.7 环境保护投资概算应列表说明环境保护工程量及工程投资，包括沿线水土保持、站场绿化、污染物处理、固体废物处理、植被恢复、消声降噪等工程投资及环境检测费用。

4.1.8 表格应包括废水排放一览表、废气排放一览表、固体、废液排放一览表、噪声设备一览表。

4.1.9 环境保护专篇应附有相关专业的图纸，并应包括线路走向图、带“三废”排放点的工艺流程图、环境保护设施处理工艺流程图及带“三废”排放点和废水外排点的总平面布置图。

4.2 安全设施设计专篇

4.2.1 输气管道和原油管道工程建设项目应按照国家有关要求编写。

4.2.2 成品油管道工程建设项目应按照国家有关要求编写。

4.3 消 防 专 篇

4.3.1 消防专篇应包括概述、油气输送工艺、工程的火灾危险性分析、消防设施、安全及消防管理、存在问题及建议、相关专业的设计图纸。

4.3.2 概述应包括下列内容：

1 编制依据：

1）国家及地方的相关法律、法规、条例等；

2）国家、地方政府及有关主管部门对工程项目有关防火的指令或要求；

3）与公安消防部门协商确定的书面意见；

4）可行性研究报告中有关消防的要求；

5）工程设计委托书或设计合同。

2 说明本工程消防设计遵循的主要标准和规范。

3 编制原则说明在遵从国家相关政策、法规、技术标准、规范前提下，从安全性、经济性、技术先进、可行性等方面对工程消防设计提出目标要求。

4 工程概况应包括下列内容：

1）工程建设地点；

2）设计范围与界区条件；

3）工程项目的性质、生产规模；

4）消防对象及最大一次火灾；

5）工程所在地的消防体制、可依托的社会条件、消防协作力量及装备、与消防队的距离。

4.3.3 油气输送工艺应简要说明输送介质物性、主要工艺设计参数、输送方式、工艺站场设置及规模。

4.3.4 工程的火灾危险性分析应包括下列内容：

1 主要火灾爆炸危险物品火灾危险性与火灾类别。

2 主要生产场所及装置的火灾危险性分析。

3 火灾特点。

4.3.5 消防设施应符合下列规定：

1 油气输送工艺应说明站场工艺安全措施、防止火灾发生的防火措施以及发生极端工况时的控制措施等。

2 总图布置应包括下列内容：

1）总图布置原则；

2）周边企业的生产性质、火灾危险性类别、与本工程的防火间距；

3）总图布置中各区域的位置与最小频率风向的关系，消防道路设置状况、入口数量；

4）储油罐和易燃、易爆、可燃货物堆场以及装置的分组、分区、消防通道、紧急疏散通道、防火间距、消防设施，防火堤、隔离墙分离设施；

5）建（构）筑物的栋数、层数、最大建筑面积、耐火性能、防火间距、消防设施、疏散场地。

3 建筑与结构应包括下列内容：

1）建（构）物的结构形式、主要梁柱、框架的耐火极限；

2）建筑物平面布置，防火、防烟分区，隔离防火墙及洞口的做法；

3）建筑物、操作平台的疏散通道、安全出口、门口开启方向，梯子形式、数量、位置、宽度、疏散距离；

4）甲、乙类有爆炸危险的生产厂房防爆措施、结构形式、泄压面积、材质、单位质量；

5）抗震设防烈度。

4 电气应包括下列内容：

1）供电负荷等级、电源数量；

2）消防、事故照明用电的可靠性，必要的备用电源种类及容量；

3）爆炸危险场所划分，按防爆、防火场所的类别、等级、范围选定的电器设备规格；

4）防雷和防静电措施；

5）其他安全措施。

5 仪表自动化应包括下列内容：

1）有爆炸危险的气体、粉尘的监测及报警系统；

2）火灾监测及报警系统；

3）其他安全措施。

6 供热与通风应包括防、排烟，通、送风方式，送风量、排烟量等。

7 通信应包括工程工业电视监视系统及应急广播系统等。

8 其他专业或技术环节涉及的消防安全防护措施描述。

9 消防设施应包括下列内容：

1）消防方式的选择；

2）消防系统的设置；

3）消防站的等级标准、配置的消防车辆、通信设备、消防器材形式和数量等；

4）消防给水与灭火系统工艺流程，消防给水水源、消防用水量、消防储水量、消防压力、消防管网、消火栓（消防水炮）间距、数量、保护半径等；

5）其他消防灭火系统，说明采用的泡沫灭火系统、气体灭火系统、干粉灭火系统等灭火系统的设置，并列出计算结果；

6）移动式灭火设备的配置地点、种类、数量等；

7）消防投资，应列表说明与消防有关的工程量及工程费用。

4.3.6 应说明项目的安全、消防的组织管理情况。

4.3.7 应列出可能对设计方案形成影响的各种因素，并说明影响程度及处理措施。

4.3.8 消防设计专篇应附有相关专业的典型设计图纸，并应包括下列内容：

1 线路走向示意图。

2 站场的总平面布置图。

3 消防及应急通道布置图。

4 站场防爆分区划分图。

5 工艺流程图。

6 消防系统工艺及控制流程图。

7 消防管网及灭火器布置图。

8 安全连锁系统“因-果”逻辑图。

9 可燃气体及火灾监测报警系统图。

10 重要建构筑物平、立、剖面图。

4.4 职业卫生专篇

4.4.1 职业卫生专篇应包括概述、职业病危害因素影响与分析、职业卫生防护措施、辅助用房及卫生设施、职业卫生工作的组织管理及有关专业图纸。

4.4.2 概述应包括下列内容：

1 编制依据。

1）可行性研究及其审批意见中有关职业卫生的要求；

2）职业病危害预评价报告书及审批意见；

3）设计委托书。

2 编制原则应从安全性、经济性、技术先进、可行性等方面对环境保护设计提出目标要求。

3 设计遵循的法规和标准，应包括国家及地方政府的相关法规和技术标准、规范。

4 工程概况应包括工程项目的性质及规模、地点、生产作业体制、作业时间、劳动定员；工程项目所在区域的地形、地貌、气象、工程地质、水文地质、自然环境、交通、社会人文；管道输送的介质及性质；线路工程、输送工艺与站场设置、公用工程、自动化水平。

4.4.3 职业病危害因素影响与分析应包括下列内容：

1 建设项目中产生或可能产生中毒危害因素的场所、设备名称及有毒物质，并分析对生产人员的危害。

2 产生或可能产生噪声危害因素的场所、设备名称及噪声，并分析对生产人员的危害。

3 产生或可能产生振动危害因素的场所、设备名称及振动，并分析对生产人员的危害。

4 其他物理因素产生或可能产生职业病危害因素的场所、设备，并分析对生产人员的危害。

4.4.4 职业卫生防护措施应包括下列内容：

1 工程在站址选择及总平面布置中对职业卫生危害采取的防范措施。

2 工艺设计中采用的监测、报警、连锁控制防范措施。

3 主要设备布置采取的防范措施。

4 工程在采暖、通风、建筑物采光、照明设计中采取的防护措施。

5 建设项目职业病危害预评价报告中提出的职业病防护对策措施的采纳情况。

4.4.5 辅助用房及卫生设施应包括下列内容：

1 辅助用房及卫生设施配置情况。

2　生产车间卫生特征分级。

3　各站场生活用水量及标准。

4　项目设置的职业病防治专业机构及应急救援站及配备的应急救援设施和设备情况。

4.4.6　职业卫生工作的组织管理应包括下列内容：

1　职业卫生管理机构或者组织及配备专职或兼职的职业卫生管理人员情况。

2　建立职业病危害事故应急救援预案及保证有效实施的措施。

4.4.7　职业卫生防护措施投资概算应包括下列内容：

1　个人防护用品费用。

2　职业病防治服务的设施及投资费用。

3　职业卫生教育装备及设施费用。

4.4.8　有关专业图纸应包括工艺流程图和平面布置图。

4.5　节能专篇

4.5.1　节能专篇应包括概述、能耗分析、节能措施和节能降耗效益分析。

4.5.2　概述应包括下列内容：

1　编制依据：

1）可行性研究及其审批意见中有关节能设计的要求；

2）设计委托书（合同）。

2　编制原则应从安全性、经济性、技术先进、可行性等方面对节能设计提出目标要求。

3　设计遵循的法规和标准，应包括国家及地方政府的相关法规和技术标准、规范。

4　工程概况：

1）工程项目的性质及规模、地点、输送介质及性质；线路工程、输送工艺、管道沿线概况、站场与阀室设置情况、公用工程、自动化控制水平、建筑面积等内容；

2）管道沿线及站场所在位置的主要自然环境概况；

3）列表说明管道沿线各站场耗能设备的设置情况；

4）管道沿线自然条件对节能设计的影响。

4.5.3　能耗分析应针对管道系统运行的特点，对管道系统进行能耗分析和统计，包括下列内容：

1　站场的燃料、水、电、气（汽）的消耗。

2　管道输送过程中的损耗。

3　列表说明工程的能耗指标。

4.5.4　节能措施应包括下列内容：

1　生产工艺节能措施。

2　工艺设备节能措施。

3　生产辅助设施节能措施。

4　建筑节能措施。

5　其他节能措施。

4.5.5　节能降耗效益分析应说明采取节能设计和节能措施后，为工程带来的经济效益、生态环境效益和社会效益。

5　概　算

5.0.1　概算文件应包括编制说明、总概算表、其他费用计算表、综合概算表、单位工程概算表。

5.0.2　编制说明应包括项目概况、编制依据、采用的标准、定额、概算投资结果、主要设备、材料价格、取费程序、费率标准及计算依据、资金来源与使用计划、其他需要说明的问题及投资分析。

1　应对概算投资与批准的可行性研究估算投资进行对比。

2　投资差异较大的应进行分析，并说明投资差异的原因。

5.0.3　总概算表应包括工程费用、其他费用、预备费及应列入项目概算总投资中的专项费用，总概算表的编制应符合下列要求：

1　对于独立单项工程，在单位工程概算基础上直接编制总概算表。

2　总概算表的工程费用明细顺序要与单项工程综合概算顺序一致，按线路工程、大型穿（跨）越工程、阀室工程、站场工程、配套工程的顺序排列。

3　总概算表的其他费用部分不需列出费用明细。

5.0.4　其他费用计算表应包括下列内容：

1　其他费用包括建设用地费用、补偿或赔偿费用、评估及评价费用、监测及验收费用、建设单位管理费、监理、监造及监督费用、检验试验费用、前期工作费用、勘察测量费用、设计费、场地准备及临时设施费、施工队伍调遣费、工程保险费、联合试运转、生产准备费、办公及生活家具购置费、专利及专有技术使用费、引进技术和引进设备其他费、引进软件等。

2　各项费用的取费基数、费率、计算公式及说明。

5.0.5　综合概算表按照不同的单项工程由单位工程概算表汇总组成，综合概算表工程费用明细顺序要与单位工程概算表顺序一致。

5.0.6　单位工程概算表应包括下列内容：

1　设备及安装工程概算表和建筑工程概算表。

2　单位工程概算表应包括定额编号、定额名称、单位、数量、定额单价及合价等项目。

3　单位工程概算表应根据设计工程量套用适当的指标或定额编制。

4　当概算定额或指标不能满足概算编制要求时，应编制补充单位估价表。

本标准用词说明

1 为便于在执行本标准条文时区别对待，对要求严格程度不同的用词说明如下：

1）表示很严格，非这样做不可的：
正面词采用“必须”，反面词采用“严禁”；

2）表示严格，在正常情况下均应这样做的：
正面词采用“应”，反面词采用“不应”或“不得”；

3）表示允许稍有选择，在条件许可时首先应这样做的：
正面词采用“宜”，反面词采用“不宜”；

4）表示有选择，在一定条件下可以这样做的，采用“可”。

2 条文中指明应按其他有关标准执行的写法为：“应符合……的规定”或“应按……执行”。

中华人民共和国国家标准

油气管道工程建设项目设计文件编制标准

GB/T 50644—2011

条　文　说　明

制 定 说 明

《油气管道工程建设项目设计文件编制标准》GB/T 50644—2011，经住房和城乡建设部 2011 年 2 月 18 日以第 933 号公告批准发布。

本标准制定过程中，编制组进行了广泛的调查研究，总结了我国石油天然气管道工程建设的实践经验。

为便于广大设计、施工、科研、学校等单位有关人员在使用本标准时能正确理解和执行条文规定，《油气管道工程建设项目设计文件编制标准》编制组按章、节、条顺序编制了本标准的条文说明，对条文规定的目的、依据以及执行中需注意的有关事项进行了说明，但是本条文说明不具备与标准正文同等的法律效力，仅供使用者作为理解和把握标准规定的参考。

目　次

3　设计说明及图表 …………………… 1—28—31
3.1　总说明 …………………… 1—28—31
3.2　线路工程 …………………… 1—28—31
3.3　穿（跨）越工程 …………………… 1—28—31
3.5　站场工艺 …………………… 1—28—31
3.7　自动控制与仪表 …………………… 1—28—31
3.8　通信 …………………… 1—28—31
3.10　总图及运输 …………………… 1—28—31
3.13　给排水 …………………… 1—28—31
3.17　机械 …………………… 1—28—31
4　专篇 …………………… 1—28—31
4.1　环境保护专篇 …………………… 1—28—31
4.2　安全设施设计专篇 …………………… 1—28—31
4.4　职业卫生专篇 …………………… 1—28—32

3 设计说明及图表

3.1 总 说 明

3.1.2 本条第2款第3）项适用于资源引进类项目。

3.2 线 路 工 程

3.2.4 本条第9款中环境敏感区指文物保护区、自然环境保护区、野生动物保护区。

3.2.6 本条第3款第1）项中钢种等级机械性能指屈服强度、抗拉强度、屈强比、冲击韧性、硬度等。本条第6款第6）项特殊地段指沼泽、冻土、沉降区、强震区及地震活动断裂带等。

3.2.8 本条第2款第5）项灾害性地质段包括采空区、滑坡、崩塌、泥石流、湿陷性黄土、沼泽、永冻土、喀尔斯特地层、沙漠、液化土、沉降区、地震活动断裂带等。特殊地形段主要包括沿河谷、海滩土堤等。特殊地区主要包括军事禁区、文物保护区、自然保护区、城区、高压线走廊带等。

3.3 穿（跨）越工程

3.3.2 本条第2款第1）项水域大中型穿（跨）越设计范围、第2）项山岭隧道穿越设计范围指单出图的工程范围，设计内容应包括此范围内的穿（跨）越设计、山岭隧道穿越设计及一般线路段设计，水域大中型穿（跨）越设计范围一般指两岸桩号之间的管道工程部分，山岭隧道穿越设计范围指隧道进、出洞口桩号之间的管道工程部分。

3.3.3 本条第2款穿（跨）越位置选择应满足当地规划部门及河道管理部门的城市规划和水利、防洪规划要求。穿（跨）越位置一般根据线路总体走向选择2个～3个断面，但有时由于规划限制或其他原因只能选择1个断面，此时应说明选择1个断面的理由。

3.3.5 本条第3款中隧道洞口位置的选择应根据地形、工程地质、水文地质等条件，结合工程施工安全、环境保护要求及洞口相关工程综合考虑，比较其技术、经济上的合理性和安全性，确定隧道洞口的最佳位置。

3.5 站 场 工 艺

3.5.8 主要单体设备及管线平面布置图一般包括输油泵区（棚、房）、压缩机区（棚、房）、进出站阀组区、计量区、加热区、过滤分离区的设备及管线平面布置图。

3.7 自动控制与仪表

3.7.7 当管道建有调制中心和监视终端时，设计图纸还应包括调控中心及监视终端的计算机控制系统框图、计算机控制系统配置图和控制室平面布置图。

3.8 通 信

3.8.5 对于单独敷设通信线路需要绘制通信线路路由图。

3.10 总图及运输

3.10.5 本条第2款中竖向布置方式如平坡式、台阶式等；第3款中雨水排放方式指地表雨水有组织或无组织排水方式，如采用有组织排水，还应阐述其排放地点的地形与高程等情况；第7款防灾措施指站场总图设计中采取的针对洪涝、潮汐等自然灾害的防护措施。

3.10.8 建设用地指标指中华人民共和国住房和城乡建设部和中华人民共和国国土资源部颁布并于2009年4月1日施行的《石油天然气工程建设项目建设用地指标》。

3.13 给 排 水

3.13.4 本条第2款雨水处置具体指确定工程地点采用的暴雨强度、重现期参数，进行综合径流系数、汇水面积、汇流时间、雨水排量计算。

3.17 机 械

3.17.4 加热炉设计指由设计单位设计并绘制制造图，设计单位提出技术要求进行设备采办的加热炉选型设计应在站场工艺的设备选型中进行说明。

3.17.5 非标设备设计指由设计单位设计并绘制制造图的非标设备，设计单位提出技术要求进行设备采办的非标设备选型设计应在站场工艺的设备选型中进行说明。

4 专 篇

4.1 环境保护专篇

4.1.5 本条第4款针对管道可能发生的泄漏事故，提出相应的环境风险应急措施。

4.2 安全设施设计专篇

4.2.1 输气管道和原油管道工程建设项目按照国家安全生产监督管理总局《关于印发〈陆上石油天然气建设项目安全设施设计专篇编写指导书〉的通知》（安监总管一〔2008〕7号）及后续的相关要求编写。

4.2.2 成品油管道工程建设项目按照国家安全生产监督管理总局《关于印发〈危险化学品建设项目安全

设施目录（试行）》和《危险化学品建设项目安全设施设计专篇编制导则（试行）》的通知》（安监总管一〔2007〕225号）及后续的相关要求编写。

4.4 职业卫生专篇

4.4.3 本条第4款中其他物理因素指放射性物质、电磁辐射等特殊环境条件。

中华人民共和国国家标准

石油化工绝热工程施工质量验收规范

Code for construction quality acceptance of insulation in petrochemical engineering

GB 50645—2011

主编部门：中 国 石 油 化 工 集 团 公 司

批准部门：中华人民共和国住房和城乡建设部

施行日期：2 0 1 2 年 5 月 1 日

中华人民共和国住房和城乡建设部
公　　告

第 935 号

关于发布国家标准《石油化工绝热工程施工质量验收规范》的公告

现批准《石油化工绝热工程施工质量验收规范》为国家标准，编号为GB 50645—2011，自 2012 年 5 月 1 日起实施。其中，第3.2.5、4.3.2、8.0.6 条为强制性条文，必须严格执行。

本规范由我部标准定额研究所组织中国计划出版社出版发行。

中华人民共和国住房和城乡建设部

二〇一一年二月十八日

前　　言

本规范是根据原建设部《关于印发〈2007 年工程建设标准规范制订、修订计划（第二批）〉的通知》（建标〔2007〕126 号）的要求，由中国石化集团第四建设公司会同有关单位编制完成的。

本规范在编制过程中，编制组经广泛调查研究，认真总结实践经验，参考有关国际标准和国外先进标准，并在广泛征求意见的基础上，最后经审查定稿。

本规范共分 8 章和 4 个附录，主要技术内容包括：总则、术语、基本规定、材料、绝热层施工质量验收、防潮层施工质量验收、保护层施工质量验收、绝热工程质量验收要求及记录表格。

本规范中以黑体字标志的条文为强制性条文，必须严格执行。

本规范由住房和城乡建设部负责管理和对强制性条文的解释，由中国石油化工集团公司负责日常管理工作，由中国石化集团第四建设公司负责具体技术内容的解释。执行过程中如有意见或建议，请寄送中国石化集团第四建设公司（地址：天津市大港区世纪大道 180 号；邮政编码：300270）。

本规范主编单位、参编单位、主要起草人和主要审查人：

主 编 单 位：中国石化集团第四建设公司

参 编 单 位：中国石化集团第十建设公司

中国石化集团第五建设公司

主要起草人：胡　伟　王广朝　何贵堂

主要审查人：芦　天　葛春玉　汪庆华　南亚林　陈民生　关慰清　赖金东　王永红　顾智明　赵远洋　王建生　沈美菊　毕庶恺　迟　明

目　次

1　总则 ………………………………… 1—29—5
2　术语 ………………………………… 1—29—5
3　基本规定 …………………………… 1—29—5
3.1　施工质量验收的划分 ……………… 1—29—5
3.2　施工质量验收结果的评定 ………… 1—29—5
3.3　施工质量验收的程序 ……………… 1—29—6
4　材料 ………………………………… 1—29—6
4.1　绝热层材料 ………………………… 1—29—6
4.2　防潮层材料 ………………………… 1—29—6
4.3　保护层材料 ………………………… 1—29—6
4.4　检查数量 …………………………… 1—29—7
5　绝热层施工质量验收 ……………… 1—29—7
5.1　一般规定 …………………………… 1—29—7
5.2　支承件、固定件 …………………… 1—29—7
5.3　绝热层 ……………………………… 1—29—8
5.4　检查要求及检查数量 ……………… 1—29—9
6　防潮层施工质量验收 ……………… 1—29—10
7　保护层施工质量验收 ……………… 1—29—10
7.1　金属保护层 ………………………… 1—29—10
7.2　非金属保护层 ……………………… 1—29—11
7.3　检查要求及检查数量 ……………… 1—29—11
8　绝热工程质量验收要求及记录表格 ……………………………… 1—29—11
附录A　隐蔽工程记录 ……………… 1—29—12
附录B　检验批质量验收记录表 ……………………………… 1—29—12
附录C　分项工程质量验收记录表 ……………………………… 1—29—13
附录D　分部工程质量验收记录表 ……………………………… 1—29—13
本规范用词说明 ……………………… 1—29—14
引用标准名录 ………………………… 1—29—14
附：条文说明 ………………………… 1—29—15

Contents

1 General provisions ········ 1—29—5
2 Terms ········ 1—29—5
3 Basic requirement ········ 1—29—5
3.1 Dividing for construction quality acceptance ········ 1—29—5
3.2 Acceptance result assessing of construction quality ········ 1—29—5
3.3 Procedure of construction quality acceptance ········ 1—29—6
4 Materials ········ 1—29—6
4.1 Materials of insulation layer ········ 1—29—6
4.2 Materials of vapor barrier ········ 1—29—6
4.3 Materials of cladding ········ 1—29—6
4.4 Inspection quantities ········ 1—29—7
5 Acceptance quality of insulation layer ········ 1—29—7
5.1 General requirement ········ 1—29—7
5.2 Supporting pieces and fixing pieces ········ 1—29—7
5.3 Insulation layer ········ 1—29—8
5.4 Inspection requirement and inspection quantities ········ 1—29—9
6 Acceptance quality of vapor barrier ········ 1—29—10
7 Acceptance quality of cladding ········ 1—29—10
7.1 Metal cladding ········ 1—29—10
7.2 Nonmetal cladding ········ 1—29—11
7.3 Inspection quantities ········ 1—29—11
8 Specifications and recording table of quality acceptance of insulation engineering ········ 1—29—11
Appendix A: Records list for conceal item ········ 1—29—12
Appendix B: Acceptance records list for inspection lot ········ 1—29—12
Appendix C: Acceptance records list for parts of construction ········ 1—29—13
Appendix D: Acceptance records list for kinds of construction ········ 1—29—13
Explanation of wording in this code ········ 1—29—14
List of quoted standards ········ 1—29—14
Addition: Explanation of provisions ········ 1—29—15

1 总 则

1.0.1 为加强石油化工建设工程质量管理，规范石油化工绝热工程（以下简称绝热工程）施工质量验收的要求，保证绝热工程施工质量，制定本规范。

1.0.2 本规范适用于石油化工新建、改建和扩建工程设计温度为－196℃～850℃的设备和管道外部绝热工程施工质量的验收。

1.0.3 石油化工绝热工程的施工质量验收除应符合本规范的规定外，尚应符合国家现行有关标准的规定。

2 术 语

2.0.1 检验批 inspection lot

在安装工程中按设计文件、标准规范或合同、检验试验文件的规定，对在同一生产条件下的产出或同一作业条件下完成的实物量进行检验时所涉及的全部被检验体。

2.0.2 分项工程 item project

组成分部工程的工程实体。

2.0.3 分部工程 section project

组成单位工程或子单位工程的可独立施工的工程实体。

2.0.4 主控项目 dominant item

安装工程中对工程建设安全与使用功能、健康与环境保护起决定性作用的检验项目。

2.0.5 一般项目 general item

安装工程中除主控项目外的检验项目。

2.0.6 绝热层 insulation layer

为保持设备和管道内部介质温度稳定，在其外部设置由绝热材料及其制品构成的隔绝热量交换的结构。

2.0.7 防潮层 vapor barrier

在特定条件下，用来防止水或水蒸气破坏绝热层的性能和形态而设置的结构层。

2.0.8 保护层 cladding

防止绝热层或防潮层受外界损伤，在其外部设置的金属、非金属防护层。

2.0.9 支承件 supporting elements

固定在设备和管道上，用来承受绝热层、防潮层和保护层荷载用的托架、支撑环、支撑板等金属构件。

2.0.10 固定件 fixer

用于固定绝热层、防潮层或保护层用的锚栓、螺栓、螺母、销钉、钩钉、铆钉、箍环、箍带、活动环、固定环等金属或非金属构件。

2.0.11 伸缩缝 expansion joint

在绝热工程结构设计中，为避免由于温度变化引起材料膨胀或收缩产生结构开裂破坏而采取的构造措施。

2.0.12 硬质绝热制品 rigid insulation produce

在 2×10^{-3} MPa 压力作用下，其可压缩性小于6%，基本保持原状，不能弯曲的绝热制品。

2.0.13 半硬质绝热材料 semirigid insulation produce

在 2×10^{-3} MPa 压力作用下，可压缩性为 6%～30%，弯曲 90°以下时，尚能恢复其原状的绝热制品。

2.0.14 软质绝热材料 soft insulation produce

在 2×10^{-3} MPa 压力作用下，可压缩性达 30%以上，弯曲超过 90°而不被损坏的绝热制品。

3 基本规定

3.1 施工质量验收的划分

3.1.1 绝热工程的质量验收，可按检验批、分项工程及（或）分部工程进行划分。

3.1.2 检验批宜根据工程的特点、施工及质量控制和专业验收的需要，按系统或区段进行划分。设备宜以单台划分为一个检验批；管道宜按相同介质、相同压力等级划分为一个检验批。

3.1.3 分项工程可由一个或若干个检验批组成。分项工程的划分，设备宜以相同工作介质按台（套）进行划分；管道宜按相同的工作介质进行划分。

3.1.4 当绝热工程需要划分成分部工程时，分部工程可由一个或若干个分项工程组成。

3.2 施工质量验收结果的评定

3.2.1 检验批质量验收合格应符合下列规定：

1 主控项目应符合本规范的规定；

2 一般项目中的基本项目每项抽检的处（点）均应符合本规范的规定；允许偏差项目每项抽检的点数中，80%及其以上的实测值应在本规范规定的允许偏差范围内。

3.2.2 分项工程质量验收合格应符合下列规定：

1 分项工程所含的检验批均应符合质量合格的规定；

2 分项工程所含的检验批的质量保证资料齐全。

3.2.3 分部工程质量验收合格应符合下列规定：

1 分部工程所含分项工程的质量均应验收合格；

2 分部工程所含分项工程的质量保证资料齐全。

3.2.4 当绝热工程质量结果不符合本规范要求时，应按下列规定进行处理：

1 经返工或返修的检验批，应重新进行验收；

2 经有资质的监测单位检测鉴定能够达到设计要求的检验批，应予以验收；

3　经有资质的监测单位检测鉴定达不到设计要求时，但经原设计单位核算认可，能够满足结构安全和使用功能的检验批，可予以验收；

4　经返修处理的分项工程，虽然改变外形尺寸但仍能满足安全使用要求，可按技术处理方案和协商文件进行验收。

3.2.5　返修处理后仍不能满足安全使用要求的工程，严禁验收。

3.3　施工质量验收的程序

3.3.1　检验批的质量验收应在作业班组自检合格的基础上填写检验批质量验收记录，由施工单位项目专业质量检查员核查，报监理工程师（或建设单位项目专业技术负责人）验收。

3.3.2　分项工程的质量验收应在检验批质量验收合格的基础上，由施工单位专业质量检查员填写分项工程质量验收记录，报监理工程师（或建设单位项目专业技术负责人）等进行验收。

3.3.3　分部工程应在分项工程的质量验收合格的基础上由施工单位专业质量检查员填写分部工程质量验收记录，报总监理工程师（或建设单位项目负责人）进行验收。

4　材　　料

4.1　绝热层材料

Ⅰ　主 控 项 目

4.1.1　绝热材料及其制品必须具有质量证明文件，并应符合产品标准和设计文件规定。

检查方法：核查资料。

4.1.2　绝热材料及其制品的导热系数、密度、温度适用范围应符合现行国家标准或行业标准规定，并应满足设计文件要求。

检查方法：核查现场抽样的性能检测报告。

4.1.3　用于保温的绝热材料及其制品，介质平均温度等于或低于 350℃时，导热系数值不得大于 0.10W/（m·K）；用于保冷的绝热材料及其制品，其平均温度等于或低于 27℃时，导热系数值不得大于 0.064W/（m·K）。

检查方法：核查现场抽样的性能检测报告。

4.1.4　绝热材料及其制品种类、规格应符合设计文件的规定。

检查方法：现场抽样检查。

Ⅱ　一 般 项 目

4.1.5　绝热层材料质量证明文件应提供具有允许使用温度和不燃性、难燃性、可燃性性能检测值。对于保冷材料，还应提供吸水性、吸湿性、憎水性检测值。对硬质绝热材料还应提供材料的线膨胀或收缩率数据。

检查方法：核查资料。

4.1.6　绝热材料及其制品的化学性能应稳定，对金属不得有腐蚀作用。当用在奥氏体不锈钢设备、管道上时，绝热材料中可溶出氯离子、氟离子、硅酸盐离子及钠离子的含量应符合现行国家标准《覆盖奥氏体不锈钢用绝热材料规范》GB/T 17393 的有关规定。

检查方法：核查现场抽样的性能检测报告。

4.1.7　散装绝热材料，不得混有杂物。纤维类绝热材料的渣球含量应符合产品标准及设计文件的规定。

检查方法：观察检查和核查资料。

4.1.8　成型的绝热材料及其制品的外观检查应无断裂、变质、残缺等缺陷。

检查方法：观察检查。

4.1.9　保温材料及其制品，其含水率不应大于 7.5%；保冷材料及其制品，其含水率不应大于 1%。

检查方法：核查资料或抽样检查。

4.2　防潮层材料

Ⅰ　主 控 项 目

4.2.1　防潮层材料种类、性能和规格应满足设计文件要求。

检查方法：核查资料。

4.2.2　防潮层材料应具有不燃性或难燃性。

检查方法：核查资料或抽样检查。

Ⅱ　一 般 项 目

4.2.3　防潮层材料应具有抗蒸汽渗透、防水、防潮、不软化、不流淌、不起泡、不脆裂、不脱落，在气候变化与振动情况下能保持完好的稳定性。

检查方法：核查资料和外观检查。

4.2.4　防潮层材料应无毒、化学稳定性好，使用时不产生有害气体，不得对绝热层和保护层产生腐蚀和溶解作用，吸水率不大于 1%。

检查方法：核查资料。

4.2.5　用于涂抹型防潮材料，其软化温度不应低于 65℃，粘结强度不应小于 0.15MPa，挥发物不得大于 30%。

检查方法：核查资料。

4.3　保护层材料

Ⅰ　主 控 项 目

4.3.1　保护层材料种类、性能和规格应满足设计文件要求。

检查方法：核查资料。

4.3.2　储存或输送易燃、易爆物料的设备及管道，

以及与此类管道架设在同一支架上或相交叉处的其他管道，其保护层必须采用不燃性材料。

检查方法：核查资料和现场抽样试验。

Ⅱ 一 般 项 目

4.3.3 非金属保护层材料应在正常使用条件下无毒、不软化、不脆裂。

检查方法：观察检查、核查资料。

4.3.4 保护层应具有防水、抗大气腐蚀的性能，且化学性能稳定，不腐蚀绝热层及防潮层。

检查方法：核查资料。

4.3.5 用于非金属保护层包缠的粘结剂，应做试样检验，检验结果应符合产品标准的规定。

检查方法：现场检查、核查资料。

4.3.6 保护层材料表面的涂料防火性应符合国家有关标准、规范的规定。

检查方法：核查资料。

4.3.7 用于抹面保护层的材料应符合下列规定：

1 密度不得大于 800kg/m³；

2 抗压强度不得小于 0.8MPa；

3 烧失量（包括有机物和可燃物）不得大于12%。

检查方法：核查资料、抽样复验。

4.4 检 查 数 量

4.4.1 绝热材料及其制品种类、规格的检查数量应按 5%比例进行抽样检测。

4.4.2 绝热材料及其制品检验时，当出现不合格项应加倍复查，若仍不合格，则该检验批为不合格。

5 绝热层施工质量验收

5.1 一 般 规 定

5.1.1 设备及管道绝热支承件、固定件的设置应符合设计文件及有关施工规范的规定。

检验方法：观察检查。

5.1.2 同一种绝热材料及制品，当保温层厚度大于或等于 100mm、保冷层厚度大于或等于 80mm 时，应分层铺设，且分层厚度应接近。

检验方法：观察和尺量检查。

5.1.3 当采用两种或多种绝热材料形成复合绝热结构时，每种材料的材质、各层厚度及总厚度、施工顺序等均应符合设计文件规定。

检验方法：观察和尺量检查。

5.1.4 施工后的绝热层不得覆盖设备铭牌。

检验方法：观察检查。

5.1.5 当对有伴热的设备及管道进行绝热层施工时，伴热管与设备或主管之间的加热空间不得被保温材料填塞。

检验方法：观察检查。

5.1.6 保冷施工中设备裙座、管道支吊架、绝热支承以及梯子、平台支架等与设备和管道本体直接相连的部位应进行保冷。其保冷厚度和保冷长度应符合设计文件及施工规范的规定。

检验方法：观察及尺量检查。

5.1.7 设备或管道绝热层在法兰、阀门断开处，应留出螺栓的拆卸距离。设备法兰的两侧应留出 3 倍螺母厚度的距离；管道法兰螺母的一侧留出 3 倍螺母厚度的距离，另一侧应留出螺栓长度加 25mm 的距离。

5.1.8 当保冷施工采用泡沫玻璃制品时，与设备及管道相接触的绝热层内表面耐磨剂的涂抹应均匀一致，不得漏涂。

检验方法：观察检查。

5.1.9 硬质材料伸缩缝的设置，其留设位置、留设间距、伸缩缝的宽度应符合设计文件的规定。

检验方法：观察及尺量检查。

5.1.10 绝热层施工完后，应进行找平处理。处理后的表面应顺平。

检验方法：观察检查。

5.2 支承件、固定件

Ⅰ 主 控 项 目

5.2.1 支承件、固定件的材质应与设备及管道本体材质相匹配。

检验方法：观察检查。

5.2.2 已经进行热处理的设备及管道，热处理后不应再进行支承件、固定件的焊接。

检验方法：观察检查。

Ⅱ 一 般 项 目

5.2.3 绝热施工前，支承件、固定件的制作和安装位置、间距、宽度等应符合设计文件规定。

检验方法：观察和尺量检查。

5.2.4 当设计文件对支承件的安装无规定时，支承件安装间距及安装宽度应符合表 5.2.4 的规定。

表 5.2.4 支承件安装间距及宽度要求

检查项目	绝热层材料		支承件的安装要求
绝热支承件	保温层	硬质、半硬质绝热材料及制品	方形设备安装间距宜为 1.5m～2m
			圆形设备和管道安装间距宜为：高温介质为 2m～3m，中低温介质为 3m～5m
			储罐安装间距不宜大于 1m
			支承件的宽度应小于保温层厚度 10mm，但最小不得小于 20mm

续表 5.2.4

检查项目		绝热层材料	支承件的安装要求
绝热支承件	保冷层	硬质、半硬质绝热材料及制品	垂直设备和管道安装间距不得大于5m
			支承件的宽度与结构应小于保冷层厚度10mm，但最小不得小于20mm
	毯、毡等软质绝热材料		垂直设备和管道安装间距宜为0.5m～1m之间
			支承件的宽度与结构宜小于绝热层厚度10mm，但最小不得小于20mm

检验方法：观察和尺量检查。

5.2.5 固定件的型号、布置方式和安装长度、设置数量应符合设计文件的规定。设计文件无规定时，固定件安装宽度应符合表5.2.5的规定。

表 5.2.5 固定件安装宽度要求

检查项目	绝热层材料	安装要求
绝热固定件	硬质绝热材料及制品	固定件的长度应小于绝热层厚度10mm，但最小不得小于20mm
	半硬质及软质绝热材料及制品	固定件的长度宜小于保温层厚度10mm，但最小不得小于20mm；超过绝热层部分应进行折弯处理

检验方法：观察和尺量检查。

5.2.6 采用抱箍式或扭瓣式绝热支承件时，应按设计文件的规定设置隔垫。

检验方法：观察检查。

5.2.7 支承件、固定件与设备和管道焊接接头应有适当间隔。

检验方法：观察检查。

5.3 绝 热 层

一 般 项 目

5.3.1 绝热层采用捆扎法施工时，应符合下列规定：

1 同层环、纵向施工缝应相互错缝；上下层环、纵向施工缝应相互压缝；外层绝热层纵向接缝应设置在水平中心线上下45°范围内；

2 绝热层捆扎时不得采用缠绕式捆扎，每节绝热层上的捆扎材料不得少于2道。硬质绝热材料的捆扎间距不大于400mm；半硬质绝热材料的捆扎间距不大于300mm；软质绝热材料的捆扎间距不大于200mm；

3 多层绝热层施工时，每层均需进行捆扎；

4 硬质绝热层捆扎时，捆扎接头应紧贴绝热层；软质及半硬质绝热材料捆扎时，捆扎接头不得刺透绝热层；

5 设备封头、球形设备绝热层捆扎时，捆扎材料应形成环向及纵向相互交织的网状结构，且节点呈十字扭结状；

6 管道弯头采用硬质、半硬质材料绝热层施工时，每一块V形绝热材料应有不少于1道的捆扎材料；

7 绝热层捆扎时，应捆扎均匀、牢固，无松脱。

检验方法：观察及尺量检查

5.3.2 当绝热层采用拼砌法施工时，应符合下列规定：

1 绝热层应紧贴金属表面、拼接缝布置均匀、对接紧密、无碎块填砌，表面顺平；多层施工时，应上下层压缝，外层绝热层纵向拼接缝应偏离垂直中心线位置；

2 拼接缝的缝隙，保温施工不应大于5mm；保冷施工不应大于2mm；

3 方形设备及管道绝热层施工时，顶部应采用封盖式搭接；

4 拼接缝用灰浆或胶泥材料时导热系数应满足使用要求，且涂抹时应均匀、无漏涂，缝隙填料饱满；

5 球形设备、设备封头、管道弯头等部位拼砌时，接缝应布置均匀、外形圆滑过渡、无突出的棱角。

检验方法：观察和尺量检查。

5.3.3 当绝热层采用粘贴法施工时，应符合下列规定：

1 绝热块的拼接缝隙应符合本规范第5.3.2条的相关规定；

2 粘贴所用的粘结剂应与绝热材料的性能相匹配；粘贴所用的绝热材料应无断裂、缺角、掉块及空洞；

3 绝热块粘贴面的表面粘结剂涂抹应均匀、饱满且厚度一致；

4 施工完的绝热层应牢固，表面平顺、无凹凸现象。

检验方法：观察和尺量检查。

5.3.4 当绝热层采用嵌装层铺法施工时，应符合下列规定：

1 固定件不得穿透硬质绝热层，且不得影响防潮层或保护层的施工；

2 当绝热层外铺铁丝网时，铁丝网应紧贴绝热层，并固定紧密；

3 多层绝热层施工时，各层应铺贴紧密，错缝应均匀布置。

检验方法：观察检查。

5.3.5 绝热层采用填充法施工时，应符合下列规定：

1　固形层应稳固、不易变形；

2　绝热层应逐层填充、逐层压实，不得有漏填、架桥及空洞现象，每层填充层宜为400mm～600mm。

检验方法：观察和锤击检查。

5.3.6　绝热层采用浇注法施工时，应符合下列规定：

1　外固形层的设置应稳固、不易变形；

2　浇注材料应均匀、密布于固形层内，不得有发脆、收缩、发软、架桥、蜂窝、空洞等现象。

检验方法：观察和锤击检查。

5.3.7　绝热层采用喷涂法施工时，应符合下列规定：

1　绝热层表面应平整，接茬良好，粘结牢固，厚度一致；

2　绝热层应无蜂窝、收缩、空洞、开裂和脱落现象。

检验方法：观察和锤击检查。

5.3.8　当绝热层采用涂抹法施工时，应符合下列规定：

1　每层涂抹厚度、涂抹层数及涂抹间隔时间应符合产品技术文件的规定；

2　涂抹后的绝热层应表面平整、外形平顺、厚度均匀一致。

检验方法：观察及尺量检查。

5.3.9　当绝热层采用缠绕法施工时，应符合下列规定：

1　绝热绳的缠绕应互相紧靠，拉紧无松动，表面平整，厚度一致；

2　绝热带应缠绕紧密、牢固，表面平顺、无翻边，搭接一致、压边均匀；

3　多层施工时，宜反向缠绕；同向缠绕时，应压缝搭接，且搭接均匀。

检验方法：观察检查。

5.3.10　设备及管道上的阀门、法兰以及管道端部等异型部位绝热层的施工，应符合下列规定：

1　绝热层厚度应与设备或管道本体绝热层的厚度相同；

2　与管道或设备本体固定时应牢固、可靠，接缝应密封处理。

检验方法：观察和尺量检查。

5.3.11　设备及管道上的观察孔、检测点、维修处等可拆卸式部位绝热层的施工，除应符合本规范第5.3.10条的规定外，还应符合下列规定：

1　被绝热部位本体与绝热材料之间应有隔离设施；

2　绝热层应填充密实，拆卸方便；当有紧锁装置时，紧锁装置应安全紧固，方便开启。

检验方法：观察和尺量检查。

5.3.12　硬质绝热材料伸缩缝的施工应符合下列规定：

1　伸缩缝的留设宽度，设备不应小于25mm，管道不应小于20mm，且留设间距均匀一致；

2　伸缩缝填塞材料应采用与设备或管道主体绝热材料导热系数相近的软质绝热材料；

3　填塞时应严密，无漏填现象；

4　保冷施工时，伸缩缝外侧再绝热厚度不应小于设备或管道本体绝热厚度；与伸缩缝的搭接宽度不应小于50mm；

5　多层绝热层时，各层伸缩缝应错开设置，且错开距离应大于100mm。

检验方法：观察和尺量检查。

5.3.13　有防潮层的绝热层应接缝严密，表面干净、干燥、平顺、无凸角、凹坑等质量缺陷。

检验方法：观察检查。

5.3.14　绝热层安装厚度的允许偏差及检验方法，应符合表5.3.14的规定。

表5.3.14　绝热层安装厚度的允许偏差

项　目				允许偏差	检验方法
绝热层厚度	固形材料	保温层	硬质制品	$^{+10}_{-5}$mm	尺量检查
			半硬质及软质制品	$^{+10}_{-5}$%，且满足$^{+10}_{-8}$mm	针刺、尺量检查
		保冷层		$^{+5}_{0}$mm	针刺、尺量检查
	非固形材料	绝热层厚度＞50mm		$^{+10}_{0}$%	填充法用尺测量固形层与工件间距；浇注及喷涂法用针刺、尺量检查
		绝热层厚度≤50mm		$^{+5}_{0}$mm	

5.4　检查要求及检查数量

5.4.1　绝热支承件、固定件应进行全数检查。

5.4.2　绝热层施工检验批的检查应符合下列规定：

1　每一个检验批均应进行检查；

2　设备宜以单台划分为一个检验批；管道宜按相同介质、相同压力等级为一个检验批。

5.4.3　每一检验批中检查点数量应符合下列规定：

1　管道每50m为一个检查点，不足50m按50m计；

2　设备每$50m^2$为一个检查点，不足$50m^2$按$50m^2$计；

3　阀门、法兰等可拆卸部位，每个管道编号为一个检查点；每个设备位号为一个检查点。

5.4.4　每一检查点检测不应少于3处，出现不合格项时，加倍检查；若仍不合格，再按不合格项加倍检查；还有不合格时应进行全数检查。

6 防潮层施工质量验收

6.0.1 防潮层表面应接缝紧密，无翘口、脱层、开裂，无明显的空鼓、褶皱，厚度均匀。

检验方法：观察和尺量检查。

6.0.2 防潮层采用胶泥与增强布复合结构施工，质量应符合下列规定：

1 胶泥与绝热层外表面应结合紧密、无虚粘；涂抹时应厚薄均匀、一致，无流挂、无漏涂现象；

2 缠绕应紧密，无明显的空鼓、褶皱，搭接均匀；障碍开口处应进行密闭处理；

3 环、纵向搭接量不小于50mm；接口搭接量不小于100mm，接头应牢固；

4 增强布与胶泥之间粘贴应紧密，网格内胶泥涂料应满布；

5 施工完的防潮层表面应平整，无翘口、脱层、开裂。

检验方法：观察和尺量检查。

6.0.3 防潮层采用弹性体卷材施工，应符合下列规定：

1 缠绕应符合本规范第6.0.2条第2款的要求，且应松紧适度；

2 接缝搭接，环、纵向搭接量不小于20mm；接口搭接不小于100mm；

3 多层施工时，宜反向缠绕；同向缠绕时，应压缝搭接，且搭接均匀。

检验方法：观察和尺量检查。

6.0.4 防潮层采用非弹性体卷材施工，应符合下列规定：

1 自粘型卷材施工，层间及接口部位应粘贴紧密；非自粘型卷材施工，捆扎应牢固，捆扎接头应不影响外保护层施工，捆扎间距合理；

2 缠绕及搭接，应符合本规范第6.0.2条第2款、第3款的规定；

3 多层施工，应符合本规范第6.0.3条第3款的规定。

检验方法：观察和尺量检查。

6.0.5 防潮层的检查数量应符合本规范第5.4.2条～第5.4.4条的规定。

7 保护层施工质量验收

7.1 金属保护层

Ⅰ 主控项目

7.1.1 当有下列情况之一时，金属保护层应按照规定嵌填密封剂或在接缝处包缠密封带：

1 露天、潮湿环境中的保温设备、管道和室外的保冷设备、管道与其附件的金属保护层；

2 保冷管道的直管段与其附件的金属保护层接缝部位和管道支架穿出金属保护层的部位。

检查方法：观察检查。

Ⅱ 一般项目

7.1.2 当使用薄铝合金板、不锈钢作保护层材料时，不得与碳钢材料相接触，其固定件应采用铝制品或不锈钢制品。

检查方法：观察检查。

7.1.3 金属保护层的环向接缝宜采用搭接或插接，纵向接缝宜采用搭接或咬接。

检查方法：观察检查。

7.1.4 金属保护层接缝采用搭接时，搭接尺寸宜符合下列规定：

1 管道弯头金属保护层搭接宽度为30mm～50mm；

2 弯头与直管段上金属保护层的搭接宽度：高温管道为75mm～150mm，中、低温管道为50mm～70mm，保冷管道为30mm～50mm；

3 静置设备和转动设备金属保护层的搭接宽度为30mm～50mm；

4 金属保护层搭接接缝除膨胀活动接缝外，宜采用自攻螺钉或抽芯铆钉紧固，其间距宜为150mm～200mm，但每道缝不得少于2个。

检查方法：观察检查和尺量检查。

7.1.5 金属保护层纵向接缝，当为保冷结构时，应采用金属包装带抱箍固定，间距宜为250mm～300mm；当为保温结构时，可采用自攻螺钉或抽芯铆钉紧固，间距宜为150mm～200mm，间距应均匀一致。

检查方法：观察检查。

7.1.6 金属保护层应紧贴保温层或防潮层。硬质绝热制品的金属保护层采用咬接时，不得损坏保温层或防潮层。

检查方法：观察检查。

7.1.7 水平管道金属保护层的环向接缝应沿管道坡向搭向低处，其纵向接缝宜布置在水平中心线上下45°范围内，缝口朝下。当侧面或底部有障碍物时，纵向接缝可移至管道水平中心线上方60°以内。金属保护层的接缝方向，应与管道的坡度方向一致。

检查方法：观察检查和尺量检查。

7.1.8 立式设备、垂直管道或斜度大于45°的斜立管金属保护层应自下而上进行敷设，上口搭下口，并应将金属保护层分段固定在支承件上。

检查方法：观察检查。

7.1.9 当设计温度大于或等于400℃，其金属保护层不得与设备或管道直接接触。

检查方法：观察检查。

7.1.10 设备、管道金属保护层在有热膨胀要求时，应设置活动接缝，并符合下列规定：

1 硬质绝热制品金属保护层活动接缝应与绝热层设置的伸缩缝相一致；

2 半硬质或软质绝热制品金属保护层环向活动接缝间距应符合表7.1.10的规定。

表7.1.10 活动接缝间距

介质温度（℃）	间距（m）
≤250	6～8
251～400	4～6
＞400	3～4

检查方法：观察检查和尺量检查。

7.1.11 金属保护层的平整度不应大于3mm。

检查方法：用2m长的靠尺检查。

7.1.12 金属保护层不得有松脱、翻边、割口、翘缝和凹坑等质量缺陷。

检查方法：观察检查。

7.1.13 管道金属保护层的环向接缝，应与管道轴线保持垂直，纵向接缝应与管道轴线保持平行。

检查方法：观察检查。

7.1.14 设备及储罐金属保护层的环向与纵向接缝应互相垂直，且纵缝应错列布置在一条直线上。

检查方法：观察检查。

7.1.15 管道金属保护层的椭圆度不应大于8mm。

检查方法：直尺检查。

7.2 非金属保护层

7.2.1 毡、箔、布类保护层施工应粘贴严密。管道上采用螺旋缠绕法施工时，保护层搭接缝的搭接尺寸不应小于50mm；设备平壁及储罐采用铺贴法施工时，保护层搭接缝的搭接尺寸不应小于30mm。

检查方法：观察检查和尺量检查。

7.2.2 毡、布类保护层的施工，表面应干燥，并应清除绝热层表面的灰尘、泥污，修饰平整。

检查方法：观察检查。

7.2.3 水平管道毡、箔、布类保护层缠绕接缝应沿管道坡向搭向低处；垂直管道毡、箔、布类保护层缠绕接缝应上搭下。毡、布类保护层缠绕起点、终点应用镀锌铁丝或包装钢带捆紧，中间间隔捆扎时不应大于2m；分段包缠的应分段捆扎；箔类保护层缠绕起点和终点宜用粘胶带捆紧。

检查方法：观察检查。

7.2.4 毡、箔、布类保护层铺贴时，起点、终点和连接接头宜留在设备的侧面，且缝口朝下，并用粘胶带或镀锌铁丝做成π形钩钉固定。

检查方法：观察检查。

7.2.5 毡、箔、布类保护层的平整度不应大于5mm。

检查方法：用2m长靠尺检查。

7.2.6 毡、箔、布类保护层不得有松脱、翻边、割口、翘缝和凹坑等质量缺陷。

检查方法：观察检查。

7.2.7 抹面保护层施工前，应在绝热层表面捆扎铁丝网，铁丝网的各边应紧贴绝热层表面。

检查方法：观察检查。

7.2.8 设备抹面保护层上应留出纵、横交错的方格形或环形伸缩缝，伸缩缝应做成凹槽，其深度宜为5mm～8mm，宽度宜为8mm～12mm。

检查方法：观察检查和尺量检查。

7.2.9 抹面保护层施工应有防雨淋、水冲措施；日平均温度低于5℃或最低温度低于－3℃时，应有防冻措施。

检查方法：核查资料、测量现场温度。

7.2.10 抹面保护层的平整度不应大于5mm。

检查方法：用2m长靠尺检查。

7.2.11 抹面保护层外观应满足下列要求：

1 抹面层不得有疏松和干缩裂缝；

2 抹面层表面应平整光洁，轮廓整齐，并不得露出铁丝头；

3 管道和设备的抹面层伸缩缝应与保温层一致，并将铁丝网断开。

检查方法：观察检查。

7.3 检查要求及检查数量

7.3.1 保护层施工检验批的检查应符合下列规定：

1 每一个检验批均应进行检查；

2 设备宜以单台划分为一个检验批；管道宜按相同介质、相同压力等级为一个检验批。

7.3.2 每一检验批中检查点数量应符合下列规定：

1 管道每50m为一个检验批，不足50m按50m计；

2 设备每50m² 为一个检验批，不足50m² 按50m² 计；

3 阀门、法兰等可拆卸部位，每个管道编号为一个检验批；每个设备位号为一个检验批。

7.3.3 每一检验批验收检查3处，每处检查点数不应少于3点，出现不合格项时，应加倍检查；若仍有不合格，再按不合格项加倍检查；还有不合格时应进行全数检查。

8 绝热工程质量验收要求及记录表格

8.0.1 从事绝热工程的施工单位应具有相应的专业施工资质。

检验方法：核查资料。

8.0.2 绝热工程质量验收使用的计量器具应经过检定、校准或验证，并在有效期内使用。

检验方法：核查检定证书和检定标志。

8.0.3 性能检测报告应由具有资质的独立第三方出具。

8.0.4 绝热工程按合同和设计文件完工后，应及时办理交工质量验收手续。

8.0.5 绝热工程质量的验收应在施工单位自检合格的基础上进行，并按照检验批、分项工程、分部工程逐级进行质量检查、验收，填报质量验收记录表。

8.0.6 凡施工质量验收不合格时，必须经返工或返修，重新验收合格后方可办理交工。

8.0.7 绝热工程交工时，应提交下列质量验收资料：

1 绝热材料的质量证明文件；

2 现场配制产品的配比、质量指标及其复检报告；

3 设计变更和材料代用通知；

4 施工过程中重大技术问题的处理记录；

5 修补或返工记录；

6 隐蔽工程记录应符合本规范附录A的规定；

7 检验批质量验收记录表应符合本规范附录B的规定；

8 分项工程质量验收记录表应符合本规范附录C的规定；

9 分部工程质量验收记录表应符合本规范附录D的规定。

附录A 隐蔽工程记录

表A 隐蔽工程记录

工程名称		分部分项名称	
图号		隐蔽日期	
隐蔽内容			
简图或说明			
检查意见			
建设单位（或总承包）代表： 年 月 日	监理单位代表： 年 月 日	施工单位代表： 年 月 日	

附录B 检验批质量验收记录表

表B 检验批质量验收记录表

单位工程名称					
分项工程名称				验收部位	
施工单位		分项技术负责人		项目经理	
分包单位		施工班组长		分包项目经理	
施工执行标准名称及编号					
施工质量验收规范规定			施工单位检查记录	监理（建设）单位验收记录	
主控项目	1				
	2				
	3				
	4				
一般项目	1				
	2				
	3				
	4				
	5				
	6				
	7				
检查结果	主控项目				
	一般项目	检查项目	检查 项，其中合格 项，合格率 %		
		其他			
施工单位检查结果			项目专业质量检查员： 年 月 日		
监理（建设）单位验收结论			监理工程师（建设单位项目专业技术负责人）： 年 月 日		

附录C 分项工程质量验收记录表

表C 分项工程质量验收记录表

单位工程名称					
分部工程名称				检验批数	
施工单位		项目技术负责人		项目经理	
分包单位		分包单位负责人		分包项目经理	

序号	检验批部位、区段	施工单位检查结果	监理（建设）单位验收结论

检查结论	项目专业质量检查员： 项目技术负责人： 年 月 日	验收结论	监理工程师： （建设单位项目专业技术负责人） 年 月 日

附录D 分部工程质量验收记录表

表D 分部工程质量验收记录表

单位工程名称					
施工单位		项目技术负责人		项目经理	
分包单位		分包单位负责人		分包项目经理	

序号	分项工程名称	检验批数	施工单位检查意见	监理（建设）单位验收结论

验收单位		
	分包单位 （盖章）	项目经理： 年 月 日
	施工单位 （盖章）	项目经理： 年 月 日
	建设单位 （盖章）	项目专业技术负责人： 年 月 日
	监理单位 （盖章）	总监理工程师： 年 月 日

本规范用词说明

1 为便于在执行本规范条文时区别对待，对要求严格程度不同的用词说明如下：

1） 表示很严格，非这样做不可的：
正面词采用“必须”，反面词采用“严禁”；

2） 表示严格，在正常情况下均应这样做的：
正面词采用“应”，反面词采用“不应”或“不得”；

3） 表示允许稍有选择，在条件许可时首先应这样做的：
正面词采用“宜”，反面词采用“不宜”；

4） 表示有选择，在一定条件下可以这样做的，采用“可”。

2 条文中指明应按其他有关标准执行的写法为“应符合……的规定”或“应按……执行”。

引用标准名录

《覆盖奥氏体不锈钢用绝热材料规范》GB/T 17393

中华人民共和国国家标准

石油化工绝热工程施工质量验收规范

GB 50645—2011

条 文 说 明

制 定 说 明

《石油化工绝热工程施工质量验收规范》GB 50645—2011，经住房和城乡建设部2011年2月18日以第935号公告批准发布。

本规范制定过程中，编制组经广泛调查研究，总结了我国工程建设领域石油化工绝热工程的实践经验，同时参考了国外先进技术法规、技术标准。

为便于广大设计、施工、科研、学校等单位有关人员在使用本规范时能正确理解和执行条文规定，《石油化工绝热工程施工质量验收规范》编制组按章、节、条顺序编制了本规范的条文说明，对条文规定的目的、依据以及执行中需注意的有关事项进行了说明。但是，本条文说明不具备与规范正文同等的法律效力，仅供使用者作为理解和把握标准规定的参考。

目　次

1　总则 ………………………………… 1—29—18
3　基本规定 ……………………………… 1—29—18
3.1　施工质量验收的划分 ………………… 1—29—18
3.2　施工质量验收结果的评定 ………… 1—29—18
4　材料 ………………………………… 1—29—18
4.1　绝热层材料 ………………………… 1—29—18
4.3　保护层材料 ………………………… 1—29—18
4.4　检查数量 …………………………… 1—29—18
5　绝热层施工质量验收 ……………… 1—29—18
5.1　一般规定 …………………………… 1—29—18
5.2　支承件、固定件 …………………… 1—29—19
5.3　绝热层 ……………………………… 1—29—19
6　防潮层施工质量验收 ……………… 1—29—20
7　保护层施工质量验收 ……………… 1—29—20
7.1　金属保护层 ………………………… 1—29—20
8　绝热工程质量验收要求及记录表格 ……………………………… 1—29—20

1 总 则

1.0.1 石油化工行业标准中将“绝热工程”中的“绝热”也称为“隔热”，二者所包含的词义基本相同，可互换。考虑到与相关国家标准用词的一致性，本规范使用“绝热”一词。

3 基本规定

3.1 施工质量验收的划分

3.1.1 绝热工程的施工质量验收一般情况下划分为检验批和分项工程即可，这也与现行行业标准《石油化工安装工程施工质量验收统一标准》SH/T 3508—2010相一致，但在实际工程验收中，也有按分部工程进行划分的，因此，作为专业验收规范增加了分部工程验收项。

3.1.2 本条是对检验批划分的规定。这里用的均是“宜”，说明检验批的划分，也可采用其他方式，如对绝热材料的检验可按抽样检验方式确定检验批；对大型储罐绝热层的验收，可分区或分块设置检验批；对类型完全一样的设备，可将这一批设备设置为一个检验批等。因此，检验批的划分除执行本条规定外还可根据现场实际情况确定。

3.2 施工质量验收结果的评定

3.2.1 绝热工程允许偏差的检验中，规定80%的比例，主要是考虑在实际检验中偶然性因素较多，在检查中应去除偶然性因素对结果的影响。

3.2.5 本条是强制性条文，必须严格执行。不能满足安全使用要求的，说明工程实体不合格，因此严禁验收。

4 材 料

4.1 绝热层材料

Ⅰ 主控项目

4.1.2 绝热层材料或制品的密度、温度适用范围、导热系数关系到设备、管道绝热效果及装置运行安全，均列为主控项目。

4.3 保护层材料

Ⅰ 主控项目

4.3.2 储存或输送易燃、易爆物料的设备或管道，其防火要求严格，如采用可燃性材料作保护层，容易引起火灾，对装置生产造成安全隐患及对操作人员造成生命危害，故此条规定列为强制性条文，必须严格执行。

4.4 检查数量

材料质量按照“谁采购，谁负责”的原则，材料接受方在施工现场检查到货绝热材料质量时，只对绝热材料及其制品种类、规格进行抽样检查，如对材料的质量有疑问时，材料的复验应由材料提供方负责。

5 绝热层施工质量验收

5.1 一般规定

5.1.1 本条是对设备及管道绝热支承件、固定件设置检查与验收的总体要求。

5.1.2 绝热层分层施工是从易施工性方面提出的要求。分层施工比较有利于现场施工操作，同时从绝热效果上看，多层绝热比单层绝热效果更好，因此当绝热厚度超过一定值后，应考虑分层敷设。另外，在质量检查验收中无论是保温还是保冷，均应对现场绝热层的分层情况进行检查。

5.1.3 目前，复合型材料的应用越来越多。这样做，从经济上考虑，可降低成本；从功能上考虑，不降低使用功能。但均应注意谁先施工、谁后施工的问题，如果顺序反了，则有可能造成功能上的失效，从而引起运行成本的增加。一般情况下，复合结构，设计图纸上均有明确的规定，即使设计文件无规定，也应要求设计给予明确。复合层施工的这种顺序在实际施工中极易被忽略，从而对使用功能产生影响，因此在验收时，需要进行检查。

5.1.4 设备铭牌是反映设备特征参数的标牌，也即设备的身份证。在运行过程中需要随时检查，因此是不能被绝热层或保护层包覆的。一般情况下，铭牌的高度与设备绝热层的厚度大体相当或略大于绝热层的厚度。但实际上，由于标牌制作不规范，往往铭牌的高度不够，在施工中极易将铭牌包覆在绝热层中，从而对设备的检查造成影响。

5.1.5 伴热是一种常见的对介质加热的一种方式，伴热的目的是保持主管输送介质的温度，而伴热管与主管之间加设保温材料，相当于绝热，影响加热效果，因此在施工过程中应加强对此部位的检查。

5.1.6 本条的目的是防止在保冷施工时，因保冷厚度不够时，易造成冷量的损失或形成冰馏，既造成冷量的损失又影响外观质量。一般情况下，管托、管支架的保冷厚度不应低于一个绝热层的厚度，设备应朝裙座方向延长4个保冷厚度。在实际施工中，往往由于设计文件不明确且施工单位的忽视，在这方面一般很难做到位，造成大量的冷损失，同时影响外观质量。因此在检查时，应对这些重要部位进行检查。但在实施时应注意，当上述部位安装时已设置了保冷木块时，保冷厚度可适当降低。

5.1.7 对法兰或阀门拆卸部位的绝热层进行检查的目的，是防止法兰拆卸时不损坏主管的绝热层，从而保证主管的绝热效果。

5.1.8 耐磨剂是否涂刷，视不同的保冷材料而定。当采用泡沫玻璃作保冷材料时，需要涂刷耐磨剂。耐磨剂的作用是保证被绝热构件在温度变化产生长度方向的变化时，防止绝热材料被撕裂，从而产生冷量的流失。但随着技术不断更新，也有不需要涂刷耐磨剂的材料。因此，针对保冷施工，是否涂刷耐磨剂，设计文件应予以明确。

5.1.9 硬质材料作绝热层必须设置伸缩缝，否则随着温差的变化，时间一长，必然导致绝热层的破裂，从而影响绝热效果。本条是硬质绝热材料施工必须检查的一个项目。

5.1.10 本条是对绝热层外观质量的要求，同时也是为后续工序创造条件，因此在交接检查中，应注意此项目的检查。

5.2 支承件、固定件

Ⅰ 主控项目

5.2.1 这是在工程中经常碰到的一种情况，特别是对不锈钢、合金钢的设备及管道，为降低工程造价，用碳钢作支承件、固定件，为防止渗碳现象，必须设置与母体材质相同的隔垫层。为此，在验收固定件、支承件时，必须检查这些部位。

5.2.2 在以往的施工中确实存在在热处理后的设备及管道上施焊的案例，而且也因此造成质量事故的发生，在此方面具有深刻的历史教训。因此，在施工过程中，对需要在设备上焊接固定件或支承件时，应特别注意此项的检查，切忌随意施工，以免造成巨大的质量隐患。

Ⅱ 一般项目

5.2.3 本条要求对支承件、固定件的安装位置、间距和宽度等进行检查验收。当支承件、固定件由设备制造单位实施时可不进行此项检查，但应在设备验收时，进行此项检查。

5.2.4 本条表明当有设计规定，验收时应按设计文件要求进行；当设计无规定时，按本条表中的要求进行检查验收。

5.2.5 本条是对固定件长度的要求，为保证绝热层表面的平整度以及保护层的外观，必须对固定件的长度进行检查。检查应注意两方面，一方面要保证固定件的长度必须保护绝热材料尽量少的变形；另一方面又要保证不对保护层的外观造成影响。二者需要总体平衡考虑。

5.2.6 设置隔垫是从两方面考虑，一是保证支承的稳定性，防止支承件的滑落；二是因两者材质不一致导致母体材料性质的改变，影响母体材料的使用，故而加设隔垫。针对此种结构的支承件必须按设计文件及施工规范的要求对隔垫设置情况进行检查验收。

5.3 绝 热 层

Ⅱ 一般项目

5.3.1 本条是对绝热层采用捆扎法时，对捆扎的验收要求。绝热层，特别是保温施工时，采用捆扎法施工的情况很多，因此需重点关注。本条检查的指标比较多，而且大多以施工过程检验为主，因此应加强过程检查。

5.3.2 本条是对绝热层采用拼砌法时的验收要求。拼砌法既可用于保温施工，也可用于保冷施工。当用作保温，且设计文件无要求时，可不进行本条第4款所规定内容的检查。

5.3.3 粘贴法一般用于保冷施工，粘贴质量的好坏，将直接影响到保冷、保温的效果，属于绝热施工中需要重点检查验收的内容。粘贴检查时应注意，如多层施工时，层与层之间不应进行粘贴。

5.3.4 本条是对嵌装层铺法施工质量验收要求。嵌装层铺法虽然在石油化工行业使用较少，主要用于炉子类的绝热施工中，介质温度较高，绝热层厚，铺设层数多。在此类绝热工程施工中，应防止形成垂直通缝。因此应对本条第3款进行重点关注。

5.3.5 填充法施工时，一般均设置固形层，因此在对填充法进行检查时，增加一项对固形层的检查。填充施工时，易形成过桥现象，因此应分层填充，并注重层间检查，这在施工过程检查中需要重点关注。

5.3.6 浇注法一般用于大面积表面冷保温施工，也用于热保温施工。多指大型储罐的表面聚氨酯现场发泡施工。本法施工易受天气、温度、风力等外部条件的影响，对绝热层的密度控制也较难，整体质量难以得到控制。因此在施工验收时，应结合设计文件要求对施工的外部条件进行重点控制，主要控制配合比、温度、湿度、风力等因素。不能仅限于对结果进行检查。

5.3.7 本条与第5.3.6条有一定的相似之处，但喷涂法形成的绝热层较薄。喷涂既可用于冷保温也可用于热保温，且喷涂法不一定设置固形层，而是直接在表面进行操作。当用于保温，且材料为无机材料时，受外界条件影响较少，但需关注温度的影响，特别是冬季施工时，应采取有效的保温措施。

5.3.8 本条与第5.3.7条的主要区别在于操作方法的差异。喷涂法为机械法施工，涂抹法为手工操作。因此检查验收时对涂抹层数、涂抹时的间隔时间以及表面成形质量等过程进行检查。

5.3.9 缠绕法施工一般用于小口径管道或异型表面的绝热施工，一般有绳式及带式两种方式。缠绕施工时，外观质量不易控制，因此在检查中应着重对外观质量多加控制（对材料本身的检查，见材料验收）。

5.3.10 本条检查内容需关注两个方面：一是最低绝热厚度，二是对接缝的处理。对阀门、法兰等外形不规则表面的绝热，必须保证最低绝热厚度与本体相同。同时，因这些部位的绝热施工与设备或管道本体的施工时间不同，存在接缝，因此要求对接缝的处理情况进行检查。

5.3.11 本条与第5.3.10条最大区别就是结构的可拆卸性。因考虑可拆卸的要求，因此对绝热层的要求有所不同。在施工中应注意两点，一是对被绝热物的保护，二是便于重复使用。因此，在施工过程检查中，应重点对其可拆卸性进行检查。但在过程检查中，应注意范围仅限于“观察孔、检测点、维修处等可拆卸式部位”，而对长期运行的阀门、法兰等部位，则没有必要按此条进行检查。

5.3.12 本条是对硬质绝热材料的要求。在施工中必须进行伸缩缝的检查。检查时，应注意对伸缩缝的设置、填充材料等进行重点检查。

5.3.13 本条主要是考虑防潮层材料大都为软质、薄质材料，当绝热层外表面的质量不佳，如其接缝不紧密、外表面有污物、表面不平整、有凸角、凹坑、潮湿时，将影响防潮层的施工。因此对有防潮层的绝热施工，增加本条的检查。

5.3.14 本条提出“安装厚度”，主要是基于绝热层，特别是软质及半硬质材料在安装过程中会形成减薄，而非本身厚度不足；对硬质材料，厚度不会减薄。表中所列的允许偏差即为材料检验时的允许偏差，在检查中应加以区分。

6 防潮层施工质量验收

6.0.1 本条是对防潮层施工质量的总体要求。

6.0.2 本条是对采用胶泥加增强布形式的防潮层施工质量检验。需要对增强布以及胶泥的施工过程进行检验。

6.0.3 本条是对弹性体材料施工的质量检验。由于采用弹性材料，因此对施工过程的松紧度进行检查，以保证搭接口的密闭性。

6.0.4 本条是对非弹性防潮层的施工质量检验。由于是非弹性材料，为确保密闭性，必须对接口部位进行有效粘贴，因此，质量检查过程中应注重对接口部位的检查。

7 保护层施工质量验收

7.1 金属保护层

Ⅱ 一般项目

7.1.7 为方便成排水平管道金属保护层施工及多年现场施工的实际经验，水平管道金属保护层的“纵向接层宜布置在水平中心线上下45°范围内”，此要求与现行行业标准《石油化工隔热工程施工工艺标准》SH/T 3522—2003第9.4.1条的要求相一致。

7.1.11 金属保护层的平整度指同一方向（纵向或横向）用2m长的靠尺检查，最高点与最低点之差值。

7.1.15 管道金属保护层的椭圆度指同一截面长、短轴之差值。

8 绝热工程质量验收要求及记录表格

8.0.3 作为业主、材料供应方及施工方，均是工程施工中的利益相关方，由利益相关方出具性能检测报告将影响到结果的公平与公正性，因此应由具有资质的独立第三方出具。

8.0.6 本条是强制性条文，合格工程是工程验收的基本条件，必须严格执行。

中华人民共和国国家标准

特种气体系统工程技术规范

Technical code for speciality gas system engineering

GB 50646—2011

主编部门：中华人民共和国工业和信息化部

批准部门：中华人民共和国住房和城乡建设部

施行日期：2 0 1 2 年 6 月 1 日

中华人民共和国住房和城乡建设部
公　　告

第 1076 号
关于发布国家标准
《特种气体系统工程技术规范》的公告

现批准《特种气体系统工程技术规范》为国家标准，编号为 GB 50646—2011，自 2012 年 6 月 1 日起实施。其中，第 3.1.4、3.3.6、4.2.1（2、6）、4.3.1、5.1.5、5.1.8、5.2.1（5）、5.2.2、5.2.5、5.2.6、5.3.1、5.3.5、5.4.7、5.5.1（1）、6.1.3、6.1.4、6.1.6、7.0.6、7.0.7、9.2.1、9.2.5、10.1.4、10.2.5、11.1.10、11.1.11、11.2.5、12.6.2、12.8.4 条（款）为强制性条文，必须严格执行。

本规范由我部标准定额研究所组织中国计划出版社出版发行。

中华人民共和国住房和城乡建设部

二〇一一年七月二十六日

前　　言

本规范是根据原建设部《关于印发〈2006 年工程建设标准规范制订、修订计划（第二批）〉的通知》（建标〔2006〕136 号）的要求，由信息产业电子第十一研究院有限公司会同有关单位共同编制完成。

本规范在编制过程中，编写组根据我国特种气体系统各类站房的设计、建造和运行的实际情况，进行了广泛的调查研究，同时考虑我国特种气体的技术来源情况，对国外的有关规范进行了研读，并在全国范围内向有关单位或个人征求意见，最后经审查定稿。

本规范共分 13 章和 2 个附录。主要内容包括：总则、术语、特种气体站房、特种气体工艺系统、硅烷站、特种气体管道输送系统、建筑结构、电气与防雷、生命安全系统、给水排水及消防、采暖通风与空气调节、特种气体系统工程施工、特种气体系统验收等。

本规范中以黑体字标志的条文为强制性条文，必须严格执行。

本规范由住房和城乡建设部负责管理和对强制性条文的解释，由工业和信息化部负责日常管理，由信息产业电子第十一设计研究院有限公司负责具体技术内容的解释。在执行本规范的过程中，请各单位结合工程实践，认真总结经验，如发现需要修改或补充之处，请将意见和有关资料寄至信息产业电子第十一设计研究院有限公司（地址：四川省成都市双林路 251 号，邮政编码：610021，传真：028-84333172，E-mail：edri11@edri.cn），以供今后修订时参考。

本规范主编单位、参编单位、参加单位、主要起草人和主要审查人：

主 编 单 位： 信息产业电子第十一设计研究院有限公司
中国电子系统工程第二建设有限公司

参 编 单 位： 上海正帆超净技术有限公司
中国电子工程设计院
中国电子科技集团公司第五十八研究所
上海华虹 NEC 电子有限公司
成都爱德工程有限公司

参 加 单 位： 上海兄弟微电子技术有限公司

主要起草人： 李　骥　王开源　薛长立
杜宝强　黄　勇　李东升
江元升　欧华星　张家红
夏双兵　陆　崎　李少洪
王凌旭　张　强　顾爱军
陈奕彧　崔永祥

主要审查人： 陈霖新　阚　强　万铜良
陈关夫　汤有纶　周礼誉
侯文川　杨　琦　丁　柯

目次

1 总则 ……………………………… 1—30—6
2 术语 ……………………………… 1—30—6
3 特种气体站房 ………………… 1—30—7
3.1 一般规定…………………………… 1—30—7
3.2 特种气体站房分类……………… 1—30—8
3.3 特种气体设备的布置…………… 1—30—8
4 特种气体工艺系统 ……………… 1—30—8
4.1 一般规定…………………………… 1—30—8
4.2 特种气体输送系统……………… 1—30—8
4.3 吹扫和排气系统………………… 1—30—9
5 硅烷站……………………………… 1—30—9
5.1 硅烷站工艺系统………………… 1—30—9
5.2 硅烷站的布置 ………………… 1—30—10
5.3 安全技术措施 ………………… 1—30—10
5.4 采暖通风与空气调节 ………… 1—30—11
5.5 消防系统 ……………………… 1—30—11
6 特种气体管道输送系统 ……… 1—30—11
6.1 一般规定 ……………………… 1—30—11
6.2 材料选型 ……………………… 1—30—12
6.3 管道设计 ……………………… 1—30—12
6.4 管道标识 ……………………… 1—30—12
7 建筑结构 ……………………… 1—30—13
8 电气与防雷 …………………… 1—30—13
8.1 配电与照明 …………………… 1—30—13
8.2 防雷与接地 …………………… 1—30—14
9 生命安全系统………………… 1—30—14
9.1 特种气体管理系统 …………… 1—30—14
9.2 特种气体探测系统 …………… 1—30—14
9.3 安全设施 ……………………… 1—30—14
9.4 特种气体报警的联动控制 …… 1—30—15
10 给水排水及消防 ……………… 1—30—15
10.1 给水排水……………………… 1—30—15
10.2 消防…………………………… 1—30—15
11 采暖通风与空气调节 ………… 1—30—15
11.1 采暖通风……………………… 1—30—15
11.2 空气调节……………………… 1—30—16
12 特种气体系统工程施工 ……… 1—30—16
12.1 一般规定……………………… 1—30—16
12.2 主要设备、材料进场验收 …… 1—30—16
12.3 气瓶柜与气瓶架的安装……… 1—30—17
12.4 阀门箱与阀门盘的安装……… 1—30—17
12.5 特种气体管道安装…………… 1—30—17
12.6 特种气体管道改、扩建工程施工……………………… 1—30—19
12.7 特种气体系统的检验………… 1—30—19
12.8 尾气处理装置的安装………… 1—30—19
12.9 生命安全设施安装…………… 1—30—19
13 特种气体系统验收 …………… 1—30—20
13.1 一般规定……………………… 1—30—20
13.2 设备验收……………………… 1—30—20
13.3 管路与系统验收……………… 1—30—20
13.4 气体探测与监控系统验收…… 1—30—21
附录A 特种气体管道氦检漏方法 ……………………… 1—30—21
附录B 特种气体系统验收测试记录表………………… 1—30—21
本规范用词说明 ………………… 1—30—24
引用标准名录…………………… 1—30—24
附：条文说明…………………… 1—30—25

Contents

1 General provisions ······ 1—30—6
2 Terms ······ 1—30—6
3 Speciality gases room ······ 1—30—7
3.1 General requirement ······ 1—30—7
3.2 Speciality gases room classification ······ 1—30—8
3.3 Gases equipment layout ······ 1—30—8
4 Process system of speciality gases ······ 1—30—8
4.1 General requirement ······ 1—30—8
4.2 Pipeline system of speciality gases ······ 1—30—8
4.3 Purge and vent system ······ 1—30—9
5 Silane station ······ 1—30—9
5.1 Silane process system ······ 1—30—9
5.2 Silane station layout ······ 1—30—10
5.3 Safety technology methods ······ 1—30—10
5.4 Heat ventilation & air conditioning ······ 1—30—11
5.5 Fire protection system ······ 1—30—11
6 Pipeline of speciality gases ······ 1—30—11
6.1 General requirement ······ 1—30—11
6.2 Materials selection ······ 1—30—12
6.3 Pipeline design ······ 1—30—12
6.4 Pipeline labeling ······ 1—30—12
7 Architecture and structure ······ 1—30—13
8 Electrical and lightning protection ······ 1—30—13
8.1 Power distribution and lighting ······ 1—30—13
8.2 Lightning protection and grounding ······ 1—30—14
9 Life safety system ······ 1—30—14
9.1 Management system of speciality gases ······ 1—30—14
9.2 Detection system of speciality gases ······ 1—30—14
9.3 Safety provisions ······ 1—30—14
9.4 Inter control of speciality gases alarm ······ 1—30—15
10 Water supply & drainage and fire protection ······ 1—30—15
10.1 Water supply & drainage ······ 1—30—15
10.2 Fire protection ······ 1—30—15
11 Heat ventilation & air conditioning ······ 1—30—15
11.1 Heat and ventilation ······ 1—30—15
11.2 Air conditioning ······ 1—30—16
12 Engineering construction of speciality gases system ······ 1—30—16
12.1 General requirement ······ 1—30—16
12.2 Site acceptance of main equipment and materials ······ 1—30—16
12.3 Installation of GC and GR ······ 1—30—17
12.4 Installation of VMB and VMP ······ 1—30—17
12.5 Installation of speciality gases pipeline ······ 1—30—17
12.6 Engineering construction of revamp and expansion project of speciality gases ······ 1—30—19
12.7 Inspection and acceptance of speciality gases pipeline system ······ 1—30—19
12.8 Installation of exhaust gases local scrubber facilities ······ 1—30—19
12.9 Installation of life safety facilities ······ 1—30—19
13 Inspection and acceptance of speciality gases system ······ 1—30—20
13.1 General requirement ······ 1—30—20
13.2 Inspection and acceptance of equipment ······ 1—30—20
13.3 Inspection and acceptance of pipeline system ······ 1—30—20
13.4 Inspection and acceptance of

gases detection/monitoring system ··························· 1—30—21
Appendix A Helium test leakage of speciality gas ········ 1—30—21
Appendix B Test record table of system acceptance ··· 1—30—21
Explanation of wording in this code ····································· 1—30—24
List of quoted standards ············ 1—30—24
Addition: Explanation of provisions ···················· 1—30—25

1 总　　则

1.0.1 为了在电子工厂特种气体系统工程设计和施工中贯彻国家现行法律、法规，满足产品生产要求，确保人身和财产安全，做到安全适用、技术先进、经济合理、环境友好，制定本规范。

1.0.2 本规范适用于新建、改建和扩建的电子工厂的特种气体系统工程的设计、施工和验收；不适用于特种气体的制取、提纯、灌装系统的设计、施工和验收。

1.0.3 特种气体系统工程的设计、施工及验收除应符合本规范的规定外，尚应符合国家现行有关标准的规定。

2 术　　语

2.0.1 特种气体　speciality gas

电子工厂的掺杂、外延、离子注入、刻蚀等生产工艺中使用的具有自燃性、可燃性、毒性、腐蚀性、氧化性、惰性等特殊气体。

2.0.2 特种气体系统　speciality gas system

是指特种气体的储存、输送与分配过程的设备、管道和部件的总称。

2.0.3 特种气体间　speciality gas room

是指在电子生产厂房放置特种气瓶柜、气瓶架、尾气处理装置、气瓶集装格等气体设备，并通过管道向用气设备输送特种气体的房间。

2.0.4 硅烷站　silane station

是指放置硅烷或硅烷混合气体钢瓶、钢瓶集装格、Y型钢瓶、长管拖车或ISO标准集装瓶组、硅烷气化装置、尾气处理装置、电气装置等，并通过管道向生产厂房供应硅烷气体的独立建（构）筑物或区域。

2.0.5 数据采集与监视控制系统　supervisory control and data acquisition (SCADA)

是以计算机为基础的生产过程控制与调度自动化系统。它可以对现场的运行设备进行监视和控制，以实现数据采集、设备控制、测量、参数调节以及各类信号报警等各项功能。

2.0.6 工厂设备管理控制系统　facility management control system (FMCS)

工厂公用设备的管理控制系统，一般只具有监视功能，不具有控制功能。

2.0.7 大宗硅烷系统　bulk silane system

是指容器水容积超过250L的硅烷系统，包括钢瓶集装格、Y钢瓶、长管拖车（T/T）、ISO标准集装瓶组，以及数量超过7个的独立小钢瓶系统。

2.0.8 大宗特种气体系统　bulk speciality gas system

一般情况下，储存量大于500L的特种气体储存和送气系统。

2.0.9 液态特种气体系统　the liquid speciality gas system

是指以液态输送、分配，在用户终端进行汽化的特种气体系统。

2.0.10 气瓶集装格　the bundle of gas cylinders

用专用金属框架固定，采用集气管将多只气体钢瓶接口并联组合的气体钢瓶组单元。

2.0.11 ISO标准集装瓶组　ISO module

按国际标准组织（ISO）要求，允许安装在架子上的多个水容积不超过1218L的储罐或长管气瓶的总称。

2.0.12 气瓶柜　gas cabinet (GC)

特种气体使用的封闭式气瓶放置与气体输送设备。

2.0.13 气瓶架　gas rack (GR)

特种气体使用的开放式气瓶放置与气体输送设备。

2.0.14 阀门箱　valve manifold box (VMB)

特种气体在输送过程中使用的封闭式管道分配箱体，用于向一个或多个工艺设备提供特种气体。

2.0.15 阀门盘　valve manifold panel (VMP)

特种气体在输送过程中使用的开放式管道分配装置，用于向一个或多个工艺设备提供特种气体。

2.0.16 低蒸气压力气体　low vapor pressure gas

在室温下的饱和蒸气压小于0.2MPa的气体。

2.0.17 尾气处理装置　local scrubber

对具有自燃性、可燃性、毒性、腐蚀性等气体的排气与吹扫气体的现场处理装置，处理后的尾气达到规定排放浓度，并排入用气车间的排气管道。

2.0.18 气体探测系统　gas detector system (GDS)

设置在特种气瓶柜、气瓶架、阀门箱、阀门盘及其他特种气体输送设备与管道所覆盖区域，通过检测本质气体或关联气体在空气中的浓度来判断本质气体的泄漏，从而发出声光报警信号、提供探测数据的系统。

2.0.19 气体管理系统　gas management system (GMS)

包含特种气体探测系统、应急处理系统、工作管理系统、监视系统、数据传输与处理系统的气体管理与控制系统的统称。

2.0.20 开敞式建筑　open area

立柱和墙面遮挡部分的面积小于外围面积25%的建筑。

2.0.21 不相容性　incompatible

不同气体混合后即发生化学反应，释放出能量并对环境产生危害作用的特性。

2.0.22 卧式气瓶 horizontal cylinder

用于储存较多特种气体的气瓶。一般水容积为500L、1000L。

2.0.23 自燃性气体 pyrophoric gas

常温下在空气中会发生自动燃烧的气体。

2.0.24 可燃性气体 flammable gas

指与空气（或氧气）能够形成一定浓度的混合气态，并遇到火源会发生燃烧或爆炸的气体。

2.0.25 毒性气体 toxic gas

半数致死浓度超过200ppm但不超过2000ppm的气体。

2.0.26 剧毒性气体 virulent gas

半数致死浓度不超过50ppm的气体。

2.0.27 腐蚀性气体 corrosive gas

是指在一定条件下，对材料或人体组织接触产生化学反应引起可见破坏的气体。

2.0.28 氧化性气体 oxygenize gas

是指在一定条件下，在与其他物质发生的氧化还原反应里得到电子的气体。

2.0.29 惰性气体 inert gas

在一般情况下与其他物质不会产生化学反应的气体。

2.0.30 限流孔板 restrict flow orifice（RFO）

限定流体系统最大流量的一种装置。

2.0.31 过流开关 excess flow switch（EFS）

流体系统的流量超出设定值时，给出开关信号。

2.0.32 AP管 acid polished pipe

经过酸洗去除表面残存颗粒的钝化无缝不锈钢管。

2.0.33 BA管 bright annealing pipe

经加氢或真空状态高温热处理，消除内部应力并在管道表面形成一层钝化膜的光亮无缝不锈钢管。

2.0.34 EP管 electro-polished pipe

经电化学抛光，使表层实际面积得到最大程度的减少，表面产生一层较厚的封闭的氧化铬膜的电化学抛光无缝不锈钢管。

2.0.35 吹扫 purge

用氮气或氩气对特种气体系统内的本质气体或工作气体进行置换的过程。

2.0.36 排气 vent

特种气体设备与系统中排出的本质气体或工作气体。

2.0.37 气体面板 gas panel

集成切断阀门、调压阀、过滤器、压力计等零部件并安装在气瓶柜内的专用设施。

2.0.38 最高允许浓度值 threshold limit value（TLV）

工作环境空气中有害物质的最高允许浓度值。

2.0.39 最高允许浓度值-时间加权平均容许浓度 threshold limit value-time weighted average（TLV-TWA）

作业人员按每天8h、每周5d工作制工作，不会受到伤害作用的时间加权平均浓度。

2.0.40 爆炸浓度下限值 low explosion limit（LEL）

可燃性气体在空气或氧化气体中发生爆炸的浓度下限值。

2.0.41 最低着火浓度 low flammable limit（LFL）

可燃性气体在空气或氧化气体中发生燃烧的浓度下限值。

2.0.42 最高着火浓度 upper flammable limit（UFL）

可燃性气体在空气或氧化气体中发生燃烧的浓度上限值。

2.0.43 半数致死浓度 lethal concentration for 50% of tested animals（LC50）

毒性物质使受试生物死亡一半所需的浓度。

3 特种气体站房

3.1 一般规定

3.1.1 特种气体站房应布置在独立的建（构）筑物、空旷区域或生产厂房的房间内。

3.1.2 布置在生产厂房内的特种气体间，可采用气瓶柜、气瓶架、卧式气瓶、气瓶集装格向生产线供应特种气体。

3.1.3 布置在单独建（构）筑物或区域内的特种气体站，可采用气瓶集装格、卧式气瓶、ISO标准集装瓶组、长管拖车向生产线供应特种气体。

3.1.4 特种气体站房的设置应符合下列规定：

1 在生产厂房内的特种气体间内的最大允许储存量不得超过表3.1.4的规定；

2 当特种气体的储存量超过表3.1.4规定的数量时，应增设房间或设置独立的特种气体站。

表3.1.4 生产厂房气体间最大允许储存量

序号	气体种类	气体总量（m^3）
1	可燃性气体	56.0
2	毒性气体	92.0
3	剧毒性气体	1.1
4	自燃性气体	2.8（57.0）
5	氧化性气体	170.0
6	腐蚀性气体	92.0

注：1 气体总量标准状态下的气体体积量。

2 自燃性气体达到括号内的数据应设置独立的气体站。

3.1.5 生产厂房内的特种气体间应集中布置在生产厂房一层靠外墙的区域。

3.1.6 低蒸气压力特种气体供应设施应靠近工艺设备布置。

3.2 特种气体站房分类

3.2.1 特种气体应根据其物理化学性能及安全特性进行分类和工程设计。

3.2.2 特种气体间的生产类别应符合下列规定：

1 可燃性特种气体间应为甲类；

2 毒性气体间、腐蚀性气体间、氧化性气体间应为乙类；

3 惰性气体间应为戊类。

3.2.3 生产厂房内的特种气体间根据气体性质宜分为可燃性气体间、毒性气体间/腐蚀性气体间、惰性/氧化性气体间等。

3.2.4 硅烷、氨气等大宗特种气体的设备应布置在独立的特种气体站内。

3.3 特种气体设备的布置

3.3.1 不相容的特种气体的气瓶架应布置在不同房间里；当布置在同一房间时，气瓶架之间的距离应大于6m。

3.3.2 同时具有可燃性和毒性气体的设备应放在可燃性气体间。

3.3.3 特种气体房间内的气瓶柜、气瓶架、尾气处理装置、气瓶集装格宜靠墙布置，具有相同或相近性质的气体设备应布置在一起。

3.3.4 特种气体间的中间通道宽度不得小于2m，特种气体柜与墙体之间的距离宜大于0.1m，特种气体柜之间的距离宜大于0.1m，特种气体设备的布置应预留维修与运转空间。

3.3.5 特种气体站内长管拖车、ISO标准集装瓶组等大型设备宜放置在站房的室外空旷地坪。

3.3.6 特种气体系统的电气控制盘、仪表控制盘的布置，应符合下列规定：

1 应布置在与特种气体间相邻的控制室内，隔墙上可设置防爆密闭观察窗。

2 控制室应以耐火极限不低于3.0h的隔墙和不低于1.5h的楼板与特种气体间隔开，穿越隔墙的管道孔隙应以防火材料填堵。

4 特种气体工艺系统

4.1 一般规定

4.1.1 特种气体工艺系统应设置下列主要装置：

1 储存、供气的气瓶柜、气瓶架、集装格；

2 气体分配用阀门箱、阀门盘；

3 辅助氮气吹扫系统；

4 尾气处理装置。

4.1.2 特种气体工艺系统的设计应满足电子产品生产工艺对特种气体工艺参数、污染控制、使用安全的要求。

4.1.3 不相容的特种气体的排气管道不得接入同一排气系统。

4.1.4 不相容的特种气体的排风管道不得接入同一排风系统。

4.2 特种气体输送系统

4.2.1 特种气体系统的气瓶柜、气瓶架的设置应符合下列规定：

1 气瓶柜与气瓶架可采用单工艺气瓶外置吹扫氮气（源）瓶（单瓶式）、双工艺气瓶外置吹扫氮气（源）瓶（双瓶式）、双工艺气瓶内置吹扫氮气（源）瓶（三瓶式）等多种结构配置；

2 不相容气体瓶严禁放置于同一气瓶柜或气瓶架中；

3 气瓶柜、气瓶架应设置作业用气体面板；

4 系统的供应能力应经过热力学和流体力学计算核实；

5 气瓶柜闭门时应保持不低于100Pa负压，柜内的排风换气次数不得低于300次/h；

6 自燃性、可燃性、毒性、腐蚀性气瓶柜应在排风出口设置气体泄漏探测器；

7 气瓶柜柜体外壳钢板厚度不应小于2.5mm，并有防腐蚀涂层；

8 气瓶柜门应具备自动关闭功能，并配备防爆玻璃观察窗；地脚螺栓的设计应满足当地地震设防烈度的要求；

9 气瓶柜、气瓶架应设置清晰明确的安全标识牌；

10 当气瓶柜放置在有爆炸和火灾危险环境时，其设计应符合现行国家标准《爆炸和火灾危险环境电力装置设计规范》GB 50058的有关规定。

4.2.2 特种气体的气瓶柜、气瓶架的气体面板设置应符合下列规定：

1 自燃性、可燃性、毒性、腐蚀性气体面板应设有紧急关断阀门，并应为常闭气动阀门，位置应靠近气瓶；

2 气瓶压力大于0.1MPa的自燃性、可燃性、毒性、腐蚀性气体面板应设有过流开关；

3 自燃性、可燃性、毒性、腐蚀性气体面板应设有惰性气体吹扫、辅助抽真空装置，真空管路应设止回阀；

4 气体面板应设置工艺气体排气口。

4.2.3 可燃性特种气体的气瓶柜应符合下列规定：

1 硅烷气瓶柜的排风换气次数不得低于1200次

/h，且气瓶柜的负压应连续监控；

2 自燃性特种气体的气瓶柜应设置紫外、红外火焰探测器；

3 可燃性特种气体的气瓶柜应设置水喷淋系统；

4 自燃性特种气体的气瓶柜应在气瓶之间设置隔离钢板。

4.2.4 大宗特种气体系统应符合下列规定：

1 应设置独立的气（液）瓶、储罐或长管拖车及其压力指示或钢瓶称重装置、连接回型管、气流控制的气体面板、吹扫氮气单元、电气控制柜等装置；

2 大宗特种气体系统的功能配备尚应符合本规范第4.2.1条的有关规定；

3 液态气体瓶的大宗特种气体系统应设计钢瓶加热与保温装置；

4 大宗特种气体应在减压前对气体进行预热。

4.2.5 液态特种气体系统的设置应符合下列规定：

1 应设置独立的液体槽罐、液体输送柜、连接回型管、推动气体单元、吹扫氮气单元、电气控制柜等装置；

2 液态特种气体系统应利用驱动气体压力将液态特种气体从槽罐输送至液态特种气体柜，或从液态特种气体柜直接驱动输送至用气工艺设备；液态特种气体亦可采用泵送；

3 用气点应设置鼓泡器或蒸发器，将液态特种气体鼓泡或直接蒸发，以汽化形式输送至工艺反应设备。

4 液态特种气体柜功能配备尚应符合本规范第4.2.1条的有关规定。

4.2.6 自燃性、可燃性、毒性、腐蚀性特种气体系统的阀门箱设置应符合下列规定：

1 应设置进气管路隔离阀及压力指示装置；

2 气体支路应设有独立的压力控制调节阀、过滤器、过流开关；

3 气体支路应设有独立的出口隔离阀；

4 气体分支路应设置独立的吹扫气体装置、辅助抽真空装置等。

4.2.7 惰性及氧化性特种气体系统的阀门盘设置应符合下列规定：

1 应设有进气管路隔离阀及压力指示装置；

2 气体支路应设有独立的压力控制调节阀、过滤器；

3 气体支路应设有独立出口隔离阀门。

4.3 吹扫和排气系统

4.3.1 特种气体系统吹扫氮气的设置，应符合下列规定：

1 自燃性、可燃性、毒性、腐蚀性特种气体系统的吹扫氮气应与独立的氮气源连接，不得与公用氮气或工艺氮气系统相连；

2 不相容性特种气体系统的吹扫氮气不得共用同一氮气源；

3 吹扫氮气管线必须设置止回阀。

4.3.2 吹扫氮气的气体面板应设有压力调节阀、排气管、高低压截止阀、高低压压力指示装置、安全阀。

4.3.3 特种气体系统的辅助抽真空装置的设置应符合下列规定：

1 真空发生器宜采用氮气作为引射气源；

2 抽真空用氮气可由公用普通氮气供给。

4.3.4 特种气体排气与废气处理的设置应符合下列规定：

1 特种气体系统的排气管应设置氮气稀释与连续吹扫装置，防止空气倒流造成污染和腐蚀；

2 自燃性、可燃性、毒性、腐蚀性特种气体的排气必须经过尾气处理装置处理。

4.3.5 特种气体尾气处理装置的设置应符合下列规定：

1 尾气处理装置的类型，应根据所处理的排气中特种气体的特性进行选择，不相容特种气体应分别设置尾气处理装置；

2 尾气处理装置应靠近特种气体柜、气瓶架等特种气体设备布置；

3 特种气体的尾气处理方法宜采用干式处理吸附、湿式洗涤、加热分解处理、燃烧处理、等离子分解处理、稀释处理及以上几种处理方式的组合。

5 硅 烷 站

5.1 硅烷站工艺系统

5.1.1 硅烷站工艺系统的设计应根据下列因素确定：

1 硅烷站的规模；

2 硅烷的物理化学性质；

3 当地硅烷供应的充装、运输状况；

4 用户对硅烷纯度、压力和负荷变化的要求。

5.1.2 硅烷站应根据工艺要求、当地气候状况、硅烷设备状况选择采用封闭式、开敞式或露天形式进行布置。

5.1.3 硅烷输送系统应设有硅烷容器、气体面板、阀门箱及连接管道。

5.1.4 硅烷气体面板应包括减压过滤、吹扫、排气、安全控制的功能。

5.1.5 硅烷系统应采用独立的惰性气体钢瓶进行吹扫，不得采用管道氮气吹扫。

5.1.6 硅烷阀门箱设置除应符合本规范第4.2.6条的规定外，还应配置惰性气体吹扫装置、气体泄漏探测器和火焰探测器。

5.1.7 硅烷系统的排气装置的设置应符合下列规定：

1 硅烷系统的排气管不得接入排风系统；

2 排气管应采用惰性气体连续吹扫，吹扫气体流速不得小于0.3m/s；

3 排气的硅烷浓度较高时，应采用燃烧式尾气处理装置处理后排入大气。

5.1.8 硅烷钢瓶出口应设置常闭式紧急切断阀，硅烷站的安全出口应设置手动紧急切断按钮，至少有一个手动紧急切断按钮与输送系统的距离应大于4.6m。

5.1.9 硅烷系统阀门、附件的设置应符合下列规定：

1 硅烷输送系统应采用金属膜片的波纹管阀、隔膜阀、调压阀；

2 非大宗气源应配置直径小于0.25mm的限流孔板，大宗气源应配置直径小于3.175mm的限流孔板；

3 硅烷系统应配置过流开关和气体加热装置。

5.2 硅烷站的布置

5.2.1 硅烷站的总平面布置应符合下列规定：

1 应布置在工厂常年最小频率风向的下风侧，并应远离有明火或散发火花的地点；

2 不得布置在人员密集地段或主要交通要道邻近处；

3 硅烷站应采用单层钢筋混凝土或钢框架、排架结构，钢框架、排架结构应采用防火保护措施；

4 硅烷站应设置不燃烧体的实体围墙，其高度不应小于2.5m；

5 大宗硅烷系统设备必须布置在独立的开敞式建筑或空旷区域，不得建在地下室。当采用开敞式建筑结构形式时，硅烷站立柱和墙面遮挡部分面积不得大于建筑外围面积的25%。四周有障碍物时，硅烷站与障碍物的距离应大于障碍物高度的2倍；

6 硅烷站的设置应方便运输车辆和消防车辆的进出；

7 硅烷站的储存、分配区域应设有防止车辆撞击的保护措施。

5.2.2 硅烷站与工厂建（构）筑物的防火间距，不得小于表5.2.2的规定。

表5.2.2 硅烷站与工厂建（构）筑物的防火间距（m）

名称		硅烷站储量 ≤5t	硅烷站储量 >5t
重要公共建筑		50	
甲类仓库		20	
民用建筑、明火或散发火花地点		30	40
其他建筑	一、二级耐火建筑	15	20
	三级耐火建筑	20	25
	四级耐火建筑	25	30
电力系统电压为35kV～500kV且每台变压器容量在10MV·A以上的室外变、配电站工业企业的变压器总油量大于5t的室外降压变电站		30	40
厂外铁路线中心线		40	
厂内铁路线中心线		30	
厂外道路路边		20	
厂内道路路边	主要	10	
	次要	5	

注：1 防火间距应按相邻建（构）筑物的外墙、凸出部分外缘、气瓶集装格外缘的最近距离计算。

2 固定容积的硅烷气罐，总容积按其水容积（m^3）和工作压力（绝对压力）的乘积计算。

3 与高层厂房的防火间距，应按本表相应增加3m。

5.2.3 硅烷站的建筑设计应符合现行国家标准《建筑设计防火规范》GB 50016的有关规定。

5.2.4 硅烷站可采用有坡度的屋顶，屋顶最低点宜大于4.5m；比空气轻的硅烷混合气，硅烷站可采用坡屋顶，并应在屋顶最高处保持通风良好。

5.2.5 硅烷站安全出口的设置应符合下列规定：

1 硅烷站不得少于两个安全出口；

2 硅烷站的面积小于$19m^2$时，应设一个安全出口；

3 硅烷站内任何地点到最近安全出口的距离不得大于23m。

5.2.6 硅烷站应采用快开式推杆锁，不得采用其他形式的锁具；疏散门应采用平开门，且向疏散方向开启。

5.2.7 露天布置的硅烷站内大宗容器之间以及容器与工艺面板之间的距离不应小于9m；露天布置的硅烷站内大宗容器之间以及容器与工艺面板之间的距离小于9m时，应设置2h以上的防火隔断，防火隔断的设置不应影响自然通风。

5.3 安全技术措施

5.3.1 硅烷站的电气控制室应设置在独立的房间内；与硅烷气瓶库等有爆炸危险的房间相邻时，相邻的隔墙不得有门窗、洞口，隔墙的耐火极限不得低于3h。

5.3.2 硅烷站变压器室不得设在硅烷站内，也不得与硅烷站站房毗邻设置。

5.3.3 硅烷系统的设备应进行防静电接地。

5.3.4 硅烷排风管道的气体探测器的报警设定值，应等于或小于硅烷爆炸浓度下限值的25%，并与硅烷气源的自动切断阀连锁；硅烷站环境气体探测器的报警设定值应等于或小于5ppm，环境气体探测器报警时，硅烷控制系统不应切断硅烷输送管路。

5.3.5 室外大宗硅烷系统的钢瓶区域内必须设置紫外、红外火焰探测器；室内硅烷输送系统应采用火焰探测器或感温探测器。火焰探测器或感温探测器应与报警系统和硅烷气源的紧急切断阀联动。

5.4 采暖通风与空气调节

5.4.1 开敞式布置时，硅烷站应通风良好；不能满足开敞式的条件时，硅烷站应设置强制通风系统。

5.4.2 硅烷站为封闭式建筑时，严禁采用循环空气调节系统。

5.4.3 封闭式硅烷站的室内温度、相对湿度应满足气瓶柜的要求。气瓶柜无室内温度要求时，室内设计温度宜为25℃±3℃。

5.4.4 硅烷气瓶柜排风量计算应符合下列规定：

1 气瓶柜内的硅烷泄漏量应按照硅烷最大储存压力计算；

2 排风量应满足气瓶柜内的硅烷体积浓度小于0.4%；

3 气瓶颈部和管道机械连接处的气流速度应大于或等于1m/s。

5.4.5 硅烷气瓶组直接安装在封闭的房间时，房间排风量计算应符合下列规定：

1 房间内的硅烷泄漏量应按照硅烷最大储存压力计算；

2 排风量应满足房间内的硅烷体积浓度小于0.4%；

3 气瓶颈部和管道机械连接处的气流速度应大于或等于1m/s。

5.4.6 硅烷阀门箱排风量计算应符合下列规定：

1 阀门箱内的硅烷泄漏量应按照硅烷最大压力计算；

2 排风量应满足阀门箱内的硅烷体积浓度小于0.4%；

3 管道机械连接处的气流速度应大于或等于1m/s。

5.4.7 封闭的硅烷站应设置事故排风，事故排风量根据事故泄漏量计算确定，但换气次数不应小于12次/h。硅烷站外应设置紧急按钮。

5.4.8 硅烷站排风系统应设置备用机组。

5.4.9 硅烷站空调系统应保证在空调机组维护或故障时，能满足硅烷站的通风要求。

5.4.10 硅烷站的排风系统、空调系统应设置应急电源。

5.4.11 空调系统、排风系统风管应采用不燃材料制作，排风风管应采用刚性风管。风管保温应采用不燃或难燃材料。

5.4.12 硅烷站的排风管路上不应设置溶片式防火阀。

5.4.13 硅烷站的排风系统不得与火灾报警系统连锁控制；火灾时，严禁关闭排风系统。

5.5 消防系统

5.5.1 硅烷站的消防系统应符合下列规定：

1 发生硅烷火灾时，在没有关闭泄漏钢瓶之前，严禁扑灭硅烷火焰；

2 发生火灾时，硅烷钢瓶和使用到硅烷的相关设备，应有冷却措施；

3 硅烷站的消火栓系统设计应符合现行国家标准《建筑设计防火规范》GB 50016的有关规定。

5.5.2 室外硅烷站的消防系统除应符合本规范第5.5.1条的有关规定外，还应符合下列规定：

1 设置在室外的硅烷站，硅烷的输送系统应设置雨淋系统，雨淋系统宜采用手动启动方式；

2 雨淋系统设计的喷水强度不应小于12L/(min·m²)，火灾延续时间不应小于2h；雨淋系统保护部位应包括硅烷钢瓶、大宗硅烷储罐及工艺气瓶柜；

3 消防系统的管道应采用金属管材，接口应采用丝扣、焊接；在站房边界15m范围内的管道不得采用以橡胶为密封材料的沟槽式连接方式；

4 切断硅烷供应的同时，启动雨淋系统；

5 硅烷站设有屋顶等防雨措施时，应设置自动喷水灭火系统；自动喷水灭火系统应按严重危险Ⅱ级设置，设计喷水强度不应小于16L/(min·m²)，保护面积不应小于260m²；

6 室外硅烷站应设置室外消火栓，室外消火栓应设置在距大宗钢瓶30m之外且46m之内。

5.5.3 室内硅烷房间的消防系统除应符合本规范第5.5.1条的有关规定外，还应符合下列规定：

1 存储、分配和使用硅烷的房间应设置自动喷水灭火系统。自动喷水灭火系统应按不低于严重危险级Ⅰ级设置，设计喷水强度不应小于12L/(min·m²)，保护面积不应小于260m²。

2 硅烷气瓶柜应自带冷却用的自动喷水灭火喷头，且应为快速反应喷头。

6 特种气体管道输送系统

6.1 一般规定

6.1.1 特种气体管道输送系统应包括特种气体储存、分配管道系统、工艺设备和尾气处理系统的管道以及管件、阀门、过滤器、减压装置、压力释放装置、压力表（传感器）等部件。

6.1.2 生产厂房内特种气体管道的主干管，应敷设在技术夹层或技术夹道内；与水电管线共架时，相对密度小于或等于0.75的特种气体的管道宜设在水、电管线下部；相对密度大于0.75的特种气体的管道宜设在水、电管线上部。

6.1.3 生产厂房内的可燃性和毒性特种气体管道应明敷，穿过生产区墙壁与楼板处的管段应设置套管，套管内的管道不得有焊缝，套管与管道之间应采用密封措施。可燃性、毒性、腐蚀性气体管道的机械连接处，应置于排风罩内。

6.1.4 可燃性、毒性特种气体管道不得穿过不使用此类气体的房间，当必须穿过时应设套管或双层管。特种气体管道严禁穿过生活区和办公区。

6.1.5 特种气体管道不得出现盲管及U型弯等死区。

6.1.6 可燃性、氧化性特种气体管道，应设置导出静电的接地设施。

6.1.7 室外布置的特种气体管道应架空布置。

6.2 材料选型

6.2.1 特种气体和吹扫气体的管道和管件应采用奥氏体不锈钢无缝钢管，内表面应进行洁净和钝化处理。

6.2.2 腐蚀性气体管道，宜采用二次真空电弧熔炼的奥氏体不锈钢或镍基合金材料的无缝钢管，内表面应进行洁净和钝化处理。

6.2.3 特种气体阀门的密封座，不宜使用塑料材质；必须使用时，材质应与气体性质匹配。

6.2.4 双层管的外层管道宜采用SS304AP管或SS304BA不锈钢管道，内层管道应按所输送特种气体的性质匹配。

6.2.5 特种气体系统的排气、尾气真空管道宜采用普通不锈钢管道，并应经过脱脂处理。

6.2.6 氧化性气体系统应采用专用禁油阀门、附件和管材，并应进行脱脂处理。

6.3 管道设计

6.3.1 特种气体管道的设计应根据输送流体的特性参数，并结合管道布置、环境等进行，并应符合现行国家标准《工业金属管道设计规范》GB 50316的有关规定。

6.3.2 特种气体管道的设计应符合用气设备对流量、压力的要求，并应符合现行行业标准《工艺系统工程设计技术规定》HG/T 20570.7的有关规定。

6.3.3 管材的壁厚应符合现行国家标准《流体输送用不锈钢无缝钢管》GB/T 14976的有关规定，小尺寸管径管壁厚度还应符合表6.3.3的要求。

表6.3.3 小尺寸管径壁厚要求

管道外径	壁厚要求
6mm(1/4″)～10mm(3/8″)	0.89mm(0.035″)
15mm (1/2″)	1.24mm(0.049″)
20mm(3/4″)～25mm (1″)	1.65mm(0.065″)

6.3.4 液态特种气体水平管道应有大于或等于0.3%的坡度，坡向供液设备或收集器。

6.3.5 具有自燃性、剧毒性、强腐蚀性的特种气体，宜采用双套管设计。

6.3.6 输送低蒸气压特种气体的管道应设置伴热和保温措施，加热温度不宜超过50℃。

6.3.7 特种气体管道应采用全自动轨道焊接。阀件或管件连接处应采用径向面密封连接，不得采用螺纹或法兰连接。

6.3.8 特种气体阀门应采用隔膜阀或波纹管阀，不得采用球阀、旋塞阀等阀门。

6.3.9 特种气体管道连接用密封垫片宜选用不锈钢垫片，垫片的材质与特种气体的性质应相容。

6.3.10 特种气体输送系统易产生颗粒的阀件下游宜安装过滤器。

6.3.11 特种气体管道验收应符合下列规定：

1 特种气体管道焊缝的无损探伤应符合现行国家标准《工业金属管道设计规范》GB 50316的有关规定；

2 特种气体管道应有选择地进行强度试验、密封性试验、泄漏试验和不纯物试验；

3 特种气体管道试验合格后，应采用高纯氮气或氩气进行吹扫置换。

6.4 管道标识

6.4.1 特种气体管道必须进行管道标识。

6.4.2 特种气体管道应以不同颜色、字体等标识气体名称、主要危险特性和流向，并应符合表6.4.2的规定。

表6.4.2 特种气体管路标识要求

底色	意义	内容物特性	内容物举例	字体色	箭头色
红色	危险	可燃性、剧毒性	AsH_3，SiH_4，CH_2F_2，PH_3，WF_6，ClF_3，CO，CCl_4	白色	白色
黄色	警告	毒性、腐蚀性、对人体有危害	HBr，HCl，HF	黑色	黑色
蓝色/绿色	安全	危害性较小或无危害	SF_6，Kr/Ne，Xe	白色	白色

6.4.3 标识的描述、顺序和间距可根据实际情况进行调整，描述宜为内容物化学分子式、中文名、主要危险特性、流动方向（箭头），管道标识可采用图6.4.3。

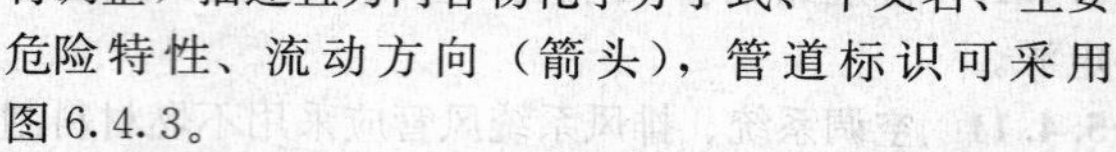

图6.4.3 管道标识

6.4.4 标识的尺寸应按管径确定，表6.4.4为标识尺寸与管径对照表，标识较长时，可根据实际需要增加标识长度。

表 6.4.4 标识尺寸与管径的对照

管径	标识长度	标识高度	箭头长度	字体高度
6mm(1/4″)	150mm(6″)	15mm(1/2″)	30mm(1.2″)	8mm(1/4″)
10mm(3/8″)	150mm(6″)	15mm(1/2″)	30mm(1.2″)	8mm(1/4″)
15mm(1/2″)	150mm(6″)	15mm(1/2″)	30mm(1.2″)	8mm(1/4″)
20mm(3/4″)	200mm(8″)	20mm(3/4″)	40mm(1.6″)	15mm(1/2″)
25mm(1″)～50mm(2″)	200mm(8″)	25mm(1″)	40mm(1.6″)	20mm(3/4″)
50mm(2″)以上	300mm(12″)	40mm(1.5″)	60mm(2.4″)	30mm(1.25″)

6.4.5 管道上粘贴标识应符合下列规定：

1 管道内径小于或等于 100mm 的水平直管道，以人员视线为基准方位，应每隔 3m 粘贴一张；管道内径大于 100mm 的水平管道，以人员视线为基准方位，应每隔 6m 粘贴一张；

2 管道内径小于或等于 100mm 的垂直管道，应每隔 2m 粘贴一张，并以地面向上 1500mm 处为基准位置粘贴一张；管道内径大于 100mm 的垂直管道，应每隔 4m 粘贴一张，并以地面向上 1500mm 处为基准位置粘贴一张；

3 管道阀件、弯头的连接处，工艺设备与管道的连接处，以及管道穿越墙、壁、楼板的两侧部分都应各粘贴一张；

4 标识粘贴应整齐、牢固，水平管道的标识中心应相互对齐，垂直管道的标识上边缘应对齐。

7 建筑结构

7.0.1 布置于生产厂房的甲、乙类特种气体间的耐火等级不应低于二级，结构构件的耐火极限应该符合现行国家标准《建筑设计防火规范》GB 50016 的有关规定。

7.0.2 有爆炸危险的特种气体间的承重结构宜采用钢筋混凝土或钢框架、排架结构。

7.0.3 有爆炸危险的特种气体站房应设置泄压设施。

7.0.4 有爆炸危险的特种气体站房的设计应符合下列规定：

1 安全出口不应少于 2 个，且宜分散布置；

2 相邻 2 个安全出口最近边缘之间的水平距离不应小于 5m，其中 1 个应直通室外，通向疏散走道的门应满足防火及防爆要求；

3 房间面积小于或等于 100m²，且同一时间的生产人数不超过 5 人时，可设置一个直接通往室外的出口。

7.0.5 惰性气体间的安全出口不应少于 2 个，且宜分散布置，相邻 2 个安全出口最近边缘之间的水平距离不应小于 5m，其中 1 个应直通室外，通向疏散走道的门应为乙级防火门。惰性气体间的面积小于或等于 150m²，且同一时间的作业人员不超过 5 人时，可设置一个直接通往室外的出口。

7.0.6 有爆炸危险的特种气体间与无爆炸危险房间之间，应采用耐火极限不低于 4.0h 的不燃烧体防爆墙分隔，防爆墙上不得开设门窗洞口；设置双门斗相通时，门应错位布置，门的耐火极限不应低于 1.2h。

7.0.7 特种气体间的门应向疏散方向开启，有爆炸危险房间的门窗应采用撞击时不产生火花的材料制作。

7.0.8 可燃性特种气体相对密度小于或等于 0.75 时，特种气体间顶棚应平整、避免死角，特种气体间上部应通风良好。

7.0.9 可燃性特种气体相对密度大于 0.75 时，特种气体间应符合下列规定：

1 应采用不产生火花的地面，并应平整、耐磨、防滑；

2 采用绝缘材料作整体面层时，应采取防静电措施；

3 地面应平整，避免死角，特种气体间不得设计地沟；必须设置时，其盖板应严密，防止特种气体的积聚。

7.0.10 特种气体间的高度应满足设备与管道布置的要求，且不宜低于 4.5m。

7.0.11 特种气体间内的装修材料应符合现行国家标准《建筑内部装修设计防火规范》GB 50222 的有关规定。

8 电气与防雷

8.1 配电与照明

8.1.1 特种气体站房的电力负荷应符合下列规定：

1 可燃性、自燃性、毒性与腐蚀性特种气体站房应为一级负荷；

2 除本条第 1 款外的特种气体站房不宜低于二级负荷；

3 气体管理与气体探测系统为一级负荷，并应配置 UPS 不间断电源。

8.1.2 有爆炸危险的特种气体站房的爆炸性气体环境内的电气设施应按 1 区设防，并应符合现行国家标准《爆炸和火灾危险环境电力装置设计规范》GB 50058 的有关规定。

8.1.3 特种气体站房的照明灯具宜安装在操作与维

修通道处，不宜安装在设备正上方，并应设置备用照明。

8.2 防雷与接地

8.2.1 特种气体站房的防雷分类不应低于第二类防雷建筑，并应采取防直击雷、防雷电感应和防雷电波侵入的措施。

8.2.2 突出屋面的放散管、排风管等物体的防雷应符合下列规定：

1 排放爆炸危险气体的放散管、排风管的管口应处于接闪器的保护范围内，并应符合现行国家标准《建筑物防雷设计规范》GB 50057中第一类防雷建筑物对管口保护范围的有关规定；

2 排放时点火燃烧的爆炸危险气体放散管、排风管，发生事故时排放物达到爆炸浓度的排风管，排放无爆炸危险气体的放散管，以及装有阻火器的爆炸危险气体的放散管、排风管等管道，其防雷保护应符合下列规定：

1）金属物体可不装接闪器，但应和屋面防雷装置相连；

2）在屋面接闪器保护范围之外的非金属物体应装接闪器，并应和屋面防雷装置相连。

8.2.3 架空敷设的可燃性特种气体管道，在进出建筑物处应与防雷电感应的接地装置相连。距建筑物100m内的特种气体管道，宜每隔25m接地一次，其冲击接地电阻不应大于20Ω。

8.2.4 自燃性、可燃性、氧化性特种气体设备与管道应采取防静电接地措施，在进出建筑物处、不同分区的环境边界、管道分岔处及直管段每隔50m～80m处应设防静电接地。

8.2.5 设备与管道的接地端子与接地线之间，可采用螺栓紧固连接；对有振动、位移的设备和管道，连接处应加挠性连接线过渡。

8.2.6 特种气体系统的电气设备工作接地、保护接地、雷电保护接地以及防静电接地等不同用途接地采用联合接地方式时，接地装置的接地电阻值应按其中的最小值确定。

8.2.7 防静电接地为单独接地时每组接地电阻宜小于100Ω。

9 生命安全系统

9.1 特种气体管理系统

9.1.1 应用多种特种气体的生产厂房宜设特种气体管理系统，并应符合下列规定：

1 特种气体管理系统应配置特种气体的连续检测、指示、报警、分析的功能，并应能记录、存储和打印；

2 特种气体管理系统宜为独立的系统，应具有特种气体探测、应急处理、工作管理、监视、数据传输与处理的功能；

3 特种气体管理系统宜与工厂设备管理控制系统和消防报警控制系统通过数据总线相连。

9.1.2 特种气体管理系统应设在全厂动力控制中心，在消防控制室和应急处理中心宜设特种气体报警显示单元和集中应急阀门切断控制盘。

9.1.3 特种气体气瓶柜、气瓶架、阀门箱、阀门盘的可编程控制器的通信接口应与气体管理系统连接。

9.2 特种气体探测系统

9.2.1 储存、输送、使用特种气体的下列区域或场所应设置特种气体探测装置：

1 自燃性、可燃性、毒性、腐蚀性、氧化性气体的使用场所、技术夹层等可能发生气体泄漏处；

2 自燃性、可燃性、毒性、腐蚀性、氧化性气体设备间；

3 自燃性、可燃性、毒性、腐蚀性、氧化性气体气瓶柜和阀门箱的排风管口处；

4 生产工艺设备的可燃性、自燃性、毒性、腐蚀性、氧化性气体接入阀门箱及排风管内；

5 生产工艺设备的特种气体的废气处理设备排风口处；

6 惰性气体间。

9.2.2 可燃性、自燃性特种气体探测系统、有毒气体检测装置应设置一级报警或二级报警。

9.2.3 自燃性、可燃性、毒性气体检测装置报警设定值应符合下列规定：

1 自燃性、可燃性气体的一级报警设定值应小于或等于25%可燃性气体爆炸浓度下限值，二级报警设定值应小于或等于50%可燃性气体爆炸浓度下限值。

2 毒性气体的一级报警设定值应小于或等于50%空气中有害物质的最高允许浓度值，二级报警设定值应小于或等于100%空气中有害物质的最高允许浓度值。

9.2.4 自燃性、可燃性、毒性气体检测装置的检测报警响应时间应符合下列规定：

1 自燃性、可燃性气体检测报警：扩散式应小于20s，吸入式应小于15s。

2 毒性气体检测报警：扩散式应小于40s，吸入式应小于20s。

9.2.5 特种气体相对密度小于或等于0.75时，特种气体探测器应同时设置在释放源上方和厂房最高点易积气处。特种气体相对密度大于0.75时，特种气体探测器应设置在释放源下方离地面0.5m处。

9.3 安全设施

9.3.1 自燃性、可燃性、毒性气体的储存、分配及使用场所的安全设施应符合下列规定：

1 应设置闭路电视监控摄像机和门禁；

2 生产厂房入口处、气瓶柜间入口处、洁净室内宜设置安全管理显示屏；

3 使用场所内及相关建筑主入口、内通道等处应设置灯光闪烁报警装置，灯光颜色应与其他灯光报警装置相区别；

4 入口处应设紧急手动按钮，应急处理中心室也应设紧急手动按钮。

9.3.2 在地震多发地区，使用特种气体的主要生产车间宜设置地震探测装置，地震信号应接入特种气体探测系统。

9.3.3 特种气体站房地震探测装置应在气瓶柜的基座上设置一台；并应以气体站房为基准点，等距离三角形延伸厂区内另外两点设置地震探测装置。地震探测装置不得设置于人员进出频繁的地点，且应避免受外力干扰而造成误动作。

9.3.4 封闭的可燃性、自燃性气体的特种气体间宜设置防爆紫外、红外火焰探测器。

9.3.5 特种气体站房应配置防毒面具等安全防护设施。

9.4 特种气体报警的联动控制

9.4.1 特种气体探测系统确认气体泄漏时，应自动启动相应的事故排风装置，自动关闭相关部位的气体切断阀，并应能接受反馈信号。

9.4.2 特种气体探测系统确认气体泄漏时，应自动启动泄漏现场的声光报警装置，该声光报警应有别于火灾报警装置，并应自动启动应急广播系统。

9.4.3 特种气体探测系统确认气体泄漏后，应关闭有关部位的电动防火门、防火卷帘门，自动释放门禁，可联动闭路电视监控系统，应启动相应区域的摄像机并自动录像。

9.4.4 特种气体探测系统确认气体泄漏时，泄漏信号应传至安全显示屏，并用文字提示现场人员。

9.4.5 地震探测装置探测到里氏5级以上地震，且两台地震探测装置同时报警时，特种气体管理系统确认收到的信号后，启动现场的声光报警装置；同时，应关闭气瓶柜、气瓶架、阀门箱、阀门盘的切断阀门。

10 给水排水及消防

10.1 给水排水

10.1.1 特种气体管道外表可能结露时，应采取防护措施。

10.1.2 特种气体站房内的给水，除中断供水将造成较大损失外，宜采用单路供水。

10.1.3 特种气体站房排出的废水，应排入废水处理站处理达标后排放。

10.1.4 毒性、腐蚀性气体的特种气体间应设置紧急洗眼器。

10.2 消防

10.2.1 特种气体站房室内外消火栓的设计应符合现行国家标准《建筑设计防火规范》GB 50016的有关规定。

10.2.2 特种气体站房内应配置手提灭火器，配置应满足现行国家标准《建筑灭火器配置设计规范》GB 50140的有关规定。

10.2.3 特种气体站房应设置自动喷水灭火系统，其喷水强度应大于8L/（min·m^2），保护面积不应小于160m^2，并应符合现行国家标准《自动喷水灭火系统设计规范》GB 50084的有关规定。

10.2.4 特种气体柜带有自动喷水冷却装置时，在厂房内设置的自动喷水灭火系统应为该系统预留管道和信号阀。

10.2.5 特种气体站房内存储的特种气体与水可发生剧烈反应时，该特种气体间严禁采用水消防系统。

11 采暖通风与空气调节

11.1 采暖通风

11.1.1 特种气体站房应设置连续的机械通风或自然通风系统，风量应满足气瓶柜的排风要求，并应满足房间最小通风换气次数不低于6次/h的要求。

11.1.2 特种气体气瓶柜和阀门箱应设置机械排风装置。

11.1.3 凡属下列情况之一时，特种气体站房应分别设置排风系统：

1 两种或两种以上的特种气体混合后能引起燃烧或爆炸时；

2 特种气体混合后发生化学反应，形成更大危害性或腐蚀性的混合物、化合物时；

3 混合后形成粉尘。

11.1.4 特种气体站房应设置事故通风，事故通风量宜根据事故泄漏量计算确定，但房间换气次数不应小于12次/h。并应在特种气体站房外设置事故通风紧急按钮。

11.1.5 特种气体排风管道应采用不燃材料制作。

11.1.6 可燃性、毒性、腐蚀性气瓶柜、阀门箱的排风口与主排风管道连接的支管应采用刚性风管，不得使用柔性风管或软管。

11.1.7 特种气体间排风口位置应根据特种气体特性确定，当相对密度小于或等于0.75时，排风口应设置在房间上部，当相对密度大于0.75时，排风口应设置在房间的下部。

11.1.8 特种气体间排风，应根据排风的危害性和浓度设置处理装置。

11.1.9 特种气体间通风系统应设置备用机组。特种气体间通风系统电源应设置应急电源。

11.1.10 可燃性气体和氧化性气体的排风管应设置防静电接地装置。

11.1.11 特种气体站房排风系统不得与火灾报警系统联动控制；火灾发生时，严禁关闭排风系统。

11.1.12 可燃性特种气体站房严禁采用明火采暖。

11.2 空 气 调 节

11.2.1 特种气体间宜设置空调系统，并应符合下列规定：

1 室内温度、湿度设计参数应满足气瓶柜的要求。当气瓶柜无具体要求时，室内设计参数宜满足23℃±3℃，30%～70%的要求；

2 不得采用循环空气。

11.2.2 空调风管不得穿越特种气体间之间的分隔墙；必须穿越时，应安装防火阀。

11.2.3 空调系统宜设置备用空调机组，或采用措施保证在空调机组维护或故障时，能满足特种气体房间的通风要求。

11.2.4 空调系统宜设置应急电源。

11.2.5 特种气体间空调风管应采用不燃材料制作，保温应采用不燃或难燃材料。

11.2.6 空调风管应设置防静电接地装置。

12 特种气体系统工程施工

12.1 一 般 规 定

12.1.1 特种气体系统工程焊接施工除应符合本规范外，尚应符合现行国家标准《现场设备、工业管道焊接工程施工及验收规范》GB 50236的有关规定。

12.1.2 特种气体系统使用的不锈钢管应采用全自动轨道焊机焊接，高纯氩气保护。

12.1.3 安装和试验检测用计量器具应检定合格并在有效期内使用。

12.1.4 特种气体系统工程施工前必须编制专项施工方案，并经业主审批后实施。

12.1.5 主要设备材料进场应提供下列文件：

1 产品合格证、质量保证书、性能测试报告；

2 产品安装、使用、维护和试验要求等技术文件；

3 产品规格、型号、数量、设备附件及专用工具。

12.1.6 进口设备材料进场应提供下列文件：

1 产品商检证明和中文格式的质量合格证明文件；

2 产品规格、型号、性能测试报告；

3 产品安装、使用、维护和试验的技术文件。

12.1.7 进场设备材料不符合本规范和相关技术规定要求时，不得在工程中使用。

12.1.8 设备材料进场验收、焊接试件鉴定时，建设单位技术人员应在场核实。

12.2 主要设备、材料进场验收

12.2.1 气瓶柜、气瓶架进场验收应符合下列规定：

1 外包装上应具有防止倾倒、轻放、防雨标识、防震标识，且完整无损；

2 气瓶柜体应由厚度不小于2.5mm的钢板构成密闭箱体，表面应平整光洁、色泽一致、无毛刺、无划痕、无锈蚀、不起鼓；柜体顶部应设抽风口，柜门下方应设可调节空气过滤网进风口；

3 气瓶柜、气瓶架应有气体的名称、化学式、浓度、化学性质和危险标志的标识，并有管线、阀体及附件的连接图；

4 气瓶柜、气瓶架内引出的管路和阀件接口应用专用管帽和堵头封堵；

5 气瓶柜、气瓶架内的功能配置必须满足设计及合同要求，不得有缺项。

12.2.2 阀门箱、阀门盘进场验收应符合下列规定：

1 应符合本规范第4.2节的有关要求；

2 表面应平整光洁、色泽一致、无毛刺、无划痕、无锈蚀、不起鼓；

3 规格数量与功能配置应满足设计与合同要求；

4 阀门、仪表与面板之间应有专用阀门支撑件，支撑件材质应采用不锈钢；不得将阀门、仪表等直接用螺栓固定在面板上；

5 阀门盘上特种气体管路阀门连接应采用自动轨道氩弧焊接或径向面密封连接，不应采用线密封（卡套）连接；

6 阀门箱和阀门盘的结构应牢固可靠，有专门的固定点，面板应有气体的标识和铭牌，气体管道的种类、流向，控制阀门应有明显标识；

7 阀门箱应有气体的名称、化学式、浓度、化学性质和危险标识。

12.2.3 尾气处理装置进场验收应符合下列规定：

1 燃烧尾气设备进场应对外观、外形尺寸、构成、接口、铭牌、气密试验、阀门动作、信号传输等性能进行检查和核对；

2 燃烧尾气设备的主要组成件、附件应符合设计与合同的要求，随机资料和专用工具应齐全；

3 酸碱中和装置的洗涤塔、风机、泵、控制盘、酸（碱）储罐以及连接管路等应进行外观检查，并应符合设计和合同要求，随机资料应齐全；

4 尾气处理装置、风机、泵的出厂合格证、性能测试报告，铭牌、标识应齐全；

5 系统流程图、控制原理图、设备使用说明书应齐全。

12.2.4 管道、管件和阀门进场验收应符合下列规定：

1 在非洁净室全数目测检查管道外包装，不得有破损、变形；

2 检查合格的管道、管件及阀门的端口应立即将防尘管帽装好或用聚乙烯薄膜包好，并按种类、规格分别存放在洁净间的货架上，不得直接放在地面上；洁净间的洁净度不得低于7级（0.5μm）；

3 进场的阀门应有产品规格、型号、合格证、材质证明、使用说明书、检验报告，并有编号；

4 电气设备应有防腐蚀和防爆标识。

12.2.5 管道、管件和阀门应在洁净室内进行内包装开封检查，并应符合下列要求：

1 管道、管件、阀门应有独立的内包装，端口均应装有防尘帽；

2 管道、管件、阀门检查后必须恢复内包装及防尘帽；

3 管道外观检查应按全数的5%以上抽查，规格尺寸、壁厚，圆度、端面平整度等应符合产品的技术要求；

4 材质检查宜采用便携式金属光谱分析仪检查，每批每种规格应随机抽查5%以上，且不得少于1件，其化学成分应符合产品的技术要求；

5 管道、管件内表面粗糙度应采用样品比较法在管道两端检查，每批每种规格应随机抽查5%以上，且不得少于1件，有不合格时应加倍抽查；

6 管道内壁平均表面粗糙度 Ra 及最大表面粗糙度 $Ra.\max$ 应满足设计文件的要求。

12.3 气瓶柜与气瓶架的安装

12.3.1 气瓶柜、气瓶架应按设计要求定位。

12.3.2 气瓶柜、气瓶架就位找平找正后，应固定牢固。

12.3.3 气瓶柜、气瓶架的垂直度偏差不得大于1.5‰，成列盘面偏差不应大于5mm。

12.3.4 气瓶柜的安装应确保柜门开关自如，不得扭曲变形，关闭不严。

12.4 阀门箱与阀门盘的安装

12.4.1 阀门箱和阀门盘宜固定在专用支座上或固定支架固定在梁、柱与墙上，不宜将阀门箱直接固定在地面上。阀门箱应采用独立的支吊架，不得利用管道的支撑。

12.4.2 阀门箱和阀门盘的支座宜采用专用镀锌型钢、专用喷塑型钢或专用不锈钢型钢装配式连接，不宜采用焊接。

12.4.3 阀门箱和阀门盘的垂直度偏差不得大于1.5‰，成列盘面偏差不应大于5mm。

12.4.4 阀门箱与阀门盘就位找平后，应固定牢固。

12.4.5 连接阀门与阀门盘、阀门箱的螺栓应为不锈钢螺栓，不得将阀门和管路系统直接与易产生锈蚀的器件直接接触。

12.4.6 阀门箱与阀门盘应按设计图纸的要求定位。

12.5 特种气体管道安装

12.5.1 特种气体管道安装应符合下列规定：

1 特种气体管道、管件、阀门的材质、型号规格、等级应满足设计要求；

2 特种气体系统阀门、过滤器、调压阀、仪表等附件应采用自动轨道氩弧焊或径向面密封接头连接，严禁采用螺纹或卡套方式连接；

3 面密封接头的密封垫片必须使用不锈钢垫片或镍垫片，严禁使用聚四氟乙烯垫片替代，严禁将使用过的垫片再次使用，严禁在同一密封面上使用两个及以上的垫片，严禁将垫片及面密封部件端面划伤；

4 管外径大于12.7mm的管道弯头应采用成品弯头；管外径小于或等于12.7mm的弯头可在现场使用专用弯管器摵制，BA级管道弯头弯曲半径不小于管外径的3倍，EP级管道弯头弯曲半径不小于管外径的5倍，摵制弯头的变形率应小于5%；

5 特种气体管道的专用弯管器规格必须与管道规格相匹配，严禁公制弯管器与英制弯管器混用；

6 当安装结束时，所有系统内应充氩气或氮气正压保护；

7 特种气体管道与用气生产工艺设备之间的连接应采用不锈钢面密封接头或自动轨道氩弧焊，不得采用非金属软管。

12.5.2 特种气体管道连接应符合下列规定：

1 管道连接应使用自动轨道氩弧焊，所用氩气纯度不得小于99.999%，焊接用气体应加装可调节流量计显示气体流量，内保护气应装压力计监测管内压力；

2 工作人员应穿戴洁净服、洁净口罩、洁净无尘手套在洁净室内进行下料、焊接、预制等各项操作，不得用裸手接触管道的内壁；

3 管外径小于或等于12.7mm的管道切割可使用不锈钢管切管器，切割后应以平口机处理管口，并用专用倒角器去除管口内外毛刺，切口端面应垂直、不变形，满足不加丝自动焊要求，不得使用塑料管割刀替代；

4 平口机加工余量为壁厚的1/10～1/5，加工时用高纯氮气吹扫；加工后将切口向下，并在另一端用高纯氮气快速吹扫，不得将刚切割的管口向上；

5 管外径大于12.7mm的管道切割应采用不锈钢管洁净专用切割机，切割时不得使用润滑油；切口端面应垂直、无毛刺、不变形；满足不加丝自动焊要求；不得使用手工锯、砂轮切割机切割；

6 管道切管作业时，应在管内通入高纯氮气，并不得损伤管道外壁；

7 管道倒角作业时，不应损伤管道内壁，并不得采用什锦锉对管道进行倒角；

8 管道吹扫完毕，应使用不产尘的洁净布沾上异丙醇或酒精将切口部清洗干净，必须迅速用洁净防尘帽或洁净纸胶带将管道口封堵；

9 配管切割结束后，剩余管材应以洁净防尘帽封堵后装入包装袋中；

10 对接焊口应确保接口处两侧的管道中心在同一直线上，管线不得在焊口的位置弯曲；

11 焊接过程中应保持管道、管件处于静止状态，焊接电源必须采用稳定的专用电源并加装稳压器；

12 管道预制焊接总长度不应超过12m，预制时应放置在专用支座上，支点数量不得少于4个；管道运输时每3m长度应设一个支点；

13 大口径特种气体管道焊接前应先采用手工氩弧焊机进行不加丝点焊预连接，点焊时管内应通入高纯氩气进行保护，点焊后应对焊点进行洁净处理，采用自动焊接对准装置除外。

12.5.3 材料保管、清洗、下料、焊接、预制应在洁净室进行，洁净室的设计应符合下列要求：

1 室内洁净度不低于7级，湿度不高于60%；

2 焊接作业间洁净度不低于6级，且应安装排风设施；

3 应安装压差计随时监测室内外压差，并应保持室内10Pa以上的正压；

4 管道切割、端面处理作业应在洁净室内进行，但应与预制、焊接作业间分隔。

12.5.4 特种气体管道的焊接应符合下列规定：

1 施工单位在工程开工前应对参加该工程的焊工进行认证，并向建设单位提交管道焊接样品、焊接合格确认单，经建设单位项目技术负责人签字确认后方能进行焊接施工，施工单位需保留合格的样品和记录；

2 在正式焊接前、更换焊头后、更换钨棒后、改变焊接口径后都应进行焊接测试，焊接测试样品经质量检验员检查合格并填写焊接合格确认单后方可正式施焊；在结束焊接前也应进行焊接测试，以检查之前所焊焊口是否合格；

3 焊机应采用专用配电箱，若电源电压不稳定应采用自动稳压装置供电；焊机本体应可靠接地；

4 特种气体管道焊接前应绘制系统的单线图，单线图上应对焊口进行编号，编号应与焊接记录的焊口编号一致；

5 焊接前应编制焊接作业指导书，焊接过程应做包括焊口编号、作业时间、作业人员、主要焊接参数等的焊接记录；

6 特种气体管道施工过程中不得中断保护气体，当管外径在6mm～114mm时，焊接时的保护气体流量为5L/min～15L/min，焊接中断时流量为2L/min～5L/min；

7 焊缝外焊道应为管壁厚2.5倍～4倍，内焊道不应小于外焊道的2/3宽，焊缝不得有下陷、未焊透、不同轴、咬边等缺陷。焊缝错口量不应超过管壁厚度的10%，管内、外焊缝凸起高度不应大于管道壁厚的10%。

12.5.5 特种气体室外管道配管的施工应符合下列规定：

1 应将带双重包装的管道、管件搬入现场的洁净室进行加工；

2 室外焊接作业前应将规定尺寸的管段放在管架上进行预连接，并应通入流量为2L/min～5L/min保护气体；

3 在洁净室加工完成的组件应使用塑料薄膜包装，搬至安装场所组焊安装；

4 管线的长度应使用水平仪、线锤进行测量；

5 预制的每个单元管道组件均应采用高纯氮气或高纯氩气吹扫；

6 管道支架宜采用碳钢喷塑、不锈钢、铝合金的槽式桥架组合；

7 当采用有盖槽式不锈钢桥架或铝制桥架时，应采用树脂薄板将桥架与钢制综合支架隔离；

8 管卡应采用镀镍或不锈钢专用管卡；

9 管道穿墙部位应设套管，并应以难燃材料填充套管与管道之间的间隙，在墙两侧用0.6mm～1.0mm厚不锈钢板封堵，并用密封胶收缝。

12.5.6 特种气体室内管道配管的施工应符合下列规定：

1 在洁净室内施工作业时，应在前室去除外包装，在临时洁净室加工完成的组件应采用塑料薄膜包装，用夹具定位后进行预连接；

2 室内配管应采用专用支架，不得利用工艺设备、排风管及其他管道的支架；专用支架宜采用不锈钢、喷塑型钢或铝制品制作，并与管卡材质相匹配；管卡宜采用不锈钢卡，直径小于或等于1/2″管道宜采用用π型不锈钢管卡，大于或等于3/4″管道宜采用U型不锈钢管卡；当采用碳钢管卡时，应进行镀镍；

3 管道穿墙壁或吊顶时应设套管，并应以难燃材料填充套管与管道之间的间隙，在墙两侧用0.6mm～1.0mm厚不锈钢板封堵，并用密封胶收缝；

4 支架应采用机械切割，不得气割，切割后的端头应倒角并涂环氧漆后加盖塑料封头；

5 阀门箱、阀门盘内预留的阀门必须安装堵头；

6 管道平行敷设中心间距宜为 40mm～60mm；管道支架间距宜采用 1.2m～1.5m；

7 管道与支架、管道与管卡之间应垫上绝缘垫片，并不得直接接触任何未经处理的碳钢件；

8 吹扫氮气、气动氮气、仪表氮气的管道可从干管接出，分支宜向上且不得从干管的弯管处接出；从多根成排管道上分别引出支管时，应交错有序布置；

9 配管应严格按批准的施工图施工，不得改变管径和出现盲管；特种气体管道上不得有分支管引出。

12.5.7 低蒸气压特种气体管道施工除应符合本规范第 12.5.4 条的规定外，还应符合下列规定：

1 管路应安装伴热带并用保温棉包覆管路；

2 当管道穿越温差较大区域时应分段加热。

12.5.8 双层管特种气体管道的施工除应符合本规范第 12.5.4 条的规定外，还应符合下列规定：

1 双层管焊接施工时，先实施内管的焊接，在焊口处应安装滑套；

2 双层管焊接施工时，内管和外管都应采用全自动轨道氩弧焊接，内管和外管都应充高纯氩气保护焊接；

3 内管焊接完成后应先做压力试验和氦检漏，确认内管无泄漏后，方可焊接外管上的滑套；

4 双层管的内管和外管之间应安装弹簧进行隔离，内管和外管不得直接接触；

5 双层管的施工应采用封闭式套管施工，并安装压力监测装置；如采用开放式套管施工，则需加泄漏探测仪器并与安全报警系统连锁；

6 双套管施工应采用分段隔绝的方式施工，从气瓶柜到阀门箱的外层套管不得全部相通。

12.6 特种气体管道改、扩建工程施工

12.6.1 改建、扩建、拆除特种气体管道工程的施工应符合下列规定：

1 施工单位在开工前必须编制施工方案，内容应包含重点部位、作业过程注意事项，危险作业过程的监控，应急预案，紧急联系电话和专门负责人，对潜在的危险应向施工人员进行详尽的技术交底；

2 作业中一旦发生火灾、危险物质泄漏等事故，必须服从统一指挥，按逃生路线依次撤离；

3 施工中进行焊接等明火作业时，必须取得建设单位签发的动火许可证及动用消防设施许可证；

4 生产区与施工区之间应采取临时隔离措施及设置危险警示标志，施工人员严禁进入与施工无关的区域；

5 施工现场必须有业主和施工方的技术人员在场，阀门的开关动作、电气开关动作、气体置换操作等都必须由专人在业主技术人员的指导下完成，未经许可，严禁操作。切割改造工作时必须提前在被切割管道全线和切割处明显标识，标识管道现场需得到业主和施工方的技术人员确认，严防误操作。

12.6.2 施工前应将管道内的特种气体用高纯氮气置换尽，且应将管道系统抽真空处理，被置换出的气体必须经过尾气处理装置处理，达标后排放。

12.6.3 改造管道在切割前应充低压氮气，在管内正压状态下进行作业。

12.6.4 施工完毕、测试合格后，应将管道系统内的空气用氮气置换，并将管道抽真空。

12.6.5 进入洁净室（区）作业的人数应进行控制，并应符合下列规定：

1 洁净度为 5 级及以上的洁净室（区）人员密度不应大于 0.1 人/m^2；

2 低于 5 级的洁净室（区）人员密度不应大于 0.25 人/m^2。

12.7 特种气体系统的检验

12.7.1 特种气体系统安装完成后应对各系统进行检验。

12.7.2 特种气体系统安装完成后应进行外观检查，确保各设备、管道、配件及阀门的规格、型号、材质及连接形式符合设计要求。

12.7.3 管道施工完毕，应逐点检查每个系统连接的正确性，阀门应与图纸的编号相同，并设有显示开关状态的显示牌。

12.8 尾气处理装置的安装

12.8.1 尾气处理装置安装除执行本规范外，尚应符合现行国家标准《机械设备安装工程施工及验收通用规范》GB 50231 的有关规定。

12.8.2 尾气处理装置的基础应坚固平整，其水平度不得大于 3‰。

12.8.3 每个系统的管线及阀门都应贴上显著的正确标识，阀门应开关灵活，锁定装置可靠。

12.8.4 尾气排气系统的管道必须经过脱脂处理，严禁使用含有油脂的管道。

12.9 生命安全设施安装

12.9.1 施工人员在生产、施工区域内，不得随意搬弄特种气体系统的各种阀门、开关、按钮。

12.9.2 特种气体报警装置的安装应符合设计规定，并满足下列要求：

1 当相对密度小于或等于 0.75 时，报警装置探头应安装在所处场所的顶部；

2 当相对密度大于 0.75 时，报警装置探头应安装在所处场所离地面 0.5m 处。

13 特种气体系统验收

13.1 一般规定

13.1.1 特种气体系统验收应包括设备验收、管路系统验收和气体探测/监控系统验收等。

13.1.2 特种气体系统的验收应符合现行国家标准《工业金属管道工程施工质量验收规范》GB 50184和《工业金属管道工程施工规范》GB 50235的有关规定。

13.2 设备验收

13.2.1 设备部件的验收应符合下列规定：

1 应按照特种气体系统流程图、配置表、钢瓶接口形式等设计参数对外观和流程进行检查，检查包括管道走向、焊接质量、调节阀规格和流向、气动/手动阀门规格和流向、单向阀规格和流向、微漏阀规格和流向、压力变送器/压力表规格、过滤器规格、过流开关规格和安装方向、安全阀流向和设定压力、径向面密封接头是否锁紧、管道支架安装、吹扫入口管径、设备出口管径、排放口管径、危险标签等；

2 出厂的保压、氦泄漏检测、颗粒度、水分、氧分等仪器测试报告应资料齐全、数据完整。

13.2.2 控制部件的验收应符合下列规定：

1 各监测和联动控制的压力传感器、电子秤、过流开关、高温开关、火焰探测器、负压开关、紧急切断、输入电源、输入输出信号、接地保护、功能联动测试等参数应符合工程设计要求；

2 设备供应商应提供合格的现场设备功能调试报告。

13.2.3 尾气处理设备验收应符合下列规定：

1 外观检查应根据设计文件，尾气处理器的型号、流程、配管、配电、仪表量程、标签、说明书、出厂测试报告等应相符合；

2 应检查测量仪表显示、本体阻力、漏风率、噪声、滴漏、处理量、去除效率、报警连锁测试、紧急切断等参数是否符合设计要求；

3 设备供应商应提供合格的现场设备功能调试报告。

13.3 管路与系统验收

13.3.1 外观检验应符合下列规定：

1 管件的安装位置和方向应符合设计文件要求；

2 焊接管道特别是弯管处不应有裂纹；

3 焊缝的凹陷度、凸起度、错边量分别小于管壁厚度的10%，焊缝宽度应小于3倍管壁厚度，焊缝偏斜度应小于焊缝宽度的20%；并应做到焊缝色泽无明显变色。

13.3.2 文件检验应符合下列规定：

1 管道组成件应有质量文件；

2 施工过程中的焊样、焊接日志完整。

13.3.3 特种气体管道外观检查合格后，应按下列规定进行压力试验：

1 压力试验应采用气压试验，试验气体宜采用高纯氮气或高纯氩气；

2 压力试验前管道及附件未进行绝热作业，并用盲板或其他隔断措施，待试管道上的安全阀、爆破板及仪表元件等已拆下或进行分隔；

3 在进行气压试验前应确认完成管道吹扫；

4 管道强度试验压力应为设计压力的1.15倍，时间应保持30min；

5 管道气密性试验压力应为设计压力的1.05倍，时间应保持24h；

6 压力试验过程应记录起始、终止温度，温度、压力修正后的压降值不得超过1%；

7 压力试验合格后，应提交测试报告，格式可采用附录B.1。

13.3.4 可燃性、自燃性、毒性、氧化性、腐蚀性特种气体系统压力试验完成后，应进行氦检漏试验，并按下列要求作好记录：

1 特种气体氦检漏测试要求应符合本规范附录A的规定；

2 测试完毕后，应提交测试报告，格式可采用附录B.2。

13.3.5 特种气体系统的颗粒测试应符合下列要求：

1 特种气体系统颗粒测试时，其气体流量应根据管道直径确定；

2 测试气源的颗粒数应在规定颗粒粒径状态为零；

3 测试气体中大于0.1μm～0.3μm的颗粒数应小于或等于35颗粒/m³；连续3次达标为合格；

4 颗粒测试完毕后，应提交测试报告，格式可采用附录B.3。

13.3.6 特种气体系统的水分测试应符合下列要求：

1 特种气体系统水分测试时，气体速度应低于设计流速的10%，且小于3m/s；

2 测试气源的水分应小于1ppbv；

3 测试气体水分增量应小于20ppbv；

4 测试结束后，应至少保持20min稳定在规定值以下为合格；

5 水分测试完毕后，应提交测试报告，格式可采用附录B.4。

13.3.7 特种气体系统的氧分测试应符合下列要求：

1 特种气体系统氧分测试时，气体速度低于设计流速的10%，且小于3m/s；

2 测试气源的氧分应小于1ppbv；

3 测试气体氧分增量应小于20ppbv；

4 测试结束后，应至少保持 20min 稳定在规定值以下为合格；

5 氧分测试完毕后，应提交测试报告，格式可采用附录 B.5。

13.4 气体探测与监控系统验收

13.4.1 特种气体探测器安装完成后，应按设计文件检查气体探测器的类型、报警设定值（应小于有毒气体的最高浓度）和标定时间、安装位置、数量、排放管道位置、电源信号接线、出厂质量文件等，并应对探测器的输出信号进行模拟测试。

13.4.2 气体探测、监控系统安装后，应检查内存和硬盘容量、CPU、控制箱面板、输入输出设备位置和数量、电缆规格、电源、接地等实施，并与设计文件是否一致。根据控制逻辑，对各报警和切断信号进行模拟测试，保证声光报警和联动控制正确动作。

测试软件系统图形与实际系统应一致，操作系统、登录安全级别、远程登录、历史数据存储位置、短信通知、通信协议、反应速度等符合设计要求。

附录 A 特种气体管道氦检漏方法

A.0.1 特种气体管道氦检漏的顺序宜采用内向检漏法、阀座检漏法、外向检漏法。

A.0.2 内向检漏法（喷氦法）采用管道内部抽真空，外部喷氦气的方法检漏，测试管路系统的泄漏率。

A.0.3 阀座检漏法采用阀门上游充氦气，下游抽真空的方法检漏，测试管路系统的泄漏率。

A.0.4 外向检漏法（吸枪法）应采用管路内部充氦气或氦氮混合气，外部应采用吸枪检查漏点的方法检漏，测试管路系统的泄漏率。

A.0.5 氦检漏仪表应采用质谱型氦检测仪，其检测精度不得低于 1×10^{-10} mbar·l/s。

A.0.6 特种气体系统氦检漏的泄漏率应符合下列规定：

1 内向测漏法测定的泄漏率不得大于 1×10^{-9} mbar·l/s；

2 阀座测漏法测定的泄漏率不得大于 1×10^{-6} mbar·l/s；

3 外向测漏法测定的泄漏率不得大于 1×10^{-6} mbar·l/s。

A.0.7 氦检漏发现的泄漏点经修补后，应重新经过气密性试验，合格后再按规定进行氦检漏。

A.0.8 所有可能泄漏点应用塑料袋进行隔离。

A.0.9 系统测试完毕，应充入高纯氮气或氩气，并进行吹扫。

A.0.10 测试完毕后，应提交测试报告，见附录 B.0.2。

附录 B 特种气体系统验收测试记录表

B.0.1 压力测试记录见表 B.0.1。

表 B.0.1 压力测试记录表

项目信息： 项目名称：________ 项目编号：________ 测试信息：				
项目		结果		
测试范围	描述	例：SiH_4工艺管线		
	从/客户内部设备编号	例：SiH_4气瓶柜/GC001		
	至/客户内部设备编号	例：SiH_4 VMB/VMB001		
	测试介质	□N_2　□Ar　□He/N_2		
测试结果	测试标准	□低压测试： □高压测试： □其他		
	起始压力	___psig/bar（g）	月　日　时　分	
	结束压力	___psig/bar（g）	月　日　时　分	
	下降比率	___%	起始温度：T_1___℃	结束温度：T_2___℃
确认	操作人		年　月　日	
	项目经理		年　月　日	
	客户		年　月　日	

B.0.2 氦检漏测试记录见表B.0.2。

表B.0.2 氦检漏测试记录表

项目信息：

项目名称：________

项目编号：________

测试信息：

项目		结果
测试范围	描述	
	从/客户内部设备编号	
	至/客户内部设备编号	
	测试点	
测试设备	氦测漏仪型号	型号
		序列号
测试结果	测试方式	□In－Board Leaking Rate 内向检漏法
		□Out－Board Leaking Rate 外向检漏法
		□Cross－Seat Leaking Rate 阀座检漏法
	测试标准	□≤1×10^{-9} mbar·l/s □≤2×10^{-9} mbar·l/s
		□≤5×10^{-6} mbar·l/s □其他≤____mbar·l/s
	测试结果	____ mbar·l/s
确认	操作人	年 月 日
	项目经理	年 月 日
	客户	年 月 日

B.0.3 颗粒测试记录见表B.0.3。

表B.0.3 颗粒测试记录表

项目信息：

项目名称：________

项目编号：________

请把检测设备打印出的测试结果原稿贴在此处

测试信息

项目		结果	
测试范围	描述		
	从/客户内部设备编号		
	至/客户内部设备编号		
	测试点		
测试设备	测试仪型号	型号	
		序列号	
	测试气体	□N_2	□其他
	气体流量	□0.1scfm	□其他___ scfm
	压力	入口： mbar	出口： mbar
测试结果	测试标准(增量)	□≤ 1 pcs@0.1μm/scf	□其他≤___ pcs@___μm/scf
	样品号	(1)___(2)___(3)___(4)___(5)___ pcs/scf	
确认	操作人	年 月 日	
	项目经理	年 月 日	
	客户	年 月 日	

B.0.4 水分测试记录见表 B.0.4。

表 B.0.4 水分测试记录表

项目信息： 项目名称：______ 项目编号：______ 测试信息：			
项 目		结 果	
测试范围	描述		
	从/客户内部设备编号		
	至/客户内部设备编号		
	测试点		
测试设备	测试仪型号	型号	
		序列号	
	测试气体	□N_2	□其他
	入口压力	□___ mbar	□其他___ mbar
	气体流量	□___ scfm	□其他___ scfm
	测试标准（增量）	□≤___ ppb	□其他 ≤___ ppb
测试结果	入口水含量	___ ppb	
	出口水含量	___ ppb	
	水含量增量	___ ppb	
确认	操作人		年 月 日
	项目经理		年 月 日
	客户		年 月 日

B.0.5 氧分测试记录见表 B.0.5。

B.0.5 氧分测试记录表

项目信息： 项目名称：______ 项目编号：______ 测试信息：			
项 目		结 果	
测试范围	描述		
	从/客户内部设备编号		
	至/客户内部设备编号		
	测试点		
测试设备	测试仪型号	型号	
		序列号	
	测试气体	□N_2	□其他
	气体流量	□___ scfm	□其他___ scfm
	测试标准(增量)	□≤10 ppb	□其他≤___ ppb
测试结果	入口氧含量	___ ppb	
	出口氧含量	___ ppb	
	氧含量增量	___ ppb	
确认	操作人		年 月 日
	项目经理		年 月 日
	客户		年 月 日

本规范用词说明

1 为便于在执行本规范条文时区别对待，对要求严格程度不同的用词说明如下：

1）表示很严格，非这样做不可的：
正面词采用“必须”，反面词采用“严禁”；

2）表示严格，在正常情况下均应这样做的：
正面词采用“应”，反面词采用“不应”或“不得”；

3）表示允许稍有选择，在条件许可时首先应这样做的：
正面词采用“宜”，反面词采用“不宜”；

4）表示有选择，在一定条件下可以这样做的，采用“可”。

2 条文中指明应按其他有关标准执行的写法为：“应符合……的规定”或“应按……执行”。

引用标准名录

《建筑设计防火规范》GB 50016
《建筑物防雷设计规范》GB 50057
《爆炸和火灾危险环境电力装置设计规范》GB 50058
《自动喷水灭火系统设计规范》GB 50084
《建筑灭火器配置设计规范》GB 50140
《工业金属管道工程施工质量验收规范》GB 50184
《建筑内部装修设计防火规范》GB 50222
《机械设备安装工程施工及验收通用规范》GB 50231
《工业金属管道工程施工规范》GB 50235
《现场设备、工业管道焊接工程施工及验收规范》GB 50236
《工业金属管道设计规范》GB 50316
《流体输送用不锈钢无缝钢管》GB/T 14976
《工艺系统工程设计技术规定》HG/T 20570.7

中华人民共和国国家标准

特种气体系统工程技术规范

GB 50646—2011

条 文 说 明

制定说明

《特种气体系统工程技术规范》GB 50646—2011经住房和城乡建设部2011年7月26日以第1076号公告批准发布。

本规范制定过程中，编制组对已经实施的电子工程进行了调查研究，总结了我国电子工程建设领域特种气体系统工程设计、施工、运行的实践经验，同时参考了国外先进技术规范和标准，包括《洁净室防护标准》NFPA 318—2000、《便携式和固定式容器装、瓶装及罐装压缩气体及低温流体的储存、使用、输送标准》NFPA 55—2005、《硅烷和硅烷混合物的储存和操作》ANSI/CGA G—13—2006、《美国联邦消防规范》UFC 1997、《半导体装置设备的环境、健康和安全指南》SEMI S2—0303。

规范编制组在各阶段开展的主要编制工作如下：

准备阶段：规范编制组于2006年11月在成都举行了第一次工作会议，会上完善了规范的开题报告，重点分析了规范的主要内容和框架结构、研究的重点问题和方法，审定了编制大纲，安排了工作进度和分工适宜。

征求意见阶段：编制组根据审定的编制大纲，由专人起草所负责章节的内容。各编制人员在前期收集资料的基础上分析了国内外相关法规、标准、规范和电子工业特种气体的使用及安全措施，然后起草规范讨论稿，并经过汇总、调整形成了规范初稿。规范编制组于2009年3月在成都召开了第二次编制组工作会议，会上就规范初稿进行了逐条逐句的讨论斟酌，形成了征求意见稿的基础。会后由主编完成了征求意见稿，并由信息产业部电子工程标准定额站组织向全国各有关单位发出“关于征求《特种气体系统工程技术规范》的意见函”，在截止时间，共收到修改意见198条，经过认真推敲，采纳了160条，于2009年8月完成了规范的送审稿编制。

送审阶段：2009年8月，由信息产业部电子工程标准定额站在上海组织召开了《特种气体系统工程技术规范》（送审稿）专家审查会，通过了审查。审查专家组认为，本规范认真贯彻了国家有关方针政策，较好地处理了与我国现行相关规范的关系，本规范的实施将对我国电子工业项目特种气体系统工程的设计与施工水平的提高发挥作用。

报批阶段：根据审查会专家意见，编制组认真进行了修改、完善，形成了报批稿。

为便于广大设计、施工、科研、学校等单位有关人员在使用本规范时能正确理解和执行条文规定，《特种气体系统工程技术规范》编制组按章、节、条顺序编制了本规范的条文说明，对条文规定的目的、依据以及执行中需要注意的有关事项进行了说明。但是，本条文说明不具备与规范正文同等的法律效力，仅供使用者作为理解和把握规范规定的参考。

目　次

1　总则 ………………………… 1—30—28
2　术语 ………………………… 1—30—28
3　特种气体站房 ……………… 1—30—28
3.1　一般规定 ……………………… 1—30—28
3.2　特种气体站房分类 …………… 1—30—29
3.3　特种气体设备的布置 ………… 1—30—29
4　特种气体工艺系统 ………… 1—30—31
4.1　一般规定 ……………………… 1—30—31
4.2　特种气体输送系统 …………… 1—30—31
4.3　吹扫和排气系统 ……………… 1—30—32
5　硅烷站 ……………………… 1—30—32
5.1　硅烷站工艺系统 ……………… 1—30—32
5.2　硅烷站的布置 ………………… 1—30—34
5.3　安全技术措施 ………………… 1—30—34
5.4　采暖通风与空气调节 ………… 1—30—34
5.5　消防系统 ……………………… 1—30—35
6　特种气体管道输送系统 …… 1—30—36
6.1　一般规定 ……………………… 1—30—36
6.2　材料选型 ……………………… 1—30—36
6.3　管道设计 ……………………… 1—30—36
6.4　管道标识 ……………………… 1—30—38
7　建筑结构 …………………… 1—30—38
8　电气与防雷 ………………… 1—30—38
8.1　配电与照明 …………………… 1—30—38
8.2　防雷与接地 …………………… 1—30—38
9　生命安全系统 ……………… 1—30—39
9.1　特种气体管理系统 …………… 1—30—39
9.2　特种气体探测系统 …………… 1—30—39
9.3　安全设施 ……………………… 1—30—39
9.4　特种气体报警的联动控制 …… 1—30—40
10　给水排水及消防 …………… 1—30—40
10.1　给水排水 ……………………… 1—30—40
10.2　消防 …………………………… 1—30—40
11　采暖通风与空气调节 ……… 1—30—40
11.1　采暖通风 ……………………… 1—30—40
11.2　空气调节 ……………………… 1—30—41
12　特种气体系统工程施工 …… 1—30—41
12.1　一般规定 ……………………… 1—30—41
12.2　主要设备、材料进场验收 …… 1—30—42
12.3　气瓶柜与气瓶架的安装 ……… 1—30—42
12.4　阀门箱与阀门盘的安装 ……… 1—30—42
12.5　特种气体管道安装 …………… 1—30—42
12.6　特种气体管道改、扩建
工程施工 ……………………… 1—30—44
12.7　特种气体系统的检验 ………… 1—30—45
12.8　尾气处理装置的安装 ………… 1—30—45
12.9　生命安全设施安装 …………… 1—30—45
13　特种气体系统验收 ………… 1—30—45
13.1　一般规定 ……………………… 1—30—45
13.2　设备验收 ……………………… 1—30—45
13.3　管路与系统验收 ……………… 1—30—47
13.4　气体探测与监控系统验收 …… 1—30—48

1 总 则

1.0.1 本条是本规范的宗旨，鉴于电子工厂大部分的特种气体具有易燃、易爆、毒性、腐蚀性、氧化性的特点，同时许多特种气体都具有窒息性，密闭性好的电子工厂厂房内窒息性气体对人员的危害性不可忽视，所以，电子工厂中特种气体站房的设计、建造对于确保财产安全、生命安全都十分重要。随着国内电子工厂特别是半导体器件、集成电路、光电器件类电子工厂，如大规模和超大规模集成电路工厂、TFT平板显示器工厂、PDP平板显示器工厂、太阳能电池工厂、电子材料工厂等的日益增多，特种气体系统的应用越来越广，因此特种气体站房的设计与施工必须采取相应的防火、防爆的安全措施，贯彻实施国家各种法律法规。

1.0.2 本规范适用范围是从外购特种气体与其附属设备在工厂内的站房开始到工艺设备的工程设计与施工，不含特种气体的生产系统。特种气体系统是电子类工厂的关键工艺系统，在安全、可靠的前提下，系统的设计必须具有先进性和经济性。

1.0.3 鉴于特种气体具有易燃易爆、毒性大、腐蚀性强的特点，结合国家倡导的绿色环保、以人为本理念，特种气体系统的设计和施工应符合国家相关政策要求。与本规范有关的现行国家标准、规范主要有：《建筑设计防火规范》GB 50016、《爆炸和火灾危险环境电力装置设计规范》GB 50058、《氢气站设计规范》GB 50177、《工业金属管道设计规范》GB 50316、《自动喷水灭火系统设计规范》GB 50084 和《工业企业设计卫生标准》GBZ 1 等。

2 术 语

本章所列术语、定义是根据本规范的范围和特种气体的特性以及储存、输送的实际需要进行制定，在制定相关术语时还参照美国消防协会的标准《可携带和固定式容器装、气瓶、储罐内的压缩性气体和低温流体的储存、使用、操作标准》（Standard for the storage，Use and Handling of Compressed Gases and Cryogenic Fluids in Portable and Stationary Containers，Cylinders，and Tanks）NFPA 55（2005 版）；亚洲工业气体协会（AIGA）的标准《硅烷和硅烷混合物的储存和输送》（Storage and Handling of Siline and Siline Mixture）AIGA 052/08（2008 版）中的有关规定，如本章第 2.0.11 条“ISO 标准集装瓶组”是参考 AIGA 052/08 中的第 3.4.3 条“ISO 模块”制定的，该条的内容摘录如下：“管状气罐组合在一起，永久性地固定在一个符合 ISO 标准的框架上。各个管状气罐的内部特征水容量为 43 立方英尺（1218L）或水容量为 2686 lb（1218kg）。ISO 模块的框架及其角件都经过特殊设计，其尺寸适合于集装箱船、高速公路集装箱半挂车和铁路运集装箱的多模运输。”

3 特种气体站房

3.1 一 般 规 定

3.1.1 在电子工厂设计中，当供应和储存特种气体量较少时，为减少气体管道长度、保证气体质量，特种气体站房一般布置在生产厂房内一层的特种气体间。当供应和储存特种气体量较多时，为了安全需要，本节第 3.1.4 条规定应将特种气体站房布置在单独的建（构）筑物内或空旷区域内，利用室外管道输送特种气体至用气厂房，并应保证质量。

3.1.2 布置在生产厂房内的特种气体间，用量相对较小。根据目前我国及欧美、日本等世界发达国家的特种气体供应情况，自燃性、易燃性、毒性、腐蚀性气体多采用气瓶柜供应，氧化性、惰性气体多采用气瓶架以及卧式气瓶、气体集装格等多种形式供应。

3.1.3 布置在单独建（构）筑物或区域内的特种气体站，根据目前我国及欧美、日本等世界发达国家的特种气体实际供应情况。通常采用气体集装格、ISO标准集装瓶组、长管拖车等供应方式。

3.1.4 本条为强制性条文，必须严格执行。本条编制主要是依据美国消防标准《可携带和固定式容器、气瓶、储罐内的压缩性气体和低温流体的储存、使用、操作标准》NFPA 55 的第 6.3 条（用房保护级别）和第 6.5 条（独立式建筑）的相关内容整合而成，其内容摘录如表 1、表 2 所示。

表 1 每个控制区气体的最大允许量
（需特殊考虑的气体数量限值）

原 料	未设消防喷洒区		设有消防喷洒区	
	无气瓶柜、气体间或排气罩	有气瓶柜、气体间或排气罩	无气瓶柜、气体间或排气罩	有气瓶柜、气体间或排气罩
腐蚀性气体				
液化气体	68kg(150 lb)	136kg(300 lb)	136kg(300 lb)	272kg(600 lb)
非液化气体	$23m^3$ ($810ft^3$)	$46m^3$ ($1620ft^3$)	$46m^3$ ($1620ft^3$)	$92m^3$ ($3240ft^3$)
低温流体				
易燃	0L(0 加仑)	170L(45 加仑)	170L(45 加仑)	170L(45 加仑)
氧化	170L(45 加仑)	340L(90 加仑)	340L(90 加仑)	681L(180 加仑)
易燃气体				
液化气体	114L(30 加仑)	227L(60 加仑)	227L(60 加仑)	454L(120 加仑)
非液化气体	$28m^3$ ($1000ft^3$)	$28m^3$ ($2000ft^3$)	$28m^3$ ($2000ft^3$)	$56m^3$ ($4000ft^3$)

续表 1

原料	未设消防喷洒区		设有消防喷洒区	
	无气瓶柜、气体间或排气罩	有气瓶柜、气体间或排气罩	无气瓶柜、气体间或排气罩	有气瓶柜、气体间或排气罩
剧毒气体 液化气体 非液化气体	 0kg(0 lb) $0m^3$ ($0ft^3$)	 2.3kg(5 lb) $0.6m^3$ ($20ft^3$)	 0kg(0 lb) $0m^3$ ($0ft^3$)	 4.5kg(10 lb) $1.1m^3$ ($40ft^3$)
非易燃气体 液化气体 非液化气体	 无限制 无限制	 无限制 无限制	 无限制 无限制	 无限制 无限制
氧化气体 液化气体 非液化气体	 57L(15 加仑) $43m^3$ ($1500ft^3$)	 114L(30 加仑) $85m^3$ ($3000ft^3$)	 114L(30 加仑) $85m^3$ ($3000ft^3$)	 227L(60 加仑) $170m^3$ ($6000ft^3$)
自燃性气体 液化气体 非液化气体	 0kg(0 lb) $0m^3$ ($0ft^3$)	 0kg(0 lb) $0m^3$ ($0ft^3$)	 1.8kg(4 lb) $1.4m^3$ ($50ft^3$)	 3.6kg(8 lb) $2.8m^3$ ($100ft^3$)
有毒气体 液化气体 非液化气体	 68kg(150 lb) $23m^3$ ($810ft^3$)	 136kg(300 lb) $46m^3$ ($1620ft^3$)	 136kg(300 lb) $46m^3$ ($1620ft^3$)	 272kg(600 lb) $92m^3$ ($3240ft^3$)

表 2　独立式建筑（需要独立式建筑，其中的材料量超出了显示的数量）

气体危险	级别	材料数量	
		m^3	ft^3
不稳定反应性气体（易爆气体）	4 或 3	需特殊考虑气体的数量限值	
不稳定反应性气体（非易爆气体）	3	57	2000
不稳定反应性气体（非易爆气体）	2	283	10000
自燃性气体	NA	57	2000

3.1.5　生产厂房内的特种气体间集中布置在一层靠外墙的区域主要理由有：一是特种气体的气瓶架、气瓶柜、卧式气瓶的实瓶运进和空瓶运出方便性；二是按照现行国家标准《建筑设计防火规范》GB 50016的有关规定，特种气体间在建筑设计上应设置防爆措施，特种气体间的外墙可以设计为泄爆面；三是集中布置便于进行安全管理；四是集中布置有利于特种气体间的空调、排放、排气、GMS、GDS 系统的合理设计。

3.1.6　低蒸气压力特种气体供应设施尽可能靠近工艺设备是考虑这些气体的蒸气压力较低，从气瓶柜到工艺设备的输送距离应尽可能短。

3.2　特种气体站房分类

3.2.1　根据特种气体的物理化学及安全特性，可分为自燃性、可燃性、毒性、腐蚀性、氧化性及惰性气体，几乎所有的特种气体都具有两种以上的物理化学性质，工程上按其主要危险性质进行划分，制定相关的防护措施和规定。

3.2.2　参照现行国家标准《建筑设计防火规范》GB 50016 中表 3.1.1 的规定和特种气体特性作出此条规定。

3.2.3　对国内电子工厂已装设的特种气体系统的调查得知，中国大陆电子工厂不论是国外独资企业、中外合资企业还是国有企业，布置在生产厂房内的特种气体间基本上分为可燃性气体间、毒性气体间/腐蚀性气体间、氧化性/惰性气体间、三氟化氯气体间，主要是依据物理化学特性来确定的。

3.2.4　依据本规范第 3.1.4 条的规定，当特种气体的储量大于在生产厂房内的最大允许储量时，应设置独立的特种气体站，目前在电子工厂中这些独立设置的特种气体站的建筑基本上与独立设置的硅烷站相近似，为此作了本条规定。

3.3　特种气体设备的布置

3.3.1　特种气体的相容特性见表 3。为防止两种气体相遇发生化学反应带来安全危害，本条规定两种气体相遇会发生反应的不相容特种气体不要放在同一个房间，如果设计有困难，特种气体气瓶架的距离在 6m 以上才能放在同一房间。本条规定主要是参考美国消防协会标准《可携带和固定式容器、气瓶、储罐内的压缩性气体和低温流体的储存、使用、操作标准》NFPA 55 的第 7.1.6.2 款的内容制定的。第 7.1.6.2 款的主要内容是对不相容特种气体容器、气瓶、储罐布置距离的要求，将第 7.1.6.2.1 项内容摘要如下：如果采用耐火极限在 0.5h 以上，高度在 1.5m 以上的不燃烧材料制成隔离墙时，气瓶之间的距离可以不加限制的减少。第 7.1.6.2.2 款内容摘要如下：如果一个气瓶柜内封闭了一种气体，应允许 6.1m 的间距减少到 1.5m，如果数个气瓶柜内对两种气体都进行了封闭，应允许该间距无限制地减少。

表 3　常见特种气体相容性表

FORMULA	氨气	砷化氢	三氯化硼	三氯化硼11	二氧化碳	一氧化碳	氯气	三氟化氯	二氯硅烷	六氟乙烷	氯甲烷	氟	氢气	溴化氢	氯化氢	甲烷	甲基硅烷	二氧化氮	三氟化氮	一氧化氮	氧气	磷烷	硅烷	四氯化硅	二氧化硫	六氟化钨
NH_3		M	H	H	M	L	H	H	H	L	L	H	L	H	H	L	M	M	M	M	M	M	M	H	H	H
AsH_3	M		H	M	L	L	H	H	M	L	L	H	L	M	M	L	L	M	M	M	M	L	L	H	M	H
CO_2	M							M				M														
CO	L	L	L	L	L		M	M	L	L	L	M	L	L	L	L	M	M	M	M	M	L	M	L	L	L
Cl_2	H	H	L	L	L	M		M	M	L	H	M	H	L	L	M	H	M	L	M	L	H	H	L	H	L
SiH_2Cl_2	H	M	L	M	L	L	M	M		L	L	M	L	L	L	M	L	H	L	M	H	M	L	L	H	M
Si_2H_6	M	L	H	H	L	M	H	H	L	L	L	H	L	M	M	L	L	H	H	H	H	L	L	H	H	H
CH_2F_2	L	L	L	L	L	L	H	H	L	L	L	H	L	L	L	L	L	M	M	M	M	L	L	M	M	M
CH_3F	L	L	L	L	L	L	H	H	L	L		H	L	L	L	L	L	M	M	M	M	L	L	M	M	M
F_2	H	H	H	H	M	M	M	L	M	L	H		H	M	M	H	H	H	M	M	L	H	H	H	H	L
H_2	L	L	L	L	L	L	H	H	L	L	L	H		L	L	L	L	M	M	M	M	L	L	M	M	M
HBr	H	M	L	L	L	L	L	M	L	L	L	M	L		L	L	M	L	L	L	L	H	M	L	L	L
HCl	H	M	L	L	L	L	L	M	L	L	L	M	L	L		L	M	M	L	M	L	H	M	L	M	L
CH_4	L	L	H	H	L	L	M	H	M	L	L	H	L	L	L		L	M	M	M	M	L	L	M	L	M
NO_2	M	M	H	M	L	M	M	H	H	L	M	H	M	L	M	M	H		L	L	M	H	H	M	M	H
NF_3	M	M	L	L	L	M	L	M	L	M	M	M	M	L	L	M	H	L		M	L	H	H	L	L	L
NO	M	M	M	M	L	M	M	M	M	L	M	M	M	L	M	M	H	L	M		L	H	H	L	L	L
O_2	M	M	M	L	L	M	L	L	H	L	M	L	M	L	L	M	H	M	L	L		H	H	L	L	L
PH_3	M	L	H	M	L	L	H	H	M	L	L	H	L	H	H	L	L	H	H	H	H		L	H	M	H
PF_5	H	H	H	L	L	L	L	L	H	L	M	L	M	L	L	M	H	M	L	M	L	H	H	M	M	L
SiH_4	M	L	H	H	L	M	H	H	L	L	L	H	L	M	M	L	L	H	H	H	H	L		H	H	H
$SiCl_4$	H	H	L	L	L	L	L	H	L	L	M	H	M	L	L	M	H	M	L	L	L	H	H		H	M
SiF_4	H	M	L	L	L	L	M	H	M	L	L	H	L	L	L	L	L	L	L	L	L	M	L	L	L	L
SF_6																										
$C_2H_2F_4$																										
WF_6	H	H	M	L	L	L	L	L	M	L	M	L	M	L	L	M	H	H	L	L	L	H	H	M	H	

注：1　H代表两种特种气体会发生强烈反应。

2　M代表两种特种气体会发生正常反应。

3　L代表两种特种气体一般不会发生反应。

4　黑框代表纵向与横向是同一物质。

5　白框代表两种物质不发生化学反应。

3.3.2　本条是按照现行国家标准《建筑设计防火规范》GB 50016作出的规定，气体的可燃性是防火设计的主要指标，毒性气体系统的设计主要是考虑职业卫生的要求。

3.3.3　气瓶柜、气瓶架、尾气处理装置、气瓶集装格靠墙布置是为了便于气瓶的运送和系统的操作。

3.3.4、**3.3.5**　由于特种气体间的气瓶柜、气瓶架等设备的外形尺寸较为统一，为了安装、维护、管理的方便，宜靠墙布置，且宜将气体性质相同或相近的设备布置在一起；同时为了安装、检修方便和作业人员巡视检查等的需要，规定了特种气体间的通道宽度。特种气体站内长管拖车、ISO标准集装瓶组等大型设备因为占地较大，规定宜放置在特种气体站的室外空旷地坪等场所。

3.3.6 本条主要基于特种气体的自燃性、可燃性、毒性、腐蚀性、氧化性、窒息性的特点，从工作人员的生命安全、操作方便、电气设备特性考虑，放置电气控制盘、仪表控制盘的控制室应该比邻特种气体间布置，并且用防火墙隔开。本条是强制性条文，必须严格执行。

4 特种气体工艺系统

4.1 一 般 规 定

4.1.1、4.1.2 特种气体输送系统是电子工厂中危险性最大的设施或场所，一旦特种气体系统发生泄漏都可能造成人员、厂房、设备的严重损失。如特种气体中的硅烷为自燃性，一旦泄漏就会与空气中的氧气发生剧烈反应，开始燃烧。砷烷为剧毒性，微量泄漏就可能造成人员的生命危险。所以对于系统设计的安全性要求十分严格。特种气体输送系统应保证生产工艺设备对流量、压力、温度等的工艺参数要求。为了精确控制流量、压力、温度等参数，在气源一端应配置高精度的流量计、压力变送器、电子秤、温控器等。对于大宗特种气体系统，不但要考虑管路压降和液化钢瓶蒸发吸热对流量的影响，还要考虑特种气体经过调压阀减压后的焦耳—汤普逊效应。一般而言，气体减压后，温度会降低，甚至液化，这会造成输送压力的不稳定以及管路系统的损坏，因此需要考虑在减压前对气体进行预热。

在管路及其附件的材质选择、管路吹扫、测试检验等每一个环节应采取措施，使特种气体工艺的设计满足电子工厂生产工艺的要求。例如，在更换钢瓶后，可能有一段管路被外界气体污染，所以要求管路设计应满足对此段管路以氮气进行反复冲吹，使其符合供应质量的要求，为此，特种气体工艺系统应将钢瓶置于气瓶柜内或气瓶架上，并在需要特种气体的生产工艺设备临近处设置阀门箱、阀门盘，辅助氮气吹扫系统、尾气处理装置，以保证特种气体系统的安全和工艺对特种气体质量的要求。

4.1.3 为防止不相容特种气体相遇发生反应带来安全危害，故本条规定不相容的特种气体的排气体管道不得接入同一排气系统。

4.1.4 工程实践表明，特种气体系统的排风管道将不可避免地带入浓度不同的特种气体，为防止不相容特种气体相遇发生反应带来安全危害，本条规定不相容的特种气体的排风管道不得接入同一排风系统。

4.2 特种气体输送系统

4.2.1 气瓶柜、气瓶架是特种气体气瓶存放和进行气体配送的装置，制定本条的依据是：

1 本款定义了工程上常用的几种气瓶柜、气瓶架的配置型式。

2 本款为强制性条款，必须严格执行。本款规定不相容气体瓶严禁放置于同一气瓶柜或气瓶架中，目的是为了防止不相容气体在非正常状态下相遇发生反应，酿成重大事故。

3 本款规定是因为作业面板是气瓶柜、气瓶架的控制操作平台，通过作业面板完成供气、切断、事故紧急切断、与气体探测系统和气体管理系统的连通等一系列操作。

4 本款规定是因为特种气体系统管路的设计必须考虑特种气体系统的固有性质，如液态特种气体的加温、很多特种气体进过调节阀后因为焦耳—汤普逊效应带来温度降低甚至液化的加温、特种气体管路吹扫及尾气抽真空等都是热力学和流体力学考虑的问题。

5 本款规定气瓶柜闭门时应保持不低于100Pa负压，其排风换气次数不得低于300次/h，目的是保持气瓶柜在负压下运行，保障员工的生命安全。

6 本款为强制性条款，必须严格执行。本款规定自燃性、可燃性、毒性、腐蚀性气瓶柜应在排风出口设置气体泄漏探测器，目的是探测器在这些特种气体泄漏开始时就探测到有害气体的泄漏状况，以采取措施预防事故发生。

8 本款规定瓶柜门应具备自动关闭功能，并配备防爆玻璃观察窗，目的是防止在人员误操作的情况下导致气体外泄到工作环境中，酿成重大事故。地脚螺栓的设计满足当地地震烈度的要求也是从安全的角度作出的规定。

10 本款规定当气瓶柜放置在有爆炸和火灾危险环境时，其设计应符合现行国家标准《爆炸和火灾危险环境电力装置设计规范》GB 50058的规定，因为气瓶柜工作的环境基本都是爆炸和火灾危险环境，其电气装置必须考虑火灾与防爆设计。

4.2.2 气体面板是特种气体气瓶柜与气瓶架的操作控制装置，本条是从使用和安全的角度规定了气体面板必须配置的装置、附件的基本功能，自燃性、可燃性、毒性、腐蚀性气体系统一旦发生事故，仪表控制气源自动切断，应急关断阀门自动关闭。

4.2.3 可燃性特种气体包括自燃性、可燃性气体，此类气瓶柜的设置应依据该类特种气体的自燃性、可燃性特性，规定了气瓶柜内设置的相关规定，如排风次数，紫外、红外火焰探测器设置，水喷淋系统以及自燃性气瓶之间设置隔离钢板等安全措施，以确保安全可靠运行。

4.2.4 大宗特种气体系统在超大规模集成电路厂（气体种类包括 SiH_4、N_2O、CO_2、C_2F_6、NH_3、ASH_3、PH_3等）；100MW以上的太阳能光伏电池生产线（气体种类包括 NH_3），发光二极管的磊晶工序线（气体种类包括 NH_3等），5代以上液晶显示器工厂（气体种类包括 SiH_4、NH_3、NF_3 等），光纤（气体种类包括 SiC_{14}、POC_{13}），硅材料外延生产线（气体种类包括 SiC_{14}、HCl）等行业。它们的投资规模巨大，采用最先进的工艺生产设备，用气需求较大，对稳定和不间断供应、纯度控制和安全生产提出严格的要求。

本条从大宗特种气体系统的工艺流程、安全特性提出了大宗特种气体系统设备及管路配置要求。系统的气体供应能力由气源瓶的供气压力变化与气体流程管道及零部件造成的压力损失决定，供应能力必须经过相应的热力学和流体力学计算核实。液化气体瓶的大宗特种气体系统设计合适的钢瓶加热与保温装置是由于气体经过调压阀减压后的焦耳—汤普逊效应，气体减压后，温度会降低，甚至液化，从而使输送压力的不稳定以及造成管路系统的损坏，因此需要考虑在减压前对气体进行预热和保温。

4.2.5 液态特种气体系统不包括酸、碱、溶剂等大宗化学品。由于液态特种气体的物理化学性质要求和确保输送过程的安全、稳定，液态特种气体应利用驱动气体的压力，将液态特种气体从大包装槽罐输送至液体输送柜里的小包装液罐，或者将小包装液罐里的液体直接驱动输送至液态特种液体用气点，在用气点设备处利用设置的鼓泡器或蒸发器，将液态特种气体鼓泡或直接蒸发，以气态形式输送至用气工艺设备。典型液态特种气体输送系统流程图如图 1 所示。液态特种气体的驱动气体应采用无污染的惰性气体。

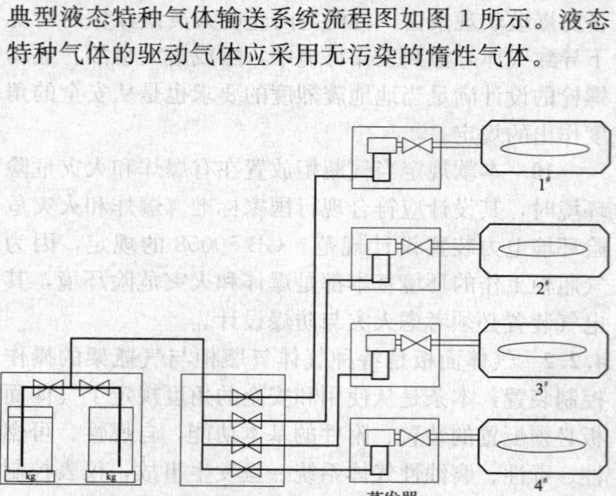

图1 液态特种气体输送系统

4.2.6 阀门箱的设置与气瓶柜相似，包括封闭的防护箱体、强制排气、气体泄漏探测器、紧急自动关断阀、紧急手动关断阀、吹扫管路等，一般用手动阀进行供气控制调节，气动阀作为紧急关断之用。通常阀门箱内不设置火焰探测器和水喷淋设施。一般阀门箱施工检测验收后，管路不再移动且不常操作或进行管路的拆装，危险性较气瓶柜低。由于目前的特种气体管路零组件与施工质量都严格进行控制，所以发生泄漏的几率较小，一旦紧急状况如泄漏、地震发生时，可利用气动阀进行自动关断，将气源做分段的隔离。用气工艺设备维修时，也可作为特种气体管路的阻隔措施，为人员的安全提供进一步的保护。

4.2.7 惰性及氧化性气体用的阀门盘为开放式结构，特种气体的质量及特种气体系统的安全保证主要是通过管路的设置来实现。

4.3 吹扫和排气系统

4.3.1 本条为强制性条文，必须严格执行。为防止自燃性、可燃性、毒性、腐蚀性特种气体系统的吹扫氮气被本质特种气体污染，引发着火、中毒或破坏设备等事故，并应在吹扫氮气管线设置止回阀。

4.3.2 从特种气体质量及系统安全的方面规定了吹扫氮气的气体面板的设置要求。

4.3.3 由于电子工厂常有氮气供应，且氮气价格低廉、性能稳定，所以特种气体系统的真空发生器一般采用氮气引射抽真空；由于抽真空过程不会污染公用氮气系统，所以抽真空用氮气可由公用氮气供应。

4.3.4 自燃性、可燃性、毒性、腐蚀性特种气体系统在抽真空或吹扫过程中排出的超过规定浓度的特种气体和特种气体混合气对环境与人体将会造成着火、中毒和损害设备、管路等安全危害，因此这些特种气体及混合气应通过排气管道进入尾气处理装置进行处理，达到规定浓度后才能排入工厂排气系统。

4.3.5 尾气处理装置是特种气体系统的重要部分之一，它既涉及特种气体系统的储存、输送系统的安全运行，也涉及生产厂房、周围环境安全以及人员健康，而尾气处理装置的类型有多种，具体某种特种气体尾气处理装置的选型，应根据其物理化学性质，排气中特种气体的浓度等特性进行选择，几种尾气处理方法对特种气体的适应性大体是：干法吸附较适用于 ASH_3 等特种气体；湿法洗涤较适用于 NH_3、NO_X、HCl 等特种气体；热分解或燃烧式较适用于 CF_4、SF_6、SiH_4、PH_3 等特种气体。

为防止不相容性特种气体发生反应引发事故，不相容性特种气体应分别采用不同的尾气处理装置进行处理。从安全和环境保护的角度出发，尾气处理装置靠近特种气体设备布置是为了缩短管道长度，便于与特种气体设备一并考虑建筑、电气的设计。

5 硅烷站

5.1 硅烷站工艺系统

5.1.1 硅烷在半导体、太阳能光伏电池、平板显示器、发光二极管、光纤预制棒等电子工程制造领域广泛应用。硅烷的主要物理化学性质见表 4。

表 4　硅烷的主要物理化学性质

参　数	数　值
分子式	SiH_4
外观	无色气体
沸点	−112℃
熔点	−184℃
气体密度@1 atm20℃	1.35kg/m³
比重@1 atm21℃	1.2(空气＝1)
比容 @1 atm 21℃	0.75m³/kg
分子量	32.12
水溶性	可忽略
临界温度	−3.4℃
临界压力	4844kPa
临界密度	0.247g/cm³
燃烧热	44370kJ/kg
空气中燃烧范围	1.37%～96%
自燃性温度	−50℃
TLV −TWA	5ppm

硅烷在空气中的燃烧范围为 1.37%～96%。空气中硅烷浓度在 1.37%～4.5%时，遇外界火源时，会产生爆燃，速度可达 5m/s；当空气中硅烷浓度超过 4.5%，处于亚稳定状态，会发生延迟自燃性；浓度越高，延迟时间越短，这种延迟自燃性会导致爆燃甚至爆炸。

硅烷的首要危害是它的自燃性，毒性为次要危害。硅烷的半致死浓度（LC50）为 9600ppm（白鼠，4h 吸入），工作场所最高允许浓度为 5ppm。

5.1.2　硅烷属于自燃性气体，自燃温度为−50℃，燃烧热44370kJ/kg（1kg 硅烷相当于 10kgTNT 当量）。硅烷按化学当量与空气混合时（硅烷占 9.51%），局限空间（定容）环境下硅烷的爆燃产生的压力是 10.21atm，而爆炸情况下是 19.81atm。如此强大的压力冲击波，会对周围的人员和建筑物带来灾难性的损失。因此硅烷气体站房应首选开放式建筑物，但是考虑环境温度太低，会影响硅烷的汽化，因此本条规定：硅烷站应根据工艺要求、当地气候状况、硅烷设备状况选择采用封闭式、开敞式或露天形式进行布置。

5.1.3　硅烷输送系统是指从硅烷气瓶至生产工艺设备用气处的管路系统，为确保生产安全和避免硅烷气泄漏至房间作了本条规定。目前，电子工厂的硅烷系统均设有硅烷容器、气体面板、阀门分配箱以及相应的连接管道等。

5.1.4　从工程实际情况看，典型的硅烷气体面板主要包括减压过滤、吹扫、排气、安全控制等功能。典型的硅烷面板示意图见图 2。

5.1.5　本条为强制性条文，必须严格执行。在硅烷系统启用、维修前后，均需要用惰性气体吹扫（见图 3）。为防止硅烷本质气体对吹扫气体的污染，规定硅烷采用独立的惰性气体钢瓶进行吹扫，不得采用公用管道的惰性气体吹扫。

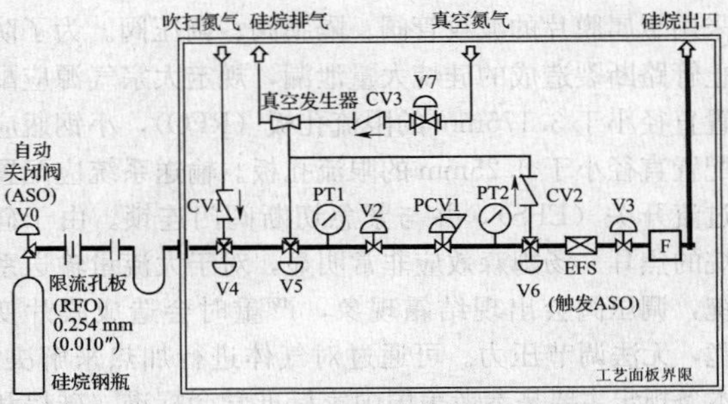

图 2　硅烷面板示意图

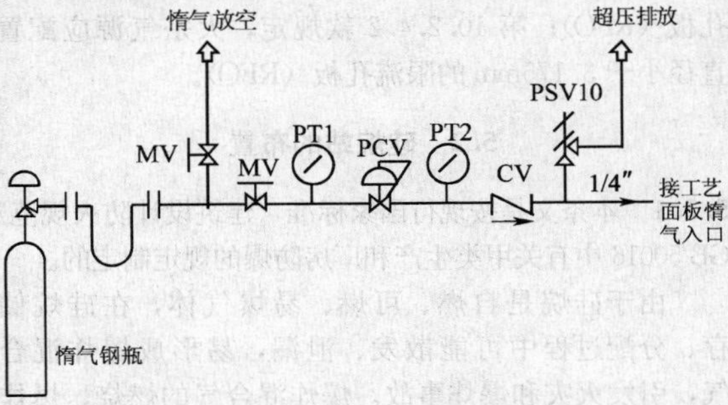

图 3　惰性气体吹扫示意图

5.1.6　鉴于硅烷的物理化学性质和安全运行的要求，硅烷阀门分配箱（VMB）用于把主管道分成多个支路进行供气。阀门分配箱支路在打开前后，均需要使用惰性气体进行吹扫。考虑硅烷的自燃性质，本条规定硅烷阀门分配箱应设置气体泄漏探测器和火焰探测器。

5.1.7　为防止硅烷气体在排风系统内引发火灾和爆炸或可能与排风系统中的相关物质发生化学反应引发火灾事故，为此规定硅烷的放空不得排入排风系统，应直接排到大气，若排气中硅烷浓度较高（如高于 0.34%时）宜采用燃烧式尾气处理装置处理后排入大气。为了稀释用惰性氮气对排防管道连续吹扫。放空管道吹扫氮气最低流速在 0.3m/s。本条规定主要是参考美国国家标准学会标准《硅烷和硅烷混合物的储存和操作》ANSI/CGA G—13—2006 的第 14.5.1 条的内容制定的。该条内容摘要如下：为防止大气中的氧气通过尾气处理装置的尾气管线进入硅烷系统，尾气系统必须连续吹扫，在尾气管线内的最少吹扫速度不得小于 1ft/s（0.3m/s）。

5.1.8　本条为强制性条文，必须严格执行。从安全操作的角度出发，规定钢瓶出口应设置常闭式紧急切断阀，且至少有一个紧急切断按钮距离气源不低于 4.6m，每个气站入口外应设置手动紧急切断按钮，本条规定主要是参考美国国家标准学会标准《硅烷和硅烷混合物的储存和操作》ANSI/CGA G—13—2006 的第 6.4.4 条：气瓶系统的布置的内容。

5.1.9　由于硅烷气体暴露在大气中会发生自燃，所以不能使用带垫片的阀门，本条规定硅烷输送系统应采用金属膜片的波纹管阀、隔膜阀、调压阀。为了防止管路断裂造成的硅烷大量泄漏，规定大宗气源应配置直径小于3.175mm的限流孔板（RFO），小钢瓶应配置直径小于0.25mm的限流孔板。输送系统应配置过流开关（EFS），并与紧急切断阀门连锁。由于硅烷的焦耳—汤姆森效应非常明显，对于大流量输送系统，调压阀会出现结霜现象，严重时会造成膜片变脆，无法调节压力。可通过对气体进行加热来解决。本条规定主要是参考美国国家标准学会标准《硅烷和硅烷混合物的储存和操作》ANSI/CGA G—13—2006的第10.2.4条：限流孔板的内容。该标准第10.2.4.1款规定，非大宗气源应配置直径小于0.25mm的限流孔板（RFO）；第10.2.4.2款规定，大宗气源应配置直径小于3.175mm的限流孔板（RFO）。

5.2 硅烷站的布置

5.2.1 本条文是按现行国家标准《建筑设计防火规范》GB 50016中有关甲类生产和厂房防爆的规定制定的。

由于硅烷是自燃、可燃、易爆气体，在硅烷储存、分配过程中可能散发、泄漏，易形成爆炸混合气，引发火灾和爆炸事故。爆炸混合气的燃烧、爆炸扩散速度快，发生事故时疏散和抢救比较困难，将会造成较大的伤亡和损失。据调查大部分的硅烷站均为单层建筑。为减少发生事故时的损失和伤亡，本条规定硅烷站应为单层建筑。从管理安全考虑，本条规定硅烷站应设置不燃烧体的围墙，但是考虑工厂的实际情况，该条未作强制要求。但本条第5款作为强制性条款，必须严格执行。即规定大宗硅烷站必须布置为独立的开敞式建筑物或空旷区域，并不得有地下室。当采用开敞式建筑结构形式时，硅烷站墙面遮挡部分面积不得大于建筑外围面积的25%。如果有障碍物，距离应保证大于障碍物高度的2倍。

本条规定主要是参考美国国家标准学会标准《硅烷和硅烷混合物的储存和操作》ANSI/CGA G—13—2006的第3.20.1条和第6.2.1.1款的内容制定的。这两个条款的内容摘录如下：第3.20.1条规定，硅烷站应设置在室外环境，该环境有两种情况：1.建筑的室外；2.或有顶棚遮盖，最多有一侧有外墙，其余侧没有外墙并与大气相通。第6.2.1.1款规定，系统应置于敞开式环境中，如果有障碍物，距离应大于障碍物高度的2倍。

5.2.2 本条为强制性条文，必须严格执行。硅烷站与其他建（构）筑物、道路的防火间距依照现行国家标准《建筑设计防火规范》GB 50016中的相关要求而设定。

5.2.4 根据硅烷站内气瓶柜、工艺控制面板、阀门分配箱以及相应的连接管道等的常用尺寸，当硅烷站的空间最低净空要求不低于4.5m时，不会影响各种设备的正常使用。

5.2.5 本条是强制性条文，必须严格执行。本条规定是依照现行国家标准《建筑设计防火规范》GB 50016中甲类厂房的逃生距离的相关要求而设定。

5.2.6 本条是强制性条文，必须严格执行。本条规定了硅烷站逃生门的开启方式。为了便于逃生疏散，从站内向站外的疏散门不得采用闭锁方式，以免人员在紧急的情况下缺乏足够的判断力而不能打开疏散门，建议采用逃生用快开式推杆锁。从站外向站内不能随便进入，从站内向外，保证疏散通道的随时畅通。

5.2.7 为了防止硅烷泄漏的火焰破坏邻近钢瓶和设备，每个气瓶柜只能放2只硅烷钢瓶，且之间应采用6mm厚钢板隔离。钢板应延伸到阀门出口中心线上方150mm，下方460mm处。若采用气柜，钢板厚度应在2.5mm以上，并采用自动闭锁门。大宗硅烷钢瓶之间，以及与硅烷控制面板之间也应采用2h防火隔断（可用6mm厚的钢板），或以9m距离分隔。本条规定主要是参考美国国家标准学会标准《硅烷和硅烷混合物的储存和操作》ANSI/CGA G—13—2006的第6.4.4条内容制定的。

5.3 安全技术措施

5.3.1 本条是强制性条文，必须严格执行。本条规定是为了保障电气控制室与变配电所的安全，减少事故影响范围。硅烷站的电气控制室放置有较多的电气设备，且有人值守，一旦硅烷站内的气瓶发生爆炸，会对人的生命安全带来巨大危害，因此，电气控制室应该设置在单独的房间内，并且采用防爆墙与硅烷站隔开。

5.3.2 硅烷站内的变压器室由于放置有较多的电气设备，且电气线路与电网相连，因此，规定硅烷站变压器室不得设在硅烷站内，也不得与硅烷站相邻。

5.3.3 为防止大宗钢瓶产生的静电带来安全隐患，大宗钢瓶必须设置防静电接地系统。

5.3.4 在抽风管道中设置泄漏探测器，并设定报警值和自动关闭输送系统，是为了硅烷系统做到早期报警，防止事故产生。在环境中设置泄漏探测器，并设定报警值和不自动关闭输送系统，是由于环境中的硅烷泄漏报警的数量较少出现的报警，不会构成事故，综合考虑安全与生产的连续性等关系后，规定报警但不切断输送系统，工作人员可在不停产的情况下，检查问题。

5.3.5 本条是强制性条文，必须严格执行。紫外、红外火焰探测器与感温探测器的设置是为了发现微量火焰和危险环境，及早报警并关闭气体供应系统。

5.4 采暖通风与空气调节

5.4.1 硅烷属于易燃、易爆气体，一旦发生泄漏，将会发生自燃，有可能导致火灾或爆炸。因此，应尽量采用开敞式硅烷站。但受到气候条件限制，如硅烷站建在寒冷地区，无法采用开放式硅烷站，应设置强制通风系统，保持硅烷站通风良好。开放式与封闭式建筑参数比较见表5。

表 5　开放式与封闭式建筑参数比较表

参　　数	开放式建筑	封闭式建筑
实体围墙	无，或小于周长的 25%	有，大于周长的 25%
距离障碍物	大于障碍物高度的 2 倍	小于障碍物高度的 2 倍
防雨屋顶	可有可无	有
通风	自然通风	强制通风
物化模型	定压	定容

5.4.2　为避免硅烷站泄漏的硅烷气体浓度累积，导致火灾或爆炸事故，本条规定禁止采用循环通风系统。

5.4.3　封闭硅烷站设置空调系统目的是为硅烷气体柜及其控制系统提供一个适宜的工作环境。

5.4.4～5.4.6　这三条第 1 款、第 2 款规定主要是考虑硅烷气瓶柜、硅烷气瓶组所在房间、硅烷阀门箱内的最大硅烷气体体积浓度应控制在安全浓度以下，第 3 款规定主要是参考美国消防协会标准《洁净室防护标准》NFPA—318 的第 6.5.3 条的内容制定的。该条内容摘录如下：置于气柜内的硅烷/有毒混合物应配备至少为 200 ft/min（fpm）（1.0m/sec）的机械通风，通过气瓶颈及吹扫盘。

5.4.7　本条为强制性条文，必须严格执行。为防止硅烷泄漏后造成自燃或爆炸事故，规定了硅烷站的事故排气次数不得小于 12 次/h，目的是为了加强通风，防止泄漏气体积聚。

5.4.8　为保证硅烷站的通风可靠，要求备用通风机组。

5.4.9　为保证硅烷站环境状态稳定，建议空调系统设置备用空调机组。在空调机组维护或故障时采用备用空调机组，使硅烷站取得足够的补风，以保证安全。

5.4.10　硅烷站空调系统电源设置应急电源，目的是保证特种气体间的通风平衡和稳定。

5.4.11　排风管道为负压，如采用柔性风管或软管，风管的有效通风面积减小，将会影响到通风效果，同时柔性风管或软管对火灾的耐受性较差，很容易造成排风管烧坏和变形，因此排风管应采用刚性风管。防止火焰蔓延和扩散，空调风管应采用不燃材料制作，保温应采用不燃或难燃材料。

5.4.12　为了确保人员的安全疏散，硅烷站必须保证连续排风，即使在发生火灾时，首先应将系统、设备和管道中的有害气体排出，避免防火阀误动作而造成排风系统关闭，造成硅烷积聚而引起爆炸等更大的危害，因此，本条规定排风管不应设置溶片式防火阀。

5.4.13　保证硅烷站排风系统连续运行，可以防止特种气体积聚，从而降低了火灾危险性和对救援人员的危害。因此，硅烷站排风系统不应与火灾报警系统连锁。关闭硅烷站排风系统可能造成更大的危害。

5.5　消 防 系 统

5.5.1　制定本条的依据是：

1　本款为强制性条款，必须严格执行。在发生火灾时，及时切断硅烷气源是最关键的。如果在没有切断气源时就扑灭了火焰，有可能泄漏的硅烷大量聚集后发生爆燃或爆炸，造成更大的损失。如果不能切断气源，就应该让钢瓶燃烧至熄灭为止。

2　发生火灾时，应有水喷淋等措施来冷却钢瓶及相关设备，避免因过热发生爆炸，从而造成更大损失。

5.5.2　制定本条的依据是：

1　室外硅烷站的雨淋冷却系统是为了冷却硅烷钢瓶、储罐等设备用的，发生火灾时，应有喷水等措施来冷却钢瓶及相关设备，避免因过热发生爆炸，从而造成更大损失。本条规定主要是参考美国国家标准学会标准《硅烷和硅烷混合物的储存和操作》ANSI/CGA G—13—2006 的第 12.2.2 条室外雨淋系统和第 12.2.1.1 款手动启动的内容制定的。该标准第 12.2.2 条的内容摘录如下：为保护大宗硅烷输送系统，应提供手动雨淋消防系统，在火灾情况下，如果气源不能关闭，应冷却大宗硅烷气源，防止因为容器破裂而导致硅烷的持续渗漏可能产生的爆炸。第 12.1.1.1 款的内容摘录如下：自动雨淋灭火系统可以作为手动启动的一种选择，然而，自动系统是不需要的。综合国内的具体情况后，规范中推荐雨淋系统采用手动启动。

2　雨淋系统喷水强度和持续时间是保证消防效果的保证，本条规定主要是参考美国国家标准学会标准《硅烷和硅烷混合物的储存和操作》ANSI/CGA G—13—2006 第 12.2.1.3 款设计密度的内容制定的，该款的内容摘录如下：雨淋灭火系统应能提供最小每平方英尺每分钟 0.30 加仑（每平方米每分钟 12L）的密度，至少能持续 2h，可覆盖容器表面区域应包括硅烷气瓶、大宗容器和工艺气盘。喷水将直接喷向容器壁降温，并喷向阀门和管道接口，这些都是有可能泄漏而引起火灾蔓延之处。

3　消防系统主要是冷却硅烷系统用，因此要在火中持续很长时间，如果采用橡胶等为密封材料的沟槽连接，易导致管路损坏，不能起到冷却作用，从而导致硅烷系统发生危险。

5　当室外硅烷站有屋顶等防雨措施时，湿式自喷系统可以稳定的发挥消防作用。但是需要考虑自喷系统的防冻问题。本条规定主要是参考美国国家标准学会标准《硅烷和硅烷混合物的储存和操作》ANSI/CGA G—13—2006 的第 12.2.2 条构造保护的内容制定的。该条的内容摘录如下：当室外安装位于屋顶或天篷之下的时候，作为天气保护的第6.2.1.1.2项的需求，应提供一个自动灭火系统。这个系统应设计为不低于严重危险等级Ⅱ级和一个最小2500ft^2（232m^2）的设计区域。

6　室外消火栓距离硅烷钢瓶如果太远就起不到作用，但如果距离钢瓶太近，发生火灾时，不便于消防人员使用。本条规定主要是参考美国国家标准学会标准《硅烷和硅烷混合物的储存和操作》ANSI/CGA G—13—2006的第6.4.4条的内容制定的。该条的内容摘录如下：一个消火栓应设置在离硅烷容器不超过150ft（46m）的地方。

5.5.3　制定本条的依据是：

1　当工程上根据工艺、气候等诸多因素考虑设置室内硅烷站时，湿式自喷系统可以稳定的发挥消防作用。本条规定主要是参考美国国家标准学会标准《硅烷和硅烷混合物的储存和操作》ANSI/CGA G—13—2006的第12.3.2条区域喷水系统的内容制定的。该条的内容摘录如下：存储硅烷的房间和区域以及硅烷的使用应通过一个自动喷水系统保护。在存储房间里面的这个喷水系统应设计为不低于严重危险等级Ⅱ级和一个最小为2500ft^2（232m^2）的设计区域。

2　从硅烷的性质及安全运行考虑，本款规定硅烷气瓶应配带冷却用的快速反应自动喷淋灭火喷头。

6　特种气体管道输送系统

6.1　一般规定

6.1.1　本条规定了特种气体管道输送系统包括的构成部件与要素。

6.1.2　在电子工厂的工程设计中，为使管道走向明晰，便于管理，生产厂房内特种气体干管，一般都敷设在技术夹层或技术夹道内。由于特种气体多数具有可燃性、毒性、腐蚀性、氧化性、窒息性等危害特性，规定了特种气体管道与水、电气管道的共架布置的原则。

6.1.3　本条为强制性条文，必须严格执行。为了防止可燃性、毒性特种气体泄漏后积聚，引发着火、爆炸事故，本条规定此类特种气体管道应架空敷设。为了防止此类特种气体管道穿过生产区墙壁与楼板处的管段气体泄漏后积聚，所以本条还规定在套管内的管道不应有焊缝。为及时排除可燃性、毒性、腐蚀性等危险气体在机械连接部位可能发生的气体泄漏，应将这些连接部位设置在抽风罩内。

6.1.4　本条为强制性条文，必须严格执行。由于不使用可燃性、毒性特种气体的房间在工程上不会设计与安全相关的排风、气体泄漏报警以及电气防爆装置，可燃性、毒性特种气体管道穿越这类房间后，将可能引发气体泄漏、着火、中毒事故。有时为减少管道的长度及便于布置，必须穿越时应设套管或双层管。

6.1.5　本条规定特种气体管道不得出现不易吹除的盲管等死区，避免U型弯。是为了防止在特种气体管道启用、维修时及时吹扫置换管道中的氮气、特种气体。

6.1.6　本条为强制性条文，必须严格执行。为防止静电积聚，引发着火事故，本条规定可燃性、氧化性特种气体管道，应设置导除静电的接地设施。

6.2　材料选型

6.2.1　工程实践表明，电子工厂特种气体和吹扫气体管道输送系统常用管道材料应采用SS304、SS316、SS316L等不锈钢无缝钢管和HC—22哈氏合金无缝钢管等。根据特种气体品种和纯度、杂质含量要求，特种气体管道内表面应进行洁净和钝化处理；管道内表面粗糙度，对BA管道要求小于*Ra*40，EP管道要求小于*Ra*25。

6.2.2　普通不锈钢只进行初级熔炼，常用熔炼方式有氩氧脱碳AOD（Argon Oxygen Decarburization）、真空感应熔炼VIM（Vacuum Induction Melt）。为避免腐蚀，输送腐蚀性特种气体的管道材料，宜采用经过二次熔炼（精炼）工艺及真空电弧重熔VAR（Vacuum Arc Remelt）等工艺，二次真空电弧熔炼的奥氏体不锈钢或镍基合金无缝钢管，此种管材具有较强的抗腐蚀性能，管道内表面进行EP处理，可同时满足洁净和钝化的目的。

6.2.3　近年来工程实践表明，电子工厂的特种气体管道系统应采用隔膜阀、波纹管阀等、这些阀门的阀座密封材料应尽量减少应用塑料聚合物等材料的使用量，因为这些材料易逸出气体，容易影响气体纯度或影响气体纯度或引起化学反应，为此还应注意选这些材料时应与具体特种气体的物理化学性质匹配，如氨气（NH_3）禁止使用Viton材料、笑气（N_2O）应使用Vespel材料等。

6.2.4　在保证安全和工艺要求的前提下，节省投资也是工程设计的重要内容。为此，本条规定了双层管的外管作为安全保护的第二道屏障，采用SS304材料即可满足要求，且一般不作特殊的洁净要求。

6.2.5　排气管道和尾气真空管道对管道材质没有特殊要求，采用SS304管道即可满足要求，在实际工程中，也有排气管道采用PVC材料。

6.2.6　为避免管道内油脂与氧化性介质发生反应，产生燃烧等严重后果，规定管道氧化性气体管道应经过严格的脱脂处理。

6.3　管道设计

6.3.1　电子工厂应用的特种气体的品种多，且每种气体的使用量较小的实际情况，特种气体管道系统的管道设计中应充分考虑所输送的流体品种及其特性以及产品生产工艺所要求的动力、流量等参数进行设计。管材通常采用美国机械工程师协会标准《焊接与无缝锻造钢管》ASME B36.10 的 Sch5 或 Sch10 的进口管道，但是设计要符合现行国家标准《工业金属管道设计规范》GB 50316 的规定。

6.3.2 电子产品生产设备用特种气体的用量较小，压力较低，因此，在进行管道水力计算时应充分考虑流量、压力、温度等参数，按照流量设计图表对管道进行设计计算。据了解，目前电子工厂中的大多数特种气体管道的管径较小，不超过 *DN*20。

6.3.3 由于电子工厂使用的特种气体要求具有较高的纯度，所以对输送管道的材质有严格的要求，目前主要是采用进口的低碳不锈钢管，如 EP 管、BA 管等。表 6 是进口不锈钢管不同压力等级、壁厚和耐压等级数据。

表 6 进口不锈钢管道数据表

外径	公称尺寸	实际外径 (in)	公称壁厚 (in)	最小外径 (in)	最大外径 (in)	最大椭圆度 (in)	最小壁厚 (in)	每英尺重量 (lb)	爆裂压力 (psig)	工作压力 (psig)
1/8″	Sch 5	0.405	0.035	0.395	0.413	0.006	0.031	0.136	12963	3241
	Sch 10	0.405	0.049	0.395	0.413	0.006	0.043	0.184	18148	4537
	Sch 40	0.405	0.068	0.395	0.413	0.006	0.060	0.239	25185	6296
1/4″	Sch 5	0.540	0.049	0.530	0.548	0.006	0.043	0.253	13611	3403
	Sch 10	0.540	0.065	0.530	0.548	0.006	0.057	0.333	18056	4514
	Sch 40	0.540	0.088	0.530	0.548	0.006	0.077	0.408	24444	6111
3/8″	Sch 10	0.675	0.065	0.665	0.683	0.006	0.057	0.427	14444	3611
	Sch 40	0.675	0.091	0.665	0.683	0.006	0.080	0.543	20222	5056
1/2″	Sch 5	0.840	0.065	0.830	0.848	0.010	0.057	0.543	11607	2902
	Sch 10	0.840	0.083	0.830	0.848	0.010	0.073	0.643	14821	3705
	Sch 40	0.840	0.109	0.830	0.848	0.010	0.095	0.808	19464	4866
3/4″	Sch 5	1.050	0.065	1.040	1.058	0.010	0.057	0.690	9286	2321
	Sch 10	1.050	0.083	1.040	1.058	0.010	0.073	0.820	11857	2964
	Sch 40	1.050	0.113	1.040	1.058	0.010	0.099	1.079	16143	4036
1″	Sch 5	1.315	0.065	1.305	1.323	0.010	0.057	0.875	7414	1854
	Sch 10	1.315	0.109	1.305	1.323	0.010	0.095	1.327	12433	3108
	Sch 40	1.315	0.133	1.305	1.323	0.010	0.116	1.590	15171	3793
1¼″	Sch 10	1.660	0.109	1.650	1.670	0.010	0.095	1.703	9849	2462
	Sch 40	1.660	0.140	1.650	1.670	0.010	0.123	2.143	12651	3163
	Sch 80	1.660	0.191	1.650	1.670	0.010	0.167	2.711	17259	4315
1½″	Sch 10	1.900	0.109	1.890	1.910	0.010	0.095	1.965	8605	2151
	Sch 40	1.900	0.145	1.890	1.910	0.010	0.127	2.558	11447	2862
	Sch 80	1.900	0.200	1.890	1.910	0.010	0.175	3.146	15789	3947
2″	Sch 10	2.375	0.109	2.365	2.385	0.010	0.095	2.484	6884	1721
	Sch 40	2.375	0.154	2.365	2.385	0.010	0.135	3.426	9726	2432
	Sch 80	2.375	0.216	2.365	2.385	0.010	0.189	4.008	13642	3411

注：该表数据来自国际材料试验协会标准《无缝和焊接奥氏体不锈钢管标准规格》ASTM A312 和美国机械工程师协会标准《无缝和焊接奥氏体不锈钢管》ASME SA312 中焊接不锈钢管道管道压力等级。

6.3.4 为了保证液体的流动，本条规定液态特种气体水平管道应有大于或等于 0.3% 的坡度，坡向供液设备或收集器。

6.3.5 由于自燃性、剧毒性和强腐蚀性气体一旦泄漏，危害性极大，将会造成较大的人身伤亡和财产损失，目前在电子工厂中较多地采用双层管道输送这类特种气体，属于这类特种气体的主要有：强反应性气体：B_2H_6、H_2Se、GeH_4、SiH_4、Si_2H_6、$SiHCH_3$、C_2H_2、$B(CH_3)_3$、F_2、ClF_3 等；自燃性气体：B_2H_6、GeH_4、SiH_4、Si_2H_6、$SiHCH_3$、$B(CH_3)_3$ 等；剧毒性气体：AsH_3、PH_3、GeH_4、B_2H_6、H_2Se、F_2、$B(CH_3)_3$、NO、ClF_3、PF_5 等。但是在工程实际中，由于每一个工厂对气体特性的理解不同，从而导致同一种高危险性气体在不同工厂所使用的管道不一致。

6.3.6 为防止低蒸气压力气体在输送过程中，因为冷却导致液化，导致输送困难，无法使用，本条规定低蒸气压力气体应设置伴热或保温，电子工厂应用的低蒸气压力气体主要有 BCl_3、C_5F_8、WF_6、SiH_2Cl_2、ClF_3 等。

6.3.7 为防止特种气体的泄漏和确保管道焊接质量，特种气体管道应采用全自动管道焊接连接；与阀门或管件连接处，应采用径向面密封连接。

6.3.8 隔膜阀和波纹管阀都具有良好的密封性，且不易产生颗粒。球阀、旋塞阀等，因采用填料密封，密封性较差，易发生泄漏，且阀门开关时有部件摩擦，易产生颗粒，不能满足特种气体的输送过程的严格要求。

6.3.9 为防止密封垫片与特种气体性质的不相容而产生化学反应，本条规定垫片宜采用不锈钢垫片，垫片与特种气体的性质应相容。

6.3.10 特种气体钢瓶接口处，在每次更换钢瓶时，因摩擦作用易产生颗粒，因此其下游宜设置过滤器，保护阀门的膜片和下游气体不被污染。为了保证特种气体的纯度，在接入生产工艺设备前的特种气体管道上宜设置精密过滤器。

6.4 管道标识

6.4.1～6.4.5 本节对特种气体管道标识作出了规定，其目的是为特种气体管道的安装施工中管道的标识提供依据和标识生产运行中特种气体管道内容物及其危险特点，防止事故的发生或一旦发生事故时使作业人员、安全管理人员能迅速识别特种气体管道的内容物及其危险性。本节规定的管道标识颜色参照了现行国家标准《安全色》GB 2893 的有关规定。

7 建筑结构

7.0.2 本条是根据国家现行标准《建筑设计防火规范》GB 50016 有关甲类生产厂房防爆的规定制定的。有爆炸危险特种气体房间的承重结构以及重要部位应具备足够的抗爆性能，以减少因爆炸对主体结构带来的危害，避免造成重大的人员伤亡和经济损失。

7.0.3 有爆炸危险特种气体站房应采取非燃烧体轻质屋盖作为泄压设施，易于泄压的门、窗、轻质墙体也可作为泄压设施，并应符合现行国家标准《建筑设计防火规范》GB 50016 的有关规定。

7.0.4、**7.0.5** 这两条规定了特种气体房间安全出口的设置数量。安全出口对保证人和物资的安全疏散极为重要。特种气体房间至少应有 2 个安全出口，可提高火灾时人员安全疏散的可靠性。但对特种气体房间面积较小时仍要求 2 个出口有一定的困难，为此规定了特种气体房间设置 1 个安全出口时应具备的条件。对有爆炸危险性的房间因火势蔓延快、对人员安全影响大，因而在面积控制上要求严格些；但惰性特种气体房间的面积控制要求适当放宽。

7.0.6 本条为强制性条文，必须严格执行。有爆炸危险性的特种气体房间，一旦发生火灾，其燃烧时间较长，燃烧过程中所释放的热量也大，该房间与其他房间之间的隔墙除满足防爆要求以外，该墙体的耐火极限还要求不低于 4.0h。若当设置双门斗相通时，应采用甲级防火门窗，门窗的耐火极限不低于 1.2h。

7.0.7 本条为强制性条文，必须严格执行。本条规定有爆炸危险房间的门窗应采用撞击时不起火花的材料制作，门窗材料可采用木材、铝、橡胶、塑料等。

7.0.8 散发比空气轻的可燃性特种气体容易积聚在房间上部，可能引发着火爆炸，为防止气流向上在死角处积聚，排不出去，导致气体达到爆炸浓度，故规定顶棚应尽量平整、避免死角，并且房间上部空间要求通风良好。

7.0.9 散发比空气重的可燃性特种气体容易积聚在房间下部空间靠近地面处或地沟内等场所。为防止地面因摩擦着火和避免车间地面、墙面因凹凸不平积聚粉尘，本条规定地面设计中预防引发爆炸的措施要求，并规定不得设置地沟。

7.0.10 从特种气体设备的安装角度考虑，本条规定了特种气体房间的高度，布置在生产厂房内的特种气体间高度一般与生产厂房一致。

7.0.11 根据特种气体的火灾危险性类别，房间内各部位装修材料的燃烧性能等级应符合现行国家标准《建筑内部装修设计防火规范》GB 50222 的有关规定。

8 电气与防雷

8.1 配电与照明

8.1.1 特种气体站房与硅烷站的各类设备，在停电中断供气后，会造成工厂产品成批报废，经济损失较大，所以除试验性少量生产或小批量生产的实验室或试验生产线外，不宜低于二级负荷。气体管理与气体泄漏探测系统允许中断供电的时间为毫秒级，除需要两个电源供电外，应配有不间断电源 UPS。

8.1.2 根据特种气体的危险性质规定有爆炸危险特种气体站和特种气体间的爆炸性气体环境内的电力装置应为 1 区设防。

8.1.3 电子工厂部分易燃易爆气体的比重小于或近似于空气，易向上方扩散；同时特种气体站房多为三班制连续运行，中断照明会影响生产，因此，本条规定灯具不宜安装在设备正上方，特种气体站房应设置备用照明。

8.2 防雷与接地

8.2.1 按照现行国家标准《建筑物防雷设计规范》GB 50057 规定，具有 1 区爆炸危险环境的第二类防雷建筑除采取防直击雷和防雷电波侵入的措施外，尚应采取防雷电感应的措施。

8.2.2 据了解，目前电子工厂的特种气体站房的可燃性、自燃性气体一般是经过洗涤塔处理后再排放，因此大部分特种气体站房突出屋面的放散管、风管保护适用于本条第 2 款的规定。

8.2.3 为防止可燃性特种气体管道产生雷电感应而发生安全事故，本条规定了可燃性特种气体架空管道应与防雷电感应的接地装置的连接要求。

8.2.4 为防止自燃性、可燃性、氧化性特种气体管道因为产生静电而发生安全事故，本条规定了自燃性、可燃性、氧化性特种气体设备与管道设置防静电接地的要求。

8.2.5 本条规定采用螺栓连接是为了便于设备与管道的拆卸检修，采用挠性连接线是为了避免振动、位移影响接地可靠性。

8.2.6 考虑到我国相当多的电子工厂在工程实际中

采用联合接地的方式，本条规定接地装置的接地电阻值应按其中的最小值确定。

8.2.7 该电阻值是参照现行行业标准《石油化工静电接地设计规范》SH 3097 中的有关规定制定的。

9 生命安全系统

9.1 特种气体管理系统

9.1.1 近年我国电子工厂尤其是芯片生产工厂、TFT-LCD液晶显示器生产工厂等生产过程均需要应用多种特种气体，据了解这类工厂多数设有特种气体管理系统，特种气体管理系统控制多采用可编程逻辑控制器方式控制，简单系统多采用单台报警控制主机或二次仪表控制，特种气体管理系统在有条件的工厂均应独立设置系统。

9.1.2 根据我国电子类工厂的实际情况，规定了特种气体管理系统上位机与工厂设备管理控制系统上位机布置在同一房间。为了实现电子工厂的消防和应急管理的集中、同一指挥，本条作了相应的规定。

9.2 特种气体探测系统

9.2.1 本条为强制性条文，必须严格执行。本条是对电子工厂中设置特种气体探测器位置的区域或场所的规定。

1 本款中自燃性、可燃性、毒性、腐蚀性、氧化性气体的使用场所是指使用以上气体的工艺设备内或房间内的气体发生泄漏、易积聚处；技术夹层内气体探测器是设置在有阀门或接头等可能发生气体泄漏、易积聚的部位。

2 本款中自燃性、可燃性、毒性、腐蚀性、氧化性气体储存、分配间内的气体发生泄漏、易积聚处应设气体探测器。

3～5 这三款为自燃性、可燃性、毒性、腐蚀性、氧化性气体储存、分配设备的排风口，因发生特种气体泄漏，可能达到规定报警浓度，应设气体探测器。

6 本款规定使用惰性气体房间设置氧气探测器，主要是因为惰性气体泄漏后，可能使空气中氧浓度降低到使房间的作业人员造成窒息，且国内外已有多个工厂发生惰性气体造成人员窒息伤亡事故。

9.2.2 由于自燃性、可燃性、毒性气体一旦泄漏超过规定值，危害性极大，故作了本条规定。一级报警后，即使气体浓度发生变化，报警仍应持续，只有经人工确认并采取相应的措施后才能停止报警。特种气体探测系统检测装置主要有以下几种：

1 自燃性、可燃性气体检测宜采用催化燃烧型检测装置、半导体检测装置、电化学检测装置。

2 毒性气体检测宜采用电化学检测装置。

3 根据使用场所的不同确定不同特种气体采样方式，应正确选用扩散式检测装置、单点或多点吸入式气体检测装置。

9.2.3 为了明确检测报警装置的工作状况，防止事故发生，本条规定了自燃性、可燃性、毒性气体检测装置报警设定值的要求。

9.2.4 本条规定的数值符合现行行业标准《有毒气体检测报警仪技术条件及检验方法》HG 23006 中的有关规定，同时根据半导体工厂使用气体检测装置产品的快速响应要求作出检测报警响应时间规定。

9.2.5 本条为强制性条文，必须严格执行。气体探测器的设置位置是否恰当将直接影响到能否及时、正确报警，为确保生产厂房和特种气体系统安全、稳定运行，本条按特种气体相对密度的不同，作出了不同规定。

9.3 安全设施

9.3.1 为确保生产厂房和特种气体系统的运行安全，本条规定了可燃性、自燃性、毒性气体的储存、分配及使用场所安全设施的设置。

1 本款规定了设置闭路电视监控摄像机、门禁，摄像机、门禁应考虑与环境相适应。

2 从实际情况看，安全管理显示屏一般安装在洁净室内、洁净室入口服务台处、气瓶柜间的入口等位置。其显示内容为阻止人员接近危险区域以及采取切断阀门等措施。以 TCP/IP 网络联机方式连接至洁净室入口服务台处之服务器。在洁净室入口服务台处及值班室的工作站，可键入日常信息，在安全显示屏上显示。

3 因为自燃性、可燃性、毒性气体一旦发生泄漏等安全事故，将对电子类工厂的生产与人员生命安全带来巨大隐患，为此，本款规定在这些气体的储存、分配、使用场所内及相关建筑主入口、内通道等设置明显的灯光闪烁报警装置，提醒人员注意，采取防范措施。

4 本款是为了在紧急情况下切断特种气体的供应，避免事故的蔓延与扩大，规定在自燃性、可燃性、毒性气体储存、分配、使用场所入口处设紧急手动按钮。由于应急处理中心室有专人值班，故规定主要紧急手动按钮设在应急处理中心室。

9.3.2 为防止地震破坏电子类工厂的特种气体系统而造成重大次生灾害，对生产与作业人员带来危害，本条规定了在地震多发地区，特种气体的主要生产车间宜设地震探测装置。

9.3.3 国外电子工厂地震探测装置运用较普遍，一般设置三组地震探测装置（设置位置应根据地震仪特性及现场环境因素确定），为了防止地震仪误动作影响生产并造成不必要的人员恐慌，只有当其中任两组同时检测到里氏 5 级以上地震时，才立即执行连锁控制功能，并将警报讯号传送至工厂设备管理控制系统。

9.3.5 从保护人员生命安全的角度考虑，本条规定了气体站房应配置防毒面具、自吸式防毒面具等安全防护设施。

9.4 特种气体报警的联动控制

9.4.1 本条规定在确认特种气体泄漏后，为确保生产车间和特种气体系统的安全和作业人员安全撤离，应采取各项联动控制，启动显示、记录功能。一旦特种气体泄漏后，切断阀、排风装置与气体探测器联动，自动启动相应的事故排风装置、关闭切断阀，切断气体来源。

9.4.2 为了保护人员的生命安全，规定当气体探测系统确认气体泄漏时，应启动泄漏现场的声光报警装置，提醒作用人员采取应急措施和迅速离开事故现场。

9.4.3 为保障生命安全，在气体探测系统确认气体泄漏时，本条规定安防系统应关闭有关部位的电动防火门、防火卷帘门，自动释放门禁，可联动闭路电视监控（CCTV）系统，启动相应区域的摄像机，并自动录像。

9.4.4 发生气体泄漏时，传至安全显示屏的显示内容为阻止人员接近危险区域以及采取切断阀门等措施，目的是提醒工作人员采取的正确工作方法。

9.4.5 为了保护人员的生命安全、并考虑工厂生产不会因为地震仪的误动作造成不必要的恐慌而影响生产，本条规定只有当两台地震探测装置同时报警时，才应启动现场的声光报警装置。

10 给水排水及消防

10.1 给 水 排 水

10.1.1 因为特种气体的工艺与安全要求，特种气体间一般均采用全新风空气调节系统，室内温度控制在15℃～25℃，为防止管道外表面结露，应考虑防止结露措施。

10.1.2 特种气体站房内的工艺设备基本上不用水，用水点一般为辅助配套设施（如污水池等）。故可以采用单路供水。

10.1.3 特种气体站房正常情况下没有废水排出，但是当特种气体系统采用湿式尾气处理装置或氨气等有毒气体泄漏或消防时，这些水不能直接排至市政管网，否则会造成污染，应该把这些水排至废水处理站，且处理合格后排放。

10.1.4 本条为强制性条文，必须严格执行。为保护工作人员的生命安全，毒性、腐蚀性气体的特种气体间应设置紧急洗眼器。

10.2 消 防

10.2.1、10.2.2 这两条是根据特种气体站房的特点，规定特种气体站房应设置消火栓和灭火器，同时要求采用按现行国家标准《建筑设计防火规范》GB 50016和《建筑灭火器配置设计规范》GB 50140的有关规定。

10.2.3 特种气体站房内设置的自动喷水系统可以在火灾发生时，对房间内的设施进行消防及冷却，避免由于特种气体泄漏或爆炸产生更大的损失。根据现行国家标准《自动喷水灭火系统设计规范》GB 50084的相关条款将特种气体站房定义为中危险Ⅱ级，以此为依据，规定了喷水强度和保护面积。如果所涉及的项目有国外保险商参与，或是气体公司有特殊要求，可以按照较严格的规定执行。

10.2.4 本条是考虑某些特种气体气瓶柜带有自动喷水冷却装置，所以规定消防系统的设计应预留管道和阀门。

10.2.5 本条为强制性条文，必须严格执行。特种气体中有很多种类与水接触会发生化学反应产生有毒有害物质，比如ClF_3、WF_6等。存储这些气体的特种气体间不应采用水消防系统。可采用气体消防、干粉灭火器等消防形式。具体采用哪些消防方法需要与气体公司确认气体性质后决定。

11 采暖通风与空气调节

11.1 采 暖 通 风

11.1.1 特种气体间用于储存和分配自燃性、可燃性、毒性、腐蚀性、氧化性、窒息性气体，存在管道或阀门泄漏和积聚的潜在危险性。因此，特种气体间应设置连续的机械通风，防止自燃性、可燃性、毒性、腐蚀性、氧化性、窒息性气体在特种气体间内积聚。通常，自燃性、可燃性、毒性、腐蚀性气体储存在气瓶柜内，气瓶柜应设置局部通风，房间通风量应不小于气瓶柜的通风要求，为了保证房间通风良好，确定了特种气体间的最小通风换气次数6次/h。

11.1.2 特种气体气瓶柜和阀门箱内安装了特种气体分配阀门和管道，阀门和管道接口较多，产生泄漏的可能性。因此，特种气体的气瓶硅和阀门箱应设置机械排风进行强制通风，防止自燃性、可燃性、毒性、腐蚀性、氧化性、窒息性气体在气瓶柜和阀门箱内积聚而引起事故。

11.1.3 特种气体的排风系统划分原则：

1 防止不同种类和性质的特种气体混合后引起燃烧或爆炸事故。

2 避免形成毒性更大的混合物或化合物，对人体造成危害或设备和管道腐蚀。

3 防止在风管中积聚粉尘，从而增加风管阻力或造成风管堵塞，影响通风系统的正常运行。

11.1.4 事故通风量应根据事故时泄放的特种气体量和危害程度通过计算确定。根据现行国家标准《工业企业设计卫生标准》GBZ 1中的规定，事故通风换气次数的下限定为12次/h。在特种气体间外设置紧急按钮以便求援人员启动事故排风系统。

11.1.5 特种气体许多为自燃性、可燃性、氧化性气体，所以规定排风管道应采用不燃管道，目的是防止在发生火灾时火焰沿风管扩散和蔓延。

11.1.6 排风管道为负压，采用柔性风管或软管，风管的有效通风面积减小，将会影响到通风效果，同时，柔性风管或软管对火灾的耐受性较差，很容易造成排风管烧坏和变形。因此，可燃性气体柜和阀门箱的排风与主排风管道连接的支管应采用刚性风管。

11.1.7 房间排风口的位置应根据特种气体与空气的相对密度来确定，防止有害气体积聚。为了将不同位置积聚的特种气体排出，本条规定了根据特种气体相对密度的大小设置房间排风口的位置，这样可以有效将大于、小于空气密度的特种气体排至室外。

11.1.8 避免特种气体站房排风造成对周围环境和人身安全造成危害，因此，应根据排风中特种气体的性质和浓度等因素确定设置处理装置进行处理，如洗涤塔、吸附塔等。

11.1.9 为保证特种气体站房排风系统的连续可靠运行，宜设置备用排风机。备用排风机也可以兼作事故排风机。特种气体间通风系统电源设置应急电源，目的是保证排风系统的稳定运行可靠。

11.1.10 本条为强制性条文，必须严格执行。为防止因空气摩擦产生静电积聚，而引起燃烧和爆炸事故，因此，可燃性气体和氧化性气体的排风管设置防静电接地装置，消除排风管静电。

11.1.11 本条为强制性条文，必须严格执行。为保证特种气体间排风系统连续可靠运行，防止特种气体积聚，降低火灾危险性和对救援人员的危害，因此，特种气体间排风系统不应与火灾报警系统联动。关闭特种气体间排风系统将可能造成更大的危害。

11.1.12 严禁明火是可燃性气体作业场所至关重要的安全措施之一，所谓明火采暖包括电炉、火炉。

11.2 空气调节

11.2.1 特种气体间的火灾危险性属甲、乙类，如采用循环空调系统，易形成可燃性气体积聚，而引起爆炸事故，因此，不得采用循环空调系统。特种气体间设置空调系统目的是为特种气体柜及其控制系统提供一个适宜的工作环境。

11.2.2 为避免相邻的特种气体间的火灾蔓延，或因一个特种气体间火灾而导致多个特种气体间的通风关闭，造成更大的危害，因此，空调风管不应穿越特种气体间之间的分隔墙。

11.2.3 为保证特种气体间的环境状态稳定，因此，建议空调系统设置备用空调机组。当受到条件限制时，采用适当措施保证在空调机组维护或故障时特种气体房间能取得足够的补风，也是保证安全的有效措施之一。

11.2.4 特种气体间空调系统电源设置应急电源，目的是保证特种气体间的通风平衡和稳定。

11.2.5 本条为强制性条文，必须严格执行。为防止火焰蔓延和扩散，空调风管应采用不燃材料制作，保温应采用不燃或难燃材料。

11.2.6 为防止因空气摩擦产生静电积聚引起燃烧和爆炸事故，因此，空调风管设置应防静电接地装置，消除排风管静电。

12 特种气体系统工程施工

12.1 一般规定

12.1.1 在现行国家标准《现场设备、工业管道焊接工程施工及验收规范》GB 50236中对从事焊接的单位、焊接人员都作了规定。特种气体管道系统焊接采用全自动脉冲轨道氩弧焊接，也应遵守该规范的有关条文的规定。

12.1.2 特种气体管道焊接质量是保证系统安全运行的重要条件，本条规定了特种气体管道焊接机具、焊接方式。

12.1.3 管道的安装应保证施工用计量器具的准确性、有效性，避免引起事故、检测数据的争议，计量器具应经过有授权机构认定的单位进行鉴定，确保使用的器具在有效期内使用，确保检测数据客观准确。

12.1.4 特种气体具有自燃性、可燃性、毒性、腐蚀性、氧化性、窒息性、麻醉性危害，而且多数情况下一种特种气体同时具有多种危害性，稍有不慎往往会对人员、环境、生产设施造成难以挽回的巨大损失，所以施工前必须编制施工方案，用以控制人、机、料和安全等各施工要素。为解决施工技术难点、关键工序、质量保障、安全保障、环境保障、施工过程的质量检验等做好技术准备，为此施工前应编制施工方案并报业主审批。

12.1.5 主要设备、材料的质量，将直接影响工程的质量，不合格的设备及材料将对设施及人员安全构成潜在危险，所以本条规定主要设备、材料进入现场后必须进行实物验收，符合产品质量及本规范要求才能在施工中使用。为保证质量的可追根溯性，要求保存产品合格证和质量保证书、检验结论记录等。

12.1.6 商检证明是对进口设备与材料的基本要求，提供中文的随机资料是按国际惯例作出的规定，同时也是方便阅读，防止翻译出现误解。特种气体设备与材料进场时必须提供详细的上述技术文件，是对产品质量、安装、调试等各方面提供全面的保障和支持。

12.1.8 工程质量控制的关键在于过程控制，本条规定的各个工序都是关键工序，在施工单位做好自检自律的同时，让相关单位共同验证施工质量和安全可靠性是十分重要的，所以规定建设单位技术人员应在场。

12.2 主要设备、材料进场验收

12.2.1 国内外的气瓶柜、气瓶架做法各不相同，气瓶柜、气瓶架上的各种标识也不尽相同，目前国内也有很多厂家在生产气瓶柜、气瓶架。为方便统一管理，保证使用的安全可靠，本条对气瓶柜、气瓶架作统一规定，同时对气瓶柜、气瓶架内主体功能配制提出了要求，目的在于保证工艺需要、特种气体质量需要和安全功能的需要。

12.2.2 阀门箱和阀门盘除规定外观和基本功能要求外，在进场验收时，要注意阀门的支撑件是否符合本规范的要求，盘面阀门是否采用自动轨道氩弧焊接，焊接质量是否满足本规范的要求。采用微型弯头与微型三通的目的在于使阀门箱和阀门盘的布局紧凑，节约所占空间。

第5款规定阀门盘上特种气体管路阀门接头应采用径向面密封连接，不得采用卡套连接。气体管道与阀门等附件连接应采用密封不易泄漏的专用接头，常用的接头方式有两种：分别为径向面密封和卡套连接。径向面密封采用优良的金属垫，利用径向压力压紧，因此泄漏率极低，约为1.0×10^{-9}ml/s，且耐压较高，常用于气体杂质含量达1.0×10^{-9}级的高纯气输送系统，而卡套连接泄漏量较高，约为1.0×10^{-6}ml/s，耐压较低，所以不应使用卡套连接。

12.2.3 尾气处理装置组件较多，随机资料也较多，进场验收时需要一一核实。对于酸碱洗涤塔设备尤其要注意设计要求和合同要求，因为酸碱洗涤塔设备大多是有机玻璃钢材料制作，质量好的玻璃钢可以使用(15～20)年，质量差的玻璃钢使用寿命只有(2～3)年，所以应严格按照合同和设计的要求进行验收。

12.2.4 本条对管道、管件和阀门进行验收作出了规定。

1 本款规定管道、管件和阀门的最外层的包装可在非洁净区打开，因为防止管道在搬运过程中造成弯曲采用了加固的木箱包装，为防止管道内外表面洁净受污染，内包装采用了双层密封的塑料袋包装，并且是在洁净室内完成的。管件和阀门也采用了相同包装方法，所以外包装可在非洁净区打开，开箱后主要检查管道、管件、阀门的双层塑料透明聚乙烯薄膜是否损伤，防止受到污染。

2 本款对验收合格的产品进行合理的保管，对保管的洁净环境作了规定。

3 为保证产品的质量和可追溯性，本款规定进场的阀门必须应具备相关资料。

12.2.5 本条强调特种气体管道、附件、阀门在洁净室内打开内包装，防止管道、管件和阀门验收时受到环境污染物的污染，特规定验收的环境、内容和方法。

12.3 气瓶柜与气瓶架的安装

12.3.1 为防止施工单位未经过设计单位同意更改图纸，造成安全与质量隐患，本条规定气瓶柜、气瓶架必须按照设计图纸的要求定位。

12.3.2 本条是对气瓶柜、气瓶架的固定作出的规定，目的在于防止气瓶柜晃动和移动，造成气瓶柜连接的管道接口松动，导致气体泄漏发生事故。

12.3.3 本条是对单个气瓶柜、气瓶架和成排气瓶柜、气瓶架定位的基本要求，满足使用功能要求的同时，也满足美观功能的要求。

12.3.4 为保证气瓶柜的安装质量，本条规定气瓶柜的安装应保证柜门开关自如，不得扭曲变形，关闭不严。

12.4 阀门箱与阀门盘的安装

12.4.1 本条对阀门箱和阀门盘的安装位置作了规定，这样便于操作，同时保证阀门箱稳固和避免对管道运行造成的影响。

12.4.2 本条规定一是保证支座不会因腐蚀而影响洁净室的洁净度；二是保证整体的美观，因为特种气体系统的施工要求严格，造价较贵，支座的制作应与系统整体美观相适应。

12.4.3 本条是对单个和成排就位的阀门箱和阀门盘的基本要求。满足使用功能要求的同时，也满足美观舒适的要求。

12.4.4 本条是对阀门箱和阀门盘的固定作出的规定。目的在于防止阀门箱和阀门盘的晃动和移动，造成阀门箱和阀门盘连接的管道接口松动，导致气体泄漏发生事故。

12.4.5 在众多的工业用途中，不锈钢都能提供令人满意的耐腐蚀性能，但不锈钢与其他金属和非金属之间容易造成点腐蚀、晶间腐蚀以及缝隙腐蚀，尤其在湿度较大或有弱酸性的环境中，其腐蚀更为严重，所以本条对阀门箱和阀门盘的连接螺栓作了规定。

12.5 特种气体管道安装

12.5.1 本条对特种气体管道安装作出了规定。

1 本款规定特种气体系统材料应该满足设计要求，防止将不同材质与不同质量等级的材料代用造成安全隐患。

2 本款规定是为保证接头的密封可靠，如本规范第12.2.2条条文说明所述：面密封接头的泄漏率

为 1.0×10^{-9} ml/s，而卡套连接的泄漏率为 1.0×10^{-6}ml/s，前者泄漏率低，且耐压高。螺纹连接的泄漏率更高。

3 不锈钢垫片、镍垫片与管道材料相匹配，均能保证垫片挤压的延展性，聚四氟乙烯垫片刚度达不到要求，容易挤坏破损而导致泄漏；垫片带框架目的在于安装方便，不至于偏斜；两个垫片重叠使用会造成密封不严；经验表明，面密封端面用硬器稍微毁伤（即使有头发丝那么细或肉眼看不见）也会导致大量的气体泄漏，所以作了本款规定。

4 本款规定管外径大于 12.7mm 的管道弯头应采用成品弯头；管外径小于或等于 12.7mm 的弯头可在现场使用专用弯管器摵制，是对弯管器所能摵弯的口径的界定，也是十多年经验的总结和多次试验的结果。为减少流体阻力、保证管道内表面的粗糙度，规定 BA 级管道弯头弯曲半径不小于管外径的 3 倍，EP 级管道弯头弯曲半径不小于管外径的 5 倍，规定弯管变形率小于 5%是为了保证焊接质量和保护管内表面的粗糙度。

5 本款规定目的在于防止在施工过程中，因施工机具的不全或临时短缺。操作者用大弯管器摵制小口径的管道，用公制的铜管弯管器摵制英制不锈钢管，甚至出现直接用手摵制，摵制出来的管道出现变形时还使用榔头敲打等现象，这些做法都会严重影响管道的表面粗糙度，是不允许的。

6 本款规定特种气体管道的两端管口在运输、保管、施工、测试等各种情况下都应保持密封或管道内充高纯氩气，使管道内免受空气污染。管口暴露在大气中，会使空气中的水分、颗粒、氧气、油分吸附在管道内壁，对最终测试和运行使用造成极大的隐患，甚至造成整个系统的报废，所以当安装结束时，所有系统内应充氩气或氮气正压保护。

7 本款规定用气设备与特种气体管道的连接应采用不锈钢面密封形式，非金属软管不能满足特种气体的质量要求，所以不能采用。

12.5.2 本条对特种气体管道连接作出了规定。

1 本款规定焊接使用的工具应是自动轨道氩弧机，内外氩气保护焊接，是因为这种焊接方式的焊口质量优良，能满足特种气体管道的要求，但氩气的纯度必须符合本规定。安装过滤器也是为保证氩气的纯度而采取的保障措施，如低纯度氩气会导致焊缝表面发黄或发黑，造成焊口报废。管路末端装压力计的目的在于保证同种规格的管道焊接参数容易掌握、焊接质量稳定。

2 本款是针对特种气体管道作为洁净管道的特点，规定各种作业应在洁净室内完成，所以作业人员的穿戴应满足洁净室的基本要求，并规定不得用裸手触摸管道内壁，因为手上往往附着肉眼无法看到的油分子、水分子、细小的灰尘颗粒等，这些看不见的有害分子的是特种气体管道施工的主要隐患，所以必须杜绝。

3 本款规定切管器所适用的不锈钢管的管道口径，切管器（即通常所说的割刀）应与管道直径相匹配，并规定了切割后管道的端口处理方式和处理要求，这些都是为保证特种气体管焊接质量作出的规定。

4 本款规定的目的是防止管道加工时切屑进入管道内污染或划伤管道内壁。

5 本款规定了管道口径大于 12.7mm 的管道的切割方法和要求。不锈钢管洁净施工专用切割机一般采用行星式薄壁不锈钢管道切割机，它是使自转的刀片绕着管子公转进行切割，管子被夹紧在确保和刀片垂直的自定心卡盘上；行星式管道切割机切割前，进刀手柄先进刀，然后固定进刀位置，接着旋转手轮，在刀片公转一周以后，管道自动切割下来。由于夹持面和切割面非常垂直，切割中受力并不大，所以可以得到与管道垂直的切割平面。行星式切割机的优点是：整个切割过程为冷切割，没有毛刺，切口非常垂直，不用冷却液，管道待焊部位没有污染，能满足焊接质量要求；切割机有非常高的切割速度，能在 30s 内完成一个直径为 88.9mm 薄壁不锈钢管道的切割，如果要和带锯相比较的话，带锯切割相同的管道需要 5 倍的时间，而且切割质量无法相提并论。手工锯、砂轮切割机更是不能满足特种气体配管的质量的要求，因为特种气体管道严禁油污。为保证管道的洁净度和防止危险发生，为此作了本款规定。

6 由于不锈钢管洁净施工专用切割机切割时会产切屑颗粒，故本款规定中通入高纯氮气的目的是减少颗粒在管道内壁的吸附。

7 本款规定不得采用什锦锉的目的是为了防止什锦锉对管道内壁戳伤导致管道报废。

8 本款规定对切割后的管道应及时进行管口的清理，用洁净防尘帽或洁净纸胶带将管道口封堵目的在于保证管道的洁净度的要求。

9 特种气体系统材料昂贵，不能随意丢失，但应对切割后剩余管道进行防空气污染的处理，方便下次使用。

12.5.3 由于特种气体管道施工对洁净度的要求，本条规定了特种气体管道预制用洁净室的最基本的洁净环境要求，目的是为了保障特种气体管道的施工质量。

12.5.4 本条第 6 款规定特种气体管道施工过程中不得中断保护气体供应，其目的在于防止焊接时形成氧化膜或管内壁不进行安装时被空气污染，焊接时的保护气体流量当管外径在 6mm～114mm 之间分别为 5L/min～15L/min，施工中断时流量应分别为 2L/min～5L/min，这些数据是长期施工实践的经验数据。

12.5.5 本条对特种气体室外管道配管施工作出了规定。

1 本款一是强调加工场所是在洁净室；二是强调双重包装应在洁净室内打开。

2 本款规定室外作业的特种气体管道应进行预连接，并不应全部打开包装袋，仅在管口处打开并立即充氩气保护，其目的是避免污染。

3 本款规定了预制加工组件运往现场的要求。

4 本款规定了室外特种气体管道配管长度的测量方法，目的在于测量的正确性，防止出现返工现象。

5 本款规定了保证管道内的洁净度的吹扫采用惰性的氩气和氮气。

6 因为特种气体管道支架间距比公用、动力管道小，而室外特种气体管道经常与公用动力管道共用室外管架，所以本款规定室外特种气体管道支架采用槽式桥架的形式。槽式桥架的材质应保证特种气体管道不发生腐蚀和满足美观的要求。

7 本款是为了防止支架不被腐蚀而作的规定。

8 目前特种气体管道的材料使用、操作规范、施工水平等都已经比较完善，管卡的使用也经历了多次的变革，镀镍或不锈钢专用管卡是目前最理想的选择。

9 本款规定为保证特种气体管道免受损伤，在穿墙部位设置套管；为达到防火的要求，在套管内填充难燃材料；为保证室内外密封，必须将洞口两侧密封处理。

12.5.6 本条对特种气体室内管道配管施工作出了规定。

1 为保证特种气体管道外壁施工安装过程不被划伤，本款规定管道焊接完成的组成件应包装完好。

2 特种气体系统配管的支架应单独设立，一方面保证支架免受腐蚀，另一方面保证不受产品制造装置的辅机、排风管、管道等振动影响或利用其固定支架进行配管施工而引起微振，从而导致阀门箱（盘）内的接头会慢慢产生气体泄漏。π型不锈钢管卡就是特种气体管道专用管卡，与U型钢匹配，口径1/2″及其以下的管道通用。3/4″及以上的管卡没有专用π型管卡，而且由于管径大，其需要的承受力增大，故本款作此规定。

3 本款规定为保证房间的洁净度和防止火灾蔓延，特种气体穿墙管道与套管之间的间隙应采用难燃材料填充，墙两侧用不锈钢板封堵敛缝。

4 本款规定了支架的制作要求，支架切割、端头处理等应做到精密细致，与系统整体质量要求一致，并不得生锈产尘而影响洁净度。

5 本款对阀门箱内的预留阀门作了规定，由于特种气体的危害性大，为防止人为误操作和阀门的关闭不严而泄漏，所以预留的阀门必须安装堵头。

8 本款规定辅助氮气分支从主管的上方接入，目的是防止系统内可能存在的水分导入系统中；在弯头处接入会导致气体流量不能满足要求；成排管布局应满足系统美观功能的要求。

9 本款规定特种气体管道施工应严格按照批准的施工图施工，施工发生变化时，必须经设计单位或业主的许可，并做变更手续后方可施工。大口径代替小口径往往会导致介质流速达不到要求或要使流速达到要求时需要加大流量，同时从安全考虑，在满足用量要求的前提下，多余的危险极大的特种气体在管道内储量越少，其危险程度将越小，所以严禁以大口径管道代替小口径的管道。施工时管网中应避免盲管出现，由于盲管会积存气体，容易造成盲管的腐蚀，也对系统吹扫造成隐患。同时规定特种气体系统管路任何位置都不得有分支，分支管道必须从气瓶柜或阀门箱引出，目的在于防止意外泄漏造成重大人员伤亡及设备事故。

12.6 特种气体管道改、扩建工程施工

12.6.1 特种气体系统改建、扩建工程施工工艺及质量要求与新建工程的要求是一致的，但由于改建、扩建工程中增加了拆除特种气体管道的工序，这牵涉到与生产同时进行以及拆除的管道中有可能残存少量危害性极大气体。

1 本款规定了应编制施工方案，鉴于改建、扩建工程的特点，其施工方案应更加具有针对性、指导性和全面性，要把现场可能出现的危险因素全部考虑周到，并制订切实可行的实施措施以及应急预案，由于业主方专业技术人员比施工方更了解现场情况、风险程度及安全技术措施，所以施工方案应报业主批准。对潜在的危险向施工人员进行详尽的技术交底，也是重要的安全预防措施，是避免安全事故发生的源头保证。

2 发生事故后的统一指挥，有序撤离，是减少伤亡的有效手段。

3 明火作业是在特定条件下发生火灾爆炸的诱因，为避免在施工区域动用消防设施引起火灾假象报警，造成不必要的停产损失及人员恐慌，所以必须填写动火作业报告并经过业主的审批，对现场确认无误后方可实施有关作业。同时业主方也将根据施工需要关闭相应区域的火灾报警并派专人监护该区域，这涉及已启用的消防设施的状态改变，所以必须在动用前经过审批许可。

4 本款规定是为了尽量减少施工对生产造成影响，保证施工人员和产品生产作业人员的安全以及设备的安全、产品质量、施工质量等应采取的措施。

5 本款规定改建、扩建、拆除工程必须由施工方和业主方共同现场监督，所有作业必须在业主技术人员的指导下完成。施工人员必须有极强的责任心和

丰富的施工操作经验，细心的在双方技术人员的共同见证下完成各项作业。

12.6.2 本条为强制性条文，必须严格执行。施工前必须将管道内的特种气体用高纯氮气置换干净，且应将管道系统抽真空处理，这是为防止管内残存有害气体在施工时对人身及设施造成安全威胁所采取的措施。

12.6.3 改造的特种气体管道在切割前应充低压氮气，不得在管内真空状态下进行切割，否则在进行切割时会有大量的空气进入管道，污染管道。

12.7 特种气体系统的检验

12.7.1 本条规定特种气体系统安装完成后应对系统进行检验，目的是为了检查安装质量，防止在运行中发生事故。

12.7.2 为防止施工人员不按照设计要求施工，本条规定特种气体系统的设备、管道、配件及阀门的规格、型号、材质及连接形式应符合设计要求。

12.8 尾气处理装置的安装

12.8.2 本条是对尾气处理装置的固定而作出的规定。目的在于防止尾气处理装置的晃动和移动，造成设备连接管道接口松动，导致气体泄漏发生事故。

12.8.4 本条为强制性条文，必须严格执行。从安全的角度考虑，尾气排气系统的管道必须经过脱脂处理，严禁使用含有油脂的管道。

12.9 生命安全设施安装

12.9.1 由于特种气体系统潜在危险性较大，本条规定施工人员在生产、施工区域内，严禁任意搬弄各种阀门、开关、按钮，防止因为施工操作不当酿成事故。

12.9.2 特种气体报警装置的正确安装位置对早期发现特种气体的泄漏十分重要，本条规定是对设计条款的加强，提醒安装人员正确安装气体报警装置。

13 特种气体系统验收

13.1 一 般 规 定

13.1.1、13.1.2 本节是对特种气体系统施工验收的范围和工程验收的依据作出有关的规定。

13.2 设 备 验 收

13.2.1～13.2.3 特种气体设备的验收，可根据设备的类型、功能特性和参数确定验收程序和内容。下列验收表的检查、验收内容是一些工程公司实际使用的验收表格，供使用者参考。表7是常用气瓶柜/气瓶架/阀门箱/阀门盘的验收内容，表8是尾气处理装置的验收内容，本节是根据这些表格的内容整理并结合工程实践作出的相关规定。

表7 常用气瓶柜/气瓶架/阀门箱/阀门盘验收表

日期		名称			
编号		适用气体			
序列号		盘面号码			
盘面	___左___中___右 ___吹扫	√(好)，X(不好)，N/A(不适用)			
1 ____外观检验					
管道横平竖直		焊接质量合格			
管道清洁		调节阀规格和流向			
气动/手动阀门规格和流向		气动/手动阀门手柄颜色(若要求)			
单向阀规格和流向		细流阀规格和流向			
压力变送器/压力表规格		过滤器规格			
过流开关(高压：___ slpm 低压：___ slpm)		安全阀流向和设定压力(___ MPa)			
所有VCR已锁紧		管件规格：弯头/三通/密封接头等			
垫片规格		管道支架已安装			
吹扫入口管径		工艺出口管径			
排气管径：入口___出口___		测漏管线入口管径			
2 ___压力测试					
测试压力	___ MPa	日期			
24h压降	___ MPa	时间		温度	___
3 ___氦测漏					
	仅限于内部连接管线	氦测漏仪型号			
吸枪法测试压力	___ MPa	阀门内漏测试压力		___ MPa	
喷氦法 (1×0^{-9})	___	吸枪法 (5×10^{-6})	___	内漏 (5×10^{-6})	___(atm Cc/se He)
4 ___颗粒测试(可选项)					
颗粒测试仪型号					
	0.1μm	样品号	1_2_3_4_5_		
入口压力	___ MPa	日期			
出口压力	___ MPa	时间		温度	___
盘面流量	___ slpm	样品数量			
5 ___水分和氧分分析(可选项)					
入口压力	___ MPa	日期			
出口压力	___ MPa	时间		温度	___
最终数值	H_2O水分	___ ppb	O_2氧分	___ ppb	
基线数值	H_2O水分	___ ppb	O_2氧分	___ ppb	

续表 7

日期		名称	
编号		适用气体	
序列号		盘面号码	
盘面	___左___中___右 ___吹扫	√(好)， X(不好)，	N/A(不适用)
6___功能测试			
过流开关		过流阀门	
温度开关		压力传感器	
电子秤		气柜排风开关	
细流吹扫阀门		压力开关	
安全阀		—	—
7___最终检验			
标签—气柜序列		公司标签	
危险品标签		气柜警示标签	
电气序标签		盘面序列号	
盘面阀门		手动阀—手柄颜色	
检查 CGA 垫圈和微孔		正确的钢瓶盘管高度	
钢瓶托架		气柜入口过滤器已安装	
排风指示带已安装		其他散件	
钢瓶扎带/链条		门窗钥匙	
门窗闭合器		喷淋头已旋紧	
穿线已密封		排风口已袋封	
喷漆色泽均匀		地板垫已放置	
工程资料		操作手册	
合格证明		盘面保压 1.4bar	
所有开孔已密封		气柜/装配盘面已清洁	
检验标签已挂		—	—
8___系统完成			
质保合格印章		日期	
检验者签名		日期	

表 8　尾气处理装置验收表

序号	检查内容	标准	检查点	状况
		外观检查		
1	电缆连接	与电气图纸对比	电缆规格	
			编号	
			隐蔽线	
			端子规格	
2	管道连接	与管道图纸对比	管件	
			管道流程	
3	管道接头	目测	采用标准扳手	

续表 8

序号	检查内容	标准	检查点	状况
		外观检查		
4	管道弯管	目测	可靠性	
			维护性	
			拆卸	
			装配	
5	电气附件	目测	与图纸对比	
6	仪表附件	目测	与图纸对比	
7	柜壳	与图纸对比	外形尺寸	
			柜门状况	
8	洁净	目测	无粉尘油渍等	
9	标签	是否张贴	大小	
			位置	
			气体流向	
10	油漆	目测	颜色	
			疤痕	
11	管夹	目测	测量间距	
		电气检查		
1	主电源	380V AC. 三相	380V AC. 三相	
2	24V DC. 变压器	24V DC. ±3%	24V DC.	
3	温度控制器高	850℃	℃	
	温度控制器低	650℃	℃	
	参数设定值	750℃	℃	
4	排风温度控制器	60℃	℃	
	参数设定值	60℃	℃	
5	SSR 固态继电器	ON/OFF		
6	热电耦	<±2℃	± ℃	
7	入口压力表	最大 200mmH_2O		
8	出口压力表	最大 200mmH_2O		
9	蜂鸣器	ON/OFF		
10	紧急切断	ON/OFF		
11	风扇	ON/OFF		
12	氮气流量范围	30L/min～50L/min	bar L/min	
13	水流量范围	5L/min～7L/min	bar L/min	
14	空气流量范围	60L/min～180L/min	bar L/min	
15	电磁阀	ON/OFF		
16	信号灯	ON/OFF		

续表 8

序号	检查内容	标准	检查点	状况
电气检查				
17	塔灯	正常：绿		
		警告：黄		
		报警：红		
18	加热器升温时间	<30min	min	
19	磁接触	ON/OFF		
20	传感器	ON/OFF		
21	PLC	运行		
22	水流开关	ON/OFF		
23	气流开关	ON/OFF		
24	排液泵	ON/OFF		
其他				

13.3 管路与系统验收

13.3.1 本条是对特种气体管路施工安装后的外观检查等作出的规定。

2、3 这两款针对管路施工出现的弯管裂纹或焊缝质量作出了规定，其中对于焊缝凹陷度、凸起度、错边和焊缝宽度等量化数据的规定是根据近年来的工程实践的分析、统计作出的推荐性规定。

13.3.3 本条规定的特种气体管道安装后的压力试验要求，包括强度试验和气密性试验或泄漏量试验，由于此类管道大都输送具有一定纯度的各种特种气体，为避免污染和吹净水分的复杂过程，所以不能采用水压试验，本条规定采用高纯氮气或高纯氩气进行气压试验。

气密性试验或泄漏量试验时间为24h，为避免昼夜温度变化和长时间试验时的压力波动，所以应记录整个试验过程的温度、压力变化，并对记录值进行温度、压力修正后压降值不得超过1%。

压力试验的压力修正公式如下：

$$P_2=[(P_1+P_{atm})T_2/T_1]-P_{atm} \quad (1)$$

式中 P_1——初始表压（bar）；

P_2——最终表压（bar）；

P_{atm}——大气压力，通常为1.01bar（a）；

T_1——初始周围温度K（=℃+273.15）；

T_2——最终周围温度K（=℃+273.15）。

13.3.4 由于特种气体有可燃性，毒性，腐蚀性、氧化性、窒息性等特性，这些气体在生产作业过程中一旦发生泄漏将会引发火灾、中毒、腐蚀和损害作业人员健康等事故。为防止泄漏，本条规定特种气体管道再进行气密性试验或泄漏性试验后还应进行氦检漏试验，以便严格检查控制管道系统可能出现的泄漏点，确保管道施工质量。

13.3.5～13.3.7 这三条规定是为了确保特种气体管道投入运行后，不会因为管道内存在污染物或管道内壁吸附的污染物质逐渐释放或管道附件、阀门花簇渗漏污染物，影响输送的特种气体受到污染，达不到产品生产所要求的纯度。为此，应在特种气体进行氦检漏试验合格后进行纯度试验，根据所输送的特种气体种类和物理化学性质的不同采用不同的试验气体，包括颗粒测试、水分测试、氧分测试的纯度测试或纯度试验均采用增重法进行评价，即从被测试特种气体管道的测试气体引入端获取引入的测试气体的颗粒、水分、氧分含量，同被测试管道排出口的测试气体的相关杂质含量进行比较，若增量值未超过规定值，判断为验收合格。纯度测试用仪器应根据增量规定值的要求选用相应检测精度的分析仪器。

颗粒度分析主要是检查高纯气体系统中各种尺寸超细颗粒的数量，也是系统纯度检查和纯度保证的一种方式，它对于辅助吹扫气源的颗粒度有严格的要求，一般要求0.1μm～0.5μm的颗粒数量为零，辅助吹扫气体的雷诺数应大于10000，表9是各种尺寸管道颗粒检查对于吹扫气体流量及雷诺数的推荐要求。

气体系统颗粒计数仪器大都采用激光式的计数仪器，激光颗粒计数仪主要应用光散射和分子布朗运动的基本物理性质制成，激光具有很好的单色性和极强的方向性，所以在没有阻碍的无限空间中激光将会照射到无穷远的地方，并且在传播过程中很少有发散的现象。

表9 管道吹扫气体流量

管道外径（英寸）	气体流量 slpm（scfh）	雷诺数
1/4	35（70）	10000
3/8	50（100）	10000
1/2	75（150）	10000
3/4	120（240）	10000
1	170（340）	10000
1½	260（520）	10000
2	270（540）	7500
3	280（560）	5000
4	370（740）	5000
6	450（900）	4000

水分测试要求：为保证高纯气体系统的水分含量及系统的纯度，需要进行水分分析。一般情况下，直接阅读水分分析仪的显示数值；水分分析仪器有很多种，它的测量方式主要有电化学测量法和光学绝对测量法。

氧分分析的目的和水分分析一样，也是检查气体系统纯度的一种方式，一般情况下，直接阅读氧分分析仪的显示数值，电子行业所用的氧分分析仪器主要为电化学分析仪器。

13.4 气体探测与监控系统验收

13.4.1、13.4.2 这两条规定了特种气体系统的气体探测、监控系统施工验收时，应进行的检查和功能模拟试验的内容，这些内容是依据近年来国内电子工厂特种气体输送系统的施工安装工程实践的经验，进行认真分析、总结作出的，表10中的气体探测、监控系统检查、验收内容是一些工程公司实际使用的验收表格，供使用者参考。

表10 特种气体探测、监控系统验收表

条目	描述	是	否	不适用
	系统设计检验			
A	设备必须置于干燥封闭区域			
B	所有气体探测设备按照设计图纸安装			
C	气体探测传感器已根据气流方向安装			
D	气体探测系统的排放管道已经接入抽风管			
E	控制系统按照设计文件安装			
F	功能表已经审核完毕			
	系统安装检验			
A	所有设备安装固定完毕，并具备操作空间			
B	气体探测传感器已根据气流方向安装			
C	气体探测器取样管已根据气流方向安装			
D	控制系统按照设计文件和标准安装			
E	声光报警器根据设计图纸位置安装			
F	标签已张贴			
G	设备安全接地			
H	气体探测系统的排放管道已经接入抽风管			

续表10

条目	描述	是	否	不适用
	调试运行检验			
A	主要菜单显示			
B	传感器维护			
C	选择气体名称			
D	报警值设置			
E	探测器操作手册			
	系统功能检验			
A	按功能和程序表，校验每个探测器的故障信号			
B	按功能和程序表，校验每个探测器的一级报警			
C	按功能和程序表，校验每个探测器的二级报警			
D	按功能和程序表，校验每个数字输入信号的动作			
	图形软件检验			
A	系统启动流程			
B	系统登录流程			
C	安全口令设置			
D	报警屏幕的报警确认			
E	图形趋势视窗审核，包括：顶部屏幕报警确认、顶部屏幕报警重置、维护/监控变换按钮、探测器设置视窗和趋势记录视窗导航			
F	设置视窗/改变图标			
G	位置			
H	系统关闭			
I	图形软件操作手册			
	图形功能检验			
A	确认气体监控系统与气体输送系统界面完成，功能满足要求			
B	确认气体监控系统与设备切断系统界面完成，功能满足要求			
C	根据功能表，测试系统程序满足报警和切断功能			
D	确认真实气体泄漏测试完成，并有相关部门见证			

中华人民共和国国家标准

城市道路交叉口规划规范

Code for planning of intersections
on urban roads

GB 50647—2011

主编部门：中华人民共和国住房和城乡建设部
批准部门：中华人民共和国住房和城乡建设部
施行日期：2012年1月1日

中华人民共和国住房和城乡建设部
公　告

第877号

关于发布国家标准
《城市道路交叉口规划规范》的公告

现批准《城市道路交叉口规划规范》为国家标准，编号为GB 50647—2011，自2012年1月1日起实施。其中，第3.4.2、3.5.1（5）、3.5.2（3）、3.5.5、4.1.1（1）、4.1.3（4）、5.4.2、5.5.1、5.5.2、5.6.1、6.1.1（1）、6.2.2、6.3.1（1、2）、7.1.2（3）、7.1.3（1）、7.1.5（1）条（款）为强制性条文，必须严格执行。

本规范由我部标准定额研究所组织中国计划出版社出版发行。

中华人民共和国住房和城乡建设部

二〇一〇年十二月二十四日

前　言

本规范是根据原建设部《关于印发〈二〇〇四年工程建设国家标准制订、修订计划〉的通知》（建标〔2004〕67号）的要求，由同济大学会同有关单位共同编制。

本规范在编制过程中，编制组在深入调查研究，认真总结国内外科研成果和大量实践经验，并广泛征求意见的基础上，经反复讨论、修改、充实，最后经审查定稿。

本规范共分9章和3个附录。主要内容包括：总则、术语和符号、基本规定、平面交叉口规划、立体交叉规划、道路与铁路交叉规划、行人与非机动车过街设施规划、公共交通设施规划、交叉口辅助设施等。

本规范中以黑体字标志的条文为强制性条文，必须严格执行。

本规范由住房和城乡建设部负责管理和对强制性条文的解释，由同济大学负责具体技术内容的解释。请各单位在执行过程中，总结实践经验，积累资料，随时将有关意见和建议反馈给同济大学交通运输工程学院（地址：上海市嘉定区曹安公路4800号，邮政编码：201804，E-mail：keping _ li@vip.163.com），以供今后修订时参考。

本规范主编单位、参编单位、主要起草人和主要审查人：

主编单位：同济大学

参编单位：中国城市规划设计研究院
北京市市政工程设计研究总院
天津市市政工程设计研究院
深圳市城市交通规划研究中心
成都市规划设计研究院
上海市公安局交通警察总队
重庆市城市交通规划研究所
郑州市市政工程设计研究院
华中科技大学
上海海事大学
哈尔滨市规划设计研究院

主要起草人：杨佩昆　李克平　赵　杰　陈小鸿
刘　勇　朱兆芳　王晓华　郑连勇
林　群　滕生强　周　涛　王巨涛
李　杰　杨晓光　林航飞　戴继锋
张慧敏　闫　勃　全　波　张贻生
宋建平　钱红波　向旭东　傅　彦
朱　彬　白子建　谷李忠　庄　斌
周　佺　高　霄　张国华　白　玉
姚　琪　朱胜跃　顾启英　沈莉芳
龚凤刚

主要审查人：全永燊　崔健球　朱兆芳　段里仁
陈洪仁　严宝杰　张均任　刘运通
陈声洪　王晓明

目　次

1　总则 …………………………… 1—31—5
2　术语和符号 …………………… 1—31—5
2.1　术语 …………………………… 1—31—5
2.2　符号 …………………………… 1—31—5
3　基本规定 ……………………… 1—31—6
3.1　一般规定 ……………………… 1—31—6
3.2　城市道路交叉口分类、功能及选型 ……………………… 1—31—6
3.3　城市规划各阶段交叉口规划内容 ……………………… 1—31—8
3.4　交叉口规划范围 ……………… 1—31—8
3.5　交叉口规划要素 ……………… 1—31—10
4　平面交叉口规划 ……………… 1—31—12
4.1　一般规定 ……………………… 1—31—12
4.2　信号控制交叉口 ……………… 1—31—13
4.3　无信号控制交叉口 …………… 1—31—15
4.4　常规环形交叉口 ……………… 1—31—15
4.5　短间距交叉口规划 …………… 1—31—15
5　立体交叉规划 ………………… 1—31—16
5.1　一般规定 ……………………… 1—31—16
5.2　立体交叉主线规划 …………… 1—31—16
5.3　立体交叉匝道规划 …………… 1—31—16
5.4　立体交叉变速车道规划 ……… 1—31—17
5.5　立体交叉集散车道规划 ……… 1—31—17
5.6　立体交叉辅助车道规划 ……… 1—31—17
5.7　立体交叉范围内辅路、人行道等其他设施规划 ……………… 1—31—18
6　道路与铁路交叉规划 ………… 1—31—18
6.1　一般规定 ……………………… 1—31—18
6.2　道路与铁路平面交叉道口 …… 1—31—18
6.3　道路与铁路立体交叉 ………… 1—31—19
7　行人与非机动车过街设施规划 ……………………… 1—31—20
7.1　行人过街设施 ………………… 1—31—20
7.2　非机动车过街设施 …………… 1—31—21
8　公共交通设施规划 …………… 1—31—21
8.1　一般规定 ……………………… 1—31—21
8.2　交叉口公共汽（电）车停靠站 … 1—31—21
8.3　公共汽（电）车专用进出口车道 ……………………… 1—31—22
8.4　公共汽（电）车优先控制 …… 1—31—22
9　交叉口辅助设施 ……………… 1—31—22
9.1　安全 …………………………… 1—31—22
9.2　环境保护 ……………………… 1—31—23
9.3　排水 …………………………… 1—31—23
9.4　绿化与景观 …………………… 1—31—23
附录A　设计通行能力 ……………… 1—31—23
附录B　行人与非机动车过街设施附图 ……………… 1—31—25
附录C　公共交通设施附图 ………… 1—31—26
本规范用词说明 …………………… 1—31—27
引用标准名录 ……………………… 1—31—27
附：条文说明 ……………………… 1—31—28

Contents

1 General provisions ········· 1—31—5
2 Terms and symbols ········· 1—31—5
2.1 Terms ········· 1—31—5
2.2 Symbols ········· 1—31—5
3 Basic requirement ········· 1—31—6
3.1 General requirement ········· 1—31—6
3.2 Classification, function and type selection of intersections ········· 1—31—6
3.3 Intersection planning contents corresponding each urban planning stage ········· 1—31—8
3.4 Planning range of intersections ··· 1—31—8
3.5 Planning elements of intersections ········· 1—31—10
4 At-grade intersection planning ········· 1—31—12
4.1 General requirement ········· 1—31—12
4.2 Signalized intersection ········· 1—31—13
4.3 Unsignalized intersection ········· 1—31—15
4.4 Roundabout ········· 1—31—15
4.5 Short distance intersection planning ········· 1—31—15
5 Interchange planning ········· 1—31—16
5.1 General requirement ········· 1—31—16
5.2 Main line planning of interchange ········· 1—31—16
5.3 Ramp planning of interchange ··· 1—31—16
5.4 Speed-change lane planning of interchange ········· 1—31—17
5.5 Collector-distributor lane planning of interchange ········· 1—31—17
5.6 Auxiliary lane planning of interchange ········· 1—31—17
5.7 Auxiliary roads, sidewalk and other facilities planning within interchange ········· 1—31—18
6 Road-railway crossing planning ········· 1—31—18
6.1 General requirement ········· 1—31—18
6.2 Road-railway grade crossing ····· 1—31—18
6.3 Road-railway grade separation ··· 1—31—19
7 Pedestrian and bicycle crossing facilities planning ········· 1—31—20
7.1 Pedestrian crosswalk facilities ··· 1—31—20
7.2 Bicycle crossing facilities ········· 1—31—21
8 Public transit facilities planning ········· 1—31—21
8.1 General requirement ········· 1—31—21
8.2 Bus (Trolley) stops at intersection ········· 1—31—21
8.3 Bus (Trolley) exclusive approach and exit lane ········· 1—31—22
8.4 Transit signal priority control ··· 1—31—22
9 Subsidiary devices or measures at intersection ········· 1—31—22
9.1 Traffic safety devices ········· 1—31—22
9.2 Environmental protection measures ········· 1—31—23
9.3 Drainage devices ········· 1—31—23
9.4 Greening and landscape measures ········· 1—31—23
Appendix A Design capacity ····· 1—31—23
Appendix B Layout of pedestrian and bicycle crossing facilities ········· 1—31—25
Appendix C Layout of public transit facilities ····· 1—31—26
Explanation of wording in this code ········· 1—31—27
List of quoted standards ········· 1—31—27
Addition: Explanation of provisions ········· 1—31—28

1 总 则

1.0.1 为科学、合理地规划城市道路交叉口，充分利用交叉口时空资源，实现交叉口人流和车流的交通安全与通达，制定本规范。

1.0.2 本规范适用于城市规划各阶段相应的道路交叉口规划，以及城市道路平面交叉口或立体交叉的新建、改建与交通治理专项规划。

1.0.3 城市道路交叉口规划应坚持科学发展和因地制宜的原则，符合保障安全、保证效率，保护环境、节约土地资源的要求。

1.0.4 城市道路交叉口规划除应符合本规范外，尚应符合国家现行有关标准的规定。

2 术语和符号

2.1 术 语

2.1.1 交通功能 traffic function

交通设施在交通系统中所承担的作用，以及对出行者所能提供的交通服务和服务水平。

2.1.2 宏观交通组织 macro traffic organization

在一定范围的交通系统中，规定各类道路上各种交通方式在空间与时间上的协调关系，使各种交通方式在道路系统中能有序、安全、高效地通行的交通运行方案

2.1.3 微观交通组织 micro traffic organization

在交叉口可通行的空间与时间范围内，安排组织从各方面汇集到交叉口的各种交通流有序地向各方向疏散，以保障人流和车流安全、高效地通过交叉口的交通运行方案。

2.1.4 快速公共交通 bus rapid transit (BRT)

运用大容量公共交通车辆和先进的控制管理系统，在专用的车道上运行，具有运量大、运行速度快等特性的新型公共交通方式。

2.1.5 信号控制交叉口 signalized intersection

用交通信号灯组织指挥冲突交通流运行次序的平面交叉口。

2.1.6 无信号控制交叉口 unsignalized intersection

不用交通信号灯，而用交通标志、标线或仅根据道路交通安全法中对通行权的规定，组织相冲突交通流运行次序的平面交叉口。

2.1.7 减速让行标志交叉口 yield sign intersection

主要道路与次要道路相交，用减速让行标志来规定次要道路车辆在进入交叉口前必须减速、让主要道路车辆先行，确认安全后方可通行的交叉口。

2.1.8 停车让行标志交叉口 stop sign intersection

主要道路与次要道路相交，或次要道路相交，用停车让行标志来规定次要道路车辆或各向车辆在进入交叉口前必须停车瞭望，确认安全后方可通行的交叉口。

2.1.9 全无管制交叉口 uncontrolled intersection

没有任何管制措施，各流向的交通流按道路交通安全法规定的先后通行次序通行的平面交叉口。

2.1.10 枢纽立交 key interchange

特大城市、大城市的快速路与快速路、城际高速公路或重要主干路相交，车流分层通行的交叉、转向交通节点。

2.1.11 一般立交 common interchange

城市主干路或次干路与城市快速路或城际高速公路相交，主线车流分层通行的交叉、转向交通节点。

2.1.12 分离立交 grade separation without ramps (flyover or underpass)

城市快速路或交通量特大的主干路与其他城市道路相交，主线车流以上跨或下穿方式连续通行、无任何形式转向匝道的交通节点。

2.1.13 集散车道 collector-distributor lane

为了减少立体交叉主线上进出口的数量和交通流的交织，在主线一侧或两侧设置的与主线平行且横向分离，并在两端与主线相连，供进出主线车辆运行的车道。

2.1.14 辅助车道 auxiliary lane

在立体交叉分流段上游、合流段下游，为使匝道上、下游主线道路车道数平衡且保持主线的基本车道数而在主线一侧增设的车道。

2.1.15 进口道 approach

平面交叉口上，车辆从上游路段驶入交叉口的一段车行道。

2.1.16 出口道 exit

平面交叉口上，车辆从交叉口驶入下游路段的一段车行道。

2.1.17 基本饱和流量 basic saturation flow

理想条件下，一条进口车道上单位绿灯时间内所能通过的最大车辆数。

2.1.18 规划（设计）饱和流量 planning (design) saturation flow

基本饱和流量经各种影响因素修正后的饱和流量。

2.1.19 短间距交叉口 short distance intersection

相邻交叉口间距小于上游交叉口所需出口道总长与下游交叉口所需进口道总长之和的两交叉口。

2.2 符 号

C——让行标志交叉口实际通行能力；

C_0——让行标志交叉口基本通行能力；

CAP——信号控制交叉口进口道通行能力（pcu/h）；

C_B——匝道一条车道基本通行能力（pcu/h）；

C_D——单向匝道一条车道设计通行能力（pcu/h）；

C_g——减速或停车让行标志交叉口低优先级车流的基本通行能力（pcu/h）；

cyc——自行车当量；

f——让行标志交叉口考虑各种干扰因素的通行能力折减系数；

f_g——饱和流量的纵坡与重车修正系数；

f_n——单向匝道的车道数对通行能力的修正系数；

f_p——驾驶员条件对通行能力的修正系数；

f_z——转弯车道饱和流量的转弯半径修正系数；

f_t——饱和流量车道宽度修正系数；

f_w——匝道车道宽度对通行能力的修正系数；

G——道路纵坡（%）；

HV——换算成标准车后的重车率；

l_b——公交车车辆长度（m）；

l_m——港湾式公交停靠站长度（m）；

L_a——进口道规划展宽长度（m）；

L_b——公交车站站台长度（m）；

L_d——进口道展宽段渐变段长度（m）；

L_s——进口道展宽段长度（m）；

MSV_i——一条匝道第 i 级服务水平的最大服务交通量（pcu/h）；

n——路段单向车道数；

N——高峰 15min 内每一信号周期的左转或右转车的平均排队车辆数（veh）；

p——公交站台停车泊位数；

q_H——减速或停车让行标志交叉口高优先级车流交通量（pcu/h）；

r——进口道展宽系数；

S_b——基本饱和流量（pcu/h）；

S_c——道口侧向视距（m）；

S_{bt}——直行车道基本饱和流量（pcu/h）；

S_{bl}——左转车道基本饱和流量（pcu/h）；

S_{br}——右转车道基本饱和流量（pcu/h）；

S_i——第 i 条进口车道的规划（设计）饱和流量（pcu/h）；

S_l——左转车道经转弯半径-车道宽度等修正后的规划（设计）饱和流量（pcu/h）；

S_r——右转车道经转弯半径-车道宽度等修正后的规划（设计）饱和流量（pcu/h）；

S_s——安全停车视距（m）；

S_t——车道宽度等修正后的直行车道规划（设计）饱和流量(pcu/h)；

Δt_f——让行标志交叉口低优先级车流平均跟驶穿越空档（s）；

Δt_o——低优先级车辆能穿越高优先级车流的临界空档（s）；

V_d——道路设计车速（km/h）；

$(V/C)_i$——第 i 级服务水平的最大服务交通量与基本通行能力的比值；

W_0——右转专用车道加宽后的宽度（m）；

W_1——进口道规划红线的展宽宽度（m）；

W_2——路段平均一条车道规划宽度（m）；

λ_i——第 i 条进口车道所属信号相位的绿信比。

3 基本规定

3.1 一般规定

3.1.1 城市道路交叉口规划用地红线范围和规划方案，应根据下列因素确定：

1 城市规划和城市交通规划所确定的相交道路的类型。

2 依照交叉口所在地区的道路网络及其在道路网中的定位、周边用地、环境特点等因素确定的交通功能，以及平面交叉口或立体交叉的规划选型。

3 公共交通线网规划中快速公交线、公交专用道、专用车道线网规划和港湾式公交站的布局方案。

4 步行、自行车交通系统布局及规划指标。

5 平面交叉口各类相交道路红线宽度指标和典型横断面形式；立体交叉规划选型、主线及匝道规划方案等。

3.1.2 交叉口规划应结合技术、经济、社会、环境等因素，在进行多方案综合比选后确定。

3.2 城市道路交叉口分类、功能及选型

3.2.1 交叉口分类应符合下列规定：

1 交叉口按城市大小与相交道路类型的分类应符合表3.2.1-1～表3.2.1-3的规定。

表 3.2.1-1 特大城市与大城市交叉口按相交道路类型的分类

相交道路	快速路	主干路	次干路	支路
快速路	快-快交叉口	—	—	—
主干路	快-主交叉口	主-主交叉口	—	—
次干路	快-次交叉口	主-次交叉口	次-次交叉口	—
支路	—	主-支交叉口	次-支交叉口	支-支交叉口

表 3.2.1-2 中等城市交叉口按相交道路类型的分类

相交道路	主干路	次干路	支路
主干路	主-主交叉口	—	—
次干路	主-次交叉口	次-次交叉口	—
支路	主-支交叉口	次-支交叉口	支-支交叉口

表 3.2.1-3 小城市交叉口按相交道路类型的分类

相交道路	干路	支路
干路	干-干交叉口	—
支路	干-支交叉口	支-支交叉口

2 平面交叉口应分为信号控制交叉口（平 A 类）、无信号控制交叉口（平 B 类）和环形交叉口（平 C 类），平面交叉口分类应符合下列规定：

1）信号控制交叉口应分为进、出口道展宽交叉口（平 A1 类）和进、出口道不展宽交叉口（平 A2 类）；

2）无信号控制交叉口应分为支路只准右转通行交叉口（平 B1 类）、减速让行或停车让行标志交叉口（平 B2 类）和全无管制交叉口（平 B3 类）。

3 立体交叉应分为枢纽立交（立 A 类）、一般立交（立 B 类）和分离立交（立 C 类）。

3.2.2 各类交叉口的功能和基本要求应符合下列规定：

1 快-快交叉口应满足快速路主线车流快速、连续通行，车行道应为机动车专用车道，主线上不得因设置匝道而使匝道进出口上游与下游通行能力严重不匹配，并应符合下列规定：

1）在主要公共交通客流通道的快速路应规划快速公共交通专用车道及港湾式停靠站；

2）行人、非机动车应与机动车分层通行。

2 快-主交叉口应满足快速路主线车流快速、连续通行，车行道应为机动车专用车道，主线上不得因设置匝道而使匝道进出口上游与下游通行能力严重不匹配，并应符合下列规定：

1）主干路上应按公共交通客流需求规划快速公共交通或主干公交专用车道及港湾式停靠站；

2）行人、非机动车应与快速路上机动车分层通行，主干路的人行过街横道中间应设安全岛，并应采用专用信号控制。

3 快-次交叉口应满足快速路主线交通快速、连续通行功能和次干路局部生活功能，并应符合下列规定：

1）次干路-快速路间提供必要流向的转向、集散交通通道；

2）次干路应按公交客流需求规划主干公交或区域公交专用车道及港湾式停靠站；

3）次干路人行过街横道中间应设安全岛，并应采用专用信号控制。

4 主-主交叉口应满足主干路主要流向车流畅通、能以中等速度间断通行、以交通功能为主，并应符合主干路的基本要求。

5 主-次交叉口应满足主干路畅通及次干路-主干路间转向交通需求、能以中等速度间断通行、以集散交通功能为主、兼有次干路局部生活功能，并应符合主、次干路的要求以及交叉口通行能力与转向交通需求相匹配的要求。

6 主-支交叉口应满足主干路畅通、能以中等速度连续通行，支路应右转进出主干路，有必要时，经论证可选用其他相交形式；主干路应以交通功能为主，支路应以生活功能为主，并应符合主、支道路的要求。

7 次-次交叉口应满足次干路主要流向车流畅通、能以中等速度间断通行，应兼具交通与生活功能，并应符合次干路的要求。

8 次-支交叉口应满足次干路集散交通功能和支路的生活功能，当不采用信号控制时，应保证次干路车流连续通行，并应符合次、支道路的要求。

9 支-支交叉口应满足生活功能，并应符合支路的要求。

3.2.3 交叉口选型应符合下列规定：

1 应满足安全、通达、节约用地及交通功能的要求。

2 总体规划阶段应按下列原则选定平面交叉或立体交叉形式：

1）城市快速路系统上交叉口应采用立体交叉形式；

2）除快速路之外的城区道路上不宜采用立体交叉形式；

3）当通过主-主交叉口的预测总交通量不超过 12000pcu/h 时，不宜采用立体交叉形式。

3 控制性详细规划阶段交叉口类型应按表 3.2.3 的规定选择。

表 3.2.3 控制性详细规划阶段交叉口选型

交叉口类型	选型	
	应选类型	可选类型
快-快交叉	立 A 类	—
快-主交叉	立 B 类	立 A 类或立 C 类
快-次交叉	立 C 类	立 B 类
主-主交叉	平 A1 类	立 B 类中的下穿型菱形立交
主-次交叉	平 A1 类	—

续表 3.2.3

交叉口类型	选型	
	应选类型	可选类型
主-支交叉	平 B1 类	平 A1 类
次-次交叉	平 A1 类	—
次-支交叉	平 B2 类	平 C 类或平 A1 类
支-支交叉	平 B2 类或平 B3 类	平 C 类或平 A2 类

注：1 当城市道路与公路相交时，高速公路应按快速路，一级公路应按主干路，二、三级公路按次干路，四级公路按支路，确定与公路相交的城市道路交叉口的类型。

2 小城市干-干交叉口可按表中的次-次交叉口确定，干-支交叉口可按次-支交叉口确定。

3.3 城市规划各阶段交叉口规划内容

3.3.1 交叉口规划应分别满足城市总体规划、城市分区规划、控制性详细规划、交通工程规划阶段的内容规定，并应符合下列规定：

1 应编制城市综合交通规划，并应将其中交叉口规划成果纳入城市总体规划。

2 应编制交通工程规划，并应明确工程设计阶段交叉口的控制性条件与关键要素。

3.3.2 城市总体规划阶段交叉口规划内容应符合下列规定：

1 应与规划道路网系统及道路系统整体宏观交通组织方案相协调，应明确不同区域交叉口交通组织策略以及选择不同类型交叉口形式的基本原则，并应确定道路系统主要交叉口的布局。

2 应按相交道路的类型及功能，选择立体交叉的类型、框定立体交叉用地范围，应合理控制互通式立体交叉的规划间距，并应协调与周围环境及用地布局的关系。

3.3.3 城市分区规划阶段交叉口规划内容应符合下列规定：

1 应与分区规划道路网系统及分区道路系统整体宏观交通组织方案相协调，并应明确立体交叉及主、次干路相交交叉口的整体布局。

2 应优化立体交叉类型，并应确定主、次干路相交交叉口的类型。

3 应确定立体交叉及主、次干路相交交叉口控制点坐标、标高。

4 应确定立体交叉及主、次干路相交交叉口红线范围。

3.3.4 控制性详细规划阶段交叉口规划内容应符合下列规定：

1 应结合道路系统宏观交通组织方案，并应明确交叉口微观交通组织方式。

2 应确定各类交叉口控制点坐标及标高。

3 立体交叉规划应根据交通功能、用地条件等因素，结合交通需求分析，进行方案比选，应经技术、经济综合比较后明确推荐方案，并应确定立体交叉红线范围。

4 平面交叉口规划应提出平面布局初步方案，并应确定红线范围。

5 应根据交叉口初步方案，提出交叉口附近道路外侧规划用地和建筑物出入口控制要求。

3.3.5 交通工程规划阶段交叉口规划内容应符合下列规定：

1 应编制交叉口微观交通组织方案。交叉口微观交通组织方案应根据红线控制范围、交叉口规划的现实条件、交通需求等因素拟定，并应与道路系统整体宏观交通组织、周边用地规模、用地性质、景观、环境条件等相协调。

2 应审核控制性详细规划阶段及其他相关规划成果提出的交叉口初步方案，并应结合地形、地物及相关标准对初步方案进行完善和细化。

3 应确定立体交叉各组成部分的规划方案。规划方案应主要包括主线、匝道、变速车道、集散车道、辅助车道、辅路等，并应提出平面交叉口渠化布局方案以及相适宜的信号控制方案，应明确重要技术参数的取值以及上下游交叉口的信号协调关系。

4 应确定交叉口规划范围内公交停靠站及行人与非机动车过街设施布局方案、交通安全与交通管理设施布局方案。

5 应确定交叉口用地规模，并应估算改建与治理交叉口的用地拆迁量，进行规划方案评价。

3.4 交叉口规划范围

3.4.1 平面交叉口规划范围应包括构成该平面交叉口各条道路的相交部分和进口道、出口道及其向外延伸 10m～20m 的路段所共同围成的空间（图 3.4.1）。

3.4.2 新建、改建交通工程规划中的平面交叉口规划，必须对交叉口规划范围内规划道路及相交道路的进口道、出口道各组成部分作整体规划。

3.4.3 立体交叉规划范围应包括相交道路中线投影平面交点至相交道路各进出口变速车道渐变段及其向外延伸 10m～20m 的主线路段间所共同围成的空间（图 3.4.3）。

3.4.4 交叉口的规划范围可根据所需交通设施及其管线的要求适当扩大。

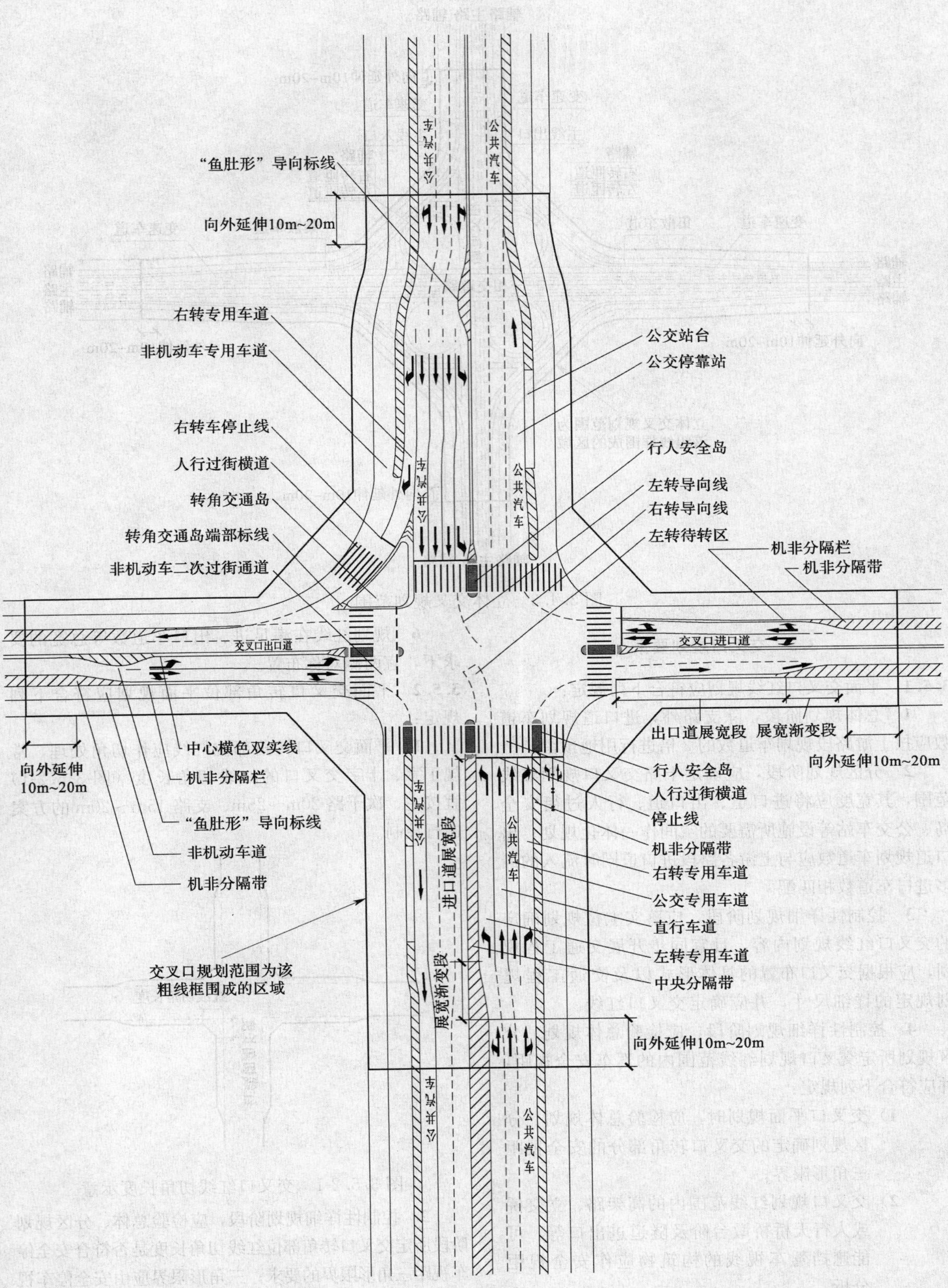

非机动车
公共汽车
"鱼肚形"导向标线
向外延伸10m~20m
右转专用车道
非机动车专用车道
右转车停止线
人行过街横道
转角交通岛
转角交通岛端部标线
非机动车二次过街通道
公交站台
公交停靠站
行人安全岛
左转导向线
右转导向线
左转待转区
机非分隔栏
机非分隔带
交叉口出口道
交叉口进口道
出口道展宽段
展宽渐变段
向外延伸10m~20m
向外延伸
10m~20m
中心横色双实线
机非分隔栏
"鱼肚形"导向标线
非机动车道
机非分隔带
行人安全岛
人行过街横道
停止线
机非分隔带
右转专用车道
公交专用车道
直行车道
左转专用车道
中央分隔带
交叉口规划范围为该
粗线框围成的区域
进口道展宽段
展宽渐变段
向外延伸10m~20m

图 3.4.1 平面交叉口规划范围

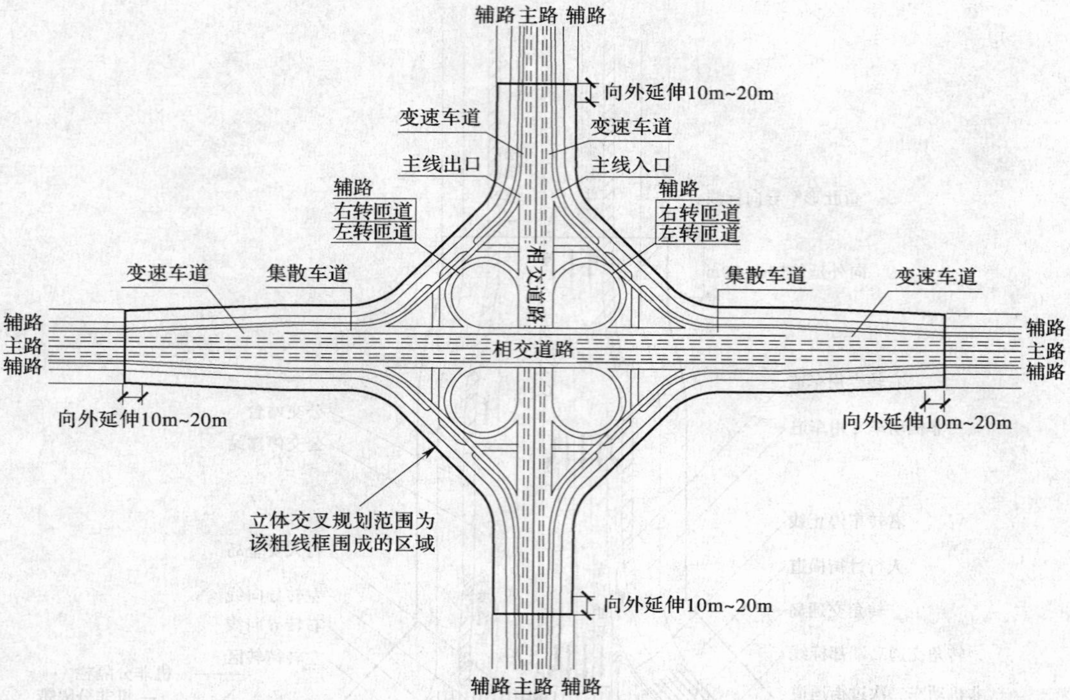

图 3.4.3 立体交叉规划范围

3.5 交叉口规划要素

3.5.1 平面交叉口红线规划应符合下列规定：

1 总体规划阶段，除支路外，进口道规划车道数应按上游路段规划车道数的 2 倍进行用地预留。

2 分区规划阶段，应确定干路交叉口规划红线范围，其宽度应将进口道、出口道、行人过街安全岛、公交车站等设施所需要的空间作一体化规划；出口道规划车道数应与上游各路段进口道同时流入的最多进口车道数相匹配。

3 控制性详细规划阶段，应落实上位规划确定的交叉口红线规划内容，且宜同步开展交通工程规划，应根据交叉口布置的具体形式以及交通工程规划规定的详细尺寸，并应确定交叉口红线。

4 控制性详细规划阶段，应检验总体规划、分区规划所定交叉口规划红线范围内的驾车安全视距，并应符合下列规定：

1）交叉口平面规划时，应检验总体规划、分区规划确定的交叉口转角部分的安全视距三角形限界；

2）交叉口规划红线范围内的高架路、立交桥或人行天桥桥墩台阶及隧道进出口等，可能遮挡驾车视线的构筑物应作安全视距分析。

5 改建、治理规划，检验实际安全视距三角形限界不符合要求时，应按实有限界所能提供的停车视距允许车速，在交叉口上游布设限速标志。

6 规划红线在满足进、出口车道数等总宽的要求下，宜两侧对称布置。

3.5.2 平面交叉口转角部位平面规划应符合下列规定：

1 平面交叉口转角部位红线应作切角处理，常规丁字、十字交叉口的红线切角长度（图 3.5.2-1）宜按主、次干路 20m～25m、支路 15m～20m 的方案进行控制。

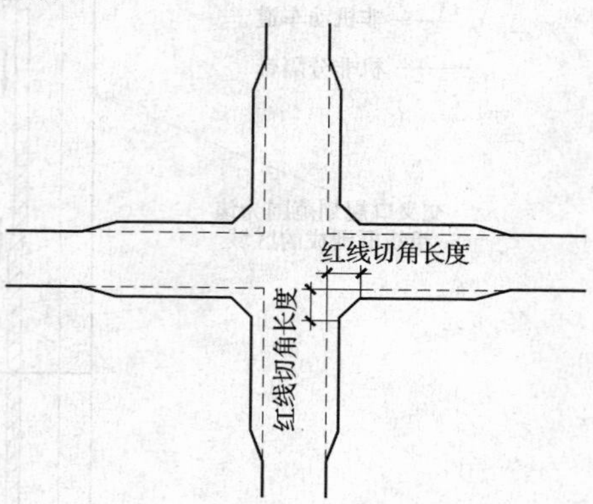

图 3.5.2-1 交叉口红线切角长度示意

2 控制性详细规划阶段，应检验总体、分区规划阶段所定交叉口转角部位红线切角长度是否符合安全停车视距三角形限界的要求；三角形限界应由安全停车视距和转角部位曲线或曲线的切线构成（图 3.5.2-2）。

3 平面交叉口红线规划必须满足安全停车视距三角形限界的要求，安全停车视距不得小于表 3.5.2-

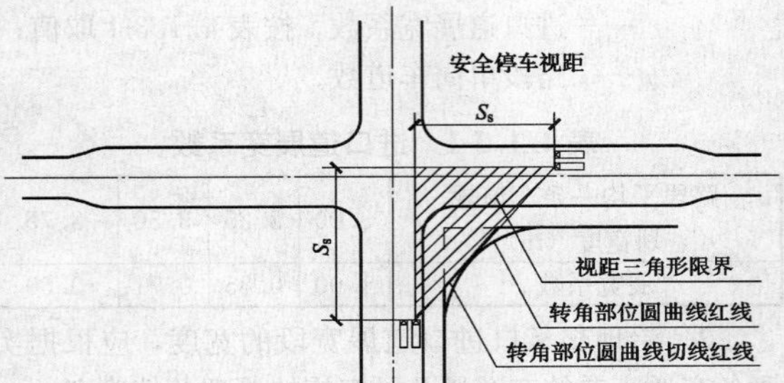

图 3.5.2-2　平面交叉口视距三角形

1 的规定。视距三角形限界内，不得规划布设任何高出道路平面标高 1.0m 且影响驾驶员视线的物体。

表 3.5.2-1　交叉口视距三角形要求的安全停车视距

路线设计车速（km/h）	60	50	45	40	35	30	25	20
安全停车视距 S_s（m）	75	60	50	40	35	30	25	20

4　在多车道的道路上，检验安全视距三角形限界时，视距线必须设在最易发生冲突的车道上。交叉口安全视距三角形限界应符合图 3.5.2-3 的规定。

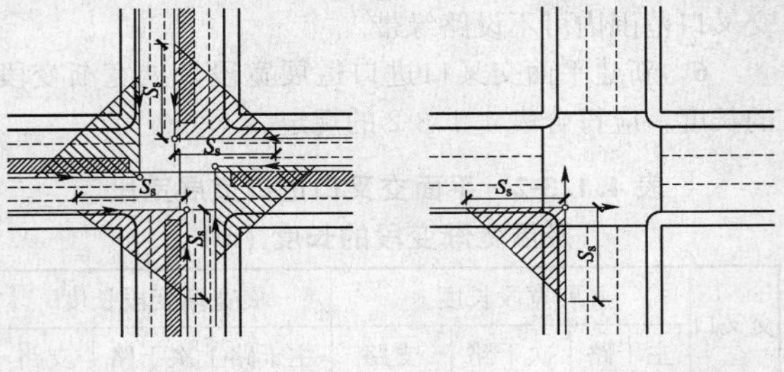

(a) 双向通行交叉口　　(b) 单向通行交叉口

图 3.5.2-3　交叉口安全视距三角形限界
S_s—安全停车视距

5　平面交叉口转角处路缘石宜为圆曲线。交叉口转角路缘石转弯最小半径宜按表 3.5.2-2 的规定确定。

表 3.5.2-2　交叉口转角路缘石转弯最小半径

右转弯计算行车速度（km/h）		30	25	20	15
路缘石转弯半径（m）	无非机动车道	25	20	15	10
	有非机动车道	20	15	10	5

3.5.3　立体交叉红线规划应符合下列规定：

1　总体规划或分区规划阶段，当已选择立体交叉方案时，应框定所选择的立体交叉方案红线范围；当未选择立体交叉方案时，可按苜蓿叶形互通立交的外框初步框定立体交叉的红线范围。

2　控制性详细规划阶段，应根据选定立体交叉的类型及其规划方案的平面图确定立体交叉的规划边缘线，应以规划方案边缘线外延 5m～10m 的范围作为立体交叉的红线控制范围。

3.5.4　城市道路交叉口的规划车型应与城市道路规划车型一致。

3.5.5　城市道路交叉口范围内的规划最小净高应与道路规划最小净高一致，并应根据规划道路通行车辆的类型，按下列规定确定：

1　通行一般机动车的道路，规划最小净高应为 4.5m～5.0m，主干路应为 5m；通行无轨电车的道路，应为 5.0m；通行有轨电车的道路，应为 5.5m。

2　通行超高车辆的道路，规划最小净高应根据通行的超高车辆类型确定。

3　通行行人和自行车的道路，规划最小净高应为 2.5m。

4　当地形条件受到限制时，支路降低规划最小净高应经技术、经济论证，但不得小于 2.5 m；当通行公交车辆时，不得小于3.5 m 。支路规划最小净高降低后，应保证大于规划净高的车辆有绕行的道路，支路规划最小净高处应采取保护措施。

3.5.6　交叉口机动车设计车速应按规划交叉口类型及其不同部位确定，并应符合表 3.5.6 的规定。

表 3.5.6　交叉口机动车设计车速（km/h）

交叉口类型	部　位	交叉口设计车速
平面交叉口	进口道直行车道	$0.7V_d$
	进口道左转车道	$0.5V_d$
	进口道右转车道	无转角岛式渠化不大于 20km/h 转角岛式渠化不大于 30km/h
立体交叉	主线	所属路线相应等级道路的设计车速 V_d
	定向匝道、半定向匝道及辅路	$(0.6\sim0.7)\ V_d$
	一般匝道、集散车道	$(0.5\sim0.6)\ V_d$
	菱形立交的平交部分	取本表平面交叉的设计车速

注：1　V_d 为道路设计车速，应符合现行国家标准《城市道路交通规划设计规范》GB 50220 的有关规定。
2　平面交叉口进口道共用车道的设计车速应按相应的转弯车道选取。

3.5.7　交叉口行人过街设计步速应为 1.0m/s。

3.5.8　交叉口机动车与非机动车规划交通量应符合下列规定：

1　立体交叉匝道规划机动车交通量应按规划年的预测高峰小时内高峰 15min 换算的小时交通量确定。

2　总体规划或分区规划阶段，平面交叉口规划机动车与非机动车交通量可采用交叉口所处道路路段的规划交通量。

3　在控制性详细规划或交通工程规划阶段，平面交叉口规划机动车交通量应区分直行及左、右转交通量。信号控制平面交叉口进口道车道数、交叉口几何设计时的规划机动车与非机动车交通量，应采用规划年预测高峰小时内信号周期平均到达量；在确定渠化及信号相位方案时，应采用道路通车期信号配时时段的高峰小时内高峰 15min 换算的小时交通量。

4　确定平面交叉口进口道间断交通流规划交通

量时，应把各种类型的车辆数折算成当量小汽车，车型折算系数应按表3.5.8的规定选用。

表3.5.8 车型折算系数

车型	小型车	中型车	大型车	特大型车
折算系数	1	2.4	3.6	4.8

注：小型车指车长小于或等于6m的车辆，中型车指车长大于6m且小于或等于12m的车辆，大型车指车长大于12m且小于或等于18m的车辆，特大型车指车长大于18m的车辆。

3.5.9 行人规划交通量应采用高峰小时内的信号周期平均行人到达量。无行人到达量数据时，可按类似规模和区位的交叉口确定。

3.5.10 交叉口规划通行能力应按本规范附录A的规定确定。

4 平面交叉口规划

4.1 一般规定

4.1.1 控制性详细规划中的交叉口规划应对总体规划阶段确定的平面交叉口间距、形状进行优化调整，并应符合下列规定：

1 新建道路交通网规划中，规划干路交叉口不应规划超过4条进口道的多路交叉口、错位交叉口、畸形交叉口；相交道路的交角不应小于70°，地形条件特殊困难时，不应小于45°。

2 交通信号控制的各平面交叉口间距宜相等。

4.1.2 道路外侧规划用地建筑物机动车出入口规划，应符合下列规定：

1 道路外侧规划用地建筑物机动车出入口不得规划在新建交叉口范围内，应设置在支路或专为道路外侧规划用地建筑物集散车辆所建的内部道路上。

2 改建、治理交叉口规划，道路外侧规划用地建筑物机动车出入口应符合下列规定：

1）应设在交叉口规划范围之外的路段上，或设在道路外侧规划用地建筑物离交叉口的最远端；

2）干路上道路外侧规划用地建筑物出入口的进出交通组织应为右进右出。

4.1.3 平面交叉口进口道红线展宽、车道宽度及展宽段长度，应符合下列规定：

1 新建、改建交叉口，应按下式确定进口道规划红线展宽宽度。路段上规划有路缘带和分隔带时，进口道规划红线展宽宽度应扣除路缘带和分隔带可用于进口道展宽的宽度：

$$W_1 = r \times W_2 \times n \quad (4.1.3)$$

式中：W_1——进口道规划红线展宽宽度，以0.5m为单位向上取整（m）；

W_2——路段平均一条车道规划宽度（m）；

r——进口道展宽系数，按表4.1.3-1取值；

n——路段单向车道数。

表4.1.3-1 进口道展宽系数

路段平均一条车道规划宽度（m）	3.00	3.25	3.50	3.75
展宽系数 r	1.00	0.85	0.71	0.60

2 治理交叉口进口道展宽段的宽度，应根据实测各交通流向的交通量及可实施的治理条件确定。

3 进口道规划设置公交港湾停靠站时，进口道规划红线展宽宽度应在进口道展宽的基础上再增加3m。

4 进、出口道部位机动车道总宽度大于16m时，规划人行过街横道应设置行人过街安全岛，进口道规划红线展宽宽度必须在进口道展宽的基础上再增加2m。

5 新建交叉口进口道每条机动车道的宽度不应小于3.0m。改建与治理交叉口，当建设用地受到限制时，每条机动车进口车道的最小宽度不宜小于2.8m，公交及大型车辆进口道最小宽度不宜小于3.0m。交叉口范围内可不设路缘带。

6 新建平面交叉口进口道展宽段及展宽渐变段的长度，应符合表4.1.3-2的规定。

表4.1.3-2 平面交叉口进口道展宽段及展宽渐变段的长度（m）

交叉口	展宽段长度			展宽渐变段长度		
	主干路	次干路	支路	主干路	次干路	支路
主-主	80～120	—	—	30～50	—	—
主-次	70～100	50～70	—	20～40	20～40	—
主-支	50～70	—	30～40	20～30	—	15～30
次-次	—	50～70	—	—	20～30	—
次-支	—	40～60	30～40	—	20～30	15～30

注：1 进口道规划设置公交港湾停靠站时，交叉口进口道展宽段还应加上公交港湾停靠站所需的长度。

2 相邻两交叉口间的展宽段和渐变段长度之和接近或超过交叉口间距时，应符合本规范第4.5节的规定。

7 改建、治理平面交叉口进口道规划红线比其路段红线应予展宽的宽度与延伸的长度，应根据所在地点的具体情况确定。

4.1.4 平面交叉口出口道红线展宽、车道宽度及展宽段长度，应符合下列规定：

1 新建平面交叉口出口道规划设有公交港湾停靠站时，其规划红线应在路段规划红线的基础上展宽3.0m；上游进口道规划设有右转专用车道时，应相应增加右转出口道宽度。

2 新建道路交叉口每条出口车道宽度不应小于下游路段车道宽度，改建和治理交叉口每条出口车道宽度不宜小于3.25m。

3　出口道展宽段长度，视道路等级，主干路不应小于60m，次干道不应小于45m，支路不应小于30m，有公交港湾停靠站时，还应增加设置停靠站所需的长度。展宽渐变段长度不应小于20m。

4　改建、治理平面交叉口出口道规划红线的展宽宽度、展宽段长度和展宽渐变段长度，应根据所在地点的具体情况确定。

4.1.5　平面交叉口范围内道路平面线形宜采用直线；当采用曲线时，曲线半径不宜小于按交叉口设计车速的不设超高的最小圆曲线半径。

4.1.6　平面交叉口竖向规划应符合下列规定：

1　交叉口竖向规划应使相交道路在交叉口范围内为最平顺的共同曲面；人行道各点标高应与周围建筑物进出口标高相协调。

2　交叉口竖向规划宜以相交道路中线交点的标高作为控制标高。交叉口范围内其他各要点的标高应按控制标高及相交道路的纵坡与横坡综合确定。

3　非寒冷冰冻地区交叉口范围内的纵坡宜小于2%，山岭重丘区的城市困难情况下可取6%；寒冷冰冻地区的城市不应大于2%。

4　当交叉口范围内的纵坡大于或等于3%时，交叉口应设置信号控制，并应设置行人和非机动车过街信号控制。

4.1.7　平面交叉口交通岛的布设应符合下列规定：

1　交叉口内各流向交通流行驶轨迹所需空间之外的面积，宜构筑标线交通岛或实体交通岛。

2　实体交通岛面积不宜小于7.0m²。面积窄小时，宜构筑标线交通岛。

3　交通岛不宜设在竖曲线顶部。

4　交通岛间导流车道的宽度宜以车辆通过交叉口的需要确定。

5　在交叉口转角交通岛内侧的右转专用车道，应按右转车道内侧路缘石转弯半径及规划通行车型布设车道加宽。加宽后的车道宽度应符合表4.1.7的规定。

表 4.1.7　右转专用车道加宽后的宽度 W_0（m）

转弯半径（m） \ 规划车型	大、中型车	小型车
25～30	5.0	4.0
>30	4.5	3.75

6　需设右转专用车道而加设转角交通岛时，交角曲线半径应大于25m，且右转专用车道应设置信号控制；转角交通岛兼作行人及非机动车过街安全岛时，不包括岛端及尖角标线部分的岛面积应满足行人和非机动车待行的需求，并不应小于20m²。

7　转角交通岛兼作行人过街安全岛时，岛边人行横道布设位置应符合本规范附录B的规定；人行横道同人行道以及交通岛的接界部分都应符合无障碍设计的要求。

4.2　信号控制交叉口

4.2.1　交通工程规划阶段，信号控制交叉口规划除应符合本规范第3.5节和第4.1节的有关规定外，还应符合下列规定：

1　应对信号控制交叉口的全部组成部分进行一体化规划，主要内容应包括进出口道车道数、进出口道车道宽度、长度和车道功能划分、交通流导向交通岛等的交通渠化设计以及人行过街横道、过街安全岛、非机动车道与公交停靠站设计等。

2　信号控制交叉口平面规划方案应与交通信号控制相位选择方案同步进行，应协调进口车道渠化方案与信号控制相位方案，应达到两者最佳配合、最大限度地提高信号控制交叉口的交通安全与通行效率。

3　信号控制交叉口规划，应使干路进口道通行能力与其上游路段通行能力相匹配，并应使之与相邻交叉口协调。

4.2.2　信号控制交叉口进口道规划应符合下列规定：

1　进口道各车道宜根据高峰小时内高峰15min换算的小时交通量设置左转、直行和右转专用车道或直左、直右混行车道。车道规划应符合下列规定：

1）新建交叉口规划宜利用部分中央分隔带增辟左转专用车道；改建及治理交叉口规划，且高峰15min内每信号周期左转车平均交通量超过2辆时，宜设置左转专用车道。每信号周期左转车平均到达交通量达10辆或需要左转专用车道长度达90m时，宜设置2条左转专用车道。

2）当高峰15min内每信号周期右转车平均到达量达4辆或道路空间允许时，宜设置右转专用车道。改建及治理交叉口规划时，可通过缩减进口道车道的宽度、减窄机非分隔带宽度或利用绿化带展宽成右转专用车道或直右混行车道。当设置2条右转专用车道时，宜对右转车流进行信号控制。

2　进口道长度应符合下列规定：

1）进口道规划展宽长度 L_a（图4.2.2），应由展宽渐变段长度 L_d 与展宽段长度 L_s 组成。展宽渐变段的长度 L_d 按表4.1.3-2的规定取值，干路展宽渐变段最短长度不应小于20m，支路不应小于15m。展宽段长度可按下式计算：

$$L_s = 9N \tag{4.2.2}$$

式中：N——高峰15min内每一信号周期的左转或右转车的平均排队车辆数（veh）。

无交通量资料时，展宽段长度 L_s 应按表4.1.3-2的规定取值，支路最小长度不应小于 30m，次干路最小长度不应小于 40m～50m，主干路最小长度不应小于 50m～70m，与支路相交应取下限值，与干路相交应应取上限值。

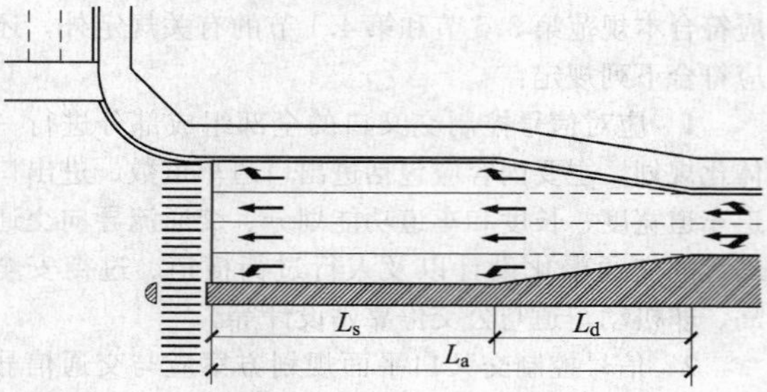

图 4.2.2　进口道规划展宽长度示意

2）当需要在向右侧展宽的进口道上设置公交停靠站时，应利用展宽段的延伸段布设港湾式公交停靠站，并应追加站台长度，渐变段长度应按港湾式停靠站要求设置。

3）需设两条转弯专用车道时，展宽段长度可取一条专用车道长度的 0.6 倍。

3　进口道可不设路缘带。

4.2.3　信号控制交叉口出口道规划应符合下列规定：

1　出口道规划展宽长度应包括出口道展宽段长度和展宽渐变段长度，并应符合下列规定：

1）当出口道展宽段内不设公交停靠站时，支路出口道展宽段长度不应小于 30m，次干路出口道展宽段长度不应小于 45m，主干路不应小于 60m；展宽渐变段长度不应小于 20m。

2）当出口道展宽段内设置公交停靠站时，展宽段长度除应符合本款第 1 项的规定外，还应增加公交停靠站所需的长度；渐变段长度应符合港湾式公交停靠站的设置要求。

3）出口道规划展宽长度还应满足安全视距三角限界的要求。

2　出口道规划可不设路缘带。

4.2.4　交叉口前后高架道路、地下通道或互通立交匝道出入口的布置，应符合下列规定：

1　交叉口前后高架道路、地下通道或立体交叉匝道出入口，应设在与主干路、次干路相交的交叉口的上游或下游，不宜设在与支路相交的交叉口上游或下游。出入口匝道接地点距交叉口的距离应满足车流交织长度的要求。

2　高架道路、地下通道或互通立交面对信号控制交叉口的出口匝道的设置，宜符合下列规定：

1）在信号控制交叉口上游布置有出口匝道时，交叉口进口道的展宽宜符合地面道路与匝道车流的双重要求。

2）出口匝道的横向位置宜按出口匝道车辆左转、右转交通量大小确定。当左转交通量大时，宜布置在靠近平面交叉口进口道左转车道与直行车道之间（图 4.2.4-1）；当右转交通量大时，宜布置在靠近平面交叉口进口道右转车道与直行车道之间(图 4.2.4-2)。

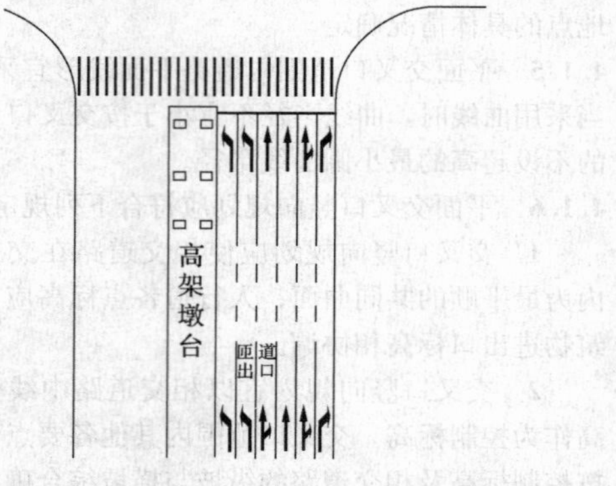

图 4.2.4-1　左转交通量大时出口匝道的横向位置

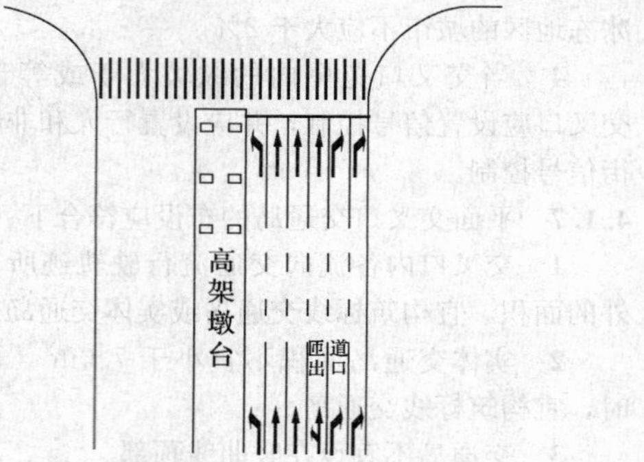

图 4.2.4-2　右转交通量大时出口匝道的横向位置

3）出口匝道接近地面段宜设置 2 条以上车道，按车辆出匝道后左转、右转及直行交通量的大小确定出口段车道功能。

4）出口匝道的出口端距下游平面交叉口进口道展宽渐变段起点距离宜大于或等于 100m。当该距离小于 100m 且匝道车流与干路车流换车道交织有困难时，可在下游平面交叉口进口道分别设置地面进口道展宽和匝道延伸部分的展宽；进口道展宽可分别设置干路左转车道、直行车道和右转车道，匝道延伸部分展宽可分别设置左转车道、直行车道和右转车道；且进口道的信号相位应采用双向左转专用相位。

3　交叉口前后高架道路、地下通道或互通立交的入口匝道靠近干路的平面交叉口时，入口匝道的入口段宜布置在交叉口出口道展宽渐变段的下游，且最小距离不宜小于 80m。

4.3 无信号控制交叉口

4.3.1 在支路只准右转通行交叉口的进口道与出口道之间，可规划布设三角形导流交通岛或在主干路上规划布置穿过交叉口的连续中央分隔带。

4.3.2 停车让行与减速让行标志交叉口次要道路进口道仅有1条车道且有展宽余地时，宜规划设置为2条车道；主要道路进口道车道数可与路段车道数相同。

4.3.3 全无管制交叉口应符合安全视距三角限界的要求；在改建、治理规划中，对安全视距三角限界不能改善的交叉口，应改为停车让行标志交叉口或采取限速措施。

4.4 常规环形交叉口

4.4.1 交通工程规划阶段，常规环形交叉口规划应符合下列规定：

1 常规环形交叉口不宜用于大城市干路相交的交叉口上，仅在交通量不大的支路上可选用环形交叉口。新建道路交叉口交通量不大，且作为过渡形式或圈定道路交叉用地时，可设环形交叉。

2 常规环形交叉口各组成要素的规划，应包括中心岛形式和大小、交织段长度、环道车道数及其宽度与横断面、环道外缘形状、进出口转角半径、交通岛、人行横道等（图4.4.1）。

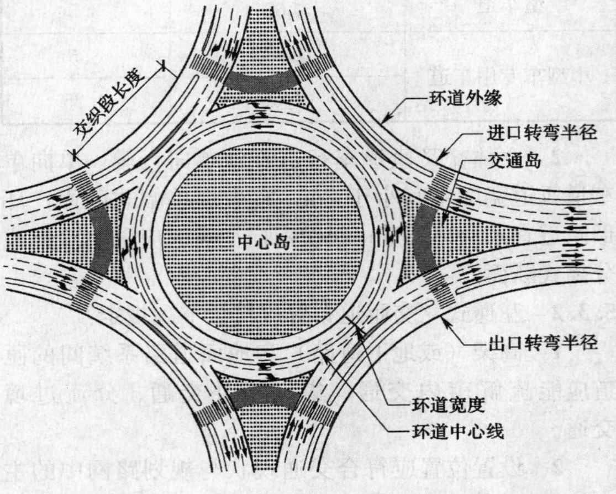

图4.4.1 常规环形交叉口各组成要素

3 常规环形交叉口中心岛的形状宜采用圆形、椭圆形、圆角菱形。中心岛曲线半径宜为15m～20m。中心岛内不得布置人行道。中心岛内的交通与绿化设施应符合行车安全的要求。

4.4.2 常规环形交叉口环道、环道外缘及进出口规划，应符合下列规定：

1 环道车道数宜为2条或3条。

2 环道上每条车道的宽度应在直线车道宽度基础上增加曲线车道的加宽宽度。中心岛半径在15m～20m时，行驶小型车环道加宽宽度不应小于0.7m，行驶大型车环道加宽宽度不应小于2.4m。

3 环道外侧人行道宽度，不宜小于与该段环道相邻的相交道路路段上的人行道宽度。

4 交叉口右转车道宜按直线布设，且直线与相交道路边缘线之间宜为圆弧曲线；交叉口右转车道也可按与中心岛反向曲线布设（图4.4.1）。

5 环道进口外缘交角圆弧曲线半径不应大于中心岛的计算半径。各相交道路的进口交角圆弧曲线半径相差不应过大。

6 环道出口外缘交角圆弧曲线半径可大于中心岛的计算半径。

7 在环道进出口上各向车辆行驶迹线的“盲区”范围，可布设三角形导向交通岛。导向交通岛内不得布置与交通无关的设施。当导向交通岛内进行绿化或布置交通设施时，应满足行车安全视距的要求。

4.4.3 改善、治理交叉口规划时，常规环形交叉口可采用下列措施：

1 进入常规环形交叉口的相交道路应改为减速让行标志管制道路。

2 常规环形交叉口交织路段应采用交通信号灯控制(图4.4.3)。

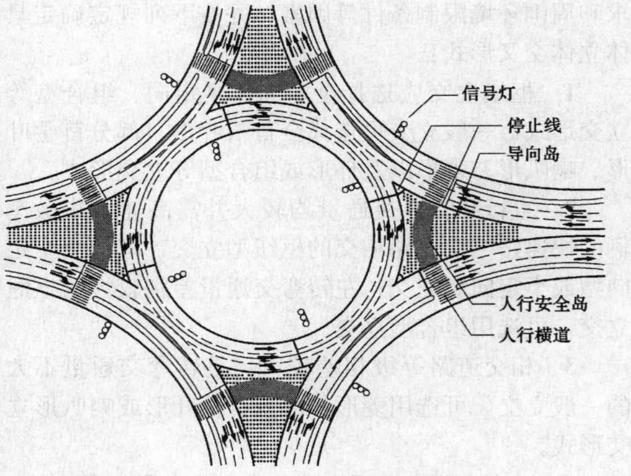

图4.4.3 常规环形交叉口信号灯控制布设

4.5 短间距交叉口规划

4.5.1 短间距交叉口应进行相邻交叉口间的协调规划，协调规划应满足不产生通行能力“瓶颈”区域的要求。

4.5.2 短间距交叉口之间通行能力的匹配应符合下列规定：

1 上游交叉口流入车道组的通行能力不应大于下游交叉口流出车道组的通行能力。

2 当无法估算通行能力时，相邻交叉口进口道数的对应关系应符合下列规定：

1）当相邻两交叉口相交道路等级相同时，上游交叉口流入进口车道总数与下游交叉口流出车道总数应相同。

2）当相邻两交叉口相交道路等级不同时，上游交叉口流入进口车道总数与下游交叉口流出车道总数相差不宜超过1条。

3 两端交叉口进口道均按偏移中心线展宽时，应进行两交叉口的协调规划。当需要设置人行过街横道时，应设置在渐变段中央（图4.5.2）。

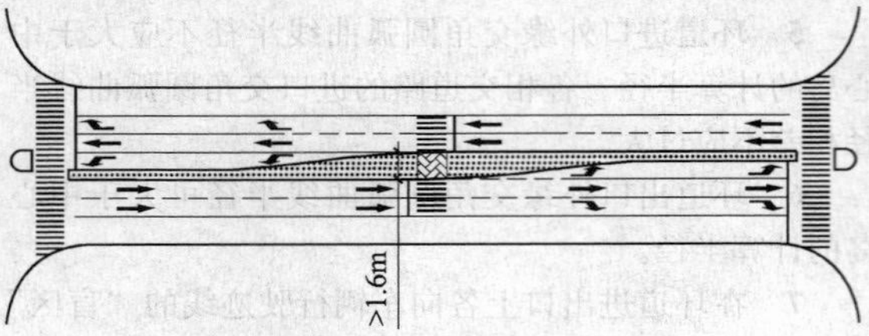

图4.5.2 短间距交叉口进口道展宽的协调布设

5 立体交叉规划

5.1 一般规定

5.1.1 在控制性详细规划阶段，除应按本规范表3.2.3的规定选择立体交叉类型外，还应根据交通需求和周围环境限制条件等因素，并按下列规定确定具体立体交叉形式：

1 枢纽立交应选择全定向、半定向、组合型等立交形式。一般立交可选择全苜蓿叶形、部分苜蓿叶形、喇叭形、菱形以及环形或组合型等立交形式。

2 直行和转弯交通量均较大并需高速度集散车辆的快速路与快速路相交的枢纽型立交，应选用全定向型或半定向型立交；左转弯交通量差别较大的枢纽立交，可选用组合型立交。

3 相交道路等级相差较大，且转弯交通量不大的一般立交，可选用菱形、部分苜蓿叶形或喇叭形立交形式。

4 城市中不宜选用占地较大的全苜蓿叶形立交；如需设置同侧的环形左转匝道时，应在两相邻左转环形匝道间设置集散车道。

5 左转交通量较大的立交不应选用环形立交。

5.1.2 城市快速路立体交叉系统规划应符合下列规定：

1 应根据城市综合交通规划中的快速路网规划布局和快速路与干路规划交叉口的位置及转向交通的需求，规划立体交叉的布点。

2 快速路主线基本车道数应在立体交叉系统中保持一致；当主线基本车道数减少时，应进行通行能力分析。

3 立体交叉匝道出入口形式应统一，出入口均应布设在主线右侧。出口应布设在立体交叉构筑物上游，当出口布设在立体交叉构筑物下游时，应设置集散车道将分流点提前到构筑物的上游。

4 立体交叉系统各组成部分技术要求应相互协调。

5 相邻互通立交交叉点间的间距，应大于上下游匝道出入口间变速车道与交织段长度之和及满足设置必要交通标志的要求，且不宜小于1.5km。

5.2 立体交叉主线规划

5.2.1 快速路与城市干路相交形成的菱形立体交叉，快速路进出口匝道与相交道路的平面交叉应采用信号灯控制；支路与快速路辅路交叉应规划为支路只准右转通行交叉口。

5.2.2 互通式立交主线相交道路上下层位置的布设及桥、隧结构的选择，应根据相交道路在城市中所处的地位、类别、交通量大小、规划平面方案与控制标高及地形、地物、周围环境条件确定。

5.2.3 立体交叉主线平面、横断面与纵断面规划标准应与路段的标准一致。

5.3 立体交叉匝道规划

5.3.1 互通式立交匝道横断面规划应符合下列规定：

1 匝道车道宽度应符合表5.3.1的规定。

表5.3.1 匝道一条车道的宽度

车道种类	设计车速（km/h）	车道宽度（m）
大型车或混合型车道	>60	3.75
	≤60	3.5
小型车专用车道	≥60	3.5
	< 60	3.25

2 立体交叉匝道车行道宜为单向行驶，单向单车道匝道宽度不宜小于7m，宜采用单幅式断面；环形匝道宜采用单车道；组织双向交通时应采用双幅或分离式断面。

5.3.2 互通式立交匝道布置应符合下列规定：

1 高架（或地下道路）和地面道路系统间的匝道应能疏解市内交通、集散对外交通、分流过境交通。

2 设置位置应符合交通现状与规划路网中的主要流向。

3 相邻匝道间距应合理，应减少因匝道出入口对主线的影响，且不宜使匝道的交通量过分集中。

5.3.3 快速路主线上相邻出入口最小间距（图5.3.3）应符合表5.3.3的规定。

表5.3.3 快速路主线上相邻出入口最小间距L（m）

主线设计速度（km/h）	出入口布设形式			
	出口-出口	出口-入口	入口-入口	入口-出口
100	760	260	760	1270

续表 5.3.3

主线设计速度 (km/h)	出入口布设形式			
	出口-出口	出口-入口	入口-入口	入口-出口
80	610	210	610	1020
60	460	160	460	760

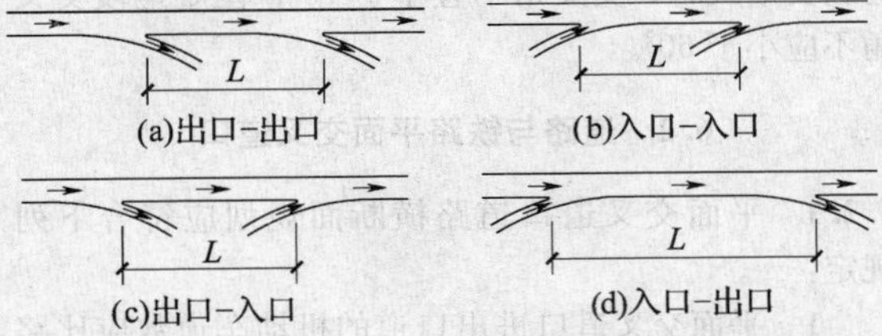

图 5.3.3 快速路主线上相邻出入口最小间距

5.3.4 同一立体交叉范围内的相邻出入匝道布置应为“逐级分流、逐级合流”的形式（图 5.3.4），且同一匝道相邻出入口间距应符合表 5.3.4-1 的规定；当同一立体交叉范围内相邻出入匝道不能布置为“逐级分流、逐级合流”形式时，则相邻出入口最小间距应符合表 5.3.4-2 的规定。

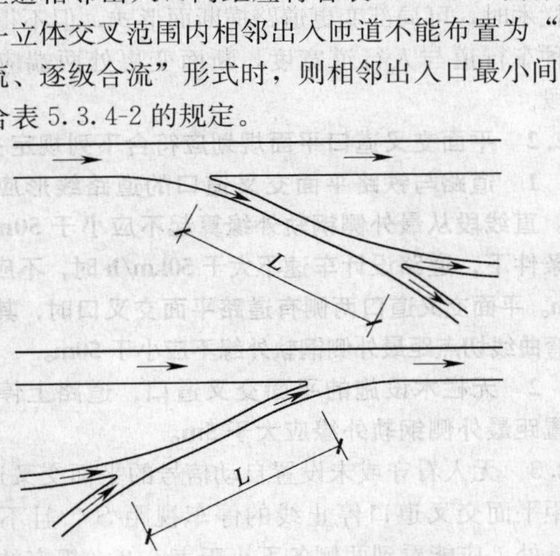

图 5.3.4 匝道逐级分流、逐级合流示意

表 5.3.4-1 同一匝道“逐级分流、逐级合流”形式出入口最小间距 L（m）

匝道设计速度（km/h）	70	60	50	45	40	35	30
一般值	100	80	70	65	55	45	40
极限值	60	50	45	45	40	40	40

表 5.3.4-2 同一立体交叉范围内相邻出入口最小间距 L（m）

主线设计速度 (km/h)	出入口形式			
	出口-出口	出口-入口	入口-入口	入口-出口
100	280	140	280	560
80	220	110	220	440
70	190	95	190	180
60	160	80	160	320

注：1 当出入口形式为入口-出口时，还应计算交织长度，相邻出入口最小间距应取计算结果与本表数值两值中的大值。

2 如果受地形条件限制时，可按满足设置交通标志的要求确定。

5.4 立体交叉变速车道规划

5.4.1 减速车道宜采用直接式，加速车道宜采用平行式。

5.4.2 变速车道长度的取值应符合表 5.4.2-1 的规定；直接式变速车道渐变段渐变率应符合表 5.4.2-2 的规定；平行式变速车道渐变段的长度应符合表 5.4.2-3 的规定。

表 5.4.2-1 变速车道长度（m）

主线设计车速 (km/h)	匝道设计车速（km/h）													
	30	35	40	45	50	60	70	30	35	40	45	50	60	70
	减速车道长度							加速车道长度						
100	—	—	—	—	130	110	80	—	—	—	300	270	240	200
80	—	90	85	80	70	—	—	—	220	210	200	180	—	—
70	80	75	70	65	60	—	—	210	200	190	180	170	—	—
60	70	65	60	50	—	—	—	200	190	180	150	—	—	—

表 5.4.2-2 直接式变速车道渐变段渐变率

主线设计车速（km/h）			100	80	70	60
渐变率	出口	单车道	1/25	1/20	1/17	1/15
		双车道				
	入口	单车道	1/40	1/30	1/25	1/20
		双车道				

表 5.4.2-3 平行式变速车道渐变段长度（m）

主线设计车速（km/h）	100	80	70	60
渐变段长度（m）	80	60	55	50

5.5 立体交叉集散车道规划

5.5.1 在进出口端部间距较近，且不满足本规范表 5.3.4-2 要求时，必须布设集散车道，且进出口交通和主线交通间应布设实体隔离。

5.5.2 集散车道应布设在主线右侧，与主线车行道间应设置分隔带。分隔带宽度应满足设置必要交通设施的要求，且不应小于 1.5m；当用地有特殊困难时，分隔带宽度不得小于 0.5m。分隔带内必须设置安全分隔设施。集散车道应通过变速车道同主线车道相接。

5.5.3 集散车道的设计车速应按匝道设计车速确定。集散车道应为双车道。

5.6 立体交叉辅助车道规划

5.6.1 当进、出口匝道的上、下游主线不能保证车道平衡时，应在主线车道右侧规划布设辅助车道。

5.6.2 辅助车道的宽度应与主线车道相同，且与主线车道间不应设路缘带。辅助车道右侧应设停车带，停车带宽度宜与正常路段的主线停车带相同；当用地或有其他条件限制时，应设置港湾式紧急停车带，且宽度不得小于 2.5m。

5.6.3 辅助车道长度（包括渐变段）在分流端宜为1000m，不得小于600m；在合流端应为600m。辅助车道渐变段渐变率不应大于1/50。当一个互通立交的入口与后一个互通立交的出口均设有或其中之一设有辅助车道，且入口渐变段终点至出口渐变段起点的距离小于500m时，应延长辅助车道并将相邻出入口连通。

5.7 立体交叉范围内辅路、人行道等其他设施规划

5.7.1 设有辅路系统的枢纽立交应设置与主线分行的辅路。在城市总体规划阶段，无交通量数据时可按主线车道数所需的宽度确定辅路宽度；在控制性详细规划或交通工程规划阶段，应按主路进出交通量分段确定辅路宽度。具有明显集散作用的一般立交，其辅路宜与匝道布置相结合；横断面及交叉口渠化布置时，辅路应与路段协调一致，并应明确公交车站的布置。

5.7.2 立体交叉范围内规划非机动车道应与路段非机动车道连通；单独设置单向非机动车道时，其净宽度不应小于2.5m。

5.7.3 立体交叉范围内规划人行道最小净宽度不应小于2.0 m，并应设置无障碍设施。

5.7.4 立体交叉范围内宜规划布设安全设施所需用地。

5.7.5 规划布设在立体交叉范围内的人行广场、排水泵站、照明配电、绿化等设施，不应影响立体交叉的交通功能。

5.7.6 立体交叉附近不应规划布设可能引起人员、物资或车辆聚集的建（构）筑物。

6 道路与铁路交叉规划

6.1 一 般 规 定

6.1.1 城市道路系统布设道路与铁路交叉道口的位置，应符合下列规定：

1 **道路与铁路平面交叉道口，不应设在铁路曲线段、视距条件不符合安全行车要求的路段、车站、桥梁、隧道两端及进站信号处外侧100m范围内。**

2 道路与铁路平面交叉道口应选在铁路轨线最少且以后不增设新线处，不应设在铁路道岔处。

3 道路与铁路平面交叉道口处有多股轨线时，应避开轨道标高有高差的地方。

4 道路与铁路平面交叉道口处有平行于铁路轨道的道路时，规划平面交叉道口宜选在平行道路与铁路轨道距离最远处；规划立体交叉道口宜选在平行道路与铁路轨道距离最近处。

5 道路与铁路立体交叉道口应满足布设立体交叉的要求。

6.1.2 道路与铁路交叉道口的交叉形式选择，应根据道路和铁路的性质、等级、设计行车速度、交通量和安全要求、地形条件，以及经济效益等因素综合确定，应选用立体交叉。

6.1.3 道路与铁路交叉宜布设成正交形式。当布设为斜交形式时，交叉角不宜小于70°；困难地段交叉角不应小于60°。

6.2 道路与铁路平面交叉道口

6.2.1 平面交叉道口道路横断面规划应符合下列规定：

1 平面交叉道口进出口道的机动车道数应比路段至少增加一条车道，非机动车道宽度应适当加宽；困难条件下，人行道部分宽度可按高峰小时人流量的需求确定，但每侧宽度不得小于2.0m。

2 当平面交叉道口宽度超过20m、不能采用标准栏木时，可局部变更道路横断面形式，但不得压缩各种车行道与人行道宽度，断面变更处两端应设过渡段。

6.2.2 平面交叉道口平面规划应符合下列规定：

1 **道路与铁路平面交叉道口的道路线形应为直线。直线段从最外侧钢轨外缘算起不应小于50m。困难条件下，道路设计车速不大于50km/h时，不应小于30m。平面交叉道口两侧有道路平面交叉口时，其缘石转弯曲线切点距最外侧钢轨外缘不应小于50m。**

2 **无栏木设施的平面交叉道口，道路上停止线位置距最外侧钢轨外缘应大于5m。**

6.2.3 无人看守或未设置自动信号的平面交叉道口，在距平面交叉道口停止线的停车视距 S_s，且不小于50m处，应能看到两侧各不小于表6.2.3规定的侧向最小视距 S_c 处的列车（图6.2.3）。

表6.2.3 平面交叉道口侧向视距

铁路设计行车速度（km/h）	侧向最小视距 S_c（m）
100	340
80	270

注：表中侧向视距是按道路视距50m计算的，道路视距大于50m时，应另行计算。

6.2.4 平面交叉道口竖向规划应符合下列规定：

1 平面交叉道口两侧应设置平台，并应符合下列规定：

1）自最外侧钢轨外缘到最近竖曲线切点间的平台长度，当通行大型车、特大型车时，不应小于20m；当通行中型车、小型车时，不应小于16m。

2）平台纵坡不应大于0.5%。

3）紧接平面交叉道口平台两端的道路纵坡度不应大于表6.2.4的规定。

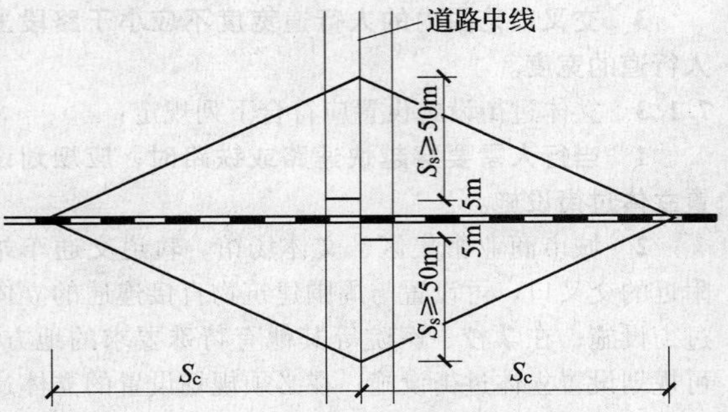

图 6.2.3 平面交叉道口视距三角形

表 6.2.4 紧接平面交叉道口平台两端的道路纵坡度（%）

道路类型	通行大型车、特大型车或小型车与非机动车混行道路	通行中型车、小型车道路
一般值	2.5	3.0
极限值	3.5	5.0

2 平面交叉道口处有两股或两股以上轨线时，轨面不宜有高差。困难条件下，两线轨面高差不应大于10cm；线间距大于5m的并肩平面交叉道口中，相邻两线轨面标高形成的道路纵坡度不应大于2%。

6.3 道路与铁路立体交叉

6.3.1 道路与铁路立体交叉应符合下列规定：

1 城市快速路、主干路、行驶无轨电车和轨道交通的道路与铁路交叉，必须规划布设立体交叉。

2 其他道路与设计车速大于或等于 120km/h 的铁路交叉，应规划布设立体交叉。

3 地形条件有利于布设立体交叉或不利于布设平面交叉时，应规划布设立体交叉。

4 被铁路分割的中小城市，可选择部分干路规划布设立体交叉。

5 铁路调车作业对道路行驶车辆造成延误较严重时，应规划布设立体交叉。

6.3.2 机动车、非机动车共用道路与铁路立体交叉，可选用机动车道上跨铁路、非机动车道与人行道下穿铁路的立体交叉形式。

6.3.3 道路与铁路立体交叉，道路主线及其引道的规划线型标准应与道路路段标准一致。

6.3.4 道路上跨铁路立体交叉应符合下列规定：

1 横断面规划应符合下列规定：

1） 上跨铁路的道路规划横断面应与道路路段规划横断面一致。人行道的宽度应根据人流量需要确定，每侧人行道宽度不应小于 1.5m。

2） 上跨铁路的道路应符合现行国家标准《标准轨距铁路建筑界限》GB 146.2 的有关规定。

2 跨越铁路的道路及其引道，规划平面线形应顺直。需布设弯道时，规划弯道半径应符合表 6.3.4 的规定。

表 6.3.4 跨越铁路的道路及其引道规划弯道半径

规划弯道半径（m）	道路类别	
	快速道路	干路
推荐半径	2000	1000
最小半径	1000	600

6.3.5 道路下穿铁路立体交叉应符合下列规定：

1 横断面规划应符合下列规定：

1） 下穿铁路的道路规划横断面应与道路路段一致。人行道的宽度应根据人流量需要确定，每侧人行道宽度不应小于 1.5m。

2） 规划隧（桥）洞断面必须减小分隔带宽度时，在隧（桥）洞断面与道路路段断面之间应规划过渡段。

3） 下穿铁路的道路规划为机、非分隔断面时，可把隧（桥）洞规划成三孔断面，把机动车道、非机动车及人行道规划分设在不同标高的隧（桥）洞中，机动车道隧（桥）洞的净空应符合机动车通行的要求，非机动车道和人行道隧（桥）洞的净空可降低到符合非机动车和行人通行的要求（图 6.3.5）。

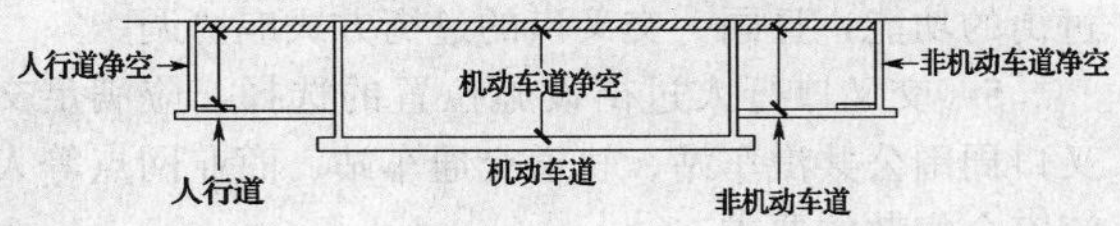

图 6.3.5 三孔式隧（桥）洞布设

2 规划隧（桥）洞平面布置时，应符合施工开槽及隧道边界与两侧建筑物安全距离的要求。

3 竖向规划应符合下列规定：

1） 规划下坡道的纵断面时，应使隧（桥）洞外缘洞顶到路面的高差符合规定净空及竖向视距的要求。

2） 机动车道最低点的位置不应设在隧（桥）洞内，宜设在洞外引道上；采用泵站排水时，洞外引道机动车最低点位置与泵站位置宜在隧（桥）洞体同侧。最低点的控制标高宜规划高于雨水出水口和地下水高水位的标高。

3） 隧（桥）洞下坡道起点前的引道段，应设一段上坡道，并应在道路两侧采取截水措施。

6.3.6 上跨或下穿铁路的道路与平行铁路的道路立体交叉，应符合下列规定：

1 交叉口不宜布设在铁路立体交叉的引道上；当平行铁路的道路距铁路较远时，交叉口应规划在铁路立体交叉引道的缓坡段，交叉口范围内的纵坡不宜大于1%，交叉口前后坡段的纵坡不宜大于2%；当平行铁路的道路距铁路较近且道路标高与铁路标高相近时，宜将道路立体交叉与铁路立体交叉合并规划。

2 新建道路与铁路立体交叉规划时，道路引道段两侧不得规划建筑物出入口；改建道路与铁路立体交叉规划中不能改变原有出入口时，应在道路引道旁规划辅路，出入口应设在辅路与道路引道标高相近处。

7 行人与非机动车过街设施规划

7.1 行人过街设施

7.1.1 行人过街设施规划应符合下列规定：

1 交叉口行人过街设施规划应保障行人过街的安全与便捷，并应符合无障碍通行要求。

2 交叉口均应规划设置行人过街设施，其总体布局应符合城市道路网规划、非机动车和行人系统规划，并应与交叉口的几何特征、人流与车流特征、微观交通组织方式等相协调。

3 行人过街方式的选择应根据道路的功能性质、交叉口类型、交通控制方式及地形条件等因素确定；应选用平面过街方式。

4 交叉口行人过街设施应具备各方向均可便捷过街的功能，且同一交叉口的过街方式应协调。

5 交叉口行人过街设施位置的选择，应满足交叉口周围公共汽车站、轨道交通车站、商业网点等人流安全集散的要求。

6 立体过街设施在满足基本功能的基础上，其跨径、净高等应按道路远期规划横断面确定。

7 交叉口过街设施应设置必要的引导标识和安全设施。

7.1.2 行人过街设施的布置应符合下列规定：

1 立体交叉过街设施的布置应符合下列规定：

1）对各方向均为连续流交通的立体交叉，应结合立体交叉选型设置各方向功能完善的立体过街设施，其过街方式和过街系统应统一、连续、便捷，并应与公交停靠站等设施衔接；

2）对连续流和间断流交通相结合的立体交叉，应在间断流处设置各方向功能完善的平面过街设施，在平面过街设施可满足过街需求的情况下，不应设置立体过街设施。

2 平面交叉口过街设施的规划布置应符合下列规定：

1）干路与干路交叉应采用行人过街信号控制。

2）干路与支路交叉，干路应采用行人过街信号控制，支路应采用斑马线；支路人行横道上游机动车道应设置人行横道警告标线。

3 交叉口范围内的人行道宽度不应小于路段上人行道的宽度。

7.1.3 立体过街设施设置应符合下列规定：

1 当行人需要穿越快速路或铁路时，应规划设置立体过街设施。

2 城市商业密集区、文体场馆、轨道交通车站附近的交叉口，可设置与周围建筑物直接连通的立体过街设施；在学校、医院等其他有特殊要求的地方，可规划设置立体过街设施；在必须规划设置的立体过街设施上，应设置自动扶梯或预留自动扶梯的位置。

3 人行天桥或地下通道的选择，应综合地下水位、地上地下管线、其他市政公用设施、周围环境、维护要求、工程投资等，进行技术、经济、社会效益等比较后确定。

4 人行天桥或地下通道的梯段或坡道占用人行道宽度时，应局部拓宽人行道，人行道宽度不应小于原有宽度或不应小于3m。

7.1.4 人行过街横道的设置应符合下列规定：

1 人行过街横道应设置在车辆驾驶员容易看清的位置，应与车行道垂直，应平行于路段路缘石的延长线，并应后退1m～2m，人行横道间的转角部分长度应大于6.0m。在右转车辆容易与行人发生冲突的交叉口，后退距离宜适当加大到3m～4m。

2 人行横道宽度应根据过街行人数量、人行横道通行能力、行人过街信号时间等确定。

3 高架道路下人行横道的设置应避免桥墩遮挡行人观察迎面来车的视线，宜设置行人过街安全岛和专用信号灯，并应符合本规范第B.0.1条的规定。

4 交叉口设有转角交通岛时，其人行横道的设置应结合转角交通岛进行布置，并应符合本规范第B.0.2条的规定。

5 人行横道两侧沿路缘石宜设置行人护栏或种植具有分隔作用的灌木丛等；行人护栏或分隔设施长度应为30m～120m，主干路应取90m～120m，次干路应取60m～90m，支路应取30m～60m。

6 无信号控制及让行标志交叉口应规划布设斑马线，并应在人行横道上游机动车道上划人行横道警告标线。

7 环形交叉口需设置人行横道时，人行横道位置宜结合交通岛设置，必要时可采用定时信号或按钮信号控制。

7.1.5 行人过街安全岛的设置应符合下列规定：

1 人行过街横道长度超过16m时（不包括非机动车道），应在人行横道中央规划设置行人过街安全岛，行人过街安全岛的宽度不应小于2.0m，困难情况不应小于1.5m。

2 有中央分隔带的道路，可利用中央分隔带设置行人过街安全岛；无中央分隔带的道路，可根据下列情况采取相应的措施增设行人过街安全岛，并应符合本规范第 B.0.3 条的规定：

1）有转角交通岛的交叉口，可减窄交通岛 0.75m～1.0m 设置行人过街安全岛；

2）无转角交通岛的交叉口，可利用转角曲线范围内的扩展空间设置行人过街安全岛；

3）当人行横道设在直线段范围内时，可减窄进出口车道的宽度设置行人过街安全岛。

3 在人行横道中间设置行人过街安全岛时，应在安全岛靠交叉口中心一侧的岛端设防撞保护岛；防撞保护岛的设置应符合本规范第 B.0.3 条的规定；防撞保护岛迎车面应设置反光装置；防撞保护岛的设置不应影响左转车辆的正常行驶轨迹。

4 行人过街安全岛宽度不够时，安全岛两侧人行横道可错开设置，并应设置安全护栏。

7.1.6 行人过街信号设置应符合下列规定：

1 行人过街信号相位应与车辆信号相位协调；人行横道中间设有安全岛时应设置独立行人过街信号灯。

2 行人过街绿灯时长不得小于行人安全过街所需的时间，行人红灯时间不宜超过行人能够忍受的等候时间。

3 在各方向过街行人流量大的交叉口，可采用各方向行人过街全绿专用相位。

7.2 非机动车过街设施

7.2.1 非机动车独立进出口道应符合下列规定：

1 当城市道路交叉口非机动车交通流量较大或路段上机动车与非机动车之间有隔离设施时，应在交叉口设置独立的非机动车进出口道，机动车与非机动车道间应设置实体分隔设施。

2 非机动车独立进出口道可采用非机动车与机动车相同或非机动车与行人相同的通行规则和交通组织方式，并应符合本规范第 B.0.4 条的规定。

3 不得在非机动车独立进出口道上设置机动车道。

7.2.2 路段上机动车-非机动车混行的道路，在交叉口进出口道上应设置实体分隔设施或采用标线分隔。

7.2.3 行人-非机动车混行进出口道应符合下列规定：

1 新建交叉口不宜规划行人-非机动车混行进出口道。

2 改建、治理交叉口规划，当非机动车流量较大或人行道宽度较窄时，不应在交叉口将非机动车道同人行道合并设置为行人-非机动车混行进出口道。

3 混行进出口道的人行道宽度不应小于 3m，与非机动车道间宜设置实体分隔设施。

4 行人-非机动车混行进出口道应采用非机动车与行人相同的交通组织方式，并应符合本规范第 B.0.2 条的规定。

8 公共交通设施规划

8.1 一 般 规 定

8.1.1 道路交叉口公共汽（电）车停靠站应保证乘客安全，方便乘客换乘，满足公共汽（电）车安全停靠和顺利进出的要求，降低对交叉口交通的影响。

8.1.2 道路交叉口公共汽（电）车停靠站间的换乘距离，宜符合下列规定：

1 同向换乘，换乘距离不宜大于 50m。

2 异向换乘和交叉换乘，换乘距离不宜大于 150m。

3 任何换乘方向换乘，换乘距离不宜大于 250m。

8.1.3 非寒冷冰冻地区道路交叉口公共汽（电）车停靠站的纵坡不宜大于 2%，山岭重丘城市或地形困难时，坡度不宜超过 3%；寒冷冰冻地区坡度不宜超过 1.5%。

8.2 交叉口公共汽（电）车停靠站

8.2.1 交叉口常规公共汽（电）车停靠站设置，应符合下列规定：

1 平面交叉口常规公共汽（电）车停靠站宜布置在交叉口出口道，并应与出口道进行一体化展宽，且应靠近交叉口人行横道。常规公共汽（电）车停靠站的布置不应造成公交停靠排队溢出。

2 右转线路的公共汽（电）车停靠站可布设在交叉口进口道。

3 当进口道有展宽车道时，应将公共汽（电）车停靠站布设在展宽车道的上游，并应与进口道进行一体化展宽；当进口道无展宽车道时，应将公共汽（电）车停靠站布设在右侧车道最大排队长度上游 15m～20m 处。

4 无轨电车与公共汽车应分开设站。无轨电车停靠站应设置于公共汽车停靠站的下游。

5 立体交叉匝道出入口段及立体交叉坡道段不应设置公共汽（电）车停靠站。

6 对机动车与非机动车画线分隔车道，公共汽（电）车停靠站宜以右侧岛式站台的形式布置在机动车与非机动车分隔线位置。

8.2.2 多条公共汽（电）车线路合并设置的停靠站，应符合下列规定：

1 公共汽（电）车线路数应根据公交车到站频率、停靠站台长度及其通行能力确定。

2 一个站台的停靠泊位数不宜超过 3 个。

3 同一停靠站台，停靠标准公交车线路数不宜超过 6 条；停靠大型公交车、铰接车线路数不宜超过 3 条，特殊情况下不应超过 4 条。

4　当同一停靠站台线路数超过本条第3款的规定时，应分开设站，且站台总数不宜超过3个，站台间距不应小于25m。

8.2.3　公共汽（电）车停靠站台规划形式的选择，应符合下列规定：

1　干路及有公交专用车道的交叉口应采用港湾式停靠站；支路交叉口宜采用港湾式停靠站，当条件受限制时可采用直线式停靠站，并应符合本规范第C.0.1条的规定。

2　机动车与非机动车分隔带的道路，宜在机动车与非机动车分隔带布置公共汽（电）车停靠站。

8.2.4　直线式停靠站站台几何尺寸应符合下列规定：

1　常规公交及公交专用车道站台宽度不应小于2m，当条件受限制时，宽度不得小于1.5m；快速公共交通车站台，规划布设有售检票设施时，双向共用站台宽度不应小于5m，双向分设的站台宽度不应小于3m。

2　站台长度可按下式确定。

$$L_b = p\ (l_b + 2.5) \qquad (8.2.4)$$

式中：L_b——站台长度（m）；

l_b——公共汽（电）车车辆长度（m）；

p——公交站台停靠泊位数。

3　站台的高度不宜超过0.15m。

8.2.5　港湾式停靠站站台几何尺寸应符合下列规定：

1　港湾式停靠站的几何尺寸宜符合图8.2.5的规定。

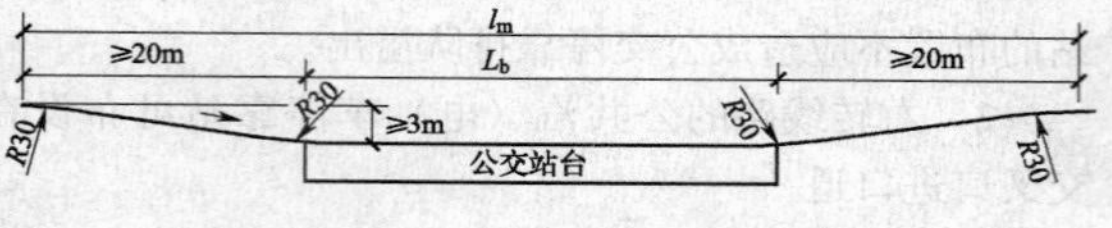

图8.2.5　港湾式停靠站几何尺寸

2　港湾停靠站占用人行道时，被占地段人行道宽度不应小于原人行道宽度的60%，且不得小于3m。

3　设在机动车与非机动车分隔带边的路侧港湾式停靠站，机动车与非机动车分隔带上站台宽度不宜小于1.5m，并应符合本规范第C.0.2条的规定。

8.2.6　快速公共交通停靠站规划应符合下列规定：

1　快速公共交通站台宜与常规公共汽（电）车站分开设置，应设置安全防护设施，并应满足无障碍设计的要求；站台应结合人行过街方式同步进行布置。

2　快速公共交通车道单向只有一条车道时，应采用港湾式停靠站。

3　规划在中央分隔带上的快速公共交通左侧岛式站台应把两向停靠站设在同一路段；右侧式站台除可把两向停靠站设在同一路段外，也可分开设在各向的进口道上。

4　规划在路侧的快速公共交通停靠站可采用相同于公交专用道的设站方式，站台宽度、长度应符合快速公交通行能力和服务水平的要求。

5　快速公共交通站台高度应与车型相匹配。

8.3　公共汽（电）车专用进出口车道

8.3.1　公共汽（电）车专用进口车道的设置应符合下列规定：

1　当交叉口公共汽（电）车交通量较大时，宜增设公共汽（电）车专用进口车道，其宽度不小于3m。

2　公共汽（电）车专用进口车道设置于右转车机动车道的右侧时，其长度不应小于停靠3辆公共汽（电）车所需的长度，并应设置右转车专用信号灯。

3　公共汽（电）车专用进口车道设置于右转车机动车道的左侧时，应在右转车排队最大长度上游设有从最右侧的公交专用车道转向公共汽（电）车专用车道进口道的交织段，其长度不宜小于40m。

8.3.2　公共汽（电）车专用出口车道的设置应符合下列规定：

1　公共汽（电）车专用出口车道的起点距右转缘石半径起点的距离应大于70m。

2　当采用左侧公共汽（电）车专用出口车道时，宜在对向车道间布置隔离设施，公共汽（电）车专用车道宽度不应小于3.5m。

8.4　公共汽（电）车优先控制

8.4.1　公共汽（电）车通过交叉口应根据公交专用进口车道的布设以及行人、非机动车和其他机动车辆的通行需求，设置公交优先控制信号。

8.4.2　有快速公共交通通过的交叉口，应设置快速公共交通优先控制信号。

9　交叉口辅助设施

9.1　安　　全

9.1.1　交叉口交通安全设施应与交叉口同步规划布设。

9.1.2　平面交叉口交通导向岛、安全岛的布设，应符合下列规定：

1　平面交叉口范围内规划布设各类交通岛时，应使交通岛的布设位置及形状能组织引导并规范各种、各向车流的通行轨迹，应减少各种、各向车流在交叉口范围内的冲突或缩小冲突范围，且不影响车流的正常通行轨迹。

2　当进口道向右侧展宽且左转车道直接从直行车道引出时，在中央分隔带右侧应规划布设“鱼肚形”导向标线。

9.1.3　立体交叉交通安全设施的布设应符合下列规定：

1 下列地段应规划布设防撞栏杆、防撞墩或其他安全设施：

1）在上跨立体交叉的主线或匝道两侧；

2）立体交叉进出口匝道的三角地带及匝道小半径弯道外侧；

3）在不设紧急停车带的机动车道边线外侧1m范围内，有门架结构、可变信息标志立柱、上跨桥梁的墩（台）等结构物的立体交叉主线上的地段；

4）上跨桥梁或高架道路上下匝道与地面道路接坡处挡土墙路段。

2 下列路段应规划布设护栏：

1）机动车道边线外侧1m范围内，有重要标志柱、隔音墙等设施，以及高出路面30cm以上的混凝土基础、挡土墙等结构物的立体交叉主线路段，应布设路侧护栏；

2）主线或匝道纵坡大于4%的下坡路段，应布设路侧护栏；

3）路面结冰、积雪或多雾地区的立体交叉路段，应布设路侧护栏；

4）立体交叉范围内主线间或主线与平行集散道间规划成标高不同的断面时，较高一侧主线或集散道边缘应布设路侧护栏；

5）主线设计车速大于60km/h，应布设中央分隔带护栏。

9.1.4 铁路平面交叉道口交通安全设施的布设，应符合下列规定：

1 下列铁路平面交叉道口应规划布设为有人看守道口：

1）直接通向飞机场或易燃易爆品仓库道路上的平面交叉道口；

2）在距最外侧钢轨5m处停车，驾驶员侧向瞭望视距小于本规范第6.2.3条规定的平面交叉道口。

2 有人看守道口应规划布设道口看守房和电力照明，以及栏木、通信、道口自动通知、信号等安全预警设施。

3 无人看守平面交叉道口应布设道口自动信号。

9.2 环境保护

9.2.1 交叉口规划时，应结合工程建设条件、交通需求、地区经济发展以及交叉口建设对环境影响等因素，确定交叉口环境保护规划的原则和方案。

9.2.2 交叉口规划的各个阶段均应进行环境影响分析。

9.2.3 在风景名胜区、文物古迹地区，交叉口规划方案应符合相关保护要求，并应与所在区域环境协调统一。

9.3 排水

9.3.1 交叉口排水规划应与道路网排水规划一致，并应符合现行国家标准《室外排水设计规范》GB 50014的有关规定。

9.3.2 立体交叉范围内道路排水规划应包括汇水区域的地面径流水和影响道路功能的地下水。

9.3.3 有强降雨的地区或河道附近的立体交叉宜设置应急排水设施；当为下穿式立交时，应设置应急排水设施。

9.3.4 平面交叉口排水规划应防止路段的雨水汇入交叉口。平面交叉口处雨水口应布置在人行横道上游路面最低处。

9.4 绿化与景观

9.4.1 平面交叉口绿化布设应符合下列规定：

1 绿化布置不得影响行人过街。

2 行道树的树干及枝叶不得侵入道路界限，不得遮挡交通信号灯与交通标志牌。

3 在安全岛上应对行人通行的部分进行铺装。

4 环形交叉口中心岛、中央分隔带及导向交通岛，宜采用草坪、花坛进行绿化，不得种植影响安全驾驶视线的高大植物。

9.4.2 立体交叉绿化布设应符合下列规定：

1 绿化布设应服从立体交叉的交通功能。在分流和合流处，应种植满足驾驶员安全视线的植物。在弯道的外侧，可种植乔木等植物。

2 迂回形、环形匝道中面积较大的地坪宜布设草坪，可在草坪中布设开花灌木或常绿树等植物，并应布设绿化用浇灌设施。

3 匝道与相交道路连接处绿化布设应满足交叉路口安全视距和道路辨识的要求。

9.4.3 交叉口景观规划应符合下列规定：

1 交叉口景观规划应与地域自然景观协调一致，应与地区景观有机融合，并应采取与地形地貌充分吻合和避开重要建筑设施等保护景观的有效措施。

2 匝道的造型不应割断生态景观空间和视觉景观空间，并应满足现有景观、边坡造型和绿化相互协调。

3 立体交叉景观应结合相邻地域的生态环境进行规划。

附录A 设计通行能力

A.1 立体交叉匝道设计通行能力

A.1.1 立体交叉匝道设计最大服务交通量应按下式计算：

$$MSV_i = C_B \times (V/C)_i \quad (A.1.1)$$

式中：MSV_i——一条车道第 i 级服务水平的最大服务交通量（pcu/h）；

C_B——基本通行能力（pcu/h），匝道一条车道基本通行能力值可按表 A.1.1 的规定选取；

$(V/C)_i$——第 i 级服务水平的最大服务交通量与基本通行能力的比值。

表 A.1.1　匝道一条车道基本通行能力值

设计车速（km/h）	基本通行能力（pcu/h）
70	1780
60	1750
50	1730
40	1700
35	1680
30	1650（1550～1450）
20～25	1550（1400～1250）

注：括号内的数值为考虑非机动车对机动车影响的折减值。

A.1.2　单向车行道的设计通行能力应按下式计算：

$$C_D = MSV_i \times f_n \times f_w \times f_p \quad (A.1.2)$$

式中：C_D——单向车行道设计通行能力，即在具体条件下、采用第 i 级服务水平时所能通行的最大服务交通量（pcu/h）；

f_n——单向车行道的车道数修正系数，可按表 A.1.2-1 的规定选取；

f_w——匝道车道宽度对通行能力的修正系数，可按表A.1.2-2的规定选取；

f_p——驾驶员条件对通行能力的修正系数，上下班交通或其他经常使用该道路者可取 1，其他非经常使用该道路者取 0.75～0.90。

表 A.1.2-1　单向车行道的车道数修正系数（f_n）

车道数	1	2	3	4	5
修正系数	1	1.87	2.60	3.20	3.66

表 A.1.2-2　匝道车道宽度对通行能力的修正系数（f_w）

车道宽度（m）	3.50	3.25	3.00	2.75
修正系数	1.00	0.94	0.84	0.77

A.2　让行标志交叉口通行能力

A.2.1　让行标志交叉口的基本通行能力可按下列规定确定：

1　减速让行交叉口的基本通行能力应为 1100pcu/h～1580pcu/h；

2　停车让行交叉口的基本通行能力应为 970pcu/h～1560pcu/h。

A.2.2　让行标志交叉口的实际通行能力可按下式计算：

$$C = C_0 \cdot f \quad (A.2.2)$$

式中：C——让行标志交叉口实际通行能力；

C_0——让行标志交叉口基本通行能力；

f——考虑各种干扰因素的折减系数，可取 0.6～1.0。

A.3　信号控制交叉口通行能力

A.3.1　信号控制交叉口通行能力可按下式计算：

$$CAP = \sum_i CAP_i = \sum_i S_i \lambda_i \quad (A.3.1)$$

式中：CAP——信号控制交叉口进口道通行能力（pcu/h）；

CAP_i——第 i 条进口车道的通行能力（pcu/h）；

S_i——第 i 条进口车道的规划饱和流量（pcu/h）；

λ_i——第 i 条进口车道所属信号相位的绿信比。

A.3.2　信号控制交叉口规划饱和流量确定应符合下列规定：

1　规划饱和流量应采用实测数据；当无实测数据时，应按下列规定计算确定：

1）在城市总体规划或分区规划阶段，规划饱和流量可按表 A.3.2-1 的规定选取；

2）在控制性详细规划和交通工程规划阶段，规划饱和流量应结合进口车道宽度、进口道纵坡及重车率、转弯车道的转弯半径等因素，对基本饱和流量进行修正后确定。

2　信号交叉口基本饱和流量宜按表 A.3.2-1 的规定确定。

表 A.3.2-1　信号交叉口基本饱和流量（pcu/h）

车　道	S_b
直行车道（S_{bt}）	1550-1650-1750
左转车道（S_{bl}）	1450-1550-1650
右转车道（S_{br}）	1350-1450-1550

3　各种进口车道饱和流量的进口道纵坡及重车率修正系数，当重车率不大于 0.5 时，可按下式计算：

$$f_g = 1 - (G + HV) \quad (A.3.2\text{-}1)$$

式中：f_g——进口车道饱和流量的进口道纵坡及重车率修正系数；

G——进口道纵坡，下坡时取 0；

HV——换算成标准车后的重车率。

4 各种进口车道饱和流量的车道宽度修正系数可按表A.3.2-2的规定选取。

表 A.3.2-2 各种进口车道饱和流量的车道宽度修正系数 f_t

车道宽度（m）	f_t
2.70	0.88
2.80	0.92
2.90	0.96
3.00	1.00
3.25	1.08
3.50	1.14
3.75	1.17
4.00	1.18

5 左、右转弯车道饱和流量的转弯半径修正系数可按表A.3.2-3选取。

表 A.3.2-3 左、右转弯车道饱和流量的转弯半径修正系数 f_z

转弯半径（m）	10	15	20	25	30	35	40
f_z	0.90	0.95	0.97	1.00	1.00	1.05	1.10

6 各种车道规划饱和流量修正计算应符合下列规定：

1）直行车道经车道宽度、纵坡及重车率修正后的规划饱和流量 S_t 按下式计算：

$$S_t = S_{bt} \times f_t \times f_g \quad (A.3.2\text{-}2)$$

2）左转车道经车道宽度、纵坡及重车率、转弯半径修正后的规划饱和流量 S_l 按下式计算：

$$S_l = S_{bl} \times \mathrm{Min}[f_z, f_t] \times f_g \quad (A.3.2\text{-}3)$$

3）右转车道经车道宽度、纵坡及重车率、转弯半径修正后的规划饱和流量 S_r 按下式计算：

$$S_r = S_{br} \times \mathrm{Min}[f_z, f_t] \times f_g \quad (A.3.2\text{-}4)$$

A.3.3 信号控制交叉口进口车道信号相位绿信比应按下列规定确定：

1 改建或治理交叉口规划，有现状各交通流向的交通量数据时，各进口车道所属信号相位绿信比，可按各相位通车车道中最大交通量的比例确定；无现状各交通流向的交通量数据时，按新建交叉口规划有关规定确定。

2 新建交叉口规划，没有交通量数据的情况下，信号相位绿信比宜按交叉口规划进口车道数确定，也可按表 A.3.3 的规定选取。

表 A.3.3 信号相位绿信比

进口车道数	预估左转交通量	信号相位数	进口车道相位绿信比	
			同等级道路交叉口	主、次道路交叉口
2条	很少（<90pcu/h）	2	0.45	主路相位 0.51
				次路相位 0.39
≥3条	稍多（>90pcu/h）	4	0.21	主路相位 0.24
				次路相位 0.18

A.4 非机动车进口道通行能力

A.4.1 平面交叉口非机动车进口道规划通行能力，应以每米车道 1h 通过非机动车辆数为计算单元。

A.4.2 当进口道设有机动车与非机动车分隔设施时，非机动车道规划通行能力宜为 1000cyc/（h·m）～1200cyc/（h·m）；当以道路标线分隔时，非机动车道规划通行能力宜为 800cyc/（h·m）～1000cyc/（h·m）。

A.5 人行过街横道通行能力

A.5.1 人行过街横道通行能力，应以每条 1m 宽人行带在行人信号绿灯 1h 通过的行人数为计算单元；应根据人行横道长度、行人专用信号灯与信号周期、右转车辆干扰、对向行人相互干扰等情况综合确定；宜采用实测数据。

A.5.2 人行过街横道最大规划通行能力可按表 A.5.2 的规定选取。

表 A.5.2 人行过街横道最大规划通行能力

行人专用信号灯	人行过街横道长度（m）				
	7	9	15	20	25
	人行过街横道规划通行能力（人/绿灯小时·人行带数）				
有	1460	1380	1250	1130	1020
无	1370	1300	1180	1060	960

附录 B 行人与非机动车过街设施附图

B.0.1 高架道路下人行横道的设置应符合图 B.0.1 的规定。

B.0.2 有转角交通岛的交叉口行人与非机动车交通组织及布置形式，应符合图 B.0.2 的规定。

B.0.3 无中央分隔带的道路行人过街安全岛设置，应符合图B.0.3的规定。

B.0.4 非机动车独立进出口道交通组织及布置形式，应符合图 B.0.4 的规定。

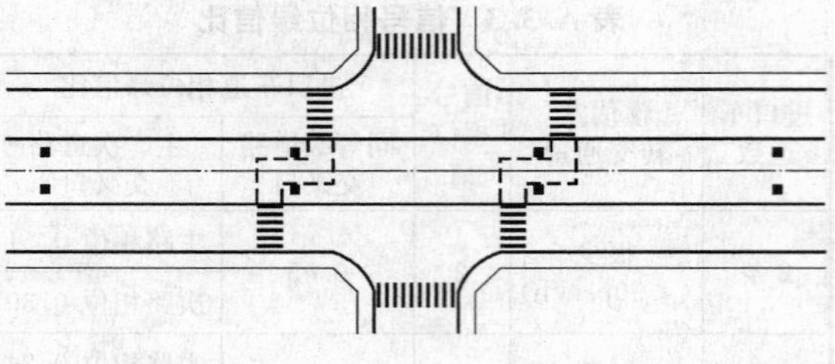

图 B.0.1　高架道路下人行横道的设置

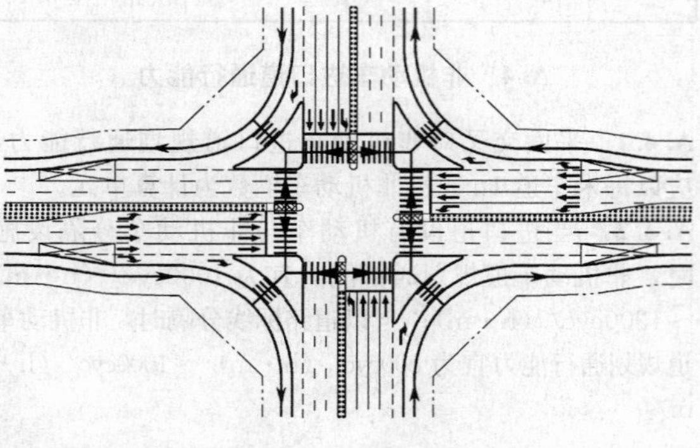

图 B.0.2　有转角交通岛的交叉口行人与非机动车交通组织及布置形式

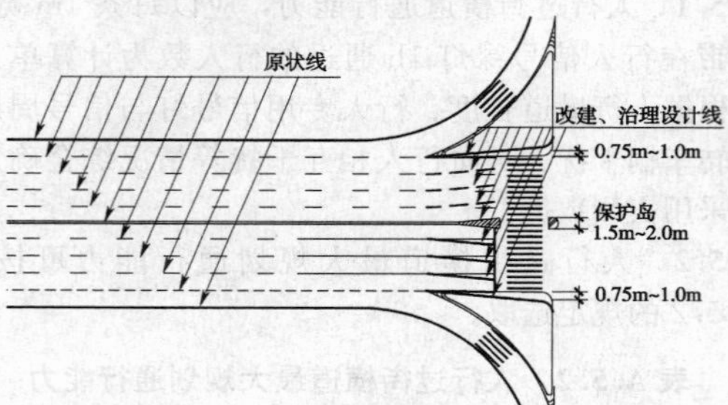

(a)采用减窄交通岛设置安全岛

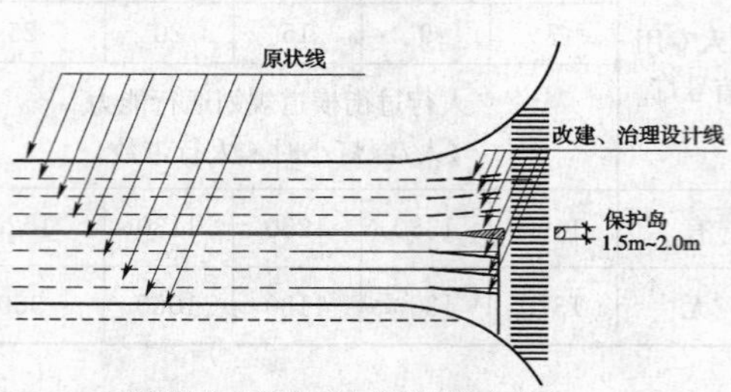

(b)利用转角曲线扩展空间设置安全岛

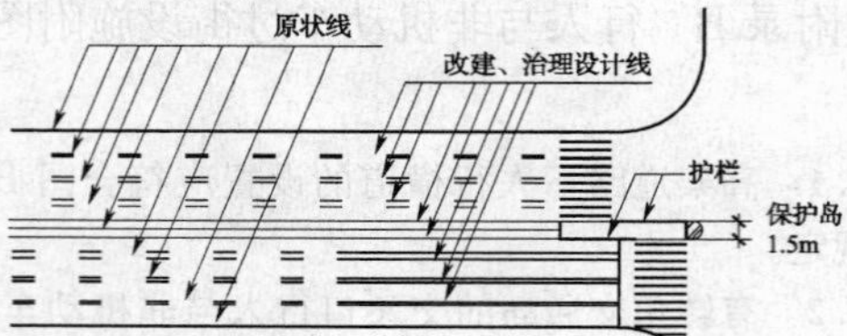

(c) 采用减窄进出口车道宽度设置安全岛

图 B.0.3　无中央分隔带的道路行人过街安全岛设置

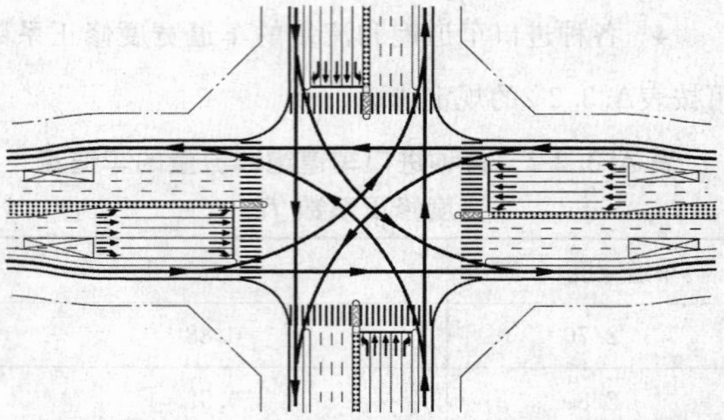

(a)非机动车与机动车相同的交通组织及布置型式

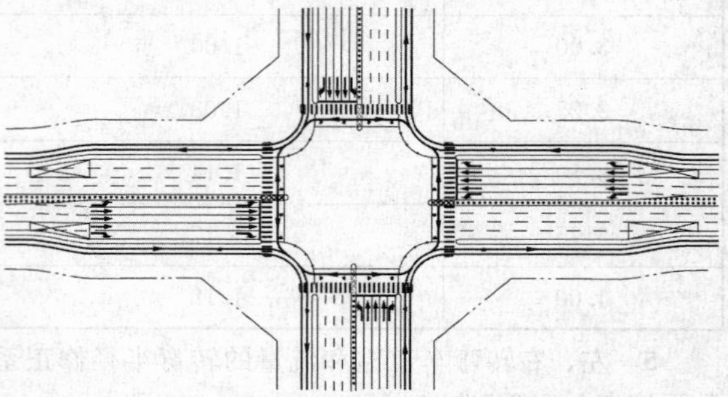

(b)非机动车与行人相同的交通组织及布置型式

图 B.0.4　非机动车独立进出口道交通组织及布置形式

附录 C　公共交通设施附图

C.0.1　路侧直线式停靠站应符合图 C.0.1 的规定。

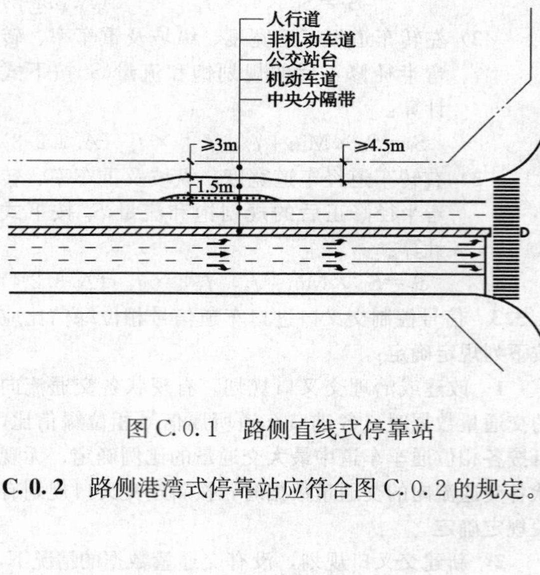

图 C.0.1　路侧直线式停靠站

C.0.2　路侧港湾式停靠站应符合图 C.0.2 的规定。

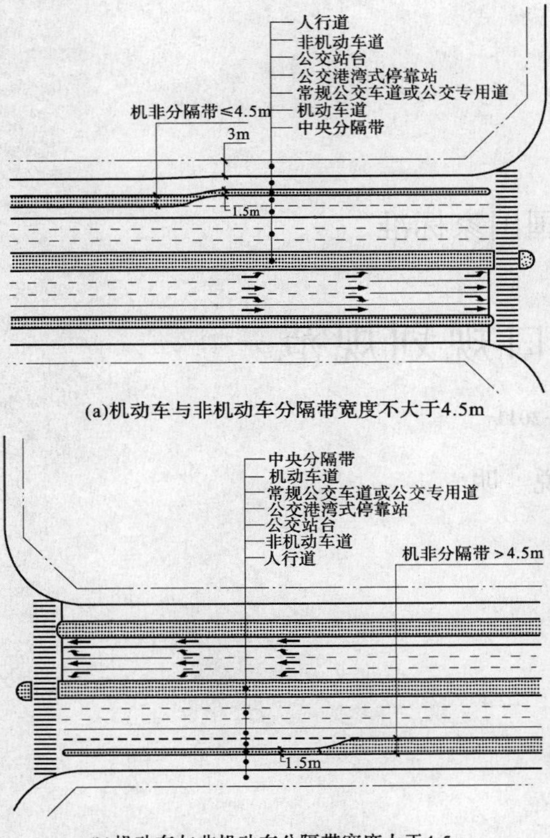

(a)机动车与非机动车分隔带宽度不大于4.5m

(b)机动车与非机动车分隔带宽度大于4.5m

图 C.0.2　路侧港湾式停靠站

本规范用词说明

1　为便于在执行本规范条文时区别对待，对执行条文要求严格程度的用词说明如下：

1）要求很严格，非这样做不可的：
正面词采用“必须”，反面词采用“严禁”；

2）表示严格，在正常情况下均应这样做的：
正面词采用“应”，反面词采用“不应”或“不得”；

3）表示允许稍有选择，在条件许可时首先应这样做的：
正面词采用“宜”，反面词采用“不宜”；

4）表示有选择，在一定条件下可以这样做的，采用“可”。

2　条文中指明应按其他有关标准执行的写法为“应符合……的规定”或“应按……执行”。

引用标准名录

《标准轨距铁路建筑界限》GB 146.2
《室外排水设计规范》GB 50014
《城市道路交通规划设计规范》GB 50220

中华人民共和国国家标准

城市道路交叉口规划规范

GB 50647—2011

条 文 说 明

制 定 说 明

《城市道路交叉口规划规范》（以下简称《规范》）是城市规划编制标准规范体系中的重要组成部分。编制城市道路交叉口规划规范，对于合理利用城市土地资源，优化城市道路交叉口的时空资源配置，提高城市道路网通行能力，改善城市交通安全，促进其可持续发展具有重要意义。

一、标准编制遵循的主要原则

1 以人为本的原则——强化公共交通系统、行人和非机动车在交叉口的路权。

2 保障安全的原则——突出行人和非机动车过街的安全保障。

3 节约土地的原则——既满足工程设计的需要，又不占用不必要的土地。

4 保护环境的原则——加强交叉口规划过程中保护城市环境方面的作用。

5 因地制宜的原则——根据不同的实际情况选用合适条文和参数。

二、编制工作概况

（一）编制过程

1 准备阶段（2003年9月～2004年7月）

2003年9月，建设部在深圳召开全国城乡规划标准规范工作会议，会上确定由同济大学主编《规范》，经过半年多的酝酿和准备工作，《规范》开题会于2004年7月6日在同济大学召开，正式进入编写工作阶段。开题会原则同意编写组提出的《规范》编制大纲、主参编单位的分工和工作计划。

2 调研及初稿编制阶段（2004年8月～2005年12月）

1）2004年8月5日，规范编写组在成都市召开《规范》工作会议，会上确定了调研计划，决定通过函调、实地调查和专题调研的方式对全国18个大中小城市交叉口交通特征、行人过街、自行车道、公交专用道和公交车站布置、快速道路进出口交织段等项目进行调查，会后各参编单位对各自负责调查的城市进行了资料、数据、录像的收集以及实地的交通调查和数据处理。

2）2005年1月到2005年11月期间，各参编单位对各自负责的内容进行了认真的编写，最后由杨佩昆统稿，初步形成了《规范》征求意见稿的讨论稿。

3）2005年11月15日规范编写组在北京召开《规范》编制工作会议，会议逐条讨论了各参编单位分工编写的条文，并就下一步征求意见的相关工作安排达成一致意见，会后各参编单位按各自分担的章节对条文作了修改。

3 征求意见阶段（2006年1月～2007年6月）

1）2006年1月，由主编单位汇总各参编单位的修改稿，统编了《规范》征求意见稿的初稿。向全国各地的顾问专家、高校、规划设计单位印发了120多份征求意见初稿。主编单位对反馈意见进行了分类整理，分别作了查证、修改、删补等工作，形成《规范》征求意见稿第二稿，提交专家预审会审议。

2）2006年7月12日规范编写组在同济大学召开了《规范》专家预审会，与会专家和代表对《规范》征求意见稿初稿的全部意见逐条进行了认真讨论，对《规范》征求意见第二稿中的重要问题分章节进行了审议。在此期间，规范编写组也收到了原建设部标准定额司对《规范》征求意见稿提出的意见，并指出《规范》须与华中科技大学主编的《城市道路交叉口设计规程》（以下简称《规程》）协调，内容不能有冲突。

3）按原建设部标准定额司的要求，2007年3月11日规范编写组在同济大学召开了《规范》与《规程》的协调会议，明确了总体协调原则并就需协调的主要问题进行讨论与协商，经过认真讨论，取得了基本共识。

4 送审阶段（2007年8月～2010年7月）

2007年8月21日规范编写组在北京召开了《规范》的专家审查会。与会专家在认真听取了规范编写组的汇报后，本着对国家标准高度负责的态度对送审稿逐字逐句进行了认真审查，规范编写组根据《规范》专家审查会的意见及建议进行修改、补充及完善，并于2008年8月形成正式报批稿后上报住房和城乡建设部城市规划标准规范归口办公室。2009年5月至2010年7月，根据住房和城乡建设部规划司下达的审阅意见，又进行了多次修改和完善，最后上报住房和城乡建设部城市规划标准规范归口办公室。

（二）开展的专题研究

信号控制交叉口进口道饱和流量是交叉口规划设计的主要指标。本次规范编制过程中投入了大量的精力，开展了专题的研究，分东南西北、大中小城市，共在我国18座城市对这个参数进行了调研，取得了第一手资料。经过统计分析，分不同类型城市，给出了直行、左转、右转车道的基本通行能力，以及在交叉口规划阶段需要的车道宽度、坡度、转弯半径等因素的修正系数和算法，具有相当的可靠性和可操作性，进一步提高了我国城市道路交叉口规划设计以及以后交通信号控制管理的准确程度，为《规范》的编制工作提供了重要的理论和技术支撑。

规范编写组还对城市快速路进出口交织段长度与通行能力的关系问题进行了专题研究，对确定规范取值具有指导意义。

（三）征求意见的范围及意见

2006年1月，由主编单位汇总各参编单位的修改稿，统编了《规范》征求意见初稿。向北京、上海、天津、重庆、广州、武汉、杭州、深圳、西安、哈尔滨、南京、合肥、济南、厦门、郑州、成都、昆明等城市的顾问专家、高校、规划设计单位印发了120多份征求意见初稿。共收到反馈意见50多份，包括意见和建议600多条。

（四）审查情况及主要结论

2007年8月21日，由原建设部城乡规划司主持，在北京组织召开了《规范》的审查会。出席会议的有原建设部标准定额司、城乡规划司、城市规划标准规范归口办公室的领导、《规范》专家组的全体专家及编写组成员共28人。

会议认为，《规范》为国内首次编制，内容涉及面广，技术难度较大，需要协调的相关规范、标准较多。《规范》编写组对全国各地的交叉口规划设计实践经验进行总结和归纳，借鉴了国内外交叉口规划设计方面的先进经验，并对相关重要基础理论进行了深入的研究，为《规范》的编制完成奠定了坚实的工作基础。《规范》内容完整，切合国情，编制程序符合要求，总体上体现了先进性、科学性、协调性和可操作性，达到了国内同类规范编制的领先水平，专家评审会一致同意通过审查。

三、结语

为了准确理解本规范的技术规定，按照《工程建设标准编写规定》的要求，规范编写组编写了《规范》的条文说明。本条文说明的内容均为解释性内容，不应作为标准规定使用。

目　次

1　总则 …………………………………… 1—31—32
3　基本规定 ………………………………… 1—31—32
3.1　一般规定 ……………………………… 1—31—32
3.2　城市道路交叉口分类、功能及选型 ………………………………… 1—31—32
3.3　城市规划各阶段交叉口规划内容 ……………………………… 1—31—34
3.4　交叉口规划范围 ……………………… 1—31—35
3.5　交叉口规划要素 ……………………… 1—31—35
4　平面交叉口规划 ………………………… 1—31—40
4.1　一般规定 ……………………………… 1—31—40
4.2　信号控制交叉口 ……………………… 1—31—41
4.3　无信号控制交叉口 …………………… 1—31—41
4.4　常规环形交叉口 ……………………… 1—31—41
5　立体交叉规划 …………………………… 1—31—42
5.1　一般规定 ……………………………… 1—31—42
5.3　立体交叉匝道规划 …………………… 1—31—44
5.4　立体交叉变速车道规划 ……………… 1—31—44
5.5　立体交叉集散车道规划 ……………… 1—31—45
5.6　立体交叉辅助车道规划 ……………… 1—31—45
6　道路与铁路交叉规划 …………………… 1—31—45
6.1　一般规定 ……………………………… 1—31—45
6.2　道路与铁路平面交叉道口 …………… 1—31—45
6.3　道路与铁路立体交叉 ………………… 1—31—45
7　行人与非机动车过街设施规划 ………………………………… 1—31—46
7.1　行人过街设施 ………………………… 1—31—46
7.2　非机动车过街设施 …………………… 1—31—46
8　公共交通设施规划 ……………………… 1—31—46
8.1　一般规定 ……………………………… 1—31—46
8.2　交叉口公共汽（电）车停靠站 … 1—31—47
8.3　公共汽（电）车专用进出口车道 ……………………………… 1—31—48
8.4　公共汽（电）车优先控制 ……… 1—31—49

1 总　则

1.0.1 城市道路交叉口是整个城市道路系统中交通事故的多发点、交通运行的拥堵点、通行能力的制约点。科学、合理地规划交叉口是城市道路交通系统安全与畅通的决定因素之一。因此，从20世纪五六十年代起各国对交叉口规划的观念与技术不断改进，取得了很大的进步。过去城市道路交通规划只以路网与路线为中心，简单地把交叉口看成只是路网中几条道路相交的产物，后来在交通运行的实践中，逐渐认识了交叉口在路网中的重要性，才开始重视研究交叉口的规划，产生了新的交叉口规划理念与方法。制定本规范的目的，就是为了更新过去城市道路交叉口规划的理念与方法，科学合理地规划城市道路交叉口，实现交叉口人、车交通安全，通达，时空资源得以充分利用的目标。

1.0.2 城市道路交通规划主要有新建与改建两类。新建是指新城镇、新开发区的规划；改建是指原有建成区的改造规划。对于交叉口而言，为改善大量现有交叉口的交通运行效果，还有对现有交叉口实施改善治理规划的实际需要。因此，本规范除对道路交通新建、改建规划提出交叉口规划理念上和技术上的要求外，还兼顾了交叉口治理规划的要求。

交叉口的新建、改建与治理规划受实际条件的约束，差别甚大，不仅在采取的技术标准上应有所不同，有时在采取的技术方案上也会有很大差别。为保障规划方案的可实施性，本规范对新建、改建、治理规划采用的技术方案与技术标准提出了不同的要求。

1.0.3 城市道路交叉口规划必须改变“以车为本”的观念，遵循“科学发展观”，确立“以人为本”的核心理念，因地制宜地来规划交叉口；必须处理好用地规模与征地拆迁及历史文化保护、交通安全与交通效率、公共交通与其他机动车交通、行人及非机动车与机动车交通、环境效益与交通效益之间的关系。

用地规模与征地拆迁及历史文化保护的关系：远期规划用地规模，应根据城市实际发展需要合理选定的远期规划方案控制预留用地；近期规划用地规模应根据技术论证选定的近期方案确定规划用地；改建交叉口规划必须根据现实条件合理控制拆迁规模，特别是要注意对历史文化的保护，不得任意提高规划标准，扩大工程规模，增大征地拆迁范围与破坏历史文化遗产。

交通安全和交通效率、行人及非机动车与机动车交通的关系：交叉口规划必须在保障交通安全的前提下提高通行效率，不得采用牺牲交通安全来换取提高通行效率的方案；特别要充分重视行人与非机动车骑车人的安全保障，并应妥善考虑无障碍设施的规划，保障残疾人士的通行安全与方便；应以行人过街能够忍耐的等候红灯时间为约束条件来检验交叉口规划的合理性与科学性。

公共交通和其他机动车交通的关系：交叉口规划应执行“公交优先”的战略政策，合理规划交叉口附近的公交路权与站点布设，方便公交车运行及乘客过街或换乘其他公交线路，同时兼顾降低对其他交通通过交叉口的安全和效率的影响。

环境效益与交通效益的关系：不应采用牺牲环境效益来换取其他效益的方案。

1.0.4 同本规范相关的规范、规程主要有：《城市道路交通规划设计规范》GB 50220、《铁路线路设计规范》GB 50090、《标准轨距铁路建筑界限》GB 146.2、《室外排水设计规范》GB 50014、《公路路线设计规范》JTG D 20、《城市道路设计规范》CJJ 37等。

3 基本规定

3.1 一般规定

3.1.1 城市道路交叉口规划用地红线范围和规划方案，取决于规划交叉口的类型及其功能要求，而交叉口的类型与功能要求，取决于相交道路的类型及其功能要求。交叉口规划用地红线范围和规划方案，应根据交叉口相交道路类型确定的交叉口类型、功能、在道路网中的地位、相交道路横断面规划方案、保障行人与公交乘客安全并方便的过街交通组织方案、公交设站等确定。

3.1.2 交叉口是决定城市道路系统交通运行效果的关键组成部分。交叉口规划方案的优劣，不仅决定了城市道路系统整体的交通运行效果和城市土地资源的利用效率，还是影响城市环境和居民工作、生活品质的主要因素之一。所以交叉口规划方案必须根据不同交叉口的不同功能要求做出多个比选方案，经技术、经济、环境论证后，选出最佳的方案。

3.2 城市道路交叉口分类、功能及选型

3.2.1 现行行业标准《城市道路设计规范》CJJ 37有对城市道路分类的规定及各类道路交通功能的说明，但对城市道路的分类，《城市道路设计规范》CJJ 37不论城市大小一律分为快速路、主干路、次干路、支路四类，对各类道路的功能只提及机动车的交通功能要求，没有涉及道路的生活服务功能与公交、行人、非机动车的交通功能要求，已不能符合科学发展观及以人为本的理念。城市规模的不同，居民出行特征（包括出行方式、出行次数与出行距离）的不同，是引起道路功能差异的主要原因。因此，现行国家标准《城市道路交通规划设计规范》GB 50220对大、中、小城市的道路采用不同的分类，是合理的。本规范即沿用此规范的分类方法，把特大城市、大城市道

路分为快速路、主干路、次干路和支路四种类型；中等城市道路分为主干路、次干路和支路三类；小城市道路分为干路和支路两类。

城市道路交叉口的类型可有多种不同的划分方法，如按相交道路类型分类和按不同交通组织方式分类等。

1 为使交叉口形式能符合其功能要求，把交叉口按相交道路的不同类型分为9类，明确交叉口功能，在此基础上确定交叉口的选型。

2 平面交叉口的交通组织必须通过平面布局方案来组织分配各交通流的通行路径，通过交通管理措施来组织分配各交通流的通行次序。综合平面交叉口平面布局方案及交通管理措施的交通组织方式，平面交叉口可分为3大类6小类。交叉口平面布局方案应包括：车辆进出口道及渠化方案、人行过街横道、非机动车过街方案、公交路线和公交站点布置等；交通管理措施应包括减速让行、停车让行管制与交通信号控制等。

3 城市道路立体交叉类型直接影响立体交叉功能、立体交叉用地、工程规模和工程造价，是立体交叉规划选型的重要依据之一。本规范根据符合立体交叉交通功能要求的交通组织方案，即通过桥梁、隧道、各式匝道组织相交道路各向交通流通行路径的完备与便捷程度，把立体交叉分为枢纽立交，一般立交与分离立交三类。枢纽立交是既要保证相交道路主线车流能连续快速行驶，又要使转向车流能以较高车速无冲突换向行驶的完全互通或部分互通式立交，其主要交通特征是主要车流只有减速分流、加速合流，较少交织和无平面交叉，包括全定向、半定向、组合型等形式的互通立体交叉。一般立交是既要使快速路或高速公路主线车流能连续快速通行，又要使主、次干路车辆能从快速路或高速路方便集散的完全互通或部分互通式立交，其主要交通特征是部分车流存在交织或平面交叉，包括苜蓿叶形、环形、菱形、喇叭形或组合型等形式的互通立体交叉。分离立交仅是使相交道路上的车流以上跨或下穿方式分别在两个不同层面上能连续通行、无任何形式转向匝道的非互通立体交叉。

3.2.2 按相交道路类型分类的各类交叉口具有不同的功能要求。为了适应不同出行的不同要求，使道路系统中的各种出行达到安全、通达、高效运行的要求，需要明确各类交叉口的功能，并按其功能确定不同的规划方案与规划标准。

按相交道路类型分类的各类交叉口功能取决于相交道路的类型与功能，为确定各类交叉口的功能，本规范有必要首先明确各类道路的功能。现行行业标准《城市道路设计规范》CJJ 37对各类城市道路只提机动车交通功能的要求，是老规范遗留下的城市道路设计“以车为本”的老观念、老方法。城市道路上除供机动车运行的交通功能外，还有供居民生活上需要的功能以及公共交通、行人、非机动车等的交通功能，所以，对各类道路还必须区别其交通或生活服务功能，并补充其不同的公共交通、行人与非机动车的交通功能的要求。这样才能正确、全面地确定各类相交道路不同交叉口的功能要求。本规范在现行国家标准《城市道路交通规划规范》GB 50220的基础上，进一步明确了对各类道路的交通或生活功能以及供公共交通、行人、非机动车运行的交通功能的要求。

快速路应是进出城市、市内长运距机动车辆专用的，能提供快速通行服务，具有以快速、连续通行为主要交通功能的干路。基本要求应符合：1）车辆能连续快速畅通运行；2）快速路对向车道之间必须设中央分隔带；3）进出口应全部控制；4）两侧不应设置公共建筑物的进出口；5）处于公交客流走廊上的快速路应规划快速公共交通线路；6）行人和非机动车与机动车必须在不同的层面上通行。

主干路应是为市内快速公共交通或主干公交车以及其他贯穿城市各分区的中、长运距机动车提供中等车速通行服务，具有以“通”为主的交通功能的干路。基本要求应符合：1）信号控制宜规划采用绿波联动控制的方式，使车辆能以较高车速在若干交叉口间连续畅通运行；2）主干路对向车道之间应设置中央分隔带；3）两侧不应设置公共建筑的进出口；4）主干路上应设置公交专用车道，视公交客流大小布设市内快速或主干公交线路，公交站必须规划为港湾式站台；5）主干路宜规划为机动车专用路，对已有非机动车通行的主干路进行改建规划时，应采用机动车与非机动车实体分隔的形式；6）行人和非机动车过街横道中间必须设置安全岛。

次干路应是为主干公交或区域公交车以及其他车辆贯通邻近各区、连接支路与主干路、兼具“通、达”集散交通功能与局部生活服务功能的干路。基本要求应符合：1）应规划设置公交专用车道，公交站应规划为港湾式站台；2）对向车道间宜设置中央分隔带；3）机动车与非机动车道间宜设置分隔设施；4）行人和非机动车过街横道中间应设置安全岛。

支路应是区域内部为行人与非机动车提供优先通行服务，并使区域内接驳公交车和到离区域的车辆能与主、次干路相连接，具有服务功能，兼具以“达”为主的交通功能的道路。基本要求应符合：1）必须使车辆只能低速进出、到离目的地与出发地；2）在主次干路公交网密度较稀，公交站点服务距离过远区域的支路上宜规划布设接驳公交线路。

城市道路交叉口的功能除取决于相交道路的功能外，还有其不同于道路功能的特点：各向行人、非机动车的集散与公交车站都集中在交叉口范围内，并与车辆分享交叉口的通行空间与时间，就车辆而言，交叉口除提供车辆直行通过交叉口的功能外，还需提供车辆在交叉口处转向的功能。所以，交叉口不仅应能满足机动车通行的要求，还必须保障行人、非机动车与公交乘客过街的安全与方便，必须正确规划交叉口范围内行人、非机动车过街安全设施与公交车站。

本条第1款、第2款中匝道进出口上、下游通行能力严重不匹配是指进出口上下游机动车道数之差大于1。第4款～第7款中等车速指车速在40 km/h～60km/h之间。

3.2.3 交叉口选型，在总体规划阶段，受规划条件限制，只能按相交道路类型的分类选择平面交叉口或立体交叉，并视条件可初步选择立体交叉形式；在控制性详细规划阶段，有条件可根据交叉口相交道路类型的分类及其功能与基本要求的不同，选定合适的交叉口类型。当有多种类型可选、难作抉择时，可按如下交通量大小参考选型：

1 预测高峰小时到达交叉口全部进口道的总交通量不超过800pcu/h的住宅区或工业区内部、相交道路地位相当、无安全隐患支-支交叉口，可选择全无管制交叉口（平B3类）或环形交叉口（平C类）形式。

2 预测高峰小时到达交叉口全部进口道的总交通量在800pcu/h～1000pcu/h范围内、需要明确规定主次通车权的次-支交叉口，可选择减速让行标志交叉口（平B2类）形式。视距受限，按减速让行通车规则不够安全的次-支交叉口，应选择停车让行标志交叉口（平B2类）形式。

3 预测高峰小时到达交叉口全部进口道的总交通量大于1000pcu/h，且到达支路全部进口道总交通量大于400pcu/h的次-支交叉口和主、次干路与主、次干路交叉口，应选择进、出口道展宽的信号控制交叉口（平A1类）形式。

4 某些有特殊原因必须用交通信号控制的支-支交叉口，可选择进、出口道不展宽的信号控制交叉口（平A2类）形式。

5 主-支交叉口及支路与快速路辅路相交的交叉口可选择支路只准右转通行交叉口（平B1类）形式。

3.3 城市规划各阶段交叉口规划内容

3.3.1 城市交叉口规划应分别满足城市总体规划、城市分区规划、控制性详细规划、交通工程规划四个阶段的内容规定。

在《城市规划编制办法》（中华人民共和国建设部令第146号）中，对城市规划各阶段的道路交通系统规划内容进行了具体规定。为克服现有城市规划各阶段成果中交通规划深度上的不足，需要在城市规划各阶段提高交通规划的作用，加深各阶段交叉口规划内容。

城市规划各阶段交叉口规划内容与深度有显著差别，但下一阶段交叉口规划都要以上一阶段规划成果为依据，下阶段交叉口规划与上阶段既有在内容上扩大、加深与调整的要求，又有在方案上连续与继承的关系。

为达到城市总体规划阶段对交叉口规划编制内容的规定，应编制城市综合交通规划。

为确保各阶段交叉口规划成果在工程设计阶段的有效落实，在控制性详细规划阶段，可同步开展交通工程规划工作，明确工程设计阶段交叉口的控制性条件与关键要素，以满足准确划定交叉口用地红线的要求；交通工程规划也可作为工程设计阶段的前期工作内容，以确保各阶段交叉口规划成果在工程设计阶段得到有效的落实。

3.3.2 《城市规划编制办法》中规定城市总体规划包括的交通规划内容为：确定交通发展战略和城市公共交通的总体布局，落实公交优先政策，确定主要对外交通设施和主要道路交通设施布局（包括城市干路系统网络、城市轨道交通网络、交通枢纽布局等）。城市总体规划的图纸比例为：大、中城市为1/10000～1/25000，小城市为1/5000～1/10000，其中建制镇为1/5000。

据此并归纳各城市已编制完成的城市总体规划成果，相应交叉口规划的重点是：基于城市干路系统规划，从路网系统整体交通组织的角度，系统确定主要交叉口的布局，协调主要交叉口布局与用地布局的关系，初步框定立体交叉的用地范围。城市总体规划阶段交叉口规划流程如图1所示。为了给下一阶段深化设计工作预留用地空间，城市总体规划阶段互通式立交可以采用苜蓿叶形初步框定立体交叉用地范围。

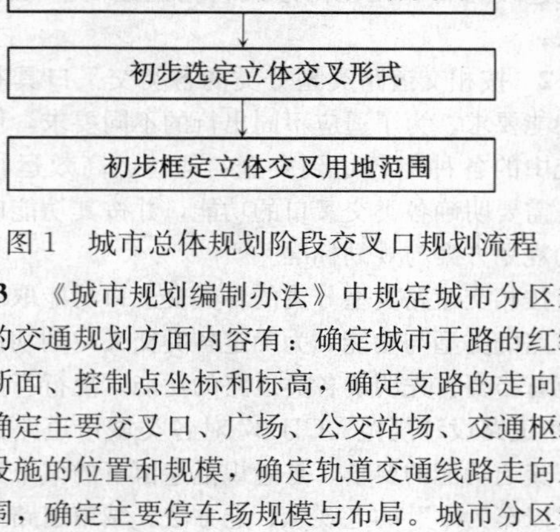

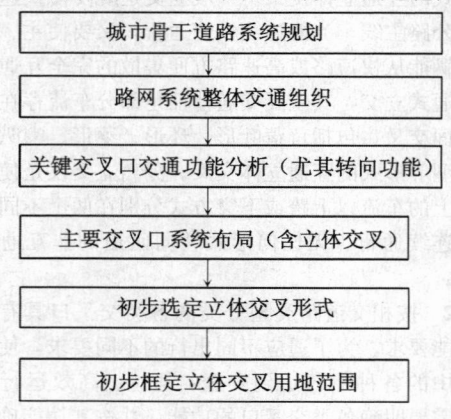

图1 城市总体规划阶段交叉口规划流程

3.3.3 《城市规划编制办法》中规定城市分区规划包括的交通规划方面内容有：确定城市干路的红线位置、断面、控制点坐标和标高，确定支路的走向、宽度，确定主要交叉口、广场、公交站场、交通枢纽等交通设施的位置和规模，确定轨道交通线路走向及控制范围，确定主要停车场规模与布局。城市分区规划的图纸比例为1/5000。

据此并归纳各城市已编制完成的城市分区规划成果，相应交叉口规划的要求为：基于分区道路系统规划，明确分区内立体交叉及主次干路相交交叉口布局，优化所选定的立体交叉形式，确定主次干路相交交叉口形式，确定立体交叉及主次干路相交交叉口控制点坐标和标高，初步确定立体交叉及主次干路交叉口的红线范围，为控制性详细规划提供依据。

为达到上述规划编制深度，在特大城市的重点地区和交通复杂地区，可同步编制分区综合交通规划，并将规划主要成果纳入分区规划。城市分区规划阶段交叉口规划流程如图 2 所示。

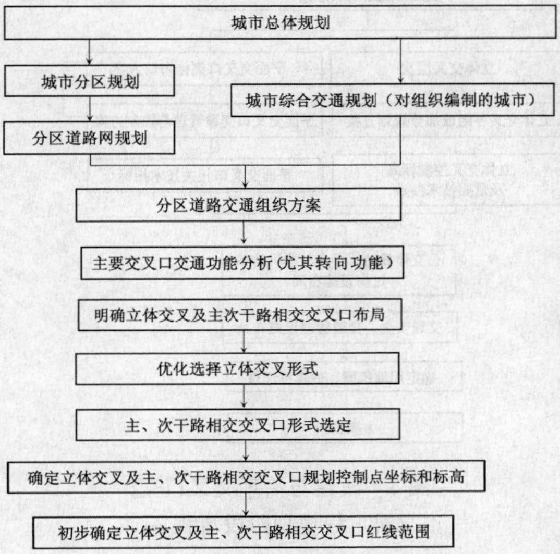

图 2　城市分区规划阶段交叉口规划流程

3.3.4 《城市规划编制办法》中规定控制性详细规划包括的交通规划方面内容有：根据交通需求分析，确定道路外侧规划用地出入口位置、停车泊位、公共交通场站用地范围和站点位置、步行交通以及其他交通设施；确定各级道路的红线、断面、交叉口形式及渠化措施、控制点坐标、标高。控制性详细规划的图纸比例为1/1000～1/2000。

为避免目前城市道路系统中缺乏支路的严重通病，在控制性详细规划中应确定支路系统及其交叉口规划的内容，使城市道路系统中的各级道路能有一个合理的组成结构。

控制性详细规划阶段交叉口规划工作应基于道路系统交通组织方案开展，对于尚未开展道路交通组织工作的交叉口，应首先制定道路系统交通组织方案。

控制性详细规划阶段交叉口规划流程如图 3 所示。图中，“主要平面交叉口”指主干路与主干路、主干路与部分交通量较大的次干路相交交叉口，“次要平面交叉口”指主干路与交通量较小的次干路、次干路与次干路、支路与其他等级道路相交的交叉口。对于立体交叉及主要平面交叉口，宜通过交通工程规划，合理确定红线范围；对于次要平面交叉口，可采用本规范第 3.5 节中规定的平面交叉口红线规划方法，标准化地确定交叉口红线范围。

3.3.5 交通工程规划是介于交通规划与工程设计之间的极其重要的环节，该阶段交叉口的规划将为道路工程设计提供依据，能有效协调交通规划、交通管理与道路工程设计的关系，有利于解决目前三者相脱节的问题，更好地实现道路系统的交通功能。

交叉口交通工程规划根据工作对象可分为新建交叉口规划、改建与治理交叉口规划。新建交叉口交通工程规划流程建议如图 4 所示，改建与治理交叉口交通工程规划流程如图 5 所示。

区别于新建交叉口规划，改建与治理交叉口规划宜基于交叉口现状分析评价，提出交通改善目标及对策，制订交叉口改建与治理规划方案，并对方案涉及的周围建筑拆迁量进行估算。

立体交叉与平面交叉口的交通工程规划有显著区别。立体交叉应明确交叉层次及平面布局方案，对各组成部分（主线、匝道、变速车道、集散车道、辅助车道、辅路等）进行规划，明确重要技术参数的取值；平面交叉口应进行平面渠化布局方案规划，对于信号控制交叉口还应充分协调交叉口渠化方案与交通控制方案的关系以及明确上下游交叉口间的信号协调关系。

立体交叉与平面交叉口均需要进行公交停靠站、行人与非机动车过街设施布局的规划，提出交通安全和交通管理设施的布局方案，落实公交优先的有关措施，并进行规划方案的评价。

3.4　交叉口规划范围

3.4.1、3.4.2 在过去的道路工程规划中，平面交叉口规划的传统做法是：只做交叉口沿规划道路两侧组成部分的规划方案，而不做此交叉口沿相交道路两侧组成部分的规划。这样做出来的交叉口规划方案不能符合整个交叉口各向交通的运行要求，不是符合整个交叉口交通运行的科学合理方案。因此，必须改变这种不科学不合理的传统做法。本规范以图示的方式明确规定平面交叉口规划必须包括的范围，并且第 3.4.2 条为强制性条文，明确规定不得只做规划道路的进、出口道组成部分而不顾相交道路进、出口道的规划。

3.4.3 城市道路立体交叉的规划范围必须包括立体交叉范围内行人与非机动车通道和公交站点的布置方案；有辅道的立体交叉必须包括辅道的有关组成部分。

3.5　交叉口规划要素

3.5.1 平面交叉口红线规划应符合下列规定：

1 平面交叉口进口道宽度及车道数，按信号控

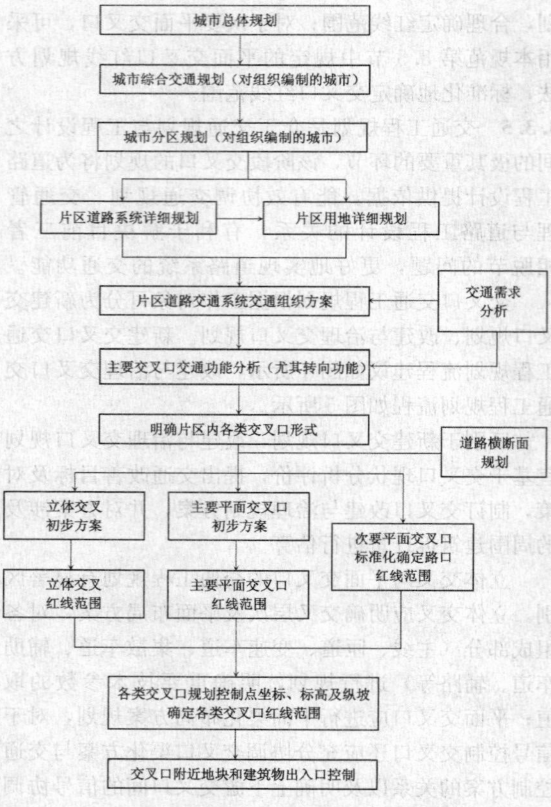

图 3　控制性详细规划阶段交叉口规划流程

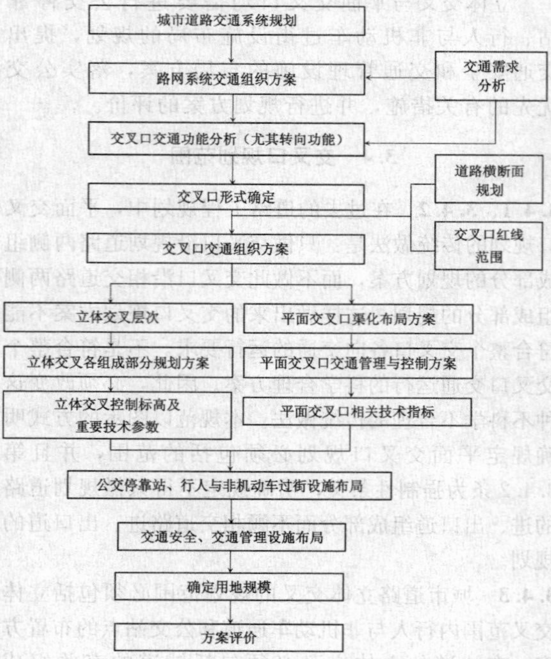

图 4　新建交叉口交通工程规划阶段流程

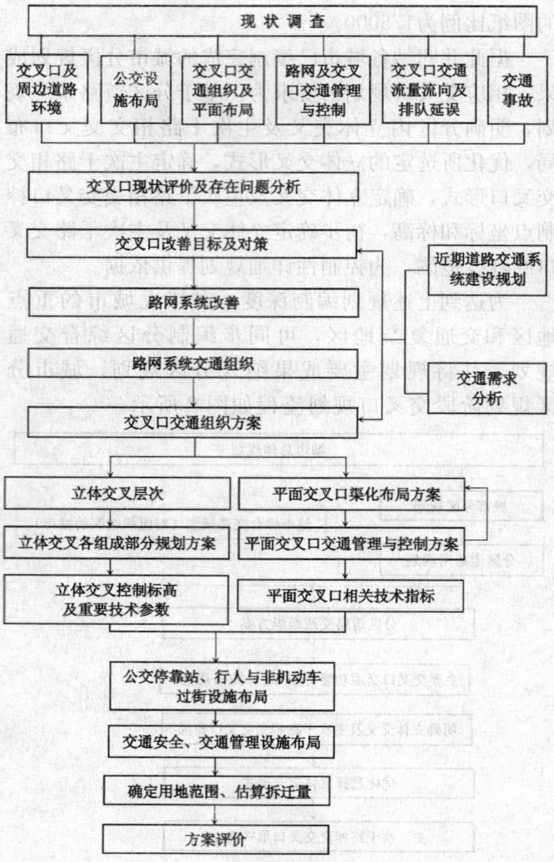

图 5　改建与治理交叉口交通工程规划阶段流程

制交叉口进口道与路段的通行能力应相匹配的原则，其规划车道数宜为路段车道数的两倍，应按此原则进行用地预留。考虑到新建、改建和治理性交叉口规划在增加进口道车道数的空间条件上存在着很大的差异，因此，应按实际情况提出不同的要求。

2　分区规划阶段，应确定干路交叉口的红线。为保证控制性详细规划阶段及交通工程规划阶段能够实现行人过街安全岛和公交车站的布置，以及交叉口时空一体化设计的要求，此规划阶段须根据需求留出必要的空间。

为了确保驶出交叉口车流的畅通，有必要规划出口道的车道数能适应于驶入交通流的车道数。一般情况下，出口道的车道数至少等于上游进口道的直行车道数，当相交道路的右转交通量较大、相交道路设有右转专用车道时，出口道上也应相应增加右转出口车道。另外，还需考虑出口道处布设港湾式公交停靠站所需的宽度。

3　控制性详细规划阶段宜同步开展交通工程规划，全面深化交叉口的渠化方案，根据车道功能划分及宽度、公交专用道、人行过街横道及安全岛、自行车道、绿化隔离带、路缘石曲线、交叉口设施布置等要求，确定红线。

4　本款指出了在下一城市规划阶段的交叉口规划中，应对上一城市规划阶段所定交叉口转角部位的红线位置是否符合交叉口转角最小安全视距的要求进行检验。

5 本款为强制性条款，必须严格执行。在改建和治理规划中，交叉口范围内的安全视距三角形限界不符合要求的，应采取限速措施，使其满足安全视距三角形限界的要求。

6 为保证交叉口规划的可操作性、交叉口形态的标准化以及车辆通过交叉口的舒适性，可以通过调整绿化隔离带、车道的空间布置、偏移左转车道等方法，使交叉口进出口道基本实现对称布置。

3.5.2 平面交叉口转角部位平面规划应符合下列规定：

2 交叉口转角部位红线规划，沿用现行行业标准《城市道路设计规范》GJJ 37 规定的交叉口视距三角形的限界。平面交叉口进、出口道部位及转角部位红线规划构成的交叉口规划红线范围示例见图 6。

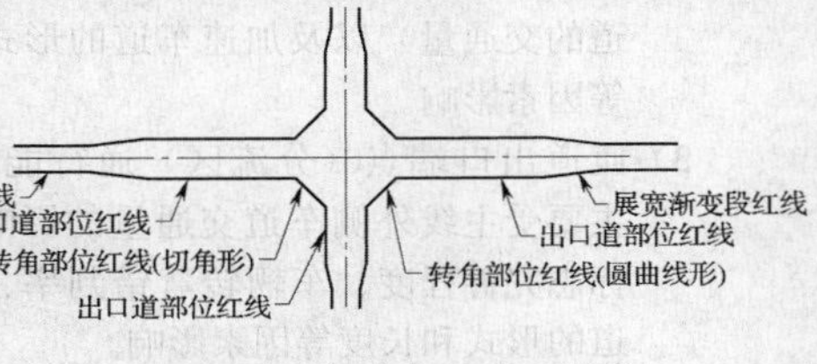

图 6 平面交叉口规划红线示例

3 本款为强制性条款，必须严格执行。关于视距三角形限界内影响驾驶员视线的物体限高，随着小车座位的降低，若干国家把这限高改为 1.0m，本规范借鉴其成果。在不严重影响驾驶员视线的情况下，可以规划布设交通信号灯杆、交通标志等高出道路平面标高 1.0m 的必要的交通设施。

4 本款补充了双向通行道路交叉口与单向通行道路交叉口在验算视距时必须注意的视距三角形视距线的不同画法。

5 同美国《公路与城市道路的几何设计》对照，现行行业标准《城市道路设计规范》CJJ 37 第 6.2.4 条所定的缘石转弯半径偏大，但为保持与现有规范的一致性，本规范保留了《城市道路设计规范》CJJ 37 给出的参数，在实际使用中，可以适当调整。按美国设计标准的计算如表 1 所示。

表 1 缘石转弯半径核算

V_d（km/h）	30	25	20	15
$\mu+i$	0.30	0.32	0.35	0.38
R 计算	24	16	9	6

注：μ—横向内系数；i—交叉口转弯道的横坡；R—交叉口缘石转弯半径。

3.5.3 在总体规划阶段，除按交叉口相交道路类型选定立体交叉或平面交叉外，有条件选定立体交叉类型时，应按选定的立体交叉类型初步框定立体交叉红线范围和用地面积；尚无条件选定立体交叉的类型时，可暂定以用地需要最大的苜蓿叶形立交外框简单框定规划红线范围和用地面积，如图 7 所示。在控制性规划阶段，选定立体交叉类型后，则应按所选立体交叉类型的规划方案图调整此立体交叉的红线范围。

3.5.5 城市道路交叉口范围内的规划最小净高沿用现行行业标准《城市道路设计规范》CJJ 37 的规定。

因为规划最小净高与道路交通安全紧密相关，在一些城市由于规划最小净高不够标准而出现大量事故，造成人员伤亡和财产损失，故在本规范中定为强制性条文。

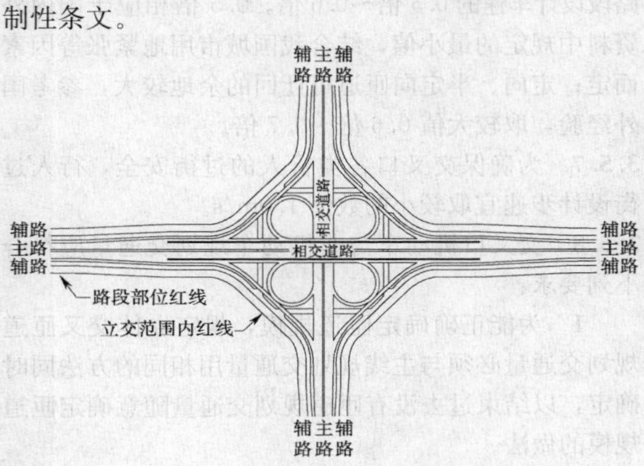

图 7 立体交叉规划红线示例

3.5.6 交叉口机动车的设计车速，在与现行国家标准《城市道路交通规划与设计规范》GB 50220 协调的基础上，定出用于确定交叉口各组成部分线形设计指标的设计车速。机动车由主线进入立体交叉的匝道或平交的进口道后，为保障交通安全，必须降低车速，所以立体交叉匝道及平交进口道设计车速低于主线的设计车速。

条文中表 3.5.6 规定的匝道设计车速主要依据实测资料并参考以下资料确定：

现行行业标准《公路路线设计规范》JTG D 20 中规定，匝道设计车速一般为所连接的公路设计车速的 50%～70%。

美国《公路与城市道路几何设计》规定，与道路设计车速相应的匝道设计车速值上限为 85%，中限为 70%，下限为 50%。

美国各州公路与运输工作者协会规定，以干路平均行驶速度作为匝道设计车速，其最小值为干路设计行车速度的 1/2。

日本《公路技术标准的解说与运用》中对匝道设计车速规定如表 2 所示。

表 2 日本匝道设计车速

上级公路设计车速（km/h）		120	80	60	50、40
下级公路设计车速（km/h）	80	70～40	60～40	—	—
	60	60～40	60～35	50～35	—
	50	60～40	50～35	50～35	40～30
	40	60～40	50～35	50～35	40～30

加拿大对匝道设计车速规定如表3所示。

表3 加拿大匝道设计车速

道路设计车速（km/h）		140	130	120	110	120	110	100	90	80
匝道设计车速（km/h）	建议值	110	100	100	90	80	80	70	60	50
	最小值	70	70	60	60	50	50	40	40	40

本规范规定一般匝道、集散车道设计车速值为相应路段设计车速的0.5倍～0.6倍。0.5倍相应于国内外资料中规定的最小值，结合我国城市用地紧张等因素而定；定向、半定向匝道可迂回的余地较大，参考国外经验，取较大值0.6倍～0.7倍。

3.5.7 为确保交叉口各类行人的过街安全，行人过街设计步速宜取较小的数值1.0m/s。

3.5.8 交叉口机动车与非机动车规划交通量应符合下列要求：

1 为能正确确定匝道规模，规定立体交叉匝道规划交通量必须与主线规划交通量用相同的方法同时确定，以结束过去没有匝道规划交通量随意确定匝道规模的做法。

3 考虑到交通流的波动性，为了能合理规划平面交叉口，满足不同规划对象的不同需要，分别提出用于不同规划对象的不同规划交通量。新建交叉口规划，没有实测交通量时，可用规划年的预测交通量。确定渠化方案及信号相位方案时的计算交通量＝4×高峰小时内高峰15min的交通到达量（宜用实测数据）。无最高15min交通量实测数据时，计算交通量可按下式用高峰小时系数估算：

$$\text{计算交通量}=\frac{\text{高峰小时交通量}}{\text{高峰小时系数}} \tag{1}$$

式中，高峰小时系数（PHE），主要进口道可取0.75，次要进口道可取0.8。

4 车辆通过交叉口停止线时的车型折算系数与车辆通过路段的折算系数是不相同的，车辆通过交叉口停止线时的折算系数，应为不同车型的车流连续通过停止线的饱和车头时距与小型车流连续通过停止线时的饱和车头时距的比值，但由于其他车型的饱和车头时距的观测十分困难，所以条文中表3.5.7的车型折算系数采用如下的估算方法获得（以中型车的折算系数k_m为例）：

$$k_m=\frac{l_m+h_m}{V_m}\times\frac{V_s}{l_s+h_s} \tag{2}$$

式中：l_m——中型车的长度，取$2l_s$；

h_m——中型车通过交叉口停止线时的饱和车头空距，取$1.5h_s$；

V_m——中型车通过交叉口停止线时的速度，取$0.75V_s$；

l_s——小型车的长度，取6m；

h_s——小型车通过交叉口停止线时的饱和车头空距；

V_s——小型车通过交叉口停止线时的速度。

3.5.10 对交叉口规划通行能力的计算说明如下，计算方法参照本规范正文附录A：

1 立体交叉形式及匝道布置初步拟定后，必须验算各匝道规划通行能力能否满足规划交通量的需求。匝道通行能力受匝道各组成部位的限制，其中包括匝道中段（运行情况相同、中间或等宽路段）、进口端点（从匝道驶入主线）、出口端点（从主线进入匝道）的通行能力。匝道通行能力应取三处中的最小值。

1）匝道中段规划通行能力验算：主要受车辆几何外形、曲线半径、纵断坡度、行车速度、路面条件等因素影响。

2）匝道进口端点（合流区）通行能力验算：主要受端点处的整体设计、交通管制类型、主线交通量（特别是匝道相邻主线外侧车道的交通量）以及加速车道的形式和长度等因素影响。

3）匝道出口端点（分流区）通行能力验算：主要受主线外侧车道交通量的影响、交通标志完善程度、车辆转弯错判率、减速车道的形式和长度等因素影响。

2 让行标志平面交叉口基本通行能力的计算是一个相当繁杂的过程，规范编制组参考了其估算方法的一般理论，同时作了仿真数值运算，运算结果见表4、表5。

表4 减速让行交叉口让行方向基本通行能力

主要方向车流1（pcu/h）	主要方向车流2（pcu/h）							
	800	700	600	500	400	300	200	100
800	—	75	95	120	145	180	220	270
700	75	100	120	155	190	230	270	335
600	95	120	150	190	225	280	335	410
500	120	155	190	245	295	355	425	510
400	145	190	225	295	350	430	515	620
300	180	230	280	355	430	520	625	760
200	220	270	335	425	515	625	765	930
100	270	335	410	510	620	760	930	—

表5 停车让行交叉口让行方向基本通行能力

主路方向车流1（pcu/h）	主路方向车流2（pcu/h）							
	800	700	600	500	400	300	200	100
800	—	55	70	90	110	135	165	205
700	55	75	90	115	145	175	205	250
600	70	90	115	145	170	210	250	310
500	90	115	145	185	220	265	320	385
400	110	145	170	220	265	325	385	465
300	135	175	210	265	325	390	470	570
200	165	205	250	320	385	470	575	700
100	205	250	310	385	465	570	700	835

其主要方向车流1和2表示双向单车道通行的两

个车流。让行方向车流只能穿越主要车流的空当。表中数值表示了主要方向车流为泊松分布、不同流量条件下，让行方向车流可以穿越主要方向车流的最大流量。主要方向车流量大时，可以通过整个交叉口的流量亦大，反之，则可以通过整个交叉口的流量亦小。

让行标志平面交叉口基本通行能力按理论方法的计算如下：

理论上让行标志交叉口通行能力的极限值是第一级优先车流饱和流量之和；第二级优先车流的通行能力是在高优先级车流中出现的空挡能够被完全利用的通行能力。高优先级为单车道单向通行时，计算次级车流通行能力的理论公式如下：

$$C_{\mathrm{g}}=\frac{3600}{\Delta t_{\mathrm{f}}}\cdot \mathrm{e}^{-\frac{q_{\mathrm{H}}}{3600}(\Delta t_{\mathrm{o}})} \tag{3}$$

式中：C_{g}——低优先级车流的基本通行能力（pcu/h）；

q_{H}——高优先级车流交通量（pcu/h）；

Δt_{o}——临界空档，高优先级车流中出现大于该值的空档时，可以穿越低优先级车流，取 5.5s～6.5s；

Δt_{f}——低优先级车流平均跟驶穿越空档，是利用高优先级车流中同一空档的第一辆车与后续车辆间的穿越空档，Δt_{f} 在 2.6 s ～ 4.0 s 之间；减速让行标志管制取下限，停车让行标志管制时取上限。

Δt_{o} 和 Δt_{f} 主要受高优先级车流的行驶速度、低优先级车辆机动性能、驾驶员的判断和反应、道路几何条件、视线、天气等因素影响，也因车流流向（干路左转、支路右转、支路直行、支路左转等）而不同。

交叉口总基本通行能力是高优先级车流量与低优先级车流量的和。

让行标志交叉口的实际通行能力的计算采用通行能力计算的常规方法，即基本通行能力乘以一个折减系数。计算折减系数时应考虑的因素主要有：主支路流量不平衡性、大车混入比、左直右车流比、行人和自行车的横向干扰程度等。由于在规划阶段这些因素的影响程度还难以准确获取，因此可按估计取 0.6～1.0 之间的系数。

3 信号控制交叉口通行能力可按以下方法计算：

信号控制交叉口通行能力分别按交叉口各进口道估算，以小车当量单位计；信号控制交叉口一条进口道的通行能力是此进口道上各条进口车道通行能力之和；一条进口车道通行能力是该车道设计饱和流量及其所属信号相位绿信比的乘积，即进口道通行能力。

信号控制交叉口通行能力估算方法及信号控制交叉口规划饱和流量，因其不但随交叉口几何因素而异，还同交叉口的交通管理方式与到达的交通需求有关，相对比较复杂。有些国家专门制定有《信号控制交叉口通行能力规程（或指南）》之类的文件。我国现行行业标准《城市道路设计规范》CJJ 37 也曾规定了信号控制交叉口通行能力的估算方法，现在看来，还有不少值得商讨的问题。因此，有必要为本规范编写相应的信号控制交叉口通行能力估算的建议方法。

信号控制交叉口车辆的通行能力，按进口道的各个车道估算，各车道的通行能力等于该车道的规划饱和流量与该车道通车相位绿信比的乘积，这是各国比较通用的方法。

本规范借鉴各国现行规程，根据对我国不同城市典型交叉口上的实测数据，针对信号控制交叉口规划设计的需要，按不同规划设计阶段能提供估算通行能力的条件和对通行能力估算精度的不同要求，在规范文本中提出了不同深度的估算方法。

规划饱和流量因其影响因素众多，理论上是个相当复杂的问题，各国的算法不尽相同，不少国家都各自颁布符合各自情况的计算方法，但都还存在不少值得探讨的问题，而且所用方法一般都过于繁杂，现在还在不断研究改进中。

考虑到在规划阶段能取得数据的条件，信号控制交叉口规划饱和流量的修正系数只取纵坡及重车率修正、车道宽度与转弯半径三项修正。纵坡及重车率修正系数，因我们没有做过这项基础参数的研究，所以只能暂借其他国家的确定方法；考虑到规划阶段的使用方便，选用了国际上确定这一修正系数的最简单的一种方法。车道宽度修正系数，根据在北京、深圳、上海、天津、重庆、济南等城市典型交叉口上的实测数据，对直行、左转和右转三种不同的车道而言，宽度修正系数是相近的，为便于使用，将其合成一张表格。转弯车道转弯半径修正系数，同车道宽度修正系数是相关的，取决于这两个数值的最小值，因为转弯车道的饱和流量取决于转弯车道上的通行能力受车道宽度与转弯半径两种影响最大的瓶颈段，所以应取宽度修正系数与转弯修正系数两者中的小值。

不同地区及规模的城市，其基本饱和流量可按当地情况，在表列饱和流量范围内取值：中小城市、山区及积雪地区的城市取下限值；东部沿海地区、大城市、省城、单列市可取中值；北京、深圳取上限值。

为估算信号控制交叉口进口道的通行能力，需要信号相位绿信比。绿信比必须在做了信号配时设计之后才能取得。在各规划阶段没有条件、也没有必要做信号配时设计。因此，为了能在规划阶段估算信号控制交叉口进口道的通行能力，需要有一种简单而能大致估计绿信比的方法。

改建交叉口规划，有现状各交通流向的交通量调查数据时，就以各相位通车车道中最大交通量的比例近似地代替各相位的各个最大流量比的比例，以此来分配各相位的绿信比。

新建交叉口规划，没有交通量数据时，只能根据交叉口规划进口车道数所定的信号相位数，按常规相位绿信比提出推荐数字：两相位时，以信号总损失时间占周期时长的10%计，则同等级道路交叉口，各相位绿信比为0.45；主、次道路交叉口，以主路交通量比次路交通量多约25%计，则主路相位绿信比为0.51，次路相位绿信比为0.39；四相位时，以信号总损失时间占周期时长的16%计，则同等级道路交叉口，各相位绿信比为0.21；主、次道路交叉口，也以主路交通量比次路交通量多约25%计，则主路各相位绿信比为0.24，次路相位绿信比为0.18。条文中表A.3.3中数值是按交叉口规划进口车道数确定的。

4 非机动车进口道通行能力，沿用现行行业标准《城市道路设计规范》GJJ 37的规定值。非机动车交通量大的交叉口进口道应取上限，非机动车交通量小的交叉口进口道应取下限。助动车等其他非机动车流量应折合自行车当量计算。

5 条文中表A.5.2所列人行过街横道通行能力，是引用1998年人民交通出版社出版的《现代城市交通》一书推荐的计算方法，为便于规划阶段使用，简化算得。

4 平面交叉口规划

4.1 一 般 规 定

4.1.1 在城市总体规划的城市综合交通专项规划或分区规划的道路系统规划中，对平面交叉口规划间距和形状已大体框定，但在这一规划阶段框定的平面交叉口规划间距、形状不一定有充分条件进行仔细的研讨。因此，在控制性详细规划或交通工程规划阶段应对框定的间距、形状、类型作仔细深入研讨，在不影响总体布局的前提下予以优化调整。

1 本款为强制性条款，必须严格执行。国家现行标准《城市道路交通规划设计规范》GB 50220及《城市道路设计规范》CJJ 37都把斜交交叉口的最小交叉角定为45°，拟定得太小。参考各国文献，宜改为70°。

2 信号控制平面交叉口间的间距大致相等时，对交通信号控制系统的布设比较有利。

4.1.2 此条参考了上海市工程建设规范《建筑工程交通设计及停车库（场）设置规范》DGJ 08—07—2006有关道路外侧规划用地出入口的规定及现行行业标准《城市道路设计规范》CJJ 37中有关停车场出入口的规定。

在干路两侧设置道路外侧规划用地建筑物机动车出入口，无异于在干路上增加了交叉口，是造成干路交通拥堵的主要因素之一。在新城区各类规划中严禁在干路两侧开设道路外侧规划用地建筑物机动车出入口，应把出入口开向支路或专设的前沿道路（frontage road）上；在旧城区改建规划中应调整干路上的已有出入口，使其远离交叉口；在治理规划中，对进出出入口的车辆应采取交通管制措施。道路外侧规划用地机动车出入口距交叉口距离的计算起点，应以交叉口转角缘石曲线的端点为计算起点。

4.1.3 平面交叉口进口道红线展宽、车道宽度及展宽段长度应符合下列规定：

1 由于交通流驶入交叉口进口道后，其车速较路段明显降低。同时，为防止车辆在进口道内因车道过宽而发生抢道现象，进口道车道宽度应比路段车道宽度减窄。平面交叉口进口道部位红线规划必须改变传统交叉口红线规划方法，即把交叉口范围内的红线看成只是路段红线的延伸线，并只考虑以通车需要为主的规划方法。为使平面交叉口进口道通行能力同路段通行能力相匹配，进口道车道数应为上游路段规划车道数的两倍。本规范按路段车道不同的规划宽度确定交叉口进口道的展宽系数，进口道展宽系数r是根据交叉口进口道每条车道宽度为3.0m、进口车道数量为路段车道数的两倍计算得来，进口道展宽系数r的计算公式如式4所示：

$$r=\frac{6-\text{路段一条车道规划宽度}}{\text{路段一条车道规划宽度}} \tag{4}$$

若路段上各条车道的规划宽度不相同时，可取各条车道宽度的平均值。

条文中式4.1.3的计算结果一般是带小数的实数。为方便计算整体红线宽度，本规范建议该式计算结果以0.5m为单位向上取整。

新建平面交叉口的进口道展宽不仅应考虑通行能力相匹配的要求，还应考虑布设行人安全岛及公交港湾式站台等所需的宽度，当规划布设行人安全岛及公交港湾式停靠站时，还必须在上述基础上增加布设行人安全岛及公交港湾式停靠站所需的宽度。

考虑到改建、治理平面交叉口所受的约束条件较大，所以改建平面交叉口进口道部位规划红线的展宽宽度和长度，应视拆迁条件确定；条件许可时，应尽量满足上述的规定。

新建平面交叉口进口道展宽段及展宽渐变段的长度，参考上海市工程建设规范《城市道路平面交叉口规划与设计规程》DGJ 08—07—2006确定。

4 交叉口进、出口道部位机动车道总宽度大于16m时，行人过街困难，且信号控制难以满足行人清空时间，导致行人与机动车的严重冲突。

设置行人过街安全岛，便于行人安全驻足；采用“二次过街”信号控制模式，减小行人信号清空时间需求；分段显示行人绿灯，提供更多行人安全过街机会；总体提高信号控制交叉口的运行效率。

该款规定不仅涉及交通秩序的改善和交通效率的提高，而且是行人过街安全性的必要保障，故在本规范中定为强制性条款。

4.1.6 交叉口竖向规划应使相交道路在交叉口范围内为最平顺的共同曲面的目的是为了便于行人、车辆通行，使地面雨水能有最便捷的排水方向。

4.1.7 平面交叉口中应布设交通岛来规范车辆的行驶轨迹。交叉口范围过大时，车辆可在交叉口内任意行驶，不利于交通安全和交通秩序；但在范围并不过大的交叉口内布设交通岛之后，又会使车辆行驶受到过分的约束，特别是在兼有大量非机动车过街的交叉口，不利于交通畅通。本条目的即为规范合理布设交通岛，使之既能改善交通安全又能不影响交通畅通，且能改善行人过街安全。

6、7 交通岛可区分为导流岛和安全岛，导流岛可以规范交叉口内各流向车流的行驶轨迹；安全岛供行人过街、在路中驻足避车，保障交通安全、畅通。交通岛间导流车道不宜过宽，避免车道过宽而引起车辆并行、抢道现象。

4.2 信号控制交叉口

4.2.1 交通工程规划阶段，信号控制交叉口规划除应符合本规范第3.5节及第4.1节有关规定外，还应符合下列规定：

2 常规双向通行信号控制交叉口除交叉口通用规划内容外，还有交叉口采用信号控制后进行各种交通流通行空间与时间有关交通组织分配所需的特有规划内容。信号控制交叉口平面规划，关键是配合信号控制方案组织分配各交通流的通行时间与通行空间，确定交叉口进、出口道的布置与渠化方案，所以信号控制交叉口平面规划必须同信号控制方案同步进行。

3 交叉口的时空资源由相交道路几个方向的车流共享，对某一进口道的车流而言，能获得的通行时间不及上游路段的一半，如果损失的时间资源不能通过拓宽交叉口进口道宽度，增加进口车道数来弥补，交叉口进口道将成为整个路网通行能力的瓶颈，为了提高整个路网的通行效率，消除路网通行能力的瓶颈，必须尽量提高进口道通行能力，使之与上游路段通行能力相匹配。干道上交叉口之间的信号须协调，避免不必要的停车，保证干线的畅通。

4.2.2 信号控制交叉口进口道规划应符合下列规定：

1 进口道车道的渠化规划主要是确定进口道各条车道的功能。本款根据到达进口道的交通量确定需要设置左、右转专用车道的条件。

2 进（出）口道展宽段及渐变段长度距交叉口距离的计算起点，应以交叉口转角缘石曲线的端点为计算起点，进口道向上游计算，出口道向下游计算，如图8所示。

4.2.3 信号控制交叉口出口道规划应符合下列规定：

1 为增加右转出口车道而增宽出口车道的宽度时，其展宽段长度是从右转出口车道转向直行车道所需长度。

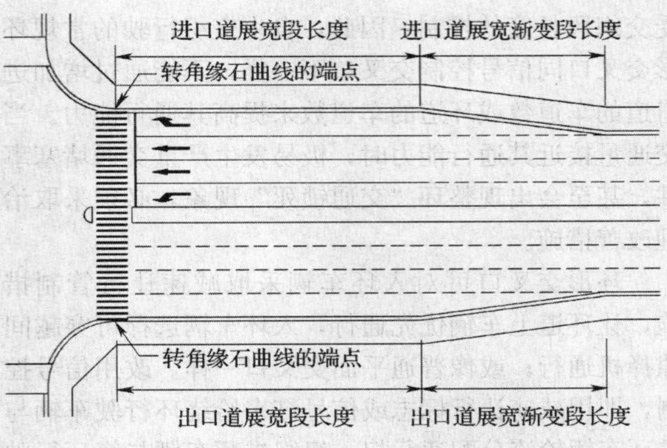

图8 进（出）口道展宽段及渐变段长度距交叉口距离的计算起点

4.2.4 交叉口前后高架道路、地下通道或互通立交匝道出入口的布置应符合的规定：

城市市区内不宜建造高架道路或上跨式互通立交。在市郊或市区边缘规划设计的高架道路或互通立交，其在平面交叉口前后的出入匝道位置的布置，根据实践经验是造成交叉口及高架道路或互通立交交通拥堵的关键因素。本规范专列此节，对这类匝道的合理布设提出要求，以降低这类匝道对其附近交叉口及高架道路或互通立交本身的交通影响。

4.3 无信号控制交叉口

4.3.1 用导流三角岛及连续式中央分隔带来引导进出支路的右转车辆行驶路线，并阻挡从支路出来的直行车辆及左转车辆。

4.3.2 交叉口的相交道路中，等级较高或交通量较大的道路称为主要道路；等级较低或交通量较小的道路称为次要道路。

4.4 常规环形交叉口

4.4.1 常规环形交叉口适用性的原因及环形交叉口的中心岛与交织段：

1 常规环形交叉口，虽可组织车辆不停车地连续行驶通过交叉口，有利于在交通信号灯难于处理的多路交叉口上组织交通，但因其用地过大，通行能力有限，所以不宜用于大城市干路相交的交叉口上，特别是非机动车和行人流量较大的道路上。

3 中心岛的大小，决定了车辆在各段环道上的行驶车速、各环道的交织段长度和环形交叉口的用地面积。为能减小环交用地面积，中心岛大小以能满足环道的设计车速及最短交织段长度即可。

4.4.2 常规环形交叉口环道、环道外缘及进出口的规划，基本上沿用现行行业标准《城市道路设计规范》CJJ 37的规定，补充了环道上车道加宽值及环道进出口交通岛布设的规定。

4.4.3 常规环形交叉口的关键缺点，就是通行能力受交织段长度的控制。因此，自由交织行驶的常规环形交叉口同信号控制交叉口不一样，不能通过增加进口道的车道数或环道的车道数来提高其通行能力。当交通量接近其通行能力时，极易发生严重交通堵塞事件，甚至会出现整环“交通锁死”现象，必须采取治理改善措施。

环形交叉口可对入环车辆采取减速让行管制措施，让环道上车辆优先通行，入环车辆选择可穿越间隙择机通行；或像普通平面交叉口一样，改用信号控制，即用减速让行标志或信号灯来给绕环行驶车辆与进环车辆轮流分配通行权，组织进环车辆与绕环行驶车辆的交替运行。这样就可以通过增加进口道及环道的车道数来提高其通行效率，这时环形交叉口的进口道与环道应进行拓宽处理。但环形交叉口信号控制的机理同普通平面交叉口用信号灯控制两个不同方向车辆间的冲突不一样，所以在信号灯的配置、信号灯具的面对方向、停止线位置与画法及信号控制方式上同普通平面交叉口都有所不同。对此，以条文中图4.4.3作了说明。

5 立体交叉规划

5.1 一 般 规 定

5.1.1 控制性详细规划阶段，立体交叉形式选择的几条原则。全定向型立交每个转弯方向的车流均行驶在专用的单向匝道上，适用于车速高、交通量大的枢纽型立交，常见形式如图9、图10。

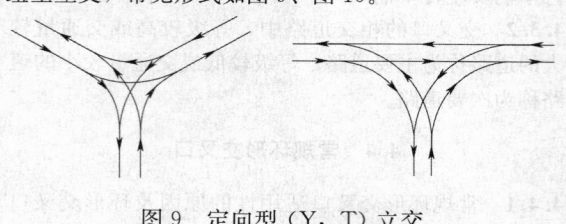

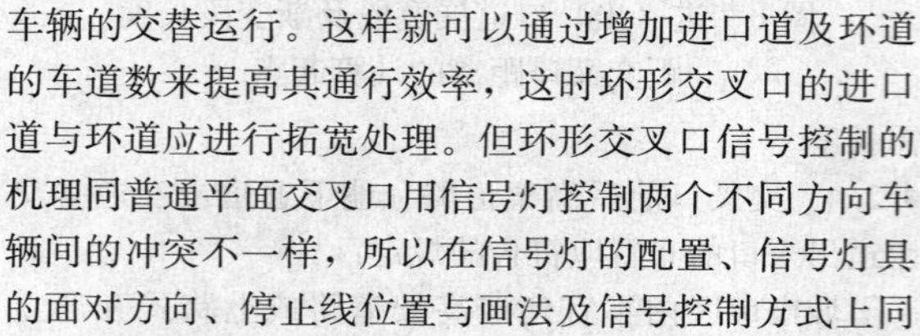

图9 定向型（Y，T）立交

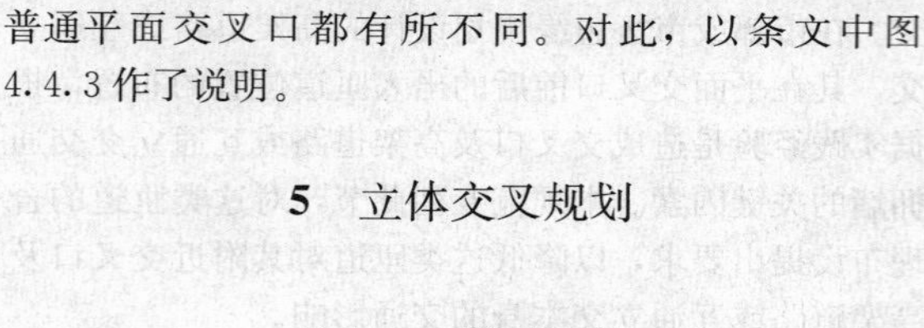

图10 定向型（十字）立交

半定向型立交（见图11），其交通组织为左转车流均在半定向型匝道上通行，用于快速路与快速路相交的枢纽型立交，对于快速路与其他等级道路相交，左转交通量较大，车速要求较高时亦可选用。

组合型立交（见图12），根据各转向交通行驶要求，将定向匝道、半定向匝道和苜蓿叶形匝道进行组

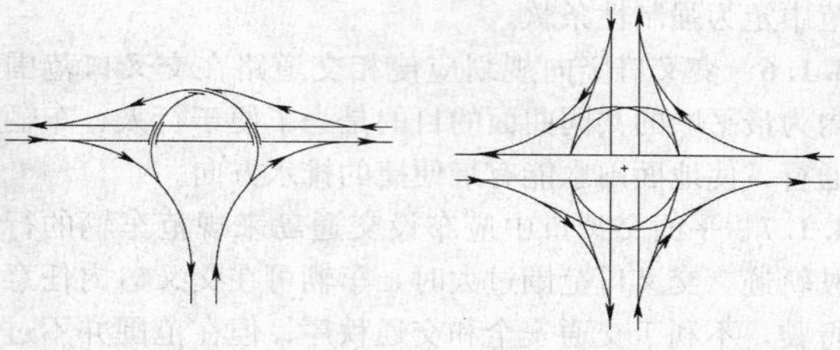

图11 半定向型立交

合，形成多种形式的组合型立交。适用于交通特性明显和各向交通量分布差异较大、控制因素较多的节点，是枢纽型立交常采用的一种立体交叉形式。

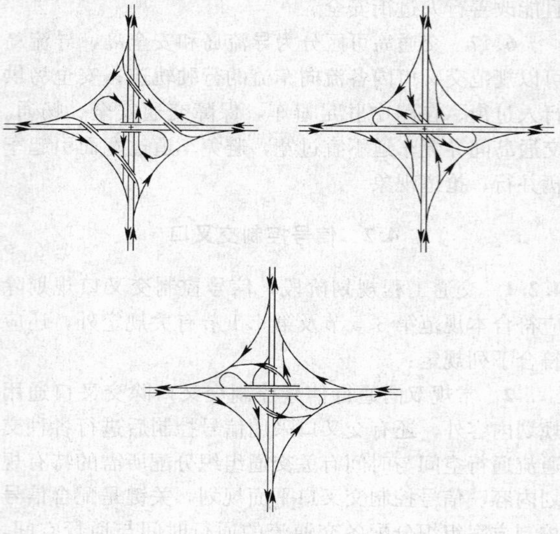

图12 组合型立交

全苜蓿叶形立交（见图13），通过苜蓿叶形左转匝道和直接右转匝道通行，交织段必须布设集散车道，用地较大。适用于直行交通量较大，左转交通量不大且拆迁占地不受限制的一般立交。

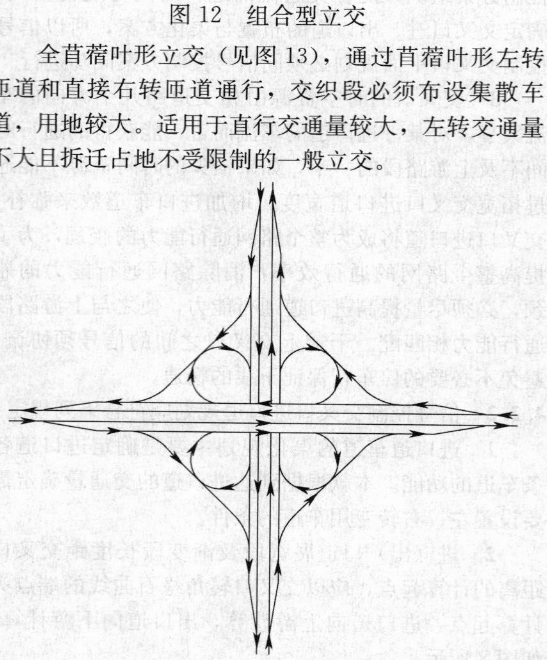

图13 有集散车道的全苜蓿叶形立交

喇叭形立交（见图14），各转弯方向设置独立匝道，方向明确，无冲突和交织。适用于城市快速路与

主（次）干路相交的一般立交，其环形匝道适应的交通量较小、车速较低。

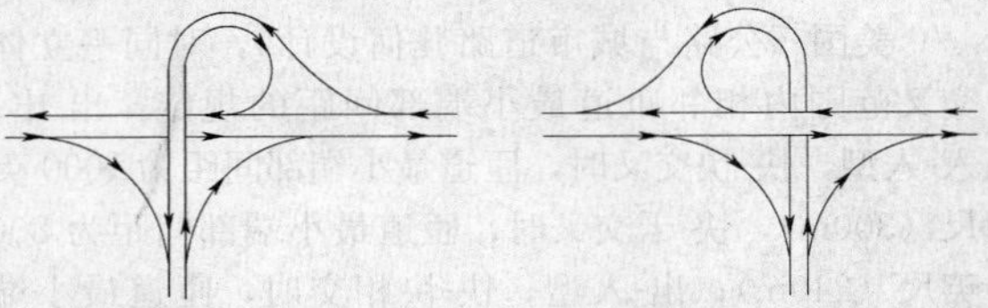

(a) A型喇叭形立交　　(b) B型喇叭形立交

图 14　喇叭形立交

部分苜蓿叶形立交（见图 15），是指全苜蓿叶形立交缺少一条或一条以上匝道的立体交叉，能保证主要道路直行交通快速行驶，适用于转弯交通量相差较大或限制某方向车辆出入的快速路或主干路与次干路相交的一般立交。部分苜蓿叶形立交有互通式和部分互通式。部分互通式立交交通组织对交通量较小的某些方向的转向交通不提供转向匝道；互通式立交的转向交通存在平交点，其匝道安排应使出、入主线的转弯运行对主线直行交通产生的干扰最小，将平交点布置在次要道路上。

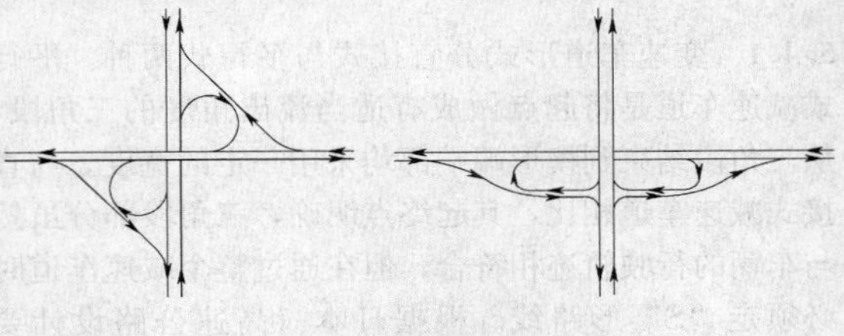

图 15　部分苜蓿叶形立交

菱形立交（见图 16），以保证主要干线直行车流畅通为主，将次要道路直行车流及所有转向车流组织到次要道路上形成平面交叉。适用于城市快速路与主（次）干路相交，次要道路交通量及主线左转交通量不大的一般立交。常用于城市用地紧张、拆迁困难的立体交叉。

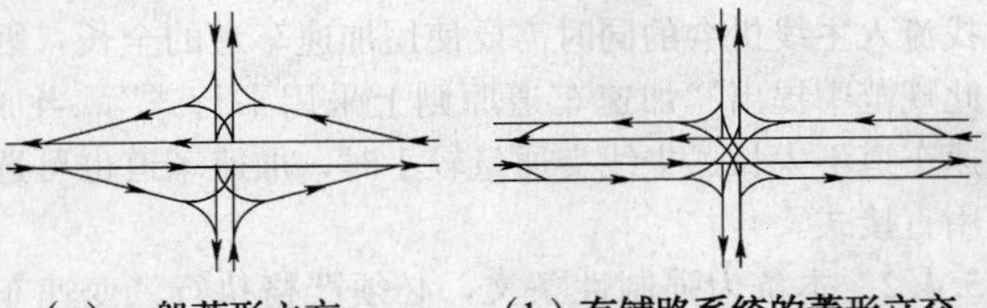

（a）一般菱形立交　　（b）有铺路系统的菱形立交

图 16　菱形立交

环形立交（见图 17），其转向车流均在环道上通行，适用于设计车速和设计交通量不太大的一般立交，可用于四路或多路交叉，很少用于三路交叉。当两条相交道路其中有一条直行交通量较大，而转向交通量不大且车速不高时，可采用双层式环形立交；当两条相交道路的直行交通量均较大，而转向交通量不大且车速要求不高时可设三层环形立交。

多路环形立交（见图 18）。新建规划必须避免形成多路立交；改建规划时，多路交叉在各相交道路交

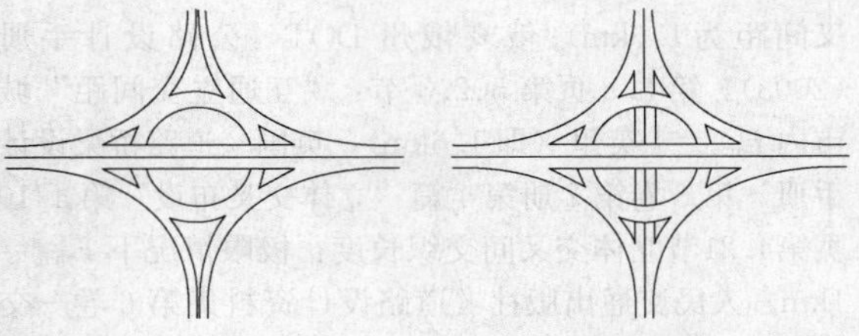

(a) 两层式　　(b) 三层式

图 17　环形立交

通量不大且比较均衡的情况下，宜采用环形立交；多路交叉的另外一种适用立体交叉形式是组合型的部分互通式立交。

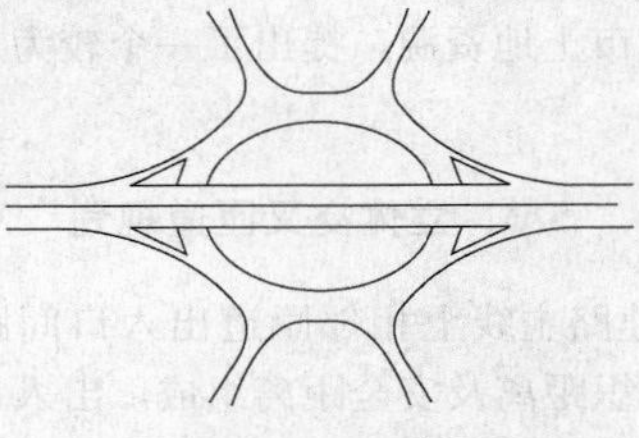

图 18　多路环形立交

5.1.2　城市快速路立体交叉系统规划的几条规定：

3　在城市快速路上需要设置互通式立交时，如果采用不同的出入口形式就会使驾驶员，尤其是较陌生的驾驶员感到迷惑，从而在主线上造成不正常的减速等，在交通流中造成紊乱的运行。因此，需要统一出入口形式。出入口应遵循设置在主线右侧的原则，将出入口放在左侧，不仅破坏了路线的连续性，而且由于左侧车道行驶车速较高，且与一般从右侧进出的习惯不同，易造成交通混乱，对直行交通干扰尤为严重。因此，除特殊情况外，均应将出入口设置在主线的右侧。

立体交叉单个出口最好设置在立体交叉构筑物之前，如果设置在立体交叉构筑物之后，当主线上跨时，出口容易被竖曲线顶部路段挡住，如果主线下穿时，也容易被相交道路的跨线桥遮挡，往往不易达到主线停车视距的要求，要满足判断视距就更困难了。因此，立体交叉出口以设置在立体交叉构筑物之前为宜，这样有利于驶出车辆的正常运行。

5　快速路相邻立体交叉的最小间距是立体交叉系统规划中必须考虑的一项内容。查各国有关立体交叉规划设计的规范（程）或指南都有最小间距的规定。美国《公路与城市道路几何设计（1984）》第617页：互通立交最小间距的一般经验值，市区1英里(1.6km)；《道路通行能力手册（2000）》第13-6页：在快速路段合理长度范围内的理想平均立体交叉间距不小于3km，考虑在快速路实际长度范围内的可接受的立体交叉最小平均间距1km；第13-13页表13-6“快速路基本路段服务流量”的注：（表中服务流量）设定每公里立体交叉数为0.63个（即立体交

叉间距为1.6km)；俄亥俄州 DOT《公路设计手册(2003)》第5.3页第502.3节："互通立交间距"城市内 $L_{min}=1$ 英里（即1.6km)；英国《道路桥梁设计手册》第6卷第2册第1篇"立体交叉布设"第4/10页第4.21节立体交叉间交织长度：极限情况下 $L_{min}=1km$。人民交通出版社《道路设计资料集第6卷—交叉设计》第67页表4-35"一些国家城市内互通立交间距资料"：美国，平均1km；日本，平均2km～5km，最小0.7km；加拿大，平均3km，最小2km；中国平均1.9km，最小0.8km；北京二环1.1km；北京三环1.6km。

本条参考我国及国外的规定和经验数据，考虑到紧凑使用城市土地资源，提出了一个较为适中偏小的定量建议值。

5.3 立体交叉匝道规划

5.3.3 快速路主线上相邻匝道出入口间距由变速车道长度、交织距离及安全距离组成，出入口间距应能保证主线交通不受分合流交通干扰，并为分合流交通加减速及换车道提供安全、可靠的路况条件。条文中表5.3.3所列的数值是满足主路交通按稳定流的运行状态所需的长度，对应于匝道的设计速度均为40km/h。在实际运用过程中，可结合具体情况，对取值进行调整，但最小必须保证加减速行驶的长度要求。

5.3.4 同一立体交叉范围内，主线在一个行驶方向最好只有一个出口。有两个或两个以上出口，易造成驾驶员迷惑或错向驶出，对主线直行交通影响较大。因此，匝道一般布设为"逐级分流、逐级合流"形式，如条文中图5.3.4所示。不论是入口，还是出口，最好只有一个，即遵循集中设置的原则。条文中表5.3.4-1匝道逐级分流、逐级合流出入口最小间距是根据已建立体交叉的统计数据，采用以设计车速在5s内所行驶的距离。

如果同一立体交叉范围内，主线上需要连续设置两个出口或入口，使相邻出、入口端部相距甚密。这种情况，给设置交通标志和驾驶员对标志或去向的瞭望、辨认以及车辆分流、合流、转向、变速等操作造成困难，尤其不能给驾驶员必要的操作时间而导致手忙脚乱，增加心理紧张，往往成为交通事故的诱因之一。因此，相邻匝道端部之间需要保持合理的间距，以利设置标志以及驾驶员能够从容驾驶等。相邻匝道口的间距取决于匝道的类型，成对匝道的功能和实际交织的有无等。现行行业标准《城市道路设计规范》CJJ 37规定：驾驶员辨认标识及反应所需时间合计为5s，据此对立体交叉范围内相邻匝道按入-出、入-入、出-出及出-入，分为两类，对这两类匝道端部之间的最小间距作的规定，似偏小；并且入-出、入-入、出-出三种不同功能的匝道端部之间的最小间距采用同一最小间距，与交通流实际运行情况不符。因为入-出匝道间交通流存在交织，需要比入-入、出-出的匝道更长的间距。

美国《公路与城市道路几何设计》，对同一立体交叉范围内相邻匝道最小端部间距的规定：出-出、入-入型，快-快交叉时，匝道最小端部间距为1000英尺（300m)，快-干交叉时，匝道最小端部间距为800英尺（240m)；出-入型，快-快相交时，匝道最小端部间距500英尺（150m)，快-干相交时，匝道最小端部间距为400英尺（120m)；入-出型，快-快相交时，匝道最小端部间距为2000英尺（600m)，快-干相交时，匝道最小端部间距为1600英尺（480m)。

本规范表5.3.4-2，同一立体交叉范围内，相邻出入口最小间距的取值，参考美国《公路与城市道路几何设计》，入-入、出-出型匝道间最小间距，根据驾驶员辨认标志引起的反应所需的时间以及汽车移向临近车道所需时间总和为10s计算而得，出-入型匝道取出-出型匝道的1/2，入-出型匝道取出-出型匝道的2倍计算而得。

5.4 立体交叉变速车道规划

5.4.1 变速车道形式分直接式与平行式两种。平行式减速车道是将起点做成有适当流出角度的三角段，从三角段结束到楔形端端部均采用一定的宽度。与直接式减速车道相比，其起终点明确，三角段部分虽然与车辆的行驶轨迹相符合，但在通过整个减速车道时必须走"S"形路线。根据日本《高速公路设计要领》，一般情况下，驶离主线的驾驶员大多数愿意走直接式减速车道，而不愿意走"S"形路线，所以平行式与汽车实际行驶状态是不相符合的，直接式减速车道在全长范围内与实际行驶轨迹相符合。因此，该条规定减速车道均采用直接式。

对于加速车道，同样驾驶员希望由直接式流入，而不愿走"S"型，但是当主线交通量大时，车辆在找流入主线机会的同时需要使用加速车道的全长，因此规范中提出"加速车道原则上采用平行式"，当加速车道不太长、主线交通量较小时，加速车道也可选用直接式。

5.4.2 本条为强制性条文，必须严格执行。变速车道长度，包括加、减车速道长度和渐变段长度。加、减速车道长度，本规范基本采用现行行业标准《城市道路设计规范》CJJ 37中的数值。本规范表5.4.2-1中数值适用于单车道加减速车道及纵坡小于或等于2%，若为双车道时各值应乘1.4，纵坡大于2%应按《城市道路交叉口设计规程》（待批）的规定值进行修正。

平行式变速车道渐变段长度，采用两种方法计算归纳而得，本规范采用《城市道路设计规范》CJJ 37中的数值：一是按横移一个车道需3s；二是将行驶轨迹作为反向曲线计算。两种方法计算值很接近，计算结果及规范采用值见表 6 所列。

表 6　平行式变速车道渐变段长度计算结果表

设计车速（km/h）	100	80	70	60	50	40
方法一（m）	75.0	58.2	55	49.8	41.4	33.3
方法二（m）	74.92	58.23	55.05	49.87	41.51	33.13
规范采用值（m）	80	60	55	50	45	35

5.5　立体交叉集散车道规划

5.5.1　本条为强制性条文，必须严格执行。在立体交叉中，设置集散车道，可将分、合流点转移出主线，使多个出、入口变为单一出入口，将交织车流和主线车流分离，保证主线大交通量的高速行驶，提高通行能力，保证安全。

5.5.2　本条为强制性条文，必须严格执行。集散车道与主线之间的分隔带宽度，美国《通行能力手册》第 64 页：（主线）车行道边缘至路边或分隔带间的最小净距 6 英尺（1.8m）；新泽西州《道路设计手册》第 57 页图 2.6.2：城区集散道分隔带 $D=8$m。现行行业标准《城市道路设计规范》CJJ 37 第 66 页：集散车道上分隔设施见第 4 章第 28 页表 4.6.1“分隔带最小宽度 2.25m”。考虑用地紧凑，本规范所定分隔带宽度比上列文献都小，所以规定必须布设安全分隔设施，防止车辆冲到相邻车道上去。集散车道布设见图 19。

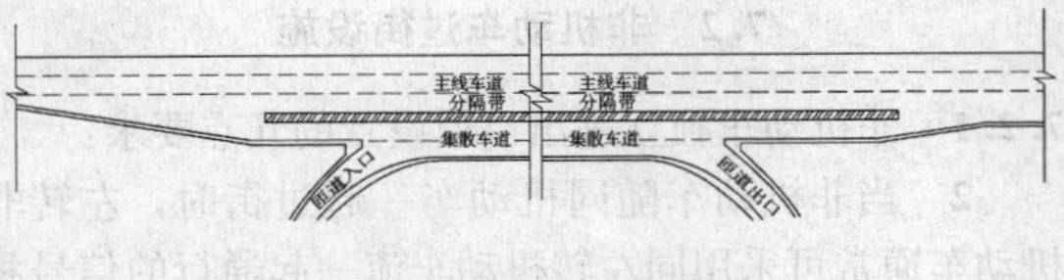

图 19　集散车道布设

5.6　立体交叉辅助车道规划

5.6.1　本条为强制性条文，必须严格执行。当进、出口匝道的上、下游主线车道不平衡时，容易产生车辆抢道，影响交通安全。在主线车道右侧规划布设辅助车道可以解决这个问题。

5.6.3　辅助车道所需的长度与主线和匝道的交通量有密切的关系，规定的长度只是一般值。除了当出、入口距离较近时，应将辅助车道贯通以外，遇主线和匝道的交通量较小（即通行能力有较大的富裕时，如双车道匝道的交通量略大于单车道的通行能力时）、又受到场地等条件的限制时，也可酌情缩短。

辅助车道有相当的长度，而且主线基本车道数需增加时，往往由辅助车道延伸而成。同时，它与主线车道间只有在部分段落内标划分流、汇流线，因而它与主线间不设路缘带。所以它的宽度与主线车道的宽度相同。

设置辅助车道后，主线断面的通行能力一般有充分的富裕，因此仿照美国的规定，当条件受限时，辅助车道的右侧硬路肩可酌情减窄。

6　道路与铁路交叉规划

6.1　一 般 规 定

6.1.1　交叉点位置选择原则参考现行国家标准《铁路线路设计规范》GB 50090 提出。

1　本款为强制性条款，必须严格执行。道路与铁路平面交叉道口如果设在铁路曲线段、视距条件不符合安全行车要求的路段、车站、桥梁、隧道两端及进站信号处外侧 100m 范围内会严重影响道路交通和铁路运行的安全。

6.1.3　该条主要是明确道口斜交交角的角度，参考现行行业标准《公路路线设计规范》JTG D 20 及各国文献，把斜交交角的角度由 45°改为 70°。

6.2　道路与铁路平面交叉道口

6.2.1　平面交叉道口道路横断面规划的几项要求：

1　根据道路信号控制交叉口必须增加进口道车道数的原则，提出本款规定。

6.2.2　平交道口平面规划的要求，沿用《城市道路设计规范》的规定。本条是保证道路与铁路交通安全的重要条款，故列为强制性条文。

6.2.3　平面交叉道口平面视距，沿用现行行业标准《城市道路设计规范》CJJ 37 中的规定。并结合本规范第 6.3.1 条的规定，考虑到铁路设计行车速度大于或等于 120km/h 时，道路与铁路交叉必须设计立体交叉，所以条文中表 6.2.3 平面交叉道口侧向视距取消了铁路设计行车速度为 120km/h 时的数值。

6.2.4　平面交叉道口竖向规划的要求，沿用现行行业标准《城市道路设计规范》CJJ 37 中的规定。

6.3　道路与铁路立体交叉

6.3.1　参考现行行业标准《城市道路设计规范》CJJ 37，原国家经委、铁道部、原建设部等七部委 1986 年联合发布的《铁路道口管理暂行规定》（经交〔1986〕161 号文）的规定：“铁路与道路相交，应优先考虑设置立体交叉”，把《城市道路设计规范》规定中“城市快速路与铁路交叉，必须设置立体交叉”，改为“城市快速路或主干路与铁路交叉，必须规划布设立体交叉”。

本条第 1 款和第 2 款是强制性条款，必须严格执行。这两款是保证铁路（特别是高速铁路）与城市道路交叉安全运行基本且重要的规定。

6.3.2　机动车、非机动车共用道路与铁路立体交叉，如果采用机动车、非机动车道全部上跨铁路，按机动车通行要求设置道路纵坡，会导致较大坡度，非机动车骑行困难；若按非机动车要求设置道路纵坡，则坡道就会很长。因此，设置道路纵坡而坡长受限时，可采用机动车道上跨铁路、非机动车道与人行道下穿铁路的立体交叉形式。因非机动车所需净空较机动车小，便于设计较小的坡度。

6.3.4 道路上跨铁路立体交叉的要求，基本上沿用现行行业标准《城市道路设计规范》CJJ 37 的规定。条文中表 6.3.4 跨越铁路的道路弯道半径，按快速路 80km/h、干路 60km/h 的设计车速确定，表中“推荐半径”取用的是不设缓和曲线的最小圆曲线半径，“最小半径”取用的是不设超高的最小圆曲线半径。

6.3.5 道路下穿铁路立体交叉，对横、纵断面与平面规划的几点要求：

1 横断面规划的要求根据各城市已建工程实践经验补充。

2 平面规划的要求，根据各城市已建工程实践经验补充。

3 同道路立体交叉必须保证桥下（隧中）道路竖向视距的要求一样，在这里补充提出隧（桥）洞外缘洞顶必须符合竖向净空的要求。

6.3.6 上跨或下穿铁路的道路与平行铁路的道路的立体交叉应符合下列要求：

1 按已建工程实践经验及道路平面交叉口的布局要求补写。为达到纵坡的要求，应把平行道路在交叉口段的标高规划到能同引道相接。

2 按本规范条文中第 4.1.2 条道路外侧规划用地及建筑物出入口条文的原则编写。

7 行人与非机动车过街设施规划

7.1 行人过街设施

7.1.1 行人过街设施规划的几点要求：

3 通常情况下，立体过街方式在行人过街方便程度和实际使用效率方面较平面过街方式差，在保障安全和方便的前提下，应优先选用平面过街方式。

4 交叉口过街设施功能不齐全或过街方式不统一，将导致行人过街绕行或诱发行人违章过街，在通常情况下，交叉口过街设施的布置宜具备全方位均可便捷过街的功能，且同一交叉口的过街方式应尽可能协调统一。

7.1.2 行人过街设施的布置应符合的规定：

3 本款为强制性条款，必须严格执行。一些地方为了拓宽交叉口进口道机动车的通行空间，采取压缩人行道的办法，造成行人通行拥挤，设置危害行人通行的安全性和舒适性，违背“以人为本”的基本理念。本款条文意在纠正这种错误倾向，保障行人过街的安全和顺畅。

7.1.3 立体过街设施设置的几点要求：

1 本款为强制性条款，必须严格执行。在城市道路与铁路相交道口，由于火车运行速度快，制动困难，为保障行人过街安全，当行人需要穿越快速路或铁路时，不应规划平交道口，应规划设置立体过街设施。

7.1.4 人行过街横道设置的几点要求：

1 在右转车容易与行人发生冲突的交叉口，人行横道间的转角部分长度按照能安全停放一台标准车辆的长度 6.0m 考虑。

7 环形交叉口平面过街行人与车辆冲突严重，一般适用于过街行人交通量不大的交叉口，人行横道位置宜结合交通岛设置，当过街行人交通量较大时，可采用定时信号或按钮信号控制。

7.1.5 行人过街安全岛设置的几点要求：

1 本款为强制性条款，必须严格执行。当人行过街横道长度大于 16m 时，在人行横道中央规划设置行人过街安全岛有利于提高行人过街的安全，有利于交叉口信号控制方案的优化，从而提高交叉口的整体通行效率。

2 在改建或治理规划条件受限时，本款提供了几种加设行人过街安全岛的措施。

7.1.6 行人过街信号设置的几点要求：

2 行人安全过街所需的时间根据行人过街长度和步速计算。行人能忍受的红灯时间视各地天气和环境等因素而定，一般不超过 90s。

7.2 非机动车过街设施

7.2.1 非机动车独立进出口道设置的几点要求：

2 当非机动车随同机动车一起过街时，左转非机动车通常可采用同左转机动车流一起通行的信号相位，直行非机动车可采用同直行机动车流一起通行的信号相位方案。条件许可时，应将非机动车和机动车信号分开独立控制，保证非机动车的交通安全、提高交叉口整体效率。

7.2.3 行人-非机动车混行进出口道设置的几点要求：

2 当采用非机动车随同行人一起过街时，根据各交叉口车流量和人流量的不同，可灵活采用不同组合的信号相位方案，最大限度地提高交叉口的通行效率。

8 公共交通设施规划

8.1 一 般 规 定

8.1.1 通常道路交叉口是公交线路集中的地点，尤其在主要交叉口公交流量较大，公交线路、站点多，过街和换乘乘客多，公交设站必须保障乘客过街安全、换乘方便；在此基础上，尚应考虑减少站点停车对其他车辆通行的影响。

8.1.2 本条是根据现行行业标准《城市道路交通规划设计规范》CJJ 37 的规定制定的。

8.1.3 站点设置在坡道时，应保证公交车停站及乘客上下车安全。坡度过大时，公交车停站容易产生下滑危险；乘客尤其是老年人和儿童上下车的安全保障会随之降低。

8.2 交叉口公共汽（电）车停靠站

8.2.1 交叉口常规公共汽（电）车停靠站设置的几点规定：

1 常规公共汽（电）车是指除快速公交之外的普通公交，公交站点设置在交叉口进口段时，往往会因为公交车的停靠和等红灯而产生二次停车，影响交叉口通行能力。站点设在出口段可消除公交车的二次停车，降低公交车对交叉口通行的影响。

5 在立体交叉布置公交站时，应注意避免公交车对主线车流的干扰，互通式立交附近的公交站一般应设置于立交桥两端的路段上，分离式立交附近的公交站应根据道路条件尽量靠近人行横道线设站，以方便乘客换乘。

8.2.2 多条公共汽（电）车线路合并设站时的几点规定：

公交站台停靠的公交线路和车辆数超过一定的限度后，将对公交车的进出站台停靠及乘客的乘降和候车产生不良影响，造成车辆运行受阻、乘客乘降不便，有必要对停靠站的停靠泊位数和停靠公交线路数加以限制。参考北京市地方标准《公共汽电车站台规范》DB 11/T 650—2009，给出了适宜的一个站台停车泊位数、线路数和分开设站时的站台总数、站台间的最小间距。特殊情况可根据停靠公交线路的实际到站频率确定合理的站台数。

8.2.3 公共汽（电）车停靠站台规划形式的选择，在交叉口应首选港湾式停靠站，尤其是在干路交叉口；对一般交叉口应尽量利用条件，因地制宜地设置港湾式停靠站。改建、治理规划，条件受限时，才能沿用直线式停靠站。

8.2.5 港湾式停靠站规划几何尺寸的几项规定：

1 港湾式停靠站应以满足行人、非机动车、机动车通行的基本要求为原则，给出的公交港湾式停靠站尺寸为基本几何尺寸，对于不同的道路断面，公交港湾停靠站的设计可根据交叉口条件作相应的调整。

2 在机非混行的道路上设置港湾停靠站时，会部分地借用人行道，港湾停靠站候车站台可与人行道结合设计，人行道宽度会有所减小，但考虑到乘客与行人之间的影响，人行道的宽度仍应满足《城市道路设计规范》的规定。

8.2.6 快速公共交通停靠站规划的几点规定：

1 快速公共交通与常规公交的车型、车速不同，两者需分开设站；快速公共交通因车辆型号以及线路所处车道位置的差异，对停靠站的几何尺寸以及设站位置要求不同，因此，快速公共交通的站台应根据其车道位置及车辆选型确定。

2 根据本规范第 8.2.4 条快速公共交通站台宽度的规定，规划布设在中央分隔带两侧车道上的快速公共交通车停靠站采用港湾式站台时，左侧式港湾式站台的设置示例可参照图 20，右侧式港湾式站台的设置示例可参照图 21。公交车到站车数小于站台通行能力，考虑采用直线式停靠站时，左侧直线式站台的设置示例可参照图 22，右侧直线式站台的设置示例可参照图 23。

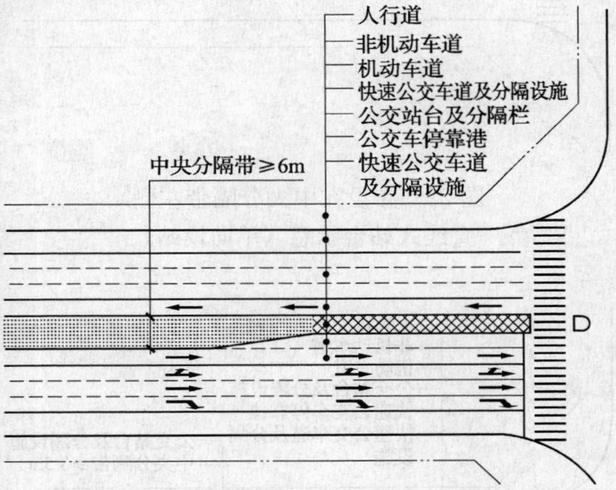

图 20 布设在中央分隔带左侧港湾式站台示意（单向设站）

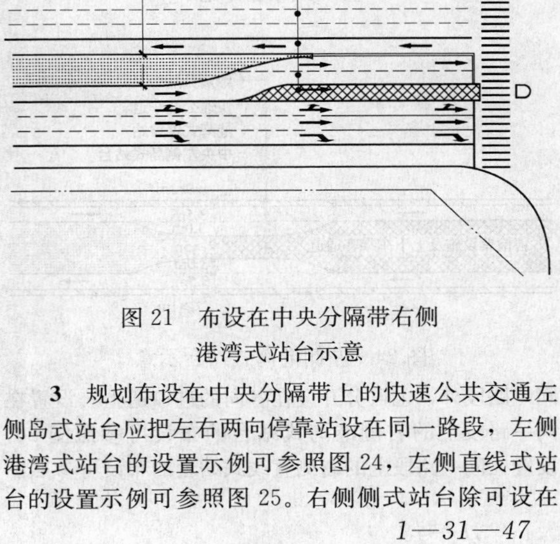

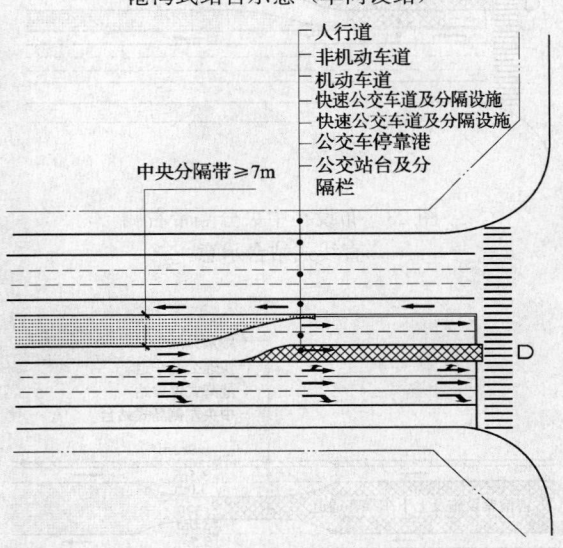

图 21 布设在中央分隔带右侧港湾式站台示意

3 规划布设在中央分隔带上的快速公共交通左侧岛式站台应把左右两向停靠站设在同一路段，左侧港湾式站台的设置示例可参照图 24，左侧直线式站台的设置示例可参照图 25。右侧侧式站台除可设在

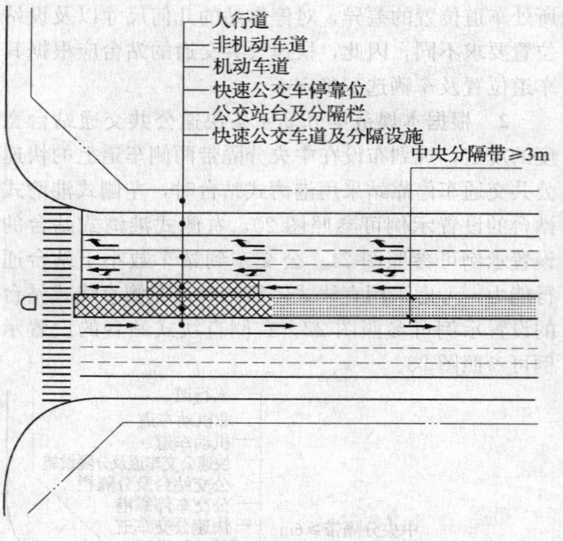

图 22　布设在中央分隔带左侧直线式站台示意（单向设站）

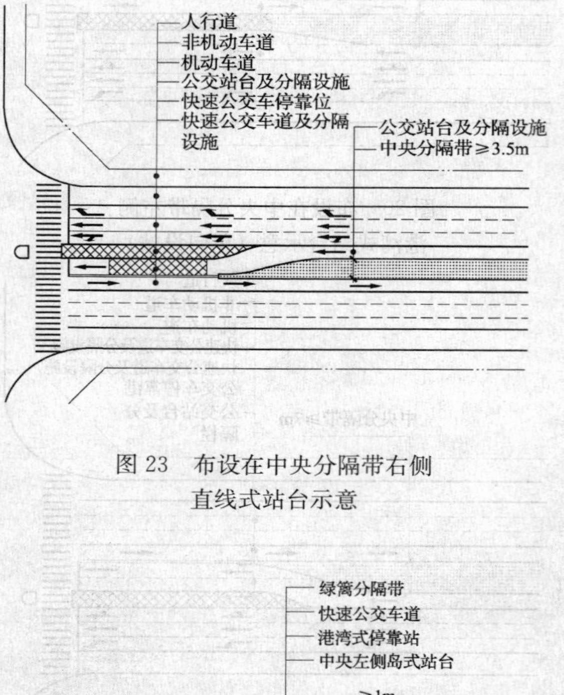

图 23　布设在中央分隔带右侧直线式站台示意

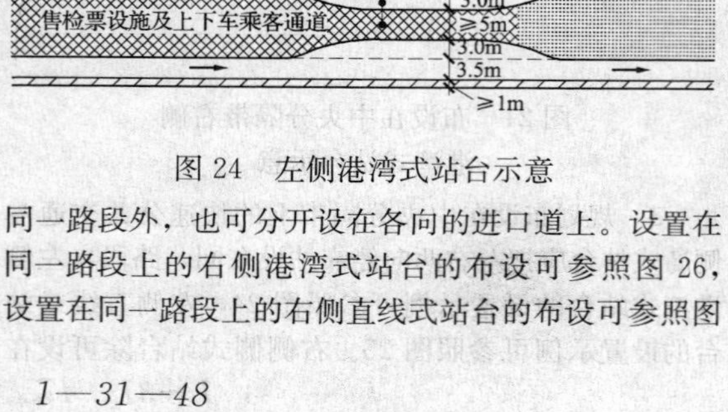

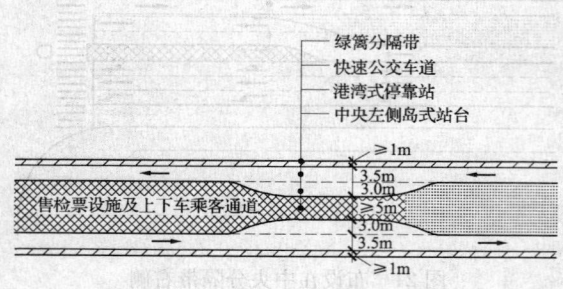

图 24　左侧港湾式站台示意

同一路段外，也可分开设在各向的进口道上。设置在同一路段上的右侧港湾式站台的布设可参照图 26，设置在同一路段上的右侧直线式站台的布设可参照图 27，分开设置的右侧港湾式站台的布设可参照图 28。

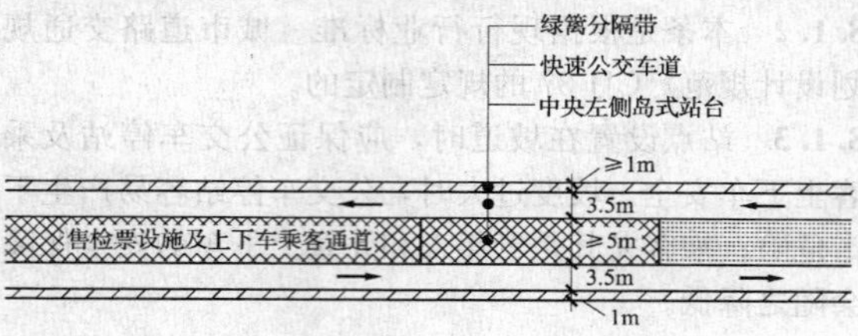

图 25　左侧直线式站台示意

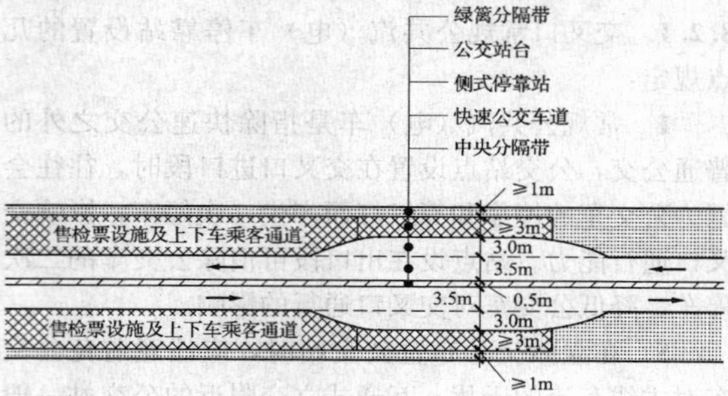

图 26　右侧港湾式站台示意

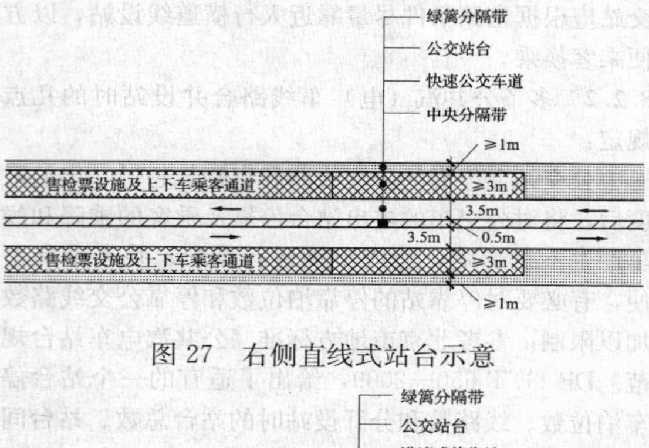

图 27　右侧直线式站台示意

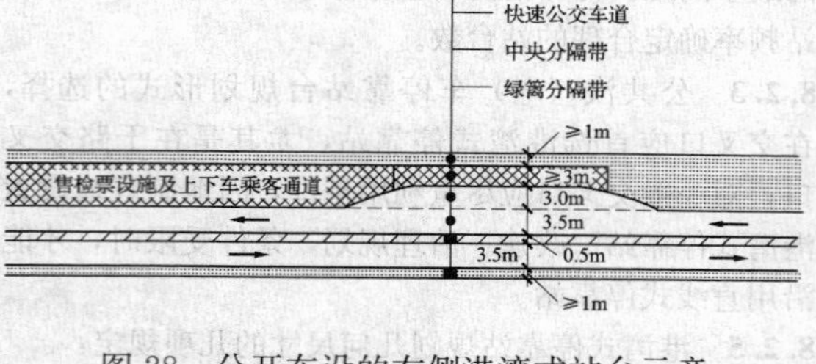

图 28　分开布设的右侧港湾式站台示意

8.3　公共汽（电）车专用进出口车道

8.3.1　专用进口车道设置的几点规定：

2　公交车专用进口车道的长度须根据通行的公交车长度确定，最少须确保 3 辆公交车排队所需的长度。

3　公交车专用进出口道的设置可以视情况因地制宜地灵活设置，也可以分时段设置。公交专用进口道通常以直行公交车为主，当转向公交车在公交流量中占较大比例时，交叉口应增加公交转向优先车道，以提高公交车的通过能力。转向优先车道指在高峰时间对公交车的优先，其他机动车也可使用该车道，但应在公交车后排队等候。

8.3.2 在机动车道外侧的公交专用出口车道起点的设置，应考虑相交道路右转车进入非公交专用车道所需的行驶距离，右转车行驶距离随交叉口的尺寸变化而变化，在实际确定起点位置时可根据交叉口尺寸设定。

8.4 公共汽（电）车优先控制

8.4.2 公共汽（电）车在交叉口的优先主要体现在公交优先信号控制；交叉口的公交优先信号控制可根据公共汽（电）车系统的优先级给予不同的优先方式；交叉口的信号优先控制程度可按以下顺序递增：一般公交—公交优先道—公交专用车道—快速公共交通。

公交优先信号控制应尽量避免过度影响行人、自行车和其他车辆的通行。

中华人民共和国国家标准

化学工业循环冷却水系统设计规范

Code for design of recirculating cooling water system in chemical plant

GB 50648—2011

主编部门：中国工程建设标准化协会化工分会
批准部门：中华人民共和国住房和城乡建设部
施行日期：2 0 1 1 年 1 2 月 1 日

中华人民共和国住房和城乡建设部
公　　告

第 878 号
关于发布国家标准
《化学工业循环冷却水系统设计规范》的公告

现批准《化学工业循环冷却水系统设计规范》为国家标准，编号为GB 50648—2011，自 2011 年 12 月 1 日起实施。其中，第 3.1.9、7.4.2（1、2、4）、10.1.3、10.4.2、11.2.1、11.2.3、11.2.4 条（款）为强制性条文，必须严格执行。

本规范由我部标准定额研究所组织中国计划出版社出版发行。

中华人民共和国住房和城乡建设部

二〇一〇年十二月二十四日

前　　言

本规范是根据原建设部《关于印发〈2007 年工程建设标准规范编制、修订计划（第二批）〉的通知》（建标〔2007〕126 号）的要求，由中国天辰工程有限公司和中国石油和化工勘察设计协会给排水设计专业委员会会同有关单位共同编制完成的。

本规范在编制过程中，编制组经广泛调查研究，认真总结我国多年来工业循环冷却水系统设计和运行经验，参考有关标准，并广泛征求意见，最后经审查定稿。

本规范共分 11 章，主要内容包括：总则，术语，循环冷却水系统，系统水平衡，冷却设施，循环冷却水处理，泵站及附属建（构）筑物，管道布置，监测与控制，节水、节能与环境保护，劳动安全卫生等。

本规范中以黑体字标志的条文为强制性条文，必须严格执行。

本规范由住房和城乡建设部负责管理和对强制性条文的解释，由中国工程建设标准化协会化工分会负责日常管理，由中国天辰工程有限公司负责具体技术内容的解释。本规范在执行过程中如有意见或建议请寄送主编单位中国天辰工程有限公司《化学工业循环冷却水系统设计规范》管理组（地址：天津市京津路 521 号，邮政编码：300400，传真：022－86810147），以便今后修订时参考。

本规范主编单位、参编单位、主要起草人和主要审查人：

主 编 单 位： 中国天辰工程有限公司
中国石油和化工勘察设计协会给排水设计专业委员会

参 编 单 位： 东华工程科技股份有限公司
中国成达工程公司
中冶赛迪工程技术股份有限公司
中国电力工程顾问集团东北电力设计院
中国纺织工业设计院
中国石油天然气华东勘察设计研究院
江苏省化工设计院有限公司
西安长庆科技工程有限责任公司
美国哈希公司

主要起草人： 刘洁玲　韩　玲　仲伊三　毕喜成　杨建琪　张建国　马　强　蒋晓明　刘扬帆　江开伟　王　威　李学志　韩红琪　施洪昌　郭增民

主要审查人： 薛树森　吴文革　蓝珍瑞　黄纪军　陈宇奇　张　俊　邱利祥　杨文忠　郑培钢

目　次

1　总则 ………………………… 1—32—5
2　术语 ………………………… 1—32—5
3　循环冷却水系统 ………………… 1—32—5
3.1　一般规定 ……………… 1—32—5
3.2　基础资料 ……………… 1—32—6
3.3　系统划分 ……………… 1—32—6
3.4　位置选择 ……………… 1—32—6
3.5　装置布置 ……………… 1—32—6
4　系统水平衡 …………………… 1—32—7
4.1　一般规定 ……………… 1—32—7
4.2　水量平衡计算 ………… 1—32—7
4.3　水质平衡 ……………… 1—32—7
4.4　系统容积 ……………… 1—32—7
5　冷却设施 ……………………… 1—32—8
5.1　一般规定 ……………… 1—32—8
5.2　冷却设施选择 ………… 1—32—8
5.3　冷却设施布置 ………… 1—32—8
6　循环冷却水处理 ………………… 1—32—9
6.1　一般规定 ……………… 1—32—9
6.2　阻垢缓蚀 ……………… 1—32—9
6.3　微生物控制 …………… 1—32—9
6.4　清洗和预膜 …………… 1—32—10
6.5　旁流水处理 …………… 1—32—10
6.6　补充水 ………………… 1—32—10
6.7　排水处理 ……………… 1—32—10
6.8　药剂储存和投配 ……… 1—32—10
7　泵站及附属建（构）筑物 ……… 1—32—10
7.1　一般规定 ……………… 1—32—10
7.2　泵站 …………………… 1—32—11
7.3　吸水池及过水廊道 …… 1—32—11
7.4　附属建（构）筑物 …… 1—32—11
8　管道布置 ……………………… 1—32—11
8.1　一般规定 ……………… 1—32—11
8.2　管道敷设 ……………… 1—32—11
9　监测与控制 …………………… 1—32—12
9.1　一般规定 ……………… 1—32—12
9.2　监测、控制 …………… 1—32—12
9.3　分析化验 ……………… 1—32—12
10　节水、节能与环境保护 ……… 1—32—13
10.1　一般规定 ……………… 1—32—13
10.2　节水 …………………… 1—32—13
10.3　节能 …………………… 1—32—13
10.4　环境保护 ……………… 1—32—14
11　劳动安全卫生 ………………… 1—32—14
11.1　一般规定 ……………… 1—32—14
11.2　安全卫生设施 ………… 1—32—14
本规范用词说明 ………………… 1—32—14
引用标准名录 …………………… 1—32—14
附：条文说明 …………………… 1—32—15

Contents

1 General provisions ······ 1—32—5
2 Terms ······ 1—32—5
3 Recirculating cooling water system ······ 1—32—5
3.1 General requirement ······ 1—32—5
3.2 Basic data ······ 1—32—6
3.3 System classification ······ 1—32—6
3.4 Location selection ······ 1—32—6
3.5 Plot plan ······ 1—32—6
4 System water balance ······ 1—32—7
4.1 General requirement ······ 1—32—7
4.2 Water quantity balance ······ 1—32—7
4.3 Water quality balance ······ 1—32—7
4.4 System volume ······ 1—32—7
5 Cooling facilities ······ 1—32—8
5.1 General requirement ······ 1—32—8
5.2 Cooling facilities selection ······ 1—32—8
5.3 Cooling facilities layout ······ 1—32—8
6 Recirculating cooling water treatment ······ 1—32—9
6.1 General requirement ······ 1—32—9
6.2 Scale and corrosion inhibition ······ 1—32—9
6.3 Microorganism control ······ 1—32—9
6.4 Cleaning and prefilming ······ 1—32—10
6.5 Side stream treatment ······ 1—32—10
6.6 Makeup water ······ 1—32—10
6.7 Blowdown treatment ······ 1—32—10
6.8 Chemicals storage and dosing ······ 1—32—10
7 Pumping station and auxiliary (structure) buildings ······ 1—32—10
7.1 General requirement ······ 1—32—10
7.2 Pumping station ······ 1—32—11
7.3 Suction pit and water channel ······ 1—32—11
7.4 Auxiliary structure and buildings ······ 1—32—11
8 Piping layout ······ 1—32—11
8.1 General requirement ······ 1—32—11
8.2 Piping layout ······ 1—32—11
9 Monitoring and control ······ 1—32—12
9.1 General requirement ······ 1—32—12
9.2 Monitoring and control ······ 1—32—12
9.3 Laboratory analysis ······ 1—32—12
10 Water conservation, energy conservation and environmental protection ······ 1—32—13
10.1 General requirement ······ 1—32—13
10.2 Water conservation ······ 1—32—13
10.3 Energy conservation ······ 1—32—13
10.4 Environmental protection ······ 1—32—14
11 Safety and health ······ 1—32—14
11.1 General requirement ······ 1—32—14
11.2 Safety and health facilities ······ 1—32—14
Explanation of wording in this code ······ 1—32—14
List of quoted of standards ······ 1—32—14
Addition: Explanation of provisions ······ 1—32—15

1 总 则

1.0.1 为使化学工业循环冷却水系统的设计符合国家方针、政策和法律法规，统一系统设计的技术要求，做到安全可靠、技术先进、经济合理、管理方便、利于维护，并满足节水、节能和保护环境、劳动安全及卫生防护等要求，制定本规范。

1.0.2 本规范适用于新建、扩建、改建的化学工程项目的循环冷却水系统工程的设计。

1.0.3 化学工业循环冷却水系统设计，应在不断吸取国内外先进技术、总结生产实践经验和科学实验的基础上，积极稳妥地采用行之有效的新工艺、新技术、新设备和新材料。

1.0.4 化学工业循环冷却水系统工程的设计，除应执行本规范外，尚应符合国家现行有关标准的规定。

2 术 语

2.0.1 循环冷却水系统 recirculating cooling water system

以水作为冷却介质，并循环运行的一种给水系统，由换热设备、冷却设施（备）、处理设施、水泵、管道及其他有关设施组成。

2.0.2 间冷开式循环冷却水系统 indirect open recirculating cooling water system

循环冷却水与被冷却介质间接传热且循环冷却水与大气直接接触散热的循环冷却水系统。

2.0.3 间冷闭式循环冷却水系统 indirect closed recirculating cooling water system

循环冷却水与被冷却介质间接传热且循环冷却水与冷却介质也是间接传热的循环冷却水系统。

2.0.4 直冷开式循环冷却水系统 direct open recirculating cooling water system

循环冷却水与被冷却介质直接接触换热且循环冷却水与大气直接接触散热的循环冷却水系统。

2.0.5 二次水 secondary water

经过第一次使用后，不经处理其水质能满足再利用的水。

2.0.6 湿式冷却塔 wet cooling tower

水和空气直接接触，热、质交换同时进行而使水温降低的冷却塔。

2.0.7 干湿式冷却塔 dry-wet cooling tower

组合了空气冷却与湿式冷却塔功能的冷却塔。

2.0.8 自然通风冷却塔 natural draft cooling tower

由塔内、外空气密度差形成的抽力提供塔内空气流动动力的冷却塔。

2.0.9 机械通风冷却塔 mechanical ventilation cooling tower

塔内空气流动动力是由通风机械（风机）提供的冷却塔。

2.0.10 逆流式冷却塔 counter-flow cooling tower

空气从塔的下部进风口进入塔内，向上与自塔上部淋下的水流进行热交换而使水温降低的冷却塔。

2.0.11 横流式冷却塔 cross-flow cooling tower

空气从塔的进风口水平方向进入塔内，与水流方向正交穿过填料而使水温降低的冷却塔。

2.0.12 淋水填料 packing

设置在冷却塔内，使水与空气间有充分的接触时间和面积，有利于热、质交换作用的填充材料。

2.0.13 有效淋水面积 net area of water drenching

冷却塔淋水填料顶部扣除梁、柱面积的断面面积。

2.0.14 收水器 drift eliminator

设置在冷却塔内，用来回收出塔气流中所夹带的液态水（水滴、水雾）的装置。

3 循环冷却水系统

3.1 一般规定

3.1.1 循环冷却水系统设计应包括系统的划分和循环冷却水装置区的布置、循环水冷却设施设计、循环冷却水水质处理设计、循环冷却水泵站和输配水管网设计及配套设施设计。

3.1.2 循环冷却水系统设计应根据全厂水平衡方案，充分利用再生水、降低水资源的消耗。

3.1.3 循环冷却水系统的设计，应符合下列要求：

1 应满足生产装置的换热工况要求；

2 对于水温、水质或水压要求差别较大的工艺换热设备，宜分别设置循环冷却水系统；对个别水压要求较高的换热设备宜采用局部升压措施；

3 生产工艺要求不能中断循环冷却供水的装置或单元，应有安全供水保障措施。

3.1.4 循环冷却水系统的设计水量，应按工艺生产装置和辅助生产装置的正常小时用水量计算，并应用最大小时用水量校核。

3.1.5 间冷开式和直冷开式循环冷却水系统的设计供水温度，应根据生产工艺允许的供水温度，并结合建厂地区的气象条件进行热力计算确定。

3.1.6 间冷闭式循环冷却水的供水温度应按生产工艺要求，并结合冷却介质温度确定。

3.1.7 间冷闭式系统的膨胀罐应具有氮气自动调压、水位检测、自动补水与泄水，以及防止空气进入系统等功能。

3.1.8 间冷开式循环冷却水系统回水的压力应充分利用。

3.1.9 循环冷却水系统冷却塔下集水池及吸水池不

应兼作消防水池。

3.2 基 础 资 料

3.2.1 循环冷却水系统设计选取的建厂地区或邻近地区的多年气象统计资料，应符合下列规定：

1 干、湿球温度和大气压等气象资料应以日平均湿球温度为基础数据进行统计，宜采用建厂地区近5年平均的每年最热时期3个月中最热天数不超过5d～10d日平均湿球温度作为设计湿球温度，并应以与之相对应的日平均干球温度、大气压作为设计干球温度、大气压；

2 大气中的含尘量资料，宜采用近5年日最大含尘量的平均值作为设计基础资料；

3 宜采用全年的风向和风频作为设计基础资料；

4 当循环冷却水装置位于已有厂区或邻近其他建（构）筑物及可能散发湿、热气源的装置时，应注意周边环境对循环冷却水冷却设施的影响；对地形起伏变化较大地区，应注意地区小气候的影响。

3.2.2 生产工艺换热工况的资料收集应包括下列内容：

1 换热器的结构形式和材质；

2 被冷却的工艺介质和性质；

3 换热器的工艺操作条件。

3.2.3 补充水水源和水质资料收集应包括下列内容：

1 地表水、地下水及可利用的再生水水源供应条件；

2 地表水源不宜少于近1年的逐月水质全分析资料；

3 地下水源不宜少于近1年的逐季水质全分析资料；

4 再生水水源不宜少于回用水处理系统近1年的逐月稳定运行的水质全分析资料。

3.2.4 建厂地区的基础资料收集应包括下列内容：

1 建厂地区及周边地域可用于控制微生物繁殖的杀生剂种类和供应条件；

2 建厂地区的工程地质、水文地质等资料。

3.3 系 统 划 分

3.3.1 循环冷却水系统应根据下列因素确定集中或分区设置：

1 生产工艺对循环冷却水的水质、水量、水温、水压的要求；

2 各生产装置的平面位置、高程；

3 工厂总体规划及分期建设的要求；

4 开、停车运行周期。

3.3.2 生产过程中与工艺物料间接换热的冷却水宜采用间冷开式循环冷却水系统。

3.3.3 工艺换热工况要求高，需要软化水或脱盐水作为冷却介质的循环冷却水系统，应采用间冷闭式循环冷却水系统。

3.3.4 生产过程中与工艺物料直接接触受到污染的循环冷却水，应设置独立的直冷开式循环冷却水系统。

3.3.5 循环冷却水系统的补充水为多种水源且水质相差较大时，宜根据补充水水源的水质、可供水量，划分不同的循环冷却水系统。

3.3.6 间冷开式循环冷却水系统的规模可按下列范围划分：

1 系统能力大于或等于$15000m^3/h$时，应为大型；

2 系统能力大于或等于$3000m^3/h$且小于$15000m^3/h$时，应为中型；

3 系统能力小于$3000m^3/h$时，应为小型。

3.4 位 置 选 择

3.4.1 循环冷却水装置位置应按下列因素综合比较确定：

1 靠近循环冷却水主要用水装置或车间；

2 远离厂内露天热源、粉尘污染源、烟气排出口、化学品堆场、散装库及噪声敏感区等；

3 气流通畅、湿热空气回流影响小；

4 有足够的布置场地和发展扩建的便利条件；

5 场地的工程地质条件。

3.4.2 循环冷却水装置宜建于邻近建（构）筑物、变（配）电装置的全年最小频率风向的上风侧。

3.4.3 循环冷却水装置宜设置在生产装置划分的防爆区以外，当位于防爆区内时，其电气、仪表设备选型及安装设计，应符合国家现行有关防爆标准的规定。

3.4.4 间冷闭式循环冷却水装置宜布置在生产工艺装置区，也可与间冷开式循环冷却水装置合并布置。

3.5 装 置 布 置

3.5.1 循环冷却水装置内的布置，应充分利用地形，并结合各单体建（构）筑物相互关系及装置内管线综合等因素合理布置。

3.5.2 循环冷却水装置内的变（配）电间、水质处理间、药剂间等建（构）筑物，宜与泵站毗邻。

3.5.3 循环冷却水装置内各建（构）筑物之间应设巡回、检修、运输通道。

3.5.4 循环冷却水装置内各建（构）筑物周围地坪宜铺砌。

3.5.5 在环境条件许可时，循环冷却水装置内的泵站、旁滤等设备和设施，宜采用露天布置。

3.5.6 采用重力自流回水的开式循环冷却水系统，其热水提升泵组的吸水池与循环给水泵组的吸水池宜紧邻布置，并应设顶部溢流连通。

3.5.7 直冷开式循环冷却水系统的回水沉淀处理池

宜靠近生产工艺区，并应设沉淀物的清除设施和临时堆场。

4 系统水平衡

4.1 一般规定

4.1.1 循环冷却水系统应根据补充水水质、循环冷却水水质，以及环境要求等因素确定合理的浓缩倍数。间冷开式循环冷却水系统的浓缩倍数不宜小于5.0，且不应低于3.0。

4.1.2 循环冷却水系统应根据设计水量和换热工况、地区气象条件和浓缩倍数进行水量平衡计算，并应确定系统的蒸发损失水量、风吹损失水量、排污损失水量和系统补充水量。

4.1.3 在生产工艺允许的条件下，间冷循环冷却水应串级使用。

4.2 水量平衡计算

4.2.1 间冷开式循环冷却水系统的蒸发损失水量宜按下式计算：

$$Q_e = k \cdot \Delta t \cdot Q_r \tag{4.2.1}$$

式中：Q_e——蒸发损失水量（m^3/h）；

Δt——冷却塔进出水温差（℃）；

Q_r——循环冷却水量（m^3/h）；

k——气温系数（1/℃），按表4.2.1的规定选用，中间值按内插法计算。

表 4.2.1 气温系数

进塔空气干球温度（℃）	−10	0	10	20	30	40
k（1/℃）	0.0008	0.0010	0.0012	0.0014	0.0015	0.0016

4.2.2 冷却塔的风吹损失水量宜按下式计算：

$$Q_w = \frac{P_w \cdot Q_r}{100} \tag{4.2.2}$$

式中：Q_w——风吹损失水量（m^3/h）；

P_w——冷却塔的风吹损失水率（%）。

4.2.3 间冷开式循环冷却水系统的排污水量，宜按下列公式计算：

$$Q_b = \frac{Q_e}{N-1} - Q_w \tag{4.2.3-1}$$

$$Q_b = Q_{b1} + Q_{b2} \tag{4.2.3-2}$$

式中：Q_b——排污水量（m^3/h）；

Q_{b1}——强制排污水量（m^3/h）；

Q_{b2}——系统损失水量（m^3/h）；

N——浓缩倍数。

4.2.4 间冷开式循环冷却水系统的补充水量可按下列公式计算：

$$Q_m = Q_e + Q_w + Q_b \tag{4.2.4-1}$$

$$Q_m = \frac{Q_e \cdot N}{N-1} \tag{4.2.4-2}$$

式中：Q_m——补充水量（m^3/h）。

4.2.5 间冷开式循环冷却水系统设计的浓缩倍数可按下式计算：

$$N = \frac{Q_m}{Q_b + Q_w} \tag{4.2.5}$$

4.2.6 间冷闭式循环冷却水系统补充水量宜为循环冷却水量的1‰。

4.2.7 间冷开式循环冷却水系统的排污水应统一控制，并宜在循环冷却水装置区内集中排放，且总排污水量应控制在循环冷却水系统的允许排污水量范围内。

4.3 水质平衡

4.3.1 间冷开式循环冷却水系统运行中需去除水中悬浮物时，应采用旁流过滤处理，旁滤水量可按下式计算：

$$Q_{sf} = \frac{Q_m \cdot C_{ms} + K_s \cdot A \cdot C - (Q_b + Q_w) \cdot C_{rs}}{C_{rs} - C_{ss}} \tag{4.3.1}$$

式中：Q_{sf}——旁滤水量（m^3/h）；

C_{ms}——补充水悬浮物含量（mg/L）；

C_{rs}——循环冷却水悬浮物含量（mg/L）；

C_{ss}——滤后水悬浮物含量（mg/L）；

A——冷却塔空气流量（m^3/h）；

C——进塔空气含尘量（g/m^3）；

K_s——悬浮物沉降系数，可通过试验确定，无资料时可选用0.2。

4.3.2 循环冷却水系统当采用旁流水处理去除碱度、硬度、某种离子或其他杂质时，其旁流处理水量应根据浓缩或污染后的水质成分、循环冷却水水质指标和旁流处理后的水质要求等确定，可按下式计算：

$$Q_{si} = \frac{Q_m \cdot C_{mi} - (Q_b + Q_w) \cdot C_{ri}}{C_{ri} - C_{si}} \tag{4.3.2}$$

式中：Q_{si}——旁流处理水量（m^3/h）；

C_{mi}——补充水某项成分含量（mg/L）；

C_{ri}——循环冷却水某项成分含量（mg/L）；

C_{si}——旁流处理后水中某项成分含量（mg/L）。

4.3.3 当采用多种水源作为补充水或使用再生水作为补充水水源时，应进行水质平衡计算，应合理分配多种水源的补水量比例，并应确定相应的浓缩倍数。

4.3.4 直冷开式循环冷却水系统应按系统水质指标的控制要求，进行水质平衡计算，并应确定合理的排污水量及相应的处理措施。

4.4 系统容积

4.4.1 间冷开式循环冷却水系统设计停留时间不应超过药剂的允许停留时间。设计停留时间可按下式

计算：

$$T_d=\frac{V}{Q_b+Q_w} \tag{4.4.1}$$

式中：T_d——设计停留时间（h）；

V——系统水容积（m^3）。

4.4.2 间冷开式循环冷却水系统容积可按下式计算：

$$V=V_e+V_r+V_t \tag{4.4.2}$$

式中：V_e——循环冷却水泵、换热器、处理设施等设备中的水容积（m^3）；

V_r——循环冷却水管道容积（m^3）；

V_t——水池水容积（m^3）。

4.4.3 间冷闭式循环冷却水系统的水容积可按下式计算：

$$V=V_p+V_e+V_r+V_k \tag{4.4.3}$$

式中：V_p——工艺生产设备内的水容积（m^3）；

V_k——膨胀罐或水箱的水容积（m^3）。

5 冷却设施

5.1 一般规定

5.1.1 冷却设施的能力应与生产装置要求的热负荷相匹配，可不设备用。

5.1.2 冷却塔的热力计算宜采用焓差法，也可采用分段积分法。

5.1.3 冷却塔的淋水面积应是填料的有效淋水面积。

5.1.4 机械通风冷却塔设置不宜少于2座；多座组合冷却塔的塔下集水池宜结合塔体维护、管理、检修等需要采取必要的分隔措施。

5.1.5 多沙尘地区的冷却设施应设置防沙及排沙措施。

5.1.6 冷却塔设计应满足运行、检修需要及安全防护的要求。

5.1.7 寒冷地区的冷却塔应设置防冻设施。

5.2 冷却设施选择

5.2.1 冷却设施的选择应根据生产装置的工况条件和当地的气象条件确定。在气象条件适宜的情况下，可采用湿式冷却塔以外的其他冷却设施。

5.2.2 冷却塔塔型选择，应根据循环冷却水的水量、水温、水质和循环冷却水系统的运行方式等条件，并结合下列因素，通过技术经济比较确定：

1 当地的气象、地形和地质等自然条件；

2 材料和设备的供应情况；

3 场地布置和施工条件；

4 冷却塔与周围环境的相互影响。

5.2.3 冷却塔设计在满足生产工艺要求的冷却水供水温度条件下，塔型应符合下列规定：

1 逼近度（$t_2-\tau$）≤4℃时，宜采用逆流式机械通风冷却塔；

2 4℃＜逼近度（$t_2-\tau$）≤5℃时，可采用横流式或逆流式机械通风冷却塔；

3 逼近度（$t_2-\tau$）＞5℃时，可采用自然通风冷却塔或机械通风冷却塔。

5.2.4 含有酚、氰等污染物的直冷开式循环冷却水系统，其冷却设施宜采用鼓风式机械通风冷却塔或自然通风冷却塔；塔体内壁应进行防腐处理，配水设施、淋水填料、收水器等应耐腐蚀、抗老化、防污堵。

5.2.5 易受到易燃、可燃液体或气体污染的循环冷却水系统，其机械通风冷却塔的电气、仪表设备选型和安装及塔顶照明，宜按国家现行有关防爆标准的规定进行设计。

5.2.6 当选用成品冷却塔时，应根据该型产品实测的热力特性曲线选用。

5.3 冷却设施布置

5.3.1 冷却塔在平面布置中应符合下列规定：

1 冷却塔之间或冷却塔与其他建（构）筑物之间的距离，除应满足冷却塔的通风要求外，还应满足施工、检修场地的要求；

2 单侧进风的机械通风冷却塔进风面宜面向夏季主导风向；双侧进风的机械通风冷却塔进风面宜平行于夏季主导风向；

3 冷却塔与其他建（构）筑物的净距不应小于冷却塔进风口高度的2倍。

5.3.2 相邻的自然通风冷却塔的净距应符合下列规定：

1 逆流式自然通风冷却塔宜为0.45倍～0.5倍塔的进风口下缘的塔筒直径；

2 横流式自然通风冷却塔不应小于塔的进风口高度的3倍；

3 当相邻两塔几何尺寸不同时应按较大的冷却塔计算。

5.3.3 机械通风冷却塔格数较多，布置时应符合下列规定：

1 当塔的格数较多时，宜分成多排布置。每排的长度与宽度之比不宜大于5：1；

2 周围进风的机械通风冷却塔之间的净距不应小于冷却塔进风口高度的4倍；

3 两排以上的塔排布置，长轴位于同一直线上的相邻塔排净距不宜小于4m；

4 两排以上的塔排布置，长轴不在同一直线上的相互平行布置的塔排净距，不应小于塔的进风口高度的4倍。

5.3.4 自然通风冷却塔与机械通风冷却塔之间净距，应符合下列规定：

1 当自然通风冷却塔淋水面积大于 $3000m^2$ 时，不宜小于 50m；

2 当自然通风冷却塔淋水面积小于或等于 $3000m^2$ 时，不宜小于 40m。

6 循环冷却水处理

6.1 一 般 规 定

6.1.1 循环冷却水处理应包括下列内容：

1 补充水处理；

2 阻垢缓蚀处理；

3 微生物控制；

4 旁流水处理；

5 排污水处理。

6.1.2 循环冷却水处理设计方案应根据换热设备对污垢热阻值和年腐蚀率的要求，并结合下列因素，通过技术经济比较确定：

1 循环冷却水的水质控制指标；

2 补充水的水量、水质；

3 系统设计及控制条件；

4 旁流水处理方式；

5 排污水处理方式；

6 处理药剂对环境的影响。

6.1.3 循环冷却水处理设计应以补充水水质分析数据的平均值作为设计依据，并应以最不利的水质校核。

6.1.4 间冷开式系统循环冷却水水质指标应根据系统补充水水质及换热设备的结构型式、材质、运行工况条件、污垢热阻值、腐蚀速率，并结合水处理药剂配方等因素综合确定，并应符合现行国家标准《工业循环冷却水处理设计规范》GB 50050 的有关规定，当循环冷却水系统为铜材和铜合金换热器时，循环冷却水系统水中的 NH_3-N 指标应小于 1mg/L。

6.1.5 间冷闭式系统循环冷却水水质指标应根据系统运行特性和用水设备的要求确定，并应符合现行国家标准《工业循环冷却水处理设计规范》GB 50050 的有关规定。

6.1.6 直冷开式系统循环冷却水水质应根据生产工艺要求、运行工况、补充水水质条件等因素综合确定。

6.2 阻 垢 缓 蚀

6.2.1 循环冷却水的阻垢缓蚀处理药剂配方宜经动态模拟试验和经济比较确定。

6.2.2 循环冷却水换热设备传热面水侧污垢热阻值、腐蚀率和粘附速率，应符合现行国家标准《工业循环冷却水处理设计规范》GB 50050 的有关规定。

6.2.3 循环冷却水系统阻垢缓蚀剂的首次加药量，可按下式计算：

$$G_f = \frac{V \cdot g}{1000} \tag{6.2.3}$$

式中：G_f——首次加药量（kg）；

g——每升循环冷却水加药量（mg/L）。

6.2.4 循环冷却水系统正常运行时阻垢缓蚀剂的加药量可按下列公式计算：

1 间冷开式循环冷却水系统，可按下式计算：

$$G_r = \frac{(Q_b + Q_w) \cdot g}{1000} \tag{6.2.4-1}$$

式中：G_r——系统运行时加药量（kg/h）。

2 间冷闭式循环冷却水系统，可按下式计算：

$$G_r = \frac{Q_m \cdot g}{1000} \tag{6.2.4-2}$$

6.2.5 循环冷却水系统采用硫酸调节 pH 值时，硫酸的投加量宜按下式计算：

$$A_c = \frac{(M_m - M_r/N)Q_m}{1000} \tag{6.2.5}$$

式中：A_c——硫酸投加量（kg/h，纯度以 98%计）；

M_m——补充水碱度（mg/L，以 $CaCO_3$ 计）；

M_r——循环冷却水控制碱度（mg/L，以 $CaCO_3$ 计）。

6.3 微生物控制

6.3.1 循环冷却水中微生物控制宜采用氧化型杀生剂为主、非氧化型杀生剂为辅的处理方式。

6.3.2 非氧化型杀生剂应具有高效、低毒、广谱、适应 pH 范围宽、对系统中的阻垢缓蚀剂干扰小或互不干扰，并易于降解等性能。

6.3.3 间冷开式循环冷却水系统的微生物控制指标，宜符合下列规定：

1 异养菌总数不宜大于 1×10^5 个/mL；

2 生物黏泥量不宜大于 $3mL/m^3$。

6.3.4 氧化型杀生剂连续投加时，加药设备能力应满足冲击投加药量的要求。加药量可按下式计算：

$$G_0 = \frac{Q_r \cdot g_0}{1000} \tag{6.3.4}$$

式中：G_0——氧化型杀生剂加药量（kg/h）；

g_0——每升循环冷却水氧化型杀生剂加药量（mg/L），以有效氯计，连续投加时宜采用 0.1mg/L～0.5mg/L；冲击投加时宜采用 2mg/L～4mg/L。

6.3.5 非氧化型杀生剂，宜根据微生物监测数据不定期投加，每次加药量可按下式计算：

$$G_n = \frac{V \cdot g_n}{1000} \tag{6.3.5}$$

式中：G_n——非氧化型杀生剂每次加药量（kg/h）；

g_n——每升循环冷却水非氧化型杀生剂加药量

(mg/L)。

6.4 清洗和预膜

6.4.1 循环冷却水系统开车前应进行系统清洗，间冷开式及间冷闭式循环冷却水系统并应进行预膜处理。

6.4.2 系统清洗应按人工清扫、水清洗和化学清洗顺序进行。开车前的系统清洗水应从换热设备的旁路管通过。

6.4.3 预膜应符合下列规定：

1 经化学清洗后的循环冷却水系统应立即进行预膜处理；

2 预膜剂的配方与操作条件应根据换热设备的材质、水质、温度等因素由试验或相似条件的运行经验确定。

6.4.4 循环冷却水系统清洗水应通过冷却塔上水旁路管直接回到冷却塔下集水池，预膜水宜通过冷却塔上水旁路管直接回到冷却塔下集水池。

6.4.5 当一个循环冷却水系统向两个或两个以上不同步开车的生产装置供水时，清洗、预膜应有不同步开车的处理措施。

6.5 旁流水处理

6.5.1 循环冷却水处理系统设计中有下列情况之一时，应设置旁流水处理设施：

1 循环冷却水在循环冷却过程中受到污染，不能满足设计水质指标的要求；

2 需要采用旁流水处理以提高循环冷却水设计浓缩倍数。

6.5.2 旁流水处理设计方案应根据循环冷却水设计水质指标要求，结合去除的杂质种类、数量和碱度、硬度、某种离子及旁流处理后的水质要求等因素综合比较确定。

6.5.3 间冷开式循环冷却水系统旁流过滤水量可按本规范公式(4.3.1)计算确定，亦可按循环冷却水量的2%～5%确定。旁流过滤出水浊度应小于3NTU。

6.6 补 充 水

6.6.1 间冷开式循环冷却水系统的补充水水质应根据循环冷却水的水质要求、设计的浓缩倍数、结合旁流水处理方案确定，当不能满足要求时，应进行适当处理。

6.6.2 间冷闭式循环冷却水的补充水水质应根据生产工艺要求确定。

6.6.3 补充水水量应符合下列规定：

1 间冷开式循环冷却水系统补充水量应按本规范第4.2.4条的规定确定；

2 间冷闭式循环冷却水系统补充水量应按本规范第4.2.6条的规定确定。

6.7 排 水 处 理

6.7.1 系统排水应结合下列因素，经技术经济比较制定有效的处理方案：

1 排水的水质、水量；

2 排放标准或排入处理设施的条件；

3 再生水的水质要求。

6.7.2 设置独立的排水处理设施时，其设计能力应按系统运行的正常排放水量确定，并应按系统运行的最大排水量校核。

6.7.3 对系统清洗和预膜排水、检修时的排水及其他超标间断排水，应结合全厂的排水设施设置调节池。

6.7.4 间冷闭式循环冷却水系统因试车、停车或紧急情况排出含有高浓度药剂的循环冷却水时，应设置储存、处理设施。

6.8 药剂储存和投配

6.8.1 循环冷却水系统的药剂储存，应符合下列规定：

1 全厂通用的化学品药剂宜统一管理和储存；

2 循环冷却水装置区应设药剂储存间，杀生剂应设专用储存间；

3 药剂储存间应根据药剂的性质，采取相应的避光、通风、防潮、防腐等措施。

6.8.2 药剂储存量应根据药剂消耗量、市场供应、运输条件等因素确定，药剂储存间的储存量不宜少于7d的药剂消耗量。

6.8.3 阻垢缓蚀剂配置及投加、杀生剂储存及投加，应符合现行国家标准《工业循环冷却水处理设计规范》GB 50050的有关规定。

6.8.4 各种药剂和杀生剂的投加点宜靠近冷却塔下集水池出口或循环冷却水泵吸水池进口，以及其他易与循环冷却水混合处，且各投加点之间应保持一定的距离。投加点位置宜按下列条件设计：

1 缓蚀阻垢剂投加管口应伸入水池水面0.4m～1.0m深处；

2 加酸管口及氯投加管口应伸入水池水面0.5m以下，且与水池底或水池壁的距离不宜小于0.8m。

7 泵站及附属建(构)筑物

7.1 一般规定

7.1.1 泵站及其附属建筑物的用电负荷等级应与生产装置要求的用电负荷相一致。对于生产工艺要求不得中断循环冷却水的装置或单元，其循环冷却水泵组应按一级负荷供电或设其他备用动力源，其能力应满足发生事故时的用水要求。

7.1.2 泵站及其附属建筑物应根据具体情况设置相应的采暖、通风和排水设施。

7.1.3 泵站及其附属建筑物内应设置相应的通信设施。

7.2 泵 站

7.2.1 循环冷却水泵组的供水能力应按系统最大小时供水量设计，其工作泵台数和技术性能应根据正常供水量与最大供水量的变化及节能的要求经综合比较确定，并应设置相应的备用泵，备用率宜为设计水量的25%～50%。

7.2.2 循环冷却水泵组的供水压力，应根据各生产装置的换热设备对冷却水进水压力、压力损失和冷却设施配水要求及系统管网阻力损失，经计算确定。

7.2.3 循环冷却水泵宜按自灌启动设计。当采用非自灌充水启动时，引水时间不应大于5min。水泵的安装高度应满足最不利工况下必需汽蚀余量的要求。

7.2.4 水泵机组的布置应满足设备运行、维护、安装和检修的要求。

7.2.5 室内布置泵站的地面层净高设计应满足通风、采光、设备吊装的要求，并应至少设一个可以搬运最大设备的外开门。

7.2.6 露天布置泵站的水泵基础标高宜高于室外地坪标高，当低于室外地坪标高时，泵站内排水设施的设置应与厂区排水系统设计相协调。

7.3 吸水池及过水廊道

7.3.1 循环冷却水泵站的吸水池可独立设置或与冷却塔下集水池合建。

7.3.2 吸水池的设计应满足池内水流顺畅、不产生涡流现象且便于施工及维护的要求。

7.3.3 塔下水池与吸水池间过水廊道的过水流量应满足循环冷却水泵组最大小时吸水量，过水断面流速宜为0.8m/s～1.0m/s。过水廊道（管道）不宜少于两条，且应满足吸水池均衡进水的要求。

7.3.4 过水廊道上应设截污格网、检修门槽及配套起吊设施。

7.4 附属建（构）筑物

7.4.1 循环冷却水系统的附属建（构）筑物应根据全厂总体布置情况、管理体制及岗位设置要求，采用装置内与泵站毗邻设置或全厂统一设置。

7.4.2 加氯间及氯瓶间、二氧化氯设备间及原料储存间等的设计，应符合下列规定：

1 加氯间必须与其他工作间隔开，并应设置直接通向外部并向外开启的门和固定观察窗；

2 氯瓶间应与加氯间毗邻，并应设置单独外开的大门。大门上应设置向外开启的人行安全门，并应能自行关闭；

3 液氯储存间应设起吊设备；

4 制备二氧化氯的原材料应分类设置独立储存间，并应与设备间毗邻。

7.4.3 加药间宜与药剂储存间相互毗邻布置，并宜设药剂运输、输送设施。

7.4.4 加氯间及氯瓶间、二氧化氯设备间及原料储存间、药剂储存间及加药间的操作平台、地坪及与药剂接触的墙或池壁等，应进行防腐处理。

8 管 道 布 置

8.1 一 般 规 定

8.1.1 循环冷却水系统供、回水管道宜埋地敷设，其平面布置和埋深，应根据工厂总平面布置、厂区地形、工程地质、施工条件、管道材质等因素综合确定。

8.1.2 循环冷却水系统供、回水管道的管径应根据水力计算并结合管网平面布置和竖向布置确定，规模较大的循环冷却水系统宜采用两条或两条以上的供、回水主干管道分别向不同的生产装置配水。

8.1.3 循环冷却水管道不宜在道路下面纵向敷设；个别地段需要在道路下面纵向敷设时，应采取适当的加固措施。

8.1.4 循环冷却水管道不应穿过建筑物和管廊的柱基础，不宜穿过设备基础。

8.1.5 循环冷却水系统的水质处理药剂投加管道和蒸汽、压缩空气、润滑油等管道，宜采用管沟或架空集中敷设，并应有必要的保温、放空措施。

8.1.6 循环冷却水系统向两个或两个以上不同步开车的生产装置供水时，管道设计应有不同工况的切换设施。

8.1.7 埋地循环冷却水钢质管道应根据土壤性质、地下水的腐蚀性进行外壁防腐蚀处理。

8.1.8 循环冷却水管道的基础处理，应根据地质情况、管道材质、外部荷载及地下水水位等因素确定。

8.1.9 循环冷却水系统的供水管、回水管、补充水管等宜采用钢质管道，药剂输送应采用耐腐蚀管道。

8.1.10 循环冷却水水系统的排水、溢流及其他重力流管道可采用铸铁管或PE、HDPE、UPVC等非金属管材。

8.2 管 道 敷 设

8.2.1 循环冷却水管网宜采用枝状，当采用环状布置时应设必要的切断阀门。

8.2.2 循环冷却水管道平行埋设时的间距，应符合下列规定：

1 管径小于或等于200mm时，管道间净距不宜小于0.4m；

2 管径在200mm～900mm时，管道间净距不宜小于0.6m；

3 管径大于900mm时，管道间净距不宜小于0.8m；

4 管外壁与相邻管道上的给排水井外壁的净距不宜小于0.2m；

5 相邻管道底标高不同时，埋设较深的管道宜敷设在较浅管道外壁或管基底面地基土的内摩擦角以外。

8.2.3 循环冷却水系统管道交叉埋设时，管道间净距不应小于0.10m，管间宜采用粗砂回填。

8.2.4 埋地循环冷却水管道与建（构）筑物外墙之间的水平净距不宜小于3m；当管道埋设深度低于建（构）筑物基础底面时，管道应设在建（构）筑物基础底面地基土的内摩擦角以外。

8.2.5 循环冷却供、回水管道宜在管网低点设置放水阀、高点设置排（吸）气阀。

8.2.6 循环冷却供、回水管道在换热设备的入口阀前和出口阀后，宜设旁路管或旁路管接口。

8.2.7 间冷开式系统循环冷却回水管道应设直接回至塔下水池的旁路管；补充水管管径、水池及管网排空管管径应根据系统充水、排放时间要求确定，循环冷却水系统的置换时间不宜大于8h。

8.2.8 闭式循环冷却水系统管道设计宜符合下列规定：

1 循环冷却供水管道和换热设备的入口管道宜设管道过滤器；

2 补充水管径宜按不大于6h充满系统设计；

3 宜在管道低点适当位置设置放水阀、高点设置排（吸）气阀。

8.2.9 间冷开式循环冷却水系统内易出现滞水的管段宜设置防止局部水质恶化的措施。

8.2.10 当循环冷却回水含有易燃、可燃工艺介质时，重力流循环冷却回水管（渠）在生产工艺装置区的出口处应设水封。

8.2.11 直冷开式循环冷却水系统的自流回水管宜按满流计算，最低流速不宜小于0.75m/s；自流回水渠的充满度宜按0.7设计，最小流速不宜低于0.5m/s，并应有清淤措施。

9 监测与控制

9.1 一般规定

9.1.1 循环冷却水系统应设置必要的监测与控制系统。

9.1.2 循环冷却水系统应对下列运行参数进行监测与控制：

1 循环冷却水的运行参数；

2 给水泵组、机械通风冷却塔等设备的运行参数；

3 水质处理的相关参数。

9.1.3 循环冷却水系统的运行参数和设备运行状态的监测数据，宜集中至控制中心。

9.1.4 计算机控制管理系统应兼顾现有、新建及发展的要求。

9.1.5 在环境特殊的建厂地区，循环冷却水系统可设气象亭。

9.2 监测、控制

9.2.1 循环冷却水系统应设置下列监测仪表：

1 循环冷却供水总管及各单元生产装置进、出口干管，应设流量、温度、压力仪表；循环冷却回水总管应设温度和压力仪表，流量仪表的设置应根据工程具体情况确定；

2 补充水管、排污水管、旁流水管应设流量仪表；

3 冷却塔下集水池或吸水池应设液位计，并应设高、低液位报警。当补充水进水采用控制阀时宜与液位联锁；

4 系统内设置回收水池时应设液位计，并应设高、低液位报警；液位计与回收水提升泵应联锁；提升泵总管应设置流量、压力仪表；

5 循环冷却水系统宜设浊度、电导率、pH值及余氯等水质在线监测、控制仪表。

9.2.2 循环冷却给水泵组、机械通风冷却塔等设备的运行参数，应按下列要求设置：

1 大、中型冷却塔风机减速机应配有油位指示、油温监测、轴振动监测及油温报警、轴振动报警和超限自动停车设施；

2 大型循环冷却水给水泵的高压电机宜设置三相电流、定子温度、转子轴承温度监测及报警仪表。

9.2.3 循环冷却水处理相关参数的联锁控制宜按下列要求设置：

1 pH值在线监测与加酸量联锁控制；

2 电导率在线监测与系统排污水量联锁控制；

3 氧化还原电位或余氯值在线监测与氧化型杀菌剂投加量联锁控制；

4 阻垢缓蚀剂投加量可与系统补充水流量、系统排污水流量、药剂示踪浓度或阻垢缓蚀剂浓度的在线监测参数联锁控制。

9.2.4 间冷开式循环冷却水系统宜在循环冷却水供水管路上设置模拟监测换热器，宜在循环冷却回水管路上设置监测试片架和生物黏泥测定器。

9.3 分析化验

9.3.1 循环冷却水的常规分析项目应根据补充水的

水质和循环冷却水系统水质要求确定，宜按表 9.3.1 的规定确定。

表 9.3.1 常规分析项目

序号	项目	间冷开式系统	间冷闭式系统	直冷开式系统
1	pH	每天1次	每天1次	每天1次
2	电导	每天1次	每天1次	抽检
3	浊度	每天1次	每天1次	每天1次
4	悬浮物	每月1次～2次	不检测	每天1次
5	总硬度	每天1次	每天1次或抽检	每天1次
6	钙硬度	每天1次	每天1次或抽检	每天1次
7	总碱度	每天1次	每天1次或抽检	每天1次
8	氯离子	每天1次	每天1次或抽检	每天1次或抽检
9	总铁	每天1次	每天1次	不检测
10	铜离子	每周1次	每周1次	不检测
11	氨氮	每周1次	每周1次	不检测
12	COD_{Cr}	每周1次	不检测	不检测
13	异养菌总数	每周1次	每周1次	不检测
14	油含量	可抽检	不检测	每天1次
15	药剂浓度	每天1次	每天1次	不检测
16	总磷	每天1次	不检测	不检测
17	游离氯	每天1次	视药剂而定	可不测
18	生物黏泥量	每周1次	每周1次	可不测

注：1 油含量分析对炼油装置的间冷开式系统，根据具体情况定。
2 总磷的分析适用于磷系配方系统。
3 Cu^{2+}、氨氮的分析仅用于铜材换热器系统。
4 COD_{Cr}的分析适用于以再生水作补充水或易发生物料泄漏的系统，并可根据回用水的水质变化情况等将分析频率适当提高。
5 生物黏泥量的检测方法为生物滤网法，直冷开式系统可不检测。

9.3.2 循环冷却水的定期分析项目宜按表 9.3.2 的规定确定。

表 9.3.2 定期分析项目

项目	间冷开式和间冷闭式系统		直冷开式系统	
	检测时间	检测点	检测时间	检测点
腐蚀率	月、季、年或在线	监测试片或监测换热器	可不测	—
污垢沉积量	大检修/月或季	典型设备/监测换热器	大检修	设备/管线
垢层或腐蚀产物成分	大检修/月或季	典型设备/监测换热器	大检修	设备/管线
药剂质量	每批次	药剂	每批次	药剂

9.3.3 每月宜进行一次补充水和循环冷却水的水质全分析。

9.3.4 化验室的设置应根据循环冷却水系统的水质分析要求及管理体制确定。

9.3.5 循环冷却水系统宜在下列管道上设置取样管：

1 循环冷却水供水总管；
2 循环冷却回水总管；
3 补充水管；
4 旁流处理出水管；
5 间冷开式或间冷闭式系统换热设备出水管。

10 节水、节能与环境保护

10.1 一般规定

10.1.1 循环冷却水系统的设计应符合节能减排和保护环境的要求。

10.1.2 循环冷却水系统选用的水处理药剂应是高效、低毒、化学稳定性及复配性能良好的环境友好型药剂。

10.1.3 循环冷却水不应用作直流水使用。

10.2 节 水

10.2.1 间冷开式循环冷却水系统应在高浓缩倍数条件下运行。

10.2.2 间冷开式循环冷却水系统的补充水应根据循环冷却水的水质控制要求，宜采用二次水和再生水。直冷开式循环冷却水系统的补充水应采用再生水。

10.2.3 在气象条件适宜的地区可采用空冷和干湿式冷却设施。

10.2.4 间冷开式循环冷却水系统的旁流过滤处理应选用高效节水型过滤设施。

10.2.5 循环冷却水系统的排污水、旁流过滤冲洗排水、放空排水，宜进入回收水处理系统处理后回用。

10.2.6 冷却塔应采用高效收水器。

10.2.7 循环冷却水系统的水池设有溢流管时，水池的高位报警水位应低于水池溢流水位 80mm～100mm。

10.2.8 间冷开式循环冷却水系统的冷却设施不宜采用冷却池或喷水池。

10.3 节 能

10.3.1 机械通风冷却塔的配置数量应根据地区气象条件和生产装置的换热工况合理确定，当冷却塔数量在 4 座及 4 座以下时，宜部分选择变频电机或调速电机。

10.3.2 循环冷却水系统设计应依据生产装置换热工况并结合当地气象条件，提高冷却水的冷却温差。

10.3.3 循环冷却水泵宜选择特性曲线平缓的水泵进

行组合配置。

10.3.4 循环冷却水系统的旁流过滤和排污水宜从循环冷却回水管上接出。

10.3.5 大、中型循环冷却水系统的加药系统宜采用在线自动控制。

10.3.6 大、中型循环冷却水系统应采用集散型控制系统进行监视和控制。

10.4 环境保护

10.4.1 药剂储存和加药间，应根据药剂的性质、储存及使用条件，设置防止粉尘飞散和药液泄漏的防护设施及相应的通风换气措施，换气次数应为6次/h～8次/h。

10.4.2 加氯间及氯瓶间、二氧化氯设备间及原料储存间、加酸及储存间，应设置氯气、二氧化氯、酸雾泄漏的防护设施，并应通风换气，换气次数应为8次/h～12次/h。

10.4.3 循环冷却水系统排出水中的污染物浓度超过排放标准时，排水应经处理达标后排放。

10.4.4 循环冷却水泵站内、外的噪声和冷却构筑物的噪声应符合现行国家标准《工业企业噪声控制设计规范》GBJ 87的有关规定。

11 劳动安全卫生

11.1 一般规定

11.1.1 循环冷却水系统的设计应设置劳动安全卫生设施。

11.1.2 循环冷却水系统的设计应对火灾危险、毒性物质危险、腐蚀性物料危害、噪声危害及其他危害和危险岗位作出分析和说明。

11.2 安全卫生设施

11.2.1 建（构）筑物应设置护栏、防滑走梯、防雷等安全设施。

11.2.2 加氯间及氯瓶间、二氧化氯设备间及原料贮存间等的安全卫生设施设置要求，应按现行国家标准《室外给水设计规范》GB 50013的有关规定执行。

11.2.3 加药间、药剂储存间、卸酸（碱）泵间应设置通风换气、安全通道、地面冲洗设施、安全洗眼淋浴器等防护设施及操作人员防护用具。

11.2.4 浓硫酸和盐酸储罐及具有腐蚀性、强氧化性液体的储罐应设置安全围堰，围堰的有效容积应容纳最大一个储罐的容量，围堰内应做防腐处理；浓硫酸和盐酸储罐应设置防护型液位计，浓硫酸储罐应设置通气除湿设施，盐酸储罐应设置酸雾吸收设施。

11.2.5 大、中型循环冷却水系统的泵房、药剂投加间等岗位，宜设视频监视系统。

11.2.6 化验室应设通风柜和机械排风设施及安全洗眼器。

11.2.7 循环冷却水系统的蒸汽管道应采取保温防烫措施。

11.2.8 循环冷却水系统冷却塔的填料、收水器和玻璃钢风筒、玻璃钢围护结构，应采用阻燃性材料，其氧指数不应小于30。

11.2.9 循环冷却水系统机泵设备的联轴器部分应设安全防护罩。

11.2.10 循环冷却水系统压力储罐和柱塞式计量泵的出口管路，应安装安全阀或超压安全释放设施。

11.2.11 机械通风冷却塔塔顶平台处应设风机闭锁开关。

本规范用词说明

1 为便于在执行本规范条文时区别对待，对要求严格程度不同的用词说明如下：

1）表示很严格，非这样做不可的：
正面词采用“必须”，反面词采用“严禁”；

2）表示严格，在正常情况下均应这样做的：
正面词采用“应”，反面词采用“不应”或“不得”；

3）表示允许稍有选择，在条件许可时首先应这样做的：
正面词采用“宜”，反面词采用“不宜”；

4）表示有选择，在一定条件下可以这样做的，采用“可”。

2 条文中指明应按其他有关标准执行的写法为：“应符合……的规定”或“应按……执行”。

引用标准名录

《工业循环冷却水处理设计规范》GB 50050

《室外给水设计规范》GB 50013

《工业企业噪声控制设计规范》GBJ 87

中华人民共和国国家标准

化学工业循环冷却水系统设计规范

GB 50648—2011

条 文 说 明

制 定 说 明

本规范编制过程中，编制组在总结我国多年来工业循环冷却水系统设计和运行经验的基础上，进行了广泛的资料收集，对重点问题进行了必要的调查研究，吸收了国内外的循环冷却水系统成熟经验、工程实践中采用的先进技术以及节能减排和环境保护等方面的经验，广泛征求了国内有关单位和专家的意见，经反复讨论修改，完成了本规范的编制。

本规范作为系统性规范，注重了循环冷却水设计的系统性和完整性，对系统设计应涉及的内容作了具体或原则规定，以期对循环冷却水系统的设计起到更好的指导作用。本规范强调了循环冷却水系统设计的节水、节能、环境保护以及劳动安全卫生问题，同时更注重规范的可操作性。本规范从进一步提高循环冷却水的使用率及浓缩倍数、用水系统的合理划分、各单元能力的匹配、系统排水的有效收集、处理及优先考虑采用二次水和再生水作为循环水系统的补充水、安全及环保等方面入手，规范了化学工业循环冷却水系统的设计，为后续的设计、开车及运行打下良好的基础，以达到进一步节水、节能的目的，并满足环境保护的要求，实现国家工业节水等规划的目标。

本规范根据多年循环冷却水装置（循环水场）的运行经验，规定了浓缩倍数的设计取值原则，但国内对如何有效提高浓缩倍数，及其对换热设备影响的研究、总结工作仍显不足，应是今后需要进行的工作之一；本规范根据近年来相关行业的运行经验，提出了在气象条件适宜的地区可优先采用空冷和干湿式冷却设施的原则，但国内在工艺装置中空冷设施的进一步开发、推广应用的研究、总结工作仍显不足，这也应是今后需要进行的工作之一；本规范明确了系统所排废水收集处理的一些相关要求，但近年来国家对工业企业所排放污、废水的总体要求越来越高，不少地区提出了“零排放”要求，为满足此要求，对于循环冷却水系统所排废水的处理，以及全厂污废水的统一处理和回用，会涉及本规范及相关专项规范，也应是今后需要进行的工作之一。

鉴于本规范是系统性的技术规范，政策性和技术性强，希望各单位在执行过程中，结合工程实际，注意总结经验、及时反馈相关意见，以便积累资料。

为了准确理解本规范的技术规定，按照《工程建设标准编写规定》的要求，编制组编写了《化学工业循环冷却水系统设计规范》的条文说明。本条文说明不具备与标准正文同等的法律效力，仅供使用者作为理解和把握规范规定的参考。

目　次

1　总则 …… 1—32—18
2　术语 …… 1—32—18
3　循环冷却水系统 …… 1—32—18
3.1　一般规定 …… 1—32—18
3.2　基础资料 …… 1—32—19
3.3　系统划分 …… 1—32—20
3.4　位置选择 …… 1—32—20
3.5　装置布置 …… 1—32—20
4　系统水平衡 …… 1—32—21
4.1　一般规定 …… 1—32—21
4.2　水量平衡计算 …… 1—32—21
4.3　水质平衡 …… 1—32—22
4.4　系统容积 …… 1—32—22
5　冷却设施 …… 1—32—22
5.1　一般规定 …… 1—32—22
5.2　冷却设施选择 …… 1—32—23
5.3　冷却设施布置 …… 1—32—23
6　循环冷却水处理 …… 1—32—24
6.1　一般规定 …… 1—32—24
6.2　阻垢缓蚀 …… 1—32—24
6.3　微生物控制 …… 1—32—25
6.4　清洗和预膜 …… 1—32—25
6.5　旁流水处理 …… 1—32—25
6.6　补充水 …… 1—32—26
6.7　排水处理 …… 1—32—26
6.8　药剂储存和投配 …… 1—32—26
7　泵站及附属建（构）筑物 …… 1—32—26
7.1　一般规定 …… 1—32—26
7.2　泵站 …… 1—32—26
7.3　吸水池及过水廊道 …… 1—32—27
7.4　附属建（构）筑物 …… 1—32—27
8　管道布置 …… 1—32—27
8.1　一般规定 …… 1—32—27
8.2　管道敷设 …… 1—32—28
9　监测与控制 …… 1—32—29
9.1　一般规定 …… 1—32—29
9.2　监测、控制 …… 1—32—29
9.3　分析化验 …… 1—32—29
10　节水、节能与环境保护 …… 1—32—30
10.1　一般规定 …… 1—32—30
10.2　节水 …… 1—32—30
10.3　节能 …… 1—32—31
10.4　环境保护 …… 1—32—31
11　劳动安全卫生 …… 1—32—31
11.1　一般规定 …… 1—32—31
11.2　安全卫生设施 …… 1—32—31

1 总 则

1.0.1 本条阐明了编制本规范的目的、宗旨。

我国是严重缺水的国家，近年来水资源短缺日益突显，为此国家制定了一系列合理利用水资源的政策和法规。化学工业是用水大户，在生产用水中冷却水的用量占90%以上，因此，冷却水的循环利用是节约用水的最有效措施之一。

随着我国经济的快速发展，工业用水的需求量逐年增加，对工业冷却用水的循环利用提出了更高的要求。为统一系统设计的技术要求，提高化学工业企业循环冷却水系统的设计水平，满足生产装置（含生产工艺装置和生产辅助装置）对循环冷却水的水量、水温、水压、水质的要求，以保证冷却设备长周期稳定运行。

1.0.2 本条规定了本规范的适用范围。

化学工业系指利用化学反应改变物质结构、成分、形态来生产化学品，从19世纪初开始形成，发展迅速，是一个门类繁多的行业。

1.0.3 本条是关于在化学工业企业循环冷却水系统设计中采用新工艺、新技术、新设备和新材料以及在设计中体现技术进步的原则要求。其目的是优化工程设计、方便运行管理，节约能源和资源，降低工程造价和运行成本。

1.0.4 本条强调了化学工业循环冷却水系统设计时需同时执行国家颁布的有关标准、规范的规定。目前涉及循环冷却水设计的国家标准主要有《工业循环水冷却设计规范》GB/T 50102、《工业循环冷却水处理设计规范》GB 50050、《城市污水再生利用　工业用水水质》GB/T 19923和《机械通风冷却塔工艺设计规范》GB/T 50392等，循环冷却水系统还涉及防火、防爆、安全、环保等方面的内容，因此，系统设计中除执行本规范外，尚应执行国家现行的有关标准、规范。

2 术 语

2.0.1 条文中换热设备是指生产装置（含生产工艺装置和生产辅助装置）的换热器、冷凝器等。

2.0.8 条文中自然通风冷却塔是指风筒式自然通风冷却塔。

3 循环冷却水系统

3.1 一 般 规 定

3.1.1 循环冷却水系统的设计一般由以下几部分组成：

系统的划分和循环冷却水装置区的布置，通常是根据企业总平面布置、高程设计、生产装置（单元）的组成及其对水量、水温、水压、水质要求的不同、开停工与检修周期的差异，确定集中设置一个循环冷却水系统或分散设置几个循环冷却水系统，并进行各系统循环冷却水装置区的选择和布置，以及循环冷却水装置区内的布置。

循环冷却水冷却设施设计通常包括：冷却塔或其他冷却设施、冷却塔水池。

循环冷却水水质处理设计通常包括：旁流处理（旁滤）设施，缓蚀剂、阻垢剂、杀菌除藻剂的配制投加设备与储存所需的容器、设备、机泵、阀门、管道及建（构）筑物等设施。

循环冷却水泵站和输配水管网设计通常包括：吸水池、循环水泵、泵进出口阀门、供回水管网和泵房等设施及补充水和排污水管道。

配套设施设计通常包括：仪表自动控制设施、变配电设施、监测及检测化验设施及其相应的建筑物，如操作控制室、变配电间、分析化验室等。

根据具体条件的不同，系统的组成可适当增减或合并。

3.1.2 全厂水平衡方案的确定需综合考虑多种供水水源和全厂水量、水质的平衡，合理确定各用水点用水水质，结合全厂污水处理和回用水处理的要求，满足高水质高用、低水质低用的原则，是评价工程项目合理用水的主要依据，是水系统设计的基础。化学工业一次用水中60%～70%是用作循环冷却水系统的补充水，是工厂最大的用水点，也是最适宜的再生水用户，循环冷却水系统的水质、水量平衡与全厂水平衡密切相关。为此本条文强调循环冷却水系统设计应以全厂水平衡方案为主要依据。

3.1.3 循环冷却水是为生产装置（含生产工艺装置和生产辅助装置）的换热设备服务的，其基本要求就是必须满足换热器的操作条件；各生产装置对循环冷却水的水质、水压、水温的要求会因工艺和换热工况的差别而不同，对于工艺要求水温、水质或水压相差较大的循环冷却水应综合考虑建设投资和降低运行能耗，分别设置相应的循环冷却水系统；对个别水压要求较高的用水设备宜采用局部升压措施，避免因整体提高供水压力增加运行能耗；有些生产工艺装置（如聚合、反应釜、工业炉夹套等）中断循环冷却水的供给会引起严重的生产事故或设备损坏，因此，不能中断循环冷却供水的装置或单元，在设计时应有独立的供水保障措施。

3.1.4 循环冷却水用水量是由生产产品、产量、工艺流程、工况条件等决定的，它包括生产工艺装置和生产辅助装置的用水量，因此循环冷却水系统设计水量应按生产装置的用水量之和计算确定。正常小时用水量是保证生产装置正常操作运行过程中经常发生的用水量，循环冷却水系统按正常小时用水量计算不仅能满足生产装置和循环冷却水系统日常的经济运行要求，还可以节省投资；而最大小时用水量是生产装置在高负荷运行过程中，同时又考虑了某些不利的客观因素出现时的用水量。因此，循环冷却水系统用最大小时用水量校核，是为了在非正常生产条件下仍能满足各生产装置用水量的需求。两者应综合考虑。

对于循环冷却水系统中的冷却设施、循环水泵组及供、回水管线能力宜按最大小时用水量计算确定，是为了保证最不利状态下循环冷却水的供给。

3.1.5 开式循环冷却水系统的供水温度受当地气象条件的制约，冷却水的供水温度与湿球温度的差值大小直接影响冷却设施的选择和工程投资，因此，循环冷却水系统设计供水温度应根据生产工艺装置允许的供水温度，结合建厂地区的气象条件（干球温度、湿球温度及大气压力）进行热力计算后确定。一般经验，以当地夏季最热时期的计算湿球温度加4℃～5℃作为供水温度来设计是较合理的。

3.1.6 间冷闭式循环冷却水系统中，冷却水密闭循环，不暴露在大气中，冷却水损失量极小，循环过程中基本不浓缩。系统循环的热回水冷却，通常多采用空气冷却、间冷开式水冷或其他冷却介质间接传热来完成，因此其供水温度应按生产工艺要求，并结合冷却介质温度确定。

3.1.7 间冷闭式系统的膨胀罐设计中应按照系统补充水泵能力校核氮气自动调节系统的进、排气流量，以稳定系统的压力。

3.1.8 间冷开式循环冷却水系统的回水，大都带有一定的压力，通常称为余压，这部分余压因生产工艺条件的不同，会有差异，设计时应充分利用，优先考虑利用其回水余压直接上塔，以降低能耗，减少升压设备。当回水余压不能满足直接上塔要求时也应充分利用其位能。

3.1.9 若循环冷却水系统冷却塔下集水池及吸水池兼作消防水池，当发生火警时，冷却水系统水量骤减，会直接影响全厂生产装置和辅助装置的安全运行，严重时可能会导致次生灾害的发生，且不利于循环冷却水系统的处理和运行管理。因此，本条文为强制性条文，必须严格执行。

3.2 基 础 资 料

3.2.1 气象资料统计方法较多，其气象条件相关参数的选取对计算结果的影响及应用情况，有关资料已有叙述。

1 干、湿球温度和大气压等参数：综合各工业系统的需要，同时使设计人员通过现有的设计手册取得气象资料，本规范规定以近5年平均每年最热时期3个月中最热天数不超过5d～10d的日平均湿球温度作为设计湿球温度。

2 湿式冷却塔运行是由空气与水对流或横流接触进行的，进塔空气中的灰尘被水洗进循环冷却水中，因此，大气中的含尘量是循环冷却水系统旁流过滤处理时的重要参数，宜采用近5年日最大含尘量的平均值作为计算旁流过滤量的基础数据之一。

3 建厂地区的风向和风频直接影响循环冷却水装置区及冷却设施布置时的位置和方向的选择。

4 当循环冷却水装置布置受周边环境及地区小气候的影响时，进塔空气的湿球温度与气象资料会存在一定的偏差，应对湿球温度进行修正，逆流冷却塔可加0.1℃～0.3℃，横流冷却塔可增加0.3℃～0.5℃。

3.2.2 为了恰当选择循环冷却水处理工艺和缓蚀、阻垢处理药剂，必须了解生产工艺的换热器工况：

1 常用换热器的结构形式有两大类：循环冷却水与物料直接接触，如化肥厂造气系统的洗涤塔（箱）、电除尘等；循环冷却水与物料间接接触，这种形式换热器使用最多、最广泛，其形式有列管式、板式、套管式、喷淋排管式等。按水流流程位置可分为壳程和管程。按水与物料的流向又可分为顺流和逆流。

换热器的材质可分为：碳钢、铝合金、不锈钢、铜合金等。

换热器的结构形式和材质的不同直接影响循环冷却水的水质、流态、流速和换热效果及缓蚀、阻垢处理。

2 被冷却的工艺介质有不同的气相、液相和温度的差别及可能的泄漏都会影响循环冷却水的水质和换热温度。

3 换热器的工艺操作条件：如工艺介质出、入口温度，水侧流速，冷却水出、入口温度，热流密度，年污垢热阻值，年腐蚀率等均与循环冷却水处理有密切关系。

3.2.3 补充水水质是循环冷却水处理设计的基础资料，补充水水源的水质资料应是体现水质变化周期的近1年的资料。近年来循环冷却水系统补充水水源呈现多元化的趋势，因此，本条文规定了首先应收集可供使用的各种水源的供应条件，即可供水量及保证率等条件，以及对于不同水源作为补充水时，水质资料收集的深度要求。对于再生水水源供应条件应包括再生水水源类别及其处理工艺等资料。对于与项目工程同期建设的再生水水源，再生水水质指标宜根据试验或参照类似工程回用水处理工艺的运行数据，或符合现行国家标准《城市污水再生利用 工业用水水质》GB/T 19923和《工业循环冷却水处理设计规范》GB 50050规定。

满足循环冷却水系统设计的水质分析项目及水质分析数据校核，执行现行国家标准《工业循环冷却水处理设计规范》GB 50050的规定。

3.2.4 水质处理的杀生剂属于危险化学品，为降低危险化学品长途运输的风险，宜就近采购或生产；建厂地区的其他相关资料还应包括循环冷却水系统涉及的外部供电条件、仪表空气、压缩空气、蒸汽、酸、碱等供应条件。

3.3 系统划分

3.3.1 循环冷却水系统划分会涉及诸多因素，如：当用户对循环冷却水的水质、水温、水压的要求差别较大，或厂区面积较大、用水装置区地形高差较大，应经分析比较，确定是否集中设置一个或分区设置几个系统；当循环冷却水系统有污染或水质易受到被冷却介质泄漏污染的装置等，需设置独立的系统；当换热设备材质为铜或铜合金的循环冷却水系统与被冷却工艺介质为氨系物料的循环冷却水系统宜分开设置；同一开、停车运行周期的装置宜设置为一套循环冷却水系统；对于分期建设的工程项目应根据总体规划、分期建设的进度要求进行循环冷却水系统的划分和管网设计。

3.3.2 间冷开式循环冷却水系统不仅可以提高水的重复利用率，而且减少对环境水体的热污染，是常用的冷却方式，运行稳定，冷却效果好，方便管理，节省投资。

3.3.3 对于生产工艺换热工况要求高的生产装置，设备传热面水侧污垢热阻值一般控制在 0.86×10^{-4} $m^2\cdot K/W$ 以下，间冷开式循环冷却水系统很难满足生产工艺的要求，因此，通常采用软化水或脱盐水作为补充水的间冷闭式循环冷却水系统。

3.3.4 直冷系统的循环冷却水与工艺物料直接接触，其水质会因工艺物料的不同，污染的类型和受污染的程度也不相同，应独立设置，例如化肥厂、焦化厂的造气系统循环冷却水等由于直接洗涤工艺气介质受到污染，需单独设置。

3.3.5 循环冷却水系统的补充水使用再生水是节约水资源的有效措施。由于多种补充水水源的使用，各种补充水水质及可供水量均会存在较大差异，其直接影响循环冷却水的水质平衡和浓缩倍率，因此，循环冷却水系统的划分宜根据补充水的来源、可供水量和对循环冷却水的水质平衡影响，合理分配多种水源的补水量比例，保持补充水水质的相对稳定。

3.3.6 本条文结合目前国内冷却塔单塔能力、系统组合布置等因素，对循环冷却水系统大、中、小型规模的范围提出了原则建议，但并非严格的界限。其目的是在工程设计中，便于结合业主要求，根据其规模的大小，考虑监测、控制系统和视频监视系统的设置及水平。

3.4 位置选择

3.4.1 循环冷却水装置在总平面布置中的位置选择是系统设计的重要工作。既要靠近最大的用水负荷，减少供、回水管道的长度，降低运行能耗和建设投资，又要气流畅通，远离厂内露天热源（如加热炉、焦炉及熄焦塔等）、粉尘污染源、煤渣堆场、烟气排出口、化学品堆场等，保证冷却设施的正常运行，避免水质受到周围环境的污染。同时还要考虑减少循环冷却水装置的噪声对周围环境及噪声敏感区的影响；在布置上要达到合理布局，并留有足够的发展余地；同时考虑工程的地质条件要适合水工构筑物的建造。

3.4.2 循环冷却水装置区的冷却设施常年会有一些飘雾，有时会有细小水滴飘落，因此建设位置选择时要考虑减少循环冷却水装置区的水滴、飘雾对周围环境的影响。

3.4.3 总图布置时，循环冷却水装置应布置在生产装置划分的防爆区以外，当受布局限制无法避免时，位于防爆区内的电气、仪表设备选型及安装设计，应执行相关规范的防爆要求，主要是指位于防爆区现场内的电机、电缆、接线盒、操作盘（柱）、一次测量仪表和照明灯具。

3.4.4 间冷闭式循环冷却水系统的热负荷一般是通过换热设备经间冷开式循环冷却水冷却，因此，间冷闭式循环冷却水装置的位置选择主要依据生产工艺装置区的布置，宜靠近生产工艺装置区的换热设备布置，也可以与间冷开式循环冷却水装置合并布置。

3.5 装置布置

3.5.1、3.5.2 装置内各单元之间应按流程、功能及场地地形，合理布局，以节省管线等，减少占地，满足施工要求，方便操作，利于管理。

冷却设施的选择和布置是循环冷却水装置布置中的核心内容，有其特定的技术要求，详见本规范第5章。

3.5.3 根据巡回、检修及设备运输的要求，在循环冷却水装置内各建（构）筑物之间应设置相应的通道。

3.5.4 本条规定是为了减少装置区地面的尘土、落叶、杂草等对循环冷却水造成的污染，保障循环冷却水系统的正常运行。

3.5.5 在气候条件允许或采取了适当的防冻措施时，循环冷却水装置内的泵站、旁滤等设备和设施采用露天布置可节省投资，减少占地，且便于检修。

3.5.6 采用重力自流回水的开式循环冷却水系统，回水上塔和冷却后循环供水需两次加压提升，为避免在开、停车过程中热水池和冷水池出现瞬时低水位和溢流跑水现象，两组提升泵的吸水池宜紧邻布置，并设顶部溢流连通。

3.5.7 直冷开式循环冷却水系统的回水中通常含有易沉淀的悬浮物，为避免回水管（渠）淤堵和及时清除沉积的泥渣，采用沉淀处理时，沉淀池宜靠近生产工艺区，并设清灰（泥）设施和临时堆场。

4 系统水平衡

4.1 一般规定

4.1.1 补充水水质因建厂地区水资源（包括再生水）和环境条件（包括区域规划、气象条件、接纳水体状况及要求、节水的要求等）的不同会有较大差异，其直接影响循环冷却水水质和浓缩倍数的确定。因此要综合考虑补充水水源类别、循环冷却水水质的允许指标、缓蚀阻垢剂的选择和排污水对接纳水体的环境影响，确定系统合理的浓缩倍数。

从目前国内大多数工厂运行情况看，只要加强管理，浓缩倍数3是可以做到的，因此规定浓缩倍数不应低于3。

在浓缩倍数1.5～10.0，气温40℃，k值选用0.0016/℃的计算条件下，通过对循环冷却水量为10000m^3/h时的计算结果如表1：

表1 不同浓缩倍数时系统的补充水量与排污水量

计算项目 \ 浓缩倍数 N	1.5	2.0	3.0	4.0	5.0	6.0	7.0	10.0
循环冷却水量 Q_r（m^3/h）	10000	10000	10000	10000	10000	10000	10000	10000
水温差 Δt（℃）	10	10	10	10	10	10	10	10
排污水量 Q_b（m^3/h）	320.0	160.0	80.0	53.3	40.0	32.0	26.7	17.8
补充水量 Q_m（m^3/h）	480.0	320.0	240.0	213.3	200.0	192.0	186.7	177.8
排污水量占循环冷却水量的百分比（%）	3.20	1.60	0.80	0.53	0.40	0.32	0.27	0.18
补充水量占循环冷却水量的百分比（%）	4.80	3.20	2.40	2.13	2.00	1.92	1.87	1.78

由表1可见，随着浓缩倍数的增大，补充水量逐渐减少，节水效果明显提高，同时也减少了排污水量，有利于环境保护。

浓缩倍数从3提高到5，补充水率可进一步降低0.4个百分点，如果全国化学工业企业循环冷却水系统的浓缩倍数做到5，可节省大量水资源，其节水效果十分明显。现在很多工程均要求高浓缩倍数，而且已有相应的药剂处理配方，浓缩倍数达到5的企业已很多，随着水处理技术的不断提高，新的药剂配方的研制，进一步加强管理，规定浓缩倍数不宜低于5还是可以做到的，虽然由此可能引起运行费用的增加，但对节省我国有限的水资源和保持经济建设可持续发展是必要的。

4.1.2 循环冷却水系统的水平衡是系统设计的主要内容之一，计算中还应综合考虑水资源的节约和再生水的回用，并减少排污水对环境的污染。

4.1.3 本条是节能、减排和水资源有效利用的原则要求。

4.2 水量平衡计算

4.2.1 本条推荐的计算公式是国内常用的计算方法，一般情况下可满足工程设计的要求。

当蒸发损失水量需要精确计算时，应根据进入和排出冷却塔空气状态参数按下列公式计算：

$$Q_e=P_e\cdot Q_r \tag{1}$$

$$P_e=\frac{G_d}{Q_r}\cdot(X_2-X_1)\cdot 3.6\cdot 100\% \tag{2}$$

式中：G_d——进入冷却塔的干空气质量流量（kg/s）；

P_e——蒸发损失水率；

X_2——进冷却塔空气的含湿量（kg/kg）；

X_1——出冷却塔空气的含湿量（kg/kg）。

4.2.2 冷却塔的风吹损失，是由出塔空气中带出的飘滴和从塔的进风口处吹出塔外的水滴组成。前者的损失水量与塔的通风方式（自然通风或机械通风）、淋水填料的型式（点滴式或薄膜式）、配水喷嘴的型式和喷溅方向（上喷或下喷）、收水器的型式、收水效率、逸出水率以及冷却塔的冷却水量、塔内风速（特别是收水器断面风速）等因素有关；后者的损失水量与塔型、风速、风向及进风口的构造（有、无百叶窗）等因素有关，这部分损失不是经常发生的，即使有发生，一般量也较少。冷却塔的风吹损失主要是前者。

冷却塔的风吹损失水量占循环冷却水量的百分数，应按冷却塔的塔型和设计选用的收水器给出的逸出水率以及塔的进风口吹出的损失水率确定，当缺乏收水器的逸出水率等数据时可按表2选用。

表2 冷却塔的风吹损失水率 P_w（%）

塔型（设有收水器）	机械通风冷却塔	自然通风冷却塔
P_w（%）	0.05～0.10	0.05

目前，国内广泛用于各种冷却塔的收水器的收水效率均较高，各种类型收水器的逸出水率（飘滴损失水量与进塔循环冷却水量之比）经测试均较低，而从进风口吹出的水滴损失影响因素较多，不易测定。现行国家标准《工业循环水冷却设计规范》GB/T 50102已规定机械通风式和风筒式自然通风冷却塔均应装收水器，并在塔的进风口设置防溅和收水等措施，因此，实际工程设计中机械通风式冷却塔的风吹总损失水量按循环冷却水量的0.05%～0.10%计算，

风筒式自然通风冷却塔的总风吹损失水率取0.05%，已考虑了足够的裕度。

4.2.3 本条文给出了排污水量的两个计算公式，公式（4.2.3-1）是可以通过气象条件、运行条件计算的，公式（4.2.3-2）为实际排水量计算公式，该公式强调了排污水量应包括在实际生产中的强制排污水量和系统损失水量。系统损失水量一般包括旁流水处理损失的水量和系统漏失量。

4.2.4 本条给出的补充水量计算公式是理论计算式。

4.2.5 本条给出的公式为循环冷却水系统常用的浓缩倍数计算公式。

4.2.6 本条给出的1‰为多年运行经验总结的参数，也可按如下经验公式计算：

$$Q_m = \alpha \cdot V \qquad (3)$$

式中：α——经验系数（1/h），可取 $\alpha = 0.001 \sim 0.003$；

V——系统水容积（m^3）。

4.2.7 循环冷却水系统的排污水集中在循环冷却水装置区内排放有利于系统排污水的控制和运行管理。当某些用水点确需使用循环冷却水，且将该水量纳入了系统排污，并能控制在循环冷却水系统允许的排污水量范围内时，应将其视为强制排污水量的一部分，对其进行计量和有效控制。

4.3 水质平衡

4.3.1 计算公式中的进塔空气含尘量，一般在环保部门大气监测站均有测定数据，如某些地区无测定资料时可在工厂建设的前期工作中进行测定，也可参照附近地区的测定资料。

空气含尘量数据宜按本规范第3.2.1条的规定选取。

计算公式中循环冷却水悬浮物含量的取值应适当考虑水处理药剂、工艺介质泄漏等产生的悬浮物、生物黏泥增量的影响。

4.3.2 本条规定给出的旁流处理水量的计算公式为理论计算公式，公式中“某项成分”的含义为需要处理的物质。

4.3.3 采用多种补充水水源时，各种补充水水质及可供水量均会存在较大差异，其直接影响循环冷却水的水质平衡和浓缩倍率，因此，应进行水质平衡计算，合理分配不同水源的补水量，保持系统补充水水质的相对稳定，并确定相应的浓缩倍数。

4.3.4 直冷开式系统的循环冷却水与工艺物料直接接触，其水质会因工艺物料的不同，污染的类型和受污染的程度也不相同，会有相应的系统水质指标控制要求。循环过程中污染物浓度会不断的浓缩和积累，系统水质中某些指标会超过工艺控制要求（如造气循环冷却水系统中的悬浮物、氰化物等），应进行水质平衡计算，确定合理的排污量及相应的处理措施。

4.4 系统容积

4.4.1 本条规定当采用阻垢缓蚀剂处理时应考虑药剂允许的停留时间，对于目前使用聚磷酸盐作为缓蚀剂主剂的配方，加以强调是必要的。

聚磷酸盐转化成正磷酸盐除了水温、pH值等因素以外，还与时间因素有关。设计停留时间（T_d）可用条文规定的公式计算。当已知对应某一浓缩倍数的Q_b值时，确定V值即可计算出T_d值，该值应小于药剂允许的停留时间。当不能满足这一要求时，则需调整V值直至满足要求，或者更换药剂配方。药剂允许停留时间一般由药剂厂商提供。

系统有效容积越大，药剂在系统中停留的时间越长，则药剂分解的比例也越高，同时初始加药量也增多，杀生剂的消耗量也增大，而且系统还易受到二次污染，所以系统容积在保证泵吸水条件的情况下，应尽量减少。

4.4.2 系统水容积应按投加的阻垢缓蚀剂允许停留时间计算，并满足系统稳定循环运行的最小水量要求，在缺少相关资料时，间冷开式循环冷却水的系统容积宜小于循环冷却水小时设计水量的1/3，且不宜低于1/5。

4.4.3 工艺生产设备内的水容积一般由工艺专业提供。

5 冷却设施

5.1 一般规定

5.1.1 生产装置的工艺方应根据换热设备的热负荷，提出相应的循环冷却水的水量、供水温度及温升要求。系统设计应在此基础上，结合建厂地区的气象条件进行冷却设施的能力计算，确定合理的供水温度等参数，以达到冷却设施的能力与生产装置要求的热负荷相匹配。

冷却设施是按夏季气象条件及生产装置最大负荷工况设置的。各类冷却设施中，除机械通风冷却塔的风机会出现故障外，冷却设施一般很少发生故障。据调查，大多数工业企业的冷却设施均无备用。冷却设施宜安排在与工艺设备同期检修，或安排在工艺生产的低负荷时期和春、秋、冬季分格检修。

5.1.2 焓差法由于其计算的简便性，目前机械通风冷却塔和自然通风冷却塔的热力计算采用焓差法较为普遍。但焓差法只能确定湿空气的比焓，空气的其他状态参数要用其他方法计算。

分段积分法（也称为压差动力法）是利用冷却塔内淋水填料中水和空气的状态参数沿其高度不断变化，将淋水填料的高度分成若干段，把前一段末端的计算结果作为下一段的起始条件，并逐段进行水温和空气状态参数计算的一种方法。该法能够较准确地获得任一高度的水和空气的状态参数，且受循环冷却水温差的影响小。该法计算过程比较复杂，但在计算机广泛应用的今天已不成问题，因此，当需要精确的出塔空气状态参数来计算自然通风冷却塔的风筒抽力时，也可以采用分段积分法计算。

5.1.3 冷却塔热力计算公式中的冷却塔淋水填料面积应为空气和水能充分进行热交换的有效淋水面积。采用有效淋水面积可以使计算的冷却塔出水温度更加合理。因此，冷却塔热力计算中采用的淋水面积应为冷却塔淋水填料顶面可淋到水的面积扣除淋水装置架构的主梁、次梁、支柱、配水管（槽）以及竖井等结构及构造占用的面积。

5.1.4 大多数工业企业的冷却设施均不设备用，机械通风冷却塔设置不宜少于2座（格）是考虑其中1座（格）冷却塔的风机出现故障时，仍能满足循环冷却水的安全供应。

大、中型循环冷却水系统采用多座（格）冷却塔组合布置的工程比较普遍，塔下集水池宜采取必要的分隔措施主要是考虑便于维护、管理、检修的需要。

5.1.5 在多沙尘地区，冷却塔在运行过程中将会有大量沙尘随风进入，粘附在冷却塔的填料上和沉积到水池中，使循环冷却水中悬浮物和沉积物增大，严重时会造成填料堵塞坍塌，影响换热设备和水泵的运行，为了减轻沙尘对循环冷却水系统的影响，应在多沙尘发生地区考虑防沙和排沙措施。

防沙措施一般可采用：增设防沙挡风板，抬高冷却塔下集水池顶标高，并在水池顶设防沙、收水挑檐，减少沙尘进入冷却塔内；冷却塔下集水池出口前设防沙挡墙，可减少塔下沉沙进入系统；冷却塔下集水池设置集泥砂坑或集泥砂斗，便于塔池清淤。

5.1.7 寒冷地区的冷却塔在冬季运行中均存在不同程度的结冰现象。冷却塔结冰后，不仅影响塔的通风，降低冷却效率，严重时还会造成淋水填料塌落，塔体结构和设备的损坏。塌落的填料碎片会随着循环冷却水进入装置内的换热器，导致换热器大面积堵塞，以致影响生产装置的正常运行。

应重点对冷却塔的进风口处、淋水填料和填料的支承梁、柱等冷却塔易结冰的部位，以及风机减速器润滑油系统采取有效的防冻措施。

5.2 冷却设施选择

5.2.1 冷却设施必须满足生产装置的冷却用水要求，冷却设施的选择是一个比较复杂的问题，它涉及使用要求、自然条件、设备材料的供应、厂区位置、周围环境、经济合理性等诸多因素。在气象条件适宜的地区，特别是缺水地区，为节省有限的水资源，目前，空气冷却技术受到各行业的重视，应用范围日益扩大，因此可考虑采用空冷塔或干湿式冷却塔。

5.2.2 冷却塔型在满足生产装置要求的情况下，要结合建设地点的实际情况进行优化，达到降低投资和有效节约水资源的目的。

5.2.3 逆流式冷却塔汽水热交换是在完全对流条件下进行，出塔水是与热焓值最低的进塔空气换热，能够得到较低的 $t_2-\tau$ 值，实塔测试表明，$t_2-\tau$ 值可达3℃以下。横流式冷却塔换热条件较复杂，出塔水只有少部分与热焓值最低的进塔空气换热，故 $t_2-\tau$ 值一般都较大，实塔测试表明 $t_2-\tau$ 值通常大于4℃，随着 $t_2-\tau$ 值的增大横流式冷却塔总的热交换能力提高较快；自然通风冷却塔的 $t_2-\tau$ 值一般在5℃或5℃以上，因此，当 $t_2-\tau$ 值大于5℃时，自然通风冷却塔和机械通风冷却塔均可采用。

据调查，在条件适宜的地区，有些小型间冷开式循环冷却水系统采用喷雾式或水力驱动式冷却塔，利用循环冷却回水余压驱动布水和通风设施进行冷却，可节省能耗，也能满足冷却要求。

5.2.4 含有酚、氰等污染物的直冷开式循环冷却水系统，腐蚀性较强，粉尘污染较重，温度较高，对风机、塔体内壁、配水设施、淋水填料、收水器等更易造成腐蚀、老化、污堵，因此，本条文作出了相应的规定。

5.2.5 化工、石化行业中需换热冷却的工艺物料介质有一些是易燃、可燃液体或气体，如果换热设施的工艺介质发生泄漏，会进入并污染循环冷却水系统，在冷却塔冷却过程中挥发，并在塔顶积聚，遇电气火花可能发生事故，因此，其机械通风冷却塔的电气、仪表设备选型和安装及塔顶照明设计，应执行相关规范的防爆要求。

5.3 冷却设施布置

5.3.1 本条是关于冷却塔平面布置与其他建（构）筑物的净距、主导风向关系等规定。从冷却塔本身的进风要求考虑，减少外界风对冷却塔的进风影响，据国内外有关研究结果，机械通风冷却塔和自然通风冷却塔与相邻建（构）筑物之间的净距离至少为冷却塔进风口高的2倍，在这种条件下，塔内风速基本不受周围建（构）筑物的影响，进风口区沿高度风速分布趋向均匀。如果相邻的是高大建（构）筑物时净距可适当加大。

5.3.2 本条是关于相邻的自然通风冷却塔的净距的规定。

1 国内、外资料和应用实践表明，自然通风冷却塔间的净间距均为大于或等于0.5D（D为冷却塔进风口下缘处直径）。另据有关文献资料介绍模型试验结果，当自然通风冷却塔成群布置时，沿塔壳体圆周风压分布不同于单塔，当塔的中心距离小于塔体直径1.5倍时，其壳体圆周风压分布与单塔比变化很大，中心距越小，变化越大，沿风向布置的后排塔的负压增大，对壳体不利。当塔布置不当时还会由于风道效应的影响使位于下风向的塔壳体承受较大风荷载而影响壳体安全。综合塔的通风要求和塔间空气动力干扰因素，逆流式自然通风冷却塔间净距宜为0.45倍～0.5倍塔的进风口下缘的塔筒直径，当采用非塔群布置时，塔间距宜为0.45D（D为塔的进风口下缘的塔筒直径），困难情况下可适当缩减，但不应小于4倍标准进风口的高度；采用塔群布置时，塔间距宜为0.5D，有困难时可适当缩减，但不应小于0.45D，当间距小于0.5D时，冷却塔应考虑风荷载的影响或采取减小风的负压荷载的措施。

2 横流式自然通风冷却塔进风口高度即为填料层高度，一般比逆流式自然通风冷却塔进风口高度大，而风筒直径比逆流式自然通风冷却塔小，塔间净距取不小于塔的进风口高度的3倍已可以满足要求。

5.3.3 机械通风冷却塔格数较多时，相互之间的距离、布置方式对冷却效果均有影响。湿热空气的回流是指进塔空气中混入一部分本塔排出的湿热空气，干扰是指进塔空气中混入一部分其他塔排出的湿热空气，回流和干扰都会导致进塔空气湿球温度的升高，从而影响冷却效果，因此，设计湿球温度应在选定的气象条件基础上增加一定值，具体增加值，有条件的可以通过计算机模拟或经验公式计算，也可按本规范第3.2.1条的说明进行修正。

1 当塔的格数较多，单排布置时，塔排首尾之间易受湿空气回流和干扰影响，故每排塔的格数不宜过多。苏联规范规定塔排的长宽比宜取3∶1，英国规范规定宜取5∶1。目前我国化工、石化及电力行业项目配套的循环冷却水系统的规模趋于大型化，多排布置时则占地较大，实际工程中有一些是超过这一比例关系的，但大多数情况是在5∶1至4∶1范围内。因此，规定每排的长度与宽度之比不宜大于5∶1。

2 从冷却塔本身的进风要求考虑，国内外有关试验研究均认为：相邻塔的净距至少为2倍进风口高才能保持单塔运行时进风口风速分布均匀，进风量稳定；当相邻塔同时运行时，相邻塔的净距至少为4倍进风口高才能保持运行时进风口风速分布均匀，进风量互无影响。条文主要从塔的进风要求考虑作此规定，如果其他方面的要求较高时，塔间净距可以加大。

3 两排以上的塔排长轴在同一直线上，单列布置时，相邻塔排端墙间的净距规定为不宜小于4m，主要是考虑施工期基坑开挖和两排塔基础间的结构间距，同时也考虑到塔运行管理和检修期间的通道要求。

4 参照国外有关塔排间距的规定，结合我国现有工程实际布置情况制定了本条条文。两排以上的塔排长轴不在同一直线上，双列或多列平行布置时，塔排间净距是考虑湿热空气回流和干扰的影响，净距规定不应小于进风口高度的4倍，主要是要满足冷却塔的通风要求。

5.3.4 关于自然通风冷却塔与机械通风冷却塔之间净距的规定。除考虑冷却塔进风的要求，主要考虑回流空气的相互干扰。

6 循环冷却水处理

6.1 一般规定

6.1.1 本条明确给出了循环冷却水处理应包括的内容。

循环冷却水处理的任务是使系统的水量、水质、微生物繁殖、金属保护膜修复等在动态运行中保持基本平衡，消除或减少结垢、腐蚀和生物粘泥等产生的危害，满足循环冷却水系统水质、污垢热阻、年腐蚀率、粘附速率和微生物等控制指标的要求，实现安全、稳定运行，同时节约水资源，减少对环境的污染。

6.1.2 本条提出了为满足换热设备对污垢热阻值和年腐蚀率的具体要求，确定水处理设计方案时，应综合比较、考虑的相关影响因素。

6.1.3 本条主要是考虑在补充水水质变化时，保证循环冷却水处理设施有足够的处理能力。

6.1.4 循环冷却水水质指标要求的制定，是与换热设备的结构型式、材质、工况条件、污垢热阻、年腐蚀率条件有关，尤其是与循环冷却水药剂处理配方的性能密切相关，现行国家标准《工业循环冷却水处理设计规范》GB 50050给出的循环冷却水水质指标均是在其所给定的有关条件下，结合当前药剂配方的性能作出的，设计中应根据补充水水质指标结合其所给定条件加以确定。随着处理技术的发展，水质的控制指标会做相应调整。

当系统中换热器为铜材和铜合金时，NH_3-N的存在会与铜材生成络合离子，而且微量的氨或铵离子都能使铜和铜合金产生应力腐蚀破裂，因此，应控制循环冷却水系统水中的氨氮小于1mg/L。

6.1.6 直冷开式系统的循环冷却水与工艺物料直接接触，由于工艺物料千差万别，因此，要依据工艺要求等实际情况进行综合考虑后确定。

6.2 阻垢缓蚀

6.2.1 水质控制包括腐蚀、结垢、微生物控制三方面的内容。每一方面都需要对相应的药剂处理效果有单独的判断方法，这三方面又存在着互相影响，因而除了单独的效果测试方法之外，还必须有综合的效果测试，即进行动态模拟试验。动态模拟试验应结合补充水的水质、换热设备结构型式、材质、运行工况，以及设计的浓缩倍数、污垢热阻值、腐蚀率、粘附速率、循环冷却水的温度等因素进行。

国内的运行经验表明，通过试验来选定的药剂处理配方可以满足设计的预期要求。对于改、扩建的工厂或系统规模小、要求又不很严格的循环冷却水系统，也可以参照运行工况、水质条件相似的工厂运行经验确定。

6.2.3、6.2.4 这两条条文给出的计算公式，可满足设计人员计算阻垢缓蚀剂的用量，便于确定计量设备、运输及仓储等。

6.2.5 当补充水碱度和 Ca^{2+} 含量较高，限制了浓缩倍数的提高，采用加酸调节循环冷却水的 pH 值，是简便而有效提高浓缩倍数的一种方法。当循环冷却水系统采用加酸处理调节 pH 值时，宜采用硫酸，本条文给出了循环冷却水调节 pH 值的加酸计算公式，式中 M_r 可按图 1 确定。

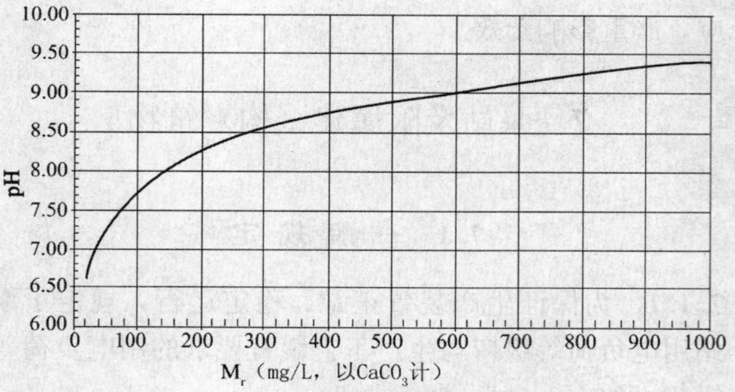

图 1 循环冷却水的 pH 与 M_r 变化曲线

6.3 微生物控制

6.3.1 由于微生物的耐药性，考虑到杀菌的经济性，国内循环冷却水系统中的微生物控制大都是以氧化型杀生剂为主，非氧化型杀生剂为辅的原则进行操作和管理的，效果很好。常用的氧化性杀菌剂有液氯、二氧化氯、次氯酸钠和无机溴化物等。常用的高效、低毒、广谱、适应 pH 范围宽的非氧化性杀菌剂有十二烷基苄基氯化铵、聚季铵盐、5-氯-2-甲基-4-异噻唑啉-3-酮等，有些非氧化性杀菌剂毒性较强，使用时应注意安全。

6.3.2 对非氧化型杀生剂在性能上应同时注意与阻垢缓蚀剂的配伍，特别是对环境友好方面提出了要求。

6.3.3 微生物在循环冷却水系统中大量繁殖会导致循环冷却水的颜色变黑、发生恶臭，并形成大量黏泥沉积于冷却塔和换热器内，隔绝了药剂对换热设备金属表面的保护作用，降低了冷却塔的冷却效果和设备的传热效果，同时还对金属设备造成严重的垢下腐蚀。

在循环冷却水中，异养菌的生长繁殖最快，数量也最多，其产生的黏液对系统危害甚大，所以常以异养菌的数量代表水中细菌总数，根据国内运行经验采用小于 1×10^5 个/mL 控制为佳；循环冷却水中生物黏泥量的多少直接反映着在系统中微生物的危害程度，因此控制生物黏泥量是非常必要的；同时，冷却水中有铁细菌繁殖时，常出现浑浊度和色度增加，有时 pH 值也会发生变化，通常控制铁细菌的存活量不能大于 100 个/mL；硫酸盐还原菌的繁殖生长的潜在危险是很大的，大量繁殖生长时会使系统发生较严重腐蚀，通常控制在小于 50 个/mL。

6.3.4 氧化型杀生剂的投加量为工厂实际运行中调查数据，在实践中要根据具体情况适当调整，投加方式为连续投加或冲击投加并存。

6.3.5 非氧化型杀生剂的加药量（g_n），应根据药剂生产厂家提供的数据或借鉴相似条件的运行数据确定。

6.4 清洗和预膜

6.4.1 开车前的系统清洗主要为了去除管道系统中的杂物和换热设备、管道内的油脂、铁锈等，利于设备、管道有效预膜。直冷系统只需清洗，不需预膜。

6.4.2 人工清扫主要清除冷却塔下集水池、吸水池及首次开车时管径大于或等于 800mm 管道内的杂物，避免造成系统堵塞；水清洗主要去除系统中的尘土、碎屑及施工时遗留的焊渣等杂物，为化学清洗创造条件；化学清洗为了去除设备和管道内的化学污染物和浮垢，如油脂、氧化皮等。开车前的水清洗及化学清洗初期水不通过换热器以免堵塞换热设备。

6.4.3 换热设备水侧表面经化学清洗之后呈活化状态，极易产生二次腐蚀，因此要求在化学清洗之后立即进行预膜处理，以保证活化的金属表面不被腐蚀并形成一层致密的缓蚀保护膜。

预膜过程中，要对预膜水中 pH 值、水温、钙离子、铁离子、浊度、药剂浓度等严格控制，防止产生结垢或腐蚀。

6.4.4 清洗水通过旁路管直接回到冷却塔下集水池中，是为了清洗时避免水中携带杂物堵塞冷却塔配水系统及淋水填料；预膜水通过旁路管直接回到冷却塔下集水池中，可减少预膜时系统水容量，节省预膜药剂的用量。

当生产装置与循环水系统同步开车采用热态清洗、预膜时，预膜水一般直接上塔。

6.4.5 由于生产装置建设不同步，或者在老系统年度检修、开车顺序不同步，因此，设计中管道布置应考虑切换设施，以满足不同步开车时清洗预膜的要求。

6.5 旁流水处理

6.5.1 本条是设置旁流水处理的条件。

1 循环冷却水在循环冷却的过程中受到空气中灰尘的污染，或循环过程中由于换热设备工艺物料渗漏，致使水质不断恶化超过允许值时，必须采用旁流水处理，以维持循环冷却水的水质指标在允许范围之内。

2 由于水的浓缩引起某一项或几项成分超过循环冷却水的水质允许值，可考虑采用旁流水处理以提高浓缩倍数。

6.5.2 本条文提出了旁流水处理方案设计时，需进行综合比较应考虑的主要影响因素。设计时还应考虑冷却水中所含阻垢缓蚀剂对旁流水处理方案的影响。

6.5.3 本规范中公式4.3.1是理论计算公式，当建厂地区缺乏空气中的含尘量数据，不能按公式计算时，亦可采用本条文中给出的经验数据值设计，对于多沙尘地区还可适当提高此值。

6.6 补 充 水

6.6.1 随着水资源日趋紧张，全部采用新鲜水作为循环冷却水系统补充水越来越受到限制，补充水已呈多元化的趋势，采用再生水或二次水作循环冷却水系统的补充水水源日益普遍，采用多种水源调配补充水的循环冷却水系统也日渐增多，因此，设计采用的补充水水质应在设定的浓缩倍数条件下，结合旁流水处理来满足循环冷却水的设计水质要求。如果补充水的水质不能满足要求，则需要对补充水的水质进行适当处理。

6.7 排 水 处 理

6.7.1 在大多数化工企业中，循环冷却水系统的排水量在总排水量中占的比例较大，且污染程度相对较轻，应进行有效利用，当不具备回用条件且排水不能满足排放标准时，应进行有效处理。本条文规定了排出水处理方案应考虑的几种因素，其中"排入处理设施"是指厂内或区域处理设施；再生水的水质应根据再生水的不同用途确定。

6.7.3 清洗和预膜排水、检修时的排水（包括可能发生工艺物料泄漏时对循环冷却水系统造成污染产生的置换排水）均为间断排出水，其特点为水量大、污染物含量高，不能直接排入污水处理系统，因此，应与全厂的事故污水处理设施统一考虑调节储存。

同时，对于旁流处理等设施超标的事故排水和系统中杀菌灭藻剂残留毒性超标时的排水，也应考虑调节储存。

6.7.4 密闭式循环冷却水大多为软化水或脱盐水，并且水中投配的药剂浓度较高，试车、停车或紧急情况排出水会对环境造成污染，因此，本条文规定了应采取的解决办法。储存池应依据工厂条件可独立设置或与相关处理设施联合设置。储存水在未受到工艺侧物料污染时，可经必要的处理回收使用，节约水资源。

6.8 药剂储存和投配

6.8.1 水处理使用的药剂应按不同品种分别储存，如属全厂性通用化学品宜在全厂集中储存，统一管理调配使用；在循环冷却水系统的药品储存间内，可按短期的药剂消耗量考虑储备。对于毒性较强或保管有一定危险性的药品储存应符合国家相关规定。

6.8.2 本条给出了药剂储存量的一般规定。酸储存的容积宜按运输槽车容积考虑。

药剂在室内的堆放高度主要为设计者提供计算药剂储存间的面积依据，宜符合下列要求：

1 袋装药剂为1.5m～2.0m；

2 桶装药剂为0.8m～1.2m，不宜超过2层。

6.8.4 硫酸和氧化型杀生剂都是强氧化剂，如果与缓蚀阻垢剂加药点距离太近，由于这些强氧化剂尚未均匀扩散，浓度很高，将与缓蚀阻垢剂产生化学反应，严重影响药效。

7 泵站及附属建（构）筑物

7.1 一 般 规 定

7.1.1 为保证生产装置正常、稳定运行，规定了泵站用电负荷等级应与生产工艺装置要求的用电负荷等级相一致。

对于生产工艺要求不得中断循环冷却供水的装置或单元，其循环冷却水泵组应按一级负荷供电或设其他备用动力源，是为了满足单元装置安全停车的要求，避免因循环冷却供水中断可能引发的爆炸、设备及管路损坏等事故。

7.2 泵 站

7.2.1 为了保证生产装置稳定、安全运行，循环冷却水泵组的供水能力应按系统最大小时供水量设计，水泵的选择和配置在保证系统正常供水量的同时，还应满足系统最大供水量变化的需要（当正常与最大供水量变化较大时宜设置调峰泵），以达到节能降耗的目的。对于备用泵的设置，根据多年运行经验，工作泵在1台～4台可备用1台，工作泵在4台以上可备用2台，设计中可根据系统规模及水泵机组的配置综合考虑。

7.2.2 本条明确了循环冷却水泵组的供水压力的确定原则，对于利用余压直接上塔的间冷开式循环冷却水系统，还应考虑满足冷却塔配水系统的压力要求，对个别水压要求较高的用水设备宜采用局部升压措施。

7.2.3 大、中型工业企业的循环冷却水系统，供水安全和自动控制要求高，多采用自灌充水，以便及时启动水泵和简化自动控制程序。

为保证生产工艺装置循环冷却水的及时供给，当采用非自灌充水时，水泵启动时间应尽量缩短，保证在5min内启动供水。

水泵的安装高度应考虑建厂地区的大气压力、最高水温和运行中水位变化等因素的影响，对水泵的允许吸上真空高度或必需汽蚀余量进行修正，满足最不利工况下必需汽蚀余量的要求，保证水泵长周期安全稳定运行。

7.2.4 本条是关于水泵机组布置的原则规定，机组布置直接影响到泵站的结构尺寸，对水泵的安装、检修、运行、维护有很大影响。

7.2.6 设计人员应根据当地气象条件、投资、维护管理等因素，泵站设计可以选择室内或露天布置。露天设置泵站的水泵基础一般宜高于室外地坪标高，当水泵基础标高低于地坪布置时应考虑防止雨水或其他排水倒灌，淹没泵组的措施。

7.3 吸水池及过水廊道

7.3.1 吸水池单建或与冷却塔下集水池合建均有生产运行的实例，因此，可根据建设场地的实际情况和布置需要确定。

7.3.2 本条是关于吸水池设计的原则规定。

无论吸水池独立设置或与冷却塔下集水池合建，吸水池内水流状态对水泵的吸水性能影响均很大，因此，冷却塔下集水池流入吸水池的流道设置应均衡，吸水池宜设置有下沉的吸水井，满足吸水喇叭口布置的间距、淹没水深、悬空高度等要求，避免可能出现的死水区、回流区及漩涡，严重时漩涡会将空气带入水泵，导致水泵汽蚀和机组振动的发生。

设有顶板的吸水池宜设活动盖板或安装洞，保证最大管道或管件的安装和检修需要。

吸水池坑底应设有一定的坡度，最低点应设置积水坑，以便于清淤和管理维护。

7.3.3 过水廊道的设置数量、布置和水流状态直接影响吸水池的水力条件，因此，要求过水廊道内应具有良好的流态和均匀的出口流场，使吸水池的进水均衡。

7.3.4 循环冷却水系统运行中，会随风夹带一些杂物进入塔下水池，脱落的淋水填料碎片以及生物黏泥等在水中形成漂浮污染物，因此，在过水廊道适当位置处应设置截污格网，避免这些杂物进入系统，堵塞换热设备，影响换热效果。

设置截污格网的同时设置检修门槽，是为了安装备用拦截设施，防止杂物进入系统。配套起吊设施是为了方便清污、检修，降低劳动强度。

在工程设计中对吸水池与冷却塔下集水池合建或冷却塔下集水池与吸水池间采用管道连接的方式时，均应设置截污格网及相应的方便清污、检修设施。

7.4 附属建（构）筑物

7.4.1 循环冷却水系统的附属建（构）筑物一般包括：杀生剂储存及投加间（包括加氯间及氯瓶间、二氧化氯设备间及原料储存间等）、阻垢缓蚀剂储存及加药间、酸储存及投加间、旁流处理设施、监测换热器间、控制室、变配电间、分析化验室、卫生间、更衣室等。附属建（构）筑物与泵站毗邻布置便于管理。其中分析化验室、卫生间、更衣室等应根据全厂总体布置情况、管理体制及岗位设置要求，可采用装置内毗邻设置或全厂统一设置。

7.4.2 本条第1款、第2款、第4款为强制性条款，必须严格执行。氯气、二氧化氯是有毒气体，具有强烈的刺激性、强氧化性和腐蚀性，因此，本条文提出了加氯间及氯瓶间、二氧化氯设备间及原料储存间相关设计要求，设计中尚应执行相关规范的防毒、防火、防爆要求。

加氯间必须与其他工作间隔开是防止一旦发生氯气泄漏事故时避免事态扩大，保证人员安全，便于事故处理和减少损失；设置通向室外的外开门是为了发生事故时人员可以推门而出，方便撤离；设置观察窗是考虑加氯间为危险工作岗位，可通过观察窗观察加氯间内是否发生泄漏等异常现象，以便及时采取措施设法排除故障，保证安全操作。

制备二氧化氯的主要固体材料（氯酸钠、亚氯酸钠）属于一、二级无机氧化剂，储运操作不当有引起爆炸的危险，原材料盐酸与固体亚氯酸钠接触也易引起爆炸，因此，制备二氧化氯的原材料应分类设置独立储存间。

7.4.3 本条规定主要为了便于操作，减轻劳动强度。

7.4.4 本条文提出防腐处理要求，是考虑到循环冷却水系统使用的药剂均具有一定的腐蚀性。

8 管 道 布 置

8.1 一 般 规 定

8.1.1 循环冷却水系统供、回水管道在设计时应对各方面因素进行综合考虑，以保证管道的正常使用和方便施工、利于维护管理，尽可能节约投资。

本条中未提及土壤的冰冻深度影响，主要是考虑循环冷却水系统供、回水管道在冬季的运行温度一般不低于15℃，因此，对于冬季不间断运行的循环冷却水系统 DN>100mm 的管道，其埋深可以不受土壤冰冻深度的限制，尽可能节省管线埋设投资。对于冬季可能间断生产运行或需要停车检修的工业企业循环冷却水系统，管道埋深需要考虑土壤冰冻深度的影响或采取管线放空、管基防冻等措施。

8.1.2 随着经济的发展，工业装置的规模愈趋向大型化，配套的循环冷却水系统规模也愈来愈大，很多工厂总图布置时，一套循环冷却水系统同时为几套生产装置提供循环冷却水，目前单套循环冷却水装置规模超过 $4\times10^4m^3/h$ 的在石化、化工等行业已较普遍，采用单条循环冷却供、回水管道输水时的管径将超过 *DN*2000mm，有的已达到 *DN*2400mm，如此大口径的循环冷却水管道在管线综合的竖向布置时比较困难，特别对于地下管线密集的项目难度更大，因此建议单套循环冷却水装置的规模不宜太大，单条供回、水管道输水时的管径不宜大于 *DN*2200mm。

8.1.3 工厂内的道路从消防安全考虑一般不允许阻塞，循环冷却水管道在道路下纵向敷设时，如遇到漏水检修，可能会大面积破坏路面阻塞交通；另外道路上重载车辆的行驶易造成管道的破坏。因此提出不宜在道路下面纵向敷设。

8.1.4 循环冷却水管道直径一般较大，如果发生管道损坏，泄漏水量大，会引起基础塌陷，建筑物、管廊的柱基础是厂房和管廊安全的保证，故提出不应穿越建筑物和管廊的柱基础；从保证设备的安全考虑，提出循环冷却水管道不宜穿越设备基础，如不得已从设备基础下穿过，应采取一定的安全措施。

8.1.5 本条是关于药剂投加管线和蒸汽、压缩空气、润滑油等管线敷设的原则规定，这些管道埋地敷设一旦泄漏不易发现，故宜采用管沟或架空敷设。

8.1.6 两个或两个以上不同步开车的生产装置，其循环冷却水供、回水系统的清洗、预膜和运行过程也存在不同步的情况，因此管道设计应有不同工况的切换设施。

8.1.7 目前埋地钢质管道的防腐在化工系统一些工程中也有采用附加阴极保护的措施，外壁防腐和阴极保护措施的联合使用保护效果更好。当循环冷却水系统的埋地钢质管道采用附加阴极保护措施时，应与全厂地下管网统筹考虑。

8.1.8 关于埋地管道的基础处理原则规定。对大口径（*DN*1200mm 以上）的循环冷却水管道应特别注意管道基底和胸腔回填土的密实度。

8.1.9 水处理药剂都有不同程度腐蚀性，输送管道应采用耐腐蚀材料，以保证生产运行的安全。

8.2 管道敷设

8.2.1 根据多年来工业企业循环冷却水系统的管网布置经验：很多企业采用枝状管网布置，能够保证安全供水；在大型工业企业中，集中设置的一套循环冷却水系统向多套生产装置供水时，也可采用环状管网布置，但需在环网干线上设置必要的切断阀门，以利于相互调节、安全供水。

8.2.2 工业企业的厂区一般地下管线较多，为合理利用土地，对平行敷设的管道间距给出一般规定，使之既满足管道的施工、检修要求，又尽量减少占地。

8.2.3 工业企业地下管线交叉较多，管径较大，循环冷却水管道一般为钢管，竖向设计时的净间距比现行国家标准《室外给水设计规范》GB 50013 的规定适当放宽，管间回填粗砂是为了保证其密实度要求。

8.2.4 装置（单元）的埋地循环冷却水管道直径一般较大，不宜靠近建（构）筑物的外墙平行敷设，如要靠近外墙平行敷设时，管道与外墙的净距不宜小于 3m，这样要求一般可以避开外墙的基础。在湿陷性黄土地区应符合现行国家标准《湿陷性黄土地区建筑规范》GB 50025 的规定。

8.2.5 循环冷却供、回水管道的低点设置放水阀、高点设置排（吸）气阀是考虑清洗置换和检修泄空的需要。

8.2.6 换热设备设置旁路管（接口）的目的是为了在循环冷却水系统水清洗时和化学清洗初始阶段将换热设备隔离，使清洗水旁流，避免系统管道内的杂物堵塞换热设备。

8.2.7 循环冷却水系统清洗时的清洗水通过旁路管直接回到冷却塔下集水池，可避免清洗污物堵塞冷却塔配水系统和填料；系统预膜时水流通过旁路管直接回到冷却塔下集水池，可减少预膜水容量，节省药剂耗量；冬季运行时，为保证一定的供水温度和防止冷却设施结冰，循环冷却回水可部分或全部直接回流到冷却塔下集水池。旁路管径应满足系统清洗、预膜等工况条件下的要求。

清洗、预膜转换至正常运行阶段均要求尽快进行水的置换，因此，补充水管管径、水池及管网排空管管径，应满足清洗、预膜置换时间的要求。相对来说，置换要求的补水量远比运行时补充水量大，因此，应按置换要求的补水量考虑补充水管管径，必要时也可设单独运行时的补充水旁路管。

8.2.8 管道过滤器能有效截留水中的悬浮杂质和其他杂物，保护闭式循环冷却水系统换热设备免遭杂物堵塞，实践证明是必要的；设置放水、排（吸）气阀是考虑清洗置换和检修泄空的需要。

8.2.9 易出现滞水的管段一般发生在旁路管线、连通管线及盲管等处，滞水的管段内宜出现细菌滋生，严重时会引起水质腐败，因此，宜设置必要的回流管。

8.2.10 重力流循环回水管（渠），可能在回水中含有微量易燃、可燃工艺介质，长时间积聚，遇明火曾发生过爆炸事故，故提出当循环冷却回水含有易燃、可燃工艺介质时，在装置区的出口处设水封，将装置与系统管道隔开。

8.2.11 直冷开式循环冷却水系统的自流回水大都含有沉降性悬浮物，故提出最低流速的建议值，以防在管（渠）内沉积。自流回水渠道可设置活动盖板和沉泥井等，以便于清淤。

9 监测与控制

9.1 一般规定

9.1.1 循环冷却水系统设置必要的监测与控制系统，能提高循环冷却水系统运行的安全、可靠性，改善劳动条件。

循环冷却水系统的检测包括就地和在线监测仪表，本章所提到的监测与控制均指在线仪表监测和集中控制，就地检测仪表应根据运行操作需要设置。

9.1.2 本条提出了循环冷却水系统的监测与控制应从系统工艺、设备运行及水质处理等方面考虑的原则规定。

9.1.3 目前，很多企业循环冷却水系统的运行和操作均采用了计算机控制和管理。设置计算机控制管理系统的目的，是为了及时掌握循环冷却水系统的运行状况，便于考核系统的各项经济指标，利于操作、管理和事故分析。

对于未采用计算机控制管理系统的企业，其循环冷却水系统的控制和管理水平也可根据企业的要求确定。

9.1.5 在当地的气象资料与建厂地区的小气候有较大差异时，可设置气象亭，以便获取实际观测现场地域的干球温度、湿球温度、大气压力、风速和风向等气象资料，为调整循环冷却水系统的运行参数，特别是为企业的扩建、发展提供可靠的依据。

9.2 监测、控制

9.2.1 本条对循环冷却水的具体运行参数的监测与控制提出了具体要求。设置流量、压力、温度、液位、浊度、电导、pH 及余氯等监测控制仪表的目的是为了及时掌握系统运行状况，便于适时调整循环冷却水系统的工况，满足工艺换热设备对循环冷却水的要求，利于操作管理和对系统各项经济指标的考核。

当因补充水水质、系统控制指标等要求，需控制水中硬度、碱度、含油量、总铁及正磷酸盐含量时，可根据需要设置相应的在线分析仪表。

循环冷却回水总管一般不设置流量仪表，对循环冷却供、回水水量可能出现不平衡的工程项目，应在回水总管上设置流量检测仪表，以便掌握系统水量流失状况，及时调整系统排污水量等运行工况。

9.2.2 本条设置的目的是为了实时监控大、中型冷却塔风机减速机和大型循环冷却给水泵高压电机的运行状况，及时发现故障隐患及一些不安全的因素，避免事故的发生。

9.2.3 采用在线监测技术，实时监控循环冷却水的水质、水量和药剂的变化，通过自动控制系统能够保证循环冷却水的处理效果，降低系统运行成本，实现循环冷却水系统的安全、高效、稳定运行。

本条给出了目前工程中常用的几种水质处理加药自动控制方式：

根据在线监测的补充水流量或排污水流量参数，按流量比例自动联锁控制药剂投加的方式：该系统是采集循环冷却水系统补充水流量或排污水流量的信号送入加药控制器或 PLC，据此流量信号控制加药泵的药剂投加量。同时，自循环冷却供水管取水检测 pH、电导率，根据电导率值发出指令，控制循环冷却水系统排污电动阀开/闭，以控制循环冷却水的电导率；根据 pH 值控制加酸泵运行及加酸量，以达到控制循环冷却水 pH 的目的。最终实现控制循环冷却水系统浓缩倍数的目的。

根据在线监测冷却水中的药剂示踪剂浓度或阻垢缓蚀剂浓度参数，按药剂浓度自动联锁控制药剂投加的方式：该系统是通过采集循环冷却水供水或回水水样中的药剂示踪剂浓度或阻垢缓蚀剂浓度信号送入 PLC，对药剂示踪剂或阻垢缓蚀剂浓度进行连续实时分析，据此分析结果控制加药泵运行及药剂投加量。同时，通过检测循环供水的 pH 值、电导率，根据电导率值发出指令，控制循环冷却水排污电动阀开/闭，以控制循环冷却水的电导率；根据 pH 值控制加酸泵运行及加酸量，以达到控制循环冷却水 pH 的目的。最终实现控制循环冷却水系统浓缩倍数的目的。

由于正常运行中阻垢缓蚀药剂的补充量与损耗量直接相关，从节省药剂进而节省运行成本的效果看，按循环冷却水中药剂残留浓度的控制方式优于按流量比例自动投加的控制方式，但其示踪药剂价格较贵；按流量比例自动投加的 2 种控制方式中，采用排污水流量较采用补充水流量控制略优。

9.2.4 为检验循环冷却水系统处理效果，在循环冷却供水总管或生产装置的供水干管上接出旁路至设置的具有模拟功能的小型监测换热器，其可在热流密度、壁温、材质、流速、流态、水温等方面模拟生产装置换热器的工艺条件和操作参数，构成完整的、独立运行的在线监测系统，通过 24h 不间断监测，对其循环冷却水系统换热器传热面上的腐蚀、结垢、污垢状况进行检测，获取污垢热阻（或粘附速率）、腐蚀速率等参数。监测换热器一般同时设有腐蚀挂片器，其监测试片主要用于监测腐蚀情况。

监测试片比较多的是安装在回水管道上，其优点是回水温度高，能够反映换热器末端的腐蚀状况，且迅速、简便，同时可设置多种材质试片。

通过测定生物黏泥量的多少，可以反映循环冷却水中微生物滋生的程度。

9.3 分析化验

9.3.1 水质常规检测是为了能及时发现循环冷却水

水质的异常变化，以便采取应对措施。不同的循环冷却水系统对水质控制指标也不尽相同，表 9.3.1 所列分析项目可适当增减。

当循环冷却水系统中有铜换热设备时，应分析水中的 Cu^{2+} 和 NH_3-N，NH_3-N 在水中水解成 NH_4^+，可与铜离子形成络合离子而导致铜换热设备的腐蚀。

对于合成氨厂或采用再生水（如生活污水回用）的循环冷却水系统的 COD_{Cr} 和 NH_3-N 可能会超标。循环冷却水系统的运行经验表明，当水中 COD_{Cr} 大于 100mg/L 时，腐蚀速率会加大，而 NH_3-N 也是微生物的营养源，微生物的孳生也会导致腐蚀加剧，因此，还应定期检测 COD_{Cr} 和 NH_3-N。

控制水质指标的最终目的是控制循环冷却水系统中换热设备的腐蚀、结垢，确保生产装置高效稳定运行。

9.3.2 通过对循环冷却水定期分析项目的检测，可以掌握每批次药剂的质量品质，并直观地判定水质处理效果，以便根据检测结果找出问题的症结，改进处理方法。

9.3.3 通过水质全分析可从多方面分析判断补充水和循环冷却水水质存在的问题及系统运行过程中水质的变化，据此制定有针对性的解决办法。

9.3.4 化验室规模和设施因工厂的生产性质、规模以及对循环冷却水处理的监测项目的不同而有差异。

常规监测项目是分析循环冷却水处理是否正常运行和处理效果好坏的必要手段，因此每班或每天都需进行检测，这些项目的分析化验设施宜设在循环冷却水装置区或公用工程装置区内，便于操作和管理。

定期分析项目的检测数据，一般较长时间才会有所变化，因此检测周期较长，有的一周，有的一月或更长时间。为了节约化验室及化验设备的投资，这些项目的分析化验宜利用全厂中央化验室。

因此，化验室的设置应按化验分析内容和规模、管理体制等因素统一考虑后确定。

9.3.5 设置取样管的目的是为了方便水质检测取样，在北方地区要注意冬季防冻保护。

旁流水处理设施出水管设取样管的目的，在于检查该设施的处理效率。

换热设备出水管设取样管的目的，在于检查该设备是否有物料泄漏。

10 节水、节能与环境保护

10.1 一般规定

10.1.2 我国各地的水系污染严重，大部分水系不同程度存在富营养化和污染加重的趋势，循环冷却水系统的排污水中会含有开车或运行过程中使用的清洗、预膜、消泡、缓蚀阻垢药剂及杀生剂等，排入水体会造成一定的环境污染，因此，为控制污染源，在药剂选择上提出环境友好的要求。

10.1.3 本条为强制性条文，必须严格执行。循环冷却水作直流水或其他冲洗用水使用，不利于系统排污水的控制，影响浓缩倍数的稳定和运行管理，含有药剂的循环冷却水的排放，不仅造成了药剂的浪费，而且会对环境造成污染。因此，正常情况下，应禁止用作直流水和地坪、设备冲洗等用水。

10.2 节　水

10.2.1 我国是严重缺水的国家，淡水资源更是匮乏，已经严重制约各地经济的持续发展，现在很多地区新建项目不仅要求循环冷却水系统要在高浓缩倍数下运行，而且限制使用新鲜水；随着水处理技术的不断提高，新的药剂配方的研制，通过合理确定浓缩倍数及进一步加强管理，已有部分企业实现了在高浓缩倍数下的稳定运行，虽然由此可能引起运行费用的增加，但对节省我国有限的水资源和保持经济建设可持续发展是必要的。

10.2.2 化学工业一次用水中 60%～70%是用作循环冷却水系统的补充水。近年来，随着对水资源危机认识的提高，在工程实践中，循环冷却水系统的补充水除常采用二次水替代新鲜水外，废水再生处理后回用也越来越引起广泛重视，以再生水替代新鲜水用于工业循环冷却水系统的技术已经在一些工程实践中应用和推广，并取得了较好的节水效果。直冷开式循环冷却水系统由于与工艺物料直接接触，其水质要求不高，补充水已普遍采用再生水。相关标准及设计规范已发布实施，因此，提出间冷开式循环冷却水系统的补充水应优先考虑采再生水，直冷开式循环冷却水系统的补充水应采用再生水。

10.2.3 在缺水、干旱地区和生产装置要求的循环冷却水供水温度与湿球温度之间的差值较大时，可优先采用空冷和干湿式冷却设施。采用空冷或干湿式冷却设施虽然会增加一定的建设投资，但对节约水资源是有利的。

10.2.5 在大多数工业企业中，循环冷却水系统的排水量在总排水量中占的比例较大，且污染程度相对较轻，随着水资源日趋紧张和国家对节水减排的要求，循环冷却水系统的排水作为再生水水源回用得到高度重视，系统排水回收处理后再利用是既节水又环保的有效措施。因此本条文提出系统排水宜经处理后回用。

10.2.7 此规定是便于操作人员及时发现水池水位涨幅，避免循环冷却水系统的水池出现溢流。

10.2.8 冷却池、喷水池的冷却性能低，且喷水池的风吹和飘洒损失水量较大，工程设计中冷却设施已很少采用冷却池或喷水池。

10.3 节　能

10.3.1　一年四季的气象状况相差很大，当循环冷却水系统配置的冷却塔数量较多时，在冬、春、秋季可以根据当地气象变化和冷却后的供水温度需要，停开部分机械通风冷却塔的风机；对于冷却塔数量在4座（格）及4座（格）以下时，其中的1座（格）或2座（格）塔宜选择变频电机或调速电机，便于根据冷却后的水温来调节风机的转速，达到减少电耗的目的。

10.3.2　对生产装置一定的换热负荷，提高循环冷却水的温差可以减少循环冷却水的用量，如在东北、西北和华北地区的内蒙古、山西和河北的北部，湿球温度较低，冷却后水温也较低，如果将循环冷却水的换热温差（Δt）由10℃提高到12℃，循环冷却水用量可以减少约15%，相应的供水能耗也可以降低，是十分有效的节能措施。

10.3.3　根据对部分工业企业的循环冷却水系统调查，很多企业循环水泵的设计扬程偏高，除应经系统阻力计算确定水泵供水压力外，还应选择特性曲线平缓的水泵，并校核多台给水泵并联运行时的工作点是否偏离高效区，避免泵组的效率降低，浪费能源。

10.3.4　循环冷却回水管网一般均有一定的余压，旁流过滤和系统排污水可以充分利用回水管网的余压接入相应的处理设施，降低能耗。

10.3.5　根据对一些水处理药剂生产商和企业循环冷却水装置用户调查，采用补充水流量、排污水流量、药剂示踪剂浓度或阻垢缓蚀剂浓度等在线自动控制药剂投加，可以提高管理和控制水平，降低药剂消耗，因此，大、中型循环冷却水系统的加药系统宜采用在线自动控制。

10.3.6　采用集散型控制系统进行监视和控制，可以提高循环冷却水系统生产运行的可靠性和稳定性。

10.4 环境保护

10.4.2　本条为强制性条文，必须严格执行。关于加氯间及氯瓶间、二氧化氯设备间及原料储存间、加酸及储存间防泄漏和通风换气的规定。

根据现行国家标准《工业企业设计卫生标准》CBZ 1规定，室内空气中氯气允许浓度不得超过1mg/m³，空气中二氧化氯达到14mg/L时和盐酸挥发的酸雾都会刺激呼吸道，故加氯间及氯瓶间、二氧化氯设备间及原料储存间、加酸及储存间应设泄漏防护，进行通风换气。

10.4.3　循环冷却水系统排出水包括：正常排污水、旁流水处理过程中的冲洗排水、清洗预膜过程中的置换排水和水池溢流、排空水等，都应尽量回收处理后再利用，当无法回收需外排时，排水应经处理达标后排放。

10.4.4　设计应严格遵守相应的噪声控制标准。循环冷却水系统的规模越来越大型化，循环冷却水泵组和冷却设施的噪声影响也明显增大，更应在设备选型、噪声控制等各设计环节给予充分考虑。

11　劳动安全卫生

11.1 一般规定

11.1.1　劳动安全卫生设施的原则规定，同时要求劳动安全卫生设施必须与主体工程同时设计、同时施工、同时投入使用。

11.1.2　根据《危险化学品建设项目安全许可实施办法》（国家安全监管总局令第8号）和《危险化学品建设项目安全设施设计专篇编制导则（试行）》的要求，生产和使用危险化学品的场所在设计时应对火灾危险、毒性物质危险、腐蚀性物料危害、噪声危害及其他危害和危险岗位作出分析和说明，工业循环冷却水系统使用的危险化学品一般有：酸、碱、杀生剂（液氯、次氯酸钠、二氧化氯等）、清洗剂等，应在安全设施设计时进行分析和说明。

11.2 安全卫生设施

11.2.1　本条为强制性规范，必须严格执行。关于循环冷却水装置区建（构）筑物安全设施的规定。安全设施包括：

1　通向冷却塔顶平台的梯子；对于自然通风冷却塔等高耸（架）构筑物，其直爬梯应设护笼；

2　相邻冷却塔组平台间的过桥；

3　向外开启的风筒检修门；

4　通向淋水填料的直梯或斜梯；

5　药剂储存和投配设施的防护围堰及护栏；

6　风筒检修门与风机检修平台间的通道及护栏；

7　水池检修人孔爬梯和护栏；

8　防雷、接地等防静电保护和安全巡检的照明设施。

11.2.3　本条是强制性条文，必须严格执行。关于药剂储存和投配间的卫生安全防护规定，是为了减少对人体的伤害。

11.2.4　本条是关于浓硫酸和盐酸及次氯酸钠等液体储罐的安全防护要求，为强制性条文，必须严格执行，以防止泄漏和酸雾对环境及人员的危害。

11.2.5　为加强生产管理和安全监控，一些大、中型企业设置视频监视系统的越来越多，因此提出在设置视频监视系统的企业，其循环冷却水系统的泵房、药剂投加间等岗位，宜同时设置相应的视频监视系统。

11.2.8　冷却构筑物内的淋水、收水填料和玻璃钢风筒、玻璃钢围护结构在安装和检修时，经常要施焊动火，发生火灾事故的案例不少，其中特别是淋水、收水填料的材质使用不当是发生事故的原因之一，因此强调应采用阻燃性材料。

11.2.9 根据现行国家标准《生产设备安全卫生设计总则》GB 5083 的要求，在设备运行时，操作人员可能触及的可动零、部件必须配置必要的防护设施。

11.2.10 压力储罐和计量泵的出口管路设置安全阀或超压安全释放设施的目的是防止超压引起事故。

11.2.11 为保证检修人员的安全，防止非检修人员异地误操作，提出在机械通风冷却塔顶平台处应设闭锁开关。

中华人民共和国国家标准

水利水电工程节能设计规范

Code for design of energy saving
for water resources and hydropower projects

GB/T 50649—2011

主编部门：中华人民共和国水利部
批准部门：中华人民共和国住房和城乡建设部
施行日期：2011年12月1日

中华人民共和国住房和城乡建设部
公　告

第884号

关于发布国家标准
《水利水电工程节能设计规范》的公告

现批准《水利水电工程节能设计规范》为国家标准，编号为GB/T 50649—2011，自2011年12月1日起实施。

本规范由我部标准定额研究所组织中国计划出版社出版发行。

中华人民共和国住房和城乡建设部
二〇一〇年十二月二十四日

前　言

本规范是根据住房和城乡建设部《关于印发〈2008年工程建设标准规范制订、修订计划（第二批）〉的通知》（建标〔2008〕105号）的要求，由水利部水利水电规划设计总院会同中水北方勘测设计研究有限责任公司编制而成。

本规范共分8章和1个附录。主要内容包括：总则、基本规定、工程规划与总布置节能设计、建（构）筑物节能设计、机电及金属结构节能设计、施工节能设计、工程管理节能设计、节能效果综合评价等。

本规范由住房和城乡建设部负责管理，由水利部负责日常管理，由水利部水利水电规划设计总院负责具体技术内容的解释。本规范在执行过程中，如发现需修改和补充之处，请将有关意见和资料寄送水利部水利水电规划设计总院（地址：北京市西城区六铺炕北小街2-1号；邮政编码：100120），以便今后修订时参考。

本规范主编单位、参编单位、主要起草人和主要审查人：

主编单位：水利部水利水电规划设计总院

参编单位：中水北方勘测设计研究有限责任公司

主要起草人：刘志明　李现社　邵剑南　游　超　白俊岭　董克青　李学启　牛贺道　朱　峰　张　安　吴剑疆　刘海瑞

主要审查人：董安建　张绍纲　顾洪宾　于庆贵　覃利明　汪庆元　张士杰　刘力成　陈顺义　丛　生

目　次

1　总则 ………………………………… 1—33—5
2　基本规定 ……………………………… 1—33—5
3　工程规划与总布置节能设计 …… 1—33—5
3.1　工程规划 ……………………… 1—33—5
3.2　工程总布置 …………………… 1—33—5
4　建（构）筑物节能设计 ………… 1—33—5
4.1　水工建筑物 …………………… 1—33—5
4.2　生产辅助用房和管理生活用房…… 1—33—5
5　机电及金属结构节能设计………… 1—33—6
5.1　水力机械……………………… 1—33—6
5.2　电工…………………………… 1—33—6
5.3　金属结构……………………… 1—33—7
5.4　采暖通风与空气调节………… 1—33—8
6　施工节能设计 …………………… 1—33—8
6.1　施工总布置…………………… 1—33—8
6.2　工程施工……………………… 1—33—8
6.3　施工工厂设施………………… 1—33—9
7　工程管理节能设计……………… 1—33—9
8　节能效果综合评价……………… 1—33—9
8.1　主要节能措施及其评价……… 1—33—9
8.2　能源消耗……………………… 1—33—9
8.3　节能效果综合评价…………… 1—33—9
附录A　各种能源折算标准煤系数 ……………… 1—33—10
本规范用词说明 …………………… 1—33—10
引用标准名录……………………… 1—33—10
附：条文说明……………………… 1—33—12

Contents

1 General provisions ······ 1—33—5
2 Basic requirement ······ 1—33—5
3 Energy-saving design on project planning & general layout ······ 1—33—5
3.1 Project planning ······ 1—33—5
3.2 Project general layout ······ 1—33—5
4 Energy-saving design on structure and building ······ 1—33—5
4.1 Hydraulic structures ······ 1—33—5
4.2 Production auxiliary buildings & management and living buildings ······ 1—33—5
5 Energy-saving design on mechanical & electrical engineering and steel structures ······ 1—33—6
5.1 Hydraulic machinery ······ 1—33—6
5.2 Electrical engineering ······ 1—33—6
5.3 Steel structures ······ 1—33—7
5.4 Heating, ventilation and air conditioning ······ 1—33—8
6 Energy-saving design on constructing ······ 1—33—8
6.1 General layout of constructing ······ 1—33—8
6.2 Project constructing ······ 1—33—8
6.3 Plant facilities for constructing ······ 1—33—9
7 Energy-saving design on project management ······ 1—33—9
8 Comprehensive assessment of energy-saving design ······ 1—33—9
8.1 Main energy-saving measures & assessment ······ 1—33—9
8.2 Energy consumption ······ 1—33—9
8.3 Comprehensive assessment of energy-saving design ······ 1—33—9
Appendix A: Standard coal conversion factor from various kind of energy ······ 1—33—10
Explanation of wording in this code ······ 1—33—10
List of quoted standards ······ 1—33—10
Addition: Explanation of provisions ······ 1—33—12

1 总 则

1.0.1 为了贯彻节约资源的基本国策，提高能源利用效率，规范水利水电工程节能设计，制定本规范。

1.0.2 本规范适用于新建、改建和扩建的大中型水利水电工程的节能设计。

1.0.3 水利水电工程节能设计，必须遵循国家的有关方针、政策，并应结合工程的具体情况，积极采用新技术、新材料和新工艺，做到安全可靠、节约能源和经济合理。

1.0.4 水利水电工程的节能设计，除应执行本规范外，尚应符合国家现行有关标准的规定。

2 基 本 规 定

2.0.1 水利水电工程节能设计应与工程设计同时进行。节能设计选用的技术措施应与工程同时实施。

2.0.2 工程设计报告应有节能设计的专篇（章），应确定节能设计原则、方案和措施，并应作出节能效果分析。

2.0.3 除应收集工程设计的基础资料和设计方案外，水利水电工程节能设计还应收集工程所在省（直辖市、自治区）的能源供应、能源消耗、能源规划和节能指标等资料。

2.0.4 改建、扩建工程设计时，应对既有工程在能源消耗方面的现状进行分析，并应提出改扩建工程的节能设计方案。

2.0.5 工程设计中选用的主要设备和材料，均应提出明确的节能指标或要求。

3 工程规划与总布置节能设计

3.1 工 程 规 划

3.1.1 水利水电工程应通过节能降耗、环境保护和技术经济等综合比选，合理确定建设规模和运行方式。

3.1.2 水库工程在满足开发任务的前提下，应提高水能利用率。

3.1.3 供水、灌溉工程规划应符合节水、节能要求，有条件时应进行能量回收。

3.1.4 多级开发的水力发电工程在满足梯级开发要求任务的基础上，应按综合效益最大化的原则，合理确定水库的特征水位和运行方式。

3.1.5 采用泵站扬水时，应按节能、节水要求合理确定泵站的扬程和级数。

3.2 工程总布置

3.2.1 工程总布置应将节能降耗作为布置方案的比选条件之一。

3.2.2 枢纽工程总布置宜紧凑，并应便于管理。

3.2.3 供水、灌溉等引水工程，在条件相当时宜选择自流输水方式；应合理选择引水线路布置。

3.2.4 工程总布置应合理选择电（泵）站输水系统和厂房的布置。

3.2.5 治涝工程宜采取自排方式；条件许可时采用自排和抽排相结合的方式；必须抽排时，应对集中抽排和分散排水方式进行比选，并应合理确定泵站的数量及布置。

3.2.6 堤防的布置应符合现行国家标准《堤防工程设计规范》GB 50286 的有关规定，并应经过技术经济和节能等综合比较确定堤线和堤距。

3.2.7 海堤的布置应符合现行行业标准《海堤工程设计规范》SL 435 的有关规定，并应经过技术经济和节能等综合比较确定堤线和堤距。

4 建（构）筑物节能设计

4.1 水工建筑物

4.1.1 节能设计时，应根据水工建筑物的不同功能要求，在其他条件相当的情况下，采用节省或降低能源消耗的建筑物型式，宜选用耐久性好的建筑材料。

4.1.2 挡水建筑物的型式比选应对筑坝材料、工程量、能耗进行比较。

4.1.3 泄水建筑物的型式、孔数、孔口尺寸和泄流断面的选择，应对土建工程量、金属结构工程量和能耗进行比较。

4.1.4 供水、灌溉工程的输水工程建筑物的型式、纵坡、糙率、断面尺寸、材料和衬砌方式的选择，应对工程量、能耗进行比较。电（泵）站的输水建筑物的型式、糙率、断面尺寸和衬砌方式的选择，应对工程量、水力损失和发（耗）电量进行比较。

4.1.5 节能设计时，应合理选择电（泵）站厂房的布置、结构和围护型式。

4.1.6 堤防、海堤的型式和断面型式的选择，应对筑堤材料、工程量、材料运距进行比较。

4.1.7 建（构）筑物基础处理方式以及边坡防护的型式，应对材料、工程量、施工期的能耗进行比较。

4.1.8 通航设施型式比选应进行工程量、能耗的比较。

4.1.9 寒冷地区有冬季运行要求的启闭机房，宜做好围护结构保温。

4.2 生产辅助用房和管理生活用房

4.2.1 生产辅助用房应做好保温、通风、采光、供电和照明设计，并应符合国家现行标准《公共建筑节能设计标准》GB 50189、《采暖通风与空气调节设计规范》GB 50019、《建筑采光设计标准》GB/T 50033、《建筑照明设计标准》GB 50034、《供配电系统设计规范》GB 50052 和《严寒和寒冷地区居住建筑节能设计标准》JGJ 26 的有关规定，同时应采用节能材料和技术。

4.2.2 管理用房的节能设计应符合现行国家标准《公共建筑节能设计标准》GB 50189、《建筑给水排水设计规范》GB 50015 的有关规定，并应采用节能材料和技术。

4.2.3 生产辅助用房和管理生活用房可利用可再生能源。

5 机电及金属结构节能设计

5.1 水力机械

5.1.1 电（泵）站水力机械设备的节能设计，应根据工程特点、设备使用基本条件及使用目的等，通过节能降耗、技术经济综合分析，确定主要设备的规格型式、技术参数、能效指标和设计方案。

5.1.2 水力机械及其辅助设备应符合国家现行的对设备能耗限定值和节能指标评价的规定，宜选用技术成熟、性能先进、国家推荐的高效节能产品。大型机组设备的能效指标宜经过必要的比选和论证。

5.1.3 水力发电工程的水轮机应根据水电站在系统中的作用、运行方式、运行水头范围，合理选择水轮机型式和台数。

5.1.4 泵站工程中的水泵应根据其运行扬程范围、运行方式及供水目标、供水流量、年运行时间等，通过技术经济和能耗综合比较，合理确定其结构型式、单机流量及装机台数。在条件满足时，宜采用国家或行业推荐的技术成熟、性能先进的高效节能产品。需要进行研制开发的水泵应进行模型试验，并应经验收合格后再采用。

5.1.5 具有多种泵型可供选择时，应综合分析泵站效率、工程投资和运行费用等因素择优确定。条件相同时宜选用效率较高的卧式离心泵，并应符合下列要求：

1 离心泵站抽取清水时，所选离心泵应符合现行国家标准《清水离心泵能效限定值及节能评价值》GB 19762 的有关规定。

2 轴流泵站和混流泵站的装置效率不宜低于70%；净扬程低于 3m 的泵站，其装置效率不宜低于 60%。

3 电力排灌泵站的能源单耗不应大于 5kW·h/(kt·m)；机械排灌泵站的能源（柴油）单耗不应大于 1.35kg/(kt·m)。

5.1.6 对于多泥沙河流水电站的单元压力管道输水管或压力管道较长的单元压力管道输水管，可在水轮机流道上装设进水阀（蝶阀或球阀）或圆筒阀。

机组进水阀油压装置的操作容量不大于 30kN·m时，可采用高压蓄能罐式油压装置。

5.1.7 电（泵）站主、副厂房采用的双梁桥式起重机，当主钩起重量大于或等于 1000kN 时，或当副钩起重量大于或等于 300kN 时，可在大梁下方配置起重量较小的电动葫芦。

5.1.8 机组冷却用技术供水系统，应根据电（泵）站的运行水头（扬程）和主要设备对水质、水量和水压的要求，合理确定技术供水方案。供水系统布置还应符合下列要求：

1 在条件具备时，宜采用自流或自流减压供水方案。

2 对高水头或多泥沙河流的中小机组可采用密闭循环水冷却方式。

3 供水系统管径应根据供水管的经济流速确定，其经济流速应符合现行行业标准《水力发电厂水力机械辅助设备系统设计技术规定》DL/T 5066 的有关规定。

4 技术供水系统在进入各用水部位支管上应设置流量调节装置。

5.1.9 电（泵）站厂内渗漏排水和机组检修排水的设计，应根据厂房布置条件、工程地质、地形条件等因素确定，在条件许可时，宜采用自流排水方式。

5.1.10 电（泵）站辅助油、水、气系统设备选型、设计，应符合下列要求：

1 水泵选型应符合现行国家标准《清水离心泵能效限定值及节能评价值》GB 19762 的有关规定。

2 电动机应符合现行国家标准《中小型三相异步电动机能效限定值及能效等级》GB 18613 的有关规定。

3 空压机应符合现行国家标准《容积式空气压缩机能效限定值及能效等级》GB 19153 的有关规定。

4 阀门应满足全开水力损失小、关闭状态漏水量小的要求；操作装置选型应合理，关闭应安全可靠。

5.1.11 节水灌溉设备应符合现行行业标准《节水灌溉设备现场验收规程》SL 372 的有关规定。

5.2 电 工

5.2.1 电气节能设计，应根据工程特点、电气设备使用基本条件及使用目的等，通过节能降耗、技术经济综合分析，确定电气设计方案和主要设备的型式、技术参数及能效指标。

5.2.2 电气设备应满足国家或行业对设备能耗限定值和节能指标评价的规定，宜选用技术成熟、性能先进、国家推荐的高效节能产品。

5.2.3 厂用电电压等级、接线方式、供电方式等设计，应根据工程运行方式、枢纽布置条件及自然环境等特点，通过节能降耗、技术经济综合分析，合理确定技术参数和系统设计方案。

厂用电配电装置布置应结合厂房布置确定，并应根据设备电压等级合理确定设备的布置距离和连接方式，并宜使设备布置有规律性。

5.2.4 电（泵）站高压配电装置应通过能耗、技术经济比较后确定。

5.2.5 变压器宜选用国家推荐的低损耗系列产品，并宜合理选择冷却方式和布置。当采用三相10kV、无励磁调压额定容量30kV·A～1600kV·A的油浸式和额定容量30kV·A～2500kV·A的干式配电变压器时，应符合现行国家标准《三相配电变压器能效限定值及节能评价值》GB 20052的有关规定。

5.2.6 电动机的型式及参数应根据被驱动装置的特性和用途合理配置。对于经常性负荷，可采用变频器进行电机的控制。对于690V及以下电压、50Hz三相交流电源供电、额定功率在0.55kW～315kW的电动机，能效应符合现行国家标准《中小型三相异步电动机能效限定值及能效等级》GB 18613的有关规定。

5.2.7 电（泵）站大电流母线的布置应通过能耗、技术经济比较后确定。输电线路的导体截面应按经济电流密度选择。

直流系统应选择安全、稳定、可靠、低能耗的电缆。

5.2.8 开关站（变电站）的选址和布置应通过能耗、技术经济比较后确定。

5.2.9 电气设备应合理选择所需要的控制方式及其控制设备。

5.2.10 大容量电动机应采用合适的启动方式。

5.2.11 照明节能设计应符合下列要求：

1 应根据不同的工作场所和照度要求，选用合理的照明方式。

2 应采用光效高、光色好、启动性好、寿命长的光源。在满足显色性、启动时间等要求下，选用的照明光源应根据灯具、镇流器等的效率、寿命和价格，经能耗、经济技术综合比较后确定。

3 应选用效率高、光通维持率高的灯具，并不应低于表5.2.11-1和表5.2.11-2的规定。

表 5.2.11-1 荧光灯灯具的效率

灯具出光口形式	开敞式	保护罩（玻璃或塑料）		格栅
		透明	磨砂棱镜	
灯具效率（%）	75	65	55	60

表 5.2.11-2 高强度气体放电灯灯具的效率

灯具出光口形式	开敞式	格栅或透光罩
灯具效率（%）	75	60

4 选用的灯具应符合下列要求：

1）双端荧光灯节能评价值不应低于现行国家标准《普通照明用双端荧光灯能效限定值及能效等级》GB 19043中能效2级的规定。

2）自镇流荧光灯节能评价值不应低于现行国家标准《普通照明用自镇流荧光灯能效限定值及能效等级》GB 19044中能效2级的规定。

3）单端荧光灯不应低于现行国家标准《单端荧光灯能效限定值及节能评价值》GB 19415中节能评价值的规定。

4）高压钠灯节能评价值不应低于现行国家标准《高压钠灯能效限定值及能效等级》GB 19573中能效2级的规定。

5）金属卤化物灯节能评价值不应低于现行国家标准《金属卤化物灯能效限定值及能效等级》GB 20054中能效2级的规定。

5 应选用节能型电感、电子镇流器，对电感型镇流器宜设置电容补偿。选用的镇流器应符合下列要求：

1）荧光灯镇流器不应低于现行国家标准《管形荧光灯镇流器能效限定值及节能评价值》GB 17896中能效限定值和节能评价值的规定。

2）高压钠灯用镇流器不应低于现行国家标准《高压钠灯用镇流器能效限定值及节能评价值》GB 19574中能效限定值和节能评价值的规定。

3）金属卤化物灯用镇流器节能评价值不应低于现行国家标准《金属卤化物灯用镇流器能效限定值及能效等级》GB 20053中能效2级的规定。

6 照明功率密度值应符合现行国家标准《建筑照明设计标准》GB 50034的有关规定。

7 在生产、运行的厂房内的一般照明，宜按类别分区分组在照明配电箱内集中控制；对经常无人值班的场所、通道、楼梯间及廊道出入口处的照明，应装设单独的开关分散控制；室外照明应设照明专用控制箱。对非常规监视区域照明开关应采用声光控或延时开关。

5.3 金属结构

5.3.1 金属结构应合理选择闸门、启闭机的结构、布置及密封型式。

5.3.2 金属结构应合理选择闸门及其支承型式；应合理布置启闭机位置，并应优化启闭机容量和行程（扬程）。

5.3.3 启闭设备行程较大时，宜采用变频控制。

5.3.4 寒冷地区排冰、防冻设计应经经济技术比较，并应符合长期、安全、可靠和节能运行的要求。

5.3.5 拦污栅的结构和布置应根据污物、进水流道型式和尺寸合理确定，并应合理选择拦污栅的清污方式。

5.4 采暖通风与空气调节

5.4.1 建筑物采暖设计应根据建筑物的特点，结合自然条件，合理利用天然资源。在条件具备时，应充分利用水库水、尾水、廊道及洞室空气和发电机组余热。

5.4.2 建筑物采暖设计宜采用热水作为采暖热媒。电（泵）站主厂房应充分利用发电机（电动机）热风采暖，副厂房电采暖设备应采用高效节能产品。非寒冷地区宜采用热泵机组采暖。

5.4.3 地面式工程应以自然通风为主，机械通风和空调设计应充分利用水库深层水和廊道空气。地下工程通风和空调设计应充分利用洞室空气和水库水。

5.4.4 空气调节送风道宜单独设置，需与其他设施共用风道时，应采取可靠的防漏风、减少阻力和绝热措施。

5.4.5 集中采暖与空气调节系统应设监测与控制装置。分区、分室控制装置应具备按温度进行最优控制的功能。间歇运行的空气调节系统，宜设自动启停装置；控制装置应具备按预定时间最优启停的功能。

5.4.6 采暖通风与空调系统设备及管路应符合下列要求：

1 制冷量在14000W及以下的房间空气调节器，应符合现行国家标准《房间空气调节器能效限定值及能源效率等级》GB 12021.3的有关规定。

2 制冷量大于7100W的单元式空气调节机，应符合现行国家标准《单元式空气调节机能效限定值及能源效率等级》GB 19576的有关规定。

3 风机应符合现行国家标准《通风机能效限定值及能效等级》GB 19761的有关规定。

4 供热、供冷管道保温应符合现行国家标准《设备及管道保温设计导则》GB 8175和《设备及管道保冷设计导则》GB/T 15586的有关规定。

5 冷水机组的选择应符合现行国家标准《冷水机组能效限定值及能源效率等级》GB 19577的有关规定。机组的节能评价值不应低于能效等级2级的规定。

6 水泵的选择应符合现行国家标准《清水离心泵能效限定值及节能评价值》GB 19762的有关规定。

6 施工节能设计

6.1 施工总布置

6.1.1 施工总布置节能设计应符合下列要求：

1 应结合工程总布置特点，遵循因地制宜、因时制宜原则。

2 水工建筑物呈点状分布的枢纽工程，施工总布置宜采取集中布置的原则。

3 水工建筑物呈线状分布的引水工程以及呈面状分布的灌溉工程，施工总布置宜采取集中布置与分散布置相结合的原则。

6.1.2 施工分区规划节能设计应符合下列要求：

1 机电设备及金属结构安装场地应靠近主要安装地点。

2 主要物资仓库、站场等应布置在场内外交通衔接处附近。

6.1.3 施工营地应符合有利生产、方便生活的原则，应靠近施工现场布置。

6.1.4 料场的规划及开采应使料物及弃渣的总运输量、运距最小，应首先研究利用工程开挖料作为坝体填筑料及混凝土骨料的可能性。

6.1.5 施工场地布置应结合施工总布置及施工总进度做好整个工程的土石方平衡，并应统筹规划堆渣、弃渣场地。

6.1.6 对外交通方案应结合节能要求选择，并应进行场内交通规划。同时应符合下列要求：

1 对外交通应便于与场内交通衔接，并应尽量缩短运输距离。

2 场内交通宜采用公路运输方式。

6.1.7 批量物料和大件运输方式应进行水上运输、公路运输和铁路运输比较确定。施工转运站设置宜利用或租用已有的转运设施，其储运能力应满足及时将物料运至工地的要求。

6.2 工 程 施 工

6.2.1 水利水电工程导流方式及建筑物型式选择，应对能耗、工程量和工期进行比较。

6.2.2 主体工程施工方法选择应符合节能要求。对高海拔、严寒地区的施工节能措施，必要时，可进行专题研究。

6.2.3 施工设备选择应满足施工方法、进度、质量和安全的要求，设备及配套应高效节能。

6.2.4 土石方挖填工程的挖、装、运及碾压设备应匹配合理。利用明挖石料作为混凝土人工骨料时，爆破设计宜控制岩块粒度。

6.2.5 砌、抛石工程应首先研究利用明挖石方拣集料或天然砂砾料场筛余石料作为砌、抛石工程石料的可能性。

6.2.6 混凝土预冷系统节能措施应符合下列要求：

1 应将混凝土浇筑时间安排在高温季节的低温时段。

2 成品料堆高度不宜低于6m。

3 应通过地弄取料，并应搭凉棚或喷水雾降温。

4 应采用低流态混凝土。

5 应选用高效制冷设备，并应均衡制冷和电力负荷。

6.2.7 混凝土预热系统节能措施应符合下列要求：

1 不宜在低温季节进行混凝土浇筑。

2 保温模板应替代普通模板。

3 拌和时应掺适量加气剂。

4 应选用高效节能设备。

6.2.8 混凝土运输及浇筑节能措施应符合下列要求：

1 宜选用高效、可靠的先进设备。

2 运距及运输时间应短。

3 应减少混凝土运输中转环节。

4 混凝土浇筑模板结构宜标准化、系列化，宜采用钢模。

6.2.9 地下工程施工除应符合现行行业标准《水利水电工程施工组织设计规范》SL 303和《水工建筑物地下开挖工程施工规范》SL 378的有关规定外，还应满足施工节能的要求。

6.2.10 施工排水及照明应选择高效节能设备。在条件具备时，施工排水宜采用自流排水方式；照明应按工作要求分区布置和控制。

6.2.11 水利水电工程施工进度应合理安排工期。必要时，可对缩短工期、提前发挥效益与节能降耗进行综合论证。

6.3 施工工厂设施

6.3.1 施工工厂设施节能设计应符合下列要求：

1 应充分利用当地工矿企业或其他工程的加工能力进行生产和技术协作。

2 应将厂址设于交通和水、电供应方便之处，并应靠近服务对象和用户中心。

3 应将协作关系密切的施工工厂进行集中布置，并应逐步推广装配式结构。

4 应选用新型节能的多功能设备。

6.3.2 砂石加工系统布置宜靠近料场，并应合理利用地形。

6.3.3 混凝土生产系统布置应根据工程规模大小、区段划分情况，靠近浇筑地点，合理利用地形，并应统筹兼顾前、后期施工需要。

6.3.4 空气压缩站的规模、布置、设备选型和数量，应根据工程特点进行比选，其位置宜靠近耗气负荷中心、接近供电和供水点。

6.3.5 施工供水宜采用自流水源，生产及生活用水应做到重复利用。

6.3.6 施工供电宜采用电网供电。

7 工程管理节能设计

7.0.1 工程管理设施及设备应节能、高效，其配置应少而精。

7.0.2 在满足功能要求的条件下，应优化工程运行调度方案。

7.0.3 水力发电厂应合理安排主要设备的维护和检修。

7.0.4 水利水电工程应对主要设备和系统进行能耗计量或监测。用能计量应符合现行国家标准《用能单位能源计量器具配备和管理通则》GB 17167的有关规定。

8 节能效果综合评价

8.1 主要节能措施及其评价

8.1.1 节能效果综合评价应对工程规划与总布置方案、主要建筑物设计、机电及金属结构设计、施工组织设计、工程管理设计中采取的主要节能措施进行概述。

8.1.2 节能效果综合评价应对工程规划与总布置方案、主要建筑物设计、机电及金属结构设计、施工组织设计、工程管理设计中采取的主要节能措施进行评价。

8.2 能源消耗

8.2.1 工程用能应包括施工期用能和运行期用能。工程设计时应分别明确其用能品种和用能总量。

8.2.2 施工期用能应为工程建设期间施工机械设备、施工辅助生产系统、交通运输系统、生产性建筑物、生活性建筑物等运用过程中直接消耗的能源。施工期用能应根据工程设计方案，从主要建筑物设计、主体工程施工、施工工厂设施、生产性建筑和生活配套设施等方面，分析施工期能耗种类和数量，并计算施工期能耗总量。

8.2.3 运行期用能应为工程投入使用后建筑物、机电及金属结构、工程管理设施等运行和使用过程中直接消耗的能源。运行期用能应根据工程设计方案、设备配置和运行管理要求，从机组、电气设备、生产辅助设备、公用设施、生产性建筑和生活配套设施等方面，分析运行期能耗种类和数量，并应计算运行期能耗总量。

8.2.4 水利水电工程建设施工期、投产后运行期的能耗总量单位应以标准煤计。各类能源与标准煤的能量换算关系应符合本规范附录A的规定。

8.3 节能效果综合评价

8.3.1 工程综合能耗指标可按下式计算：

$$\eta=E/B \qquad (8.3.1)$$

式中：η——工程综合能耗指标；

E——项目计算期内能耗总量，等于工程施工期的能耗总量与工程投产后运行期的能耗总量之和（吨标准煤）；

B——计算期内工程产生的国民经济净效益，等于项目综合效益扣除运行费用（万元）。按国家或地方制定的国内生产总值能耗综合指标基准年的价格水平计算。

8.3.2 对于具有发电、抽水蓄能效益的水利水电工程，应根据受电区能源结构及其利用效率，说明可节约化石能源计算成果，并应说明可减排的温室气体总量。

8.3.3 节能效果综合评价应将工程的综合能耗指标与国家或地方制定的国内生产总值能耗综合指标进行对比，作出节能效果宏观评价和综合评价。

8.3.4 水利水电工程的综合能耗指标应满足国内生产总值能耗综合指标要求。

附录A 各种能源折算标准煤系数

表A 各种能源折算标准煤系数

能源名称	单位	折标准煤系数	当量值	备注
原煤	kg标准煤/kg	0.7143	—	—
焦炭	kg标准煤/kg	0.9714	—	—
汽油	kg标准煤/kg	1.4714	—	—
柴油	kg标准煤/kg	1.4571	—	—
煤油	kg标准煤/kg	1.4714	—	—
重油（燃料油）	kg标准煤/kg	1.4286	—	—
电力	kg标准煤/(kW·h)	0.4040	0.1229	—
天然气	kg标准煤/m³	1.2360	—	—
焦炉煤气	kg标准煤/m³	0.6143	—	—
液化石油气（气态）	kg标准煤/m³	3.000～3.429	—	—
液化石油气（液态）	kg标准煤/kg	1.543～1.714	—	—
蒸汽	kg标准煤/kg	0.0943	—	0.4MPa的饱和蒸汽
热力	kg标准煤/MJ	0.0341	—	—

注：1t标准煤热值为29.26MJ。

本规范用词说明

1 为便于在执行本规范条文时区别对待，对要求严格程度不同的用词说明如下：

1）表示很严格，非这样做不可的：

正面词采用“必须”，反面词采用“严禁”；

2）表示严格，在正常情况下均应这样做的：

正面词采用“应”，反面词采用“不应”或“不得”；

3）表示允许稍有选择，在条件许可时首先应这样做的：

正面词采用“宜”，反面词采用“不宜”；

4）表示有选择，在一定条件下可以这样做的，采用“可”。

2 条文中指明应按其他有关标准执行的写法为：“应符合……的规定”或“应按……执行”。

引用标准名录

《建筑给水排水设计规范》GB 50015

《采暖通风与空气调节设计规范》GB 50019

《建筑采光设计标准》GB/T 50033

《建筑照明设计标准》GB 50034

《供配电系统设计规范》GB 50052

《公共建筑节能设计标准》GB 50189

《堤防工程设计规范》GB 50286

《设备及管道保温设计导则》GB 8175

《房间空气调节器能效限定值及能源效率等级》GB 12021.3

《设备及管道保冷设计导则》GB/T 15586

《用能单位能源计量器具配备和管理通则》GB 17167

《管形荧光灯镇流器能效限定值及节能评价值》GB 17896

《中小型三相异步电动机能效限定值及能效等级》GB 18613

《普通照明用双端荧光灯能效限定值及能效等级》GB 19043

《普通照明自镇流荧光灯能效限定值及能效等级》GB 19044

《容积式空气压缩机能效限定值及能效等级》GB 19153

《单端荧光灯能效限定值及节能评价值》GB 19415

《高压钠灯能效限定值及能效等级》GB 19573

《高压钠灯用镇流器能效限定值及节能评价值》GB 19574

《单元式空气调节机能效限定值及能源效率等级》GB 19576

《冷水机组能效限定值及能源效率等级》GB 19577

《通风机能效限定值及能效等级》GB 19761

《清水离心泵能效限定值及节能评价值》GB 19762

《三相配电变压器能效限定值及节能评价值》GB 20052

《金属卤化物灯用镇流器能效限定值及能效等级》GB 20053

《金属卤化物灯能效限定值及能效等级》GB 20054
《严寒和寒冷地区居住建筑节能设计标准》JGJ 26
《水利水电工程施工组织设计规范》SL 303
《节水灌溉设备现场验收规程》SL 372
《水工建筑物地下开挖工程施工规范》SL 378
《海堤工程设计规范》SL 435
《水力发电厂水力机械辅助设备系统设计技术规定》DL/T 5066

中华人民共和国国家标准

水利水电工程节能设计规范

GB/T 50649—2011

条 文 说 明

制 定 说 明

《水利水电工程节能设计规范》GB/T 50649—2011，经住房与城乡建设部2010年12月24日以第884号公告批准发布。

为便于广大设计、施工、科研和学校等单位有关人员在使用本标准时能正确理解和执行条文规定，本规范编制组按章、节、条顺序编制了本标准的条文说明，对条文规定的目的、依据以及执行中需注意的有关事项进行了说明。但是，本条文说明不具备与标准正文同等的法律效力，仅供使用者作为理解和把握标准规定的参考。

目　次

1　总则 ………………………………… 1—33—15
2　基本规定 ……………………………… 1—33—15
3　工程规划与总布置节能设计 …… 1—33—15
3.1　工程规划 …………………………… 1—33—15
3.2　工程总布置 ………………………… 1—33—15
4　建（构）筑物节能设计 ………… 1—33—16
4.1　水工建筑物 ………………………… 1—33—16
4.2　生产辅助用房和管理生活用房 … 1—33—16
5　机电及金属结构节能设计 ……… 1—33—16
5.1　水力机械 …………………………… 1—33—16
5.2　电工 ………………………………… 1—33—17
5.3　金属结构 …………………………… 1—33—19
5.4　采暖通风与空气调节 ……………… 1—33—19
6　施工节能设计 ………………… 1—33—19
6.1　施工总布置 ………………………… 1—33—19
6.2　工程施工 …………………………… 1—33—20
6.3　施工工厂设施 ……………………… 1—33—20
7　工程管理节能设计 …………… 1—33—20
8　节能效果综合评价 …………… 1—33—20
8.1　主要节能措施及其评价 …………… 1—33—20
8.2　能源消耗 …………………………… 1—33—20
8.3　节能效果综合评价 ………………… 1—33—21

1 总 则

1.0.1 节约资源是我国的一项长期基本国策，节能是解决我国能源问题的根本途径，《中华人民共和国节约能源法》已于1998年1月1日开始实施。十届人大四次会议审议批准的《中华人民共和国国民经济和社会发展第十一个五年规划纲要》中明确提出：资源利用效率显著提高，单位国内生产总值能源消耗降低20%左右。2006年8月6日，国务院下发了《关于加强节能工作的决定》（国发〔2006〕28号），强调必须把节能摆在更加突出的战略位置，必须把节能工作作为当前的紧迫任务，并提出了具体目标：到“十一五”期末，万元国内生产总值（按2005年价格计算）能耗下降到0.98吨标准煤，比“十五”期末降低20%左右，平均年节能率为4.4%；并要求建立固定资产投资项目节能评估和审查制度，要对固定资产投资项目（含新建、改建、扩建项目）进行节能评估和审查，对未进行节能审查或未能通过节能审查的项目一律不得审批、核准。2009年12月，温家宝总理在哥本哈根联合国气候大会上代表中国政府提出：到2020年单位国内生产总值二氧化碳排放比2005年下降40%～45%。根据目前我国节能减排的实施情况，“十一五”单位GDP能耗下降20%的指标有望完成，“十二五”将可能继续维持能耗强度下降20%的指标。为了贯彻国务院《关于加强节能工作的决定》（国发〔2006〕28号文）的精神及国家节能减排的目标要求，结合水利水电工程的具体情况，制定了本规范，以使水利水电工程项目建设符合节能要求。

1.0.2 本条指明本规范使用的范围。

1.0.3 水利水电工程节能设计是主体工程设计的组成部分，因此，同主体工程设计一样，必须遵循国家的基本建设方针和技术经济政策，在结合工程具体情况的基础上，合理确定设计方案，积极、慎重地采用新技术、新设施。建设标准应符合国情，既不能标准过低影响安全运行，又不宜标准过高增加大量的工程投资。

1.0.4 本条阐明本规范与其他标准和规范的关系。

2 基 本 规 定

2.0.1～2.0.3 这三条是节能设计基本原则。

2.0.4 扩建或改建工程的节能设计应与新建工程同等对待，因此，设计中应包括对原有工程在能源消耗方面存在的问题进行评述，在此基础上对扩建或改建工程的节能设计提出优化或改进方案。

2.0.5 设备和材料符合现行政策和节能标准的规定是保证工程在建设过程中和投产运行后节能不可缺少的先决条件。因此，应对设计选用的主要设备和材料提出明确的节能指标或要求。

3 工程规划与总布置节能设计

3.1 工 程 规 划

3.1.1 水利水电工程规划应按拟定的开发治理任务，综合考虑各方面影响，尽量满足各部门、各地区的基本要求，并具有较大的社会效益和经济效益。应考虑近期和远期项目任务，尽量避免重复开发造成的资源浪费。工程规划贯彻“节能、经济”的设计理念，在规划厂站址、线路选择、水工建筑物设计方案比选、设备及材料选取时充分考虑节能、节地、节约资源等要求，力求将工程设计成一个“资源节约、环境友好”型工程。

3.1.3 供水、灌溉工程的节能主要是在满足用水目标的前提下，节约能源和水资源。节水灌溉工程应通过技术经济比较及环境评价确定水资源可持续利用的合理方案。节水灌溉工程的形式应根据当地自然和社会经济条件、水土资源特点和农业发展要求，因地制宜选择。

3.1.4 水电开发规划应根据电力系统对供电质量的要求，研究具有较好调节性能的梯级开发方案，以提高水能开发利用程度。水库特征水位的确定对发电效益有较大影响，在满足防洪要求的前提下，合理确定汛限水位可减少弃水、增加发电效益。根据综合利用要求合理制定水库（群）的调度运行方式，使水库尽量维持高水位、合理下泄流量，增加电站（群）的发电量。

3.1.5 合理确定泵站的扬程和级数，是为了降低长期运行电能损耗。

3.2 工程总布置

3.2.1 方案比较一般仅将各种工程布置方案的地形、地质、工程量、施工条件、工期、移民占地、投资及运行等条件列入比较范围，虽然工程量和占地等因素隐含了建设期的能耗，但未把运行期的长期能耗列入方案比较范围。本规范提出把节能设计作为方案比较条件之一。

3.2.2 枢纽工程总布置紧凑不仅便于管理，还可以减少建设期和运行期的占地、耗能材料的工程量，以及运行期和建设期的能耗量。

3.2.3 合理的输水线路不仅可以降低工程量，还可以降低水力损失。泵站提水要长期耗用电能，尽量降低水泵的扬程可减少电能消耗，为此在保证取水流量的前提下，取水口位置尽量高一些，最好做到自流输（引）水。

3.2.4 电（泵）站输水系统的水头损失直接关系到发电量或耗电量，合理布置输水系统可以增加发电或减少电能消耗。

3.2.6、3.2.7 堤防、海堤工程设计规范中规定了堤线布置和堤距确定的诸多因素，本规范明确提出了应考虑节能的要求。

4 建（构）筑物节能设计

4.1 水工建筑物

4.1.2 大坝基本坝型目前主要采用3种型式：重力坝、拱坝和土石坝。随着技术的发展和新材料的运用，现在低水泥用量的碾压混凝土广泛用于重力坝和拱坝中，混凝土面板堆石坝也是前景很好的当地材料坝之一。这几种坝型均能减少水泥用量或钢筋用量，减少了耗能材料的消耗。

4.1.3 泄水建筑物闸孔尺寸的选择决定了闸门的尺寸和启闭设备的容量，经济技术比较中应充分考虑闸门及附件的金属结构工程量以及长期运行的电、油消耗，综合比较分析确定合理的闸孔型式尺寸。

4.1.4 渠道的糙率和纵坡对渠道断面有直接影响，纵坡增大可减小渠道的断面积和工程量，减少占地，但较大的流速也带来较大的水头损失。采用混凝土材料衬砌可以得到较小的糙率亦可以减小渠道断面。因此，渠道设计应根据功能的不同综合比较各种衬砌型式和线路布置，力求工程量小、占地少。管道设计中，材料糙率影响水头损失，满足经济的条件下选用糙率较低的管道材料。

4.1.5 发电厂房、泵房等建筑物围护结构参照民用建筑物使用新材料和新技术，采暖系统可充分利用机组热风循环取暖，有条件多利用自然光，厂房内所有设备均应满足节能要求，无人值守或少人值守区域可采用智能控制照明系统。

4.1.6 堤防、海堤的型式可以根据不同的地形地质条件以及周边环境采用不同的断面、防渗等型式，要进行经济技术比较确定合理的断面，并应将节能作为比选条件之一。

4.1.7 建（构）筑物基础及边坡处理包括稳定和防渗等均有多种型式，本规范对基础及边坡处理的方式选择也加入了考虑节能的规定。

4.1.9 在寒冷地区有很多引水式电站、水闸和泄水设施，冬季运行需要增加闸门及门槽的电加热设备，对启闭机房及下部的排架柱进行封闭可有效降低冰冻影响，减少电加热设备运行的能耗。

4.2 生产辅助用房和管理生活用房

4.2.1 有条件的生产用房尽量利用自然采光和通风，发电厂房采暖可利用机组多余的热量。

4.2.2 《公共建筑节能设计标准》GB 50189中明确国家鼓励建筑节能技术进步，鼓励引进国外先进的建筑节能技术，禁止引进国外落后的建筑用能技术、材料和设备。

我国公共建筑用能数量巨大，浪费严重。据不完全统计，在公共建筑的全年能耗中，大约50%～60%消耗于空调制冷与采暖系统，20%～30%用于照明。而在空调采暖这部分能耗中，大约20%～50%由外围护结构传热所消耗（夏热冬暖地区大约20%，夏热冬冷地区大约35%，寒冷地区大约40%，严寒地区大约50%）。这些建筑在围护结构、采暖空调系统以及照明方面，均有较大的节能潜力，现行国家标准《公共建筑节能设计标准》GB 50189对各部分结构的能耗标准均作出了明确规定。

4.2.3 生产辅助用房和管理用房的采暖供电等设施可以研究采用太阳能、风能以及沼气等可再生能源，减少厂用电的消耗。

5 机电及金属结构节能设计

5.1 水力机械

5.1.1 机组直接耗能的附属设备包括：调速系统设备、水轮机进水阀设备、励磁系统设备、发电机配套的电加热器、除湿器、顶转子油泵、水轮机顶盖排水等；水力机械辅助设备系统包括：机组技术供水系统、排水系统、透平油系统、绝缘油系统、压缩空气系统等；机组检修使用的设备包括起重设备、机修设备等。水力机械辅助设备、起重设备、机修设备中的耗能设备均为电动机，能耗种类为电能。应提出各系统设备年耗电量。

5.1.2 水力发电厂应根据运行水头范围和特点，选用效率高、单位转速高、稳定性好的水轮机。水轮机采用合理的结构设计，以保证机组安全稳定运行，并延长机组大修周期，减少因机组检修弃水而损失电能和水资源。导叶密封采用合理的结构设计和密封性能好、使用寿命长的材料，减少漏水量，达到节约水能的目的。导叶轴承等所有相对运动和接触部件宜采用摩擦系数低、自润滑、寿命长、试验证明可靠的新型材料。对于大型机组应要求制造厂根据电（泵）站运行条件，进行CFD设计和模型试验，研发效率高的水轮机（水泵）。

发电机应采用合理的结构设计和通风设计，定子铁芯采用高导磁率、低损耗的优质冷轧薄硅钢片，以提高发电机的整体效率。各轴承冷却器应采用热交换效率高的材料，以减少冷却水用量。

5.1.5 有多种泵型可供选择时，应考虑机组运行调度的灵活性、可靠性、运行费用、主机组费用、辅助设备费用、土建投资、主机组事故可能造成的损失等因素进行比较论证，选择综合指标优良的水泵。在条件相同时应优先选用卧式离心泵。

《清水离心泵能效限定值及节能评价值》GB 19762适用于单级清水离心泵（单吸或双吸）、多级清水离心泵、长轴离心泵深井泵及介质类似于清水的离心泵。

5.1.6 多泥沙河流水电站，在水轮机蜗壳前装设进水阀或在水轮机流道上装设圆筒阀，可减轻含沙水流在停机状态下对水轮机导叶的磨蚀，并减小导叶漏水量。对于压力管道较长或年运行小时较短的中、高水头单元输水系统，在水轮机蜗壳前装设进水阀或在水轮机流道上装设圆筒阀，有利于减小水轮机导叶漏水量，但同时增加了投资，另外筒形阀的制造、安装和运行经验目前较少。因此，应进行技术经济论证。对于由一根压力管道输水管分叉供给几台水轮机流量时，每台水轮机都应装设进水阀。对于单元压力管道输水管，是否装设进水阀应经技术经济比较后确定。技术经济比较应考虑以下内容：

1 进水阀门的年经费（包含年运行费和折旧费）；

2 厂房桥式起重机增加部分的年经费；

3 厂房土建增加部分的年经费；

4 进水阀门水头损失的年损失额；

5 不装设进水阀门时水轮机导叶漏水损失的年损失额；

6 不装设进水阀门时，由于水轮机导叶漏水引起的停机检修损失的电量。

5.1.7 电站主厂房装设的桥式起重机大梁下可配置电动葫芦，用于起吊重量较小的设备，达到省电的目的。

5.1.10 现行国家标准《容积式空气压缩机能效限定值及能效等级》GB 19153适用于直联便携式往复活塞空气压缩机、微型往复活塞空气压缩机、全无油润滑往复活塞空气压缩机、一般用固定的往复活塞空气压缩机、一般用喷油螺杆空气压缩机、一般用喷油滑片空气压缩机。

5.2 电　　工

5.2.1、5.2.2 由于电气设备的运行能耗大小既影响电（泵）站运行的安全性，又影响运行的经济性，因此在电气设计过程中，所有电气设备在满足安全稳定运行条件下，同时应具有较高的经济运行指标，以控制运行能耗、提高工程的整体效益。

5.2.3 为了缩短低压配电距离、减少电压损失、提高供电可靠性，需根据工程规模、厂用负荷及分布、枢纽布置及地区电网等条件，通过技术经济比较确定设置厂用电供电方式和电压等级等；低压厂用电电压应按不同区域、不同特性的负荷分别设置独立低压配电系统。

低压厂用电配电屏宜靠近负荷中心，以缩短电缆长度，节省投资，改善配电质量。低压厂用电主配电屏尽可能与中央控制室或发电机电压配电装置布置在同一高程。对于布置在厂内干式变压器，宜与低压配电设备靠近布置，采用硬母线连接，以缩短电气距离、减少电能损耗，增加运行可靠性。

5.2.5 随着变压器生产制造工艺和水平的不断提高，变压器的性能已有了非常大的提高，选择低损耗的变压器会带来更多的能源效益。应根据电站主接线方案、电站年利用小时数及发电机功率因数等条件，确定主变压器空载和负载年损耗小时数，提出空载损耗和负载损耗电能。变压器的最终确定应有经济技术比较。S11系统是目前推广应用的低损耗变压器，空载损耗较S9系列低75%左右，其负载损耗与S9系列变压器相等。

变压器冷却方式的选择宜符合《电力变压器选用导则》GB/T 17468的规定。

现行国家标准《三相配电变压器能效限定值及节能评价值》GB 20052适用于三相10kV、无励磁调压额定容量30kV·A～1600kV·A的油浸式和额定容量30kV·A～2500kV·A干式配电变压器。能效限定值是在规定测试条件下，配电变压器空载损耗和负载损耗的标准值（W）。节能评价值是在规定测试条件下评价节能配电变压器空载损耗和负载损耗的标准值（W）。

5.2.6 现行国家标准《中小型三相异步电动机能效限定值及能效等级》GB 18613适用于690V及以下电压、50Hz三相交流电源供电，能效2级和能效3级的额定功率在0.55kW～315kW范围内，能效1级的额定功率在3kW～315kW范围内，极数为2极、4极和6极，单速封闭自扇冷式、N设计的一般用途电动机或一般用途防爆电动机。该标准规定了中小型三相异步电动机的能效等级、能效限定值、目标能效限定值、节能评价值。电动机能效等级分为3级，其中1级能效最高。能效限定值是指电动机在额定输出功率和75%额定输出的效率（%）均应不低于3级的规定。目标能效限定值是指效率（%）均应不低于2级的规定。电动机节能评价值在额定输出功率和75%额定输出功率的效率均应不低于2级。

5.2.10 目前，我国大部分电机用直接启动、Y/△控制启动、串接电抗器降压启动和自耦变压器降压启动。这些启动器价格低廉，通过降低电机的启动电压来减少启动电流，启动方式用分步跳跃上升的恒压启动，启动过程中存在2次冲击电流和转矩，且控制回路复杂，电机冲击电流大、冲击转矩大、冲击力矩大、效益低。晶闸管调压软启动器又称智能马达控制器（SMC），它是微处理器和大功率晶闸管相结合的新技术，通过改变晶闸管的导通角来实现电机电压的平稳升降和无触点通断，启动电流可根据负载情况任意设定。目前国内外晶闸调压软启动器技术已日趋成熟，且多数已具备多种保护功能，如短路、过载、断相等，既能改变电机的启动特性，保护拖动系统，又能保证电机可靠启动，降低启动冲击和能耗，提高效益，且配有计算机通信口，可与计算机、工控机联网，实现智能控制，是实现电机精确控制，替代传统启动器的理想选择。变频调速软启动器用变频器控制的电机可恒转矩启动，启动电流限制在150%的额定电流内，在低速时可任意调节电机转矩，满足有特殊要求的电机控制。目前国际上用的高压变频方案主要有高一低一高变频调速系统及直接高压变频调速系统，两种方案的投资都较大，技术较复杂，对不需调速的大型动力设备来说，仅为了启动而投资，不经济。

5.2.11 电站照明应根据现行行业标准《水力发电厂照明设计规范》DL/T 5140要求，除在电站内颜色识别、视觉效果要求高的场所采用白炽灯外，其他场所应选用节能高效光源产品。在选择光源时，不单是比较光源价格，更应进行全寿命期的综合经济分析比较，因为一些高效、长寿命光源，虽然价格较高，但使用数量减少，运行维护费用降低，经济上和技术上可能是合理的。绿色照明工程是国家“十一五”期间推广的十大重点节能工程之一，选用细管荧光灯加电子整流器可比传统照明灯具节约40%以上的耗电量，该技术目前在我国已大面积推广，其灯具的使用寿命也达到了较为理想的程度。

3 本款规定了荧光灯灯具和高强度气体放电灯灯具的最低效率值，以利于节能。这些值是根据我国现有灯具效率制定的。在调查的荧光灯灯具中，带反射器开敞式的灯具效率大于75%的占84.6%；带透明罩的效率大于65%的占80%；带磨砂、棱镜罩的灯具效率大于55%的占86%；带格栅的效率大于60%的占58%。对于高强度气体放电灯灯具，带反射器开敞式的效率大于75%的占80%；带透光罩的效率大于60%的占62%。

4 现行国家标准《普通照明用双端荧光灯能效限定值及能效等级》GB 19043适用于标称功率在14W～65W，采用交流电源频率带启动器的预热阴极双端荧光灯及采用高频工作的预热阴极双端荧光灯。双端荧光灯能效等级分为3级，其中1级最高。高光效系列（14W、21W、28W、35W）双端荧光灯的节能评价值为能效等级的1级，其余双端荧光灯节能评价值为能效等级的2级。各能效等级双端荧光灯光通维持率在燃点2000h时，应符合现行国家标准《双端荧光灯　性能要求》GB/T 10682中的规定。

现行国家标准《普通照明用自镇流荧光灯能效限定值及能效等级》GB 19044适用于额定电压220V、频率50Hz交流电源，标称功率为60W及以下，把控制启动和稳定燃点部件集成一体的自镇流荧光灯。自镇流荧光灯能效等级分为3级，其中1级能效最高。各能效等级的自镇流荧光灯在燃点2000h时，其光通维持率均不应低于80%。

现行国家标准《单端荧光灯能效限定值及节能评价值》GB 19415适用于具有预热式阴极的装有内启动装置或使用外启动装置的单端荧光灯。单端荧光灯光通维持率在燃点2000h后，其光通维持率不低于80%。

现行国家标准《高压钠灯能效限定值及能效等级》GB 19573适用于作为室内外照明用的，且带有透明玻壳的高压钠灯，功率范围为50W～1000W，配以相应的镇流器和触发器，在额定电压92%～106%的范围内正常启动和燃点。高压钠灯节能评价值不应低于能效等级中2级的要求。在燃点到2000h时，50W、70W、100W、1000W光通维持率不应低于85%，150W、250W、400W光通维持率不应低于90%。

现行国家标准《金属卤化物灯能效限定值及能效等级》GB 20054适用于功率为175W～1500W透明玻壳的金属卤化物灯。金属卤化物灯节能评价值不应低于能效等级中2级的要求。光通维持率在燃点到2000h时，175W、250W、400W、1000W不应低于75%；1500W燃点到500h，光通维持率不应低于75%。

5 采用电子镇流器，使灯管在高频条件下工作，可提高灯管光效和降低镇流器自身功耗，有利于节能，并且发光稳定，消除了闪频和噪声，有利于提高灯管寿命。当采用高压钠灯和金属卤化物灯时，宜配用节能型电感镇流器，它比普通的电感镇流器节能。在电压偏差较大的场所，采用高压钠灯和金属卤化物灯时，为了节能和保持光输出稳定，延长光源寿命，宜配用恒功率镇流器。

现行国家标准《管形荧光灯镇流器能效限定值及节能评价值》GB 17896适用于220V、50Hz交流电源供电，标称功率在18W～40W的管形荧光灯所用独立式电感镇流器和电子镇流器。

现行国家标准《高压钠灯用镇流器能效限定值及节能评价值》GB 19574适用于额定电压220V、频率50Hz交流电源，额定功率为70W～1000W高压钠灯用的独立式和内装式电感镇流器。

现行国家标准《金属卤化物灯用镇流器能效限定值及能效等级》GB 20053适用于额定电压220V、频率50Hz交流电源，额定功率为175W～1500W单端金属卤化物灯用LC顶峰超前式和内装式电感镇流器。该镇流器能效等级分为3级，其中1级能效最高。不同额定功率金属卤化物灯用镇流器的节能评价值不应小于2级的规定。

7 本款所述室外照明的照明器安装位置较高，布置分散，且在夜间投入，应采用专用控制箱集中控制。生产、运行的厂房内照明器数量多，若采用分散控制，会给生产、运行人员带来不必要的麻烦，宜采用集中控制方式。经常无人值班的场所、通道、楼梯间、廊道出入口处照明开断次数少，所设置的开关数量亦较少，从节能出发，应分散控制。水电站应根据房间用途和分类，合理选择照明灯具及智能节电控制装置。

5.3 金属结构

5.3.2、5.3.3 闸门的结构和布置型式、闸门支承型式应合理选择和布置，以优化启闭机容量和行程（扬程）。当启闭设备容量较大时，宜采用变频控制，以降低启动电流并提高运行效率，达到降低能耗的目的；同时变频技术的采用，可以减少电机启制动时的冲击，优化设备的运行状态，从而延长设备的使用寿命，降低日常维护和保养费用。

5.3.5 设置拦污栅应根据电站的重要性，杂物的性质、数量及对拦污栅的要求来考虑，从布置上尽可能利用水流流向及有利的地形位置等条件，尽量避免和减少杂物在拦污栅前沿积聚，并使进栅水流平顺、阻力损失小、清理方便，以及便于安装、检修和更换。

拦污栅的过栅流速一般控制在 1m/s～1.2m/s，对于低水头水电厂，拦污栅水头损失占总水头的比重较大，过栅流速应适当减小。拦污栅栅条间的净距：对于轴流式和贯流式水轮机可按（1/30～1/20）倍转轮直径计算，但不大于导叶的最大开度；对于混流式水轮机可按（1/40～1/30）倍转轮直径计算，但不应大于转轮叶片之间的最小净距。其中，转轮直径大于或等于 7.5m 时取小值。拦污栅栅条间的最大净距不宜大于 250mm，最小净距不宜小于 50mm。在满足保护水轮机的前提下，栅条间的净距可适当加大，以便于清污和减少水头损失。

5.4 采暖通风与空气调节

5.4.1 根据水电站（泵站）的特点，为贯彻先进、适用、经济和节能的设计原则，应合理利用天然冷、热源和选用节能、可靠的新设备、新材料。

5.4.2 国家节能指令第四号明确规定："新建采暖系统应采用热水采暖"。实践证明，采用热水作为热媒，不仅对采暖质量有明显的提高，而且便于进行节能调节。因此，明确规定应以热水为热媒。

5.4.3 推荐地面式厂房优先采用自然通风，其主要原因是：自然通风具有投资少、基本不耗电、经济、管理简单等优点。当自然通风达不到室内空气参数要求时，采用辅助以机械通风的自然通风或其他通风或空气调节的方式。

地下厂房一般要求用机械通风，但在有条件利用交通洞、母线洞、排风竖井形成热压差，使空气对流并满足室内换气要求时，也可采用自然通风和部分自然通风，以节省投资、简化通风系统和运行费用。空气调节装置的冷源应尽量利用水库底层低温水或其他天然冷源，可简化空气调节系统和降低空气调节系统运行成本。只有在天然冷源不能满足要求或没有条件利用天然冷源时，可以局部或全部采用人工制冷的方式。

5.4.4 在现有的许多空调工程设计中，由于种种原因一些工程采用了土建风道（指用砖、混凝土、石膏板等材料构成的风道）。从实际调查结果来看，这种方式带来了相当多的隐患，其中最突出的问题就是漏风严重，而且由于大部分是隐蔽工程无法检查，导致系统调试不能正常进行，处理过的空气无法送到设计要求的地点，能量浪费严重。同时由于混凝土等墙体的蓄热量大，没有绝热层的土建风道会吸收大量的送风能量，严重影响空调效果，因此对这类土建风道或送风静压箱提出严格的防漏风和绝热要求。

5.4.5 为了节省运行中的能耗，供热与空调系统应配置必要的监测与控制。但实际情况错综复杂，作为一个总的原则，设计时要求结合具体工程情况通过技术经济比较确定具体的控制内容。对于间歇运行的空调系统，在保证使用期间满足要求的前提下，应提前系统运行的停止时间和推迟系统运行的启动时间，这是节能的重要手段。

5.4.6 现行国家标准《房间空气调节器能效限定值及能源效率等级》GB 12021 适用于采用空气冷却冷凝器、全封闭型电动机-压缩机，制冷量在 14000W 及以下的房间空气调节器。

现行国家标准《单元式空气调节机能效限定值及能源效率等级》GB 19576 适用于名义制冷量大于 7100W、采用电机驱动压缩机的单元式空气调节机、风管送风式和屋顶式空调机组。标准规定了单元式空气调节机能源效率限定值、节能评价值、能源效率等级。

现行国家标准《通风机能效限定值及能效等级》GB 19761 适用于一般用途的离心通风机、轴流通风机及空调离心通风机，分别规定了通风机的能效限定值和节能评价值。对于采用普通电动机的通风机，能效限定值和节能评价值分别按使用区最高通风机效率进行规定。风机传动方式选择次序应为 A 式（直联）、D 式（联轴器）和 C 式（三角皮带）。

现行国家标准《冷水机组能效限定值及能源效率等级》GB 19577 适用于电机驱动压缩机的蒸汽压缩循环冷水（热泵）机组。

6 施工节能设计

6.1 施工总布置

6.1.2、6.1.3 施工分区规划及营地设置是否合理，关系到施工节能效果，故应特别重视。

6.1.4、6.1.5 施工总布置节能设计的重点是研究利用工程开挖料作为坝体填筑料及混凝土骨料的可能性，做好土石方挖填平衡，统筹规划堆渣、弃渣场地。

6.1.6 施工交通运输应综合考虑节能与降耗的关系，经比较选择对外交通运输方案，进行场内交通规划。

6.1.7 鉴于转运站投资一般较大，故转运站设置宜利用或租用已有的转运设施。

6.2 工 程 施 工

6.2.1 由于施工导流方案的选择也涉及节能问题，故在施工节能设计中亦应同时考虑这方面的影响因素。

6.2.2 不同动力类型的施工机械在高海拔地区使用时，其功率和生产能力随高程的增加将有所下降，但下降的程度不尽相同。因此，在机械配备和选型时应予以高度重视。

据统计，在海拔 3000m 左右的高寒地区，以非增压的柴油机械的有效功率下降值最大（达 32%），汽油机械、通风机及空气压缩机次之（分别为 27%、26%、16%），电动机械下降值最小（约为 8%）。因此，设备选型时应避免选用有双重损失的内燃空气压缩机。对凿岩机等进气不膨胀的风动机械，虽功率和消耗的空气重量变化甚微，但空气压缩机效率降低较多，压气站规模必须加大，因此设备选型时宜优先选用电动机械。

上述机械设备的定额系数，柴油机械为 1.47，汽油机械为 1.37，空气压缩机为 1.36，电动机械为 1.10。

6.2.3～6.2.8 工程施工中所使用的施工机械设备主要有土石方施工设备、基础处理施工设备、混凝土施工设备、机电和金属结构安装施工设备等，消耗的能源用于驱动施工机械设备。

6.2.9 地下工程施工时，支洞的布置应满足下列节能要求：

1 采用钻爆法施工时，施工支洞间距不宜超过 3km；

2 地形、地质条件允许时，施工支洞洞线宜短，且宜考虑平洞；

3 施工支洞应满足地下洞室群分层开挖的需要和通风排烟要求。

地下工程施工时，运输方式及设备的选择应满足下列节能要求：

1 对于长隧洞施工，无轨运输与有轨运输方式选择，须依照隧洞断面大小、纵坡及施工机械，经综合比较后确定；

2 设备通用性强，能在工程施工中持续使用。

地下工程施工时，通风方式及参数选择应遵循下列原则：

1 施工安排尽早形成自然通风条件，在未形成自然通风前，采用机械通风；

2 独头进尺长度大于 1km 时，宜采用混合式通风方式。

6.3 施工工厂设施

6.3.2～6.3.6 施工工厂设施的节能设计主要是针对砂石加工系统、混凝土生产系统、施工供风系统、施工供水系统、施工供电系统等进行的。

7 工程管理节能设计

7.0.1 测报系统和数据采集系统等优先采用集中控制，采用遥测、通信、计算机等先进技术建设自动化的系统工程。

7.0.2 工程调度、运行宜采用远程控制，一般工程遵循“无人值班，少人值守”的原则，采用先进的自动化控制系统，优化调度管理系统可节约大量的人力、物力。对于水库等综合利用工程的调度尤为重要，优化调度运行方案可减少弃水而增加能源利用率。

7.0.4 工程的运行能耗直接影响运行成本和工程效益。应根据各类工程的特点，对工程运行中的主要耗能设备和系统进行能耗计量或监测，如泵站水泵机组年耗电量和供水量、厂用电系统用电量、管理建筑物年耗能、管理车辆年油耗等。

8 节能效果综合评价

8.1 主要节能措施及其评价

8.1.1、8.1.2 分别从工程规划与总布置、建筑物、机电及金属结构、施工组织设计和工程管理等方面对水利水电工程设计中采取的主要节能降耗措施进行概括总结和评价。

8.2 能 源 消 耗

8.2.1 工程的能耗种类和数量按施工期和生产经营期分别计算。

8.2.2 工程施工期消耗的能源包括用于施工机械设备、施工辅助生产系统、交通运输系统、生产性建筑物、生活性建筑物等的能源。

1 根据工程设计方案、主体建筑物工程量及其施工方法、施工机械化水平、施工工期等，分析说明施工生产过程中主要用能设备、负荷水平、使用台班数，计算施工生产过程中的能耗种类和数量。

2 根据施工辅助生产系统（包括砂石加工系统、混凝土生产系统、施工交通运输系统、压缩空气系统、供水系统和综合加工系统等）的规模、分析说明主要能耗设备、负荷水平、台班数，计算施工辅助生产系统的能耗种类和数量。

3 根据主体工程施工用建筑、施工工厂区建筑、建筑材料开采加工区建筑和设备材料仓储建筑等生产性建筑物的规模、型式、负荷水平，计算生产性建筑物的能耗种类和数量。

4 按施工期各营地（包括施工管理区及工程建设管理区）及其生活配套设施的规模、负荷水平，计算其能耗种类和数量。

5 在上述各项统计分析的基础上，综合分析工程施工期能源利用的总体情况，确定工程施工期能耗种类和总量。

8.2.3 运行期用能为工程投入使用后用于永久设备运行和生产、管理建筑物运用等所需的能源。

1 根据电（泵）站机组及油、气、水等生产辅助系统的主要用能设备及年运行时间，计算机组及生产辅助系统年耗能种类及数量。

2 根据工程金属结构设备配置和运行调度要求，计算金属结构设备运行年耗能种类及数量。

3 根据厂房、主变室、开关站（变电站）、中控室及其他生产性建筑的型式、规模和功能要求，以及各建筑物的暖通空调系统、照明系统、给排水系统的设计方案，计算各建筑物用能种类和能耗数量。

4 根据工程运行管理需要而配套的办公设施的建设规模、设计标准和主要设备配置，计算工程管理设施和设备的用能种类和数量。

5 在上述各项统计分析的基础上，综合分析工程运行期能源利用的总体情况，确定工程运行期能耗种类和总量。

8.2.4 水利水电工程建设施工期间、生产经营期的能耗总量按国家或地方制定能耗综合指标中的能耗单位进行换算，可统一水利水电工程的能耗指标的计算标准。

8.3 节能效果综合评价

8.3.1 我国的综合能耗指标为能源利用效率指标，定义为每产生万元 GDP（国内生产总值）所消耗掉的能源数量（标准煤）。目前国家、地方都制定了经济发展的国内生产总值能耗综合指标，一般以吨标准煤/万元 GDP 为单位。为便于节能效果综合评价，水利水电工程的综合能耗指标按项目计算期内工程的能耗总量给国民经济带来的净效益进行计算。

1 项目计算期

项目计算期是水利水电工程为进行动态经济分析所设定的期限，包括建设期（施工期）和生产经营期（运行期），一般以年为单位。建设期是指项目资金正式投入工程开始，至项目基本建成开始投产所需时间，具体年限根据项目实施计划确定。生产经营期可分为投产期（或称运行初期，下同）及达产期（或称正常运行期，下同）两个阶段。投产期是指项目投入生产，但生产能力尚未达到设计能力的过渡阶段。达产期是指生产经营达到设计预期水平后的期间。水利水电建设项目的计算期包括建设期、运行初期和正常运行期。正常运行期可根据项目的经济寿命和具体情况，按以下规定研究确定：

防洪、治涝、灌溉、城/镇供水等工程：30 年～50 年；

大、中型水电站：40 年～50 年；

机电排灌站、小型水电站：15 年～25 年。

项目计算期不宜定得太长，特别是新财务制度规定折旧年限缩短后，一般以不影响经济评价结论为原则。通常对于建设工期长、发挥效益持久或在正常运行期内效益不断增长的水利水电建设项目，以采用较长的生产期较为合理；如果以替代方案费用作为评价水利水电建设项目的效益时，则可以采用较短的计算期。

对分期建设的工程，最终规模之前的各期工程生产经营期（运行期）相应按各期工程的设计水平年确定。

2 水利水电工程功能效益

1） 防洪效益。水利水电项目的防洪效益，按该项目可减免的洪灾损失和可增加的土地开发利用价值计算，以多年平均效益和特大洪水年效益表示。

2） 治涝效益。治涝效益是指水利水电项目的治涝工程在排除当地降雨造成的涝灾中所减少的损失。治涝效益可分直接效益和间接效益两部分。直接效益主要指因修建治涝工程而减少的农业、林业、牧业、副业和渔业的损失，房屋设施和物资损坏所造成的损失，工矿停产、商业停业、交通、电力、通信中断等造成的损失，以及抢排涝水及救灾费用支出的减少等。间接效益主要指减少因农业原料不足而造成的农副业、工业产值损失以及减少灾区疾病传染、精神痛苦和环境卫生条件恶化费用的支出等。

3） 灌溉效益。因灌溉项目实施产生的农作物增产和质量提高的效益称为灌溉效益。由于农业增产和质量提高是水利、土壤、肥料、植保和管理等农业综合措施综合作用的结果，所以，灌溉效益应在水利和农业两部门间进行分摊。灌溉效益量值常常随着降雨量的减少而增大，由于降雨年际变化较大，灌溉效益常以多年平均效益、设计年效益和特大干旱年效益来表示。

4） 城乡供水效益。城乡供水效益是指供水项目向城乡工矿企业和居民提供生产、生活用水可获得的效益，以多年平均效益、设计年效益和特大干旱年效益表示。

5） 水力发电效益。水利水电建设项目的水力发电效益主要是指向电网或用户提供的电力和电量。通常可用最优等效替代法或影子电价法进行计算。

6） 抽水蓄能电站效益。抽水蓄能电站效益是指抽水蓄能电站在电力系统中的调峰填谷及运行灵活所产生的效益，主要包括提供可靠的峰荷容量、电量转换、调频、旋转备用、调相、快速跟踪负荷及提高系统可靠性等效益，可概括为容量效益和电量效益。抽水蓄能电站的效益应进行定量分析，但要防止重复计算。计算方法应以替代方案法为主，有条件时也可采用投入产出法。

7）航运效益。水利水电的航运效益应按该项目提供或改善通航条件所获得效益计算。通常水利水电工程建成后，可以改善枢纽上、下游的航道条件。此外，水利水电工程的建设使航道的整治和疏滩等维护管理费用减少，船舶运转周期缩短，船舶载重率增加。同时水利水电工程建设，增加了船舶过坝环节和时间，工程施工期有可能影响航行，有时在水电站下游流量时多时少情况下，产生不稳定流对航行安全也十分不利等。水利水电项目的航运效益具有下述三个特点：①既有正效益，又有相对于其他功能如防洪、灌溉、发电来源的负效益；②航运效益发挥过程较长，一般要经过几十年时间才能达到设计水平；③社会效益和间接效益较大，且航运效益应由航道、船舶、港口三部分共同完成，所以，水利水电项目航运效益一般应与港口码头和船舶结合在一起计算。航运效益可采用最优等效替代费用法或对比法进行计算。

8）渔业效益。渔业效益按利用该项目提供的水域，结合其他措施进行了水产养殖所获得的效益计算。主要计算方法有增加收益法和最优等效替代法。

9）牧区水利效益。牧区水利效益是指草场牧区通过水利建设提供人畜饮水、草场灌溉所获得的效能和利益。牧区水利建设具有小型、分散、数量多的特点，其效益按建设项目可发展草原灌溉和提供人畜饮水所获得的价值量计算。

3　水利水电项目的净效益

水利水电工程净效益按项目综合效益扣除运行费用进行计算，并应按国家或地方制定的国内生产总值能耗综合指标基准年的价格水平进行折算。

水利水电工程综合效益由水利水电项目各功能效益组成。根据掌握资料和各功能特点不同，水利水电工程综合效益一般可以用下述三种途径进行计算。

1）增加收益法。即通过分析计算水利水电工程兴建后可增加的实物产品产量或经济效益，作为该工程或功能的效益。灌溉、城镇供水、水力发电和航运等一般采用这种途径来估算效益。

2）减免损失法。即以水利水电工程兴建后可以减免的国民经济损失作为该工程或功能的效益，它虽然不是工程本身的收益，但对国家或社会来讲，减免损失同样是一种收益。目前防洪、治涝工程一般用这种途径来估算效益。

3）替代工程费用法。即以最优等效替代措施的费用（包括投资和运行费）作为工程的效益，当国民经济发展目标已定时，均可用这种途径来估算效益。

由于综合利用水利水电项目各功能的国民经济效益发挥的过程以及计算口径和基础常不一致，因此，其综合效益常不能简单相加，即要使各部门的效益具有可加性：

1）如果综合利用水利水电项目各功能部门的效益均按传统常用方法（如防洪按减少洪灾损失和增加土地的利用价值计算；灌溉按增产效益计算等）或按最优等效替代法计算的，则可将各功能效益在计算期内的折现总值相加较为合适。

2）由于按最优等效替代方案支出费用法计算的效益中包括了直接效益和间接效益以及不可用货币定量计算的其他效益，因此，当有的功能部门是按最优等效替代方案费用计算效益，而有的功能部门是按增加收益或减少损失方法计算效益的，此时，就应对后一种方法求得的效益进行适当处理，如考虑间接效益等对其进行适当调整，并采用计算期内现值相加方法求得水利水电项目的综合效益。

4　示例

亭子口水利枢纽是嘉陵江干流中游以防洪、灌溉及城乡供水、发电为主，兼顾航运，并具有拦沙减淤等综合利用效益的控制性水利枢纽工程。枢纽主要由碾压混凝土重力坝、泄洪建筑物、坝后式电站厂房、灌溉引水首部建筑物、通航建筑物等组成。水库总库容为40.67亿 m^3，正常运用防洪库容为10.6亿 m^3，调节库容为17.32亿 m^3；设计灌溉面积292.14万亩，多年平均供水量12.61亿 m^3；电站装机容量1100MW，灌区工程实施并达到设计灌溉面积后，多年平均发电量为30.09亿kW·h；通航建筑物为2×500吨级。工程筹建期1年，建设期6年；正常运行期取40年，项目计算期取47年，基准年为建设期第一年，基准点为第一年年初。

工程施工期、运行期能耗汇总统计分别见表1、表2；工程运行期的综合效益（2007年3季度价格水平）汇总统计见表3。

表1　施工期能耗统计汇总

耗能设施（设备和项目）	能耗 种类	能耗 数量	折合标准煤（t）	比例（%）
土石方施工设备	柴油（kg）	32766480	47740.761	13.56
	电（kW·h）	15169440	6128.4538	
混凝土施工设备	柴油（kg）	4169280	6074.64	5.07
	电（kW·h）	32278050	14040.33	
制冷工艺	电（kW·h）	66400000	26825.6	6.75
砂石、混凝土加工系统	电（kW·h）	108134770	43686.45	10.99
综合加工企业	电（kW·h）	18960000	7659.84	1.93
生产供水	电（kW·h）	41040000	16580.16	4.17

续表 1

耗能设施（设备和项目）	能耗		折合标准煤（t）	比例（%）
	种类	数量		
施工交通（对外交通）	柴油（kg）	154000000	224378	56.47
生产性建筑	电（kW·h）	1491707	602.65	0.15
生活性建筑	电（kW·h）	8069396	3620	0.91
合计	—	—	397336.89	100%

表 2　运行期每年能耗统计汇总

耗能设施（系统及设备）	能耗		折合标准煤（t）	比例（%）
	种类	数量		
机组辅助设备	电能（万 kW·h）	96.36	308.35	5.04
水力机械辅助设备	电能（万 kW·h）	222.01	710.43	11.62
电气及照明设备	电能（万 kW·h）	1143.65	3659.68	59.90
通风空调	电能（万 kW·h）	37.7	120.64	1.97
给排水	电能（万 kW·h）	0.146	0.47	0.01
升船机	电能（万 kW·h）	326	1043.2	17.08
运行管理	电能（万 kW·h）	59.6	190.72	3.13
其他	电能（万 kW·h）	23.84	76.29	1.25
合计	电能（万 kW·h）	1909.306	6109.78	100

按 2005 年价格水平折算，工程运行期的综合效益为 4854049 万元。

表 3　工程运行期内的综合效益及净效益汇总统计

序号	效益名称	单位	数量
1	综合效益	万元	8249520
	防洪效益	万元	2261280
	灌溉及供水效益	万元	762840
	发电效益	万元	4549600
	航运效益	万元	515800
	拦沙减淤效益	万元	160000
2	运行费用	万元	2973380
	运行成本费用	万元	2520480
	更新改造费用	万元	452900
3	净效益	万元	5276140

按上述参数计算，该工程的综合能耗指标 η=（397336.89＋40×6109.78）/4854049＝0.132 吨标准煤/万元，远小于国家制定的“十一五”期末万元国内生产总值能耗下降到 0.98 吨标准煤的要求。

8.3.2　与化石能源相比，水电为清洁能源，水力发电和抽水蓄能项目还具有减排温室气体、其他污染物的作用。由于水利水电工程的功能效益计算中不包含此类环境效益，因此，采用化石能源替代法对水力发电和抽水蓄能项目进行减排效益进行评价。

如上述工程，按年设计发电量 30 亿 kW·h 计，工程年发电相当于消耗 120 万吨标准煤，年替代煤炭 168 万 t。工程建成后，按每年可减少原煤消耗 168 万 t 计算，每年可减少二氧化硫和烟尘的排放量分别为 6.59 万 t 和 23.81 万 t（燃煤电厂原煤燃烧产生二氧化硫和烟尘的排放因子分别为 39.2kg/t 和 141.75kg/t 计），减排二氧化硫及烟尘效益非常显著。

8.3.3　将分析的工程能耗指标与国家、地方要求的国内生产总值能耗综合指标进行比较分析，若小于国内生产总值能耗综合指标，则可判别工程项目符合节能设计的要求，反之则不符合节能设计的要求。“十一五”期间的国内生产总值能耗综合指标可按国民经济和社会发展“十一五”规划纲要中明确的指标选取，“十一五”之后的能耗综合指标按国家公布的节能减排目标确定。

以工程能耗指标是否符合节能设计要求为基础，结合工程项目在国家、地方所起的作用，宏观评价工程项目是否符合国家、地方关于节能减排的法律、法规的要求；对工程的总体布置、施工组织、机电设备选型及运行中采用的节能措施等进行综合评价，是否满足节能降耗要求。

中华人民共和国国家标准

石油化工装置防雷设计规范

Code for design protection of petrochemical plant against lightning

GB 50650—2011

主编部门：中 国 石 油 化 工 集 团 公 司
批准部门：中华人民共和国住房和城乡建设部
施行日期：2 0 1 1 年 1 2 月 1 日

中华人民共和国住房和城乡建设部
公　告

第882号
关于发布国家标准《石油化工装置防雷设计规范》的公告

现批准《石油化工装置防雷设计规范》为国家标准，编号为GB 50650—2011，自2011年12月1日起实施。其中，第4.2.1、5.5.1条为强制性条文，必须严格执行。

本规范由我部标准定额研究所组织中国计划出版社出版发行。

中华人民共和国住房和城乡建设部

二〇一〇年十二月二十四日

前　言

根据原建设部《关于印发〈2007年工程建设标准规范制订、修订计划（第二批）〉的通知》（建标〔2007〕126号）的要求，由中国石化工程建设公司会同有关单位编制完成的。

本规范在编制过程中，编制组经广泛调查研究，认真总结实践经验，参考有关国际标准和国外先进标准，并在广泛征求意见的基础上，最后经审查定稿。

本规范共分6章，主要技术内容是：总则、术语、防雷场所分类、基本规定、户外装置的防雷、防雷装置。

本规范中以黑体字标志的条文为强制性条文，必须严格执行。

本规范由住房和城乡建设部负责管理和对强制性条文的解释，由中国石油化工集团公司负责日常管理，由中国石化工程建设公司负责具体技术内容的解释。执行过程中如有意见或建议，请寄送中国石化工程建设公司（地址：北京市朝阳区安慧北里安园21号，邮政编码：100101）。

本规范主编单位、参编单位、主要起草人和主要审查人：

主编单位：中国石化工程建设公司

参编单位：中国石化集团上海工程有限公司
中国石化集团洛阳石油化工工程公司
中国寰球工程公司
中国天辰工程有限公司
中国五环工程有限公司

主要起草人：黄　旭　俞俊人　周　勇　杨光义　巴　涛　梁东光　甘家福　王宗景　马　坚　周　伟

主要审查人：罗志刚　周家祥　秦文杰　王财勇　黎德初　姜　琳　张　伟　吴敏青　仓亚军　张军梁　杨东明　陈河江　叶向东

目　次

1　总则 …………………………………… 1—34—5
2　术语 …………………………………… 1—34—5
3　防雷场所分类 ……………………… 1—34—5
4　基本规定 ………………………… 1—34—6
4.1　厂房房屋类场所 ………………… 1—34—6
4.2　户外装置区场所 ………………… 1—34—6
4.3　户外装置区的排放设施 ……… 1—34—7
4.4　其他措施 ……………………… 1—34—7
5　户外装置的防雷 ………………… 1—34—7
5.1　炉区 ……………………………… 1—34—7
5.2　塔区 ……………………………… 1—34—7
5.3　静设备区 ………………………… 1—34—8
5.4　机器设备区 ……………………… 1—34—8
5.5　罐区 ……………………………… 1—34—8
5.6　可燃液体装卸站 ……………… 1—34—8
5.7　粉、粒料桶仓 ………………… 1—34—8
5.8　框架、管架和管道 …………… 1—34—8
5.9　冷却塔 ………………………… 1—34—9
5.10　烟囱和火炬 ………………… 1—34—9
5.11　户外装置区的排放设施 …… 1—34—9
5.12　户外灯具和电器 ………… 1—34—10
6　防雷装置 ……………………… 1—34—10
6.1　接闪器 ………………………… 1—34—10
6.2　引下线 ………………………… 1—34—10
6.3　接地装置 ……………………… 1—34—10
本规范用词说明 …………………… 1—34—11
引用标准名录……………………… 1—34—11
附：条文说明……………………… 1—34—12

Contents

1 General provisions …………………… 1—34—5
2 Terms …………………………………… 1—34—5
3 Classification of location against lightning …………………… 1—34—5
4 Basic requirement ………………… 1—34—6
4.1 Location of industrial building …… 1—34—6
4.2 Location of outdoor unit ………… 1—34—6
4.3 Emissions facilities of outdoor unit ……………………… 1—34—7
4.4 Other facilities ………………… 1—34—7
5 Against lightning of outdoor unit …………………………… 1—34—7
5.1 Furnace area ……………………… 1—34—7
5.2 Tower area ………………………… 1—34—7
5.3 Static equipment area ………… 1—34—8
5.4 Machinery equipment area ……… 1—34—8
5.5 Tank yard ………………………… 1—34—8
5.6 Flammable liquid depots ………… 1—34—8
5.7 Powder，pellet silos …………… 1—34—8
5.8 Structure，pipe racks and pipes ………………………… 1—34—8
5.9 Cooling towers ………………… 1—34—9
5.10 Chimney and flare …………… 1—34—9
5.11 Emissions facilities of outdoor unit ……………………… 1—34—9
5.12 Outdoor lighting fixtures and electrical equipments …………… 1—34—10
6 Lightning protection system … 1—34—10
6.1 Air-termination system ………… 1—34—10
6.2 Down-conductor system ……… 1—34—10
6.3 Earth-termination system ……… 1—34—10
Explanation of wording in this code ………………………… 1—34—11
List of quoted standards ………… 1—34—11
Addition：Explanation of provisions ………………… 1—34—12

1 总 则

1.0.1 为防止和减少雷击引起的设备损坏和人身伤亡，规范石油化工装置及其辅助设施的防雷设计，制定本规范。

1.0.2 本规范适用于新建、改建和扩建石油化工装置及其辅助生产设施的防雷设计；不适用于原油的采集、长距离输送、石油化工装置厂区外油品储存及销售设施的防雷设计。

1.0.3 石油化工装置的防雷设计，除应符合本规范外，尚应符合国家现行有关标准的规定。

2 术 语

2.0.1 石油化工装置 petrochemical plant

以石油、天然气及其产品作为原料，生产石油化工产品（或中间体）的生产装置。

2.0.2 辅助生产设施 support facilities

配合主要工艺装置完成其生产过程而必需的设施，包括罐区、中央化验室、污水处理厂、维修间、火炬等。

2.0.3 厂房房屋 industrial building（warehouse）

设有屋顶，建筑外围护结构全部采用封闭式墙体（含门、窗）构造的生产性（储存性）建筑物。

2.0.4 户外装置区 outdoor unit

露天或对大气敞开、空气畅通的场所。

2.0.5 半敞开式厂房 semi-enclosed industrial buildings

设有屋顶，建筑外围护结构局部采用墙体，所占面积不超过该建筑外围护体表面面积1/3（不含屋顶和地面的面积）的生产性建筑物。

2.0.6 敞开式厂房 opened industrial buildings

设有屋顶，不设建筑外围护结构的生产性建筑物。

2.0.7 雷击 lightning stroke

对地闪击中的一次电气放电。

2.0.8 直击雷 direct lightning flash

闪击直接打在建筑物、其他物体、大地或外部防雷装置上，产生电效应、热效应和机械力者。

2.0.9 雷电感应 lightning induction

闪电放电时，在附近导体上可能使金属部件之间产生火花放电的雷电静电感应和雷电电磁感应。

2.0.10 雷电波侵入 lightning surge on incoming services

由于雷电对架空线路、电缆线路或金属管道的作用，雷电波，即闪电电涌，可能沿着这些管线侵入屋内，危及人身安全或损坏设备。

2.0.11 防雷装置 lightning protection system (LPS)

用来减少雷击生产装置而造成的物质损害的一个完整系统，由外部防雷装置和内部防雷装置组成。

2.0.12 外部防雷装置 external lightning protection system

防雷装置的一个组成部分，由接闪器、引下线和接地装置组成。

2.0.13 内部防雷装置 internal lightning protection system

防雷装置的一个组成部分，由等电位连接和与外部防雷装置的电气绝缘组成。

2.0.14 接闪器 air-termination system

外部防雷装置的组成部分，由接闪杆（避雷针）、接闪线、接闪网等金属构件组成。

2.0.15 引下线 down-conductor system

外部防雷装置的组成部分，用于将雷电流从接闪器引至接地装置。

2.0.16 接地装置 earth-termination system

外部防雷装置的组成部分，用于传导雷电流并将其流散入大地。

2.0.17 接地体 earthing electrode

埋入土壤中或混凝土基础中作散流用的导体。

2.0.18 接地线 earthing conductor

从引下线断接卡或换线处至接地体的连接导体；或从接地端子、等电位连接排至接地体或接地装置的连接导体。

2.0.19 等电位连接网络 bonding network

将所有导电性物体（带电导体除外）互相连接到接地装置的一个系统。

2.0.20 接地系统 earthing system

将接地装置和等电位连接网络结合在一起的整个系统。

2.0.21 接地电阻 ground resistance

接地体或自然接地体的对地电阻和接地线电阻的总和。

2.0.22 工频接地电阻 power frequency ground resistance

按通过接地体流入地中工频交流电流求得的电阻。

2.0.23 冲击接地电阻 impulse earthing resistance

按通过接地体流入地中冲击电流求得的接地电阻。

3 防雷场所分类

3.0.1 石油化工装置的各种场所，应根据能形成爆炸性气体混合物的环境状况和空间气体的消散条件，划分为厂房房屋类或户外装置区。

3.0.2 半敞开式和敞开式厂房应根据其敞开程度，

划分为厂房房屋类或户外装置区。有屋顶而墙面敞开的大型压缩机厂房应划为厂房房屋类；设备管道布置稀疏的框架应划为户外装置区。

4 基 本 规 定

4.1 厂房房屋类场所

4.1.1 石油化工装置厂房房屋类场所的防雷设计，应符合现行国家标准《建筑物防雷设计规范》GB 50057的有关规定。

4.1.2 石油化工装置户外装置区的防雷设计应执行本规范第五章的有关规定。

4.2 户外装置区场所

4.2.1 石油化工装置的户外装置区，遇下列情况之一时，应进行防雷设计：

1 安置在地面上高大、耸立的生产设备；

2 通过框架或支架安置在高处的生产设备和引向火炬的主管道等；

3 安置在地面上的大型压缩机、成群布置的机泵等转动设备；

4 在空旷地区的火炬、烟囱和排气筒；

5 安置在高处易遭受直击雷的照明设施。

4.2.2 石油化工装置的户外装置区，遇下列情况之一时，可不进行防直击雷的设计：

1 在空旷地区分散布置的水处理场所（重要设备除外）；

2 安置在地面上分散布置的少量机泵和小型金属设备；

3 地面管道和管架。

4.2.3 防直击雷的接闪器，宜利用生产设备的金属实体，但应符合下列规定：

1 用作接闪器的生产设备应为整体封闭、焊接结构的金属静设备；转动设备不应用作接闪器；

2 用作接闪器的生产设备应有金属外壳，其易受直击雷的顶部和外侧上部应有足够的厚度。钢制设备的壁厚应大于或等于 4mm，其他金属设备的壁厚应符合本规范表 6.1.5 中的厚度 t 值。

4.2.4 易受直击雷击且在附近高大生产设备、框架和大型管架（已用作接闪器）等的防雷保护范围之外的下列设备，应另行设置接闪器：

1 转动设备；

2 不能作为接闪器的金属静设备；

3 非金属外壳的静设备。

4.2.5 接闪器的防雷保护范围应采用下列方法之一确定：

1 应符合现行国家标准《建筑物防雷设计规范》GB 50057 滚球法的规定，滚球半径取 45m；

2 接闪器顶部与被保护参考平面的高差和保护角应符合表 4.2.5 的规定或现行国家标准《雷电防护 第 3 部分：建筑物的物理损坏和生命危险》GB/T 21714.3 的有关规定。

表 4.2.5 接闪器顶部与被保护参考平面的高差和保护角

高差（m）	0～2	5	10	15	20	25	30	35	40	45
保护角（°）	77	70	61	54	48	43	37	33	28	23

4.2.6 防直击雷的引下线应符合下列规定：

1 安置在地面上高大、耸立的生产设备应利用其金属壳体作为引下线；

2 生产设备通过框架或支架安装时，宜利用金属框架作为引下线；

3 高大炉体、塔体、桶仓、大型设备、框架等应至少使用两根引下线，引下线的间距不应大于 18m；

4 在高空布置、较长的卧式容器和管道（送往火炬的管道）应在两端设置引下线，间距超过 18m 时应增加引下线数量；

5 引下线应以尽量直的和最短的路径直接引到接地体去，应有足够的截面和厚度，并在地面以上加机械保护；

6 利用柱内纵向主钢筋作为引下线时，柱内纵向主钢筋应采用箍筋绑扎或焊接。

4.2.7 防雷电感应措施应符合下列规定：

1 在户外装置区场所，所有金属的设备、框架、管道、电缆保护层（铠装、钢管、槽板等）和放空管口等，均应连接到防雷电感应的接地装置上；设专用引下线时，钢筋混凝土柱子的钢筋，亦应在最高层顶和地面附近分别引出接到接地线（网）；

2 本条第 1 款所述的金属物体，与附近引下线之间的空间距离应按下式确定：

$$S \geqslant 0.075 k_c l_x \quad (4.2.7)$$

式中：S——空间距离（m）；

k_c——分流系数；单根引下线取 1，两根引下线及接闪器不成闭合环的多根引下线取 0.66，接闪器成闭合环的或网状的多根引下线取 0.44；

l_x——引下线计算点到接地连接点的长度（m）。

3 当本条第 2 款所要求的空间距离得不到满足时，应在高于连接点的地方增加接地连接线；

4 平行敷设的金属管道、框架和电缆金属保护层等，当其间净距小于 100mm 时应每隔 30m 进行金属连接，相交或相距处净距小于 100mm 时亦应连接。

4.2.8 防雷接地装置应符合下列规定：

1 利用金属外壳作为接闪器的生产设备，应在金属外壳底部不少于 2 处接至接地体；

2　本规范第4.2.4条规定另行设置的接闪器（杆状、线状和网状的），均应有引下线直接接至接地体；

3　防直击雷用的每根引下线所直接连接的接地体，其冲击接地电阻不应大于10Ω，并应符合下列规定：

1）在接地电阻计算中，每处接地体各支线的长度应小于或等于接地体的有效长度l_e；

2）l_e的计算和冲击接地电阻的换算应按现行国家标准《建筑物防雷设计规范》GB 50057的有关规定执行；

4　防雷电感应的接地体，其工频接地电阻不应大于30Ω；

5　防直击雷的接地体宜与防雷电感应和电力设备用的接地体连接成一个整体的接地系统。但防直击雷的接地体，其接地电阻应满足本条第3款的要求。

4.3　户外装置区的排放设施

4.3.1　安装在生产设备易受直击雷的顶部和外侧上部并直接向大气排放的排放设施（如放散管、排风管、安全阀、呼吸阀、放料口、取样口、排污口等，以下称放空口），应根据排放的物料和浓度、排放的频率或方式、正常或事故排放、手动或自动排放等生产操作性质和安装位置分别进行防雷保护。

4.3.2　属于下列情况之一的放空口，应设置接闪器加以保护。此时，放空口外的爆炸危险气体空间应处于接闪器的保护范围内，且接闪器的顶端应高出放空口3m，水平距离宜为4m～5m。

1　储存闪点低于或等于45℃的可燃液体的设备，在生产紧急停车时连续排放，其排放物达到爆炸危险浓度者（包括送火炬系统的管路上的临时放空口，但不包括火炬）；

2　储存闪点低于或等于45℃的可燃液体的储罐，其呼吸阀不带防爆阻火器者。

4.3.3　属于下列情况之一的放空口，宜利用金属放空管口作为接闪器。此时，放空管口的壁厚应大于或等于表6.1.5中的厚度t'值，且应在放空管口附近将放空管与最近的金属物体进行金属连接。

1　储存闪点低于或等于45℃的可燃液体的设备，在生产正常时连续排放的排放物可能短期或间断地达到爆炸危险浓度者；

2　储存闪点低于或等于45℃的可燃液体的设备，在生产波动时设备内部超压引起的自动或手动短时排放的排放物可能达到爆炸危险浓度的安全阀等；

3　储存闪点低于或等于45℃的可燃液体的设备，停工或维修时需短期排放的手动放料口等；

4　储存闪点低于或等于45℃的可燃液体储罐上带有防爆阻火器的呼吸阀；

5　在空旷地点孤立安装的排气塔和火炬。

4.4　其他措施

4.4.1　当厂房房屋和户外装置区两类场所混合布置时，应按下列原则进行防雷设计：

1　上部为框架下部为厂房布置时，应符合户外装置区相关要求；

2　上部为厂房下部为框架布置时，应符合厂房房屋类相关要求；

3　厂房和框架毗邻布置时，应符合各自相关要求。

4.4.2　装置控制室、户内装置变电所等，均应作为厂房房屋类按现行国家标准《建筑物防雷设计规范》GB 50057的规定进行防雷设计。

5　户外装置的防雷

5.1　炉　　区

5.1.1　金属框架支撑的炉体，其框架应用连接件与接地装置相连。

5.1.2　混凝土框架支撑的炉体，应在炉体的加强板（筋）类附件上焊接接地连接件，引下线应采用沿柱明敷的金属导体或直径不小于10mm的柱内主钢筋。

5.1.3　直接安装在地面上的小型炉子，应在炉体的加强板（筋）上焊接接地连接件，接地线与接地连接件连接后，沿框架引下与接地装置相连。

5.1.4　每台炉子应至少设两个接地点，且接地点间距不应大于18m，每根引下线的冲击接地电阻不应大于10Ω。

5.1.5　炉子上接地连接件应安装在框架柱子上高出地面不低于450mm的位置。

5.1.6　炉子上的金属构件均应与炉子的框架做等电位连接。

5.2　塔　　区

5.2.1　独立安装或安装在混凝土框架内、顶部高出框架的钢制塔体，其壁厚大于或等于4mm时，应以塔体本身作为接闪器。

5.2.2　安装在塔顶和外侧上部突出的放空管以及本规范第5.11.2条规定的管口外空间，均应处于接闪器的保护范围内。

5.2.3　塔体作为接闪器时，接地点不应少于2处，并应沿塔体周边均匀布置，引下线的间距不应大于18m。引下线应与塔体金属底座上预设的接地耳相连。与塔体相连的非金属物体或管道，当处于塔体本身保护范围之外时，应在合适的地点安装接闪器加以保护。

5.2.4　每根引下线的冲击接地电阻不应大于10Ω。接地装置宜围绕塔体敷设成环形接地体。

5.2.5 用于安装塔体的混凝土框架，每层平台金属栏杆应连接成良好的电气通路，并应通过引下线与塔体的接地装置相连。引下线应采用沿柱明敷的金属导体或直径不小于10mm的柱内主钢筋。利用柱内主钢筋作为引下线时，柱内主钢筋应采用箍筋绑扎或焊接，并在每层柱面预埋100mm×100mm钢板，作为引下线引出点，与金属栏杆或接地装置相连。

5.3 静设备区

5.3.1 独立安装或安装在混凝土框架顶层平面、位于其他物体的防雷保护范围之外的封闭式钢制静设备，其壁厚大于或等于4mm时，应利用设备本体作为接闪器。

5.3.2 非金属静设备、壁厚小于4mm的封闭式钢制静设备，当其位于其他物体的防雷保护范围之外时，应设置接闪器加以保护。

5.3.3 安装在静设备上突出的放空管以及本规范第5.11.2条规定的管口外空间，均应处于接闪器的保护范围内。

5.3.4 金属静设备本体作为接闪器时，接地点不应少于2处，并应沿静设备周边均匀布置，引下线的间距不应大于18m。引下线应与静设备底座预设的接地耳相连。

5.3.5 每根引下线的冲击接地电阻不应大于10Ω。接地装置宜围绕静设备敷设成环形接地体。

5.3.6 当金属静设备近旁有其他防雷引下线或金属塔体时，应将静设备的接地装置与后者的接地装置相连，且静设备与引下线或金属塔体的距离应满足本规范第4.2.7条第2款的要求。

5.3.7 安装有静设备的混凝土框架顶层平面，其平台金属栏杆应被连接成良好的电气通路，并应通过沿柱明敷的引下线或柱内主钢筋与接地装置相连。

5.4 机器设备区

5.4.1 机器设备和电气设备应位于防雷保护范围内以避免遭受直击雷。

5.4.2 机器设备和电动机安装在同一个金属底板上时，应将金属底板接地；安装在单独混凝土底座上或位于其他低导电材料制作的单独底板上时，应将二者用接地线连接在一起并接地。

5.5 罐 区

5.5.1 金属罐体应做防直击雷接地，接地点不应少于2处，并应沿罐体周边均匀布置，引下线的间距不应大于18m。每根引下线的冲击接地电阻不应大于10Ω。

5.5.2 储存可燃物质的储罐，其防雷设计应符合下列规定：

1 钢制储罐的罐壁厚度大于或等于4mm，在罐顶装有带阻火器的呼吸阀时，应利用罐体本身作为接闪器；

2 钢制储罐的罐壁厚度大于或等于4mm，在罐顶装有无阻火器的呼吸阀时，应在罐顶装设接闪器，且接闪器的保护范围应符合本规范第5.11.2条的规定；

3 钢制储罐的罐壁厚度小于4mm时，应在罐顶装设接闪器，使整个储罐在保护范围之内。罐顶装有呼吸阀（无阻火器）时，接闪器的保护范围应符合本规范第5.11.2条的规定；

4 非金属储罐应装设接闪器，使被保护储罐和突出罐顶的呼吸阀等均处于接闪器的保护范围之内，接闪器的保护范围应符合本规范第5.11.2条的规定；

5 覆土储罐当埋层大于或等于0.5m时，罐体可不考虑防雷设施。储罐的呼吸阀露出地面时，应采取局部防雷保护，接闪器的保护范围应符合本规范第5.11.2条的规定；

6 非钢制金属储罐的顶板厚度大于或等于本规范表6.1.5中的厚度 t 值时，应利用罐体本身作为接闪器；顶板厚度小于本规范表6.1.5中的厚度 t 值时，应在罐顶装设接闪器，使整个储罐在保护范围之内。

5.5.3 浮顶储罐（包括内浮顶储罐）应利用罐体本身作为接闪器，浮顶与罐体应有可靠的电气连接。浮顶储罐的防雷设计应按现行国家标准《石油库设计规范》GB 50074的有关规定执行。

5.6 可燃液体装卸站

5.6.1 露天装卸作业场所，可不装设接闪器，但应将金属构架接地。

5.6.2 棚内装卸作业场所，应在棚顶装设接闪器。

5.6.3 进入装卸站台的可燃液体输送管道应在进入点接地，冲击接地电阻不应大于10Ω。

5.7 粉、粒料桶仓

5.7.1 独立安装或成组安装在混凝土框架上，顶部高出框架的金属粉、粒料桶仓，当其壁厚满足本规范表6.1.5中的厚度 t 值的要求时，应利用粉、粒料桶仓本体作为接闪器，并应做良好接地。

5.7.2 独立安装或成组安装在混凝土框架上，顶部高出框架的非金属粉、粒料桶仓应装设接闪器，使粉、粒料桶仓和突出桶仓顶的呼吸阀等均处于接闪器的保护范围之内，并应接地。接闪导线网格尺寸不应大于10m×10m或12m×8m。

5.7.3 每一金属桶仓接地点不应少于2处，并应沿粉、粒料桶仓周边均匀布置，引下线的间距不应大于18m。

5.8 框架、管架和管道

5.8.1 钢框架、管架应通过立柱与接地装置相连，其连接应采用接地连接件，连接件应焊接在立柱上高出地面不低于450mm的地方，接地点间距不应大于18m。每组框架、管架的接地点不应少于2处。

5.8.2 混凝土框架及管架上的爬梯、电缆支架、栏杆等钢制构件，应与接地装置直接连接或通过其他接地连接件进行连接，接地间距不应大于18m。

5.8.3 管道防雷设计应符合下列规定：

1 每根金属管道均应与已接地的管架做等电位连接，其连接应采用接地连接件；多根金属管道可互相连接后，应再与已接地的管架做等电位连接；

2 平行敷设的金属管道，其净间距小于100mm时，应每隔30m用金属线连接。管道交叉点净距小于100mm时，其交叉点应用金属线跨接；

3 管架上敷设输送可燃性介质的金属管道，在始端、末端、分支处，均应设置防雷电感应的接地装置，其工频接地电阻不应大于30Ω；

4 进、出生产装置的金属管道，在装置的外侧应接地，并应与电气设备的保护接地装置和防雷电感应的接地装置相连接。

5.9 冷却塔

5.9.1 不同型式的冷却塔，防雷设计应符合下列规定：

1 自然通风开放式冷却塔和机械鼓风逆流式冷却塔应将塔顶平台四周金属栏杆连接成良好电气通路，应在塔顶平面用接闪导线组成金属网格；在爆炸危险环境2区其网格尺寸不大于10m×10m或12m×8m，在非爆炸危险区域不大于20m×20m或24m×16m；

2 自然通风风筒式冷却塔（双曲线塔）应在塔檐上装设接闪器；

3 机械抽风逆流式或横流式冷却塔应在风筒檐口装设接闪器，塔顶平台四周金属栏杆连接成良好电气通路，每个风筒至少用2根引下线连至两侧金属栏杆；

4 建筑物顶附属的小型机械抽风逆流式冷却塔，如处在建筑物防雷保护范围之内，则不另装接闪器。

5.9.2 引下线应沿冷却塔建、构筑物四周均匀或对称布置，其间距不应大于18m。自然通风风筒式冷却塔宜利用塔体主筋作为引下线。其他型式冷却塔可以利用柱内钢筋作为引下线，也可沿柱面敷设引下线。

5.9.3 爆炸危险环境2区的冷却塔，每根引下线的冲击接地电阻不应大于10Ω。非爆炸危险环境的冷却塔，每根引下线的冲击接地电阻不应大于30Ω。接地装置宜围绕冷却塔建、构筑物敷设成环形接地体。

5.9.4 冷却塔钢楼梯，进、出水钢管应与冷却塔接地装置相连。

5.10 烟囱和火炬

5.10.1 钢筋混凝土烟囱，宜在烟囱上装设接闪器保护。多支接闪杆应连接在闭合环上。

5.10.2 当钢筋混凝土烟囱无法采用单支或双支接闪杆保护时，应在烟囱口装设环形接闪线，并应对称布置三支高出烟囱口不低于0.5m的接闪杆。

5.10.3 钢筋混凝土烟囱的钢筋应在其顶部和底部与引下线和贯通连接的金属爬梯相连。宜利用钢筋作为引下线，可不另设专用引下线。

5.10.4 高度不超过40m的烟囱，可只设1根引下线，超过40m时应设2根引下线。可利用螺栓连接或焊接的一座金属爬梯作为2根引下线用。

5.10.5 金属烟囱应作为接闪器和引下线。

5.10.6 金属火炬筒体应作为接闪器和引下线。

5.11 户外装置区的排放设施

5.11.1 安装在高空易受直击雷的放散管、呼吸阀、排风管和自然通风管等应采取防直击雷和防雷电感应的措施。

5.11.2 未装阻火器的排放爆炸危险气体或蒸气的放散管、呼吸阀和排风管等，管口外的以下空间应处于接闪器保护范围内：

1 当有管帽时，接闪器的保护范围应按表5.11.2确定；

2 当无管帽时，接闪器的保护范围应为管口上方半径5m的半球体空间。接闪器与雷闪的接触点应设在上述空间之外。

表5.11.2 有管帽的管口外处于接闪器保护范围内的空间

管口内压力与周围空气压力的压力差(kPa)	排放物的比重	管帽以上的垂直高度(m)	距管口处的水平距离(m)
<5	重于空气	1	2
5～25	重于空气	2.5	5
≤25	轻于空气	2.5	5
>25	重或轻于空气	5	5

5.11.3 未装阻火器的排放爆炸危险气体或蒸气的放散管、呼吸阀和排风管等，当其排放物达不到爆炸浓度、长期点火燃烧、一排放就点火燃烧及发生事故时排放物才达到爆炸浓度时，接闪器可仅保护到管帽，无管帽时可仅保护到管口。

5.11.4 未装阻火器的排放爆炸危险气体或蒸气的放散管、呼吸阀和排风管等，位于附近其他的接闪器保护范围之内时可不再设置接闪器，应与防雷装置相连。

5.11.5 排放无爆炸危险气体或蒸气的放散管、呼吸阀和排风管等，装有阻火器的排放爆炸危险气体或蒸气的放散管、呼吸阀和排风管等，符合本规范第5.11.3条规定的未装阻火器的排放爆炸危险气体或蒸气的放散管、呼吸阀和排风管等，其防雷设计应符合下列规定：

1 金属制的放散管、呼吸阀和排风管等，应作为接闪器与附近生产设备的防雷装置相连；

2 在附近生产设备（已作为接闪器）的保护范围之外的非金属制的放散管、呼吸阀和排风管等应装设接闪器，接闪器可仅保护到管帽，无管帽时可仅保护到管口。

5.12 户外灯具和电器

5.12.1 安装在塔顶层（高塔、冷却塔）平台上的照明灯、现场操作箱、航空障碍灯等易遭受直击雷的电器设备，宜采用金属外壳；配电线路应穿镀锌钢管，镀锌钢管应与电器设备的外壳、保护罩相连，保护用镀锌钢管应就近与钢平台或金属栏杆相连。

6 防雷装置

6.1 接闪器

6.1.1 接闪器的形式可分为杆状接闪器（接闪杆）、线状接闪器（接闪线）、网状接闪器（接闪网）、金属设备本体接闪器。

6.1.2 杆状接闪器宜采用热镀锌圆钢或钢管、铜包圆钢、不锈钢管制成，其直径不应小于下列数值：

1 针长1m以下：圆钢直径为12mm；钢管直径为20mm，壁厚不小于2.8mm；

2 针长1m～2m：圆钢直径为16mm；钢管直径为25mm，壁厚不小于3.2mm；

3 独立烟囱顶上：圆钢直径为20mm；钢管直径为40mm，壁厚不小于3.5mm。

6.1.3 线状接闪器宜采用热镀锌圆钢或扁钢，圆钢直径不应小于8mm，扁钢截面积不应小于$50mm^2$，厚度不应小于2.5mm。悬链式线状接闪器宜采用截面积不小于$50mm^2$镀锌钢绞线。

6.1.4 网状接闪器宜采用截面不小于$50mm^2$镀锌钢绞线。

6.1.5 金属设备本体接闪器应采用设备外壳，其壳体厚度应大于或等于表6.1.5中的厚度t值。

表6.1.5 做接闪器设备的金属板最小厚度

材　　料	防止击（熔）穿的厚度 t（mm）	不防止击（熔）穿的厚度 t'（mm）
不锈钢、镀锌钢	4	0.5
钛	4	0.5
铜	5	0.5
铝	7	0.65
锌	—	0.7

6.2 引下线

6.2.1 引下线宜采用焊接、夹接、卷边压接、螺钉或螺栓等连接，保证金属各部件间保持良好的电气连接。预应力混凝土钢筋不应作为引下线。

6.2.2 明敷引下线应根据腐蚀环境条件选择，宜采用热镀锌圆钢或扁钢，圆钢直径不应小于8mm，扁钢截面积不应小于$50mm^2$、厚度不应小于2.5mm。

6.2.3 引下线宜沿框架支柱引下敷设，并在地面上1.7m至地面下0.3m的一段加机械保护。

6.3 接地装置

6.3.1 接地体的材料、结构和最小尺寸应符合表6.3.1的要求。

表6.3.1 接地体的材料、结构和最小尺寸

材料	结构	最小尺寸（mm）		
		垂直接地体	水平接地体	接地板
钢	单根圆钢	直径16	直径10	—
	热镀锌钢管	直径50	—	—
	热镀锌扁钢	—	40×4	—
	热镀锌钢板	—	—	500×500
	裸圆钢	—	直径10	—
	裸扁钢	—	40×4	—
	热镀锌角钢	50×50×3	—	—

6.3.2 埋于土壤中的人工接地体通常宜采用热镀锌角钢、钢管、圆钢或扁钢。区域内人工接地体的材料宜采用同一材质。

6.3.3 区域内采用阴极保护系统时，接地装置宜符合下列规定：

1 采用加厚锌钢材料（简称锌包钢）作接地体。水平接地体宜采用圆形锌包钢，其直径不应小于10mm。垂直接地体宜采用圆柱锌包钢，其直径不应小于16mm。锌层应为高纯锌（Zn≥99.9%），钢芯与锌层的接触电阻应小于0.5mΩ；

2 土壤电阻率与锌层厚度的关系应符合表6.3.3的规定。

表6.3.3 土壤电阻率与锌层厚度表

土壤电阻率（Ω·m）	水平接地极锌层厚度（mm）	垂直接地极锌层厚度（mm）
≤20	3	5
20～50	3	3
≥50	0.1	3

3 当使用铜质材料时，阴极保护应采用外加电流法。

6.3.4 地下金属导体间的连接宜采用放热焊接方式；当采用通常的焊接方法时，焊接处应做防腐处理。

本规范用词说明

1 为便于在执行本规范条文时区别对待，对要求严格程度不同的用词说明如下：

1）表示很严格，非这样做不可的：
正面词采用“必须”，反面词采用“严禁”；

2）表示严格，在正常情况下均应这样做的：
正面词采用“应”，反面词采用“不应”或“不得”；

3）表示允许稍有选择，在条件许可时首先应这样做的：
正面词采用“宜”，反面词采用“不宜”；

4）表示有选择，在一定条件下可以这样做的，采用“可”。

2 条文中指明应按其他有关标准执行的写法为：“应符合……的规定”或“应按……执行”。

引用标准名录

《建筑物防雷设计规范》GB 50057

《石油库设计规范》GB 50074

《雷电防护　第3部分：建筑物的物理损坏和生命危险》GB/T 21714.3

中华人民共和国国家标准

石油化工装置防雷设计规范

GB 50650—2011

条　文　说　明

制 定 说 明

《石油化工装置防雷设计规范》GB 50650—2011，经住房和城乡建设部2010年12月24日以第882号公告批准发布。

本规范制定过程中，编制组进行了认真细致的调查研究，总结了我国工程建设中大型石油化工装置的设计、建设管理的实践经验，同时参考了国外先进的技术法规、技术标准，经过反复讨论、修改和完善，编制完成。

为便于广大设计、施工和生产单位有关人员在使用本规范时能正确理解和执行条文规定，《石油化工装置防雷设计规范》编制组按章、节、条顺序编制了本规范的条文说明，对条文规定的目的、依据以及执行中需注意的有关事项进行了说明（还着重对强制性条文的强制性理由做了解释）。但是本条文说明不具备与规范正文同等的法律效力，仅供使用者作为理解和把握标准规定的参考。

目　次

1　总则 ………………………………… 1—34—15
3　防雷场所分类 …………………… 1—34—15
4　基本规定 ………………………… 1—34—15
4.1　厂房房屋类场所 ……………… 1—34—15
4.2　户外装置区场所 ……………… 1—34—15
4.3　户外装置区的排放设施 ……… 1—34—16
4.4　其他措施 ……………………… 1—34—16
5　户外装置的防雷 ………………… 1—34—16
5.1　炉区 …………………………… 1—34—16
5.2　塔区 …………………………… 1—34—16
5.3　静设备区 ……………………… 1—34—17
5.5　罐区 …………………………… 1—34—17
5.6　可燃液体装卸站 ……………… 1—34—18
5.8　框架、管架和管道 …………… 1—34—18
5.9　冷却塔 ………………………… 1—34—18
5.11　户外装置区的排放设施 ……… 1—34—18
6　防雷装置 ………………………… 1—34—18
6.1　接闪器 ………………………… 1—34—18
6.3　接地装置 ……………………… 1—34—18

1 总 则

1.0.1 长期以来，石油化工生产装置的防雷设计是遵照现行国家标准《建筑物防雷设计规范》GB 50057的规定进行的。由于该规范不包含石油化工户外装置的设计内容，造成石油化工装置防雷设计的不便。故编制本规范。

石油化工生产装置包括户外场所和设施，以往设计单位在进行这部分防雷设计时，都是参照国内外的各种设计资料（如公司规定）进行的。导致防雷设计的内容和做法很不一致，缺乏依据，需要统一和规范。

本条为制定本规范的主要目的。

1.0.2 本条指出了本规范的适用范围，主要是以原油炼制及其衍生物加工为主的石油化工产品的生产装置，包括炼油、烯烃、化肥、化纤等生产装置。

生产特性与石油化工装置相近的化工装置，可根据装置构成确定是否采用本规范。生产特性与石油化工装置不同的部分（例如煤化工企业的煤处理部分），则应遵守其他有关规范的规定。

本条指出了本规范不适用的范围，主要是油田的原油采集系统、油品的长距离输送系统、石油化工装置厂区外的大容量油品储存系统和商业油品的销售系统。由于它们都有相关的国家级设计规范，本规范不宜涉及。

在考虑是否采用本规范时，执行者应明确：

1 本规范不适用于有粉尘爆燃的环境；

2 对易燃、易爆气体环境下的防爆和保护应执行相关的规范，不宜将本规范作为防雷保护的手段。

3 防雷场所分类

3.0.1 针对建筑物和户外装置区防雷设计的差别对石油化工装置的各种场所进行分类，分为户内（厂房房屋类）或户外（户外装置区）两大类。

石油化工装置的很多场所都是有爆炸性气体的危险环境，按照现行国家标准《爆炸和火灾危险环境电力装置设计规范》GB 50058的规定可能划为爆炸危险区域（0区、1区、2区）。

在进行户内场所的防雷设计时，现行国家标准《建筑物防雷设计规范》GB 50057将其划分为第一级或第二级防雷建筑物，规定了各种防雷措施，其要点是：对建筑物设置直击雷保护，对伸出建筑物屋面上排放爆炸危险物质的放散管等保护到管口外有爆炸危险浓度的气体空间（相当于0区、1区）。这样做是为了防止雷击时点燃建筑物内部的爆炸危险区域，引起空间爆炸，造成危害。

对于石油化工装置的户外场所而言，出现有爆炸危险浓度的气体空间（可能划为2区），在工程上是不可能用防雷设施（接闪杆、线、网）加以保护的。户外场所的防雷设计主要保护设备和设施。对易燃、易爆放散管口的防雷保护也主要是保护设备并减少雷击火灾的可能。

由于户内场所和户外场所产生爆炸的差别，本规范对这两类场所的防雷保护分别作了规定：

1 厂房房屋类。此类场所为封闭性的，能限制爆炸性气体混合物向大气扩散，并在一定时间内维持其爆炸危险浓度，一旦点燃，其爆炸压力巨大，将导致设备和建筑物破损。对此类场所采用外部防雷装置进行全面保护。

属于此类场所的有：各种封闭的厂房、机器设备间（包括泵房）、辅助房屋、仓库等。

2 户外装置区。此类场所为露天的或对大气敞开的，空气通畅，爆炸性气体混合物易于消散，爆炸危险浓度消失较快，一旦点燃，其爆炸压很低，不易造成危害。对此类场所侧重于户外设备设施的防雷保护。

属于此类场所的有：炉区、塔区、机器设备区、静设备区、储罐区、液体装卸站、粉粒料筒仓、冷却塔、框架、管架、烟囱、火炬等。

3.0.2 建筑结构为敞开式、半敞开式的场所是属于厂房房屋类场所和户外装置区场所之间的过渡场所。宜根据建筑形式、易燃易爆物质放散的量和通风条件确定该局部的防雷设计。在易燃易爆物质放散不利的环境，宜按户内场所设计。

4 基 本 规 定

4.1 厂房房屋类场所

4.1.1 现行国家标准《建筑物防雷设计规范》GB 50057在石油化工企业的工程项目设计中实施多年，已得到各设计单位和生产运行部门的了解和掌握，在工厂中有良好的实践经验。本条重新明确，石油化工装置厂房房屋类的各种场所在防雷设计时仍按照现行国家标准《建筑物防雷设计规范》GB 50057的有关规定执行。

4.2 户外装置区场所

4.2.1 在石油化工装置的户外装置区，本规范不是像现行国家标准《建筑物防雷设计规范》GB 50057那样要进行年预计雷击次数的计算，而是引用了其概念（易受雷击的概念、雷击的破坏后果等），对某些场所是否要防直击雷作出明确规定。

在本条中明确规定了需要进行防雷的各种情况，主要是易遭受雷击的高大设备和一些重要的生产设备。本条为强制性条文，必须严格执行。

4.2.2 在石油化工装置的户外装置区，并不是所有场所都需要进行防雷的。在水处理场所和一些罐区，地面空旷、分散布置有少量机泵（3台～4台及以下）和矮小金属设备，不必要进行防直击雷的设计。在地面上布置的管道和管架亦如此，只需要进行防雷电感应的接地。

4.2.3 本规范的重点是户外装置区的防雷，而本条的重点是户外装置区防雷的主要措施——生产设备的本体防雷保护。

石油化工装置的户外装置区，布满了大小高矮不同的工艺设备和容器，几乎全是金属的（钢的），本身大都能承受直击雷的冲击（电的、热的、机械的）。只要能满足爆炸危险环境的要求，利用设备本体作为防雷的接闪器和引下线，在工程上是十分方便和经济的。

将生产设备（直立式金属静设备）的外壳作为防直击雷的接闪器和引下线，因此要求生产设备是整体封闭和焊接的，而且要有一定的厚度，使在雷击点上电流不能熔穿外壳。

转动（驱动）设备本身有运动部件，还有电动机等电气设备，其本体不能接收和传导雷电流，因此规定不能用作接闪器。

生产设备的顶部和外侧上部是易接受直击雷的部分，要重点加以保护。一般而言，所谓顶部和外侧上部是指总高度80%以上的部分。

4.2.4 有些生产设备安装在其他已用作接闪器的高大生产设备附近，位于他们的保护范围内，可以不设置防雷保护设施（但要接地）；如果位于保护范围之外，则应设置外加的接闪器加以保护。这类生产设备共有三种，即转动设备、不能作为接闪器的金属设备（如外壳厚度不够）和非金属外壳的静设备。

4.2.6 高大和高空意指生产设备周围无更高物体对其屏蔽或影响而易受直击雷者。

4.2.8 在工程设计中，一般都将防直击雷的接地体与防雷电感应的接地体在地下连接起来（或者共用），并且还与电力设备的保护接地网（其接地体一般在变电所附近）连接。因此，在平面图上看，地下的接地体和连接用的接地线共同形成一个大接地网络，不易看清哪组接地体是防直击雷用的。

雷电流经最近的引下线流入地中（经断接卡后的接地线），在接地体上流散入大地。由于雷电流的冲击性能，限制了它只能在一定范围内流散（即出现了接地体的有效长度 l_e）。

本条规定，防直击雷的接地体，在计算接地电阻时其接地体的长度只能采用小于或等于接地体有效长度数值。

4.3 户外装置区的排放设施

4.3.1～4.3.3 石油化工装置用的排放设施种类较多，由于它们所处的排放状况不同（如排放物料种类和危险程度、排放的频率和浓度、排放的方式、排放设施的安装位置、一旦雷击排放口时可能导致的危险后果等），防雷设计时的安全措施也应有所区别，可能会提出多种要求，在工程中不易处理。再则，由于是在户外场所，排放的物料容易扩散，排放的量一般不会大。即使发生爆炸，破坏的程度也不大。因此，本规范采取的措施为：对极少数严重的排放情况重点加以保护，要设置外加的接闪器，防止出现大的危害；对大多数的排放情况规定直接利用放空管口作为接闪器来保护。

关于排放设施的防雷保护，其要点如下：

1 要保护的是安装在和延伸到生产设备顶部和外侧上部的排放设施，即称为放空口，因为它们最可能遭受到雷击。

2 呼吸阀实际上是最危险的一种排放设施，它经常在呼和吸有爆炸危险浓度的气体，只有合格的防爆阻火器才能隔离爆炸的传递。

3 生产装置发生紧急停车也是最危险的，此时有关的放空口不能再出现任何故障，即使此时雷击的几率极低，亦应加以保护。

4.4 其 他 措 施

4.4.2 石油化工生产装置一般都会配置装置变电所，而且都是户内式的建筑物。虽然有些变电所会在墙外附建电力变压器和电容器，但是它们是封闭式的设备，比较矮小，容易受到建筑物的保护（若有防雷要求时）。

本条明确，装置变电所作为厂房房屋类场所按照现行国家标准《建筑物防雷设计规范》GB 50057的规定进行防雷设计。

5 户外装置的防雷

5.1 炉 区

5.1.1～5.1.6 这几条主要强调金属性炉子支撑方式的不同其引下线有所不同。

5.2 塔 区

5.2.1 石油化工装置中的塔器，其安装方式一般可分为两类：一类利用塔器本身的裙座支撑，独立安装；另一类则是安装在框架内（此框架可以是钢框架，也可以是混凝土框架），借助框架梁柱作为承力结构。

对于独立安装或安装在混凝土框架内而顶部又高出框架的钢制塔器，利用塔器本体作为接闪器的前提条件是其钢制壁厚不应小于4mm。此条件是依据现行国家标准《建筑物防雷设计规范》GB 50057和国际电工委员会 IEC 62305—3 建筑物防雷标准的有关规定。

5.2.2 见本规范第 5.11.2 条的说明。

5.2.3 石油化工装置塔区，一般属户外区域，尽管通风良好，由于塔器高度较高，受雷击的概率也大，为使局部区域电位分布均匀，减小引下线上电压降，降低反击危险，规定接地点不应少于 2 处，并应沿塔器周边均匀布置，引下线的间距不应大于 18m。

如果塔器顶部安装有非金属物体或管道，例如：塔顶部的非金属仪表箱，或与衬胶塔顶部出口所连的玻璃钢管道等。可能处于塔体本身的保护范围之外，则应局部采取防直击雷的措施。

5.2.4 根据现行国家标准《建筑物防雷设计规范》GB 50057 制定本规定，详见本规范第 5.2.3 条的说明。

5.2.5 本条的规定是为了防止作为接闪器的塔器遭受雷击时，雷电感应造成的危害；当框架高度较高时，还能有效防止侧击。

5.3 静设备区

5.3.1 本条规定见本规范第 5.2.1 条说明。

5.3.2 本条所述情况在石油化工装置中比较少见，但如果出现了这样的静设备（其内部介质一般是可燃性介质或有毒有害介质），因此其防雷保护是很有必要的。防直击雷击保护优先采用在设备本体敷设网状接闪器（避雷网），如采用有困难时也可采用独立接闪杆（避雷针）或带状接闪器（避雷线）。

5.3.3 本条规定见本规范第 5.2.2 条说明。

5.3.4 本条规定见本规范第 5.2.3 条说明。

5.3.5 每根引下线的冲击接地电阻值，参见现行国家标准《建筑物防雷设计规范》GB 50057 第 4.3 节的规定。

5.3.6 为防止近旁高大物体遭受直击雷时，对设备造成的高电压反击而制定本条规定。参见现行国家标准《建筑物防雷设计规范》GB 50057 第 4.3 节的规定。

5.3.7 为防止雷电感应危害，作此规定。参见现行国家标准《建筑物防雷设计规范》GB 50057 第 4.3 节的规定。

5.5 罐　区

5.5.1 在金属储罐的防雷措施中，储罐的良好接地很重要，可以降低雷击点的电位、反击电位和跨步电压。本条为强制性条文，必须严格执行。

各国对接地电阻要求是不一致的。英国有关规范要求防雷接地电阻不大于 7Ω；苏联和日本要求防雷接地电阻不大于 10Ω。我国防雷接地电阻的要求不大于 10Ω，是国内各部规程的推荐值。

5.5.2 储存可燃介质储罐的防雷接地设计规定解释如下：

1 英、美、苏、日、德等国认为金属储罐，当罐顶的金属板有一定厚度、呼吸阀上安装阻火器，且储罐与管线有良好的连接，罐体有良好的接地时，储罐就具有防雷能力了，不再装设避雷针（线）。金属储罐防雷顶板的厚度，各国要求不同，美国要求不小于4.75mm，苏联要求不小于 4mm，日本要求不小于 3.2mm。规定顶板厚度的要求，目的是当储罐遭到雷击时，金属储罐的顶板不会被击穿，同时雷击时在罐顶产生的热能，不致引起罐内可燃介质着火。

从储罐的雷击模拟实验资料中可以看出，当雷击电流为146.6kA～220kA（即能量为 133.4J～201.8J，电量为 6.68C～10.09C）时，钢板熔化的深度仅为 0.076mm～0.352mm，顶板的背面（油罐内的一面）的钢板温度在 50℃～70℃之间。若用最大自然雷电量 100C 的能量计算，钢板熔化的深度约为 1.55mm。考虑到实际上的各种不利因数及富裕量，厚度大于或等于 4mm 的钢板，对防雷是足够安全的。

2 覆土油罐一般有覆土金属储罐和覆土非金属储罐两种类型。国外对覆土储罐的防雷设施，没有明确的规定。我国某些覆土的钢筋混凝土储罐或钢油罐装设独立的避雷针；有些在储罐上装设单支避雷针保护呼吸阀及量油孔；也有些在地面上敷设网孔尺寸不大于 10m×10m 的避雷网，该网通过环形接地装置接地；也有不少覆土层超过 0.5m 的油罐没有避雷设施。

根据现行国家标准《雷电防护　第 3 部分：建筑物的物理损坏和生命危险》GB/T 21714.3—2008 附录 D 中"被土壤覆盖的储油罐和输送管道也不需要安装接闪器。在这些装置内使用仪器、设备必须得到批准，且应根据建筑物类型进行雷电保护"的规定制定了本条第 5 款。

5.5.3 关于外浮顶储罐的防雷问题，在 API RP 545《地上储罐防雷保护》最新实验的更新状况中，对其规范的编制情况进行了介绍，形成的结果和初步意见如下：

1 基于相关的试验表明，取消能够引起火灾、安装于液体表面上或二次密封处的导电片是合理的，特别是如果在二次密封和罐壁之间存在间隙时。

2 最好抵御雷电点燃的方法是使在导电片附近不出现可燃气体的混合物，即紧密的密封。

3 需加强密封导电路径的检查和维护。

4 当有强雷击时，限制人员进入罐区。

5 值得注意的是在雷击时，内浮顶罐比外浮顶罐更不易于被点燃。

6 标准的导电片的设计是一个密封的组合设计，它能够提供并行的金属导电路径，通过悬挂的机械部分到任何浸没在液体内的导电片。多重接地路径的出现，没有引起一些型式的修改，如可燃气体混合物的空间等。

7 位于可燃气体混合物空间内的金属密封可能是点火源。

目前，最新出版的 API RP 545《地上储罐防雷保护》，已经给出了明确的做法，即将导电片至少移至液体产品表面下 0.3m 处；另外，外浮顶储罐的防雷是一个多专业配合协作的工作，涉及设计、制造等多个环节。

5.6 可燃液体装卸站

5.6.1 根据安全运行制度的要求，雷雨天原则上避免进行露天装卸作业，可不装设接闪器。

5.8 框架、管架和管道

5.8.3 管道防雷应按常规的金属管道防雷防静电的做法执行。

5.9 冷却塔

5.9.1 根据《给排水设计手册》（中国建筑工业出版社出版），冷却塔分为干式、湿式和干湿式三大类，石油化工装置常用湿式冷却塔，故本规范仅规定了各种湿式冷却塔的防雷措施。

湿式冷却塔分类如下：

- 湿式冷却塔
  - 自然通风
    - 开放式
    - 风筒式
      - 逆流式
      - 横流式
  - 机械通风
    - 抽风式
      - 逆流式
      - 横流式
    - 鼓风式—逆流式

1 自然通风开放式冷却塔和机械鼓风逆流式冷却塔塔顶无风筒，为四周有栏杆的平顶，因此其防直击雷的措施仅在冷却塔顶设网状接闪器（避雷网）。

2 自然通风风筒式冷却塔（双曲线塔）属钢筋混凝土构造，塔顶无平台且高度较高，防直击雷的措施只在檐口装设网状接闪器（避雷网）即可。

3 机械抽风逆流式或横流式冷却塔在塔顶都安装有风筒，而目前风筒材料一般都是玻璃钢，且制造厂在制作风筒时在檐口预留了安装网状接闪器（避雷网）的孔洞或预制件。因此在风筒檐口装设网状接闪器（避雷网）是可行的。

4 建筑物顶附属的小型机械抽风逆流式冷却塔，一般都处在建筑物的防雷保护范围之内，可与建筑物的防雷保护统筹考虑。如确实不在建筑物的防雷保护范围之内，可借鉴本条第 3 款的防雷措施。

5.9.4 制定本条的目的是防雷电感应。

5.11 户外装置区的排放设施

5.11.1 对放散管、呼吸阀、排风管和自然通风管等，采取防直击雷和防雷电感应的措施为防雷设计的一般规定。

5.11.2 排放爆炸危险气体或蒸气的放散管、呼吸阀和排风管等通常应配有阻火器，避免雷击放散管、呼吸阀和排风管后，产生的电火花引起爆炸。如遇排放爆炸危险气体或蒸气的放散管未设置阻火器时，此放散管不得作为接闪器。

表 5.11.2 引自现行国家标准《建筑物防雷设计规范》GB 50057，其目的主要使接闪器与雷闪的接触点设于排放爆炸危险气体或蒸气的放散管、呼吸阀和排风管管口周围的爆炸危险区域之外；但是爆炸危险区域的分区和范围如何确定，实际上有很多国内外标准对其有不同的规定，要准确界定也是很困难的。把表5.11.2的内容与 API 505、API 500、NFPA 497 和 GB 50058 等标准的规定对比后，认为表 5.11.2 基本可使接闪器与雷闪的接触点设于排放爆炸危险气体或蒸气的放散管、呼吸阀和排风管管口周围的爆炸危险区域之外。实践也证明引用现行国家标准《建筑物防雷设计规范》GB 50057 的内容实施多年，尚未见引发事故的报道。

5.11.5 排放爆炸危险气体或蒸气的放散管、呼吸阀和排风管等通常应配有阻火器，实践证明是安全可靠的；同时兼顾与现行国家标准《建筑物防雷设计规范》GB 50057 的相关规定保持一致。

6 防雷装置

6.1 接闪器

6.1.2 本条是在现行国家标准《建筑物防雷设计规范》GB 50057 基础上增加了铜包圆钢线，是基于石油、化工装置腐蚀介质较多且环境条件比较严重的情况（或事实）而考虑的。

6.1.5 本条规定等效采用了现行国家标准《雷电防护 第 3 部分：建筑物的物理损坏和生命危险》GB/T 21714.3—2008 第5.2.5条的规定。

6.3 接地装置

6.3.1 本条部分采用了现行国家标准《雷电防护 第 3 部分：建筑物的物理损坏和生命危险》GB/T 21714.3—2008 表 7 的规定。

6.3.2 区域接地材料统一使用一种材质，可避免因不同材质的电位差产生电偶腐蚀。

6.3.3 本条是对设备、管道和建筑物已做防腐蚀保护（如阴极保护），则接地工程不能消耗保护电流使阴极保护失效；若设备、管道和建筑物是钢质材料，接地体宜选用电位较铁负的金属材料（如锌等），对设备、管道和建筑物没有加速腐蚀的危险，同时还有保护作用。在该区域内使用铜材，不采取措施会形成电偶腐蚀。

锌包钢材料是以低碳钢和高纯锌为原料，通过热压形成的双金属复合材料。锌本身就是阴极保护材料，选用厚锌层就是兼顾地下其他金属构筑物的防腐蚀作用，结合现行行业标准《埋地钢质管道牺牲阳极阴极保护设计规范》SY/T 0019 可计算，达到不再做阴极保护，实现接地和阴极保护于一体；用高纯锌是为解决延缓自腐蚀发生，提高保护的使用效率和使用寿命；里面有碳钢材料是为了增加接地体的机械强度、热稳定性和机加工性能。

锌的 pH 为 6～12 时，腐蚀速度很低。在蒸馏水中典型的腐蚀速度是 0.015mm/a～0.15mm/a；在海水的典型腐蚀速度是0.020mm/a～0.070mm/a（《尤利格腐蚀手册》R·温斯顿·里维主编，杨武等译，化学工业出版社，2005 年）。故在绝大多数土壤环境中（pH 为 7～8.5）是适用的，且锌层厚度越厚，抗腐蚀性能越好，使用年限越长。

根据现行国家标准《埋地钢质管道阴极保护技术规范》GB/T 21448，可以粗略计算垂直接地极的使用年限。

1 腐蚀分类（见图 1、表 1、表 2）。

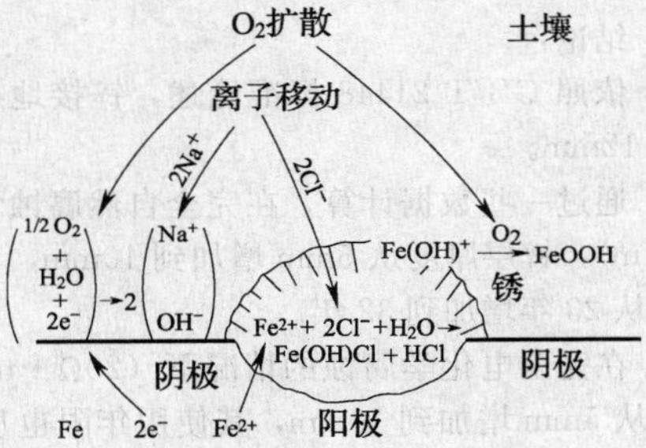

图 1 氧浓差电池的腐蚀模型

表 1 土壤电阻率与土壤腐蚀性（Ω·m）

腐蚀性	中国	前苏联	英国	日本	美国(1)	美国(2)	美国(3)	法国
极强	—	＜5	＜9	—	—	＜7.5	—	＜5
强	＜20	5～10	9～23	＜20	＜10	—	＜20	5～15
中等	20～50	10～20	23～50	20～45	10～100	7.5～100	20～45	15～25
弱	＞50	20～100	50～100	45～60	100～1000	—	45～60	—
很弱	—	＞100	＞100	＞60	＞1000	＞100	60～100	＞30

注：图 1、表 1 引自《阴极保护工程手册》（胡士信主编，化学工业出版社，1999 年）。

表 2 土壤电阻率与土壤腐蚀性

土壤腐蚀性	弱	中等	强
土壤电阻率（Ω·m）	＞50	20～50	＜20

注：表 2 摘自现行行业标准《电力工程地下金属构筑物防腐技术导则》DL/T 5394。

从表 1、表 2 中可以看出，土壤腐蚀性与土壤电阻率有直接关系，随土壤电阻率的升高，土壤的腐蚀性变弱。

2 对“土壤电阻率在 20Ω·m 及以下时，水平接地极锌层厚度不小于 3mm，垂直接地极锌层厚度不小于 10mm”的解释：

1） 10mm 锌层厚度的引用：现行行业标准《埋地钢质管道牺牲阳极阴极保护设计规范》SY/T 0019—1997 第 6.1.3 条规定：防雷、防静电的接地极宜选用锌合金，并有锌接地极的结构图（图 2）。其中锌层厚度为 12mm。

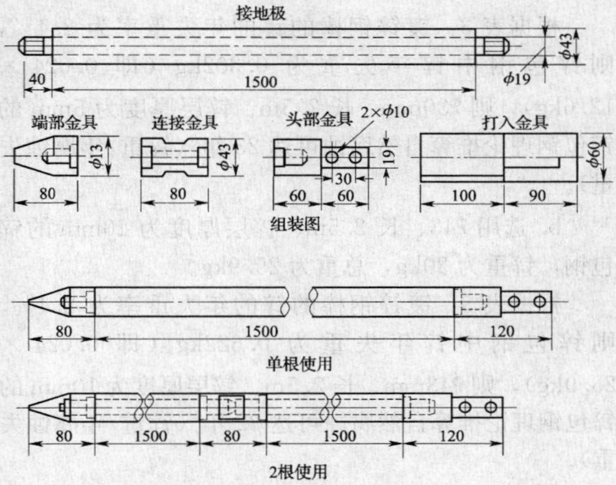

图 2 锌接地极结构图

2） 5mm、10mm 计算。将“锌层厚度不小于 10mm”改为“锌层厚度不小于 5mm”。现行国家标准《埋地钢质管道阴极保护技术规范》GB/T 21448 并没有规定锌接地极的具体尺寸，现对原有规定作部分调整，计算如下：

接地材料腐蚀情况统计资料（见表 3、表 4）：

表 3 单一金属自然腐蚀

材　料	失重百分比（%）	
	1 年	3 年
软钢棒	2.6	6.11
镀锌钢棒	1.5	2.4
电镀铜钢棒	0.52	0.93
锌棒	1.2	1.2

表 4 不同金属组合的腐蚀测试数据（电偶腐蚀）

材　料	接地体组成（Ⅰ为软钢）	软钢失重百分比（%）	
		1 年	3 年
镀锌钢棒（G）	G—Ⅰ	1.2	2.85
电镀铜钢棒（C）	C—Ⅰ	4.85	14.0

注：表 3、表 4 腐蚀数据来自美国加利福尼亚国家海军土木工程实验室公布的实验数据，环境：美国加州海岸附近的美国海军土木工程实验室内，电阻率为12Ω·m。

①引用的腐蚀数据如下：

对比表3、表4，在镀锌钢棒与软钢棒电连接后，软钢的腐蚀大大降低了，即锌延缓了钢铁的腐蚀速度，具有保护功能。

②垂直接地极锌层自然腐蚀计算：

锌包钢材料由于锌层较厚，其腐蚀发生主要在锌上。

由于接地网的氧浓差腐蚀因素，垂直接地极的腐蚀包括自然腐蚀、水平接地网材料的电化学腐蚀。

a. 选用ϕ30、长2.5m、锌层厚度为5mm的锌包钢，其中锌重为7kg，总重为12.6kg。

根据表3：镀锌钢棒的锌的年失重率为2.4%，则锌包钢中锌年失重为0.302kg（即0.024×12.6kg），则ϕ30mm、长2.5m、锌层厚度为5mm的锌包钢理论推算自然腐蚀可达23年（锌重/年腐蚀失重）。

b. 选用ϕ43、长2.5m、锌层厚度为10mm的锌包钢，锌重为20kg，总重为25.9kg。

根据表3：镀锌钢棒的锌的年失重率为2.4%，则锌包钢中锌年失重为0.622kg（即0.024×25.9kg），则ϕ43mm、长2.5m、锌层厚度为10mm的锌包钢理论推算自然腐蚀可达32年（锌重/年腐蚀失重）。

3）理论计算（主要考虑电化学腐蚀情况）：

①锌层厚度按10mm计算：选用ϕ43、长2.5m、锌层厚度为10mm的垂直接地极，锌重为20kg。土壤电阻率为20Ω·m时，该接地极的接地电阻6.5Ω［按现行国家标准《埋地钢质管道阴极保护技术规范》GB/T 21448—2008中公式（A.2.1）计算：

$$R=\frac{\rho}{2\pi L}\left(\ln\frac{2L}{D}+\frac{1}{2}\ln\frac{4t+L}{4t-L}\right)$$

按没有加填包料计算］，最大输出保护电流为38.42mA［GB/T 21448—2008中公式（A.2.4）：$I_f=\Delta E/R$，ΔE取0.25V］（相对裸钢铁），考虑到金属间的屏蔽按现行行业标准《电力工程地下金属构筑物防腐技术导则》DL/T 5394—2007附录C.4的规定：阳极平均输出电流＝0.7×阳极输出电流。则该锌包钢接地极输出电流为26.9mA，最短使用年限为36.6年［按GB/T 21448—2008中公式（A.2.6）计算：

$$Y=\frac{W_g}{W_g I_f}\times 0.85$$

式中：W_g为锌的消耗率：≤17.25kg/（A.a），取17.25］。

②锌层厚度按5mm计算：选用ϕ30mm、长2.5m、锌层厚度为5mm的垂直接地极，锌重为7kg。按照上述公式计算在土壤电阻率在20Ω·m时，该接地极的接地电阻为7.96Ω［按GB/T 21448—2008中公式（A.2.1）计算，即：

$$R=\frac{\rho}{2\pi L}\left(\ln\frac{2L}{D}+\frac{1}{2}\ln\frac{4t+L}{4t-L}\right)$$

按没有加填包料计算］，最大输出保护电流为35.89mA［按GB/T 21448—2008中公式（A.2.4）：$I_f=\Delta E/R$，ΔE取0.25V］（相对裸钢铁），平均输出电流为25.1mA，则最短使用年限为13.7年［按GB/T 21448—2008中公式（A.2.6）计算：

$$Y=\frac{W_g}{W_g I_f}\times 0.85$$

W_g为锌的消耗率：≤17.25kg/（A.a），取17.25］。

3　结论：

1）依照GB/T 21448标准论述，锌接地极锌层厚度为12mm。

2）通过一些数据计算，在完全自然腐蚀情况下（12Ω·m），锌层厚度从5mm增加到10mm，其使用年限也从23年增加到32年。

3）在完全电化学腐蚀的情况下（20Ω·m），锌层厚度从5mm增加到10mm，其使用年限也从13.7年增加到36.6年；若只输出50%的电流，则其使用年限也从26年增加到72年。

4）根据本标准所设定的条件（“区域内采用阴极保护系统时”），其锌层因输出的电流而导致腐蚀不是主要的，其腐蚀偏向自然腐蚀状态，考虑到土壤腐蚀的复杂性，根据土壤腐蚀分类和腐蚀性特征，在小于或等于20Ω·m时，故选取“锌层厚度不低于5mm”的规定。

中华人民共和国国家标准

煤炭工业矿区总体规划文件编制标准

Preparation standard for general planning on mining area of coal industry

GB/T 50651—2011

主编部门：中 国 煤 炭 建 设 协 会

批准部门：中华人民共和国住房和城乡建设部

施行日期：2 0 1 1 年 1 2 月 1 日

中华人民共和国住房和城乡建设部
公　告

第883号

关于发布国家标准《煤炭工业矿区总体规划文件编制标准》的公告

现批准《煤炭工业矿区总体规划文件编制标准》为国家标准，编号为GB/T 50651—2011，自2011年12月1日起实施。

本标准由我部标准定额研究所组织中国计划出版社出版发行。

中华人民共和国住房和城乡建设部

二〇一〇年十二月二十四日

前　言

本标准是根据住房和城乡建设部《关于印发〈2008年工程建设标准规范制订、修订计划（第二批）〉的通知》（建标〔2008〕105号）的要求，由中煤西安设计工程有限责任公司会同有关单位共同编制完成的。

本标准在编制过程中，标准编制组开展了专题研究，进行了比较广泛的调查，总结了近年来煤炭矿区总体规划编制的经验，考虑了我国社会主义市场经济环境、国民经济的发展和煤炭产业技术进步对煤炭矿区总体规划编制的要求，并在全国范围内广泛征求了有关单位的意见，经反复讨论、修改，最后经审查定稿。

本标准共分5章，5个附录。主要内容包括：总则，术语，文件的组成和格式，文件的内容深度，文件编制的其他要求等。

本标准由住房和城乡建设部负责管理，中国煤炭建设协会负责日常管理，中煤西安设计工程有限责任公司负责具体技术内容的解释。本标准在执行过程中，请各单位结合工程实践，认真总结经验，如发现需要修改或补充之处，请将意见和建议函告中煤西安设计工程有限责任公司（地址：西安市雁塔路北段64号；邮政编码：710054；E-mail：xmsxms@pub. xaonline. com)，以便今后修订时参考。

本标准主编单位、参编单位、主要起草人和主要审查人：

主编单位： 中煤西安设计工程有限责任公司

参编单位： 中国国际工程咨询公司
中煤国际工程集团北京华宇工程有限公司
中煤国际工程集团沈阳设计研究院
中煤国际工程集团武汉设计研究院
中煤国际工程集团重庆设计研究院
中煤国际工程集团南京设计研究院
煤炭工业合肥设计研究院
煤炭工业规划设计研究院
煤炭工业济南设计研究院有限公司

主要起草人： 王昌傲　伍育群
（以下按姓氏笔画为序）
丁　易　王白空　王成惠　王安俊
王志杰　王和德　王普舟　史英虎
李　安　李　明　李定明　刘珉瑛
李瑞峰　刘　建　刘　光　刘清宝
何　山　孟　融　林　珍　林斯平
屈　磊　杨庆铭　杨建华　杨朝阳
张孔思　张世和　张豫生　祝怡虹
郭大同　徐昌润　高建国　黄通才
董万江　彭淮光　翟访中　樊春辉

主要审查人： 黄　忠　何国纬　邓晓阳　王结义
李德春　宿威俊　孟建华　周秀隆
吴　影　王先锋　何建平

目 次

1 总则 ………………………… 1—35—5
2 术语 ………………………… 1—35—5
3 文件的组成和格式 ……………… 1—35—5
3.1 文件组成 ………………………… 1—35—5
3.2 规划文本格式 ……………………… 1—35—5
3.3 附图格式 ………………………… 1—35—6
4 文件的内容深度……………………… 1—35—6
5 文件编制的其他要求 ……………… 1—35—6
附录 A 煤炭矿区总体规划文本前引部分内容与格式 ……………… 1—35—6
附录 B 煤炭矿区总体规划文本正文的章节划分 ……………… 1—35—9
附录 C 煤炭矿区总体规划文本正文的内容深度要求 ……………… 1—35—10
附录 D 煤炭矿区总体规划附图的内容深度要求 ……………… 1—35—30
附录 E 煤炭矿区总体规划编制的其他要求 ……………… 1—35—33
本标准用词说明 ………………… 1—35—34
引用标准名录 ………………… 1—35—34
附：条文说明 ………………… 1—35—35

Contents

1 General provisions ······ 1—35—5
2 Terms ······ 1—35—5
3 Components and format of document ······ 1—35—5
3.1 Document components ······ 1—35—5
3.2 Text format of planning ······ 1—35—5
3.3 Attached drawing format ······ 1—35—6
4 Content depth of document ······ 1—35—6
5 Other requirement for document preparation ······ 1—35—6
Appendix A Contents and format of head page and text of general planning on mining area of coal ······ 1—35—6
Appendix B Chapters and sections of general planning on mining area of coal ······ 1—35—9
Appendix C Depth requirement on text of general planning on mining area of coal ······ 1—35—10
Appendix D Depth requirement on contents of attached drawings for general planning on mining area of coal ······ 1—35—30
Appendix E Other requirement for preparation of general planning on mining area of coal ······ 1—35—33
Explanation of wording in this standard ······ 1—35—34
List of quoted standards ······ 1—35—34
Addition: Explanation of provisions ······ 1—35—35

1 总 则

1.0.1 为贯彻执行国家法律法规和煤炭产业政策，规范煤炭矿区总体规划文件的内容深度及其他编制要求，提高煤炭矿区总体规划的水平和质量，制订本标准。

1.0.2 本标准适用于各类煤炭矿区总体规划的编制和修编。

1.0.3 煤炭矿区总体规划必须符合国家的法律法规、产业政策、推进技术进步和可持续发展的要求；体现矿区统一规划、合理布局、综合开发、有效利用和规模经营的原则；与国土规划、城镇规划、相关行业规划和地区经济发展规划等相衔接；并处理好煤炭资源开发与环境保护、资源保护、综合利用、节约用地、节能减排和节水的关系。

1.0.4 煤炭矿区总体规划应满足下列要求：

1 作为矿区资源勘查、开发和生产活动的依据。

2 作为矿区探矿权与采矿权设置的依据。

3 作为矿区各单项工程可行性研究和项目核准的依据。

4 作为编制矿区建设组织方案的依据。

5 作为编制国家和地方国民经济发展规划、县域社会经济规划、相关城镇规划和相关行业规划的依据。

1.0.5 煤炭工业矿区总体规划的编制，除应符合本标准外，尚应符合国家现行有关标准的规定。

2 术 语

2.0.1 矿区 mining area

统一规划和开发的煤田或其一部分。

2.0.2 矿区总体规划 general planning of mining area

对矿区建设规模、井（矿）田划分、煤矿生产能力与建设顺序、煤炭加工、地面配套设施，以及矿区环境保护和其他外部关系等进行的全面规划。

2.0.3 井田 underground mine field

矿区内划归一个地下矿开采的部分。

2.0.4 露天矿田 surface mine field

矿区内划归一个露天矿开采的部分，也可简称矿田。

2.0.5 勘查区 exploration area

煤田地质勘查的工作区域。矿区总体规划中特指矿区内因地质勘查程度低而不能划分井（矿）田，需要进一步勘查的区域。

2.0.6 矿区均衡生产时期 balanced production period of mining area

矿区生产能力波动幅度不大于15%的时期。

2.0.7 矿区规模 mining area capacity

矿区均衡生产时期的生产能力。

2.0.8 煤炭加工 coal processing

广义：为提高煤质或煤炭利用价值以获得适合不同需要的商品煤或煤制品，应用机械、物理、化学等方法对原煤进行处理的过程。

狭义：专指煤炭分选加工，即对采出的煤炭经机械、物理方法处理除去非煤物质，并按需要分成不同质量、规格产品的过程。

2.0.9 煤炭深加工 coal deep processing

为进一步提高煤质或煤炭利用价值，在煤炭分选加工的基础上对煤炭进行的进一步加工，如水煤浆制备、型煤制备、动力配煤等。

2.0.10 煤炭转化 coal conversion

广义：应用化学、机械与物理方法或以化学加工方法为主，将煤炭转化为电力、洁净燃料等能源产品或化工产品的过程，如燃煤发电、煤炭气化、煤炭液化、焦化、燃料电池等。

狭义：以化学加工方法为主将煤炭转化为洁净燃料或化工产品的过程，如煤炭气化、煤炭液化、燃料电池等。

2.0.11 矿区主体工程 main works of mining area

矿区内开采和加工煤炭的工程，包括矿井、露天矿和选煤厂。

2.0.12 矿区配套设施 supporting facilities of mining area

矿区内除矿井、露天矿和选煤厂之外的其他矿区工程设施的总称。一般包括矿区辅助设施、行政设施与居住区、综合利用与煤炭深加工工程、交通运输、供电、信息网、给排水、供热、防洪设施等。

2.0.13 矿区辅助设施 auxiliary facilities of mining area

矿区内为矿区生产和应急救援服务的设施。一般包括机电修理与租赁设施、器材供应设施、中心试验站、矿山救护和消防设施。

3 文件的组成和格式

3.1 文件组成

3.1.1 煤炭矿区总体规划文件应包括规划文本和附图。附图应包括复制的地质图和规划图。

3.1.2 必要时，煤炭矿区总体规划文件还可包括所在煤田的矿区划分方案、与矿区开发建设有关的专题研究报告等单独装订的附件。

3.2 规划文本格式

3.2.1 规划文本应由前引部分、正文和附录组成。各部分的内容与顺序应符合下列规定：

1 前引部分应包括下列内容：

——封面；

——扉页；

——规划编制单位资质证书复印件；

——编审人员名单；

——目录。

2 正文。

3 附录。

3.2.2 封面、扉页、编审人员名单和目录的内容与格式应符合本标准附录A的规定。

3.2.3 正文应分章、节编写。各章、节应有序号与名称。

3.2.4 附录应包括下列内容：

1 规划委托文件。

2 包括评审意见在内的地质资料评审备案文件。

3 与规划有关的协议和意向性文件。

4 其他应附入的文件。

3.3 附 图 格 式

3.3.1 规划图的格式应符合现行国家标准《煤炭矿井制图标准》GB/T 50593的有关规定。图纸的编号应符合行业的有关规定。

3.3.2 复制的地质图应采用与规划图相同的格式，与规划图统一编号，并应符合下列规定：

1 应说明原件的出处。

2 应由复制人和校核人签署。

3.3.3 图纸比例应根据图幅大小，遵循可清晰表达图面内容的原则确定，并应符合表3.3.3的规定，同时应符合下列规定：

1 各井（矿）田的同一类图纸应采用同一比例。

2 井（矿）田划分平面图比例宜与井（矿）田开拓平面图相同。

3 矿区铁路平面图比例宜与矿区地面总布置图相同。

表3.3.3 图纸比例

图纸名称、类别	图 纸 比 例
复制的地质图	采用原图比例
井（矿）田划分平面图	1：5000、1：10000、1：25000、1：50000
井田开拓平面图	1：5000、1：10000、1：25000
井田开拓剖面图	1：2000、1：5000、1：10000
露天矿剥采排工程位置及运输系统平面图	1：5000、1：10000、1：25000
矿区铁路平面图	1：5000、1：10000、1：25000、1：50000
矿区地面总布置图	1：5000、1：10000、1：25000、1：50000

4 文件的内容深度

4.0.1 煤炭矿区总体规划应包括下列内容：

1 确定矿区范围并论证其合理性。

2 预测矿区的市场前景，分析矿区开发对国民经济、地区经济和社会发展的影响，论证矿区开发建设的必要性。

3 确定矿区井（矿）田和勘查区的划分、各矿井（露天矿）的规划生产能力和矿区规模。

4 初步确定各矿井（露天矿）的工业场地、开拓方式和采掘装备水平。

5 确定矿区煤炭分选加工原则和煤炭分选加工工程布局。

6 确定矿区运输方式，初步确定矿区准轨铁路和各矿井铁路专用线的能力、技术标准、车站设置与线路方案，以及矿区道路和其他运输设施建设方案。

7 初步确定矿区配套设施的建设方案、矿区地面总布置和占地。

8 确定矿区综合利用原则，初步确定矿区综合利用项目。

9 提出矿区煤炭深加工与转化的建议。

10 初步确定矿区环境与生态保护和节能减排的原则与措施。

11 估算矿区劳动定员和建设投资。

12 确定矿区主体工程建设项目，初步确定配套设施建设项目。

4.0.2 规划图和规划文本所表达的内容应一致。

4.0.3 规划文本的章、节划分以及章、节的序号与名称，应符合本标准附录B的规定。

4.0.4 规划文本各章节的内容深度应符合本标准附录C的规定。

4.0.5 附图的图名及内容深度应符合本标准附录D的规定。

5 文件编制的其他要求

5.0.1 规划文本应符合下列规定：

1 层次应分明，条理应清晰。

2 语言应简洁，详略应适宜。

3 概念应准确，用词应规范。

4 论证应充分，结论应可信。

5 插图应清晰，表达内容应突出。

5.0.2 规划图应图面清晰，图例与文字应规范；地质地形资料应准确，规划内容应明显突出。

5.0.3 规划文本的体例、文字、符号与数值、计量单位、表格与插图等其他要求，应符合本标准附录E的规定。

附录A 煤炭矿区总体规划文本前引部分内容与格式

A.1 封　面

A.1.1 封面应包括下列内容：

1 文件名称。

2 规划编制单位名称。

3 文件出版年月。

A.1.2 封面的格式应符合图 A.1.2 的规定。

> ××省（自治区、市）××煤田
>
> ××矿区总体规划
>
> （规划编制单位名称）
>
> ××××年××月

图 A.1.2　文本封面格式

A.2 扉　页

A.2.1 扉页应包括封面的全部内容和下列内容：

1 工程编号。

2 矿区规模。

3 规划编制单位行政负责人、技术负责人和项目负责人姓名与签字。

4 在规划编制单位名称处加盖编制单位资质印章。

A.2.2 扉页的格式应符合图 A.2.2 的规定。

> ××省（自治区、市）××煤田
>
> ××矿区总体规划
>
> 工程编号：××××
> 矿区规模：××Mt/a
>
> 院长/总经理：（姓名、签字）
> 总 工 程 师：（姓名、签字）
> 项目负责人：（姓名、签字）
>
> （规划编制单位名称、资质印章）
>
> ××××年××月

图 A.2.2　文本扉页格式

A.3 编审人员名单

A.3.1 编审人员名单应按审定人员、审核人员和编制人员分三个表格列出，其内容均应包括专业、姓名、职务、职称、执业印章号和签名。

A.3.2 审定人员、审核人员和编制人员名单的格式应分别符合表 A.3.2-1、表 A.3.2-2 和表 A.3.2-3 的规定。

表 A.3.2-1　审定人员名单

专　业	姓　名	职务、职称	执业印章号	签名

续表 A.3.2-1

专　业	姓　名	职务、职称	执业印章号	签名

A.3.2-2　审核人员名单

专　业	姓　名	职务、职称	执业印章号	签名

A.3.2-3　编制人员名单

专　业	姓　名	职务、职称	执业印章号	签名

A.4　目　录

A.4.1　文本目录应包括下列内容：

1　正文的章序、章名与首页页码，各章的节序、节名与首页页码。

2　附录的编号、名称与首页页码。

3　附图目录与首页页码。

4　有附件时还应包括附件的编号与名称，并应用括号说明单独装订。

A.4.2　文本目录的格式应符合图 A.4.2 的规定。

A.4.3　附图目录的内容应包括图纸所对应的章序、图纸名称、图号、比例和备注。复制和采用的图纸应在备注栏注明复制或采用。

A.4.4　附图目录的格式应符合表 A.4.4 的规定。

目　录

总说明……………………………………（页码）
第一章　×××……………………………（页码）
　第一节　×××…………………………（页码）
　第二节　×××…………………………（页码）
　……………………………………………
第二章　×××……………………………（页码）
　第一节　×××…………………………（页码）
　……………………………………………
第十三章　×××…………………………（页码）
　……………………………………………
　第三节　×××…………………………（页码）
附录：
　1×××……………………………………（页码）
　2×××……………………………………（页码）
　……………………………………………
附件：
　1×××（单独装订）
　2×××（单独装订）
　……………………………………………
附图目录…………………………………（页码）

图 A.4.2　文本目录格式

表 A.4.4 附图目录

顺序	章序	图纸名称	图号	比例	备注

附录B 煤炭矿区总体规划文本正文的章节划分

B.0.1 文本正文应由总说明和13章组成，每一章应划分为若干节。各章、节的序号和名称应符合表B.0.1的规定。

表 B.0.1 文本正文的章节序号和名称

章节序号	章节名称
	总说明
第一章	矿区概况和建设条件
第一节	矿区概况
第二节	资源条件
第三节	矿区建设外部条件
第二章	市场预测和矿区开发建设的必要性
第一节	市场预测
第二节	矿区开发建设的必要性
第三章	矿区开发
第一节	矿区范围
第二节	矿区开发历史与现状
第三节	井（矿）田划分
第四节	井（矿）田开拓方式和规划生产能力
第五节	勘查区划分和进一步勘查的意见
第六节	煤矿建设顺序、矿区规划规模和均衡生产年限
第七节	矿区安全
第四章	矿区煤炭分选加工
第一节	煤质特性
第二节	煤炭分选加工原则
第三节	煤炭分选加工工程
第五章	综合利用、煤炭深加工和煤炭转化
第一节	概　况
第二节	综合利用
第三节	煤炭深加工和煤炭转化
第六章	矿区运输
第一节	概　况
第二节	煤炭运量、运向和运输方式
第三节	标准轨距铁路
第四节	矿区道路
第五节	其他运输设施
第七章	矿区辅助设施
第一节	既有辅助设施
第二节	辅助设施规划
第八章	矿区行政公共设施和居住区
第一节	概　况
第二节	行政公共设施和居住区
第九章	矿区供电和信息网
第一节	供　电
第二节	信息网
第十章	矿区给排水和供热
第一节	给排水与节水
第二节	供　热
第十一章	矿区地面总布置与防洪排涝

续表 B.0.1

章节序号	章 节 名 称
第一节	地面总布置
第二节	防洪排涝
第三节	矿区用地
第十二章	矿区环境保护和节能减排
第一节	矿区环境与生态现状
第二节	矿区开发建设对环境与生态的影响
第三节	减排与环境保护
第四节	水土保持
第五节	土地复垦
第六节	节能
第十三章	技术经济
第一节	劳动定员与劳动生产率
第二节	基本建设投资估算
第三节	主要技术经济指标

B.0.2 当矿区没有表 B.0.1 规定的个别节的规划内容时，规划文本仍应保留该节，并应在该节中说明矿区没有相关规划内容的理由。

附录C 煤炭矿区总体规划文本正文的内容深度要求

C.1 总 说 明

C.1.1 总说明应包括下列内容：

1 矿区位置、资源量和任务的由来。

2 规划编制的主要依据与基础资料。

3 矿区开发建设的必要性和可行性。

4 矿区特点、规划指导思想和规划的主要原则。

5 规划的主要成果。

6 问题与建议。

C.1.2 矿区位置、资源量和任务的由来应包括下列内容：

1 简要说明矿区的地理位置、所在行政区划、所在煤田中的位置。

2 简要说明矿区范围、面积与煤炭资源量。

3 简要说明任务的由来和规划编制过程。

C.1.3 规划编制的主要依据与基础资料应包括下列内容：

1 规划委托文件。

2 地质资料及其评审备案文件。

3 规划编制所依据的主要法律、法规和标准、规范。

4 规划编制的其他依据与基础资料。

C.1.4 矿区开发建设的必要性和可行性应包括下列内容：

1 简要说明矿区开发建设的必要性。

2 简要说明矿区开发建设的可行性。

3 简要说明既有矿区总体规划修编的理由。

C.1.5 矿区特点、规划指导思想和规划的主要原则，应包括下列内容：

1 从矿区开发建设的角度，简要说明矿区特点。

2 根据矿区特点，提出矿区规划指导思想。

3 根据矿区特点和矿区规划指导思想，说明矿区规划的主要原则。

C.1.6 规划的主要成果应简要说明下列内容：

1 矿区的范围、面积和煤炭资源量。

2 矿区井（矿）田与勘查区划分，规划井（矿）田的总面积和资源量，各井（矿）田的范围、资源量、规划生产能力和开拓方式。

3 矿区规划规模与均衡生产年限。

4 矿区煤炭分选加工设施，综合利用和煤炭转化方向。

5 矿区运输方式，矿区铁路、公路和其他运输设施。

6 矿区辅助设施、行政公共设施和居住区。

7 矿区供电和信息网、给排水和供热。

8 矿区地面总布置与防洪排涝，矿区用地。

9 矿区环境保护。

10 矿区劳动定员和基本建设投资估算。

C.1.7 问题与建议应包括下列内容：

1 规划存在的下列问题：

1) 规划应解决但由于条件限制而未解决的问题；

2) 与规划编制和实施相关的问题；

3) 其他需要政府解决或提请业主注意的问题。

2 关于规划和矿区开发建设的下列建议：

1) 对解决规划存在问题的建议；

2) 对规划实施的建议；

3) 关于矿区开发建设的其他建议。

C.2 矿区概况和建设条件

Ⅰ 矿 区 概 况

C.2.1 矿区概况应包括下列内容：

1 位置与交通。

2 自然地理。

3 区域社会经济。

4 矿区勘查、开发简史。

C.2.2 位置与交通应简要介绍下列内容，并应附矿区交通位置图：

1 矿区的地理位置及所在行政区划。

2 矿区范围与面积。

3 矿区所在地区的铁路、公路、水运和航空交通概况。

4　矿区至主要城市、重要交通枢纽和港口的里程。

C. 2. 3　自然地理应简要介绍下列内容：

1　地形、地貌与植被。

2　山脉、水系与水文特征。

3　气象条件。

4　地震。

5　主要自然灾害，包括与矿区生产和安全相关的气象灾害、洪涝灾害，以及滑坡、泥石流等地质灾害。

C. 2. 4　区域社会经济应简要介绍下列内容：

1　所在县域的面积、人口、民族与自然资源。

2　所在县域的经济情况，包括国内生产总值和一、二、三产业的比重，主要产业概况，城乡居民收入水平，县域经济发展水平与发展前景。

3　所在县域的社会、文化与教育发展水平。

4　地面城镇与村庄、水力设施、工业设施、军事设施及其他建、构筑物。

5　矿区及其周边的自然保护区、风景名胜、文物古迹、旅游资源。

C. 2. 5　矿区勘查、开发简史应包括下列内容：

1　勘查简史。

2　开发简史。

Ⅱ　资 源 条 件

C. 2. 6　资源条件应包括下列内容：

1　区域地质。

2　地层。

3　构造。

4　煤层。

5　煤质。

6　水文地质。

7　开采技术条件。

8　煤炭资源/储量。

9　其他有益矿产。

10　勘查程度。

11　资源条件评价。

C. 2. 7　区域地质应包括下列内容：

1　矿区所处的地质构造区划。

2　区域构造概况。

3　区域地层概况。

C. 2. 8　地层应包括下列内容：

1　成煤时代和主要含煤地层。

2　由含煤地层沉积基底开始，由老至新分系、组简要说明地层的沉积类型、岩性、厚度及与相邻地层的接触关系。

C. 2. 9　构造应采用矿区构造纲要图和主要断层特征表配合文字进行说明。主要断层特征表的内容与格式应符合表 C. 2. 9 的规定。文字说明应包括下列内容：

1　矿区基本构造形态，煤系地层产状，主要构造类型和构造复杂程度。

2　主要断层、褶曲的特征及控制程度。

3　火成岩侵入情况。

4　陷落柱发育情况。

5　煤层冲刷情况等。

表 C. 2. 9　主要断层特征表

顺序	断层编号	断层性质	落差（m）	断层产状			区内延展长度（km）	控制程度	备注
				走向	倾斜	倾角（°）			

C. 2. 10　煤层应采用可采煤层特征表配合文字进行说明。可采煤层特征表的内容与格式应符合表 C. 2. 10 的规定。文字说明应包括下列内容：

1　含煤地层的含煤情况，可采煤层层数及编号，主要可采煤层及其埋深。

2　各可采煤层的层位、厚度、结构、稳定性、可采程度、可采范围、煤层间距、顶底板岩性。

表 C. 2. 10　可采煤层特征表

煤层	煤层厚度（m）	煤层间距（m）	煤层结构	顶底板岩性	稳定性	可采情况	视密度（t/m^3）	备注
	最小～最大 平均	最小～最大 平均	夹矸层数 夹矸总厚（m）	顶板 底板				

C. 2. 11　煤质应包括下列内容：

1　简要说明各可采煤层的煤质特性，应包括水分、灰分、挥发分、发热量，硫分、磷分等有害组分，煤灰成分与灰熔点，结焦性，可选性等。

2　简要说明煤质的变化规律、煤类和主要用途，多煤类矿区应附煤类分布图。

C. 2. 12　水文地质应包括下列内容：

1　区域水文地质简介。

2　矿区水文地质。矿区水文地质应包括下列内容：

1）河流、湖泊、水库等地表水体；

2）表土和基岩中的含、隔水层的层位、岩性、厚度，含水层的含水空隙类型、水文地质参数和富水性，隔水层的隔水性；

3）含水层之间及与地表水的水力联系，含水层的补给、径流与排泄条件；

4）矿区水文地质类型。

3　矿区水文地质条件对矿井、露天矿建设与生产影响的初步分析。

C. 2. 13 开采技术条件应包括下列内容：

1 煤层及顶底板工程地质条件应包括下列内容：

1）可采煤层的单项抗压强度和节理裂隙发育情况，煤层顶底板的岩性、单向抗压强度、节理裂隙发育情况和耐水性等；

2）既有矿井揭露的煤层及顶底板工程地质特征；

3）冲击地压情况；

4）有露天开采条件区域的煤层上覆地层岩性及工程地质特征。

2 瓦斯地质应包括下列内容：

1）各煤层的瓦斯含量、瓦斯成分、瓦斯分带及其变化情况；

2）煤与瓦斯突出情况；

3）既有矿井的瓦斯涌出量、瓦斯等级及瓦斯事故情况。

3 煤尘爆炸性应包括下列内容：

1）可采煤层的煤尘爆炸指数；

2）可采煤层的煤尘爆炸试验数据和煤尘爆炸性结论。

4 煤的自燃倾向应包括下列内容：

1）可采煤层自燃倾向鉴定方法、鉴定数据和自燃等级；

2）既有矿井煤层的自然等级和实际自燃情况。

5 地温应包括下列内容：

1）恒温带深度与温度，煤、岩层温度及其变化，地温梯度；

2）有无热水，地温异常及其原因，有无热害；

3）既有矿井的热害情况；

4）有热害的矿区应说明热害的类型、分布范围、温度与级别。

C. 2. 14 煤炭资源/储量应采用煤炭资源（储量）汇总表配合文字进行说明。煤炭资源/储量汇总表的内容与格式应符合表C. 2. 14的规定。文字说明应包括下列内容：

1 资源/储量的估算依据与工业指标。

2 矿区煤炭资源/储量，既有矿区的保有资源/储量和保有资源/储量的估算截止时间。

3 应从下列方面对矿区资源/储量进行分析，并根据分析结果按表 C. 2. 14 的内容与格式列表说明规划可利用的资源量：

1）有底板岩溶承压含水层的矿区，应计算岩溶承压含水层静止水位以下带压开采的突水系数，并根据突水系数计算可安全开采的资源量和难以利用的资源量；

2）有高硫煤的矿区，应计算硫分大于 3％的高硫煤的资源量；

3）有小煤矿的矿区，应计算小煤矿占用的资源量；

4）有自然保护区或其他成片大量压煤的地表建筑物的矿区，应计算规划无法利用的压覆资源量。

表 C. 2. 14 煤炭资源/储量汇总表（Mt）

煤层	煤种	查明资源				潜在资源	资源总量	备注
		探明的（331）	控制的（332）	推断的（333）	合计	预测的（334?）		
	小计							
	小计							
	小计							
	小计							
分煤种合计								
矿区总计								

C. 2. 15 其他有益矿产应包括下列内容：

1 其他有益矿产的种类。

2 各类有益矿产的赋存层位、范围与品位。

3 有工业价值的有益矿产的主要用途、资源量与勘查程度。

C. 2. 16 矿区勘查程度应包括下列内容：

1 简述矿区勘查历史。

2 采用勘查现状图配合文字说明矿区勘查现状。勘查现状图应注明矿区内各勘查区块的勘查阶段、勘查完成与成果评审备案情况。文字说明应包括下列内容：

1） 已完成的勘查区块的勘查阶段和勘查报告评审备案情况；

2） 正在勘查的区块的勘查阶段及工作进展情况。

3 从能否满足矿区总体规划要求的角度，分析评价矿区的勘查程度。

4 指出矿区勘查程度存在的问题。

C. 2. 17 资源条件评价应从下列方面评价矿区资源条件及对矿区开发的影响：

1 煤炭资源量与煤质。

2 煤层厚度与稳定性。

3 地质构造。

4 水文地质条件。

5 开采技术条件。

Ⅲ 矿区建设外部条件

C.2.18 矿区建设外部条件应包括下列内容：

1 交通条件。

2 水源条件。

3 电源条件。

4 通信条件。

5 建筑材料与劳动力。

6 外部配套条件。

7 村镇与地面建筑压煤和建设用地。

8 矿区建设外部条件评价。

C.2.19 交通条件应包括下列内容：

1 矿区及外围的既有公路现状、在建公路和规划公路等公路交通条件。

2 矿区及外围的既有铁路现状、在建铁路和规划铁路等铁路交通条件。

3 矿区及外围河道的通航条件与水运码头等水运条件。

C.2.20 水源条件应包括下列内容：

1 矿区及外围的地表水、地下水、矿井水和露天坑排水等情况，并重点说明可供矿区利用的水源。

2 矿区既有供水系统的供水能力和改扩建的可能性，其他可供利用的既有供水系统向矿区供水的能力。

C.2.21 电源条件应包括下列内容：

1 矿区及外围的既有电网和电源点。

2 矿区及外围电网与电源点规划与实施情况。

3 重点说明可供矿区利用的电源点。

C.2.22 通信条件应包括下列内容：

1 矿区及其所在地区的有线通信条件。

2 矿区移动通信条件。

3 矿区及其所在地区互联网。

C.2.23 建筑材料与劳动力应包括下列内容：

1 矿区所在地区水泥、砂石、砖瓦等大宗地方建材的质量与供应条件。

2 矿区所在地区劳动力情况。

C.2.24 外部配套条件应包括下列内容：

1 矿区及外围的生产服务设施概况。

2 矿区及外围的生活服务设施概况。

3 初步分析上述设施为矿区服务的可能性。

C.2.25 村镇与地面建筑压煤和建设用地应包括下列内容：

1 矿区内村庄与城镇的分布、规模及压煤情况。

2 矿区内其他地面建筑的类别、分布及压煤情况。

3 矿区土地的类别、各类土地和基本农田的分布、人均耕地的数量等情况。

4 分析村镇与地面建筑压煤、村庄搬迁与建设购地的难易程度及对矿区开发建设的影响。

C.2.26 矿区建设外部条件评价应包括下列内容：

1 从矿区开发建设和生产的角度评价矿区建设的外部条件。

2 指出矿区建设外部条件存在的问题并提出相应的建议。

C.3 市场预测和矿区开发建设的必要性

Ⅰ 市场预测

C.3.1 市场预测应包括下列内容：

1 市场需求预测。

2 市场供应预测。

3 目标市场分析。

4 市场竞争力和风险分析。

C.3.2 市场需求预测应包括下列内容：

1 国内外市场需求现状。

2 国内外市场需求预测。

C.3.3 市场供应预测应包括下列内容：

1 国内外市场供应现状。

2 国内外市场供应预测。

C.3.4 产品的目标市场应根据市场需求与供应预测结果、矿区煤类与煤质特性分析确定。

C.3.5 市场竞争力和风险分析应包括下列内容：

1 主要竞争矿区的区位、资源量、煤质、地质条件、产能、运输条件等基本情况。

2 从煤质、开采条件、运输条件、产能变化、客户关系等方面比较分析本矿区与主要竞争矿区市场竞争力的优势与劣势，并从规划的角度提出提高矿区竞争力的建议。

3 分析可能出现的市场风险，并从矿区规划的角度提出规避市场风险的建议。

Ⅱ 矿区开发建设的必要性

C.3.6 矿区开发建设的必要性应包括下列内容：

1 矿区开发建设对国民经济的影响。

2 矿区开发建设对地方经济和社会发展的影响。

3 矿区开发建设的政策符合性。

4 矿区开发建设的必要性。

C.3.7 矿区开发建设对国民经济的影响应从下列方面进行分析与论证：

1 对国家或地方能源供需关系的影响。

2 对相关产业的拉动效应。

C.3.8 矿区开发建设对地方经济和社会发展的影响应从下列方面进行分析与论证：

1 矿区开发建设对地方经济和社会发展的影响，包括正面影响、负面影响。

2　矿区开发建设与地方经济和社会的互适性。

3　提出控制矿区开发建设对地方经济和社会发展负面影响的措施与建议。

4　预测地方政府和公众对矿区开发建设的接受程度与支持力度。

C.3.9　矿区开发建设的政策符合性应从下列方面进行分析与论证：

1　市场供需平衡。

2　资源的有序开发和合理利用。

3　稀缺煤种的保护性开发。

4　循环经济与可持续发展等。

C.3.10　矿区开发建设的必要性应从下列方面进行分析与论证：

1　根据市场预测和市场竞争力分析的结果，矿区开发建设对国民经济、地方经济和社会发展影响的分析结果，以及矿区开发建设的政策符合性分析结果，分析论证矿区开发建设的必要性。

2　说明既有矿区矿区总体规划修编的理由。

C.4　矿 区 开 发

Ⅰ　矿 区 范 围

C.4.1　矿区范围应包括下列内容：

1　矿区范围的确定。

2　矿区范围合理性论证。

C.4.2　矿区范围应采用矿区范围及境界拐点位置图和矿区境界拐点坐标表配合文字说明。矿区范围及境界拐点位置图应有坐标网格及经纬距、煤层赋存范围、矿区境界、境界拐点位置及编号、相邻矿区名称等内容。矿区境界拐点坐标表的内容与格式应符合表C.4.2的规定。文字说明应包括下列内容：

1　矿区范围采用的坐标系。

2　委托规划的矿区范围。

3　规划确定的矿区范围及其理由。

4　矿区范围和国家大型煤炭基地的关系。若规划的矿区范围和国家大型煤炭基地规划不一致，应详细说明理由。

表C.4.2　矿区境界拐点坐标表

拐点编号	纬距（X）	经距（Y）	拐点编号	纬距（X）	经距（Y）

C.4.3　矿区范围合理性论证应包括下列内容：

1　应从下列方面分析与论证矿区范围的合理性：

1）煤层赋存范围与深度；

2）地质勘查程度；

3）矿区地形地貌、交通运输条件，以及地面配套设施的合理服务半径；

4）与相邻矿区的位置关系等。

2　必要时，应提出调整矿区范围的建议；也可编制所在煤田的矿区划分方案，作为矿区总体规划的附件与矿区总体规划一并报批。

Ⅱ　矿区开发历史与现状

C.4.4　矿区开发历史与现状应包括下列内容：

1　矿区开发历史。

2　矿区开发现状。

C.4.5　矿区开发历史应包括下列内容：

1　简述矿区开发历史。

2　简述既有矿区原有总体规划的编制、审批和实施情况。

C.4.6　矿区开发现状应包括下列内容：

1　矿区开发现状概述。

2　采用矿业权设置现状图配合文字说明探矿权与采矿权设置现状。矿业权设置现状图应采用不同图例区分探矿权与采矿权并注明矿业权人。文字说明应包括下列内容：

1）探矿权与采矿权设置现状；

2）简要介绍矿业权人及其出资人的企业类别、业务范围、从事煤炭采选业务的历史与现状等基本情况；

3）探矿权与采矿权现状的合理性分析。

3　采用小煤矿分布图和小煤矿一览表配合文字说明小煤矿现状。小煤矿一览表的内容与格式应符合表C.4.6-1的规定，表中证件不全的小煤矿应在备注栏加以说明。文字说明应包括下列内容：

1）小煤矿的数量、分布、开拓方式、生产能力、采煤方法与采掘装备水平、生产和运销现状，小煤矿的井田总面积和资源占有总量；

2）小煤矿资源整合情况、发展前景及对矿区规划影响分析。

表C.4.6-1　小煤矿一览表

顺序	小煤矿名称	开拓方式	生产能力（Mt/a）		实际产量（Mt/a）	采煤方法与采掘装备水平	备注
			设计	核定			

4　采用生产与在建矿井（露天矿）分布图和生产与在建矿井（露天矿）一览表配合文字说明生产与在建矿井（露天矿）的现状。生产与在建矿井（露天

矿）一览表的内容与格式应符合表 C. 4. 6-2 的规定。文字说明应包括下列内容：

1）生产矿井（露天矿）的井（矿）田境界、生产能力、开拓方式、采煤方法与采掘装备水平、建设时间、近年实际产量与销售量以及安全情况；

2）在建矿井（露天矿）的井（矿）田境界、设计生产能力、开拓方式、采煤方法与采掘装备水平、开工时间与预计投产时间。

5 矿区配套设施建设和运营现状。

表 C. 4. 6-2 矿区生产与在建矿井（露天矿）一览表

顺序	矿井或露天矿名称	开拓方式	生产能力（Mt/a）	实际产量（Mt/a）	建设时间		备注
					开工	投产	
一	生产井（矿）						
	小 计						
二	在建井（矿）						
	小 计						

注：在建矿井（露天矿）投产时间为预计时间。

Ⅲ 井（矿）田划分

C. 4. 7 井（矿）田划分应包括下列内容：

1 矿区特点和规划原则。

2 井（矿）田划分方案及比选。

3 推荐方案的井（矿）田境界和范围。

C. 4. 8 矿区特点和规划原则应包括下列内容：

1 应从下列方面分析矿区与开发有关的特点：

1）煤层埋藏深度、赋存条件、地质构造、水文地质条件、开采技术条件、煤质、资源/储量等资源条件；

2）矿区勘查程度、开发与生产现状；

3）地形地貌、水文与交通运输条件；

4）矿区社会经济环境、自然生态与环境容量；

5）区位与市场条件。

2 根据矿区特点，从工业场地选择、矿井（露天矿）规划生产能力、采掘装备水平、矿区生产集中程度等方面提出矿区规划的原则；并对露天开采和地下开采两种开采方式，以及矿井（露天矿）的规划生产能力进行初步分析。

C. 4. 9 井（矿）田划分应根据矿区特点和开发原则，提出井（矿）田划分方案，简述各方案的特点和主要技术特征，进行方案比选并提出推荐意见，并应符合下列规定：

1 应采用井（矿）田划分方案图配合文字说明各井（矿）田划分方案的特点和主要技术特征。井（矿）田划分方案图的范围应包括全矿区，图中应有坐标网格与经纬距、矿区境界、井（矿）田名称与境界、勘查区名称与境界等内容。文字说明应分方案说明下列内容：

1）方案的特点；

2）规划区的总面积、煤炭资源量与估算可采储量，井（矿）田总数与矿井（露天矿）总生产能力，并按大、中、小型井（矿）田和新规划的、扩大井（矿）田范围或生产能力的、井（矿）田范围或生产能力维持不变的三种情况分别说明各类井（矿）田的个数；

3）各井（矿）田的面积、煤炭资源量与估算可采储量。

2 应采用井（矿）田划分方案技术经济比较表配合文字说明对各井（矿）田划分方案进行比选。只能提出一个方案的矿区，则应论证方案的唯一性。井（矿）田划分方案技术经济比较表的内容与格式应符合表 C. 4. 9 的规定。

3 应根据技术经济比较的结果提出推荐方案，并应论述推荐的理由。

表 C. 4. 9 井（矿）田划分方案技术经济比较表

方案类别		方案一	方案二	方案三	方案四
方案主要特征					
方案比较	优点				
	缺点				

C. 4. 10 推荐方案的井（矿）田境界和范围应采用井（矿）田境界拐点位置图（推荐方案）、井（矿）田境界拐点坐标表（推荐方案）和井（矿）田特征表（推荐方案）配合文字进行说明，并应符合下列规定：

1 井（矿）田境界拐点位置图（推荐方案）、井（矿）田境界拐点坐标表（推荐方案）和井（矿）田特征表（推荐方案）均应包括新规划的井（矿）田、境界有变化的既有井（矿）田和境界无变化的既有井（矿）田在内的全部井（矿）田。

2 井（矿）田境界拐点位置图（推荐方案）的范围应覆盖全部井（矿）田，图中应有坐标网格与经纬距、矿区境界、井（矿）田名称与境界、境界拐点位置及编号，以及相邻勘查区名称等内容。

3 井（矿）田境界拐点坐标表（推荐方案）、井（矿）田特征表（推荐方案）的内容与格式应分别符合表 C. 4. 10-1、表 C. 4. 10-2 的规定。

4 文字说明应包括各井（矿）田的境界、走向长度与倾斜宽度、面积、开采煤层编号、资源量和估算可采储量等内容。

表 C.4.10-1 井（矿）田境界拐点坐标表（推荐方案）

顺序	井(矿)田名称	拐点编号	纬距（X）	经距（Y）	备注
1	××井(矿)田				
2	××井(矿)田				
3	××井(矿)田				

表 C.4.10-2 井（矿）田特征表（推荐方案）

顺序	井(矿)田名称	井（矿）田范围			开采煤层	资源（储量）（Mt）		备注
		长度（km）	宽度（km）	面积（km^2）		资源量	可采储量	

Ⅳ 井（矿）田开拓方式和规划生产能力

C.4.11 井（矿）田开拓方式和规划生产能力应包括下列内容：

1 井（矿）田开拓方式。

2 矿井（露天矿）规划生产能力。

C.4.12 井（矿）田开拓方式应采用井（矿）田开拓特征表配合文字进行说明。井（矿）田开拓特征表应包括新规划的井田和开拓有变化的既有井田，表的内容与格式应符合表 C.4.12 的规定。文字说明应包括下列内容：

1 各矿井工业场地位置、高程、井筒至一水平与最终水平的深度；各露天矿初期生产剥采比与境界剥采比。

2 各井田开拓方式、水平划分、主要巷道布置；各露天矿出入沟位置、外排土场特征与开采工艺。

3 从地形地貌、交通运输条件、规划生产能力、煤层埋藏深度、井筒穿过地层的工程地质与水文地质条件等方面，初步分析各矿井工业场地位置和井（矿）田开拓方式的合理性。

表 C.4.12 井（矿）田开拓特征表

顺序	井(矿)田名称	资源/储量（Mt）		规划生产能力（Mt/a）	服务年限（a）	开拓方式	工业场地高程（m）	水平高程（m）		井筒深度（m）		备注
		资源量	可采储量					第一水平	最终水平	第一水平	最终水平	

注：表中露天矿田的剥采比和开采工艺应在备注栏说明。

C.4.13 矿井（露天矿）规划生产能力应包括下列内容：

1 各矿井（露天矿）装备水平、规划生产能力和服务年限。

2 从资源/储量、煤层厚度与稳定性、地质构造、开采技术条件、水文地质、市场与外部运输等方面，初步分析各矿井（露天矿）规划生产能力的合理性。

Ⅴ 勘查区划分和进一步勘查的意见

C.4.14 勘查区划分和进一步勘查的意见应包括下列内容：

1 勘查区划分。

2 进一步勘查的意见。

C.4.15 勘查区划分应采用勘查区境界拐点位置图和勘查区境界拐点坐标表配合文字进行说明。勘查区境界拐点位置图应覆盖全部勘查区，图中应有坐标网格与经纬距、矿区境界、勘查区名称与境界、境界拐点位置及编号，以及相邻井（矿田）名称等内容。勘查区境界拐点坐标表的内容与格式应符合表 C.4.15 的规定。文字说明应包括下列内容：

1 划分勘查区划分的理由与划分原则。

2 必要时，对勘查区划分进行方案比选方案并提出推荐意见。

3 各勘查区的境界、范围、面积与资源量，并对规划为某一井田备用区的勘查区加以说明。

表 C.4.15 勘查区境界拐点坐标表

顺序	勘查区名称	拐点编号	纬距（X）	经距（Y）	备注
1	××勘查区				
2	××勘查区				

C.4.16 进一步勘查的意见应包括下列内容：

1 对矿区勘查区进一步勘查的意见和建议。

2 对各井（矿）田勘探工作的意见和建议。

Ⅵ 煤矿建设顺序、矿区规划规模和均衡生产年限

C.4.17 煤矿建设顺序、矿区规划规模和均衡生产年限，应包括下列内容：

1 煤矿建设顺序与矿区规划规模方案。

2 煤矿建设顺序与矿区规划规模方案的比选与推荐意见。

3 矿区规划规模和均衡生产年限。

4 矿区远景规模预测。

C.4.18 煤矿建设顺序与矿区规划规模方案应包括下列内容：

1 简述各方案的主要特点。有露天矿又有地下矿的矿区，还应说明露天矿与其相邻矿井开采的时间与空间关系或协调方式。

2 采用矿井（露天矿）建设顺序与生产能力增长规划表配合文字说明各方案矿井（露天矿）建设顺序与生产能力增长规划。矿井（露天矿）建设顺序与生产能力增长规划表的内容与格式应符合表 C.4.18 的规定，并应符合下列规定：

1）各矿井、露天矿的建设期和生产期应采用粗横杠表示，建设期应采用虚线，生产期应采用实线；

2）矿区规划生产能力应采用直方图表示；

3）应明确标示矿区规划规模和均衡生产时间。

4）推荐方案的矿井（露天矿）建设顺序与生产能力增长规划表应在表名之后用括号注明推荐方案。

C.4.19 应对各煤矿建设顺序与矿区建设规模方案进行比选，应提出推荐意见，并应说明推荐的理由。只能提出一个方案的矿区，则应论证方案的唯一性。

表 C.4.18 矿区建设顺序与生产能力增长规划表

矿井、露天矿名称	规划生产能力（Mt/a）	时间（年）	备注
矿区生产能力	××Mt/a		
	××Mt/a		
	××Mt/a		
	××Mt/a		
	××Mt/a		
	××Mt/a		
	××Mt/a		

C.4.20 矿区规划规模和均衡生产年限应包括下列内容：

1 根据井（矿）建设顺序与矿区规划规模推荐方案，说明矿区规划规模及均衡生产年限。

2 从矿区的资源条件、交通运输条件、市场需求、井（矿）田的开发条件、相邻矿井和露天矿的建设和生产的时间与空间关系、矿区合理的均衡生产年限等方面，论证矿区建设规模与建设顺序的合理性。

C.4.21 勘查区资源较多或深部仍有煤炭资源赋存的矿区，应预测矿区的发展前景和远景规模。

Ⅶ 矿区安全

C.4.22 矿区安全应包括下列内容：

1 涉及安全的自然条件分析。

2 安全规划。

C.4.23 涉及安全的自然条件分析应包括下列内容：

1 从矿区建设和生产安全的角度，对水文地质条件、开采技术条件、气象灾害、洪涝灾害、泥石流与滑坡等涉及安全的自然条件进行分析与评价。

2 必要时应指出地质资料的不足，并提出补充或进一步勘查的意见。

C.4.24 安全规划应包括下列内容：

1 根据矿区的具体条件，确定安全规划的原则和重点，并提出初步的矿区安全规划。

2 必要时，应针对安全的技术难点提出矿区建

设和生产期间需进行的研究攻关课题。

C.5 矿区煤炭分选加工

Ⅰ 煤质特性

C.5.1 煤质特性应包括下列内容：

1 煤质资料。

2 煤质特性。

C.5.2 煤质资料应包括下列内容：

1 说明煤质资料的来源。

2 评价煤质资料的可靠性与代表性。

C.5.3 煤质特性应采用主要可采煤层煤质特征表配合文字进行说明。文字说明应包括下列内容：

1 根据矿区地质资料，叙述矿区各煤层的煤质特性，包括煤的物理性质、工业分析指标、元素分析指标、化学性质、工艺性能、煤类等。

2 进行生产原煤煤质预测，说明筛分试验与浮沉试验结果，并评价煤的可选性。

Ⅱ 煤炭分选加工原则

C.5.4 煤炭分选加工原则应包括下列内容：

1 煤的用途与市场对煤质的要求。

2 产品方向。

3 煤炭分选加工的必要性。

4 煤炭分选加工原则。

C.5.5 煤的用途与市场对煤质的要求应包括下列内容：

1 根据煤类与煤质特性，论述矿区煤的适宜用途。

2 说明目标市场对煤质的要求。

C.5.6 矿区的产品方向应根据原煤的煤质特性和目标市场对煤质的要求论述并推荐。

C.5.7 矿区煤炭分选加工的必要性应根据原煤的煤质特性和推荐的产品方向论述。

C.5.8 煤炭分选加工原则应包括下列内容：

1 针对不同煤类，提出合适的分选加工原则。

2 推荐分选深度、选煤方法和原则流程。

Ⅲ 煤炭分选加工工程

C.5.9 煤炭分选加工工程应包括下列内容：

1 既有煤炭分选加工工程。

2 煤炭分选加工工程及布局。

C.5.10 既有煤炭分选加工工程应包括下列内容：

1 简要介绍矿区既有煤炭分选加工工程及其规模、布局、分选深度、选煤方法、主要产品质量与产量。

2 根据矿区开发方案和煤炭分选加工原则，提出对既有煤炭分选加工工程的利用、改造意见。

C.5.11 煤炭分选加工工程及布局应采用煤炭分选加工工程一览表和选煤厂产品方案表配合文字进行说明。煤炭分选加工工程一览表、选煤厂产品方案表的内容与格式应分别符合表C.5.11-1、表C.5.11-2的规定。文字说明应包括下列内容：

1 煤炭分选加工工程的类型、规模及布局。

2 各选煤厂的产品方案。

表C.5.11-1 煤炭分选加工工程一览表

顺序	选煤厂（筛选厂）名称	选煤厂类型	规划生产能力（Mt/a）	加工原则		厂址	原料煤矿井			备注
				分选深度（mm）	选煤方法		矿井名称	规划生产能力（Mt/a）	煤类	
1										
2										
⋮										
⋮										
合计										

表C.5.11-2 选煤厂产品方案表

顺序	选煤厂名称	产品1		产品2		产品3		产品4		原煤		矸石		备注
		数量	质量	数量	质量	数量	质量	数量	质量	数量	质量	数量	质量	
1														
2														
⋮														
⋮														
合计														

注：表中各产品数量的表示方式和具体的质量指标，宜根据煤质资料和目标市场对产品煤质的要求确定。

C.6 综合利用、煤炭深加工和煤炭转化

Ⅰ 概 况

C.6.1 概况应包括下列内容：

1 综合利用资源种类。

2 综合利用现状。

3 煤炭深加工和煤炭转化现状。

C.6.2 综合利用资源种类应包括下列内容：

1 矿井水、中煤、煤泥、矸石等副产物的情况。

2 矿区其他有益矿物的情况。矿区其他有益矿物的情况应包括下列内容：

1）煤层及顶底板自然瓦斯成分、瓦斯分带、瓦斯含量及其变化规律等瓦斯地质条件，并初步评价瓦斯抽采与利用的可行性；

2）风氧化煤、天然焦、油页岩、石煤、稀有元素及其他矿产资源的情况及勘查程度，并初步评价上述有益矿物开采利用的可行性。

C.6.3 矿区内及周边既有综合利用工程的现状与产品销售或利用情况应简要说明。

C.6.4 矿区煤炭深加工和煤炭转化现状与产品销售情况应简要说明。

Ⅱ 综 合 利 用

C.6.5 综合利用应包括下列内容：

1 矿井水综合利用。

2 低热值燃料综合利用。

3 瓦斯抽采与利用。

4 其他副产物和有益矿产综合利用。

C.6.6 矿井水综合利用应包括下列内容：

1 矿井水综合利用原则。

2 矿井水综合利用工程及布局。

3 矿井水综合利用规划指标。

C.6.7 中煤、煤泥、矸石等低热值燃料的综合利用应包括下列内容：

1 低热值燃料综合利用原则。

2 低热值燃料综合利用工程及布局。

3 低热值燃料综合利用规划指标。

C.6.8 瓦斯抽采与利用应包括下列内容：

1 瓦斯无抽采利用价值的矿区，应说明瓦斯无抽采利用价值的理由；瓦斯有抽采利用价值的矿区，应提出瓦斯抽采的初步规划。瓦斯抽采初步规划应包括瓦斯资源量与抽采量估算、抽采方式、抽采工程规模与布局，有煤层气开采价值的矿区还应包括煤层气开采与煤炭开采的空间关系与时间安排。

2 瓦斯有抽采利用价值的矿区，应论述瓦斯的利用方向，有条件的矿区可提出瓦斯利用工程的初步规划。

C.6.9 其他副产物和有益矿产综合利用的建议应按其他副产物和有益矿产的种类提出，有条件的矿区可提出初步规划。需要利用煤炭矿井或露天矿开采其他有益矿产的矿区，应说明其开采规模及与煤炭开采的关系。

Ⅲ 煤炭深加工和煤炭转化

C.6.10 煤炭深加工和煤炭转化应包括下列内容：

1 根据煤质特征、交通运输条件、水源电源条件、环境容量、矿区煤炭深加工和煤炭转化现状，以及国家和地方经济社会发展的要求，提出煤炭深加工与转化原则和建议。

2 条件具备的矿区，可提出煤炭深加工工程初步规划。

C.7 矿 区 运 输

Ⅰ 概 况

C.7.1 概况应包括下列内容：

1 自然地理。

2 运输设施现状及行业规划。

3 相关建设项目。

C.7.2 自然地理应包括与矿区运输规划有关的下列内容：

1 矿区地理位置。

2 山脉与水系。

3 地形地貌。

4 工程地质与水文等。

C.7.3 运输设施现状及行业规划应简要介绍下列内容：

1 矿区外部铁路、公路路网及行业规划。

2 矿区内既有铁路、公路、水运等运输设施及行业规划。

C.7.4 相关建设项目应简要介绍与矿区地面运输系统相关的其他建设项目和矿区外煤炭企业，并应说明其位置、建设规模、运输量、运输方式、建设计划、与矿区运输系统的衔接关系等。

Ⅱ 煤炭运量、运向和运输方式

C.7.5 煤炭运量、运向和运输方式应包括下列内容：

1 运量与运向。

2 煤炭运输方式。

3 矿区地面运输系统规划。

4 存在问题与建议。

C.7.6 运量与运向应包括下列内容：

1 外运煤炭的数量、运向及其变化情况。

2 煤炭就地转化的用户与耗煤数量。

3 地销煤炭的运向及数量。

4 矿区地面运输系统所吸引的其他运量。

C.7.7 煤炭运输方式应包括下列内容：

1 论证并选择矿区煤炭运输方式。

2 说明各种运输方式的主要径路。

3 简述矿区外围运输通道的能力。

4 说明有关运输管理部门对矿区煤炭运输的意见。

C.7.8 矿区地面运输系统规划应采用地面运输系统规划平面示意图配合文字进行说明。文字说明应包括下列内容：

1 矿区地面运输系统的组成及组成矿区地面运输系统的铁路、公路、带式输送机、架空索道、水运等设施的相互关系与规划概况。

2 分析论证矿区地面运输系统的合理性、可行性。

3 地方煤炭集运量、集运方式及集装站设置。

C.7.9 存在问题与建议应包括下列内容：

1 地面运输系统规划中未能确定或有待进一步研究的问题。

2 对下一步工作的建议。

Ⅲ 标准轨距铁路

C.7.10 标准轨距铁路应包括下列内容：

1 相关铁路。

2 矿区铁路。

C.7.11 相关铁路应采用相关铁路主要技术条件表配合文字进行说明。相关铁路主要技术条件表的内容与格式应符合表C.7.11的规定。文字说明应包括下列内容：

1 矿区铁路接轨的和所在地区既有、在建、规划铁路的等级和主要技术条件，与矿区铁路接轨站选择有关的车站分布情况。

2 既有铁路运输能力和目前运量饱和程度。

3 在建、规划铁路的运输能力、开工时间和计划通车时间。

表C.7.11 相关铁路主要技术条件表

顺序	铁路（区段）名称			
1	铁路等级			
2	正线数目			
3	限制坡度			
4	最小曲线半径（m）			
5	牵引种类			
6	机车类型			
7	牵引质量（t）			
8	到发线有效长度（m）			
9	闭塞类型			
10	有关车站分布			
11	备注			

C.7.12 矿区铁路应包括下列内容：

1 比较并确定矿区铁路接轨站，说明接轨站性质和接轨条件，以及铁路部门对接轨的意见。

2 说明矿区铁路方案。矿区铁路方案应包括下列内容：

1）矿区铁路及各矿井铁路专用线的设计运量；

2）线路方案的初步比选情况、线路基本走向及主要控制点；

3）铁路等级、限制坡度、机车类型、牵引质量、到发线有效长度、控制工程概况等铁路主要技术条件；

4）包括矿井装车站和煤炭集装站在内的车站分布；

5）矿区铁路及各矿井铁路专用线正线长度。

3 说明行车组织。行车组织应包括下列内容：

1）计算列车对数；

2）提出车流组织方案；

3）论证并确定矿区铁路管理方式，采用矿区铁路自营方式的矿区，应规划矿区铁路运营管理机构，并说明交接站设置；

4）论证是否设置矿区集配站；需设集配站的矿区应选择集配站站址。

4 估算矿区铁路劳动定员（不含应列入各矿井、选煤厂的装车站内装车作业人员）。

Ⅳ 矿区道路

C.7.13 矿区道路应包括下列内容：

1 相邻公路。

2 矿区公路。

C.7.14 相邻公路应包括下列内容：

1 矿区内及周边主要公路的等级、主要技术标准、目前交通量饱和程度。

2 在建的和规划公路的等级、主要技术标准、开工时间和计划通车时间。

C.7.15 矿区公路应包括下列内容：

1 根据规划的矿区交通量和所吸引的其他交通量，以及在路网中所起的作用，论证确定公路等级。

2 公路方案。公路方案应包括下列内容：

1）矿区各公路（不包括应计入相关单项工程的矿井、选煤厂、辅助设施进场公路）的起终点位置、路线走向及主要控制点、路线长度；

2）矿区各公路的设计速度、路基路面宽度、最大纵坡、路面类型、桥涵设计荷载等级等主要技术标准；

3）控制工程概况。

Ⅴ 其他运输设施

C.7.16 其他运输设施应说明窄轨铁路、架空索道、带式输送机、水运设施等其他矿区运输设施的初步规划。其他矿区运输设施的初步规划应包括下列内容：

1 各运输设施的规划运输量。

2 各运输设施的运输能力和主要技术标准。

3 各运输设施的工程规划。工程规划的内容应包括主体设施和配套设施。

C.8 矿区辅助设施

Ⅰ 既有辅助设施

C.8.1 既有辅助设施应包括下列内容：

1 矿区既有辅助设施。

2 邻近矿区辅助设施及相关社会工业企业。

C.8.2 矿区既有辅助设施的项目、规模、占地面积、职工人数、主要技术装备、生产经营现状及发展规划应简要说明。

C.8.3 邻近矿区辅助设施及相关社会工业企业的情况应简要说明。邻近矿区辅助设施及相关社会工业企业的情况应包括下列内容：

1 可能为矿区服务的邻近矿区辅助设施的规模、主要技术装备、生产经营现状及发展规划、与本矿区的距离和交通条件。

2 可能与矿区协作的其他工业企业的规模、主要技术装备、生产经营现状、与本矿区的距离和交通条件。

Ⅱ 辅助设施

C.8.4 辅助设施应包括下列内容：

1 规划原则。

2 辅助设施项目。

C.8.5 矿区辅助设施规划原则应根据矿区规模与装备水平、矿区既有辅助设施情况、邻近矿区及周边工业企业的协作关系及利用程度的分析提出。

C.8.6 辅助设施项目应采用辅助设施项目表配合文字进行说明。辅助设施项目表的内容与格式应符合表C.8.6的规定。文字说明应包括下列内容：

1 分类分项说明矿区辅助设施的项目、业务范围、规模、位置、交通条件，以及与周边相关工业企业的协作关系等，并进行必要的方案论证。

2 扩建矿区应说明对既有辅助设施的利用情况以及扩建项目的进度安排。

3 需要说明的问题与建议。

表C.8.6 辅助设施项目表

顺序	项目名称	规划规模		厂区建筑面积（m^2）	厂区占地面积（m^2）	职工人数（人）	备注
		单位	数量				
一	机电设备修理设施						
1							
2							
⋮							
二	机电设备租赁站						
三	器材供应设施						
1							
2							
⋮							
四	中心试验站						
五	矿山救护和消防设施						
1							
2							
⋮							
	合计						

C.9 矿区行政公共设施和居住区

Ⅰ 概况

C.9.1 概况应包括下列内容：

1 矿区既有行政公共设施和居住区。

2 矿区内及周边城镇情况。

3 邻近矿区行政设施和居住区。

C.9.2 矿区既有行政公共设施和居住区应包括下列内容：

1 应采用既有行政设施一览表配合文字说明矿区既有行政公共设施和居住区现状。既有行政设施一览表的内容与格式应符合表C.9.2的规定。文字说明应包括下列内容：

1）矿区既有行政公共设施项目与规模；

2）既有居住区的位置、占地面积、居住人口、居住建筑与公用建筑的面积、职工通勤方式；

3）既有居住区文教、卫生、体育和商业服务设施项目、规模与运营现状。

2 分析论证既有行政公共设施和居住区满足矿区开发建设需要的程度。

C.9.3 矿区内及周边城镇情况应简要介绍下列内容：

1 矿区内及周边城镇的分布与规模。

2 矿区内及周边城镇文教、卫生、体育、商业服务和其他公用设施现状。

3 相关城镇规划。

表 C.9.2 既有行政公共设施一览表

顺序	项目名称	规模		建筑面积（m^2）	占地面积（m^2）	职工人数（人）	备注
		单位	数量				
1							
2							
3							
⋮							
	合计						

C.9.4 邻近矿区行政设施和居住区应包括下列内容：

1 邻近矿区的位置及其行政设施和居住区与本矿区之间的距离和交通条件。

2 邻近矿区行政公共设施和居住区项目、规模、运营现状，以及为本矿区服务的可行性分析。

Ⅱ 行政公共设施和居住区

C.9.5 行政公共设施和居住区应包括下列内容：

1 行政公共设施和居住区规划原则。

2 行政设施。

3 居住区。

4 文教、医疗卫生设施和其他公共设施。

C.9.6 行政公共设施和居住区规划原则应包括下列内容：

1 根据矿区的具体条件，提出矿区行政公共设施和居住区规划原则。

2 论述矿区行政公共设施和居住区规划原则的合理性与可行性。

C.9.7 行政设施应采用行政设施项目表配合文字进行说明。行政设施项目表的内容与格式应符合表C.9.7的规定。文字说明的内容应包括矿区行政管理及附属机构的项目、规模与定员、布局、建筑面积与用地。

表 C.9.7 行政设施项目表

顺序	项目名称	规模		建筑面积（m^2）	占地面积（m^2）	职工人数（人）	备注
		单位	数量				
1							
2							
⋮							
	合计						

C.9.8 居住区应包括下列内容：

1 矿区职工人数与矿区人口，以及矿区人口的预测方法与参数。

2 自建居住区的矿区，应说明居住区的位置、人口、居住建筑与公用建筑面积、居住区用地，居住区与各矿井、露天矿、选煤厂和地面配套设施之间的交通条件与职工通勤方式；不建居住区的矿区，应说明居住区所依托的城镇及其与矿区之间的交通条件和职工通勤方式。

C.9.9 文教、医疗卫生设施和其他公共设施应包括下列内容：

1 自建居住区的矿区，应概要说明按相关标准的要求在居住区内设置的文教设施初步规划；不建居住区的矿区，可对矿区职工居住城镇的文教设施提出增建或改扩建的要求与建议。

2 应在分析论证并与地方卫生部门协商的基础上提出矿区医疗卫生设施的初步规划，或对矿区所依托的地方医疗卫生设施提出增建或改扩建的要求与建议。

3 自建居住区的矿区，应说明按相关标准的要求在居住区内设置的体育、商业服务等其他公用设施。

C.10 矿区供电与信息网

Ⅰ 供 电

C.10.1 供电应包括下列内容：

1 规划的依据和原则。

2 电力负荷。

3 电源。

4 供电方案。

5 问题与建议。

C.10.2 规划的依据和原则应包括下列内容：

1 供电规划所依据的基础资料。

2 供电规划的主要原则。

C.10.3 电力负荷应包括下列内容：

1 包括矿区用户、由矿区供电的其他用户在内的矿区既有电力用户及负荷，必要时应列表说明。

2 采用电力负荷增长表配合文字进行矿区电力负荷估算并说明矿区电力负荷的变化情况。电力负荷增长表应列出开始建设10年内的逐年负荷、10年之后至达到最高负荷为止逢5年份的负荷、最高负荷。电力负荷增长表的内容与格式应符合C.10.3-1的规定。文字说明应包括电力负荷估算所采用的指标及其依据、电力负荷增长情况、最高负荷及最高负荷出现时间。

3 采用电力平衡表配合文字说明矿区电力平衡情况。电力平衡表的内容与格式应符合表C.10.3-2的规定。文字说明应包括矿区电力负荷与用电量、矿区内部电源供电能力、电力平衡情况等内容。

表 C.10.3-1 电力负荷增长表（MW）

顺序	项目名称	规模	时间							
			××年	××年	××年	××年	××年	××年	××年	××年
一	矿区主体工程									
	小计									
二	矿区配套设施									
	小计									
	矿区用电合计									
三	其他用电									
1	地方用电									
2	其他设施用电									
	其他用电合计									
总计										

表 C.10.3-2 电力平衡表

项目		时间							
		××年	××年	××年	××年	××年	××年	××年	××年
内部供电	发电功率(MW)								
	厂用电率（%）								
	网损率（%）								
	供电功率(MW)								
	供电量（10^4kW·h）								
用电	用电负荷(MW)								
	用电量（10^4kW·h）								
电力盈(+)亏(−)(MW)									
电量盈(+)亏(−)（10^4 kW·h）									
说明									

C.10.4 电源应包括下列内容：

1 采用电力系统地理接线图配合文字说明矿区电源现状。文字说明应包括下列内容：

1）可能向矿区供电的外部电源点或电力系统的现状、规划及其主要技术特征，主要技术特征应包括供电网络结构、发电厂和（或）变电站的容量、系统接线方式、输电线路电压和导线截面等；

2）矿区既有和规划的综合利用电厂、热电厂等内部电源的规模、装机容量、装机进度，以及满足矿区供电程度的分析。

2 与电力部门就矿区电源协商的情况和电力部门的意见。

3 根据电源现状、电力负荷及与电力部门的协商结果，确定矿区电源和矿区供电电压。

C.10.5 供电方案应包括下列内容：

1 矿区既有供电系统及其主要技术特征。

2 比选并确定供电方案应包括下列内容：

1）提出供电方案，简要说明各方案的电压等级配置、接线方式、变电所布局、与电网的联网方式等主要特征，以及既有矿区既有供电系统的过渡方式与步骤；

2）采用供电方案比较表配合文字进行供电方案比选，确定推荐方案并论述推荐的理由。

3 采用供电系统图配合文字说明推荐的供电方案主要特征。文字说明应包括变电站布局、供电线路截面、走廊划分、主接线及运行方式、分期建设规划等内容；既有电网未覆盖或既有电网供电能力不足的新矿区还应说明施工电源方案。

C.10.6 问题与建议应包括下列内容：

1 矿区电源存在的问题与建议。

2 矿区供电规划中需要政府、电力部门解决的问题。

3 与矿区供电有关的其他问题与建议。

Ⅱ 信息网

C.10.7 信息网应包括下列内容：

1 规划依据与原则。

2 语音通信网。

3 数据通信网。

C.10.8 规划依据与原则应包括下列内容：

1 信息网规划所依据的基础资料。

2 规划原则。

C.10.9 语音通信网应包括下列内容：

1 地方通信网和矿区既有通信网的主要技术特征、接入方式及运行现状。

2 矿区行政、调度通信网规划应包括下列内容：

1）各种通信网容量；

2）对外通信方案及与电信部门联系情况；

3）行政、调度通信网方案的主要特征及其比选与推荐意见。

3 移动通信和应急通信网规划应包括下列内容：

1）移动通信系统；

2）矿区总调度室与矿区救护大队、消防队之间的有线与无线专用应急通信系统，其他应急通信系统。

C.10.10 数据通信网应包括下列内容：

1 矿区既有数据通信网主要技术特征及运行现状。

2 管理数据通信网规划应包括下列内容：

1）管理数据通信网的系统结构，主要性能，运行模式要求等体系构架特征；

2）局域网规划与接入方案。

3 安全生产监控数据通信网规划应包括下列内容：

1）系统结构，装备要求，数据传输、信息处理等系统构架特征；

2）组网方案。

C.11 矿区给排水和供热

Ⅰ 给排水与节水

C.11.1 给排水与节水应包括下列内容：

1 概况。

2 用水量。

3 水源。

4 给水系统。

5 排水。

6 节水措施。

C.11.2 概况应包括下列内容：

1 供水对象与范围。

2 规划所依据的基础资料和技术标准。

3 与相关部门的协商情况。

4 存在问题与建议。存在问题与建议应包括下列内容：

1）水源勘查资料和其他基础资料存在的问题；

2）与相关部门的协商存在的问题；

3）其他问题；

4）解决上述问题的建议。

C.11.3 矿区用水量应根据单位用水量指标，按矿区主体工程、配套设施、及其他用水量，采用用水量估算表估算。

用水量估算表的内容与格式应符合表C.11.3的规定。

C.11.4 水源应包括下列内容：

1 水源条件应包括下列内容：

1）矿区内及周边河流的径流量、水质等矿区水文特征，水库、湖泊等地表水体的水量、水质，地表水与矿区的位置关系等地表水情况；

2）主要地下含水层的层位、富水性、资源量、水质、勘查程度等矿区水文地质特征；

表C.11.3 用水量估算表

顺序	用水项目	规模			用水量指标	用水量（m^3/d）		备注
		单位	初期	后期		初期	后期	
一	主体工程							
1								
2								
⋮								
二	配套设施							
1								
2								
⋮								
矿区合计								
三	其他用水							
1	地方用水							
2	其他设施用水							
⋮								
其他用水合计								
总计								

3）地表水与地下水的利用现状；

4）矿井水、露天矿疏干水与矿坑排水情况。

2 既有水源应包括下列内容：

1）矿区既有水源、给水系统、供水能力、运营情况；

2）矿区内及周边其他既有水源及供水能力。

3 根据水源条件、既有水源情况和地方水行政主管部门的意见，提出水源方案，进行方案比选、水平衡分析和水源规划。

C.11.5 给水系统应包括下列内容：

1 用水设施及分布，各用水设施对水量、水质的要求。

2 进行给水系统的方案比选，在比选的基础上初步确定给水系统，并说明给水系统的取水、净化与输配水方案，以及既有给水系统的利用与改造方案。

C.11.6 排水应包括下列内容：

1 现有污、废水的来源，既有处理设施的处理能力、处理方法及为矿区利用的可能性。

2 矿区污、废水的来源、分布、性质等，并估算排水量。

3 排水水系统规划应包括下列内容：

1）排水水系统的规划原则；

2）处理设施布局、处理规模、主要处理方法和处理后去向。

C.11.7 规划所采取的节水措施应从污废水处理复用、供水系统规划等方面说明。

Ⅱ 供 热

C.11.8 供热应包括下列内容：

1 热负荷。

2 供热系统。

3 热电站。

C.11.9 热负荷应包括下列内容：

1 供热范围。

2 与供热有关的气象资料。

3 采用矿区热负荷估算表分场地（区域）估算矿区热负荷。必要时，应分期估算矿区热负荷。矿区热负荷估算表的内容与格式应符合表C.11.9的规定。

表C.11.9 矿区热负荷估算表

顺序	场地名称	矿井规模或建筑面积	热负荷（MW）	备注
1				
2				
⋮				
合计				

C.11.10 供热系统应包括下列内容：

1 矿区内及周边既有热源的分布、规模、热量及其使用、供热能力等情况，并分析不属于矿区的既有热源向矿区供热的可行性。

2 根据热负荷及其分布和既有热源情况，提出供热系统规划原则。

3 供热系统规划应包括下列内容：

1）供热系统的数量及分布，各供热系统的服务范围、规模和热源；

2）新规划热源的分布和供热能力。

C.11.11 热电站应包括下列内容：

1 热电站规划依据。

2 热电站的服务范围、规模、站址、燃料来源及燃料消耗量。

C.12 矿区地面总布置和防洪排涝

Ⅰ 地面总布置

C.12.1 地面总布置应包括下列内容：

1 概述。

2 地面总布置。

3 村庄搬迁。

C.12.2 概述应包括下列内容：

1 与矿区地面总布置有关的山脉、水系、地形地貌、气象、水文、工程地质和不良地质现象等自然地理概况。

2 主要城镇、村庄、基础设施和工矿企业，机场、军事设施、重要水利设施和其他重要设施概况。

3 矿区及周边的自然保护区、风景名胜区、文物保护区、水库及水资源保护区和其他禁采区概况。

4 土地利用现状及相关规划应包括下列内容：

1）矿区范围内的土地利用现状和当地土地利用规划；

2）相关城镇规划和其他发展规划。

5 简要介绍矿区既有、规划的下列地面工程设施项目：

1）煤炭生产和分选加工工程；

2）综合利用和煤炭深加工工程；

3）辅助设施；

4）行政公共设施和居住区；

5）交通运输和供电、信息网、给排水、供热等基础设施；

6）其他设施。

C.12.3 地面总布置应包括下列内容：

1 地面总布置原则。

2 根据井（矿）田划分和地形特点、用地条件、生产联系和地面运输条件，确定地面工程设施的功能分区和布局，并说明地面布局与当地城镇规划和其他规划衔接、协调的情况。

3 建设场地选址应包括下列内容：

1）各矿井、露天煤矿、选煤厂的规划规模与工业场地位置、用地面积、用地条件、控制高程及与铁路、公路的连接；

2）说明矿区中心区建设项目及选址，并列表说明各项目的规模、用地指标和用地面积；中心区内设集中居住区时应说明居住人口、用地指标和计算用地面积；

3）说明辅助设施及其他配套设施建设项目及场地选择，并列表说明各项目的规模、用地指标和用地面积；

4）说明矿区内不属于矿区规划内容但与矿区关系密切，或作为矿区煤炭用户的电厂、煤化工等其他非煤建设项目的规划位置或建议场址，但不统计其用地面积。

C.12.4 地面总布置应说明由于矿区建设用地、露天矿剥采和矿井开采沉陷引起的村庄和其他建、构筑物搬迁安置的设想。

Ⅱ 防洪排涝

C.12.5 防洪排涝应包括下列内容：

1 区域防洪概况。

2 矿区防洪排涝。

C.12.6 区域防洪概况应包括下列内容：

1 矿区及附近地表水系和主要河流概况。

2 既有防洪排涝设施和水利设施的防洪标准、主要工程和规划。

C.12.7 矿区防洪排涝应包括下列内容：

1 根据矿区的具体条件和相关规程规范确定矿区防洪标准。

2 矿区防洪排涝规划应包括下列内容：

1）防洪排涝系统；

2）在分析各场地的防洪安全性的基础上，对需要采取特殊防洪排涝措施的场地，应初步计算设计流量、设计水位，并进行防洪排涝工程规划；

3）与水库有关的场地，应分析水库对场地安全性的影响，必要时应采取相应的防洪措施。

Ⅲ 矿区用地

C.12.8 矿区用地应包括下列内容：

1 矿区规划用地。

2 与地方土地利用规划的协调。

C.12.9 矿区规划用地应包括下列内容：

1 按矿井（露天矿）与选煤厂、中心区（包括矿区集中居住区）、辅助设施、其他配套设施，以及铁路、公路、防洪工程等，分类统计并列表汇总矿区建设用地面积。上述用地均应包括主要场地和矿井风井场地、临时排矸场、露天矿外排土场等其他场地在内的矿区建设项目所有建设用地。

2 说明不计入矿区建设用地的矿区其他用地数量。不计入矿区建设用地的矿区其他用地应包括依托社会的职工居住用地和结合当地绿化规划布置的防护林带、生态水池等集中绿化用地。

C.12.10 与地方土地利用规划的协调应包括下列内容：

1 说明矿区拟用土地的类别与数量，并特别说明有无占用耕地、林地、牧草地和基本农田；分析土地利用的合理性。

2 说明矿区用地是否符合当地土地利用规划；不符合时应分析调整当地土地利用规划的可能性，并提出调整建议。

C.13 矿区环境保护和节能减排

Ⅰ 矿区环境与生态现状

C.13.1 矿区环境与生态现状应包括下列内容：

1 自然环境与生态现状。

2 社会经济环境现状。

3 环境质量现状。

4 环境敏感目标。

C.13.2 矿区自然环境与生态现状应从环境保护的角度说明，应包括下列内容：

1 矿区地形地貌、水系、气候。

2 主要气象灾害、洪涝灾害、地质灾害等自然灾害。

3 植被与野生动植物。

4 水土流失情况等。

C.13.3 社会经济环境现状应包括下列内容：

1 人口与民族。

2 城镇村庄及其他重要设施分布。

3 社会经济发展水平、主要产业发展情况与前景。

C.13.4 矿区的环境质量现状应从大气环境、水环境、声环境、水土流失、自然生态等方面分析，并应简述环境承载能力。

C.13.5 应说明矿区及周边已划定的自然保护区、风景名胜区、森林公园、水源保护区、文物保护单位等环境敏感目标及其社会价值、保护范围与保护利用现状；必要时，应采用插图表示上述敏感目标与矿区的位置关系。

Ⅱ 矿区开发建设对环境与生态的影响

C.13.6 矿区开发建设对环境与生态的影响应包括下列内容：

1 矿区规划布局对环境与生态的影响。

2 矿区开发建设对环境与生态的影响。

3 矿区排污对环境与生态的影响。

4 矿区开发建设对社会经济的影响。

C.13.7 矿区规划布局对环境与生态的影响和矿区地面设施布局的合理性应从环境保护的角度简要分析。

C.13.8 矿区开发建设对环境与生态的影响应从下列方面分析：

1 矿区用地和地面设施建设对环境与生态的影响。

2 开采沉陷、露天坑挖损对环境与生态的影响。

C.13.9 矿区开发建设对环境与生态的影响应分析污废水、废气、粉尘、固体废弃物及噪声等排放源及主要污染物对环境与生态的影响。

C.13.10 矿区开发建设对社会经济的影响应从下列方面分析：

1 搬迁村庄的安置及与安置地环境与生态的相容性。

2 矿区开发建设带动的煤炭下游产业、运输业和其他相关产业，以及城镇规模的扩大对环境与生态的影响。

Ⅲ 减排与环境保护

C.13.11 减排与环境保护应包括下列内容：

1 矿区环境保护原则与执行标准。

2 减排规划。

3　环境保护规划。

4　环境管理与监测。

C.13.12　矿区环境保护原则和矿区规划执行的环境保护标准应针对矿区的具体情况提出。

C.13.13　减排与环境保护应从环境保护的角度提出减排规划，并应说明污染物减排措施和目标。既有矿区的减排规划应包括既有工程的减排措施和目标；有露天矿的矿区的减排规划应特别说明减少外排土量的措施和目标。

C.13.14　环境保护规划应包括下列内容：

1　从降低用水量、污废水处理复用、提高排放污废水的处理标准、防止固体废物淋滤水对地表水和地下水的污染等方面，说明水环境保护措施与目标。

2　从降低燃煤烟气及其他工艺有毒有害气体排放量、减少工业场地与运输扬尘、减少甲烷等温室气体排放量等方面，说明大气环境保护措施与目标。

3　从减少强噪声源的污染、合理布局等方面，说明声环境保护措施与目标。

4　从减少固体废物排放量、无害化处理、提高综合利用率等方面，说明固体废物处置措施与目标。

5　从保护水环境，减少建设用地，不占或少占林地、草场、耕地，减少对自然植被的破坏，保护野生动植物的生存环境，覆土绿化、复垦造田，生态恢复与生态建设等方面，说明生态环境保护措施。有露天矿的矿区，应特别说明外排土场的覆土绿化、生态恢复与生态建设措施。

6　从降低村庄搬迁的负面影响和支农惠农措施等方面，说明对村庄搬迁影响的控制措施。

7　说明对自然保护区、水源保护地、名胜风景区、文物古迹等特殊保护对象的保护措施与目标。

8　既有矿区的环境保护规划还应包括解决既有工程环境问题的措施。

C.13.15　环境管理与监测应包括下列内容：

1　环境管理与监测机构。

2　环境检测手段。

Ⅳ　水 土 保 持

C.13.16　水土保持应包括下列内容：

1　水土保持原则与目标。

2　水土保持规划。

C.13.17　矿区水土保持的基本原则和拟实现的目标应根据矿区的具体情况提出。

C.13.18　矿区水土保持规划应从减少植被破坏、建设人工植被、边坡和坡地防护、防止滑坡、控制固体废物排放地点、防治因固体废物产生的泥石流等方面说明。水土保持规划应包括排矸场和露天矿外排土场的水土保持措施；既有矿区还应包括解决既有工程水土保持问题的措施。

Ⅴ　土 地 复 垦

C.13.19　土地复垦应包括下列内容：

1　土地复垦原则与目标。

2　主要复垦措施。

3　复垦土地的用途。

C.13.20　矿区土地复垦原则和拟实现的目标应针对矿区的具体情况提出。复垦原则应包括复垦范围和复垦时机。复垦范围应包括开采沉陷区拟搬迁村庄的原址，既有矿区还应包括既有工程毁损而未复垦的土地。

C.13.21　各类毁损土地的复垦措施和复垦标准应根据毁损前土地的分类与用途、土地毁损的类型与程度说明。

C.13.22　复垦土地的用途，应分类说明复垦土地的用途。复垦土地用于耕地和果林时，应说明防止复垦土地对粮食与瓜果污染的措施。

Ⅵ　节　　能

C.13.23　节能应包括下列内容：

1　运输节能。

2　生产节能。

3　供电、供热、供水节能。

4　煤层气和低热值燃料利用的节能效果。

C.13.24　规划的运输节能措施应从矿区井田划分与工业场地位置选择、进行煤炭分选加工以减少无效运输、矿区运输方式选择、运输系统规划等方面说明。

C.13.25　生产节能应包括下列内容：

1　生产节能措施应包括下列内容：

1）从井口位置与井田开拓方式选择、合理集中生产、简化生产运输环节、主要生产工艺选择等方面，说明矿井的生产节能措施；

2）从拉沟位置与采剥工艺选择、合理集中生产、简化生产运输环节等方面，说明露天矿的生产节能措施；

3）从厂址选择、合理集中生产、产品方案、选煤方法与工艺等方面，说明选煤厂的生产节能措施。

2　应根据矿区的具体条件，提出矿井、露天矿和选煤厂的生产综合能耗控制指标，并分析其合理性。生产综合能耗控制指标单位应采用千克标准煤/吨（Kgce/t），矿井、露天矿按生产原煤量计算，选煤厂按处理原煤量计算。地质条件变化较大或矿井（露天矿）规划生产能力与装备水平差异较大的矿区，生产综合能耗控制指标宜分类提出。

C.13.26　供电、供热、供水节能应包括下列内容：

1　从充分利用矿区低热值燃料和瓦斯发电作为矿区电源、供电压选择、供电系统合理规划等方面，说明矿区供电的节能措施。

2 从合理选择热源、实行热电联产、供热系统合理规划等方面，说明矿区供热的节能措施。

3 说明矿区供水水源和供水系统规划的节能措施。

C.13.27 矿区煤层气和低热值燃料利用的节能效果应根据矿区煤层气和低热值燃料利用规划预测。

C.14 技术经济

Ⅰ 劳动定员及劳动生产率

C.14.1 劳动定员及劳动生产率应包括下列内容：

1 主体工程劳动定员及劳动生产率。

2 配套设施劳动定员及劳动生产率。

3 矿区劳动定员及综合全员效率。

C.14.2 各矿井、露天矿、选煤厂（筛选厂）的劳动生产率应根据各矿井、露天矿、选煤厂（筛选厂）的具体条件预测，并应根据其劳动生产率估算劳动定员。

C.14.3 配套设施劳动定员及劳动生产率应包括下列内容：

1 预测煤炭深加工工程和综合利用工程等生产性项目的劳动生产率，并根据其劳动生产率估算劳动定员。

2 估算非生产性配套设施的劳动定员。

C.14.4 矿区劳动定员及综合全员效率应采用劳动定员及劳动生产率估算表配合文字说明。劳动定员及劳动生产率估算表的内容与格式应符合表C.14.4的规定。文字说明的内容应包括矿区原煤生产出勤人数、原煤生产总人数、职工总人数和矿区原煤生产人员综合全员效率。

表C.14.4 劳动定员及劳动生产率估算表

顺序	项目名称	规模	全员效率	生产人员出勤人数	职工在籍人数	备注
一	主体工程					
1						
2						
⋮						
	主体工程合计					
二	配套设施					
1	辅助设施					
1)						
2)						
⋮						
	小　计					
2	行政公共设施和居住区					
1)						
2)						
⋮						
	小　计					
3	交通运输设施					
1)						
2)						
⋮						
	小　计					
4	供电、信息网、给排水和供热设施					
1)						
2)						
⋮						
	小　计					
5	其他配套设施					
1)						
2)						
⋮						
	小　计					
	配套设施合计					
	矿区总计					

Ⅱ 基本建设投资估算

C.14.5 基本建设投资估算应包括下列内容：

1 投资范围。

2 基本建设投资估算。

C.14.6 矿区投资估算所涉及的工程范围应说明。必要时，可列出与矿区建设有关但不属于矿区投资范围的相关工程建设项目。

C.14.7 基本建设投资估算应包括下列内容：

1 说明投资估算的基准年和估算办法。

2 采用基本建设投资估算表，按矿区主体工程、各类配套工程估算矿区各单项工程的静态投资，并按矿区原煤生产能力计算矿区吨煤投资（元/t）。必要时，可单独列出与矿区建设有关但不属于矿区投资范围的相关工程建设项目的投资。

基本建设投资估算表的内容与格式应符合表C.14.7的规定。

表 C.14.7　基本建设投资估算表

顺序	项目名称	规模	投资（万元）	吨煤投资（元/t）	备注
一	主体工程				
1					
2					
⋮					
	主体工程合计				
二	配套设施				
1	辅助生产设施				
1)					
2)					
⋮					
	小　计				
2	行政公共设施和居住区				
1)					
2)					
⋮					
	小　计				
3	交通运输设施				
1)					
2)					
⋮					
	小　计				
4	供电、信息网、给排水和供热设施				
1)					
2)					
⋮					
	小　计				
5	其他配套设施				
1)					
2)					
⋮					
	小　计				
	配套设施合计				
	矿区总计				

Ⅲ　主要技术经济指标

C.14.8　矿区主要技术经济指标应采用主要技术经济指标表说明。

主要技术经济指标表的内容与格式应符合表C.14.8的规定。

表 C.14.8　主要技术经济指标表

顺序	指标名称	单位	数量	备注
1	煤类			
2	可采煤层层数、总厚度	层、m		
3	煤层倾角	(°)		
4	矿区地面高程			
	最低高程	m		
	最高高程	m		
	相对高差	m		
5	矿区范围			
	走向长	km		
	倾斜宽	km		
	面积	km^2		
6	矿区资源量	Mt		
7	规划范围面积与资源量			
	面积	km^2		
	资源量	Mt		
	估算可采储量	Mt		
8	勘查区面积与资源量			
	面积	km^2		
	资源量	Mt		
9	矿区规划规模	Mt/a		
10	矿区服务年限	a		
	其中：均衡生产年限	a		
11	矿井及露天矿数目	个		
	其中：露天矿	个		
	平硐开拓矿井	个		
	斜井开拓矿井	个		
	立井开拓矿井	个		
	混合开拓矿井	个		
12	矿井及露天矿总生产能力	Mt/a		
1)	矿井数目与总生产能力	个、Mt/a		
	其中：大型矿井数目与总生产能力	个、Mt/a		
	中型矿井数目与总生产能力	个、Mt/a		
	小型矿井数目与总生产能力	个、Mt/a		

续表 C.14.8

顺序	指标名称	单位	数量	备注
2)	露天矿数目与总生产能力	个、Mt/a		
	其中：大型露天矿数目与总生产能力	个、Mt/a		
	中型露天矿数目与总生产能力	个、Mt/a		
	小型露天矿数目与总生产能力	个、Mt/a		
13	矿区内勘查区块数目	个		
14	筛选厂数目与总生产能力	个、Mt/a		
15	选煤厂数目与总生产能力	个、Mt/a		
	其中：大型选煤厂数目与总生产能力	个、Mt/a		
	中型选煤厂数目与总生产能力	个、Mt/a		
	小型选煤厂数目与总生产能力	个、Mt/a		
16	商品煤总生产能力	Mt/a		
	其中：洗精煤总生产能力	Mt/a		
17	矿区铁路专用线正线总长度	km		
18	矿区公路总长度	km		
19	矿区电力负荷	MW		
20	矿区变电站数目与容量	个、MW		
	其中：110kV 变电站数目与容量	个、MW		
	35kV 变电站数目与容量	个、MW		
21	输电线路总长度	km		
	其中：110kV 输电线路	km		
	35kV 输电线路	km		
22	矿区总用水量	m^3/d		
	其中：工业用水	m^3/d		
	生活用水	m^3/d		
23	矿区供水干管长度	km		
24	矿区用地总面积	hm^2		
	其中：工业场地用地	hm^2		
	居住区用地	hm^2		
	铁路用地	hm^2		
	公路用地	hm^2		
	其他用地	hm^2		
25	矿区在籍职工总数	人		

续表 C.14.8

顺序	指标名称	单位	数量	备注
	其中：矿井及露天矿在籍职工人数	人		
	选煤厂在籍职人工数	人		
	矿区配套设施在籍职工人数	人		
26	矿井全员效率	t/工		
	其中：大型矿井	t/工		
	中型矿井	t/工		
	小型矿井	t/工		
27	露天矿全员效率	t/工		
	其中：大型露天矿	t/工		
	中型露天矿	t/工		
	小型露天矿	t/工		
28	矿区原煤生产人员综合全员效率	t/工		
29	矿区建设总投资	万元		
	其中：矿井及露天矿投资及比例	万元，%		
	选煤厂投资及比例	万元，%		
	辅助设施投资及比例	万元，%		
	行政设施和居住区投资及比例	万元，%		
	基础设施投资及比例	万元，%		
	其他投资及比例	万元，%		
30	矿区吨煤投资	元/t		
	其中：矿井及露天矿吨煤投资	元/t		
	选煤厂吨煤投资	元/t		
	矿区配套设施吨煤投资	元/t		
31	矿区建设周期（达到规划规模的时间）	a		

附录 D　煤炭矿区总体规划附图的内容深度要求

D.1　应提交的附图

D.1.1　煤炭矿区总体规划提交的附图应符合表 D.1.1 的规定。

表 D.1.1 煤炭矿区总体规划提交的附图

顺序	章 序	图纸名称	备 注
1	第一章	矿区地质地形图	复制，应标示矿区境界线
2		矿区水文地质图	复制，必要时附
3		矿区综合地质柱状图	复制
4		矿区主要地质剖面图	复制
5		矿区煤层底板等高线及储量计算图	复制 宜包括全部可采煤层
6		露天矿田剥离物等厚线图	复制，有露天矿时附
7		露天矿田剥采比等值线图	复制，有露天矿时附
8	第三章	井（矿）田划分平面图	包括勘查区块划分分方案绘制
9		井田开拓平面图	分井田绘制 可与井（矿）田划分平面图合并
10		井田开拓剖面图	分井田绘制
		露天矿开拓运输系统平面图	分矿田绘制，有露天矿时附
11	第六章	矿区铁路平面图	可与矿区地面总布置图合并
12	第十一章	矿区地面总布置图	可与矿区地质地形图合并

D.1.2 规划图的内容深度应符合本规范附录D中第D.2节～第D.7节的规定。

D.2 井（矿）田划分平面图

D.2.1 图纸的幅面应覆盖整个矿区且适当超出矿区范围，应醒目地标示矿区境界，并应注明相邻矿区名称。

D.2.2 图纸应有坐标网格和指北针，并应注明网格线的经、纬距。

D.2.3 图纸的内容应包括地质内容、规划内容、图例、附表和文字说明。

D.2.4 图纸的地质内容应包括：

1 主要可采煤层底板等高线。

2 钻孔编号、孔口高程，以及煤层底板高程、煤层厚度等钻孔煤层资料。

3 断层、陷落柱、火成岩侵入体等地质构造。

4 地面河流、村庄、既有铁路、主要公路、高压输电线等主要建构筑物。

D.2.5 图纸的规划内容应包括：

1 井（矿）田与勘查区的名称、境界、境界拐点编号。

2 未划入井（矿）田的永久煤柱境界线。

3 矿区铁路和矿井铁路专用线，矿井和露天矿工业场地。

4 矿井井口位置和露天矿初始出入沟位置。

D.2.6 附表应包括井（矿）田与勘查区境界拐点坐标表和井（矿）田特征表，其内容与格式应与文本中的同名附表相同。

D.2.7 图例应包括地质图例和规划内容的图例。

D.2.8 图纸的文字说明应包括下列内容：

1 图中地质资料的来源。

2 采用的平面坐标系统和高程系统。

3 其他需要说明的问题。

D.3 井田开拓平面图

D.3.1 图纸的幅面应符合下列规定：

1 按矿区绘制时应覆盖矿区内所有井（矿）田且适当超出规划区范围，应醒目地标示矿区境界，并应注明相邻矿区、相邻勘查区名称。

2 按井田绘制时应覆盖全井田且适当超出井田范围，并应注明相邻井（矿）田、勘查区名称。

D.3.2 图纸应有坐标网格和指北针，并应注明网格线的经、纬距。

D.3.3 图纸的内容应包括地质内容、规划内容、图例、附表和文字说明。

D.3.4 图纸的地质内容应包括：

1 主要可采煤层底板等高线。

2 钻孔编号、孔口高程和煤层底板高程、煤层厚度等钻孔煤层资料。

3 断层、陷落柱、火成岩侵入体等地质构造。

4 地面河流、村庄、既有铁路、主要公路、高压输电线等主要建构筑物。

D.3.5 图纸的规划内容应包括：

1 井田名称与境界。

2 矿区铁路与矿井铁路专用线。

3 矿井工业场地。

4 矿井井筒、各水平主要巷道或巷道组。

5 相关剖面图的剖面位置与编号。

D.3.6 附表应包括井田开拓特征表和矿区建设顺序及生产能力增长计划表，其内容与格式应与文本中的同名附表相同。分井田绘制时，附表应集中附于某一井田的开拓平面图中。

D.3.7 图例应包括地质图例和规划内容的图例。

D.3.8 图纸的文字说明应包括下列内容：

1 图中地质资料的来源。

2 采用的平面坐标系统和高程系统。

3 其他需要说明的问题。

D.4 井（矿）田开拓剖面图

D.4.1 图名应冠以剖面编号，按井田绘制时还应冠以井田名称。剖面编号应与井田开拓平面图一致。

D.4.2 图纸的幅面应符合下列规定：

1 按矿区绘制时应覆盖剖面上的所有井（矿）田且适当超出井（矿）田范围，并应注明相邻井（矿）田、勘查区名称。

2 按井田绘制时应覆盖全井田且适当超出井（矿）田范围，并应注明相邻井（矿）田、勘查区名称。

D.4.3 剖面的方位应在图纸上方标示，图中应画出高程线，并应在图纸两端划出高程标尺，应注明高程。

D.4.4 图纸的内容应包括地质内容、规划内容和文字说明，其内容应和平面图一致。

D.4.5 图纸的地质内容应包括：

1 地层的系、组分界线与代号。

2 所有可采煤层，并尽可能反映其厚度。

3 剖面中及邻近钻孔的编号、孔口高程和煤层底板高程、煤层厚度等钻孔煤层资料。

4 断层、陷落柱、火成岩侵入体等地质构造。

5 地形、河流、村庄、既有铁路、主要公路、高压输电线等主要建、构筑物。

D.4.6 图纸的规划内容应包括：

1 井田境界，按矿区绘制时还应标注井（矿）田名称。

2 规划铁路和矿井工业场地。

3 矿井井筒、各水平主要巷道。

D.4.7 图纸的文字说明应包括下列内容：

1 图中地质资料的来源。

2 采用的平面坐标系统和高程系统。

3 其他需要说明的问题。

D.5 露天矿开拓运输系统平面图

D.5.1 图纸的幅面应符合下列规定：

1 按矿区绘制时应覆盖矿区内所有井（矿）田且适当超出规划区范围，应醒目地标示矿区境界，并应注明相邻矿区、相邻勘查区名称。

2 按矿田绘制时应覆盖全矿田且适当超出矿田范围，并应注明相邻井（矿）田、勘查区名称。

D.5.2 图纸应有坐标网格和指北针，并应注明网格线的经、纬距。

D.5.3 图纸的内容应包括地质内容、规划内容、图例、附表和文字说明。

D.5.4 图纸的地质内容应包括：

1 主要可采煤层底板等高线。

2 钻孔编号、孔口高程和煤层底板高程、煤层厚度等钻孔煤层资料。

3 断层、陷落柱、火成岩侵入等地质构造。

4 地面河流、村庄、既有铁路、主要公路、高压输电线等主要建、构筑物。

D.5.5 图纸的规划内容应包括：

1 露天矿名称及开采境界。

2 露天矿铁路专用线，露天矿及选煤厂工业场地。

3 露天矿采场、外排土场位置、初始出入沟及露天矿外部运输系统。

D.5.6 附表应包括下列内容：

1 采场、外排土场及工业场地占地面积表。

2 露天矿资源量、可采储量表。

D.5.7 图例应包括地质图例和规划内容的图例。

D.5.8 图纸的文字说明应包括下列内容：

1 图中地质资料的来源。

2 采用的平面坐标系统和高程系统。

3 其他需要说明的问题。

D.6 矿区地面总布置图

D.6.1 矿区地面总布置图应复制地形资料、标注经、纬距，并宜画出比例尺。地形资料可根据需要进行缩放，但应能清楚表达地形、地物和高程。

D.6.2 指北针应在图面上方的经线上标注。

D.6.3 矿区地面总布置图应有风向资料。风向资料宜采用年平均风向频率玫瑰图，并应标明比例。没有矿区风向观测资料时，可用调查得到的主导风向表示。

D.6.4 各种既有工程设施和规划的工程设施应采用不同图例区分。

D.6.5 图幅范围应包括全矿区范围和矿区边界外必要的相邻范围。图面不应出现折断线。

D.6.6 图纸内容应包括下列内容：

1 重要的既有地面设施、基础设施和工业企业。

2 各种保护区、规划区、禁采区境界，环境敏感目标及其境界。

3 矿区境界、井（矿）田境界和勘查区境界。

4 矿区中心区、辅助企业区、集中居住区、矿井（露天矿）和选煤厂工业场地，矿井井筒及井口，露天矿采掘坑地表境界、出入沟、外排土场、油库、炸药库，及其他规划场地。

5 矿区（矿井）铁路专用线及车站、煤炭集装站及编组站、交接站，矿区公路，以及运煤带式输送机、架空索道、航道码头等其他地面运输设施。

6 水源地及供水系统、供热系统、供电系统、通信线路及移动通信基站等基础设施。

7 河道整治、改移工程与防洪工程。

8 与矿区规划有关的其他工程与设施。

D.6.7 附表应根据具体情况绘制。附表内容应表达各规划工程及设施的主要技术特征和用地面积。

D.6.8 图纸说明应包括下列内容：

1 地形图依据及测量日期、坐标系统、高程系统、等高线间距。

2　风向资料来源。

3　需要说明的其他内容。

D.6.9　矿区地面运输系统宜与矿区地面总布置合并绘制。当矿区铁路接轨站在矿区范围以外时，除应在矿区地面总布置图上表达矿区范围内的地面运输系统外，还应绘制矿区铁路平面图表达矿区范围外的地面运输系统。

D.7　矿区铁路平面图

D.7.1　“矿区铁路平面图”宜采用与“矿区地面总布置图”相同版式、比例的地形资料。图中地形资料和指北针的要求，应符合本标准第D.6.1条的规定。

D.7.2　图纸的范围应包括矿区铁路接轨站，另一端应与矿区地面总布置图中矿井（露天矿）铁路专用线相衔接，并应符合下列规定：

1　设置矿区铁路集配站的矿区，应包括并止于矿区铁路集配站。

2　不设矿区铁路集配站的矿区，应包括并止于第一条矿井（露天矿）铁路专用线接轨站或第一个矿井（露天矿）装车站。

D.7.3　图名宜称为“矿区铁路（××站—××站）平面图”。

D.7.4　图纸应包括下列内容：

1　接轨铁路及接轨站。

2　线路平面及车站（中间站、交接站、集配站、煤炭集装站）分布。

3　主要控制工程（大中桥梁、长隧道、大型立体交叉）。

4　在矿区铁路出岔的其他专用线的接轨点。

5　沿线主要城镇、工矿企业和重要基础设施。

附录E　煤炭矿区总体规划编制的其他要求

E.1　文本体例

E.1.1　文本的每一章、每一个附录均应另起一页。

E.1.2　章序与章名之间应空一个字，并应位于本章首页第一行的中央位置。

E.1.3　章内各节应间隔一行顺序排列。节序与节名之间应空一个字，并应位于本节首行的中央位置。当节序与节名位于一页的最后一行时，节序与节名应另起一页。

E.1.4　节内层次应符合下列规定：

1　节内层次不宜超过4个，其序号应依次为“一”、“1”、“(1)”、“A”。

2　节内各层次宜设置标题。各层次的序号与标题应独占一行并位于靠左空两格位置。

E.1.5　页码应符合下列规定：

1　目录和附录应单独编码。目录页码应采用阿拉伯数字。附录页码应采用阿拉伯数字并加前缀“附录”。

2　正文页码应采用分章编码或不分章流水编码。采用分章编码时，其页码应采用短横杠相连的两段阿拉伯数字，第一段阿拉伯数字应为章的序号，第二段阿拉伯数字应为章内页序。总说明的章序号应采用“0”。

E.2　文字、符号与数值

E.2.1　汉字应采用符合国家标准的简体汉字。外文字母和阿拉伯数字应采用正体，并应区分大小写和上下标。

E.2.2　叙述性句子中小于10的自然数，应采用阿拉伯数字或中文数字；其他数值应采用阿拉伯数字，并应符合下列规定：

1　数值应反映出所需要的精确度。

2　小于1的数值，小数点之前的“0”必须写出。

3　高程数值应加“+”、“-”符号区分正、负。

E.2.3　表示数值的范围应符合下列规定：

1　范围符号应采用“～”。

2　应按下列方式书写：

10N～15N或(10～15)N，	不应写成10～15N；
10%～12%，	不应写成10～12%；
1.1×10^5～1.3×10^5，	不应写成1.1～1.3×10^5；
18°～36°30′，	不应写成18～36°30′；
18°30′～-18°30′，	不应写成±18°30′。

E.2.4　表示序号的阿拉伯数值后，不得使用“#”代替汉字“号”。

E.3　计 量 单 位

E.3.1　应采用国家公布的法定计量单位和单位符号。

E.3.2　表示计量单位的数值时，计量单位和用于构成十进制倍数和分数单位的词头，均应采用国家公布的符号表示。

E.3.3　煤炭资源/储量应以兆吨（Mt）为单位，并应精确到小数点后两位数。矿区规模和矿井、露天矿规划生产能力应以兆吨/年（Mt/a）为单位，大于1Mt/a且小数点后第二位数为零时，应保留小数点后一位数；大于1Mt/a且小数点后第二位数不为零或小于1Mt/a时，应保留小数点后两位数。

E.4　表格与插图

E.4.1　表格应有表序和表名。表序和表名应位于表格上方中央。

E.4.2 表序应由前缀“表”字和用短横杠相连的三段阿拉伯数字组成，第一段应为章的序号，第二段应为节的序号，第三段应为节内表的序号。

E.4.3 插图应有图序和图名。图序和图名应位于插图下方中央。

E.4.4 图序应由前缀“图”字和用短横杠相连三段阿拉伯数字组成，第一段应为章的序号，第二段应为节的序号，第三段应为节内图的序号。

E.5 附　　录

E.5.1 每一个附录均应另起一页，并应在首页的左上角加印附录的序号“附录×”。

E.5.2 采用复印件作附录时，其文字、线条与印章应清晰可辨。

E.5.3 采用打印件作附录时，其内容与格式应与原文件完全相同。原文件有印章时，应打印出印章文字并在文字后加注“（公章）”字样。

本标准用词说明

1 为便于在执行本标准条文时区别对待，对要求严格程度不同的用词说明如下：

1）表示很严格，非这样做不可的：
正面词采用“必须”，反面词采用“严禁”；

2）表示严格，在正常情况下均应这样做的：
正面词采用“应”，反面词采用“不应”或“不得”；

3）表示允许稍有选择，在条件许可时首先应这样做的：
正面词采用“宜”，反面词采用“不宜”；

4）表示有选择，在一定条件下可以这样做的，采用“可”。

2 条文中指明应按其他有关标准执行的写法为：“应符合……的规定”或“应按……执行”。

引用标准名录

《煤炭矿井制图标准》GB/T 50593

中华人民共和国国家标准

煤炭工业矿区总体规划文件编制标准

GB/T 50651—2011

条 文 说 明

制 订 说 明

编制本标准遵循的原则是：贯彻科学发展观，符合国家相关法律法规和煤炭产业政策的要求，并力求简明实用，便于操作。编制本标准所依据的法律法规和政策性文件主要有《中华人民共和国矿产资源法》、《中华人民共和国煤炭法》、《中华人民共和国环境保护法》、国务院国发〔2005〕18号文件《国务院关于促进煤炭工业健康发展的若干意见》、国家发展与改革委员会发改能源〔2004〕891号文件《关于规范煤炭矿区总体规划审批管理工作的通知》、国家发展和改革委员会2007年第80号公告发布的《煤炭产业政策》等。

编制工作从2008年初开始准备，2008年7月主编单位提出了《编制工作大纲（讨论稿）》，经中国煤炭建设协会组织审查后于2008年9完成《编制工作大纲》。随后编制组根据《编制工作大纲》正式开始标准的编制工作。2009年3月初完成征求意见稿（初稿），经中国煤炭建设协会组织审查后于2009年3月完成征求意见稿，并上网公示征求意见；2010年1月根据各单位对征求意见稿的意见修改完成送审稿，于2010年4月由中国煤炭建设协会组织专家对送审稿进行审查；2010年7月根据对送审稿的审查意见完成报批稿，报国家住房和城乡建设部审批。

煤炭矿区总体规划的内容深度要求是本标准的核心内容。在计划经济条件下，指导煤炭矿区开发建设的基本依据是煤炭矿区总体设计，其内容深度有明确的规定，要求确定矿区开发建设的各项重大原则，达到作为矿区内各单项工程初步设计依据的深度。煤炭矿区总体规划是在市场经济条件下指导煤炭矿区开发建设的基本依据，其所面临的经济环境、需要解决的问题、依据的基础资料深度均与过去的矿区总体设计不同；而科学发展观和国家关于环境保护与可持续发展的方针政策，也对煤炭矿区总体规划提出了新的要求。因此，煤炭矿区总体规划与过去编制的煤炭矿区总体设计有何异同，其内容深度如何掌握，是编制组重点研究的问题。在认真学习国家相关法律、法规和政策性文件的基础上，结合我国近十多年煤炭矿区总体规划编制和审查的实践，编制组认为：作为市场经济条件下煤炭矿区资源勘查、开发和生产活动基本依据的煤炭矿区总体规划，主要是确定矿区开发建设的大框架，其重点是确定矿区范围和井（矿）田划分，以及矿区主体工程的规模、布局等基本原则，并对矿区配套设施进行原则规划，其内容深度只要求达到作为矿区内各单项工程可行性研究依据的深度，但应正确处理矿区开发建设与环境保护、资源保护、综合利用、节约用地、节能减排和节水、地方社会经济发展等关系，以确保矿区开发与环境的协调和矿区可持续发展。本标准关于煤炭矿区总体规划内容深度的要求，正是以上述认识为基础提出的。

矿区开发建设和生产中有特殊的安全问题，在矿井和露天矿的可行性研究和设计中必须有专门章节说明相关的安全措施，在矿区总体规划中，特别是在井田划分、矿井建设规模、建设场地选择、瓦斯抽采、防洪排涝、矿区信息网等的规划中，也必须充分考虑安全问题和安全生产的需要；但规划中是否需要设置专门章节，尚需进一步研究。本标准在附录B“煤炭矿区总体规划文本正文的章节划分”表B.0.1中将“矿山安全”作为“第三章　矿区开发”的一节列入，并根据《煤炭工业矿区总体规划规范》的相关要求，在附录C“煤炭矿区总体规划文本正文的内容深度要求”中对该节的内容深度作出了相应的规定。

为了广大设计、科研、学校等单位有关人员在使用本标准时能理解和执行条文规定，本标准编制组按章、节、条顺序编制了本标准的条文说明，对条文规定的目的、依据以及执行中需注意的有关事项进行了说明。但是，本条文说明不具备与标准正文同等的法律效力，仅供使用者作为理解和把握标准规定的参考。

目　次

1　总则 ………………………………… 1—35—38
2　术语 ………………………………… 1—35—38
3　文件的组成和格式 ………………… 1—35—39
3.1　文件组成 ……………………… 1—35—39
3.2　规划文本格式 ………………… 1—35—39
3.3　附图格式 ……………………… 1—35—39
4　文件的内容深度 …………………… 1—35—39
5　文件编制的其他要求 …………… 1—35—39
附录C　煤炭矿区总体规划文本正文的内容深度要求 ……… 1—35—39
附录D　煤炭矿区总体规划附图的内容深度要求 ……………… 1—35—40

1 总 则

1.0.1 本条阐明了制订本标准的目的。煤炭矿区总体规划是煤炭矿区资源勘查、开发和生产活动的基本依据。要保证煤炭矿区健康发展，必须提高煤炭矿区总体规划的水平和质量。要提高煤炭矿区总体规划的水平和质量，就必须依据国家的法律法规和煤炭产业政策，规范煤炭矿区总体规划文件的内容深度及其他编制要求。

1.0.3 由于煤炭矿区总体规划是煤炭矿区资源勘查、开发和生产活动的基本依据，因而符合国家的法律法规、产业政策、推进技术进步和可持续发展的要求，是对煤炭矿区总体规划的总要求。体现矿区统一规划、合理布局、综合开发、有效利用和规模经营的原则，与国土规划、城镇规划、相关行业规划和地区经济发展规划等相衔接，并处理好煤炭资源开发与环境保护、节能、节水和节约用地的关系，则是上述总要求在煤炭矿区总体规划中的体现，也是编制煤炭矿区总体规划必须遵循的基本原则。

1.0.4 本条从煤炭矿区总体规划使用功能的角度，根据本标准第1.0.3条的规定，对煤炭矿区总体规划提出了应满足的功能要求，其目的是确保矿区总体规划满足国家、地方政府、相关行业和业主利用煤炭矿区总体规划指导矿区勘查、开发建设、生产经营，以及编制相关规划的需要。

1.0.5 煤炭矿区总体规划是一个综合性的技术文件，涉及面很广，而本标准属于管理标准，其内容仅限于煤炭矿区总体规划的内容深度和文件组成、格式以及其他编制要求，不涉及总体规划的技术要求和其他要求，因此，煤炭矿区总体规划的编制除应符合本标准外，尚应符合国家现行有关标准的规定。

2 术 语

2.0.1 矿区通常是一个矿藏区域的概念，但有时也意指为开发该区域的矿藏而建设的若干主体工程和相应的配套设施所组成的综合工程系统。本条“矿区”的内涵系根据全国自然科学名词审定委员会1996年公布的《煤炭科技名词》按矿藏区域界定，其关键词是“统一”。因为要“统一规划和开发”，自然会在该区域形成一个协调统一的综合工程系统。

2.0.2 本条系根据对矿区总体规划的认识并参考《煤炭科技名词》中“矿区总体设计”的含义制订，其中“规划”的字面意义是“比较全面的长远的发展计划”（现代汉语词典 第五版第513页）。

2.0.3、2.0.4 《煤炭科技名词》中将“井田”和“露天矿田”统称为矿田。本条根据煤炭行业的习惯，将“井田”和“露天矿田”列为两个术语，并规定“露天矿田”可简称“矿田”。

2.0.6、2.0.7 矿区某一时间的生产能力，是该时间所有生产矿井和露天矿生产能力的总和。矿区的生产年限一般长达数十年，其生产能力不可能保持恒定不变。但由于矿区生产能力的变化影响到矿区配套设施的营运和地方经济与社会的发展，除了生产能力递增的初期和生产能力递减的末期外，矿区生产的绝大部时间内，其生产能力应较为均衡，变化幅度较小，被称为矿区均衡生产时期，这一时期矿区的生产能力被称为矿区规模。第2.0.6条所说的生产能力波动幅度，是指矿区生产能力对矿区规模的偏离值。本条对均衡生产时期生产能力波动幅度的规定，是根据其波动对矿区配套设施和地方经济社会的影响程度，并考虑多年的工程实践确定的。需要说明的是：由于矿区生产能力在均衡生产时期有小幅波动，矿区规模一般是均衡生产时期矿区生产能力某一延续时间较长的中间值，一般不等于矿区全部矿井和露天矿生产能力的总和。

2.0.8、2.0.9 多年以来，我国煤炭加工基本上仅限于煤炭分选加工，即狭义的煤炭加工。随着经济社会的发展，为了满足市场对商品煤品种和质量的不同需求并提高矿区的经济效益，以进一步提高煤质或煤炭利用价值为目的而进行的煤炭深加工有时是必要的，《煤炭工业矿区总体规划规范》也有煤炭深加工的相关规定。因此，第2.0.9条对煤炭深加工的内涵与外延作了界定。本标准中，凡是需采用第2.0.8条“煤炭加工”的狭义内涵时，多采用“煤炭分选加工”一词。

2.0.10 《煤炭科技名词》中有“煤转化”这一术语，其含义是“煤炭通过热加工或化学加工获得热能或化学制品的过程”。原煤炭工业部组织从事洁净煤技术研究的专家、教授编写的《洁净煤技术基础》一书对煤炭转化的解释是，“煤炭转化是指以化学方法为主将煤炭转化为洁净的燃料或化工产品，包括煤炭气化、煤炭液化和燃料电池”。在实际工作中所说的煤炭转化的外延有时比上述含义或解释宽泛，涵盖了燃煤发电、焦化、气化、液化等改变煤炭化学成分或能源形态的过程。因此，本标准对煤炭转化这一术语给出了狭义和广义两种含义。狭义含义主要参考了《洁净煤技术基础》对煤炭转化的解释；广义含义则同时考虑了燃煤发电这一广泛存在的煤炭转化过程的特点。煤炭矿区总体规划中使用的煤炭转化术语，通常是指广义的煤炭转化。

2.0.11、2.0.12 煤炭矿区的产品主要是各种不同质量、不同规格商品煤。矿区内开采和加工煤炭的工程，即矿井、露天矿和选煤厂、筛选厂是直接生产商品煤的，因而属于煤炭矿区的主体工程；其他设施是为主体工程服务或为进一步提高矿区经济效益、社会效益服务的，因而属于配套设施。

2.0.13 煤炭矿井、露天矿和选煤厂有大量专用生产设备和器材，社会的一般机电修理、设备租赁和器材供应设施往往难以满足要求；矿井建设和生产时期还有特殊的安全问题，需要有处理井下灾害的专业队伍和应急救援设施。因此，煤炭矿区必须设置为矿区生产和应急救援服务的专用设施。这类设施是煤炭矿区所特有的生产服务设施，对矿区生产和应急救援是必不可少的，称为“辅助设施”。由于煤炭矿区的地面设施一般处于地方消防设施的服务半径之外，如果地方消防部门要求设置专为矿区服务的消防设施，也属于矿区辅助设施。凡是其产品或服务可以由社会提供的设施，如水泥厂、建材厂等，均不属于辅助设施的范畴。

3 文件的组成和格式

3.1 文件组成

3.1.1 矿区地质资料是矿区总体规划最重要的基础资料，而地质图是矿区地质资料不可或缺的重要组成部分。规划图中的地质内容对了解矿区地质条件是不够的，必须阅读主要的地质图才能了解矿区的地质概况。没有矿区的主要地质图就无法了解矿区的地质条件，既无法说明规划的合理性，也无法阅读、理解规划的具体内容。因此，煤炭矿区总体规划图纸应包括复制的地质图。

3.2 规划文本格式

3.2.4 本条所列作为规划文本附录的文件，是煤炭矿区总体规划编制的重要依据和支持性文件，故应将其作为附录附于规划文本之后，以供查阅并有助于理解规划的具体内容。

3.3 附图格式

3.3.3 本条表3.3.3说明如下：

1 由于规划图必须以相应的地质图或地形图为基础绘制，为便于图纸的绘制和使用，表中规划图的比例与地质图和地形图的相关标准一致，大于1：10000的，按1、2、5进级，小于1：10000的，按1、2.5、5进级。

2 表中规定可选用的图纸比例由大至小顺序排列，其顺序并不代表本标准的推荐倾向，实际规划工作中应按照本条条文所规定的原则合理选择。

4 文件的内容深度

4.0.1 本条是根据总则中第1.0.3条的总要求和应遵循的基本原则和第1.0.4条的功能要求，对煤炭工业矿区总体规划内容深度提出的原则要求，也是本标准的核心内容——煤炭矿区总体规划的内容深度要求——的总纲。

4.0.2 规划图纸和规划文本是煤炭矿区总体规划文件的两个组成部分，是同一内容的不同表达形式，因而所表达的内容必须一致，不应出现不一致，更不能出现矛盾。

4.0.3～4.0.5 附录B、附录C和附录D是对煤炭矿区总体规划文件内容深度的具体要求，也是本标准的主体部分，因其格式和表达方式不适合以标准条文形式编制，而作为“附录”引入本标准。本标准第1章“总则”和本章第4.0.1条，则是附录B、附录C和附录D的基础和导则。只有了解第1.0.3条、第1.0.4条和第4.0.1条的要求，才能准确地把握附录B、附录C和附录D对煤炭矿区总体规划文件内容深度的具体要求，因此，在实施本标准时，不仅要注意附录B、附录C和附录D对煤炭矿区总体规划文件内容深度的具体要求，还应特别注意第1.0.3条、第1.0.4条和本章第4.0.1条的要求。

5 文件编制的其他要求

5.0.2 规划图是以相应的地质图或地形图为基础绘制的，包括了地质或地形以及规划两方面的内容。其中，规划内容是图纸表达的主要内容，地质或地形则是规划内容的基础与依据。因此，本条要求规划图应图面清晰，图例与文字规范；地质地形资料准确，规划内容明显突出。

5.0.3 煤炭矿区总体规划是指导矿区勘查、开发和生产的重要文件，除内容应规范外，规划文本的体例、文字、符号与数值、计量单位、表格与插图等也应规范。因此，本条要求规划文本的体例、文字、符号与数值、计量单位、表格与插图等应符合本标准附录E的规定，而本标准附录E则是根据煤炭矿区总体规划编制的实际情况，参考原能源部1990年发布的《煤炭工业五项设计内容》中的《设计文件编写规定》及其他相关文件和资料，并考虑到近十多年煤炭矿区总体规划的编制实践制定的。

附录C 煤炭矿区总体规划文本正文的内容深度要求

由于内容繁杂，本附录按“节”、“次分组单元”、“条”3个层次编写。

本附录中节的标题与规划文本正文章的标题相同，但因为规划文本的总说明无序号，本附录节序为规划文本正文的章序加“一”。

次分组单元对应于规划文本正文的节，其编号、标题与规划文本正文的节序、标题相同。

除个别特例外，每一个次分组单元中的第一条是对规划文本正文节内第一层次内容顺序与标题的规定，规划文本正文节内第一层次的顺序和标题宜符合该条的规定；次分组单元中以后各条则是对规划文本正文节内第一层次内容深度的具体要求，条内的款、项分别对应规划文本正文节内第二、第三层次内容。

附录 D　煤炭矿区总体规划附图的内容深度要求

表 D.1.1“煤炭矿区总体规划应提交的附图”图纸中，第一章有两张与露天有关的复制图纸，若地质资料没有，可以不附。

中华人民共和国国家标准

城市轨道交通地下工程建设风险管理规范

Code for risk management of underground works in urban rail transit

GB 50652—2011

主编部门：中华人民共和国住房和城乡建设部
批准部门：中华人民共和国住房和城乡建设部
施行日期：2 0 1 2 年 1 月 1 日

中华人民共和国住房和城乡建设部
公　　告

第 941 号

关于发布国家标准《城市轨道交通地下工程建设风险管理规范》的公告

现批准《城市轨道交通地下工程建设风险管理规范》为国家标准，编号为 GB 50652－2011，自 2012 年 1 月 1 日起实施。其中，第 1.0.3、1.0.4、9.1.2 条为强制性条文，必须严格执行。

本规范由我部标准定额研究所组织中国建筑工业出版社出版发行。

中华人民共和国住房和城乡建设部

2011 年 2 月 18 日

前　　言

本规范是根据住房和城乡建设部《关于印发 2008 年工程建设标准规范制定、修订计划（第二批）的通知》（建标［2008］105 号）的要求，由中国土木工程学会和同济大学会同有关单位编制完成。

本规范在制定过程中，编制组经广泛调查研究，认真总结近年来我国城市轨道交通地下工程建设风险管理的理论与实践，特别是原建设部于 2007 年批准实施的《地铁及地下工程建设风险管理指南（试行）》的实际应用经验，借鉴国外城市轨道交通地下工程建设风险管理相关经验和理论，参考有关国际标准和国外先进标准，并在广泛征求意见的基础上，制定本规范。

本规范共分 9 章和 5 个附录，主要技术内容包括：总则；术语；基本规定；工程建设风险等级标准；规划阶段风险管理；可行性研究风险管理；勘察与设计风险管理；招标、投标与合同签订风险管理和施工风险管理。

本规范中以黑体字标志的条文为强制性条文，必须严格执行。

本规范由住房和城乡建设部负责管理和对强制性条文的解释，由中国土木工程学会负责具体技术内容的解释。本规范在执行过程中，请各单位注意总结经验，积累资料，随时将有关意见和建议寄送中国土木工程学会（地址：北京市三里河路 9 号住房和城乡建设部中国土木工程学会学术部，邮编：100835，E-mail：ccesdaa@163.com）。

本规范主编单位：中国土木工程学会
同济大学

本规范参编单位：上海城建集团
北京城建设计研究总院有限责任公司
中铁隧道集团有限公司
北京市轨道交通建设管理有限公司
北京城建集团
上海隧道工程股份有限公司
南京地下铁道有限责任公司
北京交通大学
广州市地下铁道总公司
中国建筑科学研究院
北京城建科技促进会
云南省交通规划设计研究院

本规范主要起草人员：张　雁　黄宏伟　胡群芳　杨秀仁　廖鸿雁　杨树才　白　云　郭陕云　罗富荣　王元丰　薛亚东　金　淮　李志厚　周文波　吴惠明　张晋勋　王　良　王占生　徐　凌　李　丹　文　捷　李　军　周与诚　刘光武

本规范主要审查人员：王梦恕　肖广智　王英姿　陈湘生　仲健华　焦　莹　傅德明　郑　刚　陈国义

目　次

1　总则 ………………………………………… 1—36—5
2　术语 ………………………………………… 1—36—5
3　基本规定 …………………………………… 1—36—5
3.1　风险管理 ………………………………… 1—36—5
3.2　风险界定 ………………………………… 1—36—6
3.3　风险辨识 ………………………………… 1—36—6
3.4　风险分析方法 …………………………… 1—36—6
3.5　风险控制 ………………………………… 1—36—6
4　工程建设风险等级标准 …………………… 1—36—7
4.1　一般规定 ………………………………… 1—36—7
4.2　风险发生可能性与损失等级 …………… 1—36—7
4.3　风险等级标准 …………………………… 1—36—8
5　规划阶段风险管理 ………………………… 1—36—8
5.1　一般规定 ………………………………… 1—36—8
5.2　规划方案风险评估 ……………………… 1—36—8
5.3　重大风险因素分析 ……………………… 1—36—9
5.4　风险评估报告编制 ……………………… 1—36—9
6　可行性研究风险管理 ……………………… 1—36—9
6.1　一般规定 ………………………………… 1—36—9
6.2　现场风险调查 …………………………… 1—36—9
6.3　风险评估 ………………………………… 1—36—9
6.4　风险评估报告编制 ……………………… 1—36—10
7　勘察与设计风险管理 ……………………… 1—36—10
7.1　一般规定 ………………………………… 1—36—10
7.2　工程勘察风险管理 ……………………… 1—36—10
7.3　总体设计风险管理 ……………………… 1—36—10
7.4　初步设计风险管理 ……………………… 1—36—11
7.5　施工图设计风险管理 …………………… 1—36—11
7.6　风险管理文件编制 ……………………… 1—36—11
8　招标、投标与合同签订风险管理 ………… 1—36—12
8.1　一般规定 ………………………………… 1—36—12
8.2　招标、投标文件准备 …………………… 1—36—12
8.3　合同签订风险管理 ……………………… 1—36—12
8.4　风险管理文件编制 ……………………… 1—36—12
9　施工风险管理 ……………………………… 1—36—12
9.1　一般规定 ………………………………… 1—36—12
9.2　施工准备期风险管理 …………………… 1—36—13
9.3　施工期风险管理 ………………………… 1—36—13
9.4　车辆及机电系统安装与调试风险管理 … 1—36—14
9.5　试运行和竣工验收风险管理 …………… 1—36—15
9.6　风险管理文件编制 ……………………… 1—36—15
附录A　风险辨识表 ………………………… 1—36—15
附录B　风险清单表 ………………………… 1—36—16
附录C　风险分析方法表 …………………… 1—36—16
附录D　风险记录表 ………………………… 1—36—18
附录E　重大风险（Ⅰ级和Ⅱ级风险）处置记录表 … 1—36—19
本规范用词说明 ……………………………… 1—36—19
附：条文说明 ………………………………… 1—36—20

Contents

1 General Provisions ………………… 1—36—5
2 Terms ………………………………… 1—36—5
3 Basic Requirements ……………… 1—36—5
3.1 Risk Management ……………… 1—36—5
3.2 Risk Delineation ……………… 1—36—6
3.3 Risk Identification ……………… 1—36—6
3.4 Methods of Risk Analysis ……… 1—36—6
3.5 Risk Control ………………………… 1—36—6
4 The Risk Classification and Criteria ………………………… 1—36—7
4.1 General Requirements ………… 1—36—7
4.2 Classification of Frequency and Consequence ………………… 1—36—7
4.3 Criteria of risk Classification ……………………… 1—36—8
5 Risk Management in Project Plan Stages ………………… 1—36—8
5.1 General Requirements ………… 1—36—8
5.2 Risk Assessment on Project Plan … 1—36—8
5.3 Serious Risk Factors Analysis …… 1—36—9
5.4 Risk Assessment Report ………… 1—36—9
6 Risk Management in Project Feasibility Study Stages ………… 1—36—9
6.1 General Requirements ………… 1—36—9
6.2 Risk Survey in Site ……………… 1—36—9
6.3 Risk Assessment ………………… 1—36—9
6.4 Risk Assessment Report ……… 1—36—10
7 Risk Management in Project Investigation and Design Stages ………………………… 1—36—10
7.1 General Requirements ………… 1—36—10
7.2 Risk Management in Site and Ground Investigation …………… 1—36—10
7.3 Risk Management in General Design ………………… 1—36—10
7.4 Risk Management in Preliminary Design ……………… 1—36—11
7.5 Risk Management in Construction Document Design ……………… 1—36—11
7.6 Risk Management Documents … 1—36—11
8 Risk Management during Tendering, Biding and Contract Negotiation ………… 1—36—12
8.1 General Requirements ………… 1—36—12
8.2 Preparation of Tendering and Biding Documents ………… 1—36—12
8.3 Risk Management in Signing Contracts ………………… 1—36—12
8.4 Risk Management Documents … 1—36—12
9 Risk Management during Construction Stages ……………… 1—36—12
9.1 General Requirements ………… 1—36—12
9.2 Risk Management of Construction Preparation ……………………… 1—36—13
9.3 Risk Management during Construction ……………………… 1—36—13
9.4 Risk Management in Installation and Adjustment of Metro Vehicles and Electrical Equipments ……… 1—36—14
9.5 Risk Management in Trial Operation and Completion Acceptance …… 1—36—15
9.6 Risk Management Documents … 1—36—15
Appendix A Table of Risk Identification ………… 1—36—15
Appendix B Table of Risk Items … 1—36—16
Appendix C Methods of Risk Analysis ……… 1—36—16
Appendix D Table of Risk Registration ………… 1—36—18
Appendix E Table of Risk Control Measurements for Serious Risk（Ⅰ and Ⅱ Grade Risk） …… 1—36—19
Explanation of Wording in This Code ……………………… 1—36—19
Addition：Explanation of Provisions ……………………… 1—36—20

1 总 则

1.0.1 为了加强我国城市轨道交通地下工程建设风险管理，统一规范建设风险管理的实施技术与执行标准，制定本规范。

1.0.2 本规范适用于城市轨道交通新建、改建与扩建的地下工程建设风险管理。

1.0.3 城市轨道交通地下工程建设风险管理，必须遵循节能、节地、保护环境和可持续发展的基本方针。

1.0.4 城市轨道交通地下工程建设风险管理，应从规划、可行性研究、勘察设计、施工直至竣工验收并交付使用，实施全过程的建设风险管理。

1.0.5 城市轨道交通地下工程建设风险管理，除应符合本规范外，尚应符合国家现行有关标准的规定。

2 术 语

2.0.1 风险 risk

不利事件或事故发生的概率（频率）及其损失的组合。

2.0.2 事故 hazard

工程建设中，可造成人员伤亡、环境影响、经济损失、工期延误和社会影响等损失的不利事件和灾害的统称。

2.0.3 风险因素 risk factors

导致风险发生的各种主客观的有害因素、危险事件或人员错误行为的统称。

2.0.4 风险损失 risk loss

工程建设过程中任何潜在的或外在的不利影响、破坏或损失，包括人员伤亡、环境影响、经济损失和工期延误等。

2.0.5 风险管理 risk management

对工程建设风险进行风险界定、风险辨识、风险估计、风险评价与风险控制。

2.0.6 风险界定 risk delineation

分析工程建设风险管理目标及对象，划分风险评估单元。

2.0.7 风险辨识 risk identification

调查识别工程建设中潜在的风险类型、发生地点、时间及原因，并进行筛选、分类。

2.0.8 风险估计 risk estimation

对辨识的工程建设风险发生的可能性及其损失进行估算。

2.0.9 风险评价 risk evaluation

对工程建设风险进行等级评定、风险排序与风险决策。

2.0.10 风险控制 risk control

制定风险处置措施及应急预案，实施风险监测、跟踪与记录。风险处置措施包括风险消除、风险降低、风险转移和风险自留四种方式。

2.0.11 风险分析 risk analysis

对风险进行界定、辨识和估计，采用定性或定量方法分析风险。

2.0.12 风险评估 risk assessment

对风险进行分析和评价，对风险危害性及其处置措施进行决策。

2.0.13 风险接受准则 risk acceptance criteria

对风险进行分析与决策，判断风险是否可接受的等级标准。

2.0.14 风险记录 risk register

对已辨识的风险进行记录跟踪管理，记录内容包括风险名称、风险等级、风险处置措施及控制效果等。

2.0.15 人员伤亡 loss of life and personal injury

工程建设风险发生后导致各类人员产生的健康危害、身体伤害及死亡等。

2.0.16 环境影响 harm to surroundings

工程建设风险造成的自然环境污染、周边区域场地及邻近建（构）筑物的破坏。

2.0.17 经济损失 economic loss

工程建设风险引起工程发生的各种直接或间接的费用统称。

2.0.18 工期延误 project delay

工程建设风险导致建设时间未按照计划规定日期完成，引起建设工期的延长及不合理的工期提前。

2.0.19 社会影响 harm to society

工程建设风险引起的非正常安全转移安置、社会负面影响或不稳定及政府公信力的丧失等。

2.0.20 第三方 third party

不直接参与工程建设，但受到工程建设活动影响的周边区域环境或社会群体中的其他机构或人员等。

3 基本规定

3.1 风险管理

3.1.1 城市轨道交通地下工程建设应保障人员安全，减小对周边环境影响，将建设风险造成的各种不利影响、破坏和损失降低到合理、可接受的水平。

3.1.2 城市轨道交通地下工程建设风险宜根据风险损失进行分类，风险类型应包括：

1 人员伤亡风险。

2 环境影响风险。

3 经济损失风险。

4 工期延误风险。

5 社会影响风险。

3.1.3 城市轨道交通地下工程建设风险管理程序应符合相应的规定（图3.1.3）。

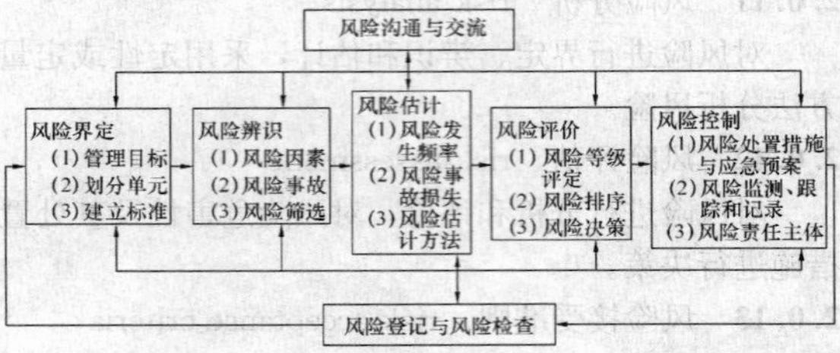

图3.1.3 工程建设风险管理程序

3.1.4 工程建设风险管理应由建设单位负责组织和实施，并以合同约定建设各方的风险管理责任。

3.1.5 建设单位在编制概算时，应确定建设风险管理的专项费用，做到风险处置措施费专款专用。

3.1.6 按照城市轨道交通地下工程建设内容与实施过程，建设风险管理可分为：

1 规划阶段风险管理。

2 可行性研究风险管理。

3 勘察与设计风险管理。

4 招标、投标与合同风险管理。

5 施工风险管理。

3.1.7 城市轨道交通建设项目涉及业主、建设单位、监理单位、勘察设计单位、施工单位和供应商等建设各方，应加强工程建设风险管理实施中的风险沟通与交流，实行风险登记与检查制度，编制风险管理文件。

3.1.8 工程建设风险管理各阶段编制完成的风险管理文件，应作为后续阶段实施风险管理的基础依据。

3.2 风险界定

3.2.1 城市轨道交通地下工程建设风险管理应界定风险管理对象与目标，划分工程建设风险评估单元，制定本工程建设风险等级标准。

3.2.2 工程建设风险管理目标的制定应遵循以下基本原则：

1 应与工程建设总体目标、项目特点及经济技术水平相匹配。

2 应充分发挥工程建设各方的技术优势，调动其积极性。

3 风险管理责任分担应坚持责、权、利协调一致，权责明确。

3.2.3 根据城市轨道交通地下工程不同的实施内容，应遵循“分类型、分阶段、分目标”的基本原则划分风险评估单元。

3.2.4 工程建设风险等级标准应按风险发生可能性及其损失进行划分。

3.3 风险辨识

3.3.1 城市轨道交通地下工程建设风险辨识前，应具备下列基础资料：

1 工程周边水文地质、工程地质、自然环境及人文、社会区域环境等资料。

2 已建线路的相关工程建设风险或事故资料，类似工程建设风险资料。

3 工程规划、可行性分析、设计、施工与采购方案等相关资料。

4 工程周边建（构）筑物（含地下管线、道路、民防设施等）等相关资料。

5 工程邻近既有轨道交通及其他地下工程等资料。

6 可能存在业务联系或影响的相关部门与第三方等信息。

7 其他相关资料。

3.3.2 风险辨识可包括风险分类、确定参与者、收集相关资料、风险识别、风险筛选和编制风险辨识报告等6个步骤。

3.3.3 风险辨识可选用检查表法、专家调查法等定性方法并可按本规范附录A填写。

3.3.4 风险辨识完成后应编制风险辨识报告，说明风险辨识采用的方法、辨识范围、参与人员及风险清单。其中风险清单可按本规范附录B填写。

3.4 风险分析方法

3.4.1 风险分析方法根据工程特点、评估要求和工程建设风险类型，可按本规范附录C选取。风险分析方法宜包括以下三类：

1 定性分析方法。

2 定量分析方法。

3 综合分析方法。

3.4.2 工程规划和可行性研究风险管理中宜采用定性风险分析方法，并辅以定量风险分析方法。

3.4.3 工程勘察与设计风险管理中宜采用定量风险分析方法，并辅以综合风险分析方法。

3.4.4 工程施工风险管理中宜采用综合风险分析方法。

3.5 风险控制

3.5.1 城市轨道交通地下工程建设风险控制必须坚持“安全第一、保护环境、预防为主”的原则，采取经济、可行、主动的处置措施来减少或降低风险。

3.5.2 工程建设风险控制方案应由建设单位负责组织，工程建设各方共同参加，按照风险处置对策编制风险控制方案。

3.5.3 可采用工程保险转移建设风险，但不应将工程保险作为唯一减轻或降低风险的控制措施。

4 工程建设风险等级标准

4.1 一 般 规 定

4.1.1 城市轨道交通地下工程建设风险管理应根据工程建设阶段、规模、重要性程度及建设风险管理目标等制定风险等级标准。

4.1.2 工程建设风险等级标准宜以长度在10km以上的城市轨道交通单条线路为基本建设单位制定。

4.2 风险发生可能性与损失等级

4.2.1 风险发生可能性等级标准宜采用概率或频率表示，并应符合表4.2.1的规定。

表4.2.1 风险发生可能性等级标准

等级	1	2	3	4	5
可能性	频繁的	可能的	偶尔的	罕见的	不可能的
概率或频率值	>0.1	0.01～0.1	0.001～0.01	0.0001～0.001	<0.0001

4.2.2 风险损失等级标准宜按损失的严重性程度划分五级，并应符合表4.2.2的规定。

表4.2.2 风险损失等级标准

等级	A	B	C	D	E
严重程度	灾难性的	非常严重的	严重的	需考虑的	可忽略的

4.2.3 工程建设人员和第三方伤亡等级标准宜按风险可能导致的人员伤亡类型与数量划分为五级，并宜符合表4.2.3的规定。

表4.2.3 工程建设人员和第三方伤亡等级标准

等级	A	B	C	D	E
建设人员	死亡（含失踪）10人以上	死亡（含失踪）3人～9人，或重伤10人以上	死亡（含失踪）1人～2人，或重伤2人～9人	重伤1人，或轻伤2人～10人	轻伤1人
第三方	死亡（含失踪）1人以上	重伤2人～9人	重伤1人	轻伤2人～10人	轻伤1人

4.2.4 城市轨道交通地下工程环境影响等级标准宜按建设对周边环境的影响程度划分为五级，并宜符合下列规定：

1 导致周边区域环境影响的等级标准，宜符合表4.2.4的规定。

2 造成周围建（构）筑物影响的经济损失等级标准，宜符合表4.2.5的规定。

表4.2.4 环境影响等级标准

等级	A	B	C	D	E
影响范围及程度	涉及范围非常大，周边生态环境发生严重污染或破坏	涉及范围很大，周边生态环境发生较重污染或破坏	涉及范围大，区域内生态环境发生污染或破坏	涉及范围较小，邻近区生态环境发生轻度污染或破坏	涉及范围很小，施工区生态环境发生少量污染或破坏

4.2.5 经济损失等级标准宜按建设风险引起的直接经济损失费用划分为五级，工程本身和第三方的直接经济损失等级标准宜符合表4.2.5的规定。

表4.2.5 工程本身和第三方直接经济损失等级标准

等级	A	B	C	D	E
工程本身	1000万元以上	500万元～1000万元	100万元～500万元	50万元～100万元	50万元以下
第三方	200万元以上	100万元～200万元	50万元～100万元	10万元～50万元	10万元以下

4.2.6 针对不同的工程类型、规模和工期，根据关键工期延误量，工期延误等级标准可采用两种不同单位进行分级，短期工程（建设工期2年以内，含2年）采用天表示，长期工程（建设工期2年以上）采用月表示。工程延误等级标准宜符合表4.2.6的规定。

表4.2.6 工期延误等级标准

等级	A	B	C	D	E
长期工程	延误大于9个月	延误6个月～9个月	延误3个月～6个月	延误1个月～3个月	延误少于1个月
短期工程	延误大于90d	延误大于60d～90d	延误30d～60d	延误10d～30d	延误少于10d

4.2.7 社会影响等级标准宜按建设风险影响严重性程度和转移安置人员数量划分五级，并宜符合表

4.2.7 的规定。

表 4.2.7 社会影响等级标准

等级	A	B	C	D	E
影响程度	恶劣的，或需紧急转移安置1000人以上	严重的，或需紧急转移安置500人～1000人	较严重的，或需紧急转移安置100人～500人	需考虑的，或需紧急转移安置50人～100人	可忽略的，或需紧急转移安置小于50人

4.3 风险等级标准

4.3.1 根据风险发生的可能性和风险损失，工程建设风险等级标准宜分为四级，并宜符合表 4.3.1 的规定。

表 4.3.1 风险等级标准

可能性等级 \ 损失等级		A 灾难性的	B 非常严重的	C 严重的	D 需考虑的	E 可忽略的
1	频繁的	Ⅰ级	Ⅰ级	Ⅰ级	Ⅱ级	Ⅲ级
2	可能的	Ⅰ级	Ⅰ级	Ⅱ级	Ⅲ级	Ⅲ级
3	偶尔的	Ⅰ级	Ⅱ级	Ⅲ级	Ⅲ级	Ⅳ级
4	罕见的	Ⅱ级	Ⅲ级	Ⅲ级	Ⅳ级	Ⅳ级
5	不可能的	Ⅲ级	Ⅲ级	Ⅳ级	Ⅳ级	Ⅳ级

4.3.2 针对不同等级风险，应采用不同的风险处置原则和控制方案，各等级风险的接受准则应符合表 4.3.2 的规定。

表 4.3.2 风险接受准则

等级	接受准则	处置原则	控制方案	应对部门
Ⅰ级	不可接受	必须采取风险控制措施降低风险，至少应将风险降低至可接受或不愿接受的水平	应编制风险预警与应急处置方案，或进行方案修正或调整等	政府主管部门、工程建设各方
Ⅱ级	不愿接受	应实施风险管理降低风险，且风险降低的所需成本不应高于风险发生后的损失	应实施风险防范与监测，制定风险处置措施	
Ⅲ级	可接受	宜实施风险管理，可采取风险处理措施	宜加强日常管理与监测	工程建设各方
Ⅳ级	可忽略	可实施风险管理	可开展日常审视检查	

5 规划阶段风险管理

5.1 一般规定

5.1.1 城市轨道交通地下工程规划阶段建设风险管理，应具备以下基本资料：

1 城市总体规划、城市轨道交通线网规划及轨道交通专业规划报告和图件。

2 地下工程规划报告和图件。

3 工程地质和水文地质勘察资料。

4 城市轨道交通地下工程沿线的周边环境（包括文物、地下管线和障碍物等）调查资料。

5 对城市轨道交通地下工程规划方案的综合比选与评价报告。

6 其他相关资料。

5.1.2 根据城市轨道交通地下工程规划方案，建设风险管理应完成下列工作：

1 编制工程建设风险识别清单。

2 分析工程建设（包括运营阶段）中潜在的重大风险（Ⅰ级和Ⅱ级风险）因素。

3 评估多种规划方案的建设风险。

4 提出风险处置方案。

5 编写工程建设风险评估报告。

5.1.3 城市轨道交通地下工程规划阶段风险管理实施主要内容应包括规划方案风险评估、重大风险因素分析。

5.1.4 城市轨道交通地下工程规划阶段重大风险处置，宜采用修改线路方案、重新拟定建设技术方案等风险处置措施。

5.2 规划方案风险评估

5.2.1 城市轨道交通地下工程规划方案中的主要风险因素应包括：

1 线位和站位选择与敷设方式不当。

2 水文与工程地质及周边环境不确定。

3 工程征地与动拆迁，总体技术方案及工程建成后运营影响。

4 其他潜在的重大风险因素。

5.2.2 城市轨道交通地下工程规划阶段风险评估，应包括以下内容：

1 规划方案与城市轨道交通网络协调性风险分析。

2 线位、站位、线路选择与工程选址风险分析。

3 重大不良地质条件与周边区域环境条件风险分析。

4 拆迁风险分析。

5 其他重大风险因素分析。

6 不同工程规划方案风险分析。

5.2.3 城市轨道交通地下工程规划中，应分析城市轨道交通地下工程与其他城市规划工程的相互关系，评估地下工程实施先后顺序及投入运营后可能引起的其他工程建设风险。

5.3 重大风险因素分析

5.3.1 城市轨道交通地下工程规划阶段应对下列可能引起重大风险的风险因素进行专项风险分析：

1 规划线路的功能定位与远期预测。

2 邻近或穿越既有轨道线路（含铁路、高速铁路等）的工程。

3 邻近或穿越既有建（构）筑物（包括建筑物、道路、重要市政管线、水利设施等）的工程。

4 邻近或穿越有重要保护性的建（构）筑物、古文物或地下障碍物以及沿线及车站附近既有遗留工程的工程。

5 邻近或穿越既有军事保护区及设施等的工程。

6 邻近或穿越江河湖海的工程。

7 自然灾害（包括暴雨、飓风、冰雪、冻害、洪水、泥石流、地震等）。

8 影响结构和施工安全的特殊不良地质条件（包括断裂、采空区、地裂缝、岩溶、洞穴等）、有害气体、大范围污染区等。

9 需特殊设计或采用新技术、新工艺、新材料或新设备及系统的工程。

10 生态环境污染及破坏。

5.4 风险评估报告编制

5.4.1 城市轨道交通地下工程规划阶段风险管理应编制风险评估报告。

5.4.2 风险评估报告中应给出规划方案风险清单、不同规划方案风险对比，并应提出重大建设风险的处置措施。其中风险记录表及重大风险（Ⅰ级和Ⅱ级风险）处置记录表可分别采用附录D及附录E。

5.4.3 城市轨道交通地下工程规划阶段风险评估报告应通过专项评审后作为其他后续风险管理的依据。

6 可行性研究风险管理

6.1 一 般 规 定

6.1.1 城市轨道交通地下工程可行性研究风险管理，应具备以下基本资料：

1 工程可行性研究报告和图件。

2 工程地质和水文地质勘察报告。

3 地下工程设计初步方案及图件。

4 地下工程沿线的周边环境（包括地下管线和障碍物等）调查报告。

5 完成的规划阶段风险评估报告。

6 其他相关专题研究报告和参考资料。

6.1.2 城市轨道交通地下工程可行性研究风险管理，应完成下列工作：

1 城市轨道交通地下工程现场风险调查。

2 工程可行性方案风险分析评估。

3 重要、特殊的地下工程结构设计和施工方法的适用性风险分析。

4 施工及运营期环境影响风险分析。

5 车辆及机电设备系统选型与配置风险分析。

6 可行性方案风险综合比选与方案优化，确定推荐方案。

7 提出降低可行性方案风险的处置措施，包括工程保险建议方案。

6.1.3 城市轨道交通地下工程可行性研究风险管理实施主要内容应包括现场风险调查、可行性方案风险评估等。

6.2 现场风险调查

6.2.1 现场风险调查前应了解工程沿线的工程地质和水文地质情况，根据划分的风险评估单元，制定现场风险调查计划。

6.2.2 现场风险调查应安排专业人员按照可行性方案进行全线线路和站位的现场踏勘，开展现场风险记录。

6.2.3 现场风险调查应调查工程影响范围内的交通流、道路、地面建（构）筑物、特殊建（构）筑物、文物或保护性建筑等情况，必要时应要求进行补充调查或现状安全评估。

6.2.4 现场风险调查应核查地下工程影响范围内的地下障碍物、地下构筑物、地下管线和地下水等情况。

6.2.5 现场风险调查应了解工程所在地的动拆迁规模和环境保护要求，并应进行施工环境影响风险调研。

6.3 风 险 评 估

6.3.1 城市轨道交通地下工程可行性研究中的主要风险因素包括：

1 自然灾害。

2 区域特殊不良工程地质与水文地质条件。

3 地下工程施工方法选择与工期拟定。

4 工程施工对周边环境的影响（包括第三方损失及周边区域环境影响）。

5 施工场地动拆迁及交通疏解。

6 重大关键性节点工程。

7 工程施工环境保护，包括污染、粉尘、噪声、振动或地下水流失等。

8 危及人员和工程安全的各种危险物质，包括地下水、气体、化学品及其他污染物、爆炸物及放射性物质等。

9 线路建设规模、客流预测以及车辆、机电设备及系统选型与配置对线路的服务水平、工程投资的影响。

10 地下工程运营及其对周边区域环境的影响。

6.3.2 可行性研究风险评估应评估风险因素和工期风险，并对重大关键节点工程进行专项风险评估。

6.3.3 地下工程施工方法的选择应与工程地质、水文地质及周边环境等条件相适应，应采用工艺成熟、安全可靠、技术可行、风险可接受的施工方法。

6.3.4 可行性研究风险评估应合理处理新建地下工程与近、远期实施地下工程的相互关系，对于地质条件差、后期施工影响大的工程，应在本期工程建设阶段为后期工程施工预留条件，避免相互交叉影响引起的风险。

6.3.5 可行性研究风险管理应针对重大风险提出风险控制方案，宜采用优化可行性方案、调整施工方法和调整机电系统配置等风险处置措施。

6.4 风险评估报告编制

6.4.1 城市轨道交通地下工程可行性研究风险管理应编制风险评估报告。

6.4.2 可行性研究风险评估报告中应列明可行性方案风险清单，说明风险评估等级、总体风险评估结果，并应提出重大风险的处置措施。其中风险记录表及重大风险（Ⅰ级和Ⅱ级风险）处置记录表可分别采用本规范附录D及附录E。

6.4.3 可行性研究风险评估报告应通过专项评审后作为后续风险管理的依据。

7 勘察与设计风险管理

7.1 一 般 规 定

7.1.1 城市轨道交通地下工程勘察与设计中的风险管理，应具备下列基础资料：

1 城市轨道交通地下工程规划报告和图件。

2 工程地质及水文地质勘察报告，沿线环境、地下管线和障碍物等调查报告。

3 城市轨道交通地下工程设计文件及图件。

4 城市轨道交通地下工程批复文件、相关专题研究报告与专家咨询意见等。

5 已完成的规划阶段和可行性研究中的风险评估报告。

6 其他相关资料。

7.1.2 城市轨道交通地下工程勘察与设计风险管理，应完成以下工作：

1 工程勘察与设计潜在风险辨识，编制风险记录表。

2 针对重大风险因素进行专项风险分析与评估。

3 制定Ⅲ级及以上风险的风险处置措施，并编制风险应急预案。

7.1.3 城市轨道交通地下工程勘察与设计风险管理，应遵循“分阶段、分对象、分等级”的基本原则，控制工程建设风险至可接受水平。

7.1.4 工程勘察与设计中的风险管理实施主要内容应包括：

1 工程勘察风险管理。

2 总体设计风险管理。

3 初步设计风险管理。

4 施工图设计风险管理。

7.2 工程勘察风险管理

7.2.1 工程勘察中的主要风险因素包括：

1 勘察方案不全面，包括勘察孔位布置与数量、钻探与原位测试技术、室内土工试验方法、试验数据分析等。

2 地下障碍物、构筑物及地下管线调查不清。

3 不良工程地质与水文地质及周边环境影响未探明。

4 工程勘察与环境调查报告有误。

5 勘察设施故障及人员操作不当或失控等。

7.2.2 因现场场地条件或现有技术手段的限制，存在无法探明的工程地质或水文地质情况时，应分析设计和施工中潜在的风险。

7.2.3 工程勘察及环境调查中应制定并实施预防措施，防范发生地下管线破坏、停电、爆炸和火灾等风险。

7.2.4 工程勘察风险管理宜采用的风险处置措施包括：

1 收集并利用邻近已建的建（构）筑物工程勘察成果。

2 审查勘察报告，检查试验方法与数据，抽查钻孔芯样。

3 调整钻孔间距，增加钻孔数量。

4 采取多种勘察手段。

5 充分利用现场及室内测试等技术人员的工程实践经验。

7.3 总体设计风险管理

7.3.1 总体设计中的主要风险因素包括：

1 自然灾害。

2 不良地质条件和工程周边环境条件。

3 地下工程交叉相互影响。

4 邻近重要的古建筑、国家和城市标志性建筑等。

5 车辆、机电设备及系统选型与配置。

6 工程设计缺陷或失误。

7.3.2 总体设计风险管理，应对工程建设用地范围地质灾害危险性评估、地震安全性评价与环境影响评价等相关专题研究报告，进行复查或专项风险评估。

7.3.3 总体设计风险管理，应根据地下工程类型、施工难易程度和邻近区域影响特征，评估地下工程自身的风险等级。

7.3.4 总体设计风险管理，应根据地下工程周边环境设施重要性和邻近影响距离关系，评估周边环境影响的风险等级。

7.3.5 针对重大风险可开展专题试验研究和风险分析，编制风险处置措施与应急技术处置方案。

7.3.6 总体设计风险管理应编制风险记录文件，记录Ⅲ级及以上风险的名称、发生位置、风险等级、描述、建议控制方案及备注等信息。

7.4 初步设计风险管理

7.4.1 初步设计中的主要风险因素包括：

1 自然灾害。

2 不良工程地质及水文地质条件。

3 地层物理、力学参数的取值，工程荷载与计算模型，工况选取不当或失误。

4 车辆及机电设备系统配置不当。

5 设计方案变更不确定性。

7.4.2 初步设计风险管理应划分风险分析单元，主要风险管理工作应包括：

1 编制工程建设风险清单，建立层状或树状结构风险评估列表，对全线地下工程的风险进行分级评估。

2 对工程自身的风险进行风险评估，编制Ⅰ级工程自身的风险控制专项措施。

3 对Ⅰ级环境影响的风险应通过理论和试验研究，评估其影响程度和范围。

4 应编制Ⅱ级及以上环境影响的风险应急处置方案。

7.4.3 对关键工程、重大周边建（构）筑物影响以及采用新技术、新工艺、新设备的地下工程应进行专题风险评估。

7.4.4 初步设计风险管理应分析因城市规划调整或更新所引起周边环境变化，评估其对地下工程建设的影响风险。

7.4.5 初步设计风险管理可采用的风险处置措施包括：

1 补充地质勘探资料，提高勘察精确性，获取可靠的设计计算参数。

2 对周围环境建（构）筑物进行调查，并提出保护性措施。

3 建立建设风险等级审查、设计变更风险管理办法。

4 制定重大风险控制指导文件。

5 聘请有经验的设计咨询单位参与初步设计建设风险管理。

7.4.6 初步设计风险管理应编制风险记录文件，记录Ⅲ级及以上风险的名称、发生位置、风险等级、描述、建议控制方案及备注等信息。

7.5 施工图设计风险管理

7.5.1 施工图设计中的主要风险因素包括：

1 自然灾害。

2 不良工程地质与水文地质及不明地下障碍物等。

3 工程结构变形、沉降和位移。

4 工程施工偏差。

5 结构形式与施工方法不适应。

6 车辆、机电设备及系统选型与配置不当。

7 工程运营功能调整。

8 现场施工场地及周边环境条件限制。

7.5.2 在前期工程建设风险评估和风险管理基础上，应结合施工图设计方案再次进行建设风险辨识，编制工程建设风险清单。

7.5.3 施工图设计风险管理，应建立风险评估层状或树状结构列表，结合现场调查资料开展施工图设计风险管理，包括：

1 对环境风险因素进行现状调查、检测和评估。

2 编制工程建设风险和风险等级清单。

3 对重大环境影响风险开展工程建设风险专项设计。

4 地下结构自身的风险控制措施。

5 其他施工影响分析。

7.5.4 施工图设计风险管理，应对采用新技术、新材料、新工艺、新型车辆、新设备系统及关键单项工程进行风险分析，对建设中的关键工序或难点进行专项风险评估。

7.5.5 施工图设计风险管理，应针对周边重要环境影响区域，结合现场监控制定环境影响风险预警控制指标，编制施工注意事项说明及事故应对技术处置方案。

7.5.6 施工图设计风险管理中，可采用的风险处置措施包括：

1 实施风险等级审查制度。

2 对重大建设风险进行多级审查。

3 审查工程控制性节点风险控制方案。

4 加强相关单位间的风险沟通与交流。

5 建立施工图设计变更风险管理办法。

7.5.7 施工图设计风险管理应编制施工图设计风险记录文件，记录Ⅲ级及以上风险的名称、发生范围、风险等级、监控指标、控制方案及备注等信息。

7.6 风险管理文件编制

7.6.1 城市轨道交通地下工程勘察与设计风险管理

应编制风险管理文件。

7.6.2 勘察与设计风险管理文件应包括风险管理涉及的风险记录、风险评估报告、专题研究报告等。其中风险记录表及重大风险（Ⅰ级和Ⅱ级风险）处置记录表可分别采用本规范附录D及附录E。

7.6.3 勘察与设计风险管理文件应通过勘察与设计单位项目负责人签字后作为后续风险管理的依据。

8 招标、投标与合同签订风险管理

8.1 一般规定

8.1.1 城市轨道交通地下工程招标、投标与合同签订中的风险管理，应具备以下基础资料：

1 工程招标、投标文件。

2 投标单位资格要求。

3 工程招标、投标时间规定。

4 已完成的相关工程的风险评估报告。

5 其他相关资料。

8.1.2 城市轨道交通地下工程招标、投标与合同签订中的风险管理，应完成下列工作：

1 招标文件中有关风险管理要点编制。

2 投标文件中相关风险管理评估。

3 承包合同签订中明确各方风险管理内容及责任。

8.1.3 工程招标、投标与合同签订中的风险管理实施内容应包括：招标、投标文件准备、合同签订风险管理。

8.2 招标、投标文件准备

8.2.1 招标单位在发放工程招标文件前，应预留投标准备时间，并提供必需的文件资料。

8.2.2 招标单位编制招标文件及拟定相关条款中，应说明地下工程标的建设风险点及其风险承担责任。

8.2.3 招标单位编制招标文件中有关风险管理要点应包括：

1 对投标单位工程建设风险管理要求，包括风险管理机构组织与人员配备等。

2 工程建设风险等级标准及风险点。

3 针对重大风险，对投标单位实施工程建设风险管理的要求。

4 投标单位在其他类似工程中的风险管理的相关经验等说明。

5 投标文件中有关工程建设风险管理内容及评估方法。

6 合同执行过程中的风险管理费用的调整原则。

7 执行工程建设风险管理的有关工程技术标准和规范。

8 要求投标单位提供可靠的经济担保与工程保险等文件。

8.2.4 投标单位提交的投标文件中，风险管理方案应符合招标文件的要求。

8.2.5 投标单位编制投标文件中有关风险管理的要点应包括：

1 工程建设风险管理的制度体系与人员组织。

2 风险分析与风险等级评估及风险处置措施等。

3 新辨识或增加的工程建设风险点。

4 工程建设风险管理实施进度计划。

5 与建设各方的相互协调与沟通联系工作。

6 对其他建设各方的风险管理的要求及责任界定。

7 重大风险的处置措施及应急预案。

8 类似工程的风险管理经验。

8.3 合同签订风险管理

8.3.1 中标单位应单独列出工程建设风险管理费用，包括施工安全措施费用等。

8.3.2 签订合同文件中，中标单位应明确合同项中工程建设风险管理责任以及保险人的赔偿要求。

8.3.3 招标单位与中标单位签订的合同中，工程建设风险管理要点应包括：

1 合同条款的完整性和准确性风险分析。

2 以合同为依据，对新辨识的重大建设风险应说明是否需再次风险评估。

3 合同款项支付及延期支付的风险分析。

4 建设工期提前或延误风险分析。

5 重要设备的采购与供货风险分析。

6 工程材料、构（配）件和设备不符合工程规格、质量及安全要求。

7 对于未辨识的工程建设风险，合同中应明确与其相关的风险管理责任，具体实施或执行方案可通过双方商定，并应在合同条款中补充说明。

8.4 风险管理文件编制

8.4.1 招标、投标与合同签订中的工程建设风险管理应编制风险管理文件。

8.4.2 招标、投标与合同签订风险管理文件应包括工程建设风险管理内容、管理费用与管理职责分担，并应说明风险保险赔偿要求。

8.4.3 招标、投标与合同签订中的风险管理文件应通过合同双方签字盖章后作为后续阶段风险管理的依据，其中风险记录表及重大风险（Ⅰ级和Ⅱ级风险）处置记录表可分别采用本规范附录D及附录E。

9 施工风险管理

9.1 一般规定

9.1.1 城市轨道交通地下工程施工风险管理应完成

以下工作：

1 建设各方施工风险分析及职责划分。

2 制定现场工程建设风险管理实施制度。

3 编制关键节点工程建设风险管理专项文件。

4 编制突发事件或事故应急预案。

9.1.2 城市轨道交通地下工程施工必须实施动态风险管理，利用现场监测数据和风险记录，实现施工风险动态跟踪与控制。

9.1.3 城市轨道交通地下工程施工风险管理应编制风险控制预案、建立重大风险事故呈报制度。

9.1.4 城市轨道交通地下工程施工风险管理实施的主要阶段宜包括：施工准备期、施工期、车辆及机电系统安装与调试、试运行和竣工验收。

9.2 施工准备期风险管理

9.2.1 城市轨道交通地下工程施工准备期风险管理应以建设项目目标、工程任务及场地条件为依据，对项目进行分解，根据项目施工组织方案和周边环境条件，编制现场风险检查表。

9.2.2 施工准备期主要风险因素宜包括：

1 自然灾害。

2 不良工程地质和水文地质条件及不明障碍物。

3 施工机械与设备，施工技术、工艺、材料等。

4 周边环境影响因素。

5 其他各类突发事件。

9.2.3 施工准备期风险管理应完成以下工作：

1 征地、拆迁、管线切改、交通疏解及场地准备等风险分析。

2 场地地质条件风险分析。

3 邻近建（构）筑物（包括建筑物、管线、道路、既有轨道交通等）的影响风险分析。

4 工程建设工期及进度安排风险分析。

5 工程施工组织设计及技术方案可行性风险分析。

6 施工监测布置及监测预警标准风险分析。

7 现场风险管理制度及组织的建立。

8 现场施工安全防范措施及抢险物资储备。

9 设计方应配合开展施工图设计风险交底，应根据现场施工反馈信息，对施工图设计风险进行动态管理。

9.2.4 施工准备期风险管理实施主要内容应包括：

1 制定风险管理计划。

2 编制施工风险管理实施说明书。

3 建立风险管理工作制度。

4 根据工程前期阶段已有的风险管理成果，在正式开工前分析施工风险，制定风险处置措施。

5 针对重大风险进行施工专项风险评估，并制定应急预案。

9.2.5 施工准备期风险管理中，政府监管部门、建设单位、承包单位（施工及安装单位）、设计单位、监理单位、第三方监测单位和邻近社区等单位应加强风险管理工作的相互沟通与交流，编制建设各方风险联络处置方案。

9.3 施工期风险管理

9.3.1 城市轨道交通地下工程施工期风险管理中的主要风险因素宜包括：

1 邻近或穿越既有或保护性建（构）筑物、军事区、地下管线设施区等。

2 穿越地下障碍物段施工。

3 浅覆土层施工。

4 小曲率区段施工。

5 大坡度地段施工。

6 小净距隧道施工。

7 穿越江河段施工。

8 特殊地质条件或复杂地段施工。

9.3.2 施工期建设风险管理应完成以下工作：

1 施工中的风险辨识和评估。

2 编制现场施工风险评估报告，并应以正式文件发送给工程建设各方，经各方交流后形成现场风险管理实施文件记录。

3 施工对邻近建（构）筑物影响风险分析。

4 施工风险动态跟踪管理。

5 施工风险预警预报。

6 施工风险通告。

7 现场重大事故上报及处置。

9.3.3 建设单位负责组织和监督现场施工风险管理实施，风险管理主要内容及职责应包括：

1 组织工程建设各方建立风险管理培训制度。

2 全过程参与现场风险管理，检查各方风险管理实施状况。

3 定期组织工程建设各方开展风险管理工作的沟通和交流，并对风险状况进行记录。

4 组织工程建设各方对工程建设风险处置措施进行审定，其中重大风险的控制方案须经施工单位组织专家评审后方可实施。

5 配合政府主管单位对现场施工风险管理活动进行同步监督管理。

6 监督风险管理实施和风险事故处理。

7 试运行中统一指挥调度轨行区的设备系统安装及调试。

9.3.4 设计单位负责进行设计方案交底与施工风险管理监督，风险管理主要内容及职责应包括：

1 对工程重大风险进行工程设计交底。

2 对周边重要环境影响区域进行风险影响分级，共同参与编制周边环境保护措施。

3 制定工程重大风险预警控制指标，明确现场监控检测要求。

4 参与制定施工注意事项及事故应急技术处置方案。

5 配合施工进度进行重大风险沟通与交流。

6 参与建设单位风险管理，检查现场施工注意事项落实情况。

7 指导审查施工单位风险管理方案、处置措施与应急预案。

8 协调实施现场施工风险跟踪管理。

9.3.5 施工单位负责施工现场建设风险管理的执行和落实，风险管理主要内容及职责应包括：

1 结合施工组织设计拟定风险管理计划，建立工程施工风险实施细则。

2 对Ⅲ级及以上风险，根据设计单位技术要求等，确定工程施工预警监控指标及标准。

3 对Ⅱ级及以上建设风险编制事故应急处置预案。

4 现场区域作业人员必须严格执行登记制度，对作业层技术人员进行施工风险交底，制定工程建设风险管理培训计划。

5 负责完成工程施工风险动态评估，分析并梳理Ⅱ级及以上风险，提交施工重大工程建设风险动态评估报告。

6 结合工程施工进度及时上报工程施工信息，向工程建设各方通告现场施工风险状况。

7 工程设计、施工方案如有重大变更，应根据变更情况对工程建设风险进行重新分析与评估。

8 因建设风险处置措施的实施而发生的费用增加或工期延长，应经过建设单位批准后方可实施。

9 对与工程施工有关的事故、意外或缺陷等进行风险记录。

10 必须做到施工安全措施费用专款专用。

9.3.6 监理单位负责协查施工现场风险管理执行与督查，风险管理主要内容及职责应包括：

1 将建设风险管理纳入日常监理工作。

2 确保现场监理人员及时到位。

3 协助建设单位审查施工单位的施工方案，评估施工单位风险管理实施情况。

4 协助建设单位对工程质量、安全和进度进行风险检查。

5 评估监理工作内容不全或失察风险。

6 对于施工重大风险，应在施工前检查施工单位风险预防措施，并应进行旁站监理，作好监理现场记录。

7 对施工单位存在的风险或违反风险管理规定的行为，监理单位有责任向施工单位提出警告，不听劝阻或情节严重的，监理单位有权利予以停工处置，并及时上报建设单位。

8 对施工现场监测和第三方监测进行监理。

9.3.7 第三方监测单位应负责现场监测工作和风险预警，风险管理主要内容及职责应包括：

1 制定合理的监测方案，并对监测方案进行风险评估。

2 评估监测点布置不当、监测点或监测设备损坏风险。

3 对监测数据的准确性和可靠性进行风险分析。

4 应将风险管理纳入日常监测数据分析，及时提交施工风险预警、预报信息。

9.3.8 工程保险单位应负责现场的保险评估检查与风险赔偿，风险管理主要内容及职责应包括：

1 保险单位可协商决定承保政策，并提供保单信息。

2 进入施工现场，检查评估施工风险控制情况。

3 可要求被保险单位及时提供工程施工进度及风险信息。

4 如发现存在违反保险条款的施工风险，必须通知被保险人。

5 施工中如发生保险合同中约定承保的风险损失，应及时支付风险赔偿。

9.3.9 施工期风险管理中可采用的风险处置措施应包括下列内容：

1 编写现场施工风险记录，建立现场风险管理监督机制。

2 加强风险培训，提高施工管理人员和现场施工人员的风险防范意识。

3 对Ⅲ级及以上风险编制风险处置措施，建立工程施工预警监控系统。

4 重大风险必须进行专项风险论证，并编制风险监控方案与应急预案。

5 保险单位应参与工程施工风险管理，实施风险的均衡控制。

6 预先成立工程建设风险事故抢险专业队伍，作好人员及物资的储备。

9.3.10 一旦施工现场发生重大建设风险事故，施工单位应及时上报建设单位和相关政府主管部门，并应及时组织人员实施抢险。

9.3.11 事故抢险或救灾结束后，建设单位应按相关规定组织风险因素及损失的专项调查，并进行风险事故通报，落实防范和整改措施，避免风险再次发生。

9.4 车辆及机电系统安装与调试风险管理

9.4.1 车辆及机电设备系统在安装调试风险管理中的主要风险因素应包括下列内容：

1 设备系统的检验或测试不全面。

2 现场检验或调试问题。

3 系统联调及并网运营故障。

4 不同期建设线路或多条线路联合调试协调。

9.4.2 车辆及机电设备系统安装与调试风险管理应评估车辆及机电设备系统安装与调试方案风险。当机电设备系统的技术规格、验收标准有重大变更时，应对安装与调试风险进行重新评估。

9.4.3 车辆及机电设备系统安装与调试风险管理应对车辆及机电系统中采用的新技术进行试验研究与风险评估，对复杂跨线工程进行专项工程建设风险分析。

9.4.4 车辆及机电设备系统安装与调试风险管理应编制系统安装与调试风险控制应急预案。

9.5 试运行和竣工验收风险管理

9.5.1 城市轨道交通地下工程试运行和竣工验收必须符合政府部门相关管理文件规定。

9.5.2 试运行和竣工验收风险管理应进行系统试运行联合调试风险分析，应对轨道、供电、接触网、信号、通信、车辆、屏蔽门及调度指挥等各系统进行专项风险评估，编写风险记录文件。

9.5.3 联合调试与不载客试运行应严格按照列车运行图进行，针对不同系统进行风险分析，提供系统试运行风险评估报告。

9.5.4 试运行和竣工验收风险管理应评估城市轨道交通运营规章制度风险，审核应急预案与抢险演练制度。

9.6 风险管理文件编制

9.6.1 城市轨道交通地下工程施工风险管理应编制风险管理文件，并可作为工程竣工验收交付文件之一。

9.6.2 城市轨道交通地下工程施工风险管理文件应包括：

1 施工准备期风险分析与评估。

2 工程施工主要风险分析评估及现场风险记录。

3 工程重大风险规避措施及事故预案。

4 车辆及机电系统安装与调试及试运行的风险评估及故障处理记录。

5 其他现场施工风险事故记录、处置措施及责任人员等信息。

9.6.3 施工风险管理文件应经建设单位和现场其他工程建设各方盖章确认后作为施工竣工文件存档备案，其中风险记录表及重大风险（Ⅰ级和Ⅱ级风险）处置记录表可分别采用本规范附录D及附录E。

附录A 风险辨识表

城市轨道交通地下工程建设风险辨识表

<table>
<tr><td colspan="2">工程名称</td><td colspan="4"></td><td colspan="2">工程标段</td><td colspan="7"></td></tr>
<tr><td colspan="2">进展阶段</td><td colspan="13">□规划阶段 □可行性研究 □勘察与设计
□招标、投标与合同签订 □施工</td></tr>
<tr><td colspan="2">参与单位</td><td colspan="13">1 建设单位：
2 设计单位：
3 勘察单位：
4 施工单位：
5 监理单位：
6 第三方监测单位：
7 其他单位：</td></tr>
<tr><td colspan="3">填写人</td><td colspan="4"></td><td>填写日期</td><td colspan="7"></td></tr>
<tr><td rowspan="2">编号</td><td rowspan="2">风险名称</td><td rowspan="2">发生位置</td><td rowspan="2">风险因素（可能成因）</td><td rowspan="2">风险损失（不利影响/危害后果）</td><td colspan="2">等级</td><td rowspan="2">风险等级</td><td colspan="6">处置负责单位</td><td rowspan="2">备注</td></tr>
<tr><td>概率</td><td>损失</td><td>建设单位</td><td>设计单位</td><td>勘察单位</td><td>施工单位</td><td>监理单位</td><td>监测单位</td></tr>
<tr><td>1</td><td></td><td></td><td></td><td></td><td></td><td></td><td></td><td></td><td></td><td></td><td></td><td></td><td></td><td></td></tr>
<tr><td>2</td><td></td><td></td><td></td><td></td><td></td><td></td><td></td><td></td><td></td><td></td><td></td><td></td><td></td><td></td></tr>
<tr><td>3</td><td></td><td></td><td></td><td></td><td></td><td></td><td></td><td></td><td></td><td></td><td></td><td></td><td></td><td></td></tr>
<tr><td>4</td><td></td><td></td><td></td><td></td><td></td><td></td><td></td><td></td><td></td><td></td><td></td><td></td><td></td><td></td></tr>
<tr><td>5</td><td></td><td></td><td></td><td></td><td></td><td></td><td></td><td></td><td></td><td></td><td></td><td></td><td></td><td></td></tr>
<tr><td>6</td><td></td><td></td><td></td><td></td><td></td><td></td><td></td><td></td><td></td><td></td><td></td><td></td><td></td><td></td></tr>
<tr><td>7</td><td></td><td></td><td></td><td></td><td></td><td></td><td></td><td></td><td></td><td></td><td></td><td></td><td></td><td></td></tr>
<tr><td>8</td><td></td><td></td><td></td><td></td><td></td><td></td><td></td><td></td><td></td><td></td><td></td><td></td><td></td><td></td></tr>
<tr><td>9</td><td></td><td></td><td></td><td></td><td></td><td></td><td></td><td></td><td></td><td></td><td></td><td></td><td></td><td></td></tr>
<tr><td>10</td><td></td><td></td><td></td><td></td><td></td><td></td><td></td><td></td><td></td><td></td><td></td><td></td><td></td><td></td></tr>
<tr><td>11</td><td></td><td></td><td></td><td></td><td></td><td></td><td></td><td></td><td></td><td></td><td></td><td></td><td></td><td></td></tr>
<tr><td>填表说明</td><td colspan="14">1 按照不同阶段和建设内容填写表格；
2 表格由参与调研的单位自行组织，参与单位填写“√”；
3 风险名称栏中填写名称或风险描述；
4 发生位置栏中填写风险发生的里程桩号或具体位置、周边环境等</td></tr>
</table>

附录B　风险清单表

城市轨道交通地下工程建设风险清单表

工程名称			工程标段			
进展阶段	□规划阶段　　　　　　□可行性研究　□勘察与设计 □招标、投标与合同签订　□施工					
参与单位	1 建设单位： 2 设计单位： 3 勘察单位： 4 施工单位：		5 监理单位： 6 第三方监测单位： 7 其他单位：			
风险类别	分部工程	风险名称	编码	风险等级	风险因素	备注
编制人				编制日期		
审核人				审核日期		
批准人				批准日期		
填表说明	1 按照不同阶段和建设内容填写表格； 2 表格由负责单位组织，参与单位选择填写“√”； 3 风险名称栏中填写名称或风险描述					

附录C　风险分析方法表

城市轨道交通地下工程建设风险分析方法表

分类	名　称	适用范围
定性分析方法	检查表法	基于经验的方法，由分析人员列出一些项目，识别与一般工艺设备和操作有关的已知类型的有害或危险因素、设计缺陷以及事故隐患。安全检查表可用于对物质、设备或操作规程的分析
	专家调查法（包括德尔菲法）	难以借助精确的分析技术但可依靠集体的经验判断进行风险分析。问题庞大复杂，专家代表不同的专业并没有交流的历史。 受时间和经费限制，或因专家之间存有分歧、隔阂不宜当面交换意见
	“如果……怎么办”法	该方法既适用于一个系统，又适用于系统中某一环节，适用范围较广，但不适用于庞大系统分析
	失效模式和后果分析法	可用在整个系统的任何一级，常用于分析某些复杂的关键设备

续表

分类	名称	适用范围
定量分析方法	层次分析法	应用领域比较广阔，可以分析社会、经济以及科学管理领域中的问题。适用于任何领域的任何环节，但不适用于层次复杂的系统
	蒙特卡罗法	比较适合在大中型项目中应用。优点是可以解决许多复杂的概率运算问题，以及适合于不允许进行真实试验的场合。对于那些费用高的项目或费时长的试验，具有很好的优越性。 一般只在进行较精细的系统分析时才使用，适用于问题比较复杂，要求精度较高的场合，特别是对少数可行方案进行精选比较时更有效
	可靠度分析法	分析结构在规定的时间内、规定的条件下具备预定功能的安全概率，计算结构的可靠度指标，并可对已建成结构进行可靠度校核。该方法适用于对地下结构设计进行安全风险分析
	数值模拟法	采用数值计算软件对结构进行建模模拟，分析结构设计的受力与变形，并对结构进行风险评估。该方法适用于复杂结构计算，判定结构设计与施工风险信息
	模糊数学综合评判法	模糊数学综合评判法适用于任何系统的任何环节，其适用性比较广
	等风险图法	该方法适用于对结果精度要求不高，只需要进行粗略分析的项目。同时，如果只进行一个项目一个方案分析，该方法相对繁琐，所以该方法适用于多个类似项目同时分析或一个项目的多个方案比较分析时使用
	控制区间记忆模型	该模型适用于结果精度要求不高的项目，且只适用于变量间相互独立或相关性可以忽略的项目
	神经网络方法	适用于预测问题，原因和结果的关系模糊的场合或模式识别及包含模糊信息的场合。 不一定非要得到最优解，主要是快速求得与之相近的次优解的场合；组合数量非常多，实际求解几乎不可能的场合；对非线性很高的系统进行控制的场合
	主成分分析法	该方法可适用各个领域，但其结果只有在比较相对大小时才有意义
综合分析方法	专家信心指数法	同专家调查法
	模糊层次综合评估方法	其适用范围与模糊数学综合评判法一致
	工程类比分析法	利用周边区域的类似工程建设经验或风险事故资料对待评估工程进行分析，该方法适用于对地下工程进行综合分析
	事故树法	该方法应用比较广，非常适合于重复性较大的系统。在工程设计阶段对事故查询时，都可以使用该方法对它们的安全性作出评价。 该方法经常用于直接经验较少的风险辨识
	事件树法	该方法可以用来分析系统故障、设备失效、工艺异常、人的失误等，应用比较广泛。 该方法不能分析平行产生的后果，不适用于详细分析
	影响图方法	影响图方法与事件树法适用性类似，由于影响图方法比事件树法有更多的优点，因此，也可以应用于较大的系统分析

续表

分类	名　　称	适用范围
综合分析方法	风险评价矩阵法	该方法可根据使用需求对风险等级划分进行修改，使其适用不同的分析系统，但要有一定的工程经验和数据资料作依据。其既适用于整个系统，又适用于系统中某一环节
	模糊事故树分析法	适用范围与事故树法相同，与事故树法相比，更适用于那些缺乏基本统计数据的项目

附录D　风险记录表

城市轨道交通地下工程建设风险记录表

<table>
<tr><td colspan="2">工程名称</td><td colspan="3"></td><td colspan="3">工程标段</td><td colspan="3"></td></tr>
<tr><td>实施阶段</td><td colspan="10">□规划阶段　　□可行性研究　□勘察与设计
□招标、投标与合同签订　□施工</td></tr>
<tr><td>参与单位</td><td colspan="10">1 建设单位：　　5 监理单位：
2 设计单位：　　6 监测单位：
3 勘察单位：　　7 其他单位：
4 施工单位：</td></tr>
<tr><td colspan="2">填写人</td><td colspan="4"></td><td colspan="3">填写日期</td><td colspan="2"></td></tr>
<tr><td>序号</td><td>风险名称</td><td>位置或范围</td><td>风险描述</td><td>风险等级</td><td>风险处置措施</td><td>负责单位</td><td>实施时间</td><td>处置后风险等级</td><td colspan="2">备注</td></tr>
<tr><td>1</td><td></td><td></td><td></td><td></td><td></td><td></td><td></td><td></td><td colspan="2"></td></tr>
<tr><td>2</td><td></td><td></td><td></td><td></td><td></td><td></td><td></td><td></td><td colspan="2"></td></tr>
<tr><td>3</td><td></td><td></td><td></td><td></td><td></td><td></td><td></td><td></td><td colspan="2"></td></tr>
<tr><td>4</td><td></td><td></td><td></td><td></td><td></td><td></td><td></td><td></td><td colspan="2"></td></tr>
<tr><td>5</td><td></td><td></td><td></td><td></td><td></td><td></td><td></td><td></td><td colspan="2"></td></tr>
<tr><td>6</td><td></td><td></td><td></td><td></td><td></td><td></td><td></td><td></td><td colspan="2"></td></tr>
<tr><td>7</td><td></td><td></td><td></td><td></td><td></td><td></td><td></td><td></td><td colspan="2"></td></tr>
<tr><td>8</td><td></td><td></td><td></td><td></td><td></td><td></td><td></td><td></td><td colspan="2"></td></tr>
<tr><td>9</td><td></td><td></td><td></td><td></td><td></td><td></td><td></td><td></td><td colspan="2"></td></tr>
<tr><td>10</td><td></td><td></td><td></td><td></td><td></td><td></td><td></td><td></td><td colspan="2"></td></tr>
<tr><td>11</td><td></td><td></td><td></td><td></td><td></td><td></td><td></td><td></td><td colspan="2"></td></tr>
<tr><td>填表说明</td><td colspan="10">1 按照不同阶段和建设内容填写表格；
2 表格由记录单位组织填写，参与单位选择“√”；
3 位置或范围栏中填写风险发生的里程桩号或具体位置及周边环境等；
4 风险等级应符合本规范第4章的有关规定</td></tr>
</table>

附录E　重大风险（Ⅰ级和Ⅱ级风险）处置记录表

城市轨道交通地下工程建设重大风险（Ⅰ级和Ⅱ级风险）处置记录表

工程名称		工程标段	
风险名称及编号		发生位置	
风险等级		风险描述	
填写人		填写日期	
处置单位	1 建设单位： 2 设计单位： 3 勘察单位： 4 施工单位：	5 监理单位： 6 第三方监测单位： 7 其他单位：	
1 风险处置措施 2 现场监测与预警 签字（盖章）： 年　月　日			
施工单位审核意见： 签字（盖章）： 年　月　日			
建设单位审核意见： 签字（盖章）： 年　月　日			
设计单位审核意见： 签字（盖章）： 年　月　日			
其他参与单位参阅意见： 签字（盖章）： 年　月　日			

注：表格由施工单位填写后报送建设与设计等单位，审核中各单位应填写意见。

本规范用词说明

1　为便于在执行本规范条文时区别对待，对要求严格程度不同的用词说明如下：

1） 表示很严格，非这样做不可的用词：
正面词采用“必须”，反面词采用“严禁”；

2） 表示严格，在正常情况下均应这样做的用词：
正面词采用“应”，反面词采用“不应”或“不得”；

3） 表示允许稍有选择，在条件许可时首先应这样做的用词：
正面词采用“宜”，反面词采用“不宜”；

4） 表示有选择，在一定条件下可以这样做的用词，采用“可”。

2　本规范中指明应按其他有关标准、规范执行的写法为“应符合……的规定”或“应按……执行”。

中华人民共和国国家标准

城市轨道交通地下工程建设

风险管理规范

GB 50652—2011

条 文 说 明

制 定 说 明

《城市轨道交通地下工程建设风险管理规范》GB 50652 - 2011，经住房和城乡建设部 2011 年 2 月 18 日以第 941 号公告批准、发布。

在规范制定过程中，编制组经过广泛调查和分析，总结了近年来特别是近 5 年来我国城市轨道交通建设与管理中引入的新技术和积累的新经验，同时，认真分析借鉴了国外城市轨道交通建设风险管理相关的成功经验和理论技术，在此基础上又以多种方式广泛征求了全国城市轨道交通方面有关专家和单位的意见，经反复论证研究、多次修订，最后经审查定稿。

为便于广大设计、施工、科研、学校等单位有关人员在使用本规范时能正确理解和执行条文规定，《城市轨道交通地下工程建设风险管理规范》编制组按章、节、条顺序编制了本规范的条文说明，对条文的目的、依据以及执行中需注意的有关事项进行了说明。但是，本条文说明不具备与规范正文同等的法律效力，仅供使用者作为理解和把握规范规定的参考。

目　次

1　总则 ………………………… 1—36—23
2　术语 ………………………… 1—36—23
3　基本规定 …………………… 1—36—23
3.1　风险管理 ………………… 1—36—23
3.2　风险界定 ………………… 1—36—24
3.3　风险辨识 ………………… 1—36—25
3.4　风险分析方法 …………… 1—36—25
3.5　风险控制 ………………… 1—36—26
4　工程建设风险等级标准 …… 1—36—26
4.1　一般规定 ………………… 1—36—26
4.2　风险发生可能性
与损失等级 ………………… 1—36—26
4.3　风险等级标准 …………… 1—36—27
5　规划阶段风险管理………… 1—36—27
5.1　一般规定 ………………… 1—36—27
5.2　规划方案风险评估 ……… 1—36—27
5.3　重大风险因素分析 ……… 1—36—28
5.4　风险评估报告编制 ……… 1—36—28
6　可行性研究风险管理 ……… 1—36—28
6.1　一般规定 ………………… 1—36—28
6.2　现场风险调查 …………… 1—36—28
6.3　风险评估 ………………… 1—36—28
6.4　风险评估报告编制 ……… 1—36—29
7　勘察与设计风险管理 ……… 1—36—30
7.1　一般规定 ………………… 1—36—30
7.2　工程勘察风险管理 ……… 1—36—30
7.3　总体设计风险管理 ……… 1—36—32
7.4　初步设计风险管理 ……… 1—36—34
7.5　施工图设计风险管理 …… 1—36—34
7.6　风险管理文件编制 ……… 1—36—35
8　招标、投标与合同
签订风险管理 ……………… 1—36—36
8.1　一般规定 ………………… 1—36—36
8.2　招标、投标文件准备 …… 1—36—36
8.3　合同签订风险管理 ……… 1—36—36
8.4　风险管理文件编制 ……… 1—36—36
9　施工风险管理 ……………… 1—36—36
9.1　一般规定 ………………… 1—36—36
9.2　施工准备期风险管理 …… 1—36—36
9.3　施工期风险管理 ………… 1—36—37
9.4　车辆及机电系统安装
与调试风险管理 ………… 1—36—38
9.5　试运行和竣工验收
风险管理 ………………… 1—36—38

1 总 则

1.0.1 目前我国各大城市正在大力发展城市轨道交通工程。城市轨道交通地下工程一般位于城市密集区，地下工程结构复杂，施工难度大，潜在建设风险种类多，风险损失大。近期全国各地发生的多起城市轨道交通地下工程事故，说明实施与规范城市轨道交通地下工程建设风险管理的必要性和紧迫性。

本规范编制的目的是为了规范我国城市轨道交通地下工程建设风险管理的内容、方法和流程，统一地下工程建设风险管理的实施技术与执行标准，保障工程建设过程中的安全与质量，减少城市轨道交通地下工程建设风险的发生，避免或降低发生严重的人员伤亡、经济损失和恶劣的社会影响。

1.0.2 城市轨道交通地下工程包括车站基坑、区间隧道、联络通道、风井及附属地下设施等，本规范适用于新建、改建和扩建的城市轨道交通地下工程建设风险管理，其他与城市轨道交通相关或受其影响的地下工程建设风险管理可参考本规范。

1.0.3 我国人口众多，资源相对缺乏，工程建设量大，城市轨道交通地下工程建设风险管理必须考虑包括建设、运营和维护在内的城市轨道交通工程全寿命周期，以保障人员安全，积极推广应用保护环境的新技术、新工艺，引领和促进社会的可持续发展为目标，严格执行国家工程建设的节能、节地、保护环境的基本方针，实现资源节约与可持续发展。

1.0.4、3.1.8 城市轨道交通地下工程建设投资大，施工工艺复杂，施工周期长，周边环境复杂，所需的施工设备繁多，涉及的专业工种与人员众多且相互交叉，工程建设中容易发生各类风险，风险管理作为减少或降低风险的有效手段，需在整个建设过程中实施。同时，工程建设风险是贯穿整个建设过程的客观问题，工程建设过程无法避免或消除全部的风险，而一旦发生风险，必将产生人员伤亡或经济损失等，直接危及人民生命财产和健康安全，甚至会造成严重的环境影响或破坏。随着城市轨道交通建设活动的不断深入开展，工程建设风险也随之不断发展变化与传递，有些风险在工程建设初期会因采取有效的控制措施得到了规避，但有些风险会随着建设活动重新出现或恶化，有些风险只有到施工、甚至运营阶段才会出现，甚至恶化。因此，为了有效地管理各类建设风险，必须在工程建设的全过程中实施风险管理，对各类建设风险尽早地进行辨识、分析与控制，对各阶段建设风险实施跟踪记录和管理。每个阶段完成后必须形成风险评估报告或风险管理记录文件，记录风险管理对象、内容、方法及控制措施，并作为下阶段风险管理和实施的基本依据。

另外，工程建设风险管理需考虑工程建设过程中不同时期建设活动的具体内容和要求，因此，需针对具体的建设活动开展风险管理工作，并完成相应的风险辨识与分析，通过实施风险评估、风险记录和动态风险管理等技术手段完成风险管理活动，对已辨识的风险采取风险处置措施，减少或降低可能发生的风险及损失。因此，为了确保风险管理的有效性、连续性和经济性，需全过程实施风险管理。

1.0.5 本规范中未规定的内容应按照国家现行的法律、法规及相关技术标准执行。

2 术 语

本章给出了本规范有关章节引用的 20 条术语。目前工程建设风险管理在国内外都比较重视，但在术语定义上存在较多差异，通过本规范将统一城市轨道交通地下工程建设风险管理的相关术语。

本规范的术语主要参考了《地铁设计规范》GB 50157-2003、《盾构法隧道施工与验收规范》CB 50446-2008、《地铁运营安全评价标准》CB/T 50438-2007、《城市公共交通工程术语标准》CJJ/T 119-2008、《地铁及地下工程建设风险管理指南》及相关国际标准和资料，经过编制组集中分析、归纳和整理，编入本规范。

本规范的术语是从城市轨道交通地下工程建设风险管理的角度对其定义进行了说明，并给出了相应的推荐性英文术语以供参考。

3 基 本 规 定

3.1 风 险 管 理

3.1.1 在城市轨道交通地下工程建设风险管理中，应全面考虑各项建设风险。城市轨道交通地下工程建设风险影响因素较多，包括：自然环境、场地条件、结构设计与施工、机电设备安装、参建人员及周边建(构)筑物（包括周围道路、房屋、管线、桥梁和其

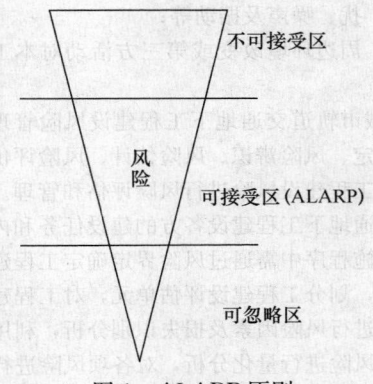

图1 ALARP原则

他）等。实施城市轨道交通地下工程建设风险管理，应在安全可靠、经济合理、技术可行的前提下，通过规划、设计和施工等全过程采取风险控制措施，把城市轨道交通地下工程建设中潜在的各类风险降低到合理、可接受的水平（As Low As Reasonably Practicable，ALARP，参见图1），以控制建设安全和工程质量，减少经济损失和人员伤亡，并控制工程建设投资，保障工程建设工期。

3.1.2 城市轨道交通地下工程建设风险可按不同的分类方法进行分类，包括：

1 按照风险因素或诱发风险因素可分为：自然风险和人为风险。

2 按照项目建设阶段可分为：规划阶段风险、可行性研究风险、勘察与设计风险、招标投标风险、施工风险等。

3 按照风险管理层次关系与技术影响因素可分为：总体风险，包括社会、政治和金融影响、合同纠纷、企业破产和体制问题、第三方干扰、员工冲突、自然灾害（台风、暴雨或雷击等）等；具体风险，包括工程地质勘察有误或失真，设计失误或漏项，执行的规范、标准或设计规定存在问题，工程施工方案有误，施工设备故障，人员决策或操作失误，施工质量不能满足标准要求，施工工期延误等。

本规范定义的建设风险根据风险损失进行分类，包括：人员伤亡、环境破坏、经济损失、工期延误和社会影响（政治影响和治安影响等）。其中，人员伤亡风险和环境影响风险是风险管理的重点，具体包括：

1 人员伤亡风险。包括工程建设直接参与人员及场地周边第三方人员发生的伤害、死亡及职业健康危害等。

2 环境影响风险。包括：

1）施工对邻近既有各类建（构）筑物、道路、管线或其他设施等的破坏；

2）工程建设活动对周边区域的土地与水资源的破坏、对动（植）物的伤害；

3）施工发生的空气污染、光电磁辐射、光干扰、噪声及振动等；

4）周边环境改变或第三方活动对本工程造成的破坏。

3.1.3 城市轨道交通地下工程建设风险管理，应通过风险界定、风险辨识、风险估计、风险评价和风险控制，对工程建设风险进行风险评估和管理。根据城市轨道交通地下工程建设各方的建设任务和内容，风险管理实施程序中需通过风险界定确定工程建设风险管理对象，划分工程建设评估单元，对工程建设全过程的风险进行风险因素及损失识别分析，利用风险估计方法对风险进行量化分析，对各项风险进行风险评级、排序与决策。可选择专业的评估机构作为咨询单位协助开展风险管理，通过建设各方及评估机构的沟通与协作，开展城市轨道交通地下工程建设风险分析与评估，提出相应的风险控制措施，建立城市轨道交通地下工程建设风险记录和检查制度，并编制工程建设风险管理文件。

3.1.4 考虑城市轨道交通地下工程建设风险管理参与单位众多、工程建设情况复杂，为了更好地实施风险管理，建设风险管理应由建设单位负责组织，成立风险管理工作机构与管理组织，并在签订的合同文件或技术条件书中约定建设各方的风险管理职责和任务。

3.1.5 为保障工程建设风险管理的实施，应在工程建设费用中计入风险管理费用，工程建设风险管理费用主要包括：风险查勘费、风险分析与评估费、工程周边环境调查及现状评估费和工程建设第三方监测费等。

由于目前没有制定明确的概预算标准文件，风险管理费用概预算可根据工程建设的复杂程度和风险管理要求设立，按照风险管理工作计划内容进行估算。城市轨道交通地下工程建设中的建设风险管理专项费用，要做到专款专用。

3.1.6 城市轨道交通地下工程建设风险管理需贯穿于工程建设全过程，结合我国城市轨道交通地下工程的建设实际情况，根据工程建设内容与过程，一般可划分为五个阶段，包括：规划阶段、可行性研究（工可）阶段、勘察与设计阶段、招标投标与合同签订阶段和施工阶段。地下工程建设风险管理具体实施中，考虑工程建设期内不同阶段内容，各阶段可能存在相互交叉或者同期建设等情况，风险管理也应适应工程建设需要，结合工程建设阶段和具体要求来开展。

3.1.7 风险管理实施中最重要的是提高建设各方的工程建设风险管理意识，加强风险信息的相互沟通与交流，通过通报、会议等多种形式组织建设各方共同参与，针对重大风险因素开展专项风险管理，并在实施过程中执行风险登记与检查制度，编制规范的风险记录文件。

3.2 风险界定

3.2.1、3.2.2 城市轨道交通地下工程建设风险管理根据工程建设项目的分项、分部、单位和单项工程，采用工作分解结构（Work Breakdown Structure，WBS）对其划分评估单位，参考本规范制定的风险管理等级标准，拟定本工程建设风险管理执行标准，以便开展工程建设风险管理。工程建设风险管理的总体目标是通过对工程建设风险实施管理，保障工程建设安全，降低或减少工程建设风险损失，建设各方的总体目标应基本一致，但考虑工程建设各方参与角色和分工差异，承担的责任和目标也存在一些差异，因此，制定风险控制标准要求建设各方间相互制约，发挥建设各方的管理积极性，共同参与工程建设风险管理；风险管理责任分担应坚持责、权、利协调一致。

3.2.3 城市轨道交通地下工程建设风险管理划分评估单元的基本原则包括：

1 分类型原则：城市轨道交通地下工程根据所处场地条件、结构类型及施工方法的不同，在进行工程建设风险管理时，需针对地下工程的水文地质条件、结构类型、施工技术、环境条件及建设各方等特点，分类确定建设风险管理目标及控制措施。

2 分阶段原则：随着工程阶段的进展，伴随的建设风险类型也将动态变化，相应各项建设风险的发生概率、损失以及对整个工程建设风险的影响都在不断变化，从而决定城市轨道交通地下工程建设风险管理是一个分阶段的实施过程。

3 分目标原则：城市轨道交通地下工程建设过程中参与对象众多（包括建设单位、勘察单位、咨询单位、设计单位、施工单位、监理单位和第三方监测单位等），不同参建单位的风险管理对象、实施方案及风险可接受水平各不相同，在保障城市轨道交通地下工程建设安全、经济、可靠、适用的基本原则下，工程建设各方应考虑各自的需求及能力制定相应的建设风险管理目标。

3.2.4 城市轨道交通地下工程建设风险表示为工程建设过程中潜在发生的人员伤亡、环境破坏、经济损失、工期延误和社会影响等不利事件的概率与潜在损失的集合，风险等级标准的评估需考虑风险发生可能性和损失进行综合评估。

3.3 风 险 辨 识

3.3.1 风险辨识是工程建设风险管理的基础和前提，全面、系统地辨识各类风险对完成风险管理至关重要。由于城市轨道交通地下工程建设中建设条件复杂，涉及人员众多，专业工作要求高，因此，需注重收集所需的基础资料，只有通过对工程各类资料的系统分析，才能更好地辨识工程潜在的风险。

3.3.2 风险辨识包括风险分类、确定参与者、收集相关资料、风险识别、风险筛选和编制风险辨识报告等6个步骤，其中：

1 风险分类应根据第3.1.2条风险损失类型进行分类，系统分析工程建设基本资料，对工程建设的目标、阶段、活动和周边环境中存在的各种风险因素进行分析。

2 风险辨识参与者需选择工程经验丰富及理论水平较高的工程技术人员、管理人员和研究人员一起参与，风险辨识中专家信息对辨识十分重要。

3 应全面收集工程相关资料，对现场进行风险勘察，系统分析工程建设风险因素。潜在的风险因素包括客观因素和主观因素，如工程建设场地及周边环境因素、建设技术方案因素及工程投资、工期和人员等。

4 风险识别。利用风险调研表或检查表建立初步风险清单，清单中明确列出客观存在的和潜在的各种建设风险，包括影响工程安全、质量、进度、费用、环境、信誉等方面的各种风险。

5 风险筛选。根据风险识别的结果对工程建设风险进行二次识别，整理并筛选与工程活动直接相关的各项风险，删除其中与工程活动无关或影响极小的风险因素及事故，并进一步进行识别分析，确定是否有遗漏或新发现的风险点。

6 编制风险辨识报告。在风险识别和筛选的基础上，根据建设各方的具体要求，结合工程特点和需要，以表单形式给出详细的风险点，列出已辨识的工程建设风险清单。

3.3.3 目前风险辨识中可采用的方法较多。本规范推荐选用检查表法、专家调查法两种方法，通过工程逐步积累资料，编制工程建设风险检查表。另外，每个工程的建设条件和内容存在一定的差异，需将客观辨识和专家调查法主观辨识相结合，这样可更好地全面辨识各种建设风险，风险辨识表参见本规范附录A。

3.3.4 风险清单内容一般包括：风险名称、风险因素、风险发生可能性、风险损失、风险发生位置及征兆等，可采用列表的形式给出具体的辨识成果，风险清单参见本规范附录B。

3.4 风险分析方法

3.4.1 风险分析有很多种方法，可分为定性分析方法、定量分析方法和综合分析方法。其中：

1 定性分析方法，包括：专家调查法（包括智暴法 Brain storming、德尔菲法 Delphi 等）、“如果……怎么办”法（If…then）、失效模式及后果分析法（Failure Mode and Effect Analysis，FMEA）等。

2 定量分析方法，包括：模糊数字综合评判法、层次分析法（Analytic Hierarchy Process，AHP）、蒙特卡罗法（Monte-Carlo）、控制区间记忆模型法（Controlled Interval and Memory Model，CIM）、神经网络方法(Neutral Network)、风险图法等。

3 综合分析方法，包括：事故树法（或称故障树法，Fault Tree Analysis，FTA）、事件树法（Event Tree Analysis，ETA）、影响图方法、原因－结果分析法、风险评价矩阵法，以及各类综合改进方法，如：专家信心指数法、模糊层次综合评估方法、模糊事故树分析法、模糊影响图法等综合评估方法。

在进行风险分析时，可根据工程建设的具体内容、不同建设阶段、风险发生的特点来选取。不同风险分析方法的特点及其适用性可按本规范附录C选取。

3.4.2 工程规划和可行性研究风险分析主要针对规

划线路和不同方案进行评估，如规划考虑不周、资料收集不够或线路沿线的信息掌握不充分等因素，宜采用定性风险分析方法，对可行性研究中的不同方案评估宜采用定量风险分析方法。

3.4.3 在工程勘察与设计中可得到工程建设基础数据资料，也可对工程建设结构和施工方案进行计算与分析，因此，此阶段的风险管理宜采用量化分析方法，分析风险发生的可能性及潜在损失，为工程决策与处理措施的制定提供依据。同时，通过工程结构设计的细化和深入，明确工程建设重大风险因素，并对其进行专项初步设计风险分析。

3.4.4 城市轨道交通地下工程施工风险管理可针对具体的建设对象和工作内容，有针对性地开展现场风险管理，包括利用现场监测技术，实施现场动态信息化反馈施工。因此，风险管理可结合工程具体对象选择相应的方法。

3.5 风险控制

3.5.1 由于城市轨道交通地下工程本身所具有的地层条件及施工环境的复杂性、不确定性和特殊性，在其建设的整个过程中，经济、安全、工期、环境等各方面都存在巨大的风险，近年来连续出现的城市轨道交通工程大型事故已经为我们敲响了警钟，不但造成了大量的人员伤亡与经济损失，甚至引起严重的环境影响与社会影响。因此，城市轨道交通地下工程建设风险控制必须坚持“安全第一、保护环境、预防为主”的原则，积极采取经济、可行、主动的处置措施来减少或降低风险，保障生命财产安全，将对周边的环境影响与社会影响降低到合理、可接受的水平。

城市轨道交通地下工程建设风险管理的目标是保障工程建设安全，降低工程建设风险损失，因此，工程建设各方的总体目标应该是一致的。风险管理实施前应由建设单位说明工程建设风险管理要求，建立风险管理组织实施制度，明确工程建设各方职责，均衡工程建设各方的风险效益，协调工程建设各方的风险管理目标。

风险控制方案编制应由工程建设单位负责组织，其他工程建设各方一起参与，采取经济、可行、主动的处置措施来减少或降低风险，将各类风险降低到预期的目标。

3.5.2 从城市轨道交通地下工程建设风险因素入手，完成风险辨识与评估后，根据项目建设的总体目标，以有利于提高对工程建设风险的控制能力、减少风险发生可能性和降低风险损失为原则，选择合理的风险处置对策，编制风险控制方案。

风险处置有四种基本对策，可选择一种或多种对策实施风险控制，城市轨道交通地下工程建设风险处置对策包括：

1 风险消除。不让工程建设风险发生或将工程建设风险发生的概率降低到最小。

2 风险降低。通过采取措施或修改技术方案等降低工程建设风险发生的概率和（或）损失。

3 风险转移。依法将工程建设风险的全部或部分转让或转移给第三方（专业单位），或通过保险等合法方式使第三方承担工程建设风险。

4 风险自留。风险自留的前提是所接受的工程建设风险可能导致的损失比风险消除、风险降低和风险转移所需的成本低。采取风险自留对策时应制定可行的风险应急处置预案，采取必要的安全防护措施等。

3.5.3 工程保险是风险转移的一种重要方式，城市轨道交通地下工程应实施工程保险。工程保险可保护参保人的利益，是完善工程承包责任制并有效协调各方利益关系的重要手段。

目前，工程保险的责任范围主要包括两部分，第一部分主要是针对工程项目的物质损失部分，包括工程标的有形财产的损失和相关费用的损失；第二部分主要是针对被保险人在施工过程中可能产生的第三者责任而承担经济赔偿责任导致的损失。由于工程保险是风险发生后的风险转移措施，属于事故后的风险规避与经济补偿，在进行工程建设风险管理实施中，不应将工程保险作为一种减轻或降低风险的基本措施，同时，工程保险不能消除和减少建设单位实施风险管理的责任。

4 工程建设风险等级标准

4.1 一般规定

4.1.1、4.1.2 城市轨道交通地下工程建设风险等级的划分需遵循国家相关标准，并易于风险管理决策与现场实施。目前国内外尚无可直接参考的标准，因此，本规范标准的制定主要结合目前国内城市轨道交通的建设现状和基本特征，选定一条线路（长度10km以上）作为基本单位制定分级标准。

由于各地具体经济情况和工程建设条件不同，各地在开展风险管理工作中，需根据城市轨道交通地下工程建设实际情况、不同建设阶段、工程规模、重要性程度等因素来确定本地的执行标准。实际工程建设风险管理中如果是针对整条线路或一个具体工程开展风险评估与控制，相应的风险等级标准可以本标准为基础，制定工程建设风险管理的具体实施标准。

4.2 风险发生可能性与损失等级

4.2.1 风险发生可能性等级主要根据风险发生的频率或概率划分为五级，参考国际隧道与地下空间协会（International Association of Tunnel and Underground Space，ITA-AITES）制定的分级方法，制定本规范的风险发生可能性等级标准值。

4.2.2 风险损失等级按照不同损失的类型较难统一划分，一般采用以定性表示为基础，针对不同的损失类型采用量化的等级标准编制。本规范中风险分类按照第3.1.2条执行。

4.2.3 工程建设人员伤亡等级标准参考了国务院《生产安全事故报告和调查处理条例》（2007-06-01）和《企业职工伤亡事故分类标准》GB 6441-86的规定。

城市轨道交通地下工程建设风险管理，要求坚持人员“安全第一”的原则，工程建设风险可能引起的建设人员或邻近区域的第三方（非直接参加工程建设的其他人员）发生伤害或死亡，考虑两者的不同参与对象和工作内容，工程直接参加人员采用《生产安全事故报告和调查处理条例》（2007-06-01）中的较大事故作为一级，第三方伤害以建设人员伤亡的三级作为一级。

4.2.4 城市轨道交通地下工程建设对周边环境影响包括两种类型：自然环境影响和社会环境影响。其中，自然环境影响等级标准的制定参考了《国家处置城市地铁事故灾难应急预案》（2006-1-24）、《建设项目环境保护管理条例》（1998-11-18）和《中华人民共和国环境影响评价法》（2003-9-1）等。因工程建设导致的环境影响一般是指导致周边建（构）筑物发生破坏，产生经济损失，其标准参考本规范第4.2.5条。

4.2.5 经济损失等级参考了国务院《生产安全事故报告和调查处理条例》（2007-06-01）划分等级，具体数值需根据一条线路或评估对象的工程总投资估算进行评估。由于各地经济条件各不相同，区域经济差异较大，因此，较难制定各城市的具体标准，因此，本规范中主要根据我国城市轨道交通建设投资与经济水平，制定本规范的等级标准。

4.2.6 工期延误等级标准主要根据国内城市轨道交通地下工程一般的建设周期与可接受的合理工期，同时，考虑工期长短的不同进行划分。对于不合理的工期压缩提前，也易引发各种工程建设风险，因此，由非合理的工期提前所导致的建设风险，亦可根据工期提前程度拟定相应的工期不合理提前的等级标准。

4.2.7 任何灾害或事故的发生都会引起社会负面压力，严重影响公众和政府对工程建设的良好意愿和政府公信力，从而导致工程建设各方的社会信誉受到损失。

社会舆论与公众评价对城市轨道交通地下工程的建设进展影响巨大，社会信誉损失是建设各方潜在风险损失的重要部分。社会信誉损失与不同风险事故的后果密切相关，尤其是如造成第三方损失或对周边区域环境造成损害，将会引起严重的社会信誉损失。本规范制定的社会影响等级标准的执行部分参考了《国家处置城市地铁事故灾难应急预案》（2006-1-24）。

4.3 风险等级标准

4.3.1 风险等级标准的制定借鉴了国际隧道与地下空间协会（ITA-AITES）制定的《隧道工程风险管理指南》（2004年）和建设部《地铁及地下工程建设风险管理指南》（2007年），相应的风险分级用风险等级标准矩阵表示。根据近年我国城市轨道交通地下工程建设风险管理实践经验和国际发展现状水平，将风险等级标准划分为四级。

4.3.2 城市轨道交通地下工程建设中，不同等级的风险需采用不同的风险处置与控制对策。结合风险等级标准矩阵，不同等级风险的接受准则和相应的处置原则与控制方案需考虑风险管理的目标和建设各方的职责来决策。

5 规划阶段风险管理

5.1 一般规定

5.1.1 城市轨道交通地下工程规划风险管理是一项决策问题，需全面收集与工程建设风险相关的基础资料，系统了解工程所在区域的场地及周边环境，这既有利于实施风险管理，又有利于采取安全可靠、经济适用的风险控制方案。

5.1.2～5.1.4 城市轨道交通地下工程规划阶段进行有效的风险管理，对城市轨道交通地下工程的设计、施工及运营风险管理十分关键。规划阶段风险管理应针对提出的多种规划方案进行风险评估，探明各阶段（包括运营阶段等）中潜在的重大风险因素，规避和降低由于线位、站位和施工方法等规划方案不合理所引起的潜在风险。城市轨道交通地下工程规划阶段选定的方案可进行调整与修正，甚至可重新拟订方案，因此，风险管理应结合风险评估结果进行风险决策，风险控制应以“规避”为主，对选定的方案进行调整或优化，在工程经济、合理、可行和适用的原则下，规避重大风险因素，减少风险发生。

5.2 规划方案风险评估

5.2.2 规划阶段主要是拟定工程建设方案，选定工程线路，重点分析工程建设的线位与站位选址风险，分析拟定线路潜在的重大风险因素。本规范中要求实施的风险评估内容是基本选项，需结合具体的工程建设内容进行针对性的分析。

5.2.3 城市轨道交通地下工程规划方案的制定，需充分调查与考虑与城市其他规划建设工程的相互关系，尤其是不同结构类型的地下工程，分析工程实施的先后顺序及投入运营后可能引起的建设风险。同时，重点分析评估与城市其他工程建设的相互影响风险，提出由本地下工程建设引起风险的处置措施。

5.3 重大风险因素分析

5.3.1 本条列出了在规划阶段可能存在的主要重大风险因素，应结合具体的工程进行逐项分析，确保重大风险因素不遗漏。

应对工程地质、水文地质、地下管线、暗渠、古河道以及邻近建筑等调查清楚，特别是在建筑密集、交通繁忙、地下管线众多而复杂的城区，应详细查明重大风险因素的发生地点及预计时间。对特殊设计的地下工程以及首次采用的新材料、新工艺和新设备等必须进行其可能引起损失的分析。本规范中列出各类工程常见的重大风险因素，各地需针对城市轨道交通地下工程建设具体情况，开展现场风险查勘与调查，进行针对性的分析与评估。

5.4 风险评估报告编制

5.4.2、5.4.3 城市轨道交通地下工程规划阶段应编制风险评估报告，报告要求内容全面、数据资料翔实、分析结论客观公正，提出的风险对比指标及风险评估结论具有可比较性，风险处置措施要有针对性和有效性。同时，编制的风险评估报告需通过专项评审，作为后续建设阶段风险管理的依据。

城市轨道交通地下工程规划阶段风险评估报告主目录包括：

1 概述。
2 编制依据。
3 风险评估流程与评估方法。
4 各规划方案风险评估。
5 规划方案综合对比风险评估。
6 推荐方案重大风险因素分析。
7 结论与建议。

6 可行性研究风险管理

6.1 一 般 规 定

6.1.1～6.1.3 城市轨道交通地下工程可行性研究风险管理中，需根据选定的线路方案和地下工程设计，要求建设风险管理实施单位组织工程建设有关方开展现场风险管理调查。此阶段的风险管理对后续阶段的风险管理实施十分重要，根据《地铁及地下工程建设风险管理指南》(2007年）的实施经验，建设单位十分重视开展该阶段的风险管理。结合目前实施情况，本阶段的风险管理为规范工程建设风险提供了重要的依据。

6.2 现场风险调查

6.2.1 现场风险调查应结合规划阶段的风险评估报告、工程线路和图纸等资料编制现场调查计划，具体包括：待调查的地下工程信息，调查时间和方式，参与人员，现场记录及调查资料整理。由于工程建设前期开展调查实施难度大，线路现场复杂，根据目前各城市实施风险管理的现场经验，合理地划分调查单元，全面地开展现场调查对辨识工程建设风险十分必要。

6.2.2 现场风险调查计划应包括对全线展开工程实地踏勘和环境调查，重点对工程中潜在的重大风险因素展开调查分析，避免工程资料与现场实际条件不符，并做好现场记录和拍照。上述资料需包含在编制的风险评估报告中。

6.2.3～6.2.5 城市轨道交通工程一般在城市密集区内穿越，修建地下工程无疑会对周边环境造成影响或破坏，因此，应调查摸清工程影响范围内的交通情况、道路状况、地面建（构）筑物状况、军事区、涉密性的特殊建（构）筑物、古文物或保护性建筑的安全状况。必要时，应要求建设单位进行专项补充调查和现状安全性评估。应核实和检查工程影响范围内的各类地下障碍物、地下构筑物、地下水、地下管线等的规模和健康安全状况。了解工程影响范围内需征地动拆迁的规模和当前使用状况，分析其对周边环境和建设工期的影响。了解工程建设影响范围内的噪声、空气、水以及生态等环境保护要求，参考规划阶段辨识的重大风险因素，进行全面施工环境影响风险调研。

6.3 风 险 评 估

6.3.1 本条列出了可行性研究中的主要建设风险因素，需结合具体地下工程实际情况，进行风险因素分析，优化可行性方案，规避和降低由于线位、站位和施工方法等可行性方案不合理所带来的风险，为工程设计、施工及工程保险作好前期准备。城市轨道交通地下工程建设施工方法与工期密切相关，合理地选择施工方法不但可节省工程建设投资，还能降低工程施工风险，保障合理的施工工期。另外，城市轨道交通地下工程运营期间易对周边环境产生噪声或振动影响，同时，可能还会发生各类灾害（火灾、恐怖袭击）或运营事故，需针对上述因素进行分析，并开展专题试验与研究。

6.3.2 城市轨道交通地下工程可行性研究风险评估需考虑工程建设规模、技术经济指标的合理性与环保影响风险、施工方法选择不当风险、技术方案的不确定性与变更风险等，评估建设风险因素引起的建设工期风险。重大关键节点工程一般是城市轨道交通地下工程建设的难点，需考虑工程潜在的重大风险因素，对各重大关键节点工程进行专项风险分析，必要时进行计算模拟分析与试验测试。另外，需结合地下工程的规模、施工方法及机电系统配置，合理安排建设工期，防止因工程建设工期紧张等引起的风险。

6.3.3 考虑城市轨道交通地下工程的建设工程规模、水文与工程地质条件、邻近地下及地面环境等因素，从施工方法的可行性、安全性、适应性和经济性、工期进度及对周围环境影响等因素，进行综合分析并选择合适的施工方法，避免因施工方法不适合所引起的工程建设风险。

不同施工方法潜在的主要风险因素见表1。

表1 不同施工方法潜在的主要风险因素

施工方法	风险因素或事故	施工方法	风险因素或事故
明挖法 盖挖法 沉井法	塌方（坍塌）	矿山法 （包括钻爆法、浅埋暗挖等）	洞口失稳
	涌水		塌方
	大变形破坏		瓦斯
	开裂		流土、流砂
	其他		涌水
盾构法	设备风险		沉陷
	进出洞及掘进风险		大变形
	涌水		岩爆
	其他		其他
沉管法	基槽疏浚	顶管法	设备风险
	管段托运、沉放、防水		进出洞及掘进风险
	基础处理		涌水
	其他		其他

6.3.4 城市轨道交通网络的建设势必会遇到较多的交叉点、换乘节点或近远期建设问题，如不同线路的上穿、下穿、交叠或近距离平行施工等，如果考虑不周会对后期工程建设产生很大影响。为避免引起此类建设风险，应对这些相互影响进行充分的评估和处理，并需提前做好规划方案，做好不同期建设工程之间的衔接和预留。

6.4 风险评估报告编制

6.4.2、6.4.3 城市轨道交通地下工程可行性研究风险管理需编制风险评估报告，该风险评估报告对后续阶段风险管理十分重要。

城市轨道交通地下工程可行性研究风险评估报告主目录包括：

1 概述

2 编制依据

1）采用的风险评估方法及标准；

2）编制依据文件和资料。

3 工程总体风险评估

1）地质勘察风险；

2）地质灾害风险；

3）管线综合风险；

4）线路及车站选址风险；

5）动、拆迁风险；

6）周边环境影响风险；

7）建设工期风险；

8）交通组织风险；

9）其他风险。

4 土建结构施工风险评估

1）明挖施工的地下车站，采用暗挖或盖挖施工的车站可参考拟定。

2）地下区间，应根据不同施工方法来考虑（以盾构法和矿山法为例，其他施工方法可参考拟定）。

采用盾构方法施工，主要内容为：

a）盾构机选型与地层适应性风险分析；

b）盾构制作、运输、组装调试和交货期风险分析；

c）主要施工设备（盾构机和盾尾注浆设备等）风险分析；

d）盾构进出洞施工风险分析（包括地基加固风险分析）；

e）盾构推进阶段的施工风险分析；

f）管片生产、运输和拼装风险分析；

g）联络通道施工风险分析。

采用矿山法施工，主要内容为：

a）矿山法适应性风险分析；

b）线路不同埋深风险分析；

c）超前地质预报风险分析；

d）施工主要设备风险分析；

e）进出洞施工风险分析；

f）开挖方案及施工工艺风险分析；

g）工作面稳定性风险分析；

h）初次支护与衬砌施工风险分析；

i）不良地层施工风险分析；

j）平行隧道相互施工影响分析；

k）隧道辅助施工方法风险分析。

3）联络通道。

4）附属工程风险分析（包括：通风井、车站出入口和变电站等）。

5）重大风险因素及关键节点工程风险分析。

5 机电安装风险评估

1）供电系统风险分析；

2）通信系统风险分析；

3）信号系统风险分析；

4）通风和空调系统风险分析；

5）给水排水、消防系统风险分析；

6）防灾、报警与环境控制系统风险分析；

7）自动售检票等其他车站设备风险分析；

8）轨道及安全门风险分析；

9）设备联调风险分析。

6 人员安全及职业健康风险评估

1）人员安全风险分析；

2）职业健康风险分析。

7 工程施工环境影响风险评估

1）施工对周边建（构）筑物影响风险分析；

2）噪声污染风险分析；

3）水污染风险分析；

4）空气污染风险分析；

5）施工渣土污染风险分析；

6）生态环境影响风险分析。

8 工程运营期风险评估

1）运营灾害风险分析；

2）运营事故风险分析；

3）运营生态环境影响风险评估；

4）其他运营风险分析。

9 风险控制措施建议

10 结论与建议

可行性研究风险评估报告还需提交可行性方案的综合比选分析，施工方法适应性风险分析，推荐优化的风险可接受方案等。同时，需组织专家对可行性研究风险评估报告进行专项评审，并作为后续工程阶段建设风险管理的依据。

7 勘察与设计风险管理

7.1 一 般 规 定

7.1.2 针对城市轨道交通地下工程，结合前期风险管理资料，考虑本阶段实施内容和不同风险等级分别开展风险管理。由于本阶段可通过工程勘察资料和设计计算获得大量的工程数据资料，因此，规范建议采用量化方法进行分析，为后续合同签订与工程施工提供风险管理依据。

7.1.3 我国城市轨道交通地下工程勘察与设计，具体可包括以下阶段：

勘察工作阶段一般有：可行性研究阶段勘察（简称可研勘察）、初步设计阶段勘察（简称初步勘察）、施工图设计阶段勘察（简称详细勘察）和施工阶段勘察（简称施工勘察）等，必要时，可结合工程具体需要进行专项勘察。应将勘察工作阶段引起的建设风险降低到可接受水平。

设计工作阶段一般有：总体设计、初步设计和施工图设计。设计阶段对工程施工和运营风险影响很大，应以安全、可靠的工程设计文件，控制并减少由于设计失误或施工可行性差等因素引起的工程功能缺陷、结构损坏及工程事故等。

城市轨道交通地下工程勘察与设计风险管理的“分对象”主要是考虑建设各方及地下工程类型进行分类分析，建设单位需针对不同对象组织风险管理，同时，“分阶段”是要求该阶段建设各方考虑各项风险等级进行分析，要求提交的勘察与设计资料满足工程建设安全与风险控制要求。

7.2 工程勘察风险管理

7.2.1 工程勘察各阶段工作，要注重调查潜在的不良水文地质和工程地质条件，查明不良地质作用及地质灾害，并在勘察中采取合适的措施，降低因勘察技术和勘察资料等原因引起的风险。另外，在对工程地质勘察与环境调查报告的过程审查和论证时，要注重对岩土工程勘察的数据分析与处理分析，控制因勘察遗漏、失误或环境调查不准、室内试验方法及参数获取失误等引起的工程设计与施工风险。

城市轨道交通地下工程勘察中常见的地质风险因素参见表2。

表2 城市轨道交通地下工程勘察中常见的地质风险因素

序号	类 别	地 质 风 险
1	人工填土	填土由于其松散性和不均匀性，往往给地基、基坑边坡和围岩的稳定性带来风险
2	人工空洞	城市地区浅表层受人类工程活动影响，易形成人工空洞。人工空洞对地下工程的施工带来潜在风险。容易形成空洞的地段一般包括：雨污水管线周边、深基坑工程附近、地下水位动态变化较大地段、原有空洞部位（菜窖、墓穴、鼠洞等）、管线渗漏地段、砂土复合地层结构地段等
3	卵石、漂石地层	卵石、漂石地层中的漂石会给围护桩施工、管棚和小导管施工以及盾构施工带来困难和风险；卵石、漂石地层的高渗透性也会给工程降水和注浆带来困难
4	饱水砂层透镜体	饱水砂层透镜体由于其分布的随机性，详细勘察阶段不容易被发现；施工时，隧道开挖范围遇到它会造成隧道涌水和流砂
5	上层滞水	上层滞水由于其分布的随机性和不稳定性，又因详细勘察距离施工的时间较长，造成其不容易被查清，给施工带来一定风险
6	岩溶和溶洞	在溶岩地区岩溶和溶洞的分布无规律，且不易勘察，易给后期施工带来难以预见的风险。饱水的大型溶洞还易造成施工中的地下水突涌

续表 2

序号	类 别	地 质 风 险
7	断层破碎带	在各断裂的断层破碎带之中，隧道在破碎地层中增加塌方风险，基坑开挖施工容易受到地质断裂带中沿岩石裂隙面滑动的滑动力不利影响，这种滑动也会带来很大的风险
8	活动地裂缝	在黄土地区存在的活动地裂缝上下盘升沉速率快，地裂缝内易涵养地下水（上层滞水或其他水层），对工程的影响较大，易造成后期的工程建设风险
9	高承压水、高压裂隙水	软土地层的高承压水易导致地下工程涌水和失稳等风险，岩石地层的高压裂隙水会造成地下工程的突水风险
10	有害气体	赋存于地层中的可燃或有毒气体易造成隧道施工中的爆燃或施工人员中毒等风险
11	膨胀围岩	膨胀围岩在开挖或遇水后的膨胀会造成地下结构受力和变形超标等风险
12	湿陷性地层	湿陷性地层在不同含水量时的承载能力和变形特性差异较大，其所采用的加固方法和措施方面具有风险
13	高灵敏度淤泥质地层	此类地层对工程活动的扰动敏感，稳定性差，易出现基坑等工程的失稳等风险
14	活动地震断裂带	活动断裂带活动变形风险
15	液化地层	液化地层中的城市轨道交通结构易在地震和列车运行振动作用下出现基底变形下沉风险
16	高地压地层	高地压地层（岩层）条件下易出现岩爆等风险
17	高硬度岩层	高硬度岩层在采用掘进机类设备施工时存在设备适用风险
18	粉细砂地层	含水的粉细砂地层易产生流砂等风险
19	不明水源	由于地下（废弃）水管、化粪池等渗漏引起的建设风险

针对城市轨道交通地下工程不同的施工方法，需分析不良工程地质与水文地质，其主要风险因素见表 3。

表 3 不同施工方法中可能发生的主要不良地质风险因素

施工方法	不良工程地质风险因素	不良水文地质风险因素
明挖法 盖挖法 沉井法	1 施工范围内的软弱夹层； 2 高灵敏度淤泥质厚层； 3 可液化地层	1 地下水位较高，降水困难； 2 上层滞水； 3 高承压水
矿山法（包括钻爆法、浅埋暗挖等）	1 隧道范围有无含水粉细砂层； 2 岩溶、断层破碎带； 3 膨胀围岩； 4 含瓦斯地层； 5 高地压； 6 可液化地层	1 地下水位较高，降水困难； 2 上层滞水，层间水； 3 高地下水压力
盾构法	1 隧道范围有无大卵石层、漂石、空洞； 2 隧道穿越遇到变异性及不均匀性高的地层； 3 含瓦斯地层； 4 可液化地层	1 始发、接收段高地下水与砂层同时存在； 2 高地下水压力
沉管法或顶管法	1 高灵敏度淤泥质厚层； 2 可液化地层； 3 暗浜及土囊等	1 高速水流区； 2 高地下水压力

7.2.2 工程勘察开展前，工程设计单位应根据地下结构类型和施工方法提出工程勘察要求，勘察单位结合工程地质和水文地质条件进行方案深化，编制工程勘察大纲，重点应包括与不良水文地质或工程地质相关的风险因素。建设单位在勘察前应组织设计交底，勘察后组织勘察成果交底，参与工程建设的有关设计、施工、监理等单位应参加勘察成果交底。勘察成果交底需针对工程地质风险、环境风险和工程地质风险处置建议进行专门介绍。如存在无法探明的工程地质或水文地质情况时，需说明可能导致设计和施工风险的潜在因素。

7.2.3 勘察施工或环境调查过程中易发生操作不当引起的建设风险，如：地质钻孔封堵不到位、地质钻孔卡钻导致钻杆拔不出等，也可能造成对邻近地下管线的破坏，引起区域停电、管道爆炸和火灾等，因此必须制定并实施有效的预防措施，并作好人员及设备的防护。

7.3 总体设计风险管理

7.3.1 总体设计风险管理，应对全线总体技术标准、技术要求、工程规模、项目功能、线路敷设方式、配线、重难点车站及区间的施工方法、各系统专业的总体设计方案（如：选择代表性工点、机电系统专业，提出典型方案布置）等进行风险评估。城市轨道交通地下工程总体设计风险因素应从地下工程自身以及周边环境等方面考虑。

7.3.2 总体设计风险管理，应在收集工程建设用地范围地质灾害危险性评估、地震安全性评价与环境影响评价等专题研究报告的基础上，复查评估结论，若发现不合理之处，需要进行专项风险评估。

7.3.3 地下工程自身的风险是指由于地下工程自身建设要求或施工活动所导致的风险，如深大基坑、大断面隧道等。自身的风险等级主要考虑地质条件、工程埋深、结构特性（地下结构层数、跨度、断面形式、覆土厚度、开挖方法）等风险因素。其中，明挖法和盖挖法可按地质条件、地下结构的层数或基坑深度作为分级参考依据；矿山法可以车站的层数和跨度作为分级参考依据；暗挖区间可以隧道的跨度、断面复杂程度作为分级参考依据；盾构法可以隧道相互之间的空间位置关系作为分级参考依据。

本规范针对常见的各类施工方法，对地下工程自身的风险等级评估说明参见表4。

表4 不同施工方法中地下工程自身的风险等级

风险等级	施工方法	工程自身风险	级别说明
Ⅰ级	明挖法 盖挖法	地下四层或深度超过25m（含25m）的深基坑	—
	矿山法	双层暗挖车站或净跨超过15.5m的暗挖单层车站	—
	盾构法	较长范围处于非常接近状态的并行或交叠盾构隧道	—
Ⅱ级	明挖法 盖挖法	地下三层或深度15m～25m（含15m）的深基坑	1）见表注1、2、3； 2）对基坑平面复杂、偏压基坑等，风险等级可上调一级
	矿山法	断面大于6m的矿山法工程	1）见表注1、2、3； 2）对断面复杂、存在偏压、受力体系多次转换的暗挖工程，风险等级可上调一级
		较长范围处于接近状态的并行或交叠盾构隧道	见表注1、2、3
	盾构法	盾构区间的联络通道 盾构始发到达区段	—
Ⅲ级	明挖法 盖挖法	地下二层或一层或深度5m～15m（含5m）的基坑	1）见表注1、2、3； 2）对基坑平面复杂、偏压基坑等，风险等级可上调一级。
	矿山法	一般断面矿山法工程	1）见表注1、2、3； 2）对断面复杂、存在偏压、受力体系多次转换的暗挖工程，风险等级可上调一级
		较长范围处于较接近状态的并行或交叠盾构隧道	见表注1、2、3
	盾构法	一般的盾构法区间	—

续表 4

风险等级	施工方法	工程自身风险	级别说明
Ⅳ级	—	基坑深度小于5m，隧道建设无相互影响的工程	—

注：在工程自身的风险等级基础上，当遇到以下情况时可进行风险等级调整：

1 当水文地质和工程地质条件复杂时，风险等级可上调一级。

2 当新建城市轨道交通工程采用与工程施工风险有关的新技术、新工艺、新设备、新施工方法时，风险等级可上调或下调一级。

3 结合新建城市轨道交通工程建设风险因素识别和分析，可结合具体工程条件调整。

7.3.4 城市轨道交通地下工程环境影响的风险主要指建设活动导致周边区域的建（构）筑物发生影响或破坏，地下工程环境影响的风险等级需根据城市轨道交通地下结构与工程影响区范围内环境设施的重要性、位置关系、地下结构类型与施工方法等因素划分。

位于城市轨道交通地下工程影响区范围内的环境设施，按其重要性可划分为两类：重要设施和一般设施。环境设施重要性分类见表5。

表5 环境设施重要性分类

环境设施类别	环境设施重要性类别	
	重要设施	一般设施
地面和地下轨道交通	既有城市轨道交通线路和铁路	—
既有地面建（构）筑物	省市级以上的保护古建筑，高度超过15层（含）的建筑，年代久远、基础条件较差的重点保护的建筑物，重要的烟囱、水塔、油库、加油站、汽罐、高压线铁塔等	15层以下的一般建筑物；一般厂房、车库等构筑物等
既有地下构筑物	地下道路和交通隧道、地下商业街及重要人防工程等	地下人行过街通道等
既有市政桥梁	高架桥、立交桥的主桥等	匝道桥、人行天桥等
既有市政管线	雨污水干管、中压以上的煤气管、直径较大的自来水管、中水管、军用光缆等，其他使用时间较长的铸铁管、承插式接口混凝土管	小直径雨污水管、低压煤气管、电信、通信、电力管（沟）等

续表 5

环境设施类别	环境设施重要性类别	
	重要设施	一般设施
既有市政道路	城市主干道、快速路等	城市次干道和支路等
水体（河道、湖泊）	江、河、湖和海洋	一般水塘和小河沟
绿化、植物	受保护古树	其他树木

考虑轨道交通地下工程与工程影响范围环境设施的相互邻近程度及相互位置关系，考虑不同地下工程施工方法，分析确定的邻近距离特征及影响特性关系见表6。

表6 不同施工方法与周围环境设施的邻近关系

施工方法	非常接近	接 近	较接近	不接近	说 明
明挖法 盖挖法	$<0.7H$	$0.7H \sim 1.0H$	$1.0H \sim 2.0H$	$>2.0H$	H为地下工程开挖深度或埋深
矿山法（包括钻爆法、浅埋暗挖等）	$<0.5B$	$0.5B \sim 1.5B$	$1.5B \sim 2.5B$	$>2.5B$	B为矿山法隧道毛洞宽度，当隧道采用爆破法施工时，需研究爆破振动的影响
盾构法 顶管法	$<0.3D$	$0.3D \sim 0.7D$	$0.7D \sim 1.0D$	$>1.0D$	D为隧道的外径
沉井法	$<0.5H$	$0.5H \sim 1.5H$	$1.5H \sim 2.5H$	$>2.5H$	H为地下结构埋深

综合环境设施的重要性分类（表5）和地下工程不同施工方法对周围环境设施邻近程度特征（表6），建立城市轨道交通地下工程施工环境影响的风险分级见表7。

表7　城市轨道交通地下工程施工环境影响的风险分级

风险等级	环境设施分类	相邻位置关系	说　明
Ⅰ级	邻近重要设施	非常接近	1　注意分析地下工程施工方法及穿越邻近形式； 2　需考虑现场邻近设施保护要求和特点进行具体分析； 3　风险评估可根据施工方法适当进行等级调整
Ⅱ级	邻近重要设施	接近	
	一般设施	非常接近	
Ⅲ级	邻近重要设施	较接近	
	一般设施	接近	
Ⅳ级	邻近重要设施	不接近	
	一般设施	较接近	

7.4　初步设计风险管理

7.4.1　初步设计方案风险分析中的重点是对设计参数及计算模型的风险分析，同时结合工程重大风险因素，分析结构设计形式的合理性和经济性风险，并对工程设计方案的变更风险进行规定，避免发生工程设计方案随意变化引起新的风险。

7.4.2　根据初步设计资料，初步设计风险分析单元的划分可包括：

1　建筑设计风险分析。

2　结构设计风险分析。

3　给水、排水设计风险分析。

4　动力与暖通设计风险分析。

5　电气、信号与设备监控系统设计风险分析。

6　主要设备、新材料或新技术应用风险分析。

7　防灾与报警系统设计风险分析。

8　环境保护设计风险分析。

9　工程运营风险分析。

初步设计风险管理中需考虑不同地下工程类型，结合拟采用的设计方案与施工方法建立风险评估列表，一般初步设计中各对象的主要风险因素或事故见表8。

表8　城市轨道交通地下工程初步设计阶段风险因素或事故

单位工程	施工方法	子单位工程	分部工程	风险因素或事故
车站基坑	明挖法 盖挖法 沉井法 盾构法	端头井、出入口等	基坑围护，沉井，地基处理及降水、排水，基坑开挖与回填，内部结构，工程防水，环境影响等	塌方（坍塌），涌水，流土，流砂，大变形破坏，开裂，设备风险，其他风险等

续表8

单位工程	施工方法	子单位工程	分部工程	风险因素或事故
区间隧道	明挖法 盖挖法 沉管法 盾构法 矿山法 顶管法	敞开段，暗埋段，标准段	基坑围护，地基处理及降水、排水，基坑开挖与回填，内部结构，工程防水，环境影响等	塌方（坍塌），涌水，流土，流砂，大变形破坏，开裂，设备风险，其他风险等
		区间隧道	进出洞，标准段，特殊段，地基处理，工程防水，环境影响等	
		联络通道	地层处理，工程防水，环境影响等	
附属工程	明（盖）挖法 顶管法等	泵房、风井等	地基处理，工程防水，环境影响等	

7.5　施工图设计风险管理

7.5.2、7.5.3　城市轨道交通地下工程施工图设计风险管理可按照风险因素与风险的层状或树状结构关系进行列表分析，示例参见表9。表9中列出部分主要风险，对于具体的城市轨道交通地下工程，需根据现场的地质情况、周边环境、结构类型和施工方法等，对其进行针对性的分析。

表9　地下工程施工中主要风险因素或事故

单位工程	施工方法	分部工程	分项工程	主要风险因素或事故
车站基坑、附属工程（出入口、泵房、风井等）	明挖法 盖挖法 沉井法 矿山法（包括钻爆法、浅埋暗挖等）	基坑围护	水泥土搅拌桩	坍塌，渗漏水，管涌，流砂，沉陷，开裂，周围建（构）筑物倾斜或开裂，内衬墙裂缝，不均匀沉降，地下结构上浮，突沉，土体滑坡等
			钢板桩	
			预制钢筋混凝土板桩	
			土钉墙	
			钻孔灌注桩（成孔、下钢筋笼、成桩）	
			型钢水泥土搅拌桩	
			地下连续墙（导墙、成槽、钢筋笼、成墙）	
			沉井制作、下沉和封底	
			工程防水	
		地基处理及降水、排水	注浆法	沉陷，开裂，周围建（构）筑物倾斜或开裂
			高压喷射注浆法	
			水泥土搅拌桩	
			人工地层冻结法	
			基坑明排水、轻型井点、喷射井点、电渗井点、疏干管井、减压管井	

续表 9

单位工程	施工方法	分部工程	分项工程	主要风险因素或事故
车站基坑、附属工程（出入口、泵房、风井等）	明挖法盖挖法沉井法矿山法（包括钻爆法、浅埋暗挖等）	基坑开挖与回填	桩基工程（立柱桩、抗浮桩、逆作法桩）	渗漏，围护结构失稳破坏，坑底隆起，管涌，流砂，基坑内土体滑坡，机械倾覆等
			基坑开挖	
			支撑体系	
			倒滤层结构	
			土方回填	
		内部结构	模板	内衬墙裂缝，渗漏，不均匀沉降，地下结构上浮等
			钢筋	
			混凝土	
			防水混凝土	
			现浇结构	
			工程防水	
区间隧道及附属结构	矿山法	区间隧道	钻孔	塌方，失稳，流土，流砂，涌水，瓦斯，大变形，岩爆，渗漏水，开裂破坏，不均匀沉降，设备故障等
			爆破	
			土方开挖	
	暗挖法		支护	
	顶管法		工作井	坍塌，上浮冒顶，轴线控制不当，管片破损，渗漏水，开裂破坏，不均匀沉降，设备故障等
			进出洞施工与洞口防护	
			管节制作	
			管节顶进	
	盾构法		进出洞和洞口加固	掌子面失稳，刀头及刀具磨损，盾尾密封失效，隧道上浮、冒顶，轴线控制不当，管片破损，渗漏水，不均匀沉降，设备故障等
			盾构组装、解体	
			盾构推进及管片拼装	
			盾构刀具更换	
			管片制作	
			盾构掉头和过站等	
	沉管法		干坞	潮汐和暗流，沉放错位，水下连接失效，管节开裂破坏，不均匀沉降，设备故障等
			基槽浚挖	
			管段制作	
			管段沉放	
			管段基底及接头处理	
	矿山法顶管法	联络通道	土体加固	土体加固失效，塌方（坍塌），渗漏水
			土体开挖	

施工图设计阶段需再次核准初步设计的风险等级，根据不同的风险级别开展相应的设计风险分析与评估。

对重大环境影响风险（Ⅰ级和Ⅱ级）应开展工程建设风险专项设计，编制重大环境影响风险专项设计文件。文件的内容主要包括：风险分析评价、工程环境监测控制标准、工程技术措施、环境影响保护设计措施和专项监控量测设计方案等，并满足施工图设计文件的深度要求。针对Ⅱ级工程自身的风险和Ⅲ级（含）以下的环境影响风险，施工图设计文件中应包含风险分析评价和专项措施等专项内容，原则上可不再进行专项设计。同时，地下结构自身的风险控制各项措施和要求在施工设计文件中应体现。

施工影响风险分析，应分析和预测工程施工可能对周围环境和设施带来的相关影响，提出施工控制指标要求。施工影响分析通常采用数值模拟、反分析、工程类比等方法，预测分析地下工程施工对周边环境所造成的附加荷载和附加变形影响，判断施工方法、加固措施等能否满足工程环境所允许的限定承载能力和容许变形能力等。

7.5.5 施工图设计风险管理中对重大环境影响的区域，应明确现场监控量测要求，提出工程环境影响的风险预警控制指标，并建议实施信息化施工，开展风险预警控制工作。另外，需配合建设单位招标、投标和建设管理，编制工程现场施工注意事项说明及事故应对技术处置方案。

7.5.6 在工程施工图设计及工程施工期间，设计单位需充分注意施工配合工作，并向施工、监理等单位就设计意图、设计要求、设计条件等设计文件做设计交底，充分进行相关单位之间的风险沟通和交流。另外，配合监督施工单位在施工中是否落实风险控制措施。对在施工过程中发现的不落实情况或与设计条件不符的情况，设计单位应及时通知建设单位，并要求责任相关单位及时改正。

7.6 风险管理文件编制

7.6.1、7.6.2 城市轨道交通地下工程勘察设计风险管理应编制风险管理文件，同时可根据实际条件开展风险评估。编制的风险管理文件包括：辨识的风险清单、风险评估报告、风险控制措施、现场施工风险监控指标、重点及关键工程建设风险说明。城市轨道交通地下工程勘察设计风险评估报告主目录包括：

1 概述。
2 编制依据。
3 风险评估流程与评估方法。
4 各单项风险评估。
5 关键节点工程风险评估。
6 专项风险控制措施。
7 结论与建议。

8 招标、投标与合同签订风险管理

8.1 一般规定

8.1.2 城市轨道交通地下工程招标、投标与合同签订风险管理工作的目的是通过开展工程招标、投标文件编制风险管理，以法律文件形式明确工程建设风险管理要求，约定工程建设各方的参与分工和职责。同时，结合具体项目的施工方法、工程规模、建设管理模式等，通过招标、投标文件的编制对前期完成的风险管理工作进行梳理，对重大风险或新辨识的风险进行再分析评估，并列举以往从事类似工程进行风险管理的经验及典型工程实例，为本工程建设风险管理的实施提供参考。

8.2 招标、投标文件准备

8.2.3 招标单位需明确工程的风险管理目标，依据招标工程的规模、特点、性质及自身管理能力等，合理确定招标范围、招标方式、发包方式和投标时间限制，制定科学合理的工程标底和评标方法。

招标文件中需明确工程建设风险等级标准和原则，工程重点、难点，投标单位的风险管理内容、目标、费用、机构人员配置、资质资格要求和责任约束等相关内容。同时，对投标单位的标书进行约定。

8.2.4 投标单位根据招标文件，对招标文件中的各项条款进行详细研究，对施工现场及周围环境、工程地质、水文地质条件进行详细的调查，可按照招标要求开展前期风险分析准备工作。投标文件各部分（包括技术、经济、商务和其他部分等）的风险管理方案和措施等均需符合招标文件要求。

8.3 合同签订风险管理

8.3.1 合同文件报价中，中标单位应按要求单独列出工程建设风险管理费用，同时，说明工程建设风险管理的计划投入及处置措施费用。这些费用在投标时应不低于国家规定的费率标准，不能作为降价让利的项目。中标单位承诺的工程建设风险管理费用要求及时到位，并做到专款专用。

8.3.2 目前，我国工程保险还处在试行与探索阶段，各城市轨道交通建设中，尤其是对复杂的地下工程（如穿越、邻近影响、超大结构等），都要求开展工程保险，各地区由于存在较大的经济水平差异，现阶段较难统一规定相应的保险费率，工程保险的内容及条款需针对具体工程进行编制，并说明投保双方的权利与责任，如现场发生了符合保险规定的风险，保险公司需及时开展赔偿支付。

8.4 风险管理文件编制

8.4.2 工程招标、投标与合同签订应编制工程建设风险管理文件，记录招标、投标及合同签订过程中实施的风险管理内容。风险管理文件中需约定双方风险管理的权利、责任和义务，同时，说明风险管理计划、管理费用与管理职责分担，约定合同双方的风险承担责任与保险赔偿要求。

9 施工风险管理

9.1 一般规定

9.1.2、9.1.3 城市轨道交通地下工程施工风险管理是工程建设风险管理过程的核心，也是工程建设风险能否得到有效控制的关键阶段。随着工程施工进展，工程建设风险不断动态变化，各项风险的发生概率及其损失也将发生改变，而且，地下工程建设易受外部天气和环境等条件的干扰，现场风险情况瞬息万变，因此，工程建设过程中建设各方必须实施动态风险管理。动态风险管理主要体现在风险信息的收取、分析与决策过程的动态，对风险的预报、预警与控制实施的动态。

目前，我国部分城市如北京、上海和广州等在轨道交通建设中已尝试开展了施工动态风险管理工作，由建设单位组织，以前期各阶段完成的风险管理文件为基础，结合工程建设进度和周边条件，动态地对现场及未来工程建设潜在风险进行分析与评估，同时，通过现场施工风险记录资料，利用现场监测信息化手段，依据施工参数、环境监测反馈等信息对施工工程建设风险开展跟踪与反馈。上述技术措施的实施与开展，一方面保证了风险管理的连续性和有效性，同时，为工程进展中发生的新情况、新问题提供了预报、预警，为调整、优化、完善设计与施工方案，及时处置、控制风险提供了保证。

城市轨道交通地下工程建设中无法完全消除或避免风险，加之外界影响或变化也会导致不可预见的风险，因此，需针对潜在的各类重大风险建立健全相应的事故呈报管理体系与制度，确保事故信息能及时、可靠地传递给相关建设各方，以方便开展事故抢险与救护。风险管理中针对辨识的重大风险需编制风险控制预案，包括现场监测预警标准及预告、风险抢险队伍与物资准备、事故处理应急处置决策等。同时，还要作好风险告示牌和风险记录，及时更新施工现场及参与人员等相关信息。

9.2 施工准备期风险管理

9.2.1 城市轨道交通地下工程施工准备期的风险管理，主要是在对项目进行结构分解分析后，根据项目施工组织方案以及周边的环境条件，参考勘察与设计阶段编制的风险记录文件，对辨识的风险进行逐项核实和分析，并编制现场风险事件核查表。风险核查表的编制可参考表9。

9.3 施工期风险管理

9.3.1 城市轨道交通地下工程施工中应注意在特殊及复杂条件下的风险，主要包括：

1 地下管线中的大口径管线（热力、电力、水管和通信等），穿越保护性建（构）筑物、军事区或重要设施是地下工程的重要风险点，一般宜采取事前调查、申报审核、合理施工保护等措施降低风险。

2 地下障碍物将直接影响正常的施工，通常情况应将地下障碍物预先清除，对于特殊情况下需在施工中直接切削穿越的，应制定有效的风险控制措施。

3 浅覆土层是指隧道覆土小于施工隧道直径1倍的工况。浅覆土层施工易造成开挖面失稳和隧道上浮等风险，并加剧土体的扰动和损失量，导致发生塌陷等事故。

4 小曲率区段是指隧道曲线半径小于施工隧道直径50倍的工况。小曲率区段对隧道轴线的控制存在一定风险，应加强对盾构机姿态的控制，合理选择管片型号，并提高管片的拼装质量。

5 大坡度段是指隧道轴线大于30‰的工况。大坡度段施工易造成盾构机姿态控制和隧道内水平运输的困难，应合理地控制盾构机姿态和选取水平运输机具。

6 小净距隧道是指两隧道间距小于隧道直径60%的邻近施工。在施工时应严格控制参数，加强监测，并对两隧道之间区域实施地基加固措施。

7 穿越江河段是指所建隧道处在江河下的工况。穿越江河段施工时，易形成开挖面与江河贯通以及隧道渗漏的风险。通常可通过提高开挖面稳定性、改善隧道抗位移抗变形能力以及加强隧道防喷涌、防渗漏的风险控制措施。

另外，针对具体城市轨道交通地下工程建设，应考虑增加车站、基坑、复杂工程安装、联络通道、进出洞等单项工程的施工风险分析，由于地下工程建设存在大量的多工种、多专业交叉，应重视人员安全风险控制。

9.3.2 施工期建设风险管理需建设各方共同参与，与施工单位一起完成施工风险管理实施。

1 施工风险辨识和评估。根据工程条件、施工方法以及设备，按照工程施工进度和工序，对工程建设风险进行二次风险评估和整理，对工程的重大风险进行梳理和分析，确定工程建设风险等级，并对重大风险提出规避措施和事故预案，完成施工风险评估报告。具体包括：

1）各分部工程的主要风险点；

2）重大风险因素；

3）风险等级及排序；

4）风险管理责任人；

5）风险规避措施；

6）风险事故预案。

2 风险评估报告应以正式的文件发送给工程建设各方，并经讨论使工程各方对工程建设风险评估等级和控制对策达成共识。

3 施工对邻近建（构）筑物影响风险分析。地下工程的施工都可能会对邻近的各类建（构）筑物产生一定的影响。风险分析的目的是通过建立工程施工引起地层变形与邻近建（构）筑物损坏的费用损失之间的关系，完成施工影响风险分析的经济损失评估。本规范建议的风险分析内容与步骤如下：

1）对既有建（构）筑物的现状调查，包括：结构形式、建造时间、重要性程度、服务年限与状态、与工程邻近距离及周边区域环境等；

2）判断邻近建（构）筑物的破坏形式，用可以衡量的指标（如：裂缝宽度、倾斜度、差异沉降等）定义各个破坏阶段；

3）采用工程施工地层变形计算分析，结合现场监测数据，得到周围地面沉降值，并分析影响地层变形的因素；

4）通过力学计算和统计分析，得到建（构）筑物发生破坏概率，计算建（构）筑物与破坏衡量指标的关系；

5）建立建（构）筑物的破坏和损失之间的关系，将不同级别的破坏与建（构）筑物造价的损失比相对应；

6）对不同施工工况下建（构）筑物的损失进行评估，提出工程施工风险控制对策与处置措施。

9.3.3～9.3.5 根据风险评估结果，在每个单项工程施工之前，建设单位可通过风险预告的形式，将其中的主要风险点通告施工单位。

施工单位需提交专门的风险处置方案，上报建设单位，审批通过后方可施工。施工现场风险通告是工程建设风险管理中非常重要的环节，施工单位应在工程现场设置风险宣传牌，对各个阶段的风险点和注意事项进行宣传和教育。现场风险通告应包括：

1 主要风险事故；

2 风险管理实施责任人；

3 风险因素与风险等级；

4 施工人员注意事项；

5 事故预兆；

6 风险规避措施；

7 风险事故预案。

对于事故、意外、缺陷等问题，建设各方应认真、细致、充分、全面地分析，做到证据分析、过程分析、原因分析、责任分析，并保持客观、中立的态度，对定性、定责应公正、准确。调查还应查明发生的原因、过程、财产损失情况和对后续工作的影响，并提出处理措施和完善风险控制措施的建议。事故各相关单位应采取措施防止类似事故的再次发生，并对员工进行教育和培训。建设各方可根据施工现场情况和进度，跟踪风险动态变化情况，实施风险控制策略和措施。在出现风险征兆后应及时通报建设各方，跟踪风险征兆发展，及时启动应急预案措施。

9.3.6 现场监理工程师的主要风险管理职责是评估本身监理工作不到位或失察风险，并核查和监督施工现场风险管理的执行情况。为此，监理工程师应充分了解设计意图，根据设计要求重点对施工方案的可操作性进行分析，掌握施工中存在的风险及其应对措施，以保证施工能完全满足设计的要求。

9.3.7 为明确责任和保证监测质量，现场施工监测应由专业的第三方监测单位承担。监测单位应根据设计要求，制定详细的现场施工监测方案，监测方案必须满足设计与监控要求，并与施工开挖工序一致。监测说明应明确量化各监测指标的预警值以及各级预警所应采取的应对措施。

监测指标的预警值应由监测单位和设计单位根据设计要求、工程经验、计算分析以及监测反馈分析共同确定。监测单位应把施工现场风险分析作为监测报告的一部分内容，采用月报、周报等提交监测报告，及时提交施工风险预警、预报。

9.3.10、**9.3.11** 对施工中玩忽职守、对现场潜在重大建设风险隐匿不报的行为，一经发现，相关责任单位应按照合同约定和相关法规承担相应的责任。

9.4 车辆及机电系统安装与调试风险管理

9.4.1 城市轨道交通车辆及机电设备系统安装与调试阶段是风险易发阶段，由于系统处于组装与调试期，各设备与系统之间存在一定的衔接与协调，同时，各系统安装中也需要进行必要的防护和保护，通过该阶段的风险分析，辨识工程系统运营风险因素。

9.4.2 对城市轨道交通车辆与机电设备系统，需要考虑安装调试及运营后可能的风险类型及对建设工期、设备运营可靠性及设施等的影响风险进行分析，同时，分析机电设备的不适用或不配备风险。当现场机电设备规格和验收标准有重大变更时，应对安装与调试重新进行风险辨识与评估，并完成风险管理记录文件。

9.4.3 车辆及机电系统安装与调试中采用的新技术，需要通过试验研究并进行风险评估，对延长线、跨线或交叉的特殊线路，如需与已运营线路进行衔接，则需要对其进行专项风险分析，避免对已运营线路造成严重的影响。

9.4.4 针对轨道、通信信号、供电、机电设备、车辆等机电系统，尤其是在电力及电气设备、大型设备的安装与调试中，应分别制定风险控制预案，包括设备供电、临电调试、车辆段接车调试等应急预案。现场一旦发生险情，及时采取措施控制。

9.5 试运行和竣工验收风险管理

9.5.2 在各分项系统完成系统安装与调试并确保各项技术指标合格的基础上应进行联合调试。联合调试风险管理应由建设、运营、施工、监理、设计及设备供应等相关单位参加，并编写风险记录文件。

9.5.3、**9.5.4** 试运行和竣工验收风险管理应结合现场资料和风险管理经验，采用风险检查表法实施，针对建设方面和运营方面分别进行风险评估，包括：

1 建设方面风险分析

1）土建系统风险分析，包括：车站、区间、车辆基地和综合维修基地、轨道系统、预留线等；

2）机电设备风险分析，包括：供电系统、信号系统、通信系统、通风空调系统、给水排水和消防系统、防灾报警系统（FAS）、设备监控系统（BAS）、自动售检票系统（AFC）、车站屏蔽门、安全门、自动扶梯及电梯、防淹门系统等；

3）车辆系统风险分析；

4）系统联调及试运行风险分析。

2 运营方面风险分析

1）组织机构和人员配置及要求风险分析；

2）行车组织和客运组织风险分析；

3）线路运营备品备件风险分析；

4）相关技术资料配备风险分析；

5）资产接管风险分析；

6）试运营规章制度风险分析；

7）应急预案与演练。

试运行中针对轨道、供电、接触网、信号、通信、车辆、屏蔽门及调度指挥等系统需进行综合模拟运行，各相关系统的安全性、可靠性和适用性指标都要求达到运营线路的标准。另外，还需要对客运服务设施和通风空调、FAS、BAS及AFC等系统进行综合动态模拟运行。当联合调试季节符合冷源运行条件时，空调系统要求作带负荷综合效能运行。相关城市轨道交通设施应做到配合协调、联动迅速，功能达到设计规范要求。

中华人民共和国国家标准

有色金属矿山井巷工程施工规范

Code for construction of non-ferrous metals mine sinking and drifting engineering

GB 50653—2011

主编部门：中 国 有 色 金 属 工 业 协 会
批准部门：中华人民共和国住房和城乡建设部
施行日期：2 0 1 2 年 1 月 1 日

中华人民共和国住房和城乡建设部
公　告

第931号
关于发布国家标准《有色金属矿山井巷工程施工规范》的公告

现批准《有色金属矿山井巷工程施工规范》为国家标准，编号为GB 50653-2011，自2012年1月1日起实施。其中，第3.0.11、3.0.12、4.6.1、5.2.1、5.3.1、6.1.3、6.1.4、7.1.2、7.1.3、7.2.5（1）、8.4.2、10.1.1、10.2.3、10.2.4、11.2.3、11.7.4、11.8.1、11.9.7、12.4.2、12.5.2条（款）为强制性条文，必须严格执行。

本规范由我部标准定额研究所组织中国计划出版社出版发行。

中华人民共和国住房和城乡建设部

二〇一一年二月十八日

前　言

本规范是根据原建设部《关于印发〈2006年工程建设标准规范制订、修订计划（第二批）〉的通知》（建标〔2006〕136号）的要求，由十四冶建设集团有限公司会同有关单位编制完成的。

本规范在编制过程中，编制组进行了广泛深入的调查研究，总结了有色金属矿山井巷工程施工的实践经验，吸取了相关行业施工规范成果，并在广泛征求意见的基础上，通过反复讨论、修改和完善，最后经审查定稿。

本规范共分13章和4个附录。主要技术内容包括：总则、术语和符号、基本规定、竖井施工、斜井与斜坡道施工、巷道与硐室施工、天井与溜井施工、采切工程施工、永久支护工程施工、防水与治水工程施工、辅助工作、工业卫生、环境保护。

本规范中以黑体字标志的条文为强制性条文，必须严格执行。

本规范由住房和城乡建设部负责管理和对强制性条文的解释，由中国有色金属工业工程建设标准规范管理处负责日常管理工作，由十四冶建设集团有限公司负责具体技术内容解释。

本规范在执行过程中，请各单位结合工程实践，认真总结经验。如发现需要修改或补充之处，请将意见和建议反馈给十四冶建设集团有限公司（地址：云南省昆明市西站12号，邮政编码：650031），以供今后修订时参考。

本规范主编单位、参编单位、主要起草人和主要审查人：

主编单位： 十四冶建设集团有限公司

参编单位： 铜陵中都矿山建设有限公司
中国瑞林工程技术有限公司
长沙有色冶金设计研究院

主要起草人： 张继斌　方建铭　赵君政　李吉义　徐何来　丁志云　王清来　丁金刚　刘福春

主要审查人： 刘育明　梅源德　刘文成　许兆友　安建英　李淳中　张俊文　朱应林　毕文秉　徐进平

目　次

1　总则 …………………………… 1—37—7
2　术语和符号…………………………… 1—37—7
2.1　术语…………………………… 1—37—7
2.2　符号…………………………… 1—37—7
3　基本规定 …………………………… 1—37—8
4　竖井施工 …………………………… 1—37—9
4.1　一般规定…………………………… 1—37—9
4.2　表土段竖井施工…………………………… 1—37—9
4.3　基岩段竖井施工 …………………………… 1—37—10
4.4　盲竖井施工 …………………………… 1—37—11
4.5　竖井穿过局部不良岩层施工 …… 1—37—11
4.6　竖井井筒延深 …………………………… 1—37—11
5　斜井与斜坡道施工…………………………… 1—37—11
5.1　一般规定 …………………………… 1—37—11
5.2　斜井、盲斜井施工 …………………………… 1—37—12
5.3　斜井反井施工 …………………………… 1—37—12
5.4　斜坡道施工 …………………………… 1—37—12
6　巷道与硐室施工…………………………… 1—37—13
6.1　一般规定 …………………………… 1—37—13
6.2　巷道施工 …………………………… 1—37—13
6.3　硐室施工 …………………………… 1—37—14
6.4　锚喷支护监测 …………………………… 1—37—14
7　天井与溜井施工…………………………… 1—37—14
7.1　一般规定 …………………………… 1—37—14
7.2　垂直天井、溜井施工 …………………………… 1—37—15
7.3　分支溜井及溜井底部结构施工 … 1—37—16
7.4　倾斜天井、溜井施工 …………………………… 1—37—16
8　采切工程施工 …………………………… 1—37—16
8.1　一般规定 …………………………… 1—37—16
8.2　采切巷道、切割上山施工 …………………………… 1—37—17
8.3　漏斗川、漏斗施工 …………………………… 1—37—17
8.4　采场天井、溜井施工 …………………………… 1—37—17
9　永久支护工程施工…………………………… 1—37—17
9.1　一般规定 …………………………… 1—37—17
9.2　混凝土搅拌、运输 …………………………… 1—37—18
9.3　钢筋制作、安装 …………………………… 1—37—19
9.4　立模 …………………………… 1—37—19
9.5　支护 …………………………… 1—37—20
9.6　养护、拆模 …………………………… 1—37—21
9.7　试件制作 …………………………… 1—37—21
10　防水与治水工程施工 …………………………… 1—37—22
10.1　一般规定…………………………… 1—37—22
10.2　探、放水施工…………………………… 1—37—23
10.3　注浆材料…………………………… 1—37—23
10.4　地面预注浆施工…………………………… 1—37—23
10.5　竖井工作面预注浆施工…………………………… 1—37—24
10.6　斜井、斜坡道与巷道
工作面预注浆施工…………………………… 1—37—25
10.7　后注浆施工…………………………… 1—37—25
11　辅助工作…………………………… 1—37—27
11.1　凿井井架及悬吊设施 …………………………… 1—37—27
11.2　竖井凿井提升…………………………… 1—37—28
11.3　斜井凿井提升…………………………… 1—37—29
11.4　通风…………………………… 1—37—30
11.5　排水…………………………… 1—37—30
11.6　压风…………………………… 1—37—30
11.7　供电…………………………… 1—37—31
11.8　信号、通信及监视…………………………… 1—37—32
11.9　井下照明…………………………… 1—37—32
12　工业卫生…………………………… 1—37—32
12.1　一般规定…………………………… 1—37—32
12.2　井下热害防治…………………………… 1—37—33
12.3　井下粉尘防治…………………………… 1—37—33
12.4　井下噪声防治…………………………… 1—37—34
12.5　井下氡及其子体防治…………………………… 1—37—34
13　环境保护…………………………… 1—37—34
13.1　一般规定…………………………… 1—37—34
13.2　井下废碴排放…………………………… 1—37—34
13.3　井下废水排放…………………………… 1—37—34
13.4　井下废气排放…………………………… 1—37—34
13.5　地面污水排放…………………………… 1—37—35
13.6　地面噪声防治…………………………… 1—37—35
13.7　地面废物处理…………………………… 1—37—35
附录A　围岩分级 …………………………… 1—37—35

附录B　混凝土、喷射混凝土强度检验方法 ……………… 1—37—36
附录C　喷射混凝土抗压强度标准试块制作方法 ………… 1—37—37
附录D　注浆浆液 ………………… 1—37—37
本规范用词说明 ………………… 1—37—39
引用标准名录………………………… 1—37—39
附：条文说明………………………… 1—37—40

Contents

1 General provisions ························ 1—37—7

2 Terms and symbols ························ 1—37—7

2.1 Terms ························ 1—37—7

2.2 Symbols ························ 1—37—7

3 Basic requirement ························ 1—37—8

4 Shaft sinking ························ 1—37—9

4.1 General requirement ························ 1—37—9

4.2 Overburden area sinking ························ 1—37—9

4.3 Bedrock area sinking ························ 1—37—10

4.4 Blind shaft sinking ························ 1—37—11

4.5 Poor rock area sinking ························ 1—37—11

4.6 Vertical shaft deepening ························ 1—37—11

5 Mining of slope and ramp ························ 1—37—11

5.1 General requirement ························ 1—37—11

5.2 Mining of slope and inclined winze ························ 1—37—12

5.3 Mining by raising of slope ························ 1—37—12

5.4 Mining of ramp ························ 1—37—12

6 Mining of drift and chamber ························ 1—37—13

6.1 General requirement ························ 1—37—13

6.2 Mining of drift ························ 1—37—13

6.3 Mining of chamber ························ 1—37—14

6.4 Monitoring of anchor sprayed concrete ························ 1—37—14

7 Mining of raise and chute ························ 1—37—14

7.1 General requirement ························ 1—37—14

7.2 Mining of raise and vertical chute ························ 1—37—15

7.3 Mining of branched chute and chute raise bottom ························ 1—37—16

7.4 Mining of inclined raise and chute ························ 1—37—16

8 Mining of preparatory working ························ 1—37—16

8.1 General requirement ························ 1—37—16

8.2 Mining of roadway and cutting working ························ 1—37—17

8.3 Mining of funnel drift and funnel ························ 1—37—17

8.4 Mining of stope raise and chute ························ 1—37—17

9 Permanent supporting ························ 1—37—17

9.1 General requirement ························ 1—37—17

9.2 Concrete mixing and transport ························ 1—37—18

9.3 Reinforcing fabricating and fixation ························ 1—37—19

9.4 Shuttering ························ 1—37—19

9.5 Supporting ························ 1—37—20

9.6 Curing and form removal ························ 1—37—21

9.7 Concrete test blocks fabricating ························ 1—37—21

10 Water prevention and control ························ 1—37—22

10.1 General requirement ························ 1—37—22

10.2 Water prospecting and draining ························ 1—37—23

10.3 Grouting materials ························ 1—37—23

10.4 Surface grouting ························ 1—37—23

10.5 Shaft working face grouting ························ 1—37—24

10.6 Slope, ramp and drift working face grouting ························ 1—37—25

10.7 Grouting after mining ························ 1—37—25

11 Assistant working ························ 1—37—27

11.1 Headframe and handing equipment ························ 1—37—27

11.2 Shaft sinking hoisting ························ 1—37—28

11.3 Slope mining hoisting ························ 1—37—29

11.4 Ventilation ························ 1—37—30

11.5 Drainage ························ 1—37—30

11.6 Air pressure ························ 1—37—30

11.7 Power supply ························ 1—37—31

11.8 Signal, communication

and monitoring ······················ 1—37—32
11.9 Underground lighting ··········· 1—37—32
12 Industrial hygiene ··················· 1—37—32
12.1 General requirement ·············· 1—37—32
12.2 Underground heat damage prevention and control ·········· 1—37—33
12.3 Underground dust prevention and control ······························ 1—37—33
12.4 Underground noise prevention and control ······························ 1—37—34
12.5 Underground niton prevention and control ······························ 1—37—34
13 Environment protection ········ 1—37—34
13.1 General requirement ············ 1—37—34
13.2 Underground wastes discharging ································ 1—37—34
13.3 Underground wastewater discharging ································ 1—37—34
13.4 Underground waste gas discharging ································ 1—37—34
13.5 Surface wastewater discharging ······························ 1—37—35
13.6 Surface noise prevention and control ······································ 1—37—35
13.7 Surface wastes treatment ········ 1—37—35
Appendix A Classification of wall rocks ············ 1—37—35
Appendix B Testing of concrete and sprayed concrete ················· 1—37—36
Appendix C Fabricating of sprayed concrete standard test blocks ·············· 1—37—37
Appendix D Grouting slurry ······ 1—37—37
Explanation of wording in this code ················ 1—37—39
List of quoted standards ················ 1—37—39
Addition: Explanation of provisions ······················ 1—37—40

1 总　　则

1.0.1 为提高有色金属矿山井巷工程施工技术水平，确保工程质量和施工安全，保护环境，节约能源，促进技术进步，制定本规范。

1.0.2 本规范适用于有色金属矿山井巷工程的施工。

1.0.3 有色金属矿山井巷工程的施工，必须遵循工程建设程序，按照批准的设计文件施工。

1.0.4 有色金属矿山井巷工程的施工，应采用技术先进、经济合理、安全可靠、符合环境保护要求、节约能源的工艺、设备和材料。

1.0.5 施工中应采取有效措施，改善工作条件，保护员工安全和职业健康。

1.0.6 有色金属矿山井巷工程的施工除应符合本规范的规定外，尚应符合国家现行有关标准的规定。

2 术语和符号

2.1 术　　语

2.1.1 临时支护　temporary support

井巷掘进后，在易发生片帮、冒顶等现象的地段，为保证施工安全而采取的非永久支护结构。

2.1.2 浅孔　shallow-hole

井巷掘进时，由于受自由面和操作条件的限制，规定炮眼深度小于或等于5.0m的为浅孔。

2.1.3 深孔　deep-hole

井巷掘进时，由于受自由面和操作条件的限制，规定炮眼深度大于5.0m的为深孔。

2.1.4 斜井　slope

直通地面的倾角大于5°的地下直线通道。

2.1.5 斜坡道　ramp

用于轮式运输设备通行的、坡度多变的倾斜地下通道。

2.1.6 巷道　roadway

倾斜或水平的地下通道统称为巷道，包括平巷和斜巷。

2.1.7 眼痕率　percentage of blasthole vestiges

眼痕率为可见眼痕的炮眼个数与不包括底板的周边眼总数之比。炮眼眼痕大于孔长的70%，算1个可见眼痕炮眼。

2.1.8 天井　raise

凡自下一水平层至上一水平层用作提升、通风、人行、运送材料或敷设管线的垂直或倾斜地下通道。

2.1.9 溜井　pass

专为溜放矿石或废石的垂直或倾斜的地下通道。

2.1.10 反井法　sinking by rising hole

指由下往上掘进竖井、斜井的施工方法。

2.1.11 锚喷支护　anchor-shot support

能与围岩共同形成一个承载结构，调整围岩应力分布，防止岩体松散坠落的支护方式。

2.1.12 导硐法　pilot heading method

指先用小断面超前掘进，再刷大到设计断面的施工方法。

2.1.13 漏斗川　chute crosscut

当采场底部结构采用电耙出矿时，漏斗颈与电耙道之间的通道。

2.1.14 套箱支架　mould jacket support

架设于永久支护体之外不拆除的临时支架。

2.1.15 探孔帮距　distance from handhole bottom to roadway edge

指巷道边缘与外斜探孔孔底之间的距离。

2.1.16 探孔超前距　hand hole overhang

指巷道掘进方向上掘进工作面与最浅探孔孔底之间的距离。

2.1.17 渗透能力　seepage ability

又称为渗透性，指浆液对受注地层注入的难易程度，一般用浆液可注入砂层的最小粒径表示。

2.1.18 渗透系数　seepage coefficient

指浆液固化后结石体渗透性高低或抗渗性强弱的指标。

2.1.19 综合注浆法　comprehensive slip casting method

是以水力动水学法对注浆地层的水文地质参数进行详细的研究和计算，根据计算结果进行注浆设计并指导注浆施工，采用上行为主，上、下结合的混合注浆方式，高压力、大段高注浆，注浆过程中对注浆压力、浆液流量和浆液比重进行连续监测，注浆材料采用CL－C型粘土水泥浆的一种注浆方法。

2.2 符　　号

2.2.1 几何参数

D——间隙；

E——周边孔间距；

H——提升高度；

H_t——天轮高度；

L——井口至钢丝绳与天轮接触点之斜长；

L'——井口至井架中心的水平距离；

L_o——井口至道岔终点长度；

L_k——矿车组长度；

R——天轮半径；

W——最小抵抗线。

2.2.2 强度、抗力、爆力、速度

f_c——喷射混凝土抗压强度设计值；

f'_{ck}——施工阶段同批n组喷射混凝土试块抗压强度代表值的平均值；

f'_{ckmin}——施工阶段同批n组喷射混凝土试块抗压强

度代表值的最小值；

M_a——2#硝铵炸药猛度；

M_b——2#硝铵炸药爆力；

N_a——所用炸药猛度；

N_b——所用炸药爆力；

P_a——注浆初始压力；

P_b——注浆正常压力；

P_c——注浆终压；

P_o——注浆点静水压力；

R_b——岩石单轴饱和抗压强度；

S_n——施工阶段同批 n 组喷射混凝土试块抗压强度代表值的标准差；

V_1——提人最大速度；

V_2——提物最大速度。

2.2.3 系数、计算参数

K——风动机械同时使用系数；

K_0——装药量换算系数；

k_1、k_2——喷射混凝土强度合格判定系数；

M——周边孔炮眼密集系数；

m——浆液结石率；

n——施工阶段每批喷射混凝土试块的抽样组数；

n_j——注浆岩层孔隙率；

n_f——同型号风动机具使用数量；

a_j——注浆损失系数；

a_f——管路漏风系数；

β_f——风动机械磨损耗风量增加系数；

γ——高原修正系数。

2.2.4 其他

Q_f——总耗风量；

Q_j——注浆量；

q——风动工具单台耗风量；

v——需要固结或充填的体积；

β_o——栈桥倾角；

β_l——钢丝绳牵引角。

3 基本规定

3.0.1 有色金属矿山井巷工程的施工单位应具备相应的资质。施工现场应建立相应的质量、安全和环境管理体系，健全施工质量控制和检验制度，应有相应的施工技术标准。

3.0.2 参与有色金属矿山井巷工程施工的特种作业人员必须按国家有关规定经过专门培训，考试合格，取得特种作业操作资格证书并持证上岗。

3.0.3 井巷工程开工前应做好下列准备工作：

1 获取并掌握矿井工程地质及水文地质资料、检查钻孔资料，绘制井巷工程的预测地质剖面图，并作下列情况的预分析：

1）穿过老窿、不稳定岩层及地质构造有较大变化处的情况预分析；

2）可能出现突然涌水的地点、涌水量大小及对施工影响程度的预分析；

3）对膨胀性岩层的预分析。

2 进行设计交底及施工图会审；

3 编制施工组织设计或施工方案并经审批；

4 完成场地测量、基桩埋设、场地平整、道路、给水、压风、供电、通信以及防火、防洪、防涝和施工设施工程。

3.0.4 施工组织设计应包含下列主要内容：

1 编制依据；

2 工程概况；

3 施工部署；

4 施工进度计划；

5 施工准备及资源配置计划；

6 主要施工方法；

7 施工现场平面布置；

8 进度管理计划；

9 质量管理计划；

10 安全管理计划；

11 环境管理计划；

12 成本及其他管理计划。

3.0.5 施工组织设计的编制、审批和批准应符合下列规定：

1 施工组织设计由项目负责人主持编制，可根据实际需要分阶段编制和审批；

2 施工组织设计的审批应符合下列规定：

1）施工组织总设计应由施工总承包单位技术负责人审批；

2）单位工程施工组织设计应由施工单位技术负责人或其授权的技术人员审批；

3）施工方案应由施工单位项目技术负责人审批；

4）重点、难点分部（分项）工程及特殊施工技术等专项工程施工方案，应由施工单位技术部门组织相关专家评审，施工单位技术负责人审批；

3 经审批的施工组织设计（或专项施工方案）应报总监理工程师审定后实施。

3.0.6 井口、硐口场地平整，除应按现行国家标准《建筑地基基础工程施工质量验收规范》GB 50202 的有关规定执行外，尚应符合下列规定：

1 拟建工业场地及其附近区域存在对工程安全有影响的滑坡或可能滑坡的地段，应先进行滑坡处理；

2 井口或硐口上侧边坡的截水沟和排水沟，应在井筒或巷道开工前完成；

3 不得采用有易燃性或有毒、有害的材料作场地填方；

4 填方高度超过1m时，应先做好建（构）筑物的基础和管、网、沟的施工；

5 当地面爆破作业和井筒、平硐施工同时进行时，应有保护设施，并制定安全措施；

6 场地平整后，应检查测量基准点有无变化。

3.0.7 施工用水量，应按工程用水、生活用水和消防用水量确定。

3.0.8 在雨季、冬期施工的矿山井巷工程，应根据地区及工程的特点，制定专门的技术、安全措施。

3.0.9 在有沼气或煤及沼气突出的矿井施工时，应按现行《煤矿安全规程》的有关规定执行。

3.0.10 斜井、斜坡道、巷道、硐室的施工应符合下列规定：

1 凡需永久支护的井巷工程，掘进工作面与永久支护体间的距离，应根据围岩稳定情况和使用机械作业条件确定，但不应大于40m；

2 永久支护体应与水沟同时施工；

3 掘进方式应根据围岩的稳固程度、断面大小和支护型式确定；

4 钻爆掘进时应采用光面爆破。

3.0.11 有色金属矿山井巷工程掘进穿过软岩、破碎带、老窿、溶洞、断层或较大含水层等不良地层前，应根据工程地质和水文地质资料，针对不良地层编制专门的施工安全技术措施。

3.0.12 斜井、斜坡道、巷道、硐室的临时支护，应符合下列规定：

1 在破碎围岩区域应采用管棚、预注浆等超前支护；

2 在较破碎围岩区域应采用锚喷或金属支架支护；

3 在易风化岩区域应采用喷射混凝土支护，并及时封闭；

4 在膨胀岩区域应采用先让后抗，锚喷隔绝水源或金属支架支护；

5 支架间相互连接应牢固，背板与顶帮之间的空隙必须塞紧、接顶和背实；

6 临时支护应紧跟掘进工作面。

4 竖井施工

4.1 一般规定

4.1.1 竖井施工，应根据井筒直径及深度、工程地质及水文地质条件等因素，进行技术经济方案比较，选择合理的施工工艺和机械装备。

4.1.2 竖井宜采用普通法施工。当井筒穿过流沙、淤泥、卵石、砂砾等含水的不稳定地层时，应采用冻结法、钻井法、帷幕注浆法等特殊凿井法施工。冻结法、钻井法施工竖井应按现行国家标准《煤矿井巷工程施工规范》GB 50511的有关规定执行。帷幕注浆法施工竖井，应按本规范的规定执行。

4.1.3 选择施工作业方式时，应将凿岩、装岩、提升、支护、排水等工作进行综合考虑。

4.1.4 通过单层涌水量大于$10m^3/h$的含水层时，应采取治水措施。

4.1.5 竖井施工应以井筒中心线确定炮孔位置和检查掘进、支护断面。

4.1.6 竖井施工采用激光指向时，应符合下列规定：

1 掘进时，应每隔20m～30m用井筒中心线校核激光光束一次，其偏差不应大于15mm；

2 砌碹时，应每隔10m～20m用井筒中心线校核激光光束一次，其偏差不应大于5mm。

4.1.7 竖井掘进过程中，当所揭露的岩层与地质资料发生重大变化时，施工单位应通知相关单位现场勘验。

4.1.8 凡与竖井井筒直接相连的各巷道、硐室口，应与竖井井筒同时施工，并进行不小于5m的永久支护。

4.1.9 竖井施工当井底或中部有通道可利用时，宜采用反井法施工井筒。

4.1.10 反井段由上往下刷砌时，应用吊盘盖住反井口。

4.1.11 竖井施工期间，应按确定的方法和周期测定井筒涌水量。

4.2 表土段竖井施工

4.2.1 井口开挖前及开挖过程中，应根据当地的地形、气象、工程地质及水文地质等资料，采取有效的防水、排水措施。

4.2.2 表土段井筒施工方法的选择，应根据表土层工程地质及水文地质条件、施工技术装备情况确定。

4.2.3 普通法施工表土段井筒时，应根据表土稳定情况、涌水量大小，采取如下施工方法：

1 采用锚喷临支法，空帮距离不宜大于2m；

2 采用井圈背板法，最大圈距不宜大于1m，空帮距离不宜大于1.2m；

3 采用吊挂井壁法，空帮距离不宜大于1m；

4 采用吊挂井壁斜板桩综合法，最大圈距不宜大于1.5m，斜板桩超前掘进工作面不应小于0.5m；

5 采用井外疏干孔降水锚喷临支吊挂井壁法，空帮距离不宜大于2m。

4.2.4 表土段井筒施工提升可按以下方式选择：

1 表土坚固稳定、允许承载力不小于2.5MPa，涌水量小于$10m^3/h$时，宜先安装凿井井架再施工表土段井筒；

2 表土松软、不稳定，允许承载力小于2.5MPa时，应先用简易提升设备完成井颈掘砌后，再安装凿井井架；简易提升设备施工的井筒深度不宜超过15m。

4.2.5 表土段井筒施工应设置临时锁口，其结构应符合封闭严密、作业安全的要求。

4.2.6 采用简易提升设施施工表土段井筒时，井内应设带护圈的梯子，不应用简易提升设施升降人员。

4.2.7 井筒施工深度超过40m，应安装吊盘，设置稳绳。

4.2.8 永久井颈宜一次砌筑，并应按设计预留管线口、梁窝和其他预埋洞口；当条件受限时，永久井颈井口段应采用砖、石或砌块临时封砌。

4.2.9 表土段井筒施工时，宜采取超前小井或井外疏干孔降低工作面水位。

4.2.10 表土段井筒施工过程中，应在锁口表面、井架基础和井口附近地面设置沉降观测点，定期观测。

4.3 基岩段竖井施工

4.3.1 基岩段井筒施工宜采用短段掘砌作业，段高不宜大于4m；采用掘砌平行作业时，段高不宜大于40m；采用掘砌单行作业时，应根据围岩类别和临时支护型式确定段高。

4.3.2 井筒掘进时的临时支护，可采用锚喷、井圈背板支护。锚喷临时支护的段高、厚度及其结构，可按表4.3.2选用。井圈背板临时支护的时间不应超过1个月，段高在Ⅳ级围岩中不宜大于15m，在Ⅴ级围岩中不宜大于5m。围岩分级详见本规范附录A。

表4.3.2 锚喷临时支护段高、厚度及支护结构

围岩分级	段高（m）	支护厚度（mm）	支护结构
Ⅰ	30	—	不支
	不限	20～30	喷浆
Ⅱ	80～100	30～50	喷浆或喷混凝土
Ⅲ	50～80	50～80	喷混凝土
Ⅳ	30～50	80～100	锚杆、钢筋网、喷混凝土
Ⅴ	<30	100～150	锚杆、钢筋网、喷混凝土

注：当井壁有淋水时，应先采取堵、截、导、治等治水措施。

4.3.3 当井筒直径大于5m时，基岩掘进宜选用环形钻架或伞形钻架。

4.3.4 井筒掘进应采用光面爆破技术，根据设备性能、岩石性质、爆破器材等编制爆破设计，并严格按爆破设计进行爆破作业。井筒光面爆破质量，应符合下列规定：

1 井筒掘进局部欠挖不得大于设计规定50mm，超挖不得大于设计规定150mm，平均线性超挖值应小于100mm；

2 硬岩的眼痕率不应小于80%，中硬岩的眼痕率不应小于50%；

3 软岩井筒周边成型应符合设计轮廓；

4 井帮岩面不应有明显的炮震裂缝。

4.3.5 凿岩应符合下列规定：

1 凿岩前应清出实底、集水坑或水窝；

2 按井筒中心确定炮孔圈径，除掏槽孔外其余孔底宜在同一水平面上；炮眼圈径允许偏差为±50mm，各圈眼间距允许偏差为±100mm；

3 不得沿残孔或顺岩层裂隙凿岩；

4 炮孔堵塞时，应先进行人工掏孔，若炮孔深度达不到要求，则应在该孔附近重新凿孔；

5 凿岩后应用木楔堵塞炮孔口。

4.3.6 爆破作业宜选用防水炸药和导爆管，导爆管长度应与炮孔深度相适应并满足连线要求，并应采用磁电雷管、起爆器起爆。

4.3.7 爆破参数应按下列规定选择：

1 周边孔间距应为400mm～600mm；

2 最小抵抗线应按下式计算：

$$W=E/M \quad (4.3.7\text{-}1)$$

式中：E——周边孔间距（m）；

M——周边孔密集系数，0.8～1.0。

3 周边孔单位长度装药量应符合下列规定：

1）采用硝铵炸药时，软岩为（110～165）g/m；中硬岩为（165～220）g/m；硬岩为（220～330）g/m；

注：R_b 为岩石单轴饱和抗压强度；$R_b<30$MPa 为软岩；30MPa$\leqslant R_b \leqslant$60MPa 为中硬岩；$R_b>$60MPa 为硬岩。

2）采用其他炸药时，装药量应乘以换算系数 K_0，K_0 按下式计算：

$$K_0=1/2\left(M_a/N_a+M_b/N_b\right) \quad (4.3.7\text{-}2)$$

式中：M_a——2# 硝铵炸药猛度（mm）；

M_b——2# 硝铵炸药爆力（ml）；

N_a——所用炸药猛度（mm）；

N_b——所用炸药爆力（ml）。

4 周边孔药卷直径应为20mm～25mm。

4.3.8 抓岩机及其配套吊桶的选择，可按表4.3.8选用。

表4.3.8 抓岩机选型与吊桶选择

抓岩机型号	抓斗容积（m^3）	适用井筒内径（m）	适用吊桶容积（m^3）
手持式 NZQ_2	0.11	<4.0	1.0～1.5
长绳悬吊式 HS	0.40～0.60	4.5～5.0	2.0～3.0
中心回转式 HZ	0.40～0.60	5.0～8.0	2.0～4.0
环形轨道式 HH	0.60×2	6.0～8.0	2.0～4.0

4.3.9 抓岩机的悬吊装置，应符合下列规定：

1 采用长绳悬吊抓岩机，每隔80m～100m应设固定导向装置，绞车应设闭锁装置；

2 采用中心回转式或环形轨道式抓岩机，其吊盘的固定装置与井壁间应支撑牢固。

4.3.10 竖井井筒施工机械可按表4.3.10选用。

表4.3.10 竖井施工机械配套

井筒净径(m)	≤5.0	5.5～6.0	6.5～7.0	>7.0
井筒深度(m)	—	300～500	500～700	>700
凿岩机具	手持式	环钻或伞钻	伞形或液压凿岩臂	
抓岩机	NZQ_2、HS、HZ	HZ、HS	HZ、HS、HH	HZ、HH
吊桶容积(m^3)	1.0～3.0	2.0～3.0	2.0～3.0	2.0～4.0
提升方式	一套单钩	两套单钩	一套单钩和一套双钩	
翻矸方式	自动翻矸			
防水排水	预注浆堵水、高扬程水泵单段或分段排水			
地表运输	载重汽车、大矿车或梭车运输			

4.4 盲竖井施工

4.4.1 盲竖井施工宜利用永久设施，合理布置，减少措施工程。

4.4.2 选择盲竖井施工方法和设备时，应考虑设备大件尺寸和运输通道允许通过的最大尺寸。

4.4.3 盲竖井施工应在井口平面以上井筒及天轮硐室的永久支护和提升设备安装完成后，方可由上往下进行。

4.4.4 当井底或中部有巷道可利用时，宜采用反井法施工盲竖井，贯通后由上往下逐段刷砌井筒。

4.4.5 盲竖井井口平面运输应与中段运输系统相一致。

4.4.6 盲竖井施工的污风应排入中段回风系统，不得污染其他作业地点。

4.4.7 盲竖井施工的废水应排入中段排水系统。

4.4.8 采用竖井井筒普通法施工盲竖井尚应符合本规范第4.3节的规定。

4.5 竖井穿过局部不良岩层施工

4.5.1 竖井穿过软岩、破碎带，应采用短段掘砌法施工。掘进时采用浅孔小药量爆破或风镐破岩。

4.5.2 竖井通过含水层地段，宜先预注浆治水，再采用短段掘砌法施工。

4.5.3 竖井通过膨胀岩区域应采用先让后抗的方法施工。

4.6 竖井井筒延深

4.6.1 井筒延深时，必须设置与上部生产水平隔开的保护设施。

4.6.2 保护设施宜采用保护岩柱，亦可采用人工保护盘。但在松软岩层或遇水膨胀的岩层中，应采用人工保护盘。

4.6.3 采用保护岩柱应符合下列规定：

1 岩柱的厚度应根据围岩性质确定，并应大于井筒外径；

2 岩柱的下方应设护顶盘；

3 护顶盘的钢梁应在同一水平面上，梁窝用混凝土浇筑密实；钢梁拼接时应等强焊接，接头应错开；

4 钢梁上方应用板材将岩柱底面背紧封严。

4.6.4 采用人工保护盘应符合下列规定：

1 保护盘的结构、强度应能承受坠落物的冲击力，并有严密的封水和导水设施；

2 保护盘的钢梁不得少于2层，各层间交错布置，缓冲层厚度不宜小于2m；

3 钢梁插入井壁的深度应经计算确定，且不得小于250mm，梁窝应用混凝土浇筑密实。

4.6.5 井筒延深方案应根据延深井筒的施工条件进行选择。

4.6.6 井筒保护设施的拆除应符合下列规定：

1 拆除保护设施应在井筒与井底车场连接处掘砌完成，井筒装备基本安装完毕后方可进行；

2 拆除时必须停止上部生产水平的提升，并应在生产水平设置临时防护措施；

3 拆除保护岩柱宜采用自下向上掘反井与井窝贯通，再自上向下刷大，碴石宜充填废弃的临时巷道、硐室；

4 拆除人工保护盘应自上向下进行。

4.6.7 延深井筒中心和十字中线应符合下列规定：

1 采用保护岩柱时，向延深井筒的岩柱下方转设井筒中心线和十字中心线，测量不应少于3次，其井筒中心互差不得大于20mm，标定值应取平均值；十字中心方位互差不得大于2′，与设计方位的偏差不应大于1′；

2 采用人工保护盘时，应在保护盘施工前将井筒中心、十字中心线、标高等移至保护盘下方，井筒中心偏差不得大于10mm，十字中心线方位偏差不得大于1′。

5 斜井与斜坡道施工

5.1 一般规定

5.1.1 表土段斜井、斜坡道施工方法应根据表土性质确定，并应符合下列规定：

1 稳定表土层宜采用全断面法或导硐法施工；

2 不稳定表土层，应采用明槽开挖或超前支护法施工；

3 表土层含水较大时，宜采用降低水位法或冻结、帷幕等特殊方法施工。

5.1.2 斜井、斜坡道施工前，应根据水文地质资料确定排水方案，设置排水设施。工作面排水应选择安全可靠的排水设备。

5.1.3 斜井、斜坡道的井口采用明槽开挖时，明槽的边坡允许值应按设计或现行国家标准《建筑地基基础工程施工质量验收规范》GB 50202 的有关规定执行。

5.1.4 斜井、斜坡道从明槽进入硐身，应采取短段掘砌，必要时应采用管棚超前支护。

5.1.5 含水层地段浇筑混凝土时应采取防水措施。对淋水较大的地段和集中出水点，应采取导水措施。

5.1.6 斜井、斜坡道砌碹支护时，应将拉线钩、挂钩、托梁等安装好或预留孔洞。预埋螺栓的外露螺纹应采取保护措施，所有外露的金属构件应进行防腐处理。

5.1.7 斜井、斜坡道施工中应标设中线及腰线。每隔 25m～30m 设中线 1 组，每组不应少于 3 条，中线点间距宜为 2m；腰线应紧跟工作面，每组腰线的间隔宜为 5m；每隔 100m 应对中线和腰线进行 1 次校核。

5.2 斜井、盲斜井施工

5.2.1 斜井、盲斜井施工，必须遵守下列规定：

1 提升矿车时，井口应设与提升机连锁的阻车器；

2 井口下 20m 内及掘进工作面上方 30m 内，应分别设保险杠，并有专人看管；

3 斜井内人行道侧，应每隔 30m～50m 设躲避硐室。

5.2.2 斜井施工应符合下列规定：

1 坡度为 10°～15°时，应设人行踏步，且距掘进工作面的距离不宜大于 40m；

2 坡度为 15°～35°时，应设人行踏步及扶手，且距掘进工作面的距离不宜大于 20m；

3 坡度大于 35°时，应设梯子，且距掘进工作面的距离不宜大于 10m。

5.2.3 斜井倾角大于 20°时，不宜采用掘进、支护平行作业。

5.2.4 斜井中设置管座时，其底面应低于实底以下 150mm，管座底面应水平或向井口倾斜，必要时底部应增设锚杆。

5.2.5 斜井出碴采用耙斗装岩机时，应采用卡轨器并固定牢靠。当斜井倾角大于 25°时，应增设防滑装置。

5.2.6 与斜井相连的各水平巷道交叉口，应与斜井同时施工，其长度不得小于 5m。

5.2.7 倾角大于 10°的斜井施工时，铺设的临时轨道应采取防滑措施。

5.2.8 斜井通过含水层后，应选择在不透水处挖掘截水沟，将水截住并导入中间水窝或转水站。

5.2.9 倾角大于 20°和斜长大于 300m 的斜井，宜设专用人车。

5.2.10 斜井交叉口施工应符合下列规定：

1 甩车道施工应符合下列规定：

1）宜先将斜井掘进超过牛鼻子 2m～4m，再从甩车道起点开始分段刷大；

2）拱部刷大采用蹬碴作业方式；

3）对位于Ⅳ、Ⅴ级围岩中的甩车道，刷大时应采取临时支护措施。

2 吊桥硐室施工应符合下列规定：

1）当采用先墙后拱法施工时，应将斜井井筒掘过牛鼻子4m～6m，并将此段井筒及牛鼻子进行砌碹，接着支护吊桥硐室墙部，然后挑顶，进行拱部支护，最后进行井筒上方巷道的掘砌；

2）当采用先拱后墙法施工时，应将斜井井筒上方巷道掘过牛鼻子 4m～6m，并将此段巷道及吊桥硐室拱部进行支护，吊桥硐室边墙应随掘随支，最后进行鼻尖下部井筒掘砌；

3）当采用全断面施工法时，应随掘随喷（或锚喷）混凝土作临时支护，牛鼻子下方斜井井筒掘砌后，再进行井筒上方巷道的掘砌；

4）在永久支护的同时应将各梁窝准确留出或预先埋设好。

3 甩车道、吊桥硐室牛鼻子部位应采用密集浅孔爆破，孔间距不宜超过 300mm，并应隔孔装药，小药量爆破。

5.3 斜井反井施工

5.3.1 斜井反井施工，工作面与井底之间必须设信号装置。电耙出碴或反井提升时，井筒内严禁行人。

5.3.2 斜井反井施工应符合下列规定：

1 风水管、风筒、电缆宜安装在斜井起拱线附近；

2 加强通风、防尘的措施；

3 反井提升不得采用翻转式矿车，矿车与提升钢丝绳应连接牢靠；

4 提升绞车、电耙、耙斗装岩机、导向轮等应固定牢靠。

5.4 斜坡道施工

5.4.1 斜坡道施工中，当装车调头硐室无永久工程可利用时，宜在围岩条件较好地段设置，间距宜为 100m～150m。

5.4.2 无轨斜坡道应设躲避硐室，在曲线段间距不应大于 15m，直线段间距不应大于 30m；硐室高度不应小于1.9m，深度和宽度均不应小于1.0m。躲避硐室应有明显标志。

5.4.3 斜坡道交岔点施工应符合下列规定：

1 宜先将斜坡道掘进超过交岔点4m～8m，再从交岔点起点开始分段刷大；

2 按设计支护型式边刷大边进行支护；

3 对位于Ⅳ、Ⅴ级围岩中的交岔点，刷大时应采取临时支护措施。

5.4.4 斜坡道两侧应开挖排水沟。

5.4.5 斜坡道路面施工时应符合下列规定：

1 位于软土、膨胀土、岩溶区、采空区地段的路基，应根据实际情况进行处治，并应符合国家现行标准《公路路基施工技术规范》JTGF 10的有关规定；

2 路基范围内的集中出水点、侵蚀性地下水应设排水盲沟；

3 采用基岩路基时，欠挖部分应清除；超挖部分应先清除软石和杂物，再用级配碎石或混凝土填补平整，并碾压密实，严禁用细粒土找平。路基的标高、宽度、坡度应符合设计要求；

4 当设计为水泥混凝土路面时，路面铺筑应由下向上（坡）进行，并应符合现行国家标准《水泥混凝土路面施工及验收规范》GBJ 97的有关规定；路面铺筑16h内，应洒水养护，养护时间不宜小于14d；路面混凝土强度达到设计强度40%后方可允许人员通行，达到设计规定强度后方可通行车辆；

5 当设计为沥青混凝土路面时，应设基层；基层的施工应符合国家现行标准《公路路面基层施工技术规范》JTJ 034的有关规定。沥青混凝土路面铺筑应符合现行国家标准《沥青路面施工及验收规范》GB 50092的有关规定；

6 铺筑沥青路面时，应采取加强通风措施。

6 巷道与硐室施工

6.1 一般规定

6.1.1 硐室宜布置在工程地质及水文地质条件良好的地段。

6.1.2 机电设备硐室和存放爆破物品硐室的墙和顶部应无渗水，电缆沟应无积水。当不能满足要求时，应采取防水措施。

6.1.3 用钻爆法贯通对穿、斜交及立交巷道时，应准确测量贯通距离。当两个工作面相距15m时，必须停止一个工作面的掘进作业；爆破前，应在通向两个工作面的巷道中设安全警戒，待两个工作面的作业人员全部撤至安全区域后，方可起爆。

6.1.4 间距小于20m的平行巷道，任一工作面进行爆破前，应通知相邻巷道工作面的作业人员撤至安全区域后方能进行爆破。

6.2 巷道施工

6.2.1 长距离巷道施工应符合下列规定：

1 单轨平巷采用道岔型调车时，宜120m～150m设1个调车场；采用翻框型滑车器调车时，宜50m设1个调车硐室；

2 斜巷宜每隔100m设1个调头装车硐室。

6.2.2 巷道水沟应定期清理，保持排水畅通。下坡掘进时，应采取排水措施。

6.2.3 井底车场在主、副井到位后，应采取措施尽快贯通。

6.2.4 曲线巷道施工应符合下列规定：

1 施工前根据曲线长度、曲率半径进行分段，按分段布设中线和腰线；

2 按分段长度、曲率半径、内外侧加宽值或顶（底）板加高（深）值作施工大样图；

3 测量放线的分段及起点应与施工大样图的分段及起点一致；

4 根据中线、腰线及工作面距分段起点的距离，按施工大样图确定中线左、右边尺寸和腰线上、下尺寸；

5 凿岩时应控制曲线转角角度和方向；

6 当使用有轨装岩设备施工平曲巷道时，轨道应偏向操作阀对侧；

7 轨道应加工成平面弧形或立面弧形，不得加工成折线形。

6.2.5 巷道掘进的机械设备组合，应根据断面大小及运输条件确定。当采用无轨设备运输时，应加强通风并维护好运输道路。

6.2.6 斜巷施工应采用机械装岩，无轨或有轨设备运输，并根据涌水量大小确定排水方案。斜巷下向施工采用有轨设备运输时应符合下列规定：

1 提升容器不得采用翻转式矿车；

2 提升容器与提升钢丝绳的连接应牢靠，并经常进行检查；

3 斜巷与中段巷道之间，宜采用平车场连接方式；

4 在中段巷道与斜巷连接处的对侧，设置提升硐室，其长度按提升容器调车方式确定；当采用道岔调车时，不宜小于15m；

5 斜巷内钢丝绳托辊间距不宜大于10m，变坡处间距宜为4m～5m。

6.2.7 巷道交岔点施工应符合下列规定：

1 交岔点位于Ⅰ、Ⅱ级围岩中，宜采用全断面法施工；位于Ⅲ、Ⅳ级围岩中，宜采用分部法施工；位于Ⅴ级围岩中，应采用导硐法施工；

2 采用分部法和导硐法施工时，应先将变断面巷道支护至距牛鼻子2m左右停下，再将与交岔点相邻的主巷及分巷各支护2m～4m，最后刷大交岔口，并与前后巷道支护连成一体；

3 交岔点牛鼻子部位的炮孔布置，应采用密集炮孔布置，其间距不宜超过300mm，并应隔孔装药，小药量爆破。

6.3 硐室施工

6.3.1 马头门、箕斗装载硐室的施工，应符合下列规定：

1 竖井井筒掘至马头门、箕斗装载硐室上部3m～4m处，应停止井筒掘进，在完成其永久支护后，方可往下施工井筒和马头门（或箕斗装载硐室）；

2 马头门、箕斗装载硐室，宜与井筒同时施工；

3 马头门、箕斗装载硐室位于Ⅲ级及其以上围岩中，宜采用分层法施工；位于Ⅳ、Ⅴ级围岩中，应采用导硐法施工；

4 马头门、箕斗装载硐室，当采用下行分层掘进，反向一次砌碹方法施工时，不论围岩稳定与否，均应采用锚喷作临时支护，喷层厚度不宜小于50mm；

5 马头门、箕斗装载硐室与井筒连接处，应砌筑成整体；

6 井壁有淋水时，应在马头门、箕斗装载硐室上部做截水槽或搭设防水棚。

6.3.2 提升机硐室、破碎机硐室及其他大型硐室的施工，应符合下列规定：

1 采用导硐法施工，宜先拱后墙，再清除岩柱，最后施工设备基础；

2 刷大时宜采用锚喷作临时支护。

6.3.3 防水闸门、排泥仓密闭门硐室的施工，应符合下列规定：

1 硐室设置在节理、裂隙不发育的坚硬稳定的岩层中；

2 防水闸门硐室应设置在直线巷道内；

3 巷道掘至硐室设计位置时，应及时通知建设、设计及监理单位进行现场勘验，对围岩条件作出鉴定；

4 巷道掘进超过防水闸门硐室的距离宜为10m；

5 硐室刷基槽按先两帮，后挑顶，再起底的顺序进行，炮孔眼底不宜布置在硐室轮廓线上，并采用浅孔小药量爆破，欠挖部分应用风镐刷齐；

6 硐室全部掘完，方可砌碹；砌碹前，门框应找平校正、固定牢靠；

7 与防水闸门硐室相连5m内的巷道应与硐室连续浇筑，并按设计预埋注浆管；

8 按设计要求进行壁后注浆，注浆终压为设计压力的1.5倍；

9 防水闸门、排泥密闭门硐室建成后，按设计要求进行抗压试验。

6.3.4 水仓施工中形成的临时通道，在水仓竣工前封堵，不得漏水。

6.3.5 井筒转水站施工，应符合下列规定：

1 转水站的设置应符合下列规定：

1）施工措施转水站宜利用设计已有的巷道、硐室；

2）竖井转水站应靠近吊泵的悬吊位置；斜井转水站应设于排水管线侧；

3）转水站的标高应根据水泵扬程和围岩情况确定。

2 转水站水仓应分隔成两部分，并应进行防渗漏处理。

3 转水站泵房和变配电硐室的规格，应满足设备运行的要求。当两者相连通时，中间应设置隔墙。

4 转水站入口处的高度不宜小于3m，宽度应根据实际需要确定。

5 竖井、斜井转水站自井壁向里支护的长度，不得小于5m。竖井转水站位置应设固定盘。

6 转水站以上的井筒淋、涌水应采取措施导入转水仓。

7 当2个相邻施工井筒共用1个转水站时，其中1个井筒宜用钻孔与转水站水仓相通，钻孔朝转水站方向的倾角不得小于5°，其直径应大于该井筒排水管直径。

6.3.6 硐室设备基础施工应符合下列规定：

1 设备基础施工前，应根据到货设备核对设备基础图；

2 预留螺栓孔的位置应准确，模板盒不得残留在孔内；

3 预埋螺栓的外露螺纹应采取保护措施；

4 采用锚杆基础时，锚杆埋设后应进行抗拔力试验，锚杆抗拔力应符合设计要求。

6.4 锚喷支护监测

6.4.1 采用锚喷作初期支护，应按设计规定的内容进行施工监测。

6.4.2 需多次支护的巷道、硐室，支护时，应将监测点留出，并做好保护。

6.4.3 施工监测应按现行国家标准《锚杆喷射混凝土支护技术规范》GB 50086的有关规定执行。

7 天井与溜井施工

7.1 一般规定

7.1.1 天井、溜井宜布置在坚固、稳定的岩层中，避开破碎带、断层、褶皱、溶洞及节理裂隙发育地带。

7.1.2 天井、溜井施工，应采用导爆管、磁电雷管起爆器起爆，严禁使用普通电雷管起爆。

7.1.3 天井、溜井掘进爆破后，必须通风，工作面必须经安全检查合格后方可进行作业。

7.1.4 天井、溜井施工，当工作台距坠落接触面高度超过2m时，作业人员应系好安全带。

7.1.5 天井、溜井不应采用从上向下的坐炮贯通法施工。

7.1.6 天井、溜井施工时，井上、下应设联络信号。

7.2 垂直天井、溜井施工

7.2.1 垂直天井、溜井施工方法的选择，应根据天井、溜井设计高度、围岩稳固程度、工作条件及施工技术装备情况确定，并应符合下列规定：

1 优先采用反井钻机法施工；

2 当高度小于15m，且围岩为Ⅲ级及其以上时，可采用锚杆悬吊平台法施工；

3 当高度为15m～60m，且围岩为Ⅳ级及其以上时，可采用普通法施工；

4 当井上、下均与巷道相通，高度为15m～200m，围岩为Ⅳ级及其以上时，宜采用吊罐法施工；

5 当高度为30m～150m，且围岩为Ⅳ级及其以上时，可采用爬罐法施工；

6 当高度为15m～60m，且围岩为Ⅲ级及其以上时，可采用深孔分段爆破法施工；

7 当围岩为Ⅴ级时，应采用由上往下的竖井施工方法施工。

7.2.2 天井、溜井采用反井钻机法施工时，宜采用下行导孔、上行扩孔，并应符合下列规定：

1 导孔应一次钻到位；

2 根据岩层条件合理选用钻进参数，钻进时应注意观察转速、进尺和泥浆排碴情况，发现异常及时采取措施；

3 导孔每钻10m，应设稳定器，且每20m测斜1次；

4 当导孔通过软硬互层时，应采用小钻压低转速钻进；

5 发生卡钻时，应立即反向推进，使刀刃脱离岩面；

6 钻孔和扩孔，均应先开水、后开钻；先停钻、后停水；钻进时应连续供水；

7 扩孔直径宜大于800mm，井底岩碴或岩浆应及时清除；

8 扩孔后从上往下逐段刷砌；

9 刷大时，应控制炮孔间距，炮眼深度不宜大于1.5m，并封盖孔口。

7.2.3 高度小于15m的天井、溜井，采用锚杆悬吊平台法施工时（图7.2.3），应符合下列规定：

1 平台由凿岩平台和安全保护平台组成，两平台间距不得大于2m；

2 工作平台吊框制作材料不应小于10[#]槽钢，保护平台吊框制作材料不应小于∟100×8角钢，平台上应铺设50mm厚的木板，并安装稳固；

3 井壁上应悬挂梯子，并用锚杆固定牢靠，梯子距井壁不得小于50mm；

4 锚杆应用直径28mm～35mm圆钢制作，长度宜为0.8m～1.2m，露头为100mm～150mm；

5 锚杆孔应下倾5°～10°，分上、下两层钻设；平台与锚杆应连接牢固。

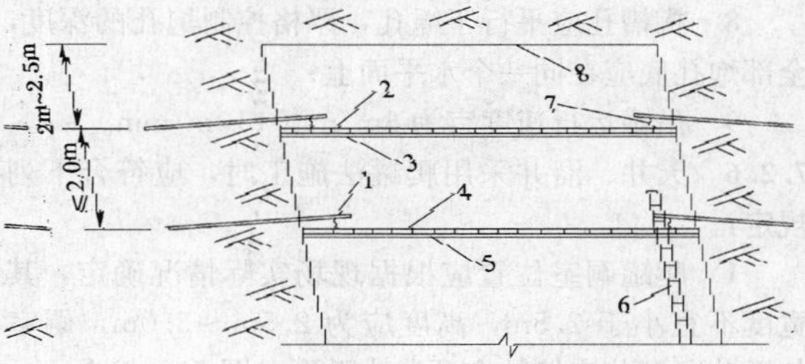

图7.2.3 锚杆悬吊平台法施工天（溜）井

1—锚杆；2—工作平台板；
3—工作平台吊框；4—保护平台板；
5—保护平台吊框；6—梯子；
7—吊绳（铁链或钢绳）；8—工作面

7.2.4 天井、溜井采用普通法施工时，应符合下列规定：

1 天井、溜井应分隔为碴石间、梯子间、提升间，梯子上端头超过平台面的高度不应小于1.0m，梯子宽度不应小于0.4m，梯蹬间距不应大于0.3m；

2 凿岩平台、保护平台必须架设牢固，其间距不应大于2.0m；

3 碴石间不得放空；

4 梯子间、提升间上部的安全棚应架设牢固，与工作面的距离不宜大于5m，安全棚偏向碴石间的倾角应为40°～45°；

5 每次排碴后，碴石面宜比最上一架梯子平台低1.0m；凿岩平台与工作面间的距离宜为2.0m～2.5m；

6 每掘进5m应校核1次中心线；

7 炮孔的深度不宜超过2m，宜采用楔形掏槽，掏槽孔应对准碴石间；

8 采用木井框支护时，木井框与井帮之间，应用背板背严、背实。

7.2.5 天井、溜井采用吊罐法施工时，应符合下列规定：

1 提升机房、停罐水平和吊罐之间，必须装设信号装置；信号线不得设在吊罐钢丝绳孔内；吊罐升降时必须保证通信畅通。

2 吊罐顶部应设有厚度不小于6mm的金属保护盖板；

3 绳孔的偏斜率不得大于0.5%；当天井、溜井的段高超过 60m 时，应增加 1 个辅助孔；

4 升罐或降罐过程中，应注意处理卡帮和浮石；

5 当天井、溜井掘至距上水平 7m 时，每次爆破后应准确测量剩余岩柱的厚度，贯通厚度不应小于 2m。当围岩条件较差时，贯通厚度不应小于 3m；

6 吊罐净高不应小于 2m，作业人员头顶与保护盖板的间距不应小于 100mm；

7 绳孔直径应比绳头连接器大 30mm 以上，辅助孔直径不宜小于 100mm；

8 掏槽孔应平行于绳孔，严格控制炮孔的深度，全部炮孔底应在同一个水平面上；

9 吊罐运行速度宜为 6m/min～10m/min。

7.2.6 天井、溜井采用爬罐法施工时，应符合下列规定：

1 爬罐硐室位置应根据现场实际情况确定，其宽度不宜小于 2.5m，高度应为 2.5m～3.0m，硐室与天井、溜井连接处应开凿成弧形（图 7.2.6）；

2 宜采用锚杆悬吊平台工作法将天井、溜井上掘 6m～8m 后进行导轨和爬罐的安装；

3 导轨安装前，应检查导轨是否变形，若有变形应校正后方可安装；

4 宜采用 0.8m～1.6m 长的涨圈式锚杆，将导轨固定牢靠。导轨顶端距工作面的距离，不得小于 0.9m；

5 掏槽孔应布置在导轨的对侧，靠近导轨的辅助孔应向导轨对侧倾斜；爆破后应检查导轨的牢固程度及方向的准确度，发现问题及时处理；当遇局部松软岩层时，宜用长轨并全部锚固，不宜用米导轨延伸；

6 每掘进 5m 应校核 1 次天井、溜井中心线和导轨方向；

7 爬罐升降过程中，应注意处理浮石或卡罐；

8 爆破前安装气水混合器，爆破后应立即打开阀门，用高压风水排除炮烟；

9 拆除导轨前应将天井、溜井上部的出口封严，天井、溜井顶部及井壁浮石应清理干净。

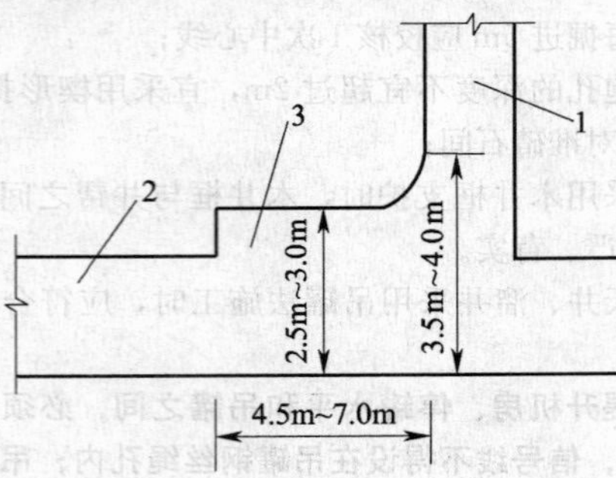

图 7.2.6 爬罐硐室规格

1—天井、溜井；2—巷道；3—爬罐硐室

7.2.7 天井、溜井采用深孔分段爆破法施工时，应符合下列规定：

1 天井、溜井下口宜用浅孔爆破上掘 4m～6m 后，再进行深孔分段爆破；凿岩爆破参数应符合设计要求；

2 炮孔偏斜率不应大于 0.5%；每钻进 10m 应测斜 1 次，超偏的钻孔应堵塞后再重新钻孔，每钻完 1 个孔应测斜和绘制实测图；

3 应作出爆破设计，确定合理的掏槽型式、炮孔间距、炮孔数目、炮孔孔径、装药结构和起爆顺序等。采用中心空孔掏槽时，中心空孔的直径宜为 90mm～200mm，分段爆破的高度宜为 3m～4m，应采用双雷管起爆；当分段爆破的高度大于 3m 时，尚应沿药包全长敷设导爆索；

4 各炮孔的装药高度应保持在同一个水平，炮泥的间隔位置也应在同一水平，未装药段应用炮泥或砂子堵塞。

7.2.8 矿仓施工应符合下列规定：

1 矿仓位于Ⅳ级及其以上围岩中，宜采用反井法施工；

2 矿仓刷大时，宜采用锚喷作临时支护，并有可靠的提升设施；

3 铺设钢轨、耐磨衬板时，应固定牢固，表面应平整。钢轨接头位置应错开。

7.3 分支溜井及溜井底部结构施工

7.3.1 溜井掘进到分支溜井位置时，宜先施工分支溜井，在主溜井与分支溜井交接处，应搭设安全保护平台。

7.3.2 施工分支溜井时，应校核溜井中心线和分支溜井方向、标高，并设中线和腰线。

7.3.3 施工分支溜井时，作业人员应系好安全带，并在分支溜井井壁上安设扶手。

7.3.4 溜井底部结构施工前，应将其上部井壁浮石认真清理干净，并搭设安全保护平台。

7.3.5 溜井底部结构的预埋件应按设计要求施工。底部结构的支护应与下部硐室的永久支护连接为一体。

7.4 倾斜天井、溜井施工

7.4.1 倾斜天井、溜井宜采用爬罐法施工。

7.4.2 倾斜天井、溜井每掘进 5m，应校核 1 次中线和腰线。

8 采切工程施工

8.1 一般规定

8.1.1 采切工程施工前，应熟悉采区地质资料、采矿方法、采场巷道布置及其功能要求等。

8.1.2 采切工程施工方案应根据采区的采切设计进行编制，并确定合理的施工顺序及进度要求。对位于软岩、破碎带的采切工程，应制定相应的支护措施。

8.1.3 地质编录及采样工作应紧跟工作面，以指导探矿和优化采切工程设计。

8.2 采切巷道、切割上山施工

8.2.1 采准巷道施工宜在矿井总负压通风系统形成后进行，并应采取加强通风和防尘的措施。

8.2.2 切割巷道施工，应在采场上、下水平的回风、运输和充填等采准巷道施工完毕后进行。

8.2.3 切割上山施工应符合下列规定：

1 切割上山应结合探矿和采矿方法要求进行施工。当矿体底板界线较明显、规整时，应按中线和腰线及矿体底板与上山底板的相对高差进行施工；当矿体底板不规整或受地质条件限制，应按探矿上山进行施工；当发现矿体尖灭及地质构造变化较大时，应停止施工，并及时与建设、设计、监理单位联系，确定是否采取补充探矿措施；

2 当电耙道距切割上山有一定的控制高度时，应先施工切割上山，后施工电耙道；

3 每次放炮后应及时清碴，严禁翻碴凿岩。

8.3 漏斗川、漏斗施工

8.3.1 漏斗川施工应符合下列规定：

1 漏斗川定位宜待电耙道施工完毕后，按设计要求并结合探矿成果标定；

2 凿岩前，按设计断面在电耙道壁上标出漏斗川的轮廓线；

3 漏斗川应采用光面爆破，其壁、顶、底面应平整，炮孔应布在距边线 100mm～200mm 的设计轮廓线内；

4 设计要求对漏斗川围岩、桃形柱等进行加固时，应先加固后施工；

5 当漏斗川需要支护时，应先备齐材料，及时支护。

8.3.2 漏斗施工应符合下列规定：

1 按电耙道中线、腰线确定漏斗颈位置，并控制好漏斗颈的高度；

2 漏斗井的高度应符合设计要求，当无要求时，其高度应施工至拉底巷道底板；

3 扩漏应在拉底巷道及采矿中深孔完成后进行；

4 扩漏前应在工作面上标出边孔的位置，并在漏斗井口铺设厚度不小于 50mm 的木板；

5 扩漏应采用浅孔小药量爆破；

6 漏斗喇叭口的宽度和坡度应符合设计要求。

8.4 采场天井、溜井施工

8.4.1 采场的短天井、溜井，宜采用锚杆悬吊工作平台法或深孔分段爆破法施工。采场的高天井、溜井施工应符合本规范第 7 章的有关规定。

8.4.2 采场天井、溜井施工时，应符合下列规定：

1 相距 30m 以内同时施工的天井、溜井，应错开爆破时间并设警戒。任一工作面进行爆破前，应通知相邻工作面的作业人员撤至安全区域后，方能起爆；

2 天井、溜井施工距上水平巷道小于 7m 时，应在贯通位置设明显标志，爆破时设警戒哨。贯通距离不应小于 2m，若围岩条件较差，则不应小于 3m。

8.4.3 兼有探矿性质的天井、溜井，施工高度应符合设计要求，并宜超出矿体顶、底板 1m。

9 永久支护工程施工

9.1 一 般 规 定

9.1.1 永久支护采用锚喷支护时，除执行现行国家标准《锚杆喷射混凝土支护技术规范》GB 50086 的有关规定外，尚应符合本规范的规定。

9.1.2 原材料进场前，应对所选原材料取样，进行分析试验，确定合格后，方能组织原材料进场。

9.1.3 混凝土中掺用外加剂的品种、掺量，使用前应根据对混凝土的性能要求、施工及气候条件、混凝土原材料、配合比等因素经试验确定，并应符合现行国家标准《混凝土外加剂应用技术规范》GB 50119 的有关规定；当采用碱性外加剂时，不得使用含有活性二氧化硅的骨料。

9.1.4 混凝土用水泥，宜采用普通硅酸盐水泥、硅酸盐水泥，亦可采用矿渣硅酸盐水泥、火山灰质硅酸盐水泥。拌制锚杆砂浆的水泥，宜采用硅酸盐水泥、普通硅酸盐水泥。有下列情况之一时，宜采用矿渣硅酸盐水泥或火山灰质硅酸盐水泥：

1 大体积混凝土；

2 常处于水中或水位升降范围内的混凝土；

3 硫酸盐类侵蚀混凝土。

9.1.5 根据井巷特性要求及其适用性，支护用水泥可按表 9.1.5 采用。

9.1.6 位于软岩、膨胀岩层或受动压影响的井巷工程，宜采用锚喷支护或分期支护。

9.1.7 钢筋混凝土保护层厚度应符合设计要求。

9.1.8 混凝土应按国家现行标准《普通混凝土配合比设计规程》JGJ 55 的有关规定，根据混凝土强度等级、耐久性和工作性能等要求进行配合比设计。现场拌制混凝土前，应测定砂、石含水率并根据测试结果调整材料用量，确定施工配合比。

表 9.1.5 支护用水泥

混凝土工程特性	适用工程	优先使用	可使用	不得使用
有快硬要求的混凝土	支护需较快承受井巷顶侧压时	硅酸盐水泥	普通水泥	矿渣水泥 火山灰水泥
有抗渗性要求的混凝土	井下变电硐室、炸药库、卷扬机硐室等要求不渗水硐室	普通水泥 火山灰水泥	—	矿渣水泥
有耐磨性要求的混凝土	自行式设备路面、人行通道地坪	硅酸盐水泥 普通水泥	矿渣水泥	火山灰水泥
有抗腐蚀性要求的混凝土	井下水内含超量侵蚀性硫酸盐及碳酸盐	铝酸盐水泥	矿渣水泥 火山灰水泥	硅酸盐水泥普通水泥

9.1.9 混凝土最大水灰比、最小水泥用量、最大水泥用量应符合表 9.1.9 的规定。

表 9.1.9 混凝土最大水灰比、最小水泥用量、最大水泥用量

<table>
<tr><th rowspan="2">混凝土种类</th><th rowspan="2" colspan="2">所处环境及要求</th><th colspan="2">最大水灰比</th><th colspan="2">最小水泥用量（kg/m³）</th><th rowspan="2">最大水泥用量（kg/m³）</th></tr>
<tr><th>素混凝土</th><th>钢筋混凝土</th><th>素混凝土</th><th>钢筋混凝土</th></tr>
<tr><td rowspan="2">普通混凝土</td><td colspan="2">干燥环境</td><td>不作规定</td><td>0.65</td><td>200</td><td>260</td><td rowspan="8">550</td></tr>
<tr><td colspan="2">潮湿环境</td><td>0.70</td><td>0.60</td><td>225</td><td>280</td></tr>
<tr><td rowspan="6">抗渗混凝土</td><td rowspan="2">抗渗等级P6</td><td>C20～C30</td><td colspan="2">0.60</td><td colspan="2" rowspan="6">320</td></tr>
<tr><td>>C30</td><td colspan="2">0.55</td></tr>
<tr><td rowspan="2">抗渗等级P8～P12</td><td>C20～C30</td><td colspan="2">0.55</td></tr>
<tr><td>>C30</td><td colspan="2">0.50</td></tr>
<tr><td rowspan="2">抗渗等级>P12</td><td>C20～C30</td><td colspan="2">0.50</td></tr>
<tr><td>>C30</td><td colspan="2">0.45</td></tr>
<tr><td>高强混凝土</td><td colspan="2">—</td><td colspan="2">0.43</td><td colspan="2">320</td><td rowspan="2">550</td></tr>
<tr><td>泵送混凝土</td><td colspan="2">—</td><td colspan="2">0.60</td><td colspan="2">300</td></tr>
</table>

注：1 最小水泥用量包括矿物掺合料用量；

2 最大水泥用量不含矿物掺合料用量，高强混凝土掺矿物掺合料时为 600kg/m³；

3 配制 C15 及其以下等级的混凝土时，可不受本表限制；

4 当采用人工捣固时，最小水泥用量应增加 25kg/m³。

9.1.10 采用砌碹、喷射混凝土作永久支护时，应进行混凝土、喷射混凝土抗压强度试验。采用砂浆锚杆、砌体支护时，应进行砂浆强度、砌体抗压强度试验，并应符合下列规定：

1 混凝土、喷射混凝土强度检验方法应按本规范附录 B 的规定执行；

2 喷射混凝土抗压强度标准试件制作方法应按本规范附录 C 的规定执行；

3 当试块资料不全或判定质量有异议时，宜采用超声检测法复测，若强度低于设计强度等级时，应查明原因，并采取相应措施。

9.2 混凝土搅拌、运输

9.2.1 混凝土原材料应按施工配合比每盘称重计量。

9.2.2 混凝土搅拌的最短时间应符合表 9.2.2 的规定。

表 9.2.2 混凝土搅拌的最短时间（s）

混凝土坍落度（mm）	搅拌机型	搅拌机出料量（L）		
		<250	250～500	>500
≤40	强制式	60	90	120
	自落式	90	120	150
>40 且<100	强制式	60	60	90
	自落式	90	90	120
≥100	强制式	60	60	60
	自落式	90	90	90

注：1 混凝土搅拌的最短时间系指全部材料装入搅拌筒中起，到开始卸料止的时间；

2 当掺有外加剂与矿物掺合料时，搅拌时间应适当延长；

3 当采用其他形式的搅拌设备时，搅拌的最短时间应按设备说明书的规定或经试验确定；

4 冬期混凝土搅拌最短时间应延长 0.5 倍。

9.2.3 冬期浇筑的井口、硐口混凝土宜使用无氯盐类防冻剂。具有抗冻要求的混凝土，宜采用减水剂或引气剂，其所用原材料及配合比应符合国家现行标准《普通混凝土配合比设计规程》JGJ 55 的有关规定。

9.2.4 冬期搅拌混凝土时，应优先采用加热水的方法，并应符合下列规定：

1 水泥不得直接加热，并宜在使用前存入暖棚内；

2 水及骨料加热的最高温度应符合表 9.2.4 的规定。

9.2.5 冬期混凝土拌合料的出机温度不宜低于 10℃，入模温度不得低于 5℃。

9.2.6 混凝土应采用机械搅拌。当现场混凝土量较小，且不具备机械搅拌条件时，可采用人工搅拌。人工搅拌时应采用“三・三搅拌法”将混凝土搅拌均匀。

表 9.2.4 冬期拌合水及骨料加热最高温度（℃）

混凝土用水泥	拌合水	骨料	备　注
42.5 普通水泥、矿渣水泥	100	不加热	水泥不能与80℃以上的水直接接触，投料顺序为先投入骨料和水，再投入水泥
	80	60	
52.5 普通水泥	100	不加热	
	60	40	

9.2.7 采用输料管输送竖井混凝土时，应符合下列规定：

1 混凝土坍落度宜为 100mm～150mm，混凝土中宜加减水剂；

2 粗骨料粒径不得大于 40mm；

3 输料管径宜为 150mm，管路悬吊应垂直，其末端应设缓冲器；

4 输送混凝土前，应先送少量砂浆，再送混凝土拌合料，混凝土输送间隔时间不宜超过 15min，结束时应冲洗管路；

5 输送混凝土时，井上、下通信系统应畅通。

9.2.8 混凝土运输应符合下列规定：

1 当用汽车、矿车运输混凝土时，车厢内壁应光洁，不漏浆，粘附的残渣应清除干净；

2 当运输距离较远，多段倒运且时间较长时，应将搅拌机设置于浇筑地点附近，进行现场搅拌；当不具现场搅拌条件时，应采取下列措施：

1）在混凝土拌合料中掺缓凝剂；

2）在搅拌站拌制混凝土干料，运至浇筑地点，再加水进行人工搅拌；

3）运输混凝土干料的汽车、矿车厢内壁应干燥无水分，并用防水布覆盖。

9.2.9 混凝土拌合料运至浇筑地点，应符合规定的坍落度。当有离析现象时，应进行二次搅拌后方能入模。

9.2.10 采用输送泵泵送混凝土时，应符合下列规定：

1 混凝土的供给，应保证输送泵能连续工作；

2 输送管线宜直，转弯宜缓，接头应严密；

3 泵送前应先用适量与混凝土内除粗骨料外的其他成分相同配合比的水泥砂浆或水泥浆润滑输送管内壁；

4 在泵送过程中，受料斗内应有足够的混凝土，以防止混入空气，产生阻塞；

5 预计泵送间歇时间超过 45min 或当混凝土出现离析现象时，应立即用压风或压力水冲洗管内残留的混凝土。

9.2.11 搅拌站与浇筑地点之间，应保持通信畅通，合理确定混凝土拌合量。

9.3 钢筋制作、安装

9.3.1 钢筋加工的形状、尺寸应符合设计要求。

9.3.2 混凝土中的钢筋连接，宜采用绑扎搭接；当受拉钢筋直径大于 25mm、受压钢筋直径大于 28mm 的钢筋，应采用焊接或机械连接。采用焊接或机械连接时，相邻钢筋的接头位置应错开 35 倍的钢筋直径，且不小于 500mm。

9.3.3 钢筋绑扎应符合下列规定：

1 宜用 20#、22# 铁丝或镀锌铁丝绑扎；

2 钢筋搭接处应在接头中间和两端绑扎；

3 单向受力钢筋的交叉点可相互交错绑扎，但应保证受力钢筋不位移；双向受力钢筋应全部绑扎；

4 双层钢筋之间应设支撑筋，钢筋间距应符合设计要求；

5 钢筋绑扎接头最小搭接长度应符合设计要求，当设计无具体要求时，可按表 9.3.3 采用；

6 相邻钢筋的绑扎接头应错开 1.3 倍的钢筋搭接长度。

表 9.3.3 钢筋绑扎接头最小搭接长度

钢筋等级	钢筋受力形式	混凝土强度等级			
		C15	C20～C25	C30～C35	≥C40
HPB300	受拉钢筋	$45d$	$35d$	$30d$	$25d$
	受压钢筋	$31.5d$	$24.5d$	$21d$	$17.5d$
HRB335	受拉钢筋	$55d$	$45d$	$35d$	$30d$
	受压钢筋	$38.5d$	$31.5d$	$24.5d$	$21d$
HRB400 RRB400	受拉钢筋	—	$55d$	$40d$	$35d$
	受压钢筋	—	$38.5d$	$28d$	$24.5d$

注：1 d 为钢筋公称直径；

2 任何情况下，受拉钢筋的绑扎搭接长度不应小于 300mm，受压钢筋的绑扎搭接长度不应小于 200mm；

3 两根不同直径钢筋的搭接长度，以较细钢筋的直径计算。

9.4 立　模

9.4.1 立柱、碹胎、模板应具有足够的承载能力、刚度和稳定性，并装拆方便，便于绑扎钢筋、浇筑和养护。

9.4.2 立模前，临时支架应先拆除。地压较大地段的临时支护采用套箱支架时，允许把套箱支架浇筑在混凝土内，但应保证混凝土的厚度符合设计要求，否则应采取加固措施。

9.4.3 立模前，应完成下列工作：

1 检查掘进断面，若有欠挖应及时处理；

2 检查中、腰线或标高线，若有偏差应及时纠正；

3 竖井自掘进工作面开始浇筑混凝土，应将工作面留下的碴石整平，留出水窝，并沿周边修整成斜口，铺上50mm厚的砂；

4 竖井从高空开始浇筑混凝土，应用井帮托钩架设托盘；

5 立柱的横撑、碹胎下弦不得用作工作台；

6 立柱、碹胎安装应固定牢靠，并预留比设计大20mm～30mm的压缩值。

9.4.4 模板组装，应符合下列规定：

1 模板面到中线或腰线的距离应比设计尺寸大20mm～30mm；

2 墙板上、下端面应平整并符合设计坡度；

3 模板表面应光滑、平整，板缝应严密，不漏浆；

4 模板应涂隔离剂；

5 对重复使用的模板应进行检修和整形；

6 模板应固定牢固。

9.4.5 平、斜巷道曲线段立模时，应按曲线大样图控制好折线处中线左、右边尺寸。宜先按里外弧长相等立2m～4m模，再用1组里外弧长不等的模将曲线内外弧长偏差1次纠正，如此循环进行。

9.5 支 护

9.5.1 砂浆锚杆宜采用先注后锚式，砂浆强度等级应符合设计要求，当设计无具体要求时，应不低于M20。

9.5.2 浇筑混凝土前，应对基槽进行检查，基槽内不得有浮碴、积水或流水。

9.5.3 混凝土浇筑方式的选择，应符合下列规定：

1 竖井井筒及与井筒相连的马头门、箕斗装载硐室、转水站，宜采用溜灰管浇筑，或采用底卸式吊桶配混凝土分配器浇筑；

2 斜井、斜坡道、巷道及其他硐室，宜采用输送泵浇筑；

3 与上部通道相通的天井、溜井，宜采用溜灰管浇筑；

4 竖井反井段以及上部无通道的天井、溜井，宜采用输送泵浇筑。

9.5.4 输送泵宜靠近浇筑地点布设，输料管不得架设在模板支架及碹胎上。泵送混凝土，应符合国家现行标准《混凝土泵送施工技术规程》JGJ/T 10的有关规定。

9.5.5 当不具备输送泵浇筑条件而采用人工浇筑时，混凝土中宜掺缓凝剂。

9.5.6 混凝土自高处倾落的自由高度，不应超过2m，否则应采取相应措施。浇筑混凝土时，应分层对称进行，并采用机械振捣。分层厚度应符合下列规定：

1 插入式振捣时，不得大于400mm；

2 平板振捣时，不得大于200mm；

3 采用滑动模板时，应根据混凝土脱模强度，结合滑升时限、次数的要求进行确定，不宜大于200mm，滑升间隔时间不宜超过0.5h。

9.5.7 机械振捣混凝土应符合下列规定：

1 每一振点的振捣延续时间，应使混凝土表面呈现浮浆和不再沉落；

2 当采用插入振捣器时，移动间距不宜大于振捣器作用半径的1.5倍；振捣器与模板的距离，不应大于其作用半径的0.5倍，并应避免碰撞钢筋、模板、预埋件等；振捣器插入下层混凝土内的深度应不小于50mm，但不得插入已凝固的下层混凝土内；

3 当采用平板振捣器时，其移动间距应保证振捣器的平板能覆盖已振实部分的边缘；

4 当采用附着式振动器时，其设置间距应通过试验确定，并应与模板紧密连接。

9.5.8 每次浇筑混凝土应连续进行，间隔时间不得超过混凝土的终凝时间。需要留置混凝土施工缝的，其位置设置应符合下列规定：

1 横向施工缝应与井筒、巷道中心线垂直；

2 纵向施工缝只能留在巷道墙部且不得位于墙拱交接处；竖井、垂直的天井及溜井不得留置纵向施工缝；

3 当有防水要求时，施工缝处应设止水带；

4 承受动力作用的设备基础，不应留置施工缝；当必须留置时，应征得设计单位同意。

9.5.9 在施工缝处继续浇筑混凝土时，应符合下列规定：

1 已浇筑的混凝土，其抗压强度不应低于1.2MPa；

2 已硬化的混凝土表面应凿毛，用水冲洗干净并充分湿润，但不得有积水；

3 在浇筑混凝土前，宜先在施工缝处铺一层水泥浆或10mm～15mm厚与混凝土内除粗骨料外的其他成分相同配合比的水泥砂浆；

4 混凝土应仔细捣实，使新旧混凝土紧密结合。

9.5.10 混凝土浇筑过程中，应经常观察模板、支架（含立柱、横梁、卧撑、碹胎等）、钢筋、预埋件和预留孔洞的情况，当发现有变形、移位时，应及时采取措施处理。

9.5.11 竖井井壁接茬宜采用斜口接茬法，在含水裂隙部位浇筑混凝土时，应采取导水措施。接茬应密实，表面平整。条件许可时，宜采用喷射混凝土接茬。

9.5.12 竖井、天井及溜井的壁后充填，应用同强度等级混凝土充填密实，必要时打锚杆加固。

9.5.13 斜井、斜坡道、巷道、硐室的壁后充填，应符合下列规定：

1 墙部空帮宜用毛石或毛石混凝土充填密实；

2 拱部空顶的充填应符合下列规定：

1）当不超过0.5m时，宜采用毛石充填密实；

2）当大于0.5m且不超过2m时，应采用同强度等级毛石混凝土浇筑0.5m，其余空间用毛石、木垛或其他材料充填接顶；

3）当大于2m时，应采用同强度等级毛石混凝土浇筑0.8m，其余空间用毛石、木垛或其他材料充填，充填高度应符合经批准的专项方案中确定的高度。

9.5.14 后期支护时间，应按设计要求及前期支护体变形的施工监测数据确定。

9.5.15 架设永久支架时，应符合下列规定：

1 支架应按中、腰线架设并符合设计要求；

2 支架两帮及顶部应用背板背紧牢固，不得使用风化岩石或矿石作充填物；

3 支架立柱应落在巷道底板以下50mm～150mm的实底上；有水沟的巷道，立柱底部应低于水沟底板50mm～150mm；

4 支架间应设拉杆或撑杆固定；

5 斜井、斜巷架设永久支架时，还应符合下列规定：

1）支架应有3°～5°迎山角，支架间应有上、下撑和拉杆；

2）支架不得后仰；

3）倾角大于20°时，应增设底撑；

4）倾角大于30°时，支架应增设底撑、底梁，并在每段下部设置基框或承木。

6 支架间距应符合设计要求。当围岩压力较大时，应调整支架间距。

9.5.16 有底鼓的巷道，应采取混凝土底拱、底部锚杆或设置底梁等措施，并应符合下列规定：

1 混凝土墙或支架立柱，应落在底拱或底梁上；

2 浇筑底拱或底部打锚杆前，应将碴石清理干净至实底，坑内积水应排除；

3 当施工条件不允许浇筑底拱时，可先浇筑墙、拱。浇筑墙时，应在墙基部留出不小于100mm的倒台阶和接茬钢筋；

4 混凝土底拱浇筑后应经养护达到规定强度，方可通行车辆。

9.5.17 永久支架宜采用金属支架、钢筋混凝土预制支架，背板宜用钢筋混凝土预制板。

9.5.18 永久支架宜用混凝土或片石混凝土护腿，护腿高度从轨面上起1m为宜。

9.6 养护、拆模

9.6.1 混凝土浇筑后12h内，应开始浇水养护，养护时间不小于7d。当空气湿度达90%以上时，可自然养护。

9.6.2 对大体积混凝土的养护，除浇水养护外，应采取控温措施，并测定混凝土内部和表面的温度，其温差不应超过25℃。

9.6.3 当环境平均气温低于5℃时，不得浇水养护，并应采取保温措施。

9.6.4 冬期浇筑的混凝土养护应符合下列规定：

1 混凝土浇筑后应采取冬期施工措施，并应及时采取气温突然下降的防冻措施；

2 混凝土在受冻前，混凝土的抗压强度不得低于下列规定：

1）普通水泥配制的混凝土，为设计强度等级的30%；

2）矿渣水泥配制的混凝土，为设计强度等级的40%。

9.6.5 斜井、斜坡道、巷道和硐室的混凝土强度达到设计值的70%时，方可拆模。

9.6.6 竖井、天井、溜井拆模时，混凝土强度应达到下列要求：

1 采用滑升模板时，应为0.05MPa～0.25MPa；

2 采取短段掘砌时，应为0.7MPa～1.0MPa；

3 采用其他模板时，不得小于1.0MPa。

9.6.7 竖井、天井及溜井拆模时，应由上往下拆除。拆除的模板、碹胎、支架等应捆绑牢固，及时提升到井口或运到平巷处，不得集中堆放于吊盘上。斜井、斜坡道、巷道及硐室拆模时，应先拆除碹胎、拱模板，再拆除墙部立柱、模板。

9.6.8 拆除的支架、碹胎、模板、立柱、撑木等应清理修整，分类堆放整齐，并不得妨碍其他作业。

9.7 试件制作

9.7.1 砌碹混凝土试件的制作，应符合下列规定：

1 试件规格为边长150mm的正方体金属模，在浇筑混凝土时，现场随机从同一盘或同一车中取样，每组3块；

2 试件用人工插捣时，混凝土拌合物应分两次入模，用棒长600mm、直径16mm、端部打磨成圆弧形的金属棒，按螺旋方向从周边向中心均匀插捣，每层25次，用力应均匀；

3 插捣完后刮除多余的混凝土，并用抹刀抹平。

9.7.2 砌碹混凝土试件在浇筑现场制作，养护24h脱模，移至温度为20℃±5℃和相对湿度90%的潮湿环境或水中的标准条件下养护。

9.7.3 试件养护28d进行试压，检测其抗压强度并出具试验报告。

9.7.4 为指导施工，可分别试压3d、7d的混凝土强度。

9.7.5 每次砌碹时混凝土的试件组数不得少于1组，并应符合下列规定：

1 竖井、天井、溜井每浇筑20m～30m或20m以下独立工程，斜井、斜坡道、巷道每浇筑20m～

30m或30m以下独立工程，不得少于1组；

2 硐室浇筑30m^3以下不少于1组，30m^3～90m^3不少于2组，90m^3以上每增加50m^3至少增加1组；

3 设备基础、地坪、道床、水沟每浇筑100m^3或不足100m^3不少于2组；

4 每个井颈、壁座不少于2组；

5 每个马头门、交岔点不少于2组；

6 材料或配合比变更时，另取1组；

7 试件代表的支护工程量应与实际相符，并连续不得间断；

8 拆模、检验配合比的试件组数应按施工组织设计的规定执行。

9.7.6 混凝土强度的评定，应按现行国家标准《混凝土强度检验评定标准》GB/T 50107的有关规定执行。

10 防水与治水工程施工

10.1 一 般 规 定

10.1.1 当掘进工作面遇有下列情况之一时，必须先探水后掘进：

1 接近溶洞、水量大的含水层；

2 接近可能与地表水体或地下水系、含水层等相通的断层、裂隙；

3 接近被淹井巷、老窿；

4 接近水文地质复杂地段；

5 接近隔离矿柱；

6 掘进工作面或其他地段发现有突水预兆。

10.1.2 在接近含水层或可疑地段，应根据工程地质、水文地质和施工技术装备条件，选择钻探、物探或化探进行探水。并采取查、探、堵、排的综合治理方法进行防水与治水。经技术经济方案比较，编制探放水工程设计、注浆工程设计。

10.1.3 地下水的防治方法，应根据地下水的充水性和富水性，以及对井巷工程施工的影响程度和矿井总体排水方案，采取下列方法：

1 对补给通道不大，容易构筑防水帷幕的强含水层，可采用帷幕注浆堵水；

2 对与地表水相通的地下水，可采用地面预注浆、改道引流堵水；

3 对直接向井巷充水的含水层，可采用疏放降压排水或注浆堵水；

4 井巷工程穿过有突水危险的地区，可采用设置防水闸门，钻探探水或预留防水隔离岩防水；

5 在水文地质条件不清的地区施工井巷工程时，可采取短段探、注、掘方式防治水；

6 对直通井巷的出水裂隙，可采用后注浆堵水；

7 对导水断层、裂隙等潜在突水点，应在揭露前采用钻探查清含水层位置，并用预注浆堵水；

8 井巷掘进中遇到涌水冒砂时，应采取水砂分离的防治方法，先堵住冒砂，再注浆固砂、止水；

9 对含水破碎带、含水砂层，可采用预注浆固结、堵水；

10 对已支护工程，可采用后注浆堵水；

11 对老窿、溶洞积水可采用钻孔疏放降压排水。

10.1.4 通过单层涌水量大于10m^3/h的含水层，或有0.5m^3/h以上的集中出水点，竖井井筒应采用注浆堵水，斜井、巷道的防治水方法可根据实际情况确定。

10.1.5 注浆钻孔应按设计施工。地面预注浆和工作面预注浆钻孔每隔20m～30m应测斜一次，钻孔偏斜率应符合下列规定：

1 孔深小于200m时，不得大于0.5%；

2 孔深200m～400m时，不得大于0.8%；

3 孔深大于400m时，不得大于1.0%。

10.1.6 注浆前的准备工作，应符合下列规定：

1 成孔后用清水冲洗钻孔，直至返清为止。当裂隙小，冲孔效果不好时，应采用抽水洗孔；

2 对注浆管路系统进行水压试验，压力应为注浆终压的1.2倍～1.5倍，持续时间不少于15min；

3 安设止浆装置及连接孔口管路；

4 对钻孔进行压水试验，检查止浆塞（或止浆垫、孔口管）的密封效果，测量钻孔吸水量；

5 备齐注浆材料，确定浆液品种、配合比及浓度。

10.1.7 工作面预注浆，应先安装孔口管，并用不小于1.2倍注浆终压进行压力试验，孔口管应不松动、不顶出。

10.1.8 浆液起始浓度、注入量及单、双液的使用界线，应根据钻孔吸水量确定，并应符合下列规定：

1 浆液起始浓度及注入量应符合表10.1.8的规定；

表10.1.8 浆液起始浓度及注入量

钻孔吸水量（L/min·m）	水泥浆液		水泥-水玻璃浆液体积比
	水灰比	浆液注入量（m^3/m）	
1.5	4.00：1.00	1.0	1.0：1.0～1.0：0.4
3.0	2.00：1.00	1.0	
5.0	1.50：1.00	1.5	
7.0	1.25：1.00	1.5～2.0	
8.0	1.25：1.00	1.5～2.0	
9.0	1.00：1.00	1.5～2.0	
11.0	0.80：1.00	3.0	
13.0	0.80：1.00	4.0	
＞15.0	0.60：1.00	5.0	

2　当钻孔吸水量等于或小于7L/min·m时，宜采用单液注浆；当钻孔吸水量大于7L/min·m时，宜采用双液注浆；

3　每次注浆时，浆液浓度为先稀后浓。

10.1.9　注浆应符合下列规定：

1　当连续单液注浆30min（双液注浆20min）压力不升，吸浆量不减时，应提高浆液浓度；

2　当发现压力骤然上升或浆液耗量突增，应停止注浆，查明原因，处理后再恢复注浆；

3　若压力上升快、减量也快时，应依次降低浓度；

4　每更换一次浆液浓度，注浆应持续20min；

5　当单液吸入量接近预计总量的40%～50%，其压力不升、吸浆量不减时，可采用低压、间歇注浆方法达到注浆终压；

6　当注浆中断时间超过浆液凝胶时间时，应在浆液凝胶前把浆液从管路系统中排出，并用清水将管路系统冲洗干净；

7　结束注浆时，应用清水冲洗注浆设备及管路，清理现场；

8　认真做好各项记录和签证工作。

10.2　探、放水施工

10.2.1　钻探探水前，应做好下列准备工作：

1　收集必要的工程地质及水文地质资料；

2　检查探水钻孔附近巷道的稳定性；

3　核定排水能力，做好排水准备工作；

4　在有突然大量涌水的地区探水，应先做好防水闸门；

5　确定并熟悉避灾路线，沿途要保持良好的通风和照明条件；

6　制定探水安全技术措施和应急救援预案。

10.2.2　钻孔探水时，钻孔的位置、方向、数目、每次钻进深度、探孔超前距、探孔帮距等，应根据水压大小，岩层硬度、厚度和节理发育程度，在探放水工程设计中具体规定，并应符合下列规定：

1　探水钻孔数目不得少于4个，采用深孔与浅孔混合探水时，深孔数不宜少于2个；钻孔直径宜为42mm，最大不宜超过75mm；

2　中心钻孔的方向应与井巷中心线平行，其余钻孔应与井巷中心线成30°～40°夹角；

3　探水方式、探孔超前距、探孔帮距应符合探水设计规定。

10.2.3　在探、放水钻孔施工前，必须考虑邻近井巷的作业安全，并应预先布置避灾路线，必要时设置防水闸门。

10.2.4　根据水文地质资料，在静水压力大于1.6MPa的地区探水钻进前，必须先安装孔口管、三通、阀门、水压表等，采取防止孔口管和岩壁突然鼓出的措施，并用1.2倍静水压力进行压水试验，合格后方可钻孔探水。当钻孔内水压过大时，尚应采用反压和防喷装置钻进。

10.2.5　探放水钻孔的钻进，应符合下列规定：

1　应根据探放水工程设计布孔；

2　应测定钻孔的方向、倾角，并标注在井巷平面图上；

3　钻进中应根据地质剖面图、钻孔位置、水质、气体化验结果进行综合分析，预计透水时间，并加强防护工作。

10.2.6　深孔探水，孔口管的施工应符合下列规定：

1　应先用大孔径（ϕ150mm～ϕ180mm）钻进，达到安装孔口管要求的深度；

2　放入孔口管（ϕ89mm～ϕ127mm），用早强混凝土封堵孔口；

3　向钻孔内注浆锚固孔口管；

4　扫孔，继续钻进3m～8m，安装阀门、三通、水压表；

5　用1.2倍静水压力压水试验，孔口管不松动，不顶出。

10.2.7　钻孔探放溶洞、老窿积水时，钻机、钻具应有防冲击措施，并采取检查和防护有害、易燃气体的措施。钻孔穿透积水区后，应根据实情确定放水孔数。放水过程中应测定水压并对放水情况和放水量做出记录。

10.2.8　距含水层较近的巷道掘进，应沿探孔中心线方向保持设计探孔超前距和探孔帮距，采用浅孔爆破，多打眼，少装药，永久支护应跟上工作面。

10.3　注浆材料

10.3.1　注浆材料选择，应根据工程地质及水文地质条件、注浆目的、工艺、设备和经济因素确定，并应符合下列规定：

1　性能稳定，可注性好；

2　材料来源丰富，价格低廉；

3　浆液凝胶时间可调节，并能准确控制；

4　固化时无收缩，结石率高；

5　固化后与岩石、混凝土、砂子等有一定的粘结力，结石体有一定抗压、抗拉强度和抗渗性好、耐老化；

6　无毒无嗅，对人体无害，对环境污染少；

7　浆液配制方便，工艺简单。

10.3.2　常用注浆材料的渗透能力、渗透系数、浆液的组成、性能等应符合本规范附录D的规定。

10.4　地面预注浆施工

10.4.1　有下列情况之一，宜采用地面预注浆：

1　竖井井筒含水层、含水砂层距地表小于700m，其层数多，层间距又不大时；

2 斜井井筒、巷道含水层或含水砂层、破碎带距地表小于50m时。

10.4.2 以堵水为主的基岩含水层，宜优先采用综合注浆法，注浆材料采用CL-C型粘土水泥浆。当遇有溶洞、断层或破碎带时，可先灌注中粗砂、砾石等惰性材料，再进行注浆。

10.4.3 注浆孔的数目，应根据试验确定的扩散半径计算确定。竖井注浆孔可布置在井筒内或距井筒外径1.5m的圆周上。斜井、巷道注浆孔应沿井筒、巷道中心或距斜井、巷道壁面1.5m处布置。

10.4.4 注浆孔的深度，应超过所注含水层底板以下10m。

10.4.5 注浆段高应根据注浆深度、岩层裂隙及含水条件划分，并应符合下列规定：

1 裂隙性相同的岩层宜划分在同一段高内，不同裂隙岩层不宜划在同一段高；

2 段高应与注浆泵量相适应；

3 涌水量大，裂隙较宽时，段高宜小，反之宜大；

4 最先施工的孔，段高宜小，后施工的孔，段高宜逐渐增大；

5 注浆段高应符合表10.4.5的规定。

表10.4.5 注浆段高

裂隙等级	裂隙宽度（mm）	水泥类注浆		综合法CL-C类注浆段高（m）
		初注段高（m）	复注段高（m）	
微细裂隙	<0.3	40～60	80～120	>100
细裂隙	0.3～3.0	30～40	50～100	60～100
中裂隙	3.0～6.0	20～30	40～50	40～60
大裂隙	6.0～13.0	10～20	30	20～50
破碎地层	>13.0	4～10	20	10～30

10.4.6 采用止浆塞分段注浆，应符合下列规定：

1 宜用分段下行式，每个孔由上向下分段注浆，终孔后由下而上分段复注；

2 当岩层稳定且垂直节理不发育，并在含水层中间有隔水层时，宜用分段上行式，注浆孔一次钻至全深，每孔由下往上分段注浆；

3 当井筒较深、地质构造复杂，过断层、破碎带时，宜采用混合式注浆。

10.4.7 注浆孔施工顺序，应按间隔孔分组，按组数顺序施工。

10.4.8 在粒径大于0.5mm的粗砂层中注浆，宜采用水泥类浆液；在粒径0.05mm～0.50mm的中、细砂层中注浆，宜采用化学类浆液。

10.4.9 地面预注浆，检查孔布置及注浆结束标准，应符合下列规定：

1 采用注浆孔兼检查孔，不另打检查孔；检查孔的检查段序及段高应与注浆孔注浆段序、段高一致；

2 第1组第1孔为注浆前检查孔，第2组最后孔为注浆终检孔；

3 采用单液水泥注浆，当注入量为50L/min～60L/min及注浆压力达到终压时，继续以同样压力注入较稀浆液20min～30min后，可结束该孔段注浆；

4 采用水泥—水玻璃双液注浆，当注入量为100L/min～120L/min及注浆压力达到终压时，稳定10min，可结束该孔段注浆；

5 根据注浆终检孔压水试验计算的井筒掘进时最大涌水量，应符合设计要求。

10.5 竖井工作面预注浆施工

10.5.1 竖井井筒穿过的含水层厚度不大，埋藏较深，或含水层间距较大，中间有良好隔水层时，宜采用工作面预注浆。

10.5.2 井筒掘进至含水层10m时，应对被注含水层钻超前检查孔，核实含水层实际厚度、水量和水压。

10.5.3 工作面预注浆应符合下列规定：

1 应在距被注含水层一定距离，预留止浆岩帽；

2 工作面岩层破碎，不具备预留条件时，应采用强度等级不低于C25的混凝土砌筑人工止浆垫，止浆垫宜与井壁一同浇筑；

3 工作面有涌水时，应铺设0.5m～1.0m厚的碎石滤水层，并安设集水盒、排水管及注浆管；

4 止浆垫达到设计强度后，应经注浆管注浆封闭涌水；

5 止浆岩帽、止浆垫的厚度应根据注浆压力经计算确定。

10.5.4 井筒遇到断层、导水裂隙或突水，采取强排水无效时，应待涌水上升到静水位后，在水下浇筑止浆垫，切断水源。经排水后，采取工作面预注浆法施工。水下浇筑混凝土应连续进行，厚度均匀并符合设计要求。

10.5.5 注浆孔宜按同心圆圆锥台形布置，孔口距井筒内壁宜为0.3m～0.5m。

10.5.6 含水砂层工作面预注浆段高宜为3m～5m，其注浆方式可按下列选用：

1 粒度和渗透系数大致相同时，宜用下行式注浆；

2 渗透系数随深度明显增大时，宜用上行式注浆；

3 当含水砂层厚度大或上下层渗透系数相差较大时，宜用分层注浆；分层厚度一般为0.4m～1.0m；先注渗透系数大的分层，后注渗透系数小的分层；

4 在层界面和封底处应加强注浆，上、下层注浆重叠厚度不小于0.1m。

10.5.7 工作面预注浆，基岩裂隙含水层注浆段高划分，应符合本规范第10.4.5条的规定。

10.5.8 工作面预注浆，注浆方式宜采用分段下行式。

10.5.9 工作面预注浆，注浆效果应符合下列规定：

1 用最后一个钻孔做放水试验，计算井筒开挖时最大涌水量应符合设计规定；

2 用最后一个钻孔做压水试验，吸水量不得超过0.5L/min·m～1.0L/min·m；

3 采用岩芯裂隙浆液充填统计法对比分析；

4 超过规定或浆液充填较差时，应补孔注浆。

10.6 斜井、斜坡道与巷道工作面预注浆施工

10.6.1 斜井、斜坡道及巷道工作面穿过强含水层或水压较大的含水破碎带、裂隙岩层时，宜采用工作面预注浆。

10.6.2 注浆前，应在工作面设置止浆墙。当基岩稳固时，应预留止浆岩柱。止浆墙或止浆岩柱的厚度，应经计算确定。止浆墙应嵌入围岩内，在使用前，应钻孔进行压水试验，达到注浆终压稳定10min不漏水，否则应注浆加固。

10.6.3 注浆分段长度及注浆方式，应根据地质条件和注浆孔漏水量确定，并应符合表10.6.3的规定。

表10.6.3 注浆分段长度及注浆方式

岩层条件		注浆孔涌水量 (m^3/h)	分段长度 (m)	注浆方式
裂隙岩层	发育	＞10	5～10	分段前进式
	较发育	5～10	10～15	分段前进式
	不够发育	2～5	15～20	分段后退式
破碎岩层		—	＜5	分段前进式

10.6.4 工作面预注浆施工顺序应符合下列规定：

1 当地下水流速、流向对注浆效果影响大时，应先注水流上方；

2 当地下水流速、流向对注浆效果影响不大时，应按先顶板、再两侧，后底板的顺序施工。

10.6.5 斜井、斜坡道及巷道工作面预注浆，注浆结束标准应符合下列规定：

1 在裂隙岩层中，注浆终压时单液浆注入量为40L/min～60L/min，双液浆注入量为60L/min～120L/min；并维持注浆终压10min～15min，可结束该孔段注浆；

2 在破碎岩层中注浆终压时，注浆浆液水灰比为0.8∶1.0，注入量不大于60L/min，且维持注浆终压5min～10min可结束该孔段注浆。最后一次扫孔，压水后的注浆孔漏水量不大于20L/min，也可结束注浆。

10.7 后注浆施工

10.7.1 遇有永久支护体出现渗漏水、漏水带砂、壁后空洞或为提高支护与围岩整体稳定性，或裸体井巷直接堵漏，宜采用后注浆法进行堵水或加固。

10.7.2 后注浆应根据工程地质、支护结构、隐蔽工程记录、漏水特征及水量大小、注浆目的等因素制定注浆施工方案。

10.7.3 遇有下列情况之一，宜采用壁内注浆：

1 施工缝渗漏水；

2 支护体开裂；

3 双层井壁漏水；

4 其他影响支护体强度的渗漏水。

10.7.4 遇有下列情况之一，宜采用壁后注浆：

1 壁后空洞引起支护体开裂；

2 壁后围岩破碎引起的支护体变形、开裂；

3 壁面漏水较大部位及漏水带砂；

4 建成后或正在施工的竖井井筒涌水量大于6m^3/h，或井壁有0.5m^3/h以上的集中出水点；

5 有压排水通道、排泥仓、防水闸门硐室等。

10.7.5 井巷直接揭露的含水层集中出水点或大面积漏水地段，以及需要加固的基岩裂隙地层，宜采用裸体井巷注浆。

10.7.6 后注浆，注浆区划分应符合下列规定：

1 宜一次注浆达到效果，减少重复注浆次数；

2 应为注浆工作创造良好作业条件；

3 应有效控制漏水与注浆范围；

4 充分利用浆液材料特点、简化施工工艺；

5 在保证支护体稳定的条件下，提高堵水、加固效果。

10.7.7 后注浆施工方式，应根据井筒、巷道渗漏水特征及注浆目的按表10.7.7的规定确定。

表10.7.7 后注浆施工方式

渗漏水特征	注浆目的	施工方式
一般集中漏水点	堵水	“顶水对点”布孔注浆
较大集中漏水点	堵水	先打斜导水孔，再对点布孔注浆，后注导水孔堵水
大面积渗漏水	堵水、加固	梅花布孔，多孔导水，追踪水源注浆
碹体裂隙或施工缝漏水	加固、堵水	裂隙表面挖补加固，沿缝布孔注浆
壁后空洞沟通含水层	加固、堵水	分区布孔、多孔导水、先浅孔注浆加固，再深孔注浆堵水
支护体断裂、破碎	加固、堵水	下行分段、段内上行式或前进式均匀布孔注浆
围岩裂隙涌水	堵水	贯通裂隙布孔、深浅孔结合、先浅孔后深孔注浆

10.7.8 后注浆施工顺序，应符合下列规定：

1 有集中和分散漏水的井巷，应先注集中部分，后注分散部分；

2 漏水区段与壁后含水层一致的井巷，应先注下部，再注上部，最后注中间部分；

3 井筒壁后空间注浆及破壁注浆，应采用下行分段，段内上行式注浆；

4 巷道、硐室注浆，应采用前进式注浆，并先注顶部，再注两侧，后注底板。

10.7.9 井巷后注浆浆液类型和凝胶时间应根据注浆区特征和注浆目的按表10.7.9采用。

表10.7.9 井巷后注浆浆液类型和凝胶时间选择

注浆目的	注浆区特征	浆液选择		浓度
		浆液类型	凝胶时间（s）	
充填加固	大裂隙、壁后空洞、碹体漏水；壁后为粘土层，充填壁后空间	单液水泥浆C-S浆	90～180	水灰比0.8：1～0.6：1；起始浓度比正常低一级
堵水为主	多为小于0.1mm裂隙及封堵砂层水；双层井壁堵水	先用水泥浆，效果不好再用化学浆	化学浆10～40	水灰比2.0：1～1.0：1
	大于0.1mm裂隙、粗砂层及砾石层	水泥浆		水泥浆水灰比1.0：1～0.8：1；水玻璃浓度25Be′～30Be′
		C-S浆	60左右	
	松散卵砾石层	水泥浆掺速凝剂	—	—
充填加固堵水	壁后空洞，小裂隙或碹体质量不好	先用C-S浆充填加固，后用化学浆注小裂隙堵水	60左右	水泥浆水灰比1.0：1～0.8：1；水玻璃浓度25Be′～30Be′

10.7.10 后注浆，可采用凿岩机钻孔，钻头直径宜为38mm、42mm、55mm。

10.7.11 注浆孔深度的确定应符合下列规定：

1 壁内注浆，孔深宜小于井壁厚度50mm～100mm；双层井壁应穿过内壁进入外壁50mm；

2 壁后注浆，钻孔应穿过井壁500mm～1000mm，并保证注浆管花眼段位于壁后需要注浆部位；

3 基岩裂隙注浆，宜采用深浅孔组合，深孔应满足距出水口1m～2m且能揭穿涌水裂隙而导出涌水，浅孔一般宜为0.5m～2.0m，先注浅孔，后注深孔。

10.7.12 注浆过程中如发生围岩或支护变形、串浆等异常情况，可采取下列措施：

1 降低注浆压力或采用间歇注浆，直至停止注浆；

2 改变注浆材料或缩短浆液凝胶时间；

3 调整注浆方案。

10.7.13 注浆管的埋设，应符合下列规定：

1 注浆时，注浆管不顶出，不跑浆；注浆管口端应带丝扣，尾端泄浆眼段长不宜小于200mm，泄浆眼孔直径不宜小于6mm，泄浆眼孔应梅花形布置；

2 挖槽补缝时，宜预埋注浆管，用锚固剂固管，补缝时连同注浆管一同固定；

3 采用后埋注浆管时，注浆管外径应与钻孔孔径相适应，并符合下列规定：

1）宜采用套管式注浆管；

2）当采用楔缝式注浆管时，楔缝长度宜为80mm；

3）当采用麻丝、棉纱缠绕式注浆管时，注浆管固定段应刻槽，刻槽长度不宜小于150mm；

4）打入注浆管时，丝扣应戴护帽；

5）除套管式注浆管外，注浆管固定后，钻孔口部应用水泥－水玻璃胶泥封严，并用楔子背牢。

10.7.14 后注浆的注浆压力应按下列公式计算：

$$P_a = P_0 + (0.1\sim0.3) \quad (10.7.14\text{-}1)$$

$$P_b = P_0 + (0.4\sim0.5) \quad (10.7.14\text{-}2)$$

$$P_c = P_0 + (0.5\sim0.8) \quad (10.7.14\text{-}3)$$

式中：P_0——注浆点静水压力（MPa）；

P_a——注浆初始压力（MPa）；

P_b——注浆正常压力（MPa）；

P_c——注浆终压（MPa）；

0.1～0.8——富裕压力（MPa）。

注：1 壁内注浆和堵水为主的注浆，富裕压力选择取低值；
2 充填加固为主的注浆，富裕压力选择取高值；
3 料石碹体的注浆，富裕压力选择取低值；
4 混凝土碹体的注浆，富裕压力选择取高值。

10.7.15 后注浆的注浆量可按下式计算：

$$Q_j = a_j v n_j / m \quad (10.7.15)$$

式中：Q_j——注浆量（m^3）；

a_j——浆液损失系数，一般情况下a_j=1.1～1.5；

v——需要固结或充填的体积（m^3）；

n_j——孔隙率（%）；砂层n_j为26%～40%，充填空洞n_j为100%，岩石隙裂n_j为1%～5%；

m——浆液结石率（%）；一般取m=85%。

10.7.16 后注浆的注浆结束标准应符合下列规定：

1 以堵水为目的的后注浆，剩余涌水量应小于设计值；

2 以加固充填为目的的后注浆，吸浆量小于30L/min～40L/min并保持注浆终压10min；

3 以堵漏为目的的后注浆，应无渗水；

4　以充填支护体裂隙、施工缝为目的的后注浆，浆液应充满隙裂、缝隙，并无漏水。

11　辅助工作

11.1　凿井井架及悬吊设施

11.1.1　凿井井架选择时，应根据凿井施工方案选定的提升及悬吊设施，计算井架荷载和高度，确定井架荷载组合，并进行下列验算：

1　天轮平台主梁和井架主体桁架；

2　井架基础；

3　井架稳定性。

11.1.2　凿井井架的选择，应符合下列规定：

1　能安全地承受施工荷载；

2　保证足够的过卷高度；

3　天轮平台的尺寸，应满足提升及悬吊设施的天轮布置要求；

4　满足矿井各施工阶段不同提升方式的要求；

5　井架四周围板及顶棚不得使用易燃性材料。

11.1.3　凿井井架天轮平台的布置，应符合下列规定：

1　天轮平台主梁应与提升中心线垂直，提升中心线宜与井下中段出车方向一致；

2　提升中心应与井筒中心错开一定距离；

3　天轮布置应使井架受力平衡；

4　天轮出绳点应与井筒平面布置的提升、悬吊点重合；

5　悬吊钢丝绳与天轮平台各构件的间隙不应小于50mm；

6　天轮宜平行于提升中心线布置；

7　双绳悬吊同一管路时，宜采用双槽天轮，出绳方向应一致；

8　天轮宜布置在同一水平；

9　天轮进绳方向和副梁方向，应尽可能使井筒转入巷道施工时，改装工作量最小；

10　天轮进绳方向应根据凿井绞车布置的可能性和合理性确定。

11.1.4　凿井井架翻矸平台的高度，应满足碴石仓容积、溜槽口装车高度以及大型凿井设备、长材料出入井口的要求。当高度不能满足要求时，可采取下列方法增高井架：

1　增加井架基础高度；

2　在井架柱脚与基础顶面间设钢座垫；

3　接长井架柱脚。

11.1.5　利用永久井架凿井时，应符合下列规定：

1　简化天轮平台的布置，悬吊设施可使用地轮；

2　凿井绞车、提升设备、天轮的布置，应适应永久井架结构及其受力特点；

3　对井架受力较大的杆件，应进行验算，当需要加固时，不应破坏原结构。

11.1.6　利用永久井塔凿井时，应符合下列规定：

1　凿井绞车、提升设备的布置，应适应井塔的特点；

2　天轮应分层布置；

3　受力较大的梁、柱，应进行验算，当需要加固时，不应破坏原结构；

4　施工后不用的门、窗、洞口，应按设计修补好。

11.1.7　凿井井架以及利用永久井架、井塔凿井时，每年应对其构件强度、稳定性、腐蚀性、断裂、偏斜等进行1次检查。

11.1.8　竖井井筒内布置的悬吊设施，应符合下列规定：

1　井上及井筒内设置的固定梁以及各种悬吊设施的外缘离开井筒中心不小于100mm，并不得在承受荷载的梁上穿孔；

2　井筒内风筒及管路的突出部位到提升容器边缘的距离，不得小于500mm；

3　吊桶外缘到永久井壁的距离，不得小于450mm；

4　喇叭口及井盖门与滑架最突出部分的间隙，不得小于100mm；

5　安全梯应靠近井壁悬吊，距井壁不大于500mm，通过的孔口其周围间隙不得小于150mm；

6　悬吊设施的选择和布置，应满足各个施工阶段的要求；

7　吊泵通过的孔口，其周围间隙不得小于50mm；

8　风筒、管路及其卡子通过的孔口，其周围间隙不得小于100mm；

9　吊盘的突出部分与模板之间的间隙，应小于100mm，当井筒支护不使用模板时，吊盘的突出部分与永久井壁之间的间隙，也应小于100mm；

10　照明、动力电缆与信号、通信、爆破电缆的间距，应大于300mm，信号和爆破电缆与压风管路的间距应大于1m，爆破电缆应单独悬吊。

11.1.9　井筒深度超过500m时，井筒内风筒及管路宜采用井壁吊挂。

11.1.10　两个提升容器的钢丝绳罐道之间的间隙，应按下式计算：

$$D \geqslant 0.25 + H/3000 \quad (11.1.10)$$

式中：D——间隙（m），且应不小于0.3m；

H——提升高度（m）。

11.1.11　凿井绞车的设置，应符合下列规定：

1　凿井绞车的能力，应按悬吊设施及附属装置的最大静荷载计算；

2　卷筒上钢丝绳出绳的最大偏角应小于2°；

3 悬吊安全梯的凿井绞车提升能力应大于5×10^4N，应为手、电动两用绞车，或设双回路电源；

4 悬吊吊盘的凿井绞车提升速度不宜大于0.2m/s。

11.1.12 各种用途的钢丝绳应符合下列规定：

1 悬吊钢丝绳应符合下列规定：

1）悬吊设施宜采用6×19或6×37圆股钢丝绳，稳绳宜采用三角股钢丝绳或6×7圆股钢丝绳；

2）双绳悬吊时，应采用编捻方向相反的钢丝绳；

3）悬吊设施的钢丝绳长度，应保证设施送达井底时卷筒上留有5圈～10圈的钢丝绳；

4）悬吊钢丝绳安全系数应符合表11.1.12-1的规定。

表11.1.12-1 悬吊钢丝绳安全系数

悬吊设施名称	安全系数
吊盘、吊泵、排水管、抓岩机、罐道绳、稳绳	≥6
供水管、风筒、压风管、注浆管、输料管、电缆及拉紧装置	≥5
吊罐	≥13
安全梯	≥9

2 提升钢丝绳应符合下列规定：

1）竖井提升钢丝绳宜选用多层异形股、多层股不旋转钢丝绳；斜井提升宜选用三角股钢丝绳；

2）提升钢丝绳悬挂时的安全系数应符合表11.1.12-2的规定；

表11.1.12-2 提升钢丝绳安全系数

提升钢丝绳用途		安全系数
专门升降	物料	≥6.5
	人员	≥9
升降人员和物料	物料	≥7.5
	人员	≥9

3）钢丝绳长度应保证提升容器送达井底时在卷筒上留有5圈～10圈的钢丝绳。

3 提升钢丝绳及悬吊钢丝绳，应经检验合格后，方可使用。其试验、检查的内容和要求及检验周期，应符合现行国家标准《金属非金属矿山安全规程》GB 16423的有关规定。

11.1.13 同一提升容器中的稳绳或罐道绳下端张力差，应为5%～10%。

11.1.14 吊盘的设置，应符合下列规定：

1 吊盘结构强度应按施工最大荷载计算；

2 吊桶通过的各层吊盘，孔口上、下均应设置喇叭口；

3 吊盘的固定销，不应少于4个，并应均匀分布在吊盘的周边上，固定销的安全系数不得小于10；

4 吊盘主梁应与提升中心线对称布置，圈梁宜采用闭合圆弧型；

5 吊盘主、副梁位置，应根据吊桶、吊泵、管线和安全梯的位置及其通过口的大小确定。当吊盘上设有抓岩机、环形钻架、悬吊绞车等设备时，还需按盘上设备布置的要求确定；

6 吊盘上应设带活动门的井筒中心测孔，其边长不应小于200mm；

7 吊盘各层周围应设有扇形活动遮板，其宽度宜为500mm～600mm；

8 吊盘上、下层间距，应与永久罐梁层间距相适应。

11.1.15 钩头、安全梯、吊盘等设施与钢丝绳的连接，应采用桃形环及夹板型绳卡或用楔型绳环连接。采用桃形环时夹板型绳卡之间的距离宜为250mm，回头绳应设一观察圈，不同绳径的最少绳卡数目应符合表11.1.15的规定。

表11.1.15 不同绳径的最少绳卡数目

钢丝绳直径（mm）	绳卡数目（个）	钢丝绳直径（mm）	绳卡数目（个）
≤15	4	25.5～28	7
15.5～19.5	5	28.5～34.5	8
20～25	6	≥35	9

11.1.16 连接装置的安全系数，应符合表11.1.16的规定。

表11.1.16 连接装置的安全系数

连接装置用途		安全系数
专门升降人员的吊桶提梁和连接装置		13
专门升降物料的吊桶提梁和连接装置		10
升降人员和物料的吊桶提梁和连接装置	升降人员时	13
	升降物料时	10
悬吊风筒、风水管、排水管、输料管		8
悬吊吊盘、吊泵、抓岩机、安全梯		10

注：连接装置包括钩、环、链、螺栓等。

11.2 竖井凿井提升

11.2.1 竖井凿井提升设备应符合下列规定：

1 适应井筒开凿、巷道开拓、井筒安装等不同时期的提升方式及提升能力要求；

2 吊桶沿稳绳升降的最大加（减）速度不应大于$0.5m/s^2$。其最大速度应按下列公式计算：

$$V_1 \leqslant 0.25\sqrt{H} \quad (11.2.1\text{-}1)$$

$$V_2 \leqslant 0.4\sqrt{H} \quad (11.2.1\text{-}2)$$

式中：V_1——提人最大速度（m/s），不得超过6m/s；

V_2——提物最大速度（m/s），不得超过8m/s；

H——提升高度（m）。

3 无稳绳段吊桶的最大升降速度和距离应符合下列规定：

1）升降人员速度不得大于1m/s，升降物料速度不得大于2m/s；

2）升降距离不得大于40m。

4 提升机钢丝绳出绳最大偏角，单层缠绕时，不应大于1°30′；多层缠绕时，不应大于1°15′；

5 吊桶提升时，过卷高度不应小于4m，并设过卷保护装置。

11.2.2 采用钩头吊挂大于吊桶外缘尺寸的物料时，其升降速度应符合下列规定：

1 有导向装置时，不应大于1m/s；

2 无导向装置时，不应大于0.3m/s。

11.2.3 **吊桶提升应符合下列规定：**

1 每人所占吊桶底有效面积不应小于0.12m²，吊桶净高不得小于1.1m；

2 人员在井筒内检查设备、设施时，吊桶的升降速度不得大于0.3m/s；

3 稳绳终端和钩头连接装置上方，应设缓冲装置；

4 提升钩头必须设有防止吊桶梁脱出的安全闭锁装置。

11.2.4 天轮的选择应符合下列规定：

1 选择提升天轮应符合下列规定：

1）天轮直径与钢丝绳直径的比值不小于60；

2）天轮直径与钢丝绳中最粗钢丝直径的比值不小于900；

3）天轮的安全荷载，应大于其实际选用最大钢丝绳的钢丝破断拉力总和；

4）当钢丝绳仰角大于35°时，应按实际受力情况验算天轮轴强度；

5）天轮轮槽剖面的中心线，应与轮轴中心线垂直。天轮不应有轮缘变形、轮辐弯曲和活动等现象。

2 选择悬吊天轮应符合下列规定：

1）天轮直径与钢丝绳直径的比值不小于20，与钢丝绳中最粗钢丝直径的比值不小于300；

2）天轮的安全荷载，应大于实际选用钢丝绳的最大静拉力。

11.3 斜井凿井提升

11.3.1 斜井凿井提升，应符合下列规定：

1 斜井宜采用箕斗提升，大于30°的斜井不应采用矿车提升；

2 矿车提升，应设保险绳或保险链；

3 连接装置的安全系数，应符合下列规定：

1）专为升降人员或升降人员和物料的提升容器的连接装置，以及运送人员车辆的每一个连接器、钩环和保险链的安全系数，均不得小于13；

2）专为升降物料的提升容器的连接装置的安全系数，不得小于10；

3）矿车的连接钩环、插销的安全系数，不得小于6。

4 井筒上端应有可靠的过卷装置，过卷距离应根据斜井的倾角、设计载荷、最大提升速度和实际制动力计算确定，并应有1.5倍的备用系数。

11.3.2 斜井凿井提升设备，应符合下列规定：

1 适应井筒开凿和巷道开拓两个时期的提升方式及提升能力要求；

2 提升人员的加（减）速度不得大于0.5m/s²；

3 斜井提升的最大速度应符合表11.3.2的规定。

表11.3.2 斜井提升最大速度

提升类别	最大提升速度（m/s）	
	斜长≤300m	斜长>300m
提升矿车	3.5	5.0
提升箕斗	5.0	7.0
人车	3.5	5.0

11.3.3 斜井的提升布置应符合下列规定：

1 天轮高度设置应符合下列规定：

1）箕斗提升，应按碴石仓容积及运输方式等因素确定；

2）矿车或矿车组提升，采用甩车场、平车场时应分别按下列公式计算：

$$H_t = L \times \sin\beta_0 - R \quad (11.3.3\text{-}1)$$

$$H_t = (L' - L_0 - 1.5L_k)\tan\beta_1 - R \quad (11.3.3\text{-}2)$$

式中：H_t——天轮高度（m）；

R——天轮半径（m）；

L——井口至钢丝绳与天轮接触点之斜长（m）；

L'——井口至井架中心的水平距离（m）；

L_0——井口至道岔终点的长度（m）；

L_k——矿车组长度（m）；

β_0——栈桥倾角；

β_1——钢丝绳牵引角。

2 平车场的长度及坡度，在矿车摘钩后，矿车应能自溜至停车线，摘挂线的直线长度不应小于1.5倍矿车组长度；

3 钢丝绳出绳的最大偏角应符合本规范第11.2.1条的规定。

11.3.4 斜井提升应在轨道中心安装托辊，其间距宜为5m～10m。

11.3.5 斜井提升天轮应符合本规范第11.2.4条的规定。当钢丝绳出绳偏角过大时，宜采用游动天轮，其直径与钢丝绳直径的比值不得小于20。

11.4 通 风

11.4.1 掘进工作面所需风量应按下列要求分别计算，并取其中最大值：

1 按掘进工作面同时工作的最多人数计算，每人的新鲜空气量不少于$4m^3/min$；

2 有内燃机工作的工作面，供给同时作业台数设备每千瓦发动机的新鲜空气不少于$4m^3/min$；

3 风速不得小于0.25m/s；电耙道和二次破碎巷道不应小于0.5m/s；箕斗硐室、破碎硐室等作业地点，可根据具体条件，在保证作业地点空气中有害物质的接触限值符合国家现行有关工业场所有害因素职业接触限值的前提下，分别采用计算风量的排尘风速。

11.4.2 井下作业地点的空气中，有害物质的接触限值不应超过国家现行有关工业场所有害因素职业接触限值的规定。

11.4.3 独头工作面有人作业时，局扇应连续运转。

11.4.4 多台局扇并联或串联运行，宜采用同型号局扇。

11.4.5 井下工作面通风，应符合下列规定：

1 采用混合式通风时，抽出式局扇的入风口，滞后压入式局扇的入风口不得小于5m；

2 局扇的启动装置，应安装在进风巷道中，距回风口不得小于10m；

3 工作面新鲜风源中的空气成分，按体积计：氧气不小于20%，二氧化碳不大于0.5%，含尘量不大于$0.5mg/m^3$；

4 采用风筒接力通风时，局扇间的距离，应根据局扇的性能曲线和风筒阻力经计算确定；

5 接力通风的风筒直径不得小于400mm，每节风筒直径应一致；

6 风筒宜采用重量轻、耐冲击、接头密实、安装方便的硬质风筒；

7 风筒应吊挂平直、牢固，避免车碰和炮崩，并应经常检查、维护；

8 平巷使用的风筒，宜设放水嘴。

11.4.6 地面临时通风的出入口，应符合下列规定：

1 压入式通风的入风口，应位于空气洁净处，离地面的高度不得低于1.5m；

2 抽出式通风的出风口，宜位于该地区主导风向的下方，离地面的高度不得低于0.5m。

11.4.7 主井、副井、风井到底后，应以最快速度、最短距离贯通，形成矿井总负压通风系统。采区施工时，应及早贯通两条巷道，进行双巷通风，形成区域通风系统。

11.4.8 冬季施工时，进风井、巷道内的温度不应低于2℃，当低于2℃时，应预热空气。不得采用明火直接加热进风井、巷道内的空气。在严寒地区、寒冷地区，所有提升井和作为安全出口的风井，应有保温措施。

11.5 排 水

11.5.1 井巷工程施工，应根据涌水量、排水距离，经计算后确定排水方案。施工过程中，当涌水量发生较大变化时，应根据实际情况，调整排水方案。

11.5.2 井筒掘进采用分段排水时，转水站水仓（或水箱）容量不应小于0.5h的涌水量。

11.5.3 井下临时水泵房和水仓，宜利用永久硐室或巷道。主要临时水仓容量应能容纳4h的矿井正常涌水量，其他临时水仓容量根据涌水量大小确定，主要排水设备不宜少于2组。

11.5.4 临时排水管路应符合下列规定：

1 按井巷施工各阶段的最大涌水量确定管径和管路数量；

2 经常移动和拆卸的管路，宜选用轻便的管道和易于装拆的连接方式；

3 水泵房排水主管，应留出增设水泵的连接接头。

11.6 压 风

11.6.1 空气压缩机的选择，应符合下列规定：

1 建井期的总耗风量应按下式计算：

$$Q_f = a_f \beta_f \gamma \sum n_f K q \qquad (11.6.1)$$

式中：Q_f——总耗风量（m^3/min）；

a_f——管路漏风系数，按表11.6.1-1的规定选用；

β_f——风动机械磨损耗风量增加系数，宜为1.10～1.15；

γ——高原修正系数，以海平面起，海拔每提高100m，系数增1%；

K——凿岩机、风镐同时使用系数，按表11.6.1-2的规定选用；

n_f——同型号风动机具使用数量（台）；

q——风动工具单台耗风量（m^3/min）。

表11.6.1-1 管路漏风系数

管路长度（m）	＜1000	1000～2000	＞2000
系数a_f	1.10	1.15	1.20

表11.6.1-2 凿岩机、风镐同时使用系数

凿岩机/风镐（台）	≤10	11～30	31～60	≥61
系数K	1.00～0.85	0.84～0.75	0.74～0.65	0.64

2 备用风量不应小于施工组织设计确定风量的10%，当各个施工阶段的风量供给变化较大时，备用风量应为设计风量的20%～30%，备用空气压缩机不得少于1台；

3 宜选用同一型号的空气压缩机，当负荷波动较大时，可选用容量不同的空气压缩机；

4 宜选用风冷式空气压缩机。采用水冷式空气压缩机时，备用冷却水泵不应少于1台，其能力应与最大1台冷却水泵相等。空气压缩机的进水温度，不宜超过30℃，出水温度不宜超过40℃。

11.6.2 压风管路的选择和敷设，应符合下列规定：

1 压风管路应采用钢管，管径应满足最远用风点处的总压力损失不超过0.1MPa；

2 井上或井下管路的最低点及主要管路，每隔500m～600m，应设置油水分离器，在温差大的地区，当管路直线长度超过200m时，应设伸缩器；

3 管路连接宜选用密封性好、拆装方便的快速接头；

4 连接风动机具胶管的内径，应比机具接风口管内径大一级。

11.6.3 空气压缩机站的设置，应符合下列要求：

1 地面临时空气压缩机站，应设在用风负荷中心；站址应选择在位于常年主导风向上风侧空气清洁的地方，距碴石山、出风井、烟筒等产生尘埃和废气的地点不宜小于150m，距提升机房不宜小于100m；

2 空气压缩机的转动部位距墙面不小于1.2m，固定部位距墙面不小于1m，其基础应与机房基础分开；

3 机房屋檐高度不宜小于3.5m，机房正面宜朝向夏季主导风向；

4 空气压缩机之间的通道宽度，不宜小于1.5m；

5 井下空气压缩机站，应设在设备运输方便、空气流畅的进风巷道中，地坪应高于周围巷道轨面。

11.6.4 风包的设置，应符合下列规定：

1 地面应设在阴凉处，井下应设在空气流畅的地方；

2 应装设超温保护设施和动作可靠的安全阀、放水阀；

3 出口管路上应设释压阀，释压阀口径不得小于出风管直径；

4 新安装或检修后的风包，应用1.5倍工作压力做水压试验。

11.7 供　电

11.7.1 建井期间的施工用电，应符合下列规定：

1 应编制施工用电方案，并按规定程序进行审批，施工用电工程实施后经验收合格方可投入使用；

2 宜利用永久电网供电；

3 竖井及有淹井危险的斜井、斜坡道施工，应设置双回路电源供电；

4 地面临时变电所的位置选择，应符合下列规定：

1）高压设备、大容量设备附近或用电负荷中心；

2）避开激烈震动和污染源影响范围；

3）进出线方便；

4）临时变电所的结线，应简单可靠，操作安全。

5 井下变电所，宜利用永久变电设施。当条件不允许时，宜选用移动变电所。井下中央变电所变压器应采用矿用变压器，台数不应少于2台，供电不应少于2回路电源线。

11.7.2 井下设置临时变电所时，变、配电硐室应符合下列规定：

1 硐室应用不燃性材料支护，其顶部及墙部应无渗水，电缆沟无积水；

2 硐室的规格，应符合变配电设备的运输、安装及检修规定；并应留有值班人员和存放消防器材的空间；

3 硐室应通风，变、配电设备运行期间，有人值班硐室的室内温度不应超过30℃，无人值班硐室的室内温度不得超过34℃；

4 位于井底车场附近的硐室底板应高于入口处巷道底板0.5m；位于采区附近的硐室底板应高于入口处巷道底板0.2m；

5 硐室口应装设向外开的栏栅与通道有效隔离。

11.7.3 井下各级配电标称电压和各种电气设备的额定电压，应符合下列规定：

1 配电电压应符合下列规定：

1）井下电力网的高压配电电压宜采用与地面高压电力网相同的配电电压，且额定电压不得大于10kV；

2）井下电力网的低压配电电压，宜采用660V，亦可采用380V；

3）综合机械化掘进工作面的低压配电电压，可采用1140V；

4）手持式电气设备电压不得大于127V。

2 直流牵引网额定电压宜采用250V或550V；当运输距离长、运量大，并采取可靠的安全措施后，可采用750V；

3 照明电压应符合下列规定：

1）固定式照明电压：斜井、巷道内不得大于220V，天井内不得大于36V；

2）移动式照明电压不得大于36V，当采用矿用防爆型灯具时，可采用127V；

3）行灯电压不得大于36V。

4 信号装置的额定电压不得大于127V。

11.7.4 中性点直接接地的地面变压器或发电机不得直接向井下供电。井下电气设备不得接零。井下应采用矿用变压器，若采用普通变压器，其中性点不得直接接地，变压器二次侧的中性点不得引出载流中性线（N线）。

11.7.5 井下变、配电所，高压馈出线应装设单相接地保护装置，低压馈出线应装设漏电保护装置。漏电保护装置应灵敏可靠，并应每天进行一次检查。

11.7.6 电缆的选择和敷设，应符合下列规定：

1 电缆应根据环境特点和使用条件，按现行国家标准《金属非金属矿山安全规程》GB 16423 的有关规定选择和敷设；

2 临时供电电缆的敷设，应能随工作面向前推进逐步延长，并便于回收；

3 电缆的最小弯曲半径应符合表 11.7.6 的规定；

4 电缆的金属外皮和金属电缆接线盒及保护钢管等应可靠接地。

表 11.7.6 电缆最小弯曲半径

电缆型式		多芯	单芯
控制电缆		$10D$	—
橡皮绝缘电力电缆	无铅包、钢铠护套	$10D$	
	裸铅包护套	$15D$	
	钢铠护套	$20D$	
聚氯乙烯绝缘电力电缆		$10D$	
交联聚乙烯绝缘电力电缆		$15D$	$20D$

注：表中 D 为电缆外径。

11.7.7 井下所有电气设备的金属外壳及电缆金属支架等，均应接地。巷道中接近电缆线路的金属构筑物等也应接地。

11.7.8 井下安全用电除符合本规范的规定外，尚应符合现行国家标准《用电安全导则》GB/T 13869 的有关规定。

11.8 信号、通信及监视

11.8.1 提升信号设置，应符合下列规定：

1 每台提升机，均应有独立的、声光兼备的信号系统；

2 信号电源应采用隔离变压器供电，并有电源指示灯；

3 信号应清晰、易辨；

4 竖井井筒施工时，每个工作地点都应设置信号装置；各工作地点发出的信号，必须能准确辨识；

5 竖井吊桶提升，应设置井盖门安全信号，当吊桶上升距井盖门 40m～50m 时，应发出有声信号；竖井罐笼提升，安全门与提升信号系统应设置闭锁装置；

6 运送人员的斜井人车，必须装设可在运行途中向提升机司机发送紧急信号的装置；斜井多水平提升，各水平应设置独立的信号装置，各水平发出的信号，必须能准确辨识；甩车场应设置信号装置，甩车时必须发出警号；

7 提升信号必须经过井口信号工转发，严禁井下与提升机房直接用信号联系。

11.8.2 凿井绞车信号设置，应符合下列规定：

1 井口以下井筒段，宜利用提升信号装置，井口至凿井绞车棚宜装设凿井信号装置；

2 悬吊各种设施的凿井绞车信号，应清晰、易辨，并有明显区别；

3 凿井信号应经过井口信号工转发。

11.8.3 井口信号房与提升机房、井下信号房之间应设置直通电话。

11.8.4 调度室、主要机电设备硐室、炸药库和值班室，均应安装电话。

11.8.5 信号系统的各种金属外壳，应可靠接地。

11.8.6 竖井、斜井提升，宜安装电视监控系统。视频分配器宜设在井口房内，控制器设在提升机房和调度室。

11.9 井下照明

11.9.1 掘、砌工作面应采用移动式电气照明，其余作业地点、人行通道，应有固定式照明。

11.9.2 照明线路宜采用三相三线制供电系统，并由专用变压器供电。从变电所到照明专用变压器的供电线路，应为专用线，不应与动力线共用。当照明系统与动力系统共用 1 个变压器时，照明电源应从变压器低压出线侧的断路器前引出。

11.9.3 井下照明应有合理的照度，良好的显色性和稳定性。

11.9.4 井下照明装置应控制简单，安全可靠。

11.9.5 照明灯具的选择，应根据淋水情况和矿井有害气体等级确定。

11.9.6 入井时作业人员应携带完好的照明灯具。

11.9.7 天井、溜井口及危险地段，必须安装固定式照明装置，并有明显的灯光警示。施工设备用的照明装置应保持完好。

12 工业卫生

12.1 一般规定

12.1.1 井下施工，应加强职业危害的防治与管理，做好作业场所的职业卫生和劳动保护工作，采取有效措施控制职业危害，保证作业场所符合国家职业卫生标准。

12.1.2 施工组织设计中，应根据工程地质资料和工程特点，制定工业卫生的治理措施，施工过程中应认真遵照执行。

12.1.3 施工过程中，应定期对井筒、巷道进行维护和清理，保持井巷安全、整洁，排水畅通。

12.1.4 施工单位应配备满足职业卫生检测的仪器和专业人员，或委托有资质的单位定期进行职业危害因素的监测。

12.1.5 施工中的工业卫生应定期监督与检测，检测内容及检测周期应符合下列规定：

1 井下作业地点的气象条件（温度、湿度和风速等），每月应测定1次，高温矿井应每周进行检测；

2 井下作业地点，粉尘浓度每月应测定1次，粉尘中游离二氧化硅含量应每年至少测定1次；空气中含有放射性元素的作业地点，粉尘浓度应每月至少测定3次；

3 噪声测定每年不应少于2次；

4 防尘用水中的固体悬浮物及pH值，应每年测定2次；生活用水每月宜进行1次水质化验；

5 井下空气中有害气体的浓度，应每月测定1次；井下空气成分应每半年进行一次取样分析；

6 井下空气中，其他有毒物质，应每季测定1次；放射线应每年测定1次；

7 有氡气放射性危害的矿井，氡及其子体的浓度，应每周测定1次，浓度变化较大时，每周测定3次。

12.1.6 井巷工程施工中的职业卫生，经检测，凡不符合规定的，应采取治理措施。

12.1.7 施工单位应组织井下接触粉尘、毒物及放射线的施工人员，离岗时及在岗期间每2年应进行1次健康检查，并建立健康档案。

12.2 井下热害防治

12.2.1 井下施工时，空气的温度不得超过28℃，超过时应采取以下措施：

1 检查并完善通风系统；

2 加强通风，提高风速，增大风量；

3 隔绝热源；

4 减湿降温或增湿降温；

5 人员集中处可采用压气引射器、水风扇或冰块降温；

6 当上述措施不足以消除井下热害时，应采用机械制冷降温。

12.2.2 机械制冷可采用地面集中制冷、井下集中制冷、井下分散移动式制冷三种方式，宜采用井下分散移动式制冷。

制冷降温时，应控制工作面与巷道间的温差，一般降幅宜为5℃。

12.2.3 机械制冷降温时，应符合下列规定：

1 制冷机安设在井下，不得用氨作制冷剂；

2 制冷过程中，应严格控制制冷剂的漏失，工作地点空气中有害物质的最高允许浓度应符合表12.2.3的规定。

表 12.2.3 工作地点空气中有害物质的最高允许浓度

有害物质名称	最高允许浓度（mg/m^3）
氨	30
氟化物（换算成F）	1

3 制冷降温用的冷却水与冷媒水的管道安装，其隔热层的包缠应严密。

12.2.4 在地温较高或有热水涌出的矿区施工时，应根据实际情况编制降温方案，报请建设单位批准后实施。

12.3 井下粉尘防治

12.3.1 井下作业地点空气中的粉尘浓度，应符合下列规定：

1 粉尘中游离二氧化硅含量大于10%，最高允许浓度为$2mg/m^3$；

2 粉尘中游离二氧化硅含量小于10%，最高允许浓度为$10mg/m^3$；

3 水泥粉尘中二氧化硅含量小于10%，最高允许浓度为$6mg/m^3$。

12.3.2 井巷掘进必须采取综合防尘措施，并符合下列规定：

1 采用湿式凿岩；

2 爆破后应对距工作面20m范围内的井筒、巷道进行冲帮洗壁；

3 出碴前应用水将岩堆洒透；

4 应合理布置通风设施并保持正常通风；

5 进风巷道应安装水幕，净化风源；

6 距工作面20m以外的井筒、巷道每季至少清洗1次；

7 加强个体防护，佩戴高效防尘口罩。

12.3.3 有色金属矿山井巷工程的施工，应采用机械通风，风速、风量应符合本规范第11.4.1条的规定。

12.3.4 喷射混凝土施工，宜采用湿喷或水泥裹沙喷射工艺。当采用干法喷射混凝土施工时，应采用下列综合防尘措施：

1 在保证顺利喷射的条件下，增加骨料含水率；

2 在距喷头3m～4m处增加一个水环，用双水环加水；

3 在喷射机或混合料搅拌处，宜设集尘器或除尘器；

4 在粉尘浓度较高的地段，设置除尘水幕；

5 加强作业区的局部通风；

6 采用增粘剂等外加剂；

7 喷射混凝土作业人员，应佩戴防尘用具。

12.4 井下噪声防治

12.4.1 井下工作地点噪声声级卫生限值应符合表12.4.1-1的规定。接触碰撞和冲击等脉冲噪声的声级卫生限值，不应超过表12.4.1-2的规定。

表 12.4.1-1 工作地点噪声声级卫生限值

每天连续接触噪声时间（h）	卫生限值［dB（A）］
8	85
4	88
2	91
1	94
1/2	97
1/4	100
1/8	103
最高不得超过 115［dB（A）］	

表 12.4.1-2 工作地点脉冲噪声声级卫生限值

工作日接触脉冲次数	峰值（dB）
100	140
1000	130
10000	120

12.4.2 井下施工时，作业地点的噪声超过噪声声级卫生限值时，应采取消声、吸声、隔声、减振等技术措施减少噪声危害，作业人员应佩戴个体防护用具。

12.4.3 有色金属矿山井巷工程施工，应选用符合声级卫生限值标准的施工设备。

12.5 井下氡及其子体防治

12.5.1 含铀、钍放射性元素的矿山，井下作业地点氡在空气中的最大允许浓度为 3.7kBq/m^3，氡子体的潜能值不超过 6.4μJ/ m^3。

12.5.2 井下氡及其子体的浓度超过卫生限值时，必须采取通风排氡、控制和隔离氡源等技术措施，并加强个体防护。

12.5.3 有放射性的矿山井巷工程施工时，作业人员不应在井下吸烟、饮水和就餐。

13 环境保护

13.1 一般规定

13.1.1 施工组织设计中，应结合矿山设计规模、采矿工业场地、废石场和污水处理设施的布局，确定井巷工程施工的环保设施平面布置方案。

13.1.2 施工单位应结合建设工程特点，建立污染物排放和噪声防治的环境保护管理制度，并安排专人负责。

13.1.3 与井巷工程有关的环境保护工程和井巷工程施工期间实施的环境保护工程，应做到与井巷工程"三同时"。

13.1.4 井巷工程施工产生的井下废碴、废水和废气等排放，应符合已经环保主管部门批准的本工程建设项目环境影响报告书中确定的各项指标。

13.2 井下废碴排放

13.2.1 井下废碴应集中堆置到废石场，不得随意倾倒，运输途中不得沿途丢弃、遗撒。

13.2.2 废石场选址，应符合下列规定：

1 与工业场地和居住区相距较近时，宜位于工业场地和居住区常年主导风向的下风侧；

2 应有足够的库容，以满足井巷工程施工废碴总量的排放；

3 宜选在汇水面积小，对下游居民、农田、生活水源影响小的地区；

4 产生有害废水的废石场，在选址前应获取相应的工程地质和水文地质资料，避免选在有潜在滑坡和有渗漏的地区。

13.2.3 当废石场有可能对下游产生污染或发生滑坡、泥石流时，应在废石场周围施工截洪沟，下游设拦挡坝。当废石场淋溶水含有害物质时，下游应设集水池，集中进入废水处理系统。

13.2.4 应采用经济合理的废物综合利用技术。有条件时，废石宜用于地下开采矿山的充填或作建筑材料。

13.2.5 废石场停止使用后，应进行覆土植被，减少环境污染和生态破坏。

13.2.6 含危险物质的废石排放，应符合国家现行有关固体废物污染环境防治的有关规定。

13.3 井下废水排放

13.3.1 排放井下废水，应符合现行国家标准《污水综合排放标准》GB 8978 的有关规定，不得污染矿区周围水源和危害农作物。

13.3.2 井下废水宜排至地表污水调节池，经沉淀净化后，宜返回生产使用。对含有重金属离子的酸性、碱性井下废水的处理，应按建设项目环境影响报告书的要求确定方案。

13.3.3 改、扩建矿山井巷工程施工产生的废水，宜进入矿山已有的废水处理系统。

13.3.4 随废石进入废石堆场的井下废水，宜在废石堆场下游设污水调节池，经沉淀、净化后达标排放。

13.3.5 井下废水应每季进行 1 次水质化验。

13.4 井下废气排放

13.4.1 井巷工程施工中，应按本规范第 12.3.2 条的规定，采取综合防尘措施，减少粉尘和炮烟的浓度。

13.4.2 井下破碎矿（岩）时，应设收尘装置。

13.4.3 井巷施工当采用回风井或回风巷道排放废气时，宜在距出风口较近的回风井、回风巷道内增设喷雾装置吸烟降尘。

13.4.4 井下废气排放口，宜位于井口工业场地和居住区常年主导风向的下侧。

13.5 地面污水排放

13.5.1 居住区的厕所宜设化粪池，污水经化粪池处理后，达标排放。

13.5.2 职工食堂污水需经隔油池隔油后，达标排放。

13.5.3 混凝土搅拌站应设沉淀池，产生的污水应经沉淀后排放。

13.6 地面噪声防治

13.6.1 当地面噪声超过声级卫生限值时，应按本规范第12.4.2条的规定采取防治措施。

13.6.2 高噪声车间和站房，应与生活区、办公区分开布置，其门窗不宜朝向生活区和办公区。

13.6.3 选择设备时，应选用符合声级标准的低噪声设备。

13.7 地面废物处理

13.7.1 含有毒、有害物质的固体废物，不得焚烧。

13.7.2 易燃和含有毒、有害物质的液体废物，不得随意倾倒，应按当地政府的有关规定，进行回收或统一处理。

13.7.3 地面产生的一般固体废物，有再利用价值的，应予回收利用，无再利用价值的，应集中堆放在指定地点，最后进行填埋处理。

附录A 围岩分级

A.0.1 围岩分级，应根据岩石坚硬性、岩体完整性、结构面特征、地下水和地应力状况等因素确定，并应符合表A.0.1的规定。

表A.0.1 围岩分级

续表A.0.1

围岩级别	主要工程地质特征：岩体结构	主要工程地质特征：构造影响程度，结构面发育情况和组合状态	岩石强度指标：单轴饱和抗压强度(MPa)	岩石强度指标：点荷载强度(MPa)	岩体声波指标：岩体纵波速度(km/s)	岩体声波指标：岩体完整性指标	岩体强度应力比	毛洞稳定情况
Ⅰ	整体状及层间结合良好的厚层状结构	构造影响轻微，偶有小断层。结构面不发育，仅有2组～3组，平均间距大于0.8m，以原生和构造节理为主，多数闭合，无泥质充填，不贯通。层间结合良好，一般不出现不稳定块体	>60	>2.5	>5	>0.75	—	毛洞跨度5m～10m时，长期稳定，无碎块掉落
Ⅱ	同Ⅰ级围岩结构	同Ⅰ级围岩特征	30～60	1.25～2.5	3.7～5.2	>0.75	—	毛洞跨度5m～10m时，围岩能较长时间（数月至数年）维持稳定，仅出现局部小块掉落
	块状结构和层间结合较好的中厚层或厚层状结构	构造影响较重，有少量断层。结构面发育，一般为3组，平均间距0.4m～0.8m，以原生和构造节理为主，多数闭合，偶有泥质充填，贯通性较差，有少量软弱结构面。层间结合较好，偶有层间错动和层面张开现象	>60	>2.5	3.7～5.2	>0.5	—	
Ⅲ	同Ⅰ级围岩结构	同Ⅰ级围岩特征	20～30	0.85～1.25	3.0～4.5	>0.75	>2	毛洞跨度5m～10m时，围岩能维持一个月以上的稳定，主要出现局部掉块、塌落
	同Ⅱ级围岩块状结构和层间结合较好的中厚层或厚层状结构	同Ⅱ级围岩块状结构和层间结合较好的中厚层或厚层状结构特征	30～60	1.25～2.50	3.0～4.5	0.50～0.75	>2	
	层间结合良好的薄层和软硬岩互层结构	构造影响较重。结构面发育，一般为3组，平均间距0.2m～0.4m，以构造节理为主，节理面多数闭合，少有泥质充填。岩层为薄层或以硬岩为主的软硬岩互层，层间结合良好，少见软弱夹层、层间错动和层面张开现象	>60（软岩，>20）	>2.50	3.0～4.5	0.30～0.50	>2	
	碎裂镶嵌结构	构造影响较重。结构面发育，一般为3组以上，平均间距0.2m～0.4m，以构造节理为主，节理面多数闭合，少数有泥质充填，块体间牢固咬合	>60	>2.50	3.0～4.5	0.30～0.50	>2	

续表 A.0.1

围岩级别	主要工程地质特征							毛洞稳定情况
	岩体结构	构造影响程度，结构面发育情况和组合状态	岩石强度指标		岩体声波指标		岩体强度应力比	
			单轴饱和抗压强度（MPa）	点荷载强度（MPa）	岩体纵波速度（km/s）	岩体完整性指标		
Ⅳ	同Ⅱ级围岩块状结构和层间结合较好的中厚层或厚层状结构	同Ⅱ级围岩块状结构和层间结合较好的中厚层或厚层状结构特征	10～30	0.42～1.25	2.0～3.5	0.50～0.75	>1	毛洞跨度5m时，围岩能维持数日到一个月的稳定，主要失稳形式为冒落或片帮
	散块状结构	构造影响严重，一般为风化卸荷带。结构面发育，一般为3组，平均间距0.4m～0.8m，以构造节理、卸荷、风化裂隙为主，贯通性好，多数张开，夹泥，夹泥厚度一般大于结构面的起伏高度，咬合力弱，构成较多的不稳定块体	>30	>1.25	>2.0	>0.15	>1	
	层间结合不良的薄层、中厚层和软硬岩互层结构	构造影响严重。结构面发育，一般为3组以上，平均间距0.2m～0.4m，以构造、风化节理为主，大部分微张（0.5mm～1.0mm），部分张开（>1.0mm），有泥质充填，层间结合不良，多数夹泥，层间错动明显	>30（软岩，>10）	>1.25	2.0～3.5	0.20～0.40	>1	
	碎裂状结构	构造影响严重，多数为断层影响带或强风化带。结构面发育，一般为3组以上。平均间距0.2m～0.4m，大部分微张（0.5mm～1.0mm），部分张开（>1.0mm），有泥质充填，形成许多碎块体	>30	>1.25	2.0～3.5	0.20～0.40	>1	

续表 A.0.1

围岩级别	主要工程地质特征							毛洞稳定情况
	岩体结构	构造影响程度，结构面发育情况和组合状态	岩石强度指标		岩体声波指标		岩体强度应力比	
			单轴饱和抗压强度（MPa）	点荷载强度（MPa）	岩体纵波速度（km/s）	岩体完整性指标		
Ⅴ	散体状结构	构造影响很严重，多数为破碎带、全强风化带、破碎带交汇部位。构造及风化节理密集，节理面及其组合杂乱，形成大量碎块体。块体间多数为泥质充填，甚至呈石夹土状或土夹石状	—	—	<2.0	—	—	毛洞跨度5m时，围岩稳定时间很短，约数小时至数日

注：1 围岩按定性分级与定量指标分级有差别时，一般应以低者为准；

2 本表声波指标以孔测法测试值为准。如果用其他方法测试时，可通过对比试验，进行换算；

3 层状岩体按单层厚度可划分为：

厚层：大于0.5m；

中厚层：0.1m～0.5m；

薄层：小于0.1m。

4 一般条件下，确定围岩级别时，应以岩石单轴湿饱和抗压强度为准；当洞跨小于5m，服务年限小于10年的工程，确定围岩级别时，可采用点荷载强度指标代替岩块单轴饱和抗压强度指标，可不做岩体声波指标测试；

5 测定岩石强度，做单轴抗压强度测定后，可不做点荷载强度测定。

A.0.2 对Ⅲ、Ⅳ级围岩，当有地下水时，应根据地下水类型、软弱结构面多少及其危害程度，适当降级。围岩中的地下水按其规模可分为四类：

渗——裂隙渗水；

滴——间隙一定时间以水珠式滴下；

流——以裂隙泉形式，流量小于10L/min；

涌——有一定压力，流量大于10L/min。

A.0.3 在Ⅱ、Ⅲ、Ⅳ级围岩中，当存在断层或软弱结构面，与井筒、巷道轴线交角小于30°时，围岩级别应降低一级。

附录B 混凝土、喷射混凝土强度检验方法

B.0.1 同批混凝土、喷射混凝土抗压强度，应以同批内标准试件的抗压强度代表值来评定。同批试件是指在抗压强度设计值相同，原材料和配合比基本相同的试件。

B.0.2 施工中抽样制取试件应符合下列规定：

1 混凝土砌碹的试件组数应符合本规范第9.7.5条的规定；

2 每次喷射混凝土试件组数不得少于1组，并

应符合下列要求：

1）竖井、天井、溜井 40m～50m 或 40m 以下独立工程，斜井、斜坡道、巷道 40m～50m 或 50m 以下独立工程，不得少于1组；

2）主要硐室不得少于2组，一般硐室不得少于1组；

3）材料或配合比变更时，另取1组。

B.0.3 混凝土强度的检验方法，应符合现行国家标准《混凝土强度检验评定标准》GB/T 50107 的有关规定。

B.0.4 喷射混凝土抗压强度的验收，应符合下列规定：

1 同组试块应在同块大板上切割制取，对有明显缺陷的试块，应予舍弃；

2 每组试块抗压强度代表值为3个试块试验结果的平均值；当3个试块强度中最大值或最小值之一与中间值之差超过中间值的15%时，可用中间值为该组代表值；当3个试块强度中的最大值和最小值之差均超过中间值的15%时，该组试块不应作为强度评定的依据；

3 竖井、斜井、主要运输巷道、主要机电硐室的合格条件为：

1）当同批试件组数 $n \geqslant 10$ 时：

$$f'_{ck} - k_1 S_n \geqslant 0.9 f_c \quad (B.0.4\text{-}1)$$

$$f'_{ckmin} \geqslant k_2 f_c \quad (B.0.4\text{-}2)$$

2）当同批试件组数 $n < 10$ 时：

$$f'_{ck} \geqslant 1.15 f_c \quad (B.0.4\text{-}3)$$

$$f'_{ckmin} \geqslant 0.95 f_c \quad (B.0.4\text{-}4)$$

4 天井、溜井、其他巷道和一般硐室的合格条件为：

$$f'_{ck} \geqslant f_c \quad (B.0.4\text{-}5)$$

$$f'_{ckmin} \geqslant 0.85 f_c \quad (B.0.4\text{-}6)$$

式中：f'_{ck}——施工阶段同批 n 组喷射混凝土试块抗压强度代表值的平均值（MPa）；

f_c——喷射混凝土抗压强度设计值（MPa）；

f'_{ckmin}——施工阶段同批 n 组喷射混凝土试块抗压强度代表值的最小值（MPa）；

k_1、k_2——合格判定系数，按表 B.0.4 的规定确定；

n——施工阶段每批喷射混凝土试块的抽样组数；

S_n——施工阶段同批 n 组喷射混凝土试块抗压强度代表值的标准差（MPa）。

表 B.0.4 合格判定系数 k_1、k_2 值

n	10～14	15～24	≥25
k_1	1.70	1.65	1.60
k_2	0.90	0.85	0.85

5 同批喷射混凝土的抗压强度，应以同批内标准试块的抗压强度代表值来评定；

6 喷射混凝土强度不符合要求时，应查明原因，采取补强措施。

附录C 喷射混凝土抗压强度标准试块制作方法

C.0.1 标准试块应采用从现场施工的喷射混凝土板件上切割成要求尺寸的方法制作。模具尺寸为 450mm×350mm×120mm（长×宽×高），其尺寸较小的一个边为敞开状。

C.0.2 标准试块制作应符合下列步骤：

1 在喷射作业面附近，将模具敞开一侧朝上，以45°～50°（与水平面的夹角）置于墙脚；

2 先在模具外的边墙上喷射，待操作正常后，将喷头移至模具位置，由下而上，逐层向模具内喷满混凝土；

3 将喷满混凝土的模具移至安全地方，用三角抹刀刮平混凝土表面；

4 在井下工作面附近养护 1d 后脱模。将混凝土大板移至试验室，在标准养护条件下养护 7d，用切割机去掉周边和上表面（底面可不切割）后，加工成边长 100mm 的立方体试块。立方体试块的允许偏差：边长为±1mm，直角小于或等于 2°。

C.0.3 加工后的边长为 100mm 的立方体试块继续在标准条件下养护至 28d 龄期，进行抗压强度试验。

C.0.4 抗压强度试验结果乘以系数 0.95，即为该试块的抗压强度值。

附录D 注浆浆液

D.0.1 单液水泥浆不适用于粉砂、细砂及裂隙宽度小于 0.1mm 的基岩注浆。

D.0.2 常用注浆材料的渗透能力、渗透系数应符合表 D.0.2 的规定。

表 D.0.2 常用注浆材料的渗透能力及渗透系数

注浆材料	渗透能力（mm）	渗透系数（m/s）
（单液）水泥类	1.10	10^{-1}～10^{-3}
水泥—水玻璃类	1.00	10^{-2}～10^{-3}
水玻璃类	0.10	10^{-2}
CL—C 粘土水泥类	0.50	10^{-5}～10^{-6}
丙烯酰胺类	0.01	10^{-5}～10^{-6}

D.0.3 单液水泥浆宜加外加剂，其基本性能应符合表 D.0.3 的规定。

表 D.0.3 单液水泥浆的基本性能

水灰比	外加剂		初凝	终凝	抗压强度（MPa）			
	名称	用量（%）	min	min	1d	3d	7d	28d
1∶1	—	—	896	1467	0.8	2.0	5.9	8.9
1∶1	水玻璃	3.00	440	870	1.0	1.8	5.5	—
1∶1	氯化钙	2.00	430	904	1.0	1.9	6.1	9.5
1∶1	氯化钙	3.00	410	493	1.1	2.0	6.5	9.8
1∶1	三乙醇胺	0.05	405	755	2.4	3.9	7.2	14.3
	氯化钠	0.50						
1∶1	三乙醇胺	0.10	443	778	2.3	4.6	9.8	15.2
	氯化钠	1.00						
1∶1	三异丙醇胺	0.10	576	852	1.8	3.5	8.2	13.1
	氯化钠	1.00						

注：1 水泥用 42.5 普通硅酸盐水泥；
2 外加剂用量为占水泥用量的百分数；
3 氯化钙用量一般为水泥量的 5%以下；
4 水玻璃用量一般为水泥量的 3%以下。

D.0.4 水泥—水玻璃浆液组成应符合表 D.0.4 的规定。

D.0.5 水玻璃浆液的组成、性能应符合表 D.0.5 的规定。

D.0.6 裂隙、破碎岩层注浆材料及浓度，应符合表 D.0.6 的规定。

表 D.0.4 水泥—水玻璃浆液组成

原料	规格要求	作用	用量比例	主要性能
水泥	42.5 或 32.5 普通或矿渣水泥	主剂	1.00	1. 凝胶时间可控制在几秒至几十分范围内； 2. 抗压强度为 5MPa～20MPa
水玻璃	模数：2.4～3.4 浓度：30Be′～45Be′	主剂	0.50～1.00	
氢氧化钙	工业品	速凝剂	0.05～0.20	
磷酸氢二纳	工业品	缓凝剂	0.01～0.03	

注：1 水玻璃用量为水泥浆的体积比；
2 速凝剂和缓凝剂的用量为占水泥重量的比数。

表 D.0.5 水玻璃类浆液的组成、性能

类别	原料	规格要求	体积比用量（%）	凝胶时间	注入方式	抗压强度（MPa）	备注
水玻璃氯化钙浆液	水玻璃	模数：2.5～3.0 浓度：43Be′～45Be′	5.00	瞬间	单管或双管	<3	1. 加固地基； 2. 注浆效果受操作技术影响较大
	氯化钙	比重：1.26～1.28 浓度：30Be′～32Be′	55.00				
水玻璃铝酸钠浆液	水玻璃	模数：2.4～3.4 浓度：40Be′	1.00	几十秒～几十分	双液	<3	1. 堵水或加固； 2. 改变水玻璃模数、浓度、铝酸钠含铝量和温度可调节凝胶时间；模数越高，凝胶时间越快； 3. 铝酸钠含铝量影响抗压强度
	铝酸钠	含铝量：160g/L～190g/L	1.00				
水玻璃硅氟酸浆液	水玻璃	模数：2.4～3.4 浓度：30Be′～45Be′	1.00	几十秒～几十分	双液	<1	1. 堵水或加固； 2. 两液等体积注浆，硅氟酸不足部分加水补充；两液相遇有絮状沉淀产生
	硅氟酸	浓度：28%～30%	0.10～0.40				
水玻璃乙二醛浆液	水玻璃	模数：3.2 浓度：42Be′	1.00	几十秒～几十分	双液	<2	1. 堵水或加固； 2. 两液等体积注入，乙二醛不足部分加水；乙二醛用量超过 15%，凝固体抗压强度下降； 3. 醋酸为速凝剂，凝胶时间随醋酸的增加而缩短
	乙二醛	浓度：35%	0.20～0.60				
	醋酸	浓度：90%	0.00～0.02				

表 D.0.6　裂隙、破碎岩层注浆材料及浓度

项目	裂隙含水岩层注浆孔涌水量（L/min）						破碎岩层中冲洗液漏失量（L/min）		
	＜50	50～100	100～200	200～500	500～1000	＞1000	＜50	50～80	80～100
浆液类型	单液水泥浆	单液水泥浆	单液水泥浆	水泥—水玻璃浆液	水泥—水玻璃浆液	水泥—水玻璃浆液	单液水泥浆	单液水泥浆	水泥—水玻璃泥液
浆液起始浓度（水灰比）	1.5∶1.0～1.0∶1.0	1.0∶1.0～0.8∶1.0	0.8∶1.0～0.6∶1.0	1.0∶1.0～0.8∶1.0	0.8∶1.0～0.6∶1.0	0.6∶1.0	1.0∶1.0～0.8∶1.0	1.0∶1.0～0.8∶1.0	1.0∶1.0～0.8∶1.0
水泥外加剂用量（%）	氯化钙3%～5%或水玻璃3%～5%或三乙醇胺0.05%及食盐0.5%			—	—	—	氯化钙3%～5%或水玻璃3%～5%或三乙醇胺0.05%及食盐0.5%		—
水玻璃浓度（Be′）	—	—	—	35～40	35	30～35	—	—	35～40
水泥浆与水玻璃体积比	—	—	—	1.1∶0.8～1.0∶0.8	1.0∶0.8～1.0∶0.6	1.0∶0.6～1.0∶0.3	—	—	1.0∶0.5
凝固时间（min）	300～480			2～3	1～2	＜1	600	300～400	2～3

本规范用词说明

1　为便于在执行本规范条文时区别对待，对要求严格程度不同的用词说明如下：

1） 表示很严格，非这样做不可的：
正面词采用“必须”，反面词采用“严禁”；

2） 表示严格，在正常情况下均应这样做的：
正面词采用“应”，反面词采用“不应”或“不得”；

3） 表示允许稍有选择，在条件许可时首先应这样做的：
正面词采用“宜”，反面词采用“不宜”；

4） 表示有选择，在一定条件下可以这样做的，采用“可”。

2　条文中指明应按其他有关标准执行的写法为“应符合……的规定”或“应按……执行”。

引用标准名录

《锚杆喷射混凝土支护技术规范》GB 50086
《沥青路面施工及验收规范》GB 50092
《水泥混凝土路面施工及验收规范》GBJ 97
《混凝土强度检验评定标准》GB/T 50107
《混凝土外加剂应用技术规程》GB 50119
《建筑地基基础工程施工质量验收规范》GB 50202
《煤矿井巷工程施工规范》GB 50511
《污水综合排放标准》GB 8978
《用电安全导则》GB/T 13869
《金属非金属矿山安全规程》GB 16423
《混凝土泵送施工技术规程》JGJ/T 10
《普通混凝土配合比设计规程》JGJ 55
《公路路基施工技术规范》JTGF 10
《公路路面基层施工技术规范》JTJ 034

中华人民共和国国家标准

有色金属矿山井巷工程施工规范

GB 50653—2011

条 文 说 明

制　订　说　明

本规范是根据原建设部《关于印发〈2006年工程建设标准规范制订、修订计划（第二批）〉的通知》（建标〔2006〕136号）的要求，由中国有色金属工业建设标准规范管理处组织十四冶建设集团有限公司会同铜陵中都矿山建设有限责任公司、中国瑞林工程技术有限公司、长沙有色冶金设计研究院等单位共同编制而成。

在规范编制过程中，编制组学习了国家有关法律、法规和现行经济技术政策，进行了考察调研，在原中国有色金属工业总公司标准《有色金属矿山井巷工程施工及验收规范》YSJ 413—93的基础上，总结了多年来行之有效的实践经验和科研成果，广泛征求意见，形成本规范。

为便于大家在使用本规范时能正确理解和执行条文的规定，编制组根据《工程建设标准编写规定》的要求，按照章、节、条的顺序，编制了《有色金属矿山井巷工程施工规范》条文说明，对条文规定的目的、依据以及执行中需注意的有关事项进行了说明。但是，本条文说明不具备与规范正文同等的法律效力，仅供使用者作为理解和把握规范规定的参考。

目　次

1　总则 …………………………… 1—37—43
3　基本规定 ………………………… 1—37—43
4　竖井施工 ………………………… 1—37—45
4.1　一般规定 ……………………… 1—37—45
4.2　表土段竖井施工 ……………… 1—37—45
4.3　基岩段竖井施工 ……………… 1—37—46
4.4　盲竖井施工 …………………… 1—37—47
4.5　竖井穿过局部不良岩层施工 …… 1—37—47
4.6　竖井井筒延深 ………………… 1—37—47
5　斜井与斜坡道施工……………… 1—37—47
5.1　一般规定 ……………………… 1—37—47
5.2　斜井、盲斜井施工 …………… 1—37—48
5.3　斜井反井施工 ………………… 1—37—49
5.4　斜坡道施工 …………………… 1—37—49
6　巷道与硐室施工………………… 1—37—49
6.1　一般规定 ……………………… 1—37—49
6.2　巷道施工 ……………………… 1—37—50
6.3　硐室施工 ……………………… 1—37—50
6.4　锚喷支护监测 ………………… 1—37—51
7　天井与溜井施工………………… 1—37—51
7.1　一般规定 ……………………… 1—37—51
7.2　垂直天井、溜井施工 ………… 1—37—51
7.3　分支溜井及溜井底
　　部结构施工 …………………… 1—37—53
7.4　倾斜天井、溜井施工 ………… 1—37—53
8　采切工程施工 ………………… 1—37—53
8.1　一般规定 ……………………… 1—37—53
8.2　采切巷道、切割上山施工 …… 1—37—53
8.3　漏斗川、漏斗施工 …………… 1—37—54
8.4　采场天井、溜井施工 ………… 1—37—54
9　永久支护工程施工……………… 1—37—55
9.1　一般规定 ……………………… 1—37—55
9.2　混凝土搅拌、运输 …………… 1—37—55
9.3　钢筋制作、安装 ……………… 1—37—56
9.4　立模 …………………………… 1—37—56
9.5　支护 …………………………… 1—37—57
9.6　养护、拆模 …………………… 1—37—58
9.7　试件制作 ……………………… 1—37—58
10　防水与治水工程施工 ………… 1—37—58
10.1　一般规定…………………… 1—37—58
10.2　探、放水施工……………… 1—37—59
10.3　注浆材料…………………… 1—37—60
10.4　地面预注浆施工…………… 1—37—60
10.5　竖井工作面预注浆施工…… 1—37—61
10.6　斜井、斜坡道与巷道
　　　工作面预注浆施工………… 1—37—61
10.7　后注浆施工………………… 1—37—62
11　辅助工作……………………… 1—37—62
11.1　凿井井架及悬吊设施……… 1—37—62
11.2　竖井凿井提升……………… 1—37—64
11.3　斜井凿井提升……………… 1—37—65
11.4　通风………………………… 1—37—65
11.5　排水………………………… 1—37—66
11.6　压风………………………… 1—37—66
11.7　供电………………………… 1—37—66
11.8　信号、通信及监视………… 1—37—67
11.9　井下照明…………………… 1—37—68
12　工业卫生……………………… 1—37—68
12.1　一般规定…………………… 1—37—68
12.2　井下热害防治……………… 1—37—69
12.3　井下粉尘防治……………… 1—37—69
12.4　井下噪声防治……………… 1—37—70
12.5　井下氡及其子体防治……… 1—37—70
13　环境保护……………………… 1—37—70
13.1　一般规定…………………… 1—37—70
13.2　井下废碴排放……………… 1—37—70
13.3　井下废水排放……………… 1—37—71
13.4　井下废气排放……………… 1—37—71
13.5　地面污水排放……………… 1—37—71
13.6　地面噪声防治……………… 1—37—71
13.7　地面废物处理……………… 1—37—71
附录 A　围岩分级 ……………… 1—37—71
附录 B　混凝土、喷射混凝土
　　　　强度检验方法 ………… 1—37—71
附录 C　喷射混凝土抗压强度
　　　　标准试块制作方法 …… 1—37—72

1 总 则

1.0.1 本规范是在国家现行标准《有色金属矿山井巷工程施工及验收规范》YSJ 413 的基础上，结合有色金属矿山井巷工程施工经验和特点而编制的。本规范强调的如竖井、斜井与斜坡道、巷道与硐室、天井与溜井、采切工程、防治水工程、辅助工作等，都是为加快有色金属矿山建设，保证施工安全和质量而提出的。本规范对施工安全、职业安全卫生、环境保护、节约能源等方面作出了有针对性的规定。

1.0.3 本条强调遵守工程建设程序。有色金属矿山井巷工程的建设程序，在施工阶段应实行招标投标制、项目监理制和项目经理责任制等。

有色金属矿山建设工程的设计文件应经矿山企业主管部门批准，矿山建设工程中的安全设施应经矿山安全生产监督管理部门审查，施工单位必须按照批准的设计文件施工，不得擅自修改设计，严禁边设计边施工，方能保证工程质量。

1.0.4 本条强调矿山井巷工程施工在选择施工工艺、设备和材料时，应坚持的原则。安全可靠是最基本的要求，技术先进是提高效率、节约资源的保证，经济合理是实现工程成本目标的要求。节约能源是经济上的要求，也是社会可持续发展的要求，符合环境保护要求是社会各方面对保护环境的客观要求。矿山井巷工程施工，大量采用国内外先进的施工工艺和先进设备，大大提高了效率，加快了工程进度。如反井钻机法、爬罐法、吊罐法施工天井（溜井），反井法施工竖井，无轨设备在矿山井下的运用，锚喷支护，机械化施工斜坡道，科学合理实施防治水，输送泵浇筑混凝土等。随着矿山开采深度的增加，盲竖井、盲斜井开拓越来越多，防治水任务更显得重要，以及为加快施工进度，缩短建设周期而采取的竖井反井法施工、斜井反井施工等方法。本规范作出了明确合理、切合实际的规定，使本规范更加贴近于实际，对促进矿山建设，起到了技术保证作用。本规范全面贯彻了“安全第一，预防为主，综合治理”的方针，体现了节约能源和环境保护的要求，体现了经济合理、技术先进的要求。

1.0.5 施工中应采取有效措施，这些措施包括合同措施、经济措施、组织措施、管理措施和技术措施，来改善工作条件，保护员工安全和职业健康。对工作条件、人身安全和职业健康等方面的要求，应符合国家现行有关法律、法规、标准、规范的规定。

1.0.6 本规范是在国家现行标准《有色金属矿山井巷工程施工及验收规范》YSJ 413 的基础上，结合有色金属矿山井巷工程特点和施工经验编制的。因此，在有色金属矿山井巷工程施工时，除执行本规范外，还应符合国家现行的其他有关规范的规定，如现行国家标准《锚杆喷射混凝土支护技术规范》GB 50086、《混凝土强度检验评定标准》GB/T 50107、《建设工程项目管理规范》GB/T 50326、《混凝土外加剂应用技术规范》GB 50119、《爆破安全规程》GB 6722、《金属非金属矿山安全规程》GB 16423 等。为保证劳动者的身体健康，国家十分重视企业工业卫生防护和治理工作，制定了相关的法律、法规和标准、规范，矿山井巷工程施工的工业卫生，除应符合本规范外，尚应符合国家法律、法规和现行有关标准、规范的规定。主要有《中华人民共和国尘肺病防治条例》（1987 年）、《中华人民共和国矿山安全法》（1992 年）、《中华人民共和国劳动法》（2007 年）、《中华人民共和国矿山安全法实施条例》（1996 年）、《中华人民共和国职业病防治法》（2001 年）、《中华人民共和国安全生产法》（2002 年）、《工业场所有害因素职业接触限值》GBZ 2、《工业企业设计卫生标准》GBZ 1、《体力劳动强度分级》GB 3869、《高温作业分级》GB/T 4200、《职业性接触毒物危害程度分级》GBZ 230、《粉尘作业场所危害程度分级》GB 5817、《生产过程安全卫生要求总则》GB 12801、《噪声作业分级》LD 80 等。

3 基本规定

3.0.1 本条是对施工单位准入的规定。施工单位应具备相应资质，符合建设行政主管部门发布的资质标准的要求。

施工单位应建立质量管理体系，组建项目管理机构，制订现场管理制度，明确工程质量管理目标，落实岗位责任制，配备合适的管理人员和施工操作人员。

施工单位的质量管理体系应覆盖施工全过程，包括材料的采购、验收和储存，施工过程中的质量自检、互检、专检，隐蔽工程检查和验收，以及涉及安全和功能的项目抽查检验等环节。施工现场应具有能涵盖工程施工内容的标准、规范，做到有据可依。

3.0.2 有色矿山井巷工程施工的特种作业人员主要包括爆破工、信号工、把钩工、电工、焊工、矿井泵工、主扇风机操作工、绞车操作工、主提升操作工、矿内机动车司机、安全检查员等，应由有资质的培训机构进行系统培训，并经理论考试和实际考核合格、取得操作证书后才能上岗操作。未经过培训教育或考试考核不合格者，严禁上岗操作。

特种作业人员必须具有相应的安全知识和操作技能，方能保证施工安全和工程质量。

3.0.3 开工前的准备工作，是建设单位、施工单位、设计单位和监理单位在开工前应掌握的技术资料和应做完的工作，以保证工程开工后能顺利进行。本条所指施工组织设计和施工方案是能指导工程实施、符合工程实际情况的施工组织设计和施工方案。

竖井、斜井、巷道等井巷工程所穿过岩层的地质及水文地质资料，主要是根据矿区地质勘探资料进行预测分析获得的，特别应引起重视的是随着矿山开采深度的增加和开采时间的延长，斜井、巷道工程穿过老窿的情况也越来越多。通过预测分析，制定相应的施工方案，采用合理的施工技术，选择可靠的排水措施，保证工程施工能顺利、安全进行。

3.0.4 施工组织设计的内容一般来讲应包括本条所列内容，在实际工作中可根据工程具体情况，对施工组织设计的内容进行添加或删减。

施工组织设计的编制依据主要包括与工程建设有关的法律、法规；国家现行标准、规范；工程招标文件和施工合同；设计图纸和文件；施工现场条件及工程地质、水文地质、气象、交通、资源条件；施工单位的组织能力、机械装备及技术水平。工程概况应包括项目主要情况及主要施工条件。施工部署应根据工程的特点及可能的施工条件，确定进度、质量、安全、环保及成本目标和合理的施工顺序及空间组织，以及项目管理组织结构型式等。施工总进度计划应根据施工部署进行安排。施工准备包括技术、现场和资金的准备。资源配置计划包括主要工程材料、设备、施工周转材料、施工机具及劳动力配置计划。主要施工方法应对单位工程和主要分部工程所采用的施工方法进行简要说明，同时应对临时用电及工程的重点、难点地段采取的施工措施（方案）进行说明。进度管理计划包括阶段性进度目标及其保证措施。安全管理计划包括确定危险源及其保证措施。质量管理计划包括质量目标的分解及其保证措施。环境管理计划包括确定重要环境因素及其保证措施。成本管理计划包括确定成本目标及其保证措施。其他管理计划包括防火、安保、组织协调、人力、机具、材料等生产要素的管理计划。

3.0.5 施工组织设计是以项目为对象编制的用以指导施工的技术、经济和管理的综合性文件。施工组织设计在施工过程中起统筹和指导作用。为明确各方在编制、审批和批准中的责任作此规定。

3.0.6 本条是对井口、硐口场地平整提出的有关安全、技术、环保和节约利用资源的要求。

3.0.7 本条是施工用水量的确定方法。当生产、生活用水量之和大于消防用水量时，施工用水量应按生产、生活用水量之和确定；当生产、生活用水量之和小于消防用水量时，施工用水量应按消防用水量确定。在节水前提下，施工总用水量按实际计算就可以了。

3.0.8 雨季空气潮湿，甚至出现洪涝灾害，要有防潮和防洪的技术、安全措施。冬期施工易发生冻害，要有预防冻害的技术措施。

3.0.9 有色金属矿山会出现有色金属矿床与煤矿床伴生的现象。在有煤伴生的有色金属矿山，当施工有沼气的矿井和煤及沼气突出的矿井时，应按国家现行煤炭行业的规程、规范的规定执行。

3.0.10 未及时进行支护，易导致浮石伤人、冒落、坍塌等事故的发生，由此而增加临时支护工程量，并危及施工人员和设备的安全。需永久支护的，应及时支护，未支护段的长度，不应大于40m。

临时水沟及时跟进工作面，有利于排水，减少地下涌水对施工的影响。设计水沟与永久支护同时完成，可减少水沟开挖对支护结构的破坏，并保证排水顺畅。

围岩稳固程度、断面大小、支护型式是掘进方式选择的依据。围岩稳固，宜采用全断面法掘进，断面大宜采用导硐法、分部法或分层法掘进。反之，围岩不稳固，宜采用导硐法、分部法或分层法掘进，断面小则宜采用全断面法掘进。同样，支护型式对掘进方式有影响，选择掘进方式时，要考虑支护要求，才能做到安全和方便施工。

光面爆破能减少爆破对围岩的破坏作用，充分发挥围岩自身的稳定性，成型好，并可相应减小安全风险，掘进时宜采用光面爆破技术。

3.0.11 竖井、斜井、斜坡道、巷道、硐室、天井、溜井等井巷工程，穿过软岩、破碎带、老窿、溶洞、断层或较大含水层等不良地层，如不采取安全技术措施，极易造成片帮、冒顶、塌方、泥砂或水突然涌出等，影响施工，甚至造成硐毁人亡等事故。因此本条列为强制性条文，强调应预先制定安全技术措施，并应符合国家现行安全规程的有关规定，以保证安全。必须严格执行。

3.0.12 斜井、斜坡道、巷道、硐室的临时支护型式应根据围岩条件确定。对破碎围岩，应采用管棚法施工，或预注浆法先加固围岩后再进行施工。管棚法施工有两种型式，一种是先打管棚再注浆，另一种是只打管棚不注浆。根据管棚的长度分为小管棚法（管棚长度小于5m）和大管棚法（管棚长度大于5m）。预注浆加固方法常采用工作面预注浆法。

对于较破碎围岩采用锚喷支护或金属支架支护，能及时发挥支护作用，保证施工安全，成本比管棚法、预注浆法低，节约投资。

对易风化岩层，应采用喷射混凝土及时封闭，减少围岩暴露在空气中的时间，以及隔绝围岩与水的接触，提高围岩自身的稳定性。

对易膨胀岩层应采用先让后抗的方法施工。膨胀岩层遇水吸潮极易膨胀，对井壁的破坏性很大，如果处理不当，常危及工程安全和人身安全。应采取治理涌水和井帮淋水的措施，并及时喷射混凝土进行全封闭，隔绝水源，必要时，可打锚杆和挂网加固。

采用金属支架时，支架间应相互连接，固定牢固，背板应背实、背严，严禁架空心箱，若支架间不相互连接牢固，或背板不背实、顶紧围岩，则地压来或掘进爆破时，容易造成支架倒塌，甚至发生伤亡事故。

采用锚喷作临时支护时，为尽早使喷射混凝土发挥支护作用，以及不至于因爆破时崩落或震掉喷射混凝土，在混凝土混合料中掺速凝剂或早强剂。

临时支护应紧跟掘进工作面，才能充分发挥临时支护的作用，保证施工安全。

在实际工作中，因未严格按本条规定执行，常发生片帮、冒顶，危及施工人员安全，甚至发生重大伤亡事故，教训深刻。本条为强制性条文，在实际工作中，必须严格遵照本条规定执行，确保施工安全。

4 竖井施工

4.1 一般规定

4.1.1 竖井井筒施工方案选择时的主要依据是井筒的深度、直径和井筒穿过的地质及水文地质条件。不同的井筒深度和直径，不同的地质和水文地质条件，所选择的施工工艺和机械装备也不同；相同的井深、直径及地质、水文地质条件，所选择的施工工艺和机械装备也有多个方案。因此，应对不同的施工工艺和机械装备进行技术经济方案的比较，选择最佳的方案和机械装备。

4.1.2 竖井井筒的位置应通过打检查钻孔和对检查钻孔资料的分析、比较，选择地质条件较好、水文地质条件简单的地段确定井筒位置，故井筒宜采用普通法施工。本规范所指的竖井施工是指竖井普通法施工。当井筒穿过流沙、淤泥、卵石、砂砾等不稳定地层时，采用普通法施工困难较大、不安全，宜采用特殊凿井法施工，如冻结法、钻井法、帷幕注浆法等。

4.1.3 井筒凿岩、装岩、提升、支护和排水等设备的综合配套，对井筒施工作业方式有重大影响，不同设备的组合，对施工作业方式的要求也不尽相同。

4.1.4 竖井通过单层涌水量大于 $10m^3/h$ 的含水层时，为保证井筒顺利施工和减少井筒建成后的总涌水量，应采取注浆堵水等防、治水措施。当含水层距离地面（或井口平面）较近时，宜采用地面（或井口平面）预注浆；反之，宜采取工作面预注浆。对因地质资料不清，直接揭露含水层、含水裂隙的井筒，应采用后注浆防治水。

4.1.5 强调检查掘进、支护断面和确定炮孔位置的依据是井筒中心线，在实际工作中，常出现用井壁淋水位置来确定炮孔位置或检查掘进断面的现象，应予改正。

4.1.6 井筒施工激光指向仪一般是安装在测量平台上，受爆破震动的影响，激光光束会发生偏斜，井筒越深，光束偏斜越大，为保证井筒掘进和砌碹的规格尺寸符合设计要求，位置正确，作此规定。在实际工作中，因未按规定用井筒中心线校核激光光束而造成的井筒偏斜现象时有发生，应引起重视。

4.1.7 井筒掘进过程中，当所揭露的岩层与地质资料发生重大变化时，应通知相关单位进行现场勘察，确定是否需要修改设计，如增加钢筋和支护厚度、改变支护结构或施工方法等。

4.1.8 与竖井井筒相连的各巷道、硐室口，应与井筒同时施工，并进行不小于 5m 的永久支护，以保证井筒的整体性，防止因巷道口、硐室口未支护造成片帮、冒顶，危及井筒安全。当巷道、硐室口长度小于 5m 时，应全部进行永久支护。

4.1.9 实践经验证明，利用反井法施工竖井井筒，可减少施工准备期，加快施工进度，缩短建井工期。当井底或中部有通道可利用时，宜采用反井法施工井筒。当井筒较短时，可用反井法直接掘通井口，再由上往下逐段刷砌，完成井筒施工；当井筒较长时，可用反井法施工一段井筒。反井法施工一般常用普通法、爬罐法、吊罐法、反井钻机法等，具体按本规范第 7.2 节的规定执行。

当井筒由上往下正掘与反井相向同时施工时，为保证施工安全，在Ⅰ、Ⅱ级围岩中相距 25m，在Ⅲ级围岩中相距 40m 时应停止反井施工。在Ⅳ、Ⅴ级围岩中，不宜采用反井法施工。

围岩级别的划分，应根据岩石坚硬性、岩体完整性、结构特征、地下水和地应力状况等因素综合确定。本规范的围岩分级采用现行国家标准《锚杆喷射混凝土支护技术规范》GB 50086 中规定的围岩分级标准，具体详见本规范附录 A 的规定。

4.1.10 为防止作业人员坠落反井，确保安全，应用吊盘盖住反井口。用以遮盖反井口的吊盘，宜比反井规格大 0.5m，并用提升设备悬吊。

4.1.11 为指导施工和预测井筒水量变化，应测定井筒涌水量。特别是强调按确定的方法和周期测定井筒涌水量。竖井井筒施工期间，一般按每延深 10m 井筒为一个周期，测定一次井筒涌水量，当掘进至含水层时，虽不足规定距离，至少应在含水层的顶板及底板各观测一次，而不是随意测定。井筒涌水量大小对施工有重大影响，同时，涌水量大小也是影响工程施工和决算的一个重要因素。

4.2 表土段竖井施工

4.2.2 表土层工程地质及水文地质条件、施工技术装备情况是选择井筒表土施工方法的依据。当表土层深厚、地层不稳定、含水量大时，若采用普通法施工，费力费时不安全，宜采用特殊法施工。当表土层坚固稳定、结构均匀且含水量小时，若用特殊法施工，投资大，准备工作量大，不经济，应采用普通法施工。

4.2.3 普通法施工井筒表土层，其施工方法较多，具体应根据表土层工程地质及水文地质条件、施工技术装备情况确定。当表土层为粘土及砂质粘土层，土质结构均匀，抗压强度大于0.25MPa，含水量较小时，可采用井圈背板法施工。在稳定性较差的松散表土层，厚度不大的砂层，涌水量不大的卵石层及风化岩层带中，可采用吊挂井壁法施工，吊挂井壁法包括吊挂井壁和套壁法。当流沙、淤泥层位于表土层浅部(埋深小于20m)，而且是厚度不大的夹层时，可采用吊挂井壁斜板桩综合法施工。当表土层中砂层虽涌水量大，但含有胶结性粘土层、深度在60m以内时，可采用井外疏干孔降水锚喷临支吊挂井壁法施工。当表土层坚固稳定，结构均匀，且含水量小时，可采用锚喷临支法施工。

4.2.4 表土段井筒施工提升方式的选择正确与否，对井筒正常实施有较大影响，一般情况下，应尽早安装凿井井架，有利于加快施工速度。当表土松软、不稳定，允许承载力小于2.5MPa或涌水量大于10m³/h时，应先用简易提升设备完成井颈掘砌后，再安装凿井井架。由于简易提升设备施工速度慢，安全性差，故井筒施工深度不宜超过15m。

4.2.5 表土段井筒施工，应设置临时锁口。临时锁口由井颈上部的临时井壁和锁口框组成，以固定井位、封闭井口、安装井盖和吊挂掘进用支架等。临时锁口的结构型式、构件材料和断面，应根据井口大小、形状及表土特征等因素确定，并应符合封闭严密、保证井下作业安全的要求。

4.2.6 根据现行国家标准《金属非金属矿山安全规程》GB 16423—2006第6.1.2.1条的规定，表土段井筒施工期间，井内应设带护圈的梯子供人员上下，梯子应固定牢固，或者应采用凿井提升设备升降人员。

4.2.7 井筒一般均采用提升机提升吊桶的方式施工。当井深大于40m，吊桶在井内运行时，容易发生大的摆动，为避免发生意外，保证施工安全，井深大于40m时，应安装吊盘，设置稳绳，通过滑架起到稳定吊桶的作用，吊盘起到安全保护作用。

4.2.8 为保证永久井颈的完整性，永久井颈宜一次砌筑。砌筑永久井颈时，应按设计预留管线口、梁窝和其他预埋洞口以便施工，当条件不具备时，如井口设备、井塔结构尚未确定等，永久井颈的井口段应采用砖、石或砌块临时封砌。

4.2.9 采取降低工作面水位的措施，可增强井壁的稳定性，加快施工速度。

4.2.10 设置沉降观测点定期观测，是为了及时掌握施工期间表土沉陷和主要结构物的变形、位移情况，以指导施工，确保安全。

4.3 基岩段竖井施工

4.3.1 基岩段竖井井筒施工，宜优先采用短段掘砌法施工，其段高不宜大于4m。短段掘砌法施工，在掘进后，能及时进行永久支护，围岩暴露时间短，一般不需要采取临时支护措施，简化了工序，节省了临时支护的费用和时间，容易实现机械化作业，并可节省掘砌转换、集中排水、清底和吊盘及管线反复起落时间，施工速度快、安全，但井壁接茬多，封水性能差。

当井筒净直径大于5.5m，基岩为Ⅰ、Ⅱ级，涌水量小时，可采用掘砌平行作业，其段高不宜大于40m。掘砌平行作业组织工作复杂，要求管理水平高，井壁接茬较少，封水性能较好，但要求使用柔性掩护筒或金属掩护筒，或采取锚喷作临时支护，工序多，施工速度较慢，安全管理难度较大。

当井筒净直径等于或小于5.5m时，可采用掘砌单行作业，其段高应根据围岩类别和临时支护型式确定。掘砌单行作业，可采用大段高，组织工作简单，井壁接茬少，封水性能好，但井帮管理要求严格，一般均要采取临时支护措施，工序多，成本高，施工速度慢。

4.3.2 井筒掘进时采用临时支护措施，其段高可适当增大。本条规定是根据多年施工经验，为保证施工安全而作出的，在Ⅲ级及其以上围岩中，一般不采用井圈背板支护。井壁淋水影响锚喷支护效果，并易加快井壁软弱结构面的发展。因此，当井壁有淋水时，应先采取堵、截、导、治等治水措施，再进行锚喷支护。

4.3.3 钻架凿岩速度快，并可打中深孔、深孔，能加快施工速度，但采用钻架受井筒净直径的限制，当井筒净直径小于5m时，宜采用多台手持式凿岩机凿岩，当井筒净直径大于5m时，宜采用钻架配多台高效凿岩机凿岩。钻架在升降和使用时，应注意排除与吊桶、抓岩机、排水设备等的相互干扰。

4.3.4 为加快掘进速度，减少工序转换次数，基岩稳定的井筒掘进应采用中深孔、深孔爆破，为保证井筒掘进质量，减少对围岩的破坏，应采用光面爆破技术。施工前，应根据所用设备性能、围岩性质和爆破器材等，编制爆破设计，并严格执行。

炮眼眼痕大于孔长的70%，算1个可见眼痕炮眼。平均线性超挖值为检查横断面的超挖面积与井筒周长之比。

4.3.6 井筒掘进一般都有水，宜选用防水炸药。井筒内使用设备较多，为防止杂散电流引起早爆事故，宜采用导爆管，导爆管长度应与炮眼深度相适应并满足连线要求。为安全起见，起爆管宜采用磁电雷管并用起爆器起爆。

4.3.8 抓岩机及吊桶的选择，主要是根据井筒净直径来确定的，抓岩机与吊桶一方面要相互配套，另一方面要考虑运行时的安全间距要满足要求。

4.3.10 井筒施工机械化配套是否得当，对成井速度有重要影响。在进行机械化配套时，要考虑以下几个方面：一是一次爆破方量与装岩能力的配套，要求尽可能采用中深孔、深孔爆破，增加一次爆破方量，可减小装岩准备和清底占用整个循环时间的比例，一次爆破方量一般不宜低于1h装岩能力的4倍～5倍；二是装岩能力与提升能力的配套，要求提升能力应大于装岩能力，保证抓岩机能不间断地工作；三是抓斗容积与吊桶容积的配套，要求在井筒布置允许的条件下，应尽量加大吊桶和抓斗容积，吊桶容积宜为抓斗容积的4倍～5倍；四是提升能力与排碴能力的配套，要求排碴能力应大于提升能力；五是井筒掘进能力与支护能力的配套，支护能力要能满足掘进能力的要求；六是排水能力与涌水量的配套，排水能力要大于涌水量并保证井筒正常施工的要求。表4.3.10是集多年施工经验总结出来的。

4.4 盲竖井施工

4.4.1 盲竖井施工，由于井下空间狭小，布置困难，要求尽可能利用永久设施、设备，如提升机硐室、绳道、天轮硐室、提升机及天轮等，布置要合理，结构要紧凑，尽量减少措施工程。

4.4.2 选择盲竖井施工方法和设备时，要考虑设备大件如何运输的问题，这是与明井施工的最大不同之处。巷道不能满足运输设备大件的要求时，一种选择是采用其他设备代替该设备，另一种选择是对现有运输通道进行改造，加大断面，以满足运输要求。

4.4.3 盲井筒一般是先施工井口以上的井筒、天轮硐室、卷扬机硐室及绳道，不论围岩稳定与否，为保证安全，井口以上的井筒、天轮硐室应完成永久支护，并完成提升设施的安装后，才可由上往下施工盲竖井。

4.4.4 反井法施工速度快，准备工作量小，当有条件时，宜采用反井法施工盲井筒。井筒较短时可采用反井直接施工到盲井井口平面。注意贯通时应采取可靠的安全措施。井筒较长时，可用反井施工一段盲井筒，争取最短时间内与由上往下正掘的井筒贯通。贯通后的井筒刷大和井壁支护应由上往下逐段进行。

4.4.5～4.4.7 盲竖井施工的井口平面运输、通风、排水系统应与井口平面的生产、基建现有系统联系起来，才能最大限度地减少交叉干扰的矛盾，保证施工的正常进行。

4.5 竖井穿过局部不良岩层施工

4.5.1 竖井井筒穿过软岩、破碎带，宜采用短段掘砌或采用锚网喷法、吊挂井壁法、斜板桩法等临时支护措施通过。掘进时采用风镐破岩或采用浅孔小药量爆破，尽量减少对围岩的震动，掘进后及时进行永久砌碹支护。具体采用的施工方法，应根据工程地质及水文地质的实际情况确定。

4.5.2 在地质条件复杂、溶洞裂隙发育、含水量大的地段，多年实践经验证明，注浆法是一种有效的施工方法。先注浆堵塞裂隙、隔绝水源、加固围岩，再采用短段掘砌法施工。

4.5.3 有色金属矿山常见的膨胀岩层有高岭石粘土层、长石石英岩、泥岩及花岗岩等，应采用先让后抗的方法施工。膨胀岩层遇水吸潮极易膨胀，对井壁的破坏性很大，如果处理不当，常危及工程安全和人身安全。应采取治理涌水和井帮淋水的措施，并及时喷射混凝土进行全封闭，隔绝水源，必要时，可打锚杆和挂网加固。

4.6 竖井井筒延深

4.6.1 本条为强制性条文，必须严格执行。为保护井筒延深时施工人员的安全，免受生产水平提升容器、碴石等坠落物的威胁，必须设置与上部生产水平隔开的保护设施。如果不设置与上部生产水平隔开的保护设施，必将造成严重的安全事故，施工人员也不敢进行作业。井筒延深时的保护设施有两类：一类是预留岩柱保护，另一类是人工构筑的保护盘。本条为强制性条文，必须严格执行。

4.6.3 预留保护岩柱有两种方法，即全断面法和部分断面法。对采用延深间或梯子间由上向下延深井筒时，应采用部分断面法；而利用辅助水平下向延深井筒和上向延深井筒时，应采用全断面法。在保护岩柱下方应紧贴岩柱搭设护顶盘，并用板材背紧封严，防止岩石松动冒落。护顶盘并不支撑岩柱的全部重量。

4.6.4 人工保护盘的结构型式主要有水平保护盘、楔型保护盘、斜保护盘和柔性保护盘。

4.6.5 延深井筒所处位置的施工条件，是选择施工方案的主要依据。采用下向或上向延深井筒，都要设置相应的提升、悬吊设施和运输通道。因此，要开凿辅助水平。而不同的施工方案对辅助水平的要求也不一样。

4.6.6 拆除保护设施时要精心组织、集中力量实施，尽量缩短矿井停产时间。特别要注意最后平台梁的拆除方案，应保证可靠、安全。

5 斜井与斜坡道施工

5.1 一般规定

5.1.1 对稳定表土层、小断面的斜井，宜采用全断面法开挖，掘进工作面与永久支护间的距离不宜大于5m；斜坡道和断面较大的斜井，宜采用导硐法开挖，并应控制导硐的长度和断面，以保证施工安全。

对不稳定表土层，应采用明槽开挖或超前支护法施工。明槽开挖要控制开挖长度和边坡，并做好边坡防护。

5.1.2 斜井、斜坡道施工，排水很重要。如果地下涌水不能及时排除，则会严重影响施工进度。因而应在施工前，根据水文地质资料确定排水方案，设置排水设施，以防因准备不周而导致淹井事故的发生。排水设施包括排水设备、管路和水仓等。

鉴于斜井施工中，常用电动潜水泵排除工作面的水，经常发生潜水泵漏电伤人事故而作出的规定。斜井施工时工作面的水主要是地下涌水，当水较小时，可用风泵排至临时水仓或箕斗内。当水较大时，应选择安全可靠的排水设备，如喷射泵、卧泵等。

5.1.3 斜井、斜坡道井口采用明槽开挖时，应使斜井、斜坡道掘进断面的顶部与原土顶面（老土层）之间的距离不小于2m，作为确定明槽开挖深度的标准，明槽边坡允许值应符合现行国家标准《建筑地基基础工程施工质量验收规范》GB 50202的规定，以方便进硐和保证进硐时的安全。

5.1.4 井（硐）口岩层风化严重，易失稳，且由于开挖后破坏了山体的稳定性，易发生滑坡。因此，进硐时应采取短段掘砌，必要时应采取超前支护，以保证施工安全。在实际工作中，因进硐方法不对，造成的事故不少，应引起重视。

5.1.5 含水层地段应采用混凝土砌碹，以便封堵水源，减少或避免含水层内的水流入斜井、斜坡道内。浇筑混凝土时，应采取防水措施，以保证混凝土质量。对淋水较大的地段或大于 $0.5m^3/h$ 的集中出水点，宜采用注浆堵水。

5.2 斜井、盲斜井施工

5.2.1 本条为强制性条文，必须严格执行。斜井施工是一项危险性较大的工作，防止跑车是斜井施工的重要任务之一。斜井提升容器有矿车和箕斗，矿车提升要经常在井口摘挂钩，而箕斗提升很少摘挂钩。在井口设置阻车器是为了防止在斜井井口摘矿车挂钩时，矿车自溜跑入斜井，导致跑车伤人事故。阻车器要与提升机连锁，只有发出矿车下放指令后，矿车才能通过阻车器。当提升容器通过阻车器进入斜井后，还有可能发生跑车。因此，在井口下20m和工作面上方15m～30m，应分别设保险杠，由专人或信号工负责看管，以防跑车冲入工作面发生伤人事故。工作面上方的保险杠应随工作面的推进而及时向前移动，以紧跟工作面。

斜井施工过程中，在提升的同时，斜井内人行道上经常有人行走，加之斜井施工期间，轨道不可能安装得很规整，提升容器发生跳车会危及行人安全。因此，要在斜井的人行道一侧，每隔30m～50m设一躲避硐室，以便提升容器通过时，行人能及时就近进入躲避硐室避让。

本条是根据现行国家标准《金属非金属矿山安全规程》GB 16423—2006第6.1.3.3条的规定制定的，为强制性条文，必须严格执行。

5.2.2 行人在斜井中行走时易发生因滑倒、摔倒甚至滚落致伤的事故，如果没有踏步、梯子，人员行走时极易行走在轨道中间，容易被提升容器碰伤，并且随着斜井坡度的增加，人员行走越来越困难，发生事故的可能性越来越大，因此，斜井施工时，应根据斜井坡度分别设置踏步、扶手和梯子，以方便人员行走，保证行人安全。在斜井施工中，因工作面要放置施工设备，踏步、梯子不可能紧跟工作面，要留有一定距离。本条是参照现行国家标准《金属非金属矿山安全规程》GB 16423—2006第6.1.1.7条的规定制定的。

5.2.3 斜井坡度大于20°时，易发生坠物、滚石等事故，因此除锚喷支护外，不宜采用掘进、支护平行作业。

5.2.4 斜井中设置管座时，如果管座不落在实处，生根不稳，在管道安装后易发生管座、管道下滑移动现象，或者运行设备发生跳车时，管座、管道易被冲撞而飞落而下，容易造成人员伤亡和设备损坏事故。

5.2.5 斜井内的耙斗装岩机易发生下滑和前倾，因此必须固定牢靠。当斜井倾角大于25°时，耙斗装岩机只用卡轨器还不能满足安全要求，还应增设防滑装置，以防下滑伤人。一般采用打锚杆并用钢丝绳固定的方式，作为防滑装置。

5.2.6 为了保证与斜井相连的各水平巷道和硐室在施工时，不至于影响斜井的施工和使用，不至于对斜井内设施造成大的损坏而作出的规定。各水平巷道是指与斜井各个水平面上相通的巷道。

5.2.7 在倾角大于10°的斜井中安装的轨道，在倾斜方向力的作用下会产生下滑现象，易发生跳车等事故，因此，应采取防滑措施进行加固。

5.2.8 斜井施工时，应采取分段截排水的方法，使流入工作面的水量减至最小，改善工作面的施工条件，并可降低排水费用。分段截排水应根据含水层情况，采取分段截流、多道排水，设置临时水窝等，将斜井内顺坡流下的水截入临时水窝或转水站内，及时排除，减少和避免地下涌水直接流入工作面而影响正常施工，是加快斜井施工进度的一个关键问题。

5.2.9 为减少人员上、下斜井的难度及不必要的体力和精力损耗，让他们把有限的体力和精力用到生产工作中去，避免因人体疲劳而发生安全事故，体现以人为本、人文关怀的精神，故作此规定。

5.2.10 斜井中段连接处断面多变，施工难度大。斜井中段连接处施工时，要合理选择施工方法和确定施工顺序，要特别加强牛鼻子保护，以免因施工方法不当造成牛鼻子位置的破坏，从而延伸牛鼻子至中段连接处起点的距离，增大中段连接处的暴露空间，这样极易发生冒顶事故。施工方法的选择，应根据围岩稳定情况和支护型式确定。本条对斜井中段连接处的不同种类、不同施工方法作出了详细的规定，在实际工作中，应认真遵照执行。

5.3 斜井反井施工

5.3.1 斜井反井施工，在工作面和井底之间设信号装置，以便联系，行人时，不得进行提升，工作面不得进行有碍行人安全的作业。斜井由下往上施工，排碴、材料运输困难。当围岩稳固时，宜采用电耙出碴，电耙出碴可采用两台接力出碴或采取加长钢绳，通过接、拆钢绳的办法，用一台电耙出碴。在实际工作中，要注意不能只顾开挖，不顾出碴，而将岩碴任意堆放在井筒内，造成通道堵塞，无法施工。当围岩较差，需要进行永久支护或反掘斜井较长时，应设反向提升装置，用绞车提升矿车运输。绞车安装在井筒底部，通过导向轮实现反向提升，应注意在井筒顶部也应安装导向轮。

由于斜井反井施工，不可能安装大型提升机，只能采用一般绞车提升，其制动性能较差，或电耙出碴时，钢绳摆动大，容易伤人。因此，电耙出碴或反向提升时，井筒内不得行人，以免造成人身伤亡。本条为强制性条文，必须严格执行。

5.3.2 斜井反井施工，电耙钢绳或提升钢绳摆动大，加之掘进爆破时，岩碴易往下飞落，因而要求风水管、风筒、电缆安装要高，一般宜在斜井起拱线附近。斜井反井施工通风条件差，加之电耙出碴粉尘大，因此，应采取加强通风和综合防尘措施。反井提升不得采用翻转式矿车，可选用底卸式、侧卸式或固定式矿车，矿车应与提升钢绳连接牢固，并应经常进行检查，确认是否连接牢固，以防飞车事故的发生。提升绞车、电耙、耙斗装岩机等应有防滑、防倾措施，可采取打地锚和顶撑加固，导向轮应固定牢靠。

5.4 斜坡道施工

5.4.1 当装车调头硐室无永久工程可利用时，斜坡道施工为满足装车（调头）的需要，应设置装车（调头）硐室。装车（调头）硐室间距过大，则出碴速度太慢，影响工程进度。间距过小，则因硐室规格较大，措施工程量增多，增加了工程投资，不经济。另外，为减少不必要的支护量，装车（调头）硐室宜选择围岩条件较好地段施工。

5.4.2 斜坡道在不设人行道时，就应设躲避硐室，以保证无轨设备通行时，行人能就近进入躲避硐室躲避，躲避硐室的间距既不能过大，也不能过小。

5.4.4 斜坡道施工，运输道路易受地下水侵蚀、损毁，故应在斜坡道两侧设置水沟排除地下涌水，并保持排水畅通。运输道路的好坏、畅通与否对工程施工进度有重大影响。因此，应做好运输道路的维护工作，以加快运输速度，加大运输流量，加快工程施工进度。

5.4.5 斜坡道要通过大型车辆、设备，路面要承受车轮的荷载，对路基有较严格的要求；若路基强度达不到设计要求，则易导致路面基层及面层的破坏；路基内的泉眼、侵蚀性地下水会导致路基强度的降低和毁坏基层及面层，因而应进行处理。基层主要起路面成型和找平作用，应保证密实度。在铺筑沥青路面前，应将基层表面清扫干净，并浇洒一层沥青粘层，使沥青混凝土面层与基层粘结牢固。在斜坡道内铺筑沥青混凝土路面时，由于井下通风不良，应加强通风，采取措施，保证施工人员安全和防止废风污染井下其他作业地点。

在基岩中的斜坡道一般都采用岩石路基，施工过程中，底板上会粘附有大量岩粉浆、软泥、浮碴等，应清除干净以保证路基强度符合要求。斜坡道掘进时，其底板往往凸凹不平，找平时对垫高的地段应碾压，密实度应符合要求，一般还应进行弯沉检测，以确定其承载能力是否达到设计要求。

斜坡道主要是为了通行车辆、设备，其运输流量较大，为保证路面质量，满足使用要求，应按本条的规定，做好质量控制工作。

6 巷道与硐室施工

6.1 一般规定

6.1.1 硐室一般断面都较大，并且有相当一部分硐室是可根据揭露的围岩情况进行位置选择的，硐室布置在工程地质及水文地质条件良好的地段，即能增加安全性，又能减少或节约支护工程量，降低造价。

6.1.2 机电设备硐室和存放爆破物品硐室都有防潮要求，施工中应按设计的防水等级采用防水混凝土，若达不到要求时，应采取后注浆防水或其他防水措施进行处理。本条是根据现行国家标准《金属非金属矿山安全规程》GB 16423—2006 第 6.5.4 条的规定制定的。

6.1.3 钻爆法施工就是采用凿岩爆破方法进行的巷道掘进，当两个工作面相距 15m 时，不论对穿、斜交或立交，一个工作面的爆破，对另一个工作面施工的人员会带来安全威胁。这种威胁一方面是容易震落井巷墙、顶部的石块，严重时会崩落、崩垮巷道，另一方面忽然爆破，强大的爆破声容易伤害、惊吓人员。本条是根据现行国家标准《爆破安全规程》GB 6722—2003 第 5.3.2 条的规定制定的，为强制性条文，必须严格执行。

6.1.4 在 20m 以内的两条平行巷道，一个工作面爆破，会对另一个工作面造成影响，为防止安全事故的发生，在爆破前应通知相邻工作面的人员撤至安全区域后，才能进行爆破作业。本条是根据《爆破安全规程》GB 6722—2003 第 5.3.2 条的规定制定的，为强制性条文，必须严格执行。

6.2 巷道施工

6.2.1 长距离巷道施工有其特殊性。单轨平巷施工要有调车场，调车场间距过大则严重影响施工进度，过小则增加工程量，也会降低工程进度，具体应根据调车类型确定。若采用道岔型调车时，宜 120m～150m 设一个调车场，若采用翻框型滑车器调车时，宜 50m 设一个调车硐室。道岔型调车场工程量较大，调车方便，机械化程度高。翻框型调车硐室工程量小，灵活，但费力。

斜巷施工一般采用无轨设备，宜每隔 100m 设一个调头（装车）硐室。

6.2.2 巷道掘进，一般都会有地下水出现，为保证正常施工，做到文明生产，临时水沟应跟上工作面，设计水沟距掘进工作面不宜大于 40m，并定期清理水沟，保持排水畅通。下坡施工时，应采取机械排水，否则地下水会淹没工作面，导致施工困难。在实际工作中，水沟未跟上工作面或未定期清理，严重影响了施工的正常进行，应引起重视。

6.2.3 主、副井到底后，必须尽快短路贯通，以便为提升、通风、排水、运输和供电、供风、供水等设施的改造创造良好条件。采取的措施包括确定合理的贯通方式（贯通距离尽可能短，工程量尽可能小）和组织短路贯通的快速施工。

6.2.4 曲线巷道包括平面曲线和竖曲线巷道两类。施工前，应根据测量放线确定的分段长度、曲率半径、平曲巷道的内外侧加宽值或竖曲巷道的顶（底）板加高（深）值，作出施工大样图。凿岩前，测出分段起点至工作面的距离，按施工大样图确定平曲巷道中线左、右侧的尺寸，确定竖曲巷道腰线上、下尺寸。凿岩时，要掌握好方向，控制好角度，以免打偏或打高、打低巷道。

对于平曲巷道，当使用有轨设备装岩时，要特别注意轨道安装位置，应偏向操作阀对侧，以方便人员操作设备，保证安全，否则，易发生人员被装岩机挤伤、挤扁，造成人员伤亡事故，这种事故在实际工作中并不少见，应高度重视。

为保证运输质量，减少跳车、跳道现象的发生，曲线段轨道要加工成弧形，不得采用折线形。

6.2.5 巷道掘进的机械设备组合，应根据断面大小、巷道坡度及运输条件确定，即要突出省时，又要注重机械之间生产能力的搭配。平巷断面较小时，一般均采用有轨设备运输，断面大时，宜采用无轨设备，亦可采用有轨设备运输；斜巷一般均采取无轨设备运输，只是根据断面大小采取不同的运输设备而已。

采用无轨设备施工，增大了通风难度，即要排出炮烟和供入新鲜风满足施工人员的需要，又要排出无轨设备排出的废烟、废气，因此要采取加强通风的措施。

无轨设备施工时对道路的要求高，因为巷道掘进后其底板往往凹凸不平，松软不一，加之地下水的侵蚀，容易造成运输设备打滑、刨坑等，严重地影响运输设备的正常工作，甚至造成掉台、掉班，因此，应采取加强道路维护的措施。

6.2.6 斜巷上向施工与斜井反掘基本相同，其施工方法亦相同。斜巷下向施工与盲斜井正掘相似，但也有不同点，盲斜井一般采用箕斗提升，斜巷下向施工一般采用无轨设备运输或矿车提升。盲斜井一般常采用甩车场连接中段巷道，斜巷下向施工常用平车场连接中段巷道。

提升绞车硐室的长度，主要是根据提升容器调换空、重车的方式确定，当采用转盘调车时，硐室长度一般为 5m～6m，这种方式只适宜于小容量矿车提升；当采用道岔调车时，由于矿车轴距最小为 1.1m，转弯半径最小为 7.7m，防过卷距离 4m，绞车及操作室距离 4m，扣除阶段巷道轨中至边帮的距离约 1m，所以要求硐室长度不宜小于 15m。

斜巷下向施工，排水工作与斜井施工相似，应根据涌水量大小选择排水方案，但斜巷一般坡度不大，并且垂高也不大，因此，宜采用喷射泵排水，当涌水量较大时，应采用卧泵排水，工作面的积水可用风泵排除。

6.2.7 巷道交岔点施工方法的选择主要是根据围岩条件和支护形式确定。交岔点断面多变、技术复杂、施工难度大，施工时要合理选择施工方法和确定施工顺序，对牛鼻子的保护要特别注意，以免牛鼻子施工时遭破坏，增大交岔点暴露空间。

6.3 硐室施工

6.3.1 马头门、箕斗装载硐室断面一般较大，施工难度大，必须编制专项施工方案；为减少上部井筒裸露时间，增加施工安全性，规定竖井井筒掘至马头门、箕斗装载硐室上部 3m～4m 处，应停止井筒掘进，进行井筒永久支护，然后才能往下施工井筒、马头门或箕斗装载硐室。

马头门、箕斗装载硐室与井筒同时施工法可以充分利用凿井设备，并且在硐室施工前的准备工作很少，施工速度快、效率高、成本低。马头门、箕斗装载硐室的施工，应根据围岩条件合理选择施工方法，当采用下行分层掘进反向一次砌碹方法施工时，为保证施工安全，不论围岩稳定与否，均应采用锚喷作临时支护，喷层厚度不宜小于 50mm。

6.3.2 提升机硐室、破碎机硐室及其他大型硐室，断面大，工程量大，施工难度大，为保证施工安全，应采用导硐法施工。开挖时，宜采取先拱后墙法，刷大时为保证安全宜用锚喷作临时支护。拱部开挖一段即应进行永久支护，并逐段进行。拱部永久支护完成后，再进行边侧墙部的逐段掘砌，墙部掘砌完成后，清除中间岩柱，爆破时应采用小药量，以免爆破损坏支护体，最后进行设备基础的掘砌。应注意加强行车梁以上部位的高度、宽度检查，不得小于设计规定，并宜比设计尺寸大 30mm～50mm，以便安装。

6.3.3 防水闸门硐室在矿井发生突然涌水情况下能否发挥作用，除操作正确外，主要取决于设计的正确性和施工质量，因此对设置位置作出了规定。巷道超前防水闸门硐室的距离以 10m 为宜，此距离过小，则当巷道继续掘进时，爆破对硐室及其围岩会产生破坏性影响。但过大会造成加压试验时用水量大大增加，同时当岩性一旦发生大的变化，将会严重影响加压试验，甚至加压试验无法进行。

硐室及其前后不小于 5m 的内外巷道应与硐室同时浇筑混凝土，并应保证结合紧密，不得漏水，是为了增强防水闸门硐室的整体稳定性。

防水门框的找平校正及固定很重要，直接关系到防水门能否正常工作，应引起高度重视。

砌碹后的养护，对保证混凝土质量，提高混凝土的抗渗能力，关系重大。

硐室砌碹后，应进行壁后注浆，砌碹时应预埋注浆管，注浆管的位置应正确，注浆终压要达到设计压力的 1.5 倍。

防水闸门、排泥仓密闭门建成后，应进行抗压试验。可采用水泵注水或采用自然水压注水，试验时逐渐升高水压，并严格注意硐室及附属巷道的漏水、渗水现象，做好记录，认真处理，确保质量。

6.3.4 水仓一般分为内水仓和外水仓，一个使用，另一个做清理。内、外水仓可连接于配水井，也可分别与吸水井相连。若采用配水井连接内外水仓时，在配水井附近掘进时，应注意保持围岩的完整性，应采用控制爆破，在配水井入口处应特别注意混凝土隔离墙质量，防止漏水。

内、外水仓间增加的临时通道，在水仓竣工前应封堵，不得漏水，以防水仓蹿水。

6.3.5 井筒转水站包括竖井、斜井井筒转水站。注意排水扬程应经过计算确定，排水扬程应小于水泵扬程。

为防止水仓内的水渗入井筒内，规定水仓应进行防渗漏处理，可采用金属水箱或混凝土浇筑水仓，并应分隔为 2 个，一个工作，另一个清理。

规定转水站入口处高度不宜小于 3m 是为了方便管线布置及设备进出。

6.3.6 设备基础应与设备相符，才能满足安装要求。在实际工作中，由于设备基础图与实际设备不相符的事例不少，小的方面影响安装，大的方面导致无法安装，只有返工重新浇筑设备基础。为此，特别强调在设备基础施工前，应根据到货设备核对设备基础图。设备基础的开挖、预留孔、浇筑等，应按设计确定的十字线、标高基线进行，以保证位置正确和相互关系符合设计，满足安装要求。在浇筑前，要复查预留孔位置，应准确。在浇筑混凝土过程中，要随时观察、检查预留孔有无变化，若有变化，应及时进行处理。为了不影响安装或不降低安装质量，预留孔内不得残留有模板盒。若采用预埋螺栓时，其位置要准确，外露螺纹要采取保护措施，防止螺纹损伤。采用锚杆基础时，应进行锚杆拉拔试验。

6.4 锚喷支护监测

6.4.1 矿山井下情况千变万化，随着开采深度的增加，特别是接近采场地段，以及含高岭土、长石等矿物质的地段，有的矿山Ⅰ～Ⅴ级围岩，不论巷道宽度是大于 5m 还是小于 5m，都会有变形且变形较大。在这些地段，一般都采用锚喷支护，并根据不同情况，采用二次支护或三次、四次等多次支护。针对多次支护的情况作出规定，目的是为了获得连续、持久的监控量测数据，以利于分析、判断支护体的变化趋势，为设计提供依据，并指导施工。

6.4.3 施工监测在现行国家标准《锚杆喷射混凝土支护技术规范》GB 50086 现场监控量测中有较详细的规定，应按该规范执行。

7 天井与溜井施工

7.1 一 般 规 定

7.1.2 天井、溜井掘进，本身安全威胁就大，施工照明以及施工设备易带杂散电流，采用电雷管时，杂散电流易引爆电雷管，发生早爆造成人员伤亡事故。因此，不得采用电雷管、火雷管，应用导爆管、磁电雷管及磁电雷管起爆器起爆。本条为强制性条文，必须严格执行。

7.1.3 天井、溜井掘进时，爆破产生的炮烟多集中于工作面附近，并且容易造成人员中毒的有害气体往往集中在工作面顶部，必须进行通风处理。而天井、溜井掘进时的通风，多采用压气吹风，通风量的大小及通风时间长短，决定了通风的效果。因此，应经过现场检查确认，检查人员不应少于 2 人。经检查合格后方准作业，以免造成炮烟中毒，发生人员伤亡事故。本条为强制性条文，必须严格执行。

7.1.4 天井、溜井施工，当工作台距坠落接触面超过 2m 时，属高空作业，作业人员必须系好安全带，井脚挂安全网，以保证人身安全。

7.1.5 本条根据现行国家标准《爆破安全规程》GB 6722 的规定制定的。

7.2 垂直天井、溜井施工

7.2.1 垂直天井、溜井施工方法选择，应根据天（溜）井设计高度、围岩稳固程度、工作条件及施工技术装备确定。反井钻机法可适用高度在150m以下的天井、溜井施工，其准备工作量不大，灵活、安全，施工时，先打小导孔，再扩孔，然后用钻爆法由上往下逐段刷砌。因而，在天井、溜井施工中，应优先采用反井钻机法施工。

锚杆悬吊工作平台法，是在实际工作中从普通法中分出来的一种新方法，其施工简单、速度快，但要求围岩要稳固，高度不应大于15m；否则，不安全。

普通法要求围岩要在Ⅳ级及其以上，高度在15m以上、60m以下。小于15m时，用普通法不经济，大于60m而又太费力，速度慢，木材消耗大。当井上、下都有通道与天（溜）井相通，围岩为Ⅳ类及其以上时，采用吊罐法施工速度快、安全，井筒越深，效果越好，可施工到200m。

爬罐法施工安全性好，但要增加爬罐硐室，准备工作多，并且在Ⅳ级、Ⅴ级围岩中锚杆固定困难，导轨易偏斜脱落，因而要求在Ⅰ级、Ⅱ级、Ⅲ级围岩中使用。天井、溜井短采用爬罐法施工不经济，天井、溜井高采用爬罐法施工时很难爬上去，因而规定在30m～150m范围内使用。

在Ⅴ级围岩中，由下往上施工天井（或溜井），不安全，应采用竖井施工方法由上往下施工。

深孔分段爆破法施工天井、溜井安全，但要求钻孔技术高，并且在软岩、破碎地层中易发生塌孔而堵孔，故要求在Ⅲ级及其以上围岩中，对天井、溜井高度的要求，当小于15m时，除去钻窝，所剩无几，不经济，大于60m而又钻孔偏斜大，爆破控制难。

7.2.2 反井钻机法施工天井、溜井，围岩不受限制，其准备工作量不大，钻机布置在井口，采用下行导孔、上行扩孔的方式施工，比较安全，钻机好固定。钻机硐室尺寸，要满足钻机进杆、退杆的要求。导向孔应一次钻到位，好更换钻头，导向孔直径不宜小于200mm，扩孔直径不宜小于800mm。小于800mm，当爆破刷大时，容易堵塞钻孔。导孔钻进前，应根据岩层条件合理选用钻进参数，包括钻压、转速、扭矩、钻头类型及刀具数量等。根据不同岩石性质选用合适的钻头，是提高钻进速度、降低成本的关键。钻进时，应注意观察转速、进尺和泥浆排碴情况。当遇到软硬变化时，应采用小钻压低转速钻进，整个钻头进入单一岩层时，再用适宜的钻进参数；当遇有小钻压进尺快或大钻压不进尺时，应采用慢进或提钻检查。为防止钻孔偏斜过大，每钻进10m，应加入一个稳定器，以减小钻杆摆幅，稳定器与钻孔壁的间隙要适宜，间隔大，稳定器的作用不大，间隙过小，影响钻进。由于天井、溜井高度一般都不大，为防偏斜过大，造成废孔，宜20m测斜一次。发生卡钻时，应立即反向推进，使刀刃脱离岩面，以防损伤机具；重钻时，应用低转速小钻压钻进。由上向下钻导孔时，一般多采用气水混合排碴方式。钻导孔和扩孔，都要使用水，以冷却钻具，故要求钻进时连续供水，不得中断。用大直径钻头扩大钻孔，进度慢，钻头消耗大，成本高。因此，钻孔扩孔后，剩余断面的施工，宜采用钻爆法由上往下逐段刷砌。刷大时，为预防大块碴石堵塞钻孔，应严格控制炮眼间距和炮孔深度。为防止人员坠落，应用悬吊设备悬吊的吊盘盖住钻孔口。

7.2.3 在15m以下的天井、溜井施工中，如采用普通法施工，至7m时将天井、溜井分成人行梯子间及废石间，在废石间下部设漏斗，费时、费工、费料，也掘进不了几米，很不经济，于是出现了“独木靠壁”、“单绳悬吊翻杠法”等五花八门的冒险作业方式。当围岩稳定时，可采用锚杆悬吊平台法施工，从而使短天井、溜井施工作业规范化，实现安全生产。为防止人员踩滑，方便人员上下，梯子距井壁不得小于50mm。

由于天井中间不装隔板，下部不装漏斗，爬梯靠壁直立，人员上下较困难，所以限定在短天井、溜井施工中使用，并规定其施工高度不得超过15m。

7.2.4 为保证人员上下行走方便、安全，天溜井断面内应分隔，可分成2个或3个隔间，梯子间本来应设折返式人梯，但有的天（溜）井断面较小，无法安装折返式人梯。梯子除应固定牢固外，还规定梯子端头应超过平台面1.0m以上，是为保证人员上下时能有可靠的抓握处，以防人员坠落。

凿岩平台为主要工作平台，为防止发生意外，还应在其下部不超过2.0m的地方搭设保护平台，以防止发生浮石或凿岩机砸断平台而造成人员高空坠落的事故。凿岩平台与工作面间的距离是依据凿岩设备与换钎高度确定的。

天井、溜井掘进，每循环均应放碴石，以防碴石固结在天井内造成堵塞，但不能放得过多，以防人员不慎落入碴石间造成伤害。

为了减少爆破对安全棚的冲击力，掏槽孔应对准碴石间。

采用木井框支护时，背板一定要背实、背严，否则在地压作用下或爆破冲击下，易使支架破坏。

7.2.5 吊罐升降过程中，通信很重要，信号不畅通、不可靠时，不准升降吊罐，否则会发生人身伤亡事故。因此，绞车房、停罐水平和吊罐之间必须保证通信畅通。信号线不得设在吊罐钢丝绳孔内，以防钢绳升降过程中损坏信号线，而导致信号失灵。本条第1款为强制性条文，必须严格执行。

吊罐顶部保护盖板应有足够的强度能抵御片帮、冒顶等意外打击，保证人身安全。

绳孔的偏斜不得大于0.5%，是根据现行国家标准《金属非金属矿山安全规程》GB 16423—2006第6.1.4.2条的规定制定的。当天井、溜井段高大于60m时，应增加1个辅助孔，用于下放风水管线和爆破电缆线。绳孔和辅助孔还可以起通风和导向作用。辅助孔的偏斜率不宜大于1.0%。

吊罐在升降过程中，易发生摇摆，应注意处理卡帮，同时，天井、溜井掘进中，容易产生浮石，危及施工安全，应注意处理浮石。

为保证贯通时安全，规定了贯通厚度。

确定乘罐人员的头部与吊罐上部保护盖板间应有100mm的距离，是为防止吊罐升降过程中忽然停止或运动中人员头部撞击盖板，造成伤害。

7.2.6 爬罐硐室的开凿宜顺巷道方向，以减少措施工程量，如天井在巷道正中，可不开凿硐室，但应满足硐室规格的要求。若硐室与巷道垂直，则措施工程量较大。使用单罐时硐室深度宜为4.5m～5.0m，使用双罐时硐室深度宜为6.5m～7.0m。

硐室施工结束，用普通法上掘天井、溜井6m～8m后，可进行导轨和爬罐的安装。安装时应先安曲轨，然后接长硐室内直轨，再安装爬罐，天井、溜井内导轨应在爬罐上方安装。

导轨变形若未校正就安装使用，一则有安全隐患，二则易使天井、溜井的方向出现偏差。

导轨安装应固定牢靠，才能保证爬罐升降正常进行，导轨顶端不能距工作面太近，以防爆破时损伤导轨。

掏槽眼应布置在导轨对侧，以防爆破时岩碴直接冲击导轨，造成导轨损坏。

爆破后一定要检查导轨的牢固程度和方向。

按规定距离校正中线，是为保证天井、溜井掘进方向正确，校核导轨方向是以天井、溜井十字线为依据，以免打歪天井、溜井。

升降罐过程中，要注意处理浮石或卡罐，以防发生浮石伤人或因卡罐发生脱轨坠罐事故。

爆破后及时打开阀门通风和洗尘，排除炮烟，改善工作环境，确保人身安全。

将天井、溜井上部出口封严，清理干净浮石，保证拆除导轨时的安全。

7.2.7 深孔分段爆破成井，速度快、工期短、安全、成本低，但成形不规则，服务年限短。深孔爆破技术要求高，为了保证成井质量，对凿孔、装药、爆破应注意的几个问题作出了规定。

7.3 分支溜井及溜井底部结构施工

7.3.1 为保证施工安全，宜先施工分支溜井，主溜井与分支溜井不得同时施工。为防止人员、设备下滑坠入溜井中，应在主溜井与分支溜井交接处，搭设安全保护平台。

7.3.2 在实际工作中，常发生分支溜井打歪、打偏的现象，为保证施工质量，避免质量事故的发生，作此规定。

7.3.4 溜井施工时，一般是按溜井断面先将溜井掘到设计位置，再进行底部结构的施工，如储矿仓刷大、预埋铁件、浇筑混凝土等，为保证施工安全，应将其上部井壁浮石清理干净，并搭设安全保护平台。

7.3.5 溜井底部结构一般都有预埋件、耐磨层，其安装应按设计进行，底部结构的支护应与其下部硐室的支护连接在一起，以增加其整体性。

7.4 倾斜天井、溜井施工

7.4.1 吊罐法在斜天井、溜井中不安全，故不得使用。宜采用爬罐法施工，导轨安装在倾斜天井、溜井侧壁上，凿岩时增加操作平台。斜天井、溜井也可采用普通法施工，作业人员要系好安全带，以防坠落，凿岩时要增加底撑和横撑。当采用反井钻机法施工斜天井、溜井时，要控制好导孔方向，以防在重力作用下，导孔产生大的偏斜。

7.4.2 斜天井、溜井，只有设中线和腰线，才能指导掘进方向和控制坡度。每5m校核一次中线、腰线，才能保证斜天井、溜井位置正确。

8 采切工程施工

8.1 一般规定

8.1.1 采切工程包括采准工程和切割工程。采切工程施工前，应熟悉勘探地质及基建过程中所收集整理的地质编录资料，了解矿体的形态、产状特征、矿石与围岩界限、地质构造、采矿方法，以及采切工程与基建探矿工程相互之间的关系。

8.1.2 采切工程是在开拓工程结束后，才进行施工的。为进一步摸清矿体的形态、产状、走向长度、厚度、品位等，更准确地控制矿体，进行储量升级，应根据采准、切割工程设计及探矿要求编制施工组织设计，并列出施工顺序及进度要求。

采切工程施工中遇到不良地质情况时，应根据围岩具体情况，可采取锚喷、混凝土砌碹或木支架、金属支架等支护措施。

8.1.3 在开拓、采准、切割工程施工过程中，将工程揭露出的各种地质现象，用图形、文字和表格方式形成地质编录资料。按矿山地质规程的统一规定，地质编录和采样工作紧跟工作面，及时、正确、客观地反映地质现象，通过综合整理，形成完整、系统的地质资料，以便及时认识、分析成矿规律和地质构造，以指导探矿及采切工程的优化设计，以便及时调整采切巷道的位置。

8.2 采切巷道、切割上山施工

8.2.1 采准工程有其特殊性，一是作业面多，二是大量使用电耙出碴、出矿，三是岩体和矿体中游离二氧化硅含量较高，四是通风条件差，五是干燥。因此，采准工程应在矿井总体通风系统形成后进行施工，以缩短局部通风距离，提高通风效果。同时，采准工程施工中，还要加强通风，并采取综合防尘措施，以改善工作面的作业条件，减少和预防职业危害，保护员工的健康。

8.2.2 上、下水平的运输、通风、充填巷道全部施工完毕，上、下平面的矿体已揭露清楚，便于总体考虑、安排中段各采场的布置及施工顺序，以利于加快采场的建设进度。

8.2.3 在缓倾斜中厚矿体，矿房沿矿体走向布置，采用分条分段崩落采矿法时，沿矿体底板设计的切割上山，具有指导下部电耙道施工的作用，见图1。

根据采矿的要求，切割上山的方位是相对固定的，要用已施工完的切割上山的位置指导电耙道施工，才能控制电耙道与切割上山的高度。

如果矿体在某处尖灭或地质情况有变化时，切割上山施工到尖灭处为止，或随地质变化提高或降低，或者先以小规格巷道探矿，后扩成切割上山的规格，则电耙道也随切割上山的终止而终止，或随地质情况的变化，重新设计电耙道坡度后再施工。

切割上山施工时，多采用电耙运输，耙矿时粉尘弥漫，作业条件恶劣，应加强通风防尘工作，以减少职业病的发生，上山内的矿石应及时清除，以利于通风，改善作业条件。

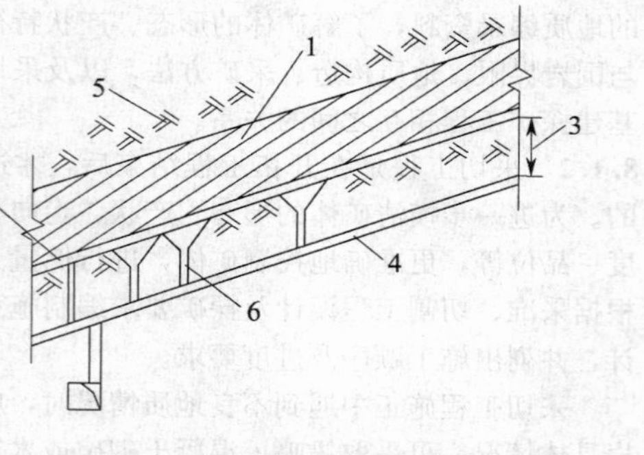

图1 切割上山位置图

1—矿体；2—切割上山；3—漏斗颈、漏斗口控制高度；4—电耙道；5—围岩；6—漏斗颈、漏斗口

8.3 漏斗川、漏斗施工

8.3.1 施工前应熟悉图纸，了解设计意图，合理确定施工顺序。漏斗川开口不应大，要注意控制。

在不稳定的岩层或矿体中施工漏斗川，需支护时，由于漏斗川所处的位置距井口较远，运送各种材料有困难，为保证施工顺利进行，应做好各种施工设备及材料的准备，并及时支护。

8.3.2 为防止漏斗井打歪，影响打眼巷道的稳定，漏斗井一般只施工到拉底巷道的底板标高为止，见图2。

扩漏斗施工方案制订之前，应测出漏斗颈及漏斗周围各种巷道的相对位置实测图，为扩漏爆破设计提供准确的资料。

漏斗颈可在施工漏斗川时，一并掘出，成梨形状，见图3。漏斗颈应严格控制规格，并为扩漏施工创造条件。其施工顺序为电耙道和漏斗川施工完毕，经检验合格后，施工漏斗颈。

一般情况下是在完成采矿中深孔后再行扩漏，其优点是打采矿中深孔方便、安全。此时的扩漏已成为采矿前准备工作的一部分，而不安排在基建时期施工。

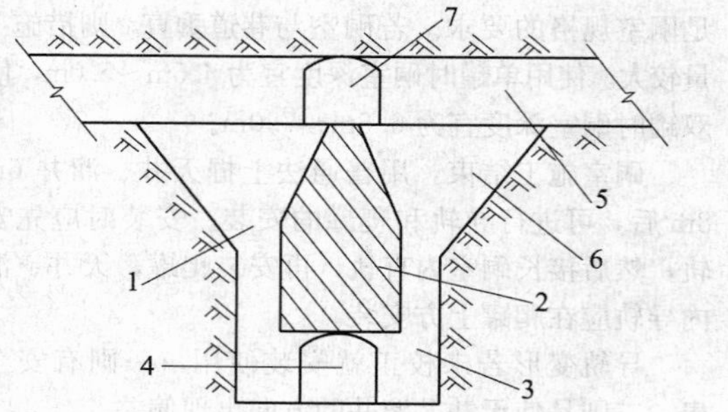

图2 采场底部结构示意图

1—漏斗井；2—漏斗颈（又称梨形巷道）；3—漏斗川；4—电耙道；5—拉底巷道；6—漏斗；7—打眼巷道

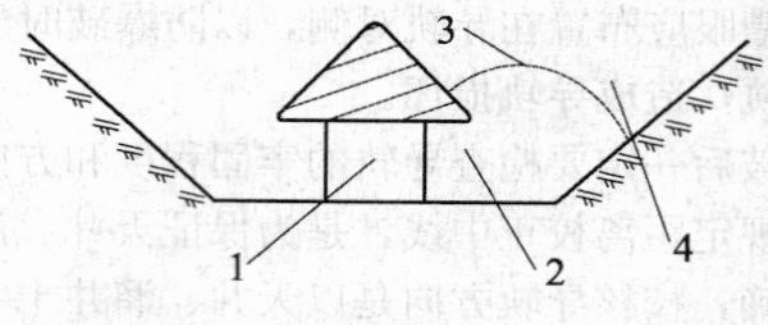

图3 漏斗颈施工示意图

1—电耙道；2—漏斗川；3—漏斗颈（梨形）；4—漏斗

8.4 采场天井、溜井施工

8.4.1 短天井与溜井常用锚杆悬吊工作平台法施工，由于此法受岩石条件和天井角度的限制较小，又不需另外增加施工设备，施工方法简单易行，施工人员容易掌握，所以仍有不少单位采用。

深孔分段爆破施工天井与溜井，设备投资少，作业条件安全，工序简单，直接成本较前种方法低，在一些矿山已经取得较好的效果。因此，高度在20m以内，地质条件适合时，可以推广此种施工方法。

在高天井或岩石较硬的条件下，由于钻孔速度慢，炮孔难以掌握相互平行，给确定爆破参数带来一定困难，影响深孔分段爆破法的使用。

8.4.2 采切工程的一个重要特点是天井、溜井较多。根据矿山经验，相邻工作面相距30m以内时，一个工作面爆破，另一个工作面会震掉浮石，尤其在较松散的岩石中更易掉落。因此应错开爆破时间，爆破时必须事先通知附近天井、溜井的施工人员撤离工作面，以保证其生命安全。在与上水平贯通处，爆破前设警戒哨和标志的目的，是为避免恰好在爆破时有人员通过贯通处造成伤害。本条为强制性条文，必须严格执行。

9 永久支护工程施工

9.1 一 般 规 定

9.1.1 有色金属矿山井巷支护有其特殊性，锚喷支护除执行现行国家标准《锚杆喷射混凝土支护技术规范》GB 50086 的规定外，还应符合本规范的规定。

9.1.2 从源头上控制原材料的质量，对保证混凝土质量具有重要作用。矿山井巷工程永久支护用的原材料，主要是钢材、水泥、砂及碎（卵）石。

9.1.3 各种外加剂都有其特性和适用范围，应根据使用目的予以使用。施工及气候条件，包括工地的操作水平、运输条件、保温养护措施及当时当地的气温等，都是在随着工程进展及时间的变化而变化的。而原材料的变化对外加剂的使用效果也不一样，因此，应经试验确定最佳掺量。使用中若条件发生变化，尚应及时进行试验，调整掺量，以取得最好的支护效果。

当使用碱性外加剂时，若采用含有活性二氧化硅的石材作骨料，易产生碱骨料反应，引起混凝土开裂而破坏。

9.1.4、9.1.5 普通水泥凝结时间较快，早期强度高，抗冻性能好，适宜井巷支护工程耐地压，以及低温条件下要求其强度增长较快的特点，所以多选用普通水泥。但普通水泥由于其早期强度增长快、水化热高，故不宜用于大体积混凝土、受水压作用及有化学侵蚀的工程，而矿渣水泥、火山灰水泥因早期强度增长慢，水化热低，适宜地下和水中工程、有硫酸盐类侵蚀的工程及大体积混凝土工程。选用水泥时，还要根据混凝土工程的特性、支护环境按表 9.1.5 的规定选择适宜的水泥品种。

砂浆锚杆要求安装后能较快发挥作用，故宜用硅酸盐水泥和普通水泥。

9.1.6 软岩、膨胀岩层开挖后，围岩变形大；受动压影响的井巷工程，如采区巷道、硐室、井筒等，动压来时，容易使围岩变形增大。若直接采用如混凝土砌碹，在岩体膨胀或动压的作用下，可使混凝土支护开裂破坏甚至坍塌。而采用锚喷支护，可使支护体与围岩共同发挥作用，并充分发挥围岩自身的承载能力，有效控制围岩变形，并可根据对锚喷支护的监测，进一步掌握围岩位移变化状况以及锚喷受力情况，评价支护效果。当围岩压力释放到一定程度，变形较小时，可进行后期支护。后期支护一般宜采用混凝土砌碹支护。

9.1.7 钢筋的保护层，是保证钢筋与混凝土的共同工作，防止钢筋锈蚀，对增加耐久性具有重要作用。对于井下高湿度环境中的钢筋混凝土工程，混凝土碳化后钢筋锈蚀较快，以及井巷工程由于施工条件的限制，钢筋保护层常常出现达不到要求的情况，甚至出现露筋现象，应引起重视。

9.1.8 混凝土设计强度等级、原材料性能及对混凝土的技术要求，是配合比试验的依据，并应遵循合理使用材料和经济性原则。这是由于各地的原材料变化较大、质量不一，所以混凝土的配合比应根据工程用原材料（包括水泥、水、粗细骨料）经试验确定，而不能千篇一律地采用同一配合比。而经试验室试验提供的配合比，所选用的粗、细骨料含水率与施工现场不一样，并且现场粗、细骨料含水率又因施工方法不同，如骨料是否先润湿，或气候条件的不同而不可能始终保持同一含水率。因此，施工时，应现场测定粗、细骨料的含水率，经计算后确定施工配合比。需要特别强调的是施工配合比应随粗、细骨料实际含水率的变化而变化，是一个动态调整的过程。

9.1.9 在水泥、粗细骨料不变的条件下，水灰比大小对混凝土强度影响最大，水灰比越大，混凝土强度越低，因此，施工中应控制最大水灰比。混凝土中水泥用量太多，造成浪费，而且混凝土中因水泥用量过多而增大水化热，使混凝土产生裂隙而遭破坏。最大水灰比、最小水泥用量的规定是保证混凝土强度及其耐久性的基本要求。表 9.1.9 是根据国家现行标准《普通混凝土配合比设计规程》JGJ 55 的规定制定的。

9.1.10 混凝土砌碹、喷射混凝土的强度检验，是井巷支护工程的必检项目，只有通过强度试验，才能知道施工的混凝土是否达到设计要求。砂浆锚杆的砂浆强度，也是必检项目，在实际中砂浆锚杆的砂浆强度检测常被遗忘。

当试块资料不全，或对判定质量有不同意见时，宜采用超声检测法进行复测。也可采用回弹检测，但其结果只能作参考。若复测混凝土强度低于设计时，应进行分析，查找原因，并采取措施。采取的措施有三类，第一类是由原设计单位根据围岩条件、地压大小，对该支护段进行复算，若能满足安全要求，予以验收；第二类是直接采取补强措施，可采用增加锚杆（或锚索）补强，或喷锚补强，或壁后注浆补强，不论用何种方法补强，均应经计算确认；第三类是拆除重建。

9.2 混凝土搅拌、运输

9.2.1 混凝土配合比是重量比，而实际工作中，常出现体积比，甚至根本就没有比例的问题，也会出现按试验室配合比一成不变使用的现象，应予纠正。不按本条规定实施，会严重影响混凝土的强度，甚至导致质量事故的发生。

9.2.2 混凝土只有充分搅拌，才能拌合均匀，保证混凝土拌合料的质量。当掺有外加剂时，搅拌时间应适当延长；冬期混凝土搅拌最短时间应延长 0.5 倍。

9.2.3 矿山井口、硐口混凝土一般均配有钢筋，且处于露天或接近露天环境，故冬期施工宜使用无氯盐类防冻剂，以降低混凝土冰点温度。

9.2.5 控制混凝土的入模温度，主要是使混凝土浇筑后有一段正温养护期时间，对早期强度增长有利，可使混凝土早日达到受冻临界强度以免遭冻害。但入模温度较难控制，因此规定混凝土出机温度不得低于 10℃，从出机到入模热耗损失一些，入模时不得低于 5℃。

9.2.6 机械搅拌省时省力，又能拌合均匀，易保证混凝土拌合料的质量。只有当现场混凝土量较小，且不具备条件时，如井下多段倒运，运输复杂，不能保证按计划运输混凝土拌和物（含加缓凝剂拌和物和拌和物干料），浇筑现场又不具备安装搅拌机的条件时，才能允许采用人工搅拌。"三·三搅拌法"的操作程序为：按配合比将细骨料倒在钢板上，倒上水泥，人工干拌三次；再倒上粗骨料干拌三次；最后按水灰比计量加水拌三次，混凝土即拌成，可以入模。

9.2.7 竖井采用输料管输送混凝土，是竖井快速施工的主要手段之一。

输料管输送混凝土时的几点规定，是为了保证混凝土拌合物的正常输送、减少输料管的磨损，以及为防止堵管而作出的。

9.2.8 混凝土从拌制到入模，都要求不能受到污染，否则会降低其强度。

矿山井巷工程由于其特殊性，往往运输距离远，特别是深部工程，多段倒运，交叉运输干扰大，时间长，甚至运输无法得到有效保证。

9.2.9 为控制运输至浇筑地点时的混凝土质量变化，应检查其坍落度。混凝土一经受振动即会有离析现象发生，特别是坍落度大的混凝土，在静置时也会发生析水或粗骨料分离现象。而当有离析现象时，不作二次搅拌，则难于捣实，会严重影响混凝土的强度和密实性。

9.2.11 由于井巷工程的特殊性，搅拌站到浇筑地点有较长一段距离，配料人员难于掌握浇筑现场情况，往往造成少配或多配拌合料，影响正常施工或造成浪费。当浇筑现场条件发生变化时，也会造成配好的拌合料不能及时入模而影响混凝土质量。

9.3 钢筋制作、安装

9.3.1 钢筋加工的形状、尺寸符合设计规定，才能使钢筋受力符合设计要求。

9.3.2 本条是由井巷工程的特点确定的。井巷工程空间狭小，空气潮湿，通风条件差，工作面经常处于变动中，故井巷混凝土钢筋一般均采用绑扎方式，仅在硐室钢筋直径较大时采用焊接或机械连接。

9.3.3 钢筋绑扎的原则是使受力钢筋固定在设计位置上，浇筑时受力钢筋不位移，使钢筋处于理想的受力状态。井巷钢筋混凝土施工中，由于受空间的限制，易使钢筋产生超差位移，钢筋绑扎质量尤为重要。

钢筋绑扎接头的最小搭接长度对钢筋混凝土的受力状态有重大影响，只有保证钢筋绑扎搭接长度，才能使钢筋受力顺利传递，避免在接头处发生应力叠加现象。钢筋绑扎接头的最小搭接长度按混凝土强度等级、钢筋类型不同作出了不同的规定，受压钢筋按受拉钢筋的 0.7 倍确定其搭接长度。任何情况下，受拉钢筋的绑扎搭接长度不应小于 300mm，受压钢筋的绑扎搭接长度不应小于 200mm；两根不同直径钢筋的搭接长度，以较细钢筋的直径计算。

9.4 立　模

9.4.1 立柱、碹胎、模板的规格应根据材质、使用条件及架设方式进行计算确定，应具有足够的承载能力、刚度和稳定性，并要考虑到装拆方便，便于绑扎钢筋、浇筑和养护。

9.4.2 临时支架应在立模前拆除，拆除的架数及其长度，应根据每次浇筑混凝土长度确定。其施工顺序为：先加顶撑支撑箱梁，拆除临时支架箱腿，立墙部模，浇筑墙部混凝土，然后拆除箱梁，立拱模，浇筑拱部混凝土。拆除时应采取前进式（竖井井筒拆除临时井圈，应采用后退式），以保证施工人员安全，遇到险情时，人员能及时撤出。在地压较大地段，应采用套箱支架，架箱时，应用中、腰线检查，以保证混凝土厚度，在此情况下，允许把临时支架浇筑在混凝土内。当地压、爆破或其他原因造成临时支架偏斜，混凝土厚度不能保证时，应重新更换偏斜的临时支架。当地压较大又需及时进行浇筑混凝土支护时，可采取诸如加筋、局部加厚混凝土、壁后注浆等加固措施。

9.4.3 掘进断面合格，才能保证混凝土厚度。

中、腰线是检查掘进断面、指导立模的依据，应进行检查，有偏差及时纠正，否则，混凝土的支护质量也会受到影响，在实际工作中，因中线、腰线偏差超过允许范围，造成的质量事故不少，应引起高度重视。

竖井自高空开始浇筑混凝土，是竖井快速施工的基本手段之一，可实现掘砌平行作业。用吊盘、稳绳、井帮托钩架设托盘，要求吊盘要固定牢固，井帮托钩间距要适宜，安装要牢固。

立柱的横撑是起到固定立柱，不使立柱在浇筑混凝土时发生移位，保证混凝土位置正确的作用；碹胎下弦的作用是在浇筑拱脚时，不致因受混凝土挤压而使碹胎两边向中间移位，在浇筑拱顶混凝土时，不致因受混凝土挤压而使碹胎向两侧扩张，以保证浇筑混凝土位置正确。因此，立柱横撑、碹胎下弦不得用作工作台。浇筑混凝土工作台应重新搭设。

立柱、碹胎安装应固定牢靠，在浇筑时，才不会发生模板移位、变形现象，才能保证砌碹质量。预留压缩值，浇筑后才能保证碹体净空尺寸符合设计要求。

9.4.4 浇筑混凝土质量应达到表面平整、光滑、位置正确、尺寸符合要求，而模板组装质量好坏，直接关系到混凝土的砌碹质量。

9.4.5 井巷工程经常遇到平巷曲线和斜巷曲线，其立模方法与直巷不一样，有其自身特点。由于曲线内外弧长不相等，如果每一组模都按曲巷的方法施工，则需制作大量的曲线模板，造成积压和浪费，增加成本，故一般均采用折线立模方法。

9.5 支　护

9.5.1 砂浆锚杆一般均应采取先注浆，再锚固的方式进行施工，这样容易保证砂浆饱满，锚杆支护效果也较好。为使锚杆能与眼孔粘紧，砂浆强度等级不应低于M20，必要时可采用早强水泥。

9.5.2 基槽内有浮碴，易导致砌碹碹体沉降引起开裂。流水容易将水泥浆冲走，积水增大了混凝土水灰比，降低混凝土强度。若积水不能排除，则应采用水下浇筑混凝土的方法施工。

9.5.3 选择输送泵泵送混凝土的浇筑方式，速度快，省工省力，可实现连续浇筑，混凝土连接好，防水性能好。除竖井井筒及与井筒相通的硐室和与上部通道相通的天井及溜井，宜采用溜灰管浇筑方式外，其他井巷工程，只要条件允许，宜采用输送泵浇筑方式。

9.5.4 输送泵靠近浇筑地点布设，泵送阻力小，可大大减少堵管次数。输料管在泵送过程中，前后摆动大，特别是在用压风清管时更为严重，若输料管直接布设在立模支架横梁或碹胎上，容易导致模板走位、偏斜或立模支架及碹胎倒塌。

9.5.5 人工浇筑费工费力，速度慢，施工缝多。掺缓凝剂可延长混凝土凝固时间，减少施工缝。

9.5.6 混凝土自由坠落高度超过2m时，容易造成混凝土离析，影响砌碹质量。此时，应采取措施，如使用斜溜槽、降低出料口高度等。

浇筑混凝土分层施工是为了方便捣固，做到随浇随捣，保证混凝土的密实度。浇筑时为防止模板因受力不均而产生位移，应对称作业。机械振捣能有效保证混凝土的捣固质量，保证混凝土密实度，最大限度地减少混凝土内孔隙，达到提高混凝土强度、满足抗渗和防水要求的目的。

不同的机械，振捣能力不一样，分层厚度也不同，分层厚度应方便施工，以保证混凝土的振捣质量。

9.5.8 井巷工程施工方法有多种，施工缝的留置与施工方法密不可分。

规定横向施工缝应与井筒、巷道中心线垂直，一方面是能使施工缝长度最小，另一方面是使碹体能保持较好的受力状态。

纵向施工缝只能留在斜井、斜坡道、硐室、巷道的墙部，但应避开应力最大、受力最集中的墙拱交接处。斜井、斜坡道、硐室、巷道拱部和竖井、天井及溜井不得留置纵向施工缝，在实际工作中应引起高度关注。

止水带常用的有橡胶止水带、钢板止水带等，埋设时应注意接头和埋设深度。埋设深度宜为带宽的1/2。

为保证设备基础的整体性，受动力作用的设备基础，不应留施工缝。

9.5.9 已浇筑的混凝土终凝后，其抗压强度应达到1.2MPa才能允许人员踏踩和在其上立模，否则会使混凝土碹体遭受破坏。

已硬化的施工缝，应凿毛、湿润和冲洗干净，并铺上一层水泥浆或水泥砂浆，并仔细捣实，使新旧混凝土紧密结合。

9.5.10 在混凝土浇筑过程中，应经常观察模板、支架（含立柱、横梁、卧撑、碹胎等）、钢筋、预埋件和预留孔洞的情况，当发现有变形、移位时，应及时采取加固、拆除、重新立模等措施，以保证混凝土碹体位置符合要求。

9.5.11 竖井井壁接茬处施工较困难，每次浇筑时，应将第一圈井壁留出斜口，以利于接茬。接茬时要塞满填实，以防接缝漏水，接茬表面要平整。出现鼓包应处理，以减少通风阻力，提高井壁观感质量。采用喷射混凝土接茬法，能有效地把上下段井筒混凝土粘结在一起，接缝严密并能起到防水作用，且接茬处无鼓包，较平滑，可减少通风阻力，但比较麻烦，因此，有条件时可采用喷射混凝土接茬法。

9.5.12、9.5.13 壁后充填一是强调密实，二是强调充填材料，三是强调充填接顶。

竖井垂直天井（溜井）壁后充填应特别注意第一圈井壁的壁后充填，当井壁下大上小或壁面较光滑时，除采用混凝土充填外，还应采取在井壁上打锚杆加固，使井壁与支护体连接在一起，以防井筒下掘时，发生支护体“脱裤”现象。

斜井、斜坡道、巷道和硐室等壁后充填应特别注意拱部，实际工作中，拱部充填往往不能及时进行，或充填不密实，或采取关门的办法充填，导致发生人身伤亡事故的事例也不少，应引起高度重视。

9.5.14 后期支护一般均采用混凝土砌碹支护，为刚性支护。后期支护应根据施工监测提供的围岩地压及前期支护体变形实测数据对支护效果进行评价，确定支护时机。支护过早，围岩地压尚未得到有效释放，变形尚未趋于稳定，易造成后期支护开裂破坏；支护过迟，易发生冒顶、片帮甚至引起巷道大面积坍塌。

9.5.15 本条是永久支架应遵守的一般性规定，强调要按中、腰线架设，立柱要落在实底上，支架要背紧，才能最大限度地承受地压，严禁架空心箱；支架之间要相互连接、固定才能起到共同承受地压的作用；支架间距要符合设计要求，当围岩压力较大时，为保证安全，应根据现场实际情况，调整支架间距，否则，易导致支架倒塌。本条规定对非永久支护的支架，也有重要指导作用。不得使用矿石作充填物，是为了保护资源、利用资源和节约资源。

9.5.17 金属支架、钢筋混凝土支架使用时间长，并能加工成拱形，受力好，承载力大，节省材料和掘进工程量。

钢筋混凝土背板耐腐蚀，使用时间长。

9.5.18 在实际工作中，矿车（机车）跳车（跳道）时有发生。永久支架用混凝土、片石混凝土护腿，能增加支架的稳固性，发生跳车、跳道时不至于损坏支架，护腿高度应与矿车、机车高度相当，从轨面上起宜为1m。

9.6 养护、拆模

9.6.1 养护条件对混凝土强度的增长有重要影响，混凝土浇筑后的7d内，是混凝土强度增长最快的时期，需水量较大，浇水养护能使混凝土中的水泥得到充分水化，并降低水化热，防止混凝土开裂，保证混凝土质量。因此，混凝土浇筑后12h内，应浇水进行养护，浇水次数应使混凝土表面保持湿润状态。空气湿度达90%以上时，混凝土表面处于湿润状态。

9.6.2 大体积混凝土在硬化过程中，产生的水化热不易散发，若不采取措施，会由于混凝土内、外温差过大而出现裂缝。

9.6.3 气温低于5℃时，水泥就不再进行水化，当温度低于0℃时，混凝土中的水分被冻结成冰，体积膨胀而易导致混凝土开裂受破坏。

9.6.4 本条是根据国内的实践经验确定的。受冻前混凝土的抗压强度不得低于受冻临界强度。

9.6.5 碹胎和模板对已浇筑的混凝土有支撑作用和养护作用，混凝土强度尚未达到规定的早期强度拆模，容易造成混凝土开裂、脱皮，降低混凝土强度，影响外观质量，甚至造成混凝土倒塌，人员伤亡。实际工作中，常发生因碹胎、模板周转不过来或影响前面施工而提前拆模的现象，应引起关注。当支护体不承受围岩压力时，拆模时间可适当提前，但应保证安全。

9.6.6 竖井、天井及溜井因无顶压，故拆模时间可以提前，对拆模时的混凝土强度要求不高，但应符合本条的规定。拆模时应注意不能损伤混凝土碹体。

9.6.8 改善施工现场条件，做到文明生产，节约资源，减少浪费，是对施工的基本要求。

9.7 试件制作

9.7.1 取样应在现场随机进行，每组试件应从同一盘或同一车中取样。取样应具有代表性，宜采用多次取样方法，一般在同一盘或同一车混凝土中的1/4处、1/2处和3/4处之间分别取样，从第一次取样到最后一次取样不宜超过15min，然后人工搅拌均匀。取样量应为试验所需量的1.5倍，且不少于20L。现场制作试件，一般均采用人工插捣方式，本条规定了插捣的工具、方法和要求。

9.7.4 为掌握混凝土质量，指导施工，如确定拆模期，检验浇筑混凝土的强度等，可试压3d、7d的混凝土强度。

9.7.5 本条规定的试件组数为最少组数。在实际工作中，应按试件所代表的混凝土量大小及工程的重要程度，相应增加试件组数。试件所代表的支护工程量应与实际相符合，并连续，不得间断，才能全面、系统地反映碹体的强度。

10 防水与治水工程施工

10.1 一般规定

10.1.1 为预防掘进工作面直接贯通含水丰富的含水层、含水裂隙、溶洞、断层、老窿等地区，发生突水或透水，造成人身伤亡或井巷淹没等事故，作出本规定。在掘进工作面或其他地点发现有挂红、挂汗、空气变冷、出现雾气、水叫、顶板淋水加大、顶板压力加大、底板鼓起或产生裂隙，出现渗水、水色发浑、有臭味等突水预兆时，必须停止作业，采取措施，撤出所有受水威胁地点的人员。随着地下开采深度的增加，防治水工程显得更加重要，在实际工作中，由于未按本条规定执行，造成重大透水事故不在少数，应特别引起关注。采取先探水，后掘进，可以最大限度地预防透水事故的发生，保证安全。本条为强制性条文，必须严格执行。

10.1.2 井巷工程施工时，应根据工程地质和水文地质资料，在接近含水层时，采取先探水后掘进。在水文地质条件不清的地区，应根据现场岩层和涌水情况，进行涌水量大小的可能性分析，对可疑地段，应先探水后掘进。探水可采用钻探、物探或化探，探水的目的，主要是为了查明水文地质情况。

井巷工程施工防治水，应采取综合治理方法，即“查、探、堵、排”结合。查是通过调查，了解大致的水文地质情况，探是查明水文地质，并取得水文地质资料，堵是采取注浆堵水、预留隔离岩柱、设置防水闸门等，排是采取机械或其他方式排除地下水。

防治水工程应编制设计，编制的依据是工程地质与水文地质条件及井巷工程特征和要求，并应经技术、经济方案的对比分析后，选择确定。防治水的要求一般来讲，应与矿井总体排水方案相结合，并应满足标准、规范的规定和降低井巷施工难度。

10.1.3 地下水对矿山生产和基建的影响程度，取决于它的充水性和富水性。充水性决定地下水对井巷可能造成威胁的轻重程度，富水性决定地下水量大小。施工前，应根据地勘报告，对地下水的充水性、富水性以及地下水对施工的影响程度进行分析，结合矿井总体排水方案，采取防治措施。总体来讲，防治措施包括两类，一类是排放措施，对直接向井巷充水的含水层、含水裂隙、老窿积水等，采取疏放降压方法，对有突水危险的地下水，可化突水为正常涌水；另一类是防堵措施，对含水层、含水裂隙、含水破碎带采取注浆堵水，设防水闸门、防水隔离岩柱，地面改道引流等方法防治。

矿井总体排水方案如果是以排为主，则除竖井井筒应根据涌水量大小采取防堵措施外，其余宜采取排放措施；若矿井总体排水方案是以防堵为主，则应采取防堵措施。

10.1.4 为保证竖井井筒施工能正常进行，做到打干井，单层涌水量大于 $10m^3/h$ 的含水层或 $0.5m^3/h$ 以上的集中出水点，应采用注浆堵水。其他井巷工程根据现场实际情况确定是否采取注浆堵水。

10.1.5 注浆孔的孔位、孔数、孔深应符合设计要求。为保证钻孔的位置正确，钻孔应测斜，其偏斜率应符合本条规定。

10.1.6 在注浆前，浆液配比应现场试验后确定。钻孔成孔后，用注浆泵压清水冲洗孔壁和裂隙中的泥浆及充填物，以提高浆液结石体与岩石裂隙的粘结强度及抗渗能力，一般压水时间为 10min～20min，复注压水时间一般为 20min～30min。注浆管路连接后，应进行水压试验，检查管路连接质量，以保证注浆正常进行。地面预注浆，一般采用在孔内安置止浆塞止浆；工作面预注浆一般采用预留止浆岩帽或浇筑止浆垫，并固定孔口管止浆；后注浆一般采用固定注浆管止浆。

连接孔口管路，用注浆泵进行压水试验，压水试验有三个目的，一是检查止浆效果，二是把裂隙中的充填物推到注浆范围外，以保证浆液充填密实性和胶结强度，三是测量钻孔吸水量，进一步核实岩层透水性，为注浆选用泵量、泵压和确定浆液配比提供依据。

10.1.7 竖井、斜井及巷道工作面预注浆，注浆压力一般都较大，为保证施工安全和注浆质量，必须安装孔口管。孔口管一般采用直径 80mm～108mm 的无缝钢管加工，长度比止浆岩帽或止浆垫总厚大 0.5m。预留止浆帽的孔口管，采用先钻孔，在孔内灌以快凝水泥浆，再插入孔口管的方式安装。止浆垫孔口管安装可采用预埋式和后埋式。孔口管安装固结牢固后，应用不小于注浆终压 1.2 倍的压力进行压力试验，孔口管应不松动、不顶出。否则，应重新安装。

10.1.8 注浆起始浓度确定是否得当，对注浆施工和注浆效果有较大影响。

10.2 探、放水施工

10.2.2 钻探探水的目的，一是为查明地下水的位置、水压和水量，以便确定防治水方法；二是为防止突水造成的危害，将突水转化为人力可以控制的正常涌水。

钻探探水，钻孔超前距、帮距对预防水害有直接关系，而超前距、帮距又与岩层稳定程度、节理发育程度、水压、水量有关。一般情况下，松软岩层超前距、帮距要大；坚硬岩层超前距、帮距可小一些。在坚硬岩层中，若节理发育，地下水导水条件好，钻孔容易揭露地下水，突水可能性小，钻孔超前距、帮距可小；若节理不发育，地下水导水条件差，钻孔不易揭露地下水，突水可能性大，钻孔超前距、帮距要大一些。水压小、水量小，钻孔超前距、帮距可小；水压大、水量大，钻孔超前距、帮距应大。钻孔的深度，应在满足探水要求的前提下，方便施工，减少探水次数和节约探水费用，根据现场实际情况确定。

在预计静水压小于 4MPa，涌水量小于 $40m^3/h$ 地区钻探探水，一旦探孔揭露含水构造出水，可采取后埋注浆管实施工作面注浆堵水，也可以采取后埋孔口管，安装闸门控制放水量，人力可控制。坚硬岩层宜采用浅孔探水，松软岩层宜采用深孔与浅孔结合的混合探水，其工艺简单，施工速度快，探水成本低，安全可靠。在预计静水压力小于 4MPa，涌水量大于 $40m^3/h$ 地区探水，探孔出水时，仍可采用后埋注浆管注浆或后埋孔口管，安装闸门控制放水量，人力仍可控制，安全上也有保障。坚硬岩层宜采用混合探水，松软岩层宜采用深孔探水。

采用混合探水时，深孔数不宜少于 2 个，浅孔数根据实际情况确定。通过深孔探水后，掘进时发生突水的可能性大为降低，为安全起见，每次掘进前，仍应打浅孔探水。这样，可减小探水对井巷施工的影响，降低探水费用，安全上也有保障。探孔出水后，可采取注浆堵水或通过闸门控制放水。

在预计静水压力大于 4MPa 并小于 6MPa，涌水量小于 80 m^3/h 地区探水，一旦探孔揭露含水构造出水，有一定的危害，宜采取深孔探水。在深孔探水前，应装设孔口管，孔口管埋深宜为 3m～5m。

在预计静水压力大于 6MPa 的地区探水，安全威胁大，一旦探孔揭露含水构造出水，危害较大，应采用深孔探水。在探水钻进前，必须先安装好孔口管、泄水三通、阀门及水压表等，孔口管埋深宜大于 5m。探孔出水时，可通过闸门控制放水量，以保证安全。

探放水设计时，应按工程地质和水文地质资料预测积水区（导水断层、裂隙、含水层、溶洞、老窿）的边界线，以此线外推 60m～150m 作为探水线，开始探水，在距探水线 50m～100m 范围作为警戒线。巷道进入警戒线后，要加强警戒，发现有透水征兆时，应提前探水。布孔位置和方向，应朝向预测积水区的位置。

10.2.3 本条为强制性条文，必须严格执行。在进行探水钻孔施工前，应根据探放水施工与井下生产、基建之间的位置关系，预计探放水后可能造成的影响范围及后果，必须考虑邻近井下生产、施工的安全。应预先布置避灾路线，包括地下涌水的流经通道、排水设备和紧急情况下人员的撤离路线。在预计探水危险较大的地区探水前，还应设置防水闸门，以防万一。

10.2.4 本条为强制性条文，必须严格执行。根据水文地质资料，在预计水压大于 1.6MPa 的地区，为防止突水事故的发生，必须先安好孔口管，同时在工作面采取防止孔口管、岩壁鼓出的措施，如用锚杆、架箱等加固孔口管、岩壁。孔口管安装后，继续钻进 5m～10m，安装闸门、三通及水压表等，用静水压力的 1.2 倍进行压水试验，合格后才能继续钻进，若不能满足要求，应重新安装。当遇到险情时，及时拔出钻杆，关闭闸门或通过闸门控制放水量，以保证井巷的排水能力满足排水需要，不致造成淹井事故。钻孔揭露含水层或含水裂隙，当水压较大，还需钻进时，应采用反压和防喷装置钻进。

10.2.7 溶洞、老窿一般会伴有有害、易燃气体出现，如硫化氢（H_2S）、甲烷等气体，或者氮氧化物（NO_2）、碳氧化物（CO_2）气体含量超标，因而应进行检查，并采取防护措施，以保证施工人员安全。钻孔穿透积水区时，瞬间冲击力强，极易造成伤亡事故，要求钻机要打立柱固定牢固，钻杆要有止退装置。

钻孔穿透积水区后，应根据预计积水量及放水要求，确定放水孔数目。放水过程中，要测定水压，控制放水，对放水量以及放水过程中的实际情况作出记录。

10.2.8 探放水巷道应沿探孔中心线方向掘进，保持设计超前距和帮距，以防突水造成淹井、人员伤亡的事故。采用浅孔爆破，应多打眼，少装药，减小爆破对围岩的破坏，保持岩壁稳定。永久支护应跟上工作面，防止高压水压垮巷道造成较大透水。

10.3 注浆材料

10.3.1 注浆材料有若干种，如水泥浆、水泥—水玻璃浆、水玻璃浆、粘土水泥浆、化学浆等，不同的材料适用范围不同，注浆目的不同，选择材料也不同。

注浆地质条件是指注浆区是裂隙岩层还是破碎岩层，以及裂隙岩层的裂隙发育程度，破碎岩层的岩层破碎程度等。地质条件不同选用材料不一样。水文地质条件是指含水层、含水裂隙的富水性和充水性。注浆目的一般来讲，有单一目的，如堵水注浆、固结注浆、充填注浆，也有多种目的，如堵水、加固注浆，加固、充填注浆，堵水、充填注浆等。设备包括钻孔设备和注浆设备，钻孔设备一般应采用钻机，后注浆可采用凿岩机钻孔，注浆设备有大泵量和小泵量之分。经济性是指注浆达到同样效果，投入成本的多少，如取得同样的堵水效果，粘土水泥浆中水泥用量只是单液水泥浆的 10%～20%，故在以堵水为主的注浆中，宜采用粘土水泥浆。

同时，对注浆材料的一般性要求作出了规定。要求浆液在常温、常压下长期存放不改变性质，不发生其他化学反应，稳定性要好；要求浆液可注性好，能进入细小裂隙；要求浆液凝胶时间能准确控制，可以从几秒到几个小时，施工时可进行现场调整；浆液固化后结石体耐老化，抗渗性好，并且不受湿度、温度变化的影响；要求浆液配制方便，浆液配制方法容易被人们掌握。

10.3.2 常用注浆材料有粘土水泥浆、单液水泥浆（加附加剂）、水泥一水玻璃浆、水玻璃浆、化学浆等。

10.4 地面预注浆施工

10.4.1 地面预注浆一般在工程开工前进行，不占用施工工期，注浆后能最大限度减少井筒（或巷道）掘进时的涌水量和加固围岩，并可做到打干井，为施工创造条件。但地面预注浆与工作面预注浆相比，钻孔工程量大、投资大。

10.4.2 地面预注浆有常规注浆法和综合注浆法之分。常规注浆根据选择注浆材料的不同，分为水泥浆液的单液系统和水泥—水玻璃注浆的双液系统。综合注浆法用水力动力学法计算水文地质参数，采用以粘土为主要原料的 CL—C 型粘土水泥浆，高压力，大段高注浆。同常规注浆方式相比，取得同样效果，可节约水泥 80%～90%，缩短工期 50%，成本降低 35%。综合注浆法在以堵水为主的基岩含水层中，效果最好。

10.4.4 本条是为防止地下水从注浆交界面或因注浆深度不够而从底部涌入井筒或巷道内，影响施工，降低注浆效果而作出的规定。

10.4.5 将裂隙性相同的岩层划分在同一段高，力求使浆液均匀扩散；裂隙等级相差较大，浆液扩散不均匀，注浆质量不易保证，并容易造成不必要的浆液浪费。注浆段高应与泵量相适应，泵量大，段高大，泵量小，段高应适当减小，以保证浆液有足够的扩散半径。后施工的钻孔，因先施工钻孔注浆后浆液扩散，充填裂隙，故段高应比先施工的钻孔逐渐加大，同理，复注段高应比初注段高大。

10.4.6 止浆塞是地面预注浆实现分段注浆的重要手

段。分段下行式，可有利于保护孔壁的完整性，便于实现分段止浆，能有效地控制浆液上窜，确保下行分段有足够的注入量。

分段上行式，钻孔一次钻到底，可减少钻孔养护、扫孔工作，减少工艺重复，简化钻孔与注浆工艺，但对岩性有较严格的要求，适用范围局限性较大。

10.4.7 地面预注浆，一般隔孔将钻孔分为两组，先施工第1组，后施工第2组，有利于合理使用注浆压力和浆液浓度，渐进检查注浆质量，能及时发现问题，修正注浆参数。第1组孔注浆主要是堵塞较大裂隙，第2组孔注浆解决细小裂隙的封堵问题。

10.4.9 地面预注浆由于注浆孔施工顺序不同，先施工的注浆孔的注浆效果，可通过后施工的注浆孔取芯，检查裂隙被浆液充填的情况，还可通过压水试验检查，以保证注浆质量。第1组第1孔作为注浆前各段的水量检查孔，以第1组最后施工的注浆孔作为初检孔，以第2组先施工的注浆孔作为中检孔，以第2组最后施工的注浆孔作为终检孔。对于注浆前检查孔、初检孔、中检孔、终检孔的各检查段序，一律是先打钻做抽、放水试验，最后注浆。

10.5 竖井工作面预注浆施工

10.5.1 当竖井井筒含水层埋藏较深，采用地面预注浆工程量大，投资大，不经济。当含水层之间间距较大，中间有良好隔水层时，采用地面预注浆，工程量大，在良好隔水层的地段造成浪费。当含水层厚度不大时，也不应采用地面预注浆。采用工作面预注浆，可根据裂隙发育情况分层处理，布孔灵活，有利于提高堵水效果，节约防治水费用。

10.5.2 井筒掘进至距含水层10m时，应停止掘进，并打超前钻孔，测定含水层厚度、水量和水压，为注浆设计提供依据。

10.5.3 含水层顶板有足够厚度的致密不透水层或有中硬以上的预注浆带时，应在距被注含水层一定距离，预留止浆岩帽。为扩大预留止浆岩帽的使用范围，还可采取注浆加固岩帽的方法，加固范围可超出岩帽厚度5m～8m。预留止浆岩帽可减少人工浇筑止浆垫的混凝土量和节约破除止浆垫的工作量，是最经济的方法，有条件时都应采用这种办法。

止浆垫一般均采用人工浇筑混凝土，要求强度高(C25及其以上)、封水止浆效果好。止浆垫又可分为独立型和复合型。独立型是止浆垫的厚度全部采用混凝土浇筑。当不具备单独采用止浆岩帽或止浆垫计算厚度太大时，可采用浇筑一层混凝土与预留一段岩柱，形成复合型止浆垫。混凝土止浆垫宜与井壁一同浇筑。

若工作面有涌水，浇筑止浆垫时，应铺设滤水层，止浆垫养生3d～7d，通过注浆管向滤水层注浆，作为加固段。

10.5.4 水下浇筑混凝土有两种方法，一种是通过管子直接浇筑混凝土，管子距工作面宜为200mm～250mm，边浇筑，边提升管子，保持末端始终在混凝土上部层中；另一种是先把3根～4根管子（末端带花孔）放入井中，抛掷碎石铺层，通过管子注快凝水泥浆，边注浆边提管子。为防止混凝土被稀释，可采取在井筒内回水提高水位的方法，提高水下浇筑质量。水下浇筑应连续施工，厚度应保持均匀。

10.5.5 由于工作面空间的限制，注浆孔布置圈径比井筒净径小，为了在井筒荒径以外能形成一定厚度的注浆壁，注浆孔宜按同心圆圆锥台形布置，并应与岩层裂隙相交，以利于注浆施工。孔口距内壁宜为0.3m～0.5m，孔底宜超出井壁一定的距离。

10.5.6 含水砂层与一般的基岩含水层不同，有其特殊性，有必要作出规定。孔底超出井筒开挖轮廓的距离，不得小于0.4m～0.5m，段高一般为3m～5m。砂层粒度和渗透系数大致相同时，宜采用下行式注浆，这样钻孔壁容易维护，不易造成堵孔和塌孔，容易保证浆液扩散均匀。渗透系数相差大，浆液扩散不均匀，应先注渗透系数大的分层，采用分层式注浆。层界面、封底处、上下注浆层交接处往往是注浆最薄弱、最容易被人们忽视的地方，容易导致涌水或涌水带砂，降低注浆效果，故作出规定，以引起重视。

10.6 斜井、斜坡道与巷道工作面预注浆施工

10.6.1 斜井、斜坡道、巷道工作面穿过强含水层或水压较大的含水破碎带、裂隙岩层时，容易出现大突水和塌方，涌水和塌方相互影响，相互加强，对施工安全影响较大，破碎带内一般都夹泥，可使围岩在渗透水作用下不断蠕变直到破坏，有些斜井、巷道可以在穿过含水破碎带后几天至数月，出现大范围塌方和大量涌水，这往往比当时出现塌方、涌水对施工人员安全的威胁更大。为保证安全，宜采用工作面预注浆。

10.6.2 为防止注浆浆液和裂隙水从工作面涌出，并保证浆液在注浆压力作用下沿裂隙有效扩散，扩散半径达到注浆设计要求，在注浆前，应在工作面设止浆墙。当含水层或破碎带后部有隔水层，或分段注浆时，应采用预留岩柱止浆。若含水层后部无隔水层或因资料不准确，含水层已被揭露时，以及在工作面附近的冒落区注浆时，应采用人工浇筑混凝土止浆墙。止浆墙应采用C25或C30混凝土浇筑。有水时应在墙后设滤水层，埋设排水管、注浆管。当含水层后部的隔水层厚度不够，或注浆带的止浆岩柱厚度不够时，应采用预留止浆岩柱与人工浇筑混凝土止浆墙相结合的复合型止浆墙。止浆墙、止浆岩柱的厚度，应经计算确定。

止浆墙（含预留止浆岩柱、复合型止浆墙）在使

用前，应钻孔进行压力试验，应达到注浆终压稳定10min不漏水。特别是人工浇筑止浆墙与围岩结合部位、巷道顶部等，最易发生漏水现象。

10.6.3 注浆方式，一般有前进式和后退式两种。在裂隙岩层中，裂隙大、岩石破碎时，孔壁易坍塌，宜采用前进式；裂隙小时，为减少钻孔工程量和减少注浆反复工序，宜采用后退式。斜井、巷道工作面预注浆，一般均采用小分段。

10.6.4 堵水注浆是要堵塞地下水补给通道，应先施工水流上方钻孔，有利于较快切断水源，减少注浆量。当地下水流对注浆效果影响不大时，应先施工顶部，再施工两侧，最后施工底板。

10.7 后注浆施工

10.7.1 后注浆分为壁内注浆、壁后注浆、裸体井巷注浆三类，壁内注浆是在永久支护壁内钻孔、埋管、注浆，主要用于封堵支护体内裂隙，达到加固和堵水的目的。壁后注浆是在支护体上钻孔、埋管、注浆，主要用于封堵壁后围岩裂隙，提高支护体与围岩之间的整体稳定性和起到堵水的作用。裸体井巷注浆是对已揭露的基岩出水点进行钻孔、埋管、注浆，封堵裂隙或集中出水点，或工作面附近发生冒顶片帮时采取的回填注浆。

10.7.2 后注浆的施工方法较多，灵活多变，一般应根据地质条件、支护结构及质量、漏水大小及特征、注浆目的、隐蔽工程记录等因素确定。采用后注浆时，首先明确注浆目的、注浆范围及重点部位；其次应确定施工方式、注浆段高和顺序，选定注浆材料和机具，确定工艺流程和注浆参数。

10.7.6 本条是划分后注浆注浆区段的一般原则。按这一原则划分的注浆区，注浆才能达到最佳效果。

10.7.7 后注浆的施工方式多种多样，具体应根据渗漏水特征和注浆目的选择。

后注浆注浆孔的布置应根据受注体特征及注浆目的，确定布孔位置及间距，孔深及钻孔方向应根据实际情况确定。加固遭破坏的支护体，除密布孔外，应控制注浆压力，以免使支护体受到更大破坏。后注浆的注浆孔数取决于漏水面积、注浆压力和浆液扩散半径，采用的孔间距应保证不出现无浆带，才能达到注浆目的。裸体井巷注浆，要求围岩要稳固。

当支护体裂隙较大时，宜采用挖槽补缝。补缝时连同注浆管一同固定牢固，挖槽时要力求避免震动其他部位，挖槽形状应根据水量大小和注浆压力大小选择。当水量小于 $2m^3/h$，注浆压力不大于 2.2MPa 时，宜采用V形槽；当水量大，注浆压力大于4MPa时，宜采用倒梯形槽；在此之间宜采用矩形槽。补缝前应用钢刷清水刷净，槽内铺铁皮，铁皮外用混凝土填补，并埋设一定数量的导水管（兼注浆管）。

当支护体裂隙较小时，宜采用糊缝。在糊缝前，可用压力水压水或高压风冲风，摸清裂缝的确切部位，在裂缝处塞入棉线，打入木楔，并用1：1.0～1：0.5的水泥—水玻璃胶泥封堵。

10.7.8 合理的施工顺序，可以有效地隔绝水源，提高注浆防水效果和加快注浆施工进度，节省注浆成本。

10.7.9 选择浆液类型时，要根据受注岩层或碹体的特征选择，浆液适用范围是由浆液类型决定的。浆液凝胶时间确定合理与否，对保证注浆质量有重大影响。凝胶时间可用染色水方法确定，应略小于染色水从注水孔注入至由附近出染色水这段时间。

10.7.10 后注浆一般钻孔深度不大，可采用手持式凿岩机钻孔，灵活、方便。

10.7.13 在实际工作中，常出现注浆管固定不牢，注浆时松动、被顶出以及孔口密封不严，造成跑浆的现象。故要求注浆管要固定牢固，孔口要封严，本条对如何固定注浆管、封严孔口作出了规定。在实际工作中，还会出现由于未采取保护注浆管丝扣的措施，致使丝扣被打毛、打卷，导致注浆管安装后无法使用，影响施工，故要求打入注浆管时，丝扣应戴护帽。为方便注浆管与注浆管路连接，注浆管口端应带30mm左右的丝扣。注浆管尾端泄浆眼段长度一般不宜小于200mm，壁内注浆时可根据实际情况确定。泄浆眼孔应梅花形布置，以保证浆液能向四周扩散。

采用挖槽补缝时，一般均采用预埋注浆管，在预设注浆管处，可将槽挖深，以方便固管。采用先钻孔再埋注浆管的后埋式施工时，套管式注浆管安装方便，能回收使用，比其他方式的注浆管具有明显的优越性，应优先采用。套管式注浆管安装时，一般是将套管式注浆管放入孔内的预定位置，旋转转动手柄，压缩胶塞，固紧在孔壁上。注浆结束孔内不返浆时，松动手柄，使胶塞恢复原状并取出，及时冲洗干净以备再用。

封孔胶泥一般采用强度等级为42.5的普通水泥及模数为2.4～2.8、浓度为51Be′的水玻璃调制均匀呈胶泥状，其粘结力大（4h可达0.53MPa以上）、硬化快（5min～9min）、强度高（4h抗压强度超过11MPa、抗拉强度不小于2.05MPa）。

11 辅助工作

11.1 凿井井架及悬吊设施

11.1.1 凿井井架选择时，应根据凿井施工方案选定的提升及悬吊设施，计算井架荷载和高度。井架荷载包括井架自重、天轮及轴承重量、井架围棚重量和翻矸台重量的恒荷载，提升及悬吊钢丝绳工作荷载、风荷载的活荷载，以及提升钢丝绳断绳偶然作用在井架上的特殊荷载。井架高度由翻矸台高度、吊桶卸碴高度、吊桶底至滑架顶高度、提升过卷高度和0.5倍天轮高度组成。井架荷载组合有两种，一种是正常组合，即全部恒荷载和不包括风荷载的活荷载；另一种是特殊荷载组合，即全部恒荷载和一根提升钢丝绳断绳时的活荷载组合。验算天轮平台主梁和井架立体桁架时，应采用特殊荷载组合。井架由于提升、悬吊设施的不同，基础的受力也不一样，基础验算时，应验算四个基础中特殊荷载组合荷载最大的基础。井架的稳定性决定于作用在井架上的钢丝绳的拉力对一边基础外边线所产生的倾覆力矩和抵抗力矩的平衡条件。

以往在实际工作中，常出现有什么样的井架就选择什么样的提升及悬吊设施，往往不能满足施工进度要求，延误工期。

本条对保证工期，保证凿井施工安全，有重要意义，并有利于促进矿山凿井施工机械化水平的不断提高。

11.1.2 选择的凿井井架，应能安全地承受施工荷载，保证足够的过卷高度，这是保证安全的基本要求。施工荷载是指井架承受的荷载，包括井架恒荷载、活荷载及特殊荷载，应按本规范第11.1.1条的规定进行计算和验算。过卷高度应符合现行国家标准《金属及非金属矿山安全规程》GB 16423的规定。

凿井井架天轮平台的尺寸，应满足提升及悬吊设施的天轮布置要求。选择凿井井架时，不但要满足凿井期间的提升和悬吊要求，还要满足井筒到底后，转入巷道开拓以及井筒安装时的提升和悬吊要求。

11.1.3 凿井井架提升中心线一般均应与井下中段出车方向一致，以利于井下中段的施工提升。提升中心应与井筒中心错开一定距离，以方便测量放线。吊盘绳与天轮平台主梁边缘应有50mm以上的间隙，但错开距离不宜大于450mm，错开方向应是主提升机安装位置的反方向。天轮布置应使井架受力平衡，保持稳定，防止倾覆。天轮出绳点是根据井筒平面布置的提升及悬吊点确定的，必须重合，才能符合要求。为保证悬吊钢丝绳不跳槽和减少钢丝绳磨损，悬吊钢丝绳与天轮平台（含井架）各构件的间隙不应小于50mm。为保证井架受力平衡，天轮宜平行于提升机至天轮的提升中心线布置，当地形条件限制凿井绞车不易摆布时，可与提升中心线斜交布置。双绳悬吊同一管路时，如悬吊风水管、排水管、溜灰管等，凿井绞车应布置在同一侧，出绳方向一致。采用双槽天轮，天轮平台容易布置，可减少副梁数量。天轮应布置在天轮平台同一水平上，当悬吊设施较多，无法布置时，可采取分层平台布置，但天轮轴距天轮平台面不能太高。凿井井架在井筒施工完后，一般还要承担井下巷道开拓时的提升和悬吊等，因而要求天轮的进绳方向和副梁方向，应尽可能使井筒转入巷道施工和井筒安装时改装工作量最小，凿井绞车和提升机的位置应避开永久设施位置。天轮进绳方向是指由提升机、凿井绞车向天轮的进绳方向。井口地形条件决定了凿井绞车、提升机布置的可能性。凿井绞车、提升机的布置要考虑井架受力平衡，其布置要合理。

11.1.4 随着矿山大型机械设备的使用，翻矸平台的高度往往难于满足大型凿井设备和长材料出入井口的要求，因而有必要对井架增高作出规定。

11.1.5、**11.1.6** 利用永久井架、井塔凿井，可缩短工期和节省凿井井架的安装、拆除费用，有条件时，应予采用。

永久井架一般天轮平台较小，故凿井时悬吊设施不可能全部摆在天轮平台上，可使用地轮，拆、安管路在井口下设置的平台上进行。

利用永久井塔凿井，布置凿井绞车、提升设备要适应井塔的特点，不适应则不容易布置，还会损坏井塔结构。

11.1.7 凿井井架或永久井架、井塔，都是提升系统荷载的承担者，必须具有足够的刚度和稳定性，在提升系统服务期内处于安全状态。为防止提升系统使用过程中，井架或井塔发生强度变化和失稳，威胁到提升系统的安全性，应定期检查，及时发现问题，及时解决，确保提升系统在安全条件下工作。

11.1.8 为不影响井筒测量，井口及井筒内设置的固定梁以及各种悬吊设施的外缘，离开井筒中心不应小于100mm。为了不降低梁的强度，不得在承受荷载的梁上穿孔。为保证提升安全，规定了最小安全间隙。为不影响和降低通信、信号质量，照明和动力电缆与通信及信号线间距不应小于300mm。为预防杂散电流和防止照明、动力电缆漏电，引起早爆事故，规定照明、动力电缆与爆破电缆的间距不应小于300mm。为防止信号、爆破电缆漏电传到压风管路上，其间距不应小于1m。为防止漏电及因每次爆破都要升降爆破电缆，故爆破电缆应单独悬吊。

11.1.9 当井深超过500m时，风筒及管路在井筒内容易产生偏斜、摆动，影响提升，故宜采用井壁吊挂，并可减轻井架荷载，但拆、装及处理较困难。

11.1.10 本条是根据现行国家标准《金属非金属矿山安全规程》GB 16423—2006第6.3.3.10条的规定确定的。当间隙小于规定值时，提升容器发生摆动时，容易造成相撞事故。国外规定的间隙比本条规定小，今后要进一步提高施工安装技术水平，注意研究减小间隙的可能性。

11.1.11 悬吊设施及附属装置的最大静荷载是指井筒到底时的荷载，包括悬吊设施及附属装置和悬吊钢绳的重量，其中，悬吊风水管、排水管的荷载，还应包括管内的积水重量。

钢丝绳出绳最大偏角的规定，是为防止因偏角过大，造成钢丝绳、天轮磨损过大或发生钢丝绳跳槽。悬吊安全梯的凿井绞车应有两回路供电，以备当一回路出现故障时，另一回路能将井下人员撤离，当采用电动、手动两用绞车时，可设一回路供电。当采取在吊盘上设置软梯，工作面人员可从软梯上爬到吊盘时，则安全梯可不通过吊盘。

为保证吊盘升降时，不碰撞井壁、模板及碹胎，悬吊吊盘的凿井绞车提升速度不宜大于0.2m/s。

11.1.12 圆股钢丝绳容易制造，价格低，三角股钢丝绳表面圆整平滑，与卷筒及天轮（或地轮）的接触面积大，每根钢丝分担压力小，耐磨损，其使用寿命比圆股高2倍～3倍，且三角股钢丝绳有效金属断面大，在同等终端荷载下，可选用较小绳径。双绳悬吊同一设施时，如悬吊吊盘、排水管、风水管、风筒、溜灰管的钢绳和稳绳，为防旋转，应采用编捻方向相反的钢丝绳，即用左向捻和右向捻钢丝绳。

竖井提升钢丝绳要求选用多层股不旋转钢丝绳（其型号有18×7、18×19多层股不旋转圆股钢丝绳）或多层异型股不旋转钢丝绳［型号有6○（21）+6△（8）和6○（33）+6△（21）］，若货源缺乏，可选用6×19或6×37钢丝绳。斜井提升钢丝绳宜选用6△（18）和6△（19）钢丝绳或6×7、6×19钢丝绳。

根据现行国家标准《金属非金属矿山安全规程》GB 16423的规定，提升、悬吊钢丝绳要定期取样试验，以及连接提升容器段钢丝绳易变形，要调整绳卡位置等，故要求提升钢丝绳的长度，应保证提升容器送达井底时，卷筒上留有5圈～10圈绳。钢丝绳安全系数是根据现行国家标准《金属非金属矿山安全规程》GB 16423—2006第6.3.4.15款制定的。

11.1.13 罐道绳的最小刚性系数代表每米绳长所能承受的垂直罐道绳方向的拉力大小。刚性系数越大，罐道绳在承受同样大的垂直罐道绳方向的拉力时，所产生的横向位移越小。同一提升容器中的稳绳及罐道绳下端张力差，不得小于5%，是为防止钢丝绳共振而规定的。钢丝绳张紧力小，则提升容器横向位移大。本条是根据现行国家标准《金属非金属矿山安全规程》GB 16423—2006第6.3.3.11款制定的。

11.1.14 吊盘设计时，应按施工方案中确定的作用在吊盘上的最大荷载计算其结构强度。吊盘计算包括盘架结构、立柱和悬吊装置的计算。

为防止吊桶通过吊盘孔口时，因吊桶偏斜、摆动碰到吊盘而发生翻桶事故，在各层吊盘孔上、下均应设置喇叭口。吊盘放到预定位置，要固定，一般采用固定销均匀分布固定，也可采用固定在吊盘上的液压千斤顶或螺杆撑紧装置均匀分布固定。吊盘悬吊钢丝绳生根梁为吊盘主梁，应与提升中心线对称布置，才能满足吊盘绳悬吊的要求。吊盘圈梁一般为闭合圆弧形，若需留井壁吊挂管路通过口时，可为缺口圆弧形。吊盘主梁、副梁位置，应避开吊桶、吊泵、管线和安全梯通过口，并按其孔口大小确定，若盘上设有中心回转式或环形轨道式抓岩机，以及环形钻架、悬吊绞车等设备时，吊盘主梁、副梁位置，还应满足这些设备布置的要求。吊盘上必须设带有活动门的井筒中心测孔，以保证测量放线的需要，中心测孔边长小于200mm时，影响测量放线。吊盘一般多采用双层，有的多达五层，其中最上层为保护盘兼稳绳盘。吊盘层距应与永久罐梁层间距相适应，以便井筒罐梁安装。为防止井壁与吊盘之间的空隙坠物，各层盘面应设活动遮板，其宽度应根据空隙大小确定，一般为500mm～600mm。

11.1.15 钢丝绳不能弯曲180°与钩头、安全梯、吊盘等设施直接连接，应采用桃形环及夹板型绳卡或楔型绳环连接钩头、吊盘等设施。绳卡的间距、数目是为保证能将钢丝绳固定牢固而规定的。

11.1.16 连接装置承担着将钢丝绳与提升容器连接在一起的重要作用，不能因为其强度原因造成提升系统故障。连接装置的安全系数，是指连接装置按照理论计算出来的破断强度与连接装置所承受荷载的比值。本条规定是根据现行国家标准《金属非金属矿山安全规程》GB 16423—2006第6.3.4.15款制定的。

11.2 竖井凿井提升

11.2.1 竖井凿井提升设备，不但要适应凿井提升能力的要求，还要适应巷道开拓、井筒安装时期提升方式和提升能力要求。这是因为井筒到底后，在永久提升设备和永久井架（或井塔）完成前，凿井提升设备还要承担巷道开拓、井筒安装的提升。凿井期间一般均采用吊桶提升，巷道开拓时可采用吊桶或罐笼提升，井筒安装时可采用吊桶、吊篮提升。巷道开拓时，提升量最大，选择凿井提升设备时，应根据施工组织设计中确定的不同施工时期的最大提升量选择、布置提升设备，其提升能力应满足要求。吊桶最大升降速度、最大加（减）速度的规定，是为确保吊桶提升平稳、安全而规定的。

提升钢丝绳出绳最大偏角，是指天轮处提升中心线与卷筒边线之间的夹角。出绳最大偏角决定了提升机至天轮的最小距离。出绳偏角大于规定时，就会造成钢丝绳与天轮轮缘之间的摩擦加剧，使天轮和钢丝绳迅速破坏，缩短寿命。

11.2.2 凿井期间，井筒内布置有许多悬吊设施，钩头吊挂大于吊桶外缘的物料时，极易发生碰挂，故要求升降速度要慢，不应超过规定。不规则的物料极易碰挂，规则的物料当其外缘大于吊桶外缘尺寸时，也容易碰挂。

11.2.3 每人占吊桶底有效面积小于0.12m^2，比较拥挤，容易发生人员被踩伤、挤压事故，当桶梁倒下时，人员难以避让。吊桶净高小于1.1m时，吊桶运行中加、减速时，人员易被甩出吊桶。在稳绳终端和钩头连接装置上方，应设缓冲装置，当滑架落下时，才不容易损伤滑架，一般采用弹簧作缓冲装置。为防止吊桶梁脱出，提升钩头必须设有防止脱梁的安全闭锁装置。在缓转器下方应设有吊环，以便升降人员时悬挂保险带。本条为强制性条文，必须严格执行。

11.2.4 本条规定天轮直径与钢丝绳、最粗钢丝的比值，是为保护钢丝绳，减小钢丝、钢绳的弯曲变形，预防钢丝疲劳损伤。天轮的安全荷载应大于钢丝绳的钢丝破断拉力总和，即断绳时天轮不发生损坏。当提升钢丝绳仰角大于35°，即天轮处钢丝绳与铅垂面之间的夹角小于55°时，天轮所受合力较大，应验算天轮轴强度。本条规定的天轮直径与钢丝绳、最粗钢丝绳的比值，是根据现行国家标准《金属非金属矿山安全规程》GB 16423的规定确定的。

11.3 斜井凿井提升

11.3.1 箕斗提升能自动卸载、自动复位，卸载时间短，与矿车相比，箕斗装载量大，并且箕斗轮辐宽、轮缘深，跳车次数少，还可省去每次提升的摘挂钩时间，速度快。因此，斜井宜采用箕斗提升。斜井倾角过大，在下滑力作用下，容易造成矿车损坏和连接装置的松脱，故大于30°的斜井不应采用矿车提升。矿车提升时，为防止连接装置松脱，应设保险绳或保险链。连接装置和其他有关部分的安全系数，应符合现行国家标准《金属非金属矿山安全规程》GB 16423的规定。为防止过卷，在斜井井筒上端必须装有可靠的过卷装置，保持一定的过卷距离。过卷时，提升容器到了过卷位置，过卷装置能及时切断电源。

11.3.2 凿井时期常采用提升一个箕斗或一个矿车的提升方式，巷道开拓时，常采用提升一个箕斗或一列矿车组的提升方式。巷道开拓时期提升量大，要求的提升能力也要大，故在选择提升设备时，不但要考虑井筒施工时期，还要考虑到巷道开拓时期提升方式和提升能力的要求，避免更换提升设备或因提升能力不足而影响巷道开拓的施工。提升最大速度及最大加速度、减速度的规定，是为防止跳道，保持运行平稳。矿车提升速度比箕斗提升速度小，是因为矿车轴距比箕斗轴距小，轮辐窄，轮缘浅，运行中更容易跳道。本条是根据现行国家标准《金属非金属矿山安全规程》GB 16423—2006第6.3.2.7条制定的。

11.3.3 斜井箕斗提升的天轮高度，主要是根据所需碴石仓容积来确定的，同时也应考虑运输方式的影响，当不用碴石仓而采用铲车装运时，天轮高度较低，用碴石仓时，还要满足装车高度的要求。

11.3.4 斜井提升钢丝绳磨损大，为保护提升钢丝绳，减小磨损，延长使用寿命，应在轨道中心安装托辊，其间距宜为5m～10m，间距过大，钢丝绳易受磨损。

11.4 通　风

11.4.1 按井下同时工作的最多人数计算风量，是为了保证井下作业人员有足够的新鲜空气呼吸。本条是根据现行国家标准《金属非金属矿山安全规程》GB 16423—2006第6.4.1.5条的规定制定的。

11.4.2 井下空气中常见的有害物质，主要有一氧化碳、氮氧化物、二氧化硫、硫化氢等。井下有害物质的最高限值：一氧化碳30mg/m³；氮氧化物（换算为二氧化氮）5mg/m³；二氧化硫15mg/m³；硫化氢10mg/m³。本条是根据现行国家标准《金属非金属矿山安全规程》GB 16423—2006第6.4.1.3条的规定制定的。

11.4.3 独头工作面通风是靠局扇解决的，有人作业就需要不断补给新鲜风流，并排除工作面的废气（包括炮烟、粉尘等），因此局扇应连续运转。

11.4.4 同型号风机其工作特性一致，符合并联或串联通风的要求，并且同型号的风机配件好采购，检修、维护方便。

11.4.5 井下工作面的通风，采用混合式通风时，抽出式风机的入风口滞后压入式局扇的入风口，不得小于5m，才能保证新鲜风与废风不混杂，避免循环风。小于5m时，容易形成局部风流循环，废风污染新鲜风。局扇的启动装置，必须安装在进风巷道中，爆破后才能及时启动进行通风。采用接力通风时，局扇间距应根据所用局扇型号的性能曲线和风筒阻力经过计算后确定。这样，才能充分发挥局扇的作用，起到良好效果。接力通风时，风筒直径不应小于400mm，风筒直径应一致。风筒直径小于400mm，通风阻力大，风筒直径不一致，增加通风阻力。风筒宜采用重量轻、耐冲击、接头密实、安装方便的硬质玻璃钢、PVC风筒。硬质风筒风阻比柔性风筒小，通风效果好。风筒安装要悬挂平、直，以减小通风阻力，风筒安装要牢固，避免车碰和炮崩，才能保证风筒不被损坏。而在实际工作中，风筒易受到碰撞和飞石冲击等，还应经常维护风筒。平巷中的风筒，时间长会在风筒内积水，宜在风筒低矮处设放水嘴，以减小通风阻力。

工作面新鲜风源中空气成分，是根据现行国家标准《金属非金属矿山安全规程》GB 16423—2006第6.4.1.1条、第6.4.1.2条的规定制定的。

11.4.6 本条是从地面施工井巷工程设置通风设施应遵守的一般性规定。压入式通风的入风口，应位于空气洁净处，离地面高度不得低于1.5m，当低于1.5m时，地面行车、行人产生的粉尘容易进入风机，污染井下空气。抽出式通风的出风口离地面的高度不得低于0.5m，低于时，地面石碴容易被人踢入风筒内，增加通风阻力，并会吹扬地面粉尘，污染井口空气。

11.4.7 由于矿井设计的通风方式不同，构成了矿井建设期间不同的通风系统。在主井、副井、风井到底后，应选择最短的距离，以最快的速度贯通，形成矿井总负压通风系统。一般情况下，主、副井相距较近，首先应短路贯通主井、副井，形成主井、副井区域的通风系统。同时，由副井或主井往风井方向施工运输大巷、通风井（或巷道）、总回风巷道等，风井到底后，应及时施工总回风巷道，尽快使主井、副井、风井贯通，形成矿井总负压通风系统。利用矿井总负压通风，风量大、风速高、通风效果好，对采区各类巷道的施工，能创造良好条件，可加快采区建设速度。在采区施工时，应及早贯通两条巷道，进行双巷通风，形成区域通风系统。

11.4.8 当进风井或进风巷道内的温度低于2℃时，容易结冰，影响施工、提升和运输安全，降低通风效果，空气预热可采用蒸汽预热或地温预热。用明火直接加热进风井或进风巷道内的空气，会产生大量的烟尘，污染风源，应采用暖风设备加热空气。加热方法可采用蒸气或水暖加热器。冬季在严寒、寒冷地区施工时，为预防井口及井筒装备结冰，所有提升井和作为安全出口的风井，应有保温措施。

11.5 排　水

11.5.1 井巷工程施工前，是根据工程地质及水文地质资料提供的涌水量制订排水方案的。施工期间的涌水量有可能与水文地质资料相符，也有可能发生较大变化。当涌水量变化较大时，应根据实际涌水量调整排水方案，以满足排水需要，保证正常施工。

11.5.2 井筒掘进采用分段排水时，应设硐室型井筒转水站，转水站内可设水箱或浇筑混凝土水仓，其容积不应小于0.5h的涌水量才能保证排水需要。若低于0.5h的容量，井下爆破时下段要移动水泵，以及井下排水的不均匀性，则转水站水泵开停次数频繁，在水力作用下容易伤泵和增加能耗。

11.5.3 竖井、斜井、斜坡道、斜巷到底后，应设置临时水泵房和水仓。设置水泵房和水仓时，为减少或节约措施工程量，宜利用永久硐室或巷道。巷道施工期涌水量变化较大，涌水量的预测很难达到较准确的程度，以及在永久泵房、水仓竣工前，主要临时泵房、水仓还要继续排水，为保证排水安全，规定主要临时水仓容量不应小于4h的矿井正常涌水量，主要排水设备不宜少于2组。其他临时水仓的容积根据水仓所处位置的涌水量大小确定。

11.5.4 临时排水管径和管路数量，应按施工各阶段的最大涌水量确定。这是因为排水管一旦安装后，要到设计的永久排水管安装后才能拆除，这期间要承担最大涌水量的排水。井筒施工期间，随着掘进工作面的延伸，排水设备要经常移动，排水设备与排水管之间，经常移动和拆卸的管路，宜选用轻便、耐压的管道和易于装、拆的连接方式。由于井下涌水量较难预测准确，不可预见性大，因此，要求水泵房主管应留出增设水泵的连接接头。

11.6 压　风

11.6.1 风冷式空气压缩机一般无基础，安装方便，可设于地面，还可置于井下，使用方便，宜选用风冷式空气压缩机。水冷式空气压缩机一般宜集中布置，以减少冷却水池的数量。

11.6.2 压风管宜采用钢管，常用的有无缝钢管和水煤气钢管，亦可采用玻璃钢管。管径与用风点风压关系密切，管径小，风压损失大。压风管内径应根据所选压风管的标准直径，计算管路由空气压缩机站到最远用风点处的总压力损失，不超过0.1MPa。超过时，影响施工速度，应重新进行选择。压缩空气中混有油质和水汽，在管路中应每隔500m～600m设油水分离器，每隔一段时间，打开油水分离器放出分离出来的油、水。管路连接应尽量选用密封性好、拆装方便的快速接头，以减少管路漏风和快速拆装管子。胶管压降较大，使用长度应尽量缩短，为方便连接，胶管内径应比机具接风口管内径大一级。

11.6.3 地面空气压缩机站，应设在用风负荷中心，尤其要靠近主要用风点。站址应选择在距碴石山、出风井、烟筒等产生尘埃和废气的地点不宜小于150m，距提升机房不宜小于100m，空气清洁并位于当地常年主导风向的上风侧。同时，距井（或硐）口要近，以缩短供风管路长度和减少风压损失。距离提升机房不能太近，否则会影响提升司机的工作。空气压缩机工作时有振动，其基础应与机房基础分开。为满足检修要求，空气压缩机之间的通道不宜小于1.5m，距墙面不小于1m，机房屋檐高度不宜小于3.5m。为满足夏季高温时的降温要求，机房正面宜朝向夏季主导风向。井下空气压缩机站，要考虑运输、降温和空气清洁要求，应设在运输方便、空气流畅的进风巷道中。为防止井下涌水流入机房内，要求机房地坪应高于周围巷道轨面。

11.7 供　电

11.7.1 本条是针对施工用电所作的规定。

1 为规范施工用电工程、加强用电管理、实现安全用电，本款依照现场施工用电实际，按照现行行业标准《电力建设安全工作规程（变电所部分）》DL 5009.3规定编制用电施工方案，用以指导建造施工用电工程，保障用电安全可靠。

施工用电方案是一个单独的专业技术文件，为保障其对临时用电工程和施工现场用电安全的指导作用，其相关图纸需要单独绘制，不允许与其他专业施工组织设计混在一起。

为加强井下供用电管理，明确职责，按照现行国家标准《金属非金属矿山安全规程》GB 16423、《用电安全导则》GB/T 13869和现行行业标准《电力建设安全工作规程（变电所部分）》LD 5009.3，结合井巷施工现场用电实际，规定用电施工方案及其变更的编制，审核、批准程序。

3 竖井及涌水量较大，有淹井危险的斜井施工，其用电等级为一级负荷，应设双回路电源线路。无淹井危险的斜井、平硐、斜坡道等井巷工程的施工，宜设单回路电源线路。

4 地面临时变电所应选择在高压用电设备、大容量设备附近或用电负荷中心，以方便使用和减少压降，并应避开有激烈震动的场地和容易受污染的地方。有激烈震动的场地，容易造成线路短路，烧毁变配电设施。容易受污染的地方，影响设备的安全运行。同时，变电所位置的选择还要考虑进出线要方便。

变电所接线方式应根据供电方式（单、双回路）、变压器台数、用电负荷大小确定，应做到简单可靠，操作安全。

5 矿山井巷工程施工，井筒到底后，以及随着巷道开拓的延伸，井下用电量增大，一般情况下，都要在井下设变电所。设置井下变电所时，宜利用永久变电设施，如中央变电所、采区变电所等。有条件时，宜将中央变电所、采区变电所提前进行施工及安装，以供施工使用。当条件不允许时，宜选用移动变电所。移动变电所结构紧凑，占用空间小，移动方便，可缩短供电距离减少压降，不需建专门的变电硐室，可节省投资，但只适宜在工作面比较集中的区域使用。

11.7.2 井下临时变、配电硐室的位置，要选择在干燥、通风良好的地方，变、配电设备运行期间，硐室的温度会增高，应采取机械通风降温，以保证变电设备的正常运行，硐室的最高允许温度是根据现行国家标准《矿山电力设计规范》GB 50070—2009 第 4.4.9 条制定的。硐室的支护要求是基于电器设备的防火、防水要求而规定的，以确保供电系统的安全。硐室底板高出入口处巷道底板是为防止巷道积水流入。当发生水患时，可以利用巷道空间，以便争取时间采取封堵等措施。硐室的最小尺寸，应保证变电设备运输、安装及检修的需要；需要值班的变、配电硐室应留有人员值班和存放消防器材的位置，不需要值班的变、配电硐室应留有存放消防器材的空间。硐室内的变电设备布置要符合相关标准的要求，以保障安全。硐室口应采用栅栏隔离，防止人员误入或无关人员进入，其隔离距离要符合要求。

11.7.3 本条是根据现行国家标准《矿山电力设计规范》GB 50070—2009 第 4.1.2 条、第 6.1.1 条的规定，结合国内矿山井下用电设备电压等级的实际情况制定的。

11.7.4 本条为强制性条文，根据现行国家标准《金属非金属矿山安全规程》GB 16423—2006 第 6.5.1.4 条的规定制定的，必须严格执行。架线式电机车整流装置的专用变压器，视其作业要求而定。

11.7.5 井下电力网络系统中，单相接地故障发生的概率较高，如不采取保护措施，对人身和设备安全将构成重大威胁。由于井下环境和作业特点的关系，人员接触设备外壳和电缆（电线）外皮的机会很多，虽然低压配电系统采用了中性点不直接接地方式，对标称电压亦有规定，但这些都是被动的保护措施，当绝缘电阻降至一定数值时，人员接触正常不带电的设备外壳和电缆（电线）外皮，亦将有电流通过人体，严重时会危及人身安全，这是井巷工程施工常发生触电事故，造成人身伤亡的关键之所在。因此，应在井下变（配）电所高压馈出线设单相接地保护装置，低压馈出线装设漏电保护装置，并宜采用单相漏电保护器。为确保安全，应改变过去对接地和漏电保护不重视的旧观念，特作出此规定。

11.7.6 电力电缆的选择应按现行国家标准《矿山电力设计规范》GB 50070 的规定进行选择，在竖井、天井及倾角大于或等于 45°的斜井内，固定敷设的高压电缆应采用交联聚乙烯绝缘粗钢丝铠装聚氯乙烯护套电力电缆或聚氯乙烯绝缘粗钢丝铠装聚氯乙烯护套电力电缆；在倾角小于 45°的斜井、巷道内，固定敷设的高压电缆应采用交联聚乙烯绝缘钢带或细钢丝铠装聚氯乙烯护套电力电缆、聚氯乙烯绝缘钢带或细钢丝铠装聚氯乙烯护套电力电缆；固定敷设的低压电缆，宜采用聚氯乙烯绝缘电缆或交联聚乙烯绝缘电缆；非固定敷设的高、低压电缆，宜采用矿用橡胶套电缆。

电缆敷设，要适应井下工作的特点，施工电缆的敷设方式要便于随工作面延伸，逐步延长，并便于回收。敷设前，要合理确定敷设线路，设置吊挂装置，检查外表有无破损、压痕等现象，并用兆欧表测量绝缘电阻。吊挂装置的间距：在竖井、天井内电缆悬挂点间距不得大于3m，在斜井、巷道内电缆悬挂点间距不得大于6m。敷设时，严防电缆扭伤和过度弯曲，而损坏电缆绝缘。为防止电缆漏电伤人，电缆的金属外皮和金属电缆接线盒及保护钢管等，应可靠接地。

11.7.7 本条是根据现行国家标准《金属非金属矿山安全规程》GB 16423—2006 第 6.5.6.1 条规定制定的。

11.8 信号、通信及监视

11.8.1 提升信号是专为指示提升机运行的信号。每台提升机，均应有独立的信号系统，不得采用多台提升机共用一套信号系统，并且为方便人员辨认，应做到声、光兼备。信号电源应独立、可靠，并有电源指示灯，以方便信号工观察信号系统是否正常；信号电压不能高，以适应井下潮湿环境，预防触电事故的发生。信号系统应简单、可靠，声、光兼备，信号线不得兼作他用。信号应清晰、易辨、声、光相符、简单明了，并能保留，以便验证和指示。各施工单位内部的提升信号应作统一规定，以方便信号工、提升机司机辨识，防止因信号不清、不统一而造成事故。

竖井井筒施工时，各个工作地点，包括井筒掘砌时的掘砌工作面、吊盘上、井筒转水站以及与井筒平行作业的上部中段等，都应设置独立的信号装置。各个工作地点的信号装置独立，统一汇聚到井口信号房，井口信号房才能准确区分信号是从那一个工作地点发出的。在实际工作中，各工作地点的声信号要有明显区别是不可能的，声信号应统一，才能做到清晰、易辨、简单，否则，将出现十分复杂的信号，不利于信号工和提升机司机辨识。各工作地点独立的信号装置发出声光兼备的信号，由光的显示信号，信号工和提升机司机可以很容易地辨识信号的发出地点。为防止吊桶碰撞井盖门，规定竖井吊桶提升期间，而不仅仅是井筒施工期间，必须设置井盖门信号，当吊桶上升距井盖门 40m～50m 时，信号铃应自动发出有声信号，提醒信号工打开井盖门。竖井罐笼提升，不设井盖门，而设置井口安全门，为防止人员车辆等坠落井下，安全门与提升信号系统应设置闭锁装置。运送人员的斜井，必须安装可在运行途中直接向提升司机发出紧急信号的装置，一般是采用跟车人员带一套与提升机房相通的信号发射机，预防运行途中跳车时，能及时停车。

斜井多水平提升，各水平应设独立的信号装置，各水平发出的信号，必须能准确辨识，声信号指示提升方向，光信号指示位置，其设置方法同竖井井筒施工相同。为防止斜井甩车道甩车时撞伤人员，甩车时必须发出警号。箕斗提升能自动卸碴，自动复位，提升信号可不通过斜井井口信号工转发，除此外，所有的提升信号，必须经过井口信号工转发才行，严禁井下与提升机房直接用信号联系。本条为强制性条文，必须严格执行。

11.8.2 竖井井筒施工，除提升信号外，还要有指示凿井绞车升降的凿井信号，其凿井信号要与提升信号明显区别，其规定方法与提升信号也不相同，以防误用而导致安全事故的发生。凿井信号应按悬吊设施的不同，分门别类地进行规定，如吊盘升降信号、吊泵升降信号、抓岩机升降信号、各种管路升降信号等，信号应做到清晰、易辨，各种设施的升降信号应有明显区别。为简化井内信号线布置，从井口信号房以下的凿井信号装置，宜利用提升信号装置，井口信号房到凿井绞车棚应设凿井信号装置，信号应经过井口信号工转发，井口信号工要观察井口悬吊设施的升降情况，发现异常，及时发出停车信号。

11.8.4 调度室（含井口、井下）、主要机电设备硐室、炸药库和各地点值班室，均应安装电话，以便互相交换信息，及时掌握情况，并及时进行调度、指挥，以保证正常施工和快速抢救。

11.8.6 电视监控可使提升机司机直观地看到提升容器在井口及井筒内的运行情况，使提升容器准确到位，缩短提升循环时间，增加提升量，对加快施工进度，保证安全有重要意义，并可使调度或管理人员随时掌握井口、井底、提升机房等地人员和设备运转与物料上下的情况，及时进度调度、指挥。电视监控是竖井、斜井施工现代化管理的发展方向。选择摄像头应根据使用位置的条件确定。井筒中空间小，光照差，宜选用可变焦或远红外摄像头，提升机房内要求能看到司机工作和提升机运转情况，视野要大，宜选用广角摄像头，地面井口房、翻矸平台属室外作业，昼夜光照变化大，宜采用自动光圈摄像头。视频分配器将一路输入信号变成多路输出，供提升机房和调度室使用。应安设控制器，以便安装在调度室和提升机房的监视器能通过监视器切换观看 2 路～3 路图像，及时掌握现场情况。

11.9 井下照明

11.9.2 由于井下动力用电缆线路的事故率相对较高，如果照明系统与其共用，当发生故障时，势必造成井下漆黑一片的状态，不利于安全。照明电源应保持相对独立和安全可靠，使照明系统不受动力系统的影响。当条件不具备设置照明专用变压器时，规定照明电源应从变电所的变压器低压侧的断路器前引出，保持相对独立。

11.9.4 本条是为预防漏电伤人、保证安全作出的规定。控制方式一般采用闸刀开关控制。

11.9.5 照明灯具的选择，应根据淋水情况和矿井有害气体等级确定。在有淋水的地点，宜选用防水型灯具，在有沼气的地点，应选用矿用防爆型灯具，其他地点，宜选用普通型灯具。这是因为普通型灯具价格低，使用费用低。

11.9.6 入井时，作业人员必须携带完好的照明灯具，以防井下突然停电时，人员能顺利撤出。在实际中因未带照明灯具，停电时发生人员坠落、跌伤的事故不少，应引起重视。

11.9.7 天井口、溜井口，容易发生人员坠井事故。为保证安全，在天井口、溜井口及危险地带，必须安装固定式的照明装置，并有明显的灯光显示，提醒行人注意安全。施工设备用的照明，灯具的使用要与主机配套，保持完好，才能保证施工设备运行时的安全，防止发生伤亡事故。本条为强制性条文，必须严格执行。

12 工业卫生

12.1 一般规定

12.1.1 职业危害是指从业人员在不良的施工、劳动、作业环境下工作时，由施工、劳动过程和作业环境中产生的，并危及从业人员健康的有害因素。矿山井巷工程施工中产生的有害因素包括毒物、粉尘、噪声、振动、高温、辐射等；劳动过程中产生的有害因素包括劳动负荷过重，长时间单调作业，精神或视力的长时间紧张，动作不合理及夜班作业等；作业环境的有害因素包括作业空间狭小、通风量不足、空气含氧量低、高温高湿、照明不良等。防治职业危害的重要前提是用人单位强化职业危害的防治和管理，保证作业场所的职业卫生符合国家现行标准的要求。

12.1.2 施工组织设计是指导施工的重要依据，施工前，应根据工程地质及水文地质资料和工程特点，制定切合实际的工业卫生防治措施，以指导施工，改善作业环境，减少和降低有害因素的影响，预防职业危害，保证施工人员的身体健康。

12.1.3 井巷掘进后，围岩应力重新进行分布，以及爆破作业的影响、岩石的风化、地下水的侵蚀等，井巷岩（矿）壁面会发生片帮、冒顶等现象，为保证施工安全，应定期进行井巷维护。施工过程中，井筒底部、巷道底板易出现积碴、杂物堆集、排水不畅和粉尘粘附在井巷壁面等现象，为保持井巷整洁、排水畅通，应定期进行清理。

12.1.4 根据《中华人民共和国职业病防治法》的规定，用人单位应当实施由专人负责的职业病危害因素的日常监测，并保证监测系统处于正常运行状态。

12.2 井下热害防治

12.2.1 为保证施工人员的身体健康和提高劳动生产率，需要从人体生热和散热两方面考虑给施工人员创造热平衡条件。人体生热主要取决于劳动强度，影响人体散热的条件是空气的温度、湿度和风速三者的综合状态。一般采用卡他度作为评价劳动条件舒适程度的综合指数。卡他度的值越大，散热条件越好。井下热害防治应根据热源类型采取不同的防治措施，当采用加强通风措施时，风速宜大于 0.5 m/s～1.0m/s，当主要热源是地温造成时，应在井巷岩壁上喷涂绝热材料隔热；当主要热源是地下水造成时，应采取机械或钻孔排水，热水通过的水沟应盖上盖板封严，排水管外壁宜采用隔热材料包裹；当主要热源是机械设备散热造成时，应将热风直接排至总回风系统，不得进入风源中；当主要热源是因湿度过大或过小造成时，湿度过大应减少地下水暴露在空气中的时间和面积，减小空气中的湿度；湿度过小，可洒水增湿，或用人造冰块降温。若上述措施不足以消除井下热害时，应采用机械制冷降温。

12.2.4 在地温较高或有热水涌出矿区施工时，井下热害更为严重，为改善工作条件，往往要投入大量财力、物力和人力，而作为施工单位，不可能准确地预测地下热水、地温变化的情况，一般而言，这属于不可预见因素。因此，施工单位应根据实际情况编制降温方案，报请建设单位或监理单位批准后实施。若施工承包合同中包括了降温内容并明确属于施工单位的范畴，则应由施工单位自行实施。

12.3 井下粉尘防治

12.3.1 一般金属非金属矿山游离二氧化硅含量在30%～70%，有的高达 90%以上，粉尘中游离二氧化硅含量越高，对人体危害越大，易导致尘肺病的发生，造成职业危害。

12.3.2 实践证明，要将空气中的粉尘浓度降到 $2mg/m^3$ 以下，必须做好减尘、降尘、排尘和防护四项基本工作。采取以风水为主的综合防尘措施，这些措施包括技术、管理、组织等措施。干式凿岩工作面粉尘浓度高达 $1300mg/m^3$～$1600mg/m^3$，而湿式凿岩一般为 $6mg/m^3$～$18mg/m^3$，对打眼水净化和加入湿润剂可降低水的表面张力，当粉尘与水滴膜相撞时，容易被水湿润，在水中加入 1‰的氯化钠，凿岩时，可使空气中的含尘量降到 $4.16mg/m^3$～$4.39mg/m^3$。

爆破后恢复作业前，应从距工作面 20m 处开始，由外向里用压力水冲帮洗壁，不留空白区，水压宜为 0.3MPa～0.4MPa。冲帮洗壁后，为防止出碴时粉尘飞扬，在出碴前，应向岩堆上洒水，使其湿透。

合理布置通风设施，包括合理确定通风方式，合理布置通风机，正确安装风筒，以及保持风机、风筒的完好，以保证通风效果达到要求。井巷掘进时，通风机应保持正常通风。在实际工作中，常发生爆破时通风，出碴、凿岩时不开风机的现象，应予纠正。进风巷道应安装水幕，以减少新鲜空气中的含尘量，达到净化风源的目的。

距工作面 20m 以外的井筒、巷道壁面上，随着时间的推移，或多或少都会粘附有一些粉尘，被风吹后容易长期飘浮在空气中，极易被人吸入体内。因此，应定期冲帮洗壁，其周期每季至少 1 次。

作为防尘的最后一关，就是加强个体防护。要求使用阻尘率达Ⅰ级标准的防尘口罩（即对粒径不大于 $5\mu m$ 的粉尘，阻尘率大于 99%）。实际工作中，常见采用纱布口罩及一些低阻尘率的口罩，或者不戴口罩的现象，从而导致矽肺病发生的趋势增加，应引起重视。

12.3.3 加强通风，可以稀释空气中的粉尘含量，并可减少粉尘在井下空气中的停留时间，及时排出地面。风速、风量过小，不能及时稀释和排除粉尘，过大则容易将已降落和粘附在井、巷壁面的粉尘吹扬，造成新的污染。

12.3.4 湿喷或水泥裹砂喷射，可最大限度地减少空气中的粉尘量，改善作业环境，应优先采用。干法喷射容易产生大量粉尘，施工现场粉尘浓度较高，远远超出允许范围，不宜采用，但干法喷射在一些地方仍然采用，因而有必要作出规定。

12.4 井下噪声防治

12.4.1 本条是根据现行国家标准《工业企业设计卫生标准》GBZ 1的规定制定的。

12.4.2 本条为强制性条文，必须严格执行。消声、吸声、隔声、减振等是消除噪声危害的有效措施，通过采取上述措施后，仍达不到噪声声级卫生限值标准的场所，为保证作业人员的身体健康，必须采取个体防护措施，如佩戴防噪声耳等。

12.4.3 采用符合声级卫生限值标准的施工设备，是噪声防治最有效的方法之一，如原来用的局扇噪声较大，作业人员都不喜欢，这是造成现场局扇经常处于停机状态的主要原因，而新型局扇带消声罩噪声小，对现场作业人员的噪声干扰小，故能经常处于运行状态。

12.5 井下氡及其子体防治

12.5.1 含放射性元素的矿山，井下空气中氡及其子体衰变时所产生的X射线，对人体容易造成危害。氡及其子体对人体的危害，应同时具备三个条件，一是氡及其子体超过一定浓度，二是氡及其子体进入人体内，三是人在接受上述浓度的氡及其子体超过一定时间。为保证井下施工人员的身体健康，氡及其子体防治就是要破坏上述三个条件，否则作业人员易导致肺癌的发生。本条规定是根据现行国家标准《放射卫生防护基本标准》GB 4792的规定制定的。

12.5.2 氡及其子体超过规定的卫生限值时，要采取措施，破坏其对人体构成危害的三个条件。井下空气中氡的主要来源有矿（岩）壁、矿（岩）石和地下水中析出，以及地面空气中的氡随入风风源进入。通过通风排氡，可以稀释空气中氡及其子体的浓度。控制氡源是井巷工程应尽量避开采空区和控制每次爆破的矿（岩）石数量，并应及时将爆破的矿（岩）石及时运离井下。进风井（巷道）应设在无氡或其浓度较小的地方。隔离氡源可采取喷射混凝土（或喷浆）封闭矿（岩）壁，地下水归入水沟并用盖板盖严。通过上述技术措施，可起到净化空气，降低氡及其子体浓度的作用。同时，还应加强个体防护，缩短接触氡源时间和佩戴高效防护口罩等。本条为强制性条文，必须严格执行。

12.5.3 有放射性元素的矿山井下，水和食物容易被放射性的X射线污染，食品安全不能得到保证。井下吸烟，人体容易受到X射线的内照射，危害更大。

13 环境保护

13.1 一般规定

13.1.1 矿山建设进入井巷工程实施阶段，该矿山的各项环保设施均已完成配套设计。施工队伍进场前，应认真阅读设计资料，分析这些环保设施的功能和可利用性。在施工组织设计编制中，生活、生产环保设施布置选址应与矿山永久设施有机地结合，条件好的改、扩建工程，环保设施比较完善，可以考虑利用；需新建的临时环保设施应结合矿山基建排废量、工程地质及水文地质条件、周围环境情况进行布置。

13.1.2 环境保护是我国的一项基本国策，是全社会的共同任务，也是企业管理的一个重要组成部分。环境保护的目的是为保护和改善生活环境与生态环境，防治污染和其他公害，保障人体健康，促进社会科学发展，因此，环境保护任务要落实到工程建设和生产的各个环节，建立健全环保管理制度，安排专人负责。

13.1.3 矿山工程建设中与井巷工程有关联的环境保护工程，主要有废石场、井下废水排放池等。这些设施必须与井巷工程的施工同步实施，但通常情况下，其建设进度满足不了井巷施工期间的排废需要。因此，井巷施工期需要建设临时废石场和污水处理池。这些环保设施应在施工组织设计中明确，并尽可能在井巷工程施工正式开工前完成，以满足施工排废需要。

13.1.4 不同地区、不同矿山工程的废物排放标准各有差异，因此，对任何矿山建设工程，在设计前期阶段都必须进行建设项目环境影响评估，形成环境影响评估报告书，报环保主管部门批准。报告书中，对本工程建设和生产产生的废弃物排放标准、噪声防治以及工程措施均有明确的规定，其各项指标可以作为井巷工程施工产生的井下废碴、废气和废水排放标准。

13.2 井下废碴排放

13.2.2 废石场的选址应考虑多方面因素，包括与生产、生活区的位置关系、库容量、工程地质及水文地质资料，以及对下游居民、农田、生活水源的影响情况。

若工业场地和生活区处于废石场常年主导风向的下风侧，则废石运输、排碴产生的粉尘对生产和生活有直接影响。

井巷工程基建期间，废石场库容量应根据设计的基建开拓工程量计算。

13.2.3 大型矿山井巷基建工程量大，废石集中堆置高度较高，在一定条件下，有可能产生滑坡和泥石流现象。因此，必须采取相应的工程措施，防止滑坡和泥石流发生，减少对下游的危害。

13.2.4 井下采用废石充填采矿法的矿山，改、扩建期间，井巷基建掘进产生的废石宜尽量不出地表，直接用作采矿充填料，一方面，可以减少废石场占地面积；另一方面，还可免除或减轻其对环境的污染，并节省提升、运输成本。

13.2.6 固体废物分为一般固体废物和危险废物，金属矿山井巷施工危险废物主要是含高砷废石和含铀废石。对危险废物的排放应符合《中华人民共和国固体废物污染环境防治法》的有关规定。

13.3 井下废水排放

13.3.2 井巷工程施工产生的废水主要是凿岩、爆破、防尘产生的废水，含悬浮物为主，视为一般废水，经自然沉淀处理后，可返回井下供凿岩、防尘使用。对于原生硫化矿床，井下水还含有大量的重金属离子，而且pH值较低，需要按审批过的环境影响报告书中有关要求进行处理。

13.4 井下废气排放

13.4.1 井下废气中含有大量的有害气体和粉尘，有害气体主要有爆破产生的CO、SO_2、NO_2，硫化矿水解和有机物腐烂产生的H_2S，硫化物氧化产生的SO_2，人员呼吸和内燃设备产生的CO_2等。有害气体和粉尘对人体都有害，应采取综合防尘措施，减少粉尘含量，加快有害气体水解和稀释。

13.4.3 井巷施工中，采用巷道或井筒回风时，为减少井下废气中有害物质的含量，应在距地面100m范围内，增加喷雾装置，吸烟降尘。

13.5 地面污水排放

13.5.1、13.5.2 生活污水的来源主要是厕所和食堂污水，厕所产生的污水宜设化粪池处理，食堂产生的污水应设隔油池处理，经处理后达标投放。

13.5.3 地面产生的污水主要是清洗搅拌机时产生的污水。

13.6 地面噪声防治

13.6.1 矿山井巷工程施工，在地面一般都使用大型机械设备，如空压机、鼓风机、提升机等，噪声声级的限制应符合本规范第12.4.1条的规定。噪声声级当超过规定时，应按本规范第12.4.2条的规定采取措施。

13.6.2 为减少噪声对人员的干扰和危害，高噪声车间、站房，应与生活区、办公区分开布置。分开的距离应按噪声声级限制标准［即生活区、办公区昼间不超过65dB（A）、夜间不超过55dB（A）］确定。

13.7 地面废物处理

13.7.1 含有毒、有害物质的固体废物，如塑料、橡胶、油毛毡等，焚烧时会产生大量有毒、有害气体，污染空气。因此，不得焚烧，应采取符合环境保护规定的方式处理。

13.7.2 易燃的液体废物随意倾倒，易引发火灾。含有毒、有害的液体废物，如苯、甲醛、乙醛等，随意倾倒，易造成地面及水体污染，破坏生态环境，严重时，将会导致重大污染事故的发生。

13.7.3 有色金属矿山井巷施工，地面产生的固体废物，主要有生活垃圾、建筑垃圾、金属废料、木材废料、塑料、橡胶、油毛毡等，为了节约资源，有再利用价值的，如金属、木材、塑料、橡胶等，应予回收利用，无利用价值的，应集中堆放在指定地点，最后进行填埋处理。

附录A 围岩分级

A.0.1 有色金属矿山井巷工程开挖后的围岩稳定程度，是本规范选择施工方法的基本依据之一。为方便使用本规范，正确理解本规范的条文内容，并对照现场围岩的实际情况，选用合理的施工方法进行井巷工程的施工，保证安全，提高施工速度，节约资源，降低成本。本规范摘录了现行国家标准《锚杆喷射混凝土支护技术规范》GB 50086的围岩分级。围岩级别的划分，应根据岩石坚硬性、岩体完整性、结构面特征、地下水和地应力等因素综合确定。

A.0.2 地下水是造成围岩失稳的重要原因之一，它可使岩石软化，降低强度，加剧软弱层面的滑动，还可造成膨胀地压。在Ⅰ级、Ⅱ级围岩中，岩石坚硬，软弱结构面较少，地下水影响作用不大。而在Ⅲ级及其以下围岩中，受地下水的影响较大，当有地下水时，应根据地下水类型，软弱结构面多少及其危害程度，适当降低围岩级别。地下水类型中包含了地下水量的大小，按地下水规模分为渗、滴、流和涌四类。

A.0.3 断层、软弱结构面与井筒或巷道轴线交角小于30°时，断层、软弱结构面对井筒或巷道的稳定性有较大影响，交角越小，影响越大，围岩越容易发生片帮或冒落。

附录B 混凝土、喷射混凝土强度检验方法

B.0.2 本条是根据现行国家标准《锚杆喷射混凝土支护技术规范》GB 50086的规定，结合有色矿山井巷工程的特点修改的。该规范第10章“质量检查与

工程验收”中规定：“试块数量，每喷射 $50m^3$～$100m^3$ 混合料或混合料小于 $50m^3$ 的独立工程，不得少于一组”。以“混合料”数量作为确定取样组数的依据，在矿山井巷工程中，不妥当。因为“混合料”并不全部构成喷射混凝土的实际支护体，还有相当一部分回弹料。在实际工作中，喷射技术水平高，回弹少；墙部喷射，回弹少；反之，回弹大。若按该规范规定执行，在进行质量检查、验收时，容易出现标准不明确的问题，因而本规范修改为按有色矿山井巷工程的支护长度以及按独立工程的重要程度确定试件的最少组数。

B.0.4 现行国家标准《锚杆喷射混凝土支护技术规范》GB 50086 第 10 章“质量检查与工程验收”中，规定了“重要工程的合格条件”和“一般工程的合格条件”，在有色矿山井巷工程中，缺乏可操作性，如斜井、主要运输巷道，在该工程范围内，可能是重要工程，而在矿区范围内，又有可能是一般工程，容易造成判别标准不清的问题出现。因而，结合有色矿山井巷工程的特点，本规范作出了较明确的规定，以方便使用。

附录 C 喷射混凝土抗压强度标准试块制作方法

C.0.2 喷射混凝土施工要求受喷面与喷头尽量垂直，才能取得最佳密实度，并可最大限度减少回弹，节约材料。现行国家标准《锚杆喷射混凝土支护技术规范》GB 50086 中规定：“将模具敞开一侧朝下，以 80°左右（与水平面的夹角）置于墙脚”，实际中，敞开一侧应朝上，朝下时喷层与底板连接，浪费材料，朝上则多喷部分可作为支护体的一部分，不浪费。同时，人操作喷头的高度一般为 1m，喷嘴距受喷面的距离宜为 0.8m～1.0m，若模具与水平面夹角为 80°左右，则模具与喷嘴倾斜，试件密实性差，并且若模具敞开一侧朝下，则模具上口被模板遮挡，易造成空洞。因此，模具敞开一侧不应朝下，而宜朝上，亦可朝左或右，模具应以 45°～50°置于墙脚，才能保证受喷面与嘴头尽量垂直。

C.0.4 现行国家标准《混凝土结构工程施工质量验收规范》GB 50204、《混凝土强度检验评定标准》GB/T 50107 中，是以 150mm×150mm×150mm 的立方体试块作为标准尺寸的，为与国家现行试块标准尺寸相一致，规定试块试验结果应乘以系数0.95，作为该试块的抗压强度值。

中华人民共和国国家标准

有色金属工业安装工程质量验收统一标准

Unified standards for constructional quality acceptance of non-ferrous metals industrial installation engineering

GB 50654—2011

主编部门：中国有色金属工业协会
批准部门：中华人民共和国住房和城乡建设部
施行日期：2012年5月1日

中华人民共和国住房和城乡建设部
公　　告

第 937 号

关于发布国家标准《有色金属工业安装工程质量验收统一标准》的公告

现批准《有色金属工业安装工程质量验收统一标准》为国家标准，编号为GB 50654—2011，自 2012 年 5 月 1 日起实施。其中，第 5.0.6 条为强制性条文，必须严格执行。

本标准由我部标准定额研究所组织中国计划出版社出版发行。

中华人民共和国住房和城乡建设部

二〇一一年二月十八日

前　　言

本标准是根据原建设部《关于印发〈2006 年工程建设标准规范制订、修订计划（第二批）〉的通知》（建标〔2006〕136 号）的要求，由中国有色金属工业建设工程质量监督总站会同有关单位编制完成的。

本标准在编制过程中，编制组进行了广泛的调查研究，总结了我国有色金属工业安装工程质量验收的实践经验，坚持了“验评分离、强化验收、完善手段、过程控制”的指导思想，并广泛征求了有关单位的意见，最后经审查定稿。

本标准共分 6 章，主要技术内容有：总则，术语，基本规定，工程质量验收的划分，工程质量的验收，工程质量验收的程序和组织。

本标准中以黑体字标志的条文为强制性条文，必须严格执行。

本标准由住房和城乡建设部负责管理和对强制性条文的解释，由中国有色金属工业工程建设标准规范管理处负责日常管理，由中国有色金属工业建设工程质量监督总站负责具体技术内容的解释。

本标准在执行过程中，请各单位注意总结经验，积累资料，如发现有需要修改和补充之处，请将意见反馈至中国有色金属工业建设工程质量监督站（北京市海淀区复兴路乙 12 号，邮政编码：100814），以供今后修订时参考。

本标准主编单位、参编单位、主要起草人和主要审查人：

主 编 单 位：有色金属工业建设工程质量监督总站

参 编 单 位：有色金属工业建设工程质量监督总站平果铝监督站

有色金属工业建设工程质量监督总站山西铝监督站

有色金属工业建设工程质量监督总站江西铜业监督站

有色金属工业建设工程质量监督总站中条山监督站

有色金属工业建设工程质量监督总站铜陵监督站

有色金属工业建设工程质量监督总站西安监督站

有色金属工业建设工程质量监督总站长沙监督站

有色金属工业建设工程质量监督总站新疆监督站

有色金属工业建设工程质量监督总站昆明监督站

有色金属工业建设工程质量监督总站广西监督站

有色金属工业建设工程质量监督总站辽宁监督站

主要起草人：王化林　蔡胜利　王延伶　华新生　黄升埙　廖　玠　乔世民　翟　岭　吴煦平　李淳中　郑光伟　李武庆　郑大明　徐红兵

主要审查人：何忠茂　杜念东　杨禄魁　邹利广　李荣健　杨学儒　张劲松　刘扶群　李　汇　李勇军

目次

1 总则 …………………………………… 1—38—6
2 术语 …………………………………… 1—38—6
3 基本规定 ……………………………… 1—38—6
4 工程质量验收的划分 ………………… 1—38—7
4.1 一般规定 …………………………… 1—38—7
4.2 有色金属工业设备安装工程的划分 …………………… 1—38—7
4.3 有色金属工业管道安装工程的划分 …………………… 1—38—7
4.4 有色金属工业电气装置安装工程的划分 …………………… 1—38—7
4.5 有色金属工业自动化仪表安装工程的划分 …………………… 1—38—7
4.6 有色金属工业设备及管道防腐蚀工程的划分 ………………… 1—38—7
4.7 有色金属工业设备及管道绝热工程的划分 ………………… 1—38—8
4.8 有色金属工业工业炉砌筑工程的划分 ……………………… 1—38—8
5 工程质量的验收 ……………………… 1—38—8
6 工程质量验收的程序和组织 ……… 1—38—9
附录A 有色金属工业安装工程施工现场质量管理检查记录 ……………………… 1—38—9
附录B 有色金属工业安装隐蔽工程检查验收记录（通用） ……………… 1—38—10
附录C 有色金属工业安装分项工程、分部工程名称 ……………… 1—38—10
附录D 有色金属工业安装单位（子单位）工程观感质量检查汇总记录 ………… 1—38—14
附录E 有色金属工业安装单位（子单位）工程质量控制文件检查记录 ………… 1—38—14
附录F 有色金属工业安装分项工程质量验收记录 ……………… 1—38—15
附录G 有色金属工业安装分部（子分部）工程质量验收记录 ………………… 1—38—15
附录H 有色金属工业安装单位（子单位）工程质量评估报告 ………………… 1—38—15
附录J 有色金属工业安装单位（子单位）工程竣工报告 ……………………… 1—38—16
附录K 有色金属工业安装单位（子单位）工程质量竣工验收记录 ……………… 1—38—16
附录L 有色金属工业安装单位（子单位）工程质量竣工验收备案表 …………… 1—38—16
本标准用词说明 ……………………… 1—38—17
附：条文说明 …………………………… 1—38—18

Contents

1 General provisions ······ 1—38—6
2 Terms ······ 1—38—6
3 Basic requirement ······ 1—38—6
4 Division of engineering quality acceptance ······ 1—38—7
4.1 General requirement ······ 1—38—7
4.2 Division of the installation engineering of non-ferrous metal industrial equipment ······ 1—38—7
4.3 Division of the installation engineering of non-ferrous metal industrial piping ······ 1—38—7
4.4 Division of the installation engineering of non-ferrous metal industrial electrical installation ······ 1—38—7
4.5 Division of the installation engineering of non-ferrous metal industrial automation instrumentation ······ 1—38—7
4.6 Division of the anticorrosive engineering of non-ferrous metal industrial equipment and piping ······ 1—38—7
4.7 Division of the insulation engineering of non-ferrous metal industrial equipment and piping ······ 1—38—8
4.8 Division of the brickwork engineering of non-ferrousmetal industrial furnace and stove ······ 1—38—8
5 Constructional quality acceptance ······ 1—38—8
6 Procedure and organization of installation engineering acceptance ······ 1—38—9
Appendix A Inspection record of site quality management for non-ferrous metals industrial installation engineering ······ 1—38—9
Appendix B Inspection and acceptance record of non-ferrous metals industrial installation hidden engineering (general) ······ 1—38—10
Appendix C Name of subdivisional work and subproject for non-ferrous metals industrial installation enginee-ring ······ 1—38—10
Appendix D Inspection record of appearance quality for non-ferrous metals industrial installation engineering ······ 1—38—14
Appendix E Inspection record of quality assurance file for unit project of non-ferrous metals industrial installation engineering ······ 1—38—14
Appendix F Record of subdivisional work quality acceptance for non-ferrous metals industrial installation engineering ······ 1—38—15
Appendix G Record of subproject quality acceptance for non-ferrous metals industrial installation engineering ······ 1—38—15
Appendix H Quality assessment report for non-ferrous metals industrial installation engineering ······ 1—38—15
Appendix J Completion report for non-ferrous metals industrial installation engineering ······ 1—38—16
Appendix K Completion acceptance

record for non-ferrous metals industrial installation engineering ············ 1—38—16
Appendix L Completion acceptance form putting on file for non-ferrous metals industrial installation engineering ············ 1—38—16
Explanation of wording in this standard ································ 1—38—17
Addition: Explanation of provisions ··· 1—38—18

1 总 则

1.0.1 为了适应我国有色金属工业发展的需要，加强有色金属工业安装工程质量管理，规范有色金属工业安装工程的质量验收，保证有色金属工业安装工程质量，制定本标准。

1.0.2 本标准适用于有色金属矿山、冶炼、制酸及加工类安装工程施工质量验收。

1.0.3 有色金属工业安装工程中采用的工程技术文件、承包合同文件对施工质量验收的要求不得低于本标准的规定。

1.0.4 有色金属工业各专业安装工程施工质量验收规范应与本标准配合使用。

1.0.5 有色金属工业安装工程质量验收，除应符合本标准外，尚应符合国家现行有关标准的规定。

2 术 语

2.0.1 安装 installation

在施工现场对各类设备和结构完成制作、装配和固定到正确位置从而构成一个技术装备系统，并最终形成生产能力的过程。

2.0.2 基础检验 the inspection of basis

设备安装前对基础是否符合设计要求的确认。

2.0.3 主控项目 dominant item

安装工程中，对安全、卫生、环境保护和使用功能起决定性作用的检验项目。

2.0.4 一般项目 general item

除主控项目以外的检验项目。一般项目包括了可定性的检验项目和可量测的定量项目。

2.0.5 允许偏差 allowable deviation

安装过程中允许实际尺寸偏离设计或规范要求尺寸的程度。

2.0.6 观感质量 quality of appearance

通过观察和必要的量测所反映的工程外在质量。

2.0.7 抽样复验 sampling re -inspection

按照规定的抽样方案，随机地从一批或一个过程中抽取少量个体（作为样本）进行的检验，根据样本检验的结果判定一批产品或一个过程是否合格。

2.0.8 质量验收 quality acceptance

安装工程在施工单位自检合格的基础上，参与建设活动的有关单位共同对分项、分部、单位等工程的施工质量进行抽样复验，根据相关专业验收标准对质量合格与否做出书面确认。

2.0.9 返工 rework

对工程不符合设计要求与标准规定的部位采取的重新制作、重新安装的过程。

2.0.10 返修 repair

对工程不符合设计要求与标准规定的部位采取的整修的过程。

2.0.11 项目竣工图 drawing on completion of project

指项目竣工后按照工程实际情况所绘制的图纸。

2.0.12 工程总承包 engineering procurement construction（EPC）contracting

工程总承包企业受业主委托，按照合同约定对工程建设项目的设计、采购、施工、试运行等实行全过程或若干阶段的承包。

3 基 本 规 定

3.0.1 有色金属工业安装工程施工现场质量管理应符合下列规定：

1 应建立健全质量管理制度及考核评价办法。

2 应编制切实可行的《项目质量计划》。

3 施工现场所采用的标准应为现行的国家和行业标准。

4 总包单位应能对分包方进行有效的管理。

5 参加工程质量检验的各专业人员应具备规定的资格并持有有效的岗位证书。

6 现场特种作业的人员应具备规定的资格并持有有效的资格证书。

7 承担调试、检测工作的实验室及检测机构应具有相应资质并具有完备的管理制度。

8 质量检验应采用经计量检定合格并在有效期内使用的计量器具。

9 项目实施规划或施工组织设计、施工方案的编制与审批程序应符合规定的要求，经施工单位技术负责人和总监理工程师签字后认真组织交底和实施。

10 应建有可靠的项目文档（项目信息）管理系统，并有效运行，保证项目文档的管理符合国家的有关规定。

11 有色金属工业安装工程施工现场质量管理检查记录应按本标准附录A填写。

3.0.2 有色金属工业安装工程应按下列规定进行施工质量控制：

1 施工图等设计文件应经设计交底和图纸会审，并应形成和保存记录文件。

2 工程采用的主要材料、半成品、成品、零部件、构配件应进行检验，涉及安全、使用功能的有关产品，应按相关专业的工程质量验收规范的规定进行复验，并应经监理工程师（建设单位技术负责人）检查签字认可。

3 设备安装前，应按规定及合同文件进行开箱检验并形成文字记录，关键设备应由建设、监理、施工和设备供应商等方面的代表参加。随机文件应包括装箱单、安装使用说明书及图纸等资料。

4　设备就位前应进行土建交接检验，基础混凝土强度、基础坐标、标高和几何尺寸、地脚螺栓的位置或预留孔应符合设计及标准要求。厂房的工艺设备安装基准线应标示清楚、准确。

5　各工序、各专业工种之间均应按各专业施工技术标准进行检验，并经监理工程师（建设单位项目专业技术负责人）检查认可。

6　重要工序及隐蔽工程在实施前应由施工单位通知监理（建设）等有关单位。

7　施工图的修改应有原设计单位的设计变更通知书或技术核定签证并经总监理工程师签发工程变更单；涉及安全、环保等内容时，应按规定经有关部门审定。

8　有色金属工业安装隐蔽工程检查验收记录应按本标准附录B填写。

3.0.3　有色金属工业安装工程施工质量验收应符合下列规定：

1　工程质量验收均应在施工单位自检合格的基础上进行。

2　设备的试运行应作为主控项目进行检验，未进行试运行的设备不得验收。

3　制造厂家现场安装交货的设备，应经组装、调试和试运行并自检合格后由监理工程师根据设计要求和合同规定进行复验，待复检合格后才能签署验收。

4　锅炉、压力容器、压力管道、电梯、起重机械等特种设备的安装，应按有关规定向特种设备安监管理部门报装及检验检测机构报验。

5　检查数量应按各专业工程验收规范规定执行。

3.0.4　安装工程的无负荷试运行应符合下列规定：

1　设备试运行前，施工单位应编制运行方案，经总监理工程师批准，并做好交底工作。

2　压力容器、压力管道的试验压力、时间及签证手续应按设计文件和现行的压力容器、压力管道安全技术标准的规定执行。

3　单体无负荷试运行和联动无负荷试运行时间应按设备技术文件或设计文件的规定要求执行，无规定时按各类设备施工验收规范的规定执行。

4　单体无负荷试运行和联动无负荷试运行应按规定做好各项试运行记录。

4　工程质量验收的划分

4.1　一 般 规 定

4.1.1　进行质量验收的有色金属工业安装工程应划分为分项工程、分部工程和单位工程。

4.1.2　分项工程应按台（套）、机组、类别、材质、用途、介质、系统、工序等进行划分，并应符合各专业分项工程划分的规定。

4.1.3　分部工程应按专业性质划分为工业设备、工业管道、电气装置、自动化仪表、工业设备及管道防腐蚀、工业设备及管道绝热、工业炉砌筑等。较大的分部工程可划分为若干个子分部工程。

4.1.4　分项工程、分部工程名称宜符合本标准附录C的规定。

4.1.5　单位工程应按工业厂房、车间（工号）或区域进行划分，单位工程应由各专业安装工程构成。当一个专业安装工程具有独立施工条件或独立使用功能时，也可构成一个或几个单位工程。较大的单位工程可划分为若干个子单位工程。

4.2　有色金属工业设备安装工程的划分

4.2.1　分项工程应按设备的台（套）、机组和工序划分。

4.2.2　同一个单位工程中的工业设备安装工程，应划分为一个分部工程。

4.2.3　大型、特殊的工业设备安装工程，根据其工程量的大小，可划分为一个或若干个分部工程或单位工程。

4.3　有色金属工业管道安装工程的划分

4.3.1　分项工程应按工作介质或管道类别、工序等进行划分。

4.3.2　同一个单位工程中的管道工程，应为一个分部工程。

4.3.3　一个单位工程中，当仅有管道分部工程时，该分部工程应为单位工程。

4.4　有色金属工业电气装置安装工程的划分

4.4.1　分项工程应按电气设备、组合电气装置及其相互间的电气线路进行划分。

4.4.2　同一个单位工程中的电气装置安装工程应为一个分部工程。

4.4.3　一个单位工程中，当仅有电气装置分部工程时，该分部工程应为单位工程。

4.5　有色金属工业自动化仪表安装工程的划分

4.5.1　分项工程应按仪表的类别、连接的管路、连接的线路和安装试验工序进行划分。

4.5.2　同一个单位工程中的自动化仪表安装工程应为一个分部工程。

4.6　有色金属工业设备及管道防腐蚀工程的划分

4.6.1　分项工程应按设备的台（套），管道的系统、区段或防腐蚀材料的种类进行划分，金属基层处理可单独构成分项工程。

4.6.2　同一个单位工程中的工业设备及管道防腐蚀工程应为一个分部工程。

4.7 有色金属工业设备及管道绝热工程的划分

4.7.1 分项工程中设备绝热应以相同工作介质按台（套）进行划分；管道绝热应按相同的工作介质、区段进行划分。

4.7.2 同一个单位工程中的工业设备及管道绝热工程应为一个分部工程。

4.8 有色金属工业工业炉砌筑工程的划分

4.8.1 分项工程应按工业炉的结构或区段进行划分。当工业炉的砌体工程量小于 $100m^3$ 时，可将一座（台）炉作为一个分项工程，亦可将一座（台）工业炉中两个或两个以上的部位合并为一个分项工程。

4.8.2 分部工程应按工业炉的座（台）进行划分。当一个分部工程中仅有一个分项工程时，该分项工程即为分部工程。

4.8.3 单位工程应按一个独立生产系统的工业炉砌筑工程（或一个工业建筑物内的工业炉砌筑工程）进行划分。当一个单位工程中仅有一个分部工程时，该分部工程即为单位工程。

5 工程质量的验收

5.0.1 分项工程质量验收合格应符合下列规定：

1 主控项目：经检验应符合相关专业质量验收标准的规定。

2 一般项目：各检验项均应符合该项质量验收标准的规定；各抽检点的实测值均应在相应质量验收标准允许偏差范围内；现场制作并安装的非标准设备及炉窑砌筑的允许偏差项目各项的实测值应有80%及其以上在允许偏差范围内，其余实测值不应超过允许偏差值的1.2倍。

3 应具有齐全完整的分项工程质量控制文件。

5.0.2 分部工程质量验收合格应符合下列规定：

1 分部工程所含分项工程的质量应全部验收合格。

2 设备无负荷试运行应符合设计及标准规定。

3 分部工程质量控制文件应齐全完整。

5.0.3 单位工程质量的验收合格应符合下列规定：

1 单位工程所含各分部工程的质量应全部验收合格。

2 设备无负荷试运行应符合设计及标准规定。

3 观感质量应符合验收标准的规定。

4 单位工程质量控制文件齐全完整符合归档要求。

5 有色金属工业安装单位（子单位）工程观感质量检查汇总记录应按本标准附录D填写，有色金属工业安装单位（子单位）工程质量控制文件检查记录应按本标准附录E填写。

5.0.4 观感质量标准应符合下列规定：

1 地脚螺栓及连接螺栓与紧固面垂直；螺母与垫圈配置齐全、连接紧密；螺纹外露长度宜为2～3个螺距。

2 垫铁位置应设置合理、组数足够、整齐平稳、接触良好；每组数量不宜超过5块。

3 二次灌浆填充密实，基础抹面规整光洁。

4 油漆涂刷应色泽、厚度均匀一致；色环、介质流向等标识符合规定；无误涂、漏涂、脱皮、返锈；无明显皱皮、流坠、针眼和气泡。

5 焊缝焊波应均匀，焊渣和飞溅物应清理干净；焊工号及其他规定的标记应清楚，表面缺陷应符合规定。

6 平台、梯子、栏杆应固定牢固、间距均匀、表面光洁、转角流畅、无漏焊。

7 保温绝热层应绑扎牢固、层厚均匀、散料无外漏；抹面无疏松、裂缝、不露铁丝和铁网痕迹；伸缩缝及膨胀间隙应设置正确、缝内无杂物；毡、箔、布类搭接应正确，无松脱、翻边、豁口、翘缝、气泡；金属保护层纵缝位置应正确、无翻边、豁口、翘缝和明显变形，凹坑。

8 管道应位置正确、横平竖直、坡度符合规定；软管无扭曲现象，不与相邻物件摩擦；法兰连接应平行、紧密，与管道中心线垂直，密封垫材料符合规定；对接焊口应平直，弯头弧度、椭圆度、波浪度（折皱不平度）应符合规定。

9 管道支吊架应位置正确、固定牢靠、滑动面无歪斜、无障碍；焊缝无漏焊、无裂纹等缺陷；管卡与管子应接触紧密、螺栓齐全、外露均匀。

10 系统应严密，无跑、冒、滴、漏现象。

11 桥架敷设应位置正确、连接固定牢靠、横平竖直；转弯半径不小于电缆最小弯曲半径；桥架盖板齐全完好并有可靠的接地。

12 管、线敷设应位置正确、横平竖直、整齐美观；引入盒（箱）顺直、标识正确清晰。

13 防雷接地的避雷针（网）应位置正确、针体垂直；部件连接应紧密、牢固、焊缝饱满并无明显外观缺陷；引下线（板）应平直、固定点间距均匀；防腐油漆应均匀无漏涂。

14 盘柜、就地仪表及执行器应固定牢固、排列整齐；盘柜间隙和平面高低错口应符合规定；标识应正确清晰；位置应便于观察、操作和维护。

15 耐火浇注料应浇注密实、无剥落、无裂纹、无孔洞等缺陷（轻微网状裂纹除外）。

16 耐火喷涂料应喷涂密实、无流淌、无剥落、无空洞等缺陷。

17 耐火砌体错缝砌筑组砌应正确；勾缝密实；墙面平整、清洁。

18 现场环境应整洁、无杂物；材料及器具应存放整齐。

19 成品表面应完好无缺损、无污染。

5.0.5 当工程质量不符合相应质量标准时应按下列规定进行处理：

1 经返工重做或更换构（配）件的工程，应重新进行验收。

2 经返修或加固处理的工程，虽然改变外形尺寸但仍能满足结构安全和使用功能的工程，可按技术方案和协商文件进行验收。

3 安装质量未能达到设计要求，但经原设计单位签证认可的工程可以进行验收。

5.0.6 工程质量不符合规范要求，且经处理和返工仍不能满足安全使用功能的工程严禁验收。

6 工程质量验收的程序和组织

6.0.1 分项工程应由监理工程师（建设单位专业技术负责人）组织施工单位专业质量检查员和专业技术质量负责人等进行验收。有色金属工业安装分项工程质量验收记录应按本标准附录F填写。

6.0.2 分部工程应由总监理工程师（建设单位项目负责人）或总监代表，组织施工单位项目负责人和技术、质量负责人等进行验收；设计或合同文件有要求的，设计单位项目负责人和设备厂家相关负责人也应参加。有色金属工业安装分部（子分部）工程质量验收记录应按本标准附录G填写。

6.0.3 单位工程的验收应符合下列规定：

1 单位工程完工后，施工单位应自行组织有关人员进行自检，自检合格后填写工程竣工报验单，报请监理单位组织工程竣工预验收。

2 监理单位对竣工预验收存在的问题，应及时要求承包单位整改，整改完毕由总监理工程师签署工程竣工报验单，并应在此基础上提出工程质量评估报告。有色金属工业安装单位（子单位）工程质量评估报告应按本标准附录H填写。

3 预验收合格后，施工单位应向建设单位提交工程竣工报告及完整的项目施工文件和项目竣工图，报请正式竣工验收。有色金属工业安装单位（子单位）工程竣工报告应按本标准附录J填写。

4 建设单位收到有色金属工业安装单位（子单位）工程竣工报告后，应由建设单位项目负责人组织施工、设计、监理等单位（项目）负责人进行单位工程的正式竣工验收。有色金属工业安装单位（子单位）工程质量竣工验收记录应按本标准附录K填写。

6.0.4 单位工程质量竣工验收合格后，建设单位应及时向有色工程质量监督站提交有色金属工业安装单位（子单位）工程质量竣工验收备案表、有色金属工业安装单位（子单位）工程竣工报告、有色金属工业安装单位（子单位）工程质量评估报告、有色金属工业安装单位（子单位）工程质量竣工验收记录等文件进行备案。有色金属工业安装单位（子单位）工程质量竣工验收备案表应按本标准附录L填报。

附录A 有色金属工业安装工程施工现场质量管理检查记录

表A ＿＿＿＿＿安装工程施工现场质量管理检查记录

<table>
<tr><td colspan="2">项目名称</td><td colspan="2"></td><td>开工日期</td><td></td></tr>
<tr><td colspan="2">建设单位</td><td colspan="2"></td><td>项目负责人</td><td></td></tr>
<tr><td colspan="2">设计单位</td><td colspan="2"></td><td>项目负责人</td><td></td></tr>
<tr><td colspan="2">监理单位</td><td colspan="2"></td><td>总监理工程师</td><td></td></tr>
<tr><td colspan="2">工程总承包单位</td><td>项目经理</td><td></td><td>施工经理</td><td></td></tr>
<tr><td colspan="2">施工单位</td><td>项目经理</td><td></td><td>项目技术负责人</td><td></td></tr>
<tr><td>序号</td><td>检查项目</td><td colspan="2">检查内容及方法</td><td colspan="2">施工单位自检</td></tr>
<tr><td>1</td><td>管理制度及实施</td><td colspan="2">检查各专业岗位质量责任制、材料与设备管理制、质量检验制、分包及劳务管理制、会议制等制度及其考核评价办法是否健全；实施情况如何</td><td colspan="2">□符合 □不符合</td></tr>
<tr><td>2</td><td>质量计划及实施</td><td colspan="2">检查计划的编制是否周密、可行并认真组织实施</td><td colspan="2">□符合 □不符合</td></tr>
<tr><td>3</td><td>施工现场采用的标准</td><td colspan="2">检查施工现场采用的标准是否是国家和行业的现行版本</td><td colspan="2">□符合 □不符合</td></tr>
<tr><td>4</td><td>总包单位对分包单位的管理</td><td colspan="2">检查总包单位对分包单位是否能进行有效的管理</td><td colspan="2">□符合 □不符合</td></tr>
<tr><td>5</td><td>参加工程质量检验的人员</td><td colspan="2">检查各专业质量检验人员的资格证书是否合法有效</td><td colspan="2">□符合 □不符合</td></tr>
<tr><td>6</td><td>现场特种作业人员</td><td colspan="2">检查特种作业人员的资格证书是否合法有效</td><td colspan="2">□符合 □不符合</td></tr>
<tr><td>7</td><td>承担调试、检测工作的实验室及检测机构</td><td colspan="2">检查单位资质、人员资格是否合法有效；管理制度是否健全</td><td colspan="2">□符合 □不符合</td></tr>
<tr><td>8</td><td>计量器具</td><td colspan="2">检查计量器具是否经检定合格并在有效期内使用</td><td colspan="2">□符合 □不符合</td></tr>
<tr><td>9</td><td>施工组织设计及施工方案</td><td colspan="2">检查编制与审批程序以及内容是否符合规范要求；是否认真组织了交底</td><td colspan="2">□符合 □不符合</td></tr>
<tr><td>10</td><td>项目文档（项目信息）管理</td><td colspan="2">检查管理体系的建立和运行情况</td><td colspan="2">□符合 □不符合</td></tr>
<tr><td colspan="3">施工单位项目经理签字：

年 月 日</td><td colspan="2">工程总承包单位施工经理签字：

年 月 日</td><td>检查结论：
□符合 □不符合
总监理工程师签字：
（建设单位项目负责人）
年 月 日</td></tr>
</table>

注：应由施工单位项目经理组织自检填写并贯彻落实，实行工程总承包单位的施工经理应审查签字，总监理工程师（建设单位项目负责人）组织动态核实作出结论，并督促整改完善。

附录B 有色金属工业安装隐蔽工程检查验收记录（通用）

表B 有色金属工业安装隐蔽工程检查验收记录

<table>
<tr><td>项目名称</td><td colspan="2"></td><td colspan="2">单位工程名称</td><td></td></tr>
<tr><td>分部工程名称</td><td colspan="2"></td><td colspan="2">分项工程名称</td><td></td></tr>
<tr><td colspan="6">隐蔽部位：</td></tr>
<tr><td colspan="6">隐蔽内容：</td></tr>
<tr><td colspan="6">隐蔽方法：</td></tr>
<tr><td colspan="6">简图及说明：</td></tr>
<tr><td colspan="2">施 工 单 位</td><td colspan="2">工程总承包单位</td><td colspan="2">监理（建设）单位</td></tr>
<tr><td colspan="2">验收意见：
符合设计和规范要求，可以验收。
专业工长（施工员）签字：
专业质量检查员签字：
年 月 日</td><td colspan="2">验收意见：
符合设计和规范要求，可以验收。
质量工程师签字：
年 月 日</td><td colspan="2">验收意见：
□同意验收
□不同意验收
监理工程师签字：
（建设单位项目技术负责人）
年 月 日</td></tr>
</table>

注：当各专业施工规范（标准）中没有专用隐蔽工程记录表格时可采用此表，内容较多时可附页。

附录C 有色金属工业安装分项工程、分部工程名称

表C 有色金属工业安装分项工程、分部工程名称

序号	分部工程名称	分项工程名称
1	液压系统	液压站安装 液压管道安装 液压系统调试
2	风机及泵	活塞式空气压缩机安装 轴流式通风机安装 罗茨风机安装 离心风机安装 离心泵安装 机动往复泵安装 HB、HK标准立式斜流泵安装
3	固体输送和计量设备	固定带式输送机安装 翻转式皮带机安装 斗式提升机安装 板式和链式输送机安装 螺旋输送机安装 气垫输送机安装 悬链式输送机安装
4	除尘设备	除尘器壳体加工 除尘器焊接 除尘器安装 袋式除尘器内部构件安装 干式静电除尘器内部构件安装 干式静电除尘器振打系统安装 湿式静电除尘器内部构件安装 陶瓷管式冲击除尘器安装 除尘器试运转
5	回转窑	承托装置安装 筒体焊接 筒体安装 传动装置安装 液压装置安装 窑头罩、窑尾罩安装 燃料喷管装置安装 回转窑试运转
6	工艺钢结构	工艺钢结构螺栓连接 框架、通廊、桁架工艺钢结构加工 工艺钢结构焊接 框架工艺钢结构安装 通廊、桁架工艺钢结构安装
7	矿井提升设备	矿井钢结构安装 罐道梁安装 罐道安装 单绳矿井提升机安装 多绳矿井提升机安装 提升机无负荷试运转
8	矿井电梯	曳引装置组装 导轨组装 轿厢、层门组装 安全保护装置安装 矿井电梯试运转
9	给矿放矿设备	矿车翻车机安装 板式给矿机安装 电磁振动给矿机安装 槽式给矿机安装 摆式给矿机安装 圆盘给矿机安装 星形给矿机安装 螺旋给矿机安装 胶带式电子秤安装 放矿闸门安装
10	磨矿机设备	磨矿机主轴承安装 磨矿机筒体安装 磨矿机传动装置安装 磨矿机试运转
11	破碎设备	颚式破碎机安装 旋回破碎机安装 圆锥破碎机安装 辊式破碎机安装
12	选矿及脱水设备	螺旋分级机安装 螺旋分级机试运转 水力旋流器安装 水力旋流器试运转 筒式磁选机安装 浮选机安装 中心传动式浓密机安装 周边传动式浓缩机安装 周边传动式浓缩机耙架、传动机构安装
13	碳素阳极成型设备	振动筛安装 配料秤安装 预热螺旋安装 混捏机安装 空心螺旋冷却器安装 振动成型机安装 悬链式输送机安装
14	碳素阳极焙烧设备	焙烧多功能天车安装 编组机/清理机安装 阳极堆垛天车安装 阳极焙烧设备试运转

续表C

序号	分部工程名称	分项工程名称
15	碳素阳极组装设备	工频炉安装　步进式浇筑机安装　电解质清理机安装　残极压脱机安装　磷铁环压脱机安装　铝导杆矫直机安装　残极破碎机安装
16	碳素辅助设备	电煅炉安装　反击式破碎机安装　悬辊式磨粉机安装　500t残极破碎机安装　搅刀混捏机安装　旋转料室电极挤压机安装　混合凉料机安装　碳块带锯机安装　碳块组合铣床安装　热媒加热炉安装
17	转子式翻车机	转子安装　托轮装置及传动装置安装　平台及压车机构安装　转子式翻车机试运转
18	翻车机附属设备	卷扬机安装　迁车台安装　摘钩平台安装　卷扬机及摘钩平台试运转
19	斗轮式堆取料机	行走机构安装　回转机构安装　前臂架及变幅机构安装　斗轮取料机构安装　尾车进料皮带机安装堆、取料机试运转
20	取料机	行走轨道及桥架安装　大车行走机构安装　皮带机安装　小车、斗轮及传动机构安装　取料机试运转
21	石灰设备	石灰炉炉壳制作　石灰炉炉壳安装　斜桥及料车轨道安装　料车及卷扬机、绳轮安装　炉顶转盘与旋转布料器安装　料钟开闭机构及料钟支撑架安装　螺锥出灰机安装　分格轮卸料机安装　石灰乳制备设备化灰机安装　石灰窑设备试运转
22	脱硅机及蒸发器	脱硅机安装　蒸发器安装
23	高压溶出设备	压煮器（溶出器）、闪蒸槽、水冷器、脉冲缓冲器安装压煮器搅拌装置安装
24	管道化溶出设备	隔膜泥浆泵安装　熔盐炉安装　溶出管段制作
25	沉降槽	槽底板加工　槽壁板加工　构件加工　槽底板组装　槽壁板组装　槽体焊接　槽壳安装　搅拌装置安装　搅拌装置试运转
26	过滤机	平盘过滤机安装　立盘过滤机安装　叶滤机安装　袋滤机安装　自动箱式压滤机安装　卧式板框压滤机安装　带式过滤机安装　筒式外滤真空过滤机安装　卧式板框压滤机安装　转鼓型过滤机安装　多效蒸发器安装

续表C

序号	分部工程名称	分项工程名称
27	分解槽	槽底板加工　槽壁板加工　构件加工　槽底板组装　槽壁板组装　槽体焊接　槽壳安装　搅拌装置安装　搅拌装置试运转
28	气态悬浮式焙烧炉	炉体钢构件加工　炉体钢构件焊接　焙烧系统设备安装　燃烧器（燃烧站）安装　冷却床安装
29	储槽	料浆槽、碱液槽的制作安装　整体混合槽的安装
30	机械搅拌槽安装	槽体安装　桥架安装　搅拌器安装　槽盖安装　机械搅拌槽试运转
31	铝电解槽壳	电解槽壳制作　电解槽壳安装　摇篮架制作　格子板安装
32	铝电解槽上部结构	大梁及水平罩板制作　门型立柱制作　电解槽上部结构焊接　电解槽上部设备安装　电解槽上部结构设备试车
33	铝母线	硬铝母线制作　软带母线制作　阳极母线安装　槽周围母线安装　进出电端和过道母线安装　短路通电试验　密封罩板制作
34	铝电解多功能天车	电解多功能天车安装　电解多功能天车试运转
35	氧化铝储运及供配料设备	浓相输送管安装　风动溜槽安装　压力罐安装　超浓相溜槽安装　风管制作　风管安装　物位仪表安装　储运及供配料系统试运转
36	净化系统设备	储气罐安装　气力提升机安装　排烟管制作　排烟管安装
37	混合炉	炉体制作　混合炉安装
38	铝母线水平铸造机	母线水平铸造机安装　母线水平铸造机试运转
39	铝锭连续铸造机组	铝锭铸造机安装　冷却输送机安装　铝锭堆垛机安装　铝锭成品输送机安装　连续铸造机组试运转
40	铝连铸连轧机组	连铸机安装　连轧机安装　校直机安装　切断机组安装　卷线机组安装　连铸连轧机组试运转
41	重金属冶炼制粒破碎设备	圆盘制粒机安装　齿辊破碎机安装　单轴破碎机安装　烧结链板运输机安装
42	重金属冶炼烧结混合圆筒制粒机	底座安装　托轮和挡轮安装　筒体安装　传动装置安装　料斗和罩子安装圆筒制粒机试运转
43	重金属冶炼烧结机	头轮安装　机架安装　主传动设备安装　头部弯道及中部轨道安装　尾部装置安装　密封滑道及密封板　风箱及主抽风管道安装　灰箱和溜槽安装　台车及蓖条清扫器安装　点火炉安装　润滑系统安装　烧结机试运转

续表C

序号	分部工程名称	分项工程名称
44	重金属冶炼多膛焙烧炉	炉体钢结构制作 炉体钢结构安装 加料装置和溜槽安装
45	重金属冶炼流态化焙烧炉	焙烧炉壳体安装 风箱及燃烧器安装 加料口、矿渣溢流口、炉气出口、点火口安装 流态化焙烧炉试运转
46	蒸汽列管式回转干燥机	承托装置安装 筒体安装 传动装置安装 蒸汽干燥机试运转
47	热风炉	粉煤燃烧室骨架、壳体安装 燃烧器安装 套筒式燃烧器及助燃风机安装 叶轮给料机、料泵及料仓安装 热风炉阀门及传动装置安装
48	鼓风炉	鼓风炉炉体安装 炉体冷却装置安装
49	澳斯麦特炉	炉底裙座（支撑）加工组装 炉底裙座（支撑）安装 炉壳加工制作安装 喷枪导轨及提升装置安装 燃油喷枪制作 泥炮及开口机安装
50	闪速熔炼炉炉体	底梁、围梁、拱角梁制作 底梁安装 立柱制作 立柱安装 底板、围板制作 底板安装 围梁安装 围板安装 拱角梁安装 端梁与纵向梁安装 拉杆、弹簧安装
51	闪速熔炼炉反应塔	反应塔壳体加工 壳体结构焊接 反应塔安装 上升烟道安装
52	闪速熔炼炉炉体冷却装置	立水套安装 平水套安装 反应塔水套安装 熔体放出口水套安装 渣放出口安装 连接部水套安装 水冷梁制作 水冷梁安装
53	闪速熔炼炉电极装置	电极升降、压放装置安装 电极密封与导电装置安装 电极及导向装置安装 电极试运转
54	闪速熔炼炉附属设备	精矿喷嘴安装 熔体溜槽安装 热渣溜槽安装 烟道水冷闸门安装 喷雾室安装 喷雾室副烟道小车安装 炉前堵眼机、移动台车及返渣溜槽密封装置安装 沉淀池、上升烟道、热风系统安装 料斗、加料管安装
55	卧式侧吹转炉（P-S炉）	倾动装置和托轮装置安装 炉体（包括齿圈托圈等）安装 进风装置安装 水冷烟罩安装 环保烟罩安装 捅风眼机安装 加料溜槽安装 炉后挡板安装 润滑系统安装 卧式转炉试运转
56	倾动式阳极精炼炉	倾动装置和托轮装置安装 炉体安装 炉门启闭装置安装 润滑系统安装 阳极精炼炉试运转
57	卡尔多炉	托轮底座安装 炉体及支承架安装 环集烟罩安装 水冷烟道安装 喷枪系统安装 喷雾冷却器安装 加料系统安装 抬包车安装 卡尔多炉试运行

续表C

序号	分部工程名称	分项工程名称
58	烟化炉	烟化炉炉体安装 冷却装置安装 风管、风口、料斗管的安装 烟化炉试运转
59	电热前床	底梁和床体制作安装 水冷部件安装 电极安装
60	卧式底吹转炉（QSL反应器铅冶炼炉）	托轮及倾动装置安装 炉体安装 驱动装置及旋转烟道安装 卧式底吹转炉试运转
61	密闭鼓风炉炉体	炉缸构件制作 炉缸安装 喷淋炉壳制作 箱形框架制作 喷淋炉壳安装 炉身制作 炉身安装 炉顶支承钢盖制作安装 炉身炉顶架座制作安装热风圆管制作安装
62	密闭鼓风炉冷凝器	架制作安装 盖板制作安装 冷凝器铅泵安装 冷凝器转子安装
63	密闭鼓风炉铅锌分离系统	铅锌分离三槽制作安装 储锌槽制作安装
64	密闭鼓风炉浸没式冷却器	冷却溜槽制作安装 平台及冷却器骨架制作安装
65	矿热电炉炉体	炉体底梁和立柱安装 炉体安装 拱角梁、水冷梁安装 弹簧、拉杆安装 炉体焊接
66	矿热电炉设备	炉体冷却装置及熔体溜槽、渣溜槽安装 堵眼机安装 小车轨道安装
67	矿热电炉电极装置	电极压放、升降装置安装 电极密封与导电装置安装 电极及导向装置安装 矿热电炉试运行
68	反射炉炉体制作	立柱制作 围梁制作 围板制作
69	反射炉炉体安装	立柱安装 底板安装 围梁安装 围板安装 端梁与纵向梁安装 拉杆、弹簧安装
70	反射炉冷却装置	平水套安装 水冷梁安装
71	反射炉附属设备	炉门及溜槽安装 料斗、加料管安装 活动卸料皮带小车安装 活动卸料皮带小车试运转
72	熔铅锅	熔铅锅加工 熔铅锅焊接 熔铅锅安装
73	重金属浇铸设备	翻包卷扬安装 直线浇铸机安装 铜阳极圆盘铸锭机安装 铅阳极铸型机安装 阳极起板装置安装
74	极板加工处理设备	铜电解极板处理机组安装 始极片制备机组安装 残极洗刷机安装 立式阴极刷板机安装
75	重金属电解槽	电解槽制作 电解槽安装
76	铸锭堆垛机组	浇注及扒渣装置安装 铸锭机安装 推锭机安装 码垛机安装 运输机安装 打捆机安装 铸锭堆垛机组试运转

续表C

序号	分部工程名称	分项工程名称
77	阴极自动剥离机组安装	搬入（出）运输机安装　受渡机安装　脱（载）荷机安装　剥离机安装　积重运输机安装　积重机安装　自动剥离机组试运转
78	高压釜	立式高压釜安装　卧式高压釜安装　高压釜试运转
79	稀有冶炼设备	悬臂离心机安装　真空炉安装　电热连续结晶机安装　电热式碱浸釜安装
80	玻璃钢制净化设备	空塔安装　动力波洗涤器安装　文丘里洗涤器安装　填料塔安装
81	钢制塔类设备	塔体制作　塔体安装　分酸装置安装　捕沫层安装
82	转化设备	转化器制作　转化器安装　支承系统安装
83	热交换设备	石墨冷凝器安装　阳极保护硫酸冷却器安装　钢制列管式换热器制作　钢制列管式换热器安装　热管余热锅炉安装
84	圆筒形贮罐	小型贮罐制作　小型贮罐安装　大型贮罐制作　大型贮罐安装
85	轧机主机系列	轧机底座安装　轧机机架安装　轧辊调整装置及轧辊平衡装置安装　轧机传动装置安装　轧机齿条式换辊装置安装　轧机液压缸横移式快速换辊装置安装　轧机主机列设备试运转
86	开卷机、卷取机	开卷机、卷取机安装　开卷机、卷取机辅助设备安装　上卷、卸卷小车安装
87	辊道	集中传动辊道安装　精整机列升降及移动辊道安装　单独传动辊道安装　辊道试运转
88	矫直机	拉伸矫直机安装　辊式矫直机安装　管材矫直机安装　板带拉弯矫直机安装　矫直机设备试运转
89	挤压机	机架安装　后梁安装　前梁安装　挤压容室、活动横梁、涨力柱等部分安装　挤压机主机试运转
90	挤压机辅助设备	供锭斜台架安装　制品移出装置安装　残料移出装置安装　定位装置与分离剪、垫溜槽安装　牵引小车系统安装　制品圆锯机安装　挤压机辅助设备试运转
91	冷轧管机安装	机座安装　工作机架安装　主传动系统安装　回转送进机构及其传动系统安装　芯杆装置及退出机构安装　授料系统安装　出料系统安装　冷轧管机试运转
92	剪切机安装	上切式铡刀剪切机安装　下切式铡刀剪切机安装　圆盘剪安装　碎边剪安装　废边卷取机安装　剪切机试运转

续表C

序号	分部工程名称	分项工程名称
93	工业管道工程	管道组成件及管道支撑件　管道加工　钢制管道焊接　钢制管道安装　铝及铝合金管道焊接　铜及铜合金管道焊接　不锈钢、有色金属管道安装　弯管和补偿器安装　铸铁管道安装　管道检验
94	电气装置工程	高压电器　电力变压器　互感器　旋转电机　配电盘　成套柜及二次回路结线　蓄电池　硅整流装置　低压电器　起重机电气装置　母线装置　电缆线路　架空配电线路　配线工程　电气照明装置　接地装置　爆炸和火灾危险场所电气装置等
95	自动化仪表工程	取源部件安装　仪表（盘、箱、操作台）安装　仪表设备安装　仪表线路安装　仪表管路安装　仪表供电设备安装　仪表供气系统安装　仪表供液系统安装　仪表脱脂　仪表防爆　仪表接地　仪表单台调校　系统硬件及软件调试等
96	防腐蚀工程	块衬里　橡胶衬里　纤维增强树脂衬里　塑料衬里　防腐蚀涂层　玻璃鳞片衬里　金属热喷涂　铅衬里及搪铅　喷涂型聚脲　氯丁胶乳砂浆整体面层衬里等
97	绝热工程	固定件和撑的安装　捆扎、拼砌式绝热层　缠绕式绝热层　充填绝热层　粘贴绝热层　浇注、喷涂绝热层　可拆卸式绝热层　伸缩缝及膨胀间隙　防潮层　金属保护层　毡、箔、布类保护层　抹面保护层
98	碳素煅烧炉砌筑工程	底部黏土砖　硅砖　顶部黏土砖
99	敞开式碳素焙烧炉砌筑工程	炉底　炉墙
100	密闭式碳素焙烧炉砌筑工程	炉底　炉墙　炉盖
101	气态悬浮焙烧炉砌筑工程	预热器　燃烧室（主炉-PO4）　旋风冷却器
102	回转窑砌筑工程	预热段（浇筑料）　预热段（砖砌）　烧成段（浇筑料）　烧成段（砖砌）　冷却段（浇筑料）　冷却段（砖砌）
103	铝电解槽砌筑工程	电解槽铺底　阴极碳块组装　阴极碳块安装　槽周围砌筑　扎固
104	铝混合炉、矿热电炉、反射炉	炉底　炉墙　炉顶
105	鼓风炉砌筑工程	本床　前床
106	回转熔炼炉、卧式转炉砌筑工程	端墙　周围墙
107	闪速炉砌筑工程	沉淀池　反应塔　上升烟道

注：工程划分工作应在开工前由建设、监理、施工（含工程总承包）单位商定，并据此进行文件整理和验收。

附录D 有色金属工业安装单位（子单位）工程观感质量检查汇总记录

表D________安装单位（子单位）

工程观感质量检查汇总记录

项目名称						
施工单位		工程总承包单位				
项次	项目		标准分值	实际得分：各参检人打分分值	实际得分：平均分	得分率（%）
1	设备、管道、绝热、防腐蚀	地脚螺栓及连接螺栓	10			
2		垫铁	10			
3		二次灌浆与基础抹面	10			
4		油漆	10			
5		焊缝外观	10			
6		平台、梯子、栏杆	10			
7		保温绝热	10			
8		管道敷设	10			
9		管道支吊架	10			
10	电气、仪表	系统严密性	10			
11		桥架敷设	10			
12		管、线敷设	10			
13		防雷接地	10			
14		盘柜、就地仪表及执行器	10			
15	筑炉	耐火浇注料	10			
16		耐火喷涂料	10			
17		耐火砌体	10			
18	其他	现场环境	10			
19		成品保护	10			
检查结论	共检查（ ）项，其中（ ）项需返修处理					
参检人签字：						
施工单位项目经理签字： 年 月 日	工程总承包单位质量工程师签字： 年 月 日	总监理工程师签字：（建设单位项目负责人） 年 月 日				

注：1. 观感质量由总监理工程师组织参验各方共同检查（不得少于3人）。

2. 检查数量不少于总工程量的30%，各专业工程逐项检查打分，得分率低于70%的项应进行返修处理。得分率=平均分/标准分。

附录E 有色金属工业安装单位（子单位）工程质量控制文件检查记录

表E________安装单位（子单位）

工程质量控制文件检查记录

项目名称				
项次	文件名称	份数	监理（建设）单位检查	监理工程师签字（建设单位项目技术负责人）
1	图纸会审、设计变更、洽商记录		□符合 □不符合	
2	中间交接检验记录		□符合 □不符合	
3	主要设备、材料出厂合格证和复检报告		□符合 □不符合	
4	标准和设计中规定的试验记录、观测记录：（管道及设备吹扫清洗、管道及设备严密性试验、安全阀调试、焊接无损检测、焊接工艺评定、焊接作业指导；电气仪表单体调校及系统调试、绝缘及接地电阻测试；电梯平衡系数、运行速度、称量装置、预负载等调试；起重设备制动器调整、静负荷试验等；烘、煮炉、沉降观测等）		□符合 □不符合	
5	隐蔽工程验收记录		□符合 □不符合	
6	试运行记录/证书（含单体、联动）		□符合 □不符合	
7	施工安装记录		□符合 □不符合	
8	质量验收记录		□符合 □不符合	
9	工程质量事故处理记录		□符合 □不符合	
10	竣工图		□符合 □不符合	
…	……	……		
检查结论：				
施工单位项目经理签字： 年 月 日	工程总承包单位施工经理签字： 年 月 日	总监理工程师签字：（建设单位项目负责人） 年 月 日		

注：有特殊要求的项目，可据实增减检查项目，文件份数由施工单位填写，检查结论由参验各方商定，监理（建设）单位填写。

附录F 有色金属工业安装分项工程质量验收记录

表F__________安装分项工程质量验收记录

项目名称						
单位工程名称		分部工程名称		部位、区段		
施工单位名称		项目经理		项目技术负责人		
分包单位名称		分包项目经理		施工班组长		
主控项目	编号	验收规范规定		施工单位自检结果		监理（建设）单位验收结论
				□符合 □不符合		□符合 □不符合
				□符合 □不符合		□符合 □不符合
				□符合 □不符合		□符合 □不符合
				□符合 □不符合		□符合 □不符合
						□符合 □不符合
						□符合 □不符合
				□符合 □不符合		□符合 □不符合
				□符合 □不符合		□符合 □不符合
一般项目	项次	项目	允许偏差（mm）	施工单位自检结果		监理（建设）单位验收结论
						□符合□不符合
						□符合□不符合
						□符合□ 不符合
						□符合 □不符合
						□符合 □不符合
检查结果	主控项目	检查		项，其中	项符合标准规定	
	一般项目	检验项目共查		项，其中	项符合标准规定	
		允许偏差项目共查		项，其中	项符合标准规定	
施工单位自检结果：□合格 □不合格 施工单位专业质量检查员签字： 施工单位专业技术质量负责人签字： 年 月 日				监理（建设）单位验收结论：□同意验收 □不同意验收 监理工程师签字： （建设单位专业技术负责人） 年 月 日		

注：分项工程质量由监理工程师（建设单位专业技术负责人）组织施工单位专业质量检查员和专业技术质量负责人等进行验收并按表F记录。表F中，除监理（建设）验收栏外，其他各栏全部由施工单位专业质量检查员填写。

附录G 有色金属工业安装分部（子分部）工程质量验收记录

表G______安装分部(子分部)工程质量验收记录

项目名称					
单位工程名称					
施工单位名称		项目技术负责人		项目质量负责人	
分包单位名称		分包单位负责人		分包技术负责人	
序号	分项工程名称或部位、区段	施工单位自检结果		监理（建设）单位验收结论	
		□合格 □不合格		□同意验收 □不同意验收	
		□合格 □不合格		□同意验收 □不同意验收	
		□合格 □不合格		□同意验收 □不同意验收	

续表G

序号	分项工程名称或部位、区段	施工单位自检结果	监理（建设）单位验收结论
		□合格 □不合格	□同意验收 □不同意验收
		□合格 □不合格	□同意验收 □不同意验收
		□合格 □不合格	□同意验收 □不同意验收
		□合格 □不合格	□同意验收 □不同意验收
		□合格 □不合格	□同意验收 □不同意验收
综合验收结论	设备无负荷试运行	□符合 □不符合	
	质量控制文件	□符合 □不符合	
	本分部共（ ）个分项，其中（ ）个合格，□同意验收 □不同意验收		
参加验收的单位	分包单位	项目经理签字：	年 月 日
	施工单位	项目经理签字：	年 月 日
	工程总承包单位	施工经理签字：	年 月 日
	设计单位	项目负责人签字：	年 月 日
	设备厂家	项目负责人签字：	年 月 日
	其他单位	相关负责人签字：	年 月 日
	监理（建设）单位	总监理工程师或总监代表签字： （建设单位项目负责人）	年 月 日

注：分部（子分部）工程应由总监理工程师或总监代表（建设单位项目负责人）组织施工单位项目负责人和技术、质量负责人等进行验收；设计或合同文件有要求的，设计单位项目负责人和设备厂家相关负责人也应参加，并按表G记录。

附录H 有色金属工业安装单位（子单位）工程质量评估报告

表H__________安装单位（子单位）工程质量评估报告

项目名称			
建设单位		工程总承包单位	
施工单位		承包方式	
合同开工日期		实际开工日期	
合同竣工日期		实际竣工日期	
各分部工程质量情况的评价：包括实体/观感、安全/功能检测、设备安装/调试/试运和质量控制文件等内容			
初验情况：		评估结论：	
专业监理工程师签字： 年 月 日			
总监理工程师签字： 年 月 日		监理单位 （公章）	
监理单位技术负责人签字： 年 月 日			

注：工程质量评估报告由监理单位按表H填写；总监理工程师和监理单位技术负责人审核签字；当质量评价栏内容较多时可以续表填写。

附录J 有色金属工业安装单位（子单位）工程竣工报告

表J ________安装单位（子单位）工程竣工报告

项目名称			
合同开工日期		实际开工日期	
合同竣工日期		实际竣工日期	
致： （建设单位） 本工程已按设计要求与合同约定完工，并经自检和监理初验确认符合规定要求，具备了正式竣工验收条件，请建设单位组织工程竣工验收工作。			

施工单位项目经理签字：	工程总承包单位施工经理签字：	总监理工程师签字：
施工单位（公章） 年 月 日	工程总承包单位（公章） 年 月 日	监理单位（公章） 年 月 日

注：表J由施工单位填写；采用工程项目总承包时，总包单位要签章确认。

附录K 有色金属工业安装单位（子单位）工程质量竣工验收记录

表K ________安装单位（子单位）
工程质量竣工验收记录

项目名称					
施工单位		项目经理		施工经理	
工程总承包单位		项目经理		项目技术负责人	
合同开工日期		实际开工日期			
合同竣工日期		实际竣工日期			

序号	项 目	验 收 记 录	结论
1	所含分部工程	共（ ）分部，□全部合格 □（ ）项不合格	□同意验收 □不同意验收
2	无负荷试运行	□符合 □不符合	□符合 □不符合
3	观感质量	共检查（ ）项，其中（ ）项需返修处理	□符合 □不符合
4	质量控制文件	共( )项,其中符合要求( )项	□符合 □不符合

续表K

序号	项 目	验收记录		结论
5	综合验收结论	□同意验收 □不同意验收		
参加验收单位	施工单位（公章） 项目经理签字： 年 月 日	工程总承包单位(公章) 施工经理签字： 年 月 日		设计单位（公章） 单位（项目）负责人签字： 年 月 日
	监理单位（公章） 总监理工程师签字： 年 月 日		建设单位（公章） 项目负责人签字： 年 月 日	

注：表K中表头各栏及“验收记录”栏由施工单位填写，“结论”栏由监理单位填写，“综合验收结论”栏由参验各方商定，建设单位填写。

附录L 有色金属工业安装单位（子单位）工程质量竣工验收备案表

表L ________安装单位（子单位）
工程质量竣工验收备案表

备案号：

项目名称			
建设规模			
计划开工	年 月 日	实际开工	年 月 日
计划竣工	年 月 日	实际竣工	年 月 日
致：（监督站） 该工程已按国家有关规定竣工验收合格，现提请竣工验收备案，请予办理。 建设单位（公章） 年 月 日			
工程竣工验收备案文件目录	1 工程施工合同； 2《有色金属工业安装单位（子单位）工程竣工报告》； 3《有色金属工业安装单位（子单位）工程质量控制文件检查记录》； 4《有色金属工业安装单位（子单位）工程质量评估报告》； 5《有色金属工业安装单位（子单位）工程质量竣工验收记录》； 6 施工单位签署的工程质量保修书； 7 法规、规章规定必须提供的其他文件		
备案意见	工程竣工验收备案文件于 年 月 日收讫，予以备案。 监督站经办人： 监督站负责人： （监督站公章） 年 月 日		

注：工程竣工验收备案表由建设单位于竣工验收合格15日内填报。

本标准用词说明

1 为便于在执行本标准条文时区别对待，对要求严格程度不同的用词说明如下：

1）表示很严格，非这样做不可的：
正面词采用“必须”，反面词采用“严禁”；

2）表示严格，在正常情况下均应这样做的：
正面词采用“应”，反面词采用“不应”或“不得”；

3）表示允许稍有选择，在条件许可时首先应这样做的：
正面词采用“宜”，反面词采用“不宜”；

4）表示有选择，在一定条件下可以这样做的，采用“可”。

2 条文中指明应按其他有关标准执行的写法为：“应符合……的规定”或“应按……执行”。

中华人民共和国国家标准

有色金属工业安装工程质量验收统一标准

GB 50654—2011

条文说明

制　订　说　明

《有色金属工业安装工程质量验收统一标准》GB 50654—2011 经住房和城乡建设部 2011 年 2 月 18 日以第 937 号公告批准发布。

本标准在制订过程中，编制组进行了广泛深入的调查研究，总结了我国有色金属工业安装工程质量验收的实践经验，为统一有色金属工业各专业安装工程质量验收的标准、方法和程序，制定了更具操作性、实用性、规范性的规定。

为便于广大设计、施工、生产、科研、高等院校等有关单位和人员在使用本标准时能正确理解和执行条文规定，《有色金属工业安装工程质量验收统一标准》编制组按章、节、条顺序，编制了本标准的条文说明，对条文规定的目的、依据以及执行中需注意的有关事项进行了说明。但是，本条文说明不具备与标准正文同等的法律效力，仅供使用者作为理解和把握标准规定的参考。

目　次

1　总则 …………………………………… 1—38—21
2　术语 …………………………………… 1—38—21
3　基本规定 ……………………………… 1—38—21
4　工程质量验收的划分 ……………… 1—38—24
4.1　一般规定 …………………………… 1—38—24
4.2　有色金属工业设备安装工程的划分 …………………… 1—38—25
4.3　有色金属工业管道安装工程的划分 ………………………… 1—38—25
4.4　有色金属工业电气装置安装工程的划分 ………………… 1—38—25
4.5　有色金属工业自动化仪表安装工程的划分 ………………… 1—38—25
4.6　有色金属工业设备及管道防腐蚀工程的划分 ……………… 1—38—25
4.7　有色金属工业设备及管道绝热工程的划分 ………………… 1—38—26
4.8　有色金属工业工业炉砌筑工程的划分 ………………………… 1—38—26
5　工程质量的验收 ……………………… 1—38—26
6　工程质量验收的程序和组织 …… 1—38—26

1 总 则

1.0.1 本条体现的是编制本标准的目的和意义，也是编制有色金属工业各专业安装工程施工质量验收标准的宗旨和指导思想。

1.0.2 本条明确了有色金属工业安装工程质量验收标准的适用范围。在市场经济中，施工企业为不断提高其在市场中的竞争力和信誉，以及建设单位（业主方）对工程质量的高标准要求，依然需要对工程质量等级进行评价（创优工程的评价）。为了贯彻“验评分离、强化验收、完善手段、过程控制”的指导思想，有色金属工业安装工程应同时配套执行《有色金属工业安装工程质量检验评定标准》。

1.0.3 本条体现出本标准是保证有色金属工业安装工程质量合格的基本要求，任何低于本标准的规定都是不允许的，同时也是标准的共性要求。

1.0.5 一项标准不可能包罗万象、面面俱到，有色金属工业安装工程中必然会涉及安全、卫生、环保等方面的问题和其他相关标准，所以本条明确了执行本标准时尚应符合国家现行有关标准的规定，体现了标准体系的系统作用。

2 术 语

2.0.1～2.0.12 共给出了12个术语，可作为有色金属工业安装工程各专业质量验收规范引用的依据。

在编写本章术语时，参考了国家现行标准《建筑工程施工质量验收统一标准》GB 50300—2001、《国家重大建设项目文件归档要求与档案整理规范》DA T28—2002及《建设项目工程总承包管理规范》GB/T 50358—2005等标准。

3 基 本 规 定

3.0.1 本条主要讲的是质量管理体系的有关问题，且具体条款内容均符合法律法规规定，与社会和技术的发展保持了同步，与相关的标准相互协调。针对有色金属工业建设工程施工现场实际，规定了对安装施工现场质量管理的主要内容及检验方法，5、6、7款强调了市场准入，这些内容都是质量管理体系的基本组成部分，对最终产品质量的形成具有决定性的作用。

1 质量管理制度即是质量体系文件的内容之一，从这个角度讲建立健全质量管理制度就是建立健全质量管理体系。实践证明仅有制度，而没有对其进行考核评价的方法，则制度难以得到有效的贯彻落实。所以在建立了制度的基础上，还应建立其考核评价办法，以保证施工现场各种质量体系文件能得以有效贯彻落实。

2 工程质量的控制和保证是靠《项目质量计划》的有效实施得以实现的，且《项目质量计划》也是质量管理体系的主要文件。

现行国家标准《建设工程项目管理规范》GB/T 50326第10.2.1条规定：组织应进行质量策划，制定质量目标，规定实施项目质量管理体系的过程和资源，编制针对项目质量管理的文件。该文件可称为质量计划。质量计划也可以作为项目管理实施规划的组成部分。

现行国家标准《建设工程项目管理规范》GB/T 50326第10.2.3条规定质量计划应确定下列内容：

1）质量目标和要求；

2）质量管理组织和职责；

3）所需的过程、文件和资源；

4）产品（或过程）所要求的评审、验证、确认、监视、检验和试验活动以及接收准则；

5）记录的要求；

6）所采取的措施。

现行国家标准《建设工程项目管理规范》GB/T 50326第10.2.4条规定：质量计划应由项目经理部编制后，报组织管理层批准。故要求施工单位在质量管理工作中应认真编制其切实可行的《项目质量计划》是必要的，是与《建设工程项目管理规范》GB/T 50326协调一致的。

3 本款主要强调了施工现场所采用标准的有效性，保持现场质量文件的有效性也是ISO 9000质量管理体系标准对文件控制的基本要求。

4 目前施工现场总包对分包的“以包代管”、“包而不管”现象屡见不鲜。为避免和减少此类情况的发生，应强调总包单位对分包方的有效管理。否则要依法承担连带责任。

5 工程质量检验是质量过程控制，确保工程质量的重要环节和手段，参加工程质量检验的各专业人员应具备规定的资格并持有有效的岗位证书，这是保证安装质量的重要前提。若质检人员的素质满足不了现场从业的需要，施工过程的主要质检岗位将形同虚设，质量控制将成为空话，从而将有可能因此留下质量隐患，发生质量安全事故，影响人民生命财产安全、人身健康、环境保护、能源资源节约和其他公共利益。且《中华人民共和国建筑法》“建筑许可”的“从业资格”章节第十四条和《建设工程安全生产管理条例》第三十三条都对从事建筑活动的专业技术及与质量有关人员的资格作出了明确的规定。

6 特种作业即指容易发生人员伤亡事故，对操作者本人、他人及周围设施的安全都可能造成重大危害的作业。为了防止和减少事故，保障人民群众生命和财产安全，有必要对特种作业人员予以特别的关注，《特种设备安全监察条例》、《安全生产许可证条例》、《建设工程安全生产管理条例》、《建筑施工安全检查标准》（GJ 59图解）等法规、标准中都对此作出明确规定。

7 承担调试、检测工作的实验室及检测机构，是向社会出具具有证明作用的数据和结果的重要主体，若其不具备规定的资质，其提供的数据和结果就难以保证真实、准确，因而有可能对安全和质量状况作出错误判断，从而给工程留下质量安全隐患，发生质量安全事故，影响人民生命财产安全、人身健康、环境保护、能源资源节约和其他公共利益。且《建设工程安全生产管理条例》、《建设工程质量管理条例》等法规中都对检测机构的资质有明确规定。

8 计量器具的性能是保证计量对象的量值真实、准确的基本条件。对计量器具的定期检定是必须遵循的法定要求，如《中华人民共和国计量法实施细则》中有详细规定，又如质量数据量值的真实、准确性存在问题，也有可能对安全和质量状况作出错误判断，从而给工程留下质量安全隐患，发生质量安全事故，影响人民生命财产安全、人身健康、环境保护、能源资源节约和其他公共利益。

9 项目实施规划或施工组织设计是指导安装施工的重要的纲领性技术文件，其具体要求应与现行国家标准《建设工程项目管理规范》GB/T 50326 协调一致。该规范规定：项目管理规划应对项目管理的目标、依据、内容、组织、资源、方法、程序和控制措施进行确定。

项目管理规划包括项目管理规划大纲和项目管理实施规划两类文件。项目管理规划大纲应由组织的管理层或组织委托的项目管理单位编制。项目管理实施规划应由项目经理组织编制。

大中型项目应单独编制项目管理实施规划；承包人的项目管理实施规划可以用施工组织设计或质量计划代替，但应能够满足项目管理实施规划的要求。

项目管理实施规划应包括下列内容：

1）项目概况；

2）总体工作计划；

3）组织方案；

4）技术方案；

5）进度计划；

6）质量计划；

7）职业健康安全与环境管理计划；

8）成本计划；

9）资源需求计划；

10）风险管理计划；

11）信息管理计划；

12）项目沟通管理计划；

13）项目收尾管理计划；

14）项目现场平面布置图；

15）项目目标控制措施；

16）技术经济指标。

项目管理实施规划应符合下列要求：

1）项目经理签字后报组织管理层审批；

2）与各相关组织的工作协调一致；

3）进行跟踪检查和必要的调整；

4）项目结束后，形成总结文件。

《建设工程安全生产管理条例》第二十六条规定：施工单位应当在施工组织设计中编制安全技术措施和施工现场临时用电方案，对下列达到一定规模的危险性较大的分部分项工程编制专项施工方案，并附具安全验算结果，经施工单位技术负责人、总监理工程师签字后实施，由专职安全生产管理人员进行现场监督。

《建筑施工安全检查标准》（GJ 59 图解）中规定：施工组织设计要经生产、技术、机械、材料、安全的部门的审查会签，由具有法人资格的企业总工程师审批生效。安全技术交底要根据施工组织设计中规定的工艺流程和施工方法进行编写，分阶段与技术交底同时进行，交底要有针对性和可操作性，并形成书面材料，交底人与被交底人双方要履行签字手续。

10 现行国家标准《建设工程项目管理规范》GB/T 50326 第 15.1.1 条规定：组织应建立信息管理体系，及时、准确地获得和快捷、安全、可靠地使用所需的信息。第 15.1.3 条规定：项目信息管理的对象应包括各类工程资料和工程实际进展信息。工程资料的档案管理应符合有关规定，宜采用计算机辅助管理。

《重大建设项目档案验收办法》（国家档案局、国家发展和改革委员会联合印发）中第四条规定：项目档案验收是项目竣工验收的重要组成部分。未经档案验收或档案验收不合格的项目，不得进行或通过项目的竣工验收。第五条规定：项目建设单位（法人）应将项目档案工作纳入项目建设管理程序，与项目建设实行同步管理，建立项目档案工作领导责任制和相关人员岗位责任制。

《建设工程质量管理条例》第十六条中建设工程竣工验收应当具备下列条件：

（一）完成建设工程设计和合同约定的各项内容。

（二）有完整的技术档案和施工管理资料。

（三）有工程使用的主要建筑材料、建筑构配件和设备的进场试验报告。

（四）有勘察、设计、施工、工程监理等单位分别签署的质量合格文件。

（五）有施工单位签署的工程保修书。

竣工验收应当具备的 5 个条件中，4 个都是直接针对项目文档的。

以上法规、规章和标准中对项目信息管理的规定证明：建立信息管理体系，实施项目文档（项目信息）管理，是保证应归档项目文件齐全完整，及时归档的必要管理内容。

3.0.2 本条主要讲的是工程施工质量的过程控制，即从安装前的准备、物资资源的投入到各工序的质量控制，同时体现了人、机、料、法、环诸要素和监理的重要作用。

1 施工图等设计文件不但是编制施工图预算、安排材料、设备订货和非标准设备制作，进行施工和工程验收等工作最直接最基本的依据，更是保证使用功能和安全性约束的最终质量标准。因此施工图设计文件的质量直接影响建设工程的质量。设计文件编制完成后，设计单位仍应就设计文件向施工单位作详细的说明，也就是通常所说的设计交底，这对施工正确贯彻设计意图，加深对设计文件难点、疑点的理解，确保工程质量和防患于未然具有重要的意义，也是工程建设施工准备阶段过程控制的主要内容和惯例。

设计交底通常的做法是设计文件完成后，设计单位将设计图纸交建设单位，再由建设单位发施工单位后，由建设单位组织，设计单位将设计的意图、特殊的工艺要求，以及各专业在施工中的难点、疑点和容易发生的问题等向施工单位作一说明，并负责解释施工单位对设计图纸的疑问，最后形成记录文件妥善归档。对设计交底的要求已被纳入《建设工程质量管理条例》第二十三条。

2 由于安装工程所投入物资资源（材料、半成品、成品、零部件、构配件。这里既包括建设单位采购的，也包括施工单位采购的）是工程实体的重要构成部分。其质量即是构成最终产品质量重要的基础和前提之一，因此该款强调了有色金属工业项目安装工程对材料、零部件和构配件等物资资源质量控制的基本要求、控制方法及程序。

材料、半成品、成品、零部件、构配件的检验制度，也是施工单位质量保证体系的重要组成部分，企业应结合本单位实际，建立健全材料检验管理制度，包括试验管理、岗位责任、仪器设备管理、试验委托管理等，同时检验的结果要按规定的格式形成书面记录，并由相关的专业人员签字，未经检验或检验不合格的，不得使用。否则，将是一种违法行为，要追究批准使用人的责任。合同若有其他约定，检验工作还应满足合同相应条款的要求。《建设工程质量管理条例》第二十九条、第三十一条、第三十七条都对材料、构配件、设备的检验作出了规定。

3 在有色金属工业建设过程中，特别是大型或新建项目，其设备种类、规格、数量繁多，一般建设单位或工程总承包单位都设有专职设备管理部门，并配备较强的设备管理力量来负责设备采购和出、入库验收工作。实践证明，不分主次、轻重、缓急，每次均要求建设、监理、施工和设备供应商等各方均派人参加设备开箱检验是不现实、不必要的。但主工艺流程中的关键设备的开箱检验，相关各方应派人参加是可行和必要的。

设备开箱应按下列项目进行检查并做好记录：

1）箱号、箱数以及包装情况；

2）设备的名称、型号和规格；

3）装箱清单、设备的技术文件、资料及专用工具；

4）设备有无缺损件，表面有无损坏和锈蚀等；

5）其他需要记录的情况。

同时设备的零部件和专用工具，均应妥善保管，不得使其变形、损坏、锈蚀、错乱和丢失。进口设备的检查验收，应会同国家商检部门进行。

4 设备基础的施工质量对安装精度及使用都有着直接的影响，所以其交接检验也是施工质量过程控制的主要内容。在安装单位与土建单位进行设备基础的交接时，要认真按设计图纸和本款要求的检验内容对基础的施工质量进行复核。

5 工序质量控制是工程质量控制的基础与核心，是保证工程质量的根本，不严格认真的进行工序质量控制，质量控制将成为空话。特别是如焊接这样的关键工序，将对工程最终的施工质量产生决定性的影响，达不到设计文件或标准的要求，就有可能给工程留下隐患，甚至引起工程质量事故。另外，严格工序质量控制，不仅仅是对单一的工序而言，而是要对整个过程（工序）进行全面管理，用前一道或横向相关的工序保证后续工序的质量，从而使整个工程施工质量达到预期目标。因此，必须强调工序、工种间的交接检验，强调施工单位的工序自控和监理单位的工序监控。《建设工程质量管理条例》第三十条对此有明确规定。

6 重要工序是对最终整体工程质量起决定性作用的工序；隐蔽工程是指在施工过程中，某一道工序所完成的工程实物，被后一工序形成的工程实物所隐蔽，而且不可以逆向作业的工程。隐蔽工程被后续工序隐蔽后，其施工质量就很难检验及认定，如果不认真做好隐蔽工程的质量控制，就容易给工程留下隐患。所以隐蔽工程在隐蔽前，施工单位除要做好检查、检验和记录外（有条件时可同时采用照相、摄像等现代化手段记录），还应在实施前及时通知监理（建设）等有关单位进行验收，这对于保证工程质量是极其必要和有效的。

因隐蔽工程极其重要，《建设工程质量管理条例》第三十条规定："施工单位必须建立、健全施工质量的检验制度，严格工序管理，作好隐蔽工程的质量检查和记录。隐蔽工程在隐蔽以前，施工单位应当通知建设单位和建设工程质量监督机构。"即隐蔽工程在隐蔽以前，施工单位除应通知建设单位外，同时还应通知建设工程质量监督机构，以便接受政府监督。

另外，根据《建设工程施工合同文本》中对隐蔽工程验收所作的规定，工程具备隐蔽条件或达到专用条款约定的中间验收部位，施工单位进行自检，并在隐蔽或中间验收前48h以书面形式通知监理工程师验收。通知包括隐蔽和中间验收的内容、验收时间和地点。施工单位准备验收记录，验收不合格，施工单位在监理工程师限定的时间内修改，重新验收。如果工程质量符合标准、规范和设计图纸等的要求，验收24h后，监理工程师不在验收记录上签字，视为已经批准，施工单位可进行隐蔽或继续施工。监理工程师不能按时参加验收，须在开始验收前24h向施工单位提出书面延期要求，延期不能超过两天。监理工程师未能按以上时间提出延期要求，不参加验收，施工单位可自行组织验收，建设单位应承认验收记录。无论监理工程师是否参加验收，当其提出对已经隐蔽的工程重新检验的要求时，施工单位应按要求进行披露，并在检验后重新覆盖或修复。检验合格，建设单位承担由此发生的全部追加合同价款，赔偿施工单位损失，并相应顺延工期。检验不合格，施工单位承担发生的全部费用，但工期也应顺延。

质量监督机构对工程的监督检查以抽查为主，因此，接到施工单位隐蔽验收的通知后，可以根据工程的特点和隐蔽部位的重要程度及工程质量监督管理规定的要求，确定是否监督该部位的隐蔽验收。对于整个工程所有的隐蔽工程验收活动，工程质量监督机构要保持一定的抽查频率。对于工程关键部位的隐蔽工程验收通常应到场，对参加隐蔽工程验收各方的人员资格、验收程序以及工程实物进行监督检查，发现问题及时责成责任方予以纠正。

7 工程设计图纸是由具有相应设计资质条件的设计单位根据工程在功能、质量等方面的要求所做出的设计工作的最终成果，其中施工图是对工程实体的尺寸、布置、选用材料、构造、相互关系、施工安装质量要求的详细图示和说明，是指导施工的直接依据，各项施工活动，都必须按照相应的施工图纸的要求进行。工程设计质量责任由设计单位承担；工程设计的修改，应由原设计单位负责，施工企业不得擅自修改工程设计。关于工程设计的修改，在《中华人民共和国建筑法》第五十八条第二款中也作出明确的规定。

现行国家标准《建设工程监理规范》GB 50319—2000第6.2.1条1款中规定："设计单位对原设计存在的缺陷提出的工程变更，应编制设计变更文件；建设单位或承包单位提出的工程变更，应提交总监理工程师，由总监理工程师组织专业监理工程师审查。审查同意后，应由建设单位转交原设计单位编制设计变更文件。当工程变更涉及安全、环保等内容时，应按规定经有关部门审定。"

本款是依法对工程变更的控制和审查处理程序作出的必要规定，是保证均衡连续施工，质量达到设计和使用要求，必要的过程控制环节。

3.0.3 本条的6款规定，阐明了工程质量验收中应坚持的总体基本原则。

1 施工单位是施工活动的责任主体，其质量行为和责任是项目质量保证体系的重要组成部分和项目质量目标得以实现的重要保证。对于各种施工质量验收，均在其责任主体自检合格的基础上提请监理（建设）方进行验收，是其质量检验制度和过程控制的基本原则和惯例。

2 设备试运是工业安装工程有别于房屋建筑工程的特点之一。工业安装工程在设备安装完毕后，必须通过设备试运行这个环节来检验设备的安装质量，这是安装工程质量验收的首要条件。

4 特种设备是指涉及人体生命安全、危险性较大的锅炉、压力容器、压力管道、电梯、起重机械、客运索道、大型游乐设施。

为了防止和减少事故，保障人民群众生命和财产安全，《特种设备安全监察条例》规定："锅炉、压力容器、压力管道元件、起重机械、大型游乐设施的制造过程和锅炉、压力容器、电梯、起重机械、客运索道、大型游乐设施的安装、改造、重大维修过程，必须经国务院特种设备安全监督管理部门核准的检验检测机构按照安全技术规范的要求进行监督检验；未经监督检验合格的不得出厂或者交付使用。"

《中华人民共和国安全生产法》第三十条和《建设工程安全生产管理条例》第三十五条也都对此作出有关规定。

3.0.4 本条根据有色金属工业安装工程，强调了试车过程应注意的几个主要环节，即首先要通过指导性文件使参与人员清楚试车的程序步骤、方式方法和注意事项；对静态设备、动态设备以及系统的联动试运作出原则的规定；为竣工验收和交付使用对试运记录的形成进行了强调。

4 工程质量验收的划分

4.1 一般规定

4.1.1 本条是有色金属工业安装工程中质量验收划分的基本原则，即设置分项工程、分部工程和单位工程3个基本验收层次。为方便质量验收、项目文件整理以及交付使用，可根据实际情况设立子分部或子单位。

其划分工作应在开工前由建设、监理、施工（含工程总承包）单位商定，并据此进行项目文件整理和验收。

4.1.2 本条根据有色金属工业建设项目特点，规定了分项工程按"专业特点"、"系统部位"和"施工工序"划分的常规方法和原则。此划分原则兼顾了大部分专业工程的特点，有利于过程控制的实际操作。

4.1.3 本条根据有色金属工业建设项目一般情况和特点，规定了分部工程的划分原则，将有色金属工业安装工程按工业设备、工业管道、电气装置、自动化仪表、防腐蚀、绝热、炉窑砌筑7个分部工程划分，便于质量控制、项目文件整理、检查验收和相同专业间的比较，有利于各专业安装质量的保证和提高。对于较大的分部工程可根据实际情况划分为若干个子分部工程。

4.1.4 为规范和统一工程名称，分项工程、分部工程名称宜采用本标准附录C的规定。鉴于有色金属工业建设项目的复杂性，单位工程的划分及其名称则宜以建设、监理、施工（含工程总承包）单位商定的为妥。

4.1.5 本条根据有色金属工业建设项目的一般情况，规定了单位工程划分的一般原则，即按厂房、车间或区域划分，且由工业设备、工业管道、电气装置、自动化仪表、防腐、绝热、炉窑砌筑等分部工程构成的一般原则。

针对工业建设项目的特点，对具有独立施工条件或独立使用功能的，工程量大、工期长、技术复杂的工程，为便于质量管理和验收，可以将其划分为一个或几个单位工程。如氢氧化铝焙烧炉、氢氧化铝焙烧大窑、重金属熔炼炉、大型压缩机、堆取料机、综合管网等工程。且对于较大的单位工程可根据实际情况划分为若干个子单位工程。

4.2 有色金属工业设备安装工程的划分

4.2.1 本条规定了分项工程是以设备的台（套）或机组为划分单元。台，是指独立的一台机器。如一台风机、一台水泵、一台快装锅炉。套，是指成组的机器，如一组单轨电葫芦、一套液压设备。这样规定可体现设备施工质量的完整性与独立性，提高施工人员的责任感和竞争意识，有利于提高工程质量与管理水平。

4.2.2 本条对有色金属工业设备安装工程的分部工程的划分作了原则规定，一般情况下习惯上一个车间或一栋厂房内的塔、器、釜、槽、罐、机、泵安装应为一个分部工程，对于大型的特殊的工业设备可按本标准第4.2.3条的规定执行。

4.2.3 有色金属工业设备的种类、型号、规格繁多，其构造的复杂程度和体积、重量又差异极大，若将一台普通离心风机与一台大型透平空压机，一台快装锅炉与一台35t/h工业锅炉视为等同，划分为分项工程显然是极不合理的。对于某些大型工业设备（如氢氧化铝焙烧炉、氢氧化铝焙烧大窑、重金属熔炼炉、大型压缩机、分解槽、沉降槽、电解槽等），根据施工周期、工程量、技术复杂性等方面的特殊要求，只能按工序或部位分别进行质量检验，以便及时控制安装质量。本条规定了允许将大型、特殊分项工程升级为分部工程或单位工程，体现了本标准的原则性与灵活性、规范性与实用性。

4.3 有色金属工业管道安装工程的划分

4.3.1 本条规定与第4.1节的规定是一致的，工业管道分项工程应按工作介质或管道类别、工序等进行划分是切合实际的。

4.3.2 本条规定了管道工程在各单位工程中一般只能作为一个分部工程进行质量检验，通常一个车间或一栋厂房内不同材质、不同压力等级、不同管径或类别的管道应同属一个分部工程。

4.3.3 本条作为第4.3.2条的补充。当仅有管道工程时，系指以管道工程为主体，且工程量大、施工周期长的，室外的区域管网工程。

4.4 有色金属工业电气装置安装工程的划分

4.4.1 电气装置的安装工程在工业厂房、车间或区域内有室内工程和室外工程。一般地说，无论室内室外，均应以独立电气设备或组合电气装置划分分项工程。此外，电气设备间成系统的电气线路也可构成分项工程。若一个分项工程的工程量较大，线路可按段、设备可按台细分。

4.4.2 在由各专业安装工程组成的单位工程中，电气装置安装工程只能作为一个分部工程进行划分和检验。

4.4.3 本条作为第4.4.2条的补充。当仅有电气装置分部工程时，系指以电气装置安装工程为主体，且工程量大、施工周期长的，如独立的配电室（间）、室外电缆线路、架空线路等工程。

4.5 有色金属工业自动化仪表安装工程的划分

4.5.1 本条规定了自动化仪表安装分项工程的划分原则。即通常可划分为取源部件安装、仪表（盘、箱、操作台）安装、仪表设备安装、仪表线路安装、仪表管路安装、仪表供电设备安装、仪表供气系统安装、仪表供液系统安装、仪表脱脂、仪表防爆、仪表接地、仪表单台调校、系统硬件及软件调试等分项工程。这样划分符合专业特点，便于管理，易于检验，有利于提高工程质量。

4.5.2 本条规定了自动化仪表安装工程中分部工程的划分。分部工程通常是按专业安装工程划分的。在工业安装中是指在同一单位工程中的自动化仪表安装工程。例如，在厂房、车间、工段各类动力站、独立控制室（操作室）内或按生产工艺划分的厂区内的全部仪表安装工程。这样划分更便于本专业内部进行质量比较，有利于提高工程质量。

4.6 有色金属工业设备及管道防腐蚀工程的划分

4.6.1 本条规定了有色金属工业设备及管道防腐蚀

工程中分项工程的划分。分项工程主要是根据设备、管道所采用的防腐蚀材料的种类按设备台（套），管道系统、区段进行划分的。金属基层处理可单独构成分项工程。防腐蚀材料种类繁多，各种防腐蚀材料施工技术要求各不相同，如块衬里、橡胶衬里、纤维增强树脂衬里、塑料衬里、防腐蚀涂层、玻璃鳞片衬里、金属热喷涂、铅衬里及搪铅、喷涂型聚脲、氯丁胶乳砂浆整体面层衬里等。

对于采用同一种防腐蚀材料，工程量较大的防腐蚀工程，可按设备台（套）管道系统、区段细分为若干分项工程。

4.6.2 本条规定了有色金属工业设备及管道防腐蚀分部工程按专业安装工程划分的原则。一个单位工程中全部防腐蚀分项工程构成一个防腐蚀分部工程。

4.7 有色金属工业设备及管道绝热工程的划分

4.7.1 本条规定了有色金属工业设备及管道绝热分项工程中设备应以相同工作介质按台（套）进行划分，管道应按相同的工作介质和区段进行划分的原则。

4.7.2 本条规定了有色金属工业设备及管道绝热工程中分部工程的划分。分部工程是按专业安装工程划分的。例如，在一个工业厂房、车间、工段或区域内的全部工业设备或管道的绝热工程，即为一个分部工程或几个分部工程，这样划分便于在本专业内部进行质量比较，有利于保证本专业的安装质量水平。

4.8 有色金属工业工业炉砌筑工程的划分

4.8.1 本条规定了有色金属工业工业炉砌筑分项工程应按工业炉的结构或区段进行划分。一般可分为炉底、炉墙、拱顶等分项工程。考虑到有些工业炉砌体工程量较小，划分不宜过细，如砌体工程量小于 $100m^3$ 的工业炉，可以一座（台）炉的砌体工程作为一个分项工程。也可将两个或两个以上的部位或区段合并为一个分项工程。对于一般工业炉，每一座（台）工业炉的砌筑工程应为一个分部工程。

4.8.2 每一座（台）炉应为一个分部工程。如一台焙烧炉、一台回转窑、一台电解槽等。当一个分部工程中仅有一个分项工程时，该分项工程即为分部工程。

4.8.3 按一个独立生产系统的工业炉砌筑工程（或一个工业建筑物内的工业炉砌筑工程）划分单位工程。如一个铝电解车间或一个区段的全部电解槽的砌筑工程（几十台至上百台）；一个碳素焙烧车间或一个区段的全部碳素焙烧炉等。当一个单位工程中仅有一个分部工程时，该分部工程即为单位工程。

5 工程质量的验收

5.0.1 本条明确了分项工程质量验收合格的3项质量标准，即主控项目、一般项目及分项工程项目施工文件应具备的条件。

1 主控项目必须符合相关专业质量验收标准的规定。

2 一般项目中，定性检验项目均应符合质量验收标准的规定。可实测实量的定量检测项目，分两类来进行合格与否的判定。即标准设备各抽检点的实测值均应在相应质量验收标准允许偏差范围内；现场制作并安装的非标准设备及炉窑砌筑的允许偏差项目各项的实测值应有80%及其以上在允许偏差范围内，其余实测值不应超过允许偏差值的1.2倍。

3 所应检查的质量控制文件主要包括：

1）图纸会审、设计变更、洽商记录；

2）设备、零部件、构配件及材料的质量证明文件和复验报告；

3）基础交接记录文件；

4）中间交接验收记录；

5）专业质量验收规范和设计规定的试验记录、观测记录；

6）隐蔽工程检查记录；

7）事故处理报告；

8）施工安装记录；

9）分项工程质量验收记录。

5.0.2 本条明确了分部工程安装质量的验收合格的3项标准。即首先，所含分项工程质量全部合格；其次，设备无负荷试运行应符合设计及标准规定；第三，分部工程质量控制文件齐全完整。

5.0.3 单位工程的质量验收即竣工验收，是对工程投入使用前的最后一次综合性评价和检验，是确保工程安全使用，维护其他公共利益的最后一道控制程序。本标准对单位工程的质量验收从所含各分部工程的实体质量、设备无负荷试运行、观感质量以及质量控制文件几个方面进行了规定。

5.0.4 本条对7个专业工程的观感质量进行了明确，共19款。

5.0.5 本条对不符合相应质量标准的工程的处理方法，分3种类型分别进行了明确。规定的3种处理方法，基本上涵盖了工程质量不符合相应质量标准的非正常情况，满足了检查验收、消除隐患的需要。

5.0.6 当工程质量不符合规范要求，且经处理和返工仍不能满足安全使用功能的，必将存在安全质量隐患，从而直接影响或威胁人民生命财产安全、人身健康、环境保护和其他公共利益。故本标准与现行国家标准《建筑工程施工质量验收统一标准》GB 50300—2001及《工程建设标准强制性条文》（房屋建筑部分）2009年版协调一致，将此条列为强制性条文。

6 工程质量验收的程序和组织

6.0.1 分项工程的验收是整体验收的最基本单元，

本条明确了其验收的组织者和参加者。验收前，施工单位的专业质量检查员首先填好分项工程质量检查验收记录，并由施工单位专业质量检查员和项目专业技术质量负责人签字，而后由监理工程师（建设单位项目技术负责人）组织验收，并签署验收结论。

6.0.2 分部工程验收是整体验收的第二个层次，由总监理工程师（建设单位项目负责人）或总监代表组织施工单位项目负责人和技术、质量负责人等进行验收。实践证明工业建设项目规模较大，多个分部工程在同一时间段验收经常发生，所有分部工程的验收全部由总监理工程师组织，是不太切合实际的，所以本条规定了根据工程实际情况，可以由总监授权总监代表组织分部工程的验收。并根据设计或合同要求，决定设计和设备厂家等责任主体是否参加。

6.0.3 单位工程的竣工验收，是单项工程验收的基本组成单元，是对单位工程质量控制的最后一关；是对工程实体质量、使用功能和应归档项目文件的全面检查，对单位工程质量的总体综合评价，也是建设单位为维护自身和国家利益，确保工程安全投入使用，履行项目法人质量责任的重要程序。

为了坚持“验评分离、强化验收、完善手段、过程控制”的指导思想，努力提高标准的可操作性，本条对其验收的组织和程序作了较详尽的规定。即从施工单位在自检合格的基础上，经监理预验直至建设单位组织的正式验收。

6.0.4 为强化政府监管，本条规定了竣工验收合格后的备案手续。

中华人民共和国国家标准

化工厂蒸汽系统设计规范

Code for design of steam system in chemical plant

GB/T 50655—2011

主编部门：中国工程建设标准化协会化工分会
批准部门：中华人民共和国住房和城乡建设部
施行日期：2 0 1 2 年 3 月 1 日

中华人民共和国住房和城乡建设部
公　告

第934号

关于发布国家标准
《化工厂蒸汽系统设计规范》的公告

现批准《化工厂蒸汽系统设计规范》为国家标准，编号为GB/T 50655—2011，自2012年3月1日起实施。

本规范由我部标准定额研究所组织中国计划出版社出版发行。

中华人民共和国住房和城乡建设部

二〇一一年二月十八日

前　言

本规范是根据原建设部《关于印发〈2007年工程建设标准规范制定、修订计划（第二批）〉的通知》（建标〔2007〕126号）的要求，由中国石油和化工勘察设计协会和中国成达工程有限公司会同有关单位共同编制完成。

本规范在编制过程中，编制组对国内部分化工厂进行了调研，总结了我国化工工程设计和运行经验，并吸收国外引进项目工程设计经验，广泛征求制造、设计、生产等有关部门和单位意见，对主要问题反复进行修改，最后经审查定稿。

本规范共分10章和3个附录。主要内容有：总则、术语、基本规定、系统类型及规模、系统组成、系统拟定及蒸汽平衡图、系统内主要设备选择、系统控制、余热利用、系统优化等。

本规范由住房和城乡建设部负责管理，由中国工程建设标准化协会化工分会负责日常管理，由中国成达工程有限公司负责具体技术内容的解释。本规范在执行过程中，请各单位及时将具体意见反馈到中国成达工程有限公司规范编制组（地址：四川省成都市天府大道中段279号；邮政编码：610041），以供今后修订时参考。

本规范主编单位、参编单位、主要起草人和主要审查人：

主编单位：中国石油和化工勘察设计协会
中国成达工程有限公司

参编单位：全国化工热工设计技术中心站
东华工程科技股份有限公司
中国石化工程建设公司
武汉都市环保工程技术股份有限公司
华陆工程科技有限责任公司
五环科技股份有限公司
中国轻工业长沙工程有限公司
中石油东北炼化工程有限公司吉林设计院
中国联合工程公司
中国石化集团宁波工程公司
中国天辰工程有限公司
中国中元国际工程公司
中国瑞林工程技术有限公司
杭州中能汽轮动力有限公司
北京中能环科技术发展有限公司
常熟市华能水处理设备有限责任公司

主要起草人：陈　懿　夏敏文　马记明　彭祖兰　彭京明　陈晓雄　张兴春　李先旺　司克强　李文刚　张俊祥　唐会权　章增明　牟显民　蔡国红　傅　强　宋冬根　周明正　杨宇程　俞　蓉

主要审查人：刘燕儒　俞向东　许　颖　赵　云　狄炳琪　孙国成　孙惠山　陈雅芬　张　磊　程　链　汪宇安　马爱东　洪　浩

目　次

1　总则 ………………………………………… 1—39—5
2　术语 ………………………………………… 1—39—5
3　基本规定…………………………………… 1—39—5
4　系统类型及规模 ………………………… 1—39—5
4.1　系统类型……………………………… 1—39—5
4.2　系统规模……………………………… 1—39—5
5　系统组成…………………………………… 1—39—6
6　系统拟定及蒸汽平衡图 ……………… 1—39—6
6.1　拟定的依据…………………………… 1—39—6
6.2　系统拟定……………………………… 1—39—6
6.3　纯供热系统拟定……………………… 1—39—7
6.4　热电（功）联产系统拟定 ………… 1—39—7
6.5　带燃气轮机的系统拟定…………… 1—39—7
6.6　蒸汽平衡图…………………………… 1—39—7
7　系统内主要设备选择 ………………… 1—39—8
8　系统控制 ………………………………… 1—39—8
8.1　系统控制分类和要求 ……………… 1—39—8
8.2　系统内压力控制…………………… 1—39—8
8.3　系统内温度控制…………………… 1—39—9
8.4　系统内流量控制…………………… 1—39—9
8.5　系统内水、汽品质的控制 ………… 1—39—9
9　余热利用 ……………………………… 1—39—10
10　系统优化……………………………… 1—39—10
附录A　条件表 ………………………… 1—39—10
附录B　典型蒸汽平衡图 ……………… 1—39—14
附录C　热耗数据表及供热系统煤耗……………………………… 1—39—15
本规范用词说明 ………………………… 1—39—15
引用标准名录…………………………… 1—39—15
附：条文说明…………………………… 1—39—16

Contents

1 General provisions ········ 1—39—5
2 Terms ········ 1—39—5
3 Basic requirement ········ 1—39—5
4 System types and rating ········ 1—39—5
4.1 System types ········ 1—39—5
4.2 Steam system rating ········ 1—39—5
5 System makeup ········ 1—39—6
6 System framing and steam balance diagrams ········ 1—39—6
6.1 Basis for system framing ········ 1—39—6
6.2 System framing ········ 1—39—6
6.3 Framing of heat-supply-only system ········ 1—39—7
6.4 Framing of heat and electricity (power) cogeneration system ········ 1—39—7
6.5 Framing of the system with gas turbines ········ 1—39—7
6.6 Steam balance diagrams ········ 1—39—7
7 Main equipment selection ········ 1—39—8
8 System control ········ 1—39—8
8.1 System control classification and requirements ········ 1—39—8
8.2 System pressure control ········ 1—39—8
8.3 System temperature control ········ 1—39—9
8.4 System flow control ········ 1—39—9
8.5 Steam and water quality control ········ 1—39—9
9 Residual heat utilization ········ 1—39—10
10 System optimization ········ 1—39—10
Appendix A Steam system design condition sheets ········ 1—39—10
Appendix B Typical steam balance diagrams ········ 1—39—14
Appendix C Heat consumption data sheets and heat supply coal consumption ········ 1—39—15
Explanation of wording in this code ········ 1—39—15
List of quoted standards ········ 1—39—15
Addition: Explanation of provisions ········ 1—39—16

1 总 则

1.0.1 为贯彻《中华人民共和国节约能源法》，落实国家能源产业政策，降低蒸汽系统总能耗，提高蒸汽系统设计水平，保证系统安全可靠、运行灵活、技术先进、经济合理，制定本规范。

1.0.2 本规范适用于化工厂纯供热蒸汽系统、单机容量100MW及以下热电（功）联产蒸汽系统的新建、改建及扩建工程蒸汽系统的设计。

1.0.3 化工厂蒸汽系统的设计，除应符合本规范外，尚应符合国家现行有关标准的规定。

2 术 语

2.0.1 蒸汽系统 steam system

化工厂生产过程中，担负蒸汽生产、输送，回收及利用凝结水以及工艺余热，提供热能动力，以蒸汽或热能形式联系在一起的各种装置和设备，并借助各种仪表所组成的统一、协调、平衡的系统。

2.0.2 耗汽户 steam users without used steam return

取自系统的蒸汽，经使用后不能以蒸汽的形态返回系统的用户。

2.0.3 用汽户 steam users with used steam return

取自系统的蒸汽，经使用后参数改变，仍能以蒸汽的形态返回系统再次利用的蒸汽用户。

2.0.4 热用户 heat users

耗汽户和用汽户的总称。

2.0.5 汽源 steam sources

燃料锅炉、余热锅炉、闪蒸扩容器以及其他蒸汽发生设备等，包括外来蒸汽。

2.0.6 燃料锅炉 fuel-fired boilers

指燃烧气体、液体、固体燃料产生蒸汽的锅炉。

2.0.7 余热锅炉 heat recovery steam generators

利用工业生产过程中产生的热量，燃气透平（发电或做功）排气热量，废气和废料燃烧等产生蒸汽的设备。

2.0.8 开工锅炉 start-up boilers

为工艺装置开车提供蒸汽的锅炉。

2.0.9 副产蒸汽 by-produced steam

工业生产过程中附带产生的蒸汽或余热锅炉产生的蒸汽。

2.0.10 工艺余热 process residual heat

工艺装置生产过程中产生的富裕热量。

2.0.11 做功热耗 heat consumption for power supply

系统内以蒸汽为动力直接驱动汽轮机或往复机等设备输出每千瓦·小时功所消耗的热能（kJ/kW·h）。

2.0.12 发电热耗 heat consumption for electricity generation

系统内由汽轮机驱动发电机产生电能，发电机端子上输出每千瓦·小时电能（kW·h）所消耗的热能（kJ/kW·h）。

2.0.13 供热热耗 heat consumption for heat supply

供热系统每提供1GJ热量所消耗的燃料折算为标准煤的数量。

2.0.14 年利用系数 annual utilization ratio

设备年利用小时数与全年统计总小时数之比。

3 基 本 规 定

3.0.1 系统设计应根据工艺装置等的各种生产情况，做到运行安全、节能、环保、控制灵活、检修维护便利。

3.0.2 系统参数、等级应根据工艺蒸汽负荷、参数、汽动机泵和副产蒸汽等设计条件，贯彻执行能量梯级利用的原则，结合化工生产各种工况的要求，并兼顾动力设备参数经技术经济比较后确定。

3.0.3 驱动机泵的汽轮机类型、台数、参数、容量应根据蒸汽平衡的要求确定，并应计算其汽耗量。

3.0.4 系统中所需采用的蒸汽锅炉及开工（辅助）锅炉的参数及容量应根据蒸汽平衡计算选择和确定。

3.0.5 余热利用应根据化工厂蒸汽系统的经济、合理需求，确定工艺装置中的余热利用方式及途径。

3.0.6 系统蒸汽凝结水的回收和利用方式应根据化工厂蒸汽系统的需要和可能确定。

4 系统类型及规模

4.1 系 统 类 型

4.1.1 当不能实行热电（功）联产时，应采用纯供热系统。

4.1.2 在热电（功）联产供热系统中，供热蒸汽应主要由汽轮发电机组及（或）驱动工艺机泵的汽轮机的抽、排汽供给。

4.1.3 含燃气轮机的供热系统，燃气轮机驱动发电机或驱动压缩机，燃气轮机排气应供余热锅炉产生蒸汽进入系统或作为工艺加热炉燃烧用空气。

4.2 系 统 规 模

4.2.1 系统按容量分类：

1 蒸汽系统总蒸汽负荷小于等于60t/h，宜为小型系统；

2 蒸汽系统总蒸汽负荷为61t/h～200t/h，宜为中型系统；

3 蒸汽系统总蒸汽负荷大于200t/h，宜为大型系统。

4.2.2　按系统最高级母管的公称压力等级分类，宜符合下列要求：

1　蒸汽压力小于2.5MPa，宜为低压系统；

2　蒸汽压力为2.5MPa～6.4MPa，宜为中压系统；

3　蒸汽压力为6.5MPa～13.7MPa，宜为高压系统；

4　蒸汽压力大于13.7MPa，宜为超高压系统。

5　系统组成

5.0.1　系统主要组成应包括锅炉房或热电站，辅助锅炉或开工锅炉，余热、废气回收、蒸汽过热装置，蒸汽输送、分配及平衡设施，蒸汽热用户，工业汽轮机、供热汽轮机，给水除氧及凝结水回收系统，燃气轮机等。

5.0.2　耗汽户应包括下列种类：

1　工艺生产过程反应用汽；

2　真空喷射或物料雾化用汽；

3　隔离及消防用汽；

4　直接加热用汽；

5　间接加热用汽；

6　汽轮机排汽的冷凝蒸汽；

7　采暖及生活用汽；

8　向系统外供出的蒸汽；

9　物料的保温、伴热；

10　蒸汽往复机；

11　管网损失。

5.0.3　用汽户应包括下列种类：

1　背压式或抽汽背压式汽轮机；

2　抽汽凝汽式汽轮机的抽汽部分；

3　蒸汽蓄热器；

4　其他用汽户。

5.0.4　蒸汽发生设备应包括下列类型：

1　燃料锅炉应包括工业锅炉、电站锅炉、开工锅炉、辅助锅炉和蒸汽过热炉；

2　余热锅炉；

3　闪蒸扩容器。

5.0.5　外来蒸汽应为从本蒸汽系统以外来的蒸汽。

5.0.6　给水系统应包括下列内容：

1　补给水、给水加热；

2　补给水、凝结水除氧，给水加药。

5.0.7　凝结水、排水回收系统及汽水质量监测设施应包括下列内容：

1　凝结水的回收、闪蒸和降温；

2　锅炉排污水的闪蒸、回收及降温、排放；

3　汽水质量监测和取样；

4　疏水。

5.0.8　系统平衡设施应包括下列内容：

1　蒸汽分配器；

2　减压装置；

3　减温装置；

4　减温减压装置；

5　再循环装置，安全装置；

6　放空装置。

5.0.9　燃气轮机及其排气利用系统应包括下列方式：

1　燃气轮机排气进工艺加热炉；

2　燃气轮机排气进余热锅炉。

6　系统拟定及蒸汽平衡图

6.1　拟定的依据

6.1.1　系统设计应取得本项目已审批的有关文件。

6.1.2　系统设计已落实的外部条件应符合下列要求：

1　燃料、交通运输、水源、电力、地质、气象、化学药品、安全卫生、节能及环保要求等资料；

2　系统的负荷条件应包括下列内容：

1）工艺蒸汽负荷及参数，可按本规范表A.0.1填写；

2）汽动机泵特性数据，可按本规范表A.0.2填写；

3）副产蒸汽数据，可按本规范表A.0.3填写；

4）耗汽、用汽设备的年利用系数；

5）原有汽源情况；

6）工艺余热数据，可按本规范表A.0.4填写；

7）凝结水回收数据，可按本规范表A.0.5填写；

8）与外部协作的蒸汽负荷和凝结水回收与否等情况的协议。

6.1.3　系统设计应取得系统内主要热力设备的特性数据、图表。

6.2　系统拟定

6.2.1　系统中宜配置参数及容量相同的蒸汽锅炉，余热锅炉参数宜与系统参数相匹配。

6.2.2　除余热锅炉及开工锅炉外，系统中设置的蒸汽锅炉宜产生系统内最高压力等级的蒸汽。

6.2.3　对连续生产的工艺装置供汽时，汽源不宜设置单台燃煤锅炉，应根据用汽需要设置检修用炉。

6.2.4　系统内各压力等级蒸汽母管之间应统一设置减压减温装置。减温器出口蒸汽温度应有适当的过热度，调节用测温点宜设置在喷水点后大于或等于10m位置，减温喷水的给水压力应满足雾化压力要求，喷水水质应满足减温后蒸汽品质的要求。经常运行的减压减温装置或减压阀，应设一套备用。

6.2.5 耗汽户的凝结水应充分回收，并应按压力等级进行梯级闪蒸做多次利用。

6.2.6 对于热力式除氧器，其进水温度上限应低于除氧器操作压力下的饱和温度15℃～25℃。

6.2.7 第一级除氧器宜采用大气式除氧器。除氧器排汽管宜设置汽水分离器。

6.2.8 系统设计应充分利用中、低温位的余热加热除氧器补水和（或）锅炉给水。

6.2.9 供汽、给水及凝结水管道宜采用单母管系统。

6.2.10 系统内各压力等级的蒸汽母管上应设置安全排放装置。

6.2.11 减压减温装置应采用热备用。

6.3 纯供热系统拟定

6.3.1 对主要耗汽户应取得负荷条件，并应核实其可靠性。

6.3.2 系统蒸汽参数应根据工艺蒸汽负荷、参数，并结合汽源设备的蒸汽参数以及工艺余热条件确定。

6.4 热电（功）联产系统拟定

6.4.1 系统设计应根据系统内各用户蒸汽负荷及参数的要求和最大容量机泵的单机功率，结合汽源设备的蒸汽参数以及工艺余热条件，合理地确定系统的蒸汽参数。

6.4.2 在确定新蒸汽参数时，宜采用较高参数的新蒸汽。

6.4.3 系统的各压力等级，应按工艺要求并根据汽轮机抽、排汽压力调整范围和至蒸汽用户的管路损失确定。应减少系统的压力等级数，新蒸汽压力为中压的系统不宜超过三级，新蒸汽压力为高压的系统不宜超过四级。

6.4.4 除最高压力等级母管外，系统其余各级蒸汽母管平衡所需的汽量应充分利用工艺装置余热所产生的副产蒸汽，不足部分应由汽轮机的抽、排汽供给或补充。

6.4.5 系统正常能力与最大能力的设计应符合下列要求：

1 确定系统的正常能力时，汽轮机的进汽量可按被驱动机泵设计轴功率的100%～105%计算，工艺蒸汽负荷应按工艺提出的正常用量计算；

2 确定系统的最大能力时，汽轮机的进汽量可按被驱动的汽轮机额定进汽量的110%计算，工艺蒸汽负荷应按工艺提出的最大用量计算。

6.4.6 汽轮机驱动的选用应符合下列要求：

1 对于有防火、防爆、调速或高速直联等特殊要求的机泵宜采用汽轮机驱动，其他机泵的驱动应以蒸汽平衡为依据确定是否采用汽轮机驱动；

2 低压蒸汽用户全年有稳定且连续4000h以上热负荷时，可采用背压式汽轮机供汽；

3 在有备用机泵的情况下，宜以汽动为主，电动备用；

4 在蒸汽平衡中可根据特殊需要适当采用纯凝汽式汽轮机驱动机泵。

6.4.7 为保证系统运行的灵活性和合理性，机型的选择应根据蒸汽平衡确定。系统中宜设置有抽汽凝汽式、注汽凝汽式或抽/注凝汽式汽轮机。

6.4.8 系统中凝汽器能力的确定应符合下列要求：

1 系统的正常运行总凝汽量应由工艺用汽特性和被驱动机泵的总功率确定；

2 用于驱动机泵的抽汽凝汽式汽轮机的凝汽器单独设置时，其能力设计宜为其正常凝汽量的1.3倍～1.8倍；集中设置时，其能力设计宜为正常凝汽量的1.2倍～1.5倍；单台汽轮机的最小凝汽量，不应小于额定功率时最小进汽量的8%；

3 用于驱动发电的抽汽凝式汽轮机的凝汽能力可为其纯凝汽工况运行时的凝汽量。

6.4.9 凝汽压力应根据工厂冷却水的温度、可供量及电价等确定，对驱动机泵汽轮机宜为0.012MPa～0.017MPa，排汽湿度不宜大于12%。

6.4.10 系统给水加热级数应根据余热载体介质类别、温度及汽轮机抽、排汽温度等具体情况确定，宜设二级～三级。

6.4.11 锅炉与驱动机泵的汽轮机布置邻近，以及锅炉与汽轮发电机为联合厂房时，过热器出口至汽轮机进口，主蒸汽总温降不宜超过5℃～15℃，压降不宜超过始点压力的6%～12%，宜选择下限值。

6.5 带燃气轮机的系统拟定

6.5.1 燃气轮机所配余热锅炉的蒸汽参数应与装置蒸汽系统相匹配，蒸汽产量应参与装置蒸汽系统平衡。

6.5.2 系统设计应利用燃气轮机排气产生蒸汽、过热蒸汽、加热给水或工艺介质，以降低燃气轮机的最终排气温度。

6.5.3 采用燃气轮机时，在化工厂当其排气用作工业炉的助燃空气，应做功率匹配计算。对电站用燃气轮机，宜将其排气送入余热锅炉回收显热。

6.6 蒸汽平衡图

6.6.1 当进行化工厂蒸汽系统设计时，应根据各装置或各专业提出的初步用汽热负荷、用汽参数、用汽方式、使用性质等条件进行初平衡计算，选择汽轮机的机型，拟定蒸汽系统后，按系统中各装置的正常工况、部分负荷工况、冬/夏季工况、开车工况、停车工况和其他特殊工况，分别做出平衡计算并绘制各种工况的初步蒸汽平衡图，并应调整、优化所拟定的系统直到满足各种工况的要求为止。

6.6.2 当取得各装置（或专业）提出的最终用汽热负荷、用汽参数、用汽方式、使用性质等条件及汽轮机厂最终厂商资料后，则应进行本规范第6.6.1条所述的各工况最终蒸汽平衡计算，并应绘制最终蒸汽平衡图。

6.6.3 蒸汽平衡图所包含的深度、内容，宜符合本规范附录B的规定。

7 系统内主要设备选择

7.0.1 锅炉的台数和容量选择，在一台容量最大的锅炉停用时，其余锅炉总容量应符合下列要求：

1 化工厂连续生产所需用汽量；

2 冬季采暖和生活用热量的60%～75%（严寒地区取上限）；

3 当汽轮机驱动的机泵停运时，以电动机驱动的备用机泵运行，机泵负荷不应计入；

4 消防、吹扫等临时耗汽负荷不应计入。

7.0.2 汽轮机参数、型式、轴功率及抽、排汽量应满足系统对动力和蒸汽负荷平衡的需要，并应符合下列要求：

1 在正常工况下，应使汽轮机在其工况图的最高效率点附近运行；

2 汽轮机不宜作为常年备用的驱动机；

3 宜选用工业汽轮机驱动机泵。

7.0.3 各压力等级蒸汽母管之间的减压减温装置的总容量，宜等于本压力等级蒸汽母管的最大供汽量。

7.0.4 除氧器的总容量应按最大给水消耗量选择，设计能力宜按最大消耗量的120%确定。系统中设置的除氧器，可不设置备用。

7.0.5 除氧水箱的有效总容量应按下列要求设置：

1 35t/h以下除氧水量宜取20min～30min的最大给水量；

2 60t/h以上除氧水量宜取10min～20min的最大给水量。

7.0.6 给水泵的总容量及台数应保证在任何一台连续运行的给水泵停用时，其余的给水泵能供给所连的系统全部锅炉在额定蒸发量时所需要的给水量，加上系统内其他用户所需要的给水量的110%。

7.0.7 系统中不应采用简单循环的燃气轮机系统。

7.0.8 联合循环燃气轮机装置应与化工生产装置及蒸汽系统结合进行平衡和选用，宜选用现有的定型燃气轮机。

8 系 统 控 制

8.1 系统控制分类和要求

8.1.1 蒸汽系统控制可按下列分类：

1 单套化工装置蒸汽系统的控制；

2 多套装置的全厂性蒸汽系统控制。

8.1.2 蒸汽系统的控制要求应根据蒸汽系统的类型、安全生产、节能、成本核算、各种运行工况等因素确定。

8.2 系统内压力控制

8.2.1 蒸汽系统应根据系统内主要设备或主要装置的压力调节要求设计相应压力控制系统。

8.2.2 为确保蒸汽母管压力的稳定，各压力等级蒸汽母管的压力调节、控制设计，应根据进入各压力等级蒸汽母管的汽源、是否设置有汽轮机（包括所采用的机型）、开停车、事故时用汽热负荷发生大幅度波动的应急处理，以及其他具体组合内容等因素，通过优化后确定，并应符合下列要求：

1 母管上宜设置下列设施：

1）进入各压力等级蒸汽母管的可调主汽源的压力跟踪调节；

2）放空调节阀（自控与遥控并兼）；

3）各压力等级蒸汽母管之间的备用减压减温装置。

2 母管上必须设置安全阀。

3 当蒸汽系统内只有低压蒸汽母管时，可不设置放空调节阀。

8.2.3 在设有多种压力等级蒸汽母管的蒸汽系统中，最高压力等级蒸汽母管的压力，宜根据母管压力自动调节和控制下列部位：

1 具有外加燃料的汽源设备的燃料加入量；

2 放空调节阀的排放量；

3 备用减压减温装置中的蒸汽调节阀向下一级母管的泄放量；

4 当系统中设有高压抽凝式汽轮机、背压式汽轮机时，应设置高压汽轮机与备用减压减温装置中的蒸汽快速泄放阀的联锁系统。

8.2.4 在设有多种压力等级蒸汽母管的蒸汽系统中，其他压力等级蒸汽母管的压力，宜根据本级母管压力自动调节和控制下列部位：

1 上一级汽轮机的调整抽汽量或具有外加燃料的汽源设备的燃料加入量；

2 放空调节阀的排放量；

3 上一级母管至本级母管备用减压减温装置中的蒸汽调节阀的泄放量；

4 本级母管至下一级母管备用减压减温装置中的蒸汽调节阀的泄放量。

8.2.5 各压力等级蒸汽母管上各自动控制点的设定值取值应有所差异。对于同一压力等级蒸汽母管其设定值选取应符合下列要求：

1 可调主汽源，应以母管正常工作压力值进行调节；

2 放空调节阀的设定值，应大于上一级汽轮机的抽汽调节阀的设定值或母管正常工作压力值，并应小于母管上备用减压减温装置中的蒸汽调节阀的设定值；

3 备用减压减温装置中的蒸汽调节阀的设定值，应大于放空调节阀的设定值，并应小于安全阀较低整定压力值；

4 各自动调节点的设定值最终取值，应根据具体工程对蒸汽系统的要求确定，但最高设定值必须小于安全阀最高整定压力值。

8.2.6 当在同一压力等级蒸汽系统中，有两台或两台以上抽凝式汽轮机的抽汽向本压力等级蒸汽母管供汽时，其抽汽调节应为一台自动，其余遥控或手动。

8.2.7 当动力或信号故障时，放空调节阀的开闭，应根据各种蒸汽平衡工况的需求确定。

8.2.8 除通过自动调节外加燃料的汽源设备的燃料加入量、抽汽量、放空量、备用减压减温装置的泄放量等手段，控制各压力等级蒸汽母管压力外，各压力等级蒸汽母管上所设置的安全阀宜为2个～3个。各压力等级蒸汽母管上几个安全阀的整定压力值应有所差异，其排放总能力应大于本压力等级蒸汽母管最大连续供汽量。

8.3 系统内温度控制

8.3.1 汽源设备的过热器出口蒸汽温度的波动范围，应符合系统设计的要求。蒸汽温度的调节方法，可通过蒸汽侧、烟气（燃料）侧以适当的方式得到良好的调节特性。

8.3.2 当系统中需设置减温器时，应设置喷水式（或面式）减温器的自动调节仪表，以调整系统中的减温器出口蒸汽温度，并应控制其波动范围不超过设计值。

8.3.3 给水加热器的给水出口管线上，应设置温度检测仪表。

8.4 系统内流量控制

8.4.1 在系统中，正常运行的锅炉给水泵、表面式凝汽器的凝结水泵等，与备用泵之间应设置联锁系统。当泵出口流量低于设定值或液位高于设定值时，联锁动作，并应发出声光信号，备用泵自启动。

对于锅炉给水泵出口管线上应设回流管线，泵出口压力高或较高时，回流管线上应设置节流孔板或调节阀。对于表面式凝汽器的凝结水泵出口总管上，应设置热井的回流管线，其回流量应根据热井液位控制泵出口总管上调节阀的开度（正作用）及回流管上调节阀开度（反作用）；也可根据热井液位控制泵出口总管上调节阀开度，再根据泵出口总管流量控制回流管上调节阀开度。

8.4.2 当利用化工工艺余热加热锅炉给水，并为两条或两条以上并联线路时，其中一条线路应设置流量自动调节，其余应为遥控或手动。

8.4.3 在蒸汽系统中，当设有公用或单独的汽包时，其液位控制应设置三冲量调节系统。

8.4.4 对系统中的除氧器，应设置根据除氧水箱液位，调节除氧器进水量的调节系统，并应有高、低液位报警；应设置根据除氧器内的压力，调节进汽量的调节系统，并应有高、低压力报警。

8.4.5 汽轮机的入口蒸汽管线、抽汽管线、输往大的蒸汽用户管线，以及放空调节阀所在的管线上，宜设置流量监测仪表。

8.5 系统内水、汽品质的控制

8.5.1 系统内水、汽品质的控制，应符合现行国家标准《火力发电机组及蒸汽动力设备水汽质量》GB/T 12145和《工业锅炉水质》GB/T 1576的有关规定。

8.5.2 当利用化工工艺余热加热锅炉给水，化工工艺介质压力高于给水压力时，应在给水加热器的给水出口管线上装设电导率检测仪表，并应有报警及自动或手动排放的切换设施。

8.5.3 在单套化工装置蒸汽系统中，具有高、中压蒸汽发生设施时，系统内水、汽品质控制应采取下列措施：

1 在除氧器补充水进水管线上，应设置水质检测仪表，并应有高报警；

2 在压力式除氧水箱内（水侧）应设置加联胺分配管，在水箱外应配置相应的加药设施；

3 在锅炉给水泵进口管线的上游，应设置加氨点，并应配置相应的加药设施；

4 在锅炉给水泵进口管线的下游，应设置pH值检测点及自动检测显示仪表，并应有高、低报警；

5 在锅炉给水泵进口管线的中游，应设置水质分析取样点，并应配置相应的分析取样设施；

6 在汽包的饱和蒸汽出口总管上，应设置蒸汽取样探针，并应配置相应的分析取样设施；

7 在汽包的连续排污管线上，应设置取样点，并应配置相应的分析取样设施；

8 在汽包内（水侧）应设置加磷酸盐溶液分配管，在汽包外应配置相应的加药设施；

9 加药设施的配置应满足在运行时根据水、汽品质质量指标，检测到的数值和常规分析数据，对加药量进行调整的需要；

10 加药系统的设计应包括下列内容：

1）每套加药设备中，共用一台备用加药泵；

2）加药泵入口管线上，应装设Y型过滤器；

3）加药泵出口管线上，应装设压力表、安全阀；

4）加药系统的用水管应采用不锈钢材质，药液管宜采用不锈钢材质；

5）药液贮罐的容积，可按1d用量确定；

6）磷酸盐溶液配制贮罐，应设置搅拌设施；

7）药液配制，应采用除盐水或蒸汽凝结水；

8）加药设施，应根据当地气象条件、室内室外布置等，在需要时采取伴热措施。

8.5.4 化工工艺系统蒸汽凝结水总管出口，应装设水质检测、计量仪表及自动排放设施，当蒸汽凝结水水质不合格时，应报警、自动排放并计量。

汽轮机的表面式凝汽器的凝结水泵出口管线上，应装设水质检测仪表；对于直接返回除氧器的系统，应设置回凝结水处理装置的旁路。

9 余热利用

9.0.1 余热利用方案应结合工程实际情况，经过技术经济比较后确定，并应符合下列要求：

1 利用任何可利用的余热，首先应将它纳入蒸汽系统中进行平衡计算，不宜设置与系统无关的孤立的余热利用系统；

2 余热利用应根据余热温位高低，按质用能和分级回收利用的原则，做到热尽其用；

3 应避免热能的远距离输送，对于数量小、距离远的余热，可采用就地利用方式；

4 当余热负荷及参数改变时，应有对应措施。

9.0.2 载热介质温度在500℃以上的高温位余热，可用作产生高压蒸汽。

9.0.3 载热介质温度在250℃～500℃的中温位余热，可用作产生蒸汽、加热给水、预热空气等。

9.0.4 载热介质温度低于250℃的低温位余热，可用作给水加热，也可用作低沸点工质发电等。

9.0.5 利用蒸汽间接加热的生产设备，其凝结水回收率应大于80%。凝结水回收系统宜闭式回收，并应充分利用凝结水余热。

10 系统优化

10.0.1 在进行方案优化选择时，宜包括下列主要内容：

1 最高压力等级蒸汽参数；

2 汽轮机的型式、功率及组合方式；

3 机泵的驱动方式和轴功率；

4 低压蒸汽的用途：注入汽轮机、除氧、采暖、制冷及工艺装置等；

5 余热利用方式；

6 凝结水利用方式；

7 燃气轮机与工业炉的匹配方式及补燃量。

10.0.2 进行方案优化时，应对工程投资、运行费用、技术指标、能源利用和经济效益作综合比较。

10.0.3 优化方案应经计算确定，计算数据应包含下列内容：

1 系统内汽轮机驱动机泵的做功热耗（kJ/kW·h）；

2 系统内汽轮机驱动发电机的发电热耗（kJ/kW·h）；

3 系统内燃气轮机驱动机泵的做功热耗（kJ/kW·h）；

4 系统内供热蒸汽供热热耗（GJ/GJ）；

5 系统内供给工艺助燃用的燃气部分的供热热耗（GJ/GJ）。

10.0.4 经本规范第10.0.3条计算出的数据应与本规范附录C的规定进行比较。其中小于本规范附录C时，应为可取方案，最小值所对应的方案应为优化方案。

10.0.5 关于蒸汽系统的热利用系数，可按下式计算：

$$K=\frac{HR\times\sum N+\sum H}{F_{\mathrm{cm}}\times\sum E_0+\sum H_0}\qquad(10.0.5)$$

式中：K——蒸汽系统的热利用系数；

HR——系统输出电能及机械功的折算热耗，依据目前国内平均供电热耗值，可取为10464kJ/kW·h；

$\sum N$——系统输出的电能及机械功，kW·h/h；

$\sum H$——系统的供热量，kJ/h；

F_{cm}——电动热耗值，按目前动力生产输送水平，可取为11696kJ/kW·h；

$\sum E_0$——依靠电网来电驱动的机泵功率之和（kW·h/h）；

$\sum H_0$——进入系统的其他能源及耗能工质（kJ/h）。

10.0.6 经本规范第10.0.5条计算出的数据中，最大者应为优化方案。

附录A 条件表

A.0.1 工艺蒸汽负荷及参数可按表A.0.1填写。

表 A.0.1　工艺蒸汽负荷及参数

工程名称　　　　　　　　　　　　　　　　　　　　　　　　　　　　设计阶段

车间或装置名称　　　　　　　　　　　　　　　　　　　　　　　　第　　页共　　页

序号	设备位号	设备名称	蒸汽用途	加热方式	受热介质					蒸汽条件										使用性质	年利用系数	备注
					组分	压力（MPa）		温度（℃）		流量（t/h）						入口压力（MPa）		入口温度（℃）				
										正常		最小		最大								
						正常	最高	进口	出口	冬	夏	冬	夏	冬	夏	正常	最低	正常	最低			
1	2	3	4	5	6	7	8	9	10	11	12	13	14	15	16	17	18	19	20	21	22	23

备注：（1）第 4 栏指加热用、蒸汽喷射器或其他用蒸汽；第 5 栏是直接或间接方式。

（2）第 6 栏填化学分子式；第 7 栏指正常生产工况；第 8 栏指可能出现的最高压力。

（3）第 11、12 栏为按装置铭牌产量时的用量；第 13、14 栏为装置维持生产所要求的用量；第 15、16 栏为实现装置能力的用量。

（4）第 17、19 栏为正常工况时所要求的；第 18、20 栏为维持生产的起码要求值。

（5）第 21 栏指连续、间断开车或停车时间；第 22 栏为全年累积值。

（6）第 23 栏可填写其他方面的特殊要求或提醒热工专业的注意事项。

（7）此表主要用于初步设计阶段，若施工图阶段，对锅炉选型没有影响时可不再填写。

提出人	校核
审核	日期

A.0.2　汽动机泵特性数据可按表 A.0.2 填写。

表 A.0.2　汽动机泵特性数据

工程名称　　　　　　　　　　　　　　　　　　　　　　　　　　　　设计阶段

车间或装置名称　　　　　　　　　　　　　　　　　　　　　　　　第　　页共　　页

序号	机泵位号	机泵名称	台数		单机轴功率（kW）			转速（r/min）				调节方式	旋转方向	使用性质	备注
			运行	备用	额定	设计	最小	额定	设计	最高	最低				
1	2	3	4	5	6	7	8	9	10	11	12	13	14	15	16

备注：（1）第 6 栏指制造厂家提供的机泵铭牌值；第 7 栏指工艺设计选用值；第 8 栏指维持生产的最小值。

（2）第 9 栏同第 6 栏，第 10 栏同第 7 栏；第 11 栏指厂家提供的允许值；第 12 栏同第 8 栏。

（3）第 13 栏指机泵的调节方式。

（4）第 14 栏指从汽轮机端看去，叶轮从左向右旋转为顺时针向；反之，为逆时针向。

（5）第 15 栏指连续、间断开车或停车时间。

（6）第 16 栏为对热工专业的其他特殊要求，或机泵本身的特殊性质等。

提出人	校核
审核	日期

A.0.3　副产蒸汽数据可按表 A.0.3 填写。

表 A.0.3 副产蒸汽数据

工程名称　　　　　　　　　　　　　　　　　　　　　　　　　　　　　　设计阶段

车间或装置名称　　　　　　　　　　　　　　　　　　　　　　　　　第　页共　页

序号	设备位号	设备名称	蒸汽参数							产汽量（t/h）			蒸汽性质	备注
			台数	压力（MPa）			温度（℃）							
				正常	最高	最低	正常	最高	最低	额定	最大	最小		
1	2	3	4	5	6	7	8	9	10	11	12	13	14	15

备注：（1）第 5、8 栏指正常工况时；第 6、7、9、10 栏指生产中可能出现的；当是饱和温度时注明饱和即可。

（2）第 11 栏指正常生产时设备的实际产汽能力；第 12 栏指工艺实现装置能力时的产汽能力；第 13 栏指工艺装置低负荷时的产汽能力；第 14 栏指副产蒸汽连续或间断。

（3）第 15 栏指工艺对副产蒸汽的其他说明，或对副产蒸汽用途的设想建议。

提出人	校核
审核	日期

A.0.4 工艺余热数据可按表 A.0.4 填写。

表 A.0.4 工艺余热数据

工程名称　　　　　　　　　　　　　　　　　　　　　　　　　　　　　　设计阶段

车间或装置名称　　　　　　　　　　　　　　　　　　　　　　　　　第　页共　页

序号	设备位号	设备名称	载热体条件										年利用系数	备注
			组分	流量（kmol/h 或 kg/h）			温度（℃）		压力（MPa）		放热量（kJ/h 或 kW）			
				正常	最大	最小	进口	出口	正常	最低	正常	最小		
1	2	3	4	5	6	7	8	9	10	11	12	13	14	15

备注：（1）第 4 栏填写化学分子式及容积百分数。

（2）流量栏中气体填 kmol/h，液体填 kg/h，压力栏中指进口、出口间的平均值，当以毫米水柱计时，请在 15 栏中注明。

（3）放热量栏中填载热体进、出口温差之间所拥有热量（热平衡计算理论值，可按绝热过程计）。

（4）第 15 栏可填写载热体的其他特殊性质或间断时的间隔时间。

提出人	校核
审核	日期

A.0.5 凝结水回收数据可按表 A.0.5 填写。

表 A.0.5 凝结水回收数据

工程名称　　　　　　　　　　　　　　　　　　　　　　　设计阶段

车间或装置名称　　　　　　　　　　　　　　　　　　　第　　页共　　页

序号	设备位号	设备名称	台数		流量（m^3/h）						回水压力（MPa）		回水温度（℃）		电导率（$\mu s/cm$）（25℃时）	送出方式	含油（mg/L）	含铁（mg/L）	其他杂质（mg/L）	备注
			运	备	最大		正常		最小											
					冬	夏	冬	夏	冬	夏	正常	最低	正常	最低						
1	2	3	4	5	6	7	8	9	10	11	12	13	14	15	16	17	18	19	20	21

备注：(1) 回水压力、温度指工艺送出时的相应数据。

(2) 第17栏填连续回收或是间断回收及间隔时间。

(3) 第21栏可将栏中写不下的内容填上。

(4) 需要净化处理的凝结水条件送化水专业。

提出人	校核
审核	日期

附录B　典型蒸汽平衡图

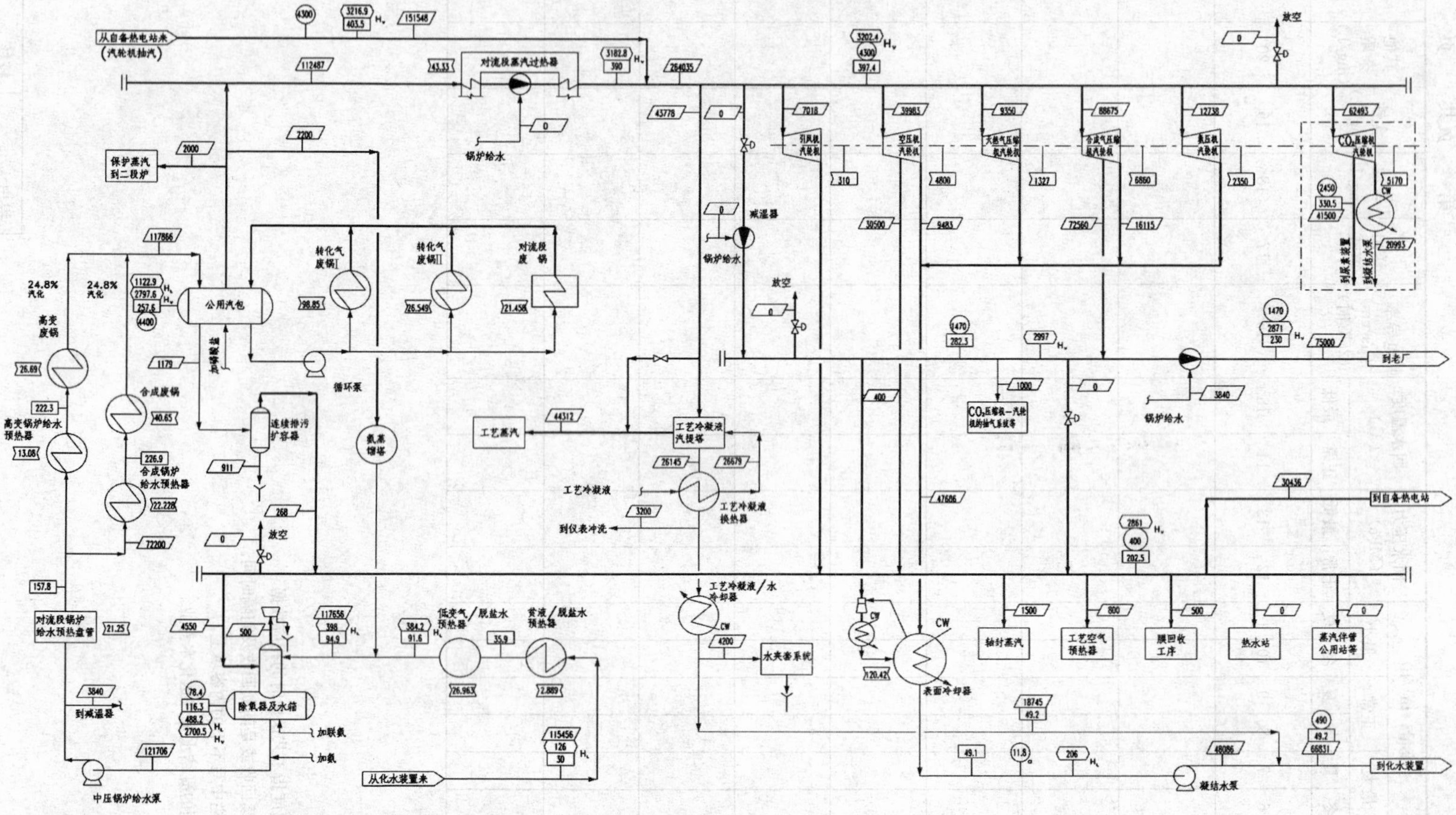

单位名称、符号及图示：

图示	名称	单位	图示	名称	单位
▭	温度	℃		功率	KW
○	压力	kPa g		热负荷	GJ/h
○。	压力	kPa a	H_v	汽焓	kJ/kg
▱	流量	kg/hr	H_L	水焓	kJ/kg

注：

1. 锅炉补给水的温度是估计的，受返回化水装置的工艺冷凝液、汽轮机共用表冷器蒸汽冷凝液、化水装置补充水等温度的影响，需修正。
2. 本平衡估计除氧器周边热损失约0.7GJ/h；估计蒸汽发生系统周边热损失约0.52GJ/h。
3. 此为例图，设备名称暂用文字表述；正式作图时设备标注设备位号。

图B　典型蒸汽平衡

附录C　热耗数据表及供热系统煤耗

C.0.1　发电热耗及电动热耗应符合表C.0.1的规定。

表C.0.1　发电热耗及电动热耗

指标名称	单　位	煤
发电热耗	kJ/kW·h	9576
电动热耗	kJ/kW·h*	11696

注：* 指用电驱动功率为1000kW以上机泵的做功热耗。

C.0.2　供热锅炉房与燃煤热电站供热时的供热热耗，应符合表C.0.2的规定。

表C.0.2　供热锅炉房与燃煤热电站供热时的供热热耗

项目 / 燃料品种 / 指标	供热锅炉房			热电站
	煤	油	天然气	煤
凝结水回水80%时供热热耗（GJ/GJ）	1.2859	1.1982	1.1642	1.1150
不回收凝结水时供热热耗（GJ/GJ）	1.4125	1.3165	1.2793	1.2210

C.0.3　供热锅炉房与燃煤热电站供热时的系统标准煤耗，应符合表C.0.3的规定。

表C.0.3　供热锅炉房与燃煤热电站供热时的系统标准煤耗

项目 / 燃料品种 / 指标	供热锅炉房			热电站
	煤	油	天然气	煤
凝结水回水80%时系统标准煤耗（kg/GJ）	43.8760	40.8836	39.7235	38.0447
不回收凝结水时系统标准煤耗（kg/GJ）	48.1957	44.9201	43.6508	41.6615

注：本表数据根据本规范表C.0.2按现行国家标准《综合能耗计算通则》GB/T 2589—2008中规定的标煤低位发热量为29.31MJ/kg计算所得。

本规范用词说明

1　为便于在执行本规范条文时区别对待，对要求严格程度不同的用词说明如下：

1）表示很严格，非这样做不可的：
正面词采用"必须"，反面词采用"严禁"；

2）表示严格，在正常情况下均应这样做的：
正面词采用"应"，反面词采用"不应"或"不得"；

3）表示允许稍有选择，在条件许可时首先应这样做的：
正面词采用"宜"，反面词采用"不宜"；

4）表示有选择，在一定条件下可以这样做的，采用"可"。

2　条文中指明应按其他有关标准执行的写法为："应符合……的规定"或"应按……执行"。

引用标准名录

《火力发电机组及蒸汽动力设备水汽质量》GB/T 12145

《工业锅炉水质》GB/T 1576

《综合能耗计算通则》GB/T 2589—2008

《蒸汽锅炉安全技术监察规程》

《小型火力发电厂设计规范》GB 50049

中华人民共和国国家标准

化工厂蒸汽系统设计规范

GB/T 50655—2011

条 文 说 明

制 订 说 明

本规范根据多年工程设计经验，结合国内各种化工和石油化工等工厂实际生产运行情况及国内外相关规范并按国标编制要求进行编制。

本规范的编制工作经历了初稿、函审、征求意见、汇总意见修编、送审稿审查会等，并召开了三次会议：开编工作会议；征求意见及审查会；送审稿审查会议。编制组根据每次审查会议纪要及时修改，及时返回修改稿给各参编人员；在收集、分析、汇总各方意见后，最终于2010年9月完成了报批稿。

在本次编制工作中，规范编制组认真贯彻落实《中华人民共和国节约能源法》"国家鼓励发展热电联产、集中供热降低能耗、节能减排"的条文规定，以及国务院颁布的《"十一五"十大重点节能工程实施意见》等法令、法规。

按照本规范指导的热能工程项目力求做到：合理设计工厂蒸汽系统，最大限度地利用能源，实现按质用能和梯级用能的科学原则，积极推广先进、成熟、可靠的工程节能技术，适应化工生产装置规模大型化、多样化的需要。

本规范从系统论观点出发，强调全厂范围的热能综合利用和按质分级用能；并提出节能减排的具体规范性条款，如：条文要求余热利用方案需结合工程实际情况，经过技术经济比较后确定，并应符合下列要求：(1) 利用任何余热，首先应将它纳入蒸汽系统中进行平衡计算。不宜设置与系统无关的孤立的余热利用系统。(2) 根据余热温位高低，坚持按质用能和分级回收利用的原则，做到热尽其用。如，对化工工艺过程凝结水回收利用等，以实现能量的有效转换。(3) 应避免热能的远距离输送，对于数量小、距离远的余热，可以采用就地利用方式。(4) 应考虑余热负荷及参数改变时的相应对策。这些都是科学发展观指导下的经验总结，也是用工程技术标准引领产业发展的具体指导性条文。

本规范蒸汽系统的适用范围宽，可以满足现代大、中、小型化工厂蒸汽系统设计的需要，对蒸汽系统的设计应该采取的措施和手段写得具体，指导意义强。如：对给水取样点的位置都有明确的规定；蒸汽母管压力的控制方法、手段也明确写出；这些都是根据多年来工厂运行中出现的问题及解决的经验总结的。

按照本规范设计的蒸汽系统目标是达到安全可靠、技术先进、经济合理，并实现节能减排要求。

为便于广大设计、施工、科研、学校等单位有关人员在使用本规范时能正确理解和执行条文规定，编制组按章、节、条顺序编制了本规范的条文说明，对条文规定的目的、依据以及执行中需注意的有关事项进行了说明。但是，本条文说明不具备与标准正文同等的法律效力，仅供使用者作为理解和把握标准规定的参考。

目　次

1　总则 …………………………………… 1—39—19
3　基本规定 ……………………………… 1—39—19
4　系统类型及规模 ………………………… 1—39—19
4.1　系统类型 ………………………………… 1—39—19
4.2　系统规模 ………………………………… 1—39—19
5　系统组成 ……………………………… 1—39—19
6　系统拟定及蒸汽平衡图 ……………… 1—39—21
6.1　拟定的依据 ……………………………… 1—39—21
6.2　系统拟定 ………………………………… 1—39—21
6.3　纯供热系统拟定 ………………………… 1—39—21
6.4　热电（功）联产系统拟定 ……………… 1—39—21
6.5　带燃气轮机的系统拟定 ………………… 1—39—23
6.6　蒸汽平衡图 ……………………………… 1—39—23
7　系统内主要设备选择 ………………… 1—39—23
8　系统控制 ……………………………… 1—39—23
8.1　系统控制分类和要求 …………………… 1—39—23
8.2　系统内压力控制 ………………………… 1—39—24
8.3　系统内温度控制 ………………………… 1—39—25
8.4　系统内流量控制 ………………………… 1—39—25
8.5　系统内水、汽品质的控制 ……………… 1—39—25
9　余热利用 ……………………………… 1—39—26
10　系统优化 ……………………………… 1—39—26

1 总　　则

1.0.1 国家标准的编制，必须贯彻国家的有关法律、法规，贯彻国家能源政策，节约能源资源，保护环境。落实于设计，使蒸汽系统安全可靠、运行灵活、技术先进、经济合理。

安全可靠：蒸汽系统具有压力高，温度高之特点。蒸汽系统安全特别重要。在热电联产供热蒸汽系统设计中，各压力级管路上设置有调节放空、安全阀及联锁设施，确保系统安全可靠。

运行灵活：蒸汽系统设计应考虑到可能出现的各种工况，如开、停车，局部负荷变化，冬夏负荷变化等，系统均能正常运行、生产。设置开车管线，放空管线，减压减温管线以及快开阀等既保证系统运行灵活，又保证系统安全。

技术先进、经济合理：为提高性能，从系统角度考虑，往往技术先进，能耗低而投资高。具体设计中需作比较，在经济上能合理承受的前提下力求先进。

1.0.2 目前化工装置趋于大型化，蒸汽系统要适应多种模式、大型化需要，因此本规范适用范围及定义也需要相应扩宽。

3 基 本 规 定

3.0.1 系统设计安全主要指保安措施设置，如调节放空、安全阀、快速泄放的减压减温等设施。节能主要指考虑系统疏、放水回收、凝结水回收等。控制灵活是指系统中抽汽、背压式汽轮机配合使用、各母管之间备用（带压力跟踪的）减压减温管线的设置，可适应化工装置在各种工况下的用汽需要。

3.0.2 根据热负荷性质、特点，系统采用高参数还是中参数是需要作技术经济比较的。在技术可行、经济合理的前提下，力求先进。另外，还需把各级参数、等级一并确定。

3.0.3 根据系统中需拖动的大功率机泵功率、台数及热平衡需要，确定驱动汽轮机的类型（背压式、抽背式、抽凝式、抽/注、注/凝、纯凝式等）及汽耗。确定机组类型时必须考虑系统负荷调节，开、停车及正常工况均能稳定运行，不应该出现大量放空工况。

3.0.4 根据已确定的热负荷、拖动机泵汽轮机用汽量及参数、余热回收利用方案、回收凝结水数量，作热平衡计算（包括热电站自用汽，站内及管网损失），确定电站锅炉、开工（辅助）锅炉参数及容量。

3.0.5 根据系统中余热性质、温位高低和数量大小，确定余热利用方式，做到充分利用能源。

3.0.6 确认回收利用汽轮机凝结水和工艺冷凝液数量。洁净凝结水和污染凝结水应分别回收处理。凝结水回收还要考虑以下问题：

1 凡是符合锅炉给水水质要求的凝结水都应回收；

2 凡是加热油槽或有毒物质的凝结水，当有生活用汽时严禁回收，当无生活用汽时也不宜回收；

3 宜回收的高温凝结水利用产生二次蒸汽。不宜回收的凝结水宜利用其热量；

4 对可能被污染的冷凝水，应装设水质监测仪器和净化装置，经处理达到锅炉给水水质要求的凝结水才予以回收。

4 系统类型及规模

4.1 系 统 类 型

4.1.1 纯供热系统中仅有热源及用热设备的蒸汽系统。

4.1.2 热电（功）联产供热系统有热源、热电联产供热机组、拖动机泵做功的汽轮机及用热设备的蒸汽系统。

4.1.3 含燃气轮机的供热系统，燃气轮机驱动工艺机泵或发电机，排气温度在540℃左右，开式发电系统将其排气排入大气，这是能源的极大浪费，宜回收利用这部分热能，通常将排气用作工艺装置中工业炉的助燃空气，或供余热锅炉产生蒸汽。

4.2 系 统 规 模

4.2.1 容量指系统总供汽量。以产汽设备总供汽量划分。

1 供汽量小于或等于60t/h的系统，其产汽设备单台容量为20t/h及以下，参数为低压，常用于小型化工企业中；

2 供汽量为61t/h～200t/h的系统，常用于中型化工厂中；

3 供汽量大于200t/h的系统，其产汽设备（包括余热锅炉）一般为高（中）压设备，常用于大型化工厂。

4.2.2 本规范所述的“压力”，是指蒸汽系统中压力最高的母管内压力（表压），既非锅炉出口的，亦非汽轮机进口的压力，而是系统公称压力。根据化工行业引进装置蒸汽系统压力等级及国内行业划分，将蒸汽系统压力分为低压、中压、高压、超高压四级，因此本规范按此进行分级。

5 系 统 组 成

5.0.1 系统的组成，主要指蒸汽系统所应包括的热工单元。

为了使本规范的读者对“蒸汽系统”这个特定的名词有明确的认识，必须对其作出定义和说明。根据是国外有关文献资料，且与“工艺系统”相互对应。值得注意的是，本规范所指的“蒸汽系统”超出了“蒸汽”的范围，从定义和组成说明看，它所包括的内容更加广泛、更加深刻。

5.0.2 耗汽户：

1 蒸汽被用作化工原料参加化学反应，生成半成品或成品，如合成氨炉中的原料气生成用汽，乙烯炉中的烃类裂解用蒸汽。

2 利用蒸汽高速喷射，使液体成雾状的雾化蒸汽；利用蒸汽高速射流携带周围气体形成负压的抽气用蒸汽；利用蒸汽高速射流携带周围液体升高液体压力的注射用蒸汽；利用高速流动蒸汽吹掉管道或设备内、外其他介质或物料的吹扫用蒸汽等。

3 如轴封、密封及消防用的蒸汽。

4 直接加热用汽包括各种混合式加热器（如除氧器等）用汽等。

5 间接加热用汽包括回热系统。如高压加热器、低压加热器、暖风机、蒸发器、油加热器、伴热及夹套保温用汽等。

7 采暖及生活用汽通常都不能再以蒸汽的形态返回系统，如暖气片、蒸饭、浴室、医院消毒用蒸汽等。

5.0.4 蒸汽发生设备是所有产生蒸汽的设备或装置的总称。

1 燃料锅炉是配合余热锅炉满足开车及正常生产用汽而又需要外加燃料的产汽设备，所以把开工锅炉、辅助锅炉等也归入这类设备。

2 余热锅炉是吸收工艺介质进行化学反应时所释放出的热量、工艺介质所拥有的多余热量、加热炉或燃气轮机排气（补燃量为零或称无补燃系）中的热量、废气、废物料焚烧炉所产生的热量等产生蒸汽的设备。

3 蒸汽凝结水、管道疏水、锅炉排污水等的闪蒸扩容器。

5.0.6 给水系统包括锅炉及余热锅炉的给水、工艺用除氧水、减温水等的除氧和加热系统。

1 补给水、给水加热：工厂低温余热介质富裕低压蒸汽应用于预热补给水或加热锅炉给水，回收利用其热量；化工厂内的蒸汽用作热源、驱动机泵等，用途多，压力等级也多，而且分布广，其回水压力、温度及质量等都与火力发电厂不同，应采用分片回收，集中加热。

化工厂中驱动机泵的汽轮机应不考虑设置回热系统，这样可以使系统简化，提高驱动的可靠性。

2 补给水、凝结水除氧：如果装置具有高中、低位余热或富裕低压蒸汽可采用压力除氧器；对于供热系统补给水量大，可配置大气式除氧器，利用低压蒸汽加热补给水，一方面除氧，一方面预热给水。

给水加药是为了避免管道腐蚀，调节给水 pH 值，使 pH 值大于 8。此外，常在给水泵入口管中加氨处理。

5.0.7 当被加热介质的温度要求高时，表面式换热器所用蒸汽压力也相应提高，随之其凝结水的压力和温度也高。为回收凝结水的热能，常设一级或多级闪蒸扩容器，回收闪蒸蒸汽。若闪蒸后回水温度仍高于回水处理系统的温度要求时，应设回水冷却设备，如预热除氧器的进水，以便把回水温度降至水处理系统所允许的范围内。

为了回收锅炉排污水的热量，常设一级排污扩容器，回收闪蒸出的低压蒸汽。闪蒸后的高温饱和污水，常设排污水换热器加热除氧进水，或设排污降温池，加进冷却水降至 40℃后排至下水道，或将排污水管道沿地沟敷设一定距离，利用地沟水冷却后再排出，也可利用排污水的碱度和热量来处理原水。

根据汽水质量标准要求，为监督汽水质量变化情况，在适当具有代表性的部位设置取样点，并设置取样装置及其附属系统，进行监测或调整。

蒸汽系统在正常运行期间及停车时，管内蒸汽凝结水排放应设置疏放水设备及其附属设施。

5.0.8 1 蒸汽分配器：汽源来的蒸汽，依靠各级母管、支管、配汽站及分汽缸等配汽装置分配到各个不同用户。

2 减压装置：一般仅作为蒸汽负荷调节使用，如不同压力等级蒸汽母管之间的备用或汽源压力高于用户要求而需要减小压力的设施。

3 减温装置：对汽源、汽轮机抽排汽温度过高而不符合工艺和系统的要求时，则在用汽设备上游蒸汽管道上设置喷水减温设施。

5 安全装置：主要指超压排放设施。为防止设备、管道、阀门等超压运行，除锅炉自身的安全阀外，各级母管上应设有重锤式或弹簧式安全阀。凝汽式汽轮机的排汽缸上若未设泄压阀时，应在其排汽管道上或凝汽器之外出现增压的地方设置泄压阀。

再循环装置：指再循环管及其所装的限流孔板。为防止给水泵和凝结水泵在低负荷运行时产生汽蚀或过热，应设再循环管，使部分水返回水箱。

6 放空装置：一般指各压力级蒸汽母管上为控制母管压力而设的放空调节阀。为了控制各级蒸汽母管的压力不至于因超高而出现故障，在各级蒸汽母管上都应装设自动放空阀排汽口，由设定压力值发出高值信号自动开启排空阀。

用于母管调压的对空排汽以及锅炉点火排汽管出口都应装设消声器。对于向空排汽的排空阀，应由设定压力值发出低值信号自动关闭。

5.0.9 为了进一步节能，在化工和石油化工企业中，根据可能条件（如是否有洁净的燃料），可设置燃气轮机及相应的排气利用系统。

6 系统拟定及蒸汽平衡图

6.1 拟定的依据

6.1.1 蒸汽系统的设计要遵照上级批准的项目建议书和设计任务书，以及有关文件中规定的工厂规模和发展计划进行设计。

6.1.2 燃料品种、价格及货源都直接影响到系统的经济性，甚至涉及方案的制订，交通运输状况与燃料来源、贮存及灰渣处理方案选择都有关系。

水源、地质及气象资料是确定水冷、风冷、凝汽压力、散热损失、系统效率及设备投资等所必需的基础数据。

电力供应情况更是直接确定某些机泵是电动还是汽动，以及是否要建立热电站的方案问题。

系统的负荷是各耗、用汽户所要求的供汽负荷之和。各耗、用汽户泛指工艺、设备、电气、水道、暖通、水处理、仪表、贮运、环保、化验及公用设施（医院、办公楼、学校、食堂、浴室、俱乐部）等。

6.1.3 从设备制造厂得到的资料，或从有关手册、样本上查得的技术特性数据，如汽轮机的升速图、惰走曲线、内效率图、抽汽图、汽耗（或热耗）率图、变工况图等，以及燃气轮机在压气机进口参数一定时出力随转速、排气温度而异的预估性能曲线，高程对出力与燃料耗量的修正系数曲线，压气机进口温度对出力、空气流量及热耗率的影响曲线，配余热锅炉的机械驱动（发电）用燃气轮机随排气余热锅炉产汽参数、产汽量而异的做功（发电）热耗值。

6.2 系统拟定

6.2.1 参数及容量相同的锅炉有利于管理，以及备品备件的准备、炉子之间的启停切换、人员培训及技术掌握，这也是惯例。余热锅炉产生的蒸汽也是补入系统的，应与系统参数一致才利于运行。

6.2.2 余热锅炉的蒸汽参数受到余热源温度水平限制，有条件时应产生系统中最高参数的蒸汽；而开工锅炉往往因容量小而选用中参数的蒸汽锅炉。

6.2.3 电力部门的运行数据表明，燃煤锅炉小修间隔4个月～6个月（2500h～4000h），大修间隔1.5年～2.5年（10000h～15000h）。小修时要停炉4d～7d，大修时要停炉11d～22d，具体数据随锅炉容量而异。化工生产是连续的，无检修用炉时，锅炉检修势必造成化工装置停产。因此，对于工艺装置检修无法与全厂检修计划同步进行的企业，以及生产管理水平达不到国内先进企业要求的工程，设计不宜设置单台燃煤锅炉。2台或2台以上燃煤锅炉的总容量可考虑备用和检修容量，但需考虑投资的可能。至于燃油锅炉和燃气锅炉，则与工艺装置同步检修的可能性较大，且其控制水平也与工艺相当，运行周期较长，升火、停火都较方便，稳定燃烧的负荷率也远比煤粉炉要低，故对设置台数不作规定，视具体情况允许设置单台炉。沸腾炉（含循环流化床式）需考虑检修用炉。

6.2.4 减温器出口要有适当的过热度是考虑到蒸汽输送到用户有一定的距离，沿程管路温度降等因素，可根据输送距离的远近适当选取过热度。测温点距离要求理论上是6.5m，与途径无关，可确保出口温度波动在±3℃之内，实际设计应考虑10m左右。

6.2.6 为保证除氧效果而要求进水温度有一定的差值。

6.2.7 对热电联产的供热系统在条件允许时尽可能使用一级除氧。

6.2.9 由于焊接技术与阀门制造水平的提高，现代设计的工厂蒸汽系统中已少见到双母管或环形管网，这样可以减少热损失，简化了管理，除非介质流量太大，因流速超过常规所允许的范围可用双母管外，不推荐双母管制。

6.2.10 在做全厂蒸汽平衡时使蒸汽产量和用量平衡，并有灵活的调节手段。当事故状态低压母管的压力太高时，过量蒸汽可通过调节放空阀泄至大气。

6.3 纯供热系统拟定

6.3.1 纯供热系统只设有锅炉房，所以用户主要是耗汽户，一定要了解工艺生产的用汽特性，考虑其同时性程度，以防锅炉房容量太大。

6.4 热电（功）联产系统拟定

6.4.1 最大容量机泵功率是确定系统里最高等级参数的依据之一，确定系统参数除考虑热负荷参数、设备参数之外，尚应考虑是否经济合理。大功率汽轮机用低参数不合理，同样，小功率汽轮机不应采用高参数设计，因为流道面积小，叶高低，效率低。工艺余热温位高低及拥有热量多与寡是决定余热锅炉参数与容量的依据。

6.4.2 提高初参数可改善热力循环效率；但要考虑材料的因素，经过经济比较后才能最终确定。

6.4.3 通常即使是复杂的工艺所需要的中间蒸汽压力等级，也不会超出二级或三级。中间压力等级如果太多，会使系统复杂化，且降低了系统运行的可靠性。

6.4.5 生产中的数据都与工艺所提的机泵功率及热负荷值有所出入，例如压缩机轴功率的保证值允许偏差4%，而绝大部分机泵负荷都在设计值的5%～10%内波动，热交换器负荷却在设计值10%～15%内波动，个别的更高。此外，从设计角度出发，设备的设计能力应按实际出力105%～110%考虑。

6.4.6 在"以热定电（功）"的原则下大功率压缩机宜采用蒸汽透平驱动，为了节能根据蒸汽平衡的需要也可采用蒸汽透平驱动小型机泵。

2 要求用户在全年有连续4000h以上热负荷，如果低压汽用户连续运行时间不到4000h，则不利于背压机运行。在运行时由于热用户不稳定，势必将昂贵的蒸汽排空，还需装设消声器，造成极大的浪费。

3 经常性运行的机泵由汽轮机驱动可以节能，但开车时因为系统还未产生蒸汽，可由电机驱动的泵先开起来，一旦有了汽就应该切换为汽动泵运行。

4 凝汽式汽轮机的投资大，系统也庞大。可由表C.0.1查出电动热耗值来，要求凝汽式汽轮机驱动机泵的电动热耗值小于查出的值，这随汽源所用燃料品种而异。具体情况还得作投资回收年限比较，如果汽动比电动略为节能，但投资昂贵，结果也要否定汽动方案。

6.4.8 工艺热负荷的波动难以与电力负荷或机械功的波动同步。即使背压或抽汽背压式汽轮机的热、电负荷或热、功负荷可很好地匹配，一年之中总会有不少时间出现工况偏离现象，当工艺用汽量减少时，凝汽器负荷自动增加，以维持电负荷或机械功恒定。

凝汽器的最大凝汽能力或称其储备能力，是为了适应开、停车或装置异常工况，如化肥装置中的尿素部分出故障，而氨储罐还未装满，这时合成氨部分还可继续维持生产，但尿素用的中压蒸汽若是从合成气压缩机用的汽轮机抽出来，由于此时抽汽量减少，为了维持合成气压缩机所需的轴功率（按额定负荷考虑），就得增加其原动机——抽汽凝汽式汽轮机的凝汽部分功率，所以凝汽量增大。如果凝汽器是集中设置，即所谓几台汽轮机共用一台凝汽器时，彼此可以通融，公用的集中凝汽器是为了节省投资，但对配管布置不便，且运行时由于彼此制约，考虑蒸汽系统安全性，在每根进入凝汽器的管道上应设置真空蝶阀和大气式安全阀，其成本不小。远处的汽轮机凝汽压力应高于靠近凝汽器处的汽轮机的凝汽压力，结果导致其汽耗率升高。所以，集中布置的公用凝汽器应尽量设在各台大机组都适中的位置，而以靠近利用率最高的大机组为宜。设置公用凝汽器的前提是节省投资，鉴于其公用性，所以设计能力不能按单独设置时考虑，而应取小一些，根据目前掌握的情况看来，国外设计一般取1.2倍～1.25倍的正常凝汽量，结合我国情况，放大到1.5倍。一般汽轮机的最小冷却蒸汽流量取8%，具体多少以制造厂数据为准。所谓"额定功率"是指产品铭牌上具体规定的"额定功率"值。这是我国现行产品数据，因为考虑抽汽量为零时，即纯凝汽工况也能达到额定出力。

综上所述，假定某蒸汽系统处于完全正常运行工况，负荷是100%，则该系统的最大允许（可能）凝汽量是下述数值之和：

1）各纯凝汽式汽轮机的额定凝汽量；

2）注汽凝汽式汽轮机在最大允许注汽量时的凝汽量；

3）在系统内起调节作用的抽汽凝汽式汽轮机正常凝汽量的2倍；但若该机组为发电机组，则为纯凝汽工况运行（额定出力）时的凝汽量。

此外，发电用抽汽凝汽式汽轮机的凝汽器冷却水侧多为双回程的，运行时可打开半边进行检修，如果说驱动工艺机泵用的抽汽凝汽式汽轮机之凝汽器也这样配置的话，可为运行中检修带来便利。

6.4.9 引进装置中的工业汽轮机凝汽压力值为0.012MPa～0.0166MPa，一般汽轮机厂设计的工业汽轮机排汽湿度为8%～12%。

6.4.10 对采用蒸汽轮机循环的大多数工业企业，有三级给水加热已可满足需求。热电厂在供热高峰期为了增加供热量，可以关闭所有的高压加热器。因此，为简化系统，化工企业的特点是余热多，其给水加热级数应比电站系统少。

6.4.11 这条是结合我国现有蒸汽锅炉及发电汽轮机的参数系列制定的，其规格见表1，初参数波动时对汽轮机的汽耗影响见表2。

表1 汽轮机初参数波动值

锅炉额定参数		汽轮机额定初参数		汽轮机初参数波动值	
压力[MPa(g)]	温度(℃)	压力[MPa(g)]	温度(℃)	压力[MPa(g)]	温度(℃)
3.82	450	3.43	435	3.23～3.63	420～445
9.81	540	8.8	535	8.3～9.3	525～540
13.73	540	12.75	535	上限不超过额定值的105%	525～540

表2 汽轮机进汽参数变化引起的汽耗变化率

汽轮机类型	初参数对额定值的偏移额	汽耗变化率(%)
中压及高压	汽温每降低7℃	+1
	汽温升高8℃～9℃	−1
中压（喷嘴调节）	汽压每降低5%	+1
	汽压每提高5%	−0.6
高压（喷嘴调节）	汽压每改变+1%	−0.7
	汽压每改变−1%	+0.7

我国从西方引进的大型化肥及石油化工装置的主蒸汽管内流速都较低（15m/s～25m/s），绝热良好，从实际生产来看，沿程损失较小，从锅炉的过热器出口至主汽轮机进口，参数上两处改变不明显，这正是国外设计重视节能的表现，我国目前电站内部采用的流速是借鉴前苏联的，参见表3。

表3　蒸汽管道推荐流速

管 道 种 类	推荐流速（m/s）
由锅炉至汽轮机的主蒸汽管道	40～60
汽轮机的抽汽管道	35～60
饱和蒸汽管道	30～50
至减压减温器的蒸汽管道	60～90

6.5　带燃气轮机的系统拟定

6.5.1　这是从蒸汽平衡要求出发，否则蒸汽参数不一致，无法并入管网，使系统复杂化。同时也得注意有的燃气轮机本身还喷入部分蒸汽，以提高出力，这部分汽也是取自蒸汽系统，有时燃气轮机本身的启动机是一台小背压汽轮机，尽管功率较小，但在作开车工况的平衡时应计入其耗汽量。

6.5.3　将燃气轮机排气用作助燃空气，既能节能，又能使系统简化，节约投资，应为首选方案。目前电站用燃气轮机均将排气送入余热锅炉回收显热。

所配余热锅炉的蒸汽参数应与装置蒸汽系统相匹配，蒸汽产量参与装置蒸汽系统平衡。余热锅炉应根据蒸汽系统平衡状况考虑补燃型或非补燃型，以增强系统灵活性。

6.6　蒸汽平衡图

6.6.1　平衡是基于正常操作工况作出的。必须对异常操作工况进行检验，平衡需考虑以下因素：

开车工艺产生蒸汽量最少；大量的蒸汽突然性放空；冬季热负荷升高；电源故障；工艺压缩机跳车；表面式凝汽器泄漏。

上述各项，只是列出比较重要而又必须要平衡的操作工况。实际上，除正常、最大（冬季及夏季）工况外，汽源的锅炉停一台，最大功率的机泵出故障等，都对工厂蒸汽系统有较大的影响，使其平衡又是另一种情况。作为工厂蒸汽系统，除确保开车、正常、最大负荷外，还必须确保的工况是：全装置70%负荷运行；中压蒸汽抽出量最大的汽轮机跳车；注汽量最大的汽轮机跳车；电源中断能安全停车；中压蒸汽抽出量最大的汽轮机跳车时，减压减温器装置要能及时投入，否则一连串中参数汽轮机将不能连续稳定运行，造成工厂停车。注汽量最大的汽轮机跳车势必导致低压管网压力升高，从调节上要能确保尽量减少向空排汽量，又能稳定低压管网压力。电源中断时全厂必然紧急停车，工艺管道需要吹扫，触媒需要维持温度，系统要能提供平稳安全停车所必需的蒸汽量。

7　系统内主要设备选择

7.0.1　参照国家现行标准《火力发电厂设计技术规程》DL 5000 第 8.1.1 条及《小型火力发电厂设计规范》GB 50049 第 6.1.4 条之二制定本条。

7.0.2　汽机的选择应符合国家热电联产的有关规定及国家综合利用的产业政策并参照国家现行标准《火力发电厂设计技术规程》DL 5000—2000 第 10.1.3 条及《小型火力发电厂设计规范》GB 50049—94 第 8.1 节规定。

汽轮机设计时是按额定进汽参数，通常负荷在额定值的 90%以上效率最高，如果进汽参数变化，应适当修正，因是常年连续运行，在效率最高点附近运行是为了节能的需要。此外，汽轮机本身的投资远比同功率的电动机要高，所以一般情况不宜作为常年备用设备对待。总之，汽轮机是蒸汽系统中热能综合利用的好坏的关键性用户，要根据工艺热负荷和被驱动机泵的功率、转速范围要求，结合所拟订的蒸汽系统参数等级，经过多次调整机组的搭配方式，就可选择出合理的各台机组来。具有持续稳定热负荷时，宜首选背压机。

7.0.3　参照国家现行标准《火力发电厂设计技术规程》DL 5000 第 10.8.3 条。减压减温器是否设备用视工程具体情况确定，如果采用进口产品质量好，能与化工装置同步检修，可不设备用。

7.0.4　除氧器能力是以蒸汽系统内设备的最大给水耗量求得的，并考虑一定的裕量，引进装置都是采用单台大容量的除氧器。除氧器水箱有效容积的大小在化工蒸汽系统中按需除氧的水量确定更准确。本条不适用于热电站除氧器选择。热电站用除氧器选择可按照现行国家标准或电力行业规范执行。

8　系 统 控 制

8.1　系统控制分类和要求

8.1.1　当今化学工业、石油化工等行业的发展，已向基地化、大型化、集成化、现代化大踏步迈进，也就是以某一产品为核心，实现上、中、下游产品链全面配套，公用工程等一体化的要求也伴随而生。近年所建成的一些工程情况表明：一个建设项目少则几套，多则十几套装置成系统同时配套建设，以实现最佳经济效益。

对于化工蒸汽系统而论，单套化工装置和多套装置的控制是有所不同的，在单套化工装置中这样控制是合理的，但对于具有多套装置的全厂性控制就不一定合理，设计中需要引入一体化概念，要融入安全可靠、节能、提高物料综合利用的理念。具体工作时，各化工装置可根据自身的特点和要求，先进行单套装置控制系统的方案设计，再进行全厂性控制系统的方案设计；当二者矛盾，不合理的地方再进行协商、调整、优化、最终确定切实可行的方案，不能各顾各，造成全厂性的极大不合理（包括大的供、用汽方案），造成人力、物力、财力、能源等方面的浪费，运行一段时间后被迫进行改造，这在以往的工程中出现过。

8.1.2 化工产品繁多，相应化工厂蒸汽系统的具体组成各异，根据对部分进口、国产大中型装置的调查了解，不同的装置、不同的供热方式，其系统和控制要求是有所不同的，不能千篇一律。因此在进行系统控制设计以前，必须首先明确其供热方式，了解化工工艺等对本系统的一般要求，以及开车、停车、升降负荷、事故状态等的特殊要求，并对这些要求进行充分的分析研究，再结合其他有关问题的考虑，以确保总体系统、装置安全为核心，做到既要满足本系统的调节控制需要，又要有相当的应变能力，也不使所设置的仪表装置多余。这样在系统设计中，所配置的自控、遥控、检测、联锁、报警等仪表装置才能合理。

8.2 系统内压力控制

8.2.2 各压力等级蒸汽母管的压力调节、控制设计，应根据进入各压力等级蒸汽母管的汽源等因素，优化确定压力调节、控制手段，通过母管压力信号去控制调节与之有关的部位，以确保母管压力在各种工况下的安全、稳定，这对整个蒸汽系统来说是至关重要的；本条还特别规定了各压力等级蒸汽母管上必须设置一定数量的安全阀，作为最后的保安措施。

在各压力等级蒸汽母管上设置一定数量的安全阀，是因为仅仅依靠汽源设备上的安全阀是不够的，还必须考虑其他安全措施。为了说明此问题的重要性，举以下两个生产中的实例加以阐述：

某厂一个大的低压蒸汽用户，因某种原因，忽然将进装置的低压蒸汽管上的切断阀关闭了，而此时汽源设备又来不及调整，低压蒸汽母管上设置的三个安全阀，一个接一个全跳了，由于及时泄放，从而保证了管网和设备的安全。

某厂原始开车时，一台大消耗量的用汽设备蒸汽输不进去，而此时低压蒸汽锅炉的压力已憋的很高，汽包已超压了，但其上的安全阀未跳，可能是安全阀长期没有使用或其他原因而失灵了，由于操作人员发现得早，及时处理了，才避免了事故的发生。停车后经检查发现，此用汽设备蒸汽管道上所设置的流量孔板被一个大的鹅卵石堵死了。这都是开车前蒸汽管道清理、吹扫不干净所造成的。

8.2.3 宜根据最高压力等级蒸汽母管压力自动调节：外加燃料的汽源设备的燃料加入量，放空调节阀的排放量（对于高压放空调节阀是否设置，目前有两种做法，如引进氨厂，有些国外大公司的设计设有高压放空调节阀，只在开车时使用，运行时关掉此阀的根部阀；有些国外大公司的设计从安全、减噪和泄漏不好处理的思路出发，不设置高压放空调节阀，而通过备用减压减温装置向下一级母管泄放），或由备用减压减温装置向下一级母管泄放、而后经由下一级母管的放空调节阀排至消音器后入大气，来维持母管压力的稳定，这就是我们常说的 PIC。调节外加燃料的汽源设备燃料量的取压点的设定值，为正常工作压力值；高、中压母管之间的备用减压减温装置的（减压）调节阀（组）开度，是由高值选择器根据同时送入的高、中压母管压力信号，选其较强者为依据而进行分程调节（A、B 阀组）的，取压点的设定值比放空调节阀设定值高，比安全阀较低整定压力值低，另外，备用减压减温装置也作为下一级蒸汽母管压力低时（低于下一级蒸汽母管允许下限值）通过此装置补汽（即低选，取压点为下一级蒸汽母管）。

如果在系统中设有高压汽轮机，就必须考虑当高压汽轮机因某种原因突然跳车，而自动调节应答性能跟不上，瞬间高压蒸汽无出处，高压蒸汽母管压力迅速大幅度上升；所设高压汽轮机若为抽汽凝汽式、背压式（从节能、逐级利用出发，高压段不应设置全凝机），则下一级蒸汽母管压力将会大幅度下降。为确保高压蒸汽系统安全、避免高压蒸汽放空和保证下一级蒸汽母管的需要，高压汽轮机应设置与备用减压减温装置中的快速泄放阀的联锁，一旦跳车，高压蒸汽能迅速通过此阀并经减温后泄放至下一级蒸汽母管，这个快速泄放阀应单独设置，在大型合成氨装置中叫一秒阀，意即要求一秒钟就需打开。在常规设计中，一般是将快速泄放阀与上述 A、B 阀组成三阀组，共用一个减温器。

8.2.5 各压力等级蒸汽母管上 3 个主要阀门设定（整定）值取值的建议：

1 可调主汽源调节阀，以蒸汽母管正常工作压力值进行调整；

2 放空调节阀的开启压力见表 4；

4 几个安全阀整定压力中的最高值可取：《蒸汽锅炉安全技术监察规程》（中华人民共和国劳动部，1996 年）中的安全阀高限整定压力值，见表 4。

表 4 蒸汽母管放空调节阀、安全阀的开启（整定）压力

额定蒸汽压力（MPa）	放空调节阀开启压力（MPa）	安全阀整定压力最高值 P_{smax}（MPa）
≤0.8	$P+0.02$	$P+0.05$
0.8～5.9	$1.03P$	$1.06P$
>5.9	$1.04P$	$1.08P$

注：开启（整定）压力栏下的 P 值为该阀安装处的工作压力。

上述各自动调节点设定值最终选取多少合适，应根据具体工程对蒸汽系统的要求确定。

8.2.7 一般而论，当调节阀的动力或信号故障时，放空调节阀应处于开启状态；其实不然，有些装置当上述故障发生时，某些部位还需要某种等级蒸汽进行保护来达到安全停车，这时如果把此等级残留的蒸汽全放了，可能导致事故的发生。因此在绘制 PID 图时，一定要事先了解化工工艺专业在此种工况下对蒸汽的要求，在 PID 图上对放空调节阀标示为 F_0 还是 F_C，否则会出问题。

8.2.8 各压力等级蒸汽母管上设置安全阀是最后一道保安措施，如设置一个，特点为排放量大，泄压快，否则有可能会产生因安全阀长期不用而失灵，从而导致事故。如将其分为 2 个～3 个，则每个阀的排放量相对地减少，再加上设定值不一样，如超压不多打开一个，再超压再打开第二个、第三个，这样一方面可减少排放损失，另一方面如一个失灵，还有第二个、第三个。虽然这样做一次投资可能会增加，但与发生事故相比显然是微不足道的。

实践表明，备用减压减温装置不但在正常运行时起作用，对开车前的准备工作、单机试车、装置开车、事故状态等同样至关重要。

8.3 系统内温度控制

8.3.1 蒸汽温度调节方法：

第一种方式是从蒸汽侧冷却过热蒸汽。可分为：用锅炉给水或炉水，间接吸收蒸汽中热量的面式减温器；用锅炉给水或蒸汽冷凝液，直接喷射到过热蒸汽中，以降低过热汽温的喷水式减温器。

第二种方式是从烟气侧改变过热器的吸热量。可分为：改变过热器烧嘴的燃料加入量（如设置了过热器烧嘴的装置）、烟气再循环、改变通过过热器的烟气量等方法来调节过热汽温。

汽温的调节方法很多，而各种方法各有其优缺点，在应用时应根据具体情况选择，从而达到控制过热蒸汽温度的目的，以符合系统设计的要求。

8.4 系统内流量控制

8.4.1 对正常运行的锅炉给水泵、表面式凝汽器的凝结水泵等，与备用泵之间考虑联锁，其目的在于确保锅炉给水的供应，维持热井的液位、以保证凝汽器的正常运行；发出的声光报警信号提醒操作人员注意，应及时检查各方面情况，监视备用泵是否自启动并进行相应的操作，以防事故的发生。联锁值应根据具体工程内容确定。

在泵的出口管线上设回流管线，这主要从开车、低负荷状态下运行、正常运行时的负荷变化等方面的需要出发，为保证泵安全运转而设置。回流点对于锅炉给水泵为除氧水箱，凝结水泵为热井；另一方面为了自动调节需要，如表面式凝汽器的凝结水泵应根据热井液位来调节泵出口流量并调节回流管上调节阀开度，也就是一个信号两个相反作用来维持热井液位（条文中表述了两种方法，差别在于回流管上调节阀信号来源不同）。对于在大型装置系统中所设置的锅炉给水泵，其出口还应设置有开工回流管线（开工回流管线在开车过程中使用），以便于开车调节和保护泵的安全。

对于采用调速型凝结水泵的，上述功能可采取调节凝结水泵流量和调节回流管上调节阀开度相结合的方法实现。

回流管线的大小要适中，一般以泵的最小流量为宜。对锅炉给水泵，如泵出口流体压力高或较高的，其回流管线还需设一级或多级限流孔板，一方面限流，另一方面降压，以避免对回流点的影响；如回流管线上设置有调节阀，则利用调节阀完成此两项任务，但调节阀价格较高。

8.4.2 当利用化工工艺余热加热锅炉给水，且为两条或两条以上并联线路时，应只考虑一条线路为流量自动调节，其余手动或遥控（HIC），目的在于保证调节质量，以免引起调节上的震荡。

8.4.5 这些措施在以往的一些工程中早已运用，效果较好，对考核、分析问题，指导生产、节能都有利；但有的业主（或设计者）为了省钱（或观点不同）不愿意设置，认为系统有一个总量检测就可以了，不必分项检测。

根据实践，对于在汽轮机入口蒸汽管线上、抽汽管线上设置流量检测仪表，可对汽轮机进行单机考核，装置正常运行时可监视汽轮机的运行情况，如有问题可根据检测到的数据进行分析、处理；对于在输往大的蒸汽用户蒸汽管线上设置流量检测仪表，可对大的蒸汽用户用汽情况进行检测，掌握运行情况，如有问题，可根据检测到的数据进行分析、处理；在放空调节阀所在蒸汽管线上设置流量检测仪表，一方面用于装置或系统考核（考核计算能耗时应扣除放空量），另一方面正常运行时便于了解放空情况，如放空量大，可根据检测到的数据，对系统进行局部调整和整改，以期达到最佳效果，即设置放空调节为了稳定管网压力和保安，减少放空量为了节能。

8.5 系统内水、汽品质的控制

8.5.1 由于水、汽品质控制不好，国内一些企业发生的事故还是不少，导致化工装置长期停车（如脱盐水水质不好、除氧效果不好、锅炉给水 pH 值控制不好等），当然这其中有些事故发生的原因与操作不当或误操作有关。

本条目的在于要求设计者设计的系统内水汽品质的控制、所采取的措施、应达到的效果必须满足现行国家标准《火力发电机组及蒸汽动力设备水汽质量》GB/T 12145 和现行国家标准《工业锅炉水质》GB/T 1576 标准中的要求，这样才能从设计的角度确保系统的安全。

8.5.2 此条规定的目的在于确保锅炉给水的品质，

以保护本系统的所有设备、管道维持正常运行。

8.5.3 对于装置中具有高、中压蒸汽发生设施的系统，其锅炉给水应为经除氧后的脱盐水（或包含部分蒸汽凝结水），脱盐水的pH值一般为7左右，对于锅炉给水来说这个值偏低了，容易引起酸性腐蚀；为了保护管道和设备，应在锅炉给水泵进口管的上游进行加氨处理，以维持pH值在8.8～9.3，这样可避免酸性腐蚀；在锅炉给水泵进口管的下游设置pH值检测装置，就是为了检查pH值和指导操作，以随时调整加氨量。在锅炉给水泵进口管的中游设置水质取样点，这样便于将自动检测和手工分析对照，找出问题。

另外，脱盐水（或包含部分蒸汽凝结水）经热力除氧后为消除残余氧，尚需在除氧水箱中（水侧）加联胺；为消除残硬往汽包中（水侧）加磷酸盐。其量应根据运行时的常规分析数据进行调整。

从以往的一些工程中发现，加药系统虽小、简单，但设计不太规范，从而导致有些设计不合理，也发生过不少问题，这些问题只能在现场处理。为规范设计，根据实践中行之有效的经验，在此以条文形式明确了加药系统设计的基本内容。

8.5.4 对于化工工艺系统，此条中所要求设置的水质检测仪表等，是对返回化水装置进行处理的蒸汽凝结水的水质进行监视，如被污染、未达到化水装置对返回蒸汽凝结水的进水要求时应报警、自动排放进入工厂污水处理系统并计量，其目的在于保护化水装置的正常运行，确保除盐水的品质。

对于汽轮机、表面式凝汽器的蒸汽凝结水，如果是收集后返回化水装置处理的，假如因某种原因表面式凝汽器的冷却水管破裂，检测到冷却水已漏入蒸汽侧，这个污染问题不太大，不需要就地排放，照样返回化水装置处理；如果表面式凝汽器的蒸汽凝结水是直接返回除氧器的，检测到被污染，此时就应切换到旁路返回化水装置进行处理，而不能直接进除氧器了。

9 余热利用

9.0.1 将全部可利用的余热合并到总的蒸汽系统中进行平衡，这是一条提高余热利用效率的有效途径。视具体工程，如距离较远，余热量较少，可采用就地利用的方式。

2 余热分级回收利用，可以减少有效能损失，使能量利用趋于合理。

4 设计中应考虑余热数量及参数变化时的相应对策。这样当余热量不足或参数波动时，不致影响正常生产。例如，在使用闪蒸的二次蒸汽作为除氧器用汽时，通常把二次蒸汽管接入系统内的同等级蒸汽管网，以免在二次蒸汽不足或参数波动时，影响除氧器的正常工作，引进装置系统就是这样设计的。又如利用燃气轮机排气作为助燃空气时，要考虑燃气轮机停车时，可由备用的鼓风机送风。

9.0.2 如利用化肥工业合成氨装置的二段炉出口工艺气体1000℃左右（或一段转化炉出口工艺气体约900℃）和一段蒸汽转化炉对流段500℃～600℃高温位余热产生蒸汽，以及利用一段转化炉对流段高温烟气过热高压蒸汽等载热体的温度都在500℃以上。

9.0.3 中温位余热温度区域较宽，合成氨装置的高温变换炉、合成废热锅炉、蒸汽转化炉对流段加热锅炉给水及其他介质等载热体温度都在此范围内。

在炼油企业，经常利用160℃～200℃的油品余热产生0.3MPa低压蒸汽。

9.0.5 凝结水是汽源的主要原料之一，同时载有一定的热量，提高系统的凝结水回收率对提高企业蒸汽系统的经济性具有重要意义。近年来国家实行节能、减排、循环经济战略，蒸汽凝结水应最大限度利用，回收率要求大于80%，可参考《化工蒸汽凝结水系统设计技术规定》。

10 系统优化

10.0.1 本条所列调整内容是拟定系统并进行优化时应该考虑的主要问题。

10.0.2 投资和技术优化往往是矛盾的，需要作一些协调处理，在现有给定投资数额下，不能过分强调某一指标的优越，要作全面权衡，这就要作一些调整，以寻求技术与经济的统一。

10.0.3 对本条提到的有关数据算法说明如下：

发电煤耗：普通凝汽式电厂的（毛）发电煤耗是指发电机端子上输出每kW·h电能所消耗掉的燃料量（g/kW·h），常折成标准煤 $Q_{net.ar}=29.31MJ/kg$ 若换算成热量值，则称（毛）发电热耗（kJ/kW·h）。

供电煤耗：发电厂每供一度电所消耗的标煤量（g/kW·h），即净发电量计入发电厂内升压变压器损失所分摊的煤耗。2007年我国供电平均煤耗是357g/kW·h，其中五大电力集团供电平均煤耗是346g/kW·h。目前我国大型燃煤电厂的锅炉效率一般在90%以上，大型机组烟煤锅炉的效率有的达到94%。2007年我国电厂平均厂用电率为5.83%，其中火电6.62%。

电动煤耗：电动机输出端的煤耗可称之为电动煤耗，是在供电煤耗的基础上加上至用户变压器的输电线损以及用户变压器和电动机损失和联轴器的机械损失后所得到每kW·h的煤耗量(g/kW·h)。

输电线损率，2007年我国平均值为6.85%。

为了计算表5各特性数值，取：

电厂自用电率：6.62%（2007年我国燃煤电厂

平均为6.62%）；

发电厂内升压变压器损失：2%；

综合输电线损：6.85%（2007年我国平均值为6.85%）；

用户受电端至电动机的损失：2%；

1000kW以上的电动机损失：2%。

据全国平均的供电煤耗357g/kW·h和上述指标，可算出表5各特性数值。

表5 国内发电厂平均煤耗及热耗参考值

指标 \ 发电厂燃料品种	煤
供电煤耗（g/ kW·h） 供电热耗（kJ /kW·h）	357 10464
毛发电煤耗（g/kW·h） 毛发电热耗（kJ /kW·h）	326.70 9576
净发电煤耗（g/kW·h） 净发电热耗（kJ/kW·h）	349.86 10254
电动煤耗（g/kW·h） 电动热耗（kJ/kW·h）	399.06 11696

热电联产时的发电煤耗或发电热耗计算法与前述有所区别，有热量法和实际焓降法两种，国内外都采用热量法，或叫“好处归电法”。发电热耗定义为：

发电时需要补充的热量与净发电之比值。计算式：

$$发电热耗=\frac{热电站锅炉总热耗-纯供热锅炉房热耗}{毛发电量-辅机用电差额\Delta} \tag{1}$$

其中锅炉的热耗是锅炉燃料消耗量与其低热值的乘积；辅机用电差额Δ等于热电站辅机用电量减去纯供热锅炉房辅机用电量。

供热热耗数据（见附录C表C.0.2）是基于下述假定算得的，即：

工业锅炉房：10t/h，1.3MPa饱和蒸汽锅炉；

锅炉效率：燃煤75%，燃油80%，燃气82%。

供热锅炉房自用电量：燃煤78kW，燃油60kW，燃气50kW。

热电站供热按煤粉炉考虑：锅炉效率91%；供热用电量6.26kW·h/GJ。

锅炉给水104℃，生水30℃，排污率5%；大气式除氧器效率98%。

按凝结水箱置于锅炉房内，采用开式系统，故取凝结水温为99℃（表6）。

10.0.5 电厂输出电能及机械功的热耗，按发电厂的供电热耗值考虑，不考虑输电线损及其他配电损失，目前为：

$$\begin{aligned}HR&=0.357\times 29310\\&=10463.67\\&\approx 10464\ (\mathrm{kJ/kW\cdot h})\end{aligned} \tag{2}$$

电动热耗含义与电动煤耗同，因计算功率时，是取电机输出端值（相当于机泵功率），所以要计入输电线损6.85%，企业变压器及电动机各损失2%，按电厂供电煤耗值为0.357kg/kW·h，则：

表6 凝结水回收状态及煤耗热耗对比参考值

指标 \ 燃料品种 \ 凝结水回收情况	回水率约80%			不回收		
	煤	油	天然气	煤	油	天然气
锅炉房供汽（1.3MPa饱和蒸汽）标准煤耗（kg/t汽）	112.918	105.868	103.289	124.053	116.332	113.507
计自用电时锅炉房供热时的供热热耗（GJ/GJ）	1.2859	1.1982	1.1642	1.4125	1.3165	1.2793
大型燃煤热电站供热时的供热热耗（GJ/GJ）	1.1150			1.2210		

$$\begin{aligned}F_{cm}&=\frac{0.357\times 29310}{0.9315\times 0.98\times 0.98}\\&=11696.31\approx 11696\ (\mathrm{kJ/kW\cdot h})\end{aligned} \tag{3}$$

系统所用的其他能源及耗能工质所折算的热量可参照现行国家标准《综合能耗计算通则》GB/T 2589—2008，以下数据仅供参考：

新水：2510kJ/m^3；

软水：14320kJ/m^3；

压缩空气：1170kJ/Nm^3；

氧气：11720kJ/Nm^3；

氮气：19660kJ/Nm^3。

中华人民共和国国家标准

施工企业安全生产管理规范

Code for construction company safety manage criterion

GB 50656—2011

主编部门：中华人民共和国住房和城乡建设部
批准部门：中华人民共和国住房和城乡建设部
施行日期：2 0 1 2 年 4 月 1 日

中华人民共和国住房和城乡建设部
公　告

第1126号

关于发布国家标准
《施工企业安全生产管理规范》的公告

现批准《施工企业安全生产管理规范》为国家标准，编号为GB 50656—2011，自2012年4月1日起实施。其中，第3.0.9、5.0.3、10.0.6、12.0.3(6)、15.0.4条（款）为强制性条文，必须严格执行。

本规范由我部标准定额研究所组织中国计划出版社出版发行。

中华人民共和国住房和城乡建设部

二〇一一年七月二十六日

前　言

本规范是根据原建设部《关于印发〈二〇〇二至二〇〇三年工程建设国家标准制订计划〉的通知》（建标〔2003〕102号）的要求，由上海市建设工程安全质量监督总站会同有关单位共同编制而成。

本规范共分16章，主要内容包括：总则，术语，基本规定，安全管理目标，安全生产组织与责任体系，安全生产管理制度，安全生产教育培训，安全生产费用管理，施工设施、设备和劳动防护用品安全管理，安全技术管理，分包方安全生产管理，施工现场安全管理，应急救援管理，生产安全事故管理，安全检查和改进，安全考核和奖惩等。

本规范中以黑体字标志的条文为强制性条文，必须严格执行。

本规范由住房和城乡建设部负责管理和对强制性条文的解释，由上海市建设工程安全质量监督总站负责具体技术内容的解释。各单位在执行本规范的过程中，如有意见和建议，请反馈给上海市建设工程安全质量监督总站（地址：上海市小木桥路683号，邮政编码：200032，电子信箱：an54614788@yahoo.com.cn），以供今后修订时参考。

本规范主编单位、参编单位、主要起草人和主要审查人：

主编单位：上海市建设工程安全质量监督总站
上海城建建设实业（集团）有限公司

参编单位：中国建筑一局（集团）有限公司
上海市施工行业协会工程建设质量安全专业委员会
上海市建设安全协会
山东省建筑工程管理局
江苏省建筑工程管理局
河北省建筑工程施工安全监督总站
杭州市建筑工程质量安全监督总站
北京建工集团
中国机械工业建设总公司
江苏省苏中建设集团股份有限公司
中天建设工程集团有限公司
同济大学土木工程学院
清华大学（清华-金门）建筑安全研究中心
北京中建协认证中心

主要起草人：姜　敏　姜　华　陶为农　唐　伟　戴宝荣　叶伯铭　李　印　戚耀奇　徐福康　白俊英　高　原　黄剑箐　顾建生　陈晓峰　方东平　赵傲齐　张向洪　吴晓宇　周家辰　杜正义　吴　辉　王静宇　常　义　张双群

主要审查人：秦春芳　魏吉祥　叶军献　任兆祥　乔　登　彭　锋　李庆伟　杨　杰

目　次

1　总则 …………………………………… 1—40—5
2　术语 …………………………………… 1—40—5
3　基本规定 ……………………………… 1—40—5
4　安全管理目标 ………………………… 1—40—5
5　安全生产组织与责任体系 …………… 1—40—5
6　安全生产管理制度 …………………… 1—40—6
7　安全生产教育培训 …………………… 1—40—6
8　安全生产费用管理 …………………… 1—40—7
9　施工设施、设备和劳动
　防护用品安全管理 …………………… 1—40—7
10　安全技术管理 ……………………… 1—40—7
11　分包方安全生产管理 ……………… 1—40—7
12　施工现场安全管理 ………………… 1—40—8
13　应急救援管理 ……………………… 1—40—8
14　生产安全事故管理 ………………… 1—40—9
15　安全检查和改进 …………………… 1—40—9
16　安全考核和奖惩 …………………… 1—40—9
本规范用词说明 ………………………… 1—40—10
附：条文说明 …………………………… 1—40—11

Contents

1 Generals ······ 1—40—5
2 Terms ······ 1—40—5
3 Basic stipulations ······ 1—40—5
4 Safety management target ······ 1—40—5
5 Production safety organization & responsibility system ······ 1—40—5
6 Production safety management system ······ 1—40—6
7 Production safety education & training ······ 1—40—6
8 Management of production safety cost ······ 1—40—7
9 Safety management for construction facilities, equipment and labor protective products ······ 1—40—7
10 Safety technology management ······ 1—40—7
11 Subcontractor's production safety management ······ 1—40—7
12 Safety management for construction site ······ 1—40—8
13 Emergency rescue management ······ 1—40—8
14 Management for production safety accidents ······ 1—40—9
15 Safety inspection and improvement ······ 1—40—9
16 Safety assessment and rewards & punishments ······ 1—40—9
Explanation of wording in this code ······ 1—40—10
Addition: Explanation of provisions ······ 1—40—11

1 总　　则

1.0.1 为规范施工企业安全生产管理，提高施工企业安全生产管理的水平，预防和减少建筑施工生产安全事故的发生，制定本规范。

1.0.2 本规范适用于施工企业安全生产管理的监督检查工作。

1.0.3 施工企业的安全生产管理体系应根据企业安全管理目标、施工生产特点和规模建立完善，并应有效运行。

1.0.4 施工企业安全生产管理，除应符合本规范外，尚应符合国家现行有关法规和标准的规定。

2 术　　语

2.0.1 施工企业　construction company

指从事土木工程、建筑工程、线路管道和设备安装工程及装修工程的新建、扩建、改建和拆除等有关活动的企业。

2.0.2 施工企业主要负责人　principal of construction company

指对施工企业日常生产经营活动和安全生产工作全面负责、具有生产经营决策权的人员，包括施工企业法定代表人、正副职领导。

2.0.3 各管理层　all tiers of management

指施工企业组织管理体系中，包括总部、分支机构、工程项目部等在内的具有不同管理职责与权限的管理层面。

2.0.4 工作环境　working condition

施工作业场所内的场地、道路、工况、水文、地质、气候等客观条件。

2.0.5 危险源　hazard

可能导致职业伤害或疾病、财产损失、工作环境破坏或这些情况组合的根源或状态。

2.0.6 隐患　hidden peril

未被事先识别或未采取必要的风险控制措施，可能直接或间接导致事故的危险源。

2.0.7 风险　risk

某一特定危险情况发生的可能性和后果的组合。

2.0.8 危险性较大的分部分项工程　divisional work & subdivisional work with higher risks

在施工过程中存在的、可能导致作业人员群死群伤、重大财产损失或造成重大不良社会影响的分部分项工程。

2.0.9 相关方　related parties

与施工企业安全生产管理有关或受其影响的个人或团体，包括政府管理部门、建设单位、勘察设计单位、中介机构、分（包）方、供应商，以及其从业人员等。

3 基本规定

3.0.1 施工企业必须依法取得安全生产许可证，并应在资质等级许可的范围内承揽工程。

3.0.2 施工企业应根据施工生产特点和规模，并以安全生产责任制为核心，建立健全安全生产管理制度。

3.0.3 施工企业主要负责人应依法对本单位的安全生产工作全面负责，其中法定代表人应为企业安全生产第一责任人，其他负责人应对分管范围内的安全生产负责。

施工企业其他人员应对岗位职责范围内的安全生产负责。

3.0.4 施工企业应设立独立的安全生产管理机构，并应按规定配备专职安全生产管理人员。

3.0.5 施工企业各管理层应对从业人员开展针对性的安全生产教育培训。

3.0.6 施工企业应依法确保安全生产所需资金的投入并有效使用。

3.0.7 施工企业必须配备满足安全生产需要的法律法规、各类安全技术标准和操作规程。

3.0.8 施工企业应依法为从业人员提供合格的劳动保护用品，办理相关保险，进行健康检查。

3.0.9 施工企业严禁使用国家明令淘汰的技术、工艺、设备、设施和材料。

3.0.10 施工企业宜通过信息化技术，辅助安全生产管理。

3.0.11 施工企业应按本规范要求，定期对安全生产管理状况进行分析评估，并实施改进。

4 安全管理目标

4.0.1 施工企业应依据企业的总体发展规划，制订企业年度及中长期安全管理目标。

4.0.2 安全管理目标应包括生产安全事故控制指标、安全生产及文明施工管理目标。

4.0.3 安全管理目标应分解到各管理层及相关职能部门和岗位，并应定期进行考核。

4.0.4 施工企业各管理层及相关职能部门和岗位应根据分解的安全管理目标，配置相应的资源，并应有效管理。

5 安全生产组织与责任体系

5.0.1 施工企业必须建立安全生产组织体系，明确企业安全生产的决策、管理、实施的机构或岗位。

5.0.2 施工企业安全生产组织体系应包括各管理层

的主要负责人，各相关职能部门及专职安全生产管理机构，相关岗位及专兼职安全管理人员。

5.0.3 施工企业应建立和健全与企业安全生产组织相对应的安全生产责任体系，并应明确各管理层、职能部门、岗位的安全生产责任。

5.0.4 施工企业安全生产责任体系应符合下列要求：

1 企业主要负责人应领导企业安全管理工作，组织制订企业中长期安全管理目标和制度，审议、决策重大安全事项。

2 各管理层主要负责人应明确并组织落实本管理层各职能部门和岗位的安全生产职责，实现本管理层的安全管理目标。

3 各管理层的职能部门及岗位应承担职能范围内与安全生产相关的职责，互相配合，实现相关安全管理目标，应包括下列主要职责：

1）技术管理部门（或岗位）负责安全生产的技术保障和改进；

2）施工管理部门（或岗位）负责生产计划、布置、实施的安全管理；

3）材料管理部门（或岗位）负责安全生产物资及劳动防护用品的安全管理；

4）动力设备管理部门（或岗位）负责施工临时用电及机具设备的安全管理；

5）专职安全生产管理机构（或岗位）负责安全管理的检查、处理；

6）其他管理部门（或岗位）分别负责人员配备、资金、教育培训、卫生防疫、消防等安全管理。

5.0.5 施工企业应依据职责落实各管理层、职能部门、岗位的安全生产责任。

5.0.6 施工企业各管理层、职能部门、岗位的安全生产责任应形成责任书，并应经责任部门或责任人确认。责任书的内容应包括安全生产职责、目标、考核奖惩标准等。

6 安全生产管理制度

6.0.1 施工企业应依据法律法规，结合企业的安全管理目标、生产经营规模、管理体制建立安全生产管理制度。

6.0.2 施工企业安全生产管理制度应包括安全生产教育培训，安全费用管理，施工设施、设备及劳动防护用品的安全管理，安全生产技术管理，分包（供）方安全生产管理，施工现场安全管理，应急救援管理，生产安全事故管理，安全检查和改进，安全考核和奖惩等制度。

6.0.3 施工企业的各项安全生产管理制度应规定工作内容、职责与权限、工作程序及标准。

6.0.4 施工企业安全生产管理制度，应随有关法律法规以及企业生产经营、管理体制的变化，适时更新、修订完善。

6.0.5 施工企业各项安全生产管理活动必须依据企业安全生产管理制度开展。

7 安全生产教育培训

7.0.1 施工企业安全生产教育培训应贯穿于生产经营的全过程，教育培训应包括计划编制、组织实施和人员持证审核等工作内容。

7.0.2 施工企业安全生产教育培训计划应依据类型、对象、内容、时间安排、形式等需求进行编制。

7.0.3 安全教育和培训的类型应包括各类上岗证书的初审、复审培训，三级教育（企业、项目、班组）、岗前教育、日常教育、年度继续教育。

7.0.4 安全生产教育培训的对象应包括企业各管理层的负责人、管理人员、特殊工种以及新上岗、待岗复工、转岗、换岗的作业人员。

7.0.5 施工企业的从业人员上岗应符合下列要求：

1 企业主要负责人、项目负责人和专职安全生产管理人员必须经安全生产知识和管理能力考核合格，依法取得安全生产考核合格证书；

2 企业的各类管理人员必须具备与岗位相适应的安全生产知识和管理能力，依法取得必要的岗位资格证书；

3 特殊工种作业人员必须经安全技术理论和操作技能考核合格，依法取得建筑施工特种作业人员操作资格证书。

7.0.6 施工企业新上岗操作工人必须进行岗前教育培训，教育培训应包括下列内容：

1 安全生产法律法规和规章制度；

2 安全操作规程；

3 针对性的安全防范措施；

4 违章指挥、违章作业、违反劳动纪律产生的后果；

5 预防、减少安全风险以及紧急情况下应急救援的基本知识、方法和措施。

7.0.7 施工企业应结合季节施工要求及安全生产形势对从业人员进行日常安全生产教育培训。

7.0.8 施工企业每年应按规定对所有从业人员进行安全生产继续教育，教育培训应包括下列内容：

1 新颁布的安全生产法律法规、安全技术标准规范和规范性文件；

2 先进的安全生产技术和管理经验；

3 典型事故案例分析。

7.0.9 施工企业应定期对从业人员持证上岗情况进行审核、检查，并应及时统计、汇总从业人员的安全教育培训和资格认定等相关记录。

8 安全生产费用管理

8.0.1 安全生产费用管理应包括资金的提取、申请、审核审批、支付、使用、统计、分析、审计检查等工作内容。

8.0.2 施工企业应按规定提取安全生产所需的费用。安全生产费用应包括安全技术措施、安全教育培训、劳动保护、应急准备等，以及必要的安全评价、监测、检测、论证所需费用。

8.0.3 施工企业各管理层应根据安全生产管理需要，编制安全生产费用使用计划，明确费用使用的项目、类别、额度、实施单位及责任者、完成期限等内容，并应经审核批准后执行。

8.0.4 施工企业各管理层相关负责人必须在其管辖范围内，按专款专用、及时足额的要求，组织落实安全生产费用使用计划。

8.0.5 施工企业各管理层应建立安全生产费用分类使用台账，应定期统计，并报上一级管理层。

8.0.6 施工企业各管理层应定期对下一级管理层的安全生产费用使用计划的实施情况进行监督审查和考核。

8.0.7 施工企业各管理层应对安全生产费用管理情况进行年度汇总分析，并应及时调整安全生产费用的比例。

9 施工设施、设备和劳动防护用品安全管理

9.0.1 施工企业施工设施、设备和劳动防护用品的安全管理应包括购置、租赁、装拆、验收、检测、使用、保养、维修、改造和报废等内容。

9.0.2 施工企业应根据安全管理目标，生产经营特点、规模、环境等，配备符合安全生产要求的施工设施、设备、劳动防护用品及相关的安全检测器具。

9.0.3 生产经营活动内容可能包含机械设备的施工企业，应按规定设置相应的设备管理机构或者配备专职的人员进行设备管理。

9.0.4 施工企业应建立并保存施工设施、设备、劳动防护用品及相关的安全检测器具管理档案，并应记录下列内容：

1 来源、类型、数量、技术性能、使用年限等静态管理信息，以及目前使用地点、使用状态、使用责任人、检测、日常维修保养等动态管理信息；

2 采购、租赁、改造、报废计划及实施情况。

9.0.5 施工企业应定期分析施工设施、设备、劳动防护用品及相关的安全检测器具的安全状态采取必要的改进措施。

9.0.6 施工企业应自行设计或优先选用标准化、定型化、工具化的安全防护设施。

10 安全技术管理

10.0.1 施工企业安全技术管理应包括对安全生产技术措施的制订、实施、改进等管理。

10.0.2 施工企业各管理层的技术负责人应对管理范围的安全技术管理负责。

10.0.3 施工企业应定期进行技术分析，改造、淘汰落后的施工工艺、技术和设备，应推行先进、适用的工艺、技术和装备，并应完善安全生产作业条件。

10.0.4 施工企业应依据工程规模、类别、难易程度等明确施工组织设计、专项施工方案（措施）的编制、审核和审批的内容、权限、程序及时限。

10.0.5 施工企业应根据施工组织设计、专项施工方案（措施）的审核、审批权限，组织相关职能部门审核，技术负责人审批。审核、审批应有明确意见并签名盖章。编制、审批应在施工前完成。

10.0.6 施工企业应根据施工组织设计、专项安全施工方案（措施）编制和审批权限的设置，分级进行安全技术交底，编制人员应参与安全技术交底、验收和检查。

10.0.7 施工企业可结合生产实际制订企业内部安全技术标准和图集。

11 分包方安全生产管理

11.0.1 分包方安全生产管理应包括分包单位以及供应商的选择、施工过程管理、评价等工作内容。

11.0.2 施工企业应依据安全生产管理责任和目标，明确对分包（供）单位和人员的选择和清退标准、合同约定和履约控制等的管理要求。

11.0.3 施工企业对分包单位的安全生产管理应符合下列要求：

1 选择合法的分包（供）单位；

2 与分包（供）单位签订安全协议，明确安全责任和义务；

3 对分包单位施工过程的安全生产实施检查和考核；

4 及时清退不符合安全生产要求的分包（供）单位；

5 分包工程竣工后对分包（供）单位安全生产能力进行评价。

11.0.4 施工企业对分包（供）单位检查和考核，应包括下列内容：

1 分包单位安全生产管理机构的设置、人员配备及资格情况；

2 分包（供）单位违约、违章情况；

3 分包单位安全生产绩效。

11.0.5 施工企业可建立合格分包（供）方名录，并应定期审核、更新。

12 施工现场安全管理

12.0.1 施工企业应加强工程项目施工过程的日常安全管理，工程项目部应接受企业各管理层职能部门和岗位的安全生产管理。

12.0.2 施工企业的工程项目部应接受建设行政主管部门及其他相关部门的监督检查，对发现的问题应按要求落实整改。

12.0.3 施工企业的工程项目部应根据企业安全生产管理制度，实施施工现场安全生产管理，应包括下列内容：

1 制订项目安全管理目标，建立安全生产组织与责任体系，明确安全生产管理职责，实施责任考核；

2 配置满足安全生产、文明施工要求的费用、从业人员、设施、设备、劳动防护用品及相关的检测器具；

3 编制安全技术措施、方案、应急预案；

4 落实施工过程的安全生产措施，组织安全检查，整改安全隐患；

5 组织施工现场场容场貌、作业环境和生活设施安全文明达标；

6 确定消防安全责任人，制订用火、用电、使用易燃易爆材料等各项消防安全管理制度和操作规程，设置消防通道、消防水源，配备消防设施和灭火器材，并在施工现场入口处设置明显标志；

7 组织事故应急救援抢险；

8 对施工安全生产管理活动进行必要的记录，保存应有的资料。

12.0.4 工程项目部应建立健全安全生产责任体系，安全生产责任体系应符合下列要求：

1 项目经理应为工程项目安全生产第一责任人，应负责分解落实安全生产责任，实施考核奖惩，实现项目安全管理目标；

2 工程项目总承包单位、专业承包和劳务分包单位的项目经理、技术负责人和专职安全生产管理人员，应组成安全管理组织，并应协调、管理现场安全生产；项目经理应按规定到岗带班指挥生产；

3 总承包单位、专业承包和劳务分包单位应按规定配备项目专职安全生产管理人员，负责施工现场各自管理范围内的安全生产日常管理；

4 工程项目部其他管理人员应承担本岗位管理范围内的安全生产职责；

5 分包单位应服从总承包单位管理，并应落实总承包项目部的安全生产要求；

6 施工作业班组应在作业过程中执行安全生产要求；

7 作业人员应严格遵守安全操作规程，并应做到不伤害自己、不伤害他人和不被他人伤害。

12.0.5 项目专职安全生产管理人员应按规定到岗，并应履行下列主要安全生产职责：

1 对项目安全生产管理情况应实施巡查，阻止和处理违章指挥、违章作业和违反劳动纪律等现象，并应作好记录；

2 对危险性较大的分部分项工程应依据方案实施监督并作好记录；

3 应建立项目安全生产管理档案，并应定期向企业报告项目安全生产情况。

12.0.6 工程项目施工前，应组织编制施工组织设计、专项施工方案（措施），内容应包括工程概况、编制依据、施工计划、施工工艺、施工安全技术措施、检查验收内容及标准、计算书及附图等，并应按规定进行审批、论证、交底、验收、检查。

12.0.7 工程项目部应定期及时上报现场安全生产信息；施工企业应全面掌握企业所属工程项目的安全生产状况，并应作为隐患治理、考核奖惩的依据。

13 应急救援管理

13.0.1 施工企业的应急救援管理应包括建立组织机构，应急预案编制、审批、演练、评价、完善和应急救援响应工作程序及记录等内容。

13.0.2 施工企业应建立应急救援组织机构，并应组织救援队伍，同时应定期进行演练调整等日常管理。

13.0.3 施工企业应建立应急物资保障体系，应明确应急设备和器材配备、储存的场所和数量，并应定期对应急设备和器材进行检查、维护、保养。

13.0.4 施工企业应根据施工管理和环境特征，组织各管理层制订应急救援预案，应包括下列内容：

1 紧急情况、事故类型及特征分析；

2 应急救援组织机构与人员及职责分工、联系方式；

3 应急救援设备和器材的调用程序；

4 与企业内部相关职能部门和外部政府、消防、抢险、医疗等相关单位与部门的信息报告、联系方法；

5 抢险急救的组织、现场保护、人员撤离及疏散等活动的具体安排。

13.0.5 施工企业各管理层应对全体从业人员进行应急救援预案的培训和交底；接到相关报告后，应及时启动预案。

13.0.6 施工企业应根据应急救援预案，定期组织专项应急演练；应针对演练、实战的结果，对应急预案的适宜性和可操作性组织评价，必要时应进行修改和完善。

14 生产安全事故管理

14.0.1 施工企业生产安全事故管理应包括报告、调查、处理、记录、统计、分析改进等工作内容。

14.0.2 生产安全事故发生后，施工企业应按规定及时上报。实行施工总承包时，应由总承包企业负责上报。情况紧急时，可越级上报。

14.0.3 生产安全事故报告应包括下列内容：

1 事故的时间、地点和相关单位名称；

2 事故的简要经过；

3 事故已经造成或者可能造成的伤亡人数（包括失踪、下落不明的人数）和初步估计的直接经济损失；

4 事故的初步原因；

5 事故发生后采取的措施及事故控制情况；

6 事故报告单位或报告人员。

14.0.4 生产安全事故报告后出现新情况时，应及时补报。

14.0.5 生产安全事故调查和处理应做到事故原因不查清楚不放过、事故责任者和从业人员未受到教育不放过、事故责任者未受到处理不放过、没有采取防范事故再发生的措施不放过。

14.0.6 施工企业应建立生产安全事故档案，事故档案应包括下列资料：

1 依据生产安全事故报告要素形成的企业职工伤亡事故统计汇总表；

2 生产安全事故报告；

3 事故调查情况报告、对事故责任者的处理决定、伤残鉴定、政府的事故处理批复资料及相关影像资料；

4 其他有关的资料。

15 安全检查和改进

15.0.1 施工企业安全检查和改进管理应包括安全检查的内容、形式、类型、标准、方法、频次、整改、复查，以及安全生产管理评价与持续改进等工作内容。

15.0.2 施工企业安全检查应包括下列内容：

1 安全管理目标的实现程度；

2 安全生产职责的履行情况；

3 各项安全生产管理制度的执行情况；

4 施工现场管理行为和实物状况；

5 生产安全事故、未遂事故和其他违规违法事件的报告调查、处理情况；

6 安全生产法律法规、标准规范和其他要求的执行情况。

15.0.3 施工企业安全检查的形式应包括各管理层的自查、互查以及对下级管理层的抽查等；安全检查的类型应包括日常巡查、专项检查、季节性检查、定期检查、不定期抽查等，并应符合下列要求：

1 工程项目部每天应结合施工动态，实行安全巡查；

2 总承包工程项目部应组织各分包单位每周进行安全检查；

3 施工企业每月应对工程项目施工现场安全生产情况至少进行一次检查，并应针对检查中发现的倾向性问题、安全生产状况较差的工程项目，组织专项检查；

4 施工企业应针对承建工程所在地区的气候与环境特点，组织季节性的安全检查。

15.0.4 施工企业安全检查应配备必要的检查、测试器具，对存在的问题和隐患，应定人、定时间、定措施组织整改，并应跟踪复查直至整改完毕。

15.0.5 施工企业对安全检查中发现的问题，宜按隐患类别分类记录，定期统计，并应分析确定多发和重大隐患类别，制订实施治理措施。

15.0.6 施工企业应定期对安全生产管理的适宜性、符合性和有效性进行评估，应确定改进措施，并对其有效性进行跟踪验证和评价。发生下列情况时，企业应及时进行安全生产管理评估：

1 适用法律法规发生变化；

2 企业组织机构和体制发生重大变化；

3 发生生产安全事故；

4 其他影响安全生产管理的重大变化。

15.0.7 施工企业应建立并保存安全检查和改进活动的资料与记录。

16 安全考核和奖惩

16.0.1 施工企业安全考核和奖惩管理应包括确定对象、制订内容及标准、实施奖惩等内容。

16.0.2 安全考核的对象应包括施工企业各管理层的主要负责人、相关职能部门及岗位和工程项目的参建人员。

16.0.3 企业各管理层的主要负责人应组织对本管理层各职能部门、下级管理层的安全生产责任进行考核和奖惩。

16.0.4 安全考核应包括下列内容：

1 安全目标实现程度；

2 安全职责履行情况；

3 安全行为；

4 安全业绩。

16.0.5 施工企业应针对生产经营规模和管理状况，明确安全考核的周期，并应及时兑现奖惩。

本规范用词说明

1 为便于在执行本规范条文时区别对待，对要求严格程度不同的用词说明如下：

1）表示很严格，非这样做不可的：

正面词采用“必须”，反面词采用“严禁”；

2）表示严格，在正常情况下均应这样做的：

正面词采用“应”，反面词采用“不应”或“不得”；

3）表示允许稍有选择，在条件许可时首先应这样做的：

正面词采用“宜”，反面词采用“不宜”；

4）表示有选择，在一定条件下可以这样做的，采用“可”。

2 条文中指明应按其他有关标准执行的写法为：“应符合……的规定”或“应按……执行”。

中华人民共和国国家标准

施工企业安全生产管理规范

GB 50656—2011

条 文 说 明

制 定 说 明

《施工企业安全生产管理规范》GB 50656—2011，经住房和城乡建设部2011年7月26日以第1126号公告批准发布。

为便于广大建设、施工、监理以及相关政府监管部门等单位有关人员在使用本规范时能正确理解和执行条文规定，《施工企业安全生产管理规范》编制组按章、节、条顺序编制了本规范的条文说明，对条文规定的目的、依据以及执行中需注意的有关事项进行了说明，还着重对强制性条文的强制性理由做了解释。但是，本条文说明不具备与规范正文同等的法律效力，仅供使用者作为理解和把握规范规定的参考。

目　次

1　总则 ………………………………… 1—40—14
3　基本规定 …………………………… 1—40—14
4　安全管理目标 ……………………… 1—40—14
5　安全生产组织与责任体系 ……… 1—40—14
6　安全生产管理制度………………… 1—40—16
7　安全生产教育培训………………… 1—40—16
8　安全生产费用管理………………… 1—40—16
9　施工设施、设备和劳动防护用品安全管理 ………………………… 1—40—16
10　安全技术管理 …………………… 1—40—16
11　分包方安全生产管理 …………… 1—40—17
12　施工现场安全管理 ……………… 1—40—18
13　应急救援管理 …………………… 1—40—18
14　生产安全事故管理 ……………… 1—40—18
15　安全检查和改进 ………………… 1—40—18
16　安全考核和奖惩 ………………… 1—40—19

1 总　　则

1.0.1 本规范制定的目的是促进施工企业安全生产管理的标准化、规范化和科学化。本规范是对施工企业安全生产管理行为提出的基本要求；是施工企业安全生产管理的行为规范；是使施工企业安全生产和文明施工符合法律、法规要求的基本保证。

本规范以强制和引导相结合的原则，在提出安全生产管理基本要求的基础上，鼓励企业实施安全生产管理创新。

1.0.2 建筑施工企业应贯彻本规范，建立、运行和不断完善安全管理体系。包括企业在内的各方可依据本规范对施工企业的安全生产管理进行监督检查、动态管理。

境外施工企业在我国境内承包工程时也应按本规范执行。

3 基 本 规 定

3.0.3 对于其他负责人，除负责各自管理范围内的生产经营管理职责外，还应负责其范围内的安全生产管理，确保管理范围内的安全生产管理体系正常运行和安全业绩的持续改进，坚持做到职责分明，有岗有责，上岗守责。安全生产责任体系由纵向与横向展开。

3.0.4 住房和城乡建设部《关于印发〈建筑施工企业安全生产管理机构设置及专职安全生产管理人员配备办法〉的通知》（建质〔2008〕91号）规定：建筑施工企业安全生产管理机构专职安全生产管理人员的配备要求如下：

1 总承包资质序列企业：特级资质不少于6人；一级资质不少于4人；二级和二级以下资质企业不少于3人；

2 专业承包资质序列企业：一级资质不少于3人；二级和二级以下资质企业不少于2人；

3 劳务分包资质序列企业：不少于2人；

4 企业的分公司、区域公司等较大的分支机构（以下简称分支机构）应依据实际生产情况配备不少于2人的专职安全生产管理人员。

3.0.5 不具备安全生产教育培训条件的企业，可委托具有相应资质的安全培训机构对从业人员进行安全培训。

3.0.6 财政部、国家安全生产监督管理总局《关于印发〈高危行业企业安全生产费用财务管理暂行办法〉的通知》（财企〔2006〕478号）规定，施工企业以建筑安装工程造价为计提依据，各工程类别安全费用提取标准如下：

1 房屋建筑工程、矿山工程为2.0%；

2 电力工程、水利水电工程、铁路工程为1.5%；

3 市政公用工程、冶炼工程、机电安装工程、化工石油工程、港口与航道工程、公路工程、通信工程为1.0%。

施工企业提取的安全费用列入工程造价，在竞标时，不得删减。国家对基本建设投资概算另有规定的，从其规定。

总包单位应当将安全费用按比例直接支付分包单位，分包单位不再重复提取。

3.0.8 《中华人民共和国建筑法》和《工伤保险条例》（国务院令第375号）规定，施工企业要及时为农民工办理参加工伤保险手续，为施工现场从事危险作业的农民工办理意外伤害保险，并按时足额缴纳保险费。

3.0.9 本条为强制性条文，必须严格执行。住房和城乡建设部和各级建设行政主管部门会根据实际情况，定期公布淘汰的技术、工艺、设备、设施和材料名录，国家明令淘汰的技术、工艺、设备、设施和材料，必定存在缺陷和隐患，容易引发生产安全事故，必须严禁使用。企业更应建立完善技术、工艺、设备、设施、材料的淘汰与改造、更新制度。

4 安全管理目标

4.0.1 安全管理目标应易于考核，制订时应综合考虑以下因素：

1 政府部门的相关要求。

2 企业的安全生产管理现状。

3 企业的生产经营规模及特点。

4 企业的技术、工艺、设施和设备。

4.0.2 生产安全事故控制目标应为事故负伤频率及各类生产安全事故发生率控制指标。

安全生产以及文明施工管理目标应为企业安全生产标准化管理及文明施工基础工作要求的组合。

5 安全生产组织与责任体系

5.0.1 由于安全生产在施工企业处于特殊的重要地位，安全与生产矛盾处理难度大，各管理层安全生产的第一责任人应为本管理层具有决策控制权的负责人，只有这样才能把安全与生产从组织领导上统一起来，使安全生产管理体系得以有效运行。

5.0.3 本条为强制性条文，必须严格执行。施工企业各管理层与职能部门、岗位的安全生产管理责任明确了，施工企业安全生产管理才能符合“纵向到底、横向到边、合理分工，互相衔接”的原则，方可实现安全生产体系化管理。

5.0.4 本条第3款除专职安全机构独立设置外，根据企业管理组织体系，一个职能部门（或岗位）可能承担单项或多项的职责，也可能一项职责由多个职能部门（或岗位）承担。职能部门（或岗位）的具体职责应与责任对应，例如：

1　企业安全生产工作的第一责任人（对本企业安全生产负全面领导责任）的安全生产职责：

1）贯彻执行国家和地方有关安全生产的方针政策和法规、规范；

2）掌握本企业安全生产动态，定期研究安全工作；

3）组织制订安全工作目标、规划实施计划；

4）组织制订和完善各项安全生产规章制度及奖惩办法；

5）建立、健全安全生产责任制，并领导、组织考核工作；

6）建立、健全安全生产管理体系，保证安全生产投入；

7）督促、检查安全生产工作，及时消除生产安全事故隐患；

8）组织制订并实施生产安全事故应急救援预案；

9）及时、如实报告生产安全事故；在事故调查组的指导下，领导、组织有关部门或人员，配合事故调查处理工作，监督防范措施的制订和落实，防止事故重复发生。

2　企业主管安全生产负责人的安全生产职责：

1）组织落实安全生产责任制和安全生产管理制度，对安全生产工作负直接领导责任；

2）组织实施安全工作规划及实施计划，实现安全目标；

3）领导、组织安全生产宣传教育工作；

4）确定安全生产考核指标；

5）领导、组织安全生产检查；

6）领导、组织对分包（供）方的安全生产主体资格考核与审查；

7）认真听取、采纳安全生产的合理化建议，保证安全生产管理体系的正常运转；

8）发生生产安全事故时，组织实施生产安全事故应急救援。

3　企业技术负责人的安全生产职责：

1）贯彻执行国家和上级的安全生产方针、政策，在本企业施工安全生产中负技术领导责任；

2）审批施工组织设计和专项施工方案（措施）时，审查其安全技术措施，并作出决定性意见；

3）领导开展安全技术攻关活动，并组织技术鉴定和验收；

4）新材料、新技术、新工艺、新设备使用前，组织审查其使用和实施过程中的安全性，组织编制或审定相应的操作规程；

5）参加生产安全事故的调查和分析，从技术上分析事故原因，制订整改防范措施。

4　企业总会计师的安全生产职责：

1）组织落实本企业财务工作的安全生产责任制，认真执行安全生产奖惩规定；

2）组织编制年度财务计划的同时，编制安全生产费用投入计划，保证经费到位和合理开支；

3）监督、检查安全生产费用的使用情况。

5　企业其他负责人应当按照分工抓好主管范围内的安全生产工作，对主管范围内的安全生产工作负领导责任。

6　工程管理部门的安全生产职责：

1）协调配置安全生产所需的各项资源；

2）科学组织均衡生产，保证生产任务与安全管理协调一致。

7　技术管理部门的安全生产职责：

1）贯彻执行国家和上级有关安全技术及安全操作规程规定；

2）组织编制、审查专项安全施工方案并抽查实施情况；

3）新技术、新材料、新工艺使用前，制订相应的安全技术措施和安全操作规程；

4）分析伤亡事故和重大事故、未遂事故中技术原因，从技术上提出防范措施。

8　机械动力管理部门的安全生产职责：

1）负责本企业机械动力设备的安全管理，监督检查；

2）对相关特种作业人员定期培训、考核；

3）参与组织编制机械设备施工组织设计，参与机械设备施工方案的会审；

4）分析生产安全事故涉及设备原因，提出防范措施。

9　劳务管理部门的安全生产职责：

1）审查劳务分包人员资格；

2）从用工方面分析生产安全事故原因，提出防范措施。

10　物资管理部门的安全生产职责：

确保购置（租赁）的各类安全物资、劳动保护用品符合国家或有关行业的技术标准、规范的要求。

11　人力资源部门的安全生产职责：

审查安全管理人员资格，足额配备安全管理人员，开发、培养安全管理力量。

12　财务管理部门的安全生产职责：

1）及时提取安全技术措施经费、劳动保护经费及其他安全生产所需经费，保证专款专用；

2）协助专职安全管理部门办理安全奖罚款手续。

13　保卫消防部门的安全生产职责：

1）贯彻执行有关消防保卫的法规、规定；

2）参与火灾事故的调查，提出处理意见。

14　行政卫生部门的安全生产职责：

监测有毒有害作业场所的尘毒浓度，做好职业病预防工作。

15 工会组织的安全生产职责：

1）依法组织职工参加本企业安全生产工作的民主管理和民主监督；

2）对侵害职工在安全生产方面的合法权益的问题进行调查，代表职工与企业进行交涉；

3）参加对生产安全事故的调查处理，向有关部门提出处理意见。

6 安全生产管理制度

6.0.1 《建设工程安全生产管理条例》（国务院令第393号）规定，施工企业应建立必要的安全生产管理制度。另外，依据企业的安全管理目标、生产经营规模和特征，企业可另行制订相关的安全生产管理制度来辅助管理，如：定期安全分析会制度，定期安全预警制度，安全信息公布制度等。

6.0.3 本条明确安全生产管理制度的内容：

1 本管理制度的具体工作内容。

2 本管理制度的主要责任人或部门以及配合的岗位或部门的职责与权限。

3 策划、实施、记录、改进的具体工作过程及工作质量要求。

7 安全生产教育培训

7.0.5 本条第3款从特殊工种作业人员的技术和责任方面体现其特殊性。预防高处坠落、机械伤害、脚手架和模板坍塌、触电、火灾、物体打击等类型多发性事故因素很重要。提倡培养和吸收职业学校或中专技校的相应专业、责任心强的毕业生加入特殊工种作业人员行列，特殊工种作业人员技术等级应同工程难易程度和技术复杂性相适应。

7.0.8 根据住房和城乡建设部相关文件规定，施工企业从业人员每年应接受一次安全培训，其中企业法定代表人、生产经营负责人、项目经理不少于30学时，专职安全管理人员不少于40学时，其他管理人员和技术人员不少于20学时，特殊工种作业人员不少于20学时；其他从业人员不少于15学时，待岗复工、转岗、换岗人员重新上岗前不少于20学时，新进场工人三级安全教育培训（公司、项目、班组）分别不少于15学时、15学时、20学时。

8 安全生产费用管理

8.0.2 依据财政部、国家安全生产监督管理总局《关于印发〈高危行业企业安全生产费用财务管理暂行办法〉的通知》（财企〔2006〕478号），安全生产费用主要可用于：

1 完善、改造和维护安全防护设备、设施支出。

2 配备必要的应急救援器材、设备和现场作业人员安全防护物品支出。

3 安全生产检查与评价支出。

4 重大危险源、重大事故隐患的评估、整改、监控支出。

5 安全教育培训及进行应急救援演练支出。

6 其他与安全生产直接相关的支出。

原建设部《建筑工程安全防护、文明施工措施费用及使用管理规定》（建办〔2005〕89号）也有相关规定。

8.0.3 安全生产资金使用计划，应经财务、安全部门等相关职能部门审核批准后执行。

8.0.5～8.0.7 施工企业可指定各管理层的财务、审计、安全部门和工会组织等机构，定期对安全生产资金使用计划的实施情况进行监督审查、汇总分析。

9 施工设施、设备和劳动防护用品安全管理

9.0.1 施工设施、设备是指用于施工现场生产所需的各类安全防护设施、临时构（建）筑物、临时用电、消防器材等物料及施工机械、检测设备等，包括用于力矩、厚度、尺度、接地电阻、绝缘电阻、噪声、性能等检测的工具和仪器；劳动防护用品包括安全帽、安全带、安全网、绝缘手套、绝缘鞋、防护面罩、救生衣、反光背心等。

9.0.5 对企业使用面广、频次高、问题多发或曾发生事故的设施、设备等制订相应的安全管理对策措施。

10 安全技术管理

10.0.4

1 根据住房和城乡建设部《危险性较大的分部分项工程安全管理办法》（建质〔2009〕87号）的规定应编制专项施工方案的危险性较大工程包括：

1）基坑支护、降水工程：

开挖深度超过3m（含3m）或虽未超过3m但地质条件和周边环境复杂的基坑（槽）支护、降水工程。

2）土方开挖工程：

开挖深度超过3m（含3m）的基坑（槽）的土方开挖工程。

3）模板工程及支撑体系：

各类工具式模板工程：包括大模板、滑模、爬模、飞模等工程；

混凝土模板支撑工程：搭设高度5m及以上；搭设跨度10m及以上；施工总荷载$10kN/m^2$及以上；

集中线荷载15kN/m及以上；高度大于支撑水平投影宽度且相对独立无联系构件的混凝土模板支撑工程；

承重支撑体系：用于钢结构安装等满堂支撑体系。

4）起重吊装及安装拆卸工程：

采用非常规起重设备、方法，且单件起吊重量在10kN及以上的起重吊装工程；

采用起重机械进行安装的工程；

起重机械设备自身的安装、拆卸工程。

5）脚手架工程：

搭设高度24m及以上的落地式钢管脚手架工程；

附着式整体和分片提升脚手架工程；

悬挑式脚手架工程；

吊篮脚手架工程；

自制卸料平台、移动操作平台工程；

新型及异型脚手架工程。

6）拆除、爆破工程：

建筑物、构筑物拆除工程；

采用爆破拆除的工程。

7）其他：

建筑幕墙安装工程；

钢结构、网架和索膜结构安装工程；

人工挖扩孔桩工程；

地下暗挖、顶管及水下作业工程；

预应力工程；

采用新技术、新工艺、新材料、新设备及尚无相关技术标准的特殊工程。

2 根据建质〔2009〕87号的规定，专项施工方案应组织专家论证的超过一定规模的危险性较大的分部分项工程包括：

1）深基坑工程：

开挖深度超过5m（含）的基坑（槽）土方的开挖支护、降水工程；

开挖深度虽未超过5m，但地质条件、周围环境和地下管线复杂，或影响毗邻建（构）筑物安全的基坑（槽）土方的开挖支护、降水工程。

2）模板工程及支撑体系：

工具式模板工程：包括滑模、爬模、飞模工程；

混凝土模板支撑工程：支撑高度8m及以上；搭设跨度18m及以上，施工总荷载15kN/m²及以上；集中线荷载20kN/m²及以上；

承重支撑体系：用于钢结构安装等满堂支撑体系，承受单点集中荷载700kg以上。

3）起重吊装及安装拆卸工程：

采用非常规起重设备、方法，且单件起吊重量在100kN及以上的起重吊装工程；

起重量300kN及以上的起重设备安装工程；高度200m及以上内爬起重设备的拆除工程。

4）脚手架工程：

搭设高度50m及以上落地式钢管脚手架工程；

提升高度150m及以上附着式整体和分片提升脚手架工程；

架体高度20m及以上悬挑脚手架工程。

5）拆除、爆破工程：

采用爆破拆除的工程。

码头、桥梁、高架、烟囱、水塔或拆除中容易引起有毒有害气（液）体或粉尘扩散、易燃易爆事故发生的特殊建（构）筑物的拆除工程；

可能影响行人、交通、电力设施、通信设施或其他建（构）筑物安全的拆除工程；

文物保护建筑、优秀历史建筑或历史文化风貌区控制范围的拆除工程。

6）其他：

施工高度50m及以上的建筑幕墙安装工程；

跨度大于36m及以上的钢结构安装工程；跨度大于60m及以上的网架和索膜结构安装工程；

开挖深度超过16m的人工挖孔桩工程；

地下暗挖工程、顶管工程、水下作业工程；

采用新技术、新工艺、新材料、新设备尚无相关技术标准的危险性工程。

3 专项施工方案编制内容应包括工程概况、编制依据、施工计划、施工工艺、安全技术措施、检查验收标准、计算书及附图等，并符合以下规定：

1）施工企业应根据工程规模、施工难度等要素，明确各管理层方案编制、审核、审批的权限。

2）专业分包工程，应先由专业承包单位编制，专业承包单位技术负责人审批后报总包单位审核备案。

3）经过审批或论证的方案，不准随意变更修改。确因客观原因需修改时，应按原审核、审批的分工与程序办理。

10.0.6 本条为强制性条文，必须严格执行。分级安全技术交底的形式有：

1 危险性较大的工程开工前，新工艺、新技术、新设备应用前，企业的技术负责人，向施工管理人员进行安全技术方案交底，安全管理机构参与。

2 分部分项工程、关键工序实施前，项目技术负责人、方案编制人应会同安全员、项目施工员向参加施工的施工管理人员进行方案实施安全交底。

3 各个管理岗位人员应对新进场的工人应实施作业人员工种交底，安全员参与督促。

4 作业班组应对作业人员进行班前安全操作规程交底。

11 分包方安全生产管理

11.0.1 通过分包来完成施工任务是施工企业经营管理的重要方式，分包过程是整个施工过程的重要组成部分，无论是劳务分包、专业工程分包，还是机械设备的租赁或安装拆除分包，为了防止资质低劣的分包单位和从业人员进入施工现场，对分包过程必须从源头抓起，进行全过程控制，即施工企业需要从分包单位的资格评价和选择、分包合同的条款约定和履约过程控制、结果再评价三个环节进行控制。

12 施工现场安全管理

12.0.3 本条第6款为强制性条款，必须严格执行。事故应急救援抢险是减少事故损失，阻止事故势态进一步扩大的必要措施，是安全生产的底线。因此其组织形式的针对性和可行性、有效性必须作为项目管理的一项重要内容。

12.0.4 本条第3款是参考住房和城乡建设部《关于印发〈建筑施工企业安全生产管理机构设置及专职安全生产管理人员配备办法〉的通知》（建质〔2008〕91号）规定，施工项目部配备专职安全管理人员的数量为：

1 总承包单位配备项目专职安全生产管理人员要求：

1） 建筑工程、装修工程按照建筑面积配备：1万m^2及以下的工程不少于1人；1万m^2～5万m^2的工程不少于2人；5万m^2以上的工程不少于3人，应当按专业配备专职安全生产管理人员。

2） 土木工程、线路管道、设备安装工程按照工程合同价配备：

5000万元以下的工程不少于1人；5000万元～1亿元的工程不少于2人；1亿元以上的工程不少于3人，应当按专业配备专职安全生产管理人员。

2 分包单位配备项目专职安全生产管理人员要求：

1） 专业承包单位应当配置至少1人，并根据所承担的分部分项工程的工程量和施工危险程度增配。

2） 劳务分包单位施工人员在50人以下的，应当配备1名专职安全生产管理人员；50人～200人的，应当配备2名专职安全生产管理人员；200人以上的，应当配备3名以上专职安全生产管理人员，并根据所承担的分部分项工程施工危险实际情况增加，不得少于工程施工人员总人数的5‰。

3 采用新技术、新工艺、新材料或致害因素多、施工作业难度大的工程项目，项目专职安全生产管理人员的数量应当根据施工实际情况，再适当增加。

13 应急救援管理

13.0.4 应急救援预案是实施应急措施和行动的方案，应具体说明：

1 潜在的事故和紧急情况；

2 应急期间的负责人和起特定作用人员（如消防员、急救人员等）的职责、权限和义务；

3 必要应急设备、物资、器材的配置和使用方法，如装置布置图、危险原材料、工作指示和联络电话等；

4 应急期间应急设备、物资、器材的维护和定期检测的要求，以保持其持续的适用性；

5 有关人员（包括处在应急场所外部人员）在应急期间所采取的保护现场、组织抢救等措施的详细要求；

6 人员疏散方案；

7 企业与外部应急服务机构、社区和公众等沟通；

8 至关重要的记录和相应设备的保护。

13.0.5 管理能力、环境特征和风险程度（如气象的预警等级）不同，防范、应急的程度也不同，施工企业应根据不同的程度分级制订应急救援预案。接到报告后，启动相应等级的应急预案，这样更具操作性。

13.0.6 施工企业内部各管理层，项目部总承包单位和分包单位应按应急救援预案，各自建立应急救援组织，配备人员和应急设备、物资、器材。

14 生产安全事故管理

14.0.2 根据相关规定，事故发生后，事故现场有关人员应立即如实向本企业负责人报告；企业负责人按规定应在1h内如实向事故发生地县级以上人民政府建设主管部门和有关部门报告。

情况紧急时，事故现场有关人员可以直接向事故发生地县级以上人民政府建设主管部门和有关部门报告。

15 安全检查和改进

15.0.1 安全检查是指对安全生产管理活动和结果的符合性和有效性进行的常规监测活动，施工企业通过安全检查掌握安全生产管理活动运行的动态，发现并纠正安全生产管理活动或结果的偏差，并为确定和采取纠正措施或预防措施提供信息。

15.0.4 本条为强制性条文，必须严格执行。隐患的识别除了主观判断外，运用仪器能更客观、定量的识别隐患，为整改提供更直观的依据。整改有时涉及多个人，多个班组，所以应有组织地开展，及时整改，方可杜绝生产安全事故。

15.0.5 治理措施指技术和管理手段，即对事故、未遂事故和安全检查结果的综合、分类、统计和分析，确定今后需防止或减少潜在事故或不合格的发生，并针对可能导致其发生的原因所采取的措施，目的是防止同类问题的再发生。

16 安全考核和奖惩

16.0.1～16.0.5 落实安全生产责任制需要配套建立激励和约束相结合的保证机制，安全考核和奖惩就是一种行之有效的措施。安全考核和奖惩工作，特别是安全生产问责制，应贯穿到施工企业生产经营的全过程。安全奖励包括物质与精神两个方面，安全惩罚包括经济、行政等多种形式。

中华人民共和国国家标准

煤炭露天采矿制图标准

Standard of drawing-making for surface mining coal

GB/T 50657—2011

主编部门：中　国　煤　炭　建　设　协　会

批准部门：中华人民共和国住房和城乡建设部

施行日期：2　0　1　1　年　1　2　月　1　日

中华人民共和国住房和城乡建设部
公　　告

第887号

关于发布国家标准《煤炭露天采矿制图标准》的公告

现批准《煤炭露天采矿制图标准》为国家标准，编号为GB/T 50657—2011，自2011年12月1日起实施。

本标准由我部标准定额研究所组织中国计划出版社出版发行。

中华人民共和国住房和城乡建设部

二〇一〇年十二月二十四日

前　　言

本标准是根据原建设部《关于印发〈2006年工程建设标准规范制订、修订计划（第二批）〉的通知》（建标〔2006〕136号）的要求，由中煤国际工程集团沈阳设计研究院会同有关单位编制完成的。

本标准在编制过程中，编制组进行了广泛深入的调查研究，认真总结了我国露天煤矿采矿工程制图中的实践经验，并在广泛征求意见的基础上，最后经审查定稿。

本标准共分4章，主要技术内容是：总则、基本规定、图例和视图画法等。

本标准由住房和城乡建设部负责管理，中国煤炭建设协会负责日常管理，中煤国际工程集团沈阳设计研究院负责具体技术内容的解释。本标准在执行过程中，如有需要修改或补充之处，请将意见或有关资料寄送中煤国际工程集团沈阳设计研究院（地址：辽宁省沈阳市沈河区先农坛路12号，邮政编码：110015，传真024－24810245），供今后修订时参考。

本标准主编单位、参编单位、主要起草人和主要审查人：

主编单位：中煤国际工程集团沈阳设计研究院

参编单位：中煤国际工程集团北京华宇工程有限公司

主要起草人：郭振文　马培忠　范丽娟　王民儒　刘　玲　李庆伟

主要审查人：毕孔耜　刘　毅　郭均生　刘志军　王永军　高文达　杨朝阳　李凤祥　李庆伟　刘凤良　王桂林　杨国华

目　次

1　总则 ………………………………………… 1—41—5
2　基本规定 …………………………………… 1—41—5
2.1　图纸幅面 ………………………………… 1—41—5
2.2　图框格式 ………………………………… 1—41—5
2.3　标题栏 …………………………………… 1—41—5
2.4　会签栏 …………………………………… 1—41—5
2.5　比例 ……………………………………… 1—41—6
2.6　量的符号与计量单位 …………………… 1—41—7
2.7　图线 ……………………………………… 1—41—7
2.8　字体 ……………………………………… 1—41—7
2.9　其他要求 ………………………………… 1—41—8
3　图例 ………………………………………… 1—41—8
3.1　一般规定 ………………………………… 1—41—8
3.2　边界线及地质图例 ……………………… 1—41—8
3.3　剥、采、排工程 ………………………… 1—41—9
3.4　矿山运输 ………………………………… 1—41—10
3.5　疏干、防排水工程 ……………………… 1—41—12
3.6　机械设备 ………………………………… 1—41—13
4　视图画法 …………………………………… 1—41—14
4.1　图面配置及岩层名称标注 ……………… 1—41—14
4.2　图线画法 ………………………………… 1—41—14
4.3　剖面（或断面）符号 …………………… 1—41—14
4.4　尺寸标注 ………………………………… 1—41—14
4.5　直角坐标标注及指北针绘制 …………… 1—41—15
4.6　编号、代号及文字说明标注 …………… 1—41—16
4.7　剥、采、排工程图 ……………………… 1—41—16
4.8　矿山道路（或出入沟）工程图 ………… 1—41—17
4.9　地下水控制降水孔疏干工程图 ………… 1—41—18
4.10　地面排水沟工程图 …………………… 1—41—19
本标准用词说明 ……………………………… 1—41—20
附：条文说明 ………………………………… 1—41—21

Contents

1 General provisions ······ 1—41—5
2 Basic requirements ······ 1—41—5
2.1 Size of drawing sheet ······ 1—41—5
2.2 Layout of drawing frame ······ 1—41—5
2.3 Title block ······ 1—41—5
2.4 Countersignature column ······ 1—41—5
2.5 Scale ······ 1—41—6
2.6 Measuring symbols and measuring units ······ 1—41—7
2.7 Lines ······ 1—41—7
2.8 Font ······ 1—41—7
2.9 Other requirements ······ 1—41—8
3 Legend ······ 1—41—8
3.1 General requirements ······ 1—41—8
3.2 Boundary line and Geological legend ······ 1—41—8
3.3 Equipment for overburden removing, coal mining and dumping ······ 1—41—9
3.4 Mine transport ······ 1—41—10
3.5 Groundwater dewatering mine water prevention ······ 1—41—12
3.6 Mechanical equipment ······ 1—41—13
4 Drawing method ······ 1—41—14
4.1 Map layout and labeling of strata ······ 1—41—14
4.2 Method of linear drawing ······ 1—41—14
4.3 Cross-section symbols ······ 1—41—14
4.4 Marking of dimensions ······ 1—41—14
4.5 Labeling of rectangular coordinates and mapping of north arrow ······ 1—41—15
4.6 Serial number, code number and word illustration ······ 1—41—16
4.7 Mine drawings showing positions of overburden removal, coal mining and dumping ······ 1—41—16
4.8 Mine haulage road (access ramps) drawing ······ 1—41—17
4.9 Drawing of groundwater dewatering wells for groun dwater control ······ 1—41—18
4.10 Drawing of water ditches for surface water drainage ······ 1—41—19
Explanation of wording in this standard ······ 1—41—20
Addition: Explanation of provisions ······ 1—41—21

1 总　则

1.0.1 为规范煤炭露天采矿专业工程制图规则，保证制图质量，提高制图效率，做到图面清晰、简明，符合设计、施工、存档的要求，适应煤炭露天矿建设需要，制定本标准。

1.0.2 本标准适用于煤炭露天矿各设计阶段采矿专业工程制图。

1.0.3 煤炭露天采矿专业工程制图，除应符合本标准外，尚应符合国家现行有关标准的规定。

2 基 本 规 定

2.1 图 纸 幅 面

2.1.1 图纸基本幅面尺寸宜采用表 2.1.1 所规定的基本幅面。

表 2.1.1 图纸基本幅面尺寸

幅面代号	尺寸（mm）
A0	841×1189
A1	594×841
A2	420×594
A3	297×420
A4	210×297

2.1.2 必要时，可按图 2.1.2 选用加长幅面。也可在基本幅面的基础上，按 A4 幅面的短边或者长边成整数倍加长。

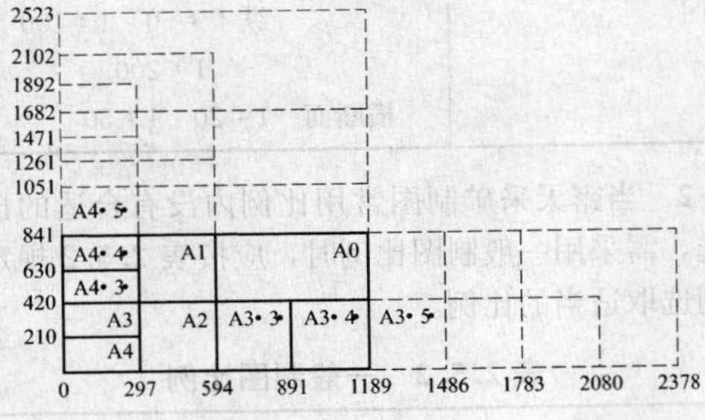

图 2.1.2 图纸幅面

注：1. 粗实线所示为基本幅面；

2. 细实线、细虚线所示为加长幅面。

2.2 图 框 格 式

2.2.1 在图纸上应用粗实线画出图框，并应采用留有装订边的图框格式（图 2.2.1），装订边线宜位于图框左侧。基本幅面图框尺寸应符合表 2.2.1 规定。

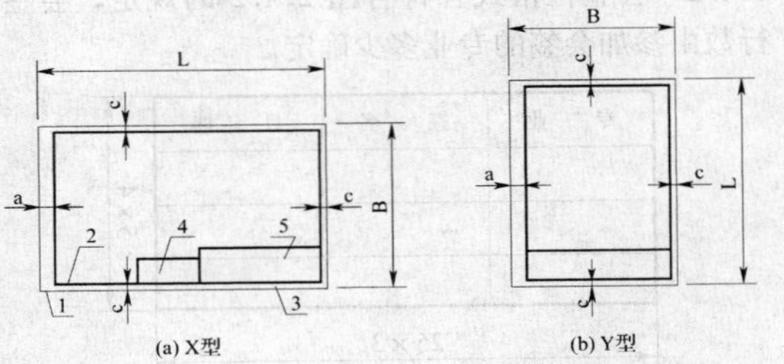

图 2.2.1 图框格式

1—纸边界线；2—图框线；3—周边；4—会签栏；5—标题栏

表 2.2.1 基本幅面尺寸

幅面代号	A0	A1	A2	A3	A4
尺寸 B×L（mm）	841×1189	594×841	420×594	297×420	210×297
c	10			5	
a	25				

2.2.2 加长幅面的图框尺寸，宜按选用的基本幅面大一号的图框尺寸确定。

2.3 标 题 栏

2.3.1 图纸应设置标题栏（图 2.3.1）。标题栏宜由更改区、签字区、名称区、代号及其他区组成。也可按实际需要增加或减少，并应符合下列规定：

1 更改区宜由更改标记、数量、修改和批准者签名和日期等组成；

2 签字区宜由设计、审核、审定签名和年月等组成；

3 名称区宜由项目隶属单位及工程名称或文件名称、单位工程名称和图纸名称等组成；

4 代号及其他区宜由图纸代号、共　页第　页、质量、比例及设计编制单位名称等组成。

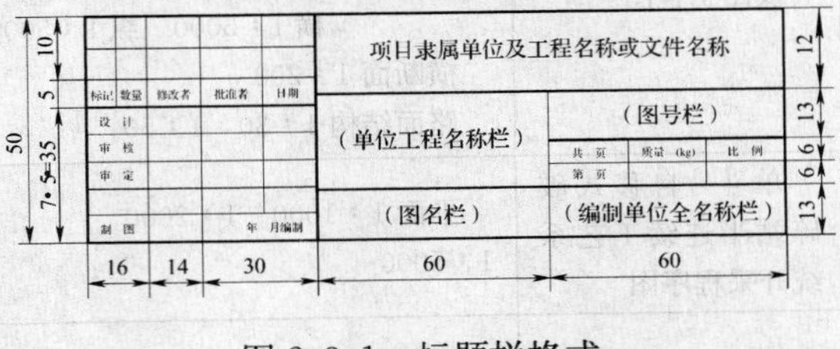

图 2.3.1 标题栏格式

2.3.2 标题栏的位置应位于图纸的右下角。

2.3.3 标题栏格式宜符合图 2.3.1 的规定。

2.3.4 必要时，可在图纸左上侧设置图号栏。

2.3.5 复制的地质图应采用本标准规定的标题栏。

2.4 会 签 栏

2.4.1 会签栏应位于首图中，会签栏的位置应位于标题栏的左侧。

2.4.2 会签栏格式宜符合图 2.4.2 的规定，会签栏行数由参加会签的专业多少确定。

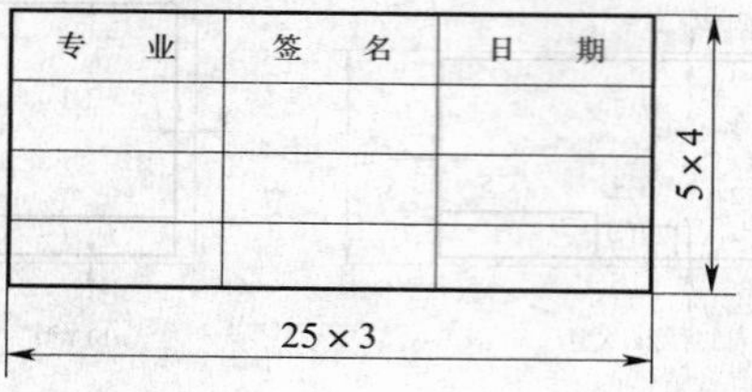

图 2.4.2　会签栏格式

2.5　比　例

2.5.1　露天采矿制图常用比例宜符合表 2.5.1 的规定。

表 2.5.1　露天采矿制图常用比例

图　名	常用比例
矿区矿（井）田划分及开发方式图	平面 1∶5000　1∶10000　1∶20000　剖面 1∶2000　1∶5000
剥、采、排工程图	平面 1∶2000　1∶5000　1∶10000　剖面 1∶1000　1∶2000　1∶5000
采区划分及开采顺序图	平面 1∶5000　1∶10000
出入沟工程图	平面 1∶1000　1∶2000　1∶5000 纵断面　横 1∶2000　纵 1∶200 横 1∶5000　纵 1∶500 横断面　1∶200　1∶500 路面结构　1∶30　1∶50
线路工程图	平面 1∶1000　1∶2000　1∶5000 纵断面　横 1∶2000　纵 1∶200 横 1∶5000　纵 1∶500 横断面 1∶200 路面结构 1∶30　1∶50
单斗—自移式破碎站半连续工艺系统开采程序图	平面 1∶1000　1∶2000　1∶5000
拉斗铲倒堆工艺系统开采程序图	平面 1∶1000　1∶2000　1∶5000
轮斗挖掘机连续开采工艺开采程序图	平面 1∶1000　1∶2000　1∶5000
疏干降水孔布置图	平面 1∶1000　1∶2000　1∶5000
降水孔结构图	平面 1∶1000　1∶2000　1∶5000

续表 2.5.1

图　名	常用比例
降水孔过滤器结构图	1∶2
降水孔潜水泵安装图	1∶20　1∶10
疏干排水管路图	平面 1∶500　1∶1000　1∶2000 纵断面　横 1∶500　1∶1000　1∶2000 纵 1∶50　1∶100　1∶200 横断面 1∶20　1∶50　1∶100
观测孔布置图	平面 1∶5000　1∶10000
观测孔结构图	1∶100　1∶200　1∶500
观测孔过滤器结构图	1∶1　1∶5
地面排水沟图	平面 1∶2000　1∶5000 纵断面　横 1∶2000　纵 1∶200 横 1∶5000　纵 1∶500 横断面　1∶50　1∶100
防洪堤（坝）工程图	平面 1∶1000　1∶200 纵断面　横 1∶500　纵 1∶50 横断面 1∶100　1∶50
采掘场排水泵站图	设备安装 1∶20
采掘场排水管路图	平面 1∶2000　1∶5000 纵断面　横 1∶500　1∶1000　1∶2000 纵 1∶50　1∶100　1∶200 横断面　1∶20　1∶50

2.5.2　当露天采矿制图常用比例内没有合适的比例可选，需采用一般制图比例时，应按表 2.5.2 规定的系列选取适当的比例。

表 2.5.2　一般制图比例

$1:1\times10^n$	$1:2\times10^n$	$1:5\times10^n$

注：n 为正整数。

2.5.3　比例标注应符合下列规定：

1　在同一幅图中，主要视图宜采用相同的比例绘制，并应将比例标注在标题栏中的比例栏内。当主要视图的比例不一致时，应分别在各视图图名标注线下居中标注比例，同时在比例栏内注明“见图”字样；

2　在同一视图中图样的纵横比差过大，而又要求详细标注尺寸时，纵向和横向可采用不同比例绘制，并应在视图名称下方或右侧标注比例；

3 必要时，视图的比例可采用比例尺的形式，即在视图的铅垂或水平方向加画比例尺。

2.5.4 不能按比例绘制的视图，可不按比例绘制，但应注明“×××示意图”的字样，并应防止严重失真。

2.6 量的符号与计量单位

2.6.1 在图纸上和技术文件中，量的符号，应符合表2.6.1的规定。

表 2.6.1 量的符号

量的名称	符号	量的名称	符号
长度	L	角度	α、β、δ、θ
宽度	B、b	质量	G
高度	H、h	经距	Y
厚度	M、m	纬距	X
直径	D、d、Φ	高程	Z
半径	R、r	年产量	A
面积	F	视密度	γ
体积	V	转点	JD
采掘带宽度	A_c	疏干涌水量	Q
最小平盘宽度	B_{min}	渗透系数	K
道路最大纵坡	i_{max}	单位涌水量	q

2.6.2 各种图纸及与图纸有关的设计文件，同一个量所用的符号应一致。

2.6.3 各种图纸及有关设计文件中使用的计量单位，应符合国家有关法定计量单位及现行标准的规定。

2.7 图 线

2.7.1 图线的宽度应根据图纸的类别、比例和复杂程度选用。基本线宽b宜采用0.3mm或0.4mm。必要时线宽可采用1.0mm。

2.7.2 露天采矿制图常用的各种线型宜符合表2.7.2的规定。

表 2.7.2 线型

名称	线型	线宽	用 途
粗实线		2b	1. 主要可见轮廓线；2. 主要可见过渡线
中实线		b	1. 次要可见轮廓线；2. 次要可见过渡线
中虚线		b	1. 次要不可见轮廓线；2. 次要不可见过渡线

续表 2.7.2

名称	线型	线宽	用 途
细实线		0.45b 或 0.6b	尺寸线；尺寸界线；剖面或断面线；引出线；范围线
细虚线		0.45b 或 0.6b	1. 不可见轮廓线；2. 不可见过渡线
粗单点划线		2b	有特殊要求的线或表面的表示线
细单点划线		0.45b 或 0.6b	1. 轴线；2. 中心线；3. 轨迹线
细双点划线		0.45b 或 0.6b	1. 剖面图中表示被剖切去的部分形状的假想投影轮廓线；2. 中断线
折断线		b	台阶断裂处的分界线
波浪线		0.45b 或 0.6b	1. 台阶断裂处的分界线；2. 视图和剖视的分界线

2.8 字 体

2.8.1 书写字体应字型、大小一致，笔画清楚、间隔均匀、排列整齐。

2.8.2 书写字体高度宜符合字体高度的公称尺寸系列1.8mm、2.5mm、3.5mm、5mm、7mm、10mm、14mm、20mm。

2.8.3 汉字应写成长仿宋体字，并应采用简化字。汉字的高度不应小于3.5mm。

2.8.4 书写字母和数字宜根据需要写成A型字体或B型字体。

2.8.5 书写字母和数字时，其书写格式、基本比例和尺寸宜符合表2.8.5-1或表2.8.5-2的规定。

表 2.8.5-1　A 型字体

书写格式		基本比例	尺　寸(mm)							
大写字母高度	h	(14/14)h	1.8	2.5	3.5	5	7	10	14	20
小写字母高度	cl	(10/14)h	1.3	1.8	2.5	3.5	5	7	10	14
字母间间距	a	(2/14)h	0.26	0.36	0.5	0.7	1	1.4	2	2.8
词间距	e	(6/14)h	0.78	1.08	1.5	2.1	3	4.2	6	8.4
基准线最小间距(大写字母)	b3	(17/14)h	2.21	3.06	4.25	5.95	8.5	11.9	17	23.8

表 2.8.5-2　B 型字体

书写格式		基本比例	尺　寸(mm)							
大写字母高度	h	(10/10)h	1.8	2.5	3.5	5	7	10	14	20
小写字母高度	cl	(7/10)h	1.26	1.75	2.5	3.5	5	7	10	14
字母间间距	a	(2/10)h	0.36	0.5	0.7	1	1.4	2	2.8	4
词间距	e	(6/10)h	1.08	1.5	2.1	3	4.2	6	8.4	12
基准线最小间距(大写字母)	b3	(13/10)h	2.34	3.25	4.55	6.5	9.1	13	18.2	26

2.8.6　在同一幅图纸上，宜选用一种型式的字体。

2.9　其他要求

2.9.1　剥、采、排工程剖面图应采用地质勘探线剖面图。

2.9.2　除特殊要求外，图纸宜选用 X 型图框格式。

3　图　　例

3.1　一般规定

3.1.1　复制地质图时，应采用原地质图图例；当需要在复制图中增添采矿、运输、疏干和防排水专业设计内容时，应按本标准规定的图例绘制。

3.1.2　同一幅图纸应采用统一的图例，图例的大小应与视图比例相适应。

3.1.3　当绘制 1∶2000、1∶5000 比例尺的剥采工程平面图时，对爆破的煤岩台阶，应按本标准规定的爆堆图例进行绘制。

3.2　边界线及地质图例

3.2.1　露天煤矿各种边界线图例宜符合表 3.2.1 的规定。

表 3.2.1　边界线图例

序号	名　称	图　例	说明
1	勘探边界线	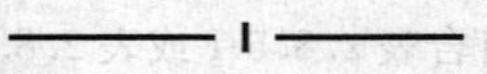	线宽为 1.0mm
2	矿区边界线	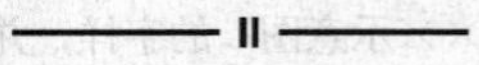	线宽为 1.0mm
3	采矿权边界线	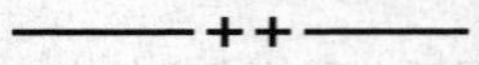	线宽为 1.0mm
4	煤柱边界线	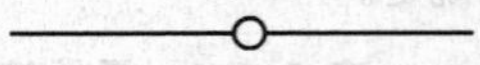	线宽为 b
5	采掘场地表境界线	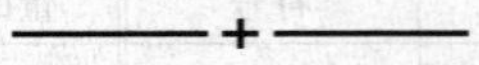	线宽为 1.0mm
6	采掘场深部境界线		线宽为 1.0mm
7	剖（断）面图上的采掘场境界线		线宽为 1.0mm
8	分区地表境界线	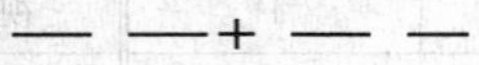	线宽为 b
9	分区深部境界线		线宽为 b
10	分期深部境界线	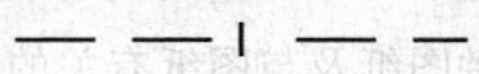	线宽为 b
11	排土场境界线	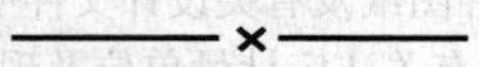	线宽为 1.0mm

3.2.2　露天采矿图纸中采用的地质图例宜符合表 3.2.2 的规定。

表 3.2.2　地质图例

序号	名　称	图　例
1	煤层露头线、煤层氧化带和煤层风化带	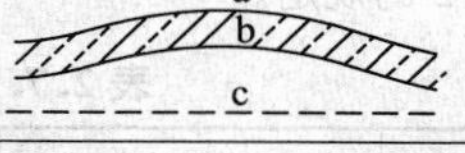
2	煤层等高线	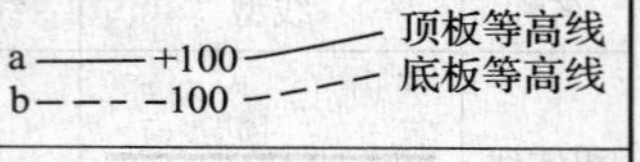
3	平衡表内储量块段	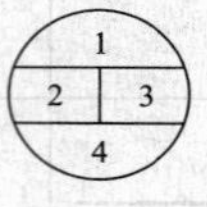 1. 块段号及储量级别 2. 煤层平均厚度(m) 3. 块段面积(m^2) 4. 储量(10^4t)
4	见煤钻孔	
5	未见煤钻孔	
6	见煤斜孔	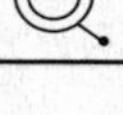

续表 3.2.2

序号	名　称	图　例
7	向斜轴	
8	背轴斜	
9	正断层	
10	逆断层	
11	断层编号及注记	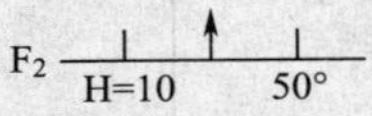
12	断层上、下盘	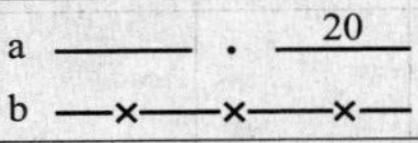
13	断层裂隙带	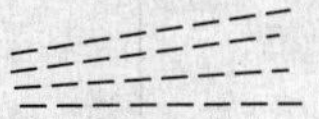
14	断层破碎带	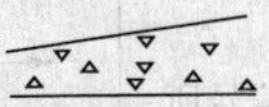
15	断层	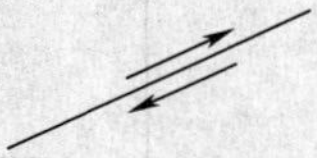
16	陷落柱	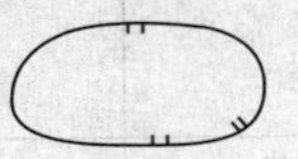
17	村庄	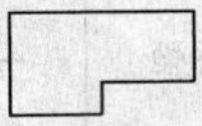
18	河流	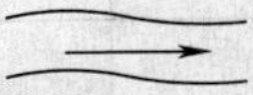

3.3　剥、采、排工程

3.3.1　剥、采、排工程图例宜符合表 3.3.1 的规定。

表 3.3.1　剥、采、排工程图例

序号	名称	图　例	说　明
1	剥离台阶		坡顶线宽为 b，坡底线宽为 0.5b
2	采煤台阶	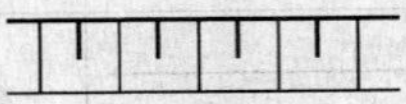	短坡面线线宽为 b，长度为长坡面线的 1/2；长坡面线宽为 0.5b
3	排土台阶	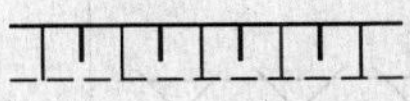	坡顶线宽为 b，坡底线宽为 0.5b

续表 3.3.1

序号	名称	图　例	说　明
4	斜坡道		坡顶线宽为 b，坡底线宽为 0.5b Z_1、Z_2—变坡点高程 i—斜坡道坡度（%） L—斜坡道长度（m） ←—下坡方向
5	煤岩台阶爆堆	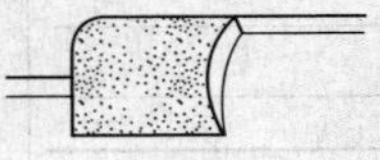	坡顶线宽为 b 坡底线宽为 0.5b 爆堆轮廓线线宽为 b
6	开采进度计划年度工程位置	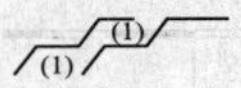	线宽为 b （1）—生产年度
7	回采（备采）煤量、开拓煤量	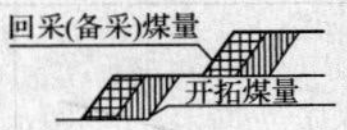	台阶轮廓线线宽为 b 其余线宽为 0.5b
8	露煤台阶顶面	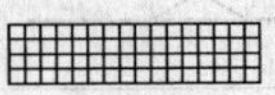	—
9	已采地表线		—
10	深孔爆破圆柱装药炮孔	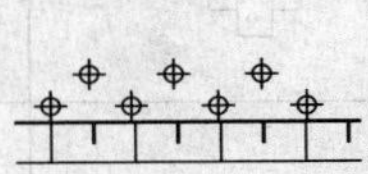	—
11	溜井		线宽为 b
12	生产小窑		—
13	报废小窑		—
14	工作线推进方向		线宽为 b

3.3.2 剖切线的图例宜符合表 3.3.2 的规定。

表 3.3.2 剖切线图例

序号	名称	图　　例	说　　明
1	剖切线		台阶、爆堆剖面或断面的剖切线

3.4 矿 山 运 输

3.4.1 标准轨距铁路运输图例宜符合表 3.4.1 的规定。

表 3.4.1 标准轨距铁路运输图例

序号	名称	图　　例	说　　明
1	既有铁路		线宽为 0.5b
2	设计铁路		线宽为 b
3	规划铁路		线宽为 b
4	既有国铁	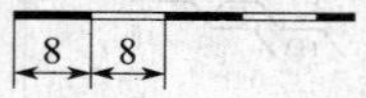	线宽为 1.4b
5	拟建国铁		线宽为 1.4b
6	单开道岔		线宽为 b，岔心竖线线宽为 0.5b
7	交叉渡线	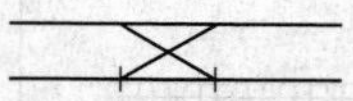	线宽为 b，岔心竖线线宽为 0.5b
8	车挡		线宽为 b
9	轨道衡	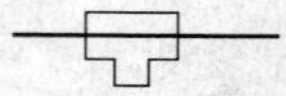	线路线宽为 b，轨道衡线宽为 0.5b
10	车站		1. 涂黑色的方向表示信号楼或行车室在线路里程方向的左侧位置，无信号楼的行车室则在线路前进方向的内侧涂黑 2. 线宽为 0.25b

续表 3.4.1

序号	名称	图　　例	说　　明
11	会让站 折返站	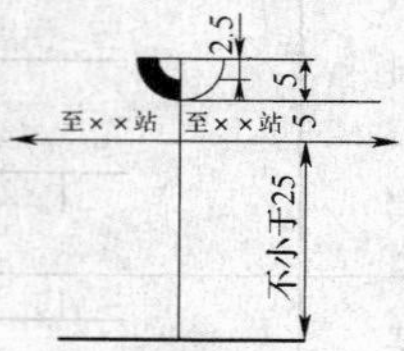	1. 涂黑色的方向表示信号楼或行车室在线路里程方向的左侧位置，无信号楼的行车室则在线路前进方向的内侧涂黑 2. 线宽为 0.25b
12	信号所	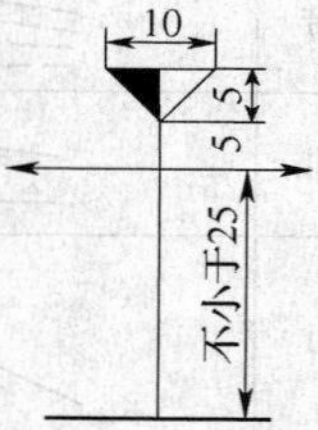	1. 涂黑色的方向表示信号楼或行车室在线路里程方向的左侧位置，无信号楼的行车室则在线路前进方向的内侧涂黑 2. 线宽为 0.25b
13	桥梁	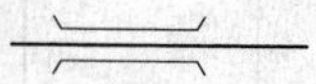	线路线宽为 b，桥梁线宽为 0.25b
14	各种涵洞	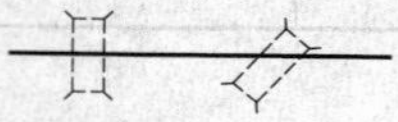	线路线宽为 b，涵洞线宽为 0.25b
15	隧道	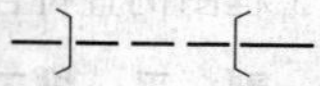	线路线宽为 b，隧道口线宽为 0.25b

3.4.2 道路运输图例宜符合表 3.4.2 的规定。

表 3.4.2 道路运输图例

序号	名称	图　　例	说　　明
1	既有道路	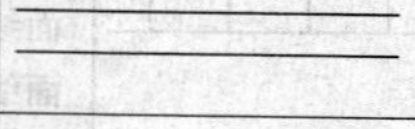	线宽 0.5b
2	拟建道路	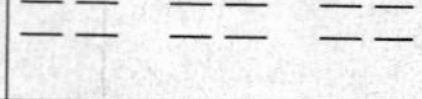	线宽 0.5b
3	废弃道路	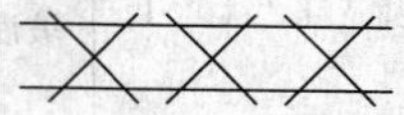	线宽 0.5b

续表 3.4.2

序号	名称	图例	说明
4	设计道路	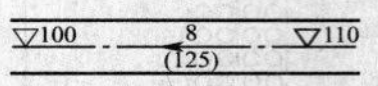	▽100—变坡点高程 $\frac{8}{(125)}$—分子为坡度（%），分母为坡道长度 ← —表示下坡方向
			绘制小比例图时，可不画中心线
5	设计平曲线	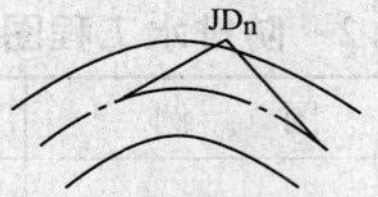	JD_n 为曲线转点
6	干砌片石护坡	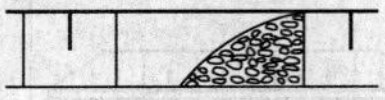	可在起终点表示护坡
7	浆砌片石护坡		可在起终点表示护坡
8	路基两侧排水沟	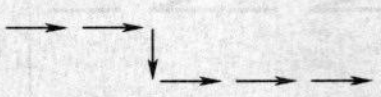	线宽 0.5b，→表示排水方向
9	用地界限标	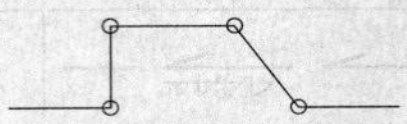	既有界限标线宽 0.25b，设计界限标线宽 b
10	设计里程标	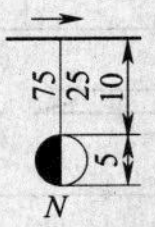	线宽 0.25b *N*—里程数 涂黑为线路前进方向的内侧，竖线两侧数据 表示距最近百米标的距离

3.4.3 带式输送机运输图例宜符合表 3.4.3 的规定。

表 3.4.3 带式输送机运输图例

序号	名称	图例	说明
1	带式输送机中心线	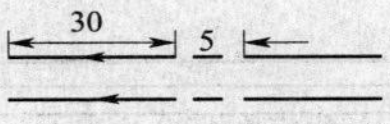	线宽为 b，箭头表示物料运输方向，运煤涂黑箭头

续表 3.4.3

序号	名称	图例	说明
2	受料漏斗车		线宽为 b，漏斗车内外为两个正方形，其尺寸可根据绘图比例选择
3	带式输送机机头站	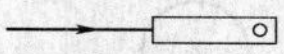	带式输送机中心线线宽为 b，机头轮廓线线宽为 0.5b
4	分流站	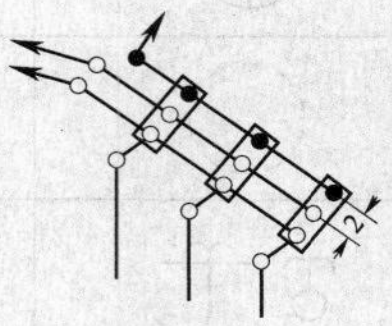	转点圆直径 2mm， ○ 剥离 ● 煤 线宽为 b
5	带式输送机断面图		线宽为 b B—输送机机架宽度

3.4.4 各种运输线路交叉道口图例宜符合表 3.4.4 的规定。

表 3.4.4 各种运输线路交叉道口图例

序号	名称	图例	说明
1	铁路与公路平面交叉	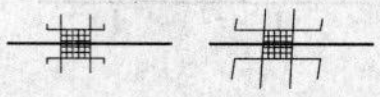	无防护道口
		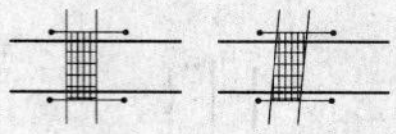	有防护道口
2	铁路与公路立体交叉		铁路在上，公路在下
		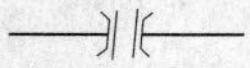	公路在上，铁路在下
3	铁路与铁路立体交叉		—
4	公路与带式输送机交叉		输送机在桥上，公路在桥下
			输送机在桥下，公路在桥上
			输送机桁架在上与公路交叉

3.5 疏干、防排水工程

3.5.1 疏干工程图例宜符合表 3.5.1 的规定。

表 3.5.1 疏干工程图例

序号	名称	图　例	说　明
1	既有降水孔		线宽为 b
2	设计先期降水孔		线宽为 b
3	后期降水孔		线宽为 0.　5b
4	废弃降水孔		—
5	降压孔	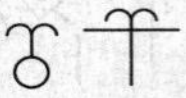	线宽为 0.　5b
6	水位观测孔		线宽为 0.5b
7	设有潜水泵的降水孔	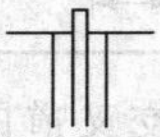	线宽为 0.5b
8	钻进后保留的套管	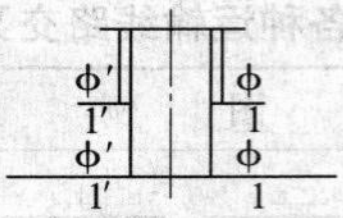	套管线宽为 0.5b φ—套管直径 1—套管长度 φ′—钻头直径 1′—钻进深度
9	钻进后拔出套管的钻孔	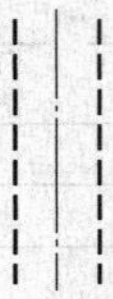	线宽为 b
10	无套管钻进	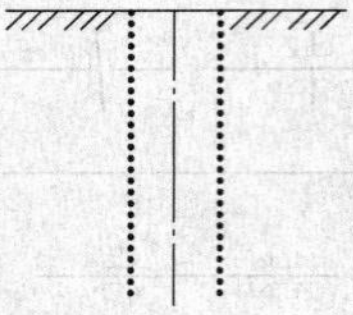	圆点直径 1.0mm 各点间距 3.0mm
11	泥浆护壁钻进	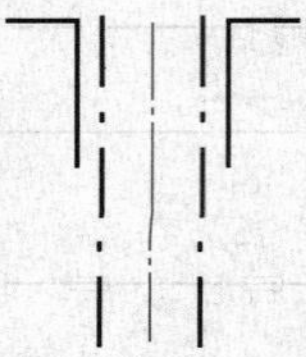	线宽为 b

续表 3.5.1

序号	名称	图　例	说　明
12	砾石充填孔	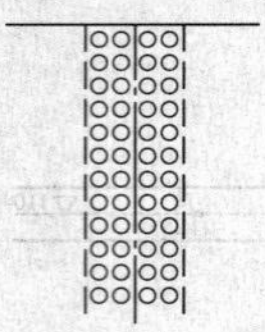	线宽为 0.5b
13	降水孔地下水位线及高程	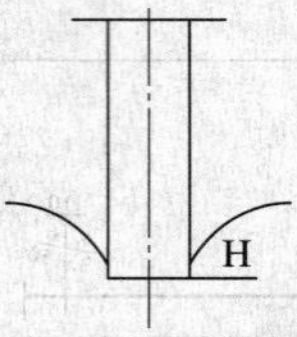	线宽为 0.5b H—地下水位高程

3.5.2 防排水工程图例宜符合表 3.5.2 的规定。

表 3.5.2 防排水工程图例

序号	名称	图　例	说　明
1	堤坝	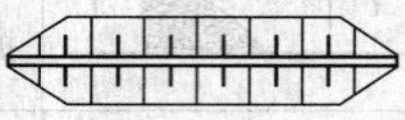	堤坝坡顶线和坡面短线线宽为 b，坡底线和坡面长线线宽为 0.5b
2	地面排水沟		线宽为 1.5b，三角形箭头角度小于 20°
3	单级跌水	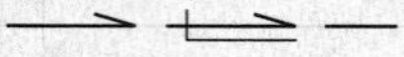	—
4	多级跌水	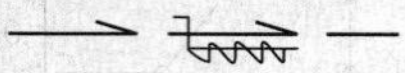	—
5	陡坡		—
6	陡坡跌水	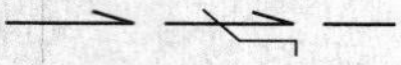	—
7	渡槽	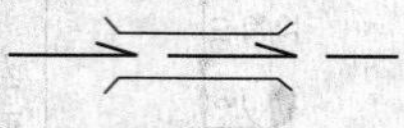	渡槽线宽为 0.5b
8	涵洞		涵洞线宽为 0.5b
9	排水泵站		线宽为 b

3.5.3 防排水工程构筑物图例宜符合表 3.5.3 的规定。

表 3.5.3 防排水工程构筑物图例

序号	名称	图　例	说　明
1	天然土坡	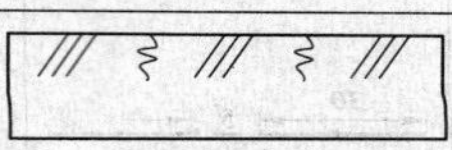	—
2	填土	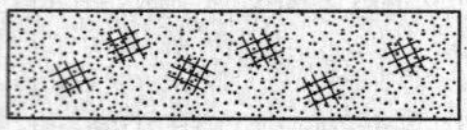	—

续表 3.5.3

序号	名称	图　例	说　明
3	黏土	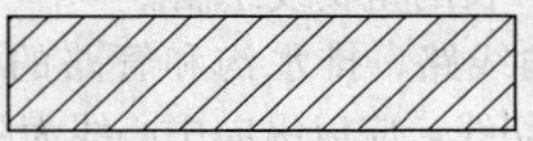	—
4	碎石	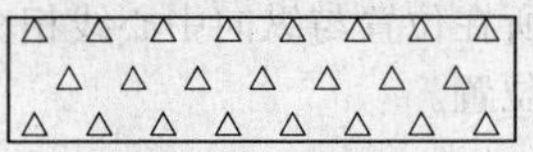	
5	混凝土	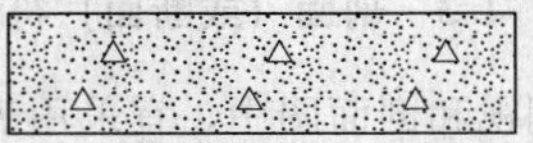	—
6	钢筋混凝土	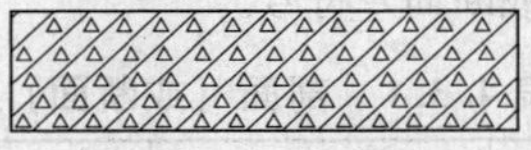	—
7	干砌块石	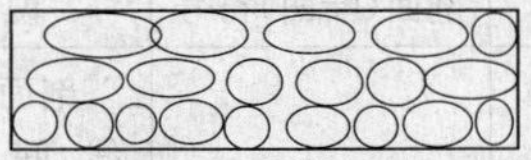	—
8	浆砌块石	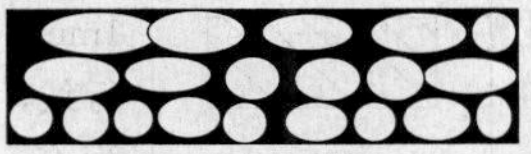	—
9	草皮护坡		—
10	铁丝石笼	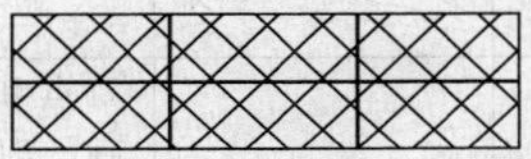	铁丝线宽为 0.5b 石笼骨架线宽为 b

3.6 机 械 设 备

3.6.1 采、运、排机械设备图例宜符合表 3.6.1 的规定。

表 3.6.1 采、运、排机械设备图例

序号	设备名称	剖面图例	平面图例
1	钻机	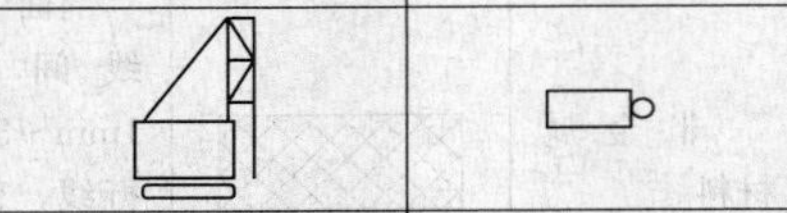	
2	单斗挖掘机	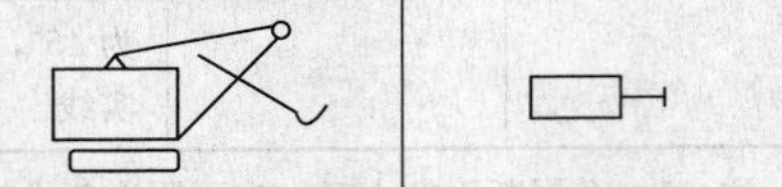	
3	液压正铲挖掘机		
4	液压反铲挖掘机	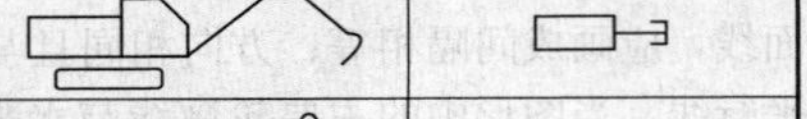	
5	拉斗铲	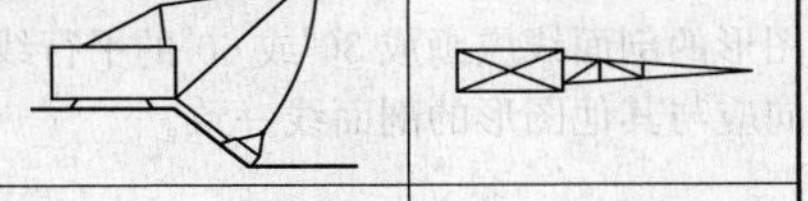	
6	紧凑型轮斗挖掘机	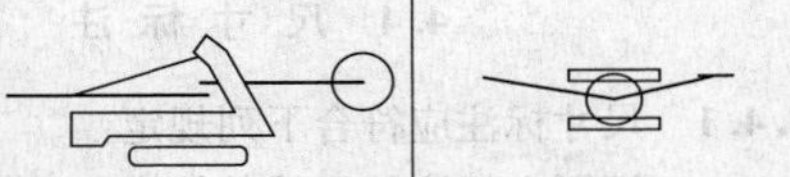	
7	带连接桥轮斗挖掘机	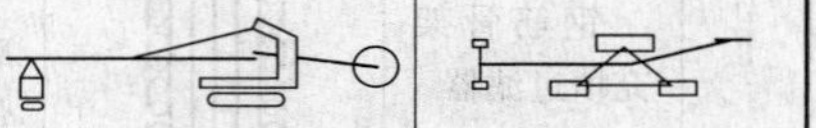	
8	转载机		
9	皮带车	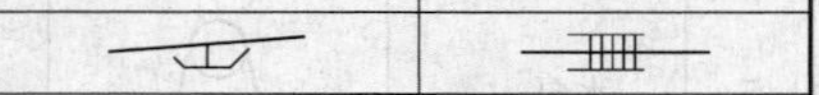	
10	自移式破碎站	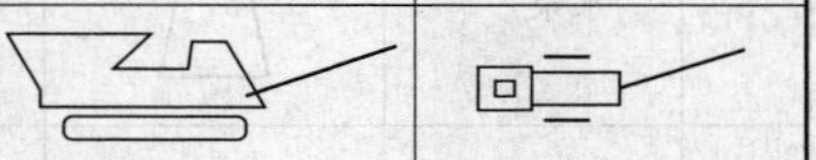	
11	半移动式破碎站		
12	固定式破碎站	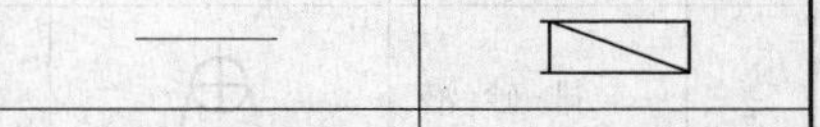	
13	自卸卡车	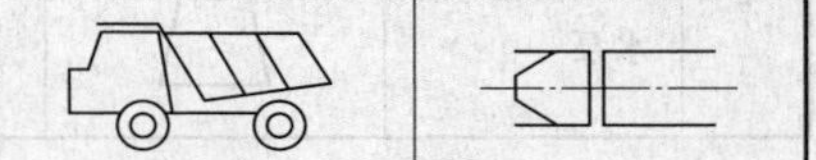	
14	轮式装载机	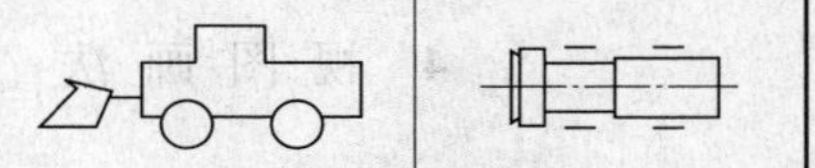	
15	履带推土机		
16	轮式推土机	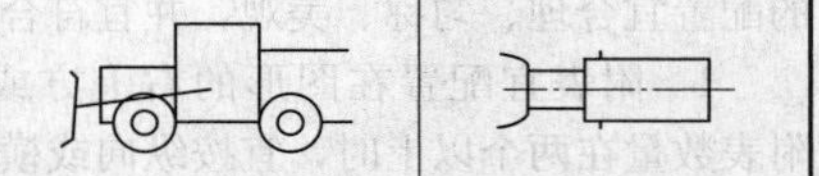	
17	带式输送机		
18	铲运机	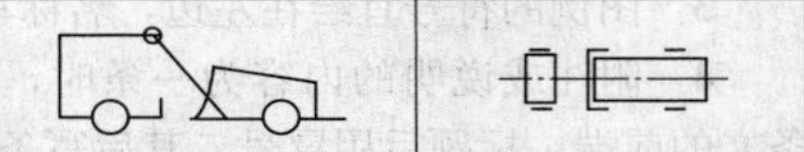	
19	排土机	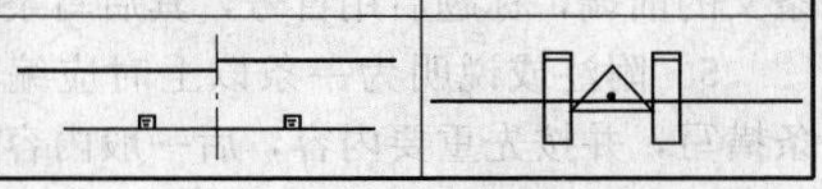	

3.6.2 疏干、防排水设备图例宜符合表 3.6.2 的规定。

表 3.6.2 疏干、防排水设备图例

序号	名称	图例	说明
1	针状过滤器		线宽为 b
2	钢制圆孔缠丝过滤器		过渡器轮廓线线宽为 b，缠丝线宽为 0.25b

续表 3.6.2

序号	名称	图例	说明
3	钢筋骨架充填过滤器	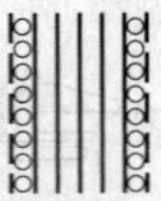	过滤器外轮廓线及钢筋骨架线宽为 b
4	网状过滤器	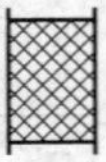	过滤器轮廓线线宽为 b，网格线宽为 0.25b
5	水泵		—
6	潜水泵		—
7	排砂潜水泵		—

4 视 图 画 法

4.1 图面配置及岩层名称标注

4.1.1 视图中的制图、附表、图例、附注、说明等的配置宜合理、匀称、美观，并宜符合下列规定：

1 附表宜配置在图形的右上方或上方空白处。附表数量在两个以上时，宜按纵向或横向排列；

2 图例、附注和说明宜按顺序配置在标题栏的上方或左侧，不宜将其中一个单元的内容分开配置；

3 图例的符号宜绘在左边，名称写在右边；

4 附注或说明的内容为一条时，宜将标题写在条文的前端，标题后用冒号，其后写条文；

5 附注或说明为一条以上时应编写顺序号，逐条横写，并按先重要内容，后一般内容顺序编写。

4.1.2 煤层、含水层、弱层或其他岩层需标注名称时，应按岩层倾向方向标注在各层轮廓线内。当层位较薄，标注位置不够时，可沿该层顶板的上部标注。

4.2 图 线 画 法

4.2.1 同一幅图纸中，各视图比例相同时，同类图线的宽度应保持一致。虚线、点划线及双点划线的线段长度和间隔应各自大致相等。

4.2.2 以虚线或点划线作为物体的中心线时，应超出物体轮廓界线之外 4mm～5mm。

4.2.3 剖切面的起止处和转折处应用剖切线表示，并不得与视图的轮廓线相交。当剖切多于一个时，宜采用罗马数字Ⅰ、Ⅱ、Ⅲ……对剖切线进行编号。剖切线两端平行线端所指方向表示剖视方向，宜用 5mm～10mm 长的粗实线绘制。

4.2.4 运输线路、排水沟和管路的纵、横剖面图，不应绘制剖切线，应以纵向中心线为纵剖面的剖切位置；以桩号所在位置与纵向中心线相交处的垂线为横剖面的剖切位置。

4.3 剖面（或断面）符号

4.3.1 在剖视和剖面图中，宜采用表 4.3.1 中所规定的剖面（或断面）符号。

表 4.3.1 剖面（或断面）符号

材料名称	剖面(断面)符号	说　明	备注
金属		剖面（或断面）线间距离为 1mm～3mm 的平行线，倾斜角度为 45°，线条为细实线	—
木材：横断面 纵断面	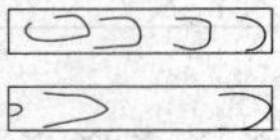	徒手画	—
混凝土： 砌块 浇筑 钢筋混凝土	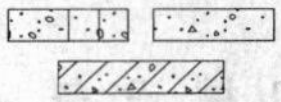	点和小圆徒手画，剖面（或断面）线间距离为 1mm～3mm 的平行线，倾斜角度为 45°，线条为细实线	—
料石	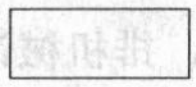	空白	—
非金属材料		剖面（或断面）线间距离为 1mm～3mm 的平行线，倾斜角度为 45°，线条为细实线	—

注：1 金属断面较小时，也可用涂色代剖面符号。
2 非金属材料已有规定剖面符号者，不按此规定。

4.3.2 在同一金属零件图中，剖视图、剖面图的剖面线，应画成间隔相等、方向相同且与水平成 45°的平行线。当图形中的主要轮廓线与水平成 45°时，该图形的剖面线应画成 30°或 60°的平行线，其倾斜的方向应与其他图形的剖面线一致。

4.4 尺 寸 标 注

4.4.1 尺寸标注应符合下列规定：

1 视图上标注的尺寸数据应与比例尺度量相符；

2　视图中的尺寸，以毫米或米为单位时，可不标注计量单位的名称或符号；当采用其他单位时，应注明相应的计量单位的名称或符号，并应在图纸附注中注明单位；

3　视图尺寸宜只标注一次，并应标注在反映该结构最清晰的图形上。仅在特殊情况下或实际需要时可重复标注。

4.4.2　尺寸线绘制应符合下列规定：

1　尺寸线应采用带双箭头或单箭头的细实线绘制；当尺寸界线密集或间距过小无法采用箭头表示时，可用圆点代替箭头；在CAD绘图中，尺寸线也可采用斜交短线代替箭头表示；

2　标注线性尺寸时，尺寸线必须与所标注的线段平行；

3　圆的直径和圆弧半径应分别采用带双箭头或单箭头的尺寸线标注；

4　当圆弧半径过大或在图纸范围内无法标出其圆心位置时，尺寸线可采用折断形式标注；

5　标注角度时，尺寸线应画成圆弧，圆弧的圆心为该角的顶点。

4.4.3　尺寸界线绘制应符合下列规定：

1　尺寸界线应用细实线绘制，并应由视图的轮廓线、对称中心线引出，也可利用轮廓线、对称中心线作尺寸界线；

2　矿山道路平面图尺寸界限及曲线参数应按图4.4.3进行标注。

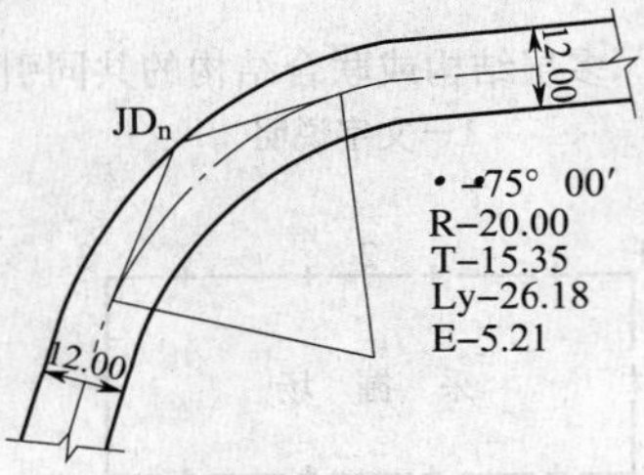

图4.4.3　矿山道路平面图尺寸界限及曲线参数标注

4.4.4　尺寸数字标注应符合下列规定：

1　线性尺寸数字宜注写在尺寸线的上方；

2　线性尺寸数字的方向，应按图4.4.4-1所示的方向注写，并避免在图中所示30°范围内注写，当无法避免时，也可注写在尺寸线的中断处；

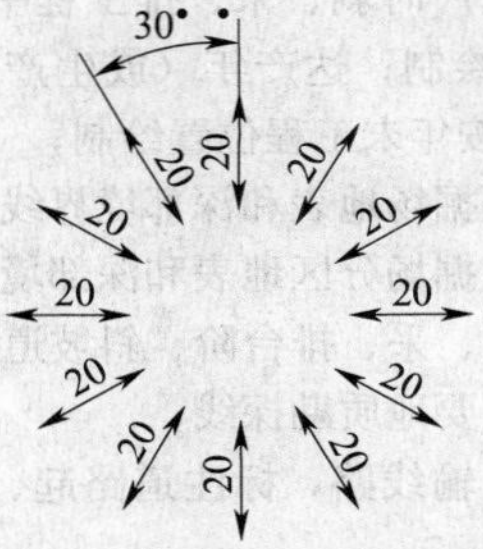

图4.4.4-1　线性尺寸数字标注方向

3　角度数宜写成水平方向，必要时，也可将角度引出注写；

4　标注高程宜采用“米”为单位，并应符合下列规定：

1）零点高程为±0.000；

2）正数高程为+5.000；

3）负数高程为−5.000。

5　高程标注应按图4.4.4-2（a）规定，高程符号应采用倒三角形，标注在符号右侧，并将名称和数字依次写在横线上；必要时，可采用图4.4.4-2（b）规定的高程符号，将高程标注在符号右侧；

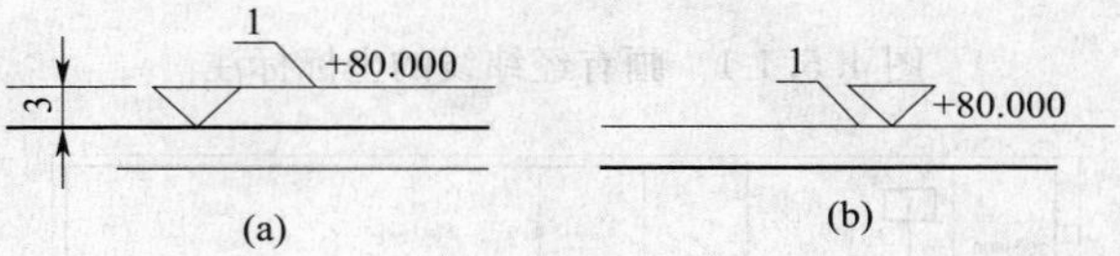

图4.4.4-2　高程标注

1—台阶高程

6　在一幅图纸上有两个或两个以上视图时，尺寸应详尽标注在主要视图上，辅助视图上只标注相关位置尺寸；当辅助视图不在一幅图纸上时，应在该图上详尽标注尺寸。

4.4.5　标注尺寸的符号应符合下列规定：

1　标注直径时，应在尺寸数字前加注符号“Φ”或“D”；标注半径时，应在尺寸数字前加注符号“R”；

2　在平面图上标注坡道斜长尺寸时，应将尺寸数字加注括弧。

4.4.6　在同一视图中，对于均匀分布的孔、槽等成组要素，可仅在一个要素上标注其尺寸和数量。

4.5　直角坐标标注及指北针绘制

4.5.1　直角坐标的标注应符合下列规定：

1　同一露天矿各项工程图纸上的坐标系统应一致；

2　绘制带有坐标网的图纸，坐标网格应由细实线绘制的100mm×100mm的方格组成，也可只画出坐标网的“十”字交点，“十”字中线段长度宜为20mm；

3　图纸上画有经纬线时，应按图4.5.1-1规定，将指北针画在图纸的右上角，箭头前方为视图的正北方向，不需标注“N”，坐标以“m”为单位，横坐标（经距Y）为8位数，纵坐标（纬距X）为7位数，按尺寸数字的方向标注；

4　表示某一点的坐标，可在该点的右边或在其引出线上从上到下分别写出纬距（X）、经距（Y）及高程（Z）的符号及数值。如需要同时标注坐标点名称时，可将坐标名称标注在坐标点引出横线的上方，坐标的纬距（X）、经距（Y）、高程（Z）符号及数值标注在横线下方。当图中需要多坐标点标注时，可按图 4.5.1-2 规定，将坐标点用引出线编号，列表表示各点坐标。

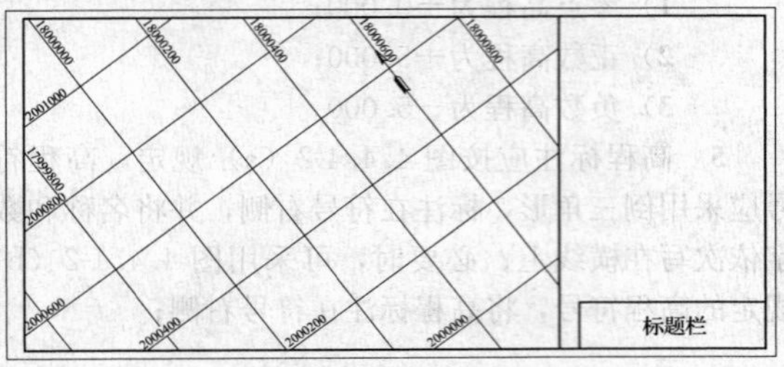

图 4.5.1-1　画有经纬线的坐标标注

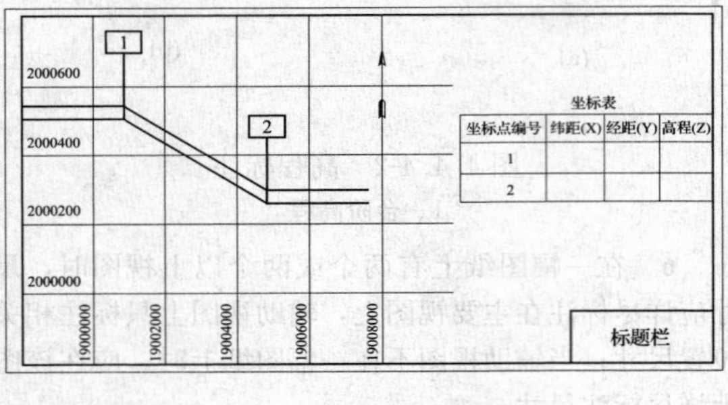

图 4.5.1-2　多坐标点标注

4.5.2　指北针的绘制宜符合图 4.5.2 的规定，指北针的左半侧应涂黑色。指北针的宽度（B）宜等于长度（L）的 1/8。

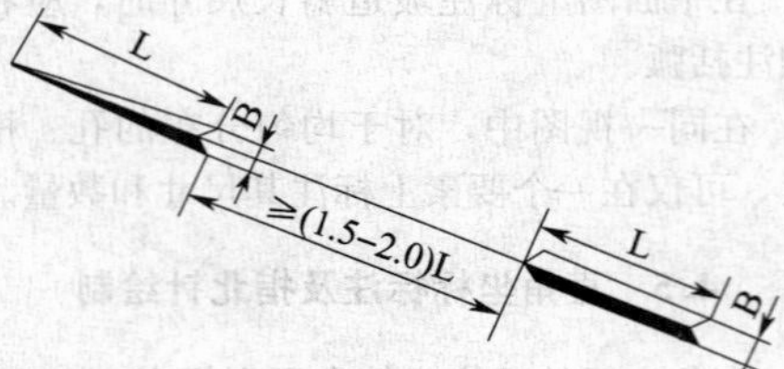

图 4.5.2　指北针绘制

4.6　编号、代号及文字说明标注

4.6.1　出入沟名称、采区名称、穿爆参数、线路参数、降水孔结构等可用引出线标注编号、代号及文字说明，并应符合下列规定：

　　1　应按图 4.6.1-1 规定采用细实线绘制，用直线或折线表示；

　　2　同时引出几个相同部分的引出线，应按图 4.6.1-2 规定，宜互相平行，也可画成集中一点的放射线；

　　3　多层结构或联合结构的共同引出线，应按图 4.6.1-3 规定，通过各层，编号、代号及文字说明的排列顺序应与被标注的层次相互一致，由上至下或从左到右排列；

　　4　图样上的编号，应有规律地排列，可按顺时针方向或逆时针方向排列（图 4.6.1-4）。

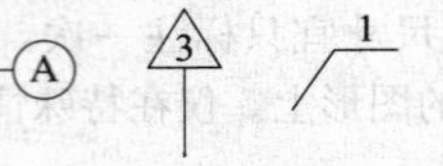

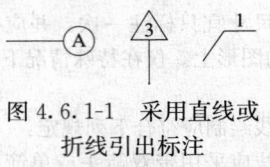

图 4.6.1-1　采用直线或折线引出标注

1—文字说明

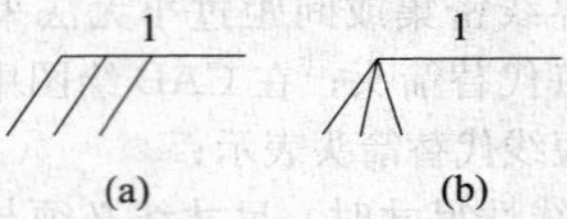

图 4.6.1-2　采用一组平行线或放射线引出标注

1—文字说明

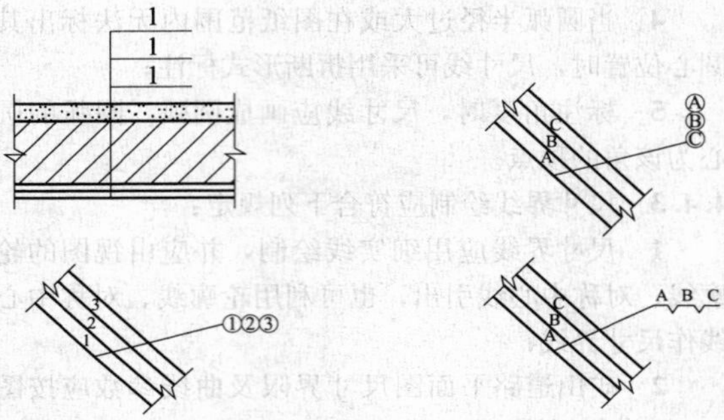

图 4.6.1-3　多层结构或联合结构的共同引出标注

1—文字说明

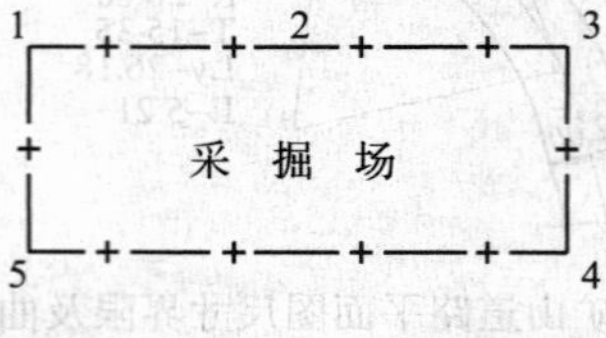

图 4.6.1-4　有规律地排列视图上的编号

4.7　剥、采、排工程图

4.7.1　剥、采、排工程平面图的绘制应符合下列规定：

　　1　移交生产时剥、采、排工程平面图应按移交年初工程位置绘制；达产年（或生产年度）剥、采、排工程位置应按年末工程位置绘制；

　　2　绘制采掘场地表和深部境界线；

　　3　绘制采掘场分区地表和深部境界线；

　　4　绘制剥、采、排台阶、斜坡道及爆堆；

　　5　绘制主要地质勘探线；

　　6　绘制运输线路，标注道路起、终点及重要控制点高程；

7 按本标准图例绘制采掘设备及其工作面；

8 按本标准图例绘制工作线推进方向；

9 标注各台阶高程；

10 绘制外排土场境界、标注其占地面积、排弃总高度、排弃台阶高度、最终稳定边坡角、松散系数、备用系数及排弃容量等；

11 标注内排土场和排弃方向；

12 施工图设计应对各剥、采、排台阶坡顶线的拐点进行编号，并以表格形式标注各拐点的坐标。当采用外包分标段施工时，应分别列出各标段的分界线及其拐点坐标；

13 应附剥、采工程量表和剥、采、排主要设备数量表；

14 移交生产时的平面图应附基建工程量表、开拓煤量、回（备）采煤量数量及可采期；

15 图中已采部分不画断层线和背、向斜轴线等地质符号；未采部分按地质地形图有关内容绘制；

16 采用带式输送机运输的矿山，应标注主要带式输送机转载点的X、Y、Z坐标值；

17 标注出入沟名称及去向。

4.7.2 剥、采、排工程剖面图的绘制应符合下列规定：

1 绘制地质勘探钻孔，并标注孔号、孔口及煤层底板高程；

2 绘制高程线；

3 标注岩层、煤层分界线及其名称或代号；

4 按本标准3.5.1条规定图例绘制已采地表线；

5 按本标准3.2.1条规定图例绘制采掘场境界线；

6 绘制剥、采、排工程位置，并应与平面图对应位置相吻合；

7 标注各台阶高程。

4.8 矿山道路（或出入沟）工程图

4.8.1 线路平面图的绘制应符合下列规定：

1 视图布置宜将线路中心位置与图框底边接近平行；

2 图中文字、符号和数字的标注应按图4.8.1规定，平行线路中心线自左向右书写或垂直线路中心线，面向左方自下而上书写；

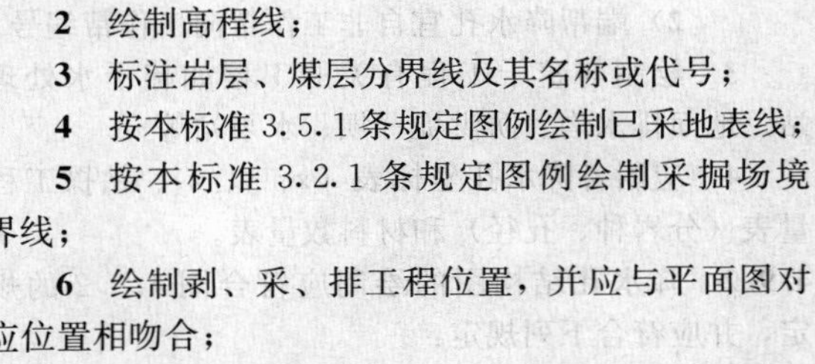

图4.8.1 线路平面图

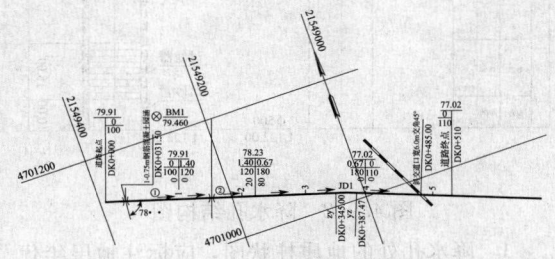

3 线路起点里程的标注，宜符合下列规定：

1）出入沟线路宜从出入沟与地面交点为起点；

2）矿山道路宜从采掘场地表境界线为起点；

3）带式输送机维修道路宜从与既有道路衔接处为起点；

4）线路里程宜由左向右递增。

4 附表应符合下列规定：

1）线路各控制点坐标表应包括控制点编号、名称、方位角、距离及x、y坐标；

2）曲线要素表应包括序号、转点号、转角（左、右）、曲线半径、切线长、曲线长及外矢距；

3）主要工程量表应包括土石方（填方、挖方、挖台阶）、路面、交叉道口、桥涵、挡土墙及其他工程量。

4.8.2 线路纵断面图的绘制应符合下列规定：

1 高程标尺应醒目，对高差大的线路可在适当位置，错落高程标尺绘制；

2 纵断面图的表格内容及形式宜符合图4.8.2的规定；

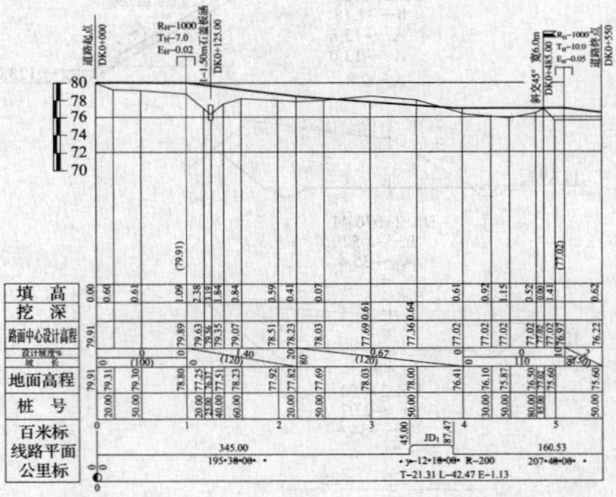

图4.8.2 线路纵断面图

3 图中符号、文字及数字应平行水平基线自左向右书写，或垂直水平基准线面向左方，自下而上书写；

4 纵断面图表格各栏的标注，应符合下列规定：

1）里程为自线路起点开始计算的连续里程，于整公里处应绘制公里标，并标注至两侧整百米标的距离；

2）线路平面应按图例绘制平面曲线，标注转点号、曲线要素及百米以下桩号，并于直线段标注直线长及其方位角；

3）应标注百米标，整公里桩号处只标注整公里数的桩号；

4）百米桩处不应标注桩号；

5）地面高程为线路中心桩号处的高程；

6）设计坡度取小数点后二位，在变坡点处，应标注距相邻百米标的距离；

7）路面中心设计高程，系指路面铺砌后的路面中心高程；

8）挖深、填高系指路面中心设计高程与地面高程两者之差；

5 变坡点处设置竖曲线时，变坡点及附近未经竖曲线改正的设计高程应加括号注写于水平基准线的上方；

6 大中桥应注明设计水位、频率；大桥还应标注最高洪水位及相应的频率；

7 线路竖曲线要素应包括：

竖曲线半径（R_H）、竖曲线切线长（T_H）和竖曲线中点改正值（E_H）。

4.8.3 线路横断面图的绘制应符合下列规定：

1 横断面图在图面上的布置应按图 4.8.3 的规定，自下而上或由左至右的顺序排列，其线路中心线应排列在一条直线上；

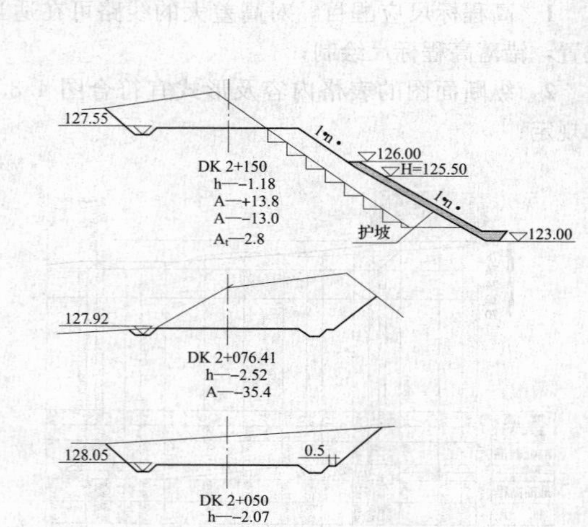

图 4.8.3 线路横断面图

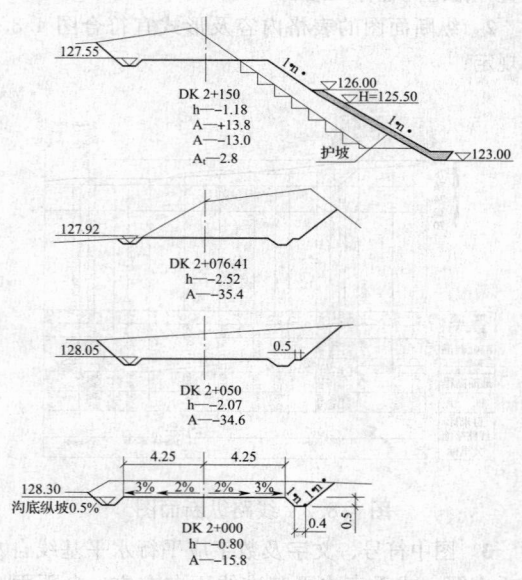

h—路面中心填、挖高，填方为“+”，挖方为“-”；
A—路基横断面积，填方为“+”，挖方为“-”；
A_t—挖台阶面积

2 横断面图的填高、挖深应按纵断面图对应位置的填高、挖深填写；

3 各断面的里程、中心填、挖高及面积应标注在横断面图下方的线路中心处；

4 线路横断面图标注的内容应符合下列规定：

1）路基中心线及边坡坡率；

2）路面宽度及横向排水坡度；

3）水沟底宽、深度、边坡坡率、沟底高程；

4）必要时，可在非变化路段范围内起始的第一个断面图中标注上述内容，其余断面图不再标注。

5 水沟护砌应绘制比例为 1：50 的详图，并标注各部位尺寸及护砌形式；

6 曲线地段横断面，应按曲线技术标准加宽和超高，并注明曲线起、终点；

7 横断面面积计算到小数点后一位数，精度至偶数；土石方体积精度到立方米；

8 横断面图应附土石方数量计算表，内容应包括：桩号、填高、挖深、断面积（填方、挖土方、挖石方、挖台阶）、平均断面积（填方、挖土方、挖石方、挖台阶）、距离、体积（填方、挖土方、挖石方、挖台阶）。

4.9 地下水控制降水孔疏干工程图

4.9.1 降水孔疏干平面图的绘制，应符合下列规定：

1 按本标准图例绘制降水孔排位置，并标注降水孔排名称及降水孔编号；

2 降水孔的编号宜符合下列规定：

1）非工作帮及工作帮的降水孔宜自左向右编号；

2）端帮降水孔宜自非工作帮向工作帮编号。

3 绘制与疏干工程有关的工程如疏干水处理站、地面排水沟、防洪堤、坝、水泵站等；

4 应附各降水孔坐标表（x、y、z）、钻探工程量表（分岩种、孔径）和材料数量表。

4.9.2 降水孔结构图的绘制应符合图 4.9.2 的规定，并应符合下列规定：

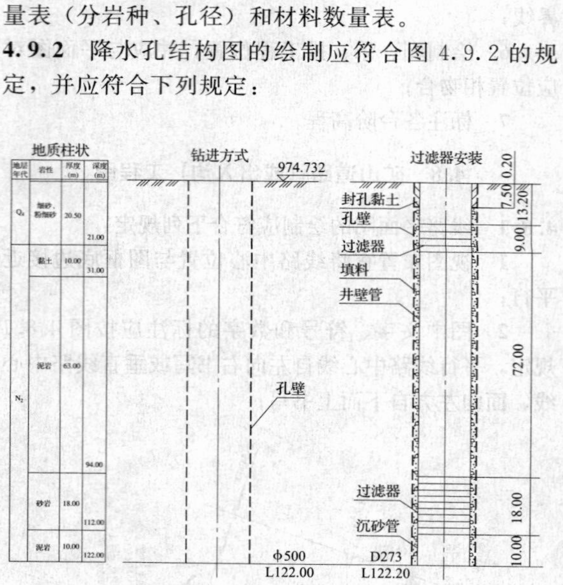

图 4.9.2 降水孔结构图

1 降水孔处的地质柱状图，应标注地层年代、岩性、厚度和深度；

2 钻进方式图应标注地面高程，并在孔底右侧标注孔径和孔深；

3 过滤器安装图应按本标准规定的图例绘制封孔方式、填料、过滤器、井壁管和沉砂管；

4 附降水孔钻探工程量表包括孔深、孔径、岩性、进尺和备注；

5 附降水孔材料数量表包括序号、名称、类型及规格、单位、数量、单位质量、总质量和备注。

4.9.3 降水孔潜水泵安装图的绘制应符合下列规定：

1 相同型号的潜水泵安装图可绘制在一张视图上，并应列表标注各有关降水孔的地面标高、泵房的室内高程、扬水管总长度和泵房地面至泵顶深度；

2 水泵安装图应首先绘制平面图，并应在平面图上选择能反映全貌、构造特征及有代表性的部位剖切，绘制剖面图，剖切符号可用拉丁字母编号；

3 平、剖面图应表示泵房布置、水泵及其安装基础相关尺寸，室内管路布置、井口高程、泵房室内外地面高程；

4 排水支管长度计算至泵房墙外 0.5m 处；

5 附材料表。

4.9.4 疏干排水管路平面图的绘制应符合下列规定：

1 标注既有降水孔及疏干排水管路；

2 标注设计降水孔位置及编号；

3 标注疏干水处理站；

4 标注疏干排水管路起点和终点；

5 绘制节点编号、各段管路的管径和长度；

6 附排水管路转点成果表和材料表。

4.9.5 疏干排水管路纵断面图的绘制应符合图 4.9.5 的规定，并应符合下列规定：

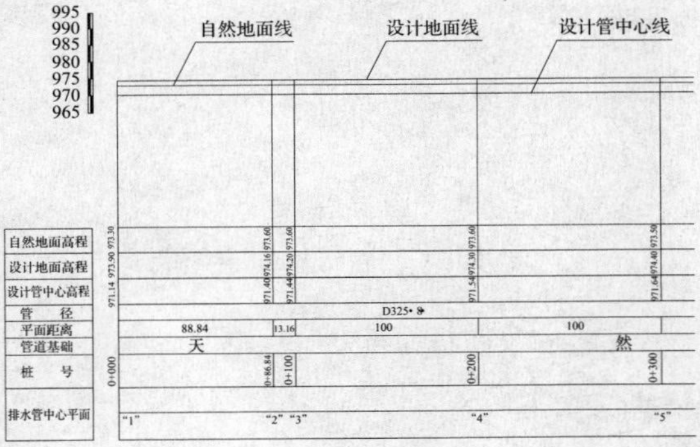

图 4.9.5 疏干排水管路纵断面图

1 图中文字及数字应平行水平基线自左向右书写；

2 纵断面图表格各栏的标注应符合下列规定：

1）排水管中心平面应标注排水管各节点编号、转点编号及偏转方向；

2）桩号应包括各节点桩号、地形凸凹点和管路变坡点的桩号；

3）管道基础分为天然地基或人工地基；

4）平面距离为各桩号间的距离；

5）管径为各段管路的外径和壁厚；

6）设计管中心高程为按不同管径计算得出管中心的高程；

7）设计地面高程为满足管顶覆盖厚度所确定的地面高程；

8）自然地面高程为各桩号的原地面高程。

4.10 地面排水沟工程图

4.10.1 地面排水沟平面图的绘制应符合下列规定：

1 标注排水沟起点、终点和桩号；

2 标注排水沟每 50m 桩号、水沟变坡点、地形凸凹点、圆曲线起点、中点和终点桩号；

3 按本标准规定的图例绘制排水沟；

4 应附排水沟控制成果表，内容包括序号、桩号、（x、y）坐标、距离、方位角、转角、曲率半径（R）、切线长（T）、弧长（L）和外矢距（E）；

5 应附工程量表，内容包括序号、名称、单位、数量和备注。

4.10.2 地面排水沟纵断面图的绘制应符合图 4.10.2 的规定：

1 图中文字及数字应平行水平基线自左至右书写；

2 纵断面图表格各栏的标注应符合下列规定：

1）水沟中心平面应标注水沟转点编号，转角（左或右）、曲率半径（R）、切线长（T）、弧长（L）和外矢距（E）的数值；

2）桩号为平面图的相应桩号；

3）间距为相邻两个桩号之差；

4）原地面高程为水沟中心线桩号处的地面高程；

5）设计坡度/距离：设计坡度以‰表示，取小数点后 2 位；

6）沟底设计高程为按水沟设计坡度计算得出的沟底高程；

7）挖土深度为原地面高程减沟底设计高程之差；

8）回填土高度，排水沟一般不作回填土；

9）结构类型分为土沟、浆砌或干砌片石护砌。

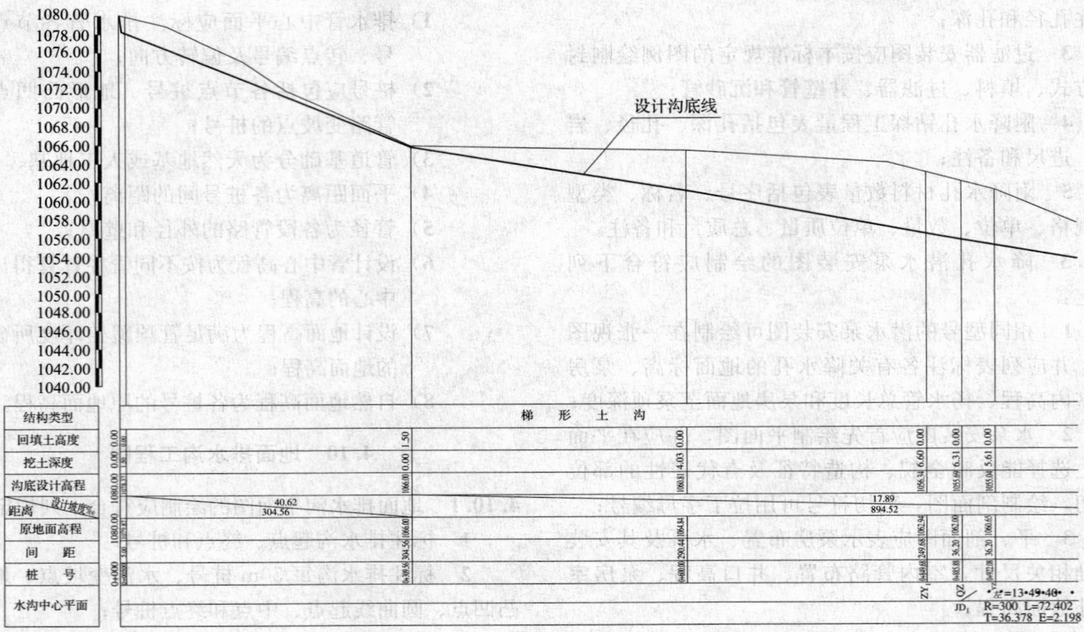

图 4.10.2 排水沟纵断面图

本标准用词说明

1 为便于在执行本标准条文时区别对待，对要求严格程度不同的用词说明如下：

1） 表示很严格，非这样做不可的：
正面词采用“必须”，反面词采用“严禁”；

2） 表示严格，在正常情况下均应这样做的：
正面词采用“应”，反面词采用“不应”或“不得”；

3） 表示允许稍有选择，在条件许可时首先应这样做的：
正面词采用“宜”，反面词采用“不宜”；

4） 表示有选择，在一定条件下可以这样做的，采用“可”。

2 条文中指明应按其他有关标准执行的写法为“应符合……的规定”或“应按……执行”。

中华人民共和国国家标准

煤炭露天采矿制图标准

GB/T 50657—2011

条 文 说 明

制 订 说 明

《煤炭露天采矿制图标准》（GB/T 50657—2011），经住房和城乡建设部2010年12月24日以第887号公告批准发布。

本标准制订过程中，编制组进行了广泛深入的调查研究，总结了我国露天煤矿采矿工程制图中的图纸图幅、图框格式、标题栏、量的符号、图线、字体、图例、视图画法及制图规则的实践经验，同时参考了国家现行有关制图标准的规定，对不适用的图例、表达方式和制图规则进行修改、删减和增补。

为便于广大设计、施工、科研及学校等单位有关人员在使用本标准时能正确理解和执行条文规定，《煤炭露天采矿制图标准》编制组按章、节、条顺序编制了本标准条文说明，对条文规定的目的、依据及执行中需注意的有关事项进行了说明。但是本条文说明不具备与标准正文同等的法律效力，仅供使用者作为理解和把握标准规定的参考。

目　次

1　总则 ………………………………… 1—41—24
2　基本规定 ……………………………… 1—41—24
2.1　图纸幅面 …………………………… 1—41—24
2.2　图框格式 …………………………… 1—41—24
2.3　标题栏 ……………………………… 1—41—24
2.4　会签栏 ……………………………… 1—41—24
2.5　比例 ………………………………… 1—41—24
2.6　量的符号与计量单位 ……………… 1—41—24
2.7　图线 ………………………………… 1—41—24
2.8　字体 ………………………………… 1—41—24
2.9　其他要求 …………………………… 1—41—25
3　图例 …………………………………… 1—41—25
3.1　一般规定 …………………………… 1—41—25
3.2　边界线及地质图例 ………………… 1—41—25
3.3　剥、采、排工程 …………………… 1—41—25
3.4　矿山运输 …………………………… 1—41—25
3.5　疏干、防排水工程 ………………… 1—41—25
3.6　机械设备 …………………………… 1—41—25
4　视图画法 ……………………………… 1—41—25
4.1　图面配置及岩层名称标注 ………… 1—41—25
4.2　图线画法 …………………………… 1—41—25
4.3　剖面（或断面）符号 ……………… 1—41—25
4.4　尺寸标注 …………………………… 1—41—25
4.5　直角坐标标注及指北针绘制 ……… 1—41—26
4.6　编号、代号及文字说明标注 ……… 1—41—26
4.7　剥、采、排工程图 ………………… 1—41—26
4.8　矿山道路（或出入沟）工程图 …… 1—41—26
4.9　地下水控制降水孔疏干工程图 …… 1—41—26
4.10　地面排水沟工程图 ……………… 1—41—26

1 总 则

1.0.1 本条阐明了制定本标准的目的。

1.0.2 本条规定了本标准适用的范围。

1.0.3 煤炭露天采矿专业工程制图，除应符合本标准外，尚应符合国家现行有关标准的规定，如《技术制图》、《量和单位》等。

2 基 本 规 定

2.1 图 纸 幅 面

2.1.1 本条规定的图纸基本幅面，引用了现行国家标准《技术制图 图纸幅面和格式》GB/T 14689—93 中第 3.1 条规定。

2.1.2 为了节省出图成本，本条规定的图纸幅面加长原则，是在现行国家标准《技术制图 图纸幅面和格式》GB/T 14689—93 规定的基础上，做了适当调整。

2.2 图 框 格 式

2.2.1 本条规定的图框格式，引用了现行国家标准《技术制图 图纸幅面和格式》GB/T 14689—93 中第 4.1 条、4.3 条和 5.2 条的规定。图 2.2.1（a）所示 X 型图框格式，其标题栏长边平行于图纸长边；图 2.2.1（b）所示 Y 型图框格式，其标题栏长边垂直于图纸长边，看图方向与看标题栏方向一致。

2.2.2 加长幅面的图框尺寸，引用了现行国家标准《技术制图 图纸幅面和格式》GB/T 14689—93 中第 4.4 条规定。例如，A3×3 的图框尺寸，按 A2 的图框尺寸确定，即 c 为 10mm，a 为 25mm。

2.3 标 题 栏

2.3.1 标题栏的组成，引用了现行国家标准《技术制图 标题栏》GB 10609.1—89 中第 4.1 条规定。

2.3.2 标题栏的方位引用了现行国家标准《技术制图 图纸幅面和格式》GB/T 14689—93 中第 5.1 条及图 4、图 5 规定。

2.3.3 按照行业特点，对现行国家标准《技术制图 标题栏》GB 10609.1—89的标题栏尺寸、格式、名称区、代号及其他区位置进行了调整。本条规定标题栏宽度尺寸为 50mm，长度尺寸为 180mm，签字区可根据各单位质量控制要求进行设置。

2.4 会 签 栏

2.4.1 为确保涉及某项施工图设计的各专业技术接口准确无误，本条规定了会签栏的格式和尺寸。

2.4.2 会签栏的行数由涉及该项施工图设计的专业数确定。

2.5 比 例

2.5.1 各地煤炭露天矿田范围差别大，提供给设计单位的地质资料所采用的图纸比例种类繁多，考虑到采矿工程制图的需要及多年来约定俗成的习惯，规定了露天采矿制图常用比例。

2.5.3 本条规定了比例标注的主要原则。

2.5.4 本条规定了不能按比例绘制视图的要求。

2.6 量的符号与计量单位

2.6.1 根据《中华人民共和国法定计量单位》、《中华人民共和国法定计量单位使用方法》、现行国家标准《空间和时间的量和单位》GB 3102.1－93 等规定，本条规定了露天采矿工程制图和技术文件中常用量的名称和符号。

2.7 图 线

2.7.1 CAD绘图最小可打印线宽为 0.18mm，本条规定基本线宽 b 为 0.3mm 或 0.4mm。

2.7.2 本条规定了制图常用的四种线型，即实线、虚线、单点划线和双点划线。规定了三种图线宽度，即细实线（线宽为 0.18mm，即 0.45b 或 0.6b）、中粗线（基本线宽 b）、粗线（线宽 2b）。b 取 0.3mm 时，细线线宽 0.6b 为 0.18mm；b 取 0.4mm 时，细线线宽 0.45b 为 0.18mm。常用的三种线型，即实线、虚线和单点划线使用实例见图 1 所示。

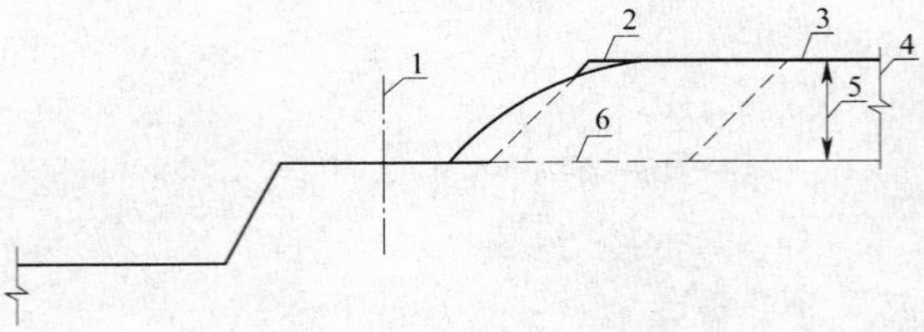

图 1 采掘工作面断面图

1—道路中心线；2—可见轮廓线；
3—尺寸界线；4—长距离的折断裂线；
5—尺寸线；6—中虚线

2.8 字 体

2.8.1～2.8.6 规定引用了现行国家标准《技术制图 字体》GB/T 14691—93第 3 章字体书写的基本要求，并对部分内容做了调整。本规定采用了上述标准中的字体高度的公称尺寸系列：1.8mm、2.5mm、3.5mm、5mm、7mm、10mm、14mm、20mm。

汉字应采用国家正式公布推行的《汉字简化方案》中规定的简化字。汉字的高度不应小于 3.5mm。

汉字、拉丁字母、希腊字母、阿拉伯数字和罗马数字等组合书写时，其排列格式和间距应符合上述标准要求。

2.9 其他要求

2.9.1 地质勘探线剖面图是设计的主要依据，为方便露天采矿工程制图，故规定剥、采、排工程剖面图应采用勘探线剖面图。

3 图 例

3.1 一般规定

3.1.1 本条规定了复制地质图件时图例的使用要求。
3.1.2 本条规定了同一幅图纸图例的使用要求。
3.1.3 本条规定了剥、采平面图中煤岩爆破台阶应按本标准规定的图例绘制爆堆。

3.2 边界线及地质图例

3.2.1 本条规定了露天采矿 11 种边界线的图例。
3.2.2 本条规定引用了露天采矿专业图纸中常用的 18 种地质图例。

3.3 剥、采、排工程

3.3.1 本条规定了 14 类剥、采、排图例。
3.3.2 本条规定了剖切线的图例。

3.4 矿山运输

3.4.1 本条规定了露天矿 15 类标准轨铁路运输图例。
3.4.2 本条规定了露天矿 10 类道路运输图例。
3.4.3 本条规定了露天矿 5 类带式输送机运输图例。
3.4.4 本条规定了各种运输线路交叉口 4 类图例。

3.5 疏干、防排水工程

3.5.1 本条规定了 13 类疏干工程图例。
3.5.2 本条规定了 9 类防排水工程图例。
3.5.3 本条规定了 10 类防排水工程构筑物图例。

3.6 机械设备

3.6.1 本条规定了 19 类采、运、排机械设备图例。
3.6.2 本条规定了 7 类疏干、防排水设备图例。

4 视图画法

4.1 图面配置及岩层名称标注

4.1.1 本条对视图中的制图、附表、图例、附注、说明等配置作了原则性规定。
4.1.2 本条对岩层名称的标注位置作了规定。

4.2 图线画法

4.2.1 本条规定了线型、线宽的绘制要求。
4.2.2 本条规定了物体的中心线绘制要求。
4.2.3 本条规定了剖切线绘制要求。
4.2.4 本条规定了运输线路、排水沟及管路剖切线绘制要求。

4.3 剖面（或断面）符号

4.3.1 本条规定了煤矿常用工程材料或构筑物剖视和剖面图中的剖面（或断面）符号。
4.3.2 本条规定了金属构件剖面线的画法。

4.4 尺寸标注

4.4.1～4.4.6 视图上标注的尺寸数据是确定工程实物真实大小的唯一依据，必须与比例尺度量相符。本节引用了现行国家标准《机械制图　尺寸注法》GB 4458.4—84 的规定，考虑采矿工程制图惯例和 CAD 绘图要求，规定了尺寸线和尺寸界线绘制、尺寸数字标注的基本规则、几个常用量的标注符号及尺寸标注的简化注法。

1. 尺寸线箭头，应按图 2 要求进行绘制。

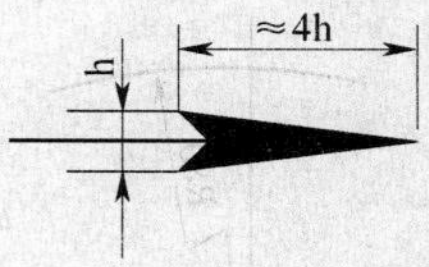

图 2　尺寸线箭头

2. 当尺寸界线密集或间距过小无法采用箭头表示时，可按图 3 所示，部分尺寸线可用圆点代替箭头。

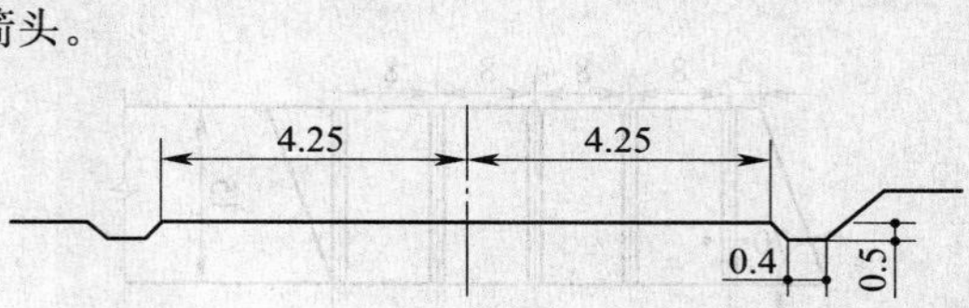

图 3　尺寸线采用箭头或圆点表示

3. 在 CAD 绘图中，可按图 4 所示，尺寸线用斜交短线代替箭头。同一张视图中，尺寸线只能采用箭头（圆点）或斜交短线表示。

4. 圆的直径和圆弧半径应按图 5、图 6 所示，采用带双箭头或单箭头的尺寸线标注。

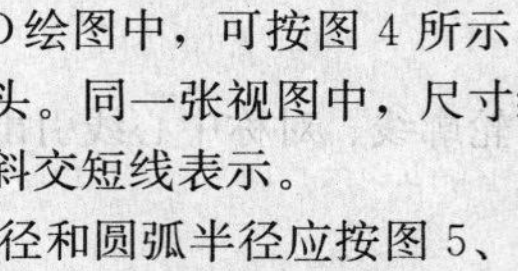

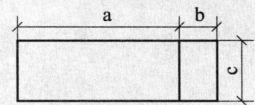

图 4　尺寸线采用斜交短线表示

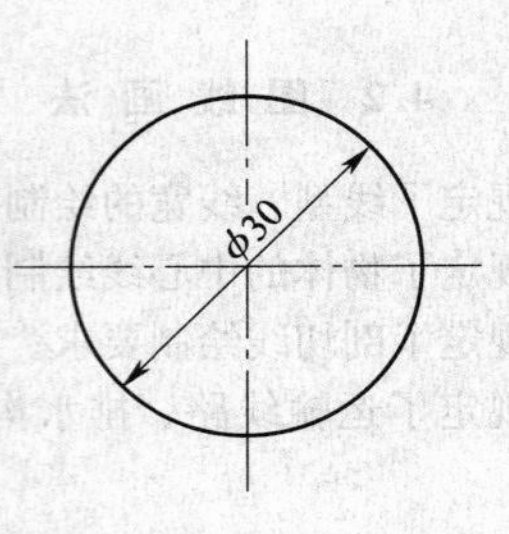

图5　圆的尺寸标注

5. 当圆弧的半径过大或在图纸范围内无法标出其圆心位置时，尺寸线可按图7所示，采用折断形式标注。

6. 尺寸界线应由视图的轮廓线、对称中心线引出（图8）。

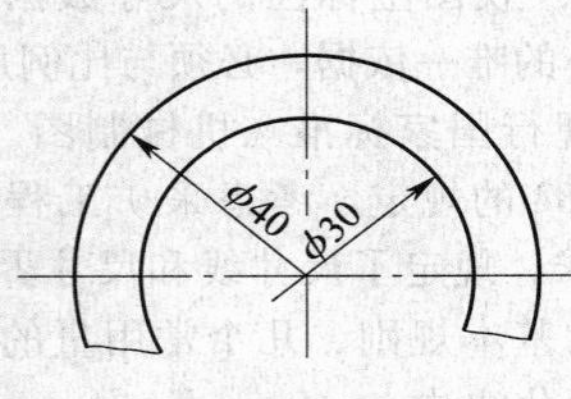

图6　圆弧尺寸标注

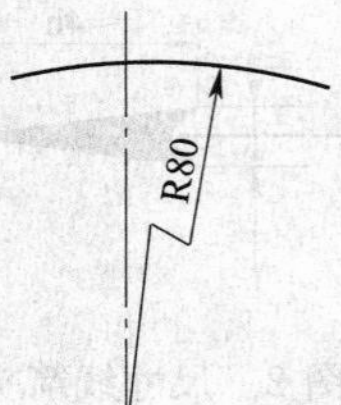

图7　圆弧半径折断形式标注

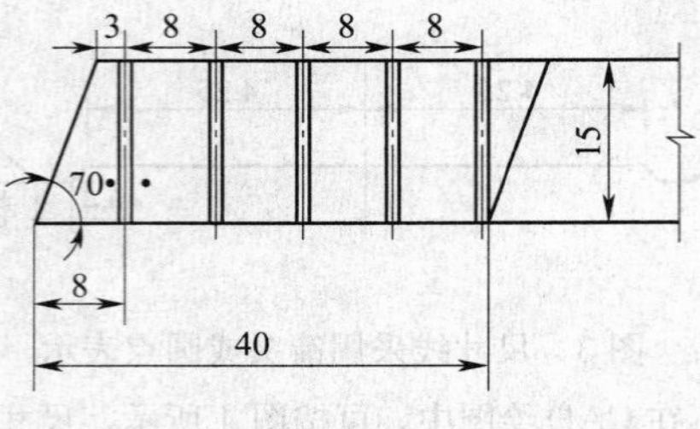

图8　由轮廓线、对称中心线引出尺寸界线

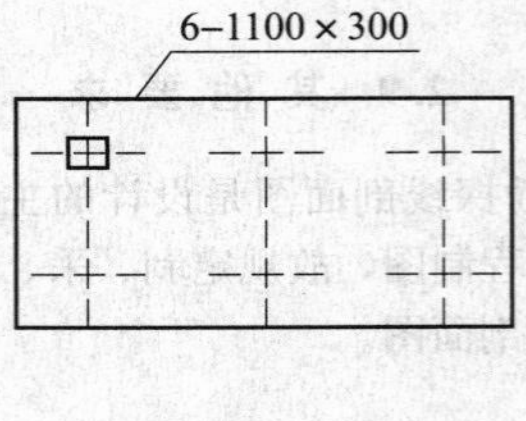

图9　设备基础

6—孔的个数；1100—孔的边长；300—孔深

7. 在同一图形中，对于尺寸相同的孔、槽等成组要素，可按图9仅在一个要素上标注其尺寸和数量。

4.5　直角坐标标注及指北针绘制

4.5.1　本条规定了露天采矿工程图中直角坐标的标注规则。

4.5.2　由于露天采矿工程图的图幅较大，其指北针大小应与图幅相协调，本条根据国内露天煤矿设计制图经验规定了指北针的绘制规则。

4.6　编号、代号及文字说明标注

4.6.1　本条规定了有关编号、代号及文字说明的标注方法。

4.7　剥、采、排工程图

4.7.1、4.7.2　规定了剥、采、排工程平面和剖面图的绘制规则。

4.8　矿山道路（或出入沟）工程图

4.8.1～4.8.3　规定了矿山道路（或出入沟）平面、纵断面和横断面图的绘制规则。

4.9　地下水控制降水孔疏干工程图

4.9.1～4.9.5　规定了地下水控制降水孔疏干平面图、降水孔结构图、潜水泵安装图、疏干排水管路的平面和纵断面图的绘制规则。

4.10　地面排水沟工程图

4.10.1、4.10.2　规定了地面排水沟平面和纵断面图的绘制规则。

中华人民共和国国家标准

煤炭工业矿区机电设备修理厂工程建设项目设计文件编制标准

Standard for preparing design document of construction project of electromechanical equipment repair plant in mining area of coal industry

GB/T 50658—2011

主编部门：中 国 煤 炭 建 设 协 会
批准部门：中华人民共和国住房和城乡建设部
施行日期：2 0 1 1 年 1 2 月 1 日

中华人民共和国住房和城乡建设部
公　　告

第 889 号

关于发布国家标准《煤炭工业矿区机电设备修理厂工程建设项目设计文件编制标准》的公告

现批准《煤炭工业矿区机电设备修理厂工程建设项目设计文件编制标准》为国家标准，编号为 GB/T 50658—2011，自 2011 年 12 月 1 日起实施。

本标准由我部标准定额研究所组织中国计划出版社出版发行。

中华人民共和国住房和城乡建设部

二〇一〇年十二月二十四日

前　　言

本标准是根据住房和城乡建设部《关于印发〈2008 年工程建设标准规范制订、修订计划（第二批）〉的通知》（建标〔2008〕105 号）的要求，由中煤国际工程集团南京设计研究院会同有关单位编制完成的。

本标准在编制过程中，编制组经过调研，认真总结多年设计经验，并在广泛征求意见的基础上，最后经审查定稿。

本标准共分 3 章 5 个附录，主要内容包括：总则、初步设计文件、施工图设计文件等。

本标准由住房和城乡建设部负责管理，由中国煤炭建设协会负责日常管理工作，中煤国际工程集团南京设计研究院负责具体技术内容的解释。本标准在执行过程中，如发现需要修改补充之处，请将意见和建议寄交中煤国际工程集团南京设计研究院（地址：江苏省南京市浦口区浦东路 20 号；邮政编码：210031），以便今后修改和补充。

本标准主编单位、参编单位、主要起草人和主要审查人：

主 编 单 位： 中煤国际工程集团南京设计研究院

参 编 单 位： 中煤西安设计工程有限责任公司
煤炭工业济南设计研究院有限公司
中煤国际工程集团重庆设计研究院

主要起草人： 郭尊远　孔祥国　翟访中　于为芹　殷农元　罗庆光　董万江　林　珍　王小伟　李定明　张世和　王安俊　李　明　刘延杰　高建国　陆桂玖　王空白　刘志刚

主要审查人： 张振文　王荣相　何建平

目　次

1　总则 ………………………………… 1—42—5
2　初步设计文件 …………………… 1—42—5
2.1　一般规定………………………… 1—42—5
2.2　文件组成………………………… 1—42—5
2.3　内容与深度……………………… 1—42—5
3　施工图设计文件 ………………… 1—42—6
3.1　一般规定………………………… 1—42—6
3.2　内容与深度……………………… 1—42—6
附录A　机电设备修理厂初步设计《说明书》编制内容、格式及深度 … 1—42—6
附录B　机电设备修理厂初步设计《主要机电设备及器材清册》编制内容及格式 ……… 1—42—23
附录C　机电设备修理厂初步设计《概算书》编制内容、格式及要求 ……… 1—42—24
附录D　机电设备修理厂初步设计说明书附图内容及深度 ……… 1—42—25
附录E　机电设备修理厂施工图设计单位工程图纸目录……… 1—42—27
本标准用词说明 ……………………… 1—42—29
引用标准名录………………………… 1—42—29
附：条文说明………………………… 1—42—30

Contents

1 General provisions ························ 1—42—5
2 Preliminary design documents ··· 1—42—5
2.1 General requirement ························ 1—42—5
2.2 Document composition ···················· 1—42—5
2.3 Content and depth requirements ··································· 1—42—5
3 Construction drawing design document ···························· 1—42—6
3.1 General requirement ······················· 1—42—6
3.2 Content and depth requirement ··· 1—42—6
Appendix A Preparation content, format and depth of preliminary design description of electromechanical equipment repair plant ························· 1—42—6
Appendix B Format and content of the list of main electromechanical equipment, apparatus and materials ···················· 1—42—23
Appendix C Format, content and preparation requirement of budget ················ 1—42—24
Appendix D Content and depth of drawings attached to preliminary design description of electromechanical equipment repair plant ······················· 1—42—25
Appendix E Construction drawings list of unit project ········· 1—42—27
Explanation of wording in this standard ······························ 1—42—29
List of quoted standards ················ 1—42—29
Addition: Explanation of provisions ························· 1—42—30

1 总　　则

1.0.1 为贯彻执行国家煤炭产业政策，规范煤炭工业矿区机电设备修理厂工程建设项目设计文件编制内容及深度，制定本标准。

1.0.2 本标准适用于井工开采的新建、改建和扩建的矿区机电设备修理厂初步设计和施工图设计文件的编制。

1.0.3 机电设备修理厂工程建设项目设计，应包括初步设计和施工图设计两个阶段。初步设计和施工图设计，必须遵循国家现行的煤炭工业建设项目管理程序的规定。

1.0.4 机电设备修理厂工程设计必须贯彻执行国家有关工程建设的政策和法令，严格执行国家环境保护、职业安全卫生、节能减排、节约用地、消防等方面的规定。

1.0.5 煤炭工业矿区机电设备修理厂工程建设项目设计文件编制内容及深度除应符合本标准外，尚应符合国家现行有关标准的规定。

2 初步设计文件

2.1 一 般 规 定

2.1.1 机电设备修理厂初步设计文件编制依据应包括下列文件：

1 工程设计委托书；

2 经评审、核准的项目申请报告及上阶段设计文件的审批意见；

3 经审查批准的环境影响评价报告及批复文件；

4 经审查批准的职业安全卫生评价报告及批复文件；

5 国家对工程建设有关的法律、法规、规程和规范。

2.1.2 机电设备修理厂初步设计文件的编制应具有下列支撑文件：

1 建设项目占地批复文件；

2 建设项目厂址位置规划经城市规划部门批复文件；

3 供电电源及用电合同或协议文件；

4 经审查批准的给水水源报告及供水或取用水批复文件；

5 厂址位置关于影响文物保护、军事设施等的审核证明文件；

6 厂址位置的地理、气象、环境、地震烈度、水文、地质资料；

7 环境保护、消防、职业安全卫生、绿化、节能及合理利用能源依据性文件；

8 厂址位置近期实测地形图和工程地质勘察报告；

9 概算编制所需有关文件；

10 其他应具备的协议文件。

2.1.3 机电设备修理厂常用术语应符合现行国家标准《机械制造工艺基本术语》GB/T 4863 的有关规定。

2.1.4 机电设备修理厂初步设计文件常用计量单位应按国家有关法定计量单位的规定执行。

2.2 文 件 组 成

2.2.1 机电设备修理厂初步设计文件应由《说明书》、《主要机电设备及器材清册》、《概算书》、《附图》4 部分组成。

2.2.2 初步设计《说明书》编制内容应包括各专业对设计方案进行的进一步技术经济分析，论证技术上的适用性、可靠性、先进性和经济上的合理性，并将其主要内容写进说明书中。《说明书》的编制内容、格式及深度应符合本标准附录 A 的规定。

2.2.3 初步设计《主要机电设备及器材清册》的内容应包括各专业所采用的机电设备和器材选型。《主要机电设备及器材清册》的具体编制内容及格式应符合本标准附录 B 的规定。

2.2.4 初步设计《概算书》应包括各专业采用的设备和器材、建筑安装工程及工程建设其他费用等概算。《概算书》的具体编制内容、格式及要求应符合本标准附录 C 的规定。

2.2.5 初步设计附图应包括各专业绘制的设计图纸，作为设计文件的附图，附图的具体内容及深度应符合本标准附录 D 的规定。

2.3 内容与深度

2.3.1 机电设备修理厂初步设计文件的编制应符合下列规定：

1 应在审核批复的项目申请报告、上阶段设计文件的基础上对已审定的设计方案进行进一步优化。必要时应对重要技术方案进行方案比较和论证；

2 生产工艺、工艺布置、设备选型、主要建（构）筑物结构及选型、厂区总平面布置等必要时进行技术方案论证和比选；

3 应对环境保护、职业安全卫生、消防、节能减排等项目做方案论证，选择合理方案，制定切实有效的措施；

4 改建、扩建项目设计，应根据改建、扩建规模，结合原有设施情况，确定主要改扩建的内容及采取的相关措施；

5 分析论证投资的合理性。

2.3.2 当条件变化时，需对本项目建设规模等重大技术原则进行调整和修改，应报请原项目批准部门办理审批或核准手续。

2.3.3 初步设计文件编制内容与深度应满足下列要求：

1 指导施工图设计；

2 确定土地征用范围和施工准备；

3 确定主要机电设备及器材，为订购主要设备提供依据；

4 作为合理控制项目投资的依据。

2.3.4 初步设计文件编制周期，当服务矿区规模小于10Mt/a时不宜少于3个月，服务矿区规模大于或等于10Mt/a时，不宜大于5个月。

3 施工图设计文件

3.1 一 般 规 定

3.1.1 机电设备修理厂施工图设计应符合经批准的初步设计确定的主要设计原则和技术方案。

3.1.2 施工图预算应以批准的初步设计概算为依据。

3.1.3 施工图设计应符合各专业现行国家有关标准的规定。

3.2 内容与深度

3.2.1 施工图设计文件内容应包括图纸目录、设计图纸、设计与施工说明等。

3.2.2 施工图设计文件的深度应满足下列要求：

1 安排材料、设备订货和非标准设备的制作；

2 满足施工和安装；

3 满足编制施工图预算；

4 进行施工招标；

5 进行单位工程验收。

3.2.3 施工图设计文件宜以单位工程为单位，分专业编制。

3.2.4 机电设备修理厂施工图设计，各专业施工图单位工程图纸目录应符合本标准附录E规定的内容。

附录A 机电设备修理厂初步设计《说明书》编制内容、格式及深度

A.1 初步设计说明书构成

A.1.1 机电设备修理厂初步设计《说明书》应由前引部分、正文部分和附加部分构成。各部分的构成应包括下列内容：

1 前引部分：

1）封面；

2）扉页；

3）各类证书；

4）人员名单；

5）目录；

6）附图目录；

7）前言。

2 正文部分；

3 附加部分（附录）。

A.1.2 《说明书》封面应有建设单位名称、项目名称、初步设计文件编制单位名称及文件出版日期。封面格式应符合图A.1.2的规定。

A.1.3 《说明书》扉页除应包括封面所有的内容外，应有工程编号、服务矿区规模，文件编制单位的院长（总经理）、总工程师和项目总设计师签名，并在编制单位名称上加盖工程设计专用章。扉页格式应符合图A.1.3的规定。

A.1.4 《说明书》应附有文件编制单位的工程设计、工程勘察、营业执照、质量体系认证等资质证书。

A.1.5 《说明书》应附有参加编制人员、审定、审核人员名单。其格式应符合表A.1.5-1～A.1.5-3的规定。

A.1.6 《说明书》应有目录，目录包括正文部分的章、节，附加部分的附录和各附件内容。

A.1.7 《说明书》应有附图目录。附图目录格式及内容应符合表A.1.7的规定。

（隶属关系及建设单位名称）

×××机电设备修理厂初步设计

说 明 书

（编制单位名称）

××××年××月

图A.1.2 《说明书》封面格式

（隶属关系及建设单位名称）

×××机电设备修理厂初步设计

说 明 书

工 程 编 号：×××
服务矿区规模：×××Mt/a

院长（总经理）：×××
总 工 程 师：×××
项目总设计师：×××

（编制单位名称）［加盖工程设计资质章］

××××年××月

图 A.1.3 《说明书》扉页格式

表 A.1.5-1 编制人员名单

专业	姓名（签字）		职务	职称	注册执业印章编号

表 A.1.5-2 审定人员名单

专业	姓名（签字）		职务	职称	注册执业印章编号

表 A.1.5-3 审核人员名单

专业	姓名（签字）		职务	职称	注册执业印章编号

表 A.1.7 初步设计附图目录

序号	图 纸 名 称	图纸编号	图幅规格	备注
1	厂区总平面布置图			
2	厂区竖向布置图			
3	厂区管线综合布置图			
4	××车间工艺平面布置图			
5	××仓库工艺平面布置图			
6	××车间建筑平面、立面、剖面图			
7	××仓库建筑平面、立面、剖面图			
8	动力站建筑平面、立面、剖面图			
9	主要行政办公及生活服务设施建筑平面、立面、剖面图			
10	××车间结构平面布置图			
11	厂区给排水管道平面布置图			
12	厂外给排水管道平面布置图			
13	消防管道平面布置图			
14	压缩空气站设备平面布置图及压缩空气工艺流程图			
15	锅炉房设备平面布置图及热力系统图			
16	厂区热力管道平面布置图			
17	厂区动力管道平面布置图			
18	全厂供配电系统图			
19	厂区变（配）电所电气设备平面布置图			
20	厂区动力配电和照明线路布置图			
21	厂区弱电工程系统线网布置图			

A.1.8 《说明书》前言应包括下列内容：

1 项目名称隶属关系及所在地区；

2 设计前期工作情况；

3 设计范围；

4 改建、扩建项目的特殊要求；

5 需要说明的问题和建议。

A.1.9 《说明书》正文部分应按照章、节排序，前言不需排序。各章、节应有章、节名称，位置居中。章、节层次编号及名称应符合表 A.1.9 的规定。各章节内容和深度，应符合本标准第 A.2 节～第 A.16 节中的有关规定。

表 A.1.9　初步设计说明书章、节层次编号及名称

目　　录

前言
第一章　总论
第一节　概述
第二节　厂址概况及自然条件
第三节　设计指导思想和主要原则
第四节　生产纲领
第五节　工厂组成、工作制度及年时基数
第六节　主要数据和技术经济指标
第二章　工艺
第一节　概述
第二节　××车间（每个车间占一节）
第×节　理化试验室、计量室
第×节　全厂仓库
第三章　总图与运输
第一节　概述
第二节　厂区总平面布置
第三节　厂区竖向布置
第四节　厂区防洪及排涝
第五节　厂区绿化美化布置
第六节　厂内外运输
第七节　厂区管线综合布置
第八节　主要技术数据和工程量
第四章　建筑与结构
第一节　概述
第二节　建筑材料和施工要求
第三节　建筑物和构筑物
第五章　电气
第一节　概述
第二节　供配电
第三节　照明
第四节　防雷与接地
第五节　信息管理系统
第六章　给水、排水
第一节　概述
第二节　给水
第三节　排水
第四节　室内给水、排水
第七章　采暖、通风与空气调节
第一节　概述
第二节　采暖及供热
第三节　通风、除尘与空气调节
第八章　动力站和热力、动力管道
第一节　概述
第二节　压缩空气站
第三节　锅炉房
第四节　热力和动力管道
第九章　职业安全卫生
第一节　概述
第二节　职业危害因素分析
第三节　主要防范措施
第四节　机构设置及专项投资
第十章　环境保护与水土保持
第一节　概述
第二节　项目建设和生产对环境影响
第三节　防治措施及利用
第四节　机构设置及专项投资
第十一章　消防
第一节　概述
第二节　火灾隐患和防火等级
第三节　消防措施
第十二章　节能、减排
第一节　概述

续表 A.1.9

第二节　消耗能源种类及数量
第三节　节能、减排措施及评价
第十三章　建设工期
第十四章　组织机构和人力资源配置
第一节　组织机构
第二节　人力资源配置
第十五章　技术经济
第一节　概算
第二节　资金筹措
第三节　技术经济分析
第四节　主要数据和技术经济指标
附录：设计依据和支撑文件

A.1.10　《说明书》中的附表应在节中连续，并在章节号前加"表"字编号。当一节中有多个表时，可在章节号后加表的顺序号。表中的章节编号应采用阿拉伯数字，章节层次之间加圆点。表的编号后应空一字列出表名，列于表格上方居中。

A.1.11　《说明书》中的插图排序与表的排序方法相同，在章节号前加"图"字编号，位置列于图的下方居中。

A.1.12　《说明书》附加部分的附录应包括下列内容：

1　工程项目设计任务书；

2　上阶段设计文件的审批意见；

3　主管部门对有关设计问题的决议或批示；

4　与有关单位签订的协议书及对设计重大原则问题的会议纪要；

5　厂址所在位置的气象、水文、地质、地震烈度等原始数据资料。

A.2　总　　论

Ⅰ　概　　述

A.2.1　项目初步设计依据及主要原始资料应包括下列内容：

1　设计委托书；

2　上阶段设计文件的主要内容及审批意见；

3　有关用地、环境保护、职业安全卫生、节能减排、消防、抗震、绿化等要求和依据性资料；

4　有关规划、给水、排水、供电、供热、燃料、通信、运输、厂外道路等协议性文件；

5　有关其他企业专业化生产协作的协议文件。

A.2.2　初步设计应说明设计的主要内容及工程概况。

A.2.3　改建、扩建项目设计应说明下列内容：

1　目前工厂的生产能力、工厂组成、各车间建筑面积、主要生产设备及全厂人员配备等的现状；

2　根据本次设计的目标任务，说明要解决的问题，结合原有设施的现状，确定改扩建的内容及采取

的有关措施。

Ⅱ 厂址概况及自然条件

A.2.4 厂址概况应包括下列内容：

1 厂址位置及其与四邻的关系；

2 厂区占地及地物、地貌、高程及坡度；

3 厂区工程地质及水文概况；

4 地震基本烈度。

A.2.5 初步设计主要气象数据应包括下列内容：

1 年平均气温，极端最高、最低气温；

2 年平均降雨量，年最大降雨量、日最大降雨量及最高洪水位；

3 平均风速、最大风速及主导风向；

4 最大积雪厚度、最大冻土深度。

Ⅲ 设计指导思想和主要原则

A.2.6 设计指导思想应阐述设计定位及发展目标。

A.2.7 主要设计原则应包括下列内容：

1 设计应贯彻的国家法律、法规和方针、政策的有关规定；

2 设计中采用新技术、新工艺、新设备、新结构及新材料的情况；

3 环境保护、职业安全卫生、节能减排、消烟除尘、防洪、排涝、抗震设防等采取的主要措施；

4 厂区供电、供热、给水、排水、通信等公用工程及办公、生活服务设施的设计原则；

5 根据使用功能和要求说明厂区总体布局的原则；

6 专业化内外协作的原则。

Ⅳ 生 产 纲 领

A.2.8 编制初步设计生产纲领的原始资料应包括下列内容：

1 矿区设计规模及矿井、选煤厂组成应列表说明，其格式应符合表A.2.8的规定。

2 统计矿区综采、连采、高档普采、综掘、普掘等矿井设备装备的台数、质量及电动机容量；

3 统计矿区选煤设备装备的台数、质量及电动机容量；

4 专业化协作生产落实情况。

表A.2.8 矿区设计规模表

序号	矿井名称	矿井		选煤厂		备注
		开拓方式（立井、斜井、平硐）	设计年产量（Mt/a）	选煤工艺	设计入选量（Mt/a）	
1	×××					
2	…					
	合计					

A.2.9 生产任务量计算应包括下列内容：

1 矿山机械设备年修理量具体包括：

1）液压支架年修理量（架、t）；

2）单体液压支柱年大修理量（根、t）；

3）采掘及其他设备年修理量，其中外修量（台、t）。

2 矿山电气设备年修理量具体包括：

1）电动机年修理量（台、kW）；

2）变压器年大修理量（台、kV·A）；

3）开关及其他电气设备年修理量（台、kW）。

3 其他生产年任务量（台、件、t）。

A.2.10 编制生产纲领应列表汇总全厂及各车间年生产任务量，其格式应符合表A.2.10的规定。

表A.2.10 全厂及各车间年生产任务量表

序号	项目名称	全厂年任务量				液压支架修理（单体支柱）				矿山机械修理				矿山电气设备修理		铆焊修理（t）	备注
		大修理		一般检修		大修理		一般检修		大修理		一般检修		大修理	一般检修		
		数量台	质量（t）	数量台	质量（t）	架	（t）	架	（t）	台	（t）	台	（t）	（kW）（kV·A）	（kW）		
	合计																

Ⅴ 工厂组成、工作制度及年时基数

A.2.11 工厂组成、工作制度、人员、面积应列表说明，其格式应符合表A.2.11的规定。

表A.2.11 工厂组成及面积、人员表

序号	部门名称	建筑面积（m^2）	人员（人）	工作制度	备注
一	生产车间				
	其中：××				
二	辅助设施				
	其中：××				
三	动力站房设施				
	其中：××				
四	行政办公及生活服务设施				

续表 A.2.11

序号	部门名称	建筑面积（m^2）	人员（人）	工作制度	备注
	其中：××				
	合　计				

注：部门名称以单位工程列项。

A.2.12 设备和工人设计年时基数应包括下列内容：

1 列表说明工艺设备设计年时基数，其格式应符合表A.2.12-1的规定；

表 A.2.12-1 工艺设备设计年时基数表

设备类别	设计年时基数（h）		
	一班制	二班制	三班制
工艺设备			

2 列表说明工人设计年时基数，其格式应符合表 A.2.12-2 的规定。

表 A.2.12-2 工人设计年时基数表

工作环境类别	每周工作日（d）	全年工作日（d）	每班工作小时（h）			设计年时基数（h）		
			第一班	第二班	第三班	第一班	第二班	第三班
一类								
二类								

Ⅵ 主要数据和技术经济指标

A.2.13 全厂主要设备应按设备分类列表统计，其格式应符合表 A.2.13 规定的内容。

表 A.2.13 全厂主要设备表

序号	设备类别名称	台数			最大规格	备注
		合计	原有	新增		
1	检修设备					
2	试验设备					
3	锻压设备					
4	焊接、切割设备					
5	金属切削机床					
6	动力设备					
7	起重运输设备					

注：1 检修设备包括矿山机械修理、矿山电气修理等用的设备；

2 试验设备包括液压支架、采掘设备、电气试验等试验设备。

A.2.14 全厂职工总数应说明直接生产工人、技术管理人员、服务人员及最大班人数，并注明其中女职工人数。

A.2.15 全厂主要数据和技术经济指标应列表汇总，其格式应符合表 A.2.15 规定的内容。

表 A.2.15 主要数据和技术经济指标汇总表

序号	项目名称	单位	数据	备注
一	主要数据			
1	矿区建设规模	Mt/a		
2	年生产任务量	t		
	其中：液压支架修理	架、t		
	矿山机械修理	台、t		
	矿山电气设备修理	kW、kV·A		
	其他任务量	t		
3	厂区占地面积	hm^2		
4	厂区建筑总面积	m^2		
	其中：生产车间	m^2		
	辅助设施	m^2		
	行政生活设施	m^2		
5	露天堆放作业场地面积	m^2		
6	生产车间工作班制	班		
7	年工作天数	d		
8	全厂职工人数	人		其中：女职工人数
	其中：直接生产工人	人		包括生产工人及辅助工人
	技术管理人员	人		
9	厂区绿化面积	hm^2		
10	建设工期	a		
11	概算总投资	万元		
	其中：土建工程	万元		
	设备购置	万元		
二	指标			
1	厂区建筑占地系数	%		
2	厂区绿化系数	%		
3	主要车间单位建筑面积年产量	t/m^2		
4	全员人均年生产量	t		
5	生产工人人均年生产量	t		
6	每吨年任务量基建投资	元		

A.3 工　艺

Ⅰ 概　述

A.3.1 车间生产工艺概述应包括下列内容：

1 根据生产纲领和生产特点，叙述任务范围及内容，并说明生产性质（单件小批、成批）；

2 主要生产工艺流程、物料流程应概述下列内容：

1）设备修理工艺流程；

2）生产所需原材料、零部件、配件、半成品、成品物流路线。

3 主要生产工艺和措施应说明下列内容：

1）生产工艺所采用的作业方式、技术措施；

2）环境保护、职业安全卫生、节能减排采用的措施和原则；

3）新工艺、新技术、新设备、新材料的应用。

4 各车间之间生产协作关系；

5 主要工艺设备选型和配置原则，关键设备选型的方案比选；

6 车间物料及检修设备的储存和运输方式及主要运输设备的选用原则。

A.3.2 改建、扩建项目设计除第 A.3.1 条包括的内容外，还应简要说明原有生产设施、生产工艺现状、设备利用情况和技术改造措施。

Ⅱ ××车间

A.3.3 车间任务和生产纲领应概述下列内容：

1 本车间所承担任务的内容和生产性质；

2 车间生产纲领应列表说明；

3 本车间与其他车间或与外部协作任务和内容；

4 车间产品的特点、主要技术要求，并列出最大件、最重件的名称、质量及外形尺寸和最大功率的电动机、变压器的质量及外形尺寸；

5 改建、扩建的车间设计，还应说明原有车间的情况和对其利用程度。

A.3.4 主要生产工艺过程和措施应说明下列内容：

1 根据生产批量的大小说明车间作业的生产方式；

2 各车间应说明主要设备的修理工艺过程，并附流程框图以及典型零件的修复工艺措施；

3 关键工艺方案及重大设备选用需经多方案经济比较及论证；

4 被修设备的检测措施及其过程；

5 新技术、新工艺、新设备的采用；

6 控制噪声、减少产生烟尘、漆雾、废气、废液、废渣以及防火、防爆、防腐蚀、防电焊弧光伤害等有关环境保护、职业安全卫生、节能减排采取的措施。

A.3.5 设备计算和选型应包括下列内容：

1 主要设备的计算方法，计算结果、设备负荷率等，确定主要设备的型号、规格、台数；

2 改建、扩建项目应说明原有设备的利用情况。

A.3.6 车间工作班制和人员应列表说明，其格式应符合表A.3.6的规定。

表 A.3.6 车间人员表

序号	名称	人数					备注
		第一班	第二班	第三班	合计		
					原有	新增	
1	生产工人						
2	辅助工人						
3	技术、管理人员						
	合计						男女职工比例

A.3.7 车间组成、面积及平面布置应包括下列内容：

1 车间组成应包括生产部门和辅助部门；

2 车间组成及面积应列表说明，其格式应符合表 A.3.7 的规定；

表 A.3.7 车间组成及面积表

序号	名称	面积（m^2）	占总面积百分比（%）	备 注
一	生产部门			改建、扩建项目应注明新增面积数量
1	×××			
2	×××			
二	辅助部门			应注明占用生活室面积数量
1	×××			
2	×××			
	合 计			

3 车间平面布置应说明下列内容：

1）车间在厂区总平面布置图上的位置及与相邻车间的关系；

2）厂房跨度、长度、面积及起重机能力、台数及轨顶标高；

3）根据方案比较说明车间工艺平面布置特点及合理性；

4）改建、扩建厂房还应说明原有厂房的利用或改造情况。

A.3.8 车间动力消耗量应列表统计，其格式应符合表 A.3.8 规定的内容。

A.3.9 矿山电气修理车间应设电气试验站，具体应说明下列内容：

1 简述试验站、室的任务；

2 试验项目和试验方法；

表 A.3.8　动力消耗量表

序号	项目名称	单位	安装容量	全年消耗量	小时消耗量		备注
					最大	平均	
1	电力						
	其中：工艺设备	kW					
		kV·A					
	起重运输设备	kW					
2	压缩空气	m^3					
3	氧气	m^3					
4	蒸汽	t					
5	二氧化碳气	m^3					
6	燃气	m^3					
7	乙炔气	m^3					
8	生产用水	m^3					

注：根据需要增减项目内容。

3　主要试验设备的选型；

4　试验站的平面布置和人员配备及男女比例。

A.3.10　车间主要数据和技术经济指标应列表说明，其格式应符合表 A.3.10 的规定。

表 A.3.10　车间主要数据和技术经济指标表

序号	项目名称	单位	数据	备注
一	主要数据			
1	车间年产量	t（台）		
2	全年劳动量	工时		
3	车间总人数	人		其中：女职工数
	其中：生产工人	人		
4	车间总面积	m^2		
	其中：×××	m^2		
5	主要设备台数	台		
6	车间工艺设备投资	万元		
二	指标			
1	每一车间人员年产量	t		
2	每一车间生产工人年产量	t		
3	单位总面积年产量	t/m^2		
	其中：×××	t/m^2		
4	每吨产品工艺投资	万元		

注：每个车间各占一节，分别叙述。

Ⅲ　理化试验室、计量室

A.3.11　理化试验室、计量室设计应说明下列内容：

1　工作任务的具体内容、范围及组成；

2　主要设备或仪器仪表的选型和配置的依据；

3　工人、技术管理人员配备的数量，并注明其中女职工人数；

4　设置地点和面积。

注：理化试验室、计量室各占一节，分别叙述。

Ⅳ　全厂仓库

A.3.12　全厂仓库设计应说明下列内容：

1　全厂仓库组成；

2　各仓库的任务、用途和年储存量（包括储存量计算方法和指标采用），储存周期及每批储存量。

A.3.13　设备选型应包括主要设备的型号、规格、台数及货架规格、数量。

A.3.14　工人、技术管理人员配备的人数，并注明其中女职工人数。

A.3.15　工艺平面布置和面积应包括下列内容：

1　根据每批储存量计算库房面积，并说明储存和装卸方式；

2　按厂房部分，露天排架部分和露天场地部分分别列出各类物资占用面积。

A.3.16　各库房动力消耗量应列表统计，其格式宜符合表 A.3.8 的规定。

A.4　总图与运输

Ⅰ　概　述

A.4.1　总图与运输设计应包括下列内容：

1　摘述本设计总论中所列批准文件和依据性资料与本专业设计有关的内容；

2　当地规划和有关主管部门对本工程的平面布局、交通运输及分期建设等方面的要求；

3　工艺和有关专业设计对本专业的要求；

4　本工程地形图所采用的坐标、高程系统。

A.4.2　厂址概况应说明下列内容：

1　厂址位置及区域情况包括所在地区的坐落位置，周边关系，当地能源、水、电、交通、运输及公共服务设施等可利用情况；

2　厂区自然条件包括地形、地貌、高程、自然坡度、气温、洪水位及出现频率、地下水深度、冻土层厚度、全年及夏季主导风向、地震基本烈度等与总平面有关的数据资料；

3　改建、扩建厂还应说明厂址及厂区现状，厂区占地面积、现有建筑物、构筑物及道路等的布局。

Ⅱ　厂区总平面布置

A.4.3　厂区总平面布置应阐述下列内容：

1 厂区总平面布置与周围环境及区域规划的关系；

2 厂区组成及功能划分布置原则；

3 根据生产工艺、物流强度与设施间的密切程度及环境保护、职业安全卫生、消防、节能等要求，结合地形、地质、气象等自然条件，阐述厂区建筑物、构筑物、露天堆场、运输线路、管线、绿化及美化设施平面布置的具体内容与特点；

4 厂区组成及功能划分布置原则；

5 厂区出入口的设置及人流、物流的组织情况；

6 厂区道路网的布置、主次干道的宽度、结构形式及转弯半径；

7 改建、扩建项目设计，还应说明平面布置的调整和原有建（构）筑物的利用、改造及拆除情况。

Ⅲ 厂区竖向布置

A.4.4 厂区竖向布置应说明下列内容：

1 根据地形、洪水位标高、规划区道路及市政管线的标高、工艺要求、场地平整方法及土石方平衡等条件，确定室内外地坪标高、道路中心标高；

2 确定竖向布置和场地雨水排放方式；

3 土方工程的最大填方高度、挖方深度、土石方平衡，取土或弃土地点，挡土墙的设置及结构材料。

Ⅳ 厂区防洪及排涝

A.4.5 厂区防洪及排涝应包括下列内容：

1 根据有关标准、规范及依据性资料确定厂区防洪标准；

2 根据附近江、河、湖泊及山洪的水文地质情况、汇水面积等，确定洪水流量；

3 当厂区场地标高低于洪水位时，应着重说明防洪及排涝的厂外排水措施。

Ⅴ 厂区绿化美化布置

A.4.6 厂区绿化美化布置应包括下列内容：

1 说明有关环境美化、绿化布置及建筑小品等的设计内容；

2 计算全厂绿化面积和绿地率。

Ⅵ 厂内外运输

A.4.7 厂内、外运输应对下列内容计算说明：

1 全年运输量包括运进、运出及厂内运输量；

2 按厂内外运输及装卸方式，选用运输设备及工具；

3 确定厂内运输设施及技术条件。

A.4.8 厂外道路应包括下列内容：

1 简述附近公路情况运输量及运输设备类型及与有关部门的协议；

2 对新建公路应说明路面宽度、路面结构及公路桥涵等技术条件。

Ⅶ 厂区管线综合布置

A.4.9 厂区管线综合布置应说明下列内容：

1 厂区管线类别及走向；

2 厂区管线综合布置原则；

3 厂区管线敷设方式。

Ⅷ 主要技术数据和工程量

A.4.10 总图运输主要技术数据和工程量应列表说明，其格式应符合表A.4.10规定的内容。

表A.4.10 主要技术数据和工程量表

序号	项目名称		单位	数据	备注
1	厂区占地面积		hm^2		
2	建（构）筑物占地面积		hm^2		
3	道路和广场面积		hm^2		不含场外道路
4	绿化面积		hm^2		
5	露天堆场、作业场地面积		m^2		
6	厂区建筑总面积		m^2		
7	建筑系数		%		
8	场地利用系数		%		
9	绿地率		%		
10	围墙长度		m		
11	挡土墙长度		m		
12	拆除原有建筑面积		m^2		
13	土石方工程量	填方	m^3		
		挖方	m^3		

注：对改建、扩建项目应分别计列原有、新增及合计。

A.5 建筑与结构

Ⅰ 概 述

A.5.1 建筑和结构设计依据应包括下列内容：

1 摘录总论中有关批准文件和依据性资料与本专业有关的内容；

2 工艺和有关专业提供的设计条件及要求；

3 改建、扩建项目原有建筑物的资料。

A.5.2 气象资料应包括下列内容：

1 气候类型；

2　历年的平均温度、年平均最低温度、最热月平均温度、最冷月平均温度、极端最高温度、极端最低温度、冰冻时期和最大冻土深度；

3　年平均最大降雨量、月最大降雨量、1小时最大降雨量、雨季期和雨季期降雨量占全年总降雨量的比例；年最大降雪量、最大积雪厚度、最大雪压、积雪期；

4　历年最大风速，年平均风速，全年最大、最小风频和风向，夏季最大、最小风频和风向，冬季最大、最小风频和风向；

5　年雷暴日数，年沙暴日数，年冰雹日数。

A.5.3　工程地质和水文地质应主要简述下列内容：

1　厂址用地范围内的地形、地貌、地物、坡度及四邻情况；

2　场地地质构造、地层结构、岩土性质及其均匀性、地下水埋藏条件等；

3　不良地质作用的成因、分布、规模、发展趋势及初勘对场地稳定性作出的评价和建议；

4　各项岩土性质指标，岩土的强度参数、变形参数、地基承载力的建议值及不良地基的处理意见；

5　土和水对建筑材料的腐蚀性；

6　详勘中需要着重查清的工程地质因素；

7　所在地区的地震基本烈度数据。

A.5.4　设计采用的主要数据应包括下列内容：

1　基本风压值；

2　基本雪压值；

3　抗震设防烈度；

4　建筑场地类别和场地土类型。

Ⅱ　建筑材料和施工要求

A.5.5　建筑材料和构（配）件选用应从以下方面说明：

1　主要建筑材料的选用原则，来源、供应和运输情况；

2　当地建筑材料供应情况；

3　当地建筑构（配）件的供应情况；

4　采用新材料、新产品应说明性能和使用效果。

A.5.6　当有特殊施工时应提出对施工单位的要求。

Ⅲ　建筑物和构筑物

A.5.7　建筑设计应从下列方面说明：

1　厂区主要建筑物组成；

2　建筑物的生产类别、耐火等级、抗震设防烈度、卫生、消防标准的确定；

3　主要厂房的使用功能，对采光、通风、节能、排水所采取的技术措施，当有特殊要求时应重点说明；

4　行政、生活建筑面积指标的采用依据和计算；

5　围护结构的材料及传热系数，保温、隔热层做法，防水层做法，内外墙面及平顶装修标准；

6　各种建筑配件及材料的选用；门窗选型和开启方式，天窗的选型和开启方式等；

7　前后期建设内容及其处理意见；

8　主要地面、楼面构造；

9　装修原则。

A.5.8　结构设计应从下列方面进行说明：

1　主要厂（库）房结构选型，包括地基处理、特殊地基处理要重点说明，基础形式和上部结构材料的选用，必要时应进行方案比较论证；

2　行政、生活建筑及辅助建筑的结构选型；

3　各单位工程抗震采取的有关措施；

4　采用新技术、新结构的说明；

5　独立式厂房前、后期建设所采取的结构措施的说明；

6　改建、扩建项目还应说明对原有建筑物的利用、改造和加固补强措施。

A.5.9　全厂建筑物和构筑物特征应列表说明，其格式和内容应符合表A.5.9的规定。

表A.5.9　全厂建筑物和构筑物特征一览表

序号	项目名称	跨度(m)	长度(m)	层数	面积(m^2)	体积(m^3)	吊车轨顶标高(m)	吊车起重量(t)	柱顶标高或层高(m)	室内工程			建筑结构选型													备注
										采暖	通风	给排水	厂房柱	屋面板	屋架(梁)	天窗架	吊车梁	基础	外墙	内隔墙	楼面	门	窗	地面	散水明沟	
1	2	3	4	5	6	7	8	9	10	11	12	13	14	15	16	17	18	19	20	21	22	23	24	25	26	

注：独立建筑物和构筑物应单独列项。

A.6 电　气

Ⅰ 概　述

A.6.1 电气设计依据应包括下列内容：

1 摘录总论所列批准文件和依据性资料中与电气专业有关的内容；

2 其他专业提供的设计条件、要求及相应资料。

A.6.2 设计范围应包括下列内容：

1 根据设计任务要求和有关设计资料，说明本专业设计的范围及内容；

2 改建、扩建工程设计还应简述原有供配电、照明、通信等系统的现状，说明对原有系统的改造和利用以及存在的问题。

Ⅱ 供 配 电

A.6.3 确定供电电源的应说明下列内容：

1 矿区电网现状及发展规划情况；

2 供电电源应包括电源点位置，电压等级及确定原则，供电线路回路数，线路型号规格、路径、长度、电压降和接入方式。

A.6.4 电力负荷计算和变压器选型应列表说明，其格式应符合表A.6.4-1、表A.6.4-2的规定。

A.6.5 厂区变（配）电所应说明下列内容：

1 厂区变（配）电所的位置，结构型式和功能定位；

2 主接线方式，主变压器及主要电气设备选型，所用及操作电源，防雷、过电压保护与接地；

3 高压短路电流的计算依据，最大与最小运行方式计算及等值电路，计算结果，主要电气设备动热稳定性校验；

4 综合自动化系统结构，监控监测内容及要求，自动化程度，继电保护的方式及配置；

5 无功功率补偿及谐波滤波设备选型。

A.6.6 厂内供（配）电应说明下列内容：

表 A.6.4-1　电力负荷统计表

序号	负荷名称	电压(kV)	设备功率(kW)	设备数量(台)		设备容量(kW)		需用系数	功率因数cosΦ	tgΦ	计算负荷			年利用小时	年耗电量(kW·h)	备注
				安装	工作	安装	工作				有功(kW)	无功(kvar)	视在(kV·A)			

表 A.6.4-2　变压器选型表

序号	负荷名称	变电所母线最大负荷			同时系数	考虑同时系数时母线最大负荷			功率因数cosΦ	变压器选择		
		有功(kW)	无功(kvar)	视在(kV·A)		有功(kW)	无功(kvar)	视在(kV·A)		台数×容量(kV·A)	负荷率(%)	保证系数

1 全厂供（配）电系统应包括：

1）经计算和方案比较，确定车间变（配）电所的数量、容量、分布供电范围；

2）编制全厂供（配）电系统图；

3）提高功率因数的措施；

4）电力计量方式及计量装置、仪表的设置；

5）高次谐波及其限制措施。

2 车间变（配）电所主接线方式、变压器数量及容量、变电所结构型式、主要电气设备选型。

3 厂区动照线网应包括：

1）供配电线路的组成和敷设方式；

2）供电线路型号及截面。

4 车间动力配电应包括：

1）主要车间线路的组成和敷设方式；

2）低压配电装置的选用原则；

3）660V及以上试验电源选用。

Ⅲ 照　明

A.6.7 车间照明应说明下列内容：

1 照明用电的供电方式；

2 车间和生活室照明的设置原则，线路组成和敷设方式；

3 照明灯具的选用及控制方式。

A.6.8 厂区照明应说明厂区道路、堆场等照明用电的供电方式、照明设置原则、线路、敷设方式、灯具选用和控制方式。

Ⅳ 防雷与接地

A.6.9 防雷设计应说明下列内容：

1 防雷设计依据，厂址所在地区年雷暴日数；

2 全厂建筑和构筑物的防雷等级和防雷方式。

A.6.10 接地设计应包括下列内容：

1 防雷接地、等电位接地、电子系统的接地措施；

2 接地电阻的确定，接地极材料和设置方式。

Ⅴ 信息管理系统

A.6.11 通信设计应说明下列内容：

1 矿区通信网络现状及规划情况；

2 厂区与对外通信方式，厂区内电话交换机的容量和选型；

3 交换机机房的位置。

A.6.12 计算机网络系统应说明下列内容：

1 厂区计算机网络总体规划；

2 系统和应用软件配置；

3 网络安全系统；

4 信息中心机房设置地点和面积。

A.6.13 视频监控系统应包括下列内容：

1 系统组成包括前端设备、传输设备，处理、控制设备和记录、显示设备；

2 机房、监控点设置。

A.6.14 火灾报警及消防联动控制应包括下列内容：

1 需要设置的场所，消防中心位置；

2 火灾报警与消防联动控制和控制逻辑关系。

A.6.15 广播包括下列内容：

1 广播机的容量、扬声器数量，选型和设置地点；

2 广播与消防联动；

3 广播站的设置地点。

A.6.16 厂区弱电系统应包括综合线路的敷设方式、路径和主要线缆型号规格。

A.6.17 绘制主要弱电项目系统方框图，作为说明书的插图。

A.7 给水、排水

Ⅰ 概 述

A.7.1 给水、排水设计依据应包括下列内容：

1 摘录总论所列批准文件和依据性资料、上阶段设计审批文件中与本专业有关的内容及相关协议文件；

2 其他专业提供的设计条件、要求及相关资料。

A.7.2 说明本专业设计的范围及内容。

Ⅱ 给 水

A.7.3 给水水源应说明下列内容：

1 接矿区中心辅助企业区或城市给水水源应说明接管点的位置、标高、管径、能提供的水量、水质分析资料及计量方法；

2 当采用自备水源应说明水源类型、位置、水质、水文、水文地质资料、供水能力、取水方式及净化处理工艺流程，主要设计参数、构筑物及设备选型和人员配置。

A.7.4 用水量计算应包括下列内容：

1 生产用水量应简述各车间（部门）、动力站房等用水量（分别列出直流用水、循环用水、复用水），并列表计算，其格式应符合表A.7.4-1的规定；

表 A.7.4-1 生产用水量计算表

序号	车间或部门名称	工作班次	用水时间(h)	用水量				备注
				日用水量(m^3)	最大小时流量(m^3/h)	平均小时流量(m^3/h)	秒流量(L/s)	

2 生活用水量应简述车间及部门生活各项用水量，并列表计算，其格式应符合表A.7.4-2的规定；

表 A.7.4-2 生活用水量计算表

序号	车间或部门名称	用水指标	用水人数		用水时间(h)	用水量				备注
			总人数(人)	最大班(人)		日用水量(m^3)	小时不均匀系数	最大小时流量(m^3/h)	秒流量(L/s)	

3 消防用水量应计算消防时用水量和供水方式（常高压制或临时高压制）及控制方法。

A.7.5 给水系统应说明下列内容：

1 系统选择应按生产、生活、消防等各项用水对水质、水压和水量的要求，选择给水方案；

2 管材、管道布置应包括给水管道的管材、接口方式、管道埋深及敷设方式。说明至用户水压和计量方式。

A.7.6 局部给水水处理应说明给水水质、水温要求，处理方法，处理系统和设备选型。

A.7.7 冷却循环水应说明循环供水方式、对象，水质、水压、水温要求，循环水量和补充水量，循环用水构筑物布置及设备选型。

A.7.8 复用水应说明采用复用水依据、供水对象和条件，复用水水量、水压、水质、水温等要求；复用水系统组成、构筑物布置及设备选型。

Ⅲ 排 水

A.7.9 排水量计算应说明下列内容：

1 厂区各种污水、废水的来源、水质和水量。列表计算排水量，其格式应符合表 A.7.9 的规定；

表 A.7.9 排水量计算表

序号	排水项名称	水质	排水量（m^3/d）	备注

2 雨水排水采用的暴雨强度计算公式、参数选择、雨水排水量。

A.7.10 排水系统应说明下列内容：

1 各种污水、废水的排放方式及排水系统，主要排水构筑物及设备，部分水量的再利用情况；

2 雨水的排放方式及排水系统，主要构筑物及设备；

3 各排水系统的组成，排水干管管径、管材、排水坡度、敷设方式、最小埋深、出口控制标高（如需提升则说明泵站位置、规模、设备选型、构筑物形式、紧急排放措施等）。

A.7.11 生活污水、生产废水处理应包括下列内容：

1 生活污水处理具体包括：

1）确定生活污水处理规模；

2）选择生活污水处理方案，确定污水处理工艺流程及主要设备选型，建（构）筑物尺寸、处理效果等。

2 生产废水处理具体包括：

1）说明有毒有害生产废水的性质、水量、污染指标；

2）确定生产废水处理规模；

3）选择废水处理方案，确定废水处理工艺流程及主要设备选型，建（构）筑物尺寸、处理效果等。

3 人员配备及工作制度；

4 绘制生活污水及生产废水处理工艺流程图，应作为说明书的插图。

Ⅳ 室内给水、排水

A.7.12 室内给水、排水应说明下列内容：

1 各建筑物室内给水、排水设施的设置原则；

2 水压不足部分和超压部分所采取的措施和设备型号；

3 沐浴给水系统及加热设备。

A.8 采暖、通风与空气调节

Ⅰ 概 述

A.8.1 暖通设计依据应包括下列内容：

1 摘录总论所列批准文件和依据性资料中与本专业有关的内容及相关协议文件；

2 其他专业提供的设计条件、要求及相关资料；

3 给出厂区当地气象台站或邻近台站的气象资料，包括采暖室外计算温度、冬季主导风向、冬季室外平均风速、采暖期天数、夏季空气调节室外计算干球温度、冬季通风室外计算温度、夏季通风室外计算温度和最大冻土深度等。

A.8.2 说明本专业设计的范围及内容，并简述供热热源状况。

Ⅱ 采暖及供热

A.8.3 采暖计算应说明下列内容：

1 采暖热媒的种类，热媒来源，并确定厂区主要建筑物的室内采暖计算温度；

2 采暖系统的制式及采暖设备类型；

3 厂区各建筑物采暖、通风、生产及生活用热等耗热量计算，并列表说明，其格式应符合表 A.8.3 的规定。

表 A.8.3 各建筑物耗热量表（采暖室外计算温度：__℃）

序号	建筑物名称	室内计算温度（℃）	建筑物体积（m^3）	单位体积采暖耗热指标（$W/m^3 \cdot K$）	室内外温度差（K）	耗热（冷）量（W）				备注
						采暖	通风空调	生产	生活	

A.8.4 供热应说明下列内容：

1 生产用热的设备、用热热媒等；

2 生活用热水的加热方式，加热热媒、设备选型。

Ⅲ 通风、除尘与空气调节

A.8.5 通风除尘应说明下列内容：

1 生产过程中散发的主要有害物名称、性质、数量及发生地点，采取的治理方法、系统设置、通风量、预期处理效果，并列表说明各车间通风除尘及废气处理设施，其格式应符合表 A.8.5 的规定；

表 A.8.5 通风除尘及废气处理设施一览表

序号	工艺设备		有害物名称	治理方法	排风量（m^3/h）	净化设备型号及规格	通风机			备注
	名称数量	型号规格					型号规格	风量（m^3/h）	风压（Pa）	

2 散发余热、余湿的发生地点、排除方式，降温措施和设备选型；

3 采暖地区通风车间的冬季补风方式、补风量和加热设施。

A.8.6 空气调节应说明空气调节房间的名称、用途，空气调节系统的确定及主要设备选型。

A.9 动力站和热力、动力管道

Ⅰ 概 述

A.9.1 动力设计依据应包括下列内容：

1 工程所在地的水文资料、燃料供应现状；

2 周边集中供热的规划和协作关系及有关基础资料；

3 采用城市集中供热方式时，应说明热源的具体情况，本厂热负荷计算，是否需要设置热交换站等情况。

Ⅱ 压缩空气站

A.9.2 压缩空气站设计应说明下列内容：

1 建站的必要性及规模；

2 改建、扩建工程还应简述其现状和存在的问题。

A.9.3 全厂压缩空气负荷计算应列表说明，其格式应符合表A.9.3的规定。

表 A.9.3 全厂压缩空气负荷表

序号	车间名称	用气参数		用气量			工作制度	备注
		压力(MPa)	温度(℃)	最大(m^3/h)	平均(m^3/h)	年总量(m^3)		

A.9.4 设备选型包括主要设备型号、规格及台数，后处理方式，设备运行及备用情况。

A.9.5 压缩空气站主要参数及辅助设施。

A.9.6 压缩空气站热工检测与控制。

A.9.7 说明站房的组成与平面布置的特点。

A.9.8 说明工作制度及人员配置。

A.9.9 说明噪声治理、安全防护和劳动卫生采取的措施。

A.9.10 压缩空气站主要技术数据应列表说明，其格式应符合表 A.9.10 的规定。

表 A.9.10 主要技术数据表

序号	名 称		单位	数据	备注
1	全厂压缩空气计算耗量		m^3/min		
2	压缩空气站总安装容量		m^3/min		
3	电动机安装容量		kW		
4	冷却水最大消耗量		m^3/h		
5	建筑面积		m^2		
6	操作人员	最大班人数	人		
		总人数	人		

Ⅲ 锅 炉 房

A.9.11 锅炉房设计应计算下列内容：

1 采暖、通风、生产和生活各项热负荷，确定采暖期和非采暖期总热负荷；

2 全厂热负荷应列表说明，其格式应符合表A.9.11的规定。

表 A.9.11 全厂热负荷表

序号	车间名称	生产用蒸汽(热水)(t/h)(MW)		生活用蒸汽(热水)(t/h)(MW)		采暖用蒸汽(热水)(t/h)(MW)	空气调节用蒸汽(t/h)	温度(℃)	压力(MPa)	工作制度	备注
		最大	平均	最大	平均						

A.9.12 根据计算采暖期和非采暖期总热负荷，确定锅炉型号、规格及台数。确定供热介质及参数。说明冬、夏季锅炉运行与备用台数。

A.9.13 根据煤质资料，计算锅炉房最大负荷时的小时燃料消耗量、小时除渣量；最小负荷时的小时燃料消耗量、小时除渣量、年耗煤量。

A.9.14 锅炉热力系统及设备选型应包括下列内容：

1 根据当地水质资料及现行国家标准的有关规定，确定水处理方式和水处理设备及水箱的容量；

2 简述给水系统与方式、蒸汽及凝结水系统、热水循环系统及定压方式；

3 说明锅炉热工监测与控制系统。

A.9.15 烟气净化系统的确定应包括下列内容：

1 说明烟气除尘方式和设备选型，根据燃煤的含硫量确定烟气脱硫方式和设备选型；

2 根据锅炉最大负荷计算烟囱出口内径，并按现行国家标准的有关规定，确定烟囱的高度。

A.9.16 燃料与灰渣系统的确定应说明下列内容：

1 燃料的来源，确定机械上煤系统方式及主要设备的选型；

2 出渣方式和主要设备的选型及灰渣的处理方式；

3 根据燃料消耗量确定煤场和渣场的布置、面积，堆运设备的选型。

A.9.17 说明环境保护、职业安全卫生、消防、节能等采取的有效措施。

A.9.18 简述锅炉房设备及各系统的组成、面积，锅炉间、辅助间和生活间的布置情况以及对扩建发展的考虑等。

A.9.19 说明工作制度及人员配置。

A.9.20 主要技术数据应列表统计，其格式应符合表A.9.20的规定。

表A.9.20 主要技术数据表

序号	名 称	单 位	数据	备注
1	全厂蒸汽（热水）计算耗量	t/h（MW）		
2	锅炉房总安装容量	t/h（MW）		
3	锅炉台数	台		
4	燃料低位发热量	MJ/kg		
5	燃料消耗量	t/h、t/a		
6	灰渣产生量	t/h、t/a		
7	最大用水量	m^3/h		
8	电动机安装容量	kW		
9	占地面积	m^2		
10	建筑面积	m^2		
11	操作人员	最大班人数		
		总人数		

Ⅳ 热力和动力管道

A.9.21 热力管道应说明下列内容：

1 热力管道的类别、级别和设计参数，管道布置和系统划分的原则；

2 供热管道的敷设方式；

3 管道材料、管道及附件的保温、防腐、防水等措施；

4 管道的热补偿方式，补偿器的选型。

A.9.22 动力管道应说明下列内容：

1 各车间生产所需压缩空气的参数和耗量；

2 管道类别、级别及敷设方式；

3 管道材料、管道及附件的防腐等措施。

A.9.23 说明各种介质用量的计量方式和计量装置。

A.10 职业安全卫生

Ⅰ 概 述

A.10.1 职业安全卫生设计依据应包括下列内容：

1 摘录总论所列标准文件和依据性资料中与本专业有关的内容；

2 说明所采用的主要标准、规范和规定。

A.10.2 工程概况应说明下列内容：

1 地理位置、建设规模、设计范围及特殊要求；

2 改建、扩建前的职业安全卫生概况；

3 主要工艺、原料、半成品、成品、设备等在生产过程中主要危害及防范措施。

A.10.3 建筑及厂区布置安全要求应包括下列内容：

1 说明场地自然条件的气象、地质、雷电、暴雨、洪水、地震等情况的主要危险因素预测及防范措施；

2 说明厂区周边情况对本厂职业安全卫生的影响及防范措施；

3 说明厂区总体布置中，诸如锅炉房、氧气瓶库、乙炔瓶库及易燃易爆、毒品危险介质仓库对全厂安全卫生的影响及防范措施；

4 说明厂区内的通道，运输过程中的职业安全卫生；

5 说明总图设计中建（构）筑物的安全距离、采光、通风、日照等情况，主要有害气体与主导风向的关系；

6 说明辅助用室包括救护室、医疗室、浴室、更衣室、休息室、哺乳室、女工卫生室的设置情况。

Ⅱ 职业危害因素分析

A.10.4 职业危害因素分析应说明下列内容：

1 生产过程中使用和产生的主要有毒有害物质，包括原料、材料、中间体、副产品、产品中有害气体、粉尘等的种类、名称和数量；

2 生产过程中的高温、高压、易燃、易爆、辐射（电离、电磁）、振动、噪声等有害作业的生产环境及影响范围；

3 生产过程中危险因素较大的设备种类、名称、型号、数量；

4 可能受到职业危害的人数及受害程度。

Ⅲ 主要防范措施

A.10.5 职业安全卫生采取的主要防范措施，应说明下列内容：

1 根据全面分析本工程项目各种危害因素确定的工艺路线，选用的可靠装置设备，从生产、火灾危险性分类设置的泄压、防爆等安全设施和必要的检测、检验设施；

2 按照爆炸和火灾危险场所的类别、等级、范围选择电气设备，确定安全距离、说明所采取的防雷、防静电及防止误操作等设施；

3 生产过程中的自动控制系统和紧急停车、事故处理采取的保护措施；

4 说明在危险性较大的生产过程中，一旦发生事故和急性中毒情况下的抢救、疏散方式及应急措施；

5 简要说明在生产过程中各工序产生尘毒的设备（或部位），尘毒的种类、名称、原来尘毒的危害情况，防止尘毒危害所采用的防护设备、设施及其效果等；

6 在经常处于高温、高噪声、高振动工作环境所采用的降温、降噪及降振措施，防护设备性能及检测、检验设施；

7 改善繁重体力劳动强度方面的措施。

Ⅳ 机构设置及专项投资

A.10.6 机构设置及人员配备应说明下列内容：

1 组织机构和人员配备情况；

2 维修、保养、日常监测、检验人员；

3 劳动保护教育设施及人员。

A.10.7 专项投资应包括下列内容：

1 主要生产环节职业安全卫生专项防范设施费用；

2 检测设备和设施费用；

3 安全教育装备和设施费用；

4 事故应急措施费用。

A.11 环境保护与水土保持

Ⅰ 概 述

A.11.1 环保设计依据应包括下列内容：

1 说明工程项目所在区域的环境影响报告书的审批意见以及对本工程项目设计的要求；

2 说明设计所依据的环境保护标准、开发建设项目水土保持标准及相关文件。

A.11.2 环境状况主要包括下列内容：

1 说明工程项目所在地地理、气象等特征；

2 说明工程项目周边环境现状，对环境的影响，现有综合利用设施，污染控制情况及存在的问题。

Ⅱ 项目建设和生产对环境影响

A.11.3 项目建设及生产对环境和水土保持的影响应包括下列内容；

1 概述项目建设期对环境的影响；

2 概述项目建设期对水土流失的影响；

3 说明工程项目生产过程中的污染源、污染物及其程度。

A.11.4 改建、扩建项目除A.11.3所叙述的内容外，还应论述环境现状和综合利用设施，污染控制情况及存在的问题。

Ⅲ 防治措施及利用

A.11.5 环境保护防治措施应包括下列内容：

1 说明水土流失的治理标准和措施；

2 说明对污染源及污染物治理标准、方式，治理设施的名称、规格，治理后达到的排放标准，对主要的污染治理设施作出必要的工艺流程图；

3 简要说明工程建设及生产中的废弃物如铁屑、灰渣、废油、包装物的利用处理措施；

4 简要说明工程项目的绿化设计，各种绿化面积及绿地率；

5 概述工程项目环境保护各环节遗留问题和采取相应措施的建议。

Ⅳ 机构设置及专项投资

A.11.6 环境保护机构应包括下列内容：

1 环境保护的组织机构及劳动定员；

2 外排污染物和环境的监测方法及手段；

3 说明本工程项目所包含的环保工程项目。

A.11.7 环境保护专项投资应列表汇总，其格式和内容应符合表A.11.7的规定。

表A.11.7 环境保护专项投资表

序号	项 目	内 容	投资（万元）
1	生活污水处理	土建费、生化处理设备费	
2	生产废水处理工程	混凝、沉淀、过滤及消毒设施	
3	通风除尘	除尘器、通风设备	
4	噪声防治	消声、隔声、减振等降噪设备	
5	道路及生产系统防尘	洒水车×辆、生产系统防尘	
6	垃圾处置	收集、装运系统车辆×辆	
7	评价报告编制费	环评编制费，水保方案编制费	
8	水土保持工程监理		
9	水保、环保监测费		
10	水保、环保评估费		
11	水土流失补偿费		
12	绿化工程及绿化费		
13	其他		
	合计		

A.12 消 防

Ⅰ 概 述

A.12.1 消防设计依据应包括下列内容：

1 摘录总论中所列批准文件和依据性资料与消防有关的内容；

2 说明采用的国家和地方颁布的有关消防法律、法规及标准。

A.12.2 工程概况应说明下列内容：

1 项目的规模，设计所承担的任务及范围；

2 项目的地理位置，与公安消防站（队）的最近距离，附近消防设施及供水管网的情况等。

Ⅱ 火灾隐患和防火等级

A.12.3 火灾隐患应说明在生产过程中所使用有爆炸或火灾危险的气体、粉尘和其他有火灾爆炸危险的介质以及生产、储存场所并对火灾的危险性进行分析。

A.12.4 建（构）筑物的使用性质及防火等级应列表说明，其格式应符合表A.12.4的规定。

表A.12.4 各建（构）筑物防火等级表

序号	单位工程名称	生产或储存物品类别	耐火等级

Ⅲ 消防措施

A.12.5 消防措施应包括下列内容：

1 工艺消防措施应说明生产工艺流程中原料、半成品、成品所涉及的有爆炸或火灾危险的气体、粉尘等的消防要求；

2 总平面布置消防措施应说明总平面布局中涉及消防安全的功能分区、防火间距、消防车道、消防水源等；

3 建筑消防措施应说明建筑的火灾危险性类别和耐火等级，防火分区和建筑构造，安全疏散通道和消防楼梯，内部装修中涉及消防安全的功能分区、防火间距、消防通道、消防水源等；

4 电气消防措施应说明变、配电室、变压器室等建筑物的防火等级，门、窗的防火要求；消防用电电源及其负荷等级；供配电系统的变压器及供配电设备选型、电缆或导线的选型、敷设方式及敷设要求、防爆场所的电气设备选型及防火措施；火灾自动报警系统、消防设备启动控制装置、灭火系统、火灾应急照明系统、广播、通信和疏散指示标志等的控制与设置情况；消防控制室、防爆场所电气防火措施及防雷、防静电方面的设计要点；

5 给水、排水消防措施应说明消防给水的室内外消防给水设计流量、管网形式、管径、水压及加压措施、消火栓的间距、保护半径、消防水池或消防水箱的储水量和自动灭火系统的说明以及灭火器等消防设施的设置；

6 采暖通风消防措施应说明防烟、排烟和通风、空气调节的防火设计及计算。

A.13 节能、减排

Ⅰ 概 述

A.13.1 节能设计依据主要包括下列内容：

1 说明国家、行业、地方颁布的有关节能和合理利用能源的有关规定；

2 说明建设单位有关节能和合理利用能源的要求。

A.13.2 简要说明工程项目的规模、位置，设计所承担的任务及范围等的耗能情况。

Ⅱ 消耗能源种类及数量

A.13.3 消耗种类及数量包括电、水、燃料、热、压缩空气等能源年耗实物量，并列表统计说明，其格式应符合表A.13.3的规定。

表A.13.3 消耗能源种类和数量统计表

序号	消耗能源种类	单位	数量	备注

Ⅲ 节能、减排措施及评价

A.13.4 工艺节能减排应说明工艺平面布置中的物流、人流的顺畅程度，车间、仓库空间的合理利用及管线布置的合理性；设备选型，废弃物的回收利用等节能减排措施，并对节能减排措施进行评价。

A.13.5 建筑节能措施应说明主要建筑物的朝向、采光、体型系数、窗墙面积比等的合理布置，外墙、屋面、门窗等保温隔热材料的选用等节能措施，并对节能措施进行评价。

A.13.6 给水排水节能减排措施应说明给水、排水系统合理布置，用水指标分析，提高水资源利用率的措施，高效、节水环保型的设备和产品的选用，安装水位控制阀与水位报警装置等节能减排措施，并对节能减排措施进行评价。

A.13.7 采暖通风节能减排措施应说明所选用的高效节能的换热设备，根据室外温度，合理设置各车间、仓库和办公场所的室内温度，采取操作灵活的控制方式，达到节电、节气的目的；合理选择通风、除尘设备等节能减排措施，并对节能减排措施进行评价。

A.13.8 电气节能措施应说明电气系统的节能措施（根据用电性质、设备电容量、选择合理供电电压和供电方式，变压器经济运行方式、电网无功补偿方式，合理选择变配电所的位置，减少变压级数和线路损耗），充分利用自然光，选择合理的照明控制方式，选用光效高、显色性好的光源及配光合理、安全高效的灯具，选用经认证合格、取得节能质量认证证书的节能型产品，并对节能措施进行评价。

A.14 建设工期

A.14.1 概述本工程项目设计承担的任务及范围，工程性质、地理位置及特殊要求。

A.14.2 施工准备应包括土地征购、拆迁安置，临时供水、供电、通信系统、公路交通等设施，工程施工招标等。

A.14.3 说明工程项目的移交方式是一次建成还是分期建成，以及移交标准。

A.14.4 说明工程项目的施工原则及建议。

A.14.5 工程项目的建设工期应列表说明项目实施进度计划，其格式应符合表A.14.5的规定。

表A.14.5 项目实施进度计划表

顺序	时间 阶段	项目实施月份										
		1	2	3	4	5	6	7	8	9	10	…
1	施工图设计											
2	施工准备											
3	土建施工											
4	主要设备订货											
5	机电设备安装											
6	单机试运转											
7	工程移交及验收											

注：项目进度起始时间至结束时间（月）宜用横线表示。

A.15 组织机构和人力资源配置

Ⅰ 组织机构

A.15.1 工厂组织机构应包括下列内容：

1 说明项目法人管理结构；

2 说明生产组织机构，并绘制生产组织机构框图。

Ⅱ 人力资源配置

A.15.2 全厂人力资源配置应根据组织机构设置及设计确定的排岗定员，并列表说明，其格式应符合表A.15.2的规定。

表A.15.2 全厂人力资源配置表

序号	单位工程名称	定员					班制		
		合计	生产工人	辅助工人	技术管理人员	服务人员	一班	二班	三班
一	主要生产车间								
1									
2									
…									
二	生产辅助设施								
1									
2									
…									
三	动力站房设施								
1									
2									
…									
四	行政办公生活服务设施								
1	厂部技术管理人员								
2	全厂服务人员								
…									
	总计								
	其中：全厂女职工人数								

A.16 技术经济

Ⅰ 概述

A.16.1 工程项目设计概算应说明下列内容：

1 工程概算编制的依据；

2 简述工程项目设计承担的任务及范围、建设规模、工程性质、地理位置及人力资源情况；

3 本工程的投资范围。

A.16.2 简述概算总额及按土建工程、设备购置、安装工程（其中主要材料费、安装费）、工程建设其他费用、基本预备费、建设期间贷款利息和铺底流动资金划分的投资构成情况及单位生产能力投资水平，并列表说明总概算的构成，其格式应符合表A.16.2的规定。

表 A.16.2 总概算表

单位：万元

序号	生产环节或费用名称	概算价值				
		土建工程	设备购置	安装工程	其他费用	合计
1	生产车间					
2	辅助车间					
3	仓库					
4	供配电及通信设施					
5	室外给排水及供热					
6	厂区设施					
7	行政办公及生活服务设施					
8	小计					
9	工程建设其他费					
10	合计					
11	工程预备费（×%）					
12	总计					
13	建设投资贷款利息（×%）					
14	建设项目总投资					
15	铺底流动资金（×%）					
16	建设项目总资金					

Ⅱ 资金筹措

A.16.3 资金筹措应说明下列内容：

1 资金来源及融资方案；

2 资本金筹措方式。

Ⅲ 技术经济分析

A.16.4 技术经济分析应说明工程投资的合理性。

Ⅳ 主要数据和技术经济指标

A.16.5 全厂主要数据和技术经济指标应列表汇总，其格式和内容应符合表 A.16.5 的规定。

表 A.16.5 全厂主要数据和技术经济指标表

序号	项目		单位	数据	备注
1	服务矿区规模		Mt/a		
2	年任务量		t		
	其中	液压支架修理	架（t）		
		矿山机械修理	台（t）		
		矿山电气设备修理	kW、kV·A		
		…			
		…			
		其他任务量	t		

续表 A.16.5

序号	项目		单位	数据	备注
3	厂区占地		hm^2		
4	围墙内占地		hm^2		
5	建筑物占地		hm^2		
6	专用场地占地		hm^2		
7	道路占地		hm^2		不包括厂外道路
8	建筑面积		m^2		
	其中	生产车间	m^2		
		辅助设施	m^2		
		行政办公生活服务设施	m^2		
9	露天硬化场地		m^2		配起重设备
10	设备装机容量		kW		
11	职工人数		人		其中：女职工人数
	其中	生产工人	人		
		技术管理人员	人		
12	建设项目工期		a		
13	绿化面积		hm^2		
14	建筑系数		%		
15	场地利用系数		%		
16	绿化系数		%		
17	建设项目总投资		万元		
	其中	土建工程	万元		
		设备购置	万元		
		安装工程	万元		
		其他费用	万元		
		基本预备费	万元		
		建设期贷款利息	万元		

附录B 机电设备修理厂初步设计《主要机电设备及器材清册》编制内容及格式

B.0.1 《主要机电设备及器材清册》应单独成册。

B.0.2 《主要机电设备及器材清册》应有封面、扉页、说明、目录和各专业主要机电设备及器材目录表。

B.0.3 《主要机电设备及器材清册》封面应有建设单位名称、项目名称、编制单位名称及文件出版日期。封面格式应符合图B.0.3 的规定。

B.0.4 《主要机电设备及器材清册》扉页除应包括封面所含的内容外，还应有工程编号、服务矿区规模，文件编制单位的院长（总经理）、总工程师和项目总设计师的签名，并在编制单位名称上加盖工程设计专用章。扉页格式应符合图 B.0.4 的规定。

（隶属关系及建设单位名称）

××× 机电设备修理厂初步设计

主要机电设备及器材清册

（编制单位名称）

×××× 年××月

图 B.0.3 《主要机电设备与器材清册》封面格式

（隶属关系及建设单位名称）

××× 机电设备修理厂初步设计

主要机电设备及器材清册

工 程 编 号：C××××
服务矿区规模：×××Mt/a

院长（总经理）：×××
总 工 程 师：×××
项目总设计师：×××

（编制单位名称）[加盖工程设计资质章]

××××年××月

图 B.0.4 《主要机电设备与器材清册》扉页格式

B.0.5 《主要机电设备及器材清册》应有编制说明，说明宜包括下列内容：

1 本清册所列主要机电设备，经设计审批后，可作为订货依据；

2 非标准设备、机械化运输系统设备、电气设备及其他器材等须待施工图设计完成后方能订货；

3 其他需要说明的问题。

B.0.6 《主要机电设备及器材清册》目录应按各单位工程列出，并按说明书章节顺序排序。

B.0.7 《主要机电设备及器材清册》内容应包括：

1 编制说明；

2 各车间主要工艺设备及器材；

3 生产辅助设施设备及器材；

4 运输设备及器材；

5 电气设备及器材；

6 给排水设备及器材；

7 采暖通风及空调设备及器材；

8 动力站及热力动力管道设备及器材；

9 消防、安全卫生、环保设备及器材；

10 其他。

B.0.8 各专业编制主要机电设备及器材目录，其格式应符合表 B.0.8 的规定。

表 B.0.8 主要机电设备及器材目录

单位工程名称：

序号	设备器材名称	型号及规格	单位	数量			电容量（kW）		质量（t）		备注
				原有	新增	合计	单台	合计	单台	合计	

附录 C 机电设备修理厂初步设计《概算书》编制内容、格式及要求

C.0.1 《概算书》应单独成册。

C.0.2 《概算书》应有封面、扉页、目录、编制说明和各概算表。

C.0.3 《概算书》封面应有建设单位名称、项目名称、编制单位名称及文件出版日期。封面格式应符合图 C.0.3 的规定。

C.0.4 《概算书》扉页除应包括封面所含的内容外，还应有工程编号、服务矿区规模，文件编制单位的院长（总经理）、总工程师和项目总设计师、概算编制

负责人签名，并在编制单位名称上加盖工程设计专用章。扉页格式应符合图 C.0.4 的规定。

（隶属关系及建设单位名称）

×××机电设备修理厂初步设计

概 算 书

（编制单位名称）

××××年××月

图 C.0.3 《概算书》封面格式

（隶属关系及建设单位名称）

×××机电设备修理厂初步设计

概 算 书

工 程 编 号：××××
服务矿区规模：×××Mt/a

院长（总经理）：×××
总 工 程 师：×××
项目总设计师：×××
概算编制负责人：×××

（设计单位名称）［加盖工程设计资质章］

××××年××月

图 C.0.4 《概算书》扉页格式

C.0.5 《概算书》目录应按编制说明、总概算表、土建工程、设备及安装工程、工程建设其他费用、附表（综合取费率计算表）列出。

C.0.6 《概算书》编制说明应包括概述、投资范围和编制依据。

C.0.7 《概算书》编制内容，应遵照煤炭工业现行关于概算编制与管理办法的内容深度和要求编制。

附录 D 机电设备修理厂初步设计说明书附图内容及深度

D.1 工艺附图内容及深度

D.1.1 工艺设计必须有工艺平面布置图，其图纸的绘制应标示下列内容：

1 工艺平面布置图的比例宜为 1∶100 或1∶200；

2 建筑物的墙、柱、门、窗、楼梯、柱距、跨度、总长度、总宽度、轴线编号；

3 工艺设备、辅助设备和非标设备布置位置均应编号；

4 起重设备的起重量、轨距、轨顶高、驾驶室及上下梯位置、平板车轨道、辊道、单轨、机械化运输装置；

5 操作位置；

6 公用动力（水、气、汽）的供应点，排水点和电源进线点、电源插座位置、通风、除尘、空气调节、防火、防爆点等应标出示意位置；

7 大型或特殊设备基础、地坑、地沟等工艺特种构筑物的位置尺寸；

8 平面区域划分宜包括生产部分、辅助部分、办公生活部分、堆放场地、车间通道、预留面积，各部分位置与名称；

9 指北针、图例、图纸标题栏；

10 工艺平面布置图设备明细表应包括设备布置位置编号、设备名称、型号规格、数量、电容量、备注；

11 当联合厂房分车间绘制工艺平面布置图时，应在图上绘制联合厂房区划图；

12 其他需要说明的工艺平面布置内容。

D.1.2 剖面图的绘制应标示下列内容：

1 最高设备外型及标高，相对位置、平台和地沟的标高及主要尺寸等；

2 示意绘出墙、柱、屋架、天窗、标出轴线编号、跨度、多层厂房各层标高；

3 桥式、梁式起重机轨顶高、悬挂起重机轨底高，屋架下弦、平台、室内外地坪标高。

注：本图可与工艺平面布置图合并绘制。

D.2 总平面布置附图内容及深度

D.2.1 厂区总平面布置图，应标示下列内容：

1 厂区总平面布置图应按近期地形及地物测量资料绘制，比例宜为1：500或1：1000；

2 厂区建筑坐标网、坐标值、规划线、建筑红线、道路红线、厂区围墙四角坐标及出入口位置；

3 厂区主要车间、辅助设施、各种构筑物、露天场地的坐标（或相对位置）、名称、层数及室内设计标高；

4 道路、排水沟的主要坐标（或相对尺寸）；

5 拆除建（构）筑物的边界线；

6 绿化及美化设施布置示意图；

7 指北针、风玫瑰图；

8 列出主要技术经济指标和工程量表；

9 说明栏包括主要原始资料（地形图、征地范围、红线图）的来源依据，规划区坐标网和高程系统名称等。

D.2.2 竖向布置图，应标示下列内容：

1 竖向布置图，比例与总平面布置图相同；

2 场地建筑坐标网、坐标值；

3 厂区建筑物、构筑物的名称及室内外设计标高；

4 场地外围的道路、河渠或地面关键性标高；

5 道路、排水沟的起点、边坡点、转折点和终点等设计标高；

6 用坡向箭头表示地面坡向；

7 指北针、风玫瑰图；

8 说明栏应说明坐标和高程系统的名称、尺寸单位。

注：本图可与厂区总平面布置图合并绘制。

D.2.3 厂区管线综合布置平面图，应标示下列内容：

1 利用总平面布置图进行平面布置，比例同厂区总平面布置图；

2 给水、排水、动力及电气主要管线走向及标高；

3 厂区主要管线接入点的位置；

4 指北针；

5 说明栏：设计依据，尺寸单位。

D.3 建筑物和构筑物附图内容及深度

D.3.1 厂区主要建筑物应绘制平面、立面、剖面图。内容及深度应包括下列规定：

1 设计说明；

2 厂区主要建筑物平面、立面、剖面图，比例宜为1：100或1：200；

3 标注轴线、跨度、柱距、伸缩缝、内部隔墙、通道、地面轨道、楼梯等；

4 标注基础、柱、起重机型号及额定起重量、吊车轨顶标高及柱顶标高；

5 绘出屋架形式、屋面板、天沟板、天窗、女儿墙形式等；

6 说明屋面防水、保温及隔热层做法；

7 绘出地坪、围护外墙、厂房大门、高低侧窗和天窗的标高、内部隔墙和散水明沟等；

8 绘出指北针、剖切符号及编号。

D.3.2 一般性建筑物可不绘图，在“全厂建筑物和构筑物特征一览表”中注明其主要特征。

D.4 电气附图内容及深度

D.4.1 全厂供配电系统图应标明高低压配电装置型号，柜内电气元器件技术规格，计量装置和继电保护装置型号，回路编号及负荷名称、容量。

D.4.2 厂区变（配）电所电气设备平面布置图应绘制各层电气设备布置及主要尺寸。

D.4.3 厂区动力配电和照明线路布置图应标示线路走向、敷设方式、接入点位置，并在厂区总平面布置图的基础上绘制。

D.4.4 厂区弱电工程系统线网布置图应标示线路走向、敷设方式、接入点位置，并在厂区总平面布置图的基础上绘制。

D.5 给水、排水附图内容及深度

D.5.1 厂区给水、排水管道平面布置图，应根据总平面布置图绘出给水排水管道平面位置、坐标网、标高、方位、干管的管径、阀门井、检查井、化粪池和其他给水排水建（构）筑物位置及编号，排水坡向，指北针等。

D.5.2 厂外给水、排水管道平面布置图，应绘出与城市或矿区给排水管网的连接点、进出口控制标高、坐标和管径及指北针等。

D.5.3 消防管道平面布置应根据厂区总平面图绘出消防管道平面走向、消防泵房、消防水池构筑物、消防栓位置及阀门井、干管直径等。

D.6 动力站和热力、动力管道附图内容及深度

D.6.1 压缩空气站设计图，应标示下列内容：

1 设备平面布置图应标出柱（含轴线及其编号）、围护墙、隔间、门等建筑轮廓；房间名称和建筑轮廓尺寸；绘出设备布置、设备名称或编号及设备定位尺寸、设计说明等。图幅比例宜为1：20或1：50；

2 对压缩空气有净化、干燥要求的，应绘制压缩空气流程图。

D.6.2 锅炉房设计图，应标示下列内容：

1 设备平面布置图应标出柱（含轴线及其编号）、围护墙、隔间、门（含门的开启方向）等建筑

轮廓及房间名称（含层高）和建筑轮廓尺寸；绘出设备布置、设备名称或编号，主机和辅机设备定位尺寸、主要管道（指主蒸汽管道和热水管道）、设计说明等。图幅比例宜为1：20或1：50；

2 对有蒸汽和热水两种锅炉炉型的，应绘制热力系统图。

D.6.3 厂区热力管道平面布置图，应标示下列内容：

1 根据总平面布置图，确定管道的走向、各管段的管径，检查井、补偿器、固定支架的位置，管道平面尺寸和定位尺寸；

2 管道的敷设方式（直埋、地沟或架空），设计说明。

D.6.4 厂区动力管道平面布置图，应标示下列内容：

1 根据总平面布置图，确定管道的走向、各管段的管径，管道定位尺寸；

2 管道的敷设方式（埋地或架空），设计说明。

附录E 机电设备修理厂施工图设计单位工程图纸目录

表E 施工图单位工程图纸目录

序号	图纸名称	固定图号	备注
一	总图专业		
1	厂区总平面布置图		
2	厂区竖向布置图		
3	土石方工程图		
4	厂区管线综合布置图		
5	厂区道路及排水布置图		
二	工艺专业		
1	××车间工艺平面布置图（必要时附剖面图）		
2	××仓库工艺平面布置图		
3	其他工程工艺平面布置图		
三	建筑专业		
1	设计说明		
2	××车间建筑平面、立面、剖面图		
3	××仓库建筑平面、立面、剖面图		
4	动力站房建筑平面、立面、剖面图		
5	行政办公及生活服务设施建筑平面、立面、剖面图		
6	屋顶排水布置图		
四	结构专业		
1	设计说明		
2	基础平面图		
3	基础详图		
4	桩基平面布置图		
5	结构平面布置图		
6	圈梁、过梁、门框布置图		
7	屋面结构布置图		
8	柱、吊车梁、柱间支撑布置图		
9	结构局部平面布置图		
10	钢筋混凝土构件图		
11	节点构造图		
12	楼梯等结构图		
13	特种构筑物结构图		
14	钢结构构件制作图		
15	设备基础图		
五	给水、排水专业		
1	设计说明		
2	厂区给水、排水管道布置图		
3	厂外给水、排水管道布置图		
4	厂区管道纵断面图		
5	厂区给水、排水管道系统轴测图		
6	××车间给水、排水管道平面图及管道系统轴测图		
7	××仓库给水、排水管道平面图及管道系统轴测图		
8	动力站房给水、排水管道平面图及管道系统轴测图		
9	行政办公及生活服务设施给水、排水管道平面图及管道系统轴测图		
10	屋面雨水、排水平面剖面图		
11	厂区消防管道平面布置图		

续表E

序号	图纸名称	固定图号	备注
12	××车间（仓库）消防管道平面布置图		
13	供水设施设备安装及管道布置图		
14	生产废水处理站设备安装及管道布置图		
15	生活污水处理站设备安装及管道布置图		
16	回用水管道布置图		
六	采暖、通风专业		
1	设计说明		
2	××车间采暖、通风平面及剖面布置图		
3	理化试验室、计量室采暖、通风、空气调节平面及剖面布置图		
4	行政办公及生活服务设施采暖、通风、空气调节平面及剖面布置图		
5	采暖系统轴测图		
6	热水、蒸汽系统轴测图		
7	通风、空气调节风管系统轴测图		
七	动力站		
1	设计说明		
2	锅炉房设备安装平面、立面、剖面图		
3	锅炉房热力系统图		
4	锅炉房管道平面、剖面图		
5	锅炉房机械化运输系统平面、剖面图		
6	压缩空气站设备安装及管道平面、立面、剖面图		
7	压缩空气站流程图		
8	厂区热力、动力管道平面布置图		
9	厂区热力、动力管道纵断面图		
10	检查井管道平面、剖面图		

续表E

序号	图纸名称	固定图号	备注
11	××车间动力管道平面布置图及管道系统轴测图		
八	电气		
1	设计说明		
2	厂区电力、照明平面布置图		
3	厂区信息中心、电气设备布置图		
4	厂区弱电线网系统图		
5	厂区弱电线网管线平面布置图		
6	变（配）电所设备安装平面、剖面布置图		
7	变（配）电所高低压供配电系统图		
8	变（配）电所接地平面布置图		
9	变（配）电所二次接线图		
10	××车间变（配）电所设备安装平面、剖面布置图		
11	××车间动力配电系统图		
12	××车间动力配电平面布置图		
13	××车间照明系统图		
14	××车间照明配电平面布置图		
15	电气试验站设备平面布置图		
16	××仓库动力配电系统图		
17	××仓库动力配电平面布置图		
18	××仓库照明配电平面布置图		
19	行政办公及生活服务设施配电及照明系统图		
20	行政办公及生活服务设施配电及照明平面布置图		
21	动力站房动力配电及照明系统图		
22	动力站房动力配电及照明平面布置图		
23	建筑物构筑物防雷接地图		

本标准用词说明

1 为便于在执行本标准条文时区别对待，对要求严格程度不同的用词说明如下：

1） 表示很严格，非这样做不可的：
正面词采用“必须”，反面词采用“严禁”；

2） 表示严格，在正常情况下均应这样做的：
正面词采用“应”，反面词采用“不应”或“不得”；

3） 表示允许稍有选择，在条件许可时首先应这样做的：
正面词采用“宜”，反面词采用“不宜”；

4） 表示有选择，在一定条件下可以这样做的，采用“可”。

2 条文中指明应按其他有关标准执行的写法为“应符合……的规定”或“应按……执行”。

引用标准名录

《机械制造工艺基本术语》GB/T 4863

中华人民共和国国家标准

煤炭工业矿区机电设备修理厂
工程建设项目设计文件编制标准

GB/T 50658—2011

条 文 说 明

制 订 说 明

《煤炭工业矿区机电设备修理厂工程建设项目设计文件编制标准》GB/T 50658—2011 经住房和城乡建设部 2010 年 12 月 24 日以第 889 号公告批准施行。

本标准制订过程中，编制组认真总结了我国煤炭工业矿区机电设备修理厂工程建设设计的实践经验，在广泛征求意见的基础上，制订本标准。

为便于广大设计、施工等单位有关人员在使用本标准时，能正确理解和执行条文规定，本标准编制组按章、节、条顺序编写了该标准的条文说明。本条文说明不具备与标准正文同等的法律效力，仅供使用者作为理解和把握标准规定的参考。

目　次

1　总则 …………………………………… 1—42—33
2　初步设计文件 ……………………………… 1—42—33
2.1　一般规定 ……………………………… 1—42—33
2.2　文件组成 ……………………………… 1—42—33
2.3　内容与深度 ……………………………… 1—42—34
3　施工图设计文件……………………………… 1—42—34
3.2　内容与深度 ……………………………… 1—42—34

1　总　　则

1.0.1　本条直接阐明制定本标准的主要目的，是为规范煤炭工业矿区机电设备修理厂工程建设项目设计文件的编制内容及深度要求。

1.0.2　规定本标准的适用范围，与现行国家标准《煤炭工业矿区机电设备修理设施设计规范》GB 50532—2009的有关规定是协调一致的。

1.0.3　本条强调工程建设项目设计必不可少的两个阶段，目的是规范设计程序，更好的控制建设投资，提高设计质量，避免因设计产生的问题，给国家或建设单位造成不必要的经济损失。

两个阶段设计中的初步设计又称为扩大初步设计。这充分说明了初步设计的重要性，初步设计是施工图设计的依据，是指导机电设备修理厂工程建设全过程的纲领性技术文件，是不可跨越的设计阶段，若是跨越了初步设计阶段或初步设计的内容和深度不够，就盲目进入施工图设计阶段，仓促开工建设，其结果会造成重大的经济损失。因此，必须明确规定矿区机电设备修理厂工程设计阶段应包括初步设计和施工图设计两个阶段。

1.0.4　本条强调了在工程设计中必须认真贯彻执行国家有关法律、法规和方针政策，特别是对涉及国计民生的重大方针政策，诸如环境保护、节能减排、节约用地、职业安全卫生等，必须坚决贯彻执行。

2　初步设计文件

2.1　一 般 规 定

2.1.1　本条说明了矿区机电设备修理厂初步设计文件编制应具备的基本依据文件，若不具备这些文件，说明该项工程设计前期工作缺少严格的评审、审批、核准等程序，就不具备进行初步设计的条件，盲目实施就会给工程建设项目造成重大损失，这样的设计文件也不具有法律效力。

第二款关于“上阶段设计文件”是指初步设计的前期工作，包括机电设备修理厂的“可行性研究报告”和“矿区中心辅助企业区详细规划”等。

根据国家煤炭工业基本建设程序要求，初步设计应在批准的可行性研究报告的基础上进行。所以必须严格按基本建设程序进行设计工作。

由于目前对矿区辅助企业区作详细规划还没有普遍列入矿区辅助企业的设计程序中，当新矿区没有详细规划时，可不列入编制依据中。

早在20世纪80年代计划经济时期，在《关于煤矿地面总体布置改革的若干规定（试行）》的精神指导下，根据原煤炭工业部下达的设计计划任务书，中煤国际工程集团南京设计研究院先后对龙口矿区、滕南矿区、济东矿区等在矿区总体规划审批后，对矿区辅助企业（含居住区）都进行了详细规划设计，通过详细规划，使矿区各辅助企业的供电、供水、排水、供热、通信、污水处理及厂外道路等公用工程都列入合理的统一规划中，形成区域性集中统一的公用工程系统。通过详细规划，避免了各搞一套，劳民伤财的重复建设，同时，也使辅助企业的布局更加合理。其经济效益和社会效益都十分明显。

2.1.2　本条规定编制矿区机电设备修理厂初步设计应具有相应的文件作支撑，主要是强调工程建设的条件必须落实。条文中所列的支撑文件，在该工程可行性研究报告、矿区中心辅助企业区详细规划和项目申请报告编制阶段，曾作过不同程度的调查并取得有关单位意向性协议和地方政府有关部门原则性批复文件，但大多是初步的，不具体的，满足不了项目实施。因此，到矿区机电设备修理厂初步设计阶段还应进一步调查，勘测和研究，并和有关单位签订正式协议，取得政府有关部门的具体批复文件，以保证工程设计技术方案选择的合理性和项目建设的可靠性。

2.2　文 件 组 成

2.2.1　本条规定了机电设备修理厂初步设计文件主要由4部分组成。即：《说明书》、《主要机电设备及器材清册》、《概算书》和《附图》。为使设计说明书内容完整和相互协调配合，将“环境保护”、“职业安全卫生”、“消防”和“节能减排”等篇章的设计内容都汇集在《说明书》的有关章节中，为符合国家及地方有关部门对工程建设进行专业管理的要求，需要时可将这些章节，按专篇的格式印发给有关部门。专篇的格式按国家有关规定执行。

本标准附录A是对矿区机电设备修理厂初步设计内容和深度及格式的具体要求，是本标准的主体。附录A是按标准格式编写，用本条文的规定将其引入法定的技术标准中。附录A虽然不是本标准的正文部分，但根据国家住房和城乡建设部发布的《工程建设标准编写规定》（建标［2008］182号文）的第二十九条规定：“附录应与正文有关，并为正文条文所引用。附录应属于标准的组成部分，其内容具有与标准正文同等的效力”。

附录A各节的编制内容和深度要求，是涵盖了各类矿区机电设备修理厂初步设计文件的编制。根据现行国家标准《煤炭工业矿区总体规划规范》GB 50465将矿区划分为＜2Mt/a 、2Mt/a～5Mt/a、＞5Mt/a～10Mt/a、＞10Mt/a～30Mt/a、＞30Mt/a各类型建设规模。由于各类矿区的建设规模相差很大，井型大小及开拓方式的不同，所以机电设备修理厂的年修理量及修理内容就不同，修理车间的划分和生产辅助及生活服务设施的设置也就不同。因此，在矿区机电设备修理厂初步设计文件的编制时可根据工程的具体情况对附录A的内容及附图进行调整。如："A.2"中的"Ⅱ"表示说明书中的第二章，工艺的第二节"××车间"。对小型矿区任务量少的机电设备修理厂可能只有为数很少的联合车间，如机电设备修理联合车间及综合辅助车间；对大型矿区修理任务量大的机电设备修理厂就可分为矿山机械修理、液压支架（支柱）修理、采掘设备修理、铆焊修理、矿山电气设备修理等车间，综合辅助车间还可以把机械加工、热处理、锻工分别设置为车间或独立工段。全厂仓库在设计说明书中虽为一节，但各仓库应分别叙述，附图中可按每个独立的库房分别绘出平面布置图。总之，每个车间、理化试验室、计量室、全厂仓库各占一节，按节序号顺延。

建筑、结构、电气、给排水、采暖通风等专业初步设计附图也根据上述各车间（单位工程）出图。

2.3 内容与深度

2.3.1 本条各款主要说明在进行矿区机电设备修理厂初步设计时，在可行性研究报告的基础上，对主要技术方案应进行多方案的比较和论证，对环境保护、职业安全卫生、消防、节能减排、综合利用等应作出方案比选、论证，对投资应进行论证分析。在机电设备修理厂可行性研究报告阶段对主要方案也进行了比选和论证，为什么在初步设计阶段还要进行比选和论证？其理由如下：

其一：可行性研究阶段与初步设计阶段的深度要求有所不同，虽然对主要技术方案作了比较和论证，但一般讲其深度还不够，尤其在定量分析论证方面深度不能满足；

其二：对可行性研究报告评审总会有进一步修改的内容，同时项目核准到项目初步设计，这期间的内部、外部条件一般都有些变化，协作关系也应进一步落实；

其三：初步设计文件是指导机电设备修理厂项目建设过程的纲领性技术文件，也是该项目的历史性文件，应当保持其完整性。因此，对主要技术方案在初步设计阶段应进一步比选论证。

第4款对改建、扩建的矿区机电设备修理厂设计，需对原有设施的利用程度加以说明，提出可利用、改造、拆除的明确意见。其编制设计文件的内容和深度均应按本标准的要求执行。

2.3.2 本条提出了由于条件的变化，使工程项目的建设规模、重大技术原则需进行调整和修改时，应报请原项目批准部门办理审批或核准手续。也就是说，当基本规定的条件变了，内容需要调整必须由原批准部门进行审批或核准，才有法律效力。才能根据调整和修改的内容进行初步设计。

2.3.4 本条主要强调为保证设计质量，初步设计文件编制应有一定的合理周期，不应按业主的主观要求，随意缩短设计时间，由于时间过于仓促，会使业主及设计部门考虑不周，造成反复修改，反而拖延了设计时间，同时也不可避免地造成经济损失。

3 施工图设计文件

3.2 内容与深度

3.2.3、3.2.4 这里主要强调了施工图设计应以单位工程为单位，分专业编制，也就是说每项单位工程都应该有一套完整的施工图图纸。一个矿区机电设备修理厂的施工图设计由于工程较复杂，单位工程繁多，设计专业面广，同时不同建设规模的厂，单位工程的数量相差也很大，就生产车间而言，少则2项～3项，多则10项左右。为了适应各种规模的机电设备修理厂施工图设计，附录E施工图单位工程图纸目录中把全厂单位工程分为四类，即：××车间、××仓库、××动力站、××行政办公及服务设施。在具体工程设计时，有多少单位工程就绘出多少套图纸。

中华人民共和国国家标准

煤炭工业矿区水煤浆工程建设项目设计文件编制标准

Engineering design document standard for coal water mixture project in coal industry

GB/T 50659—2011

主编部门：中 国 煤 炭 建 设 协 会
批准部门：中华人民共和国住房和城乡建设部
施行日期：2 0 1 1 年 1 2 月 1 日

中华人民共和国住房和城乡建设部
公　　告

第888号

关于发布国家标准《煤炭工业矿区水煤浆工程建设项目设计文件编制标准》的公告

现批准《煤炭工业矿区水煤浆工程建设项目设计文件编制标准》为国家标准，编号为GB/T 50659—2011，自2011年12月1日起实施。

本标准由我部标准定额研究所组织中国计划出版社出版发行。

中华人民共和国住房和城乡建设部

二〇一〇年十二月二十四日

前　言

本标准是根据住房和城乡建设部《关于印发〈2008年工程建设标准规范制订、修订计划（第二批）〉的通知》（建标〔2008〕105号）的要求，由中煤国际工程集团北京华宇工程有限公司会同有关单位编制完成的。

本标准共分4章和5个附录，主要技术内容包括：总则、术语、初步设计文件、施工图设计文件。

本标准由住房和城乡建设部负责管理，中国煤炭建设协会负责日常管理，中煤国际工程集团北京华宇工程有限公司负责具体内容解释。本标准在执行过程中，如发现有需要修改或补充之处，请各单位将意见和建议寄交中煤国际工程集团北京华宇工程有限公司（地址：北京市西城区安德路67号；邮政编码：100120），以便修订时参考。

本标准主编单位、参编单位、主要起草人和主要审查人：

主编单位：中煤国际工程集团北京华宇工程有限公司

参编单位：大地工程开发有限公司
中煤国际工程集团
南京设计研究院

主要起草人：张　朴　李明辉　吴坤泰　计忠海　刘薇华　王成惠　章　军　郑　捷　徐宝静　孙亭勋　武志斌　戈　军　吕昌民　许　红　邹亚军　曹中科　江　沙　雷丽颖　温　明　张保华　丁　健

主要审查人：邓晓阳　付晓恒　王东军　巩向胜

目　次

1　总则 ………………………………… 1—43—5
2　术语 ………………………………… 1—43—5
3　初步设计文件 ……………………… 1—43—5
3.1　一般规定……………………………… 1—43—5
3.2　内容构成……………………………… 1—43—6
3.3　深度要求……………………………… 1—43—6
4　施工图设计文件 …………………… 1—43—6
4.1　一般规定……………………………… 1—43—6
4.2　内容与深度要求…………………… 1—43—6
附录 A　初步设计说明书编制内容及深度………………… 1—43—6
A.1　初步设计说明书构成………… 1—43—6
A.2　总论 ………………………………… 1—43—9
A.3　建设规模、工作制度及厂址选择 ……………………… 1—43—10
A.4　产品用户及原料煤基地 ……… 1—43—10
A.5　总图运输 ………………………… 1—43—10
A.6　制浆 ……………………………… 1—43—11
A.7　水煤浆储存、运输与供应……… 1—43—14
A.8　电气 ……………………………… 1—43—15
A.9　给水与排水 …………………… 1—43—17
A.10　采暖、通风及除尘 ………… 1—43—18
A.11　建筑与结构 ………………… 1—43—19
A.12　环境保护 …………………… 1—43—20
A.13　职业安全与工业卫生 ……… 1—43—21
A.14　消防 ………………………… 1—43—22
A.15　节能与减排 ………………… 1—43—23
A.16　建设工期 …………………… 1—43—24
A.17　组织机构及人力资源配置 …… 1—43—25
A.18　概算投资 …………………… 1—43—25
附录 B　初步设计主要机电设备与器材清册内容及格式 ……………… 1—43—25
附录 C　初步设计概算书内容及编制要求 ……………… 1—43—27
附录 D　初步设计说明书附图内容及深度 ……………… 1—43—27
D.1　总图运输 ………………………… 1—43—27
D.2　制浆 ……………………………… 1—43—28
D.3　水煤浆储存、运输与供应……… 1—43—29
D.4　电气 ……………………………… 1—43—29
D.5　给水与排水 ……………………… 1—43—29
D.6　建筑与结构 ……………………… 1—43—30
附录 E　施工图单位工程图纸目录 ……………… 1—43—30
本标准用词说明 ……………………… 1—43—32
引用标准名录…………………………… 1—43—32
附：条文说明…………………………… 1—43—33

Contents

1 General provisions ······ 1—43—5
2 Terms ······ 1—43—5
3 Preliminary design document ······ 1—43—5
3.1 General requirement ······ 1—43—5
3.2 The composition of content ······ 1—43—6
3.3 The content requirements ······ 1—43—6
4 Detail design document ······ 1—43—6
4.1 General requirement ······ 1—43—6
4.2 Content composition and requirements ······ 1—43—6
Appendix A: Content composition and requirements for preliminary design document ······ 1—43—6
A.1 The composition of preliminary designing document ······ 1—43—6
A.2 General description ······ 1—43—9
A.3 The capacity, working system and site selection ······ 1—43—10
A.4 End user and raw coal storage ······ 1—43—10
A.5 The transportation of general arrangement drawing ······ 1—43—10
A.6 Slurry preparation ······ 1—43—11
A.7 The storage, transportation and supply of coal water mixture ······ 1—43—14
A.8 Electrical system ······ 1—43—15
A.9 Water supply & drainage ······ 1—43—17
A.10 Heating, ventilation and dedusting ······ 1—43—18
A.11 Building and structure ······ 1—43—19
A.12 Environment protection ······ 1—43—20
A.13 Professional security and industrial hygiene ······ 1—43—21
A.14 Fire protection ······ 1—43—22
A.15 Energy saving and emission reduction ······ 1—43—23
A.16 Construction duration ······ 1—43—24
A.17 Organizational structure and human resource ······ 1—43—25
A.18 Budgetary estimation ······ 1—43—25
Appendix B: The contents and format of list on major electric and mechanical equipments and their devices ······ 1—43—25
Appendix C: The content and requirements for budget estimation ······ 1—43—27
Appendix D: The contents composition and requirement for auxiliary drawings in preliminary design ······ 1—43—27
D.1 The transportation and general arrangement drawing ······ 1—43—27
D.2 Slurry preparation ······ 1—43—28
D.3 The storage, transportation and supply of coal water mixture ······ 1—43—29
D.4 Electrical system ······ 1—43—29
D.5 Water supply & drainage ······ 1—43—29
D.6 Building and structure ······ 1—43—30
Appendix E: List of detail drawings for individual project ······ 1—43—30
Explanation of wording in this standard ······ 1—43—32
List of quoted standards ······ 1—43—32
Addition: Explanation of provisions ······ 1—43—33

1 总 则

1.0.1 为规范水煤浆工程建设项目设计文件编制内容及深度，有利于水煤浆工程的基本建设，制定本标准。

1.0.2 本标准适用于新建、改建、扩建水煤浆工程项目初步设计文件和施工图的编制。

1.0.3 水煤浆工程建设项目应至少包括初步设计和施工图设计两个阶段。初步设计和施工图设计程序，必须遵循国家现行的建设项目管理程序的规定。

1.0.4 水煤浆工程初步设计文件的内容和深度，应达到指导施工图设计和施工建设，合理控制建设投资的目的。

1.0.5 水煤浆工程施工图设计内容和深度应满足工程施工需要，保证施工、生产安全和工程质量要求，并合理节省建设投资。

1.0.6 煤炭工业矿区水煤浆工程建设项目设计文件编制内容和深度除应符合本标准外，尚应符合国家现行有关标准的规定。

2 术 语

2.0.1 水煤浆工程 Coal water mixture engineering

以水煤浆为产品、燃料或原料，按预定目标所进行的规划、勘察、设计和施工、竣工、生产等各项技术工作的过程。

2.0.2 水煤浆表观黏度 Apparent viscosity of coal water mixture

水煤浆表观黏度在我国通常采用在20℃，剪切速率在100/s条件下的黏度数值，单位为帕·秒（Pa·s）或毫帕·秒（mPa·s）。

2.0.3 水煤浆动态稳定性 Dynamic stability of coal water mixture

水煤浆在震荡动态一定时间后保持其物性均匀的一种性质。

2.0.4 水煤浆静态稳定期 Static stability period of coal water mixture

水煤浆静态放置特定时间内，不改变原有物性均匀的时间参数。

2.0.5 水煤浆添加剂 Additive of coal water mixture

在水煤浆生产和使用过程中添加的专用化学药剂。

2.0.6 制浆工艺 Coal water mixture preparation process

生产流动性浆体（水煤浆）的工艺流程或制备方法。

2.0.7 水煤浆成浆性实验 Slurriability experiment of coal water mixture

针对特定的原料煤试样，按照一定标准和要求，在实验室模拟工业性制浆工艺所完成的制浆流程、药剂选择、药剂配比、添加量和添加方式等主要性能指标检测，为工程设计提供成套基础数据的技术工作。

2.0.8 水煤浆熟化 Maturing of coal water mixture

被加工的水煤浆，在一定时间、温度和机械作用等条件下，其浆体特性变好的加工过程。

3 初步设计文件

3.1 一 般 规 定

3.1.1 初步设计文件编制依据应主要包括下列内容：

1 经评审的可行性研究报告及其批复文件或评审文件。

2 经批准的项目申请报告、核准文件或备案申请报告。

3 设计委托书。

4 水煤浆工程工业场地选址经有关主管部门审核同意的批复文件。

5 建设场地的地质灾害评价报告及备案文件。

6 建设场地的洪水位、气象、交通运输和环境等资料。

7 建设场地的实测地形图和工程地质初勘报告。

8 制浆原料煤生产、供应单位的基本情况，煤质资料及供煤协议。

9 产品销售意向性协议。

10 供水、供电及运输等协议或批复文件。

11 水煤浆成浆性试验报告。

12 环境影响评价报告或环境影响评价表及批复文件。

13 改扩建工程的原有情况，可利用的设备、设施及存在的问题。

14 概算编制所需的有关文件。

15 国家现行有关法规和标准。

3.1.2 水煤浆工程初步设计文件常用术语除应符合本标准规定外，还应符合现行国家标准《水煤浆技术条件》GB/T 18855、《水煤浆试验方法》GB/T 18856、《煤质及煤分析有关术语》GB/T 3715及其他有关标准的规定。

3.1.3 水煤浆工程初步设计文件中所使用的量、单位和符号，应按现行国家标准《国际单位制及其应用》GB 3100、《有关量、单位和符号的一般原则》GB 3101、《空间和时间的量和单位》GB 3102.1及国家有关法定计量单位的规定。

3.1.4 水煤浆工程初步设计应严格按照批准文件所规定的各项原则开展设计。当有改变建设规模、厂址方案等重要原则问题时，需经原批准可行性研究报告的部门同意或重新报批。

3.2 内容构成

3.2.1 初步设计文件应包括说明书、主要机电设备及器材清册、概算书和附图四部分。

3.2.2 初步设计阶段应对各专业的设计方案或重大问题进行技术经济综合比选和论证，并将其主要内容写进初步设计说明书中。初步设计说明书的构成、内容及深度应符合本标准附录A的规定。

3.2.3 初步设计阶段应对各专业推荐方案所采用的主要机电设备和器材进行选型，并应汇总成册。初步设计主要机电设备与器材清册内容及格式应符合本标准附录B的规定。

3.2.4 初步设计阶段应对推荐设计方案所采用的设备、器材、建筑安装工程及工程建设其他费用等编制概算，并应汇总成册。初步设计概算书内容及编制要求应符合本标准附录C的规定。

3.2.5 初步设计阶段，各专业应绘制出与初步设计说明书相配套的设计图纸。初步设计附图内容及深度应符合本标准附录D的规定。

3.3 深度要求

3.3.1 初步设计文件内容应完整、翔实可靠、签署齐全。文字说明简练、规范。附图内容清楚、易懂，符合国家现行制图规定。

3.3.2 初步设计文件编制深度应满足以下要求：

1 初步设计的技术原则和主要设计方案的确定，应符合经评审的可行性研究报告及项目评估或评审报告。

2 应能据以确定土地征用范围。

3 应能作为主要工艺设备订货的依据。

4 应能作为控制项目投资的依据。

5 应能指导施工图设计。

6 应能指导施工组织设计和施工前期准备。

7 应能作为竣工验收的依据之一。

8 应能指导编制环境保护、职业安全与工业卫生、消防和节能减排专篇。

3.3.3 初步设计文件应充分表达设计意图，详细说明设计中采用新技术、新工艺和新方法的可行性、安全性、适用性和经济合理性。

3.3.4 初步设计概算书应按照煤炭、电力等相关行业现行关于概算编制与管理办法的内容、深度和要求进行编制。

3.3.5 改扩建工程的初步设计文件除应符合上述要求外，还应论述改扩建的必要性，原有设备、设施的利用情况以及与原有生产系统的衔接关系等内容。

4 施工图设计文件

4.1 一般规定

4.1.1 施工图设计应根据已批准的初步设计分专业进行，主要设备选型、主要单位工程数量、结构形式和建设标准不应与初步设计有原则性变化。初步设计主要技术方案有重大修改时，应经原批准部门同意或重新报批。

4.1.2 水煤浆工程施工图设计文件内容应满足相关专业现行国家标准和所属行业标准的要求。施工图图纸的绘制应符合国家现行制图标准。

4.2 内容与深度要求

4.2.1 施工图设计文件内容应包括：各专业的施工图总说明及图纸目录、设计图纸和主要机电设备与器材清册等。

4.2.2 施工图设计文件的深度应满足下列要求

1 据以编制施工图预算。

2 据以安排材料、设备的订货和非标准设备制作。

3 据以进行土建施工和设备安装。

4 据以进行工程调试和验收。

4.2.3 水煤浆工程各专业的单位施工图图纸目录宜符合本标准附录E的规定。

附录A 初步设计说明书编制内容及深度

A.1 初步设计说明书构成

A.1.1 初步设计说明书应由前引部分、正文部分和附加部分构成。各部分构成包括下列内容：

1 前引部分：

1）封面；

2）扉页；

3）证书；

4）人员名单；

5）目录；

6）附图目录。

2 正文部分。

3 附加部分：

1）附录；

2）附件。

A.1.2 初步设计说明书封面应有建设单位名称、水煤浆工程名称、初步设计文件编制单位名称及文件出版日期。封面格式应符合图A.1.2的规定。

（隶属关系及建设单位名称）

×××水煤浆工程初步设计

说 明 书

（编制单位名称）

××××年××月

图 A.1.2 初步设计说明书封面格式

A.1.3 初步设计说明书扉页除应包括封面所有的内容外，还应有工程编号、建设规模、文件编制单位的负责人、总工程师和项目总设计师的署名，并在编制单位名称上加盖工程设计专用章。扉页格式应符合图A.1.3的规定。

（隶属关系及建设单位名称）

×××水煤浆工程初步设计

说 明 书

工程编号：
建设规模：

院长（总经理）： ×××
总 工 程 师： ×××
项目总设计师： ×××

（编制单位名称）［加盖工程设计专用章］

××××年××月

图 A.1.3 初步设计说明书扉页格式

A.1.4 初步设计说明书应附有文件编制单位的工程设计、工程勘察、营业执照、质量体系认证等资质证书，也可根据需要附其中几种。

A.1.5 初步设计说明书应附参加审定、审核、编制人员名单，名单格式应符合表 A.1.5-1～表 A.1.5-3 的规定。

表 A.1.5-1 审定人员名单格式

专业	姓名（签字）	职务	职称	注册执业印章编号

表 A.1.5-2 审查人员名单格式

专业	姓名（签字）	职务	职称	注册执业印章编号

表 A.1.5-3 编制人员名单格式

专业	姓名（签字）	职务	职称	注册执业印章编号

A.1.6 初步设计说明书应有目录，目录包括正文部分的章、节编号及名称，附加部分的附录、附件编号及名称。

A.1.7 初步设计说明书应有附图目录，附图目录格式应符合表 A.1.7 的规定。

表 A.1.7 初步设计说明书附图目录格式

序号	图纸名称	图号	图幅	备注

A.1.8 初步设计说明书正文部分应按章、节排序。各章、节应有章、节名，位置居中。章、节层次编号及名称应按表 A.1.8 编写。各章节内容和深度，应按本标准第 A.2 节～第 A.18 节的要求编写。当水煤浆工程中有水煤浆燃烧等内容时，增加部分的章节内容和深度应结合工程所属行业的相关标准进行编写。

表 A.1.8 初步设计说明书章、节层次编号及名称

1 总论
  1.1 建设项目概况
  1.2 工程设计概述
  1.3 存在问题及建议
2 建设规模、工作制度及厂址选择
  2.1 建设规模及工作制度
  2.2 厂址选择
3 产品用户及原料煤基地
  3.1 产品用户

续表 A.1.8

3.2 原料煤基地及煤质特性
4 总图运输
4.1 设计依据资料
4.2 工业场地总平面布置
4.3 工业场地竖向布置
4.4 场内运输及管线综合布置
4.5 地面运输
5 制浆
5.1 概述
5.2 原料煤系统
5.3 煤的成浆性及添加剂
5.4 制浆工艺流程与计算
5.5 主要设备选型与布置
5.6 辅助及附属设施
5.7 生产技术检查
6 水煤浆储存、运输与供应
6.1 水煤浆储存及输送
6.2 水煤浆外运和接收
6.3 水煤浆供应
7 电气
7.1 供配电
7.2 照明、防雷及接地
7.3 工艺系统设备的控制及自动化
7.4 检测、监控、计量及保护装置
7.5 通信及计算机管理
8 给水与排水
8.1 给水系统
8.2 冷却水及冲洗水处理系统
8.3 排水系统
9 采暖、通风及除尘
9.1 设计依据资料
9.2 采暖
9.3 通风及除尘
9.4 供热管网
9.5 供热热源及锅炉房
10 建筑与结构
10.1 设计依据资料
10.2 建筑材料及施工条件
10.3 建筑与结构设计
11 环境保护
11.1 概述
11.2 主要污染源及治理措施
11.3 环境管理及环境监测
11.4 环境保护投资
11.5 其他
12 职业安全与工业卫生
12.1 概述
12.2 职业安全
12.3 工业卫生
12.4 机构设置及专项投资
13 消防
13.1 概述

续表 A.1.8

13.2 总平面布置及交通消防要求
13.3 建筑物及构筑物防火
13.4 消防给排水和灭火设施
13.5 电气及控制系统防火
13.6 其他系统的防火措施
13.7 消防组织及火灾扑救措施
14 节能与减排
14.1 项目能源消耗
14.2 节能措施及评价
14.3 节水措施及评价
14.4 减排措施
14.5 节能减排指标综合评价
15 建设工期
16 组织机构及人力资源配置
17 概算投资

A.1.9 初步设计说明书中的附表应在节中连续，并以章节编号，编号前加“表”字。编号应采用阿拉伯数字，章节层次之间加圆点。当一节中有多个表时，可在章节编号后加中画线和表的顺序号。表的编号后应空一字列出表名，并应列在表格上方居中位置。

A.1.10 初步设计说明书中的插图编号应与表的编号方法相同，在章节编号前加“图”字，并应列在图的下方居中位置。

A.1.11 初步设计说明书附加部分的附录应包括下列内容：

1 初步设计委托书及工程立项、审批文件。

2 主管部门对可行性研究报告的审批文件和专家评估意见。

3 主管部门对设计有关问题的决议和相关文件。

4 与有关单位签订的制浆原料煤、工业场地、水源水量、电源接入、供浆和地面运输等协议。

5 与设计有关的会议纪要。

6 与设计有关的成浆性试验报告、煤质检测报告和专题性论证报告。

A.1.12 初步设计附图中的设备流程图、设备布置图和主要机电设备与器材清册中宜标注设备位置号，设备位置号宜为3位数，其编法应符合表A.1.12的规定。

表 A.1.12 设备位置号编法

序号	系统名称	系统代号（首位）	设备代号（后2位）	设备位置号
1	原料煤卸车及储存	1	01～99	如101、102……
2	原料煤准备	2	01～99	如201、202……
3	制浆	3	01～99	如301、302……
4	添加剂配供	4	01～99	如401、402……
5	水煤浆储存与外运	5	01～99	如501、502……
6	供浆	6	01～99	如601、602……

续表 A.1.12

序号	系统名称	系统代号（首位）	设备代号（后2位）	设备位置号
7	废、污水处理及回收	7	01～99	如701、702……
8	辅助设施	8	01～99	如801、802……
9	其他	9	01～99	如901、902……

A.2 总 论

Ⅰ 建设项目概况

A.2.1 建设项目的基本概况应包括以下内容：

1 项目名称、所在位置、隶属关系、设计规模及投资构成。

2 建设单位性质、经营范围、现有生产规模和生产情况等概况。

3 建设项目的前期工作情况。

4 初步设计文件编制依据。

5 项目建设的自然条件。

A.2.2 初步设计文件编制依据应包括以下内容：

1 设计委托书。

2 主管部门对上一阶段设计工作的批复文件和专家评估意见。

3 《水煤浆工程设计规范》GB 50360等主要工程建设标准。

4 建设项目设计范围、与外部协作情况及设计分工界限。

5 建设单位对工程设计的要求及主要设计原则。

6 与设计有关的会议纪要等。

7 与设计有关的成浆性试验报告、煤质检测报告等。

A.2.3 项目建设的自然条件应主要包括：厂址、交通运输、水文气象、地震地质、原料煤来源、水源水量、电源接入、产品外供方式等情况。

A.2.4 对扩建或改建工程项目，本部分除应包括上述内容外，还应简述原有部分的现状、可利用的主要设备和设施、存在问题及与本项目的衔接等情况。

Ⅱ 工程设计概述

A.2.5 工程设计概述应包括以下内容：

1 项目建设规模和工作制度。

2 厂址选择及总平面布置。

3 产品用户及制浆原料煤供应。

4 原料煤的卸、储和准备系统。

5 制浆工艺、添加剂及主要设备选择。

6 水煤浆储存及供应系统。

7 主要建（构）筑物和技术特征。

8 供水、供电、控制及主要辅助设施。

9 主要技术经济指标。

10 对可研批复文件的执行情况。

A.2.6 制浆原料煤供应的概述应包括：

1 供煤企业的地理位置、隶属关系、煤炭储量、生产能力、服务年限、近年来的生产情况和企业发展规划等。

2 原料煤运输路径和运输方式。

A.2.7 制浆工艺、添加剂及主要设备选择应包括以下内容：

1 制浆原料煤的成浆性能评价。

2 设计采用的水煤浆生产工艺及特点。

3 选择的添加剂名称、种类、来源；添加剂配供系统工艺流程特点、计量方式和添加方式。

4 水煤浆产品适用性评价。

5 主要工艺设备选择。

A.2.8 水煤浆工程主要技术经济指标宜以表格形式列出，表的格式应符合表A.2.8的规定。

表 A.2.8 水煤浆工程主要技术经济指标表格式

序号	指标名称	单位	数量	备注
一	设计生产能力			
1	年设计生产能力	Mt/a		
2	小时设计生产能力	t/h		
二	年工作小时数	h		
三	年原料煤用量	Mt/a		
四	年添加剂用量	t/a		
五	年供浆量	Mt/a		
六	厂区总占地面积	hm^2		
七	全厂总计算电力负荷	kV·A		
八	变压器总容量	kV·A		
九	吨浆电耗	kW·h/t		
十	吨浆水耗	m^3/t		
十一	在籍总人数	人		
1	生产人员	人		
2	管理人员	人		
十二	建设项目投资			
1	建设项目静态投资	万元		
2	建设项目总资金	万元		
十三	吨浆投资	元/t		
十四	项目建设期	月		

Ⅲ 存在问题及建议

A.2.9 总论的最后，应列出本阶段设计过程中遇到的主要问题，提出在下阶段设计前需解决的有关事项和建议。

A.3 建设规模、工作制度及厂址选择

Ⅰ 建设规模及工作制度

A.3.1 建设规模应包括下列内容：

1 项目建设规模和确定的依据。

2 项目建设性质和类型。

A.3.2 工作制度应包括下列内容：

1 年运行小时数。

2 日生产能力及小时生产能力。

3 设计服务年限。

Ⅱ 厂 址 选 择

A.3.3 厂址选择应论述的内容包括：

1 厂址选择依据、用地范围、交通运输条件、对外协议等，附厂址所在地的区域位置图。

2 建设场地的地形地貌、工程地质、水文、气象、地震、洪水等。

3 建设场地的供水、供电、供暖和通信。

4 与项目有关的市政、企业的总体规划等。

A.3.4 设计推荐的厂址如果与可行性研究阶段的厂址不一致时，应详细说明原因，并对更换的厂址方案进行技术经济分析论证。

A.4 产品用户及原料煤基地

Ⅰ 产 品 用 户

A.4.1 水煤浆产品用户的基本情况应主要包括：

1 产品用户的名称、地理位置、隶属关系、投产时间，以及燃用水煤浆的锅炉或燃烧装置等基本情况。

2 产品用户与水煤浆生产企业之间的距离和交通运输现状。

3 产品用户对水煤浆产品数量、质量和产品运输等方面的要求。

Ⅱ 原料煤基地及煤质特性

A.4.2 原料煤基地选择应论述以下主要内容：

1 列出原料煤基地选择的原则，估算年用煤量。

2 各供煤企业的地理位置，与水煤浆生产企业之间的距离，交通运输情况。

3 各供煤企业的基本情况，所属煤炭的可采储量、生产能力、投产时间、服务年限，是否配套选煤厂或筛选厂，近年来的生产情况和企业发展规划等。

4 制浆原料煤的运输路径和运输方式。

A.4.3 原料煤基地选择应做多方案比选和排序，并评价其供应的可靠性。

A.4.4 制浆原料煤的选择，应根据用户对水煤浆产品质量指标的要求确定。宜列表说明选择的多种制浆原料煤工业分析、元素分析及主要物性指标，表的格式应符合表A.4.4的规定。

表 A.4.4 制浆原料煤主要特性表格式

项目		基别	单位	制浆煤1	制浆煤2	制浆煤3
煤的牌号						
高位发热量 $Q_{gr.v,ar}$			MJ/kg			
低位发热量 $Q_{net.v,ar}$			MJ/kg			
内水 M_{ad}			%			
哈氏可磨性指数 HGI						
堆积密度			t/m³			
煤的粒级						
工业分析	全水 M_t		%			
	灰分 A_{ar}		%			
	挥发分 V_{daf}		%			
	固定碳 C_{daf}		%			
元素分析	碳 C_{ar}		%			
	氢 H_{ar}		%			
	氧 O_{ar}		%			
	氮 N_{ar}		%			
	硫 S_{ar}		%			
灰成分分析			%			
灰熔融性	变形温度 DT		℃			
	软化温度 ST		℃			
	流动温度 FT		℃			

A.5 总 图 运 输

Ⅰ 设计依据资料

A.5.1 设计依据资料应包括下列内容：

1 项目概况及主要特点。

2 可行性研究报告及主管部门的审批文件。

3 与本专业设计有关的专家评审意见、论证报告、协议和会议纪要等。

4 工业场地的地理位置、周边环境和地形特点。

5 工业场地的水文、气象、工程地质等报告，说明设计采用的有关数据。

6 工业场地内需拆迁的建（构）筑物和设施等情况。

7 项目所需水、电、暖、地面运输等外部条件的落实情况。

8 工业场地与相邻市政、企业的相互关系等。

9 设计采用的标准、地形图和其他设计依据资料及来源。

Ⅱ 工业场地总平面布置

A.5.2 工业场地总平面布置应做两个以上方案的比选和论证，主要内容包括：

1 说明工业场地的布置原则。

2 详细论述各方案的功能分区，工艺系统布置情况，建（构）筑物布置特点，人流、物流路线安排，安全及防火要求和主要优缺点，提出推荐方案。

3 如果是改、扩建项目，除应包括上述内容外，还应阐述改造或拆除的建（构）筑物情况，改造拆除原因及工程量。

A.5.3 工业场地总平面布置应叙述场内绿化方案、布局形式和预期效果，并计算绿化系数。

A.5.4 工业场地总平面布置应计算主要技术经济指标，内容包括：厂区占地面积、建筑系数、利用系数和绿化系数等。还应说明工业场地用地面积等指标是否符合国家规定。工业场地主要技术经济指标宜列表说明，表的格式应符合表 A.5.4 的规定。

表 A.5.4 工业场地主要技术经济指标表格式

序号	项目	单位	数量	备注
1	厂区占地面积	hm^2		
2	厂区建（构）筑物占地	m^2		
3	建筑系数	%		
4	厂区道路及广场面积	m^2		
5	道路、广场系数	%		
6	铺砌场地	m^2		
7	厂区利用面积	m^2		
8	利用系数	%		
9	新建围墙	m		
10	绿化面积	m^2		
11	绿化系数	%		
12	土方工程量	m^3		

Ⅲ 工业场地竖向布置

A.5.5 工业场地竖向布置应说明以下问题：

1 结合地形特点和防洪排涝要求，阐述临近厂区的河流、山地的洪水等情况，说明确定的厂区防洪标准，防洪沟的断面尺寸、结构和长度等。

2 说明工业场地竖向布置原则和布置形式，土石方工程量、最大挖深、最大填土高等以及所采取的相关措施。

3 说明工业场地（各台阶）平场标高和主要建（构）筑物标高；各种道路和线路标高；边坡、支挡工程的主要技术条件（如挖或填的边坡坡度、护坡方式和结构；挡土墙形式、结构、高度）等。

4 说明工业场地雨水排放方式，排水构筑物的主要技术指标、结构形式及雨水排放流向等。

Ⅳ 场内运输及管线综合布置

A.5.6 场内运输应包括以下内容：

1 场内运输方式，人流、车流和出入口等情况。

2 场内运输货物的种类、数量和运输车辆的配置。

3 场内道路的主要设计技术条件及工程量，包括主、次干道的长度和路面宽度，标准断面，结构形式，材料选择，转弯半径，最大纵坡等。

A.5.7 管线综合布置应包括以下内容：

1 场区内工业管线的种类，综合布置原则及敷设方式。

2 特殊条件下的管线布置及有关措施。

Ⅴ 地面运输

A.5.8 地面运输设计应说明以下问题：

1 说明年接受制浆原料煤量、外运水煤浆量、自用浆量。

2 制浆原料煤和水煤浆产品的运输方式、装卸方式和地面运输条件。

3 与地面运输有关的主要设备选型，主要建筑物和构筑物。

4 与有关部门签署的运输协议及存在的问题。

A.5.9 制浆原料煤或水煤浆产品采用铁路运输方式时，应说明水煤浆工程使用的铁路专用线与邻近专用站、企业站关系，铁路运输经营管理方式，日进出车量、劳动定员及与厂区总平面布置的关系等。

A.5.10 制浆原料煤或水煤浆产品采用公路运输方式时，应说明由工业场地至附近区域公路情况，进厂道路技术标准，道路的引接，是否需要自备车辆，经营管理方式和劳动定员等。

A.5.11 制浆原料煤或水煤浆产品采用水路运输方式时，应说明所使用港口码头的技术条件（水文情况、行船吨位等），当地港务、工业企业码头的经营管理方式，码头的主要设备、建（构）筑物及系统布置情况。

A.5.12 制浆原料煤或水煤浆产品采用带式运输、管道运输等方式时，应说明主要技术条件（运输的首、末站位置、输送量、输送长度、沿途地形地貌等），主要设备的技术参数和系统布置等情况。

A.6 制　浆

Ⅰ 概　述

A.6.1 制浆设计概述应包括以下内容：

1 主管部门对本工程可行性研究报告的审批

意见。

2 与设计有关的其他文件，如：设计委托书、专家评审意见、会议纪要和论证报告等。

3 制浆工艺设计实证性报告及来源等情况的说明。

4 工艺系统设计主要原则，是否留有扩建余地及需要特别注意的问题。

5 制浆原料煤来源，说明是否需要配煤以及混配要求。

6 用户对生产工艺、主要设备选型、产品质量和系统装备水平等方面的要求。

7 设计采用新技术、新设备的来源，技术的成熟性和应用等情况。

8 设计采用的主要规程、规范。

A.6.2 制浆工艺设计实证性报告应包括以下内容：

1 制浆原料煤煤质化验报告。

2 制浆原料煤破碎筛分检验报告。

3 水煤浆成浆性试验报告。

4 制浆用水水质化验报告。

Ⅱ 原料煤系统

A.6.3 原料煤系统应说明下列问题：

1 原料煤系统的工作制度。

2 列表计算需接收处理的制浆原料煤量，表的格式应符合表A.6.3的规定。

表 A.6.3 制浆用原料煤量计算表格式

	单条生产线		N条生产线		备注
	t/h	Mt/a	t/h	Mt/a	
水煤浆量					
干基煤量					
原料煤量					

注：说明计算的基础数据，即水煤浆浓度值和制浆原料煤的全水分。

3 计算原料煤系统的不均衡系数，确定系统运行能力。

4 原料煤系统工艺流程、主要特点和运行方式。改扩建工程除应说明上述内容外，还应说明新建部分与既有系统的衔接关系，改造内容及施工过渡措施。

5 来煤和卸煤设施。

6 储煤场及其设备。

7 原料煤输送系统。

A.6.4 来煤和卸煤设施应说明以下内容：

1 原料煤进厂方式、卸煤方式、接卸能力和厂内调车方式。

2 一次进厂和日进厂的来煤量、煤车数量和运煤车型。

3 卸车车位和有效长度，接收称重设备、卸车设备和受料斗下给煤设备的配备。

4 有无辅助卸煤措施等。

A.6.5 储煤场及其设备应说明以下内容：

1 储煤场的布置方式、储存量及存煤天数。

2 储煤场的设置方案，当采用不同品种原料煤或需要混配时，说明分储情况，混配比例和混配措施。

3 防尘、防冻、防自燃措施。

4 储煤场机械设备的种类、作用、堆取料能力和辅助设施的设置情况。

A.6.6 原料煤输送系统应说明以下内容：

1 原料煤输送方式，系统输送能力、运行切换方式和卸料方式。

2 设备种类、台数、主要技术参数，是否设有备用输送线以及计量、除杂、除铁措施的设置情况等。

Ⅲ 煤的成浆性及添加剂

A.6.7 制浆原料煤的成浆性能应说明以下问题：

1 定黏浓度范围。

2 流变特性。

3 静态稳定性和动态稳定性。

4 黏温特性和抗剪切特性。

5 外界条件对成浆性能的影响。

6 成浆性实验用水质检测结果等。

7 列表说明制浆原料煤成浆性能实验结果、成浆性能测试结果其他相关图表。制浆原料煤成浆性能实验结果表的格式应符合表A.6.7的规定。

表 A.6.7 制浆原料煤成浆性能实验结果表格式

序号	煤样代号	药剂类型	药剂用量(wt%)	成浆浓度(wt%)	成浆黏度(MPa·s)	静态稳定性(%/h)	动态稳定性(%/h)
1							
2							
3							

A.6.8 制浆用添加剂应说明以下内容：

1 设计采用添加剂的类型、品种、主要性能特点及环保性评价。

2 添加剂的使用条件和储存条件。

3 添加剂的进厂包装形式、运输方式。

4 添加剂供应单位的基本情况介绍。

5 添加剂长期供应的可靠性评价。

Ⅳ 制浆工艺流程与计算

A.6.9 制浆工艺流程与计算应包括以下内容：

1 制浆工艺流程的选择及说明。

2 水煤浆产品主要特性指标及评价。

3 制浆系统主要参数计算。

4 添加剂配供系统。

A.6.10 制浆工艺流程的选择应包括以下内容：

1 根据用户对产品的要求和原料煤品质，确定设计采用的制浆工艺，说明其主要特点，包括技术的可靠性、先进性和使用的经济性。必要时，还应对不同的制浆工艺进行方案比选。

2 简述制浆工艺原则流程，必要时附制浆工艺原则流程插图。

A.6.11 水煤浆产品主要特性指标及评价应包括以下内容：

1 列表说明水煤浆产品主要特性指标，表的格式应符合表A.6.11的规定。

表 A.6.11 水煤浆产品主要特性指标格式

序号	名 称	符号	单位	数量	备 注
1	重量浓度	C	%		干燥基重量比
2	表观黏度	$\eta_{100S^{-1}}$	MPa·s		$100s^{-1}$，20℃
3	灰分	A_{CWM}	%		
4	全硫	$S_{t,CWM}$	%		
5	低位发热量	$Q_{net,CWM}$	MJ/kg		
6	挥发分	V_{CWM}	%		
7	灰熔点	ST	℃		
8	水煤浆粒级：				
	最大粒径	D_{max}	μm		
	<74μm 含量		%		
	平均粒径	D	μm		
9	水煤浆密度		g/cm^3		
10	静态稳定期		d		

2 评价水煤浆产品各项技术指标是否满足用户使用要求，符合现行国家标准《水煤浆技术条件》GB/T 18855中关于水煤浆产品的何种级别。

A.6.12 制浆系统主要参数计算应包括：原料煤用量、制浆量、添加剂用量和制浆用水量计算。其中制浆用水量主要包括：制浆添加水、药剂稀释用水、设备冷却补充水及不定期使用的生产系统冲洗水。制浆系统主要参数计算汇总表的格式应符合表A.6.12-1的规定。制浆用添加剂及加水量计算表的格式应符合表A.6.12-2的规定。

表 A.6.12-1 制浆系统主要参数计算汇总表格式

名 称	单位	时	日	年	备注
制浆量					
原料煤量					
分散剂用量					
稳定剂用量					
其他药剂用量					
用水量					

表 A.6.12-2 制浆用添加剂量及加水量计算表格式

加入量 / 名称		一条生产线加入量（t）			X条生产线加入量（t）		
		时	日	年	时	日	年
分散剂	来料纯度（ %）						
	来料浓度（ %）						
	应用浓度（ %）						
	加水量						
稳定剂	来料纯度（ %）						
	来料浓度（ %）						
	应用浓度（ %）						
	加水量						
其他药剂	来料纯度（ %）						
	来料浓度（ %）						
	应用浓度（ %）						
	加水量						

注：说明计算的基础数据应包括：

1 按干基重量比计算的水煤浆浓度值，单位为%；

2 按干基煤分别计算的分散剂、稳定剂和其他药剂添加量，单位为‰；

3 来料纯度为添加剂来料有效应用值（计算值），单位为%。

A.6.13 添加剂配供系统应包括以下内容：

1 说明添加剂配供系统的工艺流程、计量方式、添加方式。

2 说明不同添加剂和水的配置条件，添加比例。

3 说明原料滤渣的清理方式；储存和使用药剂所需的防潮、防水、保温加热等措施。

4 计算添加剂的最少储存量，确定储存设施和添加剂加工处理车间的建筑物类型、确定的位置、面积或体积。

5 说明添加剂配供设备的选型和系统布置。

Ⅴ 主要设备选型与布置

A.6.14 原料煤系统主要设备选型及布置应论述以下内容：

1 制浆生产对原料煤系统主要设备能力和原料煤粒度的要求。

2 说明主要设备选型的理由，列出所选设备的技术规格及台数，明确使用地点和工作范围，注明设备是否有备用，破碎筛分设备是否设旁路等。必要时，可增加对不同类型的卸煤、储煤、破碎设备选型的方案对比。

3 原料煤系统主要设备布置原则、布置特点、系统操作说明和主要建（构）筑物的设置情况。

A.6.15 制浆系统主要设备选型及布置应论述以下内容：

1 根据确定的制浆工艺流程，对主要设备进行多方案比选，提出设计采用的主要设备选型。

2 简述主要设备选型台数及技术规格，说明备用台数，是否备用生产线等。

3 主要设备的布置原则、布置特点和主要设备工艺布置情况，必要时进行制浆系统工艺布置方案的比较。

4 说明主要建（构）筑物的设置情况，各系统（车间）的功能和工序生产过程，功能分区情况等。

5 说明生产系统的操作要点，主要设备布置是否便于生产运行的控制和管理，是否符合国家职业安全卫生和环保等有关规定。

Ⅵ 辅助及附属设施

A.6.16 辅助及附属设施应包括下列内容：

1 说明主要辅助设备的选型及主要技术规格，包括：储煤辅助设备，煤的除铁、去杂、取样、计量和输送设备保护装置。

2 说明主要辅助设备的布置特点和布置方案。

3 说明检修起吊设施的设置情况，说明是否设推煤机库等。

4 说明生产设备的大、中修及日常维护任务，说明外委修理原则和要求。

5 列出自备机修设备的数量、类型，说明机修能力和修理范围。

6 说明药剂库（罐）、材料库和油脂库等设置的理由、布置的位置、面积（体积）、储存能力和附属起吊设备的配置。

Ⅶ 生产技术检查

A.6.17 生产计量检查应说明以下内容：

1 生产技术检查涉及的范围。

2 生产技术检查的项目内容，方式、技术要求，需要计量和取样的地点和方法。

3 计量设备和取样设备的配置情况，对于在线检测设备，还应说明安装位置、检测内容和数据接收地点。

4 煤样室、化验室所在位置，担负的分析化验项目内容，主要化验设备和仪器仪表的特点、性能及作用。

5 生产技术检查数据的接收和管理。

A.7 水煤浆储存、运输与供应

Ⅰ 水煤浆储存及输送

A.7.1 水煤浆储存及输送应说明的问题包括：

1 水煤浆储存系统的设计原则和建设条件。

2 计算总储浆量，确定储浆罐数量、结构形式及规格。

3 储浆罐所设的计量、防冻保温、运行检修、清洗及防沉淀设施。

4 厂区水煤浆输送系统。

A.7.2 厂区水煤浆输送系统应说明的问题包括：

1 水煤浆管道输送系统的能力和运行方式。

2 输浆设备的选型、数量及备用情况。

3 输浆管道的管径、长度、敷设方式和防冻保温措施。

4 输浆泵房的面积、层高、污水坑设置，设备布置及检修起吊设施的设置。

5 改扩建工程除应说明上述问题外，还应说明原有输浆能力及本次改扩建后的总输浆能力。

Ⅱ 水煤浆外运和接收

A.7.3 水煤浆的外运或接收应说明以下内容：

1 水煤浆产品的外运方式、接收方式和建设条件。

2 水煤浆产品外运或接收系统的工艺流程和操作说明。

3 水煤浆运输管理部门对水煤浆产品的装车（船）或卸车（船）时间和能力的要求，计量方式和计量设备选型，运输和调车设备的配置或租赁等情况的说明。

4 装（卸）浆泵房的位置，输浆泵及管径的选型计算，泵房设备及管道的布置情况，检修起吊设施的设置。

5 水煤浆外运或接收的辅助设施。

A.7.4 水煤浆产品的外运方式、接收方式和建设条件应说明以下问题：

1 当采用铁路罐车运输方式时，应说明设计装（卸）车能力，铁路运输能力，运输距离，铁路装（卸）站台有效长度，一次装（卸）车时间，运输车辆的编组及调车等情况。

2 当采用水路船舶运输方式时，应说明装（卸）船码头的长度及泊位，运输船的吨位，装（卸）船设施和一次装（卸）船时间等。

3 当采用汽车罐车运输方式时，应说明设置的装（卸）车设施，汽车罐车的载重量，汽车装（卸）车站台有效长度，一次可容纳罐车数量，运输路径及运输距离等情况。

4 当采用管道输送方式时，应说明管道输送的起点和终点标高，沿途（建筑物、地质、河流等）状况，管道输送的距离、管径、输送能力、管道敷设方式等。当管道输送超出工业场地建设范围且输送规模较大时，宜另行立项。

Ⅲ 水煤浆供应

A.7.5 水煤浆供应应说明下列问题：

1 水煤浆产品来源及用浆量。

2 供浆系统。

A.7.6 水煤浆产品来源及用浆量应包括以下内容：

1 简述提供水煤浆产品的生产单位情况，包括地理位置、交通运输、生产规模、生产工艺和产品主要质量指标等情况。

2 列表计算水煤浆燃烧装置所需水煤浆的量，表的格式应符合表A.7.6的规定。

表A.7.6 水煤浆燃烧装置所需水煤浆量计算表格式

名称	单位	水煤浆燃烧装置		
		水煤浆产品1	水煤浆产品2	水煤浆产品3
小时耗浆量	t/h			
日耗浆量	t/d			
年耗浆量	t/a			

注：应说明水煤浆燃烧装置的额定负荷，年运行天数和日运行小时数。

3 根据水煤浆燃烧装置所需的水煤浆量，针对至少两种及以上水煤浆产品的品质，长期供应情况及运输条件等方面进行技术经济比较，确定水煤浆产品来源。

A.7.7 供浆系统应包括以下内容：

1 供浆系统工艺流程。

2 供浆系统。

3 供浆系统辅助设施。

A.7.8 供浆系统工艺流程应说明选择的依据，概述工艺流程整个过程，主要特点，主要设备的配置情况，对生产运行方面的有关要求和预计达到的效果。如果增加水煤浆加热装置，应说明设置理由和加热装置进出浆的温度；如果增加混浆装置，应说明不同浆的混配比例和混配后产品的主要指标。

A.7.9 供浆系统应说明下列内容：

1 供浆泵房的面积、层高、配电控制室的设置情况。

2 供浆泵房内设备的选型、布置情况，包括搅拌罐的容量、数量，搅拌器形式及功率，供浆泵、返浆泵和过滤器的规格、数量及备用情况，检修起吊设施及污水坑设置等。

3 水煤浆加热装置、混浆装置主要设备选型和布置情况。

4 供浆泵房至水煤浆燃烧装置前的管道设置情况，主要内容包括：

1）输浆管、供浆母管、供浆支管的规格参数及敷设位置。

2）检测仪表的设置位置和生产运行控制方式。

3）管道隔热、保温措施和检修操作平台的设置等。

A.7.10 供浆系统辅助设施应包括下列内容：

1 说明水煤浆系统冲洗各接点位置，来水的水质、压力和流量，一次冲洗时间及频次，废水量及排放去向，主要设备参数、管道规格及布置情况。

2 说明雾化蒸汽的来源，蒸汽参数要求和供应量。管道接点位置，管径、长度、走向和敷设方式。

3 说明设置压缩空气装置的理由，使用地点，要求的压力和风量，设备选型布置说明及使用要求。

4 说明水煤浆化验室的设置理由，包括化验室的设置位置、化验设备和器具的配备，技术指标的测定范围等。

5 需要单独设置建筑物时，应说明建筑物的结构类型、建筑面积、层高和在工业场区的相对位置。

A.8 电气

Ⅰ 供配电

A.8.1 供配电设计应包括下列内容：

1 电气设计主要依据和设计范围。

2 电源及供电方式。

3 设备容量、负荷计算及变压器选择。

4 供配电系统。

A.8.2 电气设计主要依据和设计范围包括下列内容：

1 供电部门针对本项目的电源协议书、会议纪要或有关文件。

2 工程所涉及的电气设计范围及接口。

3 与电气专业设计有关的规程、规范和设计依据性资料。

4 扩建或改建工程，除应包括上述内容外，还应说明现有设施的情况和存在的问题。

A.8.3 电源及供电方式应说明以下问题：

1 项目建设所在地现有电源情况。

2 采用的供电方式。

3 电源工程的内容、设计分工及分界位置。

4 变电站（变电所、配电室等）的位置，至本项目所在地的距离。供电回路及电压，接线方式及用电设备的电压等。

A.8.4 设备容量及台数应计算下列内容：

1 全厂设备总容量及总台数，其中包括6kV（或10 kV）设备总容量、总台数和380V或（660V）设备总容量、总台数。

2 全厂工作设备总容量及总台数，其中包括6kV（或10kV）设备总容量、总台数和380V或（660V）设备总容量、总台数。

A.8.5 负荷计算及变压器选择包括下列内容：

1 按配电室（点）和配电系统列出水煤浆工程用电设备负荷统计表，表的格式应符合表A.8.5的规定。

2 根据表A.8.5的统计结果，说明变压器供配电范围，确定变压器容量。

3 计算全厂用电负荷等指标，主要内容包括：

1）计算负荷（折算至高压侧、补偿后）；

2）有功负荷；

3）无功负荷；

4）视在功率；

5）功率因数及补偿容量；

6）自然功率因数；

7）补偿容量，其中包括 380V（或 660V）补偿容量、6kV（或 10 kV）补偿容量；

8）补偿后的功率因数；

9）全年电耗；

10）吨浆电耗。

A.8.6 供配电系统设计应包括下列内容：

1 说明变电所、高、低压配电室（点）的位置、供电范围，确定各级电压母线接线方式（本期及终期）、继电保护方案、操作电源。

2 说明导体及电气设备的选择依据及原则。

3 说明高压电机及大容量中、低压电机启动方式及控制装置选型。

4 计算变电所及水煤浆工程高压配电室 6（10）kV 母线短路电流，高压电器校验及电缆最小截面，并宜附 6（10）kV 母线短路电流计算表，表的格式应符合表 A.8.6 的规定。

表 A.8.5 用电设备负荷统计表格式

序号	负荷名称	电压（kV）	设备功率（kW）	设备数量		设备功率（kW）		需用系数	COSφ	tgφ	最大负荷	无功（kvar）	视在（kV·A）	最大负荷年利用小时	全年电耗（kW·h）	设备编号
				全部	工作	全部	工作				有功（kW）					
一	原料煤系统															
二	制浆系统															
1	中压用电设备															
2	低压用电设备															
三	产品储存与供应															
四	生产辅助设施															
1	化验设备															
2	办公及生活用电															
3	场区用电															
五	给排水															
六	采暖通风及除尘															
七	照明系统															
	合计															
	低压无功补偿后															
	补偿容量															
	总计负荷															
	吨浆电耗															
八	厂用变压器选择（kV·A）					负荷率			%							

表 A.8.6 6（10）kV 母线短路电流计算表格式

序号	参　数	运行方式	数值	备注
1	系统标幺电抗（Ω）	最大		
		最小		
2	短路容量（MV·A）	最大		
		最小		
3	短路电流（kA）	最大		
		最小		

5 说明电缆选型及敷设方式。

Ⅱ 照明、防雷及接地

A.8.7 照明设计应说明下列内容：

1 工作、事故、安全照明供电电压及照明的供电方式。

2 局部照明和事故照明的处理方法。

3 专用照明变压器的选择及照明配电的布置。

4 检修电源的设置及供电方式。

A.8.8 防雷及接地设计应说明下列内容：

1 主、辅建筑物防雷保护装置形式。

2 接地装置设计原则、接地网材料选择和防腐措施。

Ⅲ 工艺系统设备的控制及自动化

A.8.9 工艺系统设备的控制及自动化应包括下列内容：

1 说明设计范围、系统划分，采用的规范、规程等主要设计依据。

2 工艺系统设备的控制。

3 控制及自动化水平和主要功能。

4 主要控制装置的选型原则、配置说明及网络组成。

A.8.10 工艺系统设备的控制应说明主要设计原则、控制方式、控制设备数量（包含机柜数量）及控制室、电子间的位置和装备标准。

A.8.11 控制及自动化水平和主要功能应说明的内容包括：

1 在控制室内和现场能达到的控制水平。

2 分别叙述顺序控制系统（SCS）、模拟量控制系统（MCS）和数据采集系统（DAS），其中包括煤、水、添加剂和水煤浆等物料的自动控制方式，信号系统的设置和使用，设备启车、停车顺序等。

Ⅳ 检测、监控、计量及保护装置

A.8.12 检测和监控应说明的问题包括：

1 各工艺系统检测、监控内容及显示方式。

2 检测、监控、连锁方式的选择。

3 装置或仪表的设置地点和数据采集。

A.8.13 计量设计应说明需要计量的内容，采取的计量方式，选择的计量装置（仪表）及安装地点。

A.8.14 保护装置应说明的问题包括：

1 对主要工艺设备和有特殊要求设备的保护装置选型和说明。

2 有关信号的显示方式和安装地点。

Ⅴ 通信及计算机管理

A.8.15 通信及计算机管理应说明以下问题：

1 行政电话的布局原则、电话站的总体位置和设备布置。

2 生产调度电话、中继线对数和供电方式的设计及总机位置和设备布置。

3 专用电话的型号、规格及设置地点。

4 生产广播系统的组成、使用条件，确定的设备型号、规格等。

5 计算机管理的内容、作用，网络系统的组成，设备配置和装备水平等。

6 工业电视设置的必要性；各设置点的位置和作用；所选设备型号、规格及系统配置等情况。

A.9 给水与排水

Ⅰ 给水系统

A.9.1 给水系统应包括下列内容：

1 用水范围，用水量和补充水量。

2 给水水源。

3 给水系统。

A.9.2 用水范围，用水量和补充水量应包括：

1 详细说明水煤浆工程各用水点和要求。

2 列表计算总用水量及生产和消防补充水量，表的格式应符合表A.9.2-1和表A.9.2-2的规定。可根据工程规模及必要性附水量供需平衡图。

表 A.9.2-1 用水量表格式

序号	用水项目	最大小时 (m^3/h)	全日 (m^3/d)	备注
一	生活用水			
二	生产用水			
三	其他用水（未预见用水）			
	（一～三）合计			
四	消防用水			
	合计			

表 A.9.2-2 补水量表格式

序号	用水项目	最大小时 (m^3/h)	全日 (m^3/d)	备注
一	生活用水			
二	生产用水			
三	其他用水（未预见用水）			
	（一～三）合计			
四	消防补充用水			
	合计			

A.9.3 给水水源设计应包括以下内容：

1 说明设计所采用的水文资料，水文地质资料，水量和水质等情况。

2 说明可采用的给水水源，各水源方案比较的主要内容、优缺点和确定设计水源的理由。

3 说明设计依据的给水净化原始资料，给水净化系统工艺流程、主要工艺参数和主要构筑物的设置情况。

4 当不需要编制水源设计时，还应说明确定的供水途径，接管位置以及是否包括加压、输水管路，储水池等部分设计内容。

A.9.4 给水系统设计应包括以下内容：

1 说明生活、消防、生产系统的划分与组合原则和供水方式。按照设计所采用的给水系统，可绘制简单的给水系统图。

2 确定消防体制（低压制、临时高压制或常高压制）。

3 说明各给水分支系统的管网布置形式，室外管网运行压力，加压、减压措施。

4 说明生产系统内所采取的给水清扫和降尘措施。储煤场的给水防尘设施。

5 列出给水及净化主要建（构）筑物特征及主要设备选型表。

6 说明所选给水管道的管材、管径、埋深、接口方式及与给水系统设计有关的其他问题。

Ⅱ 冷却水及冲洗水处理系统

A.9.5 冷却水系统设计应包括以下内容：

1 说明当地有关气象参数和采用的冷却设备基础资料。

2 说明生产系统的冷却水量及水温要求，冷却水的冷却方式及设备选择。

3 当采用循环冷却方式时，还应说明循环冷却水系统工艺，所选设备的主要技术参数，建（构）筑物主要特征，冷却塔的出水温度及温降等。并应附循环冷却水系统工艺流程框图。

A.9.6 冲洗废水处理系统应说明的问题包括：

1 生产废水来源，一次冲洗时间、废水量、水质及频次。

2 确定的废水处理系统工艺流程及说明，包括废水回收、处理后去向等内容，并应附废水处理系统工艺流程框图。

3 所选用的设备数量和型号，管材的管径、压力、接口方式及其他设施。

4 系统运行方式和环保达标等情况。

Ⅲ 排 水 系 统

A.9.7 排水系统设计应包括下列内容：

1 说明各种污水的来源、品质、水量及设计确定的排放方式。

2 说明污水的处理措施和部分水量的回收利用情况。

3 列出排水设施的主要建（构）筑物特征及设备选型表。

4 当设计有污水处理站时，还应说明设计依据资料，确定的工艺流程、污水处理构筑物的特征值和处理后的污水去向或用途。宜绘制污水处理工艺流程图或系统图。

5 说明厂区雨水的排放方式，排水去向。当场地面积较大且为管道排水时，应列出采用的暴雨强度公式、重现期和雨水量等。

6 说明设计所采用的管材，管径、最小埋设深度，接口方式、敷设方式及其他注意事项。

A.10 采暖、通风及除尘

Ⅰ 设计依据资料

A.10.1 设计依据资料应包括以下内容：

1 设计委托书、主管部门批复性文件等设计依据性资料。

2 采暖、通风及除尘部分设计范围和主要设计原则。

3 设计采用的基础数据。

4 设计依据的主要规程、规范和执行地方、行业有关标准的说明。

A.10.2 设计采用的基础数据主要包括：采暖室外计算温度、冬季主导风向、冬季室外风速、采暖期天数、夏季空气调节室外计算温度、冬季通风室外计算温度、夏季通风室外计算温度和最大冻土深度等。

Ⅱ 采 暖

A.10.3 采暖部分设计应包括以下内容：

1 说明采暖设计范围，确定的采暖方式，采暖热媒来源、种类和技术参数。

2 说明采暖系统形式，设备的选择及布置。

3 说明可提供热水、开水的热源，加热方式及设备规格参数。

4 列表计算各建筑物采暖、通风和空气调节所需耗热量，表的格式应符合表A.10.3的规定

表A.10.3 各建筑物耗热量表格式

（室外计算温度 ℃）

序号	建筑物名称	室内采暖计算温度（℃）	采暖建筑物体积或面积（m^3 或 m^2）	采暖热指标（$W/m^3\cdot K$ 或 $W/m^2\cdot K$）	室内外温差（K）	耗热量（kW）			备注
						采暖	通风	供热	
	合计								

Ⅲ 通风及除尘

A.10.4 通风除尘设计应分别说明以下问题：

1 需要设置通风装置的场所，采用的通风方式，通风系统的风量，设备选型布置和预期效果。

2 需要设置除尘装置的场所，采用的除尘方式，含尘空气的净化方式，除尘系统的设备选型布置，除尘器所收集煤尘的排放去向或处理措施。

3 需要设置空调系统的房间，采用的空调方式，空调系统冷负荷，设备选型和数量、设备布置情况及预期效果。

Ⅳ 供 热 管 网

A.10.5 供热管网应说明的问题包括：

1 厂区供热管道敷设方式，埋设深度，系统形式及回水或凝结水的收集。

2 厂区管道热补偿方式，补偿器选型及设置的地点。

3 管道材料选择及保温、防水、防腐措施。

Ⅴ 供热热源及锅炉房

A.10.6 供热热源应包括下列内容：

1 说明采暖热媒的来源，热媒性质和工作参数。

2 计算总热负荷。

3 说明热交换站的热交换形式、所在位置、系

统工艺、设备选型及台数等。

A.10.7 锅炉房设计应包括以下主要内容：

1 说明锅炉燃料来源、燃料特性参数、运输方式、卸载和储存设施。

2 根据采暖期和非采暖期水煤浆工程生产、生活所需总热负荷，确定锅炉类型、规格、台数及所产热媒的各种参数。

3 计算锅炉最大负荷时的小时燃料用量和全年燃料用量，说明燃料输送方式及设备选型。

4 计算锅炉最大负荷时的小时灰渣量和全年灰渣产出量，分别说明除灰、除渣方式和设备选型，灰渣的品质，是否达到综合利用要求及去处。

5 简述系统流程及锅炉房设备布置，说明锅炉房位置及建筑布局。

6 说明锅炉给水来源、水质，确定热水采暖系统的定压方式、锅炉补充水的处理方式与设备选型。

7 说明选择的烟气除尘脱硫方式和设备选型，烟囱的形式、高度、上口内径及防腐措施等。

A.11 建筑与结构

Ⅰ 设计依据资料

A.11.1 设计依据资料应包括以下内容：

1 所建工程基本情况。

2 气象资料。

3 工程地质和水文地质资料。

4 设计采用的规程、规范及其他主要技术数据和资料。

A.11.2 所建工程基本情况应包括建设规模、工程所在地的地理位置、交通状况。当为扩建工程时，还应简要说明与原有工程的关系，是否有拆迁或加固内容和要求。当需要考虑扩建时，应说明如何预留再扩建条件等。

A.11.3 气象资料应主要包括：工程所在区域的气温、降雨量、积雪厚度、风速、风向、湿度、土壤冻结深度和最高洪水位等。

A.11.4 工程地质和水文地质资料主要内容包括：

1 工业场区的地形、地貌。

2 工业场区的地质构造、土层结构、各层土的物理力学性质及主要指标。

3 对场地的特殊地质条件应着重予以说明，并对场地的稳定性做出评价。

4 工业场区抗震设防的基本烈度及确定的依据。

5 工业场区地下水类型、埋藏条件、深度及地下水对混凝土腐蚀性的评价。

A.11.5 设计采用的规程、规范及其他主要技术数据和资料应包括：

1 与本项目建筑、结构设计有关的国家现行规程、规范。

2 基本风压值、基本雪压值。

3 持力层地基承载力特征值。

4 抗震设防烈度和设计基本地震加速度。

5 场地土类型和建筑场地类别。

6 与改扩建项目有关的原有建筑物的施工图、竣工图、工程质量验收报告和检测鉴定结论等说明。

Ⅱ 建筑材料及施工条件

A.11.6 建筑材料应说明的问题包括：

1 说明本工程主要建筑材料的选用原则。

2 根据地方建筑材料的品种、规格、产量和质量情况，说明哪些建筑材料可以就地取材。确定主要建筑材料的来源、供应和运输情况。

3 列出选用的各种构配件，确定采用样本或标准图集的名称，说明哪些属于就地采用。

4 针对设计中采用的特种材料、新材料和新产品，应说明主要技术性能参数，是否履行相关使用审批手续，是否曾在已建类似工程中应用以及使用效果的评价。

A.11.7 施工条件应说明本工程建设对施工单位在施工设备配置、施工能力和施工业绩等方面的要求。

Ⅲ 建筑与结构设计

A.11.8 建筑设计应说明的问题包括：

1 列表计算生产、生产辅助和附属建筑物的面积指标，表的格式应符合表 A.11.8 的规定。

表 A.11.8 生产、生产辅助及附属建筑物面积计算表格式

序号	建筑物名称	采用指标	计算面积（m^2）	采用面积（m^2）	备注
1					
2					

2 主要建筑物的造型、围护结构类型、建筑物立面与毗邻建筑物的协调性等。

3 主要建筑物的平剖面布置，建筑物内部水平和垂直交通运输，安全通道和出入口布置，变形缝设置以及生活卫生设施。

4 对主要建筑物在通风、采光、防水、排水、防潮、保温、隔热、隔振、电磁屏蔽、噪声控制等方面采取的技术措施。

5 防火、防爆等安全措施。

6 采取的装修、装饰标准。

A.11.9 结构设计应说明的问题包括：

1 各建筑物的结构选型，楼面及屋盖的结构形式，必要时还应进行方案比较和论证。

2 主厂房固定端和扩建端结构形式及扩建条件。

3 采用新技术、新结构、新材料的依据及理由。

4 主要建筑物和构筑物的基础形式、埋置深度和地基处理方法。必要时还应进行方案比较和论证。

5 各建（构）筑物抗震设防类别和采取的抗震措施。

6 列表说明建筑物、构筑物技术特征及工程量，表的格式应符合表 A.11.9 的规定。

表 A.11.9 建筑物、构筑物技术特征及工程量表格式

序号	工程名称	工程量					主要技术特征										室内工程			备注
		占地面积（m^2）	檐高和层数（m）	建筑面积（m^2）	建筑体积（m^3）	地道或栈桥长度平均高度（m）	结构类型	基础		墙体	楼板	屋盖	门窗	地面	楼面	屋面	给排水	采暖	通风	
						平均高度（m）		形式	深度（m）											
一																				
1																				
2																				
3																				
4																				

A.12 环 境 保 护

Ⅰ 概 述

A.12.1 概述部分应包括下列内容：

1 设计依据性文件。

2 设计遵循的环境保护标准。

3 工业场区及附近环境现状。

4 设计范围和主要设计原则。

A.12.2 设计依据性文件应包括下列内容：

1 上级主管部门的批复文件、专家评估意见及会议纪要等。

2 环境影响评价报告书（表）、地方环保部门对环境排放总量的控制要求等。

A.12.3 工业场区及附近环境现状应包括下列内容：

1 工业场区的位置及交通。

2 自然环境现状，包括地形地貌、水文地质、气象、主导风向、冻土深度、地震烈度等。

3 社会经济环境现状，包括行政区划分、产业结构特点、工农业经济发展情况及地区总体规划布局等。

4 环境保护敏感目标的基本情况，包括自然保护区、风景名胜区、公园、湿地、水源地和文物古迹等概况。

5 环境质量状况应包括下列内容：

1）地表水、地下水环境质量现状；

2）大气环境质量现状；

3）声环境质量现状；

4）生态环境现状；

5）水土流失及水土保持环境现状。

Ⅱ 主要污染源及治理措施

A.12.4 主要污染源及治理措施应包括下列内容：

1 主要污染源及污染物排放情况。

2 各污染物的治理措施。

3 固体废物的处理措施。

4 工业场区的绿化及生态保护措施。

A.12.5 主要污染源及污染物排放应说明以下问题：

1 按工艺流程顺序说明产生污染物的原因和工序。

2 列表说明污染物的种类、名称、排放环节、排放方式、排放强度（排放量）或排放状况。主要污染物排放量表的格式应符合表 A.12.5 的规定。

A.12.6 各污染物的治理措施应说明以下问题：

1 分别说明大气污染控制、污废水处理和噪声污染控制的治理方式、治理工艺流程及治理措施。

2 选择的治理设备名称、规格和主要技术参数。

3 说明污染物治理效果和达标排放情况。

A.12.7 大气污染控制和治理措施应包括下列内容：

1 对采暖锅炉的废气排放，应说明除尘器选型的主要技术参数，所设烟囱的高度和上口直径。如增加烟气净化处理措施，还应说明采取的工艺和主要设备，最终烟尘、SO_2 排放量与排放浓度以及达标排放情况。

2 对生产车间和输煤系统的粉尘治理，宜绘出除尘系统图，图中标明集气罩设置点，喷水降尘点以及除尘器布置点。当采用除尘器集中除尘时，应给出除尘器选型主要参数，说明最终粉尘排放量、排放浓度以及是否达标。

表 A.12.5 主要污染物排放量表格式

污染类别	排污环节	污染物名称	排放状况		备注
			排放量	排放浓度	
废气粉尘	储煤场	粉尘			
	破碎车间	粉尘			
	制浆车间	废气			
		粉尘			
	转载点	废气			
		粉尘			
	采暖锅炉房	废气			
		烟尘			
		SO_2			
	场区道路	粉尘			
污废水	生活污水	废水			
		SS			
		BOD_5			
		COD			
		氨氮			
	生活废水	废水			
		SS			
		COD			
固废物	灰渣	固废			
	生活垃圾	固废			
噪声	破碎车间	噪声			
	制浆车间	噪声			
	锅炉房	噪声			
	空压机房	噪声			

3 对储煤场和灰渣堆场，应说明采取的喷水抑尘方案、挡墙设置方案、防风抑尘网设置方案，并对治理效果和达标情况进行评价。当采用喷水抑尘措施时，应给出喷水装置的平面布置图。当采用防风抑尘措施时，应给出平面图和剖面图，说明防风抑尘网的设置高度和开孔参数。

A.12.8 污废水处理应包括下列内容：

1 分别说明生活污水和工业废水处理的工艺流程、设备选型参数、处理效率、最终排放浓度、回收利用以及达标排放情况。

2 说明处理站平面布置及主要建（构）筑物特征。

A.12.9 噪声污染控制和治理措施应包括下列内容：

1 从低噪声设备的选型、建筑物设计和总图布置等方面说明采取的控制和治理措施。

2 对各主要噪声源，应说明采取的吸声、消声、隔声措施和个人防护措施。

3 对采取治理措施后的车间工作环境及厂界噪声进行预测评价达标情况。

A.12.10 固体废物的处理措施应分别说明灰渣和生活垃圾等固体废物的处理、处置方式，灰渣综合利用情况以及生活垃圾排放去向。如果灰渣采用抛弃法，还应对灰渣堆场是否对周围环境造成污染情况进行评价。

A.12.11 工业场区的绿化及生态保护措施应包括下列内容：

1 说明工业场区的绿化规划、绿化面积及绿化系数。

2 说明绿化选择的树种及配置原则。对高噪声、重煤尘污染区，还应说明是否设置专用隔离林带。

3 对施工期生态保护措施提出要求。

Ⅲ 环境管理及环境监测

A.12.12 环境管理及环境监测应说明以下问题：

1 说明设置环境管理专职机构的依据和实施方案。如果配备兼职环境管理员，还应说明其理由和管理模式。

2 工业场区各系统环境监测点的布局、监测频率等。如果设置环境监测站，还应介绍监测站的概况，包括工作范围、人员配备，监测设备的名称、台数和设置位置等。

Ⅳ 环境保护投资

A.12.13 环境保护投资部分设计应说明下列问题：

1 环境保护投资所包括的范围，列出属于环保性质的单位工程和设施，环保专项投资汇总表的格式应符合表A.12.13的规定。

2 计算环保总投资占工程总投资的百分率，评价环保投资的比重。

表A.12.13 环保专项投资汇总表格式

污染源类别	环保设施	概算投资（万元）	备注
废气与粉尘	储煤场粉尘治理		
	制浆车间除尘		
	破碎车间除尘		
	转载点除尘		
	锅炉房除尘脱硫		
	场区道路扬尘治理		
	小计		
污废水	生活污水处理		
	工业废水处理		
	小计		
固废物	灰渣处置		
	生活垃圾处置		
	小计		
噪声	破碎车间噪声治理		
	制浆车间噪声治理		
	锅炉房噪声治理		
	空压机房噪声治理		
	各种泵房的噪声治理		
	其他噪声治理		
	小计		
其他	环保治理设施		
合计			
环保投资占工程投资比例			

Ⅴ 其 他

A.12.14 其他部分应包括下列内容：

1 对初步设计采用的环境保护措施与项目环境影响报告书及批复意见不一致的情况说明。

2 其他需要补充说明的问题。

A.13 职业安全与工业卫生

Ⅰ 概 述

A.13.1 概述应包括下列内容：

1 国家和地方主管部门颁布的有关文件和规定。

2 设计采用的主要标准和依据资料。

3 工程设计概述。

A.13.2 工程设计概述应包括下列内容：

1 本工程的设计范围。建设性质、工业场地位置等不符合职业安全与工业卫生的自然状况。

2 简述制浆原料煤、添加剂、添加水等原料的运输、储存和输送方案，制浆工艺流程，水煤浆产品外运和供应方案，副产品处置等生产过程各环节存在的危害因素。

3 改（扩）建项目应简要说明现有职业安全与工业卫生状况和存在的问题。

Ⅱ 职业安全

A. 13. 3 职业安全应说明下列问题：

1 主要不安全因素。

2 安全防范措施。

3 安全救护措施。

A. 13. 4 主要不安全因素应论述下列内容：

1 由于自然原因造成的不安全因素，主要包括暴雨、雷电、暴风雪、地震、洪水、潮汐等自然灾害的发生。

2 由于生产环境和生产过程存在的潜在问题给职业安全带来的不安全因素。

A. 13. 5 安全防范措施应包括下列内容：

1 预防暴雨、雷电、地震等自然灾害的防范措施。

2 建筑物和构筑物的防火、防爆、设防等级、安全距离、安全通道、出入口和消防设施。

3 工业场区消防通道的布置，消防设施、火灾检测与报警装置的设置。

4 压力容器、电气及控制设备和电缆敷设等的防爆、防雷击措施。

5 设备操作检修采取的安全防范措施，包括传动设备采用的隔离防护措施。电气设备防误操作及触电伤害措施。紧急事故信号显示、停车及连锁装置等措施。

6 防煤尘、防爆、防污染措施。

7 化验室、油脂库等含易燃易爆物品建筑物的布置与设防措施。

8 防放射性伤害措施。

9 各场所防滑及防人体坠落的安全措施。

A. 13. 6 安全救护措施应论述事件发生后人员的抢救、疏散等应急措施。

Ⅲ 工业卫生

A. 13. 7 工业卫生应说明以下内容：

1 产生煤尘、噪声、有害气体等的位置、数量和危害程度。

2 设计采取的防治措施。

3 劳动保护措施。

A. 13. 8 设计采取的防治措施应包括以下内容：

1 防止粉尘和有害气体的措施。

2 隔声、减振、降噪措施。

3 电磁波、弧光、放射线的防护措施。

4 室内采光、通风、防暑降温及防湿措施；室外防寒、防晒等措施。

5 公共环境卫生措施等。

A. 13. 9 劳动保护措施应说明以下问题：

1 对接触煤尘、有害气体、放射线岗位人员的劳动保护措施。

2 对接触设备运转噪声较高、振动较大岗位人员的劳动保护措施。

3 对所处高温、高湿等相对环境较差岗位人员的劳动保护措施。

4 机电操作、检修人员的劳动保护措施。

Ⅳ 机构设置及专项投资

A. 13. 10 职业安全与工业卫生机构的设置应执行国家和工程建设所在行业规定，并说明配备的相关设备、仪器和管理人员。

A. 13. 11 初步设计说明书中应列出职业安全与工业卫生的专项费用及其占总投资的比例，说明预计达到的效果。

A. 14 消 防

Ⅰ 概 述

A. 14. 1 概述应包括下列内容：

1 消防设计执行的主要标准和依据资料。

2 消防设计概述。

A. 14. 2 消防设计概述主要内容包括：

1 本工程建设规模、消防设计范围、主要工艺过程和消防重点区域。

2 说明采用的消防系统和遵循的主要设计原则。

3 工业场区所在地理位置和总平面布置概述。

4 工业场区与附近消防站（队）的最近距离。当需要新设消防站（队）时，应说明新建规模、建设条件、设备配置及运行管理。

5 附近供水管网的情况，包括管径、压力及消火栓的数量和位置。

6 改（扩）建工程还应说明原有消防系统情况，并评价其能否满足本工程要求以及确定新增内容等。

Ⅱ 总平面布置及交通消防要求

A. 14. 3 总平面布置及交通消防要求应说明下列问题：

1 总平面布置的格局、功能分区和分期建设预留场地的情况。扩建工程还应说明原有场区总平面布置情况。

2 各建（构）筑物的性质、火灾危险性分析、防火间距及消防措施。对于不满足防火间距要求的建（构）筑物，应说明采取的防火措施。

3 工业场地消防车道、消防设施的布置情况和设计标准。

Ⅲ 建筑物及构筑物防火

A. 14. 4 建筑物及构筑物防火设计应包括以下内容：

1 工业场地中的储煤场、储煤仓、输煤栈桥、转载站、各生产车间、各种液体、粉体储罐、变压器室、高低压配电室、锅炉房、化验室、办公楼等生产、辅助、附属建筑物及构筑物的火灾危险性分析。

2 各建筑物的结构类型，火灾危险性类别和耐火等级。

3 各建筑物防火、防烟分区的划分，消防梯、防火门、安全疏散通道和出口布置，防烟、排烟和通风空调系统的防火设计以及建筑物内部装修的防火设计。

4 存在爆炸性危险生产车间的防爆设计。

Ⅳ 消防给排水和灭火设施

A.14.5 消防给排水和灭火设施应包括以下内容：

1 说明消防水源和消防贮水量，消防给水系统设计原则，消防水泵、消防水池及泵房的设置情况，确定消防体制。

2 说明消防设计水量、一次消防用水量、水压及火灾延续时间。

3 分别说明室内外消火栓系统、自动喷淋系统、气体消防系统的设置理由和设计原则，保护范围及对象，采用设备的规格数量及管网布置等情况。改扩建工程还应说明现有消防设施情况，需要新增消火栓、自动喷淋和气体消防灭火器的场所和消防设备、器材的选型及布置。

4 消防排水设计。

Ⅴ 电气及控制系统防火

A.14.6 电气及控制系统防火应包括以下内容：

1 电气及控制设备运行的火灾危险性分析。

2 电气及控制系统防火要求及采取的措施。

3 防雷接地设施和防静电措施。

4 火灾报警及控制系统。

A.14.7 电气及控制系统防火要求及采取的措施应说明下列问题：

1 爆炸及火灾危险场所的区域划分，防爆设备的选型布置要求。

2 消防用电设备的负荷等级和供电方式，供电电源的可靠程度。

3 变压器、配电和开关装置等设备的防火措施。电缆、电缆桥架和电缆沟的敷设方式及阻燃、分隔等防火措施。

4 控制室和电子设备间采取的防火、防爆、防静电措施和仪表、设备的选型标准。

5 事故照明、应急照明装置的安装位置和最低照度值。

A.14.8 火灾报警及控制系统应说明下列问题：

1 火灾报警及消防控制系统的功能及联动项目。

2 火灾报警探测装置设置的场所、位置，消防主控制室位置与运行控制措施。

3 火灾报警及消防控制系统设备、材料的选型及布置要求。

4 应急广播系统和疏散指示标志的设置。

Ⅵ 其他系统的防火措施

A.14.9 其他系统的防火措施应包括以下内容：

1 工艺过程中的生产、储存物品的火灾危险性分析。

2 生产系统的防火措施。

3 采暖通风与空气调节系统防火措施。

A.14.10 生产系统的防火措施应包括以下主要内容：

1 根据制浆原料煤的挥发性指标，说明储煤场、煤仓等储煤设施防止煤炭自燃措施。

2 破碎、输煤系统通风、除尘设备的设置。带式输送机胶带是否选用难燃材料。

3 制浆专用磨机等大型设备的油润滑系统、锅炉房点火油系统和储油设施的防火措施。

A.14.11 采暖通风与空气调节系统防火措施应包括以下主要内容：

1 具有可燃物质车间、锅炉房的采暖热媒温度的限制要求。

2 控制室、电子设备间空气调节系统与消防控制系统的连锁要求。

3 具有火灾危险房间通风、空调系统的风道设置，防火阀及管道材料的选择。

Ⅶ 消防组织及火灾扑救措施

A.14.12 消防组织及火灾扑救措施宜简述消防专职单位的组织机构，隶属关系，人员组成与职责，设备和车辆配置。并宜说明不同程度火灾发生后实施扑救的主要措施。

A.15 节能与减排

Ⅰ 项目能源消耗

A.15.1 项目能源消耗应包括下列内容：

1 列表计算水煤浆工程年生产运行所消耗的能源种类和数量，包括：煤、电、水、药剂、润滑油脂、压缩空气等。表的格式应符合表A.15.1的规定。

表 A.15.1 水煤浆工程消耗能源种类和数量表格式

序号	消耗能源种类	单位	数量	备 注
1				
2				
总 计				

2 简述水煤浆工程主要耗能设备。

3 计算水煤浆工程综合能耗指标。

Ⅱ 节能措施及评价

A.15.2 节能措施及评价应在水煤浆工程下列各分项设计中体现：

1 生产工艺流程及系统布置。

2 主要工艺设备和材料。

3 供配电及照明系统。

4 地面建筑物及总平面布置。

5 给排水、供热、通风除尘及水处理系统。

A.15.3 生产工艺流程及系统布置应从节能方面分别说明以下各系统设置的合理性和可行性，评价节能效果。

1 制浆原料煤卸车、储存、输送及准备系统。

2 制浆系统。

3 产品储存和装车系统。

4 添加剂配供系统。

5 水煤浆供应系统等。

A.15.4 主要工艺设备和材料的节能措施及评价应说明下列问题：

1 说明选择的主要工艺设备是否为高效、低损耗设备，其主要技术参数、调频调速性能特点、运行管理要求和单位能耗指标。

2 说明在选择管道、电缆、保温材料和其他主要材料时，在规格、品种和走向布置方面如何优化设计，减少浪费，达到节能效果。

A.15.5 供配电及照明系统的节能措施及评价应说明下列主要问题：

1 供电电源电压和供电线路的节能设计和节能效果评价。

2 主要电气设备和装置是否选用节能类型，设备主要参数和布置情况，评价节能效果。

3 无功功率补偿装置在各级电压母线上的设置情况。在各独立用电单位电源进线处装设计量用电度表情况。

4 在允许调速运行设备上配备变频调速装置的节能效果。

5 节能型照明灯具的选择依据，主要规格、数量及布置特点，评价节能效果。

A.15.6 地面建筑物及总平面布置的节能措施及评价应说明下列问题：

1 建筑物朝向和外形形状的确定，节能型建筑材料的选择。

2 建筑物外墙和屋面的保温措施及节能效果评价。

3 建筑物门、窗设置、地面保温及建筑遮阳的节能措施及效果评价。

4 工业场区道路设置、场区内物料运输，各工艺系统合理布局的节能措施及效果评价。

A.15.7 给排水、供热、通风除尘及水处理系统节能措施及评价应包括下列内容：

1 各系统主要耗能设备和运行方式，消耗能源的种类及数量。

2 在各系统的工艺流程、设备选型、系统布置中采取的节能措施和节能效果评价。

Ⅲ 节水措施及评价

A.15.8 节水措施及评价应包括下列主要内容：

1 说明水煤浆工程年用水量，吨浆水耗指标和水的重复利用情况。污水处理回收措施及处理后可利用的水量。

2 从工艺系统设计、供水及用水设备选型、管路节水、污水处理回收和水务管理等方面提出节水措施并进行评价。

Ⅳ 减排措施

A.15.9 减排措施应说明下列主要问题：

1 固体废弃物减排措施。

2 污水、废水的减排措施。

A.15.10 固体废弃物减排措施应包括以下内容：

1 水煤浆冲洗废水处理回收制浆量及减排措施。

2 锅炉房灰渣收集存储供综合利用实施方案。

3 烟尘、二氧化硫等副产物处理方式及减排指标。

A.15.11 污水、废水的减排措施应根据水煤浆工程生产及生活污水、废水的产出环节、位置和产生量，分别说明设计采取的减排措施，评价减排效果。

Ⅴ 节能减排指标综合评价

A.15.12 节能减排指标综合评价应包括下列内容：

1 节能指标综合评价。

2 减排指标综合评价。

A.15.13 节能指标综合评价应计算水煤浆工程综合能耗指标，并根据国家及工程项目所在行业和地区的有关规定，对本工程的能耗情况和节能效果进行综合评价。

A.15.14 减排指标综合评价应计算水煤浆工程固体废弃物处理减排总量和污水、废水处理减排总量，并根据国家及工程项目所在行业和地区的有关规定，对减排达标效果进行综合评价。

A.16 建设工期

A.16.1 建设工期应说明下列问题：

1 建设单位对建设工期的总体要求，各不同阶段的实施内容及进度安排，建成移交生产方式和移交标准。

2 施工场地条件和施工准备，主要内容包括：

五通一平条件，主要建筑材料来源，大型施工机具和设施，水、电供应和有无拆迁等。

3 列表说明项目实施计划进度安排，表的格式应符合表A.16.1的规定。

表 A.16.1 项目实施计划进度表格式

时间/名称	项目实施进度（月）													
	1	2	3	4	5	6	7	8	9	10	11	12	13	14
初步设计及审批														
施工图设计														
主要设备订货														
主要材料购置														
土建施工														
机电设备安装														
单系统无负荷试运行														
生产系统带负荷试运行														
正式投产														

A.17 组织机构及人力资源配置

A.17.1 组织机构及人力资源配备应包括下列内容：

1 根据水煤浆工程的规模和特点，结合建设单位意见，宜提出生产运行管理组织机构的建议。

2 水煤浆工程劳动定员应根据组织机构设置和各生产工艺环节排岗确定，按人员类别列表汇总。水煤浆工程劳动定员汇总表和劳动岗位定员明细表的格式应符合表 A.17.1-1 和表A.17.1-2的规定。

3 改扩建工程应说明增加的人员编制情况。

表 17.1-1 劳动定员汇总表格式

序号	人员类别	每日出勤人数				在籍系数	在籍人数
		Ⅰ	Ⅱ	Ⅲ	合计		
一	生产人员						
1	生产运行操作						
2	生产维修						
3	生产运行辅助						
二	行政和技术管理						
三	服务性人员						
	合计						

表 17.1-2 劳动岗位定员明细表格式

序号	岗位或工种	每日出勤人数			
		Ⅰ	Ⅱ	Ⅲ	合计

A.18 概 算 投 资

A.18.1 水煤浆工程概算投资应包括下列内容：

1 概算投资。

2 投资效果分析。

A.18.2 概算投资应说明以下问题：

1 水煤浆工程建设项目的投资范围。

2 设计概算编制依据。

3 水煤浆工程概算总额及按建筑安装工程、设备及工器具购置、工程建设其他费用、工程预备费、工程造价调整预备费、建设期间贷款利息及铺底流动资金分项投资构成情况，并说明单位生产能力投资水平。应附总概算表，表的格式应符合表 A.18.2 的规定。

表 A.18.2 水煤浆工程总概算表格式

单位：万元

序号	工程或费用名称	概算价值					吨浆投资（元/t）	占总投资比重（%）
		土建工程	设备及工器具购置	安装工程	其他费用	合计		
一	工程费用							
1	原料煤系统							
2	制浆系统							
3	储浆及外供系统							
4	水煤浆供应系统							
5	电气系统							
6	控制系统							
7	给排水及污废水处理							
8	采暖通风及供热							
9	地面运输及场区设施							
10	辅助及附属设施							
二	工程建设其他费用							
	计							
三	工程预备费							
	合计							
四	工程造价调整预备费							
	总计							
五	建设期贷款利息							
	建设项目总造价							
	占总投资比重（%）							
六	铺底流动资金							
	建设项目总资金							

A.18.3 投资效果分析应包括下列内容：

1 与核准后的投资估算进行对比分析，说明设计概算与投资估算的差异及产生差异的原因。

2 分析评价本工程概算的土建工程、设备及工器具购置、安装工程和其他费用的投资比例及合理性。

3 根据近期已建成类似项目的投资或概算值，评价本概算的合理性。

附录 B 初步设计主要机电设备与器材清册内容及格式

B.0.1 初步设计主要机电设备与器材清册应单独成册。

B.0.2 初步设计主要机电设备与器材清册应有封面、扉页、目录和清册表格。

B.0.3 初步设计主要机电设备与器材清册封面应有建设单位名称、工程项目名称、编制单位名称及文件出版日期。封面格式应符合图B.0.3的规定。

B.0.4 初步设计主要机电设备与器材清册扉页除应包括封面所含的内容外，还应有工程编号、工程规模，文件编制单位的负责人、总工程师和项目总设计师签名，并在编制单位名称上加盖工程设计专用章。扉页格式应符合图B.0.4的规定。

（隶属关系及建设单位名称）

×××水煤浆工程初步设计

主要机电设备与器材清册

（编制单位名称）

××××年××月

图B.0.3 初步设计主要机电设备与器材清册封面格式

B.0.5 初步设计主要机电设备与器材清册目录应按生产系统和生产辅助、附属系统列出。

B.0.6 初步设计主要机电设备与器材清册应包括下列工艺系统和生产辅助、附属设施中的主要设备、非标设备、主要材料和仪器仪表的名称、型号、规格、数量、设备位置编号及设备备用情况等内容。

1. 原料煤卸载、储存、输送及准备系统。
2. 制浆系统。
3. 产品储存及外供系统。
4. 水煤浆供应系统。
5. 生产辅助设施（包括化验、机修等）。
6. 总图运输。

（隶属关系及建设单位名称）

×××水煤浆工程初步设计

主要机电设备与器材清册

工程编号：
建设规模：

院长（总经理）：　×××
总　工　程　师：　×××
项目总设计师：　×××

（编制单位名称）［加盖工程设计专用章］

××××年××月

图B.0.4 初步设计主要机电设备与器材清册扉页格式

7. 供配电及通信。
8. 控制系统。
9. 给水与排水。
10. 采暖、通风及除尘。
11. 消防、安全卫生及环保。
12. 其他。

B.0.7 初步设计主要机电设备与器材清册表格形式应符合表B.0.7的规定。

表B.0.7 初步设计主要机电设备与器材清册表格形式主要机电设备与器材清册

工程名称：

序号	位置号	设备与器材名称	型号及规格	单位	数量	重量（t）		备注
						单重	总重	

附录C 初步设计概算书内容及编制要求

C.0.1 初步设计概算书应单独成册。

C.0.2 初步设计概算书应有封面、扉页、目录和各系统的概算表。

C.0.3 初步设计概算书封面应有建设单位名称、工程项目名称、编制单位名称及文件出版日期。封面格式应符合图C.0.3的规定。

（隶属关系及建设单位名称）

××水煤浆工程初步设计

概 算 书

（编制单位名称）

××××年××月

图C.0.3 初步设计概算书封面格式

C.0.4 初步设计概算书扉页除应包括封面所含的内容外，还应有工程编号、工程规模，文件编制单位的负责人、总工程师和项目总设计师签名，并在编制单位名称上加盖工程设计专用章。扉页格式应符合图C.0.4的规定。

C.0.5 初步设计概算书编制内容及编制要求，应遵循煤炭行业和建设项目所在行业现行关于概算编制与管理办法的内容深度和要求编制。

（隶属关系及建设单位名称）

×××水煤浆工程初步设计

概 算 书

工程编号：
建设规模：

院长（总经理）： ×××
总 工 程 师： ×××
项目总设计师： ×××

（编制单位名称）［加盖工程设计专用章］

××××年××月

图C.0.4 初步设计概算书扉页格式

附录D 初步设计说明书附图内容及深度

D.1 总 图 运 输

D.1.1 总图运输附图应包括：

1 区域位置图；

2 工业场地总平面布置图；

3 工业场地竖向布置图；

4 工业场地管线综合布置平面图；

5 装（卸）站场平面图。

D.1.2 区域位置图的内容及深度应符合下列要求：

1 表示水煤浆工程的地理位置及与附近区域的各市、县、乡（镇）、企业和建筑物间相对关系，包括铁路、公路、水路、供水系统、供电系统及河渠等。本图亦可作为初步设计说明书的插图。

2 图纸比例宜为1：5000。图中应有指北针。

D.1.3 工业场地总平面布置图的内容及深度应符合下列要求：

1 图纸比例宜为1：500。图中有指北针和风向玫瑰图。

2 表示本期工程用地和预留用地范围。

3 列出场区所有建（构）筑物、道路、铁路专用线等，工业场地围墙、挡土墙、护坡等设施的坐标和设计标高。

4 表示工业场地道路等设施及与厂外各种线路的连接。

5 说明工业场地建筑坐标系与测量坐标系的换算关系。

6 列出场区建（构）筑物一览表，主要技术经济特征表及图例。

D.1.4 工业场地竖向布置图的内容及深度应符合下列要求：

1 注明场区主要建筑物地面标高，道路中心标高等和场内外排洪沟的位置、走向及主要拐点标高。本图亦可与工业场地总平面布置图合并。

2 图纸比例宜为1：500。图中应有指北针和必要的说明。

D.1.5 工业场地管线综合布置平面图的内容及深度应符合下列要求：

1 表示场地地面和地下主要工艺管道、给排水管道、采暖管道、电力电缆桥架和电缆沟等的平面布置。

2 表示各种管道的管径，沟道的尺寸，沿途所设的阀门井和检查井，注明管道、沟道的坡度及方向。管道、电力电缆桥架的架设高度及走向。

3 图纸比例宜为1：500。图中应有指北针和必要的说明。

D.1.6 装、卸站场平面图的内容及深度应符合下列要求：

1 表示装、卸站场及与站场作业有关的设施和建（构）筑物的平面布置。本图亦可与工业场地总平面布置图合并。

2 图纸比例宜为1：500～1：2000。图中应有建（构）筑物一览表、指北针和必要的说明。

D.2 制 浆

D.2.1 制浆部分初步设计说明书附图应包括：

1 原料煤卸载、储存及准备系统工艺流程图；

2 原料煤卸载、储存及准备系统布置平、剖面图；

3 制浆工艺流程图；

4 制浆系统主要设备布置平、剖面图。

D.2.2 原料煤卸载、储存及准备系统工艺流程图内容及深度应符合下列要求：

1 表示系统各工序、必要的建（构）筑物、主要设备和非标准设备间的相互关系及运行方向。

2 表示系统代号和设备位置号。

3 列出图例、符号注释和必要的说明。

D.2.3 原料煤卸载、储存及准备系统布置平、剖面图内容及深度应符合下列要求：

1 表示系统的整体布置情况。

2 表示系统所有建（构）筑物之间的连接关系，标注各建（构）筑物名称，相互间的距离，相对标高。各建筑物内楼层标高，内设配电室、控制室、办公室或楼梯间等的名称、位置和相关尺寸。必要时可注明与系统有关的其他建筑设施。

3 表示卸载、储存、输送、破碎、筛分等所有设备的安装位置，设备平面及立面主要外形尺寸，设备与建筑物的相对定位尺寸，必要时可注明设备安装角度。

4 标出检修起吊设施的安装位置和起重量，检修起吊孔、洞等位置和尺寸。

5 注明储煤设施的储煤量，堆料平面和高度尺寸。

6 改扩建项目应表示与原有系统的连接关系和相关尺寸。

7 标注各设备位置号，并附必要的说明。

8 图纸比例宜为1：100～1：200。

D.2.4 制浆工艺流程图内容及深度应符合下列规定：

1 表示系统中原料、介质及产品名称，系统代号和各设备位置号。

2 从工艺系统的起点开始，采用规定的不同线型的线条，按制浆流程顺序，将制浆原料、添加介质、水煤浆产品与系统中的主要设备和参与控制的阀门联系起来，应体现系统各工序、主要设备和非标准设备间的相互关系及运行方向。

3 表示压力表、流量计、液位计、差压计等主要检测仪表的设置位置。定期取样位置。

4 需要清洗的设备、泵、管段的冲洗水入口、放空口的设置位置。

5 列出图例、符号注释及必要的说明。

D.2.5 制浆系统主要设备布置平面图、剖面图内容及深度应符合下列要求：

1 表示系统的整体布置情况，主要设备在各投影面的位置及重要的外形尺寸，主要设备与工艺生产密切相关的附属设备之间的安装关系尺寸。

2 表示系统主要设备与建、构筑物的相互关系及定位尺寸，标出建筑物轴线、楼层标高和地面标高。

3 标出生产车间内的变配电室、控制室、车间办公室或楼梯间等的名称、位置和相关尺寸。

4 标出检修起吊设施的安装位置和起重量，检修起吊孔、洞和检修场地、检修通道的位置和尺寸。

5 改扩建项目应在图中明确新、旧建筑物和新、旧设备编号的区别。当工程为分期建设时，应在图中明确本期和后期工程建筑物和设备线条画法的说明。

6 标注各设备位置号，并附必要的说明。

7 图纸比例宜为1：100～1：500。

D.3 水煤浆储存、运输与供应

D.3.1 水煤浆储存、运输与供应初步设计说明书附图应包括：

1 水煤浆装卸、储存、输送和供应系统工艺流程图。

2 罐区水煤浆储罐布置图。

3 供浆（或装浆、卸浆、输浆）泵房设备布置图。

D.3.2 水煤浆装卸、储存、输送和供应系统工艺流程图内容及深度应符合下列规定：

1 根据工程实际情况，应分别绘出水煤浆储存、输送和装车（船）工艺流程图或水煤浆卸车（船）、储存、输送和供应系统工艺流程图的名称，系统代号和各设备位置号。

2 采用规定的不同线型的线条，按工艺流程顺序，将水煤浆、清水、冲洗污水、压缩空气等和工艺设备联系起来，说明相互间关系。

3 表示压力表、流量计、液位计、差压计等主要检测仪表的设置位置，定期取样位置。

4 需要清洗的设备、管段的冲洗水入口、放空口、吹扫口的设置位置。

5 列出图例、符号注释及必要的说明。

D.3.3 罐区水煤浆储罐布置图内容及深度应符合下列规定：

1 表示罐区储浆罐的平面布置情况，包括储浆罐数量、罐的间距和与附近泵房等建筑物的关系尺寸。

2 表示储浆罐的直径、高度，搅拌器布置的位置、数量，检修起吊装置的布置等情况，并附必要的说明。

D.3.4 供浆（或装浆、卸浆、输浆）泵房设备布置图内容及深度应符合下列规定：

1 说明泵房的性质，表示与制浆车间、储浆罐区、装浆或卸浆站台、码头、锅炉间等相关建（构）筑物之间的连接关系和平面距离。

2 表示泵房的整体布置情况，包括主要设备在各投影面的位置及重要的外形尺寸，检修起吊设施的安装位置、起重量和相关尺寸，设备与建筑物墙、柱、梁相互间的尺寸和泵房的标高，并说明相对标高与绝对标高的关系。

3 标注各设备的位置号并附必要的说明。

4 改扩建性质的泵房，应表示与原有建筑物的关系。

D.4 电 气

D.4.1 电气初步设计说明书附图应包括：

1 厂用电原则接线图。

2 变配电所布置图。

3 直流系统图。

4 控制室、电子间平面布置图。

D.4.2 厂用电原则接线图内容及深度应符合下列规定：

1 表示变压器与各级电压主母线间的连接方式，母线设备连接方式。

2 表示各级电压等级、10（6）kV 回路数以及避雷器、电压互感器、电流互感器、隔离开关及接地刀闸的配置。

3 表示中性点接地方式及补偿设备。

4 表示各元件回路设备规格。

5 注明本期工程与原有系统设备的区分。

6 表示远景接线示意等并附必要的说明。

D.4.3 变配电所布置图内容及深度应符合下列要求：

1 表示高、低压开关柜的布置、分段及各通道出入口位置尺寸以及变压器布置。

2 表示所采用配电装置的形式，各层平面布置尺寸、出线排列、通道及其他建筑物的相对位置。

3 表示建筑物各层标高及电缆敷设用构筑物的布置方式等。

D.4.4 直流系统图应表示直流系统的接线方式，蓄电池型号及数量和主要设备规格。

D.4.5 控制室、电子间平面布置图内容及深度应符合下列规定：

1 表示控制室、电子间控制盘、台、柜的总体布置情况和设备编号。

2 标注各主要设备、各设备相互间以及设备与建筑物之间的尺寸。

3 表示控制室、电子间的门、门窗、门斗以及各柱子编号、柱距尺寸和地面标高。

4 附必要的说明。

D.5 给水与排水

D.5.1 给水与排水初步设计说明书附图名称和绘图比例应符合下列规定：

1 日用、生产、消防水泵房及水池平面图、剖面图，比例宜为1：50～1：100。

2 冷却循环水泵房及水池平面图、剖面图，比例宜为1：50～1：100。

3 化粪池除以外的污水处理构筑物布置图，比例宜为1：100～1：200。

当设有水源工程时增加以下图纸：

4 给水净化构筑物布置图，比例宜为1：100～1：200。

5 水源工程布置图及水源井平面图、剖面图，比例宜为1：100～1：200。

D.5.2 给水与排水附图内容及深度应符合下列规定：

1 给出建（构）筑物轴线，主要尺寸及其他有关尺寸。

2 确定所有设备平面、剖面位置的定位尺寸及主要设备配管。

3 列出主要设备性能参数一览表。

4 标出建（构）筑物平面标高、室内外标高。

5 给出指北针、图例及必要的说明。

D.6 建筑与结构

D.6.1 建筑与结构出图方式应符合下列规定：

1 工业建筑一律采取与工艺合并出图法，即在工艺布置的平面图、剖面图上加土建的内容。

2 制浆车间等主要建筑物宜单独绘制立面图，比例宜为1：100。

3 材料库、办公楼类的主要辅助和附属建筑物绘出各层平面图、主要立面图和剖面图，比例宜为1：100。

D.6.2 建筑与结构出图深度应符合下列规定：

1 表示主次出入口、内外门窗、天窗、主次楼梯、电梯、厕所、辅助房间、提升孔等布置，主要设备位置，操作面、检修场地与安全通道等要表示周全。

2 注明各层标高、吊车梁桥跨和轨顶标高、屋架下弦标高。

3 表示主要承重结构、围护结构、变形缝和相连建筑的连接关系等。

4 栈桥应将支承结构、跨间结构、围护结构及与两端相连建、构筑物的连接方法表示清楚。

5 新结构、复杂结构、对施工有特殊要求的结构体系或构件，可酌情加出土建图纸。

6 改扩建工程根据工艺设计要求和建筑物或构筑物复杂程度，酌情增加土建结构布置图。

附录E 施工图单位工程图纸目录

施工图单位工程图纸目录

序号	图纸名称	固定图号	备注
一	总图运输		
1	总图运输施工图设计说明及图纸目录	9100	
2	工业场地总平面布置图	9101	
3	工业场地竖向及道路布置图	9102	
4	工业场地管线综合布置图	9103	
5	工业场地绿化布置图	9104	
6	工业场地挡墙、护坡、台阶布置图	9105	
7	工业场地土方工程量计算图	9106	
8	装（卸）站场平面布置图	9107	
二	制浆		
1	原料煤系统施工图设计说明及图纸目录	9150	
2	原料煤系统主要设备及材料清册	9151	
3	原料煤系统设备流程图	9152	
4	原料煤系统设备布置及安装	9153	
5	原料煤储存仓设备布置及安装	9163	
6	原料煤储煤场设备布置及安装	9164	
7	汽车磅房布置图	9165	
8	制浆系统施工图设计说明及图纸目录	9200	
9	制浆系统主要设备及材料清册	9201	
10	制浆系统工艺流程图	9202	
11	制浆系统设备流程图	9203	
12	制浆车间设备布置及安装	9204	
13	制浆车间管路布置	9205	
14	药剂加工车间设备布置及安装	9206	
15	药剂加工车间管路布置	9207	
16	水煤浆球磨机及稀油站安装	9208	
17	室外水煤浆及其他管路布置图	9225	
18	煤样室、化验室设备布置图	9240	
19	机修车间设备布置及安装	9241	
20	各类搅拌器安装图	9250	
21	各类泵安装图	9260	
22	其他辅助设备安装图	9270	
23	车间内各类桶、罐等非标设备制作	9280	
24	各类设备检修平台非标制作	9290	
三	水煤浆储存、运输与供应		
1	水煤浆储存、运输与供应施工图设计说明及图纸目录	9300	
2	主要设备及材料清册	9301	
3	水煤浆储存、输送及外运系统工艺流程图	9302	根据工程情况
4	水煤浆卸载、储存及输送系统工艺流程图	9303	根据工程情况
5	储浆罐区设备、管道布置及安装	9304	
6	输浆泵房设备、管道布置及安装	9305	

续表

序号	图纸名称	固定图号	备注
7	卸浆泵房设备、管道布置及安装	9306	根据工程情况
8	装（卸）站台设备、管道布置及安装	9307	
9	水煤浆罐类非标设备制作	9330	
10	检修平台等非标制作	9350	
11	供浆系统工艺流程图	9400	根据工程情况
12	供浆泵房设备、管道布置及安装	9401	根据工程情况
13	供浆管道布置及安装	9402	根据工程情况
14	冲洗水、污水管道布置及安装	9403	
15	雾化蒸汽管道布置及安装	9404	根据工程情况
16	压缩空气系统设备及管道布置安装图	9405	根据工程情况
17	室外输浆管线布置及安装	9406	
四	电气		
1	电气施工图设计说明及图纸目录	9500	
2	电气设备及材料清册	9501	
3	全厂动力、控制电缆清册	9502	
4	供配电接线、布置及安装	9503	
5	供配电系统二次线	9504	
6	直流及 UPS 接线、布置及安装	9505	
7	全厂电缆敷设	9506	
8	电缆防火	9507	
9	全厂照明	9508	
10	全厂防雷接地	9530	
11	全厂通信及计算机管理	9550	
12	控制及自动化施工图设计说明及图纸目录	9551	
13	控制设备及材料清册	9552	
14	制浆车间自动控制系统	9553	
15	计算机控制系统	9554	
五	给水与排水		
1	给水与排水施工图设计说明及图纸目录	9600	
2	主要设备及材料清册	9601	
3	输煤栈桥（地道）给水排水及灭火器配置	9602	
4	转载站 给水排水及灭火器配置	9603	
5	破碎车间给水排水及灭火器配置	9604	

续表

序号	图纸名称	固定图号	备注
6	储煤棚（场）防尘洒水	9605	
7	制浆车间给水排水及消防	9606	
8	制浆车间冷却循环水系统	9607	
9	日用、生产、消防水泵房及水池设备及管道安装	9608	
10	冷却循环水泵房、水池及冷却塔设备及管道安装	9609	
11	综合办公楼给水排水及灭火器配置	9610	
12	冲洗废水处理站设备及管道安装	9611	
13	锅炉房及浴室给水排水及灭火器配置	9612	
14	汽车衡及计量室给水排水及灭火器配置	9613	
15	室外给水排水管道布置	9614	
16	推煤机库给水排水及灭火器配置	9615	
17	药剂车间给水排水及灭火器配置	9616	
18	泵房给水排水及灭火器配置	9617	
六	采暖、通风及除尘		
1	采暖、通风及除尘施工图设计说明及图纸目录	9650	
2	主要设备及材料清册	9651	
3	储煤棚（仓）采暖通风	9652	
4	输煤栈桥采暖通风	9653	
5	转载站采暖、通风及除尘	9654	
6	破碎车间采暖、通风及除尘	9655	
7	制浆车间采暖、通风及除尘	9656	
8	各种泵房采暖通风	9657	
9	装（卸）浆站采暖通风	9658	
10	药剂车间采暖通风	9659	
11	变电所采暖通风	9660	
12	生产、生活、消防水池及泵房采暖通风	9661	
13	废水处理站采暖通风	9662	
14	办公楼采暖通风	9663	
15	其他辅助及附属建筑物的采暖通风	9664	
16	采暖锅炉房工艺设备布置	9670	
17	采暖热交换站工艺设备布置	9680	
18	室外采暖管道布置	9681	
七	建筑与结构		

续表

序号	图纸名称	固定图号	备注
1	建筑与结构施工图设计说明及图纸目录	9750	
2	储煤场（仓）	9751	
3	破碎车间	9752	
4	输煤栈桥	9753	
5	转载站	9754	
6	制浆车间	9755	
7	储浆罐	9756	
8	输浆（装浆、卸浆、供浆）泵房	9757	
9	装（卸）浆站台	9758	
10	废水沉淀池及泵房	9759	
11	药剂加工车间	9760	
12	药剂库	9761	
13	变配电所	9762	
14	控制楼	9763	
15	循环水泵房	9764	
16	生产、生活、消防水池及泵房	9765	
17	推煤机库	9766	
18	地磅房	9767	
19	输浆管道支架	9768	
20	电缆沟	9769	
21	工业场地管沟	9770	
22	工业场地综合管架	9771	
23	材料库	9772	
24	机修车间	9773	
25	汽车库	9774	
26	综合办公楼	9775	
27	化验楼	9776	
28	采暖锅炉房	9777	
29	围墙及大门	9778	
30	门卫室	9779	

注：根据工程实际情况，有关单项可拆解或合并出图，未列出的单项另行增加。

本标准用词说明

1 为便于在执行本标准条文时区别对待，对要求严格程度不同的用词说明如下：

1）表示很严格，非这样做不可的：
正面词采用“必须”，反面词采用“严禁”；

2）表示严格，在正常情况下均应这样做的：
正面词采用“应”，反面词采用“不应”或“不得”；

3）表示允许稍有选择，在条件许可时首先应这样做的：
正面词采用“宜”，反面词采用“不宜”；

4）表示有选择，在一定条件下可以这样做的，采用“可”。

2 条文中指明应按其他有关标准执行的写法为“应符合……的规定”或“应按……执行”。

引用标准名录

《水煤浆工程设计规范》GB 50360
《国际单位制及其应用》GB 3100
《空间和时间的量和单位》GB 3102
《有关量、单位和符号的一般原则》GB 3101
《煤质及煤分析有关术语》GB/T 3715
《水煤浆技术条件》GB/T 18855
《水煤浆试验方法》GB/T 18856

中华人民共和国国家标准

煤炭工业矿区水煤浆工程建设项目设计文件编制标准

GB/T 50659—2011

条 文 说 明

制 订 说 明

《煤炭工业矿区水煤浆工程建设项目设计文件编制标准》GB/T 50659—2011，经住房和城乡建设部2010年12月24日以第888号公告批准发布。

为便于有关人员在使用本标准时能更好地理解并执行条文规定，《煤炭工业矿区水煤浆工程建设项目设计文件编制标准》编制组按照本标准的章、节、条的顺序编制了条文说明，对条文规定的目的、依据以及在执行中需要注意的有关事项进行了解释性说明。本条文说明仅供有关人员在使用本标准时参考，不具备与标准正文同等的法律效力。

目 次

1 总则 ………………………… 1—43—36
3 初步设计文件 ………………… 1—43—36
3.1 一般规定 ………………… 1—43—36
3.2 内容构成 ………………… 1—43—36
3.3 深度要求 ………………… 1—43—36
4 施工图设计文件 ……………… 1—43—36
4.1 一般规定 ………………… 1—43—36
4.2 内容与深度要求 ………… 1—43—36
附录A 初步设计说明书编制内容及深度 ……………… 1—43—36
A.1 初步设计说明书构成 ……… 1—43—36
A.4 产品用户及原料煤基地 ……… 1—43—37
A.5 总图运输 ………………… 1—43—37
A.6 制浆 ……………………… 1—43—37
A.7 水煤浆储存、运输与供应 …… 1—43—37
A.8 电气 ……………………… 1—43—37
A.11 建筑与结构 ……………… 1—43—37
A.14 消防 ……………………… 1—43—37
A.15 节能与减排 ……………… 1—43—37
附录E 施工图单位工程图纸目录 ………………… 1—43—38

1 总　　则

1.0.1 制定本标准的目的是为了规范水煤浆工程建设项目设计文件编写内容及深度。

1.0.2 规定了本标准的适用范围。

1.0.3 强调建设项目设计所包括的必不可少的两个阶段，以规范设计程序，更好地控制建设投资，避免因设计过程中产生的问题给国家或建设单位带来不必要的损失。

1.0.7 本条强调在运用本标准时，应注意与国家和实施工程所属行业现行有关标准的协调性问题。

3 初步设计文件

3.1 一 般 规 定

3.1.4 本标准未规定的部分，如常用图形符号等，应执行相关行业标准。如水煤浆的生产属煤炭行业，可执行《选煤厂用图形符号》GB/T 16660。水煤浆的燃烧涉及电力、化工、石油和石化和冶金等行业，在初步设计中，可执行工程所在行业标准。

3.2 内 容 构 成

3.2.2 水煤浆在工业应用中涉及煤炭、电力、石油和石化、冶金、化工、建材等许多行业，在水煤浆工程初步设计文件编制过程中，根据工程项目的基本建设条件和建设方要求，水煤浆的生产和水煤浆燃烧可以是两个独立的工程，也可以是一个整体工程。鉴于水煤浆燃烧工程的应用涉及较多行业，且各行业均有较完善的初步设计文件编制标准，从标准应用的协调性和操作的有效性等方面考虑，本标准按照以下基本原则编制：

1 按照完整的水煤浆生产厂的设计文件编制标准内容，在附录 A～附录 E 中予以规定。

2 在附录 A.7 节中，仅对涉及水煤浆燃烧工程的水煤浆卸载、储存、输送和供浆工艺环节的相关内容及深度作出规定，当水煤浆燃烧工程单独立项时，设计应依据本标准规定，并结合工程所在行业的相关标准完成初步设计文件编制。

3.2.5 初步设计阶段应出图纸的有水煤浆工艺、总图运输、电气、控制及自动化、给排水和建筑结构专业。当需要增加相关专业附图时，宜根据本标准和工程所在行业标准的相关规定补充绘制。当有铁路、港口、水煤浆长距离管道运输等相关建设内容时，宜单独立项设计，在本工程设计中可增加相关附图和说明。

3.3 深 度 要 求

3.3.2 初步设计文件的编制深度应满足编制施工图设计文件的需要。当设计合同对设计文件编制深度另有要求时，设计文件编制深度应同时满足本标准规定和设计合同的要求。

3.3.4 鉴于各行业对初步设计概算书的编制要求有所不同，本条规定水煤浆工程初步设计概算书的编制应符合工程项目所在行业现行概算编制的相关规定。

4 施工图设计文件

4.1 一 般 规 定

4.1.2 由于水煤浆工程涉及煤炭、电力、化工等较多行业，因此，施工图设计文件的内容既应满足相关专业现行国家标准，还应满足建设项目所属行业相关标准的要求。

4.2 内容与深度要求

4.2.1 施工图设计文件中不包括工程预算书内容。当建设方要求设计单位提交工程预算书时，应在设计合同中加以说明。

4.2.3 水煤浆工程涉及不同行业，在工程建设性质、设计规模、设计范围、单位工程划分、自动化水平要求等会有较大不同，单位工程施工图的划分和数量可以根据工程的实际情况增减或合并。

附录 A　初步设计说明书编制内容及深度

A.1 初步设计说明书构成

A.1.7 初步设计说明书中有关专业附图内容和图纸名称应符合附录 E 的相关规定。

A.1.12 本条规定了水煤浆工程设备位置号和系统代号的编法，在水煤浆工程设计中推荐采用。在以往的工程设计中，该编法常用于相同工艺系统（生产线）并列布置，非标设备较多的机制和水煤浆工艺设计中，有利于归纳和明晰复杂的工艺系统，区别各类图纸，依次开展施工图设计、施工建设和生产运行管理。使用表A.1.12 时应符合以下规定：

1 直接用于生产的设备或装置编整号，设备或装置的附属器件以整号为基础加编分号（如 108/1）。

2 设计中若无某个系统，其他系统的编号不变，不得前提。

3 本表中未列的系统代号可从 9 号开始依次延续。

4 当设计规模较大、采用相同系统（生产线）并列配置时，可采用在相同功能设备位置号后依次加顺序号的编号形式，即首位数为系统代号，后 2 位数为设备代号，最后为分系统号。例如三台泵的位置号分别为：315-1、315-2、315-3。

A.4 产品用户及原料煤基地

A.4.3 原料煤基地的选择是工程设计最重要的设计内容之一，关系到项目是否能够成功建设，投产后能否长期可靠运营。因此，至少应选择 2 处原料煤基地，并对原料煤基地的单位性质、储量、煤质、生产能力、煤价、运输条件、运输方式等做多方案比选，并详细写入初步设计说明书中。

A.4.4 在收集设计原始资料，列出表 A.4.4 制浆原料煤主要特性时，应注意煤的工业分析和元素分析指标“基”的一致性。

A.5 总图运输

A.5.1 地面运输设计主要针对原料煤或水煤浆产品的进场和水煤浆产品的运出，由于涉及多种运输方式，在设计过程中，应认真落实本项目的外部条件，确保推荐设计方案的可行性、合理性和经济性。

A.6 制　　浆

A.6.2

3 水煤浆成浆性试验报告应由具有水煤浆试验研究能力的单位完成。成浆性试验报告的内容应主要包括：

1）实验采用的标准、方案、仪器和主要方法。

2）制浆原料煤的主要工业分析、元素分析指标。

3）采用两种以上水煤浆添加剂不同添加量的实验结果。

4）实验过程和分析结果。

5）结论和推荐意见。

A.6.5 储煤场包括露天储煤场、储煤棚、全封闭圆形煤场、圆筒仓等。

A.6.10 用户对产品的要求是选择制浆工艺流程需要考虑的首要条件。对制浆工艺流程进行可靠性、先进性和经济性评价是在初步设计阶段必须要做的工作。

A.6.11

1 在表 A.6.11 水煤浆产品主要特性指标中，“水煤浆稳定期”指用户要求的产品保质期。

2 国家标准《水煤浆技术条件》GB/T 18855 中，列出水煤浆产品中 7 个指标的技术要求和测定方法，其中浓度、发热量、灰分、硫分和粒度指标各分出 3 个级别。设计应根据用户的具体要求，说明水煤浆产品相关指标符合国家标准的何种级别。

A.6.12 制浆用添加剂指分散剂、稳定剂和其他药剂。其他药剂指减阻剂、脱硫剂、复合助剂等。

在表 A.6.12-2 中，制浆用添加剂的“纯度”指减去单位添加剂来料中的杂质和水分含量的数值。

A.6.13

3 原料滤渣指添加剂的固态杂质。

A.7 水煤浆储存、运输与供应

本节中的各项规定分别涉及水煤浆生产和水煤浆燃烧工程，在设计过程中，可针对建设项目的性质分别执行有关规定。

A.7.1

2 水煤浆的总储存量应根据《水煤浆工程设计规范》GB/T 50360的相关规定合理确定。

A.7.6

3 为了保证水煤浆供应的长期、连续、稳定和可靠，设计至少要选择并列出两种及以上满足用户要求的水煤浆产品，其中第一种作为设计计算的水煤浆产品，也是设计经过技术经济比较后排在第一位的推荐产品。第二种作为设计校核计算的水煤浆产品。

A.7.8 供浆系统是否设水煤浆加热装置主要根据建设项目所在地区的气候特点决定。混浆装置是否设置应根据来浆品种和燃烧要求确定。

A.7.10

2、3 雾化蒸汽和压缩空气是用于水煤浆燃烧的助燃介质，由于常规设计是与炉前供浆管路的走向布置一并考虑，因此，本标准作为供浆系统的辅助设施作出相关规定。

4 如果本项目已列有水煤浆化验室，则在本章设计中不再重设。

A.8 电　　气

A.8.5

1 在表 A.8.5 中，水煤浆工程用电设备负荷统计应按配电室（点）、配电系统、工艺系统划分和设备压力分类分别归纳后详细列出。

A.11 建筑与结构

A.11.4

3 场地的特殊地质条件指软弱地基、湿陷性地基、冻土、膨胀土、滑坡、溶洞、抗震不利地段等。

A.14 消　　防

A.14.11

1 具有可燃物质车间、锅炉房在此主要指有煤粉存在的破碎车间、转载站、煤仓、缓冲仓等，有点火油罐、点火气罐及相关设备、管道的锅炉房，有润滑油箱、油桶存在的各生产车间和仓库等。

A.15 节能与减排

A.15.1

3 综合能耗指标宜按国家标准《综合能耗计算

通则》GB/T 2589 中附录 A、附录 B 给出的系数计算。

附录E 施工图单位工程图纸目录

水煤浆工程施工图单位工程图纸目录表中的固定图号的编制说明：

本标准属首次编制，在确定“施工图单位工程图纸目录”中固定图号时，考虑到 1990 年由能源部以“能源部基设〔1990〕100 号”文下发的《煤炭工业工程勘察设计图纸编号》（目前煤炭行业勘察设计单位仍在执行）的科学性和合理性，同时也涵盖了电厂、铁路等有关行业的情况，本标准按照《煤炭工业工程勘察设计图纸编号》规定了水煤浆工程各单位工程施工图的固定图号，各固定图号的首位号以“9”字开头（《煤炭工业工程勘察设计图纸编号》第三章表 2“总体及单项工程分类代号表”中的［9］字代表其他工程）。

中华人民共和国国家标准

大中型火力发电厂设计规范

Code for design of fossil fired power plant

GB 50660—2011

主编部门：中 国 电 力 企 业 联 合 会
批准部门：中华人民共和国住房和城乡建设部
施行日期：2 0 1 2 年 3 月 1 日

中华人民共和国住房和城乡建设部
公　告

第940号

关于发布国家标准
《大中型火力发电厂设计规范》的公告

现批准《大中型火力发电厂设计规范》为国家标准，编号为GB 50660—2011，自2012年3月1日起实施。其中，第4.3.14、15.4.2（9）、15.6.1（4）、16.3.9（1）、16.3.17、16.4.1、17.4.5、19.1.3、21.4.2条（款）为强制性条文，必须严格执行。

本规范由我部标准定额研究所组织中国计划出版社出版发行。

中华人民共和国住房和城乡建设部

二〇一一年二月十八日

前　言

本规范是根据原建设部《关于印发〈2006年工程建设标准规范制订、修订计划（第二批）〉的通知》（建标〔2006〕136号）的要求，由中国电力工程顾问集团公司会同有关单位共同编制而成。本规范在编制过程中，规范编制组先后完成了规范大纲编制、规范大纲审查、调研报告编制、规范征求意见稿编制、向社会征求意见、规范送审稿编制等各阶段的工作，最后经审查定稿。

本规范共分22章和1个附录。主要技术内容有：总则，术语，电力系统对火力发电厂的要求，总体规划，机组选型，主厂房区域布置，运煤系统，锅炉设备及系统，除灰渣系统，烟气脱硫系统，烟气脱硝系统，汽轮机设备及系统，水处理系统，信息系统，仪表与控制，电气设备及系统，水工设施及系统，辅助及附属设施，建筑与结构，采暖、通风和空气调节，环境保护和水土保持，消防、劳动安全与职业卫生等。

本规范中以黑体字标志的条文为强制性条文，必须严格执行。

本规范由住房和城乡建设部负责管理和对强制性条文的解释，由中国电力企业联合会负责日常管理，由中国电力工程顾问集团公司负责具体技术内容的解释。执行过程中如有意见或建议，请寄送中国电力工程顾问集团公司（地址：北京市西城区安德路65号，邮政编码：100120），以便今后修订时参考。

本规范主编单位、参编单位、主要起草人和主要审查人：

主编单位：中国电力工程顾问集团公司

参编单位：东北电力设计院
华东电力设计院
中南电力设计院
西北电力设计院
西南电力设计院
华北电力设计院工程有限公司
中国电力建设工程咨询公司
国家电网公司
中国南方电网有限责任公司
中国华能集团公司
中国大唐集团公司
中国华电集团公司
中国国电集团公司
中国电力投资集团公司
中国神华国华电力分公司

主要起草人：孙　锐　陆国栋　许继刚　马　安
安永尧　杨祖华　王予英　曹理平
柴靖宇　武一琦　王宏斌　龙　辉
郑慧莉　宋璇坤　曹松涛　周　军
郑惠民　葛四敏　马欣欣　赵　敏
顾越岭　周明清　薛　莉　徐　飙
陈玉虹　王　盾　黄生睿　魏　桓
张建中　谢炎柏　石　诚　杨健祥
戴有信　邓南文　陈德智　康　慧
黄建军　晁　辉　冯树礼　孟祥国
曾广移　崔志强　陈寅彪　钟儒耀

主要审查人：汤蕴琳　陈祖茂　龙　建　郭亚莉
徐海云　阎欣军　余　熙　袁萍帆

胡　军　谢网度　周献林　宋红军
梁志宏　田晓清　王东升　王忠会
黄宝德　都兴有　祁恩兰　王聪生
张政治　李树辰　杨旭中　周虹光
肖　勇　宁　哲　杨宝红　郭晓克
周自本　魏新光　魏显安　孙显臣
叶勇健　沈　兵　包一鸣　徐剑浩
牛　兵　陈银洲　钟晓春　姚友成

黄从新　王国义　高　元　柏　荣
彭向东　黄安平　曾小超　赵丽琼
杨　栋　李玉峰　葛增茂　王日云
范永春　沈　云　胡华强　王志斌
张　农　童建国　张军民　陶逢春
李润森　乔支昆　王文杰　綦建国
仲卫东

目　次

1　总则 …………………………………… 1—44—9
2　术语 …………………………………… 1—44—9
3　电力系统对火力发电厂的要求…… 1—44—10
3.1　基本规定 ……………………… 1—44—10
3.2　火力发电厂接入系统技术要求 … 1—44—10
3.3　机组运行调节性能要求 ……… 1—44—10
3.4　机组非正常运行能力要求 …… 1—44—11
4　总体规划 …………………………… 1—44—11
4.1　基本规定 ……………………… 1—44—11
4.2　厂区外部规划 ………………… 1—44—12
4.3　厂区规划及总平面布置 ……… 1—44—14
5　机组选型 …………………………… 1—44—16
5.1　机组参数 ……………………… 1—44—16
5.2　主机选型 ……………………… 1—44—16
5.3　主机容量匹配 ………………… 1—44—17
5.4　机组设计性能指标计算 ……… 1—44—17
6　主厂房区域布置…………………… 1—44—17
6.1　基本规定 ……………………… 1—44—17
6.2　汽机房及除氧间布置 ………… 1—44—17
6.3　煤仓间布置 …………………… 1—44—18
6.4　锅炉布置 ……………………… 1—44—19
6.5　集中控制室和电子设备间 …… 1—44—19
6.6　烟气脱硫设施布置 …………… 1—44—19
6.7　烟气脱硝设施布置 …………… 1—44—19
6.8　维护检修 ……………………… 1—44—20
6.9　综合设施要求 ………………… 1—44—20
7　运煤系统 …………………………… 1—44—21
7.1　基本规定 ……………………… 1—44—21
7.2　卸煤设施 ……………………… 1—44—21
7.3　贮煤设施 ……………………… 1—44—21
7.4　带式输送机 …………………… 1—44—22
7.5　筛、碎设备 …………………… 1—44—22
7.6　混煤设施 ……………………… 1—44—22
7.7　循环流化床锅炉运煤系统 …… 1—44—22
7.8　循环流化床锅炉石灰石及其制粉系统 ……………………… 1—44—23
7.9　运煤辅助设施 ………………… 1—44—23
8　锅炉设备及系统…………………… 1—44—23
8.1　锅炉设备 ……………………… 1—44—23
8.2　煤粉制备 ……………………… 1—44—24
8.3　烟风系统 ……………………… 1—44—26
8.4　烟气除尘及排放系统 ………… 1—44—27
8.5　直流锅炉启动系统 …………… 1—44—27
8.6　点火及助燃燃料系统 ………… 1—44—28
8.7　锅炉辅助系统 ………………… 1—44—29
8.8　启动锅炉 ……………………… 1—44—29
8.9　循环流化床锅炉系统 ………… 1—44—29
9　除灰渣系统 ………………………… 1—44—30
9.1　基本规定 ……………………… 1—44—30
9.2　除渣系统 ……………………… 1—44—31
9.3　除灰系统 ……………………… 1—44—31
9.4　厂外输送系统 ………………… 1—44—31
9.5　辅助设施 ……………………… 1—44—32
9.6　贮灰场 ………………………… 1—44—32
10　烟气脱硫系统 …………………… 1—44—33
10.1　基本规定……………………… 1—44—33
10.2　吸收剂制备系统……………… 1—44—34
10.3　二氧化硫吸收系统…………… 1—44—34
10.4　烟气系统……………………… 1—44—35
10.5　脱硫副产品处置系统………… 1—44—35
11　烟气脱硝系统 …………………… 1—44—35
11.1　基本规定……………………… 1—44—35
11.2　还原剂储存和供应系统……… 1—44—36
11.3　烟气脱硝反应系统…………… 1—44—36
11.4　氨/空气混合及喷射系统 …… 1—44—36
12　汽轮机设备及系统……………… 1—44—36
12.1　汽轮机设备…………………… 1—44—36
12.2　主蒸汽、再热蒸汽和旁路系统…………………………… 1—44—37
12.3　给水系统……………………… 1—44—37
12.4　除氧器及给水箱……………… 1—44—38
12.5　凝结水系统…………………… 1—44—38
12.6　疏放水系统 ………………… 1—44—39
12.7　辅机冷却水系统 …………… 1—44—39
12.8　供热式机组的辅助系统和设备…………………………… 1—44—40
12.9　凝汽器及其辅助设施………… 1—44—40
13　水处理系统 ……………………… 1—44—41
13.1　水质及水的预处理…………… 1—44—41
13.2　水的预脱盐…………………… 1—44—41

13.3 锅炉补给水处理…………………… 1—44—41
13.4 汽轮机组的凝结水精处理……… 1—44—42
13.5 冷却水处理…………………… 1—44—43
13.6 热力系统的化学加药和水汽取样…………………… 1—44—43
13.7 热网补给水及生产回水处理…… 1—44—43
13.8 废水处理……………………… 1—44—43
13.9 药品储存……………………… 1—44—44
14 信息系统…………………………… 1—44—44
14.1 基本规定……………………… 1—44—44
14.2 全厂信息系统的总体规划……… 1—44—44
14.3 厂级监控信息系统……………… 1—44—44
14.4 管理信息系统…………………… 1—44—45
14.5 报价系统……………………… 1—44—45
14.6 视频监视系统…………………… 1—44—45
14.7 视频会议系统…………………… 1—44—45
14.8 门禁管理系统…………………… 1—44—45
14.9 培训仿真机……………………… 1—44—45
14.10 布线 ………………………… 1—44—46
14.11 信息安全 …………………… 1—44—46
15 仪表与控制 ……………………… 1—44—46
15.1 基本规定……………………… 1—44—46
15.2 自动化水平…………………… 1—44—46
15.3 控制方式及控制室…………… 1—44—46
15.4 检测与仪表…………………… 1—44—47
15.5 报警…………………………… 1—44—47
15.6 机组保护……………………… 1—44—48
15.7 开关量控制…………………… 1—44—49
15.8 模拟量控制…………………… 1—44—50
15.9 机组控制系统………………… 1—44—51
15.10 辅助车间控制系统 ………… 1—44—51
15.11 控制电源 …………………… 1—44—52
15.12 仪表导管、电缆及就地设备布置 ……………… 1—44—53
16 电气设备及系统 ………………… 1—44—53
16.1 发电机与主变压器…………… 1—44—53
16.2 电气主接线…………………… 1—44—54
16.3 交流厂用电系统……………… 1—44—55
16.4 直流系统及交流不间断电源… 1—44—57
16.5 高压配电装置………………… 1—44—58
16.6 电气监测及控制……………… 1—44—58
16.7 元件继电保护………………… 1—44—59
16.8 照明系统……………………… 1—44—60
16.9 电缆选择与敷设……………… 1—44—60
16.10 接地系统 …………………… 1—44—60
16.11 系统继电保护和安全自动装置 ……………… 1—44—61
16.12 调度自动化系统子站 ……… 1—44—61
16.13 系统通信 …………………… 1—44—62
16.14 厂内通信 …………………… 1—44—62
16.15 其他电气设施 ……………… 1—44—62
17 水工设施及系统 ………………… 1—44—63
17.1 基本规定……………………… 1—44—63
17.2 水源和水务管理……………… 1—44—63
17.3 供水系统……………………… 1—44—63
17.4 取水建（构）筑物…………… 1—44—64
17.5 管道和沟渠…………………… 1—44—64
17.6 湿式冷却塔…………………… 1—44—65
17.7 水面冷却……………………… 1—44—65
17.8 空冷系统……………………… 1—44—65
17.9 给水排水……………………… 1—44—66
18 辅助及附属设施 ………………… 1—44—66
19 建筑与结构 ……………………… 1—44—67
19.1 基本规定……………………… 1—44—67
19.2 抗震设计……………………… 1—44—68
19.3 建筑设计……………………… 1—44—68
19.4 地基与基础…………………… 1—44—69
19.5 主厂房结构…………………… 1—44—69
19.6 烟囱…………………………… 1—44—70
19.7 运煤建（构）筑物…………… 1—44—70
19.8 水工建（构）筑物…………… 1—44—70
19.9 空冷凝汽器支撑结构………… 1—44—70
20 采暖、通风和空气调节 ……………………… 1—44—71
20.1 基本规定……………………… 1—44—71
20.2 主厂房………………………… 1—44—72
20.3 电气建筑与电气设备………… 1—44—73
20.4 运煤建筑……………………… 1—44—73
20.5 化学建筑……………………… 1—44—73
20.6 其他辅助建筑及附属建筑…… 1—44—73
20.7 厂区制冷站、加热站及管网…… 1—44—74
21 环境保护和水土保持 …………… 1—44—74
21.1 基本规定……………………… 1—44—74
21.2 大气污染防治………………… 1—44—74
21.3 废水和温排水治理…………… 1—44—75
21.4 灰渣和石膏治理及综合利用…… 1—44—75
21.5 噪声防治……………………… 1—44—75
21.6 环境保护监测………………… 1—44—75
21.7 水土保持……………………… 1—44—76
22 消防、劳动安全与职业卫生 ……………… 1—44—76
22.1 基本规定……………………… 1—44—76
22.2 劳动安全……………………… 1—44—76
22.3 职业卫生……………………… 1—44—76
附录A 机组设计标准煤耗率的计算方法 …………… 1—44—77
本规范用词说明 ………………… 1—44—77
引用标准名录……………………… 1—44—77
附：条文说明……………………… 1—44—80

Contents

1 General provisions ········ 1—44—9
2 Terms ········ 1—44—9
3 Requirements of electric power s ystem on the power plant ········ 1—44—10
3. 1 Basic requirement ········ 1—44—10
3. 2 Technical requirements on the connection of power plant to the power system ········ 1—44—10
3. 3 Requirements on the operational regulating capability of the generating unit ········ 1—44—10
3. 4 Requirements on the operating capability of the generating unit in abnormal condition ········ 1—44—11
4 Overall planning ········ 1—44—11
4. 1 Basic requirement ········ 1—44—11
4. 2 Off-site planning ········ 1—44—12
4. 3 Plant area planning and general arrangement ········ 1—44—14
5 Unit configuration ········ 1—44—16
5. 1 Unit parameter ········ 1—44—16
5. 2 Main machine selection ········ 1—44—16
5. 3 Capability matching of main machine ········ 1—44—17
5. 4 Indices calculation of unit design performance ········ 1—44—17
6 Main power block arrangement ········ 1—44—17
6. 1 Basic requirement ········ 1—44—17
6. 2 Turbine house and deaerator bay arrangement ········ 1—44—17
6. 3 Coal bunker bay arrangement ········ 1—44—18
6. 4 Boiler house arrangement ········ 1—44—19
6. 5 Central control building and electrical facilities room ········ 1—44—19
6. 6 Flue gas desulfurization facilities arrangement ········ 1—44—19
6. 7 Flue gas denitration facilities arrangement ········ 1—44—19
6. 8 Maintenance and repair facilities ········ 1—44—20
6. 9 Requirements on the comprehensive facilities ········ 1—44—20
7 Coal handling system ········ 1—44—21
7. 1 Basic requirement ········ 1—44—21
7. 2 Coal unloading facilities ········ 1—44—21
7. 3 Coal storage facilities ········ 1—44—21
7. 4 Belt conveyor system ········ 1—44—22
7. 5 Screening and crushing equipments ········ 1—44—22
7. 6 Coal blending facilities ········ 1—44—22
7. 7 The coal handling system of CFB boiler ········ 1—44—22
7. 8 Limestone handling and pulverizing system of CFB boiler ········ 1—44—23
7. 9 Auxiliary facilities of coal handling system ········ 1—44—23
8 Boiler equipment and system ········ 1—44—23
8. 1 Boiler equipment ········ 1—44—23
8. 2 Coal pulverizing system ········ 1—44—24
8. 3 Air and gas system ········ 1—44—26
8. 4 Flue gas dedusting and discharge system ········ 1—44—27
8. 5 Startup system of once-through boiler ········ 1—44—27
8. 6 Fuel oil system for ignition and combustion stabilization ········ 1—44—28
8. 7 Auxiliary system of boiler ········ 1—44—29
8. 8 Startup boiler ········ 1—44—29
8. 9 CFB boiler system ········ 1—44—29
9 Ash and slag handling systems ········ 1—44—30
9. 1 Basic requirement ········ 1—44—30
9. 2 Slag handling system ········ 1—44—31
9. 3 Ash handling system ········ 1—44—31

9.4 Off-site transportation system ··· 1—44—31
9.5 Auxiliary facilities ··· 1—44—32
9.6 Ash storage yard ··· 1—44—32
10 Flue gas desulfurization system ··· 1—44—33
10.1 Basic requirement ··· 1—44—33
10.2 Absorbent processing system ··· 1—44—34
10.3 Sulfur dioxide absorbing system ··· 1—44—34
10.4 Flue gas system ··· 1—44—35
10.5 Desulfurization byproduct treatment system ··· 1—44—35
11 Flue gas denitration system ··· 1—44—35
11.1 Basic requirement ··· 1—44—35
11.2 Reductant storing and supplying system ··· 1—44—36
11.3 Flue gas denitration reaction system ··· 1—44—36
11.4 Ammonia/air mixing and spraying system ··· 1—44—36
12 Steam turbine equipment and systems ··· 1—44—36
12.1 Steam turbine equipment ··· 1—44—36
12.2 Main steam, reheat steam and bypass system ··· 1—44—37
12.3 Feedwater system ··· 1—44—37
12.4 Deaerator and feedwater storage tank ··· 1—44—38
12.5 Condensate system ··· 1—44—38
12.6 Draining and discharge system ··· 1—44—39
12.7 Cooling water system of auxiliary equipment ··· 1—44—39
12.8 Auxiliary system and equipment of cogeneration unit ··· 1—44—40
12.9 Condenser and its auxiliary facilities ··· 1—44—40
13 Water treatment system ··· 1—44—41
13.1 Water quality and water pretreatment ··· 1—44—41
13.2 Water pre-desalination ··· 1—44—41
13.3 Boiler makeup water treatment ··· 1—44—41
13.4 Condensate polishing for steam turbine unit ··· 1—44—42
13.5 Cooling water treatment ··· 1—44—43
13.6 Chemical dosing and water-steam sampling for thermal system ··· 1—44—43
13.7 Treatment for makeup water and industrial return water of heat network ··· 1—44—43
13.8 Waste water treatment ··· 1—44—43
13.9 Chemical storage ··· 1—44—44
14 Information system ··· 1—44—44
14.1 Basic requirement ··· 1—44—44
14.2 Overall plan of plant information system ··· 1—44—44
14.3 Supervisory information system for plant level ··· 1—44—44
14.4 Management information system ··· 1—44—45
14.5 Price bidding system ··· 1—44—45
14.6 Video monitoring system ··· 1—44—45
14.7 Video meeting system ··· 1—44—45
14.8 Access guard management system ··· 1—44—45
14.9 Training simulator ··· 1—44—45
14.10 Cabling ··· 1—44—46
14.11 Information security ··· 1—44—46
15 Instrumentation and control ··· 1—44—46
15.1 Basic requirement ··· 1—44—46
15.2 Level of automation ··· 1—44—46
15.3 Control mode and control room ··· 1—44—46
15.4 Measurement and instrument ··· 1—44—47
15.5 Alarming system ··· 1—44—47
15.6 Protection system ··· 1—44—38
15.7 On-off control ··· 1—44—49
15.8 Modulating control ··· 1—44—50
15.9 Unit Control system ··· 1—44—51
15.10 Auxiliary workshop control system ··· 1—44—51
15.11 Control power supply ··· 1—44—52
15.12 Instrument tube, cable and arrangement of local equipment ··· 1—44—53
16 Electrical equipment and system ··· 1—44—53
16.1 Generator and main transformer ··· 1—44—53
16.2 Main electrical connection ··· 1—44—54
16.3 AC auxiliary power system ··· 1—44—55
16.4 DC system and AC uninterruptible power supply ··· 1—44—57

16.5 High voltage switchgear arrangement ······ 1—44—58
16.6 Electrical monitoring and control ······ 1—44—58
16.7 Electrical component relay protection ······ 1—44—59
16.8 Lighting system ······ 1—44—60
16.9 Cable selection and cable routing ······ 1—44—60
16.10 Grounding system ······ 1—44—60
16.11 Relay protection and automatic safety equipment of electric power system ······ 1—44—61
16.12 Substation of dispatch automation system ······ 1—44—61
16.13 Electric power system communication ······ 1—44—62
16.14 In-plant communication ······ 1—44—62
16.15 Other electrical facilities ······ 1—44—62
17 Hydraulic facilities and systems ······ 1—44—63
17.1 Basic requirement ······ 1—44—63
17.2 Water source and water management ······ 1—44—63
17.3 Water supply system ······ 1—44—63
17.4 Water intake building and structure ······ 1—44—64
17.5 Piping and culvert ······ 1—44—64
17.6 Wet cooling tower ······ 1—44—65
17.7 Water surface cooling ······ 1—44—65
17.8 Air cooling system ······ 1—44—65
17.9 Water supply and water drainage ······ 1—44—66
18 Auxiliary and ancillary facilities ······ 1—44—66
19 Buildings and structures ······ 1—44—67
19.1 Basic requirement ······ 1—44—67
19.2 Seismic resistant design ······ 1—44—68
19.3 Architectural design ······ 1—44—68
19.4 Ground and foundation ······ 1—44—69
19.5 Main building structure ······ 1—44—69
19.6 Chimney ······ 1—44—70
19.7 Coal handling building and structure ······ 1—44—70
19.8 Hydraulic building and structure ······ 1—44—70
19.9 Supporting structure of air cooled condenser ······ 1—44—70
20 Heating, ventilation and air conditioning ······ 1—44—71
20.1 Basic requirement ······ 1—44—71
20.2 Main building ······ 1—44—72
20.3 Electrical building and electrical equipment ······ 1—44—73
20.4 Coal handling building ······ 1—44—73
20.5 Chemical building ······ 1—44—73
20.6 Other auxiliary and ancillary building ······ 1—44—73
20.7 Plant cooling and heating station and piping network ······ 1—44—74
21 Environmental protection and water and soil conservation ······ 1—44—74
21.1 Basic requirement ······ 1—44—74
21.2 Prevention and control of atmospheric pollution ······ 1—44—74
21.3 Waste water and warm water discharge treatment ······ 1—44—75
21.4 Treatment and comprehensive utilization of ash and slag and gypsum ······ 1—44—75
21.5 Noise prevention and control ······ 1—44—75
21.6 Environmental protection monitoring ······ 1—44—75
21.7 Water and soil conservation ······ 1—44—76
22 Fire fighting and occupational safety and health ······ 1—44—76
22.1 Basic requirement ······ 1—44—76
22.2 Occupational safety ······ 1—44—76
22.3 Occupational health ······ 1—44—76
Appendix A Calculation method for standard coal rate of generating unit in design condition ······ 1—44—77
Explanation of wording in this code ······ 1—44—77
List of quoted standards ······ 1—44—77
Addition: Explanation of provisions ······ 1—44—80

1 总 则

1.0.1 为了使火力发电厂在设计方面满足安全可靠、技术先进、经济适用的要求，制定本规范。

1.0.2 本规范适用于蒸汽初参数为超高压及以上、单台机组容量在125MW及以上、采用直接燃烧方式、主要燃用固体化石燃料的火力发电厂工程的设计。

1.0.3 火力发电厂的设计应以电网长期购电合同或协议中明确的技术要求、长期燃料供应合同或协议中规定的煤质资料、工程相关的水文、气象、地质等基础资料为设计依据。

1.0.4 火力发电厂设计中所需要的原始资料应真实可靠，并应满足相应的设计需要。

1.0.5 火力发电厂的设计应充分合理利用厂址资源条件，统筹规划本期工程与远期工程。

1.0.6 火力发电厂的设计应积极应用经运行实践或工业试验证明的先进技术、先进工艺、先进材料和先进设备。

1.0.7 火力发电厂的工艺系统设计寿命应按30年设计。

1.0.8 火力发电厂的设计宜采用全厂统一的标识系统。

1.0.9 火力发电厂的设计除应符合本规范外，尚应符合国家现行有关标准的规定。

2 术 语

2.0.1 标识系统 identification system

根据被标注对象的功能、工艺和安装位置等特征，明确标注电厂中的系统和设备及其组件的一种代码系统。

2.0.2 电力系统 power system

由发电、供电（输电、变电、配电）、用电设施和为保证发电、供电、用电设施正常运行所需的继电保护和安全自动装置、计量装置、电力通信设施、自动化设施等构成的整体。

2.0.3 黑启动 black start

当某电力系统因故障停运后，通过该系统中具有自启动能力机组的启动，带动系统内其他无自启动能力机组，逐步恢复系统运行的过程。

2.0.4 厂区 plant area

以火力发电厂生产和辅助、附属设施永久性用地围墙所围成的区域。

2.0.5 主厂房区 main power area

以汽机房、除氧间、煤仓间、锅炉、除尘器、烟囱及脱硫装置等设施环形道路中心线所围成的区域。

2.0.6 厂区土石方挖填综合平衡 balance of cut and fill of earthwork in plant

根据厂区及与厂区密切相关的施工区挖方、填方，建（构）筑物的基础余方，耕植土，不能回填的淤泥或建筑垃圾，以及挖方松散系数等影响因素，使厂区场地区域内的挖方量和填方量最终接近平衡。

2.0.7 危险源 source of danger and risk

指可能导致伤害或疾病、财产损失、工作环境破坏或这些情况组合的根源或状态。

2.0.8 越浪量 overtopping

波浪越过堤顶沿堤长方向的单宽流量。

2.0.9 允许越浪量 permissive overtopping discharge

在设计条件下，允许越过堤顶的单宽流量。

2.0.10 干旱指数 drought exponent

某一地区年蒸发能力和年降雨量的比值。

2.0.11 排烟冷却塔 flue gas discharged cooling tower

替代烟囱排放脱硫后烟气的冷却塔。

2.0.12 海水冷却塔 seawater cooling tower

冷却介质为海水的湿式冷却塔。

2.0.13 空冷散热器 air cooled heat exchanger

以空气作为冷却介质，使间接空冷系统循环水被冷却的散热设备。

2.0.14 空冷凝汽器 air cooled condenser

以空气作为冷却介质，使汽轮机的排汽直接冷却凝结成水的设备。

2.0.15 电除盐 electrodeionization

利用电能，通过电渗析和离子交换相结合的综合方法除去水中离子的除盐技术。

2.0.16 厂级监控信息系统 supervisory information system for plant level (SIS)

采集火力发电厂各控制系统的实时生产过程数据，以全厂生产过程实时/历史数据库为平台，为全厂实时生产过程综合优化服务的监控和管理信息系统。

2.0.17 实时系统 real-time system

能够在限定的时间内识别和处理离散事件，可以动态实时地反映火力发电厂生产过程中参数变化的系统。

2.0.18 集中控制室 central control room

火力发电厂中对两台及以上的机组及辅助系统进行集中控制的场所。

2.0.19 单元控制室 unit control room

火力发电厂中对单元机组的锅炉、汽轮机、发电机及其主要辅助系统或设备进行控制的场所。

2.0.20 高压配电装置 high voltage switchgear

火力发电厂内35kV及以上配电装置的统称。

2.0.21 3/2断路器接线 one-and-a-half breaker configuration

即一个半断路器接线。对双回路而言，三台断路器串联跨接在两组母线之间，且两个回路分别连接到中间断路器两端的双母线接线。

2.0.22 4/3断路器接线 one-and-one-third breaker configuration

对三个回路而言，四台断路器串联跨接在两组母线之间，且三个回路分别连接到中间两个断路器两端及中间的双母线接线。

2.0.23 强电控制 control with strong power source

额定控制电压为110V及以上的控制方式。

2.0.24 空冷凝汽器支撑结构 supporting structure of air cooled condenser

由柱、平台（包括支承风机的梁或桁架、运行检修平台或步道板等）和挡风墙等组成的支撑空冷凝汽器结构的总称。

2.0.25 封闭式圆形煤场 circular closed coal yard

由挡煤墙和半球形网架构成的大直径圆形室内贮煤场。

3 电力系统对火力发电厂的要求

3.1 基本规定

3.1.1 火电机组在电力系统中，可分为基本负荷机组、调峰机组、具有黑启动功能机组、热电联产机组和资源综合利用机组等。

3.1.2 带基本负荷机组应具有较高的可靠性和稳定性，应能较好地参与电网的一次调频和二次调频。

3.1.3 调峰机组应满足启动速度快、负荷变化灵活、能够适应频繁启停等要求。

3.1.4 具有黑启动功能的机组应能够使机组在无任何外部供电的情况下，由自身能力启动机组并网发电。

3.1.5 热电联产机组应兼顾发电和供热功能，在对外供热期间，应具有较高的供热可靠性。

3.1.6 对燃用煤矸石、煤泥、油页岩等低热值燃料发电的资源综合利用机组，不宜在可靠性和灵活性方面要求过严。

3.2 火力发电厂接入系统技术要求

3.2.1 火力发电厂接入系统应根据火力发电厂的规划容量、单机容量、输电方向和送电距离及其在系统中的地位与作用，按简化电网结构及电厂主接线、减少电压等级及出线回路数、降低网损、方便调度运行及事故处理等原则进行设计。

3.2.2 火力发电厂接入系统的电压等级宜符合下列规定：

1 火力发电厂接入系统的电压不宜超过两种。

2 根据火力发电厂在系统中的地位和作用，不同规模的火力发电厂应分别接入相应电压等级的电网；为满足地方负荷所建的电厂，单机容量在600MW及以下的机组宜接入330kV及以下电网。

3 在受端系统内建设的较大容量的主力电厂宜直接接入高一级电压等级的电网。

4 对于向区外送电的电厂，单机容量在600MW及以上的机组宜直接接入高一级电压等级的电网。

3.2.3 火力发电厂电气设备应符合下列规定：

1 断路器开断容量应满足装设点开断远景短路电流的技术要求。

2 大型电厂处于电网结构比较紧密的负荷中心，且出两级电压时，火力发电厂不宜装设构成电磁环网的联络变压器。

3 火力发电厂主接线方式应满足系统解环、解列运行时的有关要求。

4 主变压器应符合下列规定：

1）火力发电厂升压变压器宜选用无励磁调压型。

2）火力发电厂的联络变压器经论证有必要调压时，可选用有载调压型。

3）应根据系统远景发展潮流变化的需要，选择变压器的额定抽头及分抽头。

4）火力发电厂有多台220kV及以下升压变压器时，应有1台～2台变压器中性点接地。

5）接入每条110kV母线的变压器，在运行中至少应有1台变压器中性点接地。

5 应根据限制工频过电压、限制潜供电流、防止自励磁、系统并列及无功补偿等要求，确定电厂内是否装设高压并联电抗器。

6 对于长距离送电，有进相运行要求的机组，接入机端的高压厂用变压器的调压方式应满足有关要求。

7 对在直流换流站附近和采用串联补偿装置通道送出的电厂应对次同步振荡和谐振问题进行研究，并应根据研究结果采取抑制措施。

3.3 机组运行调节性能要求

3.3.1 机组运行性能应符合下列规定：

1 发电机组应装设机端电压闭环的自动电压调节器，应有过磁通限制、低励磁限制、过励磁限制、过励磁保护和附加无功调差功能，模型参数应符合系统要求。

2 励磁系统应具备电力系统稳定器功能，模型参数应符合系统要求。

3 机组应装设频率和功率闭环的自动调速器，模型参数应符合系统要求。系统频率在48.5Hz～50.5Hz变化范围内应连续保持恒定的有功功率输出。

4 发电机组正常调节速率每分钟不应小于1%机组额定有功功率；火电机组的调峰能力应满足所在

电网电源结构和负荷特性对调峰的需求，不应小于机组额定有功功率的 50%～60%。

5 处于电网送端的发电机功率因数不宜高于 0.9（滞后）；处于受端的发电机功率因数，600MW 以上机组可为 0.85～0.9（滞后）；直流输电系统的送端发电机功率因数可为 0.85～0.9（滞后）；发电机应满足电力系统进相运行的要求。

6 黑启动发电机组应能在辅助燃气轮机或备用柴油机启动后的 2h 内与系统同期并列。

3.3.2 机组调节性能应符合下列规定：

1 并网发电机组均应参与一次调频。机组一次调频的基本性能指标应符合下列规定：

1）电液型汽轮机调节控制系统的发电机组死区应控制在±0.033Hz 内，机械、液压调节控制系统的发电机组死区应控制在±0.10Hz 内。

2）转速不等率应为 4%～5%。

3）最大负荷限幅应为机组额定出力的 6%～10%。

4）投用范围应为机组核定的出力范围。

5）当电网频率变化超过机组一次调频死区时，机组应在 15s 内根据机组响应目标完全响应。

6）在电网频率变化超过机组一次调频死区的 45s 内，机组实际出力与机组响应目标偏差的平均值应在机组额定有功出力的±3%以内。

2 火电机组应具备自动发电控制功能，并应参与电网闭环自动发电控制。机组自动发电控制基本性能指标应符合下列规定：

1）采用直吹式制粉系统的火电机组，自动发电控制调节速率每分钟不应小于 1%机组额定有功功率；自动发电控制响应时间不应大于 60s。

2）采用中储式制粉系统的火电机组，自动发电控制调节速率每分钟不应小于 2%机组额定有功功率；自动发电控制响应时间不应大于 40s。

3）火电机组自动发电控制最大调节范围应为机组额定进气量的 50%～100%。

4）自动发电控制机组应能实现"当地控制/远方控制"两种控制方式间的手动和自动无扰动切换。

3 机组应具备执行自动电压控制功能的能力，应能协调控制机组的无功出力。机组自动电压控制装置应具备与能量管理系统实现联合闭环控制的功能。

3.4 机组非正常运行能力要求

3.4.1 异常运行工况时，机组应符合下列规定：

1 电力系统的标准频率为 50Hz，在特殊情况下，当系统频率在短时间内上升到 51Hz 或下降到 48Hz 时，机组应符合下列规定：

1）在 48.5Hz～50.5Hz 范围应能连续运行。

2）在 48Hz～48.5Hz 范围内，每次连续运行时间不应少于 300s。

3）在 50.5Hz～51Hz 范围内，每次连续运行时间不应少于 180s。

2 当电力系统电压在一定范围内波动时，机组应能保持正常运行和电力的送出。

3.4.2 300MW 及以上机组汽轮发电机的低频保护应具备记录和指示累计的频率异常运行时间，并对每个频率分别进行累计的功能。

3.4.3 发电机应符合下列失步运行要求：

1 当引起电力系统振荡，且其振荡中心在发变组外部时，发电机应当能承受 5 个～20 个振荡周期；当振荡中心在发变组内部时，应立即启动失步保护。

2 发电机进入短时失磁异步运行应具备下列条件：

1）电网有足够的无功容量维持合理的电压水平。

2）发电机电流低于三相出口短路电流的 60%～70%。

3）机组能自动迅速减少负荷到允许水平。

4）发电机带的厂用供电系统可以自动切换到另一个电源。

3 在规定的短时运行时间内不能恢复励磁时，机组应与电网解列。

3.4.4 每台发电机应能长期承担规定以内的稳态负序负荷，在突发不对称短路故障时应能承受规定的负序电流冲击。

3.4.5 发电机组在允许寿命期间应能承受至少 5 次 180°误并列。发电机运行不应受高压线路单相重合闸影响。

4 总体规划

4.1 基本规定

4.1.1 火力发电厂的总体规划应根据火力发电厂生产、施工和生活需要，结合厂址及其附近的自然条件和城乡及土地利用总体规划，对厂区、施工区、水源地、取排水管线、灰管线、贮灰场、灰渣综合利用、交通运输、出线走廊、供热管网等进行统筹规划，并应以近期工程为主、兼顾远期工程。

4.1.2 火力发电厂的总体规划应贯彻节约集约用地的方针，并应通过积极采用新技术、新工艺和设计优化，严格控制厂区、厂前建筑区、施工区用地面积，以及严格控制取土和弃土用地，同时应符合下列规定：

1 火力发电厂用地范围应根据规划容量和本期工程建设规模及施工的需要确定。

2 厂区用地应统筹规划、分期征用。

3 设有防洪堤时，厂区及防洪堤用地范围可根据初期防洪堤工程的实施情况确定。

4.1.3 火力发电厂的总体规划应符合城市（镇）或工业区规划，以及环境保护、消防、劳动安全和职业卫生的要求，合理利用地形和地质条件，符合工艺流程的布置要求，有利于交通运输、施工和扩建，并应处理好厂区内外、生产与生活、生产与施工之间的关系。

4.1.4 火力发电厂的总体规划应符合下列规定：

1 应按功能要求分区。

2 各区内建筑物宜根据日照方位和风向进行布置，并应力求合理紧凑。辅助生产和附属建筑宜采用联合布置和多层建筑，并应符合建筑节能的要求。

3 建筑物空间的组织及建筑群体应与周围环境协调。

4 对于煤电合一的坑口电站，宜统一规划其贮煤场、运煤设施及辅助设施等。

5 应因地制宜地进行绿化规划，不应因绿化而增加厂区用地面积。

6 对位于风沙较大地区的火力发电厂，可根据具体情况设置必要的厂外防护林。

4.1.5 火力发电厂厂区应避免其他工业企业所排出的废气、废水、废渣的影响。

4.1.6 火力发电厂厂区位置应避开地质灾害易发区、采空区影响范围，以及岩溶发育、滑坡、泥石流的区域。确实无法避开时，应根据地质灾害危险性评估结论，采取相应的防范措施。

4.1.7 火力发电厂厂区应远离活动断裂，其安全距离应根据活动断裂的等级、规模、产状、性质、覆盖层厚度、地震动峰值加速度等因素综合确定。

4.1.8 火力发电厂建（构）筑物设计应符合防火等级要求，各主要生产和辅助生产及附属建（构）筑物在生产过程中的火灾危险性分类及其耐火等级，应符合现行国家标准《火力发电厂与变电站设计防火规范》GB 50229 的规定，并应符合下列规定：

1 办公楼内布置有电气、热工、金属等试验室时，应按丁类三级。

2 液氨贮存处置设施应按液体乙类二级。

3 尿素贮存处置设施应按丙类二级。

4.2 厂区外部规划

4.2.1 火力发电厂包括交通运输、供水和排水、灰渣输送和处理、输电线路和供热管线、施工区等厂外设施，应在确定厂址和落实厂内各个主要工艺系统的基础上，根据火力发电厂的规划容量和厂区自然条件，统筹规划、全面协调。

4.2.2 火力发电厂厂区与附近的核电厂、化工厂、炼油厂、石油或天然气储罐、低中放射性废物处置场、核技术利用放射性废物库等潜在危险源之间的距离，应符合下列规定：

1 与核电厂的距离应符合现行国家标准《核电厂环境辐射防护规定》GB 6249 的有关规定。

2 与化工厂、炼油厂的距离应符合现行国家标准《石油化工企业设计防火规范》GB 50160 的有关规定。

3 与石油或天然气储罐的距离应符合现行国家标准《石油天然气工程设计防火规范》GB 50183 的有关规定。

4 与低、中水平放射性废物处置场的距离不应低于现行行业标准《核设施环境保护管理导则 放射性固体废物浅地层处置环境影响报告书的格式与内容》HJ/T 5.2 规定的评价范围的半径。

5 与核技术利用放射性废物库的距离不应低于现行行业标准《辐射环境保护管理导则 核技术应用项目环境影响报告书（表）的内容和格式》HJ/T 10.1 规定的评价范围的半径。

4.2.3 火力发电厂供水水源应可靠，并应符合下列规定：

1 火力发电厂取水口位置应选择在岸滩稳定地段，且应避免泥沙、草木、冰凌、漂流杂物、排水回流等影响。

2 当从水库取水时，水库防洪标准不应低于100 年一遇设计、1000 年一遇校核，当水库防洪标准不能满足电厂取水要求时，应论证采取其他措施保证火力发电厂的取水可靠。

4.2.4 厂外供水管线、灰渣管线、热力管线及其他带状设施的规划应满足城乡规划和土地利用总体规划的要求，宜沿现有公路集中布置，并应减少与公路或铁路的交叉。架空管线宜采用多管共架敷设。

4.2.5 火力发电厂的厂外交通运输规划应符合下列规定：

1 采用铁路运煤的火力发电厂，其铁路专用线除由国家或地方铁路线接轨外，也可从其他工业企业的专用线上接轨。专用线不应在国家铁路区间线路上接轨，并宜避免切割接轨站正线；在繁忙干线和时速200km 及以上客货混跑干线上接轨时，铁路专用线宜与正线设置立交疏解。

2 采用铁路运煤的火力发电厂宜采用由装车点至电厂整列直达的运输方式，由铁路部门统一管理，在厂内卸车线应按送重取空方式进行货物交接，火力发电厂不应设置厂前交接场（站）。

3 应充分利用铁路接轨站既有设施及运能等资源，除在铁路接轨站存在折角运输外，不宜在接轨站增加线路股道数量，如需增设时，应充分论证其设置的必要性。

4 采用水路运煤的火力发电厂，当码头布置在厂区以外或需要与其他企业共同使用码头时，应与规划部门及有关企业协调，落实建设的可能性，码头与厂区之间应有良好的交通运输通道。

5 火力发电厂进厂道路与运煤、灰渣及石膏运输道路宜分开布置。运煤和运灰渣及石膏等的道路可合并设置。厂外专用道路宜避免与铁路交叉，当不能避免时宜采用立交方式。进厂道路、运灰渣及石膏道路应按三级厂矿道路标准建设，应采用水泥混凝土或沥青混凝土路面，路面宽度应为6m～7m。

6 坑口电厂燃煤宜采用带式输送，运输方式应通过方案比较后确定。

7 全部采用汽车运煤的火力发电厂根据厂外来煤方向、燃煤汽车运输所经路网情况及厂区受煤装置区域的布置，宜设置两个不同方向的出入口。厂区与厂外公路相连接的运煤专用道路宜采用水泥混凝土或沥青混凝土路面。专用运煤道路标准宜与地方道路标准相协调，并应按表4.2.5的规定执行。

表4.2.5 厂外专用运煤道路设计基本标准

日平均运煤量（万t）	日平均交通量（辆）	小时交通量（辆）	公路等级	路基宽度(m)		路面宽度(m)		最大纵坡(%)	
				平原微丘	山陵重丘	平原微丘	山陵重丘	平原微丘	山陵重丘
>5	>5000	>208	厂矿一级，四车道	23	19	2×7.5	2×7	4	6
2～5	2000～5000	83～208	厂矿二级，两车道	12	8.5	9	7	5	7
<2	<2000	<83	厂矿三级，两车道	8.5	7.5	7	6	6	8

8 厂区至厂外排水设施、水源地、码头、灰场之间，以及沿厂外栈桥或灰渣管线等应设置维护检修道路，维护检修道路可利用现有道路或按四级厂矿道路标准建设，路面宽度宜为4m，困难条件下可为3.5m。

4.2.6 火力发电厂取排水设施规划应根据电厂规划容量和本期工程建设规模、水源、地形与地质条件和环境保护等要求，统筹规划、合理布局，并应符合下列规定：

1 直流供水系统的取排水建（构）筑物布置和循环水管线路径，应工艺顺捷、分期明确。

2 循环供水系统应根据选定的水源，确定补给水泵房的位置及补给水管线的路径，应按规划容量确定补给水泵房的建设规模，并应留出适当的管廊扩建条件。

3 远离厂区的水泵房及其附属设施宜设置必要的通信、交通、生活和卫生设施。

4 直流供水系统可根据排水落差情况，设置水能利用系统。

5 厂外给水、雨水、污水等其他管线的规划应满足电厂和城乡规划的要求。

4.2.7 火力发电厂厂区的防排洪（涝）规划宜结合工程的具体条件，利用现有防排洪（涝）设施。当需新建时，可因地制宜地选用防洪（涝）堤、排洪（涝）沟或挡水围墙。火力发电厂的工艺设施和建（构）筑物至防洪堤的距离应符合有关堤防安全保护距离的规定。

4.2.8 火力发电厂的出线走廊应根据城乡总体规划和电力系统规划、输电线路方向、电压等级和回路数，按火力发电厂规划容量和本期工程建设规模统筹规划，宜避免交叉。

4.2.9 厂外灰渣（含脱硫副产品）处理设施的规划应符合下列规定：

1 贮灰场宜靠近火力发电厂，应按节约集约用地和保护自然生态环境的原则，充分利用附近的塌陷区、废矿坑、山谷、洼地、荒地以及滩涂地等。

2 贮灰场对周围环境的影响应符合现行国家有关环境保护的规定，并应满足当地环保要求。

3 厂外除灰渣管线宜沿道路及河网边缘敷设，宜选择高差小、跨越及转弯少的地段，并应减少对农业耕作的影响。

4 远离厂区的贮灰场管理站及其附属设施宜设置必要的通信、交通、生活和卫生设施。

5 当采用汽车或船舶等输送灰渣时，应充分研究公路或河道及码头的通行能力和可能对环境产生的污染影响，并应采取相应的措施。

4.2.10 火力发电厂的施工区应按规划容量和本期工程建设规模及场地条件统筹规划、合理布局，并应符合下列规定：

1 布置应合理、紧凑，应方便施工和生活，并应节约用地。

2 应按施工流程的要求妥善安排施工临时建筑、材料设备堆场、施工作业场所及施工临时用水、用电线路路径。

3 施工场地各分区排水系统宜单独设置，排水主干道和施工道路宜按永久和临时结合的原则实施。

4 应因地制宜地利用地形、地质条件，减少场地平整土石方量，并应避免施工区场地表土层的大面积破坏。

5 施工场地和通道的布置应减少对生产的干扰，特别是在部分机组投产后，应能有利生产，方便施工。

6 施工临时建筑的布置不应影响火力发电厂扩建。

4.2.11 取、弃土场应根据地形、地质、地震和水文条件确定实施方案，并应采取避免塌方的有效措施。

4.3 厂区规划及总平面布置

4.3.1 厂区规划应以工艺流程合理为原则，应以主厂房为中心，结合各生产设施及工艺系统的功能，分区明确，紧凑合理，有利扩建，因地制宜地进行布置，并应满足防火、防爆、环境保护、劳动安全和职业卫生的要求。厂前建筑设施宜集中布置，并应做到与生产联系方便、生活便利。对扩（改）建火力发电厂宜利用原有厂区场地及可以利用的相关设施。

4.3.2 厂区建（构）筑物的布置应符合现行国家标准《建筑设计防火规范》GB 50016和《火力发电厂与变电站设计防火规范》GB 50229的有关规定，并应符合下列要求：

1 主厂房和烟囱、冷却设施、封闭式圆形煤场等宜布置在地层均匀、地基承载力较高的区域。当采用直流供水时，汽机房宜靠近水源。当采用直接空冷时，应根据气象条件对空冷机组运行的影响情况确定主厂房的方位。

2 屋内外高压配电装置的进出线应顺畅，宜避免线路交叉，并应有利扩建。

3 冷却塔的布置应根据地形、地质、循环水管线的长度、相邻设施的布置条件及常年风向等综合因素确定。对具备扩建条件的工程，冷却塔不宜布置在主厂房扩建端。

4 露天贮煤场、液氨贮存设施宜布置在厂区主要建筑物全年最小频率风向的上风侧，应避免对厂外居民区的污染影响。

5 屋外高压配电装置裸露部分的场地可铺设草坪或碎石、卵石。对煤场、灰库、脱硫吸收剂贮存场地等会出现粉尘飞扬的区域应采取防尘措施。直接空冷平台下的场地宜采用混凝土地坪。

6 制（供）氢站、燃油设施、液氨贮存设施应与其他生产、辅助及附属建筑分开，并应单独布置形成独立区域。

7 燃油设施、液氨贮存设施等靠近江、河、湖泊布置时，应采取防止泄漏液体流入水域的措施。

8 厂区对外出入口不应少于2个，其位置应方便厂内外联系，并应使人流与货流分开。厂区主要出入口宜设置在厂区固定端一侧。

4.3.3 火力发电厂各建（构）筑物之间的间距应符合国家现行标准《火力发电厂与变电站设计防火规范》GB 50229、《火力发电厂总图运输设计技术规程》DL/T 5032、《氢气站设计规范》GB 50177和《石油库设计规范》GB 50074的有关规定，并应符合下列要求：

1 液氨贮存设施布置间距应符合现行国家标准《建筑设计防火规范》GB 50016关于乙类液体贮罐布置的有关规定。

2 机械通风冷却塔之间的间距应符合现行国家标准《工业循环水冷却设计规范》GB/T 50102的有关规定。

3 架空高压电力线边导线在风偏影响后，与丙、丁、戊类建（构）筑物的最小水平距离，110kV应为4m，220kV应为5m，330kV应为6m，500kV应为8.5m，750kV应为11m，1000kV应为21m。高压输电线不宜跨越永久性建筑物，当必须跨越时，应满足其带电距离最小高度的要求，并应对建筑物屋顶采取相应的防火措施。

4.3.4 采用空冷机组的火力发电厂，空冷设施布置应符合下列规定：

1 直接空冷平台朝向应根据全年、夏季、夏季高温大风的主导风向、风速、风频等因素，结合工艺布置要求，并应兼顾空冷机组运行的安全性和经济性综合确定。

2 直接空冷平台宜布置在主厂房A列外侧，变压器、电气配电间、贮油箱等可布置在平台下方，但应保证空冷平台支柱位置不影响变压器的安装、消防和检修运输通道。

3 间接空冷塔除作为排烟冷却塔外，宜靠近汽机房侧布置。

4.3.5 对采用排烟冷却塔的火力发电厂，冷却塔宜靠近炉后区域。

4.3.6 采用机械通风冷却塔的火力发电厂，单侧进风塔的进风面宜面向夏季主导风向；双侧进风塔的进风面宜平行于夏季主导风向。

4.3.7 火力发电厂厂内铁路配线设计标准应符合下列规定：

1 应按整列直达、路企直通的原则，并应根据铁路远期发展规划，对厂内铁路配线规模进行统一规划、分期建设。

2 采用折返式翻车机卸煤，每台翻车机应配设1条重车线、1条空车线，并应合理设置机车走行线。

3 采用缝式煤槽卸煤时，铁路卸车线股道及有效长度应根据日最大来煤列数、列车编挂辆数、缝式煤槽卸车车位数、场地条件确定。线路宜为贯通式，并应合理设置机车走行线。

4 厂内铁路配线的有效长度应满足厂外铁路运输通路牵引质量的要求，且应按品种单一的整列直达煤列在厂内卸煤线进行到发作业的需要进行设置。

5 厂区铁路卸煤重车线和空车线按整列进厂卸煤作业设计时，不应再设置备用重车线和调车线或其他到发线。

4.3.8 火力发电厂煤码头的建设规模及总平面布置应根据火力发电厂的规划容量与本期工程建设规模、厂址和航道的自然条件，以及厂内运煤设施等综合因素进行统一规划、分期建设，并应符合下列规定：

1 码头的规划设计应符合国家现行标准《河港工程设计规范》GB 50192和《海港总平面设计规范》

JTJ 211 的有关规定。

2 码头应设在水深适宜、航道稳定、泥沙运动较弱、水流平顺、地质较好的地段，并宜与陆域的地形高程相协调。

3 码头前沿应有足够开阔的水域。码头与采用直流供水系统的冷却水进、排水口之间的距离应避免两者之间的相互影响，并应通过模型试验充分论证、合理确定。

4.3.9 当火力发电厂自建大件运输码头时，码头设计在满足大件运输需要的同时，还应满足电厂运行期间其他原材料或副产品的运输需要。

4.3.10 燃煤采用公路运输的火力发电厂，汽车出入口位置应方便与厂外运煤专用道路的连接，重车入口至检斤装置之间宜设置适当的检斤待车场地。卸煤设施区道路的规划应满足空重车流互不干扰的要求，取样装置和检斤装置宜按先检斤后取样布置。

4.3.11 厂区道路设计应符合现行国家标准《厂矿道路设计规范》GBJ 22 的有关规定。厂区各建筑物之间应根据生产、运行维护、生活、消防的需要设置行车道路、消防车道和人行道，并应符合下列规定：

1 主厂房、贮煤场、制（供）氢站、液氨贮存区和燃油设施区周围，以及屋外配电装置区域应设环形消防车道。当山区火力发电厂的主厂房区、燃油设施区、液氨贮存区及贮煤场区周围设置环形消防车道有困难时，可沿长边设置尽端式消防车道，并应设回车道或回车场。回车场的面积不应小于 12m×12m；供大型消防车使用时，不应小于 18m×18m。

2 厂区消防车道的宽度不应小于 4m，道路上空遇有管架、栈桥等障碍物时，其净高不应小于 4m。

3 厂区主厂房周围环行道路以及运输燃煤、石灰石和灰渣及石膏、助燃油、液氨的主干道行车部分的宽度宜采用 7m，困难情况下可采用 6m；次要道路的宽度宜为 4m，困难情况下可采用 3.5m。

4 建有大件运输码头的火力发电厂，码头引桥至主厂房区环形道路之间的道路标准，应根据大件运输需要合理确定，其宽度宜为 6m～7m，转弯半径不宜小于 12m。

4.3.12 厂区围墙的平面布置应在节约集约用地的前提下力求规整，除有特殊要求外，宜为实体围墙，高度不应低于 2.2m。有关功能区域的围墙或围栅设置应符合下列规定：

1 屋外高压配电装置区域的厂内部分应设置 1.8m 高的围栅，变压器场地周围应设置 1.5m 高的围栅。

2 制（供）氢站区、液氨贮存区和燃油设施区均应单独布置。制（供）氢站区应设置高度不低于 2.5m 高的非燃烧体实体围墙，液氨贮存区应设置不低于 2.2m 高的非燃烧体实体围墙，燃油设施区应设置 1.8m 高的围栅。当制（供）氢站区、液氨贮存区和燃油设施区的围墙利用厂区围墙时，应采用不低于 2.5m 高的非燃烧体实体围墙。

4.3.13 厂区用地面积应符合国家现行有关土地使用的规定，厂区建筑系数不应低于 35%，厂区绿地率不应大于 20%。

4.3.14 火力发电厂厂区场地标高应符合表 4.3.14 规定的防洪标准的要求。

表 4.3.14 火力发电厂厂区防洪标准

火力发电厂等级	规划容量（MW）	厂区防洪标准（重现期）
Ⅰ	＞2400	≥100 年、200 年一遇的高水（潮）位
Ⅱ	400～2400	≥100 年一遇的高水（潮）位
Ⅲ	＜400	≥50 年一遇的高水（潮）位

注：Ⅰ级火力发电厂中对位于广东、广西、福建、浙江、上海、江苏、海南风暴潮严重地区的海滨火力发电厂，取 200 年一遇；其中江苏省包括长江口至江阴的沿长江江岸电厂。

4.3.15 当厂区受洪（涝）水、风暴潮影响时，应采取防洪（潮）措施，并符合下列规定：

1 当场地标高低于设计高水（潮）位，或场地标高虽高于设计高水（潮）位，但厂址受波浪影响时，厂区应设置防洪堤或采取其他可靠的防洪设施，并应符合下列规定：

1）对位于海滨的火力发电厂，其防洪堤（或防浪墙）的顶标高应按设计高水（潮）位加 50 年一遇波列、累积频率 1%的浪爬高和 0.50m 的安全超高确定。经论证，在保证越浪水量对防洪堤安全无影响，且堤后越浪水量排泄畅通的前提下，堤顶标高确定时可允许部分越浪，并宜通过物理模型试验确定堤顶标高、堤身断面尺寸、护面结构。

2）对位于江、河、湖旁的火力发电厂，其防洪堤的堤顶标高应高于设计高水位 0.50m；当受风、浪、潮影响时，应再加 50 年一遇的浪爬高。

2 在有内涝的地区建厂时，防涝围堤堤顶标高应按 100 年一遇内涝水位加 0.50m 的安全超高确定；当 100 年一遇内涝水位难以确定时，可采用历史最高内涝水位；如有排涝设施时，应按设计内涝水位加 0.50m 的安全超高确定。

3 对位于山区的火力发电厂，应按 100 年一遇设计洪水位采取防排洪措施。

4 火力发电厂位于水库下游且水库的防洪标准低于电厂防洪标准或水库为病险水库时，在水库溃坝形成的洪水对厂区产生影响的情况下，应采取相应的工程措施。

5 防排洪设施宜在初期工程中按规划容量一次

建成。

4.3.16 厂区竖向布置设计应根据生产工艺要求、工程地质、水文气象、土石方量及地基处理等综合因素确定，并应符合下列规定：

1 厂区不设防洪堤时，主厂房区的室外地坪设计标高应高于设计高水位0.5m。厂区设有满足防洪要求的防洪堤且有可靠的防内涝措施时，厂内场地标高可适当低于设计洪水位。

2 建（构）筑物、铁路及道路等标高的确定，应满足生产和维护的要求，并应排水畅通。

3 建筑物室内地坪标高应根据建筑功能、交通联络、场地排水、场地地质条件等综合因素确定，宜高出室外地坪设计标高150mm～300mm。软土地区，室内外沉降差异的影响应在设计计算之内。

4 厂区竖向设计宜做到厂区和施工场地范围内的土石方综合平衡，填、挖方量不能达到平衡时，应落实取、弃土场地，并宜与工程所在地区的其他取、弃土工程相结合。

5 厂区场地的最小坡度及坡向应能较快排除地面雨水，应与建筑物、道路及场地的雨水窨井、雨水口的设置相适应，并应按当地降雨量和场地土质条件等因素确定。

4.3.17 当厂区自然地形坡度大于3%时，宜采用阶梯布置。应根据生产需要、交通运输便利、地下设施布置合理、边坡稳定等要求，确定阶梯布置。

4.3.18 厂区场地排水系统的设计应根据地形、工程地质、水文气象、地下水位等综合因素，并结合规划容量确定。

4.3.19 厂区管线的布置应符合下列规定：

1 厂区主要管架、管线和沟道应按规划容量统一规划、集中布置，宜分期建设，并应留有合理的管线走廊。

2 应符合工艺流程的合理布置要求，并应便于施工及检修。

3 当管道发生故障时不应发生次生灾害，特别应防止污水渗入生活给水管道和有害、易燃气体渗入其他沟道和地下室内。

4 应避免遭受机械损伤和腐蚀。

5 地下沟（隧）道应设可靠的集水和排水设施。

6 电缆沟及电缆隧道在进入建筑物处或在适当的距离及地段应设防火隔墙，电缆隧道的防火墙上应设防火门。

7 管架、管线和沟道宜沿道路布置，地下管线和沟道宜敷设在道路行车部分之外。地震烈度为8度及以上地区，雨水管、污水管不应平行布置在道路行车道下部。

4.3.20 厂区管线敷设方式应符合下列规定：

1 凡有条件集中架空布置的管线宜采用综合管架进行敷设；在地下水位较高，土壤具有腐蚀性，基岩埋深较浅且不利于地下管沟施工的地区，宜采用综合管架。

2 生产、生活、消防给水管和雨水、污水排水管等宜采用地下敷设。生产、生活给水管可架空敷设，但在严寒地区应设可靠的防冻保温措施。

3 灰渣管、石灰石浆液管、石膏浆液管、氢气管、压缩空气管、助燃油管、氨气管、热力管等宜架空敷设。

4 酸液和碱液管可采用架空或地沟敷设。对发生故障时有可能扩大灾害的管道，不宜同沟敷设。

5 厂区内的电缆可采用架空、地沟、隧道、排管、直埋敷设。电缆不应与其他管道同沟敷设。

6 氢气管、氨气管与其他管道共架敷设时，应布置在管架外侧并在上层。

7 易燃易爆的管道不应敷设在无关建筑物的屋面或外墙支架上。

4.3.21 管沟、地下管线与建筑物、铁路、道路及其他管线的水平距离，以及管线交叉时的垂直距离应根据地下管线和管沟的埋深、建筑物的基础构造及施工、检修等因素综合确定。

5 机组选型

5.1 机组参数

5.1.1 机组新蒸汽参数宜分为超高压参数、亚临界参数、超临界参数和超超临界参数。

5.1.2 机组新蒸汽参数系列宜符合现行国家标准《发电用汽轮机参数系列》GB/T 754的有关规定。

5.2 主机选型

5.2.1 汽轮机设备选型应符合下列规定：

1 应按电力系统的要求，确定机组承担基本负荷或变动负荷。

2 对有集中供热条件的地区，应根据近期热负荷和规划热负荷的大小和特性选用供热式机组。

3 对干旱指数大于1.5的缺水地区，宜选用空冷式汽轮机组。

5.2.2 锅炉设备选型应符合下列规定：

1 锅炉设备的选型应根据燃用的设计燃料及校核燃料的燃料特性数据确定；锅炉炉膛选型宜符合现行行业标准《大容量煤粉燃烧锅炉炉膛选型导则》DL/T 831的有关规定。

2 当燃用洗煤副产物、煤矸石、石煤、油页岩和石油焦等不能稳定燃烧的燃料时，宜选用循环流化床锅炉；当燃用收到基硫分较高的燃料或燃用灰熔点低、挥发分较低、锅炉易结焦的燃料或燃用低发热量褐煤燃料时，也可选用循环流化床锅炉。

3 当燃用低灰熔点或严重结渣性的煤种，经技术经济比较合理时，可采用液态排渣锅炉。

4 大容量煤粉锅炉布置方式可根据工程具体条件选用Π形炉或塔式炉型。

5.2.3 锅炉的燃烧方式应根据燃用煤种的煤质特性选择，并应符合下列规定：

1 燃用干燥无灰基挥发分 $V_{daf}\geqslant15\%$，煤粉气流着火温度指标 $IT\leqslant700$℃的煤种，宜采用切向燃烧或墙式燃烧方式；燃用全水分 $M_{ar}>30\%$的褐煤，宜采用风扇磨直吹式制粉系统、多角切向燃烧方式，热一次风温度能够满足磨煤机干燥出力的要求时，也可采用常规切向燃烧方式。

2 燃用煤粉气流着火温度指标 IT 为 700℃～800℃的煤种，宜采用墙式或切向燃烧方式。对于煤粉气流着火温度指标 $IT>750$℃且结渣性较严重的煤种，可采用双拱燃烧方式。

3 燃用干燥无灰基挥发分 $V_{daf}\leqslant10\%$，煤粉气流着火温度指标 $IT>800$℃的煤种，宜采用双拱燃烧方式或循环流化床燃烧方式。

5.2.4 发电机的选型应分别符合现行国家标准《隐极同步发电机技术要求》GB/T 7064 和《旋转电机定额和性能》GB 755 的有关规定。

5.2.5 发电机冷却方式应采用制造厂推荐的、成熟可靠的形式。

5.3 主机容量匹配

5.3.1 锅炉的台数及容量与汽轮机的台数及容量的匹配应符合下列规定：

1 对于纯凝式汽轮机应一机配一炉。锅炉的最大连续蒸发量宜与汽轮机调节阀全开时的进汽量相匹配。

2 对于供热式汽轮机宜一机配一炉。当1台容量最大的蒸汽锅炉停用时，其余锅炉的对外供汽能力若不能满足热力用户连续生产所需的100%生产用汽量和60%～75%（严寒地区取上限）的冬季采暖、通风及生活用热量要求时，可由其他热源供给。

5.3.2 发电机和汽轮机的容量选择条件应相互协调。在额定功率因数和额定氢压（对氢冷发电机）下，发电机的额定容量应与汽轮机的额定出力相匹配，发电机的最大连续容量应与汽轮机的最大连续出力相匹配，其冷却器进水温度宜与汽轮机相应工况下的冷却水温度相一致。

5.4 机组设计性能指标计算

5.4.1 计算机组设计标准煤耗率所用的汽轮机热耗率，宜取用汽轮机供货合同中供方向需方保证的热耗率。

5.4.2 计算机组设计标准煤耗率所用的锅炉效率，宜取用锅炉供货合同中供方向需方保证的效率。

5.4.3 计算机组设计标准煤耗率所用的管道效率宜取用99%。

5.4.4 机组设计发电标准煤耗率和机组设计供电标准煤耗率的计算应采用本规范附录A的计算方法。

5.4.5 机组性能考核工况设计厂用电率计算可采用现行行业标准《火力发电厂厂用电设计技术规定》DL/T 5153 的有关规定。对主要高压电动机可采用轴功率法进行计算，电动机的轴功率应为对应性能考核工况下的电动机轴功率。其他负荷计算可采用换算系数法。

6 主厂房区域布置

6.1 基本规定

6.1.1 主厂房区域布置应适应电力生产工艺流程的要求，并应满足安装、运行、检修的需要，宜做到设备布局和空间利用紧凑、合理；管线及电缆连接应短捷、整齐；巡回检查通道应畅通。

6.1.2 主厂房区域布置应根据设备和系统的功能要求，集中、合并布置，并应做到功能分区明确、系统连接简捷。在工艺要求和环境条件许可的情况下，辅助设备宜采用露天或半露天布置。

6.1.3 主厂房的布置可采用汽机房、煤仓间或除氧煤仓间、锅炉房三列式布置，汽机房、除氧间、煤仓间、锅炉房四列式布置，侧煤仓布置等多种布置形式。

6.1.4 主厂房区域布置应为运行检修人员创造良好的工作环境，应符合国家现行有关劳动保护标准的规定；设备布置应符合防火、防爆、防潮、防尘、防腐、防冻等有关要求。

6.1.5 主厂房区域及其内部的设施、表盘、管道和平台扶梯等的色调应协调。平台扶梯及栏杆的规格宜统一。

6.1.6 主厂房柱距宜采用等柱距；在满足主要设备布置要求的前提下，也可采用不等柱距。

6.1.7 主厂房区域布置应根据厂区地形、设备特点和施工条件等因素合理安排。

6.1.8 主厂房区域布置应根据总体规划要求留有扩建条件。

6.1.9 直接空冷系统的布置应与主厂房区域布置相协调，并应符合本规范第17.8.4条的规定。

6.2 汽机房及除氧间布置

6.2.1 对200MW级及以上机组，汽轮发电机组宜采用纵向顺列布置。如条件合适，通过技术经济比较也可采用横向布置。

6.2.2 300MW级及以上机组的汽机房运转层宜采用大平台布置形式，300MW级以下机组宜采用岛式布置。采用大平台布置时，应满足汽机房的通风、排热、排湿及起吊重物的要求。

6.2.3 给水泵的布置应符合下列规定：

1 当驱动汽动给水泵的小汽轮机排汽进入主凝汽器时，汽动给水泵组宜就近布置在汽轮发电机组侧面的运转层或底层。

2 当驱动汽动给水泵的小汽轮机排汽进入独立的凝汽器时，汽动给水泵组宜布置在汽机房及除氧间的运转层或中间层。

3 当汽轮发电机组采用电动给水泵时，给水泵可布置在汽机房或除氧间的底层。

6.2.4 除氧器给水箱的布置应符合下列规定：

1 除氧器给水箱的安装标高应保证在汽轮机甩负荷瞬态工况下，给水泵或其前置泵的进口不发生汽化。

2 在气候、布置条件合适时，除氧器给水箱宜采用露天布置。

3 除氧器和给水箱不宜布置在集中控制室上方。如布置在集中控制室上方时，集中控制室顶板应采用混凝土整体浇灌，除氧器层的楼面应采取防水措施。

6.2.5 汽轮机油系统设备的布置应符合下列规定：

1 汽轮机主油箱、油泵、冷油器及油净化装置等设备宜布置在汽机房机头靠A列柱侧，并应远离高温管道；汽轮机贮油箱宜布置在主厂房外侧。

2 汽轮机主油箱、贮油箱、油净化装置及油系统应采取防火措施。在主厂房外侧的适当位置应设置密封的润滑油事故排油箱（坑），其布置标高和排油管道的设计应满足主油箱、贮油箱、油净化装置等事故排油畅通的需要。润滑油事故排油箱（坑）的容积不应小于一台最大机组油系统的油量。

3 设备事故排油门均应布置在安全及便于操作的位置，其操作手轮应设在距排油设备外缘5m以外的地方，并应有两条人行通道可以到达。

6.2.6 湿冷机组纵向布置时，循环水泵不宜布置在汽机房内；工程具体条件合适时，循环水泵可靠近汽机房布置。

6.2.7 当采用带混合式凝汽器的间接空冷系统时，循环水泵和水轮机宜毗邻汽机房布置。

6.2.8 凝结水精处理装置宜布置在汽机房内，再生装置宜布置在主厂房内。

6.2.9 供热机组热网首站宜布置在汽机房A列外；通过技术经济比较合理时，也可布置在主厂房固定端或汽机房内。

6.3 煤仓间布置

6.3.1 煤仓间给煤机层标高的确定应符合下列规定：

1 对于煤粉锅炉，给煤机层的标高应由磨煤机（风扇磨煤机除外）、送粉管道及其检修起吊装置等所需的空间确定。在有条件时，该层标高宜与锅炉运转层标高一致。风扇磨煤机的给煤机层标高应满足干燥段的布置要求。

2 对于循环流化床锅炉，给煤机层的标高应根据锅炉给煤口标高（包括播煤装置）、所需给煤机级数、给煤距离和给煤机出口阀门布置等因素确定。

6.3.2 煤仓间皮带层的布置应符合下列规定：

1 皮带层的标高应按原煤仓和煤粉仓的设计要求确定。

2 带式输送机两侧应有必要的运行通道。

3 皮带层内应设置必要的通风除尘装置、清洁地面及排水设施。

4 带式输送机头部应设置检修起吊设施。

6.3.3 侧煤仓形式的煤仓间布置宜与锅炉房的布置统筹设计。

6.3.4 锅炉原煤仓及煤粉仓的储煤量应符合下列规定：

1 对于中速磨直吹式制粉系统，除备用磨煤机所对应的原煤仓外，其余原煤仓的总有效储煤量宜按设计煤种满足锅炉最大连续蒸发量时8h以上的耗煤量设计；对于双进双出钢球磨直吹式制粉系统，原煤仓的总有效储煤量宜按设计煤种满足锅炉最大连续蒸发量时8h以上的耗煤量设计。

2 对于中间贮仓式制粉系统，煤粉仓的有效贮煤粉量宜按设计煤种满足锅炉最大连续蒸发量时2h以上的耗粉量设计。原煤仓和煤粉仓总的有效贮煤量宜按设计煤种满足锅炉最大连续蒸发量时8h以上的耗煤量设计。

3 对于燃用低热值煤的循环流化床锅炉，原煤仓的总有效储煤量宜按设计煤种满足锅炉最大连续蒸发量时6h以上的耗煤量设计。

4 对于燃用褐煤的煤粉锅炉，除备用磨煤机所对应的原煤仓外，其余原煤仓的总有效储煤量宜按设计煤种满足锅炉最大连续蒸发量时6h以上的耗煤量设计。

5 对于输煤系统采用两班制运行的电厂，直吹式制粉系统原煤仓的总有效储煤量或中间贮仓式制粉系统原煤仓和煤粉仓总的有效贮煤量，可按设计煤种满足锅炉最大连续蒸发量时10h以上的耗煤量设计。

6.3.5 原煤仓的设计应符合下列规定：

1 原煤仓宜采用钢结构的圆筒仓型；双曲线型原煤仓出口段截面收缩率不应小于0.7，出口直径不宜小于600mm；锥型原煤仓出口段壁面与水平面的夹角，对于煤粉锅炉不应小于60°，对于循环流化床锅炉不应小于70°。

2 煤粉锅炉采用矩形原煤仓时，相邻两壁的交线与水平面的夹角不应小于55°，壁面与水平面夹角不应小于60°；对于黏性大、高挥发分或易燃的烟煤和褐煤，相邻两壁的交线与水平面的夹角不应小于65°，壁面与水平面的夹角不应小于70°。

3 循环流化床锅炉采用矩形原煤仓时，相邻两壁的交线与水平面的夹角不应小于70°。

4 矩形原煤仓相邻壁交角的内侧应做成圆弧形，圆弧半径不应小于200mm。

5 原煤仓内壁应光滑耐磨。对易堵的煤在原煤仓的出口段宜采用不锈钢复合钢板、内衬不锈钢板或其他光滑阻燃型耐磨材料；原煤仓外壁宜设防堵装置；

6 在严寒地区，对于钢结构的原煤仓、靠近厂房外墙或外露的钢筋混凝土原煤仓，其仓壁应采取防冻保温措施。

6.3.6 煤粉仓的防火、防爆设计应符合国家现行标准《火力发电厂与变电站设计防火规范》GB 50229和《火力发电厂煤和制粉系统防爆设计技术规程》DL/T 5203的有关规定。

6.4 锅炉布置

6.4.1 锅炉宜采用露天或半露天布置，对严寒或风沙大的地区宜采用紧身罩封闭。

6.4.2 采用露天或半露天布置的锅炉，其运转层宜采用岛式布置方式或钢格栅大平台布置方式。对于采用风扇磨煤机制粉系统的给煤机在炉膛周围布置时，给煤机层宜设钢筋混凝土大平台。当锅炉本体下部或布置于锅炉房底层的附属设备不适宜露天布置时，运转层及以下可采用封闭的形式。紧身罩封闭的锅炉，其运转层宜采用钢筋混凝土大平台布置方式。

6.4.3 采用露天或半露天布置的锅炉，当需要在运转层上设置炉前操作区时，可采用炉前低封闭方式。

6.4.4 在满足设备及管道布置、安装、运行和检修要求的条件下，炉前空间宜压缩；在有条件时，可采用炉前柱与煤仓间柱合并的布置方式。

6.4.5 锅炉主要辅助设备的布置应符合下列规定：

1 除尘器采用露天布置，除尘器灰斗应采取防结露措施；对严寒地区，除尘器设备下部应采用封闭布置。

2 对严寒地区，锅炉的引风机、送风机和一次风机应采用室内布置。

3 露天布置的辅机应采取防噪音措施，其电动机宜采用全封闭形式。

6.5 集中控制室和电子设备间

6.5.1 集中控制室宜多台机组联合设置1个，集中控制室和电子设备间内的设备、表盘及活动空间布置宜紧凑合理，并应方便运行和检修。

6.5.2 集中控制室和电子设备间的出入口不应少于2个，其净空高度分别不宜低于3.5m和3.2m。集中控制室及电子设备间应有良好的空调、照明、隔热、防尘、防火、防水、防振和防噪音的措施。集中控制室和电子设备间下面可设电缆夹层，电缆夹层与主厂房相邻部分应封闭。

6.5.3 集中控制室、电子设备间及其电缆夹层内应设消防报警和信号设施，严禁汽水、油及有害气体管道穿越。集中控制室和电子设备间应设整体刚性防水屋顶。

6.5.4 集中控制室与电子设备间集中布置时，可设置集中控制楼；集中控制楼宜2台机组合用1个，宜布置在两炉之间。如条件合适，集中控制楼可伸入除氧煤仓间内。集中控制室和电子设备间也可集中布置在除氧间或煤仓间的运转层。

6.5.5 集中控制室与电子设备间分开布置时，宜2台及以上机组合用1个，宜布置在主厂房固定端或其他合适的位置；电子设备间可分散布置在离控制对象相对近的区域。

6.6 烟气脱硫设施布置

6.6.1 烟气脱硫主要工艺设备布置应符合下列规定：

1 湿法烟气脱硫工艺吸收塔、活性焦干法烟气脱硫工艺吸附塔宜布置在靠近烟囱附近，半干法烟气脱硫工艺脱硫塔宜布置在预除尘器后；在严寒地区，吸收塔应采取防冻措施。

2 石灰石-石膏湿法烟气脱硫装置的浆液循环泵、氧化风机宜紧邻吸收塔布置。

3 对严寒或风沙大的地区，增压风机、循环泵和氧化风机等设备应采用室内布置。其他地区可根据当地气象条件及设备状况等因素研究露天布置的可行性。当露天布置时应加装隔音罩或预留加装隔音罩的位置。

4 石灰石-石膏湿法脱硫装置事故浆液箱的布置位置宜满足多套装置共用的需要。

5 海水法烟气脱硫工艺的海水升压泵宜靠近吸收塔布置。曝气池宜靠近循环水排水侧布置，曝气池的排水布置宜与循环水排水统筹设计。

6.6.2 烟气脱硫工艺吸收剂制备系统和脱硫副产品处置系统设备的布置应符合下列规定：

1 石灰石-石膏湿法脱硫工艺吸收剂制备系统和脱硫副产品处置系统设备宜集中多层布置在同一建筑物内，也可结合工艺流程和场地条件因地制宜布置。

2 半干法烟气脱硫工艺吸收剂制备设施、生石灰粉仓、消石灰仓宜集中布置在脱硫塔附近。

6.7 烟气脱硝设施布置

6.7.1 烟气脱硝装置布置应符合下列规定：

1 选择性催化还原烟气脱硝装置宜布置在锅炉省煤器和空气预热器之间。

2 选择性催化还原烟气脱硝装置的支撑结构宜与锅炉构架形成统一构架体系。

3 当预留选择性催化还原烟气脱硝装置位置时，应结合锅炉构架及炉后布置统筹预留脱硝装置及进出口烟道布置位置，并应将各种荷载纳入相关的设计中。

4 非选择性催化还原烟气脱硝装置应与锅炉的布置统筹设计。

6.7.2 氨气稀释装置和尿素分解装置宜靠近反应器布置。

6.8 维护检修

6.8.1 汽轮机安装检修场地设置应符合下列规定：

1 汽机房检修场地面积宜满足汽机发电机组在汽机房内检修的要求。

2 当汽机房运转层采用大平台布置时，每2台机组宜设置1个零米安装检修场，其大小可按满足大件吊装及汽轮机翻缸的需要确定。

3 当汽轮机采用岛式布置时，每2台至4台机组宜设置1个零米检修场；安装场地的设置宜与设备进入汽机房的位置和零米检修场统筹设计、合并设置。

6.8.2 汽机房内的桥式起重机的设置应符合下列规定：

1 125MW级、200MW级机组装机在4台及以上，300MW级及以上机组装机在2台及以上时，可装设2台起重量相同的桥式起重机。

2 桥式起重机的起重量应根据检修时起吊的最重件（不包括发电机静子）选择。

3 可根据工程具体情况，经技术经济比较，采取加固桥式起重机的方法满足发电机静子起吊的要求。

4 桥式起重机的安装标高应按所需起吊设备的最大起吊高度确定。

6.8.3 主厂房区域检修起吊设施的设置应符合下列规定：

1 起重量为1t及以上的设备、需要检修的管件和阀门应设置检修起吊设施。

2 起重量为3t及以上并经常使用的设备宜设置电动起吊设施。

3 起重量为10t及以上的设备应设置电动起吊设施。

4 主厂房内，在不便设置固定维护检修平台的地方可设置移动升降检修设施。

5 露天布置的设备可根据周围的条件设置移动或固定式起吊设施。

6.8.4 在主厂房区域设置起吊孔及相应的起吊设施应符合下列规定：

1 在锅炉房内，应有将物件从零米提升至炉顶平台的电动起吊装置和起吊孔，其起重量宜为1t～3t。

2 在煤仓间两端应有自底层至煤仓皮带层的起吊孔，并应设置起吊设施。

3 其他需要检修更换设备且无法利用汽机房桥式起重机或本条第1款、第2款规定的起吊设施的区域，应设置起吊孔和相应的起吊设施。

6.8.5 主厂房内各主、辅机应有必要的检修空间、安放场地、运输通道、运行和检修通道。主厂房底层的纵向运输通道宜贯穿直通，并应在其两端设置大门，应在汽机房零米检修场靠A列柱侧设置大门，并应与厂区道路相连通。

6.8.6 电梯台数和布置方式应符合下列规定：

1 125MW级机组，每2台锅炉宜装设1台电梯。

2 200MW级及以上机组，每台锅炉宜装设1台电梯。

3 电梯的形式宜为客货两用，装载量宜为1t～2t，行驶速度应按从首层到顶层的运行时间不超过60s计算确定，且不宜小于1m/s。

4 电梯宜布置在集中控制室和锅炉之间靠近炉前一侧，宜在锅炉本体各主要平台层设置停靠站。

5 运行维护需要时，也可在其他生产建筑物内增设电梯。

6.8.7 主要阀门、挡板及其执行机构应能正常操作和维修方便，必要时应设置操作、维修平台。

6.9 综合设施要求

6.9.1 主厂房内地下设施布置应符合下列规定：

1 主厂房内不宜设地下管沟和地下电缆通道；对于必须设置沟道的地段宜避免交叉，并应防止积水。

2 底层的排水应采用排水管网至集水井的方式，辅机冷却水排水管可采用压力管道架空或直埋的方式。

3 汽机房不宜设置全地下室。当汽机房零米层设备较多、地下水位不高，经过技术经济比较认为合理时，也可设置局部地下室。地下室布置应满足交通、排水、防潮、通风、照明等要求。

6.9.2 主厂房区域电缆敷设及通道布置应符合下列规定：

1 电缆宜敷设在专用的架空托架、电缆隧道或排管内。动力电缆和控制电缆宜分开排列。采用架空托架和电缆隧道敷设时，还应采取防止电缆积聚煤粉和火灾蔓延的措施。

2 架空托架走廊应与主厂房内主要设备和管道的布置统筹设计，并宜避开易遭受火灾的地段。架空托架的路径和布置应使电缆的用量最少，且便于施工和正常维护，并应整齐美观。

3 电缆隧道严禁作为其他管沟的排水通路。当电缆隧道与其他管沟交叉时，应采取防水措施。

6.9.3 电气用的总事故贮油设施和电气设备的贮油或挡油设施的设置应符合下列规定：

1 火力发电厂应设置电气用的总事故贮油池，

其容量应按最大1台变压器的油量确定。总事故贮油池应设置油水分离设施。

2 电气设备的贮油或挡油设施应符合现行国家标准《火力发电厂与变电站设计防火规范》GB 50229的有关规定。

6.9.4 热力系统化学加药和水汽取样装置宜相对集中布置在主厂房内。加药装置所需药品的仓库可设置在加药装置附近。

7 运煤系统

7.1 基本规定

7.1.1 新建火力发电厂运煤系统的设计应按本期建设规模并兼顾规划容量、燃煤品种、耗煤量、厂外来煤方式、机组形式，以及当地的气象和环境条件等统筹规划，分期建设或一次建成。

7.1.2 扩建火力发电厂运煤系统的设计应充分利用原有的设施和设备，并与原有系统相协调。

7.2 卸煤设施

7.2.1 当火力发电厂采用两种以上的来煤方式时，每种来煤方式的接卸设施规模应根据其来煤比例确定，宜留有适当的裕度。

7.2.2 铁路卸煤设施设计应符合下列规定：

1 当由铁路来煤时，卸煤装置的出力应根据对应机组的铁路日最大来煤量和来车条件确定。正常情况下，从车辆进厂就位到卸煤完毕的时间不宜超过4h，严寒地区的卸车时间可适当延长。

2 一次进厂的车辆数应与进厂铁路专用线的牵引定数相匹配，大型火力发电厂宜按整列进厂设计。当不能整列进厂时，在获得铁路部门同意的条件下，可解列进厂。

3 铁路卸煤装置应满足接卸60吨级和70吨级车型的要求；当火力发电厂燃煤运输所经路径的铁路存在80吨级车型时，其铁路卸煤装置还应满足接卸80吨级车型的要求。

4 铁路卸煤装置的卸煤能力应按60吨级车型计算；其输出能力应按70吨级车型配置；当火力发电厂燃煤运输所经路径的铁路存在80吨级车型时，对于混编车型的列车，其输出能力应按70吨级车型配置；对于由80吨级车型整编的列车，其输出能力可按80吨级车型配置。

5 采用自卸式底开车运输时，应根据对应机组的铁路日最大来煤量、一次进厂的车辆数、场地条件等确定缝式煤槽卸煤装置的形式及规模。

6 采用普通敞车运输时，宜采用翻车机卸煤装置。当铁路日最大来煤量不大于6000t时，可采用螺旋卸车机与缝式煤槽组合的卸煤装置。

7 缝式煤槽的有效长度宜与一次进厂车辆数分组后的数字相匹配。缝式煤槽卸煤装置的调车作业宜采用自备机车；当不具备自备机车调车条件时，应设置调车机械。

8 翻车机卸煤装置的形式、布置方式和台数应根据本期建设规模、规划机组容量、铁路进厂条件、场地条件等确定。当初期只设1台翻车机时，翻车机及其调车系统的关键部件应设置1套备件。

9 严寒地区的火力发电厂，燃煤在冬季装车时，应避免将未冻结的高表面水分的燃煤装入车厢。厂内不宜设置解冻设施。

7.2.3 水路卸煤设施设计应符合下列规定：

1 当由水路来煤时，火力发电厂专用卸煤码头的设计应符合国家现行标准《海港总平面设计规范》JTJ 211和《河港工程设计规范》GB 50192的有关规定。

2 应根据对应机组年耗煤量、航道条件、船型条件、气象条件、燃料特性、船运部门要求的在港时间等因素，确定码头泊位等级，泊位数量，卸船机械的形式、出力、台数及其辅助设备。

3 全厂装设的卸煤机械台数不宜少于2台。

4 大型码头的卸船机械宜采用桥式抓斗绳索牵引式卸船机。

5 当条件许可时，可采用自卸船工艺系统。

7.2.4 公路卸煤设施设计应符合下列规定：

1 当燃煤部分或全部采用汽车运输时，运煤车型及吨位范围应根据当地社会运力与公路运输条件等确定，宜采用自卸汽车运输。

2 应根据汽车运输年来煤量设置适宜规模的厂内受煤站。

3 当汽车运输年来煤量在60×10^4t以下时，受煤站可采用受煤斗或缝式煤槽卸煤装置。

4 当汽车运输年来煤量在60×10^4t及以上时，受煤站宜采用缝式煤槽卸煤装置。

5 当燃煤以非自卸汽车运输时，受煤站应设置汽车卸车机。

7.3 贮煤设施

7.3.1 贮煤设施设计容量应综合厂外运输方式，运距，供煤矿点的数量、煤种及品质，燃煤供需关系，火力发电厂在电力系统中的作用，机组形式等因素确定。贮煤设施设计容量应符合下列规定：

1 运距不大于50km的火力发电厂，贮煤容量不应小于对应机组5d的耗煤量。

2 运距大于50km、不大于100km的火力发电厂，当采用汽车运输时，贮煤容量不应小于对应机组7d的耗煤量；当采用铁路运输时，贮煤容量不应小于对应机组10d的耗煤量。

3 运距大于100km的火力发电厂，贮煤容量不应小于对应机组 15d 的耗煤量。

4 铁路和水路联运的火力发电厂，贮煤容量不应小于对应机组 20d 的耗煤量。

5 供热机组的贮煤容量应分别在本条第 1 款～第 4 款的基础上，增加 5d 的耗煤量。

6 对于燃烧褐煤的火力发电厂，在无有效措施防止自燃的情况下，贮煤容量不宜大于对应机组 10d 的耗煤量，最大不应超过对应机组 15d 的耗煤量。

7 当存在 2 种以上的来煤方式或供煤矿点较多时，贮煤容量宜按本条第 1 款～第 6 款中较小值取用。

7.3.2 贮煤设施的形式应根据气象条件、厂区地形条件、周边环境的要求、并兼顾造价等因素，可采用封闭式贮煤设施、半封闭式贮煤设施、露天煤场配置挡风抑尘网或露天煤场等形式。

7.3.3 对于多雨地区，应根据煤的物理特性、制粉系统和煤场设备形式等条件，确定是否设置干煤贮存设施，当需设置时，其有效容量不应小于对应机组 3d 的耗煤量。

7.3.4 贮煤设备的配置应符合下列规定：

1 贮煤设备的堆煤能力应满足卸煤装置输出能力的要求，取煤能力应与进入锅炉房的运煤系统出力一致。

2 当采用 1 台堆取料机作为大型煤场设备时，应有出力不小于进入锅炉房的运煤系统出力的备用上煤设施。

3 当火力发电厂采用无缓冲能力的翻车机、卸船机等卸煤装置时，对于悬臂式斗轮堆取料机和门式滚轮堆取料机不宜少于 2 台。

4 采用卸煤、堆煤、取煤和混煤等多种用途的门式（装卸桥）或桥式抓煤机，其总额定出力不应小于对应机组最大连续蒸发量时总耗煤量的 250%，可不设备用；当只装有 1 台抓煤机时，应有备用的上煤设施；当门式（装卸桥）或桥式抓煤机和履带式抓煤机合用时，其总平均出力也不应小于对应机组最大连续蒸发量总耗煤量的 250%。

7.3.5 推煤机、装载机等辅助设备应根据辅助堆取作业、煤堆平整、压实，以及处理自燃煤的作业量等因素配置。

7.4 带式输送机

7.4.1 厂外带式输送机的设计应符合下列规定：

1 当供煤矿点集中、运距较短时，厂外的燃煤运输可采用带式输送机。当运距较远、情况复杂时，应通过技术经济比较确定是否采用带式输送机。

2 厂外带式输送机的建设规模宜根据火力发电厂规划容量的耗煤量和机组分期建设的原则确定。

3 当火力发电厂内设有贮煤设施，且贮煤设施的容量不小于对应机组的 5d 耗煤量时，厂外带式输送机宜单路配置。

4 当火力发电厂内不设贮煤设施时，厂外贮煤设施至火力发电厂的带式输送机应视作进入锅炉房的厂内输送系统的一部分，其出力应与厂内输送系统出力一致，应按一路运行、一路备用设置，并应具备双路同时运行的条件。

7.4.2 厂内运煤系统带式输送机的设计应符合下列规定：

1 由卸煤装置至贮煤设施的卸煤系统带式输送机的出力应与卸煤装置输出能力相匹配，可根据卸煤装置的形式及数量单路或双路设置。

2 由贮煤设施至锅炉房的上煤系统带式输送机的出力不应小于对应机组最大连续蒸发量时燃用设计煤种与校核煤种两个耗煤量较大值的 135%。

3 当进入锅炉房的上煤单元独立设置时，上煤系统带式输送机应双路设置、一路运行、一路备用，并应具备双路同时运行的条件。对于两个上煤单元，条件合适时，可共用一路备用系统。

7.4.3 对于向上运输的带式输送机，其斜升倾角宜小于 16°，不应大于 18°。

7.4.4 带式输送机可采用封闭式、露天式、半封闭式或轻型封闭式，应根据当地的气象条件确定。采用露天式栈桥时，带式输送机应设防护罩。

7.4.5 当运输距离较远、厂区布置复杂时，可采用管状带式输送机或平面转弯的曲线带式输送机。

7.4.6 由于布置条件限制等原因不能采用普通带式输送机时，可采用垂直提升带式输送机。

7.5 筛、碎设备

7.5.1 运煤系统中应设置筛、碎设备。对于来煤粒度能长期保证磨煤机入料粒度要求的火力发电厂，可不设置筛、碎设备。

7.5.2 筛、碎煤设备宜采用单级。经筛、碎后的燃煤粒度应符合磨煤机入料粒度的要求。

7.6 混煤设施

7.6.1 当设计煤种为多种煤种，且有严格的比例要求时，可设置混煤筒仓。当有混煤需求，但无严格的比例要求时，宜利用卸煤、贮煤设施和原煤仓所兼有的混煤功能。

7.6.2 混煤筒仓的配置应符合下列规定：

1 筒仓数量不宜超过 3 座。

2 当混煤筒仓兼作卸煤装置的缓冲设施时，筒仓总容量可按对应机组 1d 的耗煤量设计。

7.7 循环流化床锅炉运煤系统

7.7.1 用于循环流化床锅炉的煤泥处理应符合下列规定：

1 当采用煤泥与其他燃料混合后燃烧的方式时，

煤泥宜经干燥处理后进入火力发电厂。

2 当煤泥采用以浆状形态喷烧的方式时，应符合下列规定：

1）采用汽车运输时，应直接卸至炉前煤泥仓或煤泥池。

2）采用带式输送机运输时，宜采用单独的输送系统送至炉前煤泥仓，单路设置，并宜减少转运环节，厂内、外带式输送机的出力应一致。

7.7.2 循环流化床锅炉干煤贮存设施的设置条件及容量应符合下列规定：

1 火力发电厂所在地区年平均降雨量小于500mm时，可不设干煤贮存设施。

2 火力发电厂所在地区年平均降雨量大于或等于500mm，且小于1000mm时，可按对应机组3d～5d的耗煤量设置干煤贮存设施。

3 火力发电厂所在地区年平均降雨量不小于1000mm时，可按对应机组5d～10d的耗煤量设置干煤贮存设施。

4 对有可能发生入厂煤水分较大的火力发电厂，宜设有适当的晾干场地。

7.7.3 循环流化床锅炉筛、碎设备应符合下列规定：

1 进入筛、碎设备的燃煤，其外在水分应控制在12%以内。

2 经筛、碎后的燃煤粒度应符合循环流化床锅炉入料粒度的要求，并宜满足粒度级配的要求。

3 筛、碎设备的级数应根据来煤粒度和系统出力确定。

4 一、二级破碎设备前均宜设置筛分机。

7.8 循环流化床锅炉石灰石及其制粉系统

7.8.1 对于装有多台循环流化床锅炉的火力发电厂，石灰石制粉系统宜作为公用设施布置在主厂房外。

7.8.2 石灰石卸车设施的设置应符合下列规定：

1 当石灰石采用铁路运输时，其卸车设施可与石灰石堆场合并设置。

2 当石灰石采用汽车运输时，应根据汽车年运输量在厂内设置相应设施，并应符合下列规定：

1）宜采用自卸汽车运输石灰石。

2）当石灰石年汽车运输量在30×10^4t及以下时，应设置受卸站。受卸站可与堆场合并布置，可将堆场内某一个或几个区域作为受卸站，可采用抓斗式起重机、装载机和推煤机等作为清理受卸站货位的设备。

3）当石灰石年汽车运输量在30×10^4t以上时，受卸站可采用多个受料斗串联布置。

7.8.3 厂内石灰石贮存设施可采用石灰石堆场或石灰石贮料筒仓，其容量不应小于对应机组7d的耗石量。石灰石堆场宜全部做成干石棚，送入石灰石制粉系统的石灰石水分应在1%以下。当采用石灰石贮料筒仓时，其入仓粒度不应大于25mm，水分应在1%以下。

7.8.4 石灰石输送系统的设计出力不应小于对应机组在最大连续蒸发量时燃用设计煤种与校核煤种两个条件下石灰石耗量较大值的200%，宜单路设置。

7.8.5 石灰石破碎（磨制）系统设计应符合下列规定：

1 当石灰石来料粒度大于30mm时，应设置两级破碎设备。第一级设备应采用破碎设备，第二级设备可采用破碎或磨制设备。

2 当石灰石来料粒度不大于30mm时，可设置一级破碎或磨制设备。

7.9 运煤辅助设施

7.9.1 在每路运煤系统中，应在系统前端、煤场带式输送机出口处和碎煤机前与后，各装设一级除铁器。

7.9.2 当需要且有条件时，宜在系统前端设置除大块设施。

7.9.3 火力发电厂应装设入厂煤和入炉煤的计量装置，且应具有校验手段。

7.9.4 火力发电厂应装设入厂煤和入炉煤的机械取样装置。

7.9.5 火力发电厂应设有必要的运煤设备起吊设施和检修场地。

7.9.6 运煤系统的建（构）筑物应设置清扫设施。

7.9.7 在地下缝式煤槽、翻车机室、转运站、碎煤机室和煤仓间带式输送机层的设计中，应采取防止煤尘飞扬的措施。

8 锅炉设备及系统

8.1 锅炉设备

8.1.1 锅炉设备应符合现行行业标准《电力工业锅炉压力容器监察规程》DL 612和《电力工业锅炉压力容器检验规程》DL 647的有关规定。

8.1.2 过热蒸汽及再热蒸汽系统压降及温降应符合下列规定：

1 锅炉过热器出口至汽轮机进口的压降，不宜大于汽轮机额定进汽压力的5%。

2 过热器出口额定蒸汽温度，对于亚临界及以下参数机组，宜高于汽轮机额定进汽温度3℃；对于超（超）临界参数机组，宜高于汽轮机额定进汽温度5℃。

3 再热蒸汽系统总压降，对于亚临界及以下参数机组，宜按汽轮机额定功率工况下高压缸排汽压力的10%取值，其中冷再热蒸汽管道、再热器、热再热蒸汽管道的压力降宜分别为汽轮机额定功率工况下高压缸排汽压力的 1.5%～2.0%、5%、3.0%～3.5%；对于超（超）临界参数机组，再热蒸汽系统总压降宜在汽轮机额定功率工况下高压缸排汽压力的7%～9%范围内确定，其中冷再热蒸汽管道、再热器、热再热蒸汽管道的压力降宜分别为汽轮机额定功率工况下高压缸排汽压力的 1.3%～1.7%、3.5%～4.5%、2.2%～2.8%。

4 再热器出口额定蒸汽温度宜高于汽轮机中压缸额定进汽温度 2℃。

8.1.3 锅炉安全阀配置应符合下列规定：

1 除本条第 2 款的规定外，锅炉的汽包、过热器出口、再热器系统以及直流锅炉外置式启动分离器（带有隔离阀的）均应装设足够数量的安全阀，其要求应符合现行行业标准《电站锅炉安全阀应用导则》DL/T 959 的有关规定。

2 采用 100%带安全阀功能的三用阀高压旁路，当高压旁路具有独立的安全保护功能控制回路并符合有关标准的要求时，锅炉过热器系统的安全阀可由高压旁路阀代替。对再热器安全阀可设置跟踪与部分溢流功能。

8.1.4 锅炉制粉系统和烟风系统的设计应满足锅炉整体性能设计的要求，并应符合现行行业标准《火力发电厂制粉系统设计计算技术规定》DL/T 5145 和《火力发电厂燃烧系统设计计算技术规程》DL/T 5240 的有关规定。

8.2 煤粉制备

8.2.1 磨煤机和制粉系统形式应根据煤种的特性、可能的煤种变化范围、负荷性质、磨煤机的适用条件，并结合锅炉燃烧方式、炉膛结构和燃烧器结构形式，按有利于安全运行、提高燃烧效率、降低 NO_x 排放的原则，经过技术经济比较后确定，并应符合下列规定：

1 磨煤机形式的选择应符合下列规定：

1）大容量机组在煤种适宜时，宜选用中速磨煤机。

2）燃用高水分、磨损性不强的褐煤时，宜选用风扇磨煤机；当制粉系统的干燥能力满足要求并经论证合理时，也可采用中速磨煤机。

3）燃用低挥发分贫煤、无烟煤、磨损性很强的煤种时，宜选用钢球磨煤机或双进双出钢球磨煤机。

2 制粉系统形式的选择应符合下列规定：

1）采用中速磨煤机、风扇磨煤机或双进双出钢球磨煤机制粉设备时，宜采用直吹式制粉系统。

2）当燃用非易燃易爆煤种且采用常规钢球磨煤机制粉设备时，宜采用贮仓式制粉系统。

8.2.2 直吹式制粉系统的磨煤机台数和出力应符合下列规定：

1 当采用中速磨煤机、风扇磨煤机时，应设置备用磨煤机，台数应符合下列规定：

1）200MW 级及以上锅炉装设的中速磨煤机不宜少于 4 台，其中应 1 台备用；200MW 级以下锅炉装设的中速磨煤机不宜少于 3 台，其中应 1 台备用。

2）燃用褐煤锅炉采用中速磨煤机时，中速磨煤机台数应结合锅炉结构、燃烧器数量、布置形式和磨煤机出力等因素确定。

3）每台锅炉装设的风扇磨煤机不宜少于 4 台，其中应 1 台备用。当每台锅炉正常运行的风扇磨煤机为 6 台及以上时，可有 1 台运行备用和 1 台检修备用。

2 当采用双进双出钢球磨煤机时，不宜设置备用磨煤机，台数应符合下列规定：

1）每台锅炉装设的磨煤机不宜少于 2 台，且应结合锅炉结构、燃烧器数量和布置形式确定。

2）当采用"W"火焰锅炉时，300MW 级机组每台炉宜配置 4 台或 3 台双进双出钢球磨煤机，600MW 级机组每台炉宜配置 6 台双进双出钢球磨煤机。

3 磨煤机的计算出力应有备用裕量，宜符合下列规定：

1）对风扇磨煤机和中速磨煤机，在磨制设计煤种时，除备用外的磨煤机总计算出力不应小于锅炉最大连续蒸发量时燃煤消耗量的110%，在磨制校核煤种时，全部磨煤机的总计算出力不应小于锅炉最大连续蒸发量时的燃煤消耗量。

2）对双进双出钢球磨煤机，磨煤机总计算出力在磨制设计煤种时不应小于锅炉最大连续蒸发量时燃煤消耗量的 115%；在磨制校核煤种时，不应小于锅炉最大连续蒸发量时的燃煤消耗量。

3）磨煤机的计算出力，对中速磨煤机和风扇磨煤机按磨损中后期出力计算；对双进双出钢球磨煤机宜按制造厂推荐的钢球装载量计算。

8.2.3 钢球磨煤机贮仓式制粉系统的磨煤机台数和计算出力应符合下列规定：

1 每台锅炉装设的磨煤机台数不宜少于 2 台，不应设备用。

2 每台锅炉装设的磨煤机总计算出力（在最佳钢球装载量下）按设计煤种不应小于锅炉最大连续蒸发量时燃煤消耗量的 115%，在磨制校核煤种时，不应小于锅炉最大连续蒸发量时的燃煤消耗量。

3 当1台磨煤机停止运行时，其余磨煤机按设计煤种的计算出力应能满足锅炉不投油情况下安全稳定运行的要求。必要时可经输粉机由邻炉输粉。

8.2.4 给煤机的形式、台数和出力应符合下列规定：

1 应根据制粉系统的布置、锅炉负荷需要、给煤量调节性能、运行可靠性并结合计量要求选择给煤机。给煤机应具有良好的密闭性能，正压直吹式制粉系统的给煤机应具有相应的承压能力。给煤机的形式宜符合下列规定：

1）对采用风扇磨煤机的直吹式制粉系统，宜选用可计量的刮板式给煤机。

2）对采用中速磨煤机和双进双出钢球磨煤机的直吹式制粉系统，宜选用耐压称重式皮带给煤机。

3）对采用钢球磨煤机的贮仓式制粉系统，宜选用刮板式给煤机或皮带式给煤机。

2 给煤机的台数应与磨煤机台数相匹配。配置双进双出钢球磨煤机的机组，1台磨煤机应配2台给煤机。

3 给煤机的计算出力应符合下列规定：

1）给煤机的计算出力不宜小于磨煤机在设计煤种和设计煤粉细度下最大出力的110%。

2）对配双进双出钢球磨煤机的给煤机，其单台给煤机计算出力不应小于磨煤机单侧运行时的最大给煤量要求。

8.2.5 给粉机的台数和计算出力应符合下列规定：

1 给粉机的台数应与锅炉燃烧器一次风接口数相同，1台给粉机应连接1根一次风管。

2 每台给粉机的计算出力不应小于与其连接的燃烧器最大设计出力的130%。

8.2.6 贮仓式制粉系统可设置输粉设施，其设置原则和容量应符合下列规定：

1 每台锅炉采用2台磨煤机时，相邻2台锅炉间的煤粉仓可采用输粉机连通。

2 每台锅炉采用4台磨煤机及2个煤粉仓时，可采用输粉机连通同1台炉相邻的2个煤粉仓或2炉间相邻的2个煤粉仓。

3 输粉机的容量不应小于相连磨煤机中最大1台磨煤机的计算出力。

4 当输粉机长度超过40m时，宜采用双端驱动。

5 输粉机应有良好的密封性。

6 当采取合适布置方式，使细粉分离器落粉管能向同1台炉相邻的2个煤粉仓或2炉间相邻的2个煤粉仓直接供粉时，可不设输粉设备。

7 对高挥发分和自燃倾向性高的烟煤和褐煤，不宜设置输粉设备。

8.2.7 制粉系统的防爆和灭火设施应符合国家现行标准《火力发电厂与变电站设计防火规范》GB 50229和《火力发电厂煤和制粉系统防爆设计技术规程》DL/T 5203的有关规定。

8.2.8 一次风机的形式、台数、风量和压头应符合下列规定：

1 对正压直吹式制粉系统或热风送粉贮仓式制粉系统，当采用三分仓空气预热器时，冷一次风机可采用动叶可调轴流式风机或调速离心式风机，对轴流式一次风机应采取预防喘振失速的保护措施。

2 一次风机的台数宜为2台，不应设备用。

3 采用三分仓空气预热器正压直吹式制粉系统的冷一次风机应按下列要求选择：

1）风机的基本风量应按设计煤种计算，应包括锅炉在最大连续蒸发量时所需的一次风量、制造厂保证的空气预热器运行一年后一次风侧的漏风量加上需由一次风机所提供的制粉系统密封风量损失（按全部磨煤机计算）；风机的基本压头应按设计煤种及锅炉最大连续蒸发量工况时与磨煤机投运台数相匹配的运行参数计算，应包括制造厂保证的磨煤机及分离器阻力、锅炉本体一次空气侧阻力（含自生通风）、系统阻力及燃烧器处炉膛静压（为负值）。

2）一次风机的风量裕量宜为20%～30%，宜另加温度裕量，可按夏季通风室外计算温度确定；风机的压头裕量宜为20%～30%。

4 采用三分仓空气预热器贮仓式制粉系统的冷一次风机应按下列要求选择：

1）风机的基本风量应按设计煤种计算，应包括锅炉在最大连续蒸发量时所需的一次风量和制造厂保证的空气预热器运行一年后一次风侧的漏风量。

2）风机的风量裕量宜为20%，宜另加风机的温度裕量；风机的压头裕量宜为25%。

8.2.9 排粉机的台数、风量和压头应符合下列规定：

1 排粉机的台数应与磨煤机台数相同。

2 排粉机的基本风量应按设计煤种的制粉系统热力计算确定。

3 排粉机的风量裕量不宜低于5%，压头裕量不宜低于10%；风机的最大设计点应能满足磨煤机在最大钢球装载量时通风量的需要。

8.2.10 中速磨煤机和双进双出钢球磨煤机正压直吹式制粉系统设置密封风机的台数、风量和压头，应符合下列规定：

1 每台锅炉设置的密封风机不应少于2台，其中应设1台备用；当每台磨煤机均设密封风机时，密封风机可不设备用。

2 密封风机的参数应根据磨煤机厂的配备要求

选择，密封风机的基本风量应按全部磨煤机及制粉系统需要的密封风量计算，风量裕量不宜低于10%，宜另加温度裕量，可按夏季通风室外计算温度确定；当与一次风机串联运行时，应加上一次风机的温升；压头裕量不宜低于20%。

8.2.11 当设置节油点火装置的锅炉采用冷炉点火启动方式时，冷炉制粉需要的热风可由下列方式供给：

1 对于直吹式制粉系统可在点火装置对应的磨煤机进口热风道的旁路风道上安装加热装置。

2 经技术论证合理时，也可由邻炉提供冷炉制粉热风。

8.3 烟 风 系 统

8.3.1 送风机的形式、台数、风量和压头应符合下列规定：

1 送风机宜选用动叶可调轴流式风机，也可选用调速离心式风机。

2 每台锅炉宜设置2台送风机，不应设备用。

3 送风机的风量和压头应符合下列规定：

1）送风机的基本风量应按锅炉燃用设计煤种及相应的过量空气系数计算，应包括锅炉在最大连续蒸发量时需要的二次空气量及制造厂保证的空气预热器运行一年后送风侧的净漏风量。送风机的基本压头应按设计煤种及锅炉最大连续蒸发量工况计算，应包括制造厂保证的锅炉本体空气侧阻力（含自生通风）、系统阻力及燃烧器处炉膛静压（为负值）。

2）对于三分仓空气预热器系统，送风机的风量裕量不宜低于5%，宜另加温度裕量，可按夏季通风室外计算温度确定；送风机的压头裕量不宜低于15%。对于引进国外技术的机组可根据工程具体情况，选用相应计算标准确定送风机的风量裕量和压头裕量。

3）当采用两分仓或管箱式空气预热器时，送风机的风量裕量宜为10%，宜另加温度裕量，可按夏季通风室外计算温度确定；压头裕量宜为20%。

4）当采用热风再循环系统时，送风机风量裕量不应小于冬季运行工况下的热风再循环量。

4 对燃烧低热值煤或低挥发分煤的锅炉，当每台锅炉装有2台送风机时，应验算风机裕量选择，在单台送风机运行工况下应能满足锅炉最低不投油稳燃负荷时的需要。

8.3.2 引风机的形式、台数、风量和压头应符合下列规定：

1 300MW级及以上机组的引风机宜选用轴流式风机，300MW级以下机组可选用调速离心式风机，但此时应进行预防锅炉内爆工况的安全性评估。

2 若引风机在环境温度下的试验阻塞点风压高于锅炉炉膛设计瞬态承受压力时，不应选用离心式引风机。

3 每台锅炉宜设置2台引风机，不应设备用。

4 引风机的风量和压头应符合下列规定：

1）引风机的基本风量应按燃用设计煤种锅炉在最大连续蒸发量时的烟气量、制造厂保证的空气预热器运行一年后烟气侧漏风量及锅炉烟气系统漏风量之和确定。引风机的基本压头应按设计煤种锅炉最大连续蒸发量工况计算，应包括制造厂保证的锅炉本体烟气侧阻力（含自生通风及炉膛起始点负压）、烟气脱硝装置、烟气脱硫装置（当与增压风机合并时）、除尘器及系统阻力。

2）引风机的风量裕量不宜低于10%，宜另加10℃～15℃的温度裕量；引风机的压头裕量不宜低于20%。对于引进国外技术的机组，可根据工程具体情况选用相应计算标准确定引风机的风量裕量和压头裕量。

5 对燃烧低热值煤或低挥发分煤的锅炉，当每台锅炉装有2台引风机时，在单台引风机运行工况下，应能满足锅炉最低不投油稳燃负荷时的需要。

8.3.3 空气加热系统应符合下列规定：

1 应根据工程气象及煤质条件设置空气加热系统，通过技术经济比较可选用热风再循环、暖风器或其他空气加热系统。

2 当煤种条件较好、环境温度较高或空气预热器冷端采用耐腐蚀材料，确能保证空气预热器不被腐蚀、不堵灰时，可不设置空气加热系统。

3 对于回转式三分仓空气预热器，当预热器先加热一次风时，在一次风侧可不装设空气加热系统。

4 热风再循环系统宜用于管式空气预热器或较低硫分和灰分的煤种及环境温度较高的地区。回转式空气预热器采用热风再循环系统时，应满足风机和风道的防磨要求，热风再循环风率不宜大于8%；热风抽出口应布置在烟尘含量低的部位。

5 暖风器系统应符合下列规定：

1）应合理确定暖风器的安装位置，对于严寒地区，暖风器宜设置在风机入口。

2）暖风器在结构和布置上应满足降低阻力的要求。对年使用小时数不高的暖风器可采用移动式结构。

3）选择暖风器所用的环境温度，对采暖区宜取用冬季采暖室外计算温度，对非采暖区宜取用冬季最冷月平均温度，并适当留有加热面积裕量。

8.3.4 锅炉火检冷却风机的形式、台数、风量和压头应符合下列规定：

1 锅炉的火检冷却风机宜选用2台离心风机，其中应1台运行、1台备用。

2 风机的风量裕量与压头裕量应满足锅炉火检装置冷却要求。

8.4 烟气除尘及排放系统

8.4.1 除尘设备的形式选择应符合下列规定：

1 除尘设备的形式选择应根据环境影响评价报告对烟气排放粉尘量及粉尘浓度的要求、炉型、煤灰特性、工艺、场地条件及灰渣综合利用的要求等因素确定。

2 在煤种适宜时，宜选用静电除尘器。

3 当燃用煤种飞灰特性不利于静电除尘器收尘或不能满足环保要求时，可选用布袋除尘器或烟气调质系统加静电除尘器或其他形式的除尘设备。

4 有条件时，应采用低温静电除尘器系统。

8.4.2 静电除尘器的台数及除尘效率保证条件应符合下列规定：

1 200MW级及以上机组，每台锅炉设置的静电除尘器台数不宜少于2台，200MW级以下机组可只设1台。

2 所选用的静电除尘器在下列任一条件下，应能达到保证的除尘效率：

1）除尘器的烟气流量应为燃用设计煤种在锅炉最大连续蒸发量工况下的空气预热器出口烟气量，另加10%的裕量；烟气温度应为燃用设计煤种在锅炉最大连续蒸发量工况下的空气预热器出口烟气温度加10℃～15℃；并停用其中一个供电区时。

2）除尘器的烟气流量应为燃用校核煤种在锅炉最大连续蒸发量工况下的空气预热器出口烟气量，烟气温度为燃用校核煤种在锅炉最大连续蒸发量工况下的空气预热器出口烟气温度。

8.4.3 布袋除尘器的台数及除尘效率保证条件应符合下列规定：

1 每台锅炉设置的布袋除尘器台数不宜少于2台。

2 所选用的布袋除尘器在下列任一条件下，应能达到保证的除尘效率：

1）除尘器的烟气流量应为燃用设计煤种在锅炉最大连续蒸发量工况下的空气预热器出口烟气量，另加10%的裕量；烟气温度应为燃用设计煤种在锅炉最大连续蒸发量工况下空气预热器出口烟气温度加10℃～15℃，并停运一个通道或一个进气室的布袋除尘器。

2）除尘器的烟气流量应为燃用校核煤种时锅炉最大连续蒸发量工况下的空气预热器出口烟气量，烟气温度应为燃用校核煤种在锅炉最大连续蒸发量工况下的空气预热器出口烟气温度。

8.4.4 锅炉烟气可通过烟囱或排烟冷却塔排放。当采用排烟冷却塔时，设计要求应符合本规范第17.6.7条的规定；当采用烟囱排放时，烟囱的形式及台数应符合下列规定：

1 烟囱形式、高度和烟气出口流速应根据环境影响评价结果和烟囱防腐要求、同时建设的锅炉台数、烟囱布置和结构上的经济合理性等综合因素确定。

2 接入同一座烟囱的锅炉台数宜按下列范围选用：

1）600MW级及以下机组宜为2台～4台。

2）600MW级以上机组宜为2台。

8.4.5 烟气的腐蚀性等级划分应符合下列规定：

1 循环流化床锅炉和干法烟气脱硫处理后的烟气应按弱腐蚀性等级处理。

2 半干法烟气脱硫处理后的烟气应按中等腐蚀性等级处理。

3 湿法烟气脱硫处理后的湿烟气应按强腐蚀性等级处理。

8.5 直流锅炉启动系统

8.5.1 直流锅炉启动系统的形式选择和设备配置应符合下列规定：

1 直流锅炉启动系统宜选用内置式分离器启动系统。对于启动次数较少的机组，宜采用大气扩容器式锅炉启动系统，也可选用带循环泵的锅炉启动系统；对于机组启停次数较为频繁的机组，宜选用带循环泵的锅炉启动系统。

2 对于空冷机组，宜选择带循环泵的锅炉启动系统。

3 直流锅炉启动系统的容量应与锅炉最低直流负荷相匹配。

4 内置式分离器的数量不宜少于2台。

8.5.2 直流锅炉启动凝结水的回收及排放系统设计应符合下列规定：

1 当分离器采用将部分高压启动疏水回收至除氧器水箱时，应采取必要的保证除氧器及给水箱安全运行的措施。

2 大气扩容器装置下游贮水箱的容量应能满足接收锅炉启动时的清洗水、启动过程中膨胀阶段的溢流水和锅炉本体的疏水及停炉放水的要求。每台锅炉启动排水系统应设置2台排水泵，对大气扩容器式锅炉启动系统宜按2×100%容量配置，对带循环泵的锅炉启动系统宜按2×50%或2×75%容量配置。每台泵的容量应与锅炉厂提供的启动系统排水量相匹配，可不另加裕量，但其总容量应满足汽水膨胀阶段锅炉最大溢水量时，扩容器下游贮水箱不致满水的要求。

3 锅炉配置大气启动扩容器时，可不再设置单独的疏水扩容器。

8.6 点火及助燃燃料系统

8.6.1 点火及助燃燃料应根据燃用煤种、点火方式、油（气）源、油（气）价及运输等条件，通过技术经济比较确定，并应符合下列规定：

1 宜选用轻油作为点火和低负荷助燃的燃料。

2 当重油的供应和油品质量有保证时，也可采用重油作为点火和低负荷助燃的燃料。

3 工程条件合适时，也可采用可燃气体作为点火和低负荷助燃的燃料。

8.6.2 锅炉点火及助燃系统的形式应根据燃用煤种、锅炉形式、制粉系统形式、点火及助燃燃料等条件确定；燃用煤种适宜时，宜采用等离子点火、微油点火和气化小油枪等节油点火系统。节油点火系统设计宜纳入锅炉的总体设计。

8.6.3 全厂点火及助燃燃料系统的设计出力应符合下列规定：

1 燃油（气）系统燃油（气）量不宜小于一台最大容量锅炉最大的点火油（气）量与另一台最大容量锅炉启动助燃油（气）量之和；当锅炉燃用低负荷需油（气）助燃的煤种时，燃油（气）系统的燃油（气）量不宜小于一台锅炉启动助燃、一台锅炉低负荷助燃所需的油（气）量之和。

2 系统回油量应根据燃油喷嘴设计特点、燃烧安全保护要求和燃油参数确定，且不小于系统设计出力的10%。

3 系统设计出力为燃油（气）量与最小回油量之和，其裕量不宜小于10%。

4 当锅炉采用节油点火装置后，系统设计出力可在本条第1款～第3款相关要求的基础上相应减小，并宜与锅炉厂协商减少其所配点火油枪的出力。

8.6.4 油罐的个数和容量宜根据单台锅炉容量、煤种、点火方式、油种、燃油耗量以及来油方式和周期等综合因素确定，并应符合下列规定：

1 轻油宜设2个油罐，重油宜设3个油罐。

2 对新建电厂，采用节油点火系统时，油罐容量宜符合下列规定：

1） 200MW级及以下机组为2×200m³。

2） 300MW级机组为2×（200m³～300m³）。

3） 600MW级机组为2×（300m³～500m³）。

4） 1000MW级机组为2×（500m³～800m³）。

3 对新建电厂，采用常规点火方式时，油罐容量宜符合下列规定：

1） 125MW级机组为2×500m³ 或3×200m³。

2） 200MW级机组为2×1000m³ 或3×500m³。

3） 300MW级机组为2×（1000m³～1500m³）或3×1000m³。

4） 600MW级机组为2×（1500m³～2000m³）或3×（1000m³～1500m³）。

5） 1000MW级机组为2×2000m³ 或3×1500m³。

4 对于循环流化床锅炉机组，油罐容量宜符合下列规定：

1） 300MW级机组为2×800m³。

2） 200MW及以下机组为2×500m³。

5 对扩建电厂，应充分利用电厂已有燃油设施，并应根据工程具体条件确定油罐扩建的台数及容量。

6 当锅炉燃用低负荷需油助燃的煤种时，单个油罐的容量不宜小于全厂月平均耗油量。

7 油罐区距主厂房较远或锅炉较多时，可在主厂房附近设日用油罐。日用油罐每炉可设置1台，其容量宜符合下列规定：

1） 200MW级及以下机组为100m³。

2） 300MW级机组为200m³。

3） 600MW级机组为300m³。

4） 1000MW级机组为500m³。

5） 当数台锅炉共设1个日用油罐时，其容量不宜小于所连锅炉油系统3h的总耗油量。

8.6.5 点火和启动助燃用油可采用铁路、公路、水路运输或管道输送，并应符合下列规定：

1 当由铁路来油时，卸油站台的长度宜能容纳4节～10节油槽车同时卸车，油槽车进厂到卸油完毕的时间可按6h～12h确定。

2 当采用汽车运输来油，应设汽车卸油平台，场地应满足倒车要求。

3 当水路来油时，卸油码头宜与灰渣码头、大件码头或煤码头合建。

4 油源较近且具备条件，可采用管道输送。

8.6.6 卸油方式应根据油质特性、输送方式和油罐情况等经技术经济比较后确定。卸油泵形式、台数、流量和扬程应符合下列规定：

1 卸油泵形式应根据油质黏度、卸油方式及消防规范要求确定。

2 卸油泵台数不宜少于2台，当最大1台泵停用时，其余泵的总流量应满足在规定的卸油时间内卸完车、船的装载量。

3 卸油泵的压头及其电动机的容量应按输送燃油最大黏度工况计算，压头裕量不宜小于30%。

8.6.7 输、供油泵的形式、台数、流量和扬程应符合下列规定：

1 输、供油泵形式应根据油质和供油参数要求确定，宜选用离心泵或螺杆泵。

2 输、供油泵的台数宜为3台，单台泵容量宜为50%或35%。

3 输、供油泵的流量裕量不宜小于10%，压头裕量不宜小于5%，压头计算中的燃油管道系统总阻力（不含油枪雾化油压及高差）裕量不宜小于30%。

8.6.8 每台锅炉的供油和回油管道上应装设快速切断阀和油量计量装置。

8.6.9 对黏度大、凝固点高于冬季最低日平均环境温度的燃油，其卸油、贮油及供油系统应有加热、伴热和吹扫设施。蒸汽吹扫系统应有防止燃油倒灌的措施。当油温高于规定要求时，在油罐或回油管路上应采取降温措施。

8.6.10 燃油泵房、燃油加热器布置应符合下列规定：

1 燃油泵房宜靠近油库区，日用油罐的燃油泵房宜靠近锅炉房。

2 燃油泵房内，应设置适当的通风、起吊设施和必要的检修场地及值班室，如自动控制及消防设施可满足无人值班要求时，可不设置值班室。

3 燃油泵房内的电气设备应采用防爆型。

4 罐外置燃油加热器宜采用露天布置。如条件合适，可布置在锅炉房附近。

8.6.11 燃油系统中应设污油、污水收集及有关的含油污水处理设施。

8.6.12 燃油系统的防爆、防火、防静电和防雷击的设计应符合现行国家标准《石油库设计规范》GB 50074、《爆炸和火灾危险环境电力装置设计规范》GB 50058和《火力发电厂与变电站设计防火规范》GB 50229的有关规定。

8.7 锅炉辅助系统

8.7.1 汽包锅炉的连续排污和定期排污系统应符合下列规定：

1 汽包锅炉宜采用一级连续排污扩容系统，连续排污系统应有切换至定期排污扩容器的旁路。

2 每台锅炉宜设1套排污扩容系统。

3 定期排污扩容器的容量应满足锅炉事故放水的需要；当锅炉事故放水量计算值过大时，宜与锅炉厂共同商定采取合适的限流措施。

4 对于亚临界参数汽包锅炉，当条件合适时可不设连续排污系统。

5 定期排污扩容器宜装设排汽管汽水分离装置。

8.7.2 锅炉向空排汽应符合下列规定：

1 锅炉向空排汽的噪声防治应满足环保要求。

2 向空排放的锅炉点火排汽管及压力控制阀排汽管应装设消声器。

3 起跳压力最低的汽包安全阀和过热器安全阀，以及中压缸启动机组的再热器安全阀排汽管应装设消声器。其他安全阀排汽管宜装设消声器。

8.8 启动锅炉

8.8.1 需设置启动锅炉的火力发电厂，其启动锅炉的台数、容量和燃料应根据机组容量、启动方式，结合地区具体情况综合确定，并应符合下列规定：

1 启动锅炉容量应只满足电厂第一台机组启动时热力系统必需的蒸汽量，不应包括主汽轮机冲转调试用汽量，不应另加余量；对于采暖地区应满足必需的采暖用汽量。启动锅炉台数和容量宜符合下列要求，采暖地区宜选用上限：

1）300MW级以下机组为1×10t/h～2×20t/h。

2）300MW级机组为1×20t/h～2×20t/h。

3）600MW级机组为1×35t/h～2×35t/h。

4）1000MW级机组为1×50t/h～2×35t/h或2×50t/h。

2 启动锅炉宜按燃油整装锅炉设计。严寒地区的启动锅炉可与施工用汽锅炉合并设置，宜采用燃煤锅炉，炉型可选用整装锅炉或常规炉型。

8.8.2 启动锅炉的蒸汽参数宜采用低压锅炉。系统宜简单、可靠，其配套辅机不宜设备用。必要时启动锅炉系统设计可留有便于今后拆卸搬迁的条件。

8.8.3 对燃煤启动锅炉房的设计宜简化，但应满足安全生产、环境保护和劳动保护的要求。

8.8.4 启动锅炉房的排烟宜直接排入就近的发电机组锅炉烟囱，当启动锅炉必须设置单独烟囱时，烟囱高度应符合国家现行有关环境保护标准的要求。

8.8.5 对于扩建电厂，应采用原有机组的辅助蒸汽作为启动汽源，不宜装设启动锅炉。

8.9 循环流化床锅炉系统

8.9.1 点火及助燃油系统应符合下列规定：

1 宜选用轻油点火和助燃，也可采用可燃气体点火和助燃。

2 锅炉点火和助燃的方式及系统出力宜根据锅炉燃料品种和燃烧器类型及锅炉厂要求选择。

8.9.2 给煤系统应符合下列规定：

1 带外置床且采用裤衩腿双布风板形式的循环流化床锅炉机组，宜配置4条50%锅炉最大连续蒸发量所需设计煤种耗煤量的给煤线路。

2 对于其他形式的循环流化床锅炉，当给煤线路为4条及以下时，其炉前给煤系统的设计出力宜为当1条给煤线路设备故障时，其余给煤线路设备应满足锅炉最大连续蒸发量所需设计煤种耗煤量的要求；当给煤线路为4条以上时，其炉前给煤系统的设计出力宜为当2条给煤线路设备故障时，其余给煤线路设备应满足锅炉最大连续蒸发量所需设计煤种耗煤量的要求。

8.9.3 石灰石粉储存及输送系统应符合下列规定：

1　石灰石粉输送宜采用一级输送系统。

2　一级输送系统的石灰石粉库容积宜为锅炉最大连续蒸发量时20h～24h的消耗量，二级输送石灰石粉仓容积宜为锅炉最大连续蒸发量时2h～4h的消耗量。

3　至锅炉炉膛的石灰石粉宜采用气力输送，各条输送管路宜对称布置。

4　当石灰石粉采用二级风机输送系统时，宜配置2台100%容量定容式输送风机。

5　石灰石粉库和粉仓应有防腐、除尘措施，出料口斜壁与水平面夹角不宜小于60°，并应根据当地气象条件和系统布置确定是否设置气化风系统和防冻措施。

8.9.4　烟风系统应符合下列规定：

1　一次风机的形式、台数、风量及压头应符合下列规定：

1）一次风机宜采用调速离心式风机。

2）每炉宜配置2台50%容量的一次风机。

3）一次风机的基本风量应按锅炉燃用设计燃料计算，应包括锅炉在最大连续蒸发量时所需的风量及制造厂保证的空预器运行一年后一次风侧的净漏风量；一次风机的基本压头应为燃用设计燃料且在锅炉最大连续蒸发量时从风机进口至一次风喷嘴出口的阻力与锅炉炉膛阻力之和。

4）一次风机风量裕量不宜低于20%，宜另加温度裕量，可按夏季通风室外计算温度确定；风机选型压头应为基本压头加上压头裕量。压头裕量宜分段选取：炉膛阻力裕量应由锅炉厂提供；从空气预热器进口至一次风喷嘴出口的阻力裕量宜取44%，对于裤衩腿双布风板形式锅炉的系统，空预器后一次风箱前调节风门的阻力不宜另加裕量；从风机进口至空气预热器进口间的阻力裕量宜取风机选型风量与基本风量比值的平方值。

2　二次风机的形式、台数、风量及压头应符合下列规定：

1）二次风机宜采用调速离心式风机。

2）每炉宜配置2台50%容量的二次风机。

3）二次风机的基本风量应按锅炉燃用设计燃料时计算，应包括锅炉在最大连续蒸发量时所需的风量及制造厂保证的空预器运行一年后二次风侧的净漏风量；二次风机的基本压头应为燃用设计燃料且在锅炉最大连续蒸发量时从风机进口至二次风喷嘴出口的阻力与锅炉炉膛阻力之和。

4）二次风机风量裕量不宜低于20%，宜另加温度裕量，可按夏季通风室外计算温度确定；风机选型压头应为基本压头加上压头裕量。压头裕量宜分段选取：炉膛阻力裕量应由锅炉厂提供，从空预器进口至二次风喷嘴出口的阻力裕量宜取44%，从风机进口至空预器进口间的阻力裕量宜取风机选型风量与基本风量比值的平方值。

3　高压流化风机的形式、台数、风量及压头应符合下列规定：

1）高压流化风机可选用离心式或罗茨风机。

2）高压流化风机的数量宜根据技术经济比较后确定，并配置1台同容量的备用风机。

3）高压流化风机的基本风量应按锅炉燃用设计燃料、最大连续蒸发量时所需的流化风量计算。风量裕量不宜低于20%，压头裕量不宜低于20%。

8.9.5　床料系统应符合下列规定：

1　当燃用灰分较低或磨损性很强的燃料时，宜选用固定机械式加床料系统。

2　当燃用锅炉运行中床料可以自平衡的燃料，可设置1套非连续运行的床料临时输送系统。

3　根据床料特性和锅炉加料要求等因素，可选择其他形式的床料输送系统。

8.9.6　锅炉冷渣器应符合下列规定：

1　当燃用燃料的折算灰分较大或燃料成灰特性较差且布置允许时，宜选用滚筒式冷渣器，在条件适宜时也可采用风水联合冷渣器。

2　锅炉冷渣器设备总出力不宜小于锅炉最大连续蒸发量时燃用设计燃料排渣量的150%，且不宜小于燃用校核燃料排渣量的120%。

3　冷渣器正常工况排渣温度应小于150℃。当1台冷渣器短时检修或故障时，其余冷渣器排渣温度应小于200℃。

9　除灰渣系统

9.1　基本规定

9.1.1　除灰渣系统的设计应按干湿分排、灰渣分排和粗细分排的原则拟定。

9.1.2　除灰渣系统的选择应根据锅炉和除尘器形式，排渣装置的形式，灰渣量，灰渣的化学、物理特性，灰场贮灰方式，灰渣综合利用条件，电厂与贮灰场的距离、高差，以及总平面布置、交通运输、地质、地形、可用水源和气象条件等，通过技术经济比较后确定。

9.1.3　除灰渣系统应按锅炉最大连续蒸发量、燃用设计煤种时系统排出的灰渣量设计。厂内各分系统的容量可根据具体情况分别留一定裕度，厂外输送系统的容量宜根据综合利用的落实情况确定。

9.2 除渣系统

9.2.1 煤粉锅炉除渣系统可采用水冷式除渣系统或风冷式除渣系统。水冷式除渣系统的冷却水应采用闭式循环系统。

9.2.2 当采用水浸式刮板捞渣机方案时，宜采用单级刮板捞渣机输送至渣仓方案。刮板捞渣机设备最大出力不宜小于锅炉最大连续蒸发量时燃用设计煤种排渣量的400%。

9.2.3 当采用风冷式排渣机方案时，设备的最大出力不宜小于锅炉最大连续蒸发量时燃用设计煤种排渣量的250%，且不宜小于燃用校核煤种锅炉吹灰时排渣量的110%。风冷式除渣系统正常工况下的排渣温度不宜大于150℃，最大出力时的排渣温度不宜大于200℃。

9.2.4 风冷式排渣机后续输渣设备宜采用机械输渣系统，也可根据工程的具体情况采用气力输渣系统。后续输渣系统的出力宜与风冷式排渣机出力相匹配。

9.2.5 每台炉渣仓的有效容积宜为储存锅炉最大连续蒸发量时燃用设计煤种14h～24h的排渣量。当渣仓仅作为中转或缓冲渣仓时，宜满足储存锅炉最大连续蒸发量时燃用设计煤种8h的排渣量。

9.2.6 当底渣在厂内采用水力除渣，且需用车（船）或其他输送机械外运时，可采用脱水仓方案。每套脱水设备宜设2台脱水仓，运行时，应1台接收渣浆，另1台脱水、卸渣。脱水仓的容积应按锅炉排渣量、外部运输条件等因素确定，每台脱水仓的有效容积不宜小于储存锅炉最大连续蒸发量时燃用设计煤种24h的系统排渣量。

9.2.7 当锅炉采用液态排渣时，可采用水浸式刮板捞渣机或沉渣池方案。沉渣池的几何尺寸应根据渣浆量、渣的颗粒分析、沉降速度以及外部输送条件等因素确定。沉渣池宜采用两格，每格有效容积不宜小于锅炉最大连续蒸发量时燃用设计煤种24h的系统排渣量。

9.2.8 循环流化床锅炉底渣输送系统宜采用机械输送系统；当底渣量较小或采用机械输送系统布置有难度时，经技术经济比较后也可采用气力输送系统，不宜采用水力输送系统。同级底渣输送系统的设备不宜少于2台，系统总出力不宜小于锅炉最大连续蒸发量时燃用设计煤种排渣量的250%，且不宜小于燃用校核煤种排渣量的200%。

9.2.9 石子煤输送系统应根据石子煤量、输送距离、布置和机组台数等条件选用简易机械输送系统或机械输送系统或水力输送系统。

9.3 除灰系统

9.3.1 厂内除灰系统宜采用正压气力输送系统，当条件适宜时，也可采用负压气力输送系统或机械输送系统。

9.3.2 气力输送系统的设计出力不宜小于锅炉最大连续蒸发量时燃用设计煤种排灰量的150%，且不宜小于燃用校核煤种排灰量的120%。

9.3.3 灰库的设置和有效容量应符合下列规定：

1 当作为中转或缓冲灰库时，宜满足储存锅炉最大连续蒸发量时燃用设计煤种8h的系统排灰量。

2 当作为贮运灰库时，不宜小于储存锅炉最大连续蒸发量时燃用设计煤种24h的系统排灰量。

3 灰库的数量应根据机组台数、排灰量和粗细灰分储要求设置。

9.3.4 灰库卸灰设施的配置应符合下列规定：

1 当装卸干灰时，应设防止干灰飞扬的装车（船）设施。

2 当外运灰需调湿时，应设干灰调湿装置。

3 当厂外采用水力输送时，应设干灰制浆装置。

9.3.5 半干法烟气脱硫灰的排除可采用机械输送系统或气力输送系统，其灰库宜单独设置，有效储存容积不宜大于锅炉最大连续蒸发量时燃用设计煤种24h的系统排灰量。

9.3.6 气力输送系统应设置专用气源设备，当1台～2台气源设备经常运行时，宜设1台备用。当3台及以上气源设备经常运行时，可设2台备用。

9.3.7 气力输灰管道的直管段宜采用碳钢管，弯头等管道附件应采用耐磨材料。对于输送介质流速较高、磨损严重的管段，通过技术经济比较也可采用耐磨管道。

9.3.8 当采用机械除灰系统时，系统出力不宜小于锅炉最大连续蒸发量时燃用设计煤种排灰量的200%，且不宜小于锅炉最大连续蒸发量时燃用校核煤种排灰量的150%。

9.3.9 当采用水力除灰系统时，宜采用（中）高浓度水力输送系统，并应合理确定制浆方式和灰水浓度。

9.3.10 干灰分选系统应符合下列规定：

1 当电厂所在区域有较好的粉煤灰综合利用市场需求，且电厂灰渣成分符合综合利用要求时，在设计中可同步设置干灰分选系统。

2 干灰分选系统出力宜与实际综合利用量相匹配。

3 灰库的设置和储存容量宜与分选系统的要求相适应。

9.4 厂外输送系统

9.4.1 当采用干式贮灰场时，灰渣的厂外输送系统宜采用汽车运输方式，当条件适宜时，也可采用带式输送机运输方式或船舶等运输方式，并应符合下列规定：

1 当采用汽车运输方式时，运输车辆的选型宜根据灰渣运输条件、运输量、环保和装车要求选用车厢容积较大的封闭式自卸汽车。选用的汽车载重量应与运输经过的厂内、外道路和桥涵的设计承载能力相匹配。

2 当采用带式输送机运输方式时，带式输送机宜按单路设计，输送出力宜按锅炉最大连续蒸发量时燃用设计煤种灰渣量的300%选取，昼夜运行时间不宜大于8h。除严寒地区外，带式输送机不宜采用封闭栈桥，但应设置必要的防护罩或采用管状带式输送机。

3 当采用船舶运输方式时，应根据灰渣运输量和船型设置灰码头及装船设施。

9.4.2 当采用湿式贮灰场时，灰渣输送系统宜采用水力管道输送，并应符合下列规定：

1 当1台（组）灰渣泵运行时，宜设1台（组）备用；当2台（组）～3台（组）灰渣泵运行时，宜设2台（组）备用。

2 当运行的厂外灰渣管道为1条～3条时，宜设1条备用管道。

3 厂外灰渣管道宜沿路边敷设，并应充分利用原有道路供检修使用。当需要修建局部或全部检修用道路时，应按简易道路修筑，并应注意节约用地和不影响农田耕作；当灰渣管道磨损或结垢不严重时，也可采取直埋方式。

4 厂内灰渣管道宜敷设在地沟内，有条件时，也可沿地面或架空敷设。

5 灰渣管道坡度不宜小于0.1%，并应有便于排空的措施。

6 灰渣管道的直管段宜采用碳钢管，弯头应采用耐磨弯头。当输送介质流速较高、磨损或结垢严重的管段，通过技术经济比较也可采用耐磨或防结垢管道。

7 湿灰场澄清水宜设置灰水回收系统。对于用海水输灰的滩涂灰场，灰水的回收应根据环境保护要求和工程情况确定。灰场回收水应重复用于冲灰系统。

9.4.3 厂外运灰渣汽车的配置宜结合综合利用条件和利用社会运力解决。当灰渣和石膏综合利用及社会运力落实时，运输汽车的数量可适当核减。

9.5 辅助设施

9.5.1 除灰渣系统应设有必要的起吊设施和检修场地。

9.5.2 除灰渣设备集中布置处及除灰渣系统的建（构）筑物应设置清扫设施。

9.5.3 在灰库、渣仓卸料装车处应采取防尘、抑尘措施。

9.6 贮灰场

9.6.1 火力发电厂采用干式贮灰场或湿式贮灰场，应根据节约用水和环境保护要求、厂内除灰系统选型、当地气象条件、灰场条件和灰渣综合利用等因素，进行综合技术经济比较确定。

9.6.2 贮灰场设计应符合下列规定：

1 厂外灰渣处理设施的规划要求应符合本规范第4.2.9条的规定。

2 规划阶段贮灰场的总容积应满足贮存按火力发电厂规划容量、设计煤种计算的20年左右的灰渣量（含脱硫副产品）的要求；贮灰场应分期、分块建设，贮灰场初期征地面积宜按贮存火力发电厂本期设计容量、设计煤种计算的10年灰渣量（含脱硫副产品）确定，当灰渣综合利用条件较好时，宜按贮存火力发电厂本期设计容量、设计煤种计算的5年灰渣量（含脱硫副产品）确定；初期贮灰场宜按贮存火力发电厂本期设计容量、设计煤种计算的3年灰渣量（含脱硫副产品）建设。当灰渣（含脱硫副产品）确能全部利用时，可按贮存1年灰渣量（含脱硫副产品）确定征地面积并建设事故备用贮灰场。

3 建设贮灰场的适宜场地条件宜为容积大、洪水总量少、坝体工程量小、便于布置排水建（构）筑物，场内或附近有足够的筑坝材料。

4 贮灰场的主要建（构）筑物地段宜具有良好的地质条件，灰场区域宜具有良好的水文地质条件，应避免对附近村庄的居民生活和下游带来危害。

5 灰场灰坝（堤）的坝型应根据坝址处地形、地质条件确定。坝体结构宜采用当地建筑材料，并应通过技术经济比较，选择安全、经济、合理的坝型。

9.6.3 湿式贮灰场设计应符合下列规定：

1 湿式贮灰场的设计标准应根据灰场类型、容积、灰坝高度和灰坝失事后对附近和下游的危害程度等综合因素确定。

2 山谷湿式灰场灰坝的设计标准应按表9.6.3-1的规定执行。

表9.6.3-1 山谷湿式灰场灰坝的设计标准

灰场级别	分级指标		洪水重现期（a）		坝顶安全加高（m）		抗滑稳定安全系数		
	总容积 V（$\times10^8m^3$）	最终坝高 H（m）					外坡		内坡
			设计	校核	设计	校核	正常运行条件	非常运行条件	正常运行条件
一	$V>1$	$H>70$	100	500	1.0	0.7	1.25	1.05	1.15
二	$0.1<V\leqslant1$	$50<H\leqslant70$	50	200	0.7	0.5	1.20	1.05	1.15
三	$0.01<V\leqslant0.1$	$30<H\leqslant50$	30	100	0.5	0.3	1.15	1.00	1.15

注：1 用灰渣筑坝时，灰场的坝顶安全加高和抗滑稳定安全系数应按现行行业标准《火力发电厂灰渣筑坝设计规范》DL/T 5045的有关规定执行；

2 当灰场下游有重要工矿企业和居民集中区时，应通过论证提高一级设计标准；

3 当坝高与总库容不相应时，应以高者为准；当级差大于一个级别时，应按高者降低一个级别确定；

4 坝顶应至少高于堆灰标高1m～1.5m。

3 滩涂湿式灰场围堤设计标准应与当地堤防工程相协调。围堤设计应按现行国家标准《堤防工程设计规范》GB 50286 的有关规定执行，并应符合表 9.6.3-2 的规定。

表 9.6.3-2 滩涂湿式灰场围堤设计标准

灰场级别	总容积 V ($\times10^8 m^3$)	堤内汇水、堤外潮位重现期（a）		堤外风浪重现期（a）	堤顶（防浪墙顶）安全加高（m）				抗滑稳定安全系数		
					堤外侧		堤内侧		外坡		内坡
		设计	校核	设计校核	设计	校核	设计	校核	正常运行条件	非常运行条件	正常运行条件
一	$V>0.1$	50	200	50	0.4	0.0	0.7	0.5	1.20	1.05	1.15
二	$V\leqslant0.1$	30	100	50	0.4	0.0	0.5	0.3	1.15	1.00	1.15

注：1 坝顶（或防浪墙顶）应至少高于堆灰标高 1m。

2 滩涂湿灰场包括江、河、湖、海的滩涂湿灰场。

4 平原湿式灰场围堤的设计标准宜按表 9.6.3-2 的规定执行。

5 山谷湿式灰场灰坝的坝轴线应根据坝址区域的地形、地质条件，以及后期子坝加高、排水系统、施工条件和环境影响等因素，通过技术经济比较确定。

6 滩涂及平原湿式灰场灰堤的堤轴线应根据贮灰年限、地形、地质、潮（洪）水位及风浪、占地范围、后期子坝加高、施工条件和环境影响等因素，进行圈围面积与堤高等技术经济比较确定。

7 湿式贮灰场的排水和泄洪建筑物可采用分开或合并设置的方案。对于排洪流量特别大的山谷灰场，排洪设施可根据模型试验确定。

9.6.4 干式贮灰场设计应符合下列规定：

1 干灰场应根据灰场地形条件、贮灰容积等通过技术经济比较确定合理的堆灰方式。

2 山谷干灰场灰坝设计标准应根据各使用期灰场的级别、容积、坝高、使用年限及对下游可能造成的危害等综合因素，按湿式贮灰场设计标准确定。

3 滩涂和平原干灰场围堤设计标准应按湿灰场围堤设计标准确定，并应与当地堤防设计标准相协调。

4 山谷干灰场初期挡灰坝的高度应按贮存一次设计洪水总量，并应预留不小于 0.5m 安全加高确定，其高度不应小于 3m。设计洪水标准应取重现期为 30 年。

5 平原干灰场初期围堤高度不宜低于 1.0m。围堤顶标高不应低于该区域百年一遇洪水位的标高。

6 初期挡灰坝以上的坝体宜由干灰渣碾压填筑，其外坡坡度应根据稳定验算确定。

7 山谷干灰场宜设排水及泄洪设施。排水及泄洪设施的断面尺寸应满足调洪演算确定的最大下泄流量的排洪要求及施工要求。排洪设计标准应按表 9.6.3-1 的规定确定。

8 经技术经济比较合理时，山谷干灰场周围可设置截洪沟，其排洪标准宜按重现期 10 年进行设计。

9 滩涂和平原干灰场内可不设置排水设施。但对受客水汇入影响大及降水量大的地区是否设置排水设施应通过技术分析确定。

10 在平原干灰场周围、滩涂干灰场岸坡侧宜植树形成防护林带，宽度可为 10m～20m。

11 干灰场应设置管理站并配置整平、碾压灰渣和洒水防尘的施工机具。

9.6.5 灰场设计还应符合下列规定：

1 应采取灰场环境本底观测措施。

2 山谷灰场坝体应根据坝高、坝型、地形、地质等条件及工程运行要求，设置必要的观测项目与观测设施，平原和滩涂灰场围堤可根据具体情况及需要设置观测设施。

3 对贮满灰渣停用的贮灰场应采取保证灰场封场后安全稳定的封场措施。

10 烟气脱硫系统

10.1 基本规定

10.1.1 烟气脱硫工艺应根据国家和地方的环保排放控制标准、环境影响评价批复意见、锅炉特性、燃煤煤质资料、脱硫工艺成熟程度及国内应用水平、脱硫剂的供应条件、脱硫副产品的综合利用条件、废水排放条件、场地布置条件等因素，经全面技术经济比较后确定。

10.1.2 烟气脱硫工艺的选择宜结合工程的具体条件，并应符合下列规定：

1 对燃煤收到基硫分大于 1% 或单机容量 300MW 级及以上的机组，宜采用石灰石-石膏湿法脱硫工艺；经技术论证合理时，300MW 级及以下机组可采用氨法烟气脱硫工艺。

2 对燃煤收到基硫分不大于 1%，单机容量为 300MW 级及以下的机组时，可采用石灰石-石膏湿法、烟气循环流化床、旋转喷雾半干法烟气脱硫工艺。

3 对燃煤收到基硫分不大于 1% 的海滨电厂，当海水碱度满足工艺要求时，宜采用海水法烟气脱硫工艺；对燃煤收到基硫分大于 1% 的海滨电厂，经技术经济比较后，也可采用海水法烟气脱硫工艺。

4 在严重缺水地区，对燃煤收到基硫分不大于 1% 的机组，宜采用活性焦干法烟气脱硫工艺或烟气循环流化床、旋转喷雾等半干法烟气脱硫工艺。

10.1.3 烟气旁路系统应符合下列规定：

1 当湿法烟气脱硫工艺设置烟气旁路系统时，脱硫装置进、出口和旁路挡板门应有良好的操作和密封性能。

2 当湿法烟气脱硫工艺不设置烟气旁路系统时，应提高脱硫系统设备的可靠性及材料耐腐蚀等级。

10.1.4 烟气脱硫装置应符合下列规定：

1 设计处理烟气量宜按锅炉最大连续蒸发量工况下设计煤种或校核煤种的烟气条件，取大值，可不另加裕量。

2 入口设计二氧化硫浓度的设计值应根据燃煤煤种可能出现的变化情况和硫分变化趋势确定。

3 入口设计烟温宜采用设计煤种锅炉最大连续蒸发量工况下，从主机烟道进入脱硫装置接口处的运行烟气温度加15℃，短期运行温度可加50℃。

4 烟气脱硫装置应能在锅炉的任何负荷工况下持续安全运行。烟气脱硫装置的负荷变化速度应与锅炉负荷变化率相适应。

10.1.5 脱硫装置宜利用主体工程设施的电源、水源、气源和汽源。

10.2 吸收剂制备系统

10.2.1 石灰石-石膏湿法烟气脱硫工艺吸收剂制备系统的选择应符合下列规定：

1 吸收剂制备系统的形式应根据吸收剂来源、投资、运行成本及运输条件等综合因素进行技术经济比较后确定。

2 当资源落实且石灰石粉的细度能满足规定要求时，宜采用直接购买石灰石粉方案。

3 当外购石灰石粉的条件不具备时，可由电厂自建吸收剂湿磨制备系统或吸收剂干磨制备系统。

4 当采用吸收剂干磨制备系统时，宜采取区域性集中建厂。

10.2.2 石灰石-石膏湿法烟气脱硫工艺石灰石贮存系统及容量应符合下列规定：

1 石灰石仓或石灰石粉仓的容量应根据市场运输情况和运输条件确定，不宜小于系统设计工况下3d的石灰石耗量；当采用吸收剂干磨制备系统时，设在火力发电厂厂区的石灰石粉日用仓容量不宜小于1d的石灰石耗量。

2 当来料为石灰石块且采用水路运输或陆路运距较远时，可设置7d及以上储量的石灰石堆场或储仓，并应设置防雨设施。

10.2.3 石灰石-石膏湿法烟气脱硫工艺吸收剂制备系统主要设备配置应符合下列规定：

1 厂内吸收剂制备系统宜多台机组合用1套，但每套系统不宜超过4台机组。

2 当1台机组设1套吸收剂湿磨制备系统时，系统宜设置1台湿式球磨机，设备出力宜按脱硫系统设计工况下石灰石耗量的100%确定。

3 当2台机组合用1套吸收剂湿磨制备系统时，每套系统宜设置2台湿式球磨机，单台设备出力宜按脱硫系统设计工况下石灰石总耗量的75%～100%确定。

4 当3台～4台机组合用1套吸收剂湿磨制备系统时，每套系统宜设置3台湿式球磨机，宜2台运行、1台备用，单台设备出力宜按脱硫系统设计工况下石灰石总耗量的50%确定。

5 每套吸收剂干磨制备系统的容量不宜小于脱硫系统设计工况下石灰石总耗量的150%。干磨机的台数和容量应经技术经济比较后确定。

6 吸收剂湿磨制备系统的石灰石浆液箱总容量不宜小于设计工况下石灰石浆液6h～10h的总耗量，当球磨机没有备用时，宜取大值；每座石灰石浆液箱供应对象不宜超过2台机组。吸收剂干磨制备系统或外购石灰石粉系统的石灰石浆液箱容量不宜小于设计工况下石灰石浆液4h的总耗量。

7 每座吸收塔宜设置2台石灰石浆液泵，宜1台运行、1台备用。

10.2.4 半干法烟气脱硫工艺吸收剂制备系统的选择应综合吸收剂来源、投资、运行成本及运输条件等因素进行技术经济比较后确定。

10.2.5 采用海水脱硫工艺时，对于300MW级及以上机组，宜采用单元制海水供应系统。

10.3 二氧化硫吸收系统

10.3.1 烟气脱硫装置吸收塔形式、容量、数量应符合下列规定：

1 石灰石-石膏湿法烟气脱硫工艺吸收塔形式可采用喷淋塔或鼓泡塔或液柱塔，海水烟气脱硫工艺吸收塔形式宜采用填料塔，半干法烟气脱硫工艺脱硫塔形式宜采用空塔。

2 石灰石-石膏湿法烟气脱硫工艺吸收塔的数量宜根据锅炉容量、吸收塔的处理能力和可靠性等确定；300MW级及以上机组宜1炉配1塔，200MW级及以下机组可2炉配1塔。

3 海水烟气脱硫工艺吸收塔的数量宜采用1炉配1塔。

4 烟气循环流化床或旋转喷雾半干法烟气脱硫工艺脱硫塔的数量宜采用1炉配1塔。

5 活性焦干法烟气脱硫装置吸附塔、解析塔数量及容量选择应根据机组容量确定。

10.3.2 石灰石-石膏湿法烟气脱硫工艺二氧化硫吸收系统主要设备配置应符合下列规定：

1 当采用喷淋塔时，浆液循环泵宜按单元制设置，每台循环泵应对应一层喷嘴；当采用液柱塔时，浆液循环泵也可按母管制设置；浆液循环泵可不设备用。

2 浆液循环泵的数量应能适应锅炉部分负荷运行工况，在吸收塔低负荷运行条件下应有良好的经济性。

3 氧化风机宜选用罗茨型风机。每座吸收塔宜设置2台全容量或3台半容量的氧化风机，其中应1台备用；也可每2座吸收塔设置3台全容量的氧化风机，其中应2台运行、1台备用；氧化风机容量裕量不宜低于10%，压头裕量不宜低于20%。

10.3.3 石灰石-石膏湿法烟气脱硫工艺应设置事故浆液池（箱），其数量应根据各吸收塔脱硫工艺的方式、距离及布置等综合因素确定。当布置条件合适且采用相同的湿法工艺时，宜全厂合用一套。事故浆液池（箱）的容量不宜小于一座吸收塔正常运行液位时的浆池容量。当设有石膏浆液抛弃系统时，事故浆液池（箱）的容量也可按不小于500m³设置。

10.3.4 海水烟气脱硫工艺二氧化硫吸收系统主要设备配置应符合下列规定：

1 海水升压泵的数量宜按吸收塔的数量和喷淋层数确定，不宜设备用。

2 曝气风机选型应按曝气池设计液位进行选型计算。风机形式宜采用离心风机，可不设备用，数量不宜少于2台。

10.3.5 海水烟气脱硫工艺曝气池应符合下列规定：

1 300MW级及以上机组的曝气池宜采用一炉配一池的方式。

2 曝气池内有效曝气区域的大小应根据脱硫装置入口烟气参数、脱硫效率、海水水质条件、海水排水水质要求和环境温度等因素确定，应有良好的运行经济性。

10.4 烟 气 系 统

10.4.1 脱硫增压风机宜装设在脱硫装置进口处，当不设烟气旁路且工程条件允许时，可与引风机合并设置。

10.4.2 增压风机形式、台数和容量选择应符合下列规定：

1 增压风机宜选用轴流式风机，当设置1台增压风机时，宜选择动叶可调轴流风机。

2 增压风机不应设备用；对不设置烟气旁路系统的机组，增压风机的台数宜与引风机的台数相同。

3 脱硫增压风机的风量和压头应符合下列规定：

1）基本风量应为吸收塔设计工况下的烟气量，风量裕量不宜低于10%，宜另加不低于10℃～15℃的温度裕量。

2）基本压头应为脱硫系统进出口的全压差，压头裕量宜不低于20%。

10.4.3 烟气-烟气加热器选型应符合下列规定：

1 在湿法烟气脱硫装置后宜设置烟气-烟气加热器，可选用回转式或管式烟气-烟气加热器。

2 对于设置烟气-烟气加热器的石灰石-石膏法烟气脱硫工艺系统，在设计工况下，烟气-烟气加热器出口烟气温度不宜小于80℃。

3 当采用回转式烟气-烟气加热器时，应采取预防加热器腐蚀、堵塞的措施。

4 当采用管式烟气-烟气加热器时，换热介质宜采用热媒水。管式烟气-烟气加热器冷端宜布置在静电除尘器前。严寒地区应采取预防加热器冻结的措施。

10.4.4 当吸收塔入口烟气温度不能满足吸收塔要求时，应在吸收塔入口设置喷水降温装置。

10.5 脱硫副产品处置系统

10.5.1 脱硫副产品处置系统设计应为脱硫副产品的综合利用创造条件，并应按符合下列规定：

1 石灰石-石膏湿法烟气脱硫系统宜设置石膏脱水系统；暂无综合利用条件时，经脱水后的石膏可输送至干式贮灰场；在贮灰场内应采取分隔措施，石膏应与灰渣分别堆放。

2 采用活性焦干法烟气脱硫工艺时，应配套设置副产品回收系统。

10.5.2 石膏脱水系统真空皮带脱水机设备台数、出力选择应符合下列规定：

1 石膏脱水系统宜多台机组合用一套，但每套系统不宜超过4台机组。

2 当1台机组配置一套石膏脱水系统时，宜设置1台石膏脱水机，设备出力宜为脱硫系统设计工况下石膏产量的100%，同时应相应增大石膏浆液箱容量。

3 当2台机组合用一套石膏脱水系统时，每套石膏脱水系统宜设置2台石膏脱水机，单台设备出力宜为脱硫系统设计工况下石膏总产量的75%～100%。

4 当3台～4台机组合用一套石膏脱水系统时，每套石膏脱水系统宜设置3台石膏脱水机，宜2台运行、1台备用，单台设备出力宜为脱硫系统设计工况下石膏产量的50%。

10.5.3 石膏仓容量不宜小于12h，石膏库容量不宜小于48h。石膏仓应采取防腐和防堵措施，北方地区还应采取冬季防冻措施。

11 烟气脱硝系统

11.1 基 本 规 定

11.1.1 烟气脱硝工艺应根据国家环保排放控制标准、环境影响评价批复意见的要求、锅炉特性、燃料特性和布置场地条件等因素确定。

11.1.2 烟气脱硝工艺的选择应结合工程的具体情况确定，并应符合下列规定：

1 对要求脱硝效率不小于40%的机组，宜采用选择性催化还原烟气脱硝工艺；经技术经济比较，也可采用非选择性催化还原与选择性催化还原混合的烟气脱硝工艺。

2 600MW级及以下的机组，当要求脱硝效率小于40%时，也可采用非选择性催化还原烟气脱硝工艺。

3 对循环流化床锅炉机组，必要时可采用非选择性催化还原烟气脱硝工艺。

11.1.3 选择性催化还原烟气脱硝系统应能在40%～100%锅炉最大连续蒸发量之间的任何负荷运行，当烟气温度低于最低喷氨温度时，喷氨系统应能自动解除运行。

11.2 还原剂储存和供应系统

11.2.1 脱硝还原剂的选择应按防火、防爆、防毒以及脱硝工艺的要求，根据电厂周围环境条件、运输条件和电厂内部的场地条件，经环境影响评价、安全影响评价和技术经济比较后确定。

11.2.2 脱硝还原剂的选择宜符合下列规定：

1 对于选择性催化还原烟气脱硝工艺，若电厂地处城市远郊或远离城区，且液氨产地距电厂较近，在能保证运输安全、正常供应的情况下，宜选择液氨作为还原剂；位于大中城市及其近郊区的电厂，宜选择尿素作为还原剂。

2 对于非选择性催化还原烟气脱硝工艺，宜选择尿素作为还原剂。

11.2.3 尿素宜采用尿素储仓配合尿素溶液储存罐储存，液氨宜采用液氨储存罐储存。脱硝还原剂的储量应能满足全部脱硝系统不少于5d的正常消耗量。

11.2.4 还原剂储存供应系统主要设备配置应符合下列规定：

1 液氨储存罐的数量不宜少于2台。

2 尿素溶解罐容积应满足全厂1d的尿素溶液用量；液氨蒸发器的容量宜按选择性催化还原烟气脱硝装置全容量设计，并宜设置1台备用。

3 应配置氮气吹扫系统。

11.2.5 液氨储存设备的储存区外沿应设置围堰。

11.2.6 还原剂储存制备区域应设置事故紧急处理设施。

11.3 烟气脱硝反应系统

11.3.1 选择性催化还原烟气脱硝反应系统设计应符合下列规定：

1 系统应按单元制设计。

2 系统设计宜以燃用设计煤种为基准，但在燃用校核煤种时也应能满足排放控制要求，系统应能长期稳定运行。

3 系统应能在烟气粉尘和NO_X排放浓度最小值和最大值之间的任何点运行。

4 应防止大粒径灰进入选择性催化还原烟气脱硝反应器，并应设置清灰设施。

11.3.2 选择性催化还原烟气脱硝催化剂形式应根据机组特点、烟气特性、烟气含尘量、灰特性、阻力要求等各种因素，合理选择蜂窝状、板式及波纹板式催化剂。

11.4 氨/空气混合及喷射系统

11.4.1 氨/空气混合及喷射系统设计宜符合下列规定：

1 氨气稀释空气的来源可为送风机出口二次风、一次风机出口一次风，也可采用专门设置的稀释风机。

2 每台反应器宜配置一套氨气稀释系统，氨加入量宜根据每台反应器的进出口参数进行独立控制。

11.4.2 稀释风机的形式、台数、出力选择宜符合下列规定：

1 稀释风机宜选用离心式风机。

2 对于选择性催化还原烟气脱硝系统采用双反应器时，每台锅炉宜设置3台50%容量的稀释风机；采用单反应器时，每台锅炉宜设置2台100%容量的稀释风机。

3 稀释风机风量裕量不宜小于10%，压头裕量不宜小于20%。

12 汽轮机设备及系统

12.1 汽轮机设备

12.1.1 汽轮机设备的技术要求宜符合现行国家标准《固定式发电用汽轮机规范》GB/T 5578的有关规定，汽轮机及汽水系统的设计应符合现行行业标准《火力发电厂汽轮机防进水和冷蒸汽导则》DL/T 834的有关规定。

12.1.2 汽轮机背压的确定应符合下列规定：

1 汽轮机的额定背压宜对应冷却介质全年平均计算温度，夏季背压宜对应冷却介质最高计算温度。

2 湿冷汽轮机的额定背压应根据本规范第17.3节的有关规定经优化计算后确定。

3 空冷汽轮机的额定背压应根据本规范第17.8.2条的规定经优化计算后确定。

4 600MW级及以上采用二次循环冷却的四排汽汽轮机组，冷端宜配置双背压凝汽器；采用直流冷却的汽轮机组，应经技术经济比较后确定其凝汽器采用单背压或双背压。

12.1.3 汽轮机额定功率及其他功率宜按现行国家标准《固定式发电用汽轮机规范》GB/T 5578的有关规定执行，空冷机组额定功率和最大功率可按下列要求确定：

1 额定功率的确定宜符合下列条件：

1）在额定的主蒸汽和再热蒸汽参数及规定的

背压和补给水率条件下。

2）主蒸汽流量为额定进汽量。

3）扣除非同轴励磁、润滑及密封油泵等的功耗。

4）在发电机额定功率因数、额定氢压、额定冷却水温条件下。

5）在寿命期内保证的发电机端输出的连续功率。

6）在该功率下考核机组热耗率。

注：规定的背压应采用额定背压；规定的补给水率亚临界及以下参数机组宜取3%，亚临界以上参数宜取1.5%。当考核机组热耗率时，补给水率应取0。

2 最大功率的确定宜符合下列条件：

1）在额定的主蒸汽和再热蒸汽参数及规定的背压和补给水率条件下。

2）主蒸汽流量为调节阀全开时的进汽量。

3）扣除非同轴励磁、润滑及密封油泵等的功耗。

4）在发电机额定功率因数、额定氢压、额定冷却水温条件下，发电机端输出的功率。

注：规定的背压应采用额定背压，规定的补给水率应取0。

12.2 主蒸汽、再热蒸汽和旁路系统

12.2.1 主蒸汽系统应采用单元制。

12.2.2 主蒸汽、再热蒸汽等管道的管径及管路根数，应经优化计算确定。

12.2.3 汽轮机旁路系统的设置及其功能、形式和容量应根据汽轮机、锅炉的特性和电网对机组运行方式的要求，并结合机炉启动参数匹配后确定。

12.3 给水系统

12.3.1 给水系统应符合下列规定：

1 给水系统应采用单元制系统。

2 正常运行及备用给水泵宜选用调速给水泵，启动用给水泵宜选用定速给水泵。

3 当正常运行给水泵采用调速给水泵时，给水主管路不应设调节阀系统，启动支管应根据给水泵的特性设置调节阀。

12.3.2 给水泵出口的总流量（不包括备用给水泵）应满足供给其所连接锅炉的最大给水消耗量要求。最大给水消耗量计算原则应符合下列规定：

1 汽包锅炉宜为锅炉最大连续蒸发量的110%。

2 直流锅炉宜为锅炉最大连续蒸发量的105%。

3 对具有快速切负荷功能的机组，给水泵出口的总流量还应包括高压旁路减温水流量。

4 给水泵入口的总流量应加上供再热蒸汽调温用的从泵的中间级抽出的流量，以及漏出和注入给水泵轴封的流量差。

5 前置给水泵出口的总流量应为给水泵入口的总流量与从前置泵和给水泵之间的抽出流量之和。

12.3.3 湿冷机组给水泵的配置应符合下列规定：

1 300MW级以下机组宜配置2台，单台容量应为最大给水消耗量100%的调速电动给水泵；或配置3台，单台容量应为最大给水消耗量50%的调速电动给水泵。

2 300MW级及以上机组的给水泵宜配置2台，单台容量应为最大给水消耗量50%的汽动给水泵；或配置1台，容量应为最大给水消耗量100%的汽动给水泵。

3 300MW级及以上机组宜配置1台容量为最大给水消耗量25%～35%的定速电动给水泵作为启动给水泵，也可根据需要配置1台容量为最大给水消耗量25%～35%的调速电动给水泵作为启动与备用给水泵。

4 当机组启动汽源满足给水泵汽轮机启动要求时，也可取消启动用电动泵。

5 300MW级及以上容量供热机组，给水泵驱动方式宜经过技术经济比较确定。

12.3.4 空冷机组给水泵的配置应符合下列规定：

1 300MW级直接空冷机组的给水泵的配置不宜少于2台，单台容量应为最大给水消耗量50%的调速电动给水泵；200MW级及以下机组的给水泵宜配置2台，单台容量应为最大给水消耗量100%的调速电动给水泵。

2 600MW级及以上直接空冷机组的给水泵宜配置调速电动给水泵，亚临界机组的给水泵的配置不宜少于2台，单台容量应为最大给水消耗量50%的调速电动给水泵；超（超）临界机组宜配置3台，单台容量宜为最大给水消耗量35%的调速电动给水泵，不宜设备用。当采用汽动给水泵时，宜配置2台，单台容量应为最大给水消耗量50%的汽动给水泵和1台容量为最大给水消耗量25%～35%的定速或调速电动给水泵。

3 300MW级及以上间接空冷机组的给水泵宜配置2台，单台容量应为最大给水消耗量50%的间接空冷汽动给水泵和1台容量为最大给水消耗量25%～35%的定速或调速电动给水泵；也可配置调速电动给水泵，其数量和容量配置原则应符合本条第1款的规定。

12.3.5 给水泵（包括启动/备用泵）的扬程计算应符合下列规定：

1 总扬程应按下列各项之和计算：

1）从除氧器给水箱出口到省煤器进口的介质流动总阻力（按锅炉最大连续蒸发量时的给水消耗量计算），汽包锅炉另加20%裕量；直流锅炉另加10%裕量。

2）省煤器进口与除氧器给水箱正常水位间的水柱静压差。

3）锅炉最大连续蒸发量时的省煤器入口给水压力（包含了锅炉本体水柱静压差；汽包锅炉为锅炉汽包正常水位与省煤器进口之间的水柱静压差，直流锅炉为锅炉水冷壁炉水汽化始终点标高的平均值与省煤器进口之间的水柱静压差）。

4）除氧器额定工作压力（取负值）。

2 在有前置泵时，前置泵和给水泵扬程之和应大于计算总扬程。

3 前置泵的扬程除应计及前置泵出口至给水泵入口间的介质流动总阻力和静压差以外，还应满足汽轮机甩负荷瞬态工况时为保证给水泵入口不汽化所需的压头要求。

12.3.6 启动给水泵（仅启动用）的扬程应按下列各项之和计算：

1 从除氧器给水箱出口到省煤器进口的介质流动总阻力应按25%～35%锅炉最大连续蒸发量时的给水消耗量计算，对汽包锅炉应另加20%裕量；对直流锅炉应另加10%裕量。

2 省煤器进口与除氧器给水箱正常水位间的水柱静压差。

3 25%～35%锅炉最大连续蒸发量启动工况时，省煤器入口的给水压力。

4 25%～35%锅炉最大连续蒸发量启动工况时，除氧器的工作压力（取负值）。

12.3.7 高压加热器换热面积计算宜以汽轮机最大连续功率工况为设计工况，应留有10%的面积裕量，并应校核在汽轮机阀门全开工况的给水流量。对具有快速切负荷功能的机组，还应加上高压旁路所需的喷水流量，介质流速不应超过标准的规定值。

12.3.8 高压加热器给水旁路宜采用大旁路。

12.3.9 根据锅炉特性与运行要求，当循环流化床锅炉机组确需设置紧急补水系统时，系统设计应符合下列规定：

1 紧急补水系统可采用母管制，宜设置1台紧急补水泵，容量应为系统所连锅炉需要的紧急补水量之和，并应留有裕量。

2 紧急补水泵宜采用定速泵，驱动形式应为柴油机。

3 紧急补水泵的扬程应为从紧急水箱出口至省煤器入口的介质总阻力和锅炉省煤器入口的给水压力。

4 紧急补水箱容量应根据锅炉厂提供的数据计算确定。紧急补水箱也可与凝汽器补水箱或除盐水箱合并使用，其容量应按拟合并水箱中较大者选用。

12.4 除氧器及给水箱

12.4.1 除氧器应采用滑压运行方式。

12.4.2 除氧器的总出力、台数及形式应符合下列规定：

1 总出力应根据最大给水消耗量选择。

2 每台机组宜配1台除氧器。

3 凝汽式机组应采用一级高压除氧器。对供热机组，补给水应采用凝汽器鼓泡除氧装置，也可另设公用低压除氧器，在保证给水含氧量合格的条件下，可采用一级高压除氧器。

12.4.3 给水箱的贮水量宜根据除氧器布置位置，结合瞬态计算结果、机组控制水平和机组功能要求确定，并应符合下列规定：

1 200MW及以下机组宜为10min的锅炉最大连续蒸发量时的给水消耗量。

2 200MW以上机组宜为3min～5min的锅炉最大连续蒸发量时的给水消耗量。

3 当机组具有快速切负荷功能时，给水箱的贮水量宜适当加大。

12.4.4 除氧器的启动汽源及备用汽源应取自厂用辅助蒸汽系统。

12.4.5 除氧器及其有关系统的设计应采取可靠的防止除氧器过压爆炸的措施。

12.4.6 单元制系统除氧器给水箱启动时的加热方式应符合下列规定：

1 根据除氧器形式可采用给水启动循环泵或再沸腾管。

2 给水启动循环泵的容量不宜小于除氧器启动时所用喷嘴额定流量的30%。

3 当用再沸腾管时，所用的蒸汽应经过调压，并应采取防止在运行中可能产生的水击和振动的措施。

12.5 凝结水系统

12.5.1 凝汽式机组的凝结水泵容量和台数应符合下列规定：

1 凝结水泵出口的总容量（不包括备用凝结水泵）应满足输送最大凝结水量的要求，最大凝结水量应为下列各项之和的110%：

1）汽轮机调节阀全开工况时的凝汽量。

2）进入凝汽系统的经常疏水量。

3）进入凝汽系统的正常补给水量。

4）其他杂用水。

2 凝汽式机组宜装设2台凝结水泵，单台容量应为最大凝结水量的100%；也可装设3台凝结水泵，单台容量应为最大凝结水量的50%；其中1台应为备用。

3 当备用凝结水泵短期投入运行时，凝结水泵出口总容量应满足低压加热器可能排入凝汽系统的事故疏水量或旁路系统投入运行时凝结水量输送的要求。

12.5.2 供热式机组的凝结水泵容量和台数应符合下列规定：

1 设计热负荷工况下的凝结水量应为下列各项之和的110%：

1）机组在设计热负荷工况下运行时的凝汽量。

2）进入凝汽系统的经常疏水量。

3）进入凝汽系统的正常补给水量。

2 最大凝结水量应为下列工况凝结水量的110%：

1）当补给水正常不补入凝汽系统时，应按纯凝汽工况计算，其计算方法应符合本规范第12.5.1条的规定。

2）当补给水正常补入凝汽系统时，应分别按最大抽汽工况和纯凝汽工况计算，经比较后，应取较大值。

3 工业抽汽式供热机组或工业、采暖双抽式供热机组，每台机组宜装设2台凝结水泵；每台泵的容量应分别按100%设计热负荷工况下凝结水量和50%最大凝结水量计算，应取较大值。

4 对凝汽采暖两用机组，宜装设3台容量各为最大凝结水量50%的凝结水泵。

12.5.3 凝结水泵的扬程应按下列各项之和计算：

1 从凝汽系统热井到除氧器凝结水入口（包括喷雾头）之间管道的介质流动阻力应按汽轮机调节阀全开工况时的凝结水量计算，并应另加20%裕量。

2 除氧器凝结水入口与凝汽系统热井最低水位间的水柱静压差。

3 除氧器最大工作压力。

4 凝汽系统的最高真空。

5 凝结水系统设备的阻力。

12.5.4 补给水系统应符合下列规定：

1 在进入凝汽系统前，宜按系统的需要装设补给水箱和补给水泵，经技术经济比较合理，也可利用锅炉补给水处理系统的除盐水箱，可不另设补给水箱。

2 300MW级以下机组，凝汽机组补给水箱的容积不宜小于$50m^3$；300MW级机组，凝汽机组补给水箱的容积不宜小于$100m^3$；600MW级机组，凝汽机组补给水箱的容积不宜小于$300m^3$；1000MW级机组，凝汽机组补给水箱的容积不宜小于$500m^3$。

3 工业抽汽供热机组补给水箱的容积宜根据热负荷情况确定。

4 亚临界及以下参数湿冷机组补给水泵可不设备用，超临界或超超临界参数湿冷机组应根据补给水接入凝汽器的接口位置确定是否设置备用，其总出力应按锅炉启动时的补给水量要求选择。

5 空冷机组正常运行用补给水泵宜设置备用，其中1台应兼作启动用补给水泵。

12.5.5 低压加热器换热面积计算宜以汽轮机最大连续功率工况为设计工况，应留有10%的面积裕量，并应校核在汽轮机阀门全开工况下，介质流速不应超过所采用标准的规定值。

12.5.6 如需配置低压加热器疏水泵，每台加热器宜设置2台疏水泵，其中一台应为备用。疏水泵容量应按在汽轮机调节阀全开工况时接入该泵的低压加热器的疏水量之和计算，并应另加10%裕量。

12.5.7 低压加热器疏水泵的扬程应按下列各项之和计算：

1 从低压加热器到除氧器凝结水入口（包括喷雾头）的介质流动阻力。应按汽轮机最大凝结水量对应工况计算，并应另加10%～20%的裕量。

2 除氧器凝结水入口与低压加热器最低水位间的静压差。

3 除氧器最大工作压力。

4 最大凝结水量对应工况下低压加热器内的真空，如为正压力时，应取负值。

12.6 疏放水系统

12.6.1 火力发电厂宜按压力等级设置高、低压疏放水母管，可不设疏水箱及疏水泵。

12.6.2 疏放水应回收至凝汽系统或其他设备。

12.7 辅机冷却水系统

12.7.1 辅机冷却水系统应根据凝汽器冷却水源、水质情况和设备对冷却水水量、水温和水质的不同要求合理确定，辅机冷却水系统宜采用单元制。

12.7.2 转动机械轴承冷却水中的碳酸盐硬度宜小于250mg/L（以$CaCO_3$计）；pH值不应小于6.5，不宜大于9.5；300MW及以上机组，悬浮物的含量宜小于50mg/L；其他机组，悬浮物的含量应小于100mg/L。

12.7.3 辅机冷却水系统应符合下列规定：

1 以淡水作为辅机冷却水源，且不需进行处理即可作为辅机冷却用水时，宜采用开式循环冷却水系统；以淡水作为辅机冷却水源，但需经处理时，宜采用开式循环和闭式循环相结合的辅机冷却水系统。

2 以海水作为辅机冷却水源时，不宜用海水直接冷却的辅机设备，宜采用闭式循环冷却水系统，闭式循环冷却水热交换器宜由海水作为冷却水源。

3 以再生水作为辅机冷却水源时，不宜用再生水直接冷却的辅机设备，宜采用闭式循环冷却水系统，闭式循环冷却水热交换器宜采用再生水作为冷却水源。

4 湿冷机组开式循环冷却水应取自凝汽器循环冷却水系统，空冷机组开式循环冷却水宜取自辅机冷却塔冷却水系统，闭式循环冷却水宜采用除盐水或凝结水。

12.7.4 闭式循环冷却水热交换器换热面积应按最高计算冷却水温度计算确定。系统宜设置2台65%换热面积的热交换器，热交换器材料宜与凝汽器管材一致。

12.7.5 闭式循环冷却水系统宜设置2台闭式循环冷却水泵。单台水泵的容量不应小于机组最大冷却水量的110%；水泵的扬程不应小于按最大冷却水量计算的系统管道阻力，并应另加20%的裕量。

12.7.6 开式循环冷却水系统应根据系统布置计算确定需要设置升压水泵的供水范围。当需要设置时，宜设2台升压水泵，单台升压水泵的容量不应小于需要升压的冷却水量的110%。升压水泵的扬程应按下列各项之和计算：

1 按最大冷却水量计算的系统管道阻力，并应另加20%的裕量。

2 最高用水点与升压水泵中心线之间的净压差。

3 循环水进出口管道之间的水压差，取负值。

12.7.7 闭式循环冷却水系统应设置膨胀装置和补给水系统，膨胀装置的安装高度不应低于系统中最高冷却设备的标高。

12.7.8 闭式循环冷却水热交换器处的闭式循环水侧的运行压力，应大于开式循环水侧的运行压力。

12.8 供热式机组的辅助系统和设备

12.8.1 基本热网加热器的容量和台数应符合下列规定：

1 基本热网加热器的容量和台数应根据采暖、通风和生活热负荷选择，不宜设台数备用。

2 当任何1台基本热网加热器停止运行时，其余设备应满足60%～75%热负荷的需要，对严寒地区宜取上限。

3 设计时宜根据热负荷增长的可能性及汽轮机采暖抽汽的供汽能力，确定是否预留增装相应基本热网加热器的位置。

12.8.2 热网尖峰加热器应根据热负荷性质、输送距离、当地气候和热网系统等因素综合研究确定是否装设。

12.8.3 热网系统的其他设备应符合下列规定：

1 热网循环水泵不应少于2台，其中1台应为备用。当设置3台以上时，可不设备用，热网循环水泵可根据工程具体条件设置调速装置。

2 热网加热器凝结水泵不应少于2台，其中1台应为备用，凝结水泵宜采用变频调速。

3 补水装置的压力应比补水点管道压力高30kPa～50kPa，当补水装置同时用于维持管网静态压力时，其压力应满足静态压力的要求。

4 当补给水不能直接补入热网时，宜设热网补给水泵2台，其中1台应为备用；当补给水在正常运行工况能直接补入热网，可不设热网补给水泵，但在热网循环水泵停用，不能保证热网所需静压时，宜设热网补给水泵1台；热网补给水泵应采用变频调速。

5 闭式热网正常补给水应采用除过氧的化学软化水以及锅炉排污水，启动或事故时可补充工业水或生活水。闭式热力网补水装置的流量不应小于供热系统循环流量的2%，事故补水量不应小于供热系统循环流量的4%。

12.8.4 减压减温装置的设置应符合下列规定：

1 对于工业抽汽系统应根据各级工业抽汽参数各装设1套减压减温装置作为备用，其容量应等于1台汽轮机的最大抽汽量或排汽量。

2 当任何1台汽轮机停用，其余汽轮机如能供给采暖、通风和生活用热量的60%～75%时（严寒地区取上限），可不装设采暖抽汽的备用减压减温装置。

3 不宜设置经常运行的减压减温装置，当确需设置时应设1套备用。

12.8.5 如热用户能返回凝结水，宜装设回水收集设备。回水中继水泵不宜少于2台，其中1台应为备用。回水箱的数量和容量应按具体情况确定，不宜少于2台。

12.9 凝汽器及其辅助设施

12.9.1 湿冷凝汽器的管板与管材选择应符合现行行业标准《火力发电厂凝汽器管选材导则》DL/T 712的有关规定。

12.9.2 凝汽器清洗装置的设置应符合下列规定：

1 湿冷凝汽器宜装设胶球清洗装置。但对直流供水系统，如水中含沙较多，能证明管子不结垢、也不沉积时，可不设胶球清洗装置。

2 当冷却水含有悬浮杂物，易形成单向堵塞时，宜设反冲洗装置。

3 间接空冷汽轮机的表面式凝汽器不应装设胶球清洗装置。

12.9.3 抽真空系统设备的配置应符合下列规定：

1 300MW级及以下容量的机组宜配置2台水环式真空泵或其他形式的抽真空设备，每台抽真空设备的容量应满足凝汽器正常运行抽干空气量100%的需要。

2 600MW级及以上容量的湿冷和间接空冷机组，宜配置3台水环式真空泵，每台泵的容量应满足凝汽器正常运行抽干空气量50%的需要。

3 600MW级直接空冷机组宜配置3台水环式真空泵，每台泵的容量应满足凝汽器正常运行抽干空气量100%的需要。

4 600MW级以上直接空冷机组宜配置3台

100%或4台75%凝汽器正常运行抽干空气量的水环式真空泵。

5 当全部抽真空设备投入运行时，应能满足机组启动时建立真空度的时间要求。

6 当采用直流供水系统时，宜设置1台凝汽器水室抽真空泵。

12.9.4 采用海水冷却的300MW级及以上容量的机组，宜设置凝汽器检漏装置。

13 水处理系统

13.1 水质及水的预处理

13.1.1 水处理系统的设计应根据全部可利用水源近年的水质全分析资料，水质全分析资料应符合下列规定：

1 地表水、再生水（包括老厂循环水排污水）等应为1年逐月资料。

2 地下水、矿井排水、海水等应为1年各季资料。

3 对于海水还应取得取水口1年逐月海水水温资料。

13.1.2 原水预处理系统应在全厂水务管理设计的基础上，根据原水水质、后续处理工艺对水质的要求、处理水量和试验资料，以及类似厂的运行经验，并结合当地条件，通过技术经济比较确定。原水预处理系统设计应符合现行国家标准《室外给水设计规范》GB 50013的有关规定，并应符合下列规定：

1 应根据原水泥沙含量确定是否设置预沉淀设施。

2 当原水有机物含量超过预脱盐及除盐等系统进水要求时，可采用氯化、混凝、澄清、过滤处理。氯化、混凝、澄清、过滤处理仍不能满足要求时，可同时采用活性炭、吸附树脂或其他方法去除有机物。

3 对于地表水、海水，应根据原水中不同的悬浮物、胶体等杂质的含量，分别采用沉淀（混凝）、澄清、过滤，接触混凝、过滤或超（微）滤的预处理方式。

4 当原水含有非活性硅，不能满足锅炉蒸汽品质要求时，应采用接触混凝、过滤或沉淀（混凝）、澄清、过滤及超（微）滤等工艺去除。

5 当原水碳酸盐硬度较高时，经技术经济比较，可采用石灰、弱酸离子交换等处理工艺。

6 当采用铁锰含量超过预脱盐及除盐等系统进水要求时，还应采取除铁、除锰措施。

7 对于再生水及矿井排水等水源，应根据水质特点、用水系统对水质的要求、处理规模及场地条件等因素，选择采用生化降解、杀菌、过滤、凝聚澄清、超（微）滤等处理工艺。

13.1.3 主要设备设置应符合下列规定：

1 澄清器（池）不宜少于2台。当短期悬浮物高，只用于季节性处理时，也可只设1台，但应设置旁路及接触混凝设施。

2 过滤设施不应少于2台（套）。

3 预处理系统的各种水箱（池），其总有效容积应按系统自用水量、前后系统出力配置及系统运行要求设计。

13.2 水的预脱盐

13.2.1 水的预脱盐应根据来水类型及水质特点选择合适的处理工艺。

13.2.2 非海水水源应根据进水水质及出水水质要求，并综合酸碱供应条件及废水排放和回用要求，经比较后确定是否设置反渗透预脱盐工艺。

13.2.3 海水淡化工艺可采用反渗透法或蒸馏法等技术。海水淡化工艺的选择应根据电厂的厂址条件、水源及水质条件、供汽及供电条件、系统容量、出水水质要求等因素，经技术经济比较确定。

13.2.4 海水淡化系统设计应符合下列规定：

1 蒸馏法海水淡化系统的蒸汽参数、造水比、水回收率等主要设计参数应根据工程具体情况，通过技术经济比较确定。

2 海水淡化系统的取排水方式宜结合电厂的循环冷却水取排水系统、当地的气候条件等因素合理选择。

3 海水淡化装置的产品水作为工业、消防和饮用水等用水时，应采取合适的水质调整措施。

13.2.5 主要设备设置应符合下列规定：

1 蒸馏法淡化装置可不设备用，其台数不宜少于2台。

2 反渗透装置不宜少于2套，当有1套设备清洗或检修时，其余设备应能满足全厂正常补水的要求。

3 预脱盐系统产品水箱的容积可根据系统出力、预脱盐水用量、预脱盐装置检修周期和时间等因素确定，其台数不宜少于2台。

13.3 锅炉补给水处理

13.3.1 锅炉补给水处理系统应根据进水水质、给水及炉水的质量标准、补给水率、设备和药品的供应条件，以及环境保护要求等因素，经技术经济比较确定。给水及炉水的质量标准应符合现行国家标准《火力发电机组及蒸汽动力设备水汽质量》GB/T 12145的有关规定。

13.3.2 锅炉补给水处理系统的出力应满足火力发电厂全部正常水汽损失的补充水量要求。火力发电厂各项正常水汽损失应按表13.3.2计算。

表 13.3.2 火力发电厂各项正常水汽损失

序号	损失类别		正常损失
1	厂内水汽循环损失	1000MW级机组	为锅炉最大连续蒸发量的1.0%
		300MW级、600MW级机组	为锅炉最大连续蒸发量的1.5%
		125MW级、200MW级机组	为锅炉最大连续蒸发量的2.0%
2	汽包锅炉排污损失		根据计算或锅炉厂资料，但不少于0.3%
3	闭式热水网损失		热水网水量的0.5%～1.0%或根据具体工程情况确定
4	火力发电厂其他用水、用汽损失		根据具体工程情况确定
5	对外供汽损失		
6	厂外其他用水量		
7	间接空冷机组循环冷却水损失		

注：厂内水汽循环损失包括锅炉吹灰、凝结水精处理再生及闭式冷却系统等水汽损失。

13.3.3 锅炉补给水处理系统可选用离子交换法、预脱盐加离子交换法或预脱盐加电除盐法等除盐系统，应结合工程的具体条件经技术经济比较确定。预脱盐后处理方案应根据进水水质及出水水质要求，经技术经济比较确定，并应符合下列规定：

1 当采用反渗透预脱盐时，一级反渗透后处理宜采用一级除盐加混床系统，也可采用二级反渗透加电除盐或加混床系统。

2 当采用蒸馏法海水淡化预脱盐时，其后处理宜采用一级除盐加混床系统；经技术经济比较合理时，也可采用单级混床或一级反渗透加电除盐系统。

3 当酸碱供应困难或受环保要求限制时，宜选用二级反渗透加电除盐的后处理方案。

13.3.4 除盐设备设置应符合下列规定：

1 每种形式的离子交换器不应少于2台。

2 离子交换器再生次数宜按每台每昼夜不超过2次计算，对于凝汽式火力发电厂，可不设再生备用离子交换器。

3 当有1套（台）设备检修时，其余设备应能满足全厂正常补水的要求。

13.3.5 除盐水箱的容量应满足工艺系统运行调节的需要，并应符合下列规定：

1 除盐水箱的总有效容积应满足最大1台锅炉化学清洗、机组启动和1h～2h的供水汽量三项中的最大一项用水量要求，汽包炉机组宜为最大1台锅炉2h～3h的最大连续蒸发量，直流炉机组宜按机组启动冲洗水流量及冲洗时间确定或为最大1台锅炉3h的最大连续蒸发量。

2 当离子交换器不设再生备用设备时，除盐水箱容积还应包括设备再生停运期间所需的备用水量。

13.3.6 除盐水泵的容量及水处理室至主厂房的补给水管道，应按能同时输送最大1台机组的启动补给水量或锅炉化学清洗用水量和其余机组的正常补给水量之和选择。

13.4 汽轮机组的凝结水精处理

13.4.1 汽轮机组的凝结水精处理系统配置应按锅炉形式及参数、冷却水水质和凝汽器管材质等因素确定，系统处理能力应与凝结水泵的最大流量相适应，并应符合下列规定：

1 装设直流锅炉的湿冷机组，全部凝结水应进行除铁、除盐处理。

2 装设亚临界汽包锅炉的湿冷机组，全部凝结水宜进行除盐处理。

3 装设高压汽包锅炉或超高压汽包锅炉，并且起停频繁的机组，宜根据机组启动排水量、停炉保护措施、凝汽器材质及运行管理水平等因素进行技术经济比较，确定是否采用供机组启动用的凝结水除铁设施。

4 空冷机组的凝结水精处理系统应根据空冷系统形式、机组参数等因素确定，并应符合下规定：

1）装设亚临界汽包锅炉的直接空冷机组宜设置以除铁为主，同时也具有一定除盐能力的精处理系统。装设直流锅炉的直接空冷机组，全部凝结水应进行除铁、除盐处理。

2）装设混合式凝汽器的间接空冷机组宜采用除铁加混合离子交换器系统，处理装置宜设置备用设备。

3）装设汽包锅炉的表面式凝汽器的间接空冷机组应设除铁设备，亚临界参数机组的凝结水处理设施宜选择具有一定除盐能力的设备。装设直流锅炉的间接空冷机组，全部凝结水应进行除铁、除盐处理。

13.4.2 凝结水精处理系统中的过滤器和离子交换器的配置应符合下列规定：

1 当过滤器作为机组启动或前置除铁时，可不设备用。装设直流锅炉机组的除铁设施不应少于2台。超临界直接空冷机组的除铁设施应设备用。

2 对于机组容量为300MW级、冷却水水质较好，且给水采用还原性全挥发处理工况设计的机组的凝结水精处理装置，可不设备用设备，但精处理设备不应少于2台。

3 冷却水水质为海水、苦咸水、再生水或机组容量为600MW级及以上或给水采用加氧处理工况设计的机组，凝结水精处理装置应设有备用设备。

4 装设直流锅炉的机组、带混合式凝汽器间接空冷机组的精处理除盐装置应设置备用设备。

13.4.3 亚临界及以上参数机组的凝结水精处理宜采用中压系统。

13.4.4 精处理装置的树脂应采用体外再生方式进行再生，宜2台机组合用1套再生装置。

13.4.5 酸碱储存、计量设备及再生废水池不宜布置在汽机房内。

13.5 冷却水处理

13.5.1 冷却水处理系统的选择应根据冷却方式、全厂水量平衡、水源水量及水质等因素经技术经济比较确定，并应满足防垢、防腐蚀和防菌藻及水生物滋生的要求。循环冷却水处理系统的水质控制指标应符合现行行业标准《火力发电厂化学设计技术规程》DL/T 5068的有关规定。

13.5.2 循环供水系统应根据环保要求、水量平衡、水质平衡和补给水源确定排污量及浓缩倍率。采用非海水水源时，浓缩倍率设计值宜为3倍～5倍，当水质较好时，浓缩倍率可进一步提高。采用海水水源时，浓缩倍率设计值应通过试验确定，不宜超过2.5倍。

13.5.3 采用冷却池冷却的循环供水系统，冷却水池容积（m^3）与循环水量（m^3/h）的比值大于60时，可按直流供水系统采取冷却水处理措施。

13.5.4 对循环水系统补充水的处理应符合下列规定：

1 循环水系统补充水碳酸盐硬度不高时，可采用加稳定剂、加酸法。

2 循环水补充水碳酸盐硬度较高时，可采用补充水石灰软化法、弱酸树脂离子交换或钠离子交换法，也可采用循环水旁流石灰软化法、石灰-碳酸钠软化法、弱酸树脂离子交换或钠离子交换法，同时应配合采用加稳定剂法。

3 在特殊水质条件或机组对冷却水中的某些离子含量有特殊要求时，经技术经济比较，也可采用部分膜脱盐处理方法。

4 当冷却设备的换热管采用铜管时，宜采用加缓蚀剂处理。

13.5.5 环境空气含尘量、补给水悬浮物含量、硫酸根离子和氯根离子含量等因素对循环水系统的影响较大时，可采用循环冷却水旁流处理。

13.5.6 当采用再生水或其他回收水作为循环水补充水水源时，如水质能满足运行要求，可直接补入循环水系统；当水质不能满足运行要求时，应进行深度处理。深度处理设施宜设在厂内。

13.5.7 冷却水加药种类和加药量应根据模拟试验确定，所选择的药品应满足冷却水排放及后续水系统的水质要求。

13.6 热力系统的化学加药和水汽取样

13.6.1 热力系统化学加药设施应根据机炉形式、参数及水化学工况设置，并应符合下列规定：

1 超高压锅炉给水宜采用加氨及加联氨或其他化学除氧药剂处理。

2 对亚临界汽包锅炉凝结水、给水宜采用加氨及加联氨处理，也可采用加氧处理；对于亚临界直流炉机组，凝结水、给水宜采用加氨、加氧处理。

3 对于超临界及以上参数的机组，凝结水、给水应采用加氨、加氧处理。直接空冷超临界机组应留有还原性给水处理的可能性。

4 汽包炉锅炉炉水宜采用碱性处理。

13.6.2 热力系统的水汽监督项目、仪表及取样点设置应根据机组容量、形式、参数、热力系统和化学监督的要求确定。对于不同参数机组的热力系统，应设置相应的水汽集中取样装置及监测仪表，取样分析的信号应能作为相关系统控制的输入信号。

13.6.3 位于主厂房内的热力系统化学加药和水汽取样分析装置，宜与凝结水精处理系统相对集中布置。

13.7 热网补给水及生产回水处理

13.7.1 热网补给水处理系统应根据热网补给水水质、水量要求，并综合全厂水处理系统情况，经技术经济比较确定。

13.7.2 回水处理设施应根据热网回水量及水质情况，经技术经济比较确定。

13.8 废水处理

13.8.1 火力发电厂各生产作业场所排出的各种废水和污水，宜按分质分类回用的原则分类收集和贮存，并应根据废水水质、水量及其变化幅度、复用和排放的水质要求等确定最佳处理工艺。不应采用渗井、渗坑、稀释等手段排放不合格的废水。废水处理应符合下列规定：

1 应根据各生产装置排出的废水水质和水量、处理的难易程度、复用系统对水质的要求，以及减少对外排放污染物总量等因素，对废水的合理回收、复用和排放进行综合优化。

2 单机容量为300MW级及以上的火力发电厂宜设置化学废水集中处理设施。

3 废水处理设施在厂区总平面中的位置应有利于各类废水的收集、储存和回收利用。

4 废水储存总容积应能满足全厂所有机组正常运行及1台最大容量机组在维修或锅炉化学清洗期间所产生的废水。

13.8.2 化学废水处理设计应符合下列规定：

1 酸、碱废水应经中和处理后复用或排放。

2 含铁、铜等金属离子的废水宜进入废水集中处理系统，进行氧化、调 pH 值、混凝澄清处理，并应达到相应水质标准后复用或排放。

3 锅炉化学清洗废水应根据锅炉清洗方案确定处理水量及处理工艺。

13.8.3 脱硫废水处理设计应符合下列规定：

1 石灰石-石膏湿法烟气脱硫系统的废水宜处理回用，如无回用条件时，应处理达标后排放；有水力除灰的电厂，脱硫废水可直接作为冲灰用水。

2 脱硫系统的废水处理装置宜单独设置，并应按连续运行方式设计。

3 脱硫废水处理中产生的污泥宜进行单独的脱水处理，若其他废水与脱硫废水处理产生的污泥进行合并脱水处理时，滤出液应返回至脱硫废水处理系统。

13.8.4 含油废水应进行油、水分离处理，处理后宜复用。

13.8.5 含煤废水应设置独立的收集系统并进行处理，处理后宜回用到输煤冲洗系统。

13.8.6 生活污水宜采用生物氧化法处理，处理后宜回用于绿化、冲洗用水。

13.9 药品储存

13.9.1 化学水处理药品仓库的设置应根据药品消耗量、供应和运输条件等因素确定。

13.9.2 药品贮存设施的布置位置应便于运输与装卸。药品仓库内应设置安全防护和通风设施，并应采取相应的防腐蚀措施。

14 信息系统

14.1 基本规定

14.1.1 全厂信息系统的总体规划与建设应做到技术先进、经济合理，并应在火力发电厂上级主管单位统一规划的框架下进行。

14.1.2 全厂信息系统的规划设计应保证系统中数据的准确性、一致性和唯一性。

14.1.3 以计算机为基础的不同信息系统，在满足安全可靠的前提下，宜采用统一的网络和硬件系统。不同系统应避免软件及功能配置的相互交叉与重复。

14.1.4 火力发电厂信息系统机房的设计应符合现行国家标准《电子信息系统机房设计规范》GB 50174 的有关规定。

14.2 全厂信息系统的总体规划

14.2.1 火力发电厂信息系统宜包括厂级监控信息系统、管理信息系统、报价系统、视频监视系统、视频会议系统和门禁管理系统等。

14.2.2 全厂信息系统应与各控制系统进行总体规划设计，并应合理利用各系统的信息资源，控制系统和信息系统应协调统一，应保证数据的唯一性。

14.2.3 全厂信息系统的总体规划应根据火力发电厂的信息特征与信息需求，满足项目在设计、施工、调试、运行等各阶段的实际需要。

14.2.4 全厂信息系统的总体规划应以本期工程为主、兼顾现状和发展。对于新建电厂，应预留规划容量下后期扩建机组所需的扩容能力。对于扩建电厂，应充分利用已有信息系统，必要时可对现有信息系统进行改造或重新建设。

14.2.5 全厂信息系统应根据火力发电厂上级主管单位、调度部门、监管部门的信息交换要求设置相应的接口。

14.2.6 全厂信息系统的总体规划应充分利用全厂各控制系统的实时生产信息，并应通过安全的网络接口与合理的数据库设置，将全厂各控制系统和信息系统进行集成。

14.2.7 火力发电厂各控制系统与信息系统的集成宜通过实时/历史数据库实现。各控制系统与实时/历史数据库的接口应符合下列规定：

1 监控单元机组的各控制系统宜先以机组分散控制系统为中心进行集成，然后由机组分散控制系统与实时/历史数据库接口。

2 监控单元机组公用系统的各控制系统，宜先以两台或多台机组的分散控制系统公共网络为中心进行集成，然后通过机组分散控制系统与实时/历史数据库接口；当公用系统复杂且数量多时，也可根据机组运行管理模式，单独组成独立的控制系统网络与实时/历史数据库接口。

3 监控辅助车间的各控制系统可分别以水集中控制网络、灰集中控制网络和煤集中控制网络为中心进行集成，集成后的网络宜与实时/历史数据库接口。若条件具备，宜将各辅助车间统一为一个集中控制网络进行集成。

14.2.8 厂级监控信息系统和管理信息系统宜统一规划、分步实施，网络宜合并设置。

14.2.9 火力发电厂实时系统与非实时系统之间的数据流向应为单向传输，并应采取必要的隔离措施。

14.3 厂级监控信息系统

14.3.1 厂级监控信息系统应根据火力发电厂上级主管单位的总体规划和火力发电厂实际需求来确定是否设置。厂级监控信息系统应以实时/历史数据库为基础。

14.3.2 厂级监控信息系统的基本功能应包括厂级实时数据采集与监视、厂级性能计算与分析。在电网明确有非直调方式且应用软件成熟的前提下，可设置负荷调度分配功能。设备故障诊断功能、寿命管理功能、系统优化功能等其他功能应根据火力发电厂

100%或4台75%凝汽器正常运行抽干空气量的水环式真空泵。

5 当全部抽真空设备投入运行时，应能满足机组启动时建立真空度的时间要求。

6 当采用直流供水系统时，宜设置1台凝汽器水室抽真空泵。

12.9.4 采用海水冷却的300MW级及以上容量的机组，宜设置凝汽器检漏装置。

13 水处理系统

13.1 水质及水的预处理

13.1.1 水处理系统的设计应根据全部可利用水源近年的水质全分析资料，水质全分析资料应符合下列规定：

1 地表水、再生水（包括老厂循环水排污水）等应为1年逐月资料。

2 地下水、矿井排水、海水等应为1年各季资料。

3 对于海水还应取得取水口1年逐月海水水温资料。

13.1.2 原水预处理系统应在全厂水务管理设计的基础上，根据原水水质、后续处理工艺对水质的要求、处理水量和试验资料，以及类似厂的运行经验，并结合当地条件，通过技术经济比较确定。原水预处理系统设计应符合现行国家标准《室外给水设计规范》GB 50013的有关规定，并应符合下列规定：

1 应根据原水泥沙含量确定是否设置预沉淀设施。

2 当原水有机物含量超过预脱盐及除盐等系统进水要求时，可采用氯化、混凝、澄清、过滤处理。氯化、混凝、澄清、过滤处理仍不能满足要求时，可同时采用活性炭、吸附树脂或其他方法去除有机物。

3 对于地表水、海水，应根据原水中不同的悬浮物、胶体等杂质的含量，分别采用沉淀（混凝）、澄清、过滤，接触混凝、过滤或超（微）滤的预处理方式。

4 当原水含有非活性硅，不能满足锅炉蒸汽品质要求时，应采用接触混凝、过滤或沉淀（混凝）、澄清、过滤及超（微）滤等工艺去除。

5 当原水碳酸盐硬度较高时，经技术经济比较，可采用石灰、弱酸离子交换等处理工艺。

6 当采用铁锰含量超过预脱盐及除盐等系统进水要求时，还应采取除铁、除锰措施。

7 对于再生水及矿井排水等水源，应根据水质特点、用水系统对水质的要求、处理规模及场地条件等因素，选择采用生化降解、杀菌、过滤、凝聚澄清、超（微）滤等处理工艺。

13.1.3 主要设备设置应符合下列规定：

1 澄清器（池）不宜少于2台。当短期悬浮物高，只用于季节性处理时，也可只设1台，但应设置旁路及接触混凝设施。

2 过滤设施不应少于2台（套）。

3 预处理系统的各种水箱（池），其总有效容积应按系统自用水量、前后系统出力配置及系统运行要求设计。

13.2 水的预脱盐

13.2.1 水的预脱盐应根据来水类型及水质特点选择合适的处理工艺。

13.2.2 非海水水源应根据进水水质及出水水质要求，并综合酸碱供应条件及废水排放和回用要求，经比较后确定是否设置反渗透预脱盐工艺。

13.2.3 海水淡化工艺可采用反渗透法或蒸馏法等技术。海水淡化工艺的选择应根据电厂的厂址条件、水源及水质条件、供汽及供电条件、系统容量、出水水质要求等因素，经技术经济比较确定。

13.2.4 海水淡化系统设计应符合下列规定：

1 蒸馏法海水淡化系统的蒸汽参数、造水比、水回收率等主要设计参数应根据工程具体情况，通过技术经济比较确定。

2 海水淡化系统的取排水方式宜结合电厂的循环冷却水取排水系统、当地的气候条件等因素合理选择。

3 海水淡化装置的产品水作为工业、消防和饮用水等用水时，应采取合适的水质调整措施。

13.2.5 主要设备设置应符合下列规定：

1 蒸馏法淡化装置可不设备用，其台数不宜少于2台。

2 反渗透装置不宜少于2套，当有1套设备清洗或检修时，其余设备应能满足全厂正常补水的要求。

3 预脱盐系统产品水箱的容积可根据系统出力、预脱盐水用量、预脱盐装置检修周期和时间等因素确定，其台数不宜少于2台。

13.3 锅炉补给水处理

13.3.1 锅炉补给水处理系统应根据进水水质、给水及炉水的质量标准、补给水率、设备和药品的供应条件，以及环境保护要求等因素，经技术经济比较确定。给水及炉水的质量标准应符合现行国家标准《火力发电机组及蒸汽动力设备水汽质量》GB/T 12145的有关规定。

13.3.2 锅炉补给水处理系统的出力应满足火力发电厂全部正常水汽损失的补充水量要求。火力发电厂各项正常水汽损失应按表13.3.2计算。

表 13.3.2 火力发电厂各项正常水汽损失

序号	损失类别		正常损失
1	厂内水汽循环损失	1000MW级机组	为锅炉最大连续蒸发量的1.0%
		300MW级、600MW级机组	为锅炉最大连续蒸发量的1.5%
		125MW级、200MW级机组	为锅炉最大连续蒸发量的2.0%
2	汽包锅炉排污损失		根据计算或锅炉厂资料，但不少于0.3%
3	闭式热水网损失		热水网水量的0.5%～1.0%或根据具体工程情况确定
4	火力发电厂其他用水、用汽损失		根据具体工程情况确定
5	对外供汽损失		
6	厂外其他用水量		
7	间接空冷机组循环冷却水损失		

注：厂内水汽循环损失包括锅炉吹灰、凝结水精处理再生及闭式冷却系统等水汽损失。

13.3.3 锅炉补给水处理系统可选用离子交换法、预脱盐加离子交换法或预脱盐加电除盐法等除盐系统，应结合工程的具体条件经技术经济比较确定。预脱盐后处理方案应根据进水水质及出水水质要求，经技术经济比较确定，并应符合下列规定：

1 当采用反渗透预脱盐时，一级反渗透后处理宜采用一级除盐加混床系统，也可采用二级反渗透加电除盐或加混床系统。

2 当采用蒸馏法海水淡化预脱盐时，其后处理宜采用一级除盐加混床系统；经技术经济比较合理时，也可采用单级混床或一级反渗透加电除盐系统。

3 当酸碱供应困难或受环保要求限制时，宜选用二级反渗透加电除盐的后处理方案。

13.3.4 除盐设备设置应符合下列规定：

1 每种形式的离子交换器不应少于2台。

2 离子交换器再生次数宜按每台每昼夜不超过2次计算，对于凝汽式火力发电厂，可不设再生备用离子交换器。

3 当有1套（台）设备检修时，其余设备应能满足全厂正常补水的要求。

13.3.5 除盐水箱的容量应满足工艺系统运行调节的需要，并应符合下列规定：

1 除盐水箱的总有效容积应满足最大1台锅炉化学清洗、机组启动和1h～2h的供水汽量三项中的最大一项用水量要求，汽包炉机组宜为最大1台锅炉2h～3h的最大连续蒸发量，直流炉机组宜按机组启动冲洗水流量及冲洗时间确定或为最大1台锅炉3h的最大连续蒸发量。

2 当离子交换器不设再生备用设备时，除盐水箱容积还应包括设备再生停运期间所需的备用水量。

13.3.6 除盐水泵的容量及水处理室至主厂房的补给水管道，应按能同时输送最大1台机组的启动补给水量或锅炉化学清洗用水量和其余机组的正常补给水量之和选择。

13.4 汽轮机组的凝结水精处理

13.4.1 汽轮机组的凝结水精处理系统配置应按锅炉形式及参数、冷却水水质和凝汽器管材质等因素确定，系统处理能力应与凝结水泵的最大流量相适应，并应符合下列规定：

1 装设直流锅炉的湿冷机组，全部凝结水应进行除铁、除盐处理。

2 装设亚临界汽包锅炉的湿冷机组，全部凝结水宜进行除盐处理。

3 装设高压汽包锅炉或超高压汽包锅炉，并且起停频繁的机组，宜根据机组启动排水量、停炉保护措施、凝汽器材质及运行管理水平等因素进行技术经济比较，确定是否采用供机组启动用的凝结水除铁设施。

4 空冷机组的凝结水精处理系统应根据空冷系统形式、机组参数等因素确定，并应符合下规定：

1）装设亚临界汽包锅炉的直接空冷机组宜设置以除铁为主，同时也具有一定除盐能力的精处理系统。装设直流锅炉的直接空冷机组，全部凝结水应进行除铁、除盐处理。

2）装设混合式凝汽器的间接空冷机组宜采用除铁加混合离子交换器系统，处理装置宜设置备用设备。

3）装设汽包锅炉的表面式凝汽器的间接空冷机组应设除铁设备，亚临界参数机组的凝结水处理设施宜选择具有一定除盐能力的设备。装设直流锅炉的间接空冷机组，全部凝结水应进行除铁、除盐处理。

13.4.2 凝结水精处理系统中的过滤器和离子交换器的配置应符合下列规定：

1 当过滤器作为机组启动或前置除铁时，可不设备用。装设直流锅炉机组的除铁设施不应少于2台。超临界直接空冷机组的除铁设施应设备用。

2 对于机组容量为300MW级、冷却水水质较好，且给水采用还原性全挥发处理工况设计的机组的凝结水精处理装置，可不设备用设备，但精处理设备不应少于2台。

3 冷却水水质为海水、苦咸水、再生水或机组容量为600MW级及以上或给水采用加氧处理工况设计的机组，凝结水精处理装置应设有备用设备。

4 装设直流锅炉的机组、带混合式凝汽器间接上级主管单位要求，并结合火力发电厂实际情况后再研究确定。

14.3.3 机组级性能计算功能宜在机组分散控制系统中完成，厂级监控信息系统不宜重复设置。

14.3.4 实时/历史数据库的标签量规模应根据系统的功能范围、电厂的建设规模及运行管理水平等综合因素确定。

14.3.5 厂级监控信息系统的实时/历史数据库服务器和网络核心交换机等主要硬件宜冗余配置。

14.4 管理信息系统

14.4.1 火力发电厂应设置管理信息系统，系统的规模与配置应根据火力发电厂上级主管单位的总体规划和电厂的实际需求确定。

14.4.2 扩建电厂的管理信息系统应与现有系统充分协调，若现有系统已不能满足信息化需要，可重新建设。

14.4.3 管理信息系统应包括建设期管理信息系统和生产期管理信息系统，并应符合下列规定：

1 建设期管理信息系统的功能应至少包括进度管理、质量管理、物资管理、费用管理、安全环境管理、图纸文档管理、综合查询、系统维护等。

2 生产期管理信息系统的功能应至少包括生产管理、设备管理、燃料管理、经营管理、行政管理、综合查询、系统维护等。

3 建设期管理信息系统和生产期管理信息系统应统一规划、合理过渡。应包括系统的软硬件过渡、系统的数据过渡和系统的功能过渡。

14.4.4 管理信息系统的数据库服务器和网络核心交换机等主要硬件，宜冗余配置。

14.4.5 管理信息系统的数据范围宜覆盖各专业和各应用部门，并应实现通用的数据存取。

14.5 报 价 系 统

14.5.1 火力发电厂在根据电力市场交易系统的要求设置发电侧报价系统时，宜与信息系统共用网络平台、共享资源。

14.6 视频监视系统

14.6.1 火力发电厂可根据需要设置全厂视频监视系统，视频监视系统可包括安保视频监视系统和生产视频监视系统，安保视频监视系统和生产视频监视系统可合并设置，也可分开设置。

14.6.2 安保视频监视系统的监视范围宜包括设备库、材料库、厂大门、综合楼等。

14.6.3 生产视频监视系统的监视范围宜包括下列区域：

1 汽轮机油系统、制粉系统、炉前油燃烧器、电缆夹层等主厂房内的危险区域。

2 高压配电装置、高/低压配电间、冷却塔/空冷系统、汽机房、送/引风机、炉后除尘脱硫系统、运煤系统、除灰渣系统等重要设备区域。

3 无人值班的辅助车间区域。

14.6.4 视频监视系统的功能宜包括实时监视、动态存贮、实时报警、历史画面回放、网络传输等功能。

14.6.5 视频监视系统应设置与管理信息系统的接口。

14.6.6 视频监视系统的设备选择应符合现行国家标准《民用闭路监视电视系统工程技术规范》GB 50198的有关规定。

14.7 视频会议系统

14.7.1 火力发电厂在建设和生产期可根据需要设置视频会议系统。

14.7.2 视频会议系统宜与发电企业总部实现远程传输，可召开点对点会议、多点会议、同时多个会议等。

14.7.3 视频会议系统应设置与管理信息系统的接口。

14.7.4 视频会议系统的设备选择应符合现行国家标准《会议系统电及音频的性能要求》GB/T 15381 的有关规定。

14.8 门禁管理系统

14.8.1 火力发电厂可根据需要设置门禁管理系统。

14.8.2 门禁管理系统的应用范围宜包括主厂房内的重要设备区域如电子设备间、高/低压配电间、计算机房等，以及无人值班的辅助车间，试验室、信息系统机房等生产综合楼区域的重要房间。

14.8.3 门禁管理系统的功能宜包括实时监控、进出权限管理、记录、报警、消防报警联动等功能。

14.8.4 门禁管理系统应设置与管理信息系统的接口。

14.8.5 门禁管理系统的设备选择应符合现行国家标准《出入口控制系统工程设计规范》GB 50396 的有关规定。

14.9 培训仿真机

14.9.1 600MW 以上容量机组的培训仿真机应由火力发电厂上级主管单位根据地区协作的原则确定是否设置。

14.9.2 按地区建设的国内首台（套）新型机组的培训仿真机，可按全范围、全过程进行仿真，次要系统可简化。

14.9.3 培训仿真机提供的培训功能宜包括参考机组的正常运行工况和故障处理工况。

14.9.4 培训仿真机提供的与参考机组相似的正常运行工况和操作过程应包括下列内容：

1　从各设备完全停运的冷态工况启动，到100%负荷工况。

2　机组从热备用工况启动，到100%负荷工况。

3　锅炉、汽轮机、发电机或整个机组跳闸后工况及重新恢复到正常运行工况。

4　机组从100%负荷工况停机到热备用工况，以及冷却到冷态停运工况。

5　各种工况下对设备或系统进行规程规定的在集中控制室进行的各种操作和试验。

14.9.5　培训仿真机提供的与参考机组相似的典型故障应至少包括下列内容：

1　锅炉本体，空气预热器、送风机、引风机、一次风机等辅机，制粉系统，燃油系统，给水系统，主要阀门或挡板类故障等锅炉系统故障。

2　汽轮机本体，凝结水系统，凝汽器系统，低压加热器系统，高压加热器系统，辅助蒸汽系统，辅机冷却水系统，各主要阀门或执行机构故障等汽轮机系统故障。

3　发电机-变压器组，发电机氢、油、水系统，厂用电系统故障等电气系统故障。

14.10　布　　线

14.10.1　火力发电厂的布线系统应统一规划设计，一次建成。宜对厂级监控信息系统、管理信息系统、视频监视系统、视频会议系统、门禁管理系统、厂内通信系统等按综合布线方式统一进行设计。

14.10.2　火力发电厂的布线系统设计应符合现行国家标准《综合布线系统工程设计规范》GB 50311的有关规定。

14.11　信 息 安 全

14.11.1　火力发电厂信息系统应按系统配置的内容，分别对硬件、网络操作系统、数据库、应用服务、客户服务和终端、接口等采取安全防范措施。

14.11.2　硬件和环境的安全措施应包括服务器和存储设备的备份和灾难恢复、网络设备的安全及环境要求等。

14.11.3　网络操作系统的安全防范措施应包括系统的可靠性、系统间的访问控制、用户的访问控制等。

14.11.4　数据库应具有对存储数据的全面保护功能，数据库的安全防范措施应包括对数据安全及数据恢复的要求、用户访问控制、数据的一致性和保密性等。

14.11.5　应用系统的安全防范措施应包括用户访问控制、身份识别、操作记录、防病毒、防黑客入侵等。

14.11.6　接口的安全防范措施应包括信息系统与控制系统接口、各信息系统之间接口，以及信息系统与外部接口的安全隔离等。

15　仪表与控制

15.1　基 本 规 定

15.1.1　火力发电厂仪表与控制系统的设计应满足机组安全、经济、环保运行和启停的要求。

15.1.2　在仪表与控制系统设计中，应选用技术先进、质量可靠的设备和元器件。全厂各控制系统和同类型仪表设备的选型宜统一。随主辅设备本体成套供货的仪表和控制设备应满足机组运行、自动化系统的功能及接口要求。

15.1.3　涉及安全与机组保护的仪表与控制的新产品和新技术，应在取得成功应用经验后再在设计中采用。

15.1.4　火力发电厂各控制系统的时钟应同步。

15.1.5　基于计算机的控制系统应采取抵御黑客、病毒、恶意代码等对系统的破坏、攻击，以及非法操作的安全防护措施。

15.2　自动化水平

15.2.1　火力发电厂的自动化水平应根据机组在电网中的地位、机组的容量和特点，以及预期的电厂运行管理水平等因素确定。

15.2.2　单元机组的自动化水平应根据控制方式、控制系统的配置与功能、主辅机设备可控性、运行组织管理等因素确定。单元机组应能在就地人员的巡回检查和少量操作的配合下，在集中控制室内实现机组启停、运行工况监视和调整、事故处理等。

15.2.3　辅助车间的自动化水平宜与机组自动化水平相协调，并应根据电厂的运行管理模式确定。各辅助车间运行人员应能在就地人员的巡回检查和少量操作的配合下，在集中控制室或辅助车间控制室内，通过操作员站实现辅助车间工艺系统的启停、运行工况监视和调整、事故处理等。

15.3　控制方式及控制室

15.3.1　控制方式及控制室的设计应以本期工程为主、兼顾前期和后期工程，并应与电厂自动化水平、运行管理模式相适应。

15.3.2　单元机组应按炉、机、电全能值班运行模式采用炉、机、电集中控制方式。控制方式宜根据机组的建设规模、自动化水平和电厂实际运行管理模式确定，宜采用多机一控方式。

15.3.3　辅助车间系统宜按物理位置相邻或系统性质相近的原则合并控制系统及控制点，辅助车间就地控制点不宜超过水、煤、灰三个。其余辅助车间就地可设置供系统调试、启动运行初期、故障和巡检时使用的终端。

15.3.4 全厂辅助车间系统可按全能值班运行模式采用集中控制方式，可只设置一个集中控制点。辅助车间系统集中控制点可并入机组集中控制室，也可独立设置。当多台机组合设一个集中控制室且辅助车间集中控制点并入集中控制室时，应采取避免调试、检修时不同运行区域相互干扰的措施。

15.3.5 空冷机组的空冷系统宜在集中控制室进行控制。

15.3.6 脱硫系统应根据脱硫方式和电厂的运行管理模式进行选择，可在集中控制室控制，也可与位置相邻或性质相近的辅助车间合设控制室控制。

15.3.7 脱硝反应系统应在集中控制室进行控制。脱硝还原剂储存和供应系统可在集中控制室控制，也可与位置相邻或性质相近的辅助车间合设控制室控制。

15.3.8 湿冷机组的循环水泵房、空冷机组的辅机冷却水泵房等与机组运行相对密切的辅助车间系统，宜在集中控制室控制。

15.3.9 供应城市采暖和工业用汽的热电联产电厂，热网系统可按需要在机组控制室内控制或设置单独的热网控制室。

15.3.10 海水淡化系统宜在辅助车间集中控制点或水系统控制点控制。

15.3.11 启动锅炉房可就地单独控制。

15.3.12 高压配电装置宜在集中控制室进行控制。

15.4 检测与仪表

15.4.1 火力发电厂的检测应包括下列内容：

1 工艺系统的运行参数。

2 电气系统的运行参数。

3 主机和辅机的运行状态和运行参数。

4 电气设备的运行状态和运行参数。

5 动力关断阀门的开关状态和调节阀门的开度。

6 仪表与控制用电源、气源、水源及其他必要条件的供给状态和运行参数。

7 必要的环境参数。

15.4.2 检测仪表的设置应符合下列规定：

1 在满足安全、经济运行要求的前提下，检测仪表的设置应与各主辅机配套供货的仪表统一协调，并应避免重复设置。

2 应设置检测仪表反映主设备及工艺系统在正常运行、启停、异常及事故工况下安全、经济运行的参数。

3 运行中需要进行监视和控制的参数应设置远传仪表。

4 供运行人员现场检查和就地操作所必需的参数应设置就地仪表。

5 用于经济核算的工艺参数应设置检测仪表。

6 在爆炸危险气体和/或有毒气体可能释放的区域，应根据危险场所的分类，设置爆炸危险气体报警仪和/或有毒气体检测报警仪。

7 保护系统的检测仪表应三重或双重化设置，重要模拟量控制回路的检测仪表宜双重或三重化设置。

8 测量油、水、蒸汽等的一次仪表不应引入控制室。

9 测量爆炸危险气体的一次仪表严禁引入控制室。

15.4.3 检测仪表的选择应符合下列规定：

1 仪表准确度等级应根据仪表的用途、形式和重要性，选择适当的准确度等级。

2 仪表应根据其装设区域的具体情况，选择适当的防护等级。

3 仪表应满足所在环境的防腐、防潮、防爆等要求。

4 测量腐蚀性介质或黏性介质时，应选用具有防腐性能的仪表、隔离仪表或采用适当的隔离措施。

5 不宜使用含有对人体有害物质的仪表。

15.4.4 检测装置的设置应符合下列规定：

1 煤粉锅炉宜设置监视炉膛火焰的工业电视；循环流化床锅炉不宜装设监视炉膛火焰的工业电视。

2 汽轮发电机组以及容量为300MW及以上机组的给水泵汽轮机宜设置振动监测和故障诊断系统。

3 煤粉锅炉宜设置炉管泄漏监测系统，循环流化床锅炉不宜装设炉管泄漏监测系统。

4 煤粉锅炉宜装设飞灰含碳量测量装置。

5 汽包锅炉应设置监视汽包水位的工业电视。

15.5 报　　警

15.5.1 报警应包括下列内容：

1 工艺系统参数偏离正常运行范围。

2 保护动作及主要辅助设备故障。

3 监控系统故障。

4 电源、气源故障。

5 电气设备故障。

6 火灾探测区域异常。

7 有毒有害气体的泄漏。

15.5.2 报警可分为控制系统报警和常规光字牌报警。报警应具有自动闪光、音响和人工确认等功能。

15.5.3 报警宜由控制系统的报警功能完成，机组不宜配置常规光字牌报警装置，必要时，可按下列项目设置不超过20个光字牌报警窗口：

1 重要参数偏离正常值。

2 单元机组主要保护跳闸。

3 重要控制装置电源故障。

15.5.4 当设置常规光字牌报警时，其输入信号不宜取自控制系统的输出。

15.5.5 控制系统的报警应根据信号的重要性设置报警优先级。

15.5.6 控制系统报警的报警源可来自控制系统的所有模拟量输入、数字量输入、模拟量输出、数字量输出、脉冲量输入及中间变量和计算值。

15.5.7 控制系统功能范围内的全部报警项目应能在显示终端上显示和在打印机上打印，在机组启停过程中应抑制虚假报警信号。

15.5.8 火灾探测与报警设计应符合现行国家标准《火力发电厂与变电站设计防火规范》GB 50229 和《火灾自动报警系统设计规范》GB 50116 的有关规定。

15.6 机组保护

15.6.1 机组保护系统的设计应符合下列规定：

1 保护系统的设计应采取防止误动和拒动的措施。

2 当机组保护系统采用分散控制系统或可编程控制器时，应符合下列规定：

1）机炉跳闸保护系统的逻辑控制器应单独冗余设置。

2）保护系统应有独立的 I/O 通道，并有电隔离措施。

3）冗余的 I/O 信号应通过不同的 I/O 模件引入。

4）触发机组跳闸保护信号的仪表应单独设置，当无法单独设置需与其他系统合用时，其信号应首先进入保护系统。

5）机组跳闸命令不应通过通信总线传送。

3 300MW 及以上容量机组跳闸保护回路在机组运行中，宜在不解除保护功能和不影响机组正常运行的情况下进行动作试验。

4 在控制台上必须设置总燃料跳闸、停止汽轮机和解列发电机的跳闸按钮，并应采用双重按钮或带盖的单按钮；跳闸按钮应直接接至停炉、停机的驱动回路。

5 机组保护动作原因应设事件顺序记录。单元机组还应有事故追忆功能。

6 保护系统输出的操作指令应优先于其他任何指令。

7 保护系统中不应设置供运行人员切、投保护的控制盘、台按钮和操作员站软操作等任何操作手段。

15.6.2 火力发电厂锅炉和汽轮机的跳闸保护系统可采用电子逻辑系统或继电器硬逻辑系统，系统宜采用经认证的、SIL3 级的安全相关系统。安全相关系统应符合现行国家标准《电气/电子/可编程电子安全相关系统的功能安全》GB/T 20438 和《过程工业领域安全仪表系统的功能安全》GB/T 21109 的有关规定。

15.6.3 停止单元机组运行的保护应符合下列规定：

1 锅炉事故停炉，应停止单元机组的运行。

2 单元机组具有快速切负荷功能时，应符合下列规定：

1）外部系统故障引起发电机解列，不应停止单元机组的运行。

2）发电机主保护动作应停止汽轮发电机组的运行，不应停止锅炉的运行。

3）汽轮机事故停机应停止汽轮发电机组的运行，不应停止锅炉的运行。

3 单元机组不具有快速切负荷功能，但汽轮机旁路系统具有快开功能且容量足够时，应符合下列规定：

1）外部系统故障引起发电机解列，应停止汽轮发电机组的运行，可不停止锅炉的运行。

2）发电机主保护动作应停止汽轮发电机组的运行，可不停止锅炉的运行。

3）汽轮机事故停机应停止汽轮发电机组的运行，可不停止锅炉的运行。

4 单元机组不具有快速切负荷功能，且不满足本条第 3 款的要求时，应符合下列规定：

1）外部系统故障引起发电机解列，应停止单元机组的运行。

2）发电机主保护动作，应停止单元机组的运行。

3）汽轮机事故停机，应停止单元机组的运行。

15.6.4 锅炉保护应符合下列规定：

1 锅炉给水系统应设有下列保护：

1）汽包锅炉的汽包水位保护。

2）直流锅炉的给水流量过低保护。

2 锅炉蒸汽系统应设有下列保护：

1）主蒸汽压力高保护。

2）再热蒸汽压力高保护。

3）再热蒸汽温度高喷水保护。

3 锅炉炉膛安全保护应包括下列功能：

1）锅炉吹扫。

2）油系统检漏试验。

3）灭火保护。

4）炉膛压力保护。

4 在运行中发生下列情况之一时，应能实现总燃料跳闸、紧急停炉保护：

1）手动停炉指令。

2）全炉膛火焰丧失。

3）炉膛压力过高/过低。

4）汽包/分离器水位过高/过低。

5）全部送风机跳闸。

6）全部引风机跳闸。

7）煤粉燃烧器投运时，全部一次风机跳闸。

8）燃料全部中断。

9）总风量过低。

10）锅炉炉膛安全监控系统失电。

11）根据锅炉特点要求的其他停炉保护条件。

5 当炉膛瞬态压力有可能超过炉膛设计压力时，应根据锅炉厂要求设置炉膛压力过高/过低解列送/引风机的保护。

15.6.5 汽轮机保护应符合下列规定：

1 在运行中发生下列情况之一时，应发出汽轮机跳闸指令：

1）汽轮机超速。

2）凝汽器真空过低。

3）润滑油压力过低。

4）控制油压力过低。

5）轴承振动大。

6）轴向位移大。

7）手动停机指令。

8）锅炉总燃料跳闸。

9）发电机事故跳闸。

10）外部系统故障引起发电机解列。

11）汽轮机数字电液控制系统失电。

12）汽轮机制造厂提供的其他保护项目。

2 汽轮机其他保护应包括下列内容：

1）抽汽防逆流保护。

2）低压缸排汽防超温保护。

3）汽机防进水保护。

4）汽机真空低保护等。

15.6.6 发电机保护应符合下列规定：

1 在运行中发生下列情况之一时，应发出发电机跳闸指令：

1）汽机事故停机。

2）发电机冷却系统故障。

3）单元机组未设置快速切负荷功能时，发电机解列。

4）发电机制造厂提供的其他停机条件。

2 其他电量保护应符合本规范第16.7节的规定。

15.6.7 热力系统应设有下列保护：

1 除氧器水位和压力保护。

2 高、低压加热器水位保护。

3 汽轮机旁路系统的减温水压力低和出口温度高保护。

4 空冷机组的背压保护、防冻保护（根据制造厂要求）等。

15.6.8 给水泵、送风机、引风机等重要辅机的保护应满足火力发电厂热力系统和燃烧系统的运行要求，并应根据辅机制造厂的技术要求进行设计。

15.7 开关量控制

15.7.1 开关量控制宜包括锅炉、汽机、发电机变压器组、辅机，阀门、挡板，电气开关、断路器等的单个设备操作，以及相关设备和系统的顺序控制及联锁。

15.7.2 顺序控制应按驱动级、子功能组级、功能组级三级水平设计。600MW及以上容量的机组可根据实际需要设置带断点的机组级顺序控制功能。

15.7.3 顺序控制的设计应符合保护、联锁操作优先的原则。在顺序控制过程中出现保护、联锁指令时，应将控制进程中断，并应使工艺系统按保护、联锁指令执行。

15.7.4 顺序控制在自动运行期间发生任何故障或运行人员中断时，应使正在进行的程序中断，并应使工艺系统处于安全状态。

15.7.5 顺序控制的设计应采取防止误操作的有效措施。

15.7.6 顺序控制的功能应满足机组的启动、停止及正常运行工况的控制要求，并应能实现机组在事故和异常工况下的控制操作。顺序控制应具备下列功能：

1 实现主/辅机、阀门、挡板、电气发电机变压器组厂用电设备等的顺序控制、控制操作及试验操作。

2 辅机及其相关的冷却系统、润滑系统、密封系统等的联锁控制。

3 重要运行设备故障跳闸时，联锁启动备用设备。

4 实现状态报警、联动及单台转机的保护。

15.7.7 下列项目宜纳入机组控制系统的锅炉部分顺序控制：

1 空预器系统。

2 送风机系统。

3 引风机系统。

4 一次风机系统。

5 流化风机系统。

6 磨煤机系统。

7 给煤机系统。

8 锅炉排污、疏水、放气系统。

9 暖风器系统。

10 燃油系统。

11 给水泵系统。

15.7.8 下列项目宜纳入机组控制系统的汽机部分顺序控制：

1 汽机润滑油和控制油系统。

2 凝结水系统。

3 凝汽器抽真空系统。

4 汽机轴封系统。

5 低压加热器系统。

6 高压加热器系统。

7 汽机蒸汽管道疏水系统。

8 辅助蒸汽系统。

9 循环水系统或辅机冷却水系统。

10 开式循环冷却水系统。

11 闭式循环冷却水系统。

15.7.9 下列项目宜纳入机组控制系统的发电机氢、油、水部分顺序控制：

1 发电机氢冷系统。

2 发电机密封油系统。

3 发电机定子冷却水系统。

15.7.10 脱硝反应系统、海水脱硫或不设置烟气旁路的石灰石-石膏湿法脱硫系统、空冷系统、锅炉干式除渣系统等辅助工艺系统的开关量控制，宜纳入机组顺序控制系统控制。

15.7.11 锅炉定期排污系统、凝汽器胶球清洗系统等辅助工艺系统的开关量控制不宜单独设置控制系统，宜纳入机组顺序控制系统。

15.7.12 锅炉吹灰系统可根据实际运行管理模式的要求纳入机组顺序控制系统，也可单独设置控制系统。

15.7.13 煤粉锅炉辅机联锁应包括下列项目：

1 锅炉的引风机、空气预热器和送风机在启停及事故跳闸时的顺序联锁。

2 锅炉的引风机、空气预热器和送风机之间的跳闸顺序，及引风机、空气预热器和送风机与烟、风道中有关挡板的启闭联锁。

3 送风机全部停运时，燃烧系统和制粉系统停止运行的联锁。

4 制粉系统中给煤机、磨煤机、一次风机或排粉机的启停及事故跳闸时的顺序联锁。

5 排粉机送粉系统的排粉机与给粉机之间的联锁。

6 烟气再循环风机启停与出口风门和冷风门的联锁。

7 辅机与其润滑油系统、冷却和密封系统的联锁，以及润滑油系统、冷却和密封系统中工作泵事故跳闸时备用泵的自启动联锁。

15.7.14 循环流化床锅炉辅机联锁应包括下列项目：

1 循环流化床的一次风机、二次风机、流化风机、空预器、除尘器以及引风机在启停及事故跳闸时的顺序联锁。

2 循环流化床的一次风机、二次风机、流化风机、空预器、除尘器以及引风机之间的跳闸顺序及与烟、风道中有关阀门、挡板的启闭联锁。

3 燃料系统投入与切除以及与风道燃烧器、床上燃烧器和床枪之间的启停顺序及联锁。

4 石灰石制备、输送系统中各设备启停顺序以及与阀门、挡板之间的联锁，煤燃料制备、输送系统中各设备启停顺序以及与阀门、挡板之间的联锁。

5 渣循环系统相关的设备（冷渣器、密封回料器）之间，以及相应的烟、风道中有关阀门、挡板之间的启停顺序及联锁。

15.7.15 汽轮机辅机应有下列联锁：

1 润滑油系统中的交流润滑油泵、直流润滑油泵、顶轴油泵和盘车装置与润滑油压之间的联锁。

2 给水泵、凝结水泵、真空泵、循环水泵/辅机冷却水泵、疏水泵以及其他各类水泵与其相应系统的压力之间的联锁。

3 运行泵事故跳闸时备用泵自启动的联锁。

4 各类泵与其进出口阀门间的联锁。

15.8 模拟量控制

15.8.1 机组应有较完善的模拟量控制系统。

15.8.2 模拟量控制系统的控制回路应按实用可靠的原则进行设计，并应适应机组在启动过程及不同负荷阶段中机组安全经济运行的需要，还应具有在机组事故及异常工况下与相关的联锁保护协同控制的措施。

15.8.3 在主辅设备可控性较好的情况下，部分模拟量控制回路宜采用全程控制。

15.8.4 单元机组应具备自动发电控制功能，当自动发电控制功能投入时，应能参与电网闭环自动发电控制。

15.8.5 单元机组模拟量控制系统应能满足滑压运行的要求，在锅炉不投油最低燃煤负荷到100%最大连续负荷变动范围内，应保证被控参数满足机组有关验收标准的要求。

15.8.6 单元机组宜采用机、炉协调控制。

15.8.7 协调控制系统应能协调锅炉和汽轮机，满足机组快速响应负荷命令，平稳控制汽轮机及锅炉的要求，应具有下列供运行选择的控制方式：

1 机炉协调控制。

2 汽轮机跟随控制。

3 锅炉跟随控制。

4 手动控制。

15.8.8 模拟量控制系统中的各控制方式之间应设切换逻辑并具备双向无扰切换功能。

15.8.9 300MW及以上汽轮机数字电液控制系统应至少具有转速控制、负荷控制、汽轮机热应力计算及汽轮机自动启停等功能。

15.8.10 锅炉应设置下列模拟量控制：

1 给水控制。

2 燃料控制。

3 送风控制。

4 炉膛压力控制。

5 主蒸汽温度控制。

6 再热蒸汽温度控制。

7 根据锅炉特点，锅炉厂要求的其他模拟量控制。

15.8.11 汽轮机应设置下列模拟量控制：

1 凝汽器水位控制。

2 加热器水位控制。

3 轴封压力控制。

4 高、低压旁路系统的压力和温度控制。

5 除氧器压力和水位控制。

6 根据汽轮机和热力系统特点设置的其他模拟量控制。

15.9 机组控制系统

15.9.1 单元机组应按由单元值班员统一集中控制的原则进行设计。机组控制系统宜采用分散控制系统。当技术经济论证合理时，也可采用基于现场总线的分散控制系统，可在现场仪表和设备层采用现场总线技术。分散控制系统的功能应包括数据采集与处理、模拟量控制、顺序控制和锅炉炉膛安全监控。

15.9.2 分散控制系统的选择应符合下列规定：

1 系统内所有模件应为标准化、模件化和插入式结构。

2 数据通信系统、处理器模件、操作员站、电源模件应冗余配置。

3 整个控制系统的可利用率应至少为99.9%。

4 每个机柜内每种类型输入/输出测点应有10%～15%的余量，每个机柜内应有10%～15%输入/输出模件插槽余量。

5 控制器站的处理能力应有40%余量，操作员站处理器能力应有60%余量。

6 处理器内部存储器应有50%余量，外部存储器应有60%余量。

7 共享式以太网通信负荷率不应大于20%，其他网络通信负荷率不应大于40%。

15.9.3 汽轮机数字电液控制系统及给水泵汽轮机数字电液控制系统应由汽轮机厂负责，其系统应成熟、可靠。汽轮机数字电液控制系统及给水泵汽轮机数字电液控制系统宜与机组控制系统选型一致，选型不一致时应设置与机组控制系统交换信息的通信接口。

15.9.4 汽轮机数字电液控制系统应包括电子控制装置、液压系统、就地仪表和执行设备。

15.9.5 单元机组的发电机-变压器组和厂用电源系统的顺序控制宜纳入机组控制系统。

发电机励磁系统自动电压调整、自动准同步、继电保护、故障录波及厂用电源自动切换功能应由专用装置实现。

15.9.6 由单元机组值班员控制的公用系统较多时，宜设置公用控制网络。公用系统应能在多套控制系统中进行监视和控制，并应确保任何工况仅有一台机组的操作员站能发出有效操作指令。

15.9.7 单元机组顺序控制系统和模拟量控制系统不宜配置后备操作器。

15.9.8 在控制系统发生电源消失、通信中断、全部操作员站失去功能、重要控制站失去控制和保护功能等全局性或重大故障的情况下，应设置下列确保机组紧急安全停机的独立于控制系统的硬接线后备操作手段：

1 汽机跳闸。

2 总燃料跳闸。

3 发电机或发电机变压器组跳闸。

4 锅炉安全门开（机械式可不装）。

5 汽包事故放水门开。

6 汽轮机真空破坏门开。

7 直流润滑油泵启动。

8 交流润滑油泵启动。

9 发电机灭磁开关跳闸。

10 柴油发电机启动。

11 循环流化床锅炉应设置锅炉跳闸后备硬接线操作手段取代总燃料跳闸后备操作手段。若有紧急补给水系统，则还应设置独立于分散控制系统的紧急补给水系统投入后备操作手段。

15.9.9 控制系统应按分层的原则设计，辅机和阀门（挡板）的驱动级的硬件和软件宜独立于上一级而工作，并应将确保辅机本身安全启停的允许条件和保护信号直接引入驱动级控制模件。

15.9.10 当锅炉采用等离子点火或微油点火时，等离子或微油点火系统的监控宜纳入锅炉炉膛安全监控系统。当等离子或微油点火控制系统与机组控制系统的选型不一致时，应设置与机组控制系统信息交换的硬接线和通信接口。

15.9.11 空冷系统的控制宜纳入机组控制系统。

15.9.12 海水脱硫系统的控制宜纳入机组控制系统。若石灰石-石膏湿法脱硫系统不设置烟气旁路时，其控制宜纳入机组控制系统。

15.9.13 脱硝反应系统的控制宜纳入机组控制系统。脱硝还原剂储存和供应系统的控制可纳入机组控制系统，也可采用独立控制系统或并入其他辅助车间控制系统。

15.9.14 锅炉干式除渣系统的控制宜纳入机组控制系统。

15.9.15 凝结水精处理系统的控制可根据电厂运行管理要求纳入机组控制系统。

15.10 辅助车间控制系统

15.10.1 辅助车间控制系统的设计应符合下列规定：

1 辅助车间控制系统的设计应根据工艺系统的特点及设备对运行操作的要求，采用适当的顺序控制和模拟量控制。

2 辅助车间控制系统宜按车间进行配置。

3 重要辅助车间控制系统的控制器宜冗余配置。

4 被控对象较少、布置比较分散的辅助车间宜采用远程I/O。

15.10.2 辅助车间控制系统的选择应符合下列规定：

1 辅助车间控制系统可采用可编程逻辑控制器系统，也可采用分散控制系统。当技术经济论证合理时，也可采用基于现场总线的可编程逻辑控制器系统或分散控制系统，可在现场仪表和设备层采用现场总线技术。

2 各辅助车间控制系统宜采用同一系列的可编程逻辑控制器或分散控制系统。

3 辅助车间的操作员站宜采用相同系列的应用软件。

15.10.3 设置烟气旁路的石灰石-石膏湿法脱硫系统，其控制系统设计应符合下列规定：

1 当采用一炉一塔时，每台机组可设置一套脱硫控制系统，也可两台机组的操作员站、工程师站、上层通信网络合设一套，相应的脱硫控制系统控制器(站)、I/O柜可按单元机组及公用系统分别设置。

2 当采用两炉一塔时，两台机组宜设置一套脱硫控制系统。

3 当石灰浆液制备或脱硫石膏浆液处理系统供全厂三台机组以上公用时，应结合工程情况进行经济技术论证，确定是否设置公用系统的脱硫控制系统。

15.10.4 除灰控制系统设计应符合下列规定：

1 每台机组除灰系统宜配置独立的控制器，两台机组除灰系统的公用系统，控制器宜冗余配置。

2 除灰系统不宜在单个设备附近设就地控制装置，但可根据控制要求设置就地控制按钮。

3 若除灰系统设置就地控制室，则宜在就地控制室内设置冗余操作员站，其中一台应具有工程师站的功能。

15.10.5 运煤控制系统设计应符合下列规定：

1 新建电厂的运煤系统，宜全厂设置一套运煤控制系统。

2 新建电厂的运煤控制系统设计应根据火力发电厂的规划容量，为后期工程的控制系统预留相应的控制设备位置和控制系统接口。

3 扩建电厂的运煤控制系统宜选用与厂内原有运煤控制系统硬件一致的控制设备，并宜与原有运煤系统合并集中监控。

4 若运煤系统设置就地控制室，则宜在就地控制室内设置冗余操作员站，其中一台应具有工程师站的功能。

5 运煤系统中，各运煤设备之间应有自动联锁和信号。

6 带式输送机的事故拉绳开关应直接接入控制回路。

15.10.6 锅炉补给水处理控制系统设计应符合下列规定：

1 新建电厂的锅炉补给水处理系统宜全厂设置一套锅炉补给水处理控制系统。

2 新建电厂的锅炉补给水处理控制系统设计应根据火力发电厂的规划容量，为后期工程的控制系统预留相应的控制设备位置和控制系统接口。

3 扩建电厂的锅炉补给水处理控制系统宜选用与厂内原有锅炉补给水处理控制系统硬件一致的控制设备，并宜与原有锅炉补给水处理系统合并集中监控。

4 若锅炉补给水处理系统设置就地控制室，则宜在就地控制室内设置冗余操作员站，其中一台应具有工程师站的功能。

15.10.7 火力发电厂宜设置辅助车间集中控制网络。

15.10.8 辅助车间集中控制网络设计应符合下列规定：

1 辅助车间集中控制网络的设置应与电厂的自动化水平和控制方式相适应。

2 规划容量为两台机组及以下的电厂宜全厂设置一个辅助车间集中控制网络。

3 规划容量超过两台机组及以上的电厂，每两台机组宜设置一个辅助车间集中控制网络；全厂公用的辅助车间控制系统宜纳入1、2号机组辅助车间集中控制网络。

4 辅助车间集中控制网络按分层设置的原则，可分别设置水系统控制网络、煤系统控制网络、灰系统控制网络等，然后分别接入上层辅助车间集中控制网络。

5 辅助车间集中控制网络的网络结构、通信速率、应用功能等设计方案，应充分满足辅助车间各系统对监控功能实时性的要求。

6 辅助车间操作员站和工程师站的设置可根据各辅助车间监控功能的要求进行设计。设有全厂辅助车间集中控制网络的电厂，宜在全厂辅助车间集中控制网络层设置2个～3个操作员站、1个工程师站，同时可在水系统控制网络层、灰系统控制网络层、煤系统控制网络层设置操作员站和工程师站。

7 辅助车间集中控制网络应能与信息系统进行通信。

15.11 控制电源

15.11.1 控制柜（盘）进线电源的电压等级不应超过250V。进入控制装置柜（盘）的交、直流电源除停电一段时间不影响安全外，应各有两路，并应互为备用。工作电源故障需及时切换至另一路电源时，宜在控制柜（盘）设自动切投装置，切换时间应满足用电设备安全运行的需要。

15.11.2 每组交流动力电源配电箱应有两路输入电源，并应分别引自厂用低压母线的不同段。在有事故保安电源的火力发电厂中，影响机组安全运行的设备，其电源配电箱的一路输入电源应引自厂用事故保安电源段。两路电源应互为备用，可设置自动切投装置。

15.11.3 分散控制系统、汽轮机数字电液控制系统、锅炉保护系统、汽轮机跳闸保护系统、火检装置等重要系统的供电电源应有两路，并应互为备用。一路应采用交流不间断电源，一路应采用交流不间断电源或厂用保安段电源。

15.11.4 辅助车间集中控制网络应有两路供电电源，宜分别引自不同机组的交流不间断电源，各辅助车间控制系统均应有两路供电电源，供电电源宜引自各辅助车间配电柜。

15.12 仪表导管、电缆及就地设备布置

15.12.1 取源部件应设置在能真实反映被测介质参数的工艺设备（管道）上。一次导压管及一次阀门的材质应按被测介质可能达到的最高压力、温度选择，并应满足焊接工艺要求。二次导管、二次阀门、排污阀、试验阀及管道附件的材质应满足可能达到的最高压力和排污时的最高温度要求。

15.12.2 电缆的设计和选型除应符合现行国家标准《电力工程电缆设计规范》GB 50217 的有关规定外，还应符合下列规定：

1 用于仪表与控制系统的电缆和电线的线芯材质应为铜芯，测量、控制用的补偿电缆或补偿导线的线芯材质应与相连的热电偶丝相同或热电特性相匹配。

2 当制造厂对仪表和控制设备的连接电缆、导线的规范有特别要求时，应按设备制造厂的要求进行设计。

3 控制电缆宜敷设在电缆桥架内。桥架通道应避免遭受机械性外力、过热、腐蚀及易燃易爆物等的危害，并应根据防火要求实施阻隔。

15.12.3 现场布置的仪表和控制设备应根据需要采取必要的防护、防冻和防爆措施。

15.12.4 控制用电气设备外壳、不要求浮空的盘台、金属桥架、铠装电缆的铠装层、计算机信号电缆的屏蔽层等应设保护接地，保护接地应牢固可靠，保护接地的电阻值应符合国家现行有关电气保护接地的规定。

15.12.5 各计算机系统内不同性质的接地应分别有稳定可靠的总接地板（箱），总接地板（箱）宜统一与全厂接地网相连，不宜再单设计算机专用独立接地网。当设备厂家对逻辑接地和计算机系统接地的阻值及接地方式有特殊要求时，应按其要求设计。

16 电气设备及系统

16.1 发电机与主变压器

16.1.1 发电机及其励磁系统应符合现行国家标准《隐极同步发电机技术要求》GB/T 7064、《旋转电机 定额和性能》GB 755、《同步电机励磁系统 定义》GB/T 7409.1、《同步电机励磁系统 电力系统研究用模型》GB/T 7409.2 和《同步电机励磁系统 大中型同步发电机励磁系统技术要求》GB/T 7409.3 的有关规定。

16.1.2 容量为 300MW 级及以上发电机除应符合本规范第16.1.1条的规定，还应符合下列规定：

1 汽轮发电机组的轴系自然扭振频率应避开工频及 2 倍工频。

2 发电机各部件结构强度应能承受在额定负荷和 105%额定电压下其端部任何形式的突然短路故障。汽轮发电机组应具有承受与其相连接的高压输电线路断路器单相重合闸的能力。

3 发电机组应具有一定的进相、调峰及短暂失步运行、短时失磁异步运行的能力，并应符合现行行业标准《电网运行准则》DL/T 1040 的有关规定。

4 励磁系统的特性与参数应满足电力系统各种运行方式的要求，并宜选用制造厂的成熟形式。

16.1.3 发电机主变压器的选型应符合现行国家标准《电力变压器 第 1 部分 总则》GB 1094.1、《电力变压器 第 2 部分：温升》GB 1094.2、《电力变压器 第 3 部分：绝缘水平、绝缘试验和外绝缘空气间隙》GB 1094.3、《电力变压器 第 4 部分：电力变压器和电抗器的雷电冲击和操作冲击试验导则》GB 1094.4、《电力变压器 第 5 部分：承受短路的能力》GB 1094.5、《电力变压器 第 7 部分：油浸式电力变压器负载导则》GB/T 1094.7 和《油浸式电力变压器技术参数和要求》GB/T 6451 等的有关规定。

16.1.4 与容量 600MW 级及以下机组单元连接的主变压器，若不受运输条件的限制，宜采用三相变压器；与容量为 1000MW 级机组单元连接的主变压器应综合运输和制造条件，可采用单相或三相变压器。当选用单相变压器组时，应根据电厂所处地区及所连接电力系统和设备的条件，确定是否需要装设备用相。

16.1.5 容量 125MW 级及以上的发电机与主变压器为单元连接时，主变压器的容量宜按发电机的最大连续容量扣除不能被高压厂用启动/备用变压器替代的高压厂用工作变压器计算负荷后进行选择。变压器在正常使用条件下连续输送额定容量时绕组的平均温升不应超过 65K。

16.1.6 火力发电厂以两种升高电压向用户供电或与电力系统连接时，应符合下列规定：

1 125MW 级机组的主变压器宜采用三绕组变压器，每个绕组的通过功率应达到该变压器额定容量的 15%以上。

2 200MW 级及以上的机组不宜采用三绕组变压器，如高压和中压间需要联系时，宜在变电站进行联络。

3 连接两种升高电压的三绕组变压器不宜超过 2 台。

4　若两种升高电压均系中性点直接接地系统，且技术经济合理时，可选用自耦变压器，主要潮流方向应为低压和中压向高压送电。

16.1.7　发电机主变压器中性点绝缘水平应根据其中性点接地方式确定。

16.2　电气主接线

16.2.1　火力发电厂电气主接线设计应符合下列规定：

1　应根据电力系统性质、系统规划、容量、环境条件和电厂的安全可靠、运行灵活、经济合理及操作维修方便等要求，合理选择方案。

2　应根据电厂在系统中所处的地位、规划容量、工程特点及所采用的设备条件，做到远、近期结合，应以近期为主，并应适当留有扩建的条件。

3　当电厂初期建设机组2台及以下，出线回路数少时，宜简化电气主接线，并应采取便于扩建改造、减少停电损失的过渡措施。

4　应与高压厂用备用或启动/备用电源引接方案统筹设计。

16.2.2　当配电装置不再扩建，能满足电厂运行要求，且电网对电厂主接线没有特殊要求时，宜简化接线形式，可采用发电机-变压器-线路组接线、桥形接线或角形接线。

16.2.3　若接入电力系统火力发电厂的机组容量相对较小，与电力系统不匹配，且技术经济合理时，可将两台发电机与一台双绕组变压器或分裂绕组变压器作扩大单元连接，也可将两组发电机双绕组变压器组共用一台高压侧断路器作联合单元连接。并应在发电机与主变压器之间装设发电机断路器或负荷开关。

16.2.4　125MW级的发电机与三绕组变压器或自耦变压器为单元连接时，在发电机与变压器之间宜装设发电机断路器或负荷开关，厂用分支线应接在变压器与该断路器之间。

16.2.5　125MW级～300MW级的发电机与双绕组变压器为单元连接时，在发电机与变压器之间不宜装设发电机断路器或负荷开关。

16.2.6　600MW级及以上机组，根据工程具体情况，经技术经济论证合理时，在发电机与变压器之间可装设发电机断路器或负荷开关，主变压器或高压厂用工作变压器宜采用有载调压方式，当根据机组接入系统的变电站电压波动范围经计算机组正常运行和启停高压厂用母线电压水平满足要求时，也可采用无励磁调压方式。

16.2.7　200MW级及以上发电机的引出线及其分支线应采用全连式分相封闭母线。

16.2.8　发电机中性点的接地方式可采用不接地、经消弧线圈或高电阻接地的方式。300MW级及以上的发电机应采用中性点经高电阻或消弧线圈的接地方式。

16.2.9　发电机（升压）主变压器中性点接地方式应根据所处电网的中性点接地方式及系统继电保护的要求确定。在110kV～750kV有效接地系统中，110kV及220kV系统中主变压器中性点可采用直接或经接地电抗器接地方式；330kV～750kV系统中主变压器中性点可采用直接接地或经小电抗器接地方式。

16.2.10　35kV～220kV配电装置的接线方式应按火力发电厂在电力系统中的地位、负荷的重要性、出线回路数、设备特点、配电装置形式，以及火力发电厂的运行可靠性和灵活性的要求、火力发电厂的单机容量和规划容量等条件确定，并应符合下列规定：

1　当配电装置在电力系统中居重要地位、负荷大、潮流变化大且出线回路数较多时，宜采用双母线或双母线分段的接线。

2　300MW级～600MW级机组的220kV配电装置，当采用双母线分段接线不能满足电力系统稳定和地区供电可靠性的要求时，可采用3/2断路器接线。

3　当35kV～66kV配电装置采用单母线分段接线且断路器无条件停电检修时，可设置不带专用旁路断路器的旁路母线；当采用双母线接线时，不宜设置旁路母线，有条件时可设置旁路隔离开关。

4　发电机变压器组的高压侧断路器不宜接入旁路母线。

5　初期工程可采用断路器数量较少的过渡接线方式，但配电装置的布置应便于过渡到远期接线。

16.2.11　330kV～500kV配电装置的接线应满足系统稳定性和可靠性以及限制短路容量的要求，并应满足电厂运行的灵活性和建设的经济性要求，同时应符合下列规定：

1　当进出线回路数为6回及以上，配电装置在系统中具有重要地位时，宜采用3/2断路器接线。

2　当电厂装机台数较多，但出线回路数较少时，可采用4/3断路器接线。

3　进出线回路数少于6回，且电网根据远景发展有特殊要求时，可采用双母线接线，远期可过渡到双母线分段接线。

4　初期进出线回路数为4回时，可采用四角形接线，进、出线应装设隔离开关。布置上宜按过渡到远期3/2断路器接线设计。

5　在3/2断路器接线中，电源线宜与负荷线配对成串，同名回路宜配置在不同串内。初期仅两串时，同名回路宜分别接入不同侧的母线，进出线应装设隔离开关。当3/2断路器接线达三串及以上时，同名回路可接于同一侧母线，进、出线可不装设隔离开关。

6　双母线分段接线中，电源线与负荷线宜均匀配置于各段母线上。

16.2.12　500kV～750kV配电装置的接线，初期建

设2台机组1回出线时宜采用简化接线，可采用发电机-变压器-高压断路器组、线路侧不设断路器的单母线接线。扩建或远期可根据工程具体条件、装机容量、建设规模采用3/2断路器接线或4/3断路器接线。

16.2.13 采用单母线或双母线接线的配电装置，当采用气体绝缘金属封闭开关设备时，不应设置旁路设施；当断路器为六氟化硫型时，不宜设旁路设施。

16.2.14 当采用双母线分段接线时，分段断路器的设置应满足电力系统稳定、限制系统短路容量和地区供电可靠性的要求，以及火力发电厂运行可靠性和灵活性的要求。当任一台断路器发生故障或拒动时，应按系统稳定、限制短路容量和地区供电可允许切除机组的台数和出线回路数确定采用双母线单分段或双分段接线。

16.2.15 330kV及以上电压等级的进、出线和母线上装设的避雷器及进、出线电压互感器不应装设隔离开关，母线电压互感器不宜装设隔离开关。220kV及以下母线避雷器和电压互感器宜合用一组隔离开关。110kV～220kV线路上的电压互感器与耦合电容器不应装设隔离开关。220kV及以下线路避雷器以及接于发电机与变压器引出线的避雷器不宜装设隔离开关，变压器中性点避雷器不应装设隔离开关。

16.2.16 330kV及以上电压等级的线路并联电抗器回路不宜装设断路器。330kV及以上电压等级的母线并联电抗器回路应装设断路器和隔离开关。

16.3 交流厂用电系统

16.3.1 火力发电厂的厂用电电压等级选择除应符合现行国家标准《标准电压》GB/T 156的有关规定外，还应符合下列要求：

1 火力发电厂可采用3kV、6kV、10kV作为高压厂用电的电压。125MW级～300MW级的机组宜采用6kV一级高压厂用电电压；600MW级及以上的机组，可根据工程具体条件采用6kV一级、10kV一级或6kV、10kV两级高压厂用电压。

2 200MW级及以上的机组，主厂房内的低压厂用电系统宜采用动力与照明分开供电的方式。动力网络的电压宜采用380V、380/220V。

16.3.2 火力发电厂高压厂用电系统中性点接地，可采用下列方式：

1 火力发电厂高压厂用电系统中性点接地方式可采用不接地、经电阻接地方式。

2 当高压厂用电系统的接地电容电流在10A以下时，其中性点可采用不接地方式，也可采用经高阻接地方式。当采用经高阻接地方式时，应通过合理选择接地电阻值，控制单相接地故障总电流小于10A，保护应动作于报警。

3 当高压厂用电系统的接地电容电流在7A以上时，其中性点可采用电阻接地方式。接地电阻的选择应使发生单相接地故障时，电阻性电流不小于电容性电流，且单相接地故障总电流值令保护装置准确且灵敏地动作于跳闸。

16.3.3 主厂房内的低压厂用电系统中性点接地可采用下列方式：

1 动力系统的中性点可采用高阻接地、直接接地或不接地方式。

2 照明/检修系统的中性点应采用直接接地方式。

3 辅助厂房的低压厂用电系统中性点宜采用直接接地方式。

16.3.4 火力发电厂厂用电系统的电能质量宜符合下列规定：

1 正常工作情况下，交流母线的电压波动范围宜在额定电压的±5%之内。

2 正常工作情况下，交流母线的各次谐波电压含有率不宜大于3%，电压总谐波畸变率不宜大于5%。

16.3.5 高压厂用工作变压器、高压厂用备用变压器的阻抗和调压方式的选择应符合下列规定：

1 高压厂用工作变压器的阻抗应根据限制高压厂用母线短路电流和保证最大单台电动机启动与成组电动机自启动时的厂用母线电压水平等因素经优化选取。

2 采用单元制接线的发电机，当不装设发电机断路器或负荷开关时，厂用分支线上连接的高压厂用工作变压器不应采用有载调压。

3 当装设发电机断路器或负荷开关时，在满足机组启动和正常运行等不同工况下的高压厂用母线电压水平要求时，厂用分支线上连接的高压厂用工作变压器可不采用有载调压。

4 当电力系统对发电机有进相运行等要求导致发电机出口（高压厂用工作变压器电源引接点）的电压波动范围超出±10%时，高压厂用工作变压器可采用有载调压方式。

5 高压厂用备用变压器的阻抗和调压方式的选择应经计算和技术经济比较后确定。

16.3.6 当发电机与主变压器为单元连接时，高压厂用工作电源应由主变压器低压侧引接。

16.3.7 高压、低压厂用工作变压器的容量选择应符合下列规定：

1 高压厂用工作变压器的容量应按高压电动机计算负荷与低压厂用电的计算负荷之和选择。

2 公用负荷宜由不同机组的高压厂用工作变压器分担。

3 采用专用备用（明备用）方式的低压厂用变压器的容量宜留有10%的裕度。

4 对于接有变频和整流负荷的变压器，其容量选择应将变频和整流负荷引起的谐波导致变压器过热的因素计算在内，并应按可能出现的最大运行方式计算。

16.3.8 当高压厂用工作变压器高压侧的厂用分支线采用分相封闭母线时，该分支线不宜装设断路器和隔离开关，但应有可拆连接点。

16.3.9 备用电源的设置及其切换方式应符合下列规定：

1 停电将直接影响到人身或重要设备安全的负荷，必须设置自动投入的备用电源。

2 停电将可能使发电量大量下降的负荷宜设置备用电源。

3 当备用电源采用明备用的方式时，应装设备用电源自动投入装置。

4 当备用电源采用暗备用的方式时，备用电源应手动投入。

16.3.10 高压厂用备用或启动/备用电源可采用下列引接方式：

1 可由高压母线中电源可靠的最低一级电压母线或由联络变压器的第三（低压）绕组引接，并应保证在全厂停"机"的情况下，能从外部电力系统取得足够的电源，包括三绕组变压器的中压侧从高压侧取得电源。

2 当装设发电机断路器且机组台数为2台及以上、出线回路为2回及以上时，还可由1台机组的高压厂用工作变压器低压侧厂用工作母线引接另1台机组的高压事故停机电源。

3 当技术经济合理时，可由外部电网引接专用线路供电。

4 当全厂有2个及以上高压厂用备用或启动/备用电源时，宜引自2个相对独立的电源。

16.3.11 火力发电厂高压、低压厂用备用电源或启动/备用电源的容量应符合下列规定：

1 未装设发电机断路器或负荷开关时，应符合下列规定：

1）当设置专用的高压启动/备用变压器时，其容量宜与最大一台（组）高压厂用工作变压器的容量相同。

2）当启动/备用变压器带有公用负荷时，其容量还应满足作为最大一台（组）高压厂用工作变压器备用的要求。

2 容量为600MW级～1000MW级的机组，当装设发电机断路器或负荷开关时，应符合下列规定：

1）如设置高压厂用备用变压器，则高压厂用备用变压器应兼有停机功能，其容量宜按最大单台高压厂用变压器容量的100%设置。

2）如不设置高压厂用备用变压器，则应设置高压停机电源，同时可根据需要，再设置1台不接线的高压厂用工作变压器作为检修备用。高压停机电源容量应满足机组事故停机的需求，机组事故停机的容量应按工程具体情况核定。

3 专用备用的低压厂用备用变压器的容量应与最大一台低压厂用工作变压器的容量相同。

16.3.12 高压厂用工作变压器的台数配置应符合下列规定：

1 125MW级机组的高压厂用工作电源宜采用1台双卷变压器。

2 200MW级～300MW级机组的高压厂用工作电源宜采用1台分裂变压器。

3 600MW级机组的高压厂用工作电源可采用1台分裂变压器或1台分裂变压器加1台双卷变压器。

4 1000MW级机组的高压厂用工作电源可采用2台分裂变压器或1台分裂变压器加1台双卷变压器。

16.3.13 高压厂用备用或启动/备用变压器的台数配置应符合下列规定：

1 当未装设发电机断路器或负荷开关时，应符合下列规定：

1）125MW级的机组，全厂应设置1台高压厂用启动/备用变压器。

2）200MW级～300MW级的机组，每2台机组可设1台高压厂用启动/备用变压器。

3）600MW级及以上的机组，每2台机组可设1台或2台高压厂用启动/备用变压器。

2 600MW级及以上的机组，当装设发电机断路器或负荷开关时，应符合下列规定：

1）当从厂内高压配电装置母线引接机组的高压厂用备用电源，并可使用同容量高压厂用备用电源的4台及以下机组，可设1台高压厂用备用变压器；可使用同容量高压厂用备用电源的5台及以上机组，除设1台高压厂用备用变压器外，可再设置1台不接线的高压厂用工作变压器。

2）当从另一台机组的高压厂用工作变压器低压侧厂用工作母线引接本机组的高压停机电源，机组之间对应的高压厂用母线设置联络，互为事故停机电源时，则可不设专用的高压厂用备用变压器。

16.3.14 每2台机组设置2台高压厂用启动/备用变压器时，变压器高压侧宜分别装设隔离开关并共用断路器。

16.3.15 低压厂用备用电源的设置应符合下列规定：

1 当低压厂用备用电源采用专用备用变压器时，125MW级的机组，低压厂用工作变压器的数量在8台及以上，可增设第二台低压厂用备用变压器；200MW级的机组，每2台机组宜设1台低压厂用备用变压器；300MW级及以上的机组宜按机组设置低压厂用备用变压器。

2 当低压厂用变压器成对设置时，互为备用的负荷应分别由2台变压器供电，2台互为备用的变压器之间不应装设备用电源自动投入装置。远离主厂房的负荷宜采用邻近2台变压器互为备用的方式。

16.3.16 高压、低压厂用母线的接线应符合下列规定：

1 高压厂用母线应采用单母线接线。每台锅炉每一级高压厂用电压不应少于2段母线。

2 低压厂用母线也应采用单母线接线。锅炉容量为410t/h～1000t/h时，每台锅炉应至少设2段母线供电，双套辅机的电动机应分接于2段母线上，2段母线可由1台变压器供电；锅炉容量为1000t/h级及以上时，每台锅炉应设置2段及以上母线，每段母线可由1台或2台变压器供电。

16.3.17 200MW级及以上的机组应设置交流保安电源。

16.3.18 200MW级～300MW级的机组宜按机组设置交流保安电源。600MW级～1000MW级的机组应按机组设置交流保安电源。交流保安电源应采用快速起动的柴油发电机组。

16.3.19 交流保安电源的电压和中性点接地方式，宜与主厂房低压厂用电系统一致。

16.3.20 火力发电厂应设置固定的交流低压检修供电网络，并应在各检修现场装设检修电源箱，应供电焊机、电动工具和试验设备等使用。

16.3.21 主厂房厂用配电装置的布置应结合主厂房的布置及负荷的分布确定，应节省电缆用量，并应避开潮湿、高温和多灰尘的场所。

16.3.22 置于室内的低压厂用变压器宜采用干式变压器。

16.3.23 高压厂用开断设备应采用无油化设备。对容量较小、启停频繁的厂用电回路宜采用高压熔断器串真空接触器的组合设备。

16.4 直流系统及交流不间断电源

16.4.1 火力发电厂内应装设向直流控制负荷和动力负荷供电的蓄电池组。与电力系统连接的火力发电厂选择蓄电池组容量时，厂用交流电源事故停电时间应按1h计算；不与电力系统连接的孤立火力发电厂，厂用交流电源事故停电时间应按2h计算。

16.4.2 蓄电池组应以全浮充电方式运行，控制专用的蓄电池组不应设置端电池，其他蓄电池组不宜设置端电池，蓄电池配置应符合下列规定：

1 200MW级及以下机组的火力发电厂，当控制系统按单元机组设置，且升高电压为220kV及以上时，每台机组宜装设2组对动力负荷和控制负荷合并供电的蓄电池。

2 300MW级机组的火力发电厂，每台机组宜装设3组蓄电池，其中2组应对控制负荷供电，1组应对动力负荷供电；也可装设2组对动力负荷和控制负荷合并供电的蓄电池。

3 600MW级及以上机组的火力发电厂，每台机组应装设3组蓄电池，其中2组应对控制负荷供电，1组应对动力负荷供电。

4 火力发电厂高压配电装置包含220kV及以上电气设备时，应独立装设不少于2组对控制负荷和动力负荷供电的蓄电池。当高压配电装置设置有多个网络继电器室时，也可按继电器室分散装设蓄电池组。

5 对于远离主厂房的辅助车间，当需要向直流动力或控制负荷供电时，可分区设置动力和控制合用的成套直流电源装置。

16.4.3 火力发电厂直流系统的标称电压应符合下列规定：

1 专供控制负荷的直流系统宜采用110V。

2 专供动力负荷的直流系统宜采用220V。

3 控制负荷和动力负荷合并供电的直流系统宜采用220V。

16.4.4 火力发电厂直流母线电压应符合下列规定：

1 正常运行时，直流母线电压应为直流系统标称电压的105%。

2 专供控制负荷的直流系统，直流母线电压允许变化范围应为直流系统标称电压的85%～110%。

3 专供动力负荷的直流系统，直流母线电压允许变化范围应为直流系统标称电压的87.5%～112.5%。

4 控制负荷和动力负荷合并供电的直流系统，直流母线电压允许变化范围应为直流系统标称电压的87.5%～110%。

16.4.5 蓄电池组充电装置的配置应符合下列规定：

1 每组蓄电池应装设1台充电装置。

2 对于2组相同电压的蓄电池组，当采用晶闸管充电装置时，宜再设置1台充电装置作为公用备用；当采用配置有备用模块的高频开关充电装置时，可不装设备用充电装置。

3 当全厂一种电压等级的蓄电池只有1组时，宜再装设1台备用充电装置。

16.4.6 火力发电厂的直流系统宜采用单母线或单母线分段接线方式。2组蓄电池宜采用2段单母线接线，每组蓄电池和相应的充电装置应接在同一母线上，公用备用的充电装置应能切换到相应的两段母线上。蓄电池和充电装置均应经隔离和保护电器接入直流母线。

16.4.7 除有特殊要求外，火力发电厂的直流系统应采用不接地方式，直流主母线应装设绝缘监察装置。

16.4.8 采用计算机控制系统进行控制的火力发电厂，应装设交流不间断电源，交流不间断电源装置宜采用在线式。

16.4.9 单元机组交流不间断电源的设置应满足机组计算机控制系统的要求。单机容量为 600MW 级及以上机组，每台机组宜配置 2 台交流不间断电源装置；容量为 300MW 级及以下机组，当计算机控制系统仅需要 1 路不间断电源时，每台机组可配置 1 台交流不间断电源装置。

16.4.10 对于网络继电器室和远离主厂房的辅助车间，当需要向交流不间断负荷供电时，可分区设置独立的交流不间断电源装置，也可与就地直流系统合并设置交直流电源成套装置。

16.4.11 交流不间断电源装置旁路开关的切换时间不应大于 5ms；交流厂用电消失时，交流不间断电源满负荷供电时间不应小于 0.5h。

16.4.12 单元机组的交流不间断电源装置宜由一路交流主电源、一路交流旁路电源和一路直流电源供电。交流主电源和交流旁路电源应由不同厂用母线段引接。对于设置有交流保安电源的机组，交流主电源宜由保安电源引接。直流电源可由机组的直流动力电源引接或独立设置蓄电池组供电。

16.4.13 交流不间断电源主母线应采用单母线或单母线分段接线方式。当有冗余供电或互为备用的不间断负载时，交流不间断电源主母线宜采用单母线分段，双重化的交流不间断电源装置和负载应分别接到不同的母线段上。

16.5 高压配电装置

16.5.1 火力发电厂高压配电装置的设计应符合下列规定：

1 应执行国家的建设方针和技术经济政策，符合环境保护的要求，做到安全可靠、技术先进、运行维护方便、经济合理。

2 应根据电力系统性质、规划容量、环境条件和运行维护等要求，合理地选用设备和确定布置方案。应坚持节约用地的原则，合理选用效率高、能耗小的电气设备和材料。

3 应根据工程特点、规模和发展规划，做到远、近期结合，以近期为主，并应适当留有扩建的条件。

16.5.2 高压配电装置的设计应符合国家现行标准《3～110kV 高压配电装置设计规范》GB 50060 和《高压配电装置设计技术规程》DL/T 5352 的有关规定。

16.5.3 配电装置的形式选择应根据设备选型和进、出线方式，以及工程实际情况，并结合火力发电厂总平面布置，通过技术经济比较确定。在技术经济合理时，应采用占地少的配电装置形式。

16.5.4 330kV 及以上电压等级的配电装置宜采用屋外中型配电装置。110kV 和 220kV 电压等级的配电装置宜采用屋外中型配电装置或屋外半高型配电装置。

16.5.5 Ⅳ级污秽地区、严寒地区、土石方开挖工程量大的山区，110kV 和 220kV 配电装置可采用屋内配电装置，当技术经济合理时，也可采用气体绝缘金属封闭开关设备。

16.5.6 对于电厂厂址地形特殊、布置场地受到限制，当技术经济合理时，220kV 及以上电压等级的配电装置可采用气体绝缘金属封闭开关设备。

16.5.7 Ⅳ级污秽地区、严寒地区、海拔高度大于 2000m 地区的 330kV 及以上电压等级的配电装置，当技术经济合理时，可采用气体绝缘金属封闭开关设备。

16.5.8 220kV～750kV 电压等级，当接线采用软母线或管型母线配双柱式、三柱式、双柱伸缩式或单柱式隔离开关时，屋外敞开式配电装置应采用中型布置，断路器布置形式应符合下列规定：

1 3/2 断路器接线，断路器可采用平环式、三列式、双列式或单列式布置。

2 4/3 断路器接线，断路器可采用双列式布置。

3 双母线接线，断路器可采用单列式或双列式布置。

16.5.9 直接空冷机组布置在空冷平台下的电气设备外绝缘爬电比距宜按Ⅳ级污秽等级选择。

16.6 电气监测及控制

16.6.1 火力发电厂电气设备宜采用计算机进行监控。

16.6.2 单元机组的主要电气设备应在单元控制室或集中控制室监控。125MW 级的机组监控系统宜按机组设置，200MW 级及以上的机组监控系统应按机组设置。

16.6.3 高压配电装置的电气设备宜采用计算机监控系统在火力发电厂的集中控制室或第一单元控制室监控，当调度部门对高压配电装置的电气设备运行有特别要求时，也可另设网络控制室进行监控。

16.6.4 非单元制火力发电厂，可全厂设置 1 套电气监控系统对电气设备进行监控，监控范围宜包括各机组及高压配电装置的电气设备和元件。

16.6.5 高压配电装置及单元机组的计算机监控系统应采用开放式、分布式结构，其站控层设备及网络宜采用冗余配置。

16.6.6 火力发电厂计算机监控系统应采取抵御黑客、病毒、恶意代码等对系统的破坏、攻击以及非法操作的安全防护措施。

16.6.7 下列设备或元件应在单元机组监控系统进行监测和控制：

1 发电机变压器组或发电机变压器线路组。

2 发电机励磁系统。

3 高压厂用电源。

4 高压厂用电源线。

5 主厂房内低压厂用工作变压器及低压母线分段断路器。

6 主厂房内专用备用变压器及备用电源。

16.6.8 下列设备或元件宜在单元机组监控系统进行监测和控制：

1 主厂房照明变压器及低压母线分段断路器。

2 低压厂用公用变压器及低压母线分段断路器。

3 主厂房动力中心至电动机控制中心的电源馈线。

16.6.9 下列设备或元件应在单元机组监控系统进行监测：

1 直流系统。

2 交流不间断电源。

3 柴油发电机组。

16.6.10 高压配电装置的下列设备或元件应在网络监控系统进行监测和控制：

1 母线联络及分段断路器。

2 110kV 及以上线路及旁路断路器。

3 联络变压器。

4 并联电抗器。

16.6.11 高压隔离开关宜采用远方控制，110kV 及以下供检修用的隔离开关和接地开关可采用就地控制。

16.6.12 发电机变压器组及启动/备用变压器除应在单元机组监控系统进行监测和控制外，其高压侧断路器还应在网络监控系统进行监测。

16.6.13 当高压配电装置的接线采用 3/2 断路器接线时，与发电机变压器组有关的 2 台断路器应在单元机组监控系统进行监测和控制，网络监控系统应能对与发电机变压器组有关的 2 台断路器进行监测。当发电机变压器组进线装设隔离开关，在隔离开关断开时，或当已装设发电机断路器，在发电机断路器断开时，与发电机变压器组有关的 2 台断路器应能在网络监控系统进行控制。

16.6.14 发电机变压器组、启动/备用变压器、母线联络及母线分段回路断路器应采用三相联动操动机构。

16.6.15 隔离开关、接地开关和母线接地器与相应的断路器之间应装设防止误操作的闭锁装置，闭锁装置可由机械的、电磁的或电气回路的闭锁构成。

16.6.16 单元制火力发电厂每台机组应装设 1 套自动准同步装置，也可再装设 1 套带有闭锁的手动准同步装置；火力发电厂高压配电装置部分应装设捕捉同步装置或带闭锁的手动准同步装置。

16.6.17 200MW 级及以上机组的高压厂用电源切换宜采用带同步检定的厂用电源快速切换方式。

16.6.18 交流保安电源宜设置独立的控制系统。

16.6.19 当采用计算机进行控制时，应在控制室设置下列独立的保证机组紧急停机的后备操作设备：

1 发电机或发电机变压器组紧急跳闸。

2 发电机灭磁开关跳闸。

3 柴油发电机启动。

16.6.20 火力发电厂单元机组的励磁系统自动电压调节、自动准同步、继电保护、故障录波，以及厂用电源快速切换等功能宜由专用装置实现。

16.6.21 继电保护和安全自动装置发出的跳、合闸指令应直接接入断路器的跳合闸回路，与继电保护、安全自动装置、厂用电源切换相关的断路器的跳合闸回路应监视其回路的完好性。

16.6.22 信号灯或计算机显示器上模拟图的颜色应符合下列规定，并可用闪烁表示提醒或注意：

1 红色：开关合闸、设备运行、带电、危险状态。

2 绿色：开关分闸、设备停止、不带电、安全状态。

3 黄色：故障、异常状态。

4 白色或黑色：其他状态，当对红、绿或黄不适用时使用。

16.6.23 电压为 250V 以上的回路不宜引入控制屏和保护屏。

16.6.24 火力发电厂电气设备的测量和计量设计应符合现行国家标准《电力装置的电测量仪表装置设计规范》GB/T 50063 的有关规定。

16.6.25 火力发电厂控制室宜采用计算机监控系统对电气参数进行测量，就地可采用常规仪表或综合测控保护装置对电气参数进行测量。

16.6.26 当采用计算机进行监控时，电气参数的测量宜采用交流采样或经变送器的直流采样方式，就地测量可采用一次仪表测量或直接仪表测量方式。

16.6.27 互感器、变送器、交流采样装置和计量仪表等应满足运行监视及经济核算对测量精度的要求。

16.7 元件继电保护

16.7.1 火力发电厂发电机、变压器以及高、低压厂用电源等电气设备和元件的继电保护设计应符合现行国家标准《继电保护和安全自动装置技术规程》GB/T 14285 的有关规定。

16.7.2 火力发电厂的发电机、主变压器以及高压厂用变压器应设置与控制系统独立的保护装置，控制系统故障时不应影响保护装置的正常工作。高、低压厂用电系统可采用保护与测控功能合一的综合保护测控装置，但装置中的保护功能宜相对独立。

16.7.3 双重化配置的保护装置宜分别安装在不同的保护屏上，当其中一套保护因异常需退出运行或检修时，不应影响另一套保护的正常运行。

16.7.4 双重化配置的每套保护装置的交流电压、交流电流宜分别取自不同的电压互感器和电流互感器或相互独立的绕组，其保护范围应交叉重叠，避免死区。

16.7.5 双重化配置的电量保护装置的直流电源应相互独立。当机组配置有2组蓄电池时，2套电量保护应由2组蓄电池组分别供电；当只有1组蓄电池时，2套电量保护宜由2段直流母线分别供电。

16.7.6 非电量保护应设置独立的电源，当机组配置有2组蓄电池时，非电量保护电源宜设置电源切换回路分别从2组蓄电池引接。

16.8 照明系统

16.8.1 火力发电厂照明系统的设计应符合现行行业标准《火力发电厂和变电站照明设计技术规定》DL/T 5390的有关规定。

16.8.2 火力发电厂照明系统设计应符合安全、环保、维护检修方便、经济、美观的原则，并应积极地采用先进技术和节能设备。火力发电厂的照明应提倡绿色照明和节能环保，并应符合国家的节能政策。

16.8.3 火力发电厂的照明种类可分为正常照明、应急照明、警卫照明和障碍照明。应急照明应包括备用照明、安全照明和疏散照明。

16.8.4 火力发电厂的照明应有正常照明和应急照明分开的供电网络，供电方式应符合下列规定：

1 正常照明供电方式应符合下列规定：

1） 当低压厂用电的中性点为直接接地系统，且机组容量为125MW级时，主厂房的正常照明宜由动力和照明网络共用的低压厂用变压器供电。

2） 当低压厂用电的中性点为非直接接地系统或机组容量为200MW级及以上时，主厂房的正常照明应由高压或低压厂用电系统引接的集中照明变压器（二次侧应为380/220V中性点直接接地）供电。从低压厂用电系统引接的照明变压器也可采用分散设置的方式。

2 应急照明供电方式应符合下列规定：

1） 125MW级机组的火力发电厂，应急照明应由蓄电池组供电。

2） 200MW级及以上机组的火力发电厂，其单元控制室、集中控制室和柴油发电机房的应急照明，除直流长明灯外，还应包括由交流事故保安电源供电的照明和交直流切换供电的照明。

3） 无人值守的高压配电装置继电器室的应急照明，对200MW级及以上机组，应由交流事故保安电源供电；对125MW级机组可采用直流照明或应急灯。

4） 主厂房、集控楼各层的疏散通道、主要出入口、楼梯间以及远离主厂房的重要工作场所的应急照明可采用应急灯。

16.8.5 选择光源时，应在满足显色性、启动时间等要求条件下，根据光源、灯具及镇流器等的效率、寿命和价格，经综合技术经济比较后确定。

16.8.6 照明灯具应按工作场所的环境条件和使用要求进行选择，在满足眩光限制和配光要求条件下，应选用发光效率高、寿命长和维修方便的照明灯具。室内、外照明灯具的安装位置应便于维修。对于室内、外配电装置的照明灯具还应满足在设备带电的情况下能安全地进行维修的要求。

16.8.7 对烟囱、冷却塔和其他高耸建筑物或构筑物上装设障碍照明的要求，除应符合现行国家标准《烟囱设计规范》GB 50051的有关规定外，还应和当地航空管理部门协商确定。

16.8.8 对取、排水口及码头障碍照明的要求应和航运管理部门协商确定。

16.9 电缆选择与敷设

16.9.1 火力发电厂电缆选择与敷设的设计应符合现行国家标准《电力工程电缆设计规范》GB 50217的有关规定。

16.9.2 低压变频器回路电缆选择可按现行国家标准《变频器供电笼型感应电动机设计和性能导则》GB/T 21209的有关规定执行。

16.9.3 主厂房及辅助厂房的电缆敷设应采取有效阻燃的防火封堵措施，对主厂房内易受外部着火影响区段，如汽轮机头部或锅炉房正对防爆门与排渣孔的邻近部位等的电缆应采取防止着火的措施。

16.9.4 容量为300MW级及以上机组的主厂房、输煤、燃油及其他易燃易爆场所应选用C类阻燃电缆。

16.9.5 同一电缆通道中，全厂公用的重要负荷回路的电缆应采取耐火分隔或分别敷设在两个互相独立的电缆通道中。当未相互隔离时，其中一个回路应实施耐火防护或选用具有耐火性的电缆。

16.9.6 主厂房到升压站继电器楼或电气主控制楼的电缆应按一定的规模进行耐火分隔或敷设在独立的电缆通道中，其规模应符合下列规定：

1 单机容量125MW级的机组应为2台机组。

2 单机容量200MW级及以上的机组应为1台机组。

16.9.7 控制电缆宜敷设在电缆桥架内。桥架通道应避免遭受机械性外力、过热、腐蚀及易燃易爆物等的危害，并应根据防火要求实施阻隔。

16.10 接地系统

16.10.1 火力发电厂交流接地系统的设计应符合国家现行标准《交流电气装置的接地设计规范》GB/T 50065和《电力工程地下金属构筑物防腐技术导则》DL/T 5394的有关规定。

16.10.2 火力发电厂内不同用途和不同电压的电气装置、设施可使用一个主接地网。各种类型的接地网最终应与主接地网连接。

16.10.3 火力发电厂接地的类别划分应符合下列规定：

1 火力发电厂的交流接地系统可按用途分为工作（系统）接地、保护接地、雷电保护接地和防静电接地。

2 火力发电厂电子设备接地可分为工作接地（逻辑接地）和设备保护接地。

16.10.4 不同接地类别的接地电阻应符合下列规定：

1 交流接地系统工作接地的接地电阻应保证在电气系统的工作电流或接地故障电流流经接地电极时，接地电极的电位升高不超过规定值。

2 交流接地系统保护接地的接地电阻应由保证故障电流能使相应的保护装置动作或使外壳电位在安全值以下确定。

3 雷电保护接地的接地电阻应根据过电压保护的需要确定。

4 防静电接地的接地电阻应在30Ω以下。

5 电子设备的接地电阻值宜按设备厂家的要求设计。

6 主接地网的接地电阻应符合本条第1款～第5款各接地子系统的接地电阻最小值的要求。

16.10.5 接地体的材料及截面选择应符合下列规定：

1 新建电厂的主接地网，接地体材料宜选用热浸镀锌的钢材，当工程确有需要时，也可采用铜接地体。

2 扩建工程的主接地网材料宜与老厂保持一致。

3 设备的单根接地线导体截面应按流经该接地线的短路电流短时发热的热稳定要求选择。

4 主接地网接地导体的截面不宜小于设备单根接地线最大截面的70%。

16.10.6 接地体的防腐应符合下列规定：

1 接地系统应按电厂主体工程寿命进行防腐设计。

2 当火力发电厂的平均土壤电阻率低于50Ω·m，且主接地网采用钢材时，应对接地网及接地体采取特殊防腐措施。防腐蚀措施宜符合现行行业标准《电力工程地下金属构筑物防腐技术导则》DL/T 5394的有关规定。

16.10.7 火力发电厂应敷设满足接地电阻、跨步电势和接触电势要求的主接地网，主接地网应以水平接地导体为主组成。

16.10.8 均匀土壤中人工接地极工频接地电阻的计算宜符合国家现行有关交流电气装置的接地设计规范的规定。

16.10.9 人体允许的接触电势和跨步电势的确定应符合国家现行有关交流电气装置的接地设计规范的规定。

16.10.10 均匀土壤中接地网接触电位差和跨步电位差的计算，应符合国家现行有关交流电气装置的接地设计规范的规定。

16.10.11 火力发电厂内的接地设计还应符合下列规定：

1 重要设备及其构架等应以足够截面的接地引下线直接与主接地网不同地点连接，接地引下线的根数不应少于2根，且每根接地引下线截面均应符合发生接地故障时流经接地线的短路电流短时热稳定的要求。

2 全连式离相封闭母线外壳可采用一点接地或多点接地方式；对于分段绝缘离相封闭母线，每段母线外壳应只在一点接地。

3 当采用建筑物内结构钢筋作为接地导体时，应保证其具有足够的截面和良好的电气连接。

16.11 系统继电保护和安全自动装置

16.11.1 系统继电保护和安全自动装置的设计应符合现行国家标准《继电保护和安全自动装置技术规程》GB/T 14285的有关规定。

16.11.2 火力发电厂与电网连接处均应装设实现保护动作跳闸的断路器。330kV及以上设备三相故障清除时间不应大于90ms，110kV～220kV设备三相故障清除时间不应大于120ms。

16.11.3 火力发电厂内机组及线路应分别配置专用的故障录波器。

16.11.4 火力发电厂送出电压等级为500kV及以上，且线路较长、路径地形复杂，宜配置专用故障测距装置。

16.11.5 火力发电厂应配置1套保护及故障信息管理系统子站，功能应包括采集系统继电保护、发变组保护的信息，并应上传至调度端。

16.11.6 火力发电厂应按系统要求装设切机执行装置、高周切机装置等安全自动装置。

16.11.7 火力发电厂应配置功角测量装置。上传的信息应包括机端三相电压、三相电流，发电机内电势相量、发电机转速脉冲量，励磁系统和调速系统相关参数。

16.11.8 对存在次同步振荡和谐振问题的火力发电厂，应装设相应的监测和保护装置。

16.12 调度自动化系统子站

16.12.1 火力发电厂应配置满足电网调度需要的调度自动化设施。

16.12.2 火力发电厂应将调度需要的远动信息直接送往相关调度中心，并应接受其调度控制命令。调度自动化信息传输至各调度中心应采用调度数据通信网络和专线通道互为主、备用的方式。通信规约应符合现行行业标准《远动设备及系统　第5-101部分：传输规约　基本远动任务配套标准》DL/T 634.5101、《远动设备及系统　第5-104部分：传输规约　采用标准传输协议子集的IEC 60870-5-101网络访问》DL/T 634.5104的有关规定和电网调度的要求；火力发电厂远方终端装置或计算机监控系统应正确传送电厂信息到电网调度机构能量管理系统主站系统，并应正确接收和执行能量管理系统主站系统下发的自动发电控制及自动电压控制指令。

16.12.3　参与自动发电控制的机组的运行参数应通过远动通道传输到相关电网调度机构的能量管理系统。运行参数应包括自动发电控制机组调整上/下限值、调节速率、响应时间，以及火电机组分散控制系统的"机组允许自动发电控制运行"和"机组自动发电控制投入/退出"的状态信号。

16.12.4　自动电压控制相关信息应通过远动通道传输到相关调度机构的能量管理系统主站系统。相关信息应包括母线电压、发电机出口电压、发电机定子电流、自动电压控制装置投入/退出、分散控制系统远方/当地控制、励磁系统状态信号。

16.12.5　火力发电厂应配置电能量计量厂站系统，应包括电能量采集装置和电能表。

16.12.6　火力发电厂应按国家现行有关电力二次系统安全防护总体方案的要求配置电力二次系统安全防护设施。

16.12.7　火力发电厂应配置电力调度数据网接入设备。

16.12.8　调度自动化设备应设置安全可靠的供电电源。

16.13　系统通信

16.13.1　火力发电厂至调度中心应配置两个相互独立的通道组织及相应的通信设备。火力发电厂端通信设备配置选型应与电网系统端（对端）保持一致。

16.13.2　火力发电厂端的通信设备可根据系统要求配置光传输设备、电力线载波设备等。

16.13.3　当采用电力线载波通信方式时，对于330kV及以下系统，宜采用相地耦合方式。对于500kV及以上系统，宜采用相相耦合方式。

16.13.4　火力发电厂应配置通信专用直流电源系统，应按双重化原则配置电源设备。其单组蓄电池组容量放电时间不应小于2h。蓄电池组容量应兼顾系统未来发展的需求。

16.13.5　火力发电厂应配置系统调度程控交换机，并应满足接入属地电网的要求，其用户线容量宜为48线～96线。系统调度程控交换机宜和生产调度程控交换机合并设置，其容量应相叠加。

16.13.6　火力发电厂的通信机房面积应满足系统中、远期通信设备的布置要求，并应留有适当扩建余地。

16.13.7　电力线载波设备、光通信设备及其他有关的通信设备可合并布置在同一机房内。

16.13.8　火力发电厂的通信用蓄电池组不宜与通信设备共用同一机房。

16.13.9　火力发电厂可配置综合数据网接入设备接入电网公司的综合数据网。

16.14　厂内通信

16.14.1　火力发电厂的厂内通信设计应包括生产管理通信、生产调度通信、通信电缆（光缆）网络，以及通信机房、通信电源、接地等其他辅助设施。

16.14.2　火力发电厂厂内通信应设置生产管理程控交换机，并可兼作生产调度通信的备用。火力发电厂生产管理程控交换机的容量（不包括居住区）应按火力发电厂的管理体制、人员编制、自动化水平、规划装机台数和容量选择。当火力发电厂有扩建的可能时，交换机应能按电厂终期规模的要求进行扩容。

16.14.3　生产管理程控交换机的类型应与所在地邮电及电力系统通信部门相协调。

16.14.4　火力发电厂应设置生产调度程控交换机。生产调度程控交换机应具备与系统调度程控交换机、生产管理程控交换机的中继接口、中继信令。火力发电厂的运煤系统可根据系统的规模大小设置扩音/呼叫系统。

16.14.5　300MW级及以上机组的火力发电厂可设置检修通信设施。厂内通信可配置无线对讲机。

16.14.6　水源地、灰场等厂区外的场所可设置厂内电话、无线对讲机或公用网电话。

16.14.7　火力发电厂厂内通信设备所需交流电源应由可靠的、来自不同厂用电母线段的双回路交流电源供电。

16.14.8　火力发电厂厂内通信设备所需直流电源宜由通信专用直流电源系统提供。单组蓄电池的放电时间不应小于1h。

16.14.9　火力发电厂厂内通信设备所需直流电源可共用系统通信设备的直流电源。

16.15　其他电气设施

16.15.1　火力发电厂电气装置的过电压保护设计除应符合现行国家标准《高压输变电设备的绝缘配合》GB 311.1和《绝缘配合　第2部分：高压输变电设备的绝缘配合使用导则》GB/T 311.2的有关规定外，还应符合下列规定：

1　主要生产建（构）筑物和辅助厂房建（构）筑物的过电压保护应符合现行行业标准《交流电气装置的过电压保护和绝缘配合》DL/T 620的有关规定。

2　生产办公楼、食堂、宿舍楼等附属建（构）筑物的防雷设计应符合现行国家标准《建筑物防雷设计规范》GB 50057的有关规定。

16.15.2 在有爆炸和火灾危险场所的电气装置设计应符合现行国家标准《爆炸和火灾危险环境电力装置设计规范》GB 50058 和《火力发电厂与变电站设计防火规范》GB 50229 的有关规定。

17 水工设施及系统

17.1 基本规定

17.1.1 火力发电厂水工设计应根据完整、正确的基础资料进行。不同设计阶段应掌握相应深度的水文、气象、地质、测量等资料。

17.1.2 火力发电厂水工设计应符合现行国家标准《地面水环境质量标准》GB 3838、《生活饮用水卫生标准》GB 5749、《取水定额》GB/T 18916 和《污水综合排放标准》GB 8978 的有关规定。

17.1.3 火力发电厂水工设计应对各类供水、用水、排水进行全面规划、综合平衡，应通过水务管理和工程措施节约水资源，并应防止排水污染环境。

17.2 水源和水务管理

17.2.1 北方缺水地区新建、扩建电厂生产用水严禁取用地下水，应严格控制使用地表水，应积极利用城市再生水和其他废水，坑口电厂应首先使用矿区排水。当有不同的水源可供选用时，应根据水量、水质和水价等因素经技术经济比较确定。

17.2.2 火力发电厂供水水源的设计保证率应为97%。

17.2.3 当采用地表水作为水源时，在枯水情况下，应保证火力发电厂满负荷运行所需的水量。水量计算应符合下列规定：

1 当从天然河道取水时，应按频率为97%的瞬时流量扣除河道水域生态用水量和取水口上游必保的工农业规划用水量计算。

2 当河道受水库调节时，应按水库保证率为97%的下泄流量加上区间来水量扣除生态用水量和取水口上游必保的工农业规划用水量计算。

3 从水库取水时，应按保证率为97%的枯水年计算。

17.2.4 当采用地下水作为电厂补给水源时，应根据该地区目前及必保的规划工农业用水量，按枯水年或连续枯水年进行水量平衡计算后确定取水量，取水量不应大于允许开采量。

17.2.5 当采用再生水作为电厂补给水源时，应有备用水源。

17.2.6 当采用矿区排水作为电厂补给水源时，应根据矿区开采规划和排水方式，分析确定可供电厂使用的矿区稳定的最小排水量。

17.2.7 火力发电厂的设计耗水指标应为夏季纯凝工况、频率为10%的日平均气象条件、机组满负荷运行时单位装机容量的耗水量。耗水量应包括厂内各项生产、生活和未预见用水量，不应包括厂外输水管道损失水量、供热机组外网损失、原水预处理系统和再生水深度处理系统的自用水量。火力发电厂的设计耗水指标宜根据当地的水资源条件和采用的相关工艺方案来确定，并应符合表17.2.7的规定。

表 17.2.7 火力发电厂设计耗水指标表

[m^3/(s·GW)]

序号	机组冷却方式	<300MW	≥300MW	参考的相关工艺方案
1	淡水循环供水系统	≤0.80	≤0.70	湿法脱硫、干式除灰、湿式除渣
2	淡水直流供水系统	≤0.12	≤0.10	湿法脱硫、干式除灰、湿式除渣
3	海水直流供水系统 海水循环供水系统	≤0.12	≤0.10	湿法脱硫、干式除灰、湿式除渣
4	空冷机组	≤0.15	≤0.12	湿法脱硫、干式除灰、干式除渣、电动给水泵或汽动给水泵排汽空冷、辅机冷却水湿冷
		≤0.12	≤0.10	湿法脱硫、干式除灰、干式除渣、电动给水泵或汽动给水泵排汽空冷、辅机冷却水空冷
		—	≤0.06	干法脱硫、干式除灰、干式除渣、电动给水泵或汽动给水泵排汽空冷、辅机冷却水空冷

注：各类电厂申请取水指标时，应增加厂外管道损失水量和水处理系统的自用水量，但取水指标不应超过现行国家标准《取水定额　第一部分：火力发电》GB/T 18916.1 规定的装机取水量定额指标。

17.2.8 火力发电厂应装设必要的水质监测和水量计量装置。

17.3 供水系统

17.3.1 火力发电厂供水系统的选择应根据水源条件和规划容量，通过技术经济比较确定。在水源条件允许的情况下，宜采用直流供水系统。当水源条件受限制时，可采用循环供水系统、混合供水系统或空冷系统。

17.3.2 直流供水系统机组的汽轮机背压、凝汽器面积、冷却水量、水泵和进排水管沟的经济配置，应根据多年月平均的水温、水位和温排水影响，并结合汽轮机特性和系统布置进行优化计算确定。

17.3.3 循环供水系统机组的汽轮机背压、凝汽器面积、冷却水量、水泵、进排水管沟配置、冷却塔的选型及经济配置，应根据多年月平均的气象条件，并结合汽轮机特性和系统布置进行优化计算确定。

17.3.4 直流或循环供水系统优化计算宜采用汽轮机在额定进汽量下的排汽参数。

17.3.5 当采用直流供水系统时，冷却水的最高计算温度应按多年水温最高时期频率为10%的日平均水温确定，多年水温最高时期可采用夏季3个月，应将温排水对取水水温的影响计算在内。

17.3.6 当采用循环供水系统时，确定冷却水的最高计算温度应符合下列规定：

1 宜采用按湿球温度频率统计方法计算的频率为10%的日平均气象条件。

2 气象资料应采用近期连续不少于5年、每年最热时期的日平均值，每年最热时期可采用夏季3个月。

17.3.7 单机容量为300MW及以上的火力发电厂宜采用单元制或扩大单元制供水系统。每台汽轮机可配置2台或3台循环水泵，宜根据工程情况优化确定，其总出力应为机组的最大计算用水量。当设备条件许可，并经技术经济比较合理时，水泵可采用静叶可调或采用变速电动机驱动。采用单元制或扩大单元制供水系统时，每台机组宜采用1条进、排水管沟。

17.3.8 采用母管制供水系统时，安装在集中水泵房中的循环水泵，当达到规划容量时不应少于4台，且可不设备用，可根据工程情况分期安装。水泵的总出力应满足冷却水的最大计算用水量。达到规划容量时的进、排水管沟不宜少于2条，可根据工程具体情况分期建设。当其中一条停用时，其余母管应能通过75%的最大计算用水量。

17.3.9 附属设备冷却水宜取自循环水的进水，当水温过高，汛期泥沙和漂浮物较多或以海水为冷却水时，应采取相应措施或使用其他水源。

17.3.10 直流供水系统的排水，在不影响火力发电厂经济运行的条件下，可供其他用户使用。

17.3.11 当采用直流供水系统时，取、排水口的位置和形式应根据水源特点、温排水对取水温度和环境的影响、泥沙冲淤和工程施工等因素，通过物模试验或数模计算研究确定。

17.4 取水建（构）筑物

17.4.1 地表水取水建（构）筑物包括取水泵房应按保证率为97%的低水位设计，并应以保证率为99%的低水位校核。

17.4.2 地表水取水建（构）筑物应分隔成若干单间，应根据水源水质和取水量装设格栅或带机械清理的格栅装置、平板滤网、清污机或旋转滤网，并应采取冲洗或排除脏物的措施。当水中带有冰凌或大量泥沙而影响取水时，应采取相应的工程措施。工程条件复杂时，宜通过水工模型试验确定。

17.4.3 采用自流引水管取水，当达到规划容量时，引水管不应少于2条。采用直流供水系统且单机600MW级及以上机组，每台机组宜配1条自流引水管；当取水水域含沙量较小、取水口设有可靠的防沙和检修措施时，每2台机组也可配1条自流引水管。

17.4.4 进水流道的布置形式应结合取水的水文条件、取水量、取水方式、整流措施、检修维护措施、设备布置等因素，通过技术经济比较后确定。

17.4.5 地表水岸边水泵房±0.00m层标高（入口地坪设计标高）应按频率1%的洪水位（或潮位）加频率为2%的浪高再加超高0.5m确定，并应符合下列规定：

1 水泵房±0.00m层标高低于频率0.1%洪水位（或潮位）时，必须采取防洪措施。

2 当频率1%与频率0.1%洪水位（或潮位）相差很大时，应根据厂址标高对水泵房±0.00m层标高进行分析论证后确定。

3 频率2%的浪高应为重现期50年波列累积频率1%的波浪作用在泵房前墙的波峰面高度。

17.4.6 当采用海水作冷却水时，水泵的主要部件及直接接触海水且检修时不易更换的部件，应根据不同情况选用不同的耐海水腐蚀材料及防腐措施；旋转滤网、清污机、冲洗泵、排污泵和阀门等与海水直接接触的部件，亦应选用耐海水腐蚀材料及防腐措施；还应采取防止海生物在取、排水建（构）筑物和设备上滋生附着的措施。

17.4.7 集中取水的补给水泵台数不宜少于3台，其中1台应为备用。

17.4.8 当采用管井取地下水作为火力发电厂的补给水源时，应设置备用井。备用井的数量不宜小于15%。

17.4.9 水泵房及进水间应装设起重设备，当条件合适，设备采用露天布置时，也可不设置固定式起重设备。

17.5 管道和沟渠

17.5.1 补给水总管的条数应根据火力发电厂的规划容量和水源情况确定，并应符合下列规定：

1 补给水管宜采用两条总管，可根据工程具体情况分期建设；当每条补给水总管能保证供给补给水量的60%时，补给水总管之间可不设联络管。

2 当有适当容量的蓄水池或备用水源，并有可靠性论证时，可采用1条总管。

17.5.2 渠道宜按规划容量一次建成。设计渠道时，应采取消除由于原有地面排水系统的改变对附近农田和建筑物的不良影响的措施。

17.5.3 压力管道的材料应根据管道的工艺要求、工作压力、水质、管道沿线的地质、地形条件、运输施工条件和材料供应等因素通过技术经济比较确定，并应符合下列规定：

1 输送再生水和海水的管道宜采用非金属管材，若采用钢管应进行专门的防护。

2 大口径循环水压力管道直线段较长时，宜采用预应力钢筋混凝土管或预应力钢筒混凝土管，靠近主厂房的管段可采用钢管。

3 自流管、沟宜采用钢筋混凝土结构。

17.5.4 输水管道系统的设计应根据管道布置、地形条件及泵站的重要程度等情况，有选择性地进行水锤计算，并应采取必要的防护措施。

17.6 湿式冷却塔

17.6.1 常规湿冷机组宜采用逆流式自然通风冷却塔；高温高湿地区及在特殊情况下，可采用机械通风冷却塔；经技术经济比较合理时，也可采用横流式自然通风冷却塔。

17.6.2 冷却塔的布置应根据空气动力干扰、通风、检修和管沟布置等因素确定。在山区和丘陵地带布置冷却塔时，应避免受到湿热空气回流的影响。

17.6.3 单机300MW级及以上汽轮发电机组，每台机组宜配1座自然通风冷却塔。

17.6.4 冷却塔淋水填料应根据填料热力特性、通风阻力、耐久性、价格、材料供应、施工、检修方便和循环水水质等条件进行选择。

17.6.5 自然通风冷却塔进风口处的支柱及塔内空气通流部位的构件应采用气流阻力较小的断面形式。自然通风冷却塔应装设高效除水器。

17.6.6 对寒冷地区建设的冷却塔应采取防冻措施。

17.6.7 排烟冷却塔的设计应符合下列规定：

1 冷却塔的热力性能计算和优化计算应将烟气及塔内烟道的影响计算在内。

2 烟道应具有良好的耐温、耐腐蚀性能，宜采用玻璃钢材质。

3 排烟冷却塔的防腐设计方案应通过技术经济比较后确定。

17.6.8 海水冷却塔的设计应对填料的热力特性进行修正，应选择适应海水水质的塔芯材料，并应对塔筒采取相应的防腐措施。

17.6.9 湿式冷却塔的噪声应满足环境保护要求。

17.7 水面冷却

17.7.1 当电厂利用水库、湖泊、河道或海湾等水体的自然水面冷却循环水时，应根据水量、水质和水温的变化对工业、农业、渔业、水利、航运和环境等的影响进行论证。

17.7.2 当利用水库或湖泊冷却循环水时，应根据水体的水文气象条件、水利计算、运行方式和水工建筑物功能特性等因素，按火力发电厂的供水要求，论证作为冷却池的可靠性，并应符合下列规定：

1 冷却池的冷却能力，取、排水口布置和取水温度可利用数学模型计算、物理模型试验、条件相似工程的类比、经验公式和计算图表等方法分析研究，并应通过技术经济比较确定取、排水工程方案。

2 扩建工程的冷却池宜采用原型观测资料。

17.7.3 当利用河道冷却循环水时，应根据工程条件，利用物理模型试验或数学模型计算，确定河段水面的冷却能力、取水温度和河段的水温分布，并应通过技术经济比较确定取、排水工程方案。

17.7.4 当利用海湾冷却循环水时，应对海域内海流、泥沙、温跃层、海生物和海水盐度等因素的影响进行论证；应利用数学模型计算、物理模型试验确定温排水的扩散和对取水温度的影响，应采取有利于吸取冷水和温排水扩散的措施，并应通过技术经济比较确定取、排水工程方案。

17.8 空冷系统

17.8.1 当采用空冷机组时，应根据当地气象条件、冷却设施占地、防噪音要求、防冻性能等因素通过技术经济比较后确定空冷系统形式，并应符合下列规定：

1 直接空冷系统的空冷凝汽器宜采用机械通风冷却方式。

2 间接空冷系统宜采用钢筋混凝土结构的自然通风冷却塔。

3 受场地限制布置空冷塔有困难时，经技术经济比较后也可采用机械通风间接空冷系统。

17.8.2 空冷系统基本设计参数的确定应符合下列规定：

1 空冷系统设计气温应根据典型年干球温度统计，宜按5℃以上年加权平均法（5℃以下按5℃计算）计算设计气温并向上取整。

2 直接空冷系统机组的额定背压应为设计气温与经优化计算确定的初始温差之和对应的饱和蒸汽压力，间接空冷系统机组的额定背压计算还应包括凝汽器的端差。

3 空冷系统进行优化计算时，宜采用汽轮机在额定进汽量时的排汽参数，典型年小时气温间隔宜采用2℃。

4 空冷系统横向风的设计风速应根据电厂所在地的气象资料确定，对于直接空冷电厂，不宜小于最大月平均风速换算到蒸汽分配管上部1m标高处的风速；对于间接空冷电厂，不宜小于10m标高处最大月平均风速。

17.8.3 直接空冷系统应根据当地气象条件，结合不同末级叶片的汽轮机特性等因素进行优化计算，确定最佳的汽轮机背压、空冷凝汽器面积、迎风面风速、冷却单元排（列）数、空冷平台高度、轴流风机选型及电动机配置等。

17.8.4 直接空冷系统的布置应符合下列规定：

1 直接空冷凝汽器宜布置在汽机房A列外空冷平台上，单机容量600MW级及以下机组宜沿汽机房纵向布置。空冷凝汽器主进风侧的布置方位宜面向夏季主导风向，并应分析高温大风气象条件出现频率对空冷系统的影响。空冷凝汽器连续建设的台数应根据风环境条件等因素论证确定。

2 当风环境比较复杂或电厂周边地形地貌特殊时，应利用数值模拟计算或物理模型试验对空冷凝汽器的布置方案进行分析论证。

3 空冷平台高度应根据空冷凝汽器的总体布置和空冷系统进风断面的要求确定，同时应满足空冷平台下布置的变压器出线高度及其防护距离的要求。

4 空冷凝汽器下方的轴流风机、电机和减速机应设置检修起吊装置和维护平台。

17.8.5 直接空冷凝汽器可采用单排管或多排管。空冷凝汽器管束类型的选择应根据气象条件、换热能力、防冻要求和综合造价等因素经技术经济比较后确定。

17.8.6 直接空冷系统轴流风机宜采用变频调速控制方式，风机群的噪声应满足环境保护要求。

17.8.7 间接空冷系统应根据当地气象条件，结合不同末级叶片的汽轮机特性等因素进行优化计算，确定最佳的汽轮机背压，凝汽器的形式和面积，空冷散热器面积，冷却水量，循环水泵参数，进、排水管径及空冷塔的选型。

17.8.8 混合式凝汽器间接空冷系统的循环水泵宜布置在汽机房或汽机房披屋内；表面式凝汽器间接空冷系统循环水泵房宜独立设置，可布置在冷却塔区或与汽机房毗邻布置。

17.8.9 表面式凝汽器间接空冷系统可采用钢管钢片或铝管铝片等散热器。混合式凝汽器间接空冷系统应根据机组的水化学工况选择散热器的材质。

17.8.10 空冷塔的结构与尺寸应结合工艺布置，经过优选确定。空冷散热器可采用在塔进风口垂直布置或塔内水平布置，宜根据空冷塔的体型、外界风对散热效果的影响等因素经论证后确定。空冷塔宜设置空冷散热器的检修起吊设施。

17.8.11 空冷凝汽器和空冷散热器应设置清除其外表面积尘的水冲洗设施。

17.8.12 当空冷机组采用汽动给水泵时，给水泵汽轮机排汽的冷却方式宜采用间接空冷系统。

17.8.13 空冷机组宜设置单独的辅机冷却水系统，可采用湿式冷却塔循环冷却；在严重缺水地区，经论证后辅机冷却水系统也可采用空冷系统。

17.9 给 水 排 水

17.9.1 净水站位置选择应根据原水水质、输送距离、排泥场设置条件和运行管理等因素经技术经济比较后确定。

17.9.2 净水站水处理工艺流程的选择应符合本规范第13.1.2条的规定。

17.9.3 当火力发电厂和生活区靠近城市或其他工业企业时，生活给水和排水的管网系统宜与城市或其他工业企业的给水和排水系统统筹设计。

17.9.4 当火力发电厂采用自备的生活饮用水系统时，水源选择、水源卫生防护及水质应符合现行国家标准《生活饮用水卫生标准》GB 5749的有关规定。生活饮用水应消毒，消毒设计应符合现行国家标准《室外给水设计规范》GB 50013的有关规定。

17.9.5 厂区内的生活污水、生产废水和雨水的排水系统宜采用完全分流制。

17.9.6 火电厂各种废、污水应按清污分流的原则分类收集输送，并应根据其污染的程度、复用和排放的要求进行处理，处理后复用的杂用水水质应符合现行国家标准《城市污水再生利用 城市杂用水水质》GB/T 18920的有关规定。

17.9.7 位于城市的电厂生活污水宜排入城市排水系统，其水质应符合污水排入城市下水道水质标准；远离城市的电厂生活污水应自行处理后回用。

17.9.8 含有腐蚀性物质、油质或其他有害物质的废水，温度高于40℃的污、废水，应经处理合格后再排入生产废水管、沟内。

17.9.9 火力发电厂宜设煤场雨水沉淀池，含煤废水应设独立的收集系统并进行处理，处理后宜回用于输煤冲洗系统。

18 辅助及附属设施

18.0.1 新建和扩建火力发电厂的检修应依靠专业检修公司或地区协作的集中检修方式，不宜设中心修配场。火力发电厂应设有锅炉、汽轮机、电气、热工、燃料运输等设备的检修间，其所配置的设备和检修间的面积宜符合现行行业标准《火力发电厂试验、修配设备及建筑面积配置导则》DL/T 5004的有关规定。

18.0.2 火力发电厂的金属试验室、化学试验室、电气试验室、热工试验室、环境保护监测站和劳动保护监测站的仪器设备和建筑面积配置，宜符合现行行业标准《火力发电厂试验、修配设备及建筑面积配置导则》DL/T 5004的有关规定。使用率低和费用较高的设备、仪器宜按地区协作的原则统筹安排。试验室和监测站可适当合并布置。

18.0.3 全厂压缩空气系统设置与设备布置应符合下列规定：

1 火力发电厂应设置仪表与控制用空气系统和检修用压缩空气系统。仪表与控制用气、检修用气和厂内除灰气力输送用压缩空气系统宜统一规划设计、集中布置，空压机宜统一配置，供气系统应分开设置。系统设计应符合下列规定：

1）压缩空气系统宜2台机组设1个供气单元。经技术经济比较合理时，也可多台机组设1个供气单元。

2）全厂压缩空气系统的设计应保证仪表与控制用气的可靠性。

3）仪表与控制用气、检修用气和除灰气力输送用气宜分设后处理设备，检修用气可不设后处理设备。后处理设备的容量应与运行空气压缩机的容量相匹配。仪表与控制用压缩空气系统应设有除尘、除油过滤器和空气干燥器，供气质量应符合现行国家标准《工业自动化仪表气源压力范围和质量》GB 4830 的有关规定；除灰气力输送用压缩空气宜设有空气干燥器。

4）仪表及控制用气、检修用气和除灰气力输送用压缩空气系统应分别设置贮气罐。

2 压缩空气系统设备选择应符合下列规定：

1）压缩空气系统宜采用同形式、同容量的空气压缩机，空压机形式宜采用螺杆式。

2）每个供气单元的仪表与控制用空压机的运行台数宜为每台机组1台，单台容量应能满足每台机组仪表与控制用气动设备的最大连续用气量，每个供气单元宜设置1台检修备用和1台运行备用的空压机，同时应兼作检修用空压机；当仪表和控制用空压机与除灰气力输送用空压机合并设置时，其中1台除灰气力输送用备用空压机可作为公共备用。

3）当全部空气压缩机停用时，仪表与控制用压缩空气系统的贮气罐的总容量应能维持不小于5min的耗气量；在气动保护设备和远离空气压缩机房的用气点处，宜设置专用稳压贮气罐；仪表与控制用压缩空气的供气管道宜采用不锈钢管。

3 压缩空气系统设备宜集中布置在主厂房区域适当位置，并应采取防止噪声和振动的措施。

18.0.4 火力发电厂保温油漆设计宜符合现行行业标准《火力发电厂保温油漆设计规程》DL/T 5072 的有关规定。

18.0.5 汽轮机润滑油及变压器绝缘油处理系统及其设备选择应符合下列规定：

1 单机容量为200MW级以下机组，2台机组宜共用1套汽轮机润滑油净化装置和1台汽轮机润滑油贮油箱。单机容量为200MW级及以上机组，每台机组宜设1套汽轮机润滑油净化装置和1台汽轮机润滑油贮油箱，也可2台机组共用1台汽轮机润滑油贮油箱。

2 汽轮机润滑油净化装置的出力宜按每小时处理油量为系统内总油量的20%选择，贮油箱的容积不应小于最大1台机组润滑油系统油量的110%。

3 全厂宜配备变压器绝缘油净化装置1套。

4 当采用委托方式，由专业绝缘油净化公司承担油净化任务时，也可不设变压器绝缘油净化装置。

18.0.6 氢气系统应根据氢冷发电机氢冷系统的容积，运行漏氢量，对氢气压力、纯度及湿度的要求确定。当有可靠、经济的外供氢气源时，不宜设置制氢系统。

18.0.7 氢气系统设计应符合下列规定：

1 当需设置制氢设备时，制氢设备的总容量宜按全部氢冷发电机的正常消耗量以及能在7d时间积累起相当于最大一台氢冷发电机的1次启动充氢量之和确定。

2 储氢设备的氢气储存总有效容积应满足全部氢冷发电机7d～10d的正常消耗量和最大一台氢冷发电机1次启动充氢量之和。

18.0.8 其他辅助及附属设施设置应符合下列规定：

1 不宜设置乙炔发生站和制氧站。

2 不宜设固定的化学清洗设施。

3 主要热力设备停用时必要的防腐保养措施应符合现行行业标准《火力发电厂停（备）用热力设备防锈蚀导则》DL/T 956 的有关规定。

19 建筑与结构

19.1 基本规定

19.1.1 火力发电厂建筑结构设计应符合安全、适用、经济、美观的原则。

19.1.2 火力发电厂建筑设计应符合下列规定：

1 应根据使用性质、生产流程、功能要求、自然条件、建筑材料和建筑技术等因素，结合工艺设计，做好建筑物的平面布置和空间组合。

2 应贯彻节约、集约用地原则，厂区辅助生产、附属建筑宜采用多层建筑和联合建筑。

3 应积极采用和推广建筑领域的新技术、新材料，并应满足建筑节能等的要求。

4 应将建（构）筑物与工艺设备视为统一的整体，设计建筑造型和内部处理。应注重建筑群体的形象、内外色彩的处理以及与周围环境的协调。

19.1.3 除临时性结构外，火力发电厂的建（构）筑物的结构设计使用年限应为50年。

19.1.4 火力发电厂建（构）筑物的安全等级应按表19.1.4的规定执行。

19.1.5 火力发电厂结构设计除应满足承载力、稳定、疲劳、变形、抗裂、抗震及防振等计算和验算要求外，还应满足耐久性、防爆、防火及防腐蚀等使用要求，同时尚应满足施工及安装的要求。

表 19.1.4 火力发电厂建（构）筑物的安全等级

安全等级	建（构）筑物类型
一级	高度不小于 200m 且单机容量不小于 200MW 级机组的烟囱、主厂房悬吊煤斗、汽机房屋盖主要承重结构
二级	除一、三级以外的其他生产建筑、辅助及附属建筑物
三级	围墙、自行车棚

19.2 抗 震 设 计

19.2.1 建筑物的抗震设计应符合国家现行标准《建筑抗震设计规范》GB 50011、《构筑物抗震设计规范》GB 50191、《电力设施抗震设计规范》GB 50260、《室外给水排水和燃气热力工程抗震设计规范》GB 50032、《水工建筑物抗震设计规范》DL/T 5073 和《水运工程抗震设计规范》JTJ 225 的有关规定。

19.2.2 火力发电厂建（构）筑物抗震设防烈度的确定应符合现行国家标准《建筑抗震设计规范》GB 50011 的有关规定；对已进行地震安全性评价的火力发电厂，应按批准的地震安全性评价报告中的有关内容确定。

19.2.3 抗震设防烈度为 6 度及以上地区的火力发电厂建（构）筑物应进行抗震设计，抗震设防类别的划分应符合下列规定：

1 划为重点设防类（乙类）的建（构）筑物除应符合现行国家标准《建筑工程抗震设防分类标准》GB 50223 的有关规定外，封闭式圆形煤场、贮煤筒仓、空冷凝汽器支撑结构、供氢站、燃油泵房、消防车库、循环水泵房、补给水泵房、冷却塔、综合水泵房、消防水泵房也应划为重点设防类（乙类）。

2 除本条第 1、3 款以外的其他生产建筑、辅助及附属建筑物应划分为标准设防类（丙类）。

3 围墙、自行车棚等次要建筑物应划分为适度设防类（丁类）。

19.3 建 筑 设 计

19.3.1 火力发电厂建筑应按使用性质分为生产建筑、生产辅助和附属建筑。

19.3.2 火力发电厂各建筑物的防火设计应符合现行国家标准《火力发电厂与变电站设计防火规范》GB 50229、《建筑设计防火规范》GB 50016 和《建筑内部装修设计防火规范》GB 50222 的有关规定。

19.3.3 火力发电厂建筑防水应采用性能优良的防水材料，排水宜采用有组织排水。各建筑屋面防水等级应结合建筑的性质、重要程度、使用功能等确定。防排水应符合下列规定：

1 电气建筑屋面宜采用现浇钢筋混凝土屋面或有可靠防水构造的屋面。

2 运煤栈桥等经常有水冲洗要求的楼地面应设有组织排水，电气与控制设备房间的顶板应采取防水措施。

3 室内沟道、隧道、地下室和地坑等应有防排水设计，严禁将电缆沟和电缆隧道作为地面冲洗水和其他水的排水通道。

19.3.4 火力发电厂建筑设计应重视噪声控制，在布置上应使主要工作和生活场所避开强噪声源，也可对噪声源采取吸声和隔声等措施。

19.3.5 建筑物室内应首先利用天然采光。采光口的设置应充分和有效地利用天然光源，应对人工照明的配合作全面的协调，并应符合下列规定：

1 采光方式应以侧窗为主，不足时可采用侧窗采光和顶部采光相结合的方式。侧窗设计除应满足建筑节能和便于清洁的要求外，还应兼顾其安全性。

2 各类控制室宜采用天然采光和人工照明相结合的方式，设计时应避免控制屏表面和操作台显示器屏幕面产生眩光及视线方向上形成的眩光。

19.3.6 火力发电厂建筑宜采用自然通风。墙及楼层上的通风口布置应避免气流短路和倒流，并应减少气流死角。

19.3.7 建筑热工与节能设计应采取建筑节能措施。

19.3.8 火力发电厂建筑的门窗应符合安全使用、建筑节能的要求，并应符合下列规定：

1 厂房运输用门宜采用电动卷帘门、提升门、推拉门、折叠门等，在大门附近或大门上宜设置人行门。

2 在严寒和寒冷地区应选用保温与密闭性能好的门窗，经常有人员通行的外门宜设门斗。

3 电气设备房间应采用非燃烧材料的门窗，并应采取防止小动物进入的措施。

4 供氢站电解间等有爆炸危险房间的门窗应采用不发火花材料。

5 有侵蚀性物质的房间及位于海滨火力发电厂建筑的门窗应采用耐腐蚀门窗。

19.3.9 建筑砌体材料不应使用国家和地方政府禁用的黏土制品。

19.3.10 火力发电厂建筑室内外装修应根据使用和外观需要，结合全厂环境进行设计，应符合下列规定：

1 楼地面面层材料除应符合工艺要求外，宜选用耐磨、易清洗的材料，有爆炸危险的房间地面面层应采用不发火花材料；外墙面层材料应选用耐候性好且耐污染的材料；内墙面层材料及顶棚（吊顶）材料应选用符合使用及防火要求的材料。

2 蓄电池室、调酸室等有侵蚀性物质的房间，其内表面（包括室内外排放沟道的内表面）应采取防腐蚀措施。

3 有可燃性气体的房间，其内部构件布置应便于气体的排出。

19.3.11 主厂房主要出入口、楼梯和通道布置应符合下列规定：

1 汽机房和锅炉房底层两端均应有出入口。

2 固定端应有通至各层和屋面的楼梯。当火力发电厂达到规划容量后，扩建端宜有通至各层和屋面的楼梯。

3 当厂房纵向疏散长度超过100m时，应增设中间出入口和楼梯。

4 主厂房内主要通道宜通畅，宽度不应小于1.5m，净高不应低于2.0m。

5 空冷平台四周应设环行检修通道，并应根据运行、维护和消防等要求设置垂直通道。

19.3.12 主厂房建筑布置及构造应根据工艺需要，并应符合下列规定：

1 汽机房屋面应满足临时设备检修时人员活动的要求，采用压型钢板等轻质材料作为屋面时，应设屋面设备检修人员专用步道。

2 主厂房内平台、楼梯、栏杆的规格及色彩宜统一或分区统一，并宜与设备、表盘、管道及建筑内表面的色彩协调与统一。

3 在主厂房人员集中的适当位置应设卫生间及清洗设施。

4 主厂房外围护结构宜选用轻型围护结构，面层材料应耐候性好、易自洁。

19.3.13 集中控制楼根据工艺需要可设置集中控制室等工艺用房和运行人员用房；集中控制室应结合吊顶设计确定合适的净高，并应满足工艺布置对净空高度的要求，吊顶以上的空间应满足结构、空调、电气、消防等各专业的需要。

19.3.14 火力发电厂的辅助建筑应根据工艺及设备的要求，结合全厂总平面确定平面布置、层高，并应根据全厂建筑风格确定立面及色彩。

19.3.15 运煤栈桥可根据气候条件采用封闭、半封闭或露天方式，当为封闭式时宜采用轻型围护结构；大跨度干煤棚和室内贮煤场的屋面面层宜采用压型钢板，并应采取可靠的固定措施。

19.3.16 运行人员集中的场所应设置休息室、更衣室等生活设施，并应设置饮水设施、卫生间和清洁用的水池等。燃料分场宜设置专用浴室。

19.4 地基与基础

19.4.1 地基与基础的设计应根据工程地质和岩土工程条件，结合火力发电厂各类建（构）筑物的使用要求，充分吸取地区的建筑经验，综合结构类型、材料供应等因素，采用安全、经济、合理的地基处理方案和基础形式。

19.4.2 根据地基复杂程度、建筑物规模和功能特征以及由于地基问题可能造成建筑物破坏或影响正常使用的程度，地基基础设计可分为三个设计等级，设计时应根据具体情况，按表19.4.2选用。

表19.4.2 地基基础设计等级

设计等级	建筑物名称
甲级	主厂房（包括汽轮发电机基础、锅炉构架基础）、主（集）控制楼、网络控制楼、通信楼、220kV及以上的屋内配电装置楼、高度大于或等于100m的烟囱、淋水面积大于或等于10000m² 的自然通风冷却塔、岸边水泵房（软弱地基）、空冷凝汽器支撑结构、封闭式圆形煤场、贮煤筒仓、跨度大于30m的干煤棚及其他厂房建筑、场地及地质条件复杂的建筑物、高边坡等
乙级	除甲、丙级以外的其他生产建筑、辅助及附属建筑物
丙级	机炉检修间、材料库、机车库、汽车库、材料棚库、推煤机库、警卫传达室、灰场管理站、围墙、自行车棚及临时建筑

19.4.3 地基除做承载力计算外，尚应对地基变形和稳定做必要的验算，并应符合现行国家标准《建筑地基基础设计规范》GB 50007的有关规定。当地基的承载力、变形或稳定不能满足设计要求时，应采用人工地基。采用人工地基的甲、乙级建（构）筑物的地基处理应以原体试验为依据，对扩建电厂有成熟经验的建设场地，也可依据既有经验通过对比分析确定。

19.4.4 主厂房地基设计宜采用同类型的地基。也可根据不同的工程地质条件或厂房不同的结构单元，采用不同的地基形式和不同的桩基持力层。

19.4.5 贮煤场、大面积负载区内及其邻近的建筑物，应根据地质条件分析计算堆载的影响。当地基不能满足设计要求时，应进行处理。

19.4.6 火力发电厂的建（构）筑物的总沉降量和差异沉降，应满足结构设计和使用功能的要求。

19.4.7 火力发电厂的建（构）筑物上应设置沉降观测点，并应符合现行国家标准《建筑地基基础设计规范》GB 50007的有关规定。

19.5 主厂房结构

19.5.1 主厂房结构可采用钢筋混凝土框架结构、钢筋混凝土框架-抗震墙（钢支撑）结构、钢结构，并应根据抗震设防烈度、场地土类别、电厂的重要性以及厂房布置等综合条件确定。

19.5.2 主厂房的汽机房屋面承重结构应采用钢结构，并应选用有檩或无檩的屋盖体系，不应采用无端屋架或屋面梁的山墙承重方案。

19.5.3 主厂房纵向温度伸缩缝的设置应符合下列规定：

1 温度伸缩缝最大间距应符合下列规定：

1）对现浇钢筋混凝结构，不宜超过75m。

2）对装配式钢筋混凝土结构，不宜超过100m。

3）对钢结构，不宜超过150m。

4）当采取有效措施或经过温度应力计算能满足设计要求时，可适当增大温度伸缩缝的间距。

2 温度伸缩缝宜结合工艺布置设置，宜采用双柱双屋架，伸缩缝处梁板及围护结构宜采用悬挑结构。

19.5.4 汽轮发电机基础应根据制造厂的要求设计，并应符合现行国家标准《动力机器基础设计规范》GB 50040的有关规定。对于新型机组的首台基础，宜做模型试验进行验证。经论证汽轮发电机可采用弹簧隔振基础。

19.6 烟 囱

19.6.1 烟囱选型应结合烟气排放条件、电厂的重要程度及城市规划的要求，经综合比较确定。烟囱结构设计应符合现行国家标准《烟囱设计规范》GB 50051的有关规定。

19.6.2 烟囱结构可采用单筒式、套筒式或多管式，其选型可根据烟气腐蚀性的强弱及环保等要求确定，并应符合下列规定：

1 当排放强腐蚀性烟气时，应采用套筒式、多管式烟囱。

2 当排放中等腐蚀性烟气时，宜采用套筒式、多管式烟囱。

3 当排放弱腐蚀性烟气时，可采用防腐型单筒式烟囱。

19.6.3 采用套筒式或多管式烟囱时，外筒壁与排烟内筒间应满足人员巡查、维护检修的要求。

19.6.4 烟囱的防腐材料应具有良好的耐酸、耐温、抗渗和密封等性能。

19.7 运煤建（构）筑物

19.7.1 运煤栈桥可采用钢筋混凝土结构或钢结构，高位布置栈桥宜采用钢结构。

19.7.2 运煤栈桥伸缩缝的设置应符合下列规定：

1 当运煤栈桥采用钢筋混凝土支柱、桥身为钢桁架，且纵向为铰接排架结构时，其伸缩缝最大间距应符合下列规定：

1）封闭栈桥不宜超过130m。

2）半封闭和露天栈桥不宜超过100m。

2 当运煤栈桥支柱、桥身均采用钢结构时，其伸缩缝最大间距应符合下列规定：

1）封闭栈桥不宜超过150m。

2）半封闭和露天栈桥不宜超过120m。

3 当栈桥长度超过本条第1款和第2款的规定时，应对栈桥结构的温度效应进行计算。

19.7.3 碎煤机室宜采用现浇钢筋混凝土框架结构。碎煤机的布置可采用独立的岛式布置或支承于楼板梁上的布置方式。当布置在楼板梁上时，宜采用弹簧隔振装置。

19.7.4 干煤棚跨度不大于45m时，宜采用钢筋混凝土排架、钢屋架结构；跨度大于45m时，应采用网架结构或门式刚架结构。

19.7.5 封闭式圆形煤场可按挡煤墙结构形式分为分离式和整体式两种，应根据工艺要求，经技术经济比较确定。当采用整体式挡煤墙结构时，应进行温度效应计算。当储存褐煤或易自燃的高挥发分煤种时，内壁应采取防火保护措施。封闭式圆形煤场设计应分析计算堆煤荷载对基础的不利影响。

19.7.6 运煤地下建（构）筑物的防水应采取可靠防渗措施。

19.8 水工建（构）筑物

19.8.1 水工建（构）筑物的设计应符合国家现行标准《混凝土结构设计规范》GB 50010、《水工混凝土结构设计规范》DL/T 5057等建筑结构工程规范及《给水排水工程构筑物结构设计规范》GB 50069等的有关规定，对与水接触部位应提出建筑材料、混凝土的抗渗、抗冻和构造等专门要求；取排水设施中的取排水枢纽建筑、渠道、输水隧洞、防洪堤及码头、防波堤等还应符合国家现行标准《水电枢纽工程等级划分及设计安全标准》DL 5180、《水工隧洞设计规范》DL/T 5195和《堤防工程设计规范》GB 50286等的有关规定。

19.8.2 水工建（构）筑物应按规划容量统一规划和布置，条件合适时，宜分期建设。对于取、排水构筑物和水泵房，应根据施工难易程度、分期布置条件及建设进度，经综合技术经济比较确定其建设规模。

19.8.3 水工建（构）筑物的设计应根据介质对水工建（构）筑物的腐蚀性，采取有效的防腐措施，并应符合国家现行标准《工业建筑防腐蚀设计规范》GB 50046和《海港工程混凝土结构防腐蚀技术规范》JTJ 275的有关规定。

19.8.4 排水设施与河床连接处应设排水口，排水口形式可根据地形地质条件、消能及抗冲刷和散热要求等因素确定；当根据已有资料难以判断时，应通过模型试验论证。

19.8.5 塔体开孔的排烟冷却塔应采取可靠的洞口加固措施。

19.8.6 排烟、海水冷却塔的防腐设计方案及防腐产品的选择应通过技术经济比较确定，或进行试验论证。

19.9 空冷凝汽器支撑结构

19.9.1 空冷凝汽器支撑结构平面布置应采用规则、

对称的布置形式。

19.9.2 空冷凝汽器支撑结构可采用钢桁架和钢筋混凝土管柱组成的混合结构或钢结构。

19.9.3 挡风墙结构宜采用钢骨架外挂单层压型钢板轻型结构。

19.9.4 楼梯和电梯支架宜为钢结构或钢筋混凝土结构，并宜采用依附式布置。

19.9.5 主要承重钢结构构件应采取可靠的防腐措施。

20 采暖、通风和空气调节

20.1 基 本 规 定

20.1.1 厂内建筑物设置集中采暖或局部采暖设施的原则应符合国家现行有关工业企业设计卫生标准的规定。采暖地区可分为集中采暖地区和采暖过渡地区，其划分应符合下列规定：

1 历年平均气温不高于5℃的日数、不少于90d的地区应为集中采暖地区。

2 历年平均气温不高于5℃的日数、不少于60d，且少于90d的地区，应为采暖过渡地区。

20.1.2 集中采暖地区的生产厂房和辅助、附属生产建筑物应设计集中采暖；采暖过渡地区可根据生产工艺要求，对可能发生冻结而影响生产的厂房和辅助、附属生产建筑设计采暖。厂前区辅助、附属建筑采暖设计同时应符合当地建设标准。

20.1.3 采暖、通风和空气调节室内、外设计参数的确定应符合下列规定：

1 室外计算参数的统计年份应符合现行国家标准《采暖通风与空气调节设计规范》GB 50019的有关规定。

2 集中采暖地区应根据车间性质、室内生产性热源强度和运行情况确定室内采暖设计温度，并应符合现行国家标准《采暖通风与空气调节设计规范》GB 50019的有关规定。

3 夏季通风室内设计温度应根据工艺要求确定，当工艺无要求时，应按室内散热强度和工作地点温度确定。

4 空气调节室内设计温湿度基数应根据工艺要求确定，舒适性空调室内计算参数应符合现行国家标准《采暖通风与空气调节设计规范》GB 50019的有关规定。

5 采暖、通风和空气调节室外计算参数应符合现行国家标准《采暖通风与空气调节设计规范》GB 50019的有关规定。

6 冬季机械送风加热器的选择应采用采暖室外计算温度；局部排风或除尘系统需设置热补偿送风系统时，应采用冬季通风室外计算温度。

20.1.4 采暖、通风和空气调节系统冷、热媒及其参数的确定，应符合下列规定：

1 利用工艺系统或周边企业的余热或天然冷、热源时，应根据当地气象条件、余热品质、供应可靠性等因素，经技术经济比较确定采暖、通风和空气调节系统冷、热媒参数。

2 集中采暖地区采暖热媒宜采用高温热水，供、回水设计温度分别不宜低于110℃和70℃；采暖过渡地区供、回水设计温度可分别采用95℃和70℃。

3 通风、空气调节系统夏季以冷水为冷媒时，供、回水温度宜分别采用7℃和12℃，空气处理设备共用冷热盘管时，热水供水温度不应高于60℃，通风系统热媒宜与厂区采暖热媒一致。

20.1.5 加热采暖热媒的热源应符合下列规定：

1 用于加热采暖热媒的蒸汽宜采用汽轮机较低级抽汽，且不宜低于0.4MPa（表压）。经汽-水热交换器产生的凝结水宜对厂区采暖回水进行预加热。

2 位于严寒、寒冷地区的火力发电厂，当采用单台汽轮机抽汽作为采暖系统热源时，应设有备用热源。

3 严寒地区的主厂房、输煤系统如采用蒸汽作为热媒时，应从围护结构保温、节能、安全、卫生等方面进行技术经济论证。采暖蒸汽温度不应超过160℃，凝结水应回收利用。

20.1.6 蓄电池室、制氢站等具有爆炸危险性建筑物的采暖，应符合现行国家标准《火力发电厂与变电站设计防火规范》GB 50229的有关规定。

20.1.7 对各类控制室、电子设备间、化（实）验室等工艺房间，以及周边环境较为恶劣，采用采暖或通风方式达不到人体舒适度要求，或工艺对室内温度、湿度、洁净度有要求的房间，应设置集中空气调节系统或空气调节装置。

20.1.8 办公室、会议室等房间，室内空气质量应符合现行国家标准《室内空气质量标准》GB 18883的有关规定。

20.1.9 电厂各类建筑及车间的通风设计应符合下列规定：

1 对余热和余湿量均较大的建筑和车间，其通风量应按排除余热和余湿所需空气量较大值确定；集中采暖地区高大厂房的夏季全面通风不应采用百叶窗进风。

2 对以排除余热为主的房间，当设有事故通风时，其排风设备的风量应按排除余热和事故通风所需空气量较大值确定。

3 对可能散发有毒、有害气体或爆炸性物质的车间，应根据满足室内最高允许浓度所需换气次数确定通风量，室内空气严禁再循环。

4 当周围环境空气较为恶劣或工艺设备有防尘要求时，宜采用正压通风，进风应过滤。

20.1.10 事故通风量应按换气次数不小于12次/h计算，事故通风可兼作正常通风使用。下列车间或房间应设置事故通风：

1 各类电气设备间、蓄电池室、励磁调节室、GIS屋内配电装置室。

2 制（供）氢站、燃油泵房。

20.2 主 厂 房

20.2.1 主厂房采暖应按维持室内温度5℃计算围护结构热负荷，计算时不应计算设备、管道散热量。

20.2.2 主厂房采暖应以散热器为主、暖风机为辅。暖风机宜按大容量选型，并宜在检修场地附近布置。

20.2.3 严寒、寒冷地区主厂房主要检修通行和开启频繁的大门，宜设置热空气幕。

20.2.4 锅炉房、汽机房夏季应设置全面通风系统，通风方式应符合下列规定：

1 湿冷机组汽机房宜采用自然通风。当自然通风达不到卫生标准要求时，应采用机械通风或自然与机械联合通风。

2 直接空冷机组汽机房宜采用自然进风、机械排风，在严寒地区经论证后也可采用自然通风。

3 全封闭式汽机房应采用机械送风、自然或机械排风。

4 当发电机采用氢冷却时，汽机房屋顶最高处应根据通风方式采取排氢措施。

5 当锅炉送风机不由室内吸风时，紧身封闭锅炉房应采用自然通风。

20.2.5 当工艺无特殊要求时，车间内经常有人工作地点的夏季空气温度不应超过表20.2.5所列的温度规定值。当采用自然通风，车间内工作地点夏季空气温度超出表20.2.5的规定时，应设置局部机械通风，当机械通风仍达不到要求时，应采取局部降温措施。

表20.2.5 车间内工作地点的夏季空气温度规定

夏季通风室外计算温度	≤22	23	24	25	26	27	28	29～32	≥33
允许温差（℃）	10	9	8	7	6	5	4	3	2
工作地点（℃）	≤32	32						32～35	35

注：1 工作地点指工人为观察和管理生产过程而经常或定时停留的地点，如生产操作在车间内许多不同地点进行，则整个车间均算为工作地点；

2 如受条件限制，在采取局部降温措施后仍不能达到本表要求时，允许温差可加大1℃～2℃。

20.2.6 汽机房运转层、中间层楼面应设置足够面积的通风格栅。运行人员经常或定期巡检的高、低压加热器，减温减压器，凝汽器等局部散热强度较高区域，当温度大于或等于37℃时，宜设置强制扰动通风。

20.2.7 集中控制室、电子设备间等房间应设置全年性空气调节系统，并应符合下列规定：

1 集中控制室按舒适性空气调节设计，室内参数应符合下列规定：

1）夏季：温度22℃～28℃，相对湿度40%～65%；

2）冬季：温度18℃～24℃，相对湿度30%～60%。

2 电子设备间室内计算参数应根据工艺要求确定，工艺无明确要求时，可按下列室内参数计算：

1）夏季：温度26℃±1℃，相对湿度50%±10%；

2）冬季：温度20℃±1℃，相对湿度50%±10%。

3 集中控制室、电子设备间集中空气调节系统宜分别设置。空气处理设备宜安装在室内，并应留有必要的检修通道和维护空间。

20.2.8 设置集中空调系统的建筑和房间夏季冷负荷计算应符合现行国家标准《采暖通风与空气调节设计规范》GB 50019的有关规定。

20.2.9 集中空调系统的空气冷却方式应根据当地气象条件经计算分析确定，并应符合下列规定：

1 炎热干燥地区宜采用直接蒸发冷却进行空气预处理。当经直接蒸发冷却处理后的空气未达到设计要求的空气状态时，应辅以人工冷源冷却至要求的空气状态。

2 当直接蒸发冷却不能满足要求时，应采用人工冷源冷却。

20.2.10 采用循环水蒸发冷却的水温应根据全厂供水条件确定，水质应符合生活用水标准。

20.2.11 空气处理设备中的冷却装置选择应符合现行国家标准《采暖通风与空气调节设计规范》GB 50019的有关规定。

20.2.12 集中空调系统的冬季加热装置和送风温度应根据空调房间室内余热量与围护结构热损失、新风耗热量计算确定。当采用定风量系统时，应合理确定送风温度。

20.2.13 严寒、寒冷地区集中空调系统应采取防止新风混风后空调机组内产生凝霜的新风预热处理措施。

20.2.14 集中空调系统应设置初、中效过滤器。

20.2.15 位于有害气体、刺激性气体污染较为严重地区的电厂，集中空调的新风系统应采取消除有害气体、刺激性气体的措施。

20.2.16 集中空调系统的消声、隔振设计应根据集中控制室、电子设备间等空调房间的工艺要求确定。空调系统自身产生的噪声，当通过风管系统自然衰减不能达到允许噪声标准时，应设置消声设备或消声附件。

20.2.17 集中控制室、电子设备间集中空调系统的空气处理设备配置不应少于2台，其中1台应为备用。空气处理设备应具有满足过渡季节大量使用新风运行的功能。

20.2.18 集中制冷、加热系统和集中控制室、电子设备间集中空气调节系统，应采用集中控制方式。

20.2.19 锅炉房运转层、锅炉本体及顶部等区域宜设置真空清扫系统清扫积尘，并兼管煤仓间不宜水冲洗部位的积尘清扫。系统设计原则应符合下列规定：

1 应选择高真空吸入式设备和配置输送管网。

2 应根据锅炉的除灰、渣系统方式，清扫管道系统布置等因素，确定设置车载式或固定式真空清扫装置。

20.3 电气建筑与电气设备

20.3.1 网络控制室、继电器室、不停电电源室、通信机房等夏季应设置空气调节装置，励磁调节装置室应根据散热设备特点设置降温通风设施。

20.3.2 蓄电池室夏季通风系统设计应符合下列规定：

1 防酸隔爆式蓄电池室、调酸室应采用机械通风，室内应保持负压。防酸隔爆式蓄电池室换气次数不应少于6次/h，严禁室内空气再循环。调酸室的通风换气次数不宜少于5次/h。

2 阀控式密封铅酸蓄电池室应设置直流式降温通风系统，室内温度应为25℃～30℃，室内换气次数不得小于3次/h，严禁室内空气再循环，并应维持负压。

20.3.3 主厂房、集控楼、电除尘、除灰电气设备间设有散热量较大的干式变压器和电气设备时，室内环境设计温度不宜高于35℃。当符合下列条件之一时，通风系统宜采取降温措施：

1 夏季通风室外计算温度（t）不低于33℃。

2 夏季通风室外计算温度（t）不低于30℃，低于33℃，最热月月平均相对湿度（ϕ）不低于70%。

20.3.4 电气设备间设有变频器时应设置降温通风系统。其送风量应按变频工况经热平衡计算确定，房间排风量应根据变频器本体所需排风量经风平衡计算确定，送风量应大于变频器本体所需排风量和房间排风系统排风量之和。

20.3.5 降温通风系统夏季计算热负荷应根据室内电气设备散热量确定，不应计算围护结构热负荷。

20.3.6 降温通风系统的空气处理方式，炎热干燥地区应符合本规范第20.2.9条第1款的规定，其他地区应根据当地气象条件确定。

20.3.7 主厂房区域设有集中制冷站时，其容量宜满足该区域内集中空调系统和降温通风系统的需要。

20.3.8 降温通风系统送风温差不应大于15℃，并应保证送风温度高于室内空气露点温度1℃～2℃。

20.3.9 通风、空调系统由厂房内取风时，夏季进风温度应根据室内温度梯度附加。

20.3.10 较大风量的机械通风系统应具有调整运行台数或调节系统风量的措施。

20.4 运煤建筑

20.4.1 冬季通风室外计算温度不高于－10℃的地区，翻车机室、火车卸煤沟地上部分宜设置大门热风幕。冬季通风室外计算温度在0℃～－10℃之间的地区，经技术经济比较合理时，可设置大门热风幕。

20.4.2 采暖过渡地区，碎煤机室、转运站内可设置采暖。

20.4.3 运煤系统煤尘飞扬严重处应设置除尘装置。除尘系统排放标准应符合现行国家标准《大气污染物综合排放标准》GB 16297和《环境空气质量标准》GB 3095的有关规定。除尘设备应统筹煤质、水资源条件以及地面清扫方式等因素进行选择。

20.4.4 地下卸煤沟宜对移动尘源采取具有自动跟踪捕集扬尘的防尘措施。

20.4.5 严寒、寒冷地区运煤系统的地下运煤隧道、地下转运站、地下卸煤沟等设有通风除尘设施时，应根据热平衡计算冬季通风耗热量，其热补偿原则应符合下列规定：

1 通风、除尘系统运行期间，室内温度不应低于5℃。

2 应按室内温度5℃校核采暖系统热补偿能力，不足部分可通过设置热风系统补偿。

20.4.6 运煤系统的除尘系统、喷水、喷雾抑尘系统应与运煤设备联动运行。除尘设备的运行信号应送至运煤控制室。

20.4.7 缺水和沿海缺乏淡水地区，运煤建筑未设水冲洗系统时，地面清扫可采用干式清扫方式。

20.5 化学建筑

20.5.1 化学水处理车间夏季宜采用自然通风。冬季采暖应按室内温度5℃计算，不应计算设备散热量。

20.5.2 酸库及酸计量间应采用机械通风，严禁室内空气再循环。碱库及碱计量间宜采用自然通风。对集中采暖地区和过渡地区，酸、碱库宜分别设置。对非采暖地区当酸、碱共库时，应按酸库要求设计通风。

20.5.3 其他化学建筑应根据所排除气体的性质确定通风方式和通风量。

20.5.4 具有腐蚀性物质房间的采暖通风设备、管道及其附件应采取防腐措施。

20.6 其他辅助建筑及附属建筑

20.6.1 制（供）氢站采暖、通风系统设计应符合现行国家标准《氢气站设计规范》GB 50177的有关规定。

20.6.2 集中采暖地区，岸边水泵房、污水泵房、燃油泵房、灰渣泵房、空压机房等设备间应按室内温度5℃设值班采暖。

20.6.3 空压机房夏季宜采用自然通风，通风量宜按排除余热计算。冬季空压机由室内吸风时，应根据室内设备散热量、围护结构热损失等因素按吸风量进行热平衡计算热补偿量。热风补偿计算宜采用冬季通风室外计算温度。

20.6.4 各类泵房和柴油发电机房通风应符合下列规定：

1 循环水泵房、岸边水泵房、灰渣泵房等夏季宜采用自然通风；半地下或地下泵房应设置机械通风，其通风量应按消除余热及有害气体计算确定。

2 一般污水泵房以及含有硫化物的生产废水间（池）应设置机械通风。

3 燃油泵房应设置机械通风系统，并应符合现行国家标准《火力发电厂与变电站设计防火规范》GB 50229的有关规定。

4 柴油发电机房应设置机械排风，进风口有效面积应根据排风量与柴油机燃烧所需风量计算确定。对严寒、寒冷以及风沙较大地区，进风口应采取冬季保温和防沙尘措施。

20.6.5 集中采暖地区和过渡地区，补给水水泵房、岸边水泵房和贮灰场管理站建筑物应设置采暖设施。

20.7 厂区制冷站、加热站及管网

20.7.1 厂区建筑热水采暖热媒参数宜保持一致，厂区采暖加热站应独立设置。

20.7.2 厂区采暖加热站的设备容量和台数应按本规范第12.8节的规定确定，并应根据电厂规划容量确定预留条件。

20.7.3 厂区制冷站宜与厂区采暖加热站合并设置。当独立设置集中制冷站时，应靠近冷负荷中心。厂前区制冷站宜独立设置。

20.7.4 人工冷源的选择应符合下列规定：

1 热电联产项目或蒸汽汽源有可靠保证时，宜采用溴化锂吸收制冷。

2 蒸汽汽源不能保证时，应采用电动蒸气压缩制冷。

20.7.5 制冷机组的装机容量应符合现行国家标准《采暖通风与空气调节设计规范》GB 50019的有关规定，选型应符合下列规定：

1 选用溴化锂吸收式冷水机组时，宜按设计冷负荷的2×60%选型。

2 选用电动蒸气压缩式冷水机组时，宜按设计冷负荷2×75%或3×50%选型。

3 采用其他形式冷水机组或整体式空调机组时，应根据设计冷负荷合理设置备用容量。

20.7.6 通风、空气调节制冷系统的冷却方式应根据当地气象条件、水资源条件和机组容量确定。

20.7.7 制冷系统冷却水的水质应满足相关设备对水质的要求，并应符合现行国家标准《工业循环冷却水处理设计规范》GB 50050的有关规定。

20.7.8 冷、热水管网的主干线应通过负荷集中的区域，管网设计形式应根据厂区布置合理确定。

20.7.9 厂区采暖热网及厂区冷水管网的敷设应根据工程的具体情况，通过技术经济比较，确定采用架空、地沟或直埋方式。

20.7.10 厂区采暖热网热补偿宜以自然补偿为主，自然补偿不能满足要求时，应设置补偿器。

21 环境保护和水土保持

21.1 基本规定

21.1.1 火力发电厂的环境保护设计应贯彻国家产业政策和发展循环经济及节能减排的要求，应采用清洁生产工艺，对产生的各项污染物及生态环境影响应采取防治措施。

21.1.2 火力发电厂的环境保护设计方案应以批准的建设项目环境影响报告书或者环境影响报告表为依据。

21.1.3 火力发电厂的水土保持设计方案应以批准的水土保持方案为依据。

21.1.4 各项污染物的处理应选用资源利用率高、污染物排放量少的设备和工艺，对处理过程中产生的二次污染应采取相应的治理措施。

21.1.5 火力发电厂的环境保护标志应符合现行国家标准《环境保护图形标志　排放口（源）》GB 15562.1的有关规定。

21.2 大气污染防治

21.2.1 火力发电厂的烟气排放应符合现行国家标准《火电厂大气污染物排放标准》GB 13223、地方的有关排放标准及污染物排放总量控制的有关规定。煤场、灰场等产生的粉尘浓度应符合现行国家标准《大气污染物综合排放标准》GB 16297的有关规定。

21.2.2 新扩建火力发电厂宜同步建设烟气脱硫设施。二氧化硫的排放浓度应符合现行国家标准《火电厂大气污染物排放标准》GB 13223的有关规定，排放总量应符合总量控制的要求。

21.2.3 燃煤锅炉应装设高效除尘器，烟尘排放浓度应符合现行国家标准《火电厂大气污染物排放标准》GB 13223的有关规定。

21.2.4 氮氧化物的排放浓度应符合现行国家标准《火电厂大气污染物排放标准》GB 13223的有关规定。

21.2.5 烟囱高度和形式应根据气象参数、污染物落地浓度、附近机场净空要求等因素确定。火力发电厂

的烟囱高度宜高于厂区内邻近最高建筑物高度的2倍，当低于2倍时，在预测污染物落地浓度时应包括建筑物尾流影响，必要时，可通过相应的风洞试验确定建筑物尾流影响。

21.2.6 排烟冷却塔的高度、出口内径、机组与排烟冷却塔配置关系应根据气象参数、污染物落地浓度等因素确定。

21.2.7 火力发电厂的储煤场应采取防治扬尘污染措施。位于湿润、低风速地区的火力发电厂煤场可采用喷洒等措施；位于大风干燥地区或环境要求敏感地区的火力发电厂煤场，可采用防风抑尘网或封闭式煤场等措施防治煤场扬尘污染。

21.2.8 灰渣和脱硫石膏应分区堆放。对于干灰场，应采用干灰加湿和在灰场分区分块碾压堆放的原则；对于湿灰场，应采取使灰面保持湿润的措施；对于灰场还应采取绿化等措施；灰场和脱硫石膏堆场堆满后应覆土碾压。

21.3 废水和温排水治理

21.3.1 设计中应优化水量平衡，应采用资源利用率高、污染物排放量少的清洁生产工艺，并应减少废水的排放量和控制废水中污染物的浓度。

21.3.2 各生产作业场所排出的各种废水和污水，应按清、污分流和一水多用的原则分类收集、处理和回用。

21.3.3 排水的水质应符合现行国家标准《污水综合排放标准》GB 8978等的有关规定。不符合排放标准的废污水不得排入自然水体或任意处置。

21.3.4 火力发电厂厂区废水应经处理达标后集中对外排放。

21.3.5 火力发电厂宜选用干贮灰、渣方案。如采用水力贮灰方式，灰场灰水宜回收复用。渣水应循环复用。

21.3.6 脱硫废水应经单独处理达到回用标准后回收利用。对于有水力除灰系统的火力发电厂宜用于冲灰，对于采用干除灰系统的火力发电厂可用于干灰调湿、灰场喷洒，不应对外排放。

21.3.7 采用地表水源和海水的直流或混流供水系统的火力发电厂，应采取防止温排水对受纳水域影响区内的主要水生物造成有害影响的措施。对于具有温排水利用条件的火力发电厂，设计中应为综合利用温排水创造条件。

21.4 灰渣和石膏治理及综合利用

21.4.1 除灰渣系统和石膏脱水系统设计应为综合利用创造条件。

21.4.2 **灰渣和脱硫石膏严禁排入江、河、湖、海等水域。**

21.4.3 灰场和石膏堆放场应根据贮存方式和当地水文地质条件，合理确定防渗措施，宜符合现行国家标准《一般工业固体废物贮存、处置场污染控制标准》GB 18599的有关规定。

21.4.4 灰场与居民集中区的距离宜符合现行国家标准《一般工业固体废物贮存、处置场污染控制标准》GB 18599的有关规定。

21.4.5 灰渣和石膏输送路径应避免穿越居民集中区，并应对输送车辆采取封闭措施。

21.4.6 火力发电厂的灰渣和石膏综合利用的数量和途径应根据灰渣和石膏综合利用市场调研结果等因素合理确定。

21.5 噪声防治

21.5.1 火力发电厂的噪声对周围环境的影响应符合现行国家标准《工业企业厂界环境噪声排放标准》GB 12348和《声环境质量标准》GB 3096的有关规定，施工期噪声应符合现行国家标准《建筑施工场界噪声限值》GB 12523的有关规定。

21.5.2 火力发电厂的噪声应首先从声源上进行控制，应要求设备供应商提供符合国家噪声标准要求的设备。对于声源上无法控制的生产噪声应采取噪声控制措施。

21.5.3 火力发电厂的噪声控制宜采取优化总平面布置设计、合理绿化等措施。

21.5.4 火力发电厂的噪声控制宜采取优化厂房围护结构设计、采用隔声效果好的围护材料和门窗等措施。

21.5.5 对于直接空冷火力发电厂宜选用低噪音风机，挡风墙内应加装隔音板等措施。

21.5.6 当湿式冷却塔噪声影响范围内有敏感目标时，冷却塔应采取通风消声器、隔声屏障等噪声治理措施。

21.5.7 对于噪声敏感建筑物处噪声达标的非敏感地区的火力发电厂，在符合当地规划要求以及采取噪声控制措施基础上，可在厂界外设置噪声卫生防护距离。

21.6 环境保护监测

21.6.1 火力发电厂应设置环境监测站，并应符合现行行业标准《火电厂环境监测技术规范》DL/T 414的有关规定。

21.6.2 火力发电厂应安装烟气连续监测系统。监测项目和方法等应符合现行行业标准《固定污染源烟气排放连续监测技术规范》HJ/T 75的有关规定。

21.6.3 火力发电厂烟气连续监测系统排放监测点宜设置在烟囱或每台炉脱硫后净烟气的烟道上。

21.6.4 火力发电厂（含湿灰场）废水外排口应装设水量水质监测装置，并应设置专门标志。当火力发电厂废水与循环水排入同一受纳水体时，在征得地方环境保护管理部门同意后，可合并对外排放，但应在合并前装设水量水质监测装置。

21.7 水土保持

21.7.1 火力发电厂水土保持设计应符合现行国家标准《开发建设项目水土保持技术规范》GB 50433 的有关规定。火力发电厂水土流失防治应符合现行国家标准《开发建设项目水土流失防治标准》GB 50434 的有关规定。

21.7.2 火力发电厂应编制水土保持监测设计与实施计划，并应符合现行行业标准《水土保持监测技术规程》SL 277 的有关规定。

22 消防、劳动安全与职业卫生

22.1 基本规定

22.1.1 火力发电厂设计应符合现行国家标准《火力发电厂与变电站设计防火规范》GB 50229 的有关规定。

22.1.2 火力发电厂设计应认真贯彻“安全第一、预防为主、防治结合”的方针，新建、改建、扩建工程的劳动安全和职业卫生设施应与主体工程同时设计、同时施工、同时投入生产和使用。

22.1.3 在具有危险因素和职业病危害的场所应设置醒目的安全标志、安全色、警示标识。其设置应分别符合现行国家标准《安全标志及其使用导则》GB 2894、《安全色》GB 2893 和《工作场所职业病危害警示标识》GB 2158 的有关规定。

22.1.4 火力发电厂应设置劳动安全基层监测站和安全卫生教育用室，并应配备必要的仪器设备。

22.2 劳动安全

22.2.1 劳动安全设计应以安全预评价报告为依据，并应符合现行行业标准《火力发电厂劳动安全和工业卫生设计规程》DL 5053 的有关规定。

22.2.2 火力发电厂设计中应根据劳动安全的法律、法规、国家标准的有关规定对危险因素进行分析、对危险区域进行划分，并应采取相应的防护措施。

22.2.3 火力发电厂的生产车间、作业场所、辅助建筑、附属建筑、生活建筑和易燃易爆的危险场所以及地下建筑物应设计防火分区、防火隔断、防火间距、安全疏散和消防通道。其设计应符合现行国家标准《建筑设计防火规范》GB 50016 和《火力发电厂与变电站设计防火规范》GB 50229 的有关规定。

22.2.4 火力发电厂的安全疏散设施应有充足的照明和明显的疏散指示标志。

22.2.5 对有爆炸危险的电气设施、工艺系统及设备、厂房等应按不同类型的爆炸源和危险因素采取相应的防爆防护措施。防爆设计应符合现行国家标准《建筑设计防火规范》GB 50016 和《爆炸和火灾危险环境电力装置设计规范》GB 50058 的有关规定。

22.2.6 电气设备的布置应满足带电设备的安全防护距离要求，并应采取隔离防护和防止误操作的措施；应采取防止雷击和安全接地等措施。其设计应符合国家现行标准《3～110kV 高压配电装置设计规范》GB 50060、《建筑物防雷设计规范》GB 50057 和《高压配电装置设计技术规程》DL/T 5352 的有关规定。

22.2.7 预防机械伤害和坠落应采取设置防护罩、安全距离、防护栏杆、防护盖板、警告报警设施等措施。预防机械伤害和坠落设计应符合现行国家标准《生产设备安全卫生设计总则》GB 5083 和《机械安全 防护装置 固定式和活动式防护装置设计与制造一般要求》GB/T 8196 等的有关规定。

22.2.8 预防厂内车辆伤害事故应采取限速、限制通行、设置警示牌等措施。

22.3 职业卫生

22.3.1 职业卫生设计应以职业病危害预评价报告为依据，并应符合现行行业标准《火力发电厂劳动安全和工业卫生设计规程》DL 5053 的有关规定。

22.3.2 火力发电厂设计中应根据国家职业病防治的法律、法规，国家标准对危害因素进行分析，并应采取相应的防护措施。

22.3.3 火力发电厂的卸煤系统、贮煤系统、运煤系统、锅炉系统、除灰系统、脱硫石灰石粉制备系统等处应设置防止粉尘飞扬的设施，应根据煤（灰）尘中游离二氧化硅含量进行防排尘设计，工作场所空气中含尘浓度应符合国家现行有关工业企业设计卫生和工作场所有害因素职业接触限值的规定。

22.3.4 火力发电厂设计中，对于加氯系统、六氟化硫高压开关室及六氟化硫高压开关检修室、脱硝系统液氨贮存区、催化剂工作区、汽轮机调速系统和旁路系统（控制油采用抗燃油时）等贮存和产生有害气体或腐蚀性介质的场所，以及使用含有对人体有害物质的仪器和仪表设备，应设置相应的防毒及防化学伤害的安全防护设施。

22.3.5 锅炉房、汽机房和运煤系统等噪声的控制应首先从声源上进行控制，对较大的噪声源应采取隔声、消声、吸声等控制措施。防治噪声设计应符合现行国家标准《工业企业噪声控制设计规范》GBJ 87 等的有关规定。

22.3.6 预防振动应首先从振动源上进行控制，并应采取隔振、减振等措施。预防振动设计应符合现行国家标准《动力机器基础设计规范》GB 50040 等的有关规定。

22.3.7 火力发电厂防低温、防高温、防潮的设计应按国家现行有关规定采取措施。火力发电厂的地下卸煤沟、运煤隧道及地下转运站等应设置防潮设施。

22.3.8 对于有放射性源的生产工艺或场所应采取防电离辐射措施。其防护设计应符合现行国家标准《放射卫生防护基本标准》GB 4792 的有关规定。

22.3.9 产生工频电磁场的电气设备应采取必要的防护措施。

附录 A 机组设计标准煤耗率的计算方法

A.1 纯凝汽式机组

A.1.1 纯凝汽式机组的设计发电标准煤耗率应按下列公式计算：

$$b_{fn}=\frac{0.123}{\eta_{fn}}\times 10^5 \quad (A.1.1\text{-}1)$$

$$\eta_{fn}=\eta_{qn}\eta_{gl}\eta_{gd}\times 10^{-4} \quad (A.1.1\text{-}2)$$

$$\eta_{qn}=\frac{3600}{q_{jrn}}\times 100 \quad (A.1.1\text{-}3)$$

式中：b_{fn}——纯凝汽机组的设计发电标准煤耗率［g/（kW·h)］；

η_{fn}——纯凝汽机组的设计发电热效率（%）；

η_{gl}——锅炉效率，取用锅炉设备技术协议中明确的锅炉效率保证值（按低位热值效率）（%）；

η_{gd}——管道效率，取 99%；

η_{qn}——纯凝汽机组的汽轮发电机组热效率（%）；

q_{jrn}——纯凝汽机组的汽轮发电机组设计热耗率，取用汽轮机设备技术协议中明确的热耗率验收工况所对应的热耗率保证值［kJ/（kW·h)］。

A.1.2 纯凝汽式机组的设计供电标准煤耗率应按下式计算：

$$b_{gn}=\frac{b_{fn}}{1-\frac{e}{100}} \quad (A.1.2)$$

式中：b_{gn}——纯凝汽机组的设计供电标准煤耗率［g/（kW·h)］；

e——纯凝汽机组的厂用电率（%）。

A.2 供热式机组

A.2.1 供热式机组在纯凝汽工况运行时的设计发电和供电标准煤耗率应按本规范第 A.1 节对应的公式计算。

A.2.2 供热式机组在额定供热工况运行时的设计发电标准煤耗率应按下列公式计算：

$$b_{fr}=\frac{0.123}{\eta_{fr}}\times 10^5 \quad (A.2.2\text{-}1)$$

$$\eta_{fr}=\eta_{qr}\eta_{gl}\eta_{gd}\times 10^{-4} \quad (A.2.2\text{-}2)$$

$$\eta_{qr}=\frac{3600}{q_{jrr}}\times 100 \quad (A.2.2\text{-}3)$$

式中：b_{fr}——额定供热工况运行时的设计发电标准煤耗率［g/（kW·h)］；

η_{fr}——供热机组的设计发电热效率（%）；

η_{qr}——额定供热工况运行时的汽轮发电机组热效率（%）；

q_{jrr}——额定供热工况运行时的汽轮发电机组设计热耗率，取用汽轮机设备技术协议中明确的额定供热工况所对应的热耗率保证值［kJ/（kW·h)］。

A.2.3 供热式机组在额定供热工况运行时的设计供电标准煤耗率应按下式计算：

$$b_{gr}=\frac{b_{fr}}{1-\frac{e_d}{100}} \quad (A.2.3)$$

式中：b_{gr}——额定供热工况运行时的设计供电标准煤耗率［g/（kW·h)］；

e_d——额定供热工况运行时的火力发电厂用电率（%）。

A.2.4 供热式机组的设计供热标准煤耗率应按下式计算：

$$b_r=\frac{34.16}{\eta_{gl}\eta_{gd}\eta_{hs}}\times 10^6 \quad (A.2.4)$$

式中：b_r——设计供热标准煤耗率（kg/GJ）；

η_{hs}——热网首站的换热效率（%）。

本规范用词说明

1 为便于在执行本规范条文时区别对待，对要求严格程度不同的用词说明如下：

1）表示很严格，非这样做不可的：
正面词采用“必须”，反面词采用“严禁”；

2）表示严格，在正常情况下均应这样做的：
正面词采用“应”，反面词采用“不应”或“不得”；

3）表示允许稍有选择，在条件许可时首先应这样做的：
正面词采用“宜”，反面词采用“不宜”；

4）表示有选择，在一定条件下可以这样做的，采用“可”。

2 条文中指明应按其他有关标准执行的写法为“应符合……的规定”或“应按……执行”。

引用标准名录

《建筑地基基础设计规范》GB 50007

《混凝土结构设计规范》GB 50010

《建筑抗震设计规范》GB 50011
《室外给水设计规范》GB 50013
《建筑设计防火规范》GB 50016
《采暖通风与空气调节设计规范》GB 50019
《室外给水排水和燃气热力工程抗震设计规范》GB 50032
《动力机器基础设计规范》GB 50040
《工业建筑防腐蚀设计规范》GB 50046
《工业循环冷却水处理设计规范》GB 50050
《烟囱设计规范》GB 50051
《建筑物防雷设计规范》GB 50057
《爆炸和火灾危险环境电力装置设计规范》GB 50058
《3～110kV 高压配电装置设计规范》GB 50060
《电力装置的电测量仪表装置设计规范》GB/T 50063
《交流电气装置的接地设计规范》GB/T 50065
《给水排水工程构筑物结构设计规范》GB 50069
《石油库设计规范》GB 50074
《工业循环水冷却设计规范》GB/T 50102
《火灾自动报警系统设计规范》GB 50116
《石油化工企业设计防火规范》GB 50160
《电子信息系统机房设计规范》GB 50174
《氢气站设计规范》GB 50177
《石油天然气工程设计防火规范》GB 50183
《构筑物抗震设计规范》GB 50191
《河港工程设计规范》GB 50192
《民用闭路监视电视系统工程技术规范》GB 50198
《电力工程电缆设计规范》GB 50217
《建筑内部装修设计防火规范》GB 50222
《建筑工程抗震设防分类标准》GB 50223
《火力发电厂与变电站设计防火规范》GB 50229
《电力设施抗震设计规范》GB 50260
《堤防工程设计规范》GB 50286
《出入口控制系统工程设计规范》GB 50396
《开发建设项目水土保持技术规范》GB 50433
《开发建设项目水土流失防治标准》GB 50434
《厂矿道路设计规范》GBJ 22
《工业企业噪声控制设计规范》GBJ 87
《标准电压》GB/T 156
《高压输变电设备的绝缘配合》GB 311.1
《高压输变电设备的绝缘配合使用导则》GB/T 311.2
《发电用汽轮机参数系列》GB/T 754
《旋转电机　定额和性能》GB 755
《电力变压器　第1部分　总则》GB 1094.1
《电力变压器　第2部分　温升》GB 1094.2
《电力变压器　第3部分：绝缘水平、绝缘试验和外绝缘空气间隙》GB 1094.3
《电力变压器　第4部分：电力变压器和电抗器的雷电冲击和操作冲击试验导则》GB 1094.4
《电力变压器　第5部分：承受短路的能力》GB 1094.5
《电力变压器　第7部分：油浸式电力变压器负载导则》GB/T 1094.7
《工作场所职业病危害警示标识》GB 2158
《安全色》GB 2893
《安全标志及其使用导则》GB 2894
《环境空气质量标准》GB 3095
《声环境质量标准》GB 3096
《地面水环境质量标准》GB 3838
《放射卫生防护基本标准》GB 4792
《工业自动化仪表气源压力范围和质量》GB 4830
《生产设备安全卫生设计总则》GB 5083
《固定式发电用汽轮机规范》GB/T 5578
《生活饮用水卫生标准》GB 5749
《核电厂环境辐射防护规定》GB 6249
《三相油浸式电力变压器技术参数和要求》GB/T 6451
《隐极同步发电机技术要求》GB/T 7064
《同步电机励磁系统　定义》GB/T 7409.1
《同步电机励磁系统　电力系统研究用模型》GB/T 7409.2
《同步电机励磁系统　大中型同步发电机励磁系统技术要求》GB/T 7409.3
《机械安全　防护装置　固定式和活动式防护装置设计与制造一般要求》GB/T 8196
《污水综合排放标准》GB 8978
《火力发电机组及蒸汽动力设备水汽质量》GB/T 12145
《工业企业厂界环境噪声排放标准》GB 12348
《建筑施工场界噪声标准》GB 12523
《火电厂大气污染物排放标准》GB 13223
《继电保护和安全自动装置技术规程》GB/T 14285
《会议系统电及音频的性能要求》GB/T 15381
《环境保护图形标志　排放口（源）》GB 15562.1
《大气污染物综合排放标准》GB 16297
《一般工业固体废物贮存、处置场污染控制标准》GB 18599
《室内空气质量标准》GB 18883
《取水定额》GB/T 18916
《城市污水再生利用　城市杂用水水质》GB/T 18920
《电气/电子/可编程电子安全相关系统的功能安全》GB/T 20438
《过程工业领域安全仪表系统的功能安全》GB/T 21109

《变频器供电笼型感应电动机设计和性能导则》GB/T 21209
《火力发电厂试验、修配设备及建筑面积配置导则》DL/T 5004
《火力发电厂总图运输设计技术规程》DL/T 5032
《火力发电厂灰渣筑坝设计规范》DL/T 5045
《火力发电厂劳动安全和工业卫生设计规程》DL 5053
《水工混凝土结构设计规范》DL/T 5057
《火力发电厂化学设计技术规程》DL/T 5068
《火力发电厂保温油漆设计规程》DL/T 5072
《水工建筑物抗震设计规范》DL/T 5073
《火力发电厂制粉系统设计计算技术规定》DL/T 5145
《火力发电厂厂用电设计技术规定》DL/T 5153
《水电枢纽工程等级划分及设计安全标准》DL 5180
《水工隧洞设计规范》DL/T 5195
《火力发电厂煤和制粉系统防爆设计技术规程》DL/T 5203
《火力发电厂燃烧系统设计计算技术规程》DL/T 5240
《高压配电装置设计技术规程》DL/T 5352
《火力发电厂和变电站照明设计技术规定》DL/T 5390
《电力工程地下金属构筑物防腐技术导则》DL/T 5394
《火电厂环境监测技术规范》DL/T 414
《大容量煤粉燃烧锅炉炉膛选型导则》DL/T 831
《电力工业锅炉压力容器监察规程》DL 612
《交流电气装置的过电压保护和绝缘配合》DL/T 620
《远动设备及系统　第5-101部分：传输规约　基本远动任务配套标准》DL/T 634.5101
《远动设备及系统　第5-104部分：传输规约　采用标准传输协议子集的IEC 60870-5-101网络访问》DL/T 634.5104
《电力工业锅炉压力容器检验规程》DL 647
《火力发电厂凝汽器管选材导则》DL/T 712
《火力发电厂汽轮机防进水和冷蒸汽导则》DL/T 834
《火力发电厂停（备）用热力设备防锈蚀导则》DL/T 956
《电站锅炉安全阀应用导则》DL/T 959
《电网运行准则》DL/T 1040
《核设施环境保护管理导则　放射性固体废物浅地层处置环境影响报告书的格式与内容》HJ/T 5.2
《辐射环境保护管理导则　核技术应用项目环境影响报告书（表）的内容和格式》HJ/T 10.1
《固定污染源烟气排放连续监测技术规范》HJ/T 75
《海港总平面设计规范》JTJ 211
《水运工程抗震设计规范》JTJ 225
《海港工程混凝土结构防腐蚀技术规范》JTJ 275
《水土保持监测技术规程》SL 277

中华人民共和国国家标准

大中型火力发电厂设计规范

GB 50660—2011

条 文 说 明

制 定 说 明

本规范是在现行行业标准《火力发电厂设计技术规程》DL 5000—2000 的基础上，总结了近几年来火电厂的设计实践经验和研究成果，结合我国电力体制改革和投资体制改革后的新情况，对火电厂在功能和性能方面提出基本要求的国家标准。

本规范编制遵循的主要原则如下：

1. 统一名词定义和有关的计算方法、测量方法；

2. 对火电厂的整体性能和各系统功能提出必须达到的基本要求；

3. 积极贯彻国家节约能源、节约资源和环境保护的方针，提出先进的技术指标；

4. 积极采用成熟的先进技术，对于多种工艺系统方案，指明各种系统的适用条件，供设计单位结合具体工程情况进行选择；

5. 注重与国内相关标准的协调，本规范中涉及的一些内容，在国家现行标准中已有明确规定的内容，仅指明应符合相关标准的有关规定，并写出标准的名称和编号，不抄写其内容；

6. 注意了解、吸收相关的国际标准的内容。

本规范涉及面广，需要分析和研究的问题多，编制组对其中一些关键技术问题进行了调查和专题研究，共形成 65 个调研和专题研究报告，具体内容如下：

1. 放射性物质贮存场地安全防护范围调研报告；

2. 重点文物保护单位、风景名胜区、自然保护区、湿地保护区、水源地保护区的范围调研报告；

3. 凝汽式电厂与大中城市规划及环境保护的关系调研报告；

4. 火车卸煤设施专题报告；

5. 煤场和干煤贮存设施专题报告；

6. 运煤系统的设计出力专题报告；

7. 石灰石二级筛碎设备专题报告；

8. 机组额定功率定义研究报告；

9. 超临界、超超临界机组再热蒸汽系统压降和温降选择的优化专题报告；

10. 采用无油或少油点火技术对燃油系统设计容量选择的影响专题报告；

11. 回转空气预热器防腐防堵技术使用条件分析专题报告；

12. 布袋除尘器在我国大中型电站锅炉上使用现状和现阶段推广使用条件分析专题报告；

13. 除灰系统空压机系统与全厂压缩空气系统统一设计专题研究报告；

14. 炉底渣处理系统中的气力输渣系统专题研究报告；

15. 大型机组炉底渣处理系统中的风冷式钢带机输渣系统专题调研报告；

16. 国内已运行的部分湿法、半干法烟气脱硫工艺装置脱硫经济指标及可靠性专题研究报告；

17. 300MW、600MW、1000MW 脱硫增压风机型式、容量、台数选择专题研究报告；

18. 湿法烟气脱硫工艺 GGH 型式分析专题研究报告；

19. 国内已运行的部分烟气脱硝装置经济指标分析及可靠性运行可靠性专题研究报告；

20. 600MW 以上超临界及超超临界机组旁路系统选择专题研究报告；

21. 给水系统配置专题研究报告；

22. 600MW 及以上机组真空泵设置专题研究报告；

23. 大中型火力发电机组各项水汽损失专题报告；

24. 大中型火力发电机组凝结水精处理系统调查专题报告；

25. 火力发电厂再生水再利用调查专题报告；

26. 海滨电厂海水淡化专题研究报告；

27. 多机一控方式的设计研究报告；

28. 辅助车间系统监控点设置和控制网络的设计研究报告；

29. CFB 锅炉仪表与控制系统研究报告；

30. 厂级监控信息系统（SIS）的规模与功能调研报告 ；

31. 功能安全系统的应用研究报告；

32. 全厂转动机械监测与故障诊断系统的设置调研报告；

33. 飞灰含碳量测量装置的设置调研报告；

34. 入炉煤粉在线分析系统的设置调研报告；

35. 火电厂计算机集成生产系统的研究报告；

36. 风粉在线监测系统的设置调研报告；

37. 大屏幕与等离子电视的设置调研报告；

38. 机组级自启停系统的设置调研报告；

39. 机组负荷控制与 AGC、RTU 的接口调研报告；

40. 汽机电液控制系统（DEH）与电力系统的接口调研报告；

41. 机组控制系统物理分散布置调研报告；

42. 等离子点火与少油点火控制系统的设置调研报告；

43. 超超临界机组高温高压测量仪表的设计选型报告；

44. 厂用变有载调压选择对发电机进相运行影响研究报告；

45. 大容量机组发电机出口装设断路器时高压备用电源设置方案及主变压器、高压厂用变压器和高压备用变压器的调压方式研究报告；

46. 火力发电厂600MW级及以上发电机主变压器额定容量选择研究报告；

47. 火力发电厂电气监控管理系统研究报告；

48. 交流不间断电源的选择和配置研究报告；

49. 发电机组进相运行时高压厂用母线电压水平调研报告；

50. 再生水回用到发电厂的可靠性及备用水源的设置研究报告；

51. 水库作为电厂水源时的设计校核标准调研报告；

52. 火力发电厂供水保证率专题研究报告；

53. 大型空冷系统调研报告；

54. 火力发电厂耗水指标调研报告；

55. 冷却塔和空冷系统噪音控制调研报告；

56. 干式贮灰场设计运行调研报告；

57. 600MW汽机基础模型试验调查报告；

58. 圆形煤场设计情况调研报告；

59. 电厂建筑材料选用与使用效果的调查报告；

60. 严寒地区火电厂采暖热媒的选择调研报告；

61. 地下卸煤沟通风除尘方式调研报告；

62. 电厂电制冷与吸收式制冷适用条件的综合分析报告；

63. 热电厂灰渣和石膏综合利用情况调研报告；

64. 火电厂主厂房和冷却塔噪声治理措施调研报告；

65. 灰场防扬尘的防护距离专题报告。

随着我国经济的快速发展和改革开放的不断深入，我国的电力工业已发生了巨大的变化。电力体制改革实现了厂网分开和电源投资主体的多元化，投资电源的积极性得到了释放；电力相关新技术的研发和应用步伐明显加快，新技术成果的应用得到了投资方、项目法人和设计单位的高度重视。特别是为了贯彻落实科学发展观、建设资源节约型和环境友好型社会的要求，火电机组在节能、节水、环保等方面有了很大的技术进步。为使本规范适应新的电力管理体制和新技术的发展要求，与现行电力行业标准《火力发电厂设计技术规程》DL 5000—2000相比，本规范在内容上主要有以下变化：

1. 本规范在对当前火电工程的最新技术进行了全面总结的基础上，使内容上适应当前火电技术以及未来的技术发展趋势，适应大容量、高参数机组的设计要求。

2. 本规范在对火电工程相关节约能源、节约资源和环境保护技术方面进行了专题研究的基础上，新增了相关的章节和条文，引导火电工程设计要注重节约能源和资源。

3. 在厂网分开、电源投资主体多元化的形势下，本规范新增电力系统对火力发电厂要求的内容，强化了在火电厂的设计中，为保证电力系统安全稳定运行必须考虑的因素，有利于协调电网和电厂的关系，为电力系统的安全稳定运行创造条件。

4. 本规范条款中，对于多样性的技术方案强调要结合具体工程的情况确定，有利于发挥工程设计人员的创新思维，使工程设计更加符合业主的要求和工程的具体情况，同时，有利于火电工程的设计创新。

由于多种原因，本规范中尚存在一些有待以后解决的问题，具体内容如下：

1. 在本规范"电力系统对火力发电厂的要求"一章中，对火电厂在电网中的不同地位和作用等提出了要求，但由于目前国内电网中尚未明确过哪些项目为调峰机组或黑启动机组，因此，针对特殊地位和作用的机组在机组类型选择、主机设备选择、控制系统配置等方面的相关设计要求没有明确，有待以后结合工程实践经验，对该部分内容进行深入研究。

2. 本规范编制过程中，对火电机组的额定功率定义进行了研究，提出了按IEC标准采用年平均水温对应的背压确定机组额定功率的建议。但由于国内部分专家认为这不符合我国近二十多年的电网调度习惯，并与现行国家标准《固定式发电用汽轮机规范》GB/T 5578—2007的规定产生矛盾。因此，本规范仅对空冷机组的额定功率定义按照IEC标准进行了规定，湿冷机组额定功率定义仍然维持按照现行国家标准《固定式发电用汽轮机规范》GB/T 5578—2007的规定。建议相关单位在国家标准《固定式发电用汽轮机规范》GB/T 5578—2007修订时，对火电机组的额定功率定义问题进行深入地研究。

3. 在本规范"信息系统"一章中，对目前在火电厂中已有工程实践的一些主要信息系统提出了设计要求，但对目前社会广泛关注的"数字化电厂"有关内容，由于缺少工程实践经验、行业内尚未达成共识，本规范中未明确设计要求，有待以后结合工程实践经验对该部分内容进行深入研究。

为了便于广大设计、施工、运行等单位的有关人员在使用本规范时能正确理解和执行条文规定，编制组按照章、节、条顺序编写了本规范的条文说明，但是，条文说明不具备与规范正文同等的法律效力，仅供使用者作为理解和把握规范规定的参考。

目　次

4　总体规划 …… 1—44—85
4.1　基本规定 …… 1—44—85
4.2　厂区外部规划 …… 1—44—85
4.3　厂区规划及总平面布置 …… 1—44—86
5　机组选型 …… 1—44—87
5.1　机组参数 …… 1—44—87
5.2　主机选型 …… 1—44—87
5.3　主机容量匹配 …… 1—44—87
5.4　机组设计性能指标计算 …… 1—44—87
6　主厂房区域布置 …… 1—44—88
6.1　基本规定 …… 1—44—88
6.2　汽机房及除氧间布置 …… 1—44—88
6.3　煤仓间布置 …… 1—44—88
6.4　锅炉布置 …… 1—44—89
6.5　集中控制室和电子设备间 …… 1—44—89
6.6　烟气脱硫设施布置 …… 1—44—89
6.8　维护检修 …… 1—44—90
6.9　综合设施要求 …… 1—44—90
7　运煤系统 …… 1—44—90
7.1　基本规定 …… 1—44—90
7.2　卸煤设施 …… 1—44—90
7.3　贮煤设施 …… 1—44—91
7.4　带式输送机 …… 1—44—92
7.5　筛、碎设备 …… 1—44—92
7.6　混煤设施 …… 1—44—92
7.7　循环流化床锅炉运煤系统 …… 1—44—92
7.8　循环流化床锅炉石灰石及其制粉系统 …… 1—44—92
7.9　运煤辅助设施 …… 1—44—93
8　锅炉设备及系统 …… 1—44—93
8.1　锅炉设备 …… 1—44—93
8.2　煤粉制备 …… 1—44—93
8.3　烟风系统 …… 1—44—95
8.4　烟气除尘及排放系统 …… 1—44—96
8.6　点火及助燃燃料系统 …… 1—44—96
8.7　锅炉辅助系统 …… 1—44—97
8.8　启动锅炉 …… 1—44—97
8.9　循环流化床锅炉系统 …… 1—44—98
9　除灰渣系统 …… 1—44—99
9.1　基本规定 …… 1—44—99
9.2　除渣系统 …… 1—44—99
9.3　除灰系统 …… 1—44—100
9.4　厂外输送系统 …… 1—44—100
9.6　贮灰场 …… 1—44—100
10　烟气脱硫系统 …… 1—44—101
10.1　基本规定 …… 1—44—101
10.3　二氧化硫吸收系统 …… 1—44—101
10.4　烟气系统 …… 1—44—102
11　烟气脱硝系统 …… 1—44—103
11.1　基本规定 …… 1—44—103
11.3　烟气脱硝反应系统 …… 1—44—103
11.4　氨/空气混合及喷射系统 …… 1—44—104
12　汽轮机设备及系统 …… 1—44—104
12.1　汽轮机设备 …… 1—44—104
12.2　主蒸汽、再热蒸汽和旁路系统 …… 1—44—104
12.3　给水系统 …… 1—44—104
12.4　除氧器及给水箱 …… 1—44—105
12.5　凝结水系统 …… 1—44—105
12.7　辅机冷却水系统 …… 1—44—105
12.9　凝汽器及其辅助设施 …… 1—44—106
13　水处理系统 …… 1—44—106
13.1　水质及水的预处理 …… 1—44—106
13.2　水的预脱盐 …… 1—44—107
13.3　锅炉补给水处理 …… 1—44—107
13.4　汽轮机组的凝结水精处理 …… 1—44—107
13.5　冷却水处理 …… 1—44—108
13.6　热力系统的化学加药和水汽取样 …… 1—44—108
13.7　热网补给水及生产回水处理 … 1—44—108
13.8　废水处理 …… 1—44—108
14　信息系统 …… 1—44—108
14.2　全厂信息系统的总体规划 …… 1—44—108
14.3　厂级监控信息系统 …… 1—44—109
14.8　门禁管理系统 …… 1—44—110
15　仪表与控制 …… 1—44—110
15.1　基本规定 …… 1—44—110
15.2　自动化水平 …… 1—44—110

15.3 控制方式及控制室 …………… 1—44—110
15.4 检测与仪表 ………………… 1—44—110
15.5 报警 ……………………… 1—44—110
15.6 机组保护 ………………… 1—44—110
16 电气设备及系统………………… 1—44—111
16.1 发电机与主变压器 ………… 1—44—111
16.2 电气主接线 ……………… 1—44—112
16.3 交流厂用电系统 ………… 1—44—113
16.4 直流系统及交流不间断电源 … 1—44—114
16.5 高压配电装置 …………… 1—44—116
16.6 电气监测及控制 ………… 1—44—116
16.7 元件继电保护 …………… 1—44—117
16.8 照明系统 ………………… 1—44—117
16.9 电缆选择与敷设 ………… 1—44—117
16.10 接地系统………………… 1—44—117
16.12 调度自动化系统子站……… 1—44—118
17 水工设施及系统………………… 1—44—118
17.1 基本规定 ………………… 1—44—118
17.2 水源和水务管理 ………… 1—44—118
17.3 供水系统 ………………… 1—44—118
17.4 取水建（构）筑物 ……… 1—44—118
17.5 管道和沟渠 ……………… 1—44—118
17.6 湿式冷却塔 ……………… 1—44—118
17.8 空冷系统 ………………… 1—44—119
18 辅助及附属设施………………… 1—44—119
19 建筑与结构 …………………… 1—44—119
19.1 基本规定 ………………… 1—44—119
19.2 抗震设计 ………………… 1—44—119
19.3 建筑设计 ………………… 1—44—119
19.4 地基与基础 ……………… 1—44—120
19.5 主厂房结构 ……………… 1—44—120
19.6 烟囱 ……………………… 1—44—120
19.7 运煤建（构）筑物 ……… 1—44—120
19.8 水工建（构）筑物 ……… 1—44—120
19.9 空冷凝汽器支撑结构 …… 1—44—120
20 采暖、通风和空气调节 ……… 1—44—120
20.1 基本规定 ………………… 1—44—120
20.2 主厂房 …………………… 1—44—121
20.3 电气建筑与电气设备 …… 1—44—122
20.4 运煤建筑 ………………… 1—44—123
20.5 化学建筑 ………………… 1—44—123
20.6 其他辅助建筑及附属建筑 … 1—44—123
20.7 厂区制冷站、加热站及管网 … 1—44—123
21 环境保护和水土保持 ………… 1—44—124
21.2 大气污染防治 …………… 1—44—124
21.3 废水和温排水治理 ……… 1—44—124
21.4 灰渣和石膏治理及综合利用 … 1—44—124
21.5 噪声防治 ………………… 1—44—124
21.6 环境保护监测 …………… 1—44—125
22 消防、劳动安全与
职业卫生 ………………… 1—44—125
22.1 基本规定 ………………… 1—44—125

4 总体规划

4.1 基本规定

4.1.2 本条系根据国家“十分珍惜和合理利用每一寸土地，切实保护耕地”的基本国策，强调火力发电厂总体规划应贯彻节约集约用地的原则，并通过设计优化，采用先进节地技术，以及采取相应的节约集约用地措施，达到节约土地资源的目的。

4.1.3 本条系根据火力发电厂多年的建设经验，归纳提出了火力发电厂总体规划应考虑的各项原则要求。

4.1.6 本条是根据《国务院批转发展改革委、电监会关于加强电力系统抗灾能力建设若干意见的通知》（国发〔2008〕20号）第一条第五款“电力设施选址要尽量避开自然灾害易发区……确实无法避开的要采取相应防范措施”和国土资源部《建设项目用地预审管理办法》（国土资源部令第7号）第六条第四款“单独选址的建设项目，拟占用地质灾害防治规划确定的地质灾害易发区内土地的，还应当提供地质灾害危险性评估报告”的规定制定的。

4.1.8 本条是根据现行国家标准《火力发电厂与变电站设计防火规范》GB 50229—2006第3.0.1条制定的。第2款，液氨的爆炸极限15.7%～27.4%，闪点45℃～61℃，在生产过程中的火灾危险性等级属乙类二级。

4.2 厂区外部规划

4.2.1 火力发电厂的厂外部分规划，主要是指厂区外一些设施的合理布置。厂区外部规划是在选定厂址并落实厂内各个主要工艺系统的基础上进行的，因此，应在已定的厂址条件和工艺系统的基础上，根据火力发电厂的规划容量全面研究、统筹规划，以达到优化设计的目标。

4.2.2

1 本款是根据现行国家标准《核电厂环境辐射防护规定》GB 6249—86“在核电厂周围设置限制区，限制区的半径（以反应堆为中心）一般不得小于5km，在限制区内不得兴建、扩建大的企业事业单位”的规定制定的。

4 本款是根据《核设施环境保护管理导则 放射性固体废物浅层处置环境影响报告书的格式与内容》HJ/T 5.2—93“核电站低中放废物处置场的评价半径范围为10km”的规定制定的。

5 本款是根据《辐射环境保护管理导则 核技术应用项目环境影响报告书（表）的内容和格式》HJ/T 10.1—1995“对于同位素应用项目，甲级项目的评价半径范围为3km，乙级项目的评价半径范围为1km，对于密封源应用和射线装置，其评价半径范围为0.5km”的规定制定的。

4.2.3

2 考虑到电厂规模越来越大、取水构筑物的重要程度以及水库溃坝或失事后造成火力发电厂长时间停机的严重后果，当仅以水库作为水源时，水库应按电厂取水构筑物考虑，水库的防洪标准应不低于100年一遇设计、1000年一遇校核。

4.2.4 厂外各种管线包括输煤皮带等的规划布置，既要满足城乡规划和土地利用总体规划的要求，也要尽可能节约集约用地，方便施工和维护。有条件时，沿现有公路布置可以利用现有公路，便于施工，也有利于维护检修。直埋管线除检查井区域为永久性征地外，其他地段用地在施工期间按临时租地办理手续，施工完成后应退耕。

4.2.5 本条系将厂外交通运输部分有关内容进行汇总。

1 本款是根据铁道部《关于进一步做好铁路专用线接轨有关工作的意见》（铁运函〔2007〕714号）中“严格控制在繁忙干线和时速200公里及以上客货混跑干线上新建铁路专用线。确需新建的，原则上采用铁路专用线与正线立交疏解的接轨方案，尽量避免或减少铁路专用线作业对正线行车安全和运输能力的影响”的规定制定的。

2 本款是根据铁道部《关于进一步做好铁路专用线接轨有关工作的意见》（铁运函〔2007〕714号）中“新建铁路专用线原则上不设路企交接场（站），减少中间作业环节，加速车辆周转，提高运输效率”的规定制定的。

3 按照铁道部“关于推进路企直通运输的指导意见”（铁运〔2008〕12号）的要求，一般火力发电厂厂内铁路配线的设置均可满足整列直达、路企直通到发作业的要求，因此，除在铁路接轨站存在折角运输外，在接轨站增加股道属于重复建设，既不符合节约集约用地的要求，又增加了工程投资，故提出本款规定。

6 紧邻大型煤矿坑口的火力发电厂，其燃煤主要依托1个或2个煤矿，是一对一的关系，当距离等条件合适时，采用皮带运输是最合理的。火力发电厂依托若干个煤矿，矿点较为分散，可选择铁路、公路、皮带或多种运输相结合的方式。因此，运输方式的选择应进行比较论证，有多种运输方式相结合时，还应提出合理运量的比例。

7 火力发电厂运煤专用道路的设计标准是根据《厂矿道路设计规范》GBJ 22，并结合2000年以来国内25个电厂实际运行经验的调查情况为依据确定的。表4.2.5中交通量已折算为标准车型，载重大于14t的运煤汽车折算系数为3.0，交通量系指折算后的重车和空车之和。

4.2.7 为了节约集约用地和减少建设费用，应充分利用既有防洪（涝）设施，同时宜根据自然条件和安全要求，适当选择泄洪沟（渠）、防洪堤或结合厂区围墙基础修筑挡水设施。

根据《中华人民共和国河道管理条例》，各江河流域管理机构及省、自治区、直辖市的河道主管机关根据堤防的重要程度、堤基土质条件等，对其管辖范围内的各流域堤防安全保护区的范围在相应的河道管理条例中均有明确规定，应严格执行。

4.3 厂区规划及总平面布置

4.3.1 本条根据火力发电厂工艺流程的特点规定了厂区规划的原则。对厂前建筑设施宜采用集中布置的要求是基于近年来为进一步节约集约用地，控制工程造价，在取消独立的厂前区后，厂区附属建筑已大量减少并与一些生产附属建筑协调布置的经验提出的。厂前建筑主要是指生产行政综合楼、检修宿舍、值班宿舍、职工食堂及浴室等。

4.3.2

1 采用直流供水时，为缩短循环水进、排水管沟，减少基建投资和节约能耗，主厂房宜布置在靠近水源地。

直接空冷系统的空冷凝汽器，一般布置在汽机房A列柱外侧场地上。空冷凝汽器一般顺汽机房纵向排列，其冷却效果受夏季高温、大风的风向和主厂房挡风的气流变化影响很大，因此，设计时应充分考虑主厂房的朝向。

4 本款明确了应综合考虑煤尘及液氨挥发气体对厂区及周边居民的可能影响。

6 火力发电厂所需氢气、燃油特别是液氨为易挥发的易燃易爆有害物质，故应单独分区布置。

4.3.4

2 空冷散热器要定期冲洗，视污染情况不同而定，一般一年内会有1次～2次，每次冲洗时会有脏水从风机口落下，理论上讲，对变压器绝缘存在不利影响，但可以在空冷散热器冲洗后及时对变压器或导线进行冲洗。经调研，国内已投运的直接空冷机组火力发电厂其绝大部分变压器等电气设施布置在空冷平台下，且多年运行情况良好。若变压器等布置到空冷平台外，电气设备间联接母线增长较多，且用地大、投资高。故从节约集约用地及降低工程造价考虑，推荐在空冷平台下布置变压器等电气设施。

4.3.5 排烟冷却塔在国外应用较多，尤其在德国，不论在北部沿海还是在内陆，都有不少600MW和1000MW等级机组的火力发电厂采用排烟冷却塔。目前国内采用排烟冷却塔的火力发电厂也有不断增多的趋势。结合国外考察和国内相关项目的研究经验，排烟冷却塔宜靠近引风机及烟气脱硫装置布置，有利于缩短烟道和循环水管线长度，减少工程费用。

4.3.7

1 根据铁道部《关于进一步做好铁路专用线接轨有关工作的意见》（铁运函〔2007〕714号）和《关于推进路企直通运输的指导意见》（铁运〔2008〕12号）的规定，为减少中间作业环节，加速车辆周转，提高运输效率，厂内铁路卸煤应采用机械化、自动化装卸设备，并具备整列装卸、整列到发和路企直通运输的技术条件。因此，按照节约用地和降低工程投资的原则，厂内铁路配线宜满足路网机车整列牵引进厂和排空的条件。

4 本款明确了厂内铁路配线有效长度的设置原则。为满足国铁大宗货物的运输需要，铁道部制定了可满足大宗货物列车在运输通路各站停留和到发作业铁路配线的有效长度；如满足相邻线路牵引质量为5000t时的国铁各中间停留站或到发作业线的有效长度为1050m。而燃煤火力发电厂为品种单一的煤炭运输，厂内卸煤线的有效长度能够满足相邻线路牵引质量为5000t（或其他技术标准）整列直达煤列在厂内卸煤线进行到发作业的需要即可，没有必要要求厂内卸煤线有效长度与国铁接轨站的有效长度相统一，即也为1050m。根据对近年来建成投运的60余项燃煤火力发电厂厂内铁路运行状况的实际调研结果，满足牵引质量为5000t、车辆C60系列的整列直达煤列在厂内卸煤线进行到发作业的有效长度为950m即可，但目前按有效长度为1050m设置的厂内铁路配线，约有100m的铁路配线没有发挥其应有的作用，这不仅增加了企业相应的投资，而且更重要的是浪费了土地资源。随着我国《中长期铁路发展规划》的逐步实施，铁路煤炭运输车辆的载重量将提高至C70系列，届时，厂内卸煤线的有效长度还可大为减少。因此，制定本款规定。

4.3.10 本条从买卖合同公平原则出发，明确汽车取样装置与检斤装置的布置宜满足先检斤后取样的要求。

4.3.13 国家土地使用相关规定是指《电力工程项目建设用地指标》（建标〔2010〕78号）。本条是根据《中华人民共和国土地管理法》和《工业项目建设用地控制指标》（国土资发〔2008〕24号）的有关规定以及国家有关节约集约用地的政策，结合电力工程特点和相应技术条件制定的。

4.3.14 本条系根据《中华人民共和国防洪法》和《中华人民共和国河道管理条例》的相关规定制定的。火力发电厂厂址防洪标准系根据《防洪标准》GB 50201按电厂不同规划容量确定的。按此标准建设的火力发电厂经受住了1998年8月至9月间三江流域发生的特大洪水，验证了防洪标准总体水平是适当的。为了保证火力发电厂必须具备的抵御洪水的能力，保证电力设施的安全性和可靠性，本条作为强制性条文，必须严格执行。

4.3.16

3 多年实践证明，建筑物的底层标高宜高出室外地面设计标高 150mm～300mm 的规定是合适的，可防止因建筑物沉降而引起地面水倒灌入室的可能。在地质条件良好的少雨干燥地区可采用下限值。在软土地区，一般建筑物都存在均匀沉降现象，沉降值多达 100mm～150mm，故确定建筑物底层地坪标高应考虑沉降影响。

4 土石方综合平衡是对自然生态环境保护的重要体现，欠方或弃方都将对当地自然生态环境造成影响，因此，本款提出有条件时宜与工程所在地区的其他取、弃土工程相结合的规定。

4.3.17 实践证明，在厂区自然地形坡度为 3%及以上时，综合考虑生产工艺流程合理、运行管理便利，同时减少场平工程量，采取阶梯式布置是合理的。

5 机组选型

5.1 机组参数

5.1.1 机组新蒸汽参数划分是根据现行国家标准《发电用汽轮机参数系列》GB/T 754 的规定，并结合了本规范的适用范围而制定的。

5.2 主机选型

5.2.1

3 我国是一个水资源短缺的国家，人均占有水资源量是世界人均占有量的 28%，水资源短缺已经成为我国国民经济与社会可持续发展的重要制约因素。由于我国地域辽阔，地区之间差异较大，所以在衡量地区缺水程度时需要定量的指标。干旱指数定义为年蒸发能力和年降雨量的比值。气象部门以 E-601 蒸发器水面蒸发量代表年蒸发能力。根据选用气象站 E-601 蒸发器多年平均年水面蒸发量和多年平均年降水量，就可计算多年平均干旱指数。理论上讲，如果内陆某地区的蒸发量一直大于降雨量，就会越来越枯，水资源越来越少。实际水资源量还与外流域来水、径流量时空分布、水资源开发利用条件和社会经济状况等因素有关。但干旱指数作为水资源量的一项主要评价指标，在一定程度上反映了该地区水资源的短缺程度，故本规范采用干旱指数作为选择空冷机组的判据。

5.2.2

1 燃料特性数据分为常规特性和非常规特性两项，其中常规特性指：燃料的元素分析、燃料的工业分析、燃料的发热量、可磨性、灰熔点、灰成分分析、灰的比电阻等数据，这是基本的燃料特性资料。非常规特性指：燃料的着火、燃烧和燃尽等热分析数据；燃料的结渣特性，包括对结渣倾向和沾污的评估意见；燃料的磨损特性数据；灰的磨损特性数据；燃料的粘附特性等数据。

上述设计燃料和校核燃料的特性数据对锅炉设备的安全、可靠运行关系重大，故规定锅炉的选型必须依据上述燃料特性数据。

2、3 国内在利用 135MW 级～300MW 级循环流化床锅炉燃用洗煤副产物、煤矸石、石煤、油页岩和石油焦等煤粉炉不能稳定燃烧的燃料方面积累了相当丰富的经验，为上述劣质燃料的综合利用创造了条件，另外，引进型 300MW 循环流化床锅炉在燃用低发热量褐煤燃料方面也积累了相当丰富的经验。目前，国内正在建设燃用劣质燃料的 600MW 级超临界循环流化床锅炉示范电站。

对于低灰熔点或严重结渣性煤种，经过环境及投资经济性等方面的综合评价认可，亦可考虑采用液态排渣锅炉。液态排渣锅炉可较好地解决炉膛及燃烧器的设计布置与结渣倾向之间的矛盾问题；对煤的着火燃尽也十分有利；且其灰渣处理及综合利用十分方便。配有低 NO_x 燃烧器及相关系统的现代液态排渣锅炉可以满足现行环保排放指标的要求。当然，300MW 级循环流化床锅炉的成功投运和 600MW 级循环流化床锅炉的建设，也为燃用低灰熔点或严重结渣性煤种提供了新的更有利于环保的炉型选择，故第 2 款和第 3 款规定经技术经济比较合理时，可选用循环流化床锅炉或液态排渣锅炉。

5.3 主机容量匹配

5.3.1

2 对中间再热供热式机组的火力发电厂，主蒸汽和再热蒸汽采用单元制系统，不能多配置锅炉。当一台锅炉停用时，火力发电厂对外供热能力下降很多，需依靠同一热网其他热源解决热负荷平衡问题，故选择装机方案时应连同热网其他热源的供热能力一并考虑。

5.3.2 考虑到汽轮机调节阀全开时的进汽量工况出力系制造厂为补偿设计和制造误差以及汽轮机运行老化等所留的裕度，因此条文规定在额定功率因数和额定氢压（对氢冷发电机）下发电机的最大连续容量应与汽轮机的最大连续出力配合选择是适宜的。

另外，为更合理地选择发电机的额定和最大连续容量，规定了发电机“冷却器进水温度宜与汽轮机相应工况下的冷却水温度相一致”的要求。

5.4 机组设计性能指标计算

5.4.1 根据《固定式发电用汽轮机规范》GB/T 5578—2007 对“保证热耗率”的术语定义，本条规定了计算机组设计标准煤耗率所用的汽轮机热耗率取用汽轮机供货合同中供方向需方保证的热耗率。

5.4.5 现行行业标准《火力发电厂厂用电设计技术

规定》DL/T 5153 所规定的厂用电率计算方法以电动机功率为基准，其计算结果比性能考核结果和实际运行时的厂用电率要高。根据最近几年的调研结果和部分工程的设计经验，采用汽轮机保证热耗率机组工况的辅机轴功率作为基准的厂用电率计算结果与性能考核试验测定的厂用电率比较吻合。

6 主厂房区域布置

6.1 基 本 规 定

6.1.1 主厂房区域范围包括汽机房、除氧间、煤仓间（或除氧煤仓间）、锅炉以及烟气脱硝、除尘、脱硫设施区域。

6.1.3 这三种主厂房布置形式是国内电厂普遍采用的形式，符合电力生产工艺流程的要求，可满足安装、运行、检修需要，是成熟的布置形式。三种布置形式各有特点，设计应根据工程具体条件，经技术经济比较后确定。

6.1.8 厂区地形对主厂房的布置影响较大，厂区地形不平或高差较大，往往要考虑主厂房是否采用阶梯布置。

锅炉本体的形式（露天、紧身罩封闭或屋内式）、磨煤机的型式（中速磨、钢球磨、风扇磨）、高（低）压加热器的型式（立式、卧式）、汽动给水泵的小汽轮机排汽方向（排入主凝汽器、排入单设的小凝汽器）等设备特点对主厂房布置有重要影响。施工时的大件运输与吊装条件、采用的施工机具、施工程序与进度要求等施工条件对主厂房布置也有较大的影响。

6.2 汽机房及除氧间布置

6.2.1 对 200MW 级及以上机组，如条件合适，经技术经济比较，可采用横向布置。目前已运行的神头二电厂 500MW 机组，来宾电厂、国电石嘴山电厂和华能汕头电厂等 300MW 级机组均采用了横向布置。

直接空冷机组的空冷凝汽器由于散热面积大，组数多，一般都布置在汽机房 A 列柱外侧地面的平台上，沿主厂房纵向排列长度较长，故机组也应采用纵向顺序排列布置，以适应散热器的布置要求，同时也便于汽轮机排汽大管道的引出。

6.2.2 随着汽轮机单机容量的增大，机组的运转层标高也随着提高，300MW 级机组的运转层标高已达 12m 以上。若采用岛式布置，则主厂房空间利用率低的缺点越来越明显；若采用大平台布置，可利用中间层作为厂用配电装置室，则建造大平台所增加的土建造价可以从节省厂房总体积中得到补偿，且运转层上有足够的检修面积，使检修方便。汽轮机运转层用大平台布置后，对桥式起重机不能吊到的底层辅助设备要增加必要的检修起吊设备。

对于 300MW 级以下机组，因运转层标高较低，采用岛式布置空间利用率低的缺点已不明显，且可发扬岛式布置节省土建投资、零米层设备可用汽机房桥式起重机起吊等优点，故对 300MW 级以下机组建议采用岛式布置。

6.2.3 当驱动汽动给水泵的小汽轮机排汽进入主凝汽器时，与前置泵非同轴的汽动给水泵组汽轮机排汽以采用向下引出接入主凝汽器为佳，此时，汽动给水泵组宜布置在汽轮发电机组两侧的运转层上。而与前置泵同轴的汽动给水泵组为了满足前置泵入口必需汽蚀裕量的要求，降低除氧器的布置标高，汽动给水泵组宜布置在汽轮发电机组两侧的底层。

当驱动汽动给水泵的小汽轮机排汽不进入主凝汽器时，需单独设置小凝汽器，为了满足小凝汽器的布置要求，汽动给水泵组宜布置在汽机房及除氧间的运转层或中间层。

6.2.5 汽轮机油系统必须设有防止火灾事故的各种措施。除应根据防火要求设置消防水源及其他灭火设备外，必须迅速将油排往适当的安全地点，但不应将油排放到敞开的沟道和下水道内，以防止火焰蔓延，扩大事故和污染环境。

根据调查，如事故排油门位置设置不当，一旦油系统着火，将无法靠近操作，影响及时处理。所以在布置事故排油门时，应考虑到该阀门能在安全方便的地点操作，并有两条人行通道可以到达。

6.2.7 带混合式凝汽器的间接空冷系统中，循环水泵设在凝汽器出口的循环水系统上，循环水为在凝汽器工作压力下的饱和水，易于汽化；在凝汽器入口的循环水系统上装有回收能量并兼作调压的水轮机，水轮机至凝汽器的管道内为负压，为缩短管道、减少管道阻力和空气漏入机会，要求循环水泵和水轮机尽量靠近凝汽器布置，故宜毗邻汽机房布置。

6.3 煤仓间布置

6.3.1 在主厂房布置中，给煤机层标高多与主厂房运转层标高相同，但是随着机组容量的加大和磨煤机型式的增多，有可能出现给煤机层标高高于汽机房与锅炉房运转层的情况。对于煤粉锅炉煤仓间来说，磨煤机布置是决定给煤机层标高的主要因素；而对于循环流化床锅炉煤仓间来说，给煤口标高（包括播煤装置）和所需给煤机级数是决定给煤机层标高的主要因素。

6.3.3 侧煤仓形式的煤仓间的结构稳定及抗震能力是煤仓间布置时必须要考虑的主要因素，故建议煤仓间与锅炉房的布置统一考虑。这需要设计院与锅炉制造商进行大量细致的设计配合才能实现。

6.3.4 目前我国火力发电厂都是双路带式输送机三班制运行，一条运行，一条备用。对直吹式制粉系统，当运转中的原煤仓总有效贮煤量按设计煤种为锅炉最大连续蒸发量8h以上的耗煤量时，即能满足带式输送机的运行要求；对于中间贮仓式制粉系统，当原煤仓和煤粉仓总有效贮煤量按设计煤种为锅炉最大连续蒸发量8h以上的耗煤量时，也能满足带式输送机的运行要求。

煤粉仓的总有效贮粉量按设计煤种为锅炉最大连续蒸发量2h以上的耗粉量时，能保证给粉机的安全运行。

对于燃用低热值煤的循环流化床锅炉和燃用褐煤的煤粉锅炉，为了降低工程造价，宜将原煤仓总有效贮煤量的小时数减少到6h。

为实现减人增效，原煤仓及煤粉仓的贮煤量也可按运煤两班制运行考虑，要求直吹式制粉系统原煤仓的有效贮煤量或贮仓式制粉系统原煤仓和煤粉仓总的有效贮煤量按设计煤种满足锅炉最大连续蒸发量时10h以上的耗煤量。虽然后半夜不上煤，由于此时负荷较低，第二天接班时还有一定的存煤，可满足运煤两班制运行。是否按运煤两班制运行来确定煤仓的设计容量，需通过技术经济比较确定，即对减少一班运煤运行人员所节约的费用与加大煤仓设计容量要增加的投资进行比较。

6.3.5 由于循环流化床锅炉原煤仓贮存的原煤粒度远小于煤粉锅炉原煤仓贮存的原煤粒度，容易造成原煤仓堵煤，另外对于黏性大、高挥发分或易燃的烟煤和褐煤，堵煤造成的后果更严重，故规定相邻两壁的交线与水平面的夹角不应小于70°。

6.4 锅炉布置

6.4.1 锅炉布置一般可分为露天布置、半露天布置及紧身罩封闭等形式。

露天布置是指锅炉本体仅设置炉顶罩壳及汽包小室，或锅炉本体不设置炉顶罩壳，而设置炉顶盖及汽包小室。炉顶盖是指锅炉顶上设置的雨棚（或雨披），它只是顶部加盖，而不是四周封闭的炉顶小室。对于锅炉运转层以下部分不论封闭与否，只要其余部分符合上述条件的，均可认为是露天布置。

半露天布置是指锅炉炉顶上部及四周设有轻型围护结构的炉顶小室（包括汽包炉的汽包小室）。对于燃烧器及其以下部分采用全封闭或炉前采用封闭（不论是高封还是低封），而锅炉尾部敞开的锅炉房，均可认为是半露天布置。

根据我国电厂长期的运行维护经验，对于非严寒地区，露天或半露天布置可以满足锅炉的运行和维护要求。

6.4.2 露天或半露天布置锅炉，运转层一般不设置钢筋混凝土大平台。大平台设置与否及大平台形式的选择与采用的磨煤机形式、布置及电厂的运行维护要求有关。对于中速磨煤机及钢球磨煤机，一般布置在炉前或炉侧的煤仓间内，锅炉采用岛式布置，不设运转层大平台，如电厂运行维护要求，运转层可设置钢格栅大平台。对于风扇磨煤机围绕炉膛布置的褐煤锅炉，其给煤机层宜设钢筋混凝土大平台，以便于给煤机的运行检修。如元宝山电厂600MW机组因八台风扇磨煤机围绕塔式锅炉的炉膛布置，为布置给煤机，在20m标高设置了大平台。

6.4.3 露天或半露天锅炉，常在炉前运转层布置给水操作台、减温水操作台及燃油操作台等，为了改善运行条件，可采用炉前低封闭方式。

6.4.4 炉前距离系指炉架K_1柱与厂房柱的距离。炉前空间对降低工程造价影响很大，除影响厂房体积外，还影响主汽、再热、给水四大管道和一次风道、热风道等主要管道和电缆的长度，因此本条规定："在满足设备及管道布置、安装、运行和检修要求的条件下，炉前空间宜压缩"。并建议："在有条件时可采用炉前柱与煤仓间柱合并的布置方式"。北仑港发电厂及华能石洞口第二发电厂从国外引进的600MW机组，锅炉的前柱即为煤仓间柱。这两个厂将炉前主通道与磨煤机的检修吊运通道结合在一起，放在除氧间一侧。炉前距离一般应考虑炉水循环泵需要的起吊空间；对于中速磨煤机应考虑冷热一次风道及其测流装置、煤粉管道和运行通道的布置；对于风扇磨煤机应考虑其叶轮检修车的通道；对于钢球磨煤机，应考虑电动机检修的运输通道等。

6.5 集中控制室和电子设备间

6.5.4 集中控制室和电子设备间集中布置时，为了便于布置以及投产后的运行和维护，建议设置集中控制楼。

通过多年来的电厂实践，证明集控室施工对运行的影响是可以解决的，故集中控制楼经论证合理时也可多台机组合用一个。

集中控制楼伸入除氧煤仓间内需具备一定的条件，如每炉煤仓间的长度与锅炉的宽度基本一致，汽机房的长度大于除氧煤仓间的长度，否则从占地来说是不合理的。

6.5.5 集中控制室和电子设备间分开布置时，为了节省控制电缆的工程量，电子设备间可分散布置在离控制对象相对近的区域。

6.6 烟气脱硫设施布置

6.6.1 以往设计的湿法烟气脱硫装置一般布置在烟囱后部区域，但目前随着一些新技术的发展，出现了一些新的布置情况。如低温静电除尘器+湿法烟气脱硫技术、烟塔合一技术，将湿法烟气脱硫装置布置在烟囱之前或烟塔中间；引风机和增压风机合并，将合并后的风机布置在烟囱两侧；国外公司设计的电厂将活性焦干法烟气脱硫装置布置在烟囱侧部区域，这些脱硫装置布置位置均根据现场实际情况布置在烟囱附近不同区域。

6.8 维护检修

6.8.1

2 当汽机房运转层采用大平台布置时，运转层的检修面积已能够满足汽轮机本体的检修需要，因此，一般仅需在每2台机组之间设置1个零米检修现场，其大小可按大件吊装及汽轮机翻缸需要考虑。

6.8.2

3 根据国内实际经验，在安装300MW级及以下机组时，可以用2台起重量相同的桥式起重机起吊发电机静子，此时需加固桥式起重机，并根据工程具体情况，进行技术经济比较。

6.8.4

1 本款规定"在锅炉房内，应有将物体从零米提升至炉顶平台的电动起吊装置和起吊孔"，需要起吊至炉顶或锅炉各层平台的材料和部件，主要是保温材料及锅炉本体的阀门等。这些阀门一般采用焊接式结构，检修时不需要将整只阀门割下进行检修，只需检修阀芯及密封面，而阀芯重量一般不超过3t。

6.8.6

5 为了进一步改善运行维护条件，已有许多电厂提出了在除氧煤仓框架、集控楼等处设置电梯。随着"以人为本"理念的深化，这种趋势会加大。因此，如运行维护需要，也可在其他生产建筑物内增设电梯。

6.9 综合设施要求

6.9.1

3 因为设置地下室的土方和混凝土工程量大，基建投资大，在地下水位较高的地区防水处理也很困难，因此，汽机房不宜设置全地下室。

6.9.3

1 当变压器发生火灾爆炸时，油应排入其下部的贮油坑，并流入总事故贮油池，这样可减少火灾持续时间。总事故贮油池应有油水分离设施，以防止大量的事故排油流入下水道而污染环境。

7 运煤系统

7.1 基本规定

7.1.1 运煤系统作为机组的公用设施应统筹规划，可分期的部分应分期建设，不能分期的部分宜一次建成，必要时，应通过多方案技术经济综合比较确定。条文中的机组形式包含了锅炉和汽轮机的形式，要根据常规煤粉炉或循环流化床锅炉，确定相应的筛碎方案；根据纯凝机组或供热机组确定相应的贮煤容量等。

7.2 卸煤设施

7.2.1 目前，许多火力发电厂存在着两种以上的厂外来煤方式，且随着煤炭市场供求关系、煤炭价格、铁路或公路运输紧张程度的变化，其来煤方式的比例会在一定范围内产生波动，故本条强调每种接卸设施的规模宜留有适当的裕度，以适应市场的变化。

7.2.2

1 卸煤装置的出力不是根据火力发电厂的容量确定，而是根据对应机组的铁路日最大来煤量确定。

2 为适应铁道部跨越式发展的战略思想，体现重载、快捷安全的宗旨，满足铁道部"关于进一步做好铁路专用线接轨有关工作的意见"（铁运函〔2007〕714号文）的要求，本款强调了大型火力发电厂的一次进厂车辆数宜按整列进厂设计。

3 70吨级货车是60吨级货车的更新换代产品，目前及今后数年，将存在着60吨级与70吨级混编的局面，直至60吨级最终完全被70吨级车型取代。因同类（普通敞车或底开车）60吨级与70吨级车型在结构尺寸等方面存在着一定的差异，因此，铁路卸煤装置应同时满足接卸同类两种车型的要求。

另外，在大秦线、朔黄线和山西的部分铁路线，还存在着80吨级敞车的问题，其车型有单车一组、双车一组和三车一组之分，车钩有固定车钩与旋转车钩之分，编组有整列编组与混编之分，但整列编组一般只针对点对点的装、卸车点。工程中应根据具体条件合理确定卸煤装置的方案及其输出能力。

4 目前还大量存在着60吨级车型的整列编组，以后将实现70吨级车型的整列编组，因此，设计时按载重量低的车型核算卸煤能力，按载重量高的车型配置输出能力是合适的。以翻车机为例：其60吨级与70吨级车型的卸煤能力见表1。

表1 C60、C70系列车型翻车机卸煤装置设计出力参考表

翻车机形式及布置形式	设计卸车能力（节/h）	设计卸煤能力（t/h）		差额（t/h）
		C60	C70	
单车折返式	25	1500	1750	250
单车贯通式	30	1800	2100	300
双车折返式	40	2400	2800	400
双车贯通式（国产）	50	3000	3500	500
双车贯通式（进口）	66	3960	4620	660

需要说明的是：目前，火力发电厂反映翻车机实际卸车能力达不到设计卸车能力，其主要原因如下：

1）翻车机及其调车系统设备的内部原因：翻车

机及其调车系统的实际卸车能力未达到翻车机设备供应商提供的设计值，表2列出了根据调研结果，反映出的翻车机设计卸车能力与实际最大卸车能力的差额。以折返式布置的C型单车翻车机为例，目前供应商提供的设计值均为25节/h，但实际运行中，最高只能达到22节/h～23节/h，若再高将出现对车厢冲击大，易损坏车厢，甚至出现空车掉轨等问题。

表2　翻车机设计卸车能力与实际最大卸车能力的差额

翻车机形式及布置形式	设计卸车能力（节/h）	实际最大卸车能力（节/h）	差额（t/h）	
			C60	C70
单车折返式	25	23	120	140
单车贯通式	30	无实例数据	—	—
双车折返式	40	36	240	280
双车贯通式（国产）	50	无实例数据	—	—
双车贯通式（进口）	66	60	360	420

2）翻车机及其调车系统设备的外部原因：事实上，翻车机的实际卸车能力还受来煤条件（即是否发生原煤因大块、杂物等在煤篦上或煤斗内棚堵）、翻车机后续的给煤设备、煤场设备、带式输送机设备和转运点设备状态的制约，只要有一个环节出现故障，就会影响翻车机的实际卸车能力。

因此，在确定翻车机的卸车能力及其输出能力时，对于翻车机的设计卸车能力与实际最大卸车能力存在的差异要给予充分的考虑。

至于80吨级车型，对火力发电厂而言，目前均为混编列车，且80吨级车型在整列中数量极少，因此，本规范强调，在此条件下，卸煤装置应满足接卸80吨级车型的要求，但翻车机的输出能力仍按70吨级车型配置。

6　对于普通敞车，因翻车机卸煤装置具有卸煤效率高、余煤清扫量小、自动化程度高、人员配备少等优点，且其造价在一定程度上等于甚至低于螺旋卸车机与缝式煤槽组合的卸煤装置，因此，本规范推荐优先采用翻车机卸煤装置。

7　本款强调了缝式煤槽的有效长度与一次进厂车辆数分组后的数字应合理匹配，以减少调车作业次数，提高卸煤效率。同时，为了充分利用火力发电厂配备的调车机车，提高调车效率，缩短调车时间，推荐优先采用机车进行调车作业。

8　翻车机卸煤装置的形式包括单车翻车机、双车翻车机、三车翻车机；布置方式包括折返式和贯通式；配备台数可一次建成或分期建设，分期建设中又分为翻车机室土建部分一次建成、工艺部分和铁路配线分期建设，以及成套（工艺、土建、铁路配线）分期建设。上述配置的不同组合，带来了卸煤方案的千变万化，同时翻车机卸煤方案还囿于铁路外部条件、厂区地形条件的制约，机组分期建设的影响，因此，本款只作了原则性规定。工程实践中应根据具体条件，合理确定翻车机卸煤方案。

9　根据火力发电厂的运行实践，冻煤车厢采用热风（自然/强制）对流或远红外线辐射的解冻方式，其解冻效率极低，能耗极高，不能适应大容量火力发电厂的解冻要求，所以火力发电厂不宜设置解冻库。因此，解决冻煤车厢难以卸煤问题应以防冻为主。

7.2.4　采用非自卸汽车运输时，其卸车效率较低。同时，非自卸车位由于配备了汽车卸车机，当自卸汽车在非自卸车位卸车时，受到了汽车卸车机及其轨道梁的限制，降低了自卸汽车的卸车效率。另一方面，汽车运输市场基本处于买方市场，火力发电厂可要求运煤车型采用自卸汽车。因此，设计应引导使用自卸车，以提高卸车效率，改善火力发电厂的卸车条件。

7.3　贮煤设施

7.3.1　贮煤容量不再以铁路隶属属性、机组容量为主要设计条件，同时，将铁水联运与铁路来煤方式区别对待。当贮煤容量以褐煤为设计条件与以运距为设计条件存在矛盾时，从安全性考虑，应以褐煤为设计条件作为优先级。贮煤容量标准中，除以褐煤为设计条件采用的是上限标准外，其他均为下限标准。对于供热机组，要保证居民的采暖供热（采暖热负荷）和工业热用户的生产（工业热负荷），因此，本条作了特殊规定。

目前，煤电一体化、煤电联营、长期供需煤合同等体现了火力发电厂新型的燃煤供需关系，降低了火力发电厂燃煤的采购、煤价变化，甚至运输等的风险，虽然本规范只作了原则性规定，并未在具体条文中予以体现，但在工程实践中可根据具体情况，贮煤容量可采用本规范的下限。

7.3.2　贮煤设施的形式和分类：

封闭式贮煤设施：将燃料全部放在一个或几个建（构）筑物内，煤堆周围和上部均有结构封闭，结构上留有必要的开口和维护设施。此类贮煤设施包括封闭式圆形煤场、球形薄壳混凝土储仓、圆筒仓、方仓和具有封闭煤棚的斗轮机煤场等。

半封闭式贮煤设施：煤堆上部具有结构封闭，煤堆侧面部分或全部未封闭的煤场，如具有桁架干煤棚的桥抓煤场和斗轮机煤场。

露天煤场：是指煤堆的上部和侧面没有结构封闭，或侧面只是部分具有挡煤墙。

7.3.3　对于多雨地区，是否需要设置干煤贮存设施，设置条件如何确定，在业界存在着两种截然不同的观点，始终未能达成共识。工程实践中，对于同一地区甚至同一火力发电厂（如国电北仑电厂），采用同样的煤源和来煤方式也存在着设与不设的状况。因此，本条未作深入的规定。当设置干煤棚时，其有效容量是指考虑了飘雨因素后的干煤棚内的有效贮量，工程中一般采用将干煤棚长度放大10m～20m的措施。

7.4 带式输送机

7.4.1 目前，随着煤电一体化、煤电联营的工程越来越多，其厂外来煤方式全部或部分采用带式输送机的火力发电厂越来越多，以往规范中缺乏厂外带式输送机的设计标准，本条对厂外带式输送机的设计作了原则性规定。

7.4.2

1 由于厂外来煤方式的不同，卸煤装置的特性和配置数量差异较大，因此，其输出带式输送机可根据工程具体情况确定单路或双路设置。

7.4.5 本条对采用管状带式输送机或平面转弯的曲线带式输送机的设置条件作了原则性规定，工程实践中，当不能明显判断采用管状带式输送机或平面转弯的曲线带式输送机具有较大优势时，应通过多方案技术经济比较确定。

7.4.6 本条对采用垂直提升带式输送机的设置条件作了原则性规定，工程实践中，当不能明显判断采用垂直提升带式输送机具有较大优势时，应通过多方案技术技经比较确定。

7.5 筛、碎设备

7.5.1 当采用经过选煤处理的燃煤，其来煤粒度始终能够保证满足磨煤机入料粒度的要求时，可不设置筛、碎设备。

7.6 混煤设施

7.6.1 所有火力发电厂的运煤系统，其卸煤和贮煤设施采用不同组合的运行方式，均或多或少具备一定的混煤功能；根据华能玉环电厂和国华台山电厂的实践证明：当同一台机组每个原煤仓贮存属于同一煤种但煤质差异较大的燃煤，通过磨煤机和各层燃烧器，至炉内混烧时，同样能够达到混煤的目的。因此，本条强调应优先考虑卸煤、贮煤设施和原煤仓是否兼有混煤功能。

7.6.2 纯粹作为混煤目的的筒仓，其筒仓数量应根据煤种数量确定，一般不会超过3种煤种，因此混煤筒仓不宜超过3座。

7.7 循环流化床锅炉运煤系统

本节规定了循环流化床锅炉运煤系统中，煤泥处理，干煤贮存，筛、碎设施等特殊的要求，其他设施的规定见本章其他各节。

7.7.1 由于煤泥粒度极细、水分极大，极易造成落煤管，筛、碎设备，原煤仓的粘煤、堵煤，因此，未经干燥处理的煤泥不宜与其他燃煤混合输送，避免由于煤泥的堵煤而造成运煤系统的瘫痪。

7.7.2 与常规煤粉炉不同，循环流化床锅炉要求运煤系统将燃煤粒度破碎至8mm～10mm后，不再经过磨煤机的研磨，直接送入炉内燃烧，从而形成流化床。因此，循环流化床锅炉的运煤系统一般都设有细粒筛、碎设备，而细粒筛、碎设备对燃煤的外在水分含量极为敏感，水分越高，细粒筛、碎设备的出力越小，甚至堵煤。因此，循环流化床锅炉应控制入炉煤外在水分的含量在12%以内，故多雨地区应设置适当容量的干煤贮存设施；同理，当入厂煤水分较大时，宜将其晾干，降低外在水分后再送入细粒筛、碎设备，这就要求厂内设有适当的晾干场地。

7.7.3

1 根据国内外工程经验，将进入筛、碎设备的燃煤的外在水分控制在12%以内，是比较合适的。

2 经筛、碎后的燃煤粒度一般能够达到循环流化床锅炉入料粒度的要求，而粒度级配与燃煤的硬度，脆性，水分含量，矸石含量，系统实际出力，筛、碎设备的配置及形式等因素紧密相关，且经常变化、无规律可循。因此，粒度级配很难控制，有关这方面的技术还在不断探索中。

4 一、二级破碎设备前均设置筛分机，有利于抑制入炉煤产生过破碎现象、降低碎煤机的出力、减少碎煤机锤头和破碎板的磨损、延长磨损件的更换周期、降低碎煤机的功耗。

7.8 循环流化床锅炉石灰石及其制粉系统

7.8.2 当石灰石采用铁路运输时，理论上可以利用翻车机或缝式煤槽卸煤装置卸车后转运至堆石场，但目前还未有工程涉及。通常的做法是将铁路线引入堆石场，利用堆石场内的抓斗式起重机进行卸车。

7.8.3 石灰石粉极易吸附水分，且石灰石粉吸水后容易板结，进而造成石灰石筛、碎设备，石灰石粉气力输送设备的堵塞，所以应严格控制进入系统的石灰石的水分含量；石灰石露天堆放，长期经受日晒雨淋，容易风化变质；石灰石粒度较细时，易污染周围环境。因此，出于上述三个方面的考虑，石灰石堆场宜全部作成干石棚或干石仓。

7.8.4 由于石灰石筛、碎系统的故障率较高，当石灰石输送系统单路设置时，应有较大的容量裕量，以留有设备维护和检修时间。

7.8.5 将石灰石破碎至30mm以下时，一般采用破碎机即可，如锤击式破碎机、齿辊式破碎机等。将石灰石由30mm破碎至1mm以下时，目前有两类方案，一类是采用破碎机方案，如四川白马循环流化床示范电站有限责任公司的1台300MW循环流化床锅炉采用了可逆锤击式破碎机方案；另一类是磨机方案，如云南华电巡检司发电有限公司、宜都市东阳光实业发展有限公司自备热电厂、广东宝丽华电力有限公司梅县荷树园电厂均采用了柱式粉磨机，有关这方面的技术还在不断探索中。

7.9 运煤辅助设施

7.9.1 为防止碎煤机锤头和破碎板磨损后进入系统，本条规定了碎煤机后再设一级除铁器。

8 锅炉设备及系统

8.1 锅炉设备

8.1.2

3 对于大容量超临界、超超临界参数机组，高压缸排汽压力随着主蒸汽初参数的提高而升高，仅锅炉再热器压降一项，可以在锅炉技术规范中要求锅炉制造厂将再热器压降限定在高压缸排汽压力的3.5%～4.5%。此压降值已在多台超临界及超超临界机组工程中得到实施和验证。考虑到热再热蒸汽管道材料费用较冷再热蒸汽管道高很多，应将冷再热蒸汽管道压降分配比例控制在汽轮机额定工况下高压缸排汽压力的2.0%以内，将热再热蒸汽管道压降分配比例控制在汽轮机额定工况下高压缸排汽压力的3.0%左右。

4 锅炉与汽机之间蒸汽管道的温降主要是由压降引起的等焓温降，其次才是散热引起的温降。根据理论分析结果，因散热引起的管道温降不到0.5℃。由于压降引起的等焓温降在高压区域较大，在低压区域较小。按热再热蒸汽管道压降最大为3.5%考虑，则等焓温降不到1℃。推荐再热热段蒸汽管道温降仍为2℃。

8.1.3

2 采用100%带安全阀功能的三用阀高压旁路时，按现行行业标准《电力工业锅炉压力容器监察规程》DL 612可以不设置过热器安全阀，但对三用阀结构、保护控制系统及锅炉整体匹配设计的要求通常应符合德国《蒸汽锅炉技术规程》TRD 401和TRD 421标准；而再热器安全阀的排放量应为全部三用阀高压旁路的流量再加其喷水量。考虑到高负荷工况下快速切换负荷（FCB）时，若配置常规再热器安全阀只能全开，将导致大量蒸汽被排至大气，加剧了工质不平衡及噪声污染，为此可采用有跟踪与部分溢流功能的调节式安全阀，开启时按不超压原则控制，可以只排放多余的蒸汽。

8.2 煤粉制备

8.2.1 磨煤机和制粉系统选择中的首要依据是煤质特性及其变化范围，其中煤的挥发分V_{daf}和磨损指数K_e是主要的考虑因素，同时还必须考虑磨煤机的适用条件。此外，磨煤机和制粉系统的选型与设计直接影响到锅炉炉膛结构和燃烧器结构的设计，必须与锅炉厂密切配合。

根据国内以往工程的经验，冲刷磨损指数K_e（按西安热工研究院方法）<5.0的烟煤、高挥发分贫煤及水分较低（外在水分$M_f \leqslant 15\%$）的硬质褐煤，采用中速磨煤机是比较适宜的；能否采用中速磨煤机磨制褐煤关键在于制粉系统是否能够满足褐煤的高水分对干燥的要求。宜通过试磨方法对中速磨制备褐煤的适用性进行合理选择，磨煤机的干燥出力、煤粉细度及一次风率等参数应满足锅炉燃烧的要求。根据国外经验与近年国内探索，对某些水分较高（全水分$M_{ar} \approx 40\%$）的褐煤，在制粉系统的干燥能力满足要求的前提下，也有采用中速磨煤机的实例。

根据国内以往工程的经验，对于$K_e \leqslant 1.5$的褐煤采用风扇磨煤机的效果是较好的。

钢球磨煤机有常规（指单进单出）和双进双出（正压）两种形式，它们的共同特点是适应煤种范围广、煤粉细度细且不存在排石子煤及倒磨运行时可能引起的热负荷变化等问题，但单位电耗高。常规的钢球磨煤机通常与贮仓式制粉系统相匹配，当与热风送粉系统相匹配时，可适用于着火特性很差的煤种，但系统复杂，不利于防爆。对300MW级及以下机组，只有在不适宜选用其他形式的磨煤机或不适宜选用直吹式制粉系统时才选用常规的钢球磨煤机。双进双出钢球磨煤机通常与直吹式制粉系统相匹配，具有可用率高、占地面积少、系统简单等优点，随着产品国产化程度的提高，磨煤机造价已降低。但由于其单位电耗较高，故主要适用于磨制磨损性很强（$K_e \geqslant 5.0$）或磨损性很强且易爆（$V_{daf} \geqslant 35\%$或煤粉爆炸指数$K_d \geqslant 3.0$）的烟煤，或采用直吹式制粉系统磨制无烟煤及贫煤（通常相应于煤粉气流着火温度$IT \leqslant 900$℃的煤种）。

8.2.2 本条规定了直吹式制粉系统磨煤机的配置台数和出力的基本要求。

直吹式制粉系统磨煤机的配置台数和出力应根据锅炉容量、燃烧器数量、燃煤的结渣倾向和燃烧区的热负荷、主厂房布置、运行条件等综合考虑确定。台数太多将增加初投资与运行、检修维护工作量，设备和厂房布置较困难；台数过少则单台磨煤机规格较大、出力偏高、运行不灵活，对于锅炉启动升温过程的控制和正常负荷调节会带来不利影响；台数偏少，磨煤机规格较大，还可能带来燃烧器热负荷偏大，磨煤机检修高度要求不易满足等问题。

磨煤机的数量应经技术经济比较后确定，选型时尚应考虑磨煤机的国内外制造、运行业绩等因素。

国产双进双出钢球磨煤机自1998年投运以来的运行业绩表明，其具有设备可靠性高、可长时间连续运行的优点；在停运一侧的出口送粉管道挡板关闭严密的前提下可单侧给煤、单侧出粉运行（停运一侧的出口送粉管道需定期吹扫以防止挡板泄漏而积粉)；如1台双进双出钢球磨煤机故障一时不能恢复运行，必要时采取增加其他磨煤机钢球装载量至最大装载量或调整煤粉细度的方法尚可提高出力10%以上，因此采用容量备用可以满足机组要求。

"W"火焰锅炉的下射式燃烧器沿锅炉宽度方向布置在前后炉拱上，根据锅炉厂引进技术的设计经验，为保证燃料分布与炉膛热负荷的均匀性，在条文中对磨煤机台数的配置下限作了规定。

磨煤机的计算出力，对风扇磨煤机、中速磨煤机均指磨损中后期的出力（按国内外制造厂商提供的资料，在磨损后调整加载力的条件下，磨煤机磨损中后期出力下降量对HP型磨煤机为10%，MPS型、ZGM型磨煤机均为5%）。为此，风扇磨煤机、中速磨煤机计算出力的备用裕量主要考虑煤质波动的影响。

8.2.3 钢球磨煤机计算出力的基本裕量主要考虑电厂来煤煤种、煤质的变化和贮仓式制粉系统中磨煤机可以间断工作等因素。近年来钢球磨煤机制造质量与出力已较为稳定。因此，将钢球磨煤机计算出力的基本裕量取为15%，一般情况下是足够的。

8.2.4 给煤机的选择不仅要求其工作可靠，而且对直吹式制粉系统中的给煤机还要求其有良好的调节性能和一定的计量功能，因此，作出了"结合计量要求"的规定。

在直吹式制粉系统上普遍采用的耐压电子称重式给煤机具有自动调节与精确计量的功能，并可实现入炉煤耗计量要求。主要适合在对给煤机计量精确度要求高，需进行风煤比跟踪控制的中速磨煤机上应用。

刮板式给煤机结构较简单，密封性好，价格较低，与风扇磨煤机配套使用有很好的工程经验。

对于双进双出钢球磨煤机直吹系统，虽不要求给煤机的调节精度很高，但电子称重式给煤机近几年其价格已降低一半以上，故选用耐压电子称重式给煤机是适宜的。

如给煤机的计算出力以磨煤机的计算出力（即磨煤机的中后期出力）为基准计算，则给煤机的最大出力仅与磨煤机投运初期相当，遇煤种变化或磨煤机做最大出力试验时将无力适应，因此给煤机的计算出力应大于磨煤机在设计煤种和设计煤粉细度下的最大出力，并留有一定裕量。

双进双出钢球磨煤机可在单侧给煤机给煤、单侧出粉工况下运行，条文中对配双进双出钢球磨煤机的给煤机单台计算出力原则规定为不少于磨煤机单侧运行时要求的给煤量，因为这是给煤机的最大出力工况。

8.2.6 输粉机的设置原则和容量，考虑到其长度限制及利用率不高等因素，对邻炉间相互输粉这一点不作强制要求。目前300MW机组一般配用4台钢球磨煤机，2个煤粉仓，将1台锅炉的2个煤粉仓用输粉机连接后，已有足够的灵活性。

根据《火力发电厂煤和制粉系统防爆设计技术规程》DL/T 5203的规定：对爆炸感度高（高挥发分）和自燃倾向高的烟煤、褐煤，不推荐采用贮仓式制粉系统，如果采用，不宜设置邻炉和/或制粉系统之间的输粉设施。

8.2.8 目前工程设计中对大容量锅炉大多数采用二级动叶可调轴流式一次风机，从运行经验来看，动叶可调轴流风机的运行经济性较好，但在2台轴流风机启、停并列切换操作中，或当煤质变差一次风压增高以及空气预热器漏风率小于保证值等工况下很容易出现一次风机失速以至引发锅炉主燃料跳闸（MFT)。相比之下，调速离心式一次风机使用的安全性更好一些。因此本条文对冷一次风机选用动叶可调轴流式风机还是调速离心式风机的优先顺序不作规定。

选择一次风机的形式与调节方式除满足安全运行要求外，通常还要考虑风机与调速装置设备费、年运行维护费、基础费、占地面积及运行可靠性等。根据大多数技术经济比较结论意见，在保证调速装置使用可靠性的基础上，选择调速离心式一次风机比单速离心式一次风机更具节能优势，因此推荐离心式一次风机配置调速装置。

条文中规定的风机风量裕量系指质量裕量。另加的温度裕量系指进风温度升高所引起的对风机容积裕量的要求，此时基本进风温度可按锅炉热力计算或风机厂标准计算温度选用。

对冷一次风机的风量裕量从《火力发电厂设计技术规程》DL 5000—2000中的35%调整为20%～30%，主要考虑下列因素：

1）基本风量按BMCR工况及空气预热器运行一年后保证漏风率计算，实际上已包含有一定的裕量。

2）冷一次风机选型参数与管网特性匹配中普遍存在因压头裕量偏大而引起的附加风量裕量偏大问题。由于一次风管网系统的压头特性曲线比较平坦，风量增大时压头上升不多，由此导致风机在设计TB点调门开度下所能达到的实际风量裕量可能大大超过设计值，从长兴、张家口、石嘴山等300MW机组到玉环1000MW机组的核算情况来看，设计风量裕量为40%、风压裕量为30%时，实际风量裕量大多高达60%甚至更大，以至需进行节能改造。

3）随着回转式空气预热器密封技术的改进，漏风率已趋于降低，此时在锅炉三大风机容量选择计算中以一次风机容量降幅为最大，即对一次风机裕量的取用应与技术进步相适应。据西安热工研究院的调研结果认为，目前大中型机组中普遍存在一次风机裕量过大问题，其中既包括风量裕量偏大也包括压头裕量过大，考虑到压头计算中的不确定因素较多及轴流式风机防失速喘振的要求，本规范调小了风量裕量的取值，增加了压头裕量的下限值。

目前大中型机组大多采用双级动调轴流式一次风机，在实际运行中普遍存在风机失速喘振现象，为此本规范要求对选用动调轴流式冷一次风机进行风机失速裕量校核。从防止风机失速角度来说，基本风量不宜取用过大，以免一次风机在空气预热器状态较好（新投运或大修后）或采取高性能密封技术降低漏风率运行时工作点过于靠近风机失速区。根据实际运行中磨煤机跳闸后一次风机容易出现失速这一情况，除了按本规范要求验算这类工况下的风机失速安全裕量外，还要求对风机调节设施及控制逻辑采取跟踪磨煤机跳闸、同步调小风机风量等技术措施。

8.3 烟风系统

8.3.1 对于配 600MW 机组的送风机，由于其比转速过大，已难于选到合适的单吸离心式风机。采用双吸离心式风机的尺寸相当大，技术上明显不如轴流式风机。因此，本条提出对大容量锅炉的送风机宜首选动叶可调轴流式，也可采用调速离心式风机。由于双速离心式风机运行中切换不便，近年较少采用，故不再推荐。

当选择调速离心式送风机时，应在落实设备使用可靠性的基础上通过经济技术比较论证确定。

送风机风量裕量的基本值下限定为5%，对于配三（四）分仓空气预热器的送风机（即二次风机）来说，由于一次风漏入二次风侧的风量与二次风漏入烟气侧的风量大体持平，这一裕量标准能满足运行要求。

8.3.2 选择引风机首先应考虑风机的耐磨性能，并应根据锅炉机组的运行方式、系统阻力特性、风机效率特性、锅炉防炉膛内爆特性、设备投资、检修维护条件和布置条件等因素，经技术经济比较确定。

从目前国内大型机组引风机的生产、运行情况来看，动、静叶调节的轴流风机均可选用。

静叶可调轴流式引风机压力系数较高，转速相对较低，具有更好的耐磨特性，且结构简单、运行稳定，适合引风机的运行特点，因此，目前阶段在大容量机组中广泛选用。

动叶可调轴流式风机负荷调节性较好，低负荷经济性好，对锅炉防内爆的特性也更好，但价格较高，叶片对烟气的含尘量较为敏感，结构复杂、维护工作量较大，目前阶段工程应用相对较少，但由于环保标准的提高，除尘器运行正常时风机进口烟气含尘量都控制在 100mg/m^3（标准状态下）以内，同时，设备制造的技术水平也在不断提高，使动叶可调轴流式风机的可靠性能够满足电厂长期稳定运行的要求，因此，选用动叶可调轴流风机的工程也会逐渐增多。

国内外设计标准的风机裕量模式有所不同，在工程设计中，可按现行行业标准《火力发电厂燃烧系统设计计算技术规程》DL/T 5240 的规定选用，应注意不同裕量模式规范之间的差异。

本规范对引风机和除尘器选型计算中的烟温裕量取值，从《火力发电厂设计技术规程》DL 5000—2000 中的 10℃调整为 10℃～15℃，主要考虑下列因素：

1 根据西安热工研究院的调研结果，有相当多的电厂运行中存在锅炉排烟温度偏高现象，而且与设计值之间的正偏差大于 10℃，有的达到 20℃以上；新近投运的百万千瓦机组中，玉环、泰州等电厂锅炉排烟温度也明显偏高。

2 对排烟温度裕量的构成可分析如下：

1）因夏季环境温度升高引起，此时与送风机/一次风机温度裕量相应的排烟温度升幅，按理论估算为 8℃～10℃。

2）因送风机/一次风机温升引起的排烟温度升幅，按理论估算为 2℃～3℃。

3）因空气预热器旁路风流量运行值与锅炉厂设计值存在偏差所引起，当煤质中水分变小，一次风量或磨煤机通风量增大时，都将因空气预热器旁路风流量增大而导致排烟温度升高，其温升幅度取决于煤质变化等因素，并往往与锅炉厂热力计算偏差所导致的排烟温度升高相联系。

4）中贮式制粉系统中，因磨煤机运行方式变化所引起，此时不投磨运行方式下的排烟温度可下降 5℃～10℃，但燃烧计算中这不是基本工况。在上述温度裕量构成中，只考虑与送风机/一次风机温度裕量相匹配的排烟温度基本裕量为 10℃，计入锅炉热力计算偏差的附加裕量为 0℃～5℃，总计 10℃～15℃。

根据上述情况，本规范对供煤条件稳定，送风机温升较小，锅炉热力计算偏差较小时的引风机温度裕量取用 10℃，当煤质变化较大、送风机/一次风机温升较大、锅炉热力计算偏差较大时，取用 15℃。

8.3.3 通常根据空气预热器进风温度、燃料的硫分和水分及空气预热器冷端采用材料判定空气预热器是否发生低温腐蚀。经了解，近期工程设计的空气预热器冷端材料均采用耐腐蚀低合金钢。一般情况下考虑设置空气加热系统，但在煤质条件较好（收到基硫分＜1.0%），环境温度较高，空气预热器因低温腐蚀造成的损失小于空气加热系统的装设和运行费用的情况下，也有不设置空气加热系统的工程实例。

暖风器的结构和布置位置影响到机组正常运行时的风道阻力。有电厂反映，由于暖风器的布置位置不合理造成空气流动不畅和风道振动，应采用可拆卸结构，并考虑采用降低局部阻力的措施。

热风再循环系统在管式空预器上已有较成熟的经验。在回转式空气预热器上应考虑由于热空气带灰可能造成的风机磨损情况。经调研近期运行的电厂，即使空预器为回转式，热风再循环系统运行情况仍为良好，风机磨损情况为一般或不磨损。对于地处非严寒地区并且燃煤为较低硫分和灰分的电厂，热风再循环风率控制在8%以内，运行效果较好。

8.4 烟气除尘及排放系统

8.4.1 目前国内电厂工程采用静电除尘器占绝大多数，已有很成熟的产品和运行维护经验；但为了获得长期稳定的保证效率并适应更高的环保要求及煤质变化，应选用高效型静电除尘器，选型时满足所要求的设计裕量。布袋除尘器在国内小于或等于2000t/h等级容量机组上的应用正呈上升趋势，一般在燃用煤种飞灰特性不利于静电除尘器收尘且不能满足环保要求时选用，大容量机组选用布袋除尘器时需要注意解决泄漏检测技术及布袋后处理等问题，运行经验有待进一步积累。

除选用布袋除尘器外，也有工程选用烟气调质系统+静电除尘器，此除尘系统已在大唐托克托电厂有成功的运行业绩，300MW级及以下机组还有选用电袋组合除尘等形式的除尘设备。

低温静电除尘器系统是指在静电除尘器的上游侧设置热媒介热量回收装置，使进入除尘器入口的烟气温度降低，提高静电除尘器的性能；也可同时在烟气脱硫装置FGD出口设置热媒介烟气再热装置，将烟囱入口烟气温度提升，由热媒进行热量传导。此除尘、脱硫系统比常规的除尘器、脱硫装置、GGH组成的系统在节能、除尘、脱硫特别是湿法脱硫难以脱除的SO_3方面有更显著的效果，可再减少烟尘约50%、SO_3约50%，热媒热量也有再利用的可能，节能减排效果明显。目前，日本已有多个采用低温电除尘技术在大容量机组上的应用实例，我国一些科研和设计单位也正在积极开发低温电除尘技术应用的研究工作，日本IHI公司曾为上海漕泾电厂（2×1000MW）机组做过采用水媒方式的GGH降低烟温的低温电气除尘器方案。因此，具体工程有条件时，可考虑采用低温除尘器系统，以进一步获得节能减排效益。

8.4.2 静电除尘器的台数对200MW级及以上机组定为不少于2台，是从以下几个方面考虑的：气流分配的均匀性，运行的安全性，安装、检修和运行维护工作量，占地面积和投资比较，国内外的实践经验等。对125MW级机组，根据工程具体情况可只设1台，另外据了解，目前欧洲不少大容量机组烟风系统采用单列方式。

8.4.4 锅炉烟气目前有两种排放方式，即烟囱排放和排烟冷却塔排放。接入同一座烟囱的锅炉台数应根据锅炉容量、环保要求及布置等条件综合考虑。按环保要求，锅炉烟气宜尽量集中排放，使一座烟囱接入较多台数的锅炉，但又要考虑炉后烟道及烟气脱硫装置的布置，因此接入同一座烟囱的锅炉台数又不能太多。根据邹县电厂一期和二期、宁海电厂等工程设计及使用经验，分别为4×300MW机组和4×600MW机组接入同一座烟囱，在布置上、烟囱设计上都是可行的；根据华能玉环电厂、邹县电厂四期、泰州电厂等近期投运的1000MW机组，2台锅炉接入同一座烟囱，技术上均是可行的。据此，条文中规定，接入同一座烟囱的锅炉台数600MW级及以下机组为2台～4台，600MW级以上机组为2台。

8.4.5 当湿法烟气脱硫工艺不设烟气-烟气加热器时，吸收塔后净烟气直接进入烟囱，烟气温度在45℃～50℃。远低于烟气酸露点温度，故烟囱运行条件极其恶劣，烟气对烟囱和烟道结构腐蚀加剧，此时的烟气特点主要含有腐蚀性的化学介质，包括：含饱和水蒸气的净烟气，主要成分为水蒸气、二氧化硫、三氧化硫；pH值在1～2之间的含酸和盐的水溶液。

由于低温下含饱和水蒸气的净烟气容易产生冷凝酸，含硫气体特别容易冷凝成腐蚀性的酸液（硫酸、亚硫酸）。这就要求设计时必须注意到上述变化对烟囱设计的影响。故湿法脱硫工艺不设烟气-烟气加热器的烟气按强腐蚀性等级考虑。

当湿法烟气脱硫工艺设烟气-烟气加热器时，吸收塔后烟气经加热后进入烟囱，烟气温度在80℃左右，烟气工作条件可以大大改善。但根据近几年大量机组的实际运行情况，由于回转式烟气-烟气加热器运行状况不好，故障率高，烟气与烟气之间的换热不充分，使得进入烟囱的烟气温度低于设计值，因此，为了确保烟囱结构的运行安全，将设置烟气-烟气加热器的烟气腐蚀性等级提高，按强腐蚀性等级考虑。

8.6 点火及助燃燃料系统

8.6.1 燃煤锅炉点火及助燃燃料的选择与多种因素有关，根据国内燃煤电厂实际情况，绝大多数电厂的点火和助燃燃料均采用轻柴油，只有早期的盘山与华能岳阳等少数电厂的点火与助燃燃料采用重油，也有一些燃气条件适宜的电厂，采用燃气进行点火及低负荷助燃。

8.6.2 近几年锅炉节油点火装置在工程中广泛应用，应用较多的节油点火技术有：等离子点火、气化小油枪、微油点火等。这些技术节油效果显著，烟煤锅炉节油在80%以上。因此，在煤质及锅炉本体等条件适应的情况下，应积极推荐采用节油点火系统。如果采用节油点火系统，节油点火装置应纳入锅炉厂的设计及供货范围，以便在锅炉的总体设计中统筹考虑。由于目前各种节油点火技术在设计、制造、安装、调试和运行等方面尚缺少成熟的国际和国内标准、规程和规范，为保证锅炉运行的安全性，现阶段在采用节油点火装置后，燃油系统仍可保留，但可适当减少燃油系统容量，如油罐容量和燃油系统的设计流量。

8.6.4 点火、启动和助燃油罐的台数主要取决于油种，规定对轻油设2个油罐，其中一个用于进油和脱水，一个运行，目前也有工程由于场地原因仅设1个轻油罐的情况；重油设3个油罐，其中一个进油，一个脱水，一个运行。

点火、启动和助燃油罐容量取决于点火系统形式、燃油耗量和来油周期，而点火系统形式与煤质有关，燃油耗量与煤质、机组安装调试等情况有关，尤其在机组安装调试阶段用油量最大而且集中。采用节油点火系统时，不同的煤质节油量不同，对于烟煤燃用油量较常规点火方式节油可达80%以上，因此条文中对油罐按节油点火系统和常规点火系统对油罐分别进行了规定，油罐下限值适用于煤质较好的电厂，上限值则适用于煤质较劣或规划容量机组超过4台的电厂。

为满足锅炉安全监控系统的需要，运行中要求燃油系统处于热备用状态。当油罐距离锅炉房较远时，宜在锅炉房附近设置一台日用油罐。在锅炉与日用油罐间进行油循环，可节省油泵电耗，供油参数（温度、黏度）也易于控制。

8.6.7 现在大多数电厂采用离心泵，也有电厂采用螺杆泵，离心式供油泵和螺杆式供油泵均能满足要求，故在条文中明确输（供）油泵宜选用离心泵或螺杆泵。

从近期电厂设计情况看，考虑到运行可靠性及经济性，对负荷变化适应性强，则输（供）油泵的台数采用3×50%或3×35%较为合适，初期投资增加不多，而年节电效益显著且检修方便灵活。

8.6.8 在锅炉供回油管道上装设快速切断阀主要用于事故状态下，当供油快速切断阀关闭时，为防止回油总管上的压力燃油倒回入锅炉油喷嘴，要求同时切断回油管路，故在回油管道上也设快速切断阀。

8.6.9 为保证燃油的输送和雾化条件，对黏度大、凝固点高于冬季最低日平均环境温度的燃油，其卸油、贮油及供油系统应考虑加热、伴热和吹扫设施。

采用蒸汽吹扫的火力发电厂，曾有一些由于操作疏忽，发生过燃油倒入蒸汽系统的事故，故规定对蒸汽吹扫系统应有防止燃油倒灌的措施，如在蒸汽吹扫管上加装止回阀、监测阀，有条件的采用压力高于油压的汽源等。

8.6.10

4 燃油加热器若布置在油泵房内，散热量较大，不利于油泵房的通风降温，检修条件也差，对地下式油泵房则更为不利，故规定"燃油加热器宜采用露天布置"。

燃油加热器一般布置在油泵房附近。宝钢电厂将燃油加热器布置在锅炉房附近，其优点是供油泵房可采用无人值班运行方式，便于运行人员巡回检查；减少管道热损失；提高供油管道的可靠性。但缺点是当设备质量较差或管理不善时，燃油加热器附近可能因漏油而影响锅炉房周围的环境，降低锅炉房的安全性。故规定只有在条件合适时，才能将燃油加热器布置在锅炉房附近。

8.6.12 油料与钢铁、空气的摩擦以及油流的相互冲击都可能产生高的静电压及由此引起的火花，这往往是引起油罐燃烧和爆炸的一个原因，故要求对燃油罐和输油管道采取防静电和防雷击的措施。

8.7 锅炉辅助系统

8.7.1

3 本款规定了对锅炉事故放水水量的核算和限流的要求。

原劳动部《蒸汽锅炉安全技术监察规程》规定，电站汽包锅炉应装设事故放水管，但对事故放水的流量大小则未提出要求。各锅炉厂所设置的事故放水管的管径较大，一般为*DN*100，若无限流装置直接接入定期排污扩容器，所要求的定期排污扩容量过大，实际上锅炉也并不一定要求那样大的事故放水流量，为此宜与锅炉厂共同商定合理的事故放水流量或合适的限流措施。

4、5 亚临界参数汽包锅炉在条件合适（如有精处理装置、水质有保证、有避免或防止炉内加药成渣的措施等）时，可不设连续排污系统。为了防止因进入定期排污扩容器的排水太多，水来不及扩容而使排汽管带水的现象发生，条文规定宜装设排汽管汽水分离装置。

8.7.2 对装设有旁路的机组，锅炉出口所装设的排大气压力释放阀（PCV）先于锅炉安全阀而动作，排汽次数相对较多，在其排汽管上应装设消声器。

考虑到出现锅炉所有安全阀都排汽的机会很小等因素，条文规定对起跳压力低的汽包安全阀、过热器安全阀及起跳可能性相对较多的中压缸启动机组的再热器安全阀排汽管上应装设消声器。

8.8 启 动 锅 炉

8.8.1 启动锅炉的台数及容量主要根据机组容量和地区气象条件这两个因素决定。地区气象条件按"采暖区"和"非采暖区及过渡区"划分为两类，根据这几年的工程经验，条文中提出了两种地区的启动锅炉的台数及容量。

8.8.2 根据国内实际经验，启动锅炉的蒸汽参数采用低压（1.25MPa或1.27MPa，350℃）即可。现行国家标准《工业蒸汽锅炉参数系列》GB/T 1921—2004表1"工业蒸汽锅炉额定参数系列"中1.25MPa，350℃系列锅炉额定容量最大为35t/h，该标准未列的工业蒸汽锅炉的额定参数由供需双方协商确定。系统设计时可考虑留有机组建成投运后，启动锅炉搬迁至其他工程重复使用的条件。

8.8.3 燃煤启动锅炉在采暖地区使用较多，部分燃煤启动锅炉房因上煤、除灰、排水等工艺设计过于简陋或总体规划设计不完善，出现劳动条件差并引起环境污染等问题，故条文中对燃煤启动锅炉房提出了应满足环境保护和劳动保护的要求。

8.9 循环流化床锅炉系统

8.9.3 石灰石粉一级输送系统简单，为越来越多的工程采用。

通过调研及总结，如果石灰石粉库容积太大，有阻塞的危险。具体工程中可根据石灰石粉获得的难易程度、运输条件适度调整储存时间。

8.9.4 我国目前已投运大量 300MW 及以下 CFB 锅炉机组。300MW 引进型 CFB 锅炉机组已投产 10 台以上，国内自主研发的 300MW CFB 锅炉机组宝丽华已于 2008 年 6 月 14 日通过 168h 试运行，其他机组也开始陆续投入运行。根据调研，我国早期设计的 135MW 级及以下机组风机容量普遍偏大，造成厂用电率高，安全性差。我国引进型 300MW CFB 锅炉机组示范工程和几个国产化 300MW CFB 锅炉机组的一次风机选型参数见表 3。

表 3 我国几台 300MW CFB 锅炉机组一次风机选型参数表

项目	白马电厂引进示范		大唐红河发电厂		国电小龙潭发电厂		秦皇岛热电厂	
	BMCR 工况	TB 工况	BMCR 工况	TB 工况	BMCR 工况	TB 工况	BMCR 工况	TB 工况
风机入口量(m^3/s)	58.06	83.56	65.00	80.00	51.68	63.60	62.56	76.27
风机总阻力(kPa)	23.5	29.8	23.700	31.850	21.400	30.20	24.200	35.700
风机进风温度(℃)	17.5	41.1	20.0	20.0	19.8	19.8	20.0	30.0
进口气体密度(kg/m^3)	—	1.129	1.06	1.06	1.06	1.06	1.22	1.18
电机功率(kW)	3100		3000		2800		3700	
TB 工况风量裕量(%)	23.9		23.0		23.0		21.9	
TB 工况风压裕量(%)	26.8		34.40		41.10		47.52	

从表 3 数据可见，各 300MW CFB 锅炉机组 TB 工况相对于 BMCR 工况的风量裕量基本相同（白马电厂初设的风量、风压裕量分别为 22% 和 25%，表中为实配风机参数），但风压裕量相差较大。引进型 300MW CFB 锅炉机组示范工程，其风机参数由外方提出，选取的风压裕量最低，而其余 3 个工程均是引进相同技术、国内制造的锅炉，其烟风系统阻力应基本相同，但所选取的风压都远远超过示范工程，实际运行中国内设计的工程风机开度均较小。

由于 CFB 锅炉机组的一、二次风机压力很高，风机比转速较低，均需采用离心式风机才能满足要求。对于采用风门（无论是轴向门还是进风箱进口百叶窗）调节的离心式风机，如果富裕量太大，对整个机组运行的经济性和安全性均十分不利。因为对于离心风机来说，设计工况点应尽可能靠近所选风机调节门全开时的最高效率点，以获得最好的经济效益。若风机出力富裕量过大，为适应锅炉实际需要的风量和风压，势必造成风机入口调节门关得很小，此时风机运行效率将很低。特别是 300MW CFB 锅炉机组的一次风机，由于其压力高，耗功量大，运行效率的高低对厂用电影响十分显著。

对于 300MW 设置有外置式热交换器的 CFB 锅炉机组，通过控制进入炉膛及外置床的回灰量，使得锅炉在床温控制和负荷调节方面具有相当的优势，一、二次风率的变化较稳定。对无外置式热交换器的 CFB 锅炉机组，还需考虑实际运行中一、二次风率的变化范围。

条文中的一、二次风机风量裕量已考虑周波的影响、设计误差、设备老化等因素，并结合已投运电厂运行情况确定，风压裕量按流量的平方计算，符合流体力学理论，这也是国际上许多公司风压裕量通常的取值方法，但锅炉厂提供的炉膛床层和旋风分离器阻力应是实际阻力，不再在计算中考虑裕量。经计算核实，一般压头裕量在 1.19～1.23 之间，带外置床的机组可能高于此值。

在以前的工程中，由于制造技术的原因，流化风机多选用罗茨风机。随着机组容量增加，流化风量增加，风机风压比增加，流化风机选用离心风机成为可能。与罗茨风机相比，离心式风机具有流量可调、单台容量较大、检修费用低、噪声小等优点，目前 300MW CFB 机组均选用了离心风机。为了满足离心风机运行特性，在管路上人为加了阻力部件，因此离心风机比罗茨风机电机功率高，节能效果不如罗茨风机。

8.9.5 目前加床料系统主要有 3 种形式：利用底渣仓设置 1 套非连续运行的气力床料输送系统；采用卡车运入物料，用泵注入临时系统；固定机械式加床料系统。

固定机械式加床料系统现在主要有 2 种形式：在锅炉旁设置床料斗，用斗提机将物料送至给煤机皮带；在除氧煤仓间设 1 个启动床料小斗，启动床料由输煤皮带输送至启动床料小斗，启动床料经下降管、旋转给料阀、给煤机送入炉膛，此方案中启动床料小斗应避免布置在皮带末端。此形式是在总结目前国内加床料系统设计运行经验的基础上研究提出的设计方案，尚无投运实例，今后工程设计中，可根据煤质和工程情况选择启动床料系统。

9 除灰渣系统

9.1 基 本 规 定

9.1.3 本条明确了除灰渣系统排出的灰渣量应按锅炉最大连续蒸发量燃用设计煤种时的灰渣量计算，其中包括燃料中存在的灰分和锅炉机械未燃烧损失 q_4 产生的灰渣量，灰渣总量是100%，与灰场储存年限计算的灰渣量是一致的。厂内各除灰渣分系统的设计容量应根据具体情况按本规范规定的裕度要求进行计算，厂外输送系统的容量宜根据综合利用的落实情况确定。

9.2 除 渣 系 统

9.2.1 煤粉锅炉底渣的冷却有水冷和风冷两种方式，排渣设备主要有三种：水封式排渣斗、水浸式刮板捞渣机和风冷式排渣机。水封式排渣斗虽然炉底布置简单，排渣装置无机械转动部件，但其耗水大，相应地除渣系统投资费用和运行电耗高，近期国内大中型机组已很少采用。

风冷式除渣系统是21世纪初兴起的除渣方式。我国在20世纪90年代末引进了意大利马加蒂风冷式除渣系统，1999年12月17日河北三河电厂1号机组的风冷式钢带机系统成功投入运行，开创了我国火电行业采用风冷式排渣设备的新时代。国产化的风冷式排渣设备相应兴起，经多年研制、改进完善，已在数十个燃煤电厂投入商业运行，在严寒、缺水地区的燃煤电厂得到了较广泛的运用，并被国家经贸委、国家税务总局列入第一批"当前国家鼓励发展的节水设备（产品）目录"。但风冷式排渣机对锅炉效率影响因素较多，受进风量的限制，其最大输送出力较刮板捞渣机要小。

水冷式除渣系统是燃煤电厂应用多年的除渣技术，冷却水耗量较大，循环使用对节约水资源、减少废水排放很有必要，应设置闭式循环冷却水系统。

9.2.2 国内采用水浸式刮板捞渣机的电厂后续输渣系统有单级刮板捞渣机直接输送至渣仓、刮板捞渣机接转其他输送设备后输送至渣仓以及刮板捞渣机直接装车等方案，其中刮板捞渣机直接输送至渣仓的方案简单可靠，检修维护量小，综合指标最优，故推荐采用。

2000年前国产的水浸式刮板捞渣机上部通常设有过渡渣斗和关断门，要求渣斗能够储存4h的锅炉排渣量，以保证锅炉的不停炉检修；故障排除后，要求刮板捞渣机能够在1h内迅速排除4h的存渣量，故要求刮板捞渣机设备出力不小于锅炉排渣量的400%；引进的刮板捞渣机不设关断门，但也要求刮板捞渣机出力不小于锅炉排渣量的400%，主要考虑如下因素：不停炉检修捞渣机后的排渣量成倍增加，适应实际燃烧煤质的变化，锅炉吹灰时的渣量增加，锅炉不稳定燃烧时的渣量增加，设备出力增大对设备价格影响较小。前几年，电厂燃料供应紧张，煤质变差，灰渣量增加很多，由于刮板捞渣机设计出力定为不小于锅炉排渣量的400%，因此适应了煤种变化，未出现设备出力不够问题，起到了保证锅炉安全运行的作用，故本规范规定刮板捞渣机设备最大出力不宜小于锅炉最大连续蒸发量时燃用设计煤种排渣量的400%。

9.2.3 考虑到锅炉燃用煤种会在一定范围内变化、锅炉可能发生的结焦情况和排渣设备维护等因素，当采用风冷式排渣机方案时，风冷式排渣机的输送能力要分别满足锅炉燃用设计煤种时锅炉正常的排渣量和燃用校核煤种锅炉吹灰时的最大排渣量，并留有一定的裕度。根据本规范的规定，设计时应要求锅炉厂提供燃用校核煤种时锅炉吹灰阶段的排渣量。

风冷式排渣机系统对锅炉效率影响因素较多，有炉底进风温度、进风量以及是否根据炉底进风情况调整锅炉燃烧设计和烟风系统设计等。根据西安热工研究院对几个采用风冷式排渣机工程的性能测试结论，炉底进风温度控制在300℃～400℃，进入炉膛冷却风量控制在1%总风量以内时，风冷干式排渣对锅炉效率有少量提高，超过上述条件范围，则对锅炉效率产生负面影响。为了保证燃用设计煤种时锅炉的燃烧工况和效率，对风冷式排渣机系统冷却热渣后进入炉膛的风温应进行控制，不应低于锅炉效率转折点温度（约300℃），否则会影响锅炉效率，故风冷式排渣机设备的出力不宜选择过大，且进风门应有自动调节措施。

风冷式排渣系统的排渣温度测试点取自渣仓入口处。

9.2.4 风冷式排渣机后续输渣系统主要有以下几种：

1 直接输送：适当增加一级排渣机的倾角和长度，直接输送到渣仓。排渣机倾角不宜超过33°。

2 二级机械输送：可选用链斗输送机或斗式提升机或二级排渣机，将炉渣转运到渣仓。

3 负压输送：采用负压气力输送系统转运至渣仓，输送距离不宜超过150m。

4 正压输送：采用正压气力输送系统转运至渣仓，适用于输送距离在150m～500m的场合。

机械输渣系统对底渣粒度要求较低，初期投资及运行能耗均较低，可靠性高；气力输送系统对煤种的适应性较差，对底渣粒度要求较高，初投资和运行成本均较高，设备检修、维护量较大，故本规范推荐采用机械输渣系统。负压气力输送和正压气力输送系统输送距离的控制，是根据对目前投运机组调研情况的掌握以及防止堵管、保证安全稳定输送和运行经济性提出的参考值。当锅炉排渣量小，渣仓距离远，机械输送设备布置困难时，也可根据工程的具体情况采用气力输送系统。

9.2.5 渣仓的容积应根据工程的具体情况综合比较确定。经多次调研，并根据各届除灰专业技术交流会的专题报告，在厂外灰渣输送条件有保证（如南方地区）时，渣仓容积按储存锅炉最大连续蒸发量时燃用设计煤种14h的排渣量就能够满足电厂运行管理要求；在北方寒冷地区，气象条件影响厂外输送或输送条件受到限制时，渣仓的容积需要按储存锅炉最大连续蒸发量时燃用设计煤种24h的排渣量来考虑。

当厂内渣仓容积的大小影响到除渣系统的设备配置和布置时，如渣仓容积加大，单级湿式刮板捞渣机无法直接输送至渣仓，需采用二级转运输送，存在布置困难、二级刮板机返渣、灰水不易排放、运行维护量大和初投资大等问题，渣仓的容积按照储存锅炉最大连续蒸发量时燃用设计煤种14h的排渣量比较合理。当后续输渣设备采用斗式提升机、链斗输送机或气力输渣系统时，渣仓容积大小对系统配置影响较小时，渣仓容积按照储存锅炉最大连续蒸发量时燃用设计煤种24h的排渣量比较合理。

综上所述，本规范规定每台炉渣仓的有效容积宜为储存锅炉最大连续蒸发量时燃用设计煤种14h～24h的排渣量。

9.2.6 当炉底除渣装置采用水封式排渣装置、水力排渣槽装置，或炉侧无渣仓布置位置时，底渣在厂内采用水力输送系统，厂外需用车（船）或其他输送机械外运时，可采用脱水仓方案。由于接受渣浆与脱水、卸渣不能同时在同一脱水仓内进行，故规定每套脱水设备宜设2台脱水仓，轮流切换运行。

9.2.7 除渣设备采用沉渣池时，接收渣浆和沉渣、排水不能同时在同一格沉渣池内进行，故规定沉渣池宜采用两格。每格沉渣池有效容积的确定主要考虑沉淀、切换、运输等时间要求。

9.2.8 根据对全国循环流化床锅炉运行调研资料的分析，机械输送系统初投资小，运行正常，能耗小、运行维护量小，而气力输送系统，除个别电厂运行情况良好外，大部分电厂存在问题较多，其中维修工作量大、成本高、能耗大是普遍问题，个别电厂甚至无法正常运行，只能进行系统改造或人工排渣，故本规范规定宜采用机械输送系统。考虑到底渣输送系统的故障会影响锅炉本体系统的运行，故规定输送系统的同级设备不宜少于2台。

循环流化床锅炉由于掺烧石灰石，增加了脱硫反应后生成的CaO和$CaSO_4$等附属物，故不宜采用水力除渣系统。

9.3 除灰系统

9.3.2 气力输送系统设计出力选择应充分考虑电厂燃用煤种的变化范围。对于煤源不稳定的火力发电厂，气力输送系统的设计出力应在标书编写时充分考虑实际燃用煤种的变化，留有足够的输送裕度，并在标书审定时确定。

通过对十几个电厂设计煤种和校核煤种燃煤量的增加比例与灰渣量的增加比例的分析，得出电厂煤种变化对锅炉灰渣量的影响，当煤质变差（主要是收到基灰分增加）引起燃煤量的增加比例为2%～15%时，灰渣量增加比例为30%～200%。煤质严重变差时除灰系统基本无法正常运行，锅炉只能降负荷运行或除尘器就地排灰，影响电厂的安全文明生产。但气力输送系统出力的增加对投资的影响较大，故本规范规定了输送系统出力的下限值，各工程根据实际燃用煤种情况确定系统出力。

9.3.3 灰库的总容量取决于灰库的用途和外部转运条件。对于中转或缓冲灰库，一般只需要满足缓冲容积要求，故规定了8h的系统排灰量。灰库宜按粗、细灰分开设置，以利于干灰综合利用。

9.3.5 因半干法烟气脱硫的脱硫灰增加了脱硫反应后生成CaO和$CaSO_4$等附属物，且灰湿，容易粘结，储灰时间不宜过长，故规定灰库宜单独设置，有效储存容积不宜大于24h的系统排灰量。

9.3.9 现有的制浆设备主要有水力混合器、搅拌桶、搅拌机等，厂外输送设备主要有柱塞式灰浆泵、离心式灰浆泵等，制浆浓度根据厂外输送泵的要求确定。采用（中）高浓度水力输送系统，可以达到节水、节能的要求，故本规范推荐采用。

9.4 厂外输送系统

9.4.1 汽车运输方式具有灵活、方便，易利用社会运力运输等优点，故规定采用干式贮灰场时，灰渣的厂外输送系统宜采用汽车运输方式。

当采用带式输送机运输方式时，为了减少系统投资，规定宜按单路设计。由于系统没有设置备用系统，只有通过增大系统出力裕度来保证系统运行的安全可靠性，故规定带式输送机出力宜按锅炉最大连续蒸发量时燃用设计煤种时灰渣量的300%选取。

9.6 贮灰场

9.6.1 本条确定了采用干式贮灰场或湿式贮灰场进行技术经济比较的原则。

9.6.2

2 贮灰场容积规划要求分规划阶段和设计阶段，根据灰渣（含脱硫副产品）综合利用程度、灰场初期征地条件等可分别按贮存10年、5年确定，按贮存3年建设初期灰场。当灰渣（含脱硫副产品）确实能全部综合利用时，可按贮存1年进行初期征地及建设事故备用贮灰场。

9.6.3 灰坝设计原则及排水泄洪建筑物设计原则与

现行行业标准《火力发电厂水工设计规范》DL/T 5339—2006和《火力发电厂灰渣筑坝设计规范》DL/T 5045—2006一致。

9.6.4 干式贮灰场第1、2款为设计标准，湿灰场的设计标准已很成熟，除特殊情况外干灰场可以按照湿灰场标准执行。设计洪水标准重现期取30年是根据《火力发电厂灰渣筑坝设计规范》DL/T 5045—2006中三级山谷灰场灰坝洪水设计标准，并参考国家标准《防洪标准》GB 50201—94中Ⅳ、Ⅴ级尾矿坝洪水设计标准确定。第7、8款山谷干灰场内一般应设排水及泄洪设施，有条件的宜设置截洪沟。平原和滩涂干灰场内一般可不设置排水设施。灰场区域内的雨水除被干灰渣吸附部分外，其余部分可汇集在地势低洼处集水池内，用于干灰渣喷洒降尘。但对受客水汇入影响大及降水量大的地区是否设置排水设施应按工程条件通过技术分析确定。

9.6.5

1 无论干式贮灰场或湿式贮灰场，在运行前都需要委托具有环保测试资质的单位进行灰场环境的本底观测，一般应包括大气环境、地下水情况、地表水情况及水质分析等项目，测试时间不少于1年。因此，在设计上要为测试工作创造必要的条件。

10 烟气脱硫系统

10.1 基本规定

10.1.2 火电机组可供选择的烟气脱硫工艺较多，主要包括：石灰石-石膏湿法、氨法、旋转喷雾半干法、烟气循环流化床法、海水法、活性焦干法和电子束法等。

石灰石-石膏湿法烟气脱硫工艺适用范围广泛，工艺成熟，脱硫率可达95%以上。脱硫剂来源丰富，价格较低；副产品石膏一般条件能够得到应用，近几年国内绝大部分燃煤机组根据环境影响评价要求均采用石灰石-石膏湿法烟气脱硫工艺，因此对于燃煤收到基硫分大于1%或单机容量为300MW级及以上机组宜采用石灰石-石膏湿法脱硫工艺。

氨法烟气脱硫工艺用液氨和氨水作为吸收剂，脱除燃烧烟气中的SO_2，其副产品为硫酸铵肥料，在工艺过程中不产生废水，在技术上是成熟的。虽然氨法烟气脱硫工艺目前国内没有直接用于大、中型燃煤机组的业绩，但在国外已实现了相当于300MW级锅炉高SO_2含量（相当于燃煤收到基硫分为5%）的烟气脱硫，并且经过10多年的运行证明是成功的。

旋转喷雾半干法烟气脱硫工艺，以CaO含量较高的石灰为脱硫吸收剂，利用具有很高转速（9550r/min～13500r/min）的离心喷雾器使吸收剂雾化以增大吸收剂与烟气接触的表面积，发生强烈的热交换和化学反应，迅速将大部分水蒸发掉，形成含水量较少的固体产物，该产物是亚硫酸钙、硫酸钙、飞灰和未反应氧化钙的混合物，部分在塔内分离，由锥体出口排出，另一部分随脱硫后烟气进入除尘器收集，在烟道和除尘器内未反应氧化钙仍将继续与烟气中的SO_2反应，使脱硫效率有一定的提高。该工艺系统简单，厂用电率和水耗低，无废水排放，在脱除SO_2同时几乎脱除全部SO_3，适用于燃低硫煤机组。该工艺应用在我国处于起步阶段，运行机组容量为200MW及以下机组，如：华能山东曲阜电厂1×200MW机组、焦作金冠嘉华电力2×135MW机组等。而该工艺在美国已应用到多台790MW机组，并且脱硫效率可达94%，脱硫装置的可靠性达到97%以上。在欧洲也有多台350MW～410MW机组运行业绩，故本规范提出可在燃煤收到基硫分不大于1%、300MW级及以下机组采用旋转喷雾半干法烟气脱硫工艺。

烟气循环流化床半干法脱硫工艺，国内已在华能邯峰电厂660MW机组、华能榆社电厂、江苏新海电厂300MW等机组得到应用，具有与旋转喷雾干燥法烟气脱硫工艺相同的节水、节电和对燃低硫煤机组比较适合的特性。

海水法脱硫工艺具有系统简单、投资较少、厂用电率低和运行费用低等优点。国内已有300MW、600MW、1000MW级机组采用海水法烟气脱硫工艺的运行业绩。目前投运的海水脱硫装置脱硫率均都能满足要求。采用海水脱硫工艺时首先应有足够的海水资源，在机组所能提供的水量基础上，为了使排水的水质满足达标排放的要求，吸收塔入口的SO_2浓度是受限制的，一般要求燃煤收到基硫分不大于1%。电厂冬夏两季所需的循环水供水量变化很大，而脱硫所需的海水量基本不随季节变化，在燃用煤种收到基硫分大于1%时，冬季机组循环水供水量不能满足曝气池区域的用水量要求，需机组循环水泵向曝气池补充脱硫所需的水量，因此在收到基硫分大于1%时，应进行技术经济比较分析。

活性焦干法烟气脱硫工艺是适合于燃低硫煤、600MW级以下机组应用的烟气脱硫工艺。它在脱硫、脱硝的同时能够脱除其他有害物质。如脱除SO_3、汞等重金属，并可预留脱NO_X接口。脱硫过程基本不用水，特别适合于水资源贫乏地区。其脱硫副产品能够回收。脱硫副产品一般为硫酸，硫酸是极有价值的工业原料，也可以回收元素硫或液体SO_2。该工艺目前造价较高，但在中心城市、综合排放控制指标要求高及在严重缺水地区或综合污染物排放控制要求较高地区可采用该工艺。

10.3 二氧化硫吸收系统

10.3.1

1 目前石灰石-石膏湿法烟气脱硫工艺主要有喷

淋塔、鼓泡塔和液柱塔三种吸收塔形式。

喷淋塔是圆形喷淋空塔技术的总称，一些脱硫公司在此基础上作了许多改进和完善工作，如在喷嘴材料选择，喷嘴形式和布置方式上的变化；在烟气入口装设导流措施和塔内烟气均布设施；吸收塔下反应池采用空气搅拌方式或用循环搅拌泵代替搅拌器；在塔体上部装设竖向隔板，延长烟气在吸收塔内的停留时间，以利水分去除；设置一层塔板，塔板位于吸收塔浆液喷嘴下部，塔板上按照一定的开孔率布满小孔，吸收剂浆液在塔板上形成一定厚度的液层等。这些改进使喷淋塔技术日臻完善，增强了适应大容量烟气脱硫要求的能力，也同时使其能够成为脱硫吸收塔的主要塔型。

鼓泡塔也称为鼓泡式反应器，来自烟道冷却区域的烟气进入由顶板和底板形成的封闭的吸收塔入口烟气室。装在烟气室底板的喷射管将烟气导入吸收塔鼓泡区（泡沫区）——石灰石浆液面以下的区域。在鼓泡区域发生所有吸收、氧化和中和反应，生成石膏。发生上述一系列反应后，被吸收洗涤的烟气通过上升管进入位于烟气室上方的出口区域，然后流出吸收塔。鼓泡塔具有如下主要特点：SO_2 脱除率较高，煤种变化适应性好，部分负荷时动力消耗低，除尘效果好，烟气流量分配均匀。

液柱塔吸收剂浆液自塔底向上垂直喷射，形成液柱。烟气自塔顶或塔底进入吸收塔，气、液两相扰动接触，充分传质，完成 SO_2 的吸收。液柱塔的特点是脱硫效率高，无结垢堵塞现象，体积小，构造简单，维修方便。缺点是烟气压降较大。

对于大中型机组的烟气脱硫装置来说，要求吸收塔技术成熟、造价低、运行可靠、脱硫效率高、能耗小、操作简单、维修方便等，喷淋塔、鼓泡塔和液柱塔能够很好地适应上述要求，而且国际上上述吸收塔的运行业绩也最多，完全能够适应大容量机组烟气脱硫的各项要求。因此，一般情况下喷淋塔、鼓泡塔、液柱塔均可以采用。

4 目前国内半干法烟气脱硫工艺应用的 300MW 级及以下机组半干法烟气脱硫工艺脱硫塔均为 1 炉配 1 塔。

10.4 烟 气 系 统

10.4.2

1 脱硫增压风机选型时，脱硫增压风机与引风机的工作条件基本相同。国内 20 世纪 90 年代投产的一批 300MW 等级燃煤机组配备了国产动叶可调轴流式引风机，当时除尘器出口的烟气含尘浓度控制标准为不大于 $200mg/m^3$（标准状态下），这批引风机目前的运行状况均很正常。国产动叶可调和静叶可调脱硫增压风机已应用于几百个 300MW、600MW 和 1000MW 级机组的脱硫工程，总体运行情况很好。除风机轴承及部分 1000MW 级机组风机液压缸、液压油站需要进口外，全部设备均已实现国产化。目前除尘器出口粉尘浓度要求为 $100mg/m^3$（标准状态下）以下，因此风机叶片抗磨损寿命可以显著提高；另一方面，国内风机制造厂改进了叶片制造工艺，提高耐磨寿命的方法是在叶轮叶片和后导叶上再喷熔镍基碳化钨耐磨材料，硬度为 HRC55～60，可大幅度提高动叶可调轴流风机的耐磨性能；无论是静叶可调轴流风机，还是动叶可调轴流风机，其设备可靠性完全能够满足电厂长期稳定运行的要求，因此本规范提出增压风机宜选用轴流式风机。

动叶可调轴流风机的调节范围广，一般可达到 10%～100%，而且风机在低负荷区有较高的效率，如在 20%～30%负荷，效率能够达到 35%～40%；而静叶可调轴流风机在 50%负荷点以上才可保持 35%～40%的效率，而且在较低的负荷工况下运行不稳定，因此对于 600MW 等级机组，每套脱硫装置只设 1 台增压风机时，宜选用动叶可调轴流式风机。

10.4.3

1 湿法烟气脱硫工艺设置烟气-烟气加热器具有以下好处：

1） 可以减少脱硫用水量。湿法烟气脱硫装置设置烟气-烟气加热器后，吸收塔内蒸发水量较不设烟气-烟气加热器减少工艺水量较多，经计算平均耗水可降低 20%～30%之间。2 台 600MW 级机组设置烟气-烟气加热器比不设烟气-烟气加热器可减少耗水量在 30 万 t/a 以上。

2） 可以提高烟气抬升高度。

3） 可以降低烟气的腐蚀性。

在湿法烟气脱硫工艺中的烟气酸露点温度通常是降低的，但烟气的腐蚀性等级却并不降低，相反会明显升高，其原因是在湿法烟气脱硫工艺中产生的酸性烟雾和酸性带水、卤化物腐蚀等现象。脱硫后的烟气中 SO_3 含量虽有所降低，但烟气中所含腐蚀物质总量反而增多，其中包括来自煤燃烧和来自脱硫剂浆液制备水中所含氯化物和氟化物等强腐蚀性物质。如果脱硫后的烟气温度低于酸露点温度，烟气的腐蚀性等级将进一步增加。如果取消烟气-烟气加热器，净烟气的温度为 45℃～52℃，并且在烟囱前为正压（约 200Pa），烟气的腐蚀性和渗透性均大为增强，因此烟气-烟气加热器的设置对烟囱防腐有利，由于热应力减小，对烟囱的安全运行也有利。

综上所述，湿法烟气脱硫装置宜设置烟气-烟气加热器。

对于烟气-烟气加热器的选型，回转式烟气-烟气加热器与回转式空气预热器工作原理相同，采用烟气加热烟气，换热系统比较简单，烟气泄漏率为 1%左右。回转式烟气-烟气加热器的优点是其对烟气的适应能力强，具有布置方便、使用业绩多、运行和维护方便等特点，因此在我国新上火电机组湿法烟气脱硫工艺中设置烟气-烟气加热器普遍采用回转式烟气-烟气加热器。

管式烟气-烟气加热器主要采用管式热媒水强制循环式加热器，该技术又称低温静电除尘技术。日本三菱公司采用该形式烟气-烟气加热器，已有 9 台以上大机组运行实例。它是一种借助热媒水介质循环吸热与加热的热交换器。烟气-烟气加热器冷端布置在除尘器之前，使除尘器入口温度降低，在保证提高除尘效率的同时，有利于脱除 SO_3，并具有节能的效果。

2 80℃以上是经烟气加热器换热后能够达到的较合适温度，同时对烟囱防腐有利，且净烟气能在烟囱口上达到充分扩散的效果。

11 烟气脱硝系统

11.1 基本规定

11.1.2 目前可供选择的烟气脱硝工艺为：SCR 烟气脱硝工艺、SNCR 烟气脱硝工艺和 SNCR/SCR 混合脱硝工艺。

SCR 烟气脱硝工艺的脱硝效率最高，是目前主流的炉外脱硝工艺，市场占用率达 80%以上。SCR 工艺对燃料的适应性广，无论是燃煤、燃油、燃气或垃圾焚烧锅炉都有良好的脱硝性能。SCR 工艺适用于各种锅炉容量，目前最大投运的机组为 1000MW 级容量。国内外 300MW 等级以上的大容量机组基本采用 SCR 工艺。

SNCR 烟气脱硝工艺的脱硝效率较低，通常为 20%～40%。这是因为 SNCR 的脱硝反应发生在炉膛内，需要在合适的温度范围内，而炉内温度场和烟气场非常复杂，造成还原剂难以在合适的温度范围内与 NO_X 混合。随着炉膛的增大，脱硝效率呈下降趋势，因此 600MW 级以上锅炉很少采用 SNCR 工艺。

SNCR/SCR 混合烟气脱硝工艺的脱硝效率介于上述两种工艺之间，一般为 40%～80%。国内采用 SNCR 的机组基本上预留了催化剂反应器的位置，为今后采用 SNCR/SCR 混合工艺创造了条件。国外采用 SNCR/SCR 混合工艺的机组也很少。SCR 工艺、SNCR 工艺、SNCR/SCR 工艺的比较见表 4。

表 4 几种烟气脱硝工艺综合比较

项目	SCR 工艺	SNCR 工艺	SNCR/SCR 工艺
反应剂	以 NH_3 为主	可使用 NH_3 或尿素	可使用 NH_3 或尿素
反应温度	320℃～400℃	850℃～1100℃	前段：850℃～1100℃，后段：320℃～400℃
催化剂	成分主要为 TiO_2，V_2O_5 WO_3	不使用催化剂	后段加装少量催化剂（成分主要为 TiO_2，V_2O_5 WO_3）
脱硝效率	60%～90%	25%～40%	可达 60%～80%以上
反应剂喷射位置	多选择于省煤器与 SCR 反应器间烟道内	通常在炉膛内喷射，但需与锅炉厂家配合	锅炉负荷不同喷射位置也不同，通常位于一次过热器或二次过热器后端
SO_2/SO_3 氧化	会导致 SO_2/SO_3 氧化	不导致 SO_2/SO_3 氧化	SO_2/SO_3 氧化较 SCR 低
NH_3 逃逸	3ppm～5ppm	10ppm～15ppm	5ppm～10ppm
对空气预热器影响	NH_3 与 SO_3 易形成 NH_4HSO_4，造成堵塞或腐蚀	不导致 SO_2/SO_3 的氧化，造成堵塞或腐蚀的机会为三者最低	SO_2/SO_3 氧化率较 SCR 低，造成堵塞或腐蚀的机会较 SCR 低
系统压力损失	催化剂会造成压力损失	没有压力损失	催化剂用量较 SCR 小，产生的压力损失相对较低
燃料的影响	高灰分会磨耗催化剂，碱金属氧化物会使催化剂钝化	无影响	影响与 SCR 相同
锅炉的影响	受省煤器出口烟气温度的影响	影响与 SNCR/SCR 混合相同	受炉膛内烟气流速及温度分布的影响

11.3 烟气脱硝反应系统

11.3.1

4 燃煤锅炉通常采用垂直 SCR 反应器，烟气从上到下通过催化剂。反应器一般有 2 层以上催化剂。由于催化剂是在高含灰的烟气中工作，因此催化剂的寿命会受下列因素的影响：

1）烟气所携带的飞灰中含有 Na，Ca，Si，As 等成分时，会使催化剂"中毒"或受污染，从而降低催化剂的效能。

2）飞灰对催化剂反应器的磨损。

3）飞灰将催化剂反应器通道堵塞。

因此，应在 SCR 反应器的进口设置清灰设施。

11.3.2 板式催化剂的适用含尘量可以很高，蜂窝状催化剂的适用含尘量不宜大于 40g/m³（标准状态下），而波纹板式催化剂的适用含尘量不宜过高［通常要求含尘浓度小于 20g/m³（标准状态下）］。

11.4 氨/空气混合及喷射系统

11.4.1

1 因二次风压头较低，故当采用二次风时，应校核其压头是否满足要求。

11.4.2 稀释风机风量不需要调节，故选择离心风机即可。稀释风机应设有备用，因此针对反应器数量不同可配置不同容量和数量的稀释风机。

12 汽轮机设备及系统

12.1 汽轮机设备

12.1.2

4 由于直流冷却的汽轮机组冷却水温度相对较低，故规定经技术经济比较后确定其凝汽器采用单背压或双背压。

12.1.3 汽轮机额定功率（铭牌功率）在《固定式发电用汽轮机规范》GB/T 5578—2007 和国际电工委员会（IEC）1991 版标准 IEC 60045—1：1991 Steam turbine Part 1：Specifications 中的定义有所不同。经过专题研究得出结论：在我国火电机组现行的运行调度原则下，按 IEC 标准采用年平均水温对应的背压确定机组额定功率，在除夏季以外的其他季节，当维持汽轮机额定进汽量不变时，可以增加机组的出力；在相同的设备利用小时情况下，可以增加机组年发电量，同时降低机组年平均煤耗率，可以充分发挥火电机组的设备能力，降低社会投资成本。但国内部分专家认为：在高于年平均水温时，特别是在夏季工况机组达不到额定功率，尽管机组夏季出力与按照国标定义额定功率的机组相同，但这不符合我国近 20 多年的电网调度习惯，并与现行的国标产生矛盾。因此，建议本规范仍然采用《固定式发电用汽轮机规范》GB/T 5578—2007 确定汽轮机额定功率。对于空冷机组，由于夏季背压很高，且受环境风的影响易产生波动，如果按《固定式发电用汽轮机规范》GB/T 5578—2007 定义机组额定功率，将会导致机组匹配不合理、机组运行的安全性和经济性较差的问题，所以空冷机组可以采用国际电工委员会（IEC）1991 版标准 IEC 60045—1：1991 Steam turbine Part 1：Specifications 来确定汽轮机额定功率。

在 IEC 60045—1：1991 相关的条款中，并没有明确给出几个工况对应的具体终端条件，但根据对 IEC 60045—1：1991 前后条款内容的理解以及国际上的工程实践经验，在本款中明确了定义中“规定的背压”为额定背压。补给水率大小与机组容量和初参数相关，根据我国火电机组的实际运行状况，本条款中“规定的补水率”取为两个不同数值，即亚临界及以下参数机组取 3%，亚临界以上参数机组取 1.5%。根据我国工程实践，在考核机组出力时，通常要考虑一定量的补水率，而考核机组热耗率时补水率则为 0。

12.2 主蒸汽、再热蒸汽和旁路系统

12.2.3 目前国内已投运和在建电厂旁路系统容量多为：引进型亚临界机组一般配置 15%BMCR～30%BMCR 容量的简化旁路；直流炉的机组一般配置 30%BMCR～40%BMCR 容量的高、低压二级串联简化旁路；采用高压缸启动的机组，在主机允许的条件下，可采用 25%BMCR～30%BMCR 容量的一级大旁路。总地来说，旁路系统一般按 30%BMCR～40%BMCR 或 100%BMCR 容量设置，主要与机组特性和电网系统要求有关。如北京重型电机厂引进技术生产的 300MW 级机组和东方电气的 300MW、600MW 机组均采用中压缸启动方式，对旁路的容量和形式要按实际需要确定。

12.3 给 水 系 统

12.3.2 对于汽包锅炉，给水泵出口的总流量以锅炉最大连续蒸发量为基础，考虑了锅炉的连续排污损失 1.5%～2%、系统汽水泄漏损失 0.4%、汽包水位波动（包括锅炉抢水）2%～5%、给水泵老化引起的出力降低 4%～5%，共计 7.9%～12.4%，一般取 10%。故给水泵出口的总流量取锅炉最大连续蒸发量的 110%。

对于直流锅炉，由于没有连续排污，也无汽包水位调节要求，故给水泵的容量裕度较汽包炉小，给水泵出口的总流量取锅炉最大连续蒸发量的 105%。

当机组在较高负荷运行发生快速切负荷（FCB）时，高压旁路减温水达到最大值，由于锅炉负荷的滞后特性，为保证此工况下供给锅炉足够的给水量，给水泵出口的总流量还应加上高压旁路减温水流量。

12.3.3 根据调研，国产 300MW 级湿冷机组多数电厂运行给水泵的配置为 2 台半容量汽泵，也有早期投产的潍坊、石横、沙岭子电厂等 10 台机组为 1 台全容量汽泵。采用全容量运行给水泵，可简化系统，提高运行的经济性，国外 300MW 级及更大容量机组配置全容量汽泵已很普遍，国内 300MW 级湿冷机组采用全容量给水泵已有成熟运行经验，故在条件合适时可优先考虑采用全容量汽泵。

对 600MW 级湿冷机组，除早期个别电厂采用 1 台全容量汽动给水泵外，绝大多数选用了 2 台半容量汽泵。全容量汽动泵方案的优点是系统简单、易于布置，在国外被较多采用；缺点是对给水泵组可靠性要求极高，停泵就要停机，运行可靠性低于 2 台半容量

汽泵。另外，国内厂商尚无配600MW级湿冷机组全容量汽泵的运行业绩，如按近期国内1000MW机组所配的进口半容量汽泵价格进行测算，1台600MW级机组全容量的进口汽泵价格要比2台600MW级机组半容量的国产汽泵方案略高，故在600MW级机组全容量汽泵未完全国产化前，宜选用2台半容量汽泵。

对1000MW级湿冷机组，如配1台全容量汽泵，单泵在机组40%～100%负荷范围内，泵与主机的负荷相匹配，调节比较方便。低于40%负荷，则切换至备用汽源，也能保证机组正常运行。但全容量汽泵组发生故障时机组将停炉或靠备用电泵降负荷运行，影响电厂的可用率。全容量汽动给水泵启动时需要辅助蒸汽启动汽泵；点火时，小流量给水（3%BMCR～5%BMCR）控制需要可调，目前世界上能为1000MW级湿冷机组配套生产并具有运行实绩的给水泵生产厂家也仅有两家，给水泵汽轮机的制造厂家也较少，难以形成竞争态势，使价格无法控制，初投资大大增加，故宜选用2台半容量的汽泵。

基于高的运行可靠性作保证及发生故障时快速的修复能力，国外300MW及以上大容量机组普遍采用全容量汽动给水泵，且不设启动与备用的电动给水泵，此时，机组采用汽动给水泵直接启动或配置1台仅具有启动功能的低扬程定速电动给水泵。国内有谏壁、铁岭、蒲圻等电厂具有经常应用汽动给水泵直接启动机组、启动备用电动给水泵基本上不投入使用的运行经验。为控制工程造价，国产300MW、600MW、1000MW级湿冷机组可根据专题论证，采用不设备用给水泵或采用启动定速给水泵的方案。

12.3.4 对于空冷机组，由于给水系统采用湿冷汽动给水泵系统会造成机组耗水量增大，与主机采用空冷机组的节水宗旨不符。对于600MW级及以下直接空冷机组，由于空冷机组汽机背压高，随气温变化频繁，若采用直接空冷汽动给水泵，排汽接入主凝汽器，存在给水泵汽轮机运行工况变化频繁和调节复杂等问题，在夏季大风时也易引起给水泵汽轮机跳机而影响锅炉给水安全性，暂不宜推荐使用；若采用间接空冷汽动给水泵，则存在主机采用直接空冷系统，给水泵汽轮机采用间接空冷系统，辅机冷却水采用湿冷系统，造成厂内冷却系统多样，系统复杂，一次性投资高，因此给水系统推荐采用电动调速给水泵组方案，电泵的数量和容量可结合机组容量和拟选用给水泵及其调速装置的技术成熟程度、价格、布置及机组负荷稳定性要求等确定。

对于1000MW级空冷机组，由于电泵电动机容量过大，调速装置配套受到制约，此时可以通过增加电泵台数，不设备用等方式解决。

12.3.6

3 省煤器入口给水压力包括了锅炉本体水柱静压差。汽包锅炉为锅炉汽包正常水位与省煤器进口之间的水柱静压差，直流锅炉为锅炉水冷壁炉水汽化始终点标高的平均值与省煤器进口之间的水柱静压差。

12.3.9 紧急补水系统是考虑到全厂失电，又不能很快恢复时保护CFB锅炉使用，这种事故出现的概率极低。如果锅炉厂通过计算认为全厂失电时锅炉剩余水容积能保证锅炉不烧坏，也可不设该系统。

12.4 除氧器及给水箱

12.4.3 除氧器水箱容积应根据布置位置，通过瞬态计算，保证给水泵前置泵不汽蚀而确定，特别是具有FCB功能的机组。

12.5 凝结水系统

12.5.1

3 低压加热器事故属非正常情况，事故疏水不宜包括在最大凝结水量的计算中，否则将加大凝结水泵的容量，是不经济的。

据计算，当旁路系统的容量小于锅炉最大连续蒸发量约37%时，旁路系统进入凝汽器的蒸汽量小于机组在额定工况时的凝汽量，对凝结水泵容量的选择无影响；当旁路系统的容量介于锅炉最大连续蒸发量约37%～75%之间时，可启用备用凝结水泵来满足凝结水量增大的需要；但当旁路容量再增大时，凝结水泵在容量选择上应予以考虑，以保证运行启动时的安全可靠。

12.5.4 凝结水补给水箱主要用于机组启动、正常补水及除氧器高水位时凝汽器向其放水，同时可兼作冲管之用。条文中规定的补给水箱容积是为实现上述功能所需的最小容积。根据电厂实际运行情况，对亚临界及以下参数机组，条文规定的补给水箱容积完全可以满足要求；对超（超）临界参数机组，尽管采用稳压冲管时其容积偏小，但采用降压冲管就可以满足要求，如华能玉环1000MW机组采用了降压冲管，$500m^3$的容积满足了要求。

12.5.6 低加疏水泵容量在汽轮机阀门全开工况流量的基础上加10%，在某些工程低加切除工况运行时单泵容量不够，以外高桥三期工程1000MW机组的热平衡图为例，1#、2#低加切除时的疏水泵流量为111.56kg/s，大于汽轮机阀门全开工况的疏水泵流量74.878kg/s约49%。因此，在实际运行中如低加切除时疏水流量大于1台疏水泵容量上限值，则可开启备用疏水泵运行。

12.7 辅机冷却水系统

12.7.8 为了防止闭式循环冷却水热交换器发生泄漏时，开式循环冷却水漏入闭式循环冷却水而破坏闭式循环冷却水的水质，本规范规定闭式循环冷却水热交换器处闭式水侧运行压力应大于开式水侧运行压力。

12.9 凝汽器及其辅助设施

12.9.3 根据调研报告，对于300MW级湿冷机组，由于汽机本体凝汽器为单凝汽器，机组背压形式为单背压；每台机组配置真空泵的数量均为2台，单台真空泵抽干空气能力范围为31kg/h～51kg/h，各电厂真空泵选型差别较大。根据徐州华鑫发电有限公司反馈信息，即使单台真空泵抽干空气能力为31kg/h，在真空系统严密性能达到优良等级时，所配真空泵抽吸能力还显过高。考虑到电厂实际运行时真空泵的电耗增加，拟改为2台机公用真空泵。华润电力登封有限公司反馈信息，单台真空泵抽干空气能力为51kg/h，正常运行时真空泵电流较大，真空泵电耗也较大，反映出真空泵设计选型偏大。

对于600MW级湿冷机组，由于汽机本体凝汽器为双凝汽器，机组背压形式多数为双背压，其中广东国华粤电台山发电有限公司为一次循环海水直流系统，机组背压形式为单背压，与同样采用海水直流系统的其他电厂相比，凝汽器背压较高，热耗率考核工况的热耗率也较大，则机组运行的经济性较差。常规600MW级湿冷机组真空泵配置一般为2运1备，单台真空泵的抽空气量为51kg/h，设备运行良好。抽真空设备配置台数与单台真空泵的抽空气量有关，并应根据美国HEI标准进行真空泵选型计算。真空泵的运行情况和长期保证的抽空气能力，除了与特定的气象环境条件有关，也与汽轮机本体的结构设计、制造能力，安装工艺和全部与凝汽器相连接的系统及管道的严密性有关。抽真空设备的容量及配置也应兼顾考虑以上因素。考虑国内600MW级机组多为自主开发型，并考虑凝汽器安装质量带来的影响，故本规范推荐真空泵的配置为2运1备方式。也有工程采用2运2备方式，设备初投资增加，不建议采用。

对于1000MW级湿冷机组，汽机本体凝汽器为双凝汽器，机组背压形式多数为双背压，其中华能玉环电厂为一次循环海水直流系统，机组背压形式同样采用双背压，与华电国际邹县发电厂四期采用再循环二次系统相同。每台机组配置真空泵的数量均为3台，单台真空泵抽干空气能力范围为75kg/h～116kg/h。华电国际邹县发电厂四期设计选型为3×75kg/h容量真空泵，电厂反馈机组启动时投入2台真空泵，正常运行时仅投入1台真空泵。华能玉环电厂设计选型为3×116kg/h容量真空泵，电厂反馈机组启动时投入3台，正常运行时投入2台，抽真空系统运行良好，真空泵配置可以满足机组启动及正常运行要求。

对于300MW级及以下空冷机组，据调研，一般设2台100%真空泵已能满足要求。

对于600MW级直接空冷机组，与湿冷机组比较，通常采用3台增大容量的真空泵。如大唐托克托三、四期工程，设计选型为3×170kg/h容量真空泵，机组启动时投入3台真空泵，正常运行时仅投入1台真空泵，真空泵配置可以满足机组启动及正常运行要求。

对于600MW级以上直至1000MW级直接空冷机组，由于汽轮机本体排汽量增加，包括排汽管道及空冷凝汽器整个汽空间增大，在机组启动期间，对抽真空设备的抽空气能力要求提高。推荐采用：

1 设置3×100%容量真空泵，增加单台真空泵的抽空气能力，以满足在规定的时间内建立真空的要求。设计考虑机组正常运行时，1台运行，2台备用。空冷电厂实际运行时，机组的真空度往往受许多环境条件的影响，如随着一天中外界气温的变化，机组背压会从额定值升高到最高值，或季节性大风的影响，机组背压会随时发生变化。据了解，为了维持机组真空度，机组正常运行时，电厂多采用2台真空泵运行方式以适应工况变化。也就是在多数情况下，仅1台真空泵处于备用状态。

2 设置4×75%容量真空泵，可以降低单台真空泵的抽空气能力。机组启动时，4台泵同时运行，以满足在规定的时间内建立真空的要求。机组正常运行时，2台运行，2台备用，这样有利于维持机组真空度，适应工况变化。

据调查，华电灵武工程在设备订货时选了3台403型（目前最大型号）真空泵，经核算不能满足机组启动时建立真空度的时间要求，后改为4台353型号的真空泵，2运2备。

13 水处理系统

13.1 水质及水的预处理

13.1.1 对地表水，应了解历年丰水期、枯水期以及取水环境（如同期建设的水库的环境条件）对水源水质的影响，取得相应的水质全分析资料；对受海水倒灌或农田排灌影响的水源，还应掌握由此而引起的水质变化情况；对石灰岩地区的地下水，应了解其水质的稳定性；对于再生水、矿井排水等回用水应掌握其原水的来源组成，了解其处理设施的设计标准和运行情况；对于海水应了解取排水海域海水水质特点、海水取水方式、变化规律，以及周边海洋环境要求。

原水水质是设计的重要依据，鉴于近年来工程设计中常有资料不全或不确切的问题，设计单位对业主提供的原水资料应有分析验证的责任，为了保证水处理设计的包容性，验证的结论不一定全部采用某一时间段的水质资料，其中的某一项水质数据可以是其他时间段偏差的数据。

13.1.2 本条规定了原水预处理方式的选择要求。

1 锅炉补给水处理的预处理设计应与水工专业

配合，尽量避免重复设置。根据电厂的水源条件，锅炉补给水处理的预处理可为全厂供水系统的一部分，也可根据需要单独处理。

2 近年来水源污染问题较普遍，特别是有机物污染，已经影响到原有水处理系统的安全、经济运行，造成热力系统炉水 pH 值降低，离子交换树脂污染等问题。因此，本款对去除有机物提出要求。

3 根据再生水水质和出水用途，可以选择的处理工艺主要有以下几种：

1）再生水（二沉池出水）→石灰混凝澄清＋过滤＋杀菌→循环水。

2）再生水（二沉池出水）→曝气生物滤池→石灰混凝澄清＋过滤＋杀菌→循环水或其他用水。

3）再生水（二沉池出水）→超滤→循环水或其他用水。

4）再生水（二沉池出水）→生物硝化反应＋超滤→循环水或其他用水。

石灰处理系统随着设计运行经验的不断积累而得到很大改进，加之自动化水平的提高，在电厂得到了较好的应用。

当制水量较大时处理系统大多数采用石灰处理系统，当水中氨含量较高时，可设置硝化系统，如曝气生物滤池。

当水量较小时，特别是结合锅炉补给水预处理系统时，采用超滤可使系统简化。这种处理系统用在空冷机组的电厂较多。

再生水深度处理系统选择何种工艺，需要根据再生水水质、处理水量、处理系统出水去向、药品来源（特别是石灰粉）、场地情况等多方面因素进行技术经济比较确定。

13.1.3 循环水补充水处理澄清池一般不设100％备用，当1台澄清器（池）检修时，可通过提高其余澄清器的流速，作为短时间处理用，也可用备用水源供水。

13.2 水的预脱盐

13.2.1 火电厂的常用预脱盐工艺包括蒸馏法（多级闪蒸、低温多效蒸馏）和膜法（反渗透、电渗析）。每种工艺都有各自的适用条件，在工程设计时应根据工程具体情况，经技术经济比较确定。

13.2.2 由于反渗透系统的价格已大幅降低，同时与离子交换相比较也具有显著的环保优势，使得反渗透得到广泛应用，因此本规范不对反渗透的水质适用范围及装置规模作具体规定。

反渗透系统对总有机碳有很好的去除率，当锅炉补给水仅采用离子交换系统处理，其出水中的总有机碳（TOC）不能满足超临界机组对给水品质的要求时，可采用反渗透去除。

13.2.3 海水淡化工艺方案应通过技术经济比较确定，通常采用反渗透工艺。当采用蒸馏工艺时，通常优先采用低温多效蒸馏工艺。

13.2.5 蒸馏淡化装置设备利用率一般在90％以上，其出力调节范围为40％～110％，并设置一定容量的产品水箱，整体容量上有一定裕度，所以设备可不设备用，但台数不宜少于2台。

13.3 锅炉补给水处理

13.3.1 锅炉补给水处理需要消耗化学药品，并有废水排放，在选择处理方案时应重视环境保护的有关条款要求。

13.3.2 电厂运行中的机组补水率反映的是在不同工况下的汽水损失率。鉴于火电机组在不同工况下补水率差距较大，尤其是在启动或酸洗期间的补水率较大，锅炉补给水处理系统设计时，应保证水处理系统按正常汽水损失率供水时能长期经济运行，同时应按锅炉酸洗、启动期间的用水要求对系统进行校核。

对于1000MW级机组，因投产的不多，其热力系统水汽损失率数据较少，现暂按1％进行计算，工程设计时应具体研究。

间接空冷机组运行经验不多，循环冷却水损失率差别较大，根据计算，损失率可达0.05％，但有电厂在正常运行期间不需要补充除盐水。因此，对于该损失率数据本规范暂不规定，待运行经验较多后再行修订。

13.3.3 反渗透预脱盐的后处理工艺应根据工程的具体水质资料，进行综合技术经济比较后确定。

当采用低温多效蒸馏淡化装置时，由于淡水水质较好，其后处理可采用流速较低、层高较高的单级混床系统。

13.4 汽轮机组的凝结水精处理

13.4.1、13.4.2 这两条分别就不同情况下的凝结水处理系统选择原则作出了规定。

凝结水处理对提高锅炉给水品质，保证热力系统设备的安全、经济运行，具有重要的意义。凝结水处理系统的设置可以有效地提高热力系统中的水、汽品质，降低热力设备的腐蚀、结垢、积盐等风险。

对于大容量（300MW级及以上）的机组均应设置凝结水精处理装置。

直流锅炉由于无法进行炉水排污，水汽品质要求高，全部凝结水应进行处理，不应有部分旁路不经处理进入给水系统，所以降盐设备需设备用。直流炉给水铁的含量要求是同参数的汽包炉的一半左右，所以直流炉还应设置除铁过滤器。除铁过滤器在运行一段时间后需要反洗或更换滤元，如仅设置1台，在反洗或更换滤元时，全部凝结水得不到处理，如设2台或3台以上的过滤器，仍能保证50％或更多量的凝结水得到处理，但台数过多时，占地面积大，处理系统总投资也大，因此需要合理选择。

亚临界汽包锅炉供汽的汽轮机组，当冷却水水质较好时，且给水采用投加除氧剂时，凝结水精处理装置可不设备用设备，但宜有再扩建1台备用设备的位置，为机组今后采用加氧运行创造了条件。

当冷却水水质很差时，凝汽器少量的泄漏就会对凝结水造成较大污染，而此时若有1台混床失效，则凝结水不能进行全流量的处理，就会使水汽品质恶化，危害机组安全运行。给水采用加氧处理工况运行的汽轮机组的给水水质要求高，凝结水精处理装置应设有备用设备才能保证凝结水全流量处理。对于容量为600MW级及以上机组，由于其容量较大，安全性更为重要，所以应设置备用设备，保证凝结水全部处理。对于承担调峰负荷的超高压汽包锅炉供汽的汽轮机组，如经常启停，考虑其给水系统容易产生铁腐蚀产物，所以设置除铁装置，保证水汽品质。

亚临界直接空冷的汽轮机组，由于空冷器面积非常大，凝结水系统含铁量也非常大，所以凝结水精处理系统应以除铁为主。

对于超临界直接空冷机组可选用前置过滤器（或粉末树脂覆盖过滤器）加阳阴分床或混床系统，但由于该类型机组处于建设阶段或投运初期，还有待于进一步研究总结其合理的凝结水处理系统。

13.4.4 为考虑机组运行安全，凝结水处理设备再生应采用体外再生方式，这样可以减少交换器内部的分配装置，减小运行阻力，避免再生酸碱进入热力系统，树脂在专门的容器中再生，可以选择最佳的设备直径和高度比例，获得较好的水力特性。

13.5 冷却水处理

13.5.2 循环水系统的浓缩倍率为3倍～5倍时，节水效果最为显著，再提高浓缩倍率，节水效果不明显，且投资会增加。

13.5.4 近年稳定剂的药效不断提高，通常可以使水中的极限碳酸盐硬度提高到10mmol/L，如辅助加酸，在补充水碳酸盐硬度不高时，循环水的浓缩倍率也可达到3倍～5倍。此种方法运行操作简单，设备投资少。

循环水补充水碳酸硬度较高，当要求较高的浓缩倍率时，就应采取补充水软化处理，或循环水旁流软化处理。

循环水、排污水必须回用于循环水系统时，或补充水的含盐量很高时，经技术经济比较，也可采用膜处理方法。当补充水是再生水，SO_4^{2-}、Cl^-、有机物等含量高时，也可采用合适的超/微滤、反渗透等膜处理方法。

13.5.5 经验及研究表明，循环冷却水的悬浮物含量对凝汽器铜管及辅机冷却器铜管的腐蚀与结垢有一定影响。较高的悬浮物含量可促使冲击腐蚀，并影响加药的效果。此外，悬浮物在铜管内的沉积可导致铜管的沉积物下腐蚀，还有可能在冷却塔填料中沉积而影响冷却效率。因此提出循环冷却水旁流过滤处理的要求。

13.6 热力系统的化学加药和水汽取样

13.6.2 水汽取样分析由人工为主已转变为以在线仪表检测为主，因此可不设置现场的水汽分析试验室。

13.7 热网补给水及生产回水处理

13.7.2 供热式电厂热力用户的回水数量和质量均不稳定，因此，要综合考虑多种因素进行经济比较后确定。

13.8 废水处理

13.8.1 本条规定了火力发电厂各类废水处理的原则要求。

1 废水集中处理是将全厂各种生产废水分类收集并储存，根据水质和水量，选择一定的工艺流程集中进行处理，使其出水水质达标后重复利用或排放。集中处理的优点是：设施完善，经处理后水质稳定、便于运行管理。虽投资费用高些，但鉴于我国目前普遍缺水，且形势可能更加严峻，故集中处理对电厂的废水回用和周边的环境保护是一项有力的措施。

3 布置废水处理系统在总平面的位置时，应考虑化学药品及污泥的运输、各类废水（锅炉化学清洗排水、锅炉补给水处理系统再生排水、凝结水精处理系统再生排水、预处理装置的排水等）的收集和处理后废水的排放或回收利用等因素。

13.8.3 虽然脱硫废水中的杂质含量较高，但水量较少，易于回用，因此首先要求废水经适当处理后回用；当没有条件回用时应处理达标排放。

脱硫废水产生于燃煤电厂湿法脱硫工艺。烟气脱硫工程现多由专业公司承包设计和设备配套，所产生的废水水质水量与脱硫工艺要求相关。其废水水质与电厂中其他废水差别较大，处理难度也较大，而且其处理工艺中设备的设计条件和使用药品也不同，故宜单独设置。

14 信息系统

14.2 全厂信息系统的总体规划

14.2.8 作为全厂级的监控信息系统，厂级监控信息系统（SIS）是一个公用系统。若设计的工程项目为新建电厂，则SIS应充分考虑将来扩充的条件。若设计的工程项目为扩建电厂，则分两种情况：第一种情况是电厂已有SIS时，本期不能新设SIS，而是在原有SIS基础上进行扩充完善。第二种情况是电厂无

SIS时，本期新设的SIS不应仅考虑本期工程，而是要全厂通盘考虑。当老厂的有关控制系统不具备与SIS的接口条件时，还应考虑对老厂进行技术改造。

管理信息系统（MIS）与SIS一样，也是全厂级的公用系统。MIS需要的实时数据原则上均取自SIS，故SIS与MIS无论是合设统一的网络，还是分开设置相互独立的网络，两个系统之间的耦合关系是无法切断的。因此在条件具备时，建议两个系统的网络合设。

14.2.9 实时系统直接服务于生产过程，安全等级要求比非实时系统高。电厂的各控制系统以及SIS都是实时系统，而MIS等系统则是非实时系统。以SIS和MIS为例，若SIS与MIS分开设置相互独立的网络，则应在两个网络之间安装必要的网络单向传输装置，确保SIS与MIS之间的数据流向为单向。若SIS与MIS合设统一的网络，则应在SIS与MIS之间设置防火墙。同时为了安全起见，还应在各个控制系统与SIS的数据接口处设置必要的网络单向传输装置。

14.3 厂级监控信息系统

14.3.2 该条将一般情况下的SIS功能分成了三个层次。

第一个层次是将厂级实时数据采集与监视功能和厂级性能计算与分析功能定义为基本功能，即在一般情况下，SIS都应具备也仅需具备这两项基本功能。之所以将这两项功能定义为基本功能，一方面是因为这两项功能在目前已投产项目中普遍应用较好，另一方面是因为这两项功能是目前生产管理人员普遍比较关心和需要的功能。

第二个层次是对负荷调度分配功能进行了约定，即只有在电网已明确调度方式有非直调方式且负荷调度分配应用软件成熟这两个必要的前提下，才可以将负荷调度分配功能定义为基本功能。为什么要强调这两个前提呢？第一个前提是因为有的工程项目已明确由电网直接调机组负荷，在这种情况下若仍盲目设置负荷调度分配功能，则无疑是一种浪费。第二个前提是因为有的工程尽管设置了负荷调度分配功能，但由于所选用的软件不够成熟而未成功投运，实际上也造成了一种浪费。

第三个层次是将设备故障诊断功能、寿命管理功能、系统优化功能以及其他功能定义为非基本功能，这些功能只有在满足项目投资方要求且综合考虑电厂实际情况这两个前提下才考虑设置。之所以将以上功能定义为非基本功能，其主要出发点就是坚持经济实用的原则，避免盲目地设置华而不实的功能，确保设置一个就能投运一个，真正将项目投资转化为实实在在的效益。

14.3.3 机组级性能计算功能宜在机组分散控制系统中完成。原因如下：

自从计算机开始在火电厂应用以来，性能计算便是火电厂计算机监视系统（DAS）和机组分散控制系统（DCS）的一项重要基本功能，但由于DAS和DCS均为机组级监视或控制系统，因此无法完成厂级性能计算的功能。随着SIS的出现，厂级性能计算有了运算的平台，但机组级性能计算是仍然放在DAS或DCS中，还是放在SIS中意见并不统一。

一种观点认为，DCS是电厂的关键控制系统，其工作的重点应是对机组的控制和保护，作为精度、速度相对较低、重要性相对较弱的性能计算功能完全可以上移至SIS，这样既可以将机组级性能计算和厂级性能计算统筹考虑，同时又减轻了DCS的负担，因此建议将机组级性能计算功能放在SIS中。

另一种观点认为，机组级性能计算是为机组运行人员服务的，很多机组级的运算结果如锅炉效率、汽轮机效率、主汽温度、主汽压力、再热汽温度、再热汽压力、各加热器端差等都直接为运行人员提供操作依据，而且典型的DCS技术规范书中都要求DCS供货商提供机组级性能计算功能，即DCS在供货时都已经提供了该项功能，没有必要在SIS中重复设置。

还有一种观点认为，无论是DCS还是SIS，都不会因为机组级性能计算功能的增加与减少而大幅度影响系统报价，甚至是不影响系统报价，故而赞同在目前SIS尚不是很成熟的情况下，在DCS和SIS中都设置该功能。

通过对第一批已投产电厂SIS的设计总结，本规范的主导意见是第二种，但这并不意味着其他的观点不可取，具体采取什么方案，各设计院在工程设计时可根据工程情况与项目法人充分讨论后选择确定。

14.3.4 作为SIS的系统开发平台，实时/历史数据库的标签规模直接影响着SIS的功能规模。在确定实时/历史数据库的标签规模前，首先要确定SIS将包括哪些功能，每项功能的覆盖面有多大，具体将涉及哪些数据等，这些约束条件是确定实时/历史数据库标签规模的基本前提。

作为直接影响实时/历史数据库标签规模的更重要因素是电厂的建设规模。电厂的机组台数越多、容量越大，则实时/历史数据库的标签规模越大。正如SIS的网络一样，实时/历史数据库的建设也可总体规划，分步实施。对于新建工程，应充分考虑实时/历史数据库将来扩充的条件。对于扩建工程，若电厂已有实时/历史数据库，则应在原实时/历史数据库基础上进行扩充，若原来无实时/历史数据库，则应充分考虑老厂的数据规模。最近有这样的观点，认为尽管SIS只有一个，但数据库可以分批建设，即每期工程都设置一个独立的数据库。但实际上若真要这样实施的话，不仅仅使投资造成浪费，在技术实现上也较困难。

影响实时/历史数据库标签规模的还有电厂的运

行管理水平。同样的功能范围、同样的电厂规模，若运行管理水平不同，其所需的实时/历史数据规模也会有所差异。

14.8 门禁管理系统

14.8.1 近几年门禁管理系统在火力发电厂的应用逐渐增多，对提升火力发电厂的运行管理水平和减人增效有积极的促进作用。

15 仪表与控制

15.1 基本规定

15.1.3 该条主要基于如下原因：一方面产品必须经过鉴定后才准许生产并投放市场的做法正在发生变化，另一方面大力促进新技术发展与新产品使用也是历史发展的趋势，但由于涉及安全与保护的产品必须坚持可靠性原则，故对该部分产品提出“取得成功应用经验后”的应用前提。

15.2 自动化水平

15.2.3 通过对目前国内火电厂辅助车间自动化水平的专题调研，表明大中型火力发电厂辅助车间的自动化水平可以根据业主确定的运行管理模式，通过优化设计方案，达到集中监控、减人增效的目的。如全厂设置水、煤、灰三个辅助监控点，或只在机组集中控制室设置集中监控点，均有已经成功运行的案例。

15.3 控制方式及控制室

15.3.1 扩建机组有可能利用前期的控制室或控制系统，所以要“兼顾前期”；对于有可能扩建的机组，要为后期创造条件，所以要考虑“后期”。

15.3.2 在大型火力发电机组的建设过程中，采用“多机一控”的控制方式与传统的“两机一控”或“一机一控”方式相比较，其优点是：减少集控楼、集控室的面积，节约投资；缩小运行人员编制，减员增效；集中控制室布置紧凑，有利于运行人员的交流和提高；有利于值长的统一管理与调配；对于全厂公用系统而言，有利于运行人员的集中监控。

采用“多机一控”方式也存在着缺点：受工程建设连续性的影响较大；对电源系统、消防系统的可靠性及安全性的要求较高；一旦发生事故，有可能波及全厂所有机组；不同机组在分期建设期间的调试以及正常运行后的机组检修可能会对其他机组的运行产生一定的干扰；无论如何优化集控楼的位置，集中控制室还是会距离某台机组的位置较远，给巡检人员带来不便；对于监视管理多台同型机组，运行人员走错位置、发生误操作的几率可能会增加。

但随着自动化水平和管理水平的不断提高，采用“多机一控”方式的优势将愈来愈明显。

15.3.5 由于控制水平的提高，目前已可实现各种类型的空冷机组的空冷系统控制纳入单元机组控制系统，在单元控制室控制。

15.3.9 随着控制水平的提高，供热电厂可不再单独设置热网控制室，以尽量减少控制点，达到减人增效的目的，其控制可在机组控制室内实现。仅在有特殊需要时才设单独的热网控制室。

15.4 检测与仪表

15.4.2

9 根据现行国家标准《爆炸和火灾危险环境电力装置设计规范》GB 50058—92 第 2.1.1 条，对于生产、加工、处理、转运或贮存过程中可能出现爆炸性气体时，应进行爆炸性气体环境设计。火力发电厂控制室为人员密集区域，没有进行相关爆炸性气体的抗爆设计，为保护人员的安全，不能将测量爆炸危险气体的一次仪表引入控制室。本款作为强制性条款，必须严格执行。

15.5 报 警

15.5.7 在机组启停过程中应抑制虚假报警信号，以提高报警的准确度，减少误报警。

15.6 机组保护

15.6.1

4 作为在危急情况下停止锅炉、汽轮机、发电机运行的紧急措施，本款规定了在控制台上必须设置总燃料跳闸、停止汽轮机和解列发电机的跳闸按钮，且跳闸按钮应直接接至停炉、停机的驱动回路，以保证人身和重大设备的安全。本款作为强制性条款，必须严格执行。

15.6.2 2000 年 2 月，国际电工委员会（IEC）发布了功能安全基础标准《Functional safety of electrical/electronic/programmable electronic safety-related systems》IEC 61508，首次提出了安全完整性等级（SIL—safe integrated level）的概念。随后又颁布了针对流程工业的功能安全标准《Functional safety—Safety instrumented systems for the process industry sector》IEC 61511，与其相对应的中国国家标准《电气/电子/可编程电子安全相关系统的功能安全》GB/T 20438—2006，以及《过程工业领域安全仪表系统的功能安全》GB/T 21109—2007，相继在 2007 年发布并开始实施。

由于我国火电厂所用 DCS 最初由美国引进，系统中并没有专门用于安全保护功能的子系统或专用控制器，在 DCS 中，锅炉和汽轮机的跳闸保护功能通常由通用控制器来完成，提高可靠性的办法仅是采用硬件的冗余配置。

近几年，随着 IEC 61508 和 IEC 61511 等功能安全标准的颁布，一些欧美国家已将其列为强制性实施标准，国际上也有越来越多的国家，包括东南亚地区的火电厂，在锅炉和汽轮机的保护系统上要求采用功能安全系统。

功能安全系统在火电厂中的应用，不同地区和国家也存在一些差异，欧洲通常是全部锅炉炉膛安全监控系统（FSSS）均采用功能安全系统，但在美国和东南亚地区，也有一些电厂仅在 FSS 部分采用了功能安全系统。

结合国外火电厂对功能安全系统的应用情况，以及国内火电厂对功能安全系统的需求，在目前阶段，提出了锅炉和汽轮机的停炉停机保护系统宜采用功能安全系统的推荐意见。

15.6.3

3 近几年，单机容量 600MW 及以上机组已经成为电网中的主力机组，有些机组虽然不具备 FCB 功能，但配置了较大容量且具有快开功能的高压旁路系统，系统运行的灵活性增加了；另一方面，考虑到锅炉热惯性大，启动速度慢，因此规定了单元机组在具备条件的情况下，可以停机不停炉。

15.6.4

5 由于在锅炉尾部增加脱硫、脱硝等烟气净化装置，很多机组采用了将引风机与增压风机合并设置的方案，使得锅炉烟风系统有可能出现引风机压头大于炉膛瞬态设计压力的情况。根据美国国家防火协会标准《Boiler and Combustion Systems Hazards Code》NFPA 85，这种情况下通常不采用增加炉膛瞬态设计压力的方式解决，而是通过增加适当的控制和保护系统解决此问题。

16 电气设备及系统

16.1 发电机与主变压器

16.1.2

1 为防止故障电流的非周期分量、负序分量或不平衡负荷激发电气与机械相互作用的工频与 2 倍工频谐振而损坏机组，故作出了本款规定。

2 系统扰动对大型汽轮发电机组轴系扭振的影响是大电网和大机组相互协调的重要问题之一，也是涉及电力系统的电磁和机电暂态过程与汽轮发电机组的机械暂态过程相互作用的综合性的研究项目，在我国属起步阶段，尚无条件制定相应的规定和标准。本款仅按现行标准和已进行此项研究的若干工程（如平圩电厂、哈尔滨第三发电厂、北仑港电厂和石洞口二厂等）的初步结果作出规定。

为提高高压输电线路的输送能力和运行可靠性，我国电网广泛采用单相重合闸。按照《电网运行准则》DL/T 1040—2007 的 5.4.2.2.2 e）“关于发电机组非正常运行能力的要求”提出了单相重合闸的规定。由于故障发生时间的随机性和故障切除时间与重合闸间隔时间的分散性，因而它们的不同组合对机组轴系扭振的影响是不确定的，每个工程需结合机组结构参数和网络结构的条件予以单独评价。

对于某些严重扰动工况（如三相重合闸、非同期并列、失步振荡和次同步谐振等）对机组轴系扭振影响的评价，各工程可结合网络与机组结构条件经仿真计算或动模试验后与制造厂商定相应的防护措施。

3 大容量发电机应具有的进相、调峰和短暂失步运行、短时失磁异步运行能力主要取决于电力系统的运行条件。按照《大型汽轮发电机非正常和特殊运行及维护导则》DL/T 970—2005 和《电网运行准则》DL/T 1040—2007 对发电机组性能的要求作出此规定。发电机组如不能满足失步运行规定时，应与制造部门协商确定运行条件。对于失磁异步运行，600MW 级及以上机组允许的运行方式、时间和负荷应与制造厂商定。

4 本款按照《大型汽轮发电机励磁系统技术条件》DL/T 843—2010 作出规定。

国内近些年 300MW 级及以上机组，已有大量采用自并励静止励磁系统的电厂投运，但不少电厂采用了由主机厂成套的进口励磁系统。600MW 级及以下机组，采用国产的自并励静止励磁系统的工程项目也在逐步扩展。具体工程励磁系统的选型应综合系统稳定和厂家成熟配套等条件经技术经济比较后予以确定。

有条件时，具体工程可就励磁系统的选型对电力系统暂态稳定的影响进行动模试验，以对仿真计算的结果予以验证。

16.1.3 《油浸式电力变压器技术参数和要求》GB/T 6451—2008 已实施，替代《三相油浸式电力变压器技术参数和要求》GB/T 6451—1999 及《油浸式电力变压器技术参数和要求 500kV 级》GB/T 16274—1996。新出变压器标准：《电力变压器 第 7 部分：油浸式电力变压器负载导则》GB/T 1094.7—2008（IEC 60076—7：2005，MOD）代替《油浸式电力变压器负载导则》GB 15164。

16.1.4 考虑到与 600MW 级机组单元连接的三相变压器具有节省初投资、空载损耗低、总重量轻和有色金属消耗小等优点，若运输条件允许和技术经济合理时，可以选用。

火力发电厂与系统连接的联络变压器也可按运输、制造和技术经济等条件采用单相或三相自耦变压器。

考虑到单相变压器组设置备用相投资大，利用率不高，故应综合考虑系统要求、设备质量以及初投资与按变压器故障率引起的停电损失费用之间合理平衡的可靠性原则等因素确定是否装设。若确需装设，可按地区（运输条件允许时）或同一电厂3组～4组相同容量、相同变比与阻抗的单相变压器组合设一台备用相考虑。一定区域内，当已有电厂（或同一发电企业所属）已设置了备用相，且参数满足该工程要求，运输条件许可时，经协商认可，该工程可不再设备用相。

从合理利用和节约资源的角度上讲，鼓励同一地区的发电企业共用备用相。

16.1.5 “不能被高压厂用启动/备用变压器替代的高压厂用工作变压器计算负荷”，系指以估算厂用电率的原则和方法所确定的厂用电计算负荷。计算方法是考虑到高压厂用启动/备用变压器可能作为高压厂用工作变压器的检修备用，主变压器的容量选择因此应考虑这种运行工况。

当装设发电机断路器且不设置专用的高压厂用备用变压器，而由另一台机组的高压厂用工作变压器低压侧厂用工作母线引接本机组的高压事故停机电源时，由于该电源不具备检修备用电源的能力，则主变压器的容量即按发电机的最大连续容量扣除本机组的高压厂用工作变压器计算负荷确定。

根据现行国家标准《电力变压器》GB 1094.1 规定，变压器正常使用条件为：海拔不超过1000m、最高气温+40℃、最热月平均温度+30℃、最高年平均温度+20℃、最低气温−25℃（适用于户外变压器）。现行国家标准《电力变压器　第2部分　温升》GB 1094.2—1996 规定油浸式变压器（以矿物油或燃点不大于300℃的合成绝缘液体为冷却介质）在连续额定容量稳态下的绕组平均温升（用电阻法测量）限值为65K。

变压器绕组温升是指在正常使用条件下制造厂的保证值，变压器应承受规定条件下的温升试验，应以正常的温升限值为准。在特殊使用条件下的温升限值应按现行国家标准《电力变压器　第2部分　温升》GB 1094.2—1996 第4.3条的规定进行修正。

变压器容量可根据发电机主变压器的负载特性及热特性参数进行验算。

16.2 电气主接线

16.2.2 本条几种接线方式的选择是一个涉及厂、网关系的综合性问题。它除了主要取决于接入系统的要求而外，也与电厂的总平面布置、电气主接线、起动电源的引接、控制方式以及初投资等因素有关。因此，本接线方案的确定要同时兼顾厂、网的不同要求，以使电厂与系统的连接方案在技术经济上取得总体的合理。

上海外高桥三期2×1000MW机组，根据项目法人节省工程初期投资的要求，以及电网运行部门的意见，采用了内桥形接线。华能珞璜电厂三期工程2×600MW机组2回500kV出线，不再扩建，采用了四角形接线。

16.2.3 “若接入电力系统火力发电厂的机组容量相对较小，与电力系统不匹配”系指如下情况：单机容量仅为系统容量的1%～2%或更小，而电厂的升高电压等级又较高，如50MW机组接入220kV系统、100MW机组接入330kV系统、200MW机组接入500kV系统。为简化与系统的连接方案和高压配电装置的接线，经技术经济比较后确定是否采用扩大单元或联合单元接线。

16.2.5、16.2.6　发电机出口装设或不装设断路器或负荷开关两个方案的综合经济比较涉及诸多因素，如电厂的升高电压等级、电气主接线形式、高压配电装置形式、启动/备用电源的引接方案与厂网分开后电网收取基本和电度电费、高压厂用备用变压器（电源）的配置标准、启动/备用变压器高压侧的接线方式以及发电机断路器或负荷开关的制造和供货条件等，故难以就其适用范围的技术经济条件作出一般性的规定。鉴于此，各工程可结合其具体条件和综合考虑上述因素，经技术经济比较后确定是否设置发电机断路器或负荷开关。

当600MW级机组采用220kV发电机-变压器-线路组或发电机-变压器单元接线方式，且技术经济合理时，也可采用主变压器高压侧串接两台断路器和高压厂用工作变压器由其间支接的方案。

对于600MW级及以上机组发电机出口装设断路器或负荷开关的方案，主变压器或高压厂用工作变压器采用有载调压方式各有优缺点，且均有已投产电厂的运行经验，各工程可综合考虑电力系统和机组正常运行及启停时高压厂用母线电压水平对调压方式与范围的要求以及运行可靠性、制造和经济等条件予以确定。

接入华东电网的华能玉环电厂1000MW机组发电机出口装设了断路器，根据系统提供的对端500kV变电站电压波动范围，经过计算确定，主变压器及高压厂用工作变压器均采用无励磁调压方式，节省了大量初投资。经计算分析，仅在第1台机组启动前，若系统母线电压较低时，为了保证单台最大电动机启动电压，考虑由高压停机/备用变压器启动机组。高压停机/备用变压器采用了有载调压方式。

16.2.9　本条依据《交流电气装置的过电压保护和绝缘配合》DL/T 620—1997 第3.1节制定。

16.2.11

2　提出4/3断路器接线每串中设置4台断路器，当电厂装机台数与出线回路数基本上符合2∶1比例时，可将2个电源进线与1个出线回路组成1串，可避免3/2断路器接线串数多，接线复杂等问题，节省断路器数量。一般电厂规划机组台数较多，配电装置规模达3串及以上时，可采用。山西阳城电厂6台

350MW 机组通过 500kV 3 回出线送出，电气主接线即采用了此种形式，已运行多年。

3 有的电网基于限制系统短路容量的要求，提出接入电磁环网中的 600MW 级及以上机组，电厂的 500kV 电气主接线采用双母线双分段接线，将来根据系统发展情况，适时将双分段开关断开，解环运行。如国电泰州电厂，规划容量 4×1000MW，一期 2 台机组采用双母线接线，预留双分段开关位置。因此，对 330kV～500kV 配电装置的接线提出“可采用双母线接线，远期可过渡到母线分段接线”。

4 出线电压为 330kV 及以上电压等级的电厂，规划装机台数较多，远期接线多考虑采用 3/2 断路器接线，初期采用四角形接线是本着简化接线，节省投资。

5 规定“当 3/2 断路器接线达三串及以上时，同名回路可接于同一侧母线，进、出线可不装设隔离开关”是考虑到：

1）同名回路接于不同侧母线将增加配电装置间隔，使架构和引线复杂，并扩大了占地面积，且在一串的中间断路器检修条件下，由于母线侧断路器合并故障而引起同名回路同时停运的几率甚小。

2）若 3/2 断路器接线达三串及以上，即使进、出线不装设隔离开关，也不致因进、出线回路检修而引起配电装置开环运行。

16.2.12 为简化接线、节省投资，并结合选用的电气设备条件，针对 2 台 600MW 级及以上机组接入 750kV 系统并且出线仅 1 回时的情况作出可采用“线路侧不设断路器的单母线接线”的规定。配电装置的布置应按远期接线形式考虑。

16.3 交流厂用电系统

16.3.1 国家标准电压等级中列入的电压均可以在火力发电厂内采用。

1 从纯技术角度而言，高压厂用电电压等级可以采用 6kV 一级、10kV 一级，或 10kV/3kV、10kV/6kV 两级方案。考虑到目前国内 3kV 电动机和相应的开关设备在制造上不完全配套，通常是 6kV 的设备运行在 3kV 的工作电压上，不具备应有的技术经济优势，故未列出 600MW 级～1000MW 级机组的火力发电厂中采用 3kV、10kV 两级高压厂用电电压的方案。本款所述的电压等级方案各有优缺点，且均有已投产电厂的运行经验。各工程可综合厂用电计算负荷、厂用开断设备参数和最大电动机容量等条件经技术经济比较后予以确定。

2 为提高动力网络的供电可靠性以及改善主厂房照明网络的供电质量与延长灯具寿命，规定了容量为“200MW 级及以上机组，主厂房内的低压厂用电系统宜采用动力与照明分开供电的方式”。

16.3.2 按《继电保护和安全自动装置技术规程》GB 14285—2006 的规定：“单相接地电流为 10A 及以上时，保护装置动作于电动机跳闸；单相接地电流为 10A 以下时，保护装置可动作于跳闸或信号”以及参照电力行业标准《交流电气装置的过电压保护和绝缘配合》DL/T 620—1997 的规定：“高电阻接地的系统设计应符合 $R_0 \leqslant X_{c0}$ 的准则，以限制由于电弧接地故障产生的瞬间过电压。一般采用接地故障电流小于 10A。低电阻接地系统为获得快速选择性继电保护所需的足够电流，一般采用接地故障电流为 100A～600A”。

2 考虑到国内采用的不接地方式也具有成熟的运行经验，但接地电容电流均在 10A 以下。对于不接地系统，国内对单相间隙性电弧接地时过电压倍数的测试表明，一般为 3 倍左右，个别最大可达 3.5 倍。通过对中性点不接地的火力发电厂高压厂用电系统的抽样调查，在所调查的 37 次单相接地故障中有 3 次发展为相间短路，说明目前的高压厂用电系统多数是能承受此过电压水平的，故规定也可采用不接地方式。

3 对中性点经电阻接地方式而言，为满足间隙性电弧接地故障时的暂态过电压不超过 2.5 倍～2.6 倍额定相电压的要求，其允许的接地电容电流应为 $10A/\sqrt{2}=7A$，本款据此作出了相应的规定。

当接地电容电流大于 10A 时，不接地方式的运行经验很少。可以采用电阻接地或经消弧线圈接地。目前在工程中通常采用的均为电阻接地方式，已经较少采用经消弧线圈接地的方式，主要因为经消弧线圈接地时，运行方式较复杂，需要增加接地设备投资，接地保护比较复杂。

16.3.3 主厂房内的低压厂用电系统采用高电阻接地或不接地方式时，单相接地故障可延时约 2h 跳闸，期间可有机会排除故障，从而提高供电的可靠性。不接地方式仅当系统发生接地时才投入接地电阻。但考虑到工艺系统重要辅机均有机械备用，电气的可靠性又大于机械的可靠性，故在实际工程中为方便起见，一般多采用中性点直接接地方式。故规定三种方式均可，可根据辅机配置情况和电厂运行习惯自行采用。

就辅助厂房而言，为利于对照明和检修负荷的供电，且其供电可靠性的要求相对主厂房为低，故对其中性点接地方式未予规定。一般采用中性点直接接地方式即可。

16.3.4 本条加入了对厂用电系统的电能质量要求。主要参考了《Recommended Practices and Requirements for Harmonic Control in Electrical Power Systems》（电力系统谐波控制的推荐规程和要求）IEEE 519—1992 的表 11-1 和《Electromagnetic compatibility (EMC) -Part 2-4: Environment-Compatibility levels in industrial plants for low-frequency conducted disturbances》（电磁兼容性，第 2 部分：环境，第 4 节：

工厂内低频传导干扰的兼容性等级）IEC 61000-2-4—2002的表1。电压谐波含有率、电压总谐波畸变率的定义可参见《电能质量　公用电网谐波》GB/T 14549—93中的术语。

为了便于电厂根据需要合理分配产出的电能并兼顾接线及设备的简化，取消规定“与发电厂生产无关的负荷不应接入厂用电系统”。一般掌握的原则是：紧邻主厂房生产区的生产办公楼、值班人员宿舍和食堂等少量厂前区负荷可采用由接自高压厂用电系统的专用低压厂用变压器供电的方案，但家属宿舍等生活福利设施的负荷则不宜接入厂用电系统。

16.3.5　据本规范编制阶段的专题调研和专题研究分析，当发电机出口装设断路器时，在满足电厂高压母线的波动范围小，主变压器、高压厂用变压器采用合适的分接头等特定条件时，可以不采用有载调压开关而同样保证高压厂用母线的电压水平。这一结论已经得到了实际工程的验证。

16.3.7　据部分电厂的调查，在机组正常运行时，实际的厂用电负荷约为高压厂用变压器额定容量的60%～70%，故按“下限标准”的原则作出了高压厂用变压器容量选择的规定。

3　暗备用的变压器可以不考虑另留10%的裕度。因为在变压器容量选择时已经按带所有负荷考虑，其正常运行时只带额定容量一半或以下的负荷，故可以不再考虑另留有10%的裕度。

4　目前尚无有效的量化指标和公式来评估和计算谐波引起的发热对主要接有变频或整流负荷的变压器的容量及其运行条件带来的影响。对于空冷系统低压变压器主要接有变频调速空冷电动机时，一般换算系数K可暂按1.25选取。

16.3.9　本条对备用电源的设置要求作出了规定。随着电气设备可靠性的不断提高，可以做到尽量简化电气设备的备用设置。

1　为了避免因停电而导致人身安全和设备安全事故的发生，本款作为强制性条款，必须严格执行。

4　暗备用的备用电源应采用手动投入的规定为沿袭原思路，主要是基于风险保障考虑以避免事故扩大，由局部故障引发为全局故障。

16.3.10　在设计电厂启动/备用电源引接方案时，除了可靠和相对独立等基本要求外，还应考虑容量电费和电度电费对电厂运行费用的影响。第2款的规定是基于这一考虑提出的，目前已有少量600MW级和1000MW机组工程实例，但是以牺牲机组厂用的单元性和检修备用功能（高压厂用工作变故障检修，高压备用变压器代替高压厂用工作变带厂用电，使机组得以继续发电）作为代价的，设计中宜在满足一定条件时谨慎采用。

16.3.11　对于出口装设断路器或负荷开关的发电机组，其高压厂用备用变压器的功能为机组的事故停机电源和/或高压厂用工作变压器的检修备用。事故停机电源是基本功能，应满足，检修备用可根据电厂需要，结合厂用电接线、厂用变压器容量、厂用开关开断能力等因素按需设置。

16.3.12　目前，分裂绕组变压器的运行可靠性已基本接近于双绕组变压器。因此，应以简化接线、优化布置为原则选用高压厂用变压器的台数和形式。

4　目前国内已有少数1000MW级机组的单元厂变采用了1台10kV的分裂变。考虑到1000MW级机组的重要性，以及确定厂用电接线方案和高厂变形式、台数时，辅机容量未最终确定，选用单台高厂变已基本没有裕度，故存在一定的设计风险，建议工程中谨慎选用。

16.3.13　当发电机出口不装设断路器或负荷开关时，“600MW级及以上的机组，每2台机组可设1台或2台高压厂用启动/备用变压器”适用于每台机设置2台高压厂用工作变压器的接线方案。高压厂用启动/备用变压器的配置可综合考虑高压厂用变压器的运行可靠性和公用负荷的供电方式等条件，经技术经济比较后予以确定。

考虑装设发电机断路器或负荷开关的机组的高压厂用备用电源仅作为机组的事故停机电源和/或高压厂用工作变压器的检修备用，对高压厂用备用变压器的配置作了简化。

关于装设发电机断路器时，2台机组高压厂用电“手拉手”，不设专用的高压备用变压器的方案，国内已有少量投运实例。但这种接线降低了机组之间的独立性，高压事故停机电源投入时仍有一定的风险，操作闭锁复杂，工程中应谨慎采用。

16.3.14　本条中的“共用断路器”在此指共用1台（组）断路器。考虑到变压器高压侧电源可能接自3/2断路器的1回出线间隔，用“共用1台断路器”作规定可能不十分确切，故取消“1台”文字。

16.3.17　为了避免因停电而导致人身安全和设备安全事故的发生，本条作为强制性条文，必须严格执行。

16.3.23　设计和运行实践表明，真空断路器和高压熔断器串真空接触器组合设备的应用，对于大容量电厂高压厂用电系统实现无油化、提高运行可靠性、减少维修工作量、适于频繁操作以及节省初期投资与缩小占地面积极为有利。

16.4　直流系统及交流不间断电源

16.4.1　为保证全厂交流厂用电停电时系统和设备控制的连续性，避免因停电而导致人身安全和设备安全事故的发生，本条作为强制性条文，必须严格执行。据调查，与电力系统连接的火力发电厂在全厂事故停电时，一般0.5h左右可恢复供电，另外考虑本规范适用范围为大中型火力发电厂，对于容量为200MW

级及以上机组设置有交流事故保安电源，柴油发电机容量一般包含了充电装置的容量，在事故末期可以由柴油发电机给蓄电池充电，所以考虑事故处理有充裕时间，厂用交流事故停电时间按1h计算。对于不与电力系统连接的火力发电厂，考虑恢复厂用电所需时间较长，厂用交流事故停电时间按2h计算。

16.4.2 由于端电池调压回路复杂，可靠性低，同时为防止端电池硫化，运行维护工作量较少，本条对端电池的设置作出了规定。

1 单机容量为125MW～200MW级的供热机组可能不采用单元控制方式，故规定当按单元机组设置控制系统时，蓄电池组按单元机组配置。当升高电压为220kV及以上时，为满足保护双重化及断路器双跳闸线圈的要求，每台机组装设2组蓄电池。对升高电压为110kV及以下的火力发电厂，由于较少采用，本款未作规定，设计时可根据电厂在电力系统中的重要程度，参照行业标准《电力工程直流系统设计技术规程》DL/T 5044的要求，采用2台机组共装设2组蓄电池或每台机组装设2组蓄电池方式。

4 按“反措”要求，火力发电厂220kV及以上高压配电装置应独立设置蓄电池，主要考虑直流系统的可靠性，防止因机组直流系统接地或交流电源串入影响高压配电装置的安全运行，避免单台机组直流系统故障引发全厂停电事故。本款中应独立装设不少于2组蓄电池的含义为：当仅设置1个继电器室时，应设置2组蓄电池，当高压配电装置采用分期建设，设置2个及以上继电器室时，每个继电器室分别装设2组蓄电池。采用按继电器室分散设置蓄电池方式可节省初投资，有利于提高直流系统的可靠性。

5 由于辅助车间直流负荷较小，蓄电池容量一般不超过200AH（铅酸蓄电池）或100AH（镉镍电池），采用直流电源成套装置能缩小占地面积和方便运行维护。

16.4.3 分别对控制及动力直流标称电压作了一般规定，对于控制负荷和动力负荷合并供电的直流系统，直流标称电压推荐采用220V；如合并供电方式下动力负荷较小且能采用110V供电时，控制负荷和动力负荷合并供电的直流系统的标称电压也可采用110V。

16.4.4 正常情况下，直流母线电压高于标称电压的5%，这样使向直流负荷供电时允许有5%的电缆电压降，以保证供电电压水平。控制用直流系统最高电压为标称电压的110%主要是根据控制设备的最高允许电压确定的；动力用直流系统最高电压为标称电压的112.5%主要考虑动力负荷正常一般不投入运行，而事故投入时电流很大，为保证电缆压降，允许将最高电压提高到标称电压的112.5%。

16.4.5 规定当采用晶闸管充电装置时，2组相同电压的蓄电池组可再设置1台充电装置作为公用备用，当采用高频开关充电装置时，如采用模块备用方式，2组相同电压的蓄电池组可不再装设备用充电装置（网络继电器室除外），对于网络继电器室按“反措”要求，需装设备用充电装置。当一种电压等级的蓄电池只有1组时，即使采用高频开关充电装置，考虑到充电装置的中央控制器故障时不能保证充电装置正常工作，故规定当全厂一种电压等级的蓄电池只有1组时，不管是采用晶闸管充电装置还是高频开关充电装置，宜配置备用充电装置。

16.4.6 规定2组相同电压蓄电池宜采用2段单母线接线。当只有1组蓄电池时，可以采用单母线或单母线分段接线，如果采用单母线分段接线，2台充电装置应分别接入不同母线，蓄电池应跨接到2段母线上。

16.4.7 为提高直流系统运行的安全性和可靠性，避免因接地或绝缘降低时造成直流电源跳闸，对于110V和220V直流系统规定采用不接地系统。对于48V及以下的直流系统，当直流负荷（如电子负荷）需要时，允许采用一极接地方式。

16.4.8 为满足计算机对电源的不间断要求，以避免因受电网频率或电压偏离，甚至突然断电而导致的数据丢失、设备损坏以至系统紊乱或失控的严重后果，火力发电厂计算机控制系统应设置交流不间断电源（UPS），根据其电路结构及逆变器在市电正常时工作方式的不同，UPS可以分为后备式和在线式两大类，在线式UPS又可以分为双变换式、互动式和三端口式等，为保证供电质量及可靠性，规定单元机组UPS应采用在线式。

16.4.9 单元机组的UPS主要为DCS或计算机监控系统提供工作电源，DCS一般均要求2路独立的UPS电源供电，根据调查，部分已运行但仅设置1台UPS的电厂发生过因UPS电源故障造成机组停机的事故，由于600MW级及以上机组在电力系统中地位重要，事故停机损失较大，故本条规定600MW级及以上机组宜设置2台UPS，为计算机控制系统提供2路独立电源。对于300MW级及以下机组，如DCS或计算机监控系统需要2路UPS电源，也需要设置2台UPS。

16.4.10 对于网络继电器室或其他UPS负荷较小的辅助车间，可以将直流系统与UPS综合考虑，选用将UPS安装在直流屏上的交直流电源成套装置，有利于节省投资和减少占地面积。

16.4.11 交流不间断电源装置静态开关的故障检测及切换时间一般为1/4周波，对于50Hz的系统，其切换时间不大于5ms，需要注意的是有些制造厂标称的切换时间4ms实际为60Hz系统的参数。交流不间断电源满负荷供电时间，考虑到大容量机组一般设有保安电源，故按0.5h计算，此要求为最低要求，对于未装设保安电源的机组，厂用电消失时交流不间断电源满负荷供电时间可与直流系统相同，按1h（与电力系统连接的火力发电厂）或2h（不与电力系统连接的火力发电厂）计算。

16.4.12 本条规定设置有保安电源的机组，UPS交流主电源宜由保安段引接，主要考虑以下原因：事故时保安电源的电源质量较差（电压稳定度、频率稳定度），接入旁路对UPS输出不利；UPS直流电源的备用时间一般仅30min，当保安电源接入主电源时，事故情况下在给UPS供电同时能给蓄电池充电（自带电池）或不使用直流电源，延长了UPS直流电源的实际备用时间；对单相输出UPS，主电源采用保安电源有利于柴油发电机三相负荷平衡，避免旁路单相负荷接入柴油发电机组。

16.4.13 当DCS电源要求双重化时，每单元机组配置2台交流不间断电源，此时其主母线应采用二段单母线或单母线分段接线，双重化负载分别从二段母线供电。当设置分段开关时分段开关的控制应考虑与UPS的控制系统同步，保证分段开关合闸时二段母线的电压幅值、相位是相同的。

16.5 高压配电装置

16.5.5、16.5.7 严寒地区是指周围空气温度低于−40℃。

16.5.8 3/2断路器接线或4/3断路器接线双列式布置：两组母线布置在一侧，一串设备布置在相邻的2个间隔中，一个间隔布置2台断路器，另一个间隔布置1台断路器（3/2接线）或2台断路器（4/3接线）。

16.6 电气监测及控制

16.6.1 本条所规定的计算机包括机组分散控制系统（DCS）、机组电气计算机监控管理系统（ECMS）和高压配电装置计算机监控系统（NCS）等。

16.6.2 单元机组的电气设备包括主厂房内与单元机组直接相关的电气设备以及主厂房内2台或多台机组公用厂用电系统的电气设备。其中单元机组主要电气设备和元件主要指本规范第16.6.7条～第16.6.9条中所列的电气设备。“按机组设置”控制系统的含义是控制系统的控制网络、服务器及操作员站等按机组独立设置。对于公用厂用电系统，当采用DCS监控时，可接入DCS公用网；当采用电气计算机监控管理系统时，可以设置独立组网并通过网桥与机组控制网络连接，可以在相关机组的操作员站进行监视，但应通过设置控制权限使其仅能在1台机组的操作员站进行操作。

16.6.3 采用计算机、通信和网络技术后，火力发电厂运行人员大大减少，为降低造价，便于电厂管理，不推荐设置独立的网络控制室。为节省电缆，可在高压配电装置处设置继电器室，将网络监控系统间隔层设备及继电保护装置就近布置于高压配电装置继电器室内。

16.6.4 对于非单元制供热机组，由于电气系统单元性不强，按单元机组设置控制系统时可能与电气系统不对应，不方便运行管理，此时机组电气系统可以与网络监控系统统一考虑，全厂设置1套电气监控系统，运行方式与原主控制室控制方式相同。

16.6.5 站控层设备主要包括操作员站、系统服务器等，规定站控层设备及网络采用冗余配置主要是为了保证系统的可靠性，特别是对于具有控制功能的计算机监控系统，其站控层设备及网络宜采用冗余配置。

16.6.6 火力发电厂计算机监控系统的安全防护目前可参照电监安全〔2006〕34号文“电力二次系统安全防护总体方案”及《发电厂二次系统安全防护方案》执行。

16.6.7～16.6.9 这几条规定了应在控制室控制、宜在控制室控制和宜在控制室监测的电气设备和元件。条文中的规定为最低要求，当采用现场总线技术进行监控时，在不增加投资的情况下能方便地将所有电气设备（包括辅助车间的电气设备）信息接入监控系统，则建议将全厂电气设备纳入监控系统进行监视、控制和管理，以提高运行管理水平。

16.6.10 本条规定了在高压配电装置的网络监控系统进行监控的主要设备，随着运行管理水平的提高，相应设备或元件的在线监测系统也应接入高压配电装置控制系统进行监视。

16.6.11 随着设备制造水平和自动化水平的提高，为保证运行人员的人身安全，防止隔离开关开断时的电弧和焊渣造成人身伤害，220kV及以上的隔离开关推荐采用在相应的监控系统进行远方控制，远方控制是指控制地点远离隔离开关下部。远方操作后隔离开关的到位情况可以就地确认也可以远方确认。为降低运行人员劳动强度，远方确认时可装设高压配电装置工业电视遥视系统，用于操作时监视隔离开关的工作状态和到位情况，遥视系统可与网络计算机监控系统综合考虑，并能根据控制对象要求自动定位及进行画面切换。

16.6.14 本条中的“三相联动操动机构”是指有条件时宜采用三相机械联动，设备选择困难时也可以采用三相电气联动。

16.6.15 目前防误操作闭锁方式较多，通常采用的有电气硬接线闭锁、微机防误闭锁和程序锁或上述各种闭锁方式的组合，不管采用何种闭锁方式，其最终的执行方式都是机械的、电磁的或电气回路的闭锁，所以本条作此规定。

16.6.16 对于采用单元制控制方式的机组，同步装置应按机组配置。当采用计算机控制时，控制室一般不装设常规后备控制屏，由于自动同步的可靠性和可用率已满足机组并网要求，不建议装设手动准同步装置；仅在机组有特别需求或运行人员要求的情况下，可以考虑装设手动准同步装置。

16.6.17 由于200MW级及以上机组厂用电故障时厂用电压衰减较慢，普通的备用电源自动投切装置的切换方式不能保证机炉辅机的连续运行，故规定200MW级及以上机组的高压厂用电源切换宜采用快速切换。

16.6.18 为避免因DCS或计算机监控系统故障或死机造成全厂停电时，柴油发电机及保安电源不能正常启动和切换，柴油发电机及保安电源宜采用独立的控制系统进行控制，DCS或计算机监控系统中可保留常规控制功能。

16.6.19 考虑DCS或计算机监控系统故障或死机时，为保证机组安全，本条规定了应在控制室装设硬接线紧急停机设备的范围。其中发电机或发电机变压器组紧急跳闸、灭磁开关跳闸和柴油发电机启动可以采用同一套按钮实现，并应采取有效措施防止误操作，可以采用双按钮串联、增加确认按钮或加保护罩防止误操作。

16.6.20 考虑继电保护、自动电压调节、自动准同步、故障录波以及厂用电源快速切换等装置的重要性和实时性，上述装置宜独立于控制系统工作。

16.6.21 本条规定保护装置应直接接入断路器的跳合闸回路，其回路中不允许串入如选择开关等其他可能断开的设备，以防止误操作造成保护装置不能可靠跳闸。

16.6.22 本条规定了信号灯或计算机显示器上模拟图的颜色，其中黑色主要应用于计算机显示器上。对于操作按钮的颜色本条未作规定，主要原因是目前电力系统行业标准《火力发电厂、变电所二次接线设计技术规程》DL/T 5136与现行国家标准《人-机界面标志标识的基本和安全规则　指示器和操作器的编码规则》GB/T 4025不一致，所以操作按钮的颜色可以按有关行业标准执行。

16.6.23 “电压250V”是指正常运行时的对地电压，本条规定的目的是保证人身安全。

16.6.25 控制室一般不具备装设常规仪表条件，故推荐采用计算机测量，就地测量的常规仪表指装设在屏或柜上的电测量表计，包括指针式仪表、数字式仪表、记录型仪表及仪表的附件和配件等。

16.6.26 交流采样具有接线简单，维护工作量小等优点，所以规定当计算机监控系统能实现交流采样时，应优先采用交流采样。当采用DCS监控时，由于DCS不能采用交流采样，也可采用经变送器直流采样方式，对于不重要的显示信息，还可以考虑采用智能变送器或综合保护测控装置实现交流采样后通过通讯方式送入DCS。一次仪表测量方式指经电流、电压互感器的仪表测量方式，一次仪表的参数应与测量回路的电流、电压互感器的参数相配合；直接仪表测量方式指直接接入一次电力回路的测量方式，直接仪表的参数应与电力回路的电流、电压参数相配合。

16.7 元件继电保护

16.7.2 发电机、主变压器以及高压厂用变压器由于设备造价高，在电厂中地位重要，应设置独立的保护装置以保证发生故障时保护能可靠动作。对于高、低压厂用电系统一般采用保护与测控功能合一的综合保护测控装置，低压厂用电系统也可以采用断路器自身的脱扣器实现保护功能。装置中的保护功能宜相对独立的含义是实现保护功能的处理器（CPU）、数据采集回路（如A/D转换）等宜不依赖测控独立工作。

16.7.3 本条规定了双重化保护设计应满足运行及检修的要求。

16.7.4 按“反措”要求，双重化保护之间不应有直接电的联系，故本条规定双重化保护装置的交流电压、交流电流宜分别从不同的电压互感器和电流互感器相互独立的绕组引接，对于发电机匝间保护用的纵向零序电压及定子接地保护用中性点零序电压，可采用隔离变压器进行隔离。

16.7.6 为保证非电量保护电源的可靠性，当机组配置有2组蓄电池时，非电量保护电源宜采用2路电源切换后供给，电源切换可采用自动切换或手动切换。

16.8 照 明 系 统

16.8.8 为确保电厂的安全运行和防止船只对取、排水口及码头等构筑物可能造成的危害，本条作出了相应的规定。

16.9 电缆选择与敷设

16.9.4 考虑到300MW级及以上容量的机组均为电网的主力机组，为提高其运行的安全性，除应对电缆采取有效的防火封堵等措施外，还作出了其主厂房、输煤、燃油及其他易燃易爆场所应选用阻燃电缆的规定。按采用阻燃电缆后增加的初期投资与电缆火灾几率引起的损失费用之间合理平衡的原则，规定应采用能满足《电缆在火焰条件下的燃烧试验　第3部分：成束电线或电缆的燃烧试验方法》GB/T 18380.3的C类阻燃电缆。

16.9.5 鉴于全厂的重要负荷回路（如消防、报警、应急照明、保安负荷、断路器操作直流电源、计算机监控、双重化保护、中央水泵房和输煤系统等）在着火后一定时间需维持供电或不致因此而扩展为全厂性事故，故条文规定“应采取耐火分隔或分别敷设于两个相互独立的电缆通道中”。两个相互独立的电缆通道可以指敷设在两层或沟道的两侧并加隔板。

16.10 接 地 系 统

16.10.3 目前除了防静电接地的接地电阻明确要求小于30Ω外，其余接地系统的接地电阻均没有确切的数值要求，可按现行国家标准《交流电气装置的接地设计规范》GB/T 50065 的相关规定确定具体工程中的接地系统接地电阻值。

16.10.8 人体允许的工频安全电流不作为接地系统的设计指标，其计算可参见《IEEE Guide for Safety in AC Substation Grounding》（交流变电站接地安全导则）IEEE 80—2000 第 13 页式 8。

16.12 调度自动化系统子站

16.12.6 国家现行有关电力二次系统安全防护总体方案是指“电力二次系统安全防护总体方案”（电监安全〔2006〕34 号）。

17 水工设施及系统

17.1 基本规定

17.1.1 由于水工设计与地形、地质、水文和气象等自然条件有着密切的关系，因此设计的质量很大程度上取决于设计时掌握的基础资料是否完整和正确。本条首先强调了水工设计应有完整和正确的基础资料。其次，搜集的基础资料要能满足设计要求，为使设计人员对各阶段应该搜集的基础资料内容有所遵循，可参考《火力发电厂水工设计基础资料及其深度规定》DLGJ 128。

17.2 水源和水务管理

17.2.5 根据现行国家标准《污水再生利用工程设计规范》GB 50335，当以再生水作为工业用水时，应以新鲜水系统作为备用。电厂采用再生水作为补给水源时，应设备用水源，这样可以保证再生水处理系统出现故障时不中断电厂的供水。

17.2.7 我国是一个水资源短缺的国家，人均占有水资源量仅为 2200m^3，是世界人均占有量的 28%，水资源短缺已经成为我国国民经济与社会可持续发展的重要制约因素。本条根据我国的缺水现状和目前节水技术成熟程度，提出了火力发电厂不同类型机组的耗水指标。正文中列出的空冷机组耗水指标，可根据该地区缺水严重程度选用，在水资源论证报告中提出后，报国家有关部门批准。

17.3 供水系统

17.3.2、17.3.3 这两条强调了汽轮机冷端优化的主要目的是确定汽轮机的背压及其相应的冷端配置，指导汽轮机末级叶片的选择。

17.3.4 汽轮机额定进汽量时的排汽参数是指汽轮机最大连续出力（TMCR）流量下的排汽量及焓值等。

17.4 取水建（构）筑物

17.4.1 考虑到电厂建设规模越来越大、电厂在电网中的作用和电厂供水系统的重要性等因素，地表水取水建（构）筑物包括取水泵房应按保证率为 97%的低水位设计，并以保证率为 99%的低水位校核。

17.4.5 为了使岸边水泵房具备较好的抵御洪水能力，避免发生取水设备的财产损失，保障火力发电厂取水的安全性和可靠性，本条作为强制性条文，必须严格执行。关于浪高的确定，以前采用重现期为 50 年的 H_1%（波列累积频率为 1%的波高）乘以折减系数 0.6～0.7 后的波高值，系根据调研有关航务工程设计院确定码头面标高的方法和直立堤顶高程确定的一般原则后提出的一种初步估算方法。近年来，随着滨海电厂工程的增多，特别是一些海域工程的水泵房位于防波堤以外，多采用直墙式结构，设计中发现原规定浪高的取值方法为允许少量越浪的直墙式建筑物的波浪高度取值方法，有的工程委托科研单位进行的海浪模型试验，得出的波峰面高度大于原规定（0.6～0.7）的 H_1%，差值超过 40%，而按现行的《海港水文规范》JTJ 213—98 计算的波峰面高度则与试验值较为接近，而且现行的《防波堤设计与施工规范》JTJ 298—98 对直立堤堤顶高程明确“对允许少量越浪的直立堤，宜定在设计高水位（0.6～0.7）倍设计波高值处；对基本不允许越浪的直立堤，宜定在设计高水位（1.0～1.25）倍设计波高值处”。鉴于火力发电厂岸边水泵房的重要性，按现行行业标准《海港水文规范》JTJ 213—98 规定，作用在直墙式建筑物前的波浪分立波、远破波和近破波三种波态，可根据不同的波态求出直墙式建筑物的波峰面高度。如欲简化计算，浪高的取值可采用重现期为 50 年的 H_1%乘以 1.0～1.25。由于波浪因素复杂，可通过模型试验确定波峰面高度，即满足安全要求，又可结合采取的工程措施，降低岸边水泵房±0.00m 层标高，以节约投资。

17.5 管道和沟渠

17.5.4 随着水资源的短缺，长距离输水的火力发电厂越来越多，如已建成的内蒙古上都电厂输水管道长 60km，康平电厂输送再生水管道长达 110 km，管道穿越处地形复杂，高差大，应对输水系统进行水锤计算，采取必要的防护措施，保证输水系统的安全可靠性。

17.6 湿式冷却塔

17.6.7 排烟冷却塔在欧洲国家已有 20 多年的运行经验，取得了较好的社会效益。2006 年，北京热电厂一期改造工程投运了我国第一座排烟冷却塔，淋水面积 3090m^2；2007 年，国内自主设计的排烟冷却塔在三河电厂二期工程投运，淋水面积 4500m^2。本条规定了排烟冷却塔在设计时应考虑的主要因素和技术要求。

17.8 空冷系统

17.8.2 空冷系统的设计气温应根据典型年小时干球温度统计计算。典型年的含义是：从当地的气象资料中求出多年（一般为近期 10 年）的年平均气温，然后再求出最近 5 年内各年按小时气温统计的算术年平均值，将这算术年平均值逐一与多年年平均气温比较，其中与多年年平均气温最相近的一年被认为是典型年。

17.8.9 表面式凝汽器间接空冷系统既可采用钢管钢片散热器，也可采用铝管铝片散热器，国内首台 600MW 间接空冷机组阳城电厂二期工程就是采用了表面式凝汽器和铝管铝片散热器组成的 SCAL 间接空冷系统。

17.8.11 国内运行空冷电厂的调研表明，根据空冷凝汽器受污染程度的不同，空冷系统冲洗前、后，夏季空冷系统的背压可降低 5kPa 左右，直接影响空冷机组的经济性。因此，直接空冷凝汽器或间接空冷散热器应配置清除其外表面污垢的水冲洗设施，水冲洗设施应根据散热器形式满足水压和水量的要求。

17.8.13 空冷机组辅机冷却水系统采用空冷技术，在伊朗、土耳其等缺水国家得到了成功的应用，如伊朗的 sahand 电站和 arak 电站，土耳其的 Gebze/Adapazari 电站等。国内严重缺水地区为达到节水效果，可以对辅机冷却水采用间接空冷系统进行论证，条件合适时可以选用。

18 辅助及附属设施

18.0.3 据调研，多数电厂的热工控制用和检修用空气压缩机采用与除灰系统用空压机统一设置，且采用相同形式和容量，从运行情况看，具有系统运行安全、可靠、稳定，还可减少空压机的规格、数量及占地面积，控制工程造价，便于统一管理、节能降耗等优点，因此，将全厂各专业仪用压缩空气系统集中设计，不设专业仪用压缩机，如不设除灰、脱硫、化水专业的仪用空压机，并与除灰气力输送用空压机统一考虑，公共备用；全厂设置集中空压机站，按专业需求联合设计、集中布置，公用备用空压机，以提高空气压缩机的利用率和备用率。系统的配置保证仪用空气优先的原则，在仪用、厂用、气力输送的空气管道上设有保证电厂安全运行的措施，如系统运行分开，空压机出口设大母管，母管上设隔离阀，正常运行时仪用空压机与气力输送用空压机通过隔离阀系统分开运行；设备故障时，通过阀门切换到备用空压机，并在仪用空气部分设止回阀控制倒流；除灰气力输送用气部分设控制压力和流量的措施；厂用气部分设有快速切断供应措施。

当机组容量大，空压机台数多，集中布置设 1 个空压机房有困难时，也可采用分散布置。

18.0.5

1 由于贮油箱的容积是按 1 台机组的系统油量设置，故 2 台机组共用 1 台贮油箱的容积与 1 台机组设 1 台贮油箱的容积是相同的，因此条件合适时也可 2 台机组共用 1 台贮油箱。

18.0.8

2 考虑到化学清洗的介质不同，且化学清洗设施每年最多使用 1 次～2 次等因素，故要求电厂不宜设固定的化学清洗设施。

19 建筑与结构

19.1 基本规定

19.1.3 依据《建筑结构可靠度设计统一标准》GB 50068—2001 第 1.0.5 条明确了火力发电厂建（构）筑物的结构设计使用年限。为了保证火力发电厂建筑结构的安全性，本条作为强制性条文，必须严格执行。

19.1.4 对于不同结构，其安全等级不同。一般应按《建筑结构可靠度设计统一标准》GB 50068、《混凝土结构设计规范》GB 50010 和《钢结构设计规范》GB 50017 的有关规定执行。

考虑到主厂房悬吊煤斗及汽机房屋盖主要承重结构的破坏对主厂房结构及设备产生严重后果，因此其安全等级定为一级。

根据《烟囱设计规范》GB 50051—2002 第 4.1.4 条的规定，高度不小于 200m 且单机容量不小于 200MW 级机组烟囱的安全等级为一级。

19.2 抗震设计

19.2.2 要求抗震设防区所有新建的建筑工程均应进行抗震设计。

19.2.3 根据《建筑工程抗震设防分类标准》GB 50223 和《建筑抗震设计规范》GB 50011，火力发电厂建（构）筑物的抗震设防类别最高为重点设防类（乙类），同时根据电厂各建（构）筑物的重要性进行了重点设防类（乙类）、标准设防类（丙类）、适度设防类（丁类）三类的划分。

19.3 建筑设计

19.3.1 按火力发电厂建筑使用性质，建筑分为生产建筑、生产辅助和附属建筑，要注意在火力发电厂附属建筑中有一些属于民用类建筑，应考虑按相应的民用建筑有关规范要求进行设计。

19.3.4 长时间在噪声很大的环境中工作，对人的健康有不良影响，而控制噪声最根本的办法是远离噪声和减少设备噪声，因此要求采取相应措施。

19.3.5 明确火力发电厂建筑采光设计的原则，主要从建筑节能要求出发，提倡自然采光，并应保证人员使用部位有良好的采光条件。

19.3.8

4 供氢站电解间等存有可燃气体的房间，若采用金属等在开关时碰撞、摩擦后易产生火花的材料做门窗，会引起爆炸，所以规定应采用不发火花的材料。

19.3.9 黏土是不可再生的资源，国家已明令禁止或限制使用，各地方政府也制定了相应的规定，此条要求设计人员应遵守国家的此项规定，减少土壤资源的消耗。

19.3.11 主厂房的长度、宽度、进深、楼层高度及变化等在火力发电厂中具有特殊性，往往随发电机组的等级及布置方式而变化。因此，对主要出入口、楼梯和通道的布置要求进行规定。

19.3.12

1 汽机房屋面虽然按不上人屋面设计，但客观上有人员需要定期到屋面进行巡视及设备检修，因此要求在屋面设计时需要考虑人员的活动。尤其是当屋面为轻型结构时，应设置专门的人员检修步道。

19.4 地基与基础

19.4.2 根据现行国家标准《建筑地基基础设计规范》GB 50007 的定义，将火力发电厂各类建（构）筑物的地基基础设计等级进行了甲、乙、丙级划分。

19.4.4 主厂房地基设计宜采用同一类型的地基，考虑到主厂房区域占地面积较大，可能存在差异较大的地质条件，因此可根据工程的具体地质条件，对不同的结构单元采用不同的地基基础形式。

19.4.5 当地基承载力较低时，贮煤场沉降较大，其竖向、侧向变形对贮煤场内及其邻近建（构）筑物将产生不利影响，因此应对贮煤场进行地基处理。

19.4.6 建筑物的地基变形计算值，不应大于地基变形允许值，地基变形允许值根据不同的建（构）筑参考其相应规范（如烟囱、冷却塔等），同时当工艺有特殊要求时也应满足。

19.5 主厂房结构

19.5.3 厂房结构设置温度伸缩缝是为了避免由于温差和混凝土收缩使结构产生严重的变形和裂缝。伸缩缝最大间距的取值主要根据设计规范的规定，并结合火力发电厂的特点以及设计经验确定。

19.5.4 模型试验是提前验证的手段，根据本规范《600MW 汽机基础模型试验调查报告》，大部分汽机基座设计已有成熟方法和经验，无需通过模型试验进行验证，故仅对新型机组的首台基础（如新型的二缸二排汽机组的基础、采用柔性方案的新型机组的基础、进口的国外新型机组的基础）宜做模型试验进行验证。汽轮发电机采用弹簧隔振技术在国外已大量采用，国内部分引进项目也有采用，是成熟方案，但应做综合技术经济比较。

19.6 烟　囱

19.6.2 烟气腐蚀等级应根据本规范第 8.4.5 条的规定确定。

19.7 运煤建（构）筑物

19.7.5 随着环保要求的日趋严格，封闭式圆形煤场近年来被较多采用，其中整体式为近年来提出的结构形式，虽有个别工程实例，但其结构受力分析和使用要求仍处于研究和完善阶段。在相同堆煤等条件下，采用整体式挡煤墙结构混凝土量比分离式挡煤墙结构少，但钢筋量却比分离式挡煤墙结构多。因此，结构选型应综合考虑工艺、设备，经技术经济比较确定。

19.8 水工建（构）筑物

19.8.1 火力发电厂的水工建（构）筑物，根据其工作条件和使用情况，可分为一般工业与民用建筑、水利水电建筑、给水建筑以及港口建筑等，本条对不同类型水工建（构）筑物应采用的设计规范作了原则规定，以统一设计标准，使设计人员有所遵循。

19.9 空冷凝汽器支撑结构

19.9.1 考虑到空冷凝汽器支撑结构为高架结构，主要荷载集中在支架顶部，因此从抗震设计角度上应采用平面布置规则、对称的结构形式。

19.9.5 因空冷凝汽器支撑结构较高，主要承重钢结构维护困难，因此应采取可靠的防腐措施（如镀锌、喷锌等）。

20 采暖、通风和空气调节

20.1 基 本 规 定

20.1.1 《工业企业卫生设计标准》GBZ 1 对设置集中采暖和局部采暖设施区域进行了划分。火力发电厂内的建设亦应根据当地冬季气象条件、劳动强度分级和房间使用性质确定全厂采暖方式。为便于区别和应用，本条对集中采暖地区和采暖过渡地区进行了划分。

20.1.2 易发生冻结车间或建筑一般指化学水处理车间、泵房类，采暖过渡地区这些车间是否需要采暖，采用何种采暖方式，可根据具体情况确定。目前采暖方式很多，在设计中可以多样化，因此未强调“集中采暖”。厂前区的办公、生活建筑的采暖标准不同于厂内生产建筑。

20.1.4 本条主要考虑电厂采暖、通风和空气调节系统的冷、热源在选择中执行国家有关节能、降耗、可持续发展的循环经济政策的指导方针。在制定冷、热源方案时，要对利用电厂工艺系统的余热和周边企业余热，以及天然冷、热源进行分析，根据其品质、可靠性进行技术方案和经济性论证，以保证电厂内采暖、通风、空调系统的正常、稳定运行。

关于火力发电厂主厂房、运煤系统采暖热媒的选择一直存在较大争议，主要争议在于：一是热水温度相对蒸汽温度低，散热强度小，对厂房高大的汽机房、锅炉房形成的烟囱效应和围护结构保温相对薄弱的运煤栈桥，存在散热器布置受到限制的问题；二是热水系统使散热器承压过高，存在安全问题。为此，规范编制组在近十年来一直给予关注，并在工程实践中进行研究，积极推广高温热水在火力发电厂中的应用。调研报告《严寒地区火电厂采暖热媒的选择》，对严寒地区采用热水采暖进行了较全面的分析和比较，并通过对严寒地区十几个大中型火力发电厂采用高温水采暖的调查，表明运行效果良好，安全可靠，达到了设计标准，彻底解决了蒸汽采暖系统凝结水回收难度大，以及回收后利用困难、浪费能源和水资源的问题。

20.1.5 严寒、寒冷地区采暖季较长（3个月～5个月），除采暖需要蒸汽作为热源外，一些工艺设备也需要蒸汽进行加热，蒸汽用量较大，从能量梯级使用考虑，采用较低级抽汽参数，可避免经减温减压造成的热能损失，提高汽轮机整体效率。但采暖蒸汽来源一般由工艺统一供给，此时蒸汽参数均较高（0.6MPa～0.8MPa），可直接选择适应较高蒸汽参数的汽-水热交换器进行换热，而不必进行减温减压。

汽-水换热器产生的凝结水热能，通过增加水-水换热器对采暖回水进行预热，提高回水温度，可减少汽-水换热器面积，同时使凝结水温度降低至80℃左右，避免汽化损失。

条文中仍保留了严寒地区采用蒸汽采暖方式，主要考虑一些建设单位在认识上的差异和习惯，对一些具有丰富管理经验和措施可靠，确实能做到凝结水回收利用的火力发电厂，可采用蒸汽采暖方式，但需要进行必要的经济技术论证。

《民用建筑热工设计规范》GB 50176—93对全国建筑热工设计分区指标如下：

严寒地区：最冷月平均温度小于或等于－10℃，日平均温度小于或等于5℃的天数大于或等于145d。

寒冷地区：最冷月平均温度0℃～－10℃，日平均温度小于或等于5℃的天数为90d～145d。

20.1.7 本条规定是为了使辅助车间控制系统安全稳定运行，并且为控制运行人员和管理人员创造良好舒适的工作和休息环境，有利于人们集中精力、高效工作，可避免由于人员的原因造成工作失误所带来的损失。同时各类控制设备对室内环境也有一定的要求。

20.1.8 现行国家标准《室内空气质量标准》GB/T 18883—2002第4节规定了办公建筑室内空气质量物理性、化学性、生物性标准、放射性标准，针对电厂内分布于不同区域的办公室、会议室，应根据该区域生产工艺和室外空气质量确定是否需要进行必要的空气处理。

20.1.9 本条给出了火电厂各类建筑通风设计的基本原则，通风设计主要针对生产环境对卫生条件的要求而设置。在确定通风方式时，应根据工艺要求、散发有害物设备的特点，与工艺密切配合，了解生产过程，收集各类有害物产生的数据，结合当地气象条件和工程具体情况，因地制宜地确定通风设计方案。

集中采暖地区主厂房夏季采用百叶窗进风方式，虽然可在一定程度上增加进风面积，增加进风量，改善室内通风效果，但冬季却会由于百叶窗关闭不严，在室内、外温差和室外风速的作用下造成大量冷风渗透，使室内温度普遍过低，严重时会发生室内采暖、消防给水等管道被冻裂的情况。为补偿冷风渗透热损失，必然要增加采暖能耗，从而形成在不断提高室内温度的同时，冷风渗透量亦不断增加的恶性循环。因此，设置集中采暖的高大厂房，不应采用任何形式的百叶窗作为夏季通风进风设备。

20.2 主　厂　房

20.2.2 由于主厂房采暖散热器布置受工艺系统的设备、管道限制，按设计热负荷难以全部安装散热器，因此，一般主厂房采暖系统的散热器采暖承担了大部分热负荷，不足部分由暖风机承担。在机组正常运行情况下，工艺设备、管道的散热量很大，仅散热器采暖系统运行完全可以维持室内温度不低于10℃～16℃，所以暖风机的设置应主要针对检修期间局部采暖的要求。暖风机按照大容量选型，可减少台数，减少设备维护管理工作量。

20.2.3 严寒、寒冷地区在冬季停机、停炉检修时，工艺设备、管道均处于冷态，且采暖系统仅按室内温度5℃设计，检修车辆经常出入的大门不能设避风门斗，因此，为防止因大量冷空气侵入室内，造成设备、管道冻结，对用于车辆通行的主要大门需设置热风幕。

20.2.4 主厂房通风设计方案应根据厂房的特点，并结合气象条件，在满足卫生标准要求的同时，还应考虑节能和方便通风设备的检修维护。

湿冷机组从节能角度考虑，采用自然通风方式较为合理，但对夏季室外通风计算温度较高的南方地区，采用自然通风时室内温度难以达到卫生标准的要求，需采取其他补充措施，如局部机械送风。

直接空冷机组风机群对汽机房夏季通风效果的影响，经有关设计单位与清华大学采用计算流体力学（CFD）方法进行了仿真模拟数值分析。分析结论认为在风机群的作用下，主厂房下部进风侧负压（绝对值）趋于减小，致使室内热压效应相应减小，进风量受到影响；同时，由于风机群大量散热，在主厂房上部形成局部热区，对室内排风产生影响。因此，推荐采用自然进风、机械排风方式，并适当加大风机压头。

所谓全封闭式汽机房，即厂房在设计上考虑防止室外污染严重的空气进入厂房，仅设置不可开启的采光窗，因此，为排除室内余热，应采取机械送风方式向室内送风，排风则应根据工艺系统是湿冷或空冷机组确定采用机械和自然排风。

处于严寒或部分寒冷地区的大中型火力发电厂的锅炉本体高大，为保证冬季安全运行，一般采用紧身封闭形式将锅炉封闭。夏季由于锅炉本体散热使锅炉房内温度高于室外，尤其是顶部温度可达40℃～50℃，在室内、外温差作用下形成较强的热压，因此，采用自然排风方式即可获得较好效果。

20.2.6 汽机房是多层建筑，在各层设置通风格栅使底部气流在热压作用下顺利流向上部并带走热量，同时对进深较大的车间，在距进风窗较远处设置格栅，可起到引导气流流动的作用，减少通风死角。

汽机房内高、低压加热器，减温减压器、凝汽器散热强度较高，除设备对流散热外，辐射热亦较强，周边空气温度均高于车间平均值。这些设备在布置上又都占据较大空间，厂房通风系统一般难以直接对这些区域产生作用，使该空间或区域气流不够畅通形成通风死角。因此，有必要在这些区域附近设置局部通风设备，强制通风进行扰动。

20.2.7 火力发电厂的集中控制室、电子设备间是锅炉、汽轮机运行控制和管理中心，在建筑布置上需考虑振动、噪声、热源、粉尘危害等因素，通常与锅炉房、汽机房相对隔离和封闭。因此，对上述房间应采取全年性空气调节措施，以保证房间内的温、湿度符合电子控制设备的要求，同时还应保证室内运行人员必须的新鲜空气量的需要和符合室内空气含尘浓度标准的要求。

控制室内主要以运行人员、计算机设备、显示屏幕等为主，由于计算机和显示屏幕对环境温、湿度要求较低，因此集中控制室空调系统按舒适性空调进行设计，即可满足要求。

电子设备间的电子控制设备对室内温、湿度的要求，各制造商要求不尽相同，总体来说温、湿度波动较大时易发生故障，故本条提出根据工艺要求确定室内设计参数，以及推荐室内设计参数。

20.2.9 合理确定空气处理方式，不仅仅是空调房间能否达到室内设计温、湿度要求的问题，更重要的是空调系统的节能和环保问题。由于我国地域广阔，气象条件差异很大，条文中的炎热干燥地区，主要指新疆、甘肃、内蒙古、宁夏等省区。这些省区的气候特点是夏季干球温度高，湿球温度低，空气的含湿量低，具备采用直接蒸发冷却技术的条件。直接蒸发冷却空气处理方式，不需电动制冷消耗电能，也无消耗臭氧层物质的排放，是一种即节能又环保的空气处理方式，因此，应积极推广使用。

上述炎热干燥地区，虽然采用直接蒸发冷却对空气进行处理可以降低空气温度，但不一定能满足空调系统送风温度的要求，此时仍需辅以电动制冷进一步等湿冷却处理至要求的空气状态。两者结合使用可较大幅度降低制冷、空调系统的能耗。

20.2.10 直接蒸发空气处理对水温要求不高，一般常温即可，但由于经过直接蒸发冷却处理的空气被送入空调房间后与人直接接触，因此水质应符合生活用水的标准。

20.2.13 严寒、寒冷地区空调系统冬季运行时，当室外温度较低的空气直接与室内回风混合易产生水雾，严重时会产生凝结水并结冰。为防止此类现象的发生，需对新风进行预热处理。

20.2.14 火力发电厂集中控制室、电子设备间大多布置于两炉之间，属于厂区内粉尘污染严重部位。空调系统的新风口不论如何设置，都会不可避免地将空气中的粉尘带入空调房间，因此，送入室内的空气需进行过滤处理。根据多年运行实践，采用初、中效过滤器基本可满足室内尘粒的控制要求，保证电子设备的安全运行。

20.2.17 过渡季节采用大量新风运行具有节能意义。但空调系统能否满足新风量变化的要求，需针对不同地区气象特征，根据焓湿图分析空气处理过程的不同要求，合理配置空气处理机组的功能段和能力，保证空气处理参数符合设计值。

20.2.19 《火力发电厂劳动安全和工业卫生设计规程》DL 5053对真空清扫装置的配置提出了原则性规定。由于真空清扫设备和管网的选择，随锅炉房布置方式、锅炉容量以及除灰方式的不同，其真空度、吸尘点数量、管网长度和卸灰方式存在较大差别，并对使用效果有直接影响。因此，要根据各种条件合理确定真空清扫设备和管网。另外，在选择设备时应注意海拔高度对真空设备能力的影响。

20.3 电气建筑与电气设备

20.3.1 励磁调节装置室仍属于电气设备间，考虑其散热强度较一般电气设备间大很多，且室内温度不宜设计过低，因此，可按降温通风系统的要求进行设计。

20.3.2 蓄电池作为电厂的保安电源，在发生事故失电时，承担着主要工艺设备紧急停机的供电负荷。目前电厂蓄电池主要采用阀控式密封免维护铅酸蓄电池，即免维护蓄电池，根据生产厂家提供资料要求环境温度在25℃～30℃之间，环境温度过高免维护蓄电池寿命将受到影响。免维护蓄电池在充电过程中仍有少量氢气释放，从防爆要求考虑，直流式降温通风系统可满足室内空气不允许再循环的要求。

20.3.3 对炎热高湿地区的电气设备间，尤其是设有干式变压器的配电间，室内温度普遍过高，根据对未设置降温设备的电气设备间室内温度的实地调研和检测，一般均超过40℃，最高可达45℃以上。本条给出了这类电气设备间夏季室内的设计标准，并按一定的气象条件规定了设置降温通风系统的范围。

一般电气设备的环境最高允许温度不超过40℃，通风设计中的不保证设计温度的时间不宜过长，因此规定不宜高于35℃作为设计温度，而过低的室内温度必然耗费电能。

20.3.4 由于变频器满负荷工作时，其总损耗（转变为热量）约为变频器额定功率的2%～4%，散热量很大，仅靠一般通风去消除需要风量很大，风管受空间的限制难以布置，因此通过设置降温通风系统，加大送风温差，减少系统风量。热平衡计算的目的是确定室内设计温度及送、排风量等，风平衡计算的目的是根据送风量和设备本体所需排风量确定室内排风量。

20.3.8 降温通风系统设计在加大温差、减少风量的同时，必须防止出现送风温度低于室内环境露点温度时产生的结露现象。

20.3.9 锅炉房、汽机房均属热车间，且建筑进深较大，有些通风、空调系统的进风口难以直接由室外取风而设于室内，为避免造成过大的计算误差，规定夏季进风温度在室外计算温度基础上按室内温度梯度附加取值。

20.3.10 较大风量的机械通风系统主要指汽机房全面通风系统、各类电气设备间通风系统。

20.4 运煤建筑

20.4.1 火力发电厂翻车机室、火车卸煤沟地上部分的大门冬季需要较长时间开启且不能设门斗，室内因设有各类水管（生产、消防、喷雾除尘及生活用水）而不允许室温低于0℃。故本条规定对－10℃及以下地区的翻车机室宜设热风幕。

对冬季通风室外计算温度比－10℃略高的地区，采用喷水除尘有可能产生水雾或冰冻影响运行时，可视具体情况，经过技术经济比较也可设置热风幕。

20.4.2 在采暖过渡地区，运煤建筑物内仍有冰冻可能，使运煤胶带打滑减小出力。为了保护胶带机正常运行，碎煤机室、转运站可设置采暖。

20.4.4 电厂火车、汽车地下卸煤沟地下部分一直是粉尘污染严重，且难以治理的部位，为此，有关科研和设计单位通过不懈努力，研制成功自动跟踪除尘装置，并在许多电厂应用，取得良好效果。规范编制组在总结工程经验和修编过程中进一步调研的基础上，提出“地下卸煤沟通风除尘方式”专题报告，对卸煤沟通风除尘方式进行了归纳总结。根据专题报告本条提出地下卸煤沟对移动尘源的治理措施和基本要求。

20.4.5 火力发电厂运煤系统的地下部分（包括地下卸煤沟、地下运煤隧道、地下转运站等）夏季内部阴冷潮湿，运行时煤尘飞扬，劳动条件很差，为此，均设有必要的通风、除尘设施。根据多年经验，如仅以夏季通风量或除尘排风量进行冬季热补偿，热能消耗很大。从运煤系统间断运行以及节约能源考虑，提出了通风、除尘系统运行期间室内温度处于动态变化中，但不低于5℃的要求。校核散热器采暖系统补偿能力的目的是为了确定是否设置热风补偿系统。

20.4.7 北方缺水和沿海缺乏淡水地区，运煤系统地面清扫方式主要取决于厂内是否设置水冲洗系统。

20.5 化学建筑

20.5.1 化学水处理室的电渗析室、反渗透间、过滤器、离子交换器管道及电动机等设备均会产生余热，过滤器、离子交换器内水温有时可达到40℃，其散热面积大，且不保温，因此在设计夏季通风时，应按排除设备余热考虑车间的通风量；在设计冬季采暖时车间内温度按5℃计算，不计设备、管道散热量。

20.5.2 《工作场所有害因素职业接触限值》GBZ 2要求车间内空气中的盐酸浓度不超过15mg/m^3，硫酸浓度不超过2mg/m^3。根据这一要求，火力发电厂的酸库及酸计量间在正常工作期间均应设置机械通风设施，及时排除放散至室内的酸气，据实测结果，电厂的酸库和酸计量间设置每小时不少于15次换气的通风设施，可以满足卫生的要求。

集中采暖地区和过渡地区酸、碱库宜分别设置的目的是为了减少冬季热风补偿的热负荷。

20.5.3 通风方式指根据化学有害气体容重确定采用上部或下部排风；通风量应满足《工作场所有害因素职业接触限值》GBZ 2.1、GBZ 2.2的要求，一般按换气次数计算。

20.6 其他辅助建筑及附属建筑

20.6.4 循环水泵或岸边水泵房，较多为半地下布置，自然通风条件较差，室内的电动机容量又较大，散热量和散湿量亦较大。实测一些水泵房内的电动机进风29℃时，排风温度达55℃，若余热全散发至室内，夏季室内温度将会很高；而大量的湿气对电动机的绝缘性能有较大的影响。因此，本条规定了半地下或地下泵房应设机械通风。

20.7 厂区制冷站、加热站及管网

20.7.4 调研报告“电厂电制冷与吸收式制冷适用条件的综合分析”对新建、改扩建电厂采用热力制冷进行了分析，结论是：需要有可靠的汽源；节电耗汽，

但量很小，初期投资稍大，运行管理比电制冷复杂。是否采用热力制冷取决于蒸汽汽源是否有可靠保证，并应考虑由于检修或其他原因导致的停机、停炉期间是否仍能保证溴化锂制冷机需要的蒸汽汽源。

20.7.5 本条规定了电厂制冷机组配置的原则。主要是考虑制冷设备配置尽可能地适应空调系统冷负荷随季节变化这一特点，避免因制冷机组单机容量过大，不易调节，效率低的问题。

1 溴化锂冷水机组在运行一段时间后，在蒸发器、吸收器、冷凝器的换热管的内壁逐渐形成一层污垢，使热阻增大，传热工况恶化，制冷量下降。因此，在选择设备时，单台制冷量应增加10%作为裕量。另外，溴化锂冷水机组与压缩式冷水机组相比，其内部运转部件较少，故障率较低，运行可靠，维修简单，因此，在设备选型时可不考虑备用。

2 压缩式冷水机组，机械运转设备较多，发生故障的概率较高，维修时间长，同时考虑使用灵活，便于能量调节，在空调冷负荷较低时，能够起到互相备用的作用，故规定按2×75%或3×50%选型。

21 环境保护和水土保持

21.2 大气污染防治

21.2.5 根据美国环保局颁发的可供选择的工业源综合扩散模式（ISC3），当火力发电厂的烟囱高度低于厂区内最高建筑物高度的2倍时，发生建筑物尾流影响的邻近区域为建筑物周围的矩形区域，该矩形区域在沿风向轴线上从距建筑物上风向2倍典型尺寸处到距建筑物下风向5倍典型尺寸处，在横风向轴线上从建筑物左边界外1/2倍典型尺寸处到建筑物右边界外1/2倍典型尺寸处，其中建筑物的典型尺寸为其高度和横风向长度之间的较小值。按照《环境影响评价技术导则 大气环境》HJ 2.2—2008推荐的AERMOD模式和电厂主要建筑物的尺寸，计算出的建筑物尾流的影响范围位于上述矩形区域内。

21.2.7 根据煤堆起尘特性，只有当煤堆表面风速大于煤粒起尘风速时，才会引起粉尘扬起。其中煤粒起尘风速和含水率、煤粒粒径有关，一般为4m/s～6m/s。另外，当煤的含水率大于起尘临界含水率时，煤粒变得极不易起尘。

21.3 废水和温排水治理

21.3.6 由于脱硫废水经处理后水质中含盐量较高，一般不外排，可回用于除灰渣系统的调湿或补充水。

21.4 灰渣和石膏治理及综合利用

21.4.2 《中华人民共和国水污染防治法》第三十三条规定禁止向水体排放、倾倒工业废渣、城镇垃圾和其他废弃物。为了避免火力发电厂产生的废弃物污染江、河、湖、海，本条作为强制性条文，必须严格执行。

21.4.3 按照《一般工业固体废物贮存、处置场污染控制标准》GB 18599的要求，火力发电厂灰渣属于第Ⅱ类一般工业固体废物，灰场应采用天然或人工材料构筑防渗层；而美国环保局认为火力发电厂灰渣不属于有毒废物，不要求灰场都采用土工膜防渗，各个州要求也相差较大，一些州要求采用防渗土工膜或压实黏土层进行防渗，个别州要求采用其他防渗措施。由于在制定《一般工业固体废物贮存、处置场污染控制标准》GB 18599时未充分考虑火力发电厂的灰渣特性，未经充分论证而制定的某些指标偏严，导致在工程实施中存在一些问题，但从管理角度看，除《一般工业固体废物贮存、处置场污染控制标准》GB 18599之外，目前还没有其他更适用于灰场环保管理的标准，因此，在灰场环保管理中目前暂按《一般工业固体废物贮存、处置场污染控制标准》GB 18599考虑。

21.4.6 灰渣和石膏综合利用市场调研工作，应首先分析火力发电厂所在地区的建材、建工、筑路、回填、农业、资源回收等行业对灰渣和石膏的需求现状，再预测火力发电厂运行期间所在地区各行业对灰渣和石膏的需求量，并对其品质提出要求，然后结合所在地区灰渣和石膏供应量进行供需平衡分析，合理确定火力发电厂灰渣和石膏综合利用的数量和途径。

21.5 噪声防治

21.5.2 控制工程噪声对环境的影响，有从声源上根治噪声和从噪声传播途径上控制噪声两种措施。应首先按国家规定的产品噪声标准，从声源上控制噪声。对于声源上无法根治的生产噪声，可采用对设备装设隔声罩，对外排汽阀装设消声器，在建筑物内敷吸声材料等措施控制噪声。

以往一些设备在签订产品技术协议时规定的噪音水平如下：

引风机（进风口前3m处）：85dB（A）；

送风机（吸风口前3m处）：90dB（A）；

钢球磨煤机：95dB（A）～105dB（A）；

其他中、高速磨煤机：86dB（A）～95dB（A）；

发电机及励磁机（距离声源1m处）：90dB（A）；

汽轮机（包括注油器，距声源1m处）：90dB（A）；

排料机（距机壳1.5m处）：85dB（A）；

汽动给水泵：101dB（A）。

21.5.4 由于城市电厂厂界紧邻居民区，由厂界噪声超标导致的环境纠纷问题较为突出，故在城市电厂的设计和施工建设中应充分认识到电厂噪声对周边环境影响的重要性，在设计中对噪声传播途径采取相应的隔声措施，其中主厂房围护结构的设计优化起着重要作用，具体为在主厂房围护结构设计中应改善墙、门、窗、通风等的结构来提高其隔声量，尽量减小门窗的面积，优化门窗的隔声设计。

21.5.5 根据调研结果，大同二电厂二期工程和大唐国际云冈热电厂，为了满足我国环保对噪声控制的要求，直冷系统采用了20世纪90年代的技术，风机选用低噪声设计，风机叶片采用扭曲叶型设计，选用较低转速。挡风墙内加装隔音板，地面采用卵石铺地等措施。

21.5.6 根据湿式冷却塔噪声治理调查结果，成都热电厂在冷却塔进风口外安装通风消声装置，上海吴泾电厂八期工程和杭州半山电厂的冷却塔采用隔声屏障的方式，均达到了预期效果。

21.6 环境保护监测

21.6.2 按《火电厂大气污染物排放标准》GB 13223的要求，火电厂应装设烟气监测系统，因此制定本条规定。

21.6.3 由于火力发电厂烟气连续监测系统的监测结果与脱硫电价的兑现密切相关，按照电监会及环保部门的要求，明确了烟气连续监测系统监测点的位置。

22 消防、劳动安全与职业卫生

22.1 基本规定

22.1.1 现行国家标准《火力发电厂与变电站设计防火规范》GB 50229是专门针对火力发电厂防火设计的国家标准，内容包括火力发电厂建（构）筑物的火灾危险性分类及其耐火等级、总平面布置、建（构）筑物的安全疏散和建筑构造、工艺系统的防火措施、消防给水和灭火装置、火灾探测报警系统、消防供电和照明等。

22.1.2 改善劳动条件，保护劳动者在生产过程中的安全和健康，是我国的一项重要政策。劳动安全和职业卫生设施是火力发电厂建设中必不可少的设施，必须与主体工程同时设计、同时施工、同时投入生产和使用（简称“三同时”）。

中华人民共和国国家标准

钢结构焊接规范

Code for welding of steel structures

GB 50661—2011

主编部门：中华人民共和国住房和城乡建设部
批准部门：中华人民共和国住房和城乡建设部
施行日期：２ ０ １ ２ 年 ８ 月 １ 日

中华人民共和国住房和城乡建设部
公　告

第1212号

关于发布国家标准《钢结构焊接规范》的公告

现批准《钢结构焊接规范》为国家标准，编号为GB 50661-2011，自2012年8月1日起实施。其中，第4.0.1、5.7.1、6.1.1、8.1.8条为强制性条文，必须严格执行。

本规范由我部标准定额研究所组织中国建筑工业出版社出版发行。

中华人民共和国住房和城乡建设部

2011年12月5日

前　言

本规范根据原建设部《关于印发〈2007年工程建设标准规范制订、修订计划（第二批）〉的通知》（建标［2007］126号）的要求，由中冶建筑研究总院有限公司会同有关单位编制而成。

本规范提出了钢结构焊接连接构造设计、制作、材料、工艺、质量控制、人员等技术要求。同时，为贯彻执行国家技术经济政策，反映钢结构建设领域可持续发展理念，本规范在控制钢结构焊接质量的同时，加强了节能、节材与环境保护等要求。

本规范在编制过程中，总结了近年来我国钢结构焊接的实践经验和研究成果，编制组开展了多项专题研究，充分采纳了已在工程实际中应用的焊接新技术、新工艺、新材料，并借鉴了有关国际标准和国外先进标准，广泛征求了各方面的意见，对具体内容进行了反复讨论和修改，经审查定稿。

本规范的主要内容有：总则，术语和符号，基本规定，材料，焊接连接构造设计，焊接工艺评定，焊接工艺，焊接检验，焊接补强与加固等。

本规范中以黑体字标志的条文为强制性条文，必须严格执行。

本规范由住房和城乡建设部负责管理和对强制性条文的解释，由中冶建筑研究总院有限公司负责具体技术内容的解释。请各单位在本规范执行过程中，总结经验，积累资料，随时将有关意见和建议反馈给中冶建筑研究总院有限公司《钢结构焊接规范》国家标准管理组（地址：北京市海淀区西土城路33号；邮政编码：100088；电子邮箱：jyz3408@263.net），以供今后修订时参考。

本规范主编单位：中冶建筑研究总院有限公司
中国二冶集团有限公司

本规范参编单位：国家钢结构工程技术研究中心
中国京冶工程技术有限公司
中国航空工业规划设计研究院
宝钢钢构有限公司
宝山钢铁股份有限公司
中冶赛迪工程技术股份有限公司
水利部水工金属结构质量检验测试中心
江苏沪宁钢机股份有限公司
浙江东南网架股份有限公司
北京远达国际工程管理咨询有限公司
上海中远川崎重工钢结构有限公司
陕西省建筑科学研究院
中铁山桥集团有限公司
浙江精工钢结构有限公司
北京三杰国际钢结构有限公司

上海宝冶建设有限公司
中建钢构有限公司
中建一局钢结构工程有限公司
北京市市政工程设计研究总院
中国电力科学研究院
北京双圆工程咨询监理有限公司
天津二十冶钢结构制造有限公司
大连重工·起重集团有限公司
武钢集团武汉冶金重工有限公司
武钢集团金属结构有限责任公司

本规范主要起草人员：刘景凤　周文瑛　段　斌　苏　平　侯兆新　马德志　葛家琪　屈朝霞　费新华　马　鹰　江文琳　李翠光　范希贤　董晓辉　刘绪明　张宣关　徐向军　戴为志　尹敏达　王　斌　卢立香　戴立先　何维利　徐德录　刘明学　张爱民　王　晖　胡银华　吴佑明　任文军　贺明玄　曹晓春　王　建　高　良　刘　春

本规范主要审查人员：杨建平　李本端　鲍广鉴　贺贤娟　但泽义　吴素君　张心东　施天敏　尹士安　张玉玲　吴成材

目　次

1　总则…………………………………… 1—45—6
2　术语和符号…………………………… 1—45—6
　2.1　术语…………………………………… 1—45—6
　2.2　符号…………………………………… 1—45—6
3　基本规定………………………………… 1—45—6
4　材料……………………………………… 1—45—7
5　焊接连接构造设计……………………… 1—45—8
　5.1　一般规定……………………………… 1—45—8
　5.2　焊缝坡口形式和尺寸………………… 1—45—9
　5.3　焊缝计算厚度………………………… 1—45—9
　5.4　组焊构件焊接节点…………………… 1—45—12
　5.5　防止板材产生层状撕裂的节点、选材和工艺措施……………………… 1—45—15
　5.6　构件制作与工地安装焊接构造设计……………………… 1—45—16
　5.7　承受动载与抗震的焊接构造设计……………………… 1—45—19
6　焊接工艺评定…………………………… 1—45—20
　6.1　一般规定……………………………… 1—45—20
　6.2　焊接工艺评定替代规则……………… 1—45—21
　6.3　重新进行工艺评定的规定…………… 1—45—22
　6.4　试件和检验试样的制备……………… 1—45—23
　6.5　试件和试样的试验与检验…………… 1—45—26
　6.6　免予焊接工艺评定…………………… 1—45—28
7　焊接工艺………………………………… 1—45—29
　7.1　母材准备……………………………… 1—45—29
　7.2　焊接材料要求………………………… 1—45—29
　7.3　焊接接头的装配要求………………… 1—45—31
　7.4　定位焊………………………………… 1—45—31
　7.5　焊接环境……………………………… 1—45—31
　7.6　预热和道间温度控制………………… 1—45—31
　7.7　焊后消氢热处理……………………… 1—45—32
　7.8　焊后消应力处理……………………… 1—45—32
　7.9　引弧板、引出板和衬垫……………… 1—45—32
　7.10　焊接工艺技术要求………………… 1—45—32
　7.11　焊接变形的控制…………………… 1—45—33
　7.12　返修焊……………………………… 1—45—33
　7.13　焊件矫正…………………………… 1—45—33
　7.14　焊缝清根…………………………… 1—45—34
　7.15　临时焊缝…………………………… 1—45—34
　7.16　引弧和熄弧………………………… 1—45—34
　7.17　电渣焊和气电立焊………………… 1—45—34
8　焊接检验………………………………… 1—45—34
　8.1　一般规定……………………………… 1—45—34
　8.2　承受静荷载结构焊接质量的检验……………………… 1—45—36
　8.3　需疲劳验算结构的焊缝质量检验……………………… 1—45—37
9　焊接补强与加固………………………… 1—45—39
附录A　钢结构焊接接头坡口形式、尺寸和标记方法……………… 1—45—40
附录B　钢结构焊接工艺评定报告格式……………………… 1—45—46
附录C　箱形柱（梁）内隔板电渣焊缝焊透宽度的测量……… 1—45—52
本规范用词说明…………………………… 1—45—52
引用标准名录……………………………… 1—45—52
附：条文说明……………………………… 1—45—54

Contents

1 General Provisions ························ 1—45—6
2 Terms and Symbols ························ 1—45—6
2.1 Terms ························ 1—45—6
2.2 Symbols ························ 1—45—6
3 Basic Requirement ························ 1—45—6
4 Materials ························ 1—45—7
5 Design of Welding Connections ························ 1—45—8
5.1 General Requirement ························ 1—45—8
5.2 Size and Form of Weld Groove ··· 1—45—9
5.3 Theoretical Throat of Weld ········ 1—45—9
5.4 Welding Nodal Point of Combined Welding Member ······ 1—45—12
5.5 Technics for Avoid of Lamellar Tearing ························ 1—45—15
5.6 Design of Shop and Field Welding Connections ············· 1—45—16
5.7 Design of Welding Connections Bearing Dynamic Load and Anti-earthquake ············ 1—45—19
6 Welding Procedure Qualification ························ 1—45—20
6.1 General Requirement ············ 1—45—20
6.2 Substitute Principles of Welding Procedure Qualification ························ 1—45—21
6.3 Requalificaition ························ 1—45—22
6.4 Preparation of Test Pieces and Samples ························ 1—45—23
6.5 Testing ························ 1—45—26
6.6 Principle of Prequalificaition ························ 1—45—28
7 Welding Procedures ························ 1—45—29
7.1 Preparation of Base Metal ········ 1—45—29
7.2 Requirement of Welding Consumables ························ 1—45—29
7.3 Assemble Requirement of Welding Joint ························ 1—45—31
7.4 Tack Weld ························ 1—45—31
7.5 Welding Environment ············ 1—45—31
7.6 Preheat and Ingterpass Temperature ························ 1—45—31
7.7 Hydrogen Relief Heat Treatment ························ 1—45—32
7.8 Stress Relief Treatment ·········· 1—45—32
7.9 Weld Tabs and Backing ·········· 1—45—32
7.10 Technic Requirement of Welding Procedure ························ 1—45—32
7.11 Control of Welding Deformation ························ 1—45—33
7.12 Repairs ························ 1—45—33
7.13 Correction ························ 1—45—33
7.14 Backgouging ························ 1—45—34
7.15 Temporary Welds ························ 1—45—34
7.16 Striking and Extinguish of Arc ························ 1—45—34
7.17 ESW and EGW ························ 1—45—34
8 Inspection ························ 1—45—34
8.1 General Requirement ············ 1—45—34
8.2 Weld Inspection of Structure Bearing Static Load ························ 1—45—36
8.3 Weld Inspection of Structure Bearing Dynamic Load ············ 1—45—37
9 Strengthening and Repairing of Existing Structures ··············· 1—45—39
Appendix A Form, Size and Symbol of Weld Groove ······ 1—45—40
Appendix B Format of WPQR ··· 1—45—46
Appendix C Testing of ESW Weld of Box Members ······· 1—45—52
Explanation of Wording in This Code ························ 1—45—52
List of Quoted Standards ························ 1—45—52
Addition: Explanation of Provisions ························ 1—45—54

1 总 则

1.0.1 为在钢结构焊接中贯彻执行国家的技术经济政策，做到技术先进、经济合理、安全适用、确保质量、节能环保，制定本规范。

1.0.2 本规范适用于工业与民用钢结构工程中承受静荷载或动荷载、钢材厚度不小于3mm的结构焊接。本规范适用的焊接方法包括焊条电弧焊、气体保护电弧焊、药芯焊丝自保护焊、埋弧焊、电渣焊、气电立焊、栓钉焊及其组合。

1.0.3 钢结构焊接必须遵守国家现行安全技术和劳动保护等有关规定。

1.0.4 钢结构焊接除应符合本规范外，尚应符合国家现行有关标准的规定。

2 术语和符号

2.1 术 语

2.1.1 消氢热处理 hydrogen relief heat treatment

对于冷裂纹倾向较大的结构钢，焊接后立即将焊接接头加热至一定温度（250℃～350℃）并保温一段时间，以加速焊接接头中氢的扩散逸出，防止由于扩散氢的积聚而导致延迟裂纹产生的焊后热处理方法。

2.1.2 消应热处理 stress relief heat treatment

焊接后将焊接接头加热到母材 A_{c1} 线以下的一定温度（550℃～650℃）并保温一段时间，以降低焊接残余应力，改善接头组织性能为目的的焊后热处理方法。

2.1.3 过焊孔 weld access hole

在构件焊缝交叉的位置，为保证主要焊缝的连续性，并有利于焊接操作的进行，在相应位置开设的焊缝穿越孔。

2.1.4 免予焊接工艺评定 prequalification of WPS

在满足本规范相应规定的某些特定焊接方法和参数、钢材、接头形式、焊接材料组合的条件下，可以不经焊接工艺评定试验，直接采用本规范规定的焊接工艺。

2.1.5 焊接环境温度 temperature of welding circumstance

施焊时，焊件周围环境的温度。

2.1.6 药芯焊丝自保护焊 flux cored wire selfshield arc welding

不需外加气体或焊剂保护，仅依靠焊丝药芯在高温时反应形成的熔渣和气体保护焊接区进行焊接的方法。

2.1.7 检测 testing

按照规定程序，由确定给定产品的一种或多种特性进行检验、测试处理或提供服务所组成的技术操作。

2.1.8 检查 inspection

对材料、人员、工艺、过程或结果的核查，并确定其相对于特定要求的符合性，或在专业判断的基础上，确定相对于通用要求的符合性。

2.2 符 号

α——焊缝坡口角度；

h——焊缝坡口深度；

b——焊缝坡口根部间隙；

P——焊缝坡口钝边高度；

h_e——焊缝计算厚度；

z——焊缝计算厚度折减值；

h_f——焊脚尺寸；

h_k——加强焊脚尺寸；

L——焊缝的长度；

B——焊缝宽度；

C——焊缝余高；

Δ——对接焊缝错边量；

D（d）——主（支）管直径；

Φ——直径；

Ψ——两面角；

δ——试样厚度；

t——板、壁的厚度；

a——间距；

W——型钢杆件的宽度；

Σ_f——角焊缝名义应力；

T_f——角焊缝名义剪应力；

η——焊缝强度折减系数；

f_f^w——角焊缝的抗剪强度设计值；

$HV10$——试验力为98.07N（10kgf），保持荷载（10～15）s的维氏硬度；

R_{eH}——上屈服强度；

R_{eL}——下屈服强度；

R_m——抗拉强度；

A——断后伸长率；

Z——断面收缩率。

3 基本规定

3.0.1 钢结构工程焊接难度可按表3.0.1分为A、B、C、D四个等级。钢材碳当量（CEV）应采用公式（3.0.1）计算。

$$CEV(\%) = \mathrm{C} + \frac{\mathrm{Mn}}{6} + \frac{\mathrm{Cr} + \mathrm{Mo} + \mathrm{V}}{5} + \frac{\mathrm{Cu} + \mathrm{Ni}}{15}(\%) \qquad (3.0.1)$$

注：本公式适用于非调质钢。

表 3.0.1 钢结构工程焊接难度等级

影响因素[a] / 焊接难度等级	板厚 t（mm）	钢材分类[b]	受力状态	钢材碳当量 CEV(%)
A(易)	$t\leqslant30$	Ⅰ	一般静载拉、压	$CEV\leqslant0.38$
B(一般)	$30<t\leqslant60$	Ⅱ	静载且板厚方向受拉或间接动载	$0.38<CEV\leqslant0.45$
C(较难)	$60<t\leqslant100$	Ⅲ	直接动载、抗震设防烈度等于7度	$0.45<CEV\leqslant0.50$
D(难)	$t>100$	Ⅳ	直接动载、抗震设防烈度大于等于8度	$CEV>0.50$

注：a 根据表中影响因素所处最难等级确定整体焊接难度；

b 钢材分类应符合本规范表 4.0.5 的规定。

3.0.2 钢结构焊接工程设计、施工单位应具备与工程结构类型相应的资质。

3.0.3 承担钢结构焊接工程的施工单位应符合下列规定：

1 具有相应的焊接质量管理体系和技术标准；

2 具有相应资格的焊接技术人员、焊接检验人员、无损检测人员、焊工、焊接热处理人员；

3 具有与所承担的焊接工程相适应的焊接设备、检验和试验设备；

4 检验仪器、仪表应经计量检定、校准合格且在有效期内；

5 对承担焊接难度等级为C级和D级的施工单位，应具有焊接工艺试验室。

3.0.4 钢结构焊接工程相关人员的资格应符合下列规定：

1 焊接技术人员应接受过专门的焊接技术培训，且有一年以上焊接生产或施工实践经验；

2 焊接技术负责人除应满足本条1款规定外，还应具有中级以上技术职称。承担焊接难度等级为C级和D级焊接工程的施工单位，其焊接技术负责人应具有高级技术职称；

3 焊接检验人员应接受过专门的技术培训，有一定的焊接实践经验和技术水平，并具有检验人员上岗资格证；

4 无损检测人员必须由专业机构考核合格，其资格证应在有效期内，并按考核合格项目及权限从事无损检测和审核工作。承担焊接难度等级为C级和D级焊接工程的无损检测审核人员应具备现行国家标准《无损检测人员资格鉴定与认证》GB/T 9445中的3级资格要求；

5 焊工应按所从事钢结构的钢材种类、焊接节点形式、焊接方法、焊接位置等要求进行技术资格考试，并取得相应的资格证书，其施焊范围不得超越资格证书的规定；

6 焊接热处理人员应具备相应的专业技术。用电加热设备加热时，其操作人员应经过专业培训。

3.0.5 钢结构焊接工程相关人员的职责应符合下列规定：

1 焊接技术人员负责组织进行焊接工艺评定，编制焊接工艺方案及技术措施和焊接作业指导书或焊接工艺卡，处理施工过程中的焊接技术问题；

2 焊接检验人员负责对焊接作业进行全过程的检查和控制，出具检查报告；

3 无损检测人员应按设计文件或相应规范规定的探伤方法及标准，对受检部位进行探伤，出具检测报告；

4 焊工应按照焊接工艺文件的要求施焊；

5 焊接热处理人员应按照热处理作业指导书及相应的操作规程进行作业。

3.0.6 钢结构焊接工程相关人员的安全、健康及作业环境应遵守国家现行安全健康相关标准的规定。

4 材 料

4.0.1 钢结构焊接工程用钢材及焊接材料应符合设计文件的要求，并应具有钢厂和焊接材料厂出具的产品质量证明书或检验报告，其化学成分、力学性能和其他质量要求应符合国家现行有关标准的规定。

4.0.2 钢材及焊接材料的化学成分、力学性能复验应符合国家现行有关工程质量验收标准的规定。

4.0.3 选用的钢材应具备完善的焊接性资料、指导性焊接工艺、热加工和热处理工艺参数、相应钢材的焊接接头性能数据等资料；新材料应经专家论证、评审和焊接工艺评定合格后，方可在工程中采用。

4.0.4 焊接材料应由生产厂提供熔敷金属化学成分、性能鉴定资料及指导性焊接工艺参数。

4.0.5 钢结构焊接工程中常用国内钢材按其标称屈服强度分类应符合表 4.0.5 的规定。

表 4.0.5 常用国内钢材分类

类别号	标称屈服强度	钢材牌号举例	对应标准号
Ⅰ	≤295MPa	Q195、Q215、Q235、Q275	GB/T 700
		20、25、15Mn、20Mn、25Mn	GB/T 699
		Q235q	GB/T 714
		Q235GJ	GB/T 19879
		Q235NH、Q265GNH、Q295NH、Q295GNH	GB/T 4171
		ZG 200-400H、ZG 230-450H、ZG 275-485H	GB/T 7659
		G17Mn5QT、G20Mn5N、G20Mn5QT	CECS 235

续表 4.0.5

类别号	标称屈服强度	钢材牌号举例	对应标准号
Ⅱ	>295MPa 且 ≤370MPa	Q345	GB/T 1591
		Q345q、Q370q	GB/T 714
		Q345GJ	GB/T 19879
		Q310GNH、Q355NH、Q355GNH	GB/T 4171
Ⅲ	>370MPa 且 ≤420MPa	Q390、Q420	GB/T 1591
		Q390GJ、Q420GJ	GB/T 19879
		Q420q	GB/T 714
		Q415NH	GB/T 4171
Ⅳ	>420MPa	Q460、Q500、Q550、Q620、Q690	GB/T 1591
		Q460GJ	GB/T 19879
		Q460NH、Q500NH、Q550NH	GB/T 4171

注：国内新钢材和国外钢材按其屈服强度级别归入相应类别。

4.0.6 T形、十字形、角接接头，当其翼缘板厚度不小于 40mm 时，设计宜采用对厚度方向性能有要求的钢板。钢材的厚度方向性能级别应根据工程的结构类型、节点形式及板厚和受力状态等情况按现行国家标准《厚度方向性能钢板》GB/T 5313 的有关规定进行选择。

4.0.7 焊条应符合现行国家标准《碳钢焊条》GB/T 5117、《低合金钢焊条》GB/T 5118 的有关规定。

4.0.8 焊丝应符合现行国家标准《熔化焊用钢丝》GB/T 14957、《气体保护电弧焊用碳钢、低合金钢焊丝》GB/T 8110 及《碳钢药芯焊丝》GB/T 10045、《低合金钢药芯焊丝》GB/T 17493 的有关规定。

4.0.9 埋弧焊用焊丝和焊剂应符合现行国家标准《埋弧焊用碳钢焊丝和焊剂》GB/T 5293、《埋弧焊用低合金钢焊丝和焊剂》GB/T 12470 的有关规定。

4.0.10 气体保护焊使用的氩气应符合现行国家标准《氩》GB/T 4842 的有关规定，其纯度不应低于 99.95%。

4.0.11 气体保护焊使用的二氧化碳应符合现行行业标准《焊接用二氧化碳》HG/T 2537 的有关规定。焊接难度为 C、D 级和特殊钢结构工程中主要构件的重要焊接节点，采用的二氧化碳质量应符合该标准中优等品的要求。

4.0.12 栓钉焊使用的栓钉及焊接瓷环应符合现行国家标准《电弧螺柱焊用圆柱头焊钉》GB/T 10433 的有关规定。

5 焊接连接构造设计

5.1 一 般 规 定

5.1.1 钢结构焊接连接构造设计，应符合下列规定：

1 宜减少焊缝的数量和尺寸；

2 焊缝的布置宜对称于构件截面的中性轴；

3 节点区的空间应便于焊接操作和焊后检测；

4 宜采用刚度较小的节点形式，宜避免焊缝密集和双向、三向相交；

5 焊缝位置应避开高应力区；

6 应根据不同焊接工艺方法选用坡口形式和尺寸。

5.1.2 设计施工图、制作详图中标识的焊缝符号应符合现行国家标准《焊缝符号表示法》GB/T 324 和《建筑结构制图标准》GB/T 50105 的有关规定。

5.1.3 钢结构设计施工图中应明确规定下列焊接技术要求：

1 构件采用钢材的牌号和焊接材料的型号、性能要求及相应的国家现行标准；

2 钢结构构件相交节点的焊接部位、有效焊缝长度、焊脚尺寸、部分焊透焊缝的焊透深度；

3 焊缝质量等级，有无损检测要求时应标明无损检测的方法和检查比例；

4 工厂制作单元及构件拼装节点的允许范围，并根据工程需要提出结构设计应力图。

5.1.4 钢结构制作详图中应标明下列焊接技术要求：

1 对设计施工图中所有焊接技术要求进行详细标注，明确钢结构构件相交节点的焊接部位、焊接方法、有效焊缝长度、焊缝坡口形式、焊脚尺寸、部分焊透焊缝的焊透深度、焊后热处理要求；

2 明确标注焊缝坡口详细尺寸，如有钢衬垫标注钢衬垫尺寸；

3 对于重型、大型钢结构，明确工厂制作单元和工地拼装焊接的位置，标注工厂制作或工地安装焊缝；

4 根据运输条件、安装能力、焊接可操作性和设计允许范围确定构件分段位置和拼接节点，按设计规范有关规定进行焊缝设计并提交原设计单位进行结构安全审核。

5.1.5 焊缝质量等级应根据钢结构的重要性、荷载特性、焊缝形式、工作环境以及应力状态等情况，按下列原则选用：

1 在承受动荷载且需要进行疲劳验算的构件中，凡要求与母材等强连接的焊缝应焊透，其质量等级应符合下列规定：

1）作用力垂直于焊缝长度方向的横向对接焊

缝或T形对接与角接组合焊缝，受拉时应为一级，受压时不应低于二级；

2）作用力平行于焊缝长度方向的纵向对接焊缝不应低于二级；

3）铁路、公路桥的横梁接头板与弦杆角焊缝应为一级，桥面板与弦杆角焊缝、桥面板与U形肋角焊缝（桥面板侧）不应低于二级；

4）重级工作制（A6～A8）和起重量 $Q \geqslant 50t$ 的中级工作制（A4、A5）吊车梁的腹板与上翼缘之间以及吊车桁架上弦杆与节点板之间的T形接头焊缝应焊透，焊缝形式宜为对接与角接的组合焊缝，其质量等级不应低于二级。

2 不需要疲劳验算的构件中，凡要求与母材等强的对接焊缝宜焊透，其质量等级受拉时不应低于二级，受压时不宜低于二级。

3 部分焊透的对接焊缝、采用角焊缝或部分焊透的对接与角接组合焊缝的T形接头，以及搭接连接角焊缝，其质量等级应符合下列规定：

1）直接承受动荷载且需要疲劳验算的结构和吊车起重量等于或大于50t的中级工作制吊车梁以及梁柱、牛腿等重要节点不应低于二级；

2）其他结构可为三级。

5.2 焊缝坡口形式和尺寸

5.2.1 焊接位置、接头形式、坡口形式、焊缝类型及管结构节点形式(图5.2.1)代号，应符合表5.2.1-1～表5.2.1-5的规定。

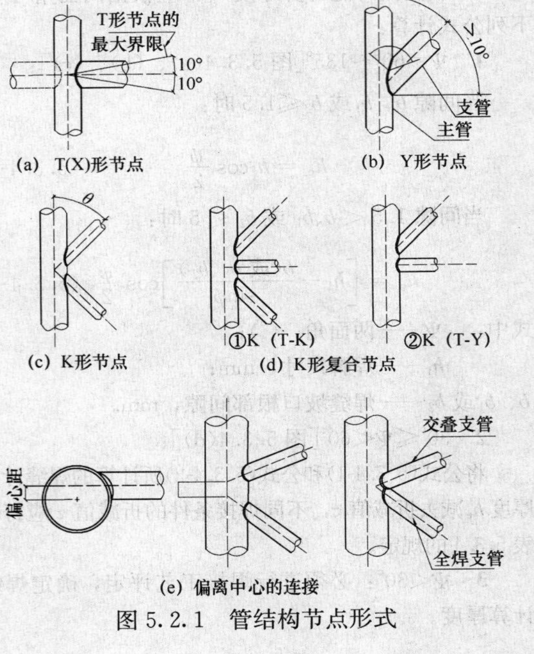

图5.2.1 管结构节点形式

表5.2.1-1 焊接位置代号

代　号	焊接位置
F	平焊
H	横焊
V	立焊
O	仰焊

表5.2.1-2 接头形式代号

代　号	接头形式
B	对接接头
T	T形接头
X	十字接头
C	角接接头
F	搭接接头

表5.2.1-3 坡口形式代号

代　号	坡口形式
I	I形坡口
V	V形坡口
X	X形坡口
L	单边V形坡口
K	K形坡口
U[a]	U形坡口
J[a]	单边U形坡口

注：a 当钢板厚度不小于50mm时，可采用U形或J形坡口。

表5.2.1-4 焊缝类型代号

代　号	焊缝类型
B(G)	板(管)对接焊缝
C	角接焊缝
B_C	对接与角接组合焊缝

表5.2.1-5 管结构节点形式代号

代　号	节点形式
T	T形节点
K	K形节点
Y	Y形节点

5.2.2 焊接接头坡口形式、尺寸及标记方法应符合本规范附录A的规定。

5.3 焊缝计算厚度

5.3.1 全焊透的对接焊缝及对接与角接组合焊缝，采用双面焊时，反面应清根后焊接，其焊缝计算厚度 h_e 对于对接焊缝应为焊接部位较薄的板厚，对于对接与角接组合焊缝（图5.3.1），其焊缝计算厚度 h_e 应为坡口根部至焊缝两侧表面（不计余高）的最短距离之和；采用加衬垫单面焊，当坡口形式、尺寸符合本规范表 A. 0. 2～表 A. 0. 4 的规定时，其焊缝计算厚度 h_e应为坡口根部至焊缝表面（不计余高）的最短距离。

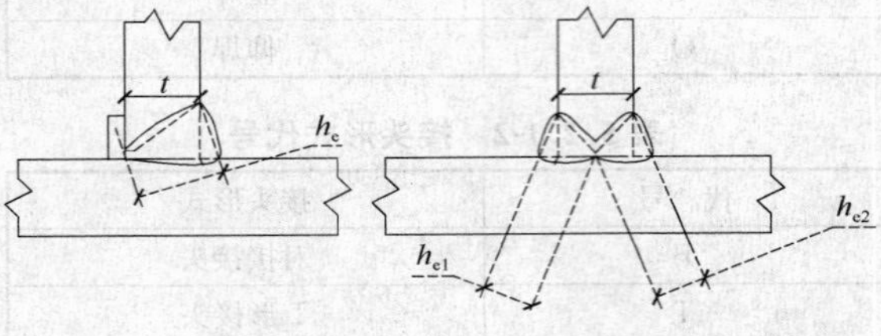

图 5. 3. 1　全焊透的对接与角接组合焊缝计算厚度 h_e

5. 3. 2　部分焊透对接焊缝及对接与角接组合焊缝，其焊缝计算厚度 h_e（图 5. 3. 2）应根据不同的焊接方法、坡口形式及尺寸、焊接位置对坡口深度 h 进行折减，并应符合表 5. 3. 2 的规定。

V 形坡口 $\alpha \geqslant 60°$及 U、J 形坡口，当坡口尺寸符合本规范表 A. 0. 5～表 A. 0. 7 的规定时，焊缝计算厚度 h_e应为坡口深度 h。

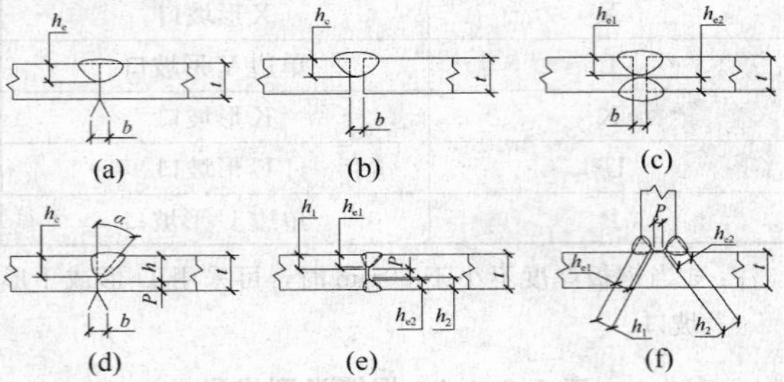

图 5. 3. 2　部分焊透的对接焊缝及对接与角接组合焊缝计算厚度

表 5. 3. 2　部分焊透的对接焊缝及对接与角接组合焊缝计算厚度

图号	坡口形式	焊接方法	t (mm)	α (°)	b (mm)	P (mm)	焊接位置	焊缝计算厚度 h_e (mm)
5. 3. 2(a)	I形坡口单面焊	焊条电弧焊	3	—	1.0～1.5	—	全部	$t-1$
5. 3. 2(b)	I形坡口单面焊	焊条电弧焊	$3<t\leqslant 6$	—	$\frac{t}{2}$	—	全部	$\frac{t}{2}$
5. 3. 2(c)	I形坡口双面焊	焊条电弧焊	$3<t\leqslant 6$	—	$\frac{t}{2}$	—	全部	$\frac{3}{4}t$
5. 3. 2(d)	单V形坡口	焊条电弧焊	≥6	45	0	3	全部	$h-3$
5. 3. 2(d)	L形坡口	气体保护焊	≥6	45	0	3	F, H	h
							V, O	$h-3$
5. 3. 2(d)	L形坡口	埋弧焊	≥12	60	0	6	F	h
							H	$h-3$

续表 5. 3. 2

图号	坡口形式	焊接方法	t (mm)	α (°)	b (mm)	P (mm)	焊接位置	焊缝计算厚度 h_e (mm)
5. 3. 2(e)、(f)	K形坡口	焊条电弧焊	≥8	45	0	3	全部	h_1+h_2-6
5. 3. 2(e)、(f)	K形坡口	气体保护焊	≥12	45	0	3	F, H	h_1+h_2
							V, O	h_1+h_2-6
5. 3. 2(e)、(f)	K形坡口	埋弧焊	≥20	60	0	6	F	h_1+h_2

5. 3. 3　搭接角焊缝及直角角焊缝计算厚度 h_e（图 5. 3. 3）应按下列公式计算（塞焊和槽焊焊缝计算厚度 h_e可按角焊缝的计算方法确定）：

1　当间隙 $b\leqslant 1.5$ 时：

$$h_e = 0.7h_f \qquad (5.3.3\text{-}1)$$

2　当间隙 $1.5<b\leqslant 5$ 时：

$$h_e = 0.7(h_f - b) \qquad (5.3.3\text{-}2)$$

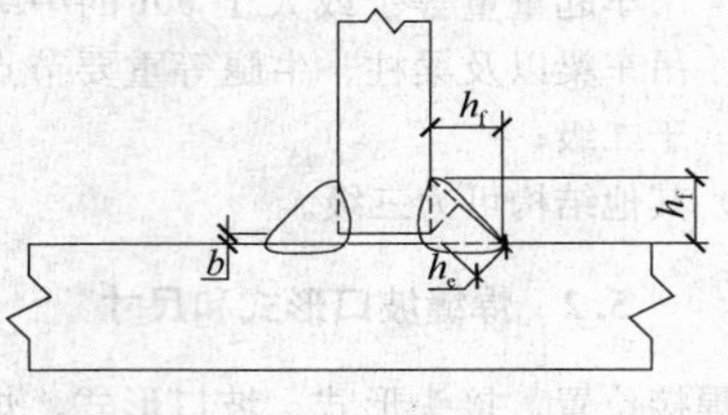

图 5. 3. 3　直角角焊缝及搭接角焊缝计算厚度

5. 3. 4　斜角角焊缝计算厚度 h_e，应根据两面角 Ψ 按下列公式计算：

1　Ψ=60°～135°[图 5. 3. 4(a)、(b)、(c)]：

当间隙 b、b_1或 $b_2\leqslant 1.5$ 时：

$$h_e = h_f \cos\frac{\psi}{2} \qquad (5.3.4\text{-}1)$$

当间隙 $1.5 < b$、b_1 或 $b_2 \leqslant 5$ 时：

$$h_e = \left[h_f - \frac{b(\text{或 } b_1, b_2)}{\sin\psi}\right]\cos\frac{\psi}{2} \qquad (5.3.4\text{-}2)$$

式中：Ψ——两面角，(°)；

h_f——焊脚尺寸，mm；

b、b_1或 b_2——焊缝坡口根部间隙，mm。

2　30°≤Ψ<60°[图 5. 3. 4(d)]：

将公式(5. 3. 4-1)和公式(5. 3. 4-2)所计算的焊缝计算厚度 h_e减去折减值 z，不同焊接条件的折减值 z 应符合表 5. 3. 4 的规定。

3　Ψ<30°：必须进行焊接工艺评定，确定焊缝计算厚度。

表 5.3.4　30°≤Ψ<60°时的焊缝计算厚度折减值 z

两面角 Ψ	焊接方法	折减值 z(mm)	
		焊接位置 V或O	焊接位置 F或H
60°>Ψ≥45°	焊条电弧焊	3	3
	药芯焊丝自保护焊	3	0
	药芯焊丝气体保护焊	3	0
	实心焊丝气体保护焊	3	0
45°>Ψ≥30°	焊条电弧焊	6	6
	药芯焊丝自保护焊	6	3
	药芯焊丝气体保护焊	10	6
	实心焊丝气体保护焊	10	6

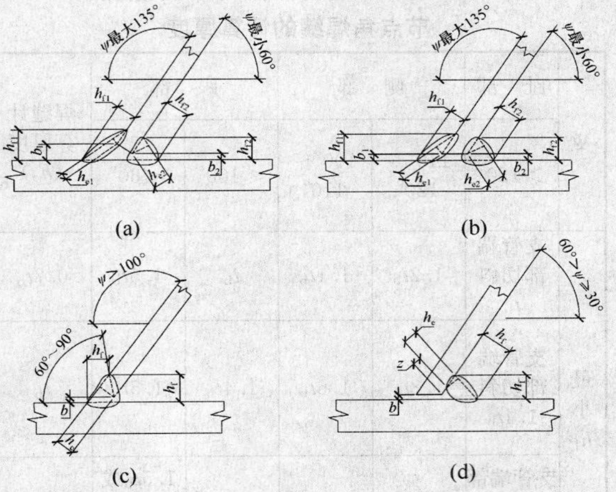

图 5.3.4　斜角角焊缝计算厚度

Ψ—两面角；b、b_1或b_2—根部间隙；h_f—焊脚尺寸；h_e—焊缝计算厚度；z—焊缝计算厚度折减值

5.3.5　圆钢与平板、圆钢与圆钢之间的焊缝计算厚度 h_e应按下列公式计算：

1　圆钢与平板连接[图 5.3.5(a)]：

$$h_e = 0.7h_f \quad (5.3.5\text{-}1)$$

2　圆钢与圆钢连接[图 5.3.5(b)]：

$$h_e = 0.1(\varphi_1 + 2\varphi_2) - a \quad (5.3.5\text{-}2)$$

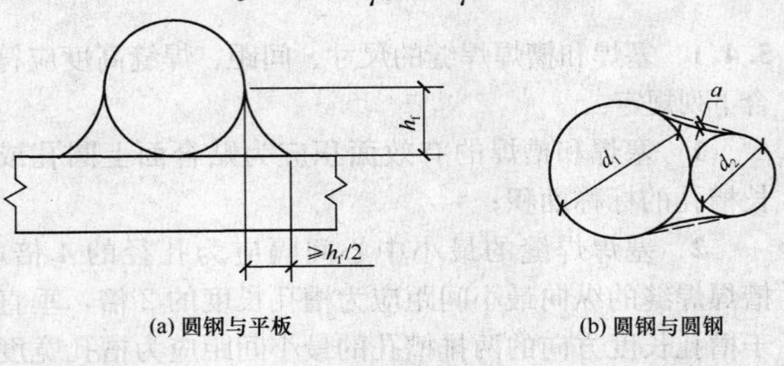

图 5.3.5　圆钢与平板、圆钢与圆钢焊缝计算厚度

式中：φ_1——大圆钢直径，mm；

φ_2——小圆钢直径，mm；

a——焊缝表面至两个圆钢公切线的间距，mm。

5.3.6　圆管、矩形管 T、Y、K 形相贯节点的焊缝计算厚度 h_e，应根据局部两面角 Ψ 的大小，按相贯节点趾部、侧部、跟部各区和局部细节计算取值(图 5.3.6-1、图 5.3.6-2)，且应符合下列规定：

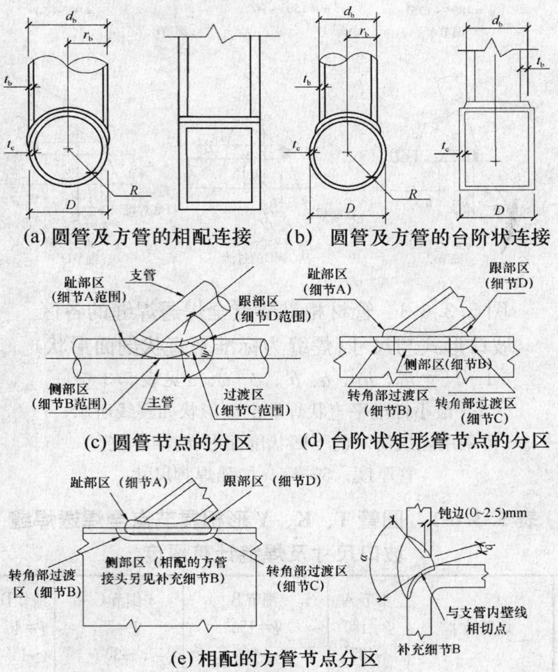

图 5.3.6-1　圆管、矩形管相贯节点焊缝分区

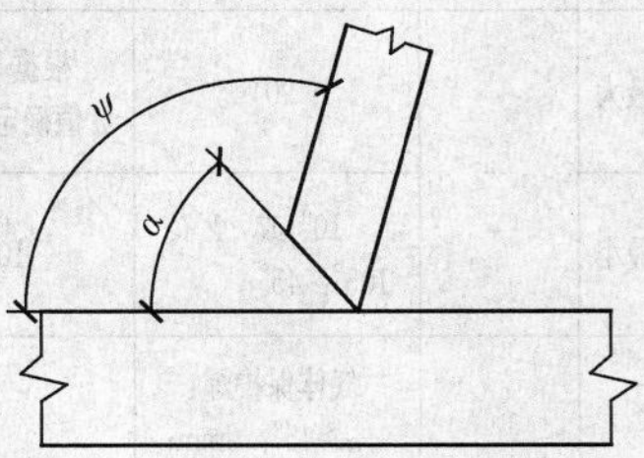

图 5.3.6-2　局部两面角 Ψ 和坡口角度 α

1　管材相贯节点全焊透焊缝各区的形式及尺寸细节应符合图 5.3.6-3 的要求，焊缝坡口尺寸及计算厚度宜符合表 5.3.6-1 的规定；

2　管材台阶状相贯节点部分焊透焊缝各区坡口形式与尺寸细节应符合图 5.3.6-4(a)的要求；矩形管材相配的相贯节点部分焊透焊缝各区坡口形式与尺寸细节应符合图 5.3.6-4(b)的要求。焊缝计算厚度的折减值 z 应符合本规范表 5.3.4 的规定；

3　管材相贯节点各区细节应符合图 5.3.6-5 的要求，角焊缝的焊缝计算厚度 h_e应符合表 5.3.6-2 的规定。

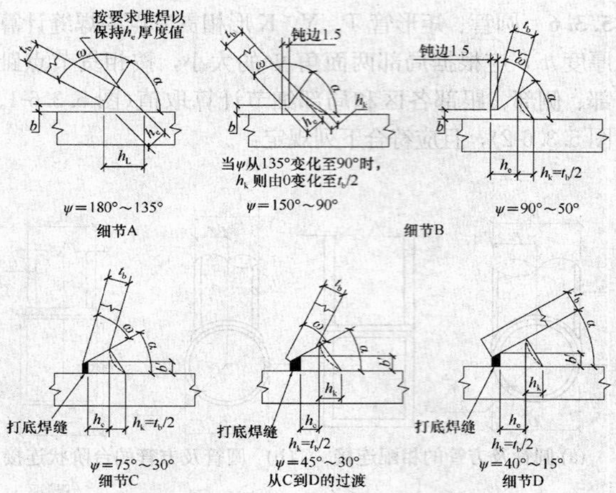

图 5.3.6-3　管材相贯节点全焊透焊缝的各区坡口形式与尺寸（焊缝为标准平直状剖面形状）

1—尺寸 h_e、h_L、b、b'、ψ、ω、α 见表 5.3.6-1；
2—最小标准平直状焊缝剖面形状如实线所示；
3—可采用虚线所示的下凹状剖面形状；4—支管厚度；5—h_k：加强焊脚尺寸

表 5.3.6-1　圆管 T、K、Y 形相贯节点全焊透焊缝坡口尺寸及焊缝计算厚度

坡口尺寸		细节A $\Psi=180°$ ～135°	细节B $\Psi=150°$ ～50°	细节C $\Psi=75°$ ～30°	细节D $\Psi=40°$ ～15°
坡口角度 α	最大	90°	$\Psi\leqslant105°$：60°	40°；Ψ 较大时 60°	—
	最小	45°	37.5°；Ψ 较小时 1/2Ψ	1/2Ψ	—
支管端部斜削角度 ω	最大	—	90°	根据所需的 α 值确定	—
	最小		10°或 $\Psi>105°$：45°	10°	
根部间隙 b	最大	5mm	气体保护焊：$\alpha>45°$：6mm；$\alpha\leqslant45°$：8mm 焊条电弧焊和药芯焊丝自保护焊：6mm	—	—
	最小	1.5mm	1.5mm		
打底焊后坡口底部宽度 b'	最大	—	—	焊条电弧焊和药芯焊丝自保护焊：$\alpha=25°\sim40°$：3mm；$\alpha=15°\sim25°$：5mm 气体保护焊：$\alpha=30°\sim40°$：3mm；$\alpha=25°\sim30°$：6mm；$\alpha=20°\sim25°$：10mm；$\alpha=15°\sim20°$：13mm	

续表 5.3.6-1

坡口尺寸	细节A $\Psi=180°$ ～135°	细节B $\Psi=150°$ ～50°	细节C $\Psi=75°$ ～30°	细节D $\Psi=40°$ ～15°
焊缝计算厚度 h_e	$\geqslant t_b$	$\Psi\geqslant90°$ 时，$\geqslant t_b$；$\Psi<90°$ 时，$\geqslant\frac{t_b}{\sin\Psi}$	$\geqslant\frac{t_b}{\sin\Psi}$，最大 $1.75t_b$	$\geqslant2t_b$
h_L	$\geqslant\frac{t_b}{\sin\Psi}$，最大 $1.75t_b$	—	焊缝可堆焊至满足要求	—

注：坡口角度 $\alpha<30°$ 时应进行工艺评定；由打底焊道保证坡口底部必要的宽度 b'。

表 5.3.6-2　管材 T、Y、K 形相贯节点角焊缝的计算厚度

Ψ		趾部	侧部		跟部		焊缝计算厚度（h_e）
		>120°	110°～120°	100°～110°	≤100°	<60°	
最小 h_f	支管端部切斜 t_b	$1.2t_b$	$1.1t_b$	t_b		$1.5t_b$	$0.7t_b$
	支管端部切斜 $1.4t_b$	$1.8t_b$	$1.6t_b$	$1.4t_b$		$1.5t_b$	t_b
	支管端部整个切斜 60°～90° 坡口角	$2.0t_b$	$1.75t_b$	$1.5t_b$		$1.5t_b$ 或 $1.4t_b+z$ 取较大值	$1.07t_b$

注：1　低碳钢（$R_{eH}\leqslant280$MPa）圆管，要求焊缝与管材超强匹配的弹性工作应力设计时，$h_e=0.7t_b$；要求焊缝与管材等强匹配的极限强度设计时，$h_e=1.0t_b$。
2　其他各种情况，$h_e=t_c$ 或 $h_e=1.07t_b$ 中较小值；t_c 为主管壁厚。

5.4　组焊构件焊接节点

5.4.1　塞焊和槽焊焊缝的尺寸、间距、焊缝高度应符合下列规定：

1　塞焊和槽焊的有效面积应为贴合面上圆孔或长槽孔的标称面积；

2　塞焊焊缝的最小中心间隔应为孔径的 4 倍，槽焊焊缝的纵向最小间距应为槽孔长度的 2 倍，垂直于槽孔长度方向的两排槽孔的最小间距应为槽孔宽度的 4 倍；

3　塞焊孔的最小直径不得小于开孔板厚度加 8mm，最大直径应为最小直径值加 3mm 和开孔件厚度的 2.25 倍两值中较大者。槽孔长度不应超过开孔件厚度的 10 倍，最小及最大槽宽规定应与塞焊孔的

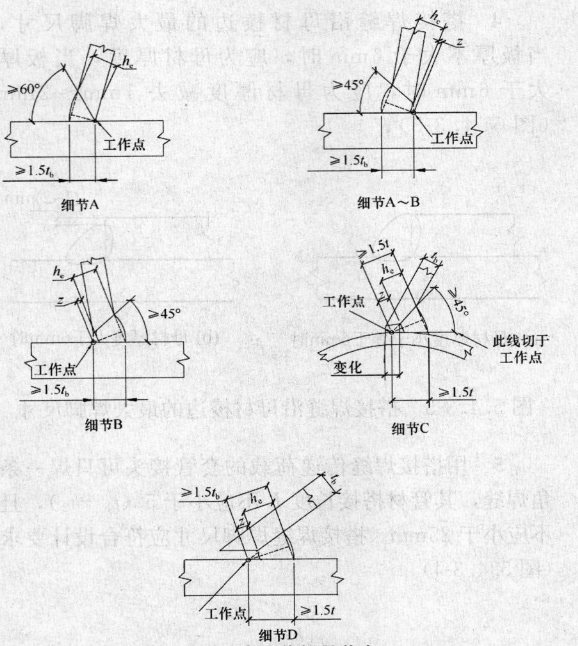

(a) 台阶状相贯节点

图 5.3.6-4　管材相贯节点部分焊透焊缝各区坡口形式与尺寸（一）

1—t 为 t_b、t_c 中较薄截面厚度；
2—除过渡区域或跟部区域外，其余部位削斜到边缘；
3—根部间隙 0mm～5mm；4—坡口角度 $\alpha<30°$ 时应进行工艺评定；5—焊缝计算厚度 $h_e>t_b$，
z 折减尺寸见本规范表 5.3.4；6—方管截面角部过渡区的接头应制作成从一细部圆滑过渡到另一细部，焊接的起点与终点都应在方管的平直部位，转角部位应连续焊接，转角处焊缝应饱满

最小及最大孔径规定相同；

4　塞焊和槽焊的焊缝高度应符合下列规定：

1）当母材厚度不大于 16mm 时，应与母材厚度相同；

2）当母材厚度大于 16mm 时，不应小于母材厚度的一半和 16mm 两值中较大者。

5　塞焊焊缝和槽焊焊缝的尺寸应根据贴合面上承受的剪力计算确定。

5.4.2　角焊缝的尺寸应符合下列规定：

1　角焊缝的最小计算长度应为其焊脚尺寸（h_f）的 8 倍，且不应小于 40mm；焊缝计算长度应为扣除引弧、收弧长度后的焊缝长度；

2　角焊缝的有效面积应为焊缝计算长度与计算厚度（h_e）的乘积。对任何方向的荷载，角焊缝上的应力应视为作用在这一有效面积上；

3　断续角焊缝焊段的最小长度不应小于最小计算长度；

4　角焊缝最小焊脚尺寸宜按表 5.4.2 取值；

5　被焊构件中较薄板厚度不小于 25mm 时，宜

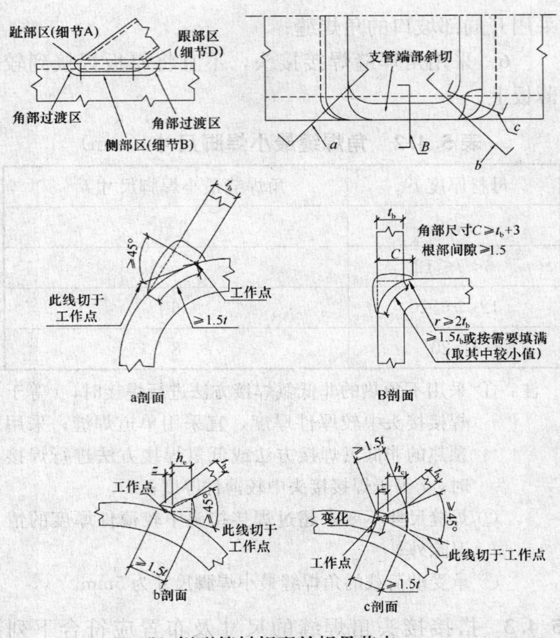

(b) 矩形管材相配的相贯节点

图 5.3.6-4　管材相贯节点部分焊透焊缝各区坡口形式与尺寸（二）

1—t 为 t_b、t_c 中较薄截面厚度；
2—除过渡区域或跟部区域外，其余部位削斜到边缘；
3—根部间隙 0mm～5mm；4—坡口角度 $\alpha<30°$ 时应进行工艺评定；5—焊缝计算厚度 $h_e>t_b$，
z 折减尺寸见本规范表 5.3.4；6—方管截面角部过渡区的接头应制作成从一细部圆滑过渡到另一细部，焊接的起点与终点都应在方管的平直部位，转角部位应连续焊接，转角处焊缝应饱满

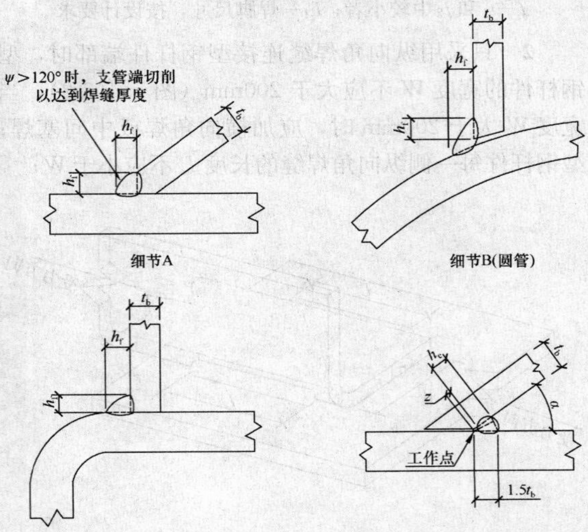

图 5.3.6-5　管材相贯节点角焊缝接头各区形状与尺寸

1—t_b为较薄件厚度；2—h_f为最小焊脚尺寸

采用开局部坡口的角焊缝；

6 采用角焊缝焊接接头，不宜将厚板焊接到较薄板上。

表 5.4.2 角焊缝最小焊脚尺寸（mm）

母材厚度 t①	角焊缝最小焊脚尺寸 h_f②
$t \leqslant 6$	3③
$6 < t \leqslant 12$	5
$12 < t \leqslant 20$	6
$t > 20$	8

注：① 采用不预热的非低氢焊接方法进行焊接时，t 等于焊接接头中较厚件厚度，宜采用单道焊缝；采用预热的非低氢焊接方法或低氢焊接方法进行焊接时，t 等于焊接接头中较薄件厚度；

② 焊缝尺寸不要求超过焊接接头中较薄件厚度的情况除外；

③ 承受动荷载的角焊缝最小焊脚尺寸为 5mm。

5.4.3 搭接接头角焊缝的尺寸及布置应符合下列规定：

1 传递轴向力的部件，其搭接接头最小搭接长度应为较薄件厚度的 5 倍，且不应小于 25mm（图 5.4.3-1），并应施焊纵向或横向双角焊缝；

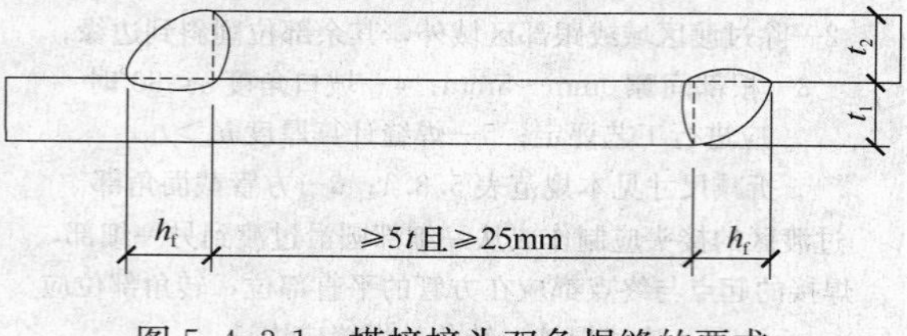

图 5.4.3-1 搭接接头双角焊缝的要求

t—t_1和 t_2中较小者；h_f—焊脚尺寸，按设计要求

2 只采用纵向角焊缝连接型钢杆件端部时，型钢杆件的宽度 W 不应大于 200mm（图 5.4.3-2），当宽度 W 大于 200mm 时，应加横向角焊或中间塞焊；型钢杆件每一侧纵向角焊缝的长度 L 不应小于 W；

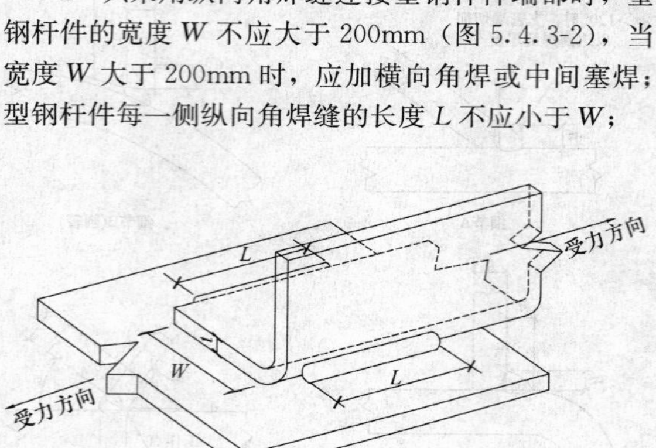

图 5.4.3-2 纵向角焊缝的最小长度

3 型钢杆件搭接接头采用围焊时，在转角处应连续施焊。杆件端部搭接角焊缝作绕焊时，绕焊长度不应小于焊脚尺寸的 2 倍，并应连续施焊；

4 搭接焊缝沿母材棱边的最大焊脚尺寸，当板厚不大于 6mm 时，应为母材厚度，当板厚大于 6mm 时，应为母材厚度减去 1mm～2mm（图 5.4.3-3）；

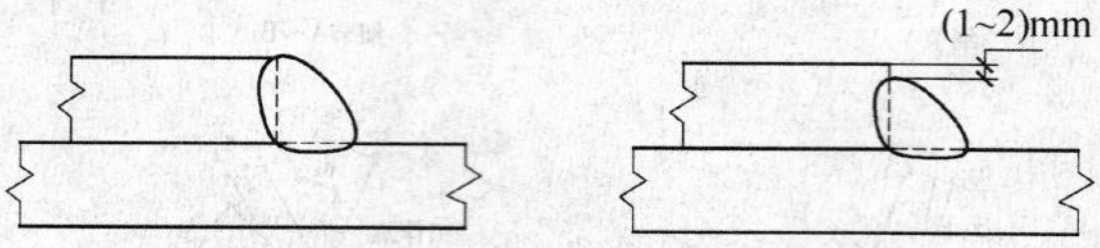

(a) 母材厚度小于等于6mm时　(b) 母材厚度大于6mm时

图 5.4.3-3 搭接焊缝沿母材棱边的最大焊脚尺寸

5 用搭接焊缝传递荷载的套管接头可只焊一条角焊缝，其管材搭接长度 L 不应小于 $5(t_1+t_2)$，且不应小于 25mm。搭接焊缝焊脚尺寸应符合设计要求（图 5.4.3-4）。

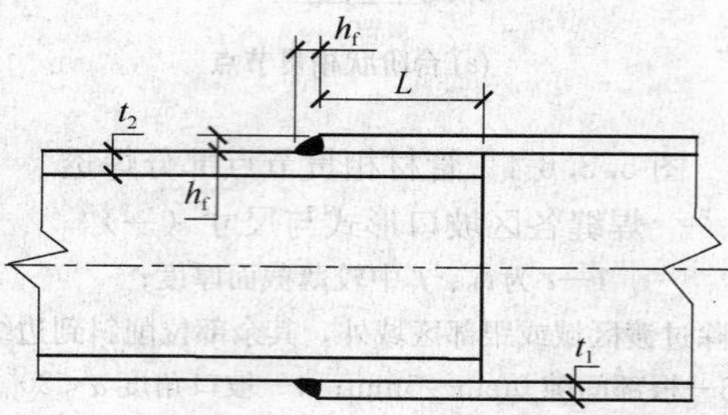

图 5.4.3-4 管材套管连接的搭接焊缝最小长度

5.4.4 不同厚度及宽度的材料对接时，应作平缓过渡，并应符合下列规定：

1 不同厚度的板材或管材对接接头受拉时，其允许厚度差值（t_1-t_2）应符合表 5.4.4 的规定。当厚度差值（t_1-t_2）超过表 5.4.4 的规定时应将焊缝焊成斜坡状，其坡度最大允许值应为 1∶2.5，或将较厚板的一面或两面及管材的内壁或外壁在焊前加工成斜坡，其坡度最大允许值应为 1∶2.5（图 5.4.4）。

表 5.4.4 不同厚度钢材对接的允许厚度差（mm）

较薄钢材厚度 t_2	$5 \leqslant t_2 \leqslant 9$	$9 < t_2 \leqslant 12$	$t_2 > 12$
允许厚度差 t_1-t_2	2	3	4

2 不同宽度的板材对接时，应根据施工条件采用热切割、机械加工或砂轮打磨的方法使之平缓过渡，其连接处最大允许坡度值应为 1∶2.5［图 5.4.4(e)］。

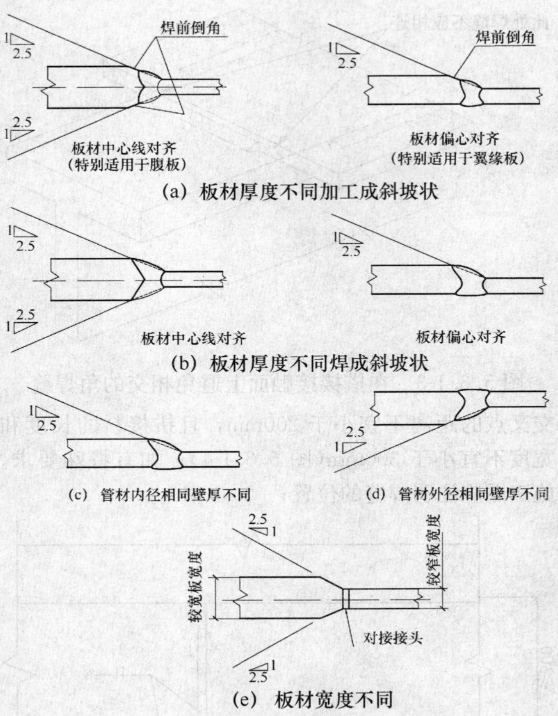

图 5.4.4 对接接头部件厚度、宽度不同时的平缓过渡要求

5.5 防止板材产生层状撕裂的节点、选材和工艺措施

5.5.1 在T形、十字形及角接接头设计中，当翼缘板厚度不小于20mm时，应避免或减少使母材板厚方向承受较大的焊接收缩应力，并宜采取下列节点构造设计：

1 在满足焊透深度要求和焊缝致密性条件下，宜采用较小的焊接坡口角度及间隙[图 5.5.1-1(a)]；

2 在角接接头中，宜采用对称坡口或偏向于侧板的坡口[图 5.5.1-1(b)]；

3 宜采用双面坡口对称焊接代替单面坡口非对称焊接[图 5.5.1-1(c)]；

4 在T形或角接接头中，板厚方向承受焊接拉应力的板材端头宜伸出接头焊缝区[图 5.5.1-1(d)]；

5 在T形、十字形接头中，宜采用铸钢或锻钢过渡段，并宜以对接接头取代T形、十字形接头[图 5.5.1-1(e)、图 5.5.1-1(f)]；

6 宜改变厚板接头受力方向，以降低厚度方向的应力(图 5.5.1-2)；

7 承受静荷载的节点，在满足接头强度计算要求的条件下，宜用部分焊透的对接与角接组合焊缝代替全焊透坡口焊缝(图 5.5.1-3)。

5.5.2 焊接结构中母材厚度方向上需承受较大焊接收缩应力时，应选用具有较好厚度方向性能的钢材。

5.5.3 T形接头、十字接头、角接接头宜采用下列

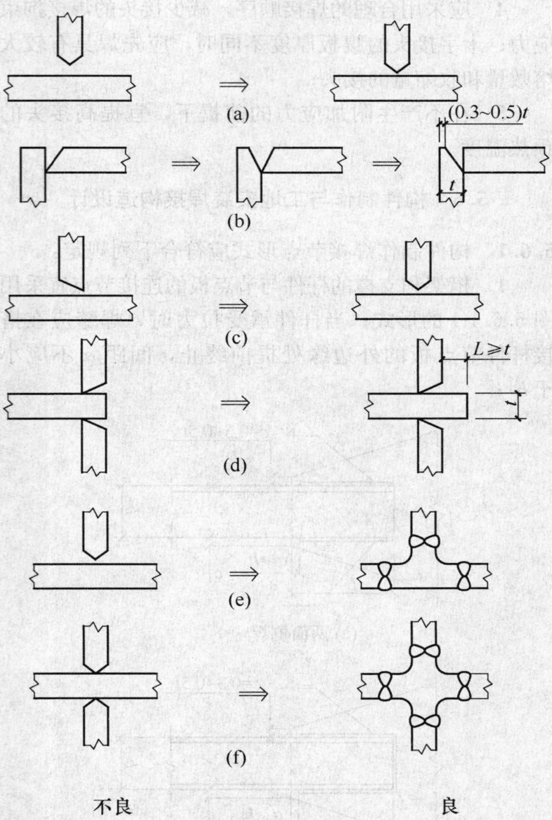

图 5.5.1-1 T形、十字形、角接接头防止层状撕裂的节点构造设计

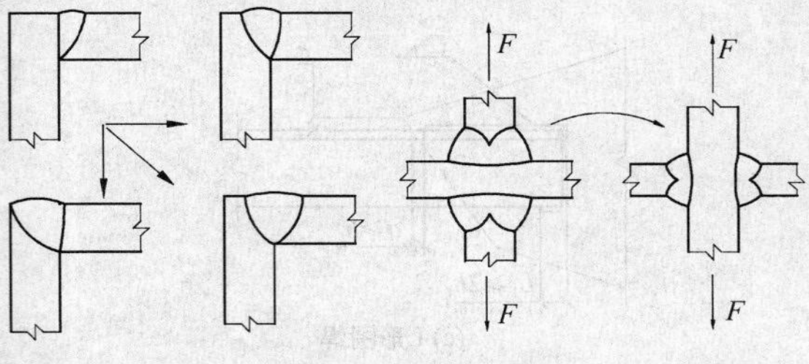

图 5.5.1-2 改善厚度方向焊接应力大小的措施

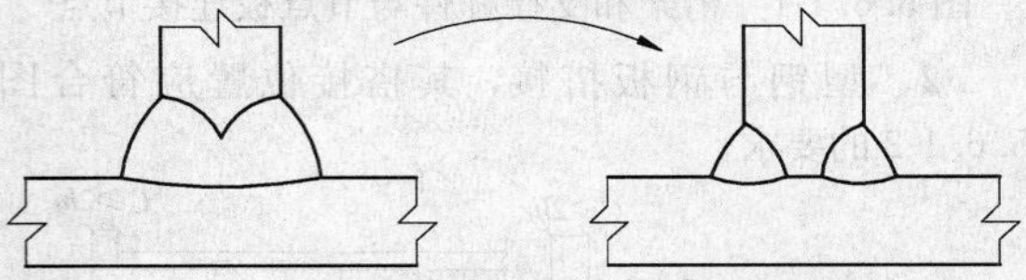

图 5.5.1-3 采用部分焊透对接与角接组合焊缝代替全焊透坡口焊缝

焊接工艺和措施：

1 在满足接头强度要求的条件下，宜选用具有较好熔敷金属塑性性能的焊接材料；应避免使用熔敷金属强度过高的焊接材料；

2 宜采用低氢或超低氢焊接材料和焊接方法进行焊接；

3 可采用塑性较好的焊接材料在坡口内翼缘板表面上先堆焊塑性过渡层；

4　应采用合理的焊接顺序，减少接头的焊接拘束应力；十字接头的腹板厚度不同时，应先焊具有较大熔敷量和收缩量的接头；

5　在不产生附加应力的前提下，宜提高接头的预热温度。

5.6　构件制作与工地安装焊接构造设计

5.6.1　构件制作焊接节点形式应符合下列规定：

1　桁架和支撑的杆件与节点板的连接节点宜采用图 5.6.1-1 的形式；当杆件承受拉力时，焊缝应在搭接杆件节点板的外边缘处提前终止，间距 a 不应小于 h_f；

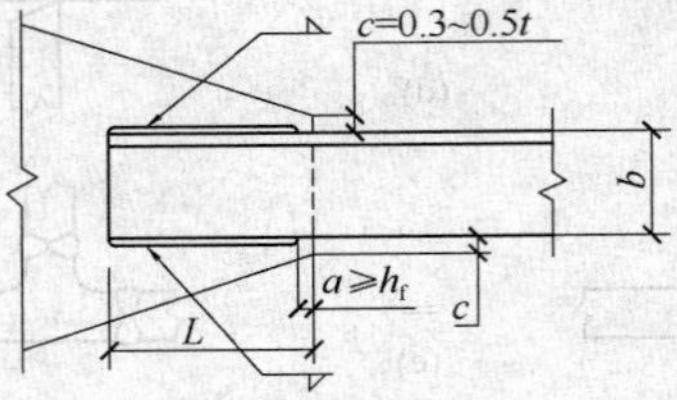

(a) 两面侧焊

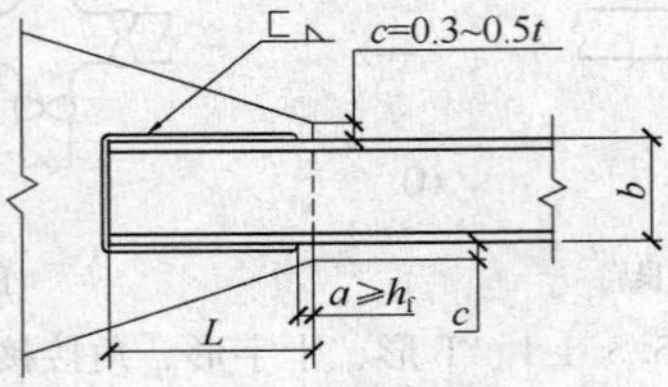

(b) 三面围焊

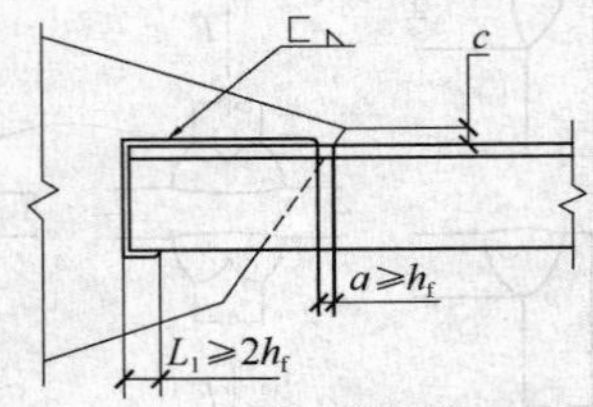

(c) L形围焊

图 5.6.1-1　桁架和支撑杆件与节点板连接节点

2　型钢与钢板搭接，其搭接位置应符合图 5.6.1-2 的要求；

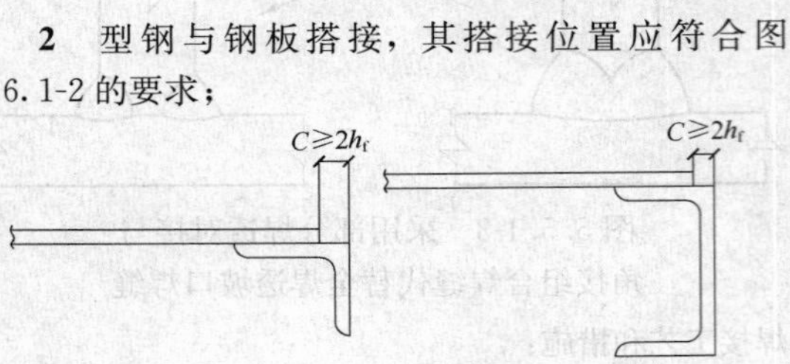

图 5.6.1-2　型钢与钢板搭接节点

h_f—焊脚尺寸

3　搭接接头上的角焊缝应避免在同一搭接接触面上相交(图 5.6.1-3)；

4　要求焊缝与母材等强和承受动荷载的对接接头，其纵横两方向的对接焊缝，宜采用 T 形交叉；

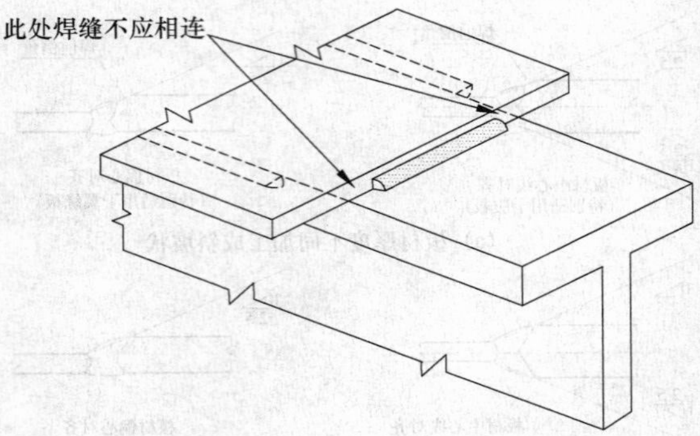

图 5.6.1-3　在搭接接触面上避免相交的角焊缝

交叉点的距离不宜小于 200mm，且拼接料的长度和宽度不宜小于 300mm(图 5.6.1-4)；如有特殊要求，施工图应注明焊缝的位置；

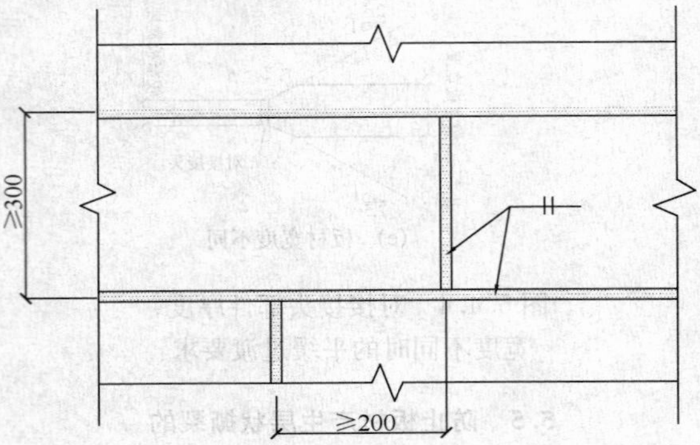

图 5.6.1-4　对接接头 T 形交叉

5　角焊缝作纵向连接的部件，如在局部荷载作用区采用一定长度的对接与角接组合焊缝来传递荷载，在此长度以外坡口深度应逐步过渡至零，且过渡长度不应小于坡口深度的 4 倍；

6　焊接箱形组合梁、柱的纵向焊缝，宜采用全焊透或部分焊透的对接焊缝(图 5.6.1-5)；要求全焊透时，应采用衬垫单面焊[图 5.6.1-5(b)]；

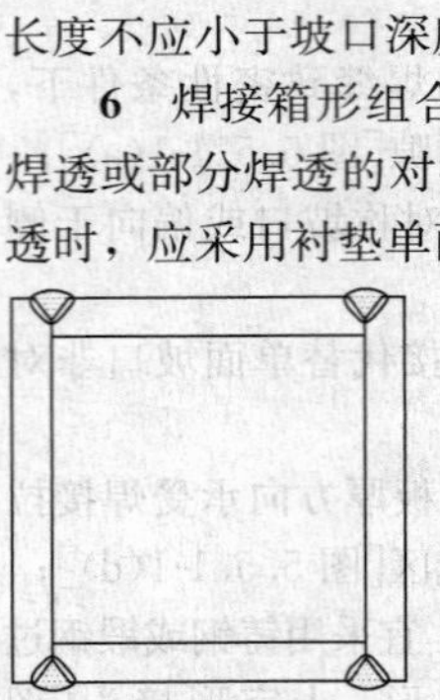

(a) 部分焊透焊缝

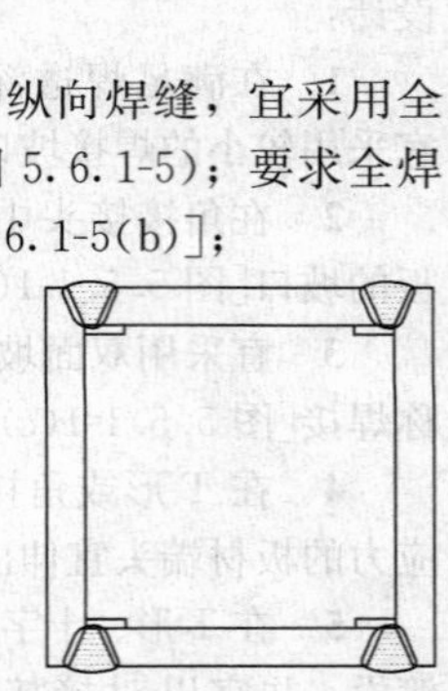

(b) 全焊透焊缝

图 5.6.1-5　箱形组合柱的纵向组装焊缝

7　只承受静荷载的焊接组合 H 形梁、柱的纵向连接焊缝，当腹板厚度大于 25mm 时，宜采用全焊透焊缝或部分焊透焊缝[图 5.6.1-6(b)、(c)]；

8　箱形柱与隔板的焊接，应采用全焊透焊缝[图 5.6.1-7(a)]；对无法进行电弧焊焊接的焊缝，宜采用电渣焊焊接，且焊缝宜对称布置[图 5.6.1-7(b)]；

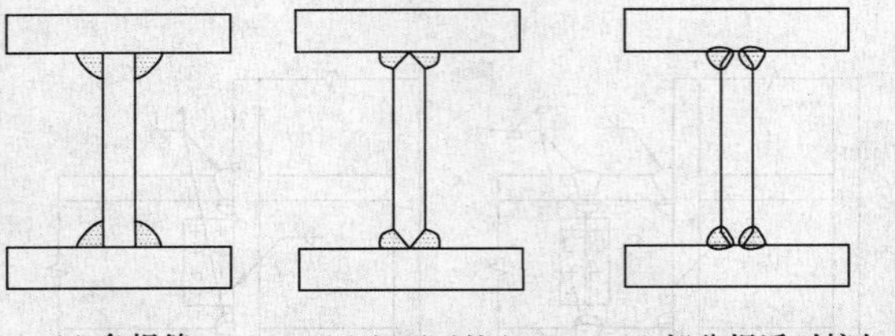

(a) 角焊缝　(b) 全焊透对接与角接组合焊缝　(c) 部分焊透对接与角接组合焊缝

图 5.6.1-6　角焊缝、全焊透及部分焊透对接与角接组合焊缝

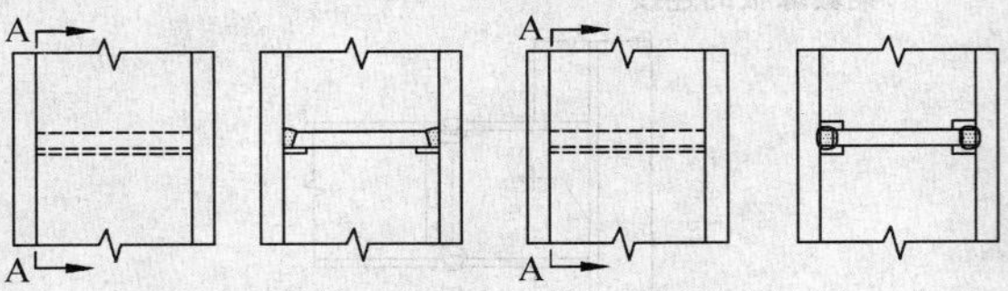

(a) 电弧焊　(b) 电渣焊

图 5.6.1-7　箱形柱与隔板的焊接接头形式

9　钢管混凝土组合柱的纵向和横向焊缝，应采用双面或单面全焊透接头形式(高频焊除外)，纵向焊缝焊接接头形式见图 5.6.1-8；

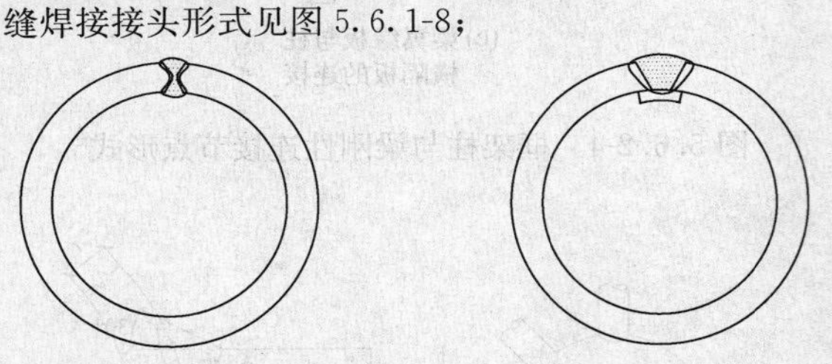

(a)　全焊透双面焊　(b)　全焊透单面焊

图 5.6.1-8　钢管柱纵向焊缝焊接接头形式

10　管-球结构中，对由两个半球焊接而成的空心球，采用不加肋和加肋两种形式时，其构造见图 5.6.1-9。

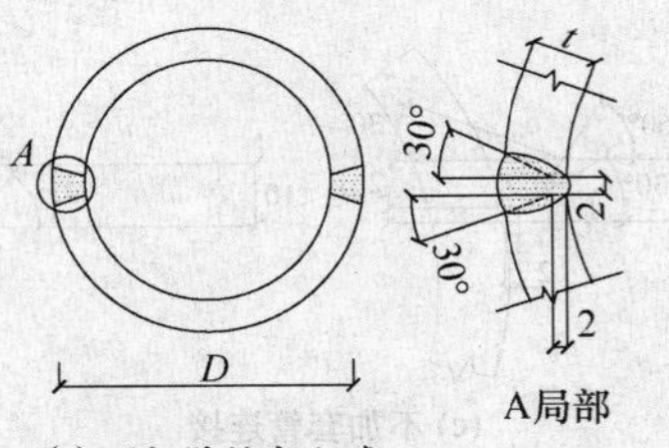

(a) 不加肋的空心球

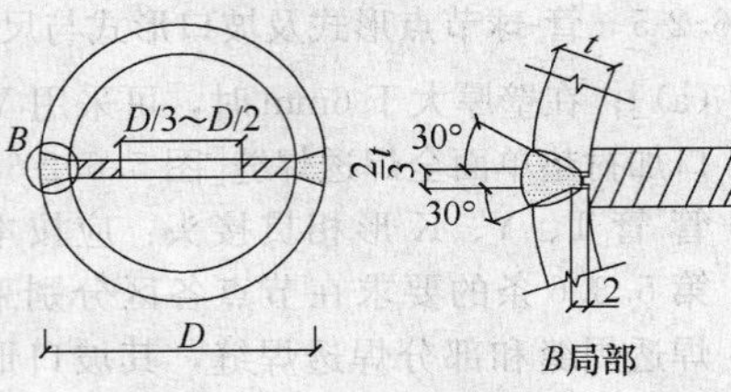

(b) 加肋的空心球

图 5.6.1-9　空心球制作焊接接头形式

5.6.2　工地安装焊接节点形式应符合下列规定：

1　H 形框架柱安装拼接接头宜采用高强度螺栓和焊接组合节点或全焊接节点[图 5.6.2-1(a)、图 5.6.2-1(b)]。采用高强度螺栓和焊接组合节点时，腹板应采用高强度螺栓连接，翼缘板应采用单 V 形坡口加衬垫全焊透焊缝连接[图 5.6.2-1(c)]。采用全焊接节点时，翼缘板应采用单 V 形坡口加衬垫全焊透焊缝，腹板宜采用 K 形坡口双面部分焊透焊缝，反面不应清根；设计要求腹板全焊透时，如腹板厚度不大于 20mm，宜采用单 V 形坡口加衬垫焊接[图 5.6.2-1(d)]，如腹板厚度大于 20mm，宜采用 K 形坡口，应反面清根后焊接[图 5.6.2-1(e)]；

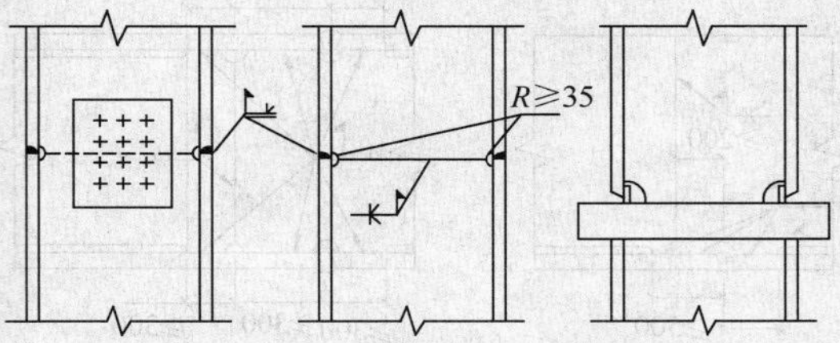

(a)　栓焊组合节点　(b)　全焊接节点形式

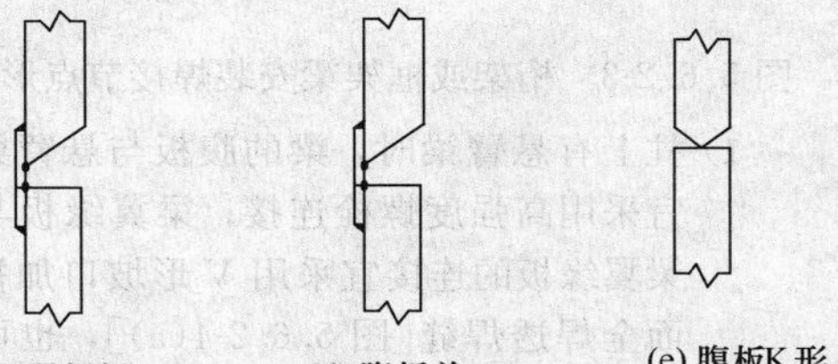

(c) 翼板焊接坡口　(d) 腹板单V形焊接坡口　(e) 腹板K形焊接坡口

图 5.6.2-1　H 形框架柱安装拼接节点及坡口形式

2　钢管及箱形框架柱安装拼接应采用全焊接头，并应根据设计要求采用全焊透焊缝或部分焊透焊缝。全焊透焊缝坡口形式应采用单 V 形坡口加衬垫，见图 5.6.2-2；

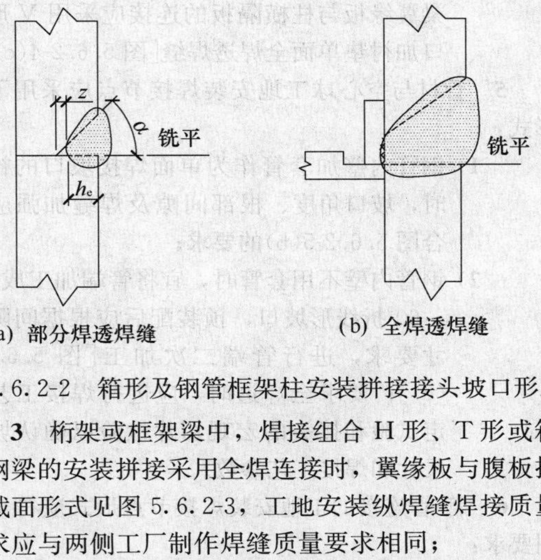

(a)　部分焊透焊缝　(b)　全焊透焊缝

图 5.6.2-2　箱形及钢管框架柱安装拼接接头坡口形式

3　桁架或框架梁中，焊接组合 H 形、T 形或箱形钢梁的安装拼接采用全焊连接时，翼缘板与腹板拼接截面形式见图 5.6.2-3，工地安装纵焊缝焊接质量要求应与两侧工厂制作焊缝质量要求相同；

4　框架柱与梁刚性连接时，应采用下列连接节点形式：

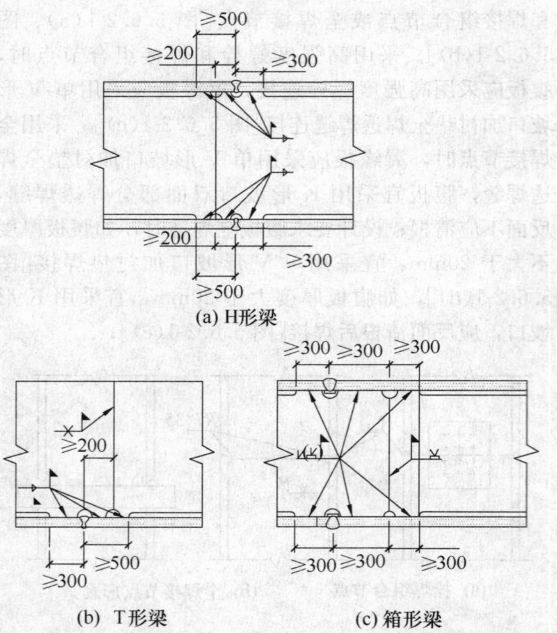

图 5.6.2-3　桁架或框架梁安装焊接节点形式

1）柱上有悬臂梁时，梁的腹板与悬臂梁腹板宜采用高强度螺栓连接；梁翼缘板与悬臂梁翼缘板的连接宜采用 V 形坡口加衬垫单面全焊透焊缝[图 5.6.2-4(a)]，也可采用双面焊全焊透焊缝；

2）柱上无悬臂梁时，梁的腹板与柱上已焊好的承剪板宜采用高强度螺栓连接，梁翼缘板与柱身的连接应采用单边 V 形坡口加衬垫单面全焊透焊缝[图 5.6.2-4(b)]；

3）梁与 H 形柱弱轴方向刚性连接时，梁的腹板与柱的纵筋板宜采用高强度螺栓连接；梁翼缘板与柱横隔板的连接应采用 V 形坡口加衬垫单面全焊透焊缝[图 5.6.2-4(c)]。

5　管材与空心球工地安装焊接节点应采用下列形式：

1）钢管内壁加套管作为单面焊接坡口的衬垫时，坡口角度、根部间隙及焊缝加强应符合图 5.6.2-5(b)的要求；

2）钢管内壁不用套管时，宜将管端加工成 30°～60°折线形坡口，预装配后应根据间隙尺寸要求，进行管端二次加工[图 5.6.2-5(c)]；要求全焊透时，应进行焊接工艺评定试验和接头的宏观切片检验以确认坡口尺寸和焊接工艺参数。

6　管-管连接的工地安装焊接节点形式应符合下列要求：

1）管-管对接：在壁厚不大于 6mm 时，可采用 I 形坡口加衬垫单面全焊透焊缝[图 5.6.2-6

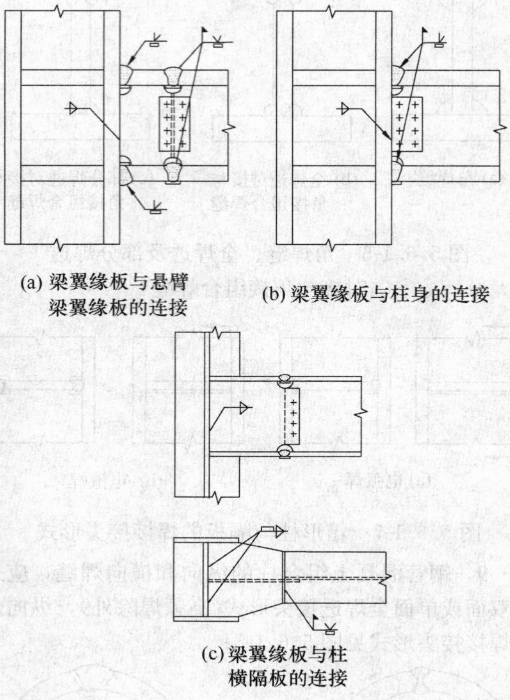

图 5.6.2-4　框架柱与梁刚性连接节点形式

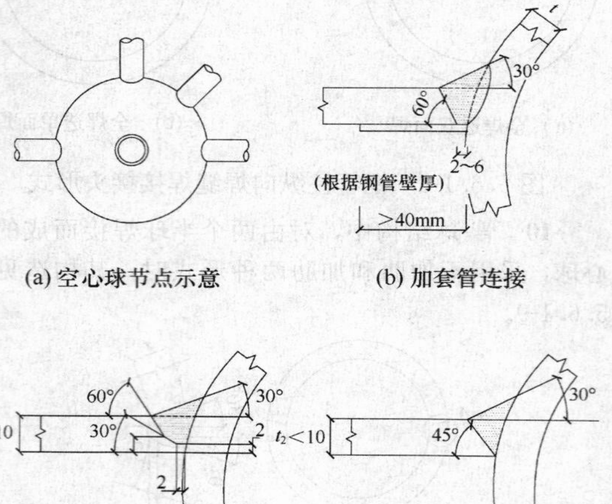

图 5.6.2-5　管-球节点形式及坡口形式与尺寸

(a)]；在壁厚大于 6mm 时，可采用 V 形坡口加衬垫单面全焊透焊缝[图 5.6.2-6(b)]；

2）管-管 T、Y、K 形相贯接头：应按本规范第 5.3.6 条的要求在节点各区分别采用全焊透焊缝和部分焊透焊缝，其坡口形式及尺寸应符合本规范图 5.3.6-3、图 5.3.6-4 的要求；设计要求采用角焊缝时，其坡口形式及尺寸应符合本规范图 5.3.6-5 的要求。

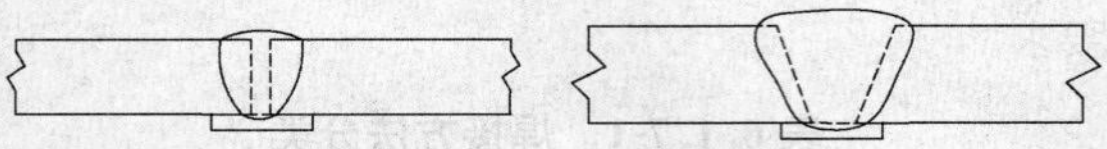

(a)Ⅰ形坡口对接　　(b) V形坡口对接

图 5.6.2-6　管-管对接连接节点形式

5.7　承受动载与抗震的焊接构造设计

5.7.1　承受动载需经疲劳验算时，严禁使用塞焊、槽焊、电渣焊和气电立焊接头。

5.7.2　承受动载时，塞焊、槽焊、角焊、对接接头应符合下列规定：

1　承受动载不需要进行疲劳验算的构件，采用塞焊、槽焊时，孔或槽的边缘到构件边缘在垂直于应力方向上的间距不应小于此构件厚度的 5 倍，且不应小于孔或槽宽度的 2 倍；构件端部搭接接头的纵向角焊缝长度不应小于两侧焊缝间的垂直间距 a，且在无塞焊、槽焊等其他措施时，间距 a 不应大于较薄件厚度 t 的 16 倍，见图 5.7.2；

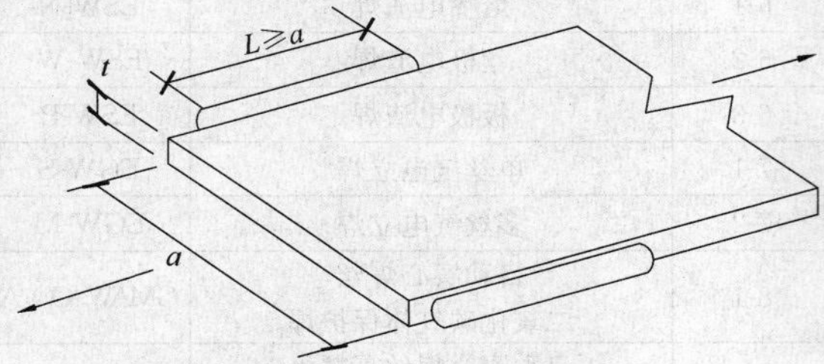

图 5.7.2　承受动载不需进行疲劳验算时构件端部纵向角焊缝长度及间距要求

a—不应大于 $16t$（中间有塞焊焊缝或槽焊焊缝时除外）

2　严禁采用焊脚尺寸小于 5mm 的角焊缝；

3　严禁采用断续坡口焊缝和断续角焊缝；

4　对接与角接组合焊缝和 T 形接头的全焊透坡口焊缝应采用角焊缝加强，加强焊脚尺寸应不小于接头较薄件厚度的 1/2，但最大值不得超过 10mm；

5　承受动载需经疲劳验算的接头，当拉应力与焊缝轴线垂直时，严禁采用部分焊透对接焊缝、背面不清根的无衬垫焊缝；

6　除横焊位置以外，不宜采用 L 形和 J 形坡口；

7　不同板厚的对接接头承受动载时，应按本规范第 5.4.4 条的规定做成平缓过渡。

5.7.3　承受动载构件的组焊节点形式应符合下列规定：

1　有对称横截面的部件组合节点，应以构件轴线对称布置焊缝，当应力分布不对称时应作相应调整；

2　用多个部件组叠成构件时，应沿构件纵向采用连续焊缝连接；

3　承受动载荷需经疲劳验算的桁架，其弦杆和腹杆与节点板的搭接焊缝应采用围焊，杆件焊缝间距不应小于 50mm。节点板连接形式应符合图 5.7.3-1 的要求；

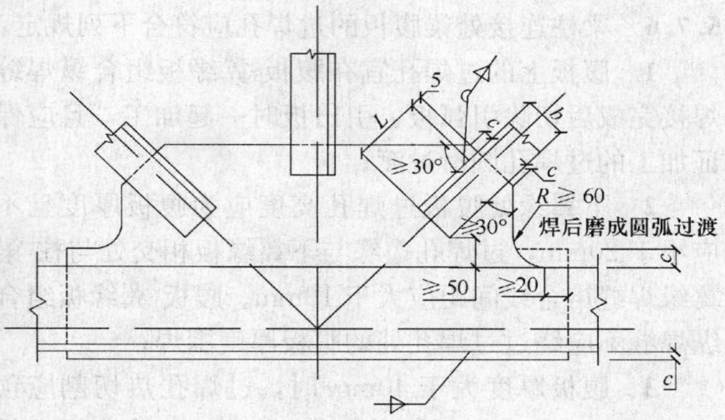

图 5.7.3-1　桁架弦杆、腹杆与节点板连接形式

$L>b$；$c\geqslant 2h_f$

4　实腹吊车梁横向加劲板与翼缘板之间的焊缝应避免与吊车梁纵向主焊缝交叉。其焊接节点构造宜采用图 5.7.3-2 的形式。

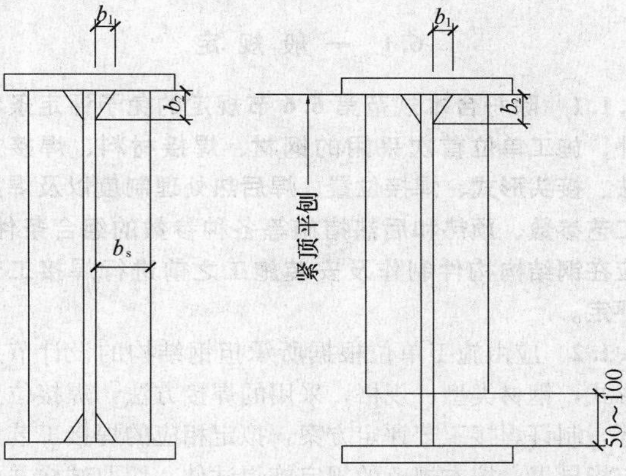

(a) 支座加劲肋　　(b) 中间加劲肋

图 5.7.3-2　实腹吊车梁横向加劲肋板连接构造

$b_1\approx\frac{b_s}{3}$ 且≤40mm；$b_2\approx\frac{b_s}{2}$ 且≤60mm

5.7.4　抗震结构框架柱与梁的刚性连接节点焊接时，应符合下列规定：

1　梁的翼缘板与柱之间的对接与角接组合焊缝的加强焊脚尺寸应不小于翼缘板厚的 1/4，但最大值不得超过 10mm；

2　梁的下翼缘板与柱之间宜采用 L 或 J 形坡口无衬垫单面全焊透焊缝，并应在反面清根后封底焊成平缓过渡形状；采用 L 形坡口加衬垫单面全焊透焊缝时，焊接完成后应去除全部长度的衬垫及引弧板、引出板，打磨清除未熔合或夹渣等缺陷后，再封底焊成平缓过渡形状。

5.7.5　柱连接焊缝引弧板、引出板、衬垫应符合下列规定：

1　引弧板、引出板、衬垫均应去除；

2　去除时应沿柱-梁交接拐角处切割成圆弧过渡，且切割表面不得有大于 1mm 的缺棱；

3　下翼缘衬垫沿长度去除后必须打磨清理接头背面焊缝的焊渣等缺欠，并应焊补至焊缝平缓过渡。

5.7.6　梁柱连接处梁腹板的过焊孔应符合下列规定：

1　腹板上的过焊孔宜在腹板-翼缘板组合纵焊缝焊接完成后切除引弧板、引出板时一起加工，且应保证加工的过焊孔圆滑过渡；

2　下翼缘处腹板过焊孔高度应为腹板厚度且不应小于20mm，过焊孔边缘与下翼缘板相交处与柱-梁翼缘焊缝熔合线间距应大于10mm。腹板-翼缘板组合纵焊缝不应绕过过焊孔处的腹板厚度围焊；

3　腹板厚度大于40mm时，过焊孔热切割应预热65℃以上，必要时可将切割表面磨光后进行磁粉或渗透探伤；

4　不应采用堆焊方法封堵过焊孔。

6　焊接工艺评定

6.1　一 般 规 定

6.1.1　除符合本规范第6.6节规定的免予评定条件外，施工单位首次采用的钢材、焊接材料、焊接方法、接头形式、焊接位置、焊后热处理制度以及焊接工艺参数、预热和后热措施等各种参数的组合条件，应在钢结构构件制作及安装施工之前进行焊接工艺评定。

6.1.2　应由施工单位根据所承担钢结构的设计节点形式，钢材类型、规格，采用的焊接方法，焊接位置等，制订焊接工艺评定方案，拟定相应的焊接工艺评定指导书，按本规范的规定施焊试件、切取试样并由具有相应资质的检测单位进行检测试验，测定焊接接头是否具有所要求的使用性能，并出具检测报告；应由相关机构对施工单位的焊接工艺评定施焊过程进行见证，并由具有相应资质的检查单位根据检测结果及本规范的相关规定对拟定的焊接工艺进行评定，并出具焊接工艺评定报告。

6.1.3　焊接工艺评定的环境应反映工程施工现场的条件。

6.1.4　焊接工艺评定中的焊接热输入、预热、后热制度等施焊参数，应根据被焊材料的焊接性制订。

6.1.5　焊接工艺评定所用设备、仪表的性能应处于正常工作状态，焊接工艺评定所用的钢材、栓钉、焊接材料必须能覆盖实际工程所用材料并应符合相关标准要求，并应具有生产厂出具的质量证明文件。

6.1.6　焊接工艺评定试件应由该工程施工企业中持证的焊接人员施焊。

6.1.7　焊接工艺评定所用的焊接方法、施焊位置分类代号应符合表6.1.7-1、表6.1.7-2及图6.1.7-1～图6.1.7-4的规定，钢材类别应符合本规范表4.0.5的规定，试件接头形式应符合本规范表5.2.1的要求。

表6.1.7-1　焊接方法分类

焊接方法类别号	焊接方法	代　号
1	焊条电弧焊	SMAW
2-1	半自动实心焊丝二氧化碳气体保护焊	GMAW-CO_2
2-2	半自动实心焊丝富氩＋二氧化碳气体保护焊	GMAW-Ar
2-3	半自动药芯焊丝二氧化碳气体保护焊	FCAW-G
3	半自动药芯焊丝自保护焊	FCAW-SS
4	非熔化极气体保护焊	GTAW
5-1	单丝自动埋弧焊	SAW-S
5-2	多丝自动埋弧焊	SAW-M
6-1	熔嘴电渣焊	ESW-N
6-2	丝极电渣焊	ESW-W
6-3	板极电渣焊	ESW-P
7-1	单丝气电立焊	EGW-S
7-2	多丝气电立焊	EGW-M
8-1	自动实心焊丝二氧化碳气体保护焊	GMAW-CO_2A
8-2	自动实心焊丝富氩＋二氧化碳气体保护焊	GMAW-ArA
8-3	自动药芯焊丝二氧化碳气体保护焊	FCAW-GA
8-4	自动药芯焊丝自保护焊	FCAW-SA
9-1	非穿透栓钉焊	SW
9-2	穿透栓钉焊	SW-P

表6.1.7-2　施焊位置分类

焊接位置		代号	焊接位置		代号
板材	平	F	管材	水平转动平焊	1G
	横	H		竖立固定横焊	2G
	立	V		水平固定全位置焊	5G
	仰	O		倾斜固定全位置焊	6G
				倾斜固定加挡板全位置焊	6GR

6.1.8　焊接工艺评定结果不合格时，可在原焊件上就不合格项目重新加倍取样进行检验。如还不能达到合格标准，应分析原因，制订新的焊接工艺评定方案，按原步骤重新评定，直到合格为止。

6.1.9　除符合本规范第6.6节规定的免予评定条件外，对于焊接难度等级为A、B、C级的钢结构焊接工程，其焊接工艺评定有效期应为5年；对于焊接难度等级为D级的钢结构焊接工程应按工程项目进行

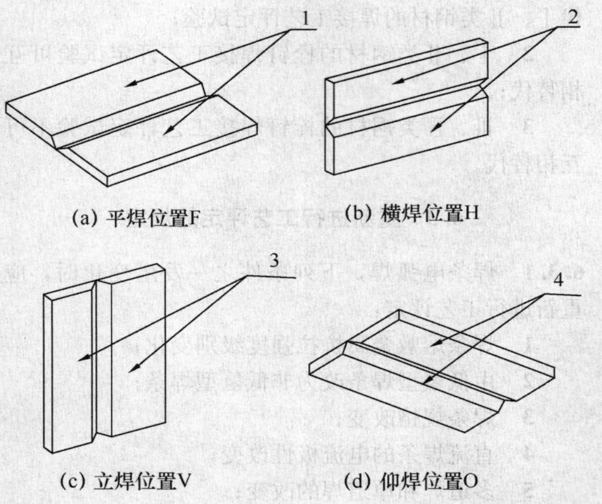

图 6.1.7-1　板材对接试件焊接位置

1—板平放，焊缝轴水平；2—板横立，焊缝轴水平；
3—板 90°放置，焊缝轴垂直；4—板平放，焊缝轴水平

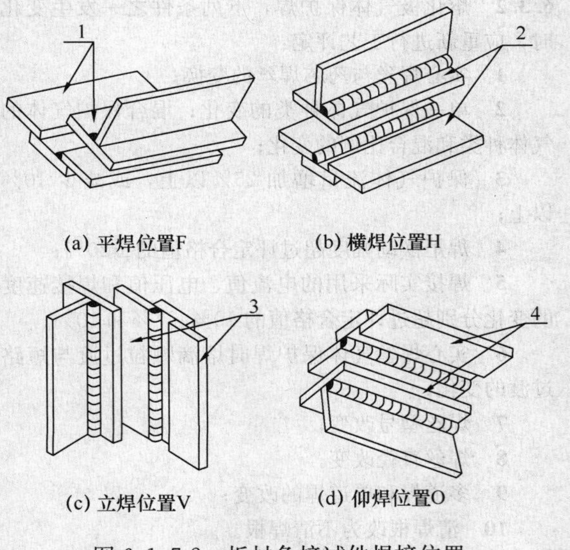

图 6.1.7-2　板材角接试件焊接位置

1—板 45°放置，焊缝轴水平；2—板平放，焊缝轴水平；
3—板竖立，焊缝轴垂直；4—板平放，焊缝轴水平

焊接工艺评定。

6.1.10　焊接工艺评定文件包括焊接工艺评定报告、焊接工艺评定指导书、焊接工艺评定记录表、焊接工艺评定检验结果表及检验报告，应报相关单位审查备案。焊接工艺评定文件宜采用本规范附录 B 的格式。

6.2　焊接工艺评定替代规则

6.2.1　不同焊接方法的评定结果不得互相替代。不同焊接方法组合焊接可用相应板厚的单种焊接方法评定结果替代，也可用不同焊接方法组合焊接评定，但弯曲及冲击试样切取位置应包含不同的焊接方法；同

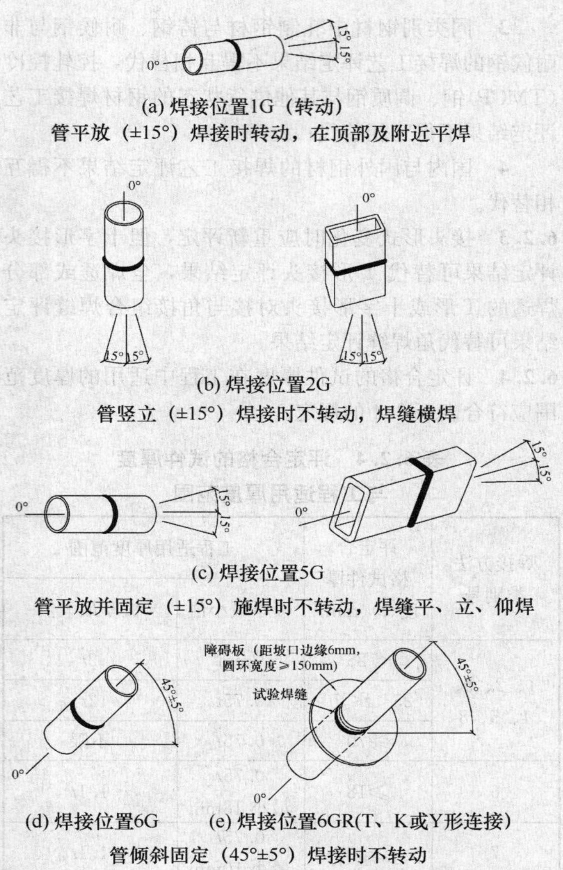

图 6.1.7-3　管材对接试件焊接位置

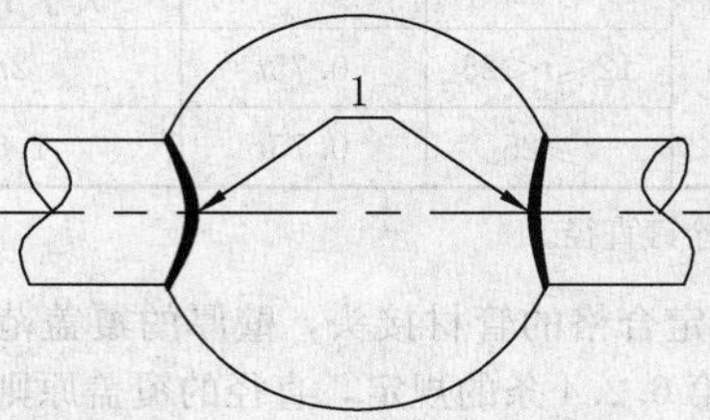

图 6.1.7-4　管-球接头试件

1—焊接位置分类按管材对接接头

种牌号钢材中，质量等级高的钢材可替代质量等级低的钢材，质量等级低的钢材不可替代质量等级高的钢材。

6.2.2　除栓钉焊外，不同钢材焊接工艺评定的替代规则应符合下列规定：

1　不同类别钢材的焊接工艺评定结果不得互相替代；

2　Ⅰ、Ⅱ类同类别钢材中当强度和质量等级发生变化时，在相同供货状态下，高级别钢材的焊接工艺评定结果可替代低级别钢材；Ⅲ、Ⅳ类同类别钢材中的焊接工艺评定结果不得相互替代；除Ⅰ、Ⅱ类别钢材外，不同类别的钢材组合焊接时应重新评定，不得用单类钢材的评定结果替代；

3　同类别钢材中轧制钢材与铸钢、耐候钢与非耐候钢的焊接工艺评定结果不得互相替代，控轧控冷(TMCP)钢、调质钢与其他供货状态的钢材焊接工艺评定结果不得互相替代；

4　国内与国外钢材的焊接工艺评定结果不得互相替代。

6.2.3　接头形式变化时应重新评定，但十字形接头评定结果可替代T形接头评定结果，全焊透或部分焊透的T形或十字形接头对接与角接组合焊缝评定结果可替代角焊缝评定结果。

6.2.4　评定合格的试件厚度在工程中适用的厚度范围应符合表6.2.4的规定。

表6.2.4　评定合格的试件厚度与工程适用厚度范围

焊接方法类别号	评定合格试件厚度(t)(mm)	工程适用厚度范围	
		板厚最小值	板厚最大值
1、2、3、4、5、8	≤25	3mm	2t
	25<t≤70	0.75t	2t
	>70	0.75t	不限
6	≥18	0.75t 最小18mm	1.1t
7	≥10	0.75t 最小10mm	1.1t
9	1/3ϕ≤t<12	t	2t，且不大于16mm
	12≤t<25	0.75t	2t
	t≥25	0.75t	1.5t

注：ϕ为栓钉直径。

6.2.5　评定合格的管材接头，壁厚的覆盖范围应符合本规范第6.2.4条的规定，直径的覆盖原则应符合下列规定：

1　外径小于600mm的管材，其直径覆盖范围不应小于工艺评定试验管材的外径；

2　外径不小于600mm的管材，其直径覆盖范围不应小于600mm。

6.2.6　板材对接与外径不小于600mm的相应位置管材对接的焊接工艺评定可互相替代。

6.2.7　除栓钉焊外，横焊位置评定结果可替代平焊位置，平焊位置评定结果不可替代横焊位置。立、仰焊接位置与其他焊接位置之间不可互相替代。

6.2.8　有衬垫与无衬垫的单面焊全焊透接头不可互相替代；有衬垫单面焊全焊透接头和反面清根的双面焊全焊透接头可互相替代；不同材质的衬垫不可互相替代。

6.2.9　当栓钉材质不变时，栓钉焊被焊钢材应符合下列替代规则：

1　Ⅲ、Ⅳ类钢材的栓钉焊接工艺评定试验可替代Ⅰ、Ⅱ类钢材的焊接工艺评定试验；

2　Ⅰ、Ⅱ类钢材的栓钉焊接工艺评定试验可互相替代；

3　Ⅲ、Ⅳ类钢材的栓钉焊接工艺评定试验不可互相替代。

6.3　重新进行工艺评定的规定

6.3.1　焊条电弧焊，下列条件之一发生变化时，应重新进行工艺评定：

1　焊条熔敷金属抗拉强度级别变化；

2　由低氢型焊条改为非低氢型焊条；

3　焊条规格改变；

4　直流焊条的电流极性改变；

5　多道焊和单道焊的改变；

6　清焊根改为不清焊根；

7　立焊方向改变；

8　焊接实际采用的电流值、电压值的变化超出焊条产品说明书的推荐范围。

6.3.2　熔化极气体保护焊，下列条件之一发生变化时，应重新进行工艺评定：

1　实心焊丝与药芯焊丝的变换；

2　单一保护气体种类的变化；混合保护气体的气体种类和混合比例的变化；

3　保护气体流量增加25%以上，或减少10%以上；

4　焊炬摆动幅度超过评定合格值的±20%；

5　焊接实际采用的电流值、电压值和焊接速度的变化分别超过评定合格值的10%、7%和10%；

6　实心焊丝气体保护焊时熔滴颗粒过渡与短路过渡的变化；

7　焊丝型号改变；

8　焊丝直径改变；

9　多道焊和单道焊的改变；

10　清焊根改为不清焊根。

6.3.3　非熔化极气体保护焊，下列条件之一发生变化时，应重新进行工艺评定：

1　保护气体种类改变；

2　保护气体流量增加25%以上，或减少10%以上；

3　添加焊丝或不添加焊丝的改变；冷态送丝和热态送丝的改变；焊丝类型、强度级别型号改变；

4　焊炬摆动幅度超过评定合格值的±20%；

5　焊接实际采用的电流值和焊接速度的变化分别超过评定合格值的25%和50%；

6　焊接电流极性改变。

6.3.4　埋弧焊，下列条件之一发生变化时，应重新进行工艺评定：

1　焊丝规格改变；焊丝与焊剂型号改变；

2　多丝焊与单丝焊的改变；

3　添加与不添加冷丝的改变；

4　焊接电流种类和极性的改变；

5　焊接实际采用的电流值、电压值和焊接速度变化分别超过评定合格值的10%、7%和15%；

6　清焊根改为不清焊根。

6.3.5　电渣焊，下列条件之一发生变化时，应重新进行工艺评定：

1　单丝与多丝的改变；板极与丝极的改变；有、无熔嘴的改变；

2　熔嘴截面积变化大于30%，熔嘴牌号改变；焊丝直径改变；单、多熔嘴的改变；焊剂型号改变；

3　单侧坡口与双侧坡口的改变；

4　焊接电流种类和极性的改变；

5　焊接电源伏安特性为恒压或恒流的改变；

6　焊接实际采用的电流值、电压值、送丝速度、垂直提升速度变化分别超过评定合格值的20%、10%、40%、20%；

7　偏离垂直位置超过10°；

8　成形水冷滑块与挡板的变换；

9　焊剂装入量变化超过30%。

6.3.6　气电立焊，下列条件之一发生变化时，应重新进行工艺评定：

1　焊丝型号和直径的改变；

2　保护气种类或混合比例的改变；

3　保护气流量增加25%以上，或减少10%以上；

4　焊接电流极性改变；

5　焊接实际采用的电流值、送丝速度和电压值的变化分别超过评定合格值的15%、30%和10%；

6　偏离垂直位置变化超过10°；

7　成形水冷滑块与挡板的变换。

6.3.7　栓钉焊，下列条件之一发生变化时，应重新进行工艺评定：

1　栓钉材质改变；

2　栓钉标称直径改变；

3　瓷环材料改变；

4　非穿透焊与穿透焊的改变；

5　穿透焊中被穿透板材厚度、镀层量增加与种类的改变；

6　栓钉焊接位置偏离平焊位置25°以上的变化或平焊、横焊、仰焊位置的改变；

7　栓钉焊接方法改变；

8　预热温度比评定合格的焊接工艺降低20℃或高出50℃以上；

9　焊接实际采用的提升高度、伸出长度、焊接时间、电流值、电压值的变化超过评定合格值的±5%；

10　采用电弧焊时焊接材料改变。

6.4　试件和检验试样的制备

6.4.1　试件制备应符合下列要求：

1　选择试件厚度应符合本规范表6.2.4中规定的评定试件厚度对工程构件厚度的有效适用范围；

2　试件的母材材质、焊接材料、坡口形式、尺寸和焊接必须符合焊接工艺评定指导书的要求；

3　试件的尺寸应满足所制备试样的取样要求。各种接头形式的试件尺寸、试样取样位置应符合图6.4.1-1～图6.4.1-8的要求。

6.4.2　检验试样种类及加工应符合下列规定：

1　检验试样种类和数量应符合表6.4.2的规定。

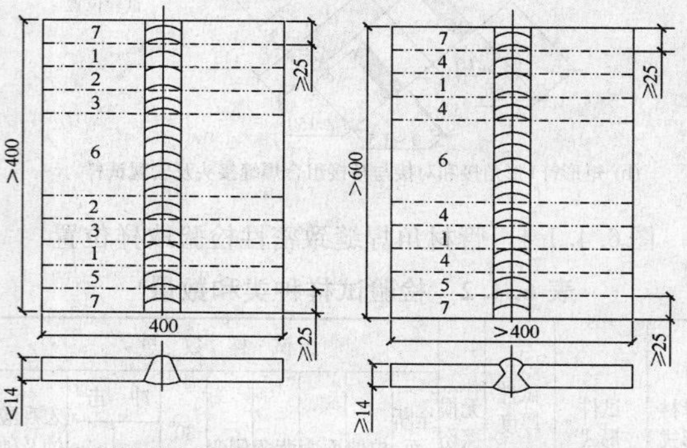

(a) 不取侧弯试样时　　(b) 取侧弯试样时

图6.4.1-1　板材对接接头试件及试样取样

1—拉伸试样；2—背弯试样；3—面弯试样；4—侧弯试样；5—冲击试样；6—备用；7—舍弃

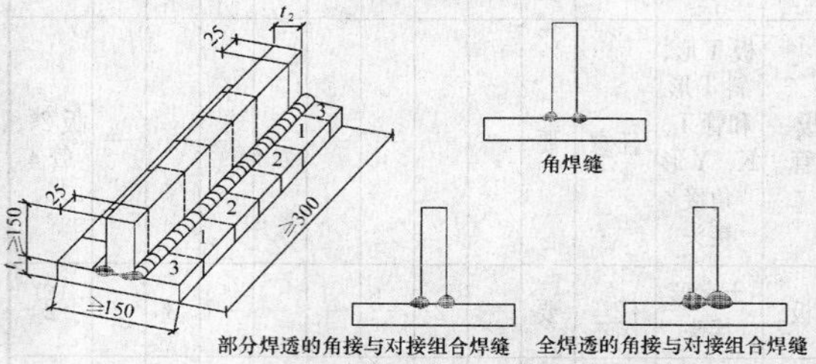

图6.4.1-2　板材角焊缝和T形对接与角接组合焊缝接头试件及宏观试样的取样

1—宏观酸蚀试样；2—备用；3—舍弃

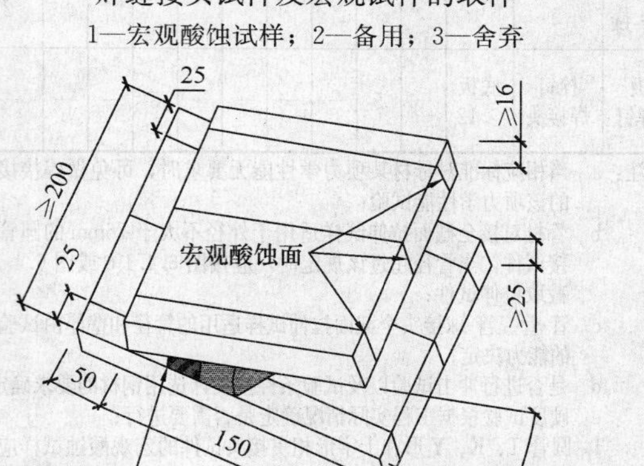

图6.4.1-3　斜T形接头(锐角根部)

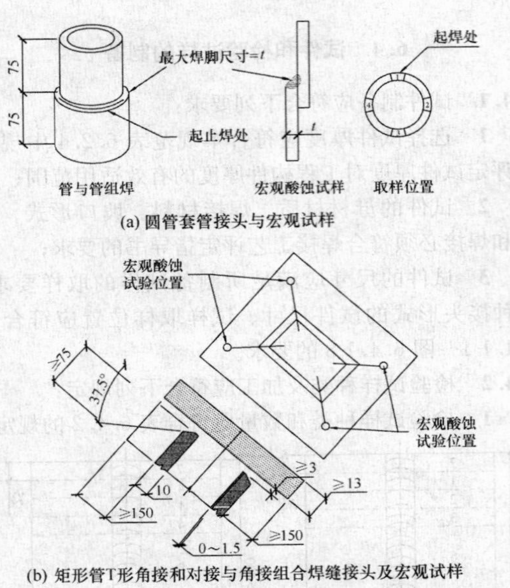

(a) 圆管套管接头与宏观试样

(b) 矩形管T形角接和对接与角接组合焊缝接头及宏观试样

图 6.4.1-4 管材角焊缝致密性检验取样位置

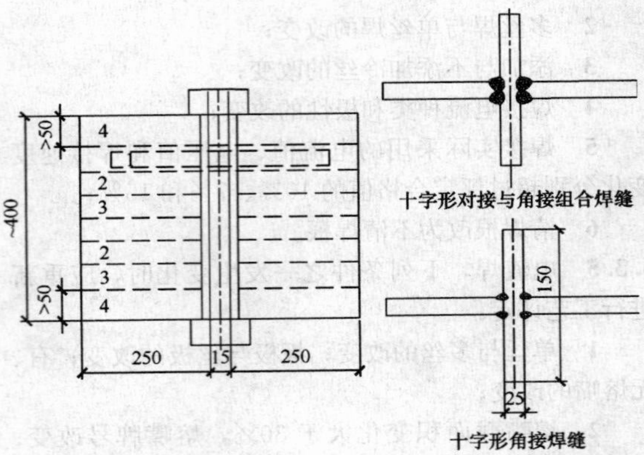

图 6.4.1-5 板材十字形角接(斜角接)及对接与角接组合焊缝接头试件及试样取样

1—宏观酸蚀试样；2—拉伸试样、冲击试样(要求时)；3—舍弃

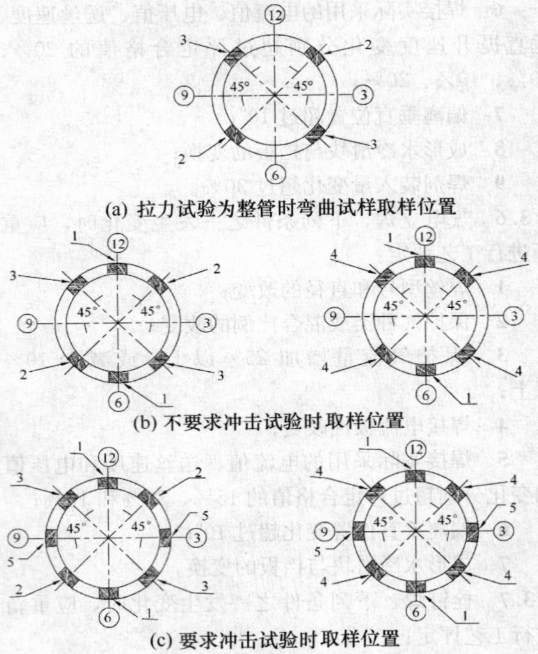

(a) 拉力试验为整管时弯曲试样取样位置

(b) 不要求冲击试验时取样位置

(c) 要求冲击试验时取样位置

图 6.4.1-6 管材对接接头试件、试样及取样位置

③⑥⑨⑫—钟点记号，为水平固定位置焊接时的定位

1—拉伸试样；2—面弯试样；3—背弯试样；4—侧弯试样；5—冲击试样

表 6.4.2 检验试样种类和数量[a]

母材形式	试件形式	试件厚度(mm)	无损探伤	试样数量								
				全断面拉伸	拉伸	面弯	背弯	侧弯	30°弯曲	冲击[d] 焊缝中心	冲击[d] 热影响区	宏观酸蚀及硬度[e,f]
板、管	对接接头	＜14	要	管 2[b]	2	2	2	—	—	3	3	—
		≥14	要	—	2	—	—	4	—	3	3	—
板、管	板T形、斜T形和管T、K、Y形角接接头	任意	要	—	—	—	—	—	—	—	—	板 2[g]、管 4
板	十字形接头	任意	要	—	2	—	—	—	—	3	3	2
管-管	十字形接头	任意	要	2[c]	—	—	—	—	—	—	—	4
管-球	—											2
板-焊钉	栓钉焊接头	底板≥12	—	5	—	—	—	—	5	—	—	—

注：a 当相应标准对母材某项力学性能无要求时，可免做焊接接头的该项力学性能试验；

b 管材对接全截面拉伸试样适用于外径不大于 76mm 的圆管对接试件，当管径超过该规定时，应按图 6.4.1-6 或图 6.4.1-7 截取拉伸试件；

c 管-管、管-球接头全截面拉伸试样适用的管径和壁厚由试验机的能力决定；

d 是否进行冲击试验以及试验条件按设计选用钢材的要求确定；

e 硬度试验根据工程实际情况确定是否需要进行；

f 圆管 T、K、Y 形和十字形相贯接头试件的宏观酸蚀试样应在接头的趾部、侧面及跟部各取一件；矩形管接头全焊透 T、K、Y 形接头试件的宏观酸蚀试样应在接头的角部各取一个，详见图 6.4.1-4；

g 斜 T 形接头(锐角根部)按图 6.4.1-3 进行宏观酸蚀检验。

2 对接接头检验试样的加工应符合下列要求：

1) 拉伸试样的加工应符合现行国家标准《焊接接头拉伸试验方法》GB/T 2651 的有关规定；根据试验机能力可采用全截面拉伸试样或沿厚度方向分层取样；分层取样时试样厚度应覆盖焊接试件的全厚度；应按试验机的能力和要求加工；

2) 弯曲试样的加工应符合现行国家标准《焊接接头弯曲试验方法》GB/T 2653 的有关规定；焊缝余高或衬垫应采用机械方法去除至与母材齐平，试样受拉面应保留母材原轧制表

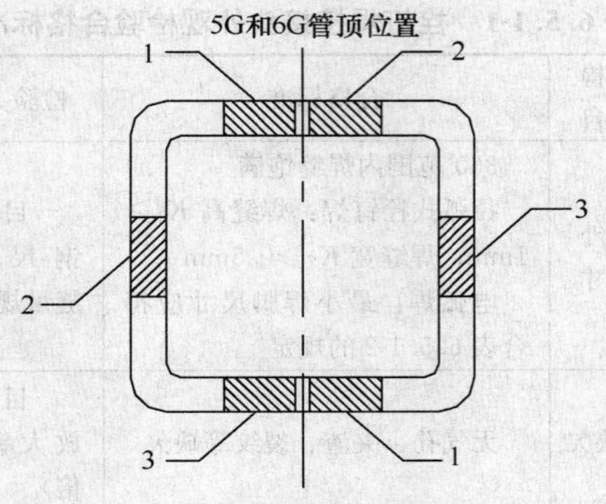

图 6.4.1-7　矩形管材对接接头试样取样位置

1—拉伸试样；2—面弯或侧弯试样、冲击试样(要求时)；
3—背弯或侧弯试样、冲击试样(要求时)

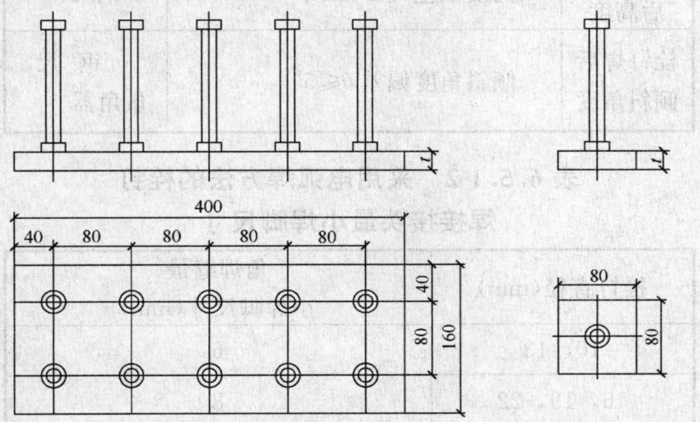

(a) 试件的形状及尺寸　　(b) 试样的形状及尺寸

图 6.4.1-8　栓钉焊焊接试件及试样

面；当板厚大于40mm时可分片切取，试样厚度应覆盖焊接试件的全厚度；

3)冲击试样的加工应符合现行国家标准《焊接接头冲击试验方法》GB/T 2650的有关规定；其取样位置单面焊时应位于焊缝正面，双面焊时应位于后焊面，与母材原表面的距离不应大于2mm；热影响区冲击试样缺口加工位置应符合图6.4.2-1的要求，不同牌号钢材焊接时其接头热影响区冲击试样应取自对冲击性能要求较低的一侧；不同焊接方法组合的焊接接头，冲击试样的取样应能覆盖所有焊接方法焊接的部位(分层取样)；

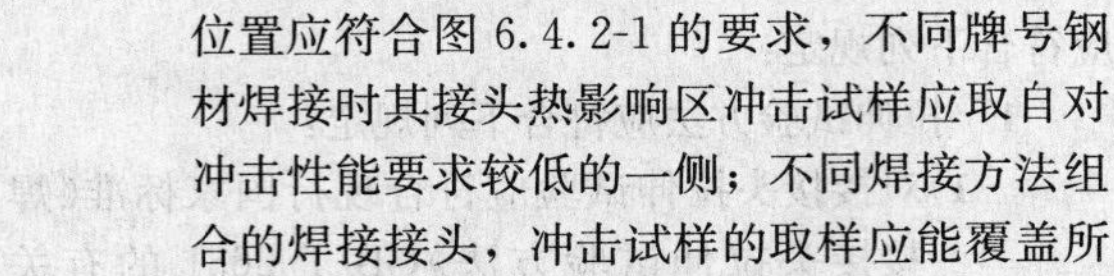

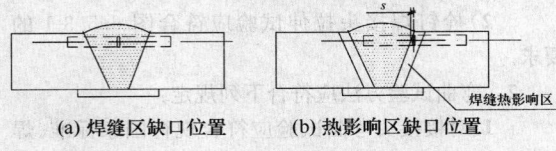

(a) 焊缝区缺口位置　　(b) 热影响区缺口位置

图 6.4.2-1　对接接头冲击试样缺口加工位置

注：热影响区冲击试样根据不同焊接工艺，缺口轴线至试样轴线与熔合线交点的距离 $S=0.5$mm～1mm，并应尽可能使缺口多通过热影响区。

4)宏观酸蚀试样的加工应符合图6.4.2-2的要求。每块试样应取一个面进行检验，不得将同一切口的两个侧面作为两个检验面。

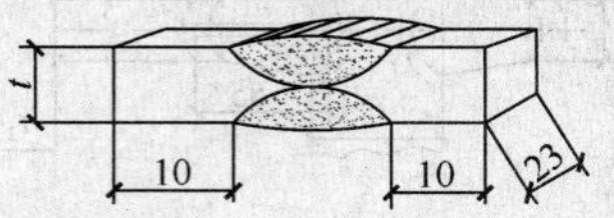

图 6.4.2-2　对接接头宏观酸蚀试样

3　T形角接接头宏观酸蚀试样的加工应符合图6.4.2-3的要求。

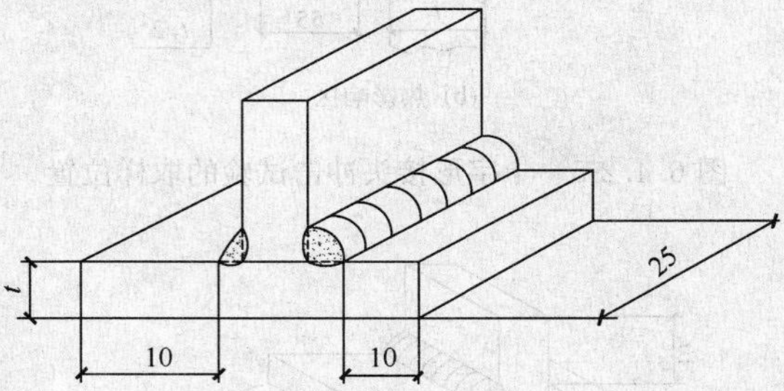

图 6.4.2-3　角接接头宏观酸蚀试样

4　十字形接头检验试样的加工应符合下列要求：

1)接头拉伸试样的加工应符合图6.4.2-4的要求；

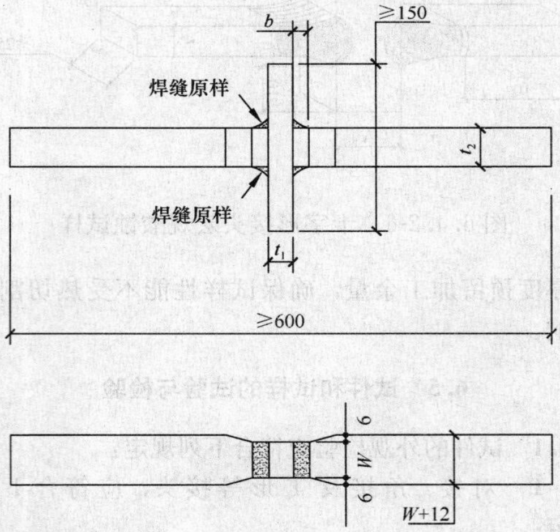

图 6.4.2-4　十字形接头拉伸试样

t_2—试验材料厚度；b—根部间隙；$t_2<36$mm时，$W=35$mm，$t_2\geqslant36$时，$W=25$mm；平行区长度：$t_1+2b+12$mm

2)接头冲击试样的加工应符合图6.4.2-5的要求；

3)接头宏观酸蚀试样的加工应符合图6.4.2-6的要求，检验面的选取应符合本条第2款第4项的规定。

5　斜T形角接接头、管-球接头、管-管相贯接头的宏观酸蚀试样的加工宜符合图6.4.2-2的要求，检验面的选取应符合本条第2款第4项的规定。

6　采用热切割取样时，应根据热切割工艺和试

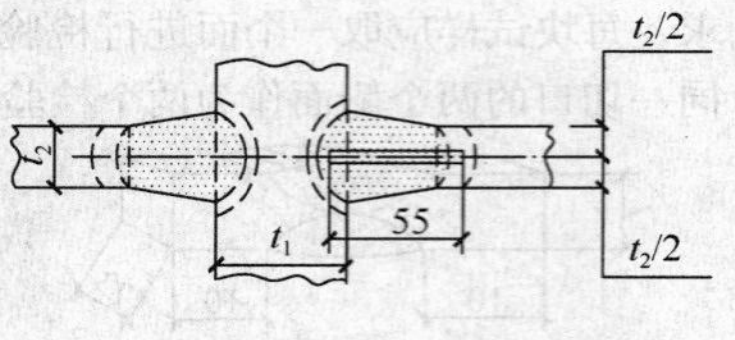

(a) 焊缝金属区

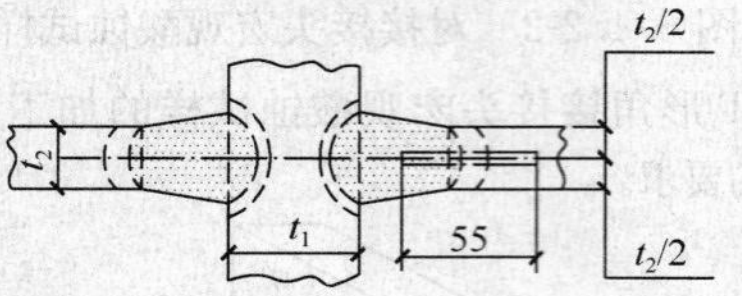

(b) 热影响区

图 6.4.2-5　十字形接头冲击试验的取样位置

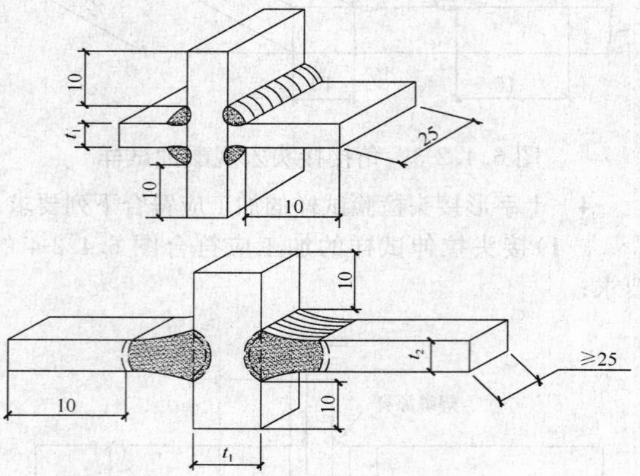

图 6.4.2-6　十字形接头宏观酸蚀试样

件厚度预留加工余量，确保试样性能不受热切割的影响。

6.5　试件和试样的试验与检验

6.5.1　试件的外观检验应符合下列规定：

1　对接、角接及 T 形等接头，应符合下列规定：

1) 用不小于 5 倍放大镜检查试件表面，不得有裂纹、未焊满、未熔合、焊瘤、气孔、夹渣等超标缺陷；

2) 焊缝咬边总长度不得超过焊缝两侧长度的 15%，咬边深度不得超过 0.5mm；

3) 焊缝外观尺寸应符合本规范第 8.2.2 条中一级焊缝的要求（需疲劳验算结构的焊缝外观尺寸应符合本规范第 8.3.2 条的要求）；试件角变形可以冷矫正，可以避开焊缝缺陷位置取样。

2　栓钉焊接接头外观检验应符合表 6.5.1-1 的要求。当采用电弧焊方法进行栓钉焊接时，其焊缝最小焊脚尺寸还应符合表 6.5.1-2 的要求。

表 6.5.1-1　栓钉焊接接头外观检验合格标准

外观检验项目	合格标准	检验方法
焊缝外形尺寸	360°范围内焊缝饱满 拉弧式栓钉焊：焊缝高 $K_1 \geqslant$ 1mm；焊缝宽 $K_2 \geqslant 0.5$mm 电弧焊：最小焊脚尺寸应符合表 6.5.1-2 的规定	目测、钢尺、焊缝量规
焊缝缺欠	无气孔、夹渣、裂纹等缺欠	目测、放大镜（5 倍）
焊缝咬边	咬边深度≤0.5mm，且最大长度不得大于 1 倍的栓钉直径	钢尺、焊缝量规
栓钉焊后高度	高度偏差≤±2mm	钢尺
栓钉焊后倾斜角度	倾斜角度偏差 $\theta \leqslant 5°$	钢尺、量角器

表 6.5.1-2　采用电弧焊方法的栓钉焊接接头最小焊脚尺寸

栓钉直径(mm)	角焊缝最小焊脚尺寸(mm)
10，13	6
16，19，22	8
25	10

6.5.2　试件的无损检测应在外观检验合格后进行，无损检测方法应根据设计要求确定。射线探伤应符合现行国家标准《金属熔化焊焊接接头射线照相》GB/T 3323 的有关规定，焊缝质量不低于 BⅡ级；超声波探伤应符合现行国家标准《钢焊缝手工超声波探伤方法和探伤结果分级》GB 11345 的有关规定，焊缝质量不低于 BⅡ级。

6.5.3　试样的力学性能、硬度及宏观酸蚀试验方法应符合下列规定：

1　拉伸试验方法应符合下列规定：

1) 对接接头拉伸试验应符合现行国家标准《焊接接头拉伸试验方法》GB/T 2651 的有关规定；

2) 栓钉焊接头拉伸试验应符合图 6.5.3-1 的要求。

2　弯曲试验方法应符合下列规定：

1) 对接接头弯曲试验应符合现行国家标准《焊接接头弯曲试验方法》GB/T 2653 的有关规定，弯心直径为 4δ（δ 为弯曲试样厚度），弯曲角度为 180°；面弯、背弯时试样厚度应为试件全厚度（δ＜14mm）；侧弯时试样厚度 δ＝10mm，试件厚度不大于 40mm 时，试样宽度应为试件的全厚度，试件厚度大于

40mm 时，可按 20mm～40mm 分层取样；

2）栓钉焊接头弯曲试验应符合图 6.5.3-2 的要求。

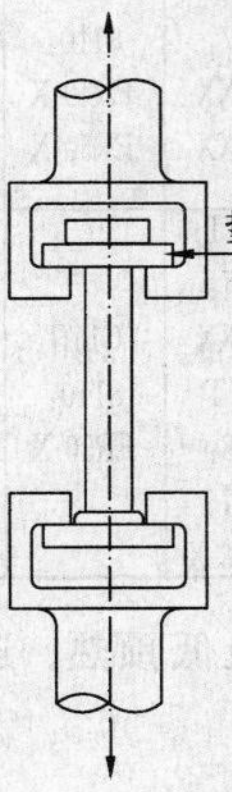

图 6.5.3-1　栓钉焊接头试样拉伸试验方法

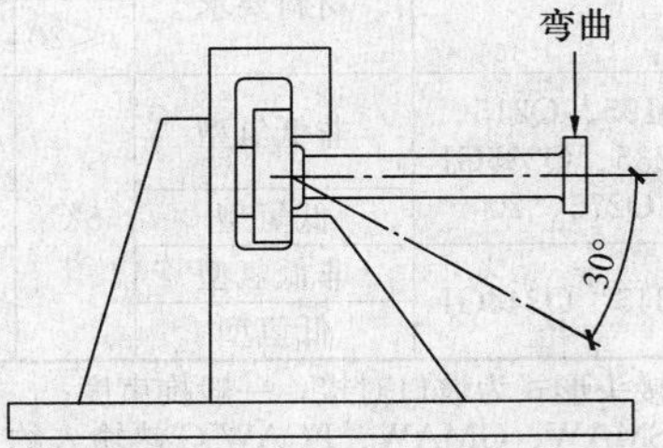

图 6.5.3-2　栓钉焊接头试样弯曲试验方法

3　冲击试验应符合现行国家标准《焊接接头冲击试验方法》GB/T 2650 的有关规定。

4　宏观酸蚀试验应符合现行国家标准《钢的低倍组织及缺陷酸蚀检验法》GB 226 的有关规定。

5　硬度试验应符合现行国家标准《焊接接头硬度试验方法》GB/T 2654 的有关规定；采用维氏硬度 HV_{10}，硬度测点分布应符合图 6.5.3-3～图 6.5.3-5 的要求，焊接接头各区域硬度测点为 3 点，其中部分焊透对接与角接组合焊缝在焊缝区和热影响区测点可为 2 点，若热影响区狭窄不能并排分布时，该区域测点可平行于焊缝熔合线排列。

6.5.4　试样检验合格标准应符合下列规定：

1　接头拉伸试验应符合下列规定：

1）接头母材为同钢号时，每个试样的抗拉强度不应小于该母材标准中相应规格规定的下限值；对接接头母材为两种钢号组合时，每个试样的抗拉强度不应小于两种母材标准中相应规格规定下限值的较低者；厚板分片取样时，可取平均值；

2）栓钉焊接头拉伸时，当拉伸试样的抗拉荷载大于或等于栓钉焊接端力学性能规定的最小抗拉荷载时，则无论断裂发生于何处，均为

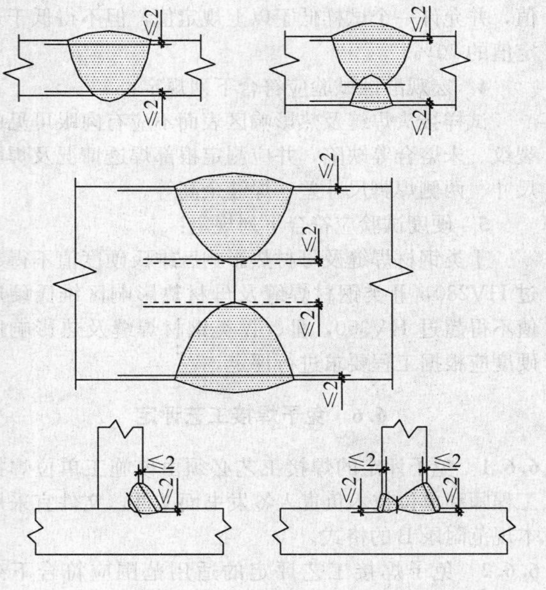

图 6.5.3-3　硬度试验测点位置

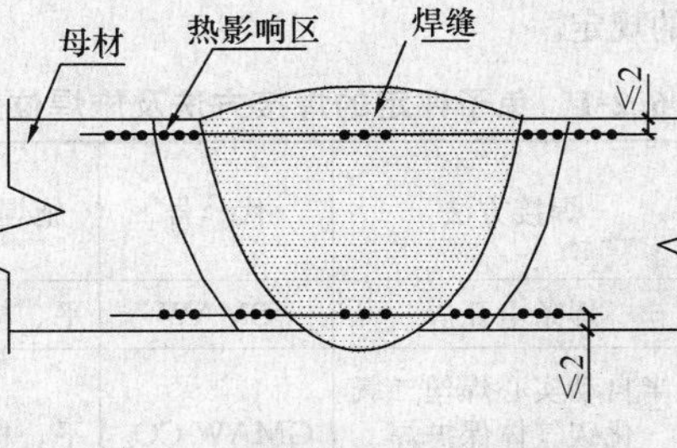

图 6.5.3-4　对接焊缝硬度试验测点分布

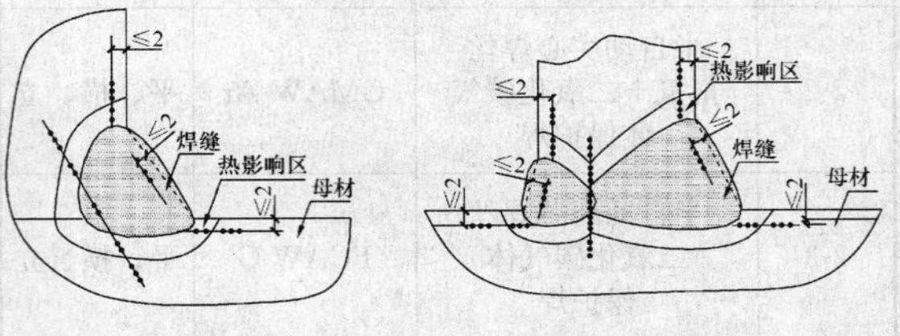

图 6.5.3-5　对接与角接组合焊缝硬度试验测点分布

合格。

2　接头弯曲试验应符合下列规定：

1）对接接头弯曲试验：试样弯至 180°后应符合下列规定：

各试样任何方向裂纹及其他缺欠单个长度不应大于 3mm；

各试样任何方向不大于 3mm 的裂纹及其他缺欠的总长不应大于 7mm；

四个试样各种缺欠总长不应大于 24mm；

2）栓钉焊接头弯曲试验：试样弯曲至 30°后焊接部位无裂纹。

3　冲击试验应符合下列规定：

焊缝中心及热影响区粗晶区各三个试样的冲击功平均值应分别达到母材标准规定或设计要求的最低

值，并允许一个试样低于以上规定值，但不得低于规定值的70%。

4　宏观酸蚀试验应符合下列规定：

试样接头焊缝及热影响区表面不应有肉眼可见的裂纹、未熔合等缺陷，并应测定根部焊透情况及焊脚尺寸、两侧焊脚尺寸差、焊缝余高等。

5　硬度试验应符合下列规定：

Ⅰ类钢材焊缝及母材热影响区维氏硬度值不得超过HV280，Ⅱ类钢材焊缝及母材热影响区维氏硬度值不得超过HV350，Ⅲ、Ⅳ类钢材焊缝及热影响区硬度应根据工程要求进行评定。

6.6　免予焊接工艺评定

6.6.1　免予评定的焊接工艺必须由该施工单位焊接工程师和单位技术负责人签发书面文件，文件宜采用本规范附录B的格式。

6.6.2　免予焊接工艺评定的适用范围应符合下列规定：

1　免予评定的焊接方法及施焊位置应符合表6.6.2-1的规定。

表6.6.2-1　免予评定的焊接方法及施焊位置

焊接方法类别号	焊接方法	代　号	施焊位置
1	焊条电弧焊	SMAW	平、横、立
2-1	半自动实心焊丝二氧化碳气体保护焊（短路过渡除外）	GMAW-CO_2	平、横、立
2-2	半自动实心焊丝富氩＋二氧化碳气体保护焊	GMAW-Ar	平、横、立
2-3	半自动药芯焊丝二氧化碳气体保护焊	FCAW-G	平、横、立
5-1	单丝自动埋弧焊	SAW(单丝)	平、平角
9-2	非穿透栓钉焊	SW	平

2　免予评定的母材和焊缝金属组合应符合表6.6.2-2的规定，钢材厚度不应大于40mm，质量等级应为A、B级。

表6.6.2-2　免予评定的母材和匹配的焊缝金属要求

母　材			焊条(丝)和焊剂-焊丝组合分类等级			
钢材类别	母材最小标称屈服强度	钢材牌号	焊条电弧焊 SMAW	实心焊丝气体保护焊 GMAW	药芯焊丝气体保护焊 FCAW-G	埋弧焊 SAW(单丝)
Ⅰ	＜235MPa	Q195 Q215	GB/T 5117： E43XX	GB/T 8110： ER49-X	GB/T 10045： E43XT-X	GB/T 5293： F4AX-H08A
Ⅰ	≥235MPa且＜300MPa	Q235 Q275 Q235GJ	GB/T 5117： E43XX E50XX	GB/T 8110： ER49-X ER50-X	GB/T 10045： E43XT-X E50XT-X	GB/T 5293： F4AX-H08A GB/T 12470： F48AX-H08MnA
Ⅱ	≥300MPa且≤355MPa	Q345 Q345GJ	GB/T 5117： E50XX GB/T 5118： E5015 E5016-X	GB/T 8110： ER50-X	GB/T 17493： E50XT-X	GB/T 5293： F5AX-H08MnA GB/T 12470： F48AX-H08MnA F48AX-H10Mn2 F48AX-H10Mn2A

3　免予评定的最低预热、道间温度应符合表6.6.2-3的规定。

表6.6.2-3　免予评定的钢材最低预热、道间温度

钢材类别	钢材牌号	设计对焊接材料要求	接头最厚部件的板厚 t(mm)	
			t≤20	20＜t≤40
Ⅰ	Q195、Q215、Q235、Q235GJ Q275、20	非低氢型	5℃	20℃
		低氢型		5℃
Ⅱ	Q345、Q345GJ	非低氢型		40℃
		低氢型		20℃

注：1　接头形式为坡口对接，一般拘束度；
2　SMAW、GMAW、FCAW-G热输入约为15kJ/cm～25kJ/cm；SAW-S热输入约为15kJ/cm～45kJ/cm；
3　采用低氢型焊材时，熔敷金属扩散氢(甘油法)含量应符合下列规定：
焊条E4315、E4316不应大于8mL/100g；
焊条E5015、E5016不应大于6mL/100g；
药芯焊丝不应大于6mL/100g。
4　焊接接头板厚不同时，应按最大板厚确定预热温度；焊接接头材质不同时，应按高强度、高碳当量的钢材确定预热温度；
5　环境温度不应低于0℃。

4　焊缝尺寸应符合设计要求，最小焊脚尺寸应符合本规范表5.4.2的规定；最大单道焊焊缝尺寸应符合本规范表7.10.4的规定。

5　焊接工艺参数应符合下列规定：

1)免予评定的焊接工艺参数应符合表6.6.2-4的规定；

2)要求完全焊透的焊缝，单面焊时应加衬垫，双面焊时应清根；

3)焊条电弧焊焊接时焊道最大宽度不应超过焊条标称直径的4倍，实心焊丝气体保护焊、药芯焊丝气体保护焊焊接时焊道最大宽度不应超过20mm；

4)导电嘴与工件距离：埋弧自动焊40mm±10mm；气体保护焊20mm±7mm；

5)保护气种类：二氧化碳；富氩气体，混合比例为氩气80%＋二氧化碳20%；

6)保护气流量：20L/min～50L/min。

6 免予评定的各类焊接节点构造形式、焊接坡口的形式和尺寸必须符合本规范第5章的要求，并应符合下列规定：

1)斜角角焊缝两面角 $\psi>30°$；

2)管材相贯接头局部两面角 $\psi>30°$。

7 免予评定的结构荷载特性应为静载。

8 焊丝直径不符合表6.6.2-4的规定时，不得免予评定。

9 当焊接工艺参数按表6.6.2-4、表6.6.2-5的规定值变化范围超过本规范第6.3节的规定时，不得免予评定。

表6.6.2-4 各种焊接方法免予评定的焊接工艺参数范围

焊接方法代号	焊条或焊丝型号	焊条或焊丝直径(mm)	电流(A)	电流极性	电压(V)	焊接速度(cm/min)
SMAW	EXX15 EXX16 EXX03	3.2	80～140	EXX15：直流反接	18～26	8～18
		4.0	110～210	EXX16：交、直流	20～27	10～20
		5.0	160～230	EXX03：交流	20～27	10～20
GMAW	ER-XX	1.2	打底180～260 填充220～320 盖面220～280	直流反接	25～38	25～45
FCAW	EXX1T1	1.2	打底160～260 填充220～320 盖面220～280	直流反接	25～38	30～55
SAW	HXXX	3.2 4.0 5.0	400～600 450～700 500～800	直流反接或交流	24～40 24～40 34～40	25～65

注：表中参数为平、横焊位置。立焊电流应比平、横焊减小10%～15%。

表6.6.2-5 拉弧式栓钉焊免予评定的焊接工艺参数范围

焊接方法代号	栓钉直径(mm)	电流(A)	电流极性	焊接时间(s)	提升高度(mm)	伸出长度(mm)
SW	13 16	900～1000 1200～1300	直流正接	0.7 0.8	1～3	3～4 4～5

6.6.3 免予焊接工艺评定的钢材表面及坡口处理、焊接材料储存及烘干、引弧板及引出板、焊后处理、焊接环境、焊工资格等要求应符合本规范的规定。

7 焊接工艺

7.1 母材准备

7.1.1 母材上待焊接的表面和两侧应均匀、光洁，且应无毛刺、裂纹和其他对焊缝质量有不利影响的缺陷。待焊接的表面及距焊缝坡口边缘位置30mm范围内不得有影响正常焊接和焊缝质量的氧化皮、锈蚀、油脂、水等杂质。

7.1.2 焊接接头坡口的加工或缺陷的清除可采用机加工、热切割、碳弧气刨、铲凿或打磨等方法。

7.1.3 采用热切割方法加工的坡口表面质量应符合现行行业标准《热切割 气割质量和尺寸偏差》JB/T 10045.3的有关规定；钢材厚度不大于100mm时，割纹深度不应大于0.2mm；钢材厚度大于100mm时，割纹深度不应大于0.3mm。

7.1.4 割纹深度超过本规范第7.1.3条的规定，以及坡口表面上的缺口和凹槽，应采用机械加工或打磨清除。

7.1.5 母材坡口表面切割缺陷需要进行焊接修补时，应根据本规范规定制订修补焊接工艺，并应记录存档；调质钢及承受动荷载需经疲劳验算的结构，母材坡口表面切割缺陷的修补还应报监理工程师批准后方可进行。

7.1.6 钢材轧制缺欠（图7.1.6）的检测和修复应符合下列要求：

1 焊接坡口边缘上钢材的夹层缺欠长度超过25mm时，应采用无损检测方法检测其深度。当缺欠深度不大于6mm时，应用机械方法清除；当缺欠深度大于6mm且不超过25mm时，应用机械方法清除后焊接修补填满；当缺欠深度大于25mm时，应采用超声波测定其尺寸，如果单个缺欠面积（$a\times d$）或聚集缺欠的总面积不超过被切割钢材总面积（$B\times L$）的4%时为合格，否则不应使用；

2 钢材内部的夹层，其尺寸不超过本条第1款的规定且位置离母材坡口表面距离 b 不小于25mm时不需要修补；距离 b 小于25mm时应进行焊接修补；

3 夹层是裂纹时，裂纹长度 a 和深度 d 均不大于50mm时应进行焊接修补；裂纹深度 d 大于50mm或累计长度超过板宽的20%时不应使用；

4 焊接修补应符合本规范第7.11节的规定。

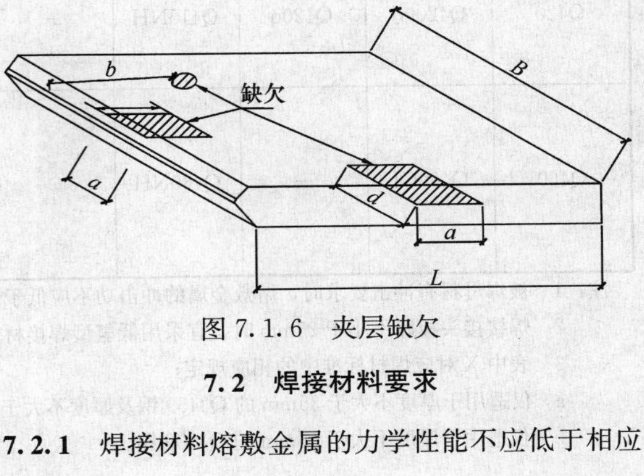

图7.1.6 夹层缺欠

7.2 焊接材料要求

7.2.1 焊接材料熔敷金属的力学性能不应低于相应

母材标准的下限值或满足设计文件要求。

7.2.2 焊接材料贮存场所应干燥、通风良好，应由专人保管、烘干、发放和回收，并应有详细记录。

7.2.3 焊条的保存、烘干应符合下列要求：

1 酸性焊条保存时应有防潮措施，受潮的焊条使用前应在 100℃～150℃范围内烘焙 1h～2h；

2 低氢型焊条应符合下列要求：

1）焊条使用前应在 300℃～430℃范围内烘焙 1h～2h，或按厂家提供的焊条使用说明书进行烘干。焊条放入时烘箱的温度不应超过规定最高烘焙温度的一半，烘焙时间以烘箱达到规定最高烘焙温度后开始计算；

2）烘干后的低氢焊条应放置于温度不低于 120℃的保温箱中存放、待用；使用时应置于保温筒中，随用随取；

3）焊条烘干后在大气中放置时间不应超过 4h，用于焊接Ⅲ、Ⅳ类钢材的焊条，烘干后在大气中放置时间不应超过 2h。重新烘干次数不应超过 1 次。

7.2.4 焊剂的烘干应符合下列要求：

1 使用前应按制造厂家推荐的温度进行烘焙，已受潮或结块的焊剂严禁使用；

2 用于焊接Ⅲ、Ⅳ类钢材的焊剂，烘干后在大气中放置时间不应超过 4h。

7.2.5 焊丝和电渣焊的熔化或非熔化导管表面以及栓钉焊接端面应无油污、锈蚀。

7.2.6 栓钉焊瓷环保存时应有防潮措施，受潮的焊接瓷环使用前应在 120℃～150℃范围内烘焙 1h～2h。

7.2.7 常用钢材的焊接材料可按表 7.2.7 的规定选用，屈服强度在 460MPa 以上的钢材，其焊接材料的选用应符合本规范第 7.2.1 条的规定。

表 7.2.7 常用钢材的焊接材料推荐表

母材					焊接材料			
GB/T 700 和 GB/T 1591 标准钢材	GB/T 19879 标准钢材	GB/T 714 标准钢材	GB/T 4171 标准钢材	GB/T 7659 标准钢材	焊条电弧焊 SMAW	实心焊丝气体保护焊 GMAW	药芯焊丝气体保护焊 FCAW	埋弧焊 SAW
Q215	—	—	—	ZG200-400H ZG230-450H	GB/T 5117： E43XX	GB/T 8110： ER49-X	GB/T 10045： E43XTX-X GB/T 17493： E43XTX-X	GB/T 5293： F4XX-H08A
Q235 Q275	Q235GJ	Q235q	Q235NH Q265GNH Q295NH Q295GNH	ZG275-485H	GB/T 5117： E43XX E50XX GB/T 5118： E50XX-X	GB/T 8110： ER49-X ER50-X	GB/T 10045： E43XTX-X E50XTX-X GB/T 17493： E43XTX-X E49XTX-X	GB/T 5293： F4XX-H08A GB/T 12470： F48XX-H08MnA
Q345 Q390	Q345GJ Q390GJ	Q345q Q370q	Q310GNH Q355NH Q355GNH	—	GB/T 5117： E50XX GB/T 5118： E5015、16-X E5515、16-X[a]	GB/T 8110： ER50-X ER55-X	GB/T 10045： E50XTX-X GB/T 17493： E50XTX-X	GB/T 5293： F5XX-H08MnA F5XX-H10Mn2 GB/T 12470： F48XX-H08MnA F48XX-H10Mn2 F48XX-H10Mn2A
Q420	Q420GJ	Q420q	Q415NH	—	GB/T 5118： E5515、16-X E6015、16-X[b]	GB/T 8110 ER55-X ER62-X[b]	GB/T 17493： E55XTX-X	GB/T 12470： F55XX-H10Mn2A F55XX-H08MnMoA
Q460	Q460GJ	—	Q460NH	—	GB/T 5118： E5515、16-X E6015、16-X	GB/T 8110 ER55-X	GB/T 17493： E55XTX-X E60XTX-X	GB/T 12470： F55XX- H08MnMoA F55XX- H08Mn2MoVA

注：1 被焊母材有冲击要求时，熔敷金属的冲击功不应低于母材规定；

2 焊接接头板厚不小于 25mm 时，宜采用低氢型焊接材料；

3 表中 X 对应焊材标准中的相应规定；

a 仅适用于厚度不大于 35mm 的 Q3459 钢及厚度不大于 16mm 的 Q3709 钢；

b 仅适用于厚度不大于 16mm 的 Q4209 钢。

7.3 焊接接头的装配要求

7.3.1 焊接坡口尺寸宜符合本规范附录 A 的规定。组装后坡口尺寸允许偏差应符合表 7.3.1 的规定。

表 7.3.1 坡口尺寸组装允许偏差

序号	项目	背面不清根	背面清根
1	接头钝边	±2mm	—
2	无衬垫接头根部间隙	±2mm	+2mm −3mm
3	带衬垫接头根部间隙	+6mm −2mm	—
4	接头坡口角度	+10° −5°	+10° −5°
5	U形和J形坡口根部半径	+3mm −0mm	—

7.3.2 接头间隙中严禁填塞焊条头、铁块等杂物。

7.3.3 坡口组装间隙偏差超过表 7.3.1 规定但不大于较薄板厚度 2 倍或 20mm 两值中较小值时，可在坡口单侧或两侧堆焊。

7.3.4 对接接头的错边量不应超过本规范表 8.2.2 的规定。当不等厚部件对接接头的错边量超过 3mm 时，较厚部件应按不大于 1：2.5 坡度平缓过渡。

7.3.5 采用角焊缝及部分焊透焊缝连接的 T 形接头，两部件应密贴，根部间隙不应超过 5mm；当间隙超过 5mm 时，应在待焊板端表面堆焊并修磨平整使其间隙符合要求。

7.3.6 T 形接头的角焊缝连接部件的根部间隙大于 1.5mm 且小于 5mm 时，角焊缝的焊脚尺寸应按根部间隙值予以增加。

7.3.7 对于搭接接头及塞焊、槽焊以及钢衬垫与母材间的连接接头，接触面之间的间隙不应超过 1.5mm。

7.4 定 位 焊

7.4.1 定位焊必须由持相应资格证书的焊工施焊，所用焊接材料应与正式焊缝的焊接材料相当。

7.4.2 定位焊缝附近的母材表面质量应符合本规范第 7.1 节的规定。

7.4.3 定位焊缝厚度不应小于 3mm，长度不应小于 40mm，其间距宜为 300mm～600mm。

7.4.4 采用钢衬垫的焊接接头，定位焊宜在接头坡口内进行；定位焊焊接时预热温度宜高于正式施焊预热温度 20℃～50℃；定位焊缝与正式焊缝应具有相同的焊接工艺和焊接质量要求；定位焊焊缝存在裂纹、气孔、夹渣等缺陷时，应完全清除。

7.4.5 对于要求疲劳验算的动荷载结构，应根据结构特点和本节要求制定定位焊工艺文件。

7.5 焊 接 环 境

7.5.1 焊条电弧焊和自保护药芯焊丝电弧焊，其焊接作业区最大风速不宜超过 8m/s，气体保护电弧焊不宜超过 2m/s，如果超出上述范围，应采取有效措施以保障焊接电弧区域不受影响。

7.5.2 当焊接作业处于下列情况之一时严禁焊接：

1 焊接作业区的相对湿度大于 90%；

2 焊件表面潮湿或暴露于雨、冰、雪中；

3 焊接作业条件不符合现行国家标准《焊接与切割安全》GB 9448 的有关规定。

7.5.3 焊接环境温度低于 0℃但不低于 −10℃时，应采取加热或防护措施，应确保接头焊接处各方向不小于 2 倍板厚且不小于 100mm 范围内的母材温度，不低于 20℃或规定的最低预热温度二者的较高值，且在焊接过程中不应低于这一温度。

7.5.4 焊接环境温度低于 −10℃时，必须进行相应焊接环境下的工艺评定试验，并应在评定合格后再进行焊接，如果不符合上述规定，严禁焊接。

7.6 预热和道间温度控制

7.6.1 预热温度和道间温度应根据钢材的化学成分、接头的拘束状态、热输入大小、熔敷金属含氢量水平及所采用的焊接方法等综合因素确定或进行焊接试验。

7.6.2 常用钢材采用中等热输入焊接时，最低预热温度宜符合表 7.6.2 的要求。

表 7.6.2 常用钢材最低预热温度要求（℃）

钢材类别	接头最厚部件的板厚 t（mm）				
	$t\leqslant20$	$20<t\leqslant40$	$40<t\leqslant60$	$60<t\leqslant80$	$t>80$
Ⅰ[a]	—	—	40	50	80
Ⅱ	—	20	60	80	100
Ⅲ	20	60	80	100	120
Ⅳ[b]	20	80	100	120	150

注：1 焊接热输入约为 15kJ/cm～25kJ/cm，当热输入每增大 5kJ/cm 时，预热温度可比表中温度降低 20℃；

2 当采用非低氢焊接材料或焊接方法焊接时，预热温度应比表中规定的温度提高 20℃；

3 当母材施焊处温度低于 0℃时，应根据焊接作业环境、钢材牌号及板厚的具体情况将表中预热温度适当增加，且应在焊接过程中保持这一最低道间温度；

4 焊接接头板厚不同时，应按接头中较厚板的板厚选择最低预热温度和道间温度；

5 焊接接头材质不同时，应按接头中较高强度、较高碳当量的钢材选择最低预热温度；

6 本表不适用于供货状态为调质处理的钢材；控轧控冷（TMCP）钢最低预热温度可由试验确定；

7 "—"表示焊接环境在 0℃以上时，可不采取预热措施；

a 铸钢除外，Ⅰ类钢材中的铸钢预热温度宜参照Ⅱ类钢材的要求确定；

b 仅限于Ⅳ类钢材中的 Q460、Q460GJ 钢。

7.6.3 电渣焊和气电立焊在环境温度为0℃以上施焊时可不进行预热；但板厚大于60mm时，宜对引弧区域的母材预热且预热温度不应低于50℃。

7.6.4 焊接过程中，最低道间温度不应低于预热温度；静载结构焊接时，最大道间温度不宜超过250℃；需进行疲劳验算的动荷载结构和调质钢焊接时，最大道间温度不宜超过230℃。

7.6.5 预热及道间温度控制应符合下列规定：

1 焊前预热及道间温度的保持宜采用电加热法、火焰加热法，并应采用专用的测温仪器测量；

2 预热的加热区域应在焊缝坡口两侧，宽度应大于焊件施焊处板厚的1.5倍，且不应小于100mm；预热温度宜在焊件受热面的背面测量，测量点应在离电弧经过前的焊接点各方向不小于75mm处；当采用火焰加热器预热时正面测温应在火焰离开后进行。

7.6.6 Ⅲ、Ⅳ类钢材及调质钢的预热温度、道间温度的确定，应符合钢厂提供的指导性参数要求。

7.7 焊后消氢热处理

7.7.1 当要求进行焊后消氢热处理时，应符合下列规定：

1 消氢热处理的加热温度应为250℃～350℃，保温时间应根据工件板厚按每25mm板厚不小于0.5h，且总保温时间不得小于1h确定。达到保温时间后应缓冷至常温；

2 消氢热处理的加热和测温方法应按本规范第7.6.5条的规定执行。

7.8 焊后消应力处理

7.8.1 设计或合同文件对焊后消除应力有要求时，需经疲劳验算的动荷载结构中承受拉应力的对接接头或焊缝密集的节点或构件，宜采用电加热器局部退火和加热炉整体退火等方法进行消除应力处理；如仅为稳定结构尺寸，可采用振动法消除应力。

7.8.2 焊后热处理应符合现行行业标准《碳钢、低合金钢焊接构件焊后热处理方法》JB/T 6046的有关规定。当采用电加热器对焊接构件进行局部消除应力热处理时，尚应符合下列要求：

1 使用配有温度自动控制仪的加热设备，其加热、测温、控温性能应符合使用要求；

2 构件焊缝每侧面加热板（带）的宽度应至少为钢板厚度的3倍，且不应小于200mm；

3 加热板（带）以外构件两侧宜用保温材料适当覆盖。

7.8.3 用锤击法消除中间焊层应力时，应使用圆头手锤或小型振动工具进行，不应对根部焊缝、盖面焊缝或焊缝坡口边缘的母材进行锤击。

7.8.4 用振动法消除应力时，应符合现行行业标准《焊接构件振动时效工艺参数选择及技术要求》JB/T 10375的有关规定。

7.9 引弧板、引出板和衬垫

7.9.1 引弧板、引出板和钢衬垫板的钢材应符合本规范第4章的规定，其强度不应大于被焊钢材强度，且应具有与被焊钢材相近的焊接性。

7.9.2 在焊接接头的端部应设置焊缝引弧板、引出板，应使焊缝在提供的延长段上引弧和终止。焊条电弧焊和气体保护电弧焊焊缝引弧板、引出板长度应大于25mm，埋弧焊引弧板、引出板长度应大于80mm。

7.9.3 引弧板和引出板宜采用火焰切割、碳弧气刨或机械等方法去除，去除时不得伤及母材并将割口处修磨至与焊缝端部平整。严禁使用锤击去除引弧板和引出板。

7.9.4 衬垫材质可采用金属、焊剂、纤维、陶瓷等。

7.9.5 当使用钢衬垫时，应符合下列要求：

1 钢衬垫应与接头母材金属贴合良好，其间隙不应大于1.5mm；

2 钢衬垫在整个焊缝长度内应保持连续；

3 钢衬垫应有足够的厚度以防止烧穿。用于焊条电弧焊、气体保护电弧焊和自保护药芯焊丝电弧焊焊接方法的衬垫板厚度不应小于4mm；用于埋弧焊焊接方法的衬垫板厚度不应小于6mm；用于电渣焊焊接方法的衬垫板厚度不应小于25mm；

4 应保证钢衬垫与焊缝金属熔合良好。

7.10 焊接工艺技术要求

7.10.1 焊接施工前，施工单位应制定焊接工艺文件用于指导焊接施工，工艺文件可依据本规范第6章规定的焊接工艺评定结果进行制定，也可依据本规范第6章对符合免除工艺评定条件的工艺直接制定焊接工艺文件。焊接工艺文件应至少包括下列内容：

1 焊接方法或焊接方法的组合；

2 母材的规格、牌号、厚度及适用范围；

3 填充金属的规格、类别和型号；

4 焊接接头形式、坡口形式、尺寸及其允许偏差；

5 焊接位置；

6 焊接电源的种类和电流极性；

7 清根处理；

8 焊接工艺参数，包括焊接电流、焊接电压、焊接速度、焊层和焊道分布等；

9 预热温度及道间温度范围；

10 焊后消除应力处理工艺；

11 其他必要的规定。

7.10.2 对于焊条电弧焊、实心焊丝气体保护焊、药芯焊丝气体保护焊和埋弧焊（SAW）焊接方法，每一道焊缝的宽深比不应小于1.1。

7.10.3 除用于坡口焊缝的加强角焊缝外，如果满足设计要求，应采用最小角焊缝尺寸，最小角焊缝尺寸应符合本规范表 5.4.2 的规定。

7.10.4 对于焊条电弧焊、半自动实心焊丝气体保护焊、半自动药芯焊丝气体保护焊、药芯焊丝自保护焊和自动埋弧焊焊接方法，其单道焊最大焊缝尺寸宜符合表 7.10.4 的规定。

表 7.10.4 单道焊最大焊缝尺寸

焊道类型	焊接位置	焊缝类型	焊接方法		
			焊条电弧焊	气体保护焊和药芯焊丝自保护焊	单丝埋弧焊
根部焊道最大厚度	平焊	全部	10mm	10mm	—
	横焊		8mm	8mm	
	立焊		12mm	12mm	—
	仰焊		8mm	8mm	
填充焊道最大厚度	全部	全部	5mm	6mm	6mm
单道角焊缝最大焊脚尺寸	平焊	角焊缝	10mm	12mm	12mm
	横焊		8mm	10mm	8mm
	立焊		12mm	12mm	—
	仰焊		8mm	8mm	

7.10.5 多层焊时应连续施焊，每一焊道焊接完成后应及时清理焊渣及表面飞溅物，遇有中断施焊的情况，应采取适当的保温措施，必要时应进行后热处理，再次焊接时重新预热温度应高于初始预热温度。

7.10.6 塞焊和槽焊可采用焊条电弧焊、气体保护电弧焊及药芯焊丝自保护焊等焊接方法。平焊时，应分层焊接，每层熔渣冷却凝固后必须清除再重新焊接；立焊和仰焊时，每道焊缝焊完后，应待熔渣冷却并清除再施焊后续焊道。

7.10.7 在调质钢上严禁采用塞焊和槽焊焊缝。

7.11 焊接变形的控制

7.11.1 钢结构焊接时，采用的焊接工艺和焊接顺序应能使最终构件的变形和收缩最小。

7.11.2 根据构件上焊缝的布置，可按下列要求采用合理的焊接顺序控制变形：

1 对接接头、T 形接头和十字接头，在工件放置条件允许或易于翻转的情况下，宜双面对称焊接；有对称截面的构件，宜对称于构件中性轴焊接；有对称连接杆件的节点，宜对称于节点轴线同时对称焊接；

2 非对称双面坡口焊缝，宜先在深坡口面完成部分焊缝焊接，然后完成浅坡口面焊缝焊接，最后完成深坡口面焊缝焊接。特厚板宜增加轮流对称焊接的循环次数；

3 对长焊缝宜采用分段退焊法或多人对称焊接法；

4 宜采用跳焊法，避免工件局部热量集中。

7.11.3 构件装配焊接时，应先焊收缩量较大的接头，后焊收缩量较小的接头，接头应在小的拘束状态下焊接。

7.11.4 对于有较大收缩或角变形的接头，正式焊接前应采用预留焊接收缩裕量或反变形方法控制收缩和变形。

7.11.5 多组件构成的组合构件应采取分部组装焊接，矫正变形后再进行总装焊接。

7.11.6 对于焊缝分布相对于构件的中性轴明显不对称的异形截面的构件，在满足设计要求的条件下，可采用调整填充焊缝熔敷量或补偿加热的方法。

7.12 返 修 焊

7.12.1 焊缝金属和母材的缺欠超过相应的质量验收标准时，可采用砂轮打磨、碳弧气刨、铲凿或机械加工等方法彻底清除。对焊缝进行返修，应按下列要求进行：

1 返修前，应清洁修复区域的表面；

2 焊瘤、凸起或余高过大，应采用砂轮或碳弧气刨清除过量的焊缝金属；

3 焊缝凹陷或弧坑、焊缝尺寸不足、咬边、未熔合、焊缝气孔或夹渣等应在完全清除缺陷后进行焊补；

4 焊缝或母材的裂纹应采用磁粉、渗透或其他无损检测方法确定裂纹的范围及深度，用砂轮打磨或碳弧气刨清除裂纹及其两端各 50mm 长的完好焊缝或母材，修整表面或磨除气刨渗碳层后，应采用渗透或磁粉探伤方法确定裂纹是否彻底清除，再重新进行焊补；对于拘束度较大的焊接接头的裂纹用碳弧气刨清除前，宜在裂纹两端钻止裂孔；

5 焊接返修的预热温度应比相同条件下正常焊接的预热温度提高 30℃～50℃，并应采用低氢焊接材料和焊接方法进行焊接；

6 返修部位应连续焊接。如中断焊接时，应采取后热、保温措施，防止产生裂纹；厚板返修焊宜采用消氢处理；

7 焊接裂纹的返修，应由焊接技术人员对裂纹产生的原因进行调查和分析，制定专门的返修工艺方案后进行；

8 同一部位两次返修后仍不合格时，应重新制定返修方案，并经业主或监理工程师认可后方可实施。

7.12.2 返修焊的焊缝应按原检测方法和质量标准进行检测验收，填报返修施工记录及返修前后的无损检测报告，作为工程验收及存档资料。

7.13 焊 件 矫 正

7.13.1 焊接变形超标的构件应采用机械方法或局部

加热的方法进行矫正。

7.13.2 采用加热矫正时，调质钢的矫正温度严禁超过其最高回火温度，其他供货状态的钢材的矫正温度不应超过800℃或钢厂推荐温度两者中的较低值。

7.13.3 构件加热矫正后宜采用自然冷却，低合金钢在矫正温度高于650℃时严禁急冷。

7.14 焊缝清根

7.14.1 全焊透焊缝的清根应从反面进行，清根后的凹槽应形成不小于10°的U形坡口。

7.14.2 碳弧气刨清根应符合下列规定：

1 碳弧气刨工的技能应满足清根操作技术要求；

2 刨槽表面应光洁，无夹碳、粘渣等；

3 Ⅲ、Ⅳ类钢材及调质钢在碳弧气刨后，应使用砂轮打磨刨槽表面，去除渗碳淬硬层及残留熔渣。

7.15 临时焊缝

7.15.1 临时焊缝的焊接工艺和质量要求应与正式焊缝相同。临时焊缝清除时应不伤及母材，并应将临时焊缝区域修磨平整。

7.15.2 需经疲劳验算结构中受拉部件或受拉区域严禁设置临时焊缝。

7.15.3 对于Ⅲ、Ⅳ类钢材、板厚大于60mm的Ⅰ、Ⅱ类钢材、需经疲劳验算的结构，临时焊缝清除后，应采用磁粉或渗透探伤方法对母材进行检测，不允许存在裂纹等缺陷。

7.16 引弧和熄弧

7.16.1 不应在焊缝区域外的母材上引弧和熄弧。

7.16.2 母材的电弧擦伤应打磨光滑，承受动载或Ⅲ、Ⅳ类钢材的擦伤处还应进行磁粉或渗透探伤检测，不得存在裂纹等缺陷。

7.17 电渣焊和气电立焊

7.17.1 电渣焊和气电立焊的冷却块或衬垫块以及导管应满足焊接质量要求。

7.17.2 采用熔嘴电渣焊时，应防止熔嘴上的药皮受潮和脱落，受潮的熔嘴应经过120℃约1.5h的烘焙后方可使用，药皮脱落、锈蚀和带有油污的熔嘴不得使用。

7.17.3 电渣焊和气电立焊在引弧和熄弧时可使用钢制或铜制引熄弧块。电渣焊使用的铜制引熄弧块长度不应小于100mm，引弧槽的深度不应小于50mm，引弧槽的截面积应与正式电渣焊接头的截面积一致，可在引弧块的底部加入适当的碎焊丝（ϕ1mm×1mm）便于起弧。

7.17.4 电渣焊用焊丝应控制S、P含量，同时应具有较高的脱氧元素含量。

7.17.5 电渣焊采用Ⅰ形坡口（图7.17.5）时，坡口间隙b与板厚t的关系应符合表7.17.5的规定。

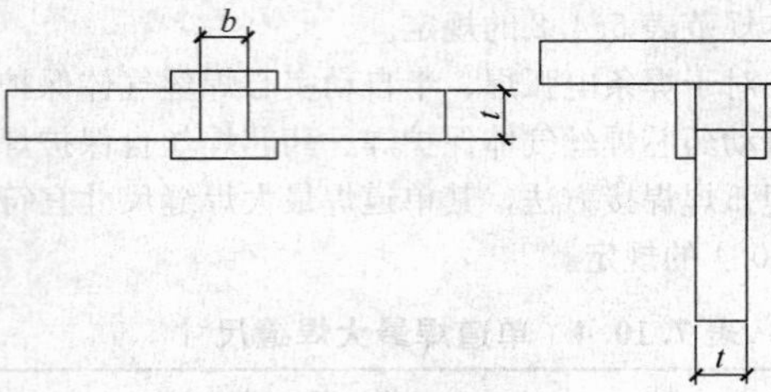

图7.17.5 电渣焊Ⅰ形坡口

表7.17.5 电渣焊Ⅰ形坡口间隙与板厚关系

母材厚度t（mm）	坡口间隙b（mm）
$t \leqslant 32$	25
$32 < t \leqslant 45$	28
$t > 45$	30～32

7.17.6 电渣焊焊接过程中，可采用填加焊剂和改变焊接电压的方法，调整渣池深度和宽度。

7.17.7 焊接过程中出现电弧中断或焊缝中间存在缺陷，可钻孔清除已焊焊缝，重新进行焊接。必要时应刨开面板采用其他焊接方法进行局部焊补，返修后应重新按检测要求进行无损检测。

8 焊接检验

8.1 一般规定

8.1.1 焊接检验应按下列要求分为两类：

1 自检，是施工单位在制造、安装过程中，由本单位具有相应资质的检测人员或委托具有相应检验资质的检测机构进行的检验；

2 监检，是业主或其代表委托具有相应检验资质的独立第三方检测机构进行的检验。

8.1.2 焊接检验的一般程序包括焊前检验、焊中检验和焊后检验，并应符合下列规定：

1 焊前检验应至少包括下列内容：

1）按设计文件和相关标准的要求对工程中所用钢材、焊接材料的规格、型号（牌号）、材质、外观及质量证明文件进行确认；

2）焊工合格证及认可范围确认；

3）焊接工艺技术文件及操作规程审查；

4）坡口形式、尺寸及表面质量检查；

5）组对后构件的形状、位置、错边量、角变形、间隙等检查；

6）焊接环境、焊接设备等条件确认；

7）定位焊缝的尺寸及质量认可；

8）焊接材料的烘干、保存及领用情况检查；

9）引弧板、引出板和衬垫板的装配质量检查。

2 焊中检验应至少包括下列内容：

1）实际采用的焊接电流、焊接电压、焊接速度、预热温度、层间温度及后热温度和时间等焊接工艺参数与焊接工艺文件的符合性检查；

2）多层多道焊焊道缺欠的处理情况确认；

3）采用双面焊清根的焊缝，应在清根后进行外观检查及规定的无损检测；

4）多层多道焊中焊层、焊道的布置及焊接顺序等检查。

3　焊后检验应至少包括下列内容：

1）焊缝的外观质量与外形尺寸检查；

2）焊缝的无损检测；

3）焊接工艺规程记录及检验报告审查。

8.1.3　焊接检验前应根据结构所承受的荷载特性、施工详图及技术文件规定的焊缝质量等级要求编制检验和试验计划，由技术负责人批准并报监理工程师备案。检验方案应包括检验批的划分、抽样检验的抽样方法、检验项目、检验方法、检验时机及相应的验收标准等内容。

8.1.4　焊缝检验抽样方法应符合下列规定：

1　焊缝处数的计数方法：工厂制作焊缝长度不大于1000mm时，每条焊缝应为1处；长度大于1000mm时，以1000mm为基准，每增加300mm焊缝数量应增加1处；现场安装焊缝每条焊缝应为1处。

2　可按下列方法确定检验批：

1）制作焊缝以同一工区（车间）按300～600处的焊缝数量组成检验批；多层框架结构可以每节柱的所有构件组成检验批；

2）安装焊缝以区段组成检验批；多层框架结构以每层（节）的焊缝组成检验批。

3　抽样检验除设计指定焊缝外应采用随机取样方式取样，且取样中应覆盖到该批焊缝中所包含的所有钢材类别、焊接位置和焊接方法。

8.1.5　外观检测应符合下列规定：

1　所有焊缝应冷却到环境温度后方可进行外观检测。

2　外观检测采用目测方式，裂纹的检查应辅以5倍放大镜并在合适的光照条件下进行，必要时可采用磁粉探伤或渗透探伤检测，尺寸的测量应用量具、卡规。

3　栓钉焊接接头的焊缝外观质量应符合本规范表6.5.1-1或表6.5.1-2的要求。外观质量检验合格后进行打弯抽样检查，合格标准：当栓钉弯曲至30°时，焊缝和热影响区不得有肉眼可见的裂纹，检查数量不应小于栓钉总数的1%且不少于10个。

4　电渣焊、气电立焊接头的焊缝外观成形应光滑，不得有未熔合、裂纹等缺陷；当板厚小于30mm时，压痕、咬边深度不应大于0.5mm；板厚不小于30mm时，压痕、咬边深度不应大于1.0mm。

8.1.6　焊缝无损检测报告签发人员必须持有现行国家标准《无损检测人员资格鉴定与认证》GB/T 9445规定的2级或2级以上资格证书。

8.1.7　超声波检测应符合下列规定：

1　对接及角接接头的检验等级应根据质量要求分为A、B、C三级，检验的完善程度A级最低，B级一般，C级最高，应根据结构的材质、焊接方法、使用条件及承受载荷的不同，合理选用检验级别。

2　对接及角接接头检验范围见图8.1.7，其确定应符合下列规定：

1）A级检验采用一种角度的探头在焊缝的单面单侧进行检验，只对能扫查到的焊缝截面进行探测，一般不要求作横向缺欠的检验。母材厚度大于50mm时，不得采用A级检验。

2）B级检验采用一种角度探头在焊缝的单面双侧进行检验，受几何条件限制时，应在焊缝单面、单侧采用两种角度探头（两角度之差大于15°）进行检验。母材厚度大于100mm时，应采用双面双侧检验，受几何条件限制时，应在焊缝双面单侧，采用两种角度探头（两角度之差大于15°）进行检验，检验应覆盖整个焊缝截面。条件允许时应作横向缺欠检验。

3）C级检验至少应采用两种角度探头在焊缝的单面双侧进行检验。同时应作两个扫查方向和两种探头角度的横向缺欠检验。母材厚度大于100mm时，应采用双面双侧检验。检查前应将对接焊缝余高磨平，以便探头在焊缝上作平行扫查。焊缝两侧斜探头扫查经过母材部分应采用直探头作检查。当焊缝母材厚度不小于100mm，或窄间隙焊缝母材厚度不小于40mm时，应增加串列式扫查。

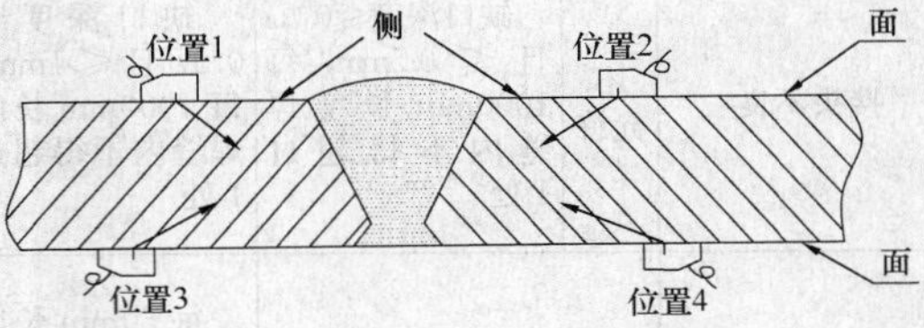

图8.1.7　超声波检测位置

8.1.8　抽样检验应按下列规定进行结果判定：

1　抽样检验的焊缝数不合格率小于2%时，该批验收合格；

2　抽样检验的焊缝数不合格率大于5%时，该批验收不合格；

3　除本条第5款情况外抽样检验的焊缝数不合格率为2%～5%时，应加倍抽检，且必须在原不合

格部位两侧的焊缝延长线各增加一处，在所有抽检焊缝中不合格率不大于3%时，该批验收合格，大于3%时，该批验收不合格；

4 批量验收不合格时，应对该批余下的全部焊缝进行检验；

5 检验发现1处裂纹缺陷时，应加倍抽查，在加倍抽检焊缝中未再检查出裂纹缺陷时，该批验收合格；检验发现多于1处裂纹缺陷或加倍抽查又发现裂纹缺陷时，该批验收不合格，应对该批余下焊缝的全数进行检查。

8.1.9 所有检出的不合格焊接部位应按本规范第7.11节的规定予以返修至检查合格。

8.2 承受静荷载结构焊接质量的检验

8.2.1 焊缝外观质量应满足表8.2.1的规定。

表8.2.1 焊缝外观质量要求

检验项目 \ 焊缝质量等级	一级	二级	三级
裂纹	不允许		
未焊满	不允许	≤0.2mm+0.02t且≤1mm，每100mm长度焊缝内未焊满累积长度≤25mm	≤0.2mm+0.04t且≤2mm，每100mm长度焊缝内未焊满累积长度≤25mm
根部收缩	不允许	≤0.2mm+0.02t且≤1mm，长度不限	≤0.2mm+0.04t且≤2mm，长度不限
咬边	不允许	深度≤0.05t且≤0.5mm，连续长度≤100mm，且焊缝两侧咬边总长≤10%焊缝全长	深度≤0.1t且≤1mm，长度不限
电弧擦伤	不允许		允许存在个别电弧擦伤
接头不良	不允许	缺口深度≤0.05t且≤0.5mm，每1000mm长度焊缝内不得超过1处	缺口深度≤0.1t且≤1mm，每1000mm长度焊缝内不得超过1处
表面气孔	不允许		每50mm长度焊缝内允许存在直径<0.4t且≤3mm的气孔2个；孔距应≥6倍孔径
表面夹渣	不允许		深≤0.2t，长≤0.5t且≤20mm

注：t为母材厚度。

8.2.2 焊缝外观尺寸应符合下列规定：

1 对接与角接组合焊缝（图8.2.2），加强角焊缝尺寸h_k不应小于$t/4$且不应大于10mm，其允许偏差应为$h_{k}{}^{+0.4}_{0}$。对于加强焊角尺寸h_k大于8.0mm的角焊缝其局部焊脚尺寸允许低于设计要求值1.0mm，但总长度不得超过焊缝长度的10%；焊接H形梁腹板与翼缘板的焊缝两端在其两倍翼缘板宽度范围内，焊缝的焊脚尺寸不得低于设计要求值；焊缝余高应符合本规范表8.2.4的要求。

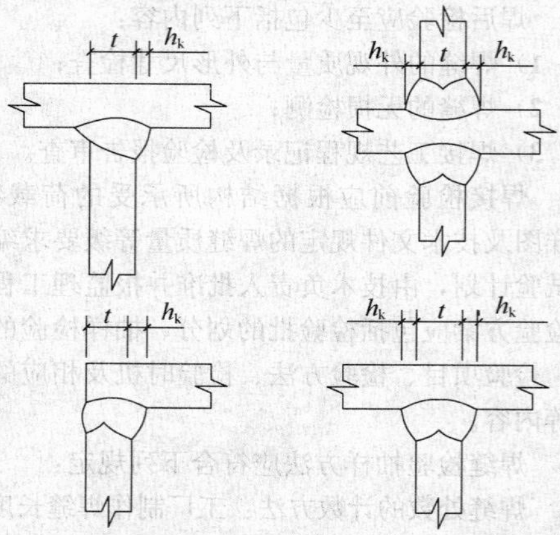

图8.2.2 对接与角接组合焊缝

2 对接焊缝与角焊缝余高及错边允许偏差应符合表8.2.2的规定。

表8.2.2 焊缝余高和错边允许偏差（mm）

序号	项目	示意图	允许偏差 一、二级	允许偏差 三级
1	对接焊缝余高（C）	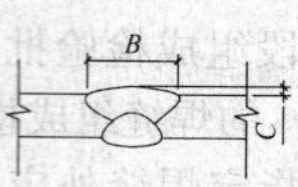	B<20时，C为0～3；B≥20时，C为0～4	B<20时，C为0～3.5；B≥20时，C为0～5
2	对接焊缝错边（Δ）	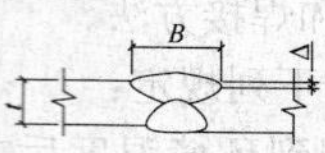	Δ<0.1t且≤2.0	Δ<0.15t且≤3.0
3	角焊缝余高（C）	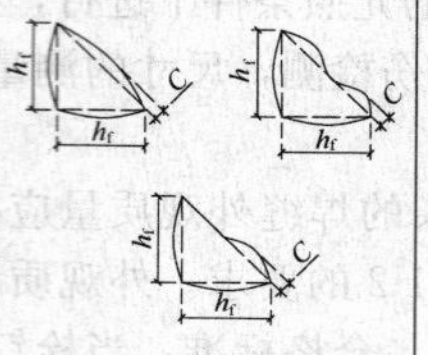	h_f≤6时C为0～1.5；h_f>6时C为0～3.0	

注：t为对接接头较薄件母材厚度。

8.2.3 无损检测的基本要求应符合下列规定：

1 无损检测应在外观检测合格后进行。Ⅲ、Ⅳ

类钢材及焊接难度等级为C、D级时，应以焊接完成24h后无损检测结果作为验收依据；钢材标称屈服强度不小于690MPa或供货状态为调质状态时，应以焊接完成48h后无损检测结果作为验收依据。

2 设计要求全焊透的焊缝，其内部缺欠的检测应符合下列规定：

1）一级焊缝应进行100%的检测，其合格等级不应低于本规范第8.2.4条中B级检验的Ⅱ级要求；

2）二级焊缝应进行抽检，抽检比例不应小于20%，其合格等级不应低于本规范第8.2.4条中B级检测的Ⅲ级要求。

3 三级焊缝应根据设计要求进行相关的检测。

8.2.4 超声波检测应符合下列规定：

1 检验灵敏度应符合表8.2.4-1的规定；

表8.2.4-1 距离-波幅曲线

厚度(mm)	判废线(dB)	定量线(dB)	评定线(dB)
3.5～150	$\phi3\times40$	$\phi3\times40$-6	$\phi3\times40$-14

2 缺欠等级评定应符合表8.2.4-2的规定；

表8.2.4-2 超声波检测缺欠等级评定

评定等级	检验等级		
	A	B	C
	板厚 t (mm)		
	3.5～50	3.5～150	3.5～150
Ⅰ	$2t/3$；最小8mm	$t/3$；最小6mm 最大40 mm	$t/3$；最小6mm 最大40mm
Ⅱ	$3t/4$；最小8mm	$2t/3$；最小8mm 最大70mm	$2t/3$；最小8mm 最大50mm
Ⅲ	$<t$；最小16mm	$3t/4$；最小12mm 最大90mm	$3t/4$；最小12mm 最大75mm
Ⅳ	超过Ⅲ级者		

3 当检测板厚在3.5mm～8mm范围时，其超声波检测的技术参数应按现行行业标准《钢结构超声波探伤及质量分级法》JG/T 203执行；

4 焊接球节点网架、螺栓球节点网架及圆管T、K、Y节点焊缝的超声波探伤方法及缺陷分级应符合现行行业标准《钢结构超声波探伤及质量分级法》JG/T 203的有关规定；

5 箱形构件隔板电渣焊焊缝无损检测，除应符合本规范第8.2.3条的相关规定外，还应按本规范附录C进行焊缝焊透宽度、焊缝偏移检测；

6 对超声波检测结果有疑义时，可采用射线检测验证；

7 下列情况之一宜在焊前用超声波检测T形、十字形、角接接头坡口处的翼缘板，或在焊后进行翼缘板的层状撕裂检测：

1）发现钢板有夹层缺欠；

2）翼缘板、腹板厚度不小于20mm的非厚度方向性能钢板；

3）腹板厚度大于翼缘板厚度且垂直于该翼缘板厚度方向的工作应力较大。

8 超声波检测设备及工艺要求应符合现行国家标准《钢焊缝手工超声波探伤方法和探伤结果分级》GB/T 11345的有关规定。

8.2.5 射线检测应符合现行国家标准《金属熔化焊焊接接头射线照相》GB/T 3323的有关规定，射线照相的炙量等级不应低于B级的要求，一级焊缝评定合格等级不应低于Ⅱ级的要求，二级焊缝评定合格等级不应低于Ⅲ级的要求。

8.2.6 表面检测应符合下列规定：

1 下列情况之一应进行表面检测：

1）设计文件要求进行表面检测；

2）外观检测发现裂纹时，应对该批中同类焊缝进行100%的表面检测；

3）外观检测怀疑有裂纹缺陷时，应对怀疑的部位进行表面检测；

4）检测人员认为有必要时。

2 铁磁性材料应采用磁粉检测表面缺欠。不能使用磁粉检测时，应采用渗透检测。

8.2.7 磁粉检测应符合现行行业标准《无损检测 焊缝磁粉检测》JB/T 6061的有关规定，合格标准应符合本规范第8.2.1条、第8.2.2条中外观检测的有关规定。

8.2.8 渗透检测应符合现行行业标准《无损检测 焊缝渗透检测》JB/T 6062的有关规定，合格标准应符合本规范第8.2.1条、第8.2.2条中外观检测的有关规定。

8.3 需疲劳验算结构的焊缝质量检验

8.3.1 焊缝的外观质量应无裂纹、未熔合、夹渣、弧坑未填满及超过表8.3.1规定的缺欠。

表8.3.1 焊缝外观质量要求

检验项目＼焊缝质量等级	一级	二级	三级
裂纹	不允许		
未焊满	不允许		≤0.2mm＋0.02t且≤1mm，每100mm长度焊缝内未焊满累积长度≤25mm

续表 8.3.1

检验项目 \ 焊缝质量等级	一级	二级	三级
根部收缩	不允许		≤0.2mm+0.02t 且≤1mm，长度不限
咬边	不允许	深度≤0.05t且≤0.3mm，连续长度≤100mm，且焊缝两侧咬边总长≤10%焊缝全长	深度≤0.1t 且≤0.5mm，长度不限
电弧擦伤	不允许		允许存在个别电弧擦伤
接头不良	不允许		缺口深度≤0.05t且≤0.5mm，每1000mm长度焊缝内不得超过1处
表面气孔	不允许		直径小于1.0mm，每米不多于3个，间距不小于20mm
表面夹渣	不允许		深≤0.2t，长≤0.5t 且≤20mm

注：1　t 为母材厚度；
2　桥面板与弦杆角焊缝、桥面板侧的桥面板与U形肋角焊缝、腹板侧受拉区竖向加劲肋角焊缝的咬边缺陷应满足一级焊缝的质量要求。

8.3.2　焊缝的外观尺寸应符合表8.3.2的规定。

表 8.3.2　焊缝外观尺寸要求（mm）

项　目		焊缝种类	允许偏差
焊脚尺寸		主要角焊缝[a]（包括对接与角接组合焊缝）	$h_{f}{}^{+2.0}_{\ \ 0}$
		其他角焊缝	$h_{f}{}^{+2.0b}_{-1.0}$
焊缝高低差		角焊缝	任意25mm范围高低差≤2.0mm
余高		对接焊缝	焊缝宽度 b ≤20mm时≤2.0mm 焊缝宽度 b >20mm时≤3.0mm
余高铲磨后	表面高度	横向对接焊缝	高于母材表面不大于0.5mm 低于母材表面不大于0.3mm
	表面粗糙度		不大于50μm

注：a　主要角焊缝是指主要杆件的盖板与腹板的连接焊缝；
b　手工焊角焊缝全长的10%允许 $h_{f}{}^{+3.0}_{-1.0}$。

8.3.3　无损检测应符合下列规定：

1　无损检测应在外观检查合格后进行。Ⅰ、Ⅱ类钢材及焊接难度等级为A、B级时，应以焊接完成24h后检测结果作为验收依据，Ⅲ、Ⅳ类钢材及焊接难度等级为C、D级时，应以焊接完成48h后的检查结果作为验收依据。

2　板厚不大于30mm（不等厚对接时，按较薄板计）的对接焊缝除按本规范第8.3.4条的规定进行超声波检测外，还应采用射线检测抽检其接头数量的10%且不少于一个焊接接头。

3　板厚大于30mm的对接焊缝除按本规范第8.3.4条的规定进行超声波检测外，还应增加接头数量的10%且不少于一个焊接接头，按检验等级为C级、质量等级为不低于一级的超声波检测，检测时焊缝余高应磨平，使用的探头折射角应有一个为45°，探伤范围应为焊缝两端各500mm。焊缝长度大于1500mm时，中部应加探500mm。当发现超标缺欠时应加倍检验。

4　用射线和超声波两种方法检验同一条焊缝，必须达到各自的质量要求，该焊缝方可判定为合格。

8.3.4　超声波检测应符合下列规定：

1　超声波检测设备和工艺要求应符合现行国家标准《钢焊缝手工超声波探伤方法和探伤结果分级》GB/T 11345的有关规定。

2　检测范围和检验等级应符合表8.3.4-1的规定。距离-波幅曲线及缺欠等级评定应符合表8.3.4-2、表8.3.4-3的规定。

表 8.3.4-1　焊缝超声波检测范围和检验等级

焊缝质量级别	探伤部位	探伤比例	板厚 t（mm）	检验等级
一、二级横向对接焊缝	全长	100%	10≤t≤46	B
	—	—	46<t≤80	B（双面双侧）
二级纵向对接焊缝	焊缝两端各1000mm	100%	10≤t≤46	B
	—	—	46<t≤80	B（双面双侧）
二级角焊缝	两端螺栓孔部位并延长500mm，板梁主梁及纵、横梁跨中加探1000mm	100%	10≤t≤46	B（双面单侧）
	—	—	46<t≤80	B（双面单侧）

表 8.3.4-2　超声波检测距离-波幅曲线灵敏度

焊缝质量等级	板厚（mm）	判废线	定量线	评定线
对接焊缝一、二级	10≤t≤46	ϕ3×40-6dB	ϕ3×40-14dB	ϕ3×40-20dB
	46<t≤80	ϕ3×40-2dB	ϕ3×40-10dB	ϕ3×40-16dB

续表 8.3.4-2

焊缝质量等级		板厚（mm）	判废线	定量线	评定线
全焊透对接与角接组合焊缝一级		$10\leqslant t\leqslant 80$	$\phi3\times40$-4dB	$\phi3\times40$-10dB	$\phi3\times40$-16dB
			$\phi6$	$\phi3$	$\phi2$
角焊缝二级	部分焊透对接与角接组合焊缝	$10\leqslant t\leqslant 80$	$\phi3\times40$-4dB	$\phi3\times40$-10dB	$\phi3\times40$-16dB
	贴角焊缝	$10\leqslant t\leqslant 25$	$\phi1\times2$	$\phi1\times2$-6dB	$\phi1\times2$-12dB
		$25<t\leqslant 80$	$\phi1\times2$+4dB	$\phi1\times2$-4dB	$\phi1\times2$-10dB

注：1 角焊缝超声波检测采用铁路钢桥制造专用柱孔标准试块或与其校准过的其他孔形试块；

2 $\phi6$、$\phi3$、$\phi2$ 表示纵波探伤的平底孔参考反射体尺寸。

表 8.3.4-3 超声波检测缺欠等级评定

焊缝质量等级	板厚 t（mm）	单个缺欠指示长度	多个缺欠的累计指示长度
对接焊缝一级	$10\leqslant t\leqslant 80$	$t/4$，最小可为 8mm	在任意 $9t$，焊缝长度范围不超过 t
对接焊缝二级	$10\leqslant t\leqslant 80$	$t/2$，最小可为 10mm	在任意 $4.5t$，焊缝长度范围不超过 t
全焊透对接与角接组合焊缝一级	$10\leqslant t\leqslant 80$	$t/3$，最小可为 10mm	—
角焊缝二级	$10\leqslant t\leqslant 80$	$t/2$，最小可为 10mm	—

注：1 母材板厚不同时，按较薄板评定；

2 缺欠指示长度小于 8mm 时，按 5mm 计。

8.3.5 射线检测应符合现行国家标准《金属熔化焊焊接接头射线照相》GB/T 3323 的有关规定，射线照相质量等级不应低于 B 级，焊缝内部质量等级不应低于Ⅱ级。

8.3.6 磁粉检测应符合现行行业标准《无损检测 焊缝磁粉检测》JB/T 6061 的有关规定，合格标准应符合本规范第 8.2.1 条、第 8.2.2 条中外观检验的有关规定。

8.3.7 渗透检测应符合现行行业标准《无损检测 焊缝渗透检测》JB/T 6062 的有关规定，合格标准应符合本规范第 8.2.1 条、第 8.2.2 条中外观检测的有关规定。

9 焊接补强与加固

9.0.1 钢结构焊接补强和加固设计应符合现行国家标准《建筑结构加固工程施工质量验收规范》GB 50550 及《建筑抗震设计规范》GB 50011 的有关规定。补强与加固的方案应由设计、施工和业主等各方共同研究确定。

9.0.2 编制补强与加固设计方案时，应具备下列技术资料：

1 原结构的设计计算书和竣工图，当缺少竣工图时，应测绘结构的现状图；

2 原结构的施工技术档案资料及焊接性资料，必要时应在原结构构件上截取试件进行检测试验；

3 原结构或构件的损坏、变形、锈蚀等情况的检测记录及原因分析，并应根据损坏、变形、锈蚀等情况确定构件（或零件）的实际有效截面；

4 待加固结构的实际荷载资料。

9.0.3 钢结构焊接补强或加固设计，应考虑时效对钢材塑性的不利影响，不应考虑时效后钢材屈服强度的提高值。

9.0.4 对于受气相腐蚀介质作用的钢结构构件，应根据所处腐蚀环境按现行国家标准《工业建筑防腐蚀设计规范》GB 50046 进行分类。当腐蚀削弱平均量超过原构件厚度的 25%以及腐蚀削弱平均量虽未超过 25%但剩余厚度小于 5mm 时，应对钢材的强度设计值乘以相应的折减系数。

9.0.5 对于特殊腐蚀环境中钢结构焊接补强和加固问题应作专门研究确定。

9.0.6 钢结构的焊接补强或加固，可按下列两种方式进行：

1 卸载补强或加固：在需补强或加固的位置使结构或构件完全卸载，条件允许时，可将构件拆下进行补强或加固；

2 负荷或部分卸载状态下进行补强或加固：在需补强或加固的位置上未经卸载或仅部分卸载状态下进行结构或构件的补强或加固。

9.0.7 负荷状态下进行补强与加固工作时，应符合下列规定：

1 应卸除作用于待加固结构上的可变荷载和可卸除的永久荷载。

2 应根据加固时的实际荷载（包括必要的施工荷载），对结构、构件和连接进行承载力验算，当待加固结构实际有效截面的名义应力与其所用钢材的强度设计值之间的比值符合下列规定时应进行补强或加固：

1）β 不大于 0.8（对承受静态荷载或间接承受动态荷载的构件）；

2）β 不大于 0.4（对直接承受动态荷载的构件）。

3 轻钢结构中的受拉构件严禁在负荷状态下进行补强和加固。

9.0.8 在负荷状态下进行焊接补强或加固时，可根据具体情况采取下列措施：

1 必要的临时支护；

2 合理的焊接工艺。

9.0.9 负荷状态下焊接补强或加固施工应符合下列要求：

1 对结构最薄弱的部位或构件应先进行补强或加固；

2 加大焊缝厚度时，必须从原焊缝受力较小部位开始施焊。道间温度不应超过200℃，每道焊缝厚度不宜大于3mm；

3 应根据钢材材质，选择相应的焊接材料和焊接方法。应采用合理的焊接顺序和小直径焊材以及小电流、多层多道焊接工艺；

4 焊接补强或加固的施工环境温度不宜低于10℃。

9.0.10 对有缺损的构件应进行承载力评估。当缺损严重，影响结构安全时，应立即采取卸载、加固措施或对损坏构件及时更换；对一般缺损，可按下列方法进行焊接修复或补强：

1 对于裂纹，应查明裂纹的起止点，在起止点分别钻直径为12mm～16mm的止裂孔，彻底清除裂纹后并加工成侧边斜面角大于10°的凹槽，当采用碳弧气刨方法时，应磨掉渗碳层。预热温度宜为100℃～150℃，并应采用低氢焊接方法按全焊透对接焊缝要求进行。对承受动荷载的构件，应将补焊焊缝的表面磨平；

2 对于孔洞，宜将孔边修整后采用加盖板的方法补强；

3 构件的变形影响其承载能力或正常使用时，应根据变形的大小采取矫正、加固或更换构件等措施。

9.0.11 焊接补强与加固应符合下列要求：

1 原有结构的焊缝缺欠，应根据其对结构安全影响的程度，分别采取卸载或负荷状态下补强与加固，具体焊接工艺应按本规范第7.11节的相关规定执行。

2 角焊缝补强宜采用增加原有焊缝长度（包括增加端焊缝）或增加焊缝有效厚度的方法。当负荷状态下采用加大焊缝厚度的方法补强时，被补强焊缝的长度不应小于50mm；加固后的焊缝应力应符合下式要求：

$$\sqrt{\sigma_f^2+\tau_f^2}\leqslant \eta \times f_f^w \qquad (9.0.11)$$

式中：σ_f——角焊缝按有效截面（$h_e \times l_w$）计算垂直于焊缝长度方向的名义应力；

τ_f——角焊缝按有效截面（$h_e \times l_w$）计算沿长度方向的名义剪应力；

η——焊缝强度折减系数，可按表9.0.11采用；

f_f^w——角焊缝的抗剪强度设计值。

表 9.0.11 焊缝强度折减系数 η

被加固焊缝的长度（mm）	≥600	300	200	100	50
η	1.0	0.9	0.8	0.65	0.25

9.0.12 用于补强或加固的零件宜对称布置。加固焊缝宜对称布置，不宜密集、交叉，在高应力区和应力集中处，不宜布置加固焊缝。

9.0.13 用焊接方法补强铆接或普通螺栓接头时，补强焊缝应承担全部计算荷载。

9.0.14 摩擦型高强度螺栓连接的构件用焊接方法加固时，拴接、焊接两种连接形式计算承载力的比值应在1.0～1.5范围内。

附录A 钢结构焊接接头坡口形式、尺寸和标记方法

A.0.1 各种焊接方法及接头坡口形式尺寸代号和标记应符合下列规定：

1 焊接方法及焊透种类代号应符合表A.0.1-1的规定。

表 A.0.1-1 焊接方法及焊透种类代号

代号	焊接方法	焊透种类
MC	焊条电弧焊	完全焊透
MP		部分焊透
GC	气体保护电弧焊 药芯焊丝自保护焊	完全焊透
GP		部分焊透
SC	埋弧焊	完全焊透
SP		部分焊透
SL	电渣焊	完全焊透

2 单、双面焊接及衬垫种类代号应符合表A.0.1-2的规定。

表 A.0.1-2 单、双面焊接及衬垫种类代号

反面衬垫种类		单、双面焊接	
代号	使用材料	代号	单、双焊接面规定
BS	钢衬垫	1	单面焊接
BF	其他材料的衬垫	2	双面焊接

3 坡口各部分尺寸代号应符合表A.0.1-3的规定。

表 A.0.1-3 坡口各部分的尺寸代号

代 号	代表的坡口各部分尺寸
t	接缝部位的板厚（mm）

续表 A.0.1-3

代　号	代表的坡口各部分尺寸
b	坡口根部间隙或部件间隙（mm）
h	坡口深度（mm）
p	坡口钝边（mm）
α	坡口角度（°）

4　焊接接头坡口形式和尺寸的标记应符合下列规定：

□□－□　□－□　□
- 单面或双面焊接代号
- 反面衬垫类型代号（无衬垫可省略）
- 坡口形式代号
- 接头形式代号
- 焊接方法及焊透种类代号

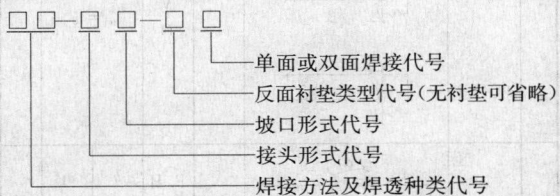

标记示例：焊条电弧焊、完全焊透、对接、Ⅰ形坡口、背面加钢衬垫的单面焊接接头表示为 MC-BⅠ-B_S1。

A.0.2　焊条电弧焊全焊透坡口形式和尺寸宜符合表 A.0.2 的要求。

A.0.3　气体保护焊、自保护焊全焊透坡口形式和尺寸宜符合表 A.0.3 的要求。

A.0.4　埋弧焊全焊透坡口形式和尺寸宜符合表 A.0.4 要求。

A.0.5　焊条电弧焊部分焊透坡口形式和尺寸宜符合表 A.0.5 的要求。

A.0.6　气体保护焊、自保护焊部分焊透坡口形式和尺寸宜符合表 A.0.6 的要求。

A.0.7　埋弧焊部分焊透坡口形式和尺寸宜符合表 A.0.7 的要求。

表 A.0.2　焊条电弧焊全焊透坡口形式和尺寸

序号	标记	坡口形状示意图	板厚（mm）	焊接位置	坡口尺寸（mm）	备注
1	MC-BI-2	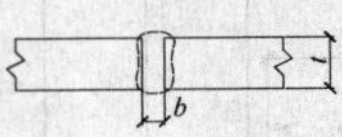	3~6	F H V O	$b=\frac{t}{2}$	清根
	MC-TI-2	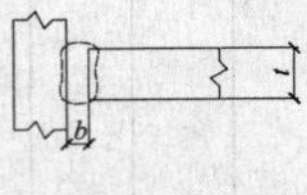				
	MC-CI-2	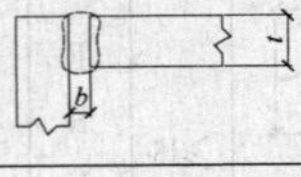				
2	MC-BI-B1	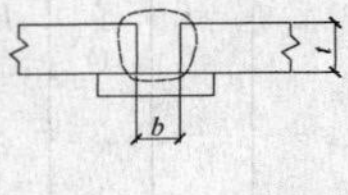	3~6	F H V O	$b=t$	
	MC-CI-B1	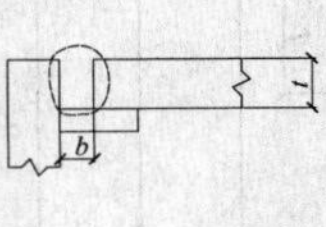				

续表 A.0.2

序号	标记	坡口形状示意图	板厚（mm）	焊接位置	坡口尺寸（mm）	备注
3	MC-BV-2	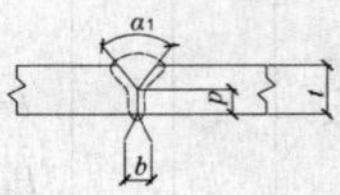	≥6	F H V O	$b=0\sim3$ $p=0\sim3$ $\alpha_1=60°$	清根
	MC-CV-2	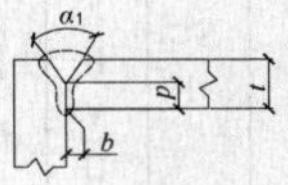				
4	MC-BV-B1	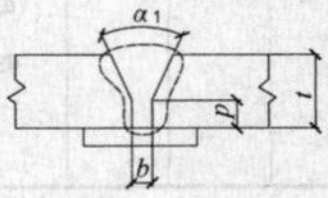	≥6	F, H V, O：b 6, α_1 45° F, V O：b 10, α_1 30°；b 13, α_1 20°	$p=0\sim2$	
	MC-CV-B1	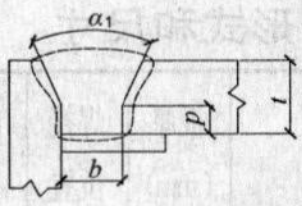	≥12	F, H V, O：b 6, α_1 45° F, V O：b 10, α_1 30°；b 13, α_1 20°	$p=0\sim2$	
5	MC-BL-2	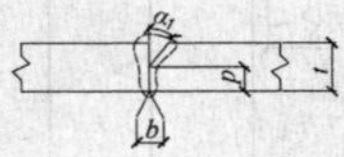	≥6	F H V O	$b=0\sim3$ $p=0\sim3$ $\alpha_1=45°$	清根
	MC-TL-2	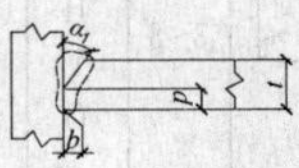				
	MC-CL-2	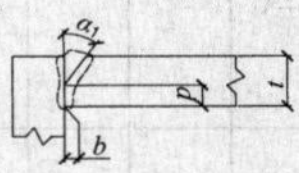				
6	MC-BL-B1	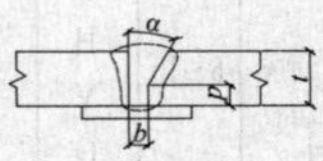	≥6	F H V O	b / α_1：6 / 45°；(10) / (30°) $p=0\sim2$	
	MC-TL-B1	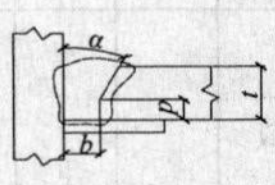		F, H V, O (F, V, O)		
	MC-CL-B1	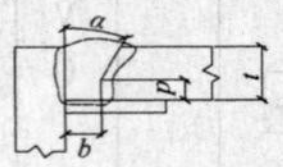		F, H V, O (F, V, O)		
7	MC-BX-2	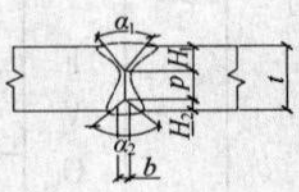	≥16	F H V O	$b=0\sim3$ $H_1=\frac{2}{3}(t-p)$ $p=0\sim3$ $H_2=\frac{1}{3}(t-p)$ $\alpha_1=45°$ $\alpha_2=60°$	清根

续表 A.0.2

序号	标记	坡口形状示意图	板厚（mm）	焊接位置	坡口尺寸（mm）	备注
8	MC-BK-2	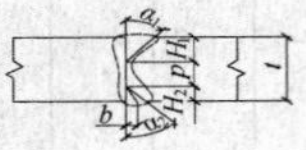	≥16	F H V O	$b=0\sim3$ $H_1=\frac{2}{3}(t-p)$ $p=0\sim3$ $H_2=\frac{1}{3}(t-p)$ $\alpha_1=45^\circ$ $\alpha_2=60^\circ$	清根
	MC-TK-2	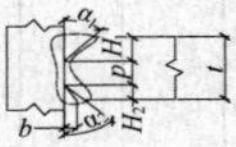				
	MC-CK-2	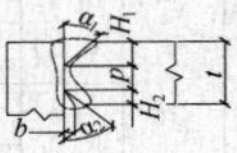				

表 A.0.3 气体保护焊、自保护焊全焊透坡口形式和尺寸

序号	标记	坡口形状示意图	板厚（mm）	焊接位置	坡口尺寸（mm）	备注
1	GC-BI-2	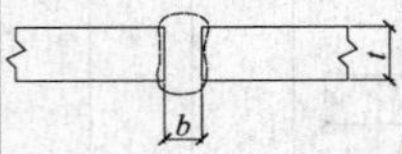	3～8	F H V O	$b=0\sim3$	清根
	GC-TI-2	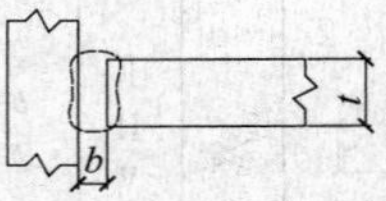				
	GC-CI-2	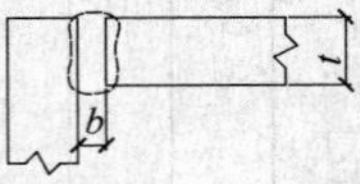				
2	GC-BI-B1	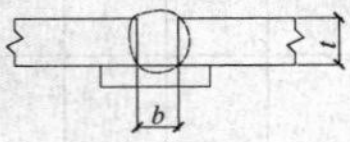	6～10	F H V O	$b=t$	
	GC-CI-B1	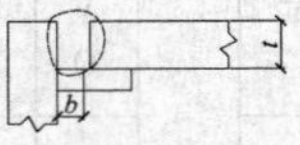				
3	GC-BV-2	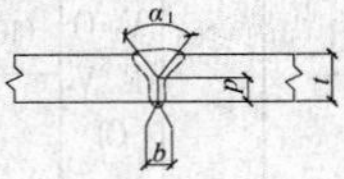	≥6	F H V O	$b=0\sim3$ $p=0\sim3$ $\alpha_1=60^\circ$	清根
	GC-CV-2	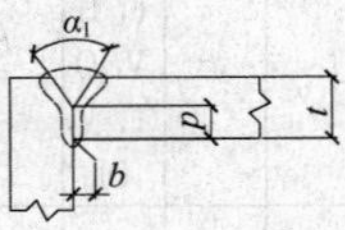				
4	GC-BV-B1	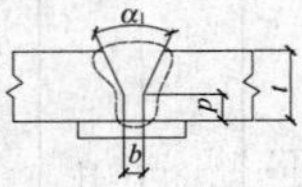	≥6	F V O	b / α_1: 6 / 45°; 10 / 30°; $p=0\sim2$	
	GC-CV-B1	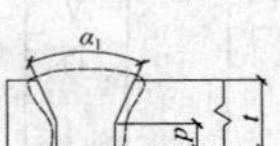	≥12			

续表 A.0.3

序号	标记	坡口形状示意图	板厚（mm）	焊接位置	坡口尺寸（mm）	备注
5	GC-BL-2	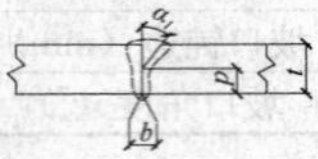	≥6	F H V O	$b=0\sim3$ $p=0\sim3$ $\alpha_1=45^\circ$	清根
	GC-TL-2	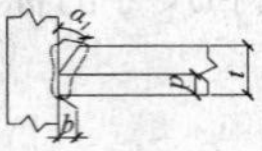				
	GC-CL-2	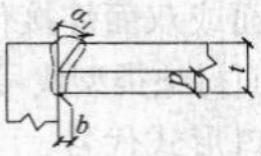				
6	GC-BL-B1	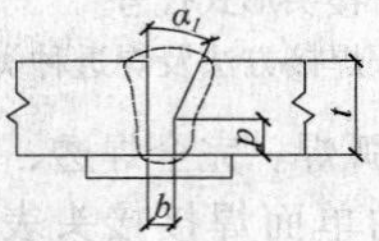	≥6	F, H V, O (F)	b / α_1: 6 / 45°; (10) / (30°); $p=0\sim2$	
	GC-TL-B1	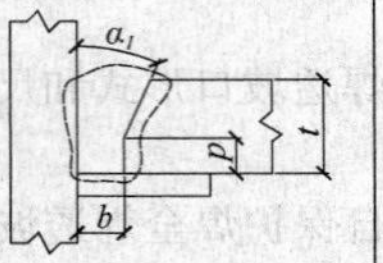				
	GC-CL-B1	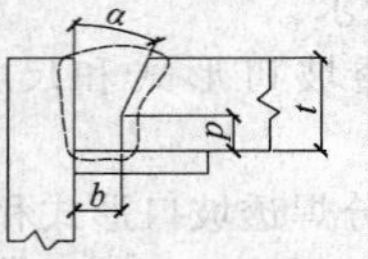				
7	GC-BX-2	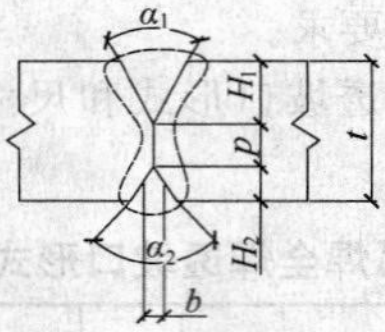	≥16	F H V O	$b=0\sim3$ $H_1=\frac{2}{3}(t-p)$ $p=0\sim3$ $H_2=\frac{1}{3}(t-p)$ $\alpha_1=45^\circ$ $\alpha_2=60^\circ$	清根
8	GC-BK-2	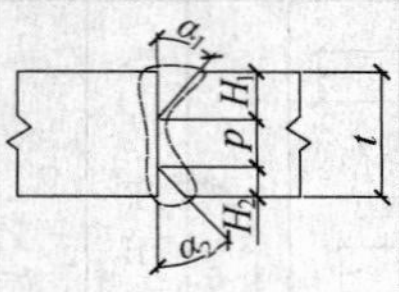	≥16	F H V O	$b=0\sim3$ $H_1=\frac{2}{3}(t-p)$ $p=0\sim3$ $H_2=\frac{1}{3}(t-p)$ $\alpha_1=45^\circ$ $\alpha_2=60^\circ$	清根
	GC-TK-2	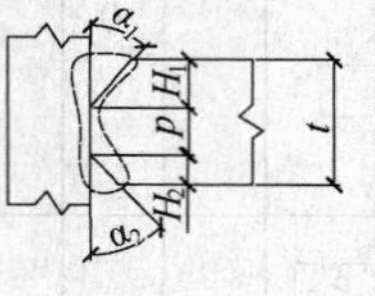				
	GC-CK-2	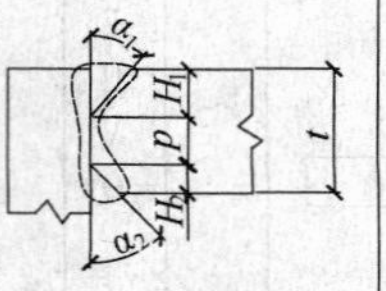				

表 A.0.4 埋弧焊全焊透坡口形式和尺寸

序号	标记	坡口形状示意图	板厚(mm)	焊接位置	坡口尺寸(mm)	备注
1	SC-BI-2	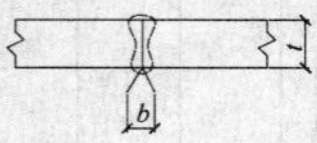	6～12	F	$b=0$	清根
	SC-TI-2	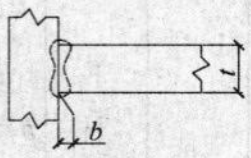	6～10	F		
	SC-CI-2	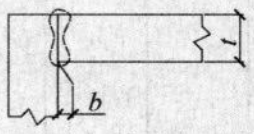				
2	SC-BI-B1	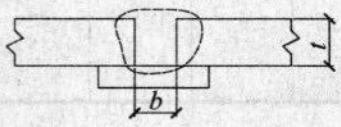	6～10	F	$b=t$	
	SC-CI-B1	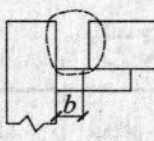				
3	SC-BV-2	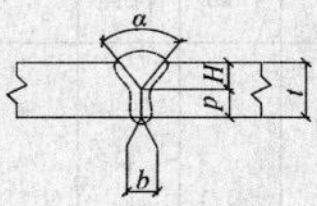	≥12	F	$b=0$ $H_1=t-p$ $p=6$ $\alpha_1=60^\circ$	清根
	SC-CV-2	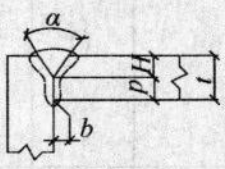	≥10	F	$b=0$ $p=6$ $\alpha_1=60^\circ$	清根
4	SC-BV-B1	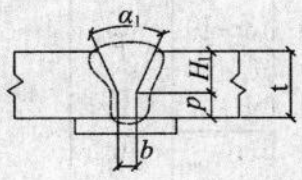	≥10	F	$b=8$ $H_1=t-p$ $p=2$ $\alpha_1=30^\circ$	
	SC-CV-B1	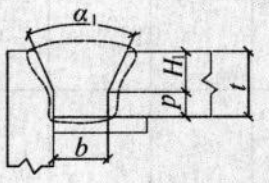				
5	SC-BL-2	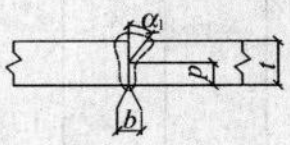	≥12	F	$b=0$ $H_1=t-p$ $p=6$ $\alpha_1=55^\circ$	清根
		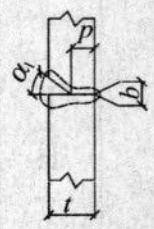	≥10	H		
	SC-TL-2	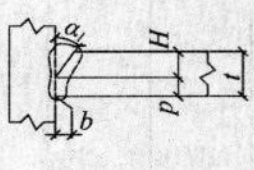	≥8	F	$b=0$ $H_1=t-p$ $p=6$ $\alpha_1=60^\circ$	清根
	SC-CL-2	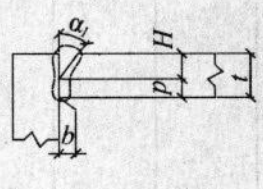	≥8	F	$b=0$ $H_1=t-p$ $p=6$ $\alpha_1=55^\circ$	

续表 A.0.4

序号	标记	坡口形状示意图	板厚(mm)	焊接位置	坡口尺寸(mm)	备注
6	SC-BL-B1	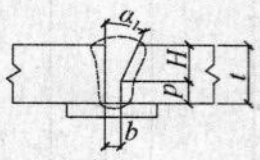	≥10	F	b / α_1: 6 / 45° 10 / 30° $p=2$	
	SC-TL-B1	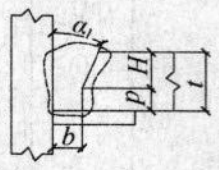				
	SC-CL-B1	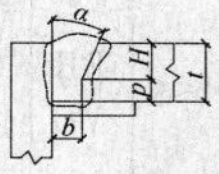				
7	SC-BX-2	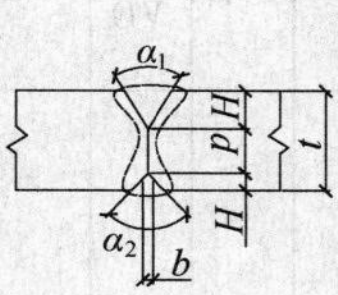	≥20	F	$b=0$ $H_1=\frac{2}{3}(t-p)$ $p=6$ $H_2=\frac{1}{3}(t-p)$ $\alpha_1=45^\circ$ $\alpha_2=60^\circ$	清根
8	SC-BK-2	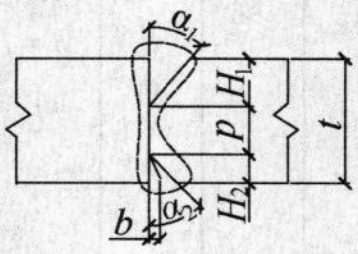	≥20	F	$b=0$ $H_1=\frac{2}{3}(t-p)$ $p=5$ $H_2=\frac{1}{3}(t-p)$ $\alpha_1=45^\circ$ $\alpha_2=60^\circ$	清根
		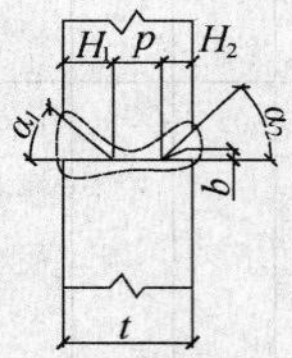	≥12	H		
	SC-TK-2	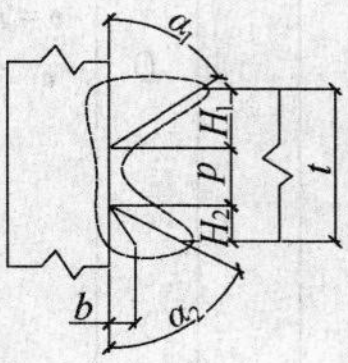	≥20	F	$b=0$ $H_1=\frac{2}{3}(t-p)$ $p=5$ $H_2=\frac{1}{3}(t-p)$ $\alpha_1=45^\circ$ $\alpha_2=60^\circ$	清根
	SC-CK-2	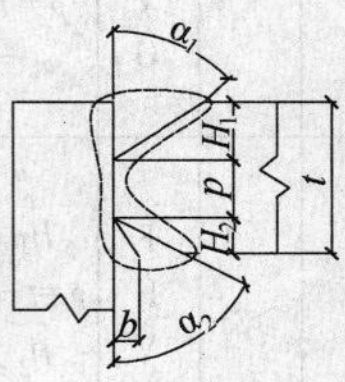	≥20	F	$b=0$ $H_1=\frac{2}{3}(t-p)$ $p=5$ $H_2=\frac{1}{3}(t-p)$ $\alpha_1=45^\circ$ $\alpha_2=60^\circ$	清根

表 A.0.5 焊条电弧焊部分焊透坡口形式和尺寸

序号	标记	坡口形状示意图	板厚（mm）	焊接位置	坡口尺寸（mm）	备注
1	MP-BI-1	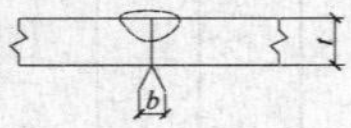	3～6	F H V O	$b=0$	
	MP-CI-1	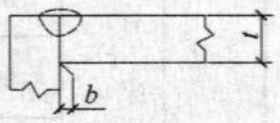				
2	MP-BI-2	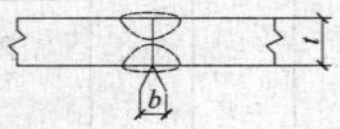	3～6	F H V O	$b=0$	
	MP-CI-2	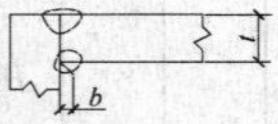	6～10	F H V O	$b=0$	
3	MP-BV-1	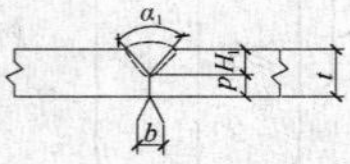	≥6	F H V O	$b=0$ $H_1 \geqslant 2\sqrt{t}$ $p=t-H_1$ $\alpha_1=60°$	
	MP-BV-2	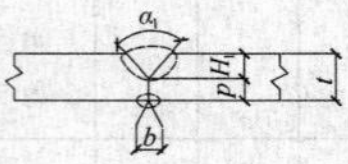				
	MP-CV-1	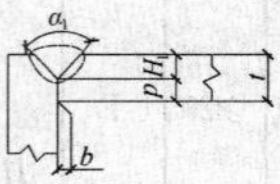				
	MP-CV-2	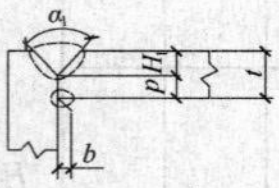				
4	MP-BL-1	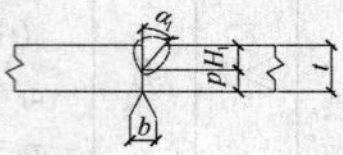	≥6	F H V O	$b=0$ $H_1 \geqslant 2\sqrt{t}$ $p=t-H_1$ $\alpha_1=45°$	
	MP-BL-2	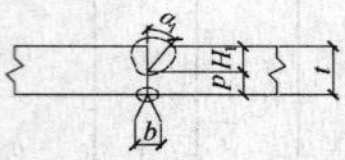				
	MP-CL-1	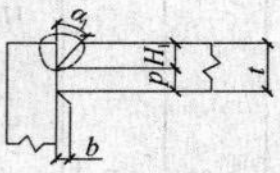				
	MP-CL-2	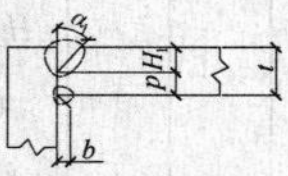				
5	MP-TL-1		≥10	F H V O	$b=0$ $H_1 \geqslant 2\sqrt{t}$ $p=t-H_1$ $\alpha_1=45°$	
	MP-TL-2	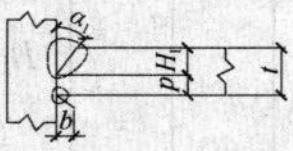				
6	MP-BX-2	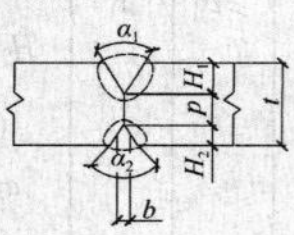	≥25	F H V O	$b=0$ $H_1 \geqslant 2\sqrt{t}$ $p=t-H_1-H_2$ $H_2 \geqslant 2\sqrt{t}$ $\alpha_1=60°$ $\alpha_2=60°$	

续表 A.0.5

序号	标记	坡口形状示意图	板厚（mm）	焊接位置	坡口尺寸（mm）	备注
7	MP-BK-2	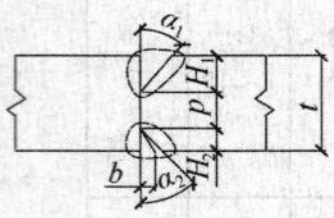	≥25	F H V O	$b=0$ $H_1 \geqslant 2\sqrt{t}$ $p=t-H_1-H_2$ $H_2 \geqslant 2\sqrt{t}$ $\alpha_1=45°$ $\alpha_2=45°$	
	MP-TK-2	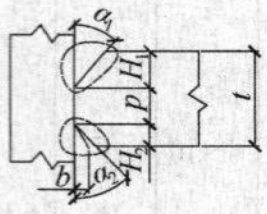				
	MP-CK-2	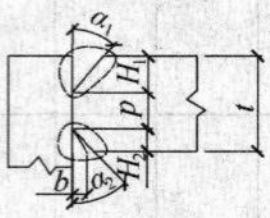				

表 A.0.6 气体保护焊、自保护焊部分焊透坡口形式和尺寸

序号	标记	坡口形状示意图	板厚（mm）	焊接位置	坡口尺寸（mm）	备注
1	GP-BI-1	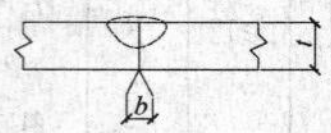	3～10	F H V O	$b=0$	
	GP-CI-1	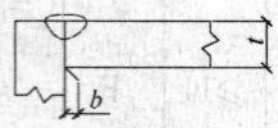				
2	GP-BI-2	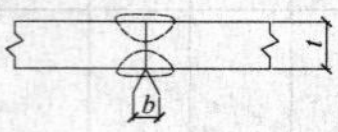	3～10	F H V O	$b=0$	
	GP-CI-2	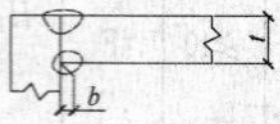	10～12			
3	GP-BV-1	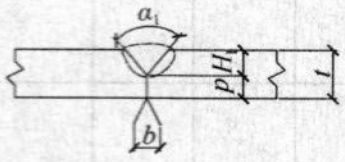	≥6	F H V O	$b=0$ $H_1 \geqslant 2\sqrt{t}$ $p=t-H_1$ $\alpha_1=60°$	
	GP-BV-2	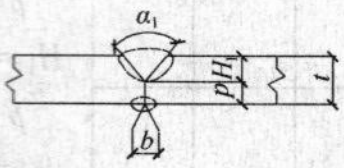				
	GP-CV-1	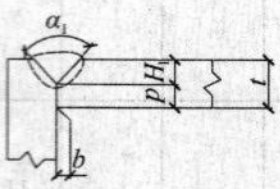				
	GP-CV-2	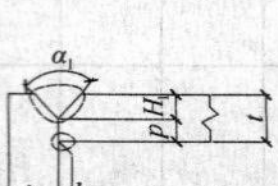				

续表 A.0.6

序号	标记	坡口形状示意图	板厚（mm）	焊接位置	坡口尺寸（mm）	备注
4	GP-BL-1	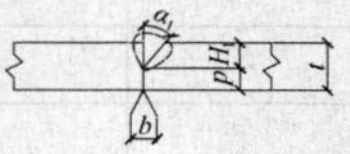	≥6	F H V O	$b=0$ $H_1\geqslant 2\sqrt{t}$ $p=t-H_1$ $\alpha_1=45°$	
	GP-BL-2	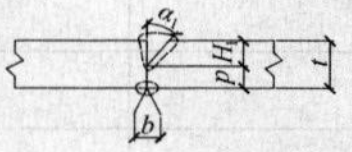				
	GP-CL-1	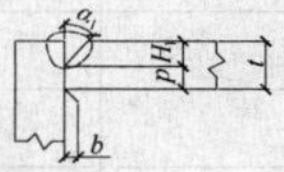	6～24			
	GP-CL-2	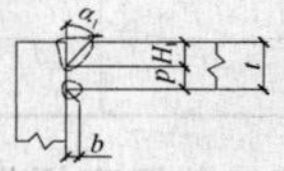				
5	GP-TL-1	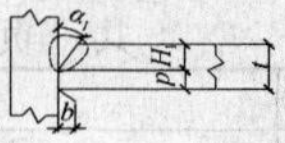	≥10	F H V O	$b=0$ $H_1\geqslant 2\sqrt{t}$ $p=t-H_1$ $\alpha_1=45°$	
	GP-TL-2	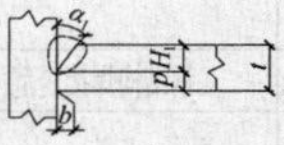				
6	GP-BX-2	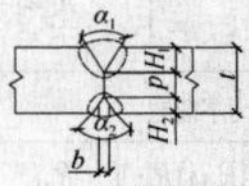	≥25	F H V O	$b=0$ $H_1\geqslant 2\sqrt{t}$ $p=t-H_1-H_2$ $H_2\geqslant 2\sqrt{t}$ $\alpha_1=60°$ $\alpha_2=60°$	
7	GP-BK-2	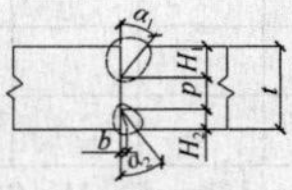	≥25	F H V O	$b=0$ $H_1\geqslant 2\sqrt{t}$ $p=t-H_1-H_2$ $H_2\geqslant 2\sqrt{t}$ $\alpha_1=45°$ $\alpha_2=45°$	
	GP-TK-2	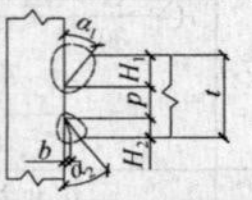				
	GP-CK-2	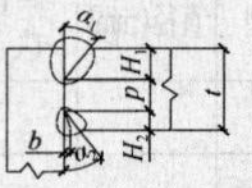				

表 A.0.7 埋弧焊部分焊透坡口形式和尺寸

序号	标记	坡口形状示意图	板厚（mm）	焊接位置	坡口尺寸（mm）	备注
1	SP-BI-1	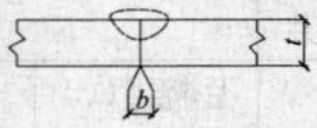	6～12	F	$b=0$	
	SP-CI-1	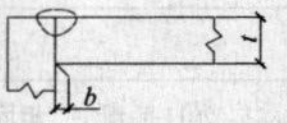				
2	SP-BI-2	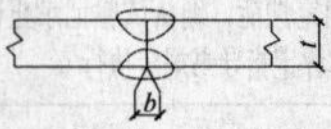	6～20	F	$b=0$	
	SP-CI-2	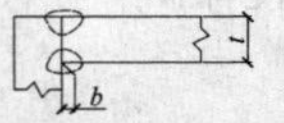				

续表 A.0.7

序号	标记	坡口形状示意图	板厚（mm）	焊接位置	坡口尺寸（mm）	备注
3	SP-BV-1	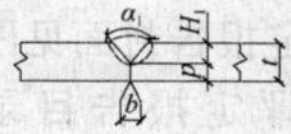	≥14	F	$b=0$ $H_1\geqslant 2\sqrt{t}$ $p=t-H_1$ $\alpha_1=60°$	
	SP-BV-2	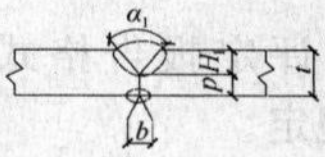				
	SP-CV-1	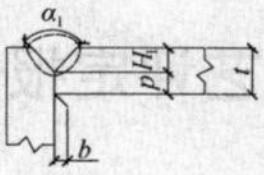				
	SP-CV-2	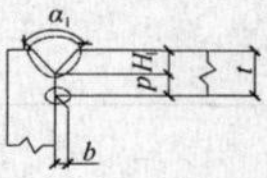				
4	SP-BL-1	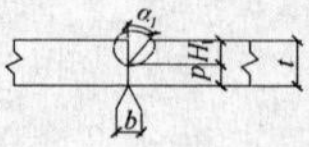	≥14	F H	$b=0$ $H_1\geqslant 2\sqrt{t}$ $p=t-H_1$ $\alpha_1=60°$	
	SP-BL-2	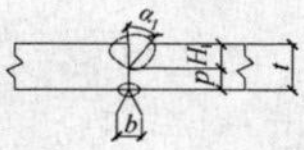				
	SP-CL-1	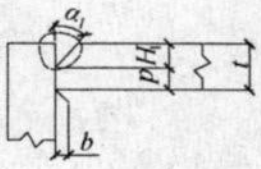				
	SP-CL-2	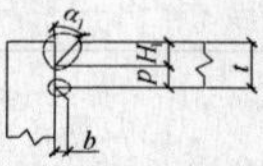				
5	SP-TL-1	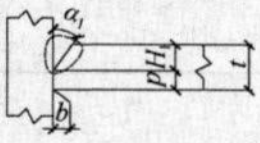	≥14	F H	$b=0$ $H_1\geqslant 2\sqrt{t}$ $p=t-H_1$ $\alpha_1=60°$	
	SP-TL-2	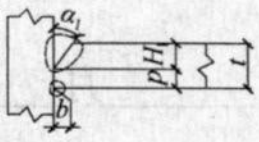				
6	SP-BX-2	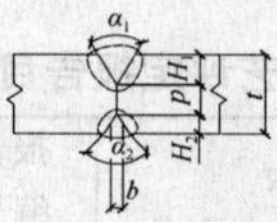	≥25	F	$b=0$ $H_1\geqslant 2\sqrt{t}$ $p=t-H_1-H_2$ $H_2\geqslant 2\sqrt{t}$ $\alpha_1=60°$ $\alpha_2=60°$	
7	SP-BK-2	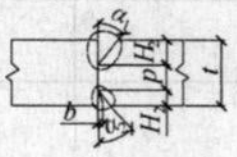	≥25	F H	$b=0$ $H_1\geqslant 2\sqrt{t}$ $p=t-H_1-H_2$ $H_2\geqslant 2\sqrt{t}$ $\alpha_1=60°$ $\alpha_2=60°$	
	SP-TK-2	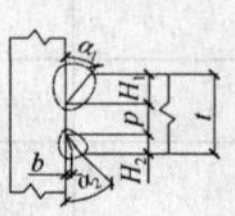				
	SP-CK-2	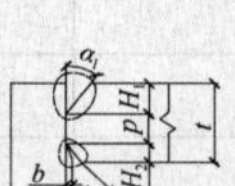				

附录B 钢结构焊接工艺评定报告格式

B.0.1 钢结构焊接工艺评定报告封面见图 B.0.1。

B.0.2 钢结构焊接工艺评定报告目录应符合表 B.0.2 的规定。

B.0.3 钢结构焊接工艺评定报告格式应符合表 B.0.3-1～表 B.0.3-12 的规定。

钢结构焊接工艺评定报告

报告编号：________

编　　制：________

审　　核：________

批　　准：________

单　　位：________

日　　期：____年____月____日

图 B.0.1 钢结构焊接工艺评定报告封面

表 B.0.2 焊接工艺评定报告目录

序号	报 告 名 称	报告编号	页数
1			
2			
3			
4			
5			
6			
7			
8			
9			
10			
11			
12			
13			
14			
15			
16			
17			
18			
19			
20			

表 B.0.3-1 焊接工艺评定报告

共　页　第　页

工程(产品)名称		评定报告编号														
委托单位		工艺指导书编号														
项目负责人		依据标准	《钢结构焊接规范》GB 50661－2011													
试样焊接单位		施焊日期														
焊工		资格代号		级别												
母材钢号		板厚或管径×壁厚		轧制或热处理状态		生产厂										
化学成分(%)和力学性能																
	C	Mn	Si	S	P	Cr	Mo	V	Cu	Ni	B	$R_{eH}(R_{el})$ (N/mm²)	R_m (N/mm²)	A (%)	Z (%)	A_{kv} (J)
标准																
合格证																
复验																
$C_{eq,IIW}$ (%)	$C+\frac{Mn}{6}+\frac{Cr+Mo+V}{5}+\frac{Cu+Ni}{15}=$	P_{cm}(%)	$C+\frac{Si}{30}+\frac{Mn+Cu+Cr}{20}+\frac{Ni}{60}+\frac{Mo}{15}+\frac{V}{10}+5B=$													
焊接材料	生产厂	牌号	类型	直径(mm)	烘干制度(℃×h)	备注										
焊条																
焊丝																
焊剂或气体																
焊接方法		焊接位置		接头形式												
焊接工艺参数	见焊接工艺评定指导书	清根工艺														
焊接设备型号		电源及极性														
预热温度(℃)		道间温度(℃)		后热温度(℃)及时间(min)												
焊后热处理																
评定结论：本评定按《钢结构焊接规范》GB 50661－2011 的规定，根据工程情况编制工艺评定指导书、焊接试件、制取并检验试样、测定性能，确认试验记录正确，评定结果为：______。焊接条件及工艺参数适用范围按本评定指导书规定执行																
评　定	年　月　日	评定单位：　(签章)　年　月　日														
审　核	年　月　日															
技术负责	年　月　日															

表 B.0.3-2 焊接工艺评定指导书

共 页 第 页

工程名称					指导书编号			
母材钢号		板厚或管径×壁厚			轧制或热处理状态		生产厂	
焊接材料	生产厂	牌号	型号		类型	烘干制度(℃×h)		备注
焊条								
焊丝								
焊剂或气体								
焊接方法					焊接位置			
焊接设备型号					电源及极性			
预热温度(℃)		道间温度			后热温度(℃)及时间(min)			
焊后热处理								
接头及坡口尺寸图				焊接顺序图				

焊接工艺参数	道次	焊接方法	焊条或焊丝 牌号	焊条或焊丝 φ(mm)	焊剂或保护气	保护气体流量(L/min)	电流(A)	电压(V)	焊接速度(cm/min)	热输入(kJ/cm)	备注

技术措施			
焊前清理		道间清理	
背面清根			
其他:			

编制	日期	年 月 日	审核	日期	年 月 日

表 B.0.3-3 焊接工艺评定记录表

共 页 第 页

工程名称			指导书编号		
焊接方法		焊接位置	设备型号	电源及极性	
母材钢号		类别	生产厂		
母材板厚或管径×壁厚			轧制或热处理状态		

接头尺寸及施焊道次顺序	焊接材料					
	焊条	牌号		型号		类型
		生产厂		批号		
		烘干温度(℃)		时间(min)		
	焊丝	牌号		型号		规格(mm)
		生产厂		批号		
	焊剂或气体	牌号		规格(mm)		
		生产厂				
		烘干温度(℃)		时间(min)		

施焊工艺参数记录

道次	焊接方法	焊条(焊丝)直径(mm)	保护气体流量(L/min)	电流(A)	电压(V)	焊接速度(cm/min)	热输入(kJ/cm)	备注

施焊环境	室内/室外	环境温度(℃)		相对湿度	%
预热温度(℃)		道间温度(℃)		后热温度(℃)	时间(min)
后热处理					

技术措施			
焊前清理		道间清理	
背面清根			
其他			

焊工姓名	资格代号		级别	施焊日期	年 月 日
记录	日期	年 月 日	审核	日期	年 月 日

表 B.0.3-4 焊接工艺评定检验结果

共 页 第 页

非破坏检验				
试验项目	合格标准	评定结果	报告编号	备注
外观				
X 光				
超声波				
磁粉				

拉伸试验	报告编号				弯曲试验	报告编号			
试样编号	R_{eH} (R_{el}) (MPa)	R_m (MPa)	断口位置	评定结果	试样编号	试验类型	弯心直径 D(mm)	弯曲角度	评定结果

冲击试验	报告编号			宏观金相	报告编号
试样编号	缺口位置	试验温度(℃)	冲击功 A_{kv}(J)	评定结果:	
				硬度试验	报告编号
				评定结果:	
评定结果:					

其他检验:

检验		日期	年 月 日	审核		日期	年 月 日

表 B.0.3-5 栓钉焊焊接工艺评定报告

共 页 第 页

工程(产品)名称				评定报告编号		
委托单位				工艺指导书编号		
项目负责人				依据标准		
试样焊接单位				施焊日期		
焊工		资格代号		级别		
施焊材料	牌号	型号或材质	规格	热处理或表面状态	烘干制度(℃×h)	备注
焊接材料						
母材						
穿透焊板材						
焊钉						
瓷环						
焊接方法		焊接位置		接头形式		
焊接工艺参数	见焊接工艺评定指导书					
焊接设备型号			电源及极性			

备注:

评定结论:

本评定按《钢结构焊接规范》GB 50661－2011的规定，根据工程情况编制工艺评定指导书、焊接试件、制取并检验试样、测定性能，确认试验记录正确，评定结果为:________。

焊接条件及工艺参数适用范围应按本评定指导书规定执行

评定		年 月 日	检测评定单位: (签章)
审核		年 月 日	
技术负责		年 月 日	年 月 日

表 B.0.3-6 栓钉焊焊接工艺评定指导书

共　页　第　页

工程名称				指导书编号			
焊接方法				焊接位置			
设备型号				电源及极性			
母材钢号		类别		厚度(mm)		生产厂	
接头及试件形式	施焊材料						
	焊接材料	牌号		型号		规格(mm)	
		生产厂				批号	
	穿透焊钢材	牌号		规格(mm)			
		生产厂		表面镀层			
	焊钉	牌号		规格(mm)			
		生产厂					
	瓷环	牌号		规格(mm)			
		生产厂					
	烘干温度(℃)及时间(min)						

焊接工艺参数	序号	电流(A)	电压(V)	时间(s)	保护气体流量(L/min)	伸出长度(mm)	提升高度(mm)	备注
	1							
	2							
	3							
	4							
	5							
	6							
	7							
	8							
	9							
	10							

技术措施	焊前母材清理	
	其他:	

编制		日期	年　月　日	审核		日期	年　月　日

表 B.0.3-7 栓钉焊焊接工艺评定记录表

共　页　第　页

工程名称				指导书编号			
焊接方法				焊接位置			
设备型号				电源及极性			
母材钢号		类别		厚度(mm)		生产厂	
接头及试件形式	施焊材料						
	焊接材料	牌号		型号		规格(mm)	
		生产厂				批号	
	穿透焊钢材	牌号		规格(mm)			
		生产厂		表面镀层			
	焊钉	牌号		规格(mm)			
		生产厂					
	瓷环	牌号		规格(mm)			
		生产厂					
	烘干温度(℃)及时间(min)						

施焊工艺参数记录									
序号	电流(A)	电压(V)	时间(s)	保护气体流量(L/min)	伸出长度(mm)	提升高度(mm)	环境温度(℃)	相对湿度(%)	备注
1									
2									
3									
4									
5									
6									
7									
8									
9									

技术措施	焊前母材清理	
	其他:	

焊工姓名		资格代号		级别		施焊日期	年　月　日
编制		日期	年　月　日	审核		日期	年　月　日

表 B.0.3-8 栓钉焊焊接工艺评定试样检验结果

共 页 第 页

焊缝外观检查						
检验项目	实测值（mm）				规定值（mm）	检验结果
	0°	90°	180°	270°		
焊缝高					>1	
焊缝宽					>0.5	
咬边深度					<0.5	
气孔					无	
夹渣					无	

拉伸试验	报告编号			
试样编号	抗拉强度 R_m（MPa）	断口位置	断裂特征	检验结果

弯曲试验	报告编号			
试样编号	试验类型	弯曲角度	检验结果	备注
	锤击	30°		
	锤击	30°		
	锤击	30°		
	锤击	30°		
	锤击	30°		

其他检验：

检验		日期	年 月 日	审核		日期	年 月 日

表 B.0.3-9 免予评定的焊接工艺报告

共 页 第 页

工程(产品)名称		报告编号	
施工单位		工艺编号	
项目负责人		依据标准	《钢结构焊接规范》GB 50661－2011

母材钢号		板厚或管径×壁厚		轧制或热处理状态		生产厂	

化学成分(%)和力学性能																
	C	Mn	Si	S	P	Cr	Mo	V	Cu	Ni	B	R_{eH} (R_{el}) (N/mm²)	R_m (N/mm²)	A (%)	Z (%)	A_{kv} (J)
标准																
合格证																
复验																

$C_{eq,IIW}$ (%)	$C+\frac{Mn}{6}+\frac{Cr+Mo+V}{5}+\frac{Cu+Ni}{15}=$	P_{cm} (%)	$C+\frac{Si}{30}+\frac{Mn+Cu+Cr}{20}+\frac{Ni}{60}+\frac{Mo}{15}+\frac{V}{10}+5B=$

焊接材料	生产厂	牌号	类型	直径(mm)	烘干制度(℃× h)	备注
焊条						
焊丝						
焊剂或气体						

焊接方法		焊接位置		接头形式	
焊接工艺参数	见免于评定的焊接工艺	清根工艺			
焊接设备型号		电源及极性			
预热温度(℃)		道间温度(℃)		后热温度(℃)及时间(min)	
焊后热处理					

本报告按《钢结构焊接规范》GB 50661－2011 第 6.6 节关于免予评定 7 焊接工艺的规定，根据工程情况编制免予评定的焊接工艺报告。焊接条件及工艺参数适用范围按本报告规定执行

编 制		年 月 日	编制单位：（签章）
审 核		年 月 日	
技术负责		年 月 日	年 月 日

表 B.0.3-10　免于评定的焊接工艺

共　页　第　页

工程名称			工艺编号				
母材钢号		板厚或管径×壁厚		轧制或热处理状态		生产厂	
焊接材料	生产厂	牌　号	型号	类　型	烘干制度(℃×h)	备注	
焊　条							
焊　丝							
焊剂或气体							
焊接方法			焊接位置				
焊接设备型号			电源及极性				
预热温度(℃)		道间温度		后热温度(℃)及时间(min)			
焊后热处理							
接头及坡口尺寸图			焊接顺序图				

焊接工艺参数	道次	焊接方法	焊条或焊丝 牌号	焊条或焊丝 φ(mm)	焊剂或保护气	保护气体流量(L/min)	电流(A)	电压(V)	焊接速度(cm/min)	热输入(kJ/cm)	备注

技术措施			
	焊前清理	道间清理	
	背面清根		
	其他:		

编制	日期　年　月　日	审核	日期　年　月　日

表 B.0.3-11　免于评定的栓钉焊焊接工艺报告

共　页　第　页

工程(产品)名称				报告编号		
施工单位				工艺编号		
项目负责人				依据标准		
施焊材料	牌号	型号或材质	规格	热处理或表面状态	烘干制度(℃×h)	备注
焊接材料						
母　材						
穿透焊板材						
焊　钉						
瓷　环						
焊接方法		焊接位置		接头形式		
焊接工艺参数	见免于评定的栓钉焊焊接工艺(编号:______)					
焊接设备型号			电源及极性			
备　注:						

本报告按《钢结构焊接规范》GB 50661-2011 第 6.6 节关于免予评定的焊接工艺的规定，根据工程情况编制免予评定的栓钉焊焊接工艺。焊接条件及工艺参数适用范围按本报告规定执行

编　制	年　月　日	编制单位:　　　(签章)
审　核	年　月　日	
技术负责	年　月　日	年　月　日

表 B.0.3-12　免于评定的栓钉焊焊接工艺

共　页　第　页

工程名称			工艺编号				
焊接方法			焊接位置				
设备型号			电源及极性				
母材钢号		类别	厚度(mm)		生产厂		
接头及试件形式		施焊材料					
		焊接材料	牌号		型号		规格(mm)	
			生产厂			批号	
		穿透焊钢材	牌号		规格(mm)		
			生产厂		表面镀层		
		焊钉	牌号		规格(mm)		
			生产厂				
		瓷环	牌号		规格(mm)		
			生产厂				
			烘干温度(℃)及时间(min)				
焊接工艺参数	序号	电流(A)	电压(V)	时间(s)	伸出长度(mm)	提升高度(mm)	备注
技术措施	焊前母材清理						
	其他:						
编制		日期	年 月 日	审核		日期	年 月 日

附录 C　箱形柱（梁）内隔板电渣焊缝焊透宽度的测量

C.0.1　应采用超声波垂直探伤法以使用的最大声程作为探测范围调整时间轴，在被探工件无缺陷的部位将钢板的第一次底面反射回波调至满幅的 80% 高度作为探测灵敏度基准，垂直于焊缝方向从焊缝的终端开始以 100mm 间隔进行扫查，并应对两端各 50mm $+t_1$ 范围进行全面扫查（图 C.0.1）。

C.0.2　焊接前必须在面板外侧标记上焊接预定线，探伤时应以该预定线为基准线。

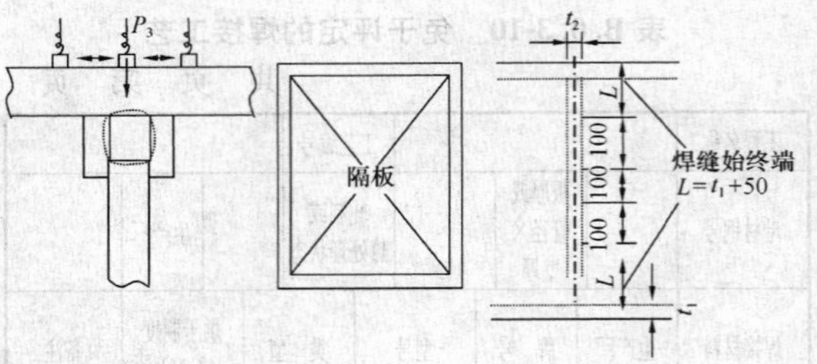

图 C.0.1　扫查方法示意

C.0.3　应把探头从焊缝一侧移动至另一侧，底波高度达到 40% 时的探头中心位置作为焊透宽度的边界点，两侧边界点间距即为焊透宽度。

C.0.4　缺陷指示长度的测定应符合下列规定：

1　焊透指示宽度不足时，应按本规范第 C.0.3 条规定扫查求出的焊透指示宽度小于隔板尺寸的沿焊缝长度方向的范围作为缺陷指示长度；

2　焊透宽度的边界点错移时，应将焊透宽度边界点向焊接预定线内侧沿焊缝长度方向错位超过 3mm 的范围作为缺陷指示长度；

3　缺陷在焊缝长度方向的位置应以缺陷的起点表示。

本规范用词说明

1　为便于在执行本规范条文时区别对待，对要求严格程度不同的用词说明如下：

1）表示很严格，非这样做不可的用词：
正面词采用“必须”，反面词采用“严禁”；

2）表示严格，在正常情况均应这样做的用词：
正面词采用“应”，反面词采用“不应”或“不得”；

3）表示允许稍有选择，在条件许可时首先应这样做的用词：
正面词采用“宜”，反面词采用“不宜”；

4）表示有选择，在一定条件下可以这样做的，采用“可”。

2　条文中指明应按其他有关标准执行的写法为：“应符合……的规定”或“应按……执行”。

引用标准名录

1　《建筑抗震设计规范》GB 50011

2　《工业建筑防腐蚀设计规范》GB 50046

3　《建筑结构制图标准》GB/T 50105

4　《建筑结构加固工程施工质量验收规范》GB 50550

5　《钢的低倍组织及缺陷酸蚀检验法》GB 226

6　《焊缝符号表示法》GB/T 324

7　《焊接接头冲击试验方法》GB/T 2650

8 《焊接接头拉伸试验方法》GB/T 2651

9 《焊接接头弯曲试验方法》GB/T 2653

10 《焊接接头硬度试验方法》GB/T 2654

11 《金属熔化焊焊接接头射线照相》GB/T 3323

12 《氩》GB/T 4842

13 《碳钢焊条》GB/T 5117

14 《低合金钢焊条》GB/T 5118

15 《埋弧焊用碳钢焊丝和焊剂》GB/T 5293

16 《厚度方向性能钢板》GB/T 5313

17 《气体保护电弧焊用碳钢、低合金钢焊丝》GB/T 8110

18 《无损检测人员资格鉴定与认证》GB/T 9445

19 《焊接与切割安全》GB 9448

20 《碳钢药芯焊丝》GB/T 10045

21 《电弧螺柱焊用圆柱头焊钉》GB/T 10433

22 《钢焊缝手工超声波探伤方法和探伤结果分级》GB 11345

23 《埋弧焊用低合金钢焊丝和焊剂》GB/T 12470

24 《熔化焊用钢丝》GB/T 14957

25 《低合金钢药芯焊丝》GB/T 17493

26 《钢结构超声波探伤及质量分级法》JG/T 203

27 《碳钢、低合金钢焊接构件焊后热处理方法》JB/T 6046

28 《无损检测　焊缝磁粉检测》JB/T 6061

29 《无损检测　焊缝渗透检测》JB/T 6062

30 《热切割　气割质量和尺寸偏差》JB/T 10045.3

31 《焊接构件振动时效工艺参数选择及技术要求》JB/T 10375

32 《焊接用二氧化碳》HG/T 2537

中华人民共和国国家标准

钢结构焊接规范

GB 50661—2011

条 文 说 明

制　定　说　明

《钢结构焊接规范》GB 50661－2011，经住房和城乡建设部2011年12月5日以第1212号公告批准、发布。

本规范制订过程中，编制组进行了大量的调查研究，总结了我国钢结构焊接施工领域的实践经验，同时参考了国外先进技术法规、技术标准，通过大量试验与实际应用验证，取得了钢结构焊接施工及质量验收等方面的重要技术参数。

为便于广大设计、施工、科研、学校等单位有关人员在使用本规范时能正确理解和执行条文规定，《钢结构焊接规范》编制组按章、节、条顺序编制了本规范的条文说明，对条文规定的目的、依据以及执行中需注意的有关事项进行了说明（还着重对强制性条文的强制理由作了解释）。但是，本条文说明不具备与标准正文同等的法律效力，仅供使用者作为理解和把握规范规定的参考。

目　次

1　总则 ………………………………… 1—45—57
2　术语和符号 ……………………… 1—45—57
2.1　术语 ……………………………… 1—45—57
2.2　符号 ……………………………… 1—45—57
3　基本规定 ………………………… 1—45—57
4　材料 ……………………………… 1—45—58
5　焊接连接构造设计………………… 1—45—60
5.1　一般规定 ………………………… 1—45—60
5.2　焊缝坡口形式和尺寸 …………… 1—45—61
5.3　焊缝计算厚度 …………………… 1—45—61
5.4　组焊构件焊接节点 ……………… 1—45—62
5.5　防止板材产生层状撕裂的节点、选材和工艺措施 ……………… 1—45—62
5.6　构件制作与工地安装焊接构造设计 ……………… 1—45—62
5.7　承受动载与抗震的焊接构造设计 ……………… 1—45—62
6　焊接工艺评定 …………………… 1—45—63
6.1　一般规定 ………………………… 1—45—63
6.2　焊接工艺评定替代规则 ………… 1—45—63
6.3　重新进行工艺评定的规定 ……… 1—45—63
6.5　试件和试样的试验与检验 ……… 1—45—63
6.6　免予焊接工艺评定 ……………… 1—45—63
7　焊接工艺 ………………………… 1—45—64
7.1　母材准备 ………………………… 1—45—64
7.2　焊接材料要求 …………………… 1—45—64
7.3　焊接接头的装配要求 …………… 1—45—64
7.4　定位焊 …………………………… 1—45—64
7.5　焊接环境 ………………………… 1—45—64
7.6　预热和道间温度控制 …………… 1—45—64
7.7　焊后消氢热处理 ………………… 1—45—65
7.8　焊后消应力处理 ………………… 1—45—65
7.9　引弧板、引出板和衬垫 ………… 1—45—65
7.10　焊接工艺技术要求……………… 1—45—65
7.11　焊接变形的控制………………… 1—45—66
7.12　返修焊…………………………… 1—45—66
7.13　焊件矫正………………………… 1—45—66
7.14　焊缝清根………………………… 1—45—66
7.15　临时焊缝………………………… 1—45—66
7.16　引弧和熄弧……………………… 1—45—66
7.17　电渣焊和气电立焊……………… 1—45—66
8　焊接检验 ………………………… 1—45—66
8.1　一般规定 ………………………… 1—45—66
8.2　承受静荷载结构焊接质量的检验 ……………… 1—45—67
8.3　需疲劳验算结构的焊缝质量检验 ……………… 1—45—68
9　焊接补强与加固 ………………… 1—45—68

1 总 则

1.0.1 本规范对钢结构焊接给出的具体规定，是为了保证钢结构工程的焊接质量和施工安全，为焊接工艺提供技术指导，使钢结构焊接质量满足设计文件和相关标准的要求。钢结构焊接，应贯彻节材、节能、环保等技术经济政策。本规范的编制主要根据我国钢结构焊接技术发展现状，充分考虑现行的各行业相关标准，同时借鉴欧、美、日等先进国家的标准规定，适当采用我国钢结构焊接的最新科研成果、施工实践编制而成。

1.0.2 在荷载条件、钢材厚度以及焊接方法等方面规定了本规范的适用范围。

对于一般桁架或网架（壳）结构、多层和高层梁一柱框架结构的工业与民用建筑钢结构、公路桥梁钢结构、电站电力塔架、非压力容器罐体以及各种设备钢构架、工业炉窑罐壳体、照明塔架、通廊、工业管道支架、人行过街天桥或城市钢结构跨线桥等钢结构的焊接可参照本规范规定执行。

对于特殊技术要求领域的钢结构，根据设计要求和专门标准的规定补充特殊规定后，仍可参照本规范执行。

本条所列的焊接方法包括了目前我国钢结构制作、安装中广泛采用的焊接方法。

1.0.3 焊接过程是钢材的热加工过程，焊接过程中产生的火花、热量、飞溅物等往往是建筑工地火灾事故的起因，如果安全措施不当，会对焊工的身体造成伤害。因此，焊接施工必须遵守国家现行安全技术和劳动保护的有关规定。

1.0.4 本规范是有关钢结构制作和安装工程对焊接技术要求的专业性规范，是对钢结构相关规范的补充和深化。因此，在钢结构工程焊接施工中，除应按本规范的规定执行外，还应符合国家现行有关强制性标准的规定。

2 术语和符号

2.1 术 语

国家标准《焊接术语》GB/T 3375 中所确立的相应术语适用于本规范，此外，本规范规定了 8 个特定术语，这些术语是从钢结构焊接的角度赋予其涵义的。

2.2 符 号

本规范给出了 29 个符号，并对每一个符号给出了相应的定义，本规范各章节中均有引用，其中材料力学性能符号，与现行国家标准《金属材料 拉伸试验 第 1 部分：室温试验方法》GB/T 228.1 相一致，强度符号用英文字母 R、伸长率用英文字母 A、断面收缩率用英文字母 Z 表示。鉴于目前有些相关的产品标准未进行修订，为避免力学性能符号的引用混乱，建议在试验报告中，力学性能名称及其新符号之后，用括号标出旧符号，例如：上屈服强度 R_{eH}（σ_{sU}），下屈服强度 R_{eL}（σ_{sL}），抗拉强度 R_m（σ_b），规定非比例延伸强度 $R_{p0.2}$（$\sigma_{p0.2}$），伸长率 A（δ_5），断面收缩率 $Z(\Psi)$ 等。

3 基 本 规 定

3.0.1 本规范适用的钢材类别、结构类型比较广泛，基本上涵盖了目前钢结构焊接施工的实际需要。为了提高钢结构工程焊接质量，保证结构使用安全，根据影响施工焊接的各种基本因素，将钢结构工程焊接按难易程度区分为易、一般、较难和难四个等级。针对不同情况，施工企业在承担钢结构工程时应具备与焊接难度相适应的技术条件，如施工企业的资质、焊接施工装备能力、施工技术和人员水平能力、焊接工艺技术措施、检验与试验手段、质保体系和技术文件等。

表 3.0.1 中钢材碳当量采用国际焊接学会推荐的公式，研究表明，该公式主要适用于含碳量较高的钢（含碳量≥0.18%），20 世纪 60 年代以后，世界各国为改进钢的性能和焊接性，大力发展了低碳微合金元素的低合金高强钢，对于这类钢，该公式已不适用，为此提出了适用于含碳量较低（0.07%～0.22%）钢的碳当量公式 P_{cm}。

$$P_{cm}(\%)=\mathrm{C}+\frac{\mathrm{Si}}{30}+\frac{\mathrm{Mn}+\mathrm{Cu}+\mathrm{Cr}}{20}+\frac{\mathrm{Ni}}{60}+\frac{\mathrm{Mo}}{15}+\frac{\mathrm{V}}{10}+5\mathrm{B} \tag{1}$$

但目前国内大部分现行钢材标准主要还是以国际焊接学会 IIW 的碳当量 CEV 作为评价其焊接性优劣的指标，为了与钢材标准规定相一致，本规范仍然沿用国际焊接学会 IIW 的碳当量 CEV 公式，对于含碳量小于 0.18%的情况，可通过试验或采用 P_{cm} 评价钢材焊接性。

板厚的区分，是按照目前国内钢结构的中厚板使用情况，将 $t\leqslant30$mm 定为易焊的结构，将 $t=30$mm～60mm 定为焊接难度一般的结构，将 $t=60$mm～100mm 定为较难焊接的结构，$t>100$mm 定为难焊的结构。

受力状态的区分参照了有关设计规程。

3.0.2、3.0.3 鉴于目前国内钢结构工程承包的实际情况，结合近二十年来的实际施工经验和教训，要求承担钢结构工程制作安装的企业必须具有相应的资质等级、设备条件、焊接技术质量保证体系，并配备具有金属材料、焊接结构、焊接工艺及设备等方面专业知识的焊接技术责任人员，强调对施工企业焊接相关从业人员的资质要求，明确其职责，是非常必要的。

随着大中城市现代化的进程，在钢结构的设计中越来越多的采用一些超高、超大新型钢结构。这些结构中焊接节点设计复杂，接头拘束度较大，一旦发生质量问题，尤其是裂纹，往往对工程的安全、工期和投资造成很大损失。目前，重大工程中经常采用一些进口钢材或新型国产钢材，这样就要求施工单位必须全面了解其冶炼、铸造、轧制上的特点，掌握钢材的焊接性，才能制订出正确的焊接工艺，确保焊接施工质量。此两条规定了对于特殊结构或采用高强度钢材、特厚材料及焊接新工艺的钢结构工程，其制作、安装单位应具备相应的焊接工艺试验室和基本的焊接试验开发技术人员，是非常必要的。

3.0.4 本规范对焊接相关人员的资格作出了明确规定，借以加强对各类人员的管理。

焊接相关人员，包括焊工、焊接技术人员、焊接检验人员、无损检测人员、焊接热处理人员，是焊接实施的直接或间接参与者，是焊接质量控制环节中的重要组成部分，焊接从业人员的专业素质是关系到焊接质量的关键因素。2008年北京奥运会场馆钢结构工程的成功建设和四川彩虹大桥的倒塌，从正反两个方面都说明了加强焊接从业人员管理的重要性。近年来，随着我国钢结构的突飞猛进，焊接从业人员的数量急剧增加，但由于国内没有相应的准入机制和标准，缺乏对相关人员的有效考核和管理致使一些钢结构企业的焊接从业人员管理水平不高，尤其是在焊工资格管理方面部分企业甚至处于混乱状态，在钢结构工程的生产制作、施工安装过程中埋下隐患，对整个工程的质量安全造成不良影响。因此本标准借鉴欧、美、日等发达国家的先进经验，对焊接从业人员的考核要求从焊工、无损检测人员扩充到了其他相关人员。我国现行可供执行的焊接从业人员技术资格考试规程包括锅炉压力容器相关规程中的人员资格考试标准，对从事该行业的焊工、检验员、无损检测人员等进行必需的考试认可，其焊工的考试资格可以作为钢结构焊工的基本考试要求予以认可。另外，现行行业标准《冶金工程建设焊工考试规程》YB/T 9259则是针对钢结构焊接施工的特点，制定了焊工技术资格考试的基本资格考试、定位焊资格考试和建筑钢结构焊工手法操作技能附加考试规程，可以满足钢结构焊工技术资格考试的要求。

3.0.5 本条对焊接相关人员的职责作出了规定，其中焊接检验人员负责对焊接作业进行全过程的检查和控制，出具检查报告。所谓检查报告，是根据若干检测报告的结果，通过对材料、人员、工艺、过程或质量的核查进行综合判断，确定其相对于特定要求的符合性，或在专业判断的基础上，确定相对于通用要求的符合性所出具的书面报告，如焊接工艺评定报告、焊接材料复验报告等。与检查报告不同，检测报告是对某一产品的一种或多种特性进行测试并提供检测结果，如材料力学性能检测报告、无损检测报告等。

出具检测报告、检查报告的检测机构或检查机构均应具有相应检测、检查资质，其中，检测机构应通过国家认证认可监督管理委员会的CMA计量认证（具备国家有关法律、行政法规规定的基本条件和能力，可以向社会出具具有证明作用的数据和结果）或中国合格评定国家认可委员会的试验室认可（符合CNAS-CL01《检测和校准试验室能力能力认可准则》idt ISO/IEC 17025的要求）。

3.0.6 焊接过程是钢材的热加工过程，焊接过程中产生的火花、热量、飞溅物、噪声以及烟尘等都是影响焊接相关人员身心健康和安全的不可忽视的因素，从事焊接生产的相关人员必须遵守国家现行安全健康相关标准的规定，其焊接施工环境中的场地、设备及辅助机具的使用和存放，也必须遵守国家现行相关标准的规定。

4 材 料

4.0.1 合格的钢材及焊接材料是获得良好焊接质量的基本前提，其化学成分和力学性能是影响焊接性的重要指标，因此钢材及焊接材料的质量要求必须符合国家现行相关标准的规定。

本条为强制性条文，必须严格执行。

4.0.2 钢材的化学成分决定了钢材的碳当量数值，化学成分是影响钢材的焊接性和焊接接头安全性的重要因素之一。在工程前期准备阶段，钢结构焊接施工企业就应确切的了解所用钢材的化学成分和力学性能，以作为焊接性试验、焊接工艺评定以及钢结构制作和安装的焊接工艺及措施制订的依据。并应按国家现行有关工程质量验收规范要求对钢材的化学成分和力学性能进行必要的复验。

不论对于国产钢材或国外钢材，除满足本规范免予评定规定的材料外，其焊接施工前，必须按本规范第6章的要求进行焊接工艺评定试验，合格后制订出相应的焊接工艺文件或焊接作业指导书。钢材的碳当量，是作为制订焊接工艺评定方案时所考虑的重要因素，但非唯一因素。

4.0.3 焊接材料的选配原则，根据设计要求，除保证焊接接头强度、塑性不低于钢材标准规定的下限值以外，还应保证焊接接头的冲击韧性不低于母材标准规定的冲击韧性下限值。

4.0.4 新材料是指未列入国家或行业标准的材料，或已列入国家或行业标准，但对钢厂或焊接材料生产厂为首次试制或生产。鉴于目前国内新材料技术开发工作发展迅速，其产品的性能和质量良莠不齐，新材料的使用必须有严格的规定。

4.0.5 钢材可按化学成分、强度、供货状态、碳当量等进行分类。按钢材的化学成分分类，可分为低碳钢、低合金钢和不锈钢等；按钢材的标称屈服强度分类，可分为 235MPa、295MPa、345MPa、370MPa、390MPa、420MPa、460MPa 等级别；按钢材的供货状态分类，可分为热轧钢、正火钢、控轧钢、控轧控冷（TMCP）钢、TMCP＋回火处理钢、淬火＋回火钢、淬火＋自回火钢等。

本规范中，常用国内钢材分类是按钢材的标称屈服强度级别划分的。常用国外钢材大致对应于国内钢材分类见表 1 所示，由于国内外钢材屈服强度标称值与实际值的差别不尽相同，国外钢材难以完全按国内钢材进行分类，所以只能兼顾参照国内钢材的标称和实际屈服强度来大体区分。

表 1 常用国外钢材的分类

类别号	屈服强度（MPa）	国外钢材牌号举例	国外钢材标准
Ⅰ	195～245	SM400（A、B）$t\leqslant$200mm； SM400C $t\leqslant$100mm	JIS G 3106-2004
	215～355	SN400（A、B）6mm$<t\leqslant$100mm； SN400C 16mm$<t\leqslant$100mm	JIS G 3136-2005
	145～185	S185 $t\leqslant$250mm	EN 10025-2：2004
	175～235 175～235 165～235	S235JR $t\leqslant$250mm S235J0 $t\leqslant$250mm S235J2 $t\leqslant$400mm	EN 10025-2：2004
	195～235	S235 J0W $t\leqslant$150mm S275 J2W $t\leqslant$150mm	EN 10025-5：2004
	≥260	S260NC $t\leqslant$20mm	EN 10149-3：1996
	≥250	ASTM A36/A36M	ASTM A36/A36M-05
	225～295	E295 $t\leqslant$250mm	EN 10025-2：2004
	205～275 205～275 195～275	S275 JR $t\leqslant$250mm S275 J0 $t\leqslant$250mm S275 J2 $t\leqslant$400mm	EN 10025-2：2004
	205～275	S275 N $t\leqslant$250mm S275 NL $t\leqslant$250mm	EN 10025-3：2004
	240～275	S275 M $t\leqslant$150mm S275 ML $t\leqslant$150mm	EN 10025-4：2004
Ⅱ	≥290	ASTM A572/A572M Gr42 $t\leqslant$150mm	ASTM A572/ A572M-06
	≥315	S315NC $t\leqslant$20mm	EN 10149-3：1996
	≥315	S315MC $t\leqslant$20mm	EN 10149-2：1996
	275～325	SM490（A、B）$t\leqslant$200mm； SM490C $t\leqslant$100mm	JIS G 3106-2004
	325～365	SM490Y（A、B）$t\leqslant$100mm	JIS G 3106-2004
	295～445	SN490B 6mm$<t\leqslant$100mm； SN490C 16mm$<t\leqslant$100mm	JIS G 3136-2005

续表 1

类别号	屈服强度（MPa）	国外钢材牌号举例	国外钢材标准
Ⅱ	255～335	E335 $t\leqslant$250mm	EN 10025-2：2004
	275～355 275～355 265～355 265～355	S355 JR $t\leqslant$250mm S355J0 $t\leqslant$250mm S355J2 $t\leqslant$400mm S355K2 $t\leqslant$400mm	EN 10025-2：2004
	275～355	S355 N $t\leqslant$250mm S355 NL $t\leqslant$250mm	EN 10025-3：2004
	320～355	S355 M $t\leqslant$150mm S355 ML $t\leqslant$150mm	EN 10025-4：2004
	345～355	S355 J0WP $t\leqslant$40mm S355 J2WP $t\leqslant$40mm	EN 10025-5：2004
	295～355	S355 J0W $t\leqslant$150mm S355 J2W $t\leqslant$150mm S355 K2W $t\leqslant$150mm	EN 10025-5：2004
	≥345	ASTM A572/A572M Gr50 $t\leqslant$100mm	ASTM A572/ A572M-06
	≥355	S355NC $t\leqslant$20mm	EN 10149-3：1996
	≥355	S355MC $t\leqslant$20mm	EN 10149-2：1996
	≥345	ASTM A913/ A913M Gr50	ASTM A913/ A913M-07
	285～360	E360 $t\leqslant$250mm	EN 10025-2：2004
Ⅲ	325～365	SM520（B、C） $t\leqslant$100mm	JIS G 3106-2004
	≥380	ASTM A572/A572M Gr55 $t\leqslant$50mm	ASTM A572/ A572M-06
	≥415	ASTM A572/A572M Gr60 $t\leqslant$32mm	ASTM A572/ A572M-06
	≥415	ASTM A913/ A913M Gr60	ASTM A913/ A913M-07
	320～420	S420 N $t\leqslant$250mm S420 NL $t\leqslant$250mm	EN 10025-3：2004
	365～420	S420 M $t\leqslant$150mm S420 ML $t\leqslant$150mm	EN 10025-4：2004
Ⅳ	420～460	SM570 $t\leqslant$100mm	JIS G 3106-2004
	≥450	ASTM A572/A572M Gr65 $t\leqslant$32mm	ASTM A572/ A572M-06
	≥420	S420NC $t\leqslant$20mm	EN 10149-3：1996
	≥420	S420MC $t\leqslant$20mm	EN 10149-2：1996
	380～450	S450 J0 $t\leqslant$150mm	EN 10025-2：2004
	370～460	S460 N $t\leqslant$200mm S460 NL $t\leqslant$200mm	EN 10025-3：2004
	385～460	S460 M $t\leqslant$150mm S460 ML $t\leqslant$150mm	EN 10025-4：2004
	400～460	S460 Q $t\leqslant$150mm S460 QL $t\leqslant$150mm S460 QL1 $t\leqslant$150mm	EN 10025-6：2004
	≥460	S460MC $t\leqslant$20mm	EN 10149-2：1996
	≥450	ASTM A913/A913M Gr65	ASTM A913/ A913M-07

4.0.6 T形、十字形、角接节点，当翼缘板较厚时，由于焊接收缩应力较大，且节点拘束度大，而使板材在近缝区或近板厚中心区沿轧制带状组织晶间产生台阶状层状撕裂。这种现象在国内外工程中屡有发生。焊接工艺技术人员虽然针对这一问题研究出一些改善、克服层状撕裂的工艺措施，取得了一定的实践经验（见本规范第5.5.1条），但要从根本上解决问题，必须提高钢材自身的厚度方向即Z向性能。因此，在设计选材阶段就应考虑选用对于有厚度方向性能要求的钢材。

对于有厚度方向性能要求的钢材，在质量等级后面加上厚度方向性能级别（Z15、Z25或Z35），如Q235GJD Z25。有厚度方向性能要求时，其钢材的P、S含量，断面收缩率值的要求见表2。

表2 钢板厚度方向性能级别及其磷、硫含量、断面收缩率值

级别	磷含量（质量分数），≤（%）	含硫量（质量分数），≤（%）	断面收缩率（Ψ_Z,%）	
			三个试样平均值，≥	单个试样值，≥
Z15	≤0.020	0.010	15	10
Z25		0.007	25	15
Z35		0.005	35	25

4.0.7～4.0.9 焊接材料熔敷金属中扩散氢的测定方法应依据现行国家标准《熔敷金属中扩散氢测定方法》GB/T 3965的规定进行。水银置换法只用于焊条电弧焊；甘油置换法和气相色谱法适用于焊条电弧焊、埋弧焊及气体保护焊。当用甘油置换法测定的熔敷金属材料中的扩散氢含量小于2mL/100g时，必须使用气相色谱法测定。钢材分类为Ⅲ、Ⅳ类钢种匹配的焊接材料扩散氢含量指标，由供需双方协商确定，也可以要求供应商提供。埋弧焊时应按现行国家标准并根据钢材的强度级别、质量等级和牌号选择适当焊剂，同时应具有良好的脱渣性等焊接工艺性能。

4.0.11 现行行业标准《焊接用二氧化碳》HG/T 2537规定的焊接用二氧化碳组分含量要求见表3。重要焊接节点的定义参照现行国家标准《钢结构工程施工质量验收规范》GB 50205的规定。

表3 焊接用二氧化碳组分含量的要求

项 目	组分含量（%）		
	优等品	一等品	合格品
二氧化碳含量（不小于）	99.9	99.7	99.5
液态水	不得检出	不得检出	不得检出
油			
水蒸气＋乙醇含量（不大于）	0.005	0.02	0.05
气味	无异味	无异味	无异味

注：表中对以非发酵法所得的二氧化碳、乙醇含量不作规定。

5 焊接连接构造设计

5.1 一般规定

5.1.1 钢结构焊接节点的设计原则，主要应考虑便于焊工操作以得到致密的优质焊缝，尽量减少构件变形、降低焊接收缩应力的数值及其分布不均匀性，尤其是要避免局部应力集中。

现代建筑钢结构类型日趋复杂，施工中会遇到各种焊接位置。目前无论是工厂制作还是工地安装施工中仰焊位置已广泛应用，焊工技术水平也已提高，因此本规范未把仰焊列为应避免的焊接操作位置。

对于截面对称的构件，焊缝布置对称于构件截面中性轴的规定是减少构件整体变形的根本措施。但对于桁架中角钢类非对称型材构件端部与节点板的搭接角焊缝，并不需要把焊缝对称布置，因其对构件变形影响不大，也不能提高其承载力。

为了满足建筑艺术的要求，钢结构形状日益多样化，这往往使节点复杂、焊缝密集甚至于立体交叉，而且板厚大、拘束度大使焊缝不能自由收缩，导致双向、三向焊接应力产生，这种焊接残余应力一般能达到钢材的屈服强度值。这对焊接延迟裂纹以及板材层状撕裂的产生是极重要的影响因素之一。一般在选材上采取控制碳当量，控制焊缝扩散氢含量，工艺上采取预热甚至于消氢热处理，但即使不产生裂纹，施焊后节点区在焊接收缩应力作用下，由于晶格畸变产生的微观应变，将使材料塑性下降，相应强度及硬度增高，使结构在工作荷载作用下产生脆性断裂的可能性增大。因此，要求节点设计时尽可能避免焊缝密集、交叉并使焊缝布置避开高应力区是非常必要的。

此外，为了结构安全而对焊缝几何尺寸要求宁大勿小这种做法是不正确的，不论设计、施工或监理各方都要走出这一概念上的误区。

5.1.2 施工图中应采用统一的标准符号标注，如焊缝计算厚度、焊接坡口形式等焊接有关要求，可以避免在工程实际中因理解偏差而产生质量问题。

5.1.3 本条明确了钢结构设计施工图的具体技术要求：

1 现行国家标准《钢结构设计规范》GB 50017－2003第1.0.5条（强条）规定："在钢结构设计文件中应注明建筑结构的设计使用年限、钢材牌号、连接材料的型号（或钢号）和对钢材所要求的力学性能、化学成分及其他的附加保证项目。此外，还应注明所要求的焊缝形式、焊缝质量等级、端面刨平顶紧部位及对施工的要求。"其中"对施工的要求"指的是什么，在标准中没有明确指出，本规范作为具体的技术规范，需要在具体条文中予以明确。

2 钢结构设计制图分为钢结构设计施工图和

钢结构施工详图两个阶段。钢结构设计施工图应由具有设计资质的设计单位完成，其内容和深度应满足进行钢结构制作详图设计的要求。

3 本条编制依据《钢结构设计制图深度和表示方法》（03G102），同时参照美国《钢结构焊接规范》AWS D1.1对钢结构设计施工图的焊接技术要求进行规定。

4 由于构件的分段制作或安装焊缝位置对结构的承载性能有重要影响，同时考虑运输、吊装和施工的方便，特别强调应在设计施工图中明确规定工厂制作和现场拼装节点的允许范围，以保证工程焊接质量与结构安全。

5.1.4 本条明确了钢结构制作详图的具体技术要求：

1 钢结构制作详图一般应由具有钢结构专项设计资质的加工制作单位完成，也可由有该项资质的其他单位完成。钢结构制作详图是对钢结构施工图的细化，其内容和深度应满足钢结构制作、安装的要求。

2 本条编制依据《钢结构设计制图深度和表示方法》（03G102），同时参照美国《钢结构焊接规范》AWS D1.1对钢结构制作详图焊接技术的要求进行规定。

3 本条明确要求制作详图应根据运输条件、安装能力、焊接可操作性和设计允许范围确定构件分段位置和拼接节点，按设计规范有关规定进行焊缝设计并提交设计单位进行安全审核，以便施工企业遵照执行，保证工程焊接质量与结构安全。

5.1.5 焊缝质量等级是焊接技术的重要控制指标，本条参照现行国家标准《钢结构设计规范》GB 50017，并根据钢结构焊接的具体情况作出了相应规定：

1 焊缝质量等级主要与其受力情况有关，受拉焊缝的质量等级要高于受压或受剪的焊缝；受动荷载的焊缝质量等级要高于受静荷载的焊缝。

2 由于本规范涵盖了钢结构桥梁，因此参照现行行业标准《铁路钢桥制造规范》TB 10212增加了对桥梁相应部位角焊缝质量等级的规定。

3 与现行国家标准《钢结构设计规范》GB 50017不同，将“重级工作制（A6～A8）和起重量$Q \geqslant 50t$的中级工作制（A4、A5）吊车梁的腹板与上翼缘之间以及吊车桁架上弦杆与节点板之间的T形接头焊缝”的质量等级规定纳入本条第1款第4项，不再单独列款。

4 不需要疲劳验算的构件中，凡要求与母材等强的对接焊缝宜予焊透，与现行国家标准《钢结构设计规范》GB 50017规定的“应予焊透”有所放松，这也是考虑钢结构行业的实际情况，避免要求过严而造成不必要的浪费。

5 本条第3款中，根据钢结构焊接实际情况，在现行国家标准《钢结构设计规范》GB 50017的基础上，增加了“部分焊透的对接焊缝”及“梁柱、牛腿等重要节点”的内容，第1项中的质量等级规定由原来的“焊缝的外观质量标准应符合二级”改为“焊缝的质量等级应符合二级”。

5.2 焊缝坡口形式和尺寸

5.2.1、5.2.2 现行国家标准《气焊、焊条电弧焊、气体保护焊和高能束焊的推荐坡口》GB/T 985.1和《埋弧焊的推荐坡口》GB/T 985.2中规定了坡口的通用形式，其中坡口部分尺寸均给出了一个范围，并无确切的组合尺寸；GB/T 985.1中板厚40mm以上、GB/T 985.2中板厚60mm以上均规定采用U形坡口，且没有焊接位置规定及坡口尺寸及装配允差规定。总的来说，上述两个国家标准比较适合于可以使用焊接变位器等工装设备及坡口加工、组装要求较高的产品，如机械行业中的焊接加工，对钢结构制作的焊接施工则不尽适合，尤其不适合于钢结构工地安装中各种钢材厚度和焊接位置的需要。目前大型、大跨度、超高层建筑钢结构多由国内进行施工图设计，在本规范中，将坡口形式和尺寸的规定与国际先进国家标准接轨是十分必要的。美国与日本国家标准中全焊透焊缝坡口的规定差异不大，部分焊透焊缝坡口的规定有些差异。美国《钢结构焊接规范》AWS D1.1中对部分焊透焊缝坡口的最小焊缝尺寸规定值较小，工程中很少应用。日本建筑施工标准规范《钢结构工程》JASS 6（96年版）所列的日本钢结构协会《焊缝坡口标准》JSSI 03（92年底版）中，对部分焊透焊缝规定最小坡口深度为$2\sqrt{t}$（t为板厚）。实际上日本和美国的焊缝坡口形式标准在国际和国内均已广泛应用。本规范参考了日本标准的分类排列方式，综合选用美、日两国标准的内容，制订了三种常用焊接方法的标准焊缝坡口形式与尺寸。

5.3 焊缝计算厚度

5.3.1～5.3.6 焊缝计算厚度是结构设计中构件焊缝承载应力计算的依据，不论是角焊缝、对接焊缝或角接与对接组合焊缝中的全焊透焊缝或部分焊透焊缝，还是管材T、K、Y形相贯接头中的全焊透焊缝、部分焊透焊缝、角焊缝，都存在着焊缝计算厚度的问题。对此，设计者应提出明确要求，以免在焊接施工过程中引起混淆，影响结构安全。参照美国《钢结构焊接规范》AWS D1.1，对于对接焊缝、对接与角接组合焊缝，其部分焊透焊缝计算厚度的折减值在第5.3.2条给出了明确规定，见表5.3.2。如果设计者应用该表中的折减值对焊缝承载应力进行计算，即可允许采用不加衬垫的全焊透坡口形式，反面不清根焊接。施工中不使用碳弧气刨清根，对提高施工效率和保障施工安全有很大好处。国内目前某些由日本企业设计的钢结构工程中采用了这种坡口形式，如北京国贸二期超高层钢结构等工程。

同样参照美国《钢结构焊接规范》AWS D1.1，在第5.3.4条中对斜角焊缝不同两面角（Ψ）时的焊缝计算厚度计算公式及折减值，在第5.3.6条中对管材T、K、Y形相贯接头全焊透、部分焊透及角焊缝的各区焊缝计算厚度或折减值以及相应的坡口尺寸作了明确规定，以供施工图设计时使用。

5.4 组焊构件焊接节点

5.4.1 为防止母材过热，规定了塞焊和槽焊的最小间隔及最大直径。为保证焊缝致密性，规定了最小直径与板厚关系。塞焊和槽焊的焊缝尺寸应按传递剪力计算确定。

5.4.2 为防止因热输入量过小而使母材热影响区冷却速度过快而形成硬化组织，规定了角焊缝最小长度、断续角焊缝最小长度及角焊缝的最小焊脚尺寸。采用低氢焊接方法，由于降低了氢对焊缝的影响，其最小角焊缝尺寸可比采用非低氢焊接方法时小一些。

5.4.3 本条规定参照了美国《钢结构焊接规范》AWS D1.1。

为防止搭接接头角焊缝在荷载作用下张开，规定了搭接接头角焊缝在传递部件受轴向力时，应采用双角焊缝。

为防止搭接接头受轴向力时发生偏转，规定了搭接接头最小搭接长度。

为防止构件因翘曲而使贴合不好，规定了搭接接头纵向角焊缝连接构件端部时的最小焊缝长度，必要时应增加横向角焊或塞焊。

为保证构件受拉力时有效传递荷载，构件受压时保持稳定，规定了断续搭接角焊缝最大纵向间距。

为防止焊接时材料棱边熔塌，规定了搭接焊缝与材料棱边的最小距离。

5.4.4 不同厚度、不同宽度材料对接焊时，为了减小材料因截面及外形突变造成的局部应力集中，提高结构使用安全性，参照美国《钢结构焊接规范》AWS D1.1及日本建筑施工标准《钢结构工程》JASS 6，规定了当焊缝承受的拉应力超过设计容许拉应力的三分之一时，不同厚度及宽度材料对接时的坡度过渡最大允许值为1∶2.5，以减小材料因截面及外形突变造成的局部应力集中，提高结构使用安全性。

5.5 防止板材产生层状撕裂的节点、选材和工艺措施

5.5.1～5.5.3 在T形、十字形及角接接头焊接时，由于焊接收缩应力作用于板厚方向（即垂直于板材纤维的方向）而使板材产生沿轧制带状组织晶间的台阶状层状撕裂。这一现象在国外钢结构焊接工程实践中早已发现，并经过多年试验研究，总结出一系列防止层状撕裂的措施，在本规范第4.0.6条中已规定了对材料厚度方向性能的要求。本条主要从焊接节点形式的优化设计方面提出要求，目的是减小焊缝截面和焊接收缩应力，使焊接收缩力尽可能作用于板材的轧制纤维方向，同时也给出了防止层状撕裂的相应的焊接工艺措施。

需要注意的是目前我国钢结构正处于蓬勃发展的阶段，近年来在重大工程项目中已发生过多起由层状撕裂而引起的工程质量问题，应在设计与材料要求方面给予足够的重视。

5.6 构件制作与工地安装焊接构造设计

5.6.1 本条规定的节点形式中，第1、2、4、6、7、8、9款为生产实践中常用的形式；第3、5款引自美国《钢结构焊接规范》AWS D1.1。其中第5款适用于为传递局部载荷，采用一定长度的全焊透坡口对接与角接组合焊缝的情况，第10款为现行行业标准《空间网格结构技术规程》JGJ 7的规定，目的是为避免焊缝交叉、减小应力集中程度、防止三向应力，以防止焊接裂纹产生，提高结构使用安全性。

5.6.2 本条规定的安装节点形式中，第1、2、4款与国家现行有关标准一致；第3款桁架或框架梁安装焊接节点为国内一些施工企业常用的形式。这种焊接节点已在国内一些大跨度钢结构中得到应用，它不仅可以避免焊缝立体交叉，还可以预留一段纵向焊缝最后施焊，以减小横向焊缝的拘束度。第5款的图5.6.2-5(c)为不加衬套的球—管安装焊接节点形式，管端在现场二次加工调整钢管长度和坡口间隙，以保证单面焊透。这种焊接节点的坡口形式可以避免衬套固定焊接后管长及安装间隙不易调整的缺点，在首都机场四机位大跨度网架工程中已成功应用。

5.7 承受动载与抗震的焊接构造设计

5.7.1 由于塞焊、槽焊、电渣焊和气电立焊焊接热输入大，会在接头区域产生过热的粗大组织，导致焊接接头塑韧性下降而达不到承受动载需经疲劳验算钢结构的焊接质量要求，所以本条为强制性条文。

本条为强制性条文，必须严格执行。

5.7.2 本条对承受动载时焊接节点作出了规定。如承受动载需经疲劳验算时塞焊、槽焊的禁用规定，间接承受动载时塞焊、槽焊孔与板边垂直于应力方向的净距离，角焊缝的最小尺寸，部分焊透焊缝、单边V形和单边U形坡口的禁用规定以及不同板厚、板宽对焊接接头的过渡坡度的规定均引自美国《钢结构焊接规范》AWS D1.1；角接与对接组合焊缝和T形接头坡口焊缝的加强焊角尺寸要求则给出了最小和最大的限制。需要注意的是，对承受与焊缝轴线垂直的动载拉应力的焊缝，禁止采用部分焊透焊缝、无衬垫单面焊、未经评定的非钢衬垫单面焊；不同板厚对接接

头在承受各种动载力（拉、压、剪）时，其接头斜坡过渡不应大于1∶2.5。

5.7.3 本条中第1、2两款引自美国《钢结构焊接规范》AWS D1.1；第3、4两款是根据现行国家标准《钢结构设计规范》GB 50017中有关要求而制订，目的是便于制作施工中注意焊缝的设置，更好的保证构件的制作质量。

5.7.4 本条为抗震结构框架柱与梁的刚性节点焊接要求，引自美国《钢结构焊接规范》AWS D1.1。经历了美国洛杉矶大地震和日本坂神大地震后，国外钢结构专家在对震害后柱-梁节点断裂位置及破坏形式进行了统计并分析其原因，据此对有关规范作了修订，即推荐采用无衬垫单面全焊透焊缝（反面清根后封底焊）或采用陶瓷衬垫单面焊双面成形的焊缝。

5.7.5 本条规定了引弧板、引出板及衬垫板的去除及去除后的处理要求。引弧板、引出板可以用气割工艺割去，但钢衬垫板去除不能采用气割方法，宜采用碳弧气刨方法去除。

6 焊接工艺评定

6.1 一 般 规 定

6.1.1 由于钢结构工程中的焊接节点和焊接接头不可能进行现场实物取样检验，为保证工程焊接质量，必须在构件制作和结构安装施工焊接前进行焊接工艺评定。现行国家标准《钢结构工程施工质量验收规范》GB 50205对此有明确的要求并已将焊接工艺评定报告列入竣工资料必备文件之一。

本规范参照美国《钢结构焊接规范》AWS D1.1，并充分考虑国内钢结构焊接的实际情况，增加了免予焊接工艺评定的相关规定。所谓免予焊接工艺评定就是把符合本规范规定的钢材种类、焊接方法、焊接坡口形式和尺寸、焊接位置、匹配的焊接材料、焊接工艺参数规范化。符合这种规范化焊接工艺规程或焊接作业指导书，施工企业可以不再进行焊接工艺评定试验，而直接使用免予焊接工艺评定的焊接工艺。

本条为强制性条文，必须严格执行。

6.1.2～6.1.10 焊接工艺评定所用的焊接参数，原则上是根据被焊钢材的焊接性试验结果制订，尤其是热输入、预热温度及后热制度。对于焊接性已经被充分了解，有明确的指导性焊接工艺参数，并已在实践中长期使用的国内、外生产的成熟钢种，一般不需要由施工企业进行焊接性试验。对于国内新开发生产的钢种，或者由国外进口未经使用过的钢种，应由钢厂提供焊接性试验评定资料，否则施工企业应进行焊接性试验，以作为制订焊接工艺评定参数的依据。施工企业进行焊接工艺评定还必须根据施工工程的特点和企业自身的设备、人员条件确定具体焊接工艺，如实记录并与实际施工相一致，以保证施工中得以实施。

考虑到目前国内钢结构飞速发展，在一定时期内，钢结构制作、施工企业的变化尤其是人员、设备、工艺条件也比较大，因此，根据国内实际情况，第6.1.9条根据焊接难度等级对焊接工艺评定的有效期作出了规定。

6.2 焊接工艺评定替代规则

6.2.1、6.2.2 同种牌号钢材中，质量等级高，是指钢材具有更高的冲击功要求，其对焊接材料、焊接工艺参数的选择要求更为严格，因此当质量等级高的钢材焊接工艺评定合格后，必然满足质量等级低的钢材的焊接工艺要求。由于本规范中的Ⅰ、Ⅱ类钢材中，其同类别钢材主要合金成分相似，焊接工艺也比较接近，当高强度、高韧性的钢材工艺评定试验合格后，必然也适用于同类的低级别钢材。而Ⅲ、Ⅳ类钢材，其同类别钢材的主要合金成分或交货状态往往差异较大，为了保证钢结构的焊接质量，要求每一种钢材必须单独进行焊接工艺评定。

6.3 重新进行工艺评定的规定

6.3.1～6.3.7 不同的焊接工艺方法中，各种焊接工艺参数对焊接接头质量产生影响的程度不同。为了保证钢结构焊接施工质量，根据大量的试验结果和实践经验并参考国外先进标准的相关规定，本节各条分别规定了不同焊接工艺方法中各种参数的最大允许变化范围。

6.5 试件和试样的试验与检验

6.5.1～6.5.4 本节对试件和试样的试验与检验作出了相应规定，在基本采用现行行业标准《建筑钢结构焊接技术规程》JGJ 81的相应条款的基础上，增加了硬度试验的相应要求，同时根据现行行业标准《建筑钢结构焊接技术规程》JGJ 81的应用情况，去掉了十字接头、T形接头弯曲试验的要求，使规范更加科学、合理，可操作性大大增强。

6.6 免予焊接工艺评定

6.6.1 对于一些特定的焊接方法和参数、钢材、接头形式和焊接材料种类的组合，其焊接工艺已经长期使用，实践证明，按照这些焊接工艺进行焊接所得到的焊接接头性能良好，能够满足钢结构焊接的质量要求。本着经济合理、安全适用的原则，本规范借鉴了美国《钢结构焊接规范》AWS D1.1，并充分考虑到国内实际情况，对免予评定焊接工艺作出了相应规定。当然，采用免予评定的焊接工艺并不免除对钢结构制作、安装企业资质及焊工个人能力的要求，同时有效的焊接质量控制和监督也必不可少。在实际生产中，应严格执行规范规定，通过免予评定焊接工艺文件编制可实际操作的焊接工艺，并经焊接工程师和技术负责人签发后，方可使用。

6.6.2 本条规定了免予评定所适用的焊接方法、母材、焊接材料及焊接工艺，在实际应用中必须严格遵照执行。

7 焊 接 工 艺

7.1 母 材 准 备

7.1.1 接头坡口表面质量是保证焊接质量的重要条件，如果坡口表面不干净，焊接时带入各种杂质及碳、氢等物质，是产生焊接热裂纹和冷裂纹的原因。若坡口面上存在氧化皮或铁锈等杂质，在焊缝中可能还会产生气孔。鉴于坡口表面状况对焊缝质量的影响，本条给出了相应规定，与《美国钢结构规范》AWS D1.1、《加拿大钢结构规范》W59 要求相一致。

7.1.3～7.1.5 热切割的坡口表面粗糙度因钢材的厚度不同，割纹深度存在差别，若出现有限深度的缺口或凹槽，可通过打磨或焊接进行修补。

7.1.6 当钢材的切割面上存在钢材的轧制缺陷如夹渣、夹杂物、脱氧产物或气孔等时，其浅的和短的缺陷可以通过打磨清除，而较深和较长的缺陷应采用焊接进行修补，若存在严重的或较难焊接修补的缺陷，该钢材不得使用。

7.2 焊接材料要求

7.2.1 焊接材料对焊接结构的安全性有着极其重要的影响，其熔敷金属化学成分和力学性能及焊接工艺性能应符合国家现行标准的规定，施工企业应采取抽样方法进行验证。

7.2.2 焊接材料的保管规定主要目的是为防止焊接材料锈蚀、受潮和变质，影响其正常使用。

7.2.3 由于低氢型焊条一般用于重要的焊接结构，所以对低氢型焊条的保管要求更为严格。

低氢型焊条焊接前应进行高温烘焙，去除焊条药皮中的结晶水和吸附水，主要是为了防止焊条药皮中的水分在施焊过程中经电弧热分解使焊缝金属中扩散氢含量增加，而扩散氢是焊接延迟裂纹产生的主要因素之一。

调质钢、高强度钢及桥梁结构的焊接接头对氢致延迟裂纹比较敏感，应严格控制其焊接材料中的氢来源。

7.2.4 埋弧焊时，焊剂对焊缝金属具有保护和参与合金化的作用，但焊剂受到油、氧化皮及其他杂质的污染会使焊缝产生气孔并影响焊接工艺性能。对焊剂进行防潮和烘焙处理，是为了降低焊缝金属中的扩散氢含量。需要说明的是，如果焊剂经过严格的防潮和烘焙处理，试验证明熔敷金属的扩散氢含量不大于8mL/100g，可以认为埋弧焊也是一种低氢的焊接方法。

7.2.5 实心焊丝和药芯焊丝的表面油污和锈蚀等杂质会影响焊接操作，同时容易造成气孔和增加焊缝中的含氢量，应禁止使用表面有油污和锈蚀的焊丝。

7.2.6 栓钉焊接瓷环应确保焊缝挤出后的成型，栓钉焊接瓷环受潮后会影响栓钉焊的工艺性能及焊接质量，所以焊前应烘干受潮的焊接瓷环。

7.3 焊接接头的装配要求

7.3.1～7.3.7 焊接接头的坡口及装配精度是保证焊接质量的重要条件，超出公差要求的坡口角度、钝边尺寸、根部间隙会影响焊接施工操作和焊接接头质量，同时也会增大焊接应力，易于产生延迟裂缝。

7.4 定 位 焊

7.4.1～7.4.5 定位焊缝的焊接质量对整体焊缝质量有直接影响，应从焊前预热、焊材选用、焊工资格及施焊工艺等方面给予充分重视，避免造成正式焊缝中的焊接缺陷。

7.5 焊 接 环 境

7.5.1 实践经验表明：对于焊条电弧焊和自保护药芯焊丝电弧焊，当焊接作业区风速超过 8m/s，对于气体保护电弧焊，当焊接作业区风速超过 2m/s 时，焊接熔渣或气体对熔化的焊缝金属保护环境就会遭到破坏，致使焊缝金属中产生大量的密集气孔。所以实际焊接施工过程中，应避免在上述风速条件下进行施焊，必须进行施焊时应设置防风屏障。

7.5.2～7.5.4 焊接作业环境不符合要求，会对焊接施工造成不利影响。应避免在工件潮湿或雨、雪天气下进行焊接操作，因为水分是氢的来源，而氢是产生焊接延迟裂纹的重要因素之一。

低温会造成钢材脆化，使得焊接过程的冷却速度加快，易于产生淬硬组织，对于碳当量相对较高的钢材焊接是不利的，尤其是对于厚板和接头拘束度大的结构影响更大。本条对低温环境施焊作出了具体规定。

7.6 预热和道间温度控制

7.6.1～7.6.6 对于最低预热温度和道间温度的规定，主要目的是控制焊缝金属和热影响区的冷却速度，降低焊接接头的冷裂倾向。预热温度越高，冷却速度越慢，会有效的降低焊接接头的淬硬倾向和裂纹倾向。

对调质钢而言，不希望较慢的冷却速度，且钢厂也不推荐如此。

本条是根据常用钢材的化学成分、中等结构拘束度、常用的低氢焊接方法和焊接材料以及中等热输入条件给出的可避免焊接接头出现淬硬或裂纹的最低温度。实践经验及试验证明：焊接一般拘束度的接头时，按本条规定的最低预热温度和道间温度，可以防止接头产生裂纹。在实际焊接施工过程中，为获得无裂纹、塑性好的焊接接头，预热温度和道间温度应高于本条规定的最低值。为避免母材过热产生脆化而降低焊接接头的性能，对道间温度的上限也作出了规定。

实际工程结构焊接施工时，应根据母材的化学成分、强度等级、碳当量、接头的拘束状态、热输入大小、焊缝金属含氢量水平及所采用的焊接方法等因素综合判断或进行焊接试验，以确定焊接时的最低预热温度。如果有充分的试验数据证明，选择的预热温度和道间温度能够防止接头焊接时裂纹的产生，可以选择低于表 7.6.2 规定的最低预热温度和道间温度。

为了确保焊接接头预热温度均匀，冷却时具有平滑的冷却梯度，本条对预热的加热范围作出了规定。

电渣焊、气电立焊，热输入较大，焊接速度较慢，一般对焊接预热不作要求。

7.7 焊后消氢热处理

7.7.1 焊缝金属中的扩散氢是延迟裂纹形成的主要影响因素，焊接接头的含氢量越高，裂纹的敏感性越大。焊后消氢热处理的目的就是加速焊接接头中扩散氢的逸出，防止由于扩散氢的积聚而导致延迟裂纹的产生。当然，焊接接头裂纹敏感性还与钢种的化学成分、母材拘束度、预热温度以及冷却条件有关，因此要根据具体情况来确定是否进行焊后消氢热处理。

焊后消氢热处理应在焊后立即进行，处理温度与钢材有关，但一般为 200℃～350℃，本规范规定为 250℃～350℃。温度太低，消氢效果不明显；温度过高，若超出马氏体转变温度则容易在焊接接头中残存马氏体组织。

如果在焊后立即进行消应力热处理，则可不必进行消氢热处理。

7.8 焊后消应力处理

7.8.1～7.8.4 焊后消应力处理目前国内多采用热处理和振动两种方法。消应力热处理目的是为了降低焊接残余应力或保持结构尺寸的稳定性，主要用于承受较大拉应力的厚板对接焊缝、承受疲劳应力的厚板或节点复杂、焊缝密集的重要受力构件；局部消应力热处理通常用于重要焊接接头的应力消减。振动消应力处理虽然能达到消减一定应力的目的，但其效果目前学术界还难以准确界定。如果为了稳定结构尺寸，采用振动消应力方法对构件进行整体处理既方便又经济。

某些调质钢、含钒钢和耐大气腐蚀钢进行消应力热处理后，其显微组织可能发生不良变化，焊缝金属或热影响区的力学性能会产生恶化，甚至产生裂纹，应慎重选择消应力热处理。

此外，还应充分考虑消应力热处理后可能引起的构件变形。

7.9 引弧板、引出板和衬垫

7.9.1～7.9.5 在焊接接头的端部设置引弧板、引出板的目的是：避免因引弧时由于焊接热量不足而引起焊接裂纹，或熄弧时产生焊缝缩孔和裂纹，以影响接头的焊接质量。

引弧板、引出板和衬垫板所用钢材应对焊缝金属性能不产生显著影响，不要求与母材材质相同，但强度等级不应高于母材，焊接性不应比所焊母材差。考虑到承受周期性荷载结构的特殊性，桥梁结构的引弧板、引出板和衬垫板用钢材应为在同一钢材标准条件下不大于被焊母材强度等级的任何钢材。

为确保焊缝的完整性，规定了引弧板、引出板的长度；为防止烧穿，规定了钢衬垫板的厚度。为避免未焊的Ⅰ对接接头形成严重缺口导致焊缝中横向裂缝并延伸和扩展到母材中，要求钢衬垫板在整个焊缝长度内连续或采用熔透焊拼接。

采用铜块和陶瓷作为衬垫主要目的是强制焊缝成形，同时防止烧穿，在大热输入焊接或在狭小的空间结构焊接（如全熔透钢管）中经常使用，但需要注意的是，不得将铜和陶瓷熔入焊缝，以免影响焊缝内部质量。

7.10 焊接工艺技术要求

7.10.1 施工单位用于指导实际焊接操作的焊接工艺文件应根据本规范要求和工艺评定结果进行编制。只有符合本规范要求或经评定合格的焊接工艺方可确保获得满足质量要求的焊缝。如果施工过程中不严格执行焊接工艺文件，将对焊接结构的安全性带来较大隐患，应引起足够关注。

7.10.2 焊道形状是影响焊缝裂纹的重要因素。由于母材的冷却作用，熔融的焊缝金属凝固沿母材金属的边缘开始，并向中部发展直至完成这一过程，最后凝固的液态金属位于通过焊缝中心线的平面内。如果焊缝深度大于其表面宽度，则在焊缝中心凝固之前，焊缝表面可能凝固，此时作用于仍然热的、半液态的焊缝中央或心部的收缩力会导致焊缝中心裂纹并使其扩展而贯穿焊缝纵向全长。

7.10.3 本条规定的最小角焊缝尺寸是基于焊接时应保证足够的热输入，以降低焊缝金属或热影响区产生裂纹的可能性，同时与较薄的连接件（厚度）保持合理的比例。如果最小角焊缝尺寸大于设计尺寸，应按本条规定的最小角焊缝尺寸执行。

7.10.4 本条对于 SMAW、GMAW、FCAW 和

SAW焊接方法，规定了最大根部焊道厚度、最大填充焊道厚度、最大单道角焊缝尺寸和最大单道焊焊层宽度，主要目的是为了在焊接过程中确保焊接的可操作性和焊缝质量的稳定。实践证明，超出上述限制进行焊接操作，对焊缝的外观质量和内部质量都会产生不利影响。施工单位应按本条规定严格执行。

7.11 焊接变形的控制

7.11.1～7.11.6 焊接变形控制主要目的是保证构件或结构要求的尺寸，但有时对焊接变形控制的同时会造成结构焊接应力和焊接裂纹倾向增大，因此应采取合理的焊接工艺措施、装焊顺序、平衡焊接热输入等方法控制焊接变形，避免采用刚性固定或强制措施控制焊接变形。本条给出的一些方法，是实践经验的总结，可根据实际结构情况合理的采用，对控制构件的焊接变形是十分有效的。

7.12 返修焊

7.12.1、7.12.2 焊缝金属或部分母材的缺欠超过相应的质量验收标准时，施工单位可以选择局部修补或全部重焊。焊接或母材的缺陷修补前应分析缺陷的性质和种类及产生原因。如果不是因焊工操作或执行工艺参数不严格而造成的缺陷，应从工艺方面进行改进，编制新的工艺并经过焊接试验评定合格后进行修补，以确保返修成功。多次对同一部位进行返修，会造成母材的热影响区的热应变脆化，对结构的安全有不利影响。

7.13 焊件矫正

7.13.1～7.13.3 允许局部加热矫正焊接变形，但所采用的加热温度应避免引起钢的性能发生变化。本条规定的最高矫正温度是为了防止材质发生变化。在一定温度之上避免急冷，是为了防止淬硬组织的产生。

7.14 焊缝清根

7.14.1 为保证焊缝的焊透质量，必须进行反面清根。清根不彻底或清根后坡口形式不合理容易造成焊缝未焊透和焊接裂纹的产生。

7.14.2 碳弧气刨作为缺陷清除和反面清根的主要手段，其操作工艺对焊接的质量有相当大的影响。碳弧气刨时应避免夹碳、夹渣等缺陷的产生。

7.15 临时焊缝

7.15.1、7.15.2 临时焊缝焊接时应避免焊接区域的母材性能改变和留存焊接缺陷，因此焊接临时焊缝采用的焊接工艺和质量要求与正式焊缝相同。对于Q420、Q460等级钢材或厚板大于40mm的低合金钢，临时焊缝清除后应采用磁粉或着色方法检测，以确保母材中不残留焊接裂纹或出现淬硬裂纹，对结构的安全产生不利影响。

7.16 引弧和熄弧

7.16.1 在非焊接区域母材上进行引弧和熄弧时，由于焊接引弧热量不足和迅速冷却，可能导致母材的硬化，形成弧坑裂纹和气孔，成为导致结构破坏的潜在裂纹源。施工过程中应避免这种情况的发生。

7.17 电渣焊和气电立焊

7.17.1～7.17.7 电渣焊主要用于箱形构件内横隔板的焊接。电渣焊是利用电阻热对焊丝熔化建立熔池，再利用熔池的电阻热对填充焊丝和接头母材进行熔化而形成焊接接头。调节焊接工艺参数和焊剂填加量以建立合适大小的熔池是确保电渣焊焊缝质量的关键。

电渣焊的焊接热量较大，引弧时为防止引弧块被熔化而造成熔池建立失败，一般采用铜制引熄弧块，且规定其长度不小于100mm。规定引弧槽的截面与接头的截面大致相同，主要考虑到在引弧槽中建立的熔池转换到正式接头时，如果截面积相差较大，将造成正式接头的熔合不良或衬垫板烧穿，导致电渣焊失败。

为避免电渣焊时焊缝产生裂纹和缩孔，应采用脱氧元素含量充分且S、P含量较低的焊丝。

为了使焊缝金属与接头的坡口面完全熔合，必须在积累了足够的热量状态下开始焊接。如果焊接过程因故中断，熔渣或熔池开始凝固，可重新引弧焊接直至焊缝完成，但应对焊缝重新焊接处的上、下两端各150mm范围内进行超声波检测，并对停弧位置进行记录。

8 焊接检验

8.1 一般规定

8.1.1 自检是钢结构焊接质量保证体系中的重要步骤，涉及焊接作业的全过程，包括过程质量控制、检验和产品最终检验。自检人员的资质要求除应满足本规范的相关规定外，其无损检测人员数量的要求尚需满足产品所需检测项目每项不少于两名2级及2级以上人员的规定。监检同自检一样是产品质量保证体系的一部分，但需由具有资质的独立第三方来完成。监检的比例需根据设计要求及结构的重要性确定，对于焊接难度等级为A、B级的结构，监检的主要内容是无损检测，而对于焊接难度等级为C、D级的结构其监检内容还应包括过程中的质量控制和检验，见证检验应由具有资质的独立第三方来完成，但见证检验是业主或政府行为，不在产品质量保证范围内。

8.1.2 本条强调了过程检验的重要性，对过程检验的程序和内容进行了规定。就焊接产品质量控制而言，过程控制比焊后无损检测显得更为重要，特别是对高强钢或特种钢，产品制造过程中工艺参数对产品性能和质量的影响更为直接，产生的不利后果更难于恢复，同时也是用常规无损检测方法无法检测到的。因此正确的过程检验程序和方法是保证产品质量的重要手段。

8.1.3 焊缝在结构中所处的位置不同，承受荷载不同，破坏后产生的危害程度也不同，因此对焊缝质量的要求理应不同。如果一味提高焊缝的质量要求将造成不必要的浪费。本规范参照美国《钢结构焊接规范》AWS D1.1，根据承受荷载不同将焊缝分成动载和静载结构，并提出不同的质量要求。同时要求按设计图及说明文件规定荷载形式和焊缝等级，在检查前按照科学的方法编制检查方案，并由质量工程师批准后实施。设计文件对荷载形式和焊缝等级要求不明确的应依据现行国家标准《钢结构设计规范》GB 50017及本规范的相关规定执行，并须经原设计单位签认。

8.1.4 在现行国家标准《钢结构工程施工质量验收规范》GB 50205中部分探伤的要求是对每条焊缝按规定的百分比进行探伤，且每处不小于200mm。这样规定虽然对保证每条焊缝质量是有利的，但检验工作量大，检验成本高，特别是结构安装焊缝都不长，大部分焊缝为梁一柱连接焊缝，每条焊缝的长度大多在250mm～300mm之间。以概率论为基础的抽样理论表明，制定合理的抽样方案（包括批的构成、采样规定、统计方法），抽样检验的结果完全可以代表该批的质量，这也是与钢结构设计以概率论为基础相一致的。

为了组成抽样检验中的检验批，首先必须知道焊缝个体的数量。一般情况下，作为检验对象的钢结构安装焊缝长度大多较短，通常将一条焊缝作为一个焊缝个体。在工厂制作构件时，箱形钢柱（梁）的纵焊缝、H形钢柱（梁）的腹板一翼板组合焊缝较长，此时可将一条焊缝划分为每300mm为一个检验个体。检验批的构成原则上以同一条件的焊缝个体为对象，一方面要使检验结果具有代表性，另一方面要有利于统计分析缺陷产生的原因，便于质量管理。

取样原则上按随机取样方式，随机取样方法有多种，例如将焊缝个体编号，使用随机数表来规定取样部位等。但要强调的是对同一批次抽查焊缝的取样，一方面要涵盖该批焊缝所涉及的母材类别和焊接位置、焊接方法，以便于客观反映不同难度下的焊缝合格率结果；另一方面自检、监检及见证检验所抽查的对象应尽可能避免重复，只有这样才能达到更有效的控制焊缝质量的目的。

8.1.5 焊接接头在焊接过程中、焊缝冷却过程中及以后相当长的一段时间内均可产生裂纹，但目前钢结构用钢由于生产工艺及技术水平的提高，产生延迟裂纹的几率并不高，同时，在随后的生产制作过程中，还要进行相应的无损检测。为避免由于检测周期过长使工期延误造成不必要的浪费，本规范借鉴欧美等国家先进标准，规定外观检测应在焊缝冷却以后进行。由于裂纹很难用肉眼直接观察到，因此在外观检测中应用放大镜观察，并注意应有充足的光线。

8.1.6 无损检测是技术性较强的专业技术，按照我国各行业无损检测人员资格考核管理的规定，1级人员只能在2级或3级人员的指导下从事检测工作。因此，规定1级人员不能独立签发检测报告。

8.1.7 超声波检测的检验等级分为A、B、C三级，与现行国家标准《钢焊缝手工超声波探伤方法和探伤结果分级》GB/T 11345和现行行业标准《钢结构超声波探伤及质量分级法》JG/T 203基本相同，只是对B级的规定作了局部修改。修改的原因是上述两标准在此规定上对建筑钢结构而言存在缺陷，易增加漏检比例。GB 11345和JG/T 203中规定：B级检验采用一种角度探头在焊缝单面双侧检测。母材厚度大于100mm时，双面双侧检测。条件许可应作横向检测。但在钢结构中存在大量无法进行单面双侧检测的节点，为弥补这一缺陷本规范规定：受几何条件限制时，可在焊缝单面、单侧采用两种角度探头（两角度之差大于15°）进行检验。

8.1.8 本条实际上是引入允许不合格率的概念，事实上，在一批检查个数中要达到100%合格往往是不切实际的，既无必要，也浪费大量资源。本着安全、适度的原则，并根据近几年来钢结构焊缝检验的实际情况及数据统计，规定小于抽样数的2%时为合格，大于5%时为不合格，2%～5%之间时加倍抽检，不仅确保钢结构焊缝的质量安全，也反映了目前我国钢结构焊接施工水平。

本条为强制性条文，必须严格执行。

8.2 承受静荷载结构焊接质量的检验

8.2.1、8.2.2 外观检测包括焊缝外观缺陷检测和焊缝几何尺寸测量两部分。

8.2.3 无损检测必须在外观检测合格后进行。

裂纹可在焊接、焊缝冷却及以后相当长的一段时间内产生。Ⅰ、Ⅱ类钢材产生焊接延迟裂纹的可能性很小，因此规定在焊缝冷却到室温进行外观检测后即可进行无损检测。Ⅲ、Ⅳ类钢材若焊接工艺不当则具有产生焊缝延迟裂纹的可能性，且裂纹延迟时间较长，有些国外规范规定此类钢焊接裂纹的检查应在焊后48h进行。考虑到工厂存放条件、现场安装进度、工序衔接的限制以及随着时间延长，产生延迟裂纹的几率逐渐减小等因素，本规范对Ⅲ、Ⅳ类钢材及焊接难度等级为C、D级的结构，规定以24h后无损检测的结果作为验收的依据。对钢材标称屈服强度大于690MPa（调质状态）的钢材，考虑产生延迟裂纹的可能性更大，故规定以焊后48h的无损检测结果作为验收依据。

内部缺陷的检测一般可用超声波探伤和射线探伤。射线探伤具有直观性、一致性好的优点，但其成本高、操作程序复杂、检测周期长，尤其是钢结构中大多为T形接头和角接头，射线检测的效果差，且射线探伤对裂纹、未熔合等危害性缺陷的检出率低。超声波探伤则正好相反，操作程序简单、快速，对各种接头形式的适应性好，对裂纹、未熔合的检测灵敏度高，因此世界上很多国家对钢结构内部质量的控制采用超声波探伤。本规范原则规定钢结构焊缝内部缺陷的检测宜采用超声波探伤，如有特殊要求，可在设计图纸或订货合同中另行规定。

本规范将二级焊缝的局部检验定为抽样检验。这一方面是基于钢结构焊缝的特殊性；另一方面，目前我国推行全面质量管理已有多年的经验，采用抽样检测是可行的，在某种程度上更有利于提高产品质量。

8.2.4 目前钢结构节点设计大量采用局部熔透对接、角接及纯贴角焊缝的节点形式，除纯贴角焊缝节点形式的焊缝内部质量国内外尚无现行无损检测标准外，对于局部熔透对接及角接焊缝均可采用超声波方法进行检测，因此，应与全熔透焊一样对其焊缝的内部质量提出要求。

本条对承受静荷载结构焊缝的超声波检测灵敏度及评定缺陷的允许长度作了适当调整，放宽了评定尺度。这样做的主要目的：一是区别对待静载结构与动载结构焊缝的质量评定；二是尽量减少因不必要的返修造成的浪费及残余应力。

为此规范主编单位进行了大量的试验研究，对国内外相关标准如：《钢焊缝手工超声波探伤方法和探伤结果分级》GB/T 11345、《承压设备无损检测 第3部分：超声检测》JB/T 4730.3、《船舶钢焊缝超声波检测工艺和质量分级》CB/T 3559、《铁路钢桥制造规范》TB 10212、《公路桥涵施工技术规范》JTG/T F50、《起重机械无损检测 钢焊缝超声检测》JB/T 10559、《钢结构焊接规范》AWS D1.1/D1.1M、《超声波探伤评定验收标准》EN 1712、《焊接接头超声波探伤》EN 1714、《铁素体钢超声波检验方法》JIS Z 3060等以《钢焊缝手工超声波探伤方法和探伤结果分级》GB/T 11345为基础进行了对比试验（其中包括理论计算和模拟试验）。通过对试验结果的分析、比较得出如下结论：

《钢焊缝手工超声波探伤方法和探伤结果分级》GB/T 11345标准的检测灵敏度及缺陷评定等级在参与对比的标准中处于中等偏严的水平。

在参与对比的标准中《超声波探伤评定验收标准》EN 1712检测灵敏度最低。

在参与对比的标准中《钢结构焊接规范》AWS D1.1和《起重机械无损检测 钢焊缝超声检测》JB/T 10559标准在小于20mm范围内允许的单个缺陷长度最大，《超声波探伤评定验收标准》EN 1712在20mm～100mm范围内允许的单个缺陷长度最大。

参照上述对比结果，对《钢焊缝手工超声波探伤方法和探伤结果分级》GB/T 11345标准的检测灵敏度及缺陷评定等级进行了适当的调整，本规范中所采用的检测灵敏度及缺陷评定等级与《钢结构焊接规范》AWS D1.1/D1.1M标准相当。

对于目前在高层钢结构、大跨度桁架结构箱形柱（梁）制造中广泛采用的隔板电渣焊的检验，本规范参照日本标准《铁素体钢超声波检验方法》JIS Z 3060以附录的形式给出了探伤方法。

随着钢结构技术进步，对承受板厚方向荷载的厚板（$\delta \geqslant 40mm$）结构产生层状撕裂的原因认识越来越清晰，对材料的质量要求越来越明确。但近年来一些薄板结构（$\delta \leqslant 40mm$）出现层状撕裂问题，有的还造成严重的经济损失。针对这一现象本规范提出相应的检测要求，以杜绝类似情况的发生。

8.2.5 射线探伤作为钢结构内部缺陷检验的一种补充手段，在特殊情况采用，主要用于对接焊缝的检测，按现行国家标准《金属熔化焊焊接接头射线照相》GB/T 3323的有关规定执行。

8.2.6～8.2.8 表面检测主要是作为外观检查的一种补充手段，其目的主要是为了检查焊接裂纹，检测结果的评定按外观检验的有关要求验收。一般来说，磁粉探伤的灵敏度要比渗透检测高，特别是在钢结构中，要求作磁粉探伤的焊缝大部分为角焊缝，其中立焊缝的表面不规则，清理困难，渗透探伤效果差，且渗透探伤难度较大，费用高。因此，为了提高表面缺陷检出率，规定铁磁性材料制作的工件应尽可能采用磁粉检测方法进行检测。只有在因结构形状的原因（如探伤空间狭小）或材料的原因（如材质为奥氏体不锈钢）不能采用磁粉探伤时，宜采用渗透探伤。

8.3 需疲劳验算结构的焊缝质量检验

8.3.1～8.3.7 承受疲劳荷载结构的焊缝质量检验标准基本采用了现行行业标准《铁路钢桥制造规范》TB 10212及《公路桥涵施工技术规范》JTG/T F50的内容，只是增加了磁粉和渗透探伤作为检测表面缺陷的手段。

9 焊接补强与加固

9.0.1 我国现有的有关钢结构加固的技术标准为行业标准《钢结构检测评定及加固技术规程》YB 9257和中国工程建设标准化协会标准《钢结构加固技术规范》CECS 77，抗震设计规范有现行国家标准《建筑抗震设计规范》GB 50011和《构筑物抗震设计规范》GB 50191。为使原有钢结构焊接补强加固安全可靠、经济合理、施工方便、切合实际，加固方案应由设计、施工、业主三方结合，共同研究决定，以便于实践。

9.0.2 原始资料是加固设计必不可少的，是进行设计计算的重要依据。资料越完整，补强加固就越能做到经济合理、安全可靠。

9.0.3～9.0.5 钢材的时效性能系指随时间的推移，钢材的屈服强度增高塑性降低的现象。在对原结构钢材进行试验时应考虑这一影响。在加固设计时，不应考虑由于时效硬化而提高的屈服强度，仍按原有钢材的强度进行计算。当塑性显著降低，延伸率低于许可值时，其加固计算应按弹性阶段进行，即不应考虑内力重分布。对于有气相腐蚀介质作用的钢构件，当腐蚀较严重时，除应考虑腐蚀对原有截面的削弱外，根据已有资料，还应考虑钢材强度的降低。钢材强度的降低幅度与腐蚀介质的强弱有关，腐蚀介质的强弱程度按现行国家标准《工业建筑防腐蚀设计规范》GB 50046 确定。

9.0.7 在负荷状态下进行加固补强时，除必要的施工荷载和难于移动的固定设备或装置外，其他活动荷载都必须卸除。用圆钢、小角钢制成的轻钢结构因杆件截面较小，焊接加固时易使原有构件因焊接加热而丧失承载能力，所以不宜在负荷状态下采用焊接加固。特别是圆钢拉杆，更严禁在负荷状态下焊接加固。对原有结构构件中的应力限制主要参考原苏联的有关经验和国内的几个工程试验，同时还吸收了国内的钢结构加固工程经验。原苏联于 1987 年在《改建企业钢结构加固计算建议》中认为所有构件（不论承受静力荷载或是动力荷载）都可按内力重分布原则进行计算，仅对加固时原有构件的名义应力 σ^0（即不考虑次应力和残余应力，按弹性阶段计算的应力）与钢材强度设计值 f 的比值 β 限制如下：

$\beta=\frac{\sigma^0}{f}\leqslant 0.2$ 特重级动力荷载作用下的结构；

$\beta=\frac{\sigma^0}{f}\leqslant 0.4$ 对承受动力荷载，其极限塑性应变值为 0.001 的结构；

$\beta=\frac{\sigma^0}{f}\leqslant 0.8$ 对承受静力荷载，其极限塑性应变值为 0.002～0.004 的结构。

国内关于在负荷状态下焊接加固资料都提出了加固时原有构件中的应力极限值可以达到（0.6～0.8）f。而且在静态荷载下，都可按内力重分布原则进行计算。本章对在负荷状态下采用焊接加固时，规定对承受静态荷载的构件，原有构件中的名义应力不应大于钢材强度设计值的 80%，承受动态荷载时，原有构件中的名义应力不应大于强度设计值的 40%。其理由是：

1 原苏联的资料和我国的一些试验和加固工程实践都证明对承受静态荷载的构件取 $\beta\leqslant 0.8$ 是可行的。对承受动态荷载的构件，因本规程不考虑内力重分布，故参考原苏联的经验，适当扩大应用范围，取 $\beta\leqslant 0.4$。

2 在工程实际中要完全卸荷或大量卸荷一般都是难以实现的。在钢结构中，钢屋架是长期在高应力状态下工作的，因为大部分屋架所承受的荷载中，永久荷载大都占屋面总荷载的 80%左右，要卸掉这部分荷载（扒掉油毡、拆除大型屋面板）是比较困难的。若应力限制值取强度设计值的 80%，则大多数焊接加固工程都可以在负荷状态下进行。

9.0.8 $\beta\leqslant 0.8$ 这一限制值虽然安全可靠，但仍然比较高，而且还须考虑在焊接过程中，焊接产生的高温会使一部分母材的强度和弹性模量在短时间内降低，故在施工过程中仍应根据具体情况采取必要的安全措施，以防万一。

9.0.9 负荷状态下实施焊接补强和加固是一项艰巨而复杂的工作。由于外部环境和条件差，影响因素多，比新建工程的困难更大，必须认真地进行施工组织设计。本条规定的各项要求是施工中应遵循的最基本事项，也是国内外实践经验的总结。按照要求执行，方能做到安全可靠、经济合理。

9.0.10 对有缺损的钢构件承载能力的评估可根据现行行业标准《钢结构检测评定及加固技术规程》YB 9257 进行。关于缺损的修补方法是总结国内外的经验而得到的。其中裂纹的修补是根据原苏联及国内的实践经验，用热加工矫正变形的温度限制值是参照美国《钢结构焊接规范》AWS D1.1 的规定。

9.0.11 焊缝缺陷的修补方法是根据国内实践经验提出的。采用加大焊缝厚度和加长焊缝长度两种方法来加固角焊缝都是行之有效的。国外资料介绍加长角焊缝长度时，对原有焊缝中的应力限值是不超过焊缝的计算强度。但加大角焊缝厚度时，由于焊接时的热影响会使部分焊缝暂时退出工作，从而降低了原有角焊缝的承载能力。所以对在负荷状态下加大角焊缝厚度时，必须对原有角焊缝中的应力加以限制。

我国有关单位的试验资料指出，焊缝加厚时，原有焊缝中的应力应限制在 $0.8f_f^w$ 以内。据原苏联 20 世纪 60 年代通过试验得出的结论是：加厚焊缝时，焊接接头的最大强度损失一般为 10%～20%。

根据近年来国内的试验研究，在负荷状态下加厚焊缝时，由于施焊时的热作用，在温度 $T\geqslant 600$℃区域内的焊缝将退出工作，致使焊缝的平均强度降低。经计算分析并简化后引入了原焊缝在加固时的强度降低系数 η，详见现行中国工程建设标准化协会标准《钢结构加固技术规范》CECS 77 的相关规定。本规范引用了这条规定。

9.0.12 对称布置主要是使补强或加固的零件及焊缝受力均匀，新旧杆件易于共同工作。其他要求是为了避免加固焊缝对原有构件产生不利影响。

9.0.13 考虑铆钉或普通螺栓经焊接补强加固后不能

与焊缝共同工作，因此规定全部荷载应由焊缝承受，保证补强安全可靠。

9.0.14 先栓后焊的高强度螺栓摩擦型连接是可以和焊缝共同工作的，日本、美国、挪威等国以及ISO的钢结构设计规范均允许它们共同受力。这种共同工作也为我国的试验研究所证实。虽然我国钢结构设计规范还未纳入这一内容，但考虑在加固这一特定情况下是可以允许的。所以本条作出了可共同工作的原则规定。另外，根据国内的试验研究，加固后两种连接承载力的比例应在1.0～1.5范围内，否则荷载将主要由强的连接承担，弱的连接基本不起作用。

中华人民共和国国家标准

水工建筑物抗冰冻设计规范

Code for design of hydraulic structures against ice and freezing action

GB/T 50662—2011

主编部门：中 华 人 民 共 和 国 水 利 部
批准部门：中华人民共和国住房和城乡建设部
施行日期：2 0 1 2 年 3 月 1 日

中华人民共和国住房和城乡建设部
公　告

第 938 号

关于发布国家标准
《水工建筑物抗冰冻设计规范》的公告

现批准《水工建筑物抗冰冻设计规范》为国家标准，编号为GB/T 50662—2011，自 2012 年 3 月 1 日起实施。

本规范由我部标准定额研究所组织中国计划出版社出版发行。

中华人民共和国住房和城乡建设部
二〇一一年二月十八日

前　言

本规范是根据原建设部《关于印发〈2007 年工程建设标准规范制订、修订计划（第一批）〉的通知》的要求（建标〔2007〕125 号），由中水东北勘测设计研究有限责任公司会同有关单位共同编制完成。

本规范共分 13 章和 6 个附录。主要内容包括：总则，术语和符号，基本资料，冰冻荷载，材料与结构的一般规定，挡水与泄水建筑物，取水与输水建筑物，渠道与渠道衬砌，泵站与电站建筑物，闸涵建筑物，挡土结构（墙），桥梁和渡槽，水工金属结构等。

本规范由住房和城乡建设部负责管理，由水利部负责日常管理，由水利部水利水电规划设计总院负责具体技术内容的解释。本规范在执行过程中，请各单位注意总结经验，积累资料，随时将有关意见和建议反馈给水利部水利水电规划设计总院（地址：北京市西城区六铺炕北小街 2－1 号；邮政编码：100011；电子信箱：jsbz@giwp.org.cn），以供今后修订时参考。

本规范主编单位、参编单位、主要起草人和主要审查人：

主 编 单 位：中水东北勘测设计研究有限责任公司

参 编 单 位：水利部新疆维吾尔自治区水利水电勘测设计研究院
水利部寒区工程技术研究中心
西北农林科技大学
中科院寒区旱区环境与工程研究所冻土工程国家重点实验室
黑龙江省水利水电勘测设计研究院

主要起草人：徐伯孟　苏加林　铁　汉　胡志刚　李安国　苑润保　朱瑞森　王德库　冯　林　王　波　杨玉航　马　巍　叶远胜　杨成祝　张利明　童长江　马玉华　徐小武

主要审查人：刘志明　邵剑南

目次

1 总则 …… 1—46—6
2 术语和符号 …… 1—46—6
2.1 术语 …… 1—46—6
2.2 符号 …… 1—46—6
3 基本资料 …… 1—46—7
4 冰冻荷载 …… 1—46—7
5 材料与结构 …… 1—46—8
5.1 混凝土与砌石材料 …… 1—46—8
5.2 保温材料 …… 1—46—9
5.3 分缝和止水 …… 1—46—9
5.4 结构构造 …… 1—46—9
6 挡水与泄水建筑物 …… 1—46—10
6.1 一般规定 …… 1—46—10
6.2 混凝土坝与砌石坝 …… 1—46—10
6.3 土石坝 …… 1—46—10
6.4 溢流坝与岸边溢洪道 …… 1—46—11
6.5 泄洪洞与坝体泄水孔 …… 1—46—11
6.6 堤防与护岸 …… 1—46—12
7 取水与输水建筑物 …… 1—46—12
7.1 一般规定 …… 1—46—12
7.2 取水口排冰 …… 1—46—12
7.3 明渠冬季输水 …… 1—46—12
7.4 暗管与隧洞 …… 1—46—13
8 渠道与渠道衬砌 …… 1—46—13
8.1 一般规定 …… 1—46—13
8.2 衬砌结构抗冻胀稳定性要求 …… 1—46—13
8.3 渠道衬砌结构 …… 1—46—13
8.4 冻胀土基处理 …… 1—46—14
8.5 渠坡稳定要求 …… 1—46—14
9 泵站与电站建筑物 …… 1—46—15
9.1 一般规定 …… 1—46—15
9.2 前池排冰 …… 1—46—15
9.3 地面厂（泵）房 …… 1—46—15
10 闸涵建筑物 …… 1—46—15
10.1 一般规定 …… 1—46—15
10.2 结构与布置 …… 1—46—15
10.3 稳定与强度验算 …… 1—46—16
10.4 抗冻胀措施 …… 1—46—16
11 挡土结构（墙） …… 1—46—17
11.1 一般规定 …… 1—46—17
11.2 水平冻胀力的计算 …… 1—46—17
11.3 抗冻胀措施 …… 1—46—18
12 桥梁和渡槽 …… 1—46—19
12.1 一般规定 …… 1—46—19
12.2 基础结构 …… 1—46—19
12.3 基础的稳定与强度验算 …… 1—46—19
13 水工金属结构 …… 1—46—20
13.1 一般规定 …… 1—46—20
13.2 闸门 …… 1—46—20
13.3 拦污栅 …… 1—46—21
13.4 露天压力钢管 …… 1—46—22
附录A 中国主要河流冰情特征 …… 1—46—22
附录B 土的冻结深度的确定 …… 1—46—27
附录C 土的冻胀量的确定 …… 1—46—30
附录D 冰压力计算 …… 1—46—31
附录E 门叶电热法防冰冻计算 …… 1—46—32
附录F 压力水射流法防冰冻计算 …… 1—46—32
本规范用词说明 …… 1—46—33
引用标准名录 …… 1—46—33
附：条文说明 …… 1—46—34

Contents

1 General provisions ··········· 1—46—6
2 Terms and symbols ··········· 1—46—6
2.1 Terms ··········· 1—46—6
2.2 Symbols ··········· 1—46—6
3 Basic information ··········· 1—46—7
4 Iceand frost-heaving load ··········· 1—46—7
5 General provisions for materials and structures ··········· 1—46—8
5.1 Concrete and stone ··········· 1—46—8
5.2 Insulation materials ··········· 1—46—9
5.3 Parting and sealing materials ··········· 1—46—9
5.4 Formation of structures ··········· 1—46—9
6 Water retaining and releasing structures ··········· 1—46—10
6.1 General provisions ··········· 1—46—10
6.2 Concrete and stone masonry dams ··········· 1—46—10
6.3 Earth-rock dam ··········· 1—46—10
6.4 Overflow dam and bank spillway ··········· 1—46—11
6.5 Spillway tunnel and outlet hole ··········· 1—46—11
6.6 Levee and bank protection ··········· 1—46—12
7 Water intake and conveyance structure ··········· 1—46—12
7.1 General provisions ··········· 1—46—12
7.2 Water intake de-icing ··········· 1—46—12
7.3 Water conveyance of open-channel in winter ··········· 1—46—12
7.4 Buried pipe and tunnel ··········· 1—46—13
8 Canal and its lining ··········· 1—46—13
8.1 General provisions ··········· 1—46—13
8.2 Stability requirements for canal lining against frost heaving ··········· 1—46—13
8.3 Structure of canal liners ··········· 1—46—13
8.4 Treatment of frost-heaved soil foundation ··········· 1—46—14
8.5 Stability of canal slope ··········· 1—46—14
9 Structures of pump plant and hydropower station ··········· 1—46—15
9.1 General provisions ··········· 1—46—15
9.2 De-icing at forebay ··········· 1—46—15
9.3 Surface power (pump) plant ··········· 1—46—15
10 Sluice and culvert structures ··········· 1—46—15
10.1 General provisions ··········· 1—46—15
10.2 Structure and layout ··········· 1—46—15
10.3 Checking of the calculation of stability and strength ··········· 1—46—16
10.4 Prevention measures for frost heaving ··········· 1—46—16
11 Soil retaining structure (wall) ··········· 1—46—17
11.1 General provisions ··········· 1—46—17
11.2 Calculation of horizontal frost heaving force ··········· 1—46—17
11.3 Measures for prevention of frost heaving ··········· 1—46—18
12 Bridge and flume ··········· 1—46—19
12.1 General provisions ··········· 1—46—19
12.2 Structure of pipe foundation ··········· 1—46—19
12.3 Checking of the calculation of stability and strength of foundation ··········· 1—46—19
13 Metal structures ··········· 1—46—20
13.1 General provisions ··········· 1—46—20
13.2 Sluice gate ··········· 1—46—20
13.3 Trash rack ··········· 1—46—21
13.4 Exposed penstock ··········· 1—46—22
Appendix A Ice regime of main rivers in China ··········· 1—46—22
Appendix B Determination of frosted depth of soil ··········· 1—46—27
Appendix C Determination of frost-heaved amount of soil ··········· 1—46—30

Appendix D Calculation of ice pressure ·················· 1—46—31
Appendix E Calculation of counter-frosting by electric heating of gate flap ················ 1—46—32
Appendix F Calculation of counter-frosting by forced jet flow ··· 1—46—32
Explanation of wording in this code ································ 1—46—33
List of quoted standards ················ 1—46—33
Addition: Explanation of provisions ····················· 1—46—34

1 总 则

1.0.1 为了统一在冰、冻融和冻胀作用下的水工建筑物抗冰冻设计标准和技术要求，提高水工建筑物的抗冰冻设计水平，制定本规范。

1.0.2 本规范适用于受冰、冻融和冻胀作用的新建或改建的水工建筑物抗冰冻设计。

1.0.3 水工建筑物抗冰冻设计应符合下列规定：

1 应因地制宜、安全可靠、经济合理和实用美观。

2 应充分掌握建筑物所在地的自然条件、建筑物施工和运行条件等基本资料。

3 应根据冰冻作用的因素、危害程度、建筑物的级别及其型式，确定抗冰冻设计方案，并应提出对施工和运行方面的要求。

4 对受冰冻作用严重的工程应进行专门研究。

5 可结合具体工程采用抗冰冻作用的先进技术。

1.0.4 水工建筑物抗冰冻设计，除应符合本规范外，尚应符合国家现行有关标准的规定。

2 术语和符号

2.1 术 语

2.1.1 冻土 frozen ground

具有负温或零温度并含有冰的土或岩石。

2.1.2 季节冻土 seasonally frozen ground

地壳表层寒季冻结、暖季又全部融化的土或岩石。

2.1.3 季节冻结深度 depth of seasonal freezing

整个冬季自地表算起的最大冻结深度（冻结层厚度）。

2.1.4 设计冻深 design freezing depth

计算点的冻结深度设计取用值。

2.1.5 地基土设计冻深 design freezing depth of foundation

自建筑物底面算起的地基土或墙后土自墙背算起的冻结深度设计取用值。

2.1.6 冻结指数 freezing index

整个冻结期内日平均温度低于0℃的日平均气温逐日累积值。

2.1.7 冻胀量 amount of frost-heaving

土在冻结过程中的膨胀变形量。

2.1.8 地表冻胀量 amount of frost-heaving of ground surface

整个冻结期内冻结膨胀后的地面与冻前地面的高差值。

2.1.9 冻胀力 frost-heaving force

土的冻胀受到约束时产生的力。

2.1.10 水平冻胀力 horizontal frost-heaving force

土冻胀时作用于建筑物侧面水平方向的冻胀力。

2.1.11 切向冻胀力 tangential frost-heaving force

土冻胀时作用于建筑物侧表面向上的冻胀力。

2.1.12 法向冻胀力 normal frost-heaving force

土冻胀时作用于建筑物底面法线方向的冻胀力。

2.1.13 静冰压力 static ice pressure

静止冰盖升温膨胀对建筑物产生的作用力。

2.1.14 动冰压力 dynamic ice pressure

移动的冰盖或漂冰对建筑物产生的撞击力。

2.1.15 冰盖 ice cover

水体表面形成的大面积冰层。

2.1.16 武开江 ice breakup due to hydraulic and climatic effect

冰盖尚未解体前，由于气象和水力因素突变将冰盖鼓开，形成大量流冰的现象。

2.1.17 冰坝 ice dam

大量冰块在河道束窄、浅滩、未解冻前缘等处堆积，使河道阻塞，水位壅高的现象。

2.2 符 号

2.2.1 作用力

σ_h——单位水平冻胀力；

σ_v——单位法向冻胀力 ；

τ_t——单位切向冻胀力；

ψ_r——冻层内桩壁糙度系数；

σ_{vs}——作用在板底面上的单位法向冻胀力设计值；

p——荷载强度，恒载；

F_a——验算断面的拉力；

F_s——冻层以下基础与暖土之间的总摩阻力；

P_i——静冰压力；

F_{i1}——冰块撞击建筑物时产生的动冰压力；

F_{i2}——冰块切入三角形墩柱时的动冰压力；

F_{i3}——冰块撞击三角形墩柱时的动冰压力；

f_y——验算截面材料的强度设计值；

f_{ib}——冰的抗挤压强度。

2.2.2 冻深、冻胀参数

β_0——非冻胀区深度系数；

ψ_d——日照及遮荫程度影响系数；

ψ_e——有效冻深系数；

ψ_w——地下水影响系数；

Z_d——设计冻深；

Z_e——置换深度；

Z_f——地基土设计冻深；

Z_m——历年最大冻深；

Z_w——冻前（冻结初期）地下水位埋深；

h——地表冻胀量；

h_d——墙后填土的冻胀量；

h_f——地基土冻胀量。

2.2.3 热学参数

λ_c——底板（墙）的热导率；

λ_x——保温板热导率；

N——加热功率；

T——加热时间；

I_m——历年最大冻结指数；

R_0——设计热阻；

t_a——最冷月平均气温；

t_c——门叶内部空气加热温度；

t_k——极端最低温度平均值；

t_w——水温；

k_{pa}——由门叶内部空气通过保温板向外界冷空气中的传热系数；

k_{sa}——由门叶内部空气通过钢板向冷空气中的传热系数；

k_{sw}——由门叶内部空气通过钢板向水中的传热系数。

2.2.4 水力参数

δ_i——冰厚；

δ_w——冻前底板上的水层厚度；

B_0——不冻水面宽度；

L_0——渠道不结冰（不冻水面）长度。

2.2.5 几何参数

δ_c——底板（墙）厚度；

δ_x——保温板的厚度；

A——面积；

B——宽度；

$[S]$——建筑物的允许冻胀位移值。

3 基本资料

3.0.1 水工建筑物的抗冰冻设计，应根据需要取得工程地点的气象、冰情、地质和冻土等基本资料。

3.0.2 气象资料应包括工程地点的年平均气温、最冷月平均气温、最低日平均气温、冻结指数、冬季风向和风速等。气象资料应采用当地或条件相似的邻近气象台（站）的实际观测值，其统计系列年限不应少于最近20年。

3.0.3 气候分区的划分应符合下列要求：

1 最冷月平均气温 $t_a<-10℃$ 时，应划分为严寒区。

2 最冷月平均气温 $-10℃\leqslant t_a\leqslant-3℃$ 时，应划分为寒冷区。

3 最冷月平均气温 $t_a>-3℃$ 时，应划分为温和区。

3.0.4 设计采用的冻结指数应取历年最大值，其统计系列年限不应少于最近20年。

3.0.5 冰情资料应包括封冰（冻）日期、解冰（冻）日期、流冰历时、冰厚、冰块尺寸、冰流量、流冰总量、流冰种类及性质、武开江概率等。冰情资料应根据当地或冰情相似的河流、水库的观测资料确定。无实测资料时，宜通过实地调查确定；条件不具备时，可按本规范附录A的规定确定。

3.0.6 地质资料应包括工程地基土的种类、颗粒组成、密度、塑限、液限、天然含水率和冻前（冻结初期）地下水位等。

3.0.7 冻土资料应包括历年最大冻深和地表冻胀量，应分别按下列方法确定：

1 历年最大冻深应直接采用当地或邻近工程地点气温、地下水位和土质条件相近的气象台（站）的历年最大冻深观测值，其统计系列年限不应少于最近20年。

2 地表冻胀量应通过现场实测确定；无实测资料时，可通过工程类比或本规范附录B和附录C分别计算的设计冻深和冻胀量综合确定。

3.0.8 冻胀性土和非冻胀性土可根据地基土的颗粒组成按下列判别标准划分：

1 土中粒径小于0.075mm的土粒质量等于或小于总质量10%的土，应为非冻胀性土。

2 土中粒径小于0.075mm的土粒质量大于总质量10%的土，应为冻胀性土。

3.0.9 工程冻胀级别可根据地表冻胀量或地基土冻胀量、挡土结构（墙）后计算点土的冻胀量大小，按表3.0.9分级。

表3.0.9 土的冻胀分级

冻胀级别	Ⅰ	Ⅱ	Ⅲ	Ⅳ	Ⅴ
冻胀量 h（cm）	$h\leqslant2$	$2<h\leqslant5$	$5<h\leqslant12$	$12<h\leqslant22$	$h>22$

4 冰冻荷载

4.0.1 冰冻荷载应包括冰压力和土的冻胀力。作用在水工建筑物上的冰冻荷载应作为基本设计荷载之一。重要工程的冰压力和土的冻胀力应进行专门研究或通过试验、观测确定。

4.0.2 冰压力应包括静冰压力和动冰压力，可按本规范附录D的规定确定。

4.0.3 土的冻胀力应包括切向冻胀力、水平冻胀力和法向冻胀力，可根据土的冻胀级别分别按下列要求取值：

1 单位切向冻胀力可按表4.0.3-1的规定取值。

表4.0.3-1 单位切向冻胀力 τ_t

地表土冻胀级别	Ⅰ	Ⅱ	Ⅲ	Ⅳ	Ⅴ
单位切向冻胀力 τ_t（kPa）	0～20	20～40	40～80	80～110	110～150

2　单位水平冻胀力可按表 4.0.3-2 的规定取值。

表 4.0.3-2　单位水平冻胀力 σ_h

挡土结构（墙）后计算点土的冻胀级别	Ⅰ	Ⅱ	Ⅲ	Ⅳ	Ⅴ
单位水平冻胀力 σ_h（kPa）	0～30	30～50	50～90	90～120	120～170

3　单位法向冻胀力可按表 4.0.3-3 的规定取值。当基础周侧有冻胀力作用时宜作专门研究。

表 4.0.3-3　单位法向冻胀力 σ_v

地基土的冻胀级别	Ⅰ	Ⅱ	Ⅲ	Ⅳ	Ⅴ
单位法向冻胀力 σ_v（kPa）	0～30	30～60	60～100	100～150	150～210

4.0.4　桩、墩基础设计宜取切向冻胀力与其他非冰冻荷载的组合，但斜坡上的桩、墩基础应同时计入水平冻胀力对桩、墩的水平推力和切向冻胀力的作用，并应与其他非冰冻荷载组合。

4.0.5　挡土墙设计应取水平冻胀力与其他非冰冻荷载的组合，但土压力与水平冻胀力不应叠加，设计时应取土压力和水平冻胀力的较大值。

4.0.6　两侧填土的矩形结构设计应取侧墙的水平冻胀力和作用于底板底面的法向冻胀力与其他非冰冻荷载的组合，但土压力与水平冻胀力不应叠加，设计时取土压力和水平冻胀力的较大值。

4.0.7　静冰压力宜按冰冻期可能的最高水位情况计算，并宜扣除冰层厚度范围内的水压力。

5　材料与结构

5.1　混凝土与砌石材料

5.1.1　混凝土的抗冻级别应分为 F400、F300、F250、F200、F150、F100、F50，应按现行行业标准《水工混凝土试验规程》SL 352 规定的快冻试验方法确定。

5.1.2　各类水工结构和构件的混凝土抗冻级别应根据气候分区、冻融循环次数、表面局部小气候条件、水分饱和程度、结构构件重要性和检修条件等按表 5.1.2 选定。在不利因素较多时，可选用提高一级的抗冻级别。

对于严寒地区特殊工程的水位变化区混凝土，抗冻级别可根据实际情况采用比 F400 更高抗冻等级的混凝土。

表 5.1.2　水工结构和构件混凝土抗冻级别要求

气候分区	严寒		寒冷		温和
年冻融循环次数（次）	≥100	<100	≥100	<100	—
结构重要、受冻严重且难于检修部位： 1）水电站尾水部位，蓄能电站进出口冬季水位变化区的构件、闸门槽二期混凝土、轨道基础； 2）坝厚小于混凝土最大冻深 2 倍的薄拱坝、不封闭支墩坝的外露面、面板堆石坝水位变化区及其以上部位的面板和趾座； 3）冬季通航或受电站尾水位影响的不通航船闸的水位变化区的构件、二期混凝土； 4）流速大于 25m/s、过冰、多沙或多推移质过坝的溢流坝、深孔或其他输水部位的过水面及二期混凝土； 5）冬季有水的露天钢筋混凝土压力水管、渡槽、薄壁充水闸门井	F400	F300	F300	F200	F100
受冻严重但有检修条件部位： 1）混凝土坝上游面冬季水位变化区； 2）水电站或船闸的尾水渠、引航道的挡墙、护坡； 3）流速小于 25m/s 的溢洪道、输水洞（孔）、引水系统的过水面； 4）易积雪、结霜或饱和的路面、平台栏杆、挑檐、墙、板、梁、柱、墩、廊道或竖井的单薄墙壁	F300	F250	F200	F150	F50
受冻较重部位： 1）混凝土坝外露阴面部位； 2）冬季有水或易长期积雪结冰的渠系建筑物	F250	F200	F150	F150	F50
受冻较轻部位： 1）混凝土坝外露阳面部位； 2）冬季无水干燥的渠系建筑物； 3）水下薄壁杆件； 4）水下流速大于 25m/s 的过水面	F200	F150	F100	F100	F50

续表 5.1.2

气候分区	严寒	寒冷	温和
表面不结冰和水下、土中、大体积内部混凝土	F50		

注：1 年冻融循环次数分别按一年内气温从+3℃以上降至-3℃以下，然后回升到+3℃以上的交替次数和一年中日平均气温低于-3℃期间设计预定水位的涨落次数统计，并取其中的大值。

2 冬季水位变化区指运行期内可能遇到的冬季最低水位以下 0.5m～1.0m，冬季最高水位以上 1.0m（阳面）、2.0m（阴面）、4.0m（水电站尾水区）。

3 阳面指冬季大多为晴天，平均每天有 4h 以上阳光照射，不受山体或建筑物遮挡的表面。当不满足条件时，均为阴面。

4 最冷月平均气温低于-25℃地区的混凝土抗冻级别宜根据具体情况研究确定。

5.1.3 大体积混凝土分区采用不同抗冻级别时，其分区厚度可根据热学计算，也可根据类似建筑物运行资料确定的负温区再加0.5m，温和地区分区厚度不应小于 0.5m。

5.1.4 有抗冻要求的混凝土应掺用引气剂。

5.1.5 1 级～3 级建筑物的抗冻混凝土的材料和配比应通过试验确定。在试验过程中除应控制混凝土含气量和水灰比外，有条件时宜进行混凝土气泡间距系数的测试。

4 级、5 级建筑物抗冻混凝土的配比可根据抗冻等级和所用骨料的最大粒径按表 5.1.5-1 和表 5.1.5-2 选用含气量和水灰比，并应使用有引气作用的引气剂。

表 5.1.5-1 抗冻混凝土的适宜水灰比

抗冻级别	F300	F200	F150	F100	F50
水灰比	<0.45	<0.50	<0.52	<0.55	<0.58

表 5.1.5-2 抗冻混凝土的适宜含气量

抗冻级别	≥F200	≤F150
最大骨料粒径 20mm	(6±1)%	(5±1)%
最大骨料粒径 40mm	(5.5±1)%	(4.5±1)%
最大骨料粒径 80mm	(4.5±1)%	(3.5±1)%
最大骨料粒径 150mm	(4±1)%	(3±1)%

注：如含气量试样需经湿筛时，按湿筛后最大骨料粒径取用相应的含气量。

5.1.6 抗冻混凝土现场取样试件的合格率，素混凝土不应低于 80%，钢筋混凝土不应低于 90%。

5.1.7 抗冻混凝土应防止早期受冻。冬季施工时，应根据具体情况采取保温措施或掺加通过试验确定的对混凝土抗冻性没有影响的适量的混凝土防冻剂。

5.1.8 混凝土受冻前的强度应符合下列要求：

1 受冻期无外来水分时，大体积混凝土应大于 5.0MPa（≤F150 的混凝土）或 7.0MPa（≥F200 的混凝土）；钢筋混凝土不应低于设计强度级别的 85%。

2 受冻期可能有外来水分时，大体积混凝土和钢筋混凝土均不应低于设计强度级别的 85%。

5.1.9 寒冷和严寒地区的浆砌石结构应采用质地良好的石料，所用石料的最小边长宜大于 30cm。在水位变化区砌体的砌筑及灌缝宜采用二级配混凝土。浆砌石用混凝土或砂浆的抗冻级别应按表 5.1.2 的规定选定。

5.2 保温材料

5.2.1 水工建筑物的保温宜选择当地易得材料，可采用水、土石料对水工建筑物进行保温。

5.2.2 采用聚合物保温材料时，所用产品的技术指标应符合国家现行有关标准和设计技术要求的规定。

5.2.3 保温层应有足够的防水性能。经常处于潮湿和浸水环境中的保温材料，应充分论证其长期防水性能，必要时应采取防水措施。

5.3 分缝和止水

5.3.1 土基上的水工建筑物应根据地基沉陷和冻胀变形条件设置变形缝，并应划分为几个独立的结构。平面尺寸不大时宜作成整体结构。

5.3.2 土基上水工建筑物的变形缝应能适应温度伸缩、沉陷和冻胀三种三向变形，并应具有相应的缝宽。缝的构造应能防止渗水、冻融破坏和缝后反滤料或基土的流失。

5.3.3 防渗要求较高的接缝止水材料应采用止水片，防渗要求较低的接缝止水可采用嵌缝材料。缝内应有填充材料，必要时应采取排水措施。

5.3.4 接缝构造应便于施工和质量检查，容易损坏的止水宜采取保护措施。

5.3.5 止水片宜根据具体工程实际需要采用耐低温、抗老化和具有适宜延伸率的橡胶、合成橡胶、塑料或退火紫铜片等材料制成，其技术指标应符合国家现行有关标准的规定。

5.3.6 护面板的柔性防渗嵌缝材料宜设于缝高的中部，不应充满缝的全高。迎土侧可充填水泥砂浆、木板、沥青油毡、矿渣、岩棉等材料，大坝护面板的防渗嵌缝材料表面应增加适当的保护措施。

5.4 结构构造

5.4.1 溢流面、底孔、尾水闸墩、尾水墙和大型水闸的墙、墩等受冻严重且有抗冲抗磨要求的部位，以及有抗冻要求的梁、板、柱、墙、墩的钢筋净保护层的厚度宜适当增加。

5.4.2 严寒地区的大中型工程，包括施工期易受冻胀开裂部位，无构造钢筋时，在外露侧面应设置钢筋网，也可在外露侧面的水平施工缝设置竖向插筋。其配筋量不应少于 $500mm^2/m$。

5.4.3 混凝土水工建筑物的抗冰冻设计，应采取下列抗冰冻措施：

1 应防止结构遭受冰冻作用。

2 应防止混凝土饱和。

3 有外观要求时，应充分利用建筑物体形、尺度和混凝土外表质感，并应提高对模板和浇筑质量的要求。不宜在外露面再加抹灰装修层。

6 挡水与泄水建筑物

6.1 一般规定

6.1.1 坝顶超高应按常规设计和抗冰要求计算，并应取常规设计和抗冰要求计算超高的较大值。当坝顶高程由抗冰设计超高控制且工程量增加较大时，应做专题论证。

按抗冰要求计算的抗冰设计超高应只算至坝顶，不应算至防浪墙顶。

6.1.2 抗冰设计超高应按下列情况计算：

1 有足够调蓄凌汛流量的水库，其坝顶超高可按常规设计。

2 流冰期按正常蓄水位运行的水库，其正常蓄水位以上的蓄冰库容不宜小于年流冰总量的1/3，自蓄冰最高水位以上应按常规计算超高。

3 无蓄冰库容需要泄冰的水库，混凝土坝、浆砌石坝的挡水坝段和土石坝岸边溢洪道（溢流坝段）相邻翼墙（翼坝），流冰时库水位以上的超高不宜小于库内最大冰厚的1.5倍。

4 当坝上游武开江的年份较多时，不论泄冰与否，抗冰设计超高还应根据冰情估计的准确性、泄冰能力、风浪大小和采取措施的可靠性，以及冰灾后果等因素通过充分论证适当加大。

6.1.3 对有泄冰要求的开敞式泄水建筑物，其上设置交通桥时，桥下净空值不宜小于库内最大冰厚的1.5倍。

6.1.4 水库上游河道、水库末端或坝址附近河段易形成冰坝、冰塞或冰洪时，防冰设计应专门研究。

6.1.5 冰压力对大坝、坝坡及附属建筑物的作用宜按本规范附录D的规定计算。

6.1.6 安全监测设施应避免结霜、冰冻或冻胀的影响。设计中在分析和使用已有观测成果时应检查有无这种影响。

6.2 混凝土坝与砌石坝

6.2.1 坝基应防止受冻。施工期有可能受冻时，应采取保温措施。运行期有可能受冻时，可在坝脚覆土石保温。

6.2.2 岩基上的混凝土低坝在冰推力作用下的抗滑稳定计算，宜根据具体情况确定冻融作用对混凝土与基岩间的抗剪强度降低的影响。

6.2.3 寒冷和严寒地区混凝土坝的止水片距离坝面不宜小于1.0m。

6.2.4 带有周边缝的薄拱坝应防止周边缝冻结。

6.2.5 碾压混凝土坝应作好上游防渗、分缝和内部排水，并应防止下游面渗水和冻胀。

6.2.6 支墩坝和空腹坝的腹腔宜作封闭保温，外露的接缝应防止漏水结冰。

6.2.7 砌石坝应作好防渗、分缝和内部排水，下游渗水出逸点应覆土石保温。上下游面宜用粗方石或条石砌筑。严寒地区宜采用上游现浇钢筋混凝土护面防渗型式。

6.2.8 寒冷和严寒地区坝体的廊道、电梯（转梯）井，均应设置密闭保温门，并应防止其结冰、积雪、结霜。

6.2.9 坝体闸门井、各种内部充水井、管应采取内部防渗和防冻措施。井口不宜敞露于大气中。直径较小的管道和壁宜采用钢管或钢衬。闸门井内壁宜采用防渗涂料或护面。

6.2.10 下游侧栏杆宜采用不致挡风遮阳和积水的稀疏栏杆，坝顶路面应具有横向坡度，并应设置相应的排水设施。

6.2.11 露天的人行通道、桥梁、阶梯等应防止积雪或结冰。经常使用的通道、桥梁、阶梯和廊道出口不宜设置在易积雪结冰的阴面岸坡与坝面交接低处。

6.3 土石坝

6.3.1 土石坝的土质心墙、斜墙和防渗铺盖应防止运行和施工期冻结。当采取覆土防冻时，覆土厚度不宜小于当地最大冻深。土质防渗体与防浪墙、齿墙、翼墙联结面应采取防冻措施。

6.3.2 黏性土质坝的上游坡应设置非冻胀性土的防冻层。防冻层应包括护面层和砂砾料垫层，其设置范围及厚度应根据工程级别、坝坡土的冻胀级别、护面允许变形程度、当地冰冻条件以及类似的工程经验确定。对于1、2、3级建筑物，在历年冬季最高蓄水位以上2.0m至最低水位以下1.0m高程的坡长范围内，当坝坡土的冻胀级别属Ⅳ、Ⅴ级时，防冻层厚度不宜小于当地最大冻深；坝坡土的冻胀级别属Ⅲ级时，不宜小于当地最大冻深的0.8倍；其他水上部位和冻胀级别属Ⅰ、Ⅱ级时，不宜小于当地最大冻深的0.6倍。4、5级建筑物的防冻层厚度可根据坝坡土的冻胀级别和护面结构型式适当减小。

6.3.3 土石坝护坡结构除应按现行行业标准《碾压式土石坝设计规范》SL 274的有关规定计算外，还应根据冰压力大小和类似工程经验确定。在本规范第6.3.2条规定的条件和范围内的主要坝段的护坡结构，应符合下列要求：

1 在当地有丰富的良好石料且有机械化施工的条件下，宜采用抛石（堆石）护坡。1级和2级坝护坡的水平宽度不宜小于3.0m，应采用开采级配堆筑。其下层可用细石料作垫层，水平宽度不应小于1.0m。

2 干砌石护坡应采用质地良好的块石。所用石料的最小边长宜大于30cm，层厚宜大于35cm，砌筑缝隙不宜大于3cm。有条件时宜采用方石。

3 无大块石料时可采用钢筋混凝土菱形格构内砌块石护坡，混凝土抗冻级别应符合本规范表5.1.2的规定。菱形格构的顺坡对角线长宜为3.0m～5.0m；另一对角线长度可小于3.0m～5.0m。格构梁的断面宽度宜为30cm，高度宜为40cm，并宜嵌入垫层内。

4 混凝土砌块护坡每边尺寸不宜小于35cm，厚度不宜小于30cm，砌筑缝隙不宜大于1.0cm。现浇混凝土板的边长宜大于3.0m，厚度宜大于20cm。

5 土工织物模袋混凝土护坡的模袋混凝土平均厚度宜取15cm～20cm，底部宜为平面。混凝土强度和抗冻级别应符合本规范表5.1.2的规定。冰推力较大时，模袋混凝土中宜顺坡加设钢筋。

6 在水位变化区砌体的砌筑及灌缝宜采用二级配混凝土。

7 砌体结构砌筑应平整，混凝土抗冻级别应符合本规范表5.1.2的规定。

8 库面开阔的大型平原水库的护坡结构应作专门研究。

6.3.4 护坡的坡脚高程宜设在冬季最低水位时的最大冰厚的底面以下。当高于冰层底面时应计算冰冻作用对坡脚结构的影响。

6.3.5 坝体的浸润线宜低于设计冻深线。下游排水、减压设施应防止冻结。

6.3.6 设有防浪墙的土石坝，设计荷载应包括可能产生的冰层爬坡、水平冻胀力对防浪墙的作用。

6.3.7 混凝土面板堆石坝，除应符合现行行业标准《混凝土面板堆石坝设计规范》SL 228的有关规定外，还应符合下列要求：

1 垫层料中，粒径小于0.075mm的含量不宜超过8%。

2 止水片在冬季最低气温下应具有符合设计要求的延伸率和三向变形能力。

3 面板与坝顶防浪墙接缝的止水应防止冰推力的作用发生破坏。

4 水库死水位以上或冬季最低水位以上区域，应防止垫层料产生冻胀对面板造成破坏。

5 水位变动区面板的止水防护结构应防止冰推力的作用发生破坏。

6.4 溢流坝与岸边溢洪道

6.4.1 有排冰要求时，宜采用无闸门且无闸墩的自由溢流堰。有交通要求或设置闸门时，闸墩净空应满足排冰要求。

6.4.2 溢流堰排冰时，堰上水深应大于水库最大冰厚。

6.4.3 溢流堰排冰时，冰块应能自由下泄且不致破坏下游设施。经常排冰的消能设施宜采用自由面流或远驱水跃方式。当采用底流消能时，不宜采用辅助消能工。下游应设置导墙、护岸等设施。排冰条件较复杂时，应做排冰整体水工模型试验。

6.4.4 有排冰要求时，应根据下游河道封冻的可能性以及冰块壅塞的危害程度进行排冰设计。必要时应采取疏通下游河道的措施。

6.4.5 1、2、3级泄水建筑物的上下游冬季水位变化区的岸坡，应采取防止冻融作用引起的崩坍或滑坡的工程措施。

6.4.6 有排冰要求时，闸墩、堰顶应较常规设计适当增加配筋，钢筋保护层厚度可适当加大。当结构允许时，保护层厚度不应小于200mm。闸墩墩头应采取合适的体型和保护措施。

6.4.7 土基上的溢流堰堰体基础埋深应大于当地最大冻深；岩基中的埋深可小于最大冻深，但应设置排水设施和锚筋。堰体上游的设计冻深应根据由于检修或低水位时堰体可能暴露于大气中的不利情况确定。

6.4.8 岩基上的泄槽底板厚度不宜小于0.4m。底板应设置纵、横结构缝，其纵横缝间距宜比常规适当减小。严寒地区的底板宜设锚筋和钢筋网。

6.4.9 土基上1、2级建筑物的泄槽底板连同垫层的总厚度应满足不产生法向冻胀位移的要求，底板厚度不宜小于0.6m。底板纵、横缝间距宜为12m～16m。

6.4.10 岩基岸边溢洪道下的地基排水设施，应根据周围地形条件和山体地下水位情况设计。如地下水位高于泄槽底板而设置排水时，排水设施应采取防冻措施。

6.5 泄洪洞与坝体泄水孔

6.5.1 坝体中孔、底孔宜采取防止冷空气侵入的措施。冬季有放（过）水要求的出口，宜在下游端作临时封闭设施或将出口布置在下游水位以下。

6.5.2 封冻水库的进水塔，宜采用封闭式井筒结构或其他刚度大的结构，并应进行抗冰推结构计算。

6.5.3 工作闸门位于首部或中部的泄洪洞和坝身泄水孔，当闸后洞长小于50m时，冬季宜在洞（孔）末端设置保温设施。

6.5.4 与洞脸岩体连接的岸塔式进水口两侧的边墙应与岩体锚接，并应能承受冰推力和冻胀的作用。

6.6 堤防与护岸

6.6.1 在频繁发生冰凌壅塞的河段，堤顶高程除应符合现行国家标准《堤防工程设计规范》GB 50286的有关规定外，还应根据冰凌壅塞河道的影响确定。

6.6.2 受流冰作用的堤岸护坡，除应符合常规要求外，还应根据冰块撞击作用的影响进行设计。

6.6.3 冻胀性土基的堤岸护坡宜根据土的冻胀级别采取必要的防冻胀措施。

6.6.4 岸坡护面层宜采用砌石、混凝土、模袋混凝土等，其结构、护面层厚度及超出设计水面的高度应满足抗冻胀要求。在水位变化区砌体的砌筑及灌缝宜采用二级配混凝土。

6.6.5 堤岸护坡的坡脚应符合本规范第6.3.4条的规定。

7 取水与输水建筑物

7.1 一 般 规 定

7.1.1 冬季有防冰和输冰要求的引水、输水工程，应进行抗冰冻设计。

7.1.2 引水、输水工程设计应在充分收集和分析基本资料的基础上，根据当地冰情和自然条件，采用蓄冰、排冰、输冰、结冰盖等其中一种或综合输排冰运行方式进行。

7.1.3 在枢纽总体布置、形式、体型设计中，应保证进水口的前缘水域水流平稳和不出现贯通式漏斗漩涡。在有凌汛发生的河段的引水枢纽布置中，宜采取永久或临时性防冰洪的工程措施，取水口应设置排冰及防冰凌工程设施。

7.1.4 输排冰渠道布置宜少设弯道，宜避开深挖方和傍山滑坡地段。

7.1.5 输排冰渠道沿程不宜采用突变断面和设置阻水建筑物。

7.1.6 结冰盖运行方式的引水渠道，渠顶超高不应小于冰盖顶面以上0.5m。

7.1.7 渠道与渠道衬砌的抗冻胀设计应按本规范第8章的规定执行。

7.2 取水口排冰

7.2.1 引水枢纽有排冰要求时，冬季过闸水深、流速应满足排冰要求。排冰闸过闸流速不宜小于1.2m/s。

7.2.2 枢纽布置为无坝引水时，宜在枢纽前河道弯道凹岸处设置活动导凌（冰）筏。导凌（冰）筏宜采用木结构，筏长应根据实际情况确定。导凌（冰）筏宜布置两道，第一道宜设在引水口上游两倍水面宽处；第二道宜设在引水口上游一倍水面宽处。筏体潜入水中的深度宜为最大流冰块厚度的1.5倍～2.0倍。筏体与水流方向的夹角不宜大于30°。

7.2.3 导凌（冰）筏与排冰闸衔接（河）段内的流速不宜大于0.7m/s。

7.2.4 引水枢纽冬季排冰日耗水量可根据枢纽所在河道的冬季冰情特点，类比已建工程经验或通过试验确定，但不宜小于该河道日平均排冰量的4倍。

7.3 明渠冬季输水

7.3.1 冬季有输冰要求的引水明渠，其设计弯道半径宜大于设计水位的水面宽度的10倍。

7.3.2 渠道输冰量过大时，宜充分利用沿渠线两侧或渠线通过的天然洼地修建人工蓄冰、滞冰池（塘）。蓄冰、滞冰池（塘）进口的设计水位宜比该处明渠排冰口的设计水位低0.2m以上。

7.3.3 当不具备本规范第7.3.2条的条件时，宜加大引水流量，并宜在适当渠段布置排冰闸和采取辅助措施。

7.3.4 输冰渠道断面型式宜采用窄深式的弧形渠底的矩形或梯形断面。

7.3.5 渠道冬季输水可采取冰盖下明流、满流输水或无冰盖输水。有适宜的气温和渠道断面，能形成稳定冰盖时，宜采用结冰盖输水方式。

7.3.6 冰盖下明流输水方式宜按下列要求设计：

1 渠内设计流速不应大于0.7m/s。

2 宜按简支板和冰的允许抗弯强度确定满足冰盖稳定要求的冰盖厚度。

3 冰盖底面与渠道水面之间的净空宜控制在0.3m～0.5m。

4 长渠道结冰盖输水时，应根据本条第1款～第3款的规定进行分段壅水计算。

7.3.7 冰盖下满流输水时，综合糙率可按下式计算：

$$n=n_1\left[\frac{1+a\ (n_2/n_1)^2}{1+a}\right]^{1/2} \tag{7.3.7}$$

式中：n——冰盖综合糙率；

a——冰盖与渠道湿周长度之比；

n_1——渠底及边坡的糙率系数；

n_2——冰盖下表面的糙率系数，可按表7.3.7的规定选用。

表 7.3.7 冰盖下表面糙率系数 n_2

结冰期平均流速 V（m/s）	糙率系数 n_2	
	无冰凌，冰有裂缝	有冰凌，冰有裂缝
0.4～0.6	0.010～0.012	0.012～0.014
0.6～0.7	0.014～0.017	0.017～0.020

7.3.8 采用输水（冰）运行方式时，渠内设计流速不宜小于1.2m/s。

7.3.9 冬季行水渠道，当有外来热源能形成不结冰渠段时，不结冰渠段的长度可按下列公式计算：

$$L_0 = K\frac{300Qt_w}{(9.5 - t_k)\ B_0} \tag{7.3.9-1}$$

$$t_w = \frac{Q_1t_1 + Q_2t_2}{Q_1 + Q_2} \tag{7.3.9-2}$$

式中：L_0——渠道不结冰长度（km）；

Q——渠道总流量（m^3/s）；

t_w——渠水水温或混合水温（℃）；

t_k——最近连续5年的极端最低温度平均值（℃）；

B_0——渠水水面宽度（m）；

Q_1——原渠道流量（m^3/s）；

t_1——原渠道水温（℃）；

Q_2——泉水或井水入渠流量（m^3/s）；

t_2——泉水或井水水温（℃）；

K——根据渠道遮荫程度确定的系数，可取0.7～1.0。

7.4 暗管与隧洞

7.4.1 暗管的埋置深度应根据土的冻胀级别、冻胀量沿深度分布的实测资料和管道允许变形量确定。在无实测资料的情况下，当土的冻胀级别为Ⅰ、Ⅱ级时，可根据具体情况，按小于设计冻深10%～20%确定；当土的冻胀级别为Ⅲ、Ⅳ、Ⅴ级时，应按大于设计冻深确定。

7.4.2 埋于冻层内通水的暗管，应论证其抗冻胀稳定性和管内水结冰的可能性及其不良影响。

7.4.3 暗管沿程的竖井结构应按抗冻拔要求设计。当不能满足抗冻拔要求时，应采取削减或消除切向冻胀力的措施。

7.4.4 冬季输水隧洞为压力流时，在下游出口后部宜采取防冰冻、排冰、消能等措施。冬季输水隧洞为明流时，洞内设计流速不宜小于1.2m/s。

7.4.5 冬季不输水的隧洞，宜在闸门下游出口处采取封闭式保温措施。

8 渠道与渠道衬砌

8.1 一般规定

8.1.1 在渠道规划选线时，宜避开地下水位高、有傍渗水补给、冻胀性强的地段。

8.1.2 渠道衬砌的抗冻胀设计应符合下列要求：

1 应调查、收集衬砌渠道沿线的土质、地下水位、冻深和已有工程运行等资料，并应按土质、地下水深度和渠道走向基本相同的原则划分不同的渠段。

2 应在各分段选择1个～2个具有代表性的横断面，并应通过观测或按本规范附录B和附录C确定断面上各代表性计算点的设计冻深和地表冻胀量，划分土的冻胀级别。

3 应根据渠道各部位的冻深和冻胀量，选择适宜的渠道断面型式、衬砌材料与结构。

4 应验算渠道各部位的冻胀位移量，并应采取必要的抗冻胀措施。

8.1.3 冬季输水有防冰要求的渠道输冰、排冰设计应按本规范第7.3节的有关规定执行。

8.2 衬砌结构抗冻胀稳定性要求

8.2.1 衬砌结构的抗冻胀稳定性可按表8.2.1所列的衬砌结构允许法向位移值作为控制指标。

表8.2.1 衬砌结构允许法向位移值（mm）

断面型式	衬砌材料		
	混凝土	浆砌石	沥青混凝土
梯形断面	5～10	10～30	30～50
弧形断面	10～20	20～40	40～60
弧形底梯形	10～30	20～50	40～60
弧形坡脚梯形	10～30	20～50	40～60
整体式U形槽或矩形槽	20～50	30～60	—
分离挡墙式矩形断面（底板）	40～50	50～60	70～80

注：断面深度大于3.0m的渠道，衬砌板单块长边尺寸大于5.0m或边坡陡于1:1.5时，取表中小值。断面深度小于1.5m的渠道，衬砌板单块长边尺寸小于2.5m或边坡缓于1:1.5时，取表中大值。

8.2.2 抗冻胀衬砌结构的冻胀位移量可按渠道地基土的冻胀量确定。当该位移量大于允许值时，应根据需要和具体条件选用一种或多种适宜的抗冻胀措施。同一断面的不同部位可采用不同的抗冻胀措施。

8.2.3 对于冻结期输水、地下水位高出渠底、渠底有积水（冰）或有傍渗水补给的渠道，按本规范附录B的规定计算其边坡的设计冻深时，在水（冰）面或傍渗水逸出点以上1.0m范围内，地下水位应取水（冰）面或傍渗水逸出点，并应据此选取地下水影响系数；按本规范附录C的规定计算冻胀量时，在水（冰）面或傍渗水逸出点以上0.5m范围内，宜按地下水位深度为零计算。

8.3 渠道衬砌结构

8.3.1 当渠道地基土的冻胀级别属Ⅰ、Ⅱ级时，宜按渠道大小等情况分别采用下列渠道断面形式和衬砌结构：

1 小型渠道宜采用整体式混凝土U形槽衬砌。

2 中型渠道宜采用弧形断面或弧形底梯形断面、板模复合衬砌结构。

3 大型（或宽浅）渠道宜采用弧形坡脚梯形断

面、板模复合衬砌结构，并应适当增设纵向伸缩缝。

4 梯形混凝土衬砌渠道，可采用架空梁板式或预制空心板式结构。

5 砌石衬砌。

6 其他适宜的结构型式。

8.3.2 当渠道地基土冻胀级别属Ⅲ、Ⅳ、Ⅴ级时，宜按渠道流量和形式等情况分别采用下列渠道断面和衬砌结构：

1 小型渠道宜采用地表式整体混凝土U形槽或矩形槽。槽底应按本规范第8.4.1条或第8.4.2条的规定设置保温层或非冻胀性土置换层，槽侧回填土高度宜小于槽深的1/3。

2 渠深不超过1.5m的宽浅渠道，宜采用矩形断面，渠岸宜用挡土墙式结构，渠底宜用平板结构，墙与板连接处宜设冻胀变形缝。

3 1、2、3级渠道，应结合本规范第8.4节的规定，采用适宜的渠道断面和衬砌结构，并宜通过专门研究确定。

4 宜采用桩、墩等基础支撑输水槽体。桩的允许冻拔量应为零。

5 深挖方渠段，可采用暗渠或暗管输水。

8.3.3 刚性衬砌的分缝应能适应冻胀变形，可分为横向缝和纵向缝。沿渠线方向每隔3m～5m设置一横向缝，缝形可采用矩形或梯形，缝宽宜为20mm～30mm；沿渠周方向宜间隔1m～4m设置纵向缝，缝形可采用铰形、梯形或矩形（图8.3.3），缝宽宜为20mm～40mm。

变形缝内宜填充粘结力强、变形性能好、耐老化，在当地最高气温下不应流淌，最低气温下应仍具柔性的弹塑性止水材料。

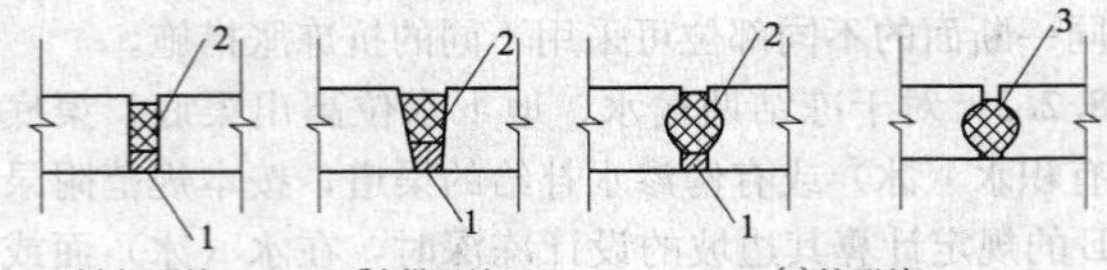

(a)矩形缝　(b)梯形缝　(c)铰形缝

图8.3.3　冻胀变形缝型式

1—填充料；2—弹塑性胶泥；3—弹塑性止水带

8.4 冻胀土基处理

8.4.1 采用保温材料防止渠道地基土冻结时，应符合下列要求：

1 在衬砌体（包括封顶板）下铺设保温层，保温材料的压缩强度、热导率及其与吸水率的关系等物理力学指标，应符合国家现行有关标准和工程设计的要求，必要时应通过试验验证。

2 保温板的厚度宜通过现场试验或当地或邻近已有工程经验确定。无此条件时，可按下式计算：

$$\delta_x=\lambda_x\left(R_0-\frac{\delta_c}{\lambda_c}\right)\psi_d k_w K \tag{8.4.1}$$

式中：δ_x、δ_c——分别为保温板和底板的厚度（m）；

R_0——设计热阻（$m^2\cdot ℃/W$），可按表8.4.1的规定取值；

λ_x、λ_c——分别为保温板和底板的热导率（$W/m\cdot ℃$）；

ψ_d——日照及遮荫程度影响系数，可按本规范公式(B.0.1-2)计算；

k_w——吸水率影响系数，由试验确定，并按可能的长期最大吸水率确定；

K——安全系数，可取1.1～1.15。

表8.4.1　不同冻结指数时所需保温材料的设计热阻值 R_0（$m^2\cdot ℃/W$）

I_m	100	300	500	800	1000	1200	1500	1800	2000	2200	2500	3000
R_0	0.94	1.17	1.39	1.70	1.90	2.09	2.35	2.59	2.74	2.88	3.07	3.24

注：I_m为历年最大冻结指数。

3 冬季输水渠道，水位按等流量（水位）控制时，在设计最小水位条件下，可将冰（水）作为保温层；在冰（水）面以上可采用保温材料保温。

8.4.2 当地或附近有丰富和适宜的非冻胀性土时，可采用非冻胀性土置换渠床冻胀性土。渠床各部位的置换深度可根据工程经验确定，必要时通过试验验证。

8.4.3 设置排水系统，宜按下列情况分别确定：

1 当渠床冻融层或置换层下不透水或弱透水层厚度小于10m时，可在渠底每隔10m～20m设一眼盲井。

2 当渠床的冻融层有排水出路时，宜在设计冻深底部设置纵、横向暗排系统。

3 冬季输水的衬砌渠道，当渠侧有傍渗水补给渠床时，宜在最低输水位以上设置反滤排水体，必要时宜设置逆止阀。排水口及逆止阀应设在最低输水位处。

8.5 渠坡稳定要求

8.5.1 土质渠道或以土石料护面的埋铺式膜料防渗渠道应采用适应冻胀、融沉变形的断面形式（弧底梯形或弧形坡脚梯形），宽深比宜大于1.0，边坡系数可根据类似工程经验选定。

8.5.2 渠床土冻胀级别属Ⅲ、Ⅳ、Ⅴ级的1、2、3级渠道，应以融冻层交界面或土工合成材料交界面为滑动面，并应验算边坡稳定性。交界面土的抗剪强度应通过试验或根据类似工程资料确定。

8.5.3 渠坡有冻融滑坍可能时，可采用土工编织布砂（土）袋分层砌筑或土工带拉锚固定。坡脚应设土工布砂（土）袋镇脚。渠坡表面可采用生态护面。

9 泵站与电站建筑物

9.1 一般规定

9.1.1 泵站与电站建筑物的整体布置和结构型式设计应在充分收集和分析基本资料的基础上，根据当地冰情、自然条件和引水系统的运行方式进行。

9.1.2 冬季运行的泵站与电站建筑物应设置防冰、排冰设施。

9.2 前池排冰

9.2.1 前池容积的确定应计入冬季高水位运行时冰块、冰凌所占的水体容积。

9.2.2 采用输水（冰）方式时，应根据地形、地质、气象、水文、冰情等因素选择排冰布置方式；宜首选正向排冰布置方式，并宜采用双层式结构布置形式。

9.2.3 排冰闸孔宽度应大于最大冰块的宽度。排冰闸下游应设置陡坡衔接段。堰上的水深不应小于最大冰块厚度的1.2倍。

9.2.4 正向排冰侧向引水方式的排冰闸前应布置一定长度的缓流渠段，其长度宜控制在20m～40m，断面宜采取与排冰闸同宽的矩形，进水闸中心线与渠道中心线夹角应小于90°。进水口前缘应设置活动导冰筏或固定，其潜入深度宜为冰厚的1.5倍～2.0倍。

9.2.5 正向排冰正向引水方式的排冰闸中心线应与渠道中心线或前池中心线重合。排冰闸前的扭坡宜布置在距离闸前3倍～5倍墙高处，不宜紧靠闸体。扭坡长度宜为墙高的8倍～10倍。

9.2.6 弯道排冰方式的排冰闸前的渠道断面型式宜为梯形。排冰闸的中心线，当渠道曲率半径小于水面宽的5倍时，不应偏离渠道中心线；渠道曲率半径大于水面宽的5倍时，宜从渠中心线向凸岸方向平移至0.2倍～0.4倍水面宽处。

9.2.7 采取弯道排冰方式时，应在排冰闸前凸岸设置活动导冰筏，其平面位置与水流方向的夹角宜为20°～30°。

9.2.8 泄水排冰渠的断面型式可采用矩形或梯形，其纵坡宜采用陡坡，陡坡段内水深应大于流冰块的最大厚度，设计流速宜大于2.0m/s。

9.2.9 泄水排冰渠下游的消能形式应符合本规范第6.4.3条的规定。

9.2.10 有清冰要求的排冰建筑物附近，宜设置清冰、人员操作、值班等场地及房建设施。

9.2.11 前池水闸和侧墙的抗冰冻设计应按本规范第10章和第11章的有关规定执行。

9.3 地面厂（泵）房

9.3.1 地面厂（泵）房位置宜避开雪崩、高边坡、地下水位高、深积雪或土的冻胀性强的地段。

9.3.2 地面厂（泵）房及其邻近地区应作好地表排水和地下排水系统。

9.3.3 地面厂（泵）房基础埋深均应大于基础设计冻深。外墙应计算可能的冻胀力作用。水下部分的外表面宜有防渗层。

9.3.4 压力管道与机组联结接头，以及穿过外墙处的构造，应能适应不均匀冻胀和收缩变形。

9.3.5 冬季需要采暖的地面厂（泵）房应进行采暖保温设计。

9.3.6 冬季运行的地面厂（泵）房，有条件时应充分利用电机热风采暖，一般部位温度宜为适于巡回检查的正温。工作人员长期停留部位、低温结露的水机、电器部件、油压润滑系统、有负温过冷水部位，宜设置局部电热或远红外辐射局部采暖装置。

9.3.7 冬季不运行且不采暖的地面厂（泵）房，所有水管冻前应放空。易受冻设备宜能拆卸吊放至高出冬季室内可能积水部位保存。如无法拆吊，水泵及其管路、电源应采取局部保温措施。

9.3.8 冬季不运行且不采暖的地面厂（泵）房的楼板、梁，宜高出渗水形成的室内冰面。

10 闸涵建筑物

10.1 一般规定

10.1.1 寒冷和严寒地区的水闸和涵洞建筑物设计，宜根据冻前地下水位、土质、朝向和地形等条件选择土的冻胀和冰的作用尽可能小的工程地址、总体布置和结构型式。

10.1.2 闸涵抗冰冻宜以进口、闸室（洞身）、护坦、消力池等部位的典型断面为控制断面，并应按本规范附录B、附录C和第4.0.3条的规定确定各控制断面上各代表性计算点的设计冻深、基础设计冻深、冻胀量和冻胀力，进行包括冻胀力和（或）冰压力的荷载组合作用下的稳定和强度验算，确定闸涵结构和必要的抗冰冻措施。

10.1.3 有过冰要求的拦河闸和渠系水闸，宜采用开敞式。必要时，闸上游可设导冰墙（筏）、破冰墩或拦（滞）冰设施等；有条件时，闸墩（破冰墩）前沿宜作成斜面。下游宜设导墙和护岸。1、2级建筑物宜作整体过冰模型试验。

10.1.4 过冰的水闸消力段不宜设消力墩。

10.1.5 进出口翼墙和岸墙的抗冰冻设计应按本规范第11章的有关规定执行。

10.2 结构与布置

10.2.1 冻胀性地基上的闸涵宜采用有利于适应冻胀的整体式闸室结构。

10.2.2 严寒地区的拦河闸，当闸室边墩后部填土的冻胀级别为Ⅲ、Ⅳ、Ⅴ级时，宜采用边墩与岸墙分离式或采取抗冻胀措施。

10.2.3 在满足稳定和地基承载力要求的情况下，闸涵的布置宜减小建筑物与冻土的接触面积；在满足防渗、防冲和水流衔接条件时，宜缩短进出口长度。

10.2.4 冬季暴露的大、中型水闸上游阻滑板（铺盖）和护坡板，宜减小分块尺寸。混凝土板的分块尺寸不宜大于板厚的25倍，其中基土的冻胀性大、靠近边墙或厚度较薄的板宜取小值。护坡板垂直水流方向的边长宜小于顺水流方向的边长，阻滑板相邻板块间应设置允许自由伸缩的联结钢筋。防渗铺盖应按本规范第5.3节的规定作好分缝止水。

10.2.5 承受法向冻胀力的底板宜布置上下两层钢筋。

10.3 稳定与强度验算

10.3.1 闸涵建筑物底板下地基土不冻结时，其稳定与强度计算除应按现行行业标准《水闸设计规范》SL 265的有关规定计算外，还应按冰压力、水平冻胀力、切向冻胀力荷载进行计算。

10.3.2 闸涵建筑物底板下地基土冻结时，除应按本规范第10.3.1条的规定计算外，还应进行下列验算：

1 有法向冻胀力作用下的结构与稳定计算。

2 闸基底和边墙侧基土解冻时强度可能降低情况下的抗滑和渗透稳定。

10.3.3 进行上述稳定与强度验算时，冰压力可按本规范附录D的规定计算；水平冻胀力可按本规范第11.2节的规定计算；作用在底板底面的单位法向冻胀力设计值可按下列公式计算：

$$\sigma_{vs}=m_{\sigma}\sigma_{v} \tag{10.3.3-1}$$

$$m_{\sigma}=1-\sqrt{\frac{[S]}{h_f}} \tag{10.3.3-2}$$

式中：σ_{vs}——作用在板底面上的地基土单位法向冻胀力设计值（kPa）；

m_{σ}——法向位移影响系数；

σ_{v}——底板下地基土的法向冻胀力（kPa），可按地基土冻胀量查本规范表4.0.3-3的规定确定；

$[S]$——建筑物允许产生的垂直位移（cm），可按表10.3.3的规定确定，特殊情况下可通过论证确定；

h_f——与基础设计冻深相应的地基土冻胀量（cm），可按本规范附录C的规定确定。

表10.3.3 板型基础允许垂直位移值 [S]

建筑物类型及结构部位		[S]（cm）
进出口		1.5～2.0
闸室、洞身、陡坡和消力池		1.0～2.5
护坦板和阻滑板		2.0～3.0
进出口护坡	现浇混凝土板	0.5～1.0
	浆砌石	1.0～2.0
	预制混凝土板、沥青混凝土、干砌石	3.0～5.0

注：1、2、3级建筑物宜取较小值，4、5级建筑物可取较大值。

10.4 抗冻胀措施

10.4.1 涵闸建筑物可采取加强结构、保温或置换非冻胀性材料等一种或几种综合抗冻胀措施。

10.4.2 采用保温材料防止建筑物地基冻结时，应符合下列要求：

1 保温板的物理力学性能的设计指标应根据上部荷载的大小和不均匀应力作用等条件确定。保温板的压缩强度、热导率及其与吸水率的关系等物理力学性技术指标，应符合国家现行有关标准和工程设计的要求，并应通过试验确定。

2 保温板的厚度应按本规范第8.4.1条的规定确定。

3 经常处于水中或强潮湿条件下的保温板宜通过试验确定其长期耐久性，也可采取防水处理措施。

4 闸涵进出口等部位保温板的水平铺设宽度应加宽或作成向外倾斜的帷幕式，加宽长度或帷幕深度值均不应小于底板下的基础设计冻深。帷幕式铺设时的向外倾斜度不宜陡于7∶1。板块间的接缝应紧密。

10.4.3 采用水层保温时，应防止水的渗漏，并应采取防止被保温部位外周侧冻结的措施。保温水层的厚度不宜小于当地的最大冰厚。

10.4.4 当地或附近有足够和适宜的非冻胀性土，并在满足渗透稳定要求的条件下，可采用非冻胀性材料置换冻胀性地基。置换时应符合下列要求：

1 置换材料宜采用级配良好的砂砾石或中粗砂；置换材料与原状土之间不满足反滤要求时，应设置反滤层或用非织造土工织物隔离；置换层内饱水时，宜设排水通路。

2 平面置换范围宜沿建筑物基础轮廓线向外侧加大0.3m～0.5m。

3 闸涵的置换深度宜通过试验或根据当地已有工程经验确定。不具备试验条件时，可根据类似的工程经验，并结合下式计算综合确定：

$$Z_e \geqslant \varepsilon Z_f \quad (Z_e \geqslant 0) \tag{10.4.4-1}$$

式中：Z_e——闸涵的置换深度（m）；

ε——置换比，可按表10.4.4-1的规定取值，当置换层内饱水和算得 $\varepsilon>1.0$ 时，可取 $\varepsilon=1.0$；

表 10.4.4-1　涵闸基土置换比 ε

是否允许冻胀位移	上部荷载 σ（kPa）	地基土冻胀级别				
		Ⅰ	Ⅱ	Ⅲ	Ⅳ	Ⅴ
不允许	10	0～0.4	0.4～0.8	0.8～1.1	1.1～1.3	1.3～1.4
	20	0～0.2	0.2～0.6	0.6～0.9	0.9～1.2	1.2～1.3
	30	—	0～0.4	0.4～0.7	0.7～1.0	1.0～1.1
	50	—	—	0.1～0.5	0.5～0.8	0.8～1.0
	80	—	—	0～0.1	0.1～0.5	0.5～0.7
	100	—	—	—	0～0.3	0.3～0.5
允许	10	—	0～0.4	0.4～0.9	0.9～1.2	1.2～1.3
	20	—	0～0.2	0.2～0.7	0.7～1.0	1.0～1.2
	30	—	—	0～0.4	0.4～0.9	0.9～1.0
	50	—	—	0～0.1	0.1～0.5	0.5～0.8
	80	—	—	—	0～0.2	0.2～0.5
	100	—	—	—	0～0.1	0.1～0.3

注：1　本表适用于 1、2、3 级建筑物。

2　对于 4、5 级建筑物，表中数值可适当减小。

4　进出口护坡宜根据坡面不同部位的冻胀量确定不同的置换深度。置换深度的大小可根据当地已有工程经验确定。无此条件时，可根据类似的工程经验，并结合下式计算综合确定：

$$Z_e{}' \geqslant \varepsilon' Z_f \qquad (Z_e{}' \geqslant 0) \qquad (10.4.4\text{-}2)$$

式中：$Z_e{}'$——进出口护坡的置换深度（m）；

ε'——进出口护坡基土置换比，可按表 10.4.4-2 的规定取值。

表 10.4.4-2　护坡基土置换比 ε'

地基土冻胀量级别	Ⅰ	Ⅱ	Ⅲ	Ⅳ	Ⅴ
Z_f＜60cm					
现浇混凝土	0～0.3	0.3～0.9	0.9～1.3	1.3～1.4	1.4～1.5
浆砌石	—	0～0.6	0.6～1.2	1.2～1.4	1.4～1.5
预制混凝土板、沥青混凝土、干砌石	—	0～0.3	0.3～0.9	0.9～1.2	1.2～1.3
Z_f≥60cm					
现浇混凝土	0～0.2	0.2～0.7	0.7～1.1	1.1～1.3	1.3～1.5
浆砌石	—	0～0.5	0.5～1.0	1.0～1.3	1.3～1.4
预制混凝土板、沥青混凝土、干砌石	—	0～0.2	0.2～0.8	0.8～1.2	1.2～1.3

5　当置换材料中细粒含量较多或置换深度小于本规范公式（10.4.4-1）的计算值时，应进行剩余法向冻胀力作用下的强度校核。其中，细粒含量较多时可根据置换土的类别和冻胀量按本规范公式（10.3.3-1）计算，置换深度小于计算值时可按下式计算：

$$\sigma_r = \left[1-\left(\frac{\psi_w Z_{ep}}{Z_f}\right)^{0.65}\right]\sigma_{vs} \qquad (10.4.4\text{-}3)$$

式中：σ_r——部分置换时的剩余法向冻胀力（kPa）；

ψ_w——地下水影响系数，可按本规范公式（B.0.1-3）的规定确定；

Z_{ep}——部分置换深度（m）。

11　挡土结构（墙）

11.1　一 般 规 定

11.1.1　冻胀性地基上和墙后回填冻胀性土的挡土结构（墙）的稳定和强度验算，除常规荷载外，还应计算冻胀力的作用。

11.1.2　地基土的冻胀级别属Ⅲ、Ⅳ、Ⅴ级时，挡土墙的基础埋深应大于墙前土的设计冻深；冻胀级别属Ⅰ、Ⅱ级时，基础埋深可小于墙前土的设计冻深，但应满足挡土墙在水平冻胀力作用下和地基土融化时的稳定和结构强度要求。

11.1.3　当基础埋深等于或大于设计冻深时，可只计算水平冻胀力的作用；当基础埋深小于墙前地面设计冻深时，除应计算水平冻胀力外，还应计算法向冻胀力的作用。

11.1.4　严寒地区的薄壁式挡土墙顶宽不宜小于 0.3m；当不采取其他抗冻胀措施时，最小配筋率宜适当增加；平面布置宜避免直角，有可能时，墙后宜减小填土高度，并应做好填土顶面的防水和排水措施。

11.1.5　墙后地下水位高时，宜采取降低地下水位措施。

11.1.6　冻胀性地基上的挡土墙宜每隔 8m～12m 设置变形缝，地基土冻胀级别高时宜取小值。每段墙体基础宜布置在同性质土层的同一高程上。

11.2　水平冻胀力的计算

11.2.1　墙前地面至墙后填土顶面之间的高差在 1.5m～5.0m 的悬臂式及其他薄壁式挡土结构（墙），水平冻胀力应按本规范第 11.2.2 条的规定计算。墙前地面至墙后填土顶面之间的高差超过 5.0m 时，宜作专门研究。

11.2.2　最大单位水平冻胀力设计值和水平冻胀力沿墙高的分布可分别按下列公式和图 11.2.2 确定：

$$\sigma_{hs} = \alpha_d C_f \sigma_h \qquad (11.2.2\text{-}1)$$

$$\alpha_d = 1-\sqrt{\frac{[s']}{h_d}} \qquad (11.2.2\text{-}2)$$

式中：σ_{hs}——最大单位水平冻胀力设计值（kPa）；

α_d——系数，悬臂式挡土墙可取 0.94，变形性能较大的支挡建筑物可按公式（11.2.2-2）计算；

C_f——挡土墙背坡坡度影响系数，可取 0.85～1.0；

σ_h——单位水平冻胀力（kPa），可按本规范表 4.0.3-2 取值；

$[s']$——自墙前地面（冰面）算起 1.0m 高度处的墙身水平允许变形量（cm），可根据国家现行有关标准，以及结构强度和具体工程条件确定；

h_d——墙后填土的冻胀量（cm），可按本规范附录 C 确定，并取墙前地面（冰面）高程以上 0.5m 的填土处为计算点。

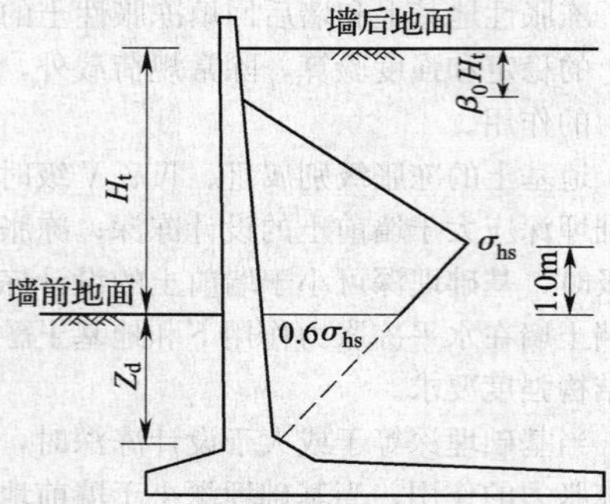

图 11.2.2　单位水平冻胀力分布

H_t—自挡土结构（墙）前地面（冰面）算起的墙后填土高度（m）；

σ_{hs}—最大单位水平冻胀力设计值（kPa）；

β_0—非冻胀区深度系数，可按表 11.2.2 取值

表 11.2.2　系数 β_0

挡土结构（墙）后计算点土的冻胀级别	≤Ⅱ	Ⅲ	Ⅳ	Ⅴ
β_0	0.21	0.21～0.17	0.17～0.10	0.10

注：表中数值可内插。当地下水位距墙后填土面小于 1.0m 时，取 $\beta_0=0$。

11.3　抗冻胀措施

11.3.1　抗冻胀设计应根据墙后回填土的冻胀量、地下水位和地面形状等条件进行。当土的冻胀级别属Ⅲ、Ⅳ、Ⅴ级时，宜采取换填非冻胀性土或铺设保温材料等措施。

11.3.2　水平冻胀力在满足防渗要求的条件下，墙后回填土宜采用粗颗粒材料。置换范围不宜小于如图 11.3.2 所示的范围。

当置换材料含有较多细粒或置换范围小于如图 11.3.2 所示的要求时，应根据细粒含量和地下水位计算可能产生的水平冻胀力。水平冻胀力可按本规范公式（10.4.4-3）进行计算，但公式（10.4.4-3）中的 σ_{vs} 应改为挡土结构（墙）后的单位水平冻胀力设计值 σ_{hs}（kPa）。

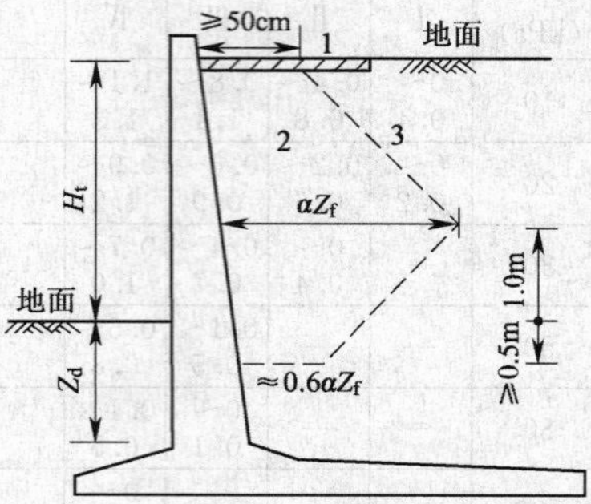

图 11.3.2　挡土结构（墙）非冻胀性回填土范围示意

1—封闭层；2—非冻胀性材料；3—置换范围线；

Z_d—墙前土的设计冻深（m）；

Z_f—回填土的设计冻深（m）；

H_t—自挡土结构（墙）前地面（冰面）算起的墙后填土高度（m）；

α—系数（见表 11.3.2）

表 11.3.2　系数 α

挡土结构（墙）后计算点土的冻胀级别	Ⅰ、Ⅱ	Ⅲ	Ⅳ	Ⅴ
α	≤0.3	0.3～0.6	0.6～0.9	0.9～1.1

11.3.3　采用保温材料防止挡土结构（墙）后土冻结时，应符合下列要求：

1　应按本规范第 10.4.2 条的规定确定保温材料的性能和铺设厚度。

2　保温材料的铺设可采取单向和双向方式（图 11.3.3）。在墙较矮且地下水位较高、墙后有铺面道路或其他露天设施时，宜采用双向铺设方式。

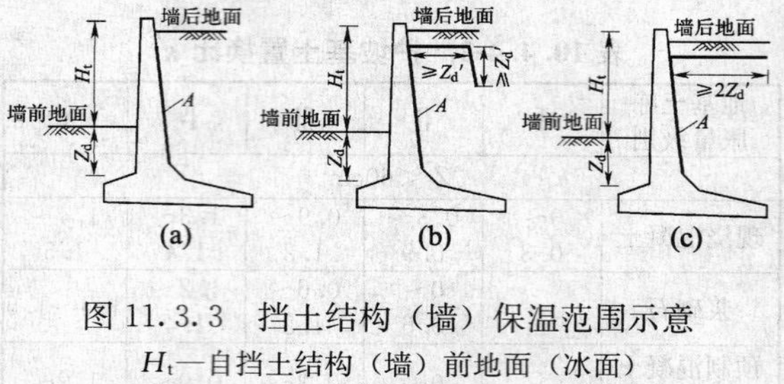

图 11.3.3　挡土结构（墙）保温范围示意

H_t—自挡土结构（墙）前地面（冰面）算起的挡土结构（墙）后填土高度（m）；

Z_d—挡土结构（墙）前土的设计冻深（m）；

Z_d'—挡土结构（墙）后部填土的设计冻深（m）；

A—保温板

3　采用双向铺设时，其水平段的铺设长度应根据上部设施的要求确定，但不宜小于设计冻深的 1.0 倍；垂直段宜作成大于 1∶0.3 的斜坡，其长度亦不宜小于设计冻深的 1.0 倍。采用全水平铺设时，其水平铺设长度宜大于设计冻深的 2.0 倍。

4 保温材料可采用聚苯乙烯泡沫塑料板或其他适宜的保温材料。保温材料的性能应符合国家现行有关标准的规定。保温板厚度可按本规范第 8.4.1 条的规定确定。

5 保温板间应做好接缝和与墙体的连接，并应避免脱缝。

12 桥梁和渡槽

12.1 一般规定

12.1.1 桥梁和渡槽的桩、墩基础，当土的冻胀级别属Ⅲ、Ⅳ、Ⅴ级时，应进行抗冻拔稳定和强度验算。

12.1.2 桥梁和渡槽宜减少桩、墩数量或减小桩径。

12.1.3 冰情较严重的河（渠）道上的桥梁和渡槽，宜增大单跨长度，并应按本规范附录D计算冰压力的作用。必要时，宜在桩、柱前镶嵌角钢或设置破冰墩。

12.1.4 基础埋置深度应根据河（渠）床冲刷对基础埋深减小的影响确定。

12.1.5 基础在冻（冰）层内和地（冰）面以上至少40cm范围内不应设置横系梁。在其他部位设置横系梁时，应计算淤积和冲刷对横系梁与地面相对距离的影响。

12.1.6 渡槽进出口段的抗冻胀设计应符合本规范第10章的规定，并应按本规范第5.3节的规定设计进出口段与槽身之间的分缝和止水。

12.1.7 冬季输水的渡槽应防止结冰盖对槽身的不利影响。

12.2 基础结构

12.2.1 混凝土灌注桩在稳定河床以下大于设计冻深的1.2倍范围内的桩段，宜使用模板浇筑，也可使用外表面平整的钢筋混凝土管或钢管作套管。管的外径应与桩径一致。当不使用模板或套管浇筑时，应保证在设计冻深的1.2倍范围内不发生塌孔和保持孔壁平整。

12.2.2 扩大式基础、排架式基础和墩台基础宜用于冲刷深度小、河床稳定且易于开挖的场地。

12.2.3 扩大式基础的翼板长度和埋深，在满足承载力要求的同时，还应符合下列要求：

1 冻胀级别属于Ⅰ、Ⅱ、Ⅲ级的地基中，翼板长度可取柱的直径或边长的0.8倍～1.0倍。

2 冻胀级别属于Ⅳ、Ⅴ级的地基中，翼板长度不宜小于柱直径或边长的1.5倍。

3 地基土的冻胀级别属Ⅲ、Ⅳ、Ⅴ级时，底板顶面的埋置深度不宜小于冲刷深度以下设计冻深的1.2倍。

12.2.4 排架式基础的底梁宽度宜大于桩（柱）直径或边长的3倍，厚度不宜小于30cm。底梁的埋置深度应符合本规范第12.2.3条第3款的规定。

12.2.5 墩台基础在冻层内宜做成正梯形的斜面，其坡比不宜陡于7∶1。斜面应平整。基础底面的埋置深度应符合本规范第12.2.3条第3款的规定。

12.2.6 当采用扩底桩基础时，扩底上表面的埋置深度应大于设计冻深，扩底直径不宜小于桩径的2.5倍，并应保证冻层范围内桩壁平整。

12.3 基础的稳定与强度验算

12.3.1 桥梁和渡槽的桩、墩基础抗冻拔稳定和强度验算应按基础不被拔起的工作状态进行。

12.3.2 桩、墩基础所受的总切向冻胀力可按下式计算：

$$T_\tau=\psi_e\psi_r\tau_t UZ_d \qquad (12.3.2)$$

式中：T_τ——总切向冻胀力（kN）；

ψ_e——有效冻深系数，可按表12.3.2取值；

ψ_r——冻层内桩壁糙度系数，表面平整的混凝土基础可取1.0；当不使用模板或套管浇筑，桩壁粗糙，但无凹凸面时，可取1.1～1.2；

τ_t——单位切向冻胀力（kPa），见本规范表4.0.3-1；

U——冻土层内基础横截面周长（m）；

Z_d——基侧土的设计冻深（m），可按本规范附录B确定。

表 12.3.2 有效冻深系数 ψ_e

土 类	黏土、粉土			细粒土质砂			含细粒土砂		
冻前地下水位至地面的距离（m）	＞2.0	2.0～1.0	＜1.0	＞1.5	1.5～0.8	＜0.8	＞1.0	1.0～0.5	＜0.5
ψ_e	0.6	0.8	1.0	0.6	0.8	1.0	0.6	0.8	1.0

12.3.3 桩、墩基础的抗冻拔稳定安全系数可按下式验算：

$$K_d=\frac{P+G+F_s}{T_\tau} \qquad (12.3.3)$$

式中：K_d——桩、墩基础抗冻拔稳定安全系数，其最小安全系数值应符合表12.3.3的规定；

P——作用于桩（墩）顶的恒载（kN）；

G——桩、墩自重及墩台基础边上的土重（kN）；

F_s——冻层以下基础与暖土之间的总摩阻力（kN），可按本规范第12.3.4条的规定确定；

T_τ——总切向冻胀力（kN）。

表 12.3.3 抗冻拔稳定最小安全系数

建筑物级别	1级	2级、3级	4级、5级
最小安全系数	1.3	1.2	1.1

12.3.4 基础侧壁与暖土之间的总摩阻力可按下式

计算：

$$F_s = 0.4\sum(f_{si}Z_iU_i) \quad (12.3.4)$$

式中：F_s——基础侧壁与暖土之间的总摩阻力（kN）；

f_{si}——冻结层以下基础侧壁与各层暖土之间的单位极限摩阻力（kPa）；

Z_i——冻结层以下基础侧壁与各层暖土间的接触长度（m）；

U_i——冻结层以下各暖土层范围内基础截面的平均周长（m）。

12.3.5 桩、墩基础的结构抗拉强度安全系数可按下式验算：

$$K_l = \frac{f_y A}{T_\tau - P - G_f - F_i} \quad (12.3.5)$$

式中：K_l——桩、墩基础的抗拉强度安全系数，对于钢筋混凝土结构，其最小安全系数值应符合表12.3.5的规定；

f_y——验算截面材料设计抗拉强度（kPa），对于钢筋混凝土结构，f_y 为受力钢筋设计抗拉强度（kPa）；

A——验算截面的横截面面积，对钢筋混凝土结构，A 为纵向受力筋截面积之和（m^2）；

P——作用于桩（墩）顶的恒载（kN）；

G_f——验算截面以上基础的自重（kN）；

F_i——验算截面以上至冻结层层底面之间暖土的摩阻力（kN）。

表 12.3.5 抗拉强度最小安全系数

建筑物级别	1级	2、3级	4、5级
最小安全系数	1.65	1.50	1.40

12.3.6 桩基础应在全长内配置钢筋，其抗冻拔强度验算应取设计冻深处和所有受力钢筋截面变化处的断面。

12.3.7 扩大式基础、排架式和大头桩基础抗冻拔强度验算应取桩（柱）与底板（底梁、大头）联接根部截面、所有受力钢筋截面变化处和设计冻深处的截面。

13 水工金属结构

13.1 一般规定

13.1.1 冰冻期运行和操作的发电、泄水、排冰的闸门、拦污栅和启闭机，以及压力钢管等水工金属结构设备，应采取防冰和防冰冻措施。

13.1.2 防冰和防冰冻方法应根据水工金属结构设备的设置地点和部位、布置形式、运行工况，以及气温、水温和冰情确定，可选用冰盖开槽法、保温法、电热法、压力水射流法和压力空气吹泡法等。

13.1.3 闸门不应承受静冰压力。有动冰压力作用时，动冰压力可按本规范附录D计算。

13.1.4 水工金属结构设备的焊接钢结构部分，宜选用具有焊接性好、冲击韧性高和脆性转变温度低的钢材制造。钢板厚度不宜大于40mm。主材与焊材的质量等级的冲击功试验温度应与结构工作地点的最低日平均温度值相匹配。焊接应采用具有与母材相应性能的焊条、焊丝和焊剂，以及相应的焊接工艺。

13.1.5 闸门使用的水封止水材质应保证在当地最低气温条件下具有良好的物理力学性能。

13.1.6 深孔弧形闸门的伸缩式充压变形水封止水装置，应采用气压变形水封止水装置。

13.1.7 闸门主轮和弧门支铰的润滑剂应采用低温润滑脂或采用自润滑轴承。

13.1.8 液压启闭机、液压清污机、液压自动挂脱梁、液压制动器等设备，其液压油的凝固点应低于当地极端最低温度平均值，其泵站总成和电控柜应置于室温不低于5℃的机房中。

13.1.9 严寒地区的引水枢纽渠首的引水发电进水闸闸门应采用潜孔闸门。

13.2 闸 门

13.2.1 冰冻期挡水而不开启的表孔闸门，应与闸门前冰盖之间保持不结冰的水域或水缝。水域或水缝可采用冰盖开槽法、冰盖保温板法、压力水射流法、压力空气吹泡法和门叶电热法生成。

13.2.2 冰冻期挡水且需要操作的表孔闸门和非闸井中潜孔闸门的门槽埋件以及必要时的门叶，可采用电热法防冰冻。

13.2.3 严寒地区坝式、岸式、塔式和井式进水口的事故闸门和调压井内的快速闸门，宜设置保温的闸门室和启闭机室，也可在闸门井内采暖，并应在井顶加盖保温。

13.2.4 严寒地区的泄洪洞和排沙洞进口或中部工作闸门或事故闸门的闸门井上，宜设置保温的闸门室和启闭机室。

13.2.5 严寒地区的泄洪洞和排沙洞出口工作闸门的闸门室和启闭机室应采暖保温，且在闸门下游的出口处宜设置保温门或挂保温帘封闭。压力前池机组进水口快速闸门应设置采暖的闸门室和启闭机室。

13.2.6 排冰闸的闸门宜采用舌瓣闸门或带舌瓣平面闸门、带舌瓣弧形闸门。带舌瓣的闸门不应上下同时排冰。

13.2.7 排冰的舌瓣闸门两侧的埋固止水座板应做成箱体结构，且应采用电热法防冰冻，宜采用卷扬式弧门启闭机。舌瓣闸门应设置上部带滑轮的起吊拉杆，在闸门全开时起吊钢丝绳不应浸入水中。

13.2.8 结冰盖的水库，不宜采用浮动闸门。

13.2.9 冰冻期需要操作运行的闸门，通气孔内不应结冰盖。有压洞中的事故闸门的通气孔进口可布置在闸房内；无压洞中的事故闸门的通气孔进口可布置在闸房外。压力前池下游止水的事故闸门和快速闸门门后的通气孔可布置在闸房内。凡是通气孔布置在闸房内的闸房，其门窗宜为双向开合。

13.2.10 严寒地区的启闭机冰冻期有运行操作要求时，启闭机室和司机室应采暖保温。其门式启闭机的门架、卷扬式启闭机的机架和吊架、液压启闭机的机架、起吊拉杆和自动挂脱梁所用钢材和焊材选择，应符合本规范第13.1.4条的规定。

13.2.11 冰冻期运行和操作的闸门，其门叶结构下游面的几何不连续结构节点的造型宜采用平缓过渡连接，其对接焊缝应避开过渡区，应绕角施焊且修圆。当型钢构件不满足材料的质量等级时，门叶结构中的纵向或横向的次梁、下游起重桁架宜采用与主梁同材质的钢板焊接成型。

13.2.12 门叶结构主梁、次梁、边梁、隔板、支臂结构上和启闭机门架、机架结构上的制造孔、安装孔和漏水孔，不应对接补焊。调质钢上不应采用塞焊和槽焊焊缝。

13.2.13 门槽二期混凝土与一期混凝土的接缝应按混凝土施工缝处理。门槽二期混凝土抗冻等级应与一期混凝土相匹配。

13.2.14 在负气温下清除门叶上和门叶与门槽之间的结冰时，应采用加热化冰的方法除冰，不应采用人工打冰方法除冰和压力蒸汽化冰。

13.2.15 闸门埋件防冰冻可选择定时加热或连续加热的电热法。加热元件可采用发热电缆、热敏电阻陶瓷等，并应配置具有温控和保护功能的控制箱。

13.2.16 埋件电热法防冰冻的加热可按下列公式计算：

1 定时加热。只要求融化钢埋件工作表面上一定厚度的冰，所需加热功率可按下式计算：

$$N=170\ (1-0.006t_k)\ \delta_i A_a/T \tag{13.2.16-1}$$

式中：N——加热功率（kW）；

t_k——设置地点的极端最低温度平均值（℃）；

δ_i——需要融化的冰厚（m）；

A_a——钢埋件加热面积（m^2）；

T——拟定的加热时间（h）。

2 连续加热。不允许部分在空气中和部分在水中的钢埋件工作表面上结冰时，其加热功率可按下式计算：

$$N=0.03\ (1-2t_k)\ A_k+0.3A_w \tag{13.2.16-2}$$

式中：A_k——空气中的钢埋件加热面积（m^2）；

A_w——过冷水中的钢埋件加热面积（m^2）。

13.2.17 采用人工或机械冰盖开槽法防止门叶承受冰静压力作用时，宜始终保持水槽内结冰厚度不大于10mm。

13.2.18 采用保温板法防止门叶承受静冰压力作用时，可在闸门前冰盖上沿闸门跨度连续铺设保温板，其上应覆盖一层塑料薄膜，并应在塑料薄膜上与四周压载防风。当采用聚苯乙烯泡沫板保温，且其热导率$\lambda_x \leqslant 0.04$W/（m·℃）和体积吸水率$\omega_x \leqslant 2\%$时，保温板尺寸可按下列公式计算：

$$\delta_x=0.15\delta_{imax} \tag{13.2.18-1}$$

$$B=3.0\delta_{imax} \tag{13.2.18-2}$$

式中：δ_x——聚苯乙烯保温板厚度（mm）；

B——聚苯乙烯保温板的铺设宽度（mm）；

δ_{imax}——水库冰盖最大厚度（mm）。

13.2.19 采用电热法防止门叶承受冰静压力作用时，加热元件可采用发热电缆或热敏电阻陶瓷，其三相负载分配应相等，并应配置具有温控和保护功能的控制箱。加热元件应均匀地贴紧在门叶结构的面板上，其另一面应全部封闭保温。采用聚苯乙烯泡沫板保温防止门叶受冰静压力作用时，其板厚不应小于30mm，热导率$\lambda_x \leqslant 0.04$W/（m·℃）和体积吸水率$\omega_x \leqslant 2\%$。门叶电热法防冰冻计算可按本规范附录E进行。

13.2.20 闸门门叶结构的防腐蚀，宜采用金属热喷涂复合保护。其封闭层、中间层和面层涂料应具有良好的耐低温性能。

13.2.21 采用压力水射流法防止门叶承受冰静压力作用时，所提供的水温不应低于0.4℃。其计算可按本规范附录F进行。

13.2.22 采用压力空气吹泡法防止门叶承受冰静压力作用时，压力可取$P=0.6$MPa，喷嘴淹没水深可取$H=2$m～5m，应由试验确定。

压力空气吹泡法防冰应设两台空压机并联，并应互为备用。

压力空气吹泡法可按压力水射流法的计算方法计算，但其中的水温应改为气温。

压力空气吹泡法所用的空压机生产率可按下式计算：

$$Q=Knb_0q_a \tag{13.2.22}$$

式中：Q——空压机生产率〔m^3/（m·min）〕；

K——安全系数，可取$K=1.2$；

n——闸门孔口个数；

b_0——闸门孔口单孔净跨（m）；

q_a——消耗气流量指标，可取$q_a=0.03m^3$/（m·min）。

13.2.23 压力水射流法或压力空气吹泡法可采用各孔闸门同时定时或多孔闸门分段定时射流或吹泡，不应采用连续射流或吹泡。

13.2.24 压力水射流法的射流管或压力空气吹泡法的吹气喷嘴与闸门门叶外缘的距离宜大于3m。

13.3 拦 污 栅

13.3.1 严寒地区引水式水电站的压力前池进水口宜

采用提升式潜孔拦污栅，不宜采用固定式拦污栅。采用表孔拦污栅时，宜把拦污栅布置在闸门室内，且闸门室应采暖保温。

13.3.2 压力前池机械排冰宜采用回转栅式排冰清污机，其上游应布置检修闸门，其下游应布置排冰道或带式输冰设备。

13.3.3 压力前池设置的回转栅式清污排冰机的回转结构宜涂不粘冰涂料，且滚子轨道内宜采用电热法防冰冻。

13.3.4 压力前池拦污栅采用人工清冰时，拦污栅应倾斜布置，其倾斜角度可为70°。人工水中清冰时，冬季栅前水深不宜超过3m。

13.3.5 结冰盖运行的明渠引水式水电站压力前池的拦污栅，应布置在闸门室内，且闸门室应采暖保温。采用表孔拦污栅时，应把闸房上游墙下的承重梁与冰盖相接。

13.3.6 潜孔拦污栅应布置在胸墙的下游，栅顶高程应低于冰盖最大厚度以下0.5m。

13.3.7 在水道中应在只有流冰花和冰雪团而无流冰的条件下，再采用提升式的电热拦污栅。

13.4 露天压力钢管

13.4.1 露天压力钢管材质的质量等级的试验温度应与当地的极端最低温度平均值相匹配。

13.4.2 冬季运行的露天压力钢管可采用下列任意一种防冰冻措施：

1 可建暖棚。

2 可回填土料，其厚度自钢管顶部计起应大于设计冻深的1.2倍，且不应有外水侵入回填层。

3 可采用发热电缆并包覆保温材料。

4 可在钢管外表面喷覆或包覆保温层，其外层应用不透光的防水材料封闭。采用聚苯乙烯泡沫板保温时，板的厚度可按下式计算：

$$\delta_x=\alpha I_m^{0.5} \tag{13.4.2}$$

式中：δ_x——聚苯乙烯泡沫层或板的厚度（m）；

I_m——历年最大冻结指数（℃·d）；

α——系数，α=0.003～0.004，严寒地区宜取大值。

13.4.3 压力钢管进人孔井和伸缩节井应加盖保温，必要时井内可采暖。排气阀及其接管不应被冰冻死。

13.4.4 严寒地区冬季不运行的露天压力钢管，管内水体应排空，且在钢管最低处应设排水管和阀门。

13.4.5 露天压力钢管的镇墩和支墩，应采取防止基土冻胀上抬的措施。

附录A 中国主要河流冰情特征

A.0.1 河流和水库的冰情特征宜根据当地水文站实际观测资料确定。无实测资料时，可根据具体情况按本规范第A.0.2和A.0.3条确定。

A.0.2 主要河流初冰、封冰、解冻日期和最大冰厚可按表A.0.2和图A.0.2-1～图A.0.2-4（见书后插页）查取。

A.0.3 水库冰厚可按下式计算：

$$\delta_i=\varphi_i\sqrt{I_m} \tag{A.0.3}$$

式中：δ_i——水库冰厚（m）；

φ_i——冰厚系数，可取0.022～0.026（严寒地区宜取大值）；

I_m——历年最大冻结指数（℃·d）。

表A.0.2 中国北方河流主要站点冰情特征值

河流	站名	经纬度（度、分）		冰情日期（月、日）			冰情天数（d）		最大冰厚多年平均值（m）
		东经	北纬	初冰	封冻	解冻	流冰花	封冻	
黑龙江	开库康	124°48′	53°09′	10.22	11.06	5.03	15	178	1.60
	呼玛	126°39′	51°43′	10.25	11.13	4.28	19	167	1.46
	黑河	127°29′	50°15′	10.27	11.16	4.28	20	164	1.28
	奇克	128°28′	49°35′	10.26	11.16	4.27	19	163	1.24
	嘉荫	130°23′	48°54′	10.31	11.24	4.23	24	151	1.14
	萝北	131°20′	47°43′	11.01	11.19	4.19	18	150	1.04
嫩江	库漠北	125°16′	49°27′	10.24	11.06	4.17	13	163	1.35
	阿彦浅	124°37′	48°46′	10.30	11.13	4.17	14	153	1.18
	同盟	124°22′	48°04′	11.03	11.18	4.10	15	140	0.97
	富拉尔基	123°40′	47°12′	11.05	11.17	4.14	12	149	1.03
	大赉	124°16′	45°33′	11.04	11.20	4.08	12	139	0.86
松花江	下岱吉	125°24′	45°25′	11.02	11.23	4.07	9	136	0.92
	哈尔滨	126°35′	45°46′	11.12	11.25	4.08	13	134	1.00
	依兰	129°33′	46°20′	11.02	11.17	4.13	16	138	1.08
	佳木斯	130°20′	46°50′	11.02	11.22	4.16	13	146	1.13
	富锦	132°00′	47°16′	11.07	11.23	4.17	16	144	1.02
辽河	福德店	123°35′	42°59′	11.11	11.26	3.28	14	123	0.86
	铁岭	123°50′	42°20′	11.12	12.01	3.19	19	108	0.61
	巨流河	122°57′	42°00′	11.14	12.04	3.20	19	107	0.61
鸭绿江	十四道沟	127°55′	41°26′	11.01	12.01	4.04	22	124	0.98
	集安	126°10′	41°06′	11.30	12.22	3.22	23	90	0.82
永定河	卢沟桥	116°13′	39°52′	11.30	12.11	2.27	11	42	0.51
黄河	兰州	103°49′	36°04′	11.16	12.13	2.23	58	42	0.48
	石嘴山	106°47′	39°15′	11.25	12.28	3.08	34	71	0.51
	包头	110°11′	40°33′	11.19	12.08	3.21	19	104	0.79
卫运河	德州	116°22′	37°31′	12.10	12.30	2.10	20	42	0.20
额尔齐斯河	布尔津	86°51′	47°42′	11.03	11.23	4.03	20	131	0.94
伊犁河	雅马渡	81°40′	43°37′	11.27	—	—	99	0	—
库马拉克河	协合拉	79°37′	41°43′	11.20	—	—	97	0	—
叶尔羌河	卡群	76°54′	37°59′	11.03	—	—	86	0	—

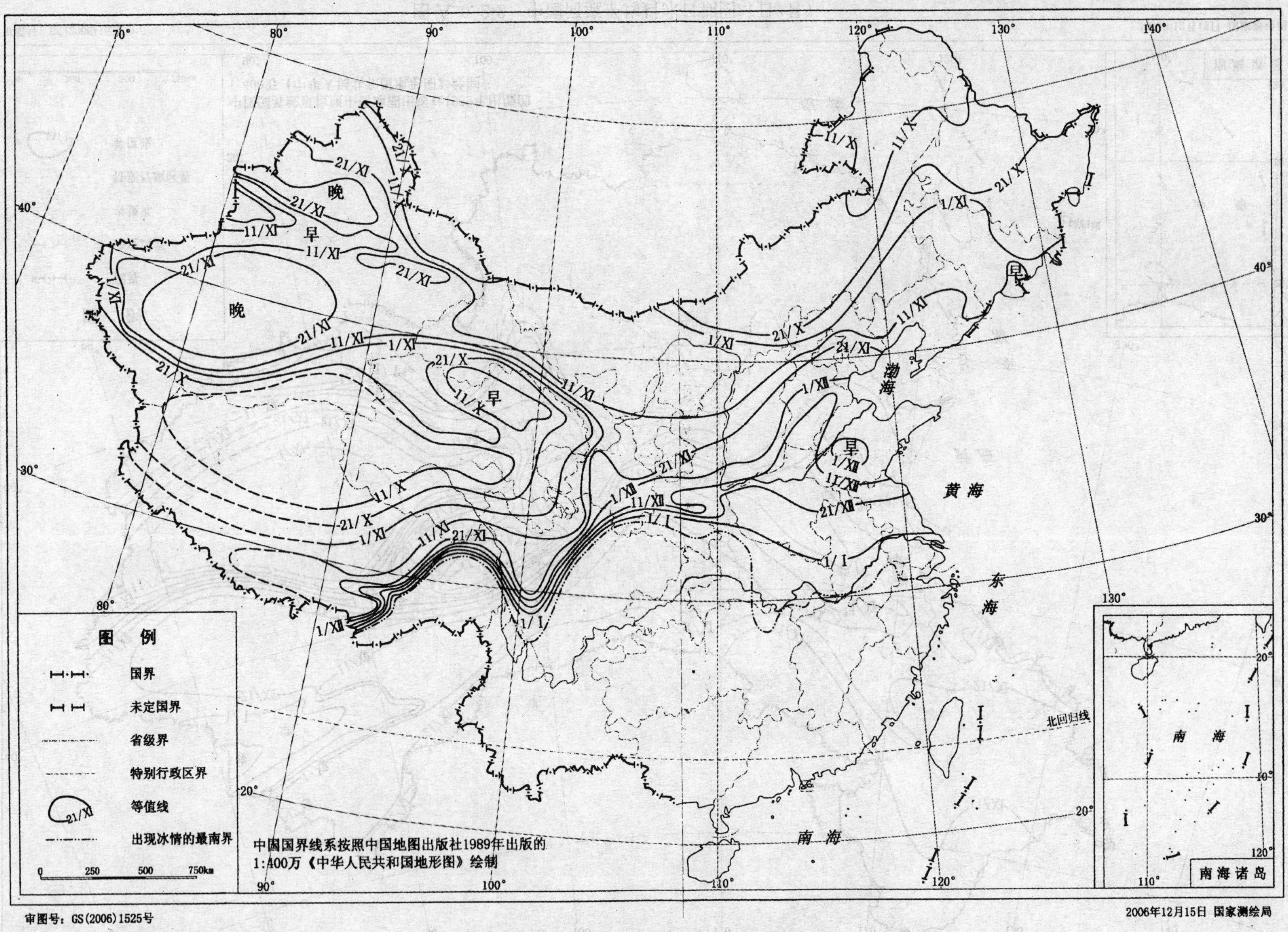

图 A.0.2-1　中国河流稳定初冰期图（日/月）

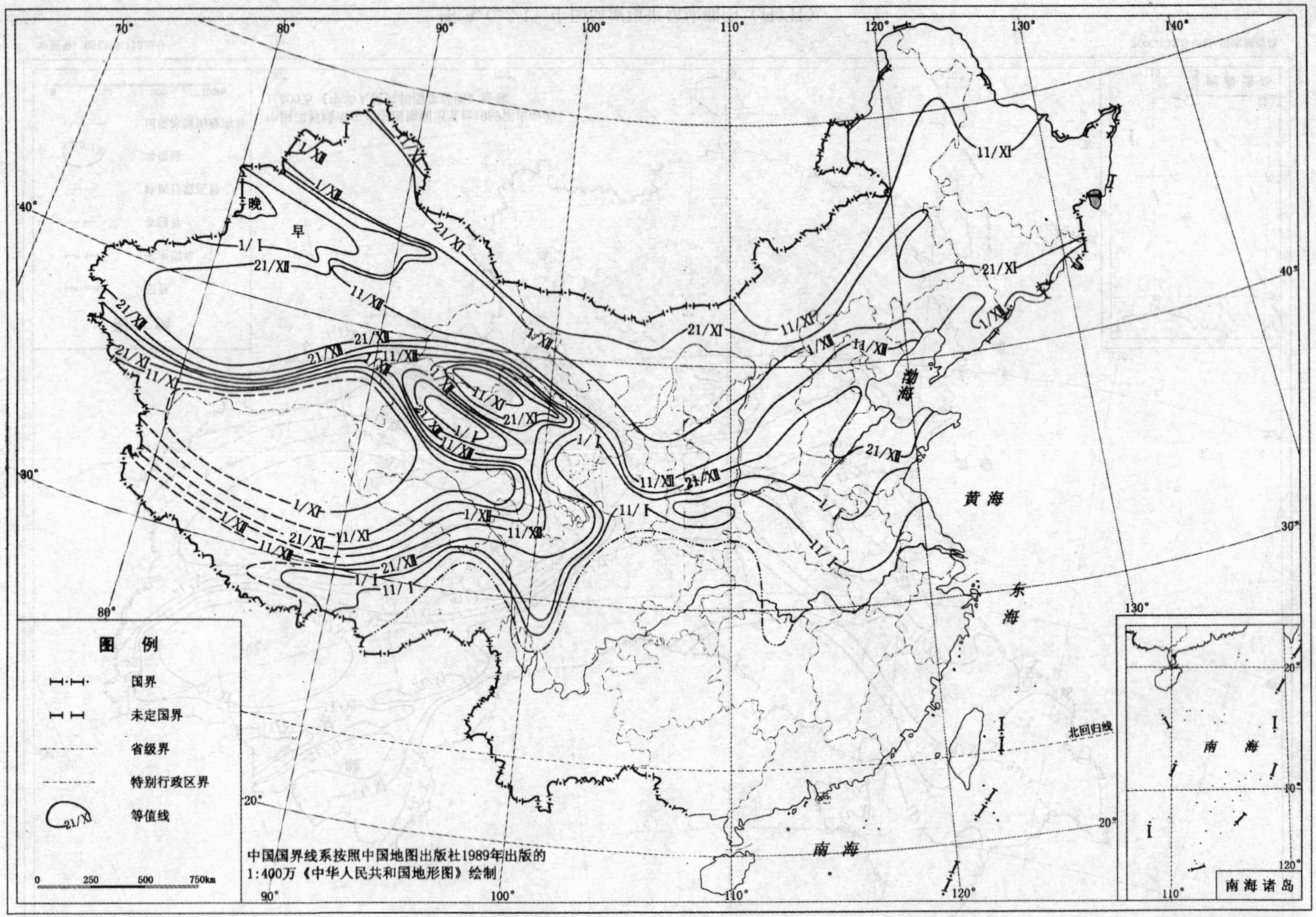

审图号：GS(2006)1525号

2006年12月15日 国家测绘局

图 A.0.2-2 中国河流平均封冰日期图（日/月）

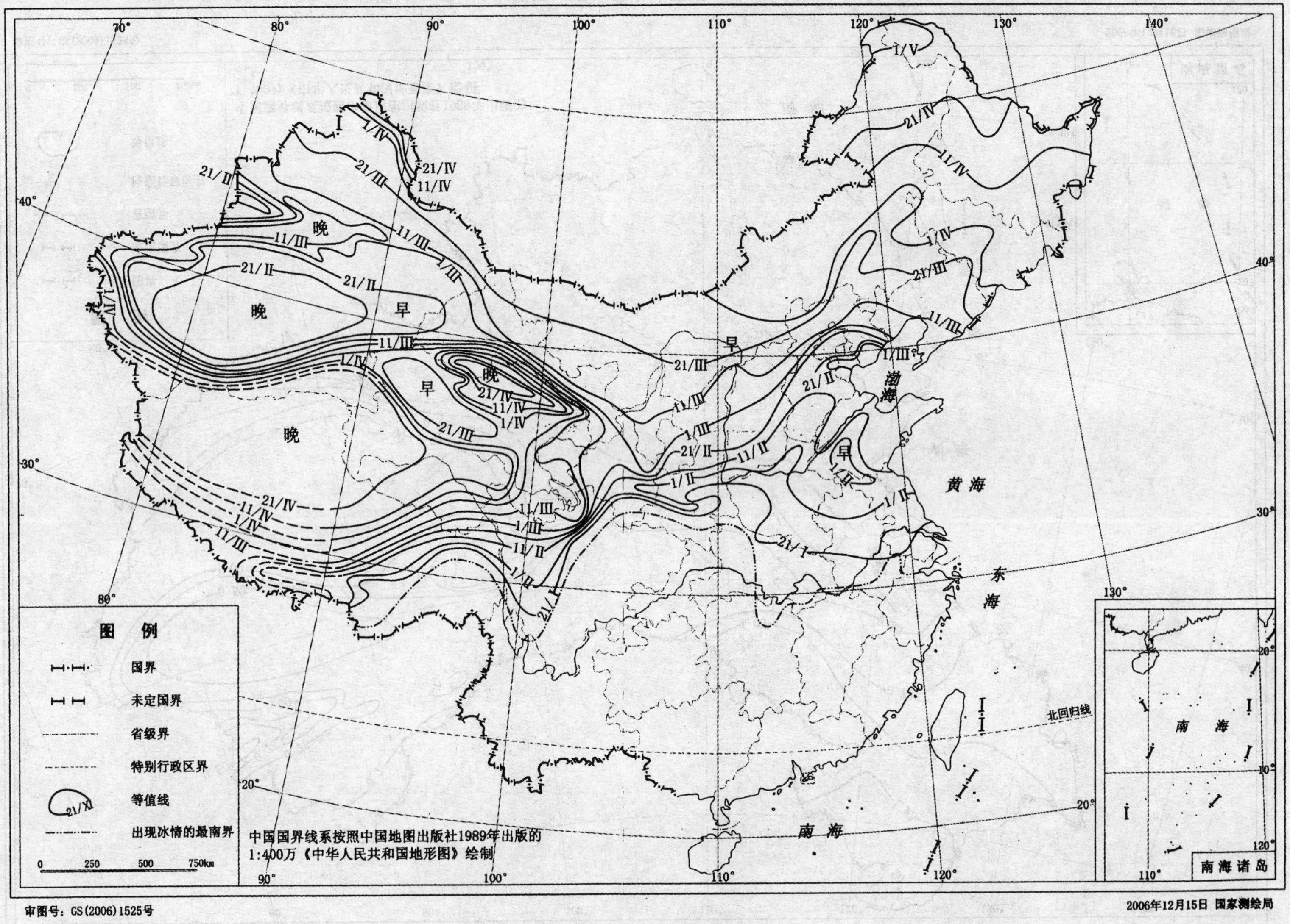

图 A.0.2-3 中国河流平均解冻日期图（日/月）

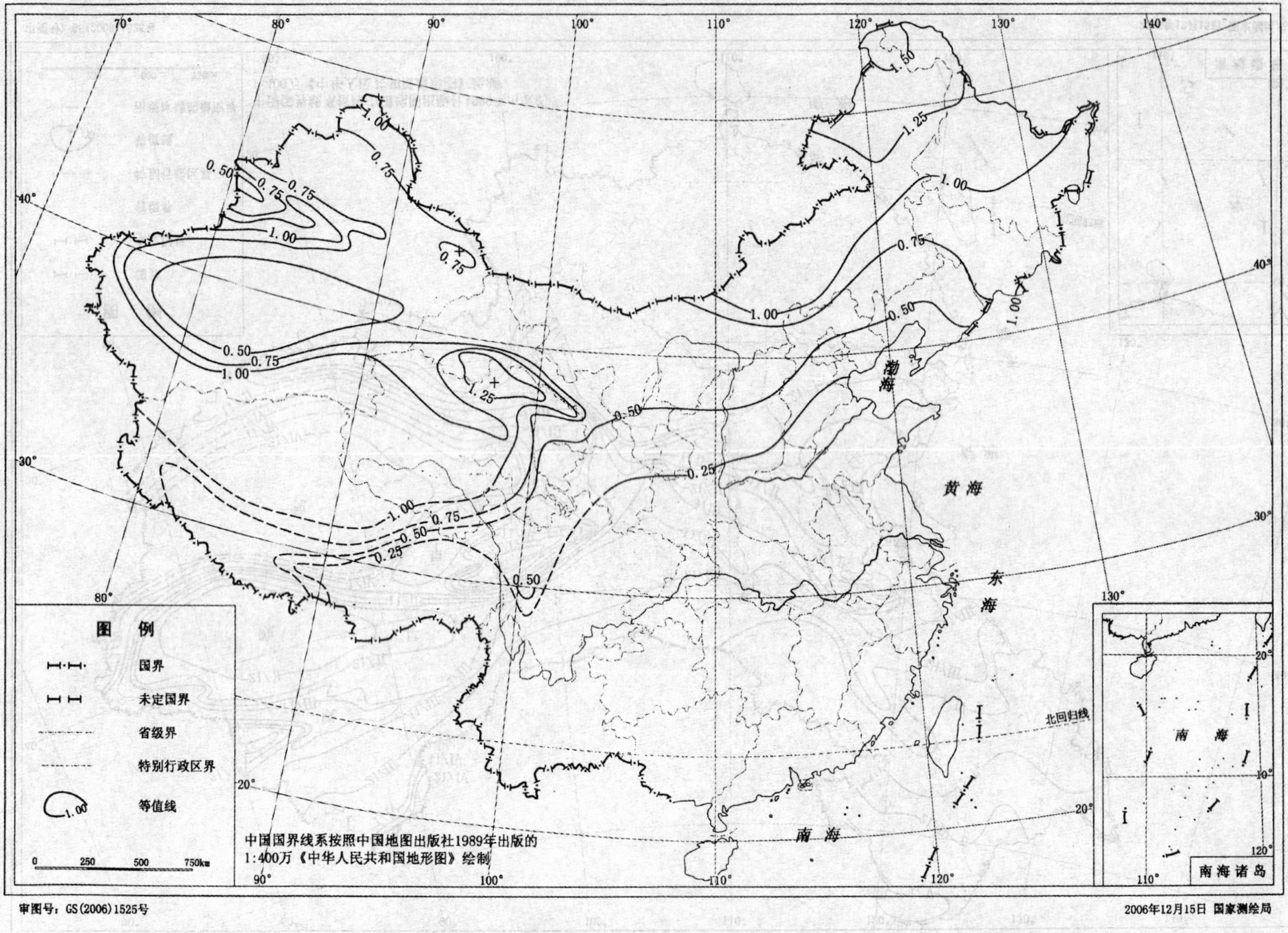

图 A.0.2-4 中国河流平均最大冰厚图（单位：m）

附录B　土的冻结深度的确定

B.0.1　设计冻深可按下列公式计算：

$$Z_d=\psi_d\psi_w Z_m \quad (B.0.1\text{-}1)$$

$$\psi_d=\alpha+(1-\alpha)\psi_i \quad (B.0.1\text{-}2)$$

$$\psi_w=\frac{1+\beta e^{-Z_{wo}}}{1+\beta e^{-Z_{wi}}} \quad (B.0.1\text{-}3)$$

式中：Z_d——设计冻深（m）；

ψ_d——日照及遮荫程度影响系数；

ψ_w——地下水影响系数；

Z_m——实测历年最大冻深（m）；

ψ_i——典型断面（建筑物或渠道走向N—S，底宽与深度之比$B/H=1.0$，坡率$m=1.0$）某部位的日照及遮荫程度修正系数，阴（或阳）面中部的ψ_i值按地理位置可由图B.0.1-1查得，底面中部的ψ_i值可由图B.0.1-2查得；

α——系数，可根据建筑物所在的气候区（由图B.0.1-3查得）、建筑物计算断面的轴线走向、断面形状及计算点位置可由表B.0.1-1查得，若渠坡较高或建筑物上部有遮荫作用时，表B.0.1-1中的数值应根据遮荫程度适当增大；

β——系数，可按表B.0.1-2取值；

Z_{wo}——当地或邻近气象台（站）与最大冻深相应的冻前地下水位深度（m）。当黏土$Z_{wo}>3.0$m，粉土$Z_{wo}>2.5$m，细粒含量≤15%的砂$Z_{wo}>2.0$m时，可分别取黏土$Z_{wo}=3.0$m，粉土$Z_{wo}=2.5$m，砂$Z_{wo}=2.0$m；

Z_{wi}——计算点的冻前地下水位深度（m），可取计算点地面或开挖面至当地冻结前地下水位的距离，对于挡土墙，可取距墙前地面以上0.5m处为计算点。

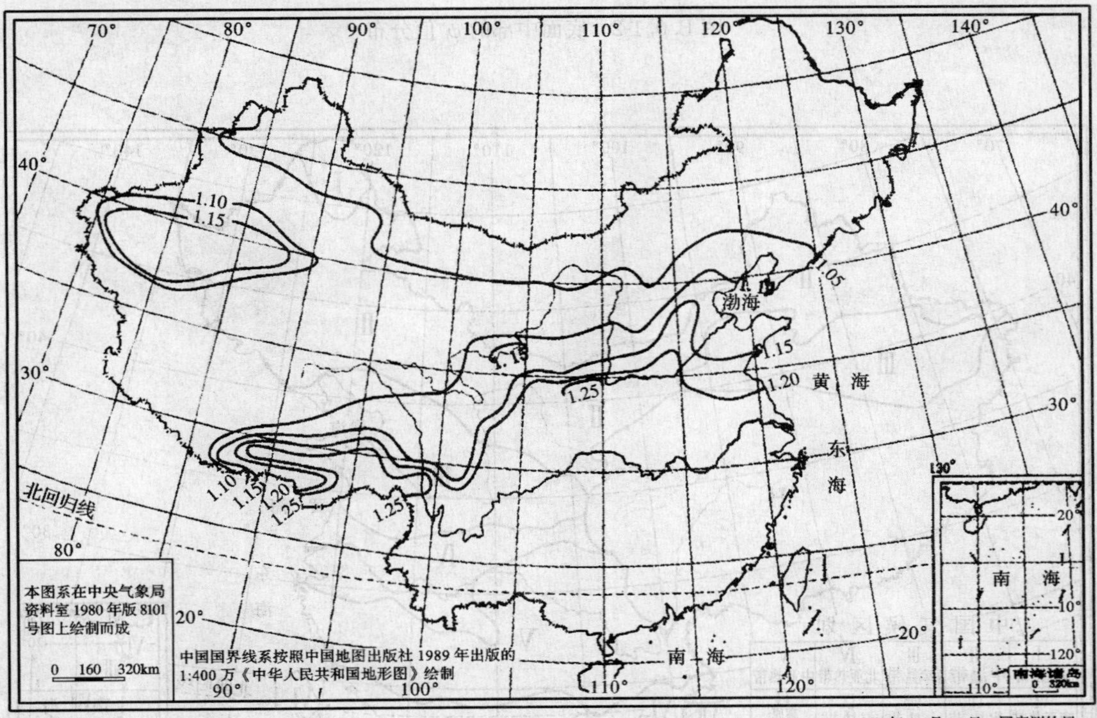

审图号：GS（2006）1525号　　2006年12月15日　国家测绘局

图B.0.1-1　阴、阳面中部的ψ_i值分布

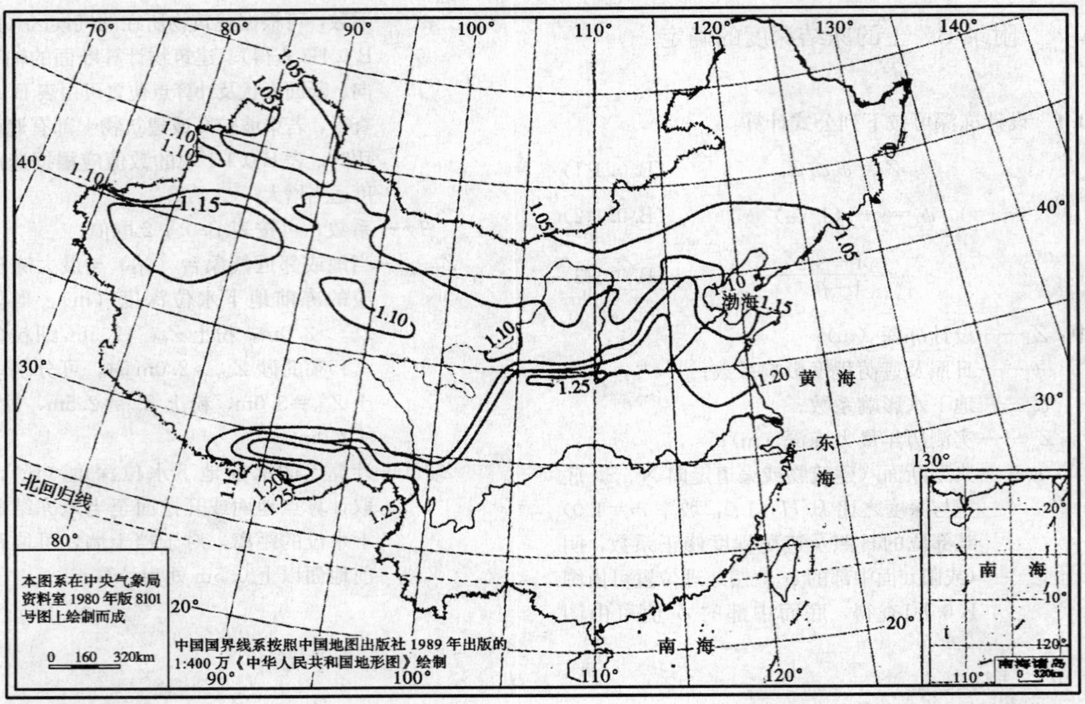

审图号：GS（2006）1525 号　　　　2006 年 12 月 15 日　国家测绘局

图 B.0.1-2　底面中部的 ψ_1 值分布

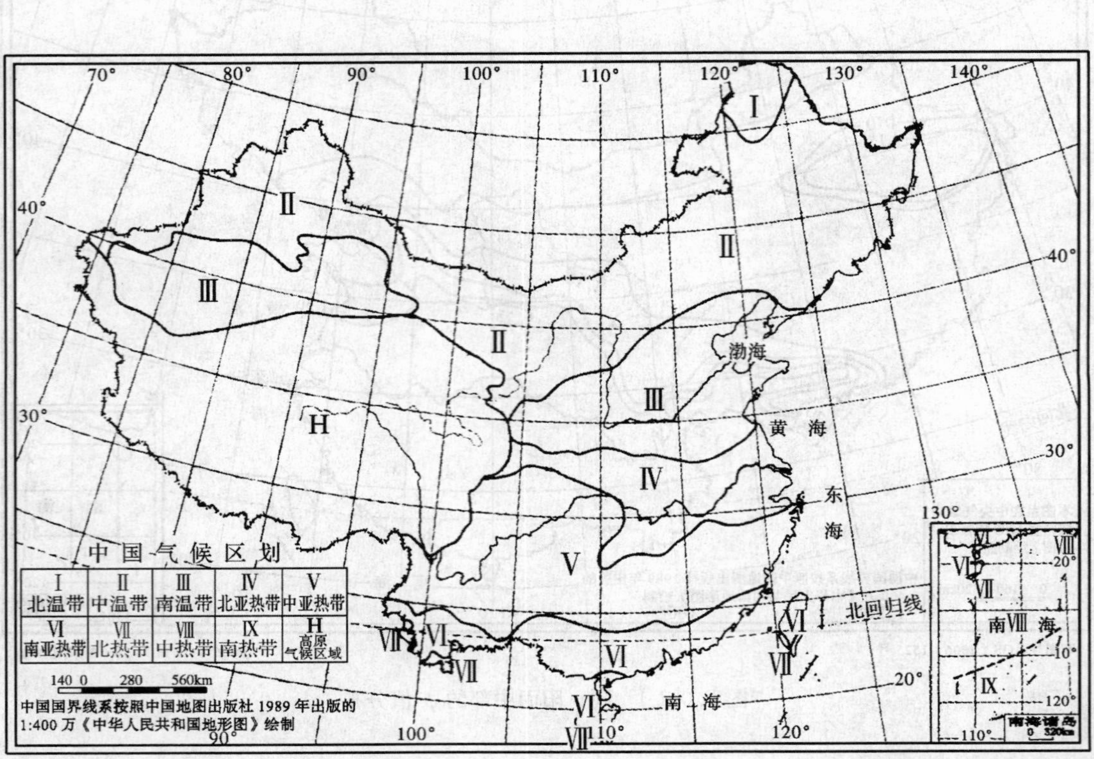

审图号：GS（2006）1525 号　　　　2006 年 12 月 15 日　国家测绘局

图 B.0.1-3　中国气候区划

表 B.0.1-1 系数 α 值

B/H	坡率 m	走向	中温带			南温带			高原气候区		
			阴面	阳面	底面	阴面	阳面	底面	阴面	阳面	底面
0.5	0.0	E—W	−3.54	−2.42	−2.3	−2.24	−1.8	−2.1	−2.43	−1.62	−2.23
	0.5	E—W	−2.89	3.76	−1.95	−1.70	1.66	−1.57	−1.32	−0.23	−1.76
	1	E—W	−2.55	4.75	−1.46	−1.36	3.96	−0.7	−0.77	0.63	0.07
	1.5	E—W	−2.25	4.42	−0.28	−1	4.21	0.59	−0.25	1.06	0.91
	2	E—W	−1.81	3.91	0.62	−0.6	3.42	0.69	0.14	1.2	0.68
1.0	0.0	E—W	−3.13	1.16	−2.15	−2.03	0.05	−1.8	−1.86	−1.17	−2.22
	0.5	E—W	−2.83	4.45	−1.86	−1.63	2.14	−1.34	−1.21	−0.20	−0.82
	1	E—W	−2.51	5.03	−1.05	−1.33	4.55	0	−0.71	0.7	1.02
	1.5	E—W	−2.24	4.53	0.41	−0.99	4.41	0.7	−0.22	1.1	0.68
	2	E—W	−1.8	3.96	0.73	−0.6	3.55	0.73	0.14	1.21	0.7
2.0	0	E—W	−3.00	2.57	−1.86	−1.89	0.02	−1.34	−1.65	−1.33	−0.82
	0.5	E—W	−2.76	5.12	−1.05	−1.56	3.01	−0.01	−1.09	−0.07	1.02
	1	E—W	−2.49	5.32	0.41	−1.29	4.6	0.7	−0.66	0.81	0.68
	1.5	E—W	−2.22	4.65	0.73	−0.97	4.58	0.73	−0.18	1.15	0.7
	2	E—W	−1.8	4.01	0.79	−0.58	3.85	0.8	0.16	1.24	0.77
5.0	0	E—W	−2.90	3.22	0.73	−1.80	0.32	−0.73	−1.49	−1.19	0.70
	0.5	E—W	−2.69	5.67	0.79	−1.49	4.31	0.80	−0.99	0.08	0.77
	1	E—W	−2.45	5.64	0.86	−1.24	4.42	0.85	−0.60	0.92	0.82
	1.5	E—W	−2.19	4.81	0.89	−0.94	4.70	0.88	−0.15	1.23	0.85
	2	E—W	−1.79	4.10	0.91	−0.56	4.07	0.91	0.18	1.30	0.88
0.5	0.0	NE45°	−3.36	−2.24	−2.13	−2.12	−1.62	−1.97	−2.3	−1.65	−1.96
	0.5	NE45°	−2.50	0.95	−1.27	−1.46	0.06	−0.98	−1.13	−0.51	−1.06
	1	NE45°	−1.89	2.31	−0.41	−0.94	1.2	−0.24	−0.44	0.32	−0.12
	1.5	NE45°	−1.38	2.59	0.14	−0.51	1.68	0.24	0	0.75	0.33
	2	NE45°	−0.98	2.53	0.45	−0.23	1.79	0.51	0.27	0.95	0.54
1.0	0	NE45°	−2.93	−0.82	−1.75	−1.92	−1.09	−1.46	−1.8	−1.47	−1.79
	0.5	NE45°	−2.40	1.63	−0.81	−1.37	0.39	−0.65	−1.00	−0.39	−0.50
	1	NE45°	−1.85	2.6	−0.09	−0.87	1.21	0.04	−0.37	0.4	0.13
	1.5	NE45°	−1.36	2.72	0.32	−0.49	1.79	0.38	0.05	0.79	0.46
	2	NE45°	−0.97	2.59	0.55	−0.22	1.85	0.59	0.28	0.98	0.63
2.0	0.0	NE45°	−2.75	0.32	−0.81	−1.75	−0.68	−0.55	−1.56	−1.31	−0.5
	0.5	NE45°	−2.32	2.28	−0.09	−1.28	0.74	−0.05	−0.89	−0.26	0.13
	1	NE45°	−1.8	2.92	0.32	−0.82	1.67	0.38	−0.31	0.49	0.46
	1.5	NE45°	−1.33	2.88	0.55	−0.49	1.94	0.59	0.07	0.85	0.63
	2	NE45°	−0.95	2.68	0.69	−0.2	1.93	0.71	0.31	1.0	0.72
5.0	0.0	NE45°	−2.63	1.11	0.55	−1.62	−0.37	0.57	−1.40	−1.17	0.63
	0.5	NE45°	−2.23	2.88	0.69	−1.16	1.11	0.69	−0.78	−0.13	0.72
	1	NE45°	−1.75	3.28	0.76	−0.77	2.06	0.77	−0.24	0.60	0.78

续表 B.0.1-1

B/H	坡率 m	走向	中温带			南温带			高原气候区		
			阴面	阳面	底面	阴面	阳面	底面	阴面	阳面	底面
5.0	1.5	NE45°	−1.29	3.10	0.81	−0.43	2.17	0.83	0.11	0.93	0.84
	2	NE45°	0.76	0.76	0.83	−0.18	1.87	0.86	0.33	1.05	0.88
0.5	0.0	N—S	−2.79		−1.95	−1.97		−1.89	−2.06		−1.86
	0.5	N—S	−1.10		0.94	−0.84		−0.90	−0.83		−1.16
	1	N—S	−0.14		−0.24	−0.03		−0.23	−0.08		−0.29
	1.5	N—S	0.34		0.18	0.33		0.18	0.34		0.19
	2	N—S	0.58		0.43	0.56		0.43	0.57		0.46
1.0	0.0	N—S	−2.11		−1.45	−1.56		−1.36	−1.61		−1.83
	0.5	N—S	−0.79		−0.55	−0.66		−0.52	−0.67		−0.67
	1	N—S	0.0		0.0	0.0		0.0	0.0		0.0
	1.5	N—S	0.42		0.33	0.38		0.32	0.38		0.34
	2	N—S	0.62		0.52	0.58		0.51	0.59		0.56
2.0	0.0	N—S	−1.56		−0.55	−1.27		−0.48	−1.37		−0.67
	0.5	N—S	−0.48		0.00	−0.47		0.00	−0.54		0.00
	1	N—S	0.18		0.33	0.11		0.32	0.07		0.34
	1.5	N—S	0.51		0.52	0.44		0.51	0.43		0.56
	2	N—S	0.68		0.64	0.63		0.64	0.62		0.67
5.0	0.0	N—S	−1.13		0.52	−1.03		0.51	−1.20		0.56
	0.5	N—S	−0.17		0.64	−0.27		0.64	−0.40		0.67
	1	N—S	0.38		0.73	0.25		0.76	0.17		0.76
	1.5	N—S	0.63		0.79	0.54		0.78	0.49		0.82
	2	N—S	0.76		0.83	0.69		0.82	0.66		0.85

注：E—东，W—西，S—南，N—北。

表 B.0.1-2 系数 β 值

土类	黏土、粉土	细粒土质砂	含细粒土砂
β	0.79	0.63	0.42

B.0.2 当涵闸底板（或墙）的厚度 $\delta_c > 0.5$m 时，地基土设计冻深可按下列公式计算：

$$Z_f = \left(1 - \frac{R}{R_0}\right) Z_d - 1.6\delta_w \qquad (Z_f \geqslant 0) \tag{B.0.2-1}$$

$$R = \frac{\delta_c}{\lambda_c} \tag{B.0.2-2}$$

式中：Z_f——地基土设计冻深（m）；

R——底板热阻（$m^2 \cdot ℃/W$）；

R_0——设计热阻（$m^2 \cdot ℃/W$），见本规范表 8.4.1；

δ_w——冻前底板上面的水深（m）；

δ_c——涵闸底板（或墙）的厚度（m）；

λ_c——底板混凝土的热导率（$W/m \cdot ℃$）。

B.0.3 当涵闸底板（或墙）的厚度 $\delta_c \leqslant 0.5$m 时，地基土设计冻深可按下式计算：

$$Z_f = Z_d - 0.35\delta_c - 1.6\delta_w \qquad (Z_f \geqslant 0) \tag{B.0.2-3}$$

附录 C 土的冻胀量的确定

C.0.1 进行水工建筑物抗冻胀设计时，应确定工程各计算点的地表冻胀量和建筑物地基土的冻胀量。

C.0.2 工程地点的天然地表或设计地面高程的地表冻胀量宜通过现场观测确定，也可进行专门研究。当现场观测存在困难时，可依据当地或附近条件相似的观测资料和类似的工程经验，或由本规范附录 B 确定的设计冻深和冻前（冻结初期）地下水位，按下列方法确定地表冻胀量：

1 巨粒土、含巨粒土，可不计算冻胀。

2 低液限黏土的冻胀量可按下式计算或由图

C. 0. 2-1 查得。当地下水位埋深超过 2. 0m 时，可按本条第 5 款规定的封闭系统条件下的方法计算：

$$h=1.25Z_d^{0.71}e^{-0.013Z_w} \quad (C.0.2\text{-}1)$$

式中：h——地表冻胀量（cm）；

Z_d——设计冻深（cm），当用于计算地基土冻胀量 h_f 时，应采用地基土设计冻深 Z_f；

e——指数；

Z_w——冻前（冻结初期）天然地表或设计地面高程算起的地下水位深度（cm），当用于计算地基土冻胀量 h_f 时，采用自底板底面高程算起的地下水位深度。

3 粉土、高液限黏土、粒径小于 0. 075mm 的粒组含量占总质量的 20%～50% 的细粒土质砂（砾）类土的冻胀量可按下式计算或由图 C. 0. 2-2 查得。当地下水位埋深超过 2. 0m 时，可按本条第 5 款规定的封闭系统条件下的方法计算：

$$h=1.95Z_d^{0.56}e^{-0.013Z_w} \quad (C.0.2\text{-}2)$$

4 粒径小于 0. 075mm 的粒组含量占总质量的 10%～20% 的砂类土和砾类土的冻胀量可按下式计算或由图 C. 0. 2-3 查得。当地下水位埋深超过 1. 5m 时，可按本条第 5 款规定的封闭系统条件下的方法计算：

$$h=0.13Z_de^{-0.02Z_w} \quad (C.0.2\text{-}3)$$

5 封闭系统条件下的地表冻胀量可按下式计算：

$$h=0.45Z_d(\omega-0.8\omega_p) \quad (C.0.2\text{-}4)$$

式中：h——地表冻胀量（cm）；

Z_d——设计冻深（cm）；

ω——冻结层平均含水率（%）；

ω_p——塑限含水率（%）。

C. 0. 3 地基土冻胀量可按本规范第 C. 0. 2 条的规定确定，也可按下式计算：

$$h_f=\frac{hZ_f}{Z_d} \quad (C.0.3)$$

式中：h_f——地基土冻胀量（cm）。

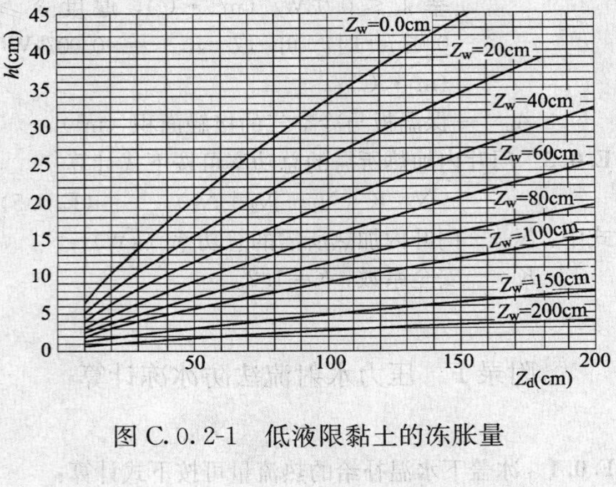

图 C. 0. 2-1 低液限黏土的冻胀量

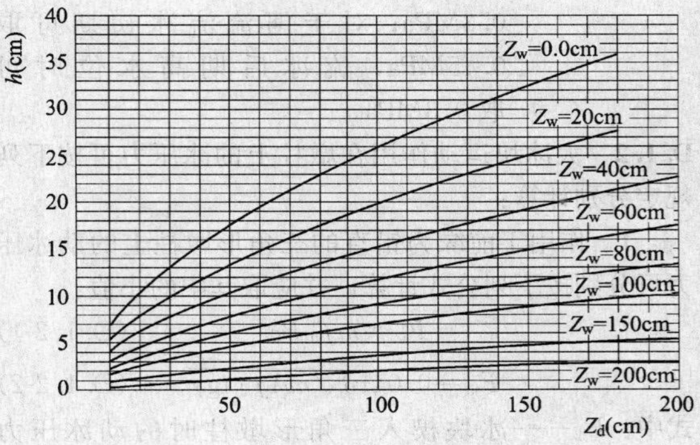

图 C. 0. 2-2 粉土的冻胀量

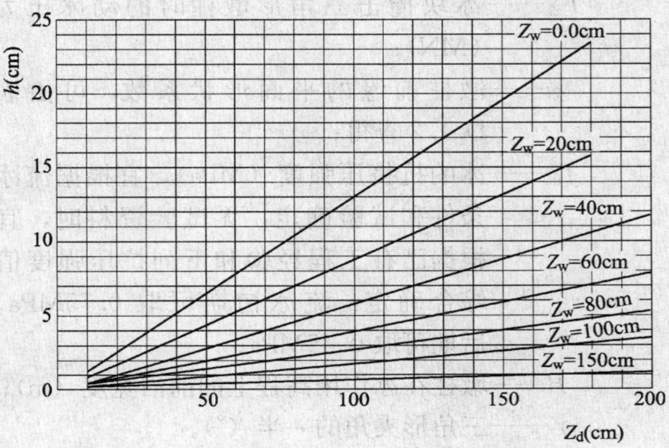

图 C. 0. 2-3 砂（砾）类土的冻胀量

附录 D 冰压力计算

D. 1 动 冰 压 力

D. 1. 1 大冰块运动作用在铅直的坝面或其他宽长建筑物上的动冰压力可按下式计算：

$$F_{i1}=0.07v\delta_i\sqrt{Af_{ic}} \quad (D.1.1)$$

式中：F_{i1}——冰块撞击建筑物时产生的动冰压力（MN）；

v——冰块运动速度（m/s），宜按现场观测资料确定，无现场观测资料时，对于河（渠）冰可取水流速度；对于水库冰可取历年冰块运动期最大风速的 3%，但不宜大于 0. 6m/s；对于过冰建筑物可取建筑物前水流行进流速；

δ_i——流冰厚度（m），可取最大冰厚的 0. 7 倍～0. 8 倍，流冰初期取大值；

A——冰块面积（m^2），由现场观测或调查确定；

f_{ic}——冰的抗压强度（MPa），宜根据流冰条件和试验确定。无试验资料时，宜根据已有工程经验和下列抗压强度值综合确定：对于水库流冰期可取

0.3MPa；对于河流流冰初期可取 0.45MPa，流冰后期高水位时可取 0.3MPa。

D.1.2 大冰块运动作用在墩柱上的冰压力可按下列规定分别计算：

1 作用于前缘为铅直的三角形墩柱上的动冰压力可分别按下列公式计算，并应取其中的小值：

$$F_{i2}=mf_{ib}B\delta_i \qquad (D.1.2\text{-}1)$$

$$F_{i3}=0.04v\delta_i\sqrt{mAf_{ib}\text{tg}\gamma} \qquad (D.1.2\text{-}2)$$

式中：F_{i2}——冰块楔入三角形墩柱时的动冰压力（MN）；

F_{i3}——冰块撞击三角形墩柱时的动冰压力（MN）；

m——墩柱前缘的平面形状系数，可由表 D.1.2 查得；

f_{ib}——冰的抗挤压强度（MPa），宜根据流冰条件和试验确定，无试验资料时，宜根据已有工程经验和下列抗压强度值综合确定：流冰初期可取 0.75MPa，后期可取 0.45MPa；

B——墩柱在冰作用高程上的前沿宽度（m）；

γ——三角形夹角的一半（°）。

2 作用于前缘为铅直面的非三角形独立墩上的动冰压力可按公式（D.1.2-1）计算：

表 D.1.2 形状系数 m 值

平面形状	三角形夹角 2γ（°）					矩形	多边形或圆形
	45	60	75	90	120		
m	0.54	0.59	0.64	0.69	0.77	1.00	0.90

D.2 静冰压力

D.2.1 冰层升温膨胀时水平方向作用于坝面或其他宽长建筑物上的静冰压力值可按表 D.2.1 查得。

表 D.2.1 静冰压力 P_i 值

冰厚 δ_i（m）	0.4	0.6	0.8	1.0	1.2
静冰压力 P_i（kN/m）	85	180	215	245	280

注：1 表中冰压力值对库面狭小的水库和库面开阔的大型平原水库应分别乘以 0.87 和 1.25 的系数；

2 冰厚取多年平均最大值；

3 表中所列冰压力值系水库在结冰期内水位基本不变情况下的压力，在此期间水位变动情况下的冰压力应作专门研究；

4 表中静冰压力值可按冰厚内插。

D.2.2 静冰压力作用点应取冰面以下冰厚 1/3 处。

D.2.3 作用在独立墩柱上的静冰压力可按本规范公式（D.1.2-1）计算，但式中冰的抗挤压强度 f_{ib} 值宜根据建筑物和冰温等具体条件确定。

附录E 门叶电热法防冰冻计算

E.0.1 门叶电热法防冰冻应采用连续加热。其所需的总功率应包括通过门叶钢板向过冷水中传热、通过门叶钢板向冷空气传热和通过门叶保温板向冷空气传热所需的功率。

E.0.2 通过门叶钢板向过冷水中传热所需的加热功率可按下列公式计算：

$$N_1=K_{sw}(t_c-t_{ws})A_w \qquad (E.0.2\text{-}1)$$

$$t_c=0.3|t_k| \qquad (E.0.2\text{-}2)$$

式中：N_1——通过门叶钢板向过冷水中传热所需的加热功率（kW）；

K_{sw}——由门叶钢板向过冷水中的传热系数，$K_{sw}=0.233\text{kW/(m}^2\cdot℃)$；

t_c——门叶内部空气加热温度（℃）；

t_k——设置地点的极端最低温度平均值（℃）；

t_{ws}——过冷水温度，计算采用 $t_{ws}=-0.1℃$；

A_w——门叶钢板与过冷水接触的面积（m^2）。

E.0.3 通过门叶钢板向冷空气的传热所需的加热功率可按下式计算：

$$N_2=K_{sa}(t_c-t_k)A_a \qquad (E.0.3)$$

式中：N_2——通过门叶钢板向冷空气传热所需的加热功率（kW）；

K_{sa}——由门叶钢板向冷空气的传热系数，可取 $K_{sa}=0.025\text{kW/(m}^2\cdot℃)$；

A_a——门叶钢板与冷空气的接触面积（m^2）。

E.0.4 通过门叶保温板向冷空气传热所需的加热功率可按下式计算：

$$N_3=K_{pa}(t_c-t_k)A_p \qquad (E.0.4)$$

式中：N_3——通过门叶保温板向冷空气传热所需的加热功率（kW）；

K_{pa}——由门叶保温板向冷空气的传热系数，当采用聚苯乙烯泡沫板保温，而且其热导率 $\lambda_x\leqslant0.03\text{W/(m}^2\cdot℃)$，厚度 $\delta_c\geqslant0.03$m 时，可取 $K_{pa}=0.007\text{kW/(m}^2\cdot℃)$；

A_p——保温板与冷空气的接触面积（m^2）。

E.0.5 门叶内加热所需的总功率可按下式计算：

$$N=K(N_1+N_2+N_3) \qquad (E.0.5)$$

式中：N——门叶内加热所需的总功率（kW）；

K——安全系数，$K=1.2$。

附录F 压力水射流法防冰冻计算

F.0.1 冰盖下水温补给的热流量可按下式计算：

$$Q_h=0.6Q_pt_w \qquad (F.0.1)$$

式中：Q_h——冰盖下水温补给的热流量（kW）；

Q_p——潜水泵流量（m^3/h）；

t_w——潜水泵放置水深 H_p 处的水温（℃）。

F.0.2 冰盖下水深 H_p 处的水温应由实测确定。无实测资料时，可按下列公式计算：

$$H_p \leqslant 6m\text{时}, \ t_w = 0.1H_p \quad (F.0.2\text{-}1)$$

$$H_p > 6m\text{时}, \ t_w = 0.15H_p \quad (F.0.2\text{-}2)$$

式中：H_p——冰盖下放置潜水泵处的水深（m）。

F.0.3 水气交界面辐射、蒸发和对流的全部热流量损失强度可按下式计算：

$$S = 0.014(9.5 - t_k) \quad (F.0.3)$$

式中：S——水气交界面的全部热流量损失强度（kW/m^2）；

t_k——设置地点的极端最低温度平均值（℃）。

F.0.4 冰盖下水温补给的热流量应符合下式的要求：

$$Q_h > SB_0L_0 \quad (F.0.4)$$

式中：B_0——不冻水面宽度（m），可取 $B_0 = 0.5m \sim 1.0m$；

L_0——不冻水面长度（m）。采用集中布置时，L_0 为全部孔口加闸墩宽度；采用单独布置时，L_0 为单个孔口宽度。

F.0.5 潜水泵的流量可按下式选择，其扬程应满足 $H \geqslant 2H_p$，且 $H_p \geqslant 5m$：

$$Q_p > 0.023\frac{(9.5 - t_k)B_0L_0}{t_w} \quad (F.0.5)$$

F.0.6 射流管上的射流孔射流速度可按下式计算：

$$V_0 = \frac{0.16V_ch_g}{d} \quad (F.0.6)$$

式中：V_0——射流孔的出口流速（m/s）；

V_c——到水面或到冰盖下的射流冲击速度，可采用 $V_c \geqslant 0.3m/s$；

h_g——射流管放置水深（m）；

d——射流孔直径（m）。

F.0.7 潜水泵的功率可按下式计算：

$$N = 0.6Q_pV_0^2 \quad (F.0.7)$$

式中：N——水泵功率（kW）。

F.0.8 射流管放置水深 h_g 应在现场进行调试。射流管应能随库水位变动而保持其最佳放置水深。

F.0.9 冰盖的融化速度可按下式计算：

$$V_b = \frac{0.18d^{0.62}V_0^{0.62}t_w}{h_g} \quad (F.0.9)$$

式中：V_b——冰盖的融化速度（m/h）。

本规范用词说明

1 为便于在执行本规范条文时区别对待，对要求严格程度不同的用词说明如下：

1）表示很严格，非这样做不可的：
正面词采用“必须”，反面词采用“严禁”；

2）表示严格，在正常情况下均应这样做的：
正面词采用“应”，反面词采用“不应”或“不得”；

3）表示允许稍有选择，在条件许可时首先应这样做的：
正面词采用“宜”，反面词采用“不宜”；

4）表示有选择，在一定条件下可以这样做的，采用“可”。

2 条文中指明应按其他有关标准执行的写法为：“应符合……的规定”或“应按……执行”。

引用标准名录

《堤防工程设计规范》GB 50286

《砌石坝设计规范》SL 25

《混凝土面板堆石坝设计规范》SL 228

《水闸设计规范》SL 265

《碾压式土石坝设计规范》SL 274

《水工混凝土试验规程》SL 352

中华人民共和国国家标准

水工建筑物抗冰冻设计规范

GB/T 50662—2011

条 文 说 明

制 订 说 明

本规范是根据原建设部《关于印发〈2007年工程建设标准规范制订、修订计划（第一批）〉的通知》（建标〔2007〕125号）编制完成的。

本规范的制订原则是：

1. 编制工作坚持科学性、先进性和实用性的原则。本规范既要有原则性规定，又要体现一定的灵活性；既要反映我国近年来成熟的研究成果，又要借鉴和吸收国外的先进经验和新理论、新技术；既要结合我国实际和水利水电工程规划设计的需要，又要体现国内和国外20世纪90年代以来的技术水平。

2. 明确与相关规范的关系。

3. 编写格式按中华人民共和国住房和城乡建设部2008年《工程建设标准编写规定》执行。

4. 本规范由正文、条文说明和附录三部分组成。它们之间的相互关系遵守《工程建设标准编写规定》。

5. 本规范不设强制性条文。

2007年10月组成本规范的编制组。2008年7月提出征求意见稿，并向全国59个水利、交通、建筑、高等院校及科研等有关设计、施工、管理和科研单位征求意见。2009年4月提出了本规范的送审稿。2009年5月18日～20日，水利部水利水电规划设计总院在北京主持召开规范送审稿的审查会。2009年9月提出了本规范的报批稿。2009年12月，水利部国际合作与科技司组织专家对报批稿进行了复读审查。根据复读意见对报批稿进行必要的修改和完善后，于2010年1月最终提出本规范的报批稿，并提交了全套报批资料。

由于本规范涉及范围较广，冰冻问题的自然因素较复杂，而且往往因地区不同也有差异，因此在执行本规范的同时还可结合具体工程条件进行科学试验，并在此基础上采用先进技术，从而也可为补充和完善本规范提供依据。

为了准确理解本规范的技术规定，按照《工程建设标准编写规定》的要求，编写组编写了条文说明。本条文说明的内容均为解释性内容，不应作为标准规定使用。

目　次

1　总则 ……………………………………… 1—46—37
3　基本资料 ………………………………… 1—46—37
4　冰冻荷载 ………………………………… 1—46—38
5　材料与结构 ……………………………… 1—46—39
5.1　混凝土与砌石材料 ……………………… 1—46—39
5.2　保温材料 …………………………………… 1—46—40
5.3　分缝和止水 ………………………………… 1—46—41
5.4　结构构造 …………………………………… 1—46—41
6　挡水与泄水建筑物……………………… 1—46—42
6.1　一般规定 …………………………………… 1—46—42
6.2　混凝土坝与砌石坝 ……………………… 1—46—42
6.3　土石坝 ……………………………………… 1—46—43
6.4　溢流坝与岸边溢洪道 …………………… 1—46—44
6.5　泄洪洞与坝体泄水孔 …………………… 1—46—44
7　取水与输水建筑物……………………… 1—46—45
7.1　一般规定 …………………………………… 1—46—45
7.2　取水口排冰 ………………………………… 1—46—45
7.3　明渠冬季输水 ……………………………… 1—46—45
7.4　暗管与隧洞 ………………………………… 1—46—46
8　渠道与渠道衬砌………………………… 1—46—46
8.1　一般规定 …………………………………… 1—46—46
8.2　衬砌结构抗冻胀稳定性要求 …………… 1—46—46
8.3　渠道衬砌结构 ……………………………… 1—46—46
8.4　冻胀土基处理 ……………………………… 1—46—47
8.5　渠坡稳定要求 ……………………………… 1—46—47
9　泵站与电站建筑物……………………… 1—46—48
9.2　前池排冰 …………………………………… 1—46—48
9.3　地面厂（泵）房 …………………………… 1—46—48
10　闸涵建筑物 …………………………… 1—46—49
10.1　一般规定………………………………… 1—46—49
10.2　结构与布置……………………………… 1—46—49
10.3　稳定与强度验算………………………… 1—46—49
10.4　抗冻胀措施……………………………… 1—46—50
11　挡土结构（墙） ……………………… 1—46—50
11.1　一般规定………………………………… 1—46—50
11.2　水平冻胀力的计算……………………… 1—46—51
11.3　抗冻胀措施……………………………… 1—46—51
12　桥梁和渡槽 …………………………… 1—46—51
12.1　一般规定………………………………… 1—46—51
12.2　基础结构………………………………… 1—46—52
12.3　基础的稳定与强度验算………………… 1—46—52
13　水工金属结构 ………………………… 1—46—53
13.1　一般规定………………………………… 1—46—53
13.2　闸门……………………………………… 1—46—54
13.3　拦污栅…………………………………… 1—46—55
13.4　露天压力钢管…………………………… 1—46—55

1 总　　则

1.0.1 我国北方地区的水工建筑物，在冬季运行过程中均存在冰冻或地基土冻胀作用的问题，使不少工程结构遭受不同程度的破坏。因此，制定本规范对我国北方地区的水利水电工程建设具有重要作用。其目的在于统一在冰、冻融和冻胀作用下的水工建筑物抗冰冻设计标准和技术要求，更合理地设计北方寒冷地区的水工建筑物，提高水工建筑物的抗冰冻设计水平，从而保证其安全运行和应有的工程寿命。

1.0.2 "抗冰冻"是指防止冰、冻融和冻胀作用对水工建筑物的破坏或对正常运行的不利影响。冰冻对各类水工建筑物的作用主要包括：

1) 地基土冻胀对涵闸、挡土墙、渠道（暗管）、渡槽和厂房（泵房）的破坏和对桩（墩）的上拔作用；
2) 混凝土和砌石结构的冻融和冻胀破坏；
3) 冻融滑坡对渠道和建筑物运行的影响；
4) 流冰对建筑物撞击作用；
5) 河渠冬季排冰和输冰问题；
6) 冰层膨胀对水工结构物的推力和破坏作用；
7) 取水口和渠道结冰和冰堵造成的流量减小或漫溢；
8) 闸门、拦污栅结冰影响工程正常运行。

1.0.3 由于本规范涉及范围较广，冰冻问题的自然因素较复杂，因此，在本条中规定了进行水工建筑物抗冰冻设计应遵循的基本原则和方法，包括在执行本规范的同时还可结合具体工程条件进行科学试验，并在此基础上采用先进技术，从而也可为补充和完善本规范提供依据。

3 基 本 资 料

3.0.4 冻结指数是指一个冻结期内，日平均负气温值的累计值（℃·d）。其中不包括在冻结期内，特别是冻结初期和后期，由于气温回升而可能出现日平均气温为正值的日子。最大冻结指数与最大冻结深度相适应，因此规定设计中取其历年的最大值。

3.0.7 最大冻深是计算水工建筑物各计算点设计冻深的依据。由于工程地点不可能有长期观测资料，因此目前有多种确定冻深的方法：一是采用建立在冻深与负气温指数之间的统计关系上的半经验公式计算，二是利用气象台（站）多年的实测冻深值绘制的冻深等值线图查取，三是直接采用当地或附近气象台站历年实测的最大值。由此可见，不论何种方法，都要依据气象台（站）的实际观测资料，而第三种方法，只要工程地点附近有气象台（站），则最为实际和可靠，也便于设计取用。因此，本规范规定采用当地或邻近工程地点气象台（站）最近20年的历年最大冻深观测值。

设计冻深是指天然地表或设计地面高程算起的冻结深度，是决定地表冻胀量、基础埋深的基本指标之一。对于倾斜表面，它是指与坡面成法向方向的冻深值。

附录B中设计冻深是以最大冻深为依据，并计入有地下水影响和考虑日照及遮荫程度两种主要的系数计算得出的。

地下水向冻结区的水分补给对冻深的发展起阻滞作用，地下水位愈高，这种作用愈大。我国东北和西北水利科学院所均对此作了研究，并提出了相应的地下水位对冻深的影响系数或关系式，而且相互间比较接近。由于气象台（站）场地的地下水位又影响其本身的冻深值，因此在确定工程地点的地下水位影响系数时，还考虑了邻近气象台（站）的地下水位对冻深的影响。

由于涵闸底板或挡土结构（墙）的隔热作用，底板下（墙后）地基土的冻深比天然地表的设计冻深要小。其差值与底板（墙）的材质和厚度有关，并可用热阻的大小来表示。附录B中所列公式（B.0.2-1）是按考虑底板（墙）的热阻与地基土不发生冻结时的设计热阻之比提出的。底板（墙）的热阻与其厚度有关，厚度越小，其影响也越小。为简化计算，当底板（墙）的厚度 $\delta_c \leqslant 0.5$m 时，可按公式（B.0.2-3）计算。两种计算结果相差一般在5cm之内。冻深较小和板厚较大时相差大些，应用时宜加以考虑。

由于土的冻结和冻胀十分复杂，冻胀量是多重因素的随机变量，迄今为止的多种确定冻胀量的理论计算方法和经验公式，都存在一定的误差。因此对1、2、3级水工建筑物，要求尽可能通过现场测试确定冻胀量。

从20世纪60年代以来，我国东北、西北和华北各省（区）有关单位进行了大量的现场观测与分析研究工作，取得了大量的数据，并提出了多种计算方法。但是，由于土冻胀的复杂性和所依据资料的局限性等多种原因，现有的计算方法均有一定误差，而且各公式计算结果之间往往差别较大。附录C中的公式（C.0.2-1）和（C.0.2-2）是根据黑龙江、吉林、辽宁、内蒙古、宁夏、河北等省（自治区）130余个观测数据的统计分析提出的。

对于粗粒土，当其中细粒土的含量达到一定程度后也具有一定的冻胀性。附录C中根据黑龙江、辽宁等省的现场试验结果和有关规范的规定，将粗粒土划分为三类，分别提出确定其冻胀量的方法。

地基土的冻胀量计算公式（C.0.3）是假定在同一冻结条件下冻胀量与冻深成比例确定的。按公式（C.0.3）计算与按C.0.2条的规定确定所得结果相差不大。

3.0.8 地基土发生冻胀的基本条件是负温、适宜的土质和水分，三者缺一不可。就土质而言，主要是指它的细颗粒成分，只有当它的含量适宜时才会有冻胀产生，否则就不会有冻胀的土质条件。因此，需要给出“冻胀性土”和“非冻胀性土”的定量判别指标。这对判别地基土的冻胀性和采用非冻胀性土置换冻胀性地基土的抗冻胀措施都具有重要意义。这也是国外的“土的冻结敏感性”研究和国内的“土的冻胀分类”研究的基本目的之一。现有各种研究成果逾百种，其中，在易于形成冻胀机制的颗粒粒径范围方面，国内认为为 0.005mm～0.05mm，国外多认为为 0.02mm～0.074mm，而且在颗粒含量数值的界定上有较大差别。例如：国外有的资料（Delaware，1960 年）则认为小于 0.074mm 颗粒含量占 35％以下时无冻胀危险；有的资料（瑞士，1975 年）认为小于 0.02mm 含量大于 3％便常常发生冻害；我国哈尔滨建筑工学院资料提出，对于细砂，当黏粒含量小于 1％、黏粒加粉粒含量不大于 5％时属不冻胀土；我国《建筑地基基础设计规范》GB 50007 和《冻土工程地质勘察规范》GB 50324 中规定小于 0.074mm 的粒径小于 10％时为不冻胀土。

根据上述情况，并考虑到水工建筑物地基常在水浸条件下运行，有产生冻胀的充分条件，因此本条提出对冻胀性土与非冻胀性土的判别标准。

3.0.9 在现行的有关技术标准中是以土的颗粒组成、含水量和地下水条件及冻胀率为土的冻胀性强弱的分类判定指标。如《冻土工程地质勘察规范》GB 50324 把地基土的冻胀性分为不冻胀、弱冻胀、冻胀、强冻胀和特强冻胀五级，相应的冻胀率为小于或等于 1.0％、1.0％～3.5％、3.5％～6.0％、6.0％～12％和大于 12％。

由于冻胀率是按冻胀量与冻深之比算得的，因此同一冻胀率下冻深不同冻胀量不同，对建筑物的作用也就大不相同。水工建筑物遭受冻胀破坏的直接原因是过大的冻胀位移或冻胀力大，而且本规范涉及地区的冻深范围很大，相差达二三米甚至更大。因此，本规范采用以冻胀量绝对值的大小作为划分地基土冻胀分级的指标。这种分级方法可将冻胀量值与建筑物地基允许变形值直接比较，对地基土冻胀可能给工程的危害程度进行直观、定量的评价，同时也可对各种抗冻胀措施的适用范围、条件给出定性的区分。

鉴于水工建筑物地基土因水分充足而具备冻胀的充分条件，故本条将地基土的冻胀划分为五级，使其能满足水工建筑物地基土的分类要求和反映冻胀量绝对值大和变幅大的专业特点。不过，冻胀量等级的划分指标是否完全合适，有待今后规范执行过程中和工程实践中验证。

4 冰 冻 荷 载

4.0.1 在现有的有关设计规范中，缺乏对冰冻荷载的规定或规定不够明确。有的规范只对其个别荷载作为特殊荷载考虑。水工建筑物因冰冻荷载作用而破坏的现象颇多，例如据 1979 年对黑龙江省查哈阳灌区的调查，有 93 座渠系建筑物因冻害作用而破坏，占调查总数的 83％；又如 1981 年对吉林省梨树灌区 216 处工程的调查，有 85 处是因为冻害遭受破坏的，占调查总数的 39.4％；再如新疆北疆地区有半数混凝土衬砌干、支渠因冻胀受到不同程度的破坏。此外，在我国北方地区，水库的进水塔架、土石坝护坡、闸门和桩墩结构被冰推破坏的事例亦不少。直到目前，这种破坏事例仍常有发生。因此，为合理进行水工建筑物抗冰冻设计和保护水工建筑物安全，本规范规定，冰冻荷载应作为基本设计荷载。

4.0.2 目前冰压力的划分方法不尽相同，例如有的将冰块（场）运动时产生的压力分为流冰动压力和流冰静压力。本规范中的动冰压力是指流冰时产生的动压力，静冰压力是指整体冰层升温膨胀时产生的压力。

4.0.3 土的冻胀力是地基土冻胀时受到建筑物的约束而产生的作用力。根据对建筑物的作用方向不同，将冻胀力分为切向冻胀力、水平冻胀力和法向冻胀力三种。本条分别给出了这三种单位作用力值。

1 切向冻胀力是指桩、墩基础周围土体冻胀时，由于受到基础的约束而作用于基础侧面向上的作用力。“冻胀”和“约束”是产生冻胀力的必要与充分条件。基础与基土间的冻结力是切向冻胀力形成与传递的媒介。其破坏时的抗剪强度等于瞬时最大切向冻胀力值。由此可见，切向冻胀力与土的冻胀性、基础的材质及其表面状态和形状等因素有关。

表 4.0.3-1 的单位切向冻胀力值是根据黑龙江省大庆市龙凤试验场，哈尔滨万家试验场、巴彦和庆安试验场，吉林省双辽和公主岭试验场等 6 个不同水、土和冻胀条件试验场的多年原型实验结果，并参照现行有关技术标准，经整理分析提出的。经多年实际工程验证较为合适。表中的数值是用模板或套管浇筑时的平整桩壁条件下的力值，因此当桩壁粗糙但无凹凸面时，设计计算中应乘以一个粗糙度系数。

由于受双向冻结和约束条件不同的影响，挡土墙后的填土与墙背之间的切向冻胀力可能较小。具有梯形斜面的墩台基础的切向冻胀力则由于斜坡的作用而减小。但目前实测值少，还难于定量。

2 水平冻胀力是指挡土墙后或基础侧面的土冻胀时水平作用在墙或基础侧面的作用力。在冻结周期内的不同时间和沿墙高的不同部位的单位水平冻胀分布不同，因此本条中只规定沿墙高的最大单位水平冻胀力值。国内曾进行水平冻胀力现场原型实验的主要有水利部东北勘测设计研究院科学研究院的长春地区西新和向阳模型挡土墙、铁道部西北科研所的风火山试验挡土墙，黑龙江省水利勘测设计院巴彦东风水库挡土墙工程、吉林省水利科学研究所和东北院科研院的东阿拉和大安屯锚定板挡土墙工程、黑龙江省水利科学研究所的万家冻土实验站模型挡土墙和海林新安挡土墙工程。试验观测时间最长的达6年。表4.0.3-2中的最大单位水平冻胀力值，是在上述试验研究中所获80组实测资料的基础上，以合力相等和力矩平衡并保持最大单位水平冻胀力作用点不变为原则，对分组资料进行线性简化后得出的。

3 法向冻胀力是指地基土冻胀时受基础约束作用在基础底面呈法线方向向上的作用力。已有的室内试验和野外模型试验说明，法向冻胀力的大小取决于基础的约束程度、地基土的冻胀性和压缩性。当基础产生上抬时，冻胀力值将随之减小。此外，当存在其周围土的冻胀时，作用于基础底面的冻胀力除基础底面产生的法向冻胀力外，还有周围土对基础的冻胀上抬力，即包括直接作用于基础地面的法向冻胀力和与之相连的周侧土的冻胀上抬力两部分力。在这种情况下，基础面积越小，周围土的冻胀对单位法向冻胀力值的影响越大，在面积小于$2\times10^4cm^2$范围内，单位法向冻胀力值变化剧烈。随基础板面积的增大，单位法向冻胀力值呈指数规律衰减并在板面积大到一定程度时趋于常值。考虑到水工建筑物的底板受周边土冻胀的影响较小，表4.0.3-3只列出按法向冻胀力随基础板面积的增大呈指数衰减的规律和根据黑龙江省水利科学研究院的试验（试验的最大压板面积达3m×3m）资料推算大面积条件下面积为$100m^2$趋于常值，即认为无周侧土冻胀作用时的冻胀力值。

由于水工建筑物基础周围土有无冻胀和作用方式与基础轮廓有关，而目前这方面的研究尚少，因此当有可能存在基侧土冻胀作用时，例如涵闸的进出口，宜作专门研究。

4.0.4 斜坡上的桩受冻胀力作用的条件与水平地表的桩不同。由于冻胀力方向与冻结面相垂直，因此对于斜坡上的桩，在冻结过程中将有与之斜交的冻胀力作用，同时还存在与周围土之间的冻结力，从而也使得桩周的受力条件较为复杂。由于目前这方面的研究很少，难于定量，所以在遇到这种情况时，宜根据具体情况研究确定。

4.0.5 冻胀力对挡土墙的作用及其过程较为复杂。考虑到对墙体产生水平冻胀力作用时对后部未冻土体将产生反力，这种反力起平衡土压力的作用。所以，水平冻胀力只有大于土压力时才起控制作用，否则仍是土压力起控制作用。因此，挡土墙设计时，土压力与水平冻胀力两种力不叠加，并取两者的较大值。

5 材料与结构

5.1 混凝土与砌石材料

5.1.1 本规范采用快冻试验确定的混凝土抗冻级别，并根据抗冻耐久性的要求不同规定了7个混凝土抗冻级别。

5.1.2 室内试验和工程实践经验表明，干燥的混凝土不会产生冻融破坏，含水的混凝土会产生一定程度的冻融破坏，水饱和的混凝土冻融破坏最严重。在水工建筑物长期受日晒的阳面混凝土比较干燥，不易遭受冻融破坏；通风较差、湿度较大的阴面混凝土长期暴露在大气中，即使远离水面部位也易受雨淋和霜雪作用，使之常常处于饱和状态，其冻融破坏程度往往不亚于水位变化区。因此，表5.1.2中除按气候分区和年冻融循环次数外，还按结构构件的重要性、不同受冻和环境条件提出不同抗冻级别的要求。

大量调查资料表明，我国南方温和地区的水工建筑物也存在一定程度的冻融破坏问题。考虑到这种情况和混凝土耐久性的要求，表5.1.2中对温和地区也分别提出F100和F50的要求。

水下、土中、大体积内部的混凝土，虽然运行期不受冻，但考虑混凝土的耐久性以及施工期仍可能有冻融破坏，故规定严寒地区应达到F50的要求。

表5.1.2中对结构构件的划分比较详细，目的是便于使用。表中的抗冻级别比现行有关规范有些提高，如结构重要、受冻严重且难于检修部位年冻融循环次数（次）大于等于100时的抗冻级别提高为F400，是考虑这些部位要求比其他要求F300的部位有较多不利因素确定的。

关于冻融循环次数的定义在国际上仍然是一个意见分歧、悬而未决的问题。一般认为，混凝土中的自由水冰点接近和略低于0℃时，吸附薄膜水冰点更低，实际上不会冻结。美国T.C.鲍威尔斯则认为混凝土中的水分含溶解盐，升温时的最终融点约−1.0℃，降温时常在−5.0℃～−12.0℃开始结冰，在−15.0℃时可认为全部或绝大部分可冻水已冻结。我国中国水利水电科学研究院和南京水利科学研究院分别作过现场和室内试验，从试验结果看，大体上融点略高于0℃，冰点则略低于0℃。由于工程设计时只能取得气温资料，而混凝土温度也主要受气温影响，因此只能用气温作为统计指标。

表5.1.2的注1对不与水接触区仍采用+3℃和−3℃的气温标准。可以认为，这两个气温大体上接近或分别略高于和略低于混凝土表面0℃的温度，因而在目前情况下是适宜的。但是，对水位变化区的温度标准，考虑到现行的规范中所用的月平均气温低于

－3℃期间的规定，不能恰当反映实际冻融状况，可能造成冻融循环次数偏多或偏少，因此 本标准采用“日平均”温度。

表 5.1.2 的注 4 是考虑最冷月平均气温低于－25℃的地区现有水利工程少，经验不多所作的规定。

在严寒地区修建的特殊工程，例如抽水蓄能电站，由于在一年中日平均气温低于－3℃期间，设计预定水位的涨落次数一般远大于一年内气温从＋3℃以上降至－3℃以下、然后回升至＋3℃以上的交替次数，因而确定的混凝土抗冻标号可能远高于 F400。因此，在本规范中提出严寒地区的特殊工程，混凝土抗冻级别可根据实际情况采用比 F400 更高的级别。

5.1.3 1986 年发现丰满大坝溢流面（阴面）发生了深层破坏。因此作出了本条的规定，以策安全。

5.1.4 大中型工程抗冻混凝土的原材料应根据工程地址的实际情况和混凝土配合比设计试验结果进行具体选择，以确定既满足设计使用要求又经济合理的混凝土原材料。由于我国地域辽阔，原材料品种、性能不一，某一原材料的抗冻性缺陷往往可借助其他材料的性能进行弥补。因此本条对原材料未作规定。

5.1.5 在混凝土配合比设计试验中，同时控制含气量和水灰比虽然可以取得良好的控制效果，但由于含气量只能笼统地反映混凝土所含气泡的总量，不能反映这些气泡的大小和分布情况，因而不能直接反映不同引气剂或同一引气剂在出现质量波动时的混凝土抗冻性能。在混凝土水灰比和含气量一定的前提下测试混凝土的气泡间距系数可以准确地反映混凝土中气泡的大小和分布情况，因此提出有条件时可进行混凝土气泡间距系数的测定，以建立混凝土气泡间距系数与混凝土抗冻级别的关系，快速准确地评定混凝土的抗冻性。

小型工程往往由于工程经费和混凝土方量的限制，没有条件进行大量混凝土配合比设计试验。为此，本条提出小型工程可选用的混凝土的水灰比和含气量，并使用有引气作用的引气剂，在施工现场控制水灰比和含气量就可以得到较高抗冻性的混凝土。

表 5.1.5-1 中的水灰比是根据国内经验和美国标准确定的。例如，美国垦务局规定严寒气候区外露面最大水灰比为 0.45，美国混凝土学会（ACI）规定为 0.44，我国东北地区大型水电站一般为 0.40～0.45，个别低于 0.40，都比我国现行设计施工规范严得多。

5.1.6 原材料品质不稳定往往造成实际施工与配比试验结果不符，故材料试验宜注意品质的变异系数。

5.1.7 混凝土早期受冻对其抗冻性的影响比对抗压强度的影响大，特别是钢筋握裹力基本完全丧失。此外，随着混凝土防冻剂和掺防冻剂混凝土的研究不断深入和广泛应用，在经过充分试验论证的基础上，对有耐久性要求的混凝土适当掺加一定量的混凝土防冻剂是可行的。因此，提出本条规定。

5.1.9 砌石结构应用较多，但裂缝也较多，尤其是在水位变化区的浆砌石结构受冻融破坏严重，因此根据以往工程修复经验提出了材料尺寸的范围及对砌筑材料的要求。我国北方地区一些浆砌石挡水建筑物出现了比较严重的冻融破坏，其主要原因是浆砌石所用混凝土或砂浆的抗冻级别较低，填充的饱满度不够等因素引起的。因此，本条规定在设计时应根据气候分区、冻融循环次数、表面局部小气候条件、水分饱和程度、结构构件重要性和检修条件等按表 5.1.2 选定。

5.2 保温材料

5.2.2 保温材料种类繁多，已在防止地基冻胀和其他建筑物的保温上广泛应用。不论采用何种材料，首先都应符合现行的国家标准和行业标准，如膨胀珍珠岩绝热制品应满足《膨胀珍珠岩绝热制品》GB/T 10303 要求，绝热用岩棉、矿渣棉及其制品应满足《绝热用岩棉、矿渣棉及其制品》GB/T 11835 要求，绝热用模塑聚苯乙烯泡沫塑料应满足《绝热用模塑聚苯乙烯泡沫塑料》GB/T 10801.1 要求，绝热用挤塑聚苯乙烯泡沫塑料（XPS）应满足《绝热用挤塑聚苯乙烯泡沫塑料》GB/T 10801.2 要求等。同时，由于不同建筑物具有不同的特点，因此所用材料的技术指标还应满足设计的技术要求。目前，工程中聚苯乙烯泡沫塑料（XPS）应用较多，表 1 和表 2 分别列出 GB/T 10801—2 对聚苯乙烯泡沫塑料（XPS）和聚苯乙烯泡沫塑料板（EPS）的物理性能要求，以供查用。

表 1 聚苯乙烯泡沫塑料（XPS）物理机械性能

<table>
<tr><th colspan="2" rowspan="3">项目</th><th rowspan="3">单位</th><th colspan="10">性能指标</th></tr>
<tr><th colspan="8">带表皮</th><th colspan="2">不带表皮</th></tr>
<tr><th>X150</th><th>X200</th><th>X250</th><th>X300</th><th>X350</th><th>X400</th><th>X450</th><th>X500</th><th>W200</th><th>W300</th></tr>
<tr><td colspan="2">压缩强度</td><td>kPa</td><td>≥150</td><td>≥200</td><td>≥250</td><td>≥300</td><td>≥350</td><td>≥400</td><td>≥450</td><td>≥500</td><td>≥200</td><td>≥300</td></tr>
<tr><td colspan="2">吸水率
没水 96h</td><td>%(体积分数)</td><td colspan="2">≤1.5</td><td colspan="6">≤1.0</td><td>≤2.0</td><td>≤1.5</td></tr>
<tr><td colspan="2">透湿系数
23℃±1℃
RH50%±5%</td><td>ng/(m·s·Pa)</td><td colspan="2">≤3.5</td><td colspan="3">≤3.0</td><td colspan="3">≤2.0</td><td>≤3.5</td><td>≤3.0</td></tr>
<tr><td rowspan="2">绝热性能</td><td>热阻
厚度 25mm 时平均温度
10℃
25℃</td><td>(m²·K)/W</td><td colspan="5">≥0.89
≥0.83</td><td colspan="3">≥0.93
≥0.85</td><td>≥0.76
≥0.71</td><td>≥0.83
≥0.78</td></tr>
<tr><td>导热系数
平均温度
10℃
25℃</td><td>W/(m·K)</td><td colspan="5">≤0.028
≤0.030</td><td colspan="3">≤0.027
≤0.029</td><td>≤0.033
≤0.035</td><td>≤0.030
≤0.032</td></tr>
<tr><td colspan="2">尺寸稳定性
70℃±2℃下，48h</td><td>%</td><td colspan="2">≤2.0</td><td colspan="3">≤1.5</td><td colspan="3">≤1.0</td><td>≤2.0</td><td>≤1.5</td></tr>
</table>

表 2　聚苯乙烯泡沫塑料板（EPS）物理机械性能

项　目	单位	性能指标					
		Ⅰ型	Ⅱ型	Ⅲ型	Ⅳ型	Ⅴ型	Ⅵ型
表观密度不小于	kg/m³	15	20	30	40	50	60
压缩强度（相对变形 10%）	kPa	60	100	150	200	300	400
导热系数不大于	W/(m·K)	0.041			0.039		
尺寸稳定性不大于	%	4	3	2	2	2	1
吸水率（体积）不大于	%	6	4	2	2	2	2

5.2.3　水工建筑物处于长期浸水或潮湿环境中，保温材料的防水性能不良或吸水率高势必影响其热导率，从而降低保温效果。因此，保温材料应具有长期防水性能。

5.3　分缝和止水

5.3.1　分缝是防止不均匀冻胀开裂的一个重要结构措施。为防止地基土不均匀冻胀对结构的破坏，分缝应尽可能使划分的块段位于同一冻胀性土基上。由于沉陷缝又常常是造成渗漏、土壤流失，甚至结构破坏的一个因素，因此如果有可能省去沉陷缝时，宜尽量作成整体结构。

5.3.2　冻胀性土基上建筑物的接缝三向变形都大，与岩基上建筑物的接缝有很大区别。缝宽较大时易适应这种变形。

渗水结冰会妨碍接缝自由变形。缝端混凝土容易冻胀或挤压破坏。严重渗漏可导致缝后土壤流失，甚至结构倒塌。因此，缝的结构应能防止渗水和基土流失。

5.3.4　接缝止水应便于检修，例如在外露面用型钢、螺栓，压紧橡胶止水板的办法，作用可靠也便于维修，但需对型钢和螺栓表面进行保护加固，否则可能受冰冻破坏。例如，莲花水电站防渗混凝土面板的接缝止水处采用角钢和膨胀螺栓压紧固定橡胶止水板的办法，就曾经出现因冰冻使角钢扭曲、膨胀螺栓拔除破坏的现象。为此，在混凝土、橡胶止水板、扁钢、膨胀螺栓等的各接触面涂抹一层特殊的结构胶，割断膨胀螺栓没用的部分，再在表面涂抹一层耐老化的特殊结构胶。这种方法有效地解决了上述问题。

5.3.5　橡胶或合成橡胶类材料的止水片具有较好的适应冻胀和温度伸缩变形能力，因此宜采用这种止水片。

国家现行的有关技术标准有高分子防水材料中的片材技术标准《高分子防水材料　第1部分：片材》GB 18173.1，高分子防水材料中的止水带技术标准《高分子防水材料　第2部分：止水带》GB 18173.2 等。

5.3.6　柔性止水嵌缝材料填满缝的全部将在构件受热膨胀时被挤出，冷却后无法再充满张开的缝隙，造成拉裂、漏水或下层土料流失。因此，本条规定嵌缝材料不应充满缝的全高。为此，可使缝宽比预计缝宽变形大一倍以上，使填缝材料本身变形不大于 50%。缝内迎土侧可充填填充料、木材或矿渣棉等，以免两侧混凝土挤压破裂，缝的中部填以薄层嵌缝止水材料，其厚度小于缝宽一半，这样才能适应缝宽变化，如图 1 所示。

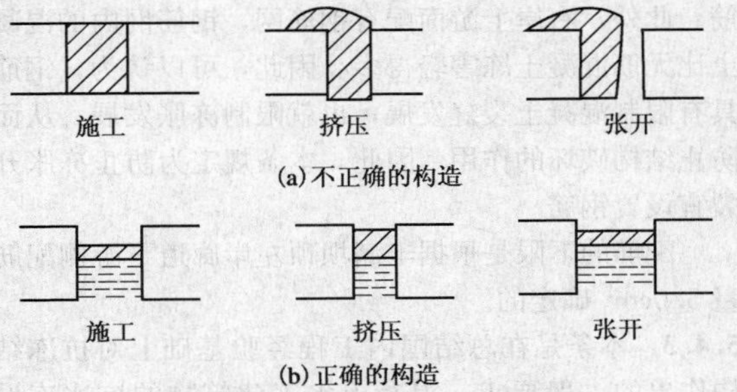

图 1　缝的构造示意

5.4　结构构造

5.4.1　工程实践和室内试验表明，钢筋混凝土比素混凝土表层较易受冻融破坏。其原因是钢筋与混凝土的线胀系数差异较大，当保护层薄时，其界面处易充满水分而使握裹力下降，导致保护层易开裂、剥落。因此，本条对溢流面、底孔、尾水闸墩等另作加厚保护层和钢筋净间距的规定。

配筋设计中缺少支承架立筋易使保护层厚度不足，钢筋间距过密或保护层过薄易使保护层混凝土不密实，这些都会严重影响钢筋混凝土的抗冻性。故设计中应保证保护层的厚度和密实性。

5.4.2　混凝土冻胀破坏是近几年才特别强调的严重冰冻破坏形式。一般的冻融破坏大多限于混凝土表层，至多只导致钢筋外露和溶蚀。但是，近来发现，混凝土还存在冻胀破坏，这也是要特别强调的一种破坏形式。

丰满大坝混凝土冻胀破坏是一个典型事例。该坝建坝初期的施工质量较低，但 1942 年冬蓄水前的照片显示外观尚完好，1943 年蓄水后秋末的照片也只几处渗水。其后各年坝体渗漏急剧增加，多处呈射流状，冬季下游全部冻成冰山。解放初已发现水平施工缝普遍张开，缝宽达 5mm，深度达数米。1951 年初设置的坝顶水平变位观测标点，当年汛期最大变位达 112mm，至 1954 年 10 月各坝段变位普遍达 240mm～280mm。当时只单纯把产生此种现象的原因归于施工质量低劣，没有认识到蓄水后的冻胀加速破坏作用。20世纪50年代后发现坝顶沉陷标点逐年抬升，至1973年后才认为是坝顶局部冻胀。但由于不影响坝体安全，仍未引起重视。1985年已测到溢流面有鼓包现象，但仍以为是当年施工时模板变形造成的。直到1986年泄洪时，12号和13号坝段溢流面大量被冲毁，并发现虽然1953年浇筑的溢流护坡面外层质量良好，但其下的旧混凝土内有几层平行溢流面的宽达数厘米的张开裂缝，与冬季冻土中产生冰夹层的基土冻胀十分相似，至此才引起震惊，并把这种现象定名为混凝土冻胀。

丰满坝顶冻胀抬升现象左岸比右岸轻，其原因是右岸坝顶廊道下游侧无钢筋，而左岸廊道有竖向钢筋。此外，右岸上游面配有钢筋网，钢筋网内的混凝土比无筋混凝土冻害轻得多。因此，可以认为，钢筋具有限制混凝土裂缝发展，也就限制冻胀发展，从而防止结构破坏的作用。因此，本条规定为防止冻胀开裂宜设置钢筋。

配筋的下限是根据丰满坝顶左岸廊道下游侧配筋量5.0cm^2确定的。

5.4.3 本条是在总结国内工程经验基础上对抗冻结构作出的一般要求。混凝土水工建筑物的抗冰冻设计，首先应从构件选型上避免受冻害，然后再提出相应的抗冻措施。一是要防止结构遭受冰冻作用，如埋于适当深度的水下或土中、孔洞封闭、减少外露面等。二是防止混凝土饱和。如改善排水、防止积雪结冰、避免易受积雪剥蚀的挑檐和凸出线条，将平台和墙、柱、墩的顶部作成排水坡，使构件通风、向阳、远离潮湿空气。

我国水利水电工程常因施工质量欠佳而不得不在表面加装修层。调查资料表明，表面抹灰极易冻胀、开裂、剥落，并不美观，其原因主要是装修层与混凝土界面粘结强度较低、线胀系数差异较大，变形不一致引起的。国外一般土木工程表面都不加装修。国内交通、城建等建筑物也大多不加装修层。因此，本条规定设计中应充分利用混凝土建筑物体形、尺度与混凝土质感，提高模板和浇筑质量来满足外观要求。

6 挡水与泄水建筑物

6.1 一般规定

6.1.1 坝顶防浪墙一般不能抗御冰流动撞击，故规定超高只能算至坝顶。鉴于冰情的复杂性，设计中往往难于准确计算，而超高的大小又与工程量的大小密切相关，因此当坝顶超高由抗冰控制而且工程量增加较大时，应根据当地河流建坝前后的冰情进行专题研究，为确定坝顶超高提供依据。

6.1.2 蓄冰库容大小的规定是根据我国西北地区的多年经验提出的。抗冰设计超高是考虑可能出现的冰块堆叠而定的。当开江时，泄水口附近的坝段仍有可能产生冰块堆积，故规定超高应不小于1.5倍库内最大冰厚。武开江一般是由于上游涨水冰层被鼓开而发生的猛烈流冰。由于武开江形势比较复杂，故应考虑多种因素确定超高。在武开江的情况下，特别是伴随有大风浪作用时，不论泄冰与否，都将发生较严重的冰堆积和壅高水位，有的土坝和蓄水闸因此而发生冰块越过坝和闸门。因此，提出武开江较频繁时宜加大超高。至于加高值的大小因工程条件而异，需要根据具体情况研究确定。

在通常情况下，上述的抗冰超高不致超过校核洪水的要求，易于满足。只是在库容较小、流冰初期水位较高和伴随较大风浪的武开江时，特别是坝坡较缓的土坝，才可能不易满足。因此，遇有这种情况时，要认真分析冰情形势和水库的调蓄能力，采取加大超高或加大泄冰能力等措施。

6.1.3 本条是根据过冰试验和工程实践经验提出的。为防止产生冰块挤、卡、壅塞现象，对堰顶和交通桥产生撞击，桥下应有足够净空。

6.1.4 当出现冰坝、冰塞和冰洪时，造成的洪峰流量、流冰量和水位壅高远比一般武开江严重得多，一般泄冰措施难于应付，故应作专门调查和试验研究，然后进行适当的抗冰设计。

6.1.6 我国东北地区许多大坝坝顶水平或垂直位移测点和观测基点都有变位。分析时常被视为坝体的时效变位，造成误差。有时，甚至观测廊道内引张线和垂线也结霜或结露。因此，设计建筑物的安全监测设施时应避免监测设施受结霜、冰冻或冻胀的影响，例如，变形观测基点和测点采用深锚筋与下部基岩或混凝土连接等方法。同时，设计中在分析和使用已有观测成果时应考虑有无受结霜、冰冻或冻胀的影响。

6.2 混凝土坝与砌石坝

6.2.2 坐落在基岩上的低坝，由于基础埋深浅且基础宽度较窄，坝基础面有冻穿的可能，坝体与基岩之间的抗剪强度可能降低，抗滑稳定计算时要考虑这种影响。

6.2.3 根据工程统计资料，寒冷和严寒地区混凝土的破坏冻深一般在30cm左右，为保证止水片的有效性，并参照《水工手册》第5卷混凝土坝中有关坝体止水片的建议，提出本条规定。

6.2.4 周边缝冻结会严重改变坝体应力分布，甚至可能影响坝体自由收缩，产生裂缝，对此应引起足够的重视。

6.2.5 碾压混凝土坝的预埋式或拔管式排水管容易堵塞，又无法钻通，且影响碾压施工。采用钻孔式排水管可确保通畅，又便于日后疏通，还兼有取芯压水等补充质量控制作用。

6.2.6 国内一些混凝土连拱坝和平板坝、大头坝均有不同程度的裂缝，局部修补又很难彻底解决问题。桓仁大头坝虽然施工期裂缝众多，但设置封腔盖板后，腔内温度变幅仅为气温变幅的1/4，消除了日温度变化与温度骤降的影响，几十年来运行良好。挪威、瑞典等国的小型平板坝都在下游封闭隔墙，据报道，其运行情况好于小型重力坝。

6.2.7 砌石坝实际上不能起到防渗和抗冻的作用。很多浆砌石坝往往在上游砌体内作一层砂浆或小石混凝土防渗层，但因不易保证质量，实际上也不能防渗。只有在上游坝面另浇一层钢筋混凝土护面，才能确保防渗，从而减轻坝体的冻害。

6.2.8 坝内廊道竖井中的空气一般均处于饱和状态。由于冬季竖井内气温高于室外气温，"烟囱"作用将湿空气运送到坝顶廊道。这是使坝顶部位混凝土饱和的一个主要原因。设置密闭保温弹簧门可隔断水汽通道，减小坝内温度应力和坝顶破坏。

混凝土虽然有一定抗渗性，但其抗蒸汽透过性却很差。廊道竖井内湿空气容易侵入较单薄的墙壁，引起破坏。用一般油漆即可防止这种现象发生。

6.2.9 坝体闸门井等各种内部充水的井、管，常是渗水、冻胀和冻融破坏部位，故本条规定应作好内部防渗防冻措施，井口封闭，以防止"烟囱"作用。

6.2.10 我国东北地区不少大坝普遍存在路面冻胀破坏现象，最突出的为丰满大坝路面，虽然采用了抗冻混凝土，真空作业，强度也较高，但路面仍发生开裂、鼓起、剥蚀。调查曾发现每年1月路面上抬约10mm，4月回落约9mm，二十多年累计上抬33mm。其主要原因是坝顶以下7m内全部为负温，3m内有冻胀裂缝7条。尽管库水位通常很少达到此高度，但由于坝顶两侧栏杆为实体防浪墙形式，既挡御风吹日晒，积雪融化后又不易自由排水，使坝顶混凝土处于饱和状态。因此，坝顶破损严重。相反，在大坝下游的江桥，由于采用不挡阳光和风雪的稀疏栏杆，排水也比较通畅，桥面混凝土较干燥，运用四五十年至今，除表层砂浆磨蚀露石外，其余情况良好。因此，本条规定坝顶宜采用稀疏栏杆。

6.3 土 石 坝

6.3.1 土石坝的土质心墙、斜墙和铺盖是防渗主体，受冻后易产生裂缝、漏水，这是不允许的。因此，无论是运行中或施工过程中均不应受冻。土质心墙（斜墙）与防浪墙、齿墙、翼墙的连接面是渗漏的薄弱面。由于混凝土的热导率大于土的热导率，冬季冻深比土的冻深大得多，因此，连接面可能受冻，且往往在交界面上产生受冻裂缝，从而可能导致渗漏破坏。抗冰冻设计中应注意防止出现这种现象。

6.3.2 铺设防冻层有两个作用：一是防止坝坡产生受冻裂缝，二是消除或减小坝坡黏性土的冻胀量。实际工程调查资料说明，坝坡土的冻胀造成护坡局部隆起，加之冰压力的作用，使护坡层在冬季冻结期内产生位移、裂缝、破坏原有的整体性。在解冻期，特别是解冻之初伴随大风的情况下，护坡很易被风浪和淘刷破坏。因此，设置防冻层，减免坝坡土的冻胀是保持护坡完整和抗风浪破坏能力的必要措施。调查还发现，护坡在土的冻胀和冰推力作用下的鼓胀主要发生在冰面至冰面以上1.5m左右范围内，相应坡长4m～6m。在抗冰冻设计中应特别注意这个范围内的防护，并采用非冻胀性土作防冻层。但是，由于历年冬季库水位高低不同，因此规定对于1、2、3级建筑物，铺设防冻层的范围在历年冬季最高蓄水位以上2.0m至最低水位以下1.0m高程。当坝坡土的冻胀级别属Ⅳ、Ⅴ级时，全部冻结层内均将发生冻胀，因此，规定1、2、3级建筑物的防冻层厚度包括护坡和垫层不宜小于当地最大冻深；当坝坡土的冻胀级别属Ⅲ级时，防冻层的厚度不小于0.8倍最大冻深；坝坡土的冻胀级别属Ⅰ、Ⅱ级和水上其他部位不宜小于0.6倍最大冻深。

对于4、5级建筑物，要求防冻层太厚可能在经济上不够合理，而且可允许出现一定的冻胀位移，因此本条中规定4、5级建筑物可根据工程具体条件适当减小防冻层厚度。

6.3.3 标准冻深大于1.2m和冰厚0.6m～1.2m的地区主要为辽宁东部和北部、吉林、黑龙江省、内蒙古东部和新疆北部的季节冻土区。这些地区的土坝护坡冻胀和冰推问题较多。由于造成冻胀和冰推的自然因素多变，加之目前虽然提出了一些抗冰推计算方法，但往往不符合实际冰推情况，难于用作护坡计算。因此，本条中根据已有试验和总结国内外较成功的工程实践经验提出几种抗冰推护坡结构措施。这些措施稍严于现行设计习惯采用的措施，但从保证安全的角度考虑，可以认为基本上是适宜的。本条中对护坡厚度和材料尺寸规定的范围是考虑冰厚和冰压力大小不同而提出的。

根据内蒙古察尔森水库的经验，在水位变化区砌体的砌筑及勾缝采用二级配混凝土得到了较好的效果。

6.3.6 水库在封冰期和封冰后一段时间内，冰层沿斜坡上爬是常有的现象。护坡结构、水库条件和温度状况不同，爬坡量的大小不同。当库水位高和冰面至防浪墙之间的坡长小于冰层的爬坡长度时，上爬冰层的推力可能破坏防浪墙。这种现象在工程运行中曾经出现过。设置陡直段或导滑齿可使顺坡上爬的冰层在未到达防浪墙时折断。

防浪墙的工作状况类似于挡土墙。若坝顶土的冻胀较大，则可能对墙体产生水平冻胀力。

6.3.7 本条第1款是根据本规范第3章非冻胀性土的划分标准（土中粒径小于0.075mm的土粒质量等

于或小于总质量10%的土为非冻胀性土）和《混凝土面板堆石坝设计规范》SL 228确定的。

面板与垂直墙的连接缝常位于正常蓄水位附近，其设计构造应考虑冰推力。

水库死水位以上或冬季最低水位以上区域的垫层料，冬季将受到不同程度的冻结，因此应考虑可能产生局部冻胀的影响。

东北的莲花混凝土面板堆石坝、小山混凝土面板堆石坝，青海小干沟混凝土面板堆石坝及北京十三陵水库上池混凝土面板堆石坝在建成后均发现膨胀螺栓拔出、角钢被拉弯、橡胶止水带被撕断、面板板间缝部分填料受损等现象，因此本条第5款规定水位变动区面板的止水结构应考虑冰推力的影响。例如，采用镀锌铁片或不锈钢片作为填料的保护罩会增大冰层对止水结构的冰拔力，因此在寒冷地区不应采用角钢、膨胀螺栓作为柔性填料面膜的止水固定件；采用胶板做面膜时，胶板应平整，边角应密封以防止剪切破坏。根据莲花混凝土面板堆石坝顶部止水修补时采用粘接材料作为柔性填料面膜的止水固定件，可以避免受到冻胀的破坏。

6.4 溢流坝与岸边溢洪道

6.4.1 开江时，冰块最大尺寸有时可达到全河宽，没有闸墩的自由溢流堰较适应过冰。必须设闸（桥）墩时，跨度要尽可能大。

6.4.2 本条是根据过冰试验和工程实践经验提出的。水深不足时，加剧冰块对堰顶撞击，并产生挤、卡、壅塞现象。

6.4.3 面流消能方式能将浮冰送往下游，且不致破坏下游设施。

6.4.4 如果上游泄冰而下游尚未全部开江，特别是由南向北的河流，可能会产生冰坝，从而使下游水位大大增高，影响枢纽工程正常运行，甚至造成两岸的淹没损失。例如云峰水电站施工期由于下游冰块壅积使下游围堰漫水淹没了基坑。

6.4.5 严寒地区水位变化区的岩壁也常会产生冻融和冻胀剥蚀和崩坍，面对大风向侧尤为严重。这种现象在国内一些工程中曾出现过。因此，上下游导墙、护岸设计防护范围内应考虑防止岩壁破坏对工程运行的影响。

6.4.6 本条系归纳国内外经验提出的。当板的厚度较薄时，保护层厚度过大将影响结构强度，因此本条只规定宜适当加大，当结构允许时不宜小于200mm。

6.4.7 土基上的溢流堰不允许受法向冻胀力作用，以免发生向上位移，故规定埋深要大于最大冻深。对于岩基上的溢流堰，在一般情况下不致发生冻胀破坏问题，故埋深可在冻深范围内。但为了预防堰底或岩缝内可能存在的水分冻结时发生冻胀，故要做好排水和锚筋。

6.4.8 迄今为止，对泄槽底板厚度尚未有成熟的计算方法，目前主要用工程类比法确定。根据调查和有关资料，岩基泄槽底板厚度大多数为0.3m～0.5m。本规范规定不宜小于0.4m，主要是依据已有工程经验和冻融破坏与修补因素提出来的。从抗冻融出发，底板钢筋保护层不宜小于10cm，冻融破坏修补厚度最好大于钢筋保护层5cm以上。这样，若板的总厚度小于0.4m，则剩余厚度将过薄。此外，底板越薄，分块尺寸宜越小，缝就越多，而永久缝也是冻融破坏的薄弱环节。

泄槽底板的分块尺寸是由气候特点、底板厚度、地基约束条件和混凝土浇筑时的温度控制条件确定的。我国《溢洪道设计规范》SL 253规定为10m～15m，美国和澳大利亚为6.1m～15.2m，我国东北地区一些工程为8m～10m。东北地区的调查发现，不少泄槽底板中心处产生裂缝。根据上述情况，本规范规定纵、横缝间距宜适当减小。

6.4.9 土基上的泄槽底板厚度多数为0.5m～1.0m。本规范规定不宜小于0.6m。由于土基对泄槽底板的约束作用比岩基小，故采用较大的分块尺寸，以增加底板的整体稳定性。

6.4.10 岩基上泄槽底板下挖排水沟不易成形。由于埋深浅，首先是出口被冻结，然后是下游侧低处排水沟（管）积水冻胀，使泄槽底板开裂。我国东北地区一些水库的溢洪道均有此现象。因此设置排水设施时，需要考虑防冻措施。排水平洞是排水防冻的一个很好的措施，排水平洞冬季不会因被冻结而不能排水，洞内设排水孔可将岸坡溢洪道山体地下水疏干，施工并不困难。底板上钻设倾向下游的排水孔，虽然也有些孔口易被冻结，但因孔数较多，有些不被冻结的排水孔仍然可起排水作用。

6.5 泄洪洞与坝体泄水孔

6.5.1 坝体中孔、底孔冬季未充满水时，孔内空气与外界空气对流，造成混凝土结霜、冻胀。若闸门井未加盖，则孔洞与闸门井形成“烟囱”作用，冷空气流通使孔、井受冻更严重，甚至开裂。这种现象在有的工程中曾发生过。因此，要在下游作封闭设施或使孔（洞）出口淹没水下。

6.5.2 过去不少水库采用框架式进水塔，多数受冰推破坏。因此，宜采用抗冰推能力较强的封闭井筒式结构，并进行抗冰推计算。

6.5.3 工作闸门位于首部或中部的泄洪洞和坝身泄水孔，当闸后洞身长度小于50m时，将可能出现工作闸门因结冰不能开启的情况。为防止混凝土产生裂缝，孔（洞）周围要增加钢筋，并在其末端加保温设施。

7 取水与输水建筑物

7.1 一 般 规 定

7.1.1 以往的水利水电枢纽工程中的引、输水建筑物设计，一般都按常规进行，未考虑冰冻作用或考虑不够，因而出现过不少事故，如冰凌堵塞、压力钢管受冻和变形等。本章针对这些问题对严寒与寒冷地区有防冰要求的取水与输水建筑物的冬季输水、排冰和输水渠道衬砌结构、暗管与隧洞等抗冰冻设计作出规定。

7.1.2 本条中提出的运行方式是通过几年来的试验研究和工程运行实践总结出来的，而且是目前在有防冰要求的取水与输水建筑物中行之有效的几种主要防冰害的工程措施。

7.1.3～7.1.5 这三条规定是在规划设计过程中，取水与输水系统达到良好的输水、排冰水力条件及工程安全的基本要求。

7.1.6 结冰盖运行时，常由于局部地段冰盖下净空不够或其他原因，造成冰盖上有流水，使冰盖逐步加厚，导致漫渠垮堤的后果。因此，规定超高应较常规设计增大。渡槽、倒虹吸等建筑物两端衔接段的超高亦需增大。

7.2 取水口排冰

7.2.1、7.2.2 为了输、排冰更顺利，更有利于冬季安全运行，一般要求运行方式采用冬季高水位运行，其作用一方面扩大闸前水域满足输排冰要求，另一方面相应增加蓄滞冰库容。为满足输排冰要求，闸前水深一般不宜小于 3m。此外，通过实践及试验，在枢纽前凹岸处设置活动导凌筏，可使冰块、冰凌向排冰闸方向流动。排冰闸流速应控制在 1.2m/s～1.5m/s。综合使用上述措施可使水面上 80％的浮冰块通畅地排向下游。

7.2.3 根据实测及试验资料，并参照国内外有关资料，为使冰在渠内上浮，流速不宜大于 0.7m/s。

7.2.4 冬季排冰耗水量是根据新疆地区几十个水电站 20 多年冬季运行实测资料，并参照下列一些国内外资料，汇总分析而得：

1 河北省东蒿村电站：$O_{耗}$＝（0.6～1.0）$O_{发}$；

2 冰岛焦塞河伯福尔水电站：$O_{耗}=6O_{冰}+10$；

3 前苏联中亚某河流：$O_{耗}$＝（4～9）$O_{冰}$；

4 加拿大某河流：$O_{耗}=12.5O_{冰}$

5 新疆各站资料：$O_{耗}$＝（4～9）$O_{冰}$。

7.3 明渠冬季输水

7.3.1 按以往有关规范进行常规设计，渠线上设有弯道时，弯道曲率半径都取水面宽度的 3 倍～5 倍。实践证明，这样设置的弯道不能形成完整的环流而产生偏流。根据试验及实测资料，为形成完整的环流，使水力条件良好，弯道曲率半径不宜小于 10 倍水面宽度。

7.3.2 根据我国西北地区 40 多年来与冰害斗争的实践，对于上游无调节水库或远离控制性水利枢纽的径流式电站，在引水枢纽上游或沿渠线充分利用天然洼地修建蓄冰、滞冰水库、人工池（塘）是解决冰塞的有效措施。其水位应比该处引水渠水位低 0.2m～0.3m，其主要作用是为了避免冰凌壅塞在池（塘）进口，导致失效乃至损毁进口。

7.3.3 本条主要从冰凌水力学方面提出防冰冻的设计要求。

7.3.4 对于有输水、排冰要求的渠道，窄深式可减少水面与大气接触面，缩减热交换量，减少底、岸冰的再生条件，使水流通畅，保证冬季运行的安全度。

7.3.6 本条设计流速系根据多年实测及室内模拟试验，并参照了下列一些国外资料提出的：

1）苏联《水工手册》新版中提出，结冰盖期渠内流速（v）小于 0.5m/s；形成冰盖后渠内流速（v）为 1.2m/s～1.5m/s，小于2.0m/s。

2）美国《冰工程》提出，渠内流速（v）小于 0.6858m/s（2.25ft/s）。

3）麦克拉克兰提出，冰的下潜流速（也称临界流速）值为0.69m/s。

4）阿斯顿将渠内流速（v）以 0.6m/s～0.7m/s 作为临界值。

7.3.7 根据新疆地区几个电站冬季结冰盖运行实测资料及参照国外资料进行对比后，推荐比较简化的东北勘测设计研究院提出的公式。有关公式介绍如下：

东勘院公式：正文公式（7.3.7）。

前苏联《水工手册》新版 A·A·沙巴也夫公式：

$$n=\left(\frac{x_1 n_1^c+x_2 n_2^c}{x_1+x_2}\right)^{2/3} \tag{1}$$

$$c=0.5+y \tag{2}$$

美国陆军工程师团，凡洛康—萨巴涅也夫公式：

$$n=\left(\frac{n_2^{3/2}+n_1^{3/2}}{2}\right)^{2/3} \tag{3}$$

式中：n——综合糙率系数；

n_1——渠槽糙率系数；

n_2——冰盖底面糙率系数；

x_1——渠槽湿周长度（m）；

x_2——冰盖湿周长度（m）；

c——谢才系数；

y——渠槽指数。

7.3.8 本条是依据已有工程多年运行实践总结、实测资料及室内水力学试验提出的。

7.3.9 公式（7.3.9-1）和公式（7.3.9-2）是根据渠

道水流的热量平衡原理得出的。在总热损计算中，采用了北纬35°～45°，水表面温度 $t_0=0℃$，饱和水气压 $E_0=6.1hPa$，空气绝对湿度 $E=0hPa$，风速 $V_f=5m/s$。

7.4 暗管与隧洞

7.4.1 暗管的冻胀破坏主要取决于管道周围及其下部土的冻胀大小，故除了当地总冻胀量外，冻胀沿深度的分布情况是确定管道埋深的重要条件。由于冻胀沿深度的分布因各地条件不同而异，往往很难全由实测确定，故本条中对无实测资料时按冻胀沿深度基本呈均匀分布的情况提出不同冻胀级别下的埋深要求。但是，如果在当地条件下，例如冻胀很小、水温较高等，不会发生上述问题，则可通过论证适当减小埋深。

7.4.2 冬季通水的暗管埋在冻层内，可能因冻胀和融沉产生过大的变形，也可能因管内的水结冰影响通水甚至管道胀裂，因此应论证其抗冻胀稳定性和管内水结冰的可能性及其不良影响。

7.4.3 井管的冻拔可能破坏接头，故不允许冻拔。抗冻拔措施是要消减冻切力。例如在冻层范围内的井管表面作成尽量平滑或作表层处理：涂黄油、沥青、工业凡士林以及油与蜡的混合物，并包以塑料薄膜或玻璃丝布油毡，设双层套管等。

8 渠道与渠道衬砌

8.1 一般规定

8.1.1 渠道线路的选定受多方面因素的制约，抗冻胀是其中之一。已有的大量观测和试验证明，当渠底高程与冻前地下水位的距离大于地下水对冻结层无显著影响的临界值 Z_0（表3）和渠道基土冻前含水率小于塑限含水率时，渠道衬砌一般不会有冻胀的危害。因此，从防止冻害出发，在选线时，在综合考虑各种因素的条件下，尽可能使渠道线路避开高地下水位地段。

表3 Z_0 值（m）

土类	黏土、粉 土	细沙粒土质砂	含细粒土砂
Z_0	2.0	1.5	1.0

8.1.2 渠道衬砌较薄，采取抵抗性措施难以达到防冻害的目的，而从适应、回避、削减或消除冻胀等方面选用措施，较为经济合理。我国北方地区大量实测资料证明，当渠道土的冻胀位移值与衬砌允许位移值相差不大时，可通过适应冻胀位移的结构措施解决。当位移值与允许值相差过大时，应采取回避、削减或消除冻胀的措施解决。

衬砌渠道是一种线路性工程，沿渠的土质、水分补给条件和渠道走向往往有较大的变化。土、水、温度是形成冻胀差异的基本因素，对不同冻胀量的渠段应采用不同的抗冻胀措施。因此，衬砌结构抗冻胀稳定性验算，应根据渠道的土、水、温的变化情况分段进行。

8.2 衬砌结构抗冻胀稳定性要求

8.2.1 衬砌渠道的冻害，主要是因渠床土冻胀造成衬砌体过大变位，而且衬砌体又普遍具有体积小、自重轻、所受约束力小等特点，难以抑制冻胀力而遭破坏，故选择允许法向冻胀位移值作为控制指标。

允许法向冻胀位移值是指衬砌板在冻胀、融沉作用下，不产生累积冻胀或残余位移的允许值，产生此值时渠道衬砌仍能满足设计和正常运用的要求。

渠道衬砌结构的允许冻胀位移值与衬砌板块的大小、衬砌板块间的约束程度、衬砌板与基土间的冻结力、冻胀不均匀度和渠道边坡基土的稳定性等有关。用允许法向冻胀位移值作为抗冻胀设计的控制指标，是当前一个比较简单而实用的方法。本规范表8.2.1中的允许法向位移值是综合我国北方各地的试验观测成果提出的。

在本规范编制过程中，也曾考虑了另一重要控制指标，即“不均匀冻胀系数”。但因确定定量指标的依据尚不够充分而暂未作规定，有待今后继续积累资料再作修订。

8.2.2 同一断面的不同部位，有不同的冻胀位移量，为节省工程投资，可采用不同的抗冻措施。

在按本规范附录C计算衬砌渠道的冻胀量时，因衬砌板自重不大而且无外荷载，为安全计，除特殊情况外，可不考虑衬砌板重量对冻胀的影响，取地基土的冻胀量作为衬砌结构的冻胀位移量。

8.2.3 冻结期渠内有冰（水）的渠道，不论衬砌体是起防冲或防渗作用，也不论当地地下水位埋深如何，均应把冰（水）面视为地下水位补给面。在冰（水）面以上一定高度范围内，渠道边坡的冻深一般是一个由小到大的变化值，为计算方便和安全计，本条规定在冰（水）面以上1.0m范围内，以冰（水）面为地下水面计算冻深。在冰（水）面以上0.5m范围内渠道边坡的冻胀是很强烈的，在此范围内，结冰渠道最大冻胀量位置偏下，冬季行水的渠道最大冻胀量位置偏上，为安全和简化计算，本条规定在计算冻胀量时，在此范围内地下水位埋深取零。

8.3 渠道衬砌结构

8.3.1 多年的工程实践说明，当渠基土的冻胀性为Ⅰ、Ⅱ级时，按本条规定的6项措施可以满足抗冻胀要求。本条中的第1款是利用结构受力特点兼有抵抗和适应冻胀变形两种能力的结构措施，第2款和第3款是以适应冻胀变形为主的结构措施，第4款是利用空气保温以削减渠基土冻胀量的结构措施。

随着新材料、新技术的发展，渠道衬砌的材料和结构也在发展，例如模袋混凝土、土工格室、生态混凝土等。由于这些材料和结构仍在研究和发展中，暂时未列入本规范。因此，本条中，除列出的5种断面形式和衬砌结构外，还提出可根据具体情况采用其他适宜的结构型式。

8.3.2 本条规定适用于渠基土的冻胀性级别为Ⅲ、Ⅳ、Ⅴ级的渠道，第1款所列的措施削减了渠底冻胀作用、限定了槽侧回填土高度，是兼具削减和回避冻胀作用的结构措施；第2款所列的措施是抵御和适应冻胀变形的结构措施；第3款属于综合性措施；第4款和第5款所列的措施是回避冻胀的措施，可彻底消除冻胀，但工程量较大、造价较高，非特殊必要时不宜采用。

强冻胀土地区的大型渠道，断面形式和沿线的冻胀条件都比较复杂，特别是地下水位又常常较高，在这种情况下，往往难于用单一结构或措施解决其结构的冻胀破坏问题。而1～3级渠道的断面和坡长较大，地下水位往往较高，冻胀条件也较复杂，加之破坏带来的后果又较为严重，因此有必要针对具体情况进行专门研究。

8.3.3 分缝是渠道衬砌结构适应、削减冻胀变形的关键措施。渠道衬砌板（块）的隆起、架空是冻胀破坏的主要形式之一。已有的现场试验观测结果发现，渠道边坡冻胀时发生坡长缩短是产生这种现象的一个原因。因此，要求沿渠道周边的分缝要有一定的宽度和适当的间距，以便通过缝宽和缝数的调整满足缩短量，防止板块间相顶而造成的隆起、架空现象。本条中规定的缝型、缝宽和缝的间距是根据国内外工程实践经验提出的。纵向缝数可参照本条规定的纵缝间距和缝宽尺寸范围、依据渠周冻胀后的几何缩短量按式（4）试算确定，渠周冻胀后的几何缩短量可根据渠道断面尺寸和冻胀量分布情况通过计算求得。原水利部西北水利科学研究所提出估算纵缝数的如下经验式(4)，据此确定缝距的方法，可供参考。

$$n \geqslant \Delta L/(\Delta b-15) \qquad (4)$$

式中：n——纵缝数；

ΔL——渠周几何缩短量（mm）；

Δb——缝宽（mm）。

本条中填缝止水材料性能的要求是保证夏季最高气温且受阳光直射下不流淌，冬季最低气温下仍具柔性，能适应上述渠坡长度冻胀变化时缝宽的伸缩变化而提出的。

8.4 冻胀土基处理

8.4.1 在衬砌结构下设置保温层如聚苯乙烯泡沫塑料板、高分子防渗保温卷材等，削减或消除渠基土的冻胀，具有施工简易、效果明显、造价较低等特点。

本规范表8.4.1中的设计热阻值是指为达到建筑物或墙后地基土不发生冻结所需的最小热阻值。表中的设计热阻值是根据黑龙江省水利科学研究所、河北省大清河河务管理处和山东省水利科学研究所等单位的试验成果整理得出的。

硬质泡沫保温板吸水性对其热导率的影响很大。因此，使用吸水性的保温材料时应防水或通过试验确定其最大吸水率，并在设计中采用与长期最大吸水率相应的热导率。黑龙江水利科学研究所对聚苯乙烯硬质泡沫板进行的试验得出不同吸水率时的热导率增大系数如表4所示，可供参考。

表4 EPS板热导率增大系数与体积吸水率关系

体积吸水率（%）	0	0.5	1	2	3	4
热导率增大系数	1.0	1.05	1.05	1.1	1.2	1.4

注：EPS板的密度为20kg/m³～30kg/m³。

保温板的物理力学性能主要包括保温板的密度、不同荷载下的压缩量、吸水率和热导率等。设计中宜根据上部荷载的大小考虑相应的压缩量对结构物的影响。从已有工程应用来看，对于1级～3级的建筑物和渠道保温板的密度一般以不小于30kg/m³为宜。

8.4.2 采用本条作为渠道抗冻胀措施时应注意下列各项：

1 应保证置换层在冻结期不饱水或有排水出路。

2 应严格保证置换土料的非冻胀性和防止在使用期间受细颗粒淤塞。

3 渠道是线路性的工程，特别是冻深和冻胀量较大的地区置换量过大不一定经济可行。

8.4.3 本条是通过降低渠床土的含水量以削减冻胀的措施，也是保证置换层能有排水出路的方法。采用本条措施的关键是准确掌握当地的水文地质资料，搞好排水设施（盲井、暗管、反滤体等）的设计，并能保证其长期正常工作。

8.5 渠坡稳定要求

8.5.1 土质渠道或以土石料护面的埋铺式膜料防渗渠道的边坡常常因基土冻融作用在春融期间发生滑塌，以致实际存在的稳定的断面形式大致都成为弧形、弧底梯形、弧形坡脚梯形，其宽深比都大于1.0，因此本条作出相应的规定。

8.5.2、8.5.3 渠床属强冻胀性的土质渠道，在融化期，坡面表层融化后，土体中的水分不能渗入尚未融化的冻结层而滞留在冻融交界面，形成抗剪强度很低的超饱和土层，致使融化土体可能沿此界面下滑，并出现逐层下滑塌坡。为防止边坡在融化期出现这种滑塌，故规定1级～3级渠道应进行边坡稳定性验算。

9 泵站与电站建筑物

9.2 前池排冰

9.2.1 以往在前池容积的计算中，未计入在冬季正常水位运行时冰盖所占有的容积，因而导致前池超高不够而漫顶失事或强制降低正常水位运行而损失大量电能。因此，前池容积应计入冰盖所占容积。

9.2.2 通过这几年来对引水式水电站防冰害的调研发现，各地区前池的布置形式繁多。为统一名称，本条进行系统归纳定名。各种布置形式如图2所示。从运行效果来看，其中以正向排冰正向引水的布置形式最佳。

9.2.3 通过实际运行证明，排冰闸中心线和引水渠中心线布置在同一条直线上时，水流非常平稳，闸前无回流和旋涡。反之，闸前流态比较紊乱，出现回流、旋涡、水流顶托等现象，导致闸孔出流流速分布极不均匀。

9.2.4 为了使水流平衡，满足浮冰（凌）沉沙的流速要求，在排冰闸前设置缓流渠段能起到浮冰、排砂作用，其长度不宜太长或太短。太长时，由于水力排冰、排沙能力的影响长度有限，排冰、排砂效果不理想；太短时，会影响侧向进水口的水流流态。经过现场实测结合模型试验验证，其长度一般控制在20m～40m范围内为最佳，其断面形式以宽度与排冰闸等宽的矩形为好。为了减少入渠冰量，在进水闸前缘应设置活动或固定的导冰筏。其潜入深度与冰块厚度有关。我国西北地区一般冰厚在0.8m～1.2m，故本条规定采用潜入深度为1.5倍～2.0倍冰厚为宜。

9.2.5 以往寒冷地区尤其是我国西北地区已兴建投产的引、排水系统中，其变断面的衔接段都紧靠闸体，长度也较短，因而在闸前均出现回流旋涡区，易形成冰塞、冰堵及闸孔出流不均，导致排冰效果较差。本条规定是根据现场实测资料结合室内整体水力学模型试验提出的。

9.2.6、9.2.7 这两条是根据我国西北地区某电站进行整体水力学模型试验的结果提出的。

9.2.8、9.2.9 常规的泄水渠主要为电站弃水服务，但严寒地区还要结合排冰、凌，故这两条对泄水排冰渠道提出相应的要求。

9.3 地面厂（泵）房

9.3.1 地面厂（泵）房，特别是抽水站的泵房若布置在高边坡和地下水位高的地段往往因土坡的强烈冻胀、滑坡，危及泵房，管道发生上抬变形。这种事故曾在我国东北地区一些工程中发生。积雪深的地段，特别是有雪崩危险的地段将对地面厂（泵）房产生过大的雪荷载。

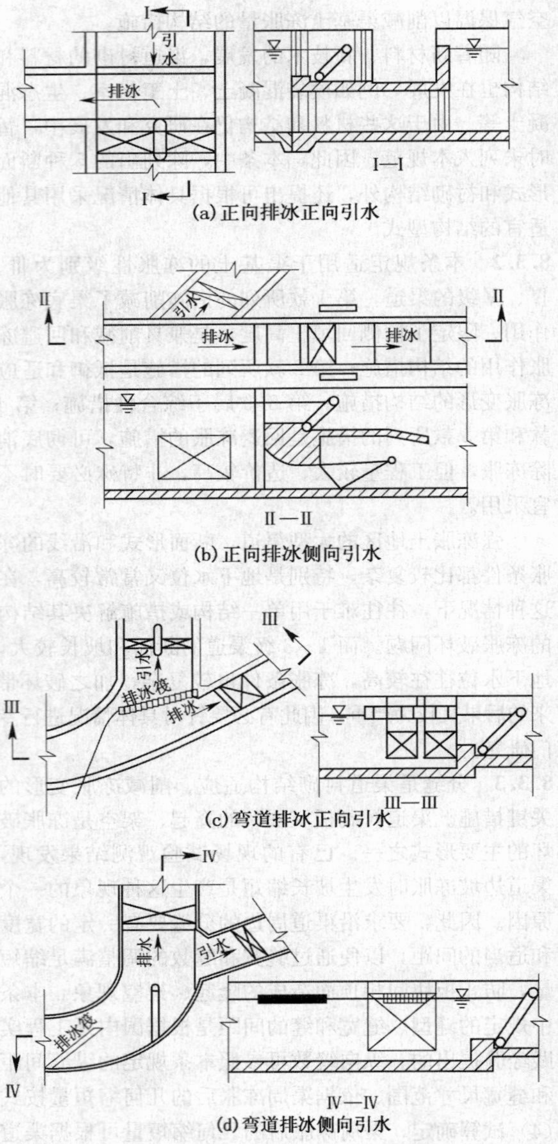

图2 前池引水、排冰布置示意

9.3.2 地面厂（泵）房的出水池常常是泵房及其附近地下水位壅高的一种原因。因此，除作好排水外，冬季不运行时，出水池与相连渠道都应能放空。

9.3.3 不少中小型地面厂（泵）房外墙地下（水下）部分使用浆砌石，冬季受冻破坏严重，故规定设计外墙时应考虑冻胀力的作用。

9.3.5 一般中小型工程的地面厂（泵）房设计只有土建结构设计，而无采暖保温设计。这是造成冬季受冻、出现问题的原因。因此，本条规定应考虑采暖保温设计，而且力求经济、节能。例如，对于冬季不运行而需要采暖的中、小型地面厂（泵）房，往往不易做到冬季采暖，而且目前有采暖的也多用煤炉，既不经济又不安全。因此，有条件时可考虑采用温度继电器自动起停的电热系统。这样，即使远离居民点，由一人值班定期照看即可，既经济又有效。

9.3.6 运行经验表明，地面厂（泵）房室内温度一般不必过高，适于工作人员巡回检查即可。只是在长期有人工作的部位才需较高的室温。风、水、油、电系统采取局部采暖常比一般采暖容易解决结霜、结露、潮湿和管路冻结等问题，所需电量也不多，比锅炉有效。

9.3.7 本条是综合了我国东北地区一些小型电厂和泵房的运行经验提出的。

9.3.8 冬季不运行的地面厂（泵）房，室内渗漏水位常与四周地下水位或尾（进）水水位齐平。冬季结冰冻胀可能危及楼板梁系的安全。如果板梁位置高于冰面，则无此问题。

10 闸涵建筑物

10.1 一 般 规 定

10.1.1 闸涵建筑物除按常规选址条件选址外，还要考虑影响地基土冻胀和冰凌作用的因素，包括工程地点的标准冻深、设计冻深、冻胀量和地基土的冻胀级别。因此，选址时宜避开冻前地下水位高、有侧向地下水补给的地点，也宜避开强冻胀土质地基和武开江的河段等。这样，可以减免地基土的冻胀和冰压力作用。

10.1.2 由于闸涵建筑物各点的高程、朝向和土质等不同，地基土的冻深和冻胀量不同，因此要选择典型断面进行计算。图3是设计控制断面上计算点的选择和地基土设计冻深线、冻胀位移线示意图，可供设计参考。

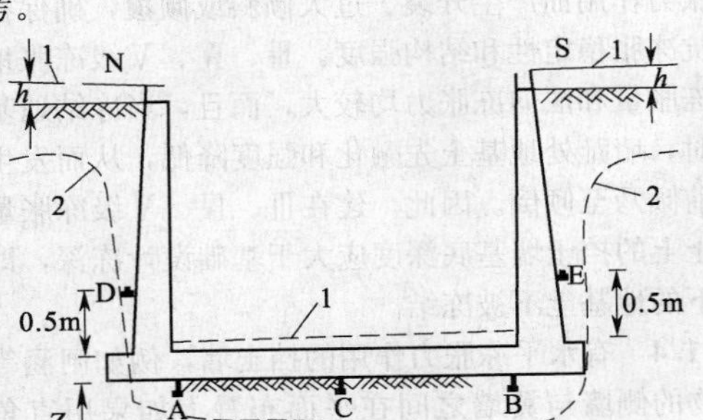

图3 控制断面计算点、地基土设计冻深线、冻胀位移线示意

A～E—计算点；1—冻胀位移线；2—地基土设计冻深线

10.1.3 采用开敞式过冰设施，有利于大冰块顺利排泄，减免闸前壅冰现象。

1、2级建筑物对泄流和泄冰要求都比较高，冰流量大，冰情条件比较复杂，因此宜通过整体水工模型试验确定满足过冰条件下的工程布置和流态，以免发生类似某些工程曾出现过的壅冰等问题。

闸墩（破冰墩）前沿作成斜面可减小冰压力的水平分力，有利于闸墩稳定。据有关资料介绍，当墩头与水平面的夹角大于75°时，冰块多呈挤压破裂；当夹角为60°～75°时，一部分呈挤压破裂，另一部分则上爬；当夹角小于60°冰块则基本上是受弯（剪）破坏。

10.2 结构与布置

10.2.1 近年来的抗冻工程实践证明，涵闸工程的结构与布置是影响建筑物抗冰冻实效的关键要素。我国“三北”地区已有的集中点（线）式布置和整体式、柔性结构（如一字形闸、U形闸整体式结构、倒T形结构和柔性护砌等），经工程实践验证，都具有较好的抗冻胀效果。

10.2.2 大中型水闸边墙结构有直墙式和斜坡式。有的水闸采用直立式边墙，而翼墙做成河岸护坡形式。由于冬季斜坡底板大部分露出水面和地基土冻胀而使两岸斜坡面出现大量平行于水流方向的裂缝，对侧向防渗极为不利。因此，在有冻胀作用的情况下，宜首先选用直墙式。边墩直接挡土时，在土压力或水平冻胀力作用下均可能发生变形而影响闸门操作，边墩和底板也产生较大的弯曲。此外，闸室受两个方向的水平力作用也加大了闸身的不均匀沉陷。从相邻分部工程的基底压力差来看，闸底板的基底压力小，而边墙在填土压力作用下基底压力大，因此，对于易发生不均匀沉陷的软基，在它们之间宜设沉陷缝。将闸室与岸墙分立，在边墩后面设置轻型边墙，可减小相邻分部工程基底的应力差。

10.2.4 铺盖板的厚度较薄，抵抗变形的能力较差，当冬季暴露时，在冻胀力作用下易受破坏。减小分块尺寸可以增大刚度，但分块过小时分缝又过多。因此，要合理分块。

10.2.5 涵闸底板在法向冻胀力作用下，板的上部将变为受拉区。不少涵闸底板均因此而发生开裂。因此，宜布置上下两层钢筋。

10.3 稳定与强度验算

10.3.1、10.3.2 冻胀土基上的涵闸建筑物可能承受法向、水平、切向冻胀力和冰压力的综合作用，因而往往发生累积性不可逆的竖向位移或倾斜，底板开裂，岸墙前倾、裂缝，基土冻融淘刷乃至建筑物倒坍等破坏现象。因此，要根据不同的受力条件进行稳定和强度验算。

在有冰压力和（或）冻胀力作用的情况下，闸室基底的地基应力要比常规设计情况复杂。此时，有切向冻胀力、边墩与岸墙结合在一起时的水平冻胀力对闸室基底的应力产生作用，使基底压力分布很不均匀。当闸室基底压力最大值与最小值之比过大时，将会导致基础板发生过大的沉降差，使闸室结构发生倾斜、变形，甚至断裂。因此，要求验算冰压力和（或）冻胀力作用下基底压力。

冰压力的作用主要是指动冰压力作用，因为闸门不允许承受静冰压力。但现有的实际工程中，往往仍承受静冰压力。因此在设计中也还要适当考虑可能出现的不正常情况，故本条中未明确规定只计动冰压力的作用。

在实际工程中曾发生过因闸基发生冻胀，融化期抗剪强度和抗渗能力降低，当渠道放水和闸门挡水时闸基被淘，导致垮闸的事故。因此，在验算闸体抗滑稳定和渗透稳定性时，特别是融化期挡水水位较高的情况下，应注意闸基和边墩侧因土的冻融可能产生的抗剪强度和抗渗能力降低的问题。但是，由于地基土融化时的抗剪强度变化较大，当土中含水量无很大变化时，强度降低幅度较小；含水量变化大时，强度降低幅度较大；如果上层融土下有冰夹层，则将形成光滑的滑动面，强度将大大降低。由于情况变化多，目前实测资料又较少，因此还难于定量，只能根据具体情况确定，同时，主要还是要在设计中采取结构措施。

10.3.3 我国黑龙江省低温建筑科学研究所、黑龙江省水利科学研究所、中科院冰川冻土研究所、吉林省水利科学研究所和日本北海道开发局等国内外试验资料表明，当约束土体冻胀的结构沿冻胀力方向发生位移时，冻胀力将很快衰减。公式（10.3.3-2）中的法向位移影响系数是按上述各家相对变形量与冻胀力衰减关系的外包线得出的。该公式也适用于水平冻胀力和切向冻胀力的计算。

10.4 抗冻胀措施

10.4.1 水工建筑物抗冻胀破坏措施概括起来，一是加强结构强度，二是消减冻胀力和冰压力，有条件时还可采取回避冰冻压力的措施。当冰冻条件较严峻时，单一措施可能达不到要求，此时需要采取综合措施。本节规定了保温法和置换法两种主要工程措施的技术要求。

10.4.2 用保温材料保温，削减或消除地基土冻胀，具有施工简易，效果明显等特点。保温材料较多，如泡沫混凝土砌块、水泥（或沥青）泡沫珍珠岩砂浆、聚苯乙烯泡沫、聚氨酯泡沫等，目前，水利工程中采用聚苯乙烯硬质泡沫板保温的较多。但是，在实际工程中发现有的保温效果并不理想。究其原因主要是材料质量和长期浸水。因此，采用保温板保温措施时必须保证所用材料的技术指标合格和防水性能良好。

保温板的水平加宽和垂直加深铺设尺寸的规定是为了达到建筑物地基土不发生冻结的目的确定的。

10.4.3 根据我国华北、东北部分地区的实测资料归纳，湖泊和水库中的冰层厚度一般是当地基土冻深的0.5倍～0.6倍。考虑到闸涵建筑物的保温水层较薄，且易受周侧冻结的影响，故本条规定保温水层厚度宜大于当地的最大冰厚。

10.4.4 置换法是基础防冻胀技术中常用的措施之一。但由于对此方法的适用范围和条件掌握不当，置换后材料周围反滤层失效，在长期运行中受周围原状土中细颗粒“淤塞”而改变了置换基土的不冻胀性，以及置换料的细粒含量未达到标准要求和施工不良等原因，往往达不到置换的目的。因此，本条规定了采用置换法需注意的要点，同时增加了置换深度的具体要求，以及置换材料中细粒含量较多和置换深度达不到要求时的剩余法向冻胀力计算方法。

表10.4.4-1所列的涵闸基土置换比是根据本规范表4.0.3-3的地基土冻胀量与单位法向冻胀力关系确定的。

表10.4.4-2所列护坡基土置换比是考虑上部荷载5kPa的条件下，按允许变形1.5cm确定的。

当置换材料中细粒含量较多时，置换层内仍将产生冻胀。因此，应根据细粒含量确定土的分类，并按本规范附录C确定其冻胀量和相应的冻胀力。当置换深度达不到要求的置换深度时，基础还存在剩余的冻胀力，因此给出剩余法向冻胀力计算公式。

11 挡土结构（墙）

11.1 一般规定

11.1.2 本条按地基土的冻胀级别对挡土墙埋深作出限定，目的是避免挡土墙在冻胀量较大的地点受法向冻胀力作用而产生开裂、过大倾斜或倾覆，确保挡土墙抗冻胀稳定性和结构强度。Ⅲ、Ⅳ、Ⅴ级冻胀地基上冻胀量和法向冻胀力均较大，而且，当冻结地基融化时，墙趾处地基土先融化和强度降低，从而发生墙身前倾乃至倾倒。因此，建在Ⅲ、Ⅳ、Ⅴ级冻胀量地基土上的挡土墙基底深度应大于基础设计冻深，即墙基下的地基土不被冻结。

11.1.4 有水平冻胀力作用的挡土墙，例如闸涵等建筑物的侧墙与翼墙之间在平面布置上如果用直角联结，在两向冻胀力作用下，墙角处将出现较大的集中拉力，因而产生裂缝，甚至断裂，这已被许多工程实例证实。因此，平面布置上宜采用圆弧形联结。总水平冻胀力的大小与墙后填土高度有直接关系，因此在可能的条件下宜尽量减小墙后的填土高度，同时宜采取防水、排水措施，尽可能减少渗入土中的水量。本条对挡土墙的结构形式和布置提出要求，目的是避免或减少冻胀力对建筑物的作用。

11.1.6 墙体基础布置在同性质土层的同一高程上，不仅可以减少地基的不均匀沉陷，而且可以减少不均匀冻胀对墙体的破坏作用。

11.2 水平冻胀力的计算

11.2.1 墙后的土体受来自垂直地表和墙体两个方向负气温作用而处于双向冻结状态。由于冰晶的增长方向垂直于等温线，因此外露墙体的高差和厚度均直接影响到水平冻胀力沿墙高的分布形式。多年来，国内有关单位进行过不少挡土墙水平冻胀力的观测试验研究，例如黑龙江省水利科学研究所在哈尔滨试验场的实体和模型挡土墙工程，吉林省水科所和水利部松辽委科研所在东阿拉和大安屯两处的锚定板挡土墙工程，水利部松辽委水科所在长春地区西新和向阳的模型挡土墙工程，黑龙江省水利设计院在巴彦县的东风水库挡土墙工程和铁道部西北研究所在风火山冻土站的现场实体挡土墙和模型挡土墙工程。这些挡土墙的外露墙高范围为1.6m～3.0m。因此，规定本节的计算适用于墙前地面至墙后填土顶面之间的高差为1.5m～5.0m的薄壁式挡土结构（墙）。

11.2.2 分析上述试验和观测所得的80组资料说明，在墙顶一定范围内不存在冻胀力或很小，最大单位水平冻胀力出现在距墙前地面高程以上一定高度的回填土内，水平冻胀力沿墙高的分布多数呈近似三角形。因此，根据已有试验资料，采用与实测压强图的冻胀力矩和合力相等，最大单位水平冻胀力作用点不变的原则，通过计算得出如本规范正文图11.2.2所示的三角形单位水平冻胀力压强分布图。

本规范表11.2.2中的非冻胀区深度系数 β_0 值是根据现有的试验结果，分析挡土墙后回填土不同冻胀级别时的非冻胀区深度系数得出的。

墙后填土的冻胀量主要取决于填土的土质和地下水位，经过对已有试验结果的分析计算，取最大单位水平冻胀力作用点距墙前地面以上0.5m，如图4所示。

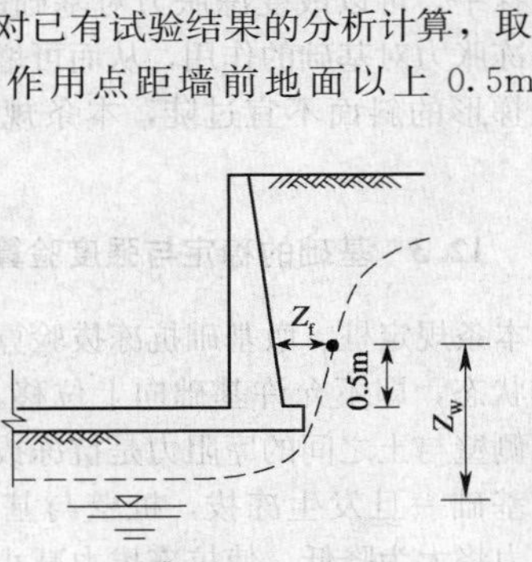

图4 冻胀量 h_d 的计算点示意

本规范公式（11.2.2-1）中的系数 α_d 值是考虑悬臂式挡土墙在水平冻胀力作用下可能的变形后通过计算确定的。由于变形性能较大的支挡建筑物的变形量差别可能较大，因此规定按本规范公式（11.2.2-2）计算系数 α_d 值。

墙背坡度的改变将对水平冻胀力值产生影响。因此，在公式（11.2.2-1）最大单位水平冻胀力的计算中加入了边坡影响系数和墙体变形影响系数。悬臂式挡土墙的墙背坡度一般都小于0.15，因此，参照日本北海道开发局土木试验所的试验成果给出边坡度影响系数0.85～1.0。黑龙江省低温建筑科学研究所、黑龙江省水利科学研究所、中科院冰川冻土研究所、吉林省水利科学研究所和日本北海道开发局等国内外试验资料表明，当约束土体冻胀的结构沿冻胀力方向发生位移时，冻胀力将按指数规律衰减。本规范公式（11.2.2-2）是按上述各家相对变形量与冻胀力衰减关系的外包线得出的。

11.3 抗冻胀措施

11.3.2 当挡土结构（墙）后置换的非冻胀性土的粒径较粗时，渗透性较强，因此在采用置换措施时，应注意满足渗径要求。

11.3.3 单向铺设方式是指只在墙背沿墙体铺设保温材料，从而将原来来自墙体和填土面两个方向的负气温作用而形成的双向冻结状态改变为只有垂直于墙后填土面的单向冻结状态。

在挡土结构（墙）较矮和地下水位较高的情况下，用单向铺设方式时，墙后填土面仍可能有较大的冻胀，对铺面道路或其他露天设施产生破坏作用。因此，在这种情况下宜采用双向铺设方式。此外，全水平铺设方式存在自保温板端部向板下土体的侧向冻结作用，从而亦可能产生对上部设施的冻胀破坏。因此，在这种情况下宜采用水平与垂直帷幕式相结合的铺设方式。

12 桥梁和渡槽

12.1 一般规定

12.1.1 在寒冷地区土的冻胀级别属Ⅰ、Ⅱ级时，一般桥梁和渡槽桩基的抗冻拔力均大于冻拔力。实际工程调查亦未发现在上述条件的地区有桩基冻拔造成的破坏现象。因此，本条规定当土的冻胀级别属Ⅲ、Ⅳ、Ⅴ级时，应进行抗冻拔稳定和强度验算。

12.1.2 桩基础每排桩的根数是根据承载力和抗倾覆要求确定的。桩的根数愈少，总切向冻胀力愈小，而作用于单桩上部的荷载愈大，按承载力的入土深度也相应增加；桩径愈小，总切向冻胀力亦愈小。所以，减少桩的根数和桩径，对抗冻拔十分有利。因此，本条规定冻土地区的桩基宜尽量减少桩的根数和减小桩径。单根桩能够满足要求时，不宜采用双桩；双桩能够满足要求时，不宜采用多桩。

12.1.3 建筑在河（渠）道上有过冰要求的桥梁和渡槽，在流冰期，冰块将对其桩（柱）基础产生冰压力。当基础阻滞冰块下泄时，可能形成冰堵，抬高上游水位，甚至造成上游河水漫堤或危及桥梁和渡槽安全。为避免或减小动冰压力，并使冰块平顺下泄，增大单跨长度是有效的。

12.1.4 河床冲刷改变了基础的埋置深度，特别是对于埋深较小的扩大板式、排架底梁式和墩式基础。若考虑冲刷影响不够，冬季土的冻结深度往往达到基础底面以下，从而产生对基础底面的竖向冻胀力，这对建筑物的安全是极为不利的。

12.1.5 当桩柱基础设置横系梁来增加整体刚度时，若横系梁设置在冻（冰）层内或过于接近地（冰）面，在地基土冻胀时，将承受很大的法向冻胀力，使基础上抬或拉断。本条中至少40cm距离的规定是以一般地面冻胀量不超过40cm作出的。有些桥的排架基础，在设计时因对冲刷深度估计不足，或施工时埋深不够，工程运行后因冲刷而使底梁进入冻层。此外，当发生淤积时将缩小地面与地上横系梁的距离，这些都将因土的冻胀造成危害。因此，为了防止这些现象的发生，设置横系梁时应考虑冲刷和淤积影响。

12.1.6 渡槽的进出口段与槽身的联结处常常因基土冻胀而发生错位，造成漏水，乃至使结构破坏。所以，设计时应按本规范第10章和第5.3节的要求，做好进出口的抗冻胀设计及进出口段与槽身之间分缝和止水。

12.1.7 冬季输水的渡槽结冰有可能产生对槽身不利的冰压力。因此，要防止结冰盖或根据可能产生的冰压力验算槽身的结构强度。

12.2 基础结构

12.2.1 已有桩基冻害调查结果表明，冻拔破坏多数是由于冻深范围内桩壁粗糙和存在较大凸体所致。由于灌注桩基础施工中，地面以下一定深度内由于水压小而成孔性差，经常出现塌孔现象，使基础不但糙度大，而且形成不规则凸体，加大冻拔力。减小桩在冻土层内桩壁的糙度，可以大大减小基土与桩壁之间的冻结力，有利于基土冻胀过程中沿桩壁剪移而使冻胀力松弛。在冻深范围内设置套管是减小冻拔力简单而有效的方法。

12.2.2 扩大式基础、排架式基础和墩台基础如图5所示。这些基础的施工都要开挖基坑。如果地下水位较高，开挖、排水的工程量较大，施工困难，工程造价将随之增大。所以，在设计时，应根据施工条件进行经济比较，选择适宜的结构形式。

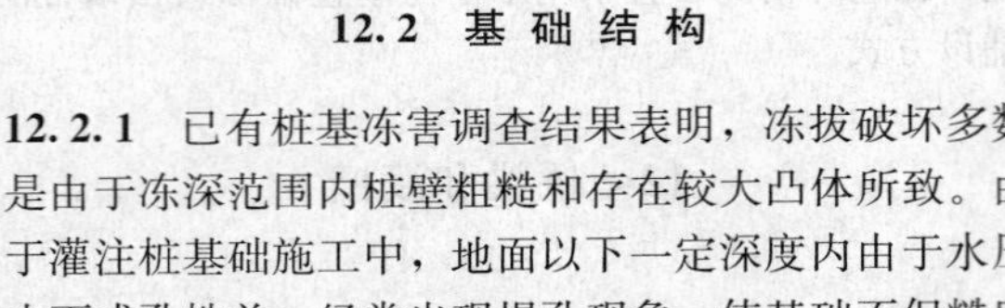

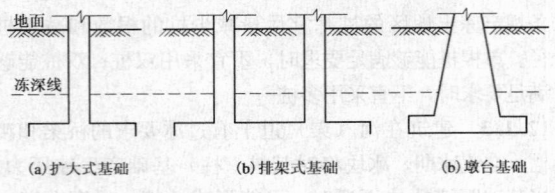

(a)扩大式基础　　(b)排架式基础　　(b)墩台基础

图5 基础形式示意

扩大式基础、排架式基础的底板和底梁置于冻层下面，对抗拔起锚固作用。如果埋置深度不足，河底冲刷后锚固底板或底梁进入冻层，则不但基础的锚固作用失效，而且将受基底法向冻胀力作用。实际工程中有不少此种破坏实例。因此，在冲刷深度较大的河床不宜采用，特别是在冲刷深度难于估算的不稳定河床更不应采用。

12.2.3 扩大式基础的抗冻锚固作用主要取决于翼板长度。多年来，国内外一些专家、学者对扩大式基础锚固底板的锚固力理论和计算作过一些研究，但由于试验方法及基本假定的不同，所得结果亦不同。因此，本条根据已建工程运行经验和野外试验结果提出对扩大式基础底板的翼板长度的要求，如图6所示。满足本规定的尺寸，在无特殊冻拔因素的情况下是安全的。

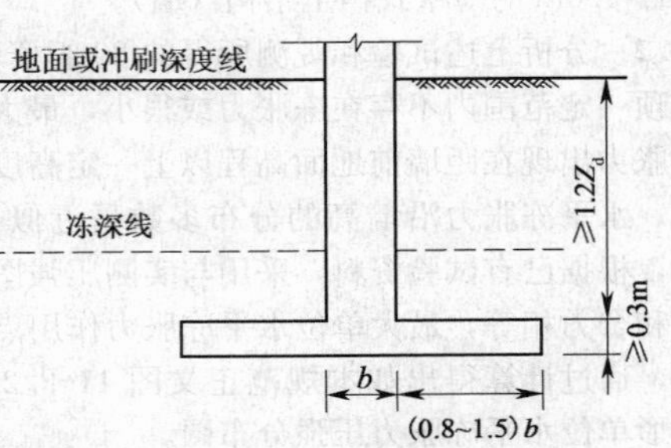

图6 扩大式基础尺寸示意

12.2.5 墩台基础在冻层内做成正梯形的斜面，并用水泥砂浆抹平，可以改变冻胀力对基础的作用方向，减小切向冻胀力对基础的作用，从而可增加基础的稳定性。但梯形的斜面不宜过陡，本条规定不宜陡于7∶1。

12.3 基础的稳定与强度验算

12.3.1 本条规定桩、墩基础抗冻拔验算时取基础全约束工作状态，即不允许基础向上位移。这是因为：桩墩基础侧壁与土之间的摩阻力是抗冻拔力的一个重要部分。基础一旦发生冻拔，桩壁与基土产生位移后，摩阻力将大为降低，使抗冻拔力减小；基础冻拔后在融化期不能完全恢复原位，残余冻拔量将逐年积累，导致上部结构破坏。

12.3.2 在桩、墩基础所受的总切向冻胀力计算公式中引进了有效冻深系数 ψ_e 和冻层内桩壁糙度系数 ψ_r。

有效冻深是指设计冻深范围内自地表算起的有切向冻胀力产生的深度，有效冻深系数为这部分冻深与设计冻深的比值。在影响冻胀的水、土、温三大要素中，在土、温相同的条件下，地下水位的高低，直接影响冻层内冻胀的分布，如果地下水位接近地表，基土在冻结过程中，水分能够充分迁移，则在冻层内均产生冻胀，此时有效冻深系数取1.0；如果地下水位较低，基土在冻结的过程中水分迁移困难，则冻层的下部存在一个“冻而不胀”区，该区没有冻胀力产生，故此时的ψ_e<1.0。表12.3.2是根据国内已有的观测资料统计分析得出的。

冻层内桩壁糙度大小直接影响基土与桩壁之间的冻结力。实测结果表明，用模板浇筑较光滑的桩壁，在冻胀过程中，基土很容易沿桩壁向上滑移，其位移量可达到冻胀量的50%，从而使切向冻胀力减小。而糙度系数大，特别是凹凸不平的桩壁，与基土之间的冻结力大，因而桩侧基土冻胀时很难沿桩壁向上位移，切向冻胀力增大。由于本规范表4.0.3-1中的τ_t是表面平整的混凝土桩、墩的单位切向冻胀力值，因此规定桩、墩外表平整时的糙度系数取1.0；桩壁粗糙，但无凹凸面时的糙度系数取1.1～1.2。

12.3.4 基础侧壁与暖土之间摩阻力的大小与基土类别、状态有关。当基础通过不同土质地基时，应按本规范公式（12.3.4）取相应土层的单位极限摩阻力f_{si}和厚度Z_i分别计算后进行叠加。公式（12.3.4）中的系数0.4是将桩基受压条件下土的摩阻力换算为桩基在切冻胀力作用下受拉时下卧暖土层抗冻拔摩阻力的折算系数。前者可在有关规范和文献中查到，而后者试验资料尚少。该公式中的系数0.4是根据水利部松辽委科研所在野外试验场用两根实体试验桩，在地基土为粉质黏土条件下取得的试验资料确定的。按基土的类别及状态确定桩基的抗冻拔极限摩阻力与单位极限摩阻力之间的折减系数为0.4。单位极限摩阻力是按基土类别及状态取承载力设计时的摩阻力值。

12.3.5 有些基础虽然有足够的抗冻拔力，能够满足整体稳定条件，但在基础的薄弱断面可能因配筋不足而被拔断，因此要进行薄弱断面强度验算。本条中只给出钢筋混凝土的最小抗拔安全系数，其他材料的最小抗拔安全系数可查有关规范确定。

12.3.6 根据冻胀地基上的基础在冻结期间的受力状态，受拉最大的断面位于最大冻深处。此外，设计时经常根据结构的应力变化，在某一部位少配钢筋或改变结构截面，因此存在结构薄弱截面，故验算时除取设计冻深截面外，对这些强度较低的所有截面同样应进行验算。

12.3.7 在基础受冻胀力作用过程中，锚固底板和底梁受有与承载力方向相反的弯矩及剪力，同样应进行强度验算。在冻胀力作用下，柱与底板（梁）连接处拉力最大，故应进行此截面的强度验算。

13 水工金属结构

13.1 一 般 规 定

13.1.4 钢结构发生破坏形式有两种：一种是常见的塑性破坏，另一种是脆性断裂破坏。影响脆性断裂破坏的因素主要是应力状态、低温、焊接缺陷、结构造型缺陷、材料的化学成分和加载速度等。

钢结构材料抗脆性断裂破坏的能力主要根据钢材在负气温下的冲击韧性来体现。

结构工作温度按《采暖通风与空气调节设计规范》GB 50019中的冬季空气调节室外计算温度计算，或者按极端温度最低平均值计算，都是不合适的。本规范采用主材和焊材的质量等级的试验温度，按结构工作地点的最低日平均温度计算。

低合金高强结构钢、碳素结构钢、压力容器钢和低温压力容器钢的冲击功分别见表5、表6、表7和表8。

表5 低合金高强度结构钢冲击功

牌号	交货状态	质量等级	试验温度（℃）	冲击功（J）	取样方向	旧牌号
Q345	热轧 控轧 正火 正火+回火	A	—	—	—	12MnV、14MnNb、16Mn、16MnRE、18Nb
		B	+20	≥34	纵向	
		C	0			
		D	−20			
		E	−40	≥27		
Q390		A	—	—	—	15MnV、15MnT、16MnNb
		B	+20	≥34	纵向	
		C	0			
		D	−20			
		E	−40	≥27		
Q420	热轧 控轧 正火 正火+回火	A	—	—	—	15MnVN、14MnVTiRE、
		B	+20	≥34	纵向	
		C	0			
		D	−20			
		E	−40	≥27		

注：摘自《低合金高强度结构钢》GB/T 1591。

表6 碳素结构钢冲击功

牌号	质量等级	试验温度（℃）	冲击功（J）	取样方向	脱氧方式	旧牌号
Q235	A	—	—	—	F、b、z	A3
	B	+20	≥27	纵向		
	C	0			Z	
	D	−20			TZ	C3

注：1 脱氧方式：F为沸腾钢，b为半镇静钢，Z为镇静钢，TZ为特殊镇静钢。

2 交货状态：一般以热轧或控轧状态供货，如需方要求并经双方协议也可以正火状态供货。

3 本表摘自《普通碳素钢》GB 700。

表 7 压力容器钢冲击功

牌号	交货状态	试验温度（℃）	冲击功（J）	取样方向
16MnR	热轧 控轧 正火	−20	24	横向
15MnNbR	正火	−20	34	
07MnCrMoVR	调质	−20	47	

注：摘自《压力容器用钢板》GB 6654—99。

表 8 低温压力容器钢冲击功

牌号	交货状态	钢板厚度（mm）	试验温度（℃）	冲击功（J）	取样方向
16MnDR	正火	6～36	−40	27	横向
		＞36～100	−30		
15MnNiDR		6～60	−45		
09Mn2VDR	正火＋回火	6～36	−50		
09MnNiDR		6～60	−70		
07MnCrMoVR	调质	16～50	−40	47	

注：摘自《低温压力容器用低合金钢钢板》GB 3531。

13.1.5 国内外的工程实践证明，严寒地区闸门选择的止水形式和布置不当时，往往产生渗水，甚至漏水，致使闸门被冻在埋件及建筑物上。因此，应特别注意选择适宜的止水形式和布置，防止发生渗水或漏水。闸门止水橡皮八项指标中，强调在−40℃或更低温度下工作时，保证物理机械性中不发生冻裂或硬化现象。

13.1.6 深孔弧形闸门伸缩式充压变形水封止水装置，采用水充压易结冰，故应采用气充压。

13.1.8 严寒地区液压油可采用变压器油，航空飞机油或其他压力油加防冻剂，但气温回升到 30℃时应保证油质满足使用要求。液压油的凝固点应低于当地日最低气温 10℃的要求。

13.2 闸 门

13.2.1 利用不冻水域把冰盖和门叶隔开，可防止静冰压力作用在闸门门叶上。

13.2.2 门叶和埋件采取防冰冻措施，使闸门在冰冻期具有开启与关闭的条件。

13.2.3～13.2.5 设置采暖的闸门室是为了防止闸门井内结冰盖，使快速闸门的拉杆被冰冻住，造成闸门不能快速下降关闭孔口。设置采暖启闭机室是为使启门机能在冬季启闭，并防止电设备结霜或结露。

13.2.6 根据我国黄河中游严寒地区和苏联严寒地区大量闸门的冬季运行经验，舌瓣闸门是引水式水电站中水力排冰最佳闸门形式，带舌瓣闸门排冰次之。带舌瓣闸门上下同时过冰时，易使闸门产生振动造成破坏，故不应上下同时排冰。

13.2.7 舌瓣闸门冬季埋件加热可使闸门排冰开关自如。起吊钢丝绳浸入水中易被冰块剪断，故使用拉杆。

13.2.8 浮动闸门空体在水库中易被冰盖压坏（据潘家口水库的经验），故不宜采用。

13.2.9 为防止充水的通气孔被冰冻死，门窗应能双向开合，防止通气孔排气、进气造成的正负压力破坏门窗。

13.2.11 试验和工程实践表明，焊件开裂多在焊缝应力集中区。采取结构措施可减少应力集中点，使其提高抗裂性能和抗疲劳强度。

13.2.14 在严寒气温下人工用锤击除冰，使结构产生集中的冲击荷载，这是脆性破坏的触发因素。因此，应采用热风、热水化冰。若采用压力蒸气化冰，会使闸室中的机械与电气设备受潮结冰。

13.2.16 本条中的加热功率是按下列公式导出的：

1 定时加热功率计算：埋件加热化冰所需的总热量 $Q=q\rho_i\delta_iA_a/\eta$（kJ），融化 1kg 冰所需的热量 $q=C_i(t_s-t_k)+Q_i$〔kJ/(kg·K)〕，上述二式中，取冰的密度 $\rho_i=920\text{kg/m}^3$，冰的比热容 $C_i=2.0\text{kJ/(kg}\cdot\text{K)}$，冰的融化潜热 $Q_i=336\text{kJ/kg}$，冰化后的水温 $t_s=0℃$，冰温 $t_i=t_k$ 气温，有效作用系数 $\eta=0.5$，经推导得出本规范公式（13.2.16-1）。

2 连续加热功率计算：采用牛顿冷却公式。埋件传到空气中的加热功率 $N_1=\alpha_1(t_1-t_k)F_1/\eta$(kW)，埋件传到过冷水中的加热功率 $N_2=\alpha_2(t_1-t_s)F_1/\eta$(kW)，埋件加热总功率 $N=N_1+N_2$。取通过钢板向冷空气的传热系数 $R_{sa}=0.026\text{kW/(m}^2\cdot℃)$，空气中设通过钢板向静水中的传热系数 $R_w=0.233\text{kW/(m}^2\cdot℃)$，埋件表面加热温度 $t_1=0.5℃$，过冷水的温度 $t_s=-0.1℃$，有效作用系数 $\eta=0.5$，经推导得出本规范公式(13.2.16-2)。

13.2.17 采用冰盖开槽法防冰压力时，可在门前冰盖厚度达到可以双人冰上作业时，在闸门前冰盖上用人工或机械开一冰槽露出水面，并将碎冰捞出，冰槽宽度由工具或设备确定，且需定时循环作业，同时要注意人身安全。

13.2.18 本条系根据黑龙江省黑河市卧牛河水库的工程实践、观测和试验资料加安全系数提出的。该地最低气温为−42℃，最大冰厚为 1.48m。采用聚苯乙烯板保温，保温板的热导率 $\lambda_x=0.044\text{W/(m}\cdot℃)$，厚度 $\delta_x=0.15\text{m}$，宽度 $B=3.0\text{m}$。

13.2.22 本条是根据辽宁省葠窝水库等工程实践经验，并参照国外工程实践提出的。

13.2.24 本条规定吹气喷嘴与闸门门叶外缘的距离应大于 3m，目的是在于防止钢闸门的腐蚀加剧。

13.3 拦 污 栅

13.3.1 固定式拦污栅一旦被冰堵塞将即刻停水，不能发电。露顶式拦污栅在负温下极易过冷，一碰到冰凌，冰凌与栅条冻结在一起，拦污栅极易被冰凌堵死。因此，宜采用提升式潜孔拦污栅。

13.3.2 回转栅式清污排冰机既可清污又可排冰，这是目前最好的清污排冰机械设备之一。

13.3.4 人工水中清冰时，拦污栅需要倾斜布置。水深超过 3m 时，人工水中清冰困难。

13.3.7 我国与外国电热拦污栅理论上是成熟的，但实践中 90％是失败的，原因是水道中还有大量冰块存在。因为电热栅条只能不结冰，而不能把冰块融化掉。

13.4 露天压力钢管

13.4.2 在钢管外表面包覆保温板是露天压力钢管防冻的最佳保温方法。其厚度的计算公式（13.4.2）是按公式（13.2.18-1）和本规范附录 A 中公式（A.0.3）换算得出的。

13.4.4 露天压力钢管管内存水成冰会导致钢管因冰胀而破裂，故管内水体应排空。

中华人民共和国国家标准

核电厂工程水文技术规范

Technical code for engineering hydrology for nuclear power plant

GB/T 50663—2011

主编部门：中 国 电 力 企 业 联 合 会
批准部门：中华人民共和国住房和城乡建设部
施行日期：2 0 1 2 年 3 月 1 日

中华人民共和国住房和城乡建设部
公　　告

第 944 号
关于发布国家标准
《核电厂工程水文技术规范》的公告

现批准《核电厂工程水文技术规范》为国家标准，编号为GB/T 50663—2011，自 2012 年 3 月 1 日起实施。

本规范由我部标准定额研究所组织中国计划出版社出版发行。

中华人民共和国住房和城乡建设部

二〇一一年二月十八日

前　　言

本规范是根据原建设部《关于印发〈2007 年工程建设标准制订、修订计划（第二批）〉的通知》（建标〔2007〕126 号）的要求，由电力规划设计总院会同有关单位共同编制完成的。

本规范在编制过程中，开展了多项专题研究，调查总结了国内外核电工程水文工作的经验教训，采纳了核电工程水文专业的新近科研成果，并在全国范围内广泛征求了设计、勘测、科研和水利、海洋主管部门的意见，经反复讨论、修改完善，最后经审查定稿。

本规范共分 9 章，主要内容包括：总则、术语、水文查勘、设计基准洪水、设计基准低水位、水源、泥沙与岸滩稳定性、水文观测及专用站、核电厂工程水文各阶段内容与要求。

本规范由住房和城乡建设部负责管理，由中国电力企业联合会标准化中心负责日常管理，由电力规划设计总院负责具体技术内容的解释。本规范在执行过程中，请各单位结合工程实践，认真总结经验，注意积累资料，随时将意见或建议反馈给电力规划设计总院（地址：北京市西城区安德路 65 号，邮政编码：100120），以供今后修订时参考。

本规范主编单位、参编单位、主要起草人和主要审查人：

主 编 单 位：电力规划设计总院

参 编 单 位：中国电力工程顾问集团华东电力设计院
广东省电力设计研究院
中国电力工程顾问集团东北电力设计院
中国电力工程顾问集团华北电力设计院工程有限公司
中国电力工程顾问集团西南电力设计院
国家核电技术公司山东电力工程咨询院
中国核电工程有限公司

主要起草人：朱京兴　戴有信　姚　鹏　秦学林　梁水林　卢晓东　胡长权　晋明红　吕志锋　连　捷　欧子春　李　舜　王起峰　谷洪钦　苏义全　宋建军

主要审查人：王喜年　黄本胜　张爱玲　王健国　齐兵强　李武全　赵学民　徐高洪　苗艳红　汤立群　廖康明　李卫林　饶贞祥

目　次

1　总则 …… 1—47—6
2　术语 …… 1—47—6
3　水文查勘 …… 1—47—6
3.1　一般规定 …… 1—47—6
3.2　风暴潮、海啸、波浪查勘 …… 1—47—6
3.3　陆域洪水查勘 …… 1—47—7
3.4　枯水查勘 …… 1—47—7
3.5　水资源调查 …… 1—47—7
3.6　岸滩演变查勘 …… 1—47—8
3.7　冰情查勘 …… 1—47—8
4　设计基准洪水 …… 1—47—9
4.1　一般规定 …… 1—47—9
4.2　天文潮高潮位 …… 1—47—9
4.3　海平面异常 …… 1—47—9
4.4　风暴增水 …… 1—47—9
4.5　假潮增水 …… 1—47—10
4.6　海啸或湖涌增水 …… 1—47—10
4.7　径流洪水 …… 1—47—10
4.8　溃坝洪水 …… 1—47—11
4.9　波浪的影响 …… 1—47—11
4.10　潜在自然因素引发的洪水 …… 1—47—12
4.11　人类活动对洪水的影响 …… 1—47—12
4.12　小流域暴雨洪水 …… 1—47—13
4.13　内涝 …… 1—47—13
4.14　洪水事件的组合分析 …… 1—47—13
5　设计基准低水位 …… 1—47—14
5.1　一般规定 …… 1—47—14
5.2　天文潮低潮位 …… 1—47—14
5.3　风暴减水 …… 1—47—14
5.4　假潮减水 …… 1—47—14
5.5　海啸或湖涌减水 …… 1—47—14
5.6　波浪的影响 …… 1—47—14
5.7　河流水库湖泊的枯水 …… 1—47—14
5.8　潜在自然因素引发的枯水 …… 1—47—15
5.9　人类活动对枯水的影响 …… 1—47—15
5.10　枯水事件的组合分析 …… 1—47—15
6　水源 …… 1—47—15
6.1　一般规定 …… 1—47—15
6.2　天然河流 …… 1—47—15
6.3　水库或闸上 …… 1—47—16
6.4　闸、坝下游河流 …… 1—47—16
6.5　河网化地区河流 …… 1—47—16
6.6　湖泊 …… 1—47—16
6.7　海洋 …… 1—47—16
6.8　人类活动对水源的影响 …… 1—47—17
6.9　水温、泥沙、水质、盐度 …… 1—47—17
7　泥沙与岸滩稳定性 …… 1—47—17
7.1　一般规定 …… 1—47—17
7.2　水流、泥沙特性 …… 1—47—17
7.3　水流运动的模拟 …… 1—47—18
7.4　厂址设计岸段河床演变 …… 1—47—18
7.5　厂址设计岸段海床演变 …… 1—47—18
7.6　人类活动对岸滩稳定性的影响 …… 1—47—19
7.7　取排水条件分析 …… 1—47—19
8　水文观测及专用站 …… 1—47—20
8.1　一般规定 …… 1—47—20
8.2　滨海、潮汐河口水文测验 …… 1—47—20
8.3　河流水文测验 …… 1—47—20
8.4　海洋水文站 …… 1—47—20
8.5　陆地水文站 …… 1—47—20
9　核电厂工程水文各阶段内容与要求 …… 1—47—21
9.1　一般规定 …… 1—47—21
9.2　厂址查勘阶段 …… 1—47—21
9.3　初步可行性研究阶段 …… 1—47—21
9.4　可行性研究阶段 …… 1—47—22
9.5　初步设计阶段 …… 1—47—23
9.6　施工图设计阶段 …… 1—47—24
本规范用词说明 …… 1—47—24
引用标准名录 …… 1—47—24
附：条文说明 …… 1—47—25

Contents

1 General provisions ······ 1—47—6
2 Terms ······ 1—47—6
3 Hydrologic survey ······ 1—47—6
3.1 General requirement ······ 1—47—6
3.2 Storm surge, tsunami and wave survey ······ 1—47—6
3.3 Land flood survey ······ 1—47—7
3.4 Low-water survey ······ 1—47—7
3.5 Water resources survey ······ 1—47—7
3.6 Beach change survey ······ 1—47—8
3.7 Ice regime survey ······ 1—47—8
4 Design basis flood ······ 1—47—9
4.1 General requirement ······ 1—47—9
4.2 High astronomic tide ······ 1—47—9
4.3 Sea level normality ······ 1—47—9
4.4 Storm surge ······ 1—47—9
4.5 Lake seiche ······ 1—47—10
4.6 Tsunami or lake surge ······ 1—47—10
4.7 Run-off flood ······ 1—47—10
4.8 Dam-break flood ······ 1—47—11
4.9 Wave impact ······ 1—47—11
4.10 Flood caused by potential natural factors ······ 1—47—12
4.11 Impact of human activities on flood ······ 1—47—12
4.12 Design flood of small basin ······ 1—47—13
4.13 Surface waterlogging ······ 1—47—13
4.14 Combinational analysis of flood event ······ 1—47—13
5 Design basic low water level ··· 1—47—14
5.1 General requirement ······ 1—47—14
5.2 Low astronomic tide ······ 1—47—14
5.3 Negative of storm surge ······ 1—47—14
5.4 Negative of lake seiche ······ 1—47—14
5.5 Negative of tsunami or lake surge ······ 1—47—14
5.6 Wave impact ······ 1—47—14
5.7 River, reservoir and lake low-flow ······ 1—47—14
5.8 Low-flow caused by potential natural factors ······ 1—47—15
5.9 Impact of human activities on low-flow ······ 1—47—15
5.10 Combinatorial analysis of low-flow event ······ 1—47—15
6 Water source ······ 1—47—15
6.1 General requirement ······ 1—47—15
6.2 Natural river ······ 1—47—15
6.3 Upstream of reservoir or sluice ······ 1—47—16
6.4 Downstream of reservoir or sluice ······ 1—47—16
6.5 River network ······ 1—47—16
6.6 Lake ······ 1—47—16
6.7 Sea ······ 1—47—16
6.8 Impact of human activities on water source ······ 1—47—17
6.9 Water temperature, sediment, water quality and salinity ······ 1—47—17
7 Sediment and beach stability ··· 1—47—17
7.1 General requirement ······ 1—47—17
7.2 Characteristics of water flow and sediment ······ 1—47—17
7.3 Simulation of water flow movement ······ 1—47—18
7.4 River bed change ······ 1—47—18
7.5 Seabed change ······ 1—47—18
7.6 Impact of human activities on beach stability ······ 1—47—19
7.7 CCW intake and discharge condition analysis ······ 1—47—19
8 Hydrological observation and representative station ······ 1—47—20
8.1 General requirement ······ 1—47—20
8.2 Hydrometry of coastal and tidal estuary ······ 1—47—20
8.3 Hydrometry for river ······ 1—47—20
8.4 Marine hydrological hydrometric

station ································ 1—47—20
8.5 Land hydrological station ········ 1—47—20
9 Contents and requirements at each stages of NPS ························ 1—47—21
9.1 General requirement ············ 1—47—21
9.2 Site investigation stage ·········· 1—47—21
9.3 Preliminary feasibility study stage ································ 1—47—21
9.4 Feasibility study stage ·········· 1—47—22
9.5 Basic design stage ················ 1—47—23
9.6 Detail design stage ················ 1—47—24
Explanation of wording in this code ··························· 1—47—24
List of quoted standards ············ 1—47—24
Addition: Explanation of provisions ············ 1—47—25

1 总 则

1.0.1 为贯彻执行国家有关核电厂建设的法律、法规和技术经济政策，满足核电厂工程设计建造和运行的安全要求，统一核电厂工程水文勘测、分析与计算的内容、方法、深度和技术要求，保证核电厂工程水文勘测设计技术水平和质量，做到安全适用、技术先进、经济合理，制定本规范。

1.0.2 本规范适用于各种反应堆型的陆地固定式商用核电厂工程的供水水源、厂址防洪、河床演变与岸滩稳定性等的水文勘测、分析与计算工作。

1.0.3 核电厂工程水文勘测、分析与计算应以当地实测水文资料和调查资料为主要依据。实测资料短缺时，可选择邻近或相似流域的实测资料作为参证，但应分析参证站资料对于工程点的代表性；必要时，应在工程点附近设立观测站，观测项目、内容、方法、周期应根据核电厂水文勘测的特点和要求进行。

1.0.4 核电厂工程水文勘测、分析与计算所采用的基础水文资料，应进行可靠性、一致性和代表性分析。计算与分析过程中的方法选择、参数率定应根据当地水文及相关条件进行，并应保证计算与分析成果的安全性、合理性。

1.0.5 在核电厂建造与运行阶段，当遭遇历史罕见水文事件时，设计单位应及时查勘、搜集相关资料，对原计算成果应进行复核，必要时应修正原计算成果，并应会同相关人员提出对策措施。

1.0.6 核电厂工程的水文勘测、分析与计算，除应符合本规范外，尚应符合国家现行有关标准的规定。

2 术 语

2.0.1 核安全 nuclear safety

完成正确的运行工况、事故预防或缓解事故后果从而实现保护厂区人员、公众和环境免遭过量辐射危害。

2.0.2 安全系统 safety system

安全上重要的系统，用于保证反应堆安全停堆、从堆芯排出余热或限制预计运行事件和事故工况的后果。

2.0.3 设计基准 design basis

为达到核安全重要物项设计标准确定的设计参数值。

2.0.4 确定论法 deterministic method

大部分参数及其数值均可用数学方法确定，并可由物理关系阐明的一种方法。

2.0.5 概率论法 probabilistic method

采用概率分布模型分析水文要素序列，推求设计参数的方法。

2.0.6 设计基准洪水 design basis flood

为确定核电厂设计基准而选定的洪水。

2.0.7 余热 residual heat

放射性衰变和停堆后裂变所产生的热量以及积存在反应堆结构材料中和传热介质中的热量总和。

2.0.8 最终热阱 final heat sink

接受核电厂所排出余热的大气或水体，或大气和水体的组合。

2.0.9 水文查勘 hydrologic survey

为掌握基础水文资料而进行的现场搜资、踏勘、调查、测量等工作。

3 水 文 查 勘

3.1 一 般 规 定

3.1.1 核电厂工程水文工作应首先开展现场水文查勘，无论工程地点有无水文实测资料均应开展此项工作。

3.1.2 水文查勘前应根据工程任务，明确查勘的目的与要求，确定工作范围及内容，制订查勘内容和搜集资料清单。

3.1.3 水文查勘工作应通过现场踏勘、调查访问、必要的水文测验及向当地水利（水务）、海洋、规划、环境、交通等部门搜集各种现状、规划资料等方式，查清有关水文要素的变化特性。

3.1.4 水文查勘的主要内容应包括洪水、淡水水源、河（海）岸（床）的冲淤变化、滑坡、崩岸、泥石流、潮汐、波浪、海流、泥沙、水温、风暴潮、假潮、海啸、暴雨、冰情、积雪及其他对工程可能有影响项目的调查。

3.1.5 陆域洪、枯水查勘的测量工作，应包括纵断面、横断面、洪（枯）痕高程、测时水面线、河底深泓线或主槽纵坡。测量范围应包括整个查勘河段，其测点分布应能控制水面线和河道断面变化。

海域查勘的测量工作，应包括高（低）潮位痕迹、测时潮位、岸线变化点高程。测量范围应包括整个调查海域。

3.1.6 现场查勘应有完整的当场记录，查勘资料应在现场整理分析并进行合理性检查，发现问题应及时复查纠正。查勘结束后应编写报告或说明书。

3.2 风暴潮、海啸、波浪查勘

3.2.1 风暴潮、海啸查勘的内容应包括风速、风向、潮位、地震、波浪、降雨等情况，以及其发生时间、过程和建（构）筑物破坏情况。

3.2.2 风暴潮、海啸查勘尚应搜集当地特大风暴潮或海啸历史文献记载、当地风暴潮或海啸影响调查分析成果与报告。

3.2.3 现场查勘指认风暴潮或海啸水痕位置时，应有旁证，并宜在不受波浪影响的静水区寻找潮痕，应注意分析判断潮痕受到波浪影响而导致偏高的可能性。

3.2.4 波浪查勘应在搜集工程点附近大风和波浪资料的基础上，了解历史上较大波浪的波高、波向、发生时间、原因、持续时间、当时风况及波浪的破坏情况等。

3.2.5 对于查勘到的波浪资料，应结合大风资料分析估计其重现期，并应判断波浪是否破碎。

3.2.6 风暴潮、海啸、波浪等查勘成果应结合有关历史文献印证其可靠性、合理性。

3.3 陆域洪水查勘

3.3.1 陆域洪水查勘应搜集流域水系图、流域及调查河段的地形图，流域的自然地理特征、区域内水体的位置和水文特性、暴雨和洪水的特性及其成因、历史暴雨洪水文献记载、洪水调查报告、水文站资料，流域与河道的现状及规划资料，涉水工程勘测设计资料、施工建造的质量状况、有关安全和运行资料，河流结冰期、流冰期、开河方式、冰坝与冰塞分布范围及持续时间等资料。

3.3.2 洪水查勘应在工程点上、下游进行，必要时应在干、支流或更大范围内进行。

3.3.3 查勘河段应选择河道较顺直，河床较稳定，控制条件良好，没有较大的支流汇入，无回水、分流与壅水现象，河床质组成与岸边植被情况较一致的河段。

3.3.4 洪水查勘应着重调查各次特大洪水发生的时间及相应的重现期、洪水痕迹、洪水过程、断面冲淤变化、河床糙率，洪水时的雨情、水情与灾情等；同时应查明洪水来源与成因、主流方向、漂流物，有无漫流、分流、决口、死水，以及流域自然条件与河道有无重大变化等情况，应区分径流洪水与其他原因引起溃坝洪水的情况。

3.3.5 洪水查勘宜选择老居民点和洪痕较多的河段。同一次洪水调查，应在沿程至少查得三个以上可靠或较可靠的、有代表性的洪痕点，并应检查洪痕的合理性。在荒僻地区，可通过河流淤积物、洪水冲刷痕迹和洪水对两岸生化作用的标志判别洪痕。

3.3.6 平原地区洪水调查应侧重河网水系特性、历史涝灾情况、当地防洪与治涝工程的现状和规划。

3.4 枯水查勘

3.4.1 在现场查勘前应搜集流域水系图、流域及调查河段的地形图，水文站资料，流域干旱、枯水特性及其补给来源，有关历史文献、文物、枯水查勘报告，工农（牧）业、城市、生态环境用水的现状及规划，水利工程现状及规划、运行调度方案等资料。

3.4.2 历史枯水查勘应了解各次特小枯水发生时间、成因、持续时间及相应的重现期，枯水位标志与水深，枯水（干旱）分布范围，枯水补给来源，枯水时的灾情与水流状况，干旱过程与连续干旱情况，人类活动的影响，河床质组成与断面情况，主河槽变动情况，河床及河岸的冲刷淤积情况等。

3.4.3 历史枯水查勘宜在枯水期进行，在非枯水期查勘的成果应在枯水期进行复查。应特别注意灌溉等地表水回归水量的调查，并应了解断流现象是否存在。

3.4.4 历史枯水查勘的上、下游范围应根据查明枯水水情与推算枯水调查流量的需要确定。必要时应对相邻流域河流的特小枯水进行查勘，并应进行对比分析。

3.4.5 枯水查勘河段应选择枯痕易调查、河道较顺直、水流稳定、冲淤变化不大、控制良好及人类活动影响较小的河段进行。

3.4.6 历史枯痕查勘可从河流上水利、港工、交通部门永久性建筑物或设施、村民生活用水的固定河沿及渔民作业情况等方面进行。对枯水发生及持续时间的调查应结合重大事件、群众自身容易记忆的事件，以及搜集到的历史记载等进行综合分析、判断确定。

3.4.7 历史枯水位查勘时，同次枯水应查明三个以上的枯痕。枯痕可靠程度可按枯水发生是否亲身所见、叙述是否确切、旁证是否较多与确凿程度、枯痕标志是否固定等，分可靠、较可靠和供参考三级评定。

3.4.8 在岩溶地区进行枯水查勘时，应注意补给来源以及河床渗漏的分布范围与水量，必要时应进行观测。

3.5 水资源调查

3.5.1 水资源调查应按水源性质分地表水资源、地下水资源和再生水资源进行，并应以地表水资源为重点调查对象。

3.5.2 地表水资源调查应全面了解区域内河道（湖泊）和水利工程的基本情况，降水及地表径流的转换关系，地表水资源时空分布，过境水资源量，取水工程和供水能力，用水量，回归水量，生态需水，水质，水功能区划和水环境功能区划（水质管理目标），人类活动对河川径流的影响，区域水资源综合规划和水资源公报等。

3.5.3 水资源污染状况调查应包括污染源及分布、地表水资源质量现状、地下水资源质量现状、水资源质量变化趋势等。

3.5.4 水利工程设施调查应包括下列内容：

1 防洪工程的数量、分布，防洪标准及运用情况；

2 排水除涝工程的数量、分布、设施能力及运用情况；

3 供水灌溉工程的数量、分布、设施能力及运用情况；

4 水资源调度工程的数量、分布、设施能力及现状运用情况；

5 水利工程设施调查应分为现状和规划情况进行。

3.5.5 用水量调查应按用水性质分为工业用水、农（牧）业用水、生活用水、生态需水等，并应包括下列内容：

1 工业用水应按现状及规划情况调查下列内容：

1）工业用水量包括工厂类别、规模及发展情况，水源地、取水设施、取水能力、取水地点与取水口高程、取水时间、用水定额与设计标准，月、年最大及平均用水量，用水量的地表水与地下水比例，重复利用系数，跨流域引水情况；

2）工业耗水量包括月、年最大及平均净耗水量；

3）工业排水量包括月、年最大及平均排水量，排水口地点与排放水量，排水时间，主要排水路径；

2 农（牧）业用水应按现状及规划情况调查下列内容：

1）农业用水量，灌区位置及分布范围，灌区作物类别、组成及布局，灌溉制度、灌水方式、复种指数，灌溉面积，水田与旱地面积，农灌保证率、灌溉定额、毛灌定额、净灌定额、灌溉水源地、引（提）水设施、设计能力，引（提）水地点与取水口高程、最低取水位、引（提）水时间与水量，月、年最大及一般用水量；

2）农灌回归水量，回归水流出地点、回归时间与回归水量、月分配系数，灌溉回归系数、渠系利用系数，月、年最大及一般回归水量；

3）牧区用水量，牧区人口数、牧区面积与范围、牧区牲畜数、用水标准、水源地、取水方式、设施及取水能力，月、年最大及一般用水量；

3 生活用水量调查应包括人口数，设计用水标准，月、年最大及一般用水量；

4 生态需水量调查应包括生态用水来源、生态需水量确定方法。

3.5.6 城市再生水调查应包括城市污水处理情况，污水处理厂位置、规模、污水处理工艺、现状及规划排污量和纳污量，污水收集管网及再生水排放情况，再生水现状及规划使用情况，水质分析报告。

3.5.7 人类活动对河川径流的影响调查应包括下列内容：

1 应对人类活动造成影响河流水文特征的可能性作出评价；

2 应分别调查人类活动前和人类活动后的基本情况及对水文特征变化规律的影响；

3 人类活动的调查内容应包括河道整治、库、坝、闸、引（分）水工程、防洪、防波堤、采矿、采砂、水土保持等。

3.5.8 各项调查资料应力求翔实，重要指标应现场核实，并应审查其合理性，当发现差别大时，应与资料来源单位共同复核订正或合理选用。经过复核的调查资料选用时应选用最新的结果。

3.6 岸滩演变查勘

3.6.1 岸滩演变查勘应包括水流泥沙条件、岸滩边界条件、岸滩历史演变、岸滩近期演变、人类活动影响等内容。

3.6.2 水流泥沙条件查勘宜包括流速流向，泥沙来源，悬移质、推移质输沙量，悬移质含沙量，悬移质、推移质、床沙颗粒级配等内容。

3.6.3 岸滩边界条件查勘宜包括地质地貌、平面形态、控制节点、岸滩组成等内容。

3.6.4 岸滩历史演变查勘宜包括区域构造背景、历史变迁等内容。

3.6.5 岸滩近期演变查勘宜包括河势变化、泥沙冲淤变化等内容。

3.6.6 人类活动影响查勘宜包括岸线现状与规划、涉水工程、采砂或取土、围垦、航道开挖和疏浚对岸滩演变影响等内容。

3.6.7 岸滩演变查勘宜采用搜集资料、踏勘调查、水文测验等方法，必要时可进行泥沙矿物分析、柱状取样沉积年代测定、冲淤监测等。

3.6.8 资料搜集宜包括核电厂涉水工程附近已有水文测验资料、历史地形图、河（海）岸滩演变分析研究成果、涉水工程资料、水利规划、历史文献、航空照片、卫星图像等。

3.6.9 水文测验应按本规范第8章的要求执行。

3.7 冰 情 查 勘

3.7.1 冰情查勘应搜集海洋、河流、湖泊等测站的实测冰情资料，还应搜集海洋、水利（水务）部门冰情调查、普查资料。

3.7.2 核电厂工程所需的冰情特征值，应按河流、湖泊（水库）、滨海（河口）等水体特点进行查勘，查勘内容应分别满足下列要求：

1 河流冰情查勘内容应包括初冰、流冰、封冻、开河及终冰的最早及最晚日期，流冰期、封冻期的一般及最长天数，工程地点附近流冰期一般及最大流冰块尺寸、流速、最高流冰水位，封冻期岸冰最大冰厚及宽度、冰花厚度及发生日期、有效水深、连底冻起讫时间、冰上流水、冰上积雪及水内冰生成情况，解冰开河的形式及其出现几率，设计河段冰塞、冰坝发生日期、地点、规模和灾情、最高壅水位及影响距离，上下游水电站或水库冰期的运行方式对设计河段冰情的影响等；

2 湖泊（水库）冰情查勘内容应包括初冰、浮冰、岸冰、终冰的最早、最晚的出现日期，浮冰及岸冰持续天数，浮冰或流冰的尺寸、流向及其对水工建（构）筑物的影响，最高浮冰水位，流冰花及冰花漂流、冰絮骤凝情况，湖（库）岸冰最大及一般厚度与宽度、最大堆积高度，河流入湖口及水库回水末端冰塞、冰坝的发生规模、影响范围、最高塞冰水位等；

3 滨海（河口）冰情查勘内容应包括初冰、流冰、沿岸冰、固定冰、终冰的最早、最晚日期，流冰、岸冰、固定冰的持续时间，工程地点附近最大及一般流冰块的尺寸、流速、漂浮方向，岸冰厚度、宽度、堆积高度等。感潮河段应调查冰层双向移动情况。

3.7.3 对工程地点及其附近可能产生冰塞、冰堆、冰坝的水域应进行重点查勘。

3.7.4 当工程所在地区冰情资料短缺时，可移用冰情重于工程点的邻近站的冰情资料；也可按邻近地区已建工程兴建前后冰情变化、冰情程度，结合现场调查进行推算；或进行一个冬春冰情观测，与邻近站长观资料分析比较，确定设计区域的冰情特征。

4 设计基准洪水

4.1 一般规定

4.1.1 设计基准洪水应包括水位、洪峰流量及洪水过程。

4.1.2 分析设计基准洪水时，应对核电厂整个寿命期内可能影响核电厂安全的所有洪水事件进行分析和评价。

4.1.3 对于各类洪水事件，应收集、调查厂址沿岸区域内发生过的历史洪水事件、出现频率等资料，并应分析历史资料的可靠性和完整性。

4.1.4 在确定设计基准洪水事件时，应全面分析对确定设计基准洪水有影响的所有特征要素及地区。

4.1.5 在分析计算设计基准洪水时，应采用该厂址的特定资料；当资料短缺时，可按其他相似流域的资料，通过建立合适的水文气象模型，进行综合分析确定。

4.1.6 设计基准洪水计算应采用概率论法和确定论法，并应对概率论法和确定论法的结果进行综合分析、合理选定。

4.1.7 设计基准洪水应根据可能影响厂址安全的各种严重洪水事件及其可能的不利组合，并结合厂址特征、专家经验与工程判断，综合分析确定。

最终确定的设计基准洪水位不应低于有水文记录的或历史上的最高洪水位。

4.1.8 与核安全相关物项的防洪标准应为设计基准洪水，与核安全无关物项的防洪标准应执行现行国家标准《大中型火力发电厂设计规范》GB 50660 的有关规定。

4.2 天文潮高潮位

4.2.1 天文潮高潮位分析应采用厂址附近测站 1 周年以上经过整编、审查的潮汐观测资料进行。

4.2.2 厂址海区各分潮的调和常数应根据观测的潮汐资料分析计算，并应预报不少于 19 年的天文潮过程。

4.2.3 设计基准洪水位中的天文潮高潮位可采用连续 19 年的年最高天文潮位，也可采用连续 19 年的月最高天文潮位系列统计得到 10% 超越概率天文高潮位。

4.3 海平面异常

4.3.1 滨海核电厂应分析在其寿期内海平面异常对基准洪水位的影响。

4.3.2 分析海平面异常时，应选择合适的潮位代表站，应避免选择受河川径流、人类活动影响的测站，并应对代表站潮位资料的可靠性、一致性进行分析判断。

4.3.3 分析海平面变化趋势时，应在滤除月平均海平面资料中可能包含的周期性因素后，计算海平面变化趋势。

4.3.4 确定海平面变化趋势时，应在国内有关研究成果的基础上经综合分析后确定，并应根据确定的海平面年变化率，推算核电厂设计寿期内厂址海区的相对海平面的变化幅度。厂址海区海平面变化及趋势预测也可采用国家海洋主管部门发布的公告。

4.4 风暴增水

4.4.1 滨海厂址的设计基准洪水应分析可能最大风暴引起的增水。风暴成因和风暴潮类型应根据厂址的地理位置、气候特征和历史水文气象条件分析确定。

4.4.2 可能最大热带气旋增水应采用经过检验的风暴潮数学模型计算，可能最大热带气旋中的参数 P_0 宜采用概率论法和确定论法进行计算。

可能最大热带气旋的最大风速半径应根据西北太平洋飞机探测台风资料和 P_0 值确定；各个方向的台风移速应根据台风年鉴资料统计确定。

4.4.3 分析风暴增水时，应收集厂址附近海域潮位站长系列的实测潮位资料，经调和分析推算出逐时天文潮位过程线，并应与实测潮位过程分析比较，确定最大增水值。

4.4.4 概率论法应统计厂址潮位参证站同一风暴类型的年最大增水系列，也可借用历史台风年鉴资料和风暴潮模型数值计算来获取厂址处长系列增水系列，应至少采用两种不同的统计方法，推求频率为2%、1%、0.1%、0.01%的风暴增水，以及对应的置信区间，并应进行分析比较，选用合理的计算结果。

4.4.5 概率论法的增水计算资料系列应在30年以上，并应尽可能延长资料的系列。无论实测资料系列的长短，均应进行风暴潮历史洪水的调查和考证工作。

4.4.6 风暴增水值的确定，应根据历史资料系列中风暴潮的天气系统，了解掌握热带气旋、温带气旋的类型、时间、强度、移动路径和登陆地点等，并结合天文潮位和风暴潮增水过程进行综合分析确定。

4.4.7 厂址处的风暴增水可采用参证站设计风暴潮增水的相关计算结果推求。

4.4.8 确定论法计算最大风暴潮增水应采用经过验证的数学模型来推算，计算域应根据风暴潮类型、特征确定。

4.4.9 热带气旋风暴潮数值计算应输出网格点的气压值和风速风向，模型参数应结合实测资料进行相应的率定和验证。

4.4.10 在进行数值模拟风暴增水时，应根据实测风暴潮的水文气象资料，模拟历史上出现的风暴潮增水过程，验证数学模型的正确性。

4.4.11 在计算可能最大风暴增水时，应假定一组极大化的、在厂区范围内可能出现的风暴类型，当该风暴移置某位置时使得厂址处出现最大的风暴增水。同时应分析台风参数的敏感性。

4.4.12 温带气旋可用频率分析法计算。

4.4.13 计算的台风登陆路径密度其夹角不应大于22.5°。

4.4.14 对于半封闭或封闭水体，应分析由运动飑线引起的可能最大风暴潮。用于确定可能最大热带气旋和可能最大温带风暴引起的风暴潮水位的二维风暴潮模型，经调整后也可用于由运动飑线引起的可能最大风暴潮水位的估算。

4.5 假潮增水

4.5.1 当厂址位于封闭或半封闭水体岸边时，应评价水体发生假潮的可能性。

4.5.2 当厂址地区有长期的实测潮位和相应的有关资料时，可用概率论法和确定论法计算可能最大假潮，并应将概率论法和确定论法的计算成果进行分析比较和论证后确定使用。

4.5.3 假潮增水计算时，应选择几个典型假潮过程，并应分析每个个例假潮产生的环境背景，确定假潮的外在驱动力并检验数值模型的可靠性。评价假潮的主要参数应包括振幅、周期，并应分析假潮发生的原因、发生的频率和季节变化。

4.5.4 利用假潮数值模型，一方面应对历史上每年可能产生大假潮的环境背景进行假潮模拟计算，求得年假潮极值系列，推算多年一遇假潮；另一方面应选择可能在厂址产生最大假潮的强迫力参数，计算可能最大假潮增水。多年一遇假潮和可能最大假潮增水的计算结果，应进行对比分析合理确定可能最大假潮增水。

4.6 海啸或湖涌增水

4.6.1 对于滨海（滨湖）厂址应评价厂址所在区域潜在海啸或湖涌影响厂址安全的可能性。

4.6.2 海啸波（湖涌）的影响应根据厂址或附近验潮站（湖泊水位站）的实测潮位（水位）过程线，对照近代海啸或湖涌的有关资料进行分析。

4.6.3 对受海啸或湖涌影响严重的厂址，应按可能最大海啸或湖涌为主要组合事件确定设计基准洪水位。

4.6.4 潜在地震海啸的工作区范围应会同地震地质专业确定，应预测可能对厂址造成最严重影响的多个地震海啸源，并应确定潜在地震海啸源的震级、地层的最大垂直位移、震源的长度和宽度（海啸源的面积）、震源的深度、方位和形状、海啸源的主轴方位角等有关参数。

4.6.5 地震海啸可根据近地潜在地震源进行数值模拟，应给出由地震海啸引起的海面的升、降最大可能值。海啸近岸影响计算方法的正确性应根据水位上涨高度、潮位记录和海啸观测报告等历史资料及其造成的损害程度进行判断和验证。对可能最大海啸的计算成果应进行合理性分析，在任何情况下，应证明其结果是保守的。

4.6.6 滑坡、冰坍塌、海底沉陷和火山喷发等因素引起的海啸，可在数值模拟中输入质量位移和边界条件等信息，模拟海啸的产生和传播。

4.7 径流洪水

4.7.1 径流洪水应推求频率为2%、1%、0.1%、0.01%的设计洪水和可能最大洪水。

4.7.2 对于径流洪水应分析厂址流域自然地理特征、暴雨洪水特性、洪水地区组成和上游调洪影响的情况，搜集水文站和雨量站资料；并应分析典型暴雨发生、发展和运动情况，了解大范围环流形势，搜集流域水汽入流方向地面和高空气象站的露点、可降水、风速、风向以及本流域和周边流域特大暴雨资料。

4.7.3 径流洪水分析时，应调查历史洪水，考证历史文献记载，结合暴雨时空分布的变化和河道槽蓄的影响，分析流域历史洪水在上、下游和干、支流的量级和重现期，评价各历史洪水的可靠程度。

4.7.4 洪水资料短缺时可用暴雨资料计算径流洪水，也可移置邻近流域条件相似的洪水或暴雨资料进行分析计算。流域上游存在调洪水库、分洪、引水等影响洪水一致性的因素时，下游各站实测洪水系列应通过洪水演算进行还原处理。

4.7.5 径流洪水计算方法视可利用的历史资料系列的质量和长度选取。当厂址流域的水文站有充足、可靠且具代表性的流量系列资料时，可采用概率论法确定径流洪水；当厂址流域的水文站历史流量系列资料代表性不强时，应采用确定论法计算径流洪水。可能最大洪水应采用确定论法和概率论法进行计算，确定论法和概率论法的计算成果应进行分析比较后确定选用。

4.7.6 概率论法计算的洪水资料系列应在30年以上，并应加入历史洪水资料。资料短缺时应插补延长洪水资料系列。

4.7.7 计算可能最大暴雨和可能最大洪水的断面位置及相应区间，应根据对厂址洪水产生重要影响的因素确定。流域上空的暴雨位置应按产生最大径流（无论径流量或洪峰水位都是最不利的）的原则确定。

4.7.8 流域可能最大暴雨可采用当地暴雨放大法、移置暴雨放大法、组合暴雨放大法和时面深概化法等方法，应通过综合分析比较后确定。

4.7.9 典型暴雨过程应选择位居前几位的大暴雨，其天气成因应与可能最大暴雨天气成因一致，主雨峰应靠后。并应根据典型暴雨过程推求可能最大暴雨在流域中的时空分布。

4.7.10 设计流域可能最大暴雨参数的确定应采用确定论法，应采用经验证的降雨径流模型，并应由历史降雨径流资料率定模型参数，推求流域各计算断面的可能最大洪水。区间相应洪水应采用区间上、下断面可能最大洪水以及经验证的洪水演算模型推求，并应根据可能最大暴雨成因、暴雨中心位置等评价可能最大洪水成果的合理性。

4.7.11 在融雪（冰）显著影响可能最大洪水的流域内，应分析降雨和融雪（冰）事件的组合达到最大值的情况。

4.8 溃坝洪水

4.8.1 厂址设计基准洪水应分析厂址上游挡水构筑物溃决后所产生的洪水对核电厂的可能影响。

4.8.2 溃坝洪水计算时应分析水文、地震或其他因素导致的坝体溃决。

4.8.3 推算溃坝洪水时，应分析可能最大降雨最不利的分布集中于挡水构筑物的上游流域以及厂址上游的整个流域，并应对厂址以上整个流域的可能最大洪水导致溃坝的可能性进行检验，并应将溃坝洪水与区间洪水组合并演算至厂址处。

4.8.4 厂址上游挡水构筑物在干流上串联或在干支流上并联时，应分析溃坝时产生的洪水波同时到达厂址的实际可能性、发生的概率及引起的后果，并应选择洪水组合的最高水位。

4.8.5 溃坝洪水应与其他原因引起的洪水适当组合而求出控制性洪水。

4.8.6 确定水库坝体的溃决方式时，应综合分析坝体的材料性质、结构性能及荷载性质等条件。水文原因引起的拱坝、重力坝等坝型溃决时，宜采用瞬时全溃或瞬时局部溃；堆石坝、土坝等坝型，宜采用逐渐溃决；溃坝库容应按总库容确定。地震原因引起的溃坝，宜采用瞬时溃坝，溃坝库容宜按正常库容确定。

4.8.7 选用经验公式估算溃坝洪水时，应合理假定溃坝条件，并应注意其适用范围，对计算结果应结合调查进行合理确定。

4.8.8 坝址溃坝洪水可通过简单方法或数学模型演进至工程断面。当采用简单且偏于安全的方法所演进的洪水对厂址可能存在不利影响时，应进一步采用数学模型进行溃坝洪水演进计算。

4.8.9 数学模型中的数值格式应满足相容性、收敛性和稳定性的要求，应能同时模拟急流和缓流，计算的结果应满足水量守恒。

4.9 波浪的影响

4.9.1 当厂址濒临开敞海域、封闭和半封闭水体时，应根据厂址的地理位置、历史水文气象条件，确定波浪的类型，分析确定厂址工程点的波浪特性，并进行波浪对厂址影响的评价。

4.9.2 波浪分析计算时，应根据厂址海域波浪观测情况，选取当地符合观测质量要求的波浪资料，并应采用验证合格的波浪计算方法进行计算，同时应采用多种方法进行比较分析。

4.9.3 波浪频率计算时，应采用厂址附近系列不少于30年的波浪实测资料，结合波浪调查资料，用频率分析法推算设计频率波浪，并应进行近岸波浪浅水变形计算。与核电厂安全有关的波浪特征，应分析推求可能最大台风浪的百分之一大波波高。

4.9.4 工程点所在位置或其附近没有较长期的波浪实测资料，或波浪资料可靠性一般时，可按下列方法进行设计波浪要素计算：

1 工程点至对岸距离小于100km时，可按其至对岸距离和与设计波浪重现期对应的某一方向重现期风速值查算风浪要素计算图表或采用数值计算模式，计算出重现期的波浪要素。计算结果应与短期测波资料和用短期测波资料推算的结果验证和对比分析，最终确定设计波浪；

2 工程点至对岸距离大于100km时，可选择各方向每年最不利的天气过程，应采用经实测资料验证的方法计算深水处波浪要素的年最大值，组成波浪样本系列进行频率分析计算，同时应与短期测波资料推算的结果进行对比分析，最终确定深水设计波浪。然后应据此采用经实测资料验证的方法计算工程点设计波浪。

4.9.5 可能最大台风浪波要素的数值计算应包括确定厂址海域可能最大台风风场；利用可能最大台风风场计算厂址外海可能最大台风浪深水波要素；利用数学模型计算厂址前沿的设计基准波浪、各工程点的设计波浪。

4.9.6 在进行波高或周期的频率分析时，连续测波资料的年数不宜少于30年。确定某一波向的设计波浪要素时，该方向年最大波高及其对应周期的数据，可在该方向左右各22.5°的范围内选取。应结合波浪类型确定设计波高相对应的波浪周期。当地大的波浪主要为风浪时，应通过年最大波高与周期的相关分析法推算设计波高对应的周期；当地大的波浪主要为涌浪或混合浪时，应通过对年最大波高相对应的周期频率分析法推算设计波高对应的周期。

4.9.7 进行波高和周期的频率计算时，应选配合适的理论频率曲线，确定不同重现期的设计波浪和周期。

4.9.8 当波浪于浅水中发生破碎时，某一水深处的极值波高可根据水深与波长的比值和由水底坡度查算的破碎波高与破碎水深的比值图确定。当工程点处推算的波高大于浅水极限波高时，设计波高应采用极限波高。

4.9.9 厂址近岸处计算点应根据设计要求选取，并应计算与可能最大风暴潮相应的 $H_{1\%}$、$H_{4\%}$、$H_{13\%}$ 及相应波周期。计算时应以可能最大风暴潮出现的峰值为中心时刻，并应给出前后各24h的可能最大风暴潮、波浪时程曲线及可能最大台风浪波要素。

4.9.10 厂址的设计波浪应为重现期为100年的百分之一大波的平均波高。滨海核电厂的取水口的设计波高，可根据其重要性选择设计波浪为重现期100年的百分之一大波或十分之一大波的平均波高。

4.9.11 对于刚性构筑物，设计波浪宜以百分之一大波的平均波高为依据；对于半刚性构筑物，设计波浪的变化范围应在百分之一大波和有效波之间变化；柔性构筑物则可采用有效波；但对于安全重要物项则应用百分之一大波设计。

4.9.12 对于直墙式建筑物，直立墙在二维不规则波作用下的越浪量可按下式进行计算。对于斜坡式建筑物，越浪量应由波浪物理模型试验确定，试验潮位参数应为设计基准洪水位，试验的波浪参数应为可能最大台风浪（不规则波），试验的风速参数应为与可能最大台风浪相应的10min平均风速：

$$q=0.19\exp\left(-0.42\frac{R_c}{H_s}\right)\sqrt{gH_s^3} \quad (4.9.12)$$

式中：q——单宽平均越浪量（$m^3/m\cdot s$）；

R_c——胸墙在静水面以上的高度（m）；

H_s——有效波高（m）。

4.9.13 核电厂防护工程的波浪爬高计算应以该工程前沿的波浪要素作为输入，波浪爬高计算应采用不规则波要素为计算条件。波浪爬高计算应按防护工程的类型并根据实际断面特征，合理分析和概化后采用合适的公式计算。

频率为2%的浪高，可采用重现期为50年的波列累积频率为1%的波高乘以系数0.6后得出。

4.9.14 核岛防护区及常规岛防护区的波浪防护设计及越浪量，可通过计算及物理模型试验方法进行确定或验证。

4.9.15 受越浪影响的核岛区防护工程后面应设置排除越浪水量的设施，该排水设施应有足够能力排除设计时段最大越浪水量；若排水方案或设施不足以及时排除设计时段最大越浪水量时，应根据需要在核岛和有越浪的防护工程之间的缓冲地带设置足够的蓄水池。

4.10 潜在自然因素引发的洪水

4.10.1 滑坡、泥石流、雪崩、冰凌、火山活动、地震等因素对设计基准洪水的影响，应分析下列内容：

1 滑坡体、泥石流、雪或冰、火山熔岩流等物质突然进入水体，在进入部位水体的上、下游引发波浪产生的洪水；

2 堰塞体壅水引起上游洪水；

3 堰塞体溃决引起下游洪水。

4.10.2 对于易形成冰堵的河段，应分析由冰堵引起的上游壅水及冰堵崩塌而产生的下游洪水的影响。

4.10.3 对于存在漂浮物的河段，应分析漂浮物造成河道壅塞对上游洪水的影响。

4.10.4 河道变迁对设计基准洪水的影响应分析下列内容：

1 河流的裁弯取直导致取直地段及临近河段的河床遭受冲刷和下游河段淤积；

2 流域分水岭的侵蚀、地震作用或洪水漫溢等原因导致厂址以上集水面积的改变；

3 河床逐年自然淤积，提高洪水水位和延长洪水持续时间。

4.10.5 对于较大河流或者河口地区，应分析风浪的影响。

4.11 人类活动对洪水的影响

4.11.1 影响洪水的人类活动应主要包括蓄水（洪）、引水、分洪、滞洪工程、滩涂围垦，以及人为失误操作。

4.11.2 由于人类活动的影响使设计流域内产流、汇流条件有明显改变时，应分析其对设计基准洪水的影响。

4.11.3 当人类活动的影响在流域面上分布不均匀，资料条件较好，洪水类型、成因可明显划分时，可按不同类型分区分析其对设计基准洪水的影响；洪水类型、成因难以区分时，可采用年最大洪水进行分析。

4.11.4 分析水利工程对设计基准洪水的影响时，应重点分析影响较大的已建和在建工程，并应分析在核电厂寿期内的规划工程的影响。

4.12 小流域暴雨洪水

4.12.1 核电厂小流域暴雨洪水应推求频率2%、1%、0.1%、0.01%和可能最大洪水。小流域暴雨洪水应包括洪峰流量、洪水总量及洪水过程线，可按工程设计要求计算其全部或部分内容。

4.12.2 小流域暴雨洪水宜根据暴雨资料推求。设计暴雨应包括设计流域不同历时的点、面设计暴雨量和暴雨时程分配。

4.12.3 产流和汇流计算应根据设计流域的暴雨洪水特点、流域特征和资料情况选用不同的方法。

4.12.4 产流计算可采用扣损法、地区综合的暴雨径流关系或损失参数等计算产流量和净雨过程。

4.12.5 汇流计算可采用地区经验公式、推理公式和单位线等方法。

4.12.6 小流域或特小流域暴雨洪水计算中的流域地形特征参数，应保证量测精度，应选择适当比例尺的地形图，应对小流域或特小流域下垫面的自然地理特性进行流域查勘，确定洪水汇流参数。

4.12.7 设计洪峰流量确定后，工程需要时，可根据设计暴雨时程分配，采用概化方法等推求洪水过程线。

4.12.8 推求的小流域暴雨洪水设计成果，应与本地区或相邻流域实测和调查的特大洪水以及其他工程的设计洪水成果进行对比分析。

4.13 内　　涝

4.13.1 核电厂所在区域存在内涝时应推算百年一遇内涝水位，必要时应确定可能最高内涝水位。

4.13.2 当采用上下游水文站实测成果推求内涝水位时，应分析分洪、蓄洪、滞洪、溃堤、破圩等的影响。内涝水位推算结果应以实测较大洪水和相应雨量资料进行校核。

4.13.3 当圩区内有泵站或水闸向外江（外海）抽排时，应选择近几年圩区内与较高积水年份相应的实际降雨的抽排能力，应采用拟定的方法和原则求算其积水位，并应与实际调查的积水位相验证，在此基础上推算内涝积水位。

4.13.4 当圩区较大，形成一片河网时，宜采用河网水流数学模型进行计算。

4.13.5 当工程点受下游人工建筑物或江、河、湖泊的回水顶托时，应计算回水曲线推求设计洪水位，并应充分考虑泥沙淤积的影响。

4.13.6 蓄（滞）洪区最高水位的确定，应根据分洪和泄洪的方式不同，分别采用不同方法进行计算。蓄（滞）洪区不能同时分洪、泄洪时，应根据分洪总量查蓄（滞）洪区水位—容积曲线，确定蓄（滞）洪区最高洪水位；蓄（滞）洪区为常年积水的洼地或湖泊时，还应考虑原有的积水容积；蓄（滞）洪区边分洪、边滞洪时，应根据分洪流量进行蓄（滞）洪区调蓄计算确定最高洪水位。

4.13.7 在两岸堤防设计标准较低，易于溃堤的平原地区，其设计洪水位可按下列情况分别确定：

1 可根据溃堤后历史洪水位的调查，结合目前河道治理情况分析确定设计洪水位；

2 若溃堤后的两岸洪水泛滥区边界能确定时，可根据泛滥区大断面，以及滩槽糙率，确定的设计洪水流量，推求设计洪水位；

3 若溃堤后的两岸洪水泛滥区边界难以确定时，可根据堤防标高，上下游行洪情况，历史溃堤情况结合暴雨重现期调查，通过分析论证确定。

4.14 洪水事件的组合分析

4.14.1 对于滨海、河口和滨河核电厂厂址，设计基准洪水应分析下列独立事件和事件组合的影响：

1 天文潮高潮位；

2 海平面异常；

3 风暴增水；

4 假潮增水；

5 海啸或湖涌增水；

6 径流洪水；

7 溃坝洪水；

8 波浪影响；

9 其他因素引起的洪水。

4.14.2 滨海厂址的设计基准洪水位可按下列方式组合：

1 10%超越概率天文高潮位＋可能最大风暴增水＋海平面异常；

2 10%超越概率天文高潮位＋可能最大风暴增水＋海平面异常＋$0.6H_{1\%}$。

注：$H_{1\%}$为设计基准洪水位情况下，可能最大台风浪产生的百分之一大波，单位：m。

4.14.3 滨海厂址尚应分析陆域洪水的可能影响。

4.14.4 对于滨河核电厂厂址，应结合厂址特性，分析下列核电厂独立事件和组合事件及其相应的外界条件，选择其最大值作为厂址设计基准洪水位：

1 由降雨产生的可能最大洪水；

2 可能最大洪水引起的上游水库溃坝；

3 可能最大洪水引起上游水库溃坝和可能最大降雨引起的区间洪水相遇；

4 可能最大积雪与频率1%的雪季降雨相遇；

5　频率1%的积雪与雪季的可能最大降雨相遇；

6　由相当运行基准地震震动引起的上游水库溃坝与区间1/2可能最大降雨引起的洪峰相遇；

7　由相当安全停堆地震震动引起的上游水库溃坝与区间频率4%的洪峰相遇；

8　频率1%的冰堵与相应季节的可能最大洪水相遇；

9　上游水坝因操作失误开启所有闸门与由1/2可能最大降雨引起的洪峰相遇；

10　上游水坝因操作失误开启所有泄水底孔与区间由1/2可能最大降雨引起的洪峰相遇。

4.14.5　当滨河厂址受水域波浪影响时，设计基准洪水位可加上0.6$H_{1\%}$。

注：$H_{1\%}$为重现期100年的波列累计频率为1%的波高值，单位：m。

4.14.6　对于河口厂址，应采用下列组合中的最大值作为设计基准洪水位：

1　10%超越概率天文高潮位＋万年一遇风暴潮增水＋河流的平均流量引起的水位升高＋波浪影响；

2　10%超越概率天文高潮位＋百年一遇风暴潮增水＋十年一遇径流洪水引起的水位升高＋波浪影响；

3　10%超越概率天文高潮位＋十年一遇风暴潮增水＋百年一遇径流洪水引起的水位升高＋波浪影响；

4　10%超越概率天文高潮位＋万年一遇径流洪水引起的水位升高＋0.5m安全裕度。

5　设计基准低水位

5.1　一般规定

5.1.1　对于重要厂用水，应分析确定核电厂整个寿期内与安全有关的冷却水源的可用水量，最低水位和最低水位的持续时间，以及挡水建筑物破坏的可能性。

5.1.2　对滨海核电厂应分析所有影响安全运行的可能自然事件及人类活动影响；应分析可能影响的各种严重减水事件、基准水位、风浪作用等的不利组合，确定设计基准低水位。

5.1.3　推求设计基准低水位应采用确定论法及概率论法，并将确定论法及概率论法的成果综合论证分析确定。

5.1.4　其他方面应按设计基准洪水的计算原则进行计算。

5.2　天文潮低潮位

5.2.1　天文潮低潮位分析应采用厂址附近测站1周年以上经过整编、审查的潮汐观测资料进行。

5.2.2　厂址海区各分潮的调和常数应根据观测的潮汐资料分析计算，并应预报不少于19年的天文潮过程。

5.2.3　天文潮低潮位应采用19年年最低天文潮位。

5.3　风暴减水

5.3.1　滨海核电厂的设计基准低潮位应分析可能最大风暴引起的减水。

5.3.2　风暴减水计算时，应采用确定论法和概率论法，并应对计算结果进行分析比较论证。

5.3.3　风暴减水计算时，应分析计算温带气旋或热带气旋产生的可能最大风暴减水。

5.4　假潮减水

5.4.1　当核电厂以封闭或半封闭水体作水源时，应对水体发生假潮减水的可能性做出评价。

5.4.2　可能最大假潮减水分析计算应按假潮增水的计算原则进行计算。

5.4.3　当厂址或附近地区有长期的潮位（水位）过程和相应的有关资料时，可用概率论法或确定论法确定可能最大假潮的振幅。

5.5　海啸或湖涌减水

5.5.1　对于滨海（滨湖）厂址，应根据厂址或附近地区实测潮位及有关资料分析评价厂址所在区域潜在海啸（湖涌）减水影响的可能性。

5.5.2　对受海啸（湖涌）减水影响严重的厂址，应按可能最大海啸（湖涌）为主的组合事件确定设计基准低水位。

5.5.3　可能最大海啸（湖涌）减水的分析计算应按海啸增水的计算原则进行计算。

5.6　波浪的影响

5.6.1　在设计基准低水、波浪组合下减水水位应分析近岸处静水位及波浪要素时程图合理确定风暴作用下的低水位。

5.6.2　确定设计低水位时，应分析水工构筑物的消浪作用。

5.7　河流水库湖泊的枯水

5.7.1　枯水成因和类型应根据水源地的地理位置、气候特征和历史水文气象条件确定。

5.7.2　河流设计基准枯水流量、湖泊设计基准低水位可采用概率论法计算，水库设计基准低水位应通过调节计算确定。概率论法计算的资料系列应在30年以上，资料短缺时应延长资料系列。无论实测资料系列的长短，均应进行历史枯水的调查和考证工作。

5.7.3　分析确定设计基准低水时，应分析洪水、地震等因素引起溃坝、溃堤的可能性，及由此引起的蓄水功能丧失对设计基准低水的影响。

5.8 潜在自然因素引发的枯水

5.8.1 枯水计算时应分析下列潜在自然因素的影响：

1 漂浮物或冰堵（冰坝）对下游的枯水流量和枯水位的影响；

2 土、岩石、雪、冰或火山喷发灰突然进入水体，可能诱发下游水库溃坝，进而形成枯水，以及由此形成的临时坝冲毁，引起下游枯水对核电厂枯水位的影响。

5.8.2 河道变迁对枯水的影响应分析下列情况：

1 由于河流裁弯取直，将导致取直地段及其附近河段的河床遭受冲刷，可能降低枯水位；

2 由于相邻流域分水岭的侵蚀，导致厂址以上集水面积减小，形成厂址枯水的变化；

3 由于河床逐年自然冲刷，对枯水位降低的影响；

4 由于河流主流线变化，导致枯水流量在断面上的重新分配，对枯水带来的影响。

5.9 人类活动对枯水的影响

5.9.1 流域内影响枯水的人类活动应主要包括河道内取土、采砂、蓄水工程、跨流域调水工程、工农业提、引水、水土保持等。

5.9.2 当人类活动影响枯水径流时，应分析其对设计基准枯水的影响。

5.9.3 当人类活动影响造成江河湖底床下切时，应分析其对设计基准枯水位的影响。

5.9.4 人类活动对枯水影响应以影响较大的已建和在建工程为主，并应包括核电厂寿期内的规划工程对设计基准枯水的影响。对枯水资料存在明显影响时，应改正资料系列的一致性。

5.10 枯水事件的组合分析

5.10.1 对于滨海、河口和滨河核电厂厂址，设计基准低水应分析下列独立事件和事件组合的影响：

1 天文潮低潮位；

2 风暴减水；

3 假潮减水；

4 海啸或湖涌减水；

5 河流、湖泊的枯水；

6 波浪影响；

7 其他因素引起的枯水。

5.10.2 滨海厂址设计基准低水位可按最低天文潮位，加上可能最大风暴减水。

5.10.3 对于滨河厂址，设计基准低水位可按万年一遇径流枯水位，加上0.5m安全裕度。经论证电厂在此水位下，取水水量能够满足重要厂用水水量时，可不在厂区内设置安全级重要厂用水水池。

5.10.4 对于河口厂址，应采用下列组合中的最小值作为设计基准低水位：

1 最低天文潮位＋万年一遇风暴减水＋河流的平均流量引起的水位变化；

2 最低天文潮位＋百年一遇风暴减水＋十年一遇径流枯水引起的水位变化；

3 最低天文潮位＋十年一遇风暴减水＋百年一遇径流枯水引起的水位变化；

4 最低天文低潮位＋万年一遇径流枯水引起的水位变化－0.5m。

5.10.5 当电厂设置重要厂用水水池时，可不再进行设计基准低水位的计算。

6 水 源

6.1 一 般 规 定

6.1.1 水源分析工作应首先判明水源性质，并应根据水源特点及取水方式开展相应的工作。

6.1.2 对于地表水源，应根据区域内历史地形及地质资料，评价河流上游改道、整治工程或其他河道堵塞等的可能性。

6.1.3 对于重要厂用水水源，应分析风暴潮、海啸（湖涌）以及可能最严重干旱事件对与安全相关冷却水源的影响。

6.1.4 确定水源的供水能力时，应分析区域内水量利用规划对与安全相关的枯水流量及持续时间的可能影响。

6.1.5 核电厂的水源计算应包括设计最小流量，不同时段的设计枯水径流量、设计枯水流量过程线及相应的低水位，可根据水源类型、枯水径流变化和工程安全设计要求计算其全部或部分内容，对于滨河厂址应确定其设计基准枯水位，对滨海厂址应确定其设计基准低潮位。

6.1.6 核电厂枯水流量频率计算应具有30年以上的实测枯水资料系列，并应加入历史枯水调查和考证资料。

6.1.7 核电厂重要厂用水水源应保证反应堆在任何条件下均能连续30d维持安全停堆所需水量；与核安全无关的水源设计保证率应为97%。

6.1.8 所选择水源应符合水功能区划和海洋功能区划，核电厂排水的受纳水体应符合水环境功能区划和海洋环境保护规划。

6.2 天 然 河 流

6.2.1 采用概率论法计算天然河流设计枯水流量时，应以年瞬时最小流量为样本，资料系列应在30年以上。资料短缺时应延长枯水资料系列。无论实测资料系列的长短，均应进行枯水调查和考证工作。应采用两种以上方法进行计算，并应综合分析后选用较安全的计算成果。

6.2.2 设计枯水应采取多种方法计算，并应与历史调查枯水位进行分析比较，分析确定较安全的计算成果。

6.3 水库或闸上

6.3.1 核电厂以水库作为供水水源时，其安全标准应为100年一遇洪水设计、1000年一遇洪水校核。

6.3.2 年径流分析计算应包括下列内容：

1 径流补给来源及年际年内变化规律分析；

2 年径流系列的生成；

3 人类活动影响分析及还原计算；

4 年径流插补延长和系列代表性分析；

5 年径流频率分析和年内分配计算；

6 计算成果的合理性检查；

7 应根据人类活动规划水平年，分析剩余年径流量。

6.3.3 在确定年径流各项计算成果时，应根据工程设计要求与资料条件，采用多种方法计算，通过分析论证，合理确定设计值。

6.3.4 年径流还原计算应根据流域情况、资料条件及精度要求，可选用分项调查分析法、蒸发差值法及降雨径流模式法等。还原计算成果应从上下游，干支流及区间平衡，单项指标的选用等方面进行综合分析，合理确定。

6.3.5 径流资料不足30年，或虽有30年，但资料系列不连续或代表性不足时，应进行插补延长。插补延长方法可根据流域及资料条件选用，插补延长的幅度不应超过实测系列长度的50%。

6.3.6 无实测径流资料时，可采用流域实测降雨系列通过产汇流模型计算年径流系列，或通过相似流域比拟法计算本流域年径流系列。

6.3.7 水库径流的调节计算可采用典型年法或时历法，时历法调节年度应按统一的水文年划分，径流系列应包括最严重干旱的枯水年份。调节计算起始条件宜为死水位。核电厂在闸上游取水时，应分析保证率97%的闸上最低水位、最小水深及槽蓄量。

6.3.8 水库淤积计算可根据水库坝址以上的来水、来沙资料系列进行。无实测泥沙资料时，对悬移质泥沙可移用上下游站或邻近相似流域实测资料，对推移质泥沙可根据降雨特性、植被、土壤流失与地形等产沙条件相似的原则，采用相似站悬移质沙量与推移质沙量的经验比例进行估算；也可根据已建水库的建库前后库容变化或其他引水工程泥沙淤积测量或清淤资料推求水库淤积量。对已建水库的死库容淤积年限应以目前已淤积库容为起始，按核电厂运行年限来计算或复核，应分析水库淤积量对调节库容的影响。

6.4 闸、坝下游河流

6.4.1 水库和闸下游取水断面的设计枯水流量，正常供水应为保证率97%枯水年水库调节流量（包括渗漏量）；对重要厂用水则应分析可能最小调节流量及最低水位，同时尚应分析区间枯水流量。

6.4.2 核电厂在水库和闸下游取水时，取水后的剩余流量应满足下游河道生态用水量，应与下游各行业用水规划相协调。

6.4.3 利用新建或现有水库时，应根据工程用水量及相应核设施供水保证率，在原径流调节计算基础上，复核水库调节下泄流量的可靠性。

6.4.4 水库下游取水时，应收集水库实际运行调度和下泄流量资料，并应与设计工况相比较，判定实际运行对设计值的影响。

6.5 河网化地区河流

6.5.1 河网化地区取水时，应根据区域补水条件、河段槽蓄水量、各用水户用水需水要求等，分析判断水源是否满足97%保证率的要求。

6.5.2 河网水流水力计算可采用河网水流数学模型，对不稳定流水力学方程组数值求解。应根据不同河网组成类型的初始条件与边界条件以及工程要求，按地形条件概化及计算要求概化，采用不同的计算格式。

6.5.3 河网水流数学模型计算边界的选定，应首先选择容易取得计算所要求的边界值，边界处的水文条件不受工程方案的影响，且宜选在流场比较均匀的断面。

6.5.4 河网水流数学模型应采用实测枯水资料进行验证计算，若计算值和实测值相差甚远，应首先检查基本资料及其概化处理是否正确；若计算值和实测值大致相符，可适当的调整糙率，使其更好地符合，然后进行各种取水方案的正式计算。

6.6 湖　泊

6.6.1 对于不闭塞型湖泊，应根据进湖站年径流系列、出湖径流量及湖泊降水量、地下径流量、湖泊蒸发量、湖底渗漏量、工农业用水量和生态用水量等分析推算核电厂设计供水保证率要求的设计最低水位。

6.6.2 湖泊设计最低水位应分析地震、大风、淤积等严重自然事件及湖震或假潮的影响。

6.7 海　洋

6.7.1 核电厂取水口位于海滨或海湾内时，应分析海域受热带气旋、温带气旋、波浪、海啸等自然事件或人为事件而引起的最大减水的影响。

6.7.2 取水口位置应选择在岸滩稳定、水深和水动力条件较好的区域，取水口布置应分析自然地形、波浪、潮流、泥沙的综合影响，并根据工程海域的动力因素及泥沙特征提出必要的防淤或防冲措施建议。采用直流冷却方式时，排水口不宜选择在温排水影响较大的海湾内、滩涂区。

6.7.3 取水口布置应论证取水工程与航运的相互影响。

6.7.4 取水口应考虑冰凌、污染物和漂浮物的影响，必要时应采取相应的工程防护措施。

6.8 人类活动对水源的影响

6.8.1 人类活动对水源的影响应主要包括修建水库、河道采砂、河道整治、围堰、闸坝、淤滩造田等。

6.8.2 水源受人类活动的影响时，应进行径流还原计算，设计枯水成果应为考虑流域人类活动影响后的成果。

6.8.3 分析人类活动对水源影响时，应预测人类活动影响对未来河道设计枯水水面线的影响，并应提出合适的应对措施。

6.9 水温、泥沙、水质、盐度

6.9.1 水温要素应主要包括下列工作内容：

1 水温统计内容应包括累年各月平均、最高、最低水温及出现日期；

2 应提供累积频率为1%、10%的日平均水温。可根据最近5年最热季3个月逐日平均水温采用逐点统计法推求；

3 应根据多年实测逐日平均水温系列，筛选出每年第七位的日平均水温值，采用算术平均法计算T7设计水温；

4 应在工程水域设立水文观测点与邻近具有长系列水温资料测站建立相关关系，实测资料长度不应少于1年；

5 应根据设计需要和温排水评价要求，在取、排水区域布置控制性测点，观测水温平面、垂向变化及其季节变化；

6 新建水库水温的预估，可选择具有可比性的已建水库水温观测资料，进行类比分析，推算设计所需水温资料。

6.9.2 泥沙要素应主要包括下列工作内容：

1 应了解泥沙来源，泥沙特征及输移规律；

2 应掌握工程水域不同季节含沙量、多年平均及最大含沙量特征值及粒径组成，含沙量过程线和高含沙量持续时间，以及床沙组成和颗粒级配。应特别注意大风期间的泥沙情况和骤淤现象；

3 应分析确定影响泥沙运动的动力因素。

6.9.3 水质要素应主要包括下列工作内容：

1 应了解工程水域的水质现状和水功能区划、水环境功能区划及水质管理目标；

2 对缺乏水质资料的工程水域，应进行至少1年的逐月水质观测，具体观测项目视水域实际情况和化学环保专业要求确定。

6.9.4 盐度要素应主要包括下列工作内容：

1 工程水域具有盐度观测资料时，可用以统计多年平均年、月盐度值和最大、最小盐度值；

2 如工程水域缺乏系列资料，应设立盐度观测站与邻近具有长系列盐度资料测站建立相关关系，实测资料长度不应少于1年；

3 应根据工程水域和附近水文站的盐度资料，分析盐度平面分布和垂向变化及其季节变化。

7 泥沙与岸滩稳定性

7.1 一般规定

7.1.1 核电厂涉水工程附近岸滩稳定性应在查勘基础上，从下列方面进行分析：

1 水流泥沙条件分析；

2 岸滩历史演变分析；

3 岸滩近期演变分析；

4 人类活动影响分析；

5 岸滩演变趋势分析。

7.1.2 岸滩历史演变分析宜根据历史文献、考证资料、历史地形图分析岸滩的历史变化过程。

7.1.3 核电厂涉水工程附近岸滩演变复杂时，岸滩稳定性分析应符合下列规定：

1 岸滩稳定性应采用多种途径进行分析；

2 岸滩近期演变分析应综合获取资料，分析岸滩演变与水沙条件、岸滩边界、人类活动影响等的关系及影响岸滩稳定性的主要影响因素；

3 岸滩演变趋势应运用岸滩演变基本规律，根据工程水域水文泥沙变化特点和人类活动影响预测，采用原型观测类推、数学模型或物理模型等方法进行分析。

7.1.4 核电厂涉水工程附近岸滩稳定性应按核电厂寿期内的演变趋势进行预测。

7.1.5 在工程水域岸滩稳定性分析基础上，应推荐核电厂涉水工程的布置位置，提供涉水工程位置的水流泥沙资料和最不利冲淤床面高程。

7.2 水流、泥沙特性

7.2.1 水流、泥沙特性分析，应通过查勘、泥沙资料的搜集、遥感和水文泥沙测验等途径，分析工程设计河段（海域）的泥沙来源、泥沙组成、泥沙的输移特性、洪枯季（或大、中、小潮）垂线平均含沙量、含沙量的垂线分布和悬沙、底沙的颗粒级配曲线。

7.2.2 泥沙成果资料应包括工程设计河段（海域）的多年平均含沙量、最大含沙量、年输沙量、含沙量年内和年际的变化、输沙量典型年年内分配和含沙量过程线等。

7.2.3 泥沙沉降速度可选用泥沙沉速公式计算，也可通过试验求得。

7.2.4 对于泥沙起动流速公式，应分析其适用条件，对影响因素的处理应结合工程地点河段的泥沙特性或通过水槽试验确定。

7.2.5 造床泥沙与非造床泥沙的划分，应根据河床质级配曲线确定的划分粒径，在悬移质级配曲线上定出造床泥沙与非造床泥沙的组成百分数。

7.2.6 选用悬沙和底沙的水流挟沙能力公式时，应分析公式的适用范围和对设计河段水流泥沙特性的适用性，悬沙挟沙公式应注意造床泥沙、非造床泥沙及全沙含沙量的应用范围，并宜选用两种以上的方法相互印证，同时应采用当地实测水流泥沙资料验证所选用公式。

7.2.7 对于高含沙水流（浮泥）、浑水异重流应结合其形成及运动的水力条件，通过原体观测、数学模型、物理模型试验或几种途径结合进行分析。

7.3 水流运动的模拟

7.3.1 核电工程中涉水工程的布置、岸滩稳定性、温排放、低放射性废水、余氯的排放、水交换、增减水的分析，均应分析工程区和设计河段（海域）内的水流状况和水流流场。

7.3.2 水流运动模拟时，应分析工程点和近岸水流的流态和水流的基本特点，调查和提供河流洪、枯季（海流为大、中、小潮）的平均流速、最大流速和可能最大流速、最小流速；流向及其季节变化；流速的垂线分布，流速过程线；河流动力轴线等。对于潮汐河口和其他海域的流场可采用流场数学模型分析计算潮流场及余流场的流速、流向及其时空变化。

7.3.3 水流数学模型计算边界条件、网格大小、计算精度应根据工程岸段（海域）的水流泥沙特性和工程设计的要求确定。

7.3.4 对于近岸流场应分析由于人类活动和厂区附近水工构筑物建造后产生的影响，宜采用数值模拟或物理模型试验进行预测。

7.4 厂址设计岸段河床演变

7.4.1 河床演变应从纵向变形与平面横向变形进行分析，同时应分别分析历史演变、近期演变以及人类活动的影响。

7.4.2 对于工程河段，应分析来水来沙特性，可通过绘制平面流态图、流速与含沙量断面分布图、垂线平均流速与含沙量平面分布图、床沙代表粒径平面分布图、含沙量与流量关系线以及一次洪水过程洪峰与沙峰的对应分析等途径进行。

7.4.3 对于工程河段，应分析河床边界组成的特性，可根据河道大断面图、河谷地貌图、地质剖面图、钻孔柱状图以及床沙粒径组成等途径进行。

7.4.4 设计河段河床演变分析应采用多种途径、多种方法比较、相互印证。可根据工程设计要求、资料情况及河道特性采用下列方法：

1 对设计河段进行野外踏勘、调查和水下地形测量；

2 利用包括近期在内的不同年代水下地形图进行套绘对比；

3 利用遥感、航卫片资料结合河流动力地貌特性分析判断；

4 利用浅层剖面仪进行浅地层探测、沉积物沉积相分析和放射性同位素年代测定等手段的动力沉积学方法；

5 进行多种数学模型数值模拟计算；

6 进行河工物理模型试验。

7.4.5 在设计河段的河床演变分析过程中，应对人类活动、河道中水工构筑物的现状及规划和天然障碍物进行实地调查，结合资料分析，估计其影响程度与范围。

7.4.6 各种类型的河床演变分析应在天然河流类型共性变化的基础上，综合各方面资料对特定类型河流的演变特性进行具体分析。同时应注意分析来水来沙条件及河床边界条件发生变化后河型的可能转化。

7.4.7 取排水口河床稳定性分析应在设计河段河床演变特性全面分析的基础上进行局部河床变形分析。

7.4.8 对湖泊、水库的岸滩稳定性分析可采用河床演变的有关规定，并应注意分析其演变的特点。

7.5 厂址设计岸段海床演变

7.5.1 核电工程海床稳定性应按工程布置，海床泥沙运动特点及水文泥沙资料情况，采用调查访问、现场冲淤观测实验、岸滩动力地貌形态特征查勘、海洋水文泥沙观测、遥感技术应用以及水下地形测量、历史海图对比、数值模拟分析、海岸与河口物理模型试验等途径，并参照河床演变的有关分析方法进行多种途径综合分析比较。

7.5.2 河口及海床冲淤分析应具有气象、海洋与河口水文、地形及地貌、地质地震、泥沙特性以及人类活动影响等资料。

7.5.3 对海床冲淤变化趋势的预测，应在分析区域泥沙来源、岸段泥沙特性、岸段波浪或波浪破碎区以内的沿岸流输沙和输沙动力因素强弱对比、余流大小与方向、纵向与横向泥沙的运移形式、速度和数量大小的基础上进行；同时应分析邻近现状与规划的水工及港工建（构）筑物对海床演变的影响。

7.5.4 工程岸段沿岸流输沙方向，输沙率的沿程变化以及沿岸输沙带宽度随时间的变化，可通过下列方面进行分析：

1 根据不同年代地形图和海图的岸线进退及沿岸的地形演变，海堤走向与位置的变迁等分析泥沙运移方向及岸线冲淤变化速率；

2 根据邻近现有水工及港工建（构）筑物的拦沙和进港航道的淤积情况，对比分析沿岸输沙方向和输沙量大小；

3 根据河口及潮汐口门的岸滩形态变化，口门处深槽的演变等来判断沿岸输沙方向；

4 根据岸滩的动力地貌形态特征，沿岸组成物质的粒径变化以及重矿物分布特征，判断泥沙来源和移动方向；

5 应用波浪折射图，用波浪能量的沿岸分量分析计算沿岸输沙率；从波浪破碎前的波向与岸线的交角，判断沿岸泥沙运动的方向；

6 依据海洋水文测验、波浪观测以及示踪沙测验的成果资料，估计沿岸输沙量和输沙方向。

7.5.5 对淤泥质海岸的海床演变应从泥沙补给来源、岸滩动力地貌形态特征、海区沉积物类型、潮流与波浪的水动力特征及泥沙输移、近岸波浪破碎带范围、余流大小与方向、海水絮凝作用、含沙量变化、浮泥异重流运行状况，以及邻近人类活动对本岸段的影响等方面分析水下岸坡的泥沙运移特点及冲淤变化总趋势。

7.5.6 对沙质海岸的海床演变应通过泥沙补给来源、海区沉积物类型、波浪特征、潮流及余流大小与方向、输沙的主导因素、岸滩动力地貌特征、近岸波浪破碎带范围、沿岸输沙强度与范围、海床季节性冲淤变化、含沙量变化，以及邻近人类活动对工程岸段的影响等方面分析海床悬移质泥沙及推移质泥沙的运移特点及岸滩冲淤变化总趋势。

7.5.7 潮汐河口的河床演变应通过泥沙补给来源、水流及泥沙运动特性、潮汐和波浪的强弱、不同河口类型的发育特点，以及工程措施影响等方面进行分析。

7.5.8 潮汐河口的拦门沙应从河口平面外形边界条件、来水及来沙条件、沿岸流，风浪特性以及盐淡水混合对其形成影响等方面进行演变分析。

7.5.9 在滨海地区及潮汐河口，对核电工程水工及港工构筑物，应进行下列海床稳定性分析：

1 工程岸段的海床冲淤变化范围，强度及变化趋势。尤其应分析沿岸冰凌、漂沙和沉积物造成的取水口堵塞的可能性；

2 邻近岸段已建或规划的水利及港工构筑物对本岸段冲淤特性的影响。

7.5.10 对海岸主要的淤积体变化可从岸线地形发生的变化、沿岸输沙障碍物影响、水流扩散、波浪的折射、绕射降低输沙能力等方面判明输沙条件的变化，分析沿岸泥沙的冲淤动态。

7.5.11 对岸线的沿岸输沙障碍物，应分析平行岸线的岛屿，伸入海中的岬角，天然潮（港）汊等天然输沙障碍物，以及离岸堤、突堤、排水口、人工挖槽等人工输沙障碍物；并应分析取水构筑物在输沙障碍物上下游岸滩冲淤变化。

7.6 人类活动对岸滩稳定性的影响

7.6.1 人类活动对岸滩稳定性的影响分析应涵盖核电厂整个寿期内人类活动对工程水域水流、泥沙条件和岸滩稳定性的影响。

7.6.2 对于人类活动对岸滩稳定性的影响，应分析灌溉制度及森林采伐的变化，城市化程度的提高，采矿、采石活动及有关的堆积位置，滩涂围垦、采沙等土地使用方式的改变对厂址岸滩稳定性的影响。

7.6.3 对于水利工程对岸滩稳定性的影响，应分析坝和水库，堰和闸门，沿河流的防护堤和其他防洪构筑物，流入或流出的引（分）水工程，泄洪道，河道整治工程，桥梁或其他束水构筑物等工程设施对厂址岸滩稳定性的影响。

7.6.4 当取水构筑物在淤泥质海岸和岛式防波堤之间时，应分析其间的海流及泥沙运动特性；当取水构筑物在沙质海岸和岛式防波堤之间时，应分析其间的沿岸流特性，并有足够的安全距离。

7.6.5 对潮汐河口上游已建水库，应分析改变径流过程和增减径流量，导致盐淡水混合型式改变或洪汛期冲刷作用消失对下游取水河段淤积及水质等的影响。

7.6.6 取水构筑物在潮汐河口时，对邻近水域的疏浚工程应分析随着水深加大，盐水楔上溯距离增加，拦门沙淤积部位随之上移对取水河段淤积及水质的影响。

7.6.7 对潮汐河口区进行的河道束窄整治工程，应分析束窄河道上、下游对取水河段的冲淤影响。

7.7 取排水条件分析

7.7.1 核电厂取排水水域条件应符合下列要求：

1 取水口水深条件好；

2 排水口水动力强、扩散条件好、最终热阱范围小；

3 取排水口附近岸滩基本稳定；

4 取水工程回淤少；

5 避免取水口位于波浪破碎带和流态复杂区；

6 热回归影响小，取水温升小；

7 取排水管（渠）线距离短。

7.7.2 核电厂低放废水和温排水尚应符合下列要求：

1 避免影响饮用水水源地；

2 排放受纳水体水量大、扩散能力强；

3 满足水功能区划、海洋功能区划和环境保护要求。

7.7.3 核电厂取排水工程布置应满足防洪安全、通航安全的要求，排水口布置应满足有关行政主管部门的监督管理要求。

8 水文观测及专用站

8.1 一般规定

8.1.1 下列情况应进行水文观测及设立厂址水文专用站：

1 厂址所在区域实测水文资料短缺，且无法参证其他测站资料来确定建厂区域的水文条件时；

2 厂址附近虽有可选取参证站，但其水文资料不能直接使用，必须同步观测一段时间，以便建立相关关系进行转移时；

3 厂址附近观测站现有观测项目不全或不能满足工程要求，或需对水文分析计算项目进行验证时；

4 为分析水文要素现状及趋势、满足专题研究要求而须进行原体观测时；

5 为满足核电厂运行监测和预报系统的需要时。

8.1.2 观测项目应包括潮（水）位、水深、流量、流速、流向、水温、波浪、冰凌、盐度、悬移质、海（河）床质、水化学（水质）、降水量、蒸发量、风、漂浮物等。若特殊需要，可按任务要求增减项目；附属项目的观测，可按专题研究部门和主管部门的要求确定。

8.1.3 水文测验采用的基面应与我国现行的国家高程基面相衔接，同时应注明各基面的换算关系。

8.1.4 水文专用站的设立、观测和资料整编审查应符合国家现行有关标准的规定，并应结合设站的目的和要求进行。

8.2 滨海、潮汐河口水文测验

8.2.1 在开展水文测验之前，应进行现场踏勘，了解工程区域地形地貌特征，结合观测任务要求及现场的实际情况，制订详细的水文测验计划。水文测验计划可兼顾海域使用论证、数学物理模型试验的要求。

8.2.2 所有测验项目内容应符合现行国家标准《海洋调查规范》GB/T 12763 的有关规定，所有测试仪器应进行率定，现场工作人员应经培训合格，并应确保观测资料的系统性和完整性。

8.2.3 测验项目内容、测点布设、测验时段与次数、测验方式、仪器特性，应满足工程及相关研究的要求，所测资料应具有代表性。

8.2.4 具体观测内容应结合工程的特点进行适当调整，所有水文测验项目应在冬、夏季进行大、中、小潮全潮 25h 以上同步综合水文测验，并应在水文测验的前后分析实测潮的典型性。测验点应根据周围的地形条件进行设置，可布设 8 个～12 个，条件复杂时可布设 10 个～16 个。

8.2.5 潮位观测站点应根据数、物模分析专题研究的范围确定，不宜少于 3 个～5 个；观测时间宜与水文测验同步进行，并应超过水文测验时间段。

8.2.6 波浪观测，观测点水深宜为 10m 以上、易固定波浪仪器的区域，并宜避开渔业捕捞作业区。观测项目应为波高、波向、周期及水深等，观测间隔应为 3h 一次，台风期间宜加密至 1h 一次。

8.2.7 潮汐河口水文测验应同时关注海洋及河流的双重影响。

8.3 河流水文测验

8.3.1 在开展水文测验之前，应进行现场踏勘，了解工程区域地形地貌特征，结合观测任务要求及现场的实际情况，制订详细的水文测验计划。

8.3.2 所有观测项目的精度应符合国家现行有关标准的规定，所有测试仪器应进行率定，现场工作人员应经培训合格，并应确保观测资料的系统和完整性。

8.3.3 测验项目内容、测点（断面）布设、测验时段与测次、观测方法、仪器的特性，应满足工程及相关研究的要求，所测资料应具有代表性。

8.3.4 工程水域如受分汊河道影响应同时进行分汊河道的水文测验包括分汊河道的分流分沙比。

8.3.5 测验资料应与参证站资料进行相关分析，以推求水文设计要素，并应为数、物模分析提供边界条件。

8.4 海洋水文站

8.4.1 站址和测点的选择应满足工程的要求和有代表性，技术设备应满足观测要求，仪器性能应满足可靠性、稳定性、安全性和自动化程度等方面要求，并不应受工程实施的影响。

8.4.2 专用海洋水文站观测年限应在 1 年以上，也可根据参证站资料情况和需要确定。

8.4.3 实测的潮位、波浪、水温等资料应分别与参证站进行相关分析，并应将参证站的长系列资料经修正后移置到厂址处。

8.5 陆地水文站

8.5.1 水文站设立除应满足本规范第 8.4.1 条的要求外，站址还应满足防洪、可靠性的要求。

8.5.2 水文站观测年限应在 1 年以上，可根据参证站资料情况和需要确定。

8.5.3 水文站一年测流次数，应根据高、中、低各级水位的水流特性、测站控制情况和测验精度要求，掌握各个时期的水情变化，合理地分布于各级水位和水情变化过程的转折点处。

8.5.4 在推求厂址处设计水文要素时，应将实测值与参证站进行相关分析，并应将参证站的长系列资料经修正后移置到厂址处。

9 核电厂工程水文各阶段内容与要求

9.1 一 般 规 定

9.1.1 核电厂水文勘测各阶段内容与深度应满足相应设计阶段的要求。

9.1.2 核电厂水文勘测可分厂址查勘、初步可行性研究、可行性研究、初步设计、施工图设计等。

9.1.3 各阶段所列的工作项目是分析核电厂地域性最小环境影响场的最低要求。对具体工程的特殊要求应根据勘测阶段和厂址自然条件的复杂程度有所差异。

9.2 厂址查勘阶段

9.2.1 厂址查勘阶段水文勘测应通过搜集区域水文、供水水源等资料，并进行现场踏勘、调查和必要的专题分析论证，针对厂址防洪安全性、供水水源的可靠性、厂址岸滩稳定性等水文条件进行初步了解与分析，排查厂址颠覆性的水文因素，为筛选可能建厂的区域或候选厂址的评价提供水文依据。

9.2.2 厂址查勘阶段厂址防洪安全分析应包括下列内容：

1 对于内陆厂址，应初步搜集与调查区域内自然地理概况、水文条件、水利设施的现状与规划等资料，对可能建厂厂址的防洪安全性作出定性判断；

2 对于滨海厂址（含潮汐河口地区），应初步搜集与调查海域自然地理概况、海洋水文特性、岸线利用状况、海涂围垦、水利设施的现状与规划等资料，对可能建厂厂址的防洪安全性作出定性判断；

3 应初估组成设计基准洪水位的组合事件、初估厂址设计基准洪水位，并应初步评价厂址防洪安全性。

9.2.3 厂址查勘阶段供水水源分析应包括下列内容：

1 对于淡水水源，应初步搜集和调查区域水资源条件、蓄水工程现状与规划、供用水现状与规划，并应根据核电厂的用水规模与特点，初步判断可能建厂厂址的淡水水源条件；

2 对于海水水源，应初步搜集与调查海域的自然地理概况、海洋功能区划、岸滩条件、海洋水文特征，并应初步判断可能建厂厂址的取排水条件。

9.2.4 厂址查勘阶段岸滩稳定性分析应包括下列内容：

1 应初步搜集与调查厂址及取水工程区域附近河流、水库（湖泊）或海域等的水文特性、泥沙运动特性、河势变化概况、岸滩及深槽的历史演变、冲淤变化等资料；

2 应对厂址及取水工程区域河床演变、岸滩稳定性及取排水条件进行初步分析，并应初步评价水利工程规划对岸滩稳定性和扩散条件的影响。

9.2.5 厂址查勘阶段应根据初步掌握的洪水条件、水源条件、岸滩稳定性等水文因素，对候选厂址的安全性作出初步判断，排查颠覆性的水文因素。

9.3 初步可行性研究阶段

9.3.1 初步可行性研究阶段水文勘测应通过搜集水文、岸滩稳定性、水利设施的现状和规划、岸线的现状和规划、工农业用水、城市生活用水及环境生态需水等资料，并结合现场调查、必要的水文测验、短期对比观测、专题分析论证，对初步可行性研究所涉及的供水水源可靠性、厂址防洪安全性、厂址岸滩稳定性等主要水文条件进行初步评定，为厂址建设规模和各厂址经济性比较提供水文依据；并应提出各厂址存在的主要水文问题及下阶段进一步工作的建议。

9.3.2 初步可行性研究阶段供水水源分析应包括下列内容：

1 对于淡水水源，应搜集和调查流域工农业用水现状与规划、环境及生态需水量、水利设施、水库（湖泊）特征值及运行调度原则和坝体质量鉴定结论，结冰期、最大冰厚和流冰块尺寸、冰坝与冰塞情况、漂浮物情况、航运状况、历史最小流量、最低水位及相应重现期；初步研究人为事件、自然事件、水库溃坝等因素对水源的影响。核电厂正常用水水源标准应按保证率97%估算，重要厂用水水源则应以保证反应堆在任何条件下均能连续30d维持安全停堆所需水量的要求确定年最小流量与最低水位；对河网地区还应估算此最低水位时的河道过水能力，估算时尚应包括低放废水排出所需的水量，应搜集各厂址所涉及的水（环境）功能区划资料，并应分析建设取水设施合理性和废水排放许可情况；当存在矛盾或法规限制时，应研究提出可行的解决方案。对于初步拟定的水源方案，应征得水行政主管部门的意向性意见；

2 对于海水水源，应搜集与调查厂址附近海域的自然地理概况、海洋水文动力及泥沙特性，历史最低潮水位、河口段枯水径流特性、潮流和盐水入侵的资料及其变化特性等。核电厂正常用水的供水标准应按保证率97%估算，重要厂用水水源则应估算最低水位；估算时尚应分析波浪及假潮减水的影响。应搜集各厂址所涉及的海洋功能区划资料，并应分析建设取水设施合理性和废水排放许可情况；当存在矛盾或法规限制时，应研究提出可行的解决方案。应征得海洋行政主管部门关于用海的意向性同意；

3 应初定组成设计基准低水位的组合事件，应初估取水口设计基准低水位，并应初步判断核电厂正常用水及重要厂用水的水源可靠性。

9.3.3 初步可行性研究阶段厂址防洪安全分析应包括下列内容：

1 对于内陆厂址，应搜集与调查流域自然地理概况及水文特性、流域防洪及排涝现状与规划、水利设施的现状及规划、水库设计及校核洪水标准；水库设计特征值、河流结冰期、流冰期、开河方式、冰坝与冰塞分布范围及持续历时、基面换算关系、历史最高洪水位、内涝水位及相应重现期；应估算相当于频率1%、0.1%、0.01%年最高洪水位及最高内涝水位；应初步判断洪水、溃堤、湖涌、假潮、滑坡、水库溃坝等的可能性及其对厂址安全的影响；应搜集与调查厂址附近的波浪特性、最大波高等波要素，初估厂址工程点特征波要素；应初估山洪等小流域暴雨洪水对厂址可能的影响，调查是否有泥石流的影响；

2 对于滨海厂址（含潮汐河口地区），应搜集与调查海域自然地理概况、海洋水文特性、厂址地区岸线利用现状和规划、海涂围垦、水利设施的现状及规划、设计标准，海水暴潮漫溢，决堤、洪水泛滥等资料情况，基面换算关系；应搜集与调查历史最高潮水位、风暴潮及假潮的特性及地震海啸对厂址影响的情况；应估算相当于频率1%、0.1%、0.01%年最高潮位；搜集与调查海域波浪特性、最大波高等波要素、发生时间以及对水工构筑物的影响等资料，并应初步估算厂址工程点特征波要素；

3 应初定组成设计基准洪水位的组合事件，估算厂址设计基准洪水位；应初步评价厂址安全性，评价结论在下阶段工作中不应产生颠覆性问题。

9.3.4 初步可行性研究阶段岸滩稳定性分析应包括下列内容：

1 应搜集与调查厂址及取水工程区域附近河流、水库（湖泊）或海域等的水文特性、泥沙运动特性、水下地形图、河势变化概况、岸滩及深槽的历史演变资料、冲淤变化等资料；

2 应对厂址及取水工程区域河床演变、岸滩稳定性及取排水条件进行初步分析，应初步评价水利工程规划对岸滩稳定性的影响，并应提出工程水域是否具备建设取排水工程的水域条件的结论及下阶段的工作和建议。

9.3.5 初步可行性研究阶段应对区域内水文观测站情况进行调查收资和简要说明，对水文观测站的资料应进行可靠性、一致性、代表性的初步分析，并应统计分析下列工程水文特征值：

1 对于内陆厂址，应提供厂址处的累年平均水位、流量，最高（低）水位、最大（小）流量，入出水库（湖）水量，含沙量、泥沙粒径、泥沙冲淤量、输沙率及水温、水质等特征值，结冰期、封冻期、流冰期流冰最大尺寸、最大结冰厚度等资料；水质评价资料及水质管理目标；

2 对于滨海（河口）厂址，应提供厂址处的累年平均潮位、潮差，最高（低）潮位、最大（小）潮差、涨落潮平均历时、水温、水质及盐度特征值。搜集实测涨落潮（最大、最小、平均）流速、流向及余流，含沙量、输沙率、泥沙粒径特征值，结冰期、流冰期、最大结冰厚度、流冰最大尺寸及其流速与流向，各波向最大波高、平均波高、波长及相应周期等资料；水质评价资料及水质管理目标。

9.3.6 初步可行性研究阶段应根据水文条件对各候选厂址的适应性进行总结评价，对各候选厂址的优缺点进行比较分析，推荐厂址顺序，明确存在问题和提出下一步开展工作的建议。

9.4 可行性研究阶段

9.4.1 可行性研究阶段应在初步可行性研究阶段工作的基础上，通过进一步搜集调查水文资料及相关规划资料，对可能影响厂址的主要水文条件进行全面的勘测、测试和试验、专题研究等工作，进一步研究核电厂工程建设条件和方案，落实建厂条件；应对核电厂供水水源可靠性、厂址防洪安全性、取排水条件（岸滩稳定性）等进行分析论证，提供工程地点的水文定量数据和结论；并应根据工程需要，对重要水文事件进行专题分析研究。本阶段应编制水文分析报告。

本阶段应全面开展现场调查，设立水文观测专用站进行水文测验，个别项目尚应进行短期观测；应明确测站的基面换算关系。在厂区至少应有1年以上实测资料，以便进行水文资料的相关分析。

9.4.2 可行性研究阶段供水水源分析应包括下列内容：

1 对于淡水水源，应全面搜集和调查流域自然地理概况，区域内有关水体的位置和水文特征，河流补给特性、流域工农业用水现状与规划、环境及生态需水量、水利设施、水库（湖泊）特征值及运行调度原则和坝体质量鉴定结论，结冰期、最大冰厚和流冰块尺寸，冰坝与冰塞情况、漂浮物情况、航运状况、历史最小流量、最低水位及相应重现期；综合考虑人为事件、自然事件（如滑坡等）、水库溃坝等因素对水源的影响。核电厂正常用水应按保证率97%进行设计；对于重要厂用水，当核电厂内设有满足要求的重要厂用水池时，供水标准可按正常用水标准设计，否则应以保证反应堆在任何条件下均能连续30d维持安全停堆所需水量的要求确定年最小流量与最低水位；对河网地区还须计算此最低水位时的河道过水能力。计算时尚应考虑低放废水排出所需的水量；应编制建设项目水资源论证报告书，水源方案应征得水行政主管部门的同意，并满足国家相关产业政策的要求；

2 对于海水水源，应全面搜集与调查厂址附近海域的自然地理概况、厂址海域或河口段的潮汐、波浪、海流、泥沙、水温、盐水入侵特性、枯水径流特性、冰情、水质等海洋水文特性，全面搜集与调查地区水利设施的现状与规划、设计标准、邻近岸段水工构筑物设计指标，分析确定对取水的影响。核电厂正常用水应按保证率97%设计，重要厂用水则应按确定可能最低水位设计，计算时尚应分析波浪及假潮减水的影响；应编制建设项目海域使用论证报告，并征得国家海洋局同意用海的预审意见；

3 应确定组成设计基准低水位的组合事件、确定取水口设计基准低水位，并应分析核电厂正常用水及重要厂用水的水源可靠性。

9.4.3 可行性研究阶段厂址防洪分析应包括下列内容：

1 对于内陆厂址，应搜集与调查流域自然地理概况及水文特性、流域防洪及排涝现状与规划、水利设施的现状及规划、水库设计及校核洪水标准；水库（湖泊）特征值、河流结冰期、流冰期、开河方式、冰坝与冰塞分布范围及持续历时、历史最高洪水位及相应重现期；应分析确定洪水泛滥、溃堤、湖涌、假潮、滑坡、水库溃坝等的可能性及其对厂址安全的影响；应采用确定论方法和概率论方法计算设计基准高水位以及相当于频率2%、1%、0.1%、0.01%年最高洪水位、最高内涝水位；应明确厂址是否受泥石流等的影响并提出切实可行的措施；

2 对于滨海厂址（含潮汐河口地区），应搜集与调查海域自然地理概况、海洋水文特性、厂址地区岸线利用状况、海涂围垦、水利设施的现状及规划、设计标准，海水暴潮漫溢，决堤、洪水泛滥的资料和情况；应分析确定历史最高潮水位、风暴潮、假潮、地震海啸及海平面异常等对厂址影响的情况；应采用确定论方法和概率论方法计算设计基准高潮位以及相当于频率1%、0.1%、0.01%年最高潮位；

3 应确定组成设计基准洪水位的组合事件，确定厂址设计基准高水位；应分析确定厂址工程点的波浪特性、最大波高等波要素以及浪爬高对工程的影响；应明确厂址是否受山洪等小流域暴雨洪水的影响并提出切实可行的措施；应明确厂区防排洪方案；应评价厂址安全性。

9.4.4 可行性研究阶段取排水条件及岸滩稳定性应包括下列内容：

1 应全面搜集与调查厂址及取水工程区域附近河流、水库（湖泊）或海域等的水文特性、泥沙运动特性、水下地形图、河势变化概况、岸滩及深槽的历史演变资料、冲淤变化等资料；应根据设计需要进行工程水域水下地形测量；

2 对厂址及取水工程区域河床演变、岸滩稳定性及取排水条件应进行综合分析，并应评价水利工程规划对岸滩稳定性的影响，应有泥沙冲淤变化是否可以接受的结论意见以及相应的措施，并提出下阶段重点开展工作的建议；

3 应完成涉水工程防洪影响评价工作并取得水行政主管部门同意建设取水工程的批复文件；应完成排水方案专题论证，并征得水行政主管部门或海洋行政主管部门同意建设排水口的意见；

4 宜完成通航安全论证工作，并征得航道、海事主管部门同意建设涉水构筑物的意见；

5 应完成温排水、泥沙、低放的模型试验工作。

9.4.5 可行性研究阶段工程水文特征值的统计分析，应包括下列内容：

1 应对区域内水文观测站情况进行详细说明，对水文观测站资料的可靠性、一致性、代表性进行全面分析；

2 对于内陆厂址，应提供累年各月平均水位、流量，最高（低）水位、最大（小）流量，入出水库（湖）水量，含沙量、输沙率及水温特征值等；设计典型年水位流量及含沙量过程线；实测流速特征及泥沙颗粒级配曲线；洪枯水期实测断面及垂线最大、最小及平均流速、含沙量分布；洪枯水期实测断面及垂线水温分布，取水河段最近5年热季累积频率1%、10%的日平均水温；取水河段综合水位流量关系曲线；实测各级水位、容积、淤积体积、淤积量分布及水位库容关系表、水库（湖泊）特性曲线；实测大断面、纵断面及异重流分布；初冰终冰的最早、最晚日期，封冻天数，封冻期岸冰最大冰厚及宽度，最大堆积高度，流冰期最大流冰块尺寸、速度、方向、流冰天数等；

3 对于滨海（含潮汐河口段）厂址，应提供累年各月平均潮位、潮差，最高（低）潮位、最大（小）潮差、水温、水质及盐度特征值；累年各月最大波高、波向及相应周期，波浪成因及类型；累年各波向最大波高、平均波高、出现频率；涨落潮平均历时；典型（大、中、小潮）潮位过程线；实测不同潮型涨落潮最大、最小及平均潮差、潮流速与方向、余流与流向、含沙量、水温及盐度特征值；取水岸段最近5年热季累积频率1%、10%的日平均水温；不同潮型涨落潮悬沙、底沙颗粒级配曲线；初冰终冰的最早、最晚日期、封冻天数、封冻期岸冰最大度厚与宽度、最大堆积高度，流冰期冰块最大尺寸、速度、漂浮方向、流冰天数。

9.4.6 可行性研究阶段应从工程水文、取排水条件及厂址防洪安全方面对厂址的适应性进行总结评价，应明确厂址的可接受性，并应提出存在的问题和下一步开展工作的建议。

9.5 初步设计阶段

9.5.1 初步设计阶段应在可行性研究阶段工作的基础上，通过进一步的补充收集资料、调查、勘测、试验研究及分析计算等，对可行性研究阶段提出的基本资料和成果、数据根据厂址具体条件作进一步补充、核定、论证或修改，并应解决可行性研究阶段的遗留问题，同时应根据确定的工程设计方案的要求，全面提供厂址工程点水文设计数据。

9.5.2 对滨河厂址，应进一步补充、搜集和调查厂址附近的流域自然地理、水利设施、水资源利用等概况，应深入分析流域洪水特性，并应进一步搜集与核定地区水利设施的现状与规划、设计标准，核定基面换算关系，核定和补充计算设计基准洪（枯）水位组合所需的水文参数。

对滨海厂址，应进一步补充、核定地区水利设施的现状与规划、设计标准、邻近岸段水工构筑物设计指标，核定基面换算关系，核定和补充计算设计基准洪（枯）水位组合所需的水文参数。

对河口厂址，可按滨海厂址及滨河厂址进行资料的核定和补充计算。

9.6 施工图设计阶段

9.6.1 应在设计条件发生改变或水文条件发生特殊变化时，对有关水文项目的设计参数进行必要的修改和补充。

9.6.2 施工图设计阶段应提供施工所需的施工期的水文资料，应包括水（潮）位、波浪和降水等，并应进行必要的施工期间水文预报。

本规范用词说明

1 为便于在执行本规范条文时区别对待，对要求严格程度不同的用词说明如下：

1）表示很严格，非这样做不可的：

正面词采用“必须”，反面词采用“严禁”；

2）表示严格，在正常情况下均应这样做的：

正面词采用“应”，反面词采用“不应”或“不得”；

3）表示允许稍有选择，在条件许可时首先应这样做的：

正面词采用“宜”，反面词采用“不宜”；

4）表示有选择，在一定条件下可以这样做的，采用“可”。

2 条文中指明应按其他有关标准执行的写法为“应符合……的规定”或“应按……执行”。

引用标准名录

《海洋调查规范》GB/T 12763

《大中型火力发电厂设计规范》GB 50660

中华人民共和国国家标准

核电厂工程水文技术规范

GB/T 50663—2011

条 文 说 明

制 定 说 明

本规范是根据原建设部《关于印发〈2007年工程建设标准制订、修订计划（第二批）〉的通知》（建标〔2007〕126号）的要求，由电力规划设计总院会同有关单位共同编制完成的。

在有关核安全法规和导则的基础上，根据国内外多年来核电厂水文工作的实践和经验，本规范对核电厂水文勘测与分析计算的工作范围、内容深度、技术原则、技术方法等作出了明确规定，并按照我国工程建设的基本程序，对核电厂工程水文各阶段内容与要求作出了规定。

本规范编制过程中贯彻执行了国家有关民用核设施安全第一的方针，在有关核安全法规和导则的基础上，根据国内外多年来核电厂水文工作的实践和经验，并吸收了水文领域的新近研究成果，对核电厂水文勘测与分析计算的工作范围、内容深度、技术原则、技术方法等作出了明确规定；同时根据国家基本建设程序与相关要求，对核电厂工程水文各阶段内容与要求作出了具体规定。

本规范编制过程中，开展了《可能最大洪水分析计算方法调研》、《滨海核电厂岸滩演变新技术新方法专题调研》、《可能最大风暴潮分析计算方法调研》、《溃坝洪水分析方法专题调研》、《国外核电厂工程水文技术调研》等专题调查研究工作，对核电厂工程水文所涉及的主要专业问题进行了广泛调查与深入研究，为规范制定打下了坚实基础。征求意见稿在全国范围内广泛征求了设计、勘测、科研单位和水利、海洋主管部门的意见。

为了在使用本规范时能正确理解和执行条文规定，编制组编写了《核电厂工程水文技术规范》条文说明。本条文说明不具备与规范正文同等的法律效力，仅供使用者作为理解和把握规范规定的参考。

目　　次

1　总则 ………………………… 1—47—28
3　水文查勘 ……………………… 1—47—28
3.1　一般规定 ……………………… 1—47—28
3.2　风暴潮、海啸、波浪查勘 ………… 1—47—28
3.3　陆域洪水查勘 ………………… 1—47—28
3.4　枯水查勘 ……………………… 1—47—28
3.5　水资源调查 …………………… 1—47—29
3.6　岸滩演变查勘 ………………… 1—47—29
3.7　冰情查勘 ……………………… 1—47—29
4　设计基准洪水 …………………… 1—47—29
4.1　一般规定 ……………………… 1—47—29
4.2　天文潮高潮位 ………………… 1—47—30
4.3　海平面异常 …………………… 1—47—31
4.4　风暴增水 ……………………… 1—47—31
4.5　假潮增水 ……………………… 1—47—33
4.6　海啸或湖涌增水 ……………… 1—47—33
4.7　径流洪水 ……………………… 1—47—35
4.8　溃坝洪水 ……………………… 1—47—35
4.9　波浪的影响 …………………… 1—47—35
4.10　潜在自然因素引发的洪水 ……… 1—47—36
4.12　小流域暴雨洪水 ……………… 1—47—36
4.13　内涝 ………………………… 1—47—37
4.14　洪水事件的组合分析 ………… 1—47—37
5　设计基准低水位 ………………… 1—47—38
5.1　一般规定 ……………………… 1—47—38
5.2　天文潮低潮位 ………………… 1—47—38
5.3　风暴减水 ……………………… 1—47—38
5.4　假潮减水 ……………………… 1—47—38
5.5　海啸或湖涌减水 ……………… 1—47—38
5.6　波浪的影响 …………………… 1—47—38
5.8　潜在自然因素引发的枯水 ……… 1—47—38
5.9　人类活动对枯水的影响 ………… 1—47—38
5.10　枯水事件的组合分析 ………… 1—47—38
6　水源 ……………………………… 1—47—38
6.1　一般规定 ……………………… 1—47—38
6.2　天然河流 ……………………… 1—47—39
6.3　水库或闸上 …………………… 1—47—39
6.4　闸、坝下游河流 ……………… 1—47—39
6.5　河网化地区河流 ……………… 1—47—39
6.6　湖泊 …………………………… 1—47—39
6.7　海洋 …………………………… 1—47—39
6.8　人类活动对水源的影响 ………… 1—47—39
7　泥沙与岸滩稳定性 ……………… 1—47—40
7.1　一般规定 ……………………… 1—47—40
7.2　水流、泥沙特性 ……………… 1—47—40
7.3　水流运动的模拟 ……………… 1—47—40
7.4　厂址设计岸段河床演变 ………… 1—47—41
7.5　厂址设计岸段海床演变 ………… 1—47—41
7.6　人类活动对岸滩稳定性的影响 … 1—47—43
7.7　取排水条件分析 ……………… 1—47—43
8　水文观测及专用站 ……………… 1—47—43
8.1　一般规定 ……………………… 1—47—43
8.2　滨海、潮汐河口水文测验 ……… 1—47—43
9　核电厂工程水文各阶段内容与要求 ……………………………… 1—47—43
9.3　初步可行性研究阶段 ………… 1—47—43
9.4　可行性研究阶段 ……………… 1—47—44
9.5　初步设计阶段 ………………… 1—47—44
9.6　施工图设计阶段 ……………… 1—47—44

1 总　　则

1.0.6 核电厂常规岛和其他与核安全无关物项所涉及的水文资料，应执行现行有关行业标准，如《电力工程水文技术规程》DL/T 5084等。

由于我国核电厂建设尚处起步阶段，水文勘测设计工作经验有待进一步积累和丰富，本规范在今后颁布执行过程中仍需不断补充完善。开展核电厂工程水文勘测设计工作时，除应符合本规范外，尚应符合国家法律法规及相关标准的规定。

3 水文查勘

3.1 一般规定

3.1.1 由于一般的测站点观测受时间和空间的限制，代表性上不能完全满足工程设计需要；人类活动会导致河流情况、水文规律发生改变，使测站资料无论在数量上还是在分配规律上已不能全面代表天然情况，故需查明人类活动的影响，以作修正；我国幅员辽阔，河流众多，许多河流无水文观测资料或系列较短，也需通过水文查勘来弥补水文资料之不足；目前遇到的某些工程问题尚不能完全依赖计算途径去解决，也需通过多方面查勘从野外取得实际信息资料以助分析判断。因此水文查勘是一项非常重要的工作内容，稍有疏忽会导致工程设计的重大失误。

建站观测是查勘的一种手段，通常在厂址确定后进行。当水文要素可能影响厂址成立且现有资料难以满足分析需要时，也可进行必要的短期现场观测。

3.1.2 在查勘过程中，以现场访问即问答方式为主，在一些重大问题或在被访问者难以肯定或有疑问时，可以召开座谈会的方式进行，除测量之外，还要做必要的水文测验。

3.1.6 由于核电厂的安全重要性较大型火电厂或特大型火电厂的要求高，故在野外查勘时应有两人以上进行记录，现场指认也必须有两人或两人以上作证。

现场查勘除必须做好文字记录外，也可采用摄影、录音与录像的方式记录，尤其对于某些有分歧的现场查勘，此时有了音像资料更具有说服力。查勘时应注意识别被访者主观臆造情况。

3.2 风暴潮、海啸、波浪查勘

3.2.1 滨海水文要素变化复杂，潮汐涨落、海岸泥沙运动、波浪变化等均受海域的地理位置、地形特性的影响。目前海洋水文站为数不多，因而在核电厂工程设计中，若利用邻近海洋测站的资料，必须对工程点岸滩和海域进行滨海水文查勘，据此对参证站资料进行分析比较、移用修正，为滨海核电厂工程设计提供正确的滨海水文气象资料，其中应以潮汐、波浪、泥沙与岸滩变化、潮汐河口的盐水楔运动特性为查勘重点。

3.2.2 潮汐、风暴潮调查应选择在与外海畅通、波浪影响较小、海底平坦、底质坚实的岸段进行，并避开冲刷、淤积、坍塌等易产生变形的海岸。在风暴潮影响严重的海域，尤其要深入调查历史风暴潮影响严重的几个年份的最高、最低潮位值。潮位调查可参照“洪水查勘”和“枯水查勘”的有关内容进行。

滨海地区最高、最低潮位的调查远比河流洪枯水位调查难度大，有时不易区分风浪高的影响，故要慎重选择调查岸段并多加分析比较。

3.2.3 潮痕点应尽可能在建（构）筑物的背风面静水区、与外面有开口或沟通的室内选择确定，尽量避免或降低受到波浪影响而导致偏高的可能性。

3.2.4 波浪调查应选择在前方海面开阔，无岛屿、暗礁和沙洲的岸段，同时应结合风况调查进行。

3.3 陆域洪水查勘

3.3.1 历史洪水资料包括有关测站有记载以来年最大洪水记录、文献记载、现场调查值、历史洪痕标记、洪水过程线、洪水发生日期、洪峰流量和最高洪水位等资料。暴雨历史资料包括气象站降雨历史资料和区域历史特大暴雨记录，雨型、暴雨历时、面积、雨深关系和等雨量图。

3.3.4 历史洪水调查应尽可能多访问一些群众，根据历史上的重大事件以及群众最易记忆的事件，结合历史文献记载以及上、下游或干、支流作深入调查，合理判断确定。

3.3.6 河网水系特性包括河网、圩区的分布情况；产、汇流特性与河道长度、比降和糙率等；蓄（滞）洪区类型和位置；蓄（滞）洪区水位与容积关系。历史涝灾情况包括典型受灾年份内涝积水、溃堤破圩、蓄洪、滞洪、分洪的情况，各圩区之间、各河汊之间与主河道的联系及其水流流向。成灾时间及积水历时，降雨量、雨型、最高积水位相应范围和历时，涝灾成因。涝区成灾暴雨与蓄（滞）洪区高水位遭遇的情况。了解河网水利工程的分布、数量和规模，防洪治涝已达标准，存在的问题。

3.4 枯水查勘

3.4.3 枯水查勘主要是了解工程点附近的河流在枯水期的枯水水量，水利设施影响，流域规划等。

3.4.4 若查勘到的是标志水深，测算枯水位时，应考虑断面冲淤变化进行订正。对于枯水位，相应必定有一个且为唯一的枯水断面最大水深，可据此查勘断面最大标志水深来确定其相应枯水位；或以查勘时水位来确定历史枯水位比此低多少；或以查勘时施测枯水流量来确定历史最小流量比此少几成等方式进行。

枯水查勘调查一定要查明河道有否河干或断流。如果河道发生河干或断流，应着重查明其原因、持续时间及重现期。

由于枯季径流大小取决于地下水的补给，衡量当地地下水的丰枯程度，查勘时大体上可按以下情况判断：若流域内有大量利用井水灌田者为多；若仅村庄中有些井，而很少利用井水灌田者为中等；若村庄中井甚少，并且居民饮用困难者为少。

3.4.8 在岩溶地区进行枯水查勘时，应查明枯水径流的补给来源是正常的下渗来源或者是岩溶、泉水补给，查明补给量、地区分布、时间变化等。

3.5 水资源调查

3.5.2 河道的基本情况主要包括：水系组成、河道名称、发源地、流域面积、流域内下垫面特征、河道水流特性、河床质组成等与径流有关的水文要素。河道上已建和规划建设的水利工程等。

主要调查流域产流模数，流域降水量、蒸发量、径流量等值线及特征值等统计资料，收集、调查流域水资源公报等汇总资料。区域内水资源的组成及分布情况，各种水资源量的统计成果；现状和规划供水工程的能力和供水量，供水对象，供水时间等；区域内用水户的数量、分布，用水时间、用水定额、用水量，取水方式和取水位置，退水位置、排水量和排水水质；河道内环境和生态用水的调查包括生态环境用水的功能要求、生态需水量的计算方法和生态需水量的要求。水功能区划和水环境管理区划是了解河段的水功能分区，避免将取水口选择在非工业取水功能的河段内，根据河道水环境管理区划可以判定河道的水质管理目标，确定是否有适合用为废水排放的受纳水体。人类活动对河道的影响主要体现在筑坝、修堤、取沙、淤滩造地等人类活动，造成对河道内水体流态或径流量的改变。

3.5.3 水资源污染状况调查可通过取样进行水质分析和收集当地水利、环保等部门的水质监测报告实现。

3.5.6 工业用再生水是指对污水处理厂处理后的达标排放水按照工业用水水质标准进行深度处理后的再生水。再生水的水质和水量要纳入区域水资源中统一考虑。

3.5.7 如水库回水会造成流速减小、水位升高，河道取沙会造成水位降低等。因为人类活动影响而导致水文系列前后不一致时，应进行一致性还原修正。

3.6 岸滩演变查勘

3.6.1～3.6.6 岸滩演变查勘对象，根据核电厂涉水工程的位置有河流、潮汐河口、滨海等，应根据不同水域水文特性和核电厂涉水工程位置及工程设计要求确定具体的查勘内容。例如，大多数水域推移质输沙量很小，可以不开展有关工作；滨海、潮汐河口水流泥沙应通过水文测验方法获取水体流场、泥沙场特性。

3.6.7 如果涉水工程所在水域含沙量大，泥沙来源不明时，可以取样进行矿物分析。如果泥沙淤积量大时，可以取样进行沉积年代测定。厂址区域地形资料缺乏时，宜进行冲淤断面监测。

3.7 冰 情 查 勘

3.7.2 冰情查勘应重点查勘厂址附近水域冰的堆积，分析冰的影响及堵塞河道的可能性，以及冰坝等导致的高水位或低水位对安全相关设施和供水的潜在影响；应查勘历史上最大积冰厚度及最大流冰冰块的尺寸、质量和速度，由于冰影响造成历史上的最低水位。

3.7.3 冰情查勘应判明工程及其附近水域的流冰和冰塞历史，冰情严重时应在设计基准中包括冰的影响。

如果工程水域有积冰、或积冰严重、或有流冰时，则在工程措施中加以考虑其影响；如果河流或河口有可能发生冰块堵塞，则必须论证对洪水和水源设计基准的影响。

冰塞指封冻冰盖之下，因大量冰花聚积，堵塞过水断面而导致上游水位壅高。

流冰指冰块或兼有少量冰凇、冰花随波逐流。

流冰堆积指冰块或冰花团在流动中受阻而堆于河段。

冰坝指在河流之浅滩、卡口或弯道等处，横跨断面并显著壅高水位的冰块堆积体。

4 设计基准洪水

4.1 一 般 规 定

4.1.2 根据核安全导则，核电厂的整个寿期可考虑40年～60年。与安全有关的具体厂址特征，例如洪水泛滥（在滨海地区如风暴潮、假潮、海啸和风浪等；在内陆地区如降水、融雪、冰凌、风浪等）、极端气象现象（热带气旋、温带气旋、龙卷风等）、人类活动影响（如溃坝、河道整治等）以及岸滩稳定性等。鉴于核电厂的安全性，对于每个厂址都必须考虑引起洪水的所有可能的原因，以确保要考虑的外部事件既不漏项又要合理选定。

核电厂厂址的设计基准洪水是一个核电厂设计应经受的洪水。例如，对于滨海厂址应考虑可能最大风暴潮、可能最大海啸及可能最大假潮等这些严重事件，经分析后组合所引起的洪水。风浪的作用必须单独地考虑或与上述洪水组合在一起考虑。对于上述的每一种都要考虑一个偏于保守的高的基准水位，并要考虑潮汐、海平面异常现象以及湖泊水位和河流流量变化可能存在的对基准水位的影响。

对于滨河厂址应考虑降雨、融雪；由地震、水文因素或运行失误所引起的溃坝；滑坡、冰凌、漂木、碎石等导致的河道阻塞经分析后组合所引起的洪水。

鉴于厂区洪水泛滥会影响到安全，因此设计基准洪水总是选用非常低的年超越概率，并在此低概率水平下核电厂足以抵御和经受的所有严重洪水事件，包括某些严重洪水事件的合理组合引起的洪水。

4.1.3 "厂址沿岸区域"不是厂址的某一个点而是厂址沿岸的一片区域，即核电厂设计基准洪水的确定应从区域性着眼。

4.1.6 选用方法取决于是否具有大量的、完整的和可靠的适用于这一方法的历史资料以及是否能充分地模拟相关事件。

确定论法是利用经验的模型或者利用描述该系统的物理关系式为基础的模型，其目的在于确定洪水合理的上限值，其成果选定要考虑区域的特征和应用工程判断。

概率论法中的随机分析法是确定论法和数理统计法相结合并综合随机变量时间（或空间）序列的方法，是以历史事件的序列资料的统计分析（即事件的事件序列）以及随机分量和时间相依分量的分离为基础的，它的成果选定也要考虑区域的特征和应用工程判断，但它在外推小概率时置信度差。

可见上述两种方法都有局限性，不应看成是相互排斥的，而应看作是互相补充的，应将两种不同方法的计算结果进行分析比较和论证后确定选用。

4.1.7 设计基准洪水的确定，既应考虑单一洪水事件，也应考虑各种组合事件。对于与严重洪水事件或所选组合事件中每一个事件有关的外界条件，必须加以确定并予以恰当考虑。考虑各种外部时间的组合，应结合工程判断来综合选定。

考虑到核电厂厂址选择中洪水对安全的重要影响，在推导沿岸设计基准洪水时，对极端事件、波浪影响以及基准水位的组合，通常要确定一个可接受的极限年超越概率值。对具有严重放射后果的事件（事故序列）可接受的概率值的极限，采用每个堆年10^{-7}数量级。设计基准洪水一般应不低于任一有记录的或有历史查测的洪水。

滨河核电厂设计基准洪水可由下述事件之一或几个事件所引起：

1 可能最大降雨或融雪引起的可能最大洪水；

2 由地震、水文因素或运行失误所引起的挡水构筑物破坏产生的溃坝洪水；

3 滑坡、冰凌、漂木、碎石和火山等导致的河道阻塞引起的洪水。

滨海核电厂设计基准洪水是下列洪水事件中最严重的：

1 可能最大风暴潮引起的洪水；

2 可能最大假潮引起的洪水；

3 可能最大海啸引起的洪水；

4 由上述某些严重洪水事件合理组合所引起的洪水。

另外，波浪的影响以及厂址附近小流域暴雨洪水的影响必须单独地考虑或者与上述洪水组合在一起考虑。

对于上述每一种情况还要考虑一个足够保守的高的基准水位，如天文潮高潮位和非周期性变化的海平面异常现象以及湖泊水位和河流洪水水位未来可能的变化，从而组合成设计基准洪水。

4.2 天文潮高潮位

4.2.1 厂址确定后，若厂址处无1周年以上的观测资料，需要在厂址处设潮位观测站，开展至少1周年的潮位观测，据此分析潮汐的调和常数和潮位特征值，并可进行参证站与厂址站的潮位相关分析。

在海洋学中，通常根据某地点不同时段平均海平面的最大互差统计平均海平面的稳定性。若认定平均海平面序列服从特定概率分布，可建立极差与中误差的关系。方国洪等专家对中国近海不同时间长度的平均海平面与多年平均海平面的最大偏差进行统计，结果如表1所示。

表1 中国近海不同时间长度的平均海平面与多年平均海平面的最大偏差

观测时间	1个月	3个月	半年	1年	2年	5年
时段平均海平面与多年平均海平面的最大偏差（cm）	60	40	25	10	8	5

以95%的置信度概率定义多年平均海平面的精度，并将该精度意义下的误差量取为1cm，引入年平均海平面服从正态分布的假设，在95%的置信度概率定义下中国沿海几个验潮站达到1cm平均海平面精度所需观测年数如表2所示。

表2 沿海几个验潮站达1cm平均海平面精度所需观测年数（年）

验潮站	威海	乳山口	连云港	营口	秦皇岛	塘沽
所需观测年数	18	16	17	50	28	118

在不同的海区，平均海平面的稳定性有较大差异，黄海沿岸在一个升交点周期内即可得到相当稳定的平均海平面，而渤海的情况却较为复杂。

4.2.2 分析计算厂址海区各分潮的调和常数可采用最小二乘法，采用厂址附近一整年以上的潮汐逐时观测资料推求出厂址各分潮的调和常数。根据推求的各分潮调和常数，预报（后报）出不少于19年的逐时天文潮过程。

根据观测的潮汐资料可采用达尔文（G. H. Darin）方法、杜德森（A. T. Doodson）方法、最小二乘法以及傅立叶（J. B. J. Fourier）分析方法和谱分析法等进行各个分潮调和常数的计算。工程上采用的分潮总数，一般在116个以上，在没有河流汇入的地方不宜少于63个分潮。

应采用厂址附近一整年以上的潮汐逐时观测资料，推求出厂址各分潮的调和常数。资料系列小于一整年的，可通过同步相关延长。调和分析是将潮汐分解为许多简谐振动的分潮，以分析计算出本海区各分潮的调和常数。各个分潮振幅的一般表达式为

$$\eta = fH\cos\left[\sigma t + (V_0 + u) - k\right] \tag{1}$$

式中：f ——交点因子，可由公式计算或查表求得；

H ——各个分潮的实际平均振幅；

σ ——分潮的角速率，可以在潮汐学专著中查得；

t ——时间；

V_0+u ——分潮的初相角，可由天文相角表查得；

k ——分潮高潮迟后的“迟角”，即产生分潮的假象天体在通过上中天后经过相当于k的时间才会发生高潮。

其中，H、k为待求的观测地点或厂址的固有常数，即各个分潮的调和常数，它们反映海区的地理特征、水文气象因素对潮汐的影响。

4.2.3 有些部门使用21年的最高天文潮位，但因黄道与白道的升交点以18.613年为周期，天文潮有18.613年的长周期变化，一般取19年的最高天文潮位就已经较为理想，所以建议使用19年的最高天文潮位。根据我国滨海核电厂的工程实践，推荐采用10%超越概率天文高潮位。

4.3 海平面异常

4.3.1 海平面异常指由于地壳升降运动、地面沉降等自然因素和温室效应引起的长期的、趋势性的区域性相对性海平面上升或下降，不包括风暴潮、海啸等所引起的短期强烈的海面偏离。一般来说，海岸带与三角洲地区是海平面异常影响最严重的区域。对于海平面变化，有两种评价方法。绝对海平面变化，既考虑了海面的升降，同时又考虑地面的升降。相对海平面变化，以陆地为参照物观测到的海平面上升或下降。对于核电厂的安全性而言，相对海平面变化具有直接意义，因此主要研究相对海平面变化。

4.3.2 研究验潮站相对于该站固着于陆地上水准点的海平面变化称之为相对海平面；研究许多验潮站的海平面相对于理想地球椭球体表面的海面变化称为绝对海平面。相对海平面对于各自验潮站局部地点来说，是确有其事、实实在在的变化，但对许多验潮站要作统一处理时，因不同站位所在陆面有垂向运动，速率未尽相同，建议对验潮站的垂向变化速率作均衡基准订正。有两种方法评价海平面变化。绝对海平面变化，即考虑了海平面的升降。相对海平面变化，以陆地为参照物观测到的海平面上升或下降。对于核电厂安全而言，相对海平面变化具有直接意义，因此主要研究相对海平面变化。

4.3.3 月平均海平面数据中包含有各种周期性变化，如长周期天文潮、气候变化引起的周期性变化等。在研究海平面变化时必须先滤除这些周期性变化，计算出海平面变化趋势项。可采用以下3种方法：

1 利用代表站潮位资料的月平均海面进行分段直线拟合（每10年为一段），计算所得海平面变化趋势项；

2 对月平均资料，进行以19年为长度的滑动平均处理，基本上可滤除19年以下周期的各种周期性海平面振动，很显然，更长周期的振动仍然无法消除，在此情况下计算得到的海平面线变速率。对上述波动曲线采用多项式拟合，多项式中的线性项，即反映了海平面的月线变速率，由此推算得到平均海面变化的年线变速率；

3 对月平均资料，用IMF方法进行滤波处理最后可得到基本不含波动的数据，从而计算得到海平面线变速率。需要说明的是，用IMF方法进行滤波处理时，数据的前端和后端均要损失一部分。因此，所得结果只能反映整个数据中的一段海平面变化趋势。

4.3.4 国内关于海平面变化研究，始于20世纪60年代，20世纪80年代后受到重视，研究成果很多，国家海洋局每年发布的《中国海平面公报》、《中国海洋环境年报》均有刊载。各研究成果的结论并不一致，应综合分析，并尽量引用国家海洋局发布的具有权威性的《中国海平面公报》的成果。

4.4 风暴增水

4.4.1 风暴潮有热带气旋风暴潮、温带气旋风暴潮和移动飑线风产生的风暴潮。风暴潮指海水在海水风场和气压场的强迫力场作用下，向近岸输送、堆积而导致沿岸水位偏离于天文潮的异常升高现象，亦称风暴增水。我国沿海常受热带风暴的袭击，由风暴潮造成的洪水泛滥，是我国沿海地区最严重的自然灾害之一。我国一般主要考虑由热带气旋形成的风暴潮。在北方高纬度地区也应考虑由温带风暴形成的风暴潮。在封闭和半封闭的海湾也可能由移动飑线产生最严重的风暴潮。一般可根据地区的气候特征和分析历史水文气象资料来确定。

4.4.2 确定论法是利用经验的模型或者利用描述该系统的物理关系式为基础的模型，对于已知输入值或已知初始边界条件，模型将给出一个或一组描述该系统情况的数值，为了获得“保守”的估计，应采用合适的极限值或保守的输入参数。概率论法是以大量

的、完整的和可靠的历史事件的序列为依据，通过统计分析而获得。历史记录样本序列越长，确定分布函数参数值的不确定性就越小，计算结果的置信程度越高。

由于确定论法计算的 P_0 值是理论上的最大值，其结果过于保守，根据我国滨海核电厂大量的工程实践经验，建议采用概率论法皮尔逊Ⅲ型曲线计算的一千年一遇计算成果。

4.4.3 风暴潮引起的增水可将实测的逐时潮位减去对应时刻的天文潮位得到。

4.4.4 根据经验证的模型，对照历次增水天气过程模拟计算，得到厂址年最大增水系列。采用两种不同的统计方法，指频率曲线分析法，有时用随机分析法；线型上用极值Ⅰ型，或用P—Ⅲ型作比较。置信区间可对与核安全有关频率标准在0.1%以上时进行计算。

4.4.6 通过风暴潮天气系统的了解和分析，便于掌握和了解风暴增水过程的成因和特征。通过增水的过程分析与天文潮的组合，对各组增水的资料做出正确的判断，为综合分析提供依据。分析时应特别注意那些造成严重灾害，出现最大增水的风暴潮过程。

4.4.7 若厂址附近无实测潮位站，应在厂址设立短期潮位观测站。与参证站取得同步的潮位观测资料（观测的资料应包括风暴增水过程）建立相关关系，通过转换推求厂址的风暴增水。

4.4.8 温带风暴的机理和参数尚不明确，本条方法仅适用于热带气旋。各种模型所用基本方程大致相同，一般利用不可压缩流体的二维深度平均流连续方程和运动方程采用数值计算方法沿水深积分而得到的计算程序来估算。数值计算可使用有限差分或半隐差分方法求解方程。关键是风暴参数（中心气压、最大风速半径等）公式的选用和确定，以及初始条件和边界条件的确定，为反映近岸地形等的影响，在厂址附近海域应采用嵌套网格小步长的网格尺寸。风暴潮受局部地形影响，必须采用粗、细网格相互嵌套的方式设置计算域以解决计算工作量和计算精度的矛盾。大区计算域的选取必须结合台风尺度并以大区范围内实测验潮资料的情况和计算工作量合适为标准。小区计算域网格点密度以能够反映出工程海区局部地形影响为标准。厂址应位于大、小计算域的中心位置。

初始条件取增水值和深度平均流为零。侧边界在固壁处的边界条件为法向速度分量为零；大区开边界水位取静压边界条件，小区开边界的水位、流速取对应的大区计算结果。

4.4.9 较广泛采用的五种台风气压场分布公式有：

1 Takahashi，1939：

$$\frac{P(r)-P_0}{P_\infty-P_0}=1-\frac{1}{1+r/R}\qquad 0\leqslant r<\infty \tag{2}$$

2 Fujita T.，1952：

$$\frac{P(r)-P_0}{P_\infty-P_0}=1-\frac{1}{\sqrt{1+2(r/R)^2}}\qquad 0\leqslant r<\infty \tag{3}$$

3 Myers，1954：

$$\frac{P(r)-P_0}{P_\infty-P_0}=e^{-R/r}\qquad 0\leqslant r<\infty \tag{4}$$

4 Jelesnianski C. P.，1965：

$$\frac{P(r)-P_0}{P_\infty-P_0}=\frac{1}{4}(r/R)^3\qquad 0\leqslant r<R \tag{5}$$

$$\frac{P(r)-P_0}{P_\infty-P_0}=1-\frac{3R}{4r}\qquad R\leqslant r<\infty \tag{6}$$

5 V. Bjerknes，1921：

$$\frac{P(r)-P_0}{P_\infty-P_0}=1-\left[1+\left(\frac{r}{R}\right)^2\right]^{-1}\qquad 0\leqslant r<\infty \tag{7}$$

式中：$P(r)$——距台风中心距离处 r 的气压。

P_∞——台风外围气压；

R——台风最大风速半径；

P_0——台风中心气压；

台风域中的风场由两个矢量场叠加而成，一是相对台风中心对称的风场，其风矢量穿过等压线指向左方，流入角可取为15°或20°，风速与梯度风成比例；二是基本风场，假定其速度取决于台风移速。由于气压场和风场均为理论模式，必须结合实测风速进行验证和修正。

4.4.10 在厂区或厂区附近海域选用几个潮位站，将历史上曾出现过的风暴增水过程与数学模型计算的结果进行比较，验证选用的数学模型的正确性，并用它修正某些计算风暴增水的有关参数，如最大风速、气压差、海底摩擦系数及风应力系数等。

用于验证模型的验潮站的选取原则是与厂址距离近且受同一天气系统影响。给出数值模拟计算的风暴潮增水过程曲线，从模拟结果与实测值的对比进行误差分析，以相对误差小于0.20m、合格率大于80%作为评判的标准，而且核电厂所关心的是极端现象，评价数值模拟成果主要检查对验证潮位站产生较大增水的台风个例，以说明模式足够安全和保守。如果计算结果比实测或记录值系统偏低时，这种数值模拟程序是不可接受的。

对分析模拟误差较大的过程，根据天气图了解风场变化情况，并说明风场变形产生的增水绝对值小于不变形的数值模拟风场。

4.4.11 为确定最大可能的风暴增水，必须假定一组极大化的，在厂区海域可能出现的最大风暴，根据可能最大风暴参数（最大风速、最大风速半径、最大气压差）通过在厂区出现可能最大增水的风暴位置、移动路线和登陆地点等的试算，确定可能最大增水风暴模式。

台风路径千变万化，但对最大增水起决定性作用的是在登陆前一段时间内的近似直线路径。因而对各种可能的台风路径用其登陆点位置与起始点位置之间的直线来代表。

路径的选取分两步进行，第一步为设置一些覆盖面较宽的一系列路径，从中选出较为适合厂址处增水的路径，此步为粗路径的选取；第二步在上述粗选路径筛选出的一条最利于增水的路径的基础上，在这条路径附近设计一系列路径，即加密扫描，最终选出一条能引起厂址处最大的增水路径。此为细选路径的选取过程。

在计算可能最大风暴潮增水时，为细致体现厂址周围增水状况，可采用三重嵌套网格程序进行计算。在原来大小计算区域基础上，增加厂址附近局地区域，开边界采用原小区的计算结果。

4.4.12 温带气旋尺度大，形状不对称，现有风暴潮模型计算条件很难精确模拟，因此建议采用频率分析法计算。

4.5 假潮增水

4.5.1 假潮是发生在湖泊、运河、海湾以及开敞海岸的周期较长的驻波。湖泊假潮通常是大气压力或突然变化或一系列间歇的周期性变化的结果。运河的立波可由骤然增加或减少大量的水体所引起。海湾中的假潮可由大气压力和风的局部变化或从外海通过湾口传入的振动产生。外海假潮可因大气压力和风的变化或地震海啸引起。如果水体运动的力具有周期的特性，尤其这种力的周期是与水域的自然或自由振动周期相同或共振时，则很可能产生大振幅的立波。

对于严重风暴引起的假潮的输入资料，应用安全导则《核电厂设计基准热带气旋》HAD 101/11 中所概述的方法来确定。对于地震引起的假潮的输入资料，应用安全导则《核电厂厂址选择中的地震问题》HAD 101/01 中所概述的方法来确定。

4.5.2 假潮振动是叠加在天文潮和各种非周期性水位变化上的，因此采用实测水位值减去天文潮位所得的水位残差作为分析假潮振动的基础资料。利用本征模（Intrinsic Mode Function，IMF）方法（黄谔），从残差水位数据中将周期性振动分离出来，然后进行统计分析。

4.5.3 确定水体的固有周期是研究假潮的前提。根据厂址附近水体所在地形，可采用下列估算方法：

1 狭长海域的固有振动周期确定法，设海区很窄，其长度为 L、深度为 d，则其固有周期 T 由下式确定：

如果为封闭海域：

$$T=\frac{2L}{n\sqrt{gd}} \tag{8}$$

其中 $n=1$，2，3……驻波节点数，此即梅立恩公式。

如果一端开口：

$$T=\frac{4L}{(2n-1)\sqrt{gd}} \tag{9}$$

其中 $n=1$，2，3……驻波节点数。

对于矩形海域，如果只考虑横向振动或只考虑纵向振动，可近似使用以上两式粗略估算自由振动周期。

2 矩形等深海域固有振动周期的确定法，考虑以下二维流体动力学方程：

$$\begin{aligned}\frac{\partial u}{\partial t}&=-g\frac{\partial\zeta}{\partial x}\\ \frac{\partial v}{\partial t}&=-g\frac{\partial\zeta}{\partial y}\\ \frac{\partial\zeta}{\partial t}&=-d\left(\frac{\partial u}{\partial x}+\frac{\partial v}{\partial y}\right)\end{aligned} \tag{10}$$

其中暂不考虑地转效应，设固有频率为 σ，从此方程组可导出：

$$\frac{\partial^2\zeta}{\partial x^2}+\frac{\partial^2\zeta}{\partial y^2}+k^2\zeta=0 \tag{11}$$

其中 $k^2=\frac{\sigma^2}{gd}$，进而可导出固有周期 $T\left(T=\frac{2\pi}{\sigma}\right)$，

$$T=\frac{2}{\sqrt{gd}\sqrt{\frac{n^2}{a^2}+\frac{m^2}{b^2}}} \tag{12}$$

其中，$n=1$，2，3……，$m=1$，2，3……纵向和横向驻波节点数，a、b 为海湾的长与宽。

4.5.4 我国开敞和半开敞海岸的假潮现象往往是伴生在风暴潮增减水过程中的。由于假潮振动被包含在风暴潮水位中，因此，在考虑最大可能风暴潮增水作为设计基准洪水组成事件的前提下，假潮水位振动不必重复考虑。而振幅小、周期短的假潮所含有的能量也少，当振动通过宽敞的湾口从浅水区传出进入深水区时，能量将迅速消散，假潮振幅将急剧减小。因此，短周期假潮振动对厂址的影响是非常微弱的。基于对我国海洋潮汐特性的判断，以及通过我国以往核电厂实践，假潮的影响在设计基准洪水中并非主要的或显著的，对假潮的分析可做保守假设而适当简化工作。

4.6 海啸或湖涌增水

4.6.1 地震海啸分越洋海啸、远地海啸和当地海啸。越洋海啸进入我国近海海域，能量衰减很快，除台湾东部及南海诸岛外，越洋海啸一般对我国影响很小，所以我国沿海核电厂址的潜在地震海啸主要考虑远地和当地海啸源的影响。核电厂附近海啸波的强度取决于海床运动的特征、核电厂的位置（靠近海峡或海湾）和海床运动相对于核电厂方向以及近岸水体对海啸波的反应。厂址是否受到破坏性海啸波浪的影响取决于其位置。

海啸主要是由海底地震引起的，但不是所有的海

底地震都能引起海啸。研究表明，只是较强的地震且具备以下条件才能造成海啸：

1 地震要发生的海底且伴有地壳的大范围急剧升降；

2 地震强度在里氏 6.5 级及以上且震源深度小于 80km；

3 地震海区的水深要足够深，一般要在 1km 以上。

地震海啸的分析会同地震专业应做以下工作：

1 确定潜在地震海啸的工作区范围，预测可能对厂址造成最严重影响的多个地震海啸源，并确定潜在地震海啸源的有关参数，如震级、地层的最大垂直位移、震源的长度和宽度（海啸源的面积）、震源的深度、方位和形状、海啸源的主轴方位角等；

2 根据地震海啸源的参数，确定初始状态的海啸波，并分析其在水体中的传播及对核电厂和设计基准水位的影响。

湖涌指湖盆受地震波的影响，产生湖水往复震荡所形成的洪水。

资料来源应包括国内、国外各种文献记载、历史档案、地方志及调访成果，调查内容应包括产生地震海啸（或湖涌）出现的时间、海啸的震中、震级、范围等，对资料应鉴别其可靠程度及其与厂址的关系。

4.6.2 根据震源和当地的强地震资料，寻找对应的实测潮位或水位过程线，通过滤波分离出地震海啸波（或湖震波动）的影响。查阅有关资料，尤其是地震地质专题研究成果，说明在工程海区历史地震情况，分析判断是否具备产生地震海啸的条件。如果核电厂必须建在可能受海啸影响的地方，则应保守地分析由海啸产生的潜在影响。可对比水灾与地震记录，分析水灾是否在地震活动期中发生。

4.6.4 为了确切地确定海床垂直位移及由此产生的水面升降，需分析计算有关海啸源参数，包括：最大地震震级（M_S）、震源深度（D）、海啸源主轴长度（L）和方位角（α）、海啸源面积（S）和最大垂直位移（d）等。这些数据可从安全丛书中所论述的用于估算地震危险性调查中获得，应利用地质、构造和地震的研究结果以及历史记录的分析，保守地选定。

1 最大地震震级（M_S）：地震海啸是由海底地震引起的，潜在海啸源的鉴别是在潜在震源区划分的基础上进行的。一个海啸源的最大地震（M_{max}）就是该源所在潜在震源区的震级上限（M_u）。其确定必须根据 HAD 导则关于 S_2 地面运动所叙述的方法来开展，可直接引用地震地质研究工作的结论。

2 震源深度（D）：能引起地震海啸的海底地震都是浅源强震，其震源深度通常在 60km 以内，更多的是 20km～40km。根据地震地质研究工作给出各震源深度。

3 海啸源主轴长度（L）：海啸源的形状一般呈椭圆形，其长轴称之为海啸源的主轴。估算海啸源主轴长度的方法很多，必须结合地震地质成果给出。

4 海啸源主轴方位角（α）：海啸源主轴方向通常代表了源区主要构造线方向，主轴方向多数与附近海岸平行，少数有一定偏转。海啸源主轴方位角是以地球子午线方向为基准计算的，且规定按顺时针方向转动，数值变化在 0°～360°。

5 海啸源面积（S）：计算海啸源面积有多种方法。一种是根据产生海啸的地震余震区范围圈定海啸源，并计算出海啸源面积；另一种是根据地震断裂层长度，再估算断裂带可能影响宽度，即确定震源宽度，进而画出潜在海啸源椭圆，并计算出海啸源面积；第三种方法就是按照《滨海核电厂厂址设计基准洪水的确定》HAD 101/09 文件附录推荐的公式 $\lg S=M-3.5$ 或 $\lg S=2/3M-3.5$，根据最大地震震级计算海啸源面积。

6 最大垂直位移（d）：伴随最大潜在地震而发生的最大地面位移 Δ，是按地面水平位移 X 和地面垂直位移 Y 来确定的，即 $\Delta=(X^2+Y^2)^{0.5}$。大海啸主要由垂直地面运动和伴随浅源地震引起的。根据世界的资料统计分析，最大地面位移与震级 M 之间已建立一种关系曲线。《滨海核电厂厂址设计基准洪水的确定》HAD 101/09 附录推荐了图Ⅲ.1 最大地面位移与地震震级的关系曲线，知道了最大震级即可直接查取地面最大位移。

此外，地面最大位移和震级之间的关系，也可用 $\lg=0.578M-3.916$ 表示。根据地震实例调查和震源机构研究，中国地震断层以走滑运动为主，更多地表现为复合性质，如正走滑断层或逆走滑断层。水平运动分量与垂直运动分量之比一般为 4∶1，亦有 5∶1，甚至 7∶1。

4.6.5 海啸接近海岸时其高度增加并变得可以和水深（浅水）相比。应该采用包含海底摩擦影响的浅水方程。该理论仍然假设流体静力学压力，而且考虑了波振幅的有限性，二阶相速度包括了水面上升的影响，这个影响使波的波高部分传播更快，前面的波面变得更陡峭。如果锋面上的水珠速度超过了局部相速度，水将弹到空气中，结果形成破碎涌潮。海啸可以激发水体剧烈振动（假潮）。当到达的海啸频率与当地振动模式之一匹配时，可能发生共振而导致更大的运动发生。水体振动还由于入口处的水柱或整个水面持续激发而产生。因此，最大波高通常不是在波第一次到达时出现，而是在几次波以后观察到的。为评价振动的可能性，应该知道海啸的波周期和当地振动模式。

当海啸波到达厂址海区时，它们将受到变浅、变陡和可能破碎的影响。无论是否破碎，每个波浪中包含的能量都由于反射、散射或传播而损耗。波浪在海滩上能量消耗的主要形式是波浪爬高，它是水冲击到静水位上方的垂直高度。这个高度取决于构筑物或海滩的几何形状和粗糙度、水深、构筑物或海滩的迎水面坡度及入射波的特点。可参考估算波浪爬高的近似理论和实验关系式。

基于对我国近海大陆架、大洋的水文及地质地震特性的判断，以及通过我国以往核电厂实践，海啸对我国沿岸的影响在设计基准洪水中并非主要的或显著的，对海啸的分析可作保守假设而适当简化工作。

4.6.6 海啸成因还包括落下岩石、水底蒸汽爆炸引起水面快速上升、火山口的形成，使周围的水涌入由火山口形成的洞穴。

4.7 径流洪水

4.7.4 初步可行性研究阶段小流域暴雨洪水计算时，暴雨资料短缺时可用地区暴雨等值线图查算。

4.7.8 当地暴雨放大法通常适用于设计流域有特大暴雨资料的情况，移置暴雨放大法通常适用于邻近地区有特大暴雨资料的情况，组合暴雨放大法通常适用于流域面积大、设计历时长的情况，时面深概化法通常适用于设计流域和气候一致区内有较多特大暴雨资料的情况。

4.7.10 降雨径流模型应考虑采用大洪水的实测资料进行验证。为洪水事件组合计算，需要计算区间洪水，包括两种情况：区间可能最大洪水和区间相应于上游可能最大洪水时的洪水（区间相应洪水）。区间可能最大洪水计算方法与设计流域可能最大洪水计算方法相同。本条特别提出区间相应洪水，即上游发生可能最大洪水，用经验证的洪水演算模型将上断面的可能最大洪水演算到下断面，与下断面的可能最大洪水相减得到的区间洪水。这种方法属于设计洪水地区组成中的“上、下游同频，区间相应法”。

降雨径流模型应考虑采用大洪水的实测资料进行验证。

4.7.11 为了计算影响洪水的最大融雪，应求季节性积雪量的最大值，并选用最危险的融雪时序，然后将相当于一年中合适时间的可能最大降雨事件与发生极大融雪的事件相加，并应考虑降雨引起的融雪增加。

4.8 溃坝洪水

4.8.8 溃坝洪水对工程有明显影响是指通过简单的方法估算，溃坝洪水位会直接影响项目场坪标高，为了提高溃坝洪水的精度，必须采用数学模型进行溃坝洪水演进。

4.9 波浪的影响

4.9.2 工程点设计波浪与水深有关，必须结合设计要求和工程布置方案，考虑设计潮位与设计波浪组合存在可能性的前提下，在相应水深场进行波浪要素的计算。结合工程点波浪特性、波浪资料情况和海工布置方案，除考虑强浪向外，尚应给出次强浪向和（或）小风区浪向的设计波浪要素。

4.9.3 用厂址或厂址附近的波浪观测资料（资料系列不应小于30年），结合调查资料分析计算波浪要素和对近岸的影响。工程点所在位置或其附近有较长期的波浪实测资料时，必须分析波浪资料的可靠性和完整率。

对可靠性较高的实测波浪系列，必要时，应利用历史天气图或台风年鉴或各种同化风场对当地历史上大的灾害性天气过程和个别年份缺测大浪的情况进行波浪要素的推算，以延长、插补实测波浪系列，获取更具有代表性的波浪样本。

采用工程点附近观测台站的波浪资料时，应分析地形和水深的影响，以及分方向检验资料的适用程度。

在地形不十分复杂时，可对观测点某一重现期的波浪进行浅水折射分析，以得到与工程点同一水深处的同一重现期波浪要素。

在地形比较复杂时，可通过同步波浪观测的相关性分析，或移用观测台站反算外海深水波要素再向工程点计算，得到工程点重现期波浪要素。

与可能最高潮位相应的波浪，利用热带气旋参数，通过数学模型来计算。对不同的构筑物，可按设计要求提供不同的波浪特征值。对于刚性构筑物，设计波浪一般用 $H_{1\%}$ 波；半刚性构筑物设计波浪的变化范围应在 $H_{1\%}$ 波和有效波之间。柔性构筑物则可采用有效波，但安全重要物项必须用 $H_{1\%}$ 波设计。

波浪由于受到地形、水深和风的影响较大，即使两地很近，也会在传播过程中受水深、地形或障碍物的影响，而产生折射、绕射、反射及其他浅水变形，使得两地和个别方向的波浪相差较大，因此在利用附近测波站的波浪资料时，应考虑地形、水深的影响，以及分方向检验资料的适用程度。

对于台风影响小于温带风暴潮的海域，应包括温带风暴潮最大风浪的波高。

4.9.5 根据波形按下列方法合理选用分析计算方法：

1 当地大的波浪主要为风浪时，可按风浪要素计算图或当地风浪的波高与周期的相关关系外推与该设计波高相对应的周期；

2 当地大的波浪主要为涌浪或混合浪时，可采用与波浪年最大值相对应的周期系列进行频率分析，确定与设计波高同一重现期的周期；

3 如果年极值波高与周期的对应关系不成正比，可采用风浪充分成长状态的波高 $H_{1/10}$ 与周期（$\overline{T}$，$T_{1/10}$，$T_{1\%}$）的关系式来确定与设计波高对应的周期：

深水充分成长状态：

$$\overline{T}=3.66\sqrt{H_{1/10}} \qquad T_{1/10}=4.17\sqrt{H_{1/10}} \tag{13}$$

$$T_{1\%}=4.392\sqrt{H_{1/10}} \quad (14)$$

浅水充分成长状态：

$$T=3.91\sqrt{H_{1/10}} \qquad T_{1/10}=4.46\sqrt{H_{1/10}} \quad (15)$$

$$T_{1\%}=4.69\sqrt{H_{1/10}} \quad (16)$$

4.9.8 对滨海核电厂与设计基准洪水组成有关的波浪计算，首先要选择产生波浪的风场，可考虑按类似发生风暴的那种风暴类型来确定风场。该风暴风场就是用确定论法估算风暴潮时所提及的那些极大化参数所组成的风场或用概率论法估算风暴潮时所确定的重现期风场，必须特别注意选择适当的风场输入，以求得比最大风暴潮小些的风暴潮，但考虑波浪影响却使设计基准洪水位达到最大值。

根据选定的风场估算深水波浪要素，可选择合适的模型。在浅水和过渡水区，由风的直接作用所产生的波浪要与深水波分开单独估算，应调整风区和风向，使它在厂址处起关键作用，在此基础上估算深水波和浅水波。

设计采用的近岸波临界值要通过对入射深水波、过渡区水波与浅水波以及极限破碎波的不同波高时程进行比较分析来确定，要考虑到风暴潮的静水位过程。根据计算绘制厂址近岸处有效波高及其波周期、$H_{0.4\%}$和极限破碎波高以及最高静水位的时程图。

4.9.9 考虑到出现最高水位时，波浪不一定是最大的，同样出现波浪最大时，静水位不一定最大，所以应分析近岸处设计基准静水位及可能最大波浪要素时程，取用组合最大值为风暴作用下设计基准高水位。

4.9.14 防护工程的断面形式选择和尺寸需要用物理模型试验确定，波浪物理模型试验输入的时程曲线取5个时段（时段长0.5h），合计2.5h，按照每个时段的相应波浪、风速和潮位分别测试越浪量。

4.9.15 设计时段取与试验的时段一致，即5个时段（时段长0.5h）合计2.5h。最大越浪水体由式$V_{max}=q_{max}LT$计算，其中q_{max}为连续2.5h的单位长度最大平均越浪量（$m^3/m\cdot s$）；L为防护工程的越浪长度（m）；T为时段长，2.5h换算为9000s。

4.10 潜在自然因素引发的洪水

4.10.1 堰塞体指堆积阻塞河道的滑坡体、泥石流、雪崩、流冰、火山熔岩等物质。

4.12 小流域暴雨洪水

4.12.1 核电厂经常遇到小流域和特小流域的暴雨洪水问题。当涉及核岛核安全防护的排洪设计时应按概率论法频率0.01%和确定论法确定可能最大洪水（PMF）。

厂区防洪侧重于设计洪峰流量和洪水总量；输水管道和公路安全通道的防洪主要提供设计洪峰流量；电厂淡水补给水库的防洪设计，应提供洪峰流量和洪水过程线。

4.12.2 小流域一般缺乏历年洪水资料，需要通过暴雨推求设计洪水。

4.12.3～4.12.5 产流、汇流计算方法应根据工程地点所在地区的自然地理、水文气象特征与资料条件等合理选用。小流域和特小流域产流计算中暴雨损失量对设计洪峰流量影响不大，常可采用初损和后损（稳损）法计算。

汇流计算，流域面积在$1000km^2$以内的山丘地区可采用单位线，流域面积在$300km^2$以内可采用推理公式或单位线。

4.12.6 选用地形比尺一般要求图上的流域面积不小于$5cm^2$，以保证量测精度。

不管采用哪种方法计算设计洪峰流量，要使计算成果符合实际，均需对流域自然地理下垫面条件及暴雨洪水特性等方面进行详细查勘和分析，这是一项重要的基础工作。小流域雨洪计算成果的精度，关键在于参数的正确定量，而参数选用是否合理，则取决于对该流域下垫面条件及暴雨洪水特性深入详细的查勘和分析。

用推理公式进行流域汇流计算，关键是汇流参数的确定。根据华东电力设计院等单位对特小流域汇流参数的研究：对于小流域和特小流域的流域汇流，流域坡面的下垫面条件对确定流域汇流参数将起决定作用。分析资料表明，由南方原始森林区到北方半干旱的土石山区，汇流参数的变幅可达5倍～6倍。由于洪峰流量变化与汇流参数变化是属于同一个数量级的，所以通过对流域下垫面的调查，确定下垫面的类型，正确选用汇流参数是十分重要的。

根据华东电力设计院等单位对华东地区六省92个测站845场次较小流域雨洪对应资料的分析，及搜集和借用湖南、四川、辽宁等34个测站200多场次的分析成果，把下垫面类型分成五类八型，每一类型的下垫面条件和雨洪特性等列表作了详尽的描述，并给出了汇流参数m与流域河道特征参数θ和流域不同下垫面条件的关系曲线与关系式，可供华东地区特小流域暴雨洪水分析计算使用，也可供其他地区计算暴雨洪水参考应用。流域河道特征参数θ可按下式计算：

$$\theta=L/J^{\frac{1}{3}} \quad (17)$$

式中：L——流域长度（km）；

J——流域平均比降。

华东电力设计院与华北电力设计院合作，于1995年10月已通过了“应用遥感技术分析特小流域洪水参数”科研项目的评议意见，确认此项研究技术先进、经济可行，可应用于电力工程实践，通过遥感图像分析，可以精确地确定流域地形特征参数（面积F，长度L，比降J）和获得流域下垫面植物类型、覆盖度、流域地形地貌、河谷形态、土壤以及人类活动等信息，避免流域查勘描述下垫面定量化所带来的困难。

4.12.7 一般根据地区降雨特点，查阅各省或各地区的水文图集和手册，也可根据实测的对工程最不利雨型确定设计暴雨的时程分配，因除了推理公式尚有PMP等法推求设计洪峰流量，故拟采用概化五点、三点法等方法推求洪水过程线。

4.12.8 暴雨推求洪水受到不少因素的影响，如雨量资料的代表性、暴雨与洪水同频率的假定、设计雨型的选定和雨量在面上均匀分布的假定、设计暴雨发生前流域下垫面干湿程度的确定，以及各种产汇流参数的确定等。经过上述多种环节推算出来的成果难免带有误差，所以一方面强调采用多种方法进行比较分析，另一方面对计算和选用的设计成果还必须与当地和邻近地区实测的特大洪水以及地区内和本流域的设计成果进行对比分析，以检验本工程推算成果的合理性。

4.13 内 涝

4.13.1 当涉及核岛核安全防护确定竖向标高时应确定可能最高内涝水位。

4.13.2 水利化地区由于水利设施、河道开挖治理、分洪等影响，不能直接采用水文站实测洪水资料推求设计洪水流量，因产汇流条件有改变，故需要用雨量资料推求，为避免成果出入较大，故要求以流域治理后的实测较大洪水和相应雨量资料进行验证校对，调整有关参数重新推算，使成果不致出现较大偏差。

受上述因素影响时，应先将观测资料换算为同一条件或统一基础上，而后才能进行统计分析，如将溃堤分洪影响的流量还原为归槽流量等。因溃堤、破圩造成相邻流域和各汇水区的串通时，应对各串通流域进行统一的洪涝分析计算。

4.13.3 影响内涝积水高度的因素除降雨和损失外，还直接与流域内水利设施和泵闸抽排能力，遭遇外江外海水位过程等因素有关。外江外海水位的高程和过程，不仅影响排水闸的启闭和排洪量，而且当外江水位达到一定高程后，由于泵闸设备和泵站稳定的要求将停止抽排或关闸。了解泵闸的启闭条件和运用情况是便于确定内涝积水处理的原则，以确定在什么条件下可以考虑或不应考虑泵站或排水闸的排水能力，并根据使用情况予以印证。有些围垦地区，由于还在继续进行围垦，洼地蓄水区有减少的可能，计算时就不应完全按现状考虑，而应考虑蓄水区减少后内涝积水位可能增高的影响。

4.13.4 河网的水流状态，一方面受河网几何形态的影响，另一方面也受上下游边界条件如湖泊、潮汐的影响，水力因素随时随地在变化，属典型的非恒定流运动。因此河网内圩区的调蓄演算是以边界条件为控制（上边界一般是山丘区的入流过程，下边界是江河、湖泊或潮汐的水位过程）的河段调蓄演算。对于河网中的骨干河道，一般采用非恒定流的数值解法，如瞬态法、特征线法、差分法等求解；对于较小的圩内河网和次要河道，可采用简化计算。

4.14 洪水事件的组合分析

4.14.1 推求核电厂设计基准洪水时，既应考虑单一事件，也应考虑各种组合事件。在采用随机或非线性现象时，应该仔细地进行事件分析。此外，事件组合分析还应考虑与重要的洪水起因事件或所选组合事件中每一个事件相关的外界条件。

在组合事件中考虑的独立事件或部分独立事件数量越多，则每个事件的影响越严重，则它们组合的超越概率就越低。核电厂过多考虑组合事件的数量和严重程度可能导致设计基准洪水位值过分保守。

选择事件组合的准则和准则的应用具体应参照《滨河核电厂厂址设计基准洪水的确定》HAD 101/08和《滨海核电厂厂址设计基准洪水的确定》HAD 101/09。

4.14.2 静水位组合：10%超越概率天文高潮位＋可能最大风暴潮增水＋海平面异常；动水位组合：10%超越概率天文高潮位＋可能最大风暴增水＋海平面异常＋$0.6H_{1\%}$。根据厂址的实际情况选择合适的水位组合确定设计基准洪水位。

对于滨海厂址同时受径流洪水影响时，应根据实际情况进行组合计算。当径流洪水直接影响厂址安全时，在厂坪标高满足滨海厂址设计基准洪水位的前提下，应参照滨河厂址设计基准洪水进行洪水位计算，对比两计算得出的设计基准洪水位，确定最终的厂坪标高，亦可通过设计防洪墙或截排洪设施来解决。此时滨海设计基准洪水位尚应考虑径流洪水引起的海水水位局部壅高。径流入海引起的局部水位壅高可通过经验公式保守估算或通过数模计算得出。

4.14.5 当厂址濒临风浪较大的江河、湖泊时，依据现行国家标准《堤防工程设计规范》GB 50286附录C波浪计算要求，根据厂址附近气象资料及河道、湖泊水面、水深特征和风速、风向、风区长度、水域水深等参数计算波高，从而求得$0.6H_{1\%}$；厂址设计基准洪水位亦可不考虑风浪影响，而通过厂区设置的放浪措施来解决。可能最大积雪与频率1%的雪季降雨相遇，物理机制复杂，建议采用概率论法进行计算。

4.14.6 目前我国河口厂址的实践经验很少，为了便于设计参考，对于设计基准洪水位的组合参照国际原子能机构导则No. NS-G-3.5推荐的方法。

组合中径流洪水引起的水位升高是指河流进入大海，受海水的顶托，水流下泻不畅引起的水位升高，可采用经验公式计算或数学模型进行壅水分析计算。

对于河口厂址，洪水起因事件的适当组合取决于厂址的具体特征，也包括大量的工程判断。对于波浪影响，需分析厂址受河流洪水和海洋洪水影响的大小程度，并参照滨海和滨河厂址的波浪组合方式进行考虑。

5 设计基准低水位

5.1 一般规定

5.1.1 对取水工程目前常用的是按缺水年或破坏年的百分数来计保证率，缺水年是指包括不足保证供水量的任何年份，不论其缺水持续时间的长短和缺水量大小。

根据国际原子能机构（IAEA）安全系列，No. 50-C-S 1988 年（第一次修订版）“核电厂厂址选择安全法规”及 HAF 001 规定：如果不能在所有情况下都保证应急堆芯和堆芯长期排热的最小供水量，则必须认为该厂址是不合适的。

另据美国核管理委员会导则 RG1. 70 规定：对滨河核电厂，当该区域可能发生的最严重干旱造成的从而可能影响到安全相关的设施的功能时，则需估计提供这种状态的设计基准，对于非安全相关的供水，应阐明在百年一遇的干旱中也能够满足需要。

关于概率统计值所考虑的置信区间，可参照《核电厂厂址选择的极端气象事件（不包括热带气旋）》HAD 101/10 附录Ⅰ的方法。

5.1.2 根据 IAEA 安全系列 No. 50-C-S 1988 年及 HAF 001 的规定，并根据美国核管理委员会导则 RG1. 70 规定，当可能最大气象事件或构造地震事件产生的风暴潮、湖震或海啸引起的低水位可能影响安全相关的设施充分完成其功能时，则需确定这种低水位，因为这些情况可能影响安全相关的冷却水源。

5.1.4 设计基准洪水和设计基准枯水分别为水文现象的极大和极小值，考虑因素大多相同，推算方法有相似之处，故可参照设计基准洪水的类似做法。

5.2 天文潮低潮位

5.2.3 由于采用连续 19 年的月最低天文潮位系列统计得出的 10%超越概率天文低潮位未必偏于保守，因此为满足合理偏保守的核安全要求，应采用 19 年年最低天文潮。

5.3 风暴减水

5.3.1 核电厂重要厂用水取水口高程的确定等，应考虑风暴减水。

5.3.3 对于北方厂址的海域，最大减水可能是由持续时间长的温带气旋的大风风场产生；对于南方厂址的海域，最大减水可能是由热带气旋引起的。

5.4 假潮减水

5.4.3 最大假潮振幅的负向振动为最大假潮减水。

5.5 海啸或湖涌减水

5.5.2 虽然中国的湖泊较小，水深也较浅，湖涌减水往往不是枯水起因事件可能组合中的主要起因，但还需进行一定的调查和分析。

5.6 波浪的影响

5.6.1 在设计基准低水、波浪组合下减水水位应分析近岸处静水位及波浪要素时程图，合理确定风暴作用下的低水位时，采用线性组合即可。

5.8 潜在自然因素引发的枯水

5.8.1 浮冰形成冰堵，冰川堵塞河道形成冰坝，必然会对下游枯水产生影响。漂木或漂浮物阻塞类似于浮冰作用。

5.8.2 由于自然和人类活动作用，河流可改变其河形和主流线。故必须考虑和分析河道变迁的影响。

5.9 人类活动对枯水的影响

5.9.2 人类活动影响枯水径流，主要表现在修建蓄水工程调节径流，能增加下游部分河段枯水径流；水库调度不当、蓄水工程闸门不能正常开启、跨流域调水工程、工农业提（引）水、水土保持等，会减少下游枯水流量，有时甚至断流；取水河段河道内取土、采砂造成河床的下切，会降低取水水位。因此核电厂设计枯水时应充分考虑人类活动对枯水径流的影响。

5.9.3 近年来，人类活动影响造成江河湖底床下切的现象较为普遍，这可能影响到水位的降低。

5.10 枯水事件的组合分析

5.10.1 核电厂枯水事件组合分析时，应根据厂址所在地区的水文地理特性，分析可能发生枯水的不同成因，结合工程判断，决定它们的起因事件和可能组合。

5.10.4 组合中径流（枯水）引起的水位变化是指河流进入大海时，由于海水的顶托，水流下泻不畅引起的水位变化，可采用经验公式或数学模型进行壅水分析计算。

目前我国河口厂址的实践经验很少，当无法确定厂址的设计基准低水位时，可以参照滨河厂址，通过厂内设置重要厂用水水池来解决。

6 水 源

6.1 一般规定

6.1.1 水源类型分为：海水、地表水、矿区排水、地下水、再生水、市政自来水等。

6.1.3 枯水位计算时应考虑各种减水事件的影响，如风暴潮、海啸（湖涌）等事件会造成减水，导致实际水位值比设计水位值低。

6.1.5 对于天然河道，设计最小流量计算时应采用年实测瞬时最小流量组成的流量系列；设计基准枯水位应是设计枯水位与各种枯水事件组合下的枯水位。

6.1.7 与核安全无关的用水水源，执行常规大中型火力发电厂的供水水源标准，即供水保证率为97%。

6.2 天 然 河 流

6.2.1 概率论法可采用P-Ⅲ理论分布和Gumbel理论分布两种方法。

6.2.2 设计枯水位的计算方法可采用水位流量关系线法、水面线法等。

6.3 水库或闸上

6.3.3 年径流分析计算所需水文资料一般包括：坝址年径流系列、径流年内分配、各业用水量现状和规划水平年用水量、生态用水量、水库蒸发、渗漏、结冰、水库特性曲线等资料。规划水平年应与当地政府发展规划水平年相一致。各业发展规划指标应以最新规划报告为准。

6.3.4 大型水库应采用30年以上径流资料，可采用长系列法及概率论法，计算起始条件可选择连续丰水年蓄水期末库满或连续枯水年供水期末库空。

6.3.5 插补延长的方法一般有如下几种：

1 当设计站的上下游或邻近相似流域测站的径流资料较长，且与设计站具有一定长度的同步系列时，可通过流量或水位相关插补年、月径流；

2 以降水补给为主的设计流域如径流资料较短，而雨量资料在30年以上的站点较多时，则可通过降雨径流关系用雨量资料插补年、月径流；

3 当资料条件允许时，也可采用流域模型推算。

6.3.7 对于年调节水库应采用典型年法，对于多年调节水库应采用时历法。在水库库区内取水时，必须确保水库调度运行中设计取水水位得到保证，取得水库管理部门同意保证供水的文件，并在水库的供水调度原则中加以明确。97%闸上最低水位必须得到保障，应取得有关主管部门承诺文件。

6.4 闸、坝下游河流

6.4.4 对于水电站下游取水，由于发电效益的原因，会导致发电企业不按水库设计调度原则进行枯水调度，下泄流量低于设计下泄流量，此时应提示建设单位与上游水电站签订保证下泄量合同，或按最不利放流情况进行取水河段设计枯水流量设计。

6.5 河网化地区河流

6.5.1 河网地区水源分析应首先对总蓄水量按与核安全无关的设施供水标准以及对核安全有关供水要求确定进行枯水期水量平衡分析及河段槽蓄水量的估算，判明有多少水量可利用；若大于核电厂取水流量，说明河道断面足够过水；若小于核电厂取水流量并不意味水量不足，需推求上述设计枯水期的河道最大过水能力来检验能否满足核电厂取水流量。

6.5.2 按我国平原河网特点，对于不同类型的河网，其水源分析采用的计算方法也不一样。滨海感潮河网其河流下游直接与海相连，受外海、潮汐影响，在外海潮汐和上游径流的相互作用下，水流呈不恒定状态。此时的水源分析，若厂区处水量丰沛，则需推求设计最低潮位；当需确定取水河段水面线或确定河流的设计枯水期最大过水能力时，则采用不稳定流方程进行数值计算，通过计算机求解内陆平原河网其河流下游与较大的河流相连，河网内的水流状态受上游来水和河网本身的自然条件以及河网水流出口处较大河流的流态、水位等影响。此时的水源分析需考虑厂区受下游大河水流影响，通过推算水面曲线结合各种具体情况进行计算。联湖平原河网其河流与大型湖泊相通，河网水流通过湖泊的调蓄，涨落缓慢。其水源分析可简化采用稳定非均匀流试算法推求取水河段设计枯水期河道的最大过水能力。

6.5.3 河网水流计算，无论用什么方法计算，都要选定计算边界，一般容易取得的边界值，如水位过程线、流量过程线或水位流量关系曲线；关于取水影响不到的地方，如对于感潮河网其下游边界应尽量取在近海的口门，对于连湖河网应尽量取在湖泊入口处。

6.5.4 河网水流数学模型验证计算目的，是检验基本资料及其概化处理的正确性，选用的河槽糙率的合适程度，所采用的计算格式能反映实际的河网水流情况。

6.6 湖 泊

6.6.2 不同湖区的湖泊有不同的水量补给及湖水量变化特点，利用湖泊作核电厂供水水源之前，应对湖泊作深入的查勘与分析计算工作。因为干旱地区的湖面蒸发量变化很大，故要慎重选用，如资料短缺一般出湖径流量比较难定，应深入调查或设站观测。

6.7 海 洋

6.7.1 天然的海湾是海洋在两个陆角或海岬之间向陆地凹进、有广大范围被海岸部分环绕的水域。海湾是指被陆地环绕且面积不小于以口门宽度为直径的半圆面积的海域。

6.7.3 取水口布置应考虑航运的影响及航运对取水口的安全影响。

6.8 人类活动对水源的影响

6.8.3 人类活动对水源的影响调查，主要包括现场考察和资料的收集两个方面。人类活动对设计取水条件的未来状况可能会产生改变性影响，所以应对其进行预测和判断，把估算影响值预先考虑进设计条件中，以确保设计取水条件的安全性。

7 泥沙与岸滩稳定性

7.1 一 般 规 定

7.1.1 厂址岸段和滩槽的稳定性关系到核电厂的核安全和正常运行，是核电厂建厂的一个重要的基本条件，应深入调查研究，通过各种分析手段与途径，预测在核电厂运行期内（一般为40年～60年）设计岸段的稳定性和取排水的可靠运行性。

7.1.3 河（海）床演变、泥沙运动影响的因素很多很复杂，进行岸段、滩槽的稳定性的分析，应采用多种途径分析研究，常用分析的途径有地形图对比、水动力地貌调查分析、泥沙运动力学和遥感图像资料分析等方法。评价岸段、滩槽的稳定性时，必须注意冲淤的年内和年际的变化，周期或非周期性的变化，水流与河（海）床的相互作用影响，河（海）床的自动调整作用以及人类活动、水工建筑物等河（海）床演变的影响。

7.1.4 核电厂涉水工程附近岸滩稳定性应按核电厂寿期内的演变趋势进行预测，保证在核电厂寿期（一般为40年～60年）内安全运行。

7.2 水流、泥沙特性

7.2.1 泥沙特性基本资料的搜集与分析，是核电厂水工设计和河（海）床演变分析的基础，应通过各种途径搜集与厂址河段（海域）有关的泥沙资料，对无资料的厂址河段（海域），应布置水文测验和设站进行观测。

7.2.2 厂址河段（海域）上下游或附近有长期观测泥沙的水文站，可通过水文站实测泥沙资料的统计分析而获得，资料移用必须与厂址河段（海域）实测的水文泥沙资料进行分析对比。

7.2.3 泥沙的沉降速度作为泥沙的一个重要水力特性指标，可根据泥沙颗粒粒径，分别选用紊流区、过渡区和层流区的沉速公式进行计算，此类计算公式较多，但各种公式计算结果基本相近。对于天然河道（海域）中泥沙的沉降速度，尚应考虑泥沙群体沉降、泥沙颗粒的相互影响，动水中紊动水流的作用，海域（河口）、盐水对泥沙絮凝的作用等，根据实际情况选用有关的公式计算或在现场进行沉降试验获得。

7.2.4 泥沙的起动流速是泥沙的基本水力特征之一，考虑床底泥沙起动的临界流速，一般使用垂线平均流速表示。泥沙起动公式种类繁多，计算结果差别也较大，可根据河道泥沙特性选用。选用公式时应注意公式建立时考虑的因素是否全面，特别是对黏性颗粒泥沙黏结力的考虑，公式的适用条件和范围，公式是否经过天然河道实测资料的验证等。

7.2.5 通常把悬移区中相当于组成床沙主体的粗颗粒泥沙称为床沙质或造床泥沙。悬移区中大部分颗粒泥沙（在床沙中含量很少）称为冲泻质或非造床泥沙，这部分泥沙主要来自流域表面侵蚀，很少直接参加本河段的造床作用，对其划分目前实用上常作经验性处理。在床沙质级配中，泥沙总重百分数为10%（或5%）的粒径 d_{10}（或 d_5）作为划分的界限粒径，小于床沙区粒径 d_{10}（或 d_5）的悬移区泥沙，称为非造床泥沙，大于或等于床沙质粒径 d_{10}（或 d_5）的悬移区泥沙称为造床泥沙。一般可根据床沙质级配曲线的拐点粒径作为判断标准。

7.2.6 在分析设计河段的河床演变、进行泥沙的冲淤计算时，需分析计算一定水力条件下的水流挟沙能力，水流挟沙力应该包括推移质和悬移质在内的全部沙重。目前挟沙力大多采用经验公式，这些公式都是在一定水力泥沙条件下建立的，有其适用范围，在选用时应了解公式结构的合理性，确定参数时资料选用的范围，公式的适用条件等进行全面分析比较，有条件时尽量采用当地实测水力泥沙的资料验证公式对本河段（海域）的适用性。

山区河道推移区泥沙有较大比重，对其输沙量必须予以重视，而推移质的实测资料比悬移质更缺乏，其资料精度很差，一些推移质输沙量的计算公式，大都是室内水槽试验取得，其计算结果公式与公式之间，公式与天然河道的实际输沙率差别很大，故进行推移质输沙量计算时，应尽量选用包含有河道观测资料在内的或经过天然河道实测资料验证过的输沙率的计算公式，并用多种方法计算分析比较。国内外也常采用比值系数法，根据河道悬移质输沙量乘以某一比值系数来推求推移质输沙量，比值系数根据各河道泥沙运动特性调查确定。

7.2.7 我国是多河道国家，沿海大部分地区都是淤泥质海岸，要特别注意高含沙水流（浮泥）运动对厂址河段（海域）和取水口骤淤的影响。高含沙水流的泥沙运动有其特殊的规律和特殊的泥沙运动特性，浑水异重流就是其中一种特殊的泥沙运动形式，应通过调查和水文测验等分析厂址设计岸段（海域）有无高含沙水流和泥沙的骤淤现象。

7.3 水流运动的模拟

7.3.1 工程区设计河段（海域）的水流状况可通过水文泥沙测验资料获得，测验的布置应根据工程设计和数模计算要求进行。工程区河段（海域）的水流流场通常通过流场的数模计算获得，计算区域视工程设计与分析的要求确定。

7.3.2 根据核电厂的河道（海域）水流运动的特点，

分析流场和测流资料，提供设计河段（海域）的流速特征值。

7.3.3 工程设计通常采用二维的流场计算，某些特殊项目也可采用三维的流场计算，视工程的设计要求与水流特性确定。

7.3.4 搜集设计河段（海域）及流域现状或规划的水工构筑物等人类活动影响的资料（包括电厂水工构筑物运行后的影响），作为边界条件，通过数学模拟分析人类活动对设计河段（海域）流场影响的变化。一般数模计算可以满足设计要求，如其他问题［温排放、河（海）床演变等］进行物模试验，则流场的变化也可通过物模试验取得。

7.4 厂址设计岸段河床演变

7.4.1 纵向变形和横向变形是河床演变一个问题的两个方面，应同时进行分析，从研究历史演变规律入手，预测河床变化的发展趋势。其中要特别注意人类活动对河床演变的影响。

7.4.2 根据工程特点，资料情况和河段河床演变特性，应灵活应用各种分析手段，以揭示河床冲淤变化与水力泥沙因子之间的变化关系，为分析设计岸段的河床演变提供基础资料。

7.4.3 河床的边界条件、河床的抗冲特性，是河床可动性和稳定的重要组成部分，应搜集和采用勘测的手段，了解河床边界的地质构造和泥沙的组成特性。

7.4.4 影响河床演变的因素很多，各因素之间的关系极其错综复杂，目前无论是国际上还是在国内对泥沙问题的研究，均处在发展阶段中，特别是淤泥质的泥沙问题，水流泥沙运动的规律和理论还在不断充实和提高。所以在进行河床演变分析时，特别是对一些像核电厂这样影响核安全的重要工程，应采用多种方法和各种途径结合，综合分析研究比较河床演变的规律和预测工程运行期内河床冲淤变化的趋势。这种变化应包括长周期、年周期、短周期以及灾害性天气过程、特大洪水等情况下的岸滩稳定性和滩槽冲淤变化的规律。

7.4.5 对一些重大的人类活动、水工构筑物和天然障碍物等的影响，应通过数模计算和河工物理模型试验分析它们可能影响的程度和后果，并作出定量的分析。

7.4.6 根据河道的几何形态，上游的来水来沙条件及河道边界河床的组成，可将河流分成各种不同类型的河道，各种类型的河道有各自的河道特性和演变规律。确定核电厂厂址岸段的河道类型，对确定工程布置和河床演变的预测有很重要的指导意义。

7.4.7 取排水口、码头等水工构筑物的河床稳定性分析工作是局部河床变形的分析，是在河段整个河势演变分析的基础上进行的。此时应着重分析局部河段上诸如取排水口、码头的冲淤变化及与水工构筑物设计布置直接有关的个别河弯、汊道、浅滩、深潭和边滩等的演变趋势以及人类活动的影响，应通过各种途径定量表达冲淤变化，分析在核电厂寿期内河床稳定性、取水可靠性。

7.5 厂址设计岸段海床演变

7.5.1 关于现场观测和试验，主要观测近海水流泥沙在近岸带运动的基本特征，并在潮间带进行挖坑、埋桩的滩地冲淤试验等，以掌握各项动力因素对岸滩变化的相互作用关系。根据工程要求及时间进度，内容上可单项或综合性，时间上可临时或长期，测点布置可单点或多点、定点或动点等。

关于海岸及河口动床模型试验，预测波浪作用下岸滩冲淤变化趋势、沿岸输沙方向、输沙强度等以及整治工程措施影响等。

关于理论分析与计算，河口、港湾工程水力泥沙数学模型，按流体力学理论及海岸泥沙运动基本特性，运用数学手段模拟海岸动力因素作用下岸滩的演变趋势。目前由于对泥沙运动的数学物理方程还未处理的满意，有时尚需与物模相结合。此外利用一些经验公式作某些泥沙特征的近似估算，但不论数模或经验公式都必须深入分析其适用条件。有条件时尽可能用实测资料验证适用性，对数模则必须有实测资料提供验证相似性。

遥感技术运用如航摄照片和卫星图像对大范围的侵蚀分析，以及泥沙运动、含沙量变化特性及地貌特征等分析。

在潮汐河口的岸滩演变与河床演变的基本特性，既有共性一面，也有特殊性一面，如考虑潮流、盐水楔进退等对水力泥沙运动因子的影响，故也可参照河床演变的有关分析方法。

7.5.2 海岸及河口岸滩冲淤分析应具有的基本资料：气象方面如风速、风向等；海岸及河口水文方面如潮汐特征、海流及流向、波浪、含沙量、输沙量等；地形与地貌方面如岸线轮廓、海岸地形、动力地貌特性、各类水下测图以及航卫片等；地质方面如岩性、构造、底质等；泥沙特性方面如近岸区域沉积物特性及粒径级配曲线、泥沙天然容重及干容重、悬移质及推移质泥沙粒径级配等；海岸或近海处现状或规划的人工构筑物、它们的位置等。

7.5.3 对岸滩冲淤变化分析，通常是以低潮岸线的演变为代表。必须查明岸段海域泥沙运动基本特性。海岸带泥沙来源主要有从邻近海滩运移而来；由河流挟带而来；岸段由动力因素侵蚀后就地形成以及海底来沙。海岸泥沙去路主要有自岸段两侧向邻近水域运动；离岸向深水运动；沉积在水底的沟谷中。对每个具体工程岸段，则需具体分析泥沙来源的组成、何者为主以及主要去路。

泥沙运动特性包括输移方向、方式以及数量，输沙动力因素主要有风、波浪以及海流等。近岸带实测到的水流是潮流、风海流、气压梯度流、密度梯度流、河川泄流等的综合水流。一定时期的泥沙运动方向与余流大小及方向有关。

在破碎带泥沙运动最活跃、强烈，在近岸地区，一般潮汐水流相对较弱，泥沙运动主要受波浪引起的水流控制，波浪破碎后引起的近岸水流，直接与海岸泥沙运动和海岸演变密切相关。因此海岸工程设计，必须分析其带来的影响。

7.5.4 对近岸泥沙运动进行调查和分析，要查明工程设计岸段是否处于淤积、冲刷或相对平衡状态，并进一步判明泥沙来源、输沙量大小和净输沙方向等，为判断岸滩稳定性提供依据。其中沿岸输沙量大小是重要条件之一，如沿岸输沙率很大，表明该岸段泥沙运动非常强烈，容易导致取水及码头工程淤积；反之，则表明该岸段泥沙运动较弱，岸滩易保持稳定。沿岸输沙量是沿着海岸线通过波浪破碎线以内海岸断面的泥沙数量。海岸输沙量的估算目前由于理论预估的准确度尚难把握，且不一定能应用到所有的海岸线，又由于用来确定这些理论方法的实验资料有一定局限性，故尚需通过对泥沙实际移动的观测和历史资料的补充。

7.5.5 淤泥质海岸环境的水域比较隐蔽，基本上摆脱了外海波浪的直接作用，它位于泥沙来源丰富、潮汐作用较强的岸段。海岸物质大多由粒径为 0.05mm～0.001mm 的细颗粒泥沙组成，颗粒间有黏结力，在海水中呈絮凝状态，形成广阔平缓的低海岸平原。坡度平缓，一般为 1/200～1/500。波浪通过浅滩能量较弱，潮汐作用显得较为活跃。其潮间带（或潮滩）位于平均大潮高潮位到平均大潮低潮位之间的海水活动地带，此带泥沙活动频繁，冲淤变化复杂。其潮下带（或潮下浅滩）位于平均大潮低潮位以下的近岸浅滩，其组成物质较细，水下岸坡平缓，等深线延伸方向与岸近于平行，向海外界以波浪开始破碎处的海底深度为界。

对水工构筑物而言，以潮间带的中、低潮位至潮下带外界这一范围的泥沙运动影响最大，波浪破碎区就在潮下带外界，需重点分析这一范围的水动力特性与泥沙输移方式、方向与数量。在这类岸滩取水，尤其要分析强风浪掀沙造成短期内骤淤，防止挖泥都来不及。在淤泥质海岸，波浪主要起掀沙作用，掀起的泥沙被潮流输送。对于波浪较弱的海岸区，潮流可能是决定泥沙起动、输送和沉积的主要因素。

7.5.6 沙质海岸由不同粒级的松散泥沙或卵石组成，其泥沙颗粒的中值粒径大于 0.05mm，颗粒间无黏结力。分布有海滩、沙堤、沙嘴、水下沙坝和风成沙丘等堆积地貌，往往伴有泻湖发育。暴风浪和涌浪作用导致沙质海岸岸滩的季节性冲淤变化，其中海滩、水下沙坝和脊槽性海滩等堆积地貌主要由泥沙横向运移所形成。其海滩是处于沿岸波浪活动频繁的地带，它的演变与沿岸波浪特征、泥沙补给和水体渗透性质等因素密切相关。

沙质海岸海滩上的泥沙运动，可分为破波带和近岸带两区。破波带泥沙运动复杂，兼有推移质和悬移质，与破浪形态有关。近岸带，波浪不破碎，属有限水深情况下的波浪泥沙运动，也有悬移质泥沙，但主要是推移质运动。在沙质海岸，波浪是造成泥沙运动的主要动力，大部分泥沙运动发生在波浪破碎区以内，在波浪破碎区，波浪会造成相当大的紊动水流，掀起更多的泥沙。这时如果波浪是斜向岸传播，波浪破碎后所产生的沿岸流会带动泥沙顺岸移动，在遇到港工建筑物或天然石礁等时，由于波能削弱，部分泥沙将沉积下来，部分泥沙将被潮流带走。

7.5.7 在河口区的动力因素中，落潮流常是主导因素，对河床演变起控制作用。在河口区常有涨落潮流的流路不一致，在此两动力轴线之间的缓流区，泥沙易于淤积，常导致河口心滩的堆积，呈复式河槽。河口河槽的动力条件经常变化，如径流有洪水、枯水变化，潮汐有大潮、小潮之分，加之不同区段其影响不同，故水流变化复杂。

河口泥沙来源有：由河流径流自流域带入和河岸崩塌而被带入河口的陆相来沙；由海水携带随潮流上溯进入河口的海相泥沙，包括海岸带受风浪侵蚀而形成的沿岸漂沙和本河口及相邻河口的入海泥沙，再次随潮进入；河口区内由于滩槽变化和河床冲淤而局部搬移的泥沙。

分析潮汐河口的河床演变，不仅要考虑上游的来水来沙或海域来水来沙各自的变化规律，还要深入分析它们之间相互消长的关系，同时还要考虑咸淡水混合的影响以及波浪作用。因此潮汐河口的河床演变分析远较无潮河流复杂，但是从水流与河床相互作用这一共同特征而言，有关内陆河流河床演变的基本规律，仍可应用。

7.5.8 河口拦门沙是入海河口在口门附近的泥沙堆积体。广义的指由心滩、沙岛、浅水航道和某些横亘河口的沙嘴所组成的拦门沙系，狭义地仅指口门沉积带航道上的浅段。形成河口拦门沙的动力因素很复杂，有径流、潮流、盐水和淡水混合、沿岸流和风浪等，其中径流和潮流是主导因素。因此在工程中应对河口拦门沙的变化特点从各方面深入分析，判明对工程的影响强度。

7.5.10 海岸主要的淤积体形式，主要有浅滩、沙滩、陆连岛、沿岸沙坝及其围隔的泻湖等。

7.5.11 在有泥沙输移的海岸上修建水工构筑物后，形成沿岸输沙障碍，使泥沙发生绕行变化，引起岸线局部冲淤演变，有时不是即刻反映出来，而要滞后几年，故对此要深入分析。

7.6 人类活动对岸滩稳定性的影响

7.6.1 河道人工构筑物对取水口局部河床演变的影响，应按不同人工构筑物的形式与作用，在河床稳定性分析中注意其各个方面的影响。

7.6.2 人类活动有关措施都能影响局部水流泥沙运动。如施工阶段大量植被遭破坏，流域产沙量大增，城市化后房屋、街道增多，覆盖土地，使产沙量有周期性变化；由于沿河的一些工程的施工，大量弃土泥沙进入河槽会形成各种淤积体，导致局部河床冲淤变化；沿河滩地利用人为增加阻力抬高洪水位，易引起河床变化等，海湾滩涂围垦引起纳潮减少导致淤积、采沙引起冲刷等，在分析岸滩稳定性时应加以考虑。

7.6.3 蓄水水库下游的河床演变较复杂，有的引起下游河道剧变，有的较平缓。关键在于下游河道的挟沙能力与水库下泄与支流入汇沙量的对比关系。河槽断面形态的发展取决于河道水文特性与边界条件，水库运用方式及具体河段位置的水力特征（河道下切与展宽作用随不同位置而异）。

7.6.5 建水库改变径流量，使径流和潮流的对比关系发生变化。对于靠径流量维持的海域来沙丰富的潮汐河口，一旦上游建库，流量大幅度削减，就会引起感潮河段的淤积。同时，对水库的作用也应具体分析，如果水库拦沙为主，显著降低下游河道的输沙率，则对增加河口航道水深有利，有利于取水；如洪水过程受水库调节以后，可以随着河口的盐淡水混合类型的变化出现有利或不利的冲淤演变。因此当上游修建水库时，应对上游来水、来沙情况改变以后的河口盐淡水混合情况作深入分析。

7.6.6 河口拦门沙经过较大规模的疏浚以后，淤积部位会随盐水楔滞流点的上溯而上移，如果上游来水较稳定，则淤积可集中发生于较短的河段内。

7.7 取排水条件分析

7.7.1 据统计，我国投产的核电厂都采用直流循环取水方式，且大多采用明渠取水。明渠取水存在回淤量大的缺点，取水口附近要求泥沙含量应较低，岸滩稳定。

7.7.2 对内陆厂址选择时，对排水的影响尤其需要重视。

7.7.3 排污口设置需满足现行《入河排污口监督管理办法》（中华人民共和国水利部令第22号）的要求。

8 水文观测及专用站

8.1 一般规定

8.1.2 对于核电厂运行期的观测项目及其要求，执行相关监管部门的规定。

8.1.4 水文专用站的设立、观测、资料整编及审查，可参照国家现行标准《水位观测标准》GB/T 50138、《河流流量测验规范》GB 50179、《河流悬移质泥沙测验规范》GB 50159、《水道观测规范》SL 257、《水文巡测规范》SL 195、《水文普通测量规范》SL 58、《海滨观测规范》GB 14914、《海洋调查规范 第2部分：海洋水文观测》GB 12763.2、《海洋调查规范 第3部分：海洋气象观测》GB 12763.3、《地面气象观测规范》QX/T 45～QX/T 66等执行。

8.2 滨海、潮汐河口水文测验

8.2.3 观测项目至少包括深度、水温、盐度、海流、透明度、水色和海况；泥沙包括悬移质、海（河）床质等；水质除按工业用水全分析内容外，海水水质增加环评要求的分析内容，包括颜色、透明度、pH值等50项。

8.2.4 布设的点位在观测海区应具有代表性，即所得的水文要素资料能够反映该要素分布特征和变化规律，点位布设数量根据地形条件、海洋动力因素等确定。冬（12、1、2月）、夏（6、7、8月）两季度大、中、小潮各进行一次测验调查。具体日期时间根据潮汐表、海情预报确定，并尽可能与卫星飞经上空遥感相片的资料相应。为满足海洋环境影响评价的要求，必要时应进行10%、50%、90%典型潮的测验调查。

8.2.5 全潮测验期间，岸边应设立临时验潮站进行潮位观测。

8.2.6 全潮测验期间，应投放自记波浪仪每天进行24h连续观测，观测项目有波高、波向及周期等。

9 核电厂工程水文各阶段内容与要求

9.3 初步可行性研究阶段

9.3.1 本条规定了初步可行性研究阶段工程水文工作的基本范围和内容，旨在判断各候选厂址是否存在与建设核电厂不相适宜的颠覆性工程水文因素，并为厂址推荐提供必要的工程水文依据。一般在搜资调查的基础上，对可能影响候选厂址的水文条件进行分析论证。当水文条件复杂、基础资料缺乏，且结论可能影响候选厂址适宜性时，可以进行必要的水文测验或相关专题研究，从而保证推荐厂址不存在颠覆性工程水文因素。

9.3.2 供水水源是保障核电厂安全运行和事故状态下安全停堆的重要外部条件。其供水保证率分核电厂正常用水和重要厂用水两种情况。当重要厂用水供水系统与其他供水系统合并时，其水源应执行重要厂用水标准。本阶段应特别注意供水水源所属区域的水功能区划、水环境功能区划或海洋功能区划，这可能会成为供水水源的颠覆性因素。

9.3.3 厂址防洪是初步评价厂址安全性的重要因素之一。洪水及其产生的一系列后果可能使核安全受到影响，所以安全重要物项必须按设计基准洪水设防，才能保持这些物项的安全功能。条文规定了内陆厂址和滨海厂址进行洪水分析的基本内容与要求，其目的是初步确定厂址设计基准洪水的组合事件，并估算厂址设计基准洪水位。条文特别强调了本阶段对于厂址防洪安全性的评价结论不应在下阶段出现颠覆性问题。

核电厂厂址应避开分洪区、滞洪区；应注意厂址上游水库可能溃坝产生的不利影响；应注意厂址上游产生泥石流的可能性与不利影响。

9.3.4 在核电厂设计使用年限内，岸滩稳定性不应对核电厂安全及取排水产生不可接受的影响，否则应提出初步的建议措施。对于取淡水的工程，应初步分析取水河段的岸滩稳定性，了解水功能区划情况及水质保护目标要求；对于取海水的工程，应初步分析取水工程海域岸滩是否稳定，取水口附近泥沙冲淤变化是否可以接受，排水海域是否满足温升及水质保护目标要求等。

9.3.5 本条文列出了初步可行性研究阶段应该提供的基本水文特征值，不排除水文条件特别或设计有特殊要求时，增加其他必要的特征值。

9.4 可行性研究阶段

9.4.1 本条规定了可行性研究阶段工程水文工作的基本范围和内容，通过必要的水文测验和专题研究，为核电厂工程设计或方案优化提供工程水文定量数据和结论。

9.4.2 供水水源是保障核电厂安全运行和事故状态下安全停堆的重要外部条件。根据工程技术方案可确定核电厂取用水量，其供水保证率分核电厂正常用水和重要厂用水两种情况。当重要厂用水供水系统与其他供水系统合并时，其水源应执行重要厂用水标准。当核电厂正常用水采用水库水源时，其水库的防洪标准应满足常规电厂对水源安全的要求，即百年一遇洪水设计、千年一遇洪水校核。

根据《取水许可和水资源费征收管理条例》(2006年国务院令第460号)，本阶段应委托有资质的单位完成水资源论证工作，并应取得水行政主管部门对取水许可申请的批复意见。

根据《中华人民共和国海域使用管理法》和《国务院办公厅关于沿海省、自治区、直辖市审批项目用海有关问题的通知》(国办发〔2002〕36号)，本阶段应委托有资质的单位完成海域使用论证工作，并应取得国家海洋局同意本工程用海的预审文件。

9.4.3 可行性研究阶段应在掌握可能影响厂址的各种洪水事件的基础上，确定厂址设计基准洪水的组合事件。计算厂址设计基准洪水位时，要求采用确定论法和概率论法两种途径。

9.4.4 根据《中华人民共和国防洪法》和《中华人民共和国河道管理条例》，本阶段应完成取水工程防洪影响评价工作，并取得水行政主管部门同意建设取水工程的批复文件。

9.4.5 本条文列出了可行性研究阶段应该提供的基本水文特征值，不排除水文条件特别或设计有特殊要求时，增加其他必要的特征值。

9.5 初步设计阶段

9.5.2 厂址的水文观测站(点)继续观测、累积及修正厂址的水文特征值。

9.6 施工图设计阶段

9.6.1 本阶段的基本任务是根据设计的要求对方案进行变更、修改。

9.6.2 对初步设计阶段尚未最终确定的水文参数和有关的试验研究以及厂址附近水文条件发生特殊变化时，进行有关的水文勘测分析工作，并提供最终的水文成果。

中华人民共和国国家标准

棉纺织设备工程安装与质量验收规范

Code for installation and quality inspection of cotton textile machinery

GB/T 50664—2011

主编部门：中　国　纺　织　工　业　协　会
批准部门：中华人民共和国住房和城乡建设部
施行日期：2　0　1　2　年　3　月　1　日

中华人民共和国住房和城乡建设部
公　告

第950号
关于发布国家标准
《棉纺织设备工程安装与质量验收规范》的公告

现批准《棉纺织设备工程安装与质量验收规范》为国家标准，编号为GB/T 50664—2011，自2012年3月1日起实施。

本规范由我部标准定额研究所组织中国计划出版社出版发行。

中华人民共和国住房和城乡建设部

二〇一一年二月十八日

前　言

本规范是根据原建设部《关于印发〈2007年工程建设标准规范制订、修订计划（第二批）〉的通知》（建标〔2007〕126号）的要求，由中国纺织机械器材工业协会会同有关单位共同编制完成的。

本规范在编制过程中，编制组进行了广泛调查研究，认真总结了多年来我国棉纺织设备的安装和运行经验，并在广泛征求了有关单位意见的基础上，最后经审查定稿。

本规范共7章，主要技术内容包括：总则、基本规定、设备安装通用要求、纺部设备安装要求、织部设备安装要求、设备试运转及安装工程验收。

本规范由住房和城乡建设部负责管理，中国纺织工业协会负责日常管理工作，中国纺织机械器材工业协会负责具体技术内容的解释。在执行过程中如有意见或建议，请寄送中国纺织机械器材工业协会（地址：北京朝阳区曙光西里甲1号A座601；邮政编码：100028），以供今后修订时参考。

本规范主编单位、参编单位、主要起草人和主要审查人员：

主 编 单 位：中国纺织机械器材工业协会

参 编 单 位：经纬纺织机械股份有限公司榆次分公司
上海二纺机股份有限公司
郑州纺织机械股份有限公司
天津宏大纺织机械有限公司
中国纺织机械股份有限公司
天门纺织机械有限公司
青岛宏大纺织机械有限公司

主要起草人：任兰英　黄鸿康　胡洪才　陈学润　李瑞霞　马丽娜　李向海　罗　军　杨家轩　王　莉

主要审查人：黄承平　祝宪民　孙今权　徐福官　刘福安　李　铮　吉宜军　夏春明　孙　林　高小毛　黄　美　王爱芹　袁立峰　高雨田　石庚尧

目　次

1　总则 ………………………………… 1—48—5
2　基本规定 …………………………… 1—48—5
2.1　一般规定 ……………………………… 1—48—5
2.2　设备安装基础 ………………………… 1—48—5
2.3　地脚螺栓、垫铁与灌浆 ……………… 1—48—6
2.4　设备开箱验收与储存 ………………… 1—48—6
3　设备安装通用要求 ………………… 1—48—6
4　纺部设备安装要求 ………………… 1—48—6
4.1　开清棉联合机 ………………………… 1—48—6
4.2　清梳联合机 …………………………… 1—48—7
4.3　梳棉机 ………………………………… 1—48—8
4.4　条卷机 ………………………………… 1—48—9
4.5　并卷机 ………………………………… 1—48—9
4.6　条并卷联合机 ………………………… 1—48—10
4.7　精梳机 ………………………………… 1—48—10
4.8　并条机 ………………………………… 1—48—11
4.9　粗纱机 ………………………………… 1—48—11
4.10　细纱机 ……………………………… 1—48—12
4.11　转杯纺纱机 ………………………… 1—48—13
4.12　络筒机 ……………………………… 1—48—13
4.13　并纱机 ……………………………… 1—48—14
4.14　倍捻机 ……………………………… 1—48—15
5　织部设备安装要求 ………………… 1—48—15
5.1　整经机 ………………………………… 1—48—15
5.2　浆纱机 ………………………………… 1—48—16
5.3　无梭织机 ……………………………… 1—48—16
5.4　打包机 ………………………………… 1—48—17
6　设备试运转 ………………………… 1—48—17
6.1　设备试运转通用要求 ………………… 1—48—17
6.2　设备试运转要求 ……………………… 1—48—18
7　安装工程验收 ……………………… 1—48—20
本规范用词说明 ……………………… 1—48—20
引用标准名录 ………………………… 1—48—20
附：条文说明 ………………………… 1—48—21

Contents

1 General provisions ······ 1—48—5
2 Basic requirement ······ 1—48—5
2.1 General requirement ······ 1—48—5
2.2 Foundation for installation machinery ······ 1—48—5
2.3 Foundation bolt, block and grouting ······ 1—48—6
2.4 Storage and opening acceptation for machinery ······ 1—48—6
3 General requirement for installation machinery ······ 1—48—6
4 Installation requirement for spinning machinery ······ 1—48—6
4.1 Combined blow room machine ······ 1—48—6
4.2 Combined blowing and carding machine ······ 1—48—7
4.3 Carding machine ······ 1—48—8
4.4 Sliver lap machine ······ 1—48—9
4.5 Sliver doubling machine ······ 1—48—9
4.6 Combined sliver lap and doubling machine ······ 1—48—10
4.7 Comber ······ 1—48—10
4.8 Drawing frame ······ 1—48—11
4.9 Roving frame ······ 1—48—11
4.10 Ring spinning frame ······ 1—48—12
4.11 Rotor spinning machine ······ 1—48—13
4.12 Winder ······ 1—48—13
4.13 Doubling machine ······ 1—48—14
4.14 Two for one twister ······ 1—48—15
5 Installation requirement for weaving machinery ······ 1—48—15
5.1 Warping machine ······ 1—48—15
5.2 Sizing machine ······ 1—48—16
5.3 Shuttleless loom ······ 1—48—16
5.4 Baling presses ······ 1—48—17
6 Trial running of machinery ······ 1—48—17
6.1 General requirement for trial running of machinery ······ 1—48—17
6.2 Requirement for trial running of machinery ······ 1—48—18
7 Installation acceptance ······ 1—48—20
Explanation of wording in this code ······ 1—48—20
List of quoted standards ······ 1—48—20
Addition: Explanation of provisions ······ 1—48—21

1 总　　则

1.0.1 为统一棉纺织设备工程安装的技术要求，推进棉纺织设备工程质量验收规范化，达到技术先进、经济合理、安全适用，依据国家有关法律、法规和方针政策，制定本规范。

1.0.2 本规范适用于新建和改建、扩建的棉纺织工厂纺部、织部主要设备工程的安装与质量验收。

1.0.3 设备工程安装与质量验收应贯彻国家有关基本建设的方针政策，提高资源利用率和节能降耗。

1.0.4 棉纺织设备工程的安装与质量验收，除应符合本规范外，尚应符合国家现行有关标准的规定。

2 基 本 规 定

2.1 一 般 规 定

2.1.1 棉纺织设备工程安装质量检查和验收，应使用经计量检定、校准合格的计量器具。

2.1.2 从事工程安装的焊工、电工等特殊工种人员应持有效资格证件上岗。

2.1.3 施工过程中应按施工技术标准进行质量控制，相关各专业工种之间应交接检验，并应形成记录。二次灌浆及其他隐蔽工程，在隐蔽前应由有关单位进行验收，并应形成验收文件。

2.2 设备安装基础

2.2.1 设备安装基础应坚实、平整、光洁，不得有裂纹、起壳；各整台设备基础的技术要求及检验方法，应符合表2.2.1的规定。

表 2.2.1 设备基础的技术要求及检验方法

项次	设　备		基础平面度	检验方法	基础强度	检验方法
1	开清棉各机台		≤5mm	用水平仪、平尺检查	≥10000N/m²	用强度回弹仪检查
2	清梳联各机台		≤5mm		≥10000N/m²	
3	梳棉机		≤5mm		≥12200N/m² 设备机脚与基础接触处：≥60N/cm²	
4	条卷机 并卷机 条并卷联合机		≤8mm		≥8000N/m²	
5	精梳机		≤5mm		≥10600N/m²	

续表 2.2.1

项次	设　备		基础平面度	检验方法	基础强度	检验方法
6	并条机		≤5mm	用水平仪、平尺检查	≥8000 N/m²	用强度回弹仪检查
7	粗纱机		≤5mm		≥10000 N/m² 设备车头与基础接触处：≥19000 N/m²	
8	细纱机	≤516锭的短机	≤5mm		≥10000 N/m²	
		>516锭的长机	≤8mm			
9	络筒机	普通型	≤5mm		≥8000 N/m²	
		自动型	≤10mm		≥10000 N/m²	
10	并纱机	单锭传动	≤5mm		≥8000 N/m²	
		集体传动	≤5mm		≥12000 N/m²	
11	转杯纺纱机		≤10mm		≥10000 N/m²	
12	倍捻机		≤5mm		≥8000 N/m²	
13	整经机		≤4mm 机头部位≤1mm/m²		≥8000 N/m²	
14	浆纱机		≤5mm		≥10000 N/m² 设备车头与基础接触处：≥15000 N/m²	
15	无梭织机		≤5mm		窄幅，即幅宽为1.9m～2.5m ≥13400 N/m² 宽幅，即为幅宽2.6m～3.6m ≥19000 N/m²	
16	打包机		≤5mm		≥8000 N/m²	

2.2.2 设备安装基础面弹线技术要求及检验方法应符合表2.2.2的规定。

表 2.2.2 基础面弹线技术要求及检验方法

项次	项　目		技术要求	检验方法	备　注
1	墨线直线度	线长≤20 m	≤0.5mm	用锦纶线对准墨线两端，用钢板尺检查墨线的直度	
		20m<线长≤50m	≤1.0mm		
		线长>50m	≤2.0mm		
2	墨线宽度		≤1.0mm	用钢板尺检查	
3	主定位线（十字线）垂直度		≤1.0mm	以3、4、5即勾股弦法用钢盘尺检查每边长度分别为3m、4m、5m	
4	机台主定位线排列尺寸	第一排主定位线与本跨柱网的距离差异	±1.0mm	用钢盘尺检查	柱网跨度的偏差不计在内
		邻排主定位线间的距离差异	±1.0mm		
		末排主定位线与初始柱网的距离差异	±3.0mm		
5	各机台的辅助线与主定位线的距离差异	平行距离≤1m	±0.5mm	用钢盘尺在辅助线的两端检查与定位线的距离	
		平行距离>1m	±1.0mm		

2.2.3 设备安装基础应根据设备安装地脚图施工，预留地脚螺栓坑、吸风排风口、预埋电线进线管口、压缩空气管口等。

2.3 地脚螺栓、垫铁与灌浆

2.3.1 地脚螺栓的施工要求应符合现行国家标准《机械设备安装工程施工及验收通用规范》GB 50231的有关规定。

2.3.2 找正调平设备用的垫铁应符合现行国家标准《机械设备安装工程施工及验收通用规范》GB 50231的有关规定，并应符合设备相关技术文件的要求。

2.3.3 设备的预留紧固孔及设备底座与基础之间灌浆后，灌浆的抹面层边缘应整齐、坡度一致、不起壳、无裂纹、表面不起砂，并应符合现行国家标准《机械设备安装工程施工及验收通用规范》GB 50231的有关规定。

2.4 设备开箱验收与储存

2.4.1 设备安装前应根据装箱单、合同等，由供需双方共同开箱检查，对检查内容应进行记录，并应双方签字。具体要求应符合下列规定：

1 应按台份清点箱号、箱数。

2 开箱后应检验零部件的数量、规格、表面质量、随机文件图样、备件、专用工具等有无缺损件。

3 应做好开箱后的交接手续。

2.4.2 设备开箱验收后，应按设备的性质分类妥善保管和保护，并应及时安装；所有设备、备件及专用工具不得有变形、损坏、锈蚀或丢失。从开箱起直到工程验收，整个安装过程应具备良好的防雨及通风条件。

3 设备安装通用要求

3.0.1 设备搬运和吊装时，吊装点应按设备或包装箱的标识位置设置，并应采取不损伤设备的保护措施。

3.0.2 设备开箱验收后，应按同机台的箱号进行安装。

3.0.3 开箱后应对相应的零部件按设备的说明书进行处理。

3.0.4 设备安装吊线工序技术要求及检验方法应符合表3.0.4的规定。

表3.0.4 安装吊线工序技术要求及检验方法

项次	项目		技术要求	检验方法
1	长机台	车头内、外侧线	≤1.0 mm	用吊线锤、钢板尺检查
		车面前、后侧线机台中心线	≤0.5 mm	
2	短机台	机台（框）中心线	≤1.0 mm	
		打手、锡林中心线	≤0.5 mm	

3.0.5 设备安装电气安全保护技术要求应符合下列规定：

1 供配电系统应符合设备的电气安装及安全要求，且应接地可靠、防雷电、抗干扰。

2 设备的机械安装和电气连接，应符合现行国家标准《机械安全 机械电气设备 第一部分：通用技术条件》GB 5226.1的有关规定。

3 设备通信电缆应采取屏蔽措施，设备控制电缆应符合设备说明书的要求。

4 设备电器装置存在残留电压时，放电时间应符合电器装置说明书的规定。

3.0.6 设备中转动机构轴承、齿轮、传动带安装技术要求及检验方法，应符合表3.0.6的规定。

表3.0.6 轴承、齿轮、传动带安装技术要求及检验方法

项次	项目		技术要求	检验方法
1	滑动轴承	转动要求	转动灵活	目测、手感
		轴向游隙	≤0.4 mm	轴转至游隙最小的位置，并向任意一端推动，用塞尺检查最小处间隙
2	齿轮啮合	端面加工齿轮平齐偏差	≤1.0mm	用钢板尺检查
		端面不加工齿轮平齐偏差	≤1.5mm	用钢板尺检查
		齿轮啮合间隙	齿轮啮合间隙应合理，传动时不得有卡死或顿挫现象	手转齿轮，检查啮合最紧处的齿侧隙应符合要求；齿轮间隙值可根据齿轮的精度等级、大小、传动要求等确定；检查时，固定一只齿轮，转动另一只齿轮，用塞尺检查齿轮啮合间隙
3	三角带、齿形带、平带等各类传动带的安装		张紧适当、位置正确，无跑偏现象	手感、目测、耳听

3.0.7 设备的安全防护设施应安装齐全、有效可靠。

3.0.8 设备安装通用要求除应符合本规范第3.0.1条～第3.0.7条的规定外，还应符合现行国家标准《机械设备安装工程施工及验收通用规范》GB 50231的有关规定。

4 纺部设备安装要求

4.1 开清棉联合机

4.1.1 开清棉联合机可包括圆盘抓棉机、混开棉机、开棉机、棉箱给棉机、单打手成卷机。

4.1.2 开清棉联合机安装技术要求及检验方法，应符合表4.1.2的规定。

表 4.1.2　开清棉联合机安装技术要求及检验方法

项次	设备	部分	项目	技术要求	检验方法
1	圆盘抓棉机	内外地轨	内外地轨之间上平面的水平度	≤0.50/1000，内外地轨上平面高出地面5mm	用平尺、水平仪检查
2		内丝杆	垂直度	≤0.35/1000mm	用水平仪检查
3		打手机架	平面度	≤1.00mm	用平尺、水平仪检查
4		外圈墙板与打手轴承盖	两者之间间距	全周检查10点≥3mm	用隔距片检查
5		中心底座上平面与内外地轨上平面	两者之间间距	全周检查10点34±0.50mm	用平尺、水平仪检查
6	混开棉机	机架	纵跨水平度	≤0.30/1000	用水平仪、平尺、垫铁检查
			横跨水平度	≤0.30/1000	
7		打手	表面状态	表面光滑	目测
			转动状态	转动灵活	手感、目测
8		尘格	表面状态	表面光滑	手感、目测
			隔距调节	转动灵活、无阻碍	
9		帘子	表面状态	表面光滑	目测
			转动状态	转动灵活	手感、目测
10	开棉机	机架	纵跨水平度	≤0.30/1000	用水平仪、平尺、垫铁检查
			横跨水平度	≤0.30/1000	
11		打手	表面状态	表面光滑	目测
			转动状态	转动灵活	手感、目测
12		尘格	表面状态	表面光滑	手感、目测
			隔距调节	转动灵活、无阻碍	
13	棉箱给棉机	机架	纵跨水平度	≤0.40/1000	用水平仪、平尺、垫铁检查
			横跨水平度	≤0.30/1000	
14		剥棉打手	表面状态	表面光滑	目测
			转动状态	转动灵活	手感、目测
15		帘子	表面状态	表面光滑	目测
			转动状态	转动灵活	手感、目测
16		振动板	运动状况	振动灵活	手推动检查
17	单打手成卷机	机架	纵跨水平度	≤0.25/1000	用水平仪、平尺、垫铁检查
			横跨水平度	≤0.15/1000	
18		打手	横跨水平度	≤0.20/1000	用水平仪检查
19		打手	表面状态	表面光滑	目测
			转动状态	转动灵活	手感、目测
20		打手与天平杆头	隔距	根据原料确定，6mm～10.5mm	用隔距块检查
21		尘格	表面状态	表面光滑	手感、目测
			隔距调节	转动灵活、无阻碍	

4.1.3　输棉管道和排尘管道安装高度和排列布局应平直整齐、美观。

4.2　清梳联合机

4.2.1　清梳联合机可包括往复抓棉机、重物分离器、轴流开棉机、多仓混棉机、清棉机、凝棉器高架装置、凝棉器、异纤分检机、除微尘机、喂棉箱、梳棉机。

4.2.2　清梳联合机安装技术要求及检验方法应符合表4.2.2的规定。

表 4.2.2　清梳联合机安装技术要求及检验方法

项次	设备	部分	项目		技术要求	检验方法
1	往复抓棉机	地轨	地轨上平面的水平度	每节纵向	≤0.40/1000	用平尺、水平仪检查
				每组横向	≤0.15/1000	
			地轨全长内高低允差		≤2.00mm	
2	重物分离器	过棉道	棉道内侧表面		密封可靠、表面光滑、不勾挂纤维	手感、目测
3		调节板	调整状态		灵活、无阻碍	手感
4	轴流开棉机	机架	纵向水平度		≤0.30/1000	用水平仪、平尺、垫铁检查
			横向水平度		≤0.30/1000	
5		打手	表面状态		表面光滑	手感、目测
			转动状态		转动灵活	
6		尘格	表面状态		表面光滑	手感、目测
			格距调节状态		转动灵活、无阻碍	
7	多仓混棉机	机架	纵向水平度		≤1.00/1000	用水平仪、平尺、垫铁检查
			横向水平度		≤0.80/1000	
8		打手罗拉	水平度		≤1.00/1000	用水平仪检查
			状态		固定牢靠，转动灵活，表面光滑	手感、目测
9		棉道及配棉道	表面状态		平整光滑、不勾挂纤维	手感、目测
10	清棉机	机架	纵向水平度		≤1.00/1000	用水平仪、平尺、垫铁检查
			横向水平度		≤0.15/1000	
11		清棉辊筒	粗针、短钉辊筒状态		无折断弯曲、不勾挂纤维	手感、目测
12			锯齿辊筒状态		针布无倒针和缺损、不勾挂纤维	手感、目测
					针布包卷接头焊接牢固、无脱落现象	目测

续表 4.2.2

项次	设备	部分	项 目	技术要求	检验方法
13	清棉机	给棉罗拉	沟槽罗拉表面	光滑、不勾挂纤维	手感、目测
14			锯齿罗拉状态	针布无倒针和缺损、不勾挂纤维	手感、目测
				针布包卷接头焊接牢固、无脱落现象	目测
15		第1、2清棉辊筒之间	工艺隔距	(2±0.10) mm	用隔距片检查
		第2、3清棉辊筒之间		(1.5±0.10) mm	
		第3、4清棉辊筒之间		(1.5±0.10) mm	
		给棉罗拉之间		(1±0.15) mm	
16	凝棉器高架装置	机架	纵向水平度	≤0.30/1000	用平尺、水平仪检查
			横向水平度	≤0.30/1000	
17		过棉道	棉道内侧状态	密封可靠、表面光滑、不勾挂纤维	手感、目测
18	凝棉器	尘笼	网眼板表面	光滑	手感、目测
19			两端面密封	密封可靠、转动灵活	目测
20		风机	叶轮表面	光滑、不勾挂纤维	手感、目测
21		间道	活门状态	开关灵活、表面光滑、不勾挂纤维	手感、目测
22	异纤分检机	机架	纵向水平度	≤1.00/1000	用平尺、水平仪检查
			横向水平度	≤1.00/1000	
23		输棉通道	内表面	光滑、不勾挂纤维	手感、目测
24		打手弧板	打手皮翼与弧板密封	可靠	目测、手感
			打手皮翼与弧板隔距	交叉重叠 2mm	
25		透视窗	玻璃外观	不应有裂纹、气泡、水波纹等缺陷	目测
26	除微尘机	机架	纵向水平度	≤2.00/1000	用平尺、水平仪检查
			横向水平度	≤2.00/1000	
27	除微尘机	过滤网板	网眼板表面	光滑	手感
28		风机	叶轮表面	光滑、不勾挂纤维	手感、目测
29		输棉通道	内表面	光滑、不勾挂纤维	手感、目测
30	喂棉箱	机架	棉箱机架左、右墙板前端面平齐度	≤1.00mm	在一墙板前端面为基准，用平尺及塞尺检查
31		喂棉罗拉	转动情况	灵活	手感
32		开松打手	转动情况	灵活	手感
33		棉道及风道	两侧与墙板接触情况	不得有间隙	用灯光检查不得透光
34		滤网	透气滤网安装情况	绷紧、平展、不折皱、无破损、油污	手感、目测

4.2.3 输棉管道和排尘管道安装高度和排列布局应平直整齐、美观。

4.3 梳 棉 机

4.3.1 梳棉机给棉、过棉、出条、吸尘部分安装技术要求及检验方法，应符合表 4.3.1 的规定。

表 4.3.1 梳棉机给棉、过棉、出条、吸尘部分安装技术要求及检验方法

项次	部分	项 目	技术要求	检验方法
1	给棉部分	给棉罗拉与给棉板、刺辊隔距	具体数值严格按设计资料要求进行	用隔距片检查
		给棉板两端弹簧加压值		用专用工具检查
2		刺辊、锡林、道夫、给棉罗拉、剥棉罗拉	周边不得有毛刺，针布不得有损伤	目测
3	过棉部分	预分梳板、活动盖板、固定盖板	针面不得有损伤	目测
4		给棉板、除尘刀、压辊、罩板、集束器、吸口、刮刀、喇叭口过棉部分	光洁、不挂纤维	目测
5	出条部分	两大压辊、小压辊装配后要求	径向轴向不能有松动；手拨转动灵活；无滞重感	手感
6	吸尘部分	各吸风罩连接状态	吸尘管路密封良好，吸尘管内表面纤维通道光洁，无毛刺，不挂纤维，连接牢靠、严密	手感、目测
7		各软管连接状态	连接严密，不得折死弯，不得挤扁	手感、目测

4.3.2 梳棉机机架、梳理部分安装技术要求及检验方法，应符合表 4.3.2 的规定。

表 4.3.2 梳棉机机架、梳理部分安装技术要求及检验方法

项次	部分	项 目		技术要求	检验方法
1	机架部分	整体机架、组合机架顶面水平	横向双面水平度	≤0.05/1000	用水平仪检查
			纵向水平度	≤0.05/1000	用圆柱搁铁、平尺、水平仪检查
2		组合机架锡林四角等距差		≤0.20 mm	以机架外侧面为基准用深度游标卡尺检查或专用工具与塞尺检查
3	梳理部分	锡林侧面与曲轨、弓板之间的间隙		0.50mm～1.20mm	用隔距片检查
4		锡林与机架对称度		两侧偏差<0.50mm	用隔距片检查
5		道夫墙板内侧与道夫端面间隙		0.80mm～1.50mm	用隔距片检查
6		各部分隔距偏差		隔距图隔距数值的10%，最小为+0.05mm	用隔距片检查
7		锡林、道夫、刺辊、剥棉辊转动		灵活	手感

4.3.3 输棉管道和排尘管道安装高度和排列布局应平直整齐、美观。

4.4 条 卷 机

4.4.1 条卷机自动换管、进条罗拉部分安装技术要求及检验方法，应符合表 4.4.1 的规定。

表 4.4.1 自动换管、进条罗拉部分安装技术要求及检验方法

项次	部分	项 目	技术要求	检验方法
1	自动换管部分	行程开关及接近开关位置	调整正确	能够正确完成动作
2		断卷动作	气缸动作速度合适，离合器动作准确	手动通气、目测检查
3		筒管库系统夹管动作	通气后成卷圆盘能准确夹紧筒管，动作可靠	手动通气后，目测检查
4	进条罗拉部分	进条罗拉回转状态	灵活不呆滞	手感、目测

4.4.2 条卷机机架、成卷、牵伸、导条部分安装技术要求及检验方法，应符合表 4.4.2 的规定。

表 4.4.2 机架、成卷、牵伸、导条部分安装技术要求及检验方法

项次	部分	项 目		技术要求	检验方法
1	机架部分	左、右下墙板顶面	横跨水平度	≤0.05/1000	用水平仪，平尺，搁柱检查
			对角水平面	≤0.10/1000	
2		墙板内侧开档偏差		±0.15mm	用随车工具对块及塞尺检查
3		上下墙板接缝间隙		≤0.05mm	用塞尺检查
4	成卷部分	下压辊外圆径向圆跳动		≤0.05mm	用百分表检查
5		下压辊水平度		≤0.20/1000	用水平仪检查各轧光辊上母线
6		成卷罗拉的水平度	横向	≤0.20/1000	用水平仪检查成卷罗拉上母线
			纵向	≤0.20/1000	用平尺、水平仪检查。即在两成卷罗拉中间位置检查
7		标准筒管外圆与前后成卷罗拉切点接触间隙		≤0.15mm	成卷圆盘夹持标准筒管位于最低位时用塞尺检查
8		成卷罗拉与左、右圆盘居中位置误差		≤0.20mm	用游标深度尺检查成卷罗拉端面与卷圆盘距离差
9		左、右成卷圆盘端面圆跳动		≤0.20mm	接通气源后，在距成卷圆盘端面 10mm 处用百分表检查
10		左、右成卷圆盘轴头径向圆跳动		≤0.10mm	用百分表检查
11		水平气缸及垂直气缸与机架组装后上下移动圆盘及气缸要求		灵活平稳无爬行及呆滞现象	手感、目测
12		装有筒管的成卷罗拉两侧面与成卷圆盘四角间隙		1.00mm～1.50mm	成卷圆盘在最低位，用标准筒管及塞尺检查
13		水平气缸滑动面与机架导轨间隙		0.15mm～0.30mm	用塞尺检查

续表 4.4.2

项次	部分	项 目	技术要求	检验方法
14	牵伸部分	牵伸罗拉的回转状态	灵活平稳无爬行及呆滞现象	手感、目测
15		牵伸罗拉水平度	≤0.20/1000	用水平仪检查
16		牵伸罗拉工作面径向圆跳动	≤0.05mm	用百分表检查
17		棉网台面板表面	光滑、不挂纤维	手感、目测
18		牵伸皮辊安装在皮辊套内转动状态	转动灵活、无呆滞现象	手感、目测

4.5 并 卷 机

4.5.1 并卷机机架、自动换管、棉卷喂入部分安装技术要求及检验方法，应符合表 4.5.1 的规定。

表 4.5.1 机架、自动换管、棉卷喂入部分安装技术要求及检验方法

项次	部分	项 目		技术要求	检验方法
1	机架部分	左、右下墙板顶面	横向水平度	≤0.05/1000	用水平仪，平尺，搁柱检查
			对角水平度	≤0.10/1000	
2	机架部分	墙板内侧开档偏差		±0.15mm	用随车工具对块及塞尺检查
3		上下墙板接缝间隙		≤0.05mm	用塞尺检查
4	自动换管部分	行程开关及接近开关位置		调整正确	目测
5	自动换管部分	断卷动作		气缸动作速度合适，离合器动作准确	手动通气、目测检查
6		筒管库系统夹管动作		通气后成卷圆盘能准确夹紧筒管，动作可靠	手动通气后，目测检查
7	棉卷喂入部分	喂卷罗拉回转状态		灵活、不呆滞	手感、目测
8		喂卷罗拉表面		光滑，不挂纤维	目测

4.5.2 并卷机成卷、牵伸部分安装技术要求及检验方法，应符合表 4.5.2 的规定。

表 4.5.2 成卷、牵伸部分安装技术要求及检验方法

项次	部分	项 目		技术要求	检验方法
1	成卷部分	下压辊外圆径向圆跳动		≤0.05 mm	用百分表检查
2		下压辊水平度		≤0.20/1000	用水平仪检查，检查各轧光辊上母线
3		成卷罗拉的水平度	横向	≤0.20/1000	用水平仪检查，检查成卷罗拉上母线
			纵向	≤0.20/1000	用平尺、水平仪检查，即在两成卷罗拉中间位置检查
4		标准筒管外圆与前后成卷罗拉切点接触间隙		≤0.15mm	成卷圆盘夹持标准筒管位于最低位时用塞尺检查
5		成卷罗拉与左、右圆盘居中位置误差		≤0.20mm	用游标深度尺检查成卷罗拉端面与成卷圆盘距离差
6		左、右成卷圆盘端面圆跳动		≤0.20mm	接通气源后，在距成卷圆盘端面 10mm 处用百分表检查
7		左、右成卷圆盘轴头径向圆跳动		≤0.10mm	用百分表检查

续表 4.5.2

项次	部分	项目	技术要求	检验方法
8	成卷部分	水平气缸及垂直气缸与机架组装后上下移动圆盘及气缸动作要求	灵活平稳无爬行及呆滞现象	手感、目测
9		装有筒管的成卷罗拉两侧面与成卷圆盘四角间隙	1.00mm～1.50mm	成卷圆盘在最低位，用标准筒管及塞尺检查
10		水平气缸滑动面与机架导轨间隙	0.15mm～0.30mm	用塞尺检查
11	牵伸部分	牵伸罗拉回转状态	灵活平稳无爬行及呆滞现象	手感
12		牵伸罗拉水平度	≤0.20/1000	用水平仪检查
13		牵伸罗拉工作面径向圆跳动	≤0.05mm	用百分表检查
14		棉网台面板表面	光滑、不挂纤维	目测
15		牵伸皮辊安装在皮辊套内转动	转动灵活、无呆滞现象	手感、目测

4.6 条并卷联合机

4.6.1 条并卷联合机传动部分、自动循环装置安装技术要求及检验方法，应符合表 4.6.1 的规定。

表 4.6.1 传动部分、自动循环装置安装技术要求及检验方法

项次	部分	项目	技术要求	检验方法
1	传动部分	成卷传动箱转动状态	各轴回转灵活、齿轮润滑良好，齿轮副啮合良好，无振动和噪声	手感、目测
2	自动循环装置	接近开关位置	调整正确	目测
3		断卷动作	电磁离合器通断正确、断卷可靠；电气断离开关可靠	目测
4		落管、上管系统动作	可靠、上管及时、正确	目测

4.6.2 条并卷联合机成卷、牵伸及导条部分安装技术要求及检验方法，应符合表 4.6.2 的规定。

表 4.6.2 成卷、牵伸及导条部分安装技术要求及检验方法

项次	部分	项目	技术要求	检验方法
1	成卷部分	各轧光辊水平度	≤0.20/1000	用水平仪检查
2		成卷罗拉横向水平度	≤0.10/1000	用水平仪检查
3		前、后成卷罗拉两端面平齐度	≤0.08mm	用平尺和塞尺检查
4		成卷罗拉与左、右墙板内侧居中误差	≤0.20mm	用游标深度尺检查成卷罗拉端面与左、右墙板外侧距离差
5		标准筒管外圆与前、后成卷罗拉切点接触间隙	≤0.10mm	成卷圆盘夹持标准筒管，位于最低位置时用塞尺检查
6		左、右成卷圆盘端面圆跳动	≤0.30mm	最大直径向里 50mm 处用百分表检查
7		圆盘气缸的夹紧、打开和升降臂的上升、下降要求	灵活、平稳、同步、无爬行及呆滞	手感、目测
8		成卷罗拉两侧面与成卷圆盘四角间隙	0.50mm～0.80mm	成卷圆盘位于最低位置夹持标准筒管后用塞尺检查

续表 4.6.2

项次	部分	项目	技术要求	检验方法
9	牵伸及导条部分	牵伸罗拉水平度	≤0.12/1000	用水平仪检查
10		牵伸罗拉工作表面径向圆跳动	≤0.05mm	用百分表检查
11		牵伸罗拉回转	回转灵活、不呆滞	手感
12		输棉平台及压辊表面	光滑不挂纤维	目测
13		高架及导条部分棉条通道表面	光洁、不挂纤维	目测

4.7 精 梳 机

4.7.1 精梳机车头、车中部分安装技术要求及检验方法，应符合表 4.7.1 的规定。

表 4.7.1 车头、车中部分安装技术要求及检验方法

项次	部分	项目	技术要求	检验方法
1	车头部分	墙板底板水平度	≤0.05/1000	用水平仪、平尺检查
2		车中底板与车头底板高度一致其水平度	≤0.05/1000	用水平仪、平尺检查
3		车头箱内及所有零件的状态	保证清洁、无锈蚀、无杂质	目测、手感
4		车头箱外壳温升	≤40℃	用温度计检查
5	车中部分	锡林壳体与分离罗拉的定位	准确、一致	用专用锡林壳体定位工具检查
6		各中墙板之间开挡尺寸	一致	用专用隔距量具检查
7		锡林与分离罗拉在特定分度时的距离	一致	用装车工具检查
8		机器定位到嵌板最前位置时，下钳板唇到分离罗拉之间的距离	应按设备的要求控制	用专用安装工具或设备规定检查
9		当钳板压紧啮合时，上下钳唇啮合	良好	用三条 25mm 宽、0.05mm 厚的纸条检查，啮合处压入纸条时抽不出
10		上钳板唇下缘与锡林最小间隙	0.20mm～0.60mm	用塞尺检查
11		上下钳板唇成形状态	良好、光洁、无伤痕	目测、手感
12		中墙板上各轴承加润滑脂时	应有油脂溢出	目睹有油脂溢出
13		输出台面板的微量运动	轴向转动灵活不歪斜	目测、手感
		在正常过棉情况下，轻重条检查光电的反应	灵敏	

4.7.2 精梳机车尾部分安装技术要求及检验方法，应符合表4.7.2的规定。

表 4.7.2　车尾部分安装技术要求及检验方法

项次	项　目	技术要求	检验方法
1	牵伸头罗拉与第二罗拉平行度	≤0.05mm	用塞尺检查
2	剥棉棒结合件与各牵伸罗拉	接触良好	目测
3	牵伸皮辊清洁棒结合件转动及与各牵伸皮辊的接触情况	转动灵活、接触良好无缝隙	手感目测
4	上吸风管结合件风道内表面	光滑不挂纤维	目测
5	上下圈条转动状态	转动灵活、无摩擦	目测、耳听

4.8　并　条　机

4.8.1　并条机机架、圈条部分安装技术要求及检验方法，应符合表 4.8.1 的规定。

表 4.8.1　机架、圈条部分安装技术要求及检验方法

项次	部分	项　目		技术要求	检验方法
1	机架部分	车面水平度	左右	≤0.08/1000	用水平仪检查
			前后	≤0.06/1000	
2		铁饼安装要求		不应有松动现象	用扳手轻敲检查
3		地轴旋转		灵活	手感
4		齿形带安装松紧程度		合适	手感
5	圈条部分	导条架中心线对机台中心线的对称度		≤2mm	用钢板尺检查
6		导条罗拉轴承卡阻现象		不应有	起落导条罗拉检查
7		导条罗拉径向圆跳动		≤0.30mm	用百分表检查
8		检查凸罗拉径向圆跳动		≤0.02mm	用千分表检查
9		检查凹罗拉径向圆跳动		≤0.02mm	用千分表检查

4.8.2　并条机牵伸部分安装技术要求及检验方法，应符合表4.8.2的规定。

表 4.8.2　牵伸部分安装技术要求及检验方法

项次	项　目		技术要求	检验方法
1	一罗拉轴向水平度		≤0.15/1000	用水平仪检查
2	一罗拉径向圆跳动		≤0.03mm	用百分表检查棉条通道处
3	二、三、四罗拉径向圆跳动		≤0.05mm	用百分表检查棉条通道处
4	罗拉转动		灵活	目测、手感
5	罗拉隔距误差		≤0.05mm	用隔距片、塞尺检查，隔距片能自动落下，附加0.05mm塞尺不得插入
6	给棉罗拉径向圆跳动		≤0.08mm	用百分表检查
7	给棉罗拉轴向水平度		≤0.15/1000	用水平仪检查
8	加压摇架	摇架起落	灵活	目测、手感
		摇架的起落任意定位	准确	目测
		同一皮辊的两端压力差	±5N	用摇架测压工具检查

续表 4.8.2

项次	项　目		技术要求	检验方法
9	加压轴定位	芯轴上部与压力调节套	平齐	目测、手感
		下部与皮辊套中心	对准	
		加压轴上下动作	灵活	
10	自停触头与导体间隙		0.6mm～0.8mm	用塞尺检查
11	皮圈与罗拉、皮辊接触		紧贴	目测
	皮圈摆动		灵活	
12	后压辊径向圆跳动		≤0.04mm	用百分表检查棉条通道处
13	后压辊轴向水平度		≤0.15/1000	用水平仪检查
14	前后压辊的前后水平度		≤0.15mm	用水平仪在两压辊表面检查
15	皮辊直径大小头误差		≤0.03mm	用百分表机下检查
16	皮辊径向圆跳动		≤0.03mm	用百分表机下检查
17	皮辊凹心		≤0.03mm	用平板、塞尺机下检查

4.9　粗　纱　机

4.9.1　粗纱机机架、卷绕部分安装技术要求及检验方法，应符合表 4.9.1 的规定。

表 4.9.1　机架、卷绕部分安装技术要求及检验方法

项次	部分	项　目		技术要求	检验方法
1	机架部分	车头贰墙板水平度	机长方向	≤0.10/150	用车头滑槽水平台专用工具、条式水平仪检查
			机宽方向	≤0.10/150	
2		车架（中墙板）、车尾墙板水平度	机长方向	≤0.12/150	用车脚滑槽水平台专用工具、条式水平仪检查
			机宽方向	≤0.12/150	
3		车面水平度	机长方向	≤0.15/1000	用平尺、平尺垫铁、条式水平仪、框式水平仪检查；全机长采取波浪式校平法计算
			机宽方向	≤0.10/150	
			全机长	≤0.20mm	
4	卷绕部分	上龙筋水平度	机长方向	≤0.20/1000	用平尺、平尺垫铁、条式水平仪检查
			机宽方向	≤0.15/150	
5		下龙筋水平度	机长方向	≤0.20/1000	用平尺、平尺垫铁、条式水平仪检查
			机宽方向	≤0.15/150	
6		锭翼与筒管齿轮的对中要求		落下无阻尼	用筒管牙对中心工具检查
7		锭翼、筒管传动齿轮啮合要求		齿轮啮合齿侧间隙均匀	用锭翼、筒管齿轮啮合调整专用工具检查

4.9.2　粗纱机升降、牵伸、导条部分安装技术要求及检验方法，应符合表 4.9.2 的规定。

表 4.9.2 升降、牵伸、导条部分安装技术要求及检验方法

项次	部分	项目		技术要求	检验方法
1	升降部分	齿轮升降型	齿条与中墙板滑槽底面的间隙	0.50mm~0.55mm	用塞尺检查
			齿条在滑槽中上下滑移	顺畅	目测
2		链条升降型	滑条与车架滑槽底面的间隙	3.00mm	用专用工具检查
			滑条与尾墙板滑槽底面的间隙	5.00mm	
3	牵伸部分	各列罗拉在罗拉轴承座中接触		稳实	手敲无浮感
		前下罗拉沟槽表面的径向圆跳动		≤0.05mm	用百分表检查
		其余各列罗拉沟槽表面的径向圆跳动		≤0.06mm	用百分表检查
4		相邻罗拉间的距离偏差		≤0.07mm	用罗拉隔距规、塞尺检查
5		摇架对前罗拉高度位置		各只摇架高低位置均匀一致	用摇架高度规检查
6	导条部分	导条辊	表面状况	光滑	手感
			链条传动	位置正确、无异常响声	按制造商提供的安装图检查耳听

4.10 细 纱 机

4.10.1 细纱机机架、牵伸部分安装技术要求及检验方法，应符合表 4.10.1 的规定。

表 4.10.1 机架、牵伸部分安装技术要求及检验方法

项次	部分	项目		技术要求	检验方法	备注
1	机架部分	车头安装就位调整，对准中心线		按产品说明书要求	用定位规、平尺、直线锤检查	—
2		车头短机梁纵、横向水平度		≤0.04/1000	用平尺副检查	—
3		机梁上平面纵、横向水平度	纵、横向水平度	≤0.04/1000	用平尺副检查	测量副相对位置不能变动
			单根横向水平度	≤0.05/100	用水平尺、水平仪、塞尺在靠中墙板处检查	
			全机长向水平度	≤0.20mm	用平尺副检查，计算机梁最高、最低点之高低差	
4		龙筋顶面至机梁上平面的高度差异		0~0.08mm	定规放在靠近中墙板处的车面上，手能弹动定规，0.08 塞尺不能插入	—
5		双根龙筋水平度	横向	≤0.04/1000	用平尺副检查	—
			长向	≤0.04/1000	用平尺副斜跨检查	—

续表 4.10.1

项次	部分	项目	技术要求	检验方法	备注
6	机架部分	龙筋顶面单根横向水平度	≤0.05/100	用水平仪、塞尺检查	—
7		龙筋一侧边线直度	≤0.20mm	用边线架、边线量规检查	按机台规定的一侧检查
8		中墙板纵向侧面垂直度	≤0.05/100	用框式水平仪在主轴轴承座安装面上检查	—
9		机梁横向宽度偏差	0 −0.1mm	用专用工具检查	—
10		机梁外侧面与龙筋内侧面的对称度	≤0.1mm	用专用工具检查	—
11	牵伸部分	各列下罗拉在罗拉轴承座中	接触稳实	敲时无浮感	
12		前下罗拉沟槽表面的径向圆跳动	≤0.05mm	用专用工具及百分表检查	—
13		中下罗拉滚花表面的径向圆跳动	≤0.07mm	用专用工具及百分表检查	—
14		后下罗拉沟槽表面的径向圆跳动	≤0.07mm	用专用工具及百分表检查	—
15		中、后罗拉与前罗拉距离偏差	≤0.07mm	用罗拉隔距规、塞尺检查	—
16		摇架对前下罗拉工作高度位置	各只摇架高低位置均匀一致	用摇架高度规检查	—

4.10.2 细纱机锭子传动、车头车尾、卷绕部分安装技术要求及检验方法，应符合表 4.10.2 的规定。

表 4.10.2 锭子传动、车头车尾、卷绕部分安装技术要求及检验方法

项次	部分	项目		技术要求	检验方法	备注
1	锭子传动部分	主轴轴承定位		按供货商提供的安装要求	用供货商提供的专用工具及方法检查	—
2		车中主轴或滚盘轴的水平度		≤0.04/150	用主轴定位规定位、用水平仪、塞尺检查	—
3		车中主轴或滚盘轴连接处	高低差异	≤0.05mm	用同轴度规、塞尺检查	操作者面对车身
			前后差异	≤0.05mm	用同轴度规、塞尺检查	
			轴间连接处间隙	1mm~2mm	用平尺检查	
4		车头、车尾主轴	高低差异	≤0.05mm	用同轴度规、塞尺检查	操作者面对车身
			前后差异	≤0.05mm	用同轴度规、塞尺检查	
			主轴水平度	≤0.04/150	用假轴承、样棒轴、水平仪、主轴定位规及塞尺检查	
5		各主轴径向圆跳动	车头	≤0.10mm	百分表检查	—
			车中	≤0.15mm		
			车尾	≤0.10mm		
6		联轴节两侧夹缝偏差		≤0.20mm	用塞尺检查	

续表 4.10.2

项次	部分	项目	技术要求	检验方法	备注
7	车头车尾部分	车头、车尾变换齿轮数	齿数一致	目测	—
8		车头、车尾同步传动保护装置	正确到位	目测	—
9	卷绕部分	钢领板升降导向立柱垂直度	≤0.05/100	用水平仪检查	—
10		导纱板升降导向立柱垂直度	≤0.10/100	用水平仪检查	—
11		钢领板相对龙筋的全机长向高低差	≤0.20mm	用高低定规、塞尺检查	—
12		钢领板横向水平度	≤0.20/100	用水平仪检查	—
13		锭子对钢领的同轴度	≤0.60mm	用同轴度规检查	—

4.10.3 集体落纱装置部分安装技术要求及检验方法，应符合表 4.10.3 的规定。

表 4.10.3 集体落纱装置部分安装技术要求及检验方法

项次	项目	技术要求	检验方法
1	握持梁(气架)的高度定位	机台两侧高度一致并设定为零位	用专用定位规检查
2	握持器(抓管器)与锭子的对中	机台两侧握持器与锭子的对中一致	用专用定位规检查
3	握持器抓筒管后与寄放头(中间位管栓)的对中	机台两侧的握持器抓取筒管后与寄放头的对中一致	调整摆动气缸，目测
4	握持器抓管密封性	握持器抓管充气时不得漏气	手感、耳听、目测检查
5	输满纱和理落纱管部分运行状态	输出满纱不遗漏，理管、落管、送空管动作准确、到位。	目测

4.10.4 网格圈式集聚纺装置安装技术要求及检验方法应符合表 4.10.4的规定。

表 4.10.4 网格圈式集聚纺装置安装技术要求及检验方法

项次	项目	技术要求	检验方法
1	网格圈位置调整要求	网格圈对准吸风管锭位中心，转动灵活	目测
2	张紧轴调整要求	张紧轴充分张紧网格圈，不碰橡胶吸管座	目测
3	橡胶吸管座调整要求	橡胶吸管座与异型管密封结合，不漏气	目测
4	吸风管道调整要求	吸风管道密封、不漏气	目测
5	吸棉风扇调整要求	吸棉风扇与风扇传动轴垂直	用专用定位规检查
6	单吸嘴位置调整要求	单吸嘴相对异型管位置正确	用专用定位规检查
7	导纱喇叭口的中心面对异型管集聚槽指定位置	对中	用专用定位规检查

4.10.5 电气部分安装技术要求及检验方法应符合表 4.10.5 的规定。

表 4.10.5 电气部分安装技术要求及检验方法

项次	项目	技术要求	检验方法
1	气动执行元件位置	各只气动元件必须正确可靠就位	按装配图、技术文件要求逐只检查
2	各光电开关、行程开关触头等位置	各光电开关、行程开关等触头必须正确、可靠就位	按装配图、技术文件逐只检查
3	电气控制按钮和显示屏的操作、显示情况	各操作按钮动作正确、可靠，显示屏内存功能符合设计文件	按操作技术文件逐行操作检查

4.11 转杯纺纱机

4.11.1 转杯纺纱机车头、车尾安装技术要求及检验方法，应符合表 4.11.1 的规定。

表 4.11.1 车头、车尾安装技术要求及检验方法

项次	部分	项目	技术要求	检验方法
1	车头	齿形同步带传动	传动平稳，无异响、无磨屑落下	目测、耳听
2	车尾	凸轮箱转动	无异常振动及声响	手感、耳听
3		排杂风机转动	无异常振动及声响	手感、耳听
4		工艺风机转动	无异常振动及声响	手感、耳听

4.11.2 转杯纺纱机机身安装技术要求及检验方法，应符合表4.11.2的规定。

表 4.11.2 机身安装技术要求及检验方法

项次	项目		技术要求	检验方法
1	卷绕罗拉轴	转动	手转灵活	手感
		纵向及双根横向对水平面的平行度	≤0.10/1000	用专用工具、平尺及水平仪检查
		径向圆跳动	≤0.20mm	用百分表检查
2	引纱罗拉轴	转动	手转灵活	手感
		全机纵向直线度	≤1mm	用拉线及钢板尺检查
		径向圆跳动	≤0.15mm	用百分表检查
3	喂给传动轴	转动	手转灵活	手感
		径向圆跳动	≤0.20mm	用百分表检查
4	导纱器往复位置及动程		符合产品说明书要求	用卷尺检查
5	筒管与卷绕罗拉接触情况		平行接触	目测
6	纺纱器	在机架上的开、合旋转	手转灵活	手感
		转杯、分梳辊、喂给罗拉转动	手转灵活、动作灵活	手感、目测

4.12 络 筒 机

4.12.1 普通络筒机安装技术要求及检验方法应符合表 4.12.1 的规定。

表 4.12.1　普通络筒机安装技术要求及检验方法

项次	部分	项　目		技术要求	检验方法
1	机架部分	车面纵向水平度		≤0.10/1000	用条式水平仪检查
		车面横向水平度		≤0.06/250	用条式水平仪检查
		车面全长水平度		≤0.20mm	车面全长采取波浪式校平法计算
		左侧面全长直线度		≤0.3mm	拉线测左侧加工面
2	槽筒部分	槽筒轴纵向水平度		≤0.10/530	用水平仪和专用工具检查
		槽筒轴横向水平度		≤0.20mm	用水平仪和专用工具检查机宽方向的两个槽筒轴横向水平度
3		槽筒轴径向圆跳动	靠近槽筒处	≤0.08mm	用百分表检查
			靠近联轴节处	≤0.12mm	用百分表检查
			靠近滚动轴承处	≤0.05mm	用百分表检查
4		槽筒径向圆跳动		≤0.15mm	用百分表检查两端外圆
5		槽筒紧定螺钉位置		应互偏 90°	目测
6		槽筒轴开挡定位		一致	用专用工具检查
7		断纱自停箱之间距离		±1mm	用专用工具检查
8	断纱自停箱部分	各断纱自停箱摆动钳摆动状态		左右摆动距离一致	目测
9		相邻偏心轮位置		交叉 90°	目测
10		断纱探杆位置与动作要求		握臂落下，探杆抬起；握臂抬起，探杆落下	目测、手感
11		纱管顶端与导纱板口距离		≥80mm	用卷尺检查
12		纱管插管与导纱板口位置		在同一中心线上	目测

4.12.2　自动络筒机安装技术要求及检验方法应符合表 4.12.2 的规定。

表 4.12.2　自动络筒机安装技术要求及检验方法

项次	部分	项　目		技术要求	检查方法
1	整机部分	锭节机架安装以后，纵向和横向平面度		≤0.25/1000	用通用量具检查
2		机头、机尾相对于机器锭节基准轴线的位移允差		≤2.00mm	用通用量具检查
3		各卷绕头或锭位之间距离		320±1mm	用通用量具检查
4		锭节机架距地面的最小高度		20mm～80mm	用通用量具检查
5		机头、锭节、机尾安装连接后喷漆表面		无剥落、氧化、划痕或碰伤	目测
6		机头、机尾风箱与锭节的连接处，锭节之间的连接处密封情况		密封，不漏气	目测、手感
7		各卷绕头和锭节气路的接口处密封情况		密封不漏气	目测、手感
8		风机排风或吸风口密封情况		不漏气	目测、手感
9		电器元件线缆连接	锭位之间连接	连接正确、牢固、可靠	目测、手感，用仪表检查
			锭节之间连接		目测、手感，用仪表检查
			全机连接		上位机显示
10		全机电气接地，单锭控制器接地		牢固、可靠	目测、手感
11		全机安全指示灯故障显示		正常显示	目测
12		巡回清洁器的安装状态		保险装置可靠，运动平稳，换向时无冲击感，吹吸风工作有效	目测、手感
13		空管输送装置安装运转		运转正常，不得有停顿、卡死现象	目测
14	卷绕头部分	络筒锭捻接循环时，筒架臂抬起量应符合要求		5mm～12mm	用通用量具检查
15		筒管安装后手动转动筒管		筒管应与两端支承轴套一起转动，并转动灵活，无相对滑动	目测、手感
16		筒子架两端支承轴套径向圆跳动		≤0.30mm	用通用量具检查

4.13　并　纱　机

4.13.1　单锭传动并纱机安装技术要求及检验方法应符合表4.13.1的规定。

表 4.13.1　单锭传动并纱机安装技术要求及检验方法

项次	部分	项　目	技术要求	检 验 方 法
1	车架部分	各车架之间纵向水平累积误差	≤1.5mm	用水平仪检查
2	卷绕部分	槽筒外圆对槽筒轴的径向圆跳动	≤0.2mm	用百分表检查
3		分纱现象	无	目测：在倍捻机上进行退绕
4	电气部分	纱线定长精度	1.5％	设定车速和定长米数，集体开车，满纱自停后检查定长精度

4.13.2　集体传动并纱机安装技术要求及检验方法应符合表4.13.2的规定。

表 4.13.2　集体传动并纱机安装技术要求及检验方法

项次	部分	项　目	技术要求	检验方法
1	车头传动部分	车头箱支承座对水平面的纵向平行度	≤0.06/1000	用水平仪、平尺检查
2		车头箱支承座对水平面的横向水平	≤0.06/1000	用水平仪检查
3		车头左传动轴相对右传动轴的平行度	≤0.12mm	用专用工具检查
4		车头两传动轴之间距离偏差	0 −0.15mm	用专用工具卡入为合格
5	车架部分	左右车面纵向和双根轴横向对水平面的平行度	≤0.04/1000	将平尺呈个字形搁置左、右车面上，用水平仪检查，水泡只许倒向同一方向

续表 4.13.2

项次	部分	项目		技术要求	检验方法
6	车架部分	左、中、右车面纵向平面度	无接口	≤0.08/1000	将平尺放于两车架间，车面上用塞尺检查
			有接口	≤0.12/1000	
7		左右车面外侧全长直线度		≤0.30mm	用拉线工具检验装车架处
8		两车面接口缝隙		≤0.05mm	用塞尺检查，要求1/3接合面符合质量要求，即立面上部1/3、顶面外侧1/3的部位。
9		纱铲安装转动要求		灵活、刹车可靠	目测
10	自停部分	断纱检测器的探纱杆柄相对霍尔开关距离		1.50mm～2.50mm	用塞尺检查
11		断纱检测器的探纱杆上下摆动状态		灵活	用手抬平探纱杆后让其自然落下，能迅速下落到极限位置的为灵活（反复检验三次）
12	卷绕部分	槽筒轴对水平面的平行度		≤0.08/1000	用水平仪检查
13		槽筒轴全长直线度		≤0.20mm	用专用工具以车面板处侧面为基准卡入为合格
14		两槽筒轴之间距离偏差		0 −0.15mm	用专用工具卡入为合格
15		槽筒轴径向圆跳动	轴承处	≤0.03mm	用百分表检查
			管道槽筒处	≤0.05mm	
			槽筒轴的联轴器处	≤0.08mm	
16		槽筒轴与车头两传动轴的同轴度		≤0.08mm	用平尺与塞尺检查
17	卷绕部分	槽筒表面径向圆跳动		≤0.2mm	用百分表检查
18		相邻的两个槽筒之间的槽筒紧固螺钉相位差		≤180°	目测
19		调整槽筒的理论中心位置		位置正确，保证纱线正常卷绕	目测
20	供纱架部分	卧式供纱：纱筒插杆位置应低于张力架导纱器中心		10mm～15mm	用平尺检查
21		左、右导轨上平面对水平面的全长平行度		≤5mm	用拉线工具检查导轨上平面
22		左右导轨外侧面的全长直线度		≤3mm	用拉线工具检查导轨外侧面
23		头、尾上下筒子架连接杆对水平面的平行度		≤0.2/1000	用水平仪检查
		中部上下筒子架连接杆对水平面的平行度		≤3/1000	以头、尾上下筒子架联杆外测端为基准拉线检查

续表 4.13.2

项次	部分	项目	技术要求	检验方法
24	电气控制及执行元件部分	电切断装置对纱线的切断要求	可靠	目测
25		电切断装置对纱线的握持要求	有效	目测
26		电切断装置的刀体复位、自动动作情况	可靠灵活	目测
27	转动件	各导纱小轮及其他各转动件的转动情况	灵活	目测

4.14 倍 捻 机

4.14.1 倍捻机机架部分安装技术要求及检验方法应符合表4.14.1的规定。

表 4.14.1 机架部分安装技术要求及检验方法

项次	项目	技术要求	检验方法
1	齿轮箱对水平面的横向、纵向的平行度	≤0.1/1000	在车头架上用平尺、水平仪进行检查
2	龙筋对水平面的横向、纵向平行度	≤0.1/1000	在龙筋上放置垫块、平尺和水平仪进行检查
	龙筋双根对水平面的横向平行度	≤0.1/1000	
3	摩擦滚筒轴、超喂罗拉轴单根纵向对水平面的平行度	≤0.2/1000	用水平仪检查
4	摩擦滚筒轴、超喂罗拉轴双根横向对水平面的平行度	≤0.2/1000	用平尺和水平仪检查
5	车尾安装电机的角钢单根纵向对水平面的平行度	≤0.5/1000	用垫块、平尺和水平仪进行检查
6	车尾安装电机的角钢双根横向对水平面的平行度	≤0.2/1000	用垫块、平尺和水平仪进行检查

4.14.2 倍捻机传动部分安装技术要求及检验方法应符合表4.14.2的规定。

表 4.14.2 传动部分安装技术要求及检验方法

项次	项目	技术要求	检验方法
1	两根摩擦滚筒轴及两根超喂罗拉轴的转动情况	转动灵活	手感
2	齿轮箱组件运转情况	灵活	手感
3	导轮部件中的导轮转动情况	转动灵活	手感
4	筒子架夹盘转动情况	转动灵活	手感

5 织部设备安装要求

5.1 整 经 机

5.1.1 分条整经机安装技术要求及检验方法应符合表5.1.1的规定。

表 5.1.1 分条整经机安装技术要求及检验方法

项次	部分	项目	技术要求	检验方法
1	机头	两地轨间距平行度	≤4mm	用平尺检查
2		两地轨全长直线度	≤2mm	用平尺检查
3		位移	±0.01mm	用仪器检查
4		定长要求	与工艺设定要求相等	用测长仪检查
5	倒轴部分	倒轴与机头地轨平行度	≤2mm	用平尺检查
6		整体水平度	≤0.30mm	用水平仪检查
7		安全保护装置要求	灵敏、可靠	目测

5.1.2 分批整经机安装技术及检验方法要求应符合表5.1.2的规定。

表5.1.2 分批整经机安装技术要求及检验方法

项次	部分	项目	技术要求	检验方法
1	纱架	框架安装位置要求	准确、牢固、不应歪斜	目测
2	纱架	纱架与整经机之间的距离	4.5m～5m	用平尺检查
3	机头	位移	±0.01mm	用仪器检查
4	机头	定长要求	与工艺设定要求相等	用测长仪检查
5	倒轴部分	倒轴与机头地轨平行度	≤2mm	用平尺检查
6	倒轴部分	整体水平度	≤0.30mm	用水平仪检查
7	倒轴部分	安全保护装置要求	灵敏、可靠	目测

5.2 浆 纱 机

5.2.1 浆纱机车头固定支架、移动机架、织轴部分安装技术要求及检验方法，应符合表5.2.1的规定。

表5.2.1 车头固定支架、移动机架、织轴部分安装技术要求及检验方法

项次	部分	项目	技术要求	检验方法
1	车头固定支架部分	墙板对机台中心线横向偏差	≤1mm	在撑挡中心用吊线检查
2	车头固定支架部分	墙板纵向垂直度	≤0.20/1000	用水平仪贴墙板后检查
3	车头固定支架部分	中间支座对机台中心线横向偏差	≤1mm	在中间支座中心用吊线检查
4	车头固定支架部分	墙板对机台十字线的平行偏差	≤1mm	在曳引辊轴承孔处用标准轴吊线检查
5	移动机架	导杆横跨水平度	≤0.1/1000	在左、右车头大墙板及中间支座上、下导杆孔用标准轴、水平仪分左、中、右三段检查
6	移动机架	导杆对机台十字线的平行偏差	≤1mm	在左、右车头箱及中间支座上、下导杆孔用标准轴、分左、中、右三段吊线检查
7	移动机架	移动车头箱横向水平度	≤0.2/1000	以主轴孔为基准，用标准套、标准轴检查
8	织轴部分	织轴加压及上落轴要求	左右气缸动作灵活、同步	手感、目测
9	织轴部分	伸缩筘调节要求	灵活轻便	手感、目测

5.2.2 浆纱机张力及上蜡、烘筒部分安装技术要求及检验方法，应符合表5.2.2的规定。

表5.2.2 张力及上蜡、烘筒部分安装技术要求及检验方法

项次	部分	项目	技术要求	检验方法
1	张力及上腊部分	机架对机台中心线横向偏差	≤1.00mm	在撑挡中心用吊线检查
2	张力及上腊部分	机架垂直度	≤0.04/1000	用水平仪贴张力辊搭子检查
3	张力及上腊部分	机架横跨水平度	≤0.20/1000	用平尺、水平仪检查
4	张力及上腊部分	张力导纱辊、上蜡导纱辊对机台十字线平行偏差	≤1mm	用吊线检查
5	张力及上腊部分	上腊辊、导纱辊水平度	≤0.10/1000	用水平仪检查
6	张力及上腊部分	张力导纱辊水平度	≤0.20/1000	在最低位置时用水平仪检查

续表5.2.2

项次	部分	项目	技术要求	检验方法
7	烘筒部分	立柱对机台中心线横向偏差	≤1mm	在撑挡中心吊线检查
8	烘筒部分	立柱垂直度	≤0.05/200	用水平仪贴立面搭子检查
9	烘筒部分	立柱横跨水平度	≤0.20/1000	在立柱顶面用平尺、水平仪检查
10	烘筒部分	立柱纵向水平度	≤0.20/1000	在立柱顶面用平尺、水平仪检查
11	烘筒部分	烘筒与机台十字线平行偏差	≤1mm	在一对烘筒轴孔用标准轴吊线检查
12	烘筒部分	烘筒水平度	≤0.10/1000	在烘筒轴承孔用标准轴水平仪检查

5.2.3 浆纱机浆槽、经轴架部分安装技术要求及检验方法，应符合表5.2.3的规定。

表5.2.3 浆槽、经轴架部分安装技术要求及检验方法

项次	部分	项目	技术要求	检验方法
1	浆槽部分	墙板对机台中心线横向偏差	≤1mm	在撑挡中心用吊线检查
2	浆槽部分	墙板对机台十字线平行偏差	≤1mm	在上浆辊轴承孔用标准轴吊线检查
3	浆槽部分	浸没辊水平度	≤0.10/1000	在不装压浆辊时以上浆辊为基准，用平尺水平仪检查浸没辊水平度
4	浆槽部分	导纱辊水平度	≤0.10/1000	在辊面用水平仪检查
5	浆槽部分	上浆辊与压浆辊的平行度	≤0.25/1000	用专用工具检查
6	经轴架部分	轴架对机台中心线横向偏差	≤1.00mm	在撑挡中心吊线检查
7	经轴架部分	轴架横跨水平度	≤0.10/1000	用标准轴、水平仪在两侧轴孔处检查
8	经轴架部分	轴架对机台十字线平行偏差	≤1mm	用标准轴吊线检查

5.3 无 梭 织 机

5.3.1 剑杆织机安装技术要求及检验方法应符合表5.3.1的规定。

表5.3.1 剑杆织机安装技术要求及检验方法

项次	部分	项目		技术要求	检验方法
1	机架	墙板底脚处用随机附送的垫脚垫起，每处只能垫一片垫脚并用胶将垫脚与地面粘结		保证墙板底脚面与安装基础面稳定接触	目测、用塞尺塞
1	机架	调水平时在垫脚和墙板底脚之间垫垫片		保证墙板底脚面与安装基础面稳定接触	目测、用塞尺塞
2	机架	织机水平度	左、右墙板顶面	≤0.10/1000	用水平仪检查
2	机架	织机水平度	摆轴	≤0.05/1000	用水平仪检查
3	运行部分	手动盘车2圈～3圈		无死点或干涉之处	手感
4	运行部分	油路系统要求		畅通无堵塞	目测
5	运行部分	校主轴零度：手动盘车到前死心		编码器在零度	目测，观察刻度盘或显示屏

续表 5.3.1

项次	部分	项　目		技术要求	检验方法
6		校剑带导轨：活动剑带导轨和固定剑带导轨		在一条直线上，保证剑头、剑带能灵活通过	用专用定规检查
7	运行部分	定位刹车位置变化值		≤5°	目测，连续5次
		自动停车时信号显示		正确	
8		传动箱轴承座表面温升		≤45℃	用温度测量仪检查
9		选纬机构的选纬杆动作要求		准确、机构工作稳定可靠，选色程序正确	目测

5.3.2 喷气织机安装技术要求及检验方法应符合表5.3.2的规定。

表 5.3.2 喷气织机安装技术要求及检验方法

项次	部分	项　目		技术要求	检验方法
1	机架	墙板底脚处用随机附送的垫脚垫起，每处只能垫一片垫脚并用胶将垫脚与地面粘结		保证墙板底脚面与安装基础面稳定接触	目测、用塞尺检查
		调水平时在垫脚和墙板底脚之间垫垫片			
2		织机水平度	左、右墙板顶面	≤0.10/1000	用水平仪检查
			摆轴	≤0.05/1000	
3	运行部分	手动盘车2圈~3圈		无死点或干涉之处	手感
4		油路系统要求		畅通无堵塞、漏油	目测
5		校主轴零度：手动盘车到前死心		编码器在零度	目测，观察刻度盘或显示屏
6		定位刹车位置变化值		≤5°	目测，连续5次
7		自动停车时信号显示		正确	
8		传动箱轴承座表面温升		≤40℃	用温度测量仪检查

5.3.3 喷水织机安装技术要求及检验方法应符合表5.3.3的规定。

表 5.3.3 喷水织机安装技术要求及检验方法

项次	部分	项　目		技术要求	检验方法
1	机架	墙板底脚处用随机附送的垫脚垫起，每处只能垫一片垫脚并用胶将垫脚与地面粘结		保证墙板底脚面与安装基础面稳定接触	目测、用塞尺检查
		调水平时在垫脚和墙板底脚之间垫垫片			
2		织机水平度	左右墙板顶面	≤0.05/1000	用水平仪检查
			后上撑挡	≤0.08/1000	
3	运行部分	手动盘车2圈~3圈		无死点或干涉之处	手感
4		润滑油路系统要求		畅通无堵塞、漏油，润滑良好	目测
5		各自控传感器信号引起的停车		定位位置180°±20°	目测刻度盘

续表 5.3.3

项次	部分	项　目	技术要求	检验方法
6	运行部分	定位刹车位置变化值	≤5°	目测，连续5次
		自动停车时信号显示	正确	
7		传动齿轮箱、送经和卷取齿轮箱表面温升	≤35℃	用温度测量仪检查
8	引纬介质	当车速为700r/min时，柱塞直径22mm，每机台24h耗水量	≤6.5t	用流量表检查
9		织机进水口适宜水压值	0.1MPa~0.15MPa	用水压计检查

5.4 打包机

5.4.1 液压中包打包机安装技术要求及检验方法，应符合表5.4.1的规定。

表 5.4.1 液压中包打包机安装技术要求及检验方法

项次	项　目	技术要求	检验方法
1	底盘端面纵横测量水平度	≤0.1/1000	用水平仪检查
2	顶盖、起落盘、底盘的中心对机座中心允差	≤0.5/1000	用吊线锤检查
3	泵、阀、油箱及各管接头要求	无漏油	目测
4	起落盘导套与立柱导向间要求	无卡紧现象	目测
5	柱塞、起落盘上升过程中要求	无爬行现象	目测

5.4.2 机械式打包机安装技术要求及检验方法应符合表5.4.2的规定。

表 5.4.2 机械式打包机安装技术要求及检验方法

项次	部分	项　目	技术要求	检验方法
1	机架部分	底板四搭子面纵横水平度	≤0.07/200	用水平仪检查
2		四立柱上下底盘间尺寸允差	≤0.20mm	用专用工具检查
3	减速箱部分	蜗杆轴向间隙	0.1mm~0.3mm	用千分表检查
4		蜗轮芯轴向间隙	<0.20mm	用千分表检查
5		蜗杆、蜗轮啮合状态	转动灵活，啮合良好	目测、手感
6	活络压板部分	四导压杆上下法兰间尺寸允差	≤0.20mm	用专用工具检查
7		四导压杆及升降螺杆的升降要求	升降灵活	目测
8	车子部分	钢轨中心距	≤2mm	用钢板尺检查
9	车子部分	每台车子两侧车轮中心距	≤2mm	用钢板尺检查
10		压板木条与活络压板木条位置	对齐	目测

6 设备试运转

6.1 设备试运转通用要求

6.1.1 设备安装竣工后应进行试运转。试运转应符合下列规定：

1 试运转前，应对设备及其附属装置进行全面检查，并应在符合要求后再进行试运转。

2 空车试运转，应从单台开始至联合机组，时间不应小于2h，其中织机不应小于4h；应在空车试运转后再进行带料单线负荷试运转。

6.1.2 设备安装试运转通用要求及检验方法应符合表6.1.2的规定。

表6.1.2 设备安装试运转通用要求及检验方法

项次		项目	技术要求	检验方法
1		设备试运转中：齿轮、带轮、蜗轮、蜗杆、凸轮、电机、泵等传动机构要求	运转平稳、转动灵活、无异常振动和冲击声响及不正常的发热和磨损现象	目视、耳听、手感
2		设备各传动系统要求	润滑良好、无渗漏油现象	目测
3		设备运转中油、气、浆、风、水装置系统及各类密封管道要求	密封良好、不渗漏、管道通畅、清洁	目视、手感、耳听。具体：漏油：手摸有油，擦净后15分钟仍有油者；漏气：耳听有漏气声者；漏浆：揩净2分钟后仍滴浆；漏风：用纤维束检查接口处，纤维束有飘动；漏水：目视滴水、渗水
4		各类齿轮、蜗轮、差速等传动箱要求	安装准确，箱内无残留尘杂，密封性好，无渗漏现象	目视
5		电气、气动控制装置的运行要求	正确、灵敏、安全、可靠	目视
6		设备空车运转功率消耗要求	符合设备相关文件的规定	用功率仪检查
7		单线负荷运转过程中，成品及半成品的所有通道要求	清洁、光滑、无油污、锈斑、快口、毛刺、挂花现象	目视、手感
8		设备的清洁绒板、绒辊等有包覆层的零部件要求	完整、良好	目视、手感
9		设备安装的罩壳、门、密封条要求	平整、美观、可靠，密封性好	目视
10		设备各零部件运转状态	无故障、动作准确无误、无异常响声	目测、耳听
11		电器部分的电气元件、检测装置、自停机构、信号显示器及安全装置要求	可靠、控制动作灵敏、到位，显示准确	目视
12		电气控制按钮和显示屏要求	各操作按钮动作正确、可靠，显示屏内存功能符合设计文件	按制造商提供的技术文件操作检查
13	气动系统	各控制阀动作	准确、灵敏、可靠	手动调整各阀，观察气缸的动作正确否
		各气缸动作	灵敏、无冲击爬行、不呆滞	气缸通气后，手动检查：目视、手感
		气路安装、调试质量要求	各接头处无泄漏、气缸动作准确、灵敏、速度符合设备要求	目视、手感
		气压调控要求	气压调整灵敏，并可在需要范围内调整	调节各减压阀，能使压力表读数在需要范围内变化
		设备外接气源供气系统压力	≥0.6MPa	用气压表检查

注：当设备外接气源供气系统压力有其他要求时，可按相关技术文件执行。

6.1.3 设备运转室内温度和相对湿度范围应符合现行国家标准《棉纺织工厂设计规范》GB 50481的有关规定。

6.1.4 喷气织机用压缩空气技术要求应符合表6.1.4的规定。

表6.1.4 喷气织机用压缩空气技术要求

项次	项目	技术要求
1	压力下露点	<10℃
2	含油	<0.1ppm
3	含尘	<0.1ppm
4	空气压缩机输出压力	0.7MPa±0.07MPa

6.1.5 喷水织机用水水质要求应符合表6.1.5的规定。

表6.1.5 喷水织机用水水质要求

项次	项目	处理要求
1	混浊度	1.5ppm～2.0ppm
2	pH值	6.7～7.5
3	总硬度	25ppm～30ppm
4	全铁、锰	0.15ppm～0.20ppm
5	游离氯素	0.1ppm～0.30ppm
6	氯离子	12ppm～20ppm
7	M一度	50ppm～60ppm
8	高锰酸钾消耗量	2ppm～3ppm
9	蒸发残留物	100ppm～150ppm
10	电导率	8μs/cm～200μs/cm
11	水温	14℃～20℃

6.2 设备试运转要求

6.2.1 设备试运转要求除应符合本规范第6.1节的规定外，还应符合表6.2.1的规定。

表6.2.1 设备试运转技术要求及检验方法

项次	设备	项目	技术要求	检验方法
1	开清棉联合机	抓棉机传动系统转动及打手升降状态	转动升降灵活	目测
		帘子机构运行状态	转动灵活，无阻碍、打滑和跑偏现象	手感、目测
		输棉管道和排尘管道要求	光滑、密封	手感、目测

续表 6.2.1

项次	设备	项目		技术要求	检验方法
2	清梳联合机	抓棉器的稳定性		无左右晃动、爬行及卡死	手感和目测
		抓棉机中转塔转动		灵活，定位准确	手感和目测
		抓棉机中覆盖带卷绕、覆盖要求		卷绕灵活、覆盖严密	手感和目测
		多仓混棉机中换仓活门要求		开关灵活、无阻碍现象	脱掉气缸、手感
		帘子机构运动状态		转动灵活，无阻碍、打滑和跑偏现象	目测
		输棉管道和排尘管道要求		光滑、密封	手感、目测
3	梳棉机	盖板托脚最高点水平方向振幅		≤0.15mm	用测振仪检测
		各轴承附近的振幅		≤0.10mm	用测振仪检测
		盖板	起伏	不明显	目测
			跑偏量	≤1.00mm	以曲轨侧面为基准，用深度游标卡尺检测
		输棉管道和排尘管道要求		光滑、密封	手感、目测
4	条卷机	落卷机构动作要求		准确、灵敏可靠	目测
5	条并卷联合机	气控落卷机构动作要求		准确、灵敏可靠	目测
6	并条机	机后断条，尾端至给棉罗拉后侧的长度		≥50mm	用钢板尺检查
		机前须条缠皮辊、罗拉、压辊或断条时		应自动停车	目测
7	粗纱机	龙筋升降状态要求		平稳，无顿挫抖动现象	目测
		换向机构及成形机构要求		定位准确、动作灵敏、可靠	目测
		万向联轴节和摆动装置链传动运转要求		运转平稳、润滑良好	目测
8	细纱机	集体落纱装置	筒管输送盘运行要求	输送筒管的各只气缸必须同步运行	目测
			握持器气压值	0.2MPa～0.6MPa	用气压表检查
		集聚纺装置中，异型管加网格圈负压		2.3kPa～2.9kPa	用气压表检查
		气加压摇架	摇架的工作气压值	应符合所配摇架说明书的要求	用气压表检查
			气源气压值	应大于摇架的工作气压值	
9	转杯纺纱机	移纱杆左右移动		灵活	手感
		断头自停机构动作		灵敏可靠	目测
		纺纱器喂给电磁离合器动作		可靠	目测
		引纱管真空度绝对值	抽气式	≥4kPa	用真空度仪检查
			自排风式	≥2.5kPa	用真空度仪检查
		龙带运行不跑偏其串动量		≤3mm	用钢板尺检查
		输送带运行要求		平稳不跑偏	目测
10	普通络筒机	筒子托架动作		平稳可靠，下落缓慢安全	目测

续表 6.2.1

项次	设备	项目	技术要求	检验方法
11	自动络筒机	卷绕槽筒运转要求	平稳，无明显震动	目测
		卷绕槽筒的驱动、制动、停顿、反转、再驱动要求	符合设备的技术要求	目测或上位机显示
		空气捻接器捻接要求	按设定时序要求工作	目测或上位机显示
		电子清纱器要求	按设定清纱曲线切割纱疵	目测
		上位机的设定与显示要求	按工艺要求进行有效设定运转后能正确显示机器参数、机器状态，统计显示生产数据	操作、目测
12	并纱机	断纱自停系统动作	灵敏、可靠	目测
13	倍捻机	车头链条传动	准确可靠	目测
		往复导纱杆横动情况	横动轻快、灵活	目测、手感
14	整经机	经纱断头自停装置要求	准确可靠	目测
		自动上落轴系统到位情况	准确可靠	目测
		筒子架单纱张力差异	±5g	用张力仪检查
		断纱制动检测	制动距离≤5mm	用平尺检查，检测条件：车速为400m/min
15	浆纱机	伸缩筘左右、升降调节，筘齿排列要求	灵活，均匀	目测
		织轴上轴、落轴和脱开、啮合动作以及织轴压纱辊要求	动作正常	目测
		循环浆泵密封装置	良好、无泄漏现象	目测
		浸没辊升降动作	灵活平稳、无停滞现象	目测
		浆槽边轴与引纱辊及上浆辊离合器揿合脱开、啮合动作要求	动作正常	目测
		浆纱机烘筒蒸汽管路气压	≥0.6MPa 并持压15min，不得泄漏	用压力表检查
16	剑杆织机	送纬剑、接纬剑在织机连续正常运转时	交接纬纱正常	目测
		断经、断纬自停装置要求	保证能自动停车，停车信号显示正确	
		多臂、大提花装置要求	提综程序无失误	
		卷取、送经装置运行	正常	
		储纬器储纱要求	均匀，反应灵敏，无叠纱或粘纱	
		剑头动程、进出剑时间要求	根据上机幅宽调整正确	
17	喷气织机	断经、断纬自停装置要求	保证能自动停车，停车信号显示正确	目测
		多臂、大提花装置要求	提综程序无失误	
		卷取、送经装置运行	正常	
		储纬器储纱要求	均匀，反应灵敏，无叠纱或粘纱	
18	喷水织机	断经、断纬自停装置要求	保证能自动停车，停车信号显示正确	目测
		卷取、送经装置运行	正常	
		储纬器储纱要求	均匀，反应灵敏，无叠纱或粘纱	

续表 6.2.1

项次	设备	项目		技术要求	检验方法
19	打包机	液压中包打包机	油缸柱塞往复动作要求	起落盘升降平稳、无爬行现象	目测
			按设计最大使用压力进行工作负荷试验，保压10min后压力下降值	≤3.5MPa	用压力表检查
		机械式打包机	升降螺杆、螺母啮合	良好	目测
			导压杆移动与导套接触	均匀	目测
			活络压板升降	平稳	目测

6.2.2 单线负荷试运转要求应符合表 6.2.2 的规定。

表 6.2.2 单线负荷试运转要求

项次	设备名称	运转要求
1	开清棉联合机	原料在各单元机件能够连续、稳定地输送，无堵塞和断层等现象。每台成卷机正卷6只
2	清梳联合机	原料在各单元机件能够连续、稳定地输送，无堵塞和断层等现象。每台梳棉机纺制棉条1筒，无断头，成形正常
3	梳棉机	每台梳棉机纺制棉条1筒，无断头，成形正常
4	条卷机 并卷机 条并卷联合机	正常落卷1只，成形正常，自动循环正常
5	精梳机	全部棉卷从喂入到棉条输出整个过程正常，精梳条1落筒
6	并条机	成形正常，棉条1落筒
7	粗纱机	头、尾各纺制2锭纱，管纱成形正常，1落纱
8	细纱机	头、中、尾各纺制6锭纱，管纱成形正常，1落纱
9	转杯纺纱机	头、中、尾各纺制2锭纱，管纱成形正常，1落纱
10	络筒机	各络筒锭运转正常，上位机显示正常，每节任选1锭，1落纱，成形正常
11	并纱机	每节任选1锭，管纱成形正常，1落纱
12	倍捻机	头、中、尾各纺制2锭，卷绕成形正常，1落纱
13	整经机	经轴1只，成形圆整、正常
14	浆纱机	纱线运行正常，经轴、引纱辊、上浆辊、浸没辊、伸缩筘、织轴动作正常可靠，浆液温度、烘筒温度显示正常
15	打包机	打正包3个，并达到压力负荷，保压正常

注：1 具体试车的工艺参数由供需双方协商确定。
2 无梭织机不进行单线负荷试运转。

7 安装工程验收

7.0.1 安装工程竣工及试运转后，应进行工程验收。验收应依据设备安装各工序中的质量检验记录资料和合同中规定的检验内容。

7.0.2 安装质量不符合要求时，应及时处理和返工，并应重新进行验收。

本规范用词说明

1 为便于在执行本规范条文时区别对待，对要求严格程度不同的用词进行说明如下：

1) 表示很严格，非这样做不可的：
正面词采用“必须”，反面词采用“严禁”；

2) 表示严格，在正常情况下均应这样做的：
正面词采用“应”，反面词采用“不应”或“不得”；

3) 表示允许稍有选择，在条件许可时首先应这样做的：
正面词采用“宜”，反面词采用“不宜”；

4) 表示有选择，在一定条件下可以这样做的，采用“可”。

2 条文中指明应按其他有关标准执行的写法为：“应符合……的规定”或“应按……执行”。

引用标准名录

《机械设备安装工程施工及验收通用规范》GB 50231

《棉纺织工厂设计规范》GB 50481

《机械安全　机械电气设备　第一部分：通用技术条件》GB 5226.1

中华人民共和国国家标准

棉纺织设备工程安装与质量验收规范

GB/T 50664—2011

条　文　说　明

制 定 说 明

《棉纺织设备工程安装与质量验收规范》GB/T 50664—2011经中华人民共和国住房和城乡建设部2011年2月18日以第950号公告批准发布。

本规范制定过程中，编制组进行了国内外棉纺织设备的发展、生产、用户使用等的调查研究，总结了我国棉纺织工程建设的实践经验，以设备安装经验和科学技术的综合成果为依据，将已鉴定或经实践检验技术上成熟、经济上合理的科研成果纳入本规范，从中获得了设备安装工程的重要技术参数。标准编制中的技术内容参考了棉纺织各设备的产品标准、技术条件、使用说明书，并执行了现行国家标准《棉纺织工厂设计规范》GB 50481、《机械设备安装工程施工及验收通用规范》GB 50231及《机械安全 机械电气设备 第一部分：通用技术条件》GB 5226.1的相关条款。

为了便于广大设计、施工、科研、学校等单位有关人员在使用本规范时能正确理解和执行条文规定，本规范编制组按章、节、条顺序编制了本标准的条文说明，对条文规定的目的、依据以及执行中需注意的有关事项进行了说明。但是，本条文说明不具备与标准正文同等的法律效力，仅供使用者作为理解和把握标准规定的参考。

目　次

1　总则 ………………………………………… 1—48—24
2　基本规定 ……………………………………… 1—48—24
2.1　一般规定 …………………………………… 1—48—24
2.2　设备安装基础 ……………………………… 1—48—24
2.4　设备开箱验收与储存 ……………………… 1—48—24
3　设备安装通用要求……………………………… 1—48—24
4　纺部设备安装要求 …………………………… 1—48—24
4.10　细纱机……………………………………… 1—48—24
6　设备试运转 …………………………………… 1—48—24
6.1　设备试运转通用要求 ……………………… 1—48—24
7　安装工程验收 ………………………………… 1—48—24

1 总 则

1.0.1 本条阐明了编制本规范的依据和目的。

1.0.2 本条明确了本规范的使用范围。本规范适用于棉纺织的主要设备，不适用于辅机设备：摇纱机、穿筘机、结经机、卷纬机、卷布机、折布机等，不适用于滤尘空调系统等辅助设备。

1.0.3 本条明确了本规范的制定原则。

1.0.4 本条明确了本规范和国家现行标准的关系。

2 基本规定

2.1 一般规定

2.1.1 为了确保设备工程安装的检查质量，本条明确了所用计量器具的要求。

2.1.2 本条着重对从事焊工、电工特殊工种的人员提出了上岗要求，其他关系到人身和设备安全的特殊人员上岗时，同样均需符合本条的规定。

2.1.3 本条提出了棉纺织设备工程安装全过程中需做好交接、质量检验和检验记录的要求，为今后工程的安装验收质量提供书面依据。

2.2 设备安装基础

2.2.1 本条规定了设备基础的质量要求。表2.2.1中：基础平面度值是指各设备整机台所占基础面积范围内的要求，基础强度值是指设备所安装的基础的要求，当设备安装在楼层地面时，除应满足表中的强度值外还需考虑楼层地面的承载等因素。设备基础平面度的好坏影响到整台设备的安装工作；设备基础强度达不到要求时，将造成开车过程中地脚处的地基被震碎震裂，严重时会造成坍塌。

2.2.3 设备安装施工人员按各设备的产品说明书和地脚图施工，打好基础的每个预留口。

2.4 设备开箱验收与储存

2.4.1 本条规定了设备的开箱验收规范。开箱检验十分重要，供需双方的代表均应参加，及时做好检查记录。应注意混杂在包装材料中小零件的丢失。

2.4.2 本条规定了在整个安装过程中均应做好棉纺设备的保管工作。按设备的性质，采取不同的保管手段进行妥善保管，防止设备的零部件、专用工具的变形、损坏、锈蚀、丢失等。

3 设备安装通用要求

3.0.3 本条中设备安装的特殊要求，一般指设备产品使用说明书提出的要求，如：开箱后对某些零部件进行专用液体的清洗工作。

3.0.4 表3.0.4中的长机台如：粗纱机、细纱机、络筒机、并纱机等；短机台如：梳棉机、并条机、整经机、无梭织机等。

3.0.5 本条规定了设备安装电气安全保护的技术要求。本条第2款设备的机械安装和电气连接，应符合现行国家标准《机械安全 机械电气设备 第一部分：通用技术条件》GB 5226.1的相关规定，相关规定主要指：设备的供电系统电源、连接外部保护接地系统、绝缘电阻、耐压试验、保护接地电路连续性等要求。本条第4款对存在残留电压的设备电器装置的规定，目的是保护电气调试人员操作时的人身安全。

3.0.8 现行国家标准《机械设备安装工程施工及验收通用规范》GB 50231的相关规定主要指：联轴器、密封件、螺栓、键、定位销、轴承、齿轮、蜗轮蜗杆、链传动、凸轮与转子等的具体装配要求。

4 纺部设备安装要求

4.10 细 纱 机

4.10.4 本条中名词“集聚纺”，在使用中常常俗称为“紧密纺”。

6 设备试运转

6.1 设备试运转通用要求

6.1.1 本条中第2款“带料单线负荷试运转”，即指设备不需满负荷，而是部分负荷的试运转。

6.1.4 本条规定了喷气织机用压缩空气的技术要求，目的是为了满足设备的运行。

6.1.5 本条规定了喷水织机用水水质要求，目的是为了满足设备的运行。

7 安装工程验收

7.0.1 本条中的检验内容包括：本规范第2.2节～第2.4节及第3章～第6章的设备安装要求。

中华人民共和国国家标准

1000kV 架空输电线路设计规范

Code for design of 1000kV overhead transmission line

GB 50665—2011

主编部门：中 国 电 力 企 业 联 合 会
批准部门：中华人民共和国住房和城乡建设部
施行日期：2 0 1 2 年 5 月 1 日

中华人民共和国住房和城乡建设部
公　　告

第976号
关于发布国家标准
《1000kV架空输电线路设计规范》的公告

现批准《1000kV架空输电线路设计规范》为国家标准，编号为GB 50665—2011，自2012年5月1日起实施。其中，第5.0.2、5.0.3、5.0.8、6.0.4、13.0.2、13.0.3、13.0.9（1）条（款）为强制性条文，必须严格执行。

本规范由我部标准定额研究所组织中国计划出版社出版发行。

中华人民共和国住房和城乡建设部

二〇一一年四月二日

前　　言

本规范根据住房和城乡建设部《关于印发〈2008年工程建设标准规范制定、修订计划（第二批）〉的通知》（建标〔2008〕105号）的要求，由中国电力工程顾问集团公司会同有关单位共同编制完成的。

本规范共分16章和2个附录，主要内容有：总则，术语和符号，路径，气象条件，导线和地线，绝缘子和金具，绝缘配合，防雷和接地，导线布置，杆塔型式，杆塔荷载及材料，杆塔结构，基础，对地距离及交叉跨越，环境保护，劳动安全和工业卫生，附属设施等。

本规范中以黑体字标志的条文为强制性条文，必须严格执行。

本规范由住房和城乡建设部负责管理和对强制性条文的解释，由中国电力企业联合会标准化中心负责日常管理，由中国电力工程顾问集团公司负责具体技术内容的解释。执行过程中如有意见或建议，请寄送中国电力工程顾问集团公司（地址：北京市安德路65号，邮政编码：100120），以便今后修订时参考。

本规范主编单位、参编单位、主要起草人和主要审查人：

主 编 单 位： 中国电力工程顾问集团公司
国家电网公司

参 编 单 位： 中国电力工程顾问集团华北电力设计院工程有限公司
中国电力工程顾问集团中南电力设计院
中国电力工程顾问集团华东电力设计院
中国电力工程顾问集团东北电力设计院
中国电力工程顾问集团西南电力设计院
中国电力工程顾问集团西北电力设计院
国网交流工程建设有限公司

主要起草人： 孙　昕　于　刚　梁政平　李勇伟
李喜来　袁　骏　龚永光　李永双
王绍武　段松涛　陈海波　刘仲全
周　康　张国良　赵全江　王　劲
曹玉杰　廖宗高　苏秀成　王力争
李晓光　朱永平　江卫华　李　力
肖洪伟　薛春林　张小力　胡红春
王虎长　孙　波　夏　波　王　勇
张　华　李　翔　李　三　陈　光
孟华伟　何　江　黄　兴

主要审查人： 王　钢　郭跃明　吕　铎　罗　兵
杨崇儒　杜澍春　邬　雄　于　泓
张　雲　杨　晓　王仲华　杨元春
马志坚　杨　林　朱天浩　王作民
张天光　黄　健

目　次

1　总则 ………………………………… 1—49—5
2　术语和符号 ………………………… 1—49—5
2.1　术语 ……………………………… 1—49—5
2.2　符号 ……………………………… 1—49—5
3　路径 ………………………………… 1—49—6
4　气象条件 …………………………… 1—49—6
5　导线和地线 ………………………… 1—49—7
6　绝缘子和金具 ……………………… 1—49—8
7　绝缘配合、防雷和接地 …………… 1—49—9
8　导线布置 …………………………… 1—49—10
9　杆塔型式 …………………………… 1—49—10
10　杆塔荷载及材料 ………………… 1—49—11
10.1　杆塔荷载 ……………………… 1—49—11
10.2　结构材料 ……………………… 1—49—14
11　杆塔结构 ………………………… 1—49—14
11.1　基本计算规定 ………………… 1—49—14
11.2　承载能力和正常使用极限状态计算表达式 ……………… 1—49—14
11.3　杆塔结构基本规定 …………… 1—49—15
12　基础 ……………………………… 1—49—15
13　对地距离及交叉跨越 …………… 1—49—16
14　环境保护 ………………………… 1—49—18
15　劳动安全和工业卫生 …………… 1—49—18
16　附属设施 ………………………… 1—49—18
附录A　高压架空线路污秽分级标准 ……………… 1—49—18
附录B　各种绝缘子的特征指数 m_1 参考值 ………… 1—49—19
本规范用词说明 ……………………… 1—49—20
引用标准名录 ………………………… 1—49—20
附：条文说明 ………………………… 1—49—21

Contents

1 General provisions ········ 1—49—5
2 Terms and symbols ········ 1—49—5
2.1 Terms ········ 1—49—5
2.2 Symbols ········ 1—49—5
3 Routing ········ 1—49—6
4 Meteorological conditions ········ 1—49—6
5 Conductor and earthwire ········ 1—49—7
6 Insulators and fittings ········ 1—49—8
7 Insulation coordination, lightning protection and groundin ········ 1—49—9
8 Conductor arrangement ········ 1—49—10
9 Tower type ········ 1—49—10
10 Tower load and material ········ 1—49—11
10.1 Tower load ········ 1—49—11
10.2 Structural material ········ 1—49—14
11 Tower structure ········ 1—49—14
11.1 General calculating stipulation ········ 1—49—14
11.2 Ultimate state expression for carrying capacity and serviceability ········ 1—49—14
11.3 General stipulation for structure ········ 1—49—15
12 Foundation ········ 1—49—15
13 Clearance to ground and crossing ········ 1—49—16
14 Environmental protection ········ 1—49—18
15 Labor safety and industrial sanitation ········ 1—49—18
16 Accessories ········ 1—49—18
Appendix A Classification of overhead line pollution ········ 1—49—18
Appendix B Reference value of characteristic index m_1 for different insulatortype ········ 1—49—19
Explanation of wording in this code ········ 1—49—20
List of quoted standards ········ 1—49—20
Addition: Explanation of provisions ········ 1—49—21

1 总 则

1.0.1 为在1000kV架空输电线路设计中贯彻国家的基本建设方针和技术经济政策，做到安全可靠、先进适用、经济合理、资源节约、环境友好，制定本规范。

1.0.2 本规范适用于1000kV特高压交流架空输电线路的设计。

1.0.3 1000kV架空输电线路设计应从实际出发，结合地区特点，积极采用成熟的新技术、新材料、新工艺，推广采用节能、降耗、环保的先进技术和产品。

1.0.4 1000kV架空输电线路的设计，除应符合本规范外，尚应符合国家现行有关标准的规定。

2 术语和符号

2.1 术 语

2.1.1 1000kV架空输电线路 1000kV overhead transmission line

标称电压1000kV交流架空输电线路。

2.1.2 弱电线路 telecommunication line

指各种电信号通信线路。

2.1.3 轻冰区 light icing area

设计覆冰厚度10mm及以下的地区。

2.1.4 中冰区 medium icing area

设计冰厚大于10mm小于20mm的地区。

2.1.5 重冰区 heavy icing area

设计冰厚为20mm及以上的地区。

2.1.6 基本风速 reference wind speed

按当地空旷平坦地面上10m高度处10min时距，平均的年最大风速观测数据，经概率统计得出100年一遇最大值后确定的风速。

2.1.7 稀有风速 rare wind speed

根据历史上记录存在，并显著地超过历年记录频率曲线的严重大风。

2.1.8 稀有覆冰 rare ice thickness

根据历史上记录存在，并显著地超过历年记录频率曲线的严重覆冰。

2.1.9 耐张段 section

两耐张杆塔间的线路部分。

2.1.10 平均运行张力 everyday tension

年平均气温情况下，弧垂最低点的导线或地线张力。

2.1.11 等值附盐密度 equivalent salt deposit density (ESDD)

溶解后具有与从给定绝缘子的绝缘体表面清洗的自然沉积物溶解后相同电导率的氯化钠总量除以表面积，简称等值盐密。

2.1.12 不溶物密度 non-soluble deposit density (NSDD)

从给定绝缘子的绝缘体表面清洗的非可溶性残留物总量除以表面积，简称灰密。

2.1.13 居民区 residential area

工业企业地区、港口、码头、火车站、城镇等人口密集区。

2.1.14 非居民区 non-residential area

居民区以外地区。

2.1.15 交通困难地区 difficult transport area

车辆、农业机械不能到达的地区。

2.1.16 间隙 electrical clearance

线路任何带电部分与接地部分的最小距离。

2.1.17 对地距离 ground clearance

在规定条件下，任何带电部分与地面之间的最小距离。

2.1.18 保护角 shielding angle

通过地线的垂直平面与地线和被保护受雷击的外侧子导线平面之间的夹角。

2.1.19 采动影响区 mining affected area

受矿产开采扰动影响的区域。

2.1.20 大跨越 large crossing

线路跨越通航大江河、湖泊或海峡等，因档距较大或杆塔较高，导线选型或杆塔设计需特殊考虑，且发生故障时严重影响航运或修复特别困难的耐张段。

2.2 符 号

2.2.1 作用与作用效应

C——结构或构件的裂缝宽度或变形的规定限值；

f_a——修正后的地基承载力特征值；

P——基础底面处的平均压应力设计值；

P_{max}——基础底面边缘的最大压应力设计值；

R——结构构件的抗力设计值；

S_{Ehk}——水平地震作用标准值的效应；

S_{EQK}——导、地线张力可变荷载的代表值效应；

S_{EVK}——竖向地震作用标准值的效应；

S_{GE}——永久荷载代表值的效应；

S_{GK}——永久荷载标准值的效应；

S_{QiK}——第i项可变荷载标准值的效应；

S_{wk}——风荷载标准值的效应；

T——绝缘子承受的最大使用荷载、验算荷载、断线荷载、断联荷载或常年荷载；

T_E——基础上拔或倾覆外力设计值；

T_{max}——导、地线在弧垂最低点的最大张力；

T_p——导、地线的拉断力；

T_R——绝缘子的额定机械破坏负荷；

V——基准高度为10m的风速；

W_I——绝缘子串风荷载标准值；

W_o——基准风压标准值；

W_s——杆塔风荷载标准值；

W_x——垂直于导线及地线方向的水平风荷载标准值；

γ_s——土的重度设计值；

γ_c——混凝土的重度设计值。

2.2.2 电工

n——海拔1000m时每联绝缘子所需片数；

n_H——高海拔下每联绝缘子所需片数；

U——系统标称电压；

U_m——最高运行电压；

λ——爬电比距。

2.2.3 计算系数

B_1——导线、地线及绝缘子覆冰后风荷载增大系数；

B_2——构件覆冰后风荷载增大系数；

K_a——空气放电电压海拔修正系数；

K_c——导、地线的设计安全系数；

K_e——单片绝缘子的爬电距离有效系数；

k_i——悬垂绝缘子串系数；

K_I——绝缘子机械强度的安全系数；

m——海拔修正因子；

m_1——特征指数；

α——风压不均匀系数；

β_c——导线及地线风荷载调整系数；

β_z——杆塔风荷载调整系数；

μ_s——构件的体型系数；

μ_{sc}——导线或地线的体型系数；

μ_z——风压高度变化系数；

ψ——可变荷载组合系数；

ψ_{wE}——抗震基本组合中的风荷载组合系数；

γ_o——杆塔结构重要性系数；

γ_{Eh}——水平地震作用分项系数；

γ_{EV}——竖向地震作用分项系数；

γ_{EQ}——导、地线张力可变荷载的分项综合系数；

γ_f——基础的附加分项系数；

γ_G——永久荷载分项系数；

γ_{Qi}——第i项可变荷载的分项系数；

γ_{RE}——承载力抗震调整系数；

γ_{rf}——地基承载力调整系数。

2.2.4 几何参数

A_I——绝缘子串承受风压面积计算值；

A_s——构件承受风压投影面积计算值；

D——导线水平线间距离；

D_p——导线间水平投影距离；

D_x——导线三角排列的等效水平线间距离；

D_z——导线间垂直投影距离；

d——导线或地线的外径或覆冰时的计算外径；分裂导线取所有子导线外径的总和；

f_c——导线最大弧垂；

H——海拔高度；

L——档距；

L_k——悬垂绝缘子串长度；

L_{01}——单片绝缘子的几何爬电距离；

L_p——杆塔的水平档距；

L_S——单片绝缘子的有效爬电距离；

S——导线与地线间的距离；

θ——风向与导线或地线方向之间的夹角；

γ_k——几何参数的标准值。

3 路 径

3.0.1 路径选择宜采用卫片、航片、全数字摄影测量系统和红外测量等新技术；在滑坡、泥石流、崩塌等不良地质发育地区宜采用地质遥感技术；综合分析线路长度、地形地貌、地质、冰区、交通、施工、运行及地方规划等因素，进行多方案技术经济比较，并应做到安全可靠、环境友好、经济合理。

3.0.2 路径选择宜避开军事设施、大型工矿企业等重要设施，并应符合城镇规划。当无法避让时应取得相关协议，并应采取适当措施。

3.0.3 路径选择宜避开自然保护区、风景名胜区等，当无法避开时应做好评估、报批工作。

3.0.4 路径选择宜避开不良地质地带和采动影响区，宜避开重冰区、易舞动区及影响安全运行的其他地区，当无法避让时，应采取必要的措施。

3.0.5 路径选择应分析线路与电台、机场、弱电线路等邻近设施的相互影响。

3.0.6 发电厂和变电站的进出线，应根据厂、站的总体布置统一规划。

3.0.7 轻、中、重冰区的耐张段长度分别不宜大于10km、5km、3km。当耐张段长度较长时应采取防串倒措施。在高差或档距相差悬殊的山区等运行条件较差的地段，耐张段长度宜适当缩短。输电线路与主干铁路、高速公路交叉时，应采用独立耐张段。

3.0.8 路径选择宜靠近现有国道、省道、县道及乡镇公路，并应充分利用现有的交通条件，方便施工和运行。

3.0.9 山区线路在选择路径和定位时，应避免出现杆塔两侧大小悬殊的档距，当无法避免时，应采取提高安全度的措施。

3.0.10 有大跨越的输电线路路径应结合跨越点，通过综合技术经济比较确定。

4 气象条件

4.0.1 设计气象条件，应根据沿线气象资料的数理统计结果及附近已有线路的运行经验确定，基本风速、设计冰厚重现期应按100年确定。

4.0.2 确定基本风速时，应按当地气象台站10min时距平均的年最大风速为样本，并宜采用极值Ⅰ型分布作为概率模型。统计风速的高度应符合下列规定：

1 一般输电线路应取离地面10m；

2 大跨越应取离历年大风季节平均最低水位10m。

4.0.3 山区输电线路，宜采用统计分析和对比观测等方法，由邻近地区气象台、站的气象资料推算山区的基本风速，并应结合实际运行经验确定。当无可靠资料时，宜将附近平原地区的统计值提高10%。

4.0.4 基本风速不宜低于27m/s，必要时还宜按稀有风速条件进行验算。

4.0.5 轻冰区宜按无冰，5mm或10mm覆冰厚度设计；中冰区宜按15mm或20mm覆冰厚度设计；重冰区宜按20mm、30mm、40mm或50mm覆冰厚度设计。必要时还宜按稀有覆冰条件进行验算。

4.0.6 地线设计冰厚，除无冰区段外，应较导线增加5mm。

4.0.7 设计时应加强对沿线已建线路设计、运行情况的调查，应分析微地形、微气象条件、导线易舞动地区等影响。

4.0.8 大跨越基本风速，当无可靠资料时，宜将附近陆上输电线路的风速统计值换算到跨越处历年大风季节平均最低水位以上10m处，并增加10%，分析水面影响再增加10%后选用。大跨越基本风速不应低于相连接的陆上输电线路的基本风速。

4.0.9 大跨越设计冰厚，除无冰区段外，宜较附近一般输电线路的设计冰厚增加5mm。

4.0.10 设计用年平均气温，应符合下列规定：

1 当地区年平均气温在3℃～17℃时，应取与年平均气温值邻近的5的倍数值；

2 当地区年平均气温小于3℃和大于17℃时，应分别按年平均气温减少3℃和5℃后，取与此数邻近的5的倍数值。

4.0.11 安装工况应采用风速10m/s、无冰，同时气温应符合下列规定：

1 最低气温为－40℃和－30℃的地区，宜采用－15℃；

2 最低气温为－20℃的地区，宜采用－10℃；

3 最低气温为－10℃的地区，宜采用－5℃；

4 最低气温为0℃的地区，宜采用5℃。

4.0.12 雷电过电压工况的气温宜采用15℃。当基本风速折算到导线平均高度处其值大于或等于35m/s时，雷电过电压工况的风速宜取15m/s；当基本风速折算到导线平均高度处其值小于35m/s时，雷电过电压工况的风速宜取10m/s；校验导线与地线之间的距离时，应采用无风、无冰工况。

4.0.13 操作过电压工况的气温可采用年平均气温，风速宜取基本风速折算到导线平均高度处风速的50%，但不宜低于15m/s，且应无冰。

4.0.14 带电作业工况的风速可采用10m/s，气温可采用15℃，且应无冰。

4.0.15 覆冰工况的风速宜采用10m/s，气温宜采用－5℃。

5 导线和地线

5.0.1 导线截面宜根据系统需要按经济电流密度选择，且应满足可听噪声和无线电干扰等技术条件的要求，并通过年费用最小法进行综合技术经济比较后确定。

5.0.2 海拔500m及以下地区，距离线路边相导线地面水平投影外侧20m、对地2m高度处，且频率为0.5MHz时，无线电干扰设计控制值不应大于58dB(μV/m)。

5.0.3 海拔500m及以下地区，距离线路边相导线地面水平投影外侧20m处，湿导线的可听噪声设计控制值不应大于55dB(A)，并应符合环境保护主管部门批复的声环境指标。

5.0.4 验算导线允许载流量时，导线的允许温度宜按下列规定取值：

1 钢（铝包钢）芯铝绞线和钢（铝包钢）芯铝合金绞线宜采用70℃，必要时可采用80℃；大跨越宜采用90℃。

2 铝包钢绞线可采用80℃，大跨越可采用100℃，也可经试验确定。

注：环境气温宜采用最热月平均最高温度；风速采用0.5m/s（大跨越采用0.6m/s）；太阳辐射功率密度采用0.1W/cm²。

5.0.5 地线（包括光纤复合架空地线）除应满足短路电流热容量要求外，应按电晕起晕条件进行校验，地线表面静电场强与起晕场强之比不宜大于0.8。

5.0.6 地线（包括光纤复合架空地线）应满足电气和机械使用条件要求，可选用铝包钢绞线或复合型绞线。验算短路热稳定时，地线的允许温度宜按下列规定取值：

1 钢（铝包钢）芯铝绞线和钢（铝包钢）芯铝合金绞线可采用200℃。

2 铝包钢绞线可采用300℃。

3 光纤复合架空地线的允许温度应采用产品试验保证值。

5.0.7 地线为光纤复合架空地线时应满足耐雷击性能的要求。短路电流值和相应的计算时间应根据系统条件确定。

5.0.8 导、地线在弧垂最低点的设计安全系数不应小于2.5，悬挂点的设计安全系数不应小于2.25。地

线设计安全系数，不应小于导线的设计安全系数。

5.0.9 导、地线在弧垂最低点的最大张力，应按下式计算：

$$T_{max} \leqslant T_p / K_c \quad (5.0.9)$$

式中：T_{max}——导、地线在弧垂最低点的最大张力（N）；

T_p——导、地线的拉断力（N）；

K_c——导、地线的设计安全系数。

5.0.10 在稀有风速或稀有覆冰气象条件时，弧垂最低点的最大张力，不应超过导、地线拉断力的60%。悬挂点的最大张力，不应超过导、地线拉断力的66%。

5.0.11 导、地线防振措施应符合下列规定：

1 铝钢截面比不小于4.29的钢芯铝绞线，其平均运行张力的上限不应超过拉断力的25%。采用阻尼间隔棒时，档距在600m及以下可不再采用其他防振措施；档距在600m以上应采用防振锤（阻尼线）或再另加护线条防振。阻尼间隔棒宜不等距、不对称布置。

2 镀锌钢绞线或铝包钢绞线平均运行张力的上限和防振措施，应符合表5.0.11的规定。

表 5.0.11 镀锌钢绞线或铝包钢绞线平均运行张力的上限和防振措施

情 况	平均运行张力的上限（%RTS）	防振措施
档距不超过600m的开阔地区	12	不需要
档距不超过600m的非开阔地区	18	不需要
档距不超过120m	18	不需要
不论档距大小	25	防振锤（阻尼线）或再另加护线条

5.0.12 导、地线架设后的塑性伸长，应按制造厂提供的数据或通过试验确定，塑性伸长对弧垂的影响宜采用降温法补偿。当无资料时，钢芯铝绞线的塑性伸长及降温值可按表5.0.12的规定确定。

表 5.0.12 钢芯铝绞线的塑性伸长及降温值

铝钢截面比	塑性伸长	降温值（℃）
4.29～4.38	3×10^{-4}	15
5.05～6.16	3×10^{-4}～4×10^{-4}	15～20
7.71～7.91	4×10^{-4}～5×10^{-4}	20～25
11.34～14.46	5×10^{-4}～6×10^{-4}	25（或根据试验数据确定）

注：对大铝钢截面比的钢芯铝绞线或钢芯铝合金绞线应由制造厂家提供塑性伸长值或降温值。

5.0.13 线路经过导线易发生舞动地区时，应采取防舞措施；线路经过可能发生舞动地区时，应预留防舞措施。

6 绝缘子和金具

6.0.1 绝缘子机械强度的最小安全系数应符合表6.0.1的规定。双联及多联绝缘子串应验算断一联后的机械强度，其荷载及安全系数应按断联情况确定。

表 6.0.1 绝缘子机械强度最小安全系数

情况	最大使用荷载		常年荷载	验算荷载	断线	断联
	盘型绝缘子	棒型绝缘子				
安全系数	2.7	3.0	4.0	1.8	1.8	1.5

注：1 常年荷载指年平均气温条件下绝缘子所承受的荷载，验算荷载是验算条件下绝缘子所承受的荷载；

2 断线、断联的气象条件是无风、有冰、－5℃；

3 设计悬垂串时，导、地线张力可按本规范第10.1节的规定取值。

6.0.2 绝缘子承受的各种荷载应按下式计算：

$$T \geqslant T_R / K_I \quad (6.0.2)$$

式中：T——绝缘子承受的最大使用荷载、验算荷载、断线荷载、断联荷载或常年荷载（kN）；

T_R——绝缘子的额定机械破坏负荷（kN）；

K_I——绝缘子机械强度的安全系数，按本规范表6.0.1采用。

6.0.3 采用黑色金属制造的金具表面应热镀锌或采取其他相应的防腐措施。

6.0.4 金具强度的安全系数应符合下列规定：

1 最大使用荷载情况不应小于2.5；

2 断线、断联、验算情况不应小于1.5。

6.0.5 绝缘子串及金具应采取均压和防电晕措施。有特殊要求需要另行研制或采用非标准金具时，应经试验合格后再使用。

6.0.6 当线路与直流输电工程接地极距离小于5km时，地线（包括光纤复合架空地线）应绝缘；大于或等于5km时，应通过计算或分析确定地线（包括光纤复合架空地线）是否绝缘。地线绝缘时宜使用双联绝缘子串。

6.0.7 与横担连接的第一个金具应转动灵活且受力合理，其强度应高于串内其他金具强度。

6.0.8 悬垂V型绝缘子串两肢之间夹角的一半可小于最大风偏角5°～10°，也可通过试验确定。

6.0.9 线路经过易舞动区应适当提高金具和绝缘子串的机械强度。

6.0.10 在易发生严重覆冰地区，宜增加绝缘子串长或采用V型串、八字串。

6.0.11 耐张塔跳线宜采用刚性跳线。

7 绝缘配合、防雷和接地

7.0.1 1000kV 架空输电线路的绝缘配合，应使线路能在工频电压、操作过电压和雷电过电压等各种条件下安全可靠地运行。

7.0.2 1000kV 架空输电线路的防污绝缘设计，应按审定的污秽分区图划定的污秽等级，并结合现场实际调查结果进行。绝缘子片数的确定可采用爬电比距法，也可采用污耐压法。当采用爬电比距法时，绝缘子片数应按公式 7.0.2-1、公式 7.0.2-2 计算。污秽等级标准分级应符合本规范附录 A 的规定。

$$n \geqslant \frac{\lambda U}{L_S} \tag{7.0.2-1}$$

$$L_S = K_e L_{01} \tag{7.0.2-2}$$

式中：L_S——单片绝缘子的有效爬电距离（cm）；

n——海拔 1000m 时每联绝缘子所需片数；

λ——爬电比距（cm/kV）；

U——系统标称电压（kV）；

K_e——单片绝缘子的爬电距离有效系数；

L_{01}——单片绝缘子的几何爬电距离（cm）。

7.0.3 耐张绝缘子串的绝缘子片数可取悬垂串同样的数值。在同一污区，其爬电比距根据运行经验较悬垂绝缘子串可适当减少。

7.0.4 在轻、中污区复合绝缘子的爬电距离不宜小于盘型绝缘子；在重污区其爬电距离应根据污秽闪络试验结果确定。复合绝缘子两端都应加均压环，其中导线侧应安装大、小双均压环，其有效绝缘长度应满足雷电过电压和操作过电压的要求。

7.0.5 高海拔地区悬垂绝缘子串的片数宜按下式计算：

$$n_H = ne^{0.1215m_1(H-1000)/1000} \tag{7.0.5}$$

式中：n_H——高海拔地区每联绝缘子所需片数；

H——海拔高度（m）（$H \leqslant 2000$m）；

m_1——特征指数，反映气压对于污闪电压的影响程度，由试验确定。各种绝缘子 m_1 参考值应符合本规范附录 B 的规定。

7.0.6 1000kV 架空输电线路在相应风偏条件下，带电部分与杆塔构件（包括拉线、脚钉等）的最小间隙，应符合表 7.0.6-1、表7.0.6-2的规定。

表 7.0.6-1 单回路带电部分与杆塔构件的最小间隙（m）

标称电压（kV）		1000		
海拔高度（m）		500	1000	1500
工频电压		2.7	2.9	3.1
操作过电压	边相Ⅰ串	5.6	6.0	6.4
	中相Ⅴ型串	6.7(7.9)	7.2(8.0)	7.7(8.1)
雷电过电压		—		

注：括号内数值为对上横担最小间隙值。

表 7.0.6-2 双回路带电部分与杆塔构件的最小间隙（m）

标称电压（kV）	1000		
海拔高度（m）	500	1000	1500
工频电压	2.7	2.9	3.1
操作过电压	6.0	6.2	6.4
雷电过电压	6.7	7.1	7.6

注：最小间隙值为Ⅰ串数据。

7.0.7 带电作业时，带电部分对杆塔接地部分的最小校验间隙应符合表 7.0.7-1 和表 7.0.7-2 的规定，同时应满足带电作业的技术要求。

表 7.0.7-1 单回路带电作业时带电部分对杆塔接地部分的校验间隙（m）

海拔高度（m）	500	1000	1500
中相Ⅴ串校验间隙	6.2	6.7	7.2
边相Ⅰ串校验间隙	5.6	6.0	6.4

表 7.0.7-2 双回路带电作业时带电部分对杆塔接地部分的校验间隙（m）

海拔高度（m）	0	500
塔身校验间隙	5.2	5.5
下侧横担校验间隙	5.4	5.7
顶部构架校验间隙	6.5	6.8

注：1 操作人员需停留工作的部位，还应满足人体活动范围 0.5m 的要求；

2 校验带电作业的间隙时，采用的计算条件为气温 +15℃、风速 10m/s；

3 带电作业间隙不作为铁塔设计的控制条件。

7.0.8 空气放电电压海拔修正系数可按下式确定：

$$K_a = e^{mH/8150} \tag{7.0.8}$$

式中：K_a——空气放电电压海拔修正系数；

H——海拔高度（m）（$H \leqslant 2000$m）；

m——海拔修正因子；工频电压、雷电过电压海拔修正因子 $m=1.0$；操作过电压海拔修正因子可按海拔修正因子（m）与电压的关系（图 7.0.8）中的曲线 a、c

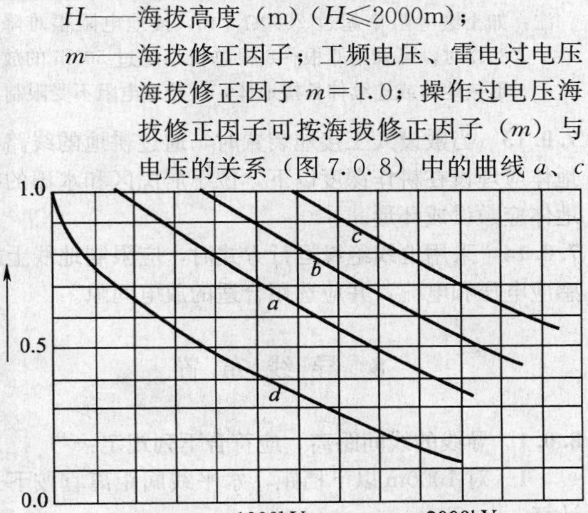

图 7.0.8 海拔修正因子（m）

a—相对地绝缘；b—纵向绝缘；

c—相间绝缘；d—棒—板间隙

取值。

7.0.9 1000kV架空输电线路的防雷设计，应根据负荷的性质和系统运行方式，结合当地已有的运行经验、地区雷电活动的强弱特点、地形地貌特点及土壤电阻率高低等因素，在计算耐雷水平后，通过技术经济比较，采用合理的防雷方式，并应符合下列规定：

1 应沿全线架设双地线；

2 在变电站2km进出线段的线路宜适当加强防雷措施。

7.0.10 杆塔上地线对边相导线的保护角应符合下列规定：

1 单回路线路保护角，在平原丘陵地区不宜大于6°，在山区不宜大于−4°；

2 双回路线路保护角，在平原丘陵地区不宜大于−3°，在山区不宜大于−5°；

3 耐张塔地线对跳线保护角，平原单回路不宜大于6°，山区单回路和双回路不宜大于0°；

4 变电站2km进出线段不宜大于−4°。

7.0.11 杆塔上两根地线之间的距离，不宜超过地线与导线间垂直距离的5倍。宜用数值计算的方法确定档距中央导线与地线之间的距离。当雷击档距中央地线时，地线对导线发生的反击闪络的耐雷水平不宜低于200kA。

7.0.12 在雷季干燥时，每基杆塔不连地线的最大工频接地电阻，应符合表7.0.12的规定。

表7.0.12 在雷季干燥时，每基杆塔不连地线的最大工频接地电阻

土壤电阻率（Ω·m）	100及以下	100以上至500	500以上至1000	1000以上至2000	2000以上
工频接地电阻（Ω）	10	15	20	25	30

注：如土壤电阻率超过2000Ω·m，接地电阻很难降到30Ω时，可采用6根～8根总长不超过500m的放射形接地体或连续伸长接地体，其接地电阻不受限制。

7.0.13 当敷设人工接地装置时，通过耕地的线路接地体应埋设在耕作深度以下，位于居民区和水田的接地体应敷设成环形。

7.0.14 采用地线绝缘运行方式时，应限制地线上的感应电压和电流，并应选用合适的放电间隙。

8 导线布置

8.0.1 导线的线间距离，应符合下列规定：

1 对1000m以下档距，水平线间距离宜按下式计算：

$$D=k_i L_k+\frac{U}{110}+0.65\sqrt{f_c} \quad (8.0.1\text{-}1)$$

式中：k_i——悬垂绝缘子串系数，可按表8.0.1-1的规定确定；

D——导线水平线间距离（m）；

L_k——悬垂绝缘子串长度（m）；

U——系统标称电压（kV）；

f_c——导线最大弧垂（m）。

表8.0.1-1 k_i系数

悬垂串型式	I-I串	I-V串	V-V串
k_i	0.4	0.4	0

2 导线垂直排列的垂直线间距离，宜采用公式（8.0.1-1）计算结果的75%。使用悬垂绝缘子串的杆塔，其最小垂直线间距离宜符合表8.0.1-2的规定。

表8.0.1-2 使用悬垂绝缘子串杆塔的最小垂直线间距离

标称电压（kV）	1000
垂直线间距离（m）	16

3 导线三角排列的等效水平线间距离，宜按下式计算：

$$D_x=\sqrt{D_p^2+(4/3D_z)^2} \quad (8.0.1\text{-}2)$$

式中：D_x——导线三角排列的等效水平线间距离（m）；

D_p——导线间水平投影距离（m）；

D_z——导线间垂直投影距离（m）。

8.0.2 上下层相邻导线间或地线与相邻导线间的最小水平偏移，重覆冰地区宜根据工程设计覆冰厚度、脱冰率、档距等条件计算确定。

8.0.3 1000kV架空输电线路换位应符合下列规定：

1 单回线路采用水平排列方式时，线路长度大于120km应换位；单回线路采用三角形排列及同塔双回线路按逆相序排列时，其换位长度可适当延长。一个变电站的每回出线小于120km，但其总长度大于200km时，可采用换位或变换各回输电线路相序排列的措施；

2 对于Ⅱ接线路应校核不平衡度，必要时应设置换位。

9 杆塔型式

9.0.1 杆塔类型宜符合下列规定：

1 杆塔可按其受力性质，分为悬垂型、耐张型杆塔。悬垂型杆塔可分为悬垂直线和悬垂转角杆塔；耐张型杆塔分可为耐张直线、耐张转角和终端杆塔。

2 杆塔可按其回路数分为单回路和双回路杆塔。单回路杆塔导线可水平排列，也可三角排列或垂直排列；双回路杆塔导线宜按垂直排列，必要时可水平和垂直组合方式排列。

9.0.2 杆塔外形规划与构件布置应按导线和地线排列方式，以结构简单、受力均衡、传力清晰、外形美观为原则，同时结合占地范围、杆塔材料、运行维护、施工方法、制造工艺等因素在充分进行设计优化的基础上选取技术先进、经济合理的设计方案。

9.0.3 杆塔使用原则宜符合下列规定：

1 不同类型杆塔的选用应依据线路路径特点，按安全可靠、经济合理、维护方便和有利于环境保护的原则进行。

2 山区线路杆塔，应依据地形特点，配合不等高基础，采用全方位长短腿结构型式。

3 线路走廊拥挤地带，可采用导线三角形或垂直排列的杆塔，也可采用V型、Y型和L型绝缘子串。

4 悬垂直线杆塔兼小角度转角时，其转角度数不宜大于3°。悬垂转角杆塔的转角度数不宜大于20°。

5 重冰区线路宜采用单回路杆塔。

10 杆塔荷载及材料

10.1 杆塔荷载

10.1.1 荷载分类宜符合下列要求：

1 永久荷载：导线及地线、绝缘子及其附件、杆塔结构构件、杆塔上各种固定设备、基础以及土体等的重力荷载；土压力及预应力等荷载；

2 可变荷载：风和冰（雪）荷载；导线、地线及拉线的张力；安装检修的各种附加荷载；结构变形引起的次生荷载以及各种振动动力荷载。

10.1.2 杆塔的作用荷载宜分解为横向荷载、纵向荷载和垂直荷载。

10.1.3 各类杆塔均应计算线路正常运行情况、断线（含纵向不平衡张力）情况、不均匀覆冰情况和安装情况下的荷载组合，必要时尚应验算地震等稀有情况。

10.1.4 各类杆塔的正常运行情况，应计算下列荷载组合：

1 基本风速、无冰、未断线（包括最小垂直荷载和最大横向荷载组合）；

2 最大覆冰、相应风速及气温、未断线；

3 最低气温、无冰、无风、未断线（适用于终端和转角杆塔）。

10.1.5 悬垂型杆塔（不含大跨越悬垂型杆塔）的断线（含纵向不平衡张力）情况，应按−5℃、有冰、无风的气象条件，计算下列荷载组合：

1 单回路杆塔，任意一相导线有纵向不平衡张力，地线未断；断任意一根地线，导线未断；

2 双回路杆塔，同一档内，任意两相导线有纵向不平衡张力；同一档内，断一根地线，任意一相导线有纵向不平衡张力。

10.1.6 单回路和双回路耐张型杆塔的断线（含纵向不平衡张力）情况应按−5℃、有冰、无风的气象条件，计算下列荷载组合：

1 同一档内，任意两相导线有纵向不平衡张力，地线未断；

2 同一档内，断任意一根地线，任意一相导线有纵向不平衡张力；

3 同一档内，断两根地线，导线无纵向不平衡张力。

10.1.7 10mm及以下冰区导、地线的最小断线张力（含纵向不平衡张力）的取值，应符合表10.1.7规定的导、地线最大使用张力的百分数。垂直冰荷载应取100%设计覆冰荷载。

表10.1.7 10mm及以下冰区导线、地线最小断线张力（含纵向不平衡张力）(%)

地形	地线	悬垂塔导线	耐张塔导线
平丘	100	20	70
山地	100	25	70

10.1.8 10mm冰区不均匀覆冰情况的导、地线不平衡张力的取值应符合表10.1.8规定的导、地线最大使用张力的百分数。无冰区段和5mm冰区段可不计算不均匀覆冰情况引起的不平衡张力。垂直冰荷载宜取设计覆冰荷载的75%计算。相应的气象条件宜按−5℃、10m/s风速计算。

表10.1.8 不均匀覆冰情况的导、地线最小不平衡张力(%)

悬垂型杆塔		耐张型杆塔	
导线	地线	导线	地线
10	20	30	40

10.1.9 各类杆塔均应计算所有导、地线同时同向有不均匀覆冰的不平衡张力。

10.1.10 各类杆塔在断线情况下的断线张力（含纵向不平衡张力），以及不均匀覆冰情况下的不平衡张力均应按静态荷载计算。

10.1.11 防串倒的加强型悬垂型塔，除按常规悬垂型杆塔工况计算外，还应按所有导、地线同侧有断线张力（含纵向不平衡张力）计算。

10.1.12 各类杆塔的验算覆冰荷载情况，应按验算冰厚、−5℃、10m/s风速，所有导、地线同时同向有不平衡张力。

10.1.13 各类杆塔的安装情况，应按10m/s风速、无冰、相应气温的气象条件计算下列荷载组合：

1 悬垂型杆塔的安装荷载应符合下列规定：

1）提升导线、地线及其附件时的作用荷载。包括提升导、地线、绝缘子和金具等重力荷载（导线宜按1.5倍计算，地线宜按2.0倍计算），安装工人和工具的附加荷载，动力系数取 1.1，附加荷载标准值可按表 10.1.13 的规定确定。

表 10.1.13 附加荷载标准值（kN）

导线		地线		跳线
悬垂型杆塔	耐张型杆塔	悬垂型杆塔	耐张型杆塔	
8.0	12.0	4.0	4.0	6.0

2）导线及地线锚线作业时的作用荷载。锚线对地夹角不宜大于 20°，正在锚线相的张力动力系数取 1.1。挂线点垂直荷载取锚线张力的垂直分量和导、地线重力和附加荷载之和，纵向不平衡张力分别取导、地线张力与锚线张力纵向分量之差。

2 耐张型杆塔的安装荷载应符合下列规定：

1）锚塔在锚地线时，相邻档内的导线及地线均未架设；锚导线时，在同档内的地线已架设。

2）紧线塔在紧地线时，相邻档内的地线已架设或未架设，同档内的导线均未架设；紧导线时，同档内的地线已架设，相邻档内的导、地线已架设或未架设。

3）锚塔和紧线塔均允许计及临时拉线的作用，临时拉线对地夹角不应大于 45°，其方向与导、地线方向一致，导线的临时拉线按平衡导线张力标准值 40kN 取值，地线临时拉线按平衡地线张力标准值 10kN 取值。

4）紧线牵引绳对地夹角不宜大于 20°，计算紧线张力时应计及导、地线的初伸长、施工误差和过牵引的影响。

5）安装时的附加荷载可按表 10.1.13 的规定取值。

3 导、地线的架设次序，宜自上而下逐相（根）架设。双回路应按实际需要，可计算分期架设的情况。

4 与水平面夹角不大于 30°，且可以上人的铁塔构件，应能承受设计值 1000N 人重荷载，并不应与其他荷载组合。

10.1.14 终端杆塔应计及变电站一侧导线及地线已架设或未架设的情况。

10.1.15 计算曲线型铁塔时，应计算沿高度方向不同时出现最大风速的不利情况。

10.1.16 位于地震烈度为 9 度及以上地区的各类杆塔均应进行抗震验算。

10.1.17 外壁坡度小于 2% 的圆筒形结构或圆管构件，应根据雷诺数的不同情况进行横风向风振（旋涡脱落）校核。

10.1.18 导线及地线的水平风荷载标准值和基准风压标准值，应按下列公式计算：

$$W_x = \alpha \cdot W_o \cdot \mu_z \cdot \mu_{sc} \cdot \beta_c \cdot d \cdot L_p \cdot B_1 \cdot \sin^2\theta \quad (10.1.18\text{-}1)$$

$$W_o = V^2/1600 \quad (10.1.18\text{-}2)$$

式中：W_x——垂直于导线及地线方向的水平风荷载标准值（kN）；

α——风压不均匀系数；设计杆塔时应根据设计基本风速按表 10.1.18-1 的规定确定；校验杆塔大风工况电气间隙时，应根据水平档距按表 10.1.18-2 的规定确定；

β_c——导线及地线风荷载调整系数；仅用于计算作用于杆塔上的导线及地线风荷载（不含导线及地线张力弧垂计算和风偏角计算），β_c 应按表 10.1.18-1 的规定确定；

μ_z——风压高度变化系数；基准高度为 10m 的风压高度变化系数按表 10.1.23 的规定确定；

μ_{sc}——导线或地线的体型系数；线径小于 17mm 或覆冰时（不论线径大小）取 1.2；线径大于或等于 17mm 时取 1.1；

d——导线或地线的外径或覆冰时的计算外径；分裂导线取所有子导线外径的总和（m）；

L_p——杆塔的水平档距（m）；

B_1——导、地线及绝缘子覆冰后风荷载增大系数；5mm 冰区取 1.1，10mm 冰区取 1.2，15mm 冰区取 1.3，20mm 及以上冰区取 1.5～2.0；

θ——风向与导线或地线方向之间的夹角（°）；

W_o——基准风压标准值（kN/m²）；

V——基准高度为 10m 的风速（m/s）。

表 10.1.18-1 风压不均匀系数 α 和导地线风载调整系数 β_c

基本风速 V（m/s）		<20	20≤V<27	27≤V<31.5	≥31.5
α	杆塔荷载计算	1.00	0.85	0.75	0.70
	塔头设计摇摆角计算	1.00	0.75	0.61	0.61
β_c	杆塔荷载计算	1.00	1.10	1.20	1.30

注：对跳线，宜取 1.20。

表 10.1.18-2 风压不均匀系数 α 随水平档距变化取值

档距(m)	≤200	250	300	350	400	450	500	≥550
α	0.80	0.74	0.70	0.67	0.65	0.63	0.62	0.61

10.1.19 杆塔风荷载的标准值应按下式计算：

$$W_s = W_o \cdot \mu_z \cdot \mu_s \cdot \beta_z \cdot B_2 \cdot A_s \quad (10.1.19)$$

式中：W_s——杆塔风荷载标准值（kN）；

μ_s——构件的体型系数；应按本规范第10.1.20条的规定选用；

B_2——构件覆冰后风荷载增大系数；5mm冰区取1.1，10mm冰区取1.2，15mm冰区取1.6，20mm冰区取1.8，20mm以上冰区取2.0～2.5；

A_s——构件承受风压投影面积计算值（m^2）；

β_z——杆塔风荷载调整系数；应按本规范第10.1.21条的规定选用。

10.1.20 构件的体型系数 μ_s 应符合下列规定：

1 角钢塔体型系数 μ_s 应取1.3（$1+\eta$），η 为塔架背风面风载降低系数，应按表10.1.20的规定选用；

2 钢管塔体型系数 μ_s 应按下列规定取值：

1）当 $\mu_z \cdot W_o \cdot d^2 \leqslant 0.003$ 时，μ_s 值按角钢塔架的 μ_s 值乘0.8采用，d 为钢管直径（m）；

2）当 $\mu_z \cdot W_o \cdot d^2 \geqslant 0.021$ 时，μ_s 值按角钢塔架的 μ_s 值乘0.6采用；

3）当 $0.003 < \mu_z \cdot W_o \cdot d^2 < 0.021$ 时，μ_s 值按插入法计算。

3 当铁塔为钢管和角钢等不同类型截面组成的混合结构时，应按不同类型杆件迎风面积分别计算或按照杆塔迎风面积加权平均选用 μ_s 值。

表10.1.20 塔架背风面风载降低系数 η

A_s/A \ b/a	≤0.1	0.2	0.3	0.4	0.5	≥0.6
≤1	1.0	0.85	0.66	0.50	0.33	0.15
2	1.0	0.90	0.75	0.60	0.45	0.30

注：1 A 为塔架轮廓面积；a 为塔架迎风面宽度；b 为塔架迎风面与背风面之间距离；

2 中间值可按线性插入法计算。

10.1.21 杆塔风荷载调整系数 β_z 应符合下列规定：

1 对杆塔设计，当杆塔全高不超过60m时，杆塔风荷载调整系数 β_z（用于杆塔本身）应按表10.1.21对全高采用一个系数；当杆塔全高超过60m时，β_z 应按现行国家标准《建筑结构荷载规范》GB 50009的有关规定采用由下到上逐段增大的数值，但其加权平均值不应小于1.6；

2 对基础，当杆塔全高不超过60m时，杆塔风荷载调整系数 β_z 应取1.0；当杆塔全高超过60m时，宜采用由下到上逐段增大的数值，但其加权平均值不应小于1.3。

表10.1.21 杆塔风荷载调整系数 β_z

铁塔全高（m）	40	50	60
β_z	1.35	1.50	1.60

注：1 中间值按插入法计算；

2 对自立式铁塔，表中数值适用于高度与根开之比为4～6。

10.1.22 绝缘子串风荷载的标准值应按下式计算：

$$W_I = W_o \cdot \mu_z \cdot B_1 \cdot A_I \quad (10.1.22)$$

式中：W_I——绝缘子串风荷载标准值（kN）；

A_I——绝缘子串承受风压面积计算值（m^2）。

10.1.23 对于平坦或稍有起伏的地形，风压高度变化系数应根据地面粗糙度类别按表10.1.23的规定确定。

表10.1.23 风压高度变化系数 μ_z

离地面或海平面高度（m）	地面粗糙度类别			
	A	B	C	D
5	1.17	1.00	0.74	0.62
10	1.38	1.00	0.74	0.62
15	1.52	1.14	0.74	0.62
20	1.63	1.25	0.84	0.62
30	1.80	1.42	1.00	0.62
40	1.92	1.56	1.13	0.73
50	2.03	1.67	1.25	0.84
60	2.12	1.77	1.35	0.93
70	2.20	1.86	1.45	1.02
80	2.27	1.95	1.54	1.11
90	2.34	2.02	1.62	1.19
100	2.40	2.09	1.70	1.27
150	2.64	2.38	2.03	1.61
200	2.83	2.61	2.30	1.92
250	2.99	2.80	2.54	2.19
300	3.12	2.97	2.75	2.45
350	3.12	3.12	2.94	2.68
400	3.12	3.12	3.12	2.91
≥450	3.12	3.12	3.12	3.12

注：地面粗糙度可按下列分类：

A类指近海面和海岛、海岸、湖岸及沙漠地区；

B类指田野、乡村、丛林、丘陵以及房屋比较稀疏的乡镇和城市郊区；

C类指有密集建筑群的城市市区；

D类指有密集建筑群且房屋较高的城市市区。

10.2 结构材料

10.2.1 钢材的材质应根据结构的重要性、结构型式、连接方式、钢材厚度和结构所处的环境及气温等条件进行合理选择。钢材等级宜采用 Q235、Q345、Q390 和 Q420，有条件时也可采用 Q460。钢材的质量应分别符合现行国家标准《碳素结构钢》GB/T 700 和《低合金高强度结构钢》GB/T 1591 的有关规定。

10.2.2 所有杆塔结构的钢材均应满足不低于 B 级钢的质量要求。当采用 40mm 及以上厚度的钢板焊接时，应采取防止钢材层状撕裂的措施。

10.2.3 结构连接宜采用 4.8、5.8、6.8、8.8 级热浸镀锌螺栓和螺母，有条件时也可采用 10.9 级螺栓，其材质和机械特性应分别符合现行国家标准《紧固件机械性能　螺栓、螺钉和螺柱》GB/T 3098.1 和《紧固件机械性能　螺母　粗牙螺纹》GB/T 3098.2 的有关规定。

10.2.4 钢材、螺栓和锚栓的强度设计值，应按表 10.2.4 的规定确定。

表 10.2.4　钢材、螺栓和锚栓的强度设计值（N/mm²）

材料	类别	厚度或直径（mm）	抗拉	抗压和抗弯	抗剪	孔壁承压
钢材	Q235	≤16	215	215	125	370
		>16～40	205	205	120	
		>40～60	200	200	115	
		>60～100	190	190	110	
	Q345	≤16	310	310	180	510
		>16～35	295	295	170	490
		>35～50	265	265	155	440
		>50～100	250	250	145	415
	Q390	≤16	350	350	205	530
		>16～35	335	335	190	510
		>35～50	315	315	180	480
		>50～100	295	295	170	450
	Q420	≤16	380	380	220	560
		>16～35	360	360	210	535
		>35～50	340	340	195	510
		>50～100	325	325	185	480
	Q460	≤16	415	415	240	595
		>16～35	395	395	230	575
		>35～50	380	380	220	560
		>50～100	360	360	210	535

续表 10.2.4

材料	类别	厚度或直径（mm）	抗拉	抗压和抗弯	抗剪	孔壁承压	
镀锌粗制螺栓（C级）	4.8 级	标称直径 $D \leqslant 39$	200	—	170	螺杆承压	420
	5.8 级	标称直径 $D \leqslant 39$	240	—	210		520
	6.8 级	标称直径 $D \leqslant 39$	300	—	240		600
	8.8 级	标称直径 $D \leqslant 39$	400	—	300		800
	10.9 级	标称直径 $D \leqslant 39$	500	—	380		900
锚栓	Q235 钢	外径≥16	160	—	—	—	
	Q345 钢	外径≥16	205	—	—	—	
	35 号优质碳素钢	外径≥16	190	—	—	—	
	45 号优质碳素钢	外径≥16	215	—	—	—	

注：1　孔壁承压适用于构件上螺栓端距大于或等于螺栓直径的 1.5 倍；
2　8.8 级高强度螺栓应具有 A 类（塑性性能）和 B 类（强度）试验项目的合格证明。

11　杆塔结构

11.1　基本计算规定

11.1.1 杆塔结构设计应采用以概率理论为基础的极限状态设计法，结构构件的可靠度采用可靠指标度量，极限状态设计表达式采用荷载标准值、材料性能标准值、几何参数标准值以及各种分项系数等表达。

11.1.2 结构的极限状态应满足线路安全运行的临界状态。极限状态可分为承载力极限状态和正常使用极限状态，应符合下列规定：

1　承载力极限状态应对应于结构或构件达到最大承载力或不适合继续承载的变形；

2　正常使用极限状态应对应于结构或构件的变形或裂缝等达到正常使用或耐久性能的规定限值。

11.1.3 结构或构件的强度、稳定和连接强度，应按承载力极限状态的要求，采用荷载的设计值和材料强度的设计值进行计算；结构或构件的变形或裂缝，应按正常使用极限状态的要求，采用荷载的标准值和正常使用规定限值进行计算。

11.2　承载能力和正常使用极限状态计算表达式

11.2.1 结构或构件的承载力极限状态应按下式计算：

$$\gamma_0(\gamma_G \cdot S_{GK} + \psi\sum\gamma_{Qi} \cdot S_{QiK}) \leqslant R \quad (11.2.1)$$

式中：γ_0——杆塔结构重要性系数；各类杆塔除安装工况取 1.0 外，其他工况不应小于 1.1；

γ_G——永久荷载分项系数；对结构受力有利时不大于 1.0，不利时取 1.2；

γ_{Qi}——第 i 项可变荷载的分项系数，取 1.4；

S_{GK}——永久荷载标准值的效应；

S_{QiK}——第 i 项可变荷载标准值的效应；

ψ——可变荷载组合系数；正常运行情况取1.0，断线情况、安装情况和不均匀覆冰情况取0.9，验算情况取0.75；

R——结构构件的抗力设计值。

11.2.2 结构或构件的正常使用极限状态应按下式计算：

$$S_{GK}+\psi\sum S_{QiK}\leqslant C \quad (11.2.2)$$

式中：C——结构或构件的裂缝宽度或变形的规定限值（mm）。

11.2.3 结构或构件承载力的抗震验算应按下式计算：

$$\gamma_G \cdot S_{GE}+\gamma_{Eh} \cdot S_{Ehk}+\gamma_{EV} \cdot S_{EVK}+\gamma_{EQ} \cdot S_{EQK}+\psi_{wE} \cdot S_{wk}\leqslant R/\gamma_{RE} \quad (11.2.3)$$

式中：γ_G——永久荷载分项系数；对结构受力有利时取1.0，不利时取1.2，验算结构抗倾覆或抗滑移时取0.9；

γ_{Eh}、γ_{EV}——水平、竖向地震作用分项系数，应按表11.2.3-1的规定确定；

γ_{EQ}——导、地线张力可变荷载的分项综合系数，取 $\gamma_{EQ}=0.5$；

S_{GE}——永久荷载代表值的效应；

S_{Ehk}——水平地震作用标准值的效应；

S_{EVK}——竖向地震作用标准值的效应；

S_{EQK}——导、地线张力可变荷载的代表值效应；

S_{wk}——风荷载标准值的效应；

ψ_{wE}——抗震基本组合中的风荷载组合系数，可取0.3；

γ_{RE}——承载力抗震调整系数，应按表11.2.3-2的规定确定。

表 11.2.3-1 地震作用分项系数

地震作用		γ_{Eh}	γ_{EV}
仅计算水平地震作用		1.3	0.0
仅计算竖向地震作用		0.0	1.3
同时计算水平与竖向地震作用	水平地震作用为主时	1.3	0.5
	竖向地震作用为主时	0.5	1.3

表 11.2.3-2 承载力抗震调整系数

材料	结构构件	承载力抗震调整系数
钢	跨越塔	0.85
	除跨越塔以外的其他铁塔	0.80
	焊缝和螺栓	1.00

11.3 杆塔结构基本规定

11.3.1 长期荷载效应组合（无冰、风速5m/s及年平均气温）情况、杆塔的计算挠度（不包括基础预偏），应符合表11.3.1的规定：

表 11.3.1 杆塔的计算挠度（不包括基础预偏）

项目	杆塔的计算挠度限值
悬垂直线自立式铁塔	$3h/1000$
悬垂转角自立式铁塔	$5h/1000$
耐张塔及终端自立式铁塔	$7h/1000$

注：1 h 为杆塔最长腿基础顶面起至计算点的高度；
2 设计时应根据杆塔的特点提出施工预偏的要求。

11.3.2 钢结构构件允许最大长细比应符合表11.3.2的规定。

表 11.3.2 钢结构构件允许最大长细比

项目	钢结构构件允许最大长细比
受压主材	150
受压材	200
辅助材	250
受拉材（预拉力的拉杆可不受长细比限制）	400

11.3.3 杆塔铁件应采用热浸镀锌防腐，也可采取其他等效的防腐措施。

11.3.4 受剪螺栓的螺纹不应进入剪切面。当无法避免螺纹进入剪切面时，应按净面积进行剪切强度验算。

11.3.5 全塔所有螺栓应采取防松措施。受拉螺栓及位于横担、顶架等易振动部位的螺栓，宜采取双帽防松措施。靠近地面的塔腿上的连接螺栓宜采取防卸措施。

12 基 础

12.0.1 基础型式的选择，应结合线路沿线地质、施工条件和杆塔型式的特点综合确定，并应符合下列规定：

1 当有条件时，应采用原状土基础。

2 一般地区可选用现浇钢筋混凝土基础或混凝土基础；岩石地区可采用锚筋基础或岩石嵌固基础；软土地基可采用大板基础、桩基础或沉井基础；运输或浇制混凝土有困难的地区，可采用装配式基础。

3 山区线路应采用全方位长短腿铁塔和不等高基础配合使用的方案。

12.0.2 基础稳定、基础承载力应采用荷载的设计值进行计算；地基的不均匀沉降、基础位移等应采用荷载的标准值进行计算。

12.0.3 基础的上拔和倾覆稳定应按下式计算：

$$\gamma_f \cdot T_e\leqslant A\ (\gamma_k、\gamma_s、\gamma_c\cdots) \quad (12.0.3)$$

式中：γ_f——基础的附加分项系数，应按表12.0.3的规定确定；

T_e——基础上拔或倾覆外力设计值；

A（γ_k、γ_s、γ_c…）——基础上拔或倾覆的承载力函数；

γ_k——几何参数的标准值；

γ_s、γ_c——土及混凝土的重度设计值（取土及混凝土的实际重度）。

表 12.0.3　基础附加分项系数 γ_f

杆塔类型	上拔稳定		倾覆稳定
	重力式基础	其他各种类型基础	各类型基础
悬垂直线杆塔	0.90	1.10	1.10
耐张直线（0°转角）及悬垂转角杆塔	0.95	1.30	1.30
耐张转角、终端及大跨越杆塔	1.10	1.60	1.60

12.0.4　基础底面压应力，应按下式计算：

1　当轴心荷载作用时：

$$P\leqslant f_a/\gamma_{rf} \quad (12.0.4\text{-}1)$$

式中：P——基础底面处的平均压应力设计值；

f_a——修正后的地基承载力特征值；

γ_{rf}——地基承载力调整系数，宜取 $\gamma_{rf}=0.75$。

2　当偏心荷载作用时，除应按公式（12.0.4-1）计算外，还应按下式计算：

$$P_{max}\leqslant 1.2f_a/\gamma_{rf} \quad (12.0.4\text{-}2)$$

式中：P_{max}——基础底面边缘的最大压应力设计值。

12.0.5　基础混凝土强度等级不应低于 C20 级。

12.0.6　岩石基础的地基应逐基鉴定。

12.0.7　基础的埋深应大于 0.5m。冻土地区的基础埋深应符合现行行业标准《冻土地区建筑地基基础设计规范》JGJ 118 的有关规定。

12.0.8　跨越河流或位于洪泛区的基础，应收集水文地质资料，必要时应考虑冲刷作用和漂浮物的撞击影响，并应采取相应的防护措施。

12.0.9　当位于地震烈度为 7 度及以上的地区且场地为饱和砂土和饱和粉土时，应计算地基液化的可能性，并应采取必要的稳定地基或基础的抗震措施。

12.0.10　转角塔、终端塔的基础宜根据相关要求采取预偏措施。

13　对地距离及交叉跨越

13.0.1　导线对地面、建筑物、树木、铁路、道路、河流、管道、索道及各种架空线路的距离，应按导线运行温度 40℃（当导线按允许温度 80℃设计时，导线运行温度取 50℃）情况或覆冰无风情况的最大弧垂计算，并按最大风情况的最大风偏（或按覆冰情况）进行风偏校验。重覆冰区的线路，还应计算导线不均匀覆冰、验算覆冰情况下的弧垂增大。

注：1　计算对地距离时可不计算由于电流、太阳辐射等引起的弧垂增大，但应计算导线架线后塑性伸长的影响和设计、施工的误差；

2　大跨越的导线弧垂应按导线实际能够达到的最高温度计算；

3　输电线路与铁路、高速公路及一级公路交叉，且交叉档距大于 200m 时，最大弧垂应按导线允许温度计算，导线的允许温度应按不同要求取 70℃或 80℃。

13.0.2　导线对地面的最小距离，以及与山坡、峭壁、岩石之间的最小净空距离，应符合下列规定：

1　在最大计算弧垂情况下，导线与地面的最小距离应符合表 13.0.2-1 的规定。

表 13.0.2-1　导线对地面的最小距离（m）

标称电压（kV）/地区	1000		备　注
	单回路	同塔双回路（逆相序）	
居民区	27	25	—
非居民区	22	21	农业耕作区
	19	18	人烟稀少的非农业耕作区
交通困难区	15		—

2　在最大计算风偏情况下，导线与山坡、峭壁、岩石之间的最小净空距离应符合表 13.0.2-2 的规定。

表 13.0.2-2　导线与山坡、峭壁、岩石之间的最小净空距离（m）

标称电压（kV）/线路经过地区	1000	
	单回路	同塔双回路（逆相序）
步行可以到达的山坡	13	
步行不能到达的山坡、峭壁和岩石	11	

13.0.3　线路邻近居住建筑时，居住建筑所在位置距地 1.5m 高处最大未畸变场强不应超过 4kV/m。

13.0.4　1000kV 架空输电线路不应跨越居住建筑以及屋顶为燃烧材料危及线路安全的建筑物。导线与建筑物之间的距离应符合下列规定：

1　在最大计算弧垂情况下，导线与建筑物之间的最小垂直距离应符合表 13.0.4-1 规定的数值。

表 13.0.4-1　导线与建筑物之间的最小垂直距离

标称电压（kV）	1000
垂直距离（m）	15.5

2　在最大计算风偏情况下，1000kV 架空输电线路边导线与建筑物之间的最小净空距离应符合表 13.0.4-2 规定的数值。

表 13.0.4-2　导线与建筑物之间的最小净空距离

标称电压（kV）	1000
距离（m）	15

3　无风情况下，边导线与建筑物之间的水平距离应符合表 13.0.4-3 规定的数值。

表 13.0.4-3　边导线与建筑物之间的水平距离

标称电压（kV）	1000
距离（m）	7

13.0.5　1000kV 架空输电线路经过经济作物和集中林区时，宜采用加高杆塔跨越林木不砍通道的方案，并应符合下列规定：

1　当跨越时，导线与树木（按自然生长高度）之间的最小垂直距离应符合表 13.0.5-1 规定的数值。

表 13.0.5-1　导线与树木之间的最小垂直距离

标称电压（kV）	1000	
	单回路	同塔双回路（逆相序）
垂直距离（m）	14	13

2　当砍伐通道时，通道净宽度不应小于线路宽度加通道附近主要树种自然生长高度的 2 倍。通道附近超过主要树种自然生长高度的非主要树种树木应砍伐。

3　1000kV 架空输电线路通过公园、绿化区或防护林带，在最大计算风偏情况下，导线与树木之间的最小净空距离应符合表 13.0.5-2 规定的数值。

表 13.0.5-2　导线与树木之间的最小净空距离

标称电压（kV）	1000
净空距离（m）	10

4　1000kV 架空输电线路通过果树、经济作物林或城市灌木林不应砍伐通道。导线与果树、经济作物、城市绿化灌木以及街道行道树木之间的最小垂直距离应符合表 13.0.5-3 规定的数值。

表 13.0.5-3　导线与果树、经济作物、城市绿化灌木及街道行道树木之间的最小垂直距离

标称电压（kV）	1000	
	单回路	同塔双回路（逆相序）
垂直距离（m）	16	15

13.0.6　1000kV 架空输电线路跨越弱电线路（不包括光缆和埋地电缆）时，其交叉角应符合表 13.0.6 的规定。

表 13.0.6　1000kV 架空输电线路跨越弱电线路（不包括光缆和埋地电缆）的交叉角

弱电线路等级	一级	二级	三级
交叉角	≥45°	≥30°	不限制

13.0.7　1000kV 架空输电线路与甲类火灾危险性的生产厂房、甲类物品库房、易燃、易爆材料堆场，以及可燃或易燃、易爆液（气）体储罐的防火间距，不应小于杆塔全高加 3m。

13.0.8　1000kV 架空输电线路与地埋输油、输气管道的平行接近距离，应根据线路和管道的具体参数计算确定。

13.0.9　1000kV 架空输电线路与铁路、道路、河流、管道、索道及各种架空线路交叉或接近的要求，应符合下列规定：

1　1000kV 架空输电线路与铁路、道路、河流、管道、索道及各种架空线路交叉最小垂直距离，应符合表 13.0.9-1 的规定。

表 13.0.9-1　1000kV 架空输电线路与铁路、道路、河流、管道、索道及各种架空线路交叉最小垂直距离

项　目		单回路最小垂直距离（m）	双回路（逆相序）最小垂直距离（m）
铁路	至轨顶	27	25
	至承力索或接触线	10（16）	10（14）
公路	至路面	27	25
通航河流	至五年一遇洪水位	14	13
	至最高航行水位桅顶	10	10
	至最高航行水位	24	23
不通航河流	百年一遇洪水位	10	10
	冬季至冰面	22	21
弱电线	至被跨越物	18	16
电力线	至被跨越物	10（16）	10（16）
架空特殊管道	至管道任何部分	18	16

注：垂直距离中，括号内的数值用于跨杆（塔）顶。

2　1000kV 架空输电线路与铁路、道路、河流、管道、索道及各种架空线路水平接近距离，应符合表 13.0.9-2 的规定。

表 13.0.9-2 1000kV 架空输电线路与铁路、道路、河流、管道、索道及各种架空线路水平接近距离

项目				最小水平距离（单回路/双回路逆相序）(m)
铁路	杆塔外缘至轨道中心			交叉：塔高加 3.1，无法满足要求时可适当减小，但不得小于 40 平行：塔高加 3.1，困难时双方协商确定
公路	交叉	杆塔外缘至路基边缘		15 或按协议取值
公路	平行	边导线至路基边缘	开阔地区	最高塔高
			路径受限制地区	15/13 或按协议取值
通航河流	塔位至河堤			河堤保护范围之外或按协议取值
不通航河流				
弱电线	与边导线间（平行）	路径受限制地区（最大风偏情况下）		13/12
电力线	与边导线间（平行）	路径受限制地区		杆塔同步排列取 20 杆塔交错排列导线最大风偏时取 13
架空特殊管道	与特殊管道平行时，边导线至管道任何部分	开阔地区		最高塔高
		路径受限制地区（最大风偏情况下）		13

注：1 宜远离低压用电线路和通信线路，在路径受限制地区，与低压用电线路和通信线路的平行长度不宜大于 1500m，与边导线的水平距离宜大于 50m，必要时，通信线路应采取防护措施，受静电或电磁感应影响电压可能异常升高的入户低压线路应给予必要的处理；

2 走廊内受静电感应可能带电的金属物应予以接地；

3 跨越 220kV 及以上线路，铁路，高速公路，一级公路，一、二级通航河流及特殊管道等时，悬垂绝缘子串宜采用双挂点、双联Ⅰ串或Ⅴ串型式；

4 线路跨越铁路，高速公路，一级公路，电车道，一、二级通航河流，110kV 及以上电力线，特殊管道，索道时，不得接头；

5 跨越 110kV 及以上输电线路时，交叉角不应小于 15°。跨越铁路时，交叉角不宜小于 45°，但不应小于 30°，且不宜在铁路车站出站信号机以内跨越。

14 环 境 保 护

14.0.1 输电线路设计应符合国家有关环境保护、水土保持的规定。

14.0.2 输电线路设计中应对电磁干扰、噪声等污染因子采取必要的防治措施。

14.0.3 输电线路可听噪声控制值和无线电干扰控制值应符合本规范第 5.0.2 条和第 5.0.3 条的规定。

14.0.4 对沿线相关的弱电线路和无线电设施应进行通信保护设计并采取相应的处理措施。

14.0.5 山区线路应采用全方位长短腿加不等高基础配合使用。

14.0.6 线路经过经济作物或林区时，宜采取跨越设计。

15 劳动安全和工业卫生

15.0.1 输电线路设计时，应满足国家规定的有关防火、防爆、防尘、防毒及劳动安全与卫生等的要求。

15.0.2 输电线路杆塔应采取高空作业工作人员的安全保护措施。

15.0.3 施工时应针对由邻近输电线路可能产生的感应电压采取安全保护措施。

15.0.4 对平行接近或交叉的其他输电线路、通信线等存在感应电压影响时，且邻近线路在施工、运行和维修时，应做好安全措施。

16 附 属 设 施

16.0.1 新建输电线路在交通困难地区设巡线站时，其维护半径可取 40km～50km，如沿线交通方便或该地区已有生产运行机构，也可不设巡检站。巡检站应配备必要的备品备件、检修材料、维护检修工器具以及交通工具。

16.0.2 杆塔上的固定标志应符合下列规定：

1 所有杆塔均应标明线路的名称、代号和杆塔号；

2 所有耐张型杆塔、分支杆塔和换位杆塔前后各一基杆塔上，均应有明显的相位标志；

3 在多回路杆塔上或在同一走廊内平行线路的杆塔上，均应标明每一线路的名称和代号；

4 高杆塔应按航空部门的规定装设航空障碍标志；

5 杆塔上固定标志的尺寸、颜色和内容还应符合运行部门的要求；

6 跨越铁路时杆塔处应设置标志牌。

16.0.3 新建输电线路宜根据现有运行条件配备适当的通信设施。

16.0.4 一般线路杆塔登高设施可选用脚钉或直爬梯，并可设置简易的检修人员休息平台。大跨越杆塔应设置旋转爬梯，必要时可增设攀爬机或电梯等设施。

16.0.5 杆塔可安装高空作业人员的防坠落装置。

附录 A 高压架空线路污秽分级标准

表 A 高压架空线路污秽分级标准

污秽等级	污湿润特征	盐密（mg/cm^2）	线路爬电比距（cm/kV）
0	大气清洁地区及离海岸盐场 50km 以上无明显污染地区	≤0.03	1.45 (1.60)

续表 A

污秽等级	污湿润特征	盐密（mg/cm^2）	线路爬电比距（cm/kV）
Ⅰ	大气轻度污染地区，工业区和人口低密集区，离海岸盐场10km～50km地区。在污闪季节中干燥少雾（含毛毛雨）或雨量较多时	>0.03～0.06	1.45～1.82（1.60～2.00）
Ⅱ	大气中等污染地区，轻盐碱和炉烟污秽地区，离海岸盐场3km～10km地区。在污闪季节中潮湿多雾（含毛毛雨）但雨量较少时	>0.06～0.10	1.82～2.27（2.00～2.50）
Ⅲ	大气污染较严重地区，重雾和重盐碱地区，近海岸盐场1km～3km地区，工业与人口密度较大地区，离化学污源和炉烟污秽300m～1500m的较严重污秽地区	>0.10～0.25	2.27～2.91（2.50～3.20）
Ⅳ	大气特别严重污染地区，离海岸盐场1km以内，离化学污源和炉烟污秽300m以内的地区	>0.25～0.35	2.91～3.45（3.20～3.80）

注：爬电比距计算时取系统最高工作电压；表中括号内数字为按标称电压计算的值。

附录B 各种绝缘子的特征指数 m_1 参考值

B.0.1 各种绝缘子的特征指数 m_1 参考值应符合表B.0.1-1的规定。瓷和玻璃绝缘子试品的尺寸应符合表B.0.1-2的规定，各种绝缘子试品的形状见图B.0.1。

表 B.0.1-1 各种绝缘子的特征指数 m_1 参考值

试品	材料	m_1 值		
		盐密 0.05mg/cm^2	盐密 0.2mg/cm^2	平均值
1#	瓷	0.66	0.64	0.65
2#	瓷	0.42	0.34	0.38
3#	瓷	0.28	0.35	0.32
4#	瓷	0.22	0.40	0.31
5#	玻璃	0.54	0.37	0.45
6#	玻璃	0.36	0.36	0.36
7#	玻璃	0.45	0.59	0.52
8#	玻璃	0.30	0.19	0.25
9#	复合	0.18	0.42	0.30

表 B.0.1-2 瓷和玻璃绝缘子试品的尺寸

试品	材料	盘径（mm）	结构高度（mm）	爬电距离（cm）	表面积（cm^2）	重量（kg）	机械强度（kN）
1#	瓷	280	170	33.2	1730.27	8.5	210
2#	瓷	300	170	45.9	2784.86	11.5	210
3#	瓷	320	195	45.9	3025.98	13.5	300
4#	瓷	340	170	53.0	3627.04	12.1	210
5#	玻璃	280	170	40.6	2283.39	7.2	210
6#	玻璃	320	195	49.2	3087.64	10.6	300
7#	玻璃	320	195	49.3	3147.4	11.3	300
8#	玻璃	380	145	36.5	2476.67	6.2	120

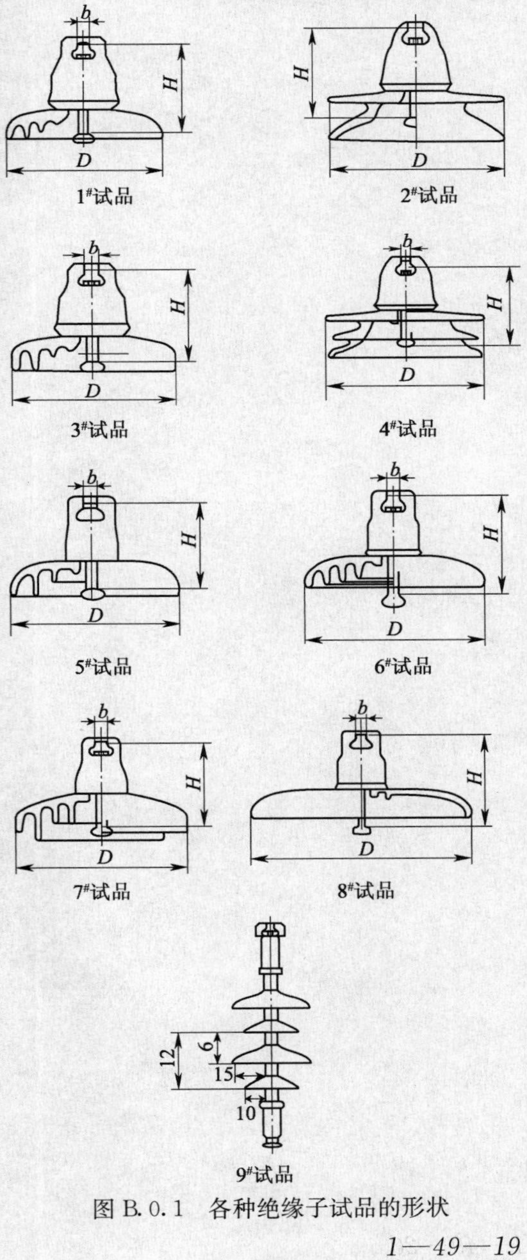

图 B.0.1 各种绝缘子试品的形状

本规范用词说明

1 为便于在执行本规范条文时区别对待，对要求严格程度不同的用词说明如下：

1） 表示很严格，非这样做不可的：
正面词采用“必须”，反面词采用“严禁”；

2） 表示严格，在正常情况下均应这样做的：
正面词采用“应”，反面词采用“不应”或“不得”；

3） 表示允许稍有选择，在条件许可时首先应这样做的：
正面词采用“宜”，反面词采用“不宜”；

4） 表示有选择，在一定条件下可以这样做的，采用“可”。

2 条文中指明应按其他有关标准执行的写法为：“应符合……的规定”或“应按……执行”。

引用标准名录

《建筑结构荷载规范》GB 50009

《碳素结构钢》GB/T 700

《低合金高强度结构钢》GB/T 1591

《紧固件机械性能　螺栓、螺钉和螺柱》GB/T 3098.1

《紧固件机械性能　螺母　粗牙螺纹》GB/T 3098.2

中华人民共和国国家标准

1000kV 架空输电线路设计规范

GB 50665—2011

条 文 说 明

制 定 说 明

《1000kV架空输电线路设计规范》，经住房和城乡建设部2011年4月2日以第976公告批准发布。

1000kV架空输电线路在我国为新电压等级的特高压交流输电线路。本规范在制定过程中，编制组进行了国内外交流特高压的科研成果、1000kV晋东南—南阳—荆门交流特高压试验示范工程及1000kV淮南—上海（皖电东送）同塔双回交流特高压工程关键技术研究和设计研究成果、国外交流特高压架空输电线路建设和运行经验的调查研究，总结和吸收了近年来国内外架空输电线路科研、设计、建设和运行中的新技术、新工艺和新材料应用成果。

为便于广大设计、施工、科研、学校等单位有关人员在使用本标准时能正确理解和执行条文规定，《1000kV架空输电线路设计规范》编制组按章、节、条顺序编制了本标准的条文说明，对条文规定的目的、依据以及执行中需注意的有关事项进行了说明，还着重对强制性条文的强制性理由做了解释。但是，本条文说明不具备与标准正文同等的法律效力，仅供使用者作为理解和把握标准规定的参考。

目　次

1　总则 ……………………… 1—49—24
2　术语和符号 ……………… 1—49—24
2.1　术语 ………………… 1—49—24
3　路径 ……………………… 1—49—24
4　气象条件 ………………… 1—49—25
5　导线和地线 ……………… 1—49—25
6　绝缘子和金具 …………… 1—49—27
7　绝缘配合、防雷和接地 … 1—49—28
8　导线布置 ………………… 1—49—35
9　杆塔型式 ………………… 1—49—37
10　杆塔荷载及材料 ………… 1—49—38
10.1　杆塔荷载 ……………… 1—49—38
10.2　结构材料 ……………… 1—49—40
11　杆塔结构 ………………… 1—49—40
11.1　基本计算规定 ………… 1—49—40
11.2　承载能力和正常使用极限状态计算表达式 ……………… 1—49—40
11.3　杆塔结构基本规定……… 1—49—41
12　基础 ……………………… 1—49—41
13　对地距离及交叉跨越 …… 1—49—42
14　环境保护 ………………… 1—49—46
16　附属设施………………… 1—49—46

1 总 则

1.0.1 本条提出了1000kV交流架空输电线路设计规范的目的，要求协调好各方面的相互关系，以合理的投资使设计的输电线路能获得最佳的综合效益。

1.0.2 本条提出了本规范适用的范围，包括新建1000kV交流特高压单回路和同塔双回路输电线路的设计。

1.0.3 根据电网建设的发展，本条明确了依靠技术进步，合理利用资源，达到降低消耗，提高资源的利用效率和环保的要求。

2 术语和符号

2.1 术 语

2.1.14 本条定义居民区以外地区均属非居民区。虽然时常有人、有车辆或农业机械到达，但未遇房屋或房屋稀少的地区，亦属非居民区。

2.1.20 “大跨越”一般指越通航大江河、湖泊或海峡等，档距在1000m以上或塔高在150m以上，导线选型或塔的设计需予以特殊考虑，且发生故障时严重影响航运或修复特别困难的耐张段。

1000kV晋东南—南阳—荆门交流特高压试验示范工程黄河大跨越，最大跨越档距为1220m，跨越塔呼高为112.0m，全高达到122.8m；汉江大跨越跨越档距为1650m，直线塔呼高为168.0m，全高达181.8m。以上两个大跨越导线采用6×AACSR/EST-500/230特高强钢芯铝合金绞线。1000kV淮南—上海（皖电东送）同塔双回交流特高压工程长江大跨越，最大跨越档距为1817m，跨越塔呼高为206m，全高达到277.5m；淮河大跨越，最大跨越档距为1300m，跨越塔呼高为131m，全高达到197.5m。以上两个大跨越导线采用导线采用6×AACSR/EST-640/290特高强钢芯铝合金绞线。

3 路 径

3.0.1 随着新技术手段的发展，1000kV架空输电线路路径选择宜使用卫片、航片、全数字摄影测量系统等新技术，在滑坡、泥石流、崩塌等不良地质发育地区宜采用地质遥感技术等。

3.0.2 为了使新建特高压工程与地方发展和规划相协调，明确路径选择原则，要求尽量减少对军事设施和地方经济发展的影响。

3.0.4 根据多年的线路运行经验的总结，选择线路应尽量避开不良地质地带、采动影响区（地下矿产开采区、采空区）等可能引起杆塔倾斜、沉陷的地段，当无法避让时，应开展详细的地质、矿产分布、开采情况、塌陷情况的专项调查，应开展塔位稳定性评估。根据运行经验，路径选择尽量避开导线易舞动区。东北的鞍山、丹东、锦州一带，湖北的荆门、荆州、武汉一带是全国范围内输电线路发生舞动较多地区。导线舞动对线路安全运行所造成的危害十分重大，诸如线路频繁跳闸与停电，导线的磨损、烧伤与断线，金具及有关部件的损坏等，都会造成重大的经济损失与社会影响。因此舞动多发区应尽量避让，当无法避让时，应对铁塔、金具等采取适当加强，并安装防舞装置等。

3.0.5 为使新建特高压线路与沿线相关设施的相互协调，以求和谐共存，明确在选择路径时应考虑与临近设施如电台、机场、弱电线路等的相互影响。

3.0.7 耐张段长度由线路的设计、运行、施工条件和施工方法确定，吸取2008年初冰灾运行经验，轻、中、重冰区的耐张段长度分别不宜大于10km、5km、3km。当耐张段长度较长时，设计中应采取措施防止串倒。例如轻冰区每隔7基～8基（中冰区每隔4基～5基）设置一基纵向强度较大的加强型直线塔，防串倒的加强型直线塔其设计条件除按常规直线塔工况计算外，还应按所有导、地线同侧有断线张力（含纵向不平衡张力）计算。

根据2008年1月我国南方地区发生冰灾事故的经验，对特殊区段线路，如大跨越线路，跨越主干铁路、高速公路等重要设施的跨越应采用独立耐张段，必要时杆塔结构重要性系数取1.1，并按验算覆冰校核交叉跨越物的间距。

独立耐张段应根据地形、地物等条件合理确定跨越方案，可采用“耐—直—直—耐”、“耐—直—耐”、“耐—直—直—直—耐”或“耐—耐”方案，且直线塔不应超过3基。

对于运行抢修特别困难的局部区段线路，采取适当加强措施，提高安全设防水平。

对覆冰地区的重要线路可考虑安装线路覆冰在线监测装置，并采取防冰、减冰、融冰等措施。

跨越铁路时验算覆冰按中华人民共和国铁道部《关于特高压交直流输电线路跨越铁路有关标准的函》（铁建设函〔2009〕327号文）规定执行。

3.0.9 为了预防灾害性事故的发生，山区输电线路选择路径和定位时，应注意限制使用档距和相应的高差，避免出现杆塔两侧大小悬殊的档距，当无法避免时应采取必要的措施，提高安全度。

3.0.10 大跨越的基建投资大，运行维护复杂，施工工艺要求高，故一般应该尽量减少或避免。因此，选线中遇有大跨越应结合整个路径方案综合考虑。如某个方案路径长度虽增加了几公里，但避免了大跨越或减少跨越档距，降低了造价，从全局看是合理的，这一点应引起足够重视。

4 气象条件

4.0.1 目前我国500kV～750kV输电线路的基本风速重现期为50年，鉴于特高压线路的重要性，确定其基本风速数理统计重现期取100年。

设计气象条件，除根据沿线气象资料的数理统计结果以及附近已有线路的运行经验确定外，还要参考现行国家标准《建筑结构荷载规范》GB 50009的风压图。

设计冰厚原则上宜按数理统计确定，如当地无可靠资料，应根据沿线调查，结合附近线路设计运行经验分析确定。

4.0.2 统计风速样本的基准高度，统一取离地面（或水面）10m，保持与荷载规范一致，可简化资料换算及便于与其他行业比较。工程设计时应根据导线平均高度将基本风速进行换算，1000kV架空输电线路导线平均高一般取30m，其他工况的风速不需进行换算。

4.0.3 输电线路经过地区广，地形条件复杂，线路通过山区，除一些狭谷、高峰等处受微地形影响，风速值有所增大外，对于整个山区从宏观上看，山区摩擦阻力大风速值也不一定就较平地大，所以，一般说来如无可靠资料，对于通过山区的线路，采用的设计风速，从安全的角度出发，参考荷载规范的规定，按附近平地风速资料增大10%。山区的微地形影响，除个别大跨越为提高其安全度可考虑增大风速以外，在一般地区不予增加。一般山区虽有狭管等效应，考虑到架空输电线路有档距不均匀系数的影响，因此，从总的方面山区风速较平地增大了10%以后，已能反映山区的情况。

4.0.5 根据2008年初我国南方地区覆冰灾害情况分析结果，对输电线路基本覆冰划分为轻、中、重三个等级，采用不同的设计参数。

4.0.6 根据2008年初我国南方地区覆冰灾害情况分析结果，地线设计冰厚应较导线增加5mm。地线设计冰厚增加5mm，仅针对地线支架的机械强度设计。地线覆冰取值较导线增加5mm后，地线的荷载取值对应的冰区（如不均匀覆冰的不平衡张力取值等）应与导线的冰区相同。

4.0.7 根据我国输电线路的运行经验，强调加强沿线已建线路设计、运行情况的调查，并对调查结果予以分析论述（风灾、冰灾、雷害、污闪、地质灾害、鸟害等）。

我国输电线路运行经验要求：线路应避开重冰区及易发生导线舞动的地区。路径必须通过重冰区或导线易舞动地区时，应进行相应的防冰害或防舞动设计，适当提高线路的机械强度，局部易舞区段在线路建设时安装防舞装置等措施。输电线路位于河岸、湖岸、山峰以及山谷口等容易产生强风的地带时，其基本风速应较附近一般地区适当增大。对易覆冰、风口、高差大的地段，宜缩短耐张段长度，杆塔使用条件应适当留有裕度。对于相对高耸、山区风道、垭口、抬升气流的迎风坡、较易覆冰等微地形区段，以及相对高差较大、连续上下山等局部地段的线路应加强抗风、冰灾害能力。

4.0.8 特高压输电线路的大跨越段，一般跨越档距在1000m以上，或跨越塔高在150m以上。跨越重要通航河流和海面，若发生事故，影响面广，修复困难。为确保大跨越的安全运行，设计标准应予提高。根据我国几处大跨越的设计运行经验，如当地无可靠资料，设计风速可较附近平地线路气象资料增大10%设计。关于江面和江湖风速的问题，根据我国沿长江几处重大跨越的设计资料，一般认为江面风速比陆地略大一级，取为10%。

4.0.9 对于大跨越的设计条件规定较高的安全标准是必要的，考虑到覆冰资料大多数地区比较缺乏，目前气象部门尚提不出覆冰资料及其随高度变化的规律，根据现有工程的经验，多采用附近线路的设计覆冰增加5mm作为大跨越的设计覆冰厚度。

验算条件，应以历年来稀有气象条件进行验算，当无可靠资料时，如何确定验算风速和覆冰厚度，可结合各地的情况处理。

4.0.10 本条文是根据以往设计经验确定的，基本符合输电线路实际情况，运行中未发现问题。

4.0.11～4.0.14 明确安装、雷电过电压、操作过电压、带电作业等工况的气象条件。

4.0.15 覆冰工况的风速一般情况下采用10m/s，当有可靠资料表明需加大风速时可采用15m/s。

5 导线和地线

5.0.1 架空输电线路的导线应从技术性和经济性两个方面考虑。

从技术性来看，一般要求所选导线应满足线路电压降、导线发热、无线电干扰、电视干扰、可听噪声以及适应线路所经过地区气候条件和地形条件的机械特性等。

就经济性而言，国内以往一般要求导线截面按照经济电流密度选择。表1列出了我国的标准经济电流密度。

表1 我国规定的经济电流密度（A/mm^2）

导线材料	最大负荷利用小时数（h）		
	3000以下	3000～5000	5000以上
铝	1.65	1.15	0.90
铜	3.00	2.25	1.75

从表1数据可以看出，对于我国架空输电线路所采用的钢芯铝绞线，经济电流密度只与最大负荷利用小时数有关，而且从20世纪50年代至今，一直没有变化。线路工程建设费用，在不同的年代是不同的，它将随材料费和人工费的变化而变化。而线路运行费用也要随电力部门人工费用以及销售电价的变化而改变。综合上述因素，本条款加入了根据年费用最小法进行经济分析的内容。

在正常输送功率条件下，1000kV架空输电线路导线选择主要决定于电晕条件，而考察电晕影响程度的主要判据是导线表面工作场强与起始电晕场强的比值，以及电晕派生效应无线电干扰和可听噪声，其中无线电干扰和可听噪声是导线最小截面选择的主要控制条件。

5.0.2 本条为强制性条文，规定了无线电干扰的设计控制值。规定了1000kV架空输电线路的无线电干扰限值作为设计控制值，即在距离边相导线地面投影外侧20m、对地2m高度处、频率为0.5MHz时为58dB（μV/m），以满足在好天气下，无线电干扰值不大于55dB（μV/m）。

对于海拔超过500m的线路，其无线电干扰预估值应进行高海拔修正。

表2给出了单回路多种导线方案算的500m以下的无线电干扰值。

表2 各种导线的无线电干扰值

导线结构	分裂间距（mm）	水平排列中相V串	水平排列三相V串	三角排列中相V串	三角排列三相V串
6XLGJ-630/45	400	59.90	60.80	58.20	59.20
6XACSR-720/50	400	59.40	60.30	57.70	58.70
6X900(ChuKar)	400	58.20	59.20	56.40	57.50
6XLGJ-630/45	450	60.30	61.10	58.50	59.50
6XACSR-720/50	450	59.70	60.60	58.00	59.00
6X900(ChuKar)	450	58.40	59.50	56.60	57.80
7XLGJ-500/35	400	58.20	59.10	56.40	57.40
7XLGJ-630/45	400	56.80	57.80	55.00	56.10
7XACSR-720/50	400	56.10	57.20	54.30	55.50
7XLGJ-800/55	400	55.40	56.50	53.50	54.80
7X900(ChuKar)	400	54.60	55.80	52.60	54.00
8XLGJ-400/35	400	56.60	57.60	54.90	55.90
8XLGJ-500/35	400	55.40	56.50	53.60	54.80
8XLGJ-630/45	400	53.70	54.90	51.80	53.10
8XACSR-720/50	400	52.90	54.20	50.90	52.30
8XLGJ-800/55	400	52.00	53.40	50.00	51.50
9XLGJ-300/40	380	55.30	56.20	53.40	54.50
9XLGJ-400/35	380	54.00	55.10	52.10	53.30
9XLGJ-500/35	380	52.60	53.80	50.60	51.90

国家环境保护总局在文件《关于晋东南—南阳—荆门百万伏级交流输变电工程环境影响报告书的批复》（环审〔2006〕92号）中要求："该项目是我国特高压输变电示范工程，国内尚无1000千伏交流输变电工程相关环境影响控制标准，我局经组织专家研讨后决定目前特高压输电线路项目电磁环境影响暂行控制指标原则上以不超过目前执行的《500kV超高压送变电工程电磁辐射环境影响评价技术规范》HJ/T 24—1998的要求"；"1000千伏特高压线路的无线电干扰限值暂按在距边相导线投影20m处，测试频率为0.5兆赫兹的晴天条件下不大于55分贝（μV/m）控制"。

5.0.3 本条为强制性条文，规定了可听噪声的设计控制值。我国西北750kV线路可听噪声的设计控制值为55dB（A）。考虑1000kV特高压线路也会经过经济比较发达、人口密度较大的东、中部地区，为尽可能减小线路通过时对环境带来的影响并考虑工程的经济性，可听噪声在湿导线条件下的设计控制值取为55dB（A）。对于人烟稀少的高海拔地区，其噪声预估值应进行高海拔修正，噪声设计控制值可适当放宽。

在考虑可听噪声标准的参考点位置时，国际上各个国家有不同的标准，我国对输电线路没有规定，本规范考虑采用与我国标准中的无线电干扰设计控制值参考点相一致为边线外20m处，与无线电干扰标准一样，在该参考点满足限值要求，即认为该输电线路满足可听噪声环境要求。

单回路不同导线方案在"湿导线"条件下离边相水平距离20m处的可听噪声见表3。

表3 单回路"湿导线"条件下可听噪声［dB（A）］

导线结构	分裂间距（mm）	水平排列中相V串	水平排列三相V串	三角排列中相V串	三角排列三相V串
6XLGJ-630/45	400	57.09	59.16	56.27	58.30
6XACSR-720/50	400	56.18	58.25	55.36	57.37
6X900（ChuKar）	400	54.31	56.41	53.49	55.53
6XLGJ-630/45	450	57.29	59.41	56.43	58.50
6XACSR-720/50	450	56.33	58.47	55.48	57.55
6X900（ChuKar）	450	54.37	56.52	53.52	55.57
7XLGJ-500/35	400	55.81	57.97	54.93	57.03
7XLGJ-630/45	400	53.48	55.65	52.60	54.70
7XACSR-720/50	400	52.59	54.76	51.69	53.80
7XLGJ-800/55	400	51.65	53.83	50.77	52.86
7X900（ChuKar）	400	50.73	52.93	49.85	51.95
8XLGJ-400/35	400	54.68	56.93	53.80	55.92
8XLGJ-500/35	400	52.67	54.93	51.76	53.91
8XLGJ-630/45	400	50.36	52.64	49.41	51.60
8XACSR-720/50	400	49.49	51.74	48.54	50.71

续表 3

导线结构	分裂间距（mm）	水平排列中相V串	水平排列三相V串	三角排列中相V串	三角排列三相V串
8XLGJ-800/55	400	48.56	50.82	47.59	49.77
9XLGJ-300/40	380	53.86	56.16	52.90	55.10
9XLGJ-400/35	380	51.72	54.06	50.79	52.98
9XLGJ-500/35	380	49.51	52.08	48.82	51.00
10XLGJ-300/40	375	51.31	53.70	50.32	52.56
10XLGJ-400/35	375	49.22	51.60	48.22	50.48

现行国家标准《声环境质量标准》GB 3096—2008 规定了城市五类区域的环境噪声限值（乡村生活区域可参照本标准执行），具体要求见表 4。

表 4　城市五类区域环境噪声标准值［dB（A）］

类　别	昼　间	夜　间
0	50	40
1	55	45
2	60	50
3	65	55
4	70	55

根据我国现行国家标准《声环境质量标准》GB 3096—2008 和国外提出的一般准则，本规定建议一般地区特高压输电线路按湿导线时的百分声级 L_{50} 噪声水平限制在 55dB（A），因此在好天气时可满足表 4 中 0～1 类区（工业区）夜间限制标准。

5.0.5　地线（包括光纤复合架空地线，简称 OPGW）除应满足短路电流热容量要求外，还应考虑地线电晕问题。地线表面场强过高将会引起地线的全面电晕，不但电晕损耗急剧增加，而且会带来其他很多问题，因此，应该适当限制地线的表面场强。

参考我国超高压导线表面工作场强与起晕场强之比 0.80～0.85，地线表面粗糙系数按照 0.82 考虑，建议地线表面工作场强与起晕场强之比不宜大于 0.8。

5.0.8　本条为强制性条文。为保证导、地线在运行中具有足够的安全裕度，规定了导、地线设计的最小安全系数。

5.0.11　条文规定"阻尼间隔棒宜不等距、不对称布置"，也即导线最大次档距不宜大于 66m，平均次档距为 50m～60m，端次档距宜控制在 25m～35m。当线路经过重冰区时，平均次档距和端次档距都应适当减小。

5.0.13　输电线路通过导线易发生舞动地区时应采取防舞措施，提高线路抗舞能力。线路经过可能发生舞动地区时，也应预留导线防舞动措施安装孔位。现行的防舞措施，概括起来大约可分为三大类：其一，从气象条件考虑，避开易于形成舞动的覆冰区域与线路走向；其二，从机械与电气的角度，提高线路系统抵抗舞动的能力；其三，从改变与调整导线系统的参数出发，采取各种防舞装置与措施，抑制舞动的发生。东北的鞍山、丹东、锦州一带，湖北的荆门、荆州一带是全国范围内输电线路发生舞动较多的地区，导线舞动对线路安全运行所造成的危害十分重大，诸如线路频繁跳闸与停电，导线的磨损、烧伤、断线，金具及铁塔部件损坏等，可能导致重大的经济损失与社会影响。1000kV 晋东南—南阳—荆门交流特高压试验示范工程在荆门变电站附近采取了限舞措施。

6　绝缘子和金具

6.0.1　国内自 20 世纪 80 年代末开始批量使用复合绝缘子，荷载设计安全系数大都为 3.0，至今运行情况良好，虽出现极个别串脆断，多属产品质量问题。故复合绝缘子最大使用荷载设计安全系数取 3.0 较为合适。20 世纪 90 年代开始使用瓷棒绝缘子，根据德国运行经验最大使用荷载设计安全系数取 3.0，运行情况良好。1000kV 晋东南—南阳—荆门交流特高压试验示范工程及 1000kV 淮南—上海（皖电东送）同塔双回交流特高压工程在中重污秽区悬垂串大量使用了复合绝缘子，根据以往经验，安全系数均取3.0，经过对特高压耐张用复合绝缘子的试验研究，建议特高压耐张复合绝缘子安全系数取 4.0。

6.0.4　本条为强制性条文。为保证金具在运行中具有足够的安全裕度，规定了金具设计的最小安全系数。

6.0.6　OPGW 一般是直接接地的，如果线路在接地极附近通过，当直流系统以大地返回方式运行（特别是大电流运行）时，由于大地电位升高，直流地电流可能通过杆塔和地线从一个杆塔流进，从另一个杆塔流出，从而导致杆塔和基础被腐蚀。根据模拟计算，如距离大于 10km，接地极地电流可能导致杆塔及基础的腐蚀量是很轻微的，可以忽略不计。

此外，如果线路与接地极很近，当直流系统以大地返回方式运行（特别是大电流运行）时，地电流可能通过杆塔和地线返回到换流站（变电站）接地网，再通过接地网、中性点接地的变压器流入到交流系统中，从而导致变压器磁饱和。为缓解或消除接地极地电流对杆塔的腐蚀影响，需将靠近接地极的线路地线进行绝缘。

6.0.7　绝缘子串与横担连接的第一个金具受力较复杂，国内早期运行经验已经证明第一个金具不够灵活，不但本身易受磨损，还将引起相邻的其他金具受到损坏。因此在选择第一个金具时，应从强度、材料、型式三方面考虑。对联塔第一个金具的选择，除了要求结构上灵活外，同时要求强度上也应提高。

6.0.8 在线路设计中，为了缩小走廊宽度，减少悬垂串的风偏摇摆，V型串的使用日趋广泛，根据试验和设计研究成果，悬垂V串两肢间夹角之半可比最大风偏角小5°～10°，或通过试验确定。目前，发生了多起V型串大风情况下球、碗头脱落事故，因此，应采取控制球、碗头加工尺寸或新型金具方案。

6.0.9 在路经选择时应尽量避开易发生舞动地区，无法避让时，要采取措施提高线路的机械强度，并安装抑舞装置。

6.0.10 根据2008年初我国南方地区覆冰灾害情况，为防止或减少重要线路冰闪事故的发生，需采取增加绝缘子串长或采用V型串、八字串等措施。

6.0.11 特高压耐张塔比较重，应尽量减少塔头尺寸，以降低综合费用，采用合理的跳线方式可以降低综合费用。

耐张塔的线间距离主要由导线在档距中央的接近距离和跳线对铁塔构件的间隙决定。对特高压输电线路，由于绝缘子片数多、吨位大，从而导致跳线间距离增大即跳线档距变长，引起跳线弧垂增大，跳线风偏后对铁塔构件的间隙往往决定着杆塔的线间距离，并且最终决定着杆塔的经济指标。

减小跳线弧垂及其风偏偏移值是缩小耐张塔尺寸的有效方法。而跳线弧垂及偏移主要决定于采用的跳线或固定跳线的方式，国内外曾作过大量研究试验工作，采取了多种耐张塔引流方式，使用最多的为软跳线及刚性跳线。

常规超高压输电线路一般采用软跳线，主要有直跳、加单跳线串、加双跳线串、加三跳线串等型式。刚性跳线主要有两种型式，分别是铝管式刚性跳线及鼠笼式刚性跳线。

跳线计算时，跳线部分的风压不均匀系数宜取1.2。

参考我国500kV、750kV刚性跳线的设计经验，1000kV特高压刚性跳线风偏角限制值见表5。

表5 刚性跳线风偏角

工况	工频电压	操作过电压	带电作业
允许风偏角（°）	35	15	8

我国500kV沈大线南雁四回路段采用铝管式硬跳线，长度10m，日本500kV的铝管式硬跳线长度5m～14m，我国第一条750kV输电线路刚性跳线长度9m～13m，日本1000kV特高压输电线路铝管式刚性跳线长度约为14m。考虑到不同地形的影响，我国1000kV晋东南—南阳—荆门交流特高压试验示范工程刚性跳线长度取9m～16m为宜。

7 绝缘配合、防雷和接地

7.0.1 1000kV架空输电线路直线杆塔上悬垂绝缘子串的绝缘子片数选择，一般需满足耐受长期工作电压作用和操作过电压作用的要求，雷电过电压一般不作为选择绝缘子片数的决定条件，仅作为耐雷水平是否满足要求的校验条件。

7.0.2 1000kV架空输电线路直线杆塔上悬垂绝缘子串的绝缘子片数基本上是由工频电压下的单位爬电距离决定。

1 爬电比距法。按爬电比距法计算绝缘子片数时，关键是要确定不同形状绝缘子的爬距有效系数K_e。电力行业标准《交流电气装置的过电压保护和绝缘配合》DL/T 620—1997中指出：几何爬电距离290mm的XP-160型绝缘子的K_e取为1。采用其他型式绝缘子时，K_e应由试验确定。

$$K_e=\frac{L_{01}U_{50\%.2}}{L_{02}U_{50\%.1}} \quad (1)$$

式中：L_{01}、L_{02}——分别为XP-160型及其他型绝缘子的几何爬电距离；

$U_{50\%.1}$、$U_{50\%.2}$——分别为XP-160型及其他型绝缘子的50%污闪电压（kV）。

《西北电网750kV输电线路绝缘子在高海拔低气压条件下的污闪特性研究》报告提供了750（2[#]）和750（4[#]）试验$U_{50\%}$值（ESDD：0.05；NSDD：0.1mg/cm²）（表6）。

表6 西北电网污闪特性研究的瓷绝缘子$U_{50\%}$值

编号	材料	盘径(mm)	伞形	结构高度(mm)	爬距(mm)	表面积(cm²)	机械强度(kN)	单片绝缘子$U_{50\%}$(kV)
750（2[#]）	瓷	300	双伞	170	459	2784.86	210	15.4
750（4[#]）	瓷	340	三伞	170	530	3627.04	210	17.8

国网武汉高压研究院《1000kV交流输电线路绝缘子长串污秽特性及污秽外绝缘设计的研究》报告中提供的常压下绝缘子单片$U_{50\%}$值，具体数据和相应绝缘子的有效系数K_e计算值见表7。

表7 有效系数K_e的计算

序号	数据来源	型式	ESDD/NSDD(mg/cm²)	$U_{50\%}$(kV)	串长(片)	单片绝缘子$U_{50\%}$(kV)	σ(%)	有效系数K_e
1	武高院	XP-160	0.1/1.0	208.0	28	7.43	—	1.00
2	武高院	FC-400/205	0.1/1.0	566.4	48	11.80	7.2	0.84
3	武高院	CA590-EZ	0.1/0.5	537.6	48	11.20	7.7	0.87
4	武高院	FC300/195	0.1/0.5	513.6	48	10.80	4.8	0.86
5	武高院	CA596-EZ	0.1/0.5	609.6	48	12.70	7.4	0.90
6	武高院	CA887-EZ	0.1/0.5	561.6	48	11.70	7.5	0.94
7	750（2[#]）	双伞（459）	0.05/2.00	—	3	15.40	—	0.99
8	750（4[#]）	三伞（530）	0.05/2.00	—	3	17.80	—	0.97

表7中盘型（钟罩型）绝缘子的有效系数K_e的计算值基本在0.86～0.94之间，由于序号3～6绝缘子为灰密0.5mg/cm²条件下$U_{50\%}$值，其值偏大，因此，绝缘子的有效系数K_e计算值偏大；序号7和8双伞和三伞绝缘子的有效系数K_e的计算值基本在

0.97～0.99之间，由于其$U_{50\%}$无法进行灰密修正，且序号7和8绝缘子的$U_{50\%}$值为短串试验得到，其值偏大，因此，有效系数K_e的计算值也偏大。

双层伞绝缘子在我国500kV及以下线路中已大量使用，积累了大量试验数据和运行经验。通过对双层伞绝缘子和普通型（XP-300）绝缘子在同样条件下的污闪电压和积污状况的比较，以及对大量数据的统计分析，由运行部门总结出双层伞型绝缘子的K_e值为0.95。

西北750kV线路绝缘子爬电距离的有效系数K_e取值，普通型取1.00，防污型（双伞型和三伞型）取0.95，防污型（钟罩型）取0.90。

对于1000kV特高压输电线路，建议在轻污区普通型、双伞和三伞绝缘子的有效系数K_e取值为1.0；防污型（钟罩型）绝缘子的有效系数K_e取值为0.90；中等及以上污秽区普通型盘型、双伞和三伞型绝缘子的有效系数K_e取值为0.95；防污（钟罩型）绝缘子的有效系数K_e取值为0.85。

采用爬电比距法计算所得绝缘子片数见表8。

表8　采用爬电比距法计算所得绝缘子

绝缘子型式	污区及配置水平	爬电距离（mm）		绝缘子片数（片）		绝缘子串长（mm）	
		海拔					
		1000m及以下	1500m	1000m及以下	1500m	1000m及以下	1500m
普通型485mm	Ⅱ级 0.06mg/cm^2～0.10mg/cm^2 2.5cm/kV	25000	25740	52	54	10140	10530
普通型505mm		25000	25740	50	51	9750	9945
普通型550mm		25000	25740	51	53	10455	10865
三伞型、双伞型485mm		25000	25740	52	54	10140	10530
三伞型635mm		25000	25740	40	41	7800	7995
钟罩型690mm		25000	25740	41	42	9840	10080
复合型		25000	25740	—	—	—	—
普通型485mm	Ⅲ级 0.10mg/cm^2～0.25mg/cm^2 3.20cm/kV	32000	32950	70	72	13650	14040
普通型505mm		32000	32950	67	69	13065	13455
普通型550mm		32000	32950	62	64	12710	13120
三伞型、双伞型485mm		32000	32950	66	72	12870	14040
三伞型635mm		32000	32950	54	55	10530	10725
钟罩型690mm		32000	32950	55	57	13200	13680
复合型		32000	32950	—	—	—	—
普通型485mm	Ⅳ级 >0.25mg/cm^2 3.80cm/kV	38000	39130	83	85	16185	16575
普通型505mm		38000	39130	80	82	15600	15990
普通型550mm		38000	39130	73	75	14965	15375
三伞型、双伞型485mm		38000	39130	83	85	16185	16575
三伞型635mm		38000	39130	63	65	12285	12675
钟罩型690mm		38000	39130	65	67	15600	16080
复合型		38000	39130	—	—	—	—

2　污耐压法。绝缘子片数选择也可采用污耐压法。污耐压法是根据试验得到绝缘子在不同污秽程度下的污秽耐受电压，使选定的绝缘子串污秽耐受电压大于该线路的最大工作电压。该方法和实际绝缘子污耐受能力直接联系在一起，是一种较好的绝缘子串长确定方法，但人工污秽试验结果同自然污秽条件下的污耐受电压值存在等价性问题。

不同国家污秽外绝缘设计原则相同，但设计参数取值不同，确定污耐压和污秽设计目标电压值也不同。前苏联、美国、日本、武汉高压研究所和中国电力科学研究院主要是以$U_{50\%}$进行污秽外绝缘设计，$U_{50\%}$以长串绝缘子试验来确定。前苏联取标准偏差σ为8%，校正系数$1-4\sigma$；美国取σ为10%，校正系数$1-3\sigma$；国网武汉高压研究院和中国电力科学研究院按试验来计算σ取7%，污耐压校正系数为$1-3\sigma$。日本单片绝缘子最大耐受电压U_{max}按长串绝缘子试验来确定，前苏联还考虑爬电距离有效系数对不同型绝缘子串的U_{max}进行校正；污秽设计目标电压值均取系统最高运行相电压$U_{\phi max}$，$U_{\phi max}$校正系数前苏联、美国、日本分别为1、1、1.15～1.60。绝缘子串片数N由校正后的$U_{\phi max}$与U_{max}之比确定，即：$N=U_{\phi max}/U_{max}$。不同国家污秽外绝缘设计基本参数如表9所示。

表9　不同国家污秽外绝缘设计基本参数对比

国家	污耐压求取方法	标准偏差 σ	污耐压校正系数 k	试品布置	目标电压值 $U_{\phi max}$
前苏联	$U_{50\%}$	8%	4	真型布置	1
美国	$U_{50\%}$	10%	3	真型布置	1
日本	U_{max}	—	—	真型布置	1.15～1.60
中国	$U_{50\%}$	试验确定（推荐7%）	3①/1.04②	真型布置	1.1（推荐1.100～1.732）

注：①500kV及以下线路设计污耐压校正系数取3（对应单串闪络概率为0.14%，查正态分布表得出）。

②1000kV架空输电线路设计污耐压校正系数取1.04（对应单串闪络概率为15%，查正态分布表得出）。

国网武汉高压研究院《1000kV交流输变电工程设备外绝缘特性研究》报告中推荐的污耐压设计方法如下（海拔1000m以下）：

（1）确定现场污秽度SPS(ESDD/NSDD)；

（2）将现场污秽度SPS(ESDD/NSDD)校正到附盐密度SDD(可简称试验盐密SDD)；

（3）确定单片绝缘子最大耐受电压U_{max}；

（4）确定污秽设计目标电压值$U_{\phi max}$；

1000kV晋东南—南阳—荆门交流特高压试验示

范工程按1.1倍的最高运行相电压取值。

（5）求取绝缘子串片数 N：$N=U_{\phi max}/U_{max}$；

（6）按表10校核确定 N。

表10　不同性质工作电压确定绝缘子串片数

不同性质工作电压	计算方法	备　注
长时间工作电压	$N=\frac{U_{max}}{\sqrt{3}U_{耐}}$	—
工频过电压	$N=\frac{U_{max}}{\sqrt{3}U_{耐}}\times K$	K—工频过电压倍数在直接接地系统通常取1.1倍～1.3倍，在消弧圈接地系统取1.500～1.732
操作过电压	$N=\frac{K'U_{max}}{\sqrt{3}U_{耐}}$	K'—操作过电压倍数，操作过电压倍数在2倍时，由于操作波的耐受电压与工频耐受电压之比为2左右，操作波的片数与工频片数是一致的

表10中按污秽设计确定不同污秽等级的绝缘子片数满足以上不同性质工作电压和条件对其要求。

国网武汉高压研究院根据试验结果修正后得到的不同污秽等级下不同型式单片绝缘子 U_{max} 见表11。

表11　不同污秽等级下不同型式单片绝缘子 U_{max}（kV）

污秽等级	SDD（mg/cm²）	CA-590EZ		CA-596EZ		FC-300/195	
		$U_{50\%}$	U_{max}	$U_{50\%}$	U_{max}	$U_{50\%}$	U_{max}
0	0.028	14.5	13.4	16.0	14.9	13.5	12.5
Ⅰ	0.045	13.1	12.2	14.6	13.5	12.3	11.4
Ⅱ	0.069	12.0	11.2	13.4	12.4	11.3	10.5
Ⅲ	（0.099） 0.158	11.2 10.2	10.4 9.5	12.5 11.4	11.6 10.6	10.5 9.6	9.8 8.9
Ⅳ	0.217	9.6	8.9	10.7	9.9	9.0	8.4

表11中SDD为附盐密度（$CaSO_4$ 按41%修正）。

按照污耐压法确定的悬垂单Ⅰ串片数见表12。

表12　不同污秽等级下不同型式绝缘子所对应的片数

污秽等级	ESDD（mg/cm²）	CA-590EZ（瓷普通型）				FC-300/195（玻璃普通型）			
		N	N_1	N_2	N_3	N	N_1	N_2	N_3
0	0.03	48	48	48	48	51	51	51	51
Ⅰ	0.06	55	52	53	54	58	55	57	58
Ⅱ	0.10	60	56	58	59	65	60	62	64
Ⅲ	（0.15） 0.25	66 73	60 66	62 68	64 71	70 78	64 71	66 73	68 75
Ⅳ	0.35	78	71	73	75	83	75	78	79

表12中ESDD为等值附盐密度（未修正）；N 为ESDD未进行修正后的片数，N_1 为ESDD按41% $CaSO_4$ 修正后的片数，N_2 为ESDD按30% $CaSO_4$ 修正后的片数，N_3 为ESDD按20% $CaSO_4$ 修正后的片数。

研究结果表明，双伞型300kN瓷绝缘子在SDD/NSDD为0.1/0.5（mg/cm²）条件下，单Ⅰ串污耐压值较相同污秽度和相同串型下的CA590-EZ普通型300kN瓷绝缘子提高约5%。美国特高压试验基地（Project UHV）也曾对双伞型绝缘子与普通型绝缘子进行过相同污秽度下的污耐压对比试验，试验结果显示，在SDD为0.1mg/cm² 时，双伞型较普通型绝缘子污耐压提高约7%。

表13　双伞CA887-EZ型及异型绝缘子串污耐压特性研究结果

序号	串　型	SDD（mg/cm²）	$U_{50\%}$（kV）	σ（%）
1	CA590-EZ普通300kN双Ⅰ串48片	0.06	11.6	7.20
2	CA887-EZ双伞300kN单Ⅰ串48片	0.10	11.7	7.50
3	CA590-EZ普通300kN单V串48片	0.10	11.8	7.40
4		0.15	10.6	6.60
5	CA887-EZ双伞300kN单V串48片	0.10	13.3	7.90

表13中NSDD为0.5mg/cm²。

采用CA887-EZ双伞型300kN瓷绝缘子单Ⅰ串在不同污秽等级下的绝缘子串片数如表14所示。

表14　不同污秽等级下双伞型绝缘子所对应的片数

污秽等级	ESDD（mg/cm²）	N
0	0.03	45
Ⅰ	0.06	49
Ⅱ	0.10	53
Ⅲ	0.25	63
Ⅳ	0.35	67

表14中ESDD为等值附盐密度（未修正），ESDD按41% $CaSO_4$ 修正后的片数。

从表8、表14可见在Ⅱ级污区考虑适当的裕度后，54片双伞型绝缘子可满足要求。由于1000kV晋东南—南阳—荆门交流特高压试验示范工程没有Ⅱ级以下污区，因此该工程的基本绝缘配置为54片。

3　双联串片数。武汉高压研究所对25片 XP_3-160绝缘子串单、双串结构的 $U_{50\%}$ 试验结果见表15、表16。

表 15　单、双串结构的 $U_{50\%}$ 比较

型式	串长（片）	污秽度 0.1/0.4（mg/cm²）下值（kV）		
		单串	双串 450mm 档	同型号双串 $U_{50\%}$ 比单串 $U_{50\%}$
XP_3-160	25	242.5	232.5	0.96
XWP_2-160	25	256.5	237.0	0.92
XWP_5-160	25	277.5	247.2	0.89

表 16　改变双串开档距离的 $U_{50\%}$ 比较

型式	串长（片）	污秽度 0.1/0.4（mg/cm²）下不同开档距离 $U_{50\%}$（kV）		
		450mm	550mm	650mm
XP_3-160	25	232.50	258.00	247.50
$U_{50\%}$ 相对值	—	0.94	1.04	1.00

上述试验是基于 500kV 线路的绝缘子串 $U_{50\%}$ 试验条件，在开档距离 550mm 时，双串绝缘子的净距为 270mm，试验得到的 $U_{50\%}$ 为单串的 1.04 倍，且能够防止绝缘子串间的串弧、跳弧现象。

根据西安交通大学所做的 1000kV 架空输电线路绝缘子串均压计算结果，当双串绝缘子间距为 600mm 时，单片绝缘子承受的最大电压与 500kV 线路相当，双联绝缘子串绝缘子间净距在 270mm 左右，基本可以保证绝缘子串的 $U_{50\%}$ 值不降低。因此，双联 I 串绝缘子间净距在 270mm 左右时，可采用与单 I 串相同的绝缘配置。

4　中相 V 串片数。CA590-EZ 普通型 300kN 瓷绝缘子，在 SDD/NSDD 分别为 0.1/0.5（mg/cm²）和 0.15/0.5（mg/cm²）条件下，V 型串污耐压较单 I 串要分别提高 6％和 4％。CA887-EZ 双伞型 300kN 瓷绝缘子单 V 型串在 SDD/NSDD 为 0.1/0.5（mg/cm²）条件下的单片污耐压为 12.2kV，与双伞型绝缘子单 I 串相比提高约 13％。

V 型串污耐压较单 I 串高的分析原因如下：

1）V 型串的电弧较单 I 串易飘移绝缘子串表面不易形成线状放电，与单 I 串紧贴绝缘子串的电弧短接形式不同；

2）V 型串特殊的布置方式改善了绝缘子串的对地电容，使容性电流对绝缘子串的影响减小，提高了其污闪电压；

3）在合理的污秽设计下，V 型串的积污特性要优于悬垂串，仅为悬垂串的 85％甚至更低；

由于中相塔窗的影响，并为以后的防污留有裕度，在杆塔设计时中相 V 串的绝缘子建议按与边相 I 串同样的片数考虑。

7.0.3　耐张绝缘子串由于水平放置容易受雨水冲洗，其自洁性较悬垂绝缘子串要好，110kV～500kV 运行经验表明，耐张绝缘子串很少污闪。因此，在同一污区内，其爬电距离可较悬垂串减少。

7.0.4　运行经验表明，在轻、中污区复合绝缘子爬距不宜小于盘型绝缘子，在重污区其爬电距离应根据污秽闪络试验结果确定。由于复合绝缘子两端有均压装置，使复合绝缘子的有效绝缘长度减小，而线路耐雷水平与绝缘长度密切相关，因此强调其有效绝缘长度应满足雷电过电压的要求，同时还要满足操作过电压的要求。

7.0.5　高海拔地区，随着海拔升高或气压降低，污秽绝缘子的闪络电压随之降低，高海拔所需绝缘子片数应进行修正。

7.0.6　根据国网武汉高压研究院试验结果，对不同的杆塔部位，其 50％放电电压有差别，条文表 7.0.6-1 中括号内数据为对上横担要求的间隙。

1　工频电压空气间隙。该值通过国网武汉高压研究院的真型塔试验进行了验证，试验值及要求值如表 17、表 18 所示。

表 17　真型塔边相间隙工频放电电压试验值

塔头间隙（m）	2.0	2.7	2.9	3.1	3.5	4.0	4.5
放电电压（kV）	970	1186	1240	1342	1424	1567	1694
变异系数 σ_1^x	—	2.5％	1.1％	1.2％	—	—	—

要求的单间隙 50％放电电压 $U_{50\%}$ 按下式计算：

$$U_{50\%}=\frac{U_m\cdot\sqrt{2}/\sqrt{3}}{(1-Z\sigma_1^x)(1-3\sigma_m^x)} \tag{2}$$

式中：U_m——最高运行电压（kV）；

Z——系数，取 3；

σ_1^x——单间隙的变异系数，取 0.03；

σ_m^x——多间隙的变异系数，取 0.0105。

考虑 1－3σ，闪络概率仅为 0.13％，为了安全，再考虑 5％的安全裕度。

表 18　边相工频电压要求值

海拔高度 H（m）	0	500	1000	1500
海拔修正系数 K_a	1.000	1.063	1.131	1.202
$U_{50\%}$（kV）（I 串）	1070	1138	1210	1286

表 19 为真型塔边相间隙工频放电电压试验值和要求值的比较。

表 19　真型塔边相间隙工频放电电压试验值和要求值的比较

空气间隙距离（m）	工频放电电压试验值（kV）	变异系数 σ_1^x	工频放电电压要求值（kV）
2.70	1186	2.5％	1138（海拔 H=500m）
2.90	1240	1.1％	1210（海拔 H=1000m）
3.10	1342	1.2％	1286（海拔 H=1500m）

导线正对塔腿宽度约为 6.4m。

2 操作过电压要求的空气间隙。该值通过国网武汉高压研究院的真型塔试验进行了验证。试验结果及要求值见表 20～表 24。

表 20 真型塔中相导线对塔的空气间隙的操作冲击放电电压

τ_f（μs）	250	1000	5000
$U_{50\%}$（kV）	1801	2015	2149
σ（%）	4.0	6.4	5.1

表 20 中导线对猫头塔上、下曲臂的距离为 6.7m，对横担的距离为 7.9m。

表 21 真型塔中相导线对塔的空气间隙的操作冲击放电电压

τ_f（μs）	361.6
$U_{50\%}$（kV）	1926
σ（%）	2.1

表 21 中导线对猫头塔上、下曲臂的距离分别为 7.7m 和7.8m,对横担的距离为 8.1m。

表 22 真型塔边相导线对塔的空气间隙的操作冲击放电电压

τ_f（μs）	250	1000	5000
$U_{50\%}$（kV）	1789	1915	2125

表 23 猫头塔边相导线对塔柱的空气间隙距离和操作冲击放电电压的关系（τ_f=250μs）

间隙距离（m）	4.5	5.6	6.5	7.5	8.2
$U_{50\%}$（kV）	1546	1789	1958	2113	2177

空气间隙的操作冲击放电电压 $U_{50\%}$ 按下式计算：

$$U_{50\%}=\frac{U_s}{(1-Z\sigma_1^x)(1-3\sigma_m^x)} \tag{3}$$

式中：U_s——操作过电压（kV）；

Z——系数，取 2.45；

σ_1^x——单间隙的变异系数，取 0.06；

σ_m^x——多间隙的变异系数，取 0.024。

表 24 单间隙的操作冲击放电电压要求值

海拔高度 H（m）	0	500	1000	1500
海拔修正系数 K_a（悬垂串）	1.000	1.063	1.131	1.202
$U_{50\%}$（kV）	1929	1975	2022	2070

表 20 为不同波头长度真型塔中相导线对塔的空气间隙的操作冲击放电电压关系。可以看出，τ_f＝1000μs 的操作冲击放电电压比 τ_f＝250μs 的操作冲击放电电压大约高 11.9%；τ_f＝5000μs 的操作冲击 50%放电电压比 τ_f＝250μs 操作冲击 50%放电电压高约 19.3%。推算 τ_f＝1000μs 的操作冲击放电电压比 τ_f＝361.6μs 的操作冲击放电电压大约高 10%，则 τ_f＝1000μs 的操作冲击放电电压为 2119kV。

表 25 比较结果显示可以满足操作过电压要求。

表 25 真型塔中相间隙操作冲击放电电压试验值和要求值的比较

空气间隙距离（m）	操作冲击放电电压试验值(kV)	变异系数 σ_1^x	操作冲击放电电压要求值（kV）
6.7(7.9)	2015	6.4%	1975(海拔 H=500m)
7.7(8.1)	2119	—	2070(海拔 H=1500m)

表 22 为不同波头长度真型塔边相导线对塔的空气间隙的操作冲击放电电压关系。可以看出，τ_f＝1000μs 的操作冲击放电电压比 τ_f＝250μs 的操作冲击放电电压大约高 7%；τ_f＝2000μs 的操作冲击 50%放电电压比 τ_f＝250μs 操作冲击 50%放电电压高约 11.9%；τ_f＝5000μs 的操作冲击 50%放电电压比 τ_f＝250μs 操作冲击 50%放电电压高约 18.8%。由此可推出不同波头长度导线对塔柱的间隙距离和对应的操作冲击放电电压（表 26、表 27）。

表 26 猫头塔边相导线对塔柱的空气间隙距离和操作冲击放电电压（推算值）的关系

间隙距离（m）		4.5	5.6	6.5	7.5	8.2
$U_{50\%}$（kV）	τ_f=1000μs	1654	1915	2095	2261	2329
	τ_f=2000μs	1730	2002	2191	2364	2436
	τ_f=5000μs	1836	2125	2326	2510	2586

表 27 真型塔边相间隙操作冲击放电电压试验值和要求值的比较

空气间隙距离（m）	操作冲击放电电压试验值(kV)		操作冲击放电电压要求值（kV）
	τ_f=1000μs	τ_f=2000μs	
5.6	1915	2002	1975（海拔 H=500m）
6.0	1989	2080	2022（海拔 H=1000m）
6.4	2065	2160	2070（海拔 H=1500m）

τ_f＝1000μs 的操作冲击放电电压试验值，不满足冲击放电操作过电压要求；τ_f＝2000μs 操作冲击放电电压试验值（推算值），满足操作冲击放电过电压要求。

3 雷电过电压要求的空气间隙。在雷电过电压情况下，其空气间隙的正极性雷电冲击放电电压$U_{50\%}$应与绝缘子串的50%雷电冲击放电电压相匹配。不必按绝缘子串的50%雷电冲击放电电压的100%确定间隙，只需按绝缘子串的50%雷电冲击放电电压的80%确定间隙（间隙按0级污秽要求的绝缘长度配合），即按下式进行配合。或对单回线路塔头雷电过电压间隙不予规定。

$$U_{50\%}=80\%\cdot U_{J50\%} \quad (4)$$

式中，$U_{J50\%}$为绝缘子串的50%雷电冲击放电电压（kV），其数值可根据绝缘子串的雷电冲击试验获得或由绝缘长度求得。

4 根据1000kV同塔双回线路真型塔外绝缘特性试验研究结论，考虑并联间隙及高海拔修正，高海拔修正方法按本规范第7.0.5条进行。

5 同塔双回线路反击计算结果见表28。

表28 同塔双回杆塔的反击耐雷性能（杆塔呼高54m）

雷电间隙(m)	地形	杆塔工频接地电阻(Ω)	反击耐雷水平(kA)		反击跳闸率(次/100km·a)	
			单回反击闪络	双回同时反击闪络	单回反击跳闸率	双回同时反击跳闸率
6.7	泥沼、河网和平地	10	242	>400	0.019	0
	丘陵	15	229	397	0.039	0.001
	山地	20	207	348	0.068	0.003
		30	173	275	0.168	0.021
7.0	泥沼、河网和平地	10	253	>400	0.014	0
	丘陵	15	243	>400	0.027	0.001
	山地	20	227	379	0.041	0.001
		30	198	304	0.088	0.005

经综合分析，确定海拔500m时的雷电过电压间隙取6.7m，海拔1000m及1500m时的雷电过电压间隙分别取7.1m和7.6m。

7.0.7 现行国家标准《带电作业工具基本技术要求及设计导则》GB/T 18037规定可以接受的危险率水平为1.0×10^{-5}。

检修人员停留在线路上进行带电作业时，系统不可能发生合闸空载线路操作，并应退出重合闸，而单相接地分闸过电压是确定带电作业安全距离时必须考虑过电压。表29为单回线路带电作业最小空气间隙值。

表29 单回线路带电作业最小空气间隙值

海拔高度 H（m）		500	1000	1500	危险率
间隙距离 d（m）有分闸电阻最大过电压1.66p.u.	边相	5.6	6.0	6.4	8.84×10^{-6}
	中相	6.2	6.7	7.2	9.64×10^{-6}

注：不同海拔要求的最小间隙距离不同，其危险率不同，均小于1.0×10^{-5}，这里列出的危险率是其中的最大值。

根据国网武汉高压研究院《1000kV交流同塔双回输电线路带电作业技术研究》结论，确定同塔双回路带电作业时的校验间隙见表30、表31。

表30 等电位作业人员对塔身/下横担/顶部构架最小安全距离

过电压倍数(p.u.)	海拔高度(m)	最小间隙距离(m)	危险率($\times10^{-6}$)
1.61	0	5.2/5.4/6.5	8.46/8.65/7.74
	500	5.5/5.7/6.8	6.47/7.08/7.74

表31 作业人员进出等电位时与塔身/下横担构架/顶部构架应满足的最小组合间隙

过电压倍数(p.u.)	海拔高度(m)	最小间隙距离(m)	危险率($\times10^{-6}$)
1.61	0	5.8/6.1/7.2	7.91/8.85/8.28
	500	6.1/6.4/7.5	6.92/8.28/9.25

为避免输电线路塔头间隙过大，带电作业安全距离不作为线路绝缘间隙尺寸的控制因素。带电作业安全距离加上人体活动范围后不宜大于操作过电压要求的间隙。当不能满足上述要求时带电作业应考虑特殊保护措施。

7.0.8 高海拔修正是根据《绝缘配合　第2部分应用指南》IEC 60071—2（Isulation co-ordination Part 2 Application guide）规定确定的。

7.0.9 研究表明，影响特高压变电站耐雷指标的主要因素是，雷电直击变电站进出线段内导线形成的雷电侵入波对站内电气设备造成的损坏。而雷电能否直击进出线段内导线则主要取决于进出线段采用的地线保护方式。根据晋东南—南阳—荆门1000kV特高压试验示范工程三个变电站或开关站的防雷保护方案，科研单位对三个变电站或开关站进出线段线路的防雷保护方式进行计算研究。为进一步提高变电站防雷性能，确保特高压变电站进出线段的绕击电流幅值在允许范围之内，可以考虑采取特高压变电站2km进出线段酒杯塔加第三根地线，提高酒杯塔、耐张塔地线高度，以避免中相导线受绕击。

7.0.10 随着线路额定电压的提高，线路绝缘水平不断提高，雷电反击跳闸的概率愈来愈小，我国雷电定向定位仪记录的数据表明，500kV线路雷击跳闸的主要原因是绕击跳闸。

前苏联特高压线路的运行经验也表明，雷击跳闸是1000kV架空输电线路跳闸的主要原因。在1985年～1994年十年间，特高压线路雷击跳闸高达16次，占其总跳闸次数的84%，而雷击跳闸的原因是雷绕击导线。经分析，前苏联特高压线路的地线保护角过大是（大于20°）造成了雷电绕击率过高的主要原因。日本特高压线路和其 500kV 线路一样，均采用负的地线保护角，雷电绕击率较低。

我国特高压设计按照规程法和电气几何模型法分别计算了酒杯型和猫头型直线塔的雷击跳闸率，判定是否满足 1000kV 架空输电线路雷击跳闸率 0.1 次/100km·a 的要求。

1 规程法。用规程推荐的方法计算猫头塔和酒杯塔的雷击跳闸率，见表 32。

表 32 雷击跳闸率（次/100km·a）

塔型	地线保护角（°）	绕击跳闸率	雷击塔顶跳闸率	雷击跳闸率	绕击跳闸率	雷击塔顶跳闸率	雷击跳闸率
		平地			山区		
ZB1	10	0.014	0.011	0.025	0.051	0.006	0.057
ZB1	5	0.005	0.017	0.022	0.020	0.049	0.069
ZB1	0	0.002	0.018	0.020	0.007	0.052	0.059
ZB1	−5	0.001	0.019	0.020	0.003	0.056	0.059
ZM1	10	0.022	0.020	0.042	0.079	0.060	0.139
ZM1	5	0.007	0.020	0.027	0.026	0.060	0.086
ZM1	0	0.002	0.020	0.022	0.008	0.061	0.069
ZM1	−5	0.001	0.022	0.023	0.003	0.067	0.070

从表 32 可以看出，在保护角 10°及以下情况，雷电跳闸率基本上可以满足预期值。

2 电气几何模型法。用电气几何模型方法计算猫头塔和酒杯塔的雷击跳闸率，见表 33、表 34。

表 33 酒杯塔雷击跳闸率（次/100km·a）

地线保护角	−5°	地面坡度
边相绕击跳闸率	0	0°
	0.00	10°
	0.10	20°
	0.25	30°
中相绕击跳闸率	0	—
反击跳闸率	0.02	0°
	0.02	山区
反击耐雷水平（kA）	258	—

表 34 猫头塔雷击跳闸率（次/100km·a）

地线保护角	5°	地面坡度
边相绕击跳闸率	0.02	0°
	0.34	10°
	1.66	20°
	3.32	30°
中相绕击跳闸率	0.00	平地/山区
反击跳闸率	0.02	平地
	0.02	山区
反击耐雷水平（kA）	264	—

按照 1000kV 晋东南—南阳—荆门交流特高压试验示范工程线路地形比例，考虑地面坡度的影响，通过加权计算得到全线的雷击跳闸率为 0.098 次/100km·a，基本满足预期值。

根据现行国家标准《1000kV 特高压交流输变电工程过电压和绝缘配合》GB/T 24842 的规定，对于单回路线路，杆塔上地线对边相导线的保护角，在平原和丘陵地区不宜大于 6°，在山区不宜大于−4°；单回路耐张塔跳线对导线保护角，平原不宜大于 6°，山区不宜大于 0°。

3 同塔双回线路绕击计算结果，见表 35、表 36。

表 35 EGM 法同塔双回鼓型塔线路绕击跳闸率（次/100km·a）

地线间距（m）	保护角 α（°）	地面倾斜角 θ（°）		
		0	10	20
37.4	−0.79	0.0339	0.2540	1.0303
39.4	−2.37	0.0190	0.1932	0.8375
41.4	−3.94	0.0123	0.1444	0.6740
43.4	−5.51	0.0083	0.1072	0.5370

表 36 LPM 法同塔双回鼓型塔线路绕击跳闸率（次/100km·a）

下行先导位置	保护角 α（°）	地面倾斜角 θ（°）	耐雷水平 I_c（kA）	最大绕击电流 I_{max}（kA）	绕击率（次/100km·a）	绕击跳闸率（次/100km·a）
档距中央	−10.37（上相）	0	24.36	<5	0.0102	0
	−3.07（中相）	0	23.41	<5	0.0146	0
	−2.94（下相）	0	27.27	5	0.0247	0
线路杆塔	−10.37（上相）	0	24.36	<5	0.0212	0
	−3.07（中相）	0	23.41	<5	0.0253	0
	−2.94（下相）	0	27.27	5	0.0473	0

根据现行国家标准《1000kV 特高压交流输变电工程过电压和绝缘配合》GB/T 24842 的规定，对于双回路线路，杆塔上地线对导线的保护角，在平原和丘陵地区不宜大于−3°，在山区不宜大于−5°，双回路耐张塔地线对跳线保护角不大于 0°。

7.0.11 本条是根据现行国家标准《1000kV 特高压交流输变电工程过电压和绝缘配合》GB/T 24842 第 7.1.2.6 条确定的。

根据国网电科院研究结果，在一般档距的档距中央导线与地线的距离可按下式校验（气温+15℃，无风）：

$$S=0.015L+\sqrt{2}U_m/\sqrt{3}/500+2 \quad (5)$$

式中：S——导线与地线间的距离（m）；

L——档距（m）；

U_m——最高运行电压（kV）。

7.0.12 本条根据现行行业标准《交流电气装置的接地规定》DL/T 621 和运行经验确定。对土壤电阻率大于 2000Ω·m 地区，除采用加长接地体外，也可采用其他综合措施降低接地电阻。线路经过居民密集地区时，应适当降低接地装置的跨步电压。

7.0.13 南方一些水田，烂泥较深，耕作深度也比一般旱田为大，所以加以说明。位于居民区和水田的接地体应敷设成环形，主要是减小跨步电压，确保安全。

7.0.14 输电线路设计，若采用地线绝缘运行方式时，应通过导线和地线的换位，及适当的地线接地限制地线上的静电、电磁感应电压和电流；选用可靠的地线绝缘子间隙，来保证各运行状态的可靠绝缘和雷击前或相对地闪络时及时击穿，并能随后自行可靠熄弧。

1 1000kV 及以上线路采用绝缘地线时，地线上的感应电压可以高达几到几十千伏，感应电流可高达几到上百安培。高压和超高压工程实践中曾发生过地线间隙长期放电引起严重通信干扰，甚至烧断地线绝缘子造成停电的事故。究其原因，地线间隙不稳定或施工不准确往往有一定影响，但主要还是限制地线感应电压和电流的措施不够完备。导线换位是限制地线感应电压和电流的根本措施。尤其是三角排列的线路，导线换位必须统一安排，综合平衡，且地线中的电压和电流的控制与导地线排列方式和换位情况、地线绝缘子型式、地线绝缘子间隙大小、地线接地方式等多种因素有关。一般来说，能够将地线电压控制在 1700V 以下是比较现实和可靠的。

2 为了充分发挥地线的防雷保护作用，间隙的整定必须使它在雷击前的先导阶段能够预先建弧，并在雷击过后能够及时切断间隙中的工频电弧恢复正常运行状态，并在线路重合闸成功时，不致重燃；在线路发生短路事故时，地线间隙也能击穿，且应保证短路事故消除后，间隙能熄弧恢复正常。

3 在线路采用距离保护的情况下，对于本塔接地电阻较高而不能满足距离保护整定要求时，还需保证线路发生相对地闪络后，至少本塔间隙能够及时建弧，以便汲出必要的短路电流降低距离保护的附加电阻。

对绝缘地线接地点长期通电的引线接地装置，必须做好各项稳定校验和人身安全设计，并考虑运行中对接地装置的检测办法。

由于用作限制感应电压和电流的地线接地点往往长期流通较大电流，可能造成发热腐蚀和伤害人畜等事故，应该在设计中严格计算，慎重安排，并于投运后即予检测验证。此外，由于正常通流较大，若需要运行中断开接地引线检测接地装置，必须预先设置相应的带负荷切合开关，并做好该点断开后整条地线电量变化的预计和对策。

虽然绝缘地线设计中限制了危险的感应电压和电流，但线路运行中可能存在某些接地点松脱或连接变化导致感应电压和电流失控。即使完全正常，也可能由于人们对地线即地线电位的传统观念，忽略了残余电压和电流对人的刺激，从而因接触地线时受惊导致高空作业二次事故的危险。因此，应对施工和运行单位提出有关注意事项，并采取必要的保护措施。

8 导 线 布 置

8.0.1 推荐的水平线间距离公式，是根据国内外经验提出的。考虑到国内外的线间距离公式，都是从已有的大量线路运行经验总结得出的，而这些线路的档距和弧垂大部分并不很大。虽然 1968 年国际大电力网会议收集各国公式并作比较时，将弧垂算到 200m，但考虑到大档距常有特殊情况，很难和一般线路一致，因此只允许该公式在 1000m 以下档距中使用。

垂直线间距离主要是确定于覆冰脱落时的跳跃，因此是与弧垂及冰厚有关的。根据实际运行经验，垂直线间距离较相同的水平线间距离可以小一些，即允许的弧垂或档距可以大一些，这是因为覆冰情况甚少见，而导线因风摇摆也不能使上下导线发生闪络，所以垂直排列时更安全些。这些看法在导线不舞动地区也是正确的。考虑到导线舞动是个别的，所以我们认为要求垂直线间距离比水平线间距离大是不合适的。根据我国双回路线路运行经验，推荐垂直线间距离可为水平线间距离的 0.75 倍。

导线呈三角形排列时，其工作状态介于导线垂直排列和水平排列之间。水平排列的两相导线，当一相导线往上略微提高时，考虑到导线的摇摆接近基本与水平排列时相同，故在相同的允许弧垂或档距的情况下，其两线的距离不应缩小很多。因此，这相导线移动的轨迹，相当于以水平线间距离为长半轴、垂直线间距离为短半轴的椭圆。

根据 500kV 及以下线路的运行经验，该公式是偏于安全的。

条文中 k_i 的系数按不同串型，列表规定水平线间距离公式中的悬垂绝缘子串系数。

8.0.2 在 1000kV 晋东南—南阳—荆门交流特高压试验示范工程设计中，酒杯塔和猫头塔导线或导地线档距中的静态接近距离不受导地线水平或垂直距离的控制，轻冰区可不考虑水平偏移，重覆冰地区宜根据工程设计覆冰厚度、档距等条件计算确定。酒杯塔导地线按 50％脱冰计算，导地线间脱冰跳跃动态接近距离不受导地线水平或垂直距离的控制，按 75％脱冰计算，导地线间水平偏移从 0 到 4m，脱冰跳跃动态接近要求导地线间最大垂直投影距离约 0.6m，考虑到导线的分裂半径，1000kV 晋东南—南阳—荆门交流特高压试验示范工程酒杯塔上导地线间水平偏移取 1m；1000kV 淮南—上海（皖电东送）同塔双回交流特高压工程施工图设计优化取消了上下层相邻导线间的水平偏移。

8.0.3 为降低电压、电流不平衡度，在 1000kV 晋东南—南阳—荆门交流特高压试验示范工程设计时，对该工程采用的导线水平排列的酒杯型直线塔和导线三角形排列的猫头型直线塔的电气不平衡度进行了计算。计算表明：线路长度和导线排列方式是影响线路不平衡度的重要因素。

表 37 列出了按照 1000kV 晋东南—南阳—荆门交流特高压试验示范工程两种不同排列方式的铁塔塔头尺寸计算的不同线路长度下三角排列、水平排列的不平衡度。

表 37 1000kV 架空输电线路线路不平衡度计算结果

线路长度（km）	三角排列不平衡度（%）	水平排列不平衡度（%）
100	0.67	1.48
120	0.77	1.76
130	0.82	1.90
140	0.87	2.04
150	0.92	2.18
180	1.06	2.59
200	1.15	2.85
240	1.32	3.37
260	1.41	3.62
300	1.59	4.09
400	1.96	5.18
420	2.04	5.39
440	2.11	5.58
460	2.17	5.77

由表 37 可见，输电线路不平衡度随着线路长度的增加而增大，这是因为不平衡电容电流随着线路长度的增加而增大。同时也可以看出，水平排列（酒杯塔）的不平衡度比三角排列（猫头塔）要高得多，水平排列（酒杯塔）的不平衡度大约是三角排列（猫头塔）的 2.5 倍。采用酒杯塔的线路在长度为 140km 时不平衡度就超过了 2%的限值要求，而采用猫头塔的线路在长度为 420km 时不平衡度才超过 2%的限值要求，从而可以看出导线排列方式对线路不平衡度的影响较大。

考虑到输电线路实际上可能既有猫头塔，也有酒杯塔，比如在山区采用酒杯塔，而在走廊拥挤地区为减少房屋拆迁而采用猫头塔，同时对单回路而言，耐张转角塔均采用三角形排列的干字型塔，因此，即使直线塔均采用水平排列酒杯型塔，其换位长度亦可较上表中的 130km 为大，条文规定当采用水平排列时，线路长度大于 120km 时应换位，而对于采用三角形排列或两种排列方式均有的线路，其换位长度可适当延长，并建议经过计算确定。

计算表明，输电线路导线换位后，其电气不平衡度可大大降低，图 1 为线路一次全换位示意图。计算一次全换位后线路不平衡度，结果如表 38 所示。

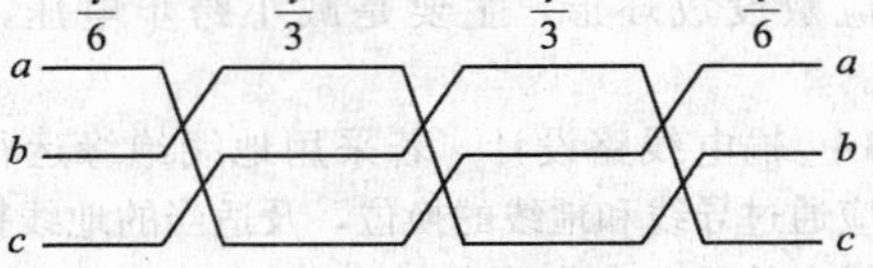

图 1 线路一次全换位示意

表 38 一次全换位后线路不平衡度

线路长度（km）	三角排列不平衡度（%）	水平排列不平衡度（%）
90	0.012	0.022
180	0.027	0.076
270	0.056	0.17
360	0.095	0.31
450	0.15	0.49
540	0.22	0.71
630	0.30	0.97
720	0.41	1.28
810	0.52	1.64
900	0.64	2.02

从表 38 可以看出，经过一次全换位后，不论是三角排列线路还是水平排列线路，不平衡度均满足 2%的限值要求，并且一次全换位后能满足电压不平衡度要求的长度可达 900km。因此，在满足线路不平衡度要求的前提下，推荐一次全换位。

在 1000kV 淮南—上海（皖电东送）同塔双回交流特高压工程设计中，对同塔双回路不同排列方式下的线路不平衡度进行了计算，结果如表 39 所示。

表 39 1000kV 架空输电线路不平衡度计算结果（EMTP 计算）

线路长度（km）		36	72	108	144	180	216	252	288	324	360
逆相序	零序不平衡度（%）	0.32	0.58	0.70	0.71	0.78	0.90	0.90	1.12	1.18	1.17
	负序不平衡度（%）	0.29	0.58	0.86	1.15	1.42	1.68	1.90	2.15	2.37	2.57
同相序	零序不平衡度（%）	0.74	1.24	1.72	2.02	2.18	2.31	2.61	2.61	2.71	2.92
	负序不平衡度（%）	1.18	2.34	3.55	4.69	5.72	6.88	7.84	8.72	9.55	10.48

续表 39

线路长度（km）		36	72	108	144	180	216	252	288	324	360
异名相	零序不平衡度（%）	0.33	0.55	0.76	0.88	0.96	1.04	1.20	1.20	1.25	1.35
	负序不平衡度（%）	0.11	0.21	0.31	0.42	0.52	0.68	0.84	0.92	1.01	1.02

从表 39 可以看出，同塔双回路导线排列方式对线路不平衡度影响非常大。同相序排列方式的不平衡度最大，逆相序排列方式次之，异名相排列方式最好。采用同相序排列方式的线路在长度为 72km 时不平衡度就超过了 2%的限值要求，而采用逆相序排列方式的线路在长度为 288km 时不平衡度才超过 2%的限值要求，对于采用异名相排列方式的线路在长度为 360km 时不平衡度才 1.35%。

同塔双回线路的换位方式可分为双回同向换位和双回反向换位两种方式。为保证换位前后导线排列方式保持一致，对于同相序和异相序，必须同向换位；而对于逆相序，则必须反向换位。

表 40 列出了在一个全循环换位情况下，计算得出的不同运行方式下的不平衡度。

表 40　1000kV 架空输电线路一个全循环换位不平衡度计算结果（EMTP 计算）

线路长度（km）		36	72	108	144	180	216	252	288	324	360
逆相序	零序不平衡度（%）	0.00	0.01	0.03	0.04	0.05	0.06	0.07	0.08	0.09	0.09
	负序不平衡度（%）	0.00	0.01	0.01	0.02	0.03	0.05	0.07	0.09	0.11	0.14
同相序	零序不平衡度（%）	0.00	0.01	0.03	0.04	0.05	0.06	0.08	0.09	0.10	0.09
	负序不平衡度（%）	0.00	0.02	0.04	0.08	0.12	0.18	0.24	0.32	0.40	0.50
异名相	零序不平衡度（%）	0.00	0.01	0.01	0.02	0.02	0.03	0.04	0.05	0.05	0.05
	负序不平衡度（%）	0.00	0.00	0.00	0.01	0.01	0.02	0.03	0.03	0.04	0.05

从表 40 可以看出，经过一次全换位后，线路电压不平衡度显著减小，可降低 20 倍～30 倍。

另外，同走廊内有多回线路并行走线时，还应考虑线路之间的感应电压，如果感应电压较高时也宜考虑采取换位方式降低感应电压。

1000kV 淮南—上海（皖电东送）同塔双回交流特高压工程输电线路包括三段，即淮南—皖南（317km）、皖南—浙北（152km）、浙北—上海（165km）。通过对各段线路的不平衡度进行计算后，除淮南—皖南段需要换位外，皖南—浙北、浙北—上海段就线路本身来看，均可不换位，但根据特高压输电线路走廊规划情况，皖南—浙北—沪西两段线路大部分平行±800kV 输电线路走线。根据科研研究结果，如该两段线路不进行换位，将对±800kV 输电线路滤波器造成较大的危害，推荐两段线路各进行一个全循环换位。

考虑同塔双回路逆相序单回运行，另一回停运的情况，单回输送功率为 12000MW 时，按负序电压不平衡度 4%控制，线路长度不超过 145km。

除了计算电压、电流不平衡度外，还要考虑系统其他参数，综合确定工程的换位方式。

9　杆塔型式

9.0.1　给定杆塔类型的基本概念，使得杆塔类型的定义规范化和具体化。同时，便于区分悬垂型和耐张型两类杆塔的荷载组合。对于换位杆塔、跨越杆塔以及其他特殊杆塔，可以按绝缘子与杆塔的连接方式分别归入悬垂型或耐张型。

9.0.2　能够满足使用要求（如电气参数等）的杆塔外形或型式可能有多种，要根据线路的具体特点来选择适合的杆塔外形。同一条线路，往往由于沿线所经地区环境、条件等不同，对塔型的要求也不同。设计时应在充分优化的基础上选择最佳塔型方案。

9.0.3　本条规定了杆塔的使用原则。

1　在杆塔选型时不仅要对塔体本身进行技术经济比较，而且要考虑到导线排列型式和塔体尺寸（如铁塔根开）对不同地质条件的基础造价的影响，进行综合技术经济比较。通常导线水平排列比三角排列铁塔的基础作用力要小些；塔体尺寸大（铁塔根开大），基础作用力也要小些，基础材料耗量也相应比较小一些。但是对地质条件较好的山区，减小基础作用力，效果就不显著，塔体尺寸大（根开大），可能还会引起土方开挖量增加。

2　对山区铁塔应采用长短腿配合不等高基础的结构型式，尽量适应塔位地形的要求，以减小基面开挖量和水土流失，将线路对沿线环境的影响降至最低程度。

3　走廊清理费是指线路走廊的房屋拆迁和青苗赔偿等费用。工程实践证明，当走廊清理费较大时，通过对铁塔、基础和走廊清理费用进行综合经济比较，采用三角排列铁塔的工程造价较低；当采用 V 型、Y 型和 L 型绝缘子串时，线路走廊会更窄，走廊清理费用也会更小。

4　悬垂型杆塔可带 3 度转角设计，是根据国内的设计和运行经验提出的。由于悬垂型杆塔带转角只是少数情况，实际定位时，有些塔位的设计档距往往不会用足，因此，设计时采用将角度荷载折算成档距，在设计使用档距中扣除，杆塔仍以设计档距荷载计算，这样做一般比较经济合理。如果带转角较大，用缩小档距的办法，使悬垂型杆塔带转角就比较困难，同时悬垂串的偏角较大，塔头相应要放大，而且运行方面更换绝缘子也不方便。当带转角后要导致放大塔头尺寸时，宜做技术经济比较后确定。

悬垂转角杆塔的允许角度也是根据国内的运行经验提出的。悬垂转角杆塔的角度较大时，通常需要在导线横担向下设置小支架来调整导线挂点位置以满足电气间隙要求。

5 重冰区线路考虑脱冰跳跃的影响宜采用单回路杆塔。

10 杆塔荷载及材料

10.1 杆塔荷载

10.1.1 根据现行国家标准《建筑结构可靠度设计统一标准》GB 50068，结合输电结构的特点，简化了荷载分类，不列偶然荷载，将属这类性质的张力及安装荷载等一同列入可变荷载，将基础重力列入永久荷载，同时为与习惯称谓一致不采用该标准中所用的“作用”术语，而仍用“荷载”来表述。

10.1.2 本条是对荷载作用方向的规定。

1 一般情况，杆塔的横担轴线是垂直于线路方向中心线或线路转角的平分线。因此，横向荷载是沿横担轴线方向的荷载，纵向荷载是垂直于横担轴线方向的荷载，垂直荷载是垂直于地面方向的荷载。

2 悬垂型杆塔基本风速工况，除了0°风向和90°风向的荷载工况外，45°风向和60°风向对杆塔控制杆件产生的效应很接近。因此，通常计算0°、45°及90°三种风向的荷载工况。但是，对塔身为矩形截面或者特别高的杆塔等结构，有时候可能由60°风向控制。耐张型杆塔的基本风速工况，一般情况由90°风向控制，但由于风速、塔高、塔型的影响，45°风向有时也会控制塔身主材。对于耐张分支塔等特殊杆塔结构，还应根据实际情况判断其他风向控制构件的可能性。

3 考虑到终端杆塔荷载的特点是不论转角范围大小，其前后档的张力一般相差较大。因此，规定终端杆塔还需计算基本风速的0°风向，其他风向（90°或45°）可根据实际塔位转角情况而定。

10.1.3 正常运行情况、断线（含纵向不平衡张力）情况和安装情况的荷载组合是各类杆塔的基本荷载组合，不论线路工程处于何种气象区都必须计算。当线路工程所处气象区有覆冰条件时，还应计算不均匀覆冰的情况。

10.1.4 基本风速、无冰、未断线的正常运行情况应分别考虑最大垂直荷载和最小垂直荷载两种组合。因为，工程实践计算分析表明，铁塔的某些构件（例如部分V型串的横担构件或部分塔身侧面斜材）可能由最小垂直荷载组合控制。

10.1.5、10.1.6 断线（含纵向不平衡张力）情况，当实际工程气象条件无冰时，应按−5℃、无冰、无风计算。断线工况均考虑同一档内断线（含纵向不平衡张力）。

1 对单回路悬垂型杆塔，应分别考虑一相导线有纵向不平衡张力情况和断一根地线的情况。

2 对耐张塔和双回路悬垂型杆塔，尚应考虑地线断线和导线纵向不平衡张力的组合。

3 对耐张塔，应考虑断两根地线的情况。

4 对于终端杆塔，由于变电站侧导线的纵向不平衡张力很小，线路侧导线的纵向不平衡张力相对很大，因此要求对单回路或双回路终端塔还要考虑线路侧作用一相或两相纵向不平衡张力，使终端塔的纵向荷载组合效应不低于耐张塔的纵向荷载组合。

10.1.7 为了提高地线支架的承载能力，对悬垂塔和耐张塔，地线断线张力取值均为100%最大使用张力。

10.1.8 从历次冰灾事故情况来看，地线的覆冰厚度一般较导线厚，故对于不均匀覆冰情况，地线的不平衡张力取值（占最大使用张力的百分数）较导线大。无冰区段和5mm冰区段可不考虑不均匀覆冰情况引起的不平衡张力。条文表10.1.8中不均匀覆冰的导、地线不平衡张力取值适用于档距不超过550m、高差不超过15%的使用条件，超过该条件时应按实际情况进行计算。

10.1.9 不均匀覆冰荷载组合应考虑纵向弯矩组合情况，以提高杆塔的纵向抗弯能力。

10.1.10 本规范规定的断线张力（或纵向不平衡张力）和不均匀覆冰情况下的不平衡张力值已考虑了动力影响，因此，应按静态荷载计算。

10.1.11 2008年的严重冰灾在湖南、江西和浙江等省份均有发生串倒的现象，由于倒塔断线引起相邻档的铁塔被拉倒的现象不少。为了有效控制冰灾事故的进一步扩大，对于较长的耐张段之间适当布置防串倒的加强型悬垂型杆塔是非常有效的一种方法，国外的规范中也有类似的规定。加强型悬垂型杆塔除按常规悬垂型杆塔工况计算外，还应按所有导、地线同侧有断线张力（或纵向不平衡张力）计算，以提高该塔的纵向承载能力。

10.1.12 本条是根据以往实际工程设计经验确定的。验算覆冰荷载情况是作为正常设计情况之外的补充计算条件提出来的。主要在于弥补设计条件的不足，用以校验和提高线路在稀有的验算覆冰情况下的抗冰能力。它的荷载特点是在过载冰的运行情况下，同时存在较大的不平衡张力。这项不平衡张力是由于现场档距不等，在冰凌过载条件下产生的，导、地线具有同期同方向的特性，故只考虑正常运行和所有导、地线同时同向有不平衡张力情况。鉴于验算覆冰荷载出现概率很小，故不再考虑断线和最大扭矩的组合情况。

10.1.13 对本条说明如下：

1 悬垂型杆塔提升导、地线及其附件时发生的荷载。其中，提升导、地线的荷载如果考虑避免安装荷载（包括检修荷载）控制杆件选材，起吊导、地线时采用转向滑轮（图2）等措施，将起吊荷载控制在导、地线重量的1.5倍以内是可行的。以往线路已有工程经验，但是，应在设计文件中加以说明。

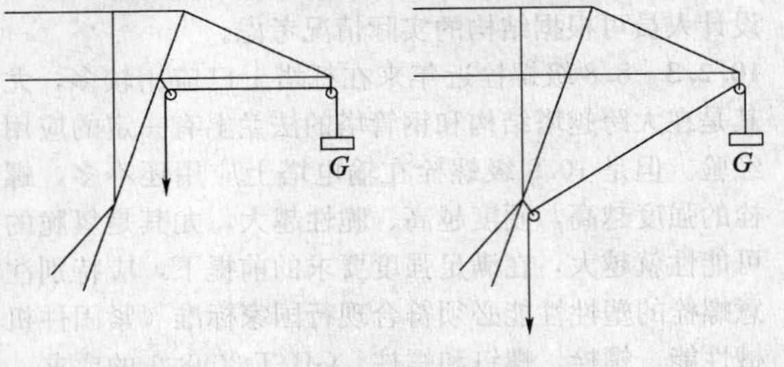

图2 起吊导、地线时采用转向滑轮示意

悬垂型杆塔，导线或地线锚线作业时，挂线点处的线条重力由于前后塔位高差对其影响较大，一般应取垂直档距较大一侧的线条重力。即：按塔位实际情况，一般应取大于50%垂直档距的线条重力。

2 导、地线的过牵引、施工误差和初伸长引起的张力增大系数应根据导、地线的特性确定。

4 水平和接近水平的杆件，单独校验承受1000N人重荷载，而不与其他荷载组合。一般可将与水平面夹角不大于30°的杆件视为接近水平的杆件。如果某些杆件不考虑上人，应在设计文件中说明。校验时，可将1000N作为集中荷载，杆件视为简支梁，其跨距取杆件的水平投影长度，杆件应力应不大于材料的强度设计值。

10.1.14 本条是根据以往实际工程设计经验确定的。

10.1.15 考虑阵风在高度方向的差异对曲线型铁塔斜材产生的不利影响，也称埃菲尔效应。

10.1.17 圆管构件在以往的工程中曾出现过激振现象，有的振动已引起杆件的破坏。虽然目前要精确地计算振动力尚有困难，有些参数不容易得到，一般可参照现行国家标准《高耸结构设计规范》GB 50135的有关规定。

10.1.18 导、地线风荷载计算公式中风压调整系数β_c，是考虑1000kV架空输电线路因绝缘子串较长、子导线多，有发生动力放大作用的可能，且随风速增大而增大。此外，近年来500kV线路事故频率较高，适当提高导、地线荷载对降低线路的倒塔事故率也有一定帮助。但对于电线本身的张力弧垂计算、风偏角计算和其他电压等级线路的荷载计算都不必考虑β_c，即取$\beta_c=1.0$。

通过对各国风偏间隙校验用风压不均匀系数的分析，参照其中反映风压不均匀系数随档距变化规律的德国和日本系数曲线，结合我国运行经验，提出了风压不均匀系数的取值要求，即校验杆塔电气间隙时，档距不大于200m取0.80，档距不小于550m时取0.61，档距在200m～550m时风压不均匀系数α按下式计算：

$$\alpha=0.50+\frac{60}{L_h} \tag{6}$$

式中：L_h——杆塔的水平档距（m）。

10.1.19～10.1.21 根据现行国家标准《高耸结构设计规范》GB 50135关于塔架结构体型系数取值的规定，由钢管构件组成的塔架整体计算时的μ_s，按角钢塔架的μ_s乘以0.6～0.8采用。为计算方便，在以往500kV线路和大跨越钢管塔设计中采用的体型系数为0.82（$1+\eta$），1000kV淮南—上海（皖电东送）特高压交流线路工程钢管塔的体型系数为0.85（$1+\eta$）。

杆塔本身风压调整系数β_z，主要是考虑脉动风振的影响。为便于设计，对一般高度的杆塔在全高度内采用单一系数。总高度超过60m的杆塔，特别是较高的大跨越杆塔，其β_z宜采用由下而上逐段增大的数值，可以参照现行国家标准《建筑结构荷载规范》GB 50009的有关规定确定；对宽度较大或迎风面积增加较大的计算段（如横担、微波天线等）应给予适当加大。单回路杆塔可参考表41取值，同塔双回路杆塔可参考表42取值，表41、表42分别参照了±800kV向家坝—上海特高压直流线路工程和1000kV淮南—上海（皖电东送）特高压交流线路工程的取值，并做了局部调整。

表41 单回路杆塔风荷载调整系数β_z

横担及地线支架高（m）	≤60					>60				
β_z	2.2					2.5				
身部分段高（m）	10	20	30	40	50	60	70	80	90	100
β_z	1.30	1.35	1.40	1.45	1.50	1.55	1.60	1.65	1.70	1.80

表42 双回路杆塔风荷载调整系数β_z

横担及地线支架高（m）	≤90								
β_z	上横担2.4，中横担2.1，下横担1.8								
身部分段高（m）	10	20	30	40	50	60	70	80	90
β_z	1.20	1.25	1.30	1.35	1.40	1.45	1.50	1.55	1.60
横担及地线支架高（m）	>90								
β_z	上横担2.5，中横担2.3，下横担2.0								
身部分段高（m）	100	110	120	130	140	150	—	—	—
β_z	1.70	1.75	1.80	1.85	1.90	2.00	—	—	—

当考虑杆件相互遮挡影响时，可按现行国家标准《建筑结构荷载规范》GB 50009的规定计算受风面

积 A_s。

对基础的 β_z 值是参考化工塔架的设计经验，取对杆塔效应的 50%，即 $\beta_{基}=(\beta_{杆塔}-1)/2+1$，考虑到使用上方便，对 60m 以下杆塔取 1.0；对 60m 及以上杆塔取 1.3。

10.1.22 本条所列计算公式是根据我国电力部门设计经验确定的。导、地线风荷载计算公式、杆塔风荷载计算公式和绝缘子串风荷载计算公式中均有系数 B_1，B_1 为覆冰工况时风荷载的增大系数，仅仅用于计算覆冰风荷载之用，计算其他工况的风荷载时，不考虑系数 B_1。

10.1.23 本条是参考现行国家标准《建筑结构荷载规范》GB 50009第 7.2.1 条制定。

表 10.1.21 风压高度变化系数 μ_z，按下列公式计算得出：

$$\mu_z^A=1.379\left(\frac{Z}{10}\right)^{0.24} \tag{7}$$

$$\mu_z^B=1.000\left(\frac{Z}{10}\right)^{0.32} \tag{8}$$

$$\mu_z^C=0.616\left(\frac{Z}{10}\right)^{0.44} \tag{9}$$

$$\mu_z^D=0.318\left(\frac{Z}{10}\right)^{0.60} \tag{10}$$

式中：Z ——对地高度（m）。

10.2 结构材料

10.2.1 近年来，经过调研及铁塔试验等工作，Q420 高强度角钢在国内第一条 750kV 线路工程中得到了成功应用，在新建 500kV 输电线路工程上也有许多应用实例。我国首条 1000kV 晋东南—南阳—荆门特高压示范线路工程中也用到了 Q420 高强度角钢和钢板。华东院设计的 500kV 吴淞口大跨越工程中应用了 Q390 的高强度钢板压制的钢管结构，并在 500kV 江阴大跨越工程中应用了 ASTM Gr65（屈服应力 450MPa）大规格角钢和厚钢板。因此，本规范将一般采用钢材等级提高到 Q420，此外，现行国家标准《低合金高强度结构钢》GB/T 1591 已列入 Q460 高强度钢，有条件也可采用 Q460。

10.2.2 参考国家现行标准《钢结构设计规范》GB 50017、《高层民用建筑钢结构技术规程》JGJ 99，规定所有杆塔结构的钢材均应满足不低于 B 级钢的质量要求。

由于厚钢板在热轧过程中产生的缺陷，当钢板与其他构件焊接并在厚度方向承受拉力时，沿厚度方向可能会发生层状撕裂的问题，所以本规范规定厚钢板应考虑采取防止层状撕裂的措施，例如可采用 Z 向性能钢板、控制焊接应力、控制钢材的断面收缩率、控制材料杂质含量、控制焊接工艺等措施。

现行国家标准《钢结构设计规范》GB 50017 规定：当焊接承重结构为防止钢材的层状撕裂而采用 Z 向钢时，其材质应符合现行国家标准《厚度方向性能钢板》GB/T 5313 的规定。

国家现行标准《建筑抗震设计规范》GB 50011 和《建筑钢结构焊接技术规程》JGJ 81 对厚度不小于 40mm 的钢材，规定宜采用抗层状撕裂的 Z 向钢材。设计人员可根据结构的实际情况考虑。

10.2.3 8.8 级螺栓近年来在杆塔上已应用较多，尤其是在大跨越塔结构和钢管塔的法兰上有一定的应用经验。但是 10.9 级螺栓在输电塔上应用还不多，螺栓的强度越高，硬度越高、脆性越大，尤其是氢脆的可能性就越大，在满足强度要求的前提下，应特别注意螺栓的塑性性能必须符合现行国家标准《紧固件机械性能　螺栓、螺钉和螺柱》GB/T 3098.1 的要求。

10.2.4 各个性能等级螺栓的材料必须满足现行国家标准《紧固件机械性能　螺栓、螺钉和螺柱》GB/T 3098.1 的最小抗拉应力（f_u）、最小屈服应力（f_y）及一定的硬度值（HR）。按照现行国家标准《紧固件机械性能　螺栓、螺钉和螺柱》GB/T 3098.1 的规定，螺栓的直径暂按照不大于 39mm 考虑，直径大于 39mm 的螺栓可参照采用。

本规范的杆塔构件连接螺栓的强度设计值是以上述标准为基础，并参照国内外的使用经验和试验结果提出的。

钢材设计值参考现行国家标准《钢结构设计规范》GB 50017。

11 杆塔结构

11.1 基本计算规定

11.1.1～11.1.3 这三条是根据现行国家标准《建筑结构可靠度设计统一标准》GB 50068 制定的。

11.2 承载能力和正常使用极限状态计算表达式

11.2.1 承载力极限状态设计表达式是根据现行国家标准《建筑结构可靠度设计统一标准》GB 50068 规定的有关原则确定的。其中的荷载效应分项系数 γ_G、γ_{Qi} 和可变荷载组合系数 ψ 等的取值不仅与安全度有关，而且与可靠指标有关。在荷载标准已经确定的情况下，条文中所规定的各种系数值是不能随意改变的。

荷载标准值是指在杆塔结构的使用期间，在通常情况下可能出现的最大荷载平均值。由于荷载本身具有随机性，因而使用期间的最大荷载也是随机变量，原则上应用它的统计分布来描述。但是，鉴于目前的实际情况，除了风荷载有较详细的统计资料外，其他的荷载只能根据工程实践经验，通过分析判断后，规定一个公称值作为它的标准值。荷载设计值是用它的标准值乘以相应的荷载分项系数之后的数值。

现行国家标准《建筑结构可靠度设计统一标准》GB 50068规定建筑结构设计时，应根据结构破坏可能产生的后果（危及人的生命、造成经济损失、产生社会影响等）的严重性，采用不同的安全等级。建筑结构安全等级的划分应符合表43的要求，结构构件承载能力极限状态的可靠指标不应小于表44的规定。

表43　建筑结构的安全等级

安全等级	破坏后果	建筑物类型
一级	很严重	重要的
二级	严重	一般的
三级	不严重	次要的

表44　结构构件承载能力极限状态的可靠指标

破坏类型	安全等级		
	一级	二级	三级
延性破坏	3.7	3.2	2.7
脆性破坏	4.2	3.7	3.2

基于最小设计风速27m/s（离地高10m）设计的500kV线路杆塔结构构件按JC法计算的可靠度指标$\beta \geqslant 3.2$，已满足现行国家标准《建筑结构可靠度设计统一标准》GB 50068二级建筑物延性破坏可靠度指标的要求，500kV线路多年来的运行实践表明其可靠度是可接受的，没有频繁地出现产生很大社会影响的杆塔失效事故。

1000kV架空输电线路规划用作跨区域联网的骨干网架，其输送容量为500kV线路的4倍～5倍，若杆塔失效，造成的经济损失、社会影响等都将很严重，由此，1000kV架空输电线路杆塔的安全等级应较500kV线路提高一个安全等级，即应按一级安全等级考虑。

现行国家标准《建筑结构可靠度设计统一标准》GB 50068规定结构重要性系数γ_0应按结构构件的安全等级、设计使用年限并考虑工程经验确定，对安全等级为一级或设计使用年限为100年及以上的结构构件，不应小于1.1。

日本特高压线路杆塔结构设计时构件强度留10%的裕度，相当于重要性系数取1.1。

结合国内已建线路倒塔事故的发生原因，主要发生在运行情况下的风及覆冰超过设计值，而对于安装情况发生倒塔事故的概率极小，结构重要性系数取1.1，相当于将所有荷载提高10%，对于安装工况，从国内的实际情况以及国内6万多公里线路的设计和施工经验来看，没有必要进行再提高。因此，一般情况下1000kV架空输电线路各类杆塔除安装工况取$\gamma_0=1.0$外，其他工况取$\gamma_0=1.1$。

11.2.2　与正常使用极限状态有关的荷载效应是根据荷载标准值确定的。

11.2.3　本条是根据现行国家标准《构筑物抗震设计规范》GB 50191和《电力设施抗震设计规范》GB 50260的有关规定和线路杆塔结构的特点制定的。S_{GE}为永久荷载代表值，按照现行国家标准《建筑抗震设计规范》GB 50011确定。

11.3　杆塔结构基本规定

11.3.1　杆塔挠度由荷载、施工和长期运行等原因产生，而从设计上只能控制由荷载引起的挠度值。计算挠度限值的确定原则是使常用的杆塔结构尺寸在荷载的长期效应组合作用下一般能满足要求。

11.3.2　本条是按我国杆塔设计经验并参照美国标准《输电线路角钢塔设计》ASCE 10—97确定的。实际工程中塔身斜材长细比较大时，由于刚度较弱会引起自重下垂变形，故参照美国输电铁塔设计导则将一般受压材的最大允许长细比定为200。

11.3.3　大量工程实践证明热浸镀锌工艺是铁塔构件防腐的有效措施。当选用其他防腐措施时，必须有足够资料证明其防腐性能不低于热浸镀锌工艺，方可采用。

11.3.4　铁塔的连接螺栓，螺纹进入剪切面，不仅降低螺栓的承载力，而且大量螺栓进入剪切面还影响铁塔的变形。因此，设计时应使螺纹不进入剪切面。

11.3.5　运行部门如无特殊要求，一般可在地面以上8m高度范围内塔腿的连接螺栓采取防卸措施。

12　基　础

12.0.1　近年来，各单位的基础选用经验日益丰富，选用的基础型式也逐渐增多，但是，原状土掏挖基础、现浇钢筋混凝土基础和混凝土基础仍然是主要的基础型式。

1　原状土基础能充分发挥原状土的承载性能，承载力大、变形小，用料省。目前，环保要求越来越高，原状土基础对环境的破坏较小，比较符合绿色工程的理念。

2　现浇钢筋混凝土基础或混凝土基础具有较好的经济性和成熟的施工经验，使用范围也较广。近年来，斜掏挖基础和带翼板的掏挖基础也开始在工程中应用起来，并进行了现场试验，其应用前景值得关注。

3　工程中已经普遍采用了全方位长短腿铁塔，为了保护环境，基础设计时需要在基础型式和基面设计方面多做优化工作，尽量采用合理的基础型式，尽可能少开挖或不开挖基面。

12.0.2　按照原输电线路设计方法和经验，对基础稳定、基础承载力采用荷载的设计值进行计算，对地基的不均匀沉降、基础位移等采用荷载的标准值进行计算。

12.0.3 基础的附加分项系数是按照原输电线路设计方法和经验对各类基础的安全度换算而来的。

12.0.4 根据杆塔的风荷载（可变荷载）为主的特点，经过测算，基础底面压力极限状态表达式（12.0.4-1）、式（12.0.4-2）右端项需除以0.75（相当于乘以1.33）后才能保持基础下压按极限状态设计法设计的基础底面尺寸与按容许应力法设计基本上相衔接。仅根据现行国家标准《建筑地基基础设计规范》GB 5007将地基承载力设计值改为地基承载力特征值。

12.0.5 根据现行国家标准《混凝土结构设计规范》GB 50010—2010第3.5节制定。

12.0.6 线路沿线岩石地基的岩性和完整程度通常存在较大差异。由于在线路勘测期间工程地质人员野外对岩石地基的鉴别存在局限性，所以，对配置岩石基础的杆塔位，在基坑开挖后必须进行鉴定。条文中强调了必须对岩石逐基鉴定，保证设计的岩石基础安全、可靠，这也是对选择合适基础型式、正确取定计算参数的验证。

12.0.7 在季节性冻土地区，其标准冻结深度可由地质资料提出，也可按现行国家标准《建筑地基基础设计规范》GB 50007和现行行业标准《冻土地区建筑地基基础设计规范》JGJ 118的规定确定。多年冻土地区其标准冻结深度可按现行行业标准《冻土地区建筑地基基础设计规范》JGJ 118的规定确定。

12.0.9 根据以往工程实践经验提出。防治措施可参照现行国家标准《建筑抗震设计规范》GB 50011和《电力设施抗震设计规范》GB 50260。

12.0.10 转角塔、终端塔的预偏要根据杆塔结构的变形和基础设计时地基出现的变形综合考虑确定或根据工程设计、施工、运行经验确定。

13 对地距离及交叉跨越

13.0.1 导线与地面、建筑物、树木、铁路、道路、河流、管道、索道及各种架空线路的垂直距离，以往设计规程是按最高气温或覆冰情况求得的最大弧垂来计算。

1 重覆冰区的线路，由于严重的冰过载或不均匀覆冰和验算覆冰使导线弧垂增大，对跨越物或地面的间距减小，造成人身触电伤亡，导线烧伤、线路跳闸等事故。为此，本条规定了对重覆冰区的线路，还应计算导线不均匀覆冰和验算覆冰情况下的弧垂增大。

2 为解决架线过程中，由于设计和施工的误差而引起导线对地距离的减少，一般采用在定位过程预留"裕度"的方法来补偿。

在输电线路的设计和施工过程中，由于技术上和设备工具上的原因，往往使计算所得的导线弧垂数值与竣工后的数值之间存在着一定的差距。其产生的原因有测量误差、定位误差和施工误差三种情况。因此，杆塔定位时必须考虑"导线弧垂误差裕度"。

3 大跨越的导线，其截面往往是按发热条件确定的。导线允许温度远大于本条规定的一般线路的数值，而且大跨越在线路中的地位又比较重要，因此为考虑电流过热引起弧垂增大的影响，故补充规定了在大跨越段，确定导线至地面、建筑物、树木、铁路、道路、河流、管道、索道及各种架空线路的距离，应按导线实际能够达到的最高温度计算最大弧垂。

提高导线允许温度到80℃时，按经济电流密度选择导线的线路，应按50℃弧垂校验。

计算表明导线40℃～50℃弧垂差大于70℃～80℃弧垂差。为简化按经济电流密度设计线路的工作，可在导线允许温度从70℃提高到80℃时，将定位弧垂的温度相应从40℃提高到50℃。这样的调整，对一般的平地档距，可以期望获得与现行规范相似的良好配合和运行效果。

验算覆冰条件、导线最高温度及导线覆冰不均匀情况下对被交叉跨越物的间隙距离按操作过电压间隙校验。

13.0.2 本条为强制性条文。说明如下：

1 电场对人体的影响。输电线路周围的电场对线路附近的人、动植物等会产生一定程度的影响，对动植物的影响问题，国外虽已进行了许多研究，但尚未能确定1000kV架空输电线路可能造成的有害效应及影响程度，因此，在研究1000kV架空输电线路的对地距离时，结合我国超高压线路的设计运行经验，主要考虑电场对人体的影响。电场对人体的作用可分为以下几类：

1） 直接作用：通过线路与人体之间的电容耦合，在人体产生位移电流，其影响程度取决于位移电流大小、人在电场停留的时间及频度。

2） 冲击电荷：积累在其他物体上的感应电荷通过人体瞬间或间断放电（暂态电击），其影响程度取决于因放电而流经人体的电荷。

3） 稳态电流：人接触对地绝缘的大型物体时，线路与物体间的电容耦合电流通过人体入地，其影响程度取决于流经人体的持续电流大小。

当输电线路的杆塔尺寸、导线结构确定后，降低线路周围电场强度的主要措施就是提高导线的高度，场强由10kV/m降低到7kV/m，塔高需增加约4m，而场强由7kV/m降低到5kV/m，塔高需增加约4.5m。这将导致线路造价的迅速增大。因此，不应对输电线路全线的场强规定一个统一的较小限值，而应根据在不同地区或场合，电场对人体的作用效应及允许程度规定相应的场强限值。

2 地面电场强度的限值。

1） 居民区的场强限值。我国输电线路的居民区标准主要用于乡镇、车站附近过往人较多的地区。参考已有线路的运行经验，我国超高压线路在居民区的地面最大场强计算值限制在7kV/m，多年来运行情况良好，极少发生在居民区的电击引起的投诉。根据我国线路设计的实际运行情况，1000kV 线路在居民区的线下最大场强限值为 7kV/m，与我国超高压线路处于同一水平。

2）非居民区的场强限值。根据我国超高压线路的设计运行经验，以及国内、外对特高压线路的研究成果和经验，结合国家环保总局对特高压线路环境影响的评估意见，并参考国、内外的有关标准，对于非居民区，与超高压线路取同一标准，线下最大电场强度按 10kV/m 控制。同时，对于部分人烟稀少的非农业地区，为了降低工程造价，必要时可以适当提高场强限值，对地距离按 12kV/m 控制。

3）交通困难区的场强限值。我国 500kV 线路在此类地区的对地距离仅按电气绝缘强度确定，未明确场强限值，750kV 线路在满足电气绝缘强度的前提下，最大地面场强低于 20kV/m。

1000kV 特高压输电线路操作过电压间隙取 7.0m，交通困难地区最小对地距离仅为 12.5m，相应的地面最大电场强度将超过 20kV/m，经对电场强度校核，交通困难地区的最小对地距离应取 15m。

3 最小对地距离取值。以典型杆塔尺寸为例，按上述不同场强控制值进行最小对地距离计算，其结果如下表。

表 45 导线最小对地距离计算值（m）

<table>
<tr><td rowspan="2">塔型
地区</td><td colspan="2">酒杯塔、猫头塔</td><td rowspan="2">双回路塔Ⅰ串（逆相序）</td><td rowspan="2">双回路塔Ⅴ串（逆相序）</td></tr>
<tr><td>中相V串</td><td>三相V串</td></tr>
<tr><td>居民区</td><td>27</td><td>26</td><td>25</td><td>24</td></tr>
<tr><td>非居民地区</td><td>22</td><td>21</td><td>21</td><td>20</td></tr>
<tr><td>人烟稀少的非农业耕作地区</td><td colspan="2">19</td><td colspan="2">18</td></tr>
<tr><td>交通困难地区</td><td colspan="4">15</td></tr>
</table>

考虑到在实际工程中采用绝缘子串形式的可能性，条文中仅按单、双回路塔给出了较大值，必要时应根据实际情况进行调整。

表 45 是按基本塔型计算的，随着塔型的变化，最小对地距离值发生变化，当线间距离变化很大时，也宜根据情况进行校核。

人烟稀少的非农业耕作地区和交通困难地区的最小对地距离值仅作参考，原则上统一按非居民地区考虑。

线路在经过步行可到达的山坡时，最小净空距离按操作过电压的放电间隙，并考虑人放牧时挥鞭对导线的接近及一定裕度取为 13m。

导线对步行不可到达的山坡、峭壁和岩石的最小净空距离，按操作过电压的放电间隙再考虑人、蓄高度及一定裕度取为 11m。

13.0.3 本条为强制性条文。经过世界各国大量的试验研究，到目前为止，普遍认为长期处于超高压线路附近的电场中，对人体不至于产生不良影响，目前规定 500kV 及以上电压等级线路不考虑跨越经常住人的建筑物，并按运行线路实际情况，对 500kV 和 750kV 线路分别规定边相导线地面投影外 5m 和 6m 以内不允许有经常住人的建筑物（日本规定 500kV 线路边相地面投影 3m 以内不允许有住房）。

对被跨越的非长期住人建筑物和邻近居住建筑（居住建筑是指人们居住使用的建筑，见现行国家标准《民用建筑设计通则》GB 50352—2005，其他输电线路设计规范对应的条款中居住建筑等为民房，含义相同），控制房屋所在位置离地面 1.5m 处未畸变电场不超过 4kV/m，以满足环保部门的要求。根据实测，此时户内的电场小到接近于零。参照现行规程规定：330kV 线路同 220kV 线路一样，在某些情况下是允许跨越房屋的。330kV 线路线间距离一般为 7m、8m 和 9m，若被跨越的民房高度为 4m 或 5m，按规程规定，线路架线相应的高度为 11m 或 12m，其相应的最大地面未畸变场强见表 46。

表 46 线下最大地面未畸变场强

线距（m）	7	7	8	8	9	9
导线对地高度（m）	11	12	11	12	11	12
线下最大地面未畸变场强（kV/m）	4.05	3.49	4.3	3.72	4.51	3.93

可见，330kV 线路跨越民房时，其最大地面未畸变场强在 4kV/m 上下。500kV 线路即按此经验选取 4kV/m 作为界限，多年来华东地区以及国内其他地区的绝大部分 500kV 线路拆迁房屋的实际标准，均为 4kV/m。

我们曾对某 500kV 线路工程的拆迁房屋数量进行统计分析，该线路导线排列为三角排列，常用悬垂型杆塔的横担宽度为 14m，仅为水平排列导线横担长度的 60%左右，若场强取 3kV/m 为限，则拆房费用还要增加 12.5%，相当可观。近年来，拆房费用不断上涨，华东地区线路拆房费甚至高达2000 元/m^2 以上，并且还涉及大量政策处理和住房建设问题，直接影响整个工程的进度。

13.0.4 1000kV 架空输电线路不应跨越居住建筑和危及线路安全的建筑物；对人员不经常活动的耐火屋顶建筑物，如必须跨越且经与有关方面协商或取得当地政府同意时，导线与建筑物之间的最小垂直距离，从电场强度来看，可采用交通困难地区的标准。参照 220kV～750kV 线路的规律，在交通困难地区对地距离的基础上增加0.5m，取为15.5m，并尚需满足房屋所在位置离地1.5m高处最大未畸变电场不应超过4kV/m的要求。

导线在最大计算风偏时对建筑物的最小净空距离，考虑导线的最大计算风偏仅是短时性的，故风偏后的净距按交通困难地区对地距离取值。

考虑到1000kV架空输电线路导线较高，影响范围较大，无风情况下，边导线与建筑物之间的水平距离较超高压线路适当提高，取7m，与前苏联规程基本一致。

导线与建筑物之间的最小净空距离是指在最大计算风偏情况下的最小空间距离，如图3所示。

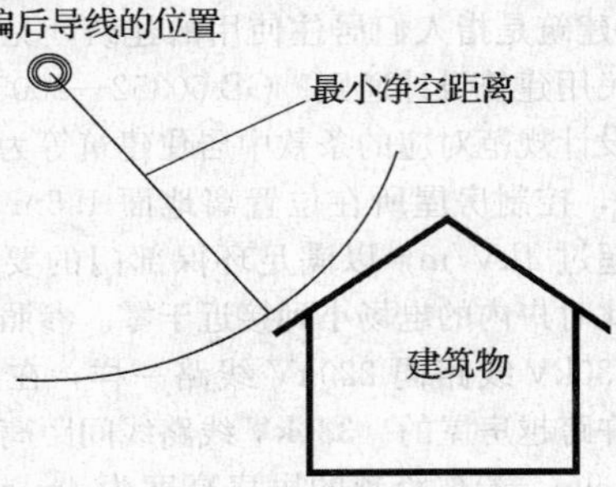

图3 导线与建筑物之间的最小净空距离示意

13.0.5 随着社会环保意识的不断加强，线路在经过林区、植被覆盖茂密等地区，应考虑树木的自然生长高度，采取高塔跨越方案，原则上不砍林木，更好地保护生态环境。

1 导线与林区树木之间的垂直距离。观察发现，植物对线路下的电场有很大的适应能力。线路走廊中生长的农作物，受电场的刺激，一般生长得高大，果实数量与无电场作用地区没有差别，甚至还有所提高。8kV/m～12kV/m线路下生长的果树，受电场的作用使果实的质量提高。线路下和附近的乔木超过一定高度时，树木端部会出现烧伤。测量表明，引起植物端部烧伤的电场强度在20kV/m以上，这种现象与电压等级并没有直接关系。

1000kV架空输电线路按不超过20kV/m场强控制，单、双回路导线与树木的最小垂直距离分别取14m、13m。

3 导线最大风偏时与公园、绿化区、防护林带树木之间的净空距离。导线与树木之间的净空距离，按操作过电压的放电间隙（7m），并考虑一定裕度（3m），取为10m。

4 导线与果树、经济作物、城市绿化灌木及街道树之间的垂直距离。该类树木的自然生长高度一般较低，超高生长的可能性也很小，但考虑人对该类树木接触、作业的机会较多，且大多采用跨越方案，故留有一定裕度，单、双回路分别取16m、15m。

13.0.6 本条文是按架空输电线路与弱电线路接近和交叉装置规程中有关规定而编制的。

13.0.7 本条在现行国家标准《建筑设计防火规范》GB 50016要求的基础上作了补充和修改。

1 关于输电线路与易燃易爆场所的防火间距，不应小于杆塔高度加3m。

2 关于输电线路与爆炸物的接近距离，按照爆炸物的布置方式（开口布置或闭口布置）有不同的要求，设计时可参考有关专业规范。

以上规定，均是针对输电线路事故时，不致危及接近的易燃易爆场所。但在输电线路设计中，往往还要考虑易燃易爆物事故时，不危及线路的安全运行。如果有此需要，可参照有关专业规范或与有关单位协商解决。

13.0.8 1000kV架空输电线路与地埋特殊管道平行接近时，应考虑线路由于感应过电压引起的腐蚀、雷击引起的地电位升高等问题，并应根据线路和管道的具体参数计算确定。

13.0.9 本条第1款为强制性条文。

1000kV架空输电线路对各种交叉跨越物的距离，其取值原则由电场强度、电气绝缘间隙以及其他因素决定。1000kV架空输电线路与交叉跨越物的水平距离主要是为了避免对其他部门设施产生影响等。在现行线路设计规程中，其取值大多与电压等级无关，相关部门亦已认可，个别与电压等级相关的距离，按各电压等级取值的级差递增取值。

1 导线与铁路之间的垂直距离。国外及我国500kV以上线路的规定见表47。

表47 各国不同电压等级对铁路交叉垂直距离

国别	电压等级（kV）	至铁路轨顶的垂直距离（m）
前苏联	1150	17.5
前苏联	750	12.0
加拿大	735	13.7
中国	500	14.0
中国	750	19.5

考虑我国的实际情况，1000kV架空输电线路至标准轨铁路轨顶的最小垂直距离，按地面场强7kV/m控制；跨越电气化铁路时，由于承力索高度有限，考虑电气间隙加安全裕度后一般不控制导线高度，因此，对轨顶也按7kV/m场强控制；导线至窄轨铁路轨顶的最小垂直距离比标准轨铁路可减少一些，我国现行国家标准《110kV～750kV架空输电线路设计规范》GB 50545中，一般可减少1m。考虑特高压线路因电压等级较高，对所有铁路轨顶均按7kV/m场强控制，单、双回路对应的导线对轨顶距离分别为27m、25m。

单回路至承力索的垂直距离按电气间隙控制，与跨越电力线路相同取10m；对承力索杆顶距离，单回路与跨越电力线杆顶取值相同，取 16m，双回路取 14m。

2 导线与铁路之间的水平距离。交叉铁路时，杆塔基础外缘至轨道中心的最小水平距离，现行国家标准《110kV～750kV 架空输电线路设计规范》GB 50545 中各级电压均为 30m，1000kV 特高压线路因电压等级较高，为提高安全运行可靠性，建议最小水平距离提高到 40m 或按协议要求取值。

铁道部铁建设函〔2009〕327 号文规定，线路交叉跨越铁路时，杆塔外缘至轨道中心水平距离不应小于“塔高加 3.1m”。当无法满足此要求时，可适当减小距离，但 1000kV 特高压线路不得小于 40m。线路与铁路平行接近时，杆塔外缘至轨道中心的水平距离不小于塔高加 3.1m，困难时协商确定。

铁道部铁建设函〔2009〕327 号文规定，特高压输电线路跨越铁路处采取的加强措施包括：

1） 基本风速、基本覆冰重现期应按 100 年一遇设计。

2） 杆塔结构重要性系数应取 1.1。

3） 跨越铁路时采用独立耐张段，跨越档导线、地线不得设有任何接头。

4） 一般情况下，不应在铁路车站出站信号机以内跨越。

5） 跨越时，交叉角不应小于 45°。困难情况下双方协商确定，但不得小于 30°。

6） 为提高特高压线路的抗冰能力，跨越段应因地制宜，实行差异化设计。覆冰区段，导线最大设计验算覆冰厚度应比同区域常规线路增加 10mm，地线设计验算覆冰厚度增加 15mm。

7） 跨越段绝缘子串采用双挂点、双联 I 串或 V 串型式。

8） 导线最大弧垂温度按照相关国家标准执行，且不应小于 70℃。

9） 跨越铁路的特高压线路铁塔处应设置标志牌，标明以下信息：电压等级、走廊宽度、轨顶的导线最低点高度、相对轨顶的设施限高、安全绝缘距离等。

3 导线与公路之间的垂直距离。我国在第一批 500kV 线路设计时，控制地面场强小于 9kV/m，线下大型车辆感应的短路电流不超过 5mA。考虑以后车辆尺寸还可能增大，以及降低电击的影响，我国 500kV 线路跨越公路的场强标准控制在 7kV/m。

考虑我国的实际情况，很难限制运输车辆不在线下附近停留，故 1000kV 架空输电线路仍维持 7kV/m 的场强限值，相应单、双回路导线与公路之间的垂直距离分别为 27m、25m。和超高压线路一样，对高速公路、一级公路需按导线最高温度 70℃校核，必要时按 80℃校核。

4 导线与公路之间的水平距离。对公路各地均有相应法律及相关条例规定，不同等级的公路，交叉跨越要求的最小距离也不一致。这里仅规定最低要求值，具体情况应与各地交通主管部门协商，按协议要求取值。

与公路交叉时，参考超高压的取值，建议铁塔基础外缘至公路路基边缘不小于 15m。与高速公路交叉时，最新公路法要求已大为提高，如广东、湖北等地要求 80m。因此，线路铁塔基础外缘至高速公路隔离栏的最小水平距离与公路部门协商，按协议要求取值。

当线路与公路平行接近时，在开阔地区，电力线对公路的水平距离应不小于最高杆塔高度。在路径受限制地区，为保证线路对公路车辆及行人安全，单、双回路最小水平距离分别不小于 15m、13m，或按协议要求取值。

5 导线与通航河流的垂直距离。导线至五年一遇洪水位的最小垂直距离，若按照操作过电压间隙加裕度取值，洪水面场强将大于 20kV/m，对应的单、双回路最小垂直距离分别为 14m、13m。

导线至最高航行水位桅杆顶的最小垂直距离，按操作过电压间隙加裕度考虑取 10m。

导线至最高航行水位的最小垂直距离，按水面最大场强 10kV/m 控制另加 2m 裕度，单、双回路分别取 24m、23m。

6 导线与不通航河流的垂直距离。导线至百年一遇洪水位的最小垂直距离，按电气间隙要求加裕度取 10m；对于有抢险船只航行的河流，至最高洪水位垂直距离，应通过协商确定。至冬季冰面的最小垂直距离，按 10kV/m 场强控制，对应的单、双回路最小垂直距离分别为 22m、21m。

7 导线与河流的水平距离。塔位至河堤的最小水平距离，按河堤保护范围之外或按协议取值。

8 导线跨越电力线路时的垂直距离。

1） 1000kV 跨越电力线档距中央时，不考虑被跨越电力线路地线上作业情况，对地线的最小垂直距离，按最大操作过电压间隙加上裕度推荐取 10m。

2） 1000kV 架空输电线路在跨越电力线杆顶时应考虑场强对电力线路专业维护人员的影响，当被跨塔顶的非畸变空间场强为 12kV/m 左右时，相应流经人体电流约为 0.22mA，相对于“感觉电流”有一定裕度。因此，1000kV 架空输电线路导线至电力线杆塔顶的最小垂直距离按 12kV/m 控制取 16m。

9 与电力线路的水平距离。在路径受限制地区，当两回平行的输电线路杆塔同步排列时，两回输电线路邻近的边相导线间的最小水平距离类同于同杆双回路上，不同回路的不同相导线间的水平线距。

同一回路导线的水平线间距离，对 1000m 以下档距，按档距中导线接近条件考虑，按正文中 (8.0.1-1) 公式计算。不同回路的不同相导线间水平线间距离应比上式要求加大 0.5m。按 1000kV 架空输电线路侧操作过电压倍数相地 1.7p.u、相间 2.9p.u，分裂导线至分裂导线相间距离为 9.2m，悬垂绝缘子串长 $L_k=12.5m$。路径受限制地区大都在发电厂、变电站进出线段或邻近城市的走廊拥挤地段，多为平丘地区，档距一般为 400m～600m，气象条件：最大风速 30m/s～35m/s，最大覆冰 10mm，导线一般为 LGJ-630、ACSR-720，最大弧垂 $f_c=30m$（对应 $L=600m$）。

$$
\begin{aligned}
D &= k_i L_k + \frac{U}{110} + 0.65\sqrt{f_c} \\
&= 0.4\times 12.5 + 9.2 \\
&\quad + 0.65\sqrt{30+0.5} = 18.26m \qquad (11)
\end{aligned}
$$

考虑一定的裕度，取为 20m。

对路径狭窄地带，如果两线路杆塔位置交错排列，导线在最大风偏情况下，1000kV 架空输电线路考虑最大操作过电压间隙值，同时考虑杆塔上人检修并留一定的裕度，并按导线场强小于 20kV/m 考虑，即按步行可以到达山坡考虑，取为 13m。

10 导线跨越弱电线路时的垂直距离。弱电线路相对于一般高压电力线杆塔、电气化铁路承力索或接触线杆塔而言，保护措施相对较为宽松，同时杆塔高度较低，容易攀爬，应降低被跨弱电线的电场强度，弱电线高度取 5m，且经计算可知，随着与被跨越物之间距离减小，电场强度增大，如表 48 所示。

表 48 导线对弱电线的垂直距离计算结果（m）

塔型 / 距离（m） / 场强（kV/m）	水平排列中相 V 串	三角排列中相 V 串	双回路 I 串	备注
	5	5		
10	17.832	17.517	15.686	导线 8×500 分裂间距 400mm
11	16.577	16.297	14.613	
12	15.491	15.239	13.680	
13	14.539	14.312	12.857	
14	13.697	13.490	12.127	

1000kV 架空输电线路对弱电线杆顶的非畸变空间场强按 10kV 控制，相应流经人体电流初步估算为 0.18mA，相对于“感觉电流”仍有相当裕度。因此，单回路导线至弱电线的最小垂直距离推荐取值 18m，双回路 I 串逆相序排列时导线至弱电线的最小垂直距离推荐取值 16m，较跨越高压电力线杆塔、电气化铁路承力索或接触线杆塔增加 2m。

另外，由于跨越高速公路广告牌等类似构筑物，需要考虑人员登上构筑物作业等情况，所以需要考虑适合人员活动的电场强度，即宜按导线至弱电线的最小垂直距离考虑。

11 与弱电线路的水平距离。在开阔地区，与和线路电力线平行时相同，取最高塔高。在路径受限制地区，按步行可以到达山坡考虑，单、双回路分别取 13m、12m，或按协议取值。

12 导线跨越特殊管道时的垂直距离。特殊管道是架设在地面上输送易燃易爆物品如石油、天然气的管道，导线对此类管道的最小垂直距离，1000kV 架空输电线路按与跨越弱电线路相同，单、双回路分别取 18m、16m，或按协议要求取值。

13 导线与特殊管道平行时的水平距离。在开阔地区，线路与特殊管道平行接近时，线路边导线至管道任何部分的最小水平距离不小于平行地段线路的最高杆塔高度。

在路径受限制地区，边导线在最大风偏情况下对特殊管道的水平距离，按步行可以到达山坡考虑，取值为 13m。

国网电力科学研究院给出了 1000kV 架空输电线路与特殊管道的允许平行长度的建议值，见表 49。

表 49 1000kV 架空输电线路与特殊管道的允许平行长度（km）

正常运行电流 3kA	1000kV 单回路	1000kV 双回路逆相序
管道石油沥青防护	1	3
管道 3 层 PE 防腐层	1	2

14 环境保护

14.0.1 本章条文要求输电线路设计应符合国家环境保护和水土保持等相关法律、法规的要求。

14.0.2～14.0.4 本条强调对电磁干扰采取的防治措施，并对输电线路环境影响进行评价。输电线路环境影响评价采用的手段与方法所涉及的标准和规范主要有：

《作业场所工频电场卫生标准》GB 16203—1996 对工频电场测量方法的规定；

《声环境质量标准》GB 3096—2008 中对环境噪声测量方法的规定；

《环境影响评价技术导则》HJ/T 2.1～2.3—1993；

《环境影响评价技术导则声环境》HJ/T 2.4—1995；

《环境影响评价技术导则非污染生态影响》HJ/T19—1996。

14.0.5 本条强调对自然环境和水土保持采取的防治措施。

16 附属设施

16.0.1 巡线站的设置与否跟沿线交通条件关系很大，在交通方便的地区一般不需要设置巡线站。

16.0.2 按以往的惯例运行管理部门确有此需要，故一直沿用至今。根据近年来线路运行中发生的攀爬、触电事故，提出“杆塔上固定标志的尺寸、颜色和内容还应符合运行部门的要求”。根据铁路部门的要求，跨越铁路时杆塔处应设置标志牌，标明以下信息：电压等级、走廊宽度、轨顶的导线最低点高度、相对轨顶的设施限高、安全绝缘距离等。

16.0.3 根据现在的通信条件，完全没有架设检修专用通信线路的必要，对于大山、大森林或荒原等通信困难地段，也应采用适当的先进通信手段而不宜架设专用通信线，宜根据现有运行条件配备适当的通信设施。

中华人民共和国国家标准

混凝土结构工程施工规范

Code for construction of concrete structures

GB 50666—2011

主编部门：中华人民共和国住房和城乡建设部
批准部门：中华人民共和国住房和城乡建设部
施行日期：2 0 1 2 年 8 月 1 日

中华人民共和国住房和城乡建设部
公　　告

第1110号

关于发布国家标准
《混凝土结构工程施工规范》的公告

现批准《混凝土结构工程施工规范》为国家标准，编号为GB 50666－2011，自2012年8月1日起实施。其中，第4.1.2、5.1.3、5.2.2、6.1.3、6.4.10、7.2.4（2）、7.2.10、7.6.3（1）、7.6.4、8.1.3条（款）为强制性条文，必须严格执行。

本规范由我部标准定额研究所组织中国建筑工业出版社出版发行。

中华人民共和国住房和城乡建设部

2011年7月29日

前　　言

本规范是根据原建设部《关于印发〈2007年工程建设标准规范制订、修订计划（第一批）〉的通知》（建标［2007］125号）的要求，由中国建筑科学研究院会同有关单位编制而成。

本规范是混凝土结构工程施工的通用标准，提出了混凝土结构工程施工管理和过程控制的基本要求。本规范在控制施工质量的同时，为贯彻执行国家技术经济政策，反映建筑领域可持续发展理念，加强了节能、节地、节水、节材与环境保护等要求。本规范积极采用了新技术、新工艺、新材料。

本规范在编制过程中，总结了近年来我国混凝土结构工程施工的实践经验和研究成果，借鉴了有关国际和国外先进标准，开展了多项专题研究，广泛地征求了有关方面的意见，对具体内容进行了反复讨论、协调和修改，最后经审查定稿。

本规范共分11章、6个附录。主要内容是：总则，术语，基本规定，模板工程，钢筋工程，预应力工程，混凝土制备与运输，现浇结构工程，装配式结构工程，冬期、高温和雨期施工，环境保护等。

本规范中以黑体字标志的条文为强制性条文，必须严格执行。

本规范由住房和城乡建设部负责管理和对强制性条文的解释，由中国建筑科学研究院负责具体技术内容的解释。请各单位在本规范执行过程中，总结经验，积累资料，并将有关意见和建议寄送中国建筑科学研究院《混凝土结构工程施工规范》管理组（地址：北京市朝阳区北三环东路30号，邮政编码：100013，电子邮箱：concode@126.com），以便今后修订时参考。

本规范主编单位：中国建筑科学研究院

本规范参编单位：中国建筑第八工程局有限公司
上海建工集团股份有限公司
中国建筑第二工程局有限公司
中国建筑一局（集团）有限公司
中国中铁建工集团有限公司
浙江省长城建设集团股份有限公司
青建集团股份公司
北京市建设监理协会
中冶建筑研究总院有限公司
黑龙江省寒地建筑科学研究院
东南大学
同济大学
华中科技大学
北京榆构有限公司
瑞安房地产发展有限公司
沛丰建筑工程（上海）有限公司
北京东方建宇混凝土科学

技术研究院
浙江华威建材集团有限公司
西卡中国集团
广州市裕丰控股股份有限公司
柳州欧维姆机械股份有限公司

本规范主要起草人员：袁振隆 程志军 王玉岭 王沧州 王晓锋 王章夫 朱万旭 朱广祥 李小阳 李东彬 李宏伟 李景芳 肖绪文 吴月华 何晓阳 冷发光 张元勃 张同波 林晓辉 赵挺生 赵 勇 姜 波 耿树江 郭正兴 郭景强 龚 剑 蒋勤俭 赖宜政 路来军

本规范主要审查人员：叶可明 杨嗣信 胡德均 钟 波 艾永祥 赵玉章 张良杰 汪道金 张 琨 陈 浩 高俊岳 白生翔 韩素芳 徐有邻 李晨光 尤天直 郑文忠 冯 健 魏建东 丛小密 杨思忠

目　次

1　总则 …… 1—50—7
2　术语 …… 1—50—7
3　基本规定 …… 1—50—7
3.1　施工管理 …… 1—50—7
3.2　施工技术 …… 1—50—7
3.3　施工质量与安全 …… 1—50—7
4　模板工程 …… 1—50—8
4.1　一般规定 …… 1—50—8
4.2　材料 …… 1—50—8
4.3　设计 …… 1—50—8
4.4　制作与安装 …… 1—50—10
4.5　拆除与维护 …… 1—50—11
4.6　质量检查 …… 1—50—11
5　钢筋工程 …… 1—50—11
5.1　一般规定 …… 1—50—11
5.2　材料 …… 1—50—11
5.3　钢筋加工 …… 1—50—12
5.4　钢筋连接与安装 …… 1—50—12
5.5　质量检查 …… 1—50—14
6　预应力工程 …… 1—50—14
6.1　一般规定 …… 1—50—14
6.2　材料 …… 1—50—14
6.3　制作与安装 …… 1—50—15
6.4　张拉和放张 …… 1—50—16
6.5　灌浆及封锚 …… 1—50—17
6.6　质量检查 …… 1—50—18
7　混凝土制备与运输 …… 1—50—18
7.1　一般规定 …… 1—50—18
7.2　原材料 …… 1—50—18
7.3　混凝土配合比 …… 1—50—19
7.4　混凝土搅拌 …… 1—50—20
7.5　混凝土运输 …… 1—50—21
7.6　质量检查 …… 1—50—21
8　现浇结构工程 …… 1—50—22
8.1　一般规定 …… 1—50—22
8.2　混凝土输送 …… 1—50—22
8.3　混凝土浇筑 …… 1—50—23
8.4　混凝土振捣 …… 1—50—24
8.5　混凝土养护 …… 1—50—25
8.6　混凝土施工缝与后浇带 …… 1—50—26
8.7　大体积混凝土裂缝控制 …… 1—50—26
8.8　质量检查 …… 1—50—27
8.9　混凝土缺陷修整 …… 1—50—27
9　装配式结构工程 …… 1—50—28
9.1　一般规定 …… 1—50—28
9.2　施工验算 …… 1—50—29
9.3　构件制作 …… 1—50—29
9.4　运输与堆放 …… 1—50—30
9.5　安装与连接 …… 1—50—30
9.6　质量检查 …… 1—50—31
10　冬期、高温和雨期施工 …… 1—50—31
10.1　一般规定 …… 1—50—31
10.2　冬期施工 …… 1—50—32
10.3　高温施工 …… 1—50—33
10.4　雨期施工 …… 1—50—34
11　环境保护 …… 1—50—34
11.1　一般规定 …… 1—50—34
11.2　环境因素控制 …… 1—50—34
附录A　作用在模板及支架上的荷载标准值 …… 1—50—34
附录B　常用钢筋的公称直径、公称截面面积、计算截面面积及理论重量 …… 1—50—35
附录C　纵向受力钢筋的最小搭接长度 …… 1—50—36
附录D　预应力筋张拉伸长值计算和量测方法 …… 1—50—36
附录E　张拉阶段摩擦预应力损失测试方法 …… 1—50—37
附录F　混凝土原材料技术指标 …… 1—50—37
本规范用词说明 …… 1—50—40
引用标准名录 …… 1—50—40
附：条文说明 …… 1—50—41

Contents

1 General Provisions ········· 1—50—7
2 Terms ········· 1—50—7
3 Basic Requirements ········· 1—50—7
3.1 Construction Management ········· 1—50—7
3.2 Construction Technology ········· 1—50—7
3.3 Construction Quality and Safety ········· 1—50—7
4 Formwork ········· 1—50—8
4.1 General Requirements ········· 1—50—8
4.2 Materials ········· 1—50—8
4.3 Design ········· 1—50—8
4.4 Fabrication and Installation ········· 1—50—10
4.5 Removal and Maintenance ········· 1—50—11
4.6 Quality Control ········· 1—50—11
5 Reinforcement ········· 1—50—11
5.1 General Requirements ········· 1—50—11
5.2 Materials ········· 1—50—11
5.3 Reinforcement Fabrication ········· 1—50—12
5.4 Reinforcement Connection and Fixing ········· 1—50—12
5.5 Quality Control ········· 1—50—14
6 Prestressed Concrete ········· 1—50—14
6.1 General Requirements ········· 1—50—14
6.2 Materials ········· 1—50—14
6.3 Fabrication and Installation ········· 1—50—15
6.4 Post-tensioning and Pre-tensioning ········· 1—50—16
6.5 Grouting and Anchorage Protection ········· 1—50—17
6.6 Quality Control ········· 1—50—18
7 Concrete Production and Transportation ········· 1—50—18
7.1 General Requirements ········· 1—50—18
7.2 Materials ········· 1—50—18
7.3 Mix Proportioning ········· 1—50—19
7.4 Mixing ········· 1—50—20
7.5 Transportation ········· 1—50—21
7.6 Quality Control ········· 1—50—21
8 Cast-in-Situ Concrete ········· 1—50—22
8.1 General Requirements ········· 1—50—22
8.2 Conveying ········· 1—50—22
8.3 Placing ········· 1—50—23
8.4 Compacting ········· 1—50—24
8.5 Curing ········· 1—50—25
8.6 Construction Joint and Post-cast Strip ········· 1—50—26
8.7 Crack Control of Mass Concrete ········· 1—50—26
8.8 Quality Control ········· 1—50—27
8.9 Repair of Concrete Defects ········· 1—50—27
9 Precast Concrete ········· 1—50—28
9.1 General Requirements ········· 1—50—28
9.2 Checking ········· 1—50—29
9.3 Production ········· 1—50—29
9.4 Storage and Transportation ········· 1—50—30
9.5 Erection ········· 1—50—30
9.6 Quality Control ········· 1—50—31
10 Construction in Cold, Hot and Rainy Weather ········· 1—50—31
10.1 General Requirements ········· 1—50—31
10.2 Cold Weather Requirements ········· 1—50—32
10.3 Hot Weather Requirements ········· 1—50—33
10.4 Rainy Weather Requirements ········· 1—50—34
11 Environmental Protection ········· 1—50—34
11.1 General Requirements ········· 1—50—34
11.2 Environmental Considerations ········· 1—50—34
Appendix A Characteristic Values of Loads Acting on Formwork ········· 1—50—34
Appendix B Nominal Diameter, Nominal Sectional Area, Calculation Sectional Area and Theoretical Weight of Common Reinforcements ········· 1—50—35
Appendix C Minimum Splicing

Length of Longitudinal Reinforcements ········ 1—50—36

Appendix D Calculation and Measurement Method for Elongation of Prestressed Tendons ················ 1—50—36

Appendix E Testing Method for Prestressing Loss due to Friction ············ 1—50—37

Appendix F Specifications of Concrete Materials ················ 1—50—37

Explanation of Wording in This Code ···························· 1—50—40

List of Quoted Standards ············ 1—50—40

Addition: Explanation of Provisions ···················· 1—50—41

1 总 则

1.0.1 为在混凝土结构工程施工中贯彻国家技术经济政策，保证工程质量，做到技术先进、工艺合理、节约资源、保护环境，制定本规范。

1.0.2 本规范适用于建筑工程混凝土结构的施工，不适用于轻骨料混凝土及特殊混凝土的施工。

1.0.3 本规范为混凝土结构工程施工的基本要求；当设计文件对施工有专门要求时，尚应按设计文件执行。

1.0.4 混凝土结构工程的施工除应符合本规范外，尚应符合国家现行有关标准的规定。

2 术 语

2.0.1 混凝土结构 concrete structure

以混凝土为主制成的结构，包括素混凝土结构、钢筋混凝土结构和预应力混凝土结构，按施工方法可分为现浇混凝土结构和装配式混凝土结构。

2.0.2 现浇混凝土结构 cast-in-situ concrete structure

在现场原位支模并整体浇筑而成的混凝土结构，简称现浇结构。

2.0.3 装配式混凝土结构 precast concrete structure

由预制混凝土构件或部件装配、连接而成的混凝土结构，简称装配式结构。

2.0.4 混凝土拌合物工作性 workability of concrete

混凝土拌合物满足施工操作要求及保证混凝土均匀密实应具备的特性，主要包括流动性、黏聚性和保水性。简称混凝土工作性。

2.0.5 自密实混凝土 self-compacting concrete

无需外力振捣，能够在自重作用下流动并密实的混凝土。

2.0.6 先张法 pre-tensioning

在台座或模板上先张拉预应力筋并用夹具临时锚固，在浇筑混凝土并达到规定强度后，放张预应力筋而建立预应力的施工方法。

2.0.7 后张法 post-tensioning

结构构件混凝土达到规定强度后，张拉预应力筋并用锚具永久锚固而建立预应力的施工方法。

2.0.8 成型钢筋 fabricated steel bar

采用专用设备，按规定尺寸、形状预先加工成型的普通钢筋制品。

2.0.9 施工缝 construction joint

按设计要求或施工需要分段浇筑，先浇筑混凝土达到一定强度后继续浇筑混凝土所形成的接缝。

2.0.10 后浇带 post-cast strip

为适应环境温度变化、混凝土收缩、结构不均匀沉降等因素影响，在梁、板（包括基础底板）、墙等结构中预留的具有一定宽度且经过一定时间后再浇筑的混凝土带。

3 基本规定

3.1 施工管理

3.1.1 承担混凝土结构工程施工的施工单位应具备相应的资质，并应建立相应的质量管理体系、施工质量控制和检验制度。

3.1.2 施工项目部的机构设置和人员组成，应满足混凝土结构工程施工管理的需要。施工操作人员应经过培训，应具备各自岗位需要的基础知识和技能水平。

3.1.3 施工前，应由建设单位组织设计、施工、监理等单位对设计文件进行交底和会审。由施工单位完成的深化设计文件应经原设计单位确认。

3.1.4 施工单位应保证施工资料真实、有效、完整和齐全。施工项目技术负责人应组织施工全过程的资料编制、收集、整理和审核，并应及时存档、备案。

3.1.5 施工单位应根据设计文件和施工组织设计的要求制定具体的施工方案，并应经监理单位审核批准后组织实施。

3.1.6 混凝土结构工程施工前，施工单位应对施工现场可能发生的危害、灾害与突发事件制定应急预案。应急预案应进行交底和培训，必要时应进行演练。

3.2 施工技术

3.2.1 混凝土结构工程施工前，应根据结构类型、特点和施工条件，确定施工工艺，并应做好各项准备工作。

3.2.2 对体形复杂、高度或跨度较大、地基情况复杂及施工环境条件特殊的混凝土结构工程，宜进行施工过程监测，并应及时调整施工控制措施。

3.2.3 混凝土结构工程施工中采用的新技术、新工艺、新材料、新设备，应按有关规定进行评审、备案。施工前应对新的或首次采用的施工工艺进行评价，制定专门的施工方案，并经监理单位核准。

3.2.4 混凝土结构工程施工中采用的专利技术，不应违反本规范的有关规定。

3.2.5 混凝土结构工程施工应采取有效的环境保护措施。

3.3 施工质量与安全

3.3.1 混凝土结构工程各工序的施工，应在前一道工序质量检查合格后进行。

3.3.2 在混凝土结构工程施工过程中，应及时进行自检、互检和交接检，其质量不应低于现行国家标准《混凝土结构工程施工质量验收规范》GB 50204 的有关规定。对检查中发现的质量问题，应按规定程序及时处理。

3.3.3 在混凝土结构工程施工过程中，对隐蔽工程应进行验收，对重要工序和关键部位应加强质量检查或进行测试，并应作出详细记录，同时宜留存图像资料。

3.3.4 混凝土结构工程施工使用的材料、产品和设备，应符合国家现行有关标准、设计文件和施工方案的规定。

3.3.5 材料、半成品和成品进场时，应对其规格、型号、外观和质量证明文件进行检查，并应按现行国家标准《混凝土结构工程施工质量验收规范》GB 50204 等的有关规定进行检验。

3.3.6 材料进场后，应按种类、规格、批次分开储存与堆放，并应标识明晰。储存与堆放条件不应影响材料品质。

3.3.7 混凝土结构工程施工前，施工单位应制定检测和试验计划，并应经监理（建设）单位批准后实施。监理（建设）单位应根据检测和试验计划制定见证计划。

3.3.8 施工中为各种检验目的所制作的试件应具有真实性和代表性，并应符合下列规定：

1 试件均应及时进行唯一性标识；

2 混凝土试件的抽样方法、抽样地点、抽样数量、养护条件、试验龄期应符合现行国家标准《混凝土结构工程施工质量验收规范》GB 50204、《混凝土强度检验评定标准》GB/T 50107 等的有关规定；混凝土试件的制作要求、试验方法应符合现行国家标准《普通混凝土力学性能试验方法标准》GB/T 50081 等的有关规定；

3 钢筋、预应力筋等试件的抽样方法、抽样数量、制作要求和试验方法应符合国家现行有关标准的规定。

3.3.9 施工现场应设置满足需要的平面和高程控制点作为确定结构位置的依据，其精度应符合规划、设计要求和施工需要，并应防止扰动。

3.3.10 混凝土结构工程施工中的安全措施、劳动保护、防火要求等，应符合国家现行有关标准的规定。

4 模板工程

4.1 一般规定

4.1.1 模板工程应编制专项施工方案。滑模、爬模等工具式模板工程及高大模板支架工程的专项施工方案，应进行技术论证。

4.1.2 模板及支架应根据施工过程中的各种工况进行设计，应具有足够的承载力和刚度，并应保证其整体稳固性。

4.1.3 模板及支架应保证工程结构和构件各部分形状、尺寸和位置准确，且应便于钢筋安装和混凝土浇筑、养护。

4.2 材料

4.2.1 模板及支架材料的技术指标应符合国家现行有关标准的规定。

4.2.2 模板及支架宜选用轻质、高强、耐用的材料。连接件宜选用标准定型产品。

4.2.3 接触混凝土的模板表面应平整，并应具有良好的耐磨性和硬度；清水混凝土模板的面板材料应能保证脱模后所需的饰面效果。

4.2.4 脱模剂应能有效减小混凝土与模板间的吸附力，并应有一定的成膜强度，且不应影响脱模后混凝土表面的后期装饰。

4.3 设计

4.3.1 模板及支架的形式和构造应根据工程结构形式、荷载大小、地基土类别、施工设备和材料供应等条件确定。

4.3.2 模板及支架设计应包括下列内容：

1 模板及支架的选型及构造设计；

2 模板及支架上的荷载及其效应计算；

3 模板及支架的承载力、刚度验算；

4 模板及支架的抗倾覆验算；

5 绘制模板及支架施工图。

4.3.3 模板及支架的设计应符合下列规定：

1 模板及支架的结构设计宜采用以分项系数表达的极限状态设计方法；

2 模板及支架的结构分析中所采用的计算假定和分析模型，应有理论或试验依据，或经工程验证可行；

3 模板及支架应根据施工过程中各种受力工况进行结构分析，并确定其最不利的作用效应组合；

4 承载力计算应采用荷载基本组合；变形验算可仅采用永久荷载标准值。

4.3.4 模板及支架设计时，应根据实际情况计算不同工况下的各项荷载及其组合。各项荷载的标准值可按本规范附录 A 确定。

4.3.5 模板及支架结构构件应按短暂设计状况进行承载力计算。承载力计算应符合下式要求：

$$\gamma_0 S \leqslant \frac{R}{\gamma_R} \tag{4.3.5}$$

式中：γ_0 ——结构重要性系数，对重要的模板及支架宜取 $\gamma_0 \geqslant 1.0$；对一般的模板及支架应取 $\gamma_0 \geqslant 0.9$；

S——模板及支架按荷载基本组合计算的效应设计值，可按本规范第 4.3.6 条的规定进行计算；

R——模板及支架结构构件的承载力设计值，应按国家现行有关标准计算；

γ_R——承载力设计值调整系数，应根据模板及支架重复使用情况取用，不应小于 1.0。

4.3.6 模板及支架的荷载基本组合的效应设计值，可按下式计算：

$$S = 1.35\alpha \sum_{i \geqslant 1} S_{G_{ik}} + 1.4\psi_{cj} \sum_{j \geqslant 1} S_{Q_{jk}} \quad (4.3.6)$$

式中：$S_{G_{ik}}$——第 i 个永久荷载标准值产生的效应值；

$S_{Q_{jk}}$——第 j 个可变荷载标准值产生的效应值；

α——模板及支架的类型系数：对侧面模板，取 0.9；对底面模板及支架，取 1.0；

ψ_{cj}——第 j 个可变荷载的组合值系数，宜取 $\psi_{cj} \geqslant 0.9$。

4.3.7 模板及支架承载力计算的各项荷载可按表 4.3.7 确定，并应采用最不利的荷载基本组合进行设计。参与组合的永久荷载应包括模板及支架自重（G_1）、新浇筑混凝土自重（G_2）、钢筋自重（G_3）及新浇筑混凝土对模板的侧压力（G_4）等；参与组合的可变荷载宜包括施工人员及施工设备产生的荷载（Q_1）、混凝土下料产生的水平荷载（Q_2）、泵送混凝土或不均匀堆载等因素产生的附加水平荷载（Q_3）及风荷载（Q_4）等。

表 4.3.7 参与模板及支架承载力计算的各项荷载

计算内容		参与荷载项
模板	底面模板的承载力	$G_1+G_2+G_3+Q_1$
	侧面模板的承载力	G_4+Q_2
支架	支架水平杆及节点的承载力	$G_1+G_2+G_3+Q_1$
	立杆的承载力	$G_1+G_2+G_3+Q_1+Q_4$
	支架结构的整体稳定	$G_1+G_2+G_3+Q_1+Q_3$ $G_1+G_2+G_3+Q_1+Q_4$

注：表中的“+”仅表示各项荷载参与组合，而不表示代数相加。

4.3.8 模板及支架的变形验算应符合下列规定：

$$a_{fG} \leqslant a_{f,\lim} \quad (4.3.8)$$

式中：a_{fG}——按永久荷载标准值计算的构件变形值；

$a_{f,\lim}$——构件变形限值，按本规范第 4.3.9 条的规定确定。

4.3.9 模板及支架的变形限值应根据结构工程要求确定，并宜符合下列规定：

1 对结构表面外露的模板，其挠度限值宜取为模板构件计算跨度的 1/400；

2 对结构表面隐蔽的模板，其挠度限值宜取为模板构件计算跨度的 1/250；

3 支架的轴向压缩变形限值或侧向挠度限值，宜取为计算高度或计算跨度的 1/1000。

4.3.10 支架的高宽比不宜大于 3；当高宽比大于 3 时，应加强整体稳固性措施。

4.3.11 支架应按混凝土浇筑前和混凝土浇筑时两种工况进行抗倾覆验算。支架的抗倾覆验算应满足下式要求：

$$\gamma_0 M_o \leqslant M_r \quad (4.3.11)$$

式中：M_o——支架的倾覆力矩设计值，按荷载基本组合计算，其中永久荷载的分项系数取 1.35，可变荷载的分项系数取 1.4；

M_r——支架的抗倾覆力矩设计值，按荷载基本组合计算，其中永久荷载的分项系数取 0.9，可变荷载的分项系数取 0。

4.3.12 支架结构中钢构件的长细比不应超过表 4.3.12 规定的容许值。

表 4.3.12 支架结构钢构件容许长细比

构件类别	容许长细比
受压构件的支架立柱及桁架	180
受压构件的斜撑、剪刀撑	200
受拉构件的钢杆件	350

4.3.13 多层楼板连续支模时，应分析多层楼板间荷载传递对支架和楼板结构的影响。

4.3.14 支架立柱或竖向模板支承在土层上时，应按现行国家标准《建筑地基基础设计规范》GB 50007 的有关规定对土层进行验算；支架立柱或竖向模板支承在混凝土结构构件上时，应按现行国家标准《混凝土结构设计规范》GB 50010 的有关规定对混凝土结构构件进行验算。

4.3.15 采用钢管和扣件搭设的支架设计时，应符合下列规定：

1 钢管和扣件搭设的支架宜采用中心传力方式；

2 单根立杆的轴力标准值不宜大于 12kN，高大模板支架单根立杆的轴力标准值不宜大于 10kN；

3 立杆顶部承受水平杆扣件传递的竖向荷载时，立杆应按不小于 50mm 的偏心距进行承载力验算，高大模板支架的立杆应按不小于 100mm 的偏心距进行承载力验算；

4 支承模板的顶部水平杆可按受弯构件进行承载力验算；

5 扣件抗滑移承载力验算可按现行行业标准《建筑施工扣件式钢管脚手架安全技术规范》JGJ 130 的有关规定执行。

4.3.16 采用门式、碗扣式、盘扣式或盘销式等钢管架搭设的支架，应采用支架立柱杆端插入可调托座的中心传力方式，其承载力及刚度可按国家现行有关标准的规定进行验算。

4.4 制作与安装

4.4.1 模板应按图加工、制作。通用性强的模板宜制作成定型模板。

4.4.2 模板面板背楞的截面高度宜统一。模板制作与安装时，面板拼缝应严密。有防水要求的墙体，其模板对拉螺栓中部应设止水片，止水片应与对拉螺栓环焊。

4.4.3 与通用钢管支架匹配的专用支架，应按图加工、制作。搁置于支架顶端可调托座上的主梁，可采用木方、木工字梁或截面对称的型钢制作。

4.4.4 支架立柱和竖向模板安装在土层上时，应符合下列规定：

1 应设置具有足够强度和支承面积的垫板；

2 土层应坚实，并应有排水措施；对湿陷性黄土、膨胀土，应有防水措施；对冻胀性土，应有防冻胀措施；

3 对软土地基，必要时可采用堆载预压的方法调整模板面板安装高度。

4.4.5 安装模板时，应进行测量放线，并应采取保证模板位置准确的定位措施。对竖向构件的模板及支架，应根据混凝土一次浇筑高度和浇筑速度，采取竖向模板抗侧移、抗浮和抗倾覆措施。对水平构件的模板及支架，应结合不同的支架和模板面板形式，采取支架间、模板间及模板与支架间的有效拉结措施。对可能承受较大风荷载的模板，应采取防风措施。

4.4.6 对跨度不小于 4m 的梁、板，其模板施工起拱高度宜为梁、板跨度的 1/1000～3/1000。起拱不得减少构件的截面高度。

4.4.7 采用扣件式钢管作模板支架时，支架搭设应符合下列规定：

1 模板支架搭设所采用的钢管、扣件规格，应符合设计要求；立杆纵距、立杆横距、支架步距以及构造要求，应符合专项施工方案的要求。

2 立杆纵距、立杆横距不应大于 1.5m，支架步距不应大于 2.0m；立杆纵向和横向宜设置扫地杆，纵向扫地杆距立杆底部不宜大于 200mm，横向扫地杆宜设置在纵向扫地杆的下方；立杆底部宜设置底座或垫板。

3 立杆接长除顶层步距可采用搭接外，其余各层步距接头应采用对接扣件连接，两个相邻立杆的接头不应设置在同一步距内。

4 立杆步距的上下两端应设置双向水平杆，水平杆与立杆的交错点应采用扣件连接，双向水平杆与立杆的连接扣件之间的距离不应大于 150mm。

5 支架周边应连续设置竖向剪刀撑。支架长度或宽度大于 6m 时，应设置中部纵向或横向的竖向剪刀撑，剪刀撑的间距和单幅剪刀撑的宽度均不宜大于 8m，剪刀撑与水平杆的夹角宜为 45°～60°；支架高度大于 3 倍步距时，支架顶部宜设置一道水平剪刀撑，剪刀撑应延伸至周边。

6 立杆、水平杆、剪刀撑的搭接长度，不应小于 0.8m，且不应少于 2 个扣件连接，扣件盖板边缘至杆端不应小于 100mm。

7 扣件螺栓的拧紧力矩不应小于 40N·m，且不应大于 65N·m。

8 支架立杆搭设的垂直偏差不宜大于 1/200。

4.4.8 采用扣件式钢管作高大模板支架时，支架搭设除应符合本规范第 4.4.7 条的规定外，尚应符合下列规定：

1 宜在支架立杆顶端插入可调托座，可调托座螺杆外径不应小于 36mm，螺杆插入钢管的长度不应小于 150mm，螺杆伸出钢管的长度不应大于 300mm，可调托座伸出顶层水平杆的悬臂长度不应大于 500mm；

2 立杆纵距、横距不应大于 1.2m，支架步距不应大于 1.8m；

3 立杆顶层步距内采用搭接时，搭接长度不应小于 1m，且不应少于 3 个扣件连接；

4 立杆纵向和横向应设置扫地杆，纵向扫地杆距立杆底部不宜大于 200mm；

5 宜设置中部纵向或横向的竖向剪刀撑，剪刀撑的间距不宜大于 5m；沿支架高度方向搭设的水平剪刀撑的间距不宜大于 6m；

6 立杆的搭设垂直偏差不宜大于 1/200，且不宜大于 100mm；

7 应根据周边结构的情况，采取有效的连接措施加强支架整体稳固性。

4.4.9 采用碗扣式、盘扣式或盘销式钢管架作模板支架时，支架搭设应符合下列规定：

1 碗扣架、盘扣架或盘销架的水平杆与立柱的扣接应牢靠，不应滑脱；

2 立杆上的上、下层水平杆间距不应大于 1.8m；

3 插入立杆顶端可调托座伸出顶层水平杆的悬臂长度不应大于 650mm，螺杆插入钢管的长度不应小于 150mm，其直径应满足与钢管内径间隙不大于 6mm 的要求。架体最顶层的水平杆步距应比标准步距缩小一个节点间距；

4 立柱间应设置专用斜杆或扣件钢管斜杆加强模板支架。

4.4.10 采用门式钢管架搭设模板支架时，应符合现行行业标准《建筑施工门式钢管脚手架安全技术规范》JGJ 128 的有关规定。当支架高度较大或荷载较大时，主立杆钢管直径不宜小于 48mm，并应设水平加强杆。

4.4.11 支架的竖向斜撑和水平斜撑应与支架同步搭设，支架应与成型的混凝土结构拉结。钢管支架的竖向斜撑和水平斜撑的搭设，应符合国家现行有关钢管脚手架标准的规定。

4.4.12 对现浇多层、高层混凝土结构，上、下楼层模板支架的立杆宜对准。模板及支架杆件等应分散堆放。

4.4.13 模板安装应保证混凝土结构构件各部分形状、尺寸和相对位置准确，并应防止漏浆。

4.4.14 模板安装应与钢筋安装配合进行，梁柱节点的模板宜在钢筋安装后安装。

4.4.15 模板与混凝土接触面应清理干净并涂刷脱模剂，脱模剂不得污染钢筋和混凝土接槎处。

4.4.16 后浇带的模板及支架应独立设置。

4.4.17 固定在模板上的预埋件、预留孔和预留洞，均不得遗漏，且应安装牢固、位置准确。

4.5 拆除与维护

4.5.1 模板拆除时，可采取先支的后拆、后支的先拆，先拆非承重模板、后拆承重模板的顺序，并应从上而下进行拆除。

4.5.2 底模及支架应在混凝土强度达到设计要求后再拆除；当设计无具体要求时，同条件养护的混凝土立方体试件抗压强度应符合表4.5.2的规定。

表4.5.2 底模拆除时的混凝土强度要求

构件类型	构件跨度（m）	达到设计混凝土强度等级值的百分率（%）
板	≤2	≥50
	>2，≤8	≥75
	>8	≥100
梁、拱、壳	≤8	≥75
	>8	≥100
悬臂结构		≥100

4.5.3 当混凝土强度能保证其表面及棱角不受损伤时，方可拆除侧模。

4.5.4 多个楼层间连续支模的底层支架拆除时间，应根据连续支模的楼层间荷载分配和混凝土强度的增长情况确定。

4.5.5 快拆支架体系的支架立杆间距不应大于2m。拆模时，应保留立杆并顶托支承楼板，拆模时的混凝土强度可按本规范表4.5.2中构件跨度为2m的规定确定。

4.5.6 后张预应力混凝土结构构件，侧模宜在预应力筋张拉前拆除；底模及支架不应在结构构件建立预应力前拆除。

4.5.7 拆下的模板及支架杆件不得抛掷，应分散堆放在指定地点，并应及时清运。

4.5.8 模板拆除后应将其表面清理干净，对变形和损伤部位应进行修复。

4.6 质量检查

4.6.1 模板、支架杆件和连接件的进场检查，应符合下列规定：

1 模板表面应平整；胶合板模板的胶合层不应脱胶翘角；支架杆件应平直，应无严重变形和锈蚀；连接件应无严重变形和锈蚀，并不应有裂纹；

2 模板的规格和尺寸，支架杆件的直径和壁厚，及连接件的质量，应符合设计要求；

3 施工现场组装的模板，其组成部分的外观和尺寸，应符合设计要求；

4 必要时，应对模板、支架杆件和连接件的力学性能进行抽样检查；

5 应在进场时和周转使用前全数检查外观质量。

4.6.2 模板安装后应检查尺寸偏差。固定在模板上的预埋件、预留孔和预留洞，应检查其数量和尺寸。

4.6.3 采用扣件式钢管作模板支架时，质量检查应符合下列规定：

1 梁下支架立杆间距的偏差不宜大于50mm，板下支架立杆间距的偏差不宜大于100mm；水平杆间距的偏差不宜大于50mm。

2 应检查支架顶部承受模板荷载的水平杆与支架立杆连接的扣件数量，采用双扣件构造设置的抗滑移扣件，其上下应顶紧，间隙不应大于2mm。

3 支架顶部承受模板荷载的水平杆与支架立杆连接的扣件拧紧力矩，不应小于40N·m，且不应大于65N·m；支架每步双向水平杆应与立杆扣接，不得缺失。

4.6.4 采用碗扣式、盘扣式或盘销式钢管架作模板支架时，质量检查应符合下列规定：

1 插入立杆顶端可调托座伸出顶层水平杆的悬臂长度，不应超过650mm；

2 水平杆杆端与立杆连接的碗扣、插接和盘销的连接状况，不应松脱；

3 按规定设置的竖向和水平斜撑。

5 钢筋工程

5.1 一般规定

5.1.1 钢筋工程宜采用专业化生产的成型钢筋。

5.1.2 钢筋连接方式应根据设计要求和施工条件选用。

5.1.3 当需要进行钢筋代换时，应办理设计变更文件。

5.2 材料

5.2.1 钢筋的性能应符合国家现行有关标准的规定。常用钢筋的公称直径、公称截面面积、计算截面面积及理论重量，应符合本规范附录B的规定。

5.2.2 对有抗震设防要求的结构，其纵向受力钢筋的性能应满足设计要求；当设计无具体要求时，对按一、二、三级抗震等级设计的框架和斜撑构件（含梯段）中的纵向受力普通钢筋应采用HRB335E、HRB400E、HRB500E、HRBF335E、HRBF400E或HRBF500E钢筋，其强度和最大力下总伸长率的实测值，应符合下列规定：

1 钢筋的抗拉强度实测值与屈服强度实测值的比值不应小于1.25；

2 钢筋的屈服强度实测值与屈服强度标准值的比值不应大于1.30；

3 钢筋的最大力下总伸长率不应小于9%。

5.2.3 施工过程中应采取防止钢筋混淆、锈蚀或损伤的措施。

5.2.4 施工中发现钢筋脆断、焊接性能不良或力学性能显著不正常等现象时，应停止使用该批钢筋，并应对该批钢筋进行化学成分检验或其他专项检验。

5.3 钢筋加工

5.3.1 钢筋加工前应将表面清理干净。表面有颗粒状、片状老锈或有损伤的钢筋不得使用。

5.3.2 钢筋加工宜在常温状态下进行，加工过程中不应对钢筋进行加热。钢筋应一次弯折到位。

5.3.3 钢筋宜采用机械设备进行调直，也可采用冷拉方法调直。当采用机械设备调直时，调直设备不应具有延伸功能。当采用冷拉方法调直时，HPB300光圆钢筋的冷拉率不宜大于4%；HRB335、HRB400、HRB500、HRBF335、HRBF400、HRBF500及RRB400带肋钢筋的冷拉率，不宜大于1%。钢筋调直过程中不应损伤带肋钢筋的横肋。调直后的钢筋应平直，不应有局部弯折。

5.3.4 钢筋弯折的弯弧内直径应符合下列规定：

1 光圆钢筋，不应小于钢筋直径的2.5倍；

2 335MPa级、400MPa级带肋钢筋，不应小于钢筋直径的4倍；

3 500MPa级带肋钢筋，当直径为28mm以下时不应小于钢筋直径的6倍，当直径为28mm及以上时不应小于钢筋直径的7倍；

4 位于框架结构顶层端节点处的梁上部纵向钢筋和柱外侧纵向钢筋，在节点角部弯折处，当钢筋直径为28mm以下时不宜小于钢筋直径的12倍，当钢筋直径为28mm及以上时不宜小于钢筋直径的16倍；

5 箍筋弯折处尚不应小于纵向受力钢筋直径；箍筋弯折处纵向受力钢筋为搭接钢筋或并筋时，应按钢筋实际排布情况确定箍筋弯弧内直径。

5.3.5 纵向受力钢筋的弯折后平直段长度应符合设计要求及现行国家标准《混凝土结构设计规范》GB 50010的有关规定。光圆钢筋末端作180°弯钩时，弯钩的弯折后平直段长度不应小于钢筋直径的3倍。

5.3.6 箍筋、拉筋的末端应按设计要求作弯钩，并应符合下列规定：

1 对一般结构构件，箍筋弯钩的弯折角度不应小于90°，弯折后平直段长度不应小于箍筋直径的5倍；对有抗震设防要求或设计有专门要求的结构构件，箍筋弯钩的弯折角度不应小于135°，弯折后平直段长度不应小于箍筋直径的10倍和75mm两者之中的较大值；

2 圆形箍筋的搭接长度不应小于其受拉锚固长度，且两末端均应作不小于135°的弯钩，弯折后平直段长度对一般结构构件不应小于箍筋直径的5倍，对有抗震设防要求的结构构件不应小于箍筋直径的10倍和75mm的较大值；

3 拉筋用作梁、柱复合箍筋中单肢箍筋或梁腰筋间拉结筋时，两端弯钩的弯折角度均不应小于135°，弯折后平直段长度应符合本条第1款对箍筋的有关规定；拉筋用作剪力墙、楼板等构件中拉结筋时，两端弯钩可采用一端135°另一端90°，弯折后平直段长度不应小于拉筋直径的5倍。

5.3.7 焊接封闭箍筋宜采用闪光对焊，也可采用气压焊或单面搭接焊，并宜采用专用设备进行焊接。焊接封闭箍筋下料长度和端头加工应按焊接工艺确定。焊接封闭箍筋的焊点设置，应符合下列规定：

1 每个箍筋的焊点数量应为1个，焊点宜位于多边形箍筋中的某边中部，且距箍筋弯折处的位置不宜小于100mm；

2 矩形柱箍筋焊点宜设在柱短边，等边多边形柱箍筋焊点可设在任一边；不等边多边形柱箍筋焊点应位于不同边上；

3 梁箍筋焊点应设置在顶边或底边。

5.3.8 当钢筋采用机械锚固措施时，钢筋锚固端的加工应符合国家现行相关标准的规定。采用钢筋锚固板时，应符合现行行业标准《钢筋锚固板应用技术规程》JGJ 256的有关规定。

5.4 钢筋连接与安装

5.4.1 钢筋接头宜设置在受力较小处；有抗震设防要求的结构中，梁端、柱端箍筋加密区范围内不宜设置钢筋接头，且不应进行钢筋搭接。同一纵向受力钢筋不宜设置两个或两个以上接头。接头末端至钢筋弯起点的距离，不应小于钢筋直径的10倍。

5.4.2 钢筋机械连接施工应符合下列规定：

1 加工钢筋接头的操作人员应经专业培训合格后上岗，钢筋接头的加工应经工艺检验合格后方可进行。

2 机械连接接头的混凝土保护层厚度宜符合现行国家标准《混凝土结构设计规范》GB 50010中受力钢筋的混凝土保护层最小厚度规定，且不得小于

15mm。接头之间的横向净间距不宜小于25mm。

3 螺纹接头安装后应使用专用扭力扳手校核拧紧扭力矩。挤压接头压痕直径的波动范围应控制在允许波动范围内，并使用专用量规进行检验。

4 机械连接接头的适用范围、工艺要求、套筒材料及质量要求等应符合现行行业标准《钢筋机械连接技术规程》JGJ 107的有关规定。

5.4.3 钢筋焊接施工应符合下列规定：

1 从事钢筋焊接施工的焊工应持有钢筋焊工考试合格证，并应按照合格证规定的范围上岗操作。

2 在钢筋工程焊接施工前，参与该项工程施焊的焊工应进行现场条件下的焊接工艺试验，经试验合格后，方可进行焊接。焊接过程中，如果钢筋牌号、直径发生变更，应再次进行焊接工艺试验。工艺试验使用的材料、设备、辅料及作业条件均应与实际施工一致。

3 细晶粒热轧钢筋及直径大于28mm的普通热轧钢筋，其焊接参数应经试验确定；余热处理钢筋不宜焊接。

4 电渣压力焊只应使用于柱、墙等构件中竖向受力钢筋的连接。

5 钢筋焊接接头的适用范围、工艺要求、焊条及焊剂选择、焊接操作及质量要求等应符合现行行业标准《钢筋焊接及验收规程》JGJ 18的有关规定。

5.4.4 当纵向受力钢筋采用机械连接接头或焊接接头时，接头的设置应符合下列规定：

1 同一构件内的接头宜分批错开。

2 接头连接区段的长度为35d，且不应小于500mm，凡接头中点位于该连接区段长度内的接头均应属于同一连接区段；其中d为相互连接两根钢筋中较小直径。

3 同一连接区段内，纵向受力钢筋接头面积百分率为该区段内有接头的纵向受力钢筋截面面积与全部纵向受力钢筋截面面积的比值；纵向受力钢筋的接头面积百分率应符合下列规定：

1）受拉接头，不宜大于50%；受压接头，可不受限制；

2）板、墙、柱中受拉机械连接接头，可根据实际情况放宽；装配式混凝土结构构件连接处受拉接头，可根据实际情况放宽；

3）直接承受动力荷载的结构构件中，不宜采用焊接；当采用机械连接时，不应超过50%。

5.4.5 当纵向受力钢筋采用绑扎搭接接头时，接头的设置应符合下列规定：

1 同一构件内的接头宜分批错开。各接头的横向净间距s不应小于钢筋直径，且不应小于25mm。

2 接头连接区段的长度为1.3倍搭接长度，凡接头中点位于该连接区段长度内的接头均应属于同一连接区段；搭接长度可取相互连接两根钢筋中较小直径计算。纵向受力钢筋的最小搭接长度应符合本规范附录C的规定。

3 同一连接区段内，纵向受力钢筋接头面积百分率为该区段内有接头的纵向受力钢筋截面面积与全部纵向受力钢筋截面面积的比值（图5.4.5）；纵向受压钢筋的接头面积百分率可不受限制；纵向受拉钢筋的接头面积百分率应符合下列规定：

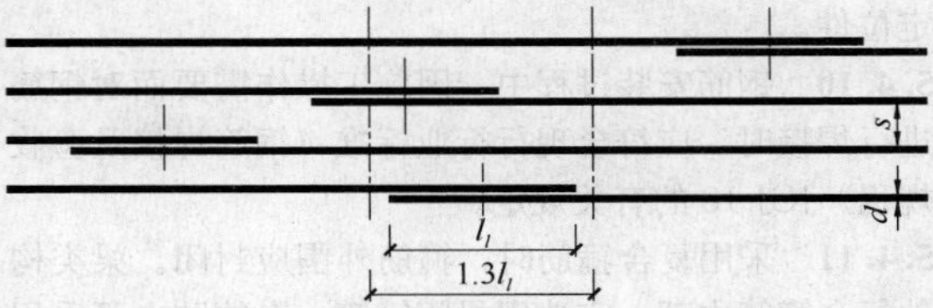

图5.4.5 钢筋绑扎搭接接头连接区段及接头面积百分率

注：图中所示搭接接头同一连接区段内的搭接钢筋为两根，当各钢筋直径相同时，接头面积百分率为50%。

1）梁类、板类及墙类构件，不宜超过25%；基础筏板，不宜超过50%。

2）柱类构件，不宜超过50%。

3）当工程中确有必要增大接头面积百分率时，对梁类构件，不应大于50%；对其他构件，可根据实际情况适当放宽。

5.4.6 在梁、柱类构件的纵向受力钢筋搭接长度范围内应按设计要求配置箍筋，并应符合下列规定：

1 箍筋直径不应小于搭接钢筋较大直径的25%；

2 受拉搭接区段的箍筋间距不应大于搭接钢筋较小直径的5倍，且不应大于100mm；

3 受压搭接区段的箍筋间距不应大于搭接钢筋较小直径的10倍，且不应大于200mm；

4 当柱中纵向受力钢筋直径大于25mm时，应在搭接接头两个端面外100mm范围内各设置两个箍筋，其间距宜为50mm。

5.4.7 钢筋绑扎应符合下列规定：

1 钢筋的绑扎搭接接头应在接头中心和两端用铁丝扎牢；

2 墙、柱、梁钢筋骨架中各竖向面钢筋网交叉点应全数绑扎；板上部钢筋网的交叉点应全数绑扎，底部钢筋网除边缘部分外可间隔交错绑扎；

3 梁、柱的箍筋弯钩及焊接封闭箍筋的焊点应沿纵向受力钢筋方向错开设置；

4 构造柱纵向钢筋宜与承重结构同步绑扎；

5 梁及柱中箍筋、墙中水平分布钢筋、板中钢筋距构件边缘的起始距离宜为50mm。

5.4.8 构件交接处的钢筋位置应符合设计要求。当设计无具体要求时，应保证主要受力构件和构件中主要受力方向的钢筋位置。框架节点处梁纵向受力钢筋宜放在柱纵向钢筋内侧；当主次梁底部标高相同时，次梁下部钢筋应放在主梁下部钢筋之上；剪力墙中水平分布钢筋宜放在外侧，并宜在墙端弯折锚固。

5.4.9 钢筋安装应采用定位件固定钢筋的位置，并宜采用专用定位件。定位件应具有足够的承载力、刚度、稳定性和耐久性。定位件的数量、间距和固定方式，应能保证钢筋的位置偏差符合国家现行有关标准的规定。混凝土框架梁、柱保护层内，不宜采用金属定位件。

5.4.10 钢筋安装过程中，因施工操作需要而对钢筋进行焊接时，应符合现行行业标准《钢筋焊接及验收规程》JGJ 18 的有关规定。

5.4.11 采用复合箍筋时，箍筋外围应封闭。梁类构件复合箍筋内部，宜选用封闭箍筋，奇数肢也可采用单肢箍筋；柱类构件复合箍筋内部可部分采用单肢箍筋。

5.4.12 钢筋安装应采取防止钢筋受模板、模具内表面的脱模剂污染的措施。

5.5 质量检查

5.5.1 钢筋进场检查应符合下列规定：

1 应检查钢筋的质量证明文件；

2 应按国家现行有关标准的规定抽样检验屈服强度、抗拉强度、伸长率、弯曲性能及单位长度重量偏差；

3 经产品认证符合要求的钢筋，其检验批量可扩大一倍。在同一工程中，同一厂家、同一牌号、同一规格的钢筋连续三次进场检验均一次检验合格时，其后的检验批量可扩大一倍；

4 钢筋的外观质量；

5 当无法准确判断钢筋品种、牌号时，应增加化学成分、晶粒度等检验项目。

5.5.2 成型钢筋进场时，应检查成型钢筋的质量证明文件、成型钢筋所用材料质量证明文件及检验报告，并应抽样检验成型钢筋的屈服强度、抗拉强度、伸长率和重量偏差。检验批量可由合同约定，同一工程、同一原材料来源、同一组生产设备生产的成型钢筋，检验批量不宜大于 30t。

5.5.3 钢筋调直后，应检查力学性能和单位长度重量偏差。但采用无延伸功能的机械设备调直的钢筋，可不进行本条规定的检查。

5.5.4 钢筋加工后，应检查尺寸偏差；钢筋安装后，应检查品种、级别、规格、数量及位置。

5.5.5 钢筋连接施工的质量检查应符合下列规定：

1 钢筋焊接和机械连接施工前均应进行工艺检验。机械连接应检查有效的型式检验报告。

2 钢筋焊接接头和机械连接接头应全数检查外观质量，搭接连接接头应抽检搭接长度。

3 螺纹接头应抽检拧紧扭矩值。

4 钢筋焊接施工中，焊工应及时自检。当发现焊接缺陷及异常现象时，应查找原因，并采取措施及时消除。

5 施工中应检查钢筋接头百分率。

6 应按现行行业标准《钢筋机械连接技术规程》JGJ 107、《钢筋焊接及验收规程》JGJ 18 的有关规定抽取钢筋机械连接接头、焊接接头试件作力学性能检验。

6 预应力工程

6.1 一般规定

6.1.1 预应力工程应编制专项施工方案。必要时，施工单位应根据设计文件进行深化设计。

6.1.2 预应力工程施工应根据环境温度采取必要的质量保证措施，并应符合下列规定：

1 当工程所处环境温度低于−15℃时，不宜进行预应力筋张拉；

2 当工程所处环境温度高于 35℃或日平均环境温度连续 5 日低于 5℃时，不宜进行灌浆施工；当在环境温度高于 35℃或日平均环境温度连续 5 日低于 5℃条件下进行灌浆施工时，应采取专门的质量保证措施。

6.1.3 当预应力筋需要代换时，应进行专门计算，并应经原设计单位确认。

6.2 材 料

6.2.1 预应力筋的性能应符合国家现行有关标准的规定。常用预应力筋的公称直径、公称截面面积、计算截面面积及理论重量应符合本规范附录 B 的规定。

6.2.2 预应力筋用锚具、夹具和连接器的性能，应符合现行国家标准《预应力筋用锚具、夹具和连接器》GB/T 14370 的有关规定，其工程应用应符合现行行业标准《预应力筋用锚具、夹具和连接器应用技术规程》JGJ 85 的有关规定。

6.2.3 后张预应力成孔管道的性能应符合国家现行有关标准的规定。

6.2.4 预应力筋等材料在运输、存放、加工、安装过程中，应采取防止其损伤、锈蚀或污染的措施，并应符合下列规定：

1 有粘结预应力筋展开后应平顺，不应有弯折，表面不应有裂纹、小刺、机械损伤、氧化铁皮和油污等；

2 预应力筋用锚具、夹具、连接器和锚垫板表面应无污物、锈蚀、机械损伤和裂纹；

3 无粘结预应力筋护套应光滑、无裂纹、无明显褶皱；

4 后张预应力用成孔管道内外表面应清洁，无锈蚀，不应有油污、孔洞和不规则的褶皱，咬口不应有开裂或脱落。

6.3 制作与安装

6.3.1 预应力筋的下料长度应经计算确定，并应采用砂轮锯或切断机等机械方法切断。预应力筋制作或安装时，不应用作接地线，并应避免焊渣或接地电火花的损伤。

6.3.2 无粘结预应力筋在现场搬运和铺设过程中，不应损伤其塑料护套。当出现轻微破损时，应及时采用防水胶带封闭；严重破损的不得使用。

6.3.3 钢绞线挤压锚具应采用配套的挤压机制作，挤压操作的油压最大值应符合使用说明书的规定。采用的摩擦衬套应沿挤压套筒全长均匀分布；挤压完成后，预应力筋外端露出挤压套筒不应少于1mm。

6.3.4 钢绞线压花锚具应采用专用的压花机制作成型，梨形头尺寸和直线锚固段长度不应小于设计值。

6.3.5 钢丝镦头及下料长度偏差应符合下列规定：

1 镦头的头型直径不宜小于钢丝直径的1.5倍，高度不宜小于钢丝直径；

2 镦头不应出现横向裂纹；

3 当钢丝束两端均采用镦头锚具时，同一束中各根钢丝长度的极差不应大于钢丝长度的1/5000，且不应大于5mm。当成组张拉长度不大于10m的钢丝时，同组钢丝长度的极差不得大于2mm。

6.3.6 成孔管道的连接应密封，并应符合下列规定：

1 圆形金属波纹管接长时，可采用大一规格的同波型波纹管作为接头管，接头管长度可取其内径的3倍，且不宜小于200mm，两端旋入长度宜相等，且接头管两端应采用防水胶带密封；

2 塑料波纹管接长时，可采用塑料焊接机热熔焊接或采用专用连接管；

3 钢管连接可采用焊接连接或套筒连接。

6.3.7 预应力筋或成孔管道应按设计规定的形状和位置安装，并应符合下列规定：

1 预应力筋或成孔管道应平顺，并与定位钢筋绑扎牢固。定位钢筋直径不宜小于10mm，间距不宜大于1.2m，板中无粘结预应力筋的定位间距可适当放宽，扁形管道、塑料波纹管或预应力筋曲线曲率较大处的定位间距，宜适当缩小。

2 凡施工时需要预先起拱的构件，预应力筋或成孔管道宜随构件同时起拱。

3 预应力筋或成孔管道控制点竖向位置允许偏差应符合表6.3.7的规定。

表6.3.7 预应力筋或成孔管道控制点竖向位置允许偏差

构件截面高（厚）度 h（mm）	$h \leqslant 300$	$300 < h \leqslant 1500$	$h > 1500$
允许偏差（mm）	±5	±10	±15

6.3.8 预应力筋和预应力孔道的间距和保护层厚度，应符合下列规定：

1 先张法预应力筋之间的净间距，不宜小于预应力筋公称直径或等效直径的2.5倍和混凝土粗骨料最大粒径的1.25倍，且对预应力钢丝、三股钢绞线和七股钢绞线分别不应小于15mm、20mm和25mm。当混凝土振捣密实性有可靠保证时，净间距可放宽至粗骨料最大粒径的1.0倍；

2 对后张法预制构件，孔道之间的水平净间距不宜小于50mm，且不宜小于粗骨料最大粒径的1.25倍；孔道至构件边缘的净间距不宜小于30mm，且不宜小于孔道外径的50%；

3 在现浇混凝土梁中，曲线孔道在竖直方向的净间距不应小于孔道外径，水平方向的净间距不宜小于孔道外径的1.5倍，且不应小于粗骨料最大粒径的1.25倍；从孔道外壁至构件边缘的净间距，梁底不宜小于50mm，梁侧不宜小于40mm；裂缝控制等级为三级的梁，从孔道外壁至构件边缘的净间距，梁底不宜小于60mm，梁侧不宜小于50mm；

4 预留孔道的内径宜比预应力束外径及需穿过孔道的连接器外径大6mm～15mm，且孔道的截面积宜为穿入预应力束截面积的3倍～4倍；

5 当有可靠经验并能保证混凝土浇筑质量时，预应力孔道可水平并列贴紧布置，但每一并列束中的孔道数量不应超过2个；

6 板中单根无粘结预应力筋的水平间距不宜大于板厚的6倍，且不宜大于1m；带状束的无粘结预应力筋根数不宜多于5根，束间距不宜大于板厚的12倍，且不宜大于2.4m；

7 梁中集束布置的无粘结预应力筋，束的水平净间距不宜小于50mm，束至构件边缘的净间距不宜小于40mm。

6.3.9 预应力孔道应根据工程特点设置排气孔、泌水孔及灌浆孔，排气孔可兼作泌水孔或灌浆孔，并应符合下列规定：

1 当曲线孔道波峰和波谷的高差大于300mm时，应在孔道波峰设置排气孔，排气孔间距不宜大于30m；

2 当排气孔兼作泌水孔时，其外接管伸出构件顶面高度不宜小于300mm。

6.3.10 锚垫板、局部加强钢筋和连接器应按设计要求的位置和方向安装牢固，并应符合下列规定：

1 锚垫板的承压面应与预应力筋或孔道曲线末端的切线垂直。预应力筋曲线起始点与张拉锚固点之间的直线段最小长度应符合表6.3.10的规定；

2 采用连接器接长预应力筋时，应全面检查连接器的所有零件，并应按产品技术手册要求操作；

3 内埋式固定端锚垫板不应重叠，锚具与锚垫板应贴紧。

表 6.3.10 预应力筋曲线起始点与张拉锚固点之间直线段最小长度

预应力筋张拉力 N(kN)	$N \leqslant 1500$	$1500 < N \leqslant 6000$	$N > 6000$
直线段最小长度（mm）	400	500	600

6.3.11 后张法有粘结预应力筋穿入孔道及其防护，应符合下列规定：

1 对采用蒸汽养护的预制构件，预应力筋应在蒸汽养护结束后穿入孔道；

2 预应力筋穿入孔道后至孔道灌浆的时间间隔不宜过长，当环境相对湿度大于60%或处于近海环境时，不宜超过14d；当环境相对湿度不大于60%时，不宜超过28d；

3 当不能满足本条第2款的规定时，宜对预应力筋采取防锈措施。

6.3.12 预应力筋等安装完成后，应做好成品保护工作。

6.3.13 当采用减摩材料降低孔道摩擦阻力时，应符合下列规定：

1 减摩材料不应对预应力筋、成孔管道及混凝土产生不利影响；

2 灌浆前应将减摩材料清除干净。

6.4 张拉和放张

6.4.1 预应力筋张拉前，应进行下列准备工作：

1 计算张拉力和张拉伸长值，根据张拉设备标定结果确定油泵压力表读数；

2 根据工程需要搭设安全可靠的张拉作业平台；

3 清理锚垫板和张拉端预应力筋，检查锚垫板后混凝土的密实性。

6.4.2 预应力筋张拉设备及压力表应定期维护和标定。张拉设备和压力表应配套标定和使用，标定期限不应超过半年。当使用过程中出现反常现象或张拉设备检修后，应重新标定。

注：1 压力表的量程应大于张拉工作压力读值，压力表的精确度等级不应低于1.6级；

2 标定张拉设备用的试验机或测力计的测力示值不确定度，不应大于1.0%；

3 张拉设备标定时，千斤顶活塞的运行方向应与实际张拉工作状态一致。

6.4.3 施加预应力时，混凝土强度应符合设计要求，且同条件养护的混凝土立方体抗压强度，应符合下列规定：

1 不应低于设计混凝土强度等级值的75%；

2 采用消除应力钢丝或钢绞线作为预应力筋的先张法构件，尚不应低于30MPa；

3 不应低于锚具供应商提供的产品技术手册要求的混凝土最低强度要求；

4 后张法预应力梁和板，现浇结构混凝土的龄期分别不宜小于7d和5d。

注：为防止混凝土早期裂缝而施加预应力时，可不受本条的限制，但应满足局部受压承载力的要求。

6.4.4 预应力筋的张拉控制应力应符合设计及专项施工方案的要求。当施工中需要超张拉时，调整后的张拉控制应力 σ_{con} 应符合下列规定：

1 消除应力钢丝、钢绞线：

$$\sigma_{con} \leqslant 0.80 f_{ptk} \quad (6.4.4\text{-}1)$$

2 中强度预应力钢丝：

$$\sigma_{con} \leqslant 0.75 f_{ptk} \quad (6.4.4\text{-}2)$$

3 预应力螺纹钢筋：

$$\sigma_{con} \leqslant 0.90 f_{pyk} \quad (6.4.4\text{-}3)$$

式中：σ_{con}——预应力筋张拉控制应力；

f_{ptk}——预应力筋极限强度标准值；

f_{pyk}——预应力筋屈服强度标准值。

6.4.5 采用应力控制方法张拉时，应校核最大张拉力下预应力筋伸长值。实测伸长值与计算伸长值的偏差应控制在±6%之内，否则应查明原因并采取措施后再张拉。必要时，宜进行现场孔道摩擦系数测定，并可根据实测结果调整张拉控制力。预应力筋张拉伸长值的计算和实测值的确定及孔道摩擦系数的测定，可分别按本规范附录D、附录E的规定执行。

6.4.6 预应力筋的张拉顺序应符合设计要求，并应符合下列规定：

1 应根据结构受力特点、施工方便及操作安全等因素确定张拉顺序；

2 预应力筋宜按均匀、对称的原则张拉；

3 现浇预应力混凝土楼盖，宜先张拉楼板、次梁的预应力筋，后张拉主梁的预应力筋；

4 对预制屋架等平卧叠浇构件，应从上而下逐榀张拉。

6.4.7 后张预应力筋应根据设计和专项施工方案的要求采用一端或两端张拉。采用两端张拉时，宜两端同时张拉，也可一端先张拉锚固，另一端补张拉。当设计无具体要求时，应符合下列规定：

1 有粘结预应力筋长度不大于20m时，可一端张拉，大于20m时，宜两端张拉；预应力筋为直线形时，一端张拉的长度可延长至35m；

2 无粘结预应力筋长度不大于40m时，可一端张拉，大于40m时，宜两端张拉。

6.4.8 后张有粘结预应力筋应整束张拉。对直线形或平行编排的有粘结预应力钢绞线束，当能确保各根钢绞线不受叠压影响时，也可逐根张拉。

6.4.9 预应力筋张拉时，应从零拉力加载至初拉力后，量测伸长值初读数，再以均匀速率加载至张拉控制力。塑料波纹管内的预应力筋，张拉力达到张拉控制力后宜持荷2min～5min。

6.4.10 **预应力筋张拉中应避免预应力筋断裂或滑脱。当发生断裂或滑脱时，应符合下列规定：**

1 对后张法预应力结构构件，断裂或滑脱的数量严禁超过同一截面预应力筋总根数的3%，且每束钢丝或每根钢绞线不得超过一丝；对多跨双向连续板，其同一截面应按每跨计算；

2 对先张法预应力构件，在浇筑混凝土前发生断裂或滑脱的预应力筋必须更换。

6.4.11 锚固阶段张拉端预应力筋的内缩量应符合设计要求。当设计无具体要求时，应符合表6.4.11的规定。

表6.4.11 张拉端预应力筋的内缩量限值

锚具类别		内缩量限值（mm）
支承式锚具（螺母锚具、镦头锚具等）	螺母缝隙	1
	每块后加垫板的缝隙	1
夹片式锚具	有顶压	5
	无顶压	6～8

6.4.12 先张法预应力筋的放张顺序，应符合下列规定：

1 宜采取缓慢放张工艺进行逐根或整体放张；

2 对轴心受压构件，所有预应力筋宜同时放张；

3 对受弯或偏心受压的构件，应先同时放张预压应力较小区域的预应力筋，再同时放张预压应力较大区域的预应力筋；

4 当不能按本条第1～3款的规定放张时，应分阶段、对称、相互交错放张；

5 放张后，预应力筋的切断顺序，宜从张拉端开始依次切向另一端。

6.4.13 后张法预应力筋张拉锚固后，如遇特殊情况需卸锚时，应采用专门的设备和工具。

6.4.14 预应力筋张拉或放张时，应采取有效的安全防护措施，预应力筋两端正前方不得站人或穿越。

6.4.15 预应力筋张拉时，应对张拉力、压力表读数、张拉伸长值、锚固回缩值及异常情况处理等作出详细记录。

6.5 灌浆及封锚

6.5.1 后张法有粘结预应力筋张拉完毕并经检查合格后，应尽早进行孔道灌浆，孔道内水泥浆应饱满、密实。

6.5.2 后张法预应力筋锚固后的外露多余长度，宜采用机械方法切割，也可采用氧-乙炔焰切割，其外露长度不宜小于预应力筋直径的1.5倍，且不应小于30mm。

6.5.3 孔道灌浆前应进行下列准备工作：

1 应确认孔道、排气兼泌水管及灌浆孔畅通；对预埋管成型孔道，可采用压缩空气清孔；

2 应采用水泥浆、水泥砂浆等材料封闭端部锚具缝隙，也可采用封锚罩封闭外露锚具；

3 采用真空灌浆工艺时，应确认孔道系统的密封性。

6.5.4 配制水泥浆用水泥、水及外加剂除应符合国家现行有关标准的规定外，尚应符合下列规定：

1 宜采用普通硅酸盐水泥或硅酸盐水泥；

2 拌合用水和掺加的外加剂中不应含有对预应力筋或水泥有害的成分；

3 外加剂应与水泥作配合比试验并确定掺量。

6.5.5 灌浆用水泥浆应符合下列规定：

1 采用普通灌浆工艺时，稠度宜控制在12s～20s，采用真空灌浆工艺时，稠度宜控制在18s～25s；

2 水灰比不应大于0.45；

3 3h自由泌水率宜为0，且不应大于1%，泌水应在24h内全部被水泥浆吸收；

4 24h自由膨胀率，采用普通灌浆工艺时不应大于6%；采用真空灌浆工艺时不应大于3%；

5 水泥浆中氯离子含量不应超过水泥重量的0.06%；

6 28d标准养护的边长为70.7mm的立方体水泥浆试块抗压强度不应低于30MPa；

7 稠度、泌水率及自由膨胀率的试验方法应符合现行国家标准《预应力孔道灌浆剂》GB/T 25182的规定。

注：1 一组水泥浆试块由6个试块组成；
2 抗压强度为一组试块的平均值，当一组试块中抗压强度最大值或最小值与平均值相差超过20%时，应取中间4个试块强度的平均值。

6.5.6 灌浆用水泥浆的制备及使用，应符合下列规定：

1 水泥浆宜采用高速搅拌机进行搅拌，搅拌时间不应超过5min；

2 水泥浆使用前应经筛孔尺寸不大于1.2mm×1.2mm的筛网过滤；

3 搅拌后不能在短时间内灌入孔道的水泥浆，应保持缓慢搅动；

4 水泥浆应在初凝前灌入孔道，搅拌后至灌浆完毕的时间不宜超过30min。

6.5.7 灌浆施工应符合下列规定：

1 宜先灌注下层孔道，后灌注上层孔道；

2 灌浆应连续进行，直至排气管排除的浆体稠度与注浆孔处相同且无气泡后，再顺浆体流动方向依次封闭排气孔；全部出浆口封闭后，宜继续加压0.5MPa～0.7MPa，并应稳压1min～2min后封闭灌浆口；

3 当泌水较大时，宜进行二次灌浆和对泌水孔进行重力补浆；

4 因故中途停止灌浆时，应用压力水将未灌注完孔道内已注入的水泥浆冲洗干净。

6.5.8 真空辅助灌浆时，孔道抽真空负压宜稳定保持为0.08MPa～0.10MPa。

6.5.9 孔道灌浆应填写灌浆记录。

6.5.10 外露锚具及预应力筋应按设计要求采取可靠的保护措施。

6.6 质量检查

6.6.1 预应力工程材料进场检查应符合下列规定：

1 应检查规格、外观、尺寸及其质量证明文件；

2 应按现行国家有关标准的规定进行力学性能的抽样检验；

3 经产品认证符合要求的产品，其检验批量可扩大一倍。在同一工程中，同一厂家、同一品种、同一规格的产品连续三次进场检验均一次检验合格时，其后的检验批量可扩大一倍。

6.6.2 预应力筋的制作应进行下列检查：

1 采用镦头锚时的钢丝下料长度；

2 钢丝镦头外观、尺寸及头部裂纹；

3 挤压锚具制作时挤压记录和挤压锚具成型后锚具外预应力筋的长度；

4 钢绞线压花锚具的梨形头尺寸。

6.6.3 预应力筋、预留孔道、锚垫板和锚固区加强钢筋的安装应进行下列检查：

1 预应力筋的外观、品种、级别、规格、数量和位置等；

2 预留孔道的外观、规格、数量、位置、形状以及灌浆孔、排气兼泌水孔等；

3 锚垫板和局部加强钢筋的外观、品种、级别、规格、数量和位置等；

4 预应力筋锚具和连接器的外观、品种、规格、数量和位置等。

6.6.4 预应力筋张拉或放张应进行下列检查：

1 预应力筋张拉或放张时的同条件养护混凝土试块的强度；

2 预应力筋张拉记录；

3 先张法预应力筋张拉后与设计位置的偏差。

6.6.5 灌浆用水泥浆及灌浆应进行下列检查：

1 配合比设计阶段检查稠度、泌水率、自由膨胀率、氯离子含量和试块强度；

2 现场搅拌后检查稠度、泌水率，并根据验收规定检查试块强度；

3 灌浆质量检查灌浆记录。

6.6.6 封锚应进行下列检查：

1 锚具外的预应力筋长度；

2 凸出式封锚端尺寸；

3 封锚的表面质量。

7 混凝土制备与运输

7.1 一般规定

7.1.1 混凝土结构施工宜采用预拌混凝土。

7.1.2 混凝土制备应符合下列规定：

1 预拌混凝土应符合现行国家标准《预拌混凝土》GB 14902的有关规定；

2 现场搅拌混凝土宜采用具有自动计量装置的设备集中搅拌；

3 当不具备本条第1、2款规定的条件时，应采用符合现行国家标准《混凝土搅拌机》GB/T 9142的搅拌机进行搅拌，并应配备计量装置。

7.1.3 混凝土运输应符合下列规定：

1 混凝土宜采用搅拌运输车运输，运输车辆应符合国家现行有关标准的规定；

2 运输过程中应保证混凝土拌合物的均匀性和工作性；

3 应采取保证连续供应的措施，并应满足现场施工的需要。

7.2 原材料

7.2.1 混凝土原材料的主要技术指标应符合本规范附录F和国家现行有关标准的规定。

7.2.2 水泥的选用应符合下列规定：

1 水泥品种与强度等级应根据设计、施工要求，以及工程所处环境条件确定；

2 普通混凝土宜选用通用硅酸盐水泥；有特殊需要时，也可选用其他品种水泥；

3 有抗渗、抗冻融要求的混凝土，宜选用硅酸盐水泥或普通硅酸盐水泥；

4 处于潮湿环境的混凝土结构，当使用碱活性骨料时，宜采用低碱水泥。

7.2.3 粗骨料宜选用粒形良好、质地坚硬的洁净碎石或卵石，并应符合下列规定：

1 粗骨料最大粒径不应超过构件截面最小尺寸的1/4，且不应超过钢筋最小净间距的3/4；对实心混凝土板，粗骨料的最大粒径不宜超过板厚的1/3，且不应超过40mm；

2 粗骨料宜采用连续粒级，也可用单粒级组合成满足要求的连续粒级；

3 含泥量、泥块含量指标应符合本规范附录F的规定。

7.2.4 细骨料宜选用级配良好、质地坚硬、颗粒洁净的天然砂或机制砂，并应符合下列规定：

1 细骨料宜选用Ⅱ区中砂。当选用Ⅰ区砂时，应提高砂率，并应保持足够的胶凝材料用量，同时应满足混凝土的工作性要求；当采用Ⅲ区砂时，宜适当降低砂率；

2 混凝土细骨料中氯离子含量，对钢筋混凝土，按干砂的质量百分率计算不得大于0.06%；对预应力混凝土，按干砂的质量百分率计算不得大于0.02%；

3 含泥量、泥块含量指标应符合本规范附录F的规定；

4 海砂应符合现行行业标准《海砂混凝土应用技术规范》JGJ 206的有关规定。

7.2.5 强度等级为C60及以上的混凝土所用骨料，除应符合本规范第7.2.3和7.2.4条的规定外，尚应符合下列规定：

1 粗骨料压碎指标的控制值应经试验确定；

2 粗骨料最大粒径不宜大于25mm，针片状颗粒含量不应大于8.0%，含泥量不应大于0.5%，泥块含量不应大于0.2%；

3 细骨料细度模数宜控制为2.6～3.0，含泥量不应大于2.0%，泥块含量不应大于0.5%。

7.2.6 有抗渗、抗冻融或其他特殊要求的混凝土，宜选用连续级配的粗骨料，最大粒径不宜大于40mm，含泥量不应大于1.0%，泥块含量不应大于0.5%；所用细骨料含泥量不应大于3.0%，泥块含量不应大于1.0%。

7.2.7 矿物掺合料的选用应根据设计、施工要求，以及工程所处环境条件确定，其掺量应通过试验确定。

7.2.8 外加剂的选用应根据设计、施工要求，混凝土原材料性能以及工程所处环境条件等因素通过试验确定，并应符合下列规定：

1 当使用碱活性骨料时，由外加剂带入的碱含量（以当量氧化钠计）不宜超过1.0kg/m³，混凝土总碱含量尚应符合现行国家标准《混凝土结构设计规范》GB 50010等的有关规定；

2 不同品种外加剂首次复合使用时，应检验混凝土外加剂的相容性。

7.2.9 混凝土拌合及养护用水，应符合现行行业标准《混凝土用水标准》JGJ 63的有关规定。

7.2.10 未经处理的海水严禁用于钢筋混凝土结构和预应力混凝土结构中混凝土的拌制和养护。

7.2.11 原材料进场后，应按种类、批次分开储存与堆放，应标识明晰，并应符合下列规定：

1 散装水泥、矿物掺合料等粉体材料，应采用散装罐分开储存；袋装水泥、矿物掺合料、外加剂等，应按品种、批次分开码垛堆放，并应采取防雨、防潮措施，高温季节应有防晒措施。

2 骨料应按品种、规格分别堆放，不得混入杂物，并应保持洁净和颗粒级配均匀。骨料堆放场地的地面应做硬化处理，并应采取排水、防尘和防雨等措施。

3 液体外加剂应放置于阴凉干燥处，应防止日晒、污染、浸水，使用前应搅拌均匀；有离析、变色等现象时，应经检验合格后再使用。

7.3 混凝土配合比

7.3.1 混凝土配合比设计应经试验确定，并应符合下列规定：

1 应在满足混凝土强度、耐久性和工作性要求的前提下，减少水泥和水的用量；

2 当有抗冻、抗渗、抗氯离子侵蚀和化学腐蚀等耐久性要求时，尚应符合现行国家标准《混凝土结构耐久性设计规范》GB/T 50476的有关规定；

3 应分析环境条件对施工及工程结构的影响；

4 试配所用的原材料应与施工实际使用的原材料一致。

7.3.2 混凝土的配制强度应按下列规定计算：

1 当设计强度等级低于C60时，配制强度应按下式确定：

$$f_{cu,0} \geqslant f_{cu,k} + 1.645\sigma \quad (7.3.2\text{-}1)$$

式中：$f_{cu,0}$——混凝土的配制强度（MPa）；

$f_{cu,k}$——混凝土立方体抗压强度标准值（MPa）；

σ——混凝土强度标准差（MPa），应按本规范第7.3.3条确定。

2 当设计强度等级不低于C60时，配制强度应按下式确定：

$$f_{cu,0} \geqslant 1.15 f_{cu,k} \quad (7.3.2\text{-}2)$$

7.3.3 混凝土强度标准差应按下列规定计算确定：

1 当具有近期的同品种混凝土的强度资料时，其混凝土强度标准差σ应按下列公式计算：

$$\sigma = \sqrt{\frac{\sum_{i=1}^{n} f_{cu,i}^2 - nm_{f_{cu}}^2}{n-1}} \quad (7.3.3)$$

式中：$f_{cu,i}$——第i组的试件强度（MPa）；

$m_{f_{cu}}$——n组试件的强度平均值（MPa）；

n——试件组数，n值不应小于30。

2 按本条第1款计算混凝土强度标准差时：强度等级不高于C30的混凝土，计算得到的σ大于等于3.0MPa时，应按计算结果取值；计算得到的σ小于3.0MPa时，σ应取3.0MPa。强度等级高于C30且低于C60的混凝土，计算得到的σ大于等于4.0MPa时，应按计算结果取值；计算得到的σ小于4.0MPa时，σ应取4.0MPa。

3 当没有近期的同品种混凝土强度资料时，其混凝土强度标准差σ可按表7.3.3取用。

表 7.3.3 混凝土强度标准差σ值（MPa）

混凝土强度等级	≤C20	C25～C45	C50～C55
σ	4.0	5.0	6.0

7.3.4 混凝土的工作性指标应根据结构形式、运输方式和距离、泵送高度、浇筑和振捣方式，以及工程所处环境条件等确定。

7.3.5 混凝土最大水胶比和最小胶凝材料用量，应符合现行行业标准《普通混凝土配合比设计规程》JGJ 55 的有关规定。

7.3.6 当设计文件对混凝土提出耐久性指标时，应进行相关耐久性试验验证。

7.3.7 大体积混凝土的配合比设计，应符合下列规定：

1 在保证混凝土强度及工作性要求的前提下，应控制水泥用量，宜选用中、低水化热水泥，并宜掺加粉煤灰、矿渣粉；

2 温度控制要求较高的大体积混凝土，其胶凝材料用量、品种等宜通过水化热和绝热温升试验确定；

3 宜采用高性能减水剂。

7.3.8 混凝土配合比的试配、调整和确定，应按下列步骤进行：

1 采用工程实际使用的原材料和计算配合比进行试配。每盘混凝土试配量不应小于 20L；

2 进行试拌，并调整砂率和外加剂掺量等使拌合物满足工作性要求，提出试拌配合比；

3 在试拌配合比的基础上，调整胶凝材料用量，提出不少于 3 个配合比进行试配。根据试件的试压强度和耐久性试验结果，选定设计配合比；

4 应对选定的设计配合比进行生产适应性调整，确定施工配合比；

5 对采用搅拌运输车运输的混凝土，当运输时间较长时，试配时应控制混凝土坍落度经时损失值。

7.3.9 施工配合比应经技术负责人批准。在使用过程中，应根据反馈的混凝土动态质量信息对混凝土配合比及时进行调整。

7.3.10 遇有下列情况时，应重新进行配合比设计：

1 当混凝土性能指标有变化或有其他特殊要求时；

2 当原材料品质发生显著改变时；

3 同一配合比的混凝土生产间断三个月以上时。

7.4 混凝土搅拌

7.4.1 当粗、细骨料的实际含水量发生变化时，应及时调整粗、细骨料和拌合用水的用量。

7.4.2 混凝土搅拌时应对原材料用量准确计量，并应符合下列规定：

1 计量设备的精度应符合现行国家标准《混凝土搅拌站（楼）》GB 10171 的有关规定，并应定期校准。使用前设备应归零。

2 原材料的计量应按重量计，水和外加剂溶液可按体积计，其允许偏差应符合表 7.4.2 的规定。

表 7.4.2 混凝土原材料计量允许偏差（%）

原材料品种	水泥	细骨料	粗骨料	水	矿物掺合料	外加剂
每盘计量允许偏差	±2	±3	±3	±1	±2	±1
累计计量允许偏差	±1	±2	±2	±1	±1	±1

注：1 现场搅拌时原材料计量允许偏差应满足每盘计量允许偏差要求；
2 累计计量允许偏差指每一运输车中各盘混凝土的每种材料累计称量的偏差，该项指标仅适用于采用计算机控制计量的搅拌站；
3 骨料含水率应经常测定，雨、雪天施工应增加测定次数。

7.4.3 采用分次投料搅拌方法时，应通过试验确定投料顺序、数量及分段搅拌的时间等工艺参数。矿物掺合料宜与水泥同步投料，液体外加剂宜滞后于水和水泥投料；粉状外加剂宜溶解后再投料。

7.4.4 混凝土应搅拌均匀，宜采用强制式搅拌机搅拌。混凝土搅拌的最短时间可按表 7.4.4 采用，当能保证搅拌均匀时可适当缩短搅拌时间。搅拌强度等级 C60 及以上的混凝土时，搅拌时间应适当延长。

表 7.4.4 混凝土搅拌的最短时间（s）

混凝土坍落度（mm）	搅拌机机型	搅拌机出料量（L）		
		<250	250～500	>500
≤40	强制式	60	90	120
>40，且<100	强制式	60	60	90
≥100	强制式	60		

注：1 混凝土搅拌时间指从全部材料装入搅拌筒中起，到开始卸料时止的时间段；
2 当掺有外加剂与矿物掺合料时，搅拌时间应适当延长；
3 采用自落式搅拌机时，搅拌时间宜延长 30s；
4 当采用其他形式的搅拌设备时，搅拌的最短时间也可按设备说明书的规定或经试验确定。

7.4.5 对首次使用的配合比应进行开盘鉴定，开盘鉴定应包括下列内容：

1 混凝土的原材料与配合比设计所采用原材料的一致性；

2 出机混凝土工作性与配合比设计要求的一致性；

3 混凝土强度；

4 混凝土凝结时间；

5 工程有要求时，尚应包括混凝土耐久性能等。

7.5 混凝土运输

7.5.1 采用混凝土搅拌运输车运输混凝土时，应符合下列规定：

1 接料前，搅拌运输车应排净罐内积水；

2 在运输途中及等候卸料时，应保持搅拌运输车罐体正常转速，不得停转；

3 卸料前，搅拌运输车罐体宜快速旋转搅拌20s以上后再卸料。

7.5.2 采用搅拌运输车运输混凝土时，施工现场车辆出入口处应设置交通安全指挥人员，施工现场道路应顺畅，有条件时宜设置循环车道；危险区域应设置警戒标志；夜间施工时，应有良好的照明。

7.5.3 采用搅拌运输车运输混凝土，当混凝土坍落度损失较大不能满足施工要求时，可在运输车罐内加入适量的与原配合比相同成分的减水剂。减水剂加入量应事先由试验确定，并应作出记录。加入减水剂后，搅拌运输车罐体应快速旋转搅拌均匀，并应达到要求的工作性能后再泵送或浇筑。

7.5.4 当采用机动翻斗车运输混凝土时，道路应通畅，路面应平整、坚实，临时坡道或支架应牢固，铺板接头应平顺。

7.6 质量检查

7.6.1 原材料进场时，供方应对进场材料按材料进场验收所划分的检验批提供相应的质量证明文件，外加剂产品尚应提供使用说明书。当能确认连续进场的材料为同一厂家的同批出厂材料时，可按出厂的检验批提供质量证明文件。

7.6.2 原材料进场时，应对材料外观、规格、等级、生产日期等进行检查，并应对其主要技术指标按本规范第7.6.3条的规定划分检验批进行抽样检验，每个检验批检验不得少于1次。

经产品认证符合要求的水泥、外加剂，其检验批量可扩大一倍。在同一工程中，同一厂家、同一品种、同一规格的水泥、外加剂，连续三次进场检验均一次合格时，其后的检验批量可扩大一倍。

7.6.3 原材料进场质量检查应符合下列规定：

1 应对水泥的强度、安定性及凝结时间进行检验。同一生产厂家、同一等级、同一品种、同一批号且连续进场的水泥，袋装水泥不超过200t应为一批，散装水泥不超过500t应为一批。

2 应对粗骨料的颗粒级配、含泥量、泥块含量、针片状含量指标进行检验，压碎指标可根据工程需要进行检验，应对细骨料颗粒级配、含泥量、泥块含量指标进行检验。当设计文件有要求或结构处于易发生碱骨料反应环境中时，应对骨料进行碱活性检验。抗冻等级F100及以上的混凝土用骨料，应进行坚固性检验。骨料不超过400m^3或600t为一检验批。

3 应对矿物掺合料细度（比表面积）、需水量比（流动度比）、活性指数（抗压强度比）、烧失量指标进行检验。粉煤灰、矿渣粉、沸石粉不超过200t应为一检验批，硅灰不超过30t应为一检验批。

4 应按外加剂产品标准规定对其主要匀质性指标和掺外加剂混凝土性能指标进行检验。同一品种外加剂不超过50t应为一检验批。

5 当采用饮用水作为混凝土用水时，可不检验。当采用中水、搅拌站清洗水或施工现场循环水等其他水源时，应对其成分进行检验。

7.6.4 当使用中水泥质量受不利环境影响或水泥出厂超过三个月（快硬硅酸盐水泥超过一个月）时，应进行复验，并应按复验结果使用。

7.6.5 混凝土在生产过程中的质量检查应符合下列规定：

1 生产前应检查混凝土所用原材料的品种、规格是否与施工配合比一致。在生产过程中应检查原材料实际称量误差是否满足要求，每一工作班应至少检查2次；

2 生产前应检查生产设备和控制系统是否正常、计量设备是否归零；

3 混凝土拌合物的工作性检查每100m^3不应少于1次，且每一工作班不应少于2次，必要时可增加检查次数；

4 骨料含水率的检验每工作班不应少于1次；当雨雪天气等外界影响导致混凝土骨料含水率变化时，应及时检验。

7.6.6 混凝土应进行抗压强度试验。有抗冻、抗渗等耐久性要求的混凝土，还应进行抗冻性、抗渗性等耐久性指标的试验。其试件留置方法和数量，应按现行国家标准《混凝土结构工程施工质量验收规范》GB 50204的有关规定执行。

7.6.7 采用预拌混凝土时，供方应提供混凝土配合比通知单、混凝土抗压强度报告、混凝土质量合格证和混凝土运输单；当需要其他资料时，供需双方应在合同中明确约定。预拌混凝土质量控制资料的保存期限，应满足工程质量追溯的要求。

7.6.8 混凝土坍落度、维勃稠度的质量检查应符合下列规定：

1 坍落度和维勃稠度的检验方法，应符合现行国家标准《普通混凝土拌合物性能试验方法标准》GB/T 50080的有关规定；

2 坍落度、维勃稠度的允许偏差应符合表7.6.8的规定；

3 预拌混凝土的坍落度检查应在交货地点进行；

4 坍落度大于220mm的混凝土，可根据需要测定其坍落扩展度，扩展度的允许偏差为±30mm。

表 7.6.8 混凝土坍落度、维勃稠度的允许偏差

坍落度（mm）			
设计值（mm）	≤40	50～90	≥100
允许偏差（mm）	±10	±20	±30
维勃稠度（s）			
设计值（s）	≥11	10～6	≤5
允许偏差（s）	±3	±2	±1

7.6.9 掺引气剂或引气型外加剂的混凝土拌合物，应按现行国家标准《普通混凝土拌合物性能试验方法标准》GB/T 50080 的有关规定检验含气量，含气量宜符合表 7.6.9 的规定。

表 7.6.9 混凝土含气量限值

粗骨料最大公称粒径（mm）	混凝土含气量（%）
20	≤5.5
25	≤5.0
40	≤4.5

8 现浇结构工程

8.1 一 般 规 定

8.1.1 混凝土浇筑前应完成下列工作：

1 隐蔽工程验收和技术复核；

2 对操作人员进行技术交底；

3 根据施工方案中的技术要求，检查并确认施工现场具备实施条件；

4 施工单位填报浇筑申请单，并经监理单位签认。

8.1.2 混凝土拌合物入模温度不应低于 5℃，且不应高于 35℃。

8.1.3 混凝土运输、输送、浇筑过程中严禁加水；混凝土运输、输送、浇筑过程中散落的混凝土严禁用于混凝土结构构件的浇筑。

8.1.4 混凝土应布料均衡。应对模板及支架进行观察和维护，发生异常情况应及时进行处理。混凝土浇筑和振捣应采取防止模板、钢筋、钢构、预埋件及其定位件移位的措施。

8.2 混凝土输送

8.2.1 混凝土输送宜采用泵送方式。

8.2.2 混凝土输送泵的选择及布置应符合下列规定：

1 输送泵的选型应根据工程特点、混凝土输送高度和距离、混凝土工作性确定；

2 输送泵的数量应根据混凝土浇筑量和施工条件确定，必要时应设置备用泵；

3 输送泵设置的位置应满足施工要求，场地应平整、坚实，道路应畅通；

4 输送泵的作业范围不得有阻碍物；输送泵设置位置应有防范高空坠物的设施。

8.2.3 混凝土输送泵管与支架的设置应符合下列规定：

1 混凝土输送泵管应根据输送泵的型号、拌合物性能、总输出量、单位输出量、输送距离以及粗骨料粒径等进行选择；

2 混凝土粗骨料最大粒径不大于 25mm 时，可采用内径不小于 125mm 的输送泵管；混凝土粗骨料最大粒径不大于 40mm 时，可采用内径不小于 150mm 的输送泵管；

3 输送泵管安装连接应严密，输送泵管道转向宜平缓；

4 输送泵管应采用支架固定，支架应与结构牢固连接，输送泵管转向处支架应加密；支架应通过计算确定，设置位置的结构应进行验算，必要时应采取加固措施；

5 向上输送混凝土时，地面水平输送泵管的直管和弯管总的折算长度不宜小于竖向输送高度的 20%，且不宜小于 15m；

6 输送泵管倾斜或垂直向下输送混凝土，且高差大于 20m 时，应在倾斜或竖向管下端设置直管或弯管，直管或弯管总的折算长度不宜小于高差的 1.5 倍；

7 输送高度大于 100m 时，混凝土输送泵出料口处的输送泵管位置应设置截止阀；

8 混凝土输送泵管及其支架应经常进行检查和维护。

8.2.4 混凝土输送布料设备的设置应符合下列规定：

1 布料设备的选择应与输送泵相匹配；布料设备的混凝土输送管内径宜与混凝土输送泵管内径相同；

2 布料设备的数量及位置应根据布料设备工作半径、施工作业面大小以及施工要求确定；

3 布料设备应安装牢固，且应采取抗倾覆措施；布料设备安装位置处的结构或专用装置应进行验算，必要时应采取加固措施；

4 应经常对布料设备的弯管壁厚进行检查，磨损较大的弯管应及时更换；

5 布料设备作业范围不得有阻碍物，并应有防范高空坠物的设施。

8.2.5 输送混凝土的管道、容器、溜槽不应吸水、漏浆，并应保证输送通畅。输送混凝土时，应根据工程所处环境条件采取保温、隔热、防雨等措施。

8.2.6 输送泵输送混凝土应符合下列规定：

1 应先进行泵水检查，并应湿润输送泵的料斗、活塞等直接与混凝土接触的部位；泵水检查后，应清除输送泵内积水；

2 输送混凝土前，宜先输送水泥砂浆对输送泵和输送管进行润滑，然后开始输送混凝土；

3 输送混凝土应先慢后快、逐步加速，应在系统运转顺利后再按正常速度输送；

4 输送混凝土过程中，应设置输送泵集料斗网罩，并应保证集料斗有足够的混凝土余量。

8.2.7 吊车配备斗容器输送混凝土应符合下列规定：

1 应根据不同结构类型以及混凝土浇筑方法选择不同的斗容器；

2 斗容器的容量应根据吊车吊运能力确定；

3 运输至施工现场的混凝土宜直接装入斗容器进行输送；

4 斗容器宜在浇筑点直接布料。

8.2.8 升降设备配备小车输送混凝土应符合下列规定：

1 升降设备和小车的配备数量、小车行走路线及卸料点位置应能满足混凝土浇筑需要；

2 运输至施工现场的混凝土宜直接装入小车进行输送，小车宜在靠近升降设备的位置进行装料。

8.3 混凝土浇筑

8.3.1 浇筑混凝土前，应清除模板内或垫层上的杂物。表面干燥的地基、垫层、模板上应洒水湿润；现场环境温度高于35℃时，宜对金属模板进行洒水降温；洒水后不得留有积水。

8.3.2 混凝土浇筑应保证混凝土的均匀性和密实性。混凝土宜一次连续浇筑。

8.3.3 混凝土应分层浇筑，分层厚度应符合本规范第8.4.6条的规定，上层混凝土应在下层混凝土初凝之前浇筑完毕。

8.3.4 混凝土运输、输送入模的过程应保证混凝土连续浇筑，从运输到输送入模的延续时间不宜超过表8.3.4-1的规定，且不应超过表8.3.4-2的规定。掺早强型减水剂、早强剂的混凝土，以及有特殊要求的混凝土，应根据设计及施工要求，通过试验确定允许时间。

表 8.3.4-1 运输到输送入模的延续时间（min）

条件	气温	
	≤25℃	＞25℃
不掺外加剂	90	60
掺外加剂	150	120

表 8.3.4-2 运输、输送入模及其间歇总的时间限值（min）

条件	气温	
	≤25℃	＞25℃
不掺外加剂	180	150
掺外加剂	240	210

8.3.5 混凝土浇筑的布料点宜接近浇筑位置，应采取减少混凝土下料冲击的措施，并应符合下列规定：

1 宜先浇筑竖向结构构件，后浇筑水平结构构件；

2 浇筑区域结构平面有高差时，宜先浇筑低区部分，再浇筑高区部分。

8.3.6 柱、墙模板内的混凝土浇筑不得发生离析，倾落高度应符合表8.3.6的规定；当不能满足要求时，应加设串筒、溜管、溜槽等装置。

表 8.3.6 柱、墙模板内混凝土浇筑倾落高度限值（m）

条件	浇筑倾落高度限值
粗骨料粒径大于25mm	≤3
粗骨料粒径小于等于25mm	≤6

注：当有可靠措施能保证混凝土不产生离析时，混凝土倾落高度可不受本表限制。

8.3.7 混凝土浇筑后，在混凝土初凝前和终凝前，宜分别对混凝土裸露表面进行抹面处理。

8.3.8 柱、墙混凝土设计强度等级高于梁、板混凝土设计强度等级时，混凝土浇筑应符合下列规定：

1 柱、墙混凝土设计强度比梁、板混凝土设计强度高一个等级时，柱、墙位置梁、板高度范围内的混凝土经设计单位确认，可采用与梁、板混凝土设计强度等级相同的混凝土进行浇筑；

2 柱、墙混凝土设计强度比梁、板混凝土设计强度高两个等级及以上时，应在交界区域采取分隔措施；分隔位置应在低强度等级的构件中，且距高强度等级构件边缘不应小于500mm；

3 宜先浇筑强度等级高的混凝土，后浇筑强度等级低的混凝土。

8.3.9 泵送混凝土浇筑应符合下列规定：

1 宜根据结构形状及尺寸、混凝土供应、混凝土浇筑设备、场地内外条件等划分每台输送泵的浇筑区域及浇筑顺序；

2 采用输送管浇筑混凝土时，宜由远而近浇筑；采用多根输送管同时浇筑时，其浇筑速度宜保持一致；

3 润滑输送管的水泥砂浆用于湿润结构施工缝时，水泥砂浆应与混凝土浆液成分相同；接浆厚度不应大于30mm，多余水泥砂浆应收集后运出；

4 混凝土泵送浇筑应连续进行；当混凝土不能及时供应时，应采取间歇泵送方式；

5 混凝土浇筑后，应清洗输送泵和输送管。

8.3.10 施工缝或后浇带处浇筑混凝土，应符合下列规定：

1 结合面应为粗糙面，并应清除浮浆、松动石子、软弱混凝土层；

2 结合面处应洒水湿润，但不得有积水；

3 施工缝处已浇筑混凝土的强度不应小于1.2MPa；

4 柱、墙水平施工缝水泥砂浆接浆层厚度不应大于30mm，接浆层水泥砂浆应与混凝土浆液成分相同；

5 后浇带混凝土强度等级及性能应符合设计要求；当设计无具体要求时，后浇带混凝土强度等级宜比两侧混凝土提高一级，并宜采用减少收缩的技术措施。

8.3.11 超长结构混凝土浇筑应符合下列规定：

1 可留设施工缝分仓浇筑，分仓浇筑间隔时间不应少于7d；

2 当留设后浇带时，后浇带封闭时间不得少于14d；

3 超长整体基础中调节沉降的后浇带，混凝土封闭时间应通过监测确定，应在差异沉降稳定后封闭后浇带；

4 后浇带的封闭时间尚应经设计单位确认。

8.3.12 型钢混凝土结构浇筑应符合下列规定：

1 混凝土粗骨料最大粒径不应大于型钢外侧混凝土保护层厚度的1/3，且不宜大于25mm；

2 浇筑应有足够的下料空间，并应使混凝土充盈整个构件各部位；

3 型钢周边混凝土浇筑宜同步上升，混凝土浇筑高差不应大于500mm。

8.3.13 钢管混凝土结构浇筑应符合下列规定：

1 宜采用自密实混凝土浇筑；

2 混凝土应采取减少收缩的技术措施；

3 钢管截面较小时，应在钢管壁适当位置留有足够的排气孔，排气孔孔径不应小于20mm；浇筑混凝土应加强排气孔观察，并应确认浆体流出和浇筑密实后再封堵排气孔；

4 当采用粗骨料粒径不大于25mm的高流态混凝土或粗骨料粒径不大于20mm的自密实混凝土时，混凝土最大倾落高度不宜大于9m；倾落高度大于9m时，宜采用串筒、溜槽、溜管等辅助装置进行浇筑；

5 混凝土从管顶向下浇筑时应符合下列规定：

1）浇筑应有足够的下料空间，并应使混凝土充盈整个钢管；

2）输送管端内径或斗容器下料口内径应小于钢管内径，且每边应留有不小于100mm的间隙；

3）应控制浇筑速度和单次下料量，并应分层浇筑至设计标高；

4）混凝土浇筑完毕后应对管口进行临时封闭。

6 混凝土从管底顶升浇筑时应符合下列规定：

1）应在钢管底部设置进料输送管，进料输送管应设止流阀门，止流阀门可在顶升浇筑的混凝土达到终凝后拆除；

2）应合理选择混凝土顶升浇筑设备；应配备上、下方通信联络工具，并应采取可有效控制混凝土顶升或停止的措施；

3）应控制混凝土顶升速度，并均衡浇筑至设计标高。

8.3.14 自密实混凝土浇筑应符合下列规定：

1 应根据结构部位、结构形状、结构配筋等确定合适的浇筑方案；

2 自密实混凝土粗骨料最大粒径不宜大于20mm；

3 浇筑应能使混凝土充填到钢筋、预埋件、预埋钢构件周边及模板内各部位；

4 自密实混凝土浇筑布料点应结合拌合物特性选择适宜的间距，必要时可通过试验确定混凝土布料点下料间距。

8.3.15 清水混凝土结构浇筑应符合下列规定：

1 应根据结构特点进行构件分区，同一构件分区应采用同批混凝土，并应连续浇筑；

2 同层或同区内混凝土构件所用材料牌号、品种、规格应一致，并应保证结构外观色泽符合要求；

3 竖向构件浇筑时应严格控制分层浇筑的间歇时间。

8.3.16 基础大体积混凝土结构浇筑应符合下列规定：

1 采用多条输送泵管浇筑时，输送泵管间距不宜大于10m，并宜由远及近浇筑；

2 采用汽车布料杆输送浇筑时，应根据布料杆工作半径确定布料点数量，各布料点浇筑速度应保持均衡；

3 宜先浇筑深坑部分再浇筑大面积基础部分；

4 宜采用斜面分层浇筑方法，也可采用全面分层、分块分层浇筑方法，层与层之间混凝土浇筑的间歇时间应能保证混凝土浇筑连续进行；

5 混凝土分层浇筑应采用自然流淌形成斜坡，并应沿高度均匀上升，分层厚度不宜大于500mm；

6 抹面处理应符合本规范第8.3.7条的规定，抹面次数宜适当增加；

7 应有排除积水或混凝土泌水的有效技术措施。

8.3.17 预应力结构混凝土浇筑应符合下列规定：

1 应避免成孔管道破损、移位或连接处脱落，并应避免预应力筋、锚具及锚垫板等移位；

2 预应力锚固区等配筋密集部位应采取保证混凝土浇筑密实的措施；

3 先张法预应力混凝土构件，应在张拉后及时浇筑混凝土。

8.4 混凝土振捣

8.4.1 混凝土振捣应能使模板内各个部位混凝土密实、均匀，不应漏振、欠振、过振。

8.4.2 混凝土振捣应采用插入式振动棒、平板振动器或附着振动器，必要时可采用人工辅助振捣。

8.4.3 振动棒振捣混凝土应符合下列规定：

1 应按分层浇筑厚度分别进行振捣，振动棒的前端应插入前一层混凝土中，插入深度不应小于50mm；

2 振动棒应垂直于混凝土表面并快插慢拔均匀振捣；当混凝土表面无明显塌陷、有水泥浆出现、不再冒气泡时，应结束该部位振捣；

3 振动棒与模板的距离不应大于振动棒作用半径的50%；振捣插点间距不应大于振动棒的作用半径的1.4倍。

8.4.4 平板振动器振捣混凝土应符合下列规定：

1 平板振动器振捣应覆盖振捣平面边角；

2 平板振动器移动间距应覆盖已振实部分混凝土边缘；

3 振捣倾斜表面时，应由低处向高处进行振捣。

8.4.5 附着振动器振捣混凝土应符合下列规定：

1 附着振动器应与模板紧密连接，设置间距应通过试验确定；

2 附着振动器应根据混凝土浇筑高度和浇筑速度，依次从下往上振捣；

3 模板上同时使用多台附着振动器时，应使各振动器的频率一致，并应交错设置在相对面的模板上。

8.4.6 混凝土分层振捣的最大厚度应符合表8.4.6的规定。

表8.4.6 混凝土分层振捣的最大厚度

振捣方法	混凝土分层振捣最大厚度
振动棒	振动棒作用部分长度的1.25倍
平板振动器	200mm
附着振动器	根据设置方式，通过试验确定

8.4.7 特殊部位的混凝土应采取下列加强振捣措施：

1 宽度大于0.3m的预留洞底部区域，应在洞口两侧进行振捣，并应适当延长振捣时间；宽度大于0.8m的洞口底部，应采取特殊的技术措施；

2 后浇带及施工缝边角处应加密振捣点，并应适当延长振捣时间；

3 钢筋密集区域或型钢与钢筋结合区域，应选择小型振动棒辅助振捣、加密振捣点，并应适当延长振捣时间；

4 基础大体积混凝土浇筑流淌形成的坡脚，不得漏振。

8.5 混凝土养护

8.5.1 混凝土浇筑后应及时进行保湿养护，保湿养护可采用洒水、覆盖、喷涂养护剂等方式。养护方式应根据现场条件、环境温湿度、构件特点、技术要求、施工操作等因素确定。

8.5.2 混凝土的养护时间应符合下列规定：

1 采用硅酸盐水泥、普通硅酸盐水泥或矿渣硅酸盐水泥配制的混凝土，不应少于7d；采用其他品种水泥时，养护时间应根据水泥性能确定；

2 采用缓凝型外加剂、大掺量矿物掺合料配制的混凝土，不应少于14d；

3 抗渗混凝土、强度等级C60及以上的混凝土，不应少于14d；

4 后浇带混凝土的养护时间不应少于14d；

5 地下室底层墙、柱和上部结构首层墙、柱，宜适当增加养护时间；

6 大体积混凝土养护时间应根据施工方案确定。

8.5.3 洒水养护应符合下列规定：

1 洒水养护宜在混凝土裸露表面覆盖麻袋或草帘后进行，也可采用直接洒水、蓄水等养护方式；洒水养护应保证混凝土表面处于湿润状态；

2 洒水养护用水应符合本规范第7.2.9条的规定；

3 当日最低温度低于5℃时，不应采用洒水养护。

8.5.4 覆盖养护应符合下列规定：

1 覆盖养护宜在混凝土裸露表面覆盖塑料薄膜、塑料薄膜加麻袋、塑料薄膜加草帘进行；

2 塑料薄膜应紧贴混凝土裸露表面，塑料薄膜内应保持有凝结水；

3 覆盖物应严密，覆盖物的层数应按施工方案确定。

8.5.5 喷涂养护剂养护应符合下列规定：

1 应在混凝土裸露表面喷涂覆盖致密的养护剂进行养护；

2 养护剂应均匀喷涂在结构构件表面，不得漏喷；养护剂应具有可靠的保湿效果，保湿效果可通过试验检验；

3 养护剂使用方法应符合产品说明书的有关要求。

8.5.6 基础大体积混凝土裸露表面应采用覆盖养护方式；当混凝土浇筑体表面以内40mm～100mm位置的温度与环境温度的差值小于25℃时，可结束覆盖养护。覆盖养护结束但尚未达到养护时间要求时，可采用洒水养护方式直至养护结束。

8.5.7 柱、墙混凝土养护方法应符合下列规定：

1 地下室底层和上部结构首层柱、墙混凝土带模养护时间，不应少于3d；带模养护结束后，可采用洒水养护方式继续养护，也可采用覆盖养护或喷涂养护剂养护方式继续养护；

2 其他部位柱、墙混凝土可采用洒水养护，也可采用覆盖养护或喷涂养护剂养护。

8.5.8 混凝土强度达到1.2MPa前，不得在其上踩踏、堆放物料、安装模板及支架。

8.5.9 同条件养护试件的养护条件应与实体结构部位养护条件相同，并应妥善保管。

8.5.10 施工现场应具备混凝土标准试件制作条件，并应设置标准试件养护室或养护箱。标准试件养护应符合国家现行有关标准的规定。

8.6 混凝土施工缝与后浇带

8.6.1 施工缝和后浇带的留设位置应在混凝土浇筑前确定。施工缝和后浇带宜留设在结构受剪力较小且便于施工的位置。受力复杂的结构构件或有防水抗渗要求的结构构件，施工缝留设位置应经设计单位确认。

8.6.2 水平施工缝的留设位置应符合下列规定：

1 柱、墙施工缝可留设在基础、楼层结构顶面，柱施工缝与结构上表面的距离宜为0mm～100mm，墙施工缝与结构上表面的距离宜为0mm～300mm；

2 柱、墙施工缝也可留设在楼层结构底面，施工缝与结构下表面的距离宜为0mm～50mm；当板下有梁托时，可留设在梁托下0mm～20mm；

3 高度较大的柱、墙、梁以及厚度较大的基础，可根据施工需要在其中部留设水平施工缝；当因施工缝留设改变受力状态而需要调整构件配筋时，应经设计单位确认；

4 特殊结构部位留设水平施工缝应经设计单位确认。

8.6.3 竖向施工缝和后浇带的留设位置应符合下列规定：

1 有主次梁的楼板施工缝应留设在次梁跨度中间1/3范围内；

2 单向板施工缝应留设在与跨度方向平行的任何位置；

3 楼梯梯段施工缝宜设置在梯段板跨度端部1/3范围内；

4 墙的施工缝宜设置在门洞口过梁跨中1/3范围内，也可留设在纵横墙交接处；

5 后浇带留设位置应符合设计要求；

6 特殊结构部位留设竖向施工缝应经设计单位确认。

8.6.4 设备基础施工缝留设位置应符合下列规定：

1 水平施工缝应低于地脚螺栓底端，与地脚螺栓底端的距离应大于150mm；当地脚螺栓直径小于30mm时，水平施工缝可留设在深度不小于地脚螺栓埋入混凝土部分总长度的3/4处。

2 竖向施工缝与地脚螺栓中心线的距离不应小于250mm，且不应小于螺栓直径的5倍。

8.6.5 承受动力作用的设备基础施工缝留设位置，应符合下列规定：

1 标高不同的两个水平施工缝，其高低结合处应留设成台阶形，台阶的高宽比不应大于1.0；

2 竖向施工缝或台阶形施工缝的断面处应加插钢筋，插筋数量和规格应由设计确定；

3 施工缝的留设应经设计单位确认。

8.6.6 施工缝、后浇带留设界面，应垂直于结构构件和纵向受力钢筋。结构构件厚度或高度较大时，施工缝或后浇带界面宜采用专用材料封挡。

8.6.7 混凝土浇筑过程中，因特殊原因需临时设置施工缝时，施工缝留设应规整，并宜垂直于构件表面，必要时可采取增加插筋、事后修凿等技术措施。

8.6.8 施工缝和后浇带应采取钢筋防锈或阻锈等保护措施。

8.7 大体积混凝土裂缝控制

8.7.1 大体积混凝土宜采用后期强度作为配合比设计、强度评定及验收的依据。基础混凝土，确定混凝土强度时的龄期可取为60d（56d）或90d；柱、墙混凝土强度等级不低于C80时，确定混凝土强度时的龄期可取为60d（56d）。确定混凝土强度时采用大于28d的龄期时，龄期应经设计单位确认。

8.7.2 大体积混凝土施工配合比设计应符合本规范第7.3.7条的规定，并应加强混凝土养护。

8.7.3 大体积混凝土施工时，应对混凝土进行温度控制，并应符合下列规定：

1 混凝土入模温度不宜大于30℃；混凝土浇筑体最大温升值不宜大于50℃。

2 在覆盖养护或带模养护阶段，混凝土浇筑体表面以内40mm～100mm位置处的温度与混凝土浇筑体表面温度差值不应大于25℃；结束覆盖养护或拆模后，混凝土浇筑体表面以内40mm～100mm位置处的温度与环境温度差值不应大于25℃。

3 混凝土浇筑体内部相邻两测温点的温度差值不应大于25℃。

4 混凝土降温速率不宜大于2.0℃/d；当有可靠经验时，降温速率要求可适当放宽。

8.7.4 基础大体积混凝土测温点设置应符合下列规定：

1 宜选择具有代表性的两个交叉竖向剖面进行测温，竖向剖面交叉位置宜通过基础中部区域。

2 每个竖向剖面的周边及以内部位应设置测温点，两个竖向剖面交叉处应设置测温点；混凝土浇筑体表面测温点应设置在保温覆盖层底部或模板内侧表面，并应与两个剖面上的周边测温点位置及数量对应；环境测温点不应少于2处。

3 每个剖面的周边测温点应设置在混凝土浇筑体表面以内40mm～100mm位置处；每个剖面的测温点宜竖向、横向对齐；每个剖面竖向设置的测温点不应少于3处，间距不应小于0.4m且不宜大于1.0m；每个剖面横向设置的测温点不应少于4处，间距不应小于0.4m且不应大于10m。

4 对基础厚度不大于1.6m，裂缝控制技术措施完善的工程，可不进行测温。

8.7.5 柱、墙、梁大体积混凝土测温点设置应符合下列规定：

1 柱、墙、梁结构实体最小尺寸大于2m，且混凝土强度等级不低于C60时，应进行测温。

2 宜选择沿构件纵向的两个横向剖面进行测温，每个横向剖面的周边及中部区域应设置测温点；混凝土浇筑体表面测温点应设置在模板内侧表面，并应与两个剖面上的周边测温点位置及数量对应；环境测温点不应少于1处。

3 每个横向剖面的周边测温点应设置在混凝土浇筑体表面以内40mm～100mm位置处；每个横向剖面的测温点宜对齐；每个剖面的测温点不应少于2处，间距不应小于0.4m且不宜大于1.0m。

4 可根据第一次测温结果，完善温差控制技术措施，后续施工可不进行测温。

8.7.6 大体积混凝土测温应符合下列规定：

1 宜根据每个测温点被混凝土初次覆盖时的温度确定各测点部位混凝土的入模温度；

2 浇筑体周边表面以内测温点、浇筑体表面测温点、环境测温点的测温，应与混凝土浇筑、养护过程同步进行；

3 应按测温频率要求及时提供测温报告，测温报告应包含各测温点的温度数据、温差数据、代表点位的温度变化曲线、温度变化趋势分析等内容；

4 混凝土浇筑体表面以内40mm～100mm位置的温度与环境温度的差值小于20℃时，可停止测温。

8.7.7 大体积混凝土测温频率应符合下列规定：

1 第一天至第四天，每4h不应少于一次；

2 第五天至第七天，每8h不应少于一次；

3 第七天至测温结束，每12h不应少于一次。

8.8 质量检查

8.8.1 混凝土结构施工质量检查可分为过程控制检查和拆模后的实体质量检查。过程控制检查应在混凝土施工全过程中，按施工段划分和工序安排及时进行；拆模后的实体质量检查应在混凝土表面未作处理和装饰前进行。

8.8.2 混凝土结构施工的质量检查，应符合下列规定：

1 检查的频率、时间、方法和参加检查的人员，应根据质量控制的需要确定。

2 施工单位应对完成施工的部位或成果的质量进行自检，自检应全数检查。

3 混凝土结构施工质量检查应作出记录；返工和修补的构件，应有返工修补前后的记录，并应有图像资料。

4 已经隐蔽的工程内容，可检查隐蔽工程验收记录。

5 需要对混凝土结构的性能进行检验时，应委托有资质的检测机构检测，并应出具检测报告。

8.8.3 混凝土浇筑前应检查混凝土送料单，核对混凝土配合比，确认混凝土强度等级，检查混凝土运输时间，测定混凝土坍落度，必要时还应测定混凝土扩展度。

8.8.4 混凝土结构施工过程中，应进行下列检查：

1 模板：

1）模板及支架位置、尺寸；

2）模板的变形和密封性；

3）模板涂刷脱模剂及必要的表面湿润；

4）模板内杂物清理。

2 钢筋及预埋件：

1）钢筋的规格、数量；

2）钢筋的位置；

3）钢筋的混凝土保护层厚度；

4）预埋件规格、数量、位置及固定。

3 混凝土拌合物：

1）坍落度、入模温度等；

2）大体积混凝土的温度测控。

4 混凝土施工：

1）混凝土输送、浇筑、振捣等；

2）混凝土浇筑时模板的变形、漏浆等；

3）混凝土浇筑时钢筋和预埋件位置；

4）混凝土试件制作；

5）混凝土养护。

8.8.5 混凝土结构拆除模板后应进行下列检查：

1 构件的轴线位置、标高、截面尺寸、表面平整度、垂直度；

2 预埋件的数量、位置；

3 构件的外观缺陷；

4 构件的连接及构造做法；

5 结构的轴线位置、标高、全高垂直度。

8.8.6 混凝土结构拆模后实体质量检查方法与判定，应符合现行国家标准《混凝土结构工程施工质量验收规范》GB 50204等的有关规定。

8.9 混凝土缺陷修整

8.9.1 混凝土结构缺陷可分为尺寸偏差缺陷和外观缺陷。尺寸偏差缺陷和外观缺陷可分为一般缺陷和严重缺陷。混凝土结构尺寸偏差超出规范规定，但尺寸偏差对结构性能和使用功能未构成影响时，应属于一般缺陷；而尺寸偏差对结构性能和使用功能构成影响时，应属于严重缺陷。外观缺陷分类应符合表8.9.1的规定。

表 8.9.1 混凝土结构外观缺陷分类

名称	现　象	严重缺陷	一般缺陷
露筋	构件内钢筋未被混凝土包裹而外露	纵向受力钢筋有露筋	其他钢筋有少量露筋
蜂窝	混凝土表面缺少水泥砂浆而形成石子外露	构件主要受力部位有蜂窝	其他部位有少量蜂窝
孔洞	混凝土中孔穴深度和长度均超过保护层厚度	构件主要受力部位有孔洞	其他部位有少量孔洞
夹渣	混凝土中夹有杂物且深度超过保护层厚度	构件主要受力部位有夹渣	其他部位有少量夹渣
疏松	混凝土中局部不密实	构件主要受力部位有疏松	其他部位有少量疏松
裂缝	缝隙从混凝土表面延伸至混凝土内部	构件主要受力部位有影响结构性能或使用功能的裂缝	其他部位有少量不影响结构性能或使用功能的裂缝
连接部位缺陷	构件连接处混凝土有缺陷及连接钢筋、连接件松动	连接部位有影响结构传力性能的缺陷	连接部位有基本不影响结构传力性能的缺陷
外形缺陷	缺棱掉角、棱角不直、翘曲不平、飞边凸肋等	清水混凝土构件有影响使用功能或装饰效果的外形缺陷	其他混凝土构件有不影响使用功能的外形缺陷
外表缺陷	构件表面麻面、掉皮、起砂、沾污等	具有重要装饰效果的清水混凝土构件有外表缺陷	其他混凝土构件有不影响使用功能的外表缺陷

8.9.2 施工过程中发现混凝土结构缺陷时，应认真分析缺陷产生的原因。对严重缺陷施工单位应制定专项修整方案，方案应经论证审批后再实施，不得擅自处理。

8.9.3 混凝土结构外观一般缺陷修整应符合下列规定：

1 露筋、蜂窝、孔洞、夹渣、疏松、外表缺陷，应凿除胶结不牢固部分的混凝土，应清理表面，洒水湿润后应用1：2～1：2.5 水泥砂浆抹平；

2 应封闭裂缝；

3 连接部位缺陷、外形缺陷可与面层装饰施工一并处理。

8.9.4 混凝土结构外观严重缺陷修整应符合下列规定：

1 露筋、蜂窝、孔洞、夹渣、疏松、外表缺陷，应凿除胶结不牢固部分的混凝土至密实部位，清理表面，支设模板，洒水湿润，涂抹混凝土界面剂，应采用比原混凝土强度等级高一级的细石混凝土浇筑密实，养护时间不应少于 7d。

2 开裂缺陷修整应符合下列规定：

1）民用建筑的地下室、卫生间、屋面等接触水介质的构件，均应注浆封闭处理。民用建筑不接触水介质的构件，可采用注浆封闭、聚合物砂浆粉刷或其他表面封闭材料进行封闭。

2）无腐蚀介质工业建筑的地下室、屋面、卫生间等接触水介质的构件，以及有腐蚀介质的所有构件，均应注浆封闭处理。无腐蚀介质工业建筑不接触水介质的构件，可采用注浆封闭、聚合物砂浆粉刷或其他表面封闭材料进行封闭。

3 清水混凝土的外形和外表严重缺陷，宜在水泥砂浆或细石混凝土修补后用磨光机械磨平。

8.9.5 混凝土结构尺寸偏差一般缺陷，可结合装饰工程进行修整。

8.9.6 混凝土结构尺寸偏差严重缺陷，应会同设计单位共同制定专项修整方案，结构修整后应重新检查验收。

9 装配式结构工程

9.1 一 般 规 定

9.1.1 装配式结构工程应编制专项施工方案。必要时，专业施工单位应根据设计文件进行深化设计。

9.1.2 装配式结构正式施工前，宜选择有代表性的单元或部分进行试制作、试安装。

9.1.3 预制构件的吊运应符合下列规定：

1 应根据预制构件形状、尺寸、重量和作业半径等要求选择吊具和起重设备，所采用的吊具和起重设备及其施工操作，应符合国家现行有关标准及产品应用技术手册的规定；

2 应采取保证起重设备的主钩位置、吊具及构件重心在竖直方向上重合的措施；吊索与构件水平夹角不宜小于 60°，不应小于 45°；吊运过程应平稳，不应有大幅度摆动，且不应长时间悬停；

3 应设专人指挥，操作人员应位于安全位置。

9.1.4 预制构件经检查合格后，应在构件上设置可靠标识。在装配式结构的施工全过程中，应采取防止预制构件损伤或污染的措施。

9.1.5 装配式结构施工中采用专用定型产品时，专用定型产品及施工操作应符合国家现行有关标准及产品应用技术手册的规定。

9.2 施工验算

9.2.1 装配式混凝土结构施工前，应根据设计要求和施工方案进行必要的施工验算。

9.2.2 预制构件在脱模、吊运、运输、安装等环节的施工验算，应将构件自重标准值乘以脱模吸附系数或动力系数作为等效荷载标准值，并应符合下列规定：

1 脱模吸附系数宜取1.5，也可根据构件和模具表面状况适当增减；复杂情况，脱模吸附系数宜根据试验确定；

2 构件吊运、运输时，动力系数宜取1.5；构件翻转及安装过程中就位、临时固定时，动力系数可取1.2。当有可靠经验时，动力系数可根据实际受力情况和安全要求适当增减。

9.2.3 预制构件的施工验算应符合设计要求。当设计无具体要求时，宜符合下列规定：

1 钢筋混凝土和预应力混凝土构件正截面边缘的混凝土法向压应力，应满足下式的要求：

$$\sigma_{cc} \leqslant 0.8 f'_{ck} \quad (9.2.3\text{-}1)$$

式中：σ_{cc}——各施工环节在荷载标准组合作用下产生的构件正截面边缘混凝土法向压应力(MPa)，可按毛截面计算；

f'_{ck}——与各施工环节的混凝土立方体抗压强度相应的抗压强度标准值（MPa），按现行国家标准《混凝土结构设计规范》GB 50010－2010表4.1.3-1以线性内插法确定。

2 钢筋混凝土和预应力混凝土构件正截面边缘的混凝土法向拉应力，宜满足下式的要求：

$$\sigma_{ct} \leqslant 1.0 f'_{tk} \quad (9.2.3\text{-}2)$$

式中：σ_{ct}——各施工环节在荷载标准组合作用下产生的构件正截面边缘混凝土法向拉应力(MPa)，可按毛截面计算；

f'_{tk}——与各施工环节的混凝土立方体抗压强度相应的抗拉强度标准值（MPa），按现行国家标准《混凝土结构设计规范》GB 50010－2010表4.1.3-2以线性内插法确定。

3 预应力混凝土构件的端部正截面边缘的混凝土法向拉应力，可适当放松，但不应大于$1.2 f'_{tk}$。

4 施工过程中允许出现裂缝的钢筋混凝土构件，其正截面边缘混凝土法向拉应力限值可适当放松，但开裂截面处受拉钢筋的应力，应满足下式的要求：

$$\sigma_s \leqslant 0.7 f_{yk} \quad (9.2.3\text{-}3)$$

式中：σ_s——各施工环节在荷载标准组合作用下产生的构件受拉钢筋应力，应按开裂截面计算（MPa）；

f_{yk}——受拉钢筋强度标准值（MPa）。

5 叠合式受弯构件尚应符合现行国家标准《混凝土结构设计规范》GB 50010的有关规定。在叠合层施工阶段验算中，作用在叠合板上的施工活荷载标准值可按实际情况计算，且取值不宜小于1.5kN/m^2。

9.2.4 预制构件中的预埋吊件及临时支撑，宜按下式进行计算：

$$K_c S_c \leqslant R_c \quad (9.2.4)$$

式中：K_c——施工安全系数，可按表9.2.4的规定取值；当有可靠经验时，可根据实际情况适当增减；

S_c——施工阶段荷载标准组合作用下的效应值，施工阶段的荷载标准值按本规范附录A及第9.2.3条的有关规定取值；

R_c——按材料强度标准值计算或根据试验确定的预埋吊件、临时支撑、连接件的承载力；对复杂或特殊情况，宜通过试验确定。

表9.2.4 预埋吊件及临时支撑的施工安全系数 K_c

项目	施工安全系数（K_c）
临时支撑	2
临时支撑的连接件 预制构件中用于连接临时支撑的预埋件	3
普通预埋吊件	4
多用途的预埋吊件	5

注：对采用HPB300钢筋吊环形式的预埋吊件，应符合现行国家标准《混凝土结构设计规范》GB 50010的有关规定。

9.3 构件制作

9.3.1 制作预制构件的场地应平整、坚实，并应采取排水措施。当采用台座生产预制构件时，台座表面应光滑平整，2m长度内表面平整度不应大于2mm，在气温变化较大的地区宜设置伸缩缝。

9.3.2 模具应具有足够的强度、刚度和整体稳定性，并应能满足预制构件预留孔、插筋、预埋吊件及其他预埋件的定位要求。模具设计应满足预制构件质量、生产工艺、模具组装与拆卸、周转次数等要求。跨度较大的预制构件的模具应根据设计要求预设反拱。

9.3.3 混凝土振捣除可采用本规范第8.4.2条规定的方式外，尚可采用振动台等振捣方式。

9.3.4 当采用平卧重叠法制作预制构件时，应在下层构件的混凝土强度达到5.0MPa后，再浇筑上层构件混凝土，上、下层构件之间应采取隔离措施。

9.3.5 预制构件可根据需要选择洒水、覆盖、喷涂养护剂养护，或采用蒸汽养护、电加热养护。采用蒸汽养护时，应合理控制升温、降温速度和最高温度，构件表面宜保持 90%～100%的相对湿度。

9.3.6 预制构件的饰面应符合设计要求。带面砖或石材饰面的预制构件宜采用反打成型法制作，也可采用后贴工艺法制作。

9.3.7 带保温材料的预制构件宜采用水平浇筑方式成型。采用夹芯保温的预制构件，宜采用专用连接件连接内外两层混凝土，其数量和位置应符合设计要求。

9.3.8 清水混凝土预制构件的制作应符合下列规定：

1 预制构件的边角宜采用倒角或圆弧角；

2 模具应满足清水表面设计精度要求；

3 应控制原材料质量和混凝土配合比，并应保证每班生产构件的养护温度均匀一致；

4 构件表面应采取针对清水混凝土的保护和防污染措施。出现的质量缺陷应采用专用材料修补，修补后的混凝土外观质量应满足设计要求。

9.3.9 带门窗、预埋管线预制构件的制作，应符合下列规定：

1 门窗框、预埋管线应在浇筑混凝土前预先放置并固定，固定时应采取防止窗破坏及污染窗体表面的保护措施；

2 当采用铝窗框时，应采取避免铝窗框与混凝土直接接触发生电化学腐蚀的措施；

3 应采取控制温度或受力变形对门窗产生的不利影响的措施。

9.3.10 采用现浇混凝土或砂浆连接的预制构件结合面，制作时应按设计要求进行处理。设计无具体要求时，宜进行拉毛或凿毛处理，也可采用露骨料粗糙面。

9.3.11 预制构件脱模起吊时的混凝土强度应根据计算确定，且不宜小于 15MPa。后张有粘结预应力混凝土预制构件应在预应力筋张拉并灌浆后起吊，起吊时同条件养护的水泥浆试块抗压强度不宜小于 15MPa。

9.4 运输与堆放

9.4.1 预制构件运输与堆放时的支承位置应经计算确定。

9.4.2 预制构件的运输应符合下列规定：

1 预制构件的运输线路应根据道路、桥梁的实际条件确定，场内运输宜设置循环线路；

2 运输车辆应满足构件尺寸和载重要求；

3 装卸构件过程中，应采取保证车体平衡、防止车体倾覆的措施；

4 应采取防止构件移动或倾倒的绑扎固定措施；

5 运输细长构件时应根据需要设置水平支架；

6 构件边角部或绳索接触处的混凝土，宜采用垫衬加以保护。

9.4.3 预制构件的堆放应符合下列规定：

1 场地应平整、坚实，并应采取良好的排水措施；

2 应保证最下层构件垫实，预埋吊件宜向上，标识宜朝向堆垛间的通道；

3 垫木或垫块在构件下的位置宜与脱模、吊装时的起吊位置一致；重叠堆放构件时，每层构件间的垫木或垫块应在同一垂直线上；

4 堆垛层数应根据构件与垫木或垫块的承载力及堆垛的稳定性确定，必要时应设置防止构件倾覆的支架；

5 施工现场堆放的构件，宜按安装顺序分类堆放，堆垛宜布置在吊车工作范围内且不受其他工序施工作业影响的区域；

6 预应力构件的堆放应根据反拱影响采取措施。

9.4.4 墙板类构件应根据施工要求选择堆放和运输方式。外形复杂墙板宜采用插放架或靠放架直立堆放和运输。插放架、靠放架应安全可靠。采用靠放架直立堆放的墙板宜对称靠放、饰面朝外，与竖向的倾斜角不宜大于 10°。

9.4.5 吊运平卧制作的混凝土屋架时，应根据屋架跨度、刚度确定吊索绑扎形式及加固措施。屋架堆放时，可将几榀屋架绑扎成整体。

9.5 安装与连接

9.5.1 装配式结构安装现场应根据工期要求以及工程量、机械设备等现场条件，组织立体交叉、均衡有效的安装施工流水作业。

9.5.2 预制构件安装前的准备工作应符合下列规定：

1 应核对已施工完成结构的混凝土强度、外观质量、尺寸偏差等符合设计要求和本规范的有关规定；

2 应核对预制构件混凝土强度及预制构件和配件的型号、规格、数量等符合设计要求；

3 应在已施工完成结构及预制构件上进行测量放线，并应设置安装定位标志；

4 应确认吊装设备及吊具处于安全操作状态；

5 应核实现场环境、天气、道路状况满足吊装施工要求。

9.5.3 安放预制构件时，其搁置长度应满足设计要求。预制构件与其支承构件间宜设置厚度不大于 30mm 坐浆或垫片。

9.5.4 预制构件安装过程中应根据水准点和轴线校正位置，安装就位后应及时采取临时固定措施。预制构件与吊具的分离应在校准定位及临时固定措施安装完成后进行。临时固定措施的拆除应在装配式结构能达到后续施工承载要求后进行。

9.5.5 采用临时支撑时，应符合下列规定：

1 每个预制构件的临时支撑不宜少于 2 道；

2 对预制柱、墙板的上部斜撑，其支撑点距离底部的距离不宜小于高度的2/3，且不应小于高度的1/2；

3 构件安装就位后，可通过临时支撑对构件的位置和垂直度进行微调。

9.5.6 装配式结构采用现浇混凝土或砂浆连接构件时，除应符合本规范其他章节的有关规定外，尚应符合下列规定：

1 构件连接处现浇混凝土或砂浆的强度及收缩性能应满足设计要求。设计无具体要求时，应符合下列规定：

1）承受内力的连接处应采用混凝土浇筑，混凝土强度等级值不应低于连接处构件混凝土强度设计等级值的较大值；

2）非承受内力的连接处可采用混凝土或砂浆浇筑，其强度等级不应低于C15或M15；

3）混凝土粗骨料最大粒径不宜大于连接处最小尺寸的1/4。

2 浇筑前，应清除浮浆、松散骨料和污物，并宜洒水湿润。

3 连接节点、水平拼缝应连续浇筑；竖向拼缝可逐层浇筑，每层浇筑高度不宜大于2m，应采取保证混凝土或砂浆浇筑密实的措施。

4 混凝土或砂浆强度达到设计要求后，方可承受全部设计荷载。

9.5.7 装配式结构采用焊接或螺栓连接构件时，应符合设计要求或国家现行有关钢结构施工标准的规定，并应对外露铁件采取防腐和防火措施。采用焊接连接时，应采取避免损伤已施工完成结构、预制构件及配件的措施。

9.5.8 装配式结构采用后张预应力筋连接构件时，预应力工程施工应符合本规范第6章的规定。

9.5.9 装配式结构构件间的钢筋连接可采用焊接、机械连接、搭接及套筒灌浆连接等方式。钢筋锚固及钢筋连接长度应满足设计要求。钢筋连接施工应符合国家现行有关标准的规定。

9.5.10 叠合式受弯构件的后浇混凝土层施工前，应按设计要求检查结合面粗糙度和预制构件的外露钢筋。施工过程中，应控制施工荷载不超过设计取值，并应避免单个预制构件承受较大的集中荷载。

9.5.11 当设计对构件连接处有防水要求时，材料性能及施工应符合设计要求及国家现行有关标准的规定。

9.6 质量检查

9.6.1 制作预制构件的台座或模具在使用前应进行下列检查：

1 外观质量；

2 尺寸偏差。

9.6.2 预制构件制作过程中应进行下列检查：

1 预埋吊件的规格、数量、位置及固定情况；

2 复合墙板夹芯保温层和连接件的规格、数量、位置及固定情况；

3 门窗框和预埋管线的规格、数量、位置及固定情况；

4 本规范第8.8.3条规定的检查内容。

9.6.3 预制构件的质量应进行下列检查：

1 预制构件的混凝土强度；

2 预制构件的标识；

3 预制构件的外观质量、尺寸偏差；

4 预制构件上的预埋件、插筋、预留孔洞的规格、位置及数量；

5 结构性能检验应符合现行国家标准《混凝土结构工程施工质量验收规范》GB 50204的有关规定。

9.6.4 预制构件的起吊、运输应进行下列检查：

1 吊具和起重设备的型号、数量、工作性能；

2 运输线路；

3 运输车辆的型号、数量；

4 预制构件的支座位置、固定措施和保护措施。

9.6.5 预制构件的堆放应进行下列检查：

1 堆放场地；

2 垫木或垫块的位置、数量；

3 预制构件堆垛层数、稳定措施。

9.6.6 预制构件安装前应进行下列检查：

1 已施工完成结构的混凝土强度、外观质量和尺寸偏差；

2 预制构件的混凝土强度，预制构件、连接件及配件的型号、规格和数量；

3 安装定位标识；

4 预制构件与后浇混凝土结合面的粗糙度，预留钢筋的规格、数量和位置；

5 吊具及吊装设备的型号、数量、工作性能。

9.6.7 预制构件安装连接应进行下列检查：

1 预制构件的位置及尺寸偏差；

2 预制构件临时支撑、垫片的规格、位置、数量；

3 连接处现浇混凝土或砂浆的强度、外观质量；

4 连接处钢筋连接及其他连接质量。

10 冬期、高温和雨期施工

10.1 一般规定

10.1.1 根据当地多年气象资料统计，当室外日平均气温连续5日稳定低于5℃时，应采取冬期施工措施；当室外日平均气温连续5日稳定高于5℃时，可解除冬期施工措施。当混凝土未达到受冻临界强度而气温骤降至0℃以下时，应按冬期施工的要求采取应急防护措施。工程越冬期间，应采取维护保温措施。

10.1.2 当日平均气温达到30℃及以上时，应按高温施工要求采取措施。

10.1.3 雨季和降雨期间，应按雨期施工要求采取措施。

10.1.4 混凝土冬期施工，应按现行行业标准《建筑工程冬期施工规程》JGJ/T 104的有关规定进行热工计算。

10.2 冬期施工

10.2.1 冬期施工混凝土宜采用硅酸盐水泥或普通硅酸盐水泥；采用蒸汽养护时，宜采用矿渣硅酸盐水泥。

10.2.2 用于冬期施工混凝土的粗、细骨料中，不得含有冰、雪冻块及其他易冻裂物质。

10.2.3 冬期施工混凝土用外加剂，应符合现行国家标准《混凝土外加剂应用技术规范》GB 50119的有关规定。采用非加热养护方法时，混凝土中宜掺入引气剂、引气型减水剂或含有引气组分的外加剂，混凝土含气量宜控制为3.0%～5.0%。

10.2.4 冬期施工混凝土配合比，应根据施工期间环境气温、原材料、养护方法、混凝土性能要求等经试验确定，并宜选择较小的水胶比和坍落度。

10.2.5 冬期施工混凝土搅拌前，原材料预热应符合下列规定：

1 宜加热拌合水，当仅加热拌合水不能满足热工计算要求时，可加热骨料；拌合水与骨料的加热温度可通过热工计算确定，加热温度不应超过表10.2.5的规定；

2 水泥、外加剂、矿物掺合料不得直接加热，应置于暖棚内预热。

表10.2.5 拌合水及骨料最高加热温度（℃）

水泥强度等级	拌合水	骨料
42.5以下	80	60
42.5、42.5R及以上	60	40

10.2.6 冬期施工混凝土搅拌应符合下列规定：

1 液体防冻剂使用前应搅拌均匀，由防冻剂溶液带入的水分应从混凝土拌合水中扣除；

2 蒸汽法加热骨料时，应加大对骨料含水率测试频率，并应将由骨料带入的水分从混凝土拌合水中扣除；

3 混凝土搅拌前应对搅拌机械进行保温或采用蒸汽进行加温，搅拌时间应比常温搅拌时间延长30s～60s；

4 混凝土搅拌时应先投入骨料与拌合水，预拌后再投入胶凝材料与外加剂。胶凝材料、引气剂或含引气组分外加剂不得与60℃以上热水直接接触。

10.2.7 混凝土拌合物的出机温度不宜低于10℃，入模温度不应低于5℃；预拌混凝土或需远距离运输的混凝土，混凝土拌合物的出机温度可根据距离经热工计算确定，但不宜低于15℃。大体积混凝土的入模温度可根据实际情况适当降低。

10.2.8 混凝土运输、输送机具及泵管应采取保温措施。当采用泵送工艺浇筑时，应采用水泥浆或水泥砂浆对泵和泵管进行润滑、预热。混凝土运输、输送与浇筑过程中应进行测温，其温度应满足热工计算的要求。

10.2.9 混凝土浇筑前，应清除地基、模板和钢筋上的冰雪和污垢，并应进行覆盖保温。

10.2.10 混凝土分层浇筑时，分层厚度不应小于400mm。在被上一层混凝土覆盖前，已浇筑层的温度应满足热工计算要求，且不得低于2℃。

10.2.11 采用加热方法养护现浇混凝土时，应根据加热产生的温度应力对结构的影响采取措施，并应合理安排混凝土浇筑顺序与施工缝留置位置。

10.2.12 冬期浇筑的混凝土，其受冻临界强度应符合下列规定：

1 当采用蓄热法、暖棚法、加热法施工时，采用硅酸盐水泥、普通硅酸盐水泥配制的混凝土，不应低于设计混凝土强度等级值的30%；采用矿渣硅酸盐水泥、粉煤灰硅酸盐水泥、火山灰质硅酸盐水泥、复合硅酸盐水泥配制的混凝土时，不应低于设计混凝土强度等级值的40%。

2 当室外最低气温不低于－15℃时，采用综合蓄热法、负温养护法施工的混凝土受冻临界强度不应低于4.0MPa；当室外最低气温不低于－30℃时，采用负温养护法施工的混凝土受冻临界强度不应低于5.0MPa。

3 强度等级等于或高于C50的混凝土，不宜低于设计混凝土强度等级值的30%。

4 有抗渗要求的混凝土，不宜小于设计混凝土强度等级值的50%。

5 有抗冻耐久性要求的混凝土，不宜低于设计混凝土强度等级值的70%。

6 当采用暖棚法施工的混凝土中掺入早强剂时，可按综合蓄热法受冻临界强度取值。

7 当施工需要提高混凝土强度等级时，应按提高后的强度等级确定受冻临界强度。

10.2.13 混凝土结构工程冬期施工养护，应符合下列规定：

1 当室外最低气温不低于－15℃时，对地面以下的工程或表面系数不大于$5m^{-1}$的结构，宜采用蓄热法养护，并应对结构易受冻部位加强保温措施；对表面系数为$5m^{-1}$～$15m^{-1}$的结构，宜采用综合蓄热法养护。采用综合蓄热法养护时，混凝土中应掺加具有减水、引气性能的早强剂或早强型外加剂；

2 对不易保温养护且对强度增长无具体要求的一般混凝土结构，可采用掺防冻剂的负温养护法进行养护；

3 当本条第1、2款不能满足施工要求时，可采用暖棚法、蒸汽加热法、电加热法等方法进行养护，但应采取降低能耗的措施。

10.2.14 混凝土浇筑后，对裸露表面应采取防风、保湿、保温措施，对边、棱角及易受冻部位应加强保温。在混凝土养护和越冬期间，不得直接对负温混凝土表面浇水养护。

10.2.15 模板和保温层的拆除除应符合本规范第4章及设计要求外，尚应符合下列规定：

1 混凝土强度应达到受冻临界强度，且混凝土表面温度不应高于5℃；

2 对墙、板等薄壁结构构件，宜推迟拆模。

10.2.16 混凝土强度未达到受冻临界强度和设计要求时，应继续进行养护。当混凝土表面温度与环境温度之差大于20℃时，拆模后的混凝土表面应立即进行保温覆盖。

10.2.17 混凝土工程冬期施工应加强骨料含水率、防冻剂掺量检查，以及原材料、入模温度、实体温度和强度监测；应依据气温的变化，检查防冻剂掺量是否符合配合比与防冻剂说明书的规定，并应根据需要调整配合比。

10.2.18 混凝土冬期施工期间，应按国家现行有关标准的规定对混凝土拌合水温度、外加剂溶液温度、骨料温度、混凝土出机温度、浇筑温度、入模温度，以及养护期间混凝土内部和大气温度进行测量。

10.2.19 冬期施工混凝土强度试件的留置，除应符合现行国家标准《混凝土结构工程施工质量验收规范》GB 50204的有关规定外，尚应增加不少于2组的同条件养护试件。同条件养护试件应在解冻后进行试验。

10.3 高温施工

10.3.1 高温施工时，露天堆放的粗、细骨料应采取遮阳防晒等措施。必要时，可对粗骨料进行喷雾降温。

10.3.2 高温施工的混凝土配合比设计，除应符合本规范第7.3节的规定外，尚应符合下列规定：

1 应分析原材料温度、环境温度、混凝土运输方式与时间对混凝土初凝时间、坍落度损失等性能指标的影响，根据环境温度、湿度、风力和采取温控措施的实际情况，对混凝土配合比进行调整；

2 宜在近似现场运输条件、时间和预计混凝土浇筑作业最高气温的天气条件下，通过混凝土试拌、试运输的工况试验，确定适合高温天气条件下施工的混凝土配合比；

3 宜降低水泥用量，并可采用矿物掺合料替代部分水泥；宜选用水化热较低的水泥；

4 混凝土坍落度不宜小于70mm。

10.3.3 混凝土的搅拌应符合下列规定：

1 应对搅拌站料斗、储水器、皮带运输机、搅拌楼采取遮阳防晒措施。

2 对原材料进行直接降温时，宜采用对水、粗骨料进行降温的方法。对水直接降温时，可采用冷却装置冷却拌合用水，并应对水管及水箱加设遮阳和隔热设施，也可在水中加碎冰作为拌合用水的一部分。混凝土拌合时掺加的固体冰应确保在搅拌结束前融化，且在拌合用水中应扣除其重量。

3 原材料最高入机温度不宜超过表10.3.3的规定。

表10.3.3 原材料最高入机温度（℃）

原 材 料	最高入机温度
水泥	60
骨料	30
水	25
粉煤灰等矿物掺合料	60

4 混凝土拌合物出机温度不宜大于30℃。出机温度可按下式计算：

$$T_0=\frac{0.22(T_gW_g+T_sW_s+T_cW_c+T_mW_m)+T_wW_w+T_gW_{wg}+T_sW_{ws}+0.5T_{ice}W_{ice}-79.6W_{ice}}{0.22(W_g+W_s+W_c+W_m)+W_w+W_{wg}+W_{ws}+W_{ice}} \tag{10.3.3}$$

式中：T_0——混凝土的出机温度（℃）；

T_g、T_s——粗骨料、细骨料的入机温度（℃）；

T_c、T_m——水泥、矿物掺合料的入机温度（℃）；

T_w、T_{ice}——搅拌水、冰的入机温度（℃）；冰的入机温度低于0℃时，T_{ice}应取负值；

W_g、W_s——粗骨料、细骨料干重量（kg）；

W_c、W_m——水泥、矿物掺合料重量（kg）；

W_w、W_{ice}——搅拌水、冰重量（kg），当混凝土不加冰拌合时，$W_{ice}=0$；

W_{wg}、W_{ws}——粗骨料、细骨料中所含水重量（kg）。

5 当需要时，可采取掺加干冰等附加控温措施。

10.3.4 混凝土宜采用白色涂装的混凝土搅拌运输车运输；混凝土输送管应进行遮阳覆盖，并应洒水降温。

10.3.5 混凝土拌合物入模温度应符合本规范第8.1.2条的规定。

10.3.6 混凝土浇筑宜在早间或晚间进行，且应连续浇筑。当混凝土水分蒸发较快时，应在施工作业面采取挡风、遮阳、喷雾等措施。

10.3.7 混凝土浇筑前，施工作业面宜采取遮阳措施，并应对模板、钢筋和施工机具采用洒水等降温措施，但浇筑时模板内不得积水。

10.3.8 混凝土浇筑完成后，应及时进行保湿养护。

侧模拆除前宜采用带模湿润养护。

10.4 雨期施工

10.4.1 雨期施工期间，水泥和矿物掺合料应采取防水和防潮措施，并应对粗骨料、细骨料的含水率进行监测，及时调整混凝土配合比。

10.4.2 雨期施工期间，应选用具有防雨水冲刷性能的模板脱模剂。

10.4.3 雨期施工期间，混凝土搅拌、运输设备和浇筑作业面应采取防雨措施，并应加强施工机械检查维修及接地接零检测工作。

10.4.4 雨期施工期间，除应采用防护措施外，小雨、中雨天气不宜进行混凝土露天浇筑，且不应进行大面积作业的混凝土露天浇筑；大雨、暴雨天气不应进行混凝土露天浇筑。

10.4.5 雨后应检查地基面的沉降，并应对模板及支架进行检查。

10.4.6 雨期施工期间，应采取防止模板内积水的措施。模板内和混凝土浇筑分层面出现积水时，应在排水后再浇筑混凝土。

10.4.7 混凝土浇筑过程中，因雨水冲刷致使水泥浆流失严重的部位，应采取补救措施后再继续施工。

10.4.8 在雨天进行钢筋焊接时，应采取挡雨等安全措施。

10.4.9 混凝土浇筑完毕后，应及时采取覆盖塑料薄膜等防雨措施。

10.4.10 台风来临前，应对尚未浇筑混凝土的模板及支架采取临时加固措施；台风结束后，应检查模板及支架，已验收合格的模板及支架应重新办理验收手续。

11 环境保护

11.1 一般规定

11.1.1 施工项目部应制定施工环境保护计划，落实责任人员，并应组织实施。混凝土结构施工过程的环境保护效果，宜进行自评估。

11.1.2 施工过程中，应采取建筑垃圾减量化措施。施工过程中产生的建筑垃圾，应进行分类、统计和处理。

11.2 环境因素控制

11.2.1 施工过程中，应采取防尘、降尘措施。施工现场的主要道路，宜进行硬化处理或采取其他扬尘控制措施。可能造成扬尘的露天堆储材料，宜采取扬尘控制措施。

11.2.2 施工过程中，应对材料搬运、施工设备和机具作业等采取可靠的降低噪声措施。施工作业在施工场界的噪声级，应符合现行国家标准《建筑施工场界噪声限值》GB 12523 的有关规定。

11.2.3 施工过程中，应采取光污染控制措施。可能产生强光的施工作业，应采取防护和遮挡措施。夜间施工时，应采用低角度灯光照明。

11.2.4 应采取沉淀、隔油等措施处理施工过程中产生的污水，不得直接排放。

11.2.5 宜选用环保型脱模剂。涂刷模板脱模剂时，应防止洒漏。含有污染环境成分的脱模剂，使用后剩余的脱模剂及其包装等不得与普通垃圾混放，并应由厂家或有资质的单位回收处理。

11.2.6 施工过程中，对施工设备和机具维修、运行、存储时的漏油，应采取有效的隔离措施，不得直接污染土壤。漏油应统一收集并进行无害化处理。

11.2.7 混凝土外加剂、养护剂的使用，应满足环境保护和人身健康的要求。

11.2.8 施工中可能接触有害物质的操作人员应采取有效的防护措施。

11.2.9 不可循环使用的建筑垃圾，应集中收集，并应及时清运至有关部门指定的地点。可循环使用的建筑垃圾，应加强回收利用，并应做好记录。

附录 A 作用在模板及支架上的荷载标准值

A.0.1 模板及支架自重（G_1）的标准值应根据模板施工图确定。有梁楼板及无梁楼板的模板及支架自重的标准值，可按表 A.0.1 采用。

表 A.0.1 模板及支架的自重标准值（kN/m^2）

项目名称	木模板	定型组合钢模板
无梁楼板的模板及小楞	0.30	0.50
有梁楼板模板（包含梁的模板）	0.50	0.75
楼板模板及支架（楼层高度为 4m 以下）	0.75	1.10

A.0.2 新浇筑混凝土自重（G_2）的标准值宜根据混凝土实际重力密度 γ_c 确定，普通混凝土 γ_c 可取 $24kN/m^3$。

A.0.3 钢筋自重（G_3）的标准值应根据施工图确定。一般梁板结构，楼板的钢筋自重可取 $1.1kN/m^3$，梁的钢筋自重可取 $1.5kN/m^3$。

A.0.4 采用插入式振动器且浇筑速度不大于 10m/h、混凝土坍落度不大于 180mm 时，新浇筑混凝土对模板的侧压力（G_4）的标准值，可按下列公式分别计算，并应取其中的较小值：

$$F = 0.28\gamma_c t_0 \beta V^{\frac{1}{2}} \quad (A.0.4\text{-}1)$$

$$F = \gamma_c H \quad (A.0.4\text{-}2)$$

当浇筑速度大于 10m/h，或混凝土坍落度大于 180mm 时，侧压力（G_4）的标准值可按公式（A.0.4-2）计算。

式中：F——新浇筑混凝土作用于模板的最大侧压力标准值（kN/m^2）；

γ_c——混凝土的重力密度（kN/m^3）；

t_0——新浇混凝土的初凝时间（h），可按实测确定；当缺乏试验资料时可采用 $t_0 = 200/(T+15)$ 计算，T 为混凝土的温度（℃）；

β——混凝土坍落度影响修正系数：当坍落度大于 50mm 且不大于 90mm 时，β 取 0.85；坍落度大于 90mm 且不大于 130mm 时，β 取 0.9；坍落度大于 130mm 且不大于 180mm 时，β 取 1.0；

V——浇筑速度，取混凝土浇筑高度（厚度）与浇筑时间的比值（m/h）；

H——混凝土侧压力计算位置处至新浇筑混凝土顶面的总高度（m）。

混凝土侧压力的计算分布图形如图 A.0.4 所示，图中 $h = F/\gamma_c$。

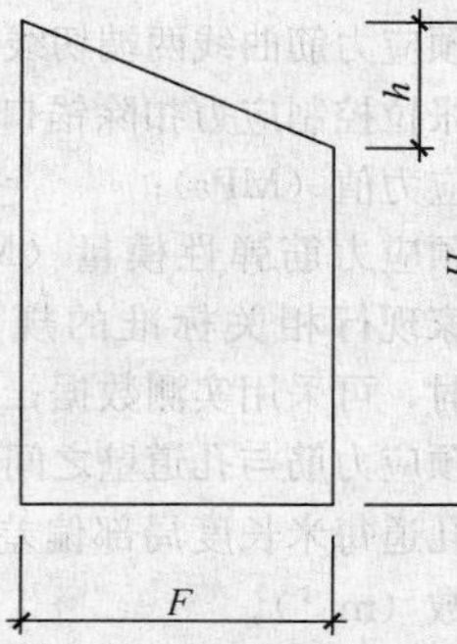

图 A.0.4 混凝土侧压力分布

h—有效压头高度；H—模板内混凝土总高度；F—最大侧压力

A.0.5 施工人员及施工设备产生的荷载（Q_1）的标准值，可按实际情况计算，且不应小于 $2.5kN/m^2$。

A.0.6 混凝土下料产生的水平荷载（Q_2）的标准值可按表 A.0.6 采用，其作用范围可取为新浇筑混凝土侧压力的有效压头高度 h 之内。

表 A.0.6 混凝土下料产生的水平荷载标准值（kN/m^2）

下料方式	水平荷载
溜槽、串筒、导管或泵管下料	2
吊车配备斗容器下料或小车直接倾倒	4

A.0.7 泵送混凝土或不均匀堆载等因素产生的附加水平荷载（Q_3）的标准值，可取计算工况下竖向永久荷载标准值的 2%，并应作用在模板支架上端水平方向。

A.0.8 风荷载（Q_4）的标准值，可按现行国家标准《建筑结构荷载规范》GB 50009 的有关规定确定，此时基本风压可按 10 年一遇的风压取值，但基本风压不应小于 $0.20kN/m^2$。

附录 B 常用钢筋的公称直径、公称截面面积、计算截面面积及理论重量

B.0.1 钢筋的计算截面面积及理论重量，应符合表 B.0.1 的规定。

表 B.0.1 钢筋的计算截面面积及理论重量

公称直径 (mm)	不同根数钢筋的计算截面面积（mm^2）									单根钢筋理论重量 (kg/m)
	1	2	3	4	5	6	7	8	9	
6	28.3	57	85	113	142	170	198	226	255	0.222
8	50.3	101	151	201	252	302	352	402	453	0.395
10	78.5	157	236	314	393	471	550	628	707	0.617
12	113.1	226	339	452	565	678	791	904	1017	0.888
14	153.9	308	461	615	769	923	1077	1231	1385	1.21
16	201.1	402	603	804	1005	1206	1407	1608	1809	1.58
18	254.5	509	763	1017	1272	1527	1781	2036	2290	2.00
20	314.2	628	942	1256	1570	1884	2199	2513	2827	2.47
22	380.1	760	1140	1520	1900	2281	2661	3041	3421	2.98
25	490.9	982	1473	1964	2454	2945	3436	3927	4418	3.85
28	615.8	1232	1847	2463	3079	3695	4310	4926	5542	4.83
32	804.2	1609	2413	3217	4021	4826	5630	6434	7238	6.31
36	1017.9	2036	3054	4072	5089	6107	7125	8143	9161	7.99
40	1256.6	2513	3770	5027	6283	7540	8796	10053	11310	9.87
50	1963.5	3928	5892	7856	9820	11784	13748	15712	17676	15.42

B.0.2 钢绞线的公称直径、公称截面面积及理论重量，应符合表 B.0.2 的规定。

表 B.0.2 钢绞线的公称直径、公称截面面积及理论重量

种类	公称直径 (mm)	公称截面面积 (mm^2)	理论重量 (kg/m)
1×3	8.6	37.7	0.296
	10.8	58.9	0.462
	12.9	84.8	0.666
1×7 标准型	9.5	54.8	0.430
	12.7	98.7	0.775
	15.2	140	1.101
	17.8	191	1.500
	21.6	285	2.237

B.0.3 钢丝的公称直径、公称截面面积及理论重量，应符合表 B.0.3 的规定。

表 B.0.3 钢丝的公称直径、公称截面面积及理论重量

公称直径（mm）	公称截面面积（mm^2）	理论重量（kg/m）
5.0	19.63	0.154
7.0	38.48	0.302
9.0	63.62	0.499

附录 C 纵向受力钢筋的最小搭接长度

C.0.1 当纵向受拉钢筋的绑扎搭接接头面积百分率不大于 25％时，其最小搭接长度应符合表 C.0.1 的规定。

表 C.0.1 纵向受拉钢筋的最小搭接长度

钢筋类型		混凝土强度等级								
		C20	C25	C30	C35	C40	C45	C50	C55	≥C60
光面钢筋	300 级	48*d*	41*d*	37*d*	34*d*	31*d*	29*d*	28*d*	—	—
带肋钢筋	335 级	46*d*	40*d*	36*d*	33*d*	30*d*	29*d*	27*d*	26*d*	25*d*
	400 级	—	48*d*	43*d*	39*d*	36*d*	34*d*	33*d*	31*d*	30*d*
	500 级	—	58*d*	52*d*	47*d*	43*d*	41*d*	39*d*	38*d*	36*d*

注：*d* 为搭接钢筋直径。两根直径不同钢筋的搭接长度，以较细钢筋的直径计算。

C.0.2 当纵向受拉钢筋搭接接头面积百分率为 50％时，其最小搭接长度应按本规范表 C.0.1 中的数值乘以系数 1.15 取用；当接头面积百分率为 100％时，应按本规范表 C.0.1 中的数值乘以系数 1.35 取用；当接头面积百分率为 25％～100％的其他中间值时，修正系数可按内插取值。

C.0.3 纵向受拉钢筋的最小搭接长度根据本规范第 C.0.1 和 C.0.2 条确定后，可按下列规定进行修正。但在任何情况下，受拉钢筋的搭接长度不应小于 300mm：

1 当带肋钢筋的直径大于 25mm 时，其最小搭接长度应按相应数值乘以系数 1.1 取用；

2 环氧树脂涂层的带肋钢筋，其最小搭接长度应按相应数值乘以系数 1.25 取用；

3 当施工过程中受力钢筋易受扰动时，其最小搭接长度应按相应数值乘以系数 1.1 取用；

4 末端采用弯钩或机械锚固措施的带肋钢筋，其最小搭接长度可按相应数值乘以系数 0.6 取用；

5 当带肋钢筋的混凝土保护层厚度为搭接钢筋直径的 3 倍，且配有箍筋时，其最小搭接长度可按相应数值乘以系数 0.8 取用；当带肋钢筋的混凝土保护层厚度为搭接钢筋直径的 5 倍，且配有箍筋时，其最小搭接长度可按相应数值乘以系数 0.7 取用；当带肋钢筋的混凝土保护层厚度大于搭接钢筋直径 3 倍且小于 5 倍，且配有箍筋时，修正系数可按内插取值；

6 有抗震要求的受力钢筋的最小搭接长度，一、二级抗震等级应按相应数值乘以系数 1.15 采用；三级抗震等级应按相应数值乘以系数 1.05 采用。

注：本条中第 4 和 5 款情况同时存在时，可仅选其中之一执行。

C.0.4 纵向受压钢筋绑扎搭接时，其最小搭接长度应根据本规范第 C.0.1～C.0.3 条的规定确定相应数值后，乘以系数 0.7 取用。在任何情况下，受压钢筋的搭接长度不应小于 200mm。

附录 D 预应力筋张拉伸长值计算和量测方法

D.0.1 一端张拉的单段曲线或直线预应力筋，其张拉伸长值可按下式计算：

$$\Delta L_p = \frac{\sigma_{pt}\left[1+e^{-(\mu\theta+\kappa l)}\right]l}{2E_p} \quad \text{(D.0.1)}$$

式中：ΔL_p——预应力筋张拉伸长计算值（mm）；

l——预应力筋张拉端至固定端的长度，可近似取预应力筋在纵轴上的投影长度（m）；

θ——预应力筋曲线两端切线的夹角（rad）；

σ_{pt}——张拉控制应力扣除锚口摩擦损失后的应力值（MPa）；

E_p——预应力筋弹性模量（MPa），可按国家现行相关标准的规定取用；必要时，可采用实测数据；

μ——预应力筋与孔道壁之间的摩擦系数；

κ——孔道每米长度局部偏差产生的摩擦系数（m^{-1}）。

D.0.2 多曲线段或直线段与曲线段组成的预应力筋，可根据扣除摩擦损失后的预应力筋有效应力分布，采用分段叠加法计算其张拉伸长值。

D.0.3 预应力筋张拉伸长值可按下列方法确定：

1 实测张拉伸长值可采用量测千斤顶油缸行程的方法确定，也可采用量测外露预应力筋长度的方法确定；当采用量测千斤顶油缸行程的方法时，实测张拉伸长值尚应扣除千斤顶体内的预应力筋张拉伸长值、张拉过程中工具锚和固定端工作锚楔紧引起的预应力筋内缩值；

2 实际张拉伸长值 ΔL 可按下列公式计算确定：

$$\Delta L = \Delta L_1 + \Delta L_2 \quad \text{(D.0.3-1)}$$

$$\Delta L_2 = \frac{N_0}{N_{con} - N_0}\Delta L_1 \quad \text{(D.0.3-2)}$$

式中：ΔL_1——从初拉力至张拉控制力之间的实测张拉伸长值（mm）；

ΔL_2——初拉力下的推算伸长值（mm），计算示意如图 D.0.3；

N_{con}——张拉控制力（kN）；

N_0——初拉力（kN）。

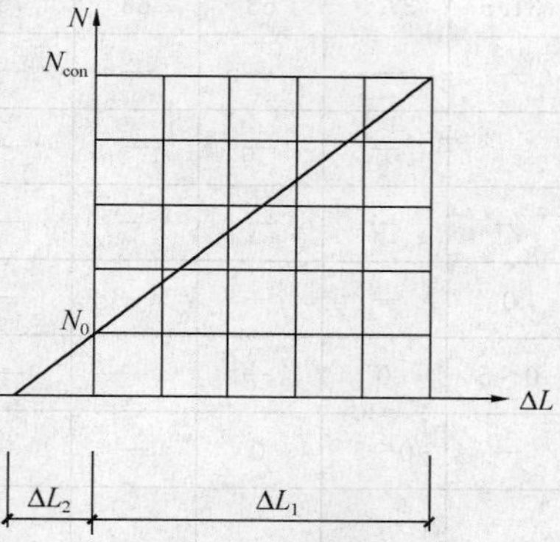

图 D.0.3　初拉力下推算伸长值计算示意

附录 E　张拉阶段摩擦预应力损失测试方法

E.0.1　孔道摩擦损失可采用压力差法测试。现场测试的设备安装（图 E.0.1）应符合下列规定：

1　预应力筋末端的切线、工作锚、千斤顶、压力传感器及工具锚应对中；

2　预应力筋两端拉力可用压力传感器或与千斤顶配套的精密压力表测量；

3　预应力筋两端均宜安装千斤顶。当预应力筋的张拉伸长值超出千斤顶最大行程时，张拉端可串联安装两台或多台千斤顶。

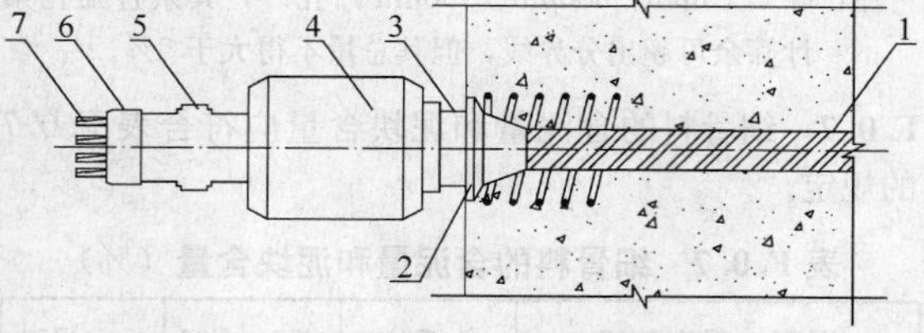

图 E.0.1　摩擦损失测试设备安装示意

1—预留孔道；2—锚垫板；3—工作锚（无夹片）；4—千斤顶；5—压力传感器；6—工具锚（有夹片）；7—预应力筋

E.0.2　孔道摩擦损失的现场测试步骤应符合下列规定：

1　预应力筋两端的千斤顶宜同时加载至初张拉力，初张拉力可取 $0.1N_{con}$。

2　固定端千斤顶稳压后，应往张拉端千斤顶供油，并应分级量测张拉力在 $0.5N_{con}$～$1.0N_{con}$ 范围内两端的压力值，分级不宜少于 3 级，每级持荷不宜少于 2min。

E.0.3　孔道摩擦系数可按下列规定计算确定：

1　孔道摩擦系数可取为各级张拉力下相应计算摩擦系数的平均值；

2　各级张拉力下相应计算摩擦系数 μ，可按下式确定：

$$\mu=\frac{-\ln\left(\frac{N_2}{N_1}\right)-\kappa l}{\theta} \qquad \text{(E.0.3)}$$

式中　N_1——张拉端的拉力（N），取为所测得的压力扣除锚口预拉力损失后的力值；

N_2——固定端的拉力（N），取为所测得的压力加上锚口预拉力损失后的力值；

l——两端工具锚之间预应力筋的总长度（m），可近似取预应力筋在纵轴上的投影长度；

θ——预应力筋曲线各段两端切线的夹角之和（rad），当端部区段预应力筋曲线有水平偏转时，尚应计入端部曲线的附加转角。

附录 F　混凝土原材料技术指标

F.0.1　通用硅酸盐水泥化学指标应符合表 F.0.1 的规定。

表 F.0.1　通用硅酸盐水泥化学指标（%）

品种	代号	不溶物（质量分数）	烧失量（质量分数）	三氧化硫（质量分数）	氧化镁（质量分数）	氯离子（质量分数）
硅酸盐水泥	P·Ⅰ	≤0.75	≤3.0	≤3.5	≤5.0	≤0.06
	P·Ⅱ	≤1.50	≤3.5			
普通硅酸盐水泥	P·O	—	≤5.0			
矿渣硅酸盐水泥	P·S·A	—	—	≤4.0	≤6.0	
	P·S·B	—	—		—	
火山灰质硅酸盐水泥	P·P	—	—	≤3.5	≤6.0	
粉煤灰硅酸盐水泥	P·F	—	—			
复合硅酸盐水泥	P·C	—	—			

注：1　硅酸盐水泥压蒸试验合格时，其氧化镁的含量（质量分数）可放宽至 6.0%；

2　A 型矿渣硅酸盐水泥（P·S·A）、火山灰质硅酸盐水泥、粉煤灰硅酸盐水泥、复合硅酸盐水泥中氧化镁的含量（质量分数）大于 6.0% 时，应进行水泥压蒸安定性试验并合格；

3　氯离子含量有更低要求时，该指标由供需双方协商确定。

F.0.2　粗骨料的颗粒级配范围应符合表 F.0.2 的规定。

表 F.0.2 粗骨料的颗粒级配范围

级配情况	公称粒级（mm）	累计筛余，按质量（%）											
		方孔筛筛孔边长尺寸（mm）											
		2.36	4.75	9.5	16.0	19.0	26.5	31.5	37.5	53	63	75	90
连续粒级	5～10	95～100	80～100	0～15	0	—	—	—	—	—	—	—	—
	5～16	95～100	85～100	30～60	0～10	0	—	—	—	—	—	—	—
	5～20	95～100	90～100	40～80	—	0～10	0	—	—	—	—	—	—
	5～25	95～100	90～100	—	30～70	—	0～5	0	—	—	—	—	—
	5～31.5	95～100	90～100	70～90	—	15～45	—	0～5	0	—	—	—	—
	5～40	—	95～100	70～90	—	30～65	—	—	0～5	0	—	—	—
单粒级	10～20	—	95～100	85～100	—	0～15	0	—	—	—	—	—	—
	16～31.5	—	95～100	—	85～100	—	—	0～10	0	—	—	—	—
	20～40	—	—	95～100	—	80～100	—	—	0～10	0	—	—	—
	31.5～63	—	—	—	95～100	—	—	75～100	45～75	—	0～10	0	—
	40～80				—	95～100	—	—	70～100	—	30～60	0～10	0

F.0.3 粗骨料中针、片状颗粒含量应符合表 F.0.3 的规定。

表 F.0.3 粗骨料中针、片状颗粒含量（%）

混凝土强度等级	≥C60	C55～C30	≤C25
针片状颗粒含量（按质量计）	≤8	≤15	≤25

F.0.4 粗骨料的含泥量和泥块含量应符合表 F.0.4 的规定。

表 F.0.4 粗骨料的含泥量和泥块含量（%）

混凝土强度等级	≥C60	C55～C30	≤C25
含泥量（按质量计）	≤0.5	≤1.0	≤2.0
泥块含量（按质量计）	≤0.2	≤0.5	≤0.7

F.0.5 粗骨料的压碎指标值应符合表 F.0.5 的规定。

表 F.0.5 粗骨料的压碎指标值（%）

粗骨料种类	岩石品种	混凝土强度等级	压碎指标值
碎石	沉积岩	C60～C40	≤10
		≤C35	≤16
	变质岩或深成的火成岩	C60～C40	≤12
		≤C35	≤20
	喷出的火成岩	C60～C40	≤13
		≤C35	≤30
卵石、碎卵石	—	C60～C40	≤12
		≤C35	≤16

F.0.6 细骨料的分区及级配范围应符合表 F.0.6 的规定。

表 F.0.6 细骨料的分区及级配范围

方孔筛筛孔尺寸	级配区		
	Ⅰ区	Ⅱ区	Ⅲ区
	累计筛余（%）		
9.50mm	0	0	0
4.75mm	10～0	10～0	10～0
2.36mm	35～5	25～0	15～0
1.18mm	65～35	50～10	25～0
600μm	85～71	70～41	40～16
300μm	95～80	92～70	85～55
150μm	100～90	100～90	100～90

注：除 4.75mm、600μm、150μm 筛孔外，其余各筛孔累计筛余可超出分界线，但其总量不得大于 5%。

F.0.7 细骨料的含泥量和泥块含量应符合表 F.0.7 的规定。

表 F.0.7 细骨料的含泥量和泥块含量（%）

混凝土强度等级	≥C60	C55～C30	≤C25
含泥量（按质量计）	≤2.0	≤3.0	≤5.0
泥块含量（按质量计）	≤0.5	≤1.0	≤2.0

F.0.8 粉煤灰应符合表 F.0.8 的规定。

表 F.0.8 粉煤灰技术要求

项 目		技术要求		
		Ⅰ级	Ⅱ级	Ⅲ级
细度（45μm 方孔筛筛余）	F类粉煤灰	≤12.0%	≤25.0%	≤45.0%
	C类粉煤灰			

续表 F.0.8

项　目		技术要求		
		Ⅰ级	Ⅱ级	Ⅲ级
需水量比	F类粉煤灰	≤95%	≤105%	≤115%
	C类粉煤灰			
烧失量	F类粉煤灰	≤5.0%	≤8.0%	≤15.0%
	C类粉煤灰			
含水量	F类粉煤灰	≤1.0%		
	C类粉煤灰			
三氧化硫	F类粉煤灰	≤3.0%		
	C类粉煤灰			
游离氧化钙	F类粉煤灰	≤1.0%		
	C类粉煤灰	≤4.0%		
安定性（雷氏夹沸煮后增加距离）（mm）	C类粉煤灰	≤5mm		

F.0.9　矿渣粉应符合表 F.0.9 的规定。

表 F.0.9　矿渣粉技术要求

项　目		技术要求		
		S105	S95	S75
密度（g/cm^3）		≥2.8		
比表面积（m^2/kg）		≥500	≥400	≥300
活性指数	7d	≥95%	≥75%	≥55%
	28d	≥105%	≥95%	≥75%
流动度比		≥95%		
烧失量		≤3.0%		
含水量		≤1.0%		
三氧化硫		≤4.0%		
氯离子		≤0.06%		

F.0.10　硅灰应符合表 F.0.10 的规定。

表 F.0.10　硅灰技术要求

项　目		技术要求
比表面积		≥15000
SiO_2 含量		≥85%
烧失量		≤6%
Cl^- 含量		≤0.02%
需水量比		≤125%
含水率		≤3.0%
活性指数	28d	≥85%

F.0.11　沸石粉应符合表 F.0.11 的规定。

表 F.0.11　沸石粉技术要求

项　目	技术要求		
	Ⅰ级	Ⅱ级	Ⅲ级
吸铵值（mmol/100g）	≥130	≥100	≥90
细度（80μm 方孔水筛筛余）	≤4%	≤10%	≤15%
需水量比	≤125%	≤120%	≤120%
28d 抗压强度比	≥75%	≥70%	≥62%

F.0.12　常用外加剂性能指标应符合表 F.0.12 的规定。

表 F.0.12　常用外加剂性能指标

项目		外加剂品种												
		高性能减水剂			高效减水剂		普通减水剂			引气减水剂	泵送剂	早强剂	缓凝剂	引气剂
		早强型	标准型	缓凝型	标准型	缓凝型	早强型	标准型	缓凝型					
减水率（%）		≥25	≥25	≥25	≥14	≥14	≥8	≥8	≥8	≥10	≥12	—	—	≥6
泌水率（%）		≤50	≤60	≤70	≤90	≤100	≤95	≤100	≤100	≤70	≤70	≤100	≤100	≤70
含气量（%）		≤6.0	≤6.0	≤6.0	≤3.0	≤4.5	≤4.0	≤4.0	≤5.5	≥3.0	≤5.5	—	—	≥3.0
凝结时间之差（min）	初凝	−90～+90	−90～+120	>+90	−90～+120	>+90	−90～+90	−90～+120	>+90	−90～+120	—	−90～+90	>+90	−90～+120
	终凝			—		—			—			—	—	
1h 经时变化量	坍落度（mm）	—	≤80	≤60	—	—	—	—	—	—	≤80	—	—	—
	含气量（%）	—	—	—						−1.5～+1.5	—			−1.5～+1.5
抗压强度比（%）	1d	≥180	≥170	—	≥140	—	≥135	—	—	—	—	≥135	—	—
	3d	≥170	≥160	—	≥130	—	≥130	≥115	—	≥115	—	≥130	—	≥95
	7d	≥145	≥150	≥140	≥125	≥125	≥110	≥115	≥110	≥110	≥115	≥110	≥100	≥95
	28d	≥130	≥140	≥130	≥120	≥120	≥100	≥110	≥110	≥100	≥110	≥100	≥100	≥90
收缩率比（%）	28d	≤110	≤110	≤110	≤135	≤135	≤135	≤135	≤135	≤135	≤135	≤135	≤135	≤135
相对耐久性（200 次）（%）		—	—	—	—	—	—	—	—	≥80	—	—	—	≥80

注：1　除含气量和相对耐久性外，表中所列数据应为掺外加剂混凝土与基准混凝土的差值或比值；
2　凝结时间之差性能指标中的"—"号表示提前，"+"号表示延缓；
3　相对耐久性(200 次)性能指标中的"≥80"表示将 28d 龄期的受检混凝土试件快速冻融循环 200 次后，动弹性模量保留值≥80%；
4　1h 含气量经时变化量指标中的"—"号表示含气量增加，"+"号表示含气量减少；
5　其他品种外加剂的相对耐久性指标的测定，由供、需双方协商确定；
6　当用户对泵送剂等产品有特殊要求时，需要进行的补充试验项目、试验方法及指标，由供需双方协商决定。

F.0.13 混凝土拌合用水水质应符合表F.0.13的规定。

表F.0.13 混凝土拌合用水水质要求

项目	预应力混凝土	钢筋混凝土	素混凝土
pH值	≥5.0	≥4.5	≥4.5
不溶物(mg/L)	≤2000	≤2000	≤5000
可溶物(mg/L)	≤2000	≤5000	≤10000
氯化物(以Cl^-计,mg/L)	≤500	≤1000	≤3500
硫酸盐(以SO_4^{2-}计,mg/L)	≤600	≤2000	≤2700
碱含量(以当量Na_2O计,mg/L)	≤1500	≤1500	≤1500

本规范用词说明

1 为便于在执行本规范条文时区别对待，对要求严格程度不同的用词说明如下：

1）表示很严格，非这样做不可的用词：
正面词采用“必须”；反面词采用“严禁”；

2）表示严格，在正常情况下均应这样做的用词：
正面词采用“应”；反面词采用“不应”或“不得”；

3）表示允许稍有选择，在条件允许时首先这样做的用词：
正面词采用“宜”；反面词采用“不宜”；

4）表示有选择，在一定条件下可以这样做的用词，采用“可”。

2 本规范中指明应按其他有关标准执行的写法为：“应符合……的规定”或“应按……执行”。

引用标准名录

1 《建筑地基基础设计规范》GB 50007
2 《建筑结构荷载规范》GB 50009
3 《混凝土结构设计规范》GB 50010
4 《普通混凝土拌合物性能试验方法标准》GB/T 50080
5 《普通混凝土力学性能试验方法标准》GB/T 50081
6 《混凝土强度检验评定标准》GB/T 50107
7 《混凝土外加剂应用技术规范》GB 50119
8 《混凝土结构工程施工质量验收规范》GB 50204
9 《混凝土结构耐久性设计规范》GB/T 50476
10 《混凝土搅拌机》GB/T 9142
11 《混凝土搅拌站(楼)》GB 10171
12 《建筑施工场界噪声限值》GB 12523
13 《预应力筋用锚具、夹具和连接器》GB/T 14370
14 《预拌混凝土》GB 14902
15 《预应力孔道灌浆剂》GB/T 25182
16 《钢筋焊接及验收规程》JGJ 18
17 《普通混凝土配合比设计规程》JGJ 55
18 《混凝土用水标准》JGJ 63
19 《预应力筋用锚具、夹具和连接器应用技术规程》JGJ 85
20 《建筑工程冬期施工规程》JGJ/T 104
21 《钢筋机械连接技术规程》JGJ 107
22 《建筑施工门式钢管脚手架安全技术规范》JGJ 128
23 《建筑施工扣件式钢管脚手架安全技术规范》JGJ 130
24 《海砂混凝土应用技术规范》JGJ 206
25 《钢筋锚固板应用技术规程》JGJ 256

中华人民共和国国家标准

混凝土结构工程施工规范

GB 50666—2011

条 文 说 明

制 订 说 明

《混凝土结构工程施工规范》GB 50666－2011，经住房和城乡建设部2011年7月29日以第1110号公告批准、发布。

本规范制定过程中，编制组进行了充分的调查研究，总结了近年来我国混凝土结构工程施工的实践经验和研究成果，借鉴了有关国际标准和国外先进标准，开展了多项专题研究，与国家标准《混凝土结构工程施工质量验收规范》GB 50204及其他相关标准进行了协调。

为便于广大施工、监理、质检、设计、科研、学校等单位有关人员在使用本规范时能正确理解和执行条文规定，《混凝土结构工程施工规范》编制组按章、节、条顺序编制了本规范的条文说明，对条文规定的目的、依据以及执行中需注意的有关事项进行了说明，还着重对强制性条文的强制理由作了解释。但是，本条文说明不具备与规范正文同等的法律效力，仅供使用者作为理解和把握规范规定的参考。

目　次

1　总则 ………………………………… 1—50—44
3　基本规定 …………………………… 1—50—44
3.1　施工管理 ………………………… 1—50—44
3.2　施工技术 ………………………… 1—50—44
3.3　施工质量与安全 ………………… 1—50—44
4　模板工程 …………………………… 1—50—45
4.1　一般规定 ………………………… 1—50—45
4.2　材料 ……………………………… 1—50—45
4.3　设计 ……………………………… 1—50—46
4.4　制作与安装 ……………………… 1—50—47
4.5　拆除与维护 ……………………… 1—50—48
4.6　质量检查 ………………………… 1—50—48
5　钢筋工程 …………………………… 1—50—48
5.1　一般规定 ………………………… 1—50—48
5.2　材料 ……………………………… 1—50—48
5.3　钢筋加工 ………………………… 1—50—49
5.4　钢筋连接与安装 ………………… 1—50—49
5.5　质量检查 ………………………… 1—50—50
6　预应力工程 ………………………… 1—50—50
6.1　一般规定 ………………………… 1—50—50
6.2　材料 ……………………………… 1—50—51
6.3　制作与安装 ……………………… 1—50—51
6.4　张拉和放张 ……………………… 1—50—52
6.5　灌浆及封锚 ……………………… 1—50—53
6.6　质量检查 ………………………… 1—50—54
7　混凝土制备与运输 ………………… 1—50—54
7.1　一般规定 ………………………… 1—50—54
7.2　原材料 …………………………… 1—50—55
7.3　混凝土配合比 …………………… 1—50—56
7.4　混凝土搅拌 ……………………… 1—50—56
7.5　混凝土运输 ……………………… 1—50—57
7.6　质量检查 ………………………… 1—50—57
8　现浇结构工程 ……………………… 1—50—57
8.1　一般规定 ………………………… 1—50—57
8.2　混凝土输送 ……………………… 1—50—58
8.3　混凝土浇筑 ……………………… 1—50—59
8.4　混凝土振捣 ……………………… 1—50—62
8.5　混凝土养护 ……………………… 1—50—63
8.6　混凝土施工缝与后浇带 ………… 1—50—64
8.7　大体积混凝土裂缝控制 ………… 1—50—65
8.8　质量检查 ………………………… 1—50—66
8.9　混凝土缺陷修整 ………………… 1—50—66
9　装配式结构工程 …………………… 1—50—67
9.1　一般规定 ………………………… 1—50—67
9.2　施工验算 ………………………… 1—50—67
9.3　构件制作 ………………………… 1—50—68
9.4　运输与堆放 ……………………… 1—50—69
9.5　安装与连接 ……………………… 1—50—69
9.6　质量检查 ………………………… 1—50—70
10　冬期、高温和雨期施工 ………… 1—50—70
10.1　一般规定 ……………………… 1—50—70
10.2　冬期施工 ……………………… 1—50—71
10.3　高温施工 ……………………… 1—50—73
10.4　雨期施工 ……………………… 1—50—73
11　环境保护 ………………………… 1—50—73
11.1　一般规定 ……………………… 1—50—73
11.2　环境因素控制 ………………… 1—50—74
附录A　作用在模板及支架上的荷载标准值 ……………………… 1—50—74
附录B　常用钢筋的公称直径、公称截面面积、计算截面面积及理论重量 ……………………… 1—50—75
附录C　纵向受力钢筋的最小搭接长度 ……………………… 1—50—75
附录D　预应力筋张拉伸长值计算和量测方法 ……………………… 1—50—75
附录E　张拉阶段摩擦预应力损失测试方法 ……………………… 1—50—76

1 总 则

1.0.1 本规范所给出的混凝土结构工程施工要求，是为了保证工程的施工质量和施工安全，并为施工工艺提供技术指导，使工程质量满足设计文件和相关标准的要求。混凝土结构工程施工，还应贯彻节材、节水、节能、节地和保护环境等技术经济政策。本规范主要依据我国科学技术成果、常用施工工艺和工程实践经验，并参考国际与国外先进标准制定而成。

1.0.2 本规范适用的建筑工程混凝土结构施工包括现场施工及预拌混凝土生产、预制构件生产、钢筋加工等场外施工。轻骨料混凝土系指干表观密度不大于 $1950kg/m^3$ 的混凝土。特殊混凝土系指有特殊性能要求的混凝土，如膨胀、耐酸、耐碱、耐油、耐热、耐磨、防辐射等。“轻骨料混凝土及特殊混凝土的施工”系专指其混凝土分项工程施工；对其他分项工程（如模板、钢筋、预应力等），仍可按本规范的规定执行。轻骨料混凝土和特殊混凝土的配合比设计、拌制、运输、泵送、振捣等有其特殊性，应按国家现行相关标准执行。

1.0.3 本规范总结了近年来我国混凝土结构工程施工的实践经验和研究成果，提出了混凝土结构工程施工管理和过程控制的基本要求。当设计文件对混凝土结构施工有不同于本规范的专门要求时，应遵照设计文件执行。

3 基 本 规 定

3.1 施 工 管 理

3.1.1 与混凝土结构施工相关的企业资质主要有：房屋建筑工程施工总承包企业资质；预拌商品混凝土专业企业资质、混凝土预制构件专业企业资质、预应力工程专业承包企业资质；钢筋作业分包企业资质、混凝土作业分包企业资质、脚手架作业分包企业资质、模板作业分包企业资质等。

施工单位的质量管理体系应覆盖施工全过程，包括材料的采购、验收和储存，施工过程中的质量自检、互检、交接检，隐蔽工程检查和验收，以及涉及安全和功能的项目抽查检验等环节。混凝土结构施工全过程中，应随时记录并处理出现的问题和质量偏差。

3.1.2 施工项目部应确定人员的职责、分工和权限，制定工作制度、考核制度和奖惩制度。施工项目部的机构设置应根据项目的规模、结构复杂程度、专业特点、人员素质等确定。施工操作人员应具备相应的技能，对有从业证书要求的，还应具有相应证书。

3.1.3 对预应力、装配式结构等工程，当原设计文件深度不够，不足以指导施工时，需要施工单位进行深化设计。深化设计文件应经原设计单位认可。对于改建、扩建工程，应经承担该改建、扩建工程的设计单位认可。

3.1.4 施工单位应重视施工资料管理工作，建立施工资料管理制度，将施工资料的形成和积累纳入施工管理的各个环节和有关人员的职责范围。在资料管理过程中应保证施工资料的真实性和有效性。除应建立配套的管理制度，明确责任外，还应根据工程具体情况采取措施，堵塞漏洞，确保施工资料真实、有效。

3.1.6 混凝土结构施工现场应采取必要的安全防护措施，各项设备、设施和安全防护措施应符合相关强制性标准的规定。对可能发生的各种危害和灾害，应制定应急预案。本条中的突发事件主要指天气骤变、停水、断电、道路运输中断、主要设备损坏、模板质量安全事故等。

3.2 施 工 技 术

3.2.1 混凝土结构施工前的准备工作包括：供水、用电、道路、运输、模板及支架、混凝土覆盖与养护、起重设备、泵送设备、振捣设备、施工机具和安全防护设施等。

3.2.2 施工阶段的监测内容可根据设计文件的要求和施工质量控制的需要确定。施工阶段的监测内容一般包括：施工环境监测（如风向、风速、气温、湿度、雨量、气压、太阳辐射等），结构监测（如结构沉降观测、倾斜测量、楼层水平度测量、控制点标高与水准测量以及构件关键部位或截面的应变、应力监测和温度监测等）。

3.2.3 采用新技术、新工艺、新材料、新设备时，应经过试验和技术鉴定，并应制定可行的技术措施。设计文件中指定使用新技术、新工艺、新材料时，施工单位应依据设计要求进行施工。施工单位欲使用新技术、新工艺、新材料时，应经监理单位核准，并按相关规定办理。本条的“新的施工工艺”系指以前未在任何工程施工中应用的施工工艺，“首次采用的施工工艺”系指施工单位以前未实施过的施工工艺。

3.3 施工质量与安全

3.3.1、3.3.2 在混凝土结构施工过程中，应贯彻执行施工质量控制和检验的制度。每道工序均应及时进行检查，确认符合要求后方可进行下道工序施工。施工企业实行的“过程三检制”是一种有效的企业内部质量控制方法，“过程三检制”是指自检、互检和交接检三种检查方式。对发现的质量问题及时返修、返工，是施工单位进行质量过程控制的必要手段。本规范第4～9章提出了施工质量检查的主要内容，在实际操作中可根据质量控制的需要调整、补充检查内容。

3.3.3 混凝土结构工程的隐蔽工程验收，主要包括钢筋、预埋件等，现行国家标准《混凝土结构工程施工质量验收规范》GB 50204 中对此已有明确规定。本条强调除应对隐蔽工程进行验收外，还应对重要工序和关键部位加强质量检查或进行测试，并要求应有详细记录和宜有必要的图像资料。这些规定主要考虑隐蔽工程、重要工序和关键部位对于混凝土结构的重要性。当隐蔽工程的检查、验收与相应检验批的检查、验收内容相同时，可以合并进行。

3.3.5 施工中使用的原材料、半成品和成品以及施工设备和机具，应符合国家相关标准的要求。为适当减少有关产品的检验工作量，本规范有关章节对符合限定条件的产品进场检验作了适当调整。对来源稳定且连续检验合格，或经产品认证符合要求的产品，进场时可按本规范的有关规定放宽检验。“经产品认证符合要求的产品”系指经产品认证机构认证，认证结论为符合认证要求的产品。产品认证机构应经国家认证认可监督管理部门批准。放宽检验系指扩大检验批量，不是放宽检验指标。

3.3.7、3.3.8 试件留设是混凝土结构施工检测和试验计划的重要内容。混凝土结构施工过程中，确认混凝土强度等级达到要求应采用标准养护的混凝土试件；混凝土结构构件拆模、脱模、吊装、施加预应力及施工期间负荷时的混凝土强度，应采用同条件养护的混凝土试件。当施工阶段混凝土强度指标要求较低，不适宜用同条件养护试件进行强度测试时，可根据经验判断。

3.3.9 混凝土结构施工前，需确定结构位置、标高的控制点和水准点，其精度应符合规划管理和工程施工的需要。用于施工抄平、放线的水准点或控制点的位置，应保持牢固稳定，不下沉，不变形。施工现场应对设置的控制点和水准点进行保护，使其不受扰动，必要时应进行复测以确定其准确度。

4 模板工程

4.1 一般规定

4.1.1 模板工程主要包括模板和支架两部分。模板面板、支承面板的次楞和主楞以及对拉螺栓等组件统称为模板。模板背侧的支承（撑）架和连接件等统称为支架或模板支架。

模板工程专项施工方案一般包括下列内容：模板及支架的类型；模板及支架的材料要求；模板及支架的计算书和施工图；模板及支架安装、拆除相关技术措施；施工安全和应急措施（预案）；文明施工、环境保护等技术要求。

本规范中高大模板支架工程是指搭设高度 8m 及以上；搭设跨度 18m 及以上，施工总荷载 $15kN/m^2$ 及以上；集中线荷载 20kN/m 及以上的模板支架工程。

本条专门提出了对“滑模、爬模等工具式模板工程及高大模板支架工程的专项施工方案应进行技术论证”的要求。模板工程的安全一直是施工现场安全生产管理的重点和难点，根据住房和城乡建设部《危险性较大的分部分项工程安全管理办法》（建质［2009］87 号）的规定，超过一定规模的危险性较大的混凝土模板支架工程为：搭设高度 8m 及以上；搭设跨度 18m 及以上，施工总荷载 $15kN/m^2$ 及以上；集中线荷载 20kN/m 及以上。国外部分相关规范也有区分基本模板工程、特殊模板工程的类似规定。本条文规定高大模板工程和工具式模板工程所指对象按建质［2009］87 号文确定即可。提出“高大模板工程”术语是区别于浇筑一般构件的模板工程，并便于模板工程施工作业人员的简易理解。条文规定的专项施工方案的技术论证包括专家评审。

关于模板工程现有多本专业标准，如行业标准《钢框胶合板模板技术规程》JGJ 96、《液压爬升模板工程技术规程》JGJ 195、《液压滑动模板施工安全技术规程》JGJ 65、《建筑工程大模板技术规程》JGJ74，国家标准《组合钢模板技术规范》GB 50214 等，应遵照执行。

4.1.2 模板及支架是施工过程中的临时结构，应根据结构形式、荷载大小等结合施工过程的安装、使用和拆除等主要工况进行设计，保证其安全可靠，具有足够的承载力和刚度，并保证其整体稳固性。根据现行国家标准《工程结构可靠性设计统一标准》GB 50153 的有关规定，本规范中的“模板及支架的整体稳固性”系指在遭遇不利施工荷载工况时，不因构造不合理或局部支撑杆件缺失造成整体性坍塌。模板及支架设计时应考虑模板及支架自重、新浇筑混凝土自重、钢筋自重、新浇筑混凝土对模板侧面的压力、施工人员及施工设备荷载、混凝土下料产生的水平荷载、泵送混凝土或不均匀堆载等因素产生的附加水平荷载、风荷载等。本条直接影响模板及支架的安全，并与混凝土结构施工质量密切相关，故列为强制性条文，应严格执行。

4.2 材料

4.2.2 混凝土结构施工用的模板材料，包括钢材、铝材、胶合板、塑料、木材等。目前，国内建筑行业现浇混凝土施工的模板多使用木材作主、次楞，竹（木）胶合板作面板，但木材的大量使用不利于保护国家有限的森林资源，而且周转使用次数少的不耐用的木质模板在施工现场将会造成大量建筑垃圾，应引起重视。为符合“四节一环保”的要求，应提倡“以钢代木”，即提倡采用轻质、高强、耐用的模板材料，如铝合金和增强塑料等。支架材料宜选用钢材或铝合金等轻质高强的可再生材料，不提倡采用木支架。连接件将面板和支架连接为可靠的整体，采用标准定型连接件有利于操作安全、连接可靠和重复使用。

4.2.3 模板脱模剂有油性、水性等种类。为不影响后期的混凝土表面实施粉刷、批腻子及涂料装饰等，宜采用水性的脱模剂。

4.3 设 计

4.3.3 模板及支架中杆件之间的连接考虑了可重复使用和拆卸方便，设计计算分析的计算假定和分析模型不同于永久性的钢结构或薄壁型钢结构，本条要求计算假定和分析模型应有理论或试验依据，或经工程经验验证可行。设计中实际选取的计算假定和分析模型应尽可能与实际结构受力特点一致。模板及支架的承载力计算采用荷载基本组合；变形验算采用永久荷载标准值，即不考虑可变荷载，当所有永久荷载同方向时，即为永久荷载标准值的代数和。

4.3.5 本条对模板及支架的承载力设计提出了基本要求。通过引入结构重要性系数 γ_0，区分了"重要"和"一般"模板及支架的设计要求，其中"重要的模板及支架"包括高大模板支架，跨度较大、承载较大或体型复杂的模板及支架等。另外，还引入承载力设计值调整系数 γ_R 以考虑模板及支架的重复使用情况，其中对周转使用的工具式模板及支架，γ_R 应大于1.0；对新投入使用的非工具式模板与支架，γ_R 可取1.0。

模板及支架结构构件的承载力设计值可按相应材料的结构设计规范采用，如钢模板及钢支架的设计符合现行国家标准《钢结构设计规范》GB 50017 的规定；冷弯薄壁型钢支架的设计符合现行国家标准《冷弯薄壁型钢结构技术规范》GB 50018 的规定；铝合金模板及铝合金支架的设计符合现行国家标准《铝合金结构设计规范》GB 50429 的规定。

4.3.6 基于目前房屋建筑的混凝土楼板厚度以120mm以上为主，其单位面积自重与施工荷载相当，因此，根据现行国家标准《建筑结构荷载规范》GB 50009 相关规定的对由永久荷载效应控制的组合，应取1.35的永久荷载分项系数，为便于施工计算，统一取1.35系数。从理论和设计习惯两个方面考虑，侧面模板设计时模板侧压力永久荷载分项系数取1.2更为合理，本条公式中通过引入模板及支架的类型系数 α 解决此问题，1.35乘以0.9近似等于1.2。

4.3.7 作用在模板及支架上的荷载分为永久荷载和可变荷载。将新浇筑混凝土的侧压力列为永久荷载是基于混凝土浇筑入模后侧压力相对稳定地作用在模板上，直至混凝土逐渐凝固而消失，符合"变化与平均值相比可以忽略不计或变化是单调的并能趋于限值"的永久荷载定义。对于塔吊钩住混凝土料斗等容器下料产生的荷载，美国规范 ACI347 认为可以按料斗的容量、料斗离楼面模板的距离、料斗下料的时间和速度等因素计算作用到模板面上的冲击荷载，考虑对浇筑混凝土地点的混凝土下料与施工人员作业荷载不同时，混凝土下料产生的荷载主要与混凝土侧压力组合，并作用在有效压头范围内。

当支架结构与周边已浇筑混凝土并具有一定强度的结构可靠拉结时，可以不验算整体稳定。对相对独立的支架，在其高度方向上与周边结构无法形成有效拉结的情况下，可分别计算泵送混凝土或不均匀堆载等因素产生的附加水平荷载（Q_3）作用下和风荷载（Q_4）作用下支架的整体稳定性，以保证支架架体的构造合理性，防止突发性的整体坍塌事故。

4.3.8 模板面板的变形量直接影响混凝土构件的尺寸和外观质量。对于梁板等水平构件，其模板面板及面板背侧支撑的变形验算采用施加其上的混凝土、钢筋和模板自重的荷载标准值；对于墙等竖向模板，其模板面板及面板背侧支撑的变形验算采用新浇筑混凝土的侧压力的荷载标准值。

4.3.9 本条中"结构表面外露的模板"可以认为是拆模后不做水泥砂浆粉刷找平的模板，"结构表面隐蔽的模板"是拆模后需要做水泥砂浆粉刷找平的模板。对于模板构件的挠度限值，在控制面板的挠度时应注意面板背部主、次楞的弹性变形对面板挠度的影响，适当提高主楞的挠度限值。

4.3.10 对模板支架高宽比的限定主要为了保证在周边无结构提供有效侧向刚性连接的条件下，防止细高形的支架倾覆整体失稳。整体稳固性措施包括支架体内加强竖向和水平剪刀撑的设置；支架体外设置抛撑、型钢桁架撑、缆风绳等。

4.3.11 混凝土浇筑前，支架在搭设过程中，因为相应的稳固性措施未到位，在风力很大时可能会发生倾覆，倾覆力矩主要由风荷载（Q_4）产生；混凝土浇筑时，支架的倾覆力矩主要由泵送混凝土或不均匀堆载等因素产生的附加水平荷载（Q_3）产生，附加水平荷载（Q_3）以水平力的形式呈线荷载作用在支架顶部外边缘上。抗倾覆力矩主要由钢筋、混凝土和模板自重等永久荷载产生。

4.3.13 在多、高层建筑的混凝土结构工程施工中，已浇筑的楼板可能还未达到设计强度，或者已经达到设计强度，但施工荷载显著超过其设计荷载，因此，必须考虑设置足够层数的支架，以避免相应各层楼板产生过大的应力和挠度。在设置多层支架时，需要确定各层楼板荷载向下传递时的分配情况。验算支架和楼板承载力可采用简化方法分析。当用简化方法分析时，可假定建筑基础为刚性板，模板支架层的立杆为刚性杆，由支架立杆相连的多层楼板的刚度假定为相等，按浇筑混凝土楼面新增荷载和拆除连续支架层的最底层荷载重新分布的两种最不利工况，分析计算连续多层模板支架立杆和混凝土楼面承担的最大荷载效应，决定合理的最少连续支模层数。

4.3.14 支架立柱或竖向模板下的土层承载力设计值，应按现行国家标准《建筑地基基础设计规范》GB 50007的规定或工程地质报告提供的数据采用。

4.3.15 在扣件钢管模板支架的立杆顶端插入可调托座，模板上的荷载直接传给立杆，为中心传力方式；模板搁置在扣件钢管支架顶部的水平钢管上，其荷载通过水平杆与立杆的直角扣件传至立杆，为偏心传力方式，实际偏心距为53mm左右，本条规定的50mm为取整数值。中心传力方式有利于立杆的稳定性，因此宜采用中心传力方式。

本条第2款规定的单根立杆轴力标准值是基于支架顶部双向水平杆通过直角扣件扣接到立杆形成“双扣件”的传力形式确定的，根据试验，双扣件抗滑力范围在17kN～20kN之间，考虑一定安全系数后提出了10kN、12kN的要求。工程施工技术人员也可根据工地的钢管管径及壁厚、扣件的规格和质量，进行双扣件抗滑试验制定立杆的单根承载力限值。

4.3.16 门式、碗扣式和盘扣式钢管架的顶端插入可调托座，其传力方式均为中心传力方式，有利于立杆的稳定性，值得推广应用。

4.4 制作与安装

4.4.1 模板可在工厂或施工现场加工、制作。将通用性强的模板制作成定型模板可以有效地节约材料。

4.4.5 模板及支架的安装应与其施工图一致。混凝土竖向构件主要有柱、墙和筒壁等，水平构件主要有梁、楼板等。

4.4.6 对跨度较大的现浇混凝土梁、板，考虑到自重的影响，适度起拱有利于保证构件的形状和尺寸。执行时应注意本条的起拱高度未包括设计起拱值，而只考虑模板本身在荷载下的下垂，故对钢模板可取偏小值，对木模板可取偏大值。当施工措施能够保证模板下垂符合要求，也可不起拱或采用更小的起拱值。

4.4.7 扣件钢管支架因其灵活性好，通用性强，施工单位经过多年工程施工积累已有一定储备量，成为目前我国的主要模板支架形式。本条对采用扣件钢管作模板支架制定了一些基本的量化构造尺寸规定。

4.4.8 采用扣件式钢管搭设高大模板支架的问题一直是模板支架安全监管的重点和难点。支架搭设应强调完整性，扣件式钢管支架的搭设灵活性也带来了随意性，大尺寸梁、板混凝土构件下的扣件钢管模板支架的立杆上每步纵、横向水平钢管设置不全，每隔2根或3根立杆设置双向水平杆，交叉层上的水平杆单向设置等连接构造不完整是扣件钢管模板支架整体坍塌的主要原因。因此，基于用扣件钢管搭设高大模板支架的多起整体坍塌事故分析和经验教训，特别强调扣件钢管高大模板支架搭设应完整，以及立杆上每步的双向水平杆均应与立杆扣接，应将其作为扣件钢管模板支架安装过程中的检查重点。支架宜设置中部纵向或横向的竖向剪刀撑，剪刀撑的间距不宜大于5m；沿支架高度方向搭设的水平剪刀撑的间距不宜大于6m，搭设的高大模板支架应与施工方案一致。

采用满堂支架的高大模板支架时，在支架中间区域设置少量的用塔吊标准节安装的桁架柱，或用加密的钢管立杆、水平杆及斜杆搭设成的塔架等高承载力的临时柱，形成防止突发性模板支架整体坍塌的二道防线，经实践证明是行之有效的。

本条第1款规定可调托座螺杆插入钢管的长度不应小于150mm，螺杆伸出钢管的长度不应大于300mm，插入立杆顶端可调托座伸出顶层水平杆的悬臂长度不应大于500mm（图1）。对非高大模板支架，如支架立杆顶部采用可调托座时，其构造也应符合此规定。

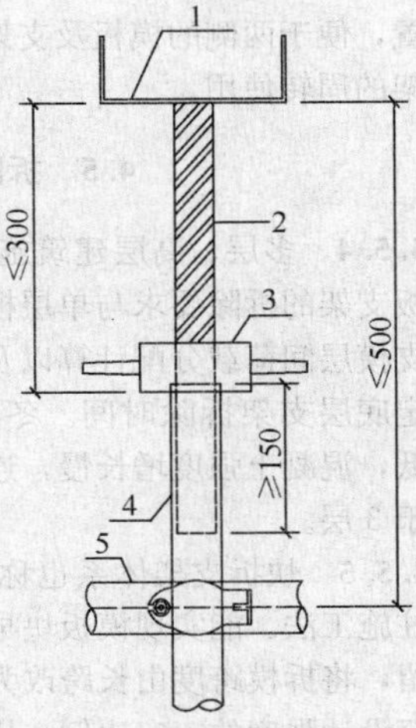

图1　扣件式钢管支架顶部的可调托座

1—可调托座；2—螺杆；3—调节螺母；4—扣件式钢管支架立杆；5—扣件式钢管支架水平杆

4.4.9 基于用碗扣架搭设模板支架的整体坍塌事故分析，对采用碗扣和盘扣钢管架搭设模板支架时，限定立柱顶端插入可调托座伸出顶层水平杆的长度（图2），以及将顶部两层水平杆间的距离比标准步距缩小一个碗扣或盘扣节点间距，更有利于立杆的稳定性。

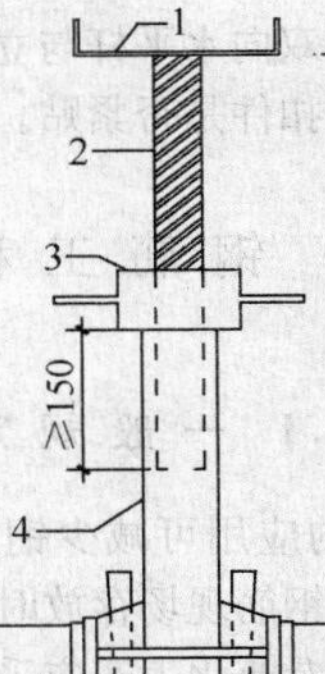

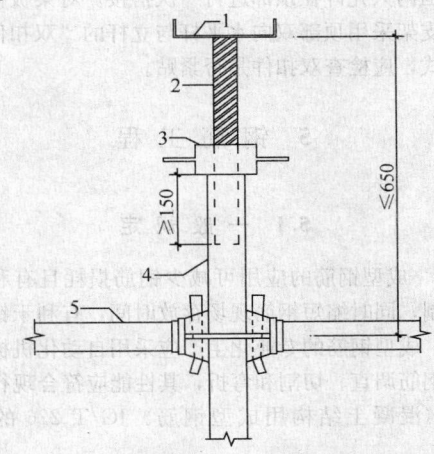

图2　碗扣式、盘扣式或盘销式钢管支架顶部的可调托座

1—可调托座；2—螺杆；3—调节螺母；4—立杆；5—水平杆

碗扣式钢管架的竖向剪刀撑和水平剪刀撑可采用扣件钢管搭设，一般形成的基本网格为4m～6m；盘扣式钢管架的竖向剪刀撑和水平剪刀撑直接采用斜杆，并要求纵、横向每5跨每层设置斜杆，竖向每4步设置水平层斜杆。

4.4.10 目前施工单位多采用标准型门架，其主立杆直径为42mm；当支架高度较高或荷载较大时，主立杆钢管直径大于48mm的门架性能更好。

4.4.16 后浇带部位的模板及支架通常需保留到设计允许封闭后浇带的时间。该部分模板及支架应独立设置，便于两侧的模板及支架及时拆除，加快模板及支架的周转使用。

4.5 拆除与维护

4.5.4 多层、高层建筑施工中，连续2层或3层模板支架的拆除要求与单层模板支架不同，需根据连续支模层间荷载分配计算以及混凝土强度的增长情况确定底层支架拆除时间。冬期施工高层建筑时，气温低，混凝土强度增长慢，连续模板支架层数一般不少于3层。

4.5.5 快拆支架体系也称为早拆模板体系或保留支柱施工法。能实现模板块早拆的基本原理是因支柱保留，将拆模跨度由长跨改为短跨，所需的拆模强度降至设计强度的一定比例，从而加快了承重模板的周转速度。支柱顶部早拆柱头是其核心部件，它既能维持顶托板支撑住混凝土构件的底面，又能将支架梁连带模板块一起降落。

4.6 质量检查

4.6.3 本条规定了采用扣件钢管架支模时应检查的基本内容和偏差控制值。检查中，钢管支架立杆在全长范围内只允许在顶部进行一次搭接。对梁板模板下钢管支架采用顶部双向水平杆与立杆的“双扣件”扣接方式，应检查双扣件是否紧贴。

5 钢筋工程

5.1 一般规定

5.1.1 成型钢筋的应用可减少钢筋损耗且有利于质量控制，同时缩短钢筋现场存放时间，有利于钢筋的保护。成型钢筋的专业化生产应采用自动化机械设备进行钢筋调直、切割和弯折，其性能应符合现行行业标准《混凝土结构用成型钢筋》JG/T 226的有关规定。

5.1.2 混凝土结构施工的钢筋连接方式由设计确定，且应考虑施工现场的各种条件。如设计要求的连接方式因施工条件需要改变，需办理变更文件。如设计没有规定，可由施工单位根据《混凝土结构设计规范》GB 50010等国家现行相关标准的有关规定和施工现场条件与设计共同商定。

5.1.3 钢筋代换主要包括钢筋品种、级别、规格、数量等的改变，涉及结构安全，故本条予以强制。钢筋代换后应经设计单位确认，并按规定办理相关审查手续。钢筋代换应按国家现行相关标准的有关规定，考虑构件承载力、正常使用（裂缝宽度、挠度控制）及配筋构造等方面的要求，需要时可采用并筋的代换形式。不宜用光圆钢筋代换带肋钢筋。本条为强制性条文，应严格执行。

5.2 材料

5.2.1 与热轧光圆钢筋、热轧带肋钢筋、余热处理钢筋、钢筋焊接网性能及检验相关的国家现行标准有：《钢筋混凝土用钢 第1部分：热轧光圆钢筋》GB 1499.1、《钢筋混凝土用钢 第2部分：热轧带肋钢筋》GB 1499.2、《钢筋混凝土用余热处理钢筋》GB 13014、《钢筋混凝土用钢 第3部分：钢筋焊接网》GB 1499.3。与冷加工钢筋性能及检验相关的国家现行标准有：《冷轧带肋钢筋》GB 13788、《冷轧扭钢筋》JG 190等。冷加工钢筋的应用可参照《冷轧带肋钢筋混凝土结构技术规程》JGJ 95、《冷轧扭钢筋混凝土构件技术规程》JGJ 115、《冷拔低碳钢丝应用技术规程》JGJ 19等国家现行标准的有关规定。

5.2.2 本条提出了针对部分框架、斜撑构件（含梯段）中纵向受力钢筋强度、伸长率的规定，其目的是保证重要结构构件的抗震性能。本条第1款中抗拉强度实测值与屈服强度实测值的比值，工程中习惯称为“强屈比”，第2款中屈服强度实测值与屈服强度标准值的比值，工程中习惯称为“超强比”或“超屈比”，第3款中最大力下总伸长率习惯称为“均匀伸长率”。

牌号带“E”的钢筋是专门为满足本条性能要求生产的钢筋，其表面轧有专用标志。

本条中的框架包括各类混凝土结构中的框架梁、框架柱、框支梁、框支柱及板柱-抗震墙的柱等，其抗震等级应根据国家现行相关标准由设计确定；斜撑构件包括伸臂桁架的斜撑、楼梯的梯段等，相关标准中未对斜撑构件规定抗震等级，当建筑中其他构件需要应用牌号带E钢筋时，则建筑中所有斜撑构件均应满足本条规定。

本条为强制性条文，应严格执行。

5.2.3 本条规定的施工过程包括钢筋运输、存放及作业面施工。

HRB（热轧带肋钢筋）、HRBF（细晶粒钢筋）、RRB（余热处理钢筋）是三种常用带肋钢筋品种的英文缩写，钢筋牌号为该缩写加上代表强度等级的数字。各种钢筋表面的轧制标志各不相同，HRB335、HRB400、HRB500分别为3、4、5，HRBF335、HRBF400、HRBF500分别为C3、C4、

C5，RRB400 为 K4。对于牌号带“E”的热轧带肋钢筋，轧制标志上也带“E”，如 HRB335E 为 3E、HRBF400E 为 C4E。钢筋在运输和存放时，不得损坏包装和标志，并应按牌号、规格、炉批分别堆放。钢筋加工后用于施工的过程中，要能够区分不同强度等级和牌号的钢筋，避免混用。

钢筋除防锈外，还应注意焊接、撞击等原因造成的钢筋损伤。后浇带等部位的外露钢筋在混凝土施工前也应避免锈蚀、损伤。

5.2.4 对性能不良的钢筋批，可根据专项检验结果进行处理。

5.3 钢筋加工

5.3.1 钢筋加工前应清理表面的油渍、漆污和铁锈。清除钢筋表面油漆、漆污、铁锈可采用除锈机、风砂枪等机械方法；当钢筋数量较少时，也可采用人工除锈。除锈后的钢筋要尽快使用，长时间未使用的钢筋在使用前同样应按本条规定进行清理。有颗粒状、片状老锈或有损伤的钢筋性能无法保证，不应在工程中使用。对于锈蚀程度较轻的钢筋，也可根据实际情况直接使用。

5.3.2 钢筋弯折可采用专用设备一次弯折到位。对于弯折过度的钢筋，不得回弯。

5.3.3 机械调直有利于保证钢筋质量，控制钢筋强度，是推荐采用的钢筋调直方式。无延伸功能指调直机械设备的牵引力不大于钢筋的屈服力。如采用冷拉调直，应控制调直冷拉率，以免影响钢筋的力学性能。带肋钢筋进行机械调直时，应注意保护钢筋横肋，以避免横肋损伤造成钢筋锚固性能降低。钢筋无局部弯折，一般指钢筋中心线同直线的偏差不应超过全长的1%。

5.3.4 本条统一规定了各种钢筋弯折时的弯弧内直径，并在国家标准《混凝土结构工程施工质量验收规范》GB 50204－2002 的基础上根据相关标准规范的规定进行了补充。拉筋弯折处，弯弧内直径除应符合本条第 5 款对箍筋的规定外，尚应考虑拉筋实际勾住钢筋的具体情况。

5.3.5 本条规定的纵向受力钢筋弯折后平直段长度包括受拉光面钢筋 180°弯钩、带肋钢筋在节点内弯折锚固、带肋钢筋弯钩锚固、分批截断钢筋延伸锚固等情况，本规范仅规定了光圆钢筋 180°弯钩的弯折后平直段长度，其他构造应符合设计要求及现行国家标准《混凝土结构设计规范》GB 50010 的有关规定。

5.3.6 本条规定了箍筋、拉筋末端的弯钩构造要求，适用于焊接封闭箍筋之外的所有箍筋、拉筋；其中拉筋包括梁、柱复合箍筋中单肢箍筋，梁腰筋间拉结筋，剪力墙、楼板钢筋网片拉结筋等。箍筋、拉筋弯钩的弯弧内直径应符合本规范第 5.3.4 条的规定。有抗震设防要求的结构构件，即设计图纸和相关标准规范中规定具有抗震等级的结构构件，箍筋弯钩可按不小于 135°弯折。本条中的设计专门要求指构件受扭、弯剪扭等复合受力状态，也包括全部纵向受力钢筋配筋率大于 3%的柱。本条第 3 款中，拉筋用作单肢箍筋或梁腰筋间拉结筋时，弯钩的弯折后平直段长度按第 1 款规定确定即可。加工两端 135°弯钩拉筋时，可做成一端 135°另一端 90°，现场安装后再将 90°弯钩端弯成满足要求的 135°弯钩。

5.3.7 焊接封闭箍筋宜以闪光对焊为主；采用气压焊或单面搭接焊时，应注意最小适用直径。批量加工的焊接封闭箍筋应在专业加工场地采用专用设备完成。对焊点部位的要求主要是考虑便于施焊、有利于结构安全等因素。

5.3.8 钢筋机械锚固包括贴焊钢筋、穿孔塞焊锚板及应用锚固板等形式，钢筋锚固端的加工应符合《混凝土结构设计规范》GB 50010 等国家现行相关标准的规定。当采用钢筋锚固板时，钢筋加工及安装等要求均应符合现行行业标准《钢筋锚固板应用技术规程》JGJ 256 的有关规定。

5.4 钢筋连接与安装

5.4.1 受力钢筋的连接接头宜设置在受力较小处。梁端、柱端箍筋加密区的范围可按现行国家标准《混凝土结构设计规范》GB 50010 的有关规定确定。如需在箍筋加密区内设置接头，应采用性能较好的机械连接和焊接接头。同一纵向受力钢筋在同一受力区段内不宜多次连接，以保证钢筋的承载、传力性能。“同一纵向受力钢筋”指同一结构层、结构跨及原材料供货长度范围内的一根纵向受力钢筋，对于跨度较大梁，接头数量的规定可适当放松。本条还对接头距钢筋弯起点的距离作出了规定。

5.4.2 本条提出了钢筋机械连接施工的基本要求。螺纹接头安装时，可根据安装需要采用管钳、扭力扳手等工具，但安装后应使用专用扭力扳手校核拧紧力矩，安装用扭力扳手和校核用扭力扳手应区分使用，二者的精度、校准要求均有所不同。

5.4.3 本条提出了钢筋焊接施工的基本要求。焊工是焊接施工质量的保证，本条提出了焊工考试合格证、焊接工艺试验等要求。不同品种钢筋的焊接及电渣压力焊的适用条件是焊接施工中较为重要的问题，本规范参考相关规范提出了技术规定。焊接施工还应按相关标准、规定做好劳动保护和安全防护，防止发生火灾、烧伤、触电以及损坏设备等事故。

5.4.4 本条规定了纵向受力钢筋机械连接和焊接的接头位置和接头百分率要求。计算接头连接区段长度时，d 为相互连接两根钢筋中较小直径，并按该直径计算连接区段内的接头面积百分率；当同一构件内不同连接钢筋计算的连接区段长度不同时取大值。装配式混凝土结构为由预制构件拼装的整体结构，构件连接处无法做到分批连接，多采用同截面100%连接的形式，施工中应采取措施保证连接的质量。

5.4.5 本条规定了纵向受力钢筋绑扎搭接的最小搭接长度、接头位置和接头百分率要求。计算接头连接区段长度时，搭接长度可取相互连接两根钢筋中较小直径计算，并按该直径计算连接区段内的接头面积百分率；当同一构件内不同连接钢筋计算的连接区段长度不同时取大值。附录C中给出了各种条件下确定受拉钢筋、受压钢筋最小搭接长度的方法。

5.4.6 搭接区域的箍筋对于约束搭接传力区域的混凝土、保证搭接钢筋传力至关重要。根据相关规范的要求，规定了搭接长度范围内的箍筋直径、间距等构造要求。

5.4.7 本条规定了钢筋绑扎的细部构造。墙、柱、梁钢筋骨架中各竖向面钢筋网不包括梁顶、梁底的钢筋网。板底部钢筋网的边缘部分需全部扎牢，中间部分可间隔交错扎牢。箍筋弯钩及焊接封闭箍筋的对焊接接头布置要求是为了保证构件不存在明显薄弱的受力方向。构造柱纵向钢筋与承重结构钢筋同步绑扎，可使构造柱与承重结构可靠连接、上下贯通，避免后植筋施工引起的质量及安全隐患。混凝土浇筑施工时可先浇框架梁、柱等主要受力结构，后浇构造柱混凝土。第5款中50mm的规定系根据工程经验提出，具体适用范围为：梁端第一个箍筋的位置，柱底部第一个箍筋的位置，也包括暗柱及剪力墙边缘构件；楼板边第一根钢筋的位置；墙体底部第一个水平分布钢筋及暗柱箍筋的位置。

5.4.8 本条规定了构件交接处钢筋的位置。对主次梁结构，本条规定底部标高相同时次梁的下部钢筋放到主梁下部钢筋之上，此规定适用于常规结构，对于承受方向向上的反向荷载，或某些有特殊要求的主次梁结构，也可按实际情况选择钢筋布置方式。剪力墙水平分布钢筋为主要受力钢筋，故放在外侧；对于承受平面内弯矩较大的挡土墙等构件，水平分布钢筋也可放在内侧。

5.4.9 钢筋定位件用来固定施工中混凝土构件中的钢筋，并保证钢筋的位置偏差符合现行国家标准《混凝土结构工程施工质量验收规范》GB 50204等的有关规定。确定定位件的数量、间距和固定方式需考虑钢筋在绑扎、混凝土浇筑等施工过程中可能承受的施工荷载。钢筋定位件主要有专用定位件、水泥砂浆或混凝土制成的垫块、金属马凳、梯子筋等。专用定位件多为塑料制成，有利于控制钢筋的混凝土保护层厚度、安装尺寸偏差和构件的外观质量。砂浆或混凝土垫块的强度是定位件承载力、刚度的基本保证。对细长的定位件，还应防止失稳。定位件将留在混凝土构件中，不应降低混凝土结构的耐久性，如砂浆或混凝土垫块的抗渗、抗冻、防腐等性能应与结构混凝土相同或相近。从耐久性角度出发，不应在框架梁、柱混凝土保护层内使用金属定位件。对于精度要求较高的预制构件，应减少砂浆或混凝土垫块的使用。当采用体量较大的定位件时，定位件不能影响结构的受力性能。本条所称定位件有时也称间隔件。

5.4.10 施工中随意进行的定位焊接可能损伤纵向钢筋、箍筋，对结构安全造成不利影响。如因施工操作原因需对钢筋进行焊接，需按现行行业标准《钢筋焊接及验收规程》JGJ 18的有关规定进行施工，焊接质量应满足其要求。施工中不应对不可焊钢筋进行焊接。

5.4.11 由多个封闭箍筋或封闭箍筋、单肢箍筋共同组成的多肢箍即为复合箍筋。复合箍筋的外围应选用一个封闭箍筋。对于偶数肢的梁箍筋，复合箍筋均宜由封闭箍筋组成；对于奇数肢的梁箍筋，复合箍筋宜由若干封闭箍筋和一个拉筋组成；柱箍筋内部可根据施工需要选择使用封闭箍筋和拉筋。单肢箍筋在复合箍筋内部的交错布置，是为了利于构件均匀受力。当采用单肢箍筋时，单肢箍筋的弯钩应符合本规范第5.3.5条的规定。

5.4.12 如钢筋表面受脱模剂污染，会严重影响钢筋的锚固性能和混凝土结构的耐久性。

5.5 质量检查

5.5.1 钢筋的质量证明文件包括产品合格证和出厂检验报告等。

5.5.2 成型钢筋所用钢筋在生产企业进厂时已检验，成型钢筋在工地进场时以检验质量证明文件和材料的检验合格报告为主，并辅助较大批量的屈服强度、抗拉强度、伸长率及重量偏差检验。成型钢筋的质量证明文件为专业加工企业提供的产品合格证、出厂检验报告。

5.5.3 为便于控制钢筋调直后的性能，本条要求对冷拉调直后的钢筋力学性能和单位长度重量偏差进行检验。

5.5.4 本条的规定主要包括钢筋切割、弯折后的尺寸偏差，各种钢筋、钢筋骨架、钢筋网的安装位置偏差等。安装后还应及时检查钢筋的品种、级别、规格、数量。

5.5.5 钢筋连接是钢筋工程施工的重要内容，应在施工过程中重点检查。

6 预应力工程

6.1 一般规定

6.1.1 预应力专项施工方案内容一般包括：施工顺序和工艺流程；预应力施工工艺，包括预应力筋制作、孔道预留、预应力筋安装、预应力筋张拉、孔道灌浆和封锚等；材料采购和检验、机具配备和张拉设备标定；施工进度和劳动力安排、材料供应计划；有关分项工程的配合要求；施工质量要求和质量保证措施；施工安全要求和安全保证措施；施工现场管理机构等。

预应力混凝土工程的施工图深化设计内容一般包括：材料、张拉锚固体系、预应力筋束形定位坐标图、张拉端及固定端构造、张拉控制应力、张拉或放张顺序及工艺、锚具封闭构造、孔道摩擦系数取值等。根据本规范第3.1.3条规定，预应力专业施工单位完成的深化设计文件应经原设计单位确认。

6.1.2 工程经验表明，当工程所处环境温度低于－15℃时，易造成预应力筋张拉阶段的脆性断裂，不宜进行预应力筋张拉；灌浆施工会受环境温度影响，高温下因水分蒸发水泥浆的稠度将迅速提高，而冬期的水泥浆易受冻结冰，从而造成灌浆操作困难，且难以保证质量，因此应尽量避开高温环境下灌浆和冬期灌浆。如果不得已在冬期环境下灌浆施工，应通过采用抗冻水泥浆或对构件采取保温措施等来保证灌浆质量。

6.1.3 预应力筋的品种、级别、规格、数量由设计单位根据相关标准选择，并经结构设计计算确定，任何一项参数的变化都会直接影响预应力混凝土的结构性能。预应力筋代换意味着其品种、级别、规格、数量以及锚固体系的相应变化，将会带来结构性能的变化，包括构件承载能力、抗裂度、挠度以及锚固区承载能力等，因此进行代换时，应按现行国家标准《混凝土结构设计规范》GB 50010等进行专门的计算，并经原设计单位确认。本条为强制性条文，应严格执行。

6.2 材 料

6.2.1 预应力筋系施加预应力的钢丝、钢绞线和精轧螺纹钢筋等的总称。与预应力筋相关的国家现行标准有：《预应力混凝土用钢绞线》GB/T 5224、《预应力混凝土用钢丝》GB/T 5223、《中强度预应力混凝土用钢丝》YB/T 156、《预应力混凝土用螺纹钢筋》GB/T 20065、《无粘结预应力钢绞线》JG 161等。

6.2.2 与预应力筋用锚具相关的国家现行标准有：《预应力筋用锚具、夹具和连接器》GB/T 14370和《预应力筋用锚具、夹具和连接器应用技术规程》JGJ 85。前者系产品标准，主要是生产厂家生产、质量检验的依据；后者是锚夹具产品工程应用的依据，包括设计选用、进场检验、工程施工等内容。

6.2.3 后张法预应力成孔主要采用塑料波纹管以及金属波纹管。而竖向孔道常采用钢管成孔。与塑料波纹管相关的现行行业标准为《预应力混凝土桥梁用塑料波纹管》JT/T 529。与金属波纹管相关的现行行业标准为《预应力混凝土用金属波纹管》JG 225。

6.2.4 各种工程材料都有其合理的运输和储存要求。预应力筋、预应力筋用锚具、夹具和连接器，以及成孔管道等工程材料基本都是金属材料，因此在运输、存放过程中，应采取防止其损伤、锈蚀或污染的保护措施，并在使用前进行外观检查。此外，塑料波纹管尽管没有锈蚀问题，仍应注意保护其不受外力作用下的变形，避免污染、暴晒。

6.3 制作与安装

6.3.1 计算下料长度时，一般需考虑预应力筋在结构内的长度、锚夹具厚度、张拉操作长度、镦头的预留量、弹性回缩值、张拉伸长值和台座长度等因素。对于需要进行孔道摩擦系数测试的预应力筋，尚需考虑压力传感器等的长度。

高强预应力钢材受高温焊渣或接地电火花损伤后，其材性会受较大影响，而且预应力筋截面也可能受到损伤，易造成张拉时脆断，故应避免。

6.3.2 无粘结预应力筋护套破损，会影响预应力筋的全长封闭性，同时一定程度上也会影响张拉阶段的摩擦损失，故需保护其塑料护套。尤其在地下结构等潮湿环境中采用无粘结预应力筋时，更需要注意其护套要完整。对于轻微破损处可用防水聚乙烯胶带封闭，其中每圈胶带搭接宽度一般大于胶带宽度的1/2，缠绕层数不少于2层，而且缠绕长度超过破损长度30mm。

6.3.3 挤压锚具的性能受到挤压机之挤压模具技术参数的影响，如果不配套使用，尽管其挤压油压及制作后的尺寸参数符合要求，也会出现性能不满足要求的情况。通常的摩擦衬套有异形钢丝簧和内外带螺纹的管状衬套两种，不论采用何种摩擦衬套，均需保证套筒握裹预应力筋区段内摩擦衬套均匀分布，以保证可靠的锚固性能。

6.3.4 压花锚具的性能主要取决于梨形头和直线段长度。一般情况下，对直径为15.2mm和12.7mm的钢绞线，梨形头的长度分别不小于150mm和130mm，梨形头的最大直径分别不小于95mm和80mm，梨形头前的直线锚固段长度分别不小于900mm和700mm。

6.3.5 钢丝束采用镦头锚具时，锚具的效率系数主要取决于镦头的强度，而镦头强度与采用的工艺及钢丝的直径有关。冷镦时由于冷作硬化，镦头的强度提高，但脆性增加，且容易出现裂纹，影响强度发挥，因此需事先确认钢丝的可镦性，以确保镦头质量。另外，钢丝下料长度的控制主要是为保证钢丝的两端均采用镦头锚具时钢丝的受力均匀性。

6.3.6 圆截面金属波纹管的连接采用大一规格的管道连接，其工艺成熟，现场操作方便。扁形金属波纹管无法采用旋入连接工艺，通常也可采用更大规格的扁管套接工艺。塑料波纹管采用热熔焊接工艺或专用连接套管均能保证质量。

6.3.7 管道定位钢筋支托的间距与预应力筋重量和波纹管自身刚度有关。一般曲线预应力筋的关键点（如最高点、最低点和反弯点等位置）需要有定位的支托钢筋，其余位置的定位钢筋可按等间距布置。值得注意的是，一般设计文件中所给出的预应力筋束形为预应力筋中心的位置，确定支托钢筋位置时尚需考虑管道或无粘结应力筋束的半径。管道安装后应采用火烧丝与钢筋支托绑扎牢靠，必要时点焊定位钢筋。梁中铺设多根成束无粘结预应力筋时，尚需注意同一束的各根筋保持平行，防止相互扭绞。

6.3.9 采用普通灌浆工艺时，从一端注入的水泥浆往前流动，并同时将孔道内的空气从另一端排出。当预应力孔道呈起伏状时，易出现水泥浆流过但空气未被往前挤压而滞留于管道内的情况；曲线孔道中的浆体由于重力下沉、水分上浮会出现泌水现象；当空气滞留于管道内时，将出现灌浆缺陷，还可能被泌出的水充满，不利于预应力筋的防腐，波峰与波谷高差越大这种现象越严重。所以，本条规定曲线孔道波峰部位设置排气管兼泌水管，该管不仅可排除空气，还可以将泌水集中排除在孔道外。泌水管常采用钢丝增强塑料管以及壁厚不小于 2mm 的聚乙烯管，有时也可用薄壁钢管，以防止混凝土浇筑过程中出现排气管压扁。

6.3.10 本条是锚具安装工艺及质量控制规定，主要是保证锚具及连接器能够正常工作，不致因安装质量问题出现锚具及预应力筋的非正常受力状态。例如锚垫板的承压面与预应力筋（或孔道）曲线末端的切线不垂直时，会导致锚具和预应力筋受力异常，容易造成预应力筋滑脱或提前断裂。有关参数是根据国外相关资料，并结合我国工程实践经验提出的。

6.3.11 预应力筋的穿束工艺可分为先穿束和后穿束，其中在混凝土浇筑前将预应力筋穿入管道内的工艺方法称为“先穿束”，而待混凝土浇筑完毕再将预应力筋穿入孔道的工艺方法称为“后穿束”。一般情况下，先穿束会占用工期，而且预应力筋穿入孔道后至张拉并灌浆的时间间隔较长，在环境湿度较大的南方地区或雨季容易造成预应力筋的锈蚀，进而影响孔道摩擦，甚至影响预应力筋的力学性能；而后穿束时，预应力筋穿入孔道后至张拉灌浆的时间间隔较短，可有效防止预应力筋锈蚀，同时不占用结构施工工期，有利于加快施工速度，是较好的工艺方法。对一端为埋入端，另一端为张拉端的预应力筋，只能采用先穿束工艺，而两端张拉的预应力筋，最好采用后穿束工艺。本条规定主要考虑预应力筋在施工阶段的防锈，有关时间限制是根据国内外相关标准及我国工程实践经验提出的。

6.3.12 预应力筋、管道、端部锚具、排气管等安装后，仍有大量的后续工程在同一工位或其周边进行，如果不采取合理的措施进行保护，很容易造成已安装工程的破损、移位、损伤、污染等问题，影响后续工程及工程质量。例如，外露预应力筋需采取保护措施，否则容易受混凝土污染；垫板喇叭口和排气管口需封闭，否则养护水或雨水进入孔道，使预应力筋和管道锈蚀，而混凝土还可能由垫板喇叭口进入预应力孔道，影响预应力筋的张拉。

6.3.13 对于超长的预应力筋，孔道摩擦引起的预应力损失比较大，影响预加力效应。采用减摩材料可有效降低孔道摩擦，有利于提高预加力效应。通常的后张有粘结预应力孔道减摩材料可选用石墨粉、复合钙基脂加石墨、工业凡士林加石墨等。减摩材料会降低预应力筋与灌浆料的粘结力，灌浆前必须清除。

6.4 张拉和放张

6.4.1 预应力筋张拉前，根据张拉控制应力和预应力筋面积确定张拉力，然后根据千斤顶标定结果确定油泵压力表读数，同时根据预应力筋曲线线形及摩擦系数计算张拉伸长值；现场检查确认混凝土施工质量，确保张拉阶段不致出现局部承压区破坏等异常情况。

6.4.2 张拉设备由千斤顶、油泵及油管等组成，其输出力需通过油泵中的压力表读数来确定，所以需要使用前进行标定。为消除系统误差影响，要求设备配套标定并配套使用。此外千斤顶的活塞运行方向不同，其内摩擦也有差异，所以规定千斤顶活塞运行方向应与实际张拉工作状态一致。

6.4.3 先张法构件的预应力是靠粘结力传递的，过低的混凝土强度相应的粘结强度也较低，造成预应力传递长度增加，因此本条规定了放张时的混凝土最低强度值。后张法结构中，预应力是靠端部锚具传递的，应保证锚垫板和局部受压加强钢筋选用和布置得当，特别是当采用铸造锚垫板时，应根据锚具供应商提供的产品技术手册相关的技术参数选用与锚具配套的锚垫板和局部加强钢筋，以及确定张拉时要求达到的混凝土强度等技术要求，而这些技术要求需要通过锚固区传力性能检验来确定。另一方面，混凝土结构过早施加预应力，会造成过大的徐变变形，因此有必要控制张拉时混凝土的龄期。但是，当张拉预应力筋是为防止混凝土早期出现的收缩裂缝时，可不受有关混凝土强度限值及龄期的限制。

6.4.4 设计方所给张拉控制力是指千斤顶张拉预应力筋的力值。由于施工现场的情况往往比较复杂，而且可能存在设计未考虑的额外影响因素，可能需要对张拉控制力进行适当调整，以建立设计要求的有效预应力。预应力孔道的实际摩擦系数可能与设计取值存在差异，当摩擦系数实测值与设计计算取值存在一定偏差时，可通过适当调整张拉力来减小偏差。另外，对要求提高构件在施工阶段的抗裂性能而在使用阶段受压区内设置的预应力筋，以及要求部分抵消由于应力松弛、摩擦、分批张拉、预应力筋与张拉台座之间的温差等因素产生的预应力损失的情况，也可以适当调整张拉力。消除应力钢丝和钢绞线质量较稳定，且常用于后张法预应力工程，从充分利用高强度，但同时避免产生过大的松弛损失，并降低施工阶段钢绞线断裂的原则出发限制其应力不应大于80%的抗拉强度标准值；中强度预应力钢丝主要用于先张法构件，故其限值应力低于钢绞线；而精轧螺纹钢筋从偏于安全考虑限制其张拉控制应力不大于其屈服强度标准值的90%。

6.4.5 预应力筋张拉时，由于不可避免地受到各种因素的影响，包括千斤顶等设备的标定误差、操作控制偏差、孔道摩擦力变化、预应力筋实际截面积或弹性模量的偏差等，会使得预应力筋的有效预应力与设计值产生差异，从而出现预应力筋实测张拉伸长值与计算值之间的偏差。张拉预应力筋的目的是建立设计希望的预应力，而伸长值校核是为了判断张拉质量是否达到设计规定的要求。如果各项参数都与设计相符，一般情况下张拉力值的偏差在±5%范围内是合理的，考虑到实际工程的测量精度及预应力筋材料参数的偏差等因素，适当放松了对伸长值偏差的限值，将其最大偏差放宽到±6%。必要时，宜进行现场孔道摩擦系数测定，并可根据实测结果调整张拉控制力。

6.4.6 预应力筋的张拉顺序应使混凝土不产生超应力、构件不扭转与侧弯，因此，对称张拉是一个重要原则，对张拉比较敏感的结构构件，若不能对称张拉，也应尽量做到逐步渐进的施加预应力。减少张拉设备的移动次数也是施工中应考虑的因素。

6.4.8 一般情况下，同一束有粘结预应力筋应采取整束张拉，使各根预应力筋建立的应力均匀。只有在能够确保预应力筋张拉没有叠压影响时，才允许采用逐根张拉工艺，如平行编排的直线束、只有平面内弯曲的扁锚束以及弯曲角度较小的平行编排的短束等。

6.4.9 预应力筋在张拉前处于松弛状态，需要施加一定的初拉力将其拉紧，初拉力可取为张拉控制力的10%～20%。对塑料波纹管成孔管道内的预应力筋，达到张拉控制力后的持荷，对保证预应力筋充分伸长并建立准确的预应力值非常有效。

6.4.10 预应力工程的重要目的是通过配置的预应力筋建立设计希望的准确的预应力值。然而，张拉阶段出现预应力筋的断裂，可能意味着，其材料、加工制作、安装及张拉等一系列环节中出现了问题。同时，由于预应力筋断裂或滑脱对结构构件的受力性能影响极大，因此，规定应严格限制其断裂或滑脱的数量。先张法预应力构件中的预应力筋不允许出现断裂或滑脱，若在浇筑混凝土前出现断裂或滑脱，相应的预应力筋应予以更换。本条虽然设在张拉和放张一节中，但其控制的不仅是张拉质量，同时也是对材料、制作、安装等工序的质量要求，本条为强制性条文，应严格执行。

6.4.11 锚固阶段张拉端预应力筋的内缩量系指预应力筋锚固过程中，由于锚具零件之间和锚具与预应力筋之间的相对移动和局部塑性变形造成的回缩值。对于某些锚具的内缩量可能偏大时，只要设计有专门规定，可按设计规定确定；当设计无专门规定时，则应符合本条的规定，并需要采取必要的工艺措施予以满足。在现行行业标准《预应力筋用锚具、夹具和连接器应用技术规程》JGJ 85中给出了预应力筋的内缩量测试方法。

6.4.12 本条规定了先张法预应力构件的预应力筋放张原则，主要考虑确保施工阶段先张法构件的受力不出现异常情况。

6.4.13 后张法预应力筋张拉锚固后，处于高应力工作状态，对其简单直接放松张拉力，可能会造成很大的危险，因此规定应采用专门的设备和工具放张。

6.5 灌浆及封锚

6.5.1 张拉后的预应力筋处于高应力状态，对腐蚀很敏感，同时全部拉力由锚具承担，因此应尽早进行灌浆保护预应力筋以提供预应力筋与混凝土之间的粘结。饱满、密实的灌浆是保证预应力筋防腐和提供足够粘结力的重要前提。

6.5.2 锚具外多余预应力筋常采用无齿锯或机械切断机切断，也可采用氧-乙炔焰切割多余预应力筋。当采用氧-乙炔焰切割时，为避免热影响可能波及锚具部位，宜适当加大外露预应力筋的长度或采取对锚具降温等措施。本条规定的外露预应力筋长度要求，主要考虑到锚具正常工作及可能的热影响。

6.5.4 孔道灌浆一般采用素水泥浆。普通硅酸盐水泥、硅酸盐水泥配制的水泥浆泌水率较小，是很好的灌浆材料。水泥浆中掺入外加剂可改善其稠度、泌水率、膨胀率、初凝时间、强度等特性，但预应力筋对应力腐蚀较为敏感，故水泥和外加剂中均不能含有对预应力筋有害的化学成分，特别是氯离子的含量应严格控制。灌浆用水泥质量相关的现行国家标准有《通用硅酸盐水泥》GB 175，所掺外加剂的质量及使用相关的现行国家标准有《混凝土外加剂》GB 8076和《混凝土外加剂应用技术规范》GB 50119等。

6.5.5 良好的水泥浆性能是保证灌浆质量的重要前提之一。本条规定的目的是保证水泥浆的稠度满足灌浆施工要求的前提下，尽量降低水泥浆的泌水率、提高灌浆的密实度，并保证通过水泥浆提供预应力筋与混凝土良好的粘结力。稠度是以1725mL漏斗中水泥浆的流锥时间（s）表述的。稠度大意味着水泥浆黏稠，其流动性差；稠度小意味着水泥浆稀，其流动性好。合适的稠度指标是顺利施灌的重要前提，采用普通灌浆工艺时，因有空气阻力，灌浆阻力较大，需要较小的稠度，而采用真空灌浆工艺时，由于孔道抽真空处于负压，浆体在孔道内的流动比较容易，因此可以选择较大的稠度指标。本条分普通灌浆和真空灌浆工艺给出不同的稠度控制建议指标 12s～20s 和 18s～25s 是根据工程经验提出的。

泌出的水在孔道内没有排除时，会形成灌浆质量缺陷，容易造成高应力下的预应力筋的腐蚀。所以，需要尽量降低水泥浆的泌水率，最好将泌水率降为 0。当有水泌出时，应将其排除，故规定泌水应在 24h 内全部被水泥浆吸收。水泥浆的适度膨胀有利于提高灌浆密实性，提高灌浆饱满度，但过度的膨胀率可能造成孔道破损，反而影响预应力工程质量，故应控制其膨胀率，本规范用自由膨胀率来控制，并考虑普通灌浆工艺和真空灌浆工艺的差异。水泥浆强度高，意味着其密实度高，对预应力筋的防护是有利的。建筑工程中常用的预应力筋束，M30 强度的水泥浆可有效提供对预应力筋的防护并提供足够的粘结力。

6.5.6 采用专门的高速搅拌机（一般为 1000r/min 以上）搅拌水泥浆，一方面提高劳动效率，减轻劳动强度，同时有利于充分搅拌均匀水泥及外加剂等材料，获得良好的水泥浆；如果搅拌时间过长，将降低水泥浆的流动性。水泥浆采用滤网过滤，可清除搅拌中未被充分散开的颗粒，可降低灌浆压力，并提高灌浆质量。当水泥浆中掺有缓凝剂且有可靠工程经验时，水泥浆拌合后至灌入孔道的时间可适当延长。

6.5.7 本条规定了一般性的灌浆操作工艺要求。对因故尚未灌注完成的孔道，应采用压力水冲洗该孔道，并采取措施后再行灌浆。

6.5.8 真空灌浆工艺是为提高孔道灌浆质量开发的新技术，采用该技术必须保证孔道的质量和密封性，并严格按有关技术要求进行操作。

6.5.9 灌浆质量的检测比较困难，详细填写有关灌浆记录，有利于灌浆质量的把握和今后的检查。灌浆记录内容一般包括灌浆日期、水泥品种、强度等级、配合比、灌浆压力、灌浆量、灌浆起始和结束时间，以及灌浆出现的异常情况及处理情况等。

6.5.10 锚具的封闭保护是一项重要的工作。主要是防止锚具及垫板的腐蚀、机械损伤，并保证抗火能力。为保证耐久性，封锚混凝土的保护层厚度大小需随所处环境的严酷程度而定。无粘结预应力筋通常要求全长封闭，不仅需要常规的保护，还需要更为严密的全封闭不透水的保护系统，所以不仅其锚具应认真封闭，预应力筋与锚具的连接处也应确保密封性。

6.6 质量检查

6.6.1 预应力工程材料主要指预应力筋、锚具、夹具和连接器、成孔管道等。进场后需复验的材料性能主要有：预应力筋的强度、锚夹具的锚固效率系数、成孔管道的径向刚度及抗渗性等。原材料进场时，供方应按材料进场验收所划分的检验批，向需方提供有效的质量证明文件。

6.6.2 预应力筋制作主要包括下料、端部锚具制作等内容。钢丝束采用镦头锚具时，需控制下料长度偏差和镦头的质量，因此检查下料长度和镦头的外观、尺寸等。镦头的力学性能通过锚具组装件试验确定，可在锚具等材料检验中确认。

挤压锚具的制作质量，一方面需要依靠组装件的拉力试验确定，而大量的挤压锚制作质量，则需要靠挤压记录和挤压后的外观质量来判断，包括挤压油压、挤压锚表面是否有划痕，是否平直，预应力筋外露长度等。钢绞线压花锚具的质量，主要依赖于其压花后形成的梨形头尺寸，因此检验其梨形头尺寸。

6.6.3 预应力筋、预留孔道、锚垫板和锚固区加强钢筋的安装质量，主要应检查确认预应力筋品种、级别、规格、数量和位置，成孔管道的规格、数量、位置、形状以及灌浆孔、排气兼泌水孔，锚垫板和局部加强钢筋的品种、级别、规格、数量和位置，预应力筋锚具和连接器的品种、规格、数量和位置等。实际上作为原材料的预应力筋、锚具、成孔管道等已经过进场检验，主要是检查与设计的符合性，而管道安装中的排气孔、泌水孔是不能忽略的细节。

6.6.4 预应力筋张拉和放张质量首先与材料、制作以及安装质量相关，在此基础上，需要保证张拉和放张时的同条件养护混凝土试块的强度符合设计要求，锚固阶段预应力筋的内缩量，夹片式锚具锚固后夹片的位置及预应力筋划伤情况等，都是张拉锚固质量相关的重要的因素。而大量后张预应力筋的张拉质量，要根据张拉记录予以判断，包括张拉伸长值、回缩值、张拉过程中预应力筋的断裂或滑脱数量等。

6.6.5 灌浆质量与成孔质量有关，同时依赖于水泥浆的质量和灌浆操作的质量。首先水泥浆的稠度、泌水率、膨胀率等应予控制，其次灌浆施工应严格按操作工艺要求进行，其质量除现场查看外，更多依据灌浆记录，最后还要根据水泥浆试块的强度试验报告确认水泥浆的强度是否满足要求。

6.6.6 封锚是对外露锚具的保护，同样是重要的工程环节。首先锚具外预应力筋长度应符合设计要求，其次封闭的混凝土的尺寸应满足设计要求，以保证足够的保护层厚度，最后还应保证封闭砂浆或混凝土的质量，包括与结构混凝土的结合及封锚材料的密实性等。当然，采用混凝土封闭时，混凝土强度也是重要的质量因素。

7 混凝土制备与运输

7.1 一般规定

7.1.2 根据目前我国大多数混凝土结构工程的实际

情况，混凝土制备可分为预拌混凝土和现场搅拌混凝土两种方式。现场搅拌混凝土宜采用与混凝土搅拌站相同的搅拌设备，按预拌混凝土的技术要求集中搅拌。当没有条件采用预拌混凝土，且施工现场也没有条件采用具有自动计量装置的搅拌设备进行集中搅拌时，可根据现场条件采用搅拌机搅拌。此时使用的搅拌机应符合现行国家标准《混凝土搅拌机》GB/T 9142的有关要求，并应配备能够满足要求的计量装置。

7.1.3 搅拌运输车的旋转拌合功能能够减少运输途中对混凝土性能造成的影响，故混凝土宜选用搅拌运输车运输。当距离较近或受条件限制时也可采取机动翻斗车等方式运输。

混凝土自搅拌地点至工地卸料地点的运输过程中，拌合物的坍落度可能损失，同时还可能出现混凝土离析，需要采取措施加以防止。当采用翻斗车和其他敞开式工具运输时，由于不具备搅拌运输车的旋转拌合功能，更应采取有效措施预防。

混凝土连续施工是保证混凝土结构整体性和某些重要功能（例如防水功能）的重要条件，故在混凝土制备、运输时应根据混凝土浇筑量大小、现场浇筑速度、运输距离和道路状况等，采取可靠措施保证混凝土能够连续不间断供应。这些措施可能涉及具备充足的生产能力、配备足够的运输工具、选择可靠的运输路线以及制定应急预案等。

7.2 原 材 料

7.2.1 为了方便施工，本规范附录F列出了混凝土常用原材料的技术指标。主要有通用硅酸盐水泥技术指标，粗骨料和细骨料的颗粒级配范围，针、片状颗粒含量和压碎指标值，骨料的含泥量和泥块含量，粉煤灰、矿渣粉、硅灰、沸石粉等技术要求，常用外加剂性能指标和混凝土拌合用水水质要求等。考虑到某些材料标准今后可能修订，故使用时应注意与国家现行相关标准对照，以及随着技术发展而对相关指标进行的某些更新。

7.2.2 水泥作为混凝土的主要胶凝材料，其品种和强度等级对混凝土性能和结构的耐久性都很重要。本条给出选择水泥的依据和原则：第1款给出选择水泥的基本依据；第2款给出选择水泥品种的通用原则；第3、4款给出有特殊需要时的选择要求。

现行国家标准《通用硅酸盐水泥》GB 175－2007规定的通用硅酸盐水泥为硅酸盐水泥、普通硅酸盐水泥、矿渣硅酸盐水泥、火山灰质硅酸盐水泥、粉煤灰硅酸盐水泥和复合硅酸盐水泥。作为混凝土结构工程使用的水泥，通常情况下选用通用硅酸盐水泥较为适宜。有特殊需求时，也可选用其他非硅酸盐类水泥，但不能对混凝土性能和结构功能产生不良影响。

对于有抗渗、抗冻融要求的混凝土，由于可能处于潮湿环境中，故宜选用硅酸盐水泥和普通硅酸盐水泥，并经试验确定适宜掺量的矿物掺合料，这样既可避免由于盲目选择水泥而带来混凝土耐久性的下降，又可防止不同种类的混合材及掺量对混凝土的抗渗性能和抗冻融性能产生不利影响。

本条第4款要求控制水泥的碱含量，是为了预防发生混凝土碱骨料反应，提高混凝土的抗腐蚀、侵蚀能力。

7.2.3 本规范中对混凝土结构工程用粗骨料的要求，与国家现行标准《混凝土结构工程施工质量验收规范》GB 50204－2002、《普通混凝土用砂、石质量及检验方法标准》JGJ 52－2006的相关要求协调一致。

7.2.4 本条第1～3款的规定与国家标准《混凝土质量控制标准》GB 50164－2011和行业标准《普通混凝土用砂、石质量及检验方法标准》JGJ 52－2006一致。对于海砂，由于其含有大量氯离子及硫酸盐、镁盐等成分，会对钢筋混凝土和预应力混凝土的性能与耐久性产生严重危害，使用时应符合现行行业标准《海砂混凝土应用技术规范》JGJ206的有关规定。本条第2款为强制性条文，应严格执行。

7.2.5 岩石在形成过程中，其内部会产生一定的纹理和缺陷，在受压条件下，会在纹理和缺陷部位形成应力集中效应而产生破坏。研究表明，混凝土强度等级越高，其所用粗骨料粒径应越小，较小的粗骨料，其内部的缺陷在加工过程中会得到很大程度的消除。工程实践和研究证明，强度等级为C60及以上的混凝土，其所用粗骨料粒径不宜大于25mm。

7.2.6 选用级配良好的粗骨料可改善混凝土的均匀性和密实度。骨料的含泥量和泥块含量可对混凝土的抗渗、抗冻融等耐久性能产生明显劣化，故本条提出较一般混凝土更为严格的技术要求。

7.2.7 常用的矿物掺合料主要有粉煤灰、磨细矿渣微粉和硅粉等，不同的矿物掺合料掺入混凝土中，对混凝土的工作性、力学性能和耐久性所产生的作用既有共性，又不完全相同。故选择矿物掺合料的品种、等级和确定掺量时，应依据混凝土所处环境、设计要求、施工工艺要求等因素经试验确定，并应符合相关矿物掺合料应用技术规范以及相关标准的要求。

7.2.8 外加剂是混凝土的重要组分，其掺入量小，但对混凝土的性能改变却有明显影响，混凝土技术的发展与外加剂技术的发展是密不可分的。混凝土外加剂经过半个世纪的发展，其品种已发展到今天的30～40种，品种的增加使外加剂应用技术越来越专业化，因此，配制混凝土选用外加剂应根据混凝土性能、施工工艺、结构所处环境等因素综合确定。

本规范碱含量限值的规定与现行国家标准《混凝土外加剂应用技术规范》GB 50119－2003的要求一致，控制外加剂带入混凝土中的碱含量，是为了预防混凝土发生碱骨料反应。

两种或两种以上外加剂复合使用时，可能会发生某些化学反应，造成相容性不良的现象，从而影响混凝土的工作性，甚至影响混凝土的耐久性能，因此本条规定应事先经过试验对相容性加以确认。

7.2.9 混凝土拌合及养护用水对混凝土品质有重要影响。现行行业标准《混凝土用水标准》JGJ 63 对混凝土拌合及养护用水的各项性能指标提出了具体规定。其中中水来源和成分较为复杂，中水进行化学成分检验，确认符合 JGJ 63 标准的规定时可用作混凝土拌合及养护用水。

7.2.10 海水中含有大量的氯盐、硫酸盐、镁盐等化学物质，掺入混凝土中后，会对钢筋产生锈蚀，对混凝土造成腐蚀，严重影响混凝土结构的安全性和耐久性，因此，严禁直接采用海水拌制和养护钢筋混凝土结构和预应力混凝土结构的混凝土。本条为强制性条文，应严格执行。

7.3 混凝土配合比

7.3.1 本条规定了混凝土配合比设计应遵照的基本原则：

1 配合比设计首先应考虑设计提出的强度等级和耐久性要求，同时要考虑施工条件。在满足混凝土强度、耐久性和施工性能等要求基础上，为节约资源等原因，应采用尽可能低的水泥用量和单位用水量。

2 国家现行标准《混凝土结构耐久性设计规范》GB/T 50476 和《普通混凝土配合比设计规程》JGJ 55 中对冻融环境、氯离子侵蚀环境等条件下的混凝土配合比设计参数均有规定，设计配合比时应符合其要求。

3 冬期、高温等环境下施工混凝土有其特殊性，其配合比设计应按照不同的温度进行设计，有关参数可按现行行业标准《建筑工程冬期施工规程》JGJ/T 104 及本规范第 10 章的有关规定执行。

4 混凝土配合比设计时所用的原材料（如水泥、砂、石、外加剂、水等）应采用施工实际使用的材料，并应符合国家现行相关标准的要求。

7.3.2 本条规定了混凝土配制强度的计算公式。配制强度的计算分两种情况，对于 C60 以下的混凝土，仍然沿用传统的计算公式。对于 C60 及以上的混凝土，按照传统的计算公式已经不能满足要求，本规范进行了简化处理，统一乘一个 1.15 的系数。该系数已在实际工程应用中得到检验。

7.3.3 本条规定了混凝土强度标准差的取值方法。当具有前一个月或前三个月统计资料时，首先应采用统计资料计算标准差，使其具有相对较好的科学性和针对性。只有当无统计资料时才可按照表中规定的数值直接选择。

7.3.4 本条规定了确定混凝土工作性指标应遵照的基本要求。工作性是一项综合技术指标，包括流动性（稠度）、黏聚性和保水性三个主要方面。测定和表示拌合物工作性的方法和指标很多，施工中主要采用坍落仪测定的坍落度及用维勃仪测定的维勃时间作为稠度的主要指标。

7.3.6 混凝土的耐久性指标包括氯离子含量、碱含量、抗渗性、抗冻性等。在确定设计配合比前，应对设计规定的混凝土耐久性能进行试验验证，以保证混凝土质量满足设计规定的性能要求。部分指标也可辅以计算验证。

7.3.8 本条规定了混凝土配合比试配、调整和确定应遵照的基本步骤。

7.3.9 本条规定了混凝土配合比确定后应经过批准，并规定配合比在使用过程中应该结合混凝土质量反馈的信息及时进行动态调整。

应经技术负责人批准，是指对于现场搅拌的混凝土，应由监理（建设）单位现场总监理工程师批准；对于混凝土搅拌站，应由搅拌站的技术或质量负责人等批准。

7.3.10 需要重新进行配合比设计的情况，主要是考虑材料质量、生产条件等状况发生变化，与原配合比设定的条件产生较大差异。本条明确规定了混凝土配合比应在哪些情况下重新进行设计。

7.4 混凝土搅拌

7.4.3 根据投料顺序不同，常用的投料方法有：先拌水泥净浆法、先拌砂浆法、水泥裹砂法和水泥裹砂石法等。

先拌水泥净浆法是指先将水泥和水充分搅拌成均匀的水泥净浆后，再加入砂和石搅拌成混凝土。

先拌砂浆法是指先将水泥、砂和水投入搅拌筒内进行搅拌，成为均匀的水泥砂浆后，再加入石子搅拌成均匀的混凝土。

水泥裹砂法是指先将全部砂子投入搅拌机中，并加入总拌合水量 70％左右的水（包括砂子的含水量），搅拌 10s～15s，再投入水泥搅拌 30s～50s，最后投入全部石子、剩余水及外加剂，再搅拌 50s～70s 后出罐。

水泥裹砂石法是指先将全部的石子、砂和 70％拌合水投入搅拌机，拌合 15s，使骨料湿润，再投入全部水泥搅拌 30s 左右，然后加入 30％拌合水再搅拌 60s 左右即可。

7.4.5 本条规定了开盘鉴定的主要内容。开盘鉴定一般可按照下列要求进行组织：施工现场拌制的混凝土，其开盘鉴定由监理工程师组织，施工单位项目部技术负责人、混凝土专业工长和试验室代表等共同参加。预拌混凝土搅拌站的开盘鉴定，由预拌混凝土搅拌站总工程师组织，搅拌站技术、质量负责人和试验室代表等参加，当有合同约定时应按照合同约定进行。

7.5 混凝土运输

7.5.1 采用混凝土搅拌运输车运输混凝土时，接料前应用水湿润罐体，但应排净积水；运输途中或等候卸料期间，应保持罐体正常运转，一般为（3～5）r/min，以防止混凝土沉淀、离析和改变混凝土的施工性能；临卸料前先进行快速旋转，可使混凝土拌合物更加均匀。

7.5.3 采用混凝土搅拌运输车运输混凝土时，当因道路堵塞或其他意外情况造成坍落度损失过大，在罐内加入适量减水剂以改善其工作性的做法，已经在部分地区实施。根据工程实践检验，当减水剂的加入量受控时，对混凝土的其他性能无明显影响。在对特殊情况下发生的坍落度损失过大的情况采取适宜的处理措施时，杜绝向混凝土内加水的违规行为，本条允许在特殊情况下采取加入适量减水剂的做法，并对其加以规范。要求采取该种做法时，应事先批准、作出记录，减水剂加入量应经试验确定并加以控制，加入后应搅拌均匀。现行国家标准《预拌混凝土》GB/T 14902－2003 中第 7.6.3 条规定：当需要在卸料前掺入外加剂时，外加剂掺入后搅拌运输车应快速进行搅拌，搅拌的时间应由试验确定。

7.5.4 采用机动翻斗车运送混凝土，道路应经事先勘察确认通畅，路面应修筑平坦；在坡道或临时支架上运送混凝土，坡道或临时支架应搭设牢固，脚手板接头应铺设平顺，防止因颠簸、振荡造成混凝土离析或撒落。

7.6 质量检查

7.6.1 原材料进场时，供方应按材料进场验收所划分的检验批，向需方提供有效的质量证明文件，这是证明材料质量合格以及保证材料能够安全使用的基本要求。各种建筑材料均应具有质量证明文件，这一要求已经列入我国法律、法规和各项技术标准。

当能够确认两次以上进场的材料为同一厂家同批生产时，为了在保证材料质量的前提下简化对质量证明文件的核查工作，本条规定也可按照出厂检验批提供质量证明文件。

7.6.2 本条规定的目的，一是通过原材料进场检验，保证材料质量合格，杜绝假冒伪劣和不合格产品用于工程；二是在保证工程材料质量合格的前提下，合理降低检验成本。本条提出了扩大检验批量的条件，主要是从材料质量的一致性和稳定性考虑做出的规定。

7.6.3 本条第 1 款参照国家标准《混凝土结构工程施工质量验收规范》GB 50204—2002 的相关规定。强度、安定性是水泥的重要性能指标，进场时应复验。水泥质量直接影响混凝土结构的质量。本款为强制性条文，应严格执行。

7.6.4 水泥出厂超过三个月（快硬硅酸盐水泥超过一个月），或因存放不当等原因，水泥质量可能产生受潮结块等品质下降，直接影响混凝土结构质量，故本条强制规定此时应进行复验，应严格执行。

本条"应按复验结果使用"的规定，其含义是当复验结果表明水泥品质未下降时可以继续使用；当复验结果表明水泥强度有轻微下降时可在一定条件下使用。当复验结果表明水泥安定性或凝结时间出现不合格时，不得在工程上使用。

7.6.7 本条根据各地施工现场对采用预拌混凝土的管理要求，规定了预拌混凝土生产单位应向工程施工单位提供的主要技术资料。其中混凝土抗压强度报告和混凝土质量合格证应在 32d 内补送，其他资料应在交货时提供。本条所指其他资料应在合同中约定，主要是指当工程结构有要求时，应提供混凝土氯化物和碱总量计算书、砂石碱活性试验报告等。

7.6.8 混凝土拌合物的工作性应以坍落度或维勃稠度表示，坍落度适用于塑性和流动性混凝土拌合物，维勃稠度适用于干硬性混凝土拌合物。其检测方法应按现行国家标准《普通混凝土拌合物性能试验方法标准》GB/T 50080 的规定进行。

混凝土拌合物坍落度可按表 1 分为 5 级，维勃稠度可按表 2 分为 5 级。

表 1 混凝土拌合物按坍落度的分级

等　级	坍落度（mm）
S1	10 ～ 40
S2	50 ～ 90
S3	100 ～ 150
S4	160 ～ 210
S5	≥220

注：坍落度检测结果，在分级评定时，其表达值可取舍至临近的 10mm。

表 2 混凝土拌合物按维勃稠度的分级

等　级	维勃时间(s)
V0	≥31
V1	30 ～ 21
V2	20 ～ 11
V3	10 ～ 6
V4	5 ～ 3

8 现浇结构工程

8.1 一 般 规 定

8.1.1 本条规定了混凝土浇筑前应该完成的主要检查和验收工作。对将被下一工序覆盖而无法事后检查的内容进行隐蔽工程验收，对所浇筑结构的位置、标高、几何尺寸、预留预埋等进行技术复核工作。技术复核工作在某些地区也称为工程预检。

8.1.2 本条规定了混凝土入模温度的上下限值要求。规定混凝土最低入模温度是为了保证在低温施工阶段混凝土具有一定的抗冻能力；规定混凝土入模最高温度是为了控制混凝土最高温度，以利于混凝土裂缝控制。大体积混凝土入模温度尚应符合本规范第8.7.3条的规定。

8.1.3 混凝土运输、输送、浇筑过程中加水会严重影响混凝土质量；运输、输送、浇筑过程中散落的混凝土，不能保证混凝土拌合物的工作性和质量。本条为强制性条文，应严格执行。

8.1.4 混凝土浇筑时要求布料均衡，是为了避免集中堆放或不均匀布料造成模板和支架过大的变形。混凝土浇筑过程中模板内钢筋、预埋件等移动，会产生质量隐患。浇筑过程中需设专人分别对模板和预埋件以及钢筋、预应力筋等进行看护，当模板、预埋件、钢筋位移超过允许偏差时应及时纠正。本条中所指的预埋件是指除钢筋以外按设计要求预埋在混凝土结构中的构件或部件，包括波纹管、锚垫板等。

8.2 混凝土输送

8.2.1 混凝土输送是指对运输至现场的混凝土，采用输送泵、溜槽、吊车配备斗容器、升降设备配备小车等方式送至浇筑点的过程。为提高机械化施工水平，提高生产效率，保证施工质量，应优先选用预拌混凝土泵送方式。

8.2.2 本条对输送泵选择及布置作了规定。

1 常用的混凝土输送泵有汽车泵、拖泵（固定泵）、车载泵三种类型。由于各种输送泵的施工要求和技术参数不同，泵的选型应根据工程需要确定。

2 混凝土输送泵的配备数量，应根据混凝土一次浇筑量和每台泵的输送能力以及现场施工条件经计算确定。混凝土泵配备数量可根据现行行业标准《混凝土泵送施工技术规程》JGJ/T10的相关规定进行计算。对于一次浇筑量较大、浇筑时间较长的工程，为避免输送泵可能遇到的故障而影响混凝土浇筑，应考虑设置备用泵。

3 输送泵设置位置的合理与否直接关系到输送泵管距离的长短、输送泵管弯管的数量，进而影响混凝土输送能力。为了最大限度发挥混凝土输送能力，合理设置输送泵的位置显得尤为重要。

4 输送泵采用汽车泵时，其布料杆作业范围不得有障碍物、高压线等；采用汽车泵、拖泵或车载泵进行泵送施工时，应离开建筑物一定距离，防止高空坠物。在建筑下方固定位置设置拖泵进行混凝土泵送施工时，应在拖泵上方设置安全防护设施。

8.2.3 本条对输送泵管的选择和支架的设置作了规定。

1 混凝土输送泵管应与混凝土输送泵相匹配。通常情况下，汽车泵采用内径150mm的输送泵管；拖泵和车载泵采用内径125mm的输送泵管。在特殊工程需要的情况下，拖泵也可采用内径150mm的输送泵管，此时，可采用相同管径的输送泵输送混凝土，也可采用大小接头转换管径的方法输送混凝土。

2 在通常情况下，内径125mm的输送泵管适用于粗骨料最大粒径不大于25mm的混凝土；内径150mm的输送泵管适用于粗骨料最大粒径不大于40mm的混凝土。有些地区有采用粗骨料最大粒径为31.5mm的混凝土，这种混凝土虽然可以采用125mm的输送泵管进行输送，但对输送泵和输送泵管的损耗较大。

3 输送泵管的弯管采用较大的转弯半径以使输送管道转向平缓，可以大大减少混凝土输送泵的泵口压力，降低混凝土输送难度。如果输送泵管安装接头不严密或不按要求安装接头密封圈，而使输送管道漏气、漏浆，这些因素都是造成堵泵的直接原因，所以在施工现场应严格控制。

4 水平输送泵管和竖向输送泵管都应该采用支架进行固定，支架与输送泵管的连接和支架与结构的连接都应连接牢固。输送泵管、支架严禁直接与脚手架或模架相连接，以防发生安全事故。由于在输送泵管的弯管转向区域受力较大，通常情况弯管转向区域的支架应加密。输送泵管对支架的作用以及支架对结构的作用都应经过验算，必要时对结构进行加固，以确保支架使用安全和对结构无损害。

5 为了控制竖向输送泵管内的混凝土在自重作用下对混凝土泵产生过大的压力，水平输送泵管的直管和弯管总的折算长度与竖向输送高度之比应进行控制，根据以往工程经验，比值按0.2倍的输送高度控制较为合理。水平输送泵的直管和弯管的折算长度可按现行行业标准《混凝土泵送施工技术规程》JGJ/T 10进行计算。

6 输送泵管倾斜或垂直向下输送混凝土时，在高差较大的情况下，由于输送泵管内的混凝土在自重作用下会下落而造成空管，此时极易产生堵管。根据以往工程经验，当高差大于20m时，堵管几率大大增加，所以有必要对输送泵管下端的直管和弯管总的折算长度进行控制。直管和弯管总的折算长度可按现行行业标准《混凝土泵送施工技术规程》JGJ/T 10进行计算。当采用自密实混凝土时，输送泵管下端的直管和弯管总的折算长度与上下高差的倍数关系，可通过试验确定。当输送泵管下端的直管和弯管总的折算长度控制有困难时，可采用在输送泵管下端设置截止阀的方法解决。

7 输送高度较小时，输送泵出口处的输送泵管位置可不设截止阀。输送高度大于100m时，混凝土自重对输送泵的泵口压力将大大增加，为了对混凝土输送过程进行有效控制，要求在输送泵出口处的输送泵管位置设置截止阀。

8 混凝土输送泵管在输送混凝土时，重复承受着非常大的作用力，其输送泵管的磨损以及支架的疲劳损坏经常发生，所以对输送泵管及其支架进行经常检查和维护是非常重要的。

8.2.4 本条对输送布料设备的选择和布置作了规定。

1 布料设备是指安装在输送泵管前端，用于混凝土浇筑的布料机或布料杆。布料设备应根据工程结构特点、施工工艺、布料要求和配管情况等进行选择。布料设备的输送管内径在通常情况下是与混凝土输送泵管内径相一致的，最常用的布料设备输送管采用内径 125mm 的规格。如果采用内径 150mm 输送泵管时，可采用 150mm～125mm 转换接头进行管径转换，或者采用相同管径的混凝土布料设备。

2 布料设备的施工方案是保证混凝土施工质量的关键，合理的施工方案应能使布料设备均衡而迅速地进行混凝土下料浇筑。

3 布料设备在浇筑混凝土时，一般会根据工程特点，安装在结构上或施工设施上。由于布料设备在使用过程中冲击力较大，所以安装位置处的结构或施工设施应进行相应的验算，不满足承载要求时应采取加固措施。

4 布料设备在使用中，弯管处磨损最大，爆管或堵管通常都发生在弯管处。对弯管加强检查、及时更换，是保证安全施工的重要环节。弯管壁厚可使用测厚仪检查。

5 布料设备伸开后作业高度和工作半径都较大，如果作业范围内有障碍物、高压线等，容易导致安全事故发生，所以施工前应勘察现场、编写针对性施工方案。布料设备作业时，应控制出料口位置，必要时应采取高空防护措施，防止出料口混凝土高空坠落。

8.2.5 为了保证混凝土的工作性，提出了输送混凝土的过程根据工程所处环境条件采取相应技术措施的要求。

8.2.6 输送泵使用前要求编制操作规程，操作规程应符合产品说明书要求。本条对输送泵输送混凝土的主要环节作了规定。

1 泵水是为了检查输送泵的性能以及通过湿润输送泵的有关部位来达到适宜输送的条件。

2 用水泥砂浆对输送泵和输送泵管进行湿润是顺利输送混凝土的关键，如果不采取这一技术措施将会造成堵泵或堵管。

3 开始输送混凝土时掌握节奏是顺利进行混凝土输送的重要手段。

4 输送泵集料斗设网罩，是为了过滤混凝土中大粒径石块或泥块；集料斗具有足够混凝土余量，是为了避免吸入空气产生堵泵。

8.2.7 本条对吊车配备斗容器输送混凝土作了规定。应结合起重机起重能力、混凝土浇筑量以及输送周期等因素综合确定斗容器容量大小。运输至现场的混凝土直接装入斗容器进行输送，而不采用相互转运的方式输送混凝土，以及斗容器在浇筑点直接布料，是为了减少混凝土拌合物转运次数，以保证混凝土工作性和质量。在特殊情况下，可采用先集中卸料后小车输送至浇筑点的方式，卸料点地坪应湿润并不得有积水。

8.2.8 本条所指的升降设备包括用于运载人或物料的升降电梯以及用于运载物料的升降井架。采用升降设备配合小车输送混凝土在工程中时有发生，为了保证混凝土浇筑质量，要求编制具有针对性的施工方案。运输后的混凝土若采用先卸料，后进行小车装运的输送方式，装料点应采用硬地坪或铺设钢板形式与地基土隔离，硬地坪或钢板面应湿润并不得有积水。为了减少混凝土拌合物转运次数，通常情况下不宜采用多台小车相互转载的方式输送混凝土。

8.3 混凝土浇筑

8.3.1 在模板工程完工后或在垫层上完成相应工序施工，一般都会留有不同程度的杂物，为了保证混凝土质量，应清除这部分杂物。为了避免干燥的表面吸附混凝土中的水分，而使混凝土特性发生改变，洒水湿润是必需的。金属模板若温度过高，同样会影响混凝土的特性，洒水可以达到降温的目的。现场环境温度是指工程施工现场实测的大气温度。

8.3.2 混凝土浇筑均匀性是为了保证混凝土各部位浇筑后具有相类同的物理和力学性能；混凝土浇筑密实性是为了保证混凝土浇筑后具有相应的强度等级。对于每一块连续区域的混凝土建议采用一次连续浇筑的方法；若混凝土方量过大或因设计施工要求而需留设施工缝或后浇带，则分隔后的每块连续区域应该采用一次连续浇筑的方法。混凝土连续浇筑是为了保证每个混凝土浇筑段成为连续均匀的整体。

8.3.3 混凝土分层厚度的确定应与采用的振捣设备相匹配，以免发生因振捣设备原因而产生漏振或欠振情况；混凝土连续浇筑是相对的，在连续浇筑过程中会因各种原因而产生时间间歇，时间间歇应尽量缩短，最长时间间歇应保证上层混凝土在下层混凝土初凝之前覆盖。为了减少时间间歇，应保证混凝土的供应量。

8.3.4 混凝土连续浇筑的原则是上层混凝土应在下层混凝土初凝之前完成浇筑，但为了更好地控制混凝土质量，混凝土还应该以最少的运载次数和最短的时间完成混凝土运输、输送入模过程，本规范表 8.3.4-1 的延续时间规定可作为通常情况下的时间控制值，应努力做到。混凝土运输过程中会因交通等原因而产生时间间歇，运输到现场的混凝土也会因为输送等原因而产生时间间歇，在混凝土浇筑过程中也会因为不同部位浇筑及振捣工艺要求而减慢输送产生时间间歇。对各种原因产生的总的时间间歇应进行控制，本规范表8.3.4-2规定了运输、输送入模及其间歇总的时间限值要求。表格中外加剂为常规品种，对于掺早强型减水剂、早强剂的混凝土以及有特殊要求的混凝土，延续时间会更小，应通过试验确定。

8.3.5 减少混凝土下料冲击的主要措施是使混凝土布料点接近浇筑位置，采用串筒、溜管、溜槽等装置也可以减少混凝土下料冲击。在通常情况下可直接采用输送泵管或布料设备进行布料，采用这种集中布料的方式可最大限度减少与钢筋的碰撞；若输送泵管或布料设备的端部通过串筒、溜管、溜槽等辅助装置进行下料时，其下料端的尺寸只需比输送泵管或布料设备的端部尺寸略大即可；大量工程实践证明，串筒、溜管下料端口直径过大或溜槽下料端口过宽，是发生混凝土浇筑离析的主要原因。

对于泵送混凝土或非泵送混凝土，在通常情况下可先浇筑竖向混凝土结构，后浇筑水平向混凝土结构；对于采用压型钢板组合楼板的工程，也可先浇筑水平向混凝土结构，后浇筑竖向混凝土结构；先浇筑低区部分混凝土再浇筑高区部分混凝土，可保证高低相接处的混凝土浇筑密实。

8.3.6 混凝土浇筑倾落高度是指所浇筑结构的高度加上混凝土布料点距本次浇筑结构顶面的距离。混凝土浇筑离析现象的产生，与混凝土下料方式、最大粗骨料粒径以及混凝土倾落高度有最主要的关系。大量工程实践证明，泵送混凝土采用最大粒径不大于25mm的粗骨料，且混凝土最大倾落高度控制在6m以内时，混凝土不会发生离析，这主要是因为混凝土较小的石子粒径减少了与钢筋的冲击。对于粗骨料粒径大于25mm的混凝土其倾落高度仍应严格控制。本条表中倾落高度限值适用于常规情况，对柱、墙底部钢筋极为密集的特殊情况，仍需增加措施防止混凝土离析。

8.3.7 为避免混凝土浇筑后裸露表面产生塑性收缩裂缝，在初凝、终凝前进行抹面处理是非常关键的。每次抹面可采用铁板压光磨平两遍或用木蟹抹平搓毛两遍的工艺方法。对于梁板结构以及易产生裂缝的结构部位应适当增加抹面次数。

8.3.8 本条对结构柱、墙混凝土设计强度等级高于梁、板混凝土设计强度等级时的浇筑作了规定。

1 柱、墙位置梁板高度范围内的混凝土是侧向受限的，相同强度等级的混凝土在侧向受限条件下的强度等级会提高。但由于缺乏试验数据，无法说明这个区域的混凝土强度可以提高两个等级，故本条规定了只可按提高一个强度等级进行考虑。所谓混凝土相差一个等级是指相互之间的强度等级差值为C5，一个等级以上即为C5的整数倍。

2 柱、墙混凝土设计强度比梁、板混凝土设计强度高两个等级及以上时，应在低强度等级的构件中采用分隔措施，分隔位置的两侧采用相应强度等级的混凝土浇筑。

3 在高强度等级混凝土与低强度等级混凝土之间采取分隔措施是为了保证混凝土交界面工整清晰，分隔可采用钢丝网板等措施。对于钢筋混凝土结构工程，分隔位置两侧的混凝土虽然分别浇筑，但应保证在一侧混凝土浇筑后的初凝前，完成另一侧混凝土的覆盖。因此分隔位置不是施工缝，而是临时隔断。

8.3.9 本条对泵送混凝土浇筑作了规定。

1 当需要采用多台混凝土输送泵浇筑混凝土时，应充分考虑各种因素来确定各台输送泵的浇筑区域以及浇筑顺序，从方案上对混凝土浇筑进行质量控制。

2 采用输送泵管浇筑混凝土时，由远而近的浇筑方式应该优先采用，这样的施工方法比较简单，过程中只需适时拆除输送泵管即可。在特殊情况下，也可采用由近而远的浇筑方式，但距离不宜过长，否则容易造成堵管或造成浇筑完成的混凝土表面难以进行抹面收尾工作。各台混凝土输送泵保持浇筑速度基本一致，是为了均衡浇筑，避免产生混凝土冷缝。

3 混凝土泵送前，通常先泵送水泥砂浆，少数浆液可用于湿润开始浇筑区域的结构施工缝，多余浆液应采用集料斗等容器收集后运出，不得用于结构浇筑。水泥砂浆与混凝土浆液同成分是指以该强度等级混凝土配合比为基准，去除石子后拌制的水泥砂浆。由于泵送混凝土粗骨料粒径通常采用不大于25mm的石子，所以要求接浆层厚度不应大于30mm。

4 在混凝土供应不及时的情况下，为了能使混凝土连续浇筑，满足第8.3.4条的规定，采用间歇泵送方式是通常采用的方法。所谓间歇泵送就是指在预计后续混凝土不能及时供应的情况下，通过间歇式泵送，控制性地放慢现场现有混凝土的泵送速度，以达到后续混凝土供应后仍能保持混凝土连续浇筑的过程。

5 通常情况混凝土泵送结束后，可采用在上端管内加入棉球及清水的方法直接从上往下进行清洗输送泵管，输送泵管中的混凝土随清洗过程下落，废弃的混凝土在底部收集处理。为了充分利用输送泵管内的混凝土，可采用水洗泵送的工艺。水洗泵送的工艺是指在最后泵送部分的混凝土后面加入黏性浆液以及足够的清水，通过泵送清水方式将输送泵管内的混凝土泵送至要求高度，然后在结束混凝土泵送后，通过采用在上端输送泵管内加入棉球及清水的方法，从上往下进行清洗输送泵管的整个施工工艺过程。

8.3.10 本条对施工缝或后浇带处浇筑混凝土作了规定。

1 采用粗糙面、清除浮浆、清理疏松石子、清理软弱混凝土层是保证新老混凝土紧密结合的技术措施。如果施工缝或后浇带处由于搁置时间较长，而受建筑废弃物污染，则首先应清理建筑废弃物，并对结构构件进行必要的整修。现浇结构分次浇筑的结合面也是施工缝的一种类型。

2 充分湿润施工缝或后浇带，避免施工缝或后浇带积水是保证新老混凝土充分结合的技术措施。

3 施工缝处已浇筑混凝土的强度低于 1.2MPa 时，不能保证新老混凝土的紧密结合。

4 过厚的接浆层中若没有粗骨料，将会影响混凝土的强度等级。目前混凝土粗骨料最大粒径一般采用 25mm 石子，所以接浆层厚度应控制 30mm 以下。

5 后浇带处的混凝土，由于部位特殊，环境较差，浇筑过程也有可能产生泌水集中，为了确保质量，可采用提高一级强度等级的混凝土进行浇筑。为了使后浇带处的混凝土与两侧的混凝土充分紧密结合，采取减少收缩的技术措施是必要的。减少收缩的技术措施包括混凝土组成材料的选择、配合比设计、浇筑方法以及养护条件等。

8.3.11 本条对超长结构混凝土浇筑作了规定。

1 超长结构是指按规范要求需要设缝或因种种原因无法设缝的结构构件。大量工程实践证明，分仓浇筑超长结构是控制混凝土裂缝的有效技术措施，本条规定了分仓间隔浇筑混凝土的最短时间。

2 对于需要留设后浇带的工程，本条规定了后浇带最短的封闭时间。

3 整体基础中调节沉降的后浇带，典型的是主楼与裙房基础间的沉降后浇带。为了解决相互间的差异沉降以及超长结构裂缝控制问题，通常采用留设后浇带的方法。

4 后浇带的留设一般都会有相应的设计要求，所以后浇带的封闭时间尚应征得设计单位确认。

8.3.12 本条对型钢混凝土结构浇筑作了规定。

1 型钢周边绑扎钢筋后，在型钢和钢筋密集处的各部分，为了保证混凝土充填密实，本款规定了混凝土粗骨料最大粒径。

2 应根据施工图纸以及现场施工实际，仔细分析并确定混凝土下料位置，以确保混凝土有充分的下料位置，并能使混凝土充盈整个构件的各部位。

3 型钢周边混凝土浇筑同步上升，是为了避免混凝土高差过大而产生的侧向力，造成型钢整体位移超过允许偏差。

8.3.13 本条对钢管混凝土结构浇筑作了规定。

1 本规范中所指的钢管是广义的，包括圆形钢管、方形钢管、矩形钢管、异形钢管等。钢管结构一般会采用 2 层一节或 3 层一节方式进行安装。由于所浇筑的钢管高度较高，混凝土振捣受到限制，所以以往工程有采用高抛的浇筑方式。高抛浇筑的目的是为了利用混凝土的冲击力来达到自身密实的作用。由于施工技术的发展，自密实混凝土已普遍采用，所以可采用免振的自密实混凝土来解决振捣问题。

2 由于混凝土材料与钢材的特性不同，钢管内浇筑的混凝土由于收缩而与钢管内壁产生间隙难以避免。所以钢管混凝土应采取切实有效的技术措施来控制混凝土收缩，减少管壁与混凝土的间隙。采用聚羧酸类外加剂配制的混凝土其收缩率会大幅减少，在施工中可根据实际情况加以选用。

3 在钢管适当位置留设排气孔是保证混凝土浇筑密实的有效技术措施。混凝土从管顶向下浇筑时，钢管底部通常要求设置排气孔。排气孔的设置是为了防止初始混凝土下料过快而覆盖管径，造成钢管底部空气无法排除而采取的技术措施；其他适当部位排气孔设置应根据工程实际确定。

4 在钢管内一般采用无配筋或少配筋的混凝土，所以浇筑过程中受钢筋碰撞影响而产生混凝土离析的情况基本可以避免。采用聚羧酸类外加剂配制的粗骨料最大粒径相对较小的自密实混凝土或高流态混凝土，其综合效果较好，可以兼顾混凝土收缩、混凝土振捣以及提高混凝土最大倾落高度。与自密实混凝土相比，高流态混凝土一般仍需进行辅助振捣。

5 从管顶向下浇筑混凝土类同于在模板中浇筑混凝土，在参照模板中浇筑混凝土方法的同时，应认真执行本款的技术要求。

6 在具备相应浇筑设备的条件下，从管底顶升浇筑混凝土也是可以采取的施工方法。在钢管底部设置的进料输送管应能与混凝土输送泵管进行可靠的连接。止流阀门是为了在混凝土浇筑后及时关闭，以便拆除混凝土输送泵管。采用这种浇筑方式最重要的是过程控制，顶升或停止操作指令必须迅速正确传达，不得有误，否则极易产生安全事故；采用目前常用的泵送设备以及通信联络方式进行顶升浇筑混凝土时，进行预演加强过程控制是确保安全施工的关键。

8.3.14 本条对自密实混凝土浇筑作了规定。

1 浇筑方案应充分考虑自密实混凝土的特性，应根据结构部位、结构形状、结构配筋等情况选择具有针对性的自密实混凝土配合比和浇筑方案。由于自密实混凝土流动性大，施工方案中应对模板拼缝提出相应要求，模板侧压力计算应充分考虑自密实混凝土的特点。

2 采用粗骨料最大粒径为 25mm 的石子较难配制真正意义上的自密实混凝土，自密实混凝土采用粗骨料最大粒径不大于 20mm 的石子进行配制较为理想，所以采用粗骨料最大粒径不大于 20mm 的石子配制自密实混凝土应该是首选。

3 在钢筋、预埋件、预埋钢构周边及模板内各边角处，为了保证混凝土浇筑密实，必要时可采用小规格振动棒进行适宜的辅助振捣，但不宜多振。

4 自密实混凝土虽然具有很大的流动性，但在浇筑过程中为了更好地保证混凝土质量，控制混凝土流淌距离，选择适宜的布料点并控制间距，是非常有必要的。在缺乏经验的情况下，可通过试验确定混凝土布料点下料间距。

8.3.15 本条对清水混凝土结构浇筑作了规定。

1 构件分区是指对整个工程不同的构件进行划分，而每一个分区包含了某个区域的结构构件。对于结构构件较大的大型工程，应根据视觉特点将大型构件分为不同的分区，同一构件分区应采用同批混凝土，并一次连续浇筑。

2 同层混凝土是指每一相同楼层的混凝土，同区混凝土是指同层混凝土的某一区段。对于某一个单位工程，如果条件允许可考虑采用同一材料牌号、品种、规格的材料；对于较大的单位工程，如果无法完全做到材料牌号、品种、规格一致，同层或同区混凝土应该采用同一材料牌号、品种、规格的材料。

3 混凝土连续浇筑过程中，分层浇筑覆盖的间歇时间应尽可能缩短，以杜绝层间接缝痕迹。

8.3.16 由于柱、墙和梁板大体积混凝土浇筑与一般柱、墙和梁板混凝土浇筑并无本质区别，这一部分大体积混凝土结构浇筑按常规做法施工，本条仅对基础大体积混凝土浇筑作出规定。

1 采用输送泵管浇筑基础大体积混凝土时，输送泵管前端通常不会接布料设备浇筑，而是采用输送泵管直接下料或在输送泵管前段增加弯管进行左右转向浇筑。弯管转向后的水平输送泵管长度一般为3m～4m比较合适，故规定了输送泵管间距不宜大于10m的要求。如果输送泵管前端采用布料设备进行混凝土浇筑时，可根据混凝土输送量的要求将输送泵管间距适当增大。

2 用汽车布料杆浇筑混凝土时，首先应合理确定布料点的位置和数量，汽车布料杆的工作半径应能覆盖这些位置。各布料点的浇筑应均衡，以保证各结构部位的混凝土均衡上升，减少相互之间的高差。

3 先浇筑深坑部分再浇筑大面积基础部分，可保证高差交接部位的混凝土浇筑密实，同时也便于进行平面上的均衡浇筑。

4 基础大体积混凝土浇筑最常采用的方法为斜面分层；如果对混凝土流淌距离有特殊要求的工程，混凝土可采用全面分层或分块分层的浇筑方法。保证各层混凝土连续浇筑的条件下，层与层之间的间歇时间应尽可能缩短，以满足整个混凝土浇筑过程连续。

5 对于分层浇筑的每层混凝土通常采用自然流淌形成斜坡，根据分层厚度要求逐步沿高度均衡上升。不大于500mm分层厚度要求，可用于斜面分层、全面分层、分块分层浇筑方法。

6 参见本规范第8.3.7条说明，由于大体积混凝土易产生表面收缩裂缝，所以抹面次数要求适当增加。

7 混凝土浇筑前，基坑可能因雨水或洒水产生积水，混凝土浇筑过程中也可能产生泌水，为了保证混凝土浇筑质量，可在垫层上设置排水沟和集水井。

8.3.17 本条对预应力结构混凝土浇筑作了规定。具体技术规定也适用于预应力结构的混凝土振捣要求。

1 由于这些部位钢筋、预应力筋、孔道、配件及埋件非常密集，混凝土浇筑及振捣过程易使其位移或脱落，故作本款规定。

2 保证锚固区等配筋密集部位混凝土密实的关键是合理确定浇筑顺序和浇筑方法。施工前应对配筋密集部位进行图纸审核，在混凝土配合比、振捣方法以及浇筑顺序等方面制定相应的技术措施。

3 及时浇筑混凝土有利于控制先张法预应力混凝土构件的预应力损失，满足设计要求。

8.4 混凝土振捣

8.4.1 混凝土漏振、欠振会造成混凝土不密实，从而影响混凝土结构强度等级。混凝土过振容易造成混凝土泌水以及粗骨料下沉，产生不均匀的混凝土结构。对于自密实混凝土应该采用免振的浇筑方法。

8.4.2 对于模板的边角以及钢筋、埋件密集区域应采取适当延长振捣时间、加密振捣点等技术措施，必要时可采用微型振捣棒或人工辅助振捣。接触振动会产生很大的作用力，所以应避免碰撞模板、钢构、预埋件等，以防止产生超出允许范围的位移。本条中所指的预埋件是指除钢筋以外按设计要求预埋在混凝土结构中的构件或部件，用于预应力工程的波纹管也属于预埋件的范围。

8.4.3 振动棒通常用于竖向结构以及厚度较大的水平结构振捣，本条对振动棒振捣混凝土作了规定。

1 混凝土振捣应按层进行，每层混凝土都应进行充分的振捣。振动棒的前端插入前一层混凝土是为了保证两层混凝土间能进行充分的结合，使其成为一个连续的整体。

2 通过观察混凝土振捣过程，判断混凝土每一振捣点的振捣延续时间。

3 混凝土振动棒移动的间距应根据振动棒作用半径而定。对振动棒与模板间的最大距离作出规定，是为了保证模板面振捣密实。采用方格型排列振捣方式时，振捣间距应满足1.4倍振动棒的作用半径要求；采用三角形排列振捣方式时，振捣间距应满足1.7倍振动棒的作用半径要求；综合两种情况，对振捣间距作出1.4倍振动棒的作用半径要求。

8.4.4 平板振动器通常可用于配合振动棒辅助振捣结构表面；对于厚度较小的水平结构或薄壁板式结构可单独采用平板振动器振捣。本条对平板振动器振捣混凝土作了规定。

1 由于平板振动器作用范围相对较小，所以平板振动器移动应覆盖振捣平面各边角。

2 平板振动器移动间距覆盖已振实部分混凝土

的边缘是为了避免产生漏振区域。

3 倾斜表面振捣时，由低向高处进行振捣是为了保证后浇筑部分混凝土的密实。

8.4.5 附着振动器通常在装配式结构工程的预制构件中采用，在特殊现浇结构中也可采用附着振动器。本条对附着振动器振捣混凝土作了规定。

1 附着振动器与模板紧密连接，是为了保证振捣效果。不同的附着振动器其振动作用范围不同，安装在不同类型的模板上其振动作用范围也可能不同，所以通过试验确定其安装间距很有必要。

2 附着振动器依次从下往上进行振捣是为了保证浇筑区域振动器处于工作状态，而非浇筑区域振动器处于非工作状态，随着浇筑高度的增加，从下往上逐步开启振动器。

3 各部位附着振动器的频率要求一致是为了避免振动器开启后模板系统的不规则振动，保证模板的稳定性。相对面模板附着振动器交错设置，是为了充分利用振动器的作用范围均匀振捣混凝土。

8.4.6 混凝土分层振捣最大厚度应与采用的振捣设备相匹配，以免发生因振捣设备原因而产生漏振或欠振情况。由于振动棒种类很多，其作用半径也不尽相同，所以分层振捣最大厚度难以用固定数值表述。大量工程实践证明，采用1.25倍振动棒作用部分长度作为分层振捣最大厚度的控制是合理的。采用平板振动器时，其分层振捣厚度按200mm控制较为合理。

8.4.7 本条对需采用加强振捣措施的部位作了规定。

1 宽度大于0.3m的预留洞底部采用在预留洞两侧进行振捣，是为了尽可能减少预留洞两端振捣点的水平间距，充分利用振动棒作用半径来加强混凝土振捣，以保证预留洞底部混凝土密实。宽度大于0.8m的预留洞底部，应采取特殊技术措施，避免预留洞底部形成空洞或不密实情况产生。特殊技术措施包括在预留洞底部区域的侧向模板位置留设孔洞，浇筑操作人员可在孔洞位置进行辅助浇筑与振捣；在预留洞中间设置用于混凝土下料的临时小柱模板，在临时小柱模板内进行混凝土下料和振捣，临时小柱模板内的混凝土在拆模后进行凿除。

2 后浇带及施工缝边角由于构造原因易产生不密实情况，所以混凝土浇筑过程中加密振捣点、延长振捣时间是必要的。

3 钢筋密集区域或型钢与钢筋结合区域由于构造原因易产生不密实情况，所以混凝土浇筑过程采用小型振动棒辅助振捣、加密振捣点、延长振捣时间是必要的。

4 基础大体积混凝土浇筑由于流淌距离相对较远，坡顶与坡脚距离往往较大，较远位置的坡脚往往容易漏振，故本款作此规定。

8.5 混凝土养护

8.5.1 混凝土早期塑性收缩和干燥收缩较大，易于造成混凝土开裂。混凝土养护是补充水分或降低失水速率，防止混凝土产生裂缝，确保达到混凝土各项力学性能指标的重要措施。在混凝土初凝、终凝抹面处理后，应及时进行养护工作。混凝土终凝后至养护开始的时间间隔应尽可能缩短，以保证混凝土养护所需的湿度以及对混凝土进行温度控制。覆盖养护可采用塑料薄膜、麻袋、草帘等进行覆盖；喷涂养护剂养护是通过养护液在混凝土表面形成致密的薄膜层，以达到混凝土保湿目的。洒水、覆盖、喷涂养护剂等养护方式可单独使用，也可同时使用，采用何种养护方式应根据工程实际情况合理选择。

8.5.2 混凝土养护时间应根据所采用的水泥种类、外加剂类型、混凝土强度等级及结构部位进行确定。粉煤灰或矿渣粉的数量占胶凝材料总量不小于30%的混凝土，以及粉煤灰加矿渣粉的总量占胶凝材料总量不小于40%的混凝土，都可认为是大掺量矿物掺合料混凝土。由于地下室基础底板与地下室底层墙柱以及地下室结构与上部结构首层墙柱施工间隔时间通常都会较长，在这较长的时间内基础底板或地下室结构的收缩基本完成，对于刚度很大的基础底板或地下室结构会对与之相连的墙柱产生很大的约束，从而极易造成结构竖向裂缝产生，对这部分结构增加养护时间是必要的，养护时间可根据工程实际按施工方案确定。对于大体积混凝土尚应根据混凝土相应点温差来控制养护时间，温差符合本规范第8.7.3条规定后方可结束混凝土养护。本条所说的养护时间包含混凝土未拆模时的带模养护时间以及混凝土拆模后的养护时间。

8.5.3 对养护环境温度没有特殊要求的结构构件，可采用洒水养护方式。混凝土洒水养护应根据温度、湿度、风力情况、阳光直射条件等，通过观察不同结构混凝土表面，确定洒水次数，确保混凝土处于饱和湿润状态。当室外日平均气温连续5日稳定低于5℃时应按冬期施工相关要求进行养护；当日最低温度低于5℃时，可能已处在冬期施工期间，为了防止可能产生的冰冻情况而影响混凝土质量，不应采用洒水养护。

8.5.4 本条对覆盖养护作了规定。

1 对养护环境温度有特殊要求或洒水养护有困难的结构构件，可采用覆盖养护方式。对结构构件养护过程有温差要求时，通常采用覆盖养护方式。覆盖养护应及时，应尽量减少混凝土裸露时间，防止水分蒸发。

2 覆盖养护的原理是通过混凝土的自然温升在塑料薄膜内产生凝结水，从而达到湿润养护的目的。在覆盖养护过程中，应经常检查塑料薄膜内的凝结水，确保混凝土裸露表面处于湿润状态。

3 每层覆盖物都应严密，要求覆盖物相互搭接不小于100mm。覆盖物层数的确定应综合考虑环境因素以及混凝土温差控制要求。

8.5.5 本条对喷涂养护剂养护作了规定。

1 对养护环境温度没有特殊要求或洒水养护有困难的结构构件，可采用喷涂养护剂养护方式。对拆模后的墙柱以及楼板裸露表面在持续洒水养护有困难时可采用喷涂养护剂养护方式；对于采用爬升式模板脚手施工的工程，由于模板脚手爬升后无法对下部的结构进行持续洒水养护，可采用喷涂养护剂养护方式。

2 喷涂养护剂养护的原理是通过喷涂养护剂，使混凝土裸露表面形成致密的薄膜层，薄膜层能封住混凝土表面，阻止混凝土表面水分蒸发，达到混凝土养护的目的。养护剂后期应能自行分解挥发，而不影响装修工程施工。养护剂应具有可靠的保湿效果，必要时可通过试验检验养护剂的保湿效果。

3 喷涂方法应符合产品技术要求，严格按照使用说明书要求进行施工。

8.5.6 基础大体积混凝土的前期养护，由于对温差有控制要求，通常不适宜采用洒水养护方式，而应采用覆盖养护方式。覆盖养护层的厚度应根据环境温度、混凝土内部温升以及混凝土温差控制要求确定，通常在施工方案中确定。混凝土温差达到结束覆盖养护条件后，但仍有可能未达到总的养护时间要求，在这种情况下后期养护可采用洒水养护方法，直至混凝土养护结束。

8.5.7 混凝土带模养护在实践中证明是行之有效的，带模养护可以解决混凝土表面过快失水的问题，也可以解决混凝土温差控制问题。根据本规范第8.5.2条条文说明所述的原因，地下室底层和上部结构首层柱、墙前期采用带模养护是有益的。在带模养护的条件下混凝土达到一定强度后，可拆除模板进行后期养护。拆模后采用洒水养护方法，工程实践证明养护效果好。洒水养护的水温与混凝土表面的温差如果能控制在25℃以内当然最好，但由于洒水养护的水量一般较小，洒水后水温会很快升高，接近混凝土表面温度，所以采用常温水进行洒水养护也是可行的。

8.5.8 混凝土在未到达一定强度时，踩踏、堆放荷载、安装模板及支架等易于破坏混凝土内部结构，导致混凝土产生裂缝及影响混凝土后期性能。在实际操作中，混凝土是否达到1.2MPa要求，可根据经验进行判定。

8.5.9 保证同条件养护试件能与实体结构所处环境相同，是试件准确反映结构实体强度的条件。妥善保管措施应避免试件丢失、混淆、受损。

8.5.10 具备混凝土标准试块制作条件，采用标准试块养护室或养护箱进行标准试块养护，其主要目的是为了保证现场留样的试块得到标准养护。

8.6 混凝土施工缝与后浇带

8.6.1 混凝土施工缝与后浇带留设位置要求在混凝土浇筑之前确定，是为了强调留设位置应事先计划，而不得在混凝土浇筑过程中随意留设。本条同时给出了施工缝和后浇带留设的基本原则。对于受力较复杂的双向板、拱、穹拱、薄壳、斗仓、筒仓、蓄水池等结构构件，其施工缝留设位置应符合设计要求。对有防水抗渗要求的结构构件，施工缝或后浇带的位置容易产生薄弱环节，所以施工缝位置留设同样应符合设计要求。

8.6.2 本条对水平施工缝的留设位置作了规定。

1 楼层结构的类型包括有梁有板的结构、有梁无板的结构、无梁有板的结构。对于有梁无板的结构，施工缝位置是指在梁顶面；对于无梁有板的结构，施工缝位置是指在板顶面。

2 楼层结构的底面是指梁、板、无梁楼盖柱帽的底面。楼层结构的下弯锚固钢筋长度会对施工缝留设的位置产生影响，有时难以满足0mm～50mm的要求，施工缝留设的位置通常在下弯锚固钢筋的底部，此时应符合本规范第8.6.2条第4款要求。

3 对于高度较大的柱、墙、梁（墙梁）及厚度较大的基础底板等不便于一次浇筑或一次浇筑质量难以保证时，可考虑在相应位置设置水平施工缝。施工时应根据分次混凝土浇筑的工况进行施工荷载验算，如需调整构件配筋，其结果应征得设计单位确认。

4 特殊结构部位的施工缝是指第1～3款以外的水平施工缝。

8.6.3 本条规定了一般结构构件竖向施工缝和后浇带留设的要求。对于结构构件面积较大、混凝土方量较大的工程等不便于一次浇筑或一次浇筑质量难以保证时，可考虑在相应位置设置竖向施工缝。对于超长结构设置分仓的施工缝、基础底板留设分区的施工缝、核心筒与楼板结构间留设的施工缝、巨型柱与楼板结构间留设的施工缝等情况，由于在技术上有特殊要求，在这些特殊位置留设竖向施工缝，应征得设计单位确认。

8.6.4 设备与设备基础是通过地脚螺栓相互连接的，本条对设备基础水平施工缝和竖向施工缝作出规定，是为了保证地脚螺栓受力性能可靠。

8.6.5 承受动力作用的设备基础不仅要保证地脚螺栓受力性能的可靠，还要保证设备基础施工缝两侧的混凝土受力性能可靠，施工缝的留设应征得设计单位确认。对于竖向施工缝或台阶形施工缝，为了使设备基础施工缝两侧混凝土成为一个可靠的整体，可在施工缝位置处加设插筋，插筋数量、位置、长度等应征得设计单位确认。

8.6.6 为保证结构构件的受力性能和施工质量，对于基础底板、墙板、梁板等厚度或高度较大的结构构件，施工缝或后浇带界面建议采用专用材料封挡。专用材料可采用定制模板、快易收口板、钢板网、钢丝网等。

8.6.7 混凝土浇筑过程中，因暴雨、停电等特殊原因无法继续浇筑混凝土，或不满足本规范表 8.3.4-2 运输、输送入模及其间歇总的时间限值要求，而不得不临时留设施工缝时，施工缝应尽可能规整，留设位置和留设界面应垂直于结构构件表面，当有必要时可在施工缝处留设加强钢筋。如果临时施工缝留设在构件剪力较大处、留设界面不垂直于结构构件时，应在施工缝处采取增加加强钢筋并事后修凿等技术措施，以保证结构构件的受力性能。

8.6.8 施工缝和后浇带往往由于留置时间较长，而在其位置容易受建筑废弃物污染，本条规定要求采取技术措施进行保护。保护内容包括模板、钢筋、埋件位置的正确，还包括施工缝和后浇带位置处已浇筑混凝土的质量；保护方法可采用封闭覆盖等技术措施。如果施工缝和后浇带间隔施工时间可能会使钢筋产生锈蚀情况时，还应对钢筋采取防锈或阻锈措施。

8.7 大体积混凝土裂缝控制

8.7.1 大体积混凝土系指体量较大或预计会因胶凝材料水化引起混凝土内外温差过大而容易导致开裂的混凝土。根据工程施工工期要求，在满足施工期间结构强度发展需要的前提下，对用于基础大体积混凝土和高强度等级混凝土的结构构件，提出了可以采用 60d（56d）或更长龄期的混凝土强度，这样有利于通过提高矿物掺合料用量并降低水泥用量，从而达到降低混凝土水化温升、控制裂缝的目的。现行国家标准《混凝土结构设计规范》GB 50010 的相关规定也提出设计单位可以采用大于 28d 的龄期确定混凝土强度等级，此时设计规定龄期可以作为结构评定和验收的依据。56d 龄期是 28d 龄期的 2 倍，对大体积混凝土，国外工程或外方设计的国内工程采用 56d 龄期较多，而国内设计的项目采用 60d、90d 龄期较多，为了兼顾所以一并列出。

8.7.2 大体积混凝土结构或构件不仅包括厚大的基础底板，还包括厚墙、大柱、宽梁、厚板。大体积混凝土裂缝控制与边界条件、环境条件、原材料、配合比、混凝土过程控制和养护等因素密切相关。大体积混凝土配合比的设计，可以借鉴成功的工程经验，也可以根据相关试验加以确定。大体积混凝土施工裂缝控制是关键，在采用中、低水化热水泥的基础上，通过掺加粉煤灰、矿渣粉和高性能外加剂都可以减少水泥用量，可对裂缝控制起到良好作用。裂缝控制的关键在于减少混凝土收缩，减少收缩的技术措施包括混凝土组成材料的选择、配合比设计、浇筑方法以及养护条件等。近年来，聚羧酸类高效减水剂的发展，不但可以有效减少混凝土水泥用量，其配制的混凝土还可以大幅减少混凝土收缩，这一新技术的采用已经成为混凝土裂缝控制的发展方向，成为工程实践中裂缝控制的有效技术措施。除基础、墙、柱、梁、板大体积混凝土以外的其他结构部位同样可以采用这个方法来进行裂缝控制。

8.7.3 本条对大体积混凝土施工时的温度控制提出了规定。控制温差是解决混凝土裂缝控制的关键，温差控制主要通过混凝土覆盖或带模养护过程进行，温差可通过现场测温数据经计算获得。

1 控制混凝土入模温度，可以降低混凝土内部最高温度，必要时可采取技术措施降低原材料的温度，以达到减小入模温度的目的，入模温度可以通过现场测温获得；控制混凝土最大温升是有效控制温差的关键，减少混凝土内部最大温升主要从配合比上进行控制，最大温升值可以通过现场测温获得；在大体积混凝土浇筑前，为了对最大温升进行控制，可按现行国家标准《大体积混凝土施工规范》GB 50496 进行绝热温升计算，绝热温升即为预估的混凝土最大温升，绝热温升计算值加上预估的入模温度即为预估的混凝土内部最高温度。

2 本条分别按覆盖养护或带模养护、结束覆盖养护或拆模后两个阶段规定了混凝土浇筑体与表面（环境）温度的差值要求。根据本规范第 8.5.6 条的规定，当基础大体积混凝土浇筑体表面以内 40mm～100mm 位置的温度与环境温度的差值小于 25℃时，可结束覆盖养护，柱、墙、梁等大体积混凝土也可参照此规定确定拆模时间。

本条中所说的混凝土浇筑体表面温度是指保温覆盖层或模板与混凝土交界面之间测得的温度，表面温度在覆盖养护或带模养护时用于温差计算；环境温度用来确定结束覆盖养护或拆模的时间，在拆除覆盖养护层或拆除模板后用于温差计算。由于结束覆盖养护或拆模后无法测得混凝土表面温度，故采用在基础表面以内 40mm～100mm 位置设置测温点来代替混凝土表面温度，用于温差计算。

当混凝土浇筑体表面以内 40mm～100mm 位置处的温度与混凝土浇筑体表面温度差值有大于 25℃趋势时，应增加保温覆盖层或在模板外侧加挂保温覆盖层；结束覆盖养护或拆模后，当混凝土浇筑体表面以内 40mm～100mm 位置处的温度与环境温度差值有大于 25℃的趋势时，应重新覆盖或增加外保温措施。

3 测温点布置以及相邻两测温点的位置关系应该符合本规范第 8.7.4 和 8.7.5 条的规定。

4 降温速率可通过现场测温数据经计算获得。

8.7.4 本条对基础大体积混凝土测温点设置提出了规定。

1 由于各个工程基础形状各异，测温点的设置难以统一，选择具有代表性和可比性的测温点进行测温是主要目的。竖向剖面可以是基础的整个剖面，也可以根据对称性选择半个剖面。

2 每个剖面的测温点由浇筑体表面以内 40mm～100mm 位置处的周边测温点和其之外的内部测温点组

成。通常情况下混凝土浇筑体最大温升发生在基础中部区域，选择竖向剖面交叉处进行测温，能够反映中部高温区域混凝土温度变化情况。在覆盖养护或带模养护阶段，覆盖保温层底部或模板内侧的测温点反映的是混凝土浇筑体的表面温度，用于计算混凝土温差。要求表面测温点与两个剖面上的周边测温点位置及数量对应，以便于合理计算混凝土温差。对于基础侧面采用砖等材料作为胎膜，且胎膜后用材料回填而保温有保证时，可与基础底部一样无需进行混凝土表面测温。环境测温点应距基础周边一定距离，并应保证该测温点不受基础温升影响。

3 每个剖面的周边及以内部位测温点上下、左右对齐是为了反映相邻两处测温点温度变化的情况，便于对混凝土温差进行计算；测温点竖向、横向间距不应小于 0.4m 的要求是为了合理反映两点之间的温差。

4 厚度不大于 1.6m 的基础底板，温升很容易根据绝热温升计算进行预估，通常可以根据工程施工经验来采取技术措施进行温差控制。所以裂缝控制技术措施完善的工程可以不进行测温。

8.7.5 柱、墙、梁大体积混凝土浇筑通常可以在第一次混凝土浇筑中进行测温，并根据测温结果完善混凝土裂缝控制施工措施，在这种情况下后续工程可不用继续测温。对于柱、墙大体积混凝土的纵向是指高度方向；对于梁大体积混凝土的纵向是指跨度方向。环境测温点应距浇筑的结构边一定距离，以保证该测温点不受浇筑结构温升影响。

8.7.6 本条对混凝土测温提出了相应的要求，对大体积混凝土测温开始与结束时间作了规定。虽然混凝土裂缝控制要求在相应温差不大于 25℃时可以停止覆盖养护，但考虑到天气变化对温差可能产生的影响，测温还应继续一段时间，故规定温差小于 20℃时，才可停止测温。

8.7.7 本条对大体积混凝土测温频率进行了规定，每次测温都应形成报告。

8.8 质 量 检 查

8.8.1 施工质量检查是指施工单位为控制质量进行的检查，并非工程的验收检查。考虑到施工现场的实际情况，将混凝土结构施工质量检查划分为两类，对应于混凝土施工的两个阶段，即过程控制检查和拆模后的实体质量检查。

过程控制检查包括技术复核（预检）和混凝土施工过程中为控制施工质量而进行的各项检查；拆模后的实体质量检查应及时进行，为了保证检查的真实性，检查时混凝土表面不应进行过处理和装饰。

8.8.2 对混凝土结构的施工质量进行检查，是检验结构质量是否满足设计要求并达到合格要求的手段。为了达到这一目的，施工单位需要在不同阶段进行各种不同内容、不同类别的检查。各种检查随工程不同而有所差异，具体检查内容应根据工程实际作出要求。

1 提出了确定各项检查应当遵守的原则，即各种检查应根据质量控制的需要来确定检查的频率、时间、方法和参加检查的人员。

2 明确规定施工单位对所完成的施工部位或成果应全数进行质量自检，自检要求符合国家现行标准提出的要求。自检不同于验收检查，自检应全数检查，而验收检查可以是抽样检查。

3 要求做出记录和有图像资料，是为了使检查结果必要时可以追溯，以及明确检查责任。对于返工和修补的构件，记录的作用更加重要，要求有返工修补前后的记录。而图像资料能够直观反映质量情况，故对于返工和修补的构件提出此要求。

4 为了减少检查的工作量，对于已经隐蔽、不可直接观察和量测的内容如插筋锚固长度、钢筋保护层厚度、预埋件锚筋长度与焊接等，如果已经进行过隐蔽工程验收且无异常情况，可仅检查隐蔽工程验收记录。

5 混凝土结构或构件的性能检验比较复杂，一般通过检验报告或专门的试验给出，在施工现场通常不进行检查。但有时施工现场出于某种原因，也可能需要对混凝土结构或构件的性能进行检查。当遇到这种情形时，应委托具备相应资质的单位，按照有关标准规定的方法进行，并出具检验报告。

8.8.3 为了保证所浇筑的混凝土符合设计和施工要求，本条规定了浇筑前应进行的质量检查工作，在确认无误后再进行混凝土浇筑。当坍落度大于 220mm 时，还应对扩展度进行检查。对于现场拌制的混凝土，应按相关规范要求检查水泥、砂石、掺合料、外加剂等原材料。

8.8.4 本条对混凝土结构的质量过程控制检查内容提出了要求。检查内容包括这些内容，但不限于这些内容。当有更多检查内容和要求时，可由施工方案给出。

8.8.5 本条对混凝土结构拆模后的检查内容提出了要求。检查内容包括这些内容，但不限于这些内容。当有更多检查内容和要求时，可由施工方案给出。

8.8.6 对混凝土结构质量进行的各种检查，尽管其目的、作用可能不同，但是方法却基本一样。现行国家标准《混凝土结构工程施工质量验收规范》GB 50204 已经对主要检查方法作出了规定，故直接采取该标准的规定即可；当个别检查方法本标准未明确时，可参照其他相关标准执行。当没有相关标准可执行时，可由施工方案确定检查方法，以解决缺少检查方法、检查方法不明确等问题，但施工方案确定的检查方法应报监理单位批准后实施。

8.9 混凝土缺陷修整

8.9.1 本条对混凝土缺陷类型进行了规定。

8.9.2 本条强调分析缺陷产生原因后制定针对性修整方案的管理要求，对严重缺陷的修补方案应报设计单位和监理单位，方案论证及批准后方可实施。混凝土结构缺陷信息、缺陷修整方案的相关资料应及时归档，做到可追溯。

8.9.3 本条明确了混凝土结构外观一般缺陷修整方法。在实际工程中可依据不同的缺陷情况，制定针对性技术方案用于结构修整。连接部位缺陷应该理解为连接有错位，而非指混凝土露筋、蜂窝、孔洞、夹渣、疏松、外表缺陷等情况。

8.9.4 本条明确了混凝土结构外观严重缺陷修整方法。由于目前市场上新材料、新修整方法很多，具体实施中可根据各工程实际加以运用。考虑到严重缺陷可能对结构安全性、耐久性产生影响，因此，其缺陷修整方案应按有关规定审批后方可实施。

8.9.5 对于结构尺寸偏差的一般缺陷，不影响结构安全以及正常使用时，可结合装饰工程进行修整即可。

8.9.6 本条规定了发生有可能影响安全使用的严重缺陷，应采取的管理程序。这种类型的缺陷修整方案，施工单位应会同设计单位共同制定修整方案，在修整后对混凝土结构尺寸进行检查验收，以确保结构使用安全。

9 装配式结构工程

9.1 一 般 规 定

9.1.1 装配式结构工程，应编制专项施工方案，并经监理单位审核批准，为整个施工过程提供指导。根据工程实际情况，装配式结构专项施工方案内容一般包括：预制构件生产、预制构件运输与堆放、现场预制构件的安装与连接、与其他有关分项工程的配合、施工质量要求和质量保证措施、施工过程的安全要求和安全保证措施、施工现场管理机构和质量管理措施等。

装配式混凝土结构深化设计应包括施工过程中脱模、堆放、运输、吊装等各种工况，并应考虑施工顺序及支撑拆除顺序的影响。装配式结构深化设计一般包括：预制构件设计详图、构件模板图、构件配筋图、预埋件设计详图、构件连接构造详图及装配详图、施工工艺要求等。对采用标准预制构件的工程，也可根据有关的标准设计图集进行施工。根据本规范第3.1.3条规定，装配式结构专业施工单位完成的深化设计文件应经原设计单位认可。

9.1.2 当施工单位第一次从事某种类型的装配式结构施工或结构形式比较复杂时，为保证预制构件制作、运输、装配等施工过程的可靠，施工前可针对重点过程进行试制作和试安装，发现问题要及时解决，以减少正式施工中可能发生的问题和缺陷。

9.1.3 本条中的"吊运"包括预制构件的起吊、平吊及现场吊装等。预制构件的安全吊运是装配式结构工程施工中最重要的环节之一。"吊具"是起重设备主钩与预制构件之间连接的专用吊装工具。"起重设备"包括起吊、平吊及现场吊装用到的各种门式起重机、汽车起重机、塔式起重机等。尺寸较大的预制构件常采用分配梁或分配桁架作为吊具，此时分配梁、分配桁架要有足够的刚度。吊索要有足够长度满足吊装时水平夹角要求，以保证吊索和各吊点受力均匀。自制、改造、修复和新购置的吊具需按国家现行相关标准的有关规定进行设计验算或试验检验，并经认定合格后方可投入使用。预制构件的吊运尚应参照现行行业标准《建筑施工高处作业安全技术规范》JGJ 80的有关规定执行。

9.1.4 对预制构件设置可靠标识有利于在施工中发现质量问题并及时进行修补、更换。构件标识要考虑与构件装配图的对应性：如设计要求构件只能以某一特定朝向搬运，则需在构件上作出恰当标识；如有必要时，尚需通过约定标识表示构件在结构中的位置和方向。预制构件的保护范围包括构件自身及其预留预埋配件、建筑部件等。

9.1.5 专用定型产品主要包括预埋吊件、临时支撑系统等，专用定型产品的性能及使用要求均应符合有关国家现行标准及产品应用手册的规定。应用专用定型产品的施工操作，同样应按相关操作规定执行。

9.2 施 工 验 算

9.2.1 施工验算是装配式混凝土结构设计的重要环节，一般考虑构件脱模、翻转、运输、堆放、吊装、临时固定、节点连接以及预应力筋张拉或放张等施工全过程。装配式结构施工验算的主要内容为临时性结构以及预制构件、预埋吊件及预埋件、吊具、临时支撑等，本节仅规定了预制构件、预埋吊件、临时支撑的施工验算，其他施工验算可按国家现行相关标准的有关规定进行。

装配式混凝土结构的施工验算除要考虑自重、预应力和施工荷载外，尚需考虑施工过程中的温差和混凝土收缩等不利影响；对于高空安装的预制结构，构件装配工况和临时支撑系统验算还需考虑风荷载的作用；对于预制构件作为临时施工阶段承托模板或支撑时，也需要进行相应工况的施工验算。

9.2.2 预制构件的施工验算应采用等效荷载标准值进行，等效荷载标准值由预制构件的自重乘以脱模吸附系数或动力系数后得到。脱模时，构件和模板间会产生吸附力，本规范通过引入脱模吸附系数来考虑吸附力。脱模吸附系数与构件和模具表面状况有很大关系，但为简化和统一，基于国内施工经验，本规范将脱模吸附系数取为1.5，并规定可根据构件和模具表面状况适当增减。复杂情况的脱模吸附系数还需要通过试验来确定。根据不同的施工状态，动力系数取值也不一样，本规范给出了一般情况下的动力系数取值规定。计算时，脱模吸附系数和动力系数是独立考虑的，不进行连乘。

9.2.3 本条规定了钢筋混凝土和预应力混凝土预制构件的施工验算要求。如设计规定的施工验算要求与本条规定不同，可按设计要求执行。通过施工验算可确定各施工环节预制构件需要的混凝土强度，并校核预制构件的截面和配筋参考国内外规范的相关规定，本规范以限制正截面混凝土受压、受拉应力及受拉钢筋应力的形式给出了预制构件施工验算控制指标。

本条的公式（9.2.3-1）～（9.2.3-3）中计算混凝土压应力 σ_{cc}、混凝土拉应力 σ_{ct}、受拉钢筋应力 σ_s 均采用荷载标准组合，其中构件自重取本规范第9.2.2条规定的等效荷载标准值。受拉钢筋应力 σ_s 按开裂截面计算，可按国家标准《混凝土结构设计规范》GB 50010－2010第7.1.3条规定的正常使用极限状态验算平截面基本假定计算；对于单排配筋的简单情况，也可按该规范第7.1.4条的简化公式计算 σ_s。

本条第4款规定的施工过程中允许出现裂缝的情况，可由设计单位与施工单位根据设计要求共同确定，且只适用于配置纵向受拉钢筋屈服强度不大于500MPa的构件。

9.2.4 预埋吊件是指在混凝土浇筑成型前埋入预制构件内用于吊装连接的金属件，通常为吊钩或吊环形式。临时支撑是指预制构件安放就位后到与其他构件最终连接之前，为保证构件的承载力和稳定性的支撑设施，经常采用的有斜撑、水平撑、牛腿、悬臂托梁以及竖向支架等。预埋吊件和临时支撑均可采用专用定型产品或经设计计算确定。

对于预埋吊件、临时支撑的施工验算，本规范采用安全系数法进行设计，主要考虑几个因素：工程设计普遍采用安全系数法，并已为国外和我国香港、台湾地区的预制结构相关标准所采纳；预埋吊件、临时支撑多由单自由度或超静定次数较少的钢构（配）件组成，安全系数法有利于判断系统的安全度，并与螺栓、螺纹等机械加工设计相比较、协调；缺少采用概率极限状态设计法的相关基础数据；现行国家标准《工程结构可靠性设计统一标准》GB 50153中规定“当缺乏统计资料时，工程结构设计可根据可靠的工程经验或必要的试验研究进行，也可采用容许应力或单一安全系数等经验方法进行。”

本条的施工安全系数为预埋吊件、临时支撑的承载力标准值或试验值与施工阶段的荷载标准组合作用下的效应值之比。表9.2.4的规定系参考了国内外相关标准的数值并经校准后给出的。施工安全系数的取值需要考虑较多的因素，例如需要考虑构件自重荷载分项系数、钢筋弯折后的应力集中对强度的折减、动力系数、钢丝绳角度影响、临时结构的安全系数、临时支撑的重复使用性等，从数值上可能比永久结构的安全系数大。施工安全系数也可根据具体施工实际情况进行适当增减。另外，对复杂或特殊情况，预埋吊件、临时支撑的承载力则建议通过试验确定。

9.3 构件制作

9.3.1 台座是直接在上面制作预制构件的“地坪”，主要采用混凝土台座、钢台座两种。台座主要用于长线法生产预应力预制构件或不用模具的中小构件。表面平整度可用靠尺和塞尺配合进行量测。

9.3.2 模具是专门用来生产预制构件的各种模板系统，可为固定在构件生产场地的固定模具，也可为方便移动的模具。定型钢模生产的预制构件质量较好，在条件允许的情况下建议尽量采用；对于形状复杂、数量少的构件也可采用木模或其他材料制作。清水混凝土预制构件建议采用精度较高的模具制作。预制构件预留孔设施、插筋、预埋吊件及其他预埋件要可靠地固定在模具上，并避免在浇筑混凝土过程中产生移位。对于跨度较大的预制构件，如设计提出反拱要求，则模具需根据设计要求设置反拱。

9.3.3 预制构件的振捣与现浇结构不同之处就是可采用振动台的方式，振动台多用于中小预制构件和专用模具生产的先张法预应力预制构件。选择振捣机械时还应注意对模具稳定性的影响。

9.3.4 实践中混凝土强度控制可根据当地生产经验的总结，根据不同混凝土强度、不同气温采用时间控制的方式。上、下层构件的隔离措施可采用各种类型的隔离剂，但应注意环保要求。

9.3.6 在带饰面的预制构件制作的反打一次成型系指将面砖先铺放于模板内，然后直接在面砖上浇筑混凝土，用振动器振捣成型的工艺。采用反打一次成型工艺，取消了砂浆层，使混凝土直接与面砖背面凹槽粘结，从而有效提高了二者之间的粘接强度，避免了面砖脱落引发的不安全因素及给修复工作带来的不便，而且可做到饰面平整、光洁，砖缝清晰、平直，整体效果较好。饰面一般为面砖或石材，面砖背面宜带有燕尾槽，石材背面应做涂覆防水处理，并宜采用不锈钢卡件与混凝土进行机械连接。

9.3.7 有保温要求的预制构件保温材料的性能需符合设计要求，主要性能指标为吸水率和热工性能。水平浇筑方式有利于保温材料在预制构件中的定位。如采用竖直浇筑方式成型，保温材料可在浇筑前放置并固定。

采用夹心保温构造时，需要采取可靠连接措施保证保温材料外的两层混凝土可靠连接，专用连接件或钢筋桁架是常用的两种措施。部分有机材料制成的专用连接件热工性能较好，可以完全达到热工“断桥”，而钢筋桁架只能做到部分“断桥”。连接措施的数量和位置需要进行专项设计，专用连接件可根据使用手册的规定直接选用。必要时在构件制作前应进行专项试验，检验连接措施的定位和锚固性能。

9.3.8 清水混凝土预制构件的外观质量要求较高，应采取专项保障措施。

9.3.10 本条规定主要适用需要通过现浇混凝土或砂浆进行连接的预制构件结合面。拉毛或凿毛的具体要求应符合设计文件及相关标准的有关规定。露骨料粗糙面的施工工艺主要有两种：在需要露骨料部位的模板表面涂刷适量的缓凝剂；在混凝土初凝或脱模后，采用高压水枪、人工喷水加手刷等措施冲洗掉未凝结的水泥砂浆。当设计要求预制构件表面不需要进行粗糙处理时，可按设计要求执行。

9.3.11 预制构件脱模起吊时，混凝土应具有足够的强度，并根据本规范第9.2节的有关规定进行施工验算。实践中，预先留设混凝土立方体试件，与预制构件同条件养护，并用该同条件养护试件的强度作为预制构件混凝土强度控制的依据。施工验算应考虑脱模方法（平放竖直起吊、单边起吊、倾斜或旋转后竖直起吊等）和预埋吊件的验算，需要时应进行必要调整。

9.4 运输与堆放

9.4.1 预制构件运输与堆放时，如支承位置设置不当，可能造成构件开裂等缺陷。支承点位置应根据本规范第9.2节的有关规定进行计算、复核。按标准图生产的构件，支承点应按标准图设置。

9.4.2 本条的规定主要是为了运输安全和保护预制构件。道路、桥梁的实际条件包括荷重限值及限高、限宽、转弯半径等，运输线路制定还要考虑交通管理方面的相关规定。构件运输时同样应满足本规范9.4.3条关于堆放的有关规定。

9.4.3 本条规定主要是为了保护堆放中的预制构件。当垫木放置位置与脱模、吊装的起吊位置一致时，可不再单独进行使用验算，否则需根据堆放条件进行验算。堆垛的安全、稳定特别重要，在构件生产企业及施工现场均应特别注意。预应力构件均有一定的反拱，长期堆放时反拱还会随时间增长，堆放时应考虑反拱因素的影响。

9.4.4 插放架、靠放架应安全可靠，满足强度、刚度及稳定性的要求。如受运输路线等因素限制而无法直立运输时，也可平放运输，但需采取保护措施，如在运输车上放置使构件均匀受力的平台等。

9.4.5 屋架属细长薄腹构件，平卧制作方便且省地，但脱模、翻身等吊运过程中产生的侧向弯矩容易导致混凝土开裂，故此作业前需采取加固措施。

9.5 安装与连接

9.5.1 装配式结构的安装施工流水作业很重要，科学的组织有利于质量、安全和工期。预制构件应按设计文件、专项施工方案要求的顺序进行安装与连接。

9.5.2 本条规定了进行现场安装施工的准备工作。已施工完成结构包括现浇混凝土结构和装配式混凝土结构，现浇结构的混凝土强度应符合设计要求，尺寸包括轴线、标高、截面以及预留钢筋、预埋件的位置等。预制构件进场或现场生产后，在装配前应进行构件尺寸检查和资料检查。

在已施工完成结构及预制构件上进行的测量放线应方便安装施工，避免被遮挡而影响定位。预制构件的放线包括构件中心线、水平线、构件安装定位点等。对已施工完成结构，一般根据控制轴线和控制水平线依次放出纵横轴线、柱中心线、墙板两侧边线、节点线、楼板的标高线、楼梯位置及标高线、异形构件位置线及必要的编号，以便于装配施工。

9.5.3 考虑到预制构件与其支承构件不平整，如直接接触或出现集中受力的现象，设置座浆或垫片有利于均匀受力，另外也可以在一定范围内调整构件的高程。垫片一般为铁片或橡胶片，其尺寸按现行国家标准《混凝土结构设计规范》GB 50010的局部受压承载力要求确定。对叠合板、叠合梁等的支座，可不设置坐浆或垫片，其竖向位置可通过临时支撑加以调整。

9.5.4 临时固定措施是装配式结构安装过程承受施工荷载，保证构件定位的有效措施。临时固定措施可以在不影响结构承载力、刚度及稳定性前提下分阶段拆除，对拆除方法、时间及顺序，可事先通过验算制定方案。临时支撑及其连接件、预埋件的设计计算应符合本规范第9.2节的有关规定。

9.5.5 装配式结构工程施工过程中，当预制构件或整个结构自身不能承受施工荷载时，需要通过设置临时支撑来保证施工定位、施工安全及工程质量。临时支撑包括水平构件下方的临时竖向支撑，在水平构件两端支承构件上设置的临时牛腿，竖向构件的临时斜撑（如可调式钢管支撑或型钢支撑）等。

对于预制墙板，临时斜撑一般安放在其背面，且一般不少于2道，对于宽度比较小的墙板也可仅设置1道斜撑。当墙板底没有水平约束时，墙板的每道临时支撑包括上部斜撑和下部支撑，下部支撑可做成水平支撑或斜向支撑。对于预制柱，由于其底部纵向钢筋可以起到水平约束的作用，故一般仅设置上部斜撑。柱子的斜撑也最少要设置2道，且要设置在两个相邻的侧面上，水平投影相互垂直。

临时斜撑与预制构件一般做成铰接，并通过预埋件进行连接。考虑到临时斜撑主要承受的是水平荷载，为充分发挥其作用，对上部的斜撑，其支撑点距离板底的距离不宜小于板高的2/3，且不应小于板高的1/2。

9.5.6 装配式结构连接施工的浇筑用材料主要为混

凝土、砂浆、水泥浆及其他复合成分的灌浆料等，不同材料的强度等级值应按相关标准的规定进行确定。对于混凝土、砂浆，可采用留置同条件试块或其他实体强度检测方法确定强度。连接处可能有不同强度等级的多个预制构件，确定浇筑用材料的强度等级值时按此处不同构件强度设计等级值的较大值即可，如梁柱节点一般柱的强度较高，可按柱的强度确定浇筑用材料的强度。当设计通过设计计算提出专门要求时，浇筑用材料的强度也可采用其他强度。可采用微型振捣棒等措施保证混凝土或砂浆浇筑密实。

9.5.7 本条规定采用焊接或螺栓连接构件时的施工技术要求，可参考国家现行标准《钢结构工程施工质量验收规范》GB 50205、《建筑钢结构焊接技术规程》JGJ 81、《钢结构高强度螺栓连接的设计、施工及验收规程》JGJ 82 的有关规定执行。当采用焊接连接时，可能产生的损伤主要为预制构件、已施工完成结构开裂和橡胶支垫、镀锌铁件等配件损坏。

9.5.8 后张预应力筋连接也是一种预制构件连接形式，其张拉、放张、封锚等均与预应力混凝土结构施工基本相同，可按本规范第 6 章的有关规定执行。

9.5.9 装配式结构构件间钢筋的连接方式主要有焊接、机械连接、搭接及套筒灌浆连接等，其中前三种为常用的连接方式，可按本规范第 5 章及现行行业标准《钢筋焊接及验收规程》JGJ 18、《钢筋机械连接技术规程》JGJ 107 等的有关规定执行。钢筋套筒灌浆连接是用高强、快硬的无收缩砂浆填充在钢筋与专用套筒连接件之间，砂浆凝固硬化后形成钢筋接头的钢筋连接施工方式。套筒灌浆连接的整体性较好，其产品选用、施工操作和验收需遵守相关标准的规定。

9.5.10 结合面粗糙度和外露钢筋是叠合式受弯构件整体受力的保证。施工荷载应满足设计要求，单个预制构件承受较大施工荷载会带来安全和质量隐患。

9.5.11 构件连接处的防水可采用构造防水或其他弹性防水材料或硬性防水砂浆，具体施工和材料性能应符合设计及相关标准的规定。

9.6 质量检查

9.6.1～9.6.7 本节各条根据装配式结构工程施工的特点，提出了预制构件制作、运输与堆放、安装与连接等过程中的质量检查要求。具体如下：

1 模具质量检查主要包括外观和尺寸偏差检查；

2 预制构件制作过程中的质量检查除应符合现浇结构要求外，尚应包括预埋吊件、复合墙板夹心保温层及连接件、门窗框和预埋管线等检查；

3 预制构件的质量检查为构件出厂前（场内生产的预制构件为工序交接前）进行，主要包括混凝土强度、标识、外观质量及尺寸偏差、预埋预留设施质量及结构性能检验情况；根据现行国家标准《混凝土结构工程施工质量验收规范》GB 50204 的相关规定，预制构件的结构性能检验应按批进行，对于部分大型构件或生产较少的构件，当采取加强材料和制作质量检验的措施时，也可不作结构性能检验，具体的结构性能检验要求也可根据工程合同约定；

4 预制构件起吊、运输的质量检查包括吊具和起重设备、运输线路、运输车辆、预制构件的固定保护等检查；

5 预制构件堆放的质量检查包括堆放场地、垫木或垫块、堆垛层数、稳定措施等检查；

6 预制构件安装前的质量检查包括已施工完成结构质量、预制构件质量复核、安装定位标识、结合面检查、吊具及现场吊装设备等检查；

7 预制构件安装连接的质量检查包括预制构件的位置及尺寸偏差、临时固定措施、连接处现浇混凝土或砂浆质量、连接处钢筋连接及锚板等其他连接质量的检查。

10 冬期、高温和雨期施工

10.1 一般规定

10.1.1 冬期施工中的冬期界限划分原则在各个国家的规范中都有规定。多年来，我国和多数国家均以“室外日平均气温连续 5 日稳定低于 5℃”为冬期划分界限，其中“连续 5 日稳定低于 5℃”的说法是依气象部门术语引进的，且气象部门可提供这方面的资料。本规范仍以 5℃ 作为进入或退出冬期施工的界限。

我国的气候属于大陆性季风型气候，在秋末冬初和冬末春初时节，常有寒流突袭，气温骤降 5℃～10℃的现象经常发生，此时会在一两天之内最低气温突然降至 0℃以下，寒流过后气温又恢复正常。因此，为防止短期内的寒流袭击造成新浇筑的混凝土发生冻结损伤，特规定当气温骤降至 0℃以下时，混凝土应按冬期施工要求采取应急防护措施。

10.1.2 高温条件下拌合、浇筑和养护的混凝土比低温度下施工养护的混凝土早期强度高，但 28d 强度和后期强度通常要低。根据美国规范 ACI 305R-99《Hot Weather Concreting》，当混凝土 24h 初始养护温度为 100F（38℃），试块的 28d 抗压强度将比规范规定的温度下养护低 10%～15%。

混凝土高温施工的定义温度，美国是 24℃，日本和澳大利亚是 30℃。我国《铁路混凝土工程施工技术指南》中给出，当日平均气温高于 30℃时，按照暑期规定施工。本规范综合考虑我国气候特点和施工技术水平，高温施工温度定义为日平均气温达到 30℃。

10.1.3 “雨期”并不完全是指气象概念上的雨季，而是指必须采取措施保证混凝土施工质量的下雨时间段。本规范所指雨期，包括雨季和雨天两种情况。

10.2 冬期施工

10.2.1 冬期施工配制混凝土应考虑水泥对混凝土早期强度、抗渗、抗冻等性能的影响。矿渣硅酸盐水泥、火山灰质硅酸盐水泥、粉煤灰硅酸盐水泥和复合硅酸盐水泥中均含有20%～70%不等的混合材料。这些混合材料性质千差万别，质量各不相同，水泥水化速率也不尽相同。因此，为提高混凝土早期强度增长率，以便尽快达到受冻临界强度，冬期施工宜优先选用硅酸盐水泥或普通硅酸盐水泥。使用其他品种硅酸盐水泥时，需通过试验确定混凝土在负温下的强度发展规律、抗渗性能等是否满足工程设计和施工进度的要求。

研究表明，矿渣水泥经过蒸养后的最终强度比标养强度能提高15%左右，具有较好的蒸养适应性，故提出蒸汽养护的情况下宜使用矿渣硅酸盐水泥。

10.2.2 骨料由于含水在负温下冻结形成尺寸不同的冻块，若在没有完全融化时投入搅拌机中，搅拌过程中骨料冻块很难完全融化，将会影响混凝土质量。因此骨料在使用前应事先运至保温棚内存放，或在使用前使用蒸汽管或蒸汽排管等进行加热，融化冻块。

10.2.3 混凝土中掺入引气剂，是提高混凝土结构耐久性的一个重要技术手段，在国内外已形成共识。而在负温混凝土中掺入引气剂，不但可以提高耐久性，同时也可以在混凝土未达到受冻临界强度之前有效抵消拌合水结冰时产生的冻结应力，减少混凝土内部结构损伤。

10.2.4 冬期施工混凝土配合比的确定尤为重要，不同的养护方法、不同的防冻剂、不同的气温都会影响配合比参数的选择。因此，在配合比设计中要依据施工参数、要素进行全面考虑，但和常温要求的原则还是一样，即尽可能降低混凝土的用水量，减小水胶比，在满足施工工艺条件下，减小坍落度，降低混凝土内部的自由水结冰率。

10.2.6 采用热水搅拌混凝土，特别是60℃以上的热水，若水泥直接与热水接触，易造成急凝、速凝或假凝现象；同时，也会对混凝土的工作性造成影响，坍落度损失加大。因此，冬期施工中，当采用热水搅拌混凝土时，应先投入骨料和水或者是2/3的水进行预拌，待水温降低后，再投入胶凝材料与外加剂进行搅拌，搅拌时间应较常温条件下延长30s～60s。

引气剂或含有引气组分的外加剂，也不应与60℃以上热水直接接触，否则易造成气泡内气相压力增大，导致引气效果下降。

10.2.7 混凝土入模温度的控制是为了保证新拌混凝土浇筑后，有一段正温养护期供水泥早期水化，从而保证混凝土尽快达到受冻临界强度，不致引起冻害。混凝土出机温度较高，但经过运输与输送、浇筑之后，入模温度会产生不同程度的降低。冬期施工中，应尽量避免混凝土在运输与输送、浇筑过程中的多次倒运。对于商品混凝土，为防止运输过程中的热量损失，应对运输车进行保温，泵送过程中还需对泵管进行保温，都是为了提高混凝土的入模温度。工程实践表明，混凝土出机温度为10℃时，经过运输与输送热损，入模温度也仅能达到5℃；而对于预拌混凝土，由于运距较远，运输时间较长，热损失加大，故一般会提高出机温度至15℃以上。因此，冬期施工方案中，应根据施工期间的气温条件、运输与浇筑方式、保温材料种类等情况，对混凝土的运输和输送、浇筑等过程进行热工计算，确保混凝土的入模温度满足早期强度增长和防冻的要求。

对于大体积混凝土，为防止混凝土内外温差过大，可以适当降低混凝土的入模温度，但要采取保温防护措施，保证新拌混凝土在入模后，水化热上升期之前不会发生冻害。

10.2.9 地基、模板与钢筋上的冰雪在未清除的情况下进行混凝土浇筑，会对混凝土表观质量以及钢筋粘结力产生严重影响。混凝土直接浇筑于冷钢筋上，容易在混凝土与钢筋之间形成冰膜，导致钢筋粘结力下降。因此，在混凝土浇筑前，应对钢筋及模板进行覆盖保温。

10.2.10 分层浇筑混凝土时，特别是浇筑工作面较大时，会造成新拌混凝土热量损失加速，降低了混凝土的早期蓄热。因此规定分层浇筑时，适当加大分层厚度，分层厚度不应小于400mm；同时，应加快浇筑速度，防止下层混凝土在覆盖前受冻。

10.2.11 混凝土结构加热养护的升温、降温阶段会在内部形成一定的温度应力，为防止温度应力对结构的影响，应在混凝土浇筑前合理安排浇筑顺序或者留置施工缝，预防温度应力造成混凝土开裂。

10.2.12 混凝土受冻临界强度是指冬期浇筑的混凝土在受冻以前不致引起冻害，必须达到的最低强度，是负温混凝土冬期施工中的重要技术指标。在达到此强度之后，混凝土即使受冻也不会对后期强度及性能产生影响。我国冬期施工学术与施工界在近三十年的科学研究与工程实践过程中，按气温条件、混凝土性质等确定出混凝土的受冻临界强度控制值。对条文前5款分别说明如下：

1 采用蓄热法、暖棚法、加热法等方法施工的混凝土，一般不掺入早强剂或防冻剂，即所谓的普通混凝土，其受冻临界强度按原JGJ 104规程中规定的30%和40%采用，经多年实践证明，是安全可靠的。暖棚法、加热法养护的混凝土也存在受冻临界强度，当其没有达到受冻临界强度之前，保温层或暖棚的拆除、电器或蒸汽的停止加热都有可能造成混凝土受冻。因此，将采用这三种方法施工的混凝土归为一类进行受冻临界强度的规定，是考虑到混凝土性质类似，混凝土在达到受冻临界强度后方可拆除保温层，或拆除暖棚，或停止通蒸汽加热，或停止通电加热。同时，也可达到节能、节材的目的，即采用蓄热法、暖棚法、加热法养护的混凝土，在达到受冻临界强度后即可停止保温，或停止加热，从而降低工程造价，减少不必要的能源浪费。

2 采用综合蓄热法、负温养护法施工的混凝土，在混凝土配制中掺入了早强剂或防冻剂，混凝土液相拌合水结冰时的冰晶形态发生畸变，对混凝土产生的冻胀破坏力减弱。根据20世纪80年代的研究以及多年的工程实践结果表明，采用综合蓄热法和负温养护法（防冻剂法）施工的混凝土，其受冻临界强度值按气温界限进行划分是合理的。因此，仍遵循现行行业标准《建筑工程冬期施工规程》JGJ/T 104的有关规定。

3 根据黑龙江省寒地建筑科学研究院以及国内部分大专院校的研究表明，强度等级为C50及C50级以上混凝土的受冻临界强度一般在混凝土设计强度等级值的21％～34％之间。鉴于高强度混凝土多作为结构的主要受力构件，其受冻对结构的安全影响重大，因此，将C50及C50级以上的混凝土受冻临界强度确定为不宜小于30％。

4 负温混凝土可以通过增加水泥用量、降低用水量、掺加外加剂等措施来提高强度，虽然受冻后可保证强度达到设计要求，但由于其内部因冻结会产生大量缺陷，如微裂缝、孔隙等，造成混凝土抗渗性能大量降低。黑龙江省寒地建筑科学研究院科研数据表明，掺早强型防冻剂的C20、C30混凝土强度分别达到10MPa、15MPa后受冻，其抗渗等级可达到P6；掺防冻型防冻剂时，抗渗等级可达到P8。经折算，混凝土受冻前的抗压强度达到设计强度等级值的50％。一般工业与民用建筑的设计抗渗等级多为P6～P8。因此，规定有抗渗要求的混凝土受冻临界强度不宜小于设计混凝土强度等级值的50％，是保证有抗渗要求混凝土工程冬期施工质量和结构耐久性的重要技术要求。

5 对于有抗冻融要求的混凝土结构，例如建筑中的水池、水塔等，使用中将与水直接接触，混凝土中的含水率极易达到饱和临界值，受冻环境较严峻，很容易破坏。冬期施工中，确定合理的受冻临界强度值将直接关系到有抗冻要求混凝土的施工质量是否满足设计年限与耐久性。国际建研联RILEM（39-BH）委员会在《混凝土冬季施工国际建议》中规定："对于有抗冻要求的混凝土，考虑耐久性时不得小于设计强度的30％～50％"；美国ACI306委员会在《混凝土冬季施工建议》中规定："对有抗冻要求的掺引气剂混凝土为设计强度的60％～80％"；俄罗斯国家建筑标准与规范（СНиП3.03.01）中规定："在使用期间遭受冻融的构件，不小于设计强度的70％"；我国行业标准《水工建筑物抗冰冻设计规范》SL 211-2006规定："在受冻期间可能有外来水分时，大体积混凝土和钢筋混凝土均不应低于设计强度等级的85％"。综合分析这类结构的工作条件和特点，并参考国内外有关规范，确定了有抗冻耐久性要求的混凝土，其受冻临界强度值不宜小于设计强度值70％的规定，用以指导此类工程建设，保证工程质量。

10.2.13 冬期施工，应重点加强对混凝土在负温下的养护，考虑到冬期施工养护方法分为加热法和非加热法，种类较多，操作工艺与质量控制措施不尽相同，而对能源的消耗也有所区别，因此，根据气温条件、结构形式、进度计划等因素选择适宜的养护方法，不仅能保证混凝土工程质量，同时也会有效地降低工程造价，提高建设效率。

采用综合蓄热法养护的混凝土，可执行较低的受冻临界强度值；混凝土中掺入适量的减水、引气以及早强剂或早强型外加剂也可有效地提高混凝土的早期强度增长速度；同时，可取消混凝土外部加热措施，减少能源消耗，有利于节能、节材，是目前最为广泛应用的冬期施工方法。

鉴于现代混凝土对耐久性要求越来越高，无机盐类防冻剂中多含有大量碱金属离子，会对混凝土的耐久性产生不利影响，因此，将负温养护法（防冻剂法）应用范围规定为一般混凝土结构工程；对于重要结构工程或部位，仍推荐采用其他养护法进行。

冬期施工加热法养护混凝土主要为蒸汽加热法和电加热法，具体参照现行行业标准《建筑工程冬期施工规程》JGJ/T 104进行操作。鉴于棚暖法、蒸汽法、电热法养护需要消耗大量的能源，不利于节能和环保，故规定当采用蓄热法、综合蓄热法或负温养护法不能满足施工要求时，可采用棚暖法、蒸汽法、电热法，并采取节能降耗措施。

10.2.14 冬期施工中，由于边、棱角等突出部位以及薄壁结构等表面系数较大，散热快，不易进行保温，若管理不善，经常会造成局部混凝土受冻，形成质量缺陷。因此，对结构的边、棱角及易受冻部位采取保温层加倍的措施，可以有效地避免混凝土局部产生受冻，影响工程质量。

10.2.15 拆除模板后，混凝土立即暴露在大气环境中，降温速率过快或者与环境温差较大，会使混凝土产生温度裂缝。对于达到拆模强度而未达到受冻临界强度的混凝土结构，应采取保温材料继续进行养护。

10.2.17 规定了混凝土冬期施工中尤为关键的质量控制与检查项目：骨料含水率、防冻剂掺量以及温度与强度。混凝土防冻剂的掺量会随着气温的降低而增大，为防止混凝土受冻，施工技术人员应及时监测每日的气温，收集未来几日的气象资料，并根据这些气温材料，及时调整防冻剂的掺量或调整混凝土配合比。

10.2.18 规定了冬期施工中，应对原材料、混凝土运输与浇筑、混凝土养护期间的温度进行监测，用以控制混凝土冬期施工的热工参数，便于与热工计算的温度值进行比对，以便出现偏差时进行混凝土养护措施的调整，从而控制混凝土负温施工质量。混凝土冬期施工测温项目和频次可按现行行业标准《建筑工程冬期施工规程》JGJ/T 104 的规定进行。

10.2.19 冬期施工中，对负温混凝土强度的监测不宜采用回弹法。目前较为常用的方法为留置同条件养护试件和采用成熟度法进行推算。本条规定了同条件养护试件的留置数量，用于施工期间监测混凝土受冻临界强度、拆模或拆除支架时强度，确保负温混凝土施工安全与施工质量。

10.3 高温施工

10.3.1 高温施工时，原材料温度对混凝土配合比、混凝土出机温度、入模温度以及混凝土拌合物性能等影响很大，所以应采取必要措施确保原材料降低温度以满足高温施工的要求。

10.3.2 原材料温度、天气、混凝土运输方式与时间等客观条件对混凝土配合比影响很大。在初次使用前，进行实际条件下的工况试运行，以保证高温天气条件下混凝土性能指标的稳定性是必要的。同时，根据环境温度、湿度、风力和采取温控措施实际情况，对混凝土配合比进行调整。

水泥的水化热将使混凝土的温度升高，导致混凝土表面水分的蒸发速度加快，从而使混凝土表面干缩裂缝产生的机会增大，因此，应尽可能采用低水泥用量和水化热小的水泥。

高温天气条件下施工的混凝土坍落度不宜过低，以保证混凝土浇筑工作效率。

10.3.3 混凝土高温天气搅拌首先应对机具设备采取遮阳措施；对混凝土搅拌温度进行估算，达不到规定要求温度时，对原材料采取直接降温措施；采取对原材料进行直接降温时，对水、石子进行降温最方便和有效；混凝土加冰拌合时，冰的重量不宜超过拌合用水量（扣除粗细骨料含水）的 50%，以便于冰的融化。混凝土拌合物出机温度计算公式参考了美国 ACI305R-99 规范，简化了混凝土各类原材料比热容值的影响因素，在现场测量出各原材料的入机温度和每罐使用重量，就可以方便估算出该批混凝土拌合物的出机温度，减少了参数，方便现场使用。

10.3.5 混凝土浇筑入模温度较高时，坍落度损失增加，初凝时间缩短，凝结速率增加，影响混凝土浇筑成型，同时混凝土干缩、塑性、温度裂缝产生的危险增加。

我国行业标准《水工混凝土施工规范》DL/T 5144－2011 规定，高温季节施工时，混凝土浇筑温度不宜大于 28℃；日本和澳大利亚相关规范规定，夏季混凝土的浇筑温度低于 35℃；本条明确在高温施工时，混凝土入模温度仍执行不应高于 35℃的规定，与本规范第 8.1.2 条相一致。

10.3.6 混凝土浇筑应尽可能避开高温时段。同时，应对混凝土可能出现的早期干缩裂缝进行预测，并做好预防措施计划。混凝土水分蒸发速率加大时，产生早期干缩裂缝的风险也随之增加。当水分蒸发速率较快时，应在施工作业面采取挡风、遮阳、喷雾等措施改善作业面环境条件，有利于预防混凝土可能产生的干缩、塑性裂缝。

10.4 雨期施工

10.4.1 现场储存的水泥和掺合料应采用仓库、料棚存放或加盖覆盖物等防水和防潮措施。当粗、细骨料淋雨后含水率变化时，应及时调整混凝土配合比。现场可采取快速干炒法将粗、细骨料炒至饱和面干，测其含水率变化，按含水率变化值计算后相应增加粗、细骨料重量或减少用水量，调整配合比。

10.4.3 混凝土浇筑作业面较广，设备移动量大，雨天施工危险性较大，必须严格进行三级保护，接地接零检查及维修按现行行业标准《施工现场临时用电安全技术规范》JGJ 46 的有关规定执行。当模板及支架的金属构件在相邻建筑物（构筑物）及现场设置的防雷装置接闪器的保护范围以外时，应按 JGJ 46 标准的规定对模板及支架的金属构件安装防雷接地装置。

10.4.4 混凝土浇筑前，应及时了解天气情况，小雨、中雨尽可能不要进行混凝土露天浇筑施工，且不应开始大面积作业面的混凝土露天浇筑施工。当必须施工时，应当采取基槽或模板内排水、砂石材料覆盖、混凝土搅拌和运输设备防雨、浇筑作业面防雨覆盖等措施。

10.4.5 雨后地基土沉降现象相当普遍，特别是回填土、粉砂土、湿陷性黄土等。除对地基土进行压实、地基土面层处理及设置排水设施外，应在模板及支架上设置沉降观测点，雨后及时对模板及支架进行沉降观测和检查，沉降超过标准时，应采取补救措施。

10.4.7 补救措施可采用补充水泥砂浆、铲除表层混凝土、插短钢筋等方法。

10.4.10 临时加固措施包括将支架或模板与已浇筑并有一定强度的竖向构件进行拉结，增加缆风绳、抛撑、剪刀撑等。

11 环境保护

11.1 一般规定

11.1.1 施工环境保护计划一般包括环境因素分析、控制原则、控制措施、组织机构与运行管理、应急准备和响应、检查和纠正措施、文件管理、施工用地保护和生态复原等内容。环境因素控制措施一般包括对扬尘、噪声与振动、光、气、水污染的控制措施，建筑垃圾的减量计划和处理措施，地下各种设施以及文物保护措施等。

对施工环境保护计划的执行情况和实施效果可由现场施工项目部进行自评估，以利于总结经验教训，并进一步改进完善。

11.1.2 对施工过程中产生的建筑垃圾进行分类，区分可循环使用和不可循环使用的材料，可促进资源节约和循环利用。对建筑垃圾进行数量或重量统计，可进一步掌握废弃物产生来源，为制定建筑垃圾减量化和循环利用方案提供基础数据。

11.2 环境因素控制

11.2.1 为做好施工操作人员健康防护，需重点控制作业区扬尘。施工现场的主要道路，由于建筑材料运输等因素，较易引起较大的扬尘量，可采取道路硬化、覆盖、洒水等措施控制扬尘。

11.2.2 在施工中（尤其是在噪声敏感区域施工时），要采取有效措施，降低施工噪声。根据现行国家标准《建筑施工场界噪声限值》GB 12523的规定，钢筋加工、混凝土拌制、振捣等施工作业在施工场界的允许噪声级：昼间为70dB（A声级），夜间为55dB（A声级）。

11.2.3 电焊作业产生的弧光即使在白昼也会造成光污染。对电焊等可能产生强光的施工作业，需对施工操作人员采取防护措施，采取避免弧光外泄的遮挡措施，并尽量避免在夜间进行电焊作业。

对夜间室外照明应加设灯罩，将透光方向集中在施工范围内。对于离居民区较近的施工地段，夜间施工时可设密目网屏障遮挡光线。

11.2.5 目前使用的脱模剂大多数是矿物油基的反应型脱模剂。这类脱模剂由不可再生资源制备，不可生物降解，并可向空气中释放出具有挥发性的有机物。因此，剩余的脱模剂及其包装等需由厂家或者有资质的单位回收处理，不能与普通垃圾混放。随着环保意识的增强和脱模剂相关产品的创新与发展，也出现了环保型的脱模剂，其成分对环境不会产生污染。对于这类脱模剂，可不要求厂家或者有资质的单位回收处理。

11.2.7 目前市场上还存在着采用污染性较大甚至有毒的原材料生产的外加剂、养护剂，不仅在建筑施工时，而且在建筑使用时都可能危害环境和人身健康。如某些早强剂、防冻剂中含有有毒的重铬酸盐、亚硝酸盐，致使洗刷混凝土搅拌机后排出的水污染周围环境。又如，掺入以尿素为主要成分的防冻剂的混凝土，在混凝土硬化后和建筑物使用中会有氨气逸出，污染环境，危害人身健康。因此要求外加剂、养护剂的使用应满足环保和健康要求。

11.2.9 施工单位应按照相关部门的规定处置建筑垃圾，将不可循环使用的建筑垃圾集中收集，并及时清运至指定地点。

建筑垃圾的回收利用，包括在施工阶段对边角废料在本工程中的直接利用，比如利用短的钢筋头制作楼板钢筋的上铁支撑、地锚拉环等，利用剩余混凝土浇筑构造柱、女儿墙、后浇带预制盖板等小型构件等，还包括在其他工程中的利用，如建筑垃圾中的碎砂石块用于其他工程中作为路基材料、地基处理材料、再生混凝土中的骨料等。

附录A 作用在模板及支架上的荷载标准值

A.0.2 本条提出了混凝土自重标准值的规定，具体规定同原国家标准《混凝土结构工程施工及验收规范》GB 50204－92（以下简称GB 50204－92规范）。工程中单位体积混凝土重量有大的变化时，可根据实测单位体积重量进行调整。

A.0.4 本条对混凝土侧压力标准值的计算进行了规定。对于新浇混凝土的侧压力计算，GB 50204－92规范的公式是基于坍落度为60mm～90mm的混凝土，以流体静压力原理为基础，将以往的测试数据规格化为混凝土浇筑温度为20℃下按最小二乘法进行回归分析推导得到的，并且浇筑速度限定在6m/h以下。本规范给出的计算公式以GB 50204－92规范的计算公式按坍落度150mm左右作为基础，并将东南大学补充的新浇混凝土侧压力测试数据和上海电力建设有限责任公司的测试数据重新进行规格化，修正了GB 50204－92规范的公式，并将浇筑速度限定在10m/h以下。修正时，针对如今在混凝土中普遍添加外加剂的实际状况，省略了原β_1的外加剂影响修正系数，把它统一考虑在计算公式中，用一个坍落度调整系数β作修正。GB 50204－92规范公式在浇筑速度较大时计算值较大，所以本规范修正调整时把公式计算值略降了些，对浇筑速度小的时候影响较小。对浇筑速度限定为在10m/h以下，这是对比参考了国外的规范而作出的规定。

施工中，当浇筑小截面柱子等，青建集团股份公司和中国建筑第八工程局有限公司等单位抽样统计，浇筑速度通常在10m/h～20m/h；混凝土墙浇筑速度常在3m/h～10m/h左右。对于分层浇筑次数少的柱子模板或浇筑流动度特别大的自密实混凝土模板，可直接采用$\gamma_c H$计算新浇混凝土侧压力。

A.0.5 本条对施工人员及施工设备荷载标准值作出规定。作用在模板与支架上的施工人员及施工设备荷载标准值的取值，GB 50204－92规范中规定：计算模板及支承模板的小楞时均布荷载为2.5kN/m²，并以2.5kN的集中荷载进行校核，取较大弯矩值进行设计；对于直接支架小楞的构件取均布荷载为1.5kN/m²；而当计算支架立柱时为1.0kN/m²。该条文中集中荷载的规定主要沿用了我国20世纪60年代编写的国家标准《钢筋混凝土工程施工及验收规范》GBJ 10－65附录一的普通模板设计计算参考资料的规定，除考虑均布荷载外，还考虑了双轮手推车运输混凝土的轮子压力250kg的集中荷载。GB 50204－92规范还综合考虑了模板支架计算的荷载由上至下传递的分散均摊作用，由于施工过程中不均匀堆载等施工荷载的不确定性，造成施工人员计算荷载的不确定性更大，加之局部荷载作用下荷载的扩散作用缺乏足够的统计数据，在支架立柱设计中存在荷载取值偏小的不安全因素。

由于施工现场中的材料堆放和施工人员荷载具有随意性，且往往材料堆积越多的地方人员越密集，产生的局部荷载不可忽视。东南大学和中国建筑科学研究院合作，在2009年初通过现场模拟楼板浇筑时的施工活荷载分布扩散和传递测试试验，证明了在局部荷载作用的区域内的模板支架立杆承受了约90%的荷载，相邻的立杆承担相当少的荷载，受荷区外的立柱几乎不受影响。综上，本条规定在计算模板、小楞、支承小楞构件和支架立杆时采用相同的荷载取值2.5kN/m²。

A.0.6 当从模板底部开始浇筑竖向混凝土构件时，其混凝土侧压力在原有 $\gamma_c H$ 的基础上，还会因倾倒混凝土加大，故本条参考GB 50204－92规范、美国规范ACI347的相关规定，提出了混凝土下料产生的水平荷载标准值。本条未考虑振捣混凝土的荷载项，主要原因为：GB 50204－92规范中规定了振捣混凝土时产生的荷载，对水平面模板可采用2kN/m²；对竖向面模板可采用4kN/m²，并作用在混凝土有效压头范围内；对于倾倒混凝土在竖向面模板上产生的水平荷载2kN/m²～6kN/m²，也作用在混凝土有效压头范围内。对于振捣混凝土产生的荷载项，国家标准《钢筋混凝土工程施工及验收规范》GBJ 10－65规定为只在没有施工荷载时（如梁的底模板）才有此项荷载，其值为100kg/m²。

A.0.7 本条规定了附加水平荷载项。未预见因素产生的附加水平荷载是新增荷载项，是考虑施工中的泵送混凝土和浇筑斜面混凝土等未预见因素产生的附加水平荷载。美国ACI347规范规定了泵送混凝土和浇筑斜面混凝土等产生的水平荷载取竖向永久荷载的2%，并以线荷载形式作用在模板支架的上边缘水平方向上；或直接以不小于1.5kN/m的线荷载作用在模板支架上边缘的水平方向上进行计算。日本也规定有相应的该荷载项。该荷载项主要用于支架结构的整体稳定验算。

A.0.8 本条规定水平风荷载标准值根据现行国家标准《建筑结构荷载规范》GB 50009的有关规定确定。考虑到模板及支架为临时性结构，确定风荷载标准值时的基本风压可采用较短的重现期，本规范取为10年。基本风压是根据当地气象台站历年来的最大风速记录，按基本风压的标准要求换算得到的，对于不同地区取不同的数值。本条规定了基本风压的最小值0.20kN/m²。对风荷载比较敏感或自重较轻的模板及支架，可取用较长重现期的基本风压进行计算。

附录B 常用钢筋的公称直径、公称截面面积、计算截面面积及理论重量

B.0.1～B.0.3 本节给出了常用钢筋的公称直径、公称截面面积、计算截面面积及理论重量，供工程中使用。其他钢筋的相关参数可按产品标准中的规定取值。

附录C 纵向受力钢筋的最小搭接长度

C.0.1、C.0.2 根据国家标准《混凝土结构设计规范》GB 50010－2010的规定，绑扎搭接受力钢筋的最小搭接长度应根据钢筋及混凝土的强度经计算确定，并根据搭接钢筋接头面积百分率等进行修正。当接头面积百分率为25%～100%的中间值时，修正系数按25%～50%、50%～100%两段分别内插取值。

C.0.3 本条提出了纵向受拉钢筋最小搭接长度的修正方法以及受拉钢筋搭接长度的最低限值。对末端采用机械锚固措施的带肋钢筋，常用的钢筋机械锚固措施为钢筋贴焊、锚固板端焊、锚固板螺纹连接等形式；如末端机械锚固钢筋按本规范规定折减锚固长度，机械锚固措施的配套材料、钢筋加工及现场施工操作应符合现行国家标准《混凝土结构设计规范》GB 50010及相关标准的有关规定。

C.0.4 有些施工工艺，如滑模施工，对混凝土凝固过程中的受力钢筋产生扰动影响，因此，其最小搭接长度应相应增加。本条给出了确定纵向受压钢筋搭接时最小搭接长度的方法以及受压钢筋搭接长度的最低限值。

附录D 预应力筋张拉伸长值计算和量测方法

D.0.1 对目前工程常用的高强低松弛钢丝和钢绞线，其应力比例极限（弹性范围）可达到 $0.8f_{ptk}$ 左右，而规范规定预应力筋张拉控制应力不得大于 $0.8f_{ptk}$，因此，预应力筋张拉伸长值可根据预应力筋应力分布并按虎克定律计算。预应力筋的张拉伸长值可采用积分的方法精确计算。但在工程应用中，常假

定一段预应力筋上的有效预应力为线性分布，从而可以推导得到一端张拉的单段曲线或直线预应力筋张拉伸长值计算简化公式（D.0.1）。工程实例分析表明，按简化公式和积分方法计算得到的结果相差仅为0.5%左右，因此简化公式可满足工程精度要求。值得注意的是，对于大量应用的后张法钢绞线有粘结预应力体系，在张拉端锚口区域存在锚口摩擦损失，因此，在伸长值计算中，应扣除锚口摩擦损失。行业标准《预应力筋用锚具、夹具和连接器应用技术规程》JGJ 85－2010 给出了锚口摩擦损失的测试方法，并规定锚口摩擦损失率不应大于 6%。

D.0.2 建筑结构工程中的预应力筋一般采用由直线和抛物线组合而成的线形，可根据扣除摩擦损失后的预应力筋有效应力分布，采用分段叠加法计算其张拉伸长值，而摩擦损失可按现行国家标准《混凝土结构设计规范》GB 50010 的有关规定进行计算。对于多跨多波段曲线预应力筋，可采用分段分析其摩擦损失。

D.0.3 预应力筋在张拉前处于松弛状态，初始张拉时，千斤顶油缸会有一段空行程，在此段行程内预应力筋的张拉伸长值为零，需要把这段空行程从张拉伸长值的实测值中扣除。为此，预应力筋伸长值需要在建立初拉力后开始测量，并可根据张拉力与伸长值成正比的关系来计算实际张拉伸长值。

张拉伸长值量测方法有两种：其一，量测千斤顶油缸行程，所量测数值包含了千斤顶体内的预应力筋张拉伸长值和张拉过程中工具锚和固定端工作锚楔紧引起的预应力筋内缩值，必要时应将锚具楔紧对预应力筋伸长值的影响扣除；其二，当采用后卡式千斤顶张拉钢绞线时，可采用量测外露预应力筋端头的方法确定张拉伸长值。

附录 E 张拉阶段摩擦预应力损失测试方法

E.0.1 张拉阶段摩擦预应力损失可采用应变法、压力差法和张拉伸长值推算法等方法进行测试。压力差法是在主动端和被动端各装一个压力传感器（或千斤顶），通过测出主动端和被动端的力来反演摩擦系数，压力差法设备安装和数据处理相对简便，施工规范采纳的即为此方法。而且压力差实测值也可以为施工中调整张拉控制应力提供参考。由于压力差法的预应力筋两端都要装传感器或千斤顶，因此对于采用埋入式固定端的情况不适用。

E.0.3 在实际工程中，每束预应力筋的摩擦系数 κ、μ 值是波动的，因此分别选择两束的测试数据解联立方程求出 κ、μ 是不可行的。工程上最为常用的是采用假定系数法来确定摩擦系数，而且一般先根据直线束测试或直接取设计值来确定 κ 后，再根据预应力筋几何线形参数及张拉端和锚固端的压力测试结果来计算确定 μ。当然，也可按设计值确定 μ 后，再推算确定 κ。另外，如果测试数据量较大，且束形参数有一定差异时，也可采用最小二乘法回归确定孔道摩擦系数。

中华人民共和国国家标准

印染设备工程安装与质量验收规范

Code for installation and quality inspection of dyeing and finishing equipment

GB 50667—2011

主编部门：中 国 纺 织 工 业 协 会
批准部门：中华人民共和国住房和城乡建设部
实施日期：2 0 1 2 年 3 月 1 日

中华人民共和国住房和城乡建设部
公　　告

第 947 号

关于发布国家标准
《印染设备工程安装与质量验收规范》的公告

现批准《印染设备工程安装与质量验收规范》为国家标准，编号为GB 50667—2011，自 2012 年 3 月 1 日起实施。其中，第4.3.2、4.3.3、4.4.6、4.4.7、4.5.7、4.5.8、4.6.7、4.6.8、5.1.2（7）条（款）为强制性条文，必须严格执行。

本规范由我部标准定额研究所组织中国计划出版社出版发行。

中华人民共和国住房和城乡建设部

二〇一一年二月十八日

前　　言

本规范是根据原建设部《关于印发〈2007 年工程建设标准规范制订、修订计划（第二批）〉的通知》（建标〔2007〕126 号）的要求，由中国纺织机械器材工业协会会同有关单位共同编制完成的。

本规范在编制过程中，根据我国印染行业发展现状，考虑行业持续发展的需要，并结合印染设备的特点，认真总结多年来国内外印染设备的设计和安装运行经验，广泛征求全国有关纺织、科研、设计、生产企业、大专院校专家学者的意见，反复讨论、修改，最后经审查定稿。

本规范共分 7 章，主要技术内容是：总则，基本规定，通用单元设备的安装，单元机的安装，电气控制系统，设备试运转，设备安装验收。

本规范中以黑体字标志的条文为强制性条文，必须严格执行。

本规范由住房和城乡建设部负责管理和对强制性条文的解释，由中国纺织工业协会负责日常管理，中国纺织机械器材工业协会负责具体技术内容的解释。在执行过程中如发现需要修改和补充之处，请将意见或建议寄至中国纺织机械器材工业协会（地址：北京市朝阳区曙光西里甲 1 号东域大厦 A 座 601 室；邮政编码：100028；电子邮箱：sactc215@163.com），以供今后修订时参考。

本规范主编单位、参编单位、主要起草人和主要审查人：

主 编 单 位： 中国纺织机械器材工业协会

参 编 单 位： 邵阳纺织机械有限责任公司
黄石经纬纺织机械有限公司
郑州纺织机械股份有限公司
江苏红旗印染机械有限公司
绍兴东升数码科技有限公司
海宁纺织机械厂

主要起草人： 肖坤后　王爱芹　刘江坚　李　鸽
张　雷　杨　炯　蒲　政　殷万春
李　惟　刘　春　朱光辉　吴春麟
解　斌　黄坤民　徐降芬　李　毅
丁沛文　周宏军　沈加海

主要审查人： 黄承平　邢惠路　黄鸿康　刘福安
陈建波　程庆宝　张丙营　任兰英
黄　美　姜茂琪　林　健　高小毛

目　次

1　总则 ………………………………………… 1—51—5
2　基本规定 …………………………………… 1—51—5
2.1　设备基础 ………………………………… 1—51—5
2.2　设备的开箱验收和保管 ……………… 1—51—5
2.3　地脚螺栓、垫铁与灌浆 ……………… 1—51—5
2.4　特种设备及工艺管道 ………………… 1—51—6
2.5　共同部分 ………………………………… 1—51—6
2.6　直辖部分 ………………………………… 1—51—7
3　通用单元设备的安装 ………………… 1—51—7
3.1　轧车 ……………………………………… 1—51—7
3.2　水洗箱 …………………………………… 1—51—8
3.3　烘燥类装置 ……………………………… 1—51—8
3.4　高给液装置 ……………………………… 1—51—9
3.5　蒸箱 ……………………………………… 1—51—9
3.6　丝光机 …………………………………… 1—51—10
4　单元机的安装 ………………………… 1—51—11
4.1　烧毛机 …………………………………… 1—51—11
4.2　常温常压卷染机 ………………………… 1—51—11
4.3　高温高压卷染机 ………………………… 1—51—11
4.4　气流染色机 ……………………………… 1—51—11
4.5　经轴染色机 ……………………………… 1—51—11
4.6　喷射染色机 ……………………………… 1—51—12
4.7　焙烘机 …………………………………… 1—51—12
4.8　圆网印花机 ……………………………… 1—51—12
4.9　平网印花机 ……………………………… 1—51—13
4.10　长环蒸化机 …………………………… 1—51—13
4.11　拉幅机 ………………………………… 1—51—13
4.12　拉幅定形机 …………………………… 1—51—14
4.13　预缩整理机 …………………………… 1—51—14
4.14　轧光机 ………………………………… 1—51—14
4.15　起毛机 ………………………………… 1—51—15
4.16　磨毛机 ………………………………… 1—51—15
4.17　刷毛机 ………………………………… 1—51—15
4.18　柔软整理机 …………………………… 1—51—15
4.19　剪毛机 ………………………………… 1—51—15
5　电气控制系统 ………………………… 1—51—16
5.1　电源系统 ………………………………… 1—51—16
5.2　电气控制柜 ……………………………… 1—51—16
5.3　配管布线 ………………………………… 1—51—16
5.4　汇线槽 …………………………………… 1—51—17
5.5　机上电气及控制装置 ………………… 1—51—17
6　设备试运转 …………………………… 1—51—18
6.1　一般规定 ………………………………… 1—51—18
6.2　机械部分 ………………………………… 1—51—18
6.3　电气部分 ………………………………… 1—51—18
7　设备安装验收 ………………………… 1—51—18
本规范用词说明 ………………………… 1—51—18
引用标准名录 …………………………… 1—51—19
附：条文说明 …………………………… 1—51—20

Contents

1 General provisions ········ 1—51—5
2 General requirement ········ 1—51—5
2.1 Equipment foundation ········ 1—51—5
2.2 Unpacking Examination and storing ········ 1—51—5
2.3 Foundation bolts, iron pieces and grouting ········ 1—51—5
2.4 Special equipment and process pipeline ········ 1—51—6
2.5 Common items ········ 1—51—6
2.6 Direct parts ········ 1—51—7
3 Installation of general-purpose unit equipments ········ 1—51—7
3.1 Padders ········ 1—51—7
3.2 Washers ········ 1—51—8
3.3 Dryers ········ 1—51—8
3.4 Full liquor feeding devices ········ 1—51—9
3.5 Steam chambers ········ 1—51—9
3.6 Mercerizing equipment ········ 1—51—10
4 Installation of unit equipments ········ 1—51—11
4.1 Singeing machines ········ 1—51—11
4.2 Atmospheric temperature jiggers ········ 1—51—11
4.3 High-temperature and high-pressure jiggers ········ 1—51—11
4.4 Air-flow dyeing machines ········ 1—51—11
4.5 Beam dyeing apparatus ········ 1—51—11
4.6 Jet dyeing machines ········ 1—51—12
4.7 Braking machines ········ 1—51—12
4.8 Rotary screen printing machines ········ 1—51—12
4.9 Flat screen printing machines ········ 1—51—13
4.10 Long loop steamers ········ 1—51—13
4.11 Stenters ········ 1—51—13
4.12 Setting stenters ········ 1—51—14
4.13 Sanforizer ········ 1—51—14
4.14 Calenders ········ 1—51—14
4.15 Raising machines ········ 1—51—15
4.16 Sueding machines ········ 1—51—15
4.17 Brushing machines ········ 1—51—15
4.18 Mellow finishing machines ········ 1—51—15
4.19 Shearing machines ········ 1—51—15
5 Electrical control system ········ 1—51—16
5.1 Power supply ········ 1—51—16
5.2 Control cabinet ········ 1—51—16
5.3 Wire layout ········ 1—51—16
5.4 Cable collecting tray ········ 1—51—17
5.5 Electrical devices and control units on machine ········ 1—51—17
6 Trial run ········ 1—51—18
6.1 General requirement ········ 1—51—18
6.2 Mechanical test run ········ 1—51—18
6.3 Electrical test run ········ 1—51—18
7 Inspection and acceptance ········ 1—51—18
Explanation of wording in this code ········ 1—51—18
List of quoted standards ········ 1—51—19
Addition: Explanation of provisions ········ 1—51—20

1 总　　则

1.0.1　为了统一印染设备工程安装的技术要求及质量验收，保证设备安装的质量和操作的规范化，做到设备安装精确、运行可靠、安全适用，操作简便，编制本规范。

1.0.2　本规范适用于新建、改建和扩建的棉、化纤和混纺等织物印染设备工程的安装与质量验收。本规范不适用于印染设备用户为自用而自制的非标印染设备工程的安装与质量验收。

1.0.3　印染设备工程安装与质量验收，除应符合本规范外，尚应符合国家现行有关标准的规定。

2 基 本 规 定

2.1 设 备 基 础

2.1.1　设备基础弹线允许偏差应符合表 2.1.1 的规定。

表 2.1.1　设备基础弹线允许偏差（mm）

项次	项　　目	允许偏差	检 验 方 法
1	全机中心线地梼基准点	ϕ_1	用钢板尺检查
2	墨线宽度	1	
3	墨线直线度： 线长≤20m 时 20m ＜ 线 长 ≤ 50m 时 线长＞50m 时	±0.5 ±1 ±1.5	将钢丝线对准墨线两端拉线，用钢板尺检查
4	基础坐标线（十字线）垂直度	1	勾股弦法、用钢卷尺检查
5	各机台的辅助线与坐标线的距离偏差： 平行距离≤1m 时 平行距离＞1m 时	±0.5 ±1	用钢卷尺在辅助线的两端测量

2.1.2　设备基础应达到设备技术文件及基础施工图的规定。设备就位时混凝土强度应达到规定值的75%以上。

2.1.3　设备基础不得有裂纹、起壳等缺陷。二次灌浆的混凝土标号应比基础混凝土标号高一级。

2.1.4　当设备技术文件中无规定时，设备基础尺寸偏差宜符合表 2.1.4 的规定。

表 2.1.4　设备基础尺寸偏差

项次	项　　目	允许偏差	检 验 方 法
1	单元机或通用单元基础各平面标高	±10mm	用水准仪检查
2	基础上平面外形尺寸	±20mm	用钢板尺或钢卷尺检查
3	基础上平面的水平度	5/1000 10/全长	用水准仪或水平仪检查
4	预留地脚螺栓孔中心位置	±10mm	用钢板尺或钢卷尺检查
5	预留地脚螺栓孔深度	＋20mm 0	用钢板尺检查
6	预埋地脚螺栓顶端标高	＋15mm 0	用钢板尺或钢卷尺检查
7	预埋地脚螺栓中心距	±2mm	在每组地脚螺栓的根部和顶部两处用钢卷尺检查

2.2 设备的开箱验收和保管

2.2.1　设备安装前应在建设单位有关人员参加下进行开箱验收，并应按下列项目形成记录：

1　清点箱号、箱数，检查包装情况。

2　清点随机资料。

3　按装箱清单检查确认零部件、备件、专用工具等的数量、规格，表面有无损坏或锈蚀等。

4　其他需要记录的情况。

2.2.2　建设单位应对设备、零部件、专用工具、随机文件、开箱验收文件等妥善保管，不得有变形、损坏、锈蚀、错乱或丢失的现象。

2.3 地脚螺栓、垫铁与灌浆

2.3.1　地脚螺栓的紧固及施工应符合现行国家标准《机械设备安装工程施工及验收通用规范》GB 50231 的有关规定。

2.3.2　用于设备安装的垫铁尺寸（图 2.3.2）应符合表 2.3.2 的规定。

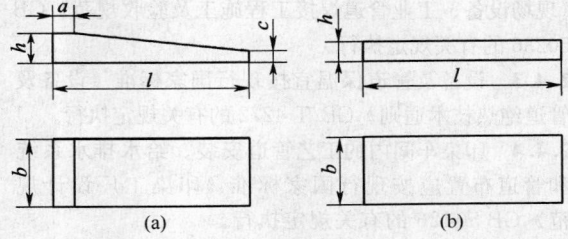

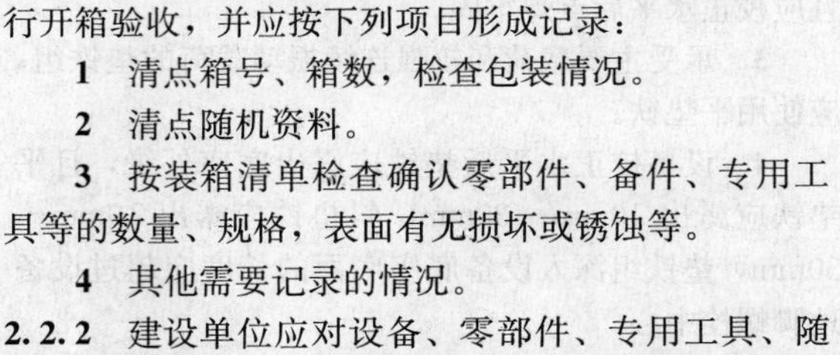

(a)　　　　(b)

图 2.3.2　垫铁外形示意图

(a) 斜垫铁；(b) 平垫铁

表 2.3.2　用于设备安装的垫铁尺寸（mm）

项次	斜垫铁尺寸						平垫铁尺寸		
	代号	l	a	b	c	h	代号	l	b
1	斜 1	80	2	50	2	10	平 1	80	50
2	斜 2	100	4	60	3	10	平 2	100	60
3	斜 3	120	6	70	4	12	平 3	120	70
4	斜 4	140	8	80	4	14	平 4	140	80

注：1　平垫铁厚度 h 系列为 0.5mm、1.0mm、1.5mm、2.0mm、3.0mm、4.0mm、5.0mm、6.0mm、8.0mm、10.0mm。

2　斜垫铁宜与同号平垫铁配合使用。

2.3.3　垫铁组的位置和数量应符合下列要求：

1　每个地脚螺栓附近应有两组垫铁，并宜靠近地脚螺栓安放。

2　相邻两垫铁组的距离宜小于 500mm。

2.3.4　使用斜垫铁和平垫铁校正水平应符合下列要求：

1　不承受主要载荷的垫铁组，可使用单块斜垫铁，且斜垫铁下面应有平垫铁。

2　承受主要载荷的垫铁组，应使用成对斜垫铁，且应校正水平后点焊牢固。

3　承受主要载荷和较强连续振动载荷的垫铁组，应使用平垫铁。

4　设备校正水平后垫铁应露出底座外缘，且平垫铁应露出 10mm～30mm，斜垫铁应露出 10mm～50mm，垫铁组深入设备底座底面的长度应超过设备地脚螺栓中心。

2.3.5　预留地脚螺栓孔或设备底座与基础之间的灌浆及施工要求，应符合现行国家标准《机械设备安装工程施工及验收通用规范》GB 50231 的有关规定。

2.4　特种设备及工艺管道

2.4.1　现场施工的金属工艺管道检验标准应按现行国家标准《工业金属管道工程施工规范》GB 50235 的有关规定执行。

2.4.2　现场组装焊接检验标准应按现行国家标准《现场设备、工业管道焊接工程施工及验收规范》GB 50236 的有关规定执行。

2.4.3　设备及管道保温宜按现行国家标准《设备及管道绝热技术通则》GB/T 4272 的有关规定执行。

2.4.4　印染车间内的工艺管道安装、给水排水系统和管道布置应按现行国家标准《印染工厂设计规范》GB 50426 的有关规定执行。

2.4.5　压力容器类设备及其安全装置、监测仪表的安装应符合国家有关固定式压力容器安全技术监察规程及压力容器安装、改造、维修许可的规定。

2.5　共 同 部 分

2.5.1　单元机及通用单元类设备的共同部分，共同项目安装的允许偏差应符合表 2.5.1 的要求。

表 2.5.1　共同项目安装的允许偏差

项次	项　目		允许偏差	检 验 方 法
1	单元机、通用单元类设备的安装中心与全机中心线的对称度		3mm	吊线、用直尺检查
2	槽钢支架的水平度		2/1000	用水平仪检查
3	槽钢支架的垂直度		2/1000	用水平仪检查
4	主轧车轧辊与基准十字线的平行度		0.5/1000	吊线、用直尺检查
5	基准导布辊与基准十字线的平行度		0.5/1000	吊线、用直尺检查
6	链条联轴节同轴度	径向位移	$(0.02p)$ mm	用塞尺、百分表检查
		端面倾斜	0.5/1000	
7	十字滑块联轴器同轴度	径向位移	$(0.04d)$ mm	
		端面倾斜	0.3/1000	
8	弹性圆柱销联轴器同轴度	径向位移	$(0.03d\sim0.04d)$mm	
		端面倾斜	0.3/1000	
9	两传动链轮端面平齐度		1/1000	用钢板尺、塞尺检查
10	两皮带轮端面平齐度		2/1000	
11	圆柱齿轮啮合	齿宽方向错位	$\frac{1}{10}b$	用钢板尺检查
		啮合深度 H（齿高方向）	$1.8m<H<2m$	

注：表中字母 p 为链轮节距，d 为轴径，b 为齿轮齿宽，m 为齿轮模数。

2.5.2　单元机及通用单元类设备的通用件、紧固件、传动件、气动液压元件和安全防护装置等的安装质量，应符合下列规定：

1　导布辊、轧辊表面应光滑、清洁，转动应灵活。

2　除地脚螺栓外，螺栓露出螺母端面长度宜为 1.5 个～5 个螺距。

3　紧固件、定位销不得松动；紧固件宜加装弹簧垫圈或其他类型的防松垫片。

4　齿轮传动应平稳、无异常响声。锥齿轮啮合应松紧适度。

5　皮带、链条张紧应适当。带轮应回转平衡。皮带在初装时不宜一次张紧，应带负荷运行一段时间后，再次调整张紧度。V 带、平皮带、同步带不得有妨碍使用的鼓泡、伤痕等缺陷，且不得有带偏、扭曲等现象。

6　滚动轴承、滑动轴承与轴或孔的配合、键与键槽的配合应符合设备技术文件规定的要求。键、滑动轴承、滚动轴承、密封件的装配应按现行国家标准《机械设备安装工程施工及验收通用规范》GB 50231 的有关规定执行。

7　机械润滑应符合技术文件要求。

8　安全防护装置应安全可靠。

9　气动、液压元件在所规定压力下动作应平稳、灵活。

10　油缸、气缸、气路、油路系统应密封良好。

11　安全阀、压力表、温度表等应安全、可靠。安全阀的出口管路应可靠支承固定。减压阀阀体箭头指示方向应与介质流动方向一致。

12　减速器应安装牢固，输出轴应均匀回转。减速器与负载机械通过联轴器相连时，同轴度应控制在表2.5.1规定的范围内，两轴端应留有3mm～5mm间隙。减速器与负载机械通过皮带或链传动相连时，两轴平行度应控制在2mm范围内。减速器与负载机械通过齿轮传动相连时，两轴平行度应控制在1mm范围内。

2.6　直辖部分

2.6.1　进布装置、出布装置、松紧架等直辖部分安装的允许偏差应符合表2.6.1的要求。

表2.6.1　直辖部分安装的允许偏差

项次	项目		允许偏差	检验方法
1	进布装置	吸边器轧点与上下导布辊直线偏差	3mm	拉线、用直尺检查
		紧布器水平度	1/1000	用水平仪检查
2	导布辊	水平度	0.4/1000	
		平行度	0.5/1000	用钢卷尺检查
3	松紧架导布辊水平度		0.5/1000	用水平仪检查
4	出布装置落布辊水平度		1/1000	
5	冷水辊装置	冷水辊筒水平度	0.5/1000	
		冷水辊筒平行度	1mm	吊线、用直尺检查

注：摆式松紧架的水平度在水平位置检查。

2.6.2　出布装置中的落布小压辊加压、卸压应灵活，与落布辊接触应良好。

2.6.3　落布装置应摆动一致。

2.6.4　导布辊表面应光滑、清洁。

2.6.5　扶手、防护栏杆等构件表面应光滑、无毛刺，且安装后不应有歪斜、扭曲、变形及其他缺陷。走台面应平整，并应采取防滑措施。

3　通用单元设备的安装

3.1　轧　车

3.1.1　轧辊压痕应均匀一致。

3.1.2　加压机构及轧槽升降机构的动作应灵活。

3.1.3　均匀轧车安装的允许偏差应符合表3.1.3的规定。

表3.1.3　均匀轧车安装的允许偏差

项次	项目	允许偏差	检验方法
1	机架垂直度	0.2/1000	用水平仪检查
2	左右墙板安装面平行度	0.15mm	用直尺、塞尺检查
3	轧辊水平度	0.2/1000	用水平仪检查
4	轧槽下导布辊水平度	0.2/1000	
5	轧槽下导布辊平行度	0.5mm	用定规或钢卷尺检查
6	轧槽下导布辊轴向游隙	(2～3)mm	用塞尺检查
7	轧槽下导布辊轴与轴承间隙	(1～1.5)mm	用塞规检查
8	导布辊与轧辊平行度	0.5mm	吊线、用钢卷尺检查

3.1.4　立式轧车安装的允许偏差应符合表3.1.4的规定。

表3.1.4　立式轧车安装的允许偏差

项次	项目	允许偏差	检验方法
1	机架垂直度	0.2/1000	用水平仪检查
2	两机架横跨水平度	0.2/1000	
3	两机架滑轨重合度	0.15/1000	用直尺、塞尺检查
4	轧辊水平度	0.2/1000	用水平仪检查
5	轧辊与相邻单元平行度	0.5mm	用定规或钢卷尺检查
6	上轧辊轴承座与滑轨间隙	(0.3～0.5)mm	用塞尺检查
7	导布辊与轧辊平行度	0.5mm	用钢卷尺检查
8	轧槽下导布辊水平度	0.2/1000	用水平仪检查
9	轧槽下导布辊平行度	0.5mm	吊线、用直尺检查
10	轧槽下导布辊轴向游隙	(2～3)mm	用塞尺检查
11	轧槽下导布辊轴与轴承间隙	(1～1.5)mm	用卡尺检查

3.1.5　卧式轧车安装的允许偏差应符合表3.1.5的规定。

表 3.1.5　卧式轧车安装的允许偏差

项次	项　　目	允许偏差	检 验 方 法
1	机架纵向水平度	0.3/1000	用水平仪检查
2	两机架横跨水平度	0.3/1000	
3	轧辊水平度	0.3/1000	
4	轧槽下导布辊与轧辊平行度	0.5mm	吊线、用直尺检查
5	轧槽下导布辊水平度	0.2/1000	用水平仪检查
6	轧槽下导布辊平行度	0.5mm	用定规或钢卷尺检查
7	轧槽下导布辊轴向游隙	(2～3)mm	用塞尺检查
8	轧槽下导布辊轴与轴承间隙	(1～1.5)mm	用塞规检查

3.2　水　洗　箱

3.2.1　导布辊、上压辊的转动应灵活、平稳。

3.2.2　机械密封的轴表面、密封件表面安装前应清洁干净，不得有影响密封性能的损伤。

3.2.3　机械密封安装部位不得渗漏。

3.2.4　箱体溢流口以下部位及放液阀应密封良好，不得渗漏。

3.2.5　箱盖、视窗开启应灵活、可靠。

3.2.6　敞开平幅水洗箱安装的允许偏差应符合表3.2.6的规定。

表 3.2.6　敞开平幅水洗箱安装的允许偏差

项次	项　　目	允许偏差	检 验 方 法
1	机梁横跨水平度	0.3/1000	用水平仪检查
2	导布辊水平度	0.2/1000	
3	相邻导布辊平行度	0.5mm	用钢卷尺检查
4	上排导布辊与下排导布辊平行度	1mm	

3.2.7　带盖水洗箱安装的允许偏差应符合表3.2.7的规定。

表 3.2.7　带盖水洗箱安装的允许偏差

项次	项　　目	允许偏差	检 验 方 法
1	导布辊水平度	0.2/1000	用水平仪检查
2	相邻导布辊平行度	0.5mm	用钢卷尺检查
3	上排导布辊与下排导布辊平行度	1mm	

3.3　烘燥类装置

3.3.1　烘筒表面应清洁。

3.3.2　导布辊及烘筒转动应平稳、无异常。

3.3.3　机械密封的轴表面、密封件表面安装前应清洁干净，不得有影响密封性能的损伤。

3.3.4　烘筒排水应正常。

3.3.5　空气安全阀动作应可靠。

3.3.6　循环风机、排气风机运转不得有异响。

3.3.7　辐射板启闭装置应灵活、可靠。

3.3.8　烘筒烘燥装置安装的允许偏差应符合表3.3.8的规定。

表 3.3.8　烘筒烘燥装置安装的允许偏差

项次	项　　目	允许偏差	检 验 方 法
1	相邻两组立柱平行度	0.5/1000	用直尺、钢卷尺检查
2	立柱垂直度	0.3/1000	用水平仪检查
3	同一组立柱轴承安装面重合度	0.3/1000	用平尺、塞尺检查
4	烘筒表面的水平度	0.3/1000	用水平仪在烘筒中部检查
5	相邻烘筒间的平行度	0.5/1000	用塞尺、钢卷尺检查
6	导布辊水平度	0.2/1000	用水平仪在导布辊中部检查
7	导布辊与烘筒间平行度	0.4mm	用钢卷尺检查

3.3.9　红外烘燥装置安装的允许偏差应符合表3.3.9的规定。

表 3.3.9　红外烘燥装置安装的允许偏差

项次	项　　目	允许偏差	检 验 方 法
1	拖布辊水平度	0.3/1000	用水平仪检查
2	拖布辊平行度	0.5/1000	用钢卷尺检查
3	导布辊水平度	0.3/1000	用水平仪检查
4	导布辊平行度	0.5/1000	用钢卷尺检查
5	辐射板平行度	5mm	吊线、用直尺检查
6	辐射板对布面对称度	5mm	

3.3.10　热风烘燥装置安装的允许偏差应符合表3.3.10的规定。

表 3.3.10　热风烘燥装置安装的允许偏差

项次	项　　目	允许偏差	检 验 方 法
1	导布辊机架垂直度	0.5/1000	用水平仪检查
2	导布辊机架平行度	1mm	用直尺、钢卷尺检查
3	导布辊水平度	0.2/1000	用水平仪检查
4	导布辊平行度	0.5/1000	用钢卷尺检查
5	烘房机架垂直度	2/1000	吊线、用直尺检查

3.4 高给液装置

3.4.1 轧板表面应清洁。

3.4.2 加压机构、轧槽翻转机构、导布辊运转应灵、平稳。

3.4.3 轧辊压痕应均匀一致。

3.4.4 高给液装置安装的允许偏差应符合表3.4.4的规定。

表3.4.4 高给液装置安装的允许偏差

项次	项目	允许偏差	检验方法
1	机架纵向平行度	0.5/1000	用直尺、钢卷尺检查
2	机架横跨水平度	0.4/1000	用水平仪检查
3	轧辊水平度	0.4/1000	
4	相邻轧辊或轧板平行度	0.5mm	用定规或钢卷尺检查
5	导布辊水平度	0.3/1000	用水平仪检查
6	导布辊平行度	0.5/1000	用定规或钢卷尺检查

3.5 蒸箱

3.5.1 导布辊及轧辊转动应灵活、无异常。

3.5.2 导布圈、六角辊表面应清洁。

3.5.3 机械密封的轴表面、密封件表面安装前应清洁干净，不得有影响密封性能的损伤。

3.5.4 机械密封性应良好。

3.5.5 蒸箱的箱体对接及密封应良好。

3.5.6 蒸箱的液槽升降机构、松紧架及升降槽气缸运行应灵活。

3.5.7 导辊式、网带式及履带式蒸箱的传动应平稳、无异响。

3.5.8 R型蒸箱的履带在两轨道上运行应同步。

3.5.9 R型蒸箱的调幅板、托布板应运转自如。

3.5.10 J型蒸箱的六角辊、往复装置动作应灵活。

3.5.11 J型蒸箱的摆布板摆幅位置应准确。

3.5.12 导辊式蒸箱安装的允许偏差应符合表3.5.12的规定。

表3.5.12 导辊式蒸箱安装的允许偏差

项次	项目	允许偏差	检验方法
1	导布辊水平度	0.2/1000	用水平仪检查
2	导布辊平行度	0.5/1000	用钢卷尺检查

3.5.13 网带式蒸箱安装的允许偏差应符合表3.5.13的规定。

表3.5.13 网带式蒸箱安装的允许偏差

项次	项目	允许偏差	检验方法
1	主动轴与被动轴平行度	2mm	吊线或用钢卷尺检查
2	主动轴水平度	0.5/1000	用水平仪检查
3	被动轴水平度	0.5/1000	
4	两导轨平行度	2mm	用钢卷尺检查
5	两导轨横跨水平度	0.5/1000	用直尺、水平仪检查
6	导布辊水平度	0.2/1000	用水平仪检查
7	导布辊平行度	0.5/1000	用钢卷尺检查

3.5.14 履带式蒸箱安装的允许偏差应符合表3.5.14的规定。

表3.5.14 履带式蒸箱安装的允许偏差

项次	项目	允许偏差	检验方法
1	履带链轮中心线与箱体中心线偏移	±0.5mm	吊线、用直尺检查
2	主动轴与被动轴平行度	2mm	吊线、用直尺、钢卷尺检查
3	主动轴水平度	0.5/1000	用水平仪检查
4	被动轴水平度	0.5/1000	
5	两导轨平行度	2mm	用钢卷尺检查
6	两导轨横跨水平度	0.5/1000	用直尺、水平仪检查
7	导布辊水平度	0.2/1000	用水平仪检查
8	导布辊平行度	0.5/1000	用钢卷尺检查

3.5.15 R型蒸箱安装的允许偏差应符合表3.5.15的规定。

表3.5.15 R型蒸箱安装的允许偏差

项次	项目	允许偏差	检验方法
1	履带链轮中心线与箱体中心线偏移	±0.5mm	吊线、用直尺检查
2	导布辊水平度	0.2/1000	用水平仪在辊体中部检查
3	多角辊水平度	0.5/1000	
4	导布辊平行度	0.5	用钢卷尺检查
5	出布轧辊水平度	0.5/1000	用水平仪在轧辊中部检查
6	履带链轮两主传动轴水平度	0.5/1000	用水平仪在轴的中部检查
7	履带链轮两主传动轴平行度	1mm	用钢卷尺测量间距

3.5.16 J型蒸箱安装的允许偏差应符合表3.5.16的

规定。

表 3.5.16　J 型蒸箱安装的允许偏差

项次	项　　目	允许偏差	检 验 方 法
1	两机架横跨水平度	0.5/1000	用直尺、水平仪检查
2	六角辊平行度	0.5/1000	用钢卷尺检查

3.5.17　还原蒸箱安装的允许偏差应符合表 3.5.17 的规定。

表 3.5.17　还原蒸箱安装的允许偏差

项次	项　　目	允许偏差	检 验 方 法
1	导布辊水平度	0.2/1000	用水平仪检查
2	相邻导布辊平行度	0.5/1000	用塞规或钢卷尺检查

3.6　丝　光　机

3.6.1　布铗丝光机的布铗运行应平稳，且运行到轨道连接处时，不得有明显的撞击现象。

3.6.2　布铗丝光机的调幅丝杆转动应灵活、轻便。

3.6.3　布铗丝光机的布铗刀口与布面接触应平整。

3.6.4　布铗丝光机的布铗连接应牢固、灵活。

3.6.5　布铗丝光机的吸碱头表面应平整、光滑。

3.6.6　布铗丝光机的吸碱部分密封性能应良好。

3.6.7　直辊丝光机的直辊运转应灵活、轻便。

3.6.8　直辊表面应清洁，转动应灵活。

3.6.9　直辊丝光机的箱体密封应良好。

3.6.10　绷布透风装置的绷布辊表面应清洁，不得有印痕。

3.6.11　绷布透风装置气缸松紧架活塞活动应灵活。

3.6.12　布铗丝光机安装的允许偏差应符合表 3.6.12 的规定。

表 3.6.12　布铗丝光机安装的允许偏差

项次	项　　目	允许偏差	检 验 方 法
1	机架横梁中心线对中心基线的偏移	±1mm	吊线、用直尺检查
2	左右轨道组成的中心线对中心基线的偏移	±0.5mm	
3	轨道横梁横向水平度	0.5/1000	用水平仪在中部检查
4	前后轨道横梁的纵跨水平度	0.5/1000	直尺置于两根横梁边缘上离横梁边缘 100mm 处，用水平仪在中部检查

续表 3.6.12

项次	项　　目	允许偏差	检 验 方 法
5	轨道横梁纵向水平度	0.5/1000	用水平仪在两边缘离横梁端面 100mm 处检查
6	布铗边轴水平度	0.5/1000	用水平仪在中部检查
7	吸碱头平面高于布铗刀口	(0.5～1) mm	用直尺检查

3.6.13　直辊丝光机安装的允许偏差应符合表 3.6.13 的规定。

表 3.6.13　直辊丝光机安装的允许偏差

项次	项　　目	允许偏差	检 验 方 法
1	机架纵梁中心线对中心基线的偏移	±0.5mm	吊线、用直尺检查
2	机架纵梁横向水平度	0.5/1000	用水平仪在中部检查
3	机架纵梁纵向水平度	0.5/1000	用水平仪在两边缘离横梁端面 100mm 处检查
4	前后轨道横梁的纵跨水平度	0.5/1000	直尺置于两根横梁边缘上离横梁边缘 100mm 处，用水平仪在中部检查
5	上直辊工作表面水平度	0.5/1000	用水平仪在直辊表面的中部检查
6	直辊间平行度	0.5mm	用专用长尺直接在直辊左、中、右三个部位检查

3.6.14　绷布透风装置安装的允许偏差应符合表 3.6.14 的规定。

表 3.6.14　绷布透风装置安装的允许偏差

项次	项　　目	允许偏差	检 验 方 法
1	绷布机架横跨水平度	0.5/1000	分前、中、后三点，用直尺、水平仪检查
2	绷布辊水平度	0.5/1000	用水平仪检查
3	相邻绷布辊平行度	1mm	用定规或钢卷尺检查
4	机架纵梁中心线对中心基线的偏移	±0.5mm	吊线法
5	两纵向槽钢组成的中心线对中心基线的偏移	±1mm	吊线法、用直尺检查
6	机架立柱的前后及左右的垂直度	1/1000	吊线法

续表 3.6.14

项次	项　目	允许偏差	检验方法
7	导布辊表面的水平度	0.3/1000	用水平仪在中部检查
8	导布辊表面的平行度	0.5mm	用钢卷尺检查

4 单元机的安装

4.1 烧　毛　机

4.1.1 火口转向机构动作应可靠。

4.1.2 烧毛机安装的允许偏差应符合表 4.1.2 的规定。

表 4.1.2 烧毛机安装的允许偏差

项次	项　目	允许偏差	检验方法
1	火口缝隙	0.1mm	用塞尺检查
2	两纵向墙板组成的中心线对中心基线的偏移	±0.5mm	吊线法、用直尺检查
3	墙板前后及左右的垂直度	1/1000	用水平仪及塞尺检查
4	导布辊表面水平度	0.4/1000	用水平仪在中部检查
5	冷水辊表面水平度		
6	火口水平度		用桥式水平仪检查

4.2 常温常压卷染机

4.2.1 卷布辊表面应清洁。

4.2.2 卷布辊伸出缸体外的密封处不得泄漏。

4.2.3 张力、温度及液位控制应准确、可靠。

4.2.4 自动换向、计道应准确、可靠。

4.2.5 各类阀的动作应准确、可靠。

4.2.6 常温常压卷染机安装的允许偏差应符合表 4.2.6 的规定。

表 4.2.6 常温常压卷染机安装的允许偏差

项次	项　目	允许偏差	检验方法
1	张力辊游隙	(1～2) mm	用直尺检查
2	卷布辊水平度	0.2/1000	用水平仪检查
3	卷布辊平行度	0.2mm	用专用直尺、塞尺检查
4	导布辊水平度	0.2/1000	用水平仪检查
5	导布辊与卷布辊平行度	0.2mm	用专用直尺、塞尺检查

4.3 高温高压卷染机

4.3.1 设备安装应符合本规范第 4.2.1 条～第 4.2.5 条的规定。

4.3.2 介质温度高于 98℃ 的高温高压卷染机，必须设置温度、压力安全联锁控制装置。

4.3.3 介质的排放温度高于 98℃ 并具有高温排放功能的高温高压卷染机，必须设置安全防护装置。

4.3.4 高温高压卷染机安装的允许偏差应符合表 4.3.4 的规定。

表 4.3.4 高温高压卷染机安装的允许偏差

项次	项　目	允许偏差	检验方法
1	张力辊游隙	(1～2)mm	用直尺检查
2	卷布辊水平度	0.15/1000	用水平仪检查
3	卷布辊平行度	0.25mm	用专用直尺、塞尺检查直辊左、中、右三个部位
4	导布辊水平度	0.15/1000	用水平仪检查
5	导布辊与卷布辊平行度	0.25mm	用专用直尺、塞尺检查直辊左、中、右三个部位

4.4 气流染色机

4.4.1 缸体密封处不得泄漏。在正常工作条件下，动密封允许泄漏量不得大于 2 滴/分钟。

4.4.2 升温速率、降温速率、浴比和保温应控制准确、可靠。

4.4.3 温度、压力保护装置控制应准确、可靠。

4.4.4 各类阀的动作应准确、可靠。

4.4.5 压力表、温度表等显示应准确，安全阀动作应准确、可靠。

4.4.6 温度高于 98℃ 的高温高压气流染色机，必须设置温度、压力安全联锁控制装置。

4.4.7 介质的排放温度高于 98℃ 并具有高温排放功能的高温高压气流染色机，必须设置安全防护装置。

4.4.8 气流染色机安装的允许偏差应符合表 4.4.8 的规定。

表 4.4.8 气流染色机安装的允许偏差

项次	项　目	允许偏差	检验方法
1	各管喷嘴间隙	±0.5mm	用专用尺、塞尺检查
2	主缸体水平度	0.5/1000	用水平仪检查
3	提布辊水平度	0.3/1000mm	
4	出布辊水平度	0.5/1000mm	
5	摆布斗的摆幅	±5mm	用钢卷尺检查

4.5 经轴染色机

4.5.1 缸体密封处不得泄漏。

4.5.2 经轴端面密封处不得泄漏。

4.5.3 温度及液位的控制应准确、可靠。

4.5.4 温度、压力保护装置控制应准确、可靠。

4.5.5 各类阀的动作应准确、可靠。

4.5.6 压力表、温度表等显示准确，安全阀动作应准确、可靠。

4.5.7 对于温度高于98℃的高温高压经轴染色机，必须设置温度、压力安全联锁控制装置。

4.5.8 介质的排放温度高于98℃并具有高温排放功能的高温高压经轴染色机，必须设置安全防护装置。

4.5.9 经轴染色机安装的允许偏差应符合表4.5.9的规定。

表4.5.9 经轴染色机安装的允许偏差

项次	项目	允许偏差	检验方法
1	经轴水平度	0.2/1000	用水平仪检查
2	缸体导轨水平度	0.25/1000	用水平仪、平尺检查
3	导轨平行度	0.5mm	用专用直尺、钢卷尺检查直辊左、中、右三个部位
4	导轨与法兰垂直度	1/1000	用框式水平仪检查
5	导轨面与经轴中心的高度差	0.5mm	用高度尺、平尺检查

4.6 喷射染色机

4.6.1 缸体不得泄漏。在正常工作条件下，动密封允许泄漏量不应大于2滴/分钟。

4.6.2 导布辊机械密封性能应良好。在正常工作条件下，动密封允许泄漏量不应大于5ml/h。

4.6.3 升温速率、降温速率、浴比和保温应控制准确、可靠。

4.6.4 温度、压力保护装置控制应准确、可靠。

4.6.5 各类阀的动作应准确、可靠。

4.6.6 压力表、温度表等显示应准确，安全阀动作应准确、可靠。

4.6.7 温度高于98℃的高温高压喷射染色机，必须设置温度、压力安全联锁控制装置。

4.6.8 介质的排放温度高于98℃并具有高温排放功能的高温高压喷射染色机，必须设置安全防护装置。

4.6.9 喷射染色机安装的允许偏差应符合表4.6.9的规定。

表4.6.9 喷射染色机安装的允许偏差

项次	项目	允许偏差	检验方法
1	各管喷嘴间隙	±0.5mm	用专用直尺、塞尺检查
2	主缸体各管的平行度	0.5/1000	用水平仪检查
3	两导布辊平行度	1mm	用专用直尺、塞尺检查
4	提布辊水平度	0.3/1000	用水平仪检查
5	出布辊水平度	0.5/1000	

4.7 焙烘机

4.7.1 烘房隔热门密封应良好。

4.7.2 循环风机、排气风机运转应平稳，不得有异响。

4.7.3 焙烘机安装的允许偏差应符合表4.7.3的规定。

表4.7.3 焙烘机安装的允许偏差

项次	项目	允许偏差	检验方法
1	烘房机架滑座纵向水平度	0.5/1000	用水平仪、直尺检查
2	烘房机架滑座伸缩槽直线度	1mm	拉线、用直尺检查
3	烘房机架垂直度	1/1000	吊线、用直尺检查
4	导布辊机架横跨水平度	0.3/1000	用水平仪检查
5	导布辊水平度	0.2/1000	
6	导布辊平行度	0.5mm	用钢卷尺检查

4.8 圆网印花机

4.8.1 支承辊转动应灵活、轻便。

4.8.2 纵向、横向对花刻度盘调"零"应灵活、准确。

4.8.3 全机管接头不得漏气。

4.8.4 印花导带、烘房导带表面应平整清洁。

4.8.5 各类气缸运行应平稳、灵活。

4.8.6 进布吸尘风机运转应平稳、无异响。

4.8.7 烘房导带纠偏装置应灵敏、有效。

4.8.8 圆网印花机安装的允许偏差应符合表4.8.8的规定。

表4.8.8 圆网印花机安装的允许偏差

项次	项目	允许偏差	检验方法
1	底机架工作表面水平度	0.5/1000	用万向水准仪检查
2	印花机机架纵梁对角线	(0～1)mm	用钢卷尺检查
3	全机机架对角线	(0～2)mm	
4	机架两纵梁上平面前后及左右方向水平度	0.15/1000	用水准仪在纵梁上平面等距离测量8点
5	纵轴与纵梁的平行度	1mm	吊线、用钢卷尺检查
6	印花导带的主传动辊水平度	0.1/1000	用水平仪在辊体中部检查
7	印花导带的主传动辊相对于全机角尺基线平行度	1mm	吊线、用钢卷尺检查

续表 4.8.8

项次	项　目	允许偏差	检 验 方 法
8	印花导带的张力辊水平度	0.1/1000	用水平仪在辊体中部检查
9	支承辊与主传动辊平行度	0.5mm	吊线、用钢卷尺检查
10	圆网与导带间距离	0.3mm	用刀片当塞尺检查
11	上胶辊与刮刀口平行度	1mm	吊线、用钢卷尺检查
12	导布辊水平度	0.45/1000	用水平仪在中部检查
13	印花导带的左右游动	(0～4)mm	用钢板尺检查
14	进布架左右墙板的对称中心线对全机中心基线的偏移	±1.5mm	吊线、用钢卷尺检查
15	落布架导布辊的水平度	0.45/1000	用水平仪在中部检查

4.9 平网印花机

4.9.1 提升导杆相邻两槽钢接缝处应平齐。

4.9.2 刮印C型钢机架在滑道内的上下运动应灵活。

4.9.3 印花网框支承处上下、左右调节应灵活。

4.9.4 印花刮刀架齿轮、齿条运动应灵活，手柄调节上下运动应灵活，高低应一致。

4.9.5 平网印花机安装的允许偏差应符合表4.9.5的规定。

表 4.9.5 平网印花机安装的允许偏差

项次	项　目	允许偏差	检 验 方 法
1	机架中心线横向偏移	±1mm	吊线、用钢卷尺检查（与烘房合装时需要）
2	机架直线度	0.5mm	拉线、用钢卷尺检查
3	机架对角线	(0～0.5)mm	进布端处第一、二跨机脚处2.5m吊方、用钢卷尺检查
4	机架纵向水平度	0.2/1000	在机脚处定点、用水平仪及平尺检查
5	机架横跨水平度	0.2/1000	
6	机架上横梁的横向及纵向水平度	0.2/1000	在横梁两端、用水平仪检查
7	标尺座的纵向水平度	0.15/1000	在标尺座两端、用水平仪检查
8	标尺座的横向水平度	0.15/1000	用水平仪及平尺检查

续表 4.9.5

项次	项　目	允许偏差	检 验 方 法
9	进布、出布传动辊纵向水平度	0.15/1000	用水平仪检查
10	主减速机底板纵横向水平度	0.2/1000	
11	贴布辊对机架十字线平行度	1.5mm	用钢卷尺检查
12	进布机架纵横向水平度	0.3/1000	用水平仪检查
13	台板拼接缝隙	1mm	用隔距片检查

4.10 长环蒸化机

4.10.1 挂布导布辊链条传动平稳。

4.10.2 成环机构运行应平稳、可靠。

4.10.3 长环蒸化机安装的允许偏差应符合表4.10.3的规定。

表 4.10.3 长环蒸化机安装的允许偏差

项次	项　目	允许偏差	检 验 方 法
1	机架垂直度	0.5/1000	用水平仪检查
2	机架水平度	0.5/1000	
3	主传动链轮轴水平度	0.5/1000	
4	导布辊工作表面水平度	0.3/1000	用水平仪在中部检查
5	相邻导布辊平行度	0.5mm	用钢卷尺检查
6	进布辊水平度	0.4/1000	用水平仪检查
7	拖布辊水平度	0.4/1000	
8	二导轨横跨水平度	0.4/1000	用直尺、水平仪检查

4.11 拉　幅　机

4.11.1 进布整纬辊、纠偏辊上下运动应灵活、轻便。

4.11.2 导轨连接应牢固、平整。

4.11.3 调幅丝杆传动应灵活。

4.11.4 布铗刀口与布面接触应平整。

4.11.5 布铗链条连接应灵活，运行应平稳。

4.11.6 探边装置应灵敏、有效。

4.11.7 拉幅机安装的允许偏差应符合表4.11.7的规定。

表 4.11.7 拉幅机安装的允许偏差

项次	项　　目	允许偏差	检 验 方 法
1	机架垂直度	1/1000	吊线、用钢卷尺检查
2	导轨横梁纵横向水平度	0.2/1000	用直尺、水平仪检查
3	相邻导轨横梁纵跨水平度	0.2/1000	
4	中段导轨平行度	2mm	吊线、用直尺检查
5	主轴与导轨横梁平行度	0.2mm	用直尺、角尺、深度尺检查

4.12 拉幅定形机

4.12.1 导轨连接应牢固、平整。

4.12.2 调幅丝杆传动应灵活。

4.12.3 针、布铗与布面接触动作应可靠。

4.12.4 布铗左右开口应一致。

4.12.5 超喂装置应准确。

4.12.6 针、布铗运行应平稳。

4.12.7 烘房隔热门密封应良好。

4.12.8 循环风机、排风机运转不得有异响。

4.12.9 拉幅定形机安装的允许偏差应符合表4.12.9的规定。

表 4.12.9 拉幅定形机安装的允许偏差

项次	项　　目	允许偏差	检 验 方 法
1	烘房机架滑座纵横向水平度	0.5/1000	用直尺，水平仪检查
2	烘房机架滑座伸缩槽直线度	1mm	拉线、用直尺检查
3	机架垂直度	1/1000	吊线、用直尺检查
4	导轨横梁纵横向水平度	0.2/1000	用水平仪检查
5	相邻导轨横梁纵跨水平度	0.2/1000	用直尺、水平仪检查
6	中间导轨平行度	2mm	吊线、用直尺检查
7	超喂辊对安装基准线的平行度	0.5/1000	用水平仪检查
8	相邻针夹板上表面平齐度	1mm	用钢板尺检查
9	相邻针夹板侧面平齐度	1.5mm	
10	主轴与导轨横梁平行度	0.2/1000	用直尺、角尺、深度尺检查

4.13 预缩整理机

4.13.1 进布整纬辊、纠偏辊上下移动应灵活、轻便。

4.13.2 加压辊压紧或松开时，加压辊运动应平稳、无卡滞，并不得有异常声响。

4.13.3 张紧辊升高或降低时，应平稳、无卡滞，并不得有异常声响。

4.13.4 橡毯压水辊气缸动作应灵活、轻便，不得有爬行现象。

4.13.5 呢毯张紧辊滚动应灵活，动作应协调一致。

4.13.6 呢毯纠偏辊及气缸上下运动应灵活，气缸不得爬行。

4.13.7 呢毯大烘筒转动应灵活，不得有异常声响。

4.13.8 预缩整理机安装的允许偏差应符合表4.13.8的规定。

表 4.13.8 预缩整理机安装的允许偏差

项次	项　　目	允许偏差	检 验 方 法
1	机架中心线横向偏移	±1mm	吊线、用直尺检查
2	机架对机台十字线平行度	1mm	在机架前、后部位，平尺吊线、用直尺检查
3	机架垂直度（非加工面）	1/1000	吊线、用直尺检查
4	机架局部加工面垂直度	0.3/1000	用水平仪检查
5	机架横跨水平度	0.3/1000	在加热辊筒轴承处，用平尺及水平仪检查
6	加热辊筒表面对机台十字线平行度	1mm	吊线、用直尺检查
7	加热辊筒表面水平度	0.5/1000	用水平仪检查
8	加热辊筒表面的圆跳动	0.5mm	用千分表检查
9	导辊表面水平度	0.3/1000	用水平仪检查
10	导辊表面对机台十字线平行度	1mm	吊线、用直尺检查
11	导辊对邻近加热辊筒的平行度	0.5mm	用卡板检查
12	橡毯磨辊表面的水平度	0.3/1000	用水平仪检查

4.14 轧 光 机

4.14.1 轧辊压痕应均匀一致。

4.14.2 轧辊升降加压机构应灵活、可靠。

4.14.3 轧辊轴承润滑应良好。

4.14.4 轧光机安装的允许偏差应符合表4.14.4的

规定。

表 4.14.4 轧光机安装的允许偏差

项次	项 目	允许偏差	检 验 方 法
1	两机架横跨水平度	0.2/1000	用水平仪检查
2	两机架滑轨平齐度	0.1/1000	用直尺、塞尺检查
3	机架垂直度	0.2/1000	用水平仪检查
4	轧辊水平度	0.2/1000	用水平仪检查
5	轧辊轴与轴承接触面积	≥80%	目测
6	轧辊游隙	(2～3)mm	用钢板尺检查
7	导布辊与轧辊平行度	0.5mm	用直尺检查
8	导布辊水平度	0.2/1000	用水平仪检查

4.15 起 毛 机

4.15.1 起毛机导辊转动应灵活。

4.15.2 起毛机传动带、链条张紧程度应适中，传动应平稳。

4.15.3 起毛机安装的允许偏差应符合表 4.15.3 的规定。

表 4.15.3 起毛机安装的允许偏差

项次	项 目		允许偏差	检 验 方 法
1	机架左右墙板上平面水平度（前后、左右）		0.15/1000	用水平仪及直尺检查
2	锡林部分	两侧大滚盘起毛辊等分对应安装角度转换为水平度	0.02/1000	用水平仪、专用轴承壳及塞尺检查
3	锡林部分	起毛辊的圆跳动	0.15mm	用百分表及测量架检查
4	锡林部分	主轴的圆跳动	0.06mm	用百分表检查
5	锡林部分	起毛辊皮带轮的圆跳动	0.16mm	用百分表检查
6	毛刷辊部分	毛刷辊的圆跳动	0.2mm	用百分表检查

4.16 磨 毛 机

4.16.1 磨毛机导辊转动应灵活。

4.16.2 磨毛机传动带、链条张紧程度应适中，传动应平稳。

4.16.3 磨毛机安装的允许偏差应符合表 4.16.3 的规定。

表 4.16.3 磨毛机安装的允许偏差

项次	项 目		允许偏差	检 验 方 法
1	机架部分	左右墙板大平面平面度	3mm	用平尺及塞尺检查
2	机架部分	左右墙板上平面水平度（前后、左右）	0.15/1000	用水平仪检查
3	磨辊部分	磨辊、压辊、托辊相互间平行度	0.5mm	用卡尺检查
4	磨辊部分	磨辊的圆跳动	0.05mm	用百分表检查

4.17 刷 毛 机

4.17.1 布面接触调节机构应灵活。

4.17.2 刺毛辊上的刺毛不得松动。

4.17.3 刷毛机安装的允许偏差应符合表 4.17.3 的规定。

表 4.17.3 刷毛机安装的允许偏差

项次	项 目	允许偏差	检 验 方 法
1	箱体垂直度	2/1000	吊线、用钢卷尺检查
2	相邻导布辊平行度	0.5/1000	用钢卷尺检查
3	导布辊水平度	0.5/1000	用水平仪检查
4	左右墙板上平面水平度	0.2/1000	用水平仪检查
5	两侧大滚盘起毛辊等分对应安装角度转换为水平度	0.02/1000	用水平仪、专用轴承壳及塞尺检查
6	梳毛辊的圆跳动	0.15mm	用百分表及测量架检查
7	主轴的圆跳动	0.06mm	用百分表检查
8	毛刷辊的圆跳动	0.2mm	用百分表检查

4.18 柔软整理机

4.18.1 风室风门换向应灵活。

4.18.2 拍打机构部件换向应灵活。

4.18.3 清洁装置运转应灵活。

4.18.4 循环风机叶轮与进风圈不得有碰撞现象。

4.18.5 气缸及压缩空气管路不得漏气。

4.18.6 柔软整理机安装的允许偏差应符合表 4.18.6 的规定。

表 4.18.6 柔软整理机安装的允许偏差

项次	项 目	允许偏差	检 验 方 法
1	左右机架横跨水平度	0.2/1000	用水平仪在导布辊中心处检查
2	左右墙板组成的中心线对基线的对称度	3mm	吊线、用钢卷尺检查
3	各导布辊、提布辊、扩幅辊对地基十字线的平行度	0.5/1000	吊线、用钢卷尺检查
4	各导布辊、提布辊、扩幅辊水平度	0.2/1000	用水平仪在导布辊的中部检查

4.19 剪 毛 机

4.19.1 剪毛机导辊转动应灵活。

4.19.2 剪毛机传动带、链条张紧程度应适中，传动应平稳。

4.19.3 气动部件动作应准确、可靠。

4.19.4 接缝探测报警应灵敏、可靠。

4.19.5 剪毛机安装的允许偏差应符合表4.19.5的规定。

表4.19.5 剪毛机安装的允许偏差

项次	项目		允许偏差	检验方法
1	机架部分	左右墙板上平面水平度	0.10/1000	用水平仪及平尺检查
2	剪毛刀部分	螺旋刀磨砺后外圆的圆跳动	0.02mm	用千分表检查
3		螺旋刀轴外圆径向跳动	0.04mm	用百分表检查
4		圆刀支座两侧面平行度	0.05mm	用平尺、塞尺检查
5		圆刀支座侧面与平刀架的垂直度	0.05mm	用角尺、塞尺检查

5 电气控制系统

5.1 电源系统

5.1.1 电源应符合下列规定：

1 电源：交流电额定电压应为400V以下、额定频率应为60Hz以下；直流电压应为300V以下。

2 电源进线与供电电源之间必须有明显的断开点，严禁用空气开关、接触器和转换开关等作为断开点的执行器件。

3 凡采用接零保护的机台，其电源进线中的零线上严禁装设熔断器。零线的截面积不应小于相线截面积的1/3。

5.1.2 接地与接零保护应符合下列规定：

1 电气接地保护系统宜采用三相五线系统（TN-S系统）接地形式，零线与接地线不应共线。

2 电气装置的金属外壳均应有良好的接地保护。

3 同一供电系统内的各种电气设备，严禁一部分设备采用保护接地、另一部分设备采用保护接零。

4 采用保护接零或保护接地方式的设备，应敷设人工接地体，接地电阻应符合当地供电部门的规定。对于车间有共用接地网的，可不单独敷设接地体。

5 电气设备与共用接地网连接的接地干线应至少有不同的两点与接地网连接。接地干线及接地线的截面积不应小于相应电源线截面积的1/3。

6 印染设备电气装置的接地线，严禁使用铝导体。多芯绝缘铜线截面积不得小于2.5mm^2，裸铜线截面积不得小于4mm^2，电缆的接地芯与相线包在同一保护外壳内的多芯导线的接地芯截面积不应小于1.5mm^2，扁钢截面积不应小于48mm^2，圆钢直径在地上与地下分别不应小于6mm和8mm。

7 印染设备严禁用输液、输汽（气）金属管道作为接地体或接地线。

8 人工接地体应选用壁厚不小于3.5mm的镀锌钢管或厚度不小于4mm的角钢。每台设备的独立接地体垂直敷设时不得少于2根，接地体的长度和埋设深度应符合当地供电部门的规定，但相邻两根间的距离不得小于接地体长度的2倍。

9 接地线与接地体的连接应采用焊接或机械连接的方法；采用扁钢焊接时，搭接长度不应小于扁钢宽度的2倍；采用圆钢焊接时，搭接长度不应小于圆钢直径的6倍。机械连接可采用线卡、金属夹头或在接地体上焊接螺栓的方法，连接应紧密可靠。

10 接地线、接地干线、接地体的连接点以及与机架的连接点均应有良好的电气连接，并应便于巡迴，严禁采用串接方式接地。

5.2 电气控制柜

5.2.1 电气控制柜安装位置应便于操作和检修，且应有良好的散热条件，并应避开输液、输气和排水管道，应采取防止污水的渗入和倒灌措施。在可能受到碰撞和滴水的地方，应加装相应的防护装置。

5.2.2 电气控制柜应安装牢固、排列整齐，顺序和位置应合理。电气柜的操纵台、机头机尾及机上按钮盒应密封良好。

5.2.3 引出线不得有损伤、接头；接线应准确，标记应清晰完整，并应符合图纸要求。

5.2.4 电气元器件的可动部分应灵活可靠，不应有异热、异响和磁滞等异常现象。

5.2.5 电气控制柜整组试验应符合设计要求，信号显示应清晰、准确，自控装置动作应正确可靠。

5.3 配管布线

5.3.1 安装于潮湿场所和埋于地下的钢管，宜选用厚壁管或镀锌管。在有酸碱腐蚀的场所，宜选用硬质塑料管，易受机械损伤的地方，应采取防护措施，且不宜选用金属软管。配管穿过建筑物和设备基础时，应加钢套管。

5.3.2 在发热箱体上不应直接敷设硬塑料管。

5.3.3 硬管的弯曲处不应有折皱、凹陷、裂缝和焦斑，管内不应有铁屑等异物。钢管管口应光滑，并应加装护圈或塑料套管保护。

5.3.4 硬塑料管应采用插入法或套接法连接，插入深度应为管子内径的1.1倍～1.8倍。

5.3.5 明配管应排列整齐、横平竖直、安装牢固，固定点间隔应均匀。钢管可采用焊接或管卡固定，其他明配管应用管卡固定，两固定点之间最大距离应符合表5.3.5的规定。

表 5.3.5 明配管两固定点之间的最大距离

配管材质		距离（m）
钢管		1.5～2.5
硬塑管	内径≤20cm	1.0
	25cm≤内径≤40cm	1.5
	内径≥50cm	2.0

5.3.6 明配管超过一定长度时，中间应装分线盒。分线盒的安装位置应便于穿线和维修，且当符合下列条件时，中间应加装分线盒：

1 明配管长度超过 45m 且无折弯。

2 明配管长度超过 30m 且有 1 个折弯。

3 明配管长度超过 20m 且有 2 个折弯。

4 明配管长度超过 12m 且有 3 个折弯。

5.3.7 明配管的弯曲半径宜大于管外径的 6 倍，埋设于地下的暗配管弯曲半径宜大于管外径的 10 倍。

5.3.8 进入开关箱、操作台的配管应排列整齐，管口高出基础面长度不应小于 50mm。

5.3.9 配管与电器设备连接时，宜将配管敷设到设备内。在干燥场所配管出口处可用软管引入设备。在潮湿场所或室外的管口，应设防水弯头。

5.3.10 钢管间应采用螺纹连接。钢管进入灯头盒、开关盒、接线盒及配电箱时，暗配管可采用焊接固定，管口露出盒（箱）应为 3mm～5mm；明配管应采用锁紧螺母固定，螺纹应露出螺母 2 个～4 个螺距。

5.3.11 导线应采用铜芯线。信号线应采用屏蔽线。导线截面积及载流量的选择应按现行国家标准《机械电气安全　机械电气设备　第 1 部分：通用技术条件》GB 5226.1 有关规定执行。控制导线最小截面积不宜小于 $1mm^2$。发热箱体上的布线截面积应适当上调 1 级～2 级，靠近发热体时应加装瓷套管、黄蜡防护，也可选用耐高温绝缘导线。

5.3.12 动力线、控制线、信号线均应隔离、分开敷设。

5.3.13 配管内的导线不应有接头、扭结和破损。电缆线中途不应有接头。

5.3.14 同一交流回路的导线必须穿在同一配管内，配管内不得只穿 1 根交流回路的电力导线。

5.3.15 工作电压不同的导线穿在同一根配管内时，导线的绝缘应满足管内最高耐压等级的要求。

5.3.16 管内的导线包括绝缘层的总截面积不应超过管子有效截面积的 40%～50%；管内导线不宜超过 10 根。

5.3.17 在剖开导线绝缘层时不应损伤线芯，多股线芯应压接端子或刷锡后再与接线端子连接，刷锡时不得采用酸性焊剂。

5.3.18 电缆沟内不得敷设输液汽管道，并应避免与输液汽管道交叉敷设，同时应采取防水浸入措施，并应有适当的排水坡度。

5.4 汇 线 槽

5.4.1 室内配电干线敷设方式宜采用电缆桥架明敷设，在不能或不宜桥架明敷时可采用配管布线方式。

5.4.2 电缆桥架布线应符合下列规定：

1 电缆桥架应安装牢固。

2 电缆桥架的安装应避开潮湿或有液体滴入、流入、水蒸气通过的场所。

3 在发热箱体上安装电缆桥架时，桥架应架空或采用隔热材料隔开。

4 电缆桥架安装应顺机器形状走势美观大方；多段桥架的连接应平整顺畅，接口处应无毛刺。

5 电缆线的敷设量不宜超过电缆桥架容量的 2/3。

6 桥架出线口应采用连接接头方式，出口处应平滑、无毛刺。从出口到机上电器的走线宜采用护管方式。

5.5 机上电气及控制装置

5.5.1 电机安装应符合下列规定：

1 转子转动应灵活、无异常。

2 电机安装应牢固，且应便于拆装和维修。

3 绝缘性能应良好，用 500V 兆欧表检测时，每相对地的绝缘电阻应大于 1MΩ。

4 引出线端子编号应清晰、完整。接线应正确，空载电流应符合规定。

5 润滑油脂型号、油量应符合电机说明书的要求。

5.5.2 电热元件安装应符合下列规定：

1 电热元件绝缘性能应良好，用 500V 兆欧表检测时，绝缘电阻应大于 1MΩ。

2 电热元件安装应牢固，接线应可靠，并应有防松弹簧垫圈。

3 电热元件的电流应符合规定值，且应三相平衡。

5.5.3 照明应符合下列规定：

1 照明电源应与动力电源分开，且应单独供电，并应有隔离变压器。

2 移动灯具应选用安全电压供电。

3 蒸箱、焙烘箱和烘筒罩壳等箱体上的照明应采用安全电压，特殊场合应根据具体情况选用安全灯具。

4 除单只灯头外，吊灯的电源线不应承受灯具的重力。

5.5.4 行程开关应配合机械装置调整，且应保证动作正确。

5.5.5 角位移传感器、变阻器安装应牢固，接线应正确无误，与松紧架动作应协调。

5.5.6 红外探边、对中或对边、光电整纬、燃烧控制、湿度控制等自动控制装置的配线均应符合操作手册要求。

5.5.7 电动或光电吸边器、静电消除器、高压点火器、电动执行器等装置接线应正确，接地应可靠；电动执行器安装前手动应灵活、无异常；上、下限位开关位置应正确，动作应灵活、无异常。

6 设备试运转

6.1 一般规定

6.1.1 设备安装质量检验合格后应进行试运转。联合机试运转中，若上一步骤未合格前不宜进行下一步的试运转。

6.1.2 试运转步骤应为空车运转→穿布运转。

6.1.3 空车运转过程中，应全面检查和校正机械、电气各部分，并应做好记录。设备连续运行时间不应少于2h。

6.2 机械部分

6.2.1 试运转前机械部分应符合下列规定：

1 全机应清理干净，周围环境应清洁、无杂物。

2 全机润滑部位应系统注油、检查，并应符合下列规定：

1）油品牌号应正确，油路应畅通。

2）齿轮箱的油量宜在油标的1/3处～1/2处。

3 水、汽、气系统不得泄漏。

6.2.2 空车运转应符合下列规定：

1 紧固件不得松动。

2 各单元运行部分的运转方向应正确，传动应平稳且无异常声响。

3 调节机构操作应灵活，动作应正确。

4 滚动轴承温升不得高于30℃，且最高温度不宜超过70℃；滑动轴承温升不得高于25℃，且最高温度不宜超过60℃。

5 加热或冷却系统控制温度应满足设计文件规定的技术要求。

6 安全阀、压力表、液位控制等装置应安全可靠、准确。

6.2.3 穿布运转时，织物表面应平整、无皱条，左右偏移应符合技术要求。

6.3 电气部分

6.3.1 设备通电前，应按照技术文件的要求对所有的电气线路进行全面核查。

6.3.2 空车试运转电气系统应符合下列规定：

1 电控柜应做通电试验，并应符合下列规定：

1）空气开关应合上。

2）熔芯选放应正确。

3）相序开关动作应符合设计要求。

4）热继电器应符合整定值。

5）保护装置的各类继电器限位开关动作应正确。

6）指示灯、讯响装置应工作正常。

7）仪器、仪表工作应正常。

8）急停装置应可靠。

2 照明系统工作应正常。

3 检查变频器电流保护值，保护值应正确。

4 检查直流电机磁场回路，速度调节应正常。

5 在空载情况下通电手动进行调试，低速、中速、高速调节均应平滑，电流应正常，运转应正确。

6 电源工作应正常，电源及电机不应有过热、异响、火花、震动等。

6.3.3 穿布试运转时电气系统应符合下列规定：

1 低、中、高速应同步，调速应平滑，调速比应符合设计要求。

2 各类加热单元加热运行、监视应符合工艺要求。

3 电源应正常，复查电源开关，应无异常现象。

7 设备安装验收

7.0.1 设备安装工程竣工（包括试运转）后，应按本规范进行工程验收。

7.0.2 工程验收时应具备下列资料：

1 与设备安装相关的竣工图或按实际完成情况注明修改部分并签字认可的施工图。

2 设计文件及设计修改文件。

3 各工序的安装检验记录。

4 试运转记录。

5 重大问题的处理文件。

6 安装工程竣工验收单。

7 其他有关资料。

7.0.3 安装工程验收资料应由建设方负责收集、整理和撰写。

7.0.4 安装工程验收合格，建设、工程承包或设备供应商、安装、监理等单位的代表应在安装工程竣工验收单上签字。签字方应各执一份安装工程竣工验收单。

7.0.5 安装工程质量不符合要求必须及时处理或返工，并应重新进行验收。

本规范用词说明

1 为便于在执行本规范条文时区别对待，对要求严格程度不同的用词说明如下：

1）表示很严格，非这样做不可的：

正面词采用“必须”，反面词采用“严禁”；

2）表示严格，在正常情况下均应这样做的：

正面词采用“应”，反面词采用“不应”或“不得”；

3）表示允许稍有选择，在条件许可时首先应这样做的：

正面词采用“宜”，反面词采用“不宜”；

4）表示有选择，在一定条件下可以这样做的采用“可”。

2 条文中指定应按其他有关标准执行的写法为：“应符合……的规定”或“应按……执行”。

引用标准名录

《机械设备安装工程施工及验收通用规范》GB 50231

《工业金属管道工程施工规范》GB 50235

《现场设备、工业管道焊接工程施工及验收规范》GB 50236

《印染工厂设计规范》GB 50426

《机械电气安全　机械电气设备　第1部分：通用技术条件》GB 5226.1

《设备及管道绝热技术通则》GB/T 4272

中华人民共和国国家标准

印染设备工程安装与质量验收规范

GB 50667—2011

条 文 说 明

制 定 说 明

《印染设备工程安装与质量验收规范》GB 50667—2011，经住房和城乡建设部 2011 年 2 月 18 日以 947 号公告批准发布。

本规范制定过程中，编制组进行了认真细致的调查研究，总结了我国工程建设中印染行业设备的设计和安装运行的实践经验，同时参考了国外同行业的先进法规、技术标准，确定了本规范的各项技术参数。

为便于广大设计、施工、科研学校等单位有关人员在使用本规范时能正确理解和执行条文规定，《印染设备工程安装与质量验收规范》编制组按章、节、条顺序编制了本规范的条文说明，对条文规定的目的、依据以及执行中需注意的有关事项进行了说明，还着重对强制性条文的强制性理由做了解释。但是本条文说明不具备与规范正文同等的法律效力，仅供使用者作为理解和把握规范规定的参考。

目　次

1　总则 ……………………………… 1—51—23
2　基本规定 ……………………………… 1—51—23
2.1　设备基础 ……………………………… 1—51—23
2.2　设备的开箱验收和保管 ……………… 1—51—23
2.3　地脚螺栓、垫铁与灌浆 ……………… 1—51—23
2.4　特种设备及工艺管道 ………………… 1—51—23
2.5　共同部分 ……………………………… 1—51—23
2.6　直辖部分 ……………………………… 1—51—24
3　通用单元设备的安装 ……………… 1—51—24
3.1　轧车 ……………………………… 1—51—24
3.4　高给液装置 ……………………………… 1—51—24
4　单元机的安装 ……………………… 1—51—24
4.3　高温高压卷染机 ……………………… 1—51—24
4.4　气流染色机 ……………………………… 1—51—24
4.5　经轴染色机 ……………………………… 1—51—24
4.6　喷射染色机 ……………………………… 1—51—24
4.15　起毛机 ……………………………… 1—51—24
4.17　刷毛机 ……………………………… 1—51—24
5　电气控制系统 ……………………… 1—51—24
5.1　电源系统 ……………………………… 1—51—24
5.4　汇线槽 ……………………………… 1—51—25
5.5　机上电气及控制装置 ………………… 1—51—25
6　设备试运转 ……………………………… 1—51—25
6.1　一般规定 ……………………………… 1—51—25
6.2　机械部分 ……………………………… 1—51—25
7　设备安装验收 ……………………… 1—51—25

1 总 则

1.0.1 本条阐明了制定本规范的目的。

1.0.2 本条明确了本规范适用的对象。

1.0.3 本条反映了其他相关标准、规范的作用。印染设备工程安装涉及的工程技术及安全环保方面很多，因此，印染设备工程安装验收除应符合本规范外，尚应符合国家现行有关标准的规定。

2 基本规定

2.1 设备基础

2.1.1 设备安装前，应按施工图和有关建筑物的基准线，划定设备安装的基准点、线、辅助线。设备安装时均应以划定的基准线为准进行测量。因此这些基准点、线、辅助线会直接影响到设备安装的准确性。而设备基础弹线是保证设备安装合格的第一步，墨线长度不同、宽度不同，产生的误差也不一样，使用不同的墨线时，事先要对墨线可能产生的偏差进行评估，以便弹线后定位尺寸正确。因此本条对设备基础弹线进行了详细规定。

2.1.2 设备的基础工程一般由建筑单位施工，质量要求应由建筑单位对建筑施工单位进行工程验收。本条规定了设备就位时基础强度的最小值，只有达到该值，才能承受设备安装时吊装、就位产生的动负荷、静负荷要求。设备安装时基础强度小于规定值的75%时，安装时可能会造成设备基础的潜在性损坏，给今后的正常生产留下隐患。

2.1.3 一般印染设备安装时整体性要求较高，设备基础在施工过程中产生裂纹、起壳等现象，会对设备的水平或整体性能产生不良影响。

2.1.4 设备安装前，应按本规范的要求复验基础的位置、标高、几何尺寸及预留预埋部分的位置、几何尺寸是否符合要求。如有超差不符合要求的，应由建筑单位进行返修。

2.2 设备的开箱验收和保管

2.2.1 设备开箱后，清点是常规应进行的工作，但往往没有认真清点、记录，从而发生设备零部件、备件丢失现象。本条的目的是要求开箱清点工作应由安装单位和使用单位有关人员均在场的情况下进行，并当场做好记录。办理交接手续、分清责任。

2.2.2 本条是指设备开箱后，交给建设单位的设备、零部件、专用工具等，从开箱起到工程验收为止，整个设备安装过程，均应做好保管工作。一般应设专人负责，并划出存放场地，按设备、零部件性质采取不同的妥善保管方法。

2.3 地脚螺栓、垫铁与灌浆

2.3.1 现行国家标准《机械设备安装工程施工及验收通用规范》GB 50231 规定了地脚螺栓紧固与施工的技术要求，施工过程应严格遵守，但地脚螺栓与被安装的设备紧密相关，工程设计应明确地脚螺栓的具体规格，只有按设计技术文件要求正确选择地脚螺栓，才能保证设备安装质量。

2.3.2 垫铁的种类很多，印染机械设备安装要求的垫铁也各不相同。本条主要目的是，在印染机械设备没有带垫铁的情况下，为统一规格而推荐的一般用途斜垫铁、平垫铁的规格和尺寸。斜垫铁与平垫铁配合使用时，宜同号配合使用，如：“斜 2”配“平 2”，不能随意搭配使用。

2.3.4 本条主要规定了哪类设备载荷宜使用哪种类型的垫铁组，条文中规定“垫铁组深入设备底座底面的长度应超过设备地脚螺栓中心”，目的是使设备底座受力均匀。

2.4 特种设备及工艺管道

2.4.2 本条规定了设备及工业管道现场组装焊接时应遵守的施工及检验标准。

2.4.3 某些印染设备常常处于高温工作状态，如保温不好，热量损失会相当大，本条规定了设备及管道等保温应符合的标准。

2.4.5 压力容器类设备是国家重点监察的特种设备，压力容器类设备的安装单位必须取得相应资质才可从事压力容器的安装。本条的目的是要求安装单位在设备的安装过程中必须遵守相关的国家标准、安全规程、规则。

2.5 共同部分

2.5.1 单元机是指可以单独进行生产的机台，通用单元类设备是指不能单独进行生产的设备，单元机及通用单元类设备共同拥有的部分称之为共同部分，共同部分中相同的安装项目称之为共同项目，这是不同工艺流程的联合机均有的共性的质量控制要素，本条规定了共同项目安装的定量要求。

2.5.2 单元机及通用单元类设备的通用件、紧固件、传动件、气动液压元件和安全防护装置等的安装质量直接影响到整条生产线的安装质量，应高度重视。

1 导布辊、轧辊表面有划痕和涂迹时，易擦伤或污染物料，导布辊、轧辊转动不灵活，可能会损伤物料。

6 键、滑动轴承、滚动轴承、密封件的装配在现行国家标准《机械设备安装工程施工及验收通用规范》GB 50231 中有详细的规定，应严格执行。

7 机械润滑的好坏直接影响到设备的运行，因此润滑油、脂的牌号用量均应符合技术文件要求。

2.6 直辖部分

2.6.1 联合机中除单元机及通用单元类设备外的通用装置、零部件等均归类为直辖部分，本条规定了进布装置、出布装置、松紧架等直辖部分安装的允许偏差。

2.6.5 扶手、防护栏杆、走台等构件的安装质量关系到设备使用者的安全，本条的目的是要求安装单位在设备的安装过程中做到防患于未然。

3 通用单元设备的安装

3.1 轧 车

3.1.1 轧辊压力的均匀性直接影响物料的质量，因此设备安装后应对轧辊压痕的均匀性进行检查。两辊的接触线应平直，不能有间隙或一边紧一边松的现象。如发现该现象说明轧辊两端的力不均匀，应调整合适。轧辊压痕的均匀性，可以通过用复写纸进行压印试验的方法来检查。

3.1.2 加压机构及轧槽升降机构的动作灵活、升降动作平稳、顺畅，表明加压机构及升降机构的安装合适。否则，应重新调整合适。

3.4 高给液装置

3.4.3 本条规定的理由同本规范第 3.1.1 条条文说明。

4 单元机的安装

4.3 高温高压卷染机

4.3.2 介质温度高于 98℃的高温高压卷染机，有造成人身伤害的可能性，因此，必须设置温度压力安全联锁装置，在温度、压力未降到设定值时，设备上的阀门、缸盖等都不能手动打开，防止对人造成伤害，防患于未然。因本条直接涉及人身和国家财产安全，故确定为强制性条文，在设计和安装中应引起高度重视。

4.3.3 介质的排放温度高于 98℃并具有高温排放功能的高温高压卷染机，必须采取安全防护措施，如设备上增加冷却装置或在用户设置高温排放缓冲池等，将压力安全释放、温度降低，防止排放过程对人造成伤害。因本条直接涉及人身和国家财产安全，故确定为强制性条文，在设计和安装中应引起高度重视。

4.4 气流染色机

4.4.6 本条规定的理由同本规范第 4.3.2 条条文说明。作为强制性条文执行。

4.4.7 本条规定的理由同本规范第 4.3.3 条条文说明。作为强制性条文执行。

4.5 经轴染色机

4.5.7 本条规定的理由同本规范第 4.3.2 条条文说明。作为强制性条文执行。

4.5.8 本条规定的理由同本规范第 4.3.3 条条文说明。作为强制性条文执行。

4.6 喷射染色机

4.6.7 本条规定的理由同本规范第 4.3.2 条条文说明。作为强制性条文执行。

4.6.8 本条规定的理由同本规范第 4.3.3 条条文说明。作为强制性条文执行。

4.15 起 毛 机

4.15.3 起毛辊等分对应安装角度直接影响到物料的质量，因此设备安装时应对起毛辊安装角度进行检查。为便于检测，本条将检测两侧大滚盘起毛辊等分对应安装角度的要求转换为水平度要求。详细检测方法为：在撑管未固定两侧大滚盘前，将外径相等的四个专用轴承座分别装入两端大滚盘的两相邻轴承孔内，将刻度示值为 0.02mm/m 水平仪放在一端两轴承座外圆上，校准水平仪水泡在中间位置，然后将水平仪移至另一端两轴承座外圆上，进行调整，观察水平仪水泡位置，水泡在标尺的有效范围内为合格，如超出标尺范围，则在低的方向用厚度 0.02mm 的塞尺塞入水平仪底面，此时水泡在中间位置或反向超过中线位置为合格。

4.17 刷 毛 机

4.17.3 本条规定的理由同本规范第 4.15.3 条条文说明。

5 电气控制系统

5.1 电 源 系 统

5.1.1 本条文对电源进线的额定电压、额定频率数据以及电源进线与供电电源之间断开点的设置，接零保护机台的电源进线中的零线作了详细规定。

5.1.2 设备的接地与接零保护直接关系到设备及人身安全，特别是印染设备中用到的染液多是有害液体，故本条文对接地与接零保护作了详细规定。

本条第 2 款中金属外壳是指在安全电压以上的电气装置的金属外壳，包括金属穿线管、分线盒、按钮盒、开关、电动机、高压器、行程开关和操作台及其操作装置的面板等。

由于印染厂的输液、输汽（气）金属管道中输送的多为腐蚀性介质和有害气体，如果将这些管道作为接地体和接地线，一旦管道泄露，将会直接涉及人身和国家财产安全。故本条第7款确定为强制性条文，在设计和安装中应引起高度重视。

5.4 汇 线 槽

5.4.1 室内配电干线宜采用电缆桥架明敷设。因为当前市场变化快，工艺设备选型和产品均容易变更，采用电缆桥架明敷设容易适应各种产品、设备选型变更带来的配电线路的变更。同时采用电缆桥架明敷设也便于清洁。

5.4.2 电缆在运行时，由于电流作用而发热，电缆受热而产生膨胀，因此本条规定在敷设电缆桥架时应避开潮湿场所，对电缆要进行固定。布线应合理，强电电缆与弱电电缆应敷设在不同的电缆桥架内，以免发生干扰。

5.5 机上电气及控制装置

5.5.6 本条是对印染设备中的自动控制装置的安装配线要求，因这些自动控制装置一般均附有操作手册，所以本条不作详细规定，而应严格按操作手册执行。

6 设备试运转

6.1 一 般 规 定

6.1.1 本条是对设备安装完毕后，进行试运转的要求。试运转的先后顺序很重要，一般在上一步试运转合格后方可进行下一步的试运转，除非上一步试运转中的个别项目对下一步的试运转不会产生影响。

6.1.3 本条规定的目的是为了同时考核设备在试运转过程中机械和电气的运行情况，同时应对运行过程中各参数的实际状况进行记录。

6.2 机 械 部 分

6.2.1 本条提出了机械部分试运转前的准备要求。

6.2.2 本条提出了机械部分试运转时应着重检查的项目。

6.2.3 本条提出了穿布试运转时织物应达到的要求。

7 设备安装验收

7.0.2 本条提出了对设备验收资料的要求。

7.0.3 本条明确了收集、整理资料的负责单位。

7.0.4 本条规定了安装工程验收合格后，为便于双方交接有依据，各相关单位的代表应在安装工程竣工验收单上签字。

中华人民共和国国家标准

节能建筑评价标准

Standard for energy efficient building assessment

GB/T 50668—2011

主编部门：中华人民共和国住房和城乡建设部
批准部门：中华人民共和国住房和城乡建设部
施行日期：2 0 1 2 年 5 月 1 日

中华人民共和国住房和城乡建设部
公 告

第 970 号

关于发布国家标准《节能建筑评价标准》的公告

现批准《节能建筑评价标准》为国家标准，编号为GB/T 50668－2011，自 2012 年 5 月 1 日起实施。

本标准由我部标准定额研究所组织中国建筑工业出版社出版发行。

中华人民共和国住房和城乡建设部

2011 年 4 月 2 日

前 言

根据原建设部《关于印发〈2006 年工程建设标准规范制定、修订计划（第一批）〉的通知》（建标［2006］77 号）的要求，标准编制组经广泛调查研究，认真总结实践经验，参考有关国内标准和国外先进标准，并在广泛征求意见的基础上，制定本标准。

本标准的主要技术内容是：1. 总则；2. 术语；3. 基本规定；4. 居住建筑；5. 公共建筑。

本标准由住房和城乡建设部负责管理，由中国建筑科学研究院负责具体技术内容的解释。执行过程中如有意见或建议，请寄送中国建筑科学研究院（地址：北京市北三环东路 30 号，邮编：100013）。

本标准主编单位：中国建筑科学研究院

本标准参编单位：中国建筑西南设计研究院
中国建筑设计研究院
深圳建筑科学研究院有限公司
上海建筑设计研究院
重庆大学
哈尔滨工业大学
河南省建筑科学研究院
中国城市科学研究会绿色建筑研究中心
黑龙江寒地建筑科学研究院
陕西省建筑科学研究院
天津大学
北京立升茂科技有限公司

本标准主要起草人员：王清勤 林海燕 冯 雅 赵建平 潘云钢 郎四维 叶 青 曾 捷 寿炜炜 李百战 董重成 栾景阳 卜增文 陈 琪 尹 波 郭振伟 张锦屏 李 荣 朱 能 孙大明 李 楠 谢尚群 吕晓辰 张 淼 高沛峻

本标准主要审查人员：吴德绳 杨 榕 葛 坚 李德英 赵 锂 任元会 杨旭东 齐承英 方天培

目　次

1　总则 ……………………………… 1—52—5
2　术语 ……………………………… 1—52—5
3　基本规定 ………………………… 1—52—5
3.1　基本要求 ……………………… 1—52—5
3.2　评价与等级划分 ……………… 1—52—5
4　居住建筑 ………………………… 1—52—6
4.1　建筑规划 ……………………… 1—52—6
4.2　围护结构 ……………………… 1—52—7
4.3　采暖通风与空气调节 ………… 1—52—9
4.4　给水排水 ……………………… 1—52—10
4.5　电气与照明 …………………… 1—52—11
4.6　室内环境 ……………………… 1—52—12
4.7　运营管理 ……………………… 1—52—12
5　公共建筑 ………………………… 1—52—13
5.1　建筑规划 ……………………… 1—52—13
5.2　围护结构 ……………………… 1—52—14
5.3　采暖通风与空气调节 ………… 1—52—15
5.4　给水排水 ……………………… 1—52—17
5.5　电气与照明 …………………… 1—52—17
5.6　室内环境 ……………………… 1—52—19
5.7　运营管理 ……………………… 1—52—19
本标准用词说明 …………………… 1—52—20
引用标准名录 ……………………… 1—52—20
附：条文说明 ……………………… 1—52—22

Contents

1 General Provisions ······················ 1—52—5
2 Terms ···································· 1—52—5
3 Basic Requirements ······················ 1—52—5
3.1 General Requirements ················· 1—52—5
3.2 Assessment and Classification ········ 1—52—5
4 Residential Building ···················· 1—52—6
4.1 Architectural Planning ················ 1—52—6
4.2 Building Envelope ···················· 1—52—7
4.3 Heating, Ventilating and Air Conditioning ··························· 1—52—9
4.4 Water Supply and Drainage ············ 1—52—10
4.5 Power Supply and Lighting ············ 1—52—11
4.6 Indoor Environment ··················· 1—52—12
4.7 Operation and Management ············ 1—52—12
5 Public Building ························· 1—52—13
5.1 Architectural Planning ················ 1—52—13
5.2 Building Envelope ···················· 1—52—14
5.3 Heating, Ventilating and Air Conditioning ··························· 1—52—15
5.4 Water Supply and Drainage ············ 1—52—17
5.5 Power Supply and Lighting ············ 1—52—17
5.6 Indoor Environment ··················· 1—52—19
5.7 Operation and Management ············ 1—52—19
Explanation of Wording in This Standard ··························· 1—52—20
List of Quoted Standards ················· 1—52—20
Addition: Explanation of Provisions ······························· 1—52—22

1 总　　则

1.0.1　为贯彻落实节约能源资源的基本国策，引导采用先进适用的建筑节能技术，推动建筑的可持续发展，规范节能建筑的评价，编制本标准。

1.0.2　本标准适用于新建、改建和扩建的居住建筑和公共建筑的节能评价。

1.0.3　节能建筑评价应符合下列规定：

1　节能建筑的评价应包括建筑及其用能系统，涵盖设计和运营管理两个阶段；

2　节能建筑的评价应在达到适用的室内环境的前提下进行。

1.0.4　节能建筑的评价除应符合本标准的规定外，尚应符合国家现行有关标准的规定。

2 术　　语

2.0.1　节能建筑　energy efficient building

遵循当地的地理环境和节能的基本方法，设计和建造的达到或优于国家有关节能标准的建筑。

2.0.2　节能建筑评价　energy efficient building assessment

按照建筑采用的节能技术措施和节能管理措施，采取定量和定性相结合的方法，对建筑的节能性能进行分析判断并确定出节能建筑的等级。

2.0.3　围护结构传热系数　heat transfer coefficient of building envelope

在稳态条件下，围护结构两侧空气温差为1℃，在单位时间内通过单位面积围护结构的传热量。

2.0.4　围护结构平均传热系数　mean heat transfer coefficient of building envelope

考虑了围护结构存在的热桥影响后得到的围护结构传热系数。

2.0.5　合同能源管理　energy performance contracting (EPC)

节能服务公司与用能单位以契约形式约定节能项目的节能目标，节能服务公司为实现节能目标向用能单位提供必要的服务，用能单位以节能效益支付节能服务公司的投入及其合理利润的节能服务机制。

3 基本规定

3.1 基本要求

3.1.1　节能建筑评价应包括节能建筑设计评价和节能建筑工程评价两个阶段。

3.1.2　节能建筑的评价应以单栋建筑或建筑小区为对象。评价单栋建筑时，凡涉及室外部分的指标应以该栋建筑所处的室外条件的评价结果为准；建筑小区的节能评价应在单栋建筑评价的基础上进行，建筑小区的节能等级应根据小区中全部单栋建筑均达到或超过的节能等级来确定。

3.1.3　节能建筑设计评价应在建筑设计图纸通过相关部门的节能审查并合格后进行；节能建筑工程评价应在建筑通过相关部门的节能工程竣工验收并运行一年后进行。

3.1.4　申请节能建筑设计评价的建筑应提供下列资料：

1　建筑节能技术措施；

2　规划与建筑设计文件；

3　规划与建筑节能设计文件；

4　建筑节能设计审查批复文件。

3.1.5　申请节能建筑工程评价除应提供设计评价阶段的资料外，尚应提供下列资料：

1　材料质量证明文件或检测报告；

2　建筑节能工程竣工验收报告；

3　检测报告、专项分析报告、运营管理制度文件、运营维护资料等相关的资料。

3.2 评价与等级划分

3.2.1　节能建筑设计评价指标体系应由建筑规划、建筑围护结构、采暖通风与空气调节、给水排水、电气与照明、室内环境六类指标组成；节能建筑工程评价指标体系应由建筑规划、建筑围护结构、采暖通风与空气调节、给水排水、电气与照明、室内环境和运营管理七类指标组成。每类指标应包括控制项、一般项和优选项。

3.2.2　节能建筑应满足本标准第4章或第5章中所有控制项的要求，并应按满足一般项数和优选项数的程度，划分为A、AA和AAA三个等级。节能建筑等级划分应符合表3.2.2-1或表3.2.2-2的规定。

表3.2.2-1　居住建筑节能等级的划分

等级	一般项数							
	建筑规划（共7项）	围护结构（共7项）	暖通空调（共8项）	给水排水（共5项）	电气与照明（共4项）	室内环境（共4项）	运营管理（共7项）	一般项数（共42项）
A	2	2	2	2	1	1	3	
AA	3	3	3	3	2	2	4	
AAA	5	5	4	4	3	3	5	

续表 3.2.2-1

等级	优选项数							优选项数（共25项）
	建筑规划（共3项）	围护结构（共6项）	暖通空调（共7项）	给水排水（共2项）	电气与照明（共3项）	室内环境（共2项）	运营管理（共2项）	
A	5							
AA	9							
AAA	13							

表 3.2.2-2 公共建筑节能等级的划分

等级	一般项数							一般项数（共58项）
	建筑规划（共5项）	围护结构（共8项）	暖通空调（共15项）	给水排水（共6项）	电气与照明（共12项）	室内环境（共4项）	运营管理（共8项）	
A	2	2	4	2	3	1	3	
AA	3	4	6	3	5	2	4	
AAA	4	6	10	4	8	3	6	
等级	优选项数							优选项数（共34项）
	建筑规划（共3项）	围护结构（共6项）	暖通空调（共14项）	给水排水（共2项）	电气与照明（共4项）	室内环境（共2项）	运营管理（共3项）	
A	6							
AA	12							
AAA	18							

3.2.3 AAA 节能建筑除应满足本标准第 3.2.2 条的规定外，尚应符合下列规定：

1 在围护结构指标方面，居住建筑满足的优选项数不应少于 2 项，公共建筑满足的优选项数不应少于 3 项；

2 在暖通空调指标方面，居住建筑满足的优选项数不应少于 2 项，公共建筑满足的优选项数不应少于 4 项；

3 在电气与照明指标方面，居住建筑满足的优选项数不应少于 1 项，公共建筑满足的优选项数不应少于 2 项。

3.2.4 当本标准中一般项和优选项中的某条文不适应建筑所在地区、气候、建筑类型和评价阶段等条件时，该条文可不参与评价，参评的总项数可相应减少，等级划分时对项数的要求应按原比例调整确定。对项数的要求按原比例调整后，每类指标满足的一般项数不得少于 1 条。

3.2.5 本标准中各条款的评价结论应为通过或不通过；对有多项要求的条款，不满足各款的全部要求时评价结论不得为通过。

3.2.6 温和地区节能建筑的评价宜根据最邻近的气候分区的相应条款进行。

4 居住建筑

4.1 建筑规划

Ⅰ 控 制 项

4.1.1 居住建筑的选址和总体规划设计应符合城市规划和居住区规划的要求。

评价方法：检查规划设计批复文件。

4.1.2 居住建筑小区的日照、建筑密度应符合现行国家标准《城市居住区规划设计规范》GB 50180 的有关规定。

评价方法：检查规划设计批复文件和日照设计计算书。

4.1.3 居住建筑的项目建议书或可行性研究报告、设计文件中应有节能专项的内容。

评价方法：检查项目建议书或可行性研究报告、设计图纸。

Ⅱ 一 般 项

4.1.4 当建筑中单套住宅居住空间总数大于等于 4 个时，至少有 2 个房间能获得冬季日照。

评价方法：检查设计图纸、日照模拟分析报告。

4.1.5 居住区内绿地率不低于下列规定：

1 新区建设绿地率不低于30%；

2 旧区改建绿地率不低于20%。

评价方法：检查设计图纸、绿化面积计算书和现场检查。

4.1.6 严寒、寒冷地区、夏热冬冷地区建筑物朝向符合下列其中一款的规定，夏热冬暖地区符合下列第3款的规定：

1 建筑南北朝向；

2 40%以上的主要房间朝南向；

3 90%以上主要房间避免夏季西向日晒，或者采取活动外遮阳和其他隔热措施，实现90%的房间避免夏季西向日晒。

评价方法：检查设计图纸、专项计算书和现场检查。

4.1.7 小区的建筑规划布局采用有利于建筑群体间夏季自然通风的布置形式。用地面积15万m^2以下的居住小区和建筑单体进行定性或定量的自然通风设计；用地面积15万m^2以上的居住小区和建筑单体进行定量的自然通风模拟设计。

评价方法：检查小区通风计算报告。

4.1.8 单栋建筑或居住小区公共区域天然采光在满足功能区照度的前提下，符合下列其中一款的规定：

1 建筑地上部分，公共区域的天然采光面积比例大于30%；

2 有地下室的建筑，地下一层公共区域的天然采光面积比例大于5%。

评价方法：检查设计图纸和采光模拟计算书。

4.1.9 利用导光管和反光装置将天然光引入地下停车场或设备房，在满足该功能区照度的条件下，天然采光的区域不小于地下室一层建筑面积的10%。

评价方法：检查设计图纸和采光模拟计算书。

4.1.10 建筑中的所有电梯均使用节能型电梯，并采用节能控制方式。

评价方法：检查设计图纸、设备说明书和现场检查。

Ⅲ 优 选 项

4.1.11 实测或模拟计算证明住区室外日平均热岛强度不大于1.5℃，或者采用下列其中两款措施降低小区的热岛强度：

1 住区绿地率不小于35%；

2 住区中不少于50%的硬质地面有遮荫或铺设太阳辐射吸收率为0.3～0.6的浅色材料；

3 无遮荫的地面停车位占地面总停车位的比率不超过10%；

4 不少于30%的可绿化屋面实施绿化或不少于75%的非绿化屋面为浅色饰面，坡屋顶太阳辐射吸收率小于0.7，平屋顶太阳辐射吸收率小于0.5；

5 建筑外墙浅色饰面，墙面太阳辐射吸收率小于0.6。

评价方法：检查设计图纸和计算分析报告。

4.1.12 居住小区规划、建筑单体设计时进行了天然采光设计，天然采光满足下列规定：

1 建筑地上部分，公共区域的天然采光面积比例大于50%；

2 有地下室的建筑，地下一层公共区域的天然采光面积比例大于10%。

评价方法：检查设计图纸和采光模拟计算书。

4.1.13 除太阳能资源贫乏地区外，在居住建筑中采用太阳能热水系统，并统一设计和施工安装太阳能热水系统应符合现行国家标准《民用建筑太阳能热水系统应用技术规范》GB 50364的有关规定。

评价方法：检查设计图纸、设计计算书和竣工验收资料。

4.2 围 护 结 构

Ⅰ 控 制 项

4.2.1 严寒、寒冷地区建筑体形系数、窗墙面积比、建筑围护结构的热工参数、外窗及敞开式阳台门的气密性等指标应符合现行行业标准《严寒和寒冷地区居住建筑节能设计标准》JGJ 26的有关规定。不满足以上规定性指标的规定时，应按照现行行业标准《严寒和寒冷地区居住建筑节能设计标准》JGJ 26中规定的权衡判断法来判定建筑是否满足节能要求。

评价方法：检查设计图纸、设计计算书和现场检查。

4.2.2 夏热冬冷地区建筑体形系数、窗墙面积比、建筑围护结构的热工参数、外窗的遮阳系数、外窗及敞开式阳台门的气密性等指标应符合现行行业标准《夏热冬冷地区居住建筑节能设计标准》JGJ 134的有关规定。不满足以上规定性指标的规定时，应根据建筑物的节能综合指标来判定建筑是否满足节能要求。

评价方法：检查设计图纸、设计计算书和现场检查。

4.2.3 夏热冬暖地区围护结构的热工限值、窗墙面积比、外窗的遮阳系数等指标应符合现行行业标准《夏热冬暖地区居住建筑节能设计标准》JGJ 75的有关规定。不满足以上规定性指标的规定时，应按照建筑节能设计的综合评价来判定建筑是否满足节能要求。

评价方法：检查设计图纸、设计计算书和现场检查。

4.2.4 严寒、寒冷地区外墙与屋面的热桥部位，外窗（门）洞口室外部分的侧墙面应进行保温处理，保证热桥部位的内表面温度不低于设计状态下的室内空气露点温度，并减小附加热损失。

夏热冬冷、夏热冬暖地区能保证围护结构热桥部位的内表面温度不低于设计状态下的室内空气露点温度。

评价方法：检查设计图纸、设计计算书、竣工验收资料。

4.2.5 围护结构施工中使用的保温隔热材料的性能指标应符合表4.2.5-1的规定。建筑材料和产品进行的复检项目应符合表4.2.5-2的规定。

表4.2.5-1 围护结构施工使用的保温隔热材料的性能指标

序号	分项工程	性能指标
1	墙体节能工程	厚度、导热系数、密度、抗压强度或压缩强度、燃烧性能
2	门窗节能工程	保温性能、中空玻璃露点、玻璃遮阳系数、可见光透射比
3	屋面节能工程	厚度、导热系数、密度、抗压强度或压缩强度、燃烧性能
4	地面节能工程	厚度、导热系数、密度、抗压强度或压缩强度、燃烧性能
5	严寒地区墙体保温工程粘结材料	冻融循环

表4.2.5-2 建筑材料和产品进行复检项目

序号	分项工程	复验项目
1	墙体节能工程	保温材料的导热系数、密度、抗压强度或压缩强度；粘结材料的粘结强度；增强网的力学性能、抗腐蚀性能
2	门窗节能工程	严寒、寒冷地区气密性、传热系数和中空玻璃露点 夏热冬冷地区遮阳系数
3	屋面节能工程	保温隔热材料的导热系数、密度、抗压强度或压缩强度
4	地面节能工程	保温材料的导热系数、密度、抗压强度或压缩强度
5	严寒地区墙体保温工程粘结材料	冻融循环

评价方法：检查设计图纸、竣工验收资料、材料检测报告。

Ⅱ 一 般 项

4.2.6 严寒、寒冷地区屋面、外墙、不采暖楼梯间隔墙的平均传热系数比现行行业标准《严寒和寒冷地区居住建筑节能设计标准》JGJ 26的规定再降低10%；夏热冬冷地区屋面、外墙、外窗的平均传热系数比现行行业标准《夏热冬冷地区居住建筑节能设计标准》JGJ 134的规定再降低10%。

评价方法：检查设计图纸、设计计算书、竣工验收资料。

4.2.7 严寒地区外窗的传热系数小于1.5W/(m^2·K)；寒冷地区外窗的传热系数小于1.8W/(m^2·K)。

评价方法：检查设计图纸、门窗性能参数表、竣工验收资料。

4.2.8 严寒、寒冷地区单元入口门设有门斗或其他避风防渗透措施。

评价方法：检查设计图纸、现场检查。

4.2.9 夏热冬冷、夏热冬暖地区建筑屋面、外墙具有良好的隔热措施，屋面、外墙外表面材料太阳辐射吸收系数小于0.6。

评价方法：检查设计图纸、节能分析报告、现场检查。

4.2.10 夏热冬冷、夏热冬暖地区分户墙、分户楼板采取保温措施，传热系数满足国家现行相关节能标准规定。

评价方法：检查设计图纸、节能分析报告、现场检查。

4.2.11 严寒、寒冷地区外窗的气密性等级不低于现行国家标准《建筑外门窗气密、水密、抗风压性能分级及检测方法》GB/T 7106中规定的6级。

评价方法：检查设计文件、外窗性能检测报告。

4.2.12 夏热冬冷、夏热冬暖地区居住建筑的屋面采用植被绿化屋面或蒸发冷却屋面，植被绿化或蒸发冷却屋面不小于屋面总面积的40%。

评价方法：检查设计文件和现场检查。

Ⅲ 优 选 项

4.2.13 严寒、寒冷地区屋面、外墙、外窗的平均传热系数比现行行业标准《严寒和寒冷地区居住建筑节能设计标准》JGJ 26的规定再降低20%。

评价方法：检查设计图纸、设计计算书、竣工验收资料。

4.2.14 严寒、寒冷地区，在建筑物采用气密性窗或窗户加密封条的情况下，房间设置可调节换气装置或其他换气措施。

评价方法：检查设计图纸、设计计算书、竣工验收资料和现场检查。

4.2.15 严寒、寒冷地区外窗气密性等级不低于现行国家标准《建筑外门窗气密、水密、抗风压性能分级及检测方法》GB/T 7106中规定的7级。

评价方法：检查设计文件、外窗性能检测报告。

4.2.16 夏热冬冷、夏热冬暖地区居住建筑外窗的可开启面积不小于外窗面积的35%。

评价方法：检查设计文件、现场检查。

4.2.17 夏热冬冷、夏热冬暖地区建筑，其南向、东向、西向的外窗（包括阳台的透明部分）设置有活动外遮阳措施。

评价方法：检查设计文件、现场检查。

4.2.18 夏热冬冷、夏热冬暖地区居住建筑的屋面采用植被绿化屋面或蒸发冷却屋面，植被绿化或蒸发冷却屋面不小于屋面总面积的70%。

评价方法：检查设计文件和现场检查。

4.3 采暖通风与空气调节

Ⅰ 控 制 项

4.3.1 采用集中空调与采暖的建筑，在施工图设计阶段应对热负荷和逐时逐项的冷负荷进行计算，并应按照计算结果选择相应的设备。

评价方法：检查设计计算书。

4.3.2 集中热水采暖系统的耗电输热比（*EHR*）、空气调节冷热水系统的输送能效比（*ER*）应满足国家现行相关建筑节能设计标准的规定。

评价方法：检查设计计算书。

4.3.3 在集中采暖系统与集中空调系统中，建筑物或热力入口处应设置热量计量装置。

评价方法：检查设计图纸、竣工验收资料和现场检查。

4.3.4 设置集中采暖系统和（或）集中空调系统的建筑，应采取分室（户）或者对末端设备设置温度控制调节装置。

评价方法：检查设计图纸、竣工验收资料和现场检查。

4.3.5 设置集中采暖系统和（或）集中空调系统的建筑，应设置分户热量分摊装置。

评价方法：检查设计图纸、竣工验收资料和现场检查。

4.3.6 采用电机驱动压缩机的蒸气压缩循环冷水（热泵）机组，以及采用名义制冷量大于7100W的电机驱动压缩机单元式空气调节机作为居住小区或整栋楼的冷热源机组时，所选用机组的能效比（性能系数）不应低于现行国家标准《公共建筑节能设计标准》GB 50189的规定值；采用多联式空调（热泵）机组作为户式集中空调（采暖）机组时，所选用机组的制冷综合性能系数不应低于现行国家标准《多联式空调（热泵）机组综合性能系数限定值及能源效率等级》GB 21454中规定的第3级。

评价方法：检查设计图纸、设备检测报告和现场检查。

4.3.7 当建筑设计已经包括房间空调器的设计和安装时，所选房间空调器能效应符合现行国家标准《房间空气调节器能效限定值及能效等级》GB 12021.3标准中第3级能效等级的规定值；或符合现行国家标准《转速可控型房间空气调节器能效限定值及能源效率等级》GB 21455中规定的第3级。

评价方法：检查设计图纸、设备检测报告和现场检查。

4.3.8 当采用户式燃气采暖热水炉作为采暖热源时，其能效等级应达到现行国家标准《家用燃气快速热水器和燃气采暖热水炉能效限定值及能效等级》GB 20665中的3级标准。

评价方法：检查设计图纸、设备检测报告和现场检查。

4.3.9 以电能直接作为采暖、空调的热源应符合现行国家标准《采暖通风与空气调节设计规范》GB 50019的相关规定。

评价方法：检查技术经济分析报告。

4.3.10 分体式空调的室外机设置应在通风良好的场所，并避免热气流、污浊气流和含油气流的影响。

评价方法：检查设计图纸和现场检查。

4.3.11 区域供热锅炉房和热力站应设置参数自动控制系统，除配置必要的保证安全运行的控制环节外，还应具有保证供热质量及实现按需供热和实时监测的措施。

评价方法：检查设计图纸、竣工验收资料和现场检查。

4.3.12 所有采暖与空调系统管道的绝热性能均应符合现行国家标准《公共建筑节能设计标准》GB 50189的相关规定。

评价方法：检查设计图纸、设计计算书、竣工验收资料和现场检查。

Ⅱ 一 般 项

4.3.13 严寒与寒冷地区，在具备集中供暖的条件下，采用集中供暖方式。

评价方法：检查设计图纸、竣工验收资料和现场检查。

4.3.14 采用电机驱动压缩机的蒸气压缩循环冷水（热泵）机组，或采用名义制冷量大于7100W的电机驱动压缩机单元式空气调节机，作为居住小区或整栋楼的冷热源机组时，所选用机组的能效比（性能系数）不低于现行国家标准《冷水机组能效限定值及能源效率等级》GB 19577中规定的第2级，或《单元式空气调节机能效限定值及能源效率等级》GB 19576中规定的第2级；当设计采用多联式空调（热泵）机组作为户式集中空调（采暖）机组时，所选用机组的制冷综合性能系数不低于现行国家标准《多联式空调（热泵）机组综合性能系数限定值及能源效率等级》GB 21454中规定的第2级。

评价方法：检查设计图纸、设备检测报告和现场检查。

4.3.15 如果建筑设计已经包括房间空调器的设计和安装，所选房间空调器能效符合现行国家标准《房间空气调节器能效限定值及能效等级》GB 12021.3 中第 2 级能效等级的规定值；或符合《转速可控型房间空气调节器能效限定值及能源效率等级》GB 21455 第 2 级规定值。

评价方法：检查设计图纸、设备检测报告和现场检查。

4.3.16 设计采用户式燃气采暖热水炉为热源时，其能效达到现行国家标准《家用燃气快速热水器和燃气采暖热水炉能效限定值及能效等级》GB 20665 中的 2 级标准。

评价方法：审查设计图纸、设备检测报告和现场检查。

4.3.17 供热管网具有水力平衡措施（或装置），并提供水力平衡的调试报告。

评价方法：检查设计图纸、水力平衡计算书、水力平衡调试报告。

4.3.18 设计采用集中空调的居住建筑，空气热回收装置的设置满足下列其中一款的规定：

1 未设计集中新风系统的居住建筑，设置房间新、排风双向式热回收设备，热回收系统负担的房间数量不少于主要功能房间数量的 30%；

2 设计有集中新风系统的居住建筑，在新风系统与排风系统之间设冷、热量回收装置，其参与热回收的排风量不少于集中新风量的 20%。

评价方法：检查设计图纸、设计计算书和现场检查。

4.3.19 设置集中采暖系统和（或）集中空调系统的建筑，采取分室（户）或者对末端设备设置温度自动控制装置或系统。

评价方法：检查设计图纸、竣工验收资料和现场检查。

4.3.20 根据当地气候条件和自然资源，利用可再生能源，设计装机容量达到采暖空调总设计负荷的 10%以上。

评价方法：检查设计图纸、可再生能源利用技术经济分析报告。

Ⅲ 优 选 项

4.3.21 采用电机驱动压缩机的蒸气压缩循环冷水（热泵）机组，或采用名义制冷量大于 7100W 的电机驱动压缩机单元式空气调节机，作为居住小区或整栋楼的冷热源机组时，所选用机组的能效比（性能系数）不低于现行国家标准《冷水机组能效限定值及能源效率等级》GB 19577 中规定的第 1 级，或《单元式空气调节机能效限定值及能源效率等级》GB 19576 中规定的第 1 级；设计采用多联式空调（热泵）机组作为户式集中空调（采暖）机组时，所选用机组的制冷综合性能系数不低于现行国家标准《多联式空调（热泵）机组综合性能系数限定值及能源效率等级》GB 21454 中规定的第 1 级。

评价方法：检查设计图纸、设备检测报告和现场检查。

4.3.22 当设计采用户式燃气采暖热水炉为热源时，其能效达到现行国家标准《家用燃气快速热水器和燃气采暖热水炉能效限定值及能效等级》GB 20665 中的 1 级标准。

评价方法：检查设计图纸、设备检测报告和现场检查。

4.3.23 设计采用集中空调的居住建筑，空气热回收装置的设置满足下列两者之一：

1 未设计集中新风系统的居住建筑，设置房间新、排风双向式热回收设备，设置热回收系统的房间数量不少于主要功能房间数量的 60%；

2 设计有集中新风系统的居住建筑，在新风系统与排风系统之间设冷、热量回收装置，其参与热回收的排风量不少于集中新风量的 40%。

评价方法：检查设计图纸、设计计算书和现场检查。

4.3.24 如果建筑设计已经包括房间空调器的设计和安装，所选房间空调器能效符合现行国家标准《房间空气调节器能效限定值及能效等级》GB 12021.3 中第 1 级能效等级的规定值；或符合《转速可控型房间空气调节器能效限定值及能源效率等级》GB 21455 中规定的第 1 级。

评价方法：检查设计图纸、设备检测报告和现场检查。

4.3.25 采用时间程序或房间温度控制房间新风量（或排风量）的用户数达到总户数的 30%以上。

评价方法：检查设计图纸、设计计算书和现场检查。

4.3.26 根据当地气候条件和自然资源，利用可再生能源，设计装机容量达到采暖空调总设计负荷的 20%以上。

评价方法：检查设计图纸、可再生能源利用分析报告和现场检查。

4.3.27 利用余热或废热等作为建筑采暖空调系统的能源。

评价方法：检查设计图纸、设计计算书和现场检查。

4.4 给 水 排 水

Ⅰ 控 制 项

4.4.1 生活给水系统应充分利用城镇给水管网的水压直接供水。

评价方法：检查设计文件和现场检查。

4.4.2 采用集中热水供应系统的居住建筑，热水供应系统应采用合理的循环方式，且管道及设备均应采取有效的保温。

评价方法：检查设计图纸、设计计算书和现场检查。

4.4.3 生活给水和集中热水系统应分户计量。

评价方法：检查设计图纸和现场检查。

Ⅱ 一 般 项

4.4.4 采用节能的加压供水方式，且水泵在高效区运行。

评价方法：检查设计图纸、设计计算书、产品说明书和现场检查。

4.4.5 给水系统采取有效的减压限流措施。居住建筑用水点处的供水压力不大于 0.20MPa。

评价方法：检查设计图纸、设计计算书和现场检查。

4.4.6 居住建筑配置节水器具。

评价方法：检查节水器具产品说明书或检测报告和现场检查。

4.4.7 居住小区的公共厕所、公共浴室等公共用水场所使用节水器具。

评价方法：检查设计图纸、节水器具产品说明书或检测报告，现场检查。

4.4.8 除太阳能资源贫乏地区外，12 层及以下的居住建筑设太阳能热水系统，采用太阳能热水系统的户数占到总户数的 50%以上；当采用集中太阳能热水系统对生活热水进行预热时，太阳能热水系统提供的热量占到热水能耗的 25%以上。

评价方法：检查设计图纸、设计计算书、竣工验收资料和现场检查。

Ⅲ 优 选 项

4.4.9 除太阳能资源贫乏地区外，12 层及以下的居住建筑设太阳能热水系统，采用太阳能热水系统的户数占到总户数的 80%以上；当采用集中太阳能热水系统对生活热水进行预热时，太阳能热水系统提供的热量占到热水能耗的 40%以上。

评价方法：检查设计图纸、设计计算书、竣工验收资料和现场检查。

4.4.10 通过技术经济分析，合理采用热泵或余热、废热回收技术制备生活热水。

评价方法：检查设计图纸、设计计算书、技术经济分析报告和现场检查。

4.5 电气与照明

Ⅰ 控 制 项

4.5.1 选用三相配电变压器的空载损耗和负载损耗不应高于现行国家标准《三相配电变压器能效限定值及节能评价值》GB 20052 规定的能效限定值。

评价方法：检查设计图纸、产品检测报告和竣工验收资料。

4.5.2 居住建筑应按户设置电能表。

评价方法：检查设计图纸和竣工验收资料。

4.5.3 选用光源的能效值及与其配套的镇流器的能效因数（*BEF*）应满足下列规定：

1 单端荧光灯的能效值不应低于现行国家标准《单端荧光灯能效限定值及节能评价值》GB 19415 规定的节能评价值；

2 普通照明用双端荧光灯的能效值不应低于现行国家标准《普通照明用双端荧光灯能效限定值及能效等级》GB 19043 规定的节能评价值；

3 普通照明用自镇流荧光灯的能效值不应低于现行国家标准《普通照明用自镇流荧光灯能效限定值及能效等级》GB 19044 规定的节能评价值；

4 管型荧光灯镇流器的能效因数（*BEF*）不应低于现行国家标准《管型荧光灯镇流器能效限定值及节能评价值》GB 17896 规定的节能评价值。

评价方法：检查设计图纸、产品检测报告和竣工验收资料。

4.5.4 选用荧光灯灯具的效率不应低于表 4.5.4 的规定。

表 4.5.4 荧光灯灯具的效率

灯具出光口形式	开敞式	保护罩（玻璃或塑料）		格 栅
		透明	磨砂、棱镜	
灯具效率	75%	65%	55%	60%

评价方法：检查设计图纸、产品检测报告和竣工验收资料。

4.5.5 选用中小型三相异步电动机在额定输出功率和 75%额定输出功率的效率不应低于现行国家标准《中小型三相异步电动机能效限定值及能效等级》GB 18613 规定的能效限定值。

评价方法：检查设计图纸、产品检测报告和竣工验收资料。

4.5.6 选用交流接触器的吸持功率不应高于现行国家标准《交流接触器能效限定值及能效等级》GB 21518 规定的能效限定值。

评价方法：检查设计图纸、产品检测报告和竣工验收资料。

4.5.7 照明系统功率因数不应低于 0.9。

评价方法：检查设计图纸和竣工验收资料。

4.5.8 楼梯间、走道的照明，应采用节能自熄开关。

评价方法：检查设计图纸、竣工验收资料和现场检查。

Ⅱ 一 般 项

4.5.9 变配电所位于负荷中心。

评价方法：检查设计图纸、竣工验收资料和现场检查。

4.5.10 各房间或场所的照明功率密度值（*LPD*）不高于现行国家标准《建筑照明设计标准》GB 50034规定的现行值。

评价方法：检查设计图纸、设计计算书和竣工验收资料。

4.5.11 选用交流接触器的吸持功率不高于现行国家标准《交流接触器能效限定值及能效等级》GB 21518规定的节能评价值。

评价方法：检查设计图纸、产品检测报告和竣工验收资料。

4.5.12 楼梯间、走道采用半导体发光二极管照明。

评价方法：检查设计图纸、竣工验收资料和现场检查。

Ⅲ 优 选 项

4.5.13 各房间或场所的照明功率密度值（*LPD*）不高于现行国家标准《建筑照明设计标准》GB 50034规定的目标值。

评价方法：检查设计图纸、设计计算书和竣工验收资料。

4.5.14 当用电设备容量达到250kW或变压器容量在160kVA以上时，采用10kV或以上供电电源。

评价方法：检查设计图纸和竣工验收资料。

4.5.15 未使用普通白炽灯。

评价方法：检查设计图纸、竣工验收资料和现场检查。

4.6 室 内 环 境

Ⅰ 控 制 项

4.6.1 居住建筑房间内的温度、湿度等设计参数应符合国家现行居住建筑节能设计标准中的设计计算规定。

评价方法：检查设计计算书。

4.6.2 照明场所的照明数量和质量应符合现行国家标准《建筑照明设计标准》GB 50034的有关规定。

评价方法：检查设计计算书及现场检查。

4.6.3 居住空间应能自然通风，在夏热冬暖和夏热冬冷地区通风开口面积不应小于该房间地板面积的8%，在其他地区不应小于5%。

评价方法：检查设计图纸、分析报告和现场检查。

4.6.4 居住建筑厨房与卫生间应符合室内通风要求，采用自然通风时，通风开口面积不应小于该房间地板面积的10%，并不应小于0.6m^2。

评价方法：检查设计图纸、分析报告和现场检查。

4.6.5 厨房和无外窗的卫生间应设有通风措施，或预留安装排风机的位置和条件。

评价方法：检查设计图纸和现场检查。

4.6.6 室内游离甲醛、苯、氨、氡和TVOC等空气污染物的浓度应符合现行国家标准《民用建筑工程室内环境污染控制规范》GB 50325的有关规定。

评价方法：检查设计图纸、设计专项说明、检测报告。

Ⅱ 一 般 项

4.6.7 相对湿度较大的地区围护结构具有防潮措施。

评价方法：检查设计计算书和现场检查。

4.6.8 暖通空调系统运行时，建筑室内温度冬季不得低于设计计算温度2℃，且不高于1℃；夏季不得高于设计计算温度2℃，且不低于1℃。

评价方法：检查设计计算书和现场检查。

4.6.9 卧室、起居室（厅）、书房、厨房设置外窗，房间的采光系数不低于现行国家标准《建筑采光设计标准》GB/T 50033的有关规定。

评价方法：检查设计图纸、设计计算书和现场检查。

4.6.10 建筑内不少于70%住户的厨房和卫生间设置于户型的北侧，或设置于户型自然通风的负压侧。

评价方法：检查设计图纸、现场检查。

Ⅲ 优 选 项

4.6.11 使用蓄能、调湿或改善室内环境质量的功能材料。

评价方法：检查设计图纸、产品检测报告和现场检查。

4.6.12 地下停车库的通风系统根据车库内的一氧化碳浓度进行自动运行控制。

评价方法：检查设计图纸和现场检查。

4.7 运 营 管 理

Ⅰ 控 制 项

4.7.1 物业管理单位应根据建筑和小区的特点，制定采暖、空调、通风、照明、电梯、生活热水、给水排水等主要用能设备和系统的节能运行管理制度。

评价方法：检查正式颁布的规章制度、管理措施，相应的执行记录，并辅以现场检查。

4.7.2 物业管理单位应配备专门的节能管理人员，且节能管理人员应通过了相关的节能管理培训。

评价方法：检查培训证明。

4.7.3 建筑燃气部分能耗应实行分户计量。

评价方法：检查设计图纸、竣工资料和现场检查。

Ⅱ 一 般 项

4.7.4 物业管理单位每年对住户进行不少于一次的节能知识科普宣传，发放或张贴宣传材料。

评价方法：检查宣传资料材料和宣传活动的照片。

4.7.5 对下列公共场所的主要用能设备和系统定期进行维修、调试和保养。

1 水加热器每年至少进行一次维护保养；

2 长期使用的电梯、水泵等设备每年至少进行一次维修保养；

评价方法：检查维修保养记录资料和照片。

4.7.6 设有集中空调系统的居住建筑，按照现行国家标准《空调通风系统清洗规范》GB 19210 的有关规定，定期检查和清洗。

评价方法：检查清洗记录资料和照片。

4.7.7 对公共场所的照明装置每年至少进行两次擦洗。

评价方法：检查擦洗记录资料和照片。

4.7.8 编制住户节能手册。

评价方法：检查住户节能手册及向用户发放手册的记录。

4.7.9 用户供暖费用基于分户供热计量方式收取。

评价方法：检查收费标准及部分用户收费依据。

4.7.10 垂直电梯轿厢内部装饰为轻质材料，装饰材料重量不大于电梯载重量的 10%。

评价方法：检查电梯验收报告和电梯装饰现场照片。

Ⅲ 优 选 项

4.7.11 每年进行建筑总能耗和公共部分能耗的数据统计工作，并向住户公示。

评价方法：检查年度能耗统计表和公示资料。

4.7.12 实施分时电价政策的地区，每户安装分时计费电表，并执行分时电价制度。

评价方法：检查设计图纸和现场检查。

5 公 共 建 筑

5.1 建 筑 规 划

Ⅰ 控 制 项

5.1.1 公共建筑的选址、总体设计、建筑密度和间距规划应符合城市规划的要求。

评价方法：检查规划设计和审批文件。

5.1.2 新建公共建筑对附近既有居住建筑的日照时数的影响应进行控制，保证既有居住建筑符合现行国家标准《城市居住区规划设计规范》GB 50180 的有关规定。

评价方法：检查模拟计算报告和规划设计文件。

5.1.3 项目建议书或设计文件中应有节能专项内容。

评价方法：检查项目建议书和设计图纸。

Ⅱ 一 般 项

5.1.4 屋面绿化面积占屋面可绿化面积的比例不小于 30%。

评价方法：检查建筑设计图、绿化面积分析报告、现场检查。

5.1.5 场地遮荫与浅色饰面符合下列其中两款即为满足要求。

1 场地中不少于 50%的硬质地面有遮荫或铺设太阳辐射吸收率为 0.3～0.6 的浅色材料；

2 不少于 75%的非绿化屋面为浅色饰面，坡屋顶太阳辐射吸收率小于 0.7，平屋顶太阳辐射吸收率小于 0.5；

3 建筑外墙浅色饰面，墙体太阳辐射吸收率小于 0.6；

4 不少于 50%的停车位设置在地下车库或有顶停车库。

评价方法：检查设计图纸和计算分析报告。

5.1.6 应用太阳能热水系统和光伏系统的建筑，太阳能系统统一设计和施工安装。太阳能热水系统符合现行国家标准《民用建筑太阳能热水系统应用技术规范》GB 50364 的有关规定；太阳能光伏系统符合现行行业标准《民用建筑太阳能光伏系统应用技术规范》JGJ 203 的有关规定。太阳能系统的容量满足下列其中一款的规定：

1 太阳能光伏系统设计发电量不小于建筑总用电负荷的 2%；

2 太阳能热水系统供热量不小于建筑热水需求量的 30%；

3 太阳能热水采暖系统的供热量不小于热负荷的 20%。

评价方法：检查设计图纸、设计计算书、竣工验收资料。

5.1.7 电梯控制方式符合下列规定：

1 多台电梯集中排列时，设置群控功能；

2 无预置指令时，电梯自动转为节能方式。

评价方法：检查设计图纸、竣工验收资料和现场检查。

5.1.8 扶梯采用无人延时、停运或低速的运行方式。

评价方法：检查设计图纸、竣工验收资料和现场检查。

Ⅲ 优 选 项

5.1.9 公共建筑规划、建筑单体设计时，进行自然通风专项优化设计和分析。

评价方法：检查设计图纸和专项分析研究报告。

5.1.10 公共建筑规划、建筑单体设计时，进行天然采光专项优化设计和分析。

评价方法：检查建筑节能专项分析报告。

5.1.11 利用各种导光、反光装置等将天然光引入室内进行照明，满足下列其中一款规定：

1 有地下室的建筑，地下一层采光面积大于本层建筑面积的5%；

2 有地下室的建筑，地下二层采光面积大于本层建筑面积的2%；

3 不可直接利用窗户采光的地面上房间，导光管或反光装置的采光面积大于$100m^2$。

评价方法：检查设计图纸和采光模拟计算书。

5.2 围护结构

Ⅰ 控制项

5.2.1 严寒、寒冷地区公共建筑体形系数、建筑外窗（包括透明幕墙）的窗墙面积比、建筑围护结构的热工参数等指标应符合现行国家标准《公共建筑节能设计标准》GB 50189的有关规定。如果不满足以上规定性指标的规定，则必须采用标准中规定的围护结构热工性能的权衡判断来判定建筑是否满足节能要求。

评价方法：检查设计图纸、建筑节能专项分析报告。

5.2.2 夏热冬冷、夏热冬暖地区建筑围护结构的热工指标限值、外窗（包括透明幕墙）的窗墙面积比、遮阳系数等指标应符合现行国家标准《公共建筑节能设计标准》GB 50189的有关规定。

评价方法：检查设计图纸、建筑节能专项分析报告。

5.2.3 当建筑每个朝向的外窗（包括透明幕墙）的窗墙面积比小于0.4时，玻璃或其他透明材料的可见光透射比不应小于0.4。

评价方法：检查设计图纸、建筑节能专项分析报告。

5.2.4 屋顶透明部分的面积不应大于屋顶总面积的20%。

评价方法：检查设计图纸、建筑节能专项分析报告。

5.2.5 围护结构施工中使用的保温隔热材料的性能指标应符合表5.2.5-1的规定。建筑材料和产品进行的复检项目应符合表5.2.5-2的规定。

表5.2.5-1 围护结构使用保温隔热材料性能指标

序号	分项工程	性能指标
1	墙体节能工程	厚度、导热系数、密度、抗压强度或压缩强度、燃烧性能
2	门窗（透明幕墙）节能工程	保温性能、中空玻璃露点、玻璃遮阳系数、可见光透射比
3	屋面节能工程	厚度、导热系数、密度、抗压强度或压缩强度、燃烧性能
4	地面节能工程	厚度、导热系数、密度、抗压强度或压缩强度、燃烧性能
5	严寒地区墙体保温工程粘结材料	冻融循环

表5.2.5-2 建筑材料和产品进行复检项目

序号	分项工程	复验项目
1	墙体节能工程	保温材料的导热系数、密度、抗压强度或压缩强度；粘结材料的粘结强度；增强网的力学性能、抗腐蚀性能
2	门窗节能工程	严寒、寒冷地区气密性、传热系数和中空玻璃露点
3	透明幕墙	中空玻璃露点、玻璃遮阳系数、可见光透射比
4	屋面节能工程	保温隔热材料的导热系数、密度、抗压强度或压缩强度
5	地面节能工程	保温材料的导热系数、密度、抗压强度或压缩强度
6	严寒、寒冷地区墙体保温工程粘结材料	冻融循环

评价方法：检查设计图纸、竣工验收资料、材料检测报告。

Ⅱ 一般项

5.2.6 严寒、寒冷地区屋面、外墙、外窗（透明幕墙）在符合现行国家标准《公共建筑节能设计标准》GB 50189的条件下，屋面、外墙、外窗（透明幕墙）的平均传热系数再降低10%。

评价方法：检查设计图纸、建筑节能专项分析报告、竣工验收资料。

5.2.7 夏热冬冷、夏热冬暖地区建筑的外窗（包括透明幕墙）设置外部遮阳措施。

评价方法：检查设计图纸、建筑节能专项分析报告、现场检查。

5.2.8 严寒、寒冷地区外墙与屋面的热桥部位，外窗（门）洞口室外部分的侧墙面进行保温处理，保证热桥部位的内表面温度不低于设计状态下的室内空气露点温度，以减小附加热损失；夏热冬冷、夏热冬暖地区保证围护结构热桥部位的内表面温度不低于设计状态下的室内空气露点温度。

评价方法：检查设计图纸、设计计算书、竣工验收资料。

5.2.9 外窗及敞开式阳台门的气密性等级不低于现行国家标准《建筑外门窗气密、水密、抗风压性能分级及检测方法》GB/T 7106 中规定的 6 级。

评价方法：检查设计图纸、外窗性能检测报告。

5.2.10 幕墙的气密性等级不低于现行国家标准《建筑幕墙》GB/T 21086 中规定的 3 级。

评价方法：检查设计图纸、幕墙性能检测报告、竣工验收资料。

5.2.11 采暖空调建筑入口处设置门斗、旋转门、空气幕等避风、防空气渗透、保温隔热措施。

评价方法：检查设计图纸、现场检查。

5.2.12 夏热冬冷、夏热冬暖地区建筑屋面、外墙外表面材料太阳辐射吸收系数小于 0.5。

评价方法：检查设计图纸、建筑节能专项分析报告和现场检查。

5.2.13 夏热冬冷、夏热冬暖地区建筑的屋面采用蒸发屋面和植被绿化屋面占建筑屋面的 40%以上。

评价方法：检查设计图纸、建筑节能专项分析报告和现场检查。

Ⅲ 优 选 项

5.2.14 严寒地区屋面、外墙、外窗在符合现行国家标准《公共建筑节能设计标准》GB 50189 的条件下，屋面、外墙、外窗的平均传热系数再降低 20%。

评价方法：检查设计图纸、建筑节能专项分析报告、竣工验收资料。

5.2.15 建筑各个朝向的透明幕墙的面积不大于 50%。

评价方法：检查设计图纸、建筑节能专项分析报告、竣工验收文件。

5.2.16 寒冷地区、夏热冬冷和夏热冬暖地区，南向、西向、东向的外窗和透明幕墙设有活动的外遮阳装置。活动的外遮阳装置能方便地控制与维护。

评价方法：检查设计图纸和现场检查。

5.2.17 严寒、寒冷地区透明幕墙的传热系数小于 1.8W/(m^2·K)。

评价方法：检查设计图纸、建筑节能专项分析报告、竣工验收资料和检测报告。

5.2.18 外窗气密性等级不低于现行国家标准《建筑外门窗气密、水密、抗风压性能分级及检测方法》GB/T 7106 中规定的 7 级。

评价方法：检查设计图纸、外窗性能检测报告。

5.2.19 夏热冬冷、夏热冬暖地区建筑的屋面采用蒸发屋面和植被绿化屋面占建筑屋面的 70%以上。

评价方法：检查设计图纸、建筑节能专项分析报告。

5.3 采暖通风与空气调节

Ⅰ 控 制 项

5.3.1 采用集中空调与采暖的建筑，在施工图设计阶段应对热负荷和逐时逐项的冷负荷进行计算，并按照计算结果选择相应的设备。

评价方法：检查设计图纸、设计计算书。

5.3.2 集中热水采暖系统的耗电输热比（*EHR*）、空气调节冷热水系统的输送能效比（*ER*）应满足国家现行相关建筑节能设计标准的规定。

评价方法：检查设计图纸、设计计算书。

5.3.3 采用电机驱动压缩机的蒸气压缩循环冷水（热泵）机组，或采用名义制冷量大于 7100W 的电机驱动压缩机单元式空气调节机，作为冷热源机组时，所选用机组的能效比（性能系数）不应低于现行国家标准《公共建筑节能设计标准》GB 50189 中规定值；当采用多联式空调（热泵）机组作为户式集中空调（采暖）机组时，所选用机组的制冷综合性能系数不应低于现行国家标准《多联式空调（热泵）机组综合性能系数限定值及能源效率等级》GB 21454 中规定的第 3 级。

评价方法：检查设计图纸、设备检测报告和现场检查。

5.3.4 以电能作为直接空调系统热源时，应符合现行国家标准《采暖通风与空气调节设计规范》GB 50019 的相关规定。

评价方法：检查设计图纸、技术经济分析报告。

5.3.5 区域供热锅炉房和热力站应设置参数自动控制系统，除配置必要的保证安全运行的控制环节外，还应具有保证供热质量及实现按需供热和实时监测的措施。

评价方法：检查设计图纸、竣工验收资料和现场检查。

5.3.6 所有空调风管和水管的保温应达到现行国家标准《公共建筑节能设计标准》GB 50189 的相关规定。

评价方法：检查设计图纸、设计计算资料、竣工验收资料。

5.3.7 如果设计采用房间空调器或转速可控型房间空气调节器作为冷热源，所选房间空调器能效应符合现行国家标准《房间空气调节器能效限定值及能效等级》GB 12021.3 标准中第 3 级能效等级的规定值；或符合《转速可控型房间空气调节器能效限定值及能源效率等级》GB 21455 第 3 级规定值。

评价方法：检查设计图纸、设备检测报告和现场检查。

Ⅱ 一 般 项

5.3.8 施工图设计阶段，根据详细的水力计算结果，确定采暖和空调冷热水循环泵的扬程。

评价方法：检查水力计算资料和设计图纸。

5.3.9 室内采暖系统和（或）空调系统的末端装置设置温度调节、自动控制设施。

评价方法：检查设计图纸、竣工验收资料和现场检查。

5.3.10 空气热回收装置符合现行国家标准《公共建筑节能设计标准》GB 50189的有关规定。

评价方法：检查设计图纸和竣工验收资料。

5.3.11 设置集中采暖和（或）集中空调系统的建筑设置冷、热量计量装置。

评价方法：检查设计图纸和竣工验收资料。

5.3.12 采用电机驱动压缩机的蒸气压缩循环冷水（热泵）机组，或采用名义制冷量大于7100W的电机驱动压缩机单元式空气调节机，作为建筑小区或整栋楼的冷热源机组时，所选用机组的能效比（性能系数）不低于现行国家标准《冷水机组能效限定值及能源效率等级》GB 19577中规定的第2级，或《单元式空气调节机能效限定值及能源效率等级》GB 19576中规定的第2级；当采用多联式空调（热泵）机组作为户式集中空调（采暖）机组时，所选用机组的制冷综合性能系数不低于现行国家标准《多联式空调（热泵）机组综合性能系数限定值及能源效率等级》GB 21454中规定的第2级。

评价方法：检查设计图纸、设备检测报告和现场检查。

5.3.13 如果设计采用房间空调器或转速可控型房间空气调节器作为冷热源，所选房间空调器能效符合现行国家标准《房间空气调节器能效限定值及能效等级》GB 12021.3中第2级能效等级的规定值，或符合《转速可控型房间空气调节器能效限定值及能源效率等级》GB 21455第2级规定值。

评价方法：检查设计图纸、设备检测报告和现场检查。

5.3.14 合理采用风机变频的变风量空调系统的数量达到全部全空气空调系统数量的15%以上。

评价方法：检查设计图纸、设计计算书。

5.3.15 集中空调冷、热水系统采用变水量系统。

评价方法：检查设计图纸、设计计算书和竣工验收资料。

5.3.16 对于设计最小新风比较大的全空气空调系统和新风空调系统，设计采用二氧化碳浓度控制新风量。

评价方法：检查设计图纸和竣工验收资料。

5.3.17 按照建筑的朝向和（或）内、外区对采暖、空调系统进行合理分区。

评价方法：检查设计图纸和竣工验收资料。

5.3.18 与工艺无关的空气调节系统中，不采用对空气进行冷却后再热的处理方式。

评价方法：检查设计图纸和竣工验收资料。

5.3.19 对于建筑内的高大空间采用分层空调方式或采用辐射供暖方式。

评价方法：检查设计图纸、设计计算书和竣工验收资料。

5.3.20 采用可调新风比的空调系统（系统最大新风比能够达到设计总送风量的60%以上）的数量达到全部全空气空调系统数量的30%以上。

评价方法：检查设计图纸、设计计算书和竣工验收资料。

5.3.21 采用对冷却水塔风机台数和（或）调速控制的方法运行控制。

评价方法：检查设计图纸、设计计算书和竣工验收资料。

5.3.22 应用变频调速水泵的总装机容量，达到建筑内循环水泵的总装机容量的20%以上。

评价方法：检查设计图纸、设计计算书和竣工验收资料。

Ⅲ 优 选 项

5.3.23 采用时间程序、房间温度或有害气体浓度控制的通风系统的使用面积达到通风系统覆盖的建筑面积的30%以上。

评价方法：检查设计图纸、设计计算书和竣工验收资料。

5.3.24 合理利用地热能技术，冷、热装机容量达到空调冷负荷或热负荷的50%以上。

评价方法：检查设计图纸、设计计算书和竣工验收资料。

5.3.25 利用太阳能或其他可再生能源，作为采暖或空调热源，设计供热量达到建筑采暖或空调热负荷的10%以上。

评价方法：检查设计图纸、设计计算书和竣工验收资料。

5.3.26 采用可调新风比的空调系统（系统最大新风比能够达到设计总送风量的60%以上）的数量达到全部全空气空调系统数量的60%以上。

评价方法：检查设计图纸、设计计算书和竣工验收资料。

5.3.27 采用低谷电进行蓄能的空调系统，蓄能设备装机容量达到典型设计日空调或采暖总能量的20%以上。

评价方法：检查设计图纸、设计计算书和竣工验收资料。

5.3.28 合理利用低温冷源，采用低温送风技术的空调系统的数量占全部全空气空调系统数量的15%

以上。

评价方法：检查设计图纸、设计计算书和竣工验收资料。

5.3.29 合理采用蒸发冷却或冷却塔冷却方式进行冬季和过渡季供冷（或全年供冷）。

评价方法：检查设计图纸、设计计算书和竣工验收资料。

5.3.30 利用低温余热或废热等作为建筑采暖空调系统的能源。

评价方法：检查设计图纸、设计计算书和竣工验收资料。

5.3.31 合理采用热、电、冷三联供技术。

评价方法：检查设计图纸和技术经济分析报告。

5.3.32 采用建筑设备管理系统对暖通空调系统进行自动监控。

评价方法：检查设计图纸和竣工验收资料。

5.3.33 应用变频调速水泵的总装机容量，达到建筑内循环水泵的总装机容量的40%以上。

评价方法：检查设计图纸、设计计算书和竣工验收资料。

5.3.34 采用电机驱动压缩机的蒸气压缩循环冷水（热泵）机组，或采用名义制冷量大于7100W的电机驱动压缩机单元式空气调节机，作为建筑小区或整栋楼的冷热源机组时，所选用机组的能效比（性能系数）不低于现行国家标准《冷水机组能效限定值及能源效率等级》GB 19577 中规定的第1级，或《单元式空气调节机能效限定值及能源效率等级》GB 19576 中规定的第1级；当采用多联式空调（热泵）机组作为户式集中空调（采暖）机组时，所选用机组的制冷综合性能系数不低于现行国家标准《多联式空调（热泵）机组综合性能系数限定值及能源效率等级》GB 21454 中规定的第1级。

评价方法：检查设计图纸、设备检测报告和现场检查。

5.3.35 当设计采用房间空调器或转速可控型房间空气调节器作为冷热源时，所选房间空调器能效符合现行国家标准《房间空气调节器能效限定值及能效等级》GB 12021.3 标准中第1级能效等级的规定值，或符合《转速可控型房间空气调节器能效限定值及能源效率等级》GB 21455 第1级规定值。

评价方法：检查设计图纸、设备检测报告和现场检查。

5.3.36 合理采用温湿度独立调节空调系统。

评价方法：检查设计图纸和现场检查。

5.4 给水排水

Ⅰ 控 制 项

5.4.1 生活给水系统应充分利用城镇给水管网的水压直接供水。

评价方法：检查设计文件和现场检查。

5.4.2 采用集中热水系统时，热水供应系统应采用合理的循环方式，且管道及设备均应采取有效的保温。

评价方法：检查设计图纸、设计计算书和现场检查。

Ⅱ 一 般 项

5.4.3 采用节能的加压供水方式，水泵在高效区运行，冷却塔采用节能的运行方式。

评价方法：检查设计图纸、设计计算书、产品说明书和现场检查。

5.4.4 冷却塔采用节能的运行方式。

评价方法：检查设计图纸、设计计算书、产品说明书。

5.4.5 给水系统采取有效的减压限流措施。公共建筑用水点处的供水压力不大于0.20MPa。

评价方法：检查设计计算书和现场检查。

5.4.6 公共厕所、公共浴室等公共场所使用节水器具。

评价方法：检查节水器具产品说明书或检测报告和现场检查。

5.4.7 生活给水、集中热水系统分用途、分用户计量。

评价方法：检查设计图纸和现场检查。

5.4.8 公共浴室类建筑的热水淋浴供应系统，采用设置可靠恒温混合阀等阀件或设备的单管供水，或采用带恒温装置的冷热水混合龙头。宾馆采用带恒温装置的冷热水混合龙头。

评价方法：检查设计图纸、产品说明书、竣工验收资料和现场检查。

Ⅲ 优 选 项

5.4.9 通过技术经济分析，合理采用可再生能源或余热、废热等回收技术制备生活热水。

评价方法：检查设计图纸、设计计算书、技术经济分析报告、竣工验收资料。

5.4.10 公共浴室的淋浴器采用计流量的刷卡用水管理。

评价方法：检查设计图纸、产品说明书、竣工验收资料和现场检查。

5.5 电气与照明

Ⅰ 控 制 项

5.5.1 选用三相配电变压器的空载损耗和负载损耗不应高于现行国家标准《三相配电变压器能效限定值及节能评价值》GB 20052 规定的能效限定值。

评价方法：检查设计图纸、产品检测报告和竣工验收资料。

5.5.2 办公楼、商场等按租户或单位应设置电能表。

评价方法：检查设计图纸和竣工验收资料。

5.5.3 旅馆建筑的每间（套）客房，应设置节能控制型总开关。

评价方法：检查设计图纸和竣工验收资料。

5.5.4 各房间或场所的照明功率密度值（*LPD*）不应高于现行国家标准《建筑照明设计标准》GB 50034规定的现行值。

评价方法：检查设计图纸、设计计算书和竣工验收资料。

5.5.5 选用光源的能效值及与其配套的镇流器的能效因数（*BEF*）应满足下列规定：

1 单端荧光灯的能效值不应低于现行国家标准《单端荧光灯能效限定值及节能评价值》GB 19415规定的节能评价值；

2 普通照明用双端荧光灯的能效值不应低于现行国家标准《普通照明用双端荧光灯能效限定值及能效等级》GB 19043规定的节能评价值；

3 普通照明用自镇流荧光灯的能效值不应低于现行国家标准《普通照明用自镇流荧光灯能效限定值及能效等级》GB 19044规定的节能评价值；

4 金属卤化物灯的能效值不应低于现行国家标准《金属卤化物灯能效限定值及能效等级》GB 20054规定的节能评价值；

5 高压钠灯的能效值不应低于现行国家标准《高压钠灯能效限定值及能效等级》GB 19573规定的节能评价值；

6 管型荧光灯镇流器的能效因数（*BEF*）不应低于现行国家标准《管型荧光灯镇流器能效限定值及节能评价值》GB 17896规定的节能评价值；

7 金属卤化物灯镇流器的能效因数（*BEF*）不应低于现行国家标准《金属卤化物灯用镇流器能效限定值及能效等级》GB 20053规定的节能评价值；

8 高压钠灯镇流器的能效因数（*BEF*）不应低于现行国家标准《高压钠灯用镇流器能效限定值及节能评价值》GB 19574规定的节能评价值。

评价方法：检查设计图纸、产品检测报告和竣工验收资料。

5.5.6 选用荧光灯灯具的效率不应低于表5.5.6的规定。

表5.5.6 荧光灯灯具的效率

灯具出光口形式	开敞式	保护罩（玻璃或塑料）		格栅
		透明	磨砂、棱镜	
灯具效率	75%	65%	55%	60%

评价方法：检查设计图纸、产品检测报告和竣工验收资料。

5.5.7 选用中小型三相异步电动机在额定输出功率和75%额定输出功率的效率不应低于现行国家标准《中小型三相异步电动机能效限定值及能效等级》GB 18613规定的能效限定值。

评价方法：检查设计图纸、产品检测报告和竣工验收资料。

5.5.8 选用交流接触器的吸持功率不应高于现行国家标准《交流接触器能效限定值及能效等级》GB 21518规定的能效限定值。

评价方法：检查设计图纸、产品检测报告和竣工验收资料。

5.5.9 照明系统功率因数不应低于0.9。

评价方法：检查设计图纸和竣工验收资料。

Ⅱ 一 般 项

5.5.10 变配电所位于负荷中心。

评价方法：检查设计图纸和竣工验收资料。

5.5.11 当用电设备容量达到250kW或变压器容量在160kVA以上者，采用10kV或以上供电电源。

评价方法：检查设计图纸和竣工验收资料。

5.5.12 电力变压器工作在经济运行区。

评价方法：检查设计图纸、运行报告。

5.5.13 各房间或场所的照明功率密度值（*LPD*）不高于现行国家标准《建筑照明设计标准》GB 50034规定的目标值。

评价方法：检查设计图纸、设计计算书和竣工验收资料。

5.5.14 选用交流接触器的吸持功率不高于现行国家标准《交流接触器能效限定值及能效等级》GB 21518规定的节能评价值。

评价方法：检查设计图纸、产品检测报告和竣工验收资料。

5.5.15 未使用普通照明白炽灯。

评价方法：检查设计图纸、竣工验收资料和现场检查。

5.5.16 走廊、楼梯间、门厅等公共场所的照明，采用集中控制。

评价方法：检查设计图纸、竣工验收资料和现场检查。

5.5.17 楼梯间、走道采用半导体发光二极管（*LED*）照明。

评价方法：检查设计图纸、竣工验收资料和现场检查。

5.5.18 体育馆、影剧院、候机厅、候车厅等公共场所照明采用集中控制，并按建筑使用条件和天然采光状况采取分区、分组控制措施。

评价方法：检查设计图纸、竣工验收资料和现场检查。

5.5.19 电开水器等电热设备，设置时间控制模式。

评价方法：检查设计图纸、竣工验收资料和现场检查。

5.5.20 设置建筑设备监控系统。

评价方法：检查设计图纸、竣工验收资料和现场检查。

5.5.21 没有采用间接照明或漫射发光顶棚的照明方式。

评价方法：检查设计图纸、竣工验收资料和现场检查。

Ⅲ 优 选 项

5.5.22 天然采光良好的场所，按该场所照度自动开关灯或调光。

评价方法：检查设计图纸、竣工验收资料和现场检查。

5.5.23 旅馆的门厅、电梯大堂和客房层走廊等场所，采用夜间降低照度的自动控制装置。

评价方法：检查设计图纸、竣工验收资料和现场检查。

5.5.24 大中型建筑，按具体条件采用合适的照明自动控制系统。

评价方法：检查设计图纸、竣工验收资料和现场检查。

5.5.25 大型用电设备、大型舞台可控硅调光设备，当谐波不符合现行国家标准《电能质量公用电网谐波》GB/T 14549 有关规定时，就地设置谐波抑制装置。

评价方法：检查设计图纸、竣工验收资料和现场检查。

5.6 室 内 环 境

Ⅰ 控 制 项

5.6.1 公共建筑室内的温度、湿度等设计计算参数应符合国家现行节能设计标准中的规定。

评价方法：检查设计计算书和设计图纸。

5.6.2 公共建筑主要空间的设计新风量应符合现行国家标准《公共建筑节能设计标准》GB 50189 的设计要求。

评价方法：检查设计图纸、设计计算书。

5.6.3 建筑围护结构内部和表面应无结露、发霉现象。

评价方法：检查设计图纸、设计计算书和现场检查。

5.6.4 室内游离甲醛、苯、氨、氡和 TVOC 等空气污染物的浓度应符合现行国家标准《民用建筑工程室内环境污染控制规范》GB 50325 的有关规定。

评价方法：检查设计图纸、设计专项说明、检测报告。

5.6.5 建筑室内照度、统一眩光值、一般显色指数等指标应符合现行国家标准《建筑照明设计标准》GB 50034 的有关规定。

评价方法：检查设计图纸、设计专项说明、检测报告。

Ⅱ 一 般 项

5.6.6 暖通空调系统运行时，建筑室内温度冬季不得低于设计计算温度 2℃，且不高于 1℃；夏季不得高于设计计算温度 2℃，且不低于 1℃；

评价方法：检查设计计算书或检测报告。

5.6.7 公共建筑具备天然采光条件，其窗地面积比符合现行国家标准《建筑采光设计标准》GB/T 50033 的有关规定。

评价方法：检查设计图纸、设计计算书。

5.6.8 采暖空调时无局部过热、过冷的现象，空调送风区域气流分布均匀，主要人员活动区域人体头脚之间的垂直空气温度梯度小于 4℃。

评价方法：检查设计计算书或检测报告。

5.6.9 建筑每个房间的外窗可开启面积不小于该房间外窗面积的 30%；透明幕墙具有不小于房间透明面积 10%的可开启部分。

评价方法：检查设计图纸、门窗表、幕墙设计说明和现场检查。

Ⅲ 优 选 项

5.6.10 设有监控系统可根据监测结果自动启闭新风系统或调节新风送入量。

评价方法：检查设计图纸和现场检查。

5.6.11 地下停车库的通风系统根据车库内的一氧化碳浓度进行自动运行控制。

评价方法：检查设计图纸和现场检查。

5.7 运 营 管 理

Ⅰ 控 制 项

5.7.1 物业管理单位或业主应根据建筑的特点制定建筑采暖与空调、通风、照明、生活热水及电梯等重点用能设备的节能运行管理制度。

评价方法：检查制度清单、制度文本和现场检查。

5.7.2 物业管理人员应通过建筑节能管理岗位的上岗培训和继续教育。

评价方法：检查培训记录或上岗证书。

5.7.3 公共建筑内夏季室内空调温度设置不应低于 26℃，冬季室内空调温度设置不应高于 20℃。

评价方法：检查检测报告。

5.7.4 对公共建筑应进行分项计量，对建筑主要用能设备应实行分类计量，并应每年进行能耗统计、审计和公示。

评价方法：检查能耗审计、统计表。

5.7.5 空调通风系统应按照现行国家标准《空调通风系统清洗规范》GB 19210 的有关规定进行定期检查和清洗，并有相应的记录。

评价方法：检查清洗记录资料和照片。

Ⅱ 一 般 项

5.7.6 物业管理单位针对建筑物内工作人员和住户制定持续的建筑节能知识科普宣传的计划，每年定期发放、张贴宣传材料。

评价方法：检查宣传资料材料和宣传活动的照片。

5.7.7 空调系统、电梯等设备及管道的设置和安装便于维修、改造和更换，定期对仪表、设备和控制系统进行维修，并有相应的记录。

评价方法：检查维修保养记录资料和照片。

5.7.8 采用集中空气调节系统的公共建筑的用能计量符合现行国家标准《公共建筑节能设计标准》GB 50189 的有关规定，分楼层、分室内区域、分用户或分室设置冷、热量计量装置；建筑群的每栋公共建筑及其冷、热源站房设置冷、热量计量装置。

评价方法：检查设计图纸和竣工验收资料。

5.7.9 选择合理的空调、采暖运行参数。空调、采暖系统运行参数进行现场监测并作记录。

评价方法：检查设计图纸和监测记录。

5.7.10 对下列采暖通风和空调设备、管道定期进行维修保养，并有相应的记录。

1 分季节使用空调、采暖水泵，每个使用季前后各进行一次清洗保养；

2 冷却水系统每个使用季前后各进行一次清洗保养；

3 空调室外机和室内机每年进行一次清洗保养；

4 空调过滤网、过滤器、冷凝水盘等每半年清洗保养一次；

5 采暖和空调系统的换热设备每年至少进行一次维修和保养。

评价方法：检查维修保养记录资料和照片。

5.7.11 下列用能设备和装置每年至少进行一次维修保养，并有相应的记录。

1 长期使用的电梯、水泵等设备；

2 热水加热器；

3 照明设备的整流器、灯具。

评价方法：检查维修保养记录资料和照片。

5.7.12 建筑用能系统通过调试合格后方可运行。

评价方法：检查调试报告和运行记录资料。

5.7.13 垂直电梯轿厢内部装饰采用轻质材料，装饰材料重量不大于电梯载重量的10%。

评价方法：检查电梯验收报告和电梯装饰现场照片。

Ⅲ 优 选 项

5.7.14 每年进行建筑能耗情况的审计工作，并进行公示。

评价方法：检查历年能耗统计表和公示资料。

5.7.15 具有并实施能源管理激励机制，管理业绩与节约能源、提高经济效益挂钩。

评价方法：检查激励制度文本。

5.7.16 委托节能技术服务机构开展合同能源管理或其他创新的能源管理模式或商业模式，提高节能运行管理的水平。

评价方法：检查合同文本和实施措施。

本标准用词说明

1 为便于在执行本标准条文时区别对待，对要求严格程度不同的用词说明如下：

1）表示很严格，非这样做不可的：
正面词采用“必须”，反面词采用“严禁”；

2）表示严格，在正常情况下均应这样做的：
正面词采用“应”，反面词采用“不应”或“不得”；

3）表示允许稍有选择，在条件许可时首先应这样做的：
正面词采用“宜”，反面词采用“不宜”；

4）表示有选择，在一定条件下可以这样做的，采用“可”。

2 条文中指明应按其他有关标准执行的写法为：“应符合……的规定”或“应按……执行”。

引用标准名录

1 《采暖通风与空气调节设计规范》GB 50019

2 《建筑采光设计标准》GB/T 50033

3 《建筑照明设计标准》GB 50034

4 《城市居住区规划设计规范》GB 50180

5 《公共建筑节能设计标准》GB 50189

6 《民用建筑工程室内环境污染控制规范》GB 50325

7 《民用建筑太阳能热水系统应用技术规范》GB 50364

8 《严寒和寒冷地区居住建筑节能设计标准》JGJ 26

9 《夏热冬暖地区居住建筑节能设计标准》JGJ 75

10 《夏热冬冷地区居住建筑节能设计标准》JGJ 134

11 《民用建筑太阳能光伏系统应用技术规范》JGJ 203

12 《建筑外门窗气密、水密、抗风压性能分级及检测方法》GB/T 7106

13 《房间空气调节器能效限定值及能效等级》GB 12021.3

14 《电能质量公用电网谐波》GB/T 14549

15 《管型荧光灯镇流器能效限定值及节能评价值》GB 17896

16 《中小型三相异步电动机能效限定值及能效等级》GB 18613

17 《普通照明用双端荧光灯能效限定值及能效等级》GB 19043

18 《普通照明用自镇流荧光灯能效限定值及能效等级》GB 19044

19 《空调通风系统清洗规范》GB 19210

20 《单端荧光灯能效限定值及节能评价值》GB 19415

21 《高压钠灯能效限定值及能效等级》GB 19573

22 《高压钠灯用镇流器能效限定值及节能评价值》GB 19574

23 《单元式空气调节机能效限定值及能源效率等级》GB 19576

24 《冷水机组能效限定值及能源效率等级》GB 19577

25 《三相配电变压器能效限定值及节能评价值》GB 20052

26 《金属卤化物灯用镇流器能效限定值及能效等级》GB 20053

27 《金属卤化物灯能效限定值及能效等级》GB 20054

28 《家用燃气快速热水器和燃气采暖热水炉能效限定值及能效等级》GB 20665

29 《建筑幕墙》GB/T 21086

30 《多联式空调(热泵)机组综合性能系数限定值及能源效率等级》GB 21454

31 《转速可控型房间空气调节器能效限定值及能源效率等级》GB 21455

32 《交流接触器能效限定值及能效等级》GB 21518

中华人民共和国国家标准

节能建筑评价标准

GB/T 50668—2011

条 文 说 明

制 定 说 明

《节能建筑评价标准》GB/T 50668－2011，经住房和城乡建设部2011年4月2日以第970号公告批准、发布。

为便于广大设计、施工、科研、学校等单位有关人员在使用本标准时能正确理解和执行条文规定，《节能建筑评价标准》编制组按章、节、条顺序编制了本标准的条文说明，对条文规定的目的、依据以及执行中需注意的有关事项进行了说明。但是，本条文说明不具备与标准正文同等的法律效力，仅供使用者作为理解和把握标准规定的参考。在使用中如发现本条文说明有不妥之处，请将意见函寄中国建筑科学研究院。

目　次

1　总则 …………………………………… 1—52—25
2　术语 …………………………………… 1—52—25
3　基本规定 ……………………………… 1—52—25
3.1　基本要求 …………………………… 1—52—25
3.2　评价与等级划分 …………………… 1—52—26
4　居住建筑 ……………………………… 1—52—26
4.1　建筑规划 …………………………… 1—52—26
4.2　围护结构 …………………………… 1—52—29
4.3　采暖通风与空气调节 ……………… 1—52—31
4.4　给水排水 …………………………… 1—52—34
4.5　电气与照明 ………………………… 1—52—35
4.6　室内环境 …………………………… 1—52—37
4.7　运营管理 …………………………… 1—52—38
5　公共建筑 ……………………………… 1—52—38
5.1　建筑规划 …………………………… 1—52—38
5.2　围护结构 …………………………… 1—52—39
5.3　采暖通风与空气调节 ……………… 1—52—41
5.4　给水排水 …………………………… 1—52—44
5.5　电气与照明 ………………………… 1—52—45
5.6　室内环境 …………………………… 1—52—47
5.7　运营管理 …………………………… 1—52—49

1 总 则

1.0.1 建筑与人们的生活休戚相关，也与我国的环境、资源、能源等密切相关。我国已经发布了北方严寒和寒冷地区、夏热冬冷地区和夏热冬暖地区的居住建筑节能设计标准，公共建筑节能设计标准、建筑节能工程施工质量验收规范也已经颁布实施，这些标准对建筑的节能设计和施工给出了最低的要求。为了对建筑的节能性进行综合评价，鼓励建造更低能耗的节能建筑，特制定本标准。

1.0.2 本条规定了标准的适用范围是新建建筑和既有建筑改造后达到节能标准的建筑。由于不同类型的建筑因使用功能的不同，其能耗情况存在较大差异。本标准考虑到我国目前建设市场的情况，侧重评价总量大的居住建筑和公共建筑中能耗较大的办公建筑（包括写字楼、政府部门办公楼等）、商业建筑（如商场建筑、金融建筑等）、旅游建筑（如旅游饭店、娱乐建筑等）、科教文卫建筑（包括文化、教育、科研、医疗、卫生、体育建筑等）。其他公共建筑也可参照执行。

1.0.3 规划和建筑设计以及运营管理是建筑的两个重要阶段，都与建筑的节能性密切相关，必须统筹考虑，漏掉任何一个阶段都不能称之为节能建筑。

本标准的节能建筑评价指标体系由建筑规划、建筑围护结构、采暖通风与空气调节、给水排水、电气与照明、室内环境和运营管理七类指标组成。通过对七类指标的评价，体现建筑的综合节能性能。标准的评价指标以现行的国家相关标准为依据，有些指标适当提高。

1.0.4 由于建筑节能涉及多个专业和多个阶段，不同专业和不同阶段都制定了相应的节能标准。在进行节能建筑的评价时，除应符合本标准的规定外，尚应符合国家现行的有关标准规范的规定。对于某些地区，如果执行了高于国家标准和行业标准规定的、更严格的地方节能标准，尚应符合当地的节能标准的要求。

2 术 语

2.0.1 节能建筑的主要指标有建筑规划、建筑围护结构、暖通空调、给水排水、电气与照明、室内环境，并且具有良好的运行管理手段和制度并落实到实处。节能建筑一定要因地制宜，遵循当地的气候条件和资源条件。节能建筑不仅要满足国家和行业标准的节能要求，同时也要符合当地的有关节能标准。

2.0.2 本条对节能建筑评价进行了定义。建筑是一个复杂的、特殊的产品，不像冰箱、房间空调器等产品可以在实验室的标准工况下进行检测并给出额定工况下的能耗。为了提高节能建筑评价的科学性和可操作性，本标准把涉及建筑节能的因素分为七类指标体系，每类指标体系中又分为具体的节能技术措施或节能管理措施。根据建筑采用的节能技术措施或节能管理措施，采取定量和定性相结合的方法来评估建筑的节能性能。这种方法兼顾了评价的科学性和可操作性，简单易用，有利于节能建筑的推广。

2.0.5 这种节能投资方式允许客户用未来的节能收益为设备和系统升级，以降低建筑的运行成本；或者节能服务公司以承诺节能项目的节能效益、或承包整体能源费用的方式为客户提供节能服务。合同能源管理在实施节能项目的用户与节能服务公司之间签订，有助于推动节能项目的实施。依照具体的业务方式，可以分为分享型合同能源管理业务、承诺型合同能源管理业务、能源费用托管型合同能源管理业务。

3 基 本 规 定

3.1 基 本 要 求

3.1.1 节能建筑评价应包括节能建筑设计评价和节能建筑工程评价两个阶段。

3.1.2 本条规定了评价的对象为单栋建筑或建筑小区。评价单栋建筑时，凡涉及室外部分的指标，如绿地率、建筑密度等，以该栋建筑所处的室外条件的评价结果为准。建筑小区的节能评价应在单栋建筑评价的基础上进行，建筑小区的节能等级应根据小区中全部单栋建筑均达到或超过的节能等级来确定。

3.1.3 本条规定了评价的时间节点。对于节能建筑设计评价，应在建筑设计图纸经相关部门节能审查合格后进行；对于节能建筑工程评价，应在建筑工程竣工验收合格并投入运行一年以后进行。

3.1.4 本条规定了申请节能建筑设计评价的建筑应提供的资料，主要有：

1 建筑节能技术措施，包括所采用的全部建筑节能技术和相关技术参数；

2 规划与建筑设计文件，包括规划批文、规划设计说明、建筑设计说明和相应的建筑设计施工图等；

3 规划与建筑节能设计文件，包括规划、建筑设计与建筑节能有关的设计图纸、建筑节能设计专篇、节能计算书等；

4 各地建设行政管理部门或建设行政管理部门委托的建筑节能管理机构进行的建筑节能设计审查批复文件。

3.1.5 本条规定了申请节能建筑评价的建筑应提供的材料。除了提供节能建筑设计评价阶段的资料外，还应提供：

1 材料主要包括建筑中采用的设备、部品、施工材料等；

2 需要提供完整的建筑节能工程竣工验收报告；

3 主要包括与建筑节能评价有关的如检测报告、专项分析报告、运营管理制度文件、运营维护资料等资料。

3.2 评价与等级划分

3.2.1 本条规定了节能建筑设计评价和节能建筑评价的指标体系。每类指标包括控制项、一般项和优选项。控制项为节能建筑的必备条件，全部满足本标准中控制项要求的建筑，方可认为已经具备节能建筑评价的基本申请资格。一般项和优选项是划分节能建筑等级的可选条件。

3.2.2 进行节能建筑评价时，应首先审查是否满足本标准中全部控制项的要求。为了使每类指标得分均衡，使得节能建筑各个环节都能在建筑中体现，所以把得分项分成了一般项和优选项。对于一般项，不同等级的节能建筑都要满足最低的项数要求，而且不能互相借用一般项的分数。优选项是难度大、节能效果较好的可选项。

节能建筑细分为三个等级，目的是为了引导建筑节能性能的发展与提高，鼓励建造更高节能性能的建筑。

3.2.3 对于围护结构、暖通空调、电气与照明三类指标规定了需要满足的最少优选项数，主要是考虑到这三类指标是影响建筑节能最关键因素，对建筑节能的贡献率也最大，所以对围护结构、暖通空调、电气与照明这三类指标明确提出优选项数量的要求。

3.2.4 当标准中某条文不适应建筑所在地区、气候、建筑类型、评价阶段等条件时，该条文可不参与评价，这时，参评的总项数会相应减少，表3.2.2中对项数的要求可以按比例调整。

设表中某类指标一般项数为 a，某等级要求的一般项数为 b，则比例为 $p=b/a$。当存在不参与评价的条文时，参评的一般项数减少，在这种情况下，可按表中规定的比例 p 调整，一般项数的要求调整为[参评的一般项数×p]，计算结果舍尾取整。

例如，某类指标一般项共6项，AA级要求的一般项数为2项，则 $p=1/3$。由于有2项不参评，导致参评的一般项数减少为4，这种情况下对AA级要求的一般项数减少为[4×(1/3)]，计算结果舍尾取整后为1项。

3.2.5 本条规定了具体条款的评价结论。对于定性条款，评价的结论只有两个，即"通过"或"不通过"；对于有多项要求的条款，则全部要求都满足方可认定本条的评价结论为"通过"，否则应认定为"不通过"。

3.2.6 由于温和地区没有相应的国家和行业建筑节能标准，在进行节能建筑评价时，可参考建筑邻近的气候分区的相应条款进行评价。

4 居住建筑

4.1 建筑规划

Ⅰ 控制项

4.1.1 本条是编制居住区规划设计必须遵循的基本原则：

1 居住区是城市的重要组成部分，因而必须根据城市总体规划要求，从全局出发考虑居住区具体的规划设计。

2 居住区规划设计是在一定的规划用地范围内进行，应考虑其各种规划要素后确定，如日照标准、房屋间距、密度、建筑布局、道路、绿化和空间环境设计及其组成有机整体等，均应与所在城市的特点、所处建筑气候分区、规划用地范围内的现状条件及社会经济发展水平密切相关。在规划设计中应充分考虑、利用当地气候特点和条件，为整体提高居住区节能规划设计创造条件。

4.1.2 现行国家标准《城市居住区规划设计规范》GB 50180第5.0.2规定，住宅日照标准应符合表1规定。对于特定情况符合下列规定：

1 每套住宅至少应有一个居室空间能获得冬季日照；

2 宿舍半数以上的居室，应获得同住宅居住空间相等的日照标准；

3 托儿所、幼儿园的主要生活用房，应能获得冬至日不小于3h的日照标准；

4 老年人住宅、残疾人住宅的卧室、起居室，医院、疗养院半数以上的病房和疗养室，中小学半数以上的教室应能获得冬至日不小于2h的日照标准；

5 旧区改建的项目内新建住宅日照标准可酌情降低，但不应低于大寒日日照1h的标准。

表1 住宅建筑日照标准

<table>
<tr><td rowspan="2">建筑气候分区</td><td colspan="2">Ⅰ、Ⅱ、Ⅲ、Ⅶ气候区</td><td colspan="2">Ⅳ气候区</td><td rowspan="2">Ⅴ、Ⅵ气候区</td></tr>
<tr><td>大城市</td><td>中小城市</td><td>大城市</td><td>中小城市</td></tr>
<tr><td>日照标准</td><td colspan="3">大寒日</td><td colspan="2">冬至日</td></tr>
<tr><td>日照时数(h)</td><td>≥2</td><td colspan="2">≥3</td><td colspan="2">≥1</td></tr>
<tr><td>有效日照时间带(h)(当地真太阳时)</td><td colspan="3">8～16</td><td colspan="2">9～15</td></tr>
<tr><td>日照时间计算点</td><td colspan="5">底层窗台面(距室内地坪0.9m高的外墙位置)</td></tr>
</table>

注：本表中的气候分区与全国建筑热工设计分区的关系见现行国家标准《民用建筑设计通则》GB 50352表3.3.1。

4.1.3 要求从项目立项，到可行性研究报告、规划设计、初步设计、施工图设计各个阶段都要考虑建筑节能。在建设部、国家计委关于印发《建设项目选址规划管理办法》的通知(1991年8月23日)第六条中也有规定，建设项目选址意见书应当包括建设项目供水与能源的需求量，采取的运输方式与运输量，以及废水、废气、废渣的排放方式和排放量。

Ⅱ 一 般 项

4.1.4 针对4.1.2条作出了一定的提高。对于特定情况符合下列规定：

1 每套住宅有2个或者以上的居室空间能获得冬季日照；

2 宿舍2/3或以上的居室，应获得同住宅居住空间相等的日照标准；

3 旧区改建的项目内新建住宅日照标准满足现行国家标准《民用建筑设计通则》GB 50352 表3.3.1的要求。

4.1.5 住宅小区绿地不但可以美化环境，而且可以改善小区微气候，降低小区热岛强度。按照现行国家标准《城市居住区规划设计规范》GB 50180，居住建筑小区的绿化包括公共绿地、宅旁绿地、配套公建所属绿地和道路绿地，其中包括了满足当地植树绿化覆土要求，方便居民出入的地上或半地下建筑的屋顶绿地。绿地面积应按下列规定确定：

1 宅旁(宅间)绿地面积计算的起止界：绿地边界对宅间路、组团路和小区路算到路边，当小区路设有人行便道时算到便道边，沿居住区路、城市道路则算到红线；距房屋墙脚1.5m；对其他围墙、院墙算到墙脚。

2 道路绿地面积计算，以道路红线内规划的绿地面积为准进行计算。

3 院落式组团绿地面积计算起止界：绿地边界距宅间路、组团路和小区路路边1m；当小区路有人行便道时，算到人行便道边；临城市道路、居住区级道路时算到道路红线；距房屋墙脚1.5m。

4 其他块状、带状公共绿地面积计算的起止界同院落式组团绿地。沿居住区(级)道路、城市道路的公共绿地算到红线。

4.1.6 建筑物朝向对太阳辐射得热量和空气渗透耗热量都有影响。在其他条件相同情况下，东西向板式多层居住建筑的传热耗热量要比南北向的高5%左右。建筑物的主立面朝向冬季主导风向，会使空气渗透耗热量增加。对于建筑物的朝向，也可以按照主要房间的朝南向数量来考核。对于单栋建筑来说，40%的主要房间朝南向是可以做到的。

节能建筑标准中朝向是这样规定的："南"代表从南偏东30°至偏西30°的范围。居住建筑的最佳朝向是在南偏东15°至南偏西15°范围内，适宜的朝向为南偏东45°至南偏西30°范围。

1 建筑平面布置时，不宜将主要卧室、起居室设置在正东和正西、西北方向；

2 不宜在建筑的正东、正西和西西北、东东北方向设置大面积的玻璃门窗或玻璃幕墙；

3 当建筑采用最佳朝向南偏东15°至南偏西15°范围内时，与最差朝向(正西向)相比，可以贡献5%～10%的节能率。

对于一些有景观资源的住宅或受本身地块条件的限制，满足本条文的第1和第2款难度较大，但是通过采取隔热措施和活动外遮阳措施，也可以实现改善室内的热环境，节约建筑能耗的目的。

4.1.7 现行国家标准《城市居住区规划设计规范》GB 50180第5.0.3条规定，在Ⅰ、Ⅱ、Ⅵ、Ⅶ建筑气候区，居住小区规划设计主要应利于居住建筑冬季的日照、防寒、保温与防风沙的侵袭；在Ⅲ、Ⅳ建筑气候区，居住小区规划设计主要应考虑居住建筑夏季防热和组织自然通风、导风入室的要求；在丘陵和山区，除考虑居住建筑布置与主导风向的关系外，尚应重视因地形变化而产生的地方风对居住建筑防寒、保温或自然通风的影响；经过多个工程项目的实践，可以采用计算流体力学软件，通过模拟的方法进行自然通风的量化评价。

1 气流模拟设计可以采用自然通风模拟软件进行。方法是先对小区规划的初步设计进行自然通风模拟，然后根据模拟结果对小区的规划布局进行调整，使居住小区的规划布局有利于自然通风。采用自然通风模拟时，应注意气候边界条件的选取，气候边界条件选取的原则是：夏季有效利用自然通风，冬季有效避免冷空气的渗透。

2 在确定建筑物的相对位置时，应使建筑物处于周围建筑物的气流旋涡区之外。

3 宜使小区各建筑的主立面迎向夏季主导风向，或将夏季主导风引向建筑的主立面。目的是在有效利用自然通风时，使建筑物前后形成一定的风压差，为建筑室内形成良好的自然通风创造条件。

对于规模较小的建筑小区，根据当地规范和规定，通过建筑师的经验判断，也可以不采用计算机模拟量化判断的方法。

4.1.8 建筑公共区间如地下室、楼梯间(包括消防楼梯)、公共走道，应该充分利用建筑设计措施实现天然采光，但是一梯六户以上的小户型塔式高层居住建筑，其公共楼梯间很难做到天然采光，通过调查和测算，在设计阶段采取措施，地上部分30%的公共区间实现天然采光是可行的。

如果建筑有地下室，地下一层可以有条件地利用自然光，通过设计采光井、采光窗，保证地下一层可采光的面积占地下室总面积的5%以上。

考虑到夏热冬暖地区、夏热冬冷地区以及严寒、寒冷地区的气候不同特点，本标准确定的指标按照较低值选取。

4.1.9 在无法通过窗户实现自然采光的情况下，利用各种导光和反光装置将天然光引入室内（如地下室车库）是一种比较成熟的技术，该技术有利于节能，应大力提倡。

4.1.10 高层居住建筑越来越多，电梯能耗成为高层居住建筑公共区域能耗中最大的一部分。例如，深圳市有43000台电梯，每台电梯按照15kW计算，如果电梯全部投入使用，负荷达到64.5万kW，占深圳市高峰用电负荷的8%。

但是目前国内没有节能型电梯标准可供评价，故参考香港机电工程署颁布的Code of Practice for Energy Efficiency of Lift and Escalator Installations来参考执行（见表2、表3、表4）。

表2 曳引式电梯最大允许电功率 P(kW) ($V<3$)

负载 L(kg)	额定梯速 V(m/s)				
	$V<1$	$1\leqslant V<1.5$	$1.5\leqslant V<2$	$2\leqslant V<2.5$	$2.5\leqslant V<3$
$L<750$	7	10	12	16	18
$750\leqslant L<1000$	10	12	17	21	24
$1000\leqslant L<1350$	12	17	22	27	32
$1340\leqslant L<1600$	15	20	27	32	38
$1600\leqslant L<2000$	17	25	32	39	46
$2000\leqslant L<3000$	25	37	47	59	70
$3000\leqslant L<4000$	33	48	63	78	92
$4000\leqslant L<5000$	42	60	78	97	115
$L\geqslant 5000$	$0.0083L+0.5$	$0.0118L+1$	$0.0156L+0.503$	$0.019L+2$	$0.0229L+0.5$

表3 最大允许电功率 P(kW) ($V<7$)

负载 L(kg)	额定梯速 V (m/s)				
	$3\leqslant V<3.5$	$3.5\leqslant V<4$	$4\leqslant V<5$	$5\leqslant V<6$	$6\leqslant V<7$
$L<750$	21	23	25	30	34
$750\leqslant L<1000$	27	31	32	39	46
$1000\leqslant L<1350$	36	40	45	52	60
$1340\leqslant L<1600$	43	49	52	62	72
$1600\leqslant L<2000$	53	60	65	75	88
$2000\leqslant L<3000$	79	90	95	115	132
$3000\leqslant L<4000$	104	120	130	150	175
$4000\leqslant L<5000$	130	150	160	190	220

表4 最大允许电功率 P(kW) ($V\geqslant 7$)

负载 L(kg)	额定梯速 V (m/s)		
	$7\leqslant V<8$	$8\leqslant V<9$	$V\geqslant 9$
$L<750$	39	45	$4.887V+0.0014V^3$
$750\leqslant L<1000$	52	60	$6.516V+0.0021V^3$
$1000\leqslant L<1350$	70	80	$8.797V+0.0021V^3$
$1340\leqslant L<1600$	83	95	$10.426V+0.00266V^3$
$1600\leqslant L<2000$	105	120	$13.033V+0.0014V^3$
$2000\leqslant L<3000$	155	175	$19.549V+0.0030V^3$
$3000\leqslant L<4000$	205	235	$26.065V+0.0038V^3$
$4000\leqslant L<5000$	255	290	$32.582V+0.0048V^3$

在建筑中选用节能电梯，并采用变频控制、启动控制、群梯智能控制等经济运行手段，以及分区、分时等运行方式来达到电梯节能的目的。另外，电梯无外部召唤，且轿厢内一段时间无预置指令时，电梯自动转为节能方式也是一种很好的节能运行模式。

Ⅲ 优 选 项

4.1.11 居住小区环境温度的升高，不但增加建筑的空调能耗，而且影响小区行人的热舒适度。对于住区而言，由于受规划设计中建筑密度、建筑材料、建筑布局、绿地率和水景设施、空调排热、交通排热及炊事排热等因素的影响，住区有可能出现“热岛”现象。设计时应该采取通风、水景、绿化、透水地面等措施，降低热岛，改善住区热环境。

热岛强度可通过综合措施得到控制。提高绿地率可有效改善场地热岛效应，采用遮阳措施或采用高反射率的浅色涂料可有效降低屋面、地面的表面温度，减少热岛效应，提高顶层住户和地面的热舒适度。

屋面可设计成种植屋面，或采用高反射率涂料，或同时采用高反射率涂料和种植屋面。对屋面的评价，要求可绿化屋面面积的30%实施绿化或75%屋面太阳辐射吸收率小于0.7。当部分屋面有绿化，但达不到30%比例时，非绿化屋面的75%如果能够满足太阳辐射吸收率小于0.7也认为满足条文要求。可绿化屋面是指除掉设备管路、楼梯间及太阳能集热板等部位之外的屋面。对于高反射率屋面的评价而言，楼梯间等要计入评价范围，设备管路、太阳能集热板等部位不计入。不同面层的表面特性见表5。

表5 不同面层的表面特性

面层类型	表面性质	表面颜色	吸收系数 ρ 值
石灰粉刷墙面	光滑、新	白色	0.48
抛光铝反射板	—	浅色	0.12
水泥拉毛墙	粗糙、旧	米黄色	0.65
白水泥粉刷墙面	光滑、新	白色	0.48
水刷石	粗糙、旧	浅灰	0.68

续表 5

面层类型	表面性质	表面颜色	吸收系数 ρ 值
水泥粉刷墙面	光滑、新	浅黄	0.56
砂石粉刷面	—	深色	0.57
浅色饰面砖	—	浅黄、浅绿	0.50
红砖墙	旧	红色	0.77
硅酸盐砖墙	不光滑	黄灰色	0.5
混凝土砌块	—	灰色	0.65
混凝土墙	平滑	深灰	0.73
红褐陶瓦屋面	旧	红褐	0.74
灰瓦屋面	旧	浅灰	0.52
水泥屋面	旧	素灰	0.74
水泥瓦屋面	—	深灰	0.69
绿豆砂保护层屋面	—	浅黑色	0.65
白石子屋面	粗糙	灰白色	0.62
浅色油毛毡屋面	不光滑、新	浅黑色	0.72
黑色油毛毡屋面	不光滑、新	深黑色	0.86
绿色草地	—	—	0.80
水(开阔湖、海面)	—	—	0.96
黑色漆	光滑	深黑色	0.92
灰色漆	光滑	深灰色	0.91
褐色漆	光滑	淡褐色	0.89
绿色漆	光滑	深绿色	0.89
棕色漆	光滑	深棕色	0.88
蓝色漆、天蓝色漆	光滑	深蓝色	0.88
中棕色	光滑	中棕色	0.84
浅棕色漆	光滑	浅棕色	0.80
棕色、绿色喷泉漆	光亮	中棕、中绿色	0.79
红油漆	光亮	大红	0.74
浅色涂料	光平	浅黄、浅红	0.50
银色漆	光亮	银色	0.25

硬质地面遮荫或硬质地面铺设采用浅色材料有利于降低人行区域的温度，为便于评价硬质地面的遮荫比例，成年乔木平均遮荫半径取为 4m，棕榈科乔木平均遮荫半径取为 2m。

无遮荫的硬质地面停车率是指无遮荫的硬质地面机动车停车位与总停车位的比例。如果地面停车位受植物遮荫或设置了遮阳棚或地面为透水地面，可不计入无遮荫的硬质地面停车率的计算。

4.1.12 本条在第 4.1.8 条的基础上提高了要求，鼓励采用天然采光，降低建筑能耗。

4.1.13 我国有丰富的太阳能资源，全国 2/3 以上地区的全年太阳能辐照量大于 $5700MJ/(m^2 \cdot a)$，全年日照时数大于 2200h。除了重庆、四川、贵州、江西部分地区资源贫乏带，绝大多数地区都可以利用太阳能。全国一些城市和省份如深圳、江苏、海南等，通过立法将 12 层及以下的居住建筑利用太阳能热水系统作为强制要求，纳入施工图审查和项目报建以及节能专项验收中。但是考虑到还有很多省市并没有此要求，所以本条文作为优选项。

为避免太阳能热水系统在建筑中的无序使用并保证使用的安全和可靠，太阳能热水系统需要统一设计和施工安装。

满足现行国家标准《民用建筑太阳能热水系统应用技术规范》GB 50364 的要求，如满足建筑结构及其他相应的安全性要求；设置防止太阳能集热器损坏后部件坠落伤人的安全防护设施；支承太阳能热水系统的钢结构支架应与建筑物接地系统可靠连接，防止雷击。太阳能系统不得降低相邻建筑的日照标准等。

4.2 围护结构

Ⅰ 控 制 项

4.2.1 严寒和寒冷地区围护结构热工性能是影响居住建筑采暖负荷与能耗最重要的因素之一，必须予以严格控制。而建筑的体形系数、窗墙面积比、建筑围护结构的热工参数、外窗的气密性等指标是节能建筑的重要内容，是节能建筑围护结构必须满足的基本要求。因此，建筑体形系数、窗墙面积比、建筑围护结构的热工参数、外窗的气密性等必须满足现行行业标准《严寒和寒冷地区居住建筑节能设计标准》JGJ 26 中的有关规定。

4.2.2 夏热冬冷地区建筑围护结构的热工设计涉及夏季隔热、冬季保温及过渡季节自然通风等因素，其围护结构的热工特性不同于寒冷地区供暖建筑对围护结构的严格保温要求。但由于建筑的体形系数、窗墙面积比、建筑围护结构的热工参数、外窗的气密性等指标同样是影响夏热冬冷地区建筑能耗重要的指标，也是节能建筑围护结构必须满足的基本要求，因此必须满足现行行业标准《夏热冬冷地区居住建筑节能设计标准》JGJ 134 中的要求。

4.2.3 夏热冬暖地区只涉及夏季空调，在这一地区主要考虑建筑围护结构的隔热问题，确定围护结构隔热的基本原则是围护结构有一定的热阻，重点是外窗的遮阳，主要体现在建筑围护结构的热工参数限值、窗墙面积比、外窗的遮阳系数等几个关键指标上；因此，围护结构的热工参数、窗墙面积比、外窗的遮阳系数等指标必须满足现行行业标准《夏热冬暖地区居住建筑节能设计标准》JGJ 75 的要求。

4.2.4 外墙结构性冷（热）桥部位系指嵌入墙体的混凝土或金属梁、柱，墙体的混凝土肋或金属件，建筑中的板材接缝及墙角、墙体勒脚、楼板与外墙、内隔墙与外墙连接处、外窗（门）洞口室外部分的侧墙等部位。由于这些部位的传热系数明显大于其他部位，使得热量集中地从这些部位快速传递，特别是当冷（热）桥内表面温度低于室内露点温度后将吸收大量的空气相变潜热，从而增大了建筑物的空调、采暖负荷及能耗。在进行外墙的热工节能设计时，应对这些部位的内表面温度进行验算，以便确定其是否低于室内空气露点温度。

4.2.5 本条文依据现行国家标准《建筑节能工程施工质量验收规范》GB 50411 中强制性条文 4.2.2、5.2.2、7.2.2 和 8.2.2 条文提出的。因为保温材料的厚度、导热系数、密度直接影响到非透明围护结构的保温隔热效果，抗压强度或压缩强度直接关系到保温材料的可靠性和安全性，燃烧性能是防火要求最直接的指标，门窗的气密性、保温性能、中空玻璃露点、玻璃遮阳系数、可见光透射比直接影响到透明围护结构的节能效果。因此，必须对围护结构保温材料的上述性能提出控制要求，这是保证建筑围护结构到达节能设计要求的最基本条件。

要求对表 4.2.5-2 中的建筑材料和产品进行复检，是为了保证建筑在施工过程中所使用的保温节能材料和产品的质量，以保证节能建筑的可靠性。

Ⅱ 一 般 项

4.2.6 为了进一步减小透过围护结构的传热量，节约能源，对屋面、外墙等围护结构的平均传热系数规定降低 10%。

不同气候区平均传热系数分别按照现行行业标准《严寒和寒冷地区居住建筑节能设计标准》JGJ 26 附录 B 和现行行业标准《夏热冬冷地区居住建筑节能设计标准》JGJ 134 附录 A 中平均传热系数计算方法进行计算。

4.2.7 严寒和寒冷地区冬季室内外温差大，因温差传热造成的热量损失占总能耗的比例较高，提高围护结构的保温性能对降低采暖能耗作用明显；而在围护结构中窗（包括阳台门的透明部分）与屋面、外墙相比是围护结构最薄弱的环节，在基本不影响冬季太阳辐射传入热量的情况下，通过降低外窗的传热系数是减少外窗的温差传热的重要手段，因此，对窗的传热系数提出了更高的要求。

4.2.8 在严寒、寒冷地区的冬季，外门的频繁开启造成室外冷空气大量进入室内，导致采暖能耗增加。设置门斗可以避免冷风直接进入室内，在节能的同时，也提高了楼梯间的热舒适性。

4.2.9 夏热冬冷地区建筑围护结构保温隔热的基本原则是以隔热为主兼顾保温，而夏热冬暖地区建筑节能最有效的措施是外围护结构的隔热，不让或少让室外的热量传入室内。

对于外墙与屋面的隔热性能要求，目前节能标准的热工性能控制指标只是从外墙和屋面的热惰性指标来控制，尚不能全面反映外围护结构在夏季热作用下的受热与传热特征，以及影响外围护结构隔热质量的综合因素。特别是对于轻质结构的外墙与屋面，热惰性指标都低，很难达到隔热指标限值的要求。对夏热冬冷及夏热冬暖地区居住建筑的外墙，规定屋面、外墙外表面材料太阳辐射吸收系数小于 0.6，降低屋面、外墙外表面综合温度，以提高其隔热性能，理论计算及实测结果都表明这是一条可行而有效的隔热途径，也是提高轻质外围护结构隔热性能的一条最有效的途径。

4.2.10 有些标准中虽规定了分户墙、楼板传热系数 K 的要求，但由于节能动态计算软件中当确定所有房间采暖空调时，分户墙、楼板传热系数 K 值的大小不影响建筑的能耗。因此，造成夏热冬冷地区楼板基本未作保温，但夏热冬冷、夏热冬暖地区实际建筑并非所有房间同时采暖空调，户间传热是很大的，从理论计算和实测来看，其冷热量损失对节能影响较大，因此，规定了分户墙、楼板对传热系数 K 的要求。

4.2.11 外窗的气密性能的好坏直接影响到夏季和冬季室外空气向室内渗漏的多少，对建筑的能耗影响很大，因此对外窗的气密性能要求比国家标准 GB/T 7106 提高一级是为了鼓励居住建筑采用气密性更为优良的建筑外窗。

4.2.12 在我国夏热冬冷和夏热冬暖地区过去就有"淋水蒸发屋面"和"蓄土种植屋面"的应用实例，通常我们称为生态植被绿化屋面和蒸发冷却屋面，它不仅具有优良的保温隔热性能，而且也是集环境生态效益、节能效益和热环境舒适效益为一体的居住建筑屋顶形式之一。

Ⅲ 优 选 项

4.2.13 把严寒、寒冷地区屋面、外墙、外窗的平均传热系数标准进一步提高，使建筑达到更加节能的水平。

4.2.14 为避免冬季室外空气过多地向室内渗漏造成的大量能耗，通过种种措施以提高外窗的气密性；然而，室内新风作为空气质量品质的重要方面，必须通过在房间设置可调节换气装置或其他换气设施予以保证。

4.2.15 在 4.2.11 条的基础上提高一级作为优选项的内容。

4.2.16 居住在夏热冬冷区的人们无论是冬季采暖、夏季空调或在过渡季节都有开窗的习惯；当夏季在晚间室外空气温度低于室内空气温度时，通风能有效而快速地降低室内空气温度。在规定外窗的可开启面积应不小于外窗面积的 35% 的情况下，完全能保证居住建筑有很好的自然通风，从而达到提高室内空气质量品质，改善室内热环境，减少空调能耗的多方面优点。

4.2.17 设置活动外遮阳是减少太阳辐射热进入室内的一个有效措施，活动式外遮阳容易兼顾建筑冬夏两季对阳光的不同需求，如设置了展开或关闭后可以全部遮蔽窗户的活动式外遮阳，可以方便快捷地控制透过窗户的太阳辐射热量，从而降低能耗和提高室内环境的舒适性。如窗外侧的卷帘、百叶窗等就属于“展开或关闭后可以全部遮蔽窗户的活动式外遮阳”，虽然造价比一般固定外遮阳（如窗口上部的外挑板等）高，但遮阳效果好，能兼顾冬夏，所以应当鼓励大量使用。

4.2.18 为了彰显被动蒸发屋面和植被绿化屋面对建筑节能的重要贡献，在优选项中把采用被动蒸发屋面和植被绿化屋面占建筑屋面的70%以上作为控制指标。

4.3 采暖通风与空气调节

Ⅰ 控 制 项

4.3.1 目前国内一些工程设计普遍存在用初步设计时的冷、热负荷指标作为施工图设计的冷、热负荷计算依据的情况。从实际情况的统计来看，其冷、热负荷均偏大，导致装机容量大、管道尺寸大、水泵和风机配置大、末端设备大的“四大”现象。这使得初投资增加，能源负荷上升，设备运行效率下降，不利于节省运行能耗，因此特作此规定。

居住建筑采用集中空调与采暖时，其负荷计算与集中供冷供热的公共建筑要求是相同的。

目前一些居住建筑中，设计采用了户式空调（通常为风管式、水管式和冷媒管式三种方式）系统，这些系统从原理上来讲也属于集中空调系统的形式（只是规模比较小而已）。因此，设计采用这些系统的居住建筑时，也应执行本条规定。

4.3.2 集中采暖系统热水循环水泵的耗电输热比（*EHR*）值应满足现行行业标准《严寒与寒冷地区居住建筑节能设计标准》JGJ 26的规定；集中空调冷热水系统的输送能效比*ER*值满足现行国家标准《公共建筑节能设计标准》GB 50189的规定。

4.3.3 楼前热计量表是该栋楼与供热（冷）单位进行用热（冷）量的结算依据，要说明的是，当计量表的服务区域太大了，就会失去它的公正性，因此应对每栋建筑物设置热计量表。

但也有建筑物有多个用户单元设置，每个热力入口设置计量装置。这样做，中间单元的热耗必然低于有山墙的边单元，强调一栋楼为一个整体，是因为节能设计标准也以整栋楼计算。

4.3.4 通过末端控制系统能够充分满足不同房间或住户对室温的需求差异，对于建筑的采暖空调系统节能有十分重要的作用，因此作为节能建筑的控制项内容。

4.3.5 楼内住户需进行按户热（冷）量分摊，就应该有相应的装置作为对整栋楼的耗热（冷）量进行户间分摊的依据。

4.3.6 居住建筑可以采取多种空调采暖方式，如集中方式或者分散方式。如果采用集中式空调采暖系统，比如，由空调冷（热）源站向多套住宅、多栋住宅楼、甚至居住小区提供空调冷（热）源（往往采用冷热水）；或者，应用户式集中空调机组（户式中央空调机组）向一套住宅提供空调冷热源（冷热水、冷热风）进行空调采暖。

集中空调采暖系统中，冷热源的能耗是空调采暖系统能耗的主体。因此，冷热源的能源效率对节省能源至关重要。性能系数、能效比是反映冷热源能源效率的主要指标之一，为此规定冷热源的性能系数、能效比作为必须达标的项目。对于设计阶段已完成集中空调采暖系统的居民小区，或者户式中央空调系统设计的住宅，其冷热源能效的要求应该等同于公共建筑的规定。

国家质量监督检验检疫总局和国家标准化管理委员会已发布实施的空调机组能效限定值及能源效率等级的标准有：国家标准《冷水机组能效限定值及能源效率等级》GB 19577，国家标准《单元式空气调节机能效限定值及能源效率等级》GB 19576，国家标准《多联式空调（热泵）机组能效限定值及能源效率等级》GB 21454。产品的强制性国家能效标准，将产品根据机组的能源效率划分为5个等级，目的是配合我国能效标识制度的实施。能效等级的含义：1等级是企业努力的目标；2等级代表节能型产品的门槛（按最小寿命周期成本确定）；3、4等级代表我国的平均水平；5等级产品是未来淘汰的产品。目的是能够为消费者提供明确的信息，帮助其购买的选择，促进高效产品的市场。

为了方便应用，以下表6为规定的冷水(热泵)机组制冷性能系数(*COP*)值，表7为规定的单元式空气调节机能效比(*EER*)值，这是根据现行国家标准《公共建筑节能设计标准》GB 50189中第5.4.5和5.4.8条强制性条文规定的能效限值。而表8为多联式空调(热泵)机组制冷综合性能系数[*IPLV*(C)]值，是根据现行国家标准《多联式空调(热泵)机组能效限定值及能源效率等级》GB 21454中规定的能效等级第3级。

表6 冷水(热泵)机组制冷性能系数

类型		额定制冷量(kW)	性能系数(W/W)
水冷	活塞式/涡旋式	<528	3.80
		528～1163	4.00
		>1163	4.20
	螺杆式	<528	4.10
		528～1163	4.30
		>1163	4.60
	离心式	<528	4.40
		528～1163	4.70
		>1163	5.10

续表 6

类型		额定制冷量(kW)	性能系数(W/W)
风冷或蒸发冷却	活塞式/涡旋式	≤50	2.40
		>50	2.60
	螺杆式	≤50	2.60
		>50	2.80

表 7 单元式机组能效比

类型		能效比(W/W)
风冷式	不接风管	2.60
	接风管	2.30
水冷式	不接风管	3.00
	接风管	2.70

表 8 多联式空调(热泵)机组制冷综合性能系数[*IPLV(C)*]

名义制冷量(*CC*)(W)	能效等级第 3 级
CC≤28000	3.20
28000<*CC*≤84000	3.15
CC>84000	3.10

4.3.7 居住建筑中，房间空调器往往以安装使用方便、能源要求简单的优势作为提高环境舒适度的设备，同时也是住宅用户中较大的用电设备，因此房间空调器的性能对能耗的影响很大。国家已颁布并于 2010 年 6 月 1 日实施国家标准《房间空气调节器能效限定值及能效等级》GB 12021.3，该标准将房间空调器能效分为 3 个等级。本标准将第 3 级作为控制项（见表 9），第 2 级作为一般项要求，第 1 级则作为优选项要求。国家标准《转速可控型房间空气调节器能效限定值及能效等级》GB 21455 能效等级第 3 级的能效值见表 10。

表 9 《房间空气调节器能效限定值及能效等级》GB 12021.3

类型	额定制冷量(*CC*)(W)	能效等级第 3 级
整体式	—	2.90
分体式	*CC*≤4500	3.20
	4500<*CC*≤7100	3.10
	7100<*CC*≤14000	3.00

表 10 《转速可控型房间空气调节器能效限定值及能效等级》GB 21455 中能源效率等级对应的制冷季节能源消耗效率(*SEER*)指标(Wh/Wh)

类型	额定制冷量(*CC*)(W)	能效等级第 3 级
分体式	*CC*≤4500	3.90
	4500<*CC*≤7100	3.60
	7100<*CC*≤14000	3.30

4.3.8 目前一些居住建筑根据实际情况采用户式燃气采暖热水炉作为采暖热源，并通过设计、施工一次完成后由开发商配套提供。为了保证设备的效率，现行国家标准《家用燃气快速热水器和燃气采暖热水炉能效限定值及能效等级》GB 20665 提出了相应的能效规定，该规定共分为 1、2、3 级，其中 3 级为能效限定级。因此本标准将其中的 3 级规定为控制项（见表 11），2 级作为一般项，1 级作为优选项。

表 11 《家用燃气快速热水器和燃气采暖热水炉能效限定值及能效等级》GB 20665

类型		热负荷	最低热效率值(%)能效等级 1	2	3
热水器		额定热负荷	96	88	84
		≤50%额定热负荷	94	84	—
采暖炉(单采暖)		额定热负荷	94	88	84
		≤50%额定热负荷	92	84	—
热采暖炉(两用型)	供暖	额定热负荷	94	88	84
		≤50%额定热负荷	92	84	—
	热水	额定热负荷	96	88	84
		≤50%额定热负荷	94	84	—

4.3.9 现行国家标准《采暖通风与空气调节设计规范》GB 50019第 7.1.2 条规定，在电力充足、供电政策和价格优惠的地区，符合下列情况之一时，可采用电力为供热热源：

1 以供冷为主，供热负荷较小的建筑；

2 无城市、区域热源及气源，采用燃油、燃煤设备受到环保、消防严格限制的建筑；

3 夜间可利用低谷电价进行蓄热的系统。

4.3.10 分体式空调器的能效除与空调器的性能有关外，同时也与室外机合理的布置有很大关系。为了保证空调器室外机功能和能力的发挥，应设置在通风良好的地方，不应设置在通风不良的建筑竖井或封闭的或接近封闭的空间内，如内走廊等地方。同样如果室外机设置在阳光直射，或有墙壁等障碍物使进、排风不畅和短路的地方，也会影响室外机功能和能力的发挥。实际工程中，因清洗不便，室外机换热器被灰尘堵塞，造成能效下降甚至不能运行的情况时有发生，因此，在确定安装位置时，要保证室外机有清洗的条件。

4.3.11 按需供热：设置供热量自动控制装置（气候补偿器），通过锅炉系统热特性识别和工况优化程序，根据当前的室外温度和前几天的运行参数等，预测该时段的最佳工况，实现对系统用户侧的运行指导和调节。

实时检测：对锅炉房消耗的燃料数量进行检测，对供热量、补水量、耗电量进行检测。锅炉房、热力站的动力用电、水泵用电和照明用电应分别计量。

4.3.12 对于采暖与空调系统管道的绝热要求，参照现行国家标准《公共建筑节能设计标准》GB 50189对管道绝热作出的规定，应遵照执行。

Ⅱ 一 般 项

4.3.13 对于严寒与寒冷地区来说，当已经具备了集中供暖热源时，采用集中供热方式具有充分提高热源效率和系统综合效率、降低排放的特点，值得提倡。在南方地区，由于采暖时间相对比较短，生活方式对采暖系统的能耗影响更大一些，因此本条主要针对北方地区。

本条所提到的集中供暖热源，不仅仅指的是城市热网，也包括以区域或楼内锅炉房、热泵机房等集中提供供暖热水的情况。

4.3.14 提倡采用高性能设备，根据现行国家标准《冷水机组能效限定值及能源效率等级》GB 19577，本条对设备的能效等级要求在控制项基数上提高了一级。为了方便应用，表12～表14列出了相应的能效值。

表12 冷水(热泵)机组制冷性能系数

类型		额定制冷量(kW)	性能系数(W/W)
水冷	活塞式/涡旋式	<528	4.10
		528～1163	4.30
		>1163	4.60
	螺杆式	<528	4.40
		528～1163	4.70
		>1163	5.10
	离心式	<528	4.70
		528～1163	5.10
		>1163	5.60
风冷或蒸发冷却	活塞式/涡旋式	≤50	2.60
		>50	2.80
	螺杆式	≤50	2.80
		>50	3.00

表13 单元式空气调节机组能效比

类型		能效比(W/W)
风冷式	不接风管	2.80
	接风管	2.50
水冷式	不接风管	3.20
	接风管	2.90

表14 多联式空调(热泵)机组制冷综合性能系数[*IPLV(C)*]

名义制冷量(CC)(W)	能效等级第2级
CC≤28000	3.40
28000<*CC*≤84000	3.35
CC>84000	3.30

4.3.15 表15和表16给出的国家标准《房间空气调节器能效限定值及能效等级》GB 12021.3和《转速可控型房间空气调节器能效限定值及能效等级》GB 21455规定的能效等级第2级的能效值。

表15 《房间空气调节器能效限定值及能效等级》GB 12021.3

类型	额定制冷量(CC)(W)	能效等级第2级
整体式	—	3.10
分体式	*CC*≤4500	3.40
	4500<*CC*≤7100	3.30
	7100<*CC*≤14000	3.20

表16《转速可控型房间空气调节器能效限定值及能效等级》GB 21455中能源效率等级对应的制冷季节能源消耗效率(*SEER*)指标(Wh/Wh)

类型	额定制冷量(*CC*)(W)	能效等级第2级
分体式	*CC*≤4500	4.50
	4500<*CC*≤7100	4.10
	7100<*CC*≤14000	3.70

4.3.16 对应于4.3.8条的规定，本条在此基础上进行了提高。

4.3.17 水力平衡是供热管网节能的一个重要措施。这里要求的水力平衡措施，首先应该通过详细的水力计算，在无法实现管网系统计算平衡的基础上，再增加合理的平衡装置。

无论是否设置平衡装置，都应进行水力平衡的调试，因此要求提供水力平衡调试报告，作为评估的依据之一。

4.3.18 从目前国内实际使用情况和统计来看，集中空调系统从节能上来说并不太适合在居住建筑中使用。但是考虑到目前存在这种实际情况，为了规范系统的应用，要求在新风系统与排风系统之间设冷、热量回收装置。

1 本条提到的主要功能房间指的是居住建筑的客厅和卧室。

2 如果设置了集中新风系统，通常也设置一定风量的集中排风系统。但考虑到居住建筑排风的特殊性，厨房等排风并不适宜进行热回收，因此对参与热回收的排风风量比例要求并不高。

4.3.19 无论是采暖还是空调，末端设备的温度自动控制系统是保证实时温控的最有效措施，对于建筑的采暖空调系统节能和提高房间环境的舒适度有着十分重要的作用。因此，本条在4.3.4条的基础上，提高了要求，强调了温度的自动控制。

4.3.20 可再生能源具有"节能减排"的综合效益，利用太阳能、地热能等作为采暖或空调的冷热源已有很多成功的实例，值得大力推广。考虑到这类技术的实施有一定的难度，初期投资较高，对于居住建筑平均造价影响较大，因此提出了设计装机容量达到总设计负荷10%的要求。

当采用地下水为直接或间接的冷、热源（如利用水源热泵）时，还应提供工程所在地政府部门的批文和相应的尾水利用或地下水回灌的措施或专题报告。

Ⅲ 优 选 项

4.3.21 本条对设备的能效等级要求是在第4.3.14条基础上的进一步提高。为了方便应用，表17～表19列出了相应的能效值。

表17 冷水（热泵）机组制冷性能系数

类型		额定制冷量（kW）	性能系数（W/W）
水冷	活塞式/涡旋式	<528	4.40
		528～1163	4.70
		>1163	5.10
	螺杆式	<528	4.70
		528～1163	5.10
		>1163	5.60
	离心式	<528	5.00
		528～1163	5.50
		>1163	6.10
风冷或蒸发冷却	活塞式/涡旋式	≤50	2.80
		>50	3.00
	螺杆式	≤50	3.00
		>50	3.20

表18 单元式空气调节机组能效比

类型		能效比（W/W）
风冷式	不接风管	3.00
	接风管	2.70
水冷式	不接风管	3.40
	接风管	3.10

表19 多联式空调(热泵)机组制冷综合性能系数[*IPLV*(*C*)]

名义制冷量(*CC*)(W)	能效等级第1级
CC≤28000	3.60
28000<*CC*≤84000	3.55
CC>84000	3.50

4.3.22 本条在一般项要求的基础上，提高了要求。

4.3.23 本条在一般项要求的基础上，提高了要求。

4.3.24 为了方便应用，表20和表21列出能效等级第1级的能效值。

表20 《房间空气调节器能效限定值及能效等级》GB 12021.3

类型	额定制冷量(*CC*)（W）	能效等级第1级
整体式	—	3.10
分体式	*CC*≤4500	3.40
	4500<*CC*≤7100	3.30
	7100<*CC*≤14000	3.20

表21 《转速可控型房间空气调节器能效限定值及能源效率等级》GB 21455中能源效率等级对应的制冷季节能源消耗效率(*SEER*)指标(Wh/Wh)

类型	额定制冷量(*CC*)(W)	能效等级第1级
分体式	*CC*≤4500	5.20
	4500<*CC*≤7100	4.70
	7100<*CC*≤14000	4.20

4.3.25 对于设置采暖、空调的居住建筑，根据设定时段自动启闭通风机，或根据房间温度自动调节通风系统，控制房间的新风量（或排风量），既保证了房间的卫生与舒适条件，又能起到很好的节能效果。考虑到实施这类技术除了投资因素外，对设备本身的性能和安装施工都会有较高的要求，全面实施有一定的难度，因此提出了其用户数达到总用户数30%以上的要求。

4.3.26 可再生能源设计装机容量所占总设计负荷的比例在4.3.20条规定的基础上，提出了更高的要求。

4.3.27 建筑、小区或者生产区的余热或废热的充分利用，可以提高能源利用效率，是节能建筑鼓励和提倡的措施之一。这里提到的“余热或废热”，是指具有一定品质、但未经利用后直接排至大气或者环境而浪费的热量。

4.4 给 水 排 水

Ⅰ 控 制 项

4.4.1 摘自现行国家标准《住宅建筑规范》GB 50368。为节约能源，当市政给水管网（含市政再生水管网等）的供水压力能满足居住建筑低层住户的用水要求时，应充分利用市政管网水压直接供水，以节省给水二次提升的能耗，同时还可避免用水在水池停留造成的二次污染，避免居民生活饮用水水质污染。

4.4.2 摘自现行国家标准《住宅建筑规范》GB 50368。集中生活热水供应系统应做好保温，以减少管道和设备的热损失，同时采用合理的循环方式，保证干管和立管中的热水循环，减少无效冷水量。集中生活热水系统应在套内热水表前设循环回水管，热水表后或户内热水器不循环的供水支管的长度不得大于

8m，使得配水点的水温在用热水水龙头打开后15s内不低于45℃。

4.4.3 分户计量可实现使用者付费，能最大限度地调动用户的节约意识，达到节水节能的目的。生活给水水表包括冷水表、热水表、中水（再生水）表、直饮水水表等。

Ⅱ 一 般 项

4.4.4 应根据项目的具体情况和当地市政部门的规定，采用节能的加压供水方式，如：管网叠压供水、常速泵组（管网叠压）+高位水箱等。

不设加压设备的建筑不参评。

4.4.5 分区供水时，如果设计分区不合理，各分区中楼层偏低的用水器具就会承受大于其流出水头的静水压力，导致其出流量大于用水器具本身的额定流量，即出现“超压出流”现象，“超压出流”造成无效出流，也造成了水的浪费。给水系统采取有效的减压限流措施，能有效控制超压出流造成的浪费。居住建筑用水点处的压力宜控制在不超过0.20MPa。

目前应用较多的减压装置有减压阀和减压孔板两种。减压阀同时具备减静压和减动压的功能，具有较好的减压效果，可使出流量大为降低。减压孔板相对于减压阀来说，系统简单，投资较少，管理方便，具有一定的减压节水效果，但减压孔板只能减动压不能减静压，且下游的压力随上游压力和流量而变，不够稳定。由于其造价较低，故在水质较好和供水压力较稳定的情况下，可考虑采用减压孔板减压方式。

4.4.6 装修到位的居住建筑，用水器具应采用节水器具，如节水龙头、节水淋浴器、6L及以下坐便器等。

4.4.7 根据公共场所的用水特点，采用红外感应水嘴、感应式冲洗阀、光电感应式淋浴器等节水手段。

4.4.8 目前有些地区如深圳、江苏、海南等均立法对12层及以下的居住建筑采用太阳能热水系统提出了强制要求。

我国有丰富的太阳能资源，全国2/3以上地区的全年太阳能辐照量大于5700MJ/(m²·a)，全年日照时数大于2200h。除了四川、贵州大部分、重庆等资源贫乏带，绝大多数地区都可以利用太阳能。

Ⅲ 优 选 项

4.4.9 目前有些地区如深圳、江苏、海南等均立法对12层及以下的居住建筑采用太阳能热水系统提出了强制要求。

我国有丰富的太阳能资源，全国2/3以上地区的全年太阳能辐照量大于5700MJ/(m²·a)，全年日照时数大于2200h。除了四川、贵州大部分、重庆等资源贫乏带，绝大多数地区都可以利用太阳能。

4.4.10 根据项目的具体条件，通过技术经济比较分析，合理使用热泵热水系统制备生活热水，有条件时还可利用余热、废热（如空调冷凝热）制备生活热水。

4.5 电气与照明

Ⅰ 控 制 项

4.5.1 此处三相配电变压器指10kV无励磁变压器。变压器的空载损耗和负载损耗是变压器的主要损耗，故应加以限制。现行国家标准《三相配电变压器能效限定值及节能评价值》GB 20052规定了配电变压器目标能效限定值及节能评价值。表22和表23给出了变压器的能效限定值。

表22 油浸式配电变压器能效限定值

额定容量 SN (kVA)	损耗(W)		短路阻抗 U_K (%)
	空载 PO	负载 PK(75℃)	
30	100	600	4.0
50	130	870	
63	150	1040	
80	180	1250	
100	200	1500	
125	240	1800	
160	280	2200	4.0
200	340	2600	
250	400	3050	
315	480	3650	
400	570	4300	
500	680	5150	
630	810	6200	4.5
800	980	7500	
1000	1150	10300	
1250	1360	12000	
1600	1640	14500	

注：引自《三相配电变压器能效限定值及节能评价值》GB 20052。

表23 干式配电变压器能效限定值

额定容量 SN (kVA)	损耗(W)				短路阻抗 U_K (%)
	空载 PO	负载 PK			
		B (100℃)	F (120℃)	H (145℃)	
30	190	670	710	760	4
50	270	940	1000	1070	

续表 23

额定容量 SN (kVA)	损耗(W)				短路阻抗 U_K (%)
	空载 PO	负载 PK			
		B (100℃)	F (120℃)	H (145℃)	
80	370	1290	1380	1480	
100	400	1480	1570	1690	
125	470	1740	1850	1980	
160	550	2000	2130	2280	
200	630	2370	2530	2710	4
250	720	2590	2760	2960	
315	880	3270	3470	3730	
400	980	3750	3990	4280	
500	1160	4590	4880	5230	
630	1350	5530	5880	6290	
630	1300	5610	5960	6400	
800	1520	6550	6960	7460	
1000	1770	7650	8130	8760	
1250	2090	9100	9690	10370	6
1600	2450	11050	11730	12580	
2000	3320	13600	14450	15560	
2500	4000	16150	17170	18450	

注：引自《三相配电变压器能效限定值及节能评价值》GB 20052。

4.5.2 根据分户计费提出的要求，以便于节能与管理。

4.5.3 光源的能效标准规定节能评价值是光源的最低初始光效值；镇流器能效标准规定镇流器节能评价值是评价镇流器节能水平的最低镇流器能效因数(*BEF*)值。

4.5.4 现行国家标准《建筑照明设计标准》GB 50034规定了荧光灯灯具的最低效率以利于节能。

4.5.5 中小型三相异步电动机的效率高低，直接影响建筑物的节能运行，故应加以限制。现行国家标准《中小型三相异步电动机能效限定值及能效等级》GB 18613表1中规定了中小型三相异步电动机能效限定值、目标能效限定值及节能评价值。中小型三相异步电动机在额定输出功率和75%额定输出功率效率的能效限定值见表24。

4.5.6 现行国家标准《交流接触器能效限定值及能效等级》GB 21518将交流接触器能效等级分为3个级别，见表25。在此要求选用交流接触器的吸持功率不大于能效限定值的要求。

表 24 电动机能效等级

额定功率(kW)	效率(%) 2级		
	2极	4极	6极
0.55	—	80.7	75.4
0.75	77.5	82.3	77.7
1.1	82.8	83.8	79.9
1.5	84.1	85.0	81.5
2.2	85.6	86.4	83.4
3	86.7	87.4	84.9
4	87.6	88.3	86.1
5.5	88.6	89.2	87.4
7.5	89.5	90.1	89.0
11	90.5	91.0	90.0
15	91.3	91.8	91.0
18.5	91.8	92.2	91.5
22	92.2	92.6	92.0
30	92.9	93.2	92.5
37	93.3	93.6	93.0
45	93.7	93.9	93.5
55	94.0	94.2	93.8
75	94.6	94.7	94.2
90	95.0	95.0	94.5
110	95.0	95.4	95.0
132	95.4	95.4	95.0
160	95.4	95.4	95.0
200	95.4	95.4	95.0
250	95.8	95.8	95.0
315	95.8	95.8	—

注：引自《中小型三相异步电动机能效限定值及能效等级》GB 18613。

表 25 接触器（AC-3）能效等级

额定工作电流 I_e/A	吸持功率/(V·A)		
	1级	2级	3级
$6 \leqslant I_e \leqslant 12$	0.5	5.0	9.0
$12 \leqslant I_e \leqslant 22$	0.5	5.1	9.5
$22 \leqslant I_e \leqslant 32$	0.5	8.3	14.0
$32 \leqslant I_e \leqslant 40$	0.5	11.4	19.0
$40 \leqslant I_e \leqslant 63$	0.5	34.2	57.0
$63 \leqslant I_e \leqslant 100$	1.0	36.6	61.0
$100 \leqslant I_e \leqslant 160$	1.0	51.3	85.5
$160 \leqslant I_e \leqslant 250$	1.0	91.2	152.0
$250 \leqslant I_e \leqslant 400$	1.0	150.0	250.0
$400 \leqslant I_e \leqslant 630$	1.0	150.0	250.0

注：1 引自《交流接触器能效限定值及能效等级》GB 21518；
2 表中1级：吸持功率最低；2级：节能评价值；3级：能效限定值；
3 同一壳架等级取最大的 I_e，例如：40A～65A为同一壳架等级的接触器，应按65A的能效等级进行考核，即应符合本表中 $63 < I_e \leqslant 100$ 一栏中的能效等级指标。

4.5.7 提高功率因数能够降低照明线路电流值，从而降低线路能耗和电压损失。不低于0.9是现行国家标准《建筑照明设计标准》GB 50034等规定的最低要求。

4.5.8 采用声、光、感应等开关，主要是为了避免长明灯，若有其他方法亦可。

Ⅱ 一 般 项

4.5.9 变配电所位于负荷中心，是为了降低线路损耗，从而达到节能的目的。

4.5.10 现行国家标准《建筑照明设计标准》GB 50034规定了居住建筑照明功率密度值（*LPD*）的现行值为7W/m²，应该严格执行。

4.5.11 现行国家标准《交流接触器能效限定值及能效等级》GB 21518将交流接触器能效等级分为3个级别。在此要求选用交流接触器的吸持功率不大于节能评价值的要求。

4.5.12 LED是未来发展的方向，具有启动快、寿命不受多次启动的影响等优点。虽然目前还不太稳定，但在楼梯间、走道应用时节能效果明显。

Ⅲ 优 选 项

4.5.13 现行国家标准《建筑照明设计标准》GB 50034规定了居住建筑照明功率密度值（*LPD*）的目标值为6W/m²，便于考核评价。

4.5.14 设备容量较大时，宜采用10kV或以上供电电源，目的是降低线路损耗。现行行业标准《民用建筑电气设计规范》JGJ 16中也有相关规定。

4.5.15 因白炽灯光效低和寿命短，为节约能源，不应采用普通照明白炽灯。

4.6 室 内 环 境

Ⅰ 控 制 项

4.6.1 目前我国各气候区或城市均对居住建筑制定了相应的节能设计标准，居住建筑设计室内的温度、湿度等设计参数应符合现行标准。目的是在确保室内舒适环境的前提下，选取合理设计计算参数，达到节能的效果。

4.6.2 现行国家标准《建筑照明设计标准》GB 50034规定了照明场所的照明数量和质量，是满足光环境的最低要求，必须保证。

4.6.3 良好的自然通风可以提高居住者的舒适感，有助于健康。在室外气象条件良好的条件下，加强自然通风还有助于缩短空调设备的运行时间，降低空调能耗。

4.6.4 厨房和卫生间往往是居住建筑内的污染源，本条的目的是为了改善厨房、卫生间的空气质量。

4.6.5 无外窗卫生间的空气质量如果不采取有效的通风措施，会影响到整个居住建筑的室内空气质量。居住建筑中设有竖向通风道，利用自然通风的作用排出厨房和卫生间的污染气体。但由于竖向通风道自然通风的作用力，主要依靠室内外空气温差形成的热压，以及排风帽处的风压作用，其排风能力受自然条件制约。为了保证室内卫生要求，需要安装机械排气装置，为此应留有安装排气机械的位置和条件。

4.6.6 现行国家标准《民用建筑工程室内环境污染控制规范》GB 50325列出了危害人体健康的游离甲醛、苯、氨、氡和TVOC五类空气污染物，并对它们的浓度提出了控制要求和措施。对于节能建筑，本条文的规定必须满足。

Ⅱ 一 般 项

4.6.7 建筑围护结构（屋面、地面、墙、外窗）的表面受潮或结露后会滋生霉菌，对居住者的健康造成有害的影响。但是，要杜绝围护结构表面受潮和结露现象有时非常困难，尤其是我国南方的梅雨季节。因此，为了避免在室内温、湿度设计条件下不出现受潮和结露现象，围护结构表面须具有防潮措施。

4.6.8 现场检查由建设单位委托具有相应资质的第三方检测单位进行抽测，根据现行国家标准《建筑节能工程施工质量验收规范》GB 50411相关要求进行。

4.6.9 建筑应注重利用天然采光以节约能源，采光系数标准值符合表26的规定。

表26 居住建筑的采光系数标准值

采光等级	房间名称	侧面采光	
		采光系数最低值 C_{min}（%）	室内天然光临界照度（lx）
Ⅳ	起居室（厅）、卧室、书房、厨房	1	50
Ⅴ	卫生间、过厅、楼梯间、餐厅	0.5	25

注：引自《建筑采光设计标准》GB/T 50033。

4.6.10 将厨房和卫生间设置于建筑单元（或户型）自然通风的负压侧是为了防止厨房或卫生间的气味因主导风反灌进入室内，而影响室内空气质量。

朝向的规定：北向，北偏西30°～北偏东45°。

Ⅲ 优 选 项

4.6.11 卧室、起居室（厅）使用蓄能、调湿或改善室内空气质量的功能材料有利于降低采暖空调能耗，改善室内环境。目前较为成熟的这类功能材料包括空气净化功能纳米复相涂覆材料、产生负离子功能材料、稀土激活保健抗菌材料、湿度调节材料、温度调节材料等。

4.6.12 随着我国汽车的不断普及，建筑大型地下停车库的建设，地下停车库的通风系统平时用能水平不容忽视。

4.7 运营管理

Ⅰ 控制项

4.7.1 大型耗能设备或特种耗能设备，如锅炉、制冷机组、电梯应该分别按照设备特点制定节能运行管理制度。水泵、风机、照明、空调末端设备等，应分系统制定节能管理制度。

4.7.2 物业管理人员应持续进行节能知识培训，特别是主要管理人员、主要设备运行人员，每年不少于2次内部培训和1次外部培训。

4.7.3 居住建筑的住户燃气每户安装燃气计量表。

Ⅱ 一般项

4.7.4 为配合国家节能宣传周的宣传，物业管理单位每年都应该为住户进行至少一次节能知识宣传，增加住户节能知识，强化节能意识。

4.7.5 居住建筑公共场所的用能设备使用时间长，能耗大；实践证明，定期对水加热器、电梯等高耗能设备进行维护保养，不但可以提高设备能效，而且可以保证设备的安全。

4.7.6 部分居住建筑采用集中空调系统，而影响空调系统能效的一个主要因素是风系统对过滤器的堵塞和水系统冷凝器的结垢。通过对多个空调系统的进行实测发现，空调风系统清洗后，空调设备效率可以提高10%～35%；水系统清洗后，冷水机组效率提高15%～40%。集中空调系统的清洗包括：对冷冻水、冷却水管道定期进行清洗；冷却水系统每个使用季前后至少进行一次清洗。

4.7.7 对照明装置及时进行擦洗，可以有效保证照明装置的使用效率。

4.7.8 通过住户的合作，能提高建筑的运行效率。通常情况下，住户并不清楚建筑环境与舒适、健康及节能的关系。开发商和物业公司为住户提供节能手册，说明建筑物或小区的居住建筑内用能设施的基本情况，提供节能运行的一些基本做法，指导住户如何选择与安装节能设备如冰箱、制冷机、洗衣机以及节能灯；指导住户如何对设备和设施进行节能操作，如空调机组、换气扇、厨房用排风扇与抽油烟机等；指导住户最大限度地利用天然采光与自然通风。

4.7.9 为保证真正落实供热分户计量要求，避免单纯按照建筑面积或供暖面积收费，鼓励行为节能，对采用集中供暖的建筑或小区，其供暖收费应建立在分户计量的基础上。合理的分户计量方式包括分户热量表、热分配表，以及分栋热量表加面积分配等。

4.7.10 电梯内部提倡采用轻质材料装修，不使用大理石、地板砖等自重很大的材料装修，可以增加有效载客数，减少电梯能耗。

Ⅲ 优选项

4.7.11 建筑能耗统计和分析是掌握建筑能耗开展建筑节能的基础工作，现行行业标准《民用建筑能耗数据采集标准》JGJ/T 153 对这项工作作了详细的规定。对住户进行能耗公示，也可以让住户监督物业管理单位的节能工作。能耗公示的内容应该包括：电梯能耗、地下室车库通风能耗、会所能耗、公共场所的照明能耗、小区内路灯照明能耗、采暖能耗、空调能耗等，以及与以往年度的能耗比较。

4.7.12 分时电价制度是削峰填谷的有效手段，可以有效降低电网负荷，降低住户的生活用能支出。

5 公共建筑

5.1 建筑规划

Ⅰ 控制项

5.1.1 公共建筑是城市的重要组成部分，必须根据城市总体规划及片区控制性详细规划的要求，从城市及所在区域角度出发，综合考虑建筑的规划设计。

公共建筑规划设计是在一定的规划用地范围内进行，首先应满足规划对该用地的各项控制性要求，如建筑功能、容积率、覆盖率、绿化率、建筑高度、建筑红线和道路市政接口要求。

建筑作为城市的有机组成部分，规划设计应充分考虑所在区域的整体规划要求，在满足自身规划控制性要求的同时，不应妨碍周边地块规划控制要求的实现，如日照、通风、地面公共空间（廊道）和视线景观。

5.1.2 公共建筑周边如有居住建筑，在设计时应该进行日照计算，如既有建筑本身并不能满足日照时数要求，新建公共建筑不应造成日照时数的降低。

5.1.3 公共建筑能耗巨大，调查数据表明，大型公共建筑的耗电量是居民住宅的10～15倍。以北京地区为例，虽然大型公共建筑的面积只占民用建筑总面积的5.4%，全国的相应比例不到5%。但是，这5.4%的大型公共建筑耗电量却等于北京住宅的总耗电量，公共建筑的节能问题应该引起高度重视。

公共建筑的能耗高、影响因素多、环节复杂，因此公共建筑的节能不能只从设计阶段开始，应该在项目立项阶段即开始考虑，所以要求建议书或设计文件中应有节能部分的专项内容，对采用的节能技术、节能措施和节能效果进行技术经济分析。

Ⅱ 一般项

5.1.4 屋顶绿化有利于改善顶层房间的热环境，并有利于降低场地热岛效应，改善城市面貌。对于屋面无可绿化面积的项目，本项目不参评。

可绿化屋面是指除设备管路、楼梯间及太阳能集热板等部位之外的屋面。

5.1.5 降低公共建筑与居住建筑的热岛强度控制方法具有较大的差别，在城市中心区的公共建筑较多，绿地面积有限，采用遮阳设施降低场地人行区间的太阳辐射，可以有效改善热环境；利用景观特征遮挡建筑表面以降低建筑表面温度，减少建筑能耗，如屋顶花园和网格状透水地面替代硬表面（屋面、道路、人行道等），或采用高反射率材料减少吸热。

5.1.6 目前，太阳能系统在建筑中的应用已有多项标准，主要包括国家标准《民用建筑太阳能热水系统应用技术规范》GB 50364、行业标准《民用建筑太阳能光伏系统应用技术规范》JGJ 203 和《太阳光伏电源系统安装工程施工及验收技术规范》CECS 85 等。

建筑应用太阳能系统时，建筑设计单位和太阳能系统产品设计、研发、生产单位应相互配合，共同完成。太阳能系统产品生产、供应商需向建筑设计单位提供太阳能集热器、电池组件的规格、尺寸、荷载；提供预埋件的规格、尺寸、安装位置及安装要求。

建筑太阳能系统统一设计和安装是太阳能系统大规模应用的必经之路。太阳能系统的应用，必须有建筑师的参与，统一规划、同步设计、同步施工、同步验收，与建筑物同时投入使用。

太阳能系统设计与建筑结合应包括以下四个方面：

1 在外观上，实现太阳能系统与建筑有机结合，应合理设置太阳能集热器、电池板。无论在屋面、阳台、外墙面、墙体内（嵌入式）以及建筑物的其他部位，都应使太阳能集热器、电池板成为建筑的一部分，实现两者的和谐统一。

2 在结构上，妥善解决太阳能系统的安装问题，应确保建筑物的承载、防水等功能不受影响，还应充分考虑太阳能集热器、电池板与建筑物共同抵御强（台）风、暴雨、冰雹、雷电及地震等自然灾害的能力。

3 在管线布置上，应合理布置太阳能循环管路以及冷、热水供应管路，电线管，建筑设计时应预留所有管线的接口、通道或竖井，严防渗漏，尽可能减少热水管路的长度，减少热能耗。

4 在系统运行上，应确保系统安全、可靠、稳定，易于安装、检修、维护及管理。

5.1.7 设置群控功能，优化运行模式，提高电梯运行效率，减少等候时间，一般要求两台以上设置。电梯长时间无动作时，宜切断轿箱照明、风扇等电源，尽量降低损耗。

5.1.8 当无人使用扶梯时，应鼓励采用延时停运或低速运行的方式，可以有效降低能耗。

Ⅲ 优 选 项

5.1.9 精细化设计是实现建筑节能的最经济的手段，在建筑施工图设计前，应该进行建筑节能专项研究，如使用实验手段、计算机模拟等手段辅助设计，确保建筑设计实现节能优化。

5.1.10 天然采光一方面可以提高建筑室内的环境质量，另一方面也可以降低建筑的照明能耗。在公共建筑规划、建筑单体设计阶段进行天然采光专项优化设计和分析，有利于合理采用天然采光措施。

在建筑施工图设计前，应该进行建筑主要房间的采光专项研究，如使用计算机模拟等辅助设计帮助建筑设计实现采光优化设计。

5.1.11 利用各种导光和反光装置将天然光引入室内是一种比较成熟的技术，在公共中应用的场所要比住宅更多，不但地下室可以采用，地面以上没有外窗的房间也可以使用，在一切照明能耗较大的商业场所，节能潜力更大。同时，自然光的引入还可以改善室内环境。

5.2 围 护 结 构

Ⅰ 控 制 项

5.2.1 严寒、寒冷地区公共建筑的体形系数、建筑外窗（包括透明幕墙）的窗墙面积比、建筑围护结构的热工参数等指标是现行国家标准《公共建筑节能设计标准》GB 50189 中强制性条文，也是公共建筑节能必须满足的基本要求。因此，建筑体形系数、窗墙面积比、建筑围护结构的热工参数、外窗的气密性等指标应该满足现行国家标准《公共建筑节能设计标准》GB 50189 的要求。

5.2.2 夏热冬冷、夏热冬暖地区公共建筑围护结构的热工指标、建筑的窗墙面积比、遮阳系数 SC 等参数是现行国家标准《公共建筑节能设计标准》GB 50189 中强制性条文，也是节能建筑控制围护结构最基本的指标要求。因此，作为节能的公共建筑外窗（包括透明幕墙）墙面积比、围护结构的热工参数等指标应该满足现行国家标准《公共建筑节能设计标准》GB 50189 中的要求。

5.2.3 利用天然采光，白天减少照明是建筑节能的有效方法，当窗墙面积比小于 0.4 时，会影响公共建筑的采光性能；透明材料的可见光透射比同样是衡量采光性能的一个重要指标，而且这两个指标也是现行国家标准《公共建筑节能设计标准》GB 50189 中强制性条文内容。所以条文从开窗面积和材料的可见光透射比提出对窗户（或透明幕墙）的采光的要求。

5.2.4 本条为现行国家标准《公共建筑节能设计标准》GB 50189 中强制性条文。屋顶透明部分面积所占的比例虽然远低于实体屋面，但对建筑顶层而言，透明部分将直接受到太阳的辐射，透明部分隔热性能的好坏对顶层房间的室内环境影响很大，尤其夏季屋顶水平面太阳辐射强度最大，屋顶的透明面积越大，建筑的能耗也越大，因此对屋顶透明部分的面积和热工性能应予以严格的限制。

5.2.5 本条文依据现行国家标准《建筑节能工程施工质量验收规范》GB 50411 中强制性条文 4.2.2、5.2.2、7.2.2 和 8.2.2 条文提出的。对表 5.2.5-1 中围护结构保温材料和产品的技术性能提出了控制要求，这是保证建筑围护结构到达节能设计要求的最基本条件。

要求对表 5.2.5-2 中的建筑材料和产品进行复检，是为了保证建筑在施工过程中所使用的保温节能材料和产品的质量，以保证节能建筑的可靠性。

Ⅱ 一 般 项

5.2.6 严寒、寒冷地区围护结构的热工性能对建筑能耗影响很大，为了进一步减少透过围护结构的传热量，在这一气候区，屋面、外墙、外窗的平均传热系数在现行国家标准《公共建筑节能设计标准》GB 50189 规定的基础上降低 10%。

屋面、外墙、外窗的平均传热系数计算方法参照现行国家标准《公共建筑节能设计标准》GB 50189 中的有关规定。

对于商场这类内热源较大的公共建筑，提高围护结构的保温性能后，对节能的贡献并不明显，对这类建筑在进行节能建筑评估时，本条可以不参评。

5.2.7 夏季透过窗户进入室内的太阳辐射热是造成空调负荷的主要原因。设置遮阳是减少太阳辐射热进入室内的一个有效措施。例如在南窗的上部设置水平外遮阳，夏季可减少太阳辐射热进入室内，冬季由于太阳高度角比较小，对进入室内的太阳辐射影响不大。

夏季外遮阳在遮挡阳光直接进入室内的同时，可能也会阻碍窗口的通风，因此设计时要加以注意。

5.2.8 本条文引自现行国家标准《公共建筑节能设计标准》GB 50189中第 4.2.3 条。

由于围护结构中窗、过梁、圈梁、钢筋混凝土抗震柱、钢筋混凝土剪力墙、梁、柱等部位的传热系数远大于主体部位的传热系数，形成热流密集通道，即为热桥。对这些热工性能薄弱的环节，必须采取相应的保温隔热措施，才能保证围护结构正常的热工状况和建筑正常的室内气候。

本条规定的目的在于防止冬季采暖期间热桥内外表面温差小，内表面温度容易低于室内空气露点温度，造成围护结构热桥部位内表面产生结露，使围护结构内表面材料受潮、长霉，影响室内环境。因此，应采取保温措施，减少围护结构热桥部位的传热损失，同时也避免了夏季空调期间这些部位传热过大增加空调能耗。

5.2.9 为了保证建筑的节能，要求外窗具有良好的气密性能，以抵御夏季和冬季室外空气过多地向室内渗漏，因此对外窗的气密性能要有较高的要求。

5.2.10 由于透明幕墙的气密性能对建筑能耗也有较大的影响，为了达到节能目标，本条文对透明幕墙的气密性也作了较为严格的规定。

5.2.11 公共建筑的性质决定了它的外门开启频繁。在严寒和寒冷地区的冬季，外门的频繁开启造成室外冷空气大量进入室内，导致采暖能耗增加。设置门斗、旋转门等可以避免冷风直接进入室内，在节能的同时，也提高门厅的热舒适性。除了严寒和寒冷地区之外，其他气候区也存在着相类似的现象，因此也应该采取如空气幕等各种可行的保温隔热措施。

5.2.12 建筑屋面、外墙外表面材料太阳辐射吸收系数越小，越有利于降低屋面、外墙外表面综合温度，从而提高了其隔热性能。理论计算及实测结果都表明这是一条可行而有效的隔热途径，也是提高轻质外围护结构隔热性能的一条最有效途径。

5.2.13 在我国夏热冬冷和夏热冬暖地区过去就有“淋水蒸发屋面”和“蓄土种植屋面”的应用实例，通常称为种植屋面，已大量在这些地区广泛应用。

目前在建筑中此类屋顶的应用更加广泛，利用屋面多孔材料进行淋水，或在多孔材料层蓄存一定量的雨水所形成的被动蒸发降温，屋顶植草栽花，甚至种灌木、堆假山、设喷水形成了“草场屋顶”或屋顶花园，都是一种生态型的节能屋面。蒸发屋面和植绿化屋面不仅具有优良的保温隔热性能，而且还能改善环境、节约能源。

Ⅲ 优 选 项

5.2.14 围护结构的热工性能是影响严寒地区建筑能耗最重要的因数之一，减少透过围护结构的传热量，是严寒地区重要的节能措施，因此，为了使建筑节能水平进一步提高，对严寒地区屋面、外墙、外窗的热工性能提出了比较高的要求。

当然对于商场这类内热源较大的公共建筑，提高围护结构的保温性能后，对节能的贡献率并不明显，对这类建筑在进行节能建筑评估时，本条可以不参评。

5.2.15 由于透明幕墙的保温隔热性能比外墙差很多，透明幕墙面积比越大，热损耗越大，采暖和空调能耗也越大。因此，从降低建筑能耗的角度出发，必须限制幕墙面积。

5.2.16 设置活动外遮阳是减少太阳辐射热进入室内的一个有效措施，活动式外遮阳容易兼顾建筑冬夏两季对阳光的不同需求，如设置了展开或关闭后可以全部遮蔽窗户的活动式外遮阳，可以方便快捷地控制透过窗户的太阳辐射热量，从而降低能耗和提高室内环境的舒适性。但外遮阳系统的维护与管理也将影响节能效果，所以要考虑到活动的外遮阳系统便于控制与维护。

5.2.17 在严寒、寒冷地区透明幕墙的保温性能比外墙差很多，因此通过限定透明幕墙的传热系数来达到提高保温性能的目的。

5.2.18 本条是对外窗气密性等级的进一步提高。

5.2.19 蒸发屋面和植被绿化屋面不仅具有优良的保温隔热性能，而且还能改善环境、节约能源；为了推广应用力度，在优选项中把采用蒸发屋面和植被绿化屋面占建筑屋面的70%以上作为控制指标。

5.3 采暖通风与空气调节

Ⅰ 控 制 项

5.3.1 目前国内一些工程设计普遍存在用初步设计的冷、热负荷指标作为施工图设计的冷、热负荷计算依据的情况。从实际情况的统计来看，冷、热负荷均偏大，导致装机容量大、管道尺寸大、水泵和风机配置大、末端设备大的“四大”现象。这使得初投资增加，能源负荷上升，运行能耗加大，不利于节省运行能耗。因此特作此规定。

5.3.2 集中采暖系统热水循环水泵的耗电输热比（*EHR*）值应满足现行行业标准《严寒与寒冷地区居住建筑节能设计标准》JGJ 26 的规定；集中空调冷热水系统的输送能效比 *ER* 值应满足现行国家标准《公共建筑节能设计标准》GB 50189 的规定。

5.3.3 集中空调采暖系统中，冷热源的能耗是空调采暖系统能耗的主体。因此，冷热源的能源效率对节省能源至关重要。性能系数、能效比是反映冷热源能源效率的主要指标之一，为此，将冷热源的性能系数、能效比作为必须达标的项目。

国家质量监督检验检疫总局和国家标准化管理委员会已发布实施的空调机组能效限定值及能源效率等级的标准有：国家标准《冷水机组能效限定值及能源效率等级》GB 19577，国家标准《单元式空气调节机能效限定值及能源效率等级》GB 19576，国家标准《多联式空调（热泵）机组能效限定值及能源效率等级》GB 21454。产品的强制性国家能效标准，将产品根据机组的能源效率划分为 5 个等级，目的是配合我国能效标识制度的实施。

能效等级的含义：1 等级是企业努力的目标；2 等级代表节能型产品的门槛（按最小寿命周期成本确定）；3、4 等级代表我国的平均水平；5 等级产品是未来淘汰的产品。目的是能够为消费者提供明确的信息，帮助其购买的选择，促进高效产品的市场。

为了方便应用，表 27、表 28 和表 29 分别摘自现行国家标准《公共建筑节能设计标准》GB 50189 和《多联式空调（热泵）机组能效限定值及能源效率等级》GB 21454 中规定的能效等级第 3 级。

表 27 冷水（热泵）机组制冷性能系数

类 型		额定制冷量(kW)	性能系数(W/W)
水 冷	活塞式/涡旋式	＜528 528～1163 ＞1163	3.80 4.00 4.20
	螺杆式	＜528 528～1163 ＞1163	4.10 4.30 4.60
	离心式	＜528 528～1163 ＞1163	4.40 4.70 5.10
风冷或蒸发冷却	活塞式/涡旋式	≤50 ＞50	2.40 2.60
	螺杆式	≤50 ＞50	2.60 2.80

表 28 单元式机组能效比

类 型		能效比(W/W)
风冷式	不接风管	2.60
	接风管	2.30
水冷式	不接风管	3.00
	接风管	2.70

表 29 多联式空调(热泵)机组制冷综合性能系数[*IPLV*(*C*)]

名义制冷量(*CC*)(W)	能效等级第 3 级
CC≤28000	3.20
28000＜*CC*≤84000	3.15
CC＞84000	3.10

5.3.4 根据现行国家标准《采暖通风与空气调节设计规范》GB 50019第 7.1.2 条的规定，在电力充足、供电政策和价格优惠的地区，符合下列情况之一时，可采用电力为供热热源：

1 以供冷为主，供热负荷较小的建筑；

2 无城市、区域热源及气源，采用燃油、燃煤设备受到环保、消防严格限制的建筑；

3 夜间可利用低谷电价进行蓄热的系统。

5.3.5 按需供热：设置供热量自动控制装置（气候补偿器），通过锅炉系统热特性识别和工况优化程序，根据当前的室外温度和前几天的运行参数等，预测该时段的最佳工况，实现对系统用户侧的运行指导和调节。

实时检测：对锅炉房消耗的燃料数量进行检测，对供热量、补水量、耗电量进行检测。锅炉房、热力站的动力用电、水泵用电和照明用电应分别计量。

5.3.6 对于采暖管道的保温要求，应与空调热水管道相同。现行国家标准《公共建筑节能设计标准》GB 50189 对管道绝热的规定如下：

1 空气调节冷热水管的绝热厚度，应按现行国家标准《设备及管道保冷设计导则》GB/T 15586 的经济厚度和防表面结露厚度的方法计算，建筑物内空气调节冷热水管亦可按本标准附录C的规定选用（见表30）。

表30 建筑物内空调水管的经济绝热厚度

<table>
<tr><td rowspan="2">绝热材料
管道类型</td><td colspan="2">离心玻璃棉</td><td colspan="2">柔性泡沫橡塑</td></tr>
<tr><td>公称管径（mm）</td><td>厚度（mm）</td><td>公称管径（mm）</td><td>厚度（mm）</td></tr>
<tr><td rowspan="3">单冷管道(管内介质温度7℃)</td><td>≤DN32</td><td>25</td><td rowspan="3" colspan="2">按防结露要求计算</td></tr>
<tr><td>DN40～DN100</td><td>30</td></tr>
<tr><td>≥DN125</td><td>35</td></tr>
<tr><td rowspan="4">热或冷热合用管道（管内最高热介质温度60℃）</td><td>≤DN40</td><td>35</td><td>≤DN50</td><td>25</td></tr>
<tr><td>DN50～DN100</td><td>40</td><td>DN70～DN150</td><td>28</td></tr>
<tr><td>DN125～DN250</td><td>45</td><td rowspan="2">≥DN200</td><td rowspan="2">32</td></tr>
<tr><td>≥DN300</td><td>50</td></tr>
<tr><td rowspan="3">热管道(管内最高热介质温度95℃)</td><td>≤DN50</td><td>50</td><td rowspan="3" colspan="2">不适宜使用</td></tr>
<tr><td>DN170～DN150</td><td>60</td></tr>
<tr><td>≥DN200</td><td>70</td></tr>
</table>

注：1 绝热材料的导热系数 λ：

离心玻璃棉：$\lambda=0.033+0.00023t_m$[W/(m·K)]

柔性泡沫橡塑：$\lambda=0.03375+0.0001375t_m$[W/(m·K)]

式中 t_m——绝热层的平均温度(℃)。

2 单冷管道和柔性泡沫橡塑保冷的管道均应进行防结露要求验算。

2 空气调节风管绝热材料的最小热阻应符合表31的规定。

表31 空气调节风管绝热材料的最小热阻

风管类型	最小热阻(m^2·K/W)
一般空调风管	0.74
低温空调风管	1.08

3 空气调节保冷管道的绝热层外，应设置隔汽层和保护层。

5.3.7 在某些公共建筑中，房间空调器往往作为提高环境舒适度的设备，是建筑中较大的用电设备。国家已于2010年实施了国家标准《房间空气调节器能效限定值及能源效率等级》GB 12021.3 能效等级标准，该标准将房间空调器能效分为3个等级。本标准将第3级作为控制项（见表32和表33），第2级作为一般项要求，第1级则作为优选项要求。

表32 《房间空气调节器能效限定值及能源效率等级》GB 12021.3

类　型	额定制冷量(CC)(W)	能效等级第3级
整体式	—	2.90
分体式	CC≤4500	3.20
	4500<CC≤7100	3.10
	7100<CC≤14000	3.00

表33 《转速可控型房间空气调节器能效限定值及能源效率等级》GB 21455 中能源效率等级对应的制冷季节能源消耗效率(*SEER*)指标(Wh/Wh)

类　型	额定制冷量(CC)(W)	能效等级第3级
分体式	CC≤4500	3.90
	4500<CC≤7100	3.60
	7100<CC≤14000	3.30

Ⅱ 一 般 项

5.3.8 实际调查发现，目前的一些工程设计中，对于水泵的扬程选择采用经验估算的方式而不是根据实际工程的系统设置情况，结果使得水泵扬程选择偏大，配电机容量随之加大，形成"大马拉小车"的现象，严重时还存在水泵电机过载的风险。因此要求应进行详细的水力计算，并根据计算的结果作为水泵扬程选择的依据。

5.3.9 无论是采暖还是空调，末端设备的温度调节、自动控制系统是保证实时温控的最有效措施，对于建筑的采暖空调系统节能有十分重要的作用，同时也保证了房间环境的舒适度，作为节能建筑，应该大力提倡。本条在第4.3.4条的基础上，提高了要求，更加强调了温度自动控制。

5.3.10 现行国家标准《公共建筑节能设计标准》GB 50189 规定如下：

建筑物内设有集中排风系统且符合下列条件之一时，宜设置排风热回收装置。排风热回收装置（全热和显热）的额定热回收效率不应低于60%。

1 送风量大于或等于 $3000m^3/h$ 的直流式空气调节系统，且新风与排风的温度差大于或等于8℃；

2 设计新风量大于或等于 $4000m^3/h$ 的空气调节系统，且新风与排风的温度差大于或等于8℃；

3 设有独立新风和排风的系统。

5.3.11 集中空调系统的冷量和热量计量同我国北方地区的采暖热计量一样，是一项重要的建筑节能措施。设置能量计量装置不仅有利于管理与收费，用户也能及时了解和分析用能情况，加强管理，提高节能意识和节能的积极性，自觉采取节能措施。公共建筑中，冷、热量的计量也可作为收取空调使用费的依据之一，空调按用户实际用量收费将是今后的一个发展趋势。它不仅能够降低空调运行能耗，也能够有效地提高公共建筑的能源管理水平。

在采用计量的情况下，必须允许使用人员根据自身的需求进行温度控制，才能保证行为节能的公平性。

5.3.12 提倡采用高性能设备，对设备的能效等级要求是在第5.3.3条的基础上提高了一级。

5.3.13 提倡采用高性能设备，对房间空调器或转速可控型房间空调器的能效等级在第5.3.7条的基础上提高了一级。

5.3.14 风机变频的变风量空调系统是全空气系统中具有较好节能效果的系统之一，通过规定其在全空气空调系统中所占的比例，予以推广。

5.3.15 变水量系统适合于末端温控的采暖、空调水系统。这里提到的"变水量系统"，是指用户用水量能够根据控制参数实时进行变化的空调水系统。

5.3.16 当房间内人员密度变化较大时，如果系统运行过程中一直按照设计状态下的较大的人员密度供应新风，将浪费较多的新风处理用冷/热量。对于最小新风比较大的全空气空调系统，在冬、夏季工况且人员密度较小时，可以有效地减少新风量；对于新风空调系统，根据每个使用房间的二氧化碳浓度控制该房间新风量及总新风量都可以达到显著的节能效果。因此，根据二氧化碳浓度实时控制新风量，有助于新风系统的节能。

5.3.17 按照不同朝向得热量不同而对采暖、空调系统进行分区，有利于系统的稳定运行和节能；例如在进深较大的房间中，空调内、外区体现出不同的负荷性质，宜根据不同的要求划分空调系统。

5.3.18 对空气进行"冷却＋再热"的处理方式，必然存在明显的冷热抵消和能源浪费的情况，在设计中应该予以避免，对于大部分民用建筑的空调系统均遵循这一原则，但对于有一定工艺要求的建筑（例如博物馆的库房等），有时候为了确保空气参数的要求，所以这部分不在本条的适用范围。

5.3.19 根据现行国家标准《采暖通风与空气调节设计规范》GB 50019中第6.5.6条条文说明，对于高大空间采用分层空调方式，一般可节能30%左右。高大空间通常是指：高度大于10m，容积大于10000m^{3}的空间。

现行国家标准《公共建筑节能设计标准》GB 50019第5.2.6条规定：公共建筑内的高大空间，宜采用辐射供暖方式。

5.3.20 采用可调新风比系统，其目的是为了充分利用过渡季的室外低温新风进行供冷，新风量的控制与工况的转换，宜采用新风和回风的焓值控制方法。由于机房尺寸等因素的限制，有时候要做到100%全新风比较困难，因此提出了60%的比例要求。

5.3.21 冷却塔风机的台数控制或者调速控制（变频调速或者通过电机改变极数的方式改变风机转速），是节省冷却塔运行能耗的措施之一。在实际工程中，通常有两种情况：

1 每台冷却塔配备多个风机时，可通过控制风机的运行台数（或者同时调速）起到节能的作用。

2 每台冷却塔只配备一个较大的风机时，通过对风机的转速控制也能起到较好的节能效果。

5.3.22 合理的水泵变频调速设置方式，是降低输送能耗的一个有效措施。对于整个建筑而言，水泵变频调试装置设置的多少决定了水泵输送能耗节约的程度。

Ⅲ 优 选 项

5.3.23 对于以散发热量或有害气体为主的通风房间或区域，以房间温度或有害气体浓度（例如二氧化碳）作为控制目标，或者应用设定时段自动启停通风系统进行通风控制，既保证了房间的卫生条件，又能够起到很好的节能效果，值得提倡。

5.3.24 地下水源和土壤源热泵系统，具有"节能减排"的综合效益，是暖通空调系统节省能耗的一个重要冷热源方式，值得大力推广。考虑到各地和建筑物由于条件的差异，采用这种方式时，有可能需要设置辅助冷源或热源设备，因此提出了50%的要求。

5.3.25 太阳能或其他可再生能源（如生物质能，但不包括地热能）的利用，是对常规能源的一种有效补充的手段。考虑到在目前的条件下，某些建筑还存在一些技术、经济等应用方面的问题没有彻底解决，因此，对其使用的总量要求并不是太高（10%）。但不可否认，这是一种值得大力提倡和鼓励的方式。

5.3.26 可调新风比空调系统在全空气系统中所占的比例在第5.3.20条规定的基础上，进行了更大的提高。

5.3.27 蓄能空调或采暖系统，具有对电力系统"削峰填谷"的作用，可以降低全社会的能源消耗和能源建设的投资，满足能源结构调整和环境保护的要求，在条件允许的情况下应鼓励采用。

5.3.28 低温送风空调系统加大了送风温差，大幅度减少输送风量，能明显降低空调设备与风道的投资，而且对于减少输送能耗具有良好的作用。但低温送风空调系统的低温冷源，也应是在合理利用现有能源的条件下获得的冷源，例如利用低谷电蓄冷的低温冷源，或者是利用太阳能等可再生能源获得的低温冷源。

但是，在非低谷用电时段采用制冷机生产低温冷水直接供低温送风空调系统的做法，降低了冷水机组的蒸发温度，但对于系统的总体能耗并不合理。

5.3.29 蒸发冷却方式包括：全年供冷采用蒸发冷却设备提供空调用冷源（例如在我国西北的大部分夏季室外湿球温度比较低的地区），消除（或减少）了冷水机组的运行时间，有利于降低能耗。

夏季采用其他冷源、但冬季（甚至过渡季）采用冷却塔提供空调冷源的方式，也能够有效地减少冷水机组运行时间从而实现节能。

5.3.30 建筑、小区或者生产区的余热或废热的充分利用，可以提高能源利用效率，是节能建筑鼓励和提倡的措施之一。

这里提到的"余热或废热"，是指具有一定品质、但未经利用后直接排至大气或者环境而浪费的热量。

5.3.31 在经济技术分析合理的前提下，采用热电冷三联供技术，有利于能源的综合利用。

5.3.32 在第5.3.9条中，没有对空调自动控制系统的形式提出要求。由于以计算机为平台（DDC技术）的建筑设备管理系统（BMS系统）具有非常好的运行管理功能和可实现多种控制工况的特点，是目前公共建筑空调控制系统的首选形式，值得大力提倡和采用。因此作为优选项，本条在第5.3.9条的基础上提高了要求。

5.3.33 变频调速水泵在建筑内循环水泵总装机容量中所占的比例在第5.3.22条的基础上，提出了更高的要求（40%以上）。

5.3.34 提倡采用高性能设备，本条对设备的能效等级要求在第5.3.12条的基础上提出了更高的要求。

5.3.35 对房间空调器或转速可控型房间空调器的能效等级在第5.3.13的基础上提高了一级，将国家标准《房间空气调节器能效限定值及能源效率等级》GB 12021.3中第1级作为本条的控制项。

5.3.36 温湿度独立调节空调系统，能够在改善室内环境，提高室内热舒适，减少空调能耗方面起到较好的作用，值得推广应用。

5.4 给水排水

Ⅰ 控制项

5.4.1 为节约能源，当市政给水管网（含市政再生水管网等）的供水压力能满足建筑低层部分的用水要求时，应充分利用市政管网水压直接供水，以节省给水二次提升的能耗，同时还可避免用水在水池停留造成的二次污染。

5.4.2 集中生活热水供应系统应做好保温，减少管道和设备的热损失，同时采用合理的循环方式，保证干管和立管中的热水循环，使得配水点的水温在热水水龙头打开后15s内不低于45℃，减少无效冷水量。

Ⅱ 一般项

5.4.3 应根据项目的具体情况和当地市政部门的规定，采用节能的加压供水方式，如：管网叠压供水、常速泵组（管网叠压）+高位水箱供水等。

5.4.4 冷却塔采用节能的运行方式，如：小流量大温差系统、双速风机、变频风机或采取节能的控制措施等。

5.4.5 分区供水时，如果设计分区不合理，各分区中楼层偏低的用水器具就会承受大于其流出水头的静水压力，导致其出流量大于用水器具本身的额定流量，即出现"超压出流"现象，"超压出流"造成无效出流，也造成了水的浪费。给水系统采取有效的减压限流措施，能有效控制超压出流造成的浪费。

目前应用较多的减压装置有减压阀和减压孔板两种。减压阀同时具备减静压和减动压的功能，具有较好的减压效果，可使出流量大为降低。减压孔板相对于减压阀来说，系统简单，投资较少，管理方便，具有一定的减压节水效果，但减压孔板只能减动压不能减静压，且下游的压力随上游压力和流量而变，不够稳定。由于其造价较低，故在水质较好和供水压力较稳定的情况下，可考虑采用减压孔板减压方式。

5.4.6 根据公共场所的用水特点，采用红外感应水嘴、感应式冲洗阀、光电感应或脚踩踏板式淋浴器等节水手段。

5.4.7 分用户、分用途计量可实现使用者付费，能最大限度地调动用户的节约意识，达到节水节能的目的。如冷却塔补水、空调系统补水、绿化、景观、洗衣房、餐饮、泳池淋浴等不同用途和用户的用水应能分别计量，方便实现独立核算，达到节约的目的。

5.4.8 目前我国建筑双管热水系统冷热水的混合方式大多采用混合龙头和双阀门调节方式，每次开启配水装置时，为获得适宜温度的水，需反复调节，而造成一定的水量浪费。

因此热水用量大的公共浴室宜采用单管热水系统，采用性能稳定的水温控制设备，减少由于调温时间过长造成的水量浪费。对于高档公共浴室类建筑和宾馆为满足个体水温调节的需求，可采用带恒温装置的冷热水混合龙头来减少因调温时间过长造成的水量浪费。

Ⅲ 优选项

5.4.9 根据项目的具体条件，通过技术经济比较分析，合理使用太阳能热水系统、热泵热水系统或利用空调冷凝热制备生活热水等。有条件时，公共浴室、学校、泳池等优先采用太阳能热水系统。

5.4.10 公共浴室，包括大学生公寓、学生宿舍的公共浴室，淋浴器使用计流量的刷卡用水管理具有很好的节水效果。

5.5 电气与照明

Ⅰ 控 制 项

5.5.1 此处三相配电变压器指 10kV 无励磁变压器。变压器的空载损耗和负载损耗是变压器的主要损耗，故应加以限制。现行国家标准《三相配电变压器能效限定值及节能评价值》GB 20052中规定了配电变压器目标能效限定值及节能评价值。

5.5.2 按租户或单位设置电能表，有利于节能、管理。

5.5.3 旅馆建筑的每间（套）客房，设置节能控制型总开关，是为了避免客人离开房间时，忘记关灯，利于节能。

5.5.4 现行国家标准《建筑照明设计标准》GB 50034 规定了公共建筑各房间或场所照明功率密度值（*LPD*）的现行值，应该严格执行。表 34～表 38 的数据引自国家标准《建筑照明设计标准》GB 50034。

表 34 办公建筑照明功率密度值

房间或场所	照明功率密度（W/m²）	对应照度值（lx）
	现行值	
普通办公室	11	300
高档办公室、设计室	18	500
会议室	11	300
营业厅	13	300
文件整理、复印、发行室	11	300
档案室	8	200

表 35 商业建筑照明功率密度值

房间或场所	照明功率密度（W/m²）	对应照度值（lx）
	现行值	
一般商店营业厅	12	300
高档商店营业厅	19	500
一般超市营业厅	13	300
高档超市营业厅	20	500

表 36 旅馆建筑照明功率密度值

房间或场所	照明功率密度（W/m²）	对应照度值（lx）
	现行值	
客 房	15	—
中餐厅	13	200
多功能厅	18	300
客房层走廊	5	50
门 厅	15	300

表 37 医院建筑照明功率密度值

房间或场所	照明功率密度（W/m²）	对应照度值（lx）
	现行值	
治疗室、诊室	11	300
化验室	18	500
手术室	30	750
候诊室、挂号厅	8	200
病 房	6	100
护士站	11	300
药 房	20	500
重症监护室	11	300

表 38 学校建筑照明功率密度值

房间或场所	照明功率密度（W/m²）	对应照度值（lx）
	现行值	
教室、阅览室	11	300
实验室	11	300
美术教室	18	500
多媒体教室	11	300

5.5.5 光源的能效标准规定节能评价值是光源的最低初始光效值；镇流器能效标准规定镇流器节能评价值是评价镇流器节能水平的最低镇流器能效因数（*BEF*）值。

5.5.6 现行国家标准《建筑照明设计标准》GB 50034 规定了荧光灯灯具的效率以利于节能。

5.5.7 中小型三相异步电动机的效率高低，直接影响建筑物的节能运行，故应加以限制。现行国家标准《中小型三相异步电动机能效限定值及能效等级》GB 18613 中规定了中小型三相异步电动机能效限定值、目标能效限定值及节能评价值。中小型三相异步电动机在额定输出功率和 75% 额定输出功率效率的能效限定值见表 24（本标准第 4.5.4 条的条文说明）。

5.5.8 现行国家标准《交流接触器能效限定值及能效等级》GB 21518将交流接触器能效等级分为 3 个级别，见表 25（本标准第 4.5.5 条的条文说明）。在此要求选用交流接触器的吸持功率不大于能效限定值的要求。

5.5.9 提高功率因数能够降低照明线路电流值，从而降低线路能耗和电压损失。不低于 0.9 是现行国家标准《建筑照明设计标准》GB 50034 等规定的最低要求。

Ⅱ 一 般 项

5.5.10 变配电所位于负荷中心，是为了降低线路损耗。

5.5.11 设备容量较大时，宜采用10kV或以上供电电源，目的是降低线路损耗。现行行业标准《民用建筑电气设计规范》JGJ 16中也有相关规定。

5.5.12 引自现行行业标准《民用建筑电气设计规范》JGJ 16中有相关规定。在现行国家标准《电力变压器经济运行》GB/T 13462中，关于配电变压器经济运行区有明确的计算方法。

5.5.13 现行国家标准《建筑照明设计标准》GB 50034规定了公共建筑各房间或场所照明功率密度值（*LPD*）的目标值，便于考核评价。表39～表43的数据引自现行国家标准《建筑照明设计标准》GB 50034。

表39 办公建筑照明功率密度值

房间或场所	照明功率密度（W/m^2）目标值	对应照度值（lx）
普通办公室	9	300
高档办公室、设计室	15	500
会议室	9	300
营业厅	11	300
文件整理、复印、发行室	9	300
档案室	7	200

表40 商业建筑照明功率密度值

房间或场所	照明功率密度（W/m^2）目标值	对应照度值（lx）
一般商店营业厅	10	300
高档商店营业厅	16	500
一般超市营业厅	11	300
高档超市营业厅	17	500

表41 旅馆建筑照明功率密度值

房间或场所	照明功率密度（W/m^2）目标值	对应照度值（lx）
客 房	13	—
中餐厅	11	200
多功能厅	15	300
客房层走廊	4	50
门 厅	13	300

表42 医院建筑照明功率密度值

房间或场所	照明功率密度（W/m^2）目标值	对应照度值（lx）
治疗室、诊室	9	300
化验室	15	500
手术室	25	750
候诊室、挂号厅	7	200
病 房	5	100
护士站	9	300
药 房	17	500
重症监护室	9	300

表43 学校建筑照明功率密度值

房间或场所	照明功率密度（W/m^2）目标值	对应照度值（lx）
教室、阅览室	9	300
实验室	9	300
美术教室	15	500
多媒体教室	9	300

5.5.14 现行国家标准《交流接触器能效限定值及能效等级》GB 21518将交流接触器能效等级分为3个级别，见表25（本标准第4.5.6条的条文说明）。在此要求选用交流接触器的吸持功率不大于节能评价值的要求。

5.5.15 因白炽灯光效低和寿命短，为节约能源，一般情况下，不应采用普通白炽灯照明。

5.5.16 采用集中控制，主要是为了避免长明灯。

5.5.17 LED是未来发展的方向，具有启动快、寿命不受多次启动的影响等优点。虽然目前还不太稳定，但在楼梯间、走道应用时节能效果明显。

5.5.18 采用集中控制，主要是为了避免长明灯，有条件的场所，宜采用智能照明控制系统。

5.5.19 电开水器等电热设备用电量较大，下班时，人员较少，应采取措施，避免重复加热。

5.5.20 建筑设备监控系统，可以根据需要，调整空调进、排风量及水泵等设备的运行模式，既可保证人员的舒适度又避免浪费。

5.5.21 间接照明或漫射发光顶棚的照明方式光损失严重，不利于节能。

Ⅲ 优 选 项

5.5.22 应尽量利用天然采光，以达到节能的目的。

5.5.23 夜间公共空间人员活动较少，降低照度，完全可以满足功能需要。

5.5.24 采用集中控制，主要是为了避免长明灯，有条件的场所，宜采用智能照明控制系统。

5.5.25 谐波会引起变压器、电动机的损耗增加、中性线过热、载流导体的集肤效应加重、功率因数降低等，故谐波较大时，应就地设置谐波抑制装置。

5.6 室内环境

Ⅰ 控制项

5.6.1 按照现行国家标准《公共建筑节能设计标准》GB 50189 的规定，集中采暖系统和（或）空气调节系统室内计算参数宜符合表 44 和表 45 的规定。目的是在确保室内舒适环境的前提下，选取合理设计计算参数，达到节能的效果，参数选择允许根据工程实际情况进行调整，但必须在设计计算书中说明正当理由，不能简单地以甲方要求作为参数调整的理由。

表 44 集中采暖系统室内计算参数

建筑类型及房间名称	室内温度（℃）
1. 办公楼：	
门厅、楼(电)梯	16
办公室	20
会议室、接待室、多功能厅	18
走道、洗手间、公共食堂	16
车库	5
2. 餐饮：	
餐厅、饮食、小吃、办公	18
洗碗间	16
制作间、洗手间、配餐	16
厨房、热加工间	10
干菜、饮料间	8
3. 影剧院：	
门厅、走道	14
观众厅、放映室、洗手间	16
休息厅、吸烟室	18
化妆室	20
4. 交通：	
民航候机厅、办公室	20
候车室、售票厅	16
公共洗手间	16
5. 银行：	
营业大厅	18
走道、洗手间	16
办公室	20
楼(电)梯	14

续表 44

建筑类型及房间名称	室内温度（℃）
6. 体育：	
比赛厅(不含体操)、练习厅	16
体操练习厅	18
休息厅	18
运动员、教练员更衣、休息室	20
游泳池大厅	25～28
观众区	22～24
检录处	20～24
7. 商业：	
营业厅(百货、书籍)	18
鱼肉、蔬菜营业厅	14
副食(油、盐、杂货)、洗手间	16
办公	20
米面储藏	5
百货仓库	10
8. 集体宿舍、无中央空调系统的旅馆、招待所：	
大厅、接待	16
客房、办公室	20
餐厅、会议室	18
走道、楼(电)梯间	16
公共浴室	25
公共洗手间	16
9. 图书馆：	
大厅	16
洗手间	16
办公室、阅览	20
报告厅、会议室	18
特藏、胶卷、书库	14
10. 医疗及疗养建筑：	
成人病房、诊室、治疗、化验室、活动室、餐厅等	20
儿童病房、婴儿室、高级病房、放射诊断及治疗室	22
门厅、挂号处、药房、洗衣房、走廊、病人厕所等	18
消毒、污物、解剖、工作人员厕所、洗碗间、厨房	16
太平间、药品库	12
11. 学校：	
厕所、门厅、走道、楼梯间	16
教室、阅览室、实验室、科技活动室、教研室、办公室	18
人体写生美术教室模特所在局部区域	26
风雨操场	14
12. 幼儿园、托儿所：	
活动室、卧室、乳儿室、喂奶、隔离室、医务室、办公室	20
盥洗室、厕所	22
浴室及其更衣室	25
洗衣房	18

续表 44

建筑类型及房间名称	室内温度（℃）
厨房、门厅、走廊、楼梯间	16
13. 未列入各类公共建筑的共同部分：	
电梯机房	5
电话总机房、控制中心等	18
设采暖的汽车停车库	5～10
汽车修理间	12～16
空调机房、水泵房等	10

表 45　空气调节系统室内计算参数

建筑类型	房间类型	夏季		冬季	
		温度（℃）	相对湿度（%）	温度（℃）	相对湿度（%）
旅馆	客房	24～27	65～50	18～22	＞30
	宴会厅、餐厅	24～27	65～55	18～22	≥40
	文体娱乐房间	25～27	60～40	18～20	＞40
	大厅、休息厅、服务部门	26～28	65～50	16～18	＞30
医院	病房	25～27	65～45	18～22	55～40
	手术室、产房	25～27	60～40	22～26	60～40
	检查室、诊断室	25～27	60～40	18～22	60～40
办公楼	一般办公室	26～28	＜65	18～20	—
	高级办公室	24～27	60～40	20～22	55～40
	会议室	25～27	＜65	16～18	—
	计算机房	25～27	65～45	16～18	—
	电话机房	24～28	65～45	18～20	—
影剧院	观众厅	26～28	≤65	16～18	≥30
	舞台	25～27	≤65	16～20	≥35
	化妆室	25～27	≤60	18～22	≥35
	休息厅	28～30	＜65	16～18	—
学校	教室	26～28	≤65	16～18	—
	礼堂	26～28	≤65	16～18	—
	实验室	25～27	≤65	16～20	—
图书馆	阅览室	26～28	65～45	16～18	—
博物馆	展览厅	26～28	60～45	16～18	50～40
美术馆	善本、舆图、珍藏、档案库和书库	22～24	60～45	12～16	60～45
档案馆	缩微胶片库 *	20～22	50～30	16～18	50～30
体育馆	观众席	26～28	≤65	16～18	50～35
	比赛厅	26～28	≤65	16～18	—

续表 45

建筑类型	房间类型	夏季		冬季	
		温度（℃）	相对湿度（%）	温度（℃）	相对湿度（%）
体育馆	练习厅	26～28	≤65	16～18	—
	游泳池大厅	26～29	≤75	26～28	≤75
	休息厅	28～30	≤65	16～18	—
	营业厅	26～28	65～50	16～18	50～30
	播音室、演播室	25～27	65～40	18～20	50～40
	控制室	24～26	60～40	20～22	55～40
	机房	25～27	60～40	16～18	55～40
	节目制作室、录音室	25～27	60～40	18～20	50～40
百货商店	营业厅	26～28	50～65	16～18	50～30

注：* 缩微胶片库保存胶片的环境要求，必要时可根据胶片类别按国家标准规定，并考虑其储藏条件等原因。

5.6.2 按照现行国家标准《公共建筑节能设计标准》GB 50189，公共建筑主要空间的设计新风量应符合表 46 的规定。

表 46　公共建筑主要空间的设计新风量

建筑类型与房间名称			新风量 $m^3/(h\cdot p)$
旅游旅馆	客　房	5 星级	50
		4 星级	40
		3 星级	30
	餐厅、宴会厅、多功能厅	5 星级	30
		4 星级	25
		3 星级	20
		2 星级	15
	大堂、四季厅	4～5 星级	10
		4～5 星级	20
		2～3 星级	10
	美容、理发、康乐设施		30
旅店	客房	1～3 级	30
		4 级	20
文化娱乐	影剧院、音乐厅、录像厅		20
	游艺厅、舞厅（包括卡拉 OK 歌厅）		30
	酒吧、茶座、咖啡厅		10
体育馆			20
商场（店）、书店			20
饭馆（餐厅）			20
办公			30
学校	教室	小学	11
		初中	14
		高中	17

5.6.3 除浴室等相对湿度很高的房间外，围护结构内表面温度应满足不结露的要求，因为内表面结露可导致耗热量增大，恶化室内卫生条件，同时使围护结构易于破坏，影响建筑物寿命。检验内表面是否结露，主要看围护结构内表面温度是否低于室内空气的露点温度。如果低于与围护结构内表面接触的室内空气的露点温度，就会发生结露。

5.6.4 现行国家标准《民用建筑工程室内环境污染控制规范》GB 50325 列出了危害人体健康的游离甲醛、苯、氨、氡和 TVOC 五类空气污染物，并对它们的浓度提出了控制要求和措施。对于节能建筑，同样需要满足本条文的规定。

5.6.5 《建筑照明设计标准》GB 50034 中规定了不同照明场所照明数量和照明质量的要求，是满足工作场所视觉作业时的最基本要求，也是评定节能建筑的前提，只有在满足这些基本要求的前提下才能进行节能建筑的评定。

Ⅱ 一 般 项

5.6.6 现场检查由建设单位委托具有相应资质的第三方检测单位进行抽测，根据现行国家标准《建筑节能工程施工质量验收规范》GB 50411 相关要求进行。

5.6.7 建筑应注重利用天然采光以节约能源，采光系数标准值应根据建筑用途符合相关标准的规定。

5.6.8 可以审查设计计算书来判断房间的温度均匀情况，也可按房间总数抽测 10%，检测应由建设单位委托具有相应资质的第三方检测单位进行，主要检测人员活动区域的垂直空气温度梯度。

根据 ASHARE Standard 55，人体头脚之间的垂直空气温度梯度也会造成不舒适，图 1 显示了不满意百分数（*PD*）作为头脚之间的垂直空气温度梯度的函数。图中可以看出，当人体头脚之间的垂直空气温度梯度达到 4℃时，不满意百分数就达到 10%，这在实际工程中应该避免的。

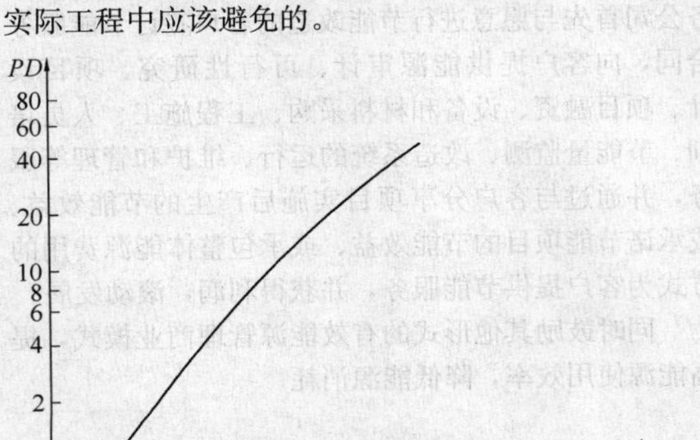

图 1　人体头脚之间的垂直温度梯度对应的不满意百分数

PD：不满意百分数%；

$\Delta t_{a,v}$：头脚之间的垂直温度梯度。

5.6.9 提倡利用自然通风以节约能源，改善室内空气品质，尤其是过渡季节要充分利用自然通风调节室内热湿环境，改善室内空气品质。

Ⅲ 优 选 项

5.6.10 空调系统运行过程中，新风量的大小直接导致能耗增减。如果按照设计标准一直维持最高的新风供应量，必将造成较多的新风用冷热量被损失浪费；因此，通过监测数据合理调整控制新风系统，能够实现减少能耗的同时又不影响日常使用。

5.6.11 随着我国汽车的不断普及，建筑大型地下停车库的建设，地下停车库的通风系统平时用能水平不容忽视。

5.7 运 营 管 理

Ⅰ 控 制 项

5.7.1 大型耗能设备或特种耗能设备，如锅炉、制冷机组、电梯应该分别制定节能运行管理制度。水泵、风机、照明、空调末端设备等，应分系统制定节能管理制度。

5.7.2 物业管理人员应持续进行节能知识培训，以提高对用能设备的运行规律掌握，每年不少于 2 次内部培训和 1 次外部培训。

5.7.3 《国务院办公厅关于严格执行公共建筑空调温度控制标准的通知》于 2007 年发布。2008 年 4 月 1 日《中华人民共和国节约能源法》（主席令第七十七号）实施，在《节约能源法》中第三十七条中明确规定"使用空调采暖、制冷的公共建筑应当实行室内温度控制制度，具体办法由国务院建设主管部门制定"。为了加强公共建筑空调系统的运行管理，合理设置公共建筑空调温度，节约能源与资源，保护环境，改善和营造适宜的室内舒适环境，2008 年 6 月 25 日，住房和城乡建设部印发了《公共建筑室内温度控制管理办法》（建科［2008］115 号），并规定了具体的检测方法。

5.7.4 建筑能耗统计和分析是掌握建筑能耗，开展建筑节能最基础工作，现行行业标准《民用建筑能耗数据采集标准》JGJ/T 153 对这项工作作了详细的规定；能耗公示可以让住户监督物业管理单位节能工作。

能耗审计和公示的内容应该按照《关于加强国家机关办公建筑和大型公共建筑节能管理工作的实施意见》和《国家机关办公建筑和大型公共建筑能源审计导则》开展。

5.7.5 影响空调系统能效的一个主要因素是风系统对过滤器的堵塞和冷却水系统冷凝器的结垢。国内有单位通过对多个大型公建空调系统的进行实测，发现风系统清洗后，空调设备效率可以提高 10%～

35%；水系统清洗后，冷水机组效率提高15%～40%。因此，公共建筑的空调通风系统的定期检查和清洗至关重要，空调系统的清洗应该执行《空调通风系统清洗规范》GB 19210。

Ⅱ 一 般 项

5.7.6 物业管理单位每年都应该为建筑内工作人员进行一次节能知识宣传，增加人员节能知识，强化节能意识。

5.7.7 公共建筑的用能设备使用时间长，能耗大；实践证明，定期对空调、电梯等高耗能设备进行维护保养，不但可以提高设备能效，而且可以保证设备的安全。

5.7.8 不同租户应单独设置能量计量装置，避免单纯按照建筑面积分摊能耗费用，鼓励节能行为。

5.7.9 现行国家标准《空气调节系统经济运行》GB/T 17981规定，空调系统室内设定值应按以下原则选取：

1 空调系统运行状态下的室内环境控制参数，应主要考虑温度、湿度及新风量；

2 空调系统运行时民用建筑室内空气参数设定值可以参考表47的规定。

表47 民用建筑室内空气参数设定值

房间类型	夏季		冬季		新风量
	温度（℃）	相对湿度（%）	温度（℃）	相对湿度（%）	[m³/(h·p)]
特定房间	≥26	40～65	≤21	30～60	≤50
一般房间	≥26	40～70	≤20	30～60	20～30
大堂、过厅	26～28	—	16～18	—	≤10

注：特定房间通常为对外经营性且标准要求较高的个别房间，如旅游旅馆的四、五星级的客房、康乐等场所，以及其他有特殊需求的房间。对于冬季室内有大量内热源的房间，室内温度可高于以上给定值。

5.7.10 为了有效降低采暖和空调通风系统的能耗，同时也为了改善室内空气品质，空调过滤网、过滤器等每六个月清洗或更换一次，空气处理机组、表冷器、加湿器、加热器、冷凝水盘等每年清洗一次。清洗保养的好处包括增强制冷和采暖效果、有益身体健康、延长系统使用寿命、降低电耗、减少运行费用等。

5.7.11 公共场所的用能设备使用时间长、能耗大，每年进行保养，不但可以提高设备能效，而且可以保证设备的安全。

5.7.12 建筑在交付使用之前，要进行用能系统的调试运行，物业管理人员要求确认用能设备的运行参数在设计范围内。对于调试的要求是：

1 用能设备的调试运行要列入施工文件；

2 制定并落实用能设备的调试运行计划；

3 与运行维护人员一同检查建筑运行情况，提出一套在建筑竣工之日起一年内有关用能设备运行问题的解决方案；

4 完成调试运行报告。

5.7.13 电梯内部提倡采用轻质材料装修，不使用大理石、地砖等自重很大的材料装修，可以增加有效载客数，减少电梯能耗。

Ⅲ 优 选 项

5.7.14 建筑能耗统计和分析是掌握建筑能耗最基础工作，也是开展建筑节能依据；没有建筑能耗统计，建筑节能运行管理工作难以有效开展；向住户和在建筑内工作人员进行能耗公示，是监督物业公司节能工作简单有效的方法。公示的内容应该包括：整个建筑能耗，每个租户的照明能耗，电梯能耗、地下室车库通风能耗、采暖能耗、空调能耗等，以及与以往历年的能耗比较。

5.7.15 实践表明，节能与管理人员业绩挂钩是非常有效的具体措施，因此特别提出此条文。

5.7.16 合同能源管理是一种新型的市场化节能机制，是以减少的能源费用来支付节能项目全部成本的节能业务方式。这种节能投资方式允许客户用未来的节能收益为设备升级，以降低目前的运行成本；或者节能服务公司以承诺节能项目的节能效益、或承包整体能源费用的方式为客户提供节能服务。

能源管理合同在实施节能项目的用户与节能服务公司（包括内部的能源服务机构）之间签订。节能服务公司首先与愿意进行节能改造的客户签订节能服务合同，向客户提供能源审计、可行性研究、项目设计、项目融资、设备和材料采购、工程施工、人员培训、节能量监测、改造系统的运行、维护和管理等服务，并通过与客户分享项目实施后产生的节能效益、或承诺节能项目的节能效益、或承包整体能源费用的方式为客户提供节能服务，并获得利润，滚动发展。

同时鼓励其他形式的有效能源管理商业模式，提高能源使用效率，降低能源消耗。

中华人民共和国国家标准

钢筋混凝土筒仓施工与质量验收规范

Code for construction and acceptance of reinforced concrete silos

GB 50669—2011

主编部门：中华人民共和国住房和城乡建设部
批准部门：中华人民共和国住房和城乡建设部
施行日期：2 0 1 1 年 5 月 1 日

中华人民共和国住房和城乡建设部
公　　告

第 943 号

关于发布国家标准《钢筋混凝土筒仓施工与质量验收规范》的公告

现批准《钢筋混凝土筒仓施工与质量验收规范》为国家标准，编号为GB 50669－2011，自 2011 年 5 月 1 日起实施。其中，第3.0.4、3.0.5、5.2.1、5.4.3、5.4.8、5.5.1、5.6.2、8.0.3、11.2.2 条为强制性条文，必须严格执行。

本规范由我部标准定额研究所组织中国建筑工业出版社出版发行。

中华人民共和国住房和城乡建设部

2011 年 2 月 18 日

前　言

本规范是根据住房和城乡建设部《关于印发〈2008 年工程建设标准规范制订、修订计划（第一批）〉的通知》（建标［2008］102 号）的要求，由河北省第四建筑工程公司和河北建工集团有限责任公司会同有关单位共同编制完成的。

本规范在编制过程中，编制组总结了钢筋混凝土筒仓工程设计、施工、科研和生产使用等方面的经验，开展了专题研究和工程试点应用，并以多种形式广泛征求了有关单位的意见，最后经审查定稿。

本规范共分 11 章和 2 个附录，主要技术内容包括：总则、术语、基本规定、基础工程、筒体工程、仓底及内部结构工程、仓顶工程、附属工程、季节性施工、职业健康安全与环境保护、工程质量验收等。

本规范中以黑体字标志的条文为强制性条文，必须严格执行。

本规范由住房和城乡建设部负责管理和对强制性条文的解释，由河北省第四建筑工程公司和河北建工集团有限责任公司负责具体技术内容的解释。本规范在执行过程中，请各单位结合工程实践，认真总结经验，随时将有关意见和建议反馈给河北省第四建筑工程公司《钢筋混凝土筒仓施工与质量验收规范》管理组（地址：河北省石家庄市新华西路 280 号，邮政编码：050051），以供今后修订时参考。

本规范主编单位、参编单位和主要起草人、主要审查人：

主 编 单 位：河北省第四建筑工程公司
河北建工集团有限责任公司

参 编 单 位：天津水泥工业设计研究院有限公司
安徽建工集团有限公司
河北省电力建设第一工程公司
山东省建材工业建设工程质量监督站
河北省建筑科学研究院
河南卓越工程管理有限公司
天津大学建筑工程学院
中平能化建工集团有限公司

主要起草人：线登洲　高任清　安占法　王振宁
李云霄　陈增顺　张振国　耿贺明
张　哲　郭群录　田国良　韩万章
赵茁跃　陈　刚　王富昌　刘志峰
张振栓　张殿中　王铁成　李勤山
刘金河　王彦航　武朝晖　张福常
常　辉　董富强　姚立国　米立辉
唐志强　吕　波　孟昔英　刘晓华
刘云涛　朱振强　靳光卓　张毅超
尹建芳　侯建军　王辉峰　张振杰

主要审查人：胡德均　崔元瑞　麻建锁　杨　煜
王　甦　陈武新　柯　华　金廷智
高爱国

目　次

1　总则 ………………………………… 1—53—5
2　术语 ………………………………… 1—53—5
3　基本规定 …………………………… 1—53—5
4　基础工程 …………………………… 1—53—6
4.1　一般规定 ………………………… 1—53—6
4.2　地基与桩基础工程 ……………… 1—53—6
4.3　基坑工程 ………………………… 1—53—6
4.4　钢筋工程 ………………………… 1—53—7
4.5　模板工程 ………………………… 1—53—7
4.6　混凝土工程 ……………………… 1—53—7
5　筒体工程 …………………………… 1—53—7
5.1　一般规定 ………………………… 1—53—7
5.2　钢筋工程 ………………………… 1—53—7
5.3　模板工程 ………………………… 1—53—8
5.4　混凝土工程 ……………………… 1—53—8
5.5　预应力工程 ……………………… 1—53—9
5.6　仓壁内衬 ………………………… 1—53—9
6　仓底及内部结构工程 …………… 1—53—10
6.1　仓底结构、填料工程 ………… 1—53—10
6.2　漏斗、锥体工程 ……………… 1—53—10
6.3　漏斗内衬 ……………………… 1—53—10
7　仓顶工程 ………………………… 1—53—10
7.1　仓顶钢结构 …………………… 1—53—10
7.2　仓顶混凝土结构 ……………… 1—53—11
8　附属工程 ………………………… 1—53—11
9　季节性施工 ……………………… 1—53—12
9.1　一般规定 ……………………… 1—53—12
9.2　冬、雨期施工 ………………… 1—53—12
10　职业健康安全与环境保护 …… 1—53—12
10.1　职业健康安全 ………………… 1—53—12
10.2　环境保护 ……………………… 1—53—12
11　工程质量验收 ………………… 1—53—13
11.1　工程质量验收的划分 ………… 1—53—13
11.2　工程质量验收 ………………… 1—53—13
11.3　工程质量检查评定 …………… 1—53—14
附录A　筒体结构实体检验 ……… 1—53—14
附录B　筒仓垂直度和全高检测方法 ……………… 1—53—15
本规范用词说明 ………………… 1—53—17
引用标准名录 …………………… 1—53—17
附：条文说明 …………………… 1—53—18

Contents

1 General Provisions ······ 1—53—5
2 Terms ······ 1—53—5
3 Basic Requirements ······ 1—53—5
4 Foundation Works ······ 1—53—6
4.1 General Requirements ······ 1—53—6
4.2 The Ground and Pile Foundation Work ······ 1—53—6
4.3 Earth and Foundation Pit Works ······ 1—53—6
4.4 Reinforcement Works ······ 1—53—7
4.5 Formworks ······ 1—53—7
4.6 Concrete Works ······ 1—53—7
5 Cylinder Structure ······ 1—53—7
5.1 General Requirements ······ 1—53—7
5.2 Reinforcement Works ······ 1—53—7
5.3 Formworks ······ 1—53—8
5.4 Concrete Works ······ 1—53—8
5.5 Prestressed Works ······ 1—53—9
5.6 Liner Works ······ 1—53—9
6 Soil-bottom and Internal Structure Works ······ 1—53—10
6.1 Soil-bottom Structure & Filling Works ······ 1—53—10
6.2 Hopper & Cone Works ······ 1—53—10
6.3 Hopper Liner Works ······ 1—53—10
7 Silo-top Works ······ 1—53—10
7.1 Silo-top Steel Structure Works ······ 1—53—10
7.2 Silo-top Concrete Structure Works ······ 1—53—11
8 Ancillary Works ······ 1—53—11
9 Seasonal Construction ······ 1—53—12
9.1 General Requirements ······ 1—53—12
9.2 Construction in Winter or Rainy Season ······ 1—53—12
10 OHS and Environmental Protection ······ 1—53—12
10.1 Occupational Health & Safety ······ 1—53—12
10.2 Environmental Protection ······ 1—53—12
11 Quality Acceptance ······ 1—53—13
11.1 Classification of Quality Acceptance ······ 1—53—13
11.2 Acceptance of Project Quality ······ 1—53—13
11.3 Inspection and Evaluation of Project Quality ······ 1—53—14
Appendix A Testing of Cylinder Structure ······ 1—53—14
Appendix B Verticality Test of Cylinder Structure ······ 1—53—15
Explanation of Wording in This Code ······ 1—53—17
List of Quoted Standards ······ 1—53—17
Addition: Explanation of Provisions ······ 1—53—18

1 总 则

1.0.1 为提高钢筋混凝土筒仓工程的施工水平，规范钢筋混凝土筒仓工程的质量验收，做到技术先进、质量可靠、安全适用、经济合理，制定本规范。

1.0.2 本规范适用于贮存散料，且平面形状为圆形或多边形的现浇钢筋混凝土筒仓、压缩空气混合粉料调匀仓的施工与质量验收。

1.0.3 钢筋混凝土筒仓工程施工采用的承包合同文件和工程技术文件对施工质量验收的要求不得低于本规范的规定。

1.0.4 钢筋混凝土筒仓工程施工中应推广采用新技术、新工艺、新设备、新材料。

1.0.5 钢筋混凝土筒仓工程施工应遵守有关职业健康安全和环境保护的管理规定。

1.0.6 本规范应与现行国家标准《建筑工程施工质量验收统一标准》GB 50300 配套使用。

1.0.7 钢筋混凝土筒仓工程施工和质量验收，除应符合本规范外，尚应符合国家现行有关标准的规定。

2 术 语

2.0.1 钢筋混凝土筒仓 reinforced concrete silo

平面为圆形、方形、矩形、多边形及其他几何外形的贮存散料的钢筋混凝土直立容器，简称筒仓，其容纳贮料的部分为仓体。

2.0.2 仓顶 silo-top

封闭仓体顶面的结构。

2.0.3 仓壁 silo-wall

筒仓与贮料直接接触且承受贮料侧压力的仓体竖壁。

2.0.4 筒壁 supporting wall

平面与仓体相同支承仓体的立壁。仓壁和筒壁合称为筒体。

2.0.5 仓底结构 silo-bottom structure

位于仓体底部用于支承锥体、填料、贮料并形成漏斗的混凝土结构。

2.0.6 锥体 cone

仓体内部用于均化和减压贮料的锥形结构。

2.0.7 漏斗 hopper

仓体下部用以卸出贮料的容器。

2.0.8 填料 filler

用于在仓底构成卸料斜坡的填充材料。

2.0.9 内衬 liner

用于仓底、漏斗、仓壁等与贮料直接接触部位的保护和耐磨耗，并有利于出料流动的构造层。

2.0.10 散料 bulk material

其特性符合散体力学理论的散装贮料。

2.0.11 单仓 single silo

基础和主体结构均独立，不与其他筒仓和建、构筑物联成整体的单体筒仓。

2.0.12 仓中仓 silo-in-silo

由同心不同直径的两个筒体组成的单仓。

2.0.13 排仓 silos in line

成单线排列且联为整体的筒仓。

2.0.14 群仓 group silos

由结构构造形式和工艺功能相同的多个筒仓组成的筒仓群体，可以是2个及以上单仓的组合、2组及以上排仓的组合、3个及以上非单线排列且联为整体的筒仓及其组合等。

2.0.15 扭转 torsional deviation

采用滑模工艺施工时模板系统相对于筒仓中心的角位移现象。

2.0.16 滑模拖带施工 slipform prefabrication and erection

利用滑模提升装置将仓顶结构（整体桁架、网架、井字梁等）拖带到设计标高并整体安装就位的施工方法。

2.0.17 工具式桁架吊模施工 tool-truss suspended formwork construction

利用钢管、型钢等组成工具式桁架支撑于仓壁，作为仓顶混凝土结构悬吊模板支撑体系的施工方法。

2.0.18 承重钢梁支撑施工 steel bearing beam support construction

在仓壁上架设钢梁（桁架），铺设作业平台，作为仓顶混凝土结构施工支撑系统的施工方法。

3 基本规定

3.0.1 筒仓工程施工单位应具有相应的施工资质，施工现场应建立健全质量、安全管理体系、配备相关施工技术标准、制定质量控制和检验检测管理制度。

3.0.2 筒仓工程可按结构部位、施工顺序等划分为基础工程、筒体工程、仓底及内部结构工程、仓顶工程和附属工程（图3.0.2）。筒仓工程质量验收应符合现行国家标准《建筑工程施工质量验收统一标准》GB 50300 的有关规定。

3.0.3 筒仓工程施工前，应按规定编制施工组织设计和专项施工方案，并经审查批准。

3.0.4 筒仓工程所用的材料、半成品、成品应有产品合格证和检验报告，其品种规格、技术指标和质量等级应符合设计要求和相关标准的规定。用于筒仓工程的材料、构配件必须进行现场验收，混凝土原材料、钢筋及连接件、预应力筋及锚夹具、连接器、钢结构钢材、防水材料、保温材料等应在现场抽取试样进行复试检验。

3.0.5 存放谷物及其他食品的筒仓，仓壁及内涂层

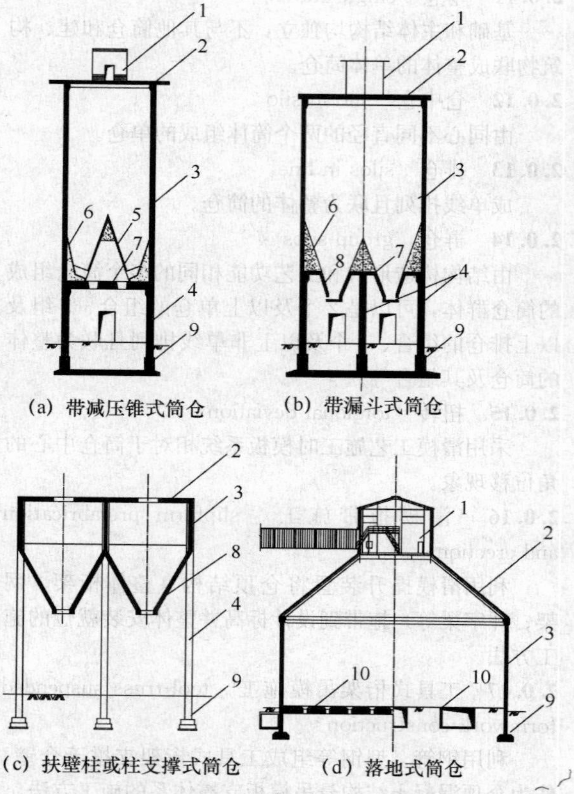

(a) 带减压锥式筒仓 (b) 带漏斗式筒仓

(c) 扶壁柱或柱支撑式筒仓 (d) 落地式筒仓

图 3.0.2 筒仓构造形式示意图

1—仓上建筑；2—仓顶；3—仓壁；
4—仓下支承结构（筒壁或柱）；5—仓内结构；6—填料；7—仓底结构；
8—漏斗（出料斗）；9—地基与基础；
10—落地仓输送结构（地沟）

应严格选用符合设计和卫生要求的产品。

3.0.6 用于筒仓工程施工的计量仪表、装置应进行计量检定，并正确维护和使用。

3.0.7 筒仓工程施工应结合工艺方法、施工技术水平和对混凝土工作性能的要求进行混凝土配合比设计。筒仓工程混凝土结构的强度和耐久性指标必须达到规定要求。

3.0.8 留置在筒体工程中的外露预埋件，应采取可靠的防腐防锈保护措施。

3.0.9 采用滑模工艺施工的工程部位，宜实施旁站式管理。

3.0.10 筒仓工程施工中的试验检验和结构检测应委托具有相应资质的检测单位进行，并出具符合规定要求的测试记录及检验报告。

4 基础工程

4.1 一般规定

4.1.1 基础工程施工必须具有工程地质勘察资料。开工前应详细掌握工程地质、地下管线、地下障碍物、文物等的分布情况，了解临近建筑物和地下设施类型、分布及结构情况。

4.1.2 基坑支护形式应结合水文地质情况、地面荷载、施工时间长短等因素综合确定，施工过程中应按规定对基坑边坡进行监测，发现异常情况应及时进行处理。

4.1.3 桩基础工程施工应编制专项作业文件；在复杂地质区域宜按实际需求补充施工需要的工程地质勘察资料以确定合理的综合成桩施工方案。

4.1.4 桩基、复合地基、人工换填地基等非天然地基，应按设计要求和现行国家标准《建筑地基基础工程施工质量验收规范》GB 50202 的有关规定进行质量检验。

4.1.5 施工过程中地基出现异常情况，应按现行行业标准《建筑地基处理技术规范》JGJ 79 的有关规定进行处理。

4.2 地基与桩基础工程

4.2.1 地基处理工程及复合地基必须进行验槽，换填层和基础工程施工前均应办理隐蔽验收手续。

4.2.2 桩基础施工应按照工程设计要求和现行行业标准《建筑基桩检测技术规范》JGJ 106 的规定进行试桩。

4.2.3 采用打（沉）桩工艺施工的桩基工程，应结合桩的类型、桩平面布置、工程地质和工程周边环境情况，合理选择施工机械，确定合理施工顺序和施工速度，并采取降低对邻近工程和施工设施造成影响的措施。

4.2.4 人工成孔灌注桩施工必须按照施工方案规定的作业顺序进行，桩基成孔必须设置护壁支护，不得超进度计划安排施工作业。人工成孔作业深度不宜超过 30m，当地质条件较差时不应超过 25m。在地质条件复杂的地区施工，应采取可靠的技术措施，保证成孔质量和作业安全。

4.3 基坑工程

4.3.1 基坑工程施工前应编制基坑开挖及支护方案，当基坑底处于地下水位以下时，基坑开挖前应根据水文地质情况，采取有效的降水措施。

4.3.2 基坑土方开挖应在基底预留 200mm～300mm 厚土层做人工清槽，超挖的部分应采取技术处理措施。

4.3.3 采用桩基础的工程，应根据桩型、桩间距、桩间土、地下水等因素综合确定基坑土方施工方法，确保桩体质量不受开挖影响。

4.3.4 验槽合格后，应立即进行基础施工，严禁将基坑长时间暴露。当基底被水浸泡、扰动时，被浸泡、扰动的土层应彻底清除。

4.3.5 基础验收合格后应及时进行基坑回填。回填土应分层夯实，压实系数应满足设计要求；当设计无要求时，压实系数不应小于0.93。

4.4 钢筋工程

4.4.1 钢筋的品种、级别、规格和数量必须符合设计要求。钢筋代换应办理设计变更文件。

4.4.2 钢筋的位置、间距、连接方式、锚固长度应满足设计要求，并应符合现行国家标准《混凝土结构工程施工质量验收规范》GB 50204的有关规定。

4.4.3 基础钢筋的保护层垫块应均匀放置并具有足够的耐压强度，其强度不得低于基础混凝土设计强度等级。

4.4.4 基础上层钢筋应设置足够数量的支撑支架，支撑支架的构造形式和布置方式应满足刚度和整体稳定性要求。当支撑支架坐底放置时，支撑支架的立杆应采取止水防渗措施。

4.4.5 基础插筋的布置形式和锚固长度必须符合设计要求，并采取可靠定位措施。

4.5 模板工程

4.5.1 基础模板的支撑体系应具有足够的强度、刚度和稳定性。大型基础模板应编制专项施工方案。

4.5.2 浇筑混凝土前，应对模板工程进行验收；浇筑混凝土时，应对模板及其支撑系统进行巡查，发现异常情况，应及时处理。

4.6 混凝土工程

4.6.1 基础大体积混凝土施工应编制专项技术方案。

4.6.2 基础大体积混凝土施工宜采用低水化热的水泥和粒径较大、级配良好的粗骨料，宜采取掺加粉煤灰、磨细矿渣粉和高效减水剂等降低水化热的措施。

4.6.3 大型筒仓基础宜合理设置混凝土加强带。

4.6.4 基础大体积混凝土施工应采取综合温控措施进行养护，对混凝土的内外温差进行连续监测，混凝土内外温差不宜超过25℃。

4.6.5 基础混凝土应连续浇筑，浇筑过程中应及时排除泌水和浮浆，混凝土浇筑宜进行二次振捣。

4.6.6 基础混凝土应贴附薄膜养护。当在混凝土终凝前进行二次抹面时，应采取覆盖或洒水养护。

5 筒体工程

5.1 一般规定

5.1.1 筒体结构施工时，可根据结构特征和施工条件选用滑模、提模、倒模、爬模、滑框倒模及其他专用施工工艺。仓底以下设置有多个结构层的筒仓，仓下支承结构宜采用支模方法浇筑。

5.1.2 模板及其支撑系统应进行承载力、刚度和稳定性设计计算，并应装拆简便、安全可靠、便于操作与维修。施工过程中应对筒体工程模板支撑系统的使用安全进行监控，发生异常情况时，应按施工技术方案及时处理。

5.1.3 筒体模板工程施工应符合下列规定：

1 筒体结构施工应根据结构特征、施工工艺、经济合理性、安全可靠等选用定型组合钢模板、钢框竹（木）模板等。

2 圆形筒仓筒体宜采用弧面模板，当使用直面模板时单块模板的宽度应符合表5.1.3的规定：

表5.1.3 圆形筒仓单块直面模板宽度限值

序号	筒仓直径 D（m）	单块模板宽度	单块模板最大宽度限值（mm）
1	$D<20.0$	$\leqslant D/50$	—
2	$20.0\leqslant D<40.0$	$\leqslant D/80$	—
3	$D\geqslant 40.0$	$\leqslant D/100$	600

3 模板及其支撑系统拆除的顺序和拆除方法必须按模板专项施工方案执行。

5.1.4 筒体钢筋工程施工应符合下列规定：

1 除有特殊措施外，不得在筒体水平钢筋上焊接其他附件。

2 门窗洞口和预留洞口处应设置加强钢筋。

5.1.5 筒体混凝土工程施工应符合下列规定：

1 混凝土施工缝处应保证结合紧密、牢固，不应有明显接槎痕迹。

2 配筋密集的筒体与内部结构连接部位应采取有效措施，保证混凝土浇筑质量。

5.1.6 筒体预应力工程施工应符合下列规定：

1 预应力工程施工前应编制专项施工方案。

2 预应力钢丝（束）、锚具、夹具、连接材料应按设计要求采用，其质量和性能尚应满足现行相关标准的规定，并进行进场验收和复试。

3 预应力筋张拉前应对混凝土结构进行检查并做好中间验收。

4 预应力筋张拉时混凝土强度应达到设计规定。张拉顺序应严格按设计和施工方案的要求进行。

5.1.7 筒体滑模施工应连续进行，当遇特殊情况需要停滑或空滑时，混凝土应浇筑至同一水平面，继续施工时，应对滑模系统进行检查验收。

5.1.8 筒体结构应按检验批进行隐蔽工程验收。预留预埋件安装、预应力工程施工、与仓壁同步安装的耐磨内衬的构配件等应做专项隐蔽验收。

5.2 钢筋工程

5.2.1 筒体水平钢筋的品种、规格、间距及连接方式必须满足设计要求。

5.2.2 水平钢筋宜采用绑扎连接接头，搭接长度不应小于50倍钢筋直径。当施工质量有可靠保证时，水平钢筋连接也可采用搭接焊接，焊接的两根钢筋应处于上下位置，施工前应进行焊接工艺评定并验收合格，钢筋焊接接头的有效焊缝长度不应小于12倍钢筋直径，外观质量应全数检查并按规定从工程部位截取试件做力学性能检验。水平钢筋接头位置应错开布置，水平方向错开的距离不应小于一个搭接区段，也不应小于1.0m，在同一竖向截面上每隔三根钢筋不应多于一个接头。

5.2.3 筒体弧形水平钢筋应采用机械成型。钢筋弧度应均匀，端部不应有明显翘曲。

5.2.4 竖向钢筋的下料长度应控制在4m～6m。竖向钢筋宜采用机械连接或焊接连接。采用搭接焊接时应符合本规范第5.2.2条的规定。当采用绑扎连接时，光面钢筋搭接长度不应小于40倍钢筋直径，不加弯钩；带肋钢筋的搭接长度不应小于35倍钢筋直径。接头位置应错开布置，同一连接区段内的接头百分率应符合设计要求；当设计无规定时，不宜大于25%。

5.2.5 水平钢筋与竖向钢筋应紧密接触，交接点应全数绑扎，绑扎丝头应背向模板面。

5.2.6 筒体内侧和外侧钢筋之间应设置拉结连系筋、焊接骨架钢筋等。变截面筒体的竖向钢筋向圆心的倾斜角应有限位保证措施。

5.2.7 每一混凝土浇筑层面以上，至少应留置一道绑扎好的水平钢筋。

5.2.8 采用滑模工艺施工时，必须采取保证钢筋保护层厚度的有效措施；采用其他工艺施工时，钢筋保护层设置应采用成品垫块。

5.2.9 采用滑模拖带工艺施工时，应采取可靠措施保证被拖带构件下部的筒体竖向钢筋位置准确。

5.2.10 钢梁梁口部位的筒体钢筋应按设计要求施工。当设计无明确规定时，应采取保证筒仓结构整体性的措施，水平钢筋宜与钢梁可靠焊接，竖向钢筋宜在梁下可靠锚固。

5.3 模板工程

5.3.1 模板工程应编制专项施工方案。

5.3.2 采用滑模工艺施工应符合下列规定：

1 滑模组装前应对模板表面进行除锈抛光处理。

2 施工前应在模板下口采取防止混凝土漏浆的措施。

3 模板应上口小、下口大，单面倾斜度应为模板高度的0.1%～0.3%；对连续变截面结构，其模板倾斜度应根据结构坡度情况适当调整；模板上口以下1/2～2/3模板高度的净间距宜与结构设计截面等宽。

4 正常滑升过程中，相邻两次提升的时间间隔不宜超过0.5h。

5 连续变截面结构的收分模板必须沿圆周对称布置，每对模板的收分方向应相反。每滑升200mm高度，至少应进行一次模板收分，模板的一次收分量不宜大于6mm。

6 当支撑杆必须穿过较高洞口或模板空滑时，应对支撑系统和模板系统进行加固，保证支撑杆承载能力和滑模体系稳定性。

7 每个台班至少应对模板系统、提升系统进行一次检查，发现变形失稳等问题应立即进行加固处理，并填写施工过程监控记录。

5.3.3 采用倒模、提模、爬模等工艺施工应符合下列规定：

1 拆除后的筒体模板在继续周转使用前应进行校正和必要的维修。

2 对拉螺栓的规格形式、布置方式及螺杆端头的处置方式应符合施工设计的要求。

3 倒模三角架宜设置为3层。倒模支架在竖向和水平方向均应连接成整体。

4 筒体模板每次安装完成后，应对直接承力构件进行专项验收。

5 采用倒模施工时，应进行混凝土局部承压验算。混凝土强度达到6.0MPa以上时，方可拆除下层模板及支架。

5.3.4 排仓和群仓施工不宜留置竖向施工缝，当必须留置时，竖向施工缝应留置在仓体连体部位的外侧不小于250mm处，并应采取可靠措施保证钢筋位置和混凝土浇筑质量，仓体连接部位的附加钢筋应保证在施工缝两侧具有足够的锚固长度。

5.4 混凝土工程

5.4.1 筒体结构混凝土应严格控制水灰比，并采取增加密实性的措施，严禁掺加含氯盐的外加剂。

5.4.2 筒体结构的混凝土应分层浇筑。采用滑模工艺施工时，混凝土每次浇筑高度不宜大于250mm；采用倒模等其他模板施工工艺时，每层浇筑高度不宜大于500mm；混凝土浇筑应连续进行。预留孔洞、门窗口等两侧的混凝土应对称均衡浇筑。

5.4.3 滑模工艺施工，应在现场操作面随机抽取试样检查混凝土出模强度，每一工作班不少于一次；气温有骤变或混凝土配合比有调整时，应相应增加检查次数。

5.4.4 采用滑模工艺施工筒体结构时，出模混凝土应原浆压光。

5.4.5 筒体混凝土表面应密实平整、外形平顺、外观清洁、颜色均匀无明显色差，施工中应及时消除混凝土流坠、挂浆等。

5.4.6 筒体混凝土出模后应及时进行养护。养护宜采用连续喷雾方式保持混凝土表面处于湿润状态，或涂刷养护液。正温条件下养护时间不应少于7d。

5.4.7 模板加固螺栓及穿墙孔洞处理应符合下列规定：

1 模板加固螺栓的端头宜安放锲形垫块，拆模后用同强度的细石混凝土封堵锲形槽口。

2 筒壁和仓壁上穿墙孔、洞应填塞密实并做防渗处理。

5.4.8 筒体结构的混凝土取样和试件留置应符合国家现行标准《混凝土结构工程施工质量验收规范》GB 50204和《建筑工程冬期施工规程》JGJ 104的有关规定。当工程设计有耐久性指标要求时，应按不同配合比留置混凝土耐久性检验试件。

5.5 预应力工程

5.5.1 预应力筋的品种、级别、规格、数量必须符合设计要求。

5.5.2 无粘结预应力筋应采用专用防腐涂料层和外包层，并应采用合格的锚具，其效率系数不应小于0.95，极限拉力作用时的总应变不应小于2.0%。

5.5.3 预应力筋应采用砂轮锯或切断机切断，严禁采用电弧切割。

5.5.4 预应力筋采用的钢丝（束）或钢绞线不应有死弯，当出现死弯时必须切断。预应力筋接长应使用专用连接器。

5.5.5 后张法有粘结预应力筋的孔道位置和无粘结预应力筋应采用定位支架可靠固定，敷设平顺，准确定位，并应有防止混凝土浇筑过程中位移和变形的措施。

5.5.6 有粘结预应力筋孔道埋管的连接及管与端部承压板间的连接，应牢固、严密，不得出现漏浆。埋管可用焊接、套管、管接头等方法连接。环形预应力筋埋管应按设计要求的半径弯制，弯制后的钢管不得出现裂缝和死弯。

5.5.7 预应力张拉端的混凝土应有抗裂加强措施。环形预应力筋端头部位的直线段长度不宜小于400mm，并与预应力环筋相切。

5.5.8 当设计有要求时，在预应力筋正式张拉前应进行孔道摩阻损失试验，试验的孔道应随机抽取或按设计规定。

5.5.9 预应力筋张拉时，混凝土强度应达到设计规定。预应力筋长度超过25m时，宜两端张拉；长度超过50m时，宜分段张拉和锚固。张拉顺序应按设计要求和技术方案进行，施工前应进行混凝土施工质量的中间检查和验收。

5.5.10 预应力筋张拉完毕后应及时对锚固区进行保护。对夹片式锚具，可先切除外露无粘结预应力筋的多余长度并弯折，对锚具及承压板进行封堵。

5.5.11 锚固区后浇混凝土和灌浆材料中，严禁使用含氯离子以及对预应力筋、锚具及其包层有腐蚀作用的外加剂。

5.6 仓 壁 内 衬

5.6.1 单位工程施工组织设计文件中应规定仓壁内衬的施工方法。板块式内衬安装应编制专项方案。耐磨层的原材料、基层、面层等应分别划分检验批进行验收。

5.6.2 筒仓内衬材料的品种、规格必须符合设计要求，筒仓内衬材料以及耐磨层的粘结材料、安装紧固件等应分批进行现场验收。

5.6.3 内衬的安装和施工方法应与内衬材料性能和设计要求相适应。

5.6.4 耐磨层基层的强度、密实性、坡度、平整度以及锚固件的施工质量等必须符合工艺设计要求，基层不得存在影响耐磨层质量的缺陷。当基层质量不满足规定要求时，应按技术方案进行处理。

5.6.5 耐磨层施工前应对筒体相应部位施工质量进行中间交接验收，办理内衬基层工程隐蔽验收手续。

5.6.6 板块内衬粘贴施工应符合下列规定：

1 基层应干燥，表面的油污、涂覆物、粘连物、浮尘应清除干净。

2 内衬安装施工应进行板块排列设计，宜采用错缝或骑缝方法铺砌，缝宽宜为3mm～5mm，粘贴层厚度宜为5mm～8mm。内衬的上部端口部位应采取防止内衬板边部受冲击脱落的保护措施；当设计无要求时，保护材料应与内衬材料同质。

3 板块式内衬粘贴施工环境温度宜为10℃～30℃。当施工环境温度低于10℃时，应采取加热保温措施；当空气湿度大于80%时，应采取通风干燥措施。

4 板块式内衬施工后应进行养护。养护方法、养护措施和养护时间应根据环境气象条件确定，并满足粘贴材料技术要求。养护时间不宜少于7d。

5.6.7 砂浆和混凝土耐磨层施工应符合下列规定：

1 胶结材料宜采用强度等级不低于42.5MPa的普通硅酸盐水泥，水灰比不大于0.50。砂浆的耐磨骨料粒径应为0.5mm～5.0mm，混凝土耐磨骨料粒径宜为5mm～20mm。耐磨混凝土宜掺加混凝土减水剂。

2 耐磨砂浆基层应作毛化处理，除去浆面。耐磨砂浆的厚度不宜超过40mm。耐磨砂浆应打点冲筋控制厚度和平整度，砂浆应划分区段刮平压实，原浆压光。耐磨层厚度大于30mm时，应在基层设置锚固件，增挂$\phi3$规格以上钢丝网或$\phi4$规格以上钢筋网，网格尺寸不宜大于150mm×150mm。

3 耐磨混凝土应采用支模方法浇筑，基层应留置锚固钢筋。

4 抗耐磨砂浆和混凝土养护时间应不少于10d。

5.6.8 金属板内衬安装应符合下列规定：

1 金属板内衬安装单元的尺寸应根据设计要求和施工安装条件综合确定，内衬板的拼接缝应满焊。

2 金属板内衬安装前应进行预拼装，保证尺寸准确。

3 采用钢轨做抗冲击耐磨层的，钢轨安装宜与主体结构混凝土同步施工，钢轨安装应具有可靠的定位和锚固措施。

6 仓底及内部结构工程

6.1 仓底结构、填料工程

6.1.1 仓底结构的模板支撑体系应具有足够的强度、刚度和稳定性。

6.1.2 采用滑模施工时，仓底板可采用空滑或部分空滑的方法与筒壁浇筑成整体。

6.1.3 用作仓内填料的材料其品种和施工坡度、密实性应符合设计要求。

6.2 漏斗、锥体工程

6.2.1 漏斗、锥体支模时宜先确定漏斗、锥体的中心控制点和底部控制线，根据漏斗、锥体的设计斜度搭设架体、铺设底模（图 6.2.1-1、图 6.2.1-2）。搭设前应对架体的强度、刚度和稳定性进行验算。

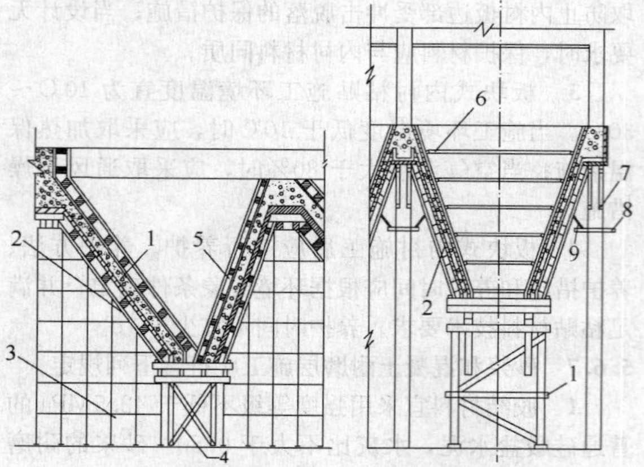

(a) 满堂支架支模　　(b) 桁架支模

图 6.2.1-1 漏斗模板支设

1—料斗壁；2—外侧模板；3—满堂支架；4—漏斗口定位井字架；5—内侧模板；6—内侧模板支撑；7—支模桁架；8—预留承重件；9—中间支撑桁架（梁）

6.2.2 钢筋绑扎前，宜在模板上弹出钢筋控制线，并在两层钢筋之间设置支撑支架，保证钢筋位置准确。

6.2.3 漏斗、锥体混凝土施工应采用内外侧双层模板。上层模板宜分步支设，每步高度宜为 1.5m。

6.2.4 混凝土应分步浇筑，每次浇筑高度宜与分步模板高度相同。

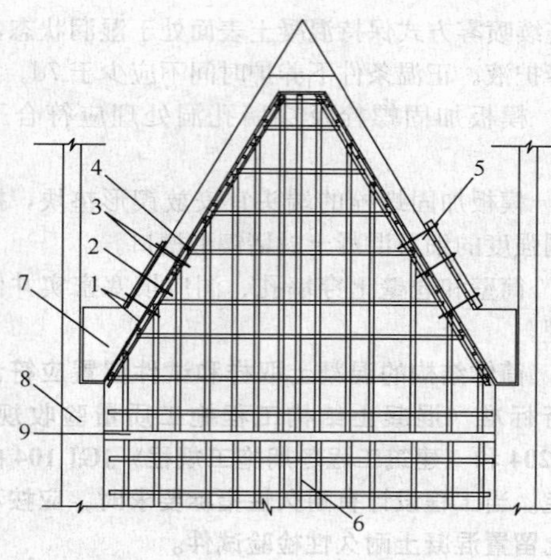

图 6.2.1-2 锥体模板支设

1—模板；2—上下模板连接螺栓；3—模板支撑；4—模板水平支撑构件；5—分步支设的上层模板；6—模板支撑架；7—环梁；8—仓下支承结构；9—仓下结构层

6.2.5 锥体施工缝应留设在环梁以上不小于 1.5m 处。

6.3 漏 斗 内 衬

6.3.1 漏斗内衬施工应符合本规范第 5.6.1 条～第 5.6.8 条的有关规定。

6.3.2 在钢质基层上施工应符合下列规定：

1 钢结构漏斗必须安装牢固、稳定可靠。

2 基层表面的油漆、污垢、氧化皮等应清除干净。板块式内衬的基层表面应进行除锈处理，表面不得存有锈斑。

6.3.3 金属板内衬和抗冲击钢轨内衬安装宜与漏斗混凝土同步施工。

6.3.4 采用板块式内衬和耐磨混凝土、耐磨砂浆层的漏斗，应在出料口底部设置内衬托撑构造。

6.3.5 利用金属板内衬代替漏斗内侧模板时，应采取防止混凝土缺陷和保证混凝土浇筑质量的可靠措施。

7 仓 顶 工 程

7.1 仓顶钢结构

7.1.1 仓顶钢结构安装可采用吊装、滑模拖带等施工工艺。钢构件在存放、拼装、提升、就位等过程中的应力、变形应进行分析验算。

7.1.2 仓顶钢结构采用吊装工艺安装时，应符合下列规定：

1 支座混凝土强度应达到设计要求，且不低于设计强度等级的 75%。

2 钢结构安装前，应进行制作质量验收和构配件预检。

3　支座部位的混凝土施工缝应进行处理，保证二次浇筑混凝土密实。

4　拱形桁架结构和穹顶结构仓顶应采用分单元对称方法安装，并采取保证中心临时支撑柱稳定的可靠措施，临时支撑柱应分次卸载。

5　主构件吊装后必须及时安装次构件和稳定构件。

7.1.3　筒体采用滑模工艺施工时，宜采用滑模拖带工艺进行仓顶钢结构整体就位安装。滑模拖带施工应符合下列规定：

1　拖带施工体系的设计计算和安装应符合现行国家标准《滑动模板工程技术规范》GB 50113 和《钢结构设计规范》GB 50017 等的规定。

2　应根据仓顶钢结构形式对被拖带装置、拖带支座及支撑系统、滑动模板构造进行一体化设计。拖带空间拱顶结构时应设置水平推力平衡装置（图 7.1.3）。

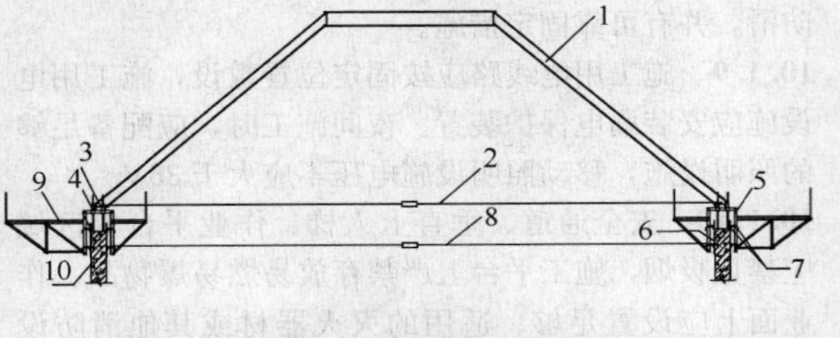

图 7.1.3　拖带空间拱顶结构施工
1—仓顶钢结构；2—推力平衡拉杆；
3—拖带支座；4—支撑杆和提升千斤顶；
5—提升架；6—滑动模板；7—模板围
檩及加强梁；8—水平辐射拉杆；
9—作业平台；10—仓壁

3　钢结构安装宜采用支座托换转换一次就位。

7.1.4　穹顶网架结构宜采用拖带提升法进行整体安装，提升作业应采取同步性监控措施。

7.2　仓顶混凝土结构

7.2.1　仓顶混凝土梁板结构宜采用桁架吊模、承重钢梁支撑等施工工艺，模板体系承重构件和构造节点应进行设计验算。

7.2.2　桁架吊模施工（图 7.2.2）应符合下列规定：

1　钢筋骨架应按施工计算增设腰筋、架立筋等，并焊接成加固钢筋骨架。

2　桁架网片与钢筋骨架应连成一体，整体受力。

7.2.3　承重钢梁支撑施工（图 7.2.3）应符合下列规定：

1　承重钢梁宜优先选用 H 形钢或工字钢。

2　承重钢梁（或桁架）宜采用在仓壁上预留梁口或钢牛腿的方法安装，仓顶结构和承重钢梁之间应留适当操作空间。

3　承重钢梁上应满铺脚手板。

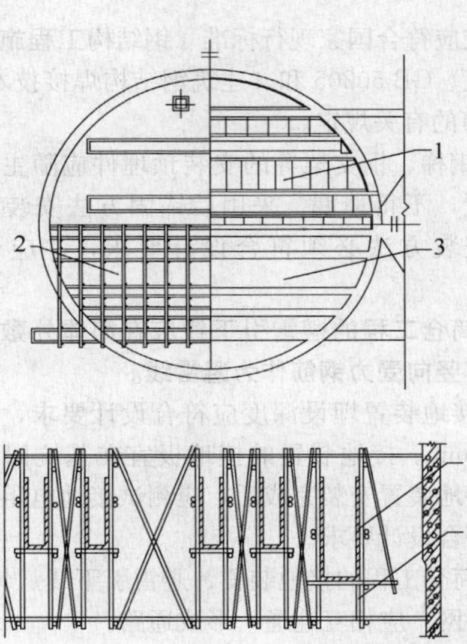

图 7.2.2　桁架吊模施工
1—模板及仓顶结构构件；2—工具式
桁架布置方式；3—仓顶结构布置

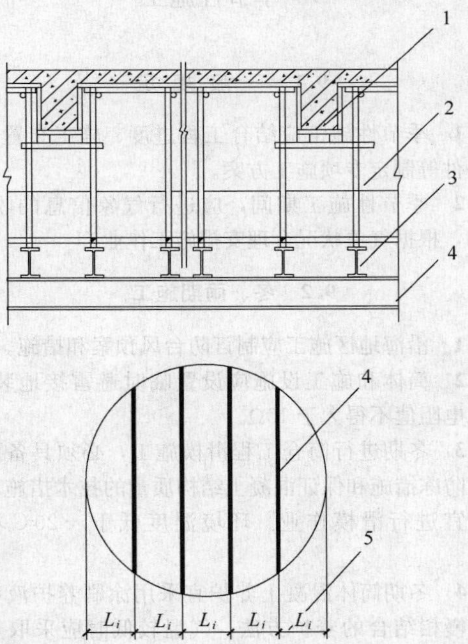

图 7.2.3　承重钢梁支撑施工
1—仓顶次梁结构；2—仓顶主梁结构；
3—承重次构件；4—承重钢梁（桁架）；
5—承重钢梁布置间距

7.2.4　仓顶混凝土锥壳结构施工应编制模板支架搭设、拆除和混凝土浇筑专项方案。倾斜面混凝土施工宜采取双侧模板，混凝土应分层、分步对称浇筑。

8　附属工程

8.0.1　仓内外钢梯、钢平台、钢栏杆等金属构件的制作安装应符合国家现行标准《钢结构工程施工质量验收规范》GB 50205 和《建筑钢结构焊接技术规程》JGJ 81 等的有关规定。

8.0.2 钢梯、钢支架等的安装预埋件应随主体工程施工留置，不得遗漏。采用后锚固方法安装的预埋件，其安装方法必须符合设计要求，并应作拉拔试验。

8.0.3 筒仓工程的避雷引下线应在筒体外敷设，严禁利用其竖向受力钢筋作为避雷线。

8.0.4 接地装置埋设深度应符合设计要求，且不应小于 600mm。接地装置的接地极宜在基坑回填土前安装。接地装置安装完成后，应测试接地电阻，电阻值必须符合设计要求。

8.0.5 筒仓工程的接地装置、避雷引下线、均压带、避雷针（网）应相互连通，形成通路。

8.0.6 筒仓工程应按设计要求设置变形观测标志，单体仓不应少于 4 处。

9 季节性施工

9.1 一 般 规 定

9.1.1 季节性施工应结合工程进度、施工布置、气象条件等制定专项施工方案。

9.1.2 季节性施工期间，应进行气象信息的收集、监测，根据气象状况合理安排施工作业。

9.2 冬、雨期施工

9.2.1 沿海地区施工应制订防台风预案和措施。

9.2.2 筒体和施工设施应设置临时避雷接地装置，接地电阻值不得大于 10Ω。

9.2.3 冬期进行筒仓工程滑模施工，必须具备可靠保温防冻措施和保证混凝土结构质量的技术措施，否则不宜进行滑模作业。环境温度低于 -20℃ 不应施工。

9.2.4 冬期筒体混凝土养护宜采用涂刷养护液和悬挂帷幔相结合的养护方法，气温较低时应采取热电阻、电加热、蒸汽养护等保温措施。

10 职业健康安全与环境保护

10.1 职业健康安全

10.1.1 筒仓工程施工中应严格遵守国家有关建设工程施工现场管理规定及现行行业标准《建筑施工安全检查标准》JGJ 59、《建筑机械使用安全技术规程》JGJ 33 及《施工现场临时用电安全技术规范》JGJ 46 等的有关规定。

10.1.2 施工前必须针对结构和施工特点以及地理环境、气候条件等编制切实可行的安全专项施工方案。

10.1.3 高空作业人员应经身体检查合格，接受本岗位安全技术培训并考试合格后方可上岗。

10.1.4 筒仓施工期间必须设置危险警戒区，警戒线至筒仓的距离不应小于筒仓施工高度的 1/5，且不小于 10m。当不能满足要求时，应采取其他有效的安全防护措施。

10.1.5 危险警戒区内，构筑物入口、机械操作场所，应搭设高度不低于 3.5m 的安全防护棚，通行区应设置安全通道。

10.1.6 遇雷雨和六级及以上的大风天气，应停止施工，并对操作面的设备、材料进行整理和固定，同时人员迅速撤离作业区。

10.1.7 结构构件吊装应制定专项方案，吊装前应对起重设备和吊具进行检查。

10.1.8 作业平台应留设安全通道。作业面临边应设置不低于 1.2m 高防护栏杆，平台板应严密、平整、防滑，并有可靠固定措施。

10.1.9 施工用电线路应按固定位置敷设，施工用电设施应安装漏电保护装置。夜间施工时，应配备足够的照明设施，移动照明设施电压不应大于 36V。

10.1.10 安全通道、垂直上人梯、作业平台等区域应禁止吸烟，施工平台上严禁存放易燃易爆物品。作业面上应设置足够、适用的灭火器材或其他消防设施。电气焊作业影响区应有防火措施，并申请动火证，安排现场监护人员。

10.1.11 安装和拆除筒仓工程的脚手架、承重支架、特种施工设施和施工装置等，必须按照专项方案确定的程序、方法进行，作业人员必须是考核合格的专业工，特种作业人员应持证上岗。拆除作业应划定安全警戒线，安排操作监护人员进行全程监督。

10.2 环 境 保 护

10.2.1 筒仓工程施工应采取技术和管理措施提高模板、脚手架等周转材料的利用效率，降低材料损耗。

10.2.2 现场易产生噪声的设备应有隔声降噪措施。塔吊、施工电梯、物料提升机等设备在夜间施工时，应采用哑声电铃或对讲机传递信号。宜选用低噪声、低振动的机具，并采取隔声、隔振措施，避免或减少施工噪声和振动。振捣棒严禁振捣模板或钢筋。

10.2.3 严禁随意从高空抛掷物品。拆除模板时不得随意向低处摔扔，不得用硬物打击模板。

10.2.4 电动除锈机应装设排尘罩和排尘管道。混凝土在生产过程中应减少对周围环境的污染，搅拌站应设置封闭的防护棚，所有粉料的运输及称量均应在密封状态下进行，并有收尘装置。

10.2.5 砂石料堆场应采取防止扬尘的措施。水泥、掺合料等粉料应在仓库或密闭仓内存放，如露天存放宜遮盖严密，装卸和运输应有防止遗洒扬尘的措施。

10.2.6 加工木模板产生的锯末、碎料应按照固体废弃物处理要求进行处理，避免污染环境。

10.2.7 隔离剂、机械润滑油、切削冷却润滑液等应有回收和防止洒落措施，并应封存存放，防止渗漏污染土地。

10.2.8 混凝土搅拌场地应设置集水坑和沉淀池，并应及时清理沉淀物。

10.2.9 施工废弃物应及时收集、分类、清运，保持工完场清。

11 工程质量验收

11.1 工程质量验收的划分

11.1.1 钢筋混凝土筒仓工程质量应按检验批、分项工程、分部（子分部）工程、单位（子单位）工程进行验收。

11.1.2 单位（子单位）工程、分部（子分部）工程、分项工程、检验批的划分原则应符合现行国家标准《建筑工程施工质量验收统一标准》GB 50300 的规定。群仓工程中的独立筒仓、单组联体筒仓可划分为一个子单位工程进行验收。仓中仓和排仓应按一个单位（子单位）工程进行验收。

11.1.3 筒仓内衬工程划分为一个分部工程，其分项工程和检验批的划分应符合下列规定：

1 分项工程的划分应符合国家现行相关质量验收规范的规定，检验批检查项目应参照本规范第5.6.2～第5.6.8条、第6.3.2～第6.3.5条和具体工程的专项技术标准执行。

2 工序验收应按工程部位和施工段划分检验批。漏斗、仓壁及其他部位应分别划分检验批，群仓和排仓的每个仓体单元应独立划分检验批。

3 金属板内衬、钢轨内衬等与主体结构同步一体化施工时，金属类内衬安装应单独划分分项工程；当填充混凝土与主体结构混凝土同时浇筑时，填充混凝土作为主体结构验收。

11.1.4 筒体各分项工程的检验批划分应符合下列规定：

1 独立筒仓体应单独划分检验批。大直径筒仓、联体筒仓应按施工段划分检验批。

2 采用滑模工艺施工时，每一个工作日的滑升区段且不超过3m的滑升高度可划分为一个检验批。

3 采用除滑模工艺以外的其他方法施工时，应按一次支设模板高度划分检验批。

4 在筒体配筋变化处，宜按配筋区段分别划分检验批。

11.1.5 涉及使用功能、使用安全的加工件、预埋件应分类和分批次进行制作质量的检查验收。

11.2 工程质量验收

11.2.1 钢筋混凝土筒仓工程质量验收除执行本规范的规定外，尚应符合现行国家标准《建筑工程施工质量验收统一标准》GB 50300的有关规定，检验批的验收与建筑工程相关专业工程质量验收规范配合使用。

11.2.2 工程耐久性必须符合设计要求。

11.2.3 筒仓工程结构实体检验应符合下列规定：

1 筒仓工程结构实体检验应在监理工程师（建设单位项目专业技术负责人）见证下，由施工单位项目技术负责人组织实施。结构实体检验应符合现行国家标准《混凝土结构工程施工质量验收规范》GB 50204 的有关规定，承担结构实体检验的机构应具有相应的资质。

2 钢筋混凝土筒仓工程结构实体检验的范围为涉及结构安全的重要结构构件及部位。承重墙、柱、仓底及内部结构的实体检验的内容包括混凝土强度、钢筋保护层厚度，筒体部分还应进行钢筋规格、间距的实体检验。根据设计要求、工程实际需要或合同约定，也可增加其他检验项目。

3 混凝土强度宜采用非破损或局部破损的检测方法。也可以在混凝土浇筑地点制备并与结构实体同条件养护的试件强度为检验依据，其留置、养护和检验评定方法应符合现行国家标准《混凝土结构工程施工质量验收规范》GB 50204 的有关规定。

4 结构实体钢筋保护层厚度的检验和评定应符合现行国家标准《混凝土结构工程施工质量验收规范》GB 50204 的有关规定。

5 筒体混凝土强度实体检验、同条件试件的留置和筒体钢筋实体检验项目的抽样数量、检验方法、允许偏差和合格性判定条件应符合本规范附录A的规定。

6 当结构实体同条件养护试件强度不合格或钢筋实体检验结果不满足要求时，应委托具有相应资质的检验机构进行结构检测。

11.2.4 钢筋混凝土筒仓工程验收时，应具备下列技术文件：

1 设计变更文件及竣工图文件；

2 原材料、半成品和构配件的出厂合格证、质量证明文件及进场复试报告；粮食和食品行业筒仓的卫生合格证明文件和工程材料有害物、污染物含量的检验、复试报告；

3 地基验槽记录、地基与基础检测报告；

4 施工检验试验报告、工艺测试报告；

5 涉及工程施工内容的分类施工记录；

6 隐蔽工程验收记录；

7 钢结构工程检测报告；

8 中间交接验收记录、专项工程验收记录；

9　结构实体检验报告；

10　使用功能检验及功能抽查测试资料；

11　变形观测记录；

12　检验批及分项工程、分部工程质量验收记录；

13　工程观感质量检查记录；

14　工程竣工报告；

15　施工组织设计、施工方案、施工管理资料；

16　工程重大质量问题和质量事故处理相关资料；

17　其他必要的文件和记录。

11.2.5　筒仓工程施工技术文件应随施工进度编制、收集，及时审查归档，按工程技术资料相关标准分类整理、分卷编目，工程验收后及时存档备案。

11.3　工程质量检查评定

11.3.1　钢筋混凝土筒仓工程施工检验批的质量评定应符合国家现行质量验收规范和本规范第3章、第4章、第5章、第6章的规定。

11.3.2　施工过程中应保留相关质量记录、施工记录。

11.3.3　采用新材料、新工艺而无验收标准的施工项目，应由建设单位、设计单位、监理单位、施工单位依据工程设计指标和专项技术标准共同制订质量评定和验收方案，但不应违反本规范的相关规定。

11.3.4　钢筋混凝土筒仓分项工程允许偏差和检验方法应符合表11.3.4的规定。

表11.3.4　钢筋混凝土筒仓分项工程允许偏差和检验方法

检查项目			允许偏差（mm）	检验方法
模板工程	筒体截面尺寸（构件厚度）		+4，−5	钢尺检查
模板工程	预埋件	中心位置	5	尺量检查
模板工程	预埋件	高低差（安装水平度）	2	尺量和水平尺检查
模板工程	预埋件	与模板面的不平度	1	尺量和塞尺检查
模板工程	预留洞	位置偏差	10	尺量检查
模板工程	预留洞	水平度	3	水平尺检查
模板工程	圆形筒体半径	半径≤6m	±5	仪器测量、钢尺检查
模板工程	圆形筒体半径	半径≤13m	半径的1/1000且≤±10	仪器测量、钢尺检查
模板工程	圆形筒体半径	半径>13m	半径的1/1000且≤±20	仪器测量、钢尺检查
模板工程	滑动模板扭转	任意3m高度	20	经纬仪或吊线、钢尺检查
模板工程	滑动模板扭转	全高（H）	H/1000且≤100 拖带施工时，不得有影响被拖带构件安装的偏差	经纬仪或吊线、钢尺检查

续表11.3.4

检查项目				允许偏差（mm）	检验方法
钢筋工程	受力钢筋	间距	筒体水平钢筋	±5	钢尺量两端、中间各一点，取最大值
钢筋工程	受力钢筋	间距	筒体竖向钢筋	±10	钢尺量两端、中间各一点，取最大值
钢筋工程	受力钢筋	保护层厚度	筒体	0，+10	钢尺检查
轴线位置				15	钢尺检查
联体仓轴线间相对位移				5	钢尺检查
混凝土工程	圆形筒体半径	半径≤6m		±10	仪器测量、钢尺检查
混凝土工程	圆形筒体半径	筒体直径≤25m		不大于半径的1/800且不大于±15	仪器测量、钢尺检查
混凝土工程	圆形筒体半径	筒体直径>25m		不大于半径的1/800且不大于±25	仪器测量、钢尺检查
混凝土工程	表面平整度	有饰面		8	2m靠尺和塞尺检查
混凝土工程	表面平整度	无饰面		5	2m靠尺和塞尺检查
混凝土工程	表面平整度	内衬基层混凝土		5	2m靠尺和塞尺检查
混凝土工程	预埋件	中心位置		10	尺量检查
混凝土工程	预埋件	安装水平度		3	尺量和水平尺检查
混凝土工程	预埋件	平整度与表面的不平度		2	尺量和塞尺检查
混凝土工程	预留洞	位置偏差		15	尺量检查
混凝土工程	预留洞	水平度		5	水平尺检查

注：1　筒体结构主体各分项工程宜按每5m左右周长划分一个检查面（处），同一检验批应抽查总数的20%，且不少于5面（处）；

2　本表未包含的检查项目，检查数量应按本规范第11.3.1条执行。

附录A　筒体结构实体检验

A.0.1　筒体结构实体检验抽取样本的结构部位和数量由监理（建设）、施工等各方根据工程结构重要程度共同选定。

A.0.2　筒体结构实体检验的项目包括混凝土强度、钢筋保护层厚度、钢筋规格和间距以及约定的其他项目。

A.0.3　代表筒仓下部支承结构实体强度的同条件养护试件不宜少于3组；代表仓壁结构强度的同条件养护试件不宜少于10组，且不应少于3组。

A.0.4　同条件试件应放置在与其代表的结构部位基本相同的环境条件下，并采取相同的养护条件；采用滑模施工的仓壁结构，同条件试件可放置在模板平台上进行同条件养护。同条件试件养护方案由施工、监理（建设）等各方依据本规范规定共同确定。

A.0.5 筒体钢筋实体检验的取样部位和数量应符合下列规定：

1 每个筒仓的筒壁至少抽取3处进行钢筋保护层厚度、钢筋间距、规格的检验。

2 每个筒仓的仓壁在每个配筋区段内，应按水平周长每30m至少抽取1处且不少于3处进行钢筋保护层厚度、钢筋间距、规格的检验。配筋区段高度超过15m时，每增高15m应增加检测点不少于3处。抽样点的部位应在竖向和水平范围内均匀分布。

3 在仓壁水平配筋变化位置上下各1.0m范围内以及仓壁变截面处的上下位置，至少应各抽取2处进行检验。

4 每个仓体的仓壁钢筋实体检验抽样点的数量不应少于10处。

A.0.6 筒体钢筋实体检验，每处抽样应连续抽检不少于6根水平和6根竖向钢筋，抽样检验范围的宽度和高度不应小于800mm。

A.0.7 钢筋实体检验检测误差和允许偏差按下列要求执行：

1 钢筋检测误差应不大于1.0mm；

2 钢筋保护层厚度的允许偏差为+15mm，−3mm；

3 钢筋水平间距允许偏差为±10mm，钢筋竖向间距允许偏差为±15mm；

4 在每一抽查处，检测的高度和宽度范围内，钢筋数量满足设计要求。

A.0.8 筒体部分的钢筋实体检验应单独进行验收。

A.0.9 筒体结构钢筋实体检验合格应符合下列规定：

1 当钢筋各检验项目合格点率分别达到90%及以上时，钢筋的检验结果应判为合格；

2 当钢筋单项检验项目合格点率小于90%但不小于80%时，可再抽取相同数量的构件进行检验；当按两次抽样总和计算的合格点率为90%及以上时，该项钢筋的检验结果判为合格；

3 各项抽样检验中不合格点的最大偏差值均不得大于本规范附录A.0.7条允许偏差值的1.5倍；

4 钢筋规格必须全部符合设计要求。

注：本附录只适用于筒仓结构筒壁和仓壁的实体检验，筒仓工程其他部位和结构构件的实体检验应符合现行国家标准《混凝土结构工程施工质量验收规范》GB 50204的有关规定。

附录B 筒仓垂直度和全高检测方法

B.0.1 筒仓垂直度（全高）检测应在仓壁结构施工完成后进行。垂直度观测除满足本附录要求外，尚应符合现行行业标准《建筑变形测量规范》JGJ 8的有关规定。

B.0.2 直径不大于10m、高度小于20m的筒仓，当环境条件允许时，垂直度检测可在遵守本附录基本原理基础上，直接使用简易方法（如线坠法）进行测量。

B.0.3 测量依据应包括下列内容：

1 场区或建筑物变形观测控制点。

2 保护完好的筒仓工程定位坐标控制桩点。

B.0.4 垂直度观测应设置观测点（图B.0.4）。观测点的布设应符合下列规定：

1 大型单仓可按照方便观测的原则在仓内或者仓外布设地坪观测点，其他筒仓设置仓外观测点。

2 测量观测点应沿筒仓周边均匀对称布置。

3 圆形单仓沿周长每25m左右设置一处观测点（A_i或A'_i），观测点应对称布置，单仓观测点的数量不得少于4个。圆形联体筒仓应在每个仓体的纵横主轴线方向对应布设观测点；矩形筒仓应在角部纵横轴线两个方向设置观测点；联体仓每间隔20m～30m在轴线对应位置增设一处观测点。观测点的布置方式参照图B.0.4（a）、（b）、（c）执行。

4 观测点应按单位（子单位）工程编号，并测量出每个观测点的相对标高（h_{0i}或h'_{0i}）和该观测点的定位坐标或相对于圆筒仓的半径（r_i或r'_i）。计算仓壁设计中心至观测点的距离值（L_i或L'_i）。

B.0.5 对应各观测点位置，在仓壁顶按结构实际截面厚度标定仓壁中心位置（B点），测量其相对标高（h_i）。

B.0.6 筒仓垂直度偏差按以下规定计算（表B.0.6）：

以第i个观测点（A_i）为基准点，以仓顶对应处的轴线设计位置或设计半径线（B点）为观测起始点，采用激光铅垂仪观测法测得各点观测值$L_i(L'_i)$（图B.0.4）。

筒仓垂直度偏差按下式计算：

$$l_i = r_i - R \text{ 或}(l'_i = R - r'_i) \quad \text{(B.0.6-1)}$$

$$\Delta_i = l_i - L_i \text{ 或}(\Delta_i = L'_i - l'_i) \quad \text{(B.0.6-2)}$$

式中：Δ_i——第i个观测部位对应的垂直度偏差（mm），正值代表向外倾斜，负值代表向内倾斜；

$L_i(L'_i)$——对应第i个观测点所取得的仓外侧（仓内侧）垂直度观测数值（mm）；

$l_i(l'_i)$——对应仓外侧（仓内侧）的第i个观测点的垂直度观测基准值（mm）。

B.0.7 测得的各观测点垂直度偏差（表B.0.6）绝对值的最大值为筒仓垂直度偏差（Δ）。

B.0.8 各观测点标高测量值的平均值为筒仓仓顶标高实测值。

$$h = \frac{1}{n}\sum_{1}^{n} h_i \quad \text{(B.0.8)}$$

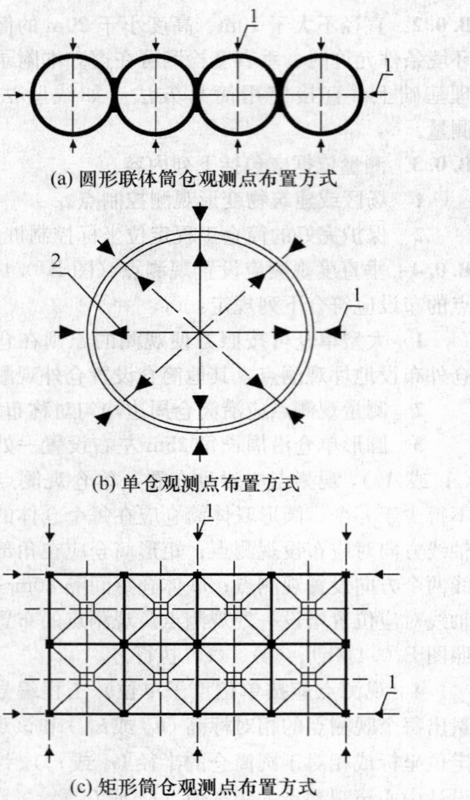

(a) 圆形联体筒仓观测点布置方式

(b) 单仓观测点布置方式

(c) 矩形筒仓观测点布置方式

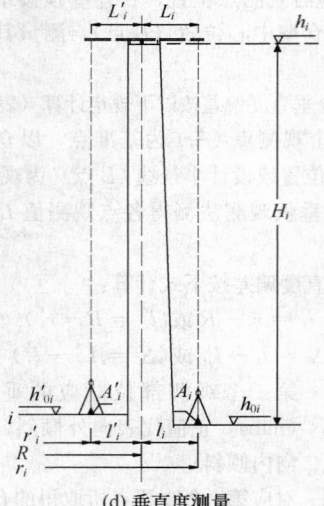

(d) 垂直度测量

图 B.0.4 筒仓垂直度测量

$A_i(A'_i)$—第 i 个仓外（内）观测点；B—在仓顶量出的仓壁中心线；$r_i(r'_i)$—观测半径；R—筒仓设计半径（轴线尺寸）；$l_i(l'_i)$—对应于仓外侧（仓内侧）第 i 个观测点的垂直度观测基准值（mm）；$L_i(L'_i)$—对应于第 i 观测点的仓外侧（仓内侧）仓顶垂直度观测值（mm）；h_{0i}—第 i 个观测点的相对标高；h_i—第 i 个观测点对应的仓顶标高实测值；1—仓外垂直度观测点；2—仓内垂直度观测点

式中：h——筒仓仓顶标高实测值（mm）；

h_i——第 i 个观测点（A_i）对应的仓顶标高实测值（mm）；

n——观测点的数量。

B.0.9 各观测点测得的垂直度绝对值 $\left(\frac{\Delta_i}{h_i - h_{0i}}\right)$ 的最大值为筒仓垂直度检测值。

表 B.0.6 筒仓垂直度、标高观测记录

编号：

工程名称				工程编号			
观 测 人				观测日期			
观测仪器				仪器编号			
观测方法说明（符观测示意图）：							
观测点编号	观测点标高（m）	观测半径 r_i/r'_i（m）	观测基准值 l_i/l'_i（mm）	观测值 L_i/L'_i（mm）	实测偏差 Δ_i（mm）	全高标高测量值 h_i（m）	备 注
							1. 垂直度偏差实测值：Δ=（mm）
							2. 仓顶标高实测值 h=（m）
							3. 筒仓垂直度检测值 1/（ ）
结论：							
施工单位（签章） 项目经理： 年 月 日		项目技术负责人		专业质检员		单位工程负责人	
工程监理单位或建设单位（章） 总监理工程师： 年 月 日		专业监理工程师意见： 年 月 日					

本规范用词说明

1 为便于在执行本规范条文时区别对待，对要求严格程度不同的用词说明如下：

1）表示很严格，非这样做不可的用词：
正面词采用“必须”，反面词采用“严禁”；

2）表示严格，在正常情况下均应这样做的用词：
正面词采用“应”，反面词采用“不应”或“不得”；

3）表示允许稍有选择，在条件许可时首先应这样做的用词：
正面词采用“宜”，反面词采用“不宜”；

4）表示有选择，在一定条件下可以这样做的用词，采用“可”。

2 条文中指明应按其他有关标准执行的写法为“应按……执行”或“应符合……的规定”。

引用标准名录

1 《钢结构设计规范》GB 50017

2 《滑动模板工程技术规范》GB 50113

3 《建筑地基基础工程施工质量验收规范》GB 50202

4 《混凝土结构工程施工质量验收规范》GB 50204

5 《钢结构工程施工质量验收规范》GB 50205

6 《建筑工程施工质量验收统一标准》GB 50300

7 《建筑变形测量规范》JGJ 8

8 《建筑机械使用安全技术规程》JGJ 33

9 《施工现场临时用电安全技术规范》JGJ 46

10 《建筑施工安全检查标准》JGJ 59

11 《建筑钢结构焊接技术规程》JGJ 81

12 《建筑地基处理技术规范》JGJ 79

13 《建筑工程冬期施工规程》JGJ 104

14 《建筑基桩检测技术规范》JGJ 106

中华人民共和国国家标准

钢筋混凝土筒仓施工与质量验收规范

GB 50669—2011

条 文 说 明

制 定 说 明

《钢筋混凝土筒仓施工与质量验收规范》GB 50669－2011，经住房和城乡建设部2011年2月18日以第943号公告批准、发布。

为便于广大设计、施工、科研、学校等单位有关人员在使用本规范时能正确理解和执行条文的规定，《钢筋混凝土筒仓施工与质量验收规范》编制组按章、节、条顺序编制了本规范的条文说明，对条文规定的目的、依据以及执行中需注意的有关事项进行了说明，还着重对强制性条文的强制性理由作了解释。但是，本条文说明不具备与规范正文同等的法律效力，但建议使用者认真阅读，作为正确理解和把握规范规定的参考。

目　次

1　总则 ………………………………… 1—53—21
2　术语 ………………………………… 1—53—21
3　基本规定 …………………………… 1—53—21
4　基础工程 …………………………… 1—53—23
4.1　一般规定 ………………………… 1—53—23
4.2　地基与桩基础工程 ……………… 1—53—23
4.3　基坑工程 ………………………… 1—53—23
4.4　钢筋工程 ………………………… 1—53—24
4.5　模板工程 ………………………… 1—53—24
4.6　混凝土工程 ……………………… 1—53—24
5　筒体工程 …………………………… 1—53—25
5.1　一般规定 ………………………… 1—53—25
5.2　钢筋工程 ………………………… 1—53—25
5.3　模板工程 ………………………… 1—53—27
5.4　混凝土工程 ……………………… 1—53—28
5.5　预应力工程 ……………………… 1—53—29
5.6　仓壁内衬 ………………………… 1—53—29
6　仓底及内部结构工程 ……………… 1—53—29
6.1　仓底结构、填料工程 …………… 1—53—29
6.2　漏斗、锥体工程 ………………… 1—53—30
6.3　漏斗内衬 ………………………… 1—53—30
7　仓顶工程 …………………………… 1—53—30
7.1　仓顶钢结构 ……………………… 1—53—30
7.2　仓顶混凝土结构 ………………… 1—53—31
8　附属工程 …………………………… 1—53—31
9　季节性施工 ………………………… 1—53—31
9.1　一般规定 ………………………… 1—53—31
9.2　冬、雨期施工 …………………… 1—53—31
10　职业健康安全与环境保护 ……… 1—53—32
10.1　职业健康安全 ………………… 1—53—32
10.2　环境保护 ……………………… 1—53—32
11　工程质量验收 …………………… 1—53—32
11.1　工程质量验收的划分 ………… 1—53—32
11.2　工程质量验收 ………………… 1—53—33
11.3　工程质量检查评定 …………… 1—53—33
附录A　筒体结构实体检验 ………… 1—53—34
附录B　筒仓垂直度和全高检测方法 ……………………… 1—53—34

1　总　则

1.0.1 阐述制定本规范的目的。筒仓工程属于特种结构工程，施工专业性较强，近年来筒仓工程结构形式和施工技术发展较快，在筒仓工程施工中加强过程控制、不断提高施工技术水平、规范质量检查和验收行为对保证工程质量和施工安全具有重要意义。

1.0.2 本规范适用范围与《钢筋混凝土筒仓设计规范》GB 50077的适用范围保持一致。散料类钢筋混凝土筒仓广泛应用于各类工业项目中，其贮料为粒状或粉状料，符合散体力学特征。本规范不针对贮青饲料及纤维状散料和湿法搅拌的筒仓，但相关要求和规定可参照执行。

1.0.3 本规范是对筒仓工程施工质量的最低要求，应严格遵守。因此施工合同文件和其他工程技术文件对筒仓工程质量的规定不得低于本规范的规定。

1.0.4 筒仓工程施工中鼓励采用新技术、新工艺、新设备、新材料，有利于推动施工企业技术创新，可取得良好的经济效益和社会效益。在“四新”应用中，应采取积极、科学、慎重的态度，做好调查研究、搞好试点应用、认真进行技术分析和论证、落实推广应用措施，才能切实保证应用效果。

1.0.5～1.0.7 阐明本规范与其他质量验收规范及国家相关标准的关系，本规范与其他规范遵照协调、互补原则，避免不必要的重复。施工中涉及有关质量、技术、安全、环保等方面的要求，无论是本规范还是其他规范、规定均应遵守，不能以本规范排斥其他规范。

2　术　语

本规范给出了18个有关筒仓工程施工与质量验收的专用术语，并从钢筋混凝土筒仓施工角度予以了涵义，用于帮助对本规范相关条文的理解，其中部分术语的定义与现行国家标准《钢筋混凝土筒仓设计规范》GB 50077－2003保持统一，以方便在工程实践中的应用。

3　基本规定

3.0.1 本条是对筒仓工程施工管理提出的要求。工程建设的相关各方应按照国家有关工程建设的法律、法规、地方条例等落实工程质量和施工安全的管理责任。同时筒仓工程施工具有较强的专业性，对施工管理和施工技术水平的要求相对较高，参与筒仓施工的总承包单位、专业分包单位以及劳务分包、重要构配件的加工制作单位等需要具备相应的资质条件，并具有与所承建工程项目相适应的技术装备、技术管理能力和施工管理经验，是工程质量及施工安全的基本保证。

本条同时也对施工现场管理提出要求。施工现场应建立并完善质量管理和安全管理体系，实施全方位全过程的控制，管理体系通过循环，实现运行的有效性，能够发现问题和找出薄弱环节并加以改进，为工程施工提供过程能力保证。

施工技术标准是保障工程质量和施工安全、顺利履约合同的技术基础条件，本条中关于配备相关施工技术标准应理解为三个方面的要求：一是要做好与本工程施工有关的技术标准的识别；二是要保证现场持有与筒仓施工有关的现行有效版本的技术标准、规范，一般应包括图纸、设计变更文件、通用图，国家、地方、行业现行标准规范及技术法规，企业技术标准及施工策划文件，合同技术文件、现场管理技术文件等；三是要对这些标准实施有效地管理，确保其能够被有效地贯彻执行。

施工单位应结合工程和自身条件，制定和落实施工现场质量管理制度和试验检验、工程检测制度，明确质量责任。总包单位既要做好原材料质量控制、工艺管理和过程能力保证、工序质量检查和质量验收、中间交接验收等，又要通过管理措施的落实对专业分包、外委托加工等过程发挥总体控制作用。这是实现工程质量、保证施工安全的制度保证。

3.0.2 按照工程构造和工程部位划分施工过程，比较符合筒仓工程施工管理特点，为施工总体策划和分阶段的施工策划、进度节点控制、中间施工验收等提供方便。筒仓工程的质量验收要遵守本规范的规定，同时还应符合现行国家标准《建筑工程施工质量验收统一标准》GB 50300的规定，在验收管理、分部分项及检验批划分原则、验收程序、验收标准等方面应满足《建筑工程施工质量验收统一标准》GB 50300的规定。

3.0.3 本条是对施工策划提出的总体要求。在钢筋混凝土筒仓施工前需要统筹进行施工策划，在对工程条件做全面分析基础上，结合自身资源和技术优势、合同技术条件、工期要求等，对整个工程施工做出全程和全面的施工部署，明确工程项目管理目标、施工技术方案、施工顺序安排、创新技术与应用、明确专项施工项目和内容，以期达到技术先进、质量可靠、施工安全、工期优化、成本合理，才能取得良好的项目管理效果。

筒仓工程作为单位工程应编制施工组织（总）设计、施工专项方案等施工文件，对于重要和关键施工项目还需制定保证过程能力的作业指导书。施工组织设计是工程施工管理和技术活动的纲领性文件，对整个施工过程发挥指导和规范作用，要求组织科学、方案合理，对工程质量、施工安全、施工成本、工期进度和项目管理目标实施综合控制；施工专项方案按分部分项工程或施工部位制定，是施工的指导文件，要求内容具体和可操作性强，可直接管理关键部位和重点施工过程，为工程质量和作业安全提供直接的技术保证；作业指导书是为保证过程能力满足需要，制定的具体的实施性文件，是操作和作业指令。在施工组织设计中规定施工顺序、各部位的施工方案和方法，目的是要求施工单位在筒仓施工管理和技术管理中做到事先策划、事中控制，做好施工专项方案和施工组织设计之间的衔接，真正发挥项目管理的作用，避免出现施工文件和施工活动“两张皮”现象，降低和减少由于不规范的施工管理活动带来的质量和安全风险。

3.0.4 钢筋混凝土筒仓是工业贮料构筑物，所用的工程原材料和建筑构配件、加工件等绝大部分属于结构和功能性材料，工程材料的质量保证对工程质量、施工安全和建筑功能的正常发挥至关重要，因此应从严掌握，本条列为强制性条文必须严格执行。

用于筒仓工程的原材料、构配件、加工件的合格判定标准一般包含以下条件：一是其品种、规格、技术性能指标必须达到设计要求；二是其表征质量应达到现行材料标准和施工技术的要求；三是应按照规定提供合格证、型式检验报告、出厂检验报告、技术说明文件等有效的质量合格证明文件；四是施工单位要对进场的材料进行现场验收，验收工作应包括确认产品的数量、批次或品种、审查质量证明文件、现场检查和抽样测量、存放保管情况等；五是按照该类材料现行技术规范对进场材料进行复试检验。四种情况应做进场复试：①现行相关规范和技术标准要求进行进场复试的检验项目；②对进场材料或构件的质量存有疑问，需要取样检测方能判定质量情况时；③工程设计或建设方明确要求进行复试时；④出于重要工程部位或施工质量控制的需要时，复试检验应现场抽取试样。

对场外分包或委托加工制作的建筑构件也要按本条文要求做好进场验收和质量把关。

本条文所称现场验收，是指不论工程材料、构配件、加工件等由工程建设的哪一方采购，都要按照总包和分包质量责任，由施工单位对进入现场的材料、构件等实物按批次进行质量检查并组织相关方验收和确认，防止漏检批次或只重视质量证明文件核查而放松对实物质量的验证，将不符合要求的材料用于工程，造成质量隐患。

3.0.5 本条主要针对食品工业类使用的筒仓，在施工中对混凝土材料及添加剂、内衬材料以及内涂层等的有害物质和含量进行严格限制，严禁使用对贮存物具有污染性的内衬和内涂层，以保证贮藏环境无毒无害和符合环保卫生标准的要求。本条款的环保和卫生技术指标应按设计规定执行，设计要求不明确时，由使用方确定控制指标和验收标准。本条要求涉及食品安全与健康，列为强制性条文，必须严格执行。

3.0.6 本条文要求按规定配备计量装置，对计量装置要正确维护、正确使用，正常发挥其应有功能。现场一般要制定计量管理制度，落实管理、检定、维护保养、使用和监督等工作责任，规范工作程序，这是对质量和作业安全进行有效监控的基础性工作。

3.0.7 筒仓工程混凝土应采用设计配合比，即结合施工工艺方法和现场技术管理水平，合理确定混凝土工作性能指标，再按照配合比设计标准、混凝土质量控制和耐久性检验评价标准等进行配合比的设计、试配、调整，以满足混凝土强度、耐久性和施工性能要求，设计配合比应具有较好质量保证率和合理的技术经济性，进行配合比设计时还应考虑工程部位和施工环境特点，合理优选材料，提高混凝土的密实性、抗裂性和耐久性指标。本条文禁止采用“经验配合比”、“计算配合比”。

由于混凝土筒仓所在地区不同、工程用途和使用环境不同，混凝土耐久性的评价项目和指标要求也不尽相同，在工程设计中明确提出耐久性指标要求的筒仓工程，配合比设计除提供强度报告外，还需提供全部耐久性指标的配合比检测报告。对于设计中没有明确混凝土耐久性指标要求的工程，也已经通过工程设计对结构耐久性给予了保证，工程施工要结合工程使用环境和施工方法，遵照相关的混凝土及混凝土结构工程技术标准进行配合比设计，采取提高混凝土耐久性的措施。

需要说明的是，结构混凝土的强度和耐久性指标不仅取决于配合比设计，与原材料和生产工艺、计量控制密切相关，也很大程度上取决于混凝土的浇筑和养护措施的落实。即使工程设计没有提出耐久性评价指标，施工单位也应做好保证混凝土耐久性的控制措施。

3.0.8 钢筋混凝土筒仓的外露预埋件分为两类，一类为安装工艺设备所需，另一类是工程施工时用于附着施工设施所留。调查中发现，筒仓外露预埋件和外露铁件发生锈蚀的几率较大，锈蚀后对建筑外观造成污染，对其承载能力和工艺设备安装的可靠性构成影响，为此本条文对外露件的防腐防锈提出统一要求，目的是要工程参建各方对这一问题引起注意，加强质量控制。本条文执行中要求明确除锈防腐施工做法（一般应达到同一工程室外钢结构防腐标准），施工过程中的质量控制要做到与本规范第 11.1.5 条配合使用，工程验收时也应将外露件的施工质量纳入分部工程、单位工程观感质量的检查和评定内容中。

3.0.9 施工旁站式管理，是指在上下道工序连续作业过程中，现场专业管理人员对作业面各工序的施工质量及作业活动实施全过程的现场跟班监控。旁站式管理应保存旁站管理记录，其目的是为了加强施工过程控制，保证工程质量和作业安全。

滑动模板施工具有小节拍流水连续作业的特点，各工序衔接紧密，操作顺序和作业时间有严格限制，给工序交接验收带来一定不便，钢筋安装工程、保护层厚度、预埋预留施工等有关隐蔽工程难以做到按通常方式进行检验批报验和验收，其工程质量更具隐蔽性。在实际工程调查中，采用滑模工艺施工的工程，也发现由于管理和监督不到位造成的钢筋规格错误、钢筋间距偏差过大、保护层没有达到设计要求等问题没能及时发现和纠正，对结构安全和使用寿命造成重大隐患的情况。旁站式管理是进一步强调施工管理者的质量控制责任，确保每一道工序不留隐患，实际上是要求施工方用现场管理做出质量保证。

旁站式管理必须由具有相应专业技术资质和管理能力的专业人员实施。实施旁站式管理的，应在施工组织设计或专项技术方案中予以明确，施工单位应制定旁站管理实施方案，规定旁站管理的范围、内容、程序和旁站管理人员职责、交接班制度等，并对旁站管理人员进行工作交底，旁站管理人员要对工程结构承担相应质量责任。旁站管理原始记录应作为施工记录存档。本条文亦可作为开展工程监督和工程监理的依据。

3.0.10 本条是规范筒仓工程的施工试验和检验行为。要求施工阶段的试验检验和工程检测由具有相应资质的单位承担，并出具格式规范的检验报告，目的是为质量控制、质量评价和工程验收提供可靠依据，是强化施工质量监控的技术手段。施工单位应按照规范规定和试验检验计划，及时组织取样和检测，并注意按规定办理见证取样手续。

哪类机构有资格进行检验和试验，各地规定不尽相同，具体执行中应由施工单位和工程监理（建设）单位根据地方法规协商确定。

4 基础工程

4.1 一般规定

4.1.1 工程地质勘察文件是工程设计、施工和验收的重要依据，对保证结构安全和施工安全至关重要。建设单位应向施工、监理等单位及时提供相关的工程勘察文件，工程施工总包单位也应向地基基础施工分包单位提供工程水文地质情况的准确信息资料。

4.1.2、4.1.4、4.1.5 基础工程施工的一般性规定。

4.1.3 桩基础工程是专业化施工项目，需要编制针对性和操作性较强的专项工程施工文件，专项技术方案应根据工程地质情况、地下水、桩基类型等，确定桩基础施工方法、桩基施工顺序、质量控制措施、施工安全措施、质量检验和桩基检测计划等。在工程地质条件复杂的建设场地，工程地质勘察资料往往难以提供施工地段的确切地质情况，对于此类情况，需要进行施工补充勘察，或结合地基处理进一步掌握桩下地质构造，并根据勘察结果确定合理的施工方案，以保证施工安全和成桩质量。

4.2 地基与桩基础工程

4.2.1 筒仓工程地基处理方法有多种，不论采用何种方法，在基坑开挖以后均要求进行验槽，判断工程地质情况是否与勘察情况和工程设计条件相符，以保证置换后或处理后的地基、换填地基的下卧层等达到工程设计要求。对于采用换填方法进行地基处理的，换填层施工前还要求对基坑进行隐蔽验收，目的是保证换填地基处理范围、标高、位置、底部处理、局部处理等达到相应技术要求，保证换填工程质量。基础工程施工前除要求对地基处理的承载力指标进行检测验收外，对地基处理施工的其他质量情况也要进行隐蔽验收，以保证地基工程不留隐患。

本条是针对地基处理施工中质量责任提出的管理性要求，施工工艺和质量控制还应遵照相关专业技术规范执行。

4.2.2 筒仓工程桩基础设计荷载一般较大，桩身施工质量要求高，试桩可提供经济、可靠的设计依据和施工参数。本条规定与《建筑地基基础设计规范》GB 50007、《建筑桩基技术规范》JGJ 94、《建筑基桩检测技术规范》JGJ 106 等的要求一致。

4.2.3 本条是对采用打（沉）桩工艺施工的桩基础提出的一般性规定。筒仓工程打（沉）桩对周围环境的影响主要是挤土、振动、超静水压力等，筒仓的桩基宜按逐排和对称的顺序施工。大型筒仓和群仓工程基础面积大、桩数多，施工时将其划分为若干区段，由内向外逐段对称地进行打（沉）桩作业，结合地质情况选取合理的施工速度和施工段的打（沉）桩顺序，可以降低超静水压力和振动，同时可使挤土作用比较均衡，减少对邻近建筑物和桩侧的影响，提高成桩质量和施工效率。

4.2.4 人工成孔灌注桩由于承载力高，在一些特殊地质条件下成桩质量可靠，目前在筒仓工程桩基础中仍占较大比例。但人工成孔施工属于高危险作业，桩的开挖顺序、支护措施和操作程序对施工安全具有重要影响，因此本条文要求结合工程地质条件编制施工专项方案，确定合理的单桩施工顺序和施工进度，为保证护壁支护措施的有效性不得超进度安排作业。为保证作业安全，如果没有可靠和成熟的技术、安全措施和施工经验，不应在地质条件复杂的区域进行人工成孔施工。人工成孔灌注桩施工深度的控制，是综合各地筒仓工程施工的经验数据。人工成孔灌注桩施工还应遵守其他相关安全、技术规范和相关法规。

4.3 基坑工程

4.3.1 筒仓工程的基坑土方工程量一般较大，当施工组织设计不能详细作出规定时，则需要编制相关专项施工文件。当工程超过一定规模时，按住房和城乡建设部《危险性较大的分部分项工程安全管理办法》（建质〔2009〕87号）以及相关地方的管理规定执行。

4.3.2、4.3.4 基坑开挖时预留保护土层是预防地基遭受扰动和破坏，这些扰动和破坏可能来自施工活动、冻融、降雨和水浸等，预留人工清槽土层是预防超挖和保护地基的一种措施。当受到扰动或破坏时，需要按技术管理程序进行技术处理。

4.3.3 此条是要求把桩基施工和基础施工进行统筹安排，目的是减少基础施工阶段的重复工作量、保护桩体不受损害。基坑采用何种开挖方式以及何时进行开挖作业、如何开挖等，需要结合场地条件、桩基种类、场地水文气象条件等综合确定。对于预应力管桩或其他小直径桩，宜先挖基槽，如果后挖就不应采用大型施工机具；对于人工挖孔桩，可采用先开挖基槽再施工桩基的方法。

4.3.5 土是混凝土最好的保温保湿材料，尽快回填有利于基础工程的保护。基础回填分层夯实或压实是预防地面和设备基础沉降的基本要求，压实系数0.93是一个最低标准。需要说明的是，当设计对回填土质量有明确规定时，应按设计要求进行质量控制且不低于本规范的规定，当回填土上布置设备基础或有其他较大荷载时，应根据实际需要提高压实系数控制值。

4.4 钢筋工程

4.4.1 本条强调基础配筋施工应符合设计的规定，施工中不能擅自变更原设计要求，当必须变更时须征得设计单位的同意。本条应与现行国家标准《混凝土结构工程施工质量验收规范》GB 50204配套执行，严格落实。

4.4.2 筒仓基础工程尤其是联体类筒仓的有梁式基础，钢筋骨架截面尺寸较大、钢筋种类和配筋层次多、安装施工难度比较大。调查中发现，基础梁下部钢筋绑扎点数量不够、二排及三排钢筋位置不准确、定位不牢靠、钢筋接头位置偏差、钢筋保护层偏差等问题发生的几率较大。要预防这些问题的发生，至少应做到以下几点：①合理确定钢筋间的相互位置关系，分配各类钢筋空间位置；②做好钢筋下料设计；③确定合理的钢筋安装顺序和方法；④下部钢筋和第二、三排钢筋可靠的定位和固定措施；⑤质量检查和工序验收。本条文目的是加强基础钢筋安装的控制，保证基础工程质量。

4.4.3 适宜做钢筋保护层垫块的材料有多种，筒仓基础钢筋保护层垫块承受压力较大，容易破碎而失去效果。实践中石材垫块和预制高强混凝土垫块应用效果比较好，本条规定垫块的强度等级不得低于基础混凝土强度，一是基础钢筋保护层垫块厚度和尺寸均较大，放入基础混凝土中后不能被忽略不计，需要有不低于基础混凝土的密实性和抗渗透性能作保证，并能与基础混凝土结合良好；二是降低垫块的破碎率。

本条文中规定垫块须均匀放置，一方面是减少基础钢筋变形量，保证保护层厚度准确；另一方面可使垫块受荷均衡。垫块间距和布置方式则需要根据基础钢筋骨架的刚度、重量和垫块承载能力综合选择。

4.4.4 本条是对基础上层钢筋支架的设置提出要求。对于较大型的钢筋混凝土筒仓基础，需要对基础上层钢筋支撑架进行设计，确定支撑架的布置方案，以确保支撑架体系稳定和上层钢筋位置准确。当地下水位较高或地下水对混凝土、钢筋等具有腐蚀性时，应采取防止加速渗透的措施。

4.4.5 筒仓基础上的插筋锚固分落地式和不落地式，基础插筋定位后需要采取有效地固定措施，以保证在浇筑混凝土过程中不发生位移、偏斜、锚固长度和预留长度不足等问题。

4.5 模板工程

4.5.1、4.5.2 本节内容是对筒仓基础的模板设计、施工和验收提出的要求。筒仓工程基础模板为竖向模板，分落地式支设和悬挂（悬吊）支设两种情况，施工中发生基础模板失稳、局部变形和位移等现象比较常见，其多数是由于模板支撑体系传力途径不明确、模板加固和支撑材料选用不合理、模板系统加固方法不正确等原因导致模板系统承载力不足和局部稳定较差。因此对于大型基础要编制模板专项施工方案，合理选用模板构造体系，根据施工现场实际情况科学设计模板加固方案。而对于小规模基础和有成熟经验的模板固定工艺，则要保证模板支设和加固方法的正确，使模板体系满足施工所需的强度、刚度和稳定性要求。模板安装后要进行验收，检查专项方案所确定的加固方法、工艺参数是否得到落实、安装质量是否可靠。混凝土浇筑应按照合理的顺序和方法进行，过程中做好监护，发现问题及时处理，是预防不合格发生的保障措施。

4.6 混凝土工程

4.6.1 大体积混凝土基础施工需要有较高的施工技术和施工能力，组织协调和质量控制事项较多，施工单位应预先制定好施工方案并切实贯彻执行，以保证施工顺利进行并防止有害裂缝的产生。施工方案一般需要对以下事项进行规划：混凝土原材料及配合比、浇筑方法及浇筑顺序、施工速度、养护技术、测温及监控、施工设备及施工组织工作等。

4.6.2 从混凝土原材料选用方面降低和延缓水化热是预防大体积混凝土温度裂缝产生的措施。对于筒仓基础工程，采用掺加粉煤灰、磨细矿渣粉并配合减水剂和膨胀剂的使用可提高混凝土抗裂性能、密实性和后期强度。

4.6.3 混凝土加强带已经有较多的成功应用，在大型基础上合理设置加强带可以减少甚至取消设置后浇带的做法，实现大面积基础和超长基础无缝施工，有利于提升施工技术水平，缩短基础施工工期。

4.6.4 对于大体积混凝土，本规范推荐采用综合蓄热法进行养护，对混凝土内部温度和表面养护温度进行监测，及时调整养护措施，控制混凝土构件的内外温差、混凝土与大气的温差以及降温速度，合理控制混凝土温度应力，减少和预防裂缝的发生。

4.6.5、**4.6.6** 基础混凝土应连续浇筑，避免产生冷缝。在浇筑过程中及时排除泌水、浮浆并在终凝前进行二次振捣，可以提高混凝土浇筑密实程度和减少裂缝发生。贴膜养护方法比较适用于基础混凝土，并可有效预防收缩裂缝的产生，提高混凝土养护质量和表面强度。

5 筒体工程

5.1 一般规定

5.1.1 筒体结构施工方法较多，本规范推荐使用目前工艺比较成熟技术比较先进的滑动模板工艺和三脚架倒模施工工艺，采用其他方法施工时也应符合本规范在质量、安全等方面的相关规定。

仓底以下设有多个结构层的筒仓，如果采用滑模施工则操作程序较多，如果缺少相应施工技术或可靠工程经验，在施工进度和工期方面可能不具有明显优势。对于此类结构可采用墙梁板结构的支模方法施工，或采用竖向构件倒模和平面结构支模相结合的方法施工。

5.1.2 本条是对筒体模板体系的设计、使用作出的规定，目的是满足模板系统的使用要求和施工安全。筒体工程模板具有施工荷载大、高空或架空施工等特点，模板体系构造合理并具有足够的安全性十分重要，模板及支撑体系均应进行结构构造、承载力、稳定性的设计和计算，特种模板构造还应按照相关专门的技术标准进行设计验算。施工中应按照规定对模板使用情况和工作状态进行监控，做好维修和维护，以保证使用安全。

5.1.3 本条是对筒体模板的一般性规定。要求按照经济合理、安全可靠的原则选择模板类型。对于圆形筒仓，为保证筒体结构尺寸准确，当单块模板的面积较大时，推荐使用带弧面的模板；当采用直面模板时，本规范给出了一个模板最大宽度的限值供施工时参照执行。

筒体尤其是仓体模板的拆除是一项危险性较大和专业性较强的工作，需要由有经验的作业队完成，并做好技术交底和作业监管，模板拆除必须按一定的顺序和方法进行。本条文中要求模板拆除要按照模板专项方案执行，是将其纳入危险性较大分部分项工程进行管理，与本章第 5.3.1 条配合执行。

5.1.4 用普通电弧焊在筒仓水平钢筋上焊接其他附件，极易削弱主筋截面，故除非必须不得采用。本条所指的特殊措施是，采用的焊接方式不会因施焊而削弱钢筋的有效截面并能保证 95%以上的焊点符合要求。

5.1.5 筒体结构施工缝处理一要做到混凝土能结合良好；二要保证交界面附近混凝土无疏松、烂根等质量缺陷；三要做到外观质量良好，混凝土强度要达到设计要求，使用功能方面还要保证密闭性良好无渗漏现象。本条的目的是要求加强施工缝处的质量管理，制定合理的技术措施，以达到本规范规定的质量要求。但具体采用何种管理措施和施工方法应结合具体工程和施工单位经验确定。

仓底、锥体、漏斗等仓内构件与筒体交接部位，结构截面尺寸小、配筋密集，混凝土易出现蜂窝、孔洞等质量缺陷。对于此类构件应结合工程具体情况采取预防措施，可采用细石混凝土配合小直径振动棒进行振捣，也可采用自密实混凝土浇筑。

5.1.6 筒体预应力工程施工的一般性规定。预应力工程施工需要做好三方面的组织和管理工作：预应力施工应按照专项和专业工程进行现场管理，需要制定专项技术方案和安全措施并认真执行；预应力筋、锚夹具、连接材料、现场加工件等应验收、复试并合理保管，保证质量可靠；做好混凝土施工质量检查和中间验收。中间验收存在问题的，应按规定采取技术处理措施，只有符合预应力施工条件时方可开展施工。

5.1.7 筒体滑动模板施工的一般性规定，要求连续施工，中间避免留置施工缝。在必须停滑时，要做好滑动模板装置的维护和检查。

5.1.8 筒体结构包括筒壁（仓下支承结构）和仓壁，是主要承载构件，关系结构安全和工程使用寿命，本条强调按筒体施工检验批的划分进行隐蔽工程验收，是针对筒体结构连续施工的特点，以避免漏验，检验批划分应符合本规范第 11.1 节的规定。预埋件、预留孔、预应力孔道或无粘结预应力筋留置、内衬安装配件等，均要求其制作加工质量可靠、安装位置准确、固定牢靠，故要求做专项的检查和隐蔽验收，目的是提高施工和验收人员的重视程度，强化质量控制。

5.2 钢 筋 工 程

5.2.1 仓壁水平钢筋对保证筒仓结构承载力和防止筒仓裂缝至关重要，本条为强制性条文，必须严格执行。

一些筒仓工程事故与钢筋间距偏差过大超出工程

设计标准存在直接关系，本条文中钢筋的间距不仅要满足相关规范的规定，还必须达到设计要求，在施工中要避免在一定区段内钢筋间距正偏差累积造成实际配筋数量小于设计配筋数量的问题发生。本条文执行中要结合本规范第11.3.4条中钢筋间距允许偏差和本规范附录A第A.0.7条的规定，强化质量控制。

在筒仓工程施工中，存在简单的采用等强法以大直径钢筋代换较小规格钢筋或用高强度钢筋代替低强度钢筋的现象，使钢筋间距增加，不利于原设计抗裂性能的发挥。在大型筒仓中，仓壁水平钢筋配筋密集，如果以小规格钢筋代替较大规格的配筋，会导致钢筋间距过小而增加施工难度，易造成钢筋安装间距偏差增大，反而影响施工质量和结构设计效果。

筒体水平钢筋是关键的受力钢筋，目前钢筋的连接方式仍以搭接连接为主，施工中须保证搭接长度、接头百分率、圆形筒仓中的接头位置符合设计的规定，以免对工程结构安全造成影响。当采用其他接头方式时，应征得设计单位同意，并保证接头连接可靠。

本条文要求施工单位必须严格按照设计规定的钢筋品种、规格和接头连接方式施工，如果需要变更则必须由原设计单位同意并办理设计变更手续，工程施工单位和工程监理单位要按照技术管理制度严格贯彻设计要求，做好质量控制。

5.2.2 筒体工程水平钢筋的连接和锚固必须有可靠保证。对于圆形筒仓的水平钢筋，目前还缺少可靠、方便的机械连接措施，设计和施工基本上都采用绑扎搭接接头，但是当工艺质量有可靠保证时，直径不大于25mm的水平钢筋也可使用焊接接头形式。绑扎接头和搭接焊接接头处的两根钢筋按上下位置分布是为了不削弱接头部位的保护层厚度，保证传力可靠。

由于筒体工程具有水平钢筋接头数量多、施工进度快的特点，且采用搭接焊接的水平钢筋接头必须在安装现场就位焊接，钢筋焊接的工艺环境较差，因此有必要设置较为严格的控制条件以保证焊接的可靠性。本条文提高了钢筋搭接焊接有效焊缝长度，同时要求必须进行等工况条件下的焊接工艺检验评定试验（相关检验和评定记录应纳入工程技术档案资料），要求从现场焊接成品中抽取试件进行力学性能检验，焊接接头的外观质量要求进行全数检查。矩形或多边形筒仓，钢筋连接可以结合具体工程设计采用多种方式，当搭接焊接接头采用预制加工时不受本条文规定的限制。

当水平钢筋采用绑扎接头时，搭接长度取50倍钢筋直径是总结筒仓建设中的实践经验，也是我国筒仓设计采用的数值。圆形筒仓水平钢筋的搭接长度和接头位置错开距离与现行国家标准《混凝土结构设计规范》GB 50010、《混凝土工程施工质量验收规范》GB 50204有所不同，这是因为圆形筒仓水平钢筋安装时沿环向移动的可能性非常大，钢筋的搭接长度和位置的可变性不易控制，较大倍数的搭接长度和接头位置错开间距可以弥补施工中的偏差，防止由于水平钢筋沿环向移动而使钢筋的接头一端搭接过长，另一端又不能满足搭接长度要求，也可防止由施工偏差导致同一截面内的钢筋接头百分率增加。

5.2.3 部分施工单位采用手工弯制弧形水平钢筋，易出现弧度不均匀、端头翘曲等现象，造成钢筋保护层厚度不准确，影响传力可靠性，故本条作此规定。

5.2.4 竖向钢筋下料长度的确定要考虑保证钢筋位置准确、利于钢筋竖起时的稳定以外，还要尽量减少钢筋接头数量和避免钢筋浪费，具体应结合工程情况和钢筋定尺长度确定。

竖向钢筋的连接方式多数根据地区技术特点和施工单位的技术习惯采用，但调查中也发现存在由于工况条件所限和质量监控不到位而使焊接连接接头外观质量较差、合格率较低的现象，焊接质量不易保证，因此要求按照本规范5.2.2条的相关要求组织施工，并对质量严格把关。

5.2.5、5.2.6 当水平钢筋与竖向钢筋的交接点绑扎不牢或松扣时，容易造成钢筋错位，钢筋骨架抗变形能力差，钢筋位置和保护层厚度不易控制，为保证钢筋位置准确，因此强调钢筋交叉点要全数绑扎，并设置连系筋和焊接骨架钢筋，其间距应符合设计要求并满足实际施工需要。

5.2.7 在混凝土浇筑面以上至少应有一道绑扎好的横向钢筋，以便借此确定继续绑扎的横向钢筋位置，并以此控制竖向钢筋位置。

5.2.8 钢筋保护层厚度对结构使用寿命有很大影响。倒模施工中，如采用自制的带绑丝的砂浆垫块极易被碰撞脱落，故推荐采用预制混凝土垫块或高强度的塑料垫块等成品垫块。滑模施工中，应有保证保护层厚度的相应措施，一般多采用设置竖向和水平向钢筋梯子形支架、设置保护层滑块等。

5.2.9 采用滑模拖带工艺施工时，拖带支座下的筒体竖向钢筋有时不能按正确位置放置，应随施工及时将钢筋归位。

5.2.10 此条内容是对设有钢梁的仓体结构施工作出的规定。对于设有钢梁的仓体结构，钢梁支座部位与仓壁钢筋之间的关系如何处理，其做法和要求不甚统一，有的施工时不在钢梁下加设支座锚板，有的直接将钢梁支座高度范围内的筒仓钢筋截断，此类做法均不符合结构构造的相关规定，存在工程安全隐患。本条要求严格按照设计规定的节点构造进行施工，设计要求不明确的应通过变更和工程洽商方式予以明确。当设计未作规定时要按照本条文的要求采取钢梁支座处结构整体性措施，一般做法是：在钢梁支撑部位设支座锚板；钢梁支座宽度范围内的仓壁竖向钢筋弯折后锚固进环梁混凝土内；在钢梁两侧对应位置加装附加加劲板，将钢梁高度范围内被截断的水平钢筋与附加加劲板焊牢；钢梁安装后再整体浇筑筒仓混凝土。为保证安装工作可靠性和混凝土浇筑质量，一般不提倡先留置梁口再补浇混凝土的施工做法。

5.3 模板工程

5.3.1 筒体工程施工具有高空作业、施工荷载大、特种作业、专业化操作的特点，不论采用何种模板及支撑体系方案，均属于危险性较大分部分项工程范畴，应按相关规定编制专项技术方案。当工程施工采用定型产品模板体系的，则需要提供设计计算依据和详细全面的工艺技术参数、操作规程。

5.3.2 采用滑模施工的工艺要求，本条需要与现行国家标准《滑动模板工程技术规范》GB 50113 配合执行：

1 滑动模板具有一次组装全程使用的特点，施工期间不方便对模板频繁的进行更换和清理，模板面不平和附有杂物会增大摩阻力并影响出模混凝土质量。因此，滑动模板对模板板面的材质和性能要求较高，对不是首次使用的模板应进行彻底的表面清理、提高光洁度，达到尺寸整齐、板面平整、表面光洁不易沾灰。本条可作为施工控制的依据，亦可按照模板安装分项的一般项目内容进行检查评定和验收。

2 流坠是滑模施工中影响观感的主要因素，施工过程中应予以预防并采取措施及时消除。

3 组装好的模板应上口小、下口大，目的是要保证施工中如遇平台不水平或浇筑混凝土时上围圈变形等情况时，模板不出现反倾斜度，避免混凝土被拉裂。但倾斜度过大或提升速度过快又容易导致“穿裙”现象。近年来随着混凝土技术的发展，混凝土粘结时间和塑性保留时间具有较大的调节空间，筒仓工程施工多采用薄层浇筑、均衡提升、减短停顿的作业方式，采用0.1%～0.3%的模板倾斜度可保证结构施工外观质量。

关于模板保持结构设计截面的位置，受施工各类影响因素较多，各施工单位的经验不完全相同，一般当使用的提升架和围圈刚度较大，混凝土的硬化速度较快（或滑升速度较慢）时结构设计尺寸宜取在模板的较上部位，例如取在模板的上口以下 1/3 或 1/2 高度处；当提升架和围圈刚度较小，混凝土的硬化速度较慢（或滑升速度较快），结构设计尺寸宜取在模板的较下部位，例如取在模板的上口以下 2/3，甚至模板下口处。即除了要考虑新浇混凝土自重变形的影响，还应考虑浇筑混凝土胀模的影响。

筒仓工程仓体结构规模相差很大，在保持结构设计截面方面不宜用一个统一的标准进行限制，目前筒仓工程滑动模板刚度一般均比较大，小仓滑升速度也比较快，大型筒仓的滑升速度总体上较为慢一些，考虑保持混凝土塑性时间的调节因素，综合取模板上口以下 1/2～2/3 模板高度处的净间距应与结构设计截面等宽，按照小仓取上部位置、大仓取下部位置的原则由施工单位根据经验和具体工程调整执行。

4 在滑模施工中能否严格做到正常滑升所规定的两次提升间隔时间（即混凝土在模板中的静停时间）的要求，是防止混凝土出现被拉裂、“冷接槎”现象，保证工程质量的关键。规定两次提升间隔时间不宜超过 0.5h，是考虑到在通常气温下，混凝土与模板的接触时间在 0.5h 以内，对摩阻力无大影响。当气温很高时，混凝土硬化速度较快，为防止混凝土与模板粘连而使提升摩阻力过大，可在两次提升的间隔时间内再提升（1～2）个千斤顶行程。

本条款对两次提升的时间间隔作出了一般性规定。实际施工中还需要结合工程规模、施工环境、混凝土施工性能等实际情况做合理调控。现场施工中如难以做到本条规定的时间要求，则应采取其他防止粘模的措施。

5 连续变截面筒仓多应用于大直径和超大直径筒仓仓壁工程，其变截面倾斜度一般比较小，在1.0%～3.0%之间。由于该类筒仓直径较大时，变径操作较为复杂，不仅要从径向对混凝土进行变径压迫，还要在环向对模板进行收分，过大的变径收分量会增加施工难度造成收分困难，因此采用“小变径多次调节”的方法是合适的。每次提升 200mm 进行一次模板收分，变径收分量一般不大于 6mm，符合我国滑升模板工艺的施工习惯。

6、7 滑模工艺是一种混凝土连续成型的快速施工方法，模板和操作平台结构由刚度较小的支撑杆支撑，因此整个滑模装置空间变位的可能性较大，过去也有些工程由于对成型结构的垂直度、扭转等的观测不及时，导致结构的施工精度达不到要求的经验教训。而偏差一旦形成，消除就十分困难。这不仅有损于结构外观，而偏差大的还会影响结构受力。因此对于影响承载能力和增加模板变形的不利因素要予以消除，常用方法是对支撑杆进行加固、增强模板系统刚度等，以提高滑动模板体系的稳定性和可控性，要求在滑升过程中检查和记录结构垂直度、扭转及结构截面尺寸等偏差数值，及时分析偏差的原因并纠正。

施工实践表明，整体刚度小，高度较大的结构，施工中容易产生垂直偏差和扭转。因此每个台班至少应对模板系统的工作性能进行一次检查，形成施工过程控制记录。不仅是作为作业班质量的考核资料，更主要是根据记录，分析滑升中存在的问题，平台漂移的规律，以及各种处置方法是否恰当，以便及时总结经验，进一步提高工程质量。

5.3.3 采用倒模施工的要求：

2 对拉螺栓是倒模系统最重要的承力构件，其构造形式和布置方式可直接影响受力性能，同时螺杆穿墙的处理方式一直是影响筒仓观感、影响仓壁密闭性及防浸渗效果的重要因素。对拉螺栓进行施工设计并遵照施工，是保证模板系统安全和工程质量的重要措施。

4 倒模体系是一种悬挂模板系统，保证其安全性十分重要，其操作和安装均需要受过专门培训的专业工种来完成，应纳入特种工艺管理范畴。倒模模板每次安装后需要对承力部件的安装情况和受力单元之间的连接可靠性进行检查验收，是安全管理的需要。

3、5 国内大多数施工单位采用倒模工艺时在正常施工条件下配置3层三角支撑架，被证明是综合施工效率较高的一种配置方式。拆除模板时上一层支架的混凝土应具有一定的强度支撑上部结构和施工荷载，根据施工经验，确定混凝土强度达到6MPa时方可拆除下层模板是一个比较合理的临界强度控制值。

5.3.4 联体筒仓留置竖向施工缝多是由于采取分段施工方法造成，竖向施工缝的位置和处理措施不仅要方便施工还要满足设计规定，施工缝的做法需要保证钢筋连接可靠位置正确、混凝土浇筑密实、界面结合良好，因此需要制定操作性较强的施工措施，具体方法各施工单位均有不同的经验，可结合具体工程施工方案制定。本条文提倡在一般情况下不留竖向施工缝，联体筒仓工程可采用同步法施工。

5.4 混凝土工程

5.4.1 混凝土碳化、侵蚀和钢筋锈蚀是严重影响结构使用年限的重要因素，控制混凝土的水灰比，增加混凝土的密实性，减少钢筋锈蚀影响因素，可改善结构混凝土耐久性能。

5.4.2 已有的滑模工程实践表明，浇筑层过大带来一系列的问题，其中最突出的是混凝土表面粗糙，外观质量不好。因此将分层浇筑的高度定为不宜大于250mm，兼顾了一般筒仓和大型筒仓施工组织的技术要求。

对于其他模板工艺施工的筒体结构，混凝土浇筑应分层进行，分层厚度不宜过大，目的是保证混凝土材质均匀和振捣密实，防止混凝土浮浆聚集造成局部混凝土强度偏低和其他质量缺陷发生。

预留孔洞等部位一般均设有胎模，强调在胎模两侧对称均匀地浇筑混凝土，是为了防止侧压力作用不对称使胎膜产生位移。

5.4.3 滑模施工时混凝土出模强度的检查，应在操作平台上用小型压力试验机和贯入阻力仪试验，其目的是为了掌握施工气温条件下混凝土早期强度的发展情况，控制提升时间，调整滑升速度，保证滑模工程质量和施工安全。

5.4.4 采用滑模工艺施工的筒体工程，出模混凝土具有塑性，安排专业工种及时进行表面修补和压光作业，可达到较好的混凝土质量效果，该种做法能够检查到混凝土出模质量情况，便于及时采取处理措施，有利于提高工程质量控制水平，同时压光作业工序能改变混凝土表面结构、增加混凝土表面密实度，对混凝土养护和强度增长具有有利作用。

采用水泥浆粉刷会遮盖混凝土结构表面情况，使施工质量隐患不易被发现；进行二次抹灰作业往往不能与仓壁混凝土牢固粘结，故以上两种方法不应采用。

采取原浆压光，混凝土出模强度的控制十分关键，关于出模混凝土强度的要求，早期的要求是根据近年的研究和工程实践表明，出模混凝土强度的确定，除要保证出模的混凝土不坍塌、不流淌、不被拉裂外，还应考虑脱模后其后期强度不应受上部混凝土的自重作用影响，也不能因强度太高过分增大提升时的摩阻力而导致混凝土表面开裂，滑模施工时混凝土出模强度应控制在0.2MPa～0.4MPa或混凝土贯入阻力值在3.0MPa～10.5MPa。

5.4.5 此条是对筒体结构混凝土质量提出的要求，目的是提高筒仓工程施工控制水平。当结构混凝土存在质量缺陷时应按相关规定进行技术处理，本条内容应与现行国家标准《混凝土结构工程施工质量验收规范》GB 50204现浇结构分项工程配合执行。本条针对的是普通混凝土筒仓外观质量检查与验收，如果要求筒仓达到清水混凝土等级则应按照相关专项技术标准施工和验收。

5.4.6 筒体结构一般拆模（出模）时间较早，混凝土在模板内的养护时间严重不足，应十分重视做好混凝土出模后的养护保护工作，养护措施做到及时和有效，有利于提高混凝土强度和结构耐久性。但是由于筒体工程所具有空间高度大和表面积大的特性，混凝土的养护工作难度比较大，如果管理和监督不到位极易使养护工作流于形式而达不到预期效果，在工程调查中甚至发现有的工程并未采取任何形式的养护措施，这些现象是应该纠正的。本条提出了两种养护方法供执行中参照使用。

5.4.7 对拉螺栓端部处理和穿墙孔的封堵，一是做到密实牢固，起到防水防潮作用，保证仓体严密性；二是做法应统一，保持较好的观感质量效果。

5.4.8 筒体结构混凝土试块的留置一是进行质量检查和质量评价，二是作为工程验收的依据，本条中强调应符合现行国家标准《混凝土结构工程施工质量验收规范》GB 50204和其他相关标准的规定，应注意正确理解和执行：第一，是要求试件的留置频次要达到规定的要求，不得漏检和少检；第二，是检验的项目应符合工程要求，按适用标准和设计规定应该检验的项目均要留置试件进行检验；第三，混凝土试件留置应具有代表性，一是需要在浇筑地点随机抽取，按检验试验要求养护和保管；二是不同配合比的混凝土必须分别留置，在施工过程中混凝土的原材料、比例组分有实质性调整时都须重新留置检验试件。

混凝土试件留置不仅用于混凝土强度的合格性判定，也包括实体检验、耐久性指标的检验，以及重要的施工控制过程如混凝土养护、拆模的控制等。混凝土试件留置和检验必须严格按规定程序进行，以确保检验数据准确和完整，为安全施工、质量控制和质量评定提供科学依据，本条为强制性条文，应严格执行。

5.5 预应力工程

5.5.1 预应力筋对保证筒仓的抗裂性能和承载力至关重要，因此其品种、级别、规格和数量必须符合设计要求，本条文配合本规范第3.0.4条，为强制性条文，应严格执行。

5.5.2～5.5.11 本条款是对筒体预应力钢筋施工作出的相关规定，与本章第5.1.6条和现行国家标准《混凝土结构工程施工质量验收规范》GB 50204等配合执行。

5.6 仓壁内衬

5.6.1 内衬在电力、煤炭、钢铁焦化等行业的筒仓工程中广泛使用，除助滑、耐磨、抗冲击等以外，对防止结构层损毁、保证工程结构安全、延长工程使用寿命等发挥重要作用。为了能更好地做好施工管理和控制、协调好内衬施工和其他施工项目之间的关系，保证内衬工程施工质量，内衬施工方法需要在单位工程施工组织设计文件中加以策划和明确。板块式内衬采用粘贴工艺安装，施工工艺相对复杂、施工专业性较强，受环境和施工因素影响较多，因此需要编制专项施工方案。

5.6.2 本条是对内衬材料质量控制作出的强制性规定。目前国内常用的内衬按材料大体分为四类：即板块式内衬，以压延微晶板和铸石板为代表材料；高分子和超高分子聚乙烯板材耐磨材料；金属材料内衬，主要是钢板耐磨层和轻型钢轨抗冲击内衬；耐磨混凝土和耐磨砂浆内衬，主要是铁钢砂混凝土和砂浆。内衬材料的选择是根据不同的使用环境、使用部位和使用要求而定，因此内衬材料的产品性能指标是充分发挥使用功能的首要因素。内衬材料包括辅助材料（粘贴剂、安装配件等）的品种、规格应按设计要求的技术指标采购，设计未明确的要执行合同条件或专项技术标准，进场的各类材料还应按批次做进场检查和验收，进场检查应验证品种、规格、数量、保管方式，并对偏差指标和质量缺陷进行检查，现场验收应提供同批次质量合格证明文件，需要复试的检验项目还需现场抽样进行检测检验。（本条中的“专项技术标准”是指材料产品质量标准和行业通用技术标准、企业标准、该项工程的专有技术标准等）。

内衬材料是否能满足工程设计指标（如耐磨性、硬度、摩阻力、燃烧性能等但不限于此），对工程使用效果、工程使用年限、使用的安全性等有重大影响，本条作为强制性条文，应严格执行。

5.6.3 正确的安装和施工方法是内衬工程质量的保证。施工时采用何种内衬安装方式应尊重设计提出的要求；针对内衬材料性质，施工方法对内衬工程质量的影响主要体现在基层处理、作业环境、安装和铺贴工艺等因素，选择合适的施工方法有利于提高内衬施工质量。板块内衬有多种铺贴材料，不同的粘贴材料使用环境和粘贴性能指标均有所差异，施工时应根据具体工程情况选择使用最有利的组合方案。本条文在施工方法的选择方面以有利于保证和提高工程质量为原则。

5.6.4 本条是对内衬基层混凝土质量提出的统一性要求，目的是为内衬施工提供一个好的基础条件。铺装内衬的筒仓结构混凝土不应存在未处理的质量缺陷，坡度要符合设计规定，预埋的锚固件应牢固可靠；混凝土的平整度直接影响内衬铺装质量和使用效果，应予以严格控制，本规范在第11.3.4条中提出了内衬基层平整度的偏差指标，但这并不是最终控制指标，施工时还应根据具体安装工艺的需要从严掌握。

5.6.5 本规范将内衬基层的结构混凝土及基层处理情况作为隐蔽工程项目。内衬施工是筒仓工程施工的一个阶段性标志，涉及施工专业的交替，需要对前期的结构质量做一个总体性质的评价，达到设计和规范要求后方可展开下一步施工。本条文要求在内衬施工前办理中间交接验收，主要对内衬部位结构混凝土的质量进行检查、验收，对存在的问题和质量缺陷提出技术处理意见并组织落实。隐蔽工程验收则侧重检查结构混凝土缺陷处理情况、基层表面处理情况等是否达到内衬施工的工艺条件，进行验收和办理工序放行。

5.6.6～5.6.8 板块式内衬采用有机粘贴工艺安装，高分子板材多采用栓接连接安装，金属材料内衬采用预埋件焊接连接或栓接连接，抗磨混凝土多采用浇筑和分层抹面做法。由于高分子板材燃点低和温度线膨胀系数较大，在筒仓工程中应用的可靠性还需要做进一步的观察和研究，本规范只对板块式内衬、耐磨混凝土和砂浆、金属内衬等三种方式的内衬施工作出规定，与现行国家标准《钢筋混凝土筒仓设计规范》GB 50077保持一致。

6 仓底及内部结构工程

6.1 仓底结构、填料工程

6.1.1 仓底结构一般为大尺寸混凝土构件，具有施工荷载大、模板架设高度高的特点，多数工程属于危险性较大的模板工程，故模板和支撑架的可靠性是十分重要的，本条内容要求施工单位强化该类模板施工管理，提高施工的安全性保证。

6.1.2 仓底板自重和承受的荷载均较大，采用滑模施工时如留设施工缝将对结构安全不利，应与筒壁浇筑成整体。

6.1.3 在筒体结构完成后再进行填料部分的施工，作业难度比较大，实际工程中往往忽视对填料施工质量的管理。本条强调填料的材料、坡度和密实性要达到设计要求，是要求相关方重视做好填料工程的检查验收，保证正常发挥填料的功能。

6.2 漏斗、锥体工程

6.2.1~6.2.5 本节是对漏斗（出料斗）和仓内结构施工所作的一般性规定。筒仓中的混凝土料斗、锥体结构等倾斜度大，一般应采用双层模板。规模不大的漏斗可以一次将内模板支设到顶，连续浇筑混凝土；对于仓内构件，由于结构尺寸较大，为减少模板侧压力和方便模板加固施工，上表面模板应该沿高度分层或分步支设，分次浇筑混凝土。仓内结构的模板支撑架也有多种构造形式，如落地式支撑、桁架式支撑、自稳定支撑等，受力方式和施工技术要求不尽相同，因此需要结合具体构造形式对模板支架和模板系统进行设计和验算，确定合理的模板支设方案和混凝土浇筑方法，以保证支撑架稳定。

仓内结构锥体与环梁交界部位受力较为复杂，不应在此处留施工缝。施工缝应留设在锥体与环梁交界处以上1.5m。

6.3 漏斗内衬

6.3.1 漏斗内衬属于筒仓内衬的一部分，应将漏斗内衬和仓壁内衬按同一个施工分项组织和施工，统一按照本规范第5.6节的规定执行。

6.3.2 内衬施工时漏斗钢结构应安装完毕并保证稳定可靠，这是保证施工安全的前提条件。钢质漏斗一般采用板块式内衬，做好钢结构表面的清洁处理，是确保内衬粘贴牢固的保证措施。

6.3.3 当混凝土漏斗采用金属材料内衬时，利用金属面板可代替内侧模板，以及先安装耐冲击钢轨再在外侧支设模板、浇筑混凝土的方法，施工工艺比较成熟，质量可靠，因此本规范推荐使用。

6.3.4 内衬托撑一般采用与内衬层厚度相当的钢板，焊接（用于钢制漏斗）或预埋（用于混凝土漏斗）在料斗内衬下口部位，对内衬起到防脱落和稳定作用。

6.3.5 利用金属板内衬代替漏斗内侧模板，混凝土浇筑后其表面质量情况具有隐蔽性。混凝土浇筑后如果发生漏振、孔洞、混凝土离析、夹渣等质量缺陷很难被发现，因此要强化质量保证措施和施工技术措施，以减少出现质量问题的机会，包括事先、事中和事后控制：事先控制是制定好过程控制方案，加强衬板安装过程中的隐蔽检查，落实保证混凝土施工性能的措施；事中控制执行配合比保证混凝土入模质量，严格按照正确的方法和顺序浇筑混凝土，做好浇筑过程中的跟班监督，混凝土浇筑过程中跟班检查；事后控制是要求浇筑后及时对浇筑情况做检查判断，发现问题予以合理处置，工程验收时进行复查。

7 仓顶工程

7.1 仓顶钢结构

7.1.1 筒仓仓顶钢结构安装分三类方法，一类是吊装安装方法，一类为散装方法（多用于特殊网架结构），另一类是滑动模板拖带施工安装方法。无论采用哪种方法，都要在施工过程中防止并避免钢结构构件的过大变形、杆件应力过大和侧向失稳等情况发生。

7.1.2 本条对钢结构吊装安装方法作的一般性规定，钢结构安装除应符合现行国家标准《钢结构工程施工质量验收规范》GB 50205和其他钢结构专业技术标准外，要做好预检和安装用构配件的检查和验收，以保证安装工程质量；主要构件安装完成后，及时安装次要构件可以及早形成完整的钢结构受力体系，降低结构安全风险；钢结构支座部位二次补浇混凝土在一些工程中未引起足够重视，造成混凝土漏浆和结构不密实等问题，施工质量较差，本条文要求要做好梁口部位混凝土施工缝的处理，并保证二次浇筑混凝土密实性，目的是加强施工管理；对于大直径筒仓的穹顶式结构，对称安装、对称分次卸载是保证中心支撑柱和结构稳定的施工措施。

7.1.3 对于大型筒仓和高型筒仓采用滑模拖带安装仓顶结构是比较经济可靠的方案。采用拖带施工时被拖带构件附着在筒体滑动模板装置上，滑模提升系统需满足模板系统自身的承载力和被拖带结构支座反力对承载性能的要求，同时还应保证提升系统的承载均衡和控制的同步性；拖带支座的构造形式要符合被拖带构件的结构形式和受力条件，采用不同构造形式的拖带支座（铰支座、滑动支座或简直支座等）对滑模装置刚度和被拖带结构内力分布会有不同的影响；在滑模提升过程中必然会形成一定的升差，不同的升差值和升差的随机组合会在不同结构形式的被拖带构件内引起不同的内应力反应，内应力反应又会反作用在拖带支座上，拖带结构体系的构造方案、滑模装置升差值的控制对滑动模板体系的构件受力和被拖带结构的内力分布有直接影响。因此滑动模板与拖带装置应作为一个整体系统进行设计，以保证施工安全。

钢结构安装采用支座托换转换一次就位，是采用空滑方式将钢结构拖带到设计标高，然后直接采取支座托换方法替换拖带支座，最后浇筑支座混凝土的方法。该方法安装工序施工简便，安装过程平稳，对被拖带结构变形影响小。

7.1.4 网架结构用于大直径筒仓中，结构对支座高低偏差要求较为严格，顶升作业中更需强调做好同步性监测和控制。

7.2 仓顶混凝土结构

7.2.1 仓顶结构施工属于高空、大跨度和重荷载施工，本规范提供了两种仓顶结构施工方案，为保证施工安全，模板体系承重构件和构造节点需要按规定进行设计和验算，当采用其他施工方案时，也应按此条规定进行模板系统和承重支架的设计和验算。符合我国现行相关规范的规定和施工安全法规的要求。

7.2.2、7.2.3 提出桁架吊模和承重钢梁（桁架）支撑施工两种仓顶混凝土结构的施工方法，供参照执行。

7.2.4 空间结构的混凝土结构仓顶施工技术难度较高，其重点是要保证施工安全和混凝土浇筑质量。目前较多采用落地满堂支撑架和高空架空支模施工方案，模板支架搭设的质量保证、模板支撑体系均衡承载、模板支架拆除是保证模板体系可靠、稳定的三个关键环节，本条要求制定模板支架搭设、拆除和混凝土浇筑专项方案，对模板支架搭设和拆除方法、施工程序、作业方法、安全监控等进行科学设计并在施工中严格落实，目的是保证施工安全。仓顶结构倾斜面混凝土坡度较大，只安装底部模板不易控制混凝土流淌，因此需要采用双侧模板，上侧模板可按每步浇筑高度预留出灌注孔带，也可分步安装模板。分层、分步对称地进行混凝土浇筑可改善混凝土浇筑质量、保证模板支架均衡承载、提高模板体系稳定性。

8 附 属 工 程

8.0.1、8.0.2 本章对筒仓工程附属施工项目提出相关规定，主要是保证筒仓使用中的安全。筒仓工程属于高、大结构，外露构件较多，本规范强调预埋件要随主体结构预留，目的是加强附属构件安装的可靠性。对于后锚固方法，有时限于操作方法、施工环境因素、锚固方式等原因，在一定程度影响了锚固施工的可靠性，因此要加强施工管理和质量控制，对于后锚固方法需要进行设计，并作现场检测。

8.0.3 筒仓施工时，由于沿筒体周围布置的纵向受力钢筋外形相同或相似，采用筒仓受力钢筋作为避雷线时，在混凝土分层浇筑后，无法再找到原已施焊的钢筋继续施焊。未施焊的钢筋在混凝土振捣过程中极易移位，利用错位不连续施焊的钢筋做避雷引下线无法保证良好的导电性。混凝土碳化理论的研究表明，直接利用结构的受力钢筋做避雷引下线，是促使混凝土碳化的重要原因之一。混凝土碳化将严重影响筒仓设计使用年限。此条作为强制性规定，应严格执行。

8.0.4、8.0.5 避雷接地装置应按照厂区避雷网设计进行施工。

8.0.6 筒仓工程一般均要求设置变形观测点并在工程施工阶段和使用阶段做沉降和变形监测，变形观测点的设置数量和设置位置除要符合设计和变形测量的规定，同时满足方便观测的要求。

9 季节性施工

9.1 一 般 规 定

9.1.1、9.1.2 本条是对季节性施工提出的一般性规定。季节性施工一般分为雨期（高温季节）施工和冬期施工，施工季节应根据工程所在地气象条件结合工程施工内容、施工部位进行合理划分，不是一个固定的时间段。季节性施工需要通过气象信息的收集、天气变化的监测做到能够对不利气象条件及时预警，随天气情况及时评估和调整施工技术措施，以避免对工程可能造成的不利影响，预防可能发生的损害。季节性施工还需要做好应急预案的管理，筒仓工程属于工业建设项目，建设场地自然环境比一般民用工程要复杂多变，对灾害性气象条件及其次生灾害估计不足、措施延迟可能造成在建工程、施工设施等的重大损失，因此施工总体部署中要做好应对不利情况的措施，包括施工进度计划方面风险的规避、施工场地布置和场地设施建设、施工设施方面风险的预防、材料的防护措施，工程保护措施等，季节性施工开始前，对应急方案的落实情况做好检查和评价。

9.2 冬、雨期施工

9.2.1、9.2.2 季节性施工的施工措施、施工经验和管理制度各地都有很多，应结合工程实际贯彻和落实。对于雨期施工，要针对气象条件适时做好工程保护、加强极端天气条件下施工设备安全管理是十分重要的。

9.2.3、9.2.4 筒体工程多为高耸建筑，在冬期施工时需要采取较复杂的保温、加热和挡风等技术措施，在最低气温−5℃左右，平均气温为0℃左右时，可采用悬挂帷幔的方法，冬季气候干燥，极易失水，应涂刷养护液；在最低气温−10℃左右，平均气温为−5℃左右时，可采用热电阻或蒸汽养护等方法。但均应进行混凝土的热工计算。冬期进行筒仓滑模施工，由于混凝土凝结速度较慢，操作比较困难，实际施工中多采取悬挂帷幔和内外加温和负温增长混凝土。当气温低于−20℃时，常规冬期施工措施难以充分保证混凝土质量，因此不应再进行滑模施工。

10 职业健康安全与环境保护

10.1 职业健康安全

10.1.1、10.1.2 筒仓工程施工大多具有基础深、建筑高、施工荷载大特点，工程机械和特种施工装置的使用也比较集中，危险性较大的作业项目多，施工中应十分重视做好坍塌、高空坠落、高空坠物、触电、雷击、火灾等安全事故的预防，要求施工现场建立健全安全与职业健康管理体系，全面贯彻国家施工安全法规、规章制度，认真执行安全技术规范。施工单位应结合环境、气象条件和工程实际，做好危险源辨识，制定切实可行的安全管理方案并实施。施工中，按分项工程或专项作业项目编制安全技术方案或技术措施，这是安全管理的基本要求。

10.1.3 筒仓工程施工，高空作业人员岗位设置多样，需要针对各工种和岗位不同的操作环境和技术要求进行安全教育培训，提高个人安全防护意识，做到不伤害自己、不伤害别人、不被别人所伤害，从而减少事故发生。

10.1.4～10.1.7 预防高空坠物伤害事故，需要从两个方面加强管理，一是避免和减轻高空坠物伤害，二是消除高空坠物的不安全因素。本规范要求在筒仓周围设置危险区，对危险区内的设备进行防护，人员和物料进出需要通过安全通道，放置在操作面的材料和物品、设备等要保证牢靠，必要时应予以固定。

10.1.8 本条要求从预防自我伤害、保持作业面整洁整齐、合理规划人流疏散通道等方面加强对操作面管理，为施工人员提供一个事实上和心理上都符合安全要求的环境。同时及时清除作业面的杂物，保持材料、设备有序堆放和人员通道畅通也是预防火灾事故的重要措施。

10.1.9 本条是对筒仓工程施工作业面安全用电作出的规定，目的是预防和防止触电、电气火灾事故的发生。作业平台和操作面的用电线路要沿事先设定好位置敷设，避开人员频繁触及、易受到毁损和可燃物的位置，禁止私拉乱接随意走线。

10.1.10 预防火灾的安全措施。筒仓工程施工一旦发生火灾事故，后果严重，因此高空作业时要求设置无烟区，配备消防和灭火设施，加强易燃物品管理，消除火源隐患。筒仓施工中作业面的易燃物主要为可燃性保温材料、油漆及挥发性有机溶剂、设备和动力油料等，施工平台上不得存放此类易燃物品，施工中只允许放置当班使用的少量材料，并应采取防高温、防燃烧措施，下班后及时清除。施工用的保温材料要优先选用无机材料或阻燃型材料。

10.1.11 用于仓壁、仓顶、仓底和仓内结构施工需要搭设的大高度脚手架、模板和钢结构支撑架、滑模、爬模、倒模、高空支模体系、仓顶整体安装装置等，属于危险性较大、专业性强、技术要求高的施工项目，搭设和拆除作业是保证施工安全的关键环节，应开展全方位管理和控制。由于拆除作业具有更高危险性，全过程监护是要做到跟班监管，审核作业人员具备工作资质，确认安全防护设施齐全，监督按规定顺序施工，监督施工程序，确保作业区域安全。

10.2 环 境 保 护

10.2.1～10.2.9 筒仓工程为工业建设项目，多在城镇区以外施工，施工中的环境保护工作有其本身的特点，总体上还应围绕采用新技术和新的管理方法，降低消耗、避免浪费、严控污染、减少排放来开展，贯彻落实“四节一环保”施工理念。本节结合筒仓施工阶段环境因素特点，从噪声控制、扬尘排放、固体废弃物管理、废水废液控制等提出相关要求。同时施工中还应遵守其他相关标准和要求。

11 工程质量验收

11.1 工程质量验收的划分

11.1.1、11.1.2 本节是对混凝土筒仓工程验收单元划分的规定。本规范与现行国家标准《建筑工程施工质量验收统一标准》GB 50300 配套执行，质量评定和工程质量验收仍按照检验批、分项工程、分部（子分部）工程、单位（子单位）工程层次进行。群仓工程如果规模较大，可划分子单位工程进行验收，群仓中的一个独立筒仓或一个联体的组合可以划分为一个子单位工程，这样划分的目的是为了方便工程验收和技术管理。具体执行可由施工单位、工程监理和建设单位共同协商确定。

11.1.3 本条规定了筒仓内衬工程验收单元的划分要求。调查显示，对于筒仓内衬工程的质量验收，各单位掌握不统一，有的按照装饰工程验收，也有的按地面工程验收，这不利于质量控制水平的提升。筒仓内衬工程按其使用功能不宜列入建筑装饰装修分部的范畴，同时国家现行质量验收规范《建筑地面工程施工质量验收规范》GB 50209 和《建筑装饰装修工程质量验收规范》GB 50210也没有与之对应的内容，根据筒仓内衬的功能、部位、材料、施工方法等综合考虑，将其作为一个分部工程，有利于强化内衬工程的施工控制和质量验收，突出其操作专业性和工程耐久性的特点，方便工程技术资料的分类和管理，同时也符合现行国家标准《建筑工程施工质量验收统一标准》GB 50300 中有关质量验收划分的原则。

内衬分项工程按照工种、材料、施工工艺等区分。本条规定按照施工段、漏斗、仓壁和单个仓体等分别划分检验批，较严于本规范第 11.1.4 条联体仓按施工段划分检验批的规定，会增加内衬施工中的抽样频次，有利于全面评价不同部位和不同操作方法的质量水平，提高抽样的代表性。

11.1.4 筒体检验批划分是根据筒仓特点确定的：检验批在水平方向按施工段划分检验批，在竖直方向上按模板一次支设的高度划分检验批。采用滑模施工时，由于其工序交叉和作业连续的特点，按常规划分检验批比较困难，把一个工作日和滑升区间作为一个检验批进行评定是可行的。滑模检验批的质量评定和验收以对各工作班的随机抽查记录、旁站管理记录、施工记录、质量问题纠正验证记录等为依据，施工过程中发现的不符合、不合格应立即整改，不能立即完成纠正的则应采取停止继续施工的措施，避免将质量隐患带入隐蔽工程中。在筒体配筋变化处分别划分检验批，是保证上下配筋区段获得均等的抽样检查机会。

11.1.5 筒仓工程预埋件和加工件种类比较多，有小型预埋件也有大型加工件，在施工中，预埋件的安装质量一般能够按照模板分项和钢筋分项的相关内容进行检查评定，但对于加工制作质量多有漏检漏验现象发生，实际调查中也发现预埋件锚固端受力焊缝高度达不到规范规定、加工件质量不达标等现象，本条要求分批次并且分类别进行制作质量的检查、评定和验收，是强化质量控制的措施。本条文应与国家现行标准《钢结构工程施工质量验收规范》GB 50205、《钢筋焊接及验收规程》JGJ 18 等质量验收标准配合执行。

11.2 工程质量验收

11.2.1 筒仓工程质量验收执行现行国家标准《建筑工程施工质量验收统一标准》GB 50300 的规定，其内容包括：

现场质量管理和质量控制，施工质量验收，检验批、分项工程、分部工程、单位工程质量合格评价，工程质量验收的程序和组织等符合现行国家标准《建筑工程施工质量验收统一标准》GB 50300 的规定。

工程质量处理符合现行国家标准《建筑工程施工质量验收统一标准》GB 50300 的规定和相关质量验收规范的规定。

检验批施工质量符合国家现行建筑工程相关专业工程施工质量验收规范、专项规范或技术标准。

优良工程评价符合相关质量标准的规定。

11.2.2 耐久性关系工程使用年限和结构安全。钢筋混凝土筒仓用途和所处环境介质不同，对结构耐久性的影响程度和作用机理也不相同，当设计明确提出耐久性指标要求时，工程验收必须满足设计规定，本条文为强制性条文，应严格执行。

工程耐久性验收包括对以下指标的验收：设计规定的混凝土耐久性指标；钢筋的混凝土保护层厚度；筒仓涂覆保护层的材料防腐性能指标和施工质量检查验收指标。

11.2.3 本条文结合筒仓工程特点，提出筒仓实体检验的相关规定。现行国家标准《混凝土结构工程施工质量验收规范》GB 50204规定了应对柱、墙、梁等结构构件重要部位进行检验，筒仓工程仓体结构是否要进行实体检验缺少明确的规定，目前在执行中也不统一，多数筒仓工程未进行检验。但筒体工程存在拆模早、养护困难等因素，而近年来一些筒仓工程重大事故中仓体钢筋配筋偏差过大、达不到设计要求是主要原因。因此有必要加强筒仓工程质量控制和检测。

筒仓工程实体检验是在分部工程验收前进行的验证性检查，筒仓工程涉及使用安全的主要结构部位均要抽样测试，实体检验分筒体结构和其他重要承力构件如柱、墙、梁、仓底结构等。其他重要承力构件实体检验内容包括混凝土实体强度、钢筋保护层厚度，执行现行国家标准《混凝土结构工程施工质量验收规范》GB 50204 的相关规定；筒体结构实体检验内容除混凝土实体强度、钢筋保护层厚度外还包括钢筋规格和钢筋间距，按照本规范附录 A 执行。

11.2.4 本条提出筒仓工程验收应提供的工程施工文件，列出了主要的实质性施工文件的名录，供施工管理参照。验收时还应执行各地区的不同要求和具体规定。

对于存放粮食、食品和饲料类的筒仓，需要达到设计规定的安全卫生标准。验收时应按规定提供相关材料有害物质含量合格的质量证明材料和复试报告以及卫生合格证明文件，必要时还应在工程验收前进行卫生安全的专项验收。

11.2.5 本条是对筒仓工程施工技术文件管理提出的要求。施工技术资料具有记录施工过程、质量评定、质量查询、技术档案的功能，同时在施工过程中也发挥重要的质量控制作用，强调及时编制、及时收集、及时进行审查和归档管理，可以强化施工管理责任的落实，提高施工技术水平，减少和避免质量和安全隐患的发生。

11.3 工程质量检查评定

11.3.1～11.3.3 筒仓工程质量检查和评定应按施工项目类别，分别执行我国现行各施工质量验收标准。没有国家标准的，要按照行业标准验收，当采用新材料、新工艺或新技术而缺少验收标准的，要按照备案的企业标准和合同技术条件由工程参建各方共同制定验收方案，并按照验收方案进行检查验收。

工程质量的检查还应执行本规范各章节的规定，当施工内容有其他规范可依据时同时也要符合这些规范的要求。施工记录和过程监测记录反映质量控制水平，是操作质量证据，因此应作为质量验收资料予以保存，并作为检验批、分部和单位工程验收依据之一。

11.3.4 本规范表11.3.4列出钢筋混凝土筒仓分项工程施工允许偏差和检验方法供检验批评定和验收时执行。本表只列出了两类允许偏差项目：一是其他现行规范中未给出而又需要明确的偏差检验项目；二是其他现行规范已经有的偏差检查项目，但不适用于本规范特定部位的检查验收，而在本规范中重新进行了允许偏差值调整。在检验批质量检查评定中，本表已经列出的检查项目要按本规范执行，本表未列出的检查项目仍按现行其他专业质量验收规范执行。

附录A 筒体结构实体检验

A.0.1 筒体结构实体检验抽样的数量和部位由三方单位共同确认，以保证抽样的公正和具有代表性。

A.0.2～A.0.5 本条文内容明确筒体实体检验的项目和抽样数量。

筒体实体检验的抽样划分筒壁和仓壁，分别进行抽样检测，加大了仓壁的抽样和检测权重，实际是对仓壁施工质量控制提出了更高的要求。

仓壁钢筋实体检测的抽样，在每一个水平钢筋配筋区段内至少应达到5处抽样点，具体是：在配筋区段内按筒仓水平周长每30m取1处的频次，最低不少于3处，在竖向均匀分部各测点；在水平配筋区段上端和下端各抽取不少于2处。区段内抽样检测主要是检查验证钢筋安装的质量情况，区段上下端抽样检测目的是验证配筋变化位置的准确性。

A.0.6 钢筋实体检验每处连续抽取不少于6根钢筋，6根钢筋即5个钢筋间距，长度约在600mm～1000mm之间，目的是检测到的钢筋间距具有代表性，便于综合作出施工质量评价。

A.0.7 钢筋实体检测允许偏差值大于钢筋安装分项工程的允许偏差值，是考虑施工扰动因素所做的调整，但钢筋保护层负偏差仍具有较严格的控制指标，需要在施工中加强保护层控制措施。

A.0.8、A.0.9 对筒体结构实体检验的合格评定作了规定。要求筒体部分的钢筋实体检验与筒仓其他部位的实体检验分开单独进行，筒体混凝土强度实体检验可与其他部位的混凝土强度实体检验一同评定。

附录B 筒仓垂直度和全高检测方法

B.0.1～B.0.9 本附录给出了一种采用铅直仪观测筒仓垂直度的方案，包括一图一表，本方法采取在筒仓周围均匀布置观测点，分别测量对应点位的垂直度偏差值。由于筒仓本身存在局部失圆（方形仓局部平直度偏差）和上下不均匀变形等影响因素，所测垂直度偏差值并不直接代表筒仓整体垂直度的偏差程度，也不代表筒仓准确的倾斜方向，但每个观测值总体上代表观测点位置附近的局部垂直度偏差情况，筒仓所有观测点的偏差值总体代表该工程在垂直方向抽样中所反映的施工偏差情况，因此筒仓垂直度观测值反映的是筒仓垂直度的施工控制水平。

本规范取垂直偏差最大观测值为筒仓工程的垂直度偏差，是将各点位对应的最大偏差值作为施工控制水平的评判标准，同时可以直观地表达筒仓发生垂直度偏差的部位和程度。